# Umrechnung von Energie- und Leistung

in abgerundeten Zahlen

**Energie**

| | J Ws | kJ kWs | MJ MWs | GJ GWs | Wh | kWh | MWh | GWh |
|---|---|---|---|---|---|---|---|---|
| cal | 4,2 | | | | $1{,}16 \cdot 10^{-3}$ | | | |
| kcal | 4200 | 4,2 | | | 1,16 | | | |
| Mcal | | 4200 | 4,2 | | | 1,16 | | |
| Gcal | | | 4200 | 4,2 | | | 1,16 | |

| | cal | kcal | Mcal | Gcal | Wh | kWh | MWh | GWh |
|---|---|---|---|---|---|---|---|---|
| J | 0,24 | | | | $0{,}28 \cdot 10^{-3}$ | | | |
| kJ | 240 | 0,24 | | | 0,28 | | | |
| MJ | | 240 | 0,24 | | | 0,28 | | |
| GJ | | | 240 | 0,24 | | | 0,28 | |

| | cal | kcal | Mcal | Gcal | J | kJ | MJ | GJ |
|---|---|---|---|---|---|---|---|---|
| Wh | 860 | 0,86 | | | 3600 | 3,6 | | |
| kWh | | 860 | 0,86 | | | 3600 | 3,6 | |
| MWh | | | 860 | 0,86 | | | 3600 | 3,6 |
| GWh | | | | 860 | | | | 3600 |

**Leistung**

| | J/h | kJ/h | MJ/h | GJ/h | W | kW | MW | GW |
|---|---|---|---|---|---|---|---|---|
| cal/h | 4,2 | | | | $1{,}16 \cdot 10^{-3}$ | | | |
| kcal/h | 4200 | 4,2 | | | 1,16 | | | |
| Mcal/h | | 4200 | 4,2 | | | 1,16 | | |
| Gcal/h | | | 4200 | 4,2 | | | 1,16 | $1{,}16 \cdot 10^{-3}$ |

| | cal/h | kcal/h | Mcal/h | Gcal/h | W | kW | MW | GW |
|---|---|---|---|---|---|---|---|---|
| J/h | 0,24 | | | | | | | |
| kJ/h | 240 | 0,24 | | | 0,28 | | | |
| MJ/h | | 240 | 0,24 | | 280 | 0,28 | | |
| GJ/h | | | 240 | 0,24 | | 280 | 0,28 | |

| | cal/h | kcal/h | Mcal/h | Gcal/h | J/h | kJ/h | MJ/h | GJ/h |
|---|---|---|---|---|---|---|---|---|
| W = J/s | 860 | 0,86 | | | 3600 | 3,6 | | |
| kW = kJ/s | | 860 | 0,86 | | | 3600 | 3,6 | |
| MW = MJ/s | | | 860 | 0,86 | | | 3600 | 3,6 |
| GW = GJ/s | | | | 860 | | | | 3600 |

$0{,}28 \approx 1/3{,}6$

$1\ \text{kcal/h} = \frac{4200\ \text{J}}{\text{h}} = \frac{4200\ \text{J}}{3600\ \text{s}} = 1{,}16\ \text{W}$

Erdgas macht es leichter,
Emissions-Auflagen zu erfüllen.
Wir sagen Ihnen, wie:
Rufen Sie uns an.
■ Für Feuerungsanlagen in Industrie, Gewerbe und Gebäuden sind die Vorschriften zur Luftreinhaltung verschärft worden. Die vielfältigen Auflagen einzuhalten kann sehr viel Geld kosten und mit großem Aufwand verbunden sein. Wenn Erdgas eingesetzt wird, ist es weitaus einfacher, diese Forderungen zu erfüllen.
■ Der Gesetzgeber berücksichtigt nämlich bei allen Verordnungen, daß Erdgas von Natur aus umweltschonend ist. Darum entfällt für die meisten Anlagen, in denen Erdgas verwendet wird, die Genehmigungspflicht*. Für manche gilt ein vereinfachtes Genehmigungsverfahren, nur für wenige ist das normale Verfahren Pflicht.
■ Mehr darüber erfahren Sie von unseren Spezialisten für Industrie, Gewerbe, Heizung und Klima unter 0201/184-3994. Sie helfen Ihnen gerne, die Lösung zu finden, die Wirtschaftlichkeit und Umweltschutz sinnvoll verbindet, und senden Ihnen kostenloses Informationsmaterial.
*Nach der Verordnung über genehmigungsbedürftige Anlagen (4. BImSchV) und der Technischen Anleitung zur Reinhaltung der Luft (TA-Luft).
Wir sorgen für Erdgas.
Und helfen es sparen.
ruhr gas

HERMANN RECKNAGEL, der Begründer dieses Taschenbuches, wurde 1868 in Augsburg als Sohn des Professors Georg Recknagel geboren. Nach seinem Studium an der Technischen Hochschule München begann er seine berufliche Laufbahn bei der Firma Sulzer in Winterthur.

Sein Hauptinteresse galt bereits damals lufttechnischen Problemen, wie z. B. bei den Vorarbeiten für die Lüftung des Simplon-Tunnels, sowie auch Entstaubungsproblemen, z. B. in Gießereien und Putzereien.

Etwa zwei Jahre lang war er auf Einladung von Rietschel Mitarbeiter der Firma Rietschel u. Henneberg in Berlin. 1898 gründete er einen eigenen Betrieb in München, der Heizungs- und Lüftungsanlagen auch größten Ausmaßes installierte. 1909 schied er aus dieser Firma aus und ließ sich in Berlin als beratender Ingenieur nieder. Nach schwerer Krankheit starb er 1919 in München, erst 51 Jahre alt.

Neben vielen wissenschaftlichen Aufsätzen veröffentlichte er 1897 mit einem Umfang von 173 Seiten den „Kalender für Gesundheitstechniker", der jährlich erschien und sich bis zu seinem Todesjahr auf 360 Seiten erweiterte.

In den folgenden Jahren wurde der Kalender zunächst von Otto Ginsberg und ab 1938 von Kurt Gehrenbeck herausgegeben. 1944 erschien er zum letztenmal in alter Form.

Nach Kriegsende 1952 wurde das Buch in neuer Form und unter dem neuen Titel „Taschenbuch für Heizung und Lüftung" von Eberhard Sprenger fortgesetzt. Mit etwa zweijährigem Abstand folgten dann weitere Auflagen bis zu der vorliegenden, rund 1630 Seiten umfassenden Auflage, die nicht nur Heizung und Lüftung, sondern auch Klimatechnik, Brauchwassererwärmung und Kältetechnik umfaßt.

Dipl.-Ing. EBERHARD SPRENGER wurde am 8. November 1904 in Friedersdorf, Mark Brandenburg, geboren. Er studierte an der Technischen Hochschule Berlin-Charlottenburg.

Die Grundlage für seine umfassenden Kenntnisse auf dem Gebiet der Heizungs- und Klimatechnik erwarb er in den USA. Von dort zurückgekehrt, war er bei mehreren Lüftungsfirmen tätig. Nach dem Krieg gründete er in Berlin die Lüftungsfirma Karl Früh, deren Geschäftsführer und Hauptgesellschafter er bis zu seinem Ausscheiden 1980 war.

Zahlreiche fachliche Veröffentlichungen stammen aus seiner Feder. Außerdem hat er an der Bearbeitung vieler Normen und Richtlinien auf dem lüftungstechnischen Gebiet maßgeblich mitgewirkt. Er war bis zur 63. Ausgabe (1986/87) Herausgeber des Taschenbuchs.

Dr.-Ing. WINFRIED HÖNMANN wurde am 1. Dezember 1931 in Berlin geboren. Er studierte an der Technischen Universität Berlin und promovierte dort am Hermann-Föttinger-Institut für Strömungstechnik auf dem Gebiet der Radialventilatoren. Seine berufliche Laufbahn begann bei der Firma Turbon GmbH, Berlin, wo er die Entwicklung speziell im Bereich Ventilatoren und Staubtechnik leitete und später für die Leitung des Bereichs Lüftungs- und Entstaubungsanlagen zuständig war.

Seit 1966 ist er bei der LTG Lufttechnische GmbH tätig, zunächst als Leiter der Entwicklungsabteilung, seit 1972 Geschäftsführer. Er ist ferner Vorsitzender der Forschungsvereinigung Luft- und Trocknungstechnik (FLT, Ffm) und stellvertretender Vorsitzender des Vorstandes der Fachgemeinschaft Allgemeine Lufttechnik im VDMA. Zahlreiche Fachartikel wurden von ihm veröffentlicht; in den letzten Jahren insbesondere über den Energieverbrauch von Gebäuden. Mitarbeit an vielen Normen und Richtlinien im Bereich der Raumlufttechnik.

Recknagel · Sprenger · Hönmann

# Taschenbuch für Heizung und Klimatechnik

einschl. Brauchwassererwärmung
und Kältetechnik

Herausgegeben von
Dr.-Ing. Winfried Hönmann

64. Auflage

Mit 2068 Abbildungen und 344 Tafeln
sowie drei Einschlagtafeln

R. Oldenbourg Verlag München Wien

Zuschriften bezüglich des Textteils sowie Mitteilungen über neue oder verbesserte Erzeugnisse und Verfahren werden erbeten an:

Dr.-Ing. Winfried Hönmann
Günzelburgweg 4
7000 Stuttgart 30

Zuschriften bezüglich des Anzeigenteils werden erbeten an
R. Oldenbourg Verlag GmbH, Rosenheimer Straße 145, 8000 München 80



Gesamtherstellung R. Oldenbourg, Graphische Betriebe GmbH, München
Printed in Germany

ISBN 3-486-35914-2

# Vorwort zur 64. Auflage 1988/89

Die vorliegende Auflage wurde vom Herausgeber wieder unter der bisher bewährten Zielrichtung bearbeitet: Das Taschenbuch soll als Nachschlagewerk für den aktuellen Stand der Technik im Bereich der Gebäudeausrüstung Arbeitshilfe geben bei der Konzeption, Planung und Ausführung haustechnischer Anlagen. Es richtet sich sowohl an Ingenieure und Techniker als auch an Architekten und Bauingenieure. Ferner richtet sich das Buch an alle anderen Interessierten im Bereich der Versorgungstechnik, wie Betreiber von Anlagen, Energieversorger, Baubehörden, Institute in Lehre und Forschung sowie auch an Studenten, denen das Buch beim Einstieg in die Praxis helfen möge.

Es wurde versucht, den Umfang des Buches mit Rücksicht auf Handlichkeit und Kosten zu reduzieren, wozu ein ausgewählter Kreis von Lesern befragt wurde. Es bestätigte sich, daß Umfang und Inhalt sich nach der Entwicklung der Technik zu richten haben: Neue Gebiete kommen hinzu, alte verlieren an Bedeutung, letzteres jedoch in geringerem Umfang als ersteres, so daß ein leicht anwachsender Umfang unvermeidbar ist, wenn die Vollständigkeit der behandelten 6 Abschnitte in einer Ausgabe erhalten bleiben soll. Dies trifft auch für die 64. Auflage wieder zu.

Nach dem Rückgang der Energiepreise für Öl und Gas bei gleichzeitig eher steigendem Strompreis haben sich die Wirtschaftlichkeitsbetrachtungen stark verschoben. Die betreffenden Beispiele wurden in allen Abschnitten aktualisiert. Die Aussage zur Wirtschaftlichkeit der Energieträger hat sich gegenüber den vorangegangenen Auflagen dadurch erheblich geändert. Die Aussichten für die Elektro-Wärmepumpe und die Wärmerückgewinnung bei Wohnungslüftung sind infolgedessen gedämpft.

Dem steht jedoch die begrenzte Verfügbarkeit gerade von Öl, Gas und sogar Uran gegenüber sowie der Beitrag zum Umweltschutz durch Energiesparen.

Weitere abschnittsübergreifende Schwerpunktsthemen dieser Auflage sind: Fragen der äußeren Umweltbelastung und der inneren Luftqualität, der Behaglichkeit und das Vordringen der Mikroelektronik in allen Bereichen der Versorgungstechnik.

In den einzelnen Abschnitten wurden u. a. folgende Änderungen und Ergänzungen vorgenommen:

*Grundlagen:* Die Definitionen zur Radioaktivität wurden aus gegebenem Anlaß auf neuesten Stand gebracht. Die wichtigsten Erkenntnisse zur Legionärskrankheit und Auswirkung von Radon und ähnlichen Schadstoffen wurden behandelt. Die neuesten MAK-Werte wurden aufgelistet. Grundlagen der Geruchsmeßtechnik werden behandelt.

Die Behaglichkeitskriterien nach der neuen ISO 7730 wurden eingeführt, ebenso der letzte Stand über Infraschall-Einwirkung.

Bei der Regelungstechnik wurden die neuesten mikroelektronischen Entwicklungen im Bereich der DDC aufgenommen. Bei der Meßtechnik wurden Gasanalyse-Computer aufgenommen sowie Staukörper zur querschnittsintegrierenden und meßwertverstärkenden Anzeige bei Durchflußmessungen zur Regelung von VVS-Systemen.

Im Abschnitt Energie wurden die Daten der Energiewirtschaft auf neuesten Stand gebracht. Auf der Basis der Erkenntnisse der Weltenergiekonferenz 1986 wurden die neuesten Prognosen für Verbrauch und Reichweite der verschiedenen Energieträger dargestellt. Auch die Kosten und Chancen alternativer Energien werden nach neuesten Erkenntnissen behandelt.

Im Abschnitt Umwelt werden die Auswirkungen der neuen TA-Luft 1986 auf kleinere Feuerungsanlagen und Altanlagen dargestellt.

*Heizung:* Die Daten der Fernwärmewirtschaft wurden aktualisiert. Neu aufgenommen wurden ein Abschnitt über kalte Fernwärme, die Auswirkung des neuen Wasserhaushaltungsgesetzes auf die Arbeit der Fachbetriebe und der neuen TRGI 1986 auf die Gasanschlüsse.

Völlig überarbeitet wurde der Abschnitt Kessel unter besonderer Berücksichtigung der Niedertemperaturkessel und der Brennwerttechnik einschließlich Kondensatwirtschaft nach neuer ATV-Richtlinie. Energetischer Nutzen und konstruktive Lösungen werden neu dargestellt. Für Thermokessel wurden die Stoffwerte der Wärmeträgermedien aktualisiert. Bei den Gas- und Ölbrennern wird berichtet über die Neuentwicklungen zur Verbesserung der Verbrennungsgüte und Verringerung der Stillstandsverluste, ferner über konstruktive Maßnahmen zur Verringerung der $NO_x$-Bildung.

Bei der Heizungsregelung wurden die neuesten mikroelektronischen Entwicklungen sowohl für die Heizzentralen als auch für den Raum behandelt.

Der Abschnitt für Dehnungsausgleicher wurde überarbeitet.

Für die Berechnung von Heizungsrohrnetzen wurden Beispiele für Ein- und Zweirohrheizung erneuert, ebenso die Tafeln für das Druckgefälle von verschiedenen Stahlrohren. Bei den Heizungskosten werden die neuen Preisrelationen zwischen fossilen Brennstoffen und Strom berücksichtigt, was zu einer Neubewertung der elektrischen Wärmepumpe führt.

Die wesentlich verbesserte Dämmwirkung neuer Wärmeschutzgläser wird dargestellt.

In Hinsicht auf die steigende Marktbedeutung entstand ein neuer Abschnitt über Modernisierung von Heizungsanlagen mit Darstellung der Einsparungen bei Energie und Steuer.

*Lüftung und Klimatechnik:* Die Terminologie nach neuer DIN 1946 Teil 2 wurde eingeführt. Neu aufgenommen wurden Rauch- und Wärmeabzugsanlagen nach DIN 18232 sowie Brandgasventilatoren und deren normgerechte Auslegung. Auf die neue Norm zu den technischen Lieferbedingungen für Ventilatoren wird auszugsweise hingewiesen.

Bei Luftwäschern wird der Einfluß des Salzgehalts des Wassers auf die Tropfenabscheidung behandelt. Neu aufgenommen wurden das Luftbefeuchtungsfilter zur Befeuchtung und der rotierende regenerative Sorptionstrockner zur Entfeuchtung.

Bei den Luftauslässen werden die gestiegenen Anforderungen an die Raumströmungsparameter berücksichtigt durch Anmerkungen zur Quellüftung, neue Ausarbeitungen zur nicht isothermen Strahllüftung sowie durch eine neue Übersicht über die Anwendungsbereiche der verschiedenen Luftauslaßtypen und -Systeme.

Bei der Regelung dominieren die neuen Entwicklungen im Bereich der digitalen MSR-Technik, deren Trend zur Kommunikation mit Personal-Computern als zentrale Bedienstation und Leitwarte behandelt wird, u.a. mit dem neuen Abschnitt über lokale Netzwerke (LAN).

Der Gesamtenergieverbrauch klimatisierter Büros und die einzelnen Komponenten werden neu dargestellt, ebenso der Vergleich des spez. Energieverbrauchs verschiedener Systeme vor dem Hintergrund der neuen Preisrelationen der Energieträger. In der Kühllastberechnung wird beim Speicherfaktor auf eine Besonderheit bei teilweise beschatteter Fensterfläche hingewiesen.

*Brauchwasser:* Der Abschnitt wurde diesmal besonders intensiv überarbeitet unter Berücksichtigung der Verordnungen und neuen technischen Entwicklungen zur Energieeinsparung im Bereich der Speicher und Kessel. Hierzu gehört auch die elektrische Begleitheizung als Ersatz für die frühere Zirkulationsleitung.

Die Brauchwassererwärmung durch Fernwärme wurde neu überarbeitet.

Neue Berechnungen zur Bestimmung der Leistung des Wassererwärmers werden mit älteren Methoden verglichen. Die Berechnung der Wasserrohrleitung nach neuer TRGI 1986 wird durch ausführliche Beispiele erläutert.

Auch bei der Brauchwassererwärmung werden die verschiedenen Systeme bezüglich der Energie- und Gesamtkosten miteinander verglichen. Die neuen Preisrelationen belasten die elektrische direkte Erwärmung und insbesondere die Wärmepumpe.

*Industrielle Absaugung:* Es wurden nur kleine, vornehmlich formale Änderungen vorgenommen. Auf die Bedeutung des Zusammenhangs zwischen Arbeitsschutz, Umweltschutz und Energieeinsparung und die damit gegebene Verknüpfung zu den anderen Abschnitten des Taschenbuches wird hingewiesen.

*Kältetechnik:* Das Bildmaterial insbesondere für Wärmepumpen wurde gestrafft. Die Arbeitsprinzipien neuer Verdichterformen werden dargestellt. Ein neuer Abschnitt behandelt elektronische Expansionsventile. In diesem Zusammenhang wird auch der Regelung von Kältemaschinen im häufig auftretendem Teillastbereich besondere Beachtung geschenkt. Ein neuer umfangreicher Abschnitt entstand über Kälte- und Eisspeicher mit ausführlichen Beispielen zur Dimensionierung und Wirtschaftlichkeitsberechnung.

*Anhang:* Selbstverständlich wurden wieder die Angaben über Verordnungen, Normen, Richtlinien, Verbände und zur Literatur sorgfältig aktualisiert (Stand Juni 1987).

Eine große Zahl von Fachkollegen hat an der Neubearbeitung verschiedener Abschnitte dieser Auflage mitgearbeitet, wobei besonders zu erwähnen sind:

Dr.-Ing. H. Jüttemann, Karlsruhe: Elektrische Raumheizgeräte (Abschn. 221-8), Absorptions- und Gasmotor-Wärmepumpen (225-18 und -19) und Wärmerückgewinnung (339)

Dipl.-Ing. D. Bublitz und Dipl.-Ing. G. Jämmrich, Berlin: Fernheizung und Heizkraftwirtschaft (Abschn. 223 und 224)

Dipl.-Ing. G. Böhm, Allendorf: Heizkessel (Abschn. 231)

Dipl.-Ing. U. Andreas, Allendorf, und Dr.-Ing. D. Wolff, Liebenburg: Regelung bei Heizungsanlagen (Absch. 236-4)

D. Bombis, Vilters (Schweiz): Öl- und Gasbrenner (Abschn. 236-8 und -9)

Dr.-Ing. G. Nehring, Stuttgart: Ausführung der Heizung (Abschn. 25)

Dr.-Ing. D. Wolff, Liebenburg: Heizungskosten (Abschn. 266)

Dr.-Ing. T. Rakoczy, Köln: Luftbehandlungssysteme (Abschn. 32) und Ausführung der Lüftung (Abschn. 36)

Dr.-Ing. P. Paikert: Lufterhitzer und Luftkühler (Abschn. 332)

B. Regenscheit, Aachen: Luftverteilung (Abschn. 336-4)

Dipl.-Ing. E. Prochaska, Vaihingen: Regelungstechnische Grundlagen (Abschn. 17) und Regelung in der Klimatechnik (Abschn. 338)

Dr.-Ing. H. Brockmeyer, München: Lüftungstechnische Geräte (Abschn. 34)

Dipl.-Ing. H. Schmitz, Braunsfeld: Brauchwasserversorgung (Abschn. 4)

Dipl.-Ing. R.-D. Paulmann, Alzenau: Brauchwassererwärmung mit Fernwärme (Abschn. 422-44)

Dipl.-Ing. G. Trenkowitz, Mannheim: Kältetechnik (Abschn. 6)

Dipl.-Ing. B. Leyendecker und Dipl.-Ing. H.-J. Schultz, Frankfurt (Abschn. 76)

Ihnen allen sei bestens gedankt.

Der frühere Herausgeber Dipl.-Ing. E. Sprenger hat durch zahlreiche Beiträge zu dieser Ausgabe des Taschenbuchs nochmals seine langjährige Erfahrung zur Verfügung gestellt. Ihm gebührt hierfür mein besonderer Dank und Anerkennung für die nachhaltige Bedeutung, zu der er dieses Buch in unserem Fachgebiet geführt hat.

Auch meinem ehemaligen Kollegen Dipl.-Ing. K. Schloz sei gedankt für seine hilfreiche Mitarbeit bei der Straffung des Umfanges.

Dem Taschenbuch liegt wieder eine Postkarte bei, auf der von den Lesern Mitteilungen über Fehler sowie Wünsche auf Verbesserungen oder Erweiterungen erbeten werden. Den zahlreichen Lesern, die die Postkarte der letzten Auflage an den Autor schickten, sei ebenfalls bestens gedankt. Alle Einsendungen werden beantwortet und Ihre Vorschläge nach Möglichkeit berücksichtigt.

Einige der früheren Auflagen liegen bereits mit 6 Übersetzungen in fremden Sprachen vor, und zwar: Spanisch, Polnisch, Griechisch, Slowakisch, Französisch, Jugoslawisch. Herausgeber und Mitarbeiter hoffen, daß auch die vorliegende neue Auflage des Taschenbuches die Zustimmung der Leser findet.

Stuttgart, im Herbst 1987 Winfried Hönmann

# Inhaltsverzeichnis

**22 Heizungssysteme**



**23 Bestandteile der Heizungsanlagen**

**26 Architekt, Bauherr und Heizung**



## 3. Lüftungs- und Klimatechnik

**31 Allgemeines**



**32 Luftbehandlungssysteme**



**33 Bestandteile**

# Abkürzungsverzeichnis

| | |
|---|---|
| AD | Arbeitsgemeinschaft Druckbehälter im DDA |
| AMEV | Arbeitskreis Maschinen- und Elektrotechnik staatlicher und kommunaler Verwaltungen |
| Argebau | Arbeitsgemeinschaft der für das Bauwesen zuständigen Minister, Bonn |
| ASR | Arbeitsstätten-Richtlinien |
| ASHRAE | American Society of Heating, Refrigeration and Air-Conditioning Engeneers, Inc. |
| AG FW | Arbeitsgemeinschaft Fernwärme, Frankfurt a. M. |
| ATV | Abwassertechnische Vereinigung, St. Augustin |
| BAM | Bundesanstalt für Materialprüfung, Berlin |
| BDA | Bund Deutscher Architekten, Bonn |
| BDI | Bundesverband der Deutschen Industrie, Köln |
| BGA | Bundesgesundheitsamt, Berlin |
| BGBl | Bundesgesetzblatt |
| BHKS | Bundesverband Heizung – Klima – Sanitär, Bonn |
| BHKW | Blockheizkraftwerk |
| BImSchG | Bundesimmissionsschutz-Gesetz |
| BMFT | Bundesministerium für Forschung und Technologie |
| BMWi | Bundesministerium für Wirtschaft |
| BSE | Bundesverband Solarenergie, Essen |
| BVOG | Bundesverband Öl- und Gasfeuerung (Energie – Umwelt – Feuerungen) |
| BWE | Brauchwassererwärmer |
| BWK | Brennstoff – Wärme – Kraft (Zeitschrift) |
| BWV | Brauchwasser-Versorgung |
| CCI | Clima – Commerce – International (Zeitung) |
| CEN | Comitée für europäische Normen |
| DAI | Deutscher Ingenieur- und Architektenverband, Bonn |
| DDA | Deutscher Dampfkesselausschuß, Essen |
| DDC | Direct Digital Control (Mikroelektronische, digitale Regelung) |
| DGS | Deutsche Gesellschaft für Sonnenenergie, München |
| DIN | Deutsches Institut für Normung |
| DK | Dezimal-Klassifikation |
| DKV | Deutscher Kälte- und Klimatechniker Verein, Stuttgart |
| DVGW | Deutscher Verein des Gas- und Wasserfachs, Eschborn |
| EDV | Elektronische Datenverarbeitung |
| EN | Europäische Norm |
| EnEG | Energieeinsparungsgesetz |
| ETA | Elektrowärme im Technischen Ausbau (Zeitschrift) |
| EVU | Elektrizitäts-Versorgungsunternehmen |
| FGK | Fachinstitut Gebäude-Klima, Stuttgart |
| FLT | Forschungsvereinigung für Luft- und Trocknungstechnik, Frankfurt a. M. |
| FNHL | Fachnormenausschuß Heizung und Lüftung |
| FT | Feuerungstechnik (Zeitschrift) |
| FTA | Förderungsgemeinschaft Technischer Ausbau – Autorengemeinschaft, Bonn |
| FWI | Fernwärme International (Zeitschrift) |
| GET | VDI-Gesellschaft Energietechnik |
| GFHK | Gesellschaft zur Förderung der Heizungs- und Klimatechnik, Hilden |
| GI | Gesundheits-Ingenieur (Zeitschrift) |
| GWF | Gas- und Wasserfach (Zeitschrift) |
| HBR | Heizölbehälter-Richtlinien |
| HEA | Hauptberatungsstelle für Elektrizitätsanwendungen, Frankfurt a. M. |

| | |
|---|---|
| HKI | Heiz- und Kochgeräte-Industrie, Frankfurt a. M. |
| HKW | Heizkraftwerk |
| HLH | Heizung – Lüftung – Haustechnik (Zeitschrift) |
| HLK | Heizung – Lüftung – Klimatechnik |
| HOAI | Honorarordnung für Architekten und Ingenieure |
| HR | Haustechnische Rundschau (Zeitschrift) |
| IEA | International Energie Agentur (Paris) |
| IEC | Internationale Elektrotechnische Commission |
| IKZ | Zeitschrift für Sanitär – Heizung – Klima (Zeitschrift) |
| ISO | International Standard Organisation |
| Ki | Klima – Kälte – Heizung (Zeitschrift) |
| KKT | Kälte und Klimatechnik (Zeitschrift) |
| MPA | Material-Prüfungsanstalt |
| MSR | Meß-, Steuer-, Regeltechnik |
| NA | Normen-Ausschuß |
| NHR | Normenausschuß Heizung und Raumlufttechnik |
| PTB | Physikalisch-Technische Bundesanstalt, Braunschweig |
| RAL | Reichsausschuß für Lieferbedingungen |
| RKW | Rationalisierungskuratorium der Deutschen Wirtschaft, Frankfurt a. M. |
| RLT | Raumlufttechnische Anlage |
| RWA | Rauch- und Wärmeabzugsanlagen |
| RWE | Rheinisch-Westfälisches Elektrizitätswerk |
| SBZ | Sanitär-, Heizungs- und Klimatechnik (Zeitschrift) |
| SHT | Sanitär- und Heizungstechnik (Zeitschrift) |
| SKE | Steinkohlen-Einheit |
| StLB | Standard-Leistungsbuch |
| TAB | Technik am Bau (Zeitschrift) |
| TA-Luft | Technische Anleitung zur Reinhaltung der Luft |
| TGA | VDI-Gesellschaft Technische Gebäudeausrüstung |
| TRD | Technische Regeln für Dampfkessel |
| TRF | Technische Regeln für Flüssiggas |
| TRGI | Technische Regeln für Gasinstallationen |
| TÜV | Technischer Überwachungsverein |
| UVV | Unfallverhütungsvorschriften |
| VbF | Verordnung über brennbare Flüssigkeiten |
| VBG | Verband der gewerblichen Berufsgenossenschaften, Bonn |
| VDE | Verband Deutscher Elektrotechniker, Frankfurt a. M. |
| VDEW | Vereinigung Deutscher Elektrizitätswerke, Frankfurt a. M. |
| VDI | Verein Deutscher Ingenieure, Düsseldorf |
| VDKF | Verband Deutscher Kälte-Klima-Fachleute (Fellbach) |
| VDMA | Verband Deutscher Maschinen- und Anlagenbau, Frankfurt a. M. |
| VdTÜV | Vereinigung der technischen Überwachungsvereine, Essen |
| VDZ | Vereinigung der Deutschen Zentralheizungswirtschaft, Hagen |
| VO | Verordnung |
| VOB | Verdingungsordnung für Bauleistungen |
| VVS | Variables Volumen System |
| WP | Wärmepumpe |
| WRG | Wärmerückgewinnung |
| WSVO | Wärmeschutzverordnung |
| ZDH | Zentralverband des Deutschen Handwerks, Bonn |
| ZfG | Zentrale für Gasverwendung, Frankfurt a. M. |
| ZLT | Zentrale Leittechnik |
| ZTA | Zusammenstellung Technischer Anforderungen |
| ZVH | Zentralvereinigung Heizungskomponenten (Hagen) |
| ZVSHK | Zentralverband Sanitär Heizung Klima (St. Augustin) |

# 1. Grundlagen der Heizungs- und Klimatechnik

## 11 METEOROLOGISCHE GRUNDLAGEN

### 111 Die Luft

#### -1 REINE LUFT

Die Luft umgibt die Erdkugel allseitig in Form einer Hülle. Die untere der Erdoberfläche anliegende Schicht nennt man *Troposphäre*, die in unseren Breiten bis etwa 11 km reicht. Darauf folgen die *Stratosphäre* (11 bis 75 km) und *Ionosphäre* (75 bis 600 km).

Der durch das Gewicht der Luft verursachte Druck an der Erdoberfläche beträgt im Mittel $p = 1{,}013$ bar. Bei gleichmäßiger Dichte der Luft würde sich hieraus rechnerisch eine Höhe der Atmosphäre von

$$h = \frac{p}{\varrho g} = \frac{1{,}013 \cdot 10^5}{1{,}293 \cdot 9{,}81} = 7990 \text{ m}$$

ergeben, wobei $\varrho = 1{,}293$ die Dichte der Luft bei 0 °C in kg/m³ und $g = 9{,}81$ m/s² die Fallbeschleunigung ist. In Wirklichkeit nimmt jedoch die Dichte und die Temperatur der Luft mit der Höhe ab (Tafel 111-1).

**Tafel 111-1. Abnahme des Luftdrucks und der Temperatur mit der Höhe**
(Norm-Atmosphäre, DIN ISO 2533 Dez. 79)

| Höhe km | 0 | 0,5 | 1,0 | 2 | 3 | 4 | 6 | 8 | 10 | 15 | 20 |
|---|---|---|---|---|---|---|---|---|---|---|---|
| Luftdruck mbar | 1013 | 955 | 899 | 795 | 701 | 616 | 472 | 356 | 264 | 120 | 55 |
| Temperatur °C | 15 | 11,8 | 8,5 | 2,04 | −4,5 | −11 | −24 | −37 | −50 | −55 | −55 |

Abnahme der Temperatur mit der Höhe: 6,5 K je km bis 11 km Höhe. Von 11 km bis etwa 20 km Temperatur annähernd gleichbleibend bei etwa −55 °C. In 20 bis 47 km Höhe Temperaturanstieg durch Ozonbildung bis etwa 0 °C, dann wieder Temperaturfall.

**Tafel 111-2. Zusammensetzung trockener reiner Luft**

| Gas | Formel | Gew.-% | Vol.-% |
|---|---|---|---|
| Sauerstoff | $O_2$ | 23,01 | 20,93 |
| Stickstoff | $N_2$ | 75,51 | 78,10 |
| Argon | Ar | 1,286 | 0,9325 |
| Kohlendioxyd | $CO_2$ | 0,04 | 0,03 |
| Wasserstoff | $H_2$ | 0,001 | 0,01 |
| Neon | Ne | 0,0012 | 0,0018 |
| Helium | He | 0,00007 | 0,0005 |
| Krypton | Kr | 0,0003 | 0,0001 |
| Xenon | Xe | 0,00004 | 0,000009 |

Chemisch gesehen ist die Luft ein *Gemisch* verschiedener permanenter Gase, unter denen Stickstoff, Sauerstoff, Argon und $CO_2$ überwiegen, die zusammen ungefähr 99,99% des Gewichts ausmachen (Tafel 111-2). Die *Zusammensetzung* ändert sich an der Erdoberfläche örtlich und zeitlich nur sehr wenig, während in großen Höhen die leichten Gase Wasserstoff und Helium überwiegen. Sauerstoffabnahme 0,3% je km. Außer den permanenten Gasen ist in der Luft noch Wasserdampf in wechselnden Mengen vorhanden. Geringster Anteil fast 0% (bei tiefen Temperaturen), höchster Anteil etwa 3 Gew.-% ≈ 4 Vol.-%.

## -2 VERUNREINIGUNGEN

Siehe auch Abschnitt 19: Umweltschutz

### -21 Gase und Dämpfe[1])

In gewissen Mengen finden sich in der freien Luft abhängig von Gegend, Klima, Jahreszeit, Wetter und anderen Faktoren noch eine Anzahl weiterer Gase und Dämpfe, deren Quellen in der Hauptsache Industrie, Kraftwerke, Haushalt und Verkehr sind und von denen die wichtigsten folgende sind:

*Ozon* – $O_3$ – entsteht bei elektrischen Entladungen, Oxydations- und Verdunstungsvorgängen, in sehr geringen Mengen in der Atmosphäre nachweisbar, etwa 0,02 bis 0,1 mg/m³. Stechender Geruch. Bei Konzentration >0,2 mg/m³ bereits Reizungen. Ozonreiche See- oder Bergluft ist ein Indikator für hohen Reinheitsgrad der Luft, da Ozon schnell mit Luftverschmutzungen reagiert. Ozonmangel in der Atmosphäre – vor allem über dem Südpool – wird auf Chlorfluorkohlenwasserstoff (FCKW) aus Spraydosen zurückgeführt. Auch Kältemittel werden verdächtigt. Dadurch stärkere UV-Strahlung der Sonne mit Auswirkungen auf das Klima. Gefahr von Ernteeinbußen und Hautkrebs.

*Wasserstoffsuperoxyd* – $H_2O_2$ – entsteht wie Ozon, jedoch in größeren Mengen, in Niederschlägen nachweisbar, etwa 200 mg/m³.

*Kohlenmonoxyd* – CO – entsteht durch unvollkommene Verbrennung bei Feuerungen und anderen Verbrennungsvorgängen, daher namentlich in Städten und Industriegegenden nachweisbar, sehr giftig. Hauptquellen Kraftfahrzeuge und Hausbrand. In Abgasen von Otto-Motoren bis 8 Vol.-% nachweisbar, zulässig im Leerlauf 3,5 Vol.-%. Auch im Tabakrauch enthalten. Besonders gefährlich, da nicht wahrnehmbar.

| | | | |
|---|---|---|---|
| Vorkommen in Straßen mit normalem Verkehr | 25 ppm | = | 30 mg/m³ |
| Vorkommen in Straßen mit starkem Autoverkehr | 50 ppm | = | 60 mg/m³ |
| Vorkommen in Abgasen und Brandgasen bis | 3,0 Vol.-% | = | 36000 mg/m³ |

Auch in Wohnungen können, namentlich wenn geraucht wird, Konzentrationen von 50 und mehr mg/m³ vorkommen.

*Kohlendioxyd* – $CO_2$. Sein an sich geringer Anteil in der Luft erhöht sich langsam durch Verbrennungsprozesse, jährlich um etwa 1 ppm. Gegenwärtiger Gehalt rd. 340 ppm. Möglicher Einfluß auf das Klima wird befürchtet (Anstieg der Lufttemperatur).

*Schwefeldioxyd* – $SO_2$ – entsteht bei Verbrennung von Kohle und Heizöl, daher ebenfalls namentlich in Industriegegenden nachweisbar. Durchschnittlicher Schwefeldioxydgehalt bei Feuerungen siehe Tafel 191-3.

---

[1]) VDI-Handbuch: Reinhaltung der Luft. Düsseldorf, VDI-Verlag 1959/86. 6 Bände.
Lahmann, E.: Ges.-Ing. 5/75. S. 121/6 und 1/2-79. S. 17/22.
Fanger, P. O.: Ki 2/82. S. 437/8.
Baumüller, J., u. U. Reuter: Wärmetechn. 5/82. S. 185/8 und KKT 11/82. S. 486.
Kremer, H.: VDI-Bericht 486. S. 25/9 (1983).

Stadt- und Ferngase sowie Erdgase enthalten praktisch keinen Schwefel und sind daher die saubersten Brennstoffe. Bei den Heizölen werden mehr und mehr schwefelarme Rohöle verarbeitet. Bei der Verbrennung von Heizöl El mit 0,3% Schwefel enthalten die Abgase ca. 0,5 g $SO_2$ je $m^3$, Kohlekraftwerk ohne Entschwefelung 1…3 g $SO_2$ je $m^3$.

$SO_2$ wird in der Luft allmählich zu $SO_3$ oxydiert, das sich mit der Luftfeuchte zu Schwefelsäure ($H_2SO_4$) umsetzt.

Vorkommen in der Luft etwa 0,1 bis 1 $mg/m^3$ (0,04…0,4 ppm), räumlich und zeitlich sehr unterschiedlich, im Winter wesentlich höher als im Sommer. Schädlich für Pflanzenwelt bereits bei 0,5 $mg/m^3$, bei manchen Pflanzen auch noch weniger. Wirkung auf Menschen bereits ab 0,5 $mg/m^3$ (VDI-Richtlinie 2310). Unangenehmer Geruch, Reizung der Schleimhaut, gesundheitsschädlich.

*Ammoniak* – $NH_3$ – entsteht bei Fäulnis- und Zersetzungsvorgängen sowie Verschwelungen.

Vorkommen in freier Luft etwa 0,02 bis 0,05 $mg/m^3$.

*Nitrose Gase* – NO, $NO_2$ – entstehen durch Kraftverkehr und Feuerungsanlagen mit hohen Verbrennungstemperaturen über 1300 °C. Gelblich-rotbraune Farbe, stechender Geruch. Vorkommen in freier Luft 0,1…0,5 $mg/m^3$ ($NO_2$). Giftig, mit Wirkung ähnlich wie $SO_2$.

*Blei* als Aerosol in der Atmosphäre stammt überwiegend aus den Abgasen der Kraftfahrzeuge. Als Antiklopfmittel im Benzin enthalten. Mittlere Konzentration in der Luft 1…3 $\mu g/m^3$, in Hauptverkehrszeiten 25…30 $\mu g/m^3$, sehr giftig. Begrenzung durch das Benzinbleigesetz.

Weitere nicht regelmäßig in der Luft nachweisbare Gase und Dämpfe entstehen durch Ausdünstungen und Riechstoffe der Tiere und Pflanzen sowie durch Arbeitsvorgänge in Fabriken, namentlich chemischen Fabriken, Gießereien u. a.

Bei *Smog-Wetterlagen* (smoke und fog) hat man Konzentrationen von 4 und mehr $mg/m^3$ an Staub und $SO_2$ gemessen.

Beim Vergleich von Umweltverschmutzungen müssen sowohl die verschiedenen Quellen wie CO, $SO_2$, $NO_x$ usw. als auch die verschiedenen Gebiete wie Stadtkern, Industriegegend u. a. in Betracht gezogen werden. In der Regel zeigt die Schadstoffbelastung der Luft einen tages- und jahreszeitlichen Verlauf. So wird $SO_2$ aus Heizungen hauptsächlich im Winter emittiert. Im Laufe der Zeit kann eine *Absorption* der Schadstoffe durch Regen, Schnee, Ozon und Filterwirkung der Vegetation u. a. erfolgen.

Siehe auch Abschnitt 19.

In *Wohnräumen* lassen sich außer den erwähnten Bestandteilen gelegentlich noch andere Beimengungen der Luft nachweisen. Aus Spanplatten und Harnstoff-Isolierschaum tritt Formaldehyd aus. In Wohnungen tolerierbar 0,12 $mg/m^3 = 0,1$ ppm. Messungen[1]) ergaben bis 0,6 $mg/m^3$. Ferner wird aus Holzfarben herrührend Pentachlorphenol (PCP) gefunden.

In mehreren Ländern wurden in Häusern radioaktive Teilchen in der Luft nachgewiesen. Quellen sind die radioaktiven Edelgase *Radon* und *Thoron*, die als Zerfallsprodukte aus Uran/Radium bzw. Thorium entstehen und überall in der Natur vorkommen. Radon und Thoron gelangen aus dem Boden, Baustoffen oder Wasser in die Luft, zerfallen weiter in Blei und Pollonium, die sich an Staubpartikel in der Luft anlagern und durch Inhalation lungengängig sind. Dadurch kann Lungenkrebs auftreten, wie an besonders exponierten Bergarbeitern nachgewiesen wurde. Gemessene Mittelwerte für Radon-Konzentration in der Raumluft von Wohnungen 50 $Bq/m^3$, jedoch mit breiter Streuung. Als kritischer Wert wird derzeit 500 $Bq/m^3$ angesehen. Hauptquelle der Radonzufuhr aus dem Boden. Beseitigung durch Lüften vorzugsweise im Bodenbereich (Keller).[2])

In gewerblichen Betrieben treten je nach der Art des Arbeitsprozesses häufig weitere Gase und Dämpfe, manchmal in gefährlicher Menge auf, so daß die in solchen Räumen arbeitenden Personen durch besondere gewerbehygienische Vorschriften geschützt werden. Siehe auch Tafel 123-9.

[1]) Wanner, H. U.: TAB 8/83. S. 645/8.

[2]) Empfehlung der Strahlenschutzkommission, Bundesanzeiger vom 8. 1. 86 und CCI 2/86.

Außerdem existiert für neue Anlagen eines Gewerbebetriebs noch ab 1.5.76 als Rahmenwerk die *„Arbeitsstättenverordnung"*, die Richtlinien über Verhältnisse am Arbeitsplatz enthält (BGBl. I S. 729). Sie wird durch Ausführungsbestimmungen ergänzt, z. B. für Raumtemperaturen, Lüftung, Schutz vor Zugluft u. a.

Meßgeräte siehe Abschnitt 109-7 u. -8.

## -22 Staub

*Definition*

Unter Staub versteht man in der Luft verteilte, disperse Feststoffe beliebiger Form, Struktur und Dichte, die nach Feinheit unterteilt werden können (Grobstaub $>10\ \mu m$, Feinstaub $1 \cdots 10\ \mu m$, Feinststaub $<1\ \mu m$). Teilchengrößen etwa zwischen 0,1 bis 1000 $\mu m$. Sie folgen bei der Bewegung in ruhender Luft nicht den Fallgesetzen, sondern setzen sich mehr oder weniger langsam ab. Ihre Fallgeschwindigkeit in ruhender Luft von 20 °C ist nach dem Gesetz von Stokes (Tafel 111-4):

$$v = 3 \cdot 10^4 \cdot \varrho \cdot d^2$$

$v$ = Fallgeschwindigkeit m/s
$\varrho$ = Dichte $kg/m^3$
$d$ = Äquivalenter Durchmesser m

Teilchen unter $0{,}1\ \mu m$ werden als Kolloidstaub bezeichnet, ihre Bewegung ist ähnlich derjenigen von Molekülen (Brownsche Bewegung), sie gehorcht nicht dem Gesetz von Stokes. Sichtbar sind nur Teilchen $>20 \cdots 30\ \mu m$.

**Tafel 111-4. Fallgeschwindigkeiten von Staubteilchen in Luft von 20 °C nach dem Gesetz von Stokes**

| Äquivalenter Ø in $\mu m$ | Fallgeschwindigkeit in cm/s | | Fallweg je Stunde in m | |
|---|---|---|---|---|
| | $\varrho = 1000\ kg/m^3$ | $\varrho = 2000\ kg/m^3$ | $\varrho = 1000\ kg/m^3$ | $\varrho = 2000\ kg/m^3$ |
| 10 | 0,3 | 0,6 | 10,8 | 21,6 |
| 1 | 0,003 | 0,006 | 0,108 | 0,216 |
| 0,1 | 0,00003 | 0,00006 | 0,00108 | 0,00216 |

*Weitere Definitionen*

*Ruß:* Fein verteilter, meist geflockter fast reiner Kohlenstoff, der bei unvollkommener Verbrennung entsteht, lästig durch Schmutzbildung. Korrosiv, Größe etwa 1 $\mu m$ und mehr.

*Rauch:* Aus Verbrennungen herrührende luftfremde Stoffe, enthaltend Asche, Ruß, teerige und flüssige Bestandteile, Metallverbindungen, Wasser, Gase und Dämpfe. Durchmesser der Teilchen $0{,}01 \cdots 1{,}0\ \mu m$.

*Aerosole:* Feste oder flüssige Stoffe in feinster Verteilung in einem Gas, Größe $0{,}01 \cdots 0{,}1\ \mu m$.

*Dunst:* Sichtvermindernde Anhäufung feinster Teilchen in der Luft.
Sichtweite $<1$ km. Korngröße meist $<1\ \mu m$.

*Flugstaub:* Feste Bestandteile des Auswurfs aus Schornsteinen.

*Nebel:* Fein verteilte Wassertröpfchen in der Luft, Größe ca. 1 bis 50 $\mu m$. Sichtweite $<1$ km.

*Emission:* Austritt von Verunreinigungen in die Luft; fest, flüssig oder gasförmig; angegeben in $g/m^3$ oder $g/Nm^3$ (z. B. bei einem Schornstein).

*Auswurf:* Emission bei Schornsteinen, Fortluftkanälen usw.; angegeben in $g/m^3$ oder $g/m^2$ h u. a.

*Smog:* Zusammengezogen aus smoke (Rauch) und fog (Nebel), ein ruß- und staubreicher Nebel, insbesonders bei Inversionswetterlagen.

*Immission:* Einfallen von Luftverunreinigungen in Bodennähe.

*MIK-Wert:* Maximal zulässige Konzentration luftfremder Stoffe in Bodennähe bei Staub-Niederschlag. Als Grenzwert bei Kurzeinwirkung gilt die höchstzulässige Durchschnittskonzentration innerhalb einer Halbstunde. Zulässige Kurzzeitkonzentration z. B. bei $SO_2$: 0,40 $mg/m^3$, Langzeitkonzentration 0,14 $mg/m^3$ (Immissionsschutzgesetz).

**Tafel 111-5. Mittlerer Staubgehalt der Luft*)**

| Gebiet | Mittlere Konzentration mg/m³ | Max. Kornhäufigkeit μm | Größtes Korn etwa in μm |
|---|---|---|---|
| Landgegend | | | |
| bei Regen | 0,05 | 0,8 | 4 |
| bei Trockenheit | 0,10 | 2,0 | 25 |
| Großstadtgebiet | | | |
| Wohngegend | 0,10 | 7,0 | 60 |
| Industriegegend | 0,30···0,5 | 20 | 100 |
| Industriegebiete | 1,0···3,0 | 60 | 1000 |
| Wohnräume | 1···2 | – | – |
| Warenhäuser | 2···5 | – | – |
| Werkstätten | 1···10 | – | – |
| Zementfabriken | 100···200 | – | – |
| Grubenluft | 100···300 | – | – |
| Abgase von Kokskesseln | | | |
| handbeschickt | 10···50 | – | – |
| mechanisch | 100···200 | – | – |
| Abgase techn. Feuerungen | 1000···15000 | – | – |

*) Siehe auch VDI-Handbuch: Reinhaltung der Luft. 6 Bände mit über 200 Richtlinien. 1959 bis 1986.

*Zusammensetzung des Staubes*

*Anorganische Bestandteile* wie Sand, Ruß, Kohle, Asche, Kalk, Metalle, Steinstäubchen, Zement u.a.

*Organische Bestandteile* wie Pflanzenteilchen, Samen, Pollen, Sporen, Härchen, Textilfasern, Mehl u.a.

*Entstehung*

Auf natürliche Weise durch Verwitterung und Zerfall, Meteore, Winde und Stürme, Brände, Vulkanausbrüche, Fäulnis usw. Durch menschliche Tätigkeit wie Heizungen, Verbrennungen, mechanische und chemische Arbeitsvorgänge, Straßen- und Eisenbahnverkehr, Verschleiß von Kleidung und Geräten usw. Große Staubmengen insbesondere bei bestimmten Arbeitsprozessen in der Industrie wie Zement- und Textilfabriken, Gießereien, Putzereien, Sandstrahlbläsereien u.a. (gewerblicher Staub).

*Konzentration*

Der Gehalt der freien atmosphärischen Luft an Staubteilchen ist außerordentlich veränderlich und stark abhängig vom Wetter, namentlich Wind und Regen, sowie der Tages- und Jahreszeit, im Jahresmittel 0···0,2 mg/m³. In Städten höher als auf dem Lande.

Es gibt zahlreiche verschiedene Methoden zur Messung der Staubmengen. Messungen untereinander jedoch nicht vergleichbar. Angaben über den Staubgehalt der Luft in Tafel 111-5. Zahl der Staubteilchen $< 1$ μm größenordnungsmäßig auf dem Lande etwa 10 Mio. je m³, in Städten etwa das 10fache. In Raucherräumen hat man Staubteilchen von etwa 1000 Mio. je m³ ermittelt.

Staubgehalt der Luft im Winter im allgemeinen höher als im Sommer (Einfluß der Heizungen), im Sommer Verkehrsstaub vorherrschend (Straßendeckenverschleiß). Durch Regen wird die Luft gereinigt, daher nach Regenfällen Luft am reinsten. In Städten hat man bei Prüfung der Staubverteilung in senkrechter Richtung gefunden, daß eine Staubschicht sich etwa bis 3 m oder 4 m über der Erdoberfläche (Verkehrsstaub), eine zweite Schicht über den Dächern erstreckt (Heizungsstaub). Staubgehalt in etwa proportional der Zahl der Stadtbewohner.

Obere zumutbare Grenzwerte für *Staubniederschlag*, insbesondere Ruß[1])

| | |
|---|---|
| im allgemeinen | 10···15 g/m² und Monat |
| in Industriegegenden | 20···30 g/m² und Monat |
| in Kurgebieten | 2···10 g/m² und Monat |

[1]) Lahmann, E., u. W. Fett: Ges.-Ing. 5/80. S. 149/55.
MAK-Werte siehe Tafel 123-9.

*Größe und Zahl der Staubteilchen*

siehe Bild 111-5 u. -8. Partikel unter 1 μm umfassen etwa

30% des Gewichtes aller Partikel
70% der Oberfläche aller Partikel
99,9% der Zahl aller Partikel.

Korngrößenverteilung in Großstadtluft siehe Tafel 111-8.

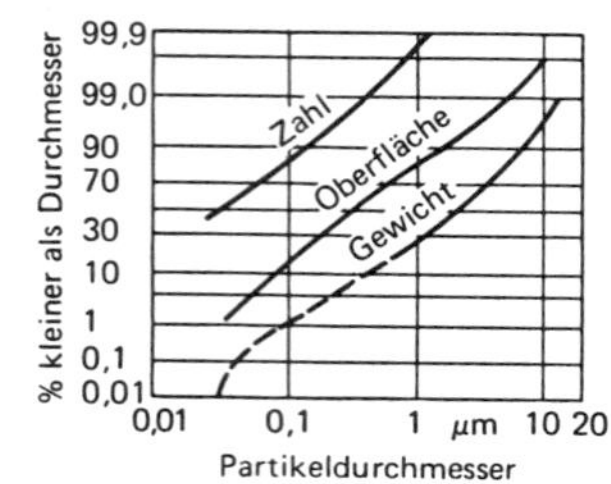


Bild 111-5. Größenverteilung des atmosphärischen Staubes (nach Camfil).

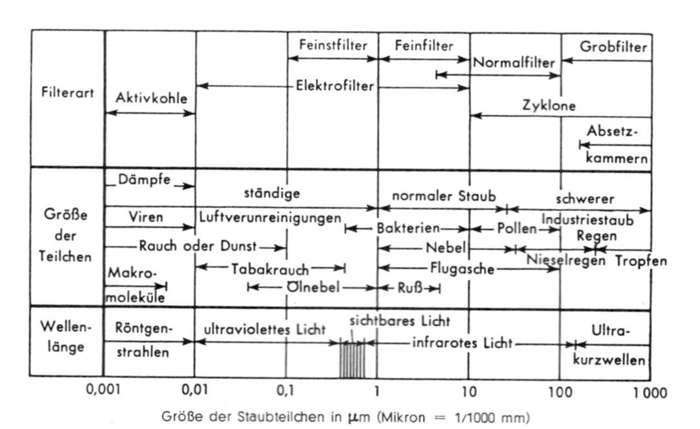


Bild 111-8. Partikelgrößen einiger Staubarten in der Luft.

**Tafel 111-8. Mittlere Korngrößenverteilung von Staub in Großstadtluft**
bei einer Menge von 0,75 mg/m³ ($\varrho$ = 1000 kg/m³)

| Größenbereich μm | Mittlere Größe μm | Teilchenzahl je m³ in 1000 | Volumen-% = Gewichts-% ≈ |
|---|---|---|---|
| 10⋯30 | 20 | 50 | 28 |
| 5⋯10 | 7,5 | 1750 | 52 |
| 3⋯5 | 4 | 2500 | 11 |
| 1⋯3 | 2 | 10700 | 6 |
| 0,5⋯1 | 0,75 | 67000 | 2 |
| 0⋯0,5 | 0,25 | 910000 | 1 |
| | | | 100 |

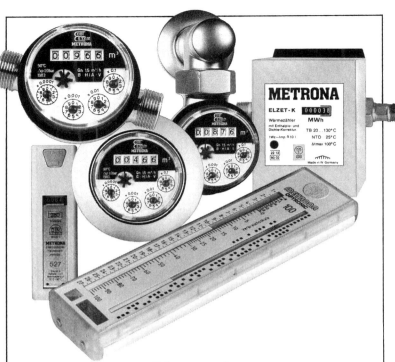

*Bedeutung*

Der normal in der Luft enthaltene Staub bedeutet außer einer gewissen Beeinträchtigung der Atmung keine gesundheitliche Schädigung, da sich der Körper in den Atmungswegen Schutzmittel geschaffen hat (Schleimhäute). Gewerblicher Staub dagegen unter Umständen sehr nachteilig oder gefährlich (Staublunge), z. B. Silikose im Bergbau, Byssinose bei Baumwoll-Verarbeitung in Textilindustrie, Asbestose bei Asbestverarbeitung.

Daher gewerbepolizeiliche Überwachung. Staubbekämpfung erforderlich, da durch Staub

1. Beeinträchtigung der Atmung;
2. Beeinträchtigung der Sauberkeit und (beim Gewerbestaub) der Gesundheit;
3. Begünstigung der Nebelbildung durch Kondensationskerne (Dunstschleier über Städten) und dadurch Verringerung der Sonnenstrahlung, namentlich im Winter;
4. Schädigung von Bauwerken und Maschinen;
5. bei manchen Personen allergische Reaktionen (Heuschnupfen, der durch Pollen verursacht wird).

*Feinstaub,* der bis in die menschliche Lunge eindringt und dort abgelagert wird, ist gesundheitsschädlich. Das Ablagerungsverhalten in den Lungenbläschen (Alveolen) zeigt Bild 111-9. *Feinstaubmeßgeräte* sollten eine Abscheidecharakteristik entsprechend der Alveolar-Depositionskurve haben. 1959 wurde mit der Johannesburger Konvention international eine Trennfunktion für Staubmeßgeräte festgelegt, die der Lungenfunktion nahekommt: kleinste Teilchen sollen zu 100%, Teilchen mit 5 μm zu 50%, Staub über 7 μm nicht mehr erfaßt werden.

In Textilindustrie USA für *Baumwollstaub* durch Gesundheitsbehörde (OSHA) scharfe Begrenzung auf Staubgehalt am Arbeitsplatz 0,2 mg/m$^3$ Luft für Feinstaub unter 15 μm. Starke Auswirkung auf lufttechnische Anlagen. In Deutschland in Textilbetrieben 1,5 mg/m$^3$ Gesamtstaubgehalt als MAK-Wert. Gesundheit wird aber nur durch Feinstaub beeinträchtigt (Bild 111-9).

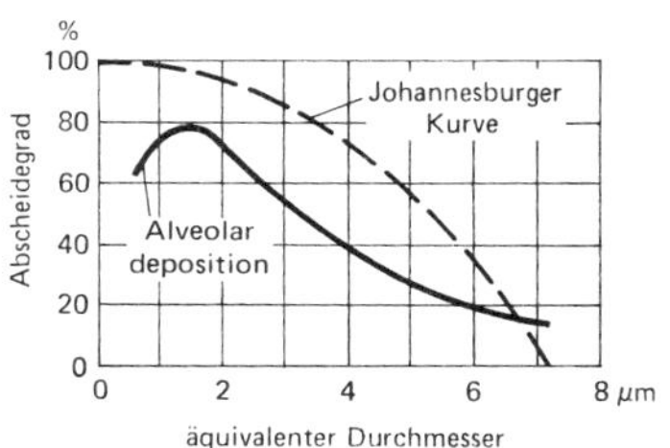


Bild 111-9. Lungengängigkeit von Feinstaub.

## -23 Keime[1])

Keime sind *Kleinlebewesen* (Mikroorganismen, Mikroben, Bakterien) pflanzlicher oder tierischer Herkunft. Sie haben kugelige, zylindrische, spiralige, fadenförmige oder andere Formen und vermehren sich durch Teilung außerordentlich schnell *(Spaltpilze).* Dicke ≈ 0,5···1,0 μm, Länge 1···5 μm.

Die Menge der in der Luft enthaltenen Keime ist außerordentlich schwankend. In der Mehrzahl haften sie an Staubteilchen > 2 μm, so daß im allgemeinen mit der Zunahme des Staubgehaltes der Luft auch eine Zunahme des Keimgehaltes festgestellt wird. Im Mittel hat man in der Außenluft auf dem Lande 100 bis 300, in Straßen 1000 bis 5000 Keime je m$^3$ gefunden. In geschlossenen Räumen ist der Keimgehalt häufig noch größer, namentlich bei großer Wohndichte.

*Krankheitserregend* ist nur ein sehr geringer Teil der Keime, die meisten gehen beim Eintrocknen schnell zugrunde. *Krankheitsübertragung* durch die Luft daher verhältnismäßig selten, insbesondere durch Tröpfchen, die beim Husten und Niesen erzeugt werden. Die *pathogenen* (krankheitsübertragenden) *Bakterien* sind die Ursachen vieler Infektionskrankheiten wie Pest, Cholera, Diphtheritis, Tuberkulose u. a. *Viren* sind krankheitserregende Keime von sehr geringer Größe, etwa 0,01···0,1 μm. Sie erzeugen im menschlichen Körper Krankheiten wie Grippe, Masern u. a.

[1]) Schütz, H.: Klimatechn. 1970. Heft 4. S. 12/29.
Wanner, H. U.: CCI Nr. 9. 1971.

Durch Klimaanlagen wurden bakterielle Erreger der *Legionärskrankheit* übertragen[1]). Die Krankheit kann tödlich verlaufen. Die Erreger werden mit Aerosolen von Kühltürmen, Luftwascher transportiert. Abhilfe: Sorgfältige Auswahl der Außenluftansaugung, Reinigung und Desinfektion des Luftwaschers, Vermeiden von Wasserlachen im Kanalsystem. Filterung der Luft mit EU7-Filtern.

*Bekämpfung* der Staubkeime durch

1. UV-Strahler, z.B. Lüftungsgeräte mit eingebauten Strahlern, oder direkte Anordnung der Strahler im Raum; Strahlenschäden möglich.
2. Vernebelung oder Verdampfung von Chemikalien wie Triaethylenglykol (TAG).
3. Hochwirksame Schwebstoffilter bei der Luftzuführung, ev. in Verbindung mit Elektrofiltern. Verwendung jedoch nur in Sonderfällen wie Operationssälen, sterilen Laboratorien u.a.

### -24 Kondensationskerne

Unter Kondensationskernen versteht man kleine in der Luft enthaltene Teilchen mit einem Durchmesser von etwa 0,01···0,1 μm, an denen sich der Wasserdampf bei Übersättigung der Luft niederschlägt. Diese Kerne gehorchen infolge ihrer Kleinheit nicht mehr dem Stokesschen Fallgesetz. Man faßt sie als in der Luft gelöste oder suspendierte Körper auf und bezeichnet das Ganze als ein *kolloidales System*. Entstehung der Kondensationskerne nicht mehr durch mechanische Zerkleinerung, sondern durch chemische oder physikalische Vorgänge: Kondensation und Sublimation. Rauch und Nebel sind solche kolloidale Systeme. Man erklärt den *Rauch* als eine kolloidartige Verteilung von festen Körpern und den *Nebel* als eine ebensolche Verteilung von flüssigen Körpern in der Luft. Manchmal sind auch in der Luft Salzkerne aus dem Salz des Meerwassers enthalten, namentlich Kochsalz.

*Zahl der Kerne* außerordentlich groß und veränderlich, größenordnungsmäßig etwa bei reiner Luft 100 Mio. je $m^3$, bei Stadtluft das Mehrfache.

Häufig sind die Kondensationskerne elektrisch positiv oder negativ geladen. Man spricht dann von *Ionen* und unterscheidet der Größe nach Klein-, Mittel- und Großionen. Kleinionen entsprechen in ihrer Größe den Molekülen (etwa 0,1 nm $= 10^{-8}$ cm), während die Großionen bereits unter den Begriff des Staubes (etwa 1 μm $= 10^{-4}$ cm) fallen, von dem sie sich jedoch durch ihre *elektrische Ladung* unterscheiden.

### -25 Bundes-Immissionsschutzgesetz

Ab 16. März 1974 ist das Bundes-Immissionsschutzgesetz (BImSchG) in Kraft getreten, ein umfangreiches Gesetzwerk zum *Umweltschutz*, das durch zahlreiche Verwaltungsvorschriften und Durchführungsverordnungen einen weitgehenden Einfluß auf die Errichtung und den Betrieb von Anlagen aller Art ausübt. Übersicht der existierenden Vorschriften siehe Abschnitt 19 und 711.

## 112 Lufttemperatur

Durch das Zusammenwirken der verschiedenen klimatischen Elemente wie Lufttemperatur, Feuchte, Niederschläge, Sonnenstrahlung, Wind usw. entsteht das *„Wetter“*. Über einen längeren Zeitraum betrachtet, nennt man es *„Klima“*.

### -1 MITTELWERTE DER TEMPERATUR

Die an einem Ort herrschende Temperatur zeigt über der Zeit als Maßstab aufgetragen einen täglichen und jährlichen wellenförmigen Gang, der durch den wechselnden Sonnenstand verursacht ist[2]).

Um die Temperaturen miteinander zu vergleichen, bildet man Temperaturmittel und unterscheidet dabei:

---

[1]) Schulze-Röbbecke u.a.: CCI 12/86. S. 4/5.
N.N.: CCI 10/85. S. 17/8.

[2]) Jurksch, G.: HLH 1/76. S. 5/9.
DIN 4710 (11.82). Meteorologische Daten für Klimaanlagen.

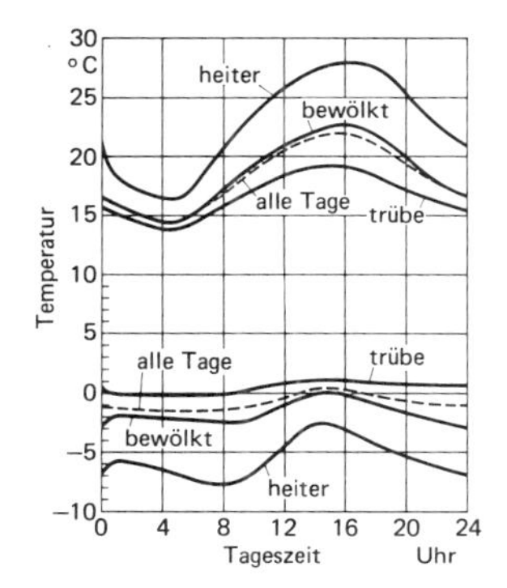


Bild 112-1. Tagesgang der Lufttemperatur im Januar bzw. Juli an trüben und heiteren Tagen in Berlin. Weitere Monate und Orte s. DIN 4710 (11.82)

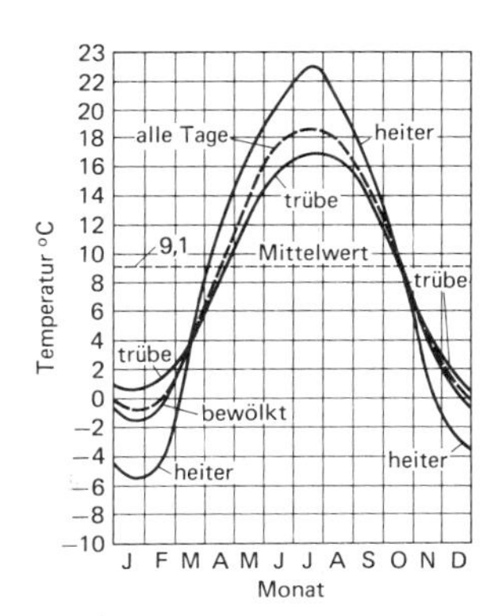


Bild 112-2. Jahresgang der mittleren Monatstemperatur in Berlin (DIN 4710).

11. *die mittlere Tagestemperatur,* die aus stündlichen Ablesungen der Temperatur zu ermitteln ist. Praktisch ermittelt man allerdings das Mittel $t_m$ durch drei Ablesungen, um 7, 14 und 21 Uhr, nach der empirischen Formel

$$t_m = \frac{t_7 + t_{14} + 2 \cdot t_{21}}{4}.$$

Der tageszeitliche Verlauf ist hauptsächlich durch die Bewölkung beeinflußt. Bild 112-1 zeigt den Verlauf an heiteren, bewölkten und trüben Tagen sowie den Mittelwert, der etwa zwischen betrübt und bewölkt liegt. An heiteren Tagen liegen die Temperaturen im Sommer höher, im Winter tiefer. Die Werte in Bild 112-4 beziehen sich auf alle Tage unabhängig von der Bewölkung.

Abnahme der Temperatur mit der Höhe ≈ 6,5 K je 1000 m. Genauere Werte für Österreich siehe Bild 112-3.

*Beispiel:*

Ende August ist bei 500 m Seehöhe die Temperatur 15 °C, in 1500 m Höhe 10 °C.

12. *die mittlere Monatstemperatur,* die sich als Mittelwert für alle Tage abhängig von der Bewölkung errechnet (Bild 112-2 mit Beispiel Berlin) sowie die mittlere Monatstemperatur für verschiedene Städte (Bild 112-5).

13. *die mittlere Monatstemperatur und Jahrestemperatur* als Mittelwert der zwölf mittleren Monatstemperaturen (Tafel 112-1).

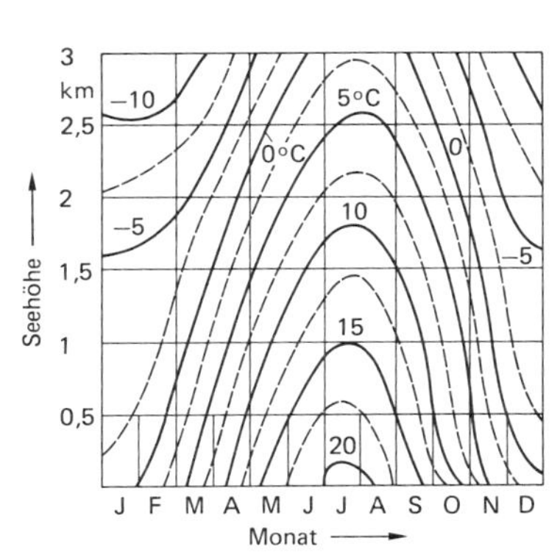


Bild 112-3. Mittlere Temperaturverteilung für verschiedene Höhenlagen. 100jähriges Mittel für Österreich.
(Quelle: H. Felkel u. H. Herbsthofer)

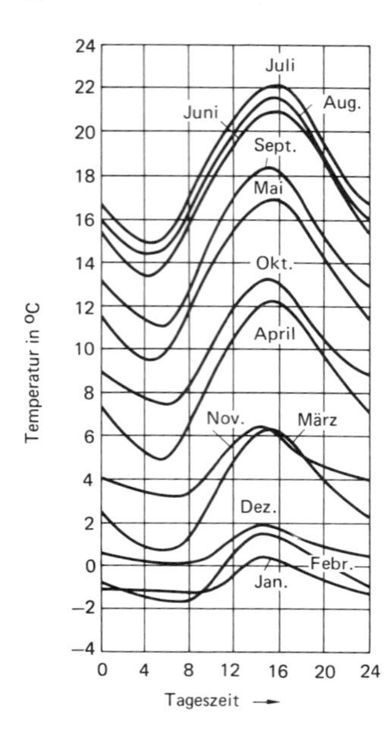


Bild 112-4. Mittlerer täglicher Temperaturverlauf in Berlin-Tempelhof (aus DIN 4710).

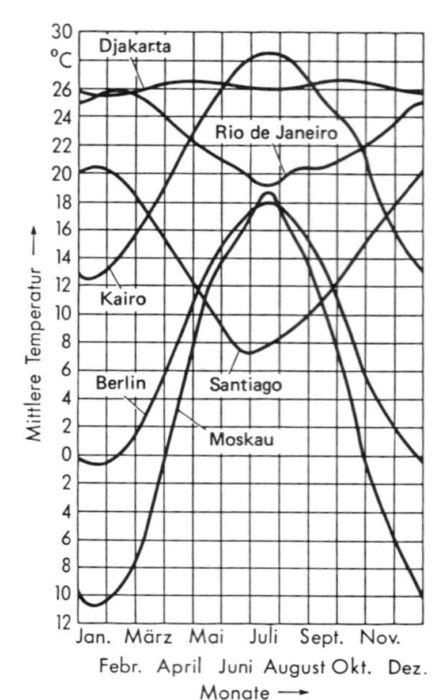


Bild 112-5. Jährlicher Gang der mittleren Monatstemperatur in verschiedenen Städten.

14. Für manche Berechnungen ist die Frage wichtig, an wieviel Tagen oder Stunden im Jahr die Tagestemperatur über oder unter einem bestimmten Wert liegt. Hierzu werden die *Summenhäufigkeitskurven* (oder Jahresdauerlinien)[1]) verwendet, Beispiel Bild 112-8. Das Bild enthält auch die Häufigkeit bezogen auf die Tageszeit von 7 bis 18 Uhr. Dieser Verlauf ist wichtig bei zeitlich eingeschränkter Betriebsdauer von Heizungs- oder Klimaanlagen.

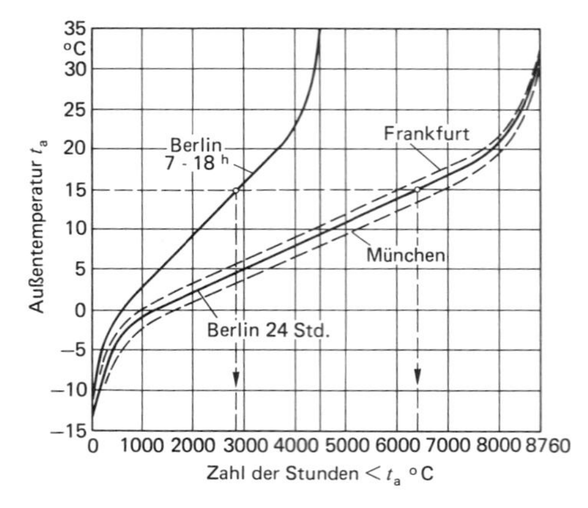


Bild 112-8. Summenhäufigkeit der Außentemperaturen in Berlin.
Beispiel:
Zahl der Stunden unter 15 °C
bezogen auf 24 h: 6400 h
bezogen auf 7···18 h: 2900 h.

[1]) DIN 4710 (11.82). Meteorologische Daten für Klimaanlagen.
Siehe auch: H. Felkel und H. Herbsthofer; Klimadaten für Österreich, Herausgeber siehe Abschnitt 751-1.

**Tafel 112-1. Mittlere Jahres- und Monatstemperaturen in °C**

| Ort | Jan. | Feb. | März | April | Mai | Juni | Juli | Aug. | Sept. | Okt. | Nov. | Dez. | Jahr |
|---|---|---|---|---|---|---|---|---|---|---|---|---|---|
| *Deutschland*)* | | | | | | | | | | | | | |
| Berlin-Tempelhof | –0,7 | –0,3 | 3,3 | 8,6 | 13,3 | 17,5 | 18,5 | 17,9 | 14,7 | 10,1 | 4,6 | 0,9 | 9,1 |
| Braunschweig | –0,2 | 0 | 3,3 | 8,0 | 12,2 | 15,9 | 17,0 | 16,7 | 14,0 | 9,8 | 4,8 | 1,3 | 8,6 |
| Bremerhaven | 0,9 | 0,9 | 3,4 | 7,4 | 11,7 | 15,3 | 16,5 | 16,5 | 14,3 | 10,2 | 5,4 | 2,2 | 8,8 |
| Dresden | 0,3 | 1,0 | 4,5 | 8,6 | 14,0 | 17,0 | 18,6 | 17,8 | 14,5 | 9,5 | 4,6 | 1,5 | 9,3 |
| Essen | 1,6 | 2,2 | 5,1 | 8,8 | 12,6 | 15,7 | 17,0 | 16,7 | 14,6 | 10,7 | 5,8 | 2,8 | 9,5 |
| Erfurt | –1,1 | 0,1 | 3,4 | 7,4 | 12,5 | 15,4 | 17,0 | 16,2 | 12,9 | 8,2 | 3,3 | 0,5 | 8,0 |
| Frankfurt/M. | 1,1 | 2,0 | 5,7 | 10,1 | 14,1 | 17,5 | 18,9 | 18,1 | 15,1 | 10,3 | 5,4 | 2,2 | 10,1 |
| Frankfurt a.O. | –0,9 | –0,2 | 3,1 | 7,7 | 13,0 | 16,1 | 17,8 | 16,6 | 13,3 | 8,3 | 3,3 | 0,3 | 8,2 |
| Gießen | 0,2 | 1,0 | 4,4 | 8,8 | 12,7 | 16,3 | 17,6 | 16,9 | 14,0 | 9,4 | 4,6 | 1,4 | 9,0 |
| Görlitz | –1,1 | –0,1 | 3,3 | 7,6 | 13,1 | 16,1 | 17,9 | 16,9 | 13,5 | 8,6 | 3,4 | 0,2 | 8,3 |
| Halle | 0,0 | 1,1 | 4,3 | 8,4 | 13,7 | 16,7 | 18,4 | 17,4 | 14,1 | 9,1 | 4,1 | 1,4 | 9,1 |
| Hamburg | 0,5 | 0,4 | 3,2 | 7,3 | 11,6 | 15,3 | 16,4 | 16,1 | 13,6 | 9,6 | 4,9 | 1,8 | 8,4 |
| Magdeburg | 0,1 | 1,0 | 4,2 | 8,4 | 13,8 | 16,8 | 18,4 | 17,4 | 14,1 | 9,1 | 4,1 | 1,4 | 9,1 |
| Mannheim | 1,2 | 2,1 | 5,8 | 10,2 | 14,3 | 17,6 | 19,2 | 18,3 | 15,3 | 10,3 | 5,4 | 2,2 | 10,2 |
| München-Riem | –1,5 | –0,4 | 3,4 | 8,1 | 11,9 | 15,6 | 17,5 | 16,7 | 13,9 | 8,8 | 3,6 | –0,2 | 8,1 |
| Nürnberg | –1,0 | 0,2 | 3,6 | 8,4 | 12,6 | 16,4 | 17,8 | 16,7 | 13,8 | 9,1 | 4,1 | 0,0 | 8,5 |
| Plauen | –1,8 | –0,7 | 2,5 | 6,3 | 11,6 | 14,8 | 16,6 | 15,6 | 12,3 | 7,5 | 2,6 | –0,4 | 7,2 |
| Regensburg | –2,1 | –0,8 | 3,2 | 8,4 | 12,4 | 16,2 | 17,7 | 16,8 | 13,7 | 8,4 | 3,3 | –0,5 | 8,1 |
| Rostock | –0,4 | 0,1 | 2,6 | 6,4 | 11,6 | 14,8 | 16,8 | 15,8 | 12,9 | 8,2 | 3,8 | 1,0 | 7,8 |
| Stuttgart | –0,3 | 0,8 | 4,3 | 8,5 | 12,2 | 15,6 | 17,3 | 16,6 | 13,9 | 9,2 | 4,1 | 0,7 | 8,6 |
| Trier-Berg | 0,9 | 1,8 | 5,0 | 8,6 | 12,5 | 15,8 | 17,2 | 16,3 | 14,2 | 9,8 | 4,8 | 1,4 | 9,1 |
| *Europa* | | | | | | | | | | | | | |
| Athen | 8,6 | 9,4 | 11,9 | 15,3 | 20,0 | 24,4 | 27,3 | 26,9 | 23,5 | 19,4 | 14,1 | 10,5 | 17,6 |
| Bern | –1,1 | 0,3 | 4,3 | 8,4 | 13,0 | 16,2 | 18,0 | 17,3 | 14,0 | 8,6 | 3,5 | 0,2 | 8,6 |
| Genf | 0,2 | 1,1 | 4,9 | 8,7 | 13,1 | 16,5 | 18,3 | 17,6 | 14,3 | 9,1 | 4,5 | 1,5 | 9,2 |
| Innsbruck | –2,0 | –0,4 | 4,6 | 8,7 | 13,1 | 16,3 | 17,7 | 17,1 | 14,2 | 8,9 | 3,3 | –1,2 | 8,4 |
| London NW | 3,4 | 4,3 | 5,6 | 8,9 | 12,1 | 15,7 | 17,3 | 16,7 | 14,2 | 9,9 | 6,1 | 4,0 | 9,9 |
| Madrid | 4,5 | 6,3 | 8,5 | 11,7 | 15,9 | 20,4 | 24,7 | 24,2 | 19,1 | 13,2 | 8,2 | 4,3 | 13,4 |
| Moskau | –11,0 | –9,6 | –4,8 | 3,4 | 12,0 | 15,2 | 18,6 | 15,7 | 10,4 | 3,6 | –2,4 | –8,2 | 3,6 |
| Paris | 2,5 | 3,9 | 6,2 | 10,3 | 13,4 | 16,9 | 18,6 | 18,0 | 15,0 | 10,3 | 6,0 | 2,9 | 10,3 |
| Rom | 7,0 | 8,2 | 10,4 | 13,7 | 17,9 | 21,8 | 24,5 | 24,1 | 20,8 | 16,6 | 11,6 | 8,1 | 15,4 |
| Salzburg | –1,8 | –0,2 | 3,8 | 8,1 | 12,6 | 16,0 | 17,6 | 17,0 | 14,0 | 8,7 | 3,6 | –0,6 | 8,2 |
| Warschau | –4,2 | –2,8 | 0,8 | 7,0 | 12,9 | 16,9 | 18,4 | 17,5 | 13,4 | 7,9 | –1,6 | –2,3 | 7,3 |
| Wien | –1,0 | 1,0 | 5,1 | 9,9 | 14,5 | 18,0 | 19,6 | 18,9 | 15,4 | 9,9 | 4,9 | 1,1 | 9,8 |
| Zürich | –1,0 | 0,2 | 4,2 | 8,0 | 12,5 | 15,5 | 17,2 | 16,6 | 13,5 | 8,4 | 3,3 | 0,2 | 8,2 |
| *Übrige Welt* | | | | | | | | | | | | | |
| Djakarta | 25,4 | 25,4 | 25,8 | 26,2 | 26,4 | 26,0 | 25,8 | 25,9 | 26,2 | 26,3 | 26,0 | 25,7 | 25,9 |
| Buenos Aires | 23,1 | 22,5 | 20,4 | 16,3 | 12,8 | 9,8 | 9,4 | 10,6 | 12,8 | 15,5 | 18,8 | 21,6 | 16,1 |
| Daressalam | 27,5 | 27,4 | 26,9 | 25,5 | 24,6 | 23,5 | 23,0 | 23,1 | 23,6 | 24,8 | 26,2 | 27,1 | 25,3 |
| Havanna | 22,0 | 22,5 | 23,5 | 24,9 | 26,0 | 27,5 | 28,0 | 27,9 | 27,3 | 26,1 | 24,2 | 22,5 | 25,2 |
| Kairo | 12,4 | 14,2 | 16,9 | 20,8 | 24,4 | 27,3 | 28,5 | 27,7 | 25,3 | 23,2 | 18,1 | 14,4 | 21,1 |
| Kalkutta | 18,4 | 21,3 | 26,3 | 29,4 | 29,8 | 29,2 | 28,3 | 28,0 | 28,1 | 26,7 | 22,4 | 18,5 | 25,5 |
| New York | –0,8 | –0,5 | 2,9 | 9,4 | 15,5 | 20,1 | 22,8 | 22,5 | 19,1 | 13,3 | 6,7 | 1,5 | 11,1 |
| Rio de Janeiro | 25,2 | 25,7 | 24,9 | 23,2 | 21,6 | 20,4 | 19,2 | 20,4 | 20,5 | 21,5 | 22,8 | 24,8 | 22,7 |
| San Francisco | 9,7 | 10,8 | 11,8 | 12,2 | 13,3 | 14,1 | 14,0 | 14,4 | 15,3 | 15,1 | 13,0 | 10,5 | 12,8 |
| Santiago | 20,4 | 19,5 | 16,9 | 13,7 | 10,6 | 7,6 | 7,9 | 9,2 | 11,0 | 13,8 | 16,8 | 19,2 | 13,9 |
| Shanghai | 3,2 | 4,1 | 7,8 | 13,4 | 18,6 | 23,0 | 26,9 | 26,8 | 22,8 | 17,5 | 11,1 | 5,6 | 15,8 |
| Sydney | 22,0 | 21,8 | 20,7 | 18,2 | 14,8 | 12,6 | 11,5 | 12,8 | 15,1 | 17,6 | 19,4 | 21,1 | 17,3 |
| Tokio | 3,0 | 3,8 | 6,9 | 12,5 | 16,6 | 20,5 | 24,2 | 25,4 | 21,9 | 16,8 | 10,3 | 5,2 | 13,8 |

*) Aus DIN 4710 (11.82), unabhängig von der Bewölkung. Zuordnung anderer deutscher Großstädte zu den vorhandenen Stationen nach DIN 4710 Tab. 2.

## -2 EXTREMWERTE DER TEMPERATUR

Man unterscheidet die absoluten und die mittleren Extremwerte der Temperatur. *Absolutes Temperatur-Maximum* bzw. *-Minimum* ist die höchste bzw. geringste jemals gemessene Temperatur eines Ortes. *Mittleres Maximum* bzw. *Minimum* ist der Mittelwert der Maxima oder Minima in einer längeren Reihe von Jahren. *Extremwerte* im Stadtkern von Großstädten infolge Dunsthaube im Winter 2…4 K höher als am Stadtrand, im Sommer 1…2 K. Mittelwerte etwa die Hälfte. Außerdem je nach Bebauung erhebliche *Temperaturunterschiede*. Über Straßen kann die Lufttemperatur in 2,5 m Höhe bei Sonnenstrahlung durchaus um 8 bis 10 K höher liegen als über Grasflächen *(Mikroklima)*[1]. Bei den Angaben der Wetterstationen ist auch deren Höhenlage zu berücksichtigen.

In USA werden durch ASHRAE[2] auch manchmal *Prozentwerte der Häufigkeit* angegeben. Zum Beispiel wird aus den Meßdaten errechnet, daß die Temperatur $t$ zu 1% oder 2,5% oder 5% der Zeit unterschritten wird.

Während die mittleren Temperaturen in der Heizungs- und Klimatechnik für den Heiz- und Kühlmittelverbrauch bestimmend sind, sind die mittleren Extremwerte für die Bemessung der Apparate wie Heizkörper, Kühler usw. maßgebend (Tafel 113-4). Für manche Zwecke sind auch Angaben über Zahl der warmen und kalten Tage erwünscht (Tafel 112-4 und -8) sowie der stündliche Verlauf der Temperatur (Tafel 112-12).

## -3 HEIZGRADTAGE (GRADTAGZAHL)[3]

Um den Wärmeverbrauch in einer Heizperiode zu ermitteln, zu kontrollieren und zu vergleichen, hat man in der Heizungstechnik den Begriff der *Gradtagzahl* $G_t$ eingeführt. Diese ist das Produkt aus der Zahl der Heiztage und dem Unterschied zwischen der mittleren Raumtemperatur und der mittleren Außentemperatur, also

$$G_t = \sum_1^z (t_i - t_{am})$$

worin $Gt$ = Gradtagzahl der Heizperiode in hK/a
$z$ = Zahl der Heiztage in der Heizperiode 1.9. bis 31.5.
$t_i$ = mittlere Raumtemperatur = 20 °C
$t_{am}$ = mittlere Außentemperatur eines Heiztages

*Heiztage* sind Tage, an denen das Tagesmittel der Außentemperatur unter 15 °C liegt.

Graphisch wird die Heizperiode eines Jahres durch die schraffierte Fläche in Bild 112-10 dargestellt, wobei als mittlere Raumtemperatur $t_i$ = 20 °C (früher 19 °C) und als Grenztemperatur für Beginn und Ende der Heizung $t_{am}$ = 15 °C (früher 12 °C) angenommen sind. In Tafel 112-2 sind auch die Heizgradtage eingetragen. Anwendung zur

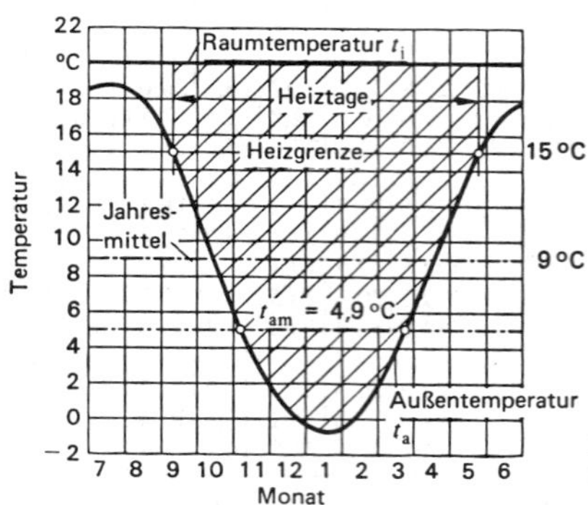


Bild 112-10. Darstellung der Heizperiode für Berlin-Dahlem.

[1]) Gertis, K., u. U. Wolfseher: Ges.-Ing. 1/2-1977. S. 1/10.
[2]) ASHRAE-Fundamentals 1985.
[3]) Jurksch, G.: HLH 2/75. S. 63/5 und 1/76. S. 5/9.
VDI 2067, Bl. 1 (12.83).

**Tafel 112-2. Heiztage und Gradtagzahlen für deutsche Städte**

| Ort | September bis Mai | | | Juni bis Aug. | | Jahresminimum*) | |
|---|---|---|---|---|---|---|---|
| | Heizt. | Mittl. Temp. | Gradt. | Heizt. | Gradt. | $t_{20}$ | $t_{10}$ |
| | $z$ | °C | $G_t$ | $z$ | $G_t$ | °C | °C |
| Berlin-Dahlem | 252 | 4,9 | 3809 | 23 | 155 | −12 | −12 |
| Bremen-Flughafen | 256 | 5,6 | 3703 | 30 | 205 | −10 | −12 |
| Düsseldorf | 245 | 6,5 | 3300 | 22 | 139 | − 8 | −10 |
| Essen | 249 | 6,1 | 3470 | 32 | 216 | − 9 | −10 |
| Frankfurt (Stadt) | 242 | 6,0 | 3387 | 14 | 91 | −10 | −10 |
| Hamburg-Flughafen | 259 | 5,2 | 3837 | 35 | 241 | −10 | −12 |
| Hannover-Flughafen | 257 | 5,3 | 3782 | 32 | 216 | −11 | −14 |
| Karlsruhe | 242 | 5,9 | 3409 | 14 | 88 | −10 | −12 |
| Stuttgart (Stadt) | 244 | 6,0 | 3434 | 18 | 121 | −11 | −12 |
| Kiel | 262 | 5,5 | 3813 | 36 | 234 | − 8 | −10 |
| München-Flughafen | 255 | 4,1 | 4046 | 30 | 219 | −15 | −16 |

*) $t_{20}$ = 20mal in 20 Jahren, $t_{10}$ = 10mal in 20 Jahren.

**Tafel 112-2a. Heiztage und Gradtagzahlen für Österreich. Heizgrenz-/Raum-Temperatur 16/22 °C**

| Ort | Oktober bis April | | | Mai bis Sept. | | Jahres-minimum |
|---|---|---|---|---|---|---|
| | Heiz-tage | Mittl. Temp. °C | Grad-tage | Heiz-tage | Grad-tage | °C |
| Innsbruck | 212 | 3,2 | 4010 | 69 | 540 | −18 |
| Salzburg | 212 | 3,1 | 3985 | 75 | 565 | −18 |
| Wien | 212 | 3,4 | 3720 | 51 | 415 | −15 |

**Tafel 112-3. Mittlere Jahrestemperatur $t_m$, Jahresmaxima $t_{max}$ und -minima $t_{min}$ für außerdeutsche Städte**

| Ort | $t_m$ °C | $t_{max}$ °C | $t_{min}$ °C | Ort | $t_m$ °C | $t_{max}$ °C | $t_{min}$ °C |
|---|---|---|---|---|---|---|---|
| Djakarta | 25,9 | 33,7 | 20 | Paris | 10,3 | 34 | −11 |
| Havanna | 25,2 | 35,3 | 12,8 | Rio de Janeiro | 22,7 | 36 | +13 |
| Kairo | 21,1 | 43 | 2 | Rom | 15,4 | 35 | − 3 |
| London | 9,9 | 31 | − 8 | Santiago | 13,9 | 34,8 | − 2,7 |
| Los Angeles | 16,7 | 38 | 1,0 | San Francisco | 12,8 | 32,6 | 2,8 |
| Madrid | 13,4 | 40 | − 8 | Sydney | 17,3 | 38 | 4 |
| Moskau | 3,6 | 31 | −31 | Warschau | 7,3 | 32 | − |
| New York | 11,1 | 35 | −17 | Wien | 9,5 | 33 | −15 |

Berechnung des Wärmeverbrauchs von Heizungsanlagen. Die niedrigsten Gradtagzahlen unter 3400 treten am Nieder- und Oberrhein auf, die höchsten (> 4500) auf Berghöhen.

## -4 LÜFTUNGSGRADTAGE

Bei der Ermittlung des Wärmebedarfes von Lüftungsanlagen kann man ebenfalls den Begriff der Gradtage verwenden. Man versteht unter *Lüftungsgradtagen* das Produkt aus der Zahl der Lüftungstage und dem Unterschied zwischen der Zulufttemperatur $t_{zu}$ und der mittleren Außentemperatur. Die Zahl der Lüftungsgradtage ist jedoch größer als die Zahl der Heizgradtage, da die bei der Heizung vorgesehene Grenztemperatur von 15 °C, bei der die Heizung beginnt und aufhört, bei der Lüftung nicht in Erschei-

**Tafel 112-4. Zahl der warmen und kalten Tage**

| Ort | Mittlere Zahl der Tage mit $t_{max}$ | | | |
|---|---|---|---|---|
| | ≧ 30 °C | ≧ 25 °C | ≦ 0 °C | ≦ − 10 °C |
| Berlin-Dahlem | 5,7 | 30,5 | 23,2 | 0,3 |
| Bremen | 1,9 | 17,1 | 17,9 | 0,4 |
| Dresden | 6,5 | 35,8 | 19,1 | 0,5 |
| Essen-Mülheim | 3,1 | 21,9 | 10,3 | 0,1 |
| Frankfurt a. M. | 7,2 | 38,7 | 16,5 | 0,2 |
| Halle a. d. S. | 5,9 | 33,9 | 20,6 | 0,5 |
| Hamburg | 1,4 | 13,3 | 20,3 | 0,1 |
| Hannover | 2,6 | 21,9 | 19,6 | 0,3 |
| Karlsruhe | 8,1 | 40,7 | 17,1 | 0,4 |
| Kiel-Holtenau | 0,0 | 5,0 | 22,8 | 0,0 |
| Köln-Leverkusen | 3,8 | 27,0 | 7,9 | 0,1 |
| Magdeburg | 8,4 | 37,9 | 21,3 | 0,6 |
| München | 2,5 | 20,5 | 38,8 | 2,2 |

**Tafel 112-8. Zahl der jährlichen Stunden mit einer Temperatur über t °C*)**

| Ort t °C | 22 | 24 | 26 | 28 | 30 | 32 | 34 |
|---|---|---|---|---|---|---|---|
| Berlin-Tempelhof | 512 | 284 | 139 | 61 | 22 | 7,5 | 1,5 |
| Braunschweig | 349 | 186 | 86 | 36 | 13 | 4 | 0,9 |
| Essen | 321 | 166 | 72 | 28 | 8,5 | 1,9 | 0,1 |
| Frankfurt/M. | 577 | 336 | 180 | 87 | 38 | 13 | 4,7 |
| Hamburg-Flugh. | 261 | 127 | 56 | 21 | 7,5 | 1,8 | 0,5 |
| Mannheim | 637 | 382 | 210 | 103 | 44 | 15 | 4,8 |
| München-Flugh. | 435 | 244 | 112 | 46 | 15 | 3,4 | 0,3 |
| Nürnberg | 499 | 300 | 165 | 76 | 32 | 11 | 3,2 |
| Stuttgart | 370 | 211 | 102 | 39 | 14 | 3,6 | 0,3 |
| Trier | 302 | 164 | 81 | 37 | 14 | 4,5 | 1,1 |

*) berechnet nach DIN 4710 (11.82)

**Tafel 112-12. Mittlere stündliche Temperaturen im Jahresverlauf in °C**

| Ort Uhrzeit | 0 | 2 | 4 | 6 | 8 | 10 | 12 | 14 | 16 | 18 | 20 | 22 | Mittel |
|---|---|---|---|---|---|---|---|---|---|---|---|---|---|
| Berlin-Tempelhof | 7,8 | 7,1 | 6,6 | 6,6 | 7,7 | 9,3 | 10,8 | 11,8 | 11,8 | 10,9 | 9,7 | 8,6 | 9,1 |
| Braunschweig | 7,3 | 6,8 | 6,4 | 6,6 | 7,7 | 9,4 | 10,7 | 11,5 | 11,3 | 10,3 | 8,9 | 7,9 | 8,7 |
| Essen | 8,3 | 7,8 | 7,5 | 7,5 | 8,5 | 9,9 | 11,2 | 11,9 | 11,8 | 10,8 | 9,8 | 8,9 | 9,5 |
| Frankfurt/M. | 8,6 | 7,9 | 7,5 | 7,4 | 8,6 | 10,4 | 12,1 | 13,3 | 13,2 | 12,1 | 10,5 | 9,3 | 10,1 |
| Hamburg-Flugh. | 6,8 | 6,3 | 6,0 | 6,4 | 7,7 | 9,4 | 10,7 | 11,2 | 10,9 | 9,8 | 8,4 | 7,4 | 8,4 |
| Mannheim | 8,4 | 7,8 | 7,3 | 7,4 | 8,8 | 10,9 | 12,7 | 13,6 | 13,5 | 12,2 | 10,5 | 9,2 | 10,2 |
| München-Flugh. | 6,3 | 5,7 | 5,3 | 5,6 | 7,4 | 9,5 | 10,8 | 11,5 | 11,0 | 9,6 | 8,0 | 7,0 | 8,1 |
| Nürnberg | 6,5 | 5,9 | 5,4 | 5,4 | 7,1 | 9,3 | 11,1 | 12,1 | 12,1 | 10,8 | 8,9 | 7,5 | 8,5 |
| Stuttgart | 7,1 | 6,5 | 5,9 | 5,8 | 7,1 | 9,2 | 10,9 | 11,8 | 11,7 | 10,5 | 9,0 | 7,9 | 8,6 |
| Trier | 7,8 | 7,1 | 6,6 | 6,4 | 7,4 | 9,3 | 11,1 | 12,1 | 12,0 | 10,9 | 9,5 | 8,5 | 9,1 |

Aus DIN 4710 (11.82)

nung tritt. Denn auch bei Temperaturen über 15 °C wird die Außenluft bis auf die Zulufttemperatur, die meist gleich der Raumtemperatur mit 20 oder 22 °C anzunehmen ist, erwärmt, es sei denn, die Luft soll zur Kühlung dienen.

Da Lüftungsanlagen im allgemeinen nur zu *bestimmten Tageszeiten*, z. B. Theaterlüftungen in den Abendstunden, in Betrieb sind, ist es nicht richtig, die mittlere Tagestemperatur der Berechnung der Lüftungsgradtage zugrunde zu legen, sondern die mittlere Temperatur während der Betriebszeit. Man erhält so den Begriff der *Lüftungsgradstunden* $G_L$ als das Produkt aus der Zahl der Lüftungsstunden $z$ und dem Unterschied zwi-

**Tafel 112-14. Jährliche Lüftungsgradstunden $G_L$ in h K/a für Berlin in Abhängigkeit von der Betriebszeit und der Zulufttemperatur*)**

| Betriebszeit von 0.00 bis ... | Zulufttemperatur in °C 18 | 19 | 20 | 21 | 22 | 23 |
|---|---|---|---|---|---|---|
| 1.00 | 3810 | 4174 | 4539 | 4904 | 5269 | 5634 |
| 2.00 | 7736 | 8465 | 9195 | 9925 | 10655 | 11385 |
| 3.00 | 11772 | 12865 | 13960 | 15055 | 16150 | 17245 |
| 4.00 | 15897 | 17356 | 18816 | 20276 | 21736 | 23196 |
| 5.00 | 20067 | 21891 | 23716 | 25541 | 27366 | 29191 |
| 6.00 | 24185 | 26374 | 28564 | 30754 | 32944 | 35134 |
| 7.00 | 28111 | 30663 | 33216 | 35771 | 38326 | 40881 |
| 8.00 | 31850 | 34763 | 37679 | 40597 | 43516 | 46436 |
| 9.00 | 35324 | 38581 | 41854 | 45134 | 48417 | 51700 |
| 10.00 | 38552 | 42110 | 45725 | 49362 | 53005 | 56651 |
| 11.00 | 41556 | 45402 | 49318 | 53301 | 57301 | 61306 |
| 12.00 | 44373 | 48495 | 52700 | 56993 | 61342 | 65705 |
| 13.00 | 47037 | 51432 | 55922 | 60504 | 65182 | 69900 |
| 14.00 | 49606 | 54268 | 59042 | 63913 | 68892 | 73961 |
| 15.00 | 52154 | 57081 | 62135 | 67293 | 72561 | 77972 |
| 16.00 | 54741 | 59935 | 65270 | 70716 | 76275 | 82025 |
| 17.00 | 57430 | 62897 | 68517 | 74252 | 80118 | 86215 |
| 18.00 | 60260 | 66007 | 71915 | 77944 | 84149 | 90602 |
| 19.00 | 63234 | 69270 | 75473 | 81832 | 88391 | 95202 |
| 20.00 | 66353 | 72685 | 79220 | 85936 | 92852 | 100023 |
| 21.00 | 69624 | 76294 | 83186 | 90260 | 97538 | 105071 |
| 22.00 | 73025 | 80049 | 87299 | 94735 | 102376 | 110272 |
| 23.00 | 76571 | 83953 | 91564 | 99363 | 107367 | 115628 |
| 24.00 | 80257 | 88000 | 95974 | 104135 | 112505 | 121130 |

*) berechnet nach DIN 4710 (11.82)

schen der Zulufttemperatur $t_{zu}$ und der jeweiligen mittleren Außenlufttemperatur $t_{am}$ zu den verschiedenen Tageszeiten:

$$G_L = z \cdot (t_{zu} - t_{am}) \text{ in hK/a}$$

Aus Tafel 112-14 können für Berlin die jährlichen Lüftungsgradstunden bei beliebigen Tageszeiten entnommen werden.

Die Werte wurden aus der in DIN 4710 gegebenen Definition für drei Tagesgänge ermittelt. Bedingt durch die Mittelwertbildung in DIN 4710 ergeben sich insbesondere bei kleinen Zulufttemperaturen geringe Fehler (< 5%)[1]).

Anwendung zur Berechnung des *Lüftungswärmebedarfs* in Abschnitt 375-2.

Multipliziert man $G_L$ mit der spez. Wärmekapazität der Luft $c_p = 1{,}0$ kJ/kg K, so erhält man den zur Erwärmung von 1 kg/h Luft erforderlichen jährlichen *Wärmebedarf* $Q$:

$$Q = G_L \cdot c_p \text{ in kJ/a} = G_L \cdot c_p/3600 \text{ in kWh/a.}$$

Auf 1 kg/s Luft bezogen lautet die Formel

$$Q_s = G_L \cdot c_p \approx G_L \text{ in kWh/a.}$$

*Beispiel:*

Die Zahl der jährlichen Lüftungsgradstunden für eine täglich von 8 bis 18 Uhr in Betrieb befindliche Lüftungsanlage mit einer Zulufttemperatur von 22 °C ist nach Tafel 112-14:

$$G_L = 84149 - 43516 = 40633 \text{ hK/a.}$$

Jährlicher Wärmebedarf je kg/s:

$$Q_s = 40633 \text{ kWh/a.}$$

## -5 KÜHLGRADSTUNDEN

Unter *Kühlgradstunden* $G_K$ versteht man das Produkt aus der Zahl der Kühlstunden und der Temperaturdifferenz zwischen der mittleren Außentemperatur und einer bestimmten Zulufttemperatur.

[1]) Weitere Werte sind in VDI 2067, Bl. 3 (12.83) zu finden.

**Tafel 112-18. Jährliche Kühlgradstunden $G_K$ in h K/a für Berlin in Abhängigkeit von der Betriebszeit und der Zulufttemperatur*)**

| Betriebszeit 0.00 bis··· | Zulufttemperatur in °C 14 | 16 | 18 |
|---|---|---|---|
| 1.00 | 142 | 10 | 0 |
| 2.00 | 239 | 14 | 0 |
| 3.00 | 300 | 17 | 0 |
| 4.00 | 337 | 19 | 0 |
| 5.00 | 368 | 20 | 0 |
| 6.00 | 429 | 24 | 0 |
| 7.00 | 593 | 47 | 5 |
| 8.00 | 844 | 125 | 13 |
| 9.00 | 1212 | 300 | 48 |
| 10.00 | 1729 | 576 | 153 |
| 11.00 | 2381 | 955 | 333 |
| 12.00 | 3148 | 1432 | 586 |
| 13.00 | 4011 | 1993 | 898 |
| 14.00 | 4938 | 2613 | 1255 |
| 15.00 | 5904 | 3272 | 1644 |
| 16.00 | 6868 | 3930 | 2032 |
| 17.00 | 7771 | 4535 | 2383 |
| 18.00 | 8568 | 5045 | 2673 |
| 19.00 | 9239 | 5446 | 2887 |
| 20.00 | 9774 | 5749 | 3015 |
| 21.00 | 10172 | 5951 | 3065 |
| 22.00 | 10502 | 6093 | 3091 |
| 23.00 | 10764 | 6176 | 3106 |
| 24.00 | 10964 | 6217 | 3114 |

*) berechnet nach DIN 4710 (11.82)

Auch hier ist es zweckmäßig, die Kühlgradstunden auf bestimmte Tageszeiten zu beziehen. Man erhält dann die Werte von Tafel 112-18. Es handelt sich nur um die sensible Luftkühlung. Mit Rücksicht auf die Mittelwertbildung der Temperaturen pro Stunde über 20 Jahre in DIN 4710 ergibt sich durch das Tagesgangverfahren ein Fehler, der mit höherer Zulufttemperatur in Tabelle 112-18 ansteigt. Der Fehler für $G_K$ ist bei $t_{zu} \leqq 16\,°C$ kleiner als 10%, bei $t_{zu} = 18\,°C$ etwa 20%. Die tatsächlichen Werte sind entsprechend größer. Die latente Last ergibt sich aus den Entfeuchtungs- und Befeuchtungs-Grammstunden.

# 113 Luftfeuchte

Während der in der Luft enthaltene Wasserdampf in der Heizungstechnik kaum eine Rolle spielt, hat er desto größere Bedeutung in der Klimatechnik.

## -1 BEZEICHNUNGEN

Die Größe des *Wasserdampfgehaltes* der Luft kann man auf vier verschiedene Arten angeben, nämlich

a) durch die *relative Luftfeuchte* $\varphi$ (%)
b) durch die *Feuchtkugeltemperatur* $t_f$ (°C)
c) durch den *Teildruck* $p_D$ *des Wasserdampfes in der Luft* (mbar)
d) durch den *Wassergehalt* $x$ bezogen auf 1 kg Trockenluft (kg/kg oder g/kg).

Angaben über den Wasserdampfgehalt nach a) oder b) sind im allgemeinen unzweckmäßig, da ohne Angabe der dazugehörigen Lufttemperatur die Zahlen wenig sagen. Außerdem ändern sich $\varphi$ und $t_f$ mit der Lufttemperatur, auch wenn der absolute Wassergehalt der Luft an sich gleich bleibt. Besser ist es, den Feuchtegehalt nach c) oder d) anzugeben. In den meteorologischen Tafeln wird meist der *Dampfdruck* angegeben, während in den Rechnungen der Klimatechnik am besten der Wert von $x$ zu verwenden ist. Beide Werte sind leicht nach den in Abschnitt 134 gemachten Angaben miteinander zu überführen. Im Bereich von 0 bis 40 °C ist dem Zahlenwert nach übrigens Wasserdampfgehalt $x \approx 0{,}62\ p_D$.

## -2 MITTLERE FEUCHTE

Ebenso wie die Außentemperatur unterliegt auch die *absolute Feuchte* der Außenluft einer jährlichen und, wenn auch geringen, täglichen Periode.

Die Schwankung im Tagesdurchschnitt ist so gering, daß man praktisch den mittleren täglichen Dampfdruck als konstant während des ganzen Tages annehmen kann, wenn sich nicht gerade das Wetter ändert. Die *relative Feuchte* zeigt natürlich eine ausgesprochene Periode, da sie ja von der Lufttemperatur abhängig ist (Bild 113-1).

Im jährlichen Verlauf zeigen sowohl der Dampfdruck und Wassergehalt der Luft wie die relative Feuchte deutliche Perioden, ähnlich denen der Temperatur. Dabei erscheint das *mittlere Maximum* des Dampfdruckes im Gebiet von ganz Deutschland im Juli mit etwa 14 bis 16 mbar (8,7···9,9 g/kg), das mittlere Minimum im Januar mit etwa 4 bis 5 mbar (2,5···3,1 g/kg), siehe Bild 113-1 und -2.

Aus Bild 113-3 ersieht man, daß der Mittelwert des Wassergehaltes der Luft 5,6 g/kg Luft beträgt. Dieser Wert gilt annähernd für ganz Deutschland.

Nimmt man an, daß ein Wassergehalt von 8 g/kg entsprechend etwa 22°/50% rel. F. für die Behaglichkeit am günstigsten ist, so muß also in Klimaanlagen die Luft an 71 Tagen des Jahres entfeuchtet und an 294 Tagen befeuchtet werden, sofern in den Räumen selbst keine Feuchtequellen vorhanden sind.

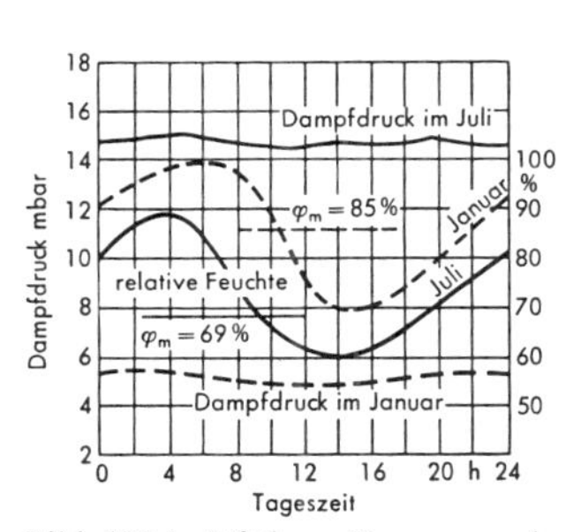


Bild 113-1. Mittlerer Tagesgang der Feuchte im Januar und Juli in Berlin-Dahlem.

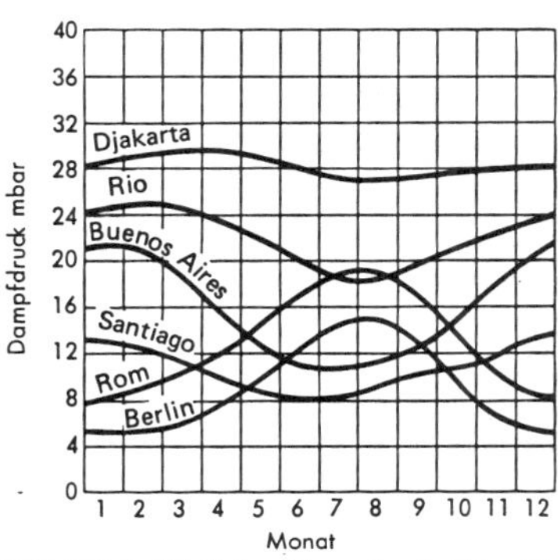


Bild 113-2. Jährlicher Gang der Luftfeuchte in verschiedenen Städten.

## -3 ENTFEUCHTUNGS- UND BEFEUCHTUNGSGRAMMSTUNDEN

Wie bei der Heizung und Kühlung die Begriffe Heiz- und Kühlgradtage verwendet werden, kann man sinngemäß bezüglich des Wassergehaltes der Luft die folgenden Ausdrücke verwenden:

*Befeuchtungsgrammtage* sind das Produkt aus der Zahl der Befeuchtungstage und dem Unterschied zwischen dem Wassergehalt der Raumluft $x = 8$ g/kg und dem mittleren Wassergehalt der Außenluft. Sinngemäß sind die *Befeuchtungsgrammstunden* definiert.

Aus Bild 113-4 ergeben sich durch Planimetrieren die Befeuchtungsgrammstunden zu angenähert

$G_f = 23000$ h/a · g/kg = 23000/24 = 958 Befeuchtungsgrammtage pro Jahr.

*Entfeuchtungsgrammtage* sind sinngemäß das Produkt aus der Zahl der Entfeuchtungstage und dem Unterschied zwischen dem Wassergehalt der Raumluft von $x = 8$ g/kg und dem mittleren Wassergehalt der Außenluft. Aus Bild 113-4 ergeben sich die Entfeuchtungsgrammstunden:

$G_{tr}$ = 2900 h/a · g/kg = 2900/24 = 121 Entfeuchtungsgrammtage pro Jahr.

Diese Werte gelten mit guter Annäherung für ganz Deutschland.

*Beispiel:*

Sollwert für Feuchtegehalt $x = 8$ g/kg gemäß Tafel 113-2

Entfeuchtungsgrammstunden $G_{tr}$ = 2900 h/a · g/kg
Befeuchtungsgrammstunden $G_f$ = 23000 h/a · g/kg

Bei 10 h Betrieb pro Tag an 250 Tagen im Jahr

$$G_{tr} = 2900 \cdot \frac{10}{24} \cdot \frac{250}{365} = 2900 \cdot 0{,}285 = 826 \text{ h/a} \cdot \text{g/kg}$$

$$G_f = 23\,000 \cdot \frac{10}{24} \cdot \frac{250}{365} = 23\,000 \cdot 0{,}285 = 6555 \text{ h/a} \cdot \text{g/kg}$$

Mit der Verdampfungswärme von $h_D = 2500$ kJ/kg Wasser $= \frac{2500}{3600} = 0{,}7$ kWh/kg wird je kg/h Luft die jährliche

Entfeuchtungsleistung (latente Kühlleistung)
$Q = 826 \cdot 0{,}7/1000 = 0{,}578$ kWh/kg, a

Befeuchtungsleistung (latente Heizleistung)
$Q = 6555 \cdot 0{,}7/1000 = 4{,}59$ kWh/kg, a

Für anderen Feuchtegehalt können die Werte für $G_{tr}$ und $G_f$ aus Tafel 113-2 entnommen werden.

**Tafel 113-2. Entfeuchtungsgrammstunden $G_{tr}$ und Befeuchtungsgrammstunden $G_f$ in h/a · g/kg für Berlin in Abhängigkeit vom Zuluftfeuchtegehalt bei 24-h-Betrieb nach DIN 4710 (11.82)**

| 24 h | Zuluftfeuchtegehalt $x$ in g/kg | | | | | | | |
|---|---|---|---|---|---|---|---|---|
| | 5 | 6 | 7 | 8 | 9 | 10 | 11 | 12 |
| $G_{tr}$ | – | – | 5080 | 2900 | 1520 | 710 | 285 | 96 |
| $G_f$ | 6160 | 10700 | 16300 | 23000 | 30300 | 38250 | – | – |

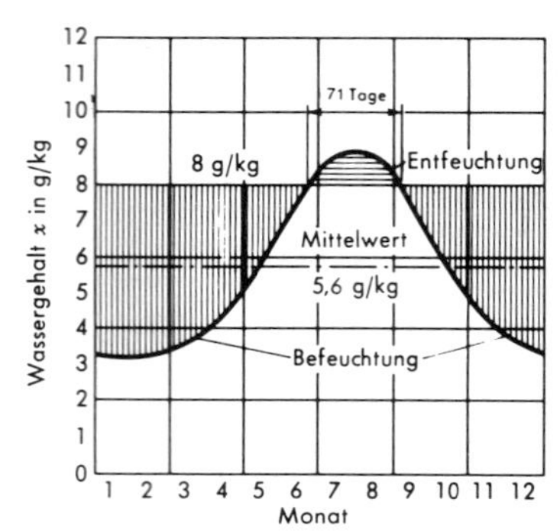


Bild 113-3. Mittlerer Wassergehalt der Luft in Berlin. Der Wert 8 g/kg entspricht dem Luftzustand 22 °C/50% rel. Feuchte.

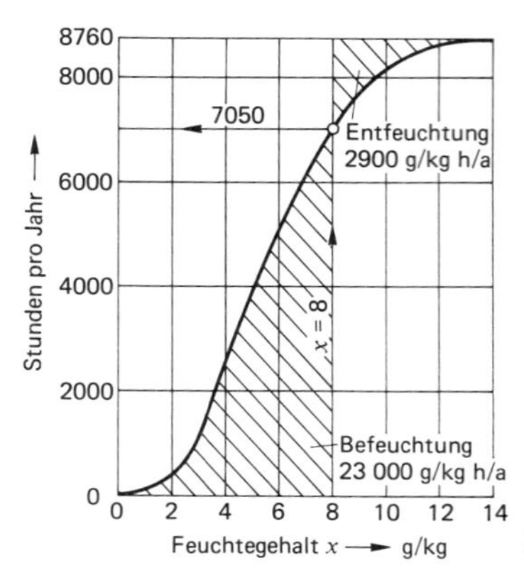


Bild 113-4. Häufigkeitskurve des Feuchtegehalts der Luft in Berlin (DIN 4710, 11.82).

## -4 EXTREMWERTE DER FEUCHTE

Die *Minimalwerte* des Dampfdruckes treten an besonders kalten Tagen auf. Bei einer Außentemperatur von −20 °C stellt sich der Dampfdruck, selbst wenn die Luft voll gesättigt ist, nur auf etwa 0,6 mbar.

Demgegenüber treten die *Maximalwerte* der Feuchte an regnerischen Tagen im Sommer auf, namentlich an Tagen mit Gewitterregen. Zahlenmäßig erreicht bei uns der Dampfdruck dabei Werte bis etwa 23 mbar.

In tropischen Gegenden treten Werte von etwa 35 bis 40 mbar auf.

## -5 TEMPERATUR UND FEUCHTE[1])

Wesentlich für die Lufthygiene und Klimatechnik ist die bei einer bestimmten Temperatur *gleichzeitig auftretende Feuchte* (s. Tafel 113-4). Insbesondere benötigt man diese Angaben, wenn die Luft infolge zu hoher Feuchte getrocknet werden soll oder auch bei der Errechnung der Verdunstungskühlung. Prüft man nun daraufhin die gleichzeitig gemessenen Werte der Temperatur und Feuchte nach, so zeigt sich, daß an den Tagen maximaler Temperatur die Feuchte sich meist in normalen Grenzen hält, während die Maximalwerte der Feuchte an solchen Tagen auftreten, an denen sich die Temperatur in normalen Grenzen hält. Der maximale Wärmeinhalt der Luft, d.i. die Summe von trockener und feuchter Wärme *(Enthalpie),* ist in beiden Fällen annähernd gleich. Es ist also nicht zutreffend, wie man häufig annimmt, daß an besonders heißen Tagen die Luft auch besonders hohen Feuchtegehalt hat.

Für Deutschland mit Ausnahme der Küstengegend ergibt sich, daß im Mittel mit folgenden maximalen Werten zu rechnen ist:

$t_{max}$ = 32 °C mittlere maximale Temperatur,
$h_{max}$ = 63 kJ/kg mittlerer maximaler Wärmeinhalt (Enthalpie)
$x$ = 12,1 g/kg dazugehöriger Wassergehalt und
$\varphi$ = 40% dazugehörige relative Feuchte,
$t_{f\,max}$ = 21,5 °C mittlere maximale Feuchttemperatur.

In den Küstengegenden liegen die maximalen Temperaturen etwa um 3 °C niedriger, also bei etwa 29 °C, die Feuchtewerte dagegen höher.

Berechnungswerte in der Küstengegend:

$t_{max}$ = 29 °C
$h_{max}$ = 61,4 kJ/kg
$\varphi$ = 50%

Für die Prüfung von Werkstoffen und Geräten in verschiedenen Gebieten der Erde unterscheidet man nach DIN 50019 (Juli 1963) 4 *Freiluftklimate:*

| | | |
|---|---|---|
| Kaltes Klima .......... | Niedrigstes Monatsmittel unter −15 °C | Grönland, Sibirien |
| Gemäßigtes Klima ..... | Monatsmittel zwischen −15 °C und +25 °C | Nord- und Mitteleuropa, Nordstaaten der USA |
| Trockenes Klima ...... | höchstes Monatsmittel über 25 °C | Nordafrika, Arabien, Südstaaten der USA |
| Feuchtwarmes Klima... | mindestens 1 Monatsmittel über 20 °C und 80% rel. F. | Indien, Mittelafrika, Amazonas-Gebiet |

Ausländische Klimabeispiele siehe Bild 113-6.

Für *Wirtschaftlichkeitsrechnungen* in der Klimatechnik ist die Häufigkeit der Enthalpiewerte im Jahresverlauf wichtig. Bild 113-8 zeigt die Summenhäufigkeitskurve für Deutschland, Bild 113-9 den Jahresgang der *mittleren Monatsenthalpie.*

Genauere Korrelation zwischen Luftfeuchte und Temperatur für 13 deutsche Städte gibt DIN 4710 (11.82) Tab. 3.

Bild 113-10 zeigt ebenfalls zeitlich detaillierte Angaben, wie sie zur Energieverbrauchsberechnung bei der Luftaufbereitung benötigt werden.

---

[1]) Maus, D.: Kältetechn. 3/69. S. 66/71.
Rasch, H., u. H. Markert: HLH 7/71. S. 224/9.
Jüttemann, H., u. G. Schaal: HLH 10/82. S. 355/60.
Masuch, J.: HLH 11/82. S. 387/93.

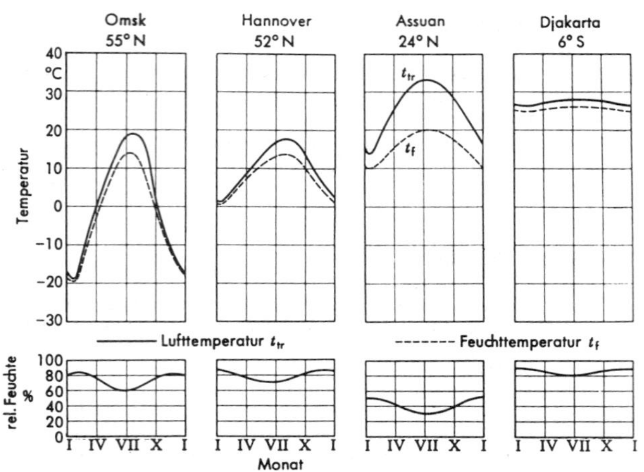


Bild 113-6. Beispiele von Klimatypen.

*Beispiel:*

Die Enthalpie $h = 33$ kJ/kg und 24 h-Betrieb entsprechend einem Taupunkt von 11,5 °C von Raumluft bei 22 °C/50% rel. Feuchte wird an 6100 Stunden im Jahr unterschritten und an 2660 Stunden überschritten.

Ähnlich wie bei der Temperatur und der Feuchte ist bei der Enthalpie der Begriff der *Enthalpiestunden* eingeführt worden. Enthalpiestunden sind das Produkt aus der Zahl der jährlichen Stunden und der Enthalpiedifferenz zwischen der Außenluft und einem angenommenen Grenzwert für die Zuluft $h_{fin}$ (Bild 113-10).

*Beispiel:*

Bei $h_{fin} = 33$ kJ/kg und 24-h-Betrieb sind die Enthalpiestunden in Berlin (Bild 113-10)

$$98\,000 \frac{\text{kJ}}{\text{kg}} \cdot \frac{\text{h}}{\text{a}} = 98 \frac{\text{MWh}}{\text{a} \cdot \text{kg/s}}.$$

Bei einem Luftmassenstrom von 1 kg/s ist demnach die jährliche Energie zur Erwärmung und Befeuchtung der Außenluft auf $h_{fin} = 33$ kJ/kg

$Q = 98$ MWh/a.

Das Bild 113-10 kann auch durch Planimetrieren der Fläche zwischen der Kurve in Bild 113-9 und $h_{fin}$ ermittelt werden. Anwendung auch bei der Wärmerückgewinnung (Bild 339-9) und Beispiel zu Bild 113-11.

Für die Berechnung der *Jahresenergiekosten* der Luftaufbereitung in Klimaanlagen sind in VDI 2067, Bl. 3 (12.83) jährliche Stunden sowie Mittelwerte für Enthalpie- und Temperaturdifferenzen für 13 deutsche Städte angegeben. Damit kann man die Gradtagzahl oder Enthalpiestunden für die verschiedenen Arten der Luftaufbereitung berechnen. Ein Beispiel für Berlin zeigt Bild 113-11.

Je nach Art der Luftbehandlungsfunktionen der Klimazentrale unterscheidet man sieben verschiedene Ausgangsfelder im $h,x$-Diagramm für die Außenluftzustände. Hierfür werden angegeben:

$Z_{(n)}$ = jährliche Häufigkeit des Außenluftzustandes in *h/a* bei 24-h-Betrieb
$t_{a(n)}$ = mittlere Außenluft-Temperatur in °C
$h_{a(n)}$ = mittlere Außenluft-Enthalpie in kJ/kg
$x_{a(n)}$ = mittlere Außenluft-Feuchtegehalt in g/kg

Als *Grenzwert* sollen durch die Luftbehandlung folgende Zuluftzustände erreicht werden

$t_{fin} = t_i$ = Zulufttemperatur in °C, z. B. 22 °C
$h_{fin} = h_{TP}$ = Zuluftenthalpie (Taupunktenthalpie) in kJ/kg
z. B. 33 kJ/kg entsprechend $x_{TP} = 8{,}54$ g/kg.

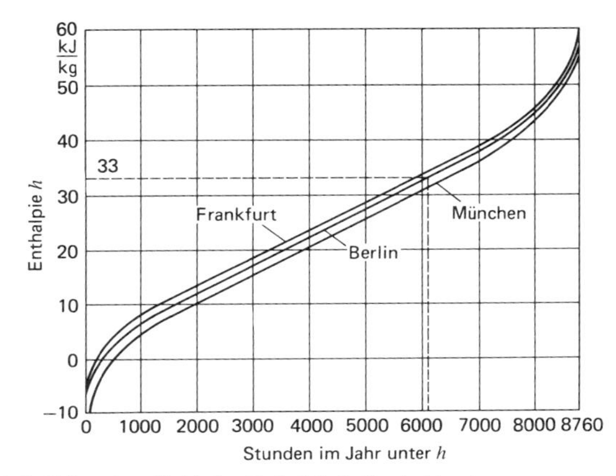


Bild 113-8. Summenhäufigkeit (Jahresdauerlinie) der Enthalpie in Deutschland.

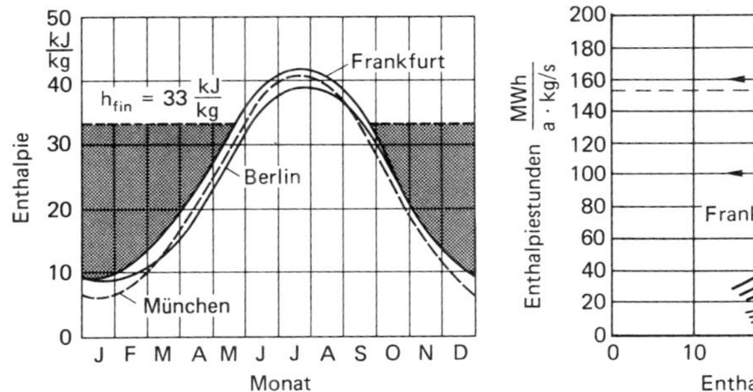


Bild 113-9. Jahresgang der mittleren Monatsenthalpie für Deutschland[1]).

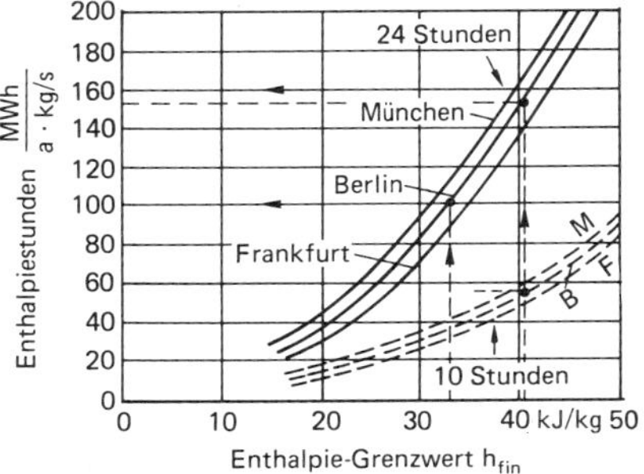


Bild 113-10. Jahres-Enthalpiestunden für Heizung und Befeuchtung bei 24-h- und 10-h-Betrieb (7 bis 17 Uhr) abhängig vom Grenzwert $h_{fin}$[1]).

In Bild 113-11 sind folgende Felder für verschiedene Luftaufbereitungsfunktionen angegeben (Bezeichnungen entsprechend Tafel 312-1, d.h. $H$ = Heizen, $C$ = Kühlen usw.)

- Feld 1: Lufterwärmung $H$ von $t_a < t_i$ auf $t_i$
- Feld 2: Luftkühlung $C$ von $t_a > t_i$ auf $t_i$
- Feld 3: Lufterwärmung und Befeuchtung $HM$ von $h_a < h_{TP}$ auf $h_{TP}$
- Feld 4: Luftkühlung und Entfeuchtung $CD$ von $h_a > h_{TP}$ auf $h_{TP}$
- Feld 5: Lufterwärmung und Befeuchtung $HM$ von
  $x_a < x_{TP}$ und $t_a < t_i$ auf $x_{TP}$ und $t_i$
- Feld 6: Luftkühlung und Entfeuchtung $CD$ von
  $x_a > x_{TP}$ und $t_a > t_i$ auf $x_{tp}$ und $t_i$
- Feld 7: Luftkühlung und Entfeuchtung $CD$ von
  $h_a > h_i$ und $t_a < t_i$ auf $h_{TP}$ und $t_i$

[1]) aus VDI 2071, Bl. 2 (3.83).

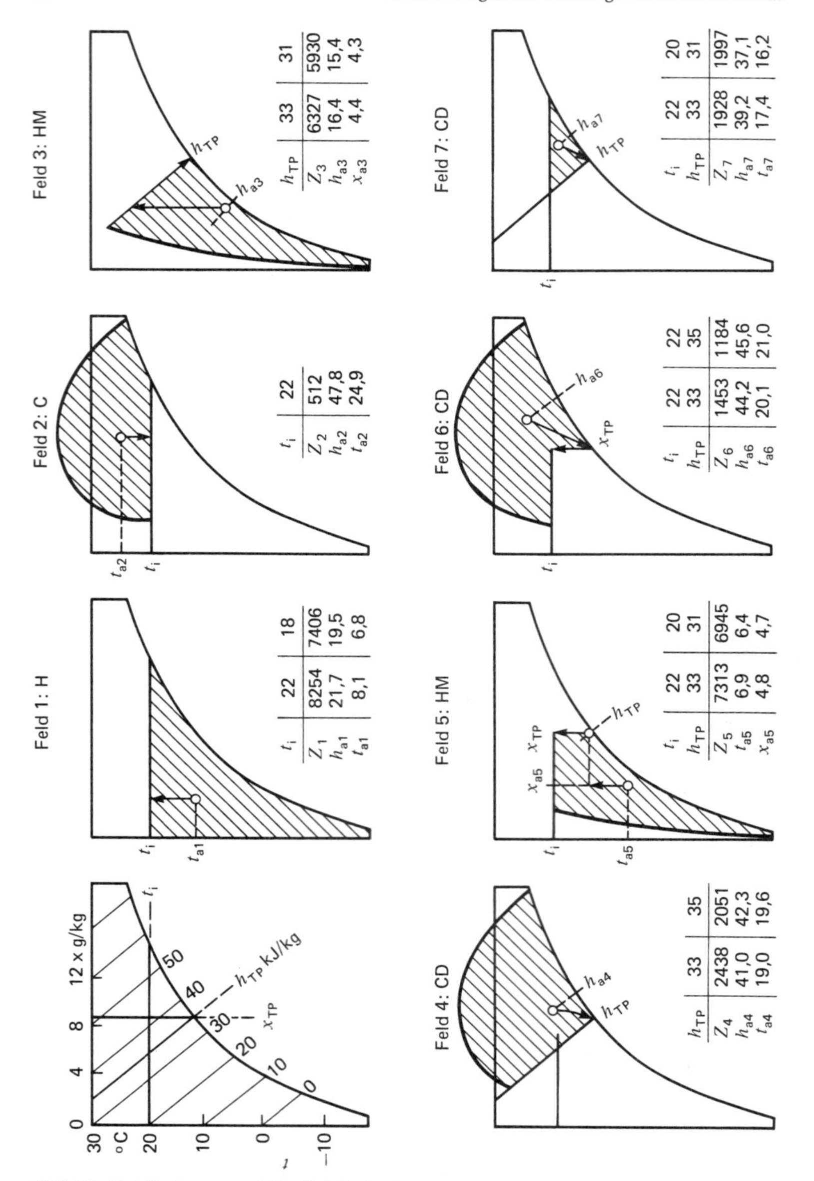


Bild 113-11. Mittelwerte und Häufigkeit der Außenluftzustände von Berlin, bezogen auf 24-h-Betrieb. Andere Städte s. VDI 2067 Bl. 3 (12.83).

*Beispiel:*

Heizen und Befeuchten nach Feld 5 HM (24-h-Betrieb, Winter).
Gewünschte Grenzenthalpie $h_{fin} = h_{TP} =$ 33 kJ/kg
Mittlere Jahresenthalpie entsprechend
$t_{a\,5} = 6{,}9\,°C$ und $x_{a\,5} = 4{,}8$ g/kg ergibt aus $h, x$-Diagramm $h_{a\,5} = 19{,}6$ kJ/kg
Enthalpiedifferenz $\Delta h = h_{fin} - h_{a\,5} = 33 - 19{,}6 =$ 13,4 kJ/kg
Jährliche Stunden $Z_5 =$ 7313 h/a
Enthalpiestunden $Z_5 \cdot \Delta h = 13{,}4 \cdot 7313 = 98\,000$ kJ/kg · h/a = $98\,\frac{\text{MWh}}{\text{a} \cdot \text{kg/s}}$
Beim Luftmassenstrom $m =$ 10 000 kg/h
Jahresenergie $Q_{HM} = \frac{10\,000}{3\,600} \cdot 98 =$ 272 MWh/a
(vgl. Bild 113-10)

Dieser Wert gilt für ständigen Betrieb mit Außenluft. *Reduktionsfaktoren* für tatsächliche tägliche und wöchentliche Betriebszeit sowie zeitweisen Umluftbetrieb oder variablen Volumenstrom sind in VDI 2067, Bl. 3 gegeben. Weitere Beispiele s. Abschn. 375-2.

## -6 FEUCHTE-GLEICHGEWICHT

Ein großer Teil aller Materialien unserer Umgebung enthält Wasser in mehr oder weniger großer Menge. Der Wassergehalt ist abhängig von der rel. Luftfeuchte. Man nennt diese Stoffe *hygroskopisch*. Bei bestimmter längere Zeit andauernder Feuchte der umgebenden Luft stellt sich ein Gleichgewichtszustand ein, bei dem der betreffende Stoff Wasser weder aufnimmt noch abgibt. Beispiel Bild 113-15, das die *Sorptionskurven* verschiedener Stoffe zeigt.

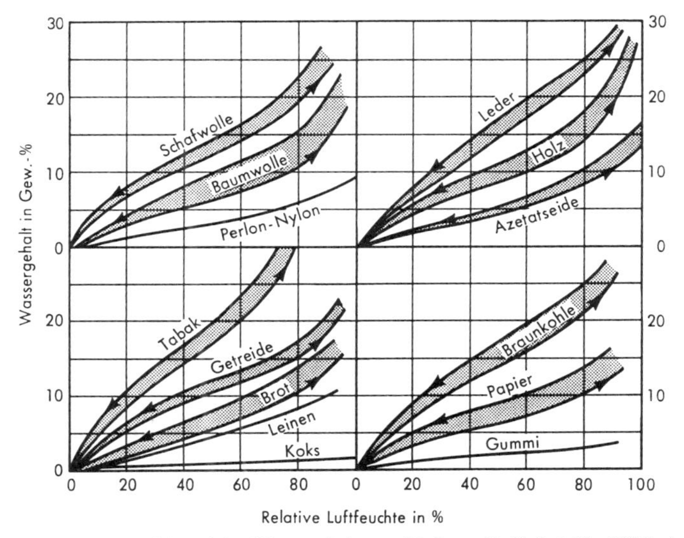


Bild 113-15. Gleichgewichts-Wassergehalt verschiedener Stoffe bei 20…30 °C. Adsorptions- und Desorptionskurven[1]).

[1]) Berichtsheft 6 der Fachgemeinschaft Lufttechn.- und Trocknungsanlagen des VDMA. 1964.

**Tafel 113-3. Mittlere monatliche und jährliche Feuchte der Luft**

Erste Zeile: Dampfdruck in mbar Zweite Zeile: % rel. Feuchte

| Ort | Jan. | Febr. | März | April | Mai | Juni | Juli | Aug. | Sept. | Okt. | Nov. | Dez. | Jahr |
|---|---|---|---|---|---|---|---|---|---|---|---|---|---|
| *Deutschland* | | | | | | | | | | | | | |
| Berlin | 5,3 | 5,3 | 6,0 | 7,3 | 10,0 | 12,2 | 14,8 | 14,8 | 11,8 | 9,3 | 6,9 | 5,8 | 9,2 |
| | 85 | 81 | 76 | 70 | 64 | 67 | 69 | 74 | 77 | 82 | 86 | 88 | 77 |
| Bremen | 6,0 | 6,1 | 6,8 | 8,0 | 10,6 | 13,0 | 15,0 | 14,6 | 12,6 | 10,1 | 7,7 | 6,6 | 9,8 |
| | 88 | 85 | 81 | 76 | 73 | 74 | 77 | 79 | 81 | 86 | 88 | 89 | 81 |
| Dresden | 5,2 | 5,4 | 6,2 | 7,7 | 10,8 | 12,9 | 14,8 | 15,4 | 12,2 | 9,6 | 6,9 | 5,7 | 9,3 |
| | 80 | 78 | 74 | 68 | 66 | 66 | 69 | 71 | 75 | 78 | 81 | 81 | 74 |
| Essen-Mülheim | 6,4 | 6,6 | 7,4 | 8,2 | 11,6 | 13,0 | 14,4 | 14,8 | 12,6 | 10,2 | 7,7 | 7,2 | 10,1 |
| | 88 | 85 | 82 | 77 | 73 | 76 | 77 | 80 | 81 | 85 | 88 | 89 | 82 |
| Frankfurt/M. | 5,7 | 6,0 | 6,6 | 7,8 | 10,5 | 12,9 | 14,5 | 14,2 | 12,6 | 9,8 | 7,4 | 6,2 | 9,6 |
| | 85 | 80 | 74 | 67 | 66 | 66 | 69 | 72 | 77 | 82 | 84 | 86 | 76 |
| Halle | 5,4 | 5,6 | 6,4 | 7,6 | 10,5 | 12,9 | 14,8 | 14,1 | 12,1 | 9,4 | 7,0 | 6,0 | 9,3 |
| | 84 | 82 | 77 | 69 | 67 | 68 | 71 | 72 | 76 | 81 | 84 | 85 | 76 |
| Hamburg | 5,8 | 6,0 | 6,6 | 7,7 | 10,4 | 12,8 | 14,8 | 14,5 | 12,6 | 10,0 | 7,6 | 6,4 | 9,6 |
| | 89 | 86 | 81 | 72 | 68 | 70 | 73 | 77 | 79 | 84 | 88 | 90 | 80 |
| Hannover | 6,0 | 6,2 | 7,2 | 8,0 | 10,9 | 13,2 | 14,8 | 14,5 | 12,4 | 10,0 | 7,6 | 6,4 | 9,7 |
| | 88 | 85 | 81 | 75 | 73 | 74 | 76 | 78 | 81 | 85 | 87 | 87 | 81 |
| Karlsruhe | 5,7 | 6,0 | 6,9 | 8,2 | 11,4 | 14,0 | 15,7 | 15,3 | 13,3 | 10,2 | 7,6 | 6,4 | 10,1 |
| | 84 | 80 | 75 | 70 | 70 | 71 | 72 | 75 | 81 | 84 | 85 | 86 | 78 |
| Kiel-Holtenau | 5,8 | 5,8 | 6,5 | 7,8 | 10,6 | 13,2 | 15,4 | 15,0 | 12,9 | 10,1 | 7,6 | 6,4 | 9,8 |
| | 91 | 89 | 86 | 81 | 77 | 77 | 80 | 83 | 86 | 88 | 90 | 92 | 85 |
| Köln-Leverkusen | 6,4 | 6,8 | 7,2 | 8,4 | 11,4 | 13,7 | 15,2 | 14,6 | 13,0 | 10,4 | 8,1 | 6,6 | 10,2 |
| | 85 | 82 | 78 | 75 | 73 | 75 | 77 | 78 | 80 | 84 | 85 | 86 | 80 |
| *Europa* | | | | | | | | | | | | | |
| Athen | 8,4 | 8,5 | 9,8 | 11,7 | 14,9 | 17,4 | 17,8 | 17,0 | 16,6 | 15,0 | 12,8 | 9,6 | 16,0 |
| | 75 | 74 | 70 | 68 | 65 | 57 | 50 | 47 | 58 | 68 | 80 | 76 | 66 |
| London NW | 7,2 | 6,8 | 7,6 | 8,2 | 10,1 | 12,0 | 13,3 | 13,7 | 12,6 | 10,9 | 8,4 | 7,3 | 10,0 |
| | 90 | 82 | 75 | 72 | 72 | 68 | 72 | 75 | 78 | 90 | 88 | 90 | 79 |
| Madrid | 7,6 | 7,3 | 7,4 | 9,3 | 10,9 | 12,4 | 13,3 | 13,8 | 13,2 | 11,2 | 8,9 | 7,4 | 10,2 |
| | 90 | 77 | 68 | 68 | 61 | 52 | 43 | 48 | 58 | 75 | 80 | 90 | 67 |
| Moskau | 2,0 | 2,3 | 3,3 | 5,7 | 9,3 | 12,0 | 15,0 | 13,6 | 10,0 | 6,6 | 4,3 | 2,7 | 7,2 |
| | 86 | 83 | 80 | 74 | 67 | 69 | 71 | 77 | 80 | 83 | 87 | 87 | 79 |
| Paris | 6,2 | 6,2 | 7,2 | 8,1 | 10,9 | 12,5 | 14,9 | 14,6 | 13,2 | 11,0 | 7,7 | 6,8 | 7,6 |
| | 86 | 78 | 78 | 65 | 71 | 65 | 71 | 71 | 77 | 90 | 85 | 87 | 77 |
| Rom | 8,0 | 8,6 | 9,0 | 11,2 | 13,6 | 16,8 | 18,6 | 18,8 | 17,3 | 14,0 | 10,4 | 8,6 | 12,4 |
| | 80 | 80 | 73 | 72 | 65 | 65 | 61 | 63 | 70 | 75 | 75 | 80 | 72 |
| Warschau | 4,3 | 4,3 | 4,9 | 7,6 | 10,2 | 14,1 | 15,6 | 15,7 | 12,1 | 10,0 | 7,2 | 6,0 | 9,3 |
| | 96 | 88 | 75 | 75 | 72 | 75 | 74 | 78 | 84 | 92 | 95 | 95 | 82 |
| Wien | 4,5 | 5,0 | 6,1 | 7,8 | 10,9 | 13,6 | 15,0 | 14,9 | 12,6 | 9,7 | 6,6 | 5,3 | 9,3 |
| | 92 | 80 | 79 | 67 | 67 | 67 | 67 | 70 | 75 | 82 | 82 | 95 | 77 |
| *Übrige Welt* | | | | | | | | | | | | | |
| Djakarta | 27,9 | 28,2 | 28,7 | 29,3 | 28,6 | 28,1 | 27,1 | 25,9 | 26,6 | 27,3 | 27,4 | 27,4 | 27,8 |
| | 87 | 88 | 86 | 85 | 84 | 84 | 81 | 79 | 78 | 80 | 83 | 85 | 85 |
| Buenos Aires | 21,0 | 20,1 | 19,4 | 15,4 | 12,8 | 10,9 | 11,0 | 11,4 | 12,2 | 14,1 | 16,8 | 19,5 | 15,4 |
| | 75 | 75 | 82 | 80 | 88 | 90 | 92 | 90 | 88 | 85 | 80 | 78 | 84 |
| Havanna | 19,7 | 19,7 | 20,2 | 22,6 | 25,1 | 27,9 | 29,0 | 29,3 | 28,6 | 26,2 | 22,6 | 19,9 | 24,2 |
| | 75 | 74 | 72 | 72 | 75 | 78 | 77 | 78 | 80 | 78 | 76 | 75 | 76 |
| New York | 3,6 | 4,8 | 7,0 | 7,3 | 10,9 | 15,8 | 19,0 | 18,3 | 15,7 | 10,9 | 7,4 | 4,9 | 10,5 |
| | 63 | 81 | 82 | 63 | 63 | 68 | 69 | 68 | 71 | 72 | 77 | 78 | 71 |
| Rio de Janeiro | 24,6 | 24,9 | 24,6 | 22,3 | 20,2 | 18,9 | 18,0 | 18,0 | 19,0 | 19,9 | 21,7 | 23,3 | 21,3 |
| | 78 | 78 | 80 | 80 | 79 | 79 | 78 | 76 | 79 | 79 | 79 | 78 | 74 |
| San Francisco | 9,6 | 10,0 | 10,6 | 11,6 | 11,7 | 13,3 | 14,4 | 14,8 | 14,9 | 13,4 | 11,8 | 9,3 | 12,2 |
| | 80 | 85 | 77 | 82 | 77 | 83 | 90 | 90 | 86 | 78 | 80 | 74 | 82 |
| Santiago | 13,2 | 12,8 | 12,1 | 10,8 | 9,8 | 8,4 | 8,4 | 8,8 | 9,4 | 10,8 | 11,2 | 12,1 | 10,6 |
| | 56 | 59 | 65 | 71 | 78 | 80 | 79 | 76 | 74 | 69 | 59 | 55 | 68 |
| Sydney | 18,0 | 18,2 | 17,8 | 16,0 | 13,0 | 11,3 | 9,4 | 10,8 | 11,6 | 12,9 | 14,4 | 16,5 | 14,1 |
| | 68 | 70 | 73 | 76 | 78 | 78 | 77 | 73 | 67 | 64 | 64 | 66 | 71 |
| Tokio | 4,9 | 5,0 | 6,5 | 10,5 | 14,1 | 19,1 | 24,3 | 25,9 | 21,5 | 14,4 | 9,3 | 6,0 | 13,4 |
| | 65 | 63 | 66 | 73 | 75 | 82 | 82 | 80 | 83 | 76 | 75 | 70 | 73 |

**Tafel 113-4. Berechnungstemperatur und -feuchte für verschiedene Orte der Erde*)**
($t_r$ = Trockenkugeltemperatur, $t_f$ = Feuchtekugeltemperatur)

| Ort | Seehöhe m | Winter $t_{tr}$ in °C | Sommer $t_{tr}$ in °C | Sommer $t_f$ in °C |
|---|---|---|---|---|
| *Europa* | | | | |
| Athen | 110 | − 1 | 37 | 22 |
| Berlin | 40 | −15 | 32 | 21 |
| Brüssel | 100 | −10 | 30 | 21 |
| Budapest | 150 | −12 | 33 | 21 |
| Bukarest | 80 | −20 | 32 | 22 |
| Hamburg | 30 | −15 | 28 | 19 |
| Helsinki | 10 | −24 | 27 | 19 |
| Istanbul | 70 | − 4 | 34 | 23 |
| Kopenhagen | 10 | −13 | 28 | 20 |
| Lissabon | 100 | + 3 | 34 | 22 |
| London | 40 | − 1 | 28 | 19 |
| Madrid | 650 | − 4 | 36 | 22 |
| Marseille | 70 | − 6 | 33 | 22 |
| Moskau | 140 | −30 | 31 | 21 |
| Neapel | 60 | − 2 | 35 | 24 |
| Nizza | 12 | 0 | 30 | 23 |
| Oslo | 30 | −17 | 27 | 19 |
| Paris | 50 | −10 | 32 | 21 |
| Prag | 200 | −16 | 32 | 19 |
| Rom | 50 | − 1 | 36 | 23 |
| Sevilla | 30 | – | 40 | 27 |
| Sewastopol | 20 | −12 | 34 | – |
| Stockholm | 50 | −19 | 27 | 19 |
| Valencia | 25 | − 1 | 33 | 24 |
| Wien | 200 | −15 | 33 | 21 |
| Zürich | 490 | −16 | 29 | 20 |
| *Afrika* | | | | |
| Accra (Ghana) | 27 | 19 | 33 | 27 |
| Addis Abeba | 2450 | − 3 | 27 | 19 |
| Alexandria | 30 | 5 | 38 | 24 |
| Algier | 60 | + 3 | 37 | 26 |
| Casablanca | 230 | + 2 | 33 | 25 |
| Dakar | 20 | 15 | 36 | 23 |
| Daressalam | 15 | 17 | 33 | 28 |
| Durban | 5 | 10 | 35 | 24 |
| Elisabethville | 1230 | 2 | 35 | 21 |
| Freetown | 10 | 18 | 33 | 27 |
| Johannesburg | 1750 | − 3 | 30 | 21 |
| Kairo | 110 | 4 | 40 | 22 |
| Kapstadt | 10 | 4 | 34 | 22 |
| Lagos (Nigeria) | 3 | 20 | 33 | 28 |
| Léopoldville | 320 | 16 | 35 | 28 |
| Marrakesch | 470 | 3 | 41 | – |
| Mombassa | 15 | – | 33 | 26 |
| Nairobi | 1800 | 7 | 28 | 18 |
| Oran | 100 | – | 35 | 26 |
| Tanger | 70 | – | 33 | 24 |
| Teneriffa | 60 | 10 | 31 | – |
| Timbuktu | 250 | 8 | 47 | – |
| Tunis | 65 | + 2 | 39 | 25 |
| Tripolis | 20 | 4 | 39 | 27 |
| Windhuk | 1700 | 0 | 33 | 19 |
| *Asien* | | | | |
| Aden | 7 | 17 | 39 | 29 |
| Ankara | 850 | −14 | 35 | 20 |
| Bagdad | 60 | 4 | 45 | 23 |

*) ASHRAE Fundamentals 1985.
Köppen: Grundriß der Klimakunde, Berlin 1931. IHVE-Guide 1970/72.
DKV-Arbeitsblatt 0-20 und 0-21 (Deutsche Kältetechn. Verein).
Quenzel: Meteorologische Daten. 1969.
Verschiedene andere Quellen.

| Ort | Seehöhe m | Winter $t_{tr}$ in °C | Sommer $t_{tr}$ in °C | Sommer $t_f$ in °C |
|---|---|---|---|---|
| Bangkok | 10 | 16 | 36 | 28 |
| Basra | | 4 | 33 | 28 |
| Djakarta | 10 | 20 | 33 | 26 |
| Beirut | 30 | 4 | 33 | 26 |
| Bombay | 10 | 16 | 34 | 28 |
| Delhi | 220 | 4 | 40 | 24 |
| Hanoi | 15 | 8 | 36 | 30 |
| Hongkong | 30 | 6 | 33 | 28 |
| Jerusalem | 750 | − 2 | 35 | 21 |
| Kalkutta | 10 | 10 | 38 | 28 |
| Kanton | – | 15 | 35 | 28 |
| Kuwait | 5 | 4 | 45 | 31 |
| Manila | 10 | 17 | 35 | 28 |
| Mukden | 70 | – | 35 | 26 |
| Saigon | 10 | 20 | 33 | 28 |
| Shanghai | 10 | − 1 | 36 | 28 |
| Singapore | 0 | 18 | 32 | 28 |
| Teheran | 1200 | − 5 | 35 | 22 |
| Tokio | 20 | − 3 | 33 | 26 |
| Wladiwostok | 20 | −25 | 30 | 22 |
| *Australien* | | | | |
| Brisbane | 40 | + 4 | 32 | 25 |
| Melbourne | 30 | 0 | 35 | 21 |
| Sydney | 40 | 5 | 35 | 23 |
| *Amerika – Nord* | | | | |
| Bermuda | 10 | 15 | 31 | 24 |
| Boston | 15 | −18 | 33 | 24 |
| Buffalo | | −20 | 34 | 24 |
| Cleveland | 205 | −20 | 35 | 24 |
| Chicago | 190 | −23 | 35 | 24 |
| Dallas | 225 | −12 | 38 | 26 |
| Detroit | 195 | −23 | 35 | 24 |
| Honolulu | 5 | 15 | 28 | 23 |
| Houston | 60 | − 7 | 35 | 26 |
| Los Angeles | 165 | 2 | 32 | 21 |
| Miami | 5 | 2 | 33 | 26 |
| Montreal | 55 | −23 | 30 | 23 |
| New Orleans | 5 | − 7 | 35 | 26 |
| New York | 130 | −18 | 35 | 24 |
| Ottawa | 105 | −23 | 31 | 23 |
| Pittsburgh | 280 | −20 | 35 | 24 |
| Quebec | 90 | −26 | 30 | 23 |
| San Francisco | 50 | 2 | 29 | 18 |
| Toronto | 100 | −23 | 31 | 26 |
| Washington | 40 | −18 | 35 | 26 |
| *Mittel- u. Südamerika* | | | | |
| Bogota | 2650 | − 1 | 21 | 18 |
| Buenos Aires | 20 | − 1 | 35 | 24 |
| Guatemala | 1500 | 7 | 31 | 23 |
| Havanna (Cuba) | 25 | 15 | 32 | 26 |
| La Paz | 3600 | − 2 | 23 | 14 |
| Lima | 120 | 15 | 31 | 24 |
| Manaos | 40 | 20 | 35 | 27 |
| Maracaibo | 5 | 21 | 35 | 28 |
| Mexico City | 2300 | 2 | 26 | 16 |
| Montevideo | 10 | 2 | 33 | 23 |
| Nassau | 5 | 13 | 32 | 27 |
| Panama | 5 | 21 | 31 | 26 |
| Rio de Janeiro | 60 | 13 | 32 | 26 |
| Santiago | 520 | 2 | 32 | 20 |
| San Juan, P. R. | 10 | 20 | 32 | 26 |
| São Paulo | 780 | 4 | 31 | 24 |
| Valparaiso | 40 | 8 | 27 | 20 |

# 114 Sonnenstrahlung[1])

Die Sonnenstrahlung hat auch in der Heizungstechnik eine gewisse Bedeutung, da sie eine zusätzliche, allerdings sehr unbeständige *Wärmequelle* darstellt. Im Winter ist infolge des niedrigen Sonnenstandes trotz kurzer Sonnenscheindauer der Wärmegewinn durch Fenster bemerkenswert. Bei großen Fenstern kann bereits im März oder April die Sonnenstrahlung den Wärmebedarf eines Raumes decken. In der Lüftungs- und Klimatechnik ist die Sonnenstrahlung von sehr großer Bedeutung, da sie bei der Kühlung von Räumen einen wesentlichen Teil des Kühlbedarfes, manchmal den größten Teil, ausmacht. Beweglicher Sonnenschutz ist daher am günstigsten.

Im Rahmen der *Energieeinsparung* gewinnt die Sonnenenergie gegenwärtig größere Bedeutung (siehe Abschn. 225-4).

## -1 SOLARKONSTANTE

Hätte die Erde keine Lufthülle, so würde auf eine Fläche senkrecht zur Sonnenstrahlung eine Wärmemenge von etwa 1,39 kW/m² bei mittlerem Sonnenabstand eingestrahlt werden. Diese Zahl ist die sogenannte *Solarkonstante*. Ihr Wert schwankt zwischen 1,35 und 1,44 kW/m². Die Gesamtstrahlung setzt sich aus Strahlen verschiedener Wellenlänge und verschiedener Intensität zusammen, siehe Bild 114-1. Das Maximum der Strahlung liegt im Bereich der für das Auge sichtbaren Strahlen, etwa bei $\mu = 0{,}5$ $\mu$m. Die Gesamtenergie wird praktisch in dem Wellenbereich von 0,2 bis 3,0 $\mu$m übertragen. Die Fläche unterhalb der Kurve stellt die Solarkonstante dar.

*Energieverteilung* an der Erdoberfläche:

ultraviolette Strahlen ≈ 3%
sichtbare Strahlen ≈ 44%
infrarote Strahlen ≈ 53%.

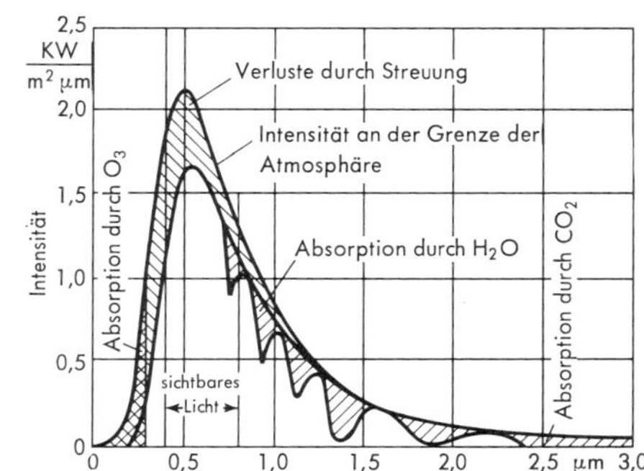


Bild 114-1. Intensität der Sonnenstrahlung.

## -2 DER TRÜBUNGSFAKTOR

Die Erdoberfläche selbst empfängt jedoch nur einen Teil dieser Wärmemenge, da die Lufthülle der Erde die Strahlung schwächt. Die *Schwächung* erfolgt auf verschiedene Weise:

1. Durch *Streuung* und *Reflexion* an den Luftmolekülen sowie Staub- und Dunstteilchen werden die Strahlen aus ihrer Richtung abgelenkt (Ursache des diffusen Tageslichtes). Streuung desto größer, je kürzer die Wellenlänge (daher das blaue Himmelslicht).

2. Durch *Absorption* wird ein Teil der Strahlung in Wärmeenergie umgewandelt. Die Absorption wird in der Hauptsache verursacht durch den Gehalt der Luft an Ozon, Kohlensäure und Wasserdampf sowie Staub und Dunst, während Sauerstoff und Stickstoff die Strahlen fast ungehindert hindurchlassen.

Das in etwa 20 bis 50 km Höhe befindliche *Ozon* absorbiert besonders die ultravioletten Strahlen, so daß Strahlen mit Wellenlängen unter 0,29 $\mu$m nicht mehr die Erde errei-

[1]) Nehring, G.: Ges.-Ing. 1962. S. 230/42.
Gürtler, G.: HLH 1971. S. 99/104.
Krochmann, J., u. a.: TAB 6/75. S. 441/6.
Schneider, W.: Ki 3/76. S. 119/22.
Kasten, F.: Oel + Gasfg. 9/79. 3 S.
Müller, H.: HLH 1/82. S. 15/25.

chen. Der Gehalt der Luft an Ozon ist an sich sehr gering; bei Normaldruck entspricht er einer Schichtdicke von nur 2 bis 3 mm.

Die *Kohlensäure* absorbiert insbesondere Strahlen bei den Wellenlängen 2 bis 2,8 μm; 4,2 bis 4,4 μm und 13 bis 17 μm.

Der *Wasserdampf* absorbiert namentlich in folgenden Wellenbereichen: 0,72; 0,93; 1,1; 1,4; 1,8; 2,3 bis 2,5; 4,4 bis 8,5; 12 bis 60 μm. Menge des Wasserdampfes in der Atmosphäre veränderlich, daher Absorption starken Schwankungen unterworfen. Bei einem mittleren Dampfdruck von 13 mbar beträgt die gesamte vom Wasserdampf absorbierte Energie etwa 10% der Sonnenstrahlung.

*Dunst- und Staubschichten* sind hauptsächlich in der Luft über Großstädten enthalten und bewirken hier eine wesentliche Schwächung der Strahlung, namentlich bei niedrigem Sonnenstand.

In allen Fällen ist die Schwächung desto größer, je länger der von den Strahlen durchlaufene Luftweg ist, so daß sich ebenso wie bei der Temperatur ein täglicher und jährlicher Gang der Strahlungsintensität ergibt.

Zur Kennzeichnung der Schwächung der Strahlungsintensität hat man den *„Trübungsfaktor T"* eingeführt. Darunter versteht man die gedachte Zahl reiner Atmosphären, die die gleiche Trübung wie die wirkliche Atmosphäre hervorrufen. Die ungetrübte Atmosphäre hat den Trübungsfaktor $T=1$. Die sich für verschiedene Trübungsfaktoren nach DIN 4710 ergebenden Werte der direkten und diffusen Strahlung sind für 50° nördl.

**Tafel 114-3. Maximale und minimale Trübung der Sonnenstrahlung[1])**

| Atmosphäre | Industrie | Großstadt | Land |
|---|---|---|---|
| Maximale Trübung (Juli) | 5,8 | 4,0 | 3,5 |
| minimale Trübung (Jan.) | 4,1 | 3,0 | 2,1 |
| Jahresmittel | 5,0 | 3,5 | 2,75 |

**Tafel 114-4. Maximale Intensität der Sonnenstrahlen auf Normalflächen[1])**

| Atmosphäre | Industrie | Großstadt | Land |
|---|---|---|---|
| Direkte Strahlung | 721 W/m² | 872 | 950 |
| diffuse Strahlung | 216 W/m² | 168 | 141 |
| Trübung | 5,5 | 3,6 | 2,9 |
| Monat | Mai | April | April |

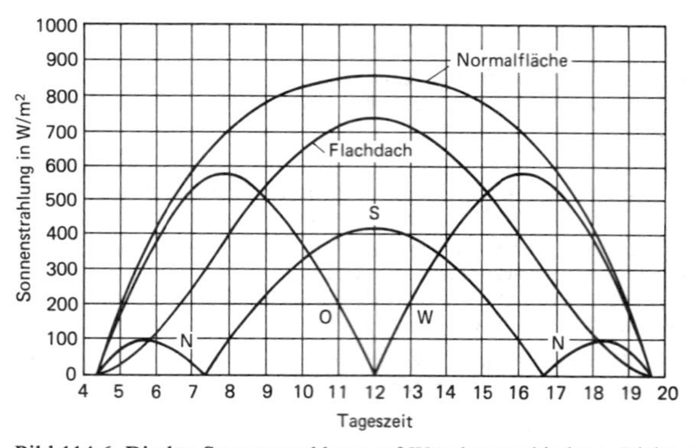


Bild 114-6. Direkte Sonnenstrahlung auf Wände verschiedener Richtung im Juli auf 50° nördlicher Breite beim Trübungsfaktor $T=4$ (Großstadtatmosphäre)[1]).

[1]) nach DIN 4710 (11.82)

Breite in Tafel 114-8 angegeben. Maximale und minimale Werte des Trübungsfaktors, der täglichen und jährlichen Schwankungen unterworfen ist, gemäß Tafel 114-3. Maximalwerte der Intensität in Tafel 114-4.

In Industriestädten sind auch weit höhere Trübungsfaktoren gemessen worden, z. B. $T = 6 \cdots 8$. Maximale Werte im Sommer, minimale im Winter.

## -3 DIREKTE SONNENSTRAHLUNG AUF BELIEBIGE FLÄCHEN

Aus den Zahlenwerten der Tafel 114-8 läßt sich mittels bekannter trigonometrischer Funktionen leicht die direkte Sonnenstrahlung auf beliebige Flächen ermitteln. Ist die Intensität der Sonnenstrahlung $I$, so ist die auf eine senkrechte Fläche, z. B. ein Fenster, einfallende Wärmemenge nach Bild 114-7

$$q = I \cos \varepsilon = I \cdot \cos h \cdot \cos (a_0 \pm a_w)$$

$h$ = Sonnenhöhe
$a_0$ = Azimutwinkel der Sonne
$a_w$ = Azimutwinkel der Fläche
$\varepsilon$ = Einfallswinkel der Sonnenstrahlen auf die Fläche.

Die Werte von $h$, $a_0$ und $a_w$ lassen sich für jede geographische Breite und Länge sowie für jede Zeit berechnen oder aus astronomischen Tafeln entnehmen. Sonnenhöhe in Abhängigkeit von der Jahreszeit in Bild 114-8.

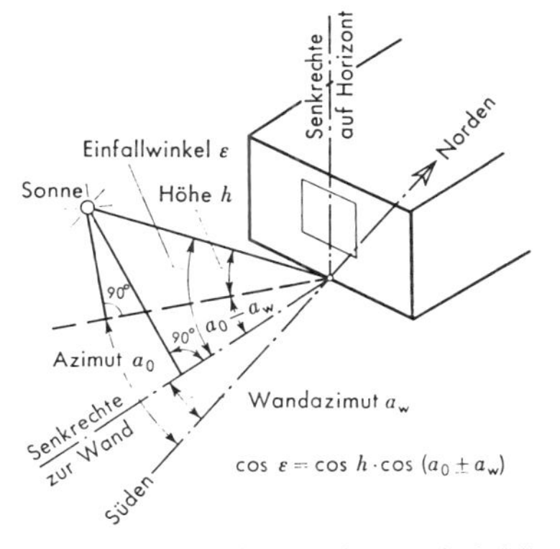


Bild 114-7. Sonnenhöhe, Azimut und Einfallswinkel.

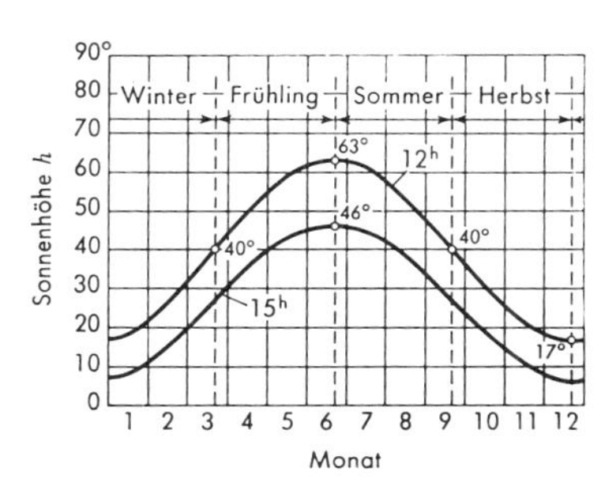


Bild 114-8. Sonnenhöhe $h$ um 12 h und 15 h für 50° nördliche Breite.

## -4 DIFFUSE STRAHLUNG[1]

Der beim Durchgang durch die Erdatmosphäre an den Luftmolekülen gestreute Strahlungsanteil gelangt als sogenannte diffuse kurzwellige Strahlung an die Erdoberfläche. Trübung der Atmosphäre bedeutet Schwächung der direkten Sonnenstrahlung, aber Erhöhung der diffusen Strahlung. Zu dieser diffusen Strahlung gehört auch die Strahlung, die von der Umgebung (Häuser, Wände, Berge, Straßen usw.) auf die betrachtete Fläche reflektiert wird, so daß wegen der mannigfaltigen Möglichkeiten eine Berechnung nur annähernde Ergebnisse zeigen kann. Im Winter ist die Trübung geringer als im Sommer.

Bild 114-12 zeigt Werte für mittlere Verhältnisse. Werte nach DIN 4710 s. Tafel 114-8.

[1]) Puškaš, J.: HLH 6/74, S. 179/81.

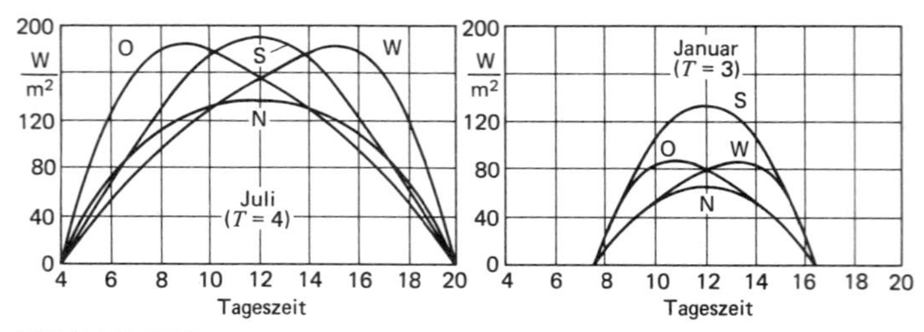


Bild 114-12. Diffuse Sonnenstrahlung im Januar und Juli auf 50° nördl. Breite beim Trübungsfaktor $T=3$ bzw. 4 (Großstadt).

Zu bemerken ist, daß die diffuse Sonnenstrahlung auf allen Himmelsrichtungen wirksam ist. Sie ist auch bei beschatteten Flächen und auf der Nordseite von Gebäuden vorhanden.

## -5 EIGENSTRAHLUNG DER ATMOSPHÄRE

Die durch die Sonnenstrahlung erwärmte Atmosphäre sendet namentlich wegen ihres Gehaltes an Wasserdampf eine eigene langwellige Strahlung auf die Erde (atmosphärische Gegenstrahlung), die jedoch durch die größere Ausstrahlung der Erdoberfläche kompensiert wird. Die Differenz zwischen Zustrahlung und Abstrahlung ergibt je nach Feuchte der Luft und Temperatur der Erdoberfläche einen Strahlungsverlust von etwa 80···100 W/m².

## -6 GESAMTSTRAHLUNG[1])

Die Summe von direkter und diffuser Strahlung sowie atmosphärischer Gegenstrahlung ist die Gesamtstrahlung oder *Globalstrahlung*. Werte sind bei verschiedenen Trübungsfaktoren aus Tafel 114-8 und Bild 114-15 für Monat Juli zu entnehmen. Bild 114-13 zeigt für die verschiedenen Monate und für Strahlungstage die mittlere Globalstrahlung auf eine Horizontal-Fläche abhängig von der Tageszeit.

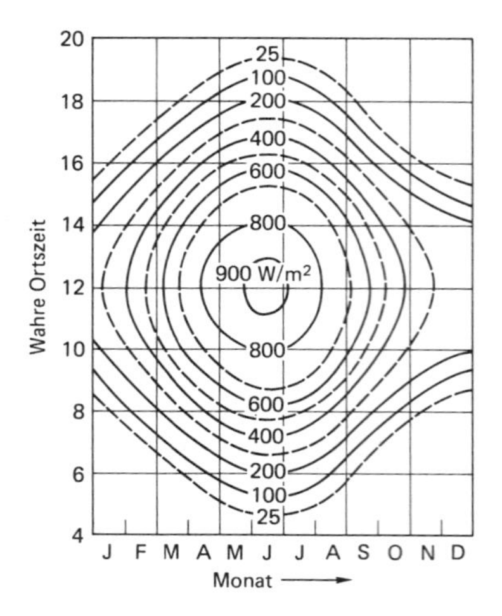


Bild 114-13. Mittlere Globalstrahlung in W/m² an Strahlungstagen auf horizontale Fläche (Großstadtatmosphäre).

[1]) Aydinli, S.: Fortschrittsberichte der VDI-Zeitschriften 1981, Reihe 6 Nr. 79. VDI-Verlag.

**Tafel 114-8. Direkte und diffuse Strahlung in W/m² an Strahlungstagen für 50° nördlicher Breite am 23. Juli.** (Andere Monate siehe DIN 4710, 11.82)

| Atmosphäre | Strahlung | | Wahre Ortszeit in h | | | | | | | | | | | | | | | | |
|---|---|---|---|---|---|---|---|---|---|---|---|---|---|---|---|---|---|---|---|
| | | | 4<br>20 | 5<br>19 | 6<br>18 | 7<br>17 | 8<br>16 | 9<br>15 | 10<br>14 | 11<br>13 | 12<br>12 | 13<br>11 | 14<br>10 | 15<br>9 | 16<br>8 | 17<br>7 | 18<br>6 | 19<br>5 | 20<br>4 |
| Industrie-Atmosphäre | normal | dir. | 0 | 75 | 244 | 406 | 525 | 604 | 654 | 683 | 692 | 683 | 654 | 604 | 525 | 406 | 244 | 75 | 0 |
| | | dif. | 0 | 69 | 160 | 207 | 229 | 233 | 228 | 223 | 221 | 223 | 228 | 233 | 220 | 207 | 160 | 69 | 0 |
| | horiz. | dir. | 0 | 8 | 65 | 171 | 297 | 417 | 515 | 579 | 601 | 579 | 515 | 417 | 297 | 171 | 65 | 8 | 0 |
| | | dif. | 0 | 42 | 91 | 126 | 150 | 167 | 179 | 185 | 187 | 185 | 179 | 167 | 150 | 126 | 91 | 42 | 0 |
| $T=5,8$ | S | dir. | 0 | 0 | 0 | 0 | 72 | 173 | 262 | 372 | 344 | 322 | 262 | 173 | 72 | 0 | 0 | 0 | 0 |
| | | dif. | 0 | 28 | 65 | 101 | 138 | 170 | 197 | 212 | 217 | 212 | 197 | 170 | 133 | 101 | 65 | 28 | 0 |
| | SW (SO) | dir. | 0 | 0 | 0 | 0 | 0 | 0 | 0 | 111 | 243 | 345 | 402 | 405 | 352 | 250 | 124 | 27 | 0 |
| | | dif. | 0 | 27 | 58 | 84 | 107 | 130 | 154 | 179 | 200 | 216 | 223 | 217 | 196 | 161 | 109 | 43 | 0 |
| | W (O) | dir. | 0 | 0 | 0 | 0 | 0 | 0 | 0 | 0 | 0 | 166 | 307 | 400 | 426 | 368 | 229 | 68 | 0 |
| | | dif. | 0 | 27 | 58 | 83 | 103 | 119 | 135 | 150 | 167 | 186 | 205 | 215 | 215 | 195 | 148 | 64 | 0 |
| | NW (NO) | dir. | 0 | 0 | 0 | 0 | 0 | 0 | 0 | 0 | 0 | 0 | 32 | 161 | 251 | 270 | 201 | 70 | 0 |
| | | dif. | 0 | 28 | 60 | 84 | 103 | 119 | 133 | 142 | 148 | 154 | 162 | 168 | 173 | 166 | 137 | 65 | 0 |
| | N | dir. | 0 | 31 | 54 | 15 | 0 | 0 | 0 | 0 | 0 | 0 | 0 | 0 | 0 | 15 | 54 | 31 | 0 |
| | | dif. | 0 | 45 | 87 | 106 | 118 | 129 | 137 | 143 | 144 | 143 | 137 | 129 | 118 | 106 | 87 | 45 | 0 |
| Großstadt-Atmosphäre | normal | dir. | 0 | 183 | 413 | 586 | 700 | 771 | 815 | 839 | 847 | 839 | 815 | 771 | 700 | 586 | 413 | 183 | 0 |
| | | dif. | 0 | 64 | 134 | 167 | 180 | 182 | 178 | 173 | 171 | 173 | 178 | 182 | 180 | 167 | 134 | 64 | 0 |
| | horiz. | dir. | 0 | 20 | 109 | 247 | 396 | 533 | 641 | 711 | 735 | 711 | 641 | 533 | 396 | 247 | 109 | 20 | 0 |
| | | dif. | 0 | 38 | 74 | 97 | 113 | 126 | 135 | 140 | 141 | 140 | 135 | 126 | 113 | 97 | 74 | 38 | 0 |
| $T=4,0$ | S | dir. | 0 | 0 | 0 | 0 | 96 | 221 | 326 | 396 | 421 | 396 | 326 | 221 | 96 | 0 | 0 | 0 | 0 |
| | | dif. | 0 | 27 | 59 | 90 | 121 | 150 | 173 | 187 | 192 | 187 | 173 | 150 | 121 | 90 | 59 | 27 | 0 |
| | SW (SO) | dir. | 0 | 0 | 0 | 0 | 0 | 0 | 0 | 136 | 298 | 424 | 501 | 518 | 470 | 361 | 209 | 65 | 0 |
| | | dif. | 0 | 26 | 53 | 76 | 98 | 119 | 141 | 162 | 179 | 190 | 194 | 185 | 166 | 135 | 94 | 40 | 0 |
| | W (O) | dir. | 0 | 0 | 0 | 0 | 0 | 0 | 0 | 0 | 0 | 204 | 382 | 511 | 569 | 531 | 388 | 166 | 0 |
| | | dif. | 0 | 26 | 53 | 76 | 95 | 112 | 127 | 141 | 154 | 168 | 180 | 184 | 180 | 162 | 126 | 59 | 0 |
| | NW (NO) | dir. | 0 | 0 | 0 | 0 | 0 | 0 | 0 | 0 | 0 | 0 | 40 | 206 | 334 | 391 | 339 | 170 | 0 |
| | | dif. | 0 | 27 | 55 | 77 | 95 | 112 | 126 | 134 | 140 | 143 | 147 | 148 | 148 | 140 | 117 | 60 | 0 |
| | N | dir. | 0 | 75 | 92 | 21 | 0 | 0 | 0 | 0 | 0 | 0 | 0 | 0 | 0 | 21 | 92 | 75 | 0 |
| | | dif. | 0 | 42 | 76 | 93 | 107 | 119 | 129 | 135 | 137 | 135 | 129 | 119 | 107 | 93 | 76 | 42 | 0 |
| Reine Atmosphäre | normal | dir. | 0 | 235 | 478 | 649 | 758 | 825 | 866 | 889 | 896 | 889 | 866 | 325 | 758 | 649 | 478 | 235 | 0 |
| | | dif. | 0 | 61 | 124 | 152 | 163 | 165 | 160 | 156 | 154 | 156 | 160 | 165 | 163 | 152 | 124 | 61 | 0 |
| | horiz. | dir. | 0 | 26 | 127 | 273 | 429 | 570 | 682 | 753 | 778 | 753 | 682 | 570 | 429 | 273 | 127 | 26 | 0 |
| $T=3,5$ | | dif. | 0 | 36 | 67 | 87 | 101 | 112 | 120 | 125 | 126 | 125 | 120 | 112 | 101 | 87 | 67 | 36 | 0 |
| | S | dir. | 0 | 0 | 0 | 0 | 104 | 236 | 347 | 420 | 445 | 420 | 347 | 236 | 104 | 0 | 0 | 0 | 0 |
| | | dif. | 0 | 26 | 56 | 85 | 115 | 143 | 165 | 179 | 183 | 179 | 165 | 143 | 115 | 85 | 56 | 26 | 0 |
| | SW (SO) | dir. | 0 | 0 | 0 | 0 | 0 | 0 | 0 | 144 | 315 | 449 | 532 | 554 | 509 | 400 | 242 | 83 | 0 |
| | | dif. | 0 | 25 | 51 | 73 | 94 | 116 | 137 | 157 | 172 | 182 | 183 | 174 | 155 | 126 | 88 | 38 | 0 |
| | W (O) | dir. | 0 | 0 | 0 | 0 | 0 | 0 | 0 | 0 | 0 | 216 | 406 | 547 | 616 | 588 | 449 | 213 | 0 |
| | | dif. | 0 | 25 | 51 | 73 | 92 | 109 | 124 | 137 | 150 | 162 | 171 | 173 | 168 | 150 | 117 | 56 | 0 |
| | NW (NO) | dir. | 0 | 0 | 0 | 0 | 0 | 0 | 0 | 0 | 0 | 0 | 42 | 220 | 362 | 433 | 392 | 218 | 0 |
| | | dif. | 0 | 26 | 52 | 73 | 92 | 109 | 123 | 132 | 137 | 140 | 142 | 141 | 139 | 130 | 109 | 57 | 0 |
| | N | dir. | 0 | 96 | 106 | 23 | 0 | 0 | 0 | 0 | 0 | 0 | 0 | 0 | 0 | 23 | 106 | 96 | 0 |
| | | dif. | 0 | 40 | 72 | 88 | 102 | 115 | 126 | 132 | 134 | 132 | 126 | 115 | 102 | 88 | 72 | 40 | 0 |

Diese Werte sind der Berechnung der Kühllast von Gebäuden mit Klimaanlagen zugrunde zu legen. Der Anteil der Diffusstrahlung in dieser Tafel ist höher als früher angenommen.

**Tafel 114-9. Tagessummen der Globalstrahlung (G) auf horizontale Flächen sowie der diffusen Himmelsstrahlung (H) für verschiedene Monate an Strahlungstagen** (DIN 4710, 11.82)

| Monat | Industrie-Atmosphäre Wh/m²d | | Großstadt-Atmosphäre Wh/m²d | | Reine Atmosphäre Wh/m²d | |
|---|---|---|---|---|---|---|
| | G | H | G | H | G | H |
| Januar | 1481 | 604 | 1664 | 474 | 1858 | 324 |
| Februar | 2537 | 864 | 2866 | 638 | 3116 | 452 |
| März | 4179 | 1260 | 4676 | 943 | 5014 | 708 |
| April | 5675 | 1702 | 6412 | 1266 | 6769 | 1033 |
| Mai | 6927 | 2010 | 7665 | 1596 | 8119 | 1315 |
| Juni | 7314 | 2146 | 8186 | 1665 | 8539 | 1449 |
| Juli | 6772 | 2060 | 7639 | 1588 | 7916 | 1419 |
| August | 5464 | 1761 | 6201 | 1340 | 6489 | 1157 |
| September | 3075 | 1354 | 4498 | 1036 | 4812 | 825 |
| Oktober | 2383 | 931 | 2724 | 708 | 2952 | 544 |
| November | 1305 | 629 | 1630 | 467 | 1774 | 356 |
| Dezember | 1001 | 474 | 1144 | 371 | 1272 | 272 |

Weitere Daten für Kühllastberechnung s. VDI 2078, für Energieberechnung DIN 4710 u. VDI 2067, Bl. 3 (12.83). Sonnenscheinstunden Tafel 114-12.

Die Tagessumme für Global- und Diffusstrahlung an heiteren Tagen kann aus Tafel 114-9 entnommen werden. Durchschnittswerte für alle Tage s. Tafel 114-13.

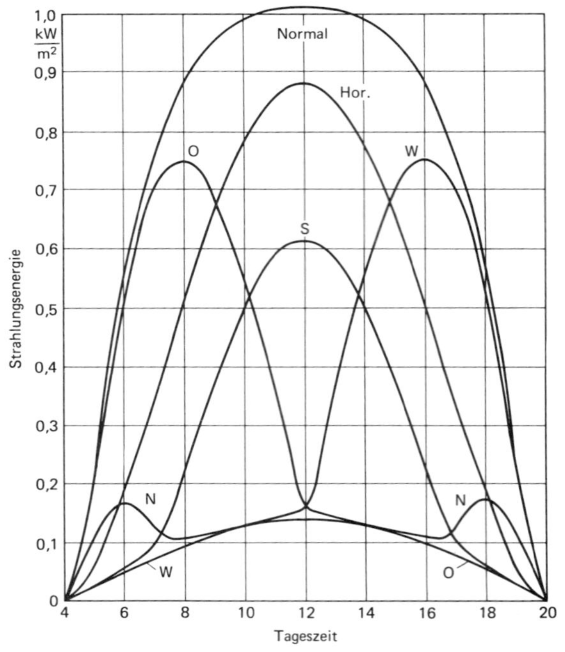


Bild 114-15. Gesamtstrahlung auf Wände verschiedener Richtung im Juli auf 50° nördlicher Breite beim Trübungsfaktor $T = 4$ (Großstadtatmosphäre). DIN 4710 (11.82).

Die jährliche *Globalstrahlungsmenge* ist je nach Lage und Wetter sowie Luftverschmutzung unterschiedlich und schwankt in Deutschland zwischen 850 und 1150 $kWh/m^2$. Einige Werte (Tafel 114-13):

Berlin ≈ 1000 $kWh/m^2a$ Hamburg ≈ 970 $kWh/m^2a$ München ≈ 1090 $kWh/m^2a$

## -7 SONNENSTRAHLUNG UND FENSTER[1])

Die Fensterflächen sind unter dem Einfluß der modernen Architektur in den letzten Jahren gegenüber früher immer größer geworden. Früher etwa 20% Fensteranteil der Außenwand, heute insbesondere bei z. B. Bürobauten bis zu 50%, vereinzelt auch mehr. Dadurch steigt einerseits der Wärmeverlust im Winter, andererseits die Sonneneinstrahlung im Winter und im Sommer. Im Winter wird die meiste Wärme auf der Südseite eingestrahlt, im Sommer dagegen auf der Ost- und Westseite (Bild 114-18). Das Maximum der integrierten Tagessumme an Strahlungstagen liegt auf der Südseite mit etwa 5,8 $kWh/m^2$ je Tag im Frühling oder Herbst.

Die Innenlufttemperaturen sind auf der Westseite immer am höchsten, während sie auf der Ostseite infolge der Wärmespeicherung und der geringeren morgendlichen Außentemperaturen wesentlich geringer sind.

Zur Abführung der sehr erheblichen Sonnenwärme im Sommer sind bei Gebäuden mit großen Fenstern Klimaanlagen häufig unentbehrlich, namentlich wenn keine geeigneten Sonnenschutzvorrichtungen vorhanden sind und die Wärmespeicherung infolge leichter Bauweise gering ist[2]). Räume mit dicken Wänden aus schweren Baustoffen erwärmen sich wesentlich weniger, da sie eine große Wärmekapazität haben. Erhöhung der Innentemperatur normaler Räume mit großen ungeschützten Fenstern ohne Kühlung siehe Bilder 114-22 und -25, die natürlich nur eine ungefähre Vorstellung vermitteln sollen. Möblierung, Teppiche, Wand- und Decken-Verkleidungen verringern die Speicherung. Sonnenschutzmöglichkeiten durch Sonnenschutzgläser, Vorhänge, Jalousien, Markisen, überstehende Balkone oder Dächer usw. siehe Abschn. 353.

Die *Oberflächentemperatur* von Wänden und Dächern wird durch die Sonnenstrahlung sehr hoch (Bild 114-28)[3]).

Im Winter verringert Sonnenstrahlung durch Fenster den Wärmeverlust. Südorientierte Fensterflächen können gegenüber fensterlosen Fassaden eine Wärmeersparnis bis 15% erbringen[4]). Der Wärmeverbrauch wird dadurch erheblich vermindert. Zur passiven Solarwärmenutzung siehe auch Abschnitt 238-6 u. 353-42.

## -8 BESONNUNG IM JAHRESABLAUF[5])

Bei allen vorhergehenden Angaben war vorausgesetzt, daß der Himmel unbedeckt ist und die Sonne ungestört strahlt. Die sich dabei ergebenden Strahlungswerte sind maßgebend für die Bemessung der Kühler in den Klimaanlagen.

Für die Ermittlung der *Betriebskosten* dagegen muß man die tatsächlich vorhandene Sonnenscheindauer und die tatsächliche Einstrahlung im Laufe eines Jahres kennen. Diese sind jedoch sowohl zeitlich wie örtlich großen Schwankungen unterworfen. Tafel 114-12 bis -14 und Bild 114-16. Die jährliche Sonnenscheindauer schwankt zwischen 1440 h in Essen und 1760 h in Stuttgart.

---

[1]) Künzel, H., u. W. Frank: Ges.-Ing. 1/2–79. S. 85/92.
Hauser, G.: Bauphysik 1/79. S. 12/17 u. TAB 12/79. S. 1015/9.
Müller, H.: HLH 12/79. S. 467/72.
Aydinli, S., u. J. Krochmann: TAB 7/8-84. S. 563/7.

[2]) Hauser, G., u. K. Gertis: Ki 2/80. S. 71/82.
Holz, D., u. H. Künzel: Ges.-Ing. 3/80. S. 49/56.
Rouvel, L.: Kongreßbericht Berlin 1980. S. 169/72.

[3]) Reinhard, K.: Ki 6/78. S. 235/40.

[4]) Gertis, K., u. G. Hauser; Ki 3/79. S. 283/7.
Rouvel, L., u. B. Wenzel: HLH 8/79. S. 285/91.
Werner, H.: Ges.-Ing. 3/80. S. 63/8 und 3/81. S. 121/6.
Hauser, G.: HLH Heft 4, 5 u. 6/1983.
Hönmann, W.: LTG, TI Nr. 61/1984 u. CCJ 12/83. S. 16/26.

[5]) Krochmann, J.: Lichttechn. 74 S. 428/9 u. 466/8.
Krochmann, J.: TAB 4/77. S. 405/8.

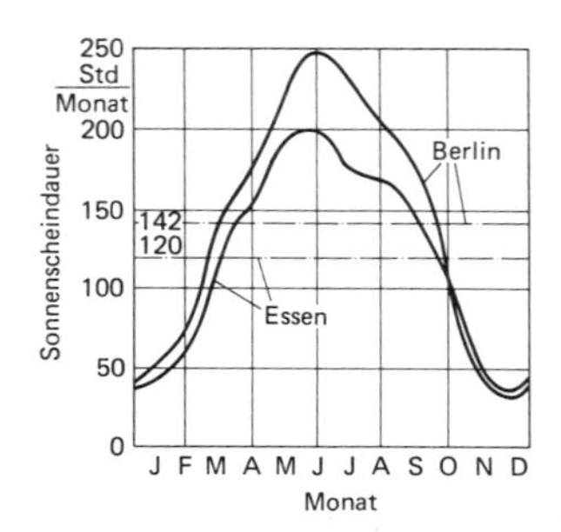


Bild 114-16. Jahresgang der Sonnenscheindauer in Berlin und Essen.

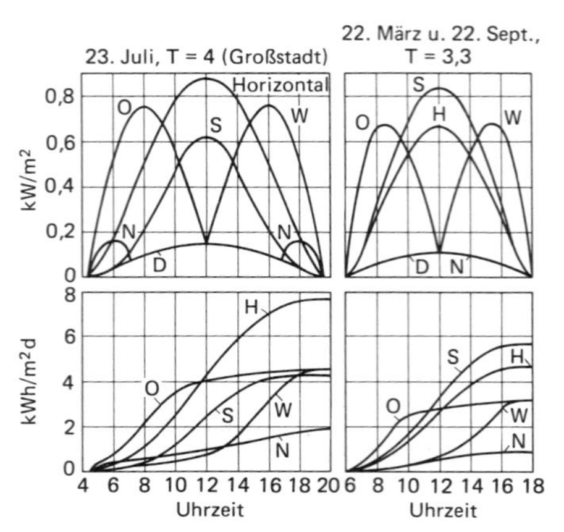


Bild 114-18. Globalstrahlung (oben) sowie Aufsummierung zur Tagessumme (unten) auf verschieden orientierte Flächen. Für Strahlungstage berechnet nach DIN 4710 – 11.82. Großstadtatmosphäre.

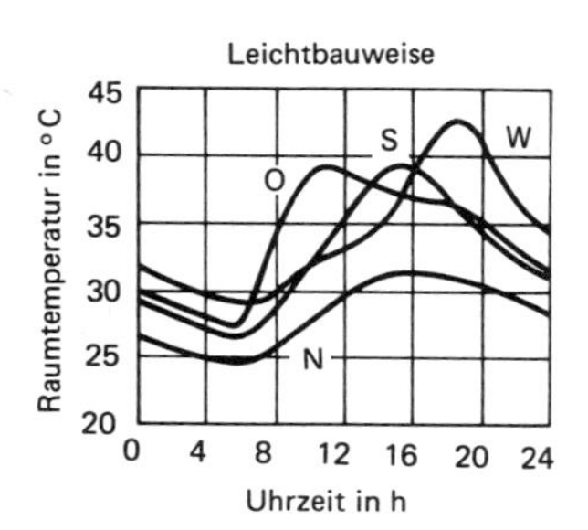


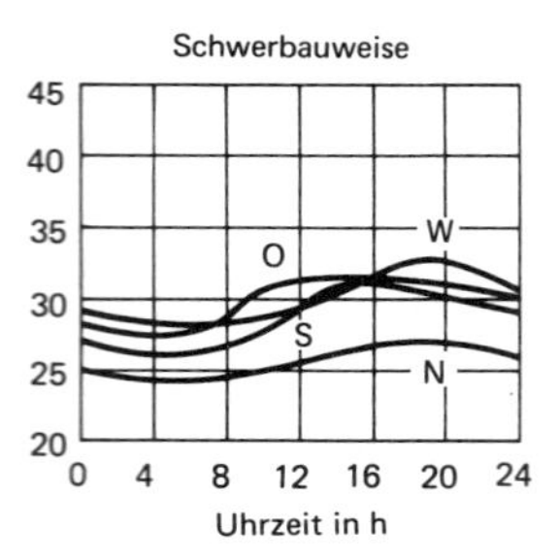


Bild 114-22. Temperaturgang der Raumluft an heißen Sommertagen (Beispiel nach Rouvel). Kein Sonnenschutz und keine Lüftung.

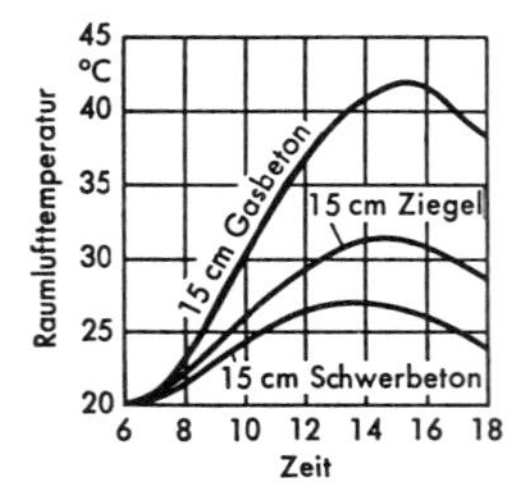


Bild 114-25. Raumlufttemperatur infolge Sonnenstrahlung durch Fenster auf Südseite. Mitte Juni, 40% Fensteranteil.

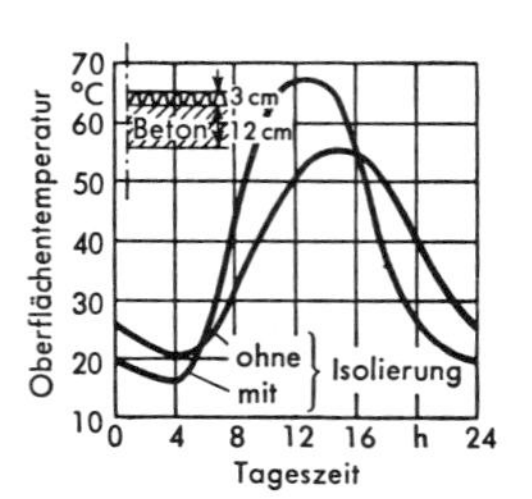


Bild 114-28. Oberflächentemperaturen von sonnenbestrahlten Dächern.

**Tafel 114-12. Globalstrahlung auf Horizontalflächen und Sonnenscheindauer in Hamburg.** DIN 4710 (11.82)

| Monat | Strahlung | | Sonnenscheindauer | | |
|---|---|---|---|---|---|
| | mögliche | gemessene | mittlere | mögliche | |
| | $kWh/m^2d$ | $kWh/m^2d$ | h | h | % |
| Januar | 1,7 | 0,55 | 47 | 251 | 19 |
| Februar | 2,8 | 1,11 | 61 | 273 | 22 |
| März | 4,68 | 2,10 | 116 | 365 | 32 |
| April | 6,4 | 3,37 | 169 | 416 | 41 |
| Mai | 7,66 | 4,47 | 210 | 488 | 43 |
| Juni | 8,17 | 5,3 | 232 | 503 | 46 |
| Juli | 7,66 | 4,45 | 205 | 505 | 41 |
| August | 6,19 | 4,00 | 185 | 455 | 41 |
| September | 4,44 | 2,68 | 158 | 380 | 42 |
| Oktober | 2,24 | 1,52 | 98 | 328 | 30 |
| November | 1,70 | 0,70 | 46 | 260 | 18 |
| Dezember | 1,20 | 0,42 | 32 | 235 | 14 |
| Jahr | 4,57 | 2,54 | 1559 | 4459 | 35 |

**Tafel 114-13. Tägliche und monatliche Globalstrahlung sowie Jahresmittelwerte auf horizontale Flächen in verschiedenen Städten.** DIN 4710 (11.82).

| Monat | Berlin | | Hamburg | | München | |
|---|---|---|---|---|---|---|
| | $Wh/m^2d$ | $kWh/m^2mon$ | $Wh/m^2d$ | $kWh/m^2mon$ | $Wh/m^2d$ | $kWh/m^2mon$ |
| Januar | 607 | 18,82 | 521 | 16,15 | 918 | 28,46 |
| Februar | 1135 | 31,78 | 1132 | 31,70 | 1594 | 44,62 |
| März | 2435 | 75,49 | 2231 | 69,16 | 2665 | 82,63 |
| April | 3487 | 104,61 | 3553 | 106,59 | 3735 | 112,04 |
| Mai | 4765 | 147,72 | 4688 | 145,33 | 4542 | 140,80 |
| Juni | 5436 | 163,08 | 5437 | 163,11 | 5228 | 156,83 |
| Juli | 5257 | 162,97 | 4820 | 149,42 | 5365 | 166,31 |
| August | 4580 | 141,98 | 4340 | 134,54 | 4333 | 134,31 |
| September | 3048 | 91,44 | 2786 | 83,58 | 3400 | 102,00 |
| Oktober | 1592 | 49,35 | 1489 | 46,16 | 2136 | 66,21 |
| November | 760 | 22,80 | 671 | 20,13 | 1035 | 31,05 |
| Dezember | 458 | 14,20 | 401 | 12,43 | 741 | 22,96 |
| | $Wh/m^2d$ | $kWh/m^2a$ | $Wh/m^2d$ | $kWh/m^2a$ | $Wh/m^2d$ | $kWh/m^2a$ |
| Jahr | 2806 | 1024,24 | 2680 | 978,30 | 2974 | 1088,22 |

**Tafel 114-14. Jahressummen der Globalstrahlung für verschiedene Orte in $kWh/m^2a$**

| | | | | | |
|---|---|---|---|---|---|
| Berlin | 1024 | Zürich | 1000 | Marseille | 1860 |
| Hamburg | 978 | Wien | 1120 | Florida | 1800 |
| München | 1088 | Paris | 1500 | Sahara | 2500 |

Aus DIN 4710 (11.82) u.a.

Das Verhältnis

$$\frac{\text{tatsächliche Sonnenscheindauer}}{\text{mögliche Sonnenscheindauer}}$$

ist im Jahres-Mittel etwa 0,35 (Sonnenscheinwahrscheinlichkeit SSW). S. Tafel 114-12.

Das gemessene Tagesmittel der *Globalstrahlung* auf Horizontalflächen schwankt zwischen 0,5 kWh/m²d im Januar bis etwa 5,5 kWh/m²d im Juni. Das Verhältnis zwischen gemessener und möglicher Strahlung beträgt ungefähr

| | |
|---|---|
| auf Horizontal-, Ost- und Westflächen | 0,55···0,60 |
| auf Südflächen | 0,45···0,50 |
| auf Nordflächen | 0,90 |

Die gesamte gemessene Globalstrahlung liegt in Deutschland jährlich bei rd. 1000 kWh/m² (Tafel 114-12 bis -14 u. -9).

## 115 Wind[1])

Der Wind kann einen erheblichen Einfluß auf den *Wärmebedarf* von Räumen haben, da infolge Druckunterschieden zwischen innen und außen kalte Außenluft durch Undichtigkeit von z.B. Fenstern und Türen eindringt. Es kann dadurch auch zu *Zugbelästigung* kommen. In der Wärmeschutzverordnung (WSVO vom 11.8.77) ist daher für Neubauten die *Fugendurchlässigkeit* für Fenster und Türen limitiert (Tafel 238-9).

Der mittlere *Luftwechsel n* erreicht bei alten Fenstern durchschnittliche Werte von $n = 0{,}5 \cdots 1{,}0$ mit zeitlichen Spitzen, die ein Vielfaches davon betragen. Neuerdings werden die Fenster besonders dicht ausgeführt und erreichen nur etwa ein Zehntel dieses Betrages. Dadurch wird anderseits heute oft der hygienisch erforderliche Mindestbetrag unterschritten, der für Wohnungen bei dem oben genannten Wert $n = 0{,}5 \cdots 1{,}0\ h^{-1}$ liegt.

Die *Heizleistung* hierfür liegt in der Größenordnung der Transmissionsverluste (s. Abschn. 241 und 362-3). Die Berechnung erfolgt nach DIN 4701 (3.83) aus der Fugendurchlässigkeit und der Hauskenngröße. Diese Größe berücksichtigt die Gegend (windstark, windschwach), die Lage (freie, normale), den Grundrißtyp (Einzel-, Reihenhaus) und über Korrekturfaktoren auch die Gebäudehöhe (s. Abschn. 241).

Auch bei *Lüftungsanlagen* ist der Windeinfluß zu beachten. Auf der dem Wind zugekehrten Seite eines Gebäudes (der Luvseite) entsteht Überdruck, auf der dem Wind abgekehrten Seite (der Leeseite) Unterdruck. Bild 115-1.

Ein Fortluftventilator, der auf der Luvseite ausbläst, wird also bei Windanfall wegen des größeren Luftwiderstandes weniger Luft fördern, auf der Leeseite dagegen mehr. Niederdruckventilatoren werden stärker beeinflußt als Hochdruckventilatoren. Bei enger Bebauung können durch gegenseitige Beeinflussung andere Luftdruckverteilungen auftreten.

Auch bei der Aufstellung von Rückkühlwerken auf Dächern ist der Windeinfluß zu beachten. Wesentlich für die Bedeutung des Windeinflusses sind zwei Faktoren: Die Windgeschwindigkeit und die Windrichtung.

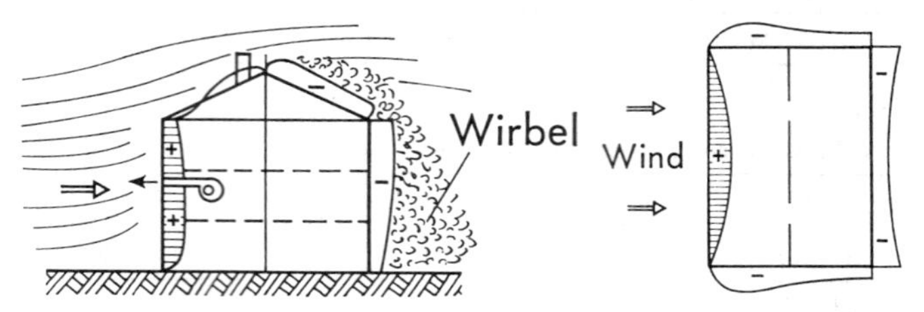


Bild 115-1. Windanfall auf ein Gebäude.

[1]) Mattendorf, E.: HLH 3/76. S. 93/6.
Frank, W.: Ges.-Ing. 1/2 (78). S. 3/7.
Wolfseher, U., u. K. Gertis: Ges.-Ing. 9/78. 8 S.
Hausladen, G.: HLH 1/78. S. 21/8.

*Windgeschwindigkeit.* Die mittlere Windgeschwindigkeit wird auf den meteorologischen Stationen mit dem bekannten Schalenkreuzanemometer gemessen, meist jedoch in größerer Höhe, etwa 20 bis 30 m. Man unterscheidet einen täglichen und einen jährlichen Gang. Die Unterschiede im täglichen Gang sind gering und können für heizungstechnische Untersuchungen vernachlässigt werden. Beim jährlichen Gang zeigt sich (Bild 115-2), daß die mittlere Windgeschwindigkeit überall in Deutschland im Winter größer ist als im Sommer, ferner, daß sie in Küstennähe größer ist als im Binnenland. Bemerkenswert sind die geringen Windgeschwindigkeiten in Süddeutschland (Bild 115-2). In manchen Gegenden haben sich für besondere Winde besondere Namen ergeben, wie Föhn und Mistral.

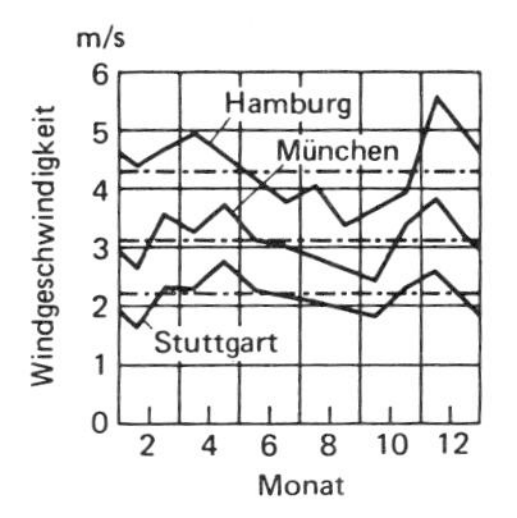


Bild 115-2. Mittlere monatliche Windgeschwindigkeiten in verschiedenen Städten. DIN 4710 (11.82).

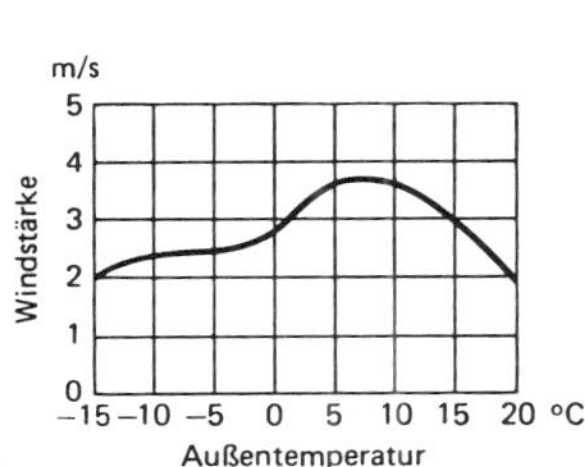


Bild 115-4. Mittlere Windstärke in Abhängigkeit von der Außentemperatur in Hamburg.

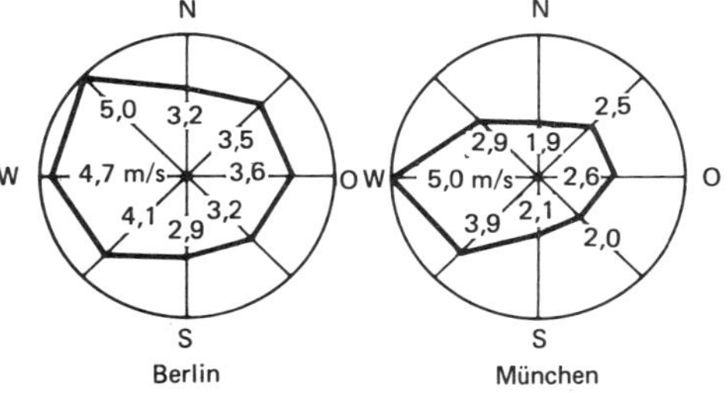


Bild 115-8. Mittlere jährliche Windgeschwindigkeit und Windrichtung. DIN 4710 (11.82).

Wie aus Bild 115-4 hervorgeht, ist die Windstärke bei sehr hohen Temperaturen meist geringer als bei mittleren Temperaturen.

Die Windgeschwindigkeit nimmt mit der Höhe zu. In 100 m Höhe ist sie um etwa 50% größer als in 10 m Höhe. Das Maximum wird gegen Mittag erreicht. Die *Beaufort-Skala* $B$ zur Messung der Windstärke hat 12 Windstärkestufen.

Umrechnung auf die Luftgeschwindigkeit $v$ (angenähert):

$$v = 2\,B - 1 \text{ in m/s}$$

**Tafel 115-1. Häufigkeit der Winde über 5 m/s Geschwindigkeit im Winter**

| Ort | Häufigkeit in % | | | | | | | | Häufigkeit der Winde >5 m/s |
|---|---|---|---|---|---|---|---|---|---|
| | N | NO | O | SO | S | SW | W | NW | % |
| Kiel | 5,5 | 5,2 | 5,2 | 4,9 | 16,3 | 28,8 | 26,7 | 7,4 | 32,6 |
| Hamburg | 2,6 | 3,3 | 8,1 | 7,0 | 8,1 | 37,1 | 25,0 | 8,8 | 27,2 |
| Aachen | 1,7 | 5,0 | 3,9 | 2,5 | 11,9 | 45,7 | 22,1 | 6,2 | 35,7 |
| Memel | 5,1 | 3,3 | 3,8 | 11,9 | 15,7 | 24,7 | 22,8 | 12,7 | 36,9 |
| Breslau | 3,7 | 1,2 | 2,4 | 10,9 | 10,6 | 15,9 | 37,8 | 18,3 | 24,6 |
| Berlin | 1,6 | 3,3 | 12,3 | 7,0 | 4,5 | 15,2 | 38,1 | 18,3 | 24,4 |
| Leipzig | 2,6 | 9,7 | 7,0 | 1,8 | 14,0 | 35,1 | 21,9 | 7,9 | 12,4 |
| München | 0,8 | 7,0 | 7,0 | 0,8 | 0,8 | 47,7 | 32,8 | 3,1 | 12,8 |
| Mittel | 3,0 | 4,8 | 6,2 | 5,8 | 10,2 | 31,3 | 28,8 | 10,3 | 25,8 |

*Windrichtung.* Die Windrichtung wird in den meteorologischen Tafeln nach der achtteiligen Windrose und in Prozent der Beobachtungszahlen angegeben. Bild 115-8 zeigt für Berlin und München die mittleren jährlichen Windgeschwindigkeiten in den verschiedenen Himmelsrichtungen. Es zeigt sich, daß die häufigsten und stärksten Winde aus westlichen Richtungen (W, NW, SW) wehen, eine Tatsache, die fast auf ganz Deutschland zutrifft. Für die Heizungstechnik wichtig sind besonders die größeren Geschwindigkeiten im Winter. Aus Tafel 115-1 geht hervor, daß die Winde über 5 m/s mit einer Häufigkeit von rund 70% aus dem westlichen Quadranten wehen. Da außerdem Häufigkeits- und Geschwindigkeitskurve annähernd gleichlaufend sind, haben demnach insbesondere die nach westlichen Richtungen gelegenen Räume einen durch den Wind bedingten zusätzlichen Wärmebedarf. Im Jahresverlauf werden die höchsten Geschwindigkeiten im November, die geringsten im August/September gemessen.

# 12 HYGIENISCHE GRUNDLAGEN

Da Heizungs- und Klimaanlagen in der Hauptsache eine hygienische Aufgabe haben, nämlich das Wohlbefinden der Menschen in den Räumen und damit ihre Gesundheit zu erhalten sowie ihre Arbeitsfreude und Leistungsfähigkeit zu steigern, ist es für den Heizungs- und Klimatechniker unerläßlich, die wesentlichen Grundlagen der Hygiene der Heizung und Klimatechnik, d.h. ihren gesundheitlichen Einfluß auf den Menschen zu kennen.

## 121 Wärmehaushalt des Menschen[1])

Während manche Lebewesen, die Kaltblüter, sich mit ihrer Körpertemperatur der Temperatur der Umgebung anpassen, wie z.B. Fische und Würmer, hat der menschliche Körper wie der der Vögel und Säugetiere die Eigenschaft, bei allen äußeren Luftzuständen und beliebig schwacher oder starker Muskeltätigkeit eine annähernd *konstante Temperatur* aufrechtzuerhalten. Bei völliger Ruhe im Behaglichkeitszustand beträgt die zur Aufrechterhaltung des Lebens erforderliche Mindestwärmebildung im Körper – der sogenannte „*Grundumsatz*" – rund 80 W bzw. 45 W/m², beim Sitzen ≈60 W/m². Nach den Grundsätzen der Wärmelehre muß dabei ein gewisses Gleichgewicht zwischen der im Körper erzeugten und der von ihm abgegebenen bzw. gespeicherten Wärme bestehen. Herbeigeführt wird diese gleichmäßige Körpertemperatur von 37 ± 0,8 °C durch das Blut, das in seinem Kreislauf zu allen Körperteilen gefördert wird, ähnlich dem Wasser in einer Warmwasserpumpenheizung. Während des Kreislaufes kühlt sich das Blut ab, und zwar desto mehr, je weiter es in die äußeren Glieder wie Finger, Zehen und in die Haut strömt. Die Wiedererwärmung erfolgt dann in den inneren Organen und Geweben (Herz, Leber, Nieren, Muskeln, Darm u.a.) durch die langsame Verbrennung von Eiweiß, Fett und Kohlehydraten, die durch die Einatmung des Luftsauerstoffes ermöglicht wird.

Die eingeatmete Luft eines erwachsenen Menschen ohne körperliche Tätigkeit beträgt etwa 0,5 m³/h (maximal 8···9 m³/h), die ausgeatmete Luft von etwa 35 °C und 95% Feuchte enthält im Mittel 17% $O_2$, 4% $CO_2$ und 79% N.

Sonstige biophysikalische Daten siehe Tafel 121-1.

**Tafel 121-1. Mittlere biophysikalische Daten des Menschen**

| | | | |
|---|---|---|---|
| Masse | 60···70 kg | Grundumsatz (ruhend) | 70···80 W |
| Rauminhalt | 60 l | Zahl der Atemzüge | 16/min |
| Oberfläche | ≈1,7···1,9 m² | Atemluftmenge | 0,5 m³/h |
| Körpertemperatur | 37 °C | Mittlere Hauttemperatur | 32···33 °C |
| Pulsschläge | 70···80/min | Dauerleistung | 85 W |
| | | $CO_2$-Ausatmung (ruhend) | 10···20 l/h |

Um die Körpertemperatur jederzeit bei allen äußeren oder inneren Verhältnissen konstant zu halten, ist eine äußerst feine selbsttätige *Temperaturregelung* erforderlich, die vom „*Wärmezentrum*" im Zwischengehirn gesteuert wird. Fühlorgane dieser Regelung sind in der Haut liegende Nervenendorgane (Thermoreceptoren), die teils die innere Wärmeerzeugung, teils die äußere Wärmeabgabe des Körpers beeinflussen. Den erstgenannten Prozeß nennt man auch chemische Temperaturregelung, weil chemische Vorgänge im Körper die Hauptrolle spielen, den letztgenannten Prozeß physikalische Temperaturregelung.

Bei der *chemischen Temperaturregelung* werden, nach unseren heutigen noch sehr lückenhaften Kenntnissen, die Verbrennungsprozesse in den Organen so gesteuert, daß die Wärmebildung je nach der Bluttemperatur sich ändert, ohne daß jedoch ein Grundum-

[1]) ASHRAE Fundamentals 1985.
Wiedenhoff, R.: HLH 12/77. S. 439/44.
DIN 1946 Teil 2 – 1.83.
DIN 33403, T. 1 u. 2: Klima am Arbeitsplatz (4.84).

satz von etwa 1,2 W je kg Körpergewicht unterschritten wird. Ferner wird, je nach der Temperaturempfindung, ein Drang nach mehr oder weniger körperlicher Tätigkeit und Muskelbewegung (Händereiben bei Kältegefühl) erzeugt. Auch das Hunger- und Sättigungsgefühl, das ja für die Nahrungsaufnahme maßgebend ist, spielt in diesem Zusammenhang eine Rolle.

Bei der *physikalischen Temperaturregelung* andererseits wirken eine Anzahl Faktoren zusammen, um die äußere Wärmeabgabe des Körpers der Körpertemperatur anzupassen. Die Wärmeabgabe erfolgt dabei auf mehrfache Weise:

1. durch *Konvektion* und Leitung der Wärme von der Körperoberfläche an die Luft;
2. durch *Wärmestrahlung* von der Körperoberfläche an die umgebenden Flächen;
3. durch Verdunstung von Wasser an der Haut;
4. durch Atmung;
5. durch Ausscheidungen, Einnahme von Speisen u.a.

Die unter 5 genannten Einflüsse sind meist so gering, etwa 2···3%, daß sie gegenüber den anderen vernachlässigt werden können, so daß nur die vier Wärmeverlustquellen Konvektion einschl. Leitung, Strahlung, Verdunstung und Atmung eine Rolle spielen.

Sinkt die Raumtemperatur unter die Behaglichkeitsgrenze, wird es also zu kalt, so verengen sich die Blutgefäße unter der Haut, die Haut wird blaß und trocken, die Hautoberflächentemperatur verringert sich. Dabei steigt aber die Wärmeabgabe an die Luft sowohl durch Konvektion wie Strahlung und Verdunstung (Gänsehaut, Frösteln). Bei noch mehr fallender Außentemperatur stellt sich starkes *Kältegefühl* ein, das bei lang andauernden tiefen Temperaturen schließlich zum Erfrieren führt.

Die verschiedenen Teile des Körpers (Kopf, Hände, Füße usw.) nehmen dabei unterschiedliche Temperaturen an, siehe Bild 121-1. Kopftemperatur wenig, Hand- und Fußtemperatur stark veränderlich.

Die mittlere Hauttemperatur des bekleideten Körpers beträgt (nach Fanger)[1])

$t_m = 35{,}7 - 0{,}0275\ \dot{Q}/A$ in °C

$\dot{Q}$ = Wärmeerzeugung in W
$A$ = Oberfläche m²

Der ruhende Körper hat die *höchste Hauttemperatur*. Bei steigender Tätigkeit nimmt die Temperatur ab, so daß die Wärme schneller abgeführt wird. Steigt andererseits die Lufttemperatur über die Behaglichkeitsgrenze, so strömt mehr Blut in die äußeren Blutgefäße, die Haut rötet sich, die Temperatur der Hautoberfläche steigt und damit auch die

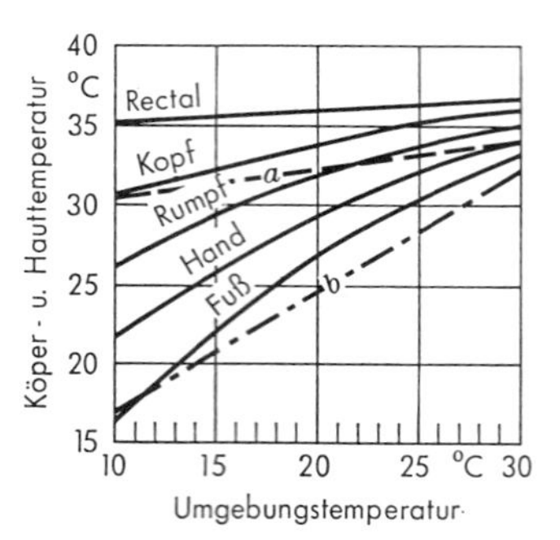


Bild 121-1. Haut- und Oberflächentemperatur des ruhenden Menschen in Abhängigkeit von der Umgebungstemperatur.

$a$ = mittlere Hauttemperatur bekleidet
$b$ = mittlere Oberflächentemperatur unbekleidet

[1]) Fanger, P. O.: Thermal Comfort. Copenhagen 1970.

Wärmeabgabe durch Verdunstung und Konvektion an die umgebende Luft. Genügt diese Wärmeentlastung noch nicht, um den Körper genügend zu entwärmen, treten in der Haut liegende *Schweißdrüsen* in Tätigkeit, der Körper beginnt zu schwitzen, d.h. Wasser abzuscheiden, durch dessen Verdunstung eine starke Kühlwirkung erfolgt. Durch die Verdunstung von 1 l Wasser verliert der Körper rund 2400 kJ. Da die Verdunstungsstärke vom Dampfdruckunterschied des Wassers auf der Haut und des Wasserdampfes in der Luft abhängt, tritt der Zeitpunkt des Schwitzens bei gleicher Temperatur desto eher ein, je feuchter die Luft ist. Ebenso bewirkt natürlich körperliche Tätigkeit eine Erniedrigung des Schwitzpunktes.

Ist die Entwärmung auch trotz starken Schwitzens noch nicht ausreichend, so tritt der Zustand des *Wärmestaues* ein, der zu Unbehagen, Kopfschmerzen, Mattigkeit und schließlich ausgesprochenen Hitzeschäden (Kreislaufzusammenbruch, Hitzekrampf) führt, wie man häufig in überfüllten, ungelüfteten Versammlungsräumen beobachten kann.

In manchen Industrien (Hüttenwerken, Glasindustrie) läßt sich die Arbeit bei sehr hohen Umgebungstemperaturen nicht vermeiden. Wenn auch durch leichte Kleidung und Gewöhnung (Akklimatisation) eine höhere Temperatur lange Zeit ohne Schaden ertragen werden kann, so nimmt doch die Leistungsfähigkeit bei steigender Temperatur sowohl für geistig wie körperlich arbeitende Personen stark ab. Es ist nur eine zeitlich begrenzte Arbeit möglich. Wärmezufuhr $> 1$ kW/m$^2$ verursacht bereits Schmerzen.

## 122 Wärmeabgabe des Menschen

Über die Höhe der gesamten äußeren Wärmeabgabe des menschlichen Körpers lagen früher weit voneinander abweichende Werte vor. Auch die in neuerer Zeit durchgeführten Messungen ergaben sehr unterschiedliche Zahlen. Mittlere Ergebnisse sind die in Bild 122-1 und Tafel 122-2 dargestellten Werte, die sich auf den normal bekleideten, sitzenden Menschen ohne körperliche Anstrengung und auf praktisch ruhige Luft beziehen, also Verhältnisse, wie sie in Versammlungsräumen, Theatern usw. allgemein vorhanden sind.

Für die klimatechnischen Rechnungen genügt es, die in Tafel 122-3 angegebenen Werte der VDI-Kühllastregeln 2078 zu verwenden.

Es zeigt sich als besonders bemerkenswert, daß von etwa 18 °C an die *Gesamtwärmeabgabe* nahezu unveränderlich rund 118 W beträgt, während der Wert bei niederen Temperaturen ansteigt. Der Anteil der fühlbaren, durch Konvektion und Strahlung abgeführten und der latenten, durch Verdunstung abgeführten Wärme an der Gesamtwärme ist jedoch wesentlichen Änderungen unterworfen, indem von etwa 10 °C an der Verlust durch Feuchtigkeitsabgabe ziemlich gleichmäßig ansteigt, um bei einer der Körpertemperatur entsprechenden Raumtemperatur den Maximalwert von etwa 160 g/h zu erreichen. Bei dieser Temperatur findet also Wärmeabgabe nur noch durch Verdunstung statt.

Demgegenüber wird der Anteil der *fühlbaren Wärme* mit steigender Temperatur immer geringer, da ja die Gesamtwärmeabgabe konstant bleibt. Auch innerhalb des Betrages der fühlbaren Wärme ist das Verhältnis der durch Konvektion zu der durch Strahlung abgeführten Wärme veränderlich. Je nach Wandtemperatur, Lufttemperatur und Luft-

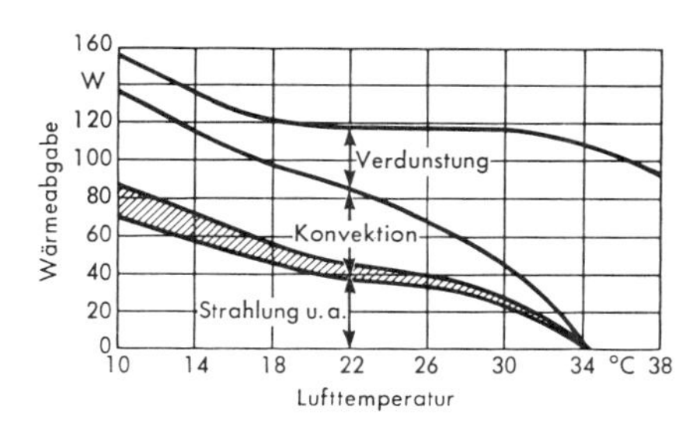


Bild 122-1. Wärmeabgabe des normal bekleideten Menschen ohne körperliche Tätigkeit bei ruhender Luft.

**Tafel 122-2. Wärmeabgabe und Wasserdampfabgabe des Menschen**
(normal bekleideter, sitzender Mann bei leichter Beschäftigung und ruhiger Luft; Luftfeuchte 30···70%). Siehe auch Bild 122-1

| Lufttemperatur °C | Fühlbare Wärme W | Latente Wärme (Wasserdampf) W | Gesamtwärmeabgabe W | Wasserdampfabgabe g/h |
|---|---|---|---|---|
| 10 | 136 | 21 | 157 | 30 |
| 12 | 126 | 21 | 147 | 30 |
| 14 | 115 | 21 | 136 | 30 |
| 16 | 106 | 21 | 127 | 30 |
| 18 | 98 | 23 | 121 | 33 |
| 20 | 92 | 27 | 119 | 38 |
| 22 | 85 | 33 | 118 | 47 |
| 24 | 77 | 41 | 118 | 58 |
| 26 | 69 | 49 | 118 | 70 |
| 28 | 58 | 59 | 117 | 85 |
| 30 | 47 | 69 | 116 | 98 |
| 32 | 33 | 81 | 114 | 116 |

**Tafel 122-3. Wärme- und Wasserdampfabgabe des Menschen**
(nach VDI 2078 – Kühllastregeln 1977)[1])

| | Lufttemperatur | °C | 18 | 20 | 22 | 23 | 24 | 25 | 26 |
|---|---|---|---|---|---|---|---|---|---|
| physisch nicht tätiger Mensch | $\dot{Q}_{tr}$ (trocken) | W | 100 | 95 | 90 | 85 | 75 | 75 | 70 |
| | $\dot{Q}_f$ (feucht) | W | 25 | 25 | 30 | 35 | 40 | 40 | 45 |
| | $\dot{Q}_{ges}$ | W | 125 | 120 | 120 | 120 | 115 | 115 | 115 |
| | Wasserdampfabgabe $G_D$ | g/h | 35 | 35 | 40 | 50 | 60 | 60 | 65 |
| mittelschwere Arbeit | $\dot{Q}_{ges}$ | W | 270 | 270 | 270 | 270 | 270 | 270 | 270 |
| | $\dot{Q}_{tr}$ | W | 155 | 140 | 120 | 115 | 110 | 105 | 95 |

**Tafel 122-5. Gesamtwärmeabgabe des Menschen bei verschiedener Tätigkeit (Aktivitätsgrade I bis IV nach ISO 7730)[1])**

| Tätigkeit | Aktivitätsgrad | Metabolic Rate = Wärmeabgabe | | |
|---|---|---|---|---|
| | | W/m² | met*) | ≈ W |
| ruhend | | 46 | 0,8 | 80 |
| sitzend, entspannt | I | 58 | 1,0 | 100 |
| stehend, entspannt | | 70 | 1,2 | 125 |
| sitzend, leichte Tätigkeit (Büro, Wohnung, Schule, Labor) | | 70 | 1,2 | 125 |
| stehend, leichte Tätigkeit (Shopping, Labor, leichte Industrie) | II | 93 | 1,6 | 170 |
| mäßige körperliche Tätigkeit (Haus-, Maschinen-Arbeit) | III | 116 | 2,0 | 200 |
| schwere körperliche Tätigkeit (schwere Maschinenarbeit) | IV | 165 | 2,8 | 300 |

*) 1 met = 58 W/m²

bewegung kann der Anteil der Konvektionswärme $Q_k$ an der gesamten fühlbaren Wärme 40 bis 60%, der Anteil der Strahlungswärme demnach 60 bis 40% betragen. Größenordnungsmäßig sind beide Beträge einander gleich, im Einzelfall können jedoch wesentliche Unterschiede auftreten. Die *spezifische Wärmeabgabe* der verschiedenen Körperteile, die sich durch Wärmestrom-Meßfolien ermitteln läßt, ist dabei sehr unter-

[1]) s. auch DIN 33403, T. 3 (E. 12.84).
ISO 7730 (15.8.84): Bedingungen für thermischen Komfort.

schiedlich. Während der bekleidete Mensch im Durchschnitt 60 $W/m^2$ abgibt, ist die Oberflächenbelastung

| | |
|---|---|
| beim Kopf | etwa 115 $W/m^2$ bei 33 °C |
| bei den Händen | etwa 75 $W/m^2$ bei 28 °C |
| bei den Fußsohlen | etwa 145 $W/m^2$ bei 29 °C. |

Die Füße sind also am höchsten belastet, vorwiegend durch Wärmeleitung.

Die für die Wärmeabgabe oben angegebenen Zahlen erheben nicht Anspruch auf absolute Genauigkeit, zumal ja auch die Unterschiede der Menschen untereinander bezüglich Größe, Geschlecht, Rasse, Kleidung usw. *wesentliche Differenzen* bedingen. Auch hat es der Mensch durch Wahl einer mehr oder weniger warmen Kleidung in der Hand, sich der Raumtemperatur anzupassen. Andererseits ist die Wärmeabgabe nach Einnahme von Mahlzeiten infolge des höheren Energieumsatzes wesentlich größer. Immerhin geben die ermittelten Werte ein deutliches Bild darüber, wie der Körper sich wechselnden Temperatureinflüssen gegenüber verhält, und sind jedenfalls für klimatechnische Berechnungen zunächst ausreichend.

Bei körperlich *anstrengender Arbeit* ist natürlich die Wärmeabgabe infolge der Muskelarbeit sowohl in fühlbarer wie latenter Form erheblich höher. Bei sehr starker Anstrengung können kurzzeitig Werte erreicht werden, die die normale Wärmeabgabe um das 5- bis 10fache überschreiten. Für verschiedene Tätigkeiten erwachsener Personen hat man die Zahlen der Tafel 122-5 angegeben, wobei die Hauptwärmeabgabe durch Verdunstung von der Haut erfolgt. *Schweißbildung* erfolgt nach der Gleichung

$$S = 0{,}42\,A\,[Q/A\,(1-\eta) - 58] \text{ in W (nach Fanger)}$$

$\eta$ = Wirkungsgrad, ($Q/A > 58$ $W/m^2$).

Beim ruhenden Menschen ist im Behaglichkeitszustand $S = 0$.

Die hier angegebenen Werte hängen im Einzelfall natürlich von zahllosen Umständen ab und sind daher nur als Beispiel zu bewerten.

Der *Wirkungsgrad* $\eta$ der menschlichen Arbeit bezogen auf die Gesamtwärmeabgabe errechnet sich aus obigen Zahlen auf etwa 0,0···20%. Für die meisten Tätigkeiten ist $\eta$ nahezu = 0, falls keine körperliche Arbeit verrichtet wird wie Treppensteigen, Radfahren u.a. (DIN 33403, T. 3, 12.84).

Wärmeabgabe von Tieren s. Abschn. 369-5.

## 123 Behaglichkeit[1])

Obwohl der Mensch sich wechselnden äußeren Luftzuständen anpassen (akklimatisieren) kann, gibt es doch einen deutlichen Bereich, den *Behaglichkeitsbereich,* innerhalb dessen er sich am wohlsten fühlt. Genauer gesagt ist damit das *thermische Gleichgewicht* des Körpers bei verschiedenen physikalischen Umwelteinflüssen gemeint. Strenge Grenzen für diesen Bereich kann man allerdings nicht angeben, da eine große Anzahl anderer Faktoren als die Luft ebenfalls die Behaglichkeit beeinflussen wie z.B. Kleidung, Geschlecht, Konstitution, Gesundheit, Nahrungsaufnahme, Alter, Jahreszeit, Art der Arbeit, Beleuchtung, Geräusch usw. Auch psychische Elemente finden stärkere Beachtung. Immerhin ist es möglich, unter bestimmten Umständen gewisse durchschnittliche Werte des Luftzustandes anzugeben, bei denen sich der Mensch thermisch am behaglichsten fühlt. Dabei sind es, wenn man von der Aktivität absieht, außer der Kleidung im wesentlichen vier Elemente des Luftzustandes, die von Bedeutung sind: Die

---

[1]) DIN 33403 Teil 1 bis 2 (4.84), Teil 3 (E. 12.84).
ISO 7730 (15.8.84): Bedingungen für thermischen Komfort.
Jahn, A.: Ges.-Ing. 1/76. S. 5/10.
Rüden, H.: Ges.-Ing. 5/79. S. 134/41.
DIN 1946, Teil 2 – 1.83.
Eissing, G.: Ki 3/80. S. 113/7.
Rüden, H., u. W. Münch: Ges.-Ing. 4/82. S. 195/200.
Wanner, H. U.: TAB 8/84. S. 559/61.
Kröling, P.: Forschungsbericht 01 VD 132 des BMFT (1985).
Esdorn, E., u. G. Keller: CCI 4/86. S. 49ff.

Lufttemperatur sowie die Gleichmäßigkeit derselben, die mittlere Wandtemperatur (einschl. Fenster und Heizkörper), die Luftfeuchte und die Luftbewegung; während andere, ebenfalls den Luftzustand charakterisierende Faktoren wie Reinheit der Luft, Geruchsfreiheit, elektrischer Zustand usw. zunächst als minder bedeutend vernachlässigt seien.

Die thermische Behaglichkeit wird bestimmt durch Kälterezeptoren in der gesamten Haut und durch Warmrezeptoren im vorderen Stammhirn des Menschen[1]). Diese Thermorezeptoren steuern den Wärmehaushalt:

Wenn die *Hauttemperatur* unter 33 °C sinkt, friert man. Wenn die Stammhirntemperatur, die praktisch gleich der Trommelfelltemperatur ist, 37 °C überschreitet, setzt Schwitzen ein. Thermische Behaglichkeit liegt vor, wenn vorgenannte Schwellenwerte nicht unter- bzw. überschritten werden. Da die Kälterezeptoren an der Hautoberfläche angeordnet sind, besteht Richtungsempfindlichkeit z. B. gegenüber Zugluft oder kalter Wand. Da Wärmeunbehagen über den Körperkern (Stammhirn) wahrgenommen wird, besteht für Wärmebelastung keine Richtungsempfindlichkeit.

## -1 DIE RAUMLUFTTEMPERATUR

Es ist unrichtig zu sagen, daß der Mensch bei einer bestimmten Temperatur, z. B. 20 °C, sich am behaglichsten fühle. (Die Temperaturangaben ebenso wie spätere Angaben über andere Luftzustandsgrößen beziehen sich dabei auf Mittelwerte, gemessen mit einem strahlungsgeschützten Thermometer in Kopfhöhe im Raum in mindestens 1 m Entfernung von Wand und Fenster.) Es gibt keine allgemeingültige Angabe, da die Behaglichkeit, wie gesagt, von einer großen Anzahl anderer Umstände abhängig ist, insbesondere auch von der mittleren Temperatur der umgebenden Flächen einschl. Heizkörper sowie Kleidung und Tätigkeit. Man muß derartige Temperaturdaten immer auf bestimmte mittlere Verhältnisse beziehen.

Für unser mitteleuropäisches Klima nehmen die Hygieniker bei normal gekleideten, sitzenden Menschen ohne körperliche Arbeit im Winter allgemein eine Lufttemperatur von 22 °C, im Sommer bei mittleren Außenlufttemperaturen eine solche von 22 bis 24 °C als am günstigsten an, während früher 18 bis 20 °C als behaglich angesehen wurden. Die höhere Temperatur im Sommer ist dadurch bedingt, daß der Mensch im Sommer im allgemeinen leichter gekleidet ist und daher bei gleicher Körperoberflächentemperatur eine höhere Umgebungstemperatur benötigt, um dieselbe Wärmeabgabe nach außen aufrechtzuerhalten. Für den unbekleideten Menschen wird 28 °C als optimale Temperatur angegeben.

Diese Temperaturabgabe ist jedoch nur als *Mittelwert* zu betrachten, der in jedem Einzelfall der Berichtigung bedarf. Im Sommer ist insbesondere zu berücksichtigen, daß die Temperatur von 21 bis 22 °C sich nur auf normale mittlere Außentemperaturen bezieht. An besonders heißen Tagen, an denen die Lufttemperatur im Freien auf hohe Werte von etwa 28 °C oder 30 °C steigt und sich der Mensch dementsprechend leicht kleidet, wird er eine Raumtemperatur von 21 °C als zu kalt empfinden, namentlich, wenn er sich nur kurzzeitig in derartig gekühlten Räumen, z. B. Warenhäusern, Theatern usw., aufhält. Nur wenn er den ganzen Tag über in geschlossenen Räumen verbleibt, wird er die gleichbleibende Temperatur von 21 °C als angenehm empfinden.

Für *kurzzeitigen Aufenthalt* in gekühlten Räumen empfiehlt es sich, an heißen Sommertagen eine Temperatur zu halten, die etwa in der Mitte zwischen 20 °C und der jeweiligen Außentemperatur liegt. Die VDI-Lüftungsregeln (DIN 1946 T. 2 – 1. 83) geben als *Zulässigkeitsbereich* bei leichter Tätigkeit und normaler Kleidung die in Bild 123-1 aufgeführten Werte an. Zu beachten ist, daß auch im Winter in gelüfteten Räumen eine Temperatur von 22 °C empfohlen wird. Dies ist darauf zurückzuführen, daß durch die unvermeidliche Luftbewegung in gelüfteten Räumen immer eine gewisse zusätzliche Kühlung erfolgt, die durch eine höhere Raumtemperatur ausgeglichen werden muß.

Es hat sich auch erwiesen, daß Räume, in denen sich Frauen aufhalten, wie Vermittlungsämter, Nähstuben usw., auf höheren Temperaturen zu halten sind, häufig 23 bis 24 °C. Offenbar spielt hier die Kleidung eine Rolle. Bei leichter Kleidung ist die Tendenz nach höherer Raumlufttemperatur deutlich vorhanden. Dabei spielt die heute übliche leichte Bauweise (große Fenster) eine bedeutende Rolle.

---

[1]) Benzinger, T. H., u. E. Mayer: CCI 12/86. S. 41/2.

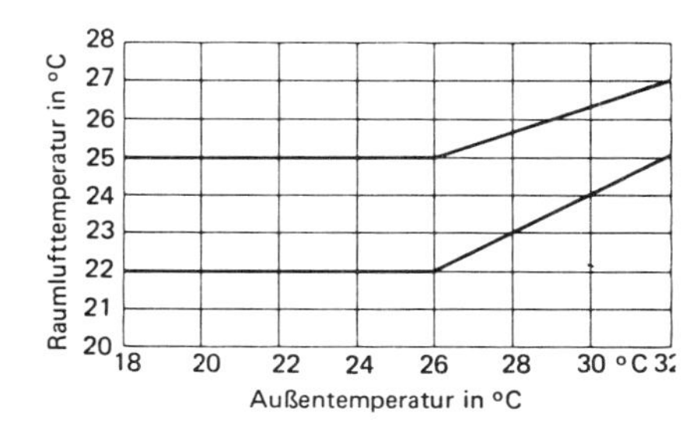


Bild 123-1. Zulässigkeitsbereich der Raumlufttemperatur nach DIN 1946 Teil 2 (1.83).

Ebenso sind Räume, in denen sich ältere Leute aufhalten, etwas wärmer zu halten, während jüngeren Leuten eine geringere Temperatur genügt (Kasernen 18 °C).

Schlafräume werden ebenfalls meist auf geringerer Temperatur gehalten, etwa 15···18 °C.

In der *Arbeitsstättenrichtlinie*[1]) ASR 6/1 werden zulässige *Raumtemperaturen* (4.76) und Luftfeuchten angegeben.

Die maximale Temperatur soll 26 °C nicht überschreiten. Die minimalen Raumlufttemperaturen sind in Bild 123-2 angegeben.

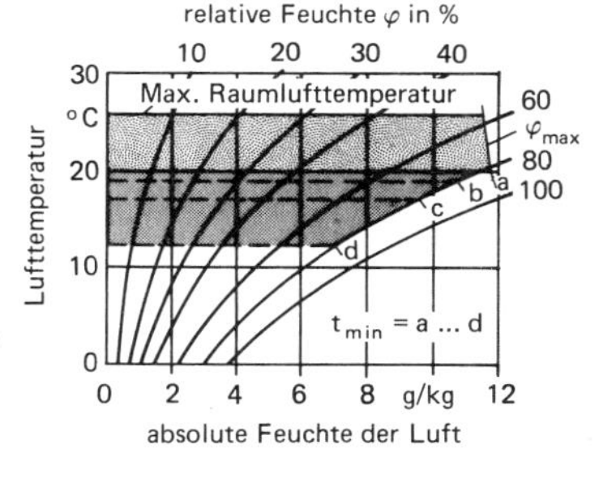


Bild 123-2. Zulässiger Raumluftzustand nach ASR 5 und 6.
Max. Raumlufttemperatur = 26 °C
Min. Raumlufttemperatur:
a) In Büroräumen (20 °C)
b) Verkaufsräume oder sitzende Tätigkeit (19 °C)
c) Nicht sitzende Tätigkeit (17 °C)
d) Schwere körperliche Arbeit (12 °C)

Nach Einnahme schwerer fettreicher Nahrung sinkt infolge Erhöhung des Energieumsatzes die optimale Temperatur.

Für körperliche Arbeit verrichtende Personen liegen die günstigsten Temperaturen niedriger, und zwar desto mehr, je anstrengender die Arbeit ist. Je nach Art der Arbeit findet man hier Behaglichkeitstemperaturen von 10 bis 18 °C, z. B.

| | |
|---|---|
| in Gießereien und Schmieden | 10···12 °C, |
| in Montagehallen | 12···15 °C, |
| in Drehereien | 16···18 °C. |

Wesentlich ist *Gleichmäßigkeit der Temperatur* im Raum. In allen geheizten Räumen bestehen je nach Art der Heizung, Lage, Größe und Temperatur der Heizkörper sowie Außentemperatur Temperaturunterschiede sowohl in senkrechter wie waagrechter Richtung. Auch die Position im Raum und Entfernung vom Fenster ist von Bedeutung. Mittelwerte bei verschiedenen Heizarten siehe Bild 123-3, das sich auf mittlere Heizmitteltemperaturen bezieht. Bei hohen Temperaturen sind die Gradienten wesentlich ungünstiger, ebenso bei im Vergleich zum Fenster kurzen Heizkörpern. Dicht über dem Fußboden besteht immer ein etwas kälterer Bereich, besonders bei undichtem Fenster[2]). Im *Anheizzustand* und vor Fenstern sind die Unterschiede wesentlich größer als im Beharrungszustand.

---

[1]) Ki 12/80. S. 497/517.
[2]) Mayer, E., u. H. Künzel: Ges.-Ing. 4/79. S. 106/10.
Zöllner, G.: HLH 1/79. S. 13/22.
Hesslinger, S.: SBZ 8/80. S. 733/40.

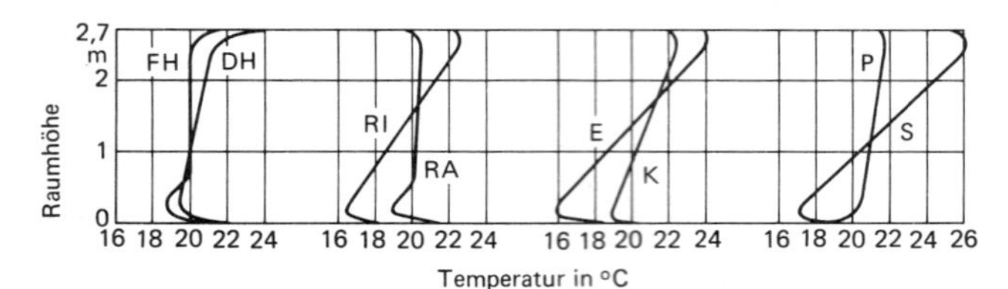


Bild 123-3. Charakteristische Lufttemperatur in Raummitte im Beharrungszustand, bei verschiedenen Heizungen und bei geringen Außentemperaturen.
FH = Fußbodenheizung
DH = Deckenheizung
RA = Radiatorheizung mit Heizkörper an Außenwand unter Fenster
RI = Radiatorheizung mit Heizkörper an Innenwand
K = Kachelofenheizung
E = Eiserner Ofen
S = Schwerkraftluftheizung mit Luftauslaß an Innenwand
P = Perimeterheizung

Gleichmäßigkeit der Temperatur wird gefördert durch

gute Bauweise, insbesondere dichte Fenster,
sowie dauernd gleichmäßigen Heizbetrieb.

Am günstigsten Warmwasserheizung mit Heizkörpern vor den Fenstern oder Fußbodenheizung mit Zusatzheizung am Fenster. Neuere Fenster sind infolge der Wärmeschutz-VO wesentlich dichter als früher. Auch gibt es heute 2-Scheiben-Isolierglas mit $k = 2 \cdots 1{,}3$ W/m³K. Dadurch hat sich das Problem entschärft.

Bei gelüfteten Räumen soll (nach DIN 1946 Bl. 2 – 1.83) der Temperaturunterschied in einer Ebene $\pm 2$ K vom Sollwert nicht überschreiten, bei Klimaanlagen soll die Sollwertabweichung nicht mehr als $\pm 1{,}5$ °C betragen.

In der *Sauna* verträgt der Mensch *kurzzeitig* Lufttemperaturen bis 100 °C, wenn die rel. Feuchte unter 5% liegt.

## -2 DIE WANDTEMPERATUR[1])

Wie schon erwähnt, ist die mittlere Temperatur der umgebenden Flächen einschließlich der Heizflächen in einem Raum, die sogenannte *mittlere Strahlungstemperatur* $t_w$, sehr wesentlich für die Entwärmung des menschlichen Körpers und damit seine Behaglichkeit. Der Wert von $t_w$ wird errechnet aus

$$t_w = \frac{\Sigma (A \cdot t)}{\Sigma A}$$

worin $A$ die einzelnen Flächen (Wände, Heizkörper, Fenster usw.) sind und $t$ deren Temperaturen. Um den physikalischen Einfluß der Wandtemperatur wenigstens größenordnungsmäßig zu erfassen, sei folgende Rechnung aufgestellt:

Die gesamte vom menschlichen Körper abgegebene fühlbare Wärme ist

$$\dot{Q} = (\alpha_k + \alpha_s) \cdot A \cdot (t_o - t_L) \text{ in W}$$

$\alpha_k$ = konvektive Wärmeübergangszahl
$\alpha_s$ = Strahlungsübergangszahl
$t_o$ = mittlere Oberflächentemperatur des normal bekleideten Menschen $\approx 26$ °C
$t_L$ = Lufttemperatur

Der Wert von $\alpha_k$ liegt in derselben Größenordnung wie $\alpha_s$, d.h., bei übereinstimmender Wand- und Lufttemperatur ist, wie schon vorher gesagt, die Wärmeabgabe durch Strahlung gleich derjenigen durch Konvektion, vorausgesetzt, daß der Mensch ruht. Bewegt

---

[1]) Esdorn, H., u. P. Schmidt: HLH 7/80. S. 235/43.
Gehlisch, K., u. A. Sachs: Ges.-Ing. 5/82. S. 236.

er sich, so erhöht sich $\alpha_k$ und damit die durch Konvektion abgeführte Wärmemenge, während $\alpha_s$ konstant bleibt. Das Verhältnis $\alpha_k/\alpha_s$ ändert sich also.

Sinkt die mittlere Wandtemperatur um 1 K, so ist dies beim ruhenden Menschen gleichwertig mit einer Absenkung der Lufttemperatur um 1 K. Luft- und Wandtemperatur haben also, wenigstens annähernd, auf die Entwärmung des menschlichen Körpers gleich großen Einfluß, eine Tatsache, die bisher bei vielen raumhygienischen Untersuchungen viel zu wenig beachtet wurde.

Wenn daher die Temperatur von 20 bis 22 °C als im allgemeinen günstigste angegeben wird, so ist das so zu verstehen, daß dabei die mittlere Wandtemperatur gleich oder wenigstens annähernd gleich der Lufttemperatur ist. Ist die Wandtemperatur erheblich niedriger als die Lufttemperatur, wie es im Winter beim Aufheizen eines Raumes der Fall ist, so wird eine Raumtemperatur von 20 °C durchaus als zu kalt empfunden und muß erhöht werden, um gleiche Behaglichkeit zu erhalten. Den Mittelwert aus Luft- und Wandtemperatur nennt man *„Empfundene Temperatur"* oder resultierende Temperatur; Messung mit dem *Globusthermometer*.

Bild 123-4 zeigt ein *Behaglichkeitsfeld* mit den Empfindungstemperaturen $t_e = 19 \cdots 23$ °C. Auf der Ordinate sind gleichzeitig die inneren Wandtemperaturen $t_w$ bei einer Außentemperatur von $t_a = -10$ °C abzulesen.

Innere Oberflächentemperatur bei verschiedenen Außentemperaturen siehe Bild 123-5. Bei tiefster Außentemperatur sollte eine Wandtemperatur von $\approx 16$ °C nicht unterschritten werden. Aus Bild 123-6 geht die besonders günstige Wirkung von modernem 2-Scheiben-Isolierglas ($k = 1{,}3 \cdots 2$ W/m²K) und *Abluftfenstern* hervor (s. Abschn. 364-1).

Von großer Bedeutung für den Einfluß der Wandtemperatur ist bei schlechter Wärmedämmung die *Lage der Heizkörper* und der Standort des Menschen im Raum. Befindet sich z. B. der Heizkörper an der Innenwand und der Mensch dicht vor dem Fenster an der Außenwand, so wird die Wärmeabstrahlung nach außen immer ein Gefühl der Unbehaglichkeit verursachen *(Strahlungszug)*. Außerdem verursacht die am Fenster herabfallende Kaltluft *Zugerscheinungen*. Wird dagegen die Raumwärme durch Radiatoren unterhalb der gesamten Fensterfront geliefert, so wird der Einfluß der kalten Außenwand- und Fensterfläche durch die Wärmeausstrahlung vom Heizkörper kompensiert (Bild 123-8). Bei der heute verlangten verbesserten Wärmedämmung der Wände und bei dichten Fenstern ist auch Aufstellung der Heizkörper an den Innenwänden möglich[1]). Der *Temperaturgradient* ändert sich dabei nur unwesentlich. Die Innenwandaufstellung des Heizkörpers bewirkt dann nur noch 3% Wärmeersparnis.

Die zugestrahlte Wärme kann unter Umständen auch zu groß sein und ebenfalls zu Unbehaglichkeitsgefühlen führen; dann wird der Mensch vom Heizkörper mehr abrücken. In beiden Fällen ist eine *unsymmetrische thermische Belastung* des Körpers vorhanden, die ungünstig ist. Unterschiede von 20…30 W/m² sind bereits deutlich spürbar; eine unsymmetrische Entwärmung eines Körpers, z. B. des Kopfes, um mehr als 40 W/m² bewirkt Unbehaglichkeit. Bei einem Strahlungsbeiwert der Haut von $\alpha = 7 \cdots 8$ W/m²K entspricht dies einem Temperaturunterschied von ca. 5 K.

Bei manchen Arbeitsplätzen (Küchen, Öfen) ist die Belastung durch *Wärmestrahlung* besonders groß. Bei Wärmestrahlung $> 300$ W/m² auf mehr als die Hälfte des Körpers sind Schutzvorrichtungen zu verwenden *(Schutzkleidung)*.

Bei Sonnenstrahlung durch Fenster ergeben sich Belastungen von 350…450 W/m².

*Einfachfenster* sind auf unseren Breitegraden auf alle Fälle ungünstig, da der Strahlungsverlust des Körpers infolge der niederen Temperatur der Fensteroberfläche besonders groß ist. Die WSVO verlangt 2fach-Verglasung.

Besonders wichtig ist die Frage der Wandtemperatur bei den *Flächenheizungen*, die als Fußboden-, Decken- und Wandheizungen bekannt sind.

Bei den *Fußbodenheizungen* hat man durch Erfahrung festgestellt, daß in Daueraufenthaltsräumen eine Oberflächentemperatur von mehr als 27 °C unangenehm wirkt[2]). Für die nur gelegentlich auftretende Auslegungsleistung wird 29 °C zugelassen. In nicht begangenen Flächen (Randzonen) sind auch höhere Temperaturen bis etwa 35 °C zulässig.

---

[1]) Künzel, H., u. E. Mayer: Ges.-Ing. 7/8-1977. S. 199/200 u. 4/79. S. 106/10.
Erhorn, H., u. a.: Bauphysik 5/86. S. 146/53 u. CCI 2/87. S. 46.

[2]) Fanger, P. O., u. a.: VDI-Bericht 317 (1978). S. 37/41.
DIN 4725 (E. 12.83)

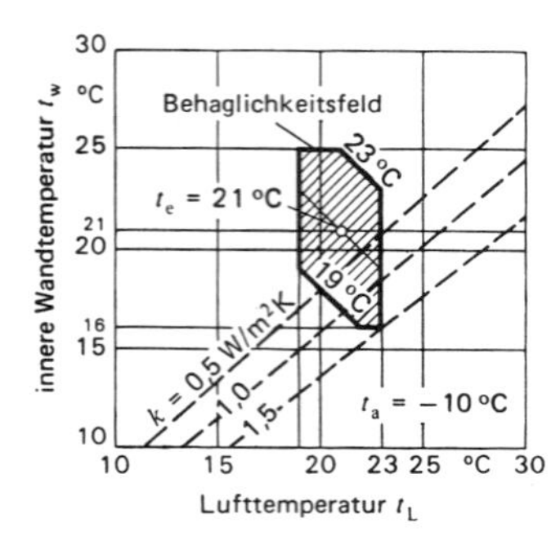


Bild 123-4. Behaglichkeitsfeld mit Wandtemperaturen.
$t_e$ = Empfindungstemperatur
$k$ = Wärmedurchlaßzahl der Wände

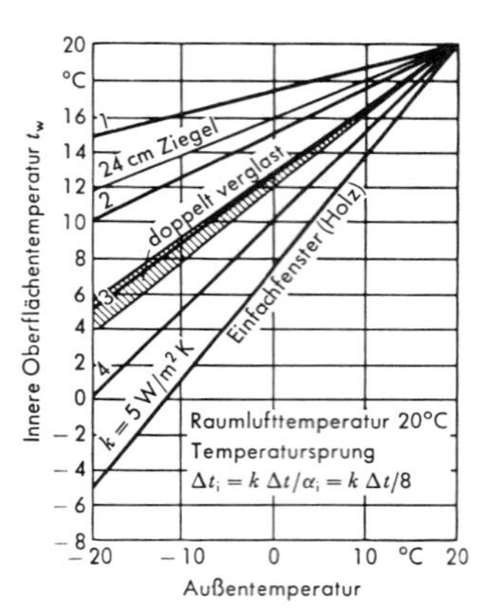


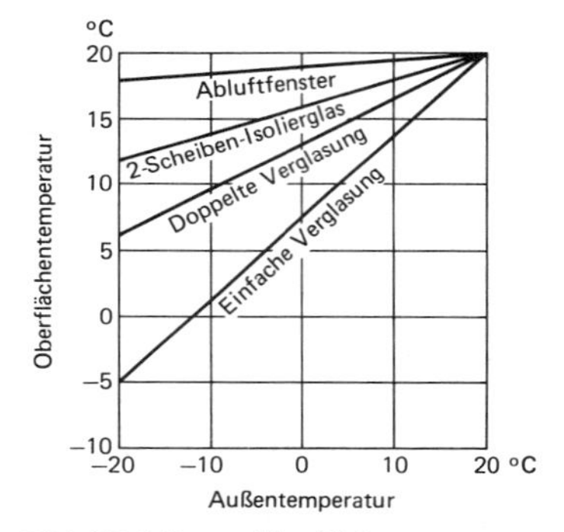


Bild 123-6. Innere Oberflächentemperatur von Abluft- und Normalfenstern.

Bild 123-5. Innere Oberflächentemperaturen von Fenstern und Wänden.

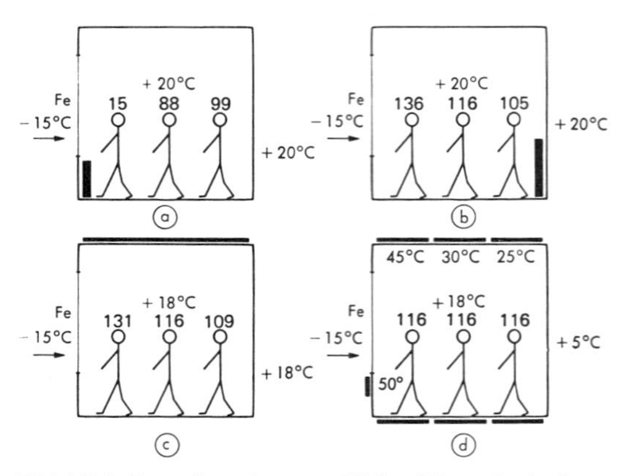


Bild 123-8. Darstellung der menschlichen Wärmeabgabe in verschieden beheizten Räumen (nach Kollmar). (Die Zahlen über den Köpfen der Personen sind die Werte der menschlichen Wärmeabgabe in W für den betreffenden Standort.)

a = Radiator unter Fenster b = Radiator an der seitlichen Innenwand c = Deckenheizung d = Decken- und Fußbodenheizung sowie Fensterheizfläche (Flächenheizung).

An den Fenstern sind bei reinen Fußbodenheizungen Zugerscheinungen nicht zu vermeiden. Andererseits soll die Fußbodentemperatur auch etwa 17 °C nicht unterschreiten. Dabei ist die *Wärmeeindringzahl* des Fußbodens von Bedeutung, namentlich, wenn der Boden mit nacktem Fuß begangen wird; siehe Bild 135-4.

Mediziner glauben, daß Wärme im Fußbereich dem Kreislauf Blut entzieht, was zu Benommenheit führt[1]).

Bei den *Deckenheizungen* soll die Zustrahlung von Wärme auf den Kopf des Menschen bei 20 °C Raumlufttemperatur einen Betrag von etwa 12 W/m$^2$ nicht überschreiten, da andernfalls der Kopf sich nicht genügend entwärmt und bei manchen Menschen Unbehaglichkeit erzeugt wird[2]). Je niedriger der Raum, desto geringer muß auch die mittlere Deckentemperatur sein, bei 3 m Raumhöhe max. 35 °C (s. auch Abschn. 243).

Bei der *Wandheizung* mit Heizflächen unter den Fenstern sind höhere Temperaturen zulässig, da der Körper gleichzeitig Wärme durch das Fenster nach außen abstrahlt.

Im *Sommer* bewirken große Fenster infolge der Sonnenstrahlung häufig sehr hohe Raumtemperaturen, gegen die man sich durch geeignete Sonnenschutzvorrichtungen oder durch Klimaanlagen schützen kann (s. auch Abschn. 114-7). Der wirksamste Schutz gegen Sonnenstrahlung in Gebäuden wird durch Lamellenstores o. ä. außen vor den Fenstern erreicht. Außer der Lufttemperatur bewirkt auch eine hohe Fensteroberflächentemperatur eine Beeinträchtigung der Behaglichkeit, z. B. bei stark absorbierendem Sonnenschutzglas.

*Zusammenfassung:* Maßgebend für die Behaglichkeit ist, soweit Temperatureinflüsse in Frage kommen, das Mittel aus Lufttemperatur und mittlerer Temperatur aller Umgebungsflächen. Je weniger diese beiden Temperaturen voneinander abweichen und je mehr sie sich dem Mittelwert von 20 bis 22 °C nähern, desto gleichmäßiger ist die Entwärmung des Menschen. Der Unterschied sollte nicht mehr als etwa 3 K betragen. Außerdem sollten keine zu großen Unterschiede bei den Temperaturen der einzelnen Umgebungsflächen bestehen, damit der Körper allseitig sich gleichmäßig entwärmt.

Die *Art* der Heizflächen hat nur geringen Einfluß auf die Behaglichkeit, obwohl die Anteile für Konvektion und Strahlung sehr unterschiedlich sind[3]).

## -3 DIE LUFTFEUCHTE[4])

Da ja die Entwärmung des menschlichen Körpers zum Teil auch durch Verdunstung von der Haut erfolgt, hat auch die Luftfeuchte einen gewissen Einfluß auf die Behaglichkeit. Denn die Stärke der *Verdunstung* hängt ja bei sonst gleichen Verhältnissen von dem Dampfdruckunterschied des Wassers an der Hautoberfläche und des Wasserdampfes in der Luft ab. Kennzeichnung der Luftfeuchte durch die Begriffe relative Feuchte oder Taupunkt oder Feuchtkugeltemperatur (siehe Abschnitt 134).

Bei der normalen Raumtemperatur von 20 °C spielt allerdings die Wärmeabgabe durch Verdunstung nur eine geringe Rolle. Es ist daher anzunehmen, daß auch die Luftfeuchte in diesem Bereich keinen großen Einfluß hat. Dies ist in der Tat auch der Fall, siehe Bild 123-10. Aber auch bei höheren Temperaturen besitzt der Mensch kein Gefühl für die Feuchte der Luft. Bei steigender Temp. und Feuchte wird der Wasserdampfgehalt der Luft zugleich mit dem Wärmegefühl erfaßt. Trotzdem nimmt man in der Klimatechnik 35% als untere und 70% als obere Grenze der zulässigen Feuchte an. (DIN 1946 Teil 2 – 1.83 empfiehlt als untere Grenze 30%, obwohl dafür keine sicheren Erkenntnisse vorliegen.)

Bei Feuchtigkeit unter etwa 35%, die ja im Winter in geheizten Räumen leicht auftreten kann, hat sich gezeigt, daß durch Austrocknung der Kleidung, Teppiche, Möbel usw. die *Staubbildung* erleichtert wird und durch Verschwelung dieses Staubes auf den Heizkörpern Ammoniak und andere Gase entstehen, die die Atmungsorgane reizen. Kunststoffe aller Art werden bei trockener Luft *elektrisch aufgeladen* und sammeln zusätzlich

[1]) Kröling, P.: CCI 3/86. S. 4.
[2]) Kollmar, A.: Ges.-Ing. 1960. S. 65/84.
[3]) Kast, W., u. H. Klan: Kongreßbericht Berlin 1980. S. 97/100.
[4]) Rasmussen, O. B.: 5. Int. Kongreß für Heizg.-Lüftg. Klimatechn. 1971. S. 79/86.
Green, G. H.: Ki 2/75. S. 51/6 u. CCI 12/85. S. 26/30.
Ki-Forum 12/81 u. i-Thema, CCI 12/85.

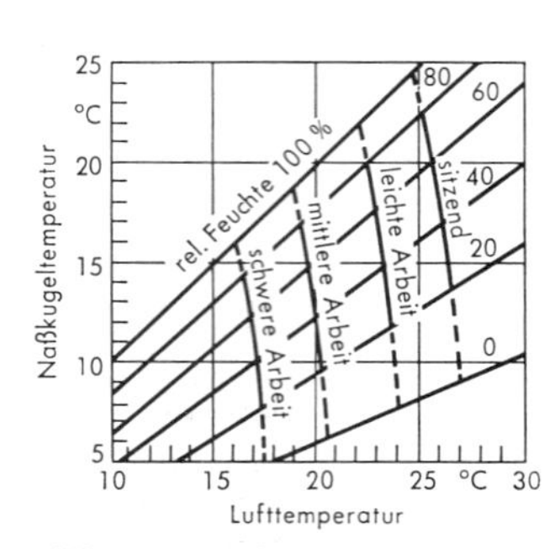


Bild 123-10. Einfluß der Luftfeuchte auf die Behaglichkeit (nach Fanger).

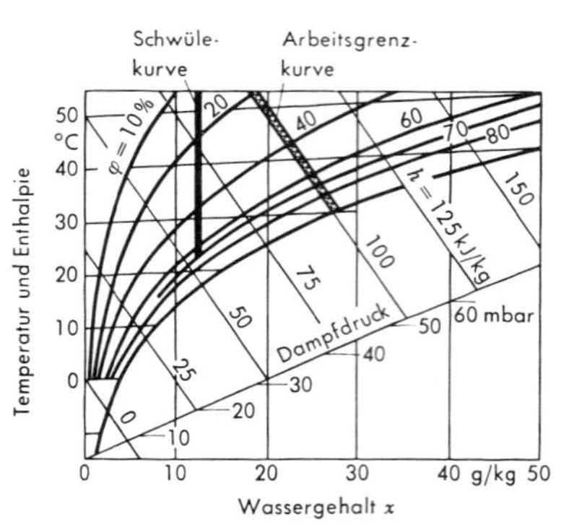


Bild 123-12. Die Schwülekurve und Arbeitsgrenzkurve im $h,x$-Diagramm beim Aktivitätsgrad I (100 W).

Staubteilchen. Außerdem erfolgt eine Austrocknung der Schleimhäute der oberen Luftwege, die dadurch in ihrer Funktion beeinträchtigt werden. Aus diesem Grund ist bei empfindlichen Personen eine Befeuchtung der Raumluft im Winter auf den Minimalwert von 35% zu empfehlen, falls dieser Betrag bei sehr kaltem Wetter unterschritten werden sollte[1]). Andere Untersuchungen zeigen, daß höhere Luftfeuchte die Erkältungsgefahr reduziert[2]). (Daß in zentralgeheizten Räumen die Luft trockener sei als bei Kachelofenheizung, ist *Aberglaube*.)

Ähnlich liegen die Verhältnisse bei hohen Feuchtigkeitsgraden über 70%, indem sich leicht an kalten Stellen Feuchtigkeit niederschlagen kann, wobei die organische Stoffe enthaltenden Teile der Raumausstattung durch Schimmelbildung und Moder *Gerüche* abgeben, die ebenfalls die Geruchsorgane empfindlicher Menschen belästigen. Außerdem können Bau- und Materialschäden entstehen.

Bei hohen Raumtemperaturen dagegen beginnt die Raumfeuchte bereits eine dominierende Rolle zu spielen, da jetzt der Einfluß der Hautverdunstung stark ansteigt. Dies ist sehr deutlich dann zu erkennen, wenn man die obere Grenze der Behaglichkeit betrachtet, wo der Körper zu schwitzen anfängt. Durch Versuche hat man festgestellt, daß die sogenannte *Schwülekurve* für einen normal gekleideten ruhenden Menschen in unseren Breiten bei der Darstellung im $h$, $x$-Diagramm etwa bei einem Wassergehalt der Luft von 12 g/kg liegt (Bild 123-12).

Man sieht, daß z.B. bei einer Luftfeuchte von 60% die Schweißbildung bei 25 °C, bei einer Luftfeuchte von 50% erst bei 28 °C beginnt. Bei Festlegung der *oberen Behaglich-*

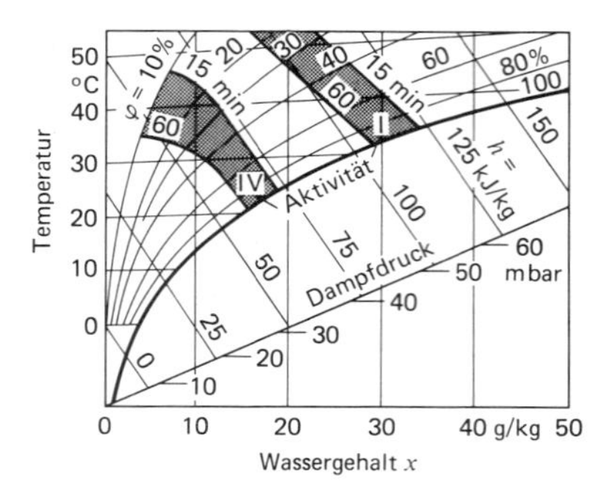


Bild 123-15. Höchstzulässige Temperatur und Feuchte bei kurzzeitigem Aufenthalt bei Aktivitätsgraden I (100 W) und IV (300 W), $\vartheta = 0{,}5$ m/s, Kleidung 0,9 clo, nach DIN 33403, T.3 (E. 12.84).

[1]) Diebschlag, W.: Ki 9/86. S. 346/8.
[2]) Green, G. H.: CCI 12/85. S. 26/30.

*keitsgrenze* hat man also die relative Feuchte desto geringer anzusetzen, je höher die Lufttemperatur ist. Bei körperlicher Tätigkeit muß die Kurve natürlich einen niedrigeren Taupunkt haben. Der Grenzwert von Raumtemperatur und Feuchte, oberhalb dessen der Aufenthalt einer ruhenden Person für längere Zeit nicht mehr möglich ist, ist etwa durch eine Feuchtkugeltemperatur von 30 bis 32 °C gegeben (Bild 123-12). Mit steigender Aktivität wird der Grenzbereich wesentlich herabgesetzt[1]).

Bei *kurzzeitiger Exposition* liegen die Grenzwerte, nach denen jeweils eine Entwärmungspause notwendig ist, höher (Bild 123-15).

Zusammenfassend läßt sich über den Einfluß der Feuchte auf das menschliche Wohlbefinden sagen, daß bei der Normaltemperatur von 20 bis 22 °C die Feuchte in den Grenzen von 35 bis 65% zu halten ist, während bei höheren Raumtemperaturen bis zu 26 °C die Feuchte auf 55% abnehmen soll, entsprechend einem Feuchtegehalt von 11,5 g/kg trockene Luft.

## -4 DIE LUFTBEWEGUNG[2])

Schließlich ist auch die Luftbewegung noch von erheblichem Einfluß auf die Behaglichkeit. Während der Mensch im Freien eine mäßige Luftbewegung durchaus nicht unangenehm empfindet, manchmal sogar begrüßt, ist er in geschlossenen Räumen desto empfindlicher gegen jede Art von Luftbewegung. Am meisten wird das Wohlbefinden gestört, wenn die bewegte Luft eine geringere Temperatur als die Raumluft hat und vorwiegend aus bestimmter Richtung einen Körperteil trifft. Man spricht in diesem Fall von *Zugluft*, die neben den Geräuschen der erklärte Feind jeder Lüftungs- und Klimaanlage ist. Manche Menschen, wie z. B. Musiker, empfinden schon den geringsten Zug als störend, den andere noch gar nicht bemerken. Ältere Leute sind ganz allgemein gegen Zug mehr empfindlich als jüngere. Eine Mindestluftbewegung ist für den Wärme- und Stofftransport aber immer erforderlich und i. a. heute bei guter Technik problemlos realisierbar.

Es stellt sich die Frage, wie groß die Luftbewegung sein darf, ohne die Behaglichkeit zu stören. Es ist einleuchtend, daß die Beantwortung dieser Frage auch nur für durchschnittliche oder normale Verhältnisse erfolgen kann, da ähnlich wie bei der Temperatur und Feuchte andere Umstände wie Geschlecht, Alter, Kleidung, Rasse usw. auch hier von Einfluß sind.

Eine Schwierigkeit besteht darin, daß es in einem geheizten oder gelüfteten Raum entgegen üblichen Vorstellungen meistens keine stabile Luftströmung gibt. An jeder Stelle des Raumes bestehen unter dem Einfluß von Temperaturunterschieden und Trägheitskräften dauernde Richtungs- und Geschwindigkeitsänderungen der Luftmasseteilchen (Bild 123-16). Schon über dem Kopf einer ruhig sitzenden Person entstehen durch thermischen Auftrieb Geschwindigkeiten bis 0,3 m/s.

Es ist inzwischen bekannt, daß der Turbulenzgrad der Geschwindigkeit einen Einfluß auf das Komfortgefühl des Menschen hat; jedoch gibt es darüber bis heute nur wenige Untersuchungen[3]), die auch noch nicht in die Norm eingegangen sind.

Man begnügt sich daher zunächst damit, daß man die zulässige mittlere Geschwindigkeit der Luft in Abhängigkeit von der Temperatur angibt.

Bei den Normaltemperaturen von 20 bis 22 °C geben die Hygieniker die zulässige Geschwindigkeit mit etwa 0,15 bis 0,20 m/s an. Nach DIN 1946 T. 2 (1.83) gelten als Kriterium für die *Zugfreiheit* in gelüfteten Räumen die Grenzwerte in Bild 123-18. Die Werte gelten für den arithmetischen *Mittelwert* der Luftgeschwindigkeit an einem Ort bei sitzender Tätigkeit (Aktivitätsgrad I) und mittlerer Kleidung. Überschreitungen bis 10% sind an max. 10% der Meßstellen zulässig. Kurzzeitige Spitzen über dem Mittelwert sind ebenfalls zulässig, jedoch nicht länger als 1 min. Durch Versuche von *Fanger* ist jedoch bekannt, daß die Werte der Kurve nach DIN 1946, T. 2 immer noch zu hoch sind

[1]) DIN 33403, Teil 3 (E. 12.84).
[2]) Finkelstein, Fitzner u. Moog: HLH 1973. S. 37/40 u. 59/65.
Ostergaard, Fanger u. a.: Ki 3/75. S. 83/8.
Leserforum Ki 8/77. S. 249/51, ferner 5/79. S. 219/22 u. 6/79. S. 264/7.
Pedersen, J. K.: Diss. T.U. Dänemark 1977.
Laabs, K.-D.: VDI-Bericht 353 (1980). S. 5/13.
Rollows, M.: Ki 9/80. S. 335/41.
[3]) Mayer, E.: Ges.-Ing. 2/85. S. 65/73.

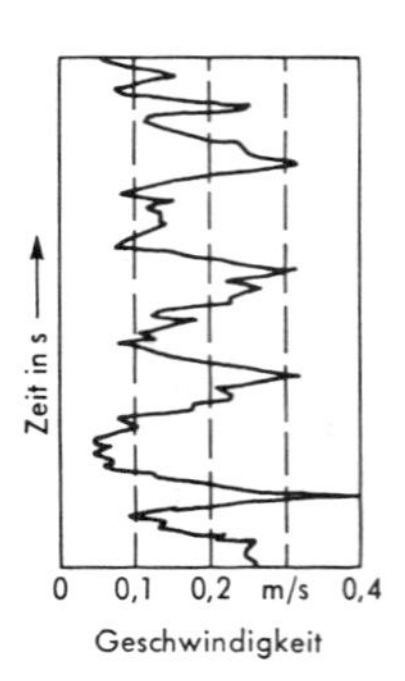


Bild 123-16. Luftgeschwindigkeiten in einem gelüfteten Raum.

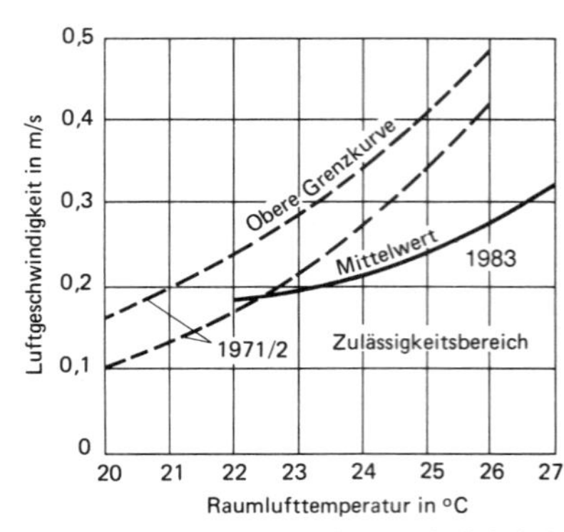


Bild 123-18. Zulässige Luftgeschwindigkeit in Abhängigkeit von der Raumlufttemperatur (DIN 1946, Teil 2, 1.83 u. Entwurf 1971/2).

und nach ISO 7730 zu 20% Unzufriedenheit führt, wenn man sitzende Tätigkeit (z. B. Büroarbeit) annimmt. Die kleinste Unzufriedenheitsrate, die überhaupt erreichbar ist, beträgt 5%.

Bei stärkerer Aktivität und größerem Wärmeleitwiderstand der Kleidung sind höhere Werte der Luftgeschwindigkeit zulässig.

Richtiger ist es, bei Angabe der zulässigen Werte einen Unterschied zwischen wenig besetzten Räumen wie Büros, Fabriken, und voll besetzten Räumen wie Restaurants, Warenhäuser usw. zu machen, in denen sich die Menschen ständig bewegen. Letztere werden meist nur verhältnismäßig kurze Zeit aufgesucht, erfordern aber wegen der großen Wärmeabgabe der Personen eine verhältnismäßig starke Lüftung, so daß hier durchaus eine etwas größere Luftgeschwindigkeit zulässig wäre, etwa die obere Grenzkurve in Bild 123-18 als Mittelwert.

Zur Messung der Luftgeschwindigkeit wurde früher das *Katathermometer* (siehe 169-1) verwendet. Heute sind statt dessen Hitzdraht- und Thermoelement-Anemometer in Gebrauch. Die *Meßtechnik* wurde ständig verbessert. S. Abschn. 164-9 u. -12 und VDI 2080 (10.84): Meßverfahren und Geräte für RLT-Anlagen.

## -5 KLEIDUNG

Von großem Einfluß auf die Behaglichkeit ist die Kleidung. In einem zu kalten Raum kann man sich sehr schnell durch wärmere Kleidung Behaglichkeit verschaffen, ebenso in einem zu warmen Raum durch leichtere Kleidung.

Der Isolationswert einer Kleidung ist in DIN 33403, T. 3 und ISO 7730 angegeben. Als physikalische Einheit für den Wärmeleitwiderstand gilt:

$R_\lambda = 1\ \text{m}^2\ \text{K/kW}$

Oder: 1 clo (von clothing) $= 155\ \text{m}^2\ \text{K/kW}$

**Tafel 123-1. Isolationswert von Kleidung**

| Kleidung | $\text{m}^2\text{K/kW}$ | clo |
|---|---|---|
| nackend | 0 | 0 |
| leichte Kleidung (Shorts, Hemd) | 80 | 0,5 |
| Kleidung mit Hemd, Hose, Socken, Schuhen | 100 | 0,65 |
| normale Arbeitskleidung | 125···160 | 0,8···1 |
| leichte Sportkleidung mit Jacke | 160 | 1 |
| schwere Arbeitskleidung mit Unterwäsche, Socken, Schuhen, Weste, Jacke | 200 | 1,3 |
| Kleidung für kaltes Wetter mit Mantel | 250···300 | 1,6···2 |
| Kleidung für kältestes Wetter | 450···600 | 3···4 |

Der Wunsch nach höheren Temperaturen ist zum Teil darin begründet, daß die Wärmeleitzahlen der heute verwendeten Textilien wesentlich höher sind als früher (Wolle, Baumwolle: $\lambda \approx 0{,}05$ W/mK, synthetische Stoffe: $\lambda = 0{,}20$ W/mK).

*Zusammenfassung*

Faßt man die Ergebnisse der Abschnitte 123-1 bis -5 zusammen, so können für normal gekleidete, sitzende Personen ohne körperliche oder mit nur leichter Tätigkeit die *Grenzen der Behaglichkeit* etwa folgendermaßen festgesetzt werden:

Die *Raumlufttemperatur,* gemessen in Kopfhöhe und mindestens 1 m Entfernung von den Wänden, soll in geschlossenen Räumen örtlich und zeitlich möglichst gleichmäßig 20 bis 22 °C betragen. Die mittlere Wandtemperatur soll ebenfalls möglichst nahe diesem Wert liegen. Bei höheren Außentemperaturen im Sommer soll die Raumtemperatur desto höher gewählt werden, je kürzer der Aufenthalt in den gekühlten Räumen ist. Bei etwa ein- bis zweistündigem Aufenthalt (Kino, Warenhäuser) empfiehlt es sich, in den Räumen eine Temperatur etwa in der Mitte zwischen der jeweiligen Außentemperatur und 20 °C, also z. B. bei 30 °C Außentemperatur im Inneren 25 °C, zu halten. Bei von der Lufttemperatur abweichenden Wandoberflächentemperaturen ist für je 1 °C Verringerung oder Erhöhung der mittleren Wandtemperatur die Raumlufttemperatur um 1 °C höher oder tiefer zu wählen.

Die *Luftfeuchte* soll Winter und Sommer innerhalb der Grenzen von $x = 5$ bis 12 g/kg (8···19 mbar) liegen. Der unteren Grenze entspricht bei 20 °C Raumtemperatur eine relative Luftfeuchte von 35%, der oberen Grenze eine relative Feuchte von etwa

80% bei 20 °C Raumtemperatur
70% bei 22 °C Raumtemperatur
65% bei 24 °C Raumtemperatur
55% bei 26 °C Raumtemperatur
50% bei 28 °C Raumtemperatur.

Nach ISO 7730 (8. 84) werden z. B. folgende Empfehlungen gegeben:

a) Leichte sitzende Tätigkeit in der Heizperiode (Winter)
Raumtemperatur 22 °C ± 2 K.
Temperaturdifferenz zwischen 1,1 m und 0,1 m über Boden <3 K.
Fußbodentemperatur normal 19···26 °C, bei Fußbodenheizung max. 29 °C.
Mittlere Luftgeschwindigkeit unter 0,15 m/s.
Strahlungstemperatur kalter Fensterflächen oder dgl. weniger als 10 K unterhalb einer waagerechten Referenzfläche 0,6 m über Boden.
Strahlungstemperatur einer Heizdeckenfläche weniger als 5 K oberhalb vorgenannter Referenzfläche 0,6 m über Fußboden.

b) Leichte sitzende Tätigkeit in der Kühlperiode (Sommer)
Raumtemperatur zwischen 23 °···26 °C.
Temperaturdifferenz zwischen 1,1 m und 0,1 m über Boden <3 K.
Mittlere Luftgeschwindigkeit unter 0,25 m/s.

Nach dieser Empfehlung kann mit mindestens 80% zufriedenen Rauminsassen gerechnet werden.

Behaglichkeitsmaßstab nach ISO 7730 s. auch Abschnitt 124.

Zur *Energieeinsparung* werden heute für die Heizperiode auch tiefere Temperaturen und Feuchte und im Kühlbetrieb höhere Werte zugelassen. Dazwischen *tote Zone* (dead band). Ausgleich durch entsprechende Anpassung der Kleidung (Bild 124-7).

Die *Luftbewegung* soll in besetzten Räumen die Werte nach Bild 123-18 nicht überschreiten. Erträglichkeitsbereich bei muskulärer Arbeit[1]).

Von manchen Seiten wird ein konstantes Klima in Räumen *(Klimamonotonie)* nicht für optimal gehalten, sondern eine gewisse Schwankung der Temperatur und Luftbewegung empfohlen. Über Dauer, Frequenz und Amplituden bestehen allerdings noch keine Klarheiten.

---

[1]) DIN 33403, Teil 3 (E. 12.84).

## -6 SONSTIGE EINFLÜSSE[1])

Wie schon erwähnt, sind außer den fünf Hauptfaktoren Lufttemperatur, Wandtemperatur, Luftfeuchte, Kleidung und Luftbewegung auch noch andere Faktoren bekannt, die einen gewissen mehr oder weniger großen Einfluß auf die Behaglichkeit durch Verbesserung der *Luftqualität* ausüben. Es sind dies in der Hauptsache folgende:

### -61 Der Staubgehalt der Luft

Normalerweise ist dieser in sauber gehaltenen Wohn- und Büroräumen so gering, daß er das Wohlbefinden nicht beeinträchtigt[2]). Lediglich bei trockener Raumluft, wie sie im Winter in geheizten Räumen bei kalter Außentemperatur häufig auftritt, ist der Staubgehalt der Luft insofern bemerkbar, als – wie schon erwähnt – durch *Verschwelung des Staubes* an den Heizkörpern sowie stärkere Staubbildung die Geruchsorgane empfindlicher Personen beeinträchtigt werden. In staubigen, schlecht gereinigten Versammlungsräumen dagegen kann der Staubgehalt der Luft unter Umständen so groß werden, daß er die Schleimhäute in Nase und Rachen des Menschen mehr oder weniger stark reizt. Noch mehr trifft dies auf gewisse gewerbliche Betriebe wie Schleifereien, Putzereien, Zementfabriken zu, wo der gesundheitliche Schaden durch den Staub erheblich sein kann, so daß für diese Art von Betrieben durch die Gewerbehygiene besondere Staubschutzmaßnahmen vorgesehen werden (s. Abschnitt 19: Umweltschutz).

*Mikroorganismen* (Bakterien) siehe Abschn. 111-23.

### -62 Gase und Dämpfe, Gerüche[3])

Sie entstehen in normalen Aufenthaltsräumen durch die Ausdünstungen der Menschen (Ammoniak, Methan, Fettsäuren usw.), Möbel, Teppiche, Tapeten, Farbanstriche und andere Baustoffe (Formaldehyd u.a.), durch Verbrennungs- und Heizvorgänge (Kohlenoxyd, Öldämpfe = unverbranntes Heizöl), Reinigungsarbeiten, Autoabgase, durch Eindringen verunreinigter Außenluft, namentlich in Industriegegenden und verkehrsreichen Straßen, ferner durch Speisenzubereitung in den Küchen, Aborte, Fäulnis und Vermoderung, Verschwelung und ähnliche Vorgänge. Bei den meisten dieser Riech- und Ekelstoffe handelt es sich um komplizierte organische Verbindungen. *Nachbarschaftsbeschwerden* richten sich häufig gegen die Emissionen von Lackierereien, chemischen Reinigungsanstalten, Geflügelställen u.a. Es ist kein Zweifel, daß alle diese Beimengungen einen ungünstigen Einfluß auf das Wohlbefinden und die Gesundheit des Menschen ausüben *(Ekelgefühl),* so daß in allen Fällen, in denen die Entstehung dieser Beimengungen der Luft nicht verhindert werden kann, eine Lüftung bzw. Geruchsbeseitigung zweckmäßig ist. In Wohnräumen genügt meist die natürliche Lüftung und regelmäßiges Fensteröffnen.

Ein sehr bedeutender Luftverschlechterer ist der *Tabakrauch,* der eine große Zahl gas- und dampfförmiger Bestandteile sowie auch flüssige und feste Partikel enthält[4]). Passives Rauchen am Arbeitsplatz gilt nach der MAK-Wert-Liste seit 1985 als krebserregend (Bronchialkrebs). Aus 1 g Tabak entstehen 0,5 bis 1,0 l Rauchgas. Eine Zigarette entwikkelt 70 mg CO. Um den Grenzwert von 5 ppm CO nicht zu überschreiten, sind je Zigarette $70 \cdot 0{,}9/5 = 12{,}5$ m³/h Außenluft erforderlich (1 mg/m³ CO = 0,9 ppm). Dies entspricht bei 30 m³ Raumvolumen je Person einem Luftwechsel $n = 12{,}6/30 = 0{,}42$ h$^{-1}$. Nichtraucher leiden durch die Reizwirkung des Tabakrauches auf die Schleimhäute und Atemwege. Bei Kindern und Kranken Beeinträchtigung der Atemfunktion. Besonders schädlich ist das Kohlenoxyd und das Nikotin, die auch schon bei geringerer Kon-

[1]) Breedgen, O.: San. u. Heizgstechn. 1971. S. 743/52.
Kettner, H.: Ki 3/74. S. 103/6.
Wanner, H. U.: Kongreßbericht Berlin 1980. S. 115/8.
[2]) VDI-Richtlinie 2262: Staubbekämpfung am Arbeitsplatz. 12.73.
[3]) VDI-Bericht 124. Gerüche und ihre Beseitigung. 1968.
[4]) Wanner, H. U.: 21. Kongreßbericht Berlin 1980. S. 115/8 u. TAB 8/83. S. 645/8.
Huber, G., u. H. U. Wanner: Ges.-Ing. 4/82. S. 207/10.
Weber, A.: Ges.-Ing. 1/83. S. 37/42.
Wegner, J.: Ges.-Ing. 3/84. S. 117/23.
Schlatter, J.: Ki 5/86. S. 193/6 und TAB 8/86. S. 547/8.

**Tafel 123-9. MAK-Werte 1986 (Maximale Arbeitsplatz-Konzentration gesundheitsschädlicher Stoffe, Auswahl)*)**

Umrechnung für 1 ppm (parts per million): 1 $cm^3/m^3 \triangleq \frac{\text{Molare Masse}}{\text{Molvolumen}} mg/m^3$

| Stoff | Formel | MAK | |
|---|---|---|---|
| | | ppm | $mg/m^3$ |
| Aceton | $CH_3 \cdot CO \cdot CH_3$ | 1000 | 2400 |
| Ameisensäure | HCOOH | 5 | 9 |
| Ammoniak | $NH_3$ | 50 | 35 |
| Arsenwasserstoff | $AsH_3$ | 0,05 | 0,2 |
| Asbestfeinstaub**) | | | 2 |
| Benzol**) | $C_6H_6$ | 5 | 16 |
| Blei | Pb | | 0,1 |
| Brom | $Br_2$ | 0,1 | 0,7 |
| Bromwasserstoff | HBr | 5 | 17 |
| Butan | $C_4H_{10}$ | 1000 | 2350 |
| Cadmiumoxid (krebsverdächtig) | CdO | | 0,1 |
| Calciumoxid | CaO | | 5 |
| Chlor | $Cl_2$ | 0,5 | 1,5 |
| Chlorbenzol | $C_6H_5 \cdot Cl$ | 50 | 230 |
| Chlordioxid | $ClO_2$ | 0,1 | 0,3 |
| Chlormethan | $CH_3 \cdot Cl$ | 50 | 105 |
| Chloroform**) (Trichlormethan) | $CHCl_3$ | 10 | 50 |
| Chlorwasserstoff | HCl | 5 | 7 |
| Cyanwasserstoff | HCN | 10 | 11 |
| DDT | $C_6H_4Cl_2CH \cdot CCl_3$ | | 1 |
| Dichlordifluormethan (R-12) | $CF_2Cl_2$ | 1000 | 5000 |
| Dichlormethan (krebsverdächtig) | $CH_2Cl_2$ | 100 | 360 |
| Dichlorfluormethan (R-21) | $CHFCl_2$ | 10 | 45 |
| 1,2-Dichlor-1,1,2,2-tetrafluoräthan (R-114) | $CF_2Cl \cdot CF_2Cl$ | 1000 | 7000 |
| Diethylether | $C_2H_5 \cdot O \cdot C_2H_5$ | 400 | 1200 |
| Eisenoxid (Feinstaub) | $Fe_2O_3$; FeO | | 6 |
| Ethanol | $C_2H_5 \cdot OH$ | 1000 | 1900 |
| Essigsäure | $CH_3 \cdot COOH$ | 10 | 25 |
| Fluor | $F_2$ | 0,1 | 0,2 |
| Fluorwasserstoff | HF | 3 | 2 |
| Formaldehyd (krebsverdächtig) | HCHO | 1 | 1,2 |
| Hexan | $C_6H_{14}$ | 50 | 180 |
| Hydrazin**) | $NH_2 \cdot NH_2$ | 0,1 | 0,13 |
| Jod | $J_2$ | 0,1 | 1 |
| Kohlendioxid | $CO_2$ | 5000 | 9000 |
| Kohlenmonoxid | CO | 30 | 33 |
| Kupfer (Rauch) | Cu | | 0,1 |
| Kupfer (Staub) | Cu | | 1 |
| Magnesiumoxid (Rauch) | MgO | | 6 |
| Methanol | $CH_3 \cdot OH$ | 200 | 260 |
| Naphthalin | $C_{10}H_8$ | 10 | 50 |
| Nikotin | | 0,07 | 0,5 |
| Nitrobenzol | $C_6H_5(NO_2)$ | 1 | 5 |
| Nitroglycerin | $C_3H_5(ONO_2)_3$ | 0,05 | 0,5 |

*) Techn. Regeln für gefährliche Arbeitsstoffe (TRg S900, 11.86).
MAK-Werte der Deutschen Forschungsgemeinschaft. Zu beziehen vom Carl Heymanns Verlag, Luxemburger Str. 449, 5000 Köln 41.

**) Krebserregend, besondere Maßnahmen notwendig, damit Exposition so gering wie möglich wird.

**Tafel 123-9. MAK-Werte 1986** (Fortsetzung)

| Stoff | Formel | MAK ppm | MAK mg/m³ |
|---|---|---|---|
| Ozon | $O_3$ | 0,1 | 0,2 |
| Phenol | $C_6H_5 \cdot OH$ | 5 | 19 |
| Phosgen | $COCl_2$ | 0,1 | 0,4 |
| Phosphor (gelb) | | | 0,1 |
| Phosphorpentachlorid | $PCl_5$ | | 1 |
| Phosphorwasserstoff | $PH_3$ | 0,1 | 0,15 |
| Propan | $C_3H_8$ | 1000 | 1800 |
| Quarz | | | 0,15 |
| Quecksilber | Hg | 0,01 | 0,1 |
| Salpetersäure | $HNO_3$ | 10 | 25 |
| Schwefeldioxid | $SO_2$ | 2 | 5 |
| Schwefelkohlenstoff | $CS_2$ | 10 | 30 |
| Schwefelsäure | $H_2SO_4$ | | 1 |
| Schwefelwasserstoff | $H_2S$ | 10 | 15 |
| Selenwasserstoff | $H_2Se$ | 0,05 | 0,2 |
| Stickstoffdioxid | $NO_2$ | 5 | 9 |
| Styrol | $C_6H_5 \cdot CH{=}CH_2$ | 100 | 420 |
| Terpentinöl | | 100 | 560 |
| Tetrachlorkohlenstoff | $CCl_4$ | 10 | 65 |
| Toluol | $C_6H_5 \cdot CH_3$ | 100 | 375 |
| Trichlorfluormethan (R-11) | $CFCl_3$ | 1000 | 5600 |
| Vanadium ($V_2O_5$-Staub) | | | 0,05 |
| Wasserstoffperoxid | $H_2O_2$ | 1 | 1,4 |
| Zinkoxid (Rauch) | ZnO | | 5 |

zentration bei empfindlichen Personen Übelkeit und Vergiftungserscheinungen verursachen können. In stark verqualmten Räumen ist die Konzentration etwa

| | |
|---|---|
| CO | ≈ 0,01 Vol.-% = 100 ppm (MAK-Wert = 30 ppm) |
| Nikotin | ≈ 5 mg/m³ |
| Staubteilchen | ≈ 300000 je l |
| Kondensationskerne | ≈ $500 \cdot 10^7$ je l |

Für das Personal in Gaststätten ist dauernd vorhandener Tabakrauch zweifellos schädlich. Kohlendioxyd siehe Abschn. 124-1.

Die Konzentrationsgrenze, von der ab Gerüche wahrnehmbar sind, der sogenannte *Schwellwert,* ist allerdings unterschiedlich, siehe Tafel 123-10. Objektive Sauerstoffverringerung in der Luft bis herab zu 16% beeinflußt nicht das Wohlbefinden. Es gibt also, abgesehen von Sonderfällen, keine berechtigten Beschwerden über *„Sauerstoffmangel“.*

In verkehrsreichen Straßen entstehen durch Autoabgase sehr erhebliche *CO-Konzentrationen,* die sich auch in den anliegenden Wohnungen und Geschäftsräumen bemerkbar machen und die in den Normen angegebenen zulässigen Werte häufig überschreiten.

*Meßgeräte* für Gerüche gibt es bisher nicht, man muß sich mit der subjektiven Aussage einer größeren Anzahl von Personen begnügen. Für die Ermittlung der Geruchsschwelle (eben merkliche Geruchsempfindung) dient die *olfaktometrische Technik*[1]). Als Sensor dient der Geruchssinn des Menschen. Die Bewertung der Intensität oberhalb der Geruchsschwelle erfolgt durch die *Geruchszahl.* Sie ist das olfaktometrisch gemessene Verhältnis der Volumenströme bei Verdünnung einer Abgasprobe bis zur Geruchsschwelle, angegeben als Vielfaches der Geruchsschwelle. Manche Stoffe sind auch bei sehr kleiner Verdünnung noch mit dem Geruch wahrnehmbar, z. B. *Buttersäure* bei einer Konzentration von nur 0,000065 cm³/m³ ≙ 0,00017 mg/m³ oder Schwefelwasserstoff ($H_2S$) 0,0025 mg/m³.

[1]) VDI 3881, Bl. 1 bis 3 (5.84 bis 11.86): Olfaktometrische Technik der Geruchsschwellen-Bestimmung.

Methoden für *Geruchsbeseitigung* sind: Kondensation (Abkühlung unter Taupunkt), Absorption durch geeignete Lösungen, Adsorption durch Aktivkohle, Verbrennung.

Die Geruchsempfindung wird durch die *Luftfeuchte* verschieden beeinflußt. Bei Tabak- und Küchengerüchen wird die Empfindung mit steigender Feuchte geringer, bei Gummi-, Farb-, Linoleumgerüchen größer. Auch die Absorption von Gerüchen durch Stoffe, Möbel usw. ist sehr unterschiedlich. Nach längerer Einwirkung eines Geruchsstoffes erfolgt Abstumpfung. Unangenehme Gerüche lassen sich durch angenehme aromatische Riechstoffe überdecken.

Die *Außenluftmenge,* die zur Verdünnung und Abführung der von Menschen erzeugten Gerüche erforderlich ist, hängt einerseits vom Raumvolumen je Person, andererseits von deren Sauberkeit ab und schwankt daher in weiten Grenzen zwischen etwa 10 bis 50 $m^3/h$ je Kopf. In schwach besetzten Räumen (Wohnräumen, Büroräumen) wurde vor Einführung der WSVO diese Luftmenge leicht durch den *natürlichen Luftwechsel* infolge Undichtheit der Fenster und Türen in den Raum eingeführt.

Im Bestreben nach Energieeinsparung wurden durch die WSVO 1977 dichtere Fenster für Neubauten vorgeschrieben, wodurch in der Praxis der natürliche Luftwechsel um etwa eine 10er-Potenz zurückging[1]). Zur Vermeidung hygienischer und bauphysikalischer Nachteile ist häufigere Fensterstoßlüftung oder mechanische Lüftung notwendig.

In stark besetzten Räumen (Theater, Versammlungsräume) sowie in Raucherräumen ist dagegen eine *künstliche Lüftung* meist unerläßlich. Bei gewerblichen Räumen, in denen durch den Arbeitsprozeß schädliche Gase oder Dämpfe erzeugt werden, läßt sich ein befriedigender Lüftzustand durch Einbau geeigneter *Absaugungsanlagen* oder Raumlüftungsanlagen erreichen. Tafel 123-9 verzeichnet die höchstzulässige Konzentration von Gasen, Dämpfen und Stäuben in Arbeitsräumen, den sogenannten MAK-Wert *(Maximale Arbeitsplatz-Konzentration).* Die angegebenen Werte werden von Zeit zu Zeit überprüft und gegebenenfalls geändert. *Außenluftanteile* bei Lüftungsanlagen siehe Abschn. 351-1.

Die MAK-Wert-Liste ist im Regelfall für eine Exposition von 8 h je Tag erstellt. Sie enthält auch eine Einreihung von Arbeitsstoffen nach bewiesener oder vermuteter *Krebserzeugung.* Für krebserzeugende Stoffe werden „Technische Richtkonzentrationen (TRK-Werte)" angegeben.

Diese betragen z. B. bei

| | | | |
|---|---|---|---|
| Arsen | 0,2 $mg/m^3$ | Hydrazin | 0,13 $mg/m^3$ |
| Asbeststaub | 2,0 $mg/m^3$ | Nickelrauch | 0,5 $mg/m^3$ |
| Benzol | 16 $mg/m^3$ | Vinylchlorid | 5,0 $mg/m^3$ |

Ob es auch Beimengungen in der Raumluft gibt, die einen günstigen Einfluß ausüben können, ist noch nicht festgestellt. Im Freien spricht man den von Bäumen und Pflanzen ausgehenden Geruchsstoffen eine derartige Wirkung zu, ohne bisher jedoch hieraus eine Nutzanwendung auf die Verbesserung der Raumluft gezogen zu haben. Ozon siehe Abschnitt 345, Luftschönung 333-47, Keime in der Luft 111-23. Max. *Immissionswerte* im Freien siehe VDI-Richtlinien 2306 und 2310.

## -63 Luftelektrische Einflüsse[2])

*Statische Felder*

Zwischen der Erdoberfläche und der bei etwa 60···80 km Höhe beginnenden Ionosphäre besteht im Freien ein *elektrostatisches Gleichstromfeld,* dessen Feldstärke in Bodennähe 100···150 Volt/m beträgt, jedoch je nach Wetterlage und Jahreszeit (Kaltfront, Warmfront, Föhn, Gewitter, Leitfähigkeit der Luft u.a.) sich stark ändert. Der gegen die negativ geladene Erde gerichtete *Stromfluß* ist dabei ebenfalls sehr starken Schwankungen unterworfen, bei normaler Wetterlage $\approx 2 \cdots 6 \cdot 10^{-16}$ $A/cm^2$. Eine biologische Wirkung des luftelektrischen Feldes ist nicht nachweisbar.

---

[1]) Wegner, J.: Ges.-Ing. 1/83. S. 1/5.
[2]) Reiter, R.: Ki 3/74. S. 109/12 u. SHT 4/79. S. 383/7 u. CCI 3/87. S. 86/91.
Furchner, H.: TAB 5/74. S. 363/6 u. TAB 10/83. S. 791/4.
Lang, S., u. Lehmair, M.: Ki 2/77. S. 61/6.
Leserforum Ki 11/76. S. 395/8.
Godel: TAB 1/78. S. 43/4.
Ki 12/79, Diskussion.
Varga, A.: HLH 12/82. S. 433/4.
Furchner, H.: TAB 10/83. S. 791/4.

In geschlossenen Räumen ist das elektrische Gleichstromfeld nicht wirksam, da es durch die Wände abgeleitet wird. Dagegen entstehen in Räumen stark schwankende elektrische *Feldstärken* durch Bewegung von Personen, Verwendung von Kunststoffen, Reibung an Bezügen usw. Messungen ergaben Werte bis 10 kV/m, besonders bei trockener Luft. Sie verschwinden mit der Zeit durch Entladung über Luft oder Materialien, so daß in unbenutzten Räumen keine statischen Felder nachweisbar sind.

*Künstlich* erzeugte statische Felder von 0,1···0,2 kV/m zwischen Decke und Fußboden sind demgegenüber wegen ihrer geringen Stärke illusorisch.

*Ionengehalt*

Der Stromfluß beruht auf der Bewegung von Ionen, die dauernd neu gebildet werden.

Sie entstehen durch Strahlung natürlicher, radioaktiver Materialien in der Erde und Luft sowie hauptsächlich durch kosmische Strahlung und Gewitter. Dabei werden Elektronen aus Molekülen der Luft, namentlich $O_2$, gelöst, wobei positiv geladene Ionen zurückbleiben. Die freigewordenen Elektronen können sich an andere Moleküle, namentlich $CO_2$, anlegen und bilden negative Ionen. Ihre Menge, Größe und auch Lebensdauer ist örtlich und zeitlich stark veränderlich und von zahllosen Faktoren abhängig, besonders auch vom Staubgehalt der Luft.

Im *Rauminnern* ist der Ionengehalt wesentlich höher als im Freien, jedoch ebenfalls je nach Lüftung, Staubgehalt, Baumaterialien, Kunststoffen usw. stark variabel. Bekannt ist es, daß beim Berühren von Metallen mit den Händen aus diesem Grund elektrische Entladungen auftreten.

Man hat schon seit langer Zeit vermutet, daß der Ionengehalt der Luft einen gewissen Einfluß auf den Menschen ausübt. Insbesondere hat man dies aus der Wirkung von *Föhnen* geschlossen, bei denen es sich um warme, trockene Winde handelt, und die bei manchen Menschen Beschwerden verursachen. Trotz systematischer Versuche mit *Ionisierungskammern* und Ionisierungsbereichen bis 100 000 Ionen je $cm^3$ ist bis heute jedoch kein einwandfreier Beweis dafür erbracht worden, daß der Ionengehalt der Luft einen günstigen oder ungünstigen Einfluß auf den gesunden Menschen ausübt. Ob weitere Untersuchungen ein anderes Ergebnis zeitigen werden, ist abzuwarten.

Manche Forschungen scheinen darauf hinzuweisen, daß negative Ionen einen günstigen Einfluß auf den Menschen haben (stimulierende Wirkung), während positive Ionen ohne Effekte sind. Erzeugung von Staub oder Rauch senkt die Ionenbildung drastisch.

Mittlerer Ionengehalt der Luft

| | |
|---|---|
| Höhenlagen | 500··· 1 000 je $cm^3$ |
| Ebene | 1 000··· 5 000 je $cm^3$ |
| Städte | 5 000··· 50 000 je $cm^3$ |
| Geschlossene Räume | 50 000···100 000 je $cm^3$ |

*Wechselfelder*

Außer dem Gleichstromfeld gibt es an der Erdoberfläche auch noch ein *Wechselfeld* mit einer zeitlich und örtlich wechselnden Frequenz von 2···12 Hz, das durch Vorgänge in der Atmosphäre (Winde, Gewitter) verursacht wird (sog. *Impulsstrahlung* oder *Sferics*). Eine biologische Wirkung ist jedoch auch hier nicht festgestellt worden. Es ist auch in Gebäuden vorhanden.

Weitgehend ungeklärt sind auch noch die Auswirkungen elektromagnetischer Felder in den technischen Frequenzbereichen von ≈50 Hz···100 MHz. Die durch el. Installationen, Telefon, Radiogeräte usw. entstehenden elektrischen Feldstärken sind äußerst ungleichmäßig verteilt. Ein möglicher Einfluß besteht lediglich im *Zentimeterwellenbereich* (Mikrowellen, Radarbereich, Infrarotwellen).

*Allgemein* kann wohl gesagt werden, daß nach dem jetzigen Stand unserer Kenntnisse die sog. *Elektroklimatisation* keinen meßbaren Wert hat.

### -64 Radioaktive Strahlung[1])

Radioaktive Stoffe enthalten Atome, die ohne äußere Einwirkung zerfallen und dabei Strahlen aussenden ($\alpha$-, $\beta$-, $\gamma$-Strahlen), ferner Neutronen, Protonen und andere Teilchen. Es gibt gegenwärtig etwa 40 natürliche radioaktive und ca. 700 künstliche Isotopen.

[1]) Ludwieg, F.: VDI-Bericht 147. 1970. S. 63/8.

Seit der Herstellung von Atombomben und dem Bau von Atomkraftwerken sind in Luft, Wasser und Boden mehr radioaktive Elemente als früher enthalten. Wirkung auf alle Lebewesen schädlich. Strahlen zerstören die Moleküle in den Geweben des Körpers, verändern die Zellkerne und bringen sie zum Absterben. Gewisse Organe sind besonders anfällig wie Milz, Blut u.a.

Häufigste Verseuchungsform sind staubgebundene, radioaktive Stoffe in der Luft *(radioaktive Aerosole),* die von der Lunge aufgenommen werden. Vorkommen in kerntechnischen Instituten und Laboratorien, Reaktorstationen, Isotopenstationen von Krankenhäusern usw. Daher Messung und Überwachung erforderlich.

*Strahlungseinheiten*

Ein *Curie* (Ci) ist die Einheit der radioaktiven Strahlung entsprechend der Strahlung von 1 g Radium. Oder: Die Stoffmenge strahlt 1 Ci aus, wenn $3{,}7 \times 10^{10}$ Zerfallsteile je Sek. ausgehen. Neue SI-Einheit: 1 *Becquerel.* $1\ \text{Bq} = 1 \cdot s^{-1}$. $1\ \text{Curie} = 3{,}7 \cdot 10^{10}\ \text{Bq}$.

Ein *rad* (Abkürzung von *r*adiation *a*bsorbed *d*ose) ist die Menge einer beliebigen Kernstrahlung, bei deren Absorption durch ein Gramm irgendeines Stoffes eine Energie von 100 erg frei wird. Einheit der absorbierten Strahlungsdosis. 1 rad = 0,01 Joule/kg. Neue SI-Einheit: 1 Joule/kg = 1 Gray (Gy). 1 Gy = 100 rad.

Ein *Röntgen* (r) ist die Menge Gamma- oder Röntgenstrahlung, die bei Absorption in einem Gramm Luft eine Energie von 87 erg liefert. Es entstehen dabei $1{,}61 \times 10^{12}$ Ionenpaare. Einheit der Bestrahlungsdosis: $1\ r = 2{,}58 \cdot 10^{-4}$ Coulomb/kg. Neue SI-Einheit: 1 Coulomb/kg.

Das *rem* (Röntgen equivalent man) ist die Dosis einer beliebigen Strahlung, die in einem Gramm eines biologischen Gewebes dieselbe Wirkung zeigt wie ein rad Röntgenstrahlen. Einheit der biologischen Wirksamkeit radioaktiver Strahlung auf Menschen und Säugetiere. Zulässige Bestrahlungsdosis ist in der *Strahlungsschutzverordnung* (1960) angegeben, wobei zwischen beruflich strahlungsexponierten Personen und anderen unterschieden ist. Zum Beispiel beträgt die zulässige Jahresdosis für die beruflich exponierten Personen jährlich max. 5 rem. Ab etwa 500 rem ist die radioaktive Strahlung tödlich. Neuerdings verwendet man für die Strahlendosis auch die Einheit *Sievert* (Sv). 1 Sv = 100 rem.

*Alpha-Strahlen* (Heliumkerne) sind relativ schwere Korpuskularstrahlen. Energie 4...9 MeV, ≈ 0,07fache Lichtgeschwindigkeit. Absorption bereits durch geringe Metallschichten.

*Beta-Strahlen* (Elektronen) sind leichte Korpuskularstrahlen. Energie ≈ 2,5 MeV, fast Lichtgeschwindigkeit. Absorption ebenfalls durch dünne Metallschichten.

*Gamma-Strahlen* sind elektro-magnetische Strahlen großer Energie. Tödliche Dosis ≈ 400 r. Für Strahlenschutz dicke Wände erforderlich.

Auswirkungen des Reaktorunfalls Tschernobyl siehe [1]).

## -65 Lärm[2])

Lärm, d.h. Schallquellen verschiedener Frequenzen und Amplituden, ist, wenn er gewisse Werte überschreitet, zweifellos für Menschen schädlich. Er hat bei großen Stärken Auswirkungen auf die Konzentration, Schlaf, Atmung und Stoffwechsel, namentlich bei geistiger Tätigkeit. Wichtigste Quellen des Innenlärms sind Trittschall, Wasserleitungen, Fernseher, Radio. Dabei sind jedoch außer der Geräuschstärke besonders die *Frequenzzusammensetzung,* Dauer und Häufigkeit des Lärms, die Geräuschempfindlichkeit und die Tageszeit (Wohn-, Schlaf- und Geschäftsräume) von Einfluß, Einheit der Lautstärke ist das dB (A), d.i. das *Schallpegelmaß* mit der Bewertungskurve A, das an die Stelle des früher üblichen DIN-phons trat. Weiteres siehe Abschnitte 15 und 337.

Richtwerte für den zulässigen Arbeitslärm in der *Nachbarschaft* enthält DIN 2058, worin auch genaue Angaben über die Methoden der Geräuschmessung und die Beurteilung der Meßwerte enthalten sind (Tafel 123-12).

Für durch *Lüftungs- oder Klimaanlagen* verursachte Geräusche sind in DIN 1946 Grenzwerte angegeben sowie auch in der VDI-Richtlinie 2081 (3.83, siehe auch Abschn.

[1]) Ges.-Ing. 5/86. S. 257/308: Symposium über Auswirkungen des Reaktorunfalls Tschernobyl. München, Juni 1986.

[2]) Klosterkötter, W.: VDI-Bericht 147. 1970. S. 29/32.
DIN 4109 Teil 1 bis 7: Schallschutz im Hochbau (E. 10.84).

**Tafel 123-12. Maximalwerte für Schallimmission nach VDI-Richtlinie 2058 (Juni 73)**

| | tags | nachts |
|---|---|---|
| *Immissionswerte außen* vor dem geöffneten Fenster gemessen: | | |
| in gewerblichen Gegenden | 70 dB (A) | 70 dB (A) |
| in vorwiegend gewerblichen Gegenden | 65 dB (A) | 50 dB (A) |
| in gemischten Gegenden | 60 dB (A) | 45 dB (A) |
| in vorwiegend Wohngegenden | 55 dB (A) | 40 dB (A) |
| in ausschließlich Wohngegenden | 55 dB (A) | 30 dB (A) |
| in Kurgebieten | 45 dB (A) | 35 dB (A) |
| *Immissionswerte innen* bei Wohnungen | 35 dB (A) | 25 dB (A) |

337-3). Die Schalldruckpegel *haustechnischer Anlagen* dürfen nach DIN 4109 – Teil 5 (E. 10.84) (Schallschutz im Hochbau) in benachbarten Wohnräumen nachts 30 dB (A), tags 35 dB (A) nicht überschreiten, bei Maschinenbetrieb 40 dB (A). Für Unterrichtsräume gelten 35 dB (A).

Das Bundesgesetz zum Schutz gegen den *Baulärm* vom 9. Sept. 1965 gilt als Grundlage zur Bekämpfung des Lärms von Baumaschinen (BGBl. I, S. 1214). Hierzu „Allgemeine Verwaltungsvorschrift" vom 22.10.1970. Der VDI (Verein Deutscher Ingenieure) hat eine VDI-Kommission *„Lärmminderung"* gebildet, die technische Richtlinien zur Lärmbekämpfung aufstellen soll. Die Bundesregierung hat auf Grund des § 16 der Gewerbeordnung am 16.7.1968 die *„Technische Anleitung zum Schutz gegen Lärm"* erlassen, in der die zulässigen Geräuschpegel außerhalb von Werkgrundstücken angegeben sind.

In der *Arbeitsstättenverordnung* § 15 vom 20.3.1975 sind als Grenzwerte angegeben:

bei geistiger Tätigkeit $\leqq$ 55 dBA
bei Bürotätigkeit $\leqq$ 70 dBA.

### -66 Beleuchtung[1])

Zur Behaglichkeit gehört auch gute Beleuchtung. Die erforderliche *Beleuchtungsstärke* (in Lux gemessen) ist abhängig von der Art der Tätigkeit und dem Raumzweck. Außerdem sollen die *Helligkeit* sowie *Lichtfarbe* im Raum gut abgestimmt sein und Blendung vermieden werden.

Allgemeine Richtlinien in DIN 5035 T. 1 (10.79): „Innenraumbeleuchtung mit künstlichem Licht". T. 2 (10.79) gibt Richtwerte für Arbeitsstätten. Siehe Tafel 353-18.

Ansprüche an Beleuchtung nicht mehr steigend wegen Energiekosten. Früher 1000 bis 2000 lx. Heute z. B. im Großraum 750 lx. Dafür elektrische Anschlußleistung 1975 noch 35 W/m², heute etwa 20 W/m² pro klx (Bild 353-34) durch verbesserte Leuchten und Vorschaltgeräte. Belästigung durch Wärmestrahlung von oben beginnt bei etwa 30…35 W/m². Verringerung der Wärmebelastung durch *Abluftleuchten* (siehe Abschn. 353-5), bei denen die fühlbare Wärme abgesaugt wird. Siehe auch Abschnitt 353-5.

### -67 Weitere Einflüsse

Außer den genannten Faktoren gibt es zweifellos noch weitere Umstände, die die Behaglichkeit in einem Raum beeinflussen, z. B. Farbe der Wände, Decken, Vorhänge, die Art der Möbel und Stühle, Blumen am Fenster und vieles andere. Alle diese Faktoren lassen sich jedoch bezüglich ihres Einflusses nicht genau erfassen.

[1]) Söllner, G.: VDI-Bericht 147. 1970 und Kälte 1970. S. 463/7.
Wegner, J.: Ges.-Ing. 4/73. S. 118/21.
Hentschel, H., u. G. Klein: TAB 4/81. S. 11/16.

## 124 Behaglichkeitsmaßstäbe[1])

Wie aus den bisherigen Darlegungen hervorgeht, sind zur Festlegung eines bestimmten Luftzustandes mindestens vier Daten erforderlich, nämlich die Lufttemperatur, die mittlere Wandoberflächentemperatur, die Luftfeuchte und die Luftgeschwindigkeit.

Schon früh haben die Hygieniker versucht, diese vier Größen durch eine einzige zu ersetzen, aus deren Wert dann auf die mehr oder weniger große Behaglichkeit eines Luftzustandes geschlossen werden könnte, oder auf andere Weise einen Behaglichkeitsmaßstab zu konstruieren. Die wichtigsten dieser Versuche einer *Klimasummenmessung* sind folgende:

*1. Der Kohlensäure-Maßstab,* eingeführt von Pettenkofer

Die Zunahme der Kohlensäure in einem Raum durch die von den anwesenden Personen ausgeatmete $CO_2$ ist an sich gewöhnlich ohne Bedeutung und nur insofern von Interesse, als der *Kohlensäuregehalt* vergleichsweise ein Maß für die Verschlechterung der Raumluft durch die von den Menschen herrührenden Geruchsstoffe und Ausdünstungen ist[2]). Eine Ausnahme bilden lediglich kleine, sehr stark besetzte Räume wie Luftschutzbunker und Unterseeboote. Bei $CO_2$-Gehalten über 0,1 bis 0,15% muß man bereits von schlechter Luft sprechen, *Pettenkofer-Zahl:* 0,1% = 1000 ppm. Schädliche Wirkungen des $CO_2$ treten erst bei $CO_2$-Gehalten von mehr als 2,5% auf. Gehalt der Außenluft an $CO_2$ etwa 0,030···0,035 Vol.-% (300···350 ppm), in Städten und Industriegegend bis 0,04%. In stark besetzten, nicht gelüfteten Räumen, z. B. Klassenzimmern, steigt die Konzentration schon in 10 bis 15 min trotz 1fachem Fensterfugen-Luftwechsel auf deutlich über 1000 ppm, nach 45 min sogar bis auf 2500 ppm an (Bild 124-1). Diese Konzentration muß durch Fenster- oder mechanische Lüftung wieder abgebaut werden. Vom Menschen werden bei leichter sitzender Tätigkeit ca. 18 l/h $CO_2$ ausgeatmet. Daraus läßt sich für einen *luftdichten Raum* berechnen, wie groß die Frischluftzufuhr $\dot{V}$ sein muß, damit ein bestimmter $CO_2$-Gehalt $k_{max}$ nicht überschritten wird. Erforderliche Luftmenge

$$\dot{V} = \frac{18 \cdot 10^{-3}}{k_{max} - 0{,}0003} \text{ m}^3/\text{h}.$$

Damit z. B. ein $CO_2$-Gehalt von 0,10% nicht überschritten wird, ist rechnerisch eine Frischluftmenge von

$$\dot{V} = \frac{18 \cdot 10^{-3}}{0{,}001 - 0{,}0003} = 25 \text{ m}^3/\text{h}$$

erforderlich. Der $CO_2$-Maßstab wird in der Lüftungstechnik gelegentlich zur versuchsweisen Bestimmung der natürlichen Lüftung eines Raumes benutzt. Neuerdings wird

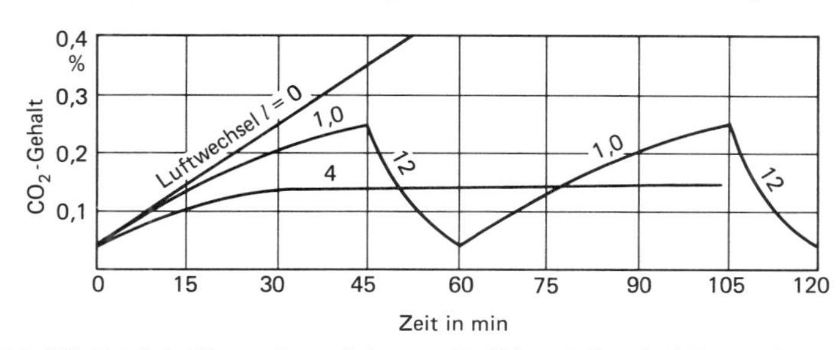


Bild 124-1. $CO_2$-Gehalt in Klassenräumen bei unterschiedlichem Luftwechsel. Raumvolumen 5 m³ je Person.

---

[1]) Köhler, A.: Klimatechn. 3/74. S. 40/3.
Marx, P., u. G. Schlüter: HLH 9/75. S. 317/21.
Loewer, H.: Ki 5/83. S. 223/7.

[2]) Rigos, E.: Ges.-Ing. 8/80. S. 225/8.
Reinders, H.: HLH 4/77. S. 135/140.
Huber, G., u. H. U. Wanner: Ges.-Ing. 4/82. S. 207/10.
Loewer, H.: Ki 5/83. S. 223/7.

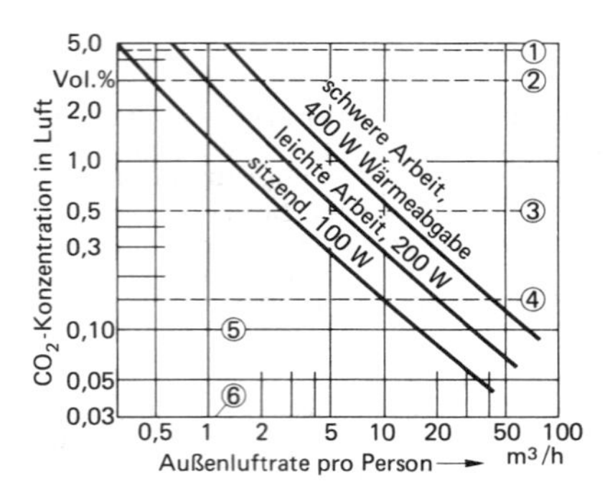


Bild 124-2. Außenluftrate pro Person bei verschiedenen zulässigen $CO_2$-Konzentrationen (nach Reinders). Rate nach ASHRAE 62 (E. 87) 20···30% höher.

Grenzwerte:
1. ausgeatmete Luft
2. Schutzräume
3. MAK-Wert für Industrie
4. Maximum für Büros
5. Pettenkofer-Wert
6. Außenluft

der $CO_2$-Gehalt zur *bedarfsgeführten Lüftung* als Regelgröße für den Außenluftvolumenstrom benutzt, um Energie zu sparen[1]). In USA wird nach ASHRAE 62 (E. 1987) $k_{max}$ = 0,1 Vol.-% $CO_2$ vorgeschrieben (entspricht 25 m³/h).

Bild 124-2 zeigt die Außenluftmenge je Person, die zur Verdünnung der $CO_2$-Konzentration auf verschiedene Grenzwerte erforderlich ist.

*2. Die Hauttemperatur*

Da die Haut das Hauptorgan für den Wärme- und Wasseraustausch mit der Luft ist, wurde ihre Temperatur und deren Abhängigkeit von verschiedenen Luftzuständen bereits häufig untersucht. Die Temperaturen an den einzelnen Körperteilen sind voneinander verschieden. Als für Vergleiche am geeignetsten hat sich die *Stirntemperatur* gezeigt, die etwa der mittleren Körpertemperatur entspricht. Der Raumtemperatur von 19 bis 21 °C entsprechen bei ruhiger Luft Stirntemperaturen von etwa 31 bis 32 °C. Im Gebrauch ist der Maßstab unpraktisch, daher in der Lüftungstechnik auch nicht verwendet. Siehe auch Bild 121-1. Allgemein gilt die *mittlere Hauttemperatur* einer bestimmten Person neben der Schweißabgabe als Index für die Behaglichkeit.

*3. Der Katawert A*

Der trockene Katawert nach Hill[2]), auch als „Kühlstärke" oder „Abkühlungsgröße" bezeichnet, wird mit dem *Kata-Thermometer* gemessen. Dasselbe ist ein Stabthermometer mit Quecksilber- oder Alkoholfüllung, auf dessen Stiel die beiden Temperaturen 35 °C und 38 °C eingeritzt sind, dem Mittelwert der Körpertemperatur entsprechend[3]). Als günstigste Katawerte werden solche von 4 bis 6 angegeben. Der Katawert allein ist jedoch für die Angabe der Behaglichkeit nicht ausreichend, da diese Werte auch bei Temperaturen oder Luftgeschwindigkeiten erreicht werden können, die nicht mehr im Bereich der Behaglichkeit liegen und außerdem die Luftfeuchte gar nicht berücksichtigt ist. Zusätzlich zum Katawert sind daher immer auch noch die Temperatur und Feuchte anzugeben, um einen Maßstab für die Behaglichkeit zu erhalten. Als alleiniger Maßstab für die Behaglichkeit ist das Kata-Thermometer also nicht ausreichend. Seine Verwendung in der Praxis hat stark nachgelassen.

*4. Die effektive Temperatur*

wurde ursprünglich 1923 von den Amerikanern eingeführt und ist ein bemerkenswerter Versuch, die Behaglichkeit durch eine einzige Zahl zu kennzeichnen. Mit effektiver oder wirksamer Temperatur bezeichnet man eine fiktive, tatsächlich nicht vorhandene Temperatur, der solche Kombinationen von Lufttemperatur, Feuchte und Luftbewegung entsprechen, die das gleiche Behaglichkeitsgefühl hervorrufen. Die *Kurven gleicher effektiver Temperaturen* wurden durch Massenversuche an Menschen festgestellt und sind in Kurvenblättern dargestellt. Bild 124-3 zeigt ein inzwischen von ASHRAE überarbeitetes Kurvenblatt. Es zeigt für leicht bekleidete Personen (0,5···0,6 clo) bei sitzender leichter Bürotätigkeit und Luftgeschwindigkeit unter 0,2 m/s den Komfort-Be-

[1]) Makulla, D., u. a.: HLH 12/85. S. 588/90.
[2]) Hill, L.: The Kata-Thermometer in Studies of Body Heat and Efficiency, London, His Majesty's Stationary office 1923.
[3]) Näheres siehe Abschnitt 169.

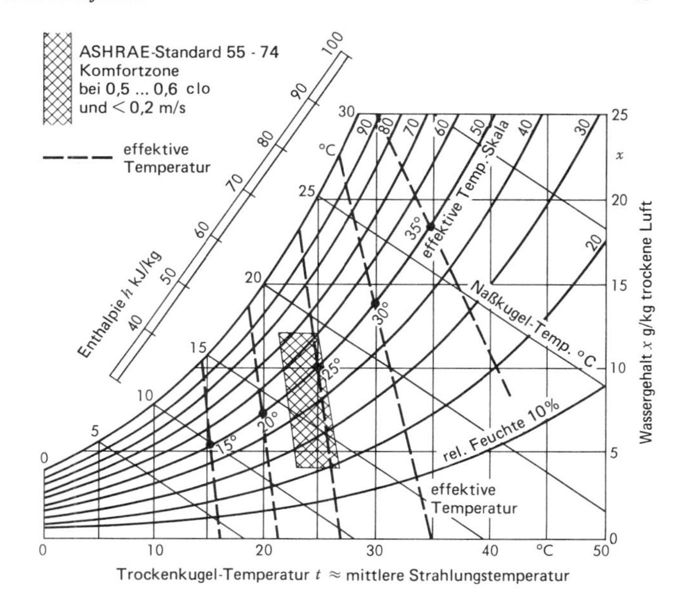


Bild 124-3. Neue Komfort-Tafel mit Linien „effektiver Temperatur" nach ASHRAE.

reich[1]). Für verschiedene Luftgeschwindigkeiten werden verschiedene Kurvenblätter verwendet. Die effektive Temperatur läßt sich nicht direkt messen, sondern muß aus den Meßwerten der Lufttemperatur, Feuchte und Luftgeschwindigkeit errechnet werden. Die Temperaturskala wird dabei auf der Kurve mit 50% rel. Feuchte abgelesen. (Früher waren es 100%.) Die Linien konstanter effektiver Temp. zeigen einen geringen Einfluß der Luftfeuchte, der mit steigender Temp. größer wird.

Dieser Behaglichkeitsmaßstab hat sich in Amerika weitgehendst eingebürgert, ohne jedoch in Europa Fuß fassen zu können.

*5. Bedingungen für thermischen Komfort nach ISO 7730 (8.84).*

Nach ISO 7730 läßt sich die Behaglichkeit aus einer statistisch an über 1000 Personen ermittelten Formel berechnen, in die eingehen:

- Aktivitätsgrad (metabolic rate) M
- Wärmeleitwiderstand der Kleidung
- Raumlufttemperatur $t_a$
- mittlere Strahlungstemperatur der Raumumschließungswände $t_r$
- Luftgeschwindigkeit $v$
- Luftfeuchte $\varphi$

Für die recht komplizierte Formel wird in ISO 7730 ein Fortran-Programm angegeben. Zunächst wird aus den vorgenannten Einflußgrößen ein PMV-Index berechnet (PMV = predicted mean vote). Das ist eine 7-Punkte-Wertung für nachstehende thermische Empfindungsskala mit dazugehörigem PPD-Index (predicted percentage of dissatisfied), der die Prozentzahl unzufriedener Personen angibt.

| PMV = | +3 | +2 | +1 | +0,5 | 0 | −0,5 | −1 | −2 | −3 |
|---|---|---|---|---|---|---|---|---|---|
| Empfinden: | heiß | warm | leicht warm | | neutral | | leicht kühl | kühl | kalt |
| PPD = | 90% | 75% | 25% | 10% | 5% | 10% | 25% | 75% | 90% |

[1]) ASHRAE Fundamentals 1985.
Rohler, F. H., u. R. G. Nevins: Ki 6/75. S. 205/12.

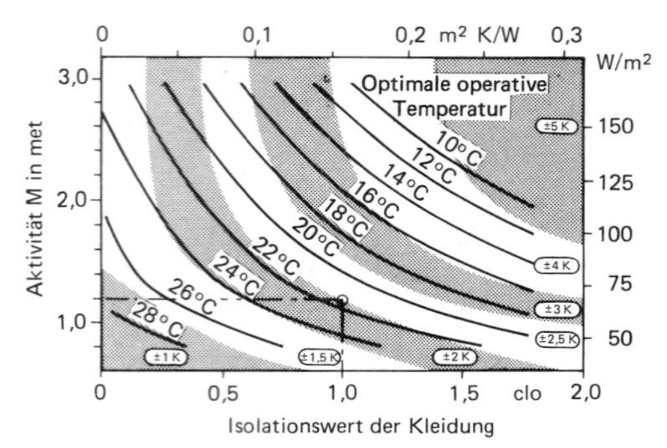


Bild 124-5. Optimale operative Temperatur für PMV = 0 abhängig von Aktivität und Kleidung (nach ISO 7033). Luftfeuchte 50%.
Ausgezogene Linien PMV = 0, d. h. 5% unzufrieden.
Schraffierter Bereich PMV = ± 0,5, d. h. 10% unzufrieden.

Man sieht, daß bei besten Verhältnissen immer noch 5% Unzufriedene bestehen bleiben.

In Bild 124-5 ist für 50% rel. Luftfeuchte die optimale Raumtemperatur abhängig von Kleidung und Aktivität dargestellt.

Dabei ist für die Luftgeschwindigkeit angenommen

$v = 0$ m/s bei Aktivität $M < 1$ met und
$v = 0{,}3\,(M - 1)$ bei $M > 1$ met.

Die ausgezogenen Kurven ergeben PMV = 0 (neutral), die Schraffur deutet den Bereich $-0{,}5 < \text{PMV} < +0{,}5$ an, was PPD = 10% Unzufriedene ergibt. Die dazugehörige Schwankungsbreite der Temperatur ist ebenfalls angegeben. Die operative Temperatur ist angenähert gleich dem Mittelwert von $t_a$ und $t_r$.

*Beispiel:*

Tätigkeit: sitzend im Büro, d. h. M = 1,2 met (nach Tafel 122-5).
Kleidung: leichte Sportkleidung mit Jacke, d. h. 1 clo (nach Tafel 123-1).
Optimale operative Temperatur 21,5 °C.

6. Der *„künstliche Kopf"* nach Lutz[1]) ist ein richtungsempfindliches Wärmestrom-Meßgerät, wobei eine aus 4 unabhängigen Segmenten bestehende Kugel mit dünner Wärmedämmschicht durch el. Heizwiderstände so aufgeheizt wird, daß die Oberflächentemperatur konstant bleibt. Das Segment, das z. B. einer kalten Fensterfront zugewandt ist, muß stärker aufgeheizt werden, als dasjenige, das auf eine Innenwand gerichtet ist.

Der Behaglichkeitsbereich liegt bei einer Wärmeabgabe von 100 ··· 130 W/m². Bei davon abweichenden Werten fühlt sich der Mensch entweder zu warm oder zu kalt. Auf diese Weise sind die Meßwerte des Gerätes besonders geeignet, verschiedene Heizungs- und Lüftungsanlagen in ihrer Wirkung auf die Behaglichkeit zu beurteilen, da sowohl Lufttemperatur wie Wandtemperatur und Luftbewegung richtungsabhängig erfaßt werden.

7. Einige weitere in der medizinischen und klimatologischen Wissenschaft eingeführte, in der Praxis der Klimatechnik jedoch noch nicht gebräuchliche Maßstäbe[2]) sind folgende:

a) Die *resultierende Temperatur* nach Missenard, die mit dem „resultierenden Thermometer" gemessen wird. Geschwärzte Kupferkugel mit befeuchteten Mullstreifen und mit Quecksilberthermometer in der Mitte.

[1]) Lutz, H.: Ges.-Ing. 1970. S. 338/50.
[2]) Schüle u. Lutz: Ges.-Ing. 1964. S. 266/71.
Institut für Bauforschung: Forschungsbericht 1237 (1974).

b) Die *gleichwertige Temperatur* (äquivalente Temperatur), gemessen mit dem *Eupatheoskop* nach Dufton. Elektrisch beheizter geschwärzter Zylinder, dessen Stromaufnahme gemessen wird. Dieser Meßwert hat trotz der gleichen Bezeichnung nichts mit der äquivalenten Temperatur nach Prött zu tun.

c) Das *Davoser Frigorimeter* nach Thilenius und Dorno benutzt als Meßgröße elektrische Heizenergie, die einer auf konstanter Temperatur gehaltenen geschwärzten Kugel von 7,5 cm Durchmesser zugeführt wird. Eine Verbesserung ist das richtungsempfindliche Frigorimeter von W. Frank[1]).

d) Der *Frigorigraph* nach Pfleiderer und Büttner, namentlich für Messungen im Freien.

e) Das *Globus-Thermometer* zur Anzeige der „Empfindungstemperatur" nach Vernon. Mattschwarz gestrichene, kupferne Hohlkugel, 152 mm Durchmesser, in der Mitte ein gewöhnliches Quecksilberthermometer. Sehr träge, etwa 15 Minuten bis zum Gleichgewicht. Schneller wirksam das „Ballonthermometer"[2]).

f) Die *Behaglichkeitsformel* von van Zuilen.

g) *Komfort-Formel nach Fanger*. Eine von Fanger[3]) entwickelte Formel erlaubt folgende Einflüsse auf die Behaglichkeit *(Akzeptanzquote)* zu berechnen: Trockenkugeltemperatur der Raumluft, mittlere Strahlungstemperatur, Luftgeschwindigkeit, Luftfeuchte, Tätigkeit, Kleidung. Die Formel ist sehr kompliziert und für Berechnung von Hand ungeeignet, so daß Diagramme mittels Computerberechnung erstellt wurden. Ein Anwendungsbeispiel zeigt Bild 124-7.

h) Das *Wärmekomfort-Meßgerät* nach Fanger hat einen Sensor, der das menschliche Empfinden nachbildet, und einen Rechner, der die Sensorsignale nach der *Komfortformel* auswertet (Hersteller: Brüel & Kjaer).

i) Der *„Raumklima-Analysator"* von Schlüter mißt mit einem Gerät die Lufttemp. und Luftfeuchte, die Wandtemperatur und die Luftbewegung[4]).

k) Das Raumklima-Meßgerät nach E. Mayer[5]).

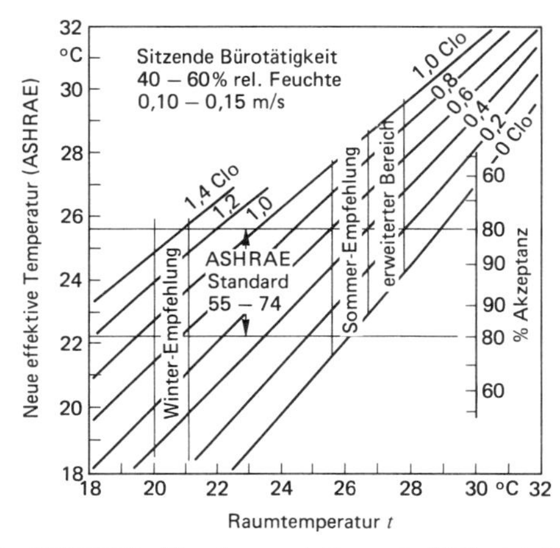


Bild 124-7. Neue effektive Temperatur (ASHRAE), Akzeptanz nach Fanger in Abhängigkeit von der Kleidung und Empfehlung der amerikanischen Energiebehörde (FEA) für Sommer und Winter.

---

[1]) Frank, W.: Ges.-Ing. 1968. S. 301/8.
[2]) Eissing, G., u. I. Steinhaus: Ki 3/82. S. 103/5.
[3]) Fanger, P. O.: Thermal Comfort. Copenhagen 1970.
Fanger, P. O.: Ki 11/73. 4 S.
ASHRAE Fundamentals 1985.
[4]) Schlüter, G.: Ges.-Ing. 10/72. S. 289/93.
[5]) Mayer, E.: Ges.-Ing. 4/85. S. 175/92 u. 191/2.

Zusammenfassend ist zu sagen, daß es einen geeigneten *Summenmaßstab* für die Behaglichkeit (Komfort-Maßstab) oder ein Behaglichkeitsmeßinstrument noch nicht gibt, vielleicht auch nicht geben kann. Auch bei optimalen Bedingungen gibt es (nach Fanger) immer noch etwa 5% Unbefriedigte. Der Mensch ist eben ein Lebewesen und keine Maschine. Man wird, wenn man die Behaglichkeit eines Luftzustandes für den Menschen in Zahlen angeben will, zunächst immer wieder auf die vier Grundgrößen: Lufttemperatur, Wandtemperatur einschl. Fenster, Luftfeuchte und Luftbewegung zurückkommen, zu deren Messung das trockene und das feuchte Thermometer sowie das Hitzdraht-Anemometer die geeignetsten Instrumente sind.

Auch die Kleidung ist zu berücksichtigen. Außerdem erfordert ein behagliches Raumklima *einwandfreie Luft* ohne schädliche Gase, Staub, Dämpfe und Riechstoffe sowie einen angemessenen niederen Geräuschpegel. Die sonstigen die Behaglichkeit beeinflussenden Faktoren wie Lebensalter, Geschlecht, Klima, Beleuchtung, Gewöhnung u.a. sind nicht genau erfaßbar, da sie sehr stark variieren, nicht nur bei den einzelnen Personen, sondern auch von Volk zu Volk.

# 13 WÄRMETECHNISCHE GRUNDLAGEN

## 131 Thermisch-mechanische Grundgrößen

### -1 EINHEITENSYSTEME

Im früher gebräuchlichen *Technischen System* gab es die drei Grundeinheiten: Länge (m), Zeit (s), Kraft (kp), von denen alle übrigen Einheiten abgeleitet waren. Die *Einheit der Kraft* 1 kp war definiert als diejenige Kraft, die der Masse des in Paris aufbewahrten Kilogramm-Prototyps von 1 kg die Normalbeschleunigung $g = 9{,}81$ m/s² erteilt. Die Masse ist in diesem System eine abgeleitete Größe und hat die Dimension kp: m/s² = kp s²/m.

Wegen vielfacher Mängel dieses Systems, insbesondere des unnötigen Zusammenhangs mit der Erdbeschleunigung g, ist ab Jan. 1978 aufgrund von Empfehlungen der ISO (International Organisation for Standardization) gesetzlich das *Internationale Einheitensystem* eingeführt worden, das die drei Basiseinheiten (SI-Einheiten) Länge, Zeit und Masse besitzt und die Kraft als abgeleitete Einheit mit der neuen Bezeichnung *Newton* enthält.

Für die *Zeit* hat 1967 die Intern. Meterkonvention die Sekunde als das 9192631770-fache der Schwingungsdauer einer bestimmten Strahlung des Cäsiumatoms festgelegt (Cs-Atomuhr). In BRD Atomuhr bei der PTB in Braunschweig, die über Funk in Europa verbreitet wird.

Durch Erweiterung des Systems auf Elektrotechnik, Thermodynamik und Optik ergeben sich 3 weitere Grundeinheiten für Stromstärke (Ampere), Temperatur (Kelvin) und Lichtstärke (Candela). In der Chemie gilt außerdem als Basiseinheit für Stoffmengen das mol.

Gesetzliche Grundlage ist das „*Gesetz über Einheiten im Meßwesen*" vom 2.7.1969 und die dazugehörende „Ausführungsverordnung" vom 26.6.1970.

Mit der Durchführung des SI-Systems wurden zahllose bisher übliche Einheiten wie kcal, kp, at usw. durch neue internationale Einheiten ersetzt.

**Internationales Einheitensystem (SI-System)*)** (Systeme International d'Unités)

| Größe | SI-Einheit | Zeichen | Definition |
|---|---|---|---|
| Länge | Meter | m | Das 1650763fache der Wellenlänge der vom Krypton-Atom ausgehenden Strahlung (früher Urmeter in Paris) |
| Zeit | Sekunde | s | Das 9192631770fache der Periodendauer der Strahlung von Cäsium-Atomen (früher Teil eines Sonnenjahres) |
| Masse | Kilogramm | kg | Die Masse des Internationalen Kilogramm-Prototyps in Paris |

*) Ab 1. Januar 1978 dürfen nur noch die gesetzlichen Einheiten verwendet werden.[1])

### -2 MASSE, KRAFT UND GEWICHT[2])

Die *Masse* eines Körpers ist eine ortsunabhängige physikalische Eigenschaft, dadurch gekennzeichnet, daß sie der Einwirkung einer Kraft eine gewisse Trägheit entgegensetzt. Einheit der Masse ist das *Kilogramm* (kg). Es ist gleich der Masse des Internationalen Kilogramm-Prototyps, das aus Platin-Iridium besteht und in Sèvres bei Paris aufbewahrt wird.

Einheit der *Kraft* ist im Internationalen System das Newton (N). Ein Newton ist die Kraft, die der Masse von 1 kg die Beschleunigung von 1 m/s² erteilt:

$$1\ \text{N} = 1\ \text{kg} \times 1\ \text{m/s}^2$$

[1]) Sexauer, Th.: Die neuen gesetzlichen Einheiten. 1973.
Siehe auch Tafel 771. DIN 1301: Einheiten. 10.78.
DIN 1313 – 4.78: Physikalische Größen.

[2]) DIN 1305 – E.1.86.

Das *Gewicht* ist ebenfalls eine Kraft, wird jedoch bestimmt durch das Produkt aus Masse und örtlicher Fall-Beschleunigung. Einheit dieser *Gewichtskraft* ist ebenfalls das Newton (N), wobei gegenüber der alten Einheit kp die Beziehung besteht:

1 kp = 9,81 kg m/s² = 9,81 N (Newton).

Das Gewicht ist keine Eigenschaft eines Körpers, sondern ändert sich je nach dem Ort, an dem es sich befindet. Beispielsweise ist die irdische Gewichtskraft von 9,81 N auf dem Mond nur noch etwa 3,3 N.

## -3 DRUCK[1])

Druck ist die auf die Flächeneinheit wirkende Normalkraft. Im Internationalen Einheitensystem sind die *Druckeinheiten:*

1 Newton/m² = 1 N/m² = 1 kg/m s² = 1 Pa (Pascal)
1 Bar[2]) = 1 bar = $10^5$ N/m² = $10^5$ Pa = 1000 hPA (Hekto-Pascal)

Im Technischen Einheitensystem war die Druckeinheit:

1 kp/cm² = 1 at (Atmosphäre) = 0,981 bar.

*Unterdrücke* und *Überdrücke* beziehen sich auf einen Bezugsdruck, meist Atmosphärendruck $p_{amb}$.

Sie sind als solche immer anzugeben; z. B.:

Überdruck $p_{ü}$, $p_a$ = absoluter Druck, $p_u$ = Unterdruck.

Bei luft- und wärmetechnischen Rechnungen wird der Druck manchmal durch die Druckhöhe von Flüssigkeitssäulen angegeben, z. B. Wasser oder Quecksilber:

1 mm Wassersäule (WS) = 9,81 Pa
1 mm Quecksilber (Hg) = 133,32 Pa

Umrechnung von Druckeinheiten siehe Tafel 781.

Zwischen Druck $p$ und Druckhöhe $h$ einer Flüssigkeit besteht die Beziehung $p = h \cdot \varrho \cdot g$ ($\varrho$ = Dichte in kg/m³). Bei Wasser ist $\varrho \cdot g \approx 1000 \cdot 9{,}81 = 9{,}81$ kPa/m.

Luftdruck der *Norm-Atmosphäre* in Meereshöhe 1,013 bar = 1013 hPa.

## -4 DICHTE UND WICHTE[3])

*Dichte* $\varrho$ eines Stoffes ist der Quotient aus der Masse und dem Volumen und wird in kg/m³ angegeben.

*Relative Dichte d* ist das Verhältnis der Dichte eines Stoffes zu der Dichte eines Bezugsstoffes, z. B. Wasser oder Luft.

Bei porigen Stoffen ist außerdem die *Roh-Dichte* (einschl. Porenvolumen) und bei geschütteten Stoffen die *Schüttdichte* (einschl. Hohlräumen) zu unterscheiden.

Die *Wichte* $\gamma$ (oder das spez. Gewicht) ist der Quotient aus der Gewichtskraft und dem Volumen in N/m³. Die Größe Wichte soll nach Möglichkeit nicht verwendet werden, sondern durch das Produkt Dichte × Fallbeschleunigung $\varrho \cdot g$ ersetzt werden.

*Beispiel:*

Dichte der Luft bei 0 °C und 1,013 bar
in SI-Einheiten $\varrho = 1{,}293$ kg/m³
in Techn. Einheiten $\varrho = \gamma / g = \frac{1{,}293}{9{,}81} = 0{,}1318$ kp s²/m⁴

Wichte der Luft
in SI-Einheiten $\gamma = 9{,}81 \cdot 1{,}293 = 12{,}68$ N/m³
in Techn. Einheiten $\gamma = 1{,}293$ kp/m³

Zahlenwerte siehe Tafel 131-1 bis -5 und 135-5 u. -6 sowie Abschnitt 136 u. 137.

---

[1]) DIN 1314. – 2. 77: Druck.
[2]) In einigen Ländern wird statt des bar das Vielfache von Pa (kPa u. MPa) bevorzugt, 1 bar = 100 kPa.
[3]) DIN 1306 – 6. 84: Dichte.

**Tafel 131-1. Dichte fester Körper**

| Körper | Dichte kg/dm³ | Körper | Dichte kg/dm³ |
|---|---|---|---|
| *Metalle* | | | |
| Aluminium | 2,70 | Messing, gegossen u. gez. | 8,4 ···8,7 |
| Aluminium, Dur- | 2,75···2,87 | Messing, gewalzt | 8,5 ···8,6 |
| Antimon | 6,69 | Molybdän | 10,2 |
| Beryllium | 1,85 | Natrium | 0,97 |
| Blei | 11,34 | Neusilber | 8,4 ···8,7 |
| Bronze, 6···20% Sn | 8,7 ···8,9 | Nickel | 8,8 |
| Bronze, Aluminium- | 7,75···8,35 | Nickel, gegossen | 8,35 |
| Bronze, Nickel- | 8,5 | Nickelstahl (36% Ni) | 8,13 |
| Eisen, chem. rein | 7,88 | Platin | 21,45 |
| Eisen, Roheisen, weiß | 7,0···7,8 | Rotguß | 8,5 ···8,9 |
| Eisen, Roheisen, grau | 6,7···7,6 | Silber | 10,5···10,6 |
| Eisen, Flußstahl | 7,85 | Silizium | 2,33 |
| Eisen, Gußeisen | 7,25 | Titan | 4,45 |
| Gold | 19,29 | Uran | 18,7 |
| Kupfer, rein | 8,93 | Vanadium | 6,0 |
| Kupfer, gegossen | 8,30···8,92 | Wismut | 9,8 |
| Kupfer, gehämmert | 8,9 ···9,0 | Wolfram | 19,3 |
| Lithium | 0,53 | Zink, gegossen | 6,86 |
| | | Zink, gewalzt | 7,13···7,20 |
| Magnesium | 1,74 | Zinn, gegossen | 7,2 |
| Mangan | 7,3 | Zinn, gewalzt | 7,3···7,5 |
| *Andere Körper* | | | |
| Asbest | 2,1 ···2,8 | Holzfaserplatten, hart | ≈ 1,0 |
| Asbestpappe | 1,2 | Iporka | 0,014 |
| Asbest-Zement | 1,8 ···2,2 | | |
| Asphalt | 1,1 ···2,8 | Kalk, gebrannt | 0,9 ···1,3 |
| | | Kalk, gelöscht | 1,15···1,25 |
| Beton, Bims- | 0,8 ···1,2 | Kesselstein | 2,4 ···2,6 |
| Beton, Stahl- | 2,4 | Klinker | 2,6 ···2,7 |
| Beton, Kies- | 1,8 ···2,4 | Koks (Rohdichte) | 0,7 ···0,9 |
| Beton, Leicht- | 0,7 ···1,5 | Koks (Feststoffdichte) | 1,8 ···2,0 |
| Braunkohle, lufttrocken | 1,05···1,25 | Kork | 0,2 ···0,35 |
| Braunkohle, grubenfeucht | 1,20 | Kreide | 1,8 ···2,6 |
| Cellon | 1,3 | Leder | 0,8 ···1,0 |
| Celluloid | 1,38 | Lehm, trocken | 1,5 ···1,6 |
| Eis | 0,88···0,92 | Magnesit | 2,5 ···3,0 |
| | | Marmor | 2,5 ···2,8 |
| Gips (Stein) | 2,3 | | |
| Gips (gegossen) | 1,0 | Papier, Buchdruck- | 0,97 |
| Glas | 2,4 ···3,0 | Polyäthylen | 0,92 |
| Glimmer | 2,6 ···3,2 | Polyamid | 1,13 |
| Graphit | 2,25 | Polyesterharz | 1,44 |
| Granit | 2,3 ···3,0 | Porzellan | 2,3 ···2,5 |
| Gummi, roh | 0,90···0,95 | PVC | 1,35 |
| Gummi, vulkanisiert | 1,0 ···2,0 | Sandstein | 2,2 ···2,7 |
| Holz, lufttr., Eiche | 0,7 ···0,9 | Schiefer | 2,65···2,70 |
| Holz, lufttr., Rotbuche | 0,6 ···0,8 | Schlacke | 2,4 ···2,6 |
| Holz, lufttr., Kiefer/Fichte | 0,4 ···0,7 | Steinkohle | 1,25···1,40 |
| Holz, frisch, Eiche | 0,9 ···1,2 | Steinzeug | 2,5 ···2,6 |
| Holz, frisch, Rotbuche | 0,85···1,1 | Ton | 1,6 ···2,6 |
| Holz, frisch, Kiefer/Fichte | 0,5 ···1,0 | | |
| Holzkohle, lufterfüllt | 0,3 ···0,4 | Vulkanfiber | 1,10···1,45 |
| Holzkohle, luftfrei | 1,4 ···1,5 | Zement, erhärtet | 2,3 |
| Holzfaserplatten, weich | 0,25···0,50 | Ziegel, Mauer- | 2,6 ···2,7 |

**Tafel 131-2. Rohdichte (Schüttdichte) geschichteter Körper**

| Körper | Rohdichte kg/m³ | Körper | Rohdichte kg/m³ |
|---|---|---|---|
| Asbestpappe | 1200 | Mörtel, Kalk- | 1600···1800 |
| Asbestzement | 1800···2200 | Mörtel, Gips- | 1200 |
| Asche | 700··· 900 | | |
| Braunkohle | | Papier | 1200 |
| grubenfeucht, | 750 | Ruß | 70··· 200 |
| stückig, lufttrocken | 600···800 | | |
| Briketts, Salonform | | Sägespäne, trocken | 150··· 170 |
| geschüttet | 700···750 | Sand, trocken | 1500···1700 |
| gesetzt | 1030 | Sand, feucht | 1700···2000 |
| Erde, gestampft, trocken | 1400···1600 | Schamottesteine | 1700···1900 |
| Erde, gestampft, feucht | 1600···2000 | Schaumgummi | 60··· 90 |
| | | Schlacke, Kessel- | 1100 |
| Holz in Scheiten | | Schlacke, Hochofen-Stück | 1500 |
| Buche | 400 | Schlackenwolle | 50···400 |
| Eiche | 420 | Schnee, frisch gefallen | 80···200 |
| Nadelholz | 320···340 | Schnee, feucht u. wäßrig | 200···800 |
| Holzkohle | 200···400 | Schwemmsteine | ~850 |
| Kalkmörtel | 1600···1800 | Steinkohlen*), | |
| Kies, trocken | 1500···1700 | je nach Körnung | 700···900 |
| Kies, naß | 2100 | Steinkohlen, Eierbriketts | 740···780 |
| Kieselgur, pulvrig | 100···350 | Stroh | 40··· 70 |
| Kohlenstaub | 400···500 | | |
| Koks 1 u. 2 | 450···560 | Ton, erdfeucht | 1600···2000 |
| Koks 3 u. 4 | 500···680 | Torf, feucht | 550··· 650 |
| Koksgrus | 1000 | Torf, lufttrocken | 320··· 400 |
| Korkplatten | 100···300 | Torf, Mull | 180··· 200 |
| Leder, trocken | 680 | Zement, lose | 1200···1400 |
| Lehm | 1500···1800 | Ziegelmauer | 1600···1800 |
| Linoleum | ~1100 | Zucker | 750 |

*) Siehe auch Tafel 136-4.

**Tafel 131-3. Dichte $\varrho$ von trockener Luft bei 1 bar**
(Gesättigte Luft s. Tafel 134-1)

| Temp. °C | Dichte $\varrho$ kg/m³ | Temp. °C | Dichte $\varrho$ kg/m³ | Temp. °C | Dichte $\varrho$ kg/m³ |
|---|---|---|---|---|---|
| 0 | 1,293 | 100 | 0,946 | 200 | 0,746 |
| 20 | 1,204 | 120 | 0,898 | 300 | 0,616 |
| 40 | 1,127 | 140 | 0,853 | 400 | 0,524 |
| 60 | 1,059 | 160 | 0,815 | 500 | 0,456 |
| 80 | 1,000 | 180 | 0,778 | 1000 | 0,277 |

## -5 TEMPERATUR[1])

Früher wurde die Temperatur des schmelzenden Eises mit 0 °C, der Siedepunkt bei 760 Torr als 100 °C bezeichnet. Die *SI-Grundeinheit* ist heute das Kelvin (K), das durch das Ausdehnungsgesetz des idealen Gases definiert wird.

Ein K ist der 273,16te Teil der Differenz zwischen dem absoluten Nullpunkt (0 K) und der Temperatur des Tripelpunktes von reinem Wasser (Eis, Dampf und Wasser im Gleichgewicht).

[1]) DIN 1345 – 9.75.

**Tafel 131-4. Dichte $\varrho$ von Gasen u. Dämpfen bei 0 °C u. 1,013 bar**
Siehe auch Tafel 132-1

| Gas | Symbol | $\varrho$ kg/m³ | Gas | Symbol | $\varrho$ kg/m³ |
|---|---|---|---|---|---|
| Ammoniak | $NH_3$ | 0,771 | Kohlendioxid | $CO_2$ | 1,977 |
| Azethylen | $C_2H_2$ | 1,171 | Luft | – | 1,293 |
| Chlor | $Cl_2$ | 3,22 | Methan | $CH_4$ | 0,717 |
| Chlorwasserstoff | HCl | 1,64 | Sauerstoff | $O_2$ | 1,429 |
| Ethan | $C_2H_6$ | 1,356 | Schwefelkohlenstoff | $CS_2$ | 3,41 |
| Etylen | $C_2H_4$ | 1,260 | Stickstoff | $N_2$ | 1,250 |
| Helium | He | 0,179 | Stickstoffdioxid | $NO_2$ | 2,05 |
| Kohlenoxid | CO | 1,250 | Wasserstoff | $H_2$ | 0,090 |

**Tafel 131-5. Dichte von Flüssigkeiten bei 20 °C**

| Flüssigkeit | Dichte kg/dm³ | Flüssigkeit | Dichte kg/dm³ |
|---|---|---|---|
| Anilin | 1,022 | Petroleum | 0,76···0,86 |
| Azeton | 0,80 | Propan | 0,50 |
| Benzin, Leicht- | 0,68···0,72 | Quecksilber | 13,55 |
| Benzin, Schwer- | 0,72···0,78 | | |
| Benzol | 0,88 | Salpetersäure | 1,51 |
| Bier | 1,03 | Salzsäure, 10% H | 1,05 |
| Butan (n) bei 0,5 °C | 0,60 | Salzsäure, 40% H | 1,20 |
| | | Schmieröl | 0,89 |
| Chloroform | 1,49 | Schwefelsäure | |
| Dieselöl aus Braunkohle | 0,88···0,90 | 10% $H_2SO_4$ | 1,07 |
| Dieselöl aus Steinkohle | 1,02···1,08 | 50% $H_2SO_4$ | 1,40 |
| Dowtherm | 1,07 | 100% $H_2SO_4$ | 1,84 |
| | | Seewasser | 1,02···1,03 |
| Ethylalkohol | 0,79 | | |
| Ethylenglykol | 1,14 | Teer | |
| Ethylether | 0,71 | Braunkohlenschwel- | 0,85···0,91 |
| | | Steinkohlenschwel- | 0,96···1,05 |
| Glyzerin | 1,26 | Steinkohlen- | 1,1 ···1,2 |
| Heizöl EL | 0,80···0,86 | Straßen- | 1,22···1,24 |
| Heizöl S | 0,95···0,97 | Terpentinöl | 0,86 |
| | | Toluol | 0,87 |
| Leinöl | 0,93 | | |
| Methylalkohol | 0,79 | Wasser bei 4 °C | 1,00 |
| Mineralschmieröle | 0,89···0,96 | Eis bei 0°C | 0,916 |
| | | Wasser, schweres | 1,11 |
| Naphthalin | 1,145 | | |
| Nitrobenzol | 1,17 | Xylol | 0,86···0,88 |

Die *Celsius-Skala* ist definiert durch

$$t\,(°C) = T - T_0 = T - 273{,}15\ \mathrm{K}.$$

Temperaturdifferenzen können in Kelvin (K) oder auch in Grad Celsius (°C) ausgedrückt werden.

In England und USA wird die Temperatur in *Fahrenheit* (°F) angegeben (Tafel 784). Bei dieser Skala ist das Intervall zwischen Eispunkt und Siedepunkt in 180 gleiche Teile eingeteilt. Der Eispunkt wird mit 32 °F, der Siedepunkt mit 212 °F bezeichnet. Der absolute Nullpunkt liegt bei −459,67 °F.

Umrechnungsformel (s. Tafel 782):

$$t_F = 32 + 1{,}8\ t_c \text{ und}$$
$$t_c = 5/9\ (t_F - 32)$$

## -6 WÄRME, ENERGIE, ARBEIT UND LEISTUNG[1])

Die früher übliche sogenannte *15°-Kalorie* ist definiert als die Wärmemenge, die zur Erwärmung von 1 kg Wasser von 14,5 auf 15,5 °C bei 760 Torr erforderlich ist.

Wärmemenge, Energie und Arbeit sind Größen gleicher Art und haben im SI-System die Einheit Joule (J). Ein Joule ist die Arbeit, die verrichtet wird, wenn eine Kraft von 1 N (Newton) in Richtung der Kraft um 1 m verschoben wird:

$1\ J = 1\ Nm = 1\ Ws = 1\ kgm^2/s^2$,
$1\ kcal = 4{,}187\ kJ = 1{,}163\ Wh = 427\ kpm$

*Enthalpie* ist die Energie eines Fluids und ist die Summe von innerer Energie und Volumenänderungsarbeit. Bei Strömungsprozessen können Enthalpie und kinetische Energie ineinander überführt werden. Bei ruhendem Fluid ist die innere Energie die enthaltene Wärme.

Neuerdings unterteilt man Energie in *Exergie* und *Anergie*. Exergie ist der Teil, der sich in einer vorgegebenen Umgebung in jede Energieform umwandeln läßt. Anergie ist bei einer bestimmten Umgebung der nicht in Exergie umwandelbare Teil der Energie (Energieverlust).

Die Einheit der *Leistung* als Quotient von Wärmemenge, Arbeit oder Energie und Zeit ist das *Watt* (W):

$1\ Watt = 1\ J/s \quad = 1\ Nm/s \approx 0{,}86\ kcal/h$,
$1\ kW \quad = 1\ kJ/s = 1000\ Nm/s \approx 860\ kcal/h$.

Weitere Energieeinheiten siehe Tafel 782.

Die spezifische Wärme (besser Wärmekapazität) $c$ eines festen oder flüssigen Stoffes ist die Wärmemenge, die erforderlich ist, um 1 kg Masse des Stoffes um 1 K zu erwärmen. Sie wird gemessen in J/kg K bzw. früher in kcal/kg grd.

1 kcal/kg grd = 4,187 kJ/kg K.

Im allgemeinen wächst die spez. Wärmekapazität mit zunehmender Temperatur. Man unterscheidet daher die *wahre spezifische Wärme* $c$, die sich auf eine bestimmte Temperatur bezieht, und die *mittlere spezifische Wärme* $c_m$ zwischen den Temperaturen $t_1$ und $t_2$, wobei $c_m = \frac{\int c\,dt}{t_2 - t_1}$ oder angenähert $c_m = \frac{c_{t1} + c_{t2}}{2}$ ist.

Von großem Einfluß ist der Feuchtegehalt bei Dämmstoffen. Bei anorganischen Dämmstoffen ist im Bereich 0···20 Gew.-% Feuchtegehalt die spezifische Wärmekapazität $c = 0{,}9 \cdots 1{,}4$ kJ/kg K.

Spezifische Wärmen fester und flüssiger Körper siehe Tafel 131-6 bis 131-9, gasförmiger Körper Tafel 132-1 und -2, Dämmstoffe Tafel 131-7.

## -7 ZUSTANDSFORMEN

*Schmelzpunkt* oder Schmelztemperatur ist die Temperatur, bei der ein fester Körper unter weiterer Wärmezufuhr, jedoch ohne Temperaturänderung von dem festen in den flüssigen Zustand übergeht (Tafel 131-11).

*Schmelzwärme* ist die Wärmemenge in kJ, die zur Verflüssigung von 1 kg eines festen Stoffes bei konstantem Druck und konstanter Temperatur erforderlich ist (Tafel 131-13).

*Siedepunkt* oder Siedetemperatur ist die Temperatur, bei der ein flüssiger Körper unter weiterer Wärmezufuhr, jedoch bei konstantem Druck und konstanter Temperatur vom flüssigen in den gasförmigen Zustand übergeht (Tafel 131-14).

*Verdampfungswärme* ist die Wärmemenge in kJ, die zur Verdampfung von 1 kg Masse eines flüssigen Stoffes bei konstantem Druck und konstanter Temperatur erforderlich ist (Tafel 131-12).

## -8 AUSDEHNUNG DURCH WÄRME

Unter der *Längenausdehnungszahl* $\alpha$ versteht man die Zunahme der Längeneinheit eines festen Körpers bei 1 °C Temperaturerhöhung. Die Ausdehnungszahl wächst etwas mit zunehmender Temperatur. Trotzdem wird für die praktische Anwendung meist mit

[1]) Langheinicke, K.: Ki 7–8/86. S. 309/310.

**Tafel 131-6. Spezifische Wärmekapazität *c* fester Körper bei 20 °C**

| Körper | *c* kJ/kg K | Körper | *c* kJ/kg K |
|---|---|---|---|
| *Metalle* | | | |
| Aluminium | 0,942 | Mangan | 0,460 |
| Antimon | 0,209 | Messing | 0,381 |
| Beryllium | 1,750 | Molybdän | 0,272 |
| Blei | 0,130 | Natrium | 1,206 |
| Bronze (20% Sn) | 0,352 | Neusilber (15% Ni, 22% Zn) | 0,393 |
| Chrom | 0,500 | Nickel | 0,460 |
| Duraluminium | 0,912 | Phosphorbronze (12% Sn) | 0,360 |
| Eisen, rein | 0,452 | Platin | 0,167 |
| Stahl, 1,3% C | 0,477 | Quecksilber | 0,138 |
| $V_2A$-Stahl | 0,477 | Rotguß | 0,377 |
| Gußeisen 4% C | 0,540 | Selen | 0,335 |
| Transformatoreisen | 0,456 | Silber | 0,234 |
| Eisen, 0···1000 °C | 0,71 | Silizium | 0,703 |
| Gold | 0,125 | Tantal | 0,138 |
| Iridium | 0,134 | Titan | 0,573 |
| Kadmium | 0,230 | Uran | 0,113 |
| Kalium | 0,741 | Wismut | 0,126 |
| Kalzium | 0,649 | Wolfram | 0,142 |
| Kobalt | 0,427 | Woods Metall | 1,465 |
| Konstantan | 0,410 | Zink | 0,385 |
| Kupfer | 0,385 | Zinn | 0,226 |
| Magnesium | 1,017 | | |
| *Andere feste Körper* | | | |
| Asbest | 0,80 | Koks (0···1000 °C) | 1,15 |
| Asbestzementplatten | 0,96 | Kork | 1,26···2,51 |
| Asche | 0,80 | Korkstein, pechgebunden | 1,38 |
| Asphalt | 0,92 | Kunststoffe, org. | 1,67···2,09 |
| Bakelit | 1,59 | Lehmboden | 1,0 ···3,0 |
| Baumwolle | 1,30 | Leichtbauplatten | 1,47···1,88 |
| Beton | 1,0 | Magnesit 20 °C | 0,92 |
| Braunkohle (0···100 °C) | | Magnesit 600 °C | 1,21 |
| 60% Wasser | 3,14 | Margarine | 1,50 |
| 20% Wasser | 2,09 | Marmor | 0,80 |
| Briketts | 1,51 | Menschlicher Körper | 3,47 |
| Erde, feucht | ≈2,0 | Obst | 3,64···3,89 |
| Erde, trocken | 0,84 | Pappe, Papier (trocken) | 1,34 |
| Eis (bei 0 °C) | 2,05 | Porzellan | 0,80 |
| Felsboden | 2,1···3,0 | PVC | 1,00 |
| Fette | 2,51 | Quarz | 0,75 |
| Fleisch, mager | 2,93···3,35 | Sandboden | 1,1···3,2 |
| Gesteine | 0,75···1,00 | Sandstein | 0,71 |
| Gips | 1,09 | Schamotte, Silica | 0,84 |
| Glas | 0,75 | Schamotte bei 500 °C | 1,13 |
| Glaswolle | 0,84 | Schiefer | 0,75 |
| Glimmer | 0,84 | Schlacke | 0,84 |
| Granit | 0,75 | Schwefel (rhomb.) | 0,71 |
| Graphit | 0,84 | Steinkohle (0···100 °C) | 1,17···1,26 |
| Gußeisen | 0,55 | Steinsalz | 0,92 |
| Hartgummi | 1,42 | Steinwolle | 0,84 |
| Holz, Eiche | ≈2,40 | Steinzeug | 0,75···0,84 |
| Holz, Fichte | ≈2,70 | Styropor | 1,38 |
| Holzfaserplatten | 2,30 | Ton | 0,88 |
| Holzkohle | 0,75···1,17 | Torf | 1,67···2,09 |
| Kalkspat | 0,80 | Wolle | 1,88 |
| Kalkstein | 0,84 | Zellenbeton | 0,80 |
| Kartoffeln | 3,35 | Zellulose | 1,55 |
| Kiesboden | 1,5···3,7 | Zement | 0,80 |
| Kieselgur | 0,84 | Ziegelstein | 0,84 |
| Körper, menschlicher | 3,47 | Ziegelmauerwerk | 0,84···1,26 |
| Koks (0···100 °C) | 0,84 | Zucker | 1,26 |

**Tafel 131-7. Spez. Wärmekapazität $c$ von Bau- und Dämmstoffen** (nach DIN 4108 Teil 4 (12.85))

| Spezifische Wärmekapazität $c$ | kJ/(kg · K) |
|---|---|
| Anorganische Bau- und Dämmstoffe | 1,0 |
| Holz und Holzwerkstoffe einschließlich Holzwolle-Leichtbauplatten | 2,1 |
| Pflanzliche Fasern und Textilfasern | 1,3 |
| Schaumkunststoffe und Kunststoffe | 1,5 |
| Aluminium | 0,8 |
| sonstige Metalle | 0,4 |
| Luft ($\varrho = 1{,}25$ kg/m³) | 1,0 |
| Wasser | 4,2 |

**Tafel 131-8. Spezifische Wärmekapazität $c$ von Flüssigkeiten bei 20 °C**

| Flüssigkeit | $c$ kJ/kg K | Flüssigkeit | $c$ kJ/kg K |
|---|---|---|---|
| Ammoniak | 4,74 | Olivenöl | 1,63 |
| Azeton | 2,16 | | |
| Benzin | 2,00 | Paraffinöl | 2,13 |
| Benzol | 1,72 | Petroleum | 2,13 |
| Bier | 3,77 | Phenol | 1,39 |
| Chlordifluormethan R 22 | 1,24 | Quecksilber | 0,138 |
| Chloroform | 1,00 | | |
| Difluordichlormethan R12 | 0,88 | Rizinusöl | 1,30 |
| Diphenyl | 1,23 | | |
| Diphyl | 1,55 | Salzsäure (17%) | 1,93 |
| Dowtherm | 1,55 | Salpetersäure (100%) | 3,10 |
| Erdöl | 0,88 | Schmieröl | 1,67 |
| Ethylalkohol | 2,39 | Schwefelkohlenstoff | 1,00 |
| Ethylenglykol | 2,3 | Schwefl. Säure | 1,00 |
| Ethylether | 2,34 | Schwefelsäure (100%) | 1,34 |
| Glyzerin | 2,37 | Schweröl | ≈2,09 |
| | | Sole bei −10 °C | 1,38 |
| Heizöl EL bei 20 °C | 1,88 | 20% Salz | 3,06 |
| bei 100 °C | 2,01 | 30% Salz | 2,64···2,72 |
| HT-Öl C Kieselsäureester | 1,47 | | |
| Kohlensäure (−190 °C) | 0,88 | Teer (Steinkohle) | 2,09 |
| Maschinenöl | 1,67 | Terpentinöl | 1,80 |
| Methylalkohol | 2,50 | Toluol | 1,72 |
| Methylchlorid | 1,59 | Wasser | 4,18 |
| Mineralöl | 1,67···2,01 | | |
| Nitrobenzol | 1,47 | Xylol | 1,72 |

**Tafel 131-9. Spezifische Wärmekapazität $c_p'$ von Wasser und $c_p''$ von Wasserdampf bei Sättigung** (aus VDI-Wasserdampftafeln 1969)

| Temp. °C | Druck bar | $c_p'$ kJ/kg K | $c_p''$ kJ/kg K | Temp. °C | Druck bar | $c_p'$ kJ/kg K | $c_p''$ kJ/kg K |
|---|---|---|---|---|---|---|---|
| 0 | 0,006 | 4,22 | 1,85 | 120 | 1,98 | 4,24 | 2,12 |
| 20 | 0,024 | 4,18 | 1,87 | 140 | 3,61 | 4,28 | 2,24 |
| 40 | 0,074 | 4,18 | 1,88 | 160 | 6,18 | 4,34 | 2,40 |
| 60 | 0,199 | 4,18 | 1,92 | 180 | 10,03 | 4,41 | 2,60 |
| 80 | 0,474 | 4,20 | 1,96 | 200 | 15,55 | 4,50 | 2,88 |
| 100 | 1,013 | 4,22 | 2,03 | 300 | 85,93 | 5,76 | 6,14 |

Die spez. Wärmekapazität je m³ erhält man aus $C_p = \varrho \cdot c_p$ mit $\varrho$ = Dichte in kg/m³.

**Tafel 131-10. Dichte $\varrho$ und spez. Volumen $v$ des Wassers bei Sättigung**
nach VDI-Wasserdampftafeln 1969

| Temp. °C | Dichte $\varrho$ kg/dm³ | Spez. Vol. $v$ dm³/kg | Temp. °C | Dichte $\varrho$ kg/dm³ | Spez. Vol. $v$ dm³/kg | Temp. °C | Dichte $\varrho$ kg/dm³ | Spez. Vol. $v$ dm³/kg |
|---|---|---|---|---|---|---|---|---|
| 0 | 0,9998 | 1,0002 | 130 | 0,9348 | 1,0697 | 260 | 0,7840 | 1,2755 |
| 10 | 0,9996 | 1,0004 | 140 | 0,9261 | 1,0798 | 270 | 0,7679 | 1,3023 |
| 20 | 0,9982 | 1,0018 | 150 | 0,9169 | 1,0906 | 280 | 0,7507 | 1,3321 |
| 30 | 0,9956 | 1,0044 | 160 | 0,9074 | 1,1021 | 290 | 0,7323 | 1,3655 |
| 40 | 0,9922 | 1,0079 | 170 | 0,8973 | 1,1144 | 300 | 0,7125 | 1,4036 |
| 50 | 0,9880 | 1,0121 | 180 | 0,8869 | 1,1275 | 310 | 0,6906 | 1,448 |
| 60 | 0,9832 | 1,0171 | 190 | 0,8760 | 1,1415 | 320 | 0,6671 | 1,499 |
| 70 | 0,9777 | 1,0228 | 200 | 0,8647 | 1,1565 | 330 | 0,6402 | 1,562 |
| 80 | 0,9718 | 1,0290 | 210 | 0,8528 | 1,1726 | 340 | 0,6101 | 1,639 |
| 90 | 0,9653 | 1,0359 | 220 | 0,8403 | 1,1900 | 350 | 0,574 | 1,741 |
| 100 | 0,9583 | 1,0435 | 230 | 0,8273 | 1,2088 | 360 | 0,528 | 1,894 |
| 110 | 0,9510 | 1,0515 | 240 | 0,8136 | 1,2291 | 370 | 0,450 | 2,22 |
| 120 | 0,9431 | 1,0603 | 250 | 0,7992 | 1,2512 | 374,2 | 0,315 | 3,17 |

**Tafel 131-11. Schmelzpunkte verschiedener Stoffe**

| Stoff | Schmelzp. °C | Stoff | Schmelzp. °C |
|---|---|---|---|
| *Metalle* | | | |
| Aluminium | 658 | Messing | ≈900 |
| Antimon | 631 | Molybdän | 2600 |
| Beryllium | 1278 | Natrium | 98 |
| Blei | 327 | Nickel | 1455 |
| Bronze | ≈900 | Platin | 1773 |
| Chrom | 1800 | Quecksilber | −39 |
| Eisen, rein | 1530 | Selen | 220 |
| Eisen, Flußstahl | 1350···1450 | Silber | 960 |
| Eisen, Gußeisen, grau | 1200 | Silberlote | 720···855 |
| Eisen, Gußeisen, weiß | 1130 | Silizium | 1410 |
| Gold | 1063 | Tantal | 3000 |
| Kadmium | 321 | Titan | 1690 |
| Kalium | 63 | Weichlote | 135···210 |
| Kalzium | 851 | Wismut | 271 |
| Kobalt | 1490 | Wismutlote | 70···128 |
| Kupfer | 1083 | Zink | 419 |
| Lithium | 180 | Zinn | 232 |
| Lötzinn | 181···271 | Wolfram | 3380 |
| Magnesium | 650 | Woods Metall | 60 |
| Mangan | 1250 | | |
| *Andere feste Körper* | | | |
| Ätzkali | 360 | Kautschuk | 125 |
| Ätznatron | 328 | Kohlenstoff (Diamant, | |
| Asche aus Steinkohle | 1200···1400 | Graphit, Kohle) | ≈3540 |
| Butter | 31 | Naphthalin | 80 |
| Eis | 0 | Natriumchlorid | 802 |
| Eisenoxyd | 1370 | Paraffin | 54 |
| Hämatit | 1560 | Schellack | ≈150 |
| Magnesit | 1550 | Schlacke (Hochofen) | 1300···1430 |
| Emailfarben | ≈960 | Schwefel (rhomb.) | 113 |
| Glas, bleifrei | 1200 | Soda | 34 |
| Glas, bleihaltig | 1100 | Stearin | 50 |
| Glaubersalz | 884 | Wachs | 64 |
| Kalisalpeter | 337 | Walrat | 44 |
| Kalziumchlor | 772 | Zucker (Rohr-) | 160 |
| Kalziumdioxyd | 2572 | | |

**Tafel 131-12. Verdampfungswärme *r* verschiedener Stoffe bei 1013 mbar**

| Stoff | *r* kJ/kg | Stoff | *r* kJ/kg |
|---|---|---|---|
| Ätzkali | 2302 | Magnesium | 5651 |
| Ätznatron | 3307 | Mangan | 4185 |
| Aluminium | 11721 | Methan | 511 |
| Ammoniak | 1369 | Methylalkohol | 1101 |
| Anilin | 448 | Methylchlorid | 419 |
| Azeton | 523 | Methylenchlorid | 331 |
| Benzol | 396 | Natrium | 4186 |
| Blei | 921 | Natriumchlorid | 2846 |
| Butan | 402 | Nickel | 6195 |
| Chlor | 260 | Propan | 448 |
| Chloroform | 255 | Quecksilber | 301 |
| Eisen | 6363 | Salpetersäure | 481 |
| Ethan | 490 | Salzsäure | 444 |
| Ether | 360 | Sauerstoff | 213 |
| Ethylalkohol | 846 | Silber | 2177 |
| Ethylchlorid | 387 | Schwefel (rhomb.) | 293 |
| Difluordichlormethan | 167 | Schwefelkohlenstoff | 352 |
| Gold | 1758 | Schwefeldioxyd | 402 |
| Heizöl EL bei 100 °C | 260 | Stickstoff | 201 |
| Helium | 21 | Terpentinöl | 293 |
| Kadmium | 1005 | Toluol | 356 |
| Kohlendioxyd (Subl.) | 573 | Wasser | 2256 |
| Kohlenoxyd | 218 | Wasserstoff | 460 |
| Kohlenstoff | 50232 | Zink | 1800 |
| Kupfer | 4646 | Zinn | 2595 |
| Luft | 197 | | |

**Tafel 131-13. Schmelzwärme verschiedener Stoffe**

| Stoff | Schmelzwärme kJ/kg | Stoff | Schmelzwärme kJ/kg |
|---|---|---|---|
| Äthyläther | 100 | Natriumhydroxyd | 167 |
| Äthylalkohol | 108 | Natrium | 113 |
| Aluminium | 356 | Natriumchlorid | 52 |
| Ammoniak | 339 | Nickel | 293 |
| Azeton | 96 | Platin | 113 |
| Benzol | 128 | Quecksilber | 12 |
| Blei | 24 | Sauerstoff | 14 |
| Chlor | 188 | Salpetersäure | 40 |
| Eis | 332 | Schwefel (rhomb.) | 39 |
| Eisen | 272 | Schwefelkohlenstoff | 58 |
| Glyzerin | 201 | Schwefelsäure | 109 |
| Gold | 67 | Schwefeldioxyd | 117 |
| Helium | 4 | Schwefelwasserstoff | 69 |
| Kadmium | 54 | Selen | 69 |
| Kalium | 54 | Silber | 105 |
| Kohlenoxyd | 30 | Stickstoff | 26 |
| Kohlendioxyd | 184 | Toluol | 72 |
| Kupfer | 209 | Wasser | 332 |
| Lithium | 138 | Wismut | 54 |
| Magnesium | 209 | Wolfram | 251 |
| Mangan | 251 | Zink | 112 |
| Methylalkohol | 103 | Zinn | 59 |
| Naphthalin | 151 | Zucker (Rohr-) | 56 |

**Tafel 131-14. Siedepunkt verschiedener Stoffe bei 1013 mbar**

| Stoff | Siedepunkt °C | Stoff | Siedepunkt °C |
|---|---|---|---|
| Alkohol | 78,3 | Leinöl | 316 |
| Aluminium | 2270 | Luft | −192,3 |
| Ammoniak | −33,4 | Magnesium | 1110 |
| Anilin | 184 | Maschinenöl | ≈380 |
| Azeton | 56,1 | Methan | −162 |
| Azetylen | −84 | Methylalkohol | 64,7 |
| Benzin | 90···100 | Methylenchlorid | 40 |
| Benzol | 80,1 | Methyljodid | 180 |
| Beryllium | 3000 | Naphthalin | 218 |
| Butan (n) | +0,5 | Natriumchlorid | 1440 |
| Chlor | −34 | Nickel | 3000 |
| Chlorkalziumlösung (ges.) | 180 | Nitrobenzol | 211 |
| Chlormethyl | −24 | Paraffin | 300 |
| Chloroform | 61 | Petroleum | 150 |
| Diäthylamin | 56 | Phosphor (weiß) | 280 |
| Difluordichlormethan | −29,8 | Propan | −43 |
| Diphyl | 255 | Quecksilber | 357 |
| Dimethylamin | 7 | Salzsäure | −85 |
| Eisen | 2500 | Salpetersäure | 86 |
| Ethylchlorid | 12,2 | Sauerstoff | −183 |
| Ethylen | −104 | Schwefel (rhomb.) | 445 |
| Ethylether | 34,5 | Schwefelkohlenstoff | 46 |
| Fette | 300···325 | Schwefelsäure | 325 |
| Glyzerin | 290 | Schwefeldioxyd | −10 |
| Gold | 2700 | Stickstoff | −196 |
| Helium | −268,9 | Terpentinöl | 160 |
| HT-Öl C | 430 | Tetralin | 207 |
| Kochsalzlösung (ges.) | 108 | Toluol | 111 |
| Kohlensäure (Subl.) | −78,5 | Wasserstoff | −253 |
| Kohlenoxyd | −192 | Wasser | 100 |
| Kupfer | 2330 | Wolfram | 5000 |

gleichbleibenden Mittelwerten gerechnet. Die Länge $l_t$ eines festen Körpers, der um $t$K erwärmt wurde, ist also: $l_t = l(1+\alpha t)$ (Tafel 131-15).

Die *Flächenausdehnung* beträgt: $F_t = F(1+2\alpha t)$.
Die *Raumausdehnung* beträgt: $V_t = V(1+3\alpha t)$.

Für flüssige Stoffe kommt nur die Raumausdehnung in Frage (Tafel 131-16). Wird ein Gas erwärmt, so dehnt es sich je 1 K Temperaturerhöhung um $\frac{1}{273} = 0{,}00367$ des Volumens aus, das es bei 0 °C einnimmt. Bei einer Erwärmung von 0 °C auf $t$ °C wächst 1 m³ auf (1 + 0,00367 t) m³ bei gleichem Druck an. Ändert sich hingegen der Druck (Barometerstand $b$ in mbar), von $b_1$ auf $b_2$, so beträgt sein neues Volumen

$$(1+0{,}00367\ t)\ b_2/b_1 \text{ in m}^3.$$

Für die Umrechnung eines Gasvolumens von 0 °C, 760 Torr (1013 mbar) auf 15 °C 1000 mbar gilt also der Umrechnungsfaktor

$$(1+0{,}00367 \cdot 15) \cdot \frac{1013}{1000} = 1{,}0687.$$

## -9 HAUPTSÄTZE DER WÄRMELEHRE

*Erster Hauptsatz* der Wärmelehre (Robert Mayer 1840):

Wärme kann in mechanische Energie und mechanische Energie kann in Wärme umgewandelt werden (mechanisches Wärmeäquivalent).

Im internationalen Einheiten-System entfällt der Umrechnungsfaktor und es ist

1 Nm (Newtonmeter) = 1 J (Joule) = 1 Ws (Wattsekunde).

*Zweiter Hauptsatz* der Wärmelehre (Clausius und Thomson 1850):

Während die Umwandlung von Arbeit in Wärme restlos vor sich gehen kann, ist der umgekehrte Vorgang, die Verwandlung von Wärme in Arbeit, nur bedingt möglich. Es gibt verschiedene Formulierungen dieses Satzes:

**Tafel 131-15. Ausdehnung fester Körper**

Ist bei 0 °C die Länge = 1 m, so wird sie bei 100 °C um $a$ mm größer

| Körper | $a$ mm | Körper | $a$ mm |
|---|---|---|---|
| Aluminium | 2,38 | Magnesium | 2,60 |
| Beton, Schüttbeton | 1,1 ···1,2 | Manganin | 1,75 |
| Hochofenschlackenbeton | 0,58···0,66 | Marmor | 0,2 ···2,0 |
| Blei | 2,90 | Messing | 1,84 |
| Bakelit | 2,1 ···3,6 | Mörtel, Kalk- | 0,73···0,89 |
| Bronze | 1,75 | Mörtel, Zement- | 0,85···1,35 |
| Chrom | 0,70 | Neusilber | 1,8 |
| Chromstahl | 1,0 ···1,4 | Nickel | 1,30 |
| Duraluminium | 2,35 | Platin | 0,90 |
| Eisen, rein | 1,23 | Platin-Iridium | 0,83 |
| Eisen, Guß- | 1,04 | PUR-Hartschaum | 7,0 |
| Gips | 2,5 | PVC hart | 7,0 |
| Glas, Jenaer 16 III | 0,81 | Polyäthylen | 15···23 |
| Glas, Jenaer 59 III | 0,59 | Quarzglas | 0,051 |
| Glas, Jenaer 1565 III | 0,35 | Sandstein | 0,5 ···1,2 |
| Glimmer | 1,35 | Silber | 1,90 |
| Gold | 1,42 | Stahl, unlegiert | 1,15 |
| Granit | 0,80···1,18 | Chromstahl 13 Cr | 1,1 |
| Hartgummi | 1,70···2,80 | Nickelstahl 20 Ni | 1,95 |
| Holz, Eiche ‖ | 0,76 | Nickelstahl 36 Ni (Invar) | 0,15 |
| Holz, Eiche ⊥ | 5,44 | | |
| Holz, Tanne ‖ | 0,30 | Steinholz | 1,70 |
| Holz, Tanne ⊥ | 5,80 | Styropor | 8,5 |
| Iridium | 0,65 | Titan | 0,94 |
| Kalkstein | 0,7 | Wolfram | 0,45 |
| Kalksandstein | 0,78 | Zement, Portland- | 1,40 |
| Konstantan | 1,52 | Ziegelstein | 0,36···0,58 |
| Klinker | 0,28···0,48 | Zink | 2,90 |
| Kupfer | 1,65 | Zinn | 2,67 |

**Tafel 131-16. Ausdehnung flüssiger Körper bei 1 bar**

Ist bei 20 °C das Volumen einer Flüssigkeit = 1 m³, so dehnt es sich je K um $\beta$ dm³ aus

| Flüssigkeit | $\beta$ dm³ | Flüssigkeit | $\beta$ dm³ |
|---|---|---|---|
| Azeton | 1,35 | Mineralöle | 0,75···0,95 |
| Benzin | 1,20 | Paraffinöl | 0,97 |
| Benzol | 1,22 | Olivenöl | 0,75 |
| Ethylalkohol | 1,09 | Petroleum | 0,92···1,00 |
| Ethylether | 1,62 | Quecksilber | 0,182 |
| Frigen 12 | 2,59 | Schwefelsäure 100% | 0,56 |
| Frigen 114 | 2,01 | Terpentinöl | 0,97 |
| Glyzerin | 0,50 | Toluol | 1,08 |
| Heizöl EL | 0,70 | Wasser | 0,18 |
| Methanol | 1,17 | | |

Weitere Werte für Wasser siehe Tafel 131-10 und 133-8

a) Wärme kann nie von selbst von einem kalten auf einen warmen Körper übergehen.

b) Es ist keine Kraftmaschine möglich, die die Wärme der Umgebung ohne Aufwand sonstiger Energie in Arbeit verwandelt.

c) Zur Gewinnung von Arbeit aus Wärme ist immer ein Temperaturunterschied erforderlich und nur ein Teil der Wärme kann in Arbeit verwandelt werden.

d) Aus *Anergie* (z. B. Umgebungswärme) läßt sich nicht Exergie (technisch verwertbare Arbeit) gewinnen (ausgenommen: mittels Wärmepumpe).

# 132 Gase

## -1 GASGESETZE

Für *ideale Gase* gelten die nachstehend aufgeführten Gesetze.

*Gesetz von Boyle-Mariotte* (1662 und 1676):

Bei gleichbleibender Temperatur verhalten sich die Dichten $\varrho$ eines Gases wie die dazugehörigen absoluten Drücke $p$:

$$\frac{\varrho_1}{\varrho_2} = \frac{v_2}{v_1} = \frac{p_1}{p_2}.$$

*Gesetz von Gay-Lussac* (1802):

Bei gleichbleibendem Druck verhalten sich die Dichten eines Gases umgekehrt wie die absoluten Temperaturen $T$:

$$\frac{\varrho_1}{\varrho_2} = \frac{v_2}{v_1} = \frac{T_2}{T_1}.$$

Vereinigtes *Boyle-Mariotte-Gay-Lussacsches Gesetz:*

Ändern sich Druck und Temperatur eines Gases gleichzeitig, so gilt:

$$\frac{\varrho_1}{\varrho_2} = \frac{v_2}{v_1} = \frac{p_1 T_2}{p_2 T_1} \quad \text{oder} \quad \frac{v_1 p_1}{T_1} = \frac{v_2 p_2}{T_2}.$$

*Gesetz von Avogadro* (1776 ··· 1856):

Bei gleichem Druck und gleicher Temperatur enthalten die Gase in gleichen Räumen gleichviel Moleküle. Die Dichten verhalten sich daher wie die molekularen Massen. Ist $M$ die molekulare Masse eines Gases, so enthalten $M$ kg aller Gase die gleiche Anzahl von Molekülen, nämlich $N = 6{,}023 \cdot 10^{26}$ *(Loschmidtsche Zahl).*

Eine Menge von $M$ kg eines Gases nennt man 1 kmol (Kilomol), das für alle idealen Gase denselben Rauminhalt $V$ hat. Bei 0 °C und 1,013 bar ist $V = 22{,}414\ \text{m}^3/\text{kmol}$ *(Molvolumen).* Aus der molaren Masse $M$ errechnet sich die Dichte $\varrho = M/V$.

Beispiel:

Wie groß ist die Dichte von Sauerstoff bei 0 °C und 1,013 bar?
Dichte $\varrho = M/22{,}4 = 32/22{,}4 = 1{,}43\ \text{kg/m}^3$.

## -2 ZUSTANDSGLEICHUNG

Aus dem Gesetz von Boyle-Mariotte-Gay-Lussac folgt, daß der Wert $\frac{p \cdot v}{T}$ für alle Zustände eines Gases der gleiche ist. Man nennt ihn die *Gaskonstante* $R$ (Dimension J/kg K = Energieänderung je °K Temperaturänderung). Werte von $R$ für verschiedene Gase siehe Tafel 132-1.

$$\frac{p \cdot v}{T} = R \quad \text{oder} \quad p \cdot v = R \cdot T.$$

Dies ist die *Zustandsgleichung* der Gase, bezogen auf 1 kg. Bezogen auf eine beliebige Gasmenge $m$ mit dem Volumen $V$ lautet die Zustandsgleichung:

$$p \cdot V = m \cdot R \cdot T.$$

Bezieht man diese Gleichung auf 1 kmol, also auf $M$ kg eines Gases, so lautet sie:

$$p \cdot V = M \cdot R \cdot T \quad \text{oder} \quad V = \frac{MRT}{p}.$$

Da das Molvolumen $V$ für alle idealen Gase bei konstantem Druck und konstanter Temperatur gleich ist, muß auch $MR$ für alle Gase den gleichen Wert haben. Man nennt $MR = R_0$ die *allgemeine Gaskonstante*, eine universelle Konstante der Physik. Ihr Wert ist

$$R_0 = \frac{p \cdot V}{T} = \frac{101325 \cdot 22{,}414}{273{,}15} = 8314 \text{ J/kmol K}.$$

Allgemeine Zustandsgleichung:

$$p \cdot V = R_0 T.$$

*1. Beispiel:*

Luft hat bei 0 °C und Atmosphärendruck (1,013 bar = $1{,}013 \cdot 10^5$ Pa) eine Dichte von 1,293 kg/m³. Daraus errechnet sich die Gaskonstante zu

$$R = \frac{p \cdot v}{T} = \frac{101300}{1{,}293 \cdot 273} = 287 \frac{\text{J}}{\text{kg K}}.$$

*2. Beispiel:*

Wie groß ist die Gaskonstante von Sauerstoff?

$R = 8314/M = 8314/32 = 259{,}8$ J/kg K.

*3. Beispiel:*

Wieviel Kohlensäure befindet sich in einer 10-l-Flasche bei 20 °C und 75 bar?

$$M = \frac{pV}{RT} = \frac{75 \cdot 10^5 \cdot 0{,}01}{188{,}9 \cdot 293} = 1{,}35 \text{ kg}.$$

Gase, die den obigen Gesetzen genau folgen, nennt man vollkommene oder *ideale Gase*. Die wirklichen Gase folgen den Gesetzen nur angenähert, und zwar desto genauer, je geringer die Drücke sind. Bei Luft, Wasserstoff und anderen Gasen ist für Drücke bis 20 bar die Abweichung ≈ 1%, für Drücke in der Nähe der Verflüssigung sind die Abweichungen größer.

**Tafel 132-1. Gaskonstante, Dichte und spezifische Wärmekapazität von Gasen**

| Gas | Symbol | Molekulare Masse $M$ | Molares Normvolumen m³/kmol | Gaskonstante $R$ J/kg K | Dichte bei 0 °C, 1,013 bar $\varrho$ kg/m³ | Dichteverhältnis Luft = 1 | Spez. Wärmekap. bei 0° C | | $\kappa = c_p/c_v$ |
|---|---|---|---|---|---|---|---|---|---|
| | | | | | | | $c_p$ kJ/kg K | $c_v$ kJ/kg K | |
| Azetylen | $C_2H_2$ | 26,04 | 22,23 | 319,5 | 1,171 | 0,906 | 1,51 | 1,22 | 1,26 |
| Ammoniak | $NH_3$ | 17,03 | 22,06 | 488,2 | 0,772 | 0,597 | 2,05 | 1,56 | 1,31 |
| Argon | Ar | 39,95 | 22,39 | 208,2 | 1,784 | 1,380 | 0,52 | 0,32 | 1,65 |
| Chlorwasserstoff | HCl | 36,46 | 22,20 | 228,0 | 1,642 | 1,270 | 0,81 | 0,58 | 1,40 |
| Ethan | $C_2H_6$ | 30,07 | 22,19 | 276,5 | 1,356 | 1,049 | 1,73 | 1,44 | 1,20 |
| Ethylchlorid | $C_2H_5Cl$ | 64,50 | – | 128,9 | 2,880 | 2,228 | | | 1,16 |
| Ethylen | $C_2H_5$ | 28,03 | 22,25 | 296,6 | 1,261 | 0,975 | 1,61 | 1,29 | 1,25 |
| Helium | He | 4,003 | 22,43 | 2077,0 | 0,178 | 0,138 | 5,24 | 3,16 | 1,66 |
| Kohlendioxyd | $CO_2$ | 44,01 | 22,26 | 188,9 | 1,977 | 1,529 | 0,82 | 0,63 | 1,30 |
| Kohlenoxyd | CO | 28,01 | 22,40 | 296,8 | 1,250 | 0,967 | 1,04 | 0,74 | 1,40 |
| Luft ($CO_2$-frei) | – | 28,96 | 22,40 | 287,1 | 1,293 | 1,000 | 1,00 | 0,72 | 1,40 |
| Methan | $CH_4$ | 16,04 | 22,36 | 518,3 | 0,717 | 0,555 | 2,16 | 1,63 | 1,32 |
| Methylchlorid | $CH_3Cl$ | 50,48 | – | 164,7 | 2,307 | 1,784 | 0,73 | 0,57 | 1,29 |
| Sauerstoff | $O_2$ | 32,00 | 22,39 | 259,8 | 1,429 | 1,105 | 0,91 | 0,65 | 1,40 |
| Schwefeldioxid | $SO_2$ | 64,06 | 21,86 | 129,8 | 2,931 | 2,267 | 0,61 | 0,48 | 1,27 |
| Stickoxyd | NO | 30,01 | 22,39 | 277,1 | 1,340 | 1,037 | 1,00 | 0,72 | 1,39 |
| Stickoxydul | $N_2O$ | 44,01 | 22,25 | 188,9 | 1,978 | 1,530 | 0,89 | 0,70 | 1,27 |
| Stickstoff | $N_2$ | 28,01 | 22,40 | 296,8 | 1,250 | 0,967 | 1,04 | 0,74 | 1,40 |
| Wasserstoff | $H_2$ | 2,016 | 22,43 | 4124,0 | 0,0899 | 0,0695 | 14,38 | 10,26 | 1,41 |
| Wasserdampf | $H_2O$ | 18,02 | (21,1) | 461,5 | (0,804) | (0,621) | 1,93 | 1,45 | 1,33 |

## -3 NORMZUSTAND

Ein Gas befindet sich nach DIN 1343 (11.75) im Normzustand, wenn es die Temperatur 0 °C und den Druck 1,013 bar hat[1]). Es sind jedoch auch andere Bezugszustände in Gebrauch.

*Normvolumen* ist das Volumen eines Gases im Normzustand. Es dient dazu, volumenmäßige Mengenangaben von Gasen und Dämpfen untereinander vergleichbar zu machen. Normdichte verschiedener Gase siehe Tafel 132-1.

Hat ein Gas bei $t$ °C und $p$ bar das Volumen $V$, ist das Normvolumen

$$V_n = \frac{273}{273+t} \cdot \frac{p}{1{,}013} \cdot V \quad \text{oder} \quad V_n = 269{,}5 \frac{p \cdot V}{T}.$$

## -4 GASMISCHUNGEN

*Gesetz von Dalton:*

Die Summe der Teildrücke $p_1$, $p_2 \cdots$ einer Mischung von Gasen ist gleich dem Gesamtdruck $p$:

$$p = p_1 + p_2 + \cdots$$

Teildruck

$$p_1 = m_1 \frac{R_1}{R_m} p = r_1 p$$

$m_1$ = Masseanteil
$r_1$ = Raumanteil

Die Dichte einer Gasmischung ist:

$$\varrho_m = r_1 \varrho_1 + r_2 \varrho_2 + \cdots$$

$\varrho_1$, $\varrho_2$ = Dichten der Einzelgase

Masseanteil des Einzelgases:

$$m_1 = r_1 \frac{\varrho_1}{\varrho_m} = r_1 \frac{R_m}{R_1} = r_1 \frac{M_1}{M_m}$$

Raumanteil $r_1$ des Einzelgases:

$$r_1 = m_1 \frac{\varrho_m}{\varrho_1} = m_1 \frac{R_1}{R_m} = m_1 \frac{M_m}{M_1} = \frac{p_1}{p}$$

Beispiel:

Der Raumanteil $r_1$ des Sauerstoffes in der Luft ist 21 Vol.-%.
Dann ist der Masseanteil:

$$m_1 = r_1 \frac{R_m}{R_1} = 21 \cdot \frac{287}{259{,}8} = 23{,}2\%.$$

$R_m$ = Gaskonstante der Luft = 287 J/kg K
$R_1$ = Gaskonstante von $O_2$ = 259,8 J/kg K.

## -5 SPEZIFISCHE WÄRMEKAPAZITÄT

Man unterscheidet bei Gasen folgende spezifische Wärmekapazitäten:

$c_p$ = spez. Wärmekap. bei konst. Druck bez. auf 1 kg (kJ/kg K)
$c_v$ = spez. Wärmekap. bei konst. Volumen bez. auf 1 kg (kJ/kg K)
$C_p$ = spez. Wärmekap. bei konst. Druck bez. auf 1 m³ (kJ/m³ K)
$C_v$ = spez. Wärmekap. bei konst. Volumen bez. auf 1 m³ (kJ/m³ K)

Das Verhältnis der spezifischen Wärmen $\kappa = c_p/c_v = C_p/C_v$, das bei der Berechnung von Zustandsänderungen wichtig ist, ist nach Versuchswerten

bei einatomigen Gasen $\kappa = 1{,}67 = 5/3$
bei zweiatomigen Gasen $\kappa = 1{,}40 = 7/5$
bei dreiatomigen Gasen $\kappa = 1{,}33 = 8/6$.

---

[1]) DIN 1343 – 8.86. Normzustand, Normvolumen.
DIN 1871 – 5.80. Gasförmige Brennstoffe.

**Tafel 132-2. Wahre spezifische Wärmekapazität $c_p$ von Gasen in kJ/kg K** bei konstantem Druck

| Temperatur °C | $O_2$ | $H_2$ | $N_2$ | $H_2O$ | $CO_2$ | Luft |
|---|---|---|---|---|---|---|
| 0 | 0,915 | 14,10 | 1,039 | 1,859 | 0,815 | 1,004 |
| 50 | 0,925 | 14,32 | 1,041 | 1,875 | 0,864 | 1,007 |
| 100 | 0,934 | 14,45 | 1,042 | 1,890 | 0,914 | 1,010 |
| 200 | 0,963 | 14,50 | 1,052 | 1,941 | 0,993 | 1,024 |
| 500 | 1,048 | 14,66 | 1,115 | 2,132 | 1,155 | 1,092 |
| 1000 | 1,123 | 15,62 | 1,215 | 2,482 | 1,290 | 1,184 |
| 1500 | 1,164 | 16,56 | 1,269 | 2,755 | 1,350 | 1,235 |
| 2000 | 1,200 | 17,39 | 1,298 | 2,938 | 1,378 | 1,265 |

Die spez. Wärmekapazität $C_p$ je m³ erhält man durch Multiplikation mit der Dichte $\varrho$.

Ersetzt man in der Gleichung der Zustandsänderung (siehe Abschnitt 132-6) $c_p\,dt = c_v\,dt + p\,dv$ das letzte Glied durch $R\,dt$, so erhält man

$$c_p\,dt = c_v\,dt + R\,dt \quad \text{oder} \quad c_p - c_v = R \text{ (kJ/kg K)}$$

Bezogen auf 1 Kilomol:

$$M(C_p - C_v) = MR = R_0 = 8{,}314 \text{ kJ/kmol K}$$

Nach Division durch das Kilomolvolumen 22,4 m³/kmol erhält man:

$$C_p - C_v = \frac{8{,}314}{22{,}4} = 0{,}372 \text{ kJ/m}^3\text{ K}.$$

Die Differenz der auf 1 m³ bezogenen spezifischen Wärmen bei konstantem Druck und Volumen ist also eine Konstante.

Bei einatomigen idealen Gasen ist unter Verwendung der obigen $\kappa$-Werte

$$C_p = \frac{5\,R_0}{2 \cdot 22{,}4} = 0{,}93 \text{ kJ/m}^3\text{ K},\quad C_v = 0{,}56 \text{ kJ/m}^3\text{ K}$$

bei zweiatomigen

$$C_p = \frac{7 \cdot R_0}{2 \cdot 22{,}4} = 1{,}30 \text{ kJ/m}^3\text{ K},\quad C_v = 0{,}93 \text{ kJ/m}^3\text{ K}$$

Die spezifischen Wärmen der wirklichen Gase weichen von denen der idealen Gase desto mehr ab, je höher die Atomzahl ist. Ferner nehmen die spezifischen Wärmen entgegen dem Verhalten der idealen Gase mit der Temperatur zu (Tafel 132-2), ebenso mit dem Druck. Bei Rechnungen über einen größeren Temperaturbereich muß man daher statt der wahren spezifischen Wärme die *mittlere spezifische Wärme* $c_m$ oder $C_m$ benutzen (siehe z. B. Abschn. 137-35):

$$c_m = \frac{1}{t_2 - t_1}\int_{t_1}^{t_2} c\,dt \quad \text{oder} \quad C_m = \frac{1}{t_2 - t_1}\int_{t_1}^{t_2} C\,dt.$$

Abhängigkeit vom Druck ist erst bei hohen Drücken von Bedeutung.

## -6 INNERE ENERGIE UND ENTHALPIE

Führt man einem Gas bei konstantem Volumen die Wärme $dq$ zu, so dient diese Wärme immer zur Erhöhung der inneren Energie $u$ des Gases:

$$dq = du = c_v\,\mathrm{dt},$$

worin $c_v$ die spezifische Wärme der Gase bei konstantem Volumen in kJ/kg K ist. Die *innere Energie* ist eine Zustandsgröße und nur von der Temperatur abhängig.

Wird die Erwärmung bei konstantem Druck vorgenommen, so erfolgt außer der Erhöhung der inneren Energie infolge der Ausdehnung des Gases auch eine Arbeitsleistung gegen den äußeren Druck (Verdrängungsarbeit). Die Summe der inneren Energie und der Verdrängungsarbeit nennt man *Wärmeinhalt* oder besser *Enthalpie h*.

Die Verdrängungsarbeit eines Verdichters stellt sich im $pv$-Diagramm (Bild 132-4) als der schraffierte schmale Streifen $p\,dv$ dar. Es ist also mit $c_p$ = spezifische Wärme bei konstantem Druck (kJ/kg K)

$$dq = dh = c_p\,dt = c_v\,dt + p\,dv.$$

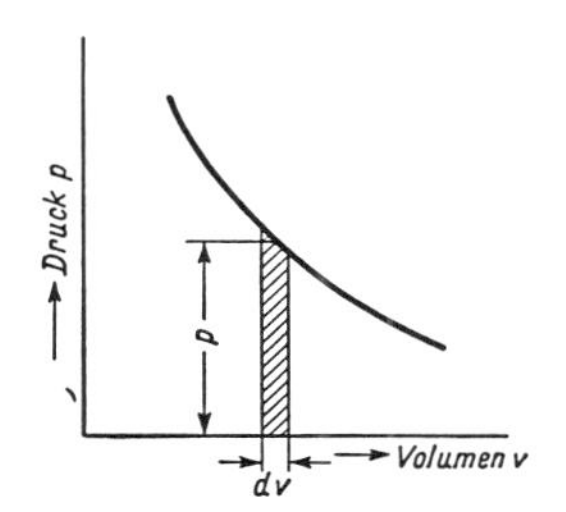


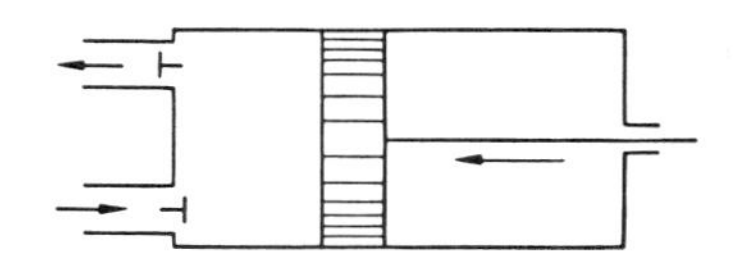

Bild 132-4. Verdrängungsarbeit eines Gases, links: *pv*-Diagramm, rechts: Verdichter.

Durch Integration folgt hieraus die Enthalpie:

$$h = \int c_p \, dt. \qquad h_2 - h_1 = \int_1^2 c_p \, dt.$$

Für technische Rechnungen werden immer Enthalpie-Differenzen benötigt. Man setzt daher die Enthalpie bei 0 °C gleich Null und kann dann die Werte der Enthalpie bei beliebigen Temperaturen aus Tafeln oder Diagrammen entnehmen.

Bei *Drosselung* idealer Gase (Ausdehnung ohne Arbeitsleistung) bleibt die Enthalpie konstant (siehe Abschn. 146).

## -7 ENTROPIE

Da Wärme und Arbeit gleichwertig sind, muß es möglich sein, wie die Arbeit im *pv*-Diagramm, auch die Wärme durch eine Fläche darzustellen.

Denkt man sich die Erwärmung eines Körpers mit der Masse von 1 kg in unendlich kleinen Stufen ausgeführt, wobei in jeder Stufe die Wärme $dq$ zugeführt wird, so wird durch die Beziehung

$$ds = \frac{dq}{T} \qquad s_2 - s_1 = \int_1^2 \frac{dq}{T} \qquad \text{in } \frac{\text{kJ}}{\text{kg K}}$$

die Größe *s*, die *Entropie*, definiert. Die Entropie ist eine Zustandsgröße ebenso wie der Druck oder die Enthalpie und hat an jedem Zustandspunkt einen bestimmten Wert. Sie ist ein Maß für die Arbeitsfähigkeit der Wärme. Die absolute Größe der Entropie ist unbestimmt, sie wird von einem willkürlich angenommenen Anfangspunkt, meist dem Normzustand, gerechnet. Da bei *konstantem Druck*

$dq = c_p \, dT,$ ist

$$ds = c_p \frac{dT}{T} \quad \text{und} \quad s = \int_0^T c_p \frac{dT}{T}.$$

Durch Integration folgt

$$s_2 - s_1 = c_p \ln \frac{T_2}{T_1}$$

Nach dieser Gleichung kann man die Entropie für beliebige Anfangszustände berechnen und in Tabellen oder Diagrammen darstellen. Zur flächenmäßigen Darstellung dient das *Ts-Diagramm*, bei dem die unterhalb der Kurve einer Zustandsänderung liegende Fläche die zu- oder abgeführte Wärmemenge darstellt. (Siehe auch Bild 132-5.)

*Beispiel:*

Wie groß ist die spezifische Entropie von Luft bei 100 °C, wenn man $s_1 = 0$ bei 273 °K setzt? ($c_p$ = 1,0 kJ/kg K)

$$s_2 - s_1 = 1{,}0 \ln \frac{373}{273} - 0 = 0{,}312 \text{ kJ/kg K}.$$

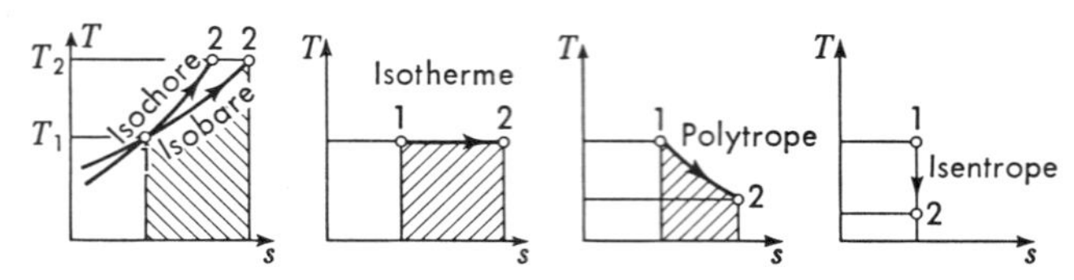


Bild 132-5. Zustandsänderungen im $T, s$-Diagramm bei Wärmezufuhr. Die schraffierten Flächen stellen die zugeführten Wärmemengen dar.

## -8 ZUSTANDSÄNDERUNGEN

Aus der Zustandsgleichung $pv = RT$ geht hervor, daß der Zustand eines bestimmten Gases durch zwei Größen, z. B. $p$ und $v$ oder $p$ und $T$, bestimmt ist. Ändert sich eine dieser Größen, muß sich auch eine andere ändern. In welcher Weise diese Änderung vor sich geht, hängt von der Art der Zustandsänderung ab. Die nachstehenden Gleichungen für verschiedene Zustandsänderungen beziehen sich alle auf 1 kg Gas. Siehe auch Bild 132-5.

a) **Volumen konstant** *(Isochore)*

Gleichung: $\frac{T_1}{T_2} = \frac{p_1}{p_2}$ Technische Arbeit $w = v(p_1 - p_2)$

b) **Druck konstant** *(Isobare)*

Gleichung: $\frac{T_1}{T_2} = \frac{v_1}{v_2}$ $w = 0$

c) **Temperatur konstant** *(Isotherme)*

Gleichung: $p \cdot v$ konst oder $\frac{v_1}{v_2} = \frac{p_2}{p_1}$ $w = p_1 v_1 \cdot \ln \frac{p_1}{p_2}$

d) **Entropie konstant** *(Adiabate* oder *Isentrope)*

Wärme wird weder zu- noch abgeführt.

Gleichung: $pv^\kappa =$ konst $\frac{T_1}{T_2} = \left(\frac{p_1}{p_2}\right)^{\frac{\kappa-1}{\kappa}} = \left(\frac{v_2}{v_1}\right)^{\kappa-1}$ $w = c_p (T_1 - T_2)$

e) **Polytrope**

Setzt man in der Gleichung der Adiabate statt $\kappa$ einen allgemeinen Koeffizienten $n$ ein, so erhält man die polytropische Kurve.

Gleichung: $pv^n =$ konst oder $p_1 v_1{}^n = p_2 v_2{}^n$

$$\frac{T_1}{T_2} = \left(\frac{p_1}{p_2}\right)^{\frac{n-1}{n}} = \left(\frac{v_2}{v_1}\right)^{n-1} \qquad w = c_p \left(\frac{\kappa - 1}{n - 1}\right) (T_1 - T_2)$$

Alle vorher genannten Zustandsänderungen können als Sonderfälle der polytropischen Zustandsänderung betrachtet werden, denn in der Gleichung $pv^n =$ konst. wird mit

$n = 0$ $p$ = konst (Isobare)
$n = 1$ $pv$ = konst (Isotherme)
$1 < n < \kappa$ $pv^n$ = konst (Polytrope)
$n = \kappa$ $pv^\kappa$ = konst (Adiabate)
$n = \infty$ $v$ = konst (Isochore).

## -9 KREISPROZESSE

Ändert ein Gas seinen Zustand derart, daß der Zustandspunkt bei der Darstellung im $pv$-Diagramm eine geschlossene Kurve durchläuft, so daß also das Gas unter Arbeitsleistung wieder in seinen Anfangszustand zurückkehrt, so spricht man von einem Kreisprozeß. Ein Teil der Gaswärme verwandelt sich in mechanische Arbeit.

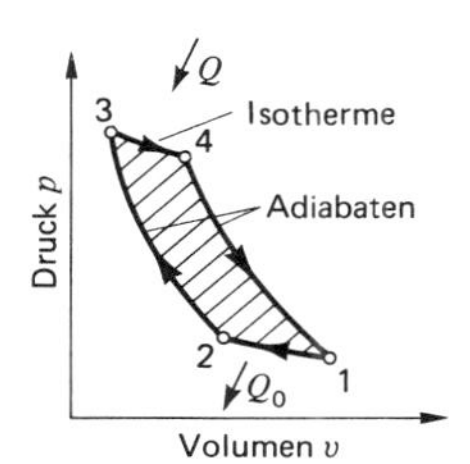


Bild 132-8. Carnotscher Kreisprozeß, dargestellt im *pv*-Diagramm.

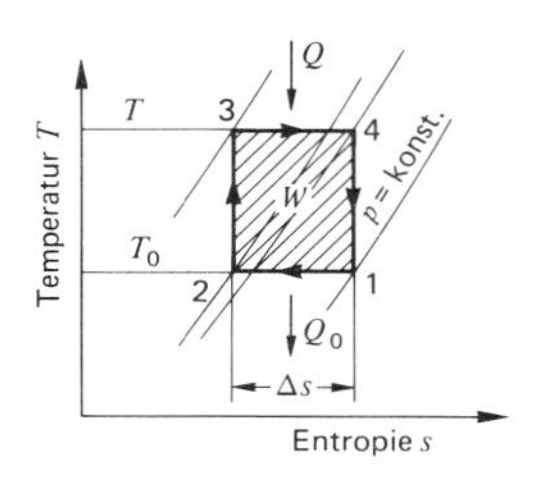


Bild 132-9. Carnotscher Kreisprozeß, dargestellt im *Ts*-Diagramm.

Wichtigster Kreisprozeß der Wärmelehre ist der *Carnotsche Kreisprozeß* (Carnot 1824), bestehend in Bild 132-8 aus

1 → 2 Isothermische Verdichtung (Wärmeabfuhr $Q_0$)
2 → 3 adiabatische Verdichtung
3 → 4 isotherme Expansion (Wärmezufuhr $Q$)
4 → 1 adiabatische Expansion

Dieser aus 2 Isothermen und 2 Adiabaten bestehende Kreisprozeß entspricht dem Idealverlauf des Wärmekraftmaschinenprozesses.

Während der isothermischen Expansion bei der Temperatur $T$ wird die Wärme $Q$ zugeführt, während der isothermischen Kompression bei der Temperatur $T_0$ die Wärme $Q_0$ abgeführt (rechts laufender Prozeß). Die von der Kurve eingeschlossene Fläche stellt die gewonnene Arbeit $W = Q - Q_0$ dar. Im *Ts*-Diagramm stellt sich der Carnot-Prozeß als Rechteck dar (Bild 132-9). Das Verhältnis der gewonnenen Arbeit zur zugeführten Wärme nennt man den *thermischen Wirkungsgrad* des Carnotschen Kreisprozesses:

$$\eta_c = \frac{Q - Q_0}{Q} = \frac{T - T_0}{T} = 1 - \frac{T_0}{T}.$$

*Beispiel:*

Wenn Verbrennungsgase mit einer Temperatur von $T = 2000$ K in eine Maschine eintreten und sie mit $T_0 = 500$ K verlassen, dann können höchstens

$$1 - \frac{T_0}{T} = 1 - \frac{500}{2000} = 0{,}75 \mathrel{\hat{=}} 75\%$$

der zugeführten Wärme in Arbeit umgesetzt werden.

Der Wirkungsgrad ist also immer von dem Verhältnis der beiden Temperaturen $T$ und $T_0$ abhängig und ist nach dem zweiten Hauptsatz der Wärmelehre der günstigste, den es zwischen den beiden Temperaturen überhaupt geben kann. Die heutigen Maschinen erreichen jedoch nur etwa die Hälfte oder weniger als die theoretisch möglichen Prozesse.

Verläuft der Kreisprozeß in umgekehrter Richtung (links laufender Prozeß), indem bei der niederen Temperatur $T_0$ die Wärme $Q_0$ zugeführt und bei der höheren Temperatur $T$ die Wärme $Q$ abgeführt wird, so erhält man den Kreisprozeß für die *Kältemaschine* (Wärmepumpe). Das Verhältnis der zugeführten Wärme $Q_0$ (Kälteleistung) zur aufgewendeten Arbeit $W$

$$\varepsilon_c = \frac{Q_0}{W} = \frac{T_0}{T - T_0}$$

nennt man *Leistungszahl* der Maschine. (Weiteres in Abschnitt 62.)

Für Otto-Motore, Diesel-Motore und andere Kraftmaschinen hat man ähnliche Kreisprozesse eingeführt, die man zum Vergleich ausgeführter mit den idealen Maschinen benutzt (Abschnitt 138).

# 133 Dämpfe

## -1 GESÄTTIGTER WASSERDAMPF

Erwärmt man Wasser unter konstantem Druck, so steigt seine Temperatur so lange, bis die Verdampfung beginnt. Die bis dahin zugeführte Wärme wird nur zur Temperaturerhöhung des Wassers verwendet. Bei weiterer Wärmezufuhr steigt die Temperatur zunächst nicht mehr. Die zugeführte Wärme dient nur dazu, das Wasser aus dem flüssigen in den dampfförmigen Zustand zu überführen. Der hierbei entstehende Dampf heißt Sattdampf oder gesättigter Dampf (Bild 133-1). Die Temperatur, bei der die Verdampfung vor sich geht, die Verdampfungstemperatur, hängt von dem Druck ab, der auf der Wasseroberfläche lastet. Bei einem Druck von 1,013 bar ist die Verdampfungstemperatur z. B. 100 °C, bei höheren Drücken liegt sie höher, bei niederen Drücken tiefer. Zu jedem Druck gehört also eine bestimmte Siedetemperatur.

*Flüssigkeitswärme* $q$ nennt man die Wärmemenge, die zur Erwärmung von 1 kg Wasser von 0 °C bis zur Siedetemperatur erforderlich ist. Da die Enthalpie $h$ bei 0 °C mit 0 angenommen wird, ist

$$q = c_m \cdot t = h \text{ in kJ/kg.}$$

Die mittlere spezifische Wärme $c_m$ des Wassers steigt mit der Wassertemperatur. Zwischen 0 und 100 °C ist $c_m$ genügend genau = 4,18 kJ/kg K.

*Verdampfungswärme* $r$ ist die Wärmemenge, die erforderlich ist, um 1 kg Wasser von Siedetemperatur in den dampfförmigen Zustand zu bringen. Man unterscheidet

die innere Verdampfungswärme $\varrho$, die zur Überwindung der inneren Anziehungskräfte der Moleküle dient und gleich der Zunahme der inneren Energie $u$ des Wassers ist, und

die äußere Verdampfungswärme $\psi$, die der bei der Verdampfung geleisteten Verdrängungsarbeit entspricht.

Die gesamte Verdampfungswärme $r = \varrho + \psi$ ist gleich der Zunahme der Enthalpie bei der Verdampfung:

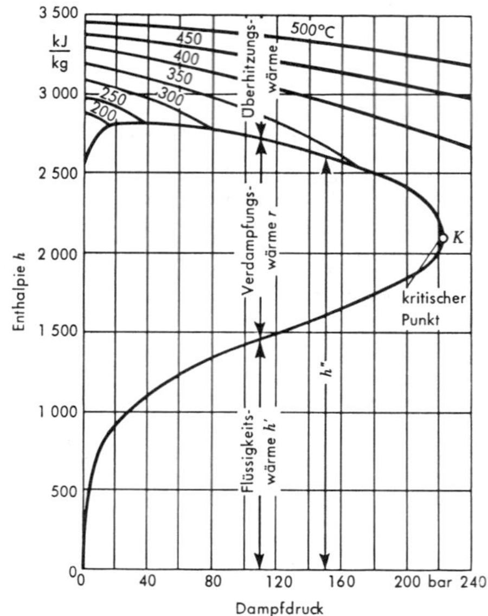


Bild 133-1. Wärmeinhalt des Wasserdampfes ($h$, $p$-Diagramm).

$r = h'' - h' = u'' - u' + p(v'' - v')$

$h'$ = Enthalpie des flüssigen Wassers im Sättigungszustand
$h''$ = Enthalpie des Dampfes im Sättigungszustand
$u'$ = Innere Energie des flüssigen Wassers im Sättigungszustand
$u''$ = Innere Energie des Dampfes im Sättigungszustand
$v'$ = spez. Volumen des flüssigen Wassers im Sättigungszustand
$v''$ = spez. Volumen des Dampfes im Sättigungszustand.

*Erzeugungswärme* des Sattdampfes ist die Summe aus Flüssigkeitswärme und Verdampfungswärme:

$\lambda = q + r.$

In Abhängigkeit von der Siedetemperatur $t_s$ bzw. $T_s$ ist die Verdampfungswärme zwischen 0 und 100 °C angenähert:

$r = 3158–2{,}43\ T_s$ in kJ/kg.

## -2 FEUCHTER WASSERDAMPF

Feuchter Wasserdampf enthält außer Dampf auch noch Wasser in flüssiger Form. Enthält 1 kg feuchter Dampf $x$ kg Dampf und $(1–x)$ kg Wasser, so müssen für den Dampfteil $(q+r)\,x$ und für den Feuchtigkeitsgehalt die Flüssigkeitswärme $(1-x)\,q$ aufgewendet werden. Die Enthalpie ist also

$h = (q + r)\,x + q\,(1 - x) = q + x \cdot r.$

Der Rauminhalt des feuchten Dampfes $v$ setzt sich zusammen aus dem Rauminhalt $v''$ des trockenen Dampfes gleichen Druckes und dem Rauminhalt des Wassers (0,001 kg/m³). Es ist also

$v = x \cdot v'' + (1 - x) \cdot 0{,}001$

oder mit Vernachlässigung des kleinen zweiten Gliedes

$v = x \cdot v''$ [m³/kg].

## -3 ÜBERHITZTER DAMPF (HEISSDAMPF)

Wird dem trockenen gesättigten Dampf bei gleichem Druck weiter Wärme zugeführt, so steigt seine Temperatur über die Siedetemperatur und sein Rauminhalt vergrößert sich. Man erhält dann überhitzten Dampf oder Heißdampf. Die Enthalpie des überhitzten Dampfes ist:

$h = q + r + c_{pm}\,(t - t_s)$

$t$ = Temperatur des überhitzten Dampfes
$t_s$ = Siedetemperatur des Dampfes
$c_{pm}$ = mittlere spez. Wärme des überhitzten Dampfes.

Die spezifische Wärme $c_p$ des überhitzten Dampfes ist sowohl von Temperatur wie von Druck abhängig (Bild 133-2).

Zahlenwerte der Enthalpie, der Entropie und des spez. Volumens siehe Tafel 133-3 und -4 sowie -8.

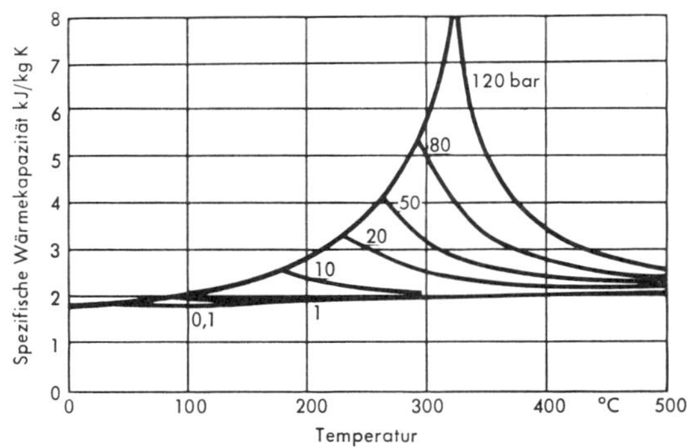


Bild 133-2. Spezifische Wärme $c_p$ des Wasserdampfes.

## -4 ENTROPIE DES WASSERDAMPFES

Nach Definition ist die Entropie (siehe Abschn. 132-7)

$$s = \int \frac{dq}{T}.$$

Beim überhitzten Dampf besteht die Entropie aus drei Teilen:

1. Entropie $s_1$ des flüssigen Wassers.
2. Entropie-Zunahme $s_2$ bei der Verdampfung.
3. Entropie-Zunahme $s_3$ bei der Überhitzung.

Die Gesamtentropie ist

$$s = s_1 + s_2 + s_3 = \int c\,\frac{dT}{T} + \frac{r}{T_s} + \int c_p\,\frac{dT}{T}.$$

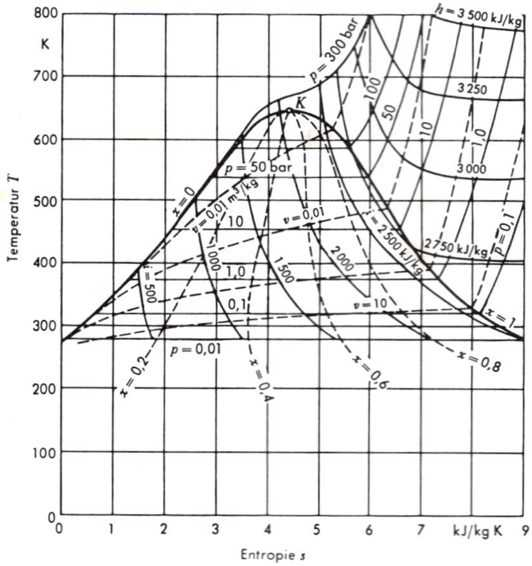

Bild 133-5.
*T, s*-Diagramm des Wasserdampfes mit Isobaren (ausgezogen) und Isochoren (gestrichelt).

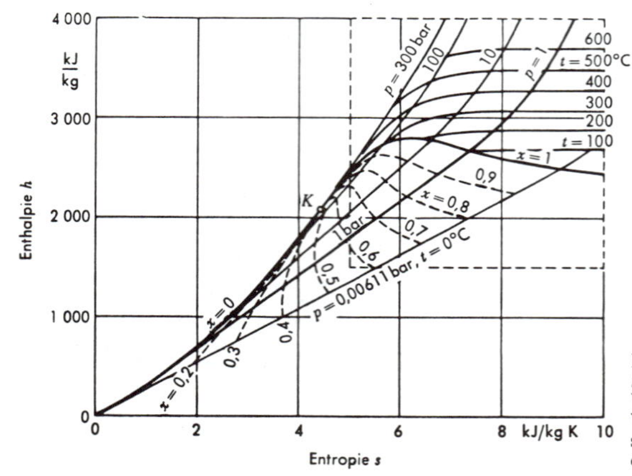


Bild 133-6.
*h, s*-Diagramm des Wasserdampfes. Vergrößerter Ausschnitt siehe Falttafel am Ende des Buches.

*Beispiel:*

Wie groß ist die Entropie von Wasser bei 100 °C?

$$s = 0 + \frac{4{,}19 \cdot 100}{273 + 50} = 1{,}31 \text{ kJ/kg K (angenähert).}$$

Für Dampf von 100 °C ist

$$s'' = 1{,}31 + \frac{r}{T} = 1{,}31 + \frac{2257}{373} = 7{,}36 \text{ kJ/kg K.}$$

## -5 *T, s*- UND *h, s*-DIAGRAMM

Eine übersichtliche Darstellung der Zustandsgrößen des Wasserdampfes erhält man durch Diagramme, von denen die meistverwendeten das *T, s*- und das *h, s*-Diagramm sind.

Im *T, s*-Diagramm (Bild 133-5) ist als Ordinate die Temperatur *T*, als Abszisse die Entropie *s* aufgezeichnet. Nach der Gleichung für die Entropie $Tds = dq$ stellen die Flächen unter den Kurven Wärmemengen dar.

Im *h, s*- oder *Mollier-Diagramm* (Bild 133-6 und Falttafel am Ende des Buches) ist als Ordinate die Enthalpie *h*, als Abszisse die Entropie aufgetragen. Vorteil dieses Diagramms ist insbesondere, daß die für wärmetechnische Berechnungen wichtigen Enthalpie-Differenzen als Strecken abgegriffen werden können.

Beide Diagramme eignen sich besonders auch für die Untersuchung von Zustandsänderungen, namentlich adiabatischen Zustandsänderungen, da die Adiabaten in beiden Diagrammen senkrechte Linien sind. Entspannt man überhitzten Dampf isentrop, wird er kälter und nach Erreichen der Grenzkurve naß. *Drosselung* s. Abschn. 146.

## -6 KRITISCHE ZUSTANDSGRÖSSEN

Wie aus dem *Ts*-Diagramm ersichtlich, wird die Verdampfungswärme mit steigendem Druck und steigender Temperatur immer geringer, um schließlich bei einem bestimmten Zustand des Dampfes ganz zu verschwinden. Man nennt diesen Zustand, bei dem kein Unterschied mehr zwischen Flüssigkeit und Dampf besteht, den kritischen Zustand (Tafel 133-2). Bei Wasserdampf beträgt der kritische Druck 221,2 bar, die kritische Temperatur 374,1 °C, das kritische Volumen 3,17 dm³/kg. Moderne Kessel arbeiten manchmal in der Nähe oder auch oberhalb des kritischen Punktes.

**Tafel 133-2. Kritischer Druck und kritische Temperatur von Gasen und Dämpfen**

| Stoff | Formel | Kritischer Druck bar | Kritische Temperatur °C |
|---|---|---|---|
| Azeton | $C_3H_6O$ | 59 | 236 |
| Azetylen | $C_2H_2$ | 63,4 | 35,7 |
| Ammoniak | $C_6H_6$ | 112,7 | 132,4 |
| Benzol | $C_4H_{11}N$ | 47 | 288,6 |
| Diäthylamin | $CF_2Cl_2$ | 37,4 | 223 |
| Difluordichlormethan | $C_2H_7N$ | 39,6 | 111,5 |
| Dimethylamin | $C_2H_6O$ | 52,9 | 164 |
| Ethylalkohol | $C_2H_5Br$ | 63,8 | 243 |
| Ethylbromid | $C_2H_5Cl$ | 60,2 | 233 |
| Ethylchlorid | $NH_3$ | 51,9 | 185 |
| Helium | He | 2,27 | −267,9 |
| Kohlendioxyd | $CO_2$ | 73,5 | 31 |
| Luft | – | 37,7 | −140,7 |
| Methylchlorid | $CH_3Cl$ | 66,7 | 143,1 |
| Methylenchlorid | $CH_2Cl_2$ | 99,4 | 245 |
| Sauerstoff | $O_2$ | 50,0 | −118,8 |
| Schwefeldioxyd | $SO_2$ | 78,7 | 157,3 |
| Stickstoff | $N_2$ | 32,6 | −147,1 |
| Toluol | $C_7H_8$ | 40,5 | 321 |
| Wasserdampf | $H_2O$ | 221 | 374,1 |
| Wasserstoff | $H_2$ | 12,9 | −239,9 |

**Tafel 133-3*). Zustandsgrößen von Wasser und Dampf bei Sättigung in Abhängigkeit von der Temperatur**

| $t$ °C | $p$ bar | $v'$ dm³/kg | $v''$ m³/kg | $\varrho''$ kg/m³ | $h'$ kJ/kg | $h''$ kJ/kg | $r$ kJ/kg | $s'$ kJ/kg K | $s''$ kJ/kg K | $t$ °C |
|---|---|---|---|---|---|---|---|---|---|---|
| 0 | 0,006108 | 1,0002 | 206,3 | 0,004847 | −0,04 | 2501,6 | 2501,6 | −0,0002 | 9,1577 | 0 |
| 2 | 0,007055 | 1,0001 | 179,9 | 0,005558 | 8,39 | 2505,2 | 2496,8 | 0,0306 | 9,1047 | 2 |
| 4 | 0,008129 | 1,0000 | 157,3 | 0,006358 | 16,80 | 2508,9 | 2492,1 | 0,0611 | 9,0526 | 4 |
| 6 | 0,009345 | 1,0000 | 137,8 | 0,007258 | 25,21 | 2512,6 | 2487,4 | 0,0913 | 9,0015 | 6 |
| 8 | 0,010720 | 1,0001 | 121,0 | 0,008267 | 33,60 | 2516,2 | 2482,6 | 0,1213 | 8,9513 | 8 |
| 10 | 0,012270 | 1,0003 | 106,4 | 0,009396 | 41,99 | 2519,9 | 2477,9 | 0,1510 | 8,9020 | 10 |
| 12 | 0,014014 | 1,0004 | 93,84 | 0,01066 | 50,38 | 2523,6 | 2473,2 | 0,1805 | 8,8536 | 12 |
| 14 | 0,015973 | 1,0007 | 82,90 | 0,01206 | 58,75 | 2527,2 | 2468,5 | 0,2098 | 8,8060 | 14 |
| 16 | 0,018168 | 1,0010 | 73,38 | 0,01363 | 67,13 | 2530,9 | 2463,8 | 0,2388 | 8,7593 | 16 |
| 18 | 0,02062 | 1,0013 | 65,09 | 0,01536 | 75,50 | 2534,5 | 2459,0 | 0,2677 | 8,7135 | 18 |
| 20 | 0,02337 | 1,0017 | 57,84 | 0,01729 | 83,86 | 2538,2 | 2454,3 | 0,2963 | 8,6684 | 20 |
| 22 | 0,02642 | 1,0022 | 51,49 | 0,01942 | 92,23 | 2541,8 | 2449,6 | 0,3247 | 8,6241 | 22 |
| 24 | 0,02982 | 1,0026 | 45,93 | 0,02177 | 100,59 | 2545,5 | 2444,9 | 0,3530 | 8,5806 | 24 |
| 26 | 0,03360 | 1,0032 | 41,03 | 0,02437 | 108,95 | 2549,1 | 2440,2 | 0,3810 | 8,5379 | 26 |
| 28 | 0,03778 | 1,0037 | 36,73 | 0,02723 | 117,31 | 2552,7 | 2435,4 | 0,4088 | 8,4959 | 28 |
| 30 | 0,04241 | 1,0043 | 32,93 | 0,03037 | 125,66 | 2556,4 | 2430,7 | 0,4365 | 8,4546 | 30 |
| 32 | 0,04753 | 1,0049 | 29,57 | 0,03382 | 134,02 | 2560,0 | 2425,9 | 0,4640 | 8,4140 | 32 |
| 34 | 0,05318 | 1,0056 | 26,60 | 0,03759 | 142,38 | 2563,6 | 2421,2 | 0,4913 | 8,3740 | 34 |
| 36 | 0,05940 | 1,0063 | 23,97 | 0,04172 | 150,74 | 2567,2 | 2416,4 | 0,5184 | 8,3348 | 36 |
| 38 | 0,06624 | 1,0070 | 21,63 | 0,04624 | 159,09 | 2570,8 | 2411,7 | 0,5453 | 8,2962 | 38 |
| 40 | 0,07375 | 1,0078 | 19,55 | 0,05116 | 167,45 | 2574,4 | 2406,9 | 0,5721 | 8,2583 | 40 |
| 42 | 0,08198 | 1,0086 | 17,69 | 0,05652 | 175,81 | 2577,9 | 2402,1 | 0,5987 | 8,2209 | 42 |
| 44 | 0,09100 | 1,0094 | 16,04 | 0,06236 | 184,17 | 2581,5 | 2397,3 | 0,6252 | 8,1842 | 44 |
| 46 | 0,10086 | 1,0103 | 14,56 | 0,06869 | 192,53 | 2585,1 | 2392,5 | 0,6514 | 8,1481 | 46 |
| 48 | 0,11162 | 1,0112 | 13,23 | 0,07557 | 200,89 | 2588,6 | 2387,7 | 0,6776 | 8,1125 | 48 |
| 50 | 0,12335 | 1,0121 | 12,05 | 0,08302 | 209,26 | 2592,2 | 2382,9 | 0,7035 | 8,0776 | 50 |
| 52 | 0,13613 | 1,0131 | 10,98 | 0,09108 | 217,62 | 2595,7 | 2378,1 | 0,7293 | 8,0432 | 52 |
| 54 | 0,15002 | 1,0140 | 10,02 | 0,09979 | 225,98 | 2599,2 | 2373,2 | 0,7550 | 8,0093 | 54 |
| 56 | 0,16511 | 1,0150 | 9,159 | 0,1092 | 234,35 | 2602,7 | 2368,4 | 0,7804 | 7,9759 | 56 |
| 58 | 0,18147 | 1,0161 | 8,381 | 0,1193 | 242,72 | 2606,2 | 2363,5 | 0,8058 | 7,9431 | 58 |

*) VDI-Wasserdampftafeln. Springer-Verlag u. Oldenbourg 1969.

**Tafel 133-3** (Fortsetzung)

| $t$ °C | $p$ bar | $v'$ dm³/kg | $v''$ m³/kg | $\varrho''$ kg/m³ | $h'$ kJ/kg | $h''$ | $r$ kJ/kg | $s'$ kJ/kg K | $s''$ | $t$ °C |
|---|---|---|---|---|---|---|---|---|---|---|
| 60 | 0,20313 | 1,0171 | 7,679 | 0,1302 | 251,09 | 2609,7 | 2358,6 | 0,8310 | 7,9108 | 60 |
| 70 | 0,3116 | 1,0228 | 5,046 | 0,1982 | 292,97 | 2626,9 | 2334,0 | 0,9548 | 7,7565 | 70 |
| 80 | 0,4736 | 1,0292 | 3,409 | 0,2933 | 334,92 | 2643,8 | 2308,8 | 1,0753 | 7,6132 | 80 |
| 90 | 0,7011 | 1,0361 | 2,361 | 0,4235 | 376,94 | 2660,1 | 2283,2 | 1,1925 | 7,4799 | 90 |
| 100 | 1,0133 | 1,0437 | 1,673 | 0,5977 | 419,06 | 2676,0 | 2256,9 | 1,3069 | 7,3554 | 100 |
| 105 | 1,2080 | 1,0477 | 1,419 | 0,7046 | 440,17 | 2683,7 | 2243,6 | 1,3630 | 7,2962 | 105 |
| 110 | 1,4327 | 1,0519 | 1,210 | 0,8265 | 461,32 | 2691,3 | 2230,6 | 1,4185 | 7,2388 | 110 |
| 115 | 1,6906 | 1,0562 | 1,036 | 0,9650 | 482,50 | 2698,7 | 2216,2 | 1,4733 | 7,1832 | 115 |
| 120 | 1,9854 | 1,0606 | 0,8915 | 1,122 | 503,72 | 2706,0 | 2202,2 | 1,5276 | 7,1293 | 120 |
| 125 | 2,3210 | 1,0652 | 0,7702 | 1,298 | 524,99 | 2713,0 | 2188,0 | 1,5813 | 7,0769 | 125 |
| 130 | 2,7013 | 1,0700 | 0,6681 | 1,497 | 546,31 | 2719,9 | 2173,6 | 1,6344 | 7,0261 | 130 |
| 135 | 3,131 | 1,0750 | 0,5818 | 1,719 | 567,68 | 2726,6 | 2158,9 | 1,6869 | 6,9766 | 135 |
| 140 | 3,614 | 1,0801 | 0,5085 | 1,967 | 589,10 | 2733,1 | 2144,0 | 1,7390 | 6,9284 | 140 |
| 145 | 4,155 | 1,0853 | 0,4460 | 2,242 | 610,60 | 2739,3 | 2128,7 | 1,7906 | 6,8815 | 145 |
| 150 | 4,760 | 1,0908 | 0,3924 | 2,548 | 632,15 | 2745,4 | 2113,2 | 1,8416 | 6,8358 | 150 |
| 155 | 5,433 | 1,0964 | 0,3464 | 2,886 | 653,78 | 2751,2 | 2097,4 | 1,8923 | 6,7911 | 155 |
| 160 | 6,181 | 1,1022 | 0,3068 | 3,260 | 675,47 | 2756,7 | 2081,3 | 1,9425 | 6,7475 | 160 |
| 165 | 7,008 | 1,1082 | 0,2724 | 3,671 | 697,25 | 2762,0 | 2064,8 | 1,9923 | 6,7048 | 165 |
| 170 | 7,920 | 1,1145 | 0,2426 | 4,123 | 719,12 | 2767,1 | 2047,9 | 2,0416 | 6,6630 | 170 |
| 180 | 10,027 | 1,1275 | 0,1938 | 5,160 | 763,12 | 2776,3 | 2013,1 | 2,1393 | 6,5819 | 180 |
| 190 | 12,551 | 1,1415 | 0,1563 | 6,397 | 807,52 | 2784,3 | 1976,7 | 2,2356 | 6,5036 | 190 |
| 200 | 15,549 | 1,1565 | 0,1272 | 7,864 | 852,37 | 2790,9 | 1938,6 | 2,3307 | 6,4278 | 200 |
| 210 | 19,077 | 1,1726 | 0,1042 | 9,593 | 897,74 | 2796,2 | 1898,5 | 2,4247 | 6,3539 | 210 |
| 220 | 23,198 | 1,1900 | 0,08604 | 11,62 | 943,67 | 2799,9 | 1856,2 | 2,5178 | 6,2817 | 220 |
| 250 | 39,776 | 1,2513 | 0,05004 | 19,99 | 1085,8 | 2800,4 | 1714,6 | 2,7935 | 6,0708 | 250 |
| 300 | 85,927 | 1,4041 | 0,02165 | 46,19 | 1345,0 | 2751,0 | 1406,0 | 3,2552 | 5,7081 | 300 |
| 325 | 120,56 | 1,5289 | 0,01419 | 70,45 | 1494,0 | 2688,0 | 1194,0 | 3,5008 | 5,4969 | 325 |
| 350 | 165,35 | 1,7411 | 0,008799 | 113,6 | 1671,9 | 2567,7 | 895,7 | 3,7800 | 5,2177 | 350 |
| 374,15 | 221,20 | 3,1700 | 0,003170 | 315,5 | 2107,4 | | 0,0 | 4,4429 | | 374,15 |

**Tafel 133-4. Zustandsgrößen von Wasser und Dampf bei Sättigung in Abhängigkeit vom Druck**

| $p$ bar | $t$ °C | $v'$ dm³/kg | $v''$ m³/kg | $\varrho''$ kg/m³ | $h'$ kJ/kg | $h''$ kJ/kg | $r$ kJ/kg | $s'$ kJ/kg K | $s''$ kJ/kg K |
|---|---|---|---|---|---|---|---|---|---|
| 0,010 | 6,9808 | 1,0001 | 129,20 | 0,007739 | 29,34 | 2514,4 | 2485,0 | 0,1060 | 8,9767 |
| 0,020 | 17,513 | 1,0012 | 67,01 | 0,01492 | 73,46 | 2533,6 | 2460,2 | 0,2607 | 8,7246 |
| 0,030 | 24,100 | 1,0027 | 45,67 | 0,02190 | 101,00 | 2545,6 | 2444,6 | 0,3544 | 8,5785 |
| 0,040 | 28,983 | 1,0040 | 34,80 | 0,02873 | 121,41 | 2554,5 | 2433,1 | 0,4225 | 8,4755 |
| 0,050 | 32,898 | 1,0052 | 28,19 | 0,03547 | 137,77 | 2561,6 | 2423,8 | 0,4763 | 8,3960 |
| 0,060 | 36,183 | 1,0064 | 23,74 | 0,04212 | 151,50 | 2567,5 | 2416,0 | 0,5209 | 8,3312 |
| 0,070 | 39,025 | 1,0074 | 20,53 | 0,04871 | 163,38 | 2572,6 | 2409,2 | 0,5591 | 8,2767 |
| 0,080 | 41,534 | 1,0084 | 18,10 | 0,05523 | 173,86 | 2577,1 | 2403,2 | 0,5925 | 8,2296 |
| 0,090 | 43,787 | 1,0094 | 16,20 | 0,06171 | 183,28 | 2581,1 | 2397,9 | 0,6224 | 8,1881 |
| 0,10 | 45,833 | 1,0102 | 14,67 | 0,06814 | 191,83 | 2584,8 | 2392,9 | 0,6493 | 8,1511 |
| 0,20 | 60,086 | 1,0172 | 7,650 | 0,1307 | 251,45 | 2609,9 | 2358,4 | 0,8321 | 7,9094 |
| 0,30 | 69,124 | 1,0223 | 5,229 | 0,1912 | 289,30 | 2625,4 | 2336,1 | 0,9441 | 7,7695 |
| 0,40 | 75,886 | 1,0265 | 3,993 | 0,2504 | 317,65 | 2636,9 | 2319,2 | 1,0261 | 7,6709 |
| 0,50 | 81,345 | 1,0301 | 3,240 | 0,3086 | 340,56 | 2646,0 | 2305,4 | 1,0912 | 7,5947 |
| 0,60 | 85,954 | 1,0333 | 2,732 | 0,3661 | 359,93 | 2653,6 | 2293,6 | 1,1454 | 7,5327 |
| 0,70 | 89,959 | 1,0361 | 2,365 | 0,4229 | 376,77 | 2660,1 | 2283,3 | 1,1921 | 7,4804 |
| 0,80 | 93,512 | 1,0387 | 2,087 | 0,4792 | 391,72 | 2665,8 | 2274,0 | 1,2330 | 7,4352 |
| 0,90 | 96,713 | 1,0412 | 1,869 | 0,5350 | 405,21 | 2670,9 | 2265,6 | 1,2696 | 7,3954 |
| 1,0 | 99,632 | 1,0434 | 1,694 | 0,5904 | 417,51 | 2675,4 | 2257,9 | 1,3027 | 7,3598 |
| 1,5 | 111,37 | 1,0530 | 1,159 | 0,8628 | 467,13 | 2693,4 | 2226,2 | 1,4336 | 7,2234 |
| 2,0 | 120,23 | 1,0608 | 0,8854 | 1,129 | 504,70 | 2706,3 | 2201,6 | 1,5301 | 7,1268 |
| 2,5 | 127,43 | 1,0675 | 0,7184 | 1,392 | 535,34 | 2716,4 | 2181,0 | 1,6071 | 7,0520 |
| 3,0 | 133,54 | 1,0735 | 0,6056 | 1,651 | 561,43 | 2724,7 | 2163,2 | 1,6716 | 6,9909 |
| 3,5 | 138,87 | 1,0789 | 0,5240 | 1,908 | 584,27 | 2731,6 | 2147,4 | 1,7273 | 6,9392 |
| 4,0 | 143,62 | 1,0839 | 0,4622 | 2,163 | 604,67 | 2737,6 | 2133,0 | 1,7764 | 6,8943 |
| 4,5 | 147,92 | 1,0885 | 0,4138 | 2,417 | 623,16 | 2742,9 | 2119,7 | 1,8204 | 6,8547 |
| 5,0 | 151,84 | 1,0928 | 0,3747 | 2,669 | 640,12 | 2747,5 | 2107,4 | 1,8604 | 6,8192 |
| 6,0 | 158,84 | 1,1009 | 0,3155 | 3,170 | 670,42 | 2755,5 | 2085,0 | 1,9308 | 6,7575 |
| 7,0 | 164,96 | 1,1082 | 0,2727 | 3,667 | 697,06 | 2762,0 | 2064,9 | 1,9918 | 6,7052 |

**Tafel 133-4** (Fortsetzung)

| $p$ bar | $t$ °C | $v'$ $dm^3/kg$ | $v''$ $m^3/kg$ | $\varrho''$ $kg/m^3$ | $h'$ kJ/kg | $h''$ kJ/kg | $r$ kJ/kg | $s'$ kJ/kg K | $s''$ kJ/kg K |
|---|---|---|---|---|---|---|---|---|---|
| 8,0 | 170,41 | 1,1150 | 0,2403 | 4,162 | 720,94 | 2767,5 | 2046,5 | 2,0457 | 6,6596 |
| 9,0 | 175,36 | 1,1213 | 0,2148 | 4,655 | 742,64 | 2772,1 | 2029,5 | 2,0941 | 6,6192 |
| 10,0 | 179,88 | 1,1274 | 0,1943 | 5,147 | 762,61 | 2776,2 | 2013,6 | 2,1382 | 6,5828 |
| 11 | 184,07 | 1,1331 | 0,1774 | 5,637 | 781,13 | 2779,7 | 1998,5 | 2,1786 | 6,5497 |
| 12 | 187,96 | 1,1386 | 0,1632 | 6,127 | 798,43 | 2782,7 | 1984,3 | 2,2161 | 6,5194 |
| 13 | 191,61 | 1,1438 | 0,1511 | 6,617 | 814,70 | 2785,4 | 1970,7 | 2,2510 | 6,4913 |
| 14 | 195,04 | 1,1489 | 0,1407 | 7,106 | 830,08 | 2787,8 | 1957,7 | 2,2837 | 6,4651 |
| 15 | 198,29 | 1,1539 | 0,1317 | 7,596 | 844,67 | 2789,9 | 1945,2 | 2,3145 | 6,4406 |
| 16 | 201,37 | 1,1586 | 0,1237 | 8,085 | 858,56 | 2791,7 | 1933,2 | 2,3436 | 6,4175 |
| 17 | 204,31 | 1,1633 | 0,1166 | 8,575 | 871,84 | 2793,4 | 1921,5 | 2,3713 | 6,3957 |
| 18 | 207,11 | 1,1678 | 0,1103 | 9,065 | 884,58 | 2794,8 | 1910,3 | 2,3976 | 6,3751 |
| 19 | 209,80 | 1,1723 | 0,1047 | 9,555 | 896,81 | 2796,1 | 1899,3 | 2,4228 | 6,3554 |
| 20 | 212,37 | 1,1766 | 0,09954 | 10,05 | 908,59 | 2792,2 | 1888,6 | 2,4469 | 6,3367 |
| 25 | 223,94 | 1,1972 | 0,07991 | 12,51 | 961,96 | 2800,9 | 1839,0 | 2,5543 | 6,2536 |
| 30 | 233,84 | 1,2163 | 0,06663 | 15,01 | 1008,4 | 2802,3 | 1793,9 | 2,6455 | 6,1837 |
| 40 | 250,33 | 1,2521 | 0,04975 | 20,10 | 1087,4 | 2800,3 | 1712,9 | 2,7965 | 6,0685 |
| 50 | 263,91 | 1,2858 | 0,03943 | 25,36 | 1154,5 | 2794,2 | 1639,7 | 2,9206 | 5,9735 |
| 60 | 275,55 | 1,3187 | 0,03244 | 30,83 | 1213,7 | 2785,0 | 1571,3 | 3,0273 | 5,8908 |
| 70 | 285,79 | 1,3513 | 0,02737 | 36,53 | 1267,4 | 2773,5 | 1506,0 | 3,1219 | 5,8162 |
| 80 | 294,97 | 1,3842 | 0,02353 | 42,51 | 1317,1 | 2759,9 | 1442,8 | 3,2076 | 5,7471 |
| 90 | 303,31 | 1,4179 | 0,02050 | 48,79 | 1363,7 | 2744,6 | 1380,9 | 3,2867 | 5,6820 |
| 100 | 310,96 | 1,4526 | 0,01804 | 55,43 | 1408,0 | 2727,7 | 1319,7 | 3,3605 | 5,6198 |
| 110 | 318,05 | 1,4887 | 0,01601 | 62,48 | 1450,6 | 2709,3 | 1258,7 | 3,4304 | 5,5595 |
| 120 | 324,65 | 1,5268 | 0,01428 | 70,01 | 1491,8 | 2689,2 | 1197,4 | 3,4972 | 5,5002 |
| 130 | 330,83 | 1,5672 | 0,01280 | 78,14 | 1532,0 | 2667,0 | 1135,0 | 3,5616 | 5,4408 |
| 140 | 336,64 | 1,6106 | 0,01150 | 86,99 | 1571,6 | 2642,4 | 1070,7 | 3,6242 | 5,3803 |
| 150 | 342,13 | 1,6579 | 0,01034 | 96,71 | 1611,0 | 2615,0 | 1004,0 | 3,6859 | 5,3178 |
| 200 | 365,70 | 2,0370 | 0,005877 | 170,2 | 1826,5 | 2418,4 | 591,9 | 4,0149 | 4,9412 |
| 220 | 373,69 | 2,6714 | 0,003728 | 268,3 | 2011,1 | 2195,6 | 184,5 | 4,2947 | 4,5799 |
| 221,2 | 374,15 | 3,17 | 0,00317 | 315,5 | 2107,4 | | 0 | 4,4429 | |

**Tafel 133-8. Spez. Volumen *v* von Wasserdampf in m³/kg.**
Unterhalb der stark ausgezogenen Linie in cm³/kg.

| Druck bar | Spez.Vol. bei Sättig. | Dampftemperatur °C | | | | | | | |
|---|---|---|---|---|---|---|---|---|---|
| | m³/kg | 150 | 200 | 250 | 300 | 350 | 400 | 450 | 500 |
| 1 | 1,694 | 1,936 | 2,172 | 2,406 | 2,639 | 2,871 | 3,102 | 3,334 | 3,565 |
| 2 | 0,885 | 0,959 | 1,080 | 1,199 | 1,316 | 1,433 | 1,550 | 1,665 | 1,781 |
| 3 | 0,606 | 0,634 | 0,716 | 0,796 | 0,875 | 0,954 | 1,031 | 1,109 | 1,187 |
| 4 | 0,462 | 0,471 | 0,534 | 0,595 | 0,655 | 0,714 | 0,773 | 0,831 | 0,889 |
| 5 | 0,375 | – | 0,425 | 0,474 | 0,523 | 0,570 | 0,617 | 0,664 | 0,711 |
| 6 | 0,316 | – | 0,352 | 0,394 | 0,434 | 0,474 | 0,514 | 0,553 | 0,592 |
| 7 | 0,273 | – | 0,210 | 0,336 | 0,371 | 0,406 | 0,440 | 0,473 | 0,507 |
| 8 | 0,240 | – | 0,261 | 0,293 | 0,324 | 0,354 | 0,384 | 0,414 | 0,443 |
| 9 | 0,215 | – | 0,230 | 0,260 | 0,287 | 0,314 | 0,341 | 0,367 | 0,394 |
| 10 | 0,194 | – | 0,206 | 0,233 | 0,258 | 0,282 | 0,307 | 0,330 | 0,354 |
| 11 | 0,177 | – | 0,186 | 0,211 | 0,234 | 0,256 | 0,278 | 0,300 | 0,322 |
| 12 | 0,163 | – | 0,169 | 0,192 | 0,214 | 0,235 | 0,255 | 0,275 | 0,295 |
| 13 | 0,151 | – | 0,155 | 0,177 | 0,197 | 0,216 | 0,235 | 0,253 | 0,272 |
| 14 | 0,141 | – | 0,143 | 0,164 | 0,182 | 0,200 | 0,218 | 0,235 | 0,252 |
| 15 | 0,132 | – | 0,132 | 0,152 | 0,170 | 0,187 | 0,203 | 0,219 | 0,235 |
| 16 | 0,124 | – | – | 0,142 | 0,156 | 0,175 | 0,190 | 0,205 | 0,220 |
| 18 | 0,110 | – | – | 0,125 | 0,140 | 0,155 | 0,168 | 0,182 | 0,195 |
| 20 | 0,100 | – | – | 0,111 | 0,126 | 0,139 | 0,151 | 0,163 | 0,176 |
| 22 | 0,091 | – | – | 0,100 | 0,113 | 0,125 | 0,137 | 0,148 | 0,159 |
| 24 | 0,083 | – | – | 0,091 | 0,103 | 0,115 | 0,125 | 0,136 | 0,146 |
| 26 | 0,077 | – | – | 0,083 | 0,095 | 0,105 | 0,115 | 0,125 | 0,134 |
| 28 | 0,071 | – | – | 0,076 | 0,088 | 0,097 | 0,107 | 0,116 | 0,125 |
| 30 | 0,067 | – | – | 0,071 | 0,081 | 0,091 | 0,099 | 0,108 | 0,116 |
| 32 | 0,062 | – | – | 0,065 | 0,076 | 0,085 | 0,093 | 0,101 | 0,109 |
| 34 | 0,059 | – | – | 0,061 | 0,071 | 0,079 | 0,087 | 0,095 | 0,102 |
| 36 | 0,055 | – | – | 0,057 | 0,066 | 0,074 | 0,082 | 0,089 | 0,096 |
| 38 | 0,052 | – | – | 0,053 | 0,062 | 0,070 | 0,077 | 0,084 | 0,091 |
| 40 | 0,050 | – | – | – | 0,059 | 0,066 | 0,073 | 0,080 | 0,086 |
| 42 | 0,047 | – | – | – | 0,056 | 0,063 | 0,070 | 0,076 | 0,082 |
| 44 | 0,045 | – | – | – | 0,053 | 0,060 | 0,066 | 0,072 | 0,078 |
| 46 | 0,043 | – | – | – | 0,050 | 0,057 | 0,063 | 0,069 | 0,075 |
| 48 | 0,041 | – | – | – | 0,048 | 0,054 | 0,060 | 0,066 | 0,071 |
| 50 | 0,039 | – | – | – | 0,045 | 0,052 | 0,058 | 0,063 | 0,068 |
| 60 | 0,032 | – | – | – | 0,036 | 0,042 | 0,047 | 0,052 | 0,057 |
| 70 | 0,027 | – | – | – | 0,029 | 0,035 | 0,040 | 0,044 | 0,048 |
| 80 | 0,024 | – | – | – | 0,024 | 0,030 | 0,034 | 0,038 | 0,042 |
| 90 | 0,021 | – | – | – | – | 0,026 | 0,030 | 0,033 | 0,037 |
| 100 | 0,018 | – | – | – | – | 0,022 | 0,026 | 0,030 | 0,033 |
| 125 | 0,014 | – | – | – | – | 0,016 | 0,020 | 0,023 | 0,026 |
| 150 | 0,010 | – | – | – | – | 0,011 | 0,016 | 0,018 | 0,021 |
| 175 | 0,008 | – | – | – | – | – | 12,5 | 15,2 | 17,4 |
| 200 | 0,006 | – | – | – | – | – | 9,95 | 12,7 | 14,8 |
| 250 | – | 1,07 | 1,13 | 1,22 | 1,35 | 1,60 | 6,01 | 9,17 | 11,1 |
| 300 | – | 1,07 | 1,13 | 1,21 | 1,33 | 1,55 | 2,83 | 6,74 | 8,68 |
| 350 | – | 1,07 | 1,13 | 1,20 | 1,32 | 1,52 | 2,11 | 4,96 | 6,92 |
| 400 | – | 1,07 | 1,12 | 1,20 | 1,31 | 1,49 | 1,91 | 3,67 | 5,62 |
| 500 | – | 1,06 | 1,11 | 1,19 | 1,29 | 1,44 | 1,73 | 2,49 | 3,88 |
| 600 | – | 1,06 | 1,11 | 1,18 | 1,27 | 1,41 | 1,63 | 2,08 | 2,95 |
| 700 | – | 1,05 | 1,10 | 1,17 | 1,25 | 1,38 | 1,57 | 1,89 | 2,47 |
| 800 | – | 1,04 | 1,09 | 1,16 | 1,24 | 1,35 | 1,52 | 1,77 | 2,19 |

### -7 ZUSTANDSGLEICHUNGEN

Da die Zustandsgleichung der vollkommenen Gase $pv = RT$ für wirkliche Gase und Dämpfe nur angenähert gilt, hat man sich bemüht, genauere Gleichungen aufzustellen. Die einfachsten dieser Gleichungen sind für Wasserdampf folgende:

1) *Van der Waalsche Zustandsgleichung*

$$\left(p + \frac{a}{v^2}\right)(v - b) = RT$$

$a$ und $b$ sind darin Konstante, $R = 461{,}5$ J/kg K. (Tafel 132-1).

2) *Callendarsche Zustandsgleichung*

$$v = R\frac{T}{p} + 0{,}001 - 0{,}075\left(\frac{273}{T}\right)^{10/3}.$$

Alle diese Gleichungen sowie auch andere, noch weit kompliziertere (z. B. von Koch) geben das wirkliche Verhalten der Dämpfe nur angenähert, namentlich bei höheren Drücken, wieder. Verwendung der Gleichungen insbesondere zur Aufstellung der Dampftafeln. Für praktische Rechnungen werden ausschließlich Tafeln verwendet, in denen alle Zustandsgrößen berechnet sind (Tafel 133-3 und -4). Sie werden auf Grund internationaler Vereinbarung aufgestellt[1]).

*Faustformeln für Überschlagsrechnungen mit Wasserdampf bei Sättigung:*

| | | |
|---|---|---|
| Temperatur | $t \approx 100\sqrt[4]{p_{\text{bar}}}$ | in °C |
| Druck | $p \approx (t/100)^4$ | in bar |
| Dichte | $\varrho \approx p/2 + 0{,}1$ | in kg/m³ |

### -8 DÄMPFE VERSCHIEDENER FLÜSSIGKEITEN

Die Dämpfe anderer Flüssigkeiten als Wasser entsprechen bei ihren Zustandsänderungen ganz dem Verhalten des Wasserdampfes, wenn auch die Werte der einzelnen Zustandsgrößen wie Druck, Temperatur usw. bei den einzelnen Flüssigkeiten in weiten Grenzen schwanken. Denn alle Dämpfe sind Gase in der Nähe der Verflüssigung und alle Gase lassen sich verflüssigen. Im *Sättigungszustand* sind siedende Flüssigkeit und Dampf gleichzeitig vorhanden. Bei Wärmezufuhr bleibt die Verdampfungstemperatur so lange konstant, bis alle Flüssigkeit verdampft ist. Bei weiterer Erwärmung entsteht der *überhitzte Dampf,* der in seinem Verhalten den Gasen ähnelt. Der Druck, bei dem die Flüssigkeit ohne Verdampfung direkt in den gasförmigen Zustand übergeht, heißt *kritischer Druck* und die zugehörige Temperatur kritische Temperatur (Bild 133-1).

Für die Klimatechnik wichtig sind insbesondere die Dämpfe, die in Kältemaschinen und Wärmepumpen verwendet werden (siehe Abschn. 62, 63 sowie 225-1).

## 134 FEUCHTE LUFT

### -1 ALLGEMEINES

Normale Luft enthält immer eine mehr oder weniger große Wasserdampfmenge in unsichtbarer Form, die einen bestimmten Dampfdruck ausübt. Die Dampfmenge, die 1 m³ Luft aufnehmen kann, ist beschränkt und von der Temperatur abhängig. Je höher die Temperatur, desto größer die Dampfmenge, die aufgenommen werden kann. Bei der größtmöglichen Dampfmenge ist der Wasserdampfdruck gleich dem Siededruck bei der entsprechenden Temperatur. Wird mehr Wasserdampf zugeführt als dem Sättigungswert entspricht, schlägt sich der überschüssige Dampf in Form von *Nebel* (= kleinste Wassertröpfchen) nieder.

---

[1]) VDI-Wasserdampftafeln. 7. Aufl. 1969. Bearbeitet von E. Schmidt, München, Oldenbourg-Verlag, und Berlin, Springer-Verlag.

## -2 RELATIVE LUFTFEUCHTE

Unter relativer Luftfeuchte versteht man das Verhältnis

$$\varphi = \frac{\text{Teildruck des Wasserdampfes}}{\text{Sättigungsdruck des Wasserdampfes}} = \frac{p_D}{p''}$$

$p_D$ = Teildruck des Dampfes in mbar.
$p''$ = Sättigungsdruck des Dampfes in mbar.

*Taupunkt* ist diejenige Temperatur, bis zu der man feuchte Luft abkühlen muß, bis sie vollgesättigt ist.

*Taupunktdifferenz* ist die Differenz zwischen Lufttemperatur und Taupunkt.

*Sättigungsdefizit* = Sättigungsdruck – Teildampfdruck.

## -3 ABSOLUTE FEUCHTE

Bei Rechnungen mit feuchter Luft empfiehlt es sich, als Rechnungsgröße die Masse von 1 kg trockener Luft zu verwenden, dem wechselnde Mengen von Wasserdampf beigemischt sind. Sind je kg trockener Luft $x$ kg Dampf beigemischt, so ist die Masse der Mischung $(1+x)$ kg. Man sagt, daß die absolute Feuchte der Luft $x$ kg je kg trockener Luft beträgt.

Das Verhältnis zwischen $x$ und dem Teildruck $p_D$ der Luft ergibt sich aus den Gasgesetzen wie folgt:

Zustandsgleichung für Wasserdampf: $p_D \cdot V = R_D\, m_D\, T$.

Zustandsgleichung für Luft: $p_L \cdot V = R_L\, m_L\, T$.

Durch Division folgt: $\frac{p_D}{p_L} = \frac{R_D}{R_L} \cdot \frac{m_D}{m_L}$

oder $\frac{m_D}{m_L} = \frac{p_D}{p_L} \cdot \frac{R_L}{R_D}$.

Bezieht man die Gleichung auf das Gemisch von $(1+x)$ kg Masse, so ist

$m_D = x$ kg
$m_L = 1$ kg.

Ferner ist

$R_D = 462$ J/kg K (Gaskonstante für Dampf)
$R_L = 287{,}1$ J/kg K (Gaskonstante für Luft).

$$R_f = \frac{R_L + xR_D}{1+x} \quad \text{(Gaskonstante der feuchten Luft)}$$

Also

$$x = \frac{287{,}1}{462} \cdot \frac{p_D}{p_L} = 0{,}622 \frac{p_D}{p_L}$$

oder

$$x = 0{,}622 \frac{p_D}{p - p_D} \text{ kg/kg trockene Luft}$$

und

$$p_D = \frac{x \cdot p}{x + 0{,}622}$$

$p = p_D + p_L$ = Gesamtdruck der Luft = Barometerstand in mbar
$p_D$ = Teildruck des Wasserdampfes in mbar
$p_L$ = Teildruck der Luft in mbar.

Zahlenwerte für Teildruck und Dichte des Wasserdampfes sowie für den Wasserdampfgehalt $x$ in feuchter Luft siehe Tafel 134-2.

*Beispiel:*

Gesättigte Luft von 15 °C und 1000 mbar hat nach Tafel 134-1 einen Dampfdruck von $p'' = 17{,}04$ mbar

$$\text{Wassergehalt } x = 0{,}622 \frac{17{,}04}{1000 - 17{,}0} = 10{,}78 \text{ g/kg tr. Luft}$$

$$\mathrel{\hat=} 10{,}78 \cdot 1{,}20 = 12{,}94 \text{ g/m}_n^3 \text{ tr. Luft.}$$

**Tafel 134-1. Dampfdruck $p''$, Wassergehalt $x''$, Enthalpie $h''$, Dichte $\varrho$ sowie Verdampfungswärme $r$ von wassergesättigter Luft bei 1000 mbar**

| $t$ °C | $p''$ mbar | $x''$ g/kg | $h''$ kJ/kg | $\varrho$ kg/m³ | $r$ kJ/kg |
|---|---|---|---|---|---|
| −20 | 1,03 | 0,64 | −18,5 | 1,38 | 2839 |
| −19 | 1,13 | 0,71 | −17,4 | 1,37 | 2839 |
| −18 | 1,25 | 0,78 | −16,4 | 1,36 | 2839 |
| −17 | 1,37 | 0,85 | −15,0 | 1,36 | 2838 |
| −16 | 1,50 | 0,94 | −13,8 | 1,35 | 2838 |
| −15 | 1,65 | 1,03 | −12,5 | 1,35 | 2838 |
| −14 | 1,81 | 1,13 | −11,3 | 1,34 | 2838 |
| −13 | 1,98 | 1,23 | −10,0 | 1,34 | 2838 |
| −12 | 2,17 | 1,35 | −8,7 | 1,33 | 2837 |
| −11 | 2,37 | 1,48 | −7,4 | 1,33 | 2837 |
| −10 | 2,59 | 1,62 | −6,0 | 1,32 | 2837 |
| −9 | 2,83 | 1,77 | −4,6 | 1,32 | 2836 |
| −8 | 3,09 | 1,93 | −3,2 | 1,31 | 2836 |
| −7 | 3,38 | 2,11 | −1,8 | 1,31 | 2836 |
| −6 | 3,68 | 2,30 | −0,3 | 1,30 | 2836 |
| −5 | 4,01 | 2,50 | +1,2 | 1,30 | 2835 |
| −4 | 4,37 | 2,73 | +2,8 | 1,29 | 2835 |
| −3 | 4,75 | 2,97 | +4,4 | 1,29 | 2835 |
| −2 | 5,17 | 3,23 | +6,0 | 1,28 | 2834 |
| −1 | 5,62 | 3,52 | +7,8 | 1,28 | 2834 |
| 0 | 6,11 | 3,82 | 9,5 | 1,27 | 2500 |
| 1 | 6,56 | 4,11 | 11,3 | 1,27 | 2498 |
| 2 | 7,05 | 4,42 | 13,1 | 1,26 | 2496 |
| 3 | 7,57 | 4,75 | 14,9 | 1,26 | 2493 |
| 4 | 8,13 | 5,10 | 16,8 | 1,25 | 2491 |
| 5 | 8,72 | 5,47 | 18,7 | 1,25 | 2489 |
| 6 | 9,35 | 5,87 | 20,7 | 1,24 | 2486 |
| 7 | 10,01 | 6,29 | 22,8 | 1,24 | 2484 |
| 8 | 10,72 | 6,74 | 25,0 | 1,23 | 2481 |
| 9 | 11,47 | 7,22 | 27,2 | 1,23 | 2479 |
| 10 | 12,27 | 7,73 | 29,5 | 1,22 | 2477 |
| 11 | 13,12 | 8,27 | 31,9 | 1,22 | 2475 |
| 12 | 14,01 | 8,84 | 34,4 | 1,21 | 2472 |
| 13 | 15,00 | 9,45 | 37,0 | 1,21 | 2470 |
| 14 | 15,97 | 10,10 | 39,5 | 1,21 | 2468 |
| 15 | 17,04 | 10,78 | 42,3 | 1,20 | 2465 |
| 16 | 18,17 | 11,51 | 45,2 | 1,20 | 2463 |
| 17 | 19,36 | 12,28 | 48,2 | 1,19 | 2460 |
| 18 | 20,62 | 13,10 | 51,3 | 1,19 | 2458 |
| 19 | 21,96 | 13,97 | 54,5 | 1,18 | 2456 |
| 20 | 23,37 | 14,88 | 57,9 | 1,18 | 2453 |
| 21 | 24,85 | 15,85 | 61,4 | 1,17 | 2451 |
| 22 | 26,42 | 16,88 | 65,0 | 1,17 | 2448 |
| 23 | 28,08 | 17,97 | 68,8 | 1,16 | 2446 |
| 24 | 29,82 | 19,12 | 72,8 | 1,16 | 2444 |
| 25 | 31,67 | 20,34 | 76,9 | 1,15 | 2441 |
| 26 | 33,60 | 21,63 | 81,3 | 1,15 | 2439 |
| 27 | 35,64 | 22,99 | 85,8 | 1,14 | 2437 |
| 28 | 37,78 | 24,42 | 90,5 | 1,14 | 2434 |
| 29 | 40,04 | 25,94 | 95,4 | 1,14 | 2432 |

**Tafel 134-1** (Fortsetzung)

| $t$ °C | $p''$ mbar | $x''$ g/kg | $h''$ kJ/kg | $\varrho$ kg/m³ | $r$ kJ/kg |
|---|---|---|---|---|---|
| 30 | 42,41 | 27,52 | 100,5 | 1,13 | 2430 |
| 31 | 44,91 | 29,25 | 106,0 | 1,13 | 2427 |
| 32 | 47,53 | 31,07 | 111,7 | 1,12 | 2425 |
| 33 | 50,29 | 32,94 | 117,6 | 1,12 | 2422 |
| 34 | 53,18 | 34,94 | 123,7 | 1,11 | 2420 |
| 35 | 56,22 | 37,05 | 130,2 | 1,11 | 2418 |
| 36 | 59,40 | 39,28 | 137,0 | 1,10 | 2415 |
| 37 | 62,74 | 41,64 | 144,2 | 1,10 | 2413 |
| 38 | 66,24 | 44,12 | 151,6 | 1,09 | 2411 |
| 39 | 69,91 | 46,75 | 159,5 | 1,08 | 2408 |
| 40 | 73,75 | 49,52 | 167,7 | 1,08 | 2406 |
| 41 | 77,77 | 52,45 | 176,4 | 1,08 | 2403 |
| 42 | 81,98 | 55,54 | 185,5 | 1,07 | 2401 |
| 43 | 86,39 | 58,82 | 195,0 | 1,07 | 2398 |
| 44 | 91,00 | 62,26 | 205,0 | 1,06 | 2396 |
| 45 | 95,82 | 65,92 | 218,6 | 1,05 | 2394 |
| 46 | 100,85 | 69,76 | 226,7 | 1,05 | 2391 |
| 47 | 106,12 | 73,84 | 238,4 | 1,04 | 2389 |
| 48 | 111,62 | 78,15 | 250,7 | 1,04 | 2386 |
| 49 | 117,36 | 82,70 | 263,6 | 1,03 | 2384 |
| 50 | 123,35 | 87,52 | 277,3 | 1,03 | 2382 |
| 51 | 128,60 | 92,62 | 291,7 | 1,02 | 2379 |
| 52 | 136,13 | 98,01 | 306,8 | 1,02 | 2377 |
| 53 | 142,93 | 103,73 | 322,9 | 1,01 | 2375 |
| 54 | 150,02 | 109,80 | 339,8 | 1,00 | 2372 |
| 55 | 157,41 | 116,19 | 357,7 | 1,00 | 2370 |
| 56 | 165,09 | 123,00 | 376,7 | 0,99 | 2367 |
| 57 | 173,12 | 130,23 | 396,8 | 0,99 | 2365 |
| 58 | 181,46 | 137,89 | 418,0 | 0,98 | 2363 |
| 59 | 190,15 | 146,04 | 440,6 | 0,97 | 2360 |
| 60 | 199,17 | 154,72 | 464,5 | 0,97 | 2358 |
| 61 | 208,6 | 163,95 | 489,9 | 0,96 | 2356 |
| 62 | 218,4 | 173,80 | 517,0 | 0,95 | 2353 |
| 63 | 228,5 | 184,22 | 545,6 | 0,95 | 2350 |
| 64 | 239,1 | 195,55 | 576,4 | 0,94 | 2348 |
| 65 | 250,10 | 207,44 | 609,2 | 0,93 | 2345 |
| 66 | 261,5 | 220,13 | 643,9 | 0,93 | 2343 |
| 67 | 273,3 | 233,92 | 681,5 | 0,92 | 2341 |
| 68 | 285,6 | 248,66 | 721,7 | 0,91 | 2338 |
| 69 | 298,3 | 264,42 | 764,6 | 0,90 | 2336 |
| 70 | 311,6 | 281,54 | 811,1 | 0,90 | 2333 |
| 71 | 325,3 | 299,89 | 861,0 | 0,89 | 2331 |
| 72 | 339,6 | 319,85 | 915,1 | 0,88 | 2328 |
| 73 | 354,3 | 341,30 | 973,3 | 0,87 | 3226 |
| 74 | 385,5 | 364,67 | 1036,6 | 0,86 | 2323 |
| 75 | 385,50 | 390,20 | 1105,7 | 0,85 | 2320 |
| 80 | 473,60 | 559,61 | 1563,0 | 0,81 | 2309 |
| 85 | 578,00 | 851,90 | 2351,0 | 0,76 | 2295 |
| 90 | 701,10 | 1459,00 | 3983,0 | 0,70 | 2282 |
| 95 | 845,20 | 3396,00 | 9190,0 | 0,64 | 2269 |
| 100 | 1013,00 | | | 0,60 | 2257 |

**Tafel 134-2. Zustandsdaten feuchter Luft: $p = 1000$ mbar, $p_D$ = Dampfdruck in mbar, $x$ = Wassergehalt in g/kg trockene Luft, $h$ = Enthalpie feuchter Luft in kJ/(1 + $x$) kg**

| $t$ °C | | Relative Luftfeuchtigkeit in % | | | | | | | | | |
|---|---|---|---|---|---|---|---|---|---|---|---|
| | | 10 | 20 | 30 | 40 | 50 | 60 | 70 | 80 | 90 | 100 |
| 0 | $p_D$ | 0,61 | 1,22 | 1,83 | 2,44 | 3,06 | 3,67 | 4,28 | 4,89 | 5,50 | 6,11 |
| | $x$ | 0,38 | 0,76 | 1,14 | 1,52 | 1,91 | 2,29 | 2,67 | 3,06 | 3,44 | 3,82 |
| | $h$ | 0,95 | 1,90 | 2,85 | 3,80 | 4,75 | 5,70 | 6,65 | 7,60 | 8,55 | 9,55 |
| 1 | $p_D$ | 0,66 | 1,31 | 1,97 | 2,62 | 3,28 | 3,94 | 4,59 | 5,25 | 5,90 | 6,56 |
| | $x$ | 0,41 | 0,82 | 1,23 | 1,63 | 2,05 | 2,46 | 2,87 | 3,28 | 3,69 | 4,11 |
| | $h$ | 2,02 | 3,05 | 4,07 | 5,07 | 6,12 | 7,15 | 8,18 | 9,20 | 10,2 | 11,3 |
| 2 | $p_D$ | 0,71 | 1,41 | 2,12 | 2,82 | 3,53 | 4,23 | 4,94 | 5,64 | 6,35 | 7,05 |
| | $x$ | 0,44 | 0,88 | 1,32 | 1,76 | 2,20 | 2,64 | 3,09 | 3,53 | 3,97 | 4,42 |
| | $h$ | 3,10 | 4,20 | 5,30 | 6,40 | 7,50 | 8,60 | 9,73 | 10,8 | 11,9 | 13,1 |
| 3 | $p_D$ | 0,76 | 1,51 | 2,27 | 3,03 | 3,79 | 4,54 | 5,30 | 6,06 | 6,81 | 7,57 |
| | $x$ | 0,47 | 0,94 | 1,42 | 1,89 | 2,37 | 2,84 | 3,31 | 3,79 | 4,26 | 4,75 |
| | $h$ | 4,17 | 5,35 | 6,55 | 7,73 | 8,93 | 10,1 | 11,3 | 12,5 | 13,7 | 14,9 |
| 4 | $p_D$ | 0,81 | 1,63 | 2,44 | 3,25 | 4,07 | 4,88 | 5,69 | 6,50 | 7,32 | 8,13 |
| | $x$ | 0,50 | 1,02 | 1,52 | 2,03 | 2,54 | 3,05 | 3,56 | 4,07 | 4,59 | 5,10 |
| | $h$ | 5,25 | 6,55 | 7,81 | 9,09 | 10,4 | 11,6 | 12,9 | 14,2 | 15,5 | 16,8 |
| 5 | $p_D$ | 0,87 | 1,74 | 2,61 | 3,48 | 4,36 | 5,23 | 6,10 | 6,97 | 7,84 | 8,72 |
| | $x$ | 0,54 | 1,08 | 1,63 | 2,17 | 2,72 | 3,27 | 3,82 | 4,37 | 4,92 | 5,47 |
| | $h$ | 6,35 | 7,71 | 9,09 | 10,4 | 11,8 | 13,2 | 14,6 | 16,0 | 17,3 | 18,7 |
| 6 | $p_D$ | 0,93 | 1,87 | 2,81 | 3,74 | 4,68 | 5,61 | 6,55 | 7,48 | 8,42 | 9,35 |
| | $x$ | 0,58 | 1,17 | 1,75 | 2,34 | 2,92 | 3,51 | 4,10 | 4,69 | 5,28 | 5,87 |
| | $h$ | 7,45 | 8,93 | 10,4 | 11,9 | 13,3 | 14,8 | 16,3 | 17,8 | 19,3 | 20,7 |
| 7 | $p_D$ | 1,00 | 2,00 | 3,00 | 4,00 | 5,00 | 6,00 | 7,00 | 8,00 | 9,00 | 10,01 |
| | $x$ | 0,62 | 1,25 | 1,87 | 2,50 | 3,13 | 3,75 | 4,38 | 5,02 | 5,65 | 6,29 |
| | $h$ | 8,55 | 10,1 | 11,7 | 13,3 | 14,9 | 16,4 | 18,0 | 19,6 | 21,2 | 22,8 |
| 8 | $p_D$ | 1,07 | 2,14 | 3,22 | 4,29 | 5,36 | 6,43 | 7,50 | 8,58 | 9,65 | 10,72 |
| | $x$ | 0,67 | 1,33 | 2,01 | 2,68 | 3,35 | 4,03 | 4,70 | 5,38 | 6,06 | 6,74 |
| | $h$ | 9,68 | 11,3 | 13,1 | 14,7 | 16,4 | 18,1 | 19,8 | 21,5 | 23,2 | 25,0 |
| 9 | $p_D$ | 1,15 | 2,29 | 3,44 | 4,59 | 5,74 | 6,88 | 8,03 | 9,18 | 10,32 | 11,47 |
| | $x$ | 0,72 | 1,43 | 2,15 | 2,87 | 3,59 | 4,31 | 5,04 | 5,76 | 6,49 | 7,22 |
| | $h$ | 10,8 | 12,6 | 14,4 | 16,2 | 18,0 | 19,8 | 21,7 | 23,5 | 25,3 | 27,2 |
| 10 | $p_D$ | 1,23 | 2,45 | 3,68 | 4,91 | 6,14 | 7,36 | 8,59 | 9,82 | 11,04 | 12,27 |
| | $x$ | 0,77 | 1,53 | 2,30 | 3,07 | 3,84 | 4,61 | 5,39 | 6,17 | 6,94 | 7,73 |
| | $h$ | 11,9 | 13,9 | 15,8 | 17,7 | 19,7 | 21,6 | 23,6 | 25,5 | 27,5 | 29,5 |
| 11 | $p_D$ | 1,31 | 2,62 | 3,94 | 5,25 | 6,56 | 7,87 | 9,18 | 10,5 | 11,8 | 13,12 |
| | $x$ | 0,82 | 1,63 | 2,46 | 3,28 | 4,11 | 4,93 | 5,76 | 6,60 | 7,43 | 8,27 |
| | $h$ | 13,1 | 15,1 | 17,2 | 19,3 | 21,4 | 23,4 | 25,5 | 27,6 | 29,7 | 31,8 |
| 12 | $p_D$ | 1,40 | 2,80 | 4,20 | 5,60 | 7,01 | 8,41 | 9,81 | 11,2 | 12,6 | 14,0 |
| | $x$ | 0,87 | 1,75 | 2,62 | 3,50 | 4,39 | 5,28 | 6,16 | 7,05 | 7,94 | 8,84 |
| | $h$ | 14,2 | 16,4 | 18,6 | 20,8 | 23,1 | 25,3 | 27,5 | 29,8 | 32,0 | 34,3 |
| 13 | $p_D$ | 1,50 | 3,00 | 4,50 | 6,00 | 7,50 | 9,00 | 10,5 | 12,0 | 13,5 | 15,0 |
| | $x$ | 0,93 | 1,87 | 2,81 | 3,75 | 4,70 | 5,65 | 6,60 | 7,55 | 8,51 | 9,45 |
| | $h$ | 15,3 | 17,7 | 20,1 | 22,5 | 24,9 | 27,3 | 29,7 | 32,1 | 34,5 | 36,9 |
| 14 | $p_D$ | 1,60 | 3,20 | 4,80 | 6,40 | 8,00 | 9,60 | 11,2 | 12,8 | 14,4 | 16,0 |
| | $x$ | 1,00 | 2,00 | 3,00 | 4,01 | 5,02 | 6,03 | 7,05 | 8,06 | 9,06 | 10,1 |
| | $h$ | 16,5 | 19,1 | 21,6 | 24,1 | 26,7 | 29,2 | 31,8 | 34,4 | 37,0 | 39,5 |
| 15 | $p_D$ | 1,70 | 3,40 | 5,11 | 6,81 | 8,52 | 10,2 | 11,9 | 13,6 | 15,3 | 17,0 |
| | $x$ | 1,06 | 2,12 | 3,19 | 4,26 | 5,34 | 6,41 | 7,49 | 8,58 | 9,66 | 10,8 |
| | $h$ | 17,7 | 20,4 | 23,1 | 25,8 | 28,5 | 31,2 | 33,9 | 36,7 | 39,4 | 42,0 |
| 16 | $p_D$ | 1,81 | 3,63 | 5,45 | 7,27 | 9,09 | 10,9 | 12,7 | 14,5 | 16,4 | 18,2 |
| | $x$ | 1,13 | 2,27 | 3,41 | 4,56 | 5,71 | 6,85 | 8,00 | 9,15 | 10,3 | 11,5 |
| | $h$ | 18,9 | 21,7 | 24,6 | 27,5 | 30,4 | 33,3 | 36,2 | 39,1 | 42,1 | 45,1 |

**Tafel 134-2** (Fortsetzung)

| $t$ °C | | Relative Luftfeuchtigkeit in % | | | | | | | | | |
|---|---|---|---|---|---|---|---|---|---|---|---|
| | | 10 | 20 | 30 | 40 | 50 | 60 | 70 | 80 | 90 | 100 |
| 17 | $p_D$ | 1,94 | 3,87 | 5,81 | 7,74 | 9,68 | 11,6 | 13,6 | 15,5 | 17,4 | 19,4 |
| | $x$ | 1,21 | 2,42 | 3,63 | 4,85 | 6,08 | 7,30 | 8,58 | 9,79 | 11,0 | 12,3 |
| | $h$ | 20,1 | 23,1 | 26,2 | 29,3 | 32,4 | 35,5 | 38,7 | 41,8 | 44,8 | 48,1 |
| 18 | $p_D$ | 2,06 | 4,12 | 6,19 | 8,25 | 10,3 | 12,4 | 14,4 | 16,5 | 18,6 | 20,6 |
| | $x$ | 1,28 | 2,57 | 3,87 | 5,17 | 6,47 | 7,81 | 9,09 | 10,4 | 11,8 | 13,1 |
| | $h$ | 21,2 | 24,5 | 27,8 | 31,1 | 34,4 | 37,8 | 41,0 | 44,3 | 47,9 | 51,2 |
| 19 | $p_D$ | 2,20 | 4,39 | 6,59 | 8,78 | 11,0 | 13,2 | 15,4 | 17,6 | 19,8 | 22,0 |
| | $x$ | 1,37 | 2,74 | 4,13 | 5,51 | 6,92 | 8,32 | 9,73 | 11,1 | 12,6 | 14,0 |
| | $h$ | 22,5 | 25,9 | 29,5 | 33,0 | 36,5 | 40,1 | 43,7 | 47,1 | 50,9 | 54,5 |
| 20 | $p_D$ | 2,34 | 4,67 | 7,01 | 9,35 | 11,7 | 14,0 | 16,4 | 18,7 | 21,0 | 23,4 |
| | $x$ | 1,46 | 2,92 | 4,39 | 5,87 | 7,36 | 8,83 | 10,4 | 11,9 | 13,3 | 14,9 |
| | $h$ | 23,7 | 27,4 | 31,1 | 34,9 | 38,7 | 42,4 | 46,4 | 50,2 | 53,7 | 57,8 |
| 21 | $p_D$ | 2,49 | 4,97 | 7,46 | 9,94 | 12,4 | 14,9 | 17,4 | 19,9 | 22,4 | 24,9 |
| | $x$ | 1,55 | 3,11 | 4,67 | 6,24 | 7,81 | 9,41 | 11,0 | 12,6 | 14,3 | 15,9 |
| | $h$ | 24,9 | 28,9 | 32,9 | 36,8 | 40,8 | 44,9 | 48,9 | 53,0 | 57,3 | 61,4 |
| 22 | $p_D$ | 2,64 | 5,28 | 7,93 | 10,6 | 13,2 | 15,9 | 18,5 | 21,1 | 23,8 | 26,4 |
| | $x$ | 1,65 | 3,30 | 4,97 | 6,66 | 8,32 | 10,1 | 11,7 | 13,4 | 15,2 | 16,9 |
| | $h$ | 26,2 | 30,4 | 34,6 | 38,9 | 43,1 | 47,7 | 51,7 | 56,0 | 60,6 | 64,9 |
| 23 | $p_D$ | 2,81 | 5,62 | 8,42 | 11,25 | 14,0 | 16,8 | 19,7 | 22,5 | 25,3 | 28,1 |
| | $x$ | 1,75 | 3,52 | 5,28 | 7,06 | 8,83 | 10,6 | 12,5 | 14,3 | 16,2 | 18,0 |
| | $h$ | 27,4 | 32,0 | 36,4 | 41,0 | 45,5 | 50,0 | 54,8 | 59,4 | 64,2 | 68,8 |
| 24 | $p_D$ | 2,98 | 5,96 | 8,95 | 11,9 | 14,9 | 17,9 | 20,9 | 23,9 | 26,8 | 29,8 |
| | $x$ | 1,86 | 3,73 | 5,62 | 7,49 | 9,41 | 11,3 | 13,3 | 15,2 | 17,1 | 19,1 |
| | $h$ | 28,7 | 33,5 | 38,3 | 43,1 | 47,9 | 52,8 | 57,8 | 62,7 | 67,5 | 72,6 |
| 25 | $p_D$ | 3,17 | 6,33 | 9,50 | 12,7 | 15,8 | 19,0 | 22,2 | 25,3 | 28,5 | 31,7 |
| | $x$ | 1,98 | 3,96 | 5,97 | 8,00 | 9,99 | 12,1 | 14,1 | 16,2 | 18,3 | 20,4 |
| | $h$ | 30,0 | 35,1 | 40,2 | 45,4 | 50,4 | 55,8 | 60,9 | 66,3 | 71,6 | 76,9 |
| 26 | $p_D$ | 3,36 | 6,72 | 10,1 | 13,4 | 16,8 | 20,2 | 23,5 | 26,9 | 30,2 | 33,6 |
| | $x$ | 2,10 | 4,21 | 6,35 | 8,45 | 10,6 | 12,8 | 15,0 | 17,2 | 19,4 | 21,6 |
| | $h$ | 31,3 | 36,7 | 42,2 | 47,5 | 53,0 | 58,6 | 64,2 | 69,8 | 75,4 | 81,1 |
| 27 | $p_D$ | 3,56 | 7,13 | 10,7 | 14,3 | 17,8 | 21,4 | 24,9 | 28,5 | 32,1 | 35,6 |
| | $x$ | 2,22 | 4,47 | 6,73 | 9,02 | 11,3 | 13,6 | 15,9 | 18,3 | 20,6 | 23,0 |
| | $h$ | 32,7 | 38,4 | 44,2 | 50,0 | 55,8 | 61,7 | 67,5 | 73,7 | 79,5 | 85,7 |
| 28 | $p_D$ | 3,78 | 7,56 | 11,3 | 15,1 | 18,9 | 22,7 | 26,4 | 30,2 | 34,0 | 37,8 |
| | $x$ | 2,36 | 4,74 | 7,11 | 9,54 | 12,0 | 14,5 | 16,9 | 19,4 | 21,9 | 24,4 |
| | $h$ | 34,0 | 40,1 | 46,1 | 52,3 | 58,6 | 65,0 | 71,1 | 77,5 | 83,9 | 90,3 |
| 29 | $p_D$ | 4,00 | 8,00 | 12,0 | 16,0 | 20,0 | 24,0 | 28,0 | 32,0 | 36,0 | 40,0 |
| | $x$ | 2,50 | 5,02 | 7,55 | 10,1 | 12,7 | 15,3 | 17,9 | 20,6 | 23,2 | 25,9 |
| | $h$ | 35,4 | 41,8 | 48,3 | 54,8 | 61,4 | 68,1 | 74,7 | 81,6 | 88,3 | 95,1 |
| 30 | $p_D$ | 4,24 | 8,48 | 12,7 | 17,0 | 21,2 | 25,4 | 29,7 | 33,9 | 38,2 | 42,4 |
| | $x$ | 2,65 | 5,32 | 8,00 | 10,8 | 13,5 | 16,2 | 19,0 | 21,8 | 24,7 | 27,5 |
| | $h$ | 36,8 | 43,6 | 50,4 | 57,6 | 64,5 | 71,4 | 78,6 | 85,7 | 93,1 | 100,3 |
| 31 | $p_D$ | 4,49 | 8,98 | 13,5 | 18,0 | 22,5 | 26,9 | 31,4 | 35,9 | 40,4 | 44,9 |
| | $x$ | 2,81 | 5,64 | 8,51 | 11,4 | 14,3 | 17,2 | 20,2 | 23,2 | 26,2 | 29,2 |
| | $h$ | 38,2 | 45,4 | 52,8 | 60,2 | 67,6 | 75,0 | 82,7 | 90,3 | 98,0 | 105,7 |
| 32 | $p_D$ | 4,75 | 9,51 | 14,3 | 19,0 | 23,8 | 28,5 | 33,3 | 38,0 | 42,8 | 47,5 |
| | $x$ | 2,97 | 5,97 | 9,02 | 12,1 | 15,2 | 18,3 | 21,4 | 24,6 | 27,8 | 31,1 |
| | $h$ | 39,6 | 47,3 | 55,1 | 63,0 | 70,9 | 78,8 | 86,8 | 95,0 | 103,2 | 111,3 |
| 33 | $p_D$ | 5,03 | 10,1 | 15,1 | 20,1 | 25,1 | 30,2 | 35,2 | 40,2 | 45,3 | 50,3 |
| | $x$ | 3,14 | 6,35 | 9,54 | 12,8 | 16,0 | 19,4 | 22,7 | 26,1 | 29,5 | 32,9 |
| | $h$ | 41,0 | 49,3 | 57,4 | 65,8 | 74,0 | 82,7 | 91,1 | 99,9 | 108,6 | 117,3 |

**Tafel 134-2** (Fortsetzung)

| *t* °C | | Relative Luftfeuchtigkeit in % | | | | | | | | | |
|---|---|---|---|---|---|---|---|---|---|---|---|
| | | 10 | 20 | 30 | 40 | 50 | 60 | 70 | 80 | 90 | 100 |
| | $p_D$ | 5,32 | 10,6 | 16,0 | 21,3 | 26,6 | 31,9 | 37,2 | 42,5 | 47,9 | 53,2 |
| 34 | $x$ | 3,33 | 6,66 | 10,1 | 13,5 | 17,0 | 20,5 | 24,0 | 27,6 | 31,3 | 34,9 |
| | $h$ | 42,5 | 51,1 | 59,9 | 68,6 | 77,6 | 86,5 | 95,5 | 104,7 | 114,2 | 123,7 |
| | $p_D$ | 5,62 | 11,2 | 16,9 | 22,5 | 28,1 | 33,7 | 39,4 | 45,0 | 50,6 | 56,2 |
| 35 | $x$ | 3,52 | 7,05 | 10,7 | 14,3 | 18,0 | 21,7 | 25,5 | 29,3 | 33,2 | 37,0 |
| | $h$ | 44,0 | 53,1 | 62,4 | 71,7 | 81,2 | 90,7 | 100,4 | 110,2 | 120,2 | 129,9 |
| | $p_D$ | 5,94 | 11,9 | 17,8 | 23,8 | 29,7 | 35,6 | 41,6 | 47,8 | 53,5 | 59,4 |
| 36 | $x$ | 3,72 | 7,49 | 11,3 | 15,2 | 19,0 | 23,0 | 27,0 | 31,2 | 35,2 | 39,3 |
| | $h$ | 45,5 | 55,2 | 65,0 | 75,0 | 84,8 | 95,0 | 105,3 | 115,6 | 126,4 | 136,9 |
| | $p_D$ | 6,27 | 12,6 | 18,8 | 25,1 | 31,4 | 37,6 | 43,9 | 50,2 | 56,5 | 62,7 |
| 37 | $x$ | 3,92 | 7,94 | 11,9 | 16,0 | 20,2 | 24,3 | 28,6 | 32,9 | 37,3 | 41,6 |
| | $h$ | 47,1 | 57,4 | 67,6 | 78,1 | 88,9 | 99,4 | 110,5 | 121,5 | 132,8 | 143,9 |
| | $p_D$ | 6,62 | 13,2 | 19,9 | 26,5 | 33,1 | 39,7 | 46,4 | 53,0 | 59,6 | 66,2 |
| 38 | $x$ | 4,15 | 8,32 | 12,6 | 16,9 | 21,3 | 25,7 | 30,3 | 34,8 | 39,4 | 44,1 |
| | $h$ | 48,7 | 59,4 | 70,4 | 81,4 | 92,8 | 104,1 | 115,9 | 127,5 | 139,3 | 151,4 |
| | $p_D$ | 6,99 | 14,0 | 21,0 | 28,0 | 35,0 | 42,0 | 49,0 | 56,0 | 63,0 | 69,9 |
| 39 | $x$ | 4,38 | 8,83 | 13,3 | 17,9 | 22,6 | 27,3 | 32,1 | 36,9 | 41,8 | 46,8 |
| | $h$ | 50,3 | 61,7 | 73,2 | 85,1 | 97,1 | 109,2 | 121,6 | 133,9 | 146,5 | 159,4 |
| | $p_D$ | 7,38 | 14,8 | 22,1 | 29,5 | 36,9 | 44,3 | 51,6 | 59,0 | 66,4 | 73,8 |
| 40 | $x$ | 4,62 | 9,34 | 14,1 | 18,9 | 23,8 | 28,8 | 33,8 | 39,0 | 44,2 | 49,5 |
| | $h$ | 51,9 | 64,0 | 76,3 | 88,7 | 101,3 | 114,1 | 127,0 | 140,4 | 153,8 | 167,7 |
| | $p_D$ | 7,78 | 15,6 | 23,3 | 31,1 | 38,9 | 46,7 | 54,4 | 62,2 | 70,0 | 77,8 |
| 41 | $x$ | 4,88 | 9,86 | 14,8 | 20,0 | 25,2 | 30,5 | 35,8 | 41,3 | 46,8 | 52,5 |
| | $h$ | 53,6 | 66,4 | 79,1 | 92,5 | 105,9 | 119,6 | 133,3 | 147,4 | 161,6 | 176,3 |
| | $p_D$ | 8,20 | 16,4 | 24,6 | 32,8 | 41,0 | 49,2 | 57,4 | 65,6 | 73,8 | 82,0 |
| 42 | $x$ | 5,14 | 10,4 | 15,7 | 21,1 | 26,6 | 32,2 | 37,9 | 43,7 | 49,6 | 55,5 |
| | $h$ | 55,3 | 68,8 | 82,5 | 96,4 | 110,6 | 125,0 | 139,7 | 154,7 | 169,9 | 185,3 |
| | $p_D$ | 8,64 | 17,3 | 25,9 | 34,6 | 43,2 | 51,8 | 60,5 | 69,1 | 77,8 | 86,4 |
| 43 | $x$ | 5,42 | 11,0 | 16,5 | 22,3 | 28,1 | 34,0 | 40,1 | 46,2 | 52,5 | 58,8 |
| | $h$ | 57,0 | 71,4 | 85,6 | 100,5 | 115,5 | 130,7 | 146,5 | 162,2 | 178,5 | 194,7 |
| | $p_D$ | 9,10 | 18,2 | 27,3 | 36,4 | 45,5 | 54,6 | 63,7 | 72,8 | 81,9 | 91,0 |
| 44 | $x$ | 5,71 | 11,5 | 17,5 | 23,5 | 29,7 | 35,9 | 42,3 | 48,8 | 55,5 | 62,3 |
| | $h$ | 58,7 | 73,7 | 89,2 | 104,7 | 120,7 | 136,8 | 153,2 | 170,0 | 187,3 | 204,9 |
| | $p_D$ | 9,58 | 19,2 | 28,7 | 38,3 | 47,9 | 57,5 | 67,1 | 76,7 | 86,2 | 95,8 |
| 45 | $x$ | 6,02 | 12,2 | 18,4 | 24,8 | 31,3 | 38,0 | 44,7 | 51,7 | 58,7 | 65,9 |
| | $h$ | 60,6 | 76,5 | 92,5 | 109,1 | 125,9 | 143,2 | 160,5 | 178,6 | 196,7 | 215,3 |
| | $p_D$ | 10,1 | 20,2 | 30,3 | 40,3 | 50,4 | 60,5 | 70,6 | 80,7 | 90,8 | 100,8 |
| 46 | $x$ | 6,35 | 12,8 | 19,4 | 26,1 | 33,0 | 40,1 | 47,3 | 54,6 | 62,1 | 69,8 |
| | $h$ | 62,4 | 79,1 | 96,2 | 113,5 | 131,3 | 149,7 | 168,3 | 187,2 | 206,6 | 226,2 |
| | $p_D$ | 10,6 | 21,2 | 31,8 | 42,4 | 53,1 | 63,7 | 74,3 | 84,9 | 95,5 | 106,1 |
| 47 | $x$ | 6,66 | 13,5 | 20,4 | 27,5 | 34,9 | 42,3 | 49,9 | 57,7 | 65,7 | 73,8 |
| | $h$ | 64,2 | 81,9 | 99,8 | 118,2 | 137,3 | 156,5 | 176,1 | 196,3 | 217,0 | 238,0 |
| | $p_D$ | 11,2 | 22,3 | 33,5 | 44,6 | 55,8 | 67,0 | 78,1 | 89,3 | 100,4 | 111,6 |
| 48 | $x$ | 7,05 | 14,2 | 21,6 | 29,0 | 36,8 | 44,7 | 52,7 | 61,0 | 69,4 | 78,1 |
| | $h$ | 66,3 | 84,8 | 103,9 | 123,1 | 143,3 | 163,7 | 184,5 | 206,0 | 227,7 | 250,2 |
| | $p_D$ | 11,7 | 23,5 | 35,2 | 46,9 | 58,7 | 70,4 | 82,2 | 93,9 | 105,7 | 117,4 |
| 49 | $x$ | 7,36 | 15,0 | 22,7 | 30,6 | 38,8 | 47,1 | 55,7 | 64,5 | 73,5 | 82,7 |
| | $h$ | 68,1 | 87,9 | 107,8 | 128,3 | 149,5 | 171,0 | 193,3 | 216,1 | 239,5 | 263,3 |
| | $p_D$ | 12,3 | 24,7 | 37,0 | 49,3 | 61,7 | 74,0 | 86,3 | 98,7 | 111,0 | 123,3 |
| 50 | $x$ | 7,75 | 15,8 | 23,9 | 32,3 | 40,9 | 49,7 | 58,8 | 68,1 | 77,7 | 87,5 |
| | $h$ | 70,1 | 91,0 | 112,0 | 133,8 | 156,1 | 178,9 | 202,5 | 226,6 | 251,5 | 276,9 |

## -4 DICHTE

Die Dichte *feuchter* Luft ist

$$\varrho_f = \varrho_L + \varrho_D$$

$$\varrho_L = \frac{p_L}{R_L \cdot T} = \frac{100\,p_L}{287 \cdot T} = 0{,}348\,\frac{p_L}{T} \qquad (p_L \text{ in mbar} = 100 \text{ Pa})$$

$$\varrho_D = \frac{p_D}{R_D \cdot T} = \frac{100\,p_D}{462 \cdot T} = 0{,}216\,\frac{p_D}{T}$$

$$\varrho_f = \frac{0{,}348\,p_L}{T} + 0{,}216\,\frac{p_D}{T} \quad \text{oder mit } p = p_L + p_D$$

$$\varrho_f = 0{,}348\,\frac{p}{T} - 0{,}132\,\frac{p_D}{T}$$

Feuchte Luft ist also immer leichter als trockene Luft. Zustandsgrößen feuchter Luft siehe Tafel 134-1 und -2.

Mit der Gaskonstante $R_f$ für feuchte Luft kann man auch rechnen

$$\varrho_f = \frac{p}{R_f T} = \frac{1+x}{R_L + xR_D} \cdot \frac{p}{T}.$$

*Beispiel:* Bei gesättigter Luft von 60 °C, 1000 mbar ist die Dichte

$$\varrho_f = \frac{1+0{,}154}{287+0{,}154 \cdot 462} \cdot \frac{100\,000}{333} = 0{,}968 \text{ kg/m}^3 \text{ (Tafel 134-1).}$$

## -5 ENTHALPIE

Die *Enthalpie h* (der Wärmeinhalt) der Luft-Wasserdampf-Mischung ist gleich der Summe der Enthalpien der Bestandteile, also bezogen auf $(1 + x)$ kg:

$$h_{(1+x)} = h_L + x\,h_D \text{ in kJ/(1+x) kg}$$

$h_L$ = Enthalpie der Luft in kJ/kg
$h_D$ = Enthalpie des Dampfes in kJ/kg.

Nun ist die Enthalpie der Luft:

$$h_L = c_p \cdot t = 1{,}0 \cdot t \text{ in kJ/kg.}$$

Die Enthalpie des Wasserdampfes ist nach Mollier[1]) mit großer Annäherung

$$h_D = r + c_{pD} \cdot t = 2500 + 1{,}86\,t \text{ in kJ/kg.}$$

Demnach

$$h_{(1+x)} = 1{,}0\,t + x\,(2500 + 1{,}86\,t) \text{ in kJ/(1+x) kg.}$$

Zahlenwerte siehe Tafel 134-2.

## -6 *h, x*-DIAGRAMM VON MOLLIER

Zur Erleichterung der Rechnungen mit feuchter Luft und zur übersichtlichen Darstellung der Zustandsänderungen dient das $h,x$-Diagramm von Mollier (Bild 134-1 und -2 sowie Falttafel am Ende des Buches). Es ist ein schiefwinkliges Koordinatensystem, das auf der schräg nach rechts unten laufenden Abszissenachse die $x$-Werte, auf der Ordinatenachse die $h$-Werte (Enthalpie für $[1+x]$ kg) enthält. Zum leichteren Ablesen der $x$-Werte ist außerdem eine waagerechte Hilfsachse vorhanden. In das Diagramm ist die *Sättigungskurve* für den Gesamtdruck von 1,013 bar eingetragen, die das Gebiet unge-

[1]) Mollier, R.: Das *i, x*-Diagramm für Dampfluftgemische. Zd. VDI, 67 (1923). S. 869, und 73 (1929). S. 1009.

sättigter Luft (oberhalb der Kurve) von dem Gebiet übersättigter Luft (Nebelgebiet, unterhalb der Kurve) trennt. Die *Isothermen* (Linien konstanter Temperaturen) sind im ungesättigten Gebiet schwach ansteigende Gerade, die an der Sättigungskurve nach rechts unten umknicken *(Nebelisothermen)*, wobei sie den Geraden konstanter Enthalpie nahezu parallel laufen. Unterhalb der Sättigungskurve die *Dampfdruckkurve*. Weiter sind die Linien gleicher relativer Luftfeuchte $\varphi$ und gleicher Dichte $\varrho$ eingetragen.

In englisch sprechenden Ländern sind andere Diagramme (Psychrometer-Tafeln) in Benutzung, die ebenfalls das $h$, $x$-Diagramm von Mollier als Grundlage haben, jedoch mit vertauschten Achsen und mit der Feuchtkugeltemperatur als Parameter (siehe Bild 124-3).

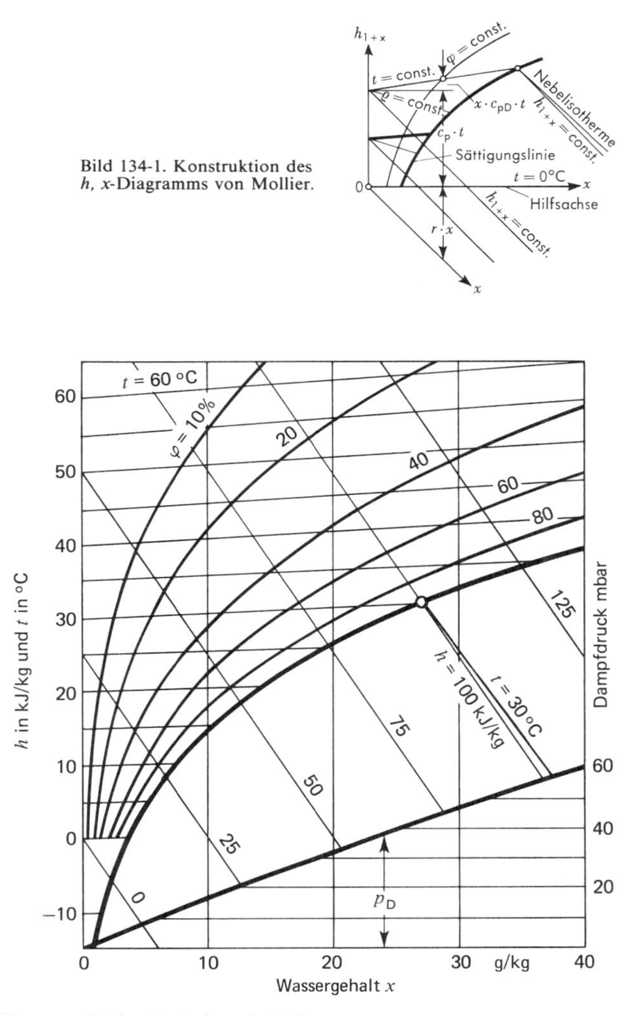


Bild 134-1. Konstruktion des $h$, $x$-Diagramms von Mollier.

Bild 134-2. $h$, $x$-Diagramm für feuchte Luft nach Mollier.

## -7 ZUSTANDSÄNDERUNGEN FEUCHTER LUFT[1])

### -71 Mischung (Bild 134-4)

Bei Mischung zweier Luftmengen $m_1$ und $m_2$ vom Zustand 1 und 2 liegt der Zustandspunkt 3 der Mischung auf der geraden Verbindungslinie der Punkte 1 und 2, wobei das Streckenverhältnis

$$\frac{1-3}{3-2} = \frac{m_2}{m_1} \text{ ist.}$$

### -72 Erwärmung (Bild 134-4)

Zustandsänderung bei gleicher absoluter Feuchte, $x$=konstant. Zustandspunkt bewegt sich im $h, x$-Diagramm auf einer Senkrechten nach oben, z. B. Erwärmung der Mischluft von 3 nach 4 durch den Vorwärmer *V*.

### -73 Kühlung (Bild 134-6)

Bei der Kühlung sind zwei Fälle zu unterscheiden:

a) Kühlflächentemperatur liegt *unterhalb des Taupunktes* der Luft bei Punkt 2. Die Zustandsänderung der Luft kann man sich in diesem Fall als Mischung der zu kühlenden Luft (Punkt 1) mit der an der Kühloberfläche haftenden Grenzschicht (Punkt 2) vorstellen, wobei die Grenzschicht gesättigte Luft von der Kühlflächentemperatur enthält, die als konstant angenommen ist. Der Mischpunkt 3 liegt daher auf der geraden Verbindungslinie beider Zustandspunkte. Im Gegensatz zu der trockenen Kühlung findet bei dieser nassen Kühlung eine Wasserausscheidung statt, deren Menge durch die Differenz der $x$-Werte $\Delta x = (x_1 - x_3)$ je kg Raumluft gegeben ist. Für den Kühl- und Trocknungsvorgang ist es gleichgültig, ob es sich um Oberflächenkühler oder Naßluftkühler handelt.

b) Die Kühlflächentemperatur liegt *oberhalb des Taupunktes* der Luft (Punkt 2'). Bei diesen Oberflächenkühlern erfolgt die Zustandsänderung der Luft von 1 nach 3' längs der Senkrechten durch den Zustandspunkt der Luft. Der Schnittpunkt der Senkrechten mit der Sättigungslinie ist der Taupunkt der Luft, der jedoch nicht erreicht wird.

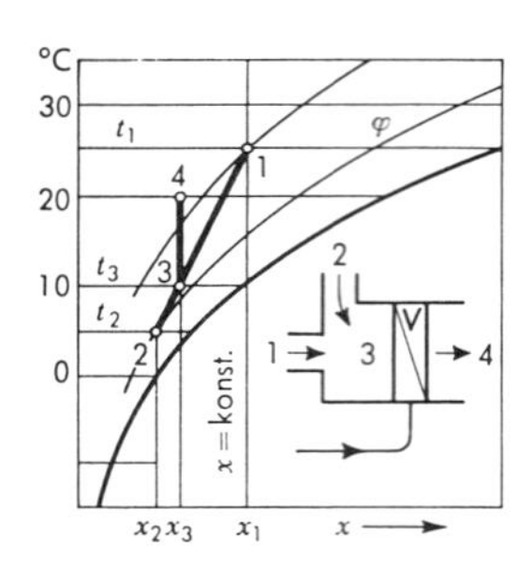


Bild 134-4. Zustandsänderung der Luft bei Mischung von zwei Luftmengen und bei Erwärmung.

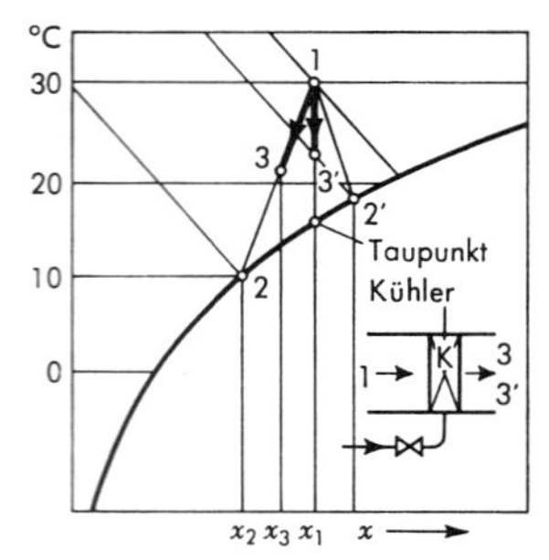


Bild 134-6. Zustandsänderung bei Kühlung der Luft.

### -74 Befeuchtung (Bild 134-8)

Befeuchtung der Luft (Bild 134-8) erfolgt gewöhnlich in der Weise, daß man Wasser in besonderen Befeuchtungsdüsen fein zerstäubt, so daß die zerstäubte Wassermenge teilweise verdunstet, d. h. von der Luft aufgenommen wird. Eine andere Methode besteht

[1]) Berliner, P.: Klimatechn. Heft 7, 8 u. 9. 1972.
Berliner, P.: Kältetechn. 1973. S. 59/70.
Amme, K.: HLH 12/80, S. 459/61.

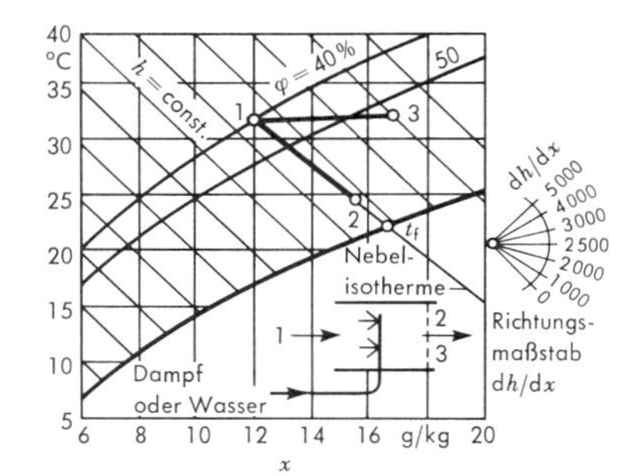


Bild 134-8. Zustandsänderung bei Befeuchtung der Luft
$t_f$ = Feuchtkugeltemperatur.

darin, daß man Wasserdampf direkt in die Luft einleitet. Werden je kg Raumluft $dx$ kg Wasser oder Dampf aufgenommen, so gilt für die Zunahme der Enthalpie der Luft:

$$dh = h_w \cdot dx$$

$h_w$ = Enthalpie des Wassers oder Dampfes

oder

$$dh/dx = h_w.$$

Die Richtung der Zustandsänderung der Luft hängt also von der Enthalpie des Wassers oder des Dampfes ab. Im $h, x$-Diagramm sind die $dh/dx$-Werte durch einen *Randmaßstab*, bezogen auf den Nullpunkt oder einen Richtungsmaßstab, dargestellt. Bei Zufuhr von Wasser oder Dampf mit der Enthalpie $h_w$ erfolgt also die Zustandsänderung der Luft in der Richtung $dh/dx = h_w$, wobei die Richtung parallel zum Randmaßstab an den Anfangszustand der Luft anzutragen ist.

Bei *Zerstäubung von Wasser* vereinfacht sich die Gleichung zu $dh/dx = h_w = 4{,}18\ t_w$, wobei $t_w$ die Wassertemperatur ist. Die Zustandsänderung der Luft verläuft dabei also ziemlich parallel den $h$-Linien, auch wenn die Wassertemperatur erheblich über der Lufttemperatur liegt, und die Luft wird immer abgekühlt (Linie 1→2).

Bei *Befeuchtung mit Dampf* dagegen liegt die Zustandsänderung der Luft mehr oder weniger parallel den Isothermen, je nachdem welche Enthalpie der Dampf besitzt. Bei Befeuchtung mit Dampf von 100 °C z. B. tritt bei normaler Lufttemperatur nur eine Temperaturerhöhung von etwa 0,5 bis 1,0 K ein (Linie 1→3).

## -75 Adiabate Zustandsänderung

Eine solche Zustandsänderung liegt dann vor, wenn beim Wärme- und Wasseraustausch zwischen Luft und Wasser die zur Verdunstung erforderliche Wärme ausschließlich von der Luft geliefert wird. Dies ist z. B. der Fall bei einem Luftwäscher, bei dem umlaufendes Wasser zerstäubt wird. Ist die verdunstete Wassermenge $dx$, so ist die zu deren Verdunstung erforderliche, von der Luft gelieferte Wärme $dx \cdot r$. Die vom Wasser an die Luft abgegebene Wärme ist demgegenüber $dh_w = dx\ (r + h_w)$. Die Enthalpieänderung der Luft ist demnach

$$dh = dx\,(r + h_w) - dx \cdot r = dx \cdot h_w$$

oder

$$dh/dx = c_w \cdot t_w = 4{,}18 \cdot t_w$$

$c_w$ = spez. Wärmekapazität von Wasser = 4,18 kJ/kg K

Die Zustandsänderung erfolgt also im $h, x$-Diagramm in Richtung $dh/dx = 4{,}18 \cdot t_w$. Die sich bei diesem Vorgang einstellende Wassertemperatur nennt man die *Feuchtkugeltemperatur*, weil sie mit großer Annäherung durch ein in der Luft bewegtes befeuchtetes Thermometer angezeigt wird. Man nennt sie auch *Kühlgrenze*, da sie die tiefste Temperatur ist, bis zu der Wasser mit nicht gesättigter Luft abgekühlt werden kann. Zu einem gegebenen Luftzustand findet man die Feuchtkugeltemperatur $t_f$ oder die Kühlgrenze, indem man diejenige Nebelisotherme über die Sättigungskurve hinaus verlängert, die durch den Luftzustandspunkt geht (Bild 134-8). Da die Steigung $dh/dx = 4{,}18 \cdot t_w$ bei niederen Wassertemperaturen $t_w = t_f$ sehr nahe bei $dh/dx = 0$ liegt, sind die Linien $h$ = const mit den Nebelisothermen nahezu parallel. Daher genügt es für viele technische Rechnungen mit feuchter Luft, beide Linien zusammenfallen zu lassen.

### -76 Entfeuchtung

Entfeuchtung der Luft findet immer statt, wenn die Luft mit nassen oder trockenen Oberflächen in Berührung gebracht wird, deren Temperatur unterhalb des Taupunktes der Luft liegt. Mit der Entfeuchtung ist immer eine Kühlung der Luft verbunden, Bild 134-10.

Im Ausland benutzt man auch häufig den *S/T-Faktor:*

$$\frac{S}{T} = \frac{\text{Sensible Wärme}}{\text{Totale Wärme}}$$

Er läßt sich im *h, x*-Diagramm durch das Verhältnis zweier Strecken darstellen (Bild 134-10).

*Beispiel:*

Feuchte Luft wird in einem Oberflächenkühler mit 3 °C konstanter Oberflächentemperatur von 20 °C, 50% rel. Feuchte auf 10 °C abgekühlt. Um wieviel nimmt die Enthalpie der Luft ab und wieviel Wasser wird ausgeschieden?

Man liest aus dem *h, x*-Diagramm Bild 134-10 unmittelbar ab:

$\Delta h = h_1 - h_2 = 38{,}7 - 24{,}5 = 14{,}2$ kJ/kg

$\Delta x = x_1 - x_2 = 7{,}3 - 5{,}8 = 1{,}5$ g/kg trockene Luft

$= \frac{x_1 - x_2}{1 + x_1} = \frac{1{,}5}{1{,}007} = 1{,}49$ g/kg feuchte Luft.

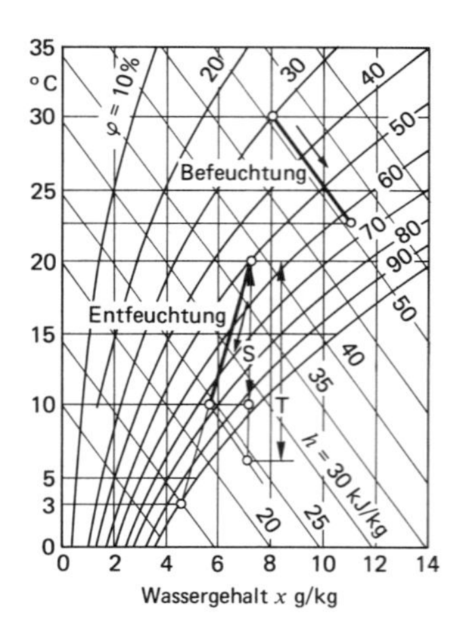


Bild 134-10. Luftzustandsänderungen im *h, x*-Diagramm bei Entfeuchtung und Befeuchtung.

## 135 Wärmeübertragung

Wärme kann auf mehrere Arten übertragen werden.

Wärmeleitung: hierbei wird die Wärme innerhalb eines Körpers von Teilchen zu Teilchen fortgeleitet. Die Teilchen befinden sich in *Ruhe.*

Konvektion: hier erfolgt die Wärmeübertragung von einem flüssigen oder gasförmigen Medium an einen festen Körper, z. B. zwischen Luft und einer Wand. Die Teilchen befinden sich zueinander in *Bewegung.*

Wärmestrahlung: hierbei wird die Wärme in Form von Strahlungsenergie ohne materielle Träger von einem Körper zum andern übertragen.

Im technischen Wärmeprozeß kommen häufig alle drei Arten der Wärmeübertragung vor. Nachstehend sind auf kleinstem Raum die wichtigsten Ergebnisse der Wärmeübertragungsforschung einschließlich Verdunstung und Diffusion zusammengestellt.

Ausführliche Berechnungsblätter im VDI-Wärmeatlas, VDI-Verlag Düsseldorf, 1984, Begriffe und Einheiten in DIN 1341 (11.71 u. Entwurf 1.84), Formelzeichen in DIN 1345 (Sept. 75).

## -1 WÄRMELEITUNG

Hauptformel: $\dot{Q} = A \cdot \frac{\lambda}{s}(t_1 - t_2) = \frac{A(t_1 - t_2)}{R_\lambda}$ in W

| | |
|---|---|
| $\dot{Q}$ = übertragene Wärme in W | $s$ = Dicke der Wand in m |
| $A$ = Fläche in m² | $t_1$ = Temp. der wärmeren Fläche in °C. |
| $\lambda$ = Wärmeleitfähigkeit in W/Km | $t_2$ = Temp. der kälteren Fläche in °C. |

$\frac{s}{\lambda} = R_\lambda$ = Wärmeleitwiderstand in m² K/W

$\frac{\lambda}{s} = \Lambda$ = Wärmedurchlaßkoeffizient in W/m² K.

Der Wert der Wärmeleitzahl $\lambda$ kann aus den Tafeln 135-2 bis 135-12 entnommen werden. Im allgemeinen hat die Wärmeleitzahl $\lambda$ Werte wie in Tafel 135-1 angegeben.

Wesentlich für die Größe von $\lambda$ bei einem bestimmten Stoff ist der Feuchtegehalt und die Temperatur. Mittlere Wärmeleitzahlen von Baustoffen in Bild 135-1, von Wärmeschutzstoffen Bild 135-2 und Tafel 135-6.

Die Temperaturabhängigkeit von $\lambda$ ist unterschiedlich. Im allgemeinen wird $\lambda$ mit steigenden Temperaturen

bei Metallen und Flüssigkeiten geringer
bei Gasen und Dämpfen größer

Bei einer aus mehreren Schichten zusammengesetzten Wand ist

$$\dot{Q} = \frac{A(t_1 - t_2)}{\sum R_\lambda} = \frac{A(t_1 - t_2)}{s_1/\lambda_1 + s_2/\lambda_2 + \cdots}$$

*Wärmeeindringzahl*

Berühren sich zwei Körper verschiedener Temperatur, so stellt sich an der Berührungsfläche die *„Kontakttemperatur"* ein, die abhängig ist von der *Wärmeeindringzahl*

$b = \sqrt{\lambda c \varrho}$ in kJ/m² K s$^{0,5}$ $= \lambda/\sqrt{a}$

| | |
|---|---|
| $\lambda$ = Wärmeleitzahl | in W/m K |
| $c$ = spez. Wärmekapazität | in J/kg K |
| $\varrho$ = Dichte | in kg/m³ |

a = $\lambda/c\varrho$ = Temperaturleitzahl in m²/s.

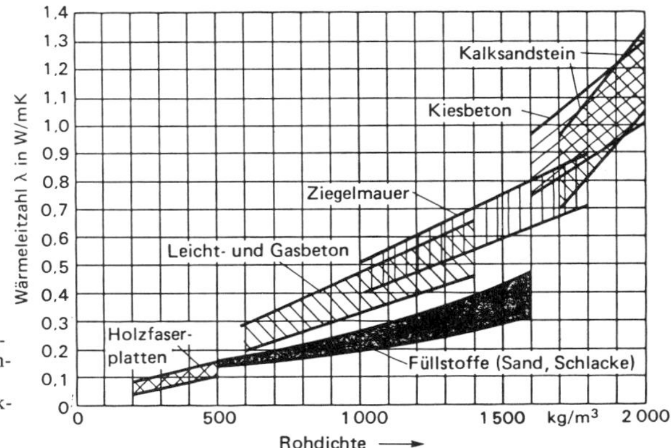


Bild 135-1. Die möglichen Wärmeleitzahlen der wichtigsten Baustoffe unter praktischen Verhältnissen.

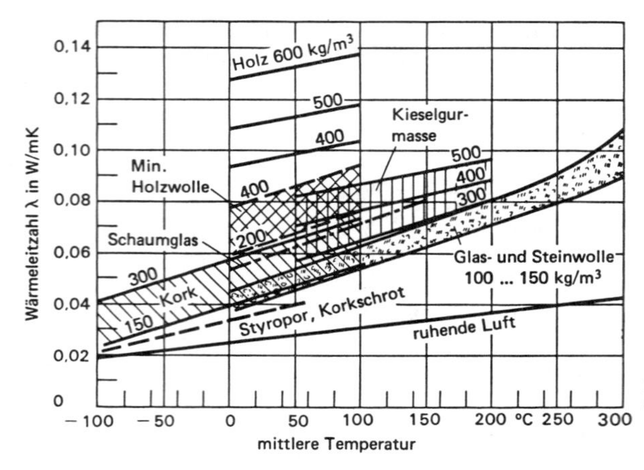


Bild 135-2. Wärmeleitzahl von Wärmedämmstoffen.

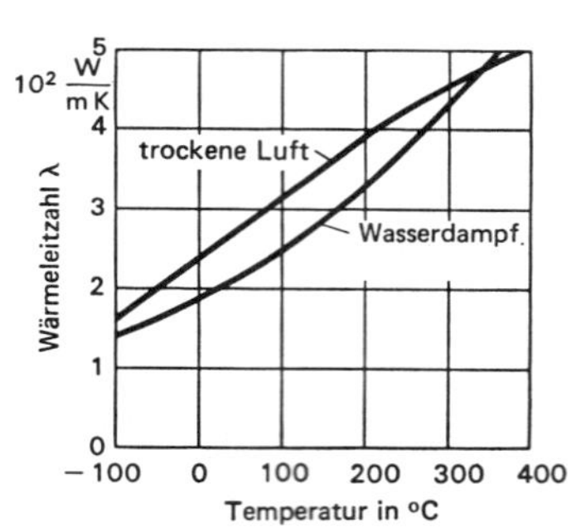


Bild 135-3. Wärmeleitzahl $\lambda$ von Luft und Wasserdampf bei 1 bar.

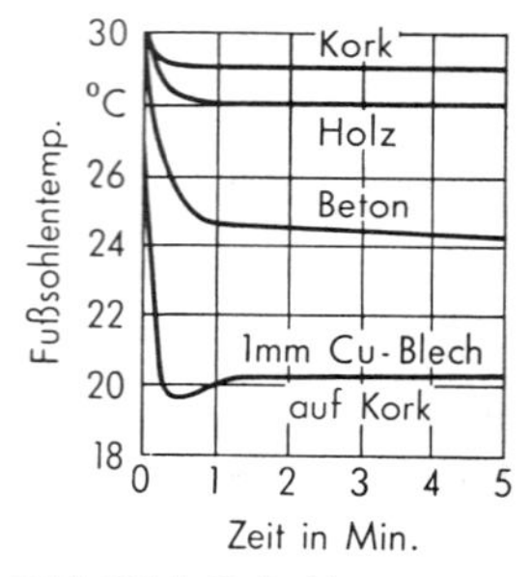


Bild 135-4. Fußsohlentemperatur bei verschiedenen Fußböden (nach Schüle).

Bei geringerer Wärmeeindringzahl des berührten Körpers ändert sich die Kontakttemperatur wenig, bei hoher jedoch stark. Beispiel: Nackter Fuß auf Eisen, Beton, Kork (Bild 135-4). Die Größe $b$ wird auch als *Speicherfähigkeit* bezeichnet.

Temperaturverringerungen an der Fußsohle von mehr als 4 °C werden als Fußkälte empfunden.

Boden fußwarm $b < 0{,}3$ kJ/m² K s$^{0,5}$
Boden fußkalt $b > 1{,}4$ kJ/m² K s$^{0,5}$.

Kontakttemperatur $t_k = \dfrac{b_1 t_1 + b_2 t_2}{b_1 + b_2}$ in °C.

Zahlenwerte für $b$ siehe Tafel 135-14.

**Tafel 135-1. Wärmeleitzahlen allgemein**

| Stoff | $\lambda$ in W/m K | Stoff | $\lambda$ in W/m K |
|---|---|---|---|
| Metalle, rein | 7 ...420 | Dämmstoffe, organ. | 0,03...0,07 |
| Legierungen | 11...150 | Dämmstoffe, anorg. | 0,05...0,11 |
| natürliche Steine | 1,5...4,0 | Gase | 0,01...0,23 |
| Baustoffe | 0,2...3,5 | Luft bei 0 °C | 0,023 |
| feuerfeste Steine | 0,7...3,5 | Flüssigkeiten | 0,1...0,6 |

**Tafel 135-2. Wärmeleitzahl $\lambda$ von Metallen zwischen 0 und 100 °C**

| Stoff | $\lambda$ in W/m K | Stoff | $\lambda$ in W/m K |
|---|---|---|---|
| *Metalle* | | | |
| Aluminium 99,75% | 229 | Lithium | 71 |
| Aluminium 99% | 208 | Magnesium, rein | 123 |
| Antimon | 17 | Mangan | 50 |
| Blei | 35,1 | Natrium 0° | 100 |
| Eisen, 99,12% | 71 | Nickel, 99,94% | 87 |
| Schmiedeeisen, rein | 58 | Nickel, 97···99% | 58 |
| Gußeisen, 3% C | 56···64 | Platin | 71 |
| Gußeisen, 1% Ni | 50 | Quecksilber 0 °C | 8,1 |
| Kohlenstoffstahl | 37···52 | Silber, rein | 418 |
| Gold | 311 | Silber, 99,9% | 413 |
| Iridium | 58 | Titan | 16 |
| Kadmium | 92,4 | Wismut | 7,8 |
| Kalium | 128 | Wolfram | 158 |
| Kupfer, rein | 394 | Zink, rein | 112 |
| Handelskupfer | 372 | Zinn, rein | 63 |
| *Legierungen* | | | |
| Aluminiumbronze | 83 | Neusilber 62% Cu, | |
| Bronze 90% Cu, 10% Sn | 42 | 15% Ni, 22% Zn | 25 |
| Bronze 75% Cu, 25% Sn | 26 | Nickelstahl 5% Ni | 35 |
| Chromnickelstahl | 10···15 | Nickelstahl 15% Ni | 22 |
| Chromstahl 5% Cr | 20···37 | Nickelstahl 30% Ni | 12,2 |
| Duraluminium | 165 | Nickelstahl 50% Ni | 14,5 |
| Elektron | 116 | Phosphorbronze | 36···79 |
| Kolbenlegierung | 135···144 | Rotguß | 60 |
| Konstantan | 22,7 | Silumin | 162 |
| Manganin | 21,9 | V2A-Stahl | 15 |
| Messing 70% Cu, 30% Sn | 112 | Wolframstahl 1 W, | |
| Monel 29% Cu, 67% Ni, | | 0,6 Cr, 0,3 C | 40 |
| 2% Fe | 22 | Woods Metall | 13 |

*Baustoffe* besitzen in der Regel einen mehr oder weniger großen Wassergehalt, der von der Art des Stoffes sowie von Lufttemperatur und rel. Luftfeuchte abhängt[1]). Je größer der Wassergehalt, desto besser die Wärmeleitung. Meßwerte stark schwankend. Mittelwerte in Tafel 135-4.

## -2 KONVEKTION

Hauptformel:

$$\dot{Q} = \alpha \cdot A \cdot (t_1 - t_2) \text{ in W}$$

$\alpha$ = Wärmeübergangszahl (Wärmeübergangskoeffizient) in W/m² K
$1/\alpha$ = Wärmeübergangswiderstand in m² K/W
$t_1$ = Temperatur des festen Körpers in °C
$t_2$ = Temp. der Flüssigkeit oder des Gases in °C

$\alpha$ ist eine Funktion mehrerer Veränderlicher, wie Temperatur, Geschwindigkeit, Wärmeleitung usw., und wird für laminare und turbulente Strömung durch besondere Gleichungen dargestellt. Man unterscheidet zwischen konvektivem Wärmeübergang bei erzwungener Strömung und Wärmeübergang bei der freien Strömung, die nur durch Dichteunterschiede infolge von Temperaturunterschieden des Gases oder der Flüssigkeit erzeugt wird.

Nachstehende Formeln sind angenäherte Werte mit teilweise beschränktem Gültigkeitsbereich. Genauere Angaben sind im VDI-Wärmeatlas, VDI-Verlag 1984, zu finden.

[1]) Rechenwerte in DIN 4108 – Teil 4 (12.85).

**Tafel 135-3 Wärmeleitzahl $\lambda$ von Baustoffen im Betriebszustand bei 20 °C**
(Siehe auch Tafel 241-35 und DIN 4108, Teil 4)

| Baustoff | Dichte $\varrho$ kg/m³ | $\lambda$ W/m K |
|---|---|---|
| Asbestschiefer | 1900 | 0,35 |
| Asphalt | 2000 | 0,70 |
| Beton (Kiesbeton, Stahlbeton) | 1600···1800 | 0,75···0,95 |
| | 1800···2200 | 0,95···1,50 |
| Leichtbetonmauerwerk (Schlackensteine, Zellenbeton, Aerocret, Porenbeton u. ä.) | 800 | 0,47 |
| | 1000 | 0,56 |
| | 1200 | 0,65 |
| | 1400 | 0,74 |
| | 1600 | 0,81 |
| Leichtbeton in Platten oder gegossen | 800 | 0,31 |
| | 1000 | 0,42 |
| | 1200 | 0,53 |
| | 1600 | 0,81 |
| Bimsbeton, gestampft | 800 | 0,37 |
| | 1000 | 0,50 |
| | 1200 | 0,63 |
| Bimsbetonsteinmauerwerk | 800 | 0,51 |
| | 1000 | 0,62 |
| Bimsbetondielen | 800 | 0,37 |
| | 1000 | 0,51 |
| | 1200 | 0,63 |
| Bimskies als Füllstoff | 600 | 0,33 |
| Bitumen | 1100 | 0,17 |
| Dachpappe | 1000···1200 | 0,14···0,35 |
| Erdreich, trocken | 1000···2000 | 0,17···0,58 |
| Erdreich, 10% Feuchte | 1000···2000 | 0,50···2,10 |
| Erdreich, 20% Feuchte | 1000···2000 | 0,80···2,60 |
| Fliesen und Kacheln | 2000 | 1,05 |
| Gipsplatten | 800 | 0,31 |
| Glas (Fensterglas) | 2400···3200 | 0,58···1,05 |
| Granit | 2600···2900 | 2,90···4,10 |
| Gummibelag | 1000 | 0,2 |
| Hartpappe | 790 | 0,15 |
| Holz, senkrecht zur Faser | | |
| Leichtholz (Balsa) | 200···300 | 0,08···0,10 |
| Fichte, Kiefer, Tanne | 400···600 | 0,12···0,16 |
| Buche, Eiche | 700···900 | 0,16···0,21 |
| Holzfaserplatten | 200 | 0,05 |
| (Celotex, Kapag u. ä.) | 300 | 0,06 |
| Holzfaserhartplatten | 900 | 0,17 |
| Holzspanplatten | 900 | 0,17 |
| Holzzement | | 0,17 |
| Kalkmörtel | | 0,87 |
| Kalksandstein | 1600 | 0,81 |
| Kalkstein (amorph) | 2550 | 1,22 |
| Kesselschlacke | 700···750 | 0,33 |
| Kies als Füllstoff | 1500···1800 | 0,93 |
| Korkmentlinoleum | 535 | 0,08 |
| Kunststoffbelag | 1500 | 0,23 |
| Leder | 1000 | 0,17 |
| Lehmstampfwände | 1700 | 0,99 |
| Linoleum | 1200 | 0,19 |
| Marmor | 2500···2800 | 2,10···3,50 |
| Mörtel bei Ziegeln | 1600···1800 | 0,70···0,93 |
| Mörtel bei Leichtbetonstein | 1600···1800 | 0,93···1,16 |
| Muschelkalk | 2680 | 2,44 |
| Leichtbauplatten aus min. Holzwolle, wie Heraklith, Tekton u. ä. | 200 | 0,06 |
| | 400 | 0,08 |
| | 600 | 0,13 |
| Rabitz (Drahtputz) | | 1,40 |
| Rigips | 500 | 0,21 |

**Fortsetzung Tafel 135-3**

| Baustoff | Dichte $\varrho$ kg/m³ | $\lambda$ W/m K |
|---|---|---|
| Sand im Mittel | 1500···1800 | 0,93 |
| Seesand 0% Feuchte | 1600 | 0,31 |
| 10% Feuchte | | 1,24 |
| 20% Feuchte | | 1,76 |
| gesättigt | | 2,44 |
| normal verunreinigter Sand, | | |
| 0% Feuchte | | 0,33 |
| 10% Feuchte | | 0,97 |
| 20% Feuchte | | 1,33 |
| gesättigt | | 1,88 |
| Sägemehl, lufttrocken | 190···215 | 0,06···0,07 |
| Sägemehl als Füllstoff | 190···215 | 0,12 |
| Sandstein | 2200···2500 | 1,60···2,10 |
| Schamotte bei 500 °C | 1800···2200 | 1,05···1,28 |
| Schamotte bei 1000 °C | 1800···2200 | 1,16···1,40 |
| Schiefer ⊥ | 2700 | 1,50···2,00 |
| Schiefer ∥ | 2700 | 2,30···3,40 |
| Schlacke als Füllung | | |
| Hochofenschlacke | 300···400 | 0,22 |
| Kesselschlacke | 700···750 | 0,33 |
| Schlackenbetonsteine im Mauerwerk | 1100···1300 | 0,60···0,80 |
| Schwemmsteine im Mauerwerk, auch | 800 | 0,47 |
| Zellenbeton, Porenbeton u. a. | 1000 | 0,56 |
| | 1200 | 0,65 |
| | 1400 | 0,74 |
| Silika bei 500 °C | 1800···2200 | 1,05···1,28 |
| Silika bei 1000 °C | 1800···2200 | 1,10···1,40 |
| Sperrholz | 600 | 0,13 |
| Steinholz | 1800 | 0,17 |
| Steinzeug | 2200···2500 | 1,05···1,57 |
| Terrazzo | 2200 | 1,40 |
| Vermiaclit | – | 0,09 |
| Verputz außen | 1600···1800 | 0,93···1,16 |
| Verputz innen | 1600···1800 | 0,70···0,93 |
| Zement, gepulvert | | 0,07 |
| Zement, abgebunden | | 1,05 |
| Zementestrich | 2000 | 1,40 |
| Zementmörtel | – | 1,40 |
| Ziegelstein, trocken | 1600···1800 | 0,38···0,52 |
| Ziegelmauerwerk, massiv, innen | 1600···1800 | 0,70 |
| außen | 1600···1800 | 0,87 |
| Ziegelmauerwerk porös, außen | 800 | 0,40 |
| | 1200 | 0,56 |
| Ziegelmauerwerk, Hohlziegel | 800 | 0,35···0,52 |
| | 1600 | 0,52···0,76 |

**Tafel 135-4. Durchschnittlicher Feuchtegehalt von Bau- und Dämmstoffen**

| Stoff | Feuchte Vol.-% | Stoff | Feuchte Masse-% |
|---|---|---|---|
| *Anorgan. Stoffe und Erdreich* | | *Organische Stoffe* | |
| Vollziegel | 0,5···1,5 | Korkplatten | 5···10 |
| Hohlziegel | 1···2 | Leichtbauplatten | 10···20 |
| Gasbeton | 5···10 | Hölzer | |
| Beton | 5···15 | in geschlossenen Räumen | 6···8 |
| Innenputz | 1···2 | Bauholz, Fenster, Türen | 11···13 |
| Außenputz (Kalk) | 2···3 | im Freien | 15···20 |
| Erdreich, sandig | 8···14 | Verkleidungsplatten | |
| Erdreich, tonig, Humus | 25···30 | aus organischen Fasern | 10···20 |

**Tafel 135-5. Wärmeleitzahl $\lambda$ verschiedener fester Stoffe bei 20 °C**
(Siehe auch Tafel 241-35)

| Stoff | Dichte $\varrho$ kg/m³ | $\lambda$ W/m K |
|---|---|---|
| Anthrazit | 1600 | 0,24 |
| Asbest, faserförmig | 470 | 0,15 |
| Asbestpapier | 1000 | 0,15 |
| Asbestplatten | 2000 | 0,70 |
| Asbestzement | 2100 | 1,86 |
| Bakelit | 1270 | 0,23 |
| Baumwolle | 80 | 0,06 |
| Bitumen | 1100 | 0,17 |
| Celluloid | 1400 | 0,22 |
| Ebonit | 1200 | 0,15···0,17 |
| Eis bei 0 °C | 917 | 2,21 |
| Eis bei −20 °C | 920 | 2,44 |
| Elfenbein | 1800···1900 | 0,47···0,58 |
| Email | – | 0,93···1,16 |
| Erdreich, lehmig | 2000 | 2,33 |
| Erdreich, sandig | 1700 | 1,16 |
| Fiber | | 0,23···0,35 |
| Glas im Mittel | 2600···4200 | 0,58···1,05 |
| Bleiglas | | 0,77···0,90 |
| Spiegelglas | 2550 | 0,80 |
| Jena 16 III | 2590 | 0,97 |
| Glimmer | 2600···3200 | 0,47···0,58 |
| Graphit | 2250 | 12···175 |
| Gummi, vulk., weich mit 40% Kautschuk | | 0,23 |
| 80% Kautschuk | | 0,15 |
| 100% Kautschuk | | 0,13 |
| Schaumgummi | 60···90 | 0,06 |
| Hartgummi | 1200 | 0,16 |
| Hartpapier | 1300···1400 | 0,23···0,30 |
| Holzkohle | 200 | 0,06 |
| Igelit | – | 0,16 |
| Kesselstein, gipsreich | 2000···2700 | 0,70···2,33 |
| Kesselstein, kalkreich | 1000···2500 | 0,15···1,16 |
| Kesselstein, siliziumreich | 300···1200 | 0,08···0,23 |
| Kohle, amorph | | 1,98 |
| Braunkohle | 1200···1500 | 0,33 |
| Holzkohle | 185···215 | 0,04···0,07 |
| Kohlefaden 1500 °C | | 8,49 |
| Kohlenstaub | 730 | 0,12 |
| Steinkohle | 1200···1500 | 0,21···0,26 |
| Kochsalz, krist. | | 6,98 |
| Koks aus Steinkohle | 1600···1900 | 0,70···0,93 |
| Kunststoff, Bakelit | 1270 | 0,23 |
| Ebonit | 1200 | 0,15···0,17 |
| Preßmasse mit org. Füllstoffen | 1310···1460 | 0,27···0,37 |
| Preßmasse mit anorg. Füllstoffen | 1700···1900 | 0,58···0,93 |
| Leder | 1000 | 0,14···0,17 |
| Magnesit | 2500···3000 | 5,82···9,30 |
| Mikanit | | 0,21···0,41 |
| Papier | | 0,14 |
| Pappe | | 0,14···0,35 |
| Plexiglas | – | 0,19 |
| Preßspan | | 0,26 |
| Porzellan, allg. | 2200···2500 | 0,81···1,86 |
| Porzellan, Berliner | | 1,05···1,28 |
| PVC | 1350 | 0,16···0,21 |
| Ruß, trocken | – | 0,03···0,07 |
| Schnee (Reif) 0 °C | 150, 300, 500, 800 | 0,12···0,23, 0,47···1,28 |
| Schwefel (rhomb.) | | 0,27 |
| Speckstein | 2850 | 3,26 |
| Steingut | 2100···2400 | 1,05···1,63 |
| Steinkohle | 1200···1500 | 0,21···0,26 |
| Vinidur | 1350 | 0,15 |
| Vulkanfiber | 1100···1450 | 0,21···0,34 |
| Wolle | 140 | 0,05 |
| Zelluloid | 1400 | 0,22 |

**Tafel 135-6. Wärmeleitzahl $\lambda$ von Wärmeschutzstoffen*) bei 20 °C**
(Siehe auch Tafel 241-35)

| Stoff | Dichte $\varrho$ kg/m³ | $\lambda$ W/m K |
|---|---|---|
| Alfol, Planverfahren 10 mm | 3,6 | 0,033 |
| Alfol, Knitterverfahren | 3,6 | 0,046 |
| Asbestpapier | 500 | 0,070 |
| | 1000 | 0,151 |
| Asbestplatten | 2000 | 0,698 |
| Asbestwolle | 50 | 0,058 |
| | 100 | 0,058 |
| | 300 | 0,093 |
| | 500 | 0,160 |
| Baumwolle, lose | 81 | 0,059 |
| Baumwolle, gewebt | 330 | 0,070 |
| Baumwolle als Watte | 10 | 0,041 |
| Bimskies als Füllstoff | 600 | 0,326 |
| Glasgespinstmatten | 100 | 0,038 |
| | 200 | 0,048 |
| Glaswolle, Schlackenwolle | 100 | 0,046 |
| Steinwolle (Sillan) | 200 | 0,041 |
| | 300 | 0,046 |
| | 400 | 0,055 |
| Haarfilz | 270 | 0,03···0,08 |
| Hobelspäne als Füllstoff | 100···140 | 0,093 |
| Holzfaserplatten wie Kapak, Celotex u. ä. | 200 | 0,046 |
| | 300 | 0,051 |
| | 400 | 0,055 |
| | 500 | 0,064 |
| | 600 | 0,074 |
| Korkplatten oder Torfplatten | 100 | 0,037 |
| Korkstein | 150 | 0,042 |
| | 200 | 0,048 |
| | 300 | 0,059 |
| Korkschrot, expandiert | 35···60 | 0,035 |
| Kesselschlacke | 750 | 0,326 |
| Kieselgur- und Magnesiamassen bei 100 °C | 200 | 0,055 |
| | 300 | 0,063 |
| | 400 | 0,073 |
| | 500 | 0,087 |
| | 600 | 0,106 |
| | 800 | 0,157 |
| Kunstharz-Schaumstoffe | | |
| Polystyrol, Styropor | 15···30 | 0,038 |
| Iporka | 8···15 | 0,034 |
| Moltopren | 20···70 | 0,042 |
| Leichtbausteine im Mauerwerk, | 600 | 0,407 |
| Schlackensteine, Zellenbetonsteine | 800 | 0,477 |
| u. ä. | 1000 | 0,570 |
| | 1200 | 0,662 |
| | 1400 | 0,780 |
| Kies als Füllstoff | 1500···1800 | 0,930 |
| Leichtbauplatten aus mineralisierter Holzwolle, wie Heraklith, Tekton u. ä. | 200 | 0,061 |
| | 300 | 0,072 |
| | 400 | 0,082 |
| | 500 | 0,105 |
| Mikrotherm | 245 | 0,020 |
| Schaumglas (Foamglas) | ≈150 | 0,053 |
| Wellit | 45 | 0,041 |
| Vermiculite | – | 0,093 |

*) Wärmeleitzahl von Wärmeschutzstoffen bei höheren Temperaturen siehe Tafel 238-3 und -4.

**Tafel 135-8. Wärmeleitzahl $\lambda$ von Fußbodenbelägen*)**

| Belag | $\lambda$ W/m K | Belag | $\lambda$ W/m K |
|---|---|---|---|
| Estrich | 1,924 | Nylon-Filz-Nadel | 0,047 |
| Fliesen | 1,510 | PVC-Filz, geklebt | 0,058 |
| Stabparkett | 0,276 | Teppich, gummiert | 0,094 |
| Mipolam, geklebt | 0,116 | PVC-Kork | 0,070 |
| Nylon, gummiert | 0,081 | Schurwolle, rein | 0,067 |

*) BWK 1970. S. 408/9.

**Tafel 135-10. Wärmeleitzahl $\lambda$ von Flüssigkeiten bei 20 °C**

| Flüssigkeit | $\lambda$ W/m K | Flüssigkeit | $\lambda$ W/m K |
|---|---|---|---|
| Äther | 0,138 | Quecksilber (0 °C) | 8,050 |
| Äthylalkohol | 0,186 | R 22 (0 °C) | 0,099 |
| Alkohol | 0,167 | R 12 (0 °C) | 0,081 |
| Ammoniak (8,74 bar) | 0,521 | R 502 (0 °C) | 0,076 |
| Anilin | 0,172 | Rizinusöl | 0,181 |
| Azeton | 0,161 | Schwefelsäure | 0,314 |
| Benzol | 0,154 | Schwefl. Säure | 0,198 |
| Chloroform | 0,129 | Teer | 0,151 |
| Diphyl | 0,138 | Toluol | 0,141 |
| Ethylenglykol | 0,29 | Transformatoröl | 0,131 |
| Glyzerin | 0,285 | Wärmeübertragungsöle | ≈0,130 |
| Heizöl EL | ≈0,140 | Wasser bei 0 °C | 0,569 |
| Kohlendioxyd (60 bar) | 0,086 | Wasser bei 10 °C | 0,587 |
| Maschinenöl | 0,116···0,174 | Wasser bei 50 °C | 0,643 |
| Methylalkohol | 0,202 | Wasser bei 100 °C | 0,681 |
| Methylchlorid | 0,163 | Wasser bei 150 °C | 0,687 |
| Olivenöl | 0,169 | Wasser bei 200 °C | 0,665 |
| Paraffinöl | 0,124 | Wasser bei 250 °C | 0,618 |
| Petroleum (raff.) | 0,151 | Zylinderöl | 0,154 |

**Tafel 135-12. Wärmeleitzahl $\lambda$ von Gasen und Dämpfen bei 1 bar**
(Siehe auch Bild 135-3)

| Stoff | $10^3 \cdot \lambda$ in W/m K bei $t$ in °C | | | | | | |
|---|---|---|---|---|---|---|---|
| | −200 | −100 | 0 | 50 | 100 | 200 | 300 |
| Abgase | | | 23 | 28 | 32 | 40 | 49 |
| Äther (Äthyläther) | | | 13,3 | 17,4 | 22,6 | 34,4 | |
| Alkohol (Äthanol) | | | 13,8 | 17,4 | 21,3 | | |
| Ammoniak | | | 22,0 | | 32,6 | 46,5 | 58,1 |
| Benzol | | | 8,84 | 12,9 | 17,6 | 28,4 | |
| Chlor | | | 7,8 | | 11,6 | 15,1 | 17,4 |
| Chloroform | | | 6,5 | 8,0 | 10,0 | 14,0 | 17,4 |
| Difluordichlormethan | | | 9,3 | 11,6 | 14,0 | | |
| Helium | 59,1 | 103,2 | 143,6 | 160,5 | 171,0 | | |
| Kohlendioxyd | | 8,1 | 14,3 | 17,8 | 21,3 | 28,3 | 35,2 |
| Kohlenoxyd | | 15,1 | 23,0 | | 29,1 | 34,9 | |
| Luft | | 16,4 | 24,2 | 27,9 | 31,0 | 38,4 | 46,5 |
| Methan | | | 30 | 37 | | | |
| Methylalkohol | | | 14,3 | 18,1 | 22,1 | | |
| Sauerstoff | | 16,2 | 24,5 | 28,3 | 31,7 | 40,7 | 47,7 |
| Schwefeldioxyd | | | 8,4 | | | | |
| Stickstoff | | 16,5 | 24,3 | 27,4 | 30,5 | 38,4 | 44,2 |
| Wasserdampf | | | 19 | 21,5 | 24,8 | 33,1 | 43,3 |
| Wasserstoff | 51,5 | 116,3 | 175,6 | 202,4 | 224,5 | 266,3 | 296,6 |

## -21 Erzwungene Strömung

### -211 Strömung von Gasen in Rohren

Bei *Luft in turbulenter Strömung* ist

$$\alpha = \left[4{,}13 + 0{,}23\,\frac{t}{100} - 0{,}0077\left(\frac{t}{100}\right)^2\right]\frac{w_0^{0{,}75}}{d^{0{,}25}} \text{ in W/m}^2\text{ K}$$

(nach Schack)[1]) gültig für Rohre mittlerer Länge ($>100\,d$); bei kurzen Rohren ist $\alpha$ größer, z. B. bei $l/d=1$ um etwa 100%, bei sehr langen kleiner (etwa $\pm 10$ bis 20%).

$t$ = mittlere Temperatur °C (bis 1000 °C)
$w_0$ = mittlere Luftgeschwindigkeit des Normalvolumens (0 °C, 1,013 bar) in m/s
$d$ = lichter Rohrdurchmesser m
$Re > 2320$ (turbulente Strömung)

Angenähert für Luft und Rauchgas:

$$\alpha = 4{,}4\,\frac{w_0^{0{,}75}}{d^{0{,}25}} \text{ in W/m}^2\text{ K}$$

Bei rechteckigen Kanälen ist statt $d$ der hydraulische Durchmesser 4 A/U einzusetzen. (A = Querschnitt, U = Umfang.)

*Beispiel:*

Wie groß ist die Wärmeübergangszahl $\alpha$, wenn Luft mit $w = 10$ m/s und einer mittleren Temperatur von $t_m = 100$ °C in einem Rohr von $d = 50$ mm l. W. strömt?

$$w_0 = 10\,\frac{273}{273+100} = 7{,}3 \text{ m/s}$$

$$\alpha = 4{,}4 \cdot 9{,}4 = 41{,}3 \text{ W/m}^2\text{ K}$$

*Beispiel:*

Wie groß ist die innere Wärmeübergangszahl in einem Schornstein bei Abgasen von $t = 100$ °C und $w = 3{,}1$ m/s, Schornsteinquerschnitt 27 · 27 cm?

$$w_0 = 3{,}1 \cdot \frac{273}{373} = 2{,}27 \text{ m/s}$$

$$\alpha = 4{,}4 \cdot 2{,}57 = 11{,}3 \text{ W/m}^2\text{ K.}$$

Bei *überhitztem Dampf* lautet die entsprechende Formel:

$$\alpha = \left(4{,}4 + 0{,}3\,\frac{t}{100}\right)\frac{w_0^{0{,}75}}{d^{0{,}25}} \text{ in W/m}^2\text{ K}$$

*Beispiel:*

Dampf von 30 bar, 400 °C strömt mit 25,7 m/s Geschwindigkeit in einem Rohr von 100 mm l. W. Wie groß ist die Wärmeübergangszahl $\alpha$?

$w = 25{,}7$ m/s
$w_0 = 25{,}7 \cdot 30/1{,}03 \cdot 273/673 = 303$ m/s
$\alpha = (4{,}4 + 0{,}3 \cdot 4) \cdot 130 = 728$ W/m² K

### -212 Strömung von Luft gegen Einzelrohr

$$\alpha = \left(4{,}65 + 0{,}35\,\frac{t}{100}\right)\frac{w_0^{0{,}61}}{d^{0{,}39}} \text{ in W/m}^2\text{ K (nach Schack).}$$

Angenähert für Luft bis 100 °C:

$$\alpha = 4{,}8\,\frac{w_0^{0{,}61}}{d^{0{,}39}} \text{ in W/m}^2\text{ K}$$

Rippenrohre siehe Abschn. 233-2.

### -213 Strömung von Luft gegen Rohrbündel[2])

$$\alpha = 1{,}60\,f\sqrt[4]{T}\,\frac{w_0^{0{,}61}}{d^{0{,}39}} \text{ in W/m}^2\text{ K (nach Schack).}$$

---

[1]) Schack, A.: Der industrielle Wärmeübergang. 1969.
[2]) Hausen, H.: Kältetechn. 1971. S. 86/9.

**Tafel 135-14. Zahlenwerte der Wärmeeindringzahl *b***
$1\ kJ/m^2\ K\ h^{0,5} = 60\ kJ/m^2\ Ks^{0,5}$

| Stoff | Dichte kg/m³ | *b* in kJ/m² Ks^0,5 | Stoff | Dichte kg/m³ | *b* in kJ/m² Ks^0,5 |
|---|---|---|---|---|---|
| Glaswolle | 100 | 0,055 | Menschl. Haut | 800 | 1,0···1,3 |
| Kork | 150 | 0,10 | Beton | 2200 | 1,5···1,7 |
| Holz (Fichte) | 500 | 0,14 | Glas | 2500 | 1,25 |
| Holzfaserplatten | 300 | 0,18 | Estrich | 2000 | 1,50 |
| Holzwolleplatten | 350 | 0,23 | Ziegelmauer | 1800 | 1,2···1,4 |
| Gummi | 1000 | 0,41···0,55 | Stahl | 7800 | 14 |
| Marmor | 2600 | 2,50 | Kupfer | 8900 | 36 |

Angenähert für Luft bis 100 °C:

$$\alpha = 6{,}7\, f \frac{w_0^{0,61}}{d^{0,39}} \text{ in W/m}^2\text{ K (Bild 135-7 und 135-8).}$$

$T$ = mittlere Temperatur in °K
$w_0$ = mittlere Luftgeschwindigkeit des Normvolumens zwischen den Rohren m/s
$f$ = Rohranordnungsfaktor, der die Anordnung der Rohre berücksichtigt (Bild 135-8).

Der Wärmeübergang ist also bei versetzten Rohrbündeln wesentlich größer als bei fluchtenden Bündeln. Bei höheren Re-Zahlen sind die Unterschiede geringer. Meßergebnisse jedoch sehr unterschiedlich.

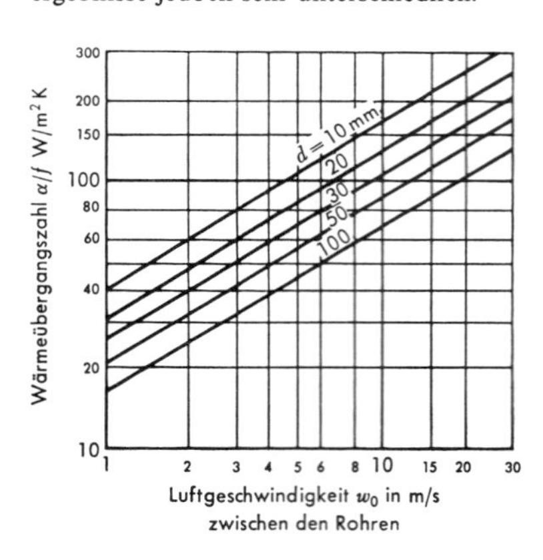


Bild 135-7. Wärmeübertragung bei Rohrbündeln für Luft bis 100 °C (nach Schack).

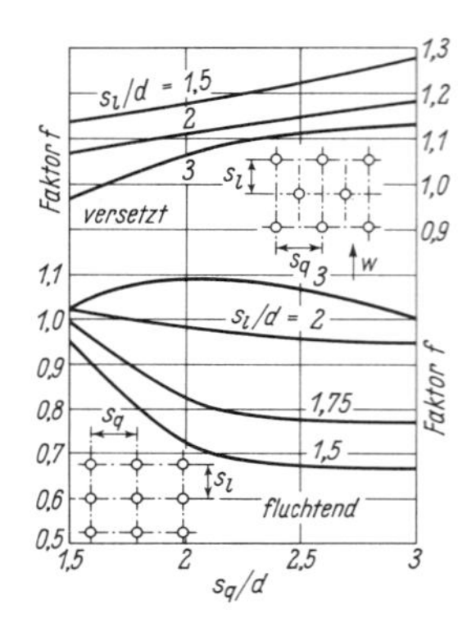


Bild 135-8.
Multiplikationsfaktor $f$ für die Wärmeübergangszahl nach Bild 135-7 bei verschiedenen Rohranordnungsverhältnissen. Um die Wärmeübergangszahl $\alpha$ zu erhalten, sind die Werte $\frac{\alpha}{f}$ nach Bild 135-7 mit dem Multiplikationsfaktor $f$ nach Bild 135-8 zu multiplizieren. $Re = 2000$.

**-214 Luftströmung längs Platte oder Wand oder Rohr (ohne Strahlung)**

$\alpha = 6{,}2 + 4{,}2\, w$ in $W/m^2\,K$ für $w < 5$ m/s

$\alpha = 7{,}15\, w^{0{,}78}$ in $W/m^2\,K$ für $w > 5$ m/s.

Bei Berücksichtigung der Plattenlänge $l$, turbulent [Jürges]:

$\alpha \approx 6{,}4\, w^{0{,}8}/l^{0{,}2}$

$Re > 500\,000$

$t_m = 0 \cdots 50\,°C$

$l$ = Plattenlänge $m$

**-215 Wasserströmung in Rohren, turbulent**

$\alpha_i = 2040\,(1 + 0{,}015\, t_w)\, \dfrac{w^{0{,}87}}{d^{0{,}13}}$ in $W/m^2\,K$ [nach Stender und Merkel][1]), Bild 135-12

$t_w$ = mittlere Wassertemperatur °C

$t_w < 100\,°C$

$\alpha_i = 3370\, w^{0{,}85}\,(1 + 0{,}014\, t_w)$ in $W/m^2\,K$ [nach Schack], Bild 135-18

$d$ = 15 bis 100 mm

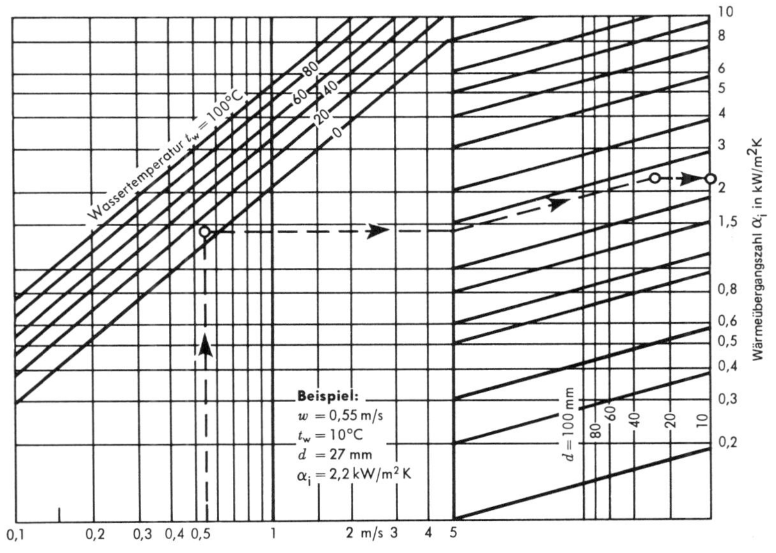


Bild 135-12. Wärmeübergangszahl $\alpha_i$ für Strömung von Wasser in geraden Rohren.

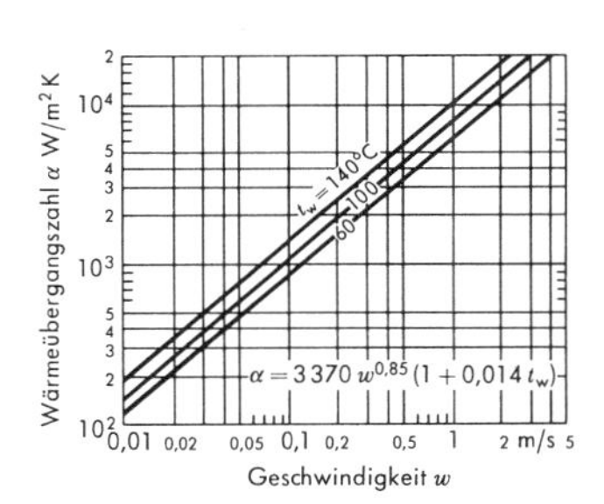


Bild 135-18. Wärmeübergang bei Strömung von Wasser in Rohren (nach Schack).

[1]) Merkel, F.: Die Grundlagen der Wärmeübertragung. 1927. S. 69.

**-216 Wasser in Behältern und Kesseln**

Wasser, nicht siedend und nicht gerührt $\alpha = 600 \cdots 3500$ W/m² K (freie Strömung)
Wasser, nicht siedend, aber gerührt $\alpha = 2300 \cdots 4500$ W/m² K
Wasser, siedend bei freier Konvektion $\alpha = 2300 \cdots 7000$ W/m² K.

In allen Fällen steigt $\alpha$ mit der Wassertemperatur und dem Temperaturunterschied zwischen Wasser und Wandung.

**-217 Verdampfendes Kältemittel[1])**

Die innere Wärmeübergangszahl $\alpha_i$ bei erzwungener Strömung von Kältemitteln ($NH_3$, R 12, R 22) in Verdampferrohren ist außerordentlich komplizierten Gesetzen unterworfen. Von Einfluß sind nicht nur Geschwindigkeit, Rohrdurchmesser, Temperaturunterschied, sondern auch der Dampfgehalt entlang den Rohren, Verhalten des Expansionsventils, Ölgehalt des Dampfes u.a. Die Leistungen von Verdampfern werden daher meist durch Versuche bestimmt und in Tabellen festgelegt.

*Richtwerte* für die in der Klimatechnik üblichen Verdampfer bei 0 °C Verdampfungstemperatur:

bei $\Delta t = 10$ K $\quad \alpha_i = 175 \cdots 230$ W/m² K
bei $\Delta t = 20$ K $\quad \alpha_i = 800 \cdots 1150$ W/m² K.

## -22 Freie Strömung

**-221 Rohr in der Luft**

Für die durch Konvektion bei laminarer Strömung abgeführte Wärme gilt bei *waagerechten Rohren* nach Jodlbauer[2]):

$$\alpha_k = 5{,}0 \sqrt[4]{\frac{T_1 - T_2}{T_2 \cdot d}} \text{ in W/m}^2\text{ K}$$

oder für $T_2 = 293$ K, d.h. Lufttemperatur 20 °C:

$$\alpha_k = 1{,}21 \sqrt[4]{\frac{\Delta t}{d}} \text{ in W/m}^2\text{ K (Bild 135-20)}$$

*Beispiel:*

Ein Rohr mit $d = 50$ mm hat bei einer Oberflächentemperatur von 150 °C in Luft von 20 °C eine konvektive Wärmeübergangszahl

$\alpha_k = 8{,}6$ W/m² K (Bild 135-20).

Für die durch Strahlung abgeführte Wärme gilt (siehe Abschnitt 135-35):

$\alpha_s = \beta \cdot C$ in W/m² K

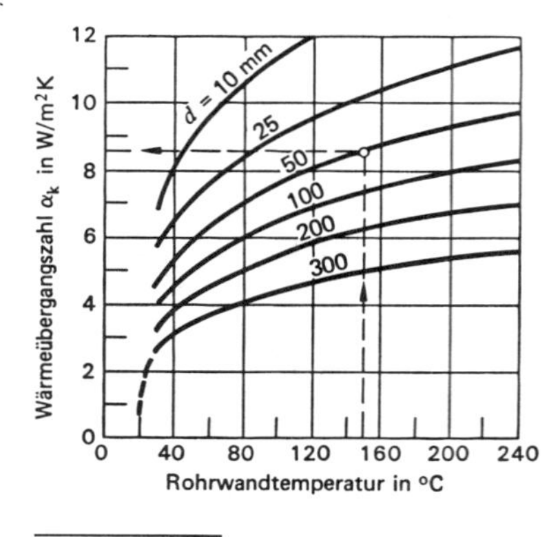


Bild 135-20. Wärmeabgabe eines Rohres ohne Strahlung in freier Luft von 20 °C.

[1]) Slipcevic, B.: Verfahrenstechn. 1975. S. 578.
[2]) Jodlbauer, K.: Forsch. Ing. Wesen 4 (1933).

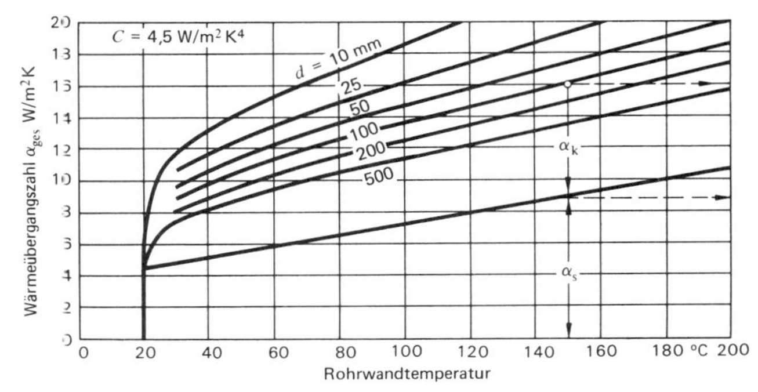


Bild 135-27. Gesamtwärmeübergangszahl (Konvektion und Strahlung) von Rohren bei freier Strömung in Luft von 20 °C.

*Die Gesamtwärmeübergangszahl* ist demnach

$\alpha_{ges} = \alpha_k + \alpha_s$ (Bild 135-27).

*Beispiel:*

Oberflächentemperatur eines Rohres von 100 mm ∅ in Luft von 20 °C beträgt 150 °C. Dann ist

$\alpha_k \;\; = \;\; 7 \text{ W/m}^2 \text{ K}$
$\alpha_s \;\; = \;\; 9 \text{ W/m}^2 \text{ K}$
$\alpha_{ges} = 16 \text{ W/m}^2 \text{ K}.$

Bei Rohren sehr *geringer Durchmesser* steigen die Wärmeübergangszahlen stark an. Richtwert: $\alpha_k = 20 + 0{,}013/d$ in W/m² K (nach Schack).

*Gesamtwärmeabgabe* (Konvektion und Strahlung) eines waagerechten Rohres in freier Luft von 20 °C:

$\alpha_{ges} = 9{,}40 + 0{,}025\, \Delta t$ in W/m² K (aus VDI 2055)

$\Delta t = 10$ bis 100 K
$d \;= 0{,}25$ bis 1,0 m
$C \;=$ Strahlungszahl = 5,3 W/m² K⁴.

Wärmeverlust je m isoliertes Rohr siehe Diagramm 238-8.

Bei *Soleleitungen:* $\alpha_{ges} = 10{,}8$ W/m² K.

Will man nur die durch Konvektion abgeführte Wärme kennen, so hat man von den Werten nach obigen Formeln die Strahlungsübergangszahl $\alpha_s$ nach Kap. 135-35 abzuziehen.

Für *senkrechte Rohre* sind die Wärmeübergangszahlen bei Konvektion entlang dem Rohr stark veränderlich. Da der Anteil der Strahlung konstant bleibt und Abweichungen für Konvektion sich teilweise kompensieren, können jedoch annähernd dieselben Werte wie für waagerechte Rohre verwendet werden.

Bild 135-31 dient zur schnellen Ermittlung des Gesamtwärmeverlustes nichtisolierter Rohre in ruhender Luft, bezogen auf 1 m Rohrlänge.

**-222 Senkrechte Wände**

Die Wärmeübergangszahl ändert sich mit der Höhe $h$ der Wand, wenn laminare Strömung vorliegt. Bei einer senkrechten Platte oder Wand in *Luft* ohne Strahlung:

$$\alpha_k = 5{,}6 \sqrt[4]{\frac{\Delta t}{T_2 h}} \text{ in W/m}^2 \text{ K}$$

oder bei 20 °C Lufttemperatur

$$\alpha_k = 1{,}35 \sqrt[4]{\frac{\Delta t}{h}} \text{ in W/m}^2 \text{ K [nach Schmidt-Beckmann und Schack], Bild 135-32}$$

$T_2$ = Temperatur der Luft K
$h$ = Höhe der Platte m.

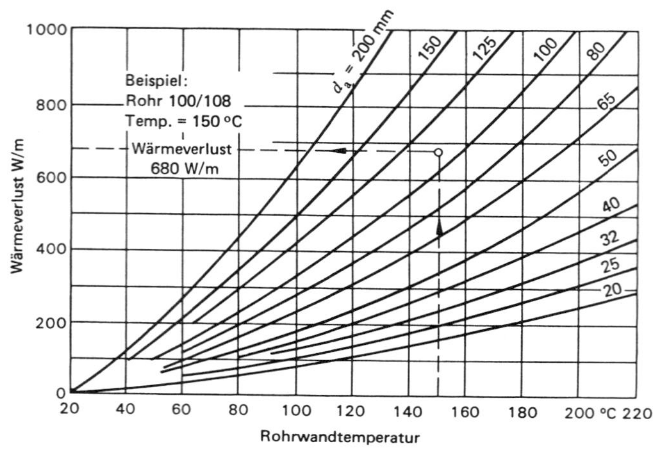


Bild 135-31. Wärmeverlust nicht wärmegedämmter Rohre in ruhender Luft von 20 °C (Strahlungszahl $C = 4{,}65$ W/m² K⁴).

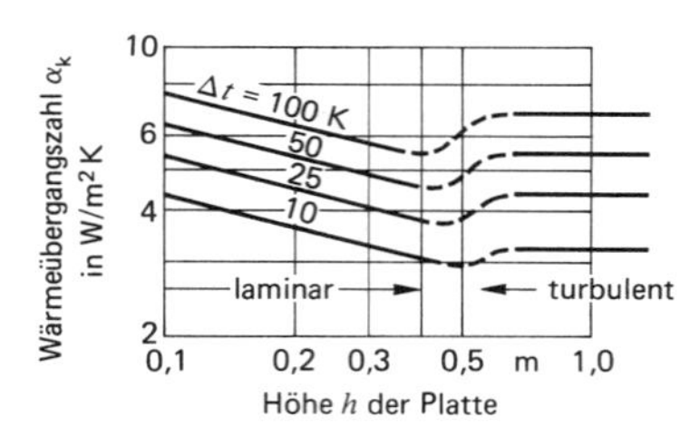


Bild 135-32. Wärmeabgabe einer senkrechten Platte oder Wand in Luft von 20 °C ohne Strahlung.

Bei turbulenter Strömung ist die Wärmeübergangszahl nicht mehr von der Wandhöhe abhängig:

Für *Luft:*

$$\alpha_k = 9{,}7 \sqrt[3]{\frac{\Delta t}{T_2}} \text{ [nach M. Jakob]}$$

oder bei 20 °C Lufttemperatur:

$\alpha_k = 1{,}47 \sqrt[3]{\Delta t}$ in W/m² K

Gesamtwärmeabgabe einschl. Strahlung

$\alpha_{ges} = 9{,}70 + 0{,}040\,\Delta t$ in W/m² K
Strahlungszahl $C = 5{,}3$ W/m² K⁴.

Für *Wasser:*

$\alpha_k = (110 + 3{,}1\ t_m) \sqrt[3]{\Delta t}$ in W/m² K
$t_m$ = mittl. Temperatur $< 100$ °C.

*Beispiel:*

Eine quadratische Platte von 0,5 m Höhe und mit einer Oberflächentemperatur von 80 °C hängt lotrecht im Wasser von 20 °C. Wie groß ist die Wärmeabgabe $Q$ auf beiden Seiten?

$\alpha_k = (110 + 3{,}1 \cdot 50) \sqrt[3]{60} = 265 \sqrt[3]{60} = 1038$ W/m² K
$Q = 2 \cdot 1038 \cdot 0{,}5^2 \cdot 60 = 31140$ W $= 31{,}14$ kW.

*Beispiel:*

Wieviel Konvektionswärme geben bei einem Kachelofen die 4 Seitenwände von je $0{,}5 \times 1{,}0$ m Fläche bei einer Raumtemperatur von 20 °C und einer Übertemperatur von $\Delta t = 60$ K ab?

$\alpha_k = 5{,}7$ W/m² K (Bild 135-32)
$\dot{Q} = A \cdot \alpha_k \cdot \Delta t = 2 \cdot 5{,}7 \cdot 60 = 685$ W.

Die Wärmeabgabe einschl. Strahlung ist

$\dot{Q}_{\text{ges}} = A \cdot \alpha_{\text{ges}} \cdot 60 = 2 \cdot (9{,}70 + 0{,}04 \cdot 60) \cdot 60 = 1452$ W.

**-223 Waagerechte Wände**

Wärmeabgabe einer waagerechten Wand oder Platte ohne Strahlung an Luft:

nach oben (beheizter Fußboden oder gekühlte Decke)

$$\alpha_k = 1{,}73 \sqrt[3]{\Delta t} \text{ in W/(m}^2\text{ K)}$$

$$\frac{A}{U} > 0{,}17$$

nach unten (beheizte Decke)

$$\alpha_k = 0{,}59 \sqrt[5]{\Delta t \left(\frac{U}{A}\right)^2}$$

$U$ = Umfang m
$A$ = Fläche m²

Die Zahlenwerte schwanken wesentlich je nach der Größe der Heizfläche und der Stärke der Luftbewegung.

**-224 Rohre in Wasser**

Wärmeabgabe eines geheizten Rohres in Wasser nach McAdams:

$$\alpha_a = \left(18{,}6 + 20{,}7 \sqrt{t_m}\right) \sqrt[4]{\frac{\Delta t}{d}} \text{ W/m}^2\text{ K}$$

$$t_m = \frac{t_1 + t_2}{2}$$

$t_1$ = Wandtemperatur °C
$t_2$ = Wassertemperatur °C
$\Delta t = t_1 - t_2$ in °C
$d$ = Rohrdurchmesser in m.

Diese Gleichung ist in Bild 135-33 für $t_2 = 40$ °C dargestellt (Brauchwassererwärmer).

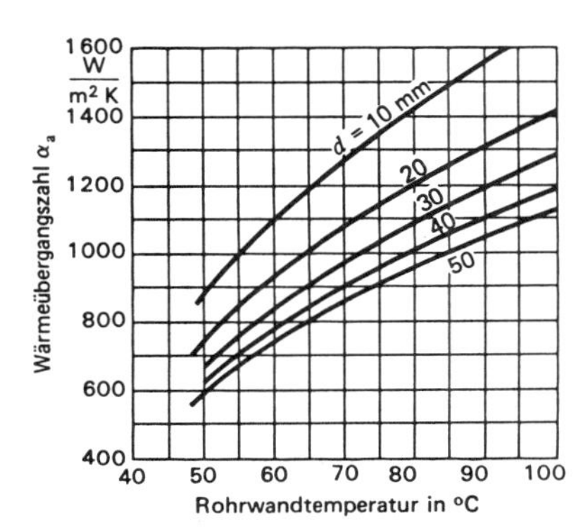


Bild 135-33. Wärmeübergang von waagrechten Rohren an Wasser von 40 °C bei freier laminarer Strömung.

## -23 Siedende Flüssigkeit[1])

### -231 Wasser in Behältern und Kesseln

Bei allen Heizflächen vor Beginn der *Blasenbildung* Wärmeübergang durch freie Konvektion des Wassers. Ab einer Heizflächenbelastung von $\dot{q} \approx 15$ kW/m² beginnt die Blasenbildung. Dabei ist für Wasser

$\alpha = 1{,}94 \cdot \dot{q}^{0{,}72} \cdot p^{0{,}24}$ W/m² K

$p$ = Druck in bar

$\dot{q}$ = Belastung in W/m²

Der Temperaturunterschied zwischen Wand und Flüssigkeit ist $\Delta t = \dot{q}/\alpha$ in K.

Bei Belastungen über etwa 1000 kW/m² zunächst Instabilität und anschließend zusammenhängende Dampfschicht über der Heizfläche *(Filmverdampfung)*. Dabei dann wieder starkes Abfallen von $\alpha$ auf $\approx 1000$ W/m² K (bei 1 bar).

*Beispiel:*

Wie groß ist die Wärmeübergangszahl bei einer Belastung von $\dot{q} = 100$ kW/m² und bei $p = 2$ bar?

$\alpha = 1{,}94 \cdot (10^5)^{0{,}72} \cdot 2^{0{,}24} = 9120$ W/m² K

$\Delta t = 10^5/9120 = 11$ K.

Richtwerte für kleinere Heizflächenbelastungen s. Abschnitt 135-216.

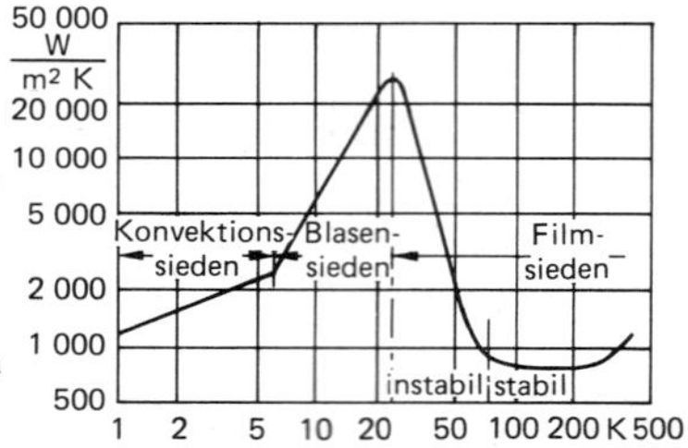


Bild 135-34. Wärmeübergangszahl beim Sieden in Abhängigkeit von der Temperaturdifferenz für Wasser bei 1 bar.

### -232 Kältemittel in Behältern, durch Einzelrohr beheizt

Vor Beginn der Blasenbildung Wärmeübergang durch freie Konvektion. $\alpha$-Werte beim Blasensieden druckabhängig, bei freier Konvektion druckunabhängig (siehe Bild 135-35).

Ist für einen Siededruck der $\alpha$-Wert für Blasensieden bekannt (z. B. aus Versuchen), ist Umrechnung auf anderen Druck nach Abb. 135-36 möglich.

*Beispiel:*

Für R 22 ($p_K = 49{,}3$ bar) bei $p = 0{,}7$ bar ($p/p_K = 0{,}014$) und $\dot{q} = 10000 \frac{\text{W}}{\text{m}^2}$ sei bekannt:

$\alpha = 1000$ W/m² K. Wie groß ist $\alpha$ für 7 bar ($p/p_K = 0{,}14$)?

Aus Beispiel in Bild 135-36 folgt:

$\alpha = 3{,}15 \cdot 1000 = 3150$ W/m² K

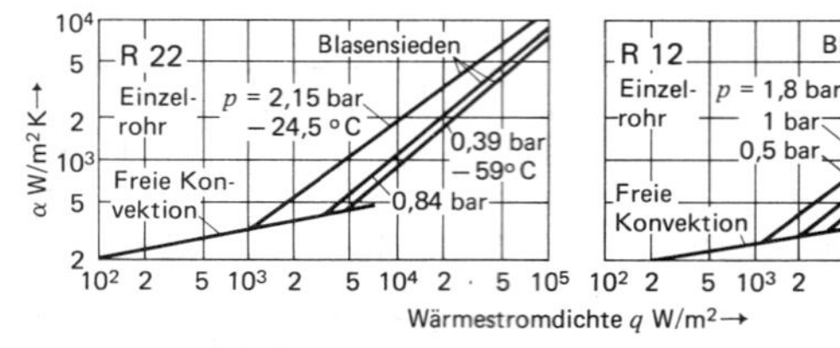


Bild 135-35. Meßergebnisse für die Kältemittel R 22 und R 12: Wärmeübergangskoeffizient $\alpha$ in Abhängigkeit von der Wärmestromdichte $q$ bei Einzelrohren.

[1]) Engelhorn, H.-R.: Dissertation Karlsruhe 1977 und Ki 4/76. S. 399.
Bier, Engelhorn u. Gorenflo: Ki 6/76. S. 499/506.
Slipcevic, B.: Ki 9/75. S. 279, Ki 3/81. S. 125/30, Maschinenmarkt 18/84. S. 70/73.
Slipcevic, B., u. F. Zimmermann: Ki 3/82. S. 115/20.
Zimmermann, F.: Ki 1/82. S. 11/17.
Slipcevic, B.: Ki 12/86. S. 31/4.

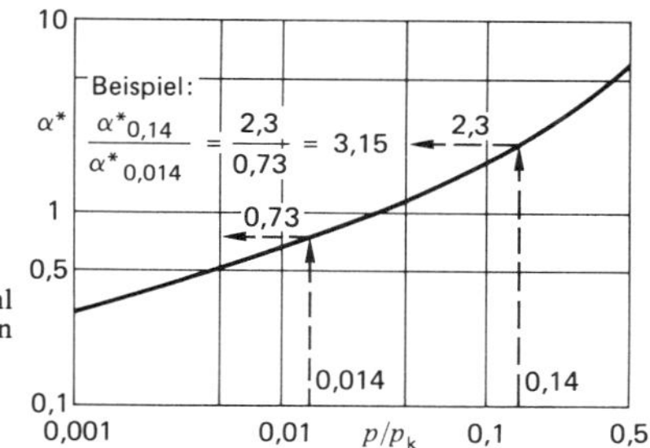


Bild 135-36. Relative Wärmeübergangszahl $\alpha^*$ beim Blasensieden in Abhängigkeit von $p/p_K$ ($p$ = Siededruck; $p_K$ = kritischer Druck)

**-233 Kältemittel in Behältern, durch Rohrbündel beheizt**

Gegenüber Einzelrohren verbesserter Wärmeübergang infolge Zusatzkonvektion innerhalb des Rohrbündels (s. Bild 135-37).

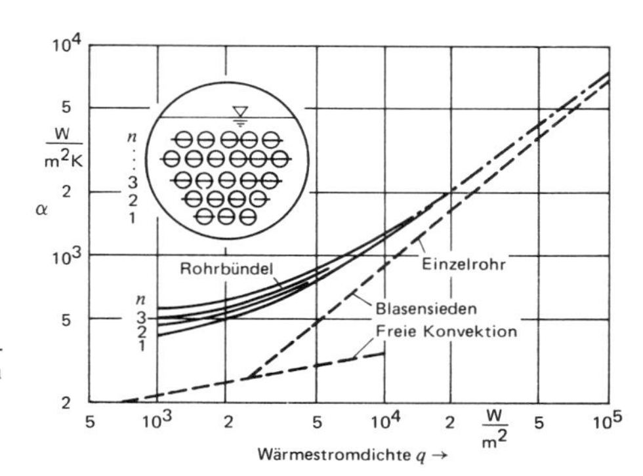


Bild 135-37. $\alpha$-Werte für Rohrbündel im Vergleich zu einem Einzelrohr, R 11, $p$ = 1 bar.

## -24 Kondensierender Dampf bei Wasser (Nusselt)

*Waagerechte Rohre:*

$$\alpha \approx 8900 \sqrt[4]{\frac{1}{d \cdot \Delta t}} \text{ W/m}^2 \text{ K}$$

*Senkrechte Rohre:*

$$\alpha = 11\,600 \sqrt[4]{\frac{1}{h \cdot \Delta t}} \text{ W/m}^2 \text{ K}$$

$\Delta t$ = Übertemperatur K
$d$ = Rohrdurchmesser m
$h$ = Rohrhöhe m

Luftzusatz verringert den Wärmeübergang erheblich.

Gilt für ruhenden Sattdampf bei Filmkondensation. Tropfenkondensation ergibt meist höhere Werte.

## -25 Verdunstung, Stoffübergang[1])

Für die durch Verdunstung von einer ruhenden Wasserfläche an die Luft übertragene Wassermenge gilt mit genügender Genauigkeit (Merkel 1925):

$W = \sigma \cdot A(x'' - x)$ kg/h

---

[1]) Renz, U.: Kältetechn. 1972. S. 29/44.
Walter, C.: Ki 8/74, S. 329/32.
Klemke, W.: Ki 7/8-77. S. 243/8 und Ki 5/77. S. 183/6.

Hierin ist:

$W$ = verdunstete Wassermenge in kg/h
$\sigma$ = 25 + 19 $v$ = Verdunstungszahl kg/m² h
$A$ = Wasseroberfläche m²
$x$ = Wassergehalt der Luft in kg/kg
$x''$ = Wassergehalt gesättigter Luft bei der Temperatur der Wasseroberfläche
$v$ = Luftgeschwindigkeit in m/s.

Die Verdunstungszahl $\sigma$ ist nach der Analogie zwischen Stoff- und Wärmeübertragung:

$\sigma \approx \alpha / c_{pm}$ (Gesetz von Lewis)

Darin ist $c_{pm}$ die mittlere spez. Wärmekapazität feuchter Luft ≈ 1,0 kJ/kg K. Man kann also, wenigstens angenähert, aus der Wärmeübertragung die Verdunstung berechnen.

Vom Wasser an die Luft übertragene Wärmemenge siehe Abschnitt 332-42.

Die Temperatur der Wasseroberfläche $t_0$ ist geringer als im Wasserinnern $t_i$. Bereits in einer nur 1 mm dicken Schicht unterhalb der Wasseroberfläche kann ein Temperaturgefälle von mehreren °C auftreten. Nach Häussler ist etwa

$t_0 = t_i - \frac{1}{8}(t_i - t_f)$ in °C.

$t_f$ = Feuchtkugeltemperatur.

Wasserverdunstung in Schwimmbädern siehe Abschnitt 366-2.

## -3 WÄRMESTRAHLUNG

### -31 Gesetz von Stefan und Boltzmann

Unter Wärmestrahlung versteht man die Energie, die durch elektromagnetische Wellen in einem Bereich von etwa 0,04 bis 800 µm von strahlenden Körpern abgegeben wird. Das sichtbare Licht umfaßt den Wellenbereich von 0,4 ··· 0,8 µm, während der sich anschließende Bereich von 0,8 bis etwa 800 µm den Hauptanteil der ausgestrahlten Wärmeenergie erfaßt.

Die von einem Körper ausgesandte Strahlungsenergie *E (die Emission)* ist proportional der 4. Potenz seiner absoluten Temperatur:

$$E = C\left(\frac{T}{100}\right)^4 \text{ in W/m}^2$$

$C$ = Strahlungskonstante W/m² K⁴
$T$ = absolute Temperatur K

Das Gesetz gilt genau nur für den absolut schwarzen Körper, der alle Strahlen absorbiert, praktisch genügend genau für alle technischen Oberflächen. Für den absolut schwarzen Körper ist $C$ am größten, und zwar $C = C_s = 5{,}67$. Für sonstige Körper ist $C = \varepsilon\, C_s$, worin $\varepsilon$ der *Emissionsgrad* heißt, siehe Tafel 135-16.

Die *Strahlungsintensität* (Wärmestromdichte je Wellenlängeneinheit) ist nicht gleichmäßig über den Wellenbereich verteilt, sondern desto größer, je höher die Temperatur ist (Plancksches Strahlungsgesetz), die Maxima liegen mit zunehmender Temperatur bei kleineren Wellenlängen: Wiensches Verschiebungsgesetz, Bild 135-38.

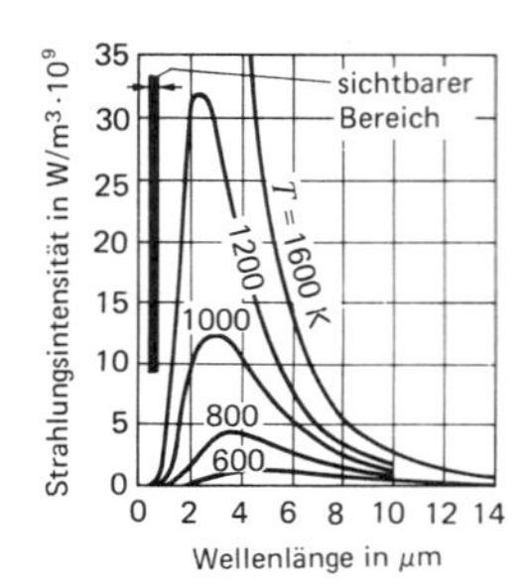


Bild 135-38. Strahlungsintensität des schwarzen Körpers.

**Tafel 135-16. Strahlungskonstante $C = \varepsilon C_s$ verschiedener Oberflächen bei 0 bis 200 °C in W/m² K⁴**

| Stoff bzw. Oberfläche | W/m² K⁴ |
|---|---|
| Absolut schwarzer Körper | 5,67 |
| Edle Metalle, hochglanzpoliert | 0,1···0,3 |
| Nichtedle Metalle, hochglanzpoliert | 0,15···0,40 |
| *Metalle* | |
| Aluminium, roh | 0,40···0,50 |
| Aluminium, poliert | 0,29 |
| Eisen, Stahl, roh mit Walz- oder Gußhaut | 4,3···4,7 |
| frisch abgeschmirgelt | 1,4···2,6 |
| ganz rot verrostet | 4,0 |
| matt verzinkt | 0,5 |
| verzinkt | 1,3···1,6 |
| Kupfer, geschabt | 0,5 |
| schwarz oxydiert | 4,5 |
| Messing, poliert | 0,3 |
| frisch geschmirgelt | 1,2 |
| brüniert | 2,4 |
| *Anstriche* | |
| Aluminiumbronze | 2,0···2,5 |
| Emaillelack, schneeweiß | 5,2 |
| Heizkörperlack, beliebiger Farbe | 5,2 |
| Ölfarben, beliebige, auch weiß | 5,1···5,6 |
| Spirituslack, schwarz glänzend | 4,8 |
| *Verschiedene Körper* | |
| Schamotte, Silica (1000 °C) | 3,5···4,1 |
| Kohle (glühend), menschliche Haut, leuchtende Flamme, Ruß | ≈4,7 |
| Kacheln (weiß) | 5,0 |
| Dachpappe, Holz, Papier, Porzellan | 5,2···5,4 |
| Gips, Marmor, Mörtel, Putz, Ziegel | 5,2···5,4 |
| Eis, Glas, Reif, Wasser | 5,4···5,5 |
| Beton | 5,3···5,4 |

Die Farbe von Oberflächen ist für die Strahlungskonstante nicht maßgebend. Auch weiße Flächen strahlen stark. Geringe Werte hauptsächlich bei blanken Metallen sowie Aluminiumbronze. Glas ist für die kurzwelligen Lichtstrahlen durchlässig, nicht jedoch für die langwelligen Wärmestrahlen.

## -32 Gesetz von Kirchhoff

Das *Emissionsvermögen E* eines beliebigen Körpers verhält sich zum Emissionsvermögen $E_s$ des schwarzen Körpers wie die entsprechenden Absorptionszahlen $\alpha$ und $\alpha_s$:

$$E/E_s = \varepsilon = a/a_s.$$

Da $\alpha_s = 1$ ist, folgt $\varepsilon = \alpha$.

Flächen mit hoher Absorptionszahl strahlen also stark, solche mit geringer Absorptionszahl (polierte Metallflächen) wenig. Dies gilt jedoch nur für bestimmte Wellenlängen. Bei unterschiedlichen Wellenbereichen können $\alpha$ und $\varepsilon$ auch sehr verschieden voneinander sein (Anwendung z. B. bei Sonnenkollektoren).

## -33 Strahlungsaustausch

*Strahlungsaustauschzahl* zwischen zwei sich gegenseitig bestrahlenden Flächen $A_1$ und $A_2$:

1. Fall. $A_2$ umgibt $A_1$ vollkommen, Innen- und Mantelrohr:

$$C_{12} = \frac{1}{\frac{1}{C_1} + \frac{A_1}{A_2}\left(\frac{1}{C_2} - \frac{1}{C_s}\right)}$$

2. Fall. $A_1$ klein gegen $A_2$ (Rohrleitung im Raum):

$$C_{12} = C_1$$

3. Fall. Parallele Flächen:

$$C_{12} = \frac{1}{\frac{1}{C_1} + \frac{1}{C_2} - \frac{1}{C_s}}$$

4. Fall:

$$C_{12} = \frac{C_1 C_2}{C_s} \cdot \varphi_{12}.$$

Häufig fällt nicht – wie in Fall 1 bis 3 – die gesamte Strahlung des einen Körpers auf den anderen Körper. Dann muß die Einstrahlzahl $\varphi_{12}$ bestimmt werden, z. B. nach VDI-Wärmeatlas oder Abschnitt 135-36.

### -34 Gasstrahlung

Elementare Gase wie $O_2$, $N_2$, $H_2$, trockene Luft und Edelgase sind für Strahlen im allgemeinen durchlässig und haben nur geringe Eigenstrahlung. Dagegen strahlen Wasserdampf, CO und $CO_2$ bei hohen Temperaturen erhebliche Wärmemengen in bestimmten Wellenbereichen aus. Der Wärmestrom ist stark von der Schichtdicke des Gases abhängig (wichtig für die Wärmeübertragung in Dampfkesselheizungen)[1].

Außerdem strahlt in den Flammen der *Ruß* als Zwischenprodukt der Verbrennung rötlich, gelb oder weiß.

### -35 Strahlungsübergangskoeffizient

Die durch Strahlung übertragene Wärme läßt sich durch eine Formel ähnlich der bei der Wärmeströmung verwendeten ausdrücken, wenn man den Strahlungsübergangskoeffizient $\alpha_s$ einführt:

$$\dot{Q}_s = \alpha_s \cdot A \cdot (t_1 - t_2)$$

Dabei bedeutet

$$\alpha_s = \frac{\left(\frac{T_1}{100}\right)^4 - \left(\frac{T_2}{100}\right)^4}{T_1 - T_2} \cdot C_{12} = \beta \cdot C_{12}.$$

Werte des *Temperaturfaktors* $\beta$ siehe Bild 135-39. Sind die Temperaturdifferenzen für Strahlung und Konvektion gleich, läßt sich die Gesamtwärmeübergangszahl $\alpha_{\text{ges}}$ einführen:

$$\alpha_{\text{ges}} = \alpha_k + \alpha_s.$$

Angenähert ist

$$\beta = 0{,}04 \left(\frac{T_m}{100}\right)^3$$

$$T_m = \frac{T_1 + T_2}{2} \text{ und } T_1 - T_2 < 200 \text{ K}.$$

Richtwerte für $\alpha_s$ in Tafel 135-17.

*Beispiel:*

1. Wieviel ist der Strahlungsverlust $\dot{Q}$ durch die 0,1 m² große Öffnung eines Ofens, wenn im Ofen eine Temperatur von 800 °C und außen eine Temperatur von 20 °C herrschen?

$C = 5{,}2$ W/m² K⁴; $\alpha_s = \beta \cdot C = 17 \cdot 5{,}2 = 88$ W/m² K (Bild 135-39)

$\dot{Q}_s = A \cdot \alpha_s \cdot (t_1 - t_2) = 0{,}1 \cdot 88 \cdot (800 - 20) = 6860$ W.

[1]) Weiteres siehe A. Schack: Der industrielle Wärmeübergang. 1969.

2. Wieviel Strahlungswärme wird zwischen den beiden versilberten und polierten Glaswänden einer Thermosflasche übertragen, wenn die eine Fläche eine Temperatur von $t_1 = 100\,°C$, die andere eine Temperatur von $t_2 = 20\,°C$ hat? (Fall 1 mit $A_1 = A_2$ ergibt Fall 3)

$\dot{q}_s = \beta \cdot C_{12} \cdot (t_1 - t_2)$

$\beta = 1{,}50$ (Bild 135-39), $C_1 = C_2 = 0{,}1$ (Tafel 135-16)

$$C_{12} = \frac{1}{\frac{1}{C_1} + \frac{1}{C_2} - \frac{1}{C_s}} = \frac{1}{\frac{1}{0{,}1} + \frac{1}{0{,}1} - \frac{1}{5{,}67}} = 0{,}05$$

$\dot{q}_s = 1{,}50 \cdot 0{,}05\,(100 - 20) = 6{,}0\ \mathrm{W/m^2}$

**Tafel 135-17. Richtwerte des Strahlungsübergangskoeffizienten $\alpha_s$**

| Temperatur der Flächen | Wärmeübergangskoeffizienten $\alpha_s$ bei blanken Metallflächen | bei nichtmetallischen Flächen aller Art |
|---|---|---|
| °C | W/(m² · K) | W/(m² · K) |
| 0 bis 10 | 0,12 | 4,7 |
| 10 bis 20 | 0,12 | 5,0 |
| 20 bis 50 | 0,17 | 6,4 |
| 50 bis 100 | 0,23 | 10,5 |

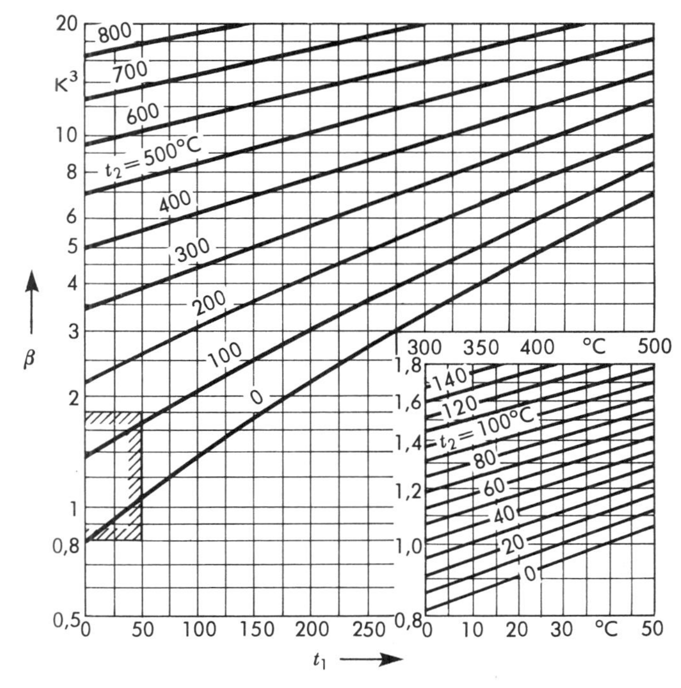


Bild 135-39. Temperaturfaktor $\beta = \dfrac{\left(\frac{T_1}{100}\right)^4 - \left(\frac{T_2}{100}\right)^4}{T_1 - T_2}$ in K³

### -36 Einstrahlzahl

Ein wichtiger Begriff für Strahlungsaustauschrechnungen ist die sogenannte *Einstrahlzahl* $\varphi$, auch Winkelverhältnis genannt. Man definiert die Einstrahlzahl $\varphi$ als das Verhältnis der von einer Fläche 1 ausgehenden und auf einer Fläche 2 auftreffenden Strahlung zu der insgesamt von der Fläche 1 ausgehenden Strahlung. Geht z.B. in Bild 135-40 die Strahlung von einem Flächenteilchen $dA_1$ aus, so fällt nur ein Teil der gesamten Strahlung (ein Strahlungskegel) auf die Fläche $A_2$. Das Verhältnis dieser auf $A_2$ fallenden Strahlung zu der gesamten von $dA_1$ ausgehenden Strahlung ist dann die Einstrahlzahl zwischen den beiden Flächen $dA_1$ und $A_2$. Die durch Strahlung auf $A_2$ übertragene Wärmemenge ist unter Benutzung der Strahlungsübergangszahl $\alpha_s$

$$\dot{Q} = \alpha_s \cdot \varphi_{12} \cdot A_2(t_1 - t_2) = \beta \cdot C_{12} \cdot \varphi_{12} \cdot A_2(t_1 - t_2) \text{ in W.}$$

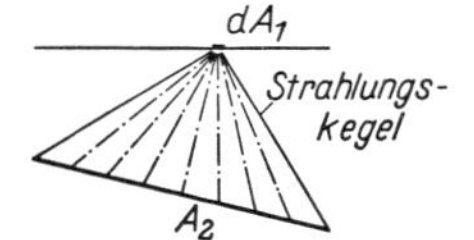


Bild 135-40. Strahlung von einer Fläche $dA_1$ auf eine Fläche $A_2$.

Die Gleichung bleibt unverändert, wenn $A_2$ die strahlende Fläche und $A_1$ die bestrahlte Fläche ist, denn es besteht die Beziehung:

Wenn bei einem Strahlungsaustausch zwischen zwei Flächen von $A_1$ auf $A_2$ der Richtungssinn der Strahlung geändert wird, also von $A_2$ auf $A_1$, dann gilt für die Einstrahlzahlen das Wechselwirkungsgesetz

$$\varphi_{12} A_1 = \varphi_{21} A_2.$$

Bei Strahlung der gesamten Fläche $A_1$ auf $A_2$ muß man die Mittelwerte der örtlichen Einstrahlzahlen ermitteln. Für einfache Verhältnisse läßt sich die Einstrahlzahl $\varphi_{12}$ rechnerisch ermitteln. So enthält z.B. Tafel 135-18 die mittlere Einstrahlzahl einer

**Tafel 135-18. Mittlere Einstrahlzahl $\varphi_m$ der Deckenfläche auf die übrigen Raumflächen im rechtwinkeligen Raum*)**

| Raumverhältnis | | | Mittlere Einstrahlzahlen $\varphi_m$ | | |
|---|---|---|---|---|---|
| Seite | Seite | Seite | Parallele Fläche | Rechtwinkelige Fläche | |
| $a$ | $b$ | $h$ | $a\,b$ | $a\,h$ | $b\,h$ |
| 1 | 1 | 0,5 | 0,416 | 0,146 | 0,146 |
| 1 | 2 | 0,5 | 0,507 | 0,079 | 0,167 |
| 1 | 3 | 0,5 | 0,541 | 0,054 | 0,175 |
| 1 | 4 | 0,5 | 0,562 | 0,039 | 0,180 |
| 1 | 1 | 1 | 0,200 | 0,200 | 0,200 |
| 1 | 2 | 1 | 0,292 | 0,116 | 0,240 |
| 1 | 3 | 1 | 0,323 | 0,084 | 0,255 |
| 1 | 4 | 1 | 0,345 | 0,062 | 0,266 |
| 1 | 1 | 2 | 0,072 | 0,232 | 0,232 |
| 1 | 2 | 2 | 0,115 | 0,150 | 0,292 |
| 1 | 3 | 2 | 0,1495 | 0,107 | 0,318 |
| 1 | 4 | 2 | 0,1675 | 0,082 | 0,334 |
| 1 | 1 | 3 | 0,0306 | 0,242 | 0,242 |
| 1 | 2 | 3 | 0,0612 | 0,158 | 0,310 |
| 1 | 3 | 3 | 0,079 | 0,128 | 0,333 |
| 1 | 4 | 3 | 0,097 | 0,092 | 0,360 |
| 1 | 1 | 4 | 0,0278 | 0,243 | 0,243 |
| 1 | 2 | 4 | 0,0345 | 0,169 | 0,314 |
| 1 | 3 | 4 | 0,049 | 0,132 | 0,344 |
| 1 | 4 | 4 | 0,064 | 0,102 | 0,366 |

*) Kollmar, A.: Die Strahlungsverhältnisse im beheizten Wohnraum. München, Oldenbourg 1950.
Einstrahlzahlen bei anderen Flächen siehe Johannes, W.: Arbeitsblätter des Ges.-Ing. 1961, Heft 1 und 2. Ferner VDI-Wärmeatlas 4. Aufl. 1984.
Glück, B.: Ges.-Ing. 2/86. S. 98 ff.

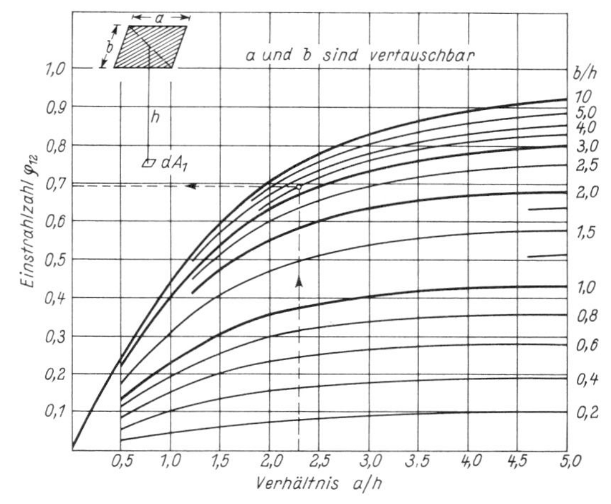


Bild 135-43. Einstrahlzahl $\varphi_{12}$ von einem Flächenteilchen $dA_1$ auf eine mitten darüber befindliche parallele Fläche $a \times b$.

Strahlungsheizdecke auf die übrigen Wände und den Fußboden eines Raums. Die Zahlenwerte der Tafel sind für die angegebenen Raumverhältnisse und Vielfache davon gültig.

Bild 135-43 zeigt die Einstrahlzahl von einem strahlenden Flächenteilchen $dA_1$ auf eine mitten gegenüber befindliche parallele Fläche (Heizdecke).

*Beispiel:*

Wieviel Wärme wird dem Kopf einer Person durch eine Deckenheizfläche zugestrahlt, wenn

die mittlere Deckentemperatur $t_1 = 36\,°C$,
die Heizflächenabmessungen $a \times b = 3{,}0 \times 4{,}5$ m,
die Höhe von Kopf bis Decke $h = 1{,}3$ m und
die Kopfflächentemperatur $t_2 = 32\,°C$ sind?

$\dot{q} = \alpha_s \cdot \varphi_{12} \cdot (t_1 - t_2)\ \text{W/m}^2 = \beta \cdot C_{12} \cdot \varphi_{12}\,(t_1 - t_2)\ \text{W/m}^2$

$\beta = 1{,}15$ aus Bild 135-39

$C_1 = 4{,}7$; $C_2 = 5{,}3$ (Tafel 135-16)

Fall 4: $C_{12} = \varphi_{12} \cdot C_1 \cdot C_2 / C_s = \varphi_{12} \cdot 4{,}4$

$a/h = 2{,}3$; $b/h = 3{,}45$

$\varphi_{12} = 0{,}69$ aus Bild 135-43

$\dot{q} = 1{,}15 \cdot 4{,}4 \cdot 0{,}69\,(36 - 32) = 14{,}0\ \text{W/m}^2$.

## -4 WÄRMEDURCHGANG

### -41 Grundgleichung

Geht bei zwei durch eine Wand getrennten Flüssigkeiten Wärme von der heißen zu der kälteren Flüssigkeit über, so spricht man von einem Wärmedurchgang.

Der übergehende Wärmefluß ist

$\dot{Q} = k \cdot A(t_1 - t_2) = k \cdot A \cdot \Delta t$ in W

$k$ = Wärmedurchgangszahl in W/m² K
$A$ = Fläche in m²
$\Delta t$ = mittlerer Temperaturunterschied in K

Bezogen auf $A = 1$ m² gilt für die Wärmeflußdichte

$\dot{q} = k \cdot \Delta t$ in W/m².

### -42 Wärmedurchgangszahl $k$

Bei *ebenen Wänden* ist

$$k = \frac{1}{\frac{1}{\alpha_i} + \frac{s}{\lambda} + \frac{1}{\alpha_a}} = \frac{1}{R} \text{ in W/m}^2\text{ K}$$

$\alpha_i$ = Wärmeübergangszahl auf der einen Seite der Wand in W/m² K (z. B. Innenseite)
$\alpha_a$ = Wärmeübergangszahl auf der anderen Seite der Wand in W/m² K (z. B. Außenseite)
$s$ = Wanddicke in m
$\lambda$ = Wärmeleitfähigkeit des Wandmaterials in W/m K.
$R$ = Wärmedurchgangswiderstand in m² K/W.

Bei *zylindrischen Rohren* ist je lfm Rohr

$$k_R = \frac{\pi}{\frac{1}{\alpha_i d_i} + \frac{1}{\alpha_a d_a} + \frac{1}{2\lambda} \ln \frac{d_a}{d_i}} \text{ in W/m K}$$

oder ohne Logarithmen nach M. Jacob angenähert:

$$k_R = \frac{\pi}{\frac{1}{\alpha_i d_i} + \frac{1}{\alpha_a d_a} + \frac{d_a - d_i}{(d_a + d_i)\,\lambda}} \text{ in W/m K.}$$

Der Wärmeverlust je m Rohr ist demnach

$\dot{Q}/l = k_R \cdot \Delta t_m$ in W/m.

Bei *zusammengesetzten Wänden* mit Schichten verschiedener Dicke $s_1$, $s_2$ ... und Wärmeleitzahlen $\lambda_1$, $\lambda_2$ ... gilt

$$\dot{q} = k \cdot \Delta t = \alpha_i \cdot \Delta t_i = \frac{\lambda_1}{s_1} \Delta t_1 = \frac{\lambda_2}{s_2} \Delta t_2 \ldots = \alpha_a \Delta t_a$$

$\Delta t_i$ = Temperatursprung an der Wand
$\Delta t_1$ = Temperatursprung in der ersten Schicht
$\Delta t_2$ = Temperatursprung in der zweiten Schicht

Hieraus ermitteln sich die Temperatursprünge in den verschiedenen Schichten:

$$\Delta t_i = \frac{k \cdot \Delta t}{\alpha_i} \qquad \Delta t_1 = \frac{k \cdot \Delta t \cdot s_1}{\lambda_1} \text{ usw.}$$

### -43 Mittlerer Temperaturunterschied $\Delta t_m$

Häufig sind die Temperaturen der Flüssigkeiten längs der Trennwand nicht konstant, sondern veränderlich. Der mittlere Temperaturunterschied $\Delta t_m$ hängt dann von der Art des Wärmeaustauschers ab: Gleich-, Gegen-, Kreuz-Strom (Bild 135-54 bis -58).

Wärmefluß: $\dot{Q} = k_m \cdot A \cdot \Delta t_m$ in W.

Beim Gleich- und Gegenstrom ist die mittlere (logarithmische) Temperaturdifferenz (Bild 135-50)

$$\Delta t_m = \frac{\Delta t_g - \Delta t_k}{\ln \frac{\Delta t_g}{\Delta t_k}} = \frac{\Delta t_g - \Delta t_k}{2{,}303 \lg \frac{\Delta t_g}{\Delta t_k}}$$

$\Delta t_g$ = größte Temperaturdifferenz
$\Delta t_k$ = kleinste Temperaturdifferenz

*Beispiel:*

größte Differenz $\Delta t_g = 31$ °C
kleinste Differenz $\Delta t_k = 7$ °C
$\Delta t_k / \Delta t_g = 7/31 = 0{,}225$
$\Delta t_m = 0{,}52 \cdot \Delta t_g = 0{,}52 \cdot 31 = 16$ °C.

Beim Kreuzstrom liegt der mittlere Temperaturunterschied zwischen den Werten des Gegenstrom- und Gleichstromverfahrens (s. Abschnitt -44). Nach Bild 135-54 ist bei Gleichstrom $\Delta t_k / \Delta t_g$ viel kleiner als bei Gegenstrom, so daß $\Delta t_m$ bei Gegenstrom größer ist.

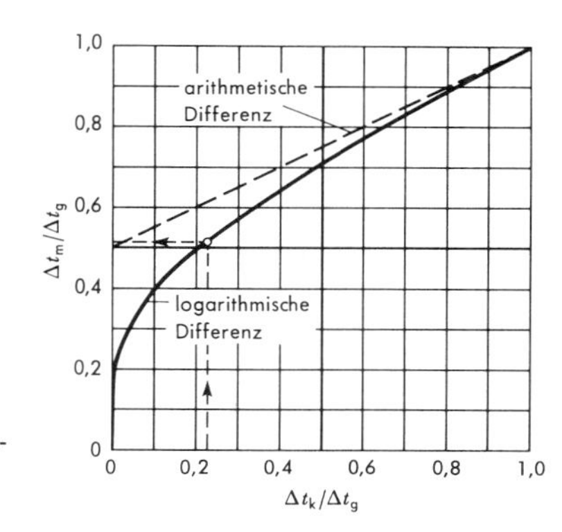


Bild 135-50. Mittlere logarithmische Temperaturdifferenz bei Gleich- und Gegenstrom.

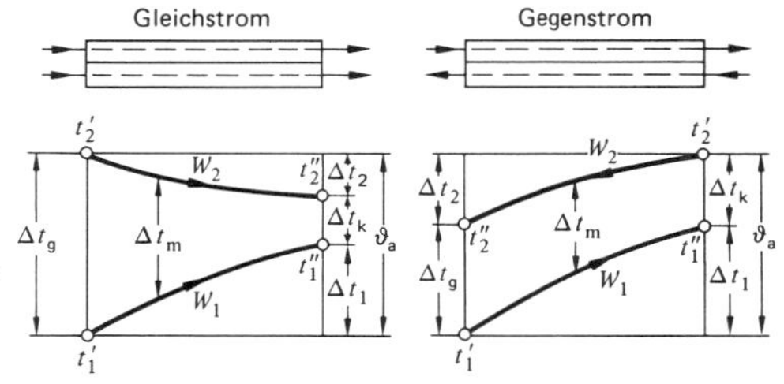


Bild 135-54. Temperaturdiagramm, links: Gleichstrom, rechts: Gegenstrom.

## -44 Wärmeaustausch[1])

Die meisten Heiz- und Kühleinrichtungen der Technik, wie Lufterhitzer, Kühler, Kondensatoren, Gegenstromapparate usw. sind Wärmeaustauscher (genauer gesagt, Wärmeübertrager), bei denen 2 Massenströme durch eine feste Wand hindurch Wärme übertragen. Man unterscheidet je nach Stromführung Gleichstrom-, Gegenstrom- und Kreuzstromverfahren. Begriffe und Zeichen siehe VDI-Richtlinie 2076 (Aug. 1969).

Im allgemeinen handelt es sich darum, bei gegebenen Eintrittstemperaturen der Stoffe für einen bestimmten Wärmeübertrager die Austrittstemperaturen zu ermitteln, oder bei gegebenen Ein- und Austrittstemperaturen die Größe des Wärmeübertragers zu berechnen.

Es bedeuten (Bild 135-54):

$t'$ = Eintrittstemperatur in °C
$t''$ = Austrittstemperatur in °C
$\vartheta_a$ = Anfangstemperaturdifferenz in °C
$\dot{M}$ = Massenstrom in kg/s (Luft, Wasser, Dampf)
$c$ = spez. Wärmekapazität in kJ/kg K
$c\dot{M} = W$ = Wärmewert der Ströme in kJ/s K
Index 1 – gilt für den kälteren Strom,
Index 2 – gilt für den wärmeren Strom.

Grundlegend für die Untersuchung der Wärmeübertragung sind 3 Kenngrößen:

a) die *Betriebscharakteristik* (oder Wärmewirkungsgrad)

$$\Phi = \Delta t_1/\vartheta_a$$

b) das *Wärmestromverhältnis* (oder Wärmewertverhältnis)

$$\tau = W_1/W_2 = \Delta t_2/\Delta t_1$$

c) die *Leistungskennzahl*

$$\kappa = kA/W_1 = \Delta t_1/\Delta t_m$$

[1]) VDI-Wärmeatlas 4. Aufl. 1984.
VDI-Richtlinie 2076 (8.69): Leistungsnachweis für Wärmeaustauscher.

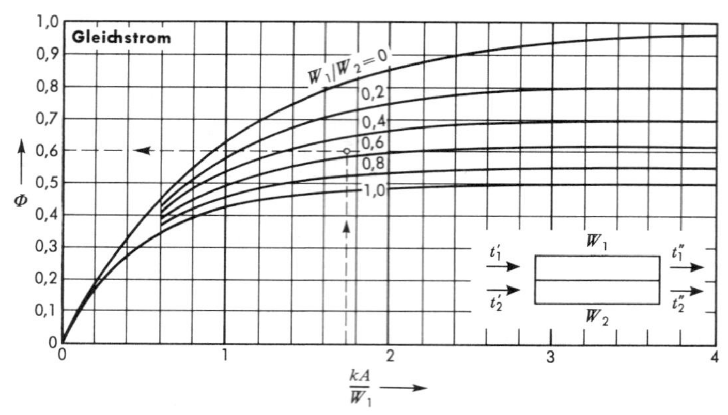


Bild 135-56. Berechnungsschaubild für Gleichstrom-Wärmeaustauscher.

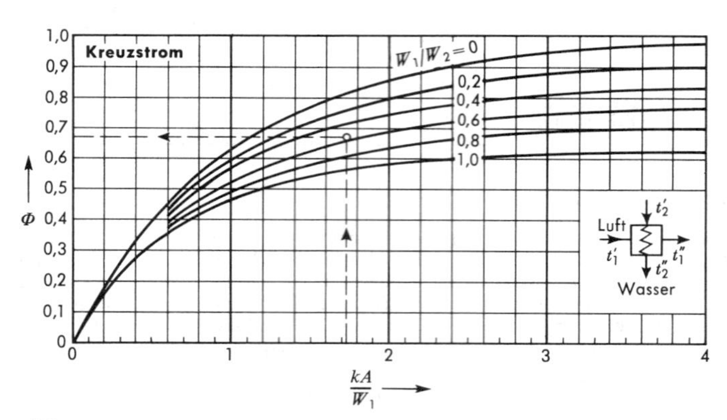


Bild 135-57. Berechnungsschaubild für Kreuzstrom-Wärmeaustauscher (einseitig gerührt).

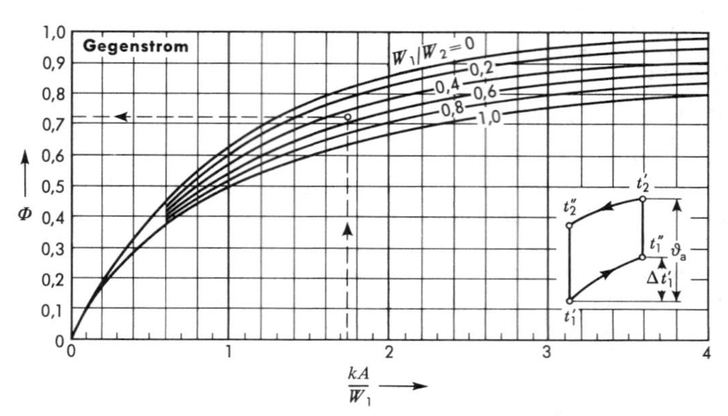


Bild 135-58. Berechnungsschaubild für Gegenstrom-Wärmeaustauscher.

Sie ergibt sich aus der Gleichung für den Wärmestrom

$\dot{Q} = W_1 \cdot \Delta t_1 = k \cdot A \cdot \Delta t_m$

Durch 2 dieser Größen ist die dritte bestimmt. Der Zusammenhang zwischen den 3 Größen hängt von der Stromführung ab.

Bei Gleichstrom ist

$$\Phi = \frac{1 - e^{-\kappa(1+\tau)}}{1+\tau}$$

bei Gegenstrom ist

$$\Phi = \frac{1 - e^{-\kappa(1-\tau)}}{1 - \tau e^{-\kappa(1-\tau)}}$$

bei Kreuzstrom ist

$$\Phi = \frac{1 - e^{-\kappa}}{1 + \tau(1 - e^{-\kappa})/2}$$

Diese 3 Gleichungen sind in den Bildern 135-56 bis -58 dargestellt. Vorausgesetzt ist $W_1/W_2 < 1$, andernfalls sind die Indices zu vertauschen.

Die wichtigste Größe im Berechnungsgang ist der *Wärmewirkungsgrad* $\Phi$:

$$\Phi = \frac{\text{Temperaturänderung in °C}}{\text{Anfangstemperaturunterschied in °C}} = \frac{t_1'' - t_1'}{t_2' - t_1'} = \frac{\Delta t_1}{\vartheta_a}$$

Allgemein gilt für alle Wärmeübertrager:

$$\Delta t_1 = t_1'' - t_1' = \Phi(t_2' - t_1') = \Phi \cdot \vartheta_a$$

$$\dot{Q} = W_1(t_1'' - t_1') = W_1 \Phi(t_2' - t_1') = W_1 \cdot \Delta t_1 = W_1 \cdot \Phi \cdot \vartheta_a.$$

Der *Wärmestrom* $\dot{Q}$ der Wärmeübertrager hängt bei gegebenen Eintrittstemperaturen und Wasserwerten nur von $\Phi$ ab. Bei kleinen Werten von $W_1/W_2$ oder $kA/W_1$ sind die Unterschiede zwischen den 3 Arten von Wärmeübertragern gering, bei großen Werten ist die Leistung bei Gleichstrom am geringsten, bei Gegenstrom am größten, bei Kreuzstrom dazwischen. Oder für konstantes $\dot{Q}$ kann bei Gegenstrom die kleinste Fläche, d.h. der kleinste Wärmeaustauscher gebaut werden.

Bei $W_1/W_2 = 0$ (Verdampfer, Kondensatoren, dampfbeheizte Lufterhitzer) ist $\Phi$ für alle 3 Wärmeübertrager gleich.

*Beispiel:*

9300 m³/h = 2,58 m³/s Luft mit einer Temperatur von 0 °C sollen in einem Lufterhitzer mittels 5000 kg/h (1,39 kg/s) Wasser von 70 °C erwärmt werden.

$kA = 5{,}8$ kW/K. Wie groß sind die Luft- und Wasseraustrittstemperaturen?

$t_1' = 0$; $t_2' = 70$ °C

$W_1 = 2{,}58 \cdot 1{,}29 \cdot 1{,}0 = 3{,}33$ kW/K

$W_2 = 4{,}2 \cdot 1{,}39 = 5{,}83$ kW/K

$$\frac{W_1}{W_2} = 0{,}57 \qquad \frac{kA}{W_1} = \frac{5{,}8}{3{,}33} = 1{,}74$$

Aus den Bildern 135-56 bis -58 ergeben sich für die 3 Wärmeübertragungsarten die Zahlenwerte nachstehender Tafel 135-19.

**Tafel 135-19. Zum Berechnungsbeispiel**

| Bezeichnung | | | Gleich-strom | Kreuz-strom | Gegen-strom |
|---|---|---|---|---|---|
| Anfangstemperaturunterschied | $\vartheta$ | °C | 70 | 70 | 70 |
| Erwärmungsgrad | $\Phi$ | – | 0,60 | 0,68 | 0,72 |
| Lufterwärmung 70 · $\Phi$ | $\Delta t_1$ | °C | 42 | 47,6 | 50,4 |
| Wasserabkühlung $W_1/W_2 \cdot \Delta t_1$ | $\Delta t_2$ | °C | 24,2 | 27,5 | 29,0 |
| Luftaustrittstemperatur | $t_1''$ | °C | 42 | 47,6 | 50,4 |
| Wasseraustrittstemp. $t_2' - \Delta t_2$ | $t_2''$ | °C | 45,8 | 42,5 | 41,0 |
| Wärmestrom $\dot{Q} = W_1 \cdot \Delta t_1$ | $\dot{Q}$ | kW | 140 | 159 | 168 |

## -45 Luftschichten

Bei einer zwischen zwei Wänden befindlichen Luftschicht findet der Wärmedurchgang durch Leitung, Strömung und Strahlung statt. Diese drei Arten des Wärmedurchgangs faßt man in der *äquivalenten Wärmeleitzahl* $\lambda_{äq}$ zusammen. Ein den Luftraum ausfüllender Körper müßte diese Wärmeleitzahl haben, um dieselbe Wärmemenge zu übertragen wie die Luftschicht (Tafel 135-20).

**Tafel 135-20. Äquivalente Wärmeleitzahlen von Luftschichten*) in W/m K**

| Mittl. Temp. °C | Strahlungszahl C | Dicke der Luftschicht in cm | | | | | |
|---|---|---|---|---|---|---|---|
| | | 0,5 | 1 | 2 | 5 | 10 | 15 |
| | | Waagerechte Luftschichten ↑ und senkrechte Luftschichten | | | | | |
| 0 | 5,0 | 0,043 | 0,06 | 0,11 | 0,26 | 0,55 | 0,86 |
| 50 | | 0,059 | 0,09 | 0,16 | 0,39 | 0,80 | 1,24 |
| 100 | | 0,079 | 0,13 | 0,24 | 0,56 | 1,15 | 1,76 |
| 200 | | 0,14 | 0,24 | 0,45 | 1,08 | 3,34 | 3,30 |
| 500 | | 0,48 | 0,93 | 1,80 | 4,44 | 8,90 | 13,4 |
| 1000 | | 2,02 | 3,98 | 7,90 | 19,6 | 39,2 | 58,7 |
| 0 | 0,35 | 0,024 | 0,028 | 0,037 | 0,073 | 0,18 | 0,31 |
| 50 | | 0,029 | 0,032 | 0,043 | 0,082 | 0,19 | 0,33 |
| 100 | | 0,033 | 0,037 | 0,050 | 0,093 | 0,21 | 0,35 |
| 200 | | 0,035 | 0,049 | 0,066 | 0,124 | 0,26 | 0,43 |
| 300 | | 0,052 | 0,064 | 0,088 | 0,171 | 0,35 | 0,55 |
| | | Waagerechte Luftschichten ↓ (Wärmedurchgang nach unten) | | | | | |
| 20 | 5,0 | 0,043 | 0,058 | 0,105 | 0,23 | 0,43 | 0,64 |

*) VDI-Wärmeatlas, 4. Aufl. 1984.

Anders als bei festen Stoffen ist $\lambda_{äq}$ nicht konstant, sondern nimmt mit der Schichtdicke fast proportional zu (Bild 135-59).

*Beispiel:*

Wieviel Wärme wird durch eine 10 cm dicke senkrechte Luftschicht zwischen 2 Wänden übertragen, wenn einmal die Temperaturen der Begrenzungswände 0 und 10 °C sind (Gebäudemauer), das andere Mal 400 und 600 °C (Kesselmauerwerk)?

Gebäudemauer: $\lambda_{äq}=0{,}57$, Wärmeübertragung $\dot{Q}=\frac{\lambda_{äq}}{s}(t_1-t_2)=\frac{0{,}57}{0{,}1}\cdot 10=57\ \mathrm{W/m^2}$

Kesselmauer: $\lambda_{äq}=8{,}90$, Wärmeübertragung $\dot{Q}=\frac{\lambda_{äq}}{s}(t_1-t_2)$

$=\frac{8{,}90}{0{,}1}\cdot 200=17\,800\ \mathrm{W/m^2}=17{,}8\ \mathrm{kW/m^2}$.

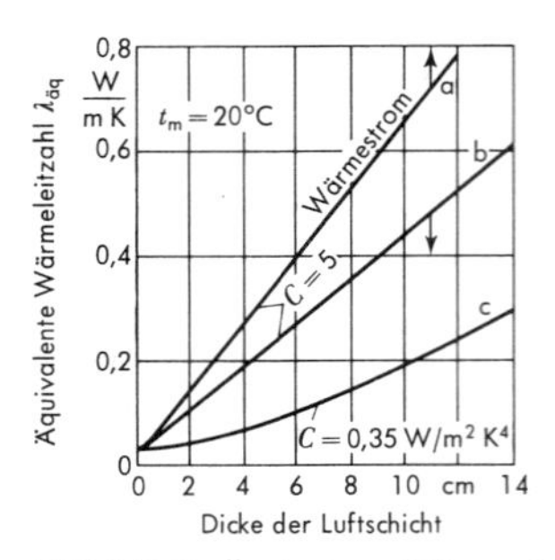


Bild 135-59. Äquivalente Wärmeleitzahl $\lambda_{äq}$ von Luftschichten bei 20 °C

a) Wärmedurchgang von unten nach oben und senkrechte Luftschichten

b) Wärmedurchgang von oben nach unten

c) Wärmedurchgang bei blanken Metallen

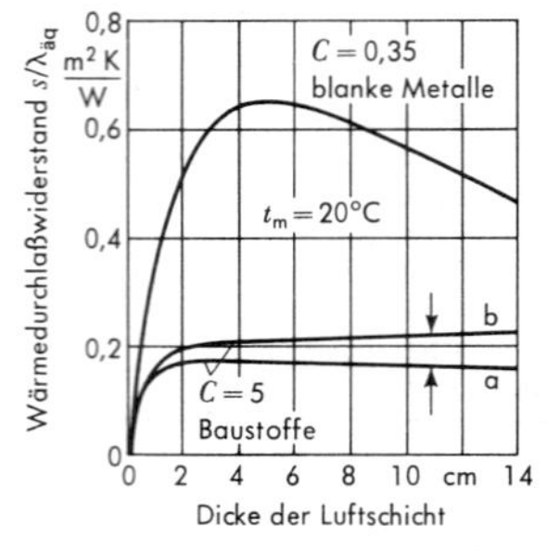


Bild 135-59a. Wärmedurchlaßwiderstand $s/\lambda_{äq}$ von Luftschichten bei 20 °C

a) b) c) wie bei Bild 135-59.

Daher steigt der *Wärmedurchlaßwiderstand* $s/\lambda_{äq}$ zunächst an und erreicht für nichtmetallische Werkstoffe bei etwa 2 ··· 3 cm Schichtdicke schon etwa den Höchstwert von rd. 0,2 $m^2$ K/W, ohne weiter zuzunehmen. Dies ist darauf zurückzuführen, daß anfangs nur die Wärmeleitzahl der Luft maßgebend ist, während bei dickeren Schichten die Konvektion die Hauptrolle spielt. Die Verhältnisse sind leicht anhand der Bilder 135-59 und -59a zu übersehen.

Von wesentlicher Bedeutung ist der Einfluß der Strahlung. Bei Wandungen mit geringer Strahlungszahl (polierte Metalle) ist die Wärmeübertragung geringer. Hierauf beruht das Isolierverfahren mit Aluminiumfolien (Alfol).

Bei *Doppelscheiben* mit dem üblichen Abstand von 12 mm ist $k \approx 3{,}0$ W/$m^2$ K. Durch Verringerung des Emissionsverhältnisses mittels geeigneter Metall-Beschichtung kann $k$ wesentlich verkleinert werden (Thermoplus $k \approx 2 \cdots 1{,}3$).

## -5 WASSERDAMPF-DIFFUSION[1])

Wasserdampfdiffusion ist der molekulare Transport von Wasserdampf in einer Schicht infolge von Dampfdruckdifferenzen. Im Bauwesen ist die Diffusion von Wasserdampf durch Wände und Decken von erheblicher Bedeutung. Je nach Luftfeuchte können große Wassermengen durch Wände hindurchwandern und unter Umständen zu Schwitzwasserbildung innerhalb der Wände führen. Dabei wird die Wärmeleitzahl der Wände stark vergrößert, Heizung eventuell nicht ausreichend, Schimmelbildung und andere Schäden. Die allgemeine Gleichung für den *Diffusionsstrom* pro $m^2$ (Diffusionsstromdichte) ist ähnlich wie beim Wärmedurchgang

$$i = \frac{\Delta p}{1/\Delta_1 + 1/\Delta_2 + \cdots} = \frac{\Delta p}{\Sigma 1/\Delta} \text{ in kg/m}^2\text{h (Wasserdampfdurchgang)}$$

$\Delta p$ = Dampfdruckdifferenz in N/$m^2$
$1/\Delta$ = Diffusionswiderstand einer Baustoffschicht in $m^2$h Pa/kg

$1/\Delta$ errechnet sich dabei aus

$$1/\Delta = \frac{\mu s R T}{D}$$

$\mu$ = Wasserdampfdiffusionswiderstandszahl [–]
$s$ = Schichtdicke [m]
$R$ = Gaskonstante für Wasserdampf = 462 J/kg K
$T$ = Temperatur [K] ≈ 283 K im Mittel
$D$ = Diffusionskoeffizient von Wasserdampf in Luft ≈ 0,080 $m^2$/h

Mit eingesetzten Zahlen ist angenähert

$$1/\Delta = 1{,}5 \cdot 10^6\, \mu \cdot s \text{ in m}^2\text{h Pa/kg.}$$

Damit wird der *Wasserdampfdiffusionsstrom* ohne Tauwasserausfall

$$i = \frac{\Delta p}{1{,}5 \cdot 10^6\, \mu \cdot s} \text{ in kg/m}^2\text{h}$$

Das Produkt $\mu \cdot s$ kennzeichnet den Diffusionsdurchlaßwiderstand einer Schicht von der Dicke $s$ und ist entscheidend für den Wasserdampfdurchgang.

*Beispiel:*

Wieviel Wasserdampf diffundiert durch eine beiderseits verputzte Ziegelwand von 36 cm Dicke? Putzschicht = 2 cm. Außenluft –10 °C/80%. Innenluft 20 °C/50%.

[1]) Cammerer, W. F.: HLH 1966. S. 130/134.
Jenisch, R.: Diss. Uni Stuttgart 1970 u. Ges.-Ing. 1971. S. 257/307.
Glaser, H.: Kälte-Techn. 1967. S. 129/33 u. Ki 2/86. S. 57/60.
Zitzelsberger, J.: Ki 3/79. S. 105/6.
Kosmath, E., u. R. Haberl: Ges.-Ing. 1/81. 7 S.
DIN 52615 Teil 1 (6.73): Wasserdampfdurchlässigkeit von Dämm- und Baustoffen.
DIN 4108 Teil 1 bis 5 (8.81): Wärmeschutz im Hochbau.
VDI 2055 (3.82): Wärme- und Kälteschutz.
Kimmich, R.: HR 3/82. S. 109/14.

**Tafel 135-25. Diffusionswiderstandsfaktoren $\mu$ für verschiedene Stoffe**

$\mu$ ist das Verhältnis der Wasserdampfdiffusion eines Stoffes zu derjenigen in Luft. Für Luft ist $\mu = 1$. (Siehe auch DIN 4108 Teil 4 – 8.81.)

| Stoff (Rohdichte kg/m³) | $\mu$ | Stoff (Rohdichte kg/m³) | $\mu$ |
|---|---|---|---|
| Kalk-, Kalkzementmörtel (1800) | 15···35 | Polystyrol (PS)- (≧15) | 20···50 |
| Zementmörtel, -estrich (2000) | 15···35 | Partikelschaum (≧30) | 40···100 |
| Gips-, Anhydratmörtel (1400) | 10 | PS-Extruderschaum (≧25) | 80···300 |
| Gipsputz ohne Zuschlag (1200) | 10 | | |
| Normalbeton (2400) | 70···150 | PUR-Hartschaum (≧30) | 30···100 |
| Beton, porig (1000···2000) | 70···150 | Phenolhartschaum (≧30) | 30···50 |
| Blähbeton, Naturbims (800···1600) | 70···150 | Mineralische und pflanzliche Faserstoffe (8···500) | 1 |
| Gasbeton (400···800) | 5···10 | | |
| Leichtbeton (1600···2000) | 3···10 | Schaumglas (100···150) | dampfdicht |
| Leichtbeton mit porigem Zuschlag (600···2000) | 5···15 | Sperrholz (600) | 50···400 |
| | | harte Holzfaser (1000) | 70 |
| Asbestzementplatten (2000) | 20···50 | poröse Holzfaser (≦300) | 5 |
| Gasbeton-Bauplatten (500···800) | 5···10 | Eiche, Buche (800) | 40 |
| Leichtbeton-Bauplatten (800···1400) | 5···10 | Fichte (600) | 40 |
| Wandbauplatten aus Gips (600···1200) | 5···10 | Dachpappe (1200) | 15 000···100 000 |
| Gipskartonplatten (100) | 8 | nackte Pappe (1200) | 2000···3000 |
| | | PVC-Folie > 0,1 mm | 20 000···50 000 |
| | | Polyäthylenfolie > 0,1 mm | ca. 100 000 |
| Mauerwerk aus Vollklinker (2000) | 100 | Aluminiumfolie > 0,05 mm | dampfdicht |
| Hochlochklinker (1800) | 100 | Außenwand-Verkleidung aus Glas oder Keramik (2000) | 200 |
| Voll-, Lochziegel (600···2000) | 5···10 | | |
| Kalksandstein (1000···1400) | 5···10 | | |
| Kalksandstein (1600···2200) | 15···25 | | |
| Gasbeton-Steine (500···800) | 5···10 | Wärmedämmputz (600) | 5···20 |
| 2 K-, 3 K-, 4 K-Steine (500···1400) | 5···10 | *(Anstriche)* | |
| Leichtbeton-K-Steine (500···1400) | 5···10 | Bitumen 1,0 mm | 740 |
| Leichtbeton-Vollsteine (1600···2000) | 10···15 | Diofan, einfach 0,04 mm | 12 000 |
| | | Diofan, dreifach 1,0 mm | 200 000 |
| Platten aus Holzwolle -Leichtbau (360···480) | 2···5 | Binderfarben | 200···6000 |
| | | Leimfarben | 180···215 |
| PUR-Schaum (≧37) | 30···100 | Lacke | 25 000···50 000 |
| UF-Ortschaum (≧10) | 1···3 | Ölfarben | 10 000···24 000 |
| Korkdämmstoff (80···500) | 10 | Chlorkautschuk-Lack | 70 000···110 000 |

*Lösung:*

Dampfdruck außen $p_2 = 0{,}8 \cdot 2{,}60 \cdot 10^2 = 208$ Pa (Tafel 134-1)

Dampfdruck innen $p_1 = 0{,}5 \cdot 23{,}4 \cdot 10^2 = 1170$ Pa

Dampfdruckdifferenz $\Delta p = 1170 - 208 = 962$ Pa

$1/\Delta_1 = 1{,}5 \cdot 10^6\, \mu s_1 = 1{,}5 \cdot 10^6 \cdot 10 \cdot 0{,}02 = 300\,000$

$1/\Delta_2 = 1{,}5 \cdot 10^6\, \mu s_2 = 1{,}5 \cdot 10^6 \cdot 8{,}5 \cdot 0{,}36 = 4\,590\,000$

$1/\Delta_3 = 1/\Delta_1 = 300\,000$

$1/\Delta = 1/\Delta_1 + 1/\Delta_2 + 1/\Delta_3 = 5\,190\,000$ m²h Pa/kg

$$\text{Dampfdiffusion } i = \frac{\Delta p}{1/\Delta} = \frac{962 \cdot 1000}{5\,190\,000} = 0{,}185 \text{ g/m}^2\text{h}.$$

Bild 135-60 zeigt zwei Diagramme, sogenannte *Glaserdiagramme* (oder *p/Δ*-Diagramme), aus denen der Diffusionsvorgang innerhalb von Wandschichten ersichtlich ist. Im linken Diagramm ist eine beiderseits geputzte Ziegelmauerwand von 24 cm Dicke mit innerer Isolierung, im rechten Diagramm dieselbe Wand mit äußerer Isolierung angenommen. Der obere Teil beider Bilder zeigt den Temperaturverlauf, der nach den Gesetzen des Wärmedurchgangs ermittelt wird. Auf der Abszissenachse ist der spez. Diffusionswiderstand aufgetragen, so daß die Dampfteildrücke $p_D$ durch eine Gerade dargestellt werden können.

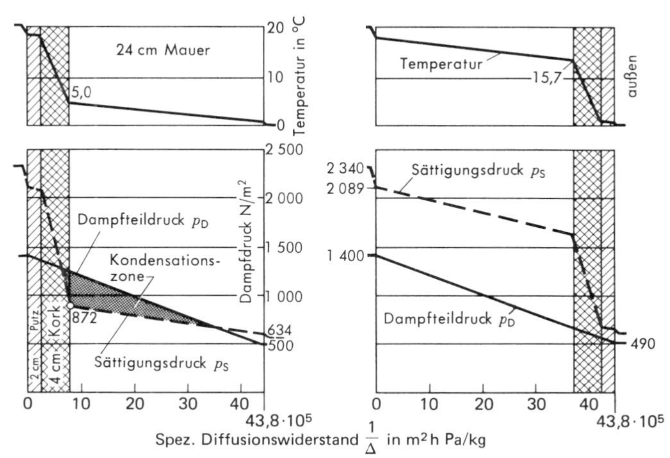


Bild 135-60. Diffusionsdiagramm einer beiderseits verputzten Ziegelmauer, links mit Wärmedämmung innen, rechts mit Wärmedämmung außen. Innen: 20 °C, 60% rel. F., außen: 0 °C, 80% rel. F. Dampfdruckdifferenz $p_1 - p_2 = 1400 - 490 = 910$ Pa.

Die Sättigungslinien $p_s$ geben den Sättigungsdruck entsprechend der an der jeweiligen Stelle herrschenden Temperatur an. Die Werte sind aus Tafel 134-1 zu entnehmen. Die Linien $p_D$, die den jeweiligen Dampfteildruck darstellen, entstehen durch Verbindung der beiden Punkte, die den äußeren und inneren Teildruck des Wasserdampfes in der Luft angeben. Berührt oder schneidet die Dampfteildruckkurve $p_D$ die Sättigungskurve $p_s$ an irgendeiner Stelle, so entsteht dort Wasserdampfkondensation, wie im linken Diagramm ersichtlich ist. Die Kondensation kann durch eine innen anzubringende Dampfsperrschicht verhindert werden (Bauregel: Wärmedämmung außen, Dampfsperre innen).

Während des Winters kann zeitweise Kondensation auftreten, ohne daß bleibende Schäden auftreten, wenn die Wand während des Sommers wieder austrocknet. Nach DIN 4108 Teil 5 (8. 81) und nach einer Methode von Jenisch[1]) kann unter Zugrundelegung von meteorologischen Daten berechnet werden, zu welchen Zeiten und wieviel Tauwasser im Innern des Bauteils während des Winters anfällt und ob während des Sommers diese Menge durch Verdunstung mit Sicherheit wieder abgegeben werden kann.

Die Zahlenwerte zur Berechnung sind nachstehend zusammengestellt.

*Wandkonstruktion* ($\alpha_i = 8$; $\alpha_a = 25$ W/m² K)

2 cm Putz ($\lambda = 0{,}87$ W/m K, $\mu = 10$)
4 cm Kork ($\lambda = 0{,}047$ W/m K, $\mu = 8$)
24 cm Mauer ($\lambda = 0{,}80$ W/m K, $\mu = 10$)

*Wärmedurchgangswiderstand* (Korkdämmung innen)

$$\frac{1}{k} = \frac{1}{8} + \frac{0{,}02}{0{,}87} + \frac{0{,}04}{0{,}047} + \frac{0{,}24}{0{,}80} + \frac{1}{25} = 1{,}35 \text{ m}^2\text{ K/W}$$

| Temperaturgefälle °C (s. Abschn. 135-42) | Trennfugentemperatur °C | Sättigungsdruck $p_s$ N/m² |
|---|---|---|
| 1,8 | 20 | 2340 |
| 0,4 | 18,2 | 2089 |
| 12,8 | 17,8 | 2010 |
| 4,5 | 5,0 | 872 |
| 0,5 | 0,5 | 634 |
| | 0 | 610 |

[1]) Jenisch, R.: Ges.-Ing. 9/71. S. 257/62 u. 299/307.

*Dampfteildruck* innen:

$p_1 = 0{,}60 \cdot 2340 = 1400\ \mathrm{N/m^2}$

außen:

$p_2 = 0{,}80 \cdot 611 = 490\ \mathrm{N/m^2}$

$p_1 - p_2 = 910\ \mathrm{N/m^2}$

*Spezifische Diffusionswiderstände*

$1/\Delta_1 = 1{,}5 \cdot 10^6\ \mu_1 s_1 = 1{,}5 \cdot 10^6 \cdot 10 \cdot 0{,}02 = 300\,000\ \mathrm{m^2 h\ Pa/kg}$

$1/\Delta_2 = 1{,}5 \cdot 10^6\ \mu_2 s_2 = 1{,}5 \cdot 10^6 \cdot 8 \cdot 0{,}04 = 480\,000$

$1/\Delta_3 = 1{,}5 \cdot 10^6\ \mu_3 s_3 = 1{,}5 \cdot 10^6 \cdot 10 \cdot 0{,}24 = 3\,600\,000$

$1/\Delta = 4\,380\,000$

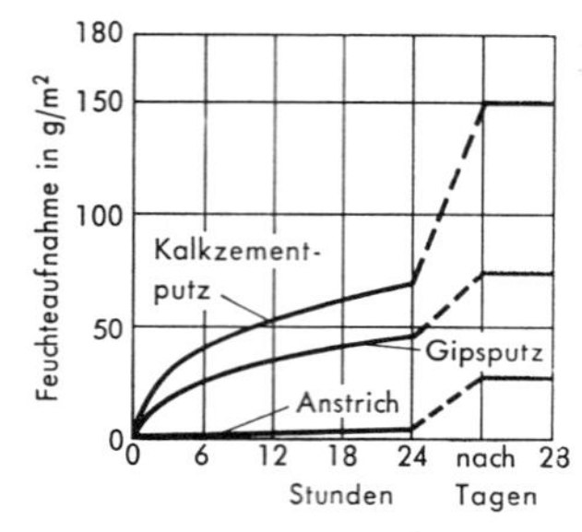


Bild 135-66. Feuchteaufnahme von Putzen aus der Raumluft bei plötzlicher Feuchtesteigerung von 40 auf 80%.

*Wasserdampfabsorption*[1])

Bei Verdampfen von Wasser in Räumen, z. B. Kochküchen, Waschräumen u. a., steigt die Luftfeuchte desto langsamer, je größer die Wasserdampf-Absorptionsfähigkeit der Innenwände ist. Kapillare Oberflächen, z. B. Kalkzementputz, sind stark absorptionsfähig; dichte Oberflächen, z. B. Ölfarbanstrich, absorbieren praktisch nicht (Bild 135-66).

# 136 Brennstoffe

## -1 FESTE BRENNSTOFFE

Man unterscheidet nach der Art der Gewinnung (s. auch Abschnitt 18):

**Natürliche Brennstoffe:** Steinkohle, Braunkohle, Torf, Holz, Stroh. Entstehung von Kohle und Torf durch Umbildung und Zersetzung von untergegangenen Pflanzen älterer Erdperioden bei hohem Druck unter Abschluß von der Luft.

*Steinkohlen* sind die geologisch ältesten natürlichen Brennstoffe. Sie werden praktisch auf der ganzen Erde in verschiedenen Tiefen gefunden, in Deutschland hauptsächlich im Ruhr-, Aachener- und Saargebiet. Die verschiedenen Sorten unterscheiden sich hauptsächlich durch ihren Gehalt an flüchtigen Bestandteilen.

*Braunkohlen* sind wesentlich jünger, zum Teil noch mit holzartigen Einschlüssen. Wassergehalt 45…60%. Gewinnung meist im Tagebau, in Deutschland hauptsächlich im Rheinland und in Sachsen.

*Torf* ist durch Zersetzung von Pflanzen unter Wasser entstanden. Stark wasserhaltig. Gewinnung durch „Stechen“ in Sumpfgebieten. Für Heizzwecke Trocknung erforderlich.

*Holz* als Brennstoff fällt vornehmlich bei der Forstbewirtschaftung und bei Sägewerken an. Verwendung in Form von Scheitholz, Häckselgut, Sägemehl, Preßlingen u. a.

**Veredelte Brennstoffe:** Steinkohlenbriketts, Braunkohlenbriketts, Koks, Holzkohle.

Die *Briketts* werden aus zerkleinerten und getrockneten Stein- oder Braunkohlen durch Pressung in Brikettiermaschinen gewonnen: Vollbriketts, Halbbriketts, Würfel-, Semmel-, Salon- und Eierformat. Von der Rohbraunkohle werden in Deutschland etwa 70% brikettiert.

[1]) Schwarz, B.: Ges.-Ing. 1972. S. 206/11.

Die *Kokse* entstehen durch trockene Destillation bei etwa 1000 °C (Austreibung der gasförmigen Bestandteile bei Erhitzung unter Luftabschluß). Gaskoks wird in Gasanstalten aus Steinkohlen gewonnen, Zechenkoks für Hochöfen in den Kokereien der Hütten, Schwelkoks und Grudekoks entstehen bei der Steinkohlen- bzw. Braunkohlenschwelung (Temp. etwa 500 °C).

*Holzkohle* entsteht bei der Verkohlung von Holz unter Luftabschluß in *Meilern.*

*Verkokung:* Nach dem Verhalten der Kohlen bei der Verkokung unterscheidet man:

| | |
|---|---|
| Sandkohlen | Rückstand ist pulverig, lose; |
| Sinterkohlen | Rückstand ist lose zusammengeschmolzen; |
| Backkohlen | Rückstand ist fest zusammengebackt, sich aufblähend. |

*Hauptbestandteile* aller festen Brennstoffe sind Kohlenstoff, Wasserstoff und Sauerstoff, geringe Mengen an Schwefel und Stickstoff sowie Wasser und Asche. Der Gehalt an Kohlenstoff nimmt mit dem geologischen Alter der Brennstoffe zu, der Gehalt an Sauerstoff ab. Den größten Gehalt an Kohlenstoff hat Anthrazit (Bild 136-1). *Asche* nennt man die der Kohle beigemengten, unverbrennlichen mineralischen Bestandteile wie Steine, Tone, Schiefer usw. Hauptbestandteile der Asche sind Kieselsäure $SiO_2$, Aluminoxyd $Al_2O_3$, Calziumoxyd $CaO$ und Eisenoxyd $Fe_2O_3$. Verminderung des Aschengehaltes durch Aufbereitung der Kohlen. Minderwertige Kohlen sind Kohlen mit hohem Aschengehalt: Löschkohle, Schlammkohle. Reinkohle = asche- und wasserfreie Kohle. Holz enthält sehr wenig Asche, etwa 0,5%.

*Schwefel* ist teils als organische Verbindung, teils als Mineral (Sulfite und Sulfate) in der Kohle vorhanden, etwa 0,5···1,5%.

*Flüchtige Bestandteile* der Kohle sind diejenigen gasförmigen Produkte (Dämpfe, Teere, Gase), die bei der Erhitzung unter Luftabschluß (Verkokung) entweichen. Der Gehalt an flüchtigen Bestandteilen nimmt mit dem geologischen Alter der Brennstoffe ab (Bild 136-1). Man unterscheidet gasreiche Kohlen mit Gasgehalten $>30\%$ und gasarme Kohlen mit Gasgehalten $<30\%$. Gasreiche Kohlen entzünden sich leichter und verbrennen schneller als gasarme Kohlen.

*Wassergehalt:* Beim Wassergehalt unterscheidet man die grobe, mechanisch beigemengte oder anhaftende Feuchtigkeit und die hygroskopische Feuchtigkeit, die auch am lufttrockenen Brennstoff immer vorhanden ist und nur durch Erwärmung über 100° entfernt werden kann.

Bei allen Analysen sind folgende *Bezugsmöglichkeiten* zu beachten:

| | |
|---|---|
| Rohsubstanz | roh |
| wasserfreie Substanz | wf |
| wasser- und aschefreie Substanz | waf |

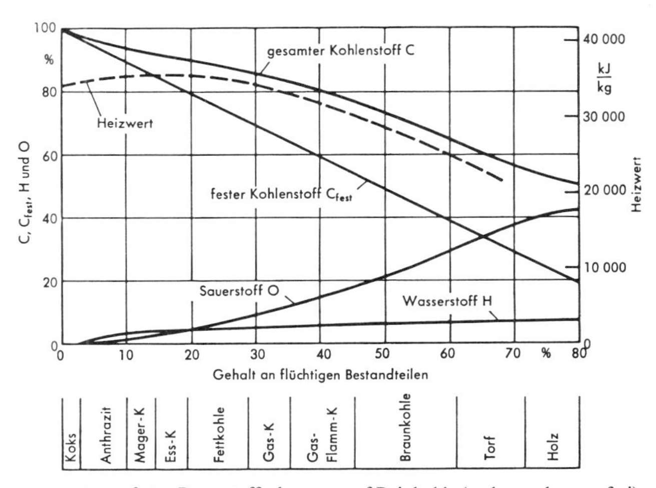


Bild 136-1. Zusammensetzung fester Brennstoffe, bezogen auf Reinkohle (asche- und wasserfrei).

**Tafel 136-2. Mittlere Zusammensetzung und Eigenschaften fester Brennstoffe**

| Brennstoffe | Bezogen auf Rohbrennstoff**) | | | | | | | Unterer Heizwert | Theoret. Luftmenge | Theoret. trockene Abgasmenge | Wasserdampf | Theoret. feuchte Abgasmenge | Max. Kohlendioxidgehalt der Abgase |
|---|---|---|---|---|---|---|---|---|---|---|---|---|---|
| | Kohlenstoff c | Wasserstoff h | Sauerstoff o | Stickstoff n | Schwefel s | Wasser w | Asche a | $H_u$ | $L_{min}$ | $V_{a\,tr}$ | $V_{H_2O}$ | $V_{a\,f}$ | $CO_{2\,max}$ |
| | Gew.-% | Gew.-% | Gew.-% | Gew.-% | Gew.-% | Gew.-% | Gew.-% | kJ/kg | $m_n^3$/kg | $m_n^3$/kg | $m_n^3$/kg | $m_n^3$/kg | % |
| Kohlenstoff (rein) | 100 | – | – | – | – | – | – | 33 820 | 8,9 | 8,9 | – | 8,9 | 21,0 |
| Steinkohle (Ruhr) | | | | | | | | | | | | | |
| Gasflammkohle | 77 | 5 | 8 | 1 | 1 | 3 | 5 | 30 100 | 7,9 | 7,7 | 0,6 | 8,3 | 18,5 |
| Gaskohle | 80 | 5 | 5 | 1 | 1 | 3 | 5 | 31 400 | 8,3 | 8,0 | 0,6 | 8,6 | 18,5 |
| Fettkohle | 81 | 5 | 4 | 1 | 1 | 3 | 5 | 31 800 | 8,4 | 8,1 | 0,6 | 8,7 | 18,5 |
| Eßkohle | 82 | 4 | 4 | 1 | 1 | 3 | 5 | 31 800 | 8,3 | 8,0 | 0,5 | 8,5 | 18,8 |
| Magerkohle | 84 | 4 | 2 | 1 | 1 | 3 | 5 | 31 400 | 8,5 | 8,2 | 0,5 | 8,7 | 18,8 |
| Anthrazit | 85 | 3 | 2 | 1 | 1 | 3 | 5 | 31 400 | 8,3 | 8,1 | 0,4 | 8,5 | 19,3 |
| Koks (Hochofen) | 83 | 0,5 | 0,5 | 1 | 1 | 5 | 9 | 28 900 | 7,7 | 7,5 | 0,1 | 7,6 | 20,5 |
| Pechkohle (Oberbay.) | 58 | 4,3 | 10 | 1,2 | 5,5 | 10 | 11 | 22 930 | 3,0 | 2,95 | 0,6 | 3,55 | 18,2 |
| Braunkohle (Rhld.)*) | | | | | | | | | | | | | |
| roh | 30 | 3 | 10 | 1 | 1 | 50 | 5 | 9 630 | 3,1 | 3,0 | 0,9 | 3,9 | 17,2 |
| Briketts | 55 | 5 | 18 | 1 | 1 | 15 | 5 | 19 250 | 5,6 | 5,4 | 0,7 | 6,1 | 17,2 |
| Torf, lufttrocken*) | 38 | 4 | 26 | 1 | 1 | 25 | 5 | 13 800 | 3,6 | 3,5 | 0,7 | 4,2 | 19,8 |
| Holz, lufttrocken*) | 42 | 5 | 37 | – | – | 15 | 1 | 14 600 | 3,8 | 3,8 | 0,7 | 4,5 | 20,4 |

*) Zusammensetzung von Braunkohle, Torf und Holz schwankt in sehr weiten Grenzen, besonders der Wassergehalt.
**) Umrechnung der Zusammensetzung bezogen auf den Reinbrennstoff nach Multiplikation mit 100/(100-w-a).

*Aufbereitung:* Nach der Art der Aufbereitung unterscheidet man folgende Kohlensorten:

| | |
|---|---|
| Förderkohlen, | nicht aufbereitet, enthält alle Größen einschl. Staub; |
| Stückkohlen, | nur große Stücke über 80 mm; |
| Nußkohlen I bis V, | in verschiedenen Größen von 6···80 mm; |
| Feinkohlen, | in Korngrößen von 0···10 mm; |
| Staubkohlen, | in Korngrößen von 0···3 mm. |

Die *Bezeichnungen* bezüglich der Größe sind jedoch in den einzelnen Fördergebieten nicht einheitlich.

Gewichte, Zusammensetzung und Heizwert siehe Tafel 136-2.

Der Heizwert von Holz[1]) ist stark abhängig vom Feuchtegehalt: $H_u = 16\,000 \cdots 7500$ kJ/kg bei 10···100% Feuchte. Frisch geschlagenes Holz hat 70···80% Feuchte, nach 1 Jahr Freiluftlagerung 25···30% (Bild 136-3). Lufttrockenes Holz hat 15···25% Feuchteanteil und dann einen Heizwert 13 500···16 500 kJ/kg = 3,8···4,6 kWh/kg oder auf den Raummeter bezogen 1500···2100 kWh/rm.

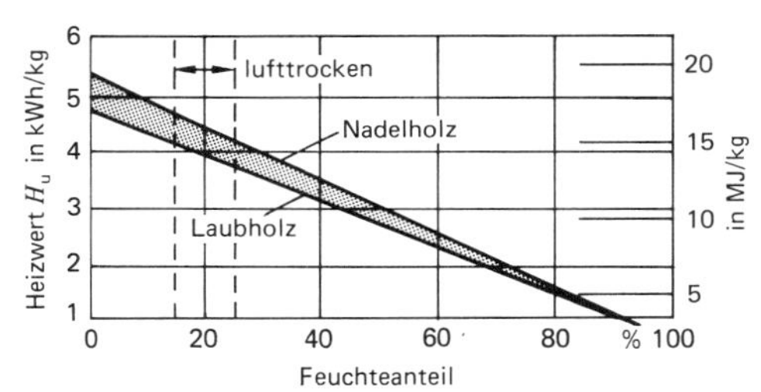


Bild 136-3. Heizwert von Holz.

Heizwert von Stroh $H_u = 14\,000 \cdots 10\,000$ kJ/kg.

Im *„Internationalen Klassifikations-System"* nach DIN 23 003 (4.76) wird jede Kohlenart durch eine dreiziffrige Code-Nummer gekennzeichnet. Die erste Ziffer bezieht sich auf den Gehalt an flüchtigen Bestandteilen, die zweite auf das Backvermögen, die dritte auf das Kokungsvermögen.

**Tafel 136-4. Schüttdichte fester Brennstoffe**

| Brennstoff | Schüttdichte kg/m³ | Brennstoff | Schüttdichte kg/m³ |
|---|---|---|---|
| *Steinkohle* | | *Koks* | |
| Förderkohle | 850···890 | Hochofenkoks | 460···530 |
| Nüsse ½ | 740···780 | Gießereikoks | 430···500 |
| Nüsse ¾ | 720···750 | Brechkoks ½ | 450···560 |
| Feinkohle | 820···860 | Brechkoks ¾ | 500···680 |
| Eierbriketts | 740···780 | Koksgrus | 700···760 |
| Staub | 700···800 | | |
| *Braunkohle* | | *Holz* | |
| Rohbraunkohle | 650···780 | Hartholz (Buche)*) | 560 |
| Braunkohle 50% $H_2O$ | 570···650 | Weichholz (Nadelholz)*) | 420 |
| Briketts, gesetzt | 1000 | Holzkohle aus Hartholz | 190···220 |
| Briketts, geschüttet | 700···720 | Holzkohle aus Weichholz | 130···150 |
| Staub | 450···500 | Sägespäne | 180···280 |
| *Stroh* | | *Torf* | |
| Hochdruckballen**) | 80···130 | Maschinentorf | 310···380 |
| Rundballen **) | 60···130 | Torfbriketts | 650···750 |

*) in Scheiten  **) Dichte im Ballen

[1]) Strehle, A., u. a.: SH-Technik 2/85. S. 62 ff.
Wärmetechnik 11/85. S. 427/30.

*Beispiel:* Steinkohlenart 712 bedeutet

| | |
|---|---|
| Klasse 7 | mehr als 33% flüchtige Bestandteile, |
| Gruppe 1 | Blähgrad von 1 bis 2, |
| Untergruppe 2 | schwach kokend. |

*Größenbezeichnung* bei Koks:

| | |
|---|---|
| Hochofenkoks I | >80 mm |
| Brechkoks I | 80/60 mm |
| Brechkoks II | 60/40 mm |
| Brechkoks III | 40/20 mm |
| Brechkoks IV | 20/10 mm |
| Brechkoks V | 10/6 mm (Perlkoks) |
| Koksgrus | 10,0/6,0 mm |
| Gießereikoks | >80 mm |

## -2 FLÜSSIGE BRENNSTOFFE

### -21 Einteilung

#### -211 Mineralöle

*Entstehung* vor Millionen Jahren in Sedimentgesteinen aus tierischen und pflanzlichen Rückständen bei hohen Temperaturen unter teilweiser Mitwirkung von Bakterien. Förderung durch Ölbohrungen mit langen Bohrgestängen als *Rohöl* (Naphtha) an vielen Stellen der Erde, insbesondere in den USA, Rußland, Venezuela, Nordafrika, Rumänien, Iran, Irak, Arabien. Kennzeichen: Bohrtürme. Transport durch Ölleitungen oder Tankschiffe zu den Raffinerien.

*Zusammensetzung:* Chemisch ist das Erdöl ein Gemisch vieler verschiedener Kohlenwasserstoffe, z. B. Paraffine, Olefine, Aromate u. a. Aufbereitung durch fraktionierte Destillation (Zerlegung in verschieden hoch siedende Bestandteile) und Raffination in Leicht-, Mittel- und Schweröle, ferner durch Kracken (Aufspaltung größerer Kohlenwasserstoff-Moleküle in kleinere durch Erhitzen unter Druck, Spaltbenzin) (Tafel 136-16 sowie Bild 136-4). Aschegehalt gering, meist <0,1%, Hauptbestandteil Vanadiumpentoxyd $V_2O_5$.

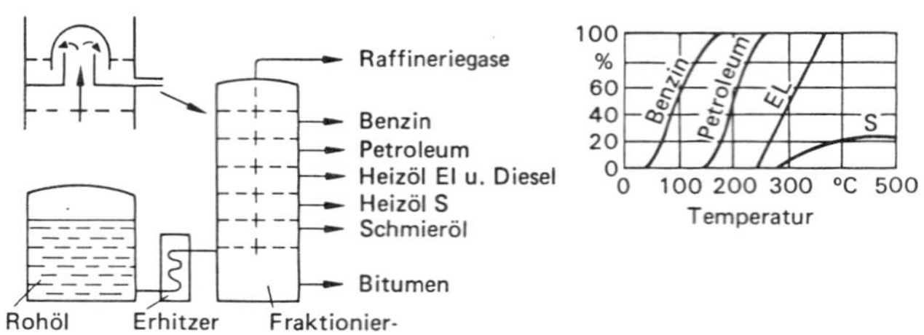


Bild 136-4. Destillation von Erdöl.

*Leichtöl* ist insbesondere Benzin (Sammelname für leicht-siedende Kohlenwasserstoffe, im Gegensatz zu Benzol ($C_6H_6$) kein einheitlicher Stoff), Siedepunkt 50···200 °C, bestehend hauptsächlich aus Paraffin-Kohlenwasserstoffen; Verwendung vorwiegend als Kraftstoff in Motoren.

*Mittelöl* ist insbesondere Petroleum (Leuchtöl), Siedepunkt 200 bis 250 °C, und Gasöl (Treiböl, Dieselöl), Siedepunkt 200 bis 350 °C, früher zur Ölgaserzeugung verwendet, jetzt besonders als Dieselkraftstoff. Auch Heizöl EL gehört in diese Gruppe.

*Schweröl,* Siedepunkt >350 °C, insbesondere Schmieröl, Heizöl für Feuerungen (Kraftwerke) und Treibstoff für Maschinen.

*Rückstände:* Aus den Rückständen der Destillation, Pech, Bitumen, Masut, Asphalt, werden chemische Produkte wie Paraffin, Vaseline u. a. hergestellt. Heizöle siehe auch Abschnitt 231-4.

**-212 Teeröle**

Sie sind die Destillationsprodukte der Teere, während die Teere ihrerseits wiederum bei der Destillation (Verkokung) und Schwelung der Brennstoffe entstehen. Man unterscheidet *Hochtemperatur-* und *Tieftemperaturdestillation* (oder auch Schwelung genannt). Weiterverarbeitung der Teere durch Destillation, Kracken und Hydrierung zu Leicht-, Mittel- und Schwerölen, insbesondere Benzin, Dieselölen und Heizölen sowie zu einer großen Anzahl chemischer Produkte. Für Heizung wenig Bedeutung. Rückstand der Destillation ist Pech.

**-213 Synthetische Öle**

Sie werden aus Stein- und Braunkohlen sowie Erdölrückständen und Teeren hergestellt. Bei weiter steigenden Mineralölpreisen wird die *Verflüssigung* (und Vergasung) von Kohlen zweifellos große Bedeutung gewinnen, namentlich mit Hilfe von Hoch-Temperatur-Reaktoren.

**-214 Sonstige flüssige Brennstoffe**

*Spiritus* (denaturierter Äthylalkohol) wird durch alkoholische Gärung aus Kartoffeln gewonnen, als Zusatzmittel zu Benzin verwendet.

*Benzol* $C_6H_6$ wird bei der Entgasung der Steinkohle in den Kokereien und Gasanstalten als Nebenprodukt gewonnen.

## -22 Heizöle[1])

Die weitaus meisten Heizöle sind Destillationsprodukte des Erdöls. Mit Rücksicht auf die Verschiedenartigkeit der Ölbrenner sind Heizöle aus Schieferöl, Stein- oder Braunkohlenteeren gesondert zu bezeichnen. Mindestanforderungen an Heizöle siehe DIN 51603 (Tafel 136-8). Kohlenstoffgehalt 84···86%, Wasserstoffgehalt 11···13% (Tafel 136-16). Für Heizungen hauptsächlich Heizöl EL und für sehr große Anlagen namentlich in der Industrie Heizöl S (schweres Heizöl); Heizöl L und M kaum noch verwendet. Bei der Verbrennung entstehen fast ausschließlich $CO_2$ und $H_2O$.

Die Farbe ist je nach Herkunft unterschiedlich. Zur Unterscheidung gegen Dieselöl häufig *Einfärbung*.

In anderen Ländern andere Bezeichnungen üblich, z. B. in USA

Fuel Oil No. 2 entspricht etwa Heizöl EL,
Fuel Oil No. 6 entspricht etwa Heizöl S.

*Richtwerte* beim Schwefelgehalt = 0 für Mineralöle:

| Dichte kg/dm³ | c/h – | Heizwert $H_u$ kJ/kg |
|---|---|---|
| 0,80 | 6,0 | 43400 |
| 0,85 | 6,5 | 42860 |
| 0,90 | 7,1 | 42200 |
| 0,95 | 7,7 | 41600 |
| 1,00 | 8,2 | 40900 |

**-221 Heizwert**

Der untere Heizwert der Öle beträgt:

bei den Mineralölen etwa 40000···43000 kJ/kg ≈ 11,1···11,9 kWh/kg
bei den Teerölen etwa 36000···40000 kJ/kg ≈ 10,0···11,1 kWh/kg.

Der Heizwert ist desto größer, je größer der Wasserstoffanteil.

[1]) Heinemann, W., u. C. F. Krienke: Feuerungstechn. 6 u. 7/80.
Krienke, C. F.: HLH 7/82. S. 237/42.
Krienke, C. F.: Schornsteinfegerhandwerk 1/84. S. 5.

**Tafel 136-8. Mindestanforderungen an Heizöl nach DIN 51 603 Teil 1 (12. 81) u. Teil 2 (10. 76)** (1 kWh = 3600 kJ)

| | | Heizöl EL | Heizöl L*) | Heizöl M*) | Heizöl S | Prüfung nach |
|---|---|---|---|---|---|---|
| Dichte bei 15 °C höchstens | max. g/ml | 0,860 | 1,10 | 1,20 | ist anzugeben | DIN 51 757 |
| Flammpunkt im geschlossenen Tiegel | über °C | 55 | 55 | 65 | 65 | DIN 51 755 oder DIN 51 758 |
| Kinematische Viskosität höchstens | $mm^2/s$ (cSt) | bei 20 °C 6 (≈ 1,5 E) | bei 20 °C 17 (≈ 2,5 E) | bei 50 °C 75 (≈ 10 E) | bei 50 °C 450 (≈ 59 E) bei 100 °C 40 (≈ 5,3 E) | DIN 51 561 DIN 51 562 |
| Stockpunkt höchstens | °C | −6 | – | – | – | DIN 51 597 |
| Koksrückstand nach Conradson | Gew.-% | max. 0,1 | 2 | 12 | 15 | DIN 51 551 |
| Schwefelgehalt höchst. Gew.-% | bei Mineralölen | 0,3 | – | – | 2,8 | DIN 51 450 |
| | bei Braunkohlenteerölen | – | 3,0 | 2,0 | – | DIN 51 768 |
| | bei Steinkohlenteerölen | – | 0,8 | 0,9 | – | DIN 51 409 |
| Wassergehalt, nicht absetzbar, höchstens | Gew.-% | 0,05 | 0,3 | 0,5 | 0,5 | DIN 51 786 |
| Gehalt an Sediment höchstens | Gew.-% | 0,05 | 0,1 | 0,25 | 0,5 | DIN 51 789 |
| Satzfreiheit bei Steinkohlenteer-Heizölen | °C | – | ist anzugeben | | – | Abschnitt 5 |
| Heizwert $H_u$ mindestens | kJ/kg | 42 000 | 37 700 | 37 700 | 39 800 | DIN 51 900 |
| Asche (Oxidasche) höchstens | Gew.-% | 0,01 | 0,04 | 0,15 | 0,15 | DIN EN 7 |

*) Braunkohlen- und Steinkohlenteeröle.

**Tafel 136-12. Umrechnungstafel für Zähigkeitswerte**

| kinemat. Visk. $v$ mm²/s | Engler-Grade E | Red-wood I s | Sayboldt s | kinemat. Visk. $v$ mm²/s | Engler-Grade E | Red-wood I s | Sayboldt s |
|---|---|---|---|---|---|---|---|
| 1 | 1,00 | 28,5 | – | 35 | 4,70 | 144 | 163 |
| 2 | 1,12 | 31,0 | 32,6 | 40 | 5,35 | 164 | 186 |
| 3 | 1,22 | 33,0 | 36,0 | 45 | 6,00 | 185 | 208 |
| 4 | 1,30 | 35,5 | 39,1 | 50 | 6,65 | 205 | 231 |
| 5 | 1,40 | 38,0 | 42,3 | 60 | 7,90 | 245 | 277 |
| 6 | 1,48 | 41,0 | 45,5 | 70 | 9,24 | 284 | 323 |
| 7 | 1,56 | 43,5 | 48,7 | 80 | 10,6 | 324 | 370 |
| 8 | 1,65 | 46,0 | 52,0 | 90 | 11,9 | 365 | 416 |
| 9 | 1,75 | 49,0 | 55,4 | 100 | 13,2 | 405 | 462 |
| 10 | 1,83 | 52,0 | 58,8 | 114 | 15 | 461 | 527 |
| 12 | 2,02 | 58,0 | 65,9 | 152 | 20 | 614 | 702 |
| 14 | 2,22 | 64,5 | 73,4 | 227 | 30 | 921 | 1053 |
| 16 | 2,43 | 71,5 | 81,1 | 303 | 40 | 1228 | 1404 |
| 18 | 2,65 | 78,5 | 89,2 | 379 | 50 | 1535 | 1756 |
| 20 | 2,90 | 86 | 98 | 400 | 53 | 1620 | 1848 |
| 22 | 3,10 | 93 | 106 | 520 | 69 | 2150 | 2500 |
| 24 | 3,35 | 101 | 115 | 620 | 82 | 2530 | 3000 |
| 26 | 3,60 | 109 | 123 | 720 | 96 | 2960 | 3500 |
| 28 | 3,85 | 117 | 132 | 900 | 120 | 3500 | 4000 |
| 30 | 4,10 | 125 | 141 | 1080 | 143 | 4435 | 5000 |

**Tafel 136-16. Zusammensetzung und Heizwerte flüssiger Brennstoffe**

| Brennstoff | Dichte bei 20 °C kg/dm³ | Zusammensetzung in Gew.-% | | | | Heizwert in kJ/kg | |
|---|---|---|---|---|---|---|---|
| | | C | H | O+N | S | $H_o$ | $H_u$ |
| Äthylalkohol | 0,80 | 52 | 13 | 25 | – | 29 890 | 26 960 |
| Benzol | 0,88 | 92 | 8 | – | – | 41 940 | 40 230 |
| Benzin | 0,72···0,80 | 85 | 15 | – | – | 46 700 | 42 500 |
| Heizöl EL | 0,82···0,86 | 86 | 13 | 0,5 | 0,3 | 45 400 | 42 700 |
| Heizöl S | 0,90···0,92 | 86 | 11 | 1 | 2 | 42 300 | 40 200 |
| Petroleum | 0,80···0,82 | 85 | 15 | – | – | 42 900 | 40 800 |
| Methanol | 0,79 | 38 | 12 | 50 | – | 22 310 | 19 510 |
| Dieselöl | 0,84 | 86 | 13 | 0,4 | 0,5 | 44 800 | 41 650 |
| Steinkohlenteeröl | 1,00···1,08 | 89 | 7 | 4 | – | 39 150 | 37 450 |

### -222 Dichte

Die Dichte der Heizöle bei 15 °C schwankt

bei Heizöl EL zwischen 0,83 bis 0,86 kg/l
bei Heizöl S zwischen 0,90 bis 0,98 kg/l
bei den Steinkohlen-Teerölen zwischen 0,94 bis 1,15 kg/l.

Je größer das c/h-Verhältnis, um so größer die Dichte.

Bei Preisvergleichen ist darauf zu achten, ob ein Kilopreis oder ein Literpreis gemeint ist. Unterschiede bis 20%.

### -223 Viskosität

Die kinematische *Viskosität* (Zähigkeit) mit dem Formelzeichen $v$ ist die für die Verbrennung eines Öles wichtigste Eigenschaft. Unter Viskosität versteht man den Grad der Zähflüssigkeit des Öles. Bei Erwärmung sinkt die Viskosität, bei Abkühlung steigt sie. Gemessen wird sie durch Vergleich der Auslaufzeiten zwischen Öl und Wasser aus einer genormten Düse mittels des Viskosimeters von Engler. Die Viskosität wird immer auf eine bestimmte Temperatur bezogen, bei Leichtöl meist 20 °C, bei Mittelöl und Schweröl 50 °C. Meßverfahren nach DIN 51 561 (12.78).

Im SI-System wird die kinematische Viskosität in $m^2/s$ gemessen. (Früher war die Einheit 1 Engler-Grad.) Im Ausland sind auch andere Maßeinheiten für die Zähigkeit in Gebrauch (siehe Tafel 136-12), insbesondere *Sayboldt-Sekunden* in den USA (S.U. = Sayboldt-Universal) und *Redwood-Sekunden* in England (RI = Redwood-Sekunden I). Hier wird die Zähigkeit direkt ohne Vergleich mit Wasser durch die Auslaufzeit in Sekunden angegeben. Für einwandfreie Verbrennung in Öldruckbrennern muß das Öl eine Zähigkeit von etwa (10···25) $mm^2/s$ besitzen (Zerstäubungsviskosität), bei Drehzerstäubern bis 60 $mm^2/s$. Bei Leichtöl ist dies immer der Fall. Mittelöl und Schweröl dagegen müssen vor der Verbrennung erwärmt werden. Teeröle benötigen meist keine *Vorwärmung*. Viskosität der wichtigsten Öle siehe Bild 136-7. *Pumpviskosität* etwa 600 $mm^2/s$. (Bei Verwendung einer log-log-Skala für die Ordinate verläuft die Viskosität linear.)

Bei *Druckzerstäubern* nimmt (entgegen sonstigen Gesetzen) der Öldurchsatz bei steigender Viskosität bis zu einem gewissen Wert zu, um dann wieder abzufallen.

**-224 Der Verkokungsgrad**

gibt an, wieviel Rückstände in Form von Koks bei vollständiger Verdampfung des Öles übrigbleiben. Er wird durch den *Conradson-Wert* ausgedrückt. In den Ölfeuerungen werden die freien Ölkoksteilchen meist mitverbrannt, so daß der Verkokungsgrad nicht von großer Bedeutung ist. Wichtig ist er jedoch bei Verdampfungsbrennern.

**-225 Flammpunkt**

ist diejenige Temperatur, bei der das Öl nach Heranführen einer Flamme kurz aufflakkert, ohne jedoch weiterzubrennen. Er spielt verbrennungstechnisch keine Rolle, ist aber für die *Feuergefährlichkeit* eines Stoffes bestimmend.

Nach der Höhe des Flammpunktes werden in der „Verordnung über brennbare Flüssigkeiten" (VbF) vom 27.2.1980 drei Gefahrenklassen unterschieden.

Klasse I mit einem Flammpunkt unter 21 °C, z. B. Benzin,
Klasse II mit einem Flammpunkt von 21···55 °C, z. B. Petroleum,
Klasse III mit einem Flammpunkt von 55···100 °C.

Alle normalen Heizöle fallen in Klasse III, nur Schweröl kann gelegentlich einen Flammpunkt über 100 °C haben und unterliegt dann nicht mehr den geltenden Vorschriften. *Zündtemperaturen* siehe 137-6.

Normale Flammpunkte:

| | | | |
|---|---|---|---|
| Benzin | −16··· +10 °C | Heizöl EL | 70··· 120 °C |
| Petroleum | 20··· 60 °C | Heizöl S | 120··· 140 °C |

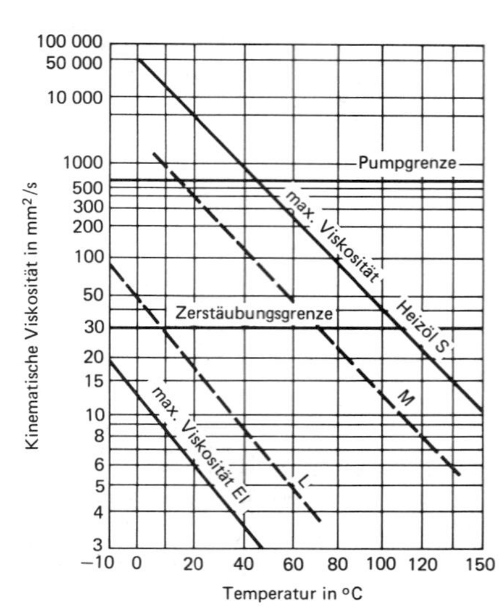


Bild 136-7. Viskosität von Heizölen.

**-226 Brennpunkt**

ist diejenige Temperatur, bei der das Öl nach der Entzündung dauernd brennt. Er liegt meist 15 bis 25 °C höher als der Flammpunkt. Für die Bewertung der Brenneigenschaften ebenfalls ohne Bedeutung.

**-227 Stockpunkt**

ist diejenige Temperatur, bei der das Öl schwerflüssig wird oder erstarrt. Wichtig für die Pumpfähigkeit des Öles. Vor Erreichen des Stockpunktes treten bei mineralischen Erdölen auch Paraffin-Ausscheidungen, bei Teerölen kristalline Naphthalin-Ausscheidungen auf, die Verstopfungen verursachen können. Bei Leichtölen liegt dieser „Trübungspunkt" meist unter −10 °C, bei den Schwerölen höher, bei etwa 45 °C. Alle Heizöle sollten daher oberhalb dieser Temperatur gelagert werden.

**-228 Schwefel und Asche**

Schwefelgehalt je nach Sorte und Herkunft unterschiedlich, bei Heizöl EL 0,3% und weniger, bei Heizöl S ≈ bis 3%. Der Schwefelgehalt des Öles verwandelt sich in der Verbrennung überwiegend zu $SO_2$ und nur zu einem geringen Teil zu $SO_3$, das normalerweise in den Abgasen gasförmig und daher unschädlich ist. Erst bei Abkühlung unter den Taupunkt tritt Bildung von $H_2SO_4$ (Schwefelsäure) ein, die Umweltschäden verursacht. Durch Verordnungen zum Bundesimmissionsgesetz wurde der Schwefelgehalt von leichtem Heizöl stufenweise bis 1979 auf 0,3% begrenzt (s. Abschn. 19). Weitere Verringerung auf 0,15% ist geplant.

Schweröl hat höheren Schwefelgehalt als Leichtöl. Bei Abkühlung der Abgase darf der *Schwefelsäure-Taupunkt* (≈ 150 °C) nicht unterschritten werden.

Asche ist der Rückstand bei der Verbrennung und bei jedem Öl in kleinen Mengen vorhanden, etwa 0,01 bis 0,15%. Hauptanteil Vanadiumpentoxid ($V_2O_5$) und Natriumoxid ($Na_2O$). Der Ascheanteil sollte so gering wie möglich sein, da die Asche korrosiv ist und die Wandungen der Kessel schädigt. Heizöl EL enthält fast keine Asche, Heizöl S dagegen viel.

**-229 Wasser und Sedimente**

*Wasser* kann z. B. durch Schwitzwasserbildung ins Heizöl gelangen und setzt sich am Boden ab.

*Sedimente* sind Spuren von Fremdstoffen, die bei kleinen Brennern evtl. Störungen verursachen können.

## -3 GASFÖRMIGE BRENNSTOFFE[1])

### -31 Allgemeines

Die heute zur Verfügung stehenden technischen Heiz- und Brenngase sind in ihren Eigenschaften sehr unterschiedlich. Meistens sind es Gemische von brennbaren und unbrennbaren Gasen. Die brennbaren Bestandteile sind vorwiegend Kohlenwasserstoffe (Methan u. a.) und Wasserstoff, in geringerem Maße Kohlenoxid. Dazu kommen noch einige Spurengase. Infolge ungenauer Bezeichnungen entstehen häufig Irrtümer.

*Einteilung der Gase*

nach dem *Vorkommen*

Naturgase (Erdgas und Erdölgas sowie Gruben- und Sumpfgas)
technisch hergestellte Gase

nach dem *Brennwert* $H_o$

| | |
|---|---|
| Schwachgase | $H_o < 2{,}5\ \mathrm{kWh/m_n^3}$ |
| Mittelgase (Wassergase) | $H_o = 2{,}5 \cdots 4{,}0\ \mathrm{kWh/m_n^3}$ |
| Starkgase | $H_o = 4{,}0 \cdots 6{,}0\ \mathrm{kWh/m_n^3}$ |
| Reichgase | $H_o > 6{,}0\ \mathrm{kWh/m_n^3}$ |

[1]) Wilke, H.: H. R. 1969. S. 29/37 u. 153/63.
Bieger, F.: Wkt 1970. S. 171/5.
Loos, J.: SHT 7/76. S. 437/41.
DIN 1871: Gasförmige Brennstoffe, Dichte. 5.80.

oder nach DIN 1340[1])

| | |
|---|---|
| Gruppe I | $H_o < 10$ MJ/m$_n^3$ |
| Gruppe II | $H_o = 10 \cdots 30$ MJ/m$_n^3$ |
| Gruppe III | $H_o = 30 \cdots 60$ MJ/m$_n^3$ |
| Gruppe IV | $H_o > 60$ MJ/m$_n^3$ |

nach der *Erzeugung*

Entgasungsprodukte:

Stadtgas = im Verbrauchsgebiet künstlich durch Erhitzen unter Luftabschluß erzeugtes Gas auf Kohlenbasis oder aus Ölprodukten durch katalytische Spaltung

Ferngas = nicht am Verbrauchsort erzeugtes, sondern aus der Ferne von Kokereien durch Rohrleitungen in die Verbrauchsgebiete geführtes Gas ähnlich dem Stadtgas

Schwelgas = bei niederen Temperaturen (500···700 °C) aus festen Brennstoffen erzeugtes Gas

Wassergase:

Kohlenwassergas = ein aus Kohle durch chemische Umsetzung mit Wasserdampf erzeugtes Gas

Kokswassergas = aus Koks wie vor erzeugt

Vergasungsprodukte:

Generatorgas = durch chemische Umwandlung aus Koks, Kohle oder Öl bei hohen Temperaturen mit Luft in Generatoren erzeugtes Schwachgas

Gichtgas = bei der Roheisengewinnung in Hochöfen als Nebenerzeugnis anfallendes Schwachgas

Raffineriegase:

Abfallprodukte von Ölraffinerien mit unterschiedlicher Zusammensetzung, vornehmlich Butan und Propan, die bereits bei geringem Druck vom gasförmigen in den flüssigen Zustand übergehen (Flüssiggase); Transport in Druckbehältern.

Spaltgase:

Durch Spaltung von Ölprodukten mit Wasserdampf hergestelltes Gas, das durch Mischung mit anderen Gasen dem Stadt- oder Ferngas angeglichen wird.

Naturgase:

Erdgase, Grubengase, Sumpfgase.

Kohlenwasserstoff/Luft-Gemische:

Gemische von Naturgasen oder Flüssiggasen mit Luft.

nach den *Brenneigenschaften* (Einteilung in Familien)

1. Gasfamilie: Stadt- und Ferngase (Kurzzeichen S)
   Untergruppe A (Stadtgase)
   Untergruppe B (Ferngase)
2. Gasfamilie: Naturgase (Kurzzeichen N)
   Untergruppe L (low) Erdgas
   Untergruppe H (high) Erdölgas
3. Gasfamilie: Flüssiggase (Propan, Butan) (Kurzzeichen F)
4. Gasfamilie: Gemische aus Gasen der 2. oder 3. Familie mit Luft

Das für Heizzwecke in den Städten verwandte Stadt- oder Ferngas wurde früher in Gaswerken hauptsächlich durch Entgasung von Steinkohle hergestellt, wobei als Nebenprodukt Koks anfällt. Das gebräuchliche Stadtgas ist ein Gemisch aus Kohlengas und Wassergas oder Generatorgas, eingestellt auf einen Heizwert von $H_o$ = rd. 5,0 kWh/m$_n^3$.

Heute ist an die Stelle dieses Stadtgases das *Erdgas* getreten, das gegenwärtig über 90% des gesamten Gasverbrauchs deckt. Etwa 28% aller Wohnungen wurden 1986 mit Gas beheizt.

---

[1]) DIN 1340: Gasförmige Brennstoffe, Arten, Bestandteile. 12.84.

**Tafel 136-20. Zusammensetzung, Dichte und Heizwert technischer Gase (nach F. Schuster u. a.)**
(1 kWh = 3600 kJ)

| Nr. | Brenngas | Volumetrische Zusammensetzung Vol.-% | | | | | | | Brennwert $H_o$ kJ/m$_n^3$ | Heizwert $H_u$ kJ/m$_n^3$ | Dichteverhältnis $d_v$ (Luft = 1) | Wobbe-Index $W_o$ $(H_o:\sqrt{d_v})$ |
|---|---|---|---|---|---|---|---|---|---|---|---|---|
| | | $H_2$ | CO | $CH_4$ | $(C_3H_6)$ $C_nH_m$ | sonstige KWstoffe | $CO_2$ | $N_2$ | | | | |
| 1 | Hochofengichtgas | 2 | 30 | – | – | – | 8 | 60 | 4080 | 3975 | 0,99 | 4100 |
| 2 | Koksgeneratorgas | 12 | 28 | (<)0,5 | – | – | 5 | 54,5 | 5340 | 5025 | 0,88 | 5700 |
| 3 | Steinkohlengeneratorgas | 12 | 29 | 2 | – | – | 3 | 54 | 5965 | 5650 | 0,86 | 6400 |
| 4 | Braunkohlengeneratorgas | 15 | 27 | 2 | – | – | 7 | 49 | 6070 | 5760 | 0,86 | 6500 |
| 5 | Mischgas (12 + 1) | 19,3 | 22,2 | 8,4 | 0,6 | – | 6 | 43,7 | 9125 | 8370 | 0,80 | 10200 |
| 6 | Kokswassergas | 50 | 40 | (<)0,5 | – | – | 5 | 4,5 | 11510 | 10460 | 0,55 | 15500 |
| 7 | Kohlenwassergas | 50 | 35 | 5 | – | – | 5 | 5 | 12770 | 11615 | 0,53 | 17550 |
| 8 | Stadtgas (12 + 6) | 51 | 18 | 19 | 2 | – | 4 | 6 | 18000 | 16120 | 0,46 | 26540 |
| 9 | Stadtgas II (12 + 2) | 44 | 12 | 22 | 2 | – | 4 | 16 | 18000 | 16120 | 0,51 | 25200 |
| 10 | Propan + Luft (17 $O_2$) | – | – | – | – | 18 | – | 65 | 18000 | 16740 | 1,10 | 17160 |
| 11 | Ölkarburiertes Kohlenwassergas | 37 | 28 | 15 | 5 | – | 8 | 7 | 18840 | 17370 | 0,64 | 23550 |
| 12 | Koksofengas (Ferngas) | 55 | 6 | 25 | 2 | – | 2 | 10 | 19670 | 17370 | 0,39 | 31500 |
| 13 | Ölkarburiertes Kokswassergas | 45 | 35 | 1 | 10 | – | 4 | 5 | 20090 | 18420 | 0,63 | 25300 |
| 14 | Steinkohlengas | 52 | 8 | 28 | 2,5 | – | 2 | 10 | 20930 | 18840 | 0,41 | 32700 |
| 15 | Schwelgas (aus Steinkohle) | 25 | 5 | 45 | 5 | 10 | 5 | 5 | 33500 | 30350 | 0,62 | 42550 |
| 16 | Erdgas L | – | – | 82 | – | 3,0 | 1,0 | 14 | 35200 | 31800 | 0,64 | 44000 |
| 17 | Erdgas H | – | – | 93 | – | 5,0 | 1,0 | 1,0 | 41300 | 37300 | 0,61 | 52880 |
| 18 | Methan | – | – | 100 | – | – | – | – | 39850 | 35790 | 0,55 | 53750 |
| 19 | Ölgas | 20 | 5 | 40 | 20 | 10 | 1 | 4 | 45210 | 41230 | 0,74 | 52550 |
| 20 | Propan $C_3H_8$ | – | – | – | – | 100 | – | – | 100890 | 92890 | 1,562 | 80730 |
| 21 | *n*-Butan $C_4H_{10}$ | – | – | – | – | 100 | – | – | 133870 | 123650 | 2,091 | 92600 |

**Tafel 136-22. Brenneigenschaften von Gasen**

| Bezeichnung | 1. Gasfamilie Stadt- u. Ferngase | | 2. Gasfamilie Erdgase | |
|---|---|---|---|---|
| | Gruppe A | Gruppe B | Gruppe L | Gruppe H |
| *Wobbe*index kWh/m³ | 6,4···7,8 | 7,8···9,3 | 10,5···13,0 | 12,8···15,7 |
| Brennwert $H_o$ in kWh/$m_n^3$ | 4,6···5,5 | 5,0···5,9 | 8,4···13,1 | 8,4···13,1 |
| Nennwert $H_o$ in kWh/$m_n^3$ | 4,9 | 5,5 | 9,8 | 11,5 |
| Nennwert $H_u$ in kWh/$m_n^3$ | 4,3 | 4,8 | 8,8 | 10,4 |
| Relative Dichte $d_v$ | 0,40···0,60 | 0,32···0,55 | 0,55···0,70 | |
| Wasserstoffgehalt Vol.-% | 40···60 | 45···67 | – | |
| Gasdruck mind. mbar | 7,5···15,5 | 7,5···15,5 | 18···24 | 18···24 |
| Zündgrenzen in Luft Vol.-% | 5···35 | 5···30 | 5···15 | |
| Max. Zündgeschwindigkeit m/s | 0,55···0,75 | 0,65···0,80 | 0,30···0,35 | |
| Zündtemperatur in Luft °C | 550···570 | 550···570 | 600···670 | |
| Luftbedarf $L_{min}$ $m_n^3$/kWh $H_u$ | 0,86 | 0,90 | 0,94 | 0,97 |
| Abgasmenge $V_{Af}$ $m_n^3$/kWh $H_u$ | 1,0 | 1,0 | 1,05 | 1,05 |
| Verbrennungstemperatur bei $\lambda = 1$ in °C | 2000 | 2000 | 1950···2000 | |
| Max. $CO_2$-Gehalt in % | 12···13 | ≈ 10 | 11,5···12,5 | |

Die *Heizwerte* der Naturgase sind je nach Fördergebiet sehr unterschiedlich, z. B.:

| | Bayern | Oldenburg | Slochteren |
|---|---|---|---|
| $H_o$ | = 11,2 | 12,1 | 9,8 kWh/$m_n^3$ |
| $H_u$ | = 10,0 | 10,9 | 8,9 kWh/$m_n^3$ |

Im Ausland, namentlich USA und Sowjetunion, sehr großer Verbrauch an *natürlichen Gasen* (Erdgas). Auch in Europa und Deutschland schnell zunehmende Verwendung durch den Ausbau überregionaler Gasfernleitungen.

Eine wichtige Größe bei der Kennzeichnung der Gasqualität ist der obere bzw. untere *Wobbeindex* (auch Wobbezahl genannt nach dem Italiener Wobbe 1926):

$W_o = H_o/\sqrt{d_v}$ bzw. $W_u = H_u/\sqrt{d_v}$ in kJ/$m_n^3$ oder kWh/$m_n^3$

$H_o$ = oberer Heizwert bzw. Brennwert
$H_u$ = unterer Heizwert
$d_v$ = Dichteverhältnis zu Luft

Die Wobbezahl (Tafel 136-20 u. -22), die dimensionsbehaftet ist und sich aus der Gleichung für Düsenausströmung errechnet, gilt bei konstantem Gasdruck als ungefährer Kennwert für die Wärmeleistung und andere Größen wie Flammtemperatur, Primärluftansaugung u. a. Gase gleicher Wobbezahl haben gleiche Brennerleistung, ähnliche Verbrennungseigenschaften und können im gleichen Brenner verbrannt werden, ohne daß eine Änderung des Brenners oder der Düse notwendig ist.

Bei unterschiedlichen Gasdrücken gilt für die Wärmebelastung der „erweiterte Wobbeindex"

$W_{oe} = W_o\sqrt{\Delta p}$ bzw. $W_{ue} = W_u\sqrt{\Delta p}$

der auch den betrieblichen Gasüberdruck $\Delta_p$ (N/m²) berücksichtigt.

Die in einer Brennerdüse je Zeiteinheit durchgesetzte Gasmenge ist nach der Durchflußformel für Düsen proportional der Wurzel aus dem Arbeitsdruck $p$ und der Düsenfläche, also dem Quadrat des Düsendurchmessers $D$. Bei unterschiedlichen Gasdrücken und konstanter Düse ist die Brennerleistung konstant, wenn die „erweitere Wobbezahl" $W$ gleich bleibt:

$W_{oe} = W_o\sqrt{p}$ = konst. bzw. $W_{ue} = W_u\sqrt{p}$ = konst.

Die erweiterte Wobbezahl berücksichtigt also auch den Gasüberdruck $p$ (N/m). Wenn sich auch der Düsendurchmesser $D$ ändern kann, gilt für gleiche Brennerleistung:

$W \cdot \sqrt{p} \cdot D^2 = \text{konst.}$

Bei der *Umstellung* von einer Gasart 1 auf eine andere Gasart 2 müssen, um gleiche Wärmeleistung zu erhalten, folgende Bedingungen eingehalten werden:

Düsendurchmesser $D_2 = D_1 \cdot \sqrt{\frac{W_1}{W_2} \cdot \sqrt{\frac{p_1}{p_2}}}$

Gasdruck $p_2 = p_1 \left(\frac{W_1}{W_2}\right)^2 \cdot \left(\frac{D_1}{D_2}\right)^4$

*Beispiel:*

Stadtgas $W_1 = 25\,000$, $p_1 = 800$ N/m², $D_1 = 2$ mm ∅.
Bei Umstellung auf Erdgas mit $W_2 = 42\,000$ und $p_2 = 2000$ N/m² muß sein

$$D_2 = 2 \cdot \sqrt{\frac{25\,000}{42\,000} \cdot \sqrt{\frac{800}{2000}}} = 1{,}23 \text{ mm } \varnothing$$

Wenn der Durchmesser bleibt, muß der Druck betragen:

$$p_2 = 800 \left(\frac{25\,000}{42\,000}\right)^2 = 285 \text{ N/m}^2$$

*Zündeigenschaften* (s. auch Abschnitt 137-6)

Die *Zündgrenzen* sind bei den Gasen der 1. und 2. Familie sehr unterschiedlich. Wichtig für die richtige Gemischbildung an der Zündflamme. (Siehe Abschn. 137-6.)

Die *Zündtemperatur* für Erdgase ist wesentlich höher als bei Stadtgas, daher hohe Oberflächentemperatur der Zündeinrichtung, z. B. Glühwendel (Tafel 137-20 bis -22).

Die *Zündgeschwindigkeit* ist ebenfalls unterschiedlich, bei Erdgasen geringer als bei Stadtgasen. Wichtig für richtige Abstände zwischen den einzelnen Brenneröffnungen.

Für die *Gasbeschaffenheit* bei der öffentlichen Gasversorgung sind in dem DVGW-Arbeitsblatt G 260 T. 1 (4. 83) Richtlinien enthalten. Darin werden u. a. brenntechnische Anforderungen der verschiedenen Gasarten angegeben, die vom Gaslieferanten garantiert sein müssen, damit die Gasbrenner und sonstige Gasfeuerstätten einwandfrei arbeiten.

## -32 Entgasung

bedeutet Bildung gasförmiger Stoffe durch chemische Zersetzung fester Brennstoffe bei hoher Temperatur unter Luftabschluß. Man unterscheidet Entgasung bei Temperaturen über 600 °C (Verkokung) und bei tiefen Temperaturen (Schwelung) unter 600 °C.

*Verkokungsgase (Kokereigase)* werden aus Steinkohle, vorwiegend Gaskohle und Gasflammkohle, in Gaswerken und Kokereien bei hohen Temperaturen von etwa 900 bis 1200 °C ausgetrieben und danach in verschiedenen Stufen aufbereitet. Beheizung mit Generatorgas. Kokereigas wird in den Koksöfen oben abgesaugt, Koks unten abgeführt und mit Wasser gelöscht. Verwendung insbesondere als Stadtgas und Ferngas, bei den meisten Gaswerken jedoch unter Zumischung von Wassergas (auch Klärgas und Generatorgas). Bestandteile stark voneinander abweichend. Anlieferung bei den Verbrauchern durch Rohrnetze, Entnahme in Wohnungen und Fabriken bei einem Druck bis 50 mbar (Niederdruck). Mindestdruck vor Geräten mindestens 7,8 mbar. Infolge des Kohlenoxidgehaltes sind die Stadt- und Ferngase giftig. Für Haushaltsabnehmer müssen sie einen Warngeruch abgeben (DVGW-Regel G 280 – 7. 80).

*Schwelgase* werden aus Braunkohle, weniger aus Steinkohle, als Nebenprodukt der Teergewinnung bei Temperaturen von etwa 500 bis 600 °C erzeugt.

## -33 Vergasung

Die Vergasung ist im Gegensatz zur Entgasung die vollständige Umwandlung der festen Brennstoffe in gasförmige Brennstoffe. Der Vergasungsprozeß erfolgt in der Art, daß Luft oder Wasserdampf oder beide zusammen durch glühende Schichten des zu vergasenden festen Brennstoffs, meist Koks, häufig Braunkohle, selten Steinkohle, geblasen werden, wodurch Kohlenoxyd $CO$ und Wasserstoff $H_2$ entstehen. Verwendung hauptsächlich in industriellen Feuerungen. Man unterscheidet:

*Gichtgase,*
die bei Hochofenbetrieb als Nebenprodukt anfallen (Hochofengase). Sie enthalten zu etwa ⅓ die brennbaren Gase CO und $H_2$, zu ⅔ die nicht brennbaren Gase $CO_2$ und $N_2$.

*Generatorgase,*
die in Generatoren aus Steinkohle, Braunkohle oder Koks erzeugt werden. Brennbarer Hauptbestandteil CO. Stickstoffreich ($\approx 50\%$).

*Sauggas*
ist gereinigtes Generatorgas für Gasmotoren.

*Kokswassergas*
entsteht durch Einblasen von Dampf in hocherhitzten Koks; geringer Stickstoffanteil. Brennbare Hauptbestandteile $H_2$ und CO. Durch Zusatz von Ölgas (gespaltete Mineralöle) entsteht das *karburierte Wassergas.*

*Kohlenwassergas* (Doppelgas)
entsteht durch Vergasen von Kohlen mit Wasserdampf. Es ist ein Gemisch von Schwelgas und Kokswassergas.

### -34 Raffineriegase (Reichgase, Flüssiggase)

Sie fallen in der Öl- und Treibstoffindustrie als Nebenprodukte an. Am wichtigsten sind die hochwertigen Kohlenwasserstoffe Propan und Butan. Sie werden in flüssigem Zustand unter Druck in Behältern gelagert und in Kesselwagen, Straßentankfahrzeugen und in Flaschen (Flaschengas) transportiert. Bei Normaldruck sind sie gasförmig, schwerer als Luft und chemisch neutral. Sie lassen sich bei geringem Druck verflüssigen. Siedepunkt von Propan: −43 °C, von Butan: 0 °C. In den letzten Jahren erhebliche Zunahme des Verbrauchs für Heizung und Brauchwasserbereitung, für das Kleingewerbe, in der Landwirtschaft, für das Camping. Bei Entnahme aus Flaschen entweicht Propan bzw. Butan gasförmig.

$C_3H_8$ (Propan) und $C_4H_{10}$ (Butan) gibt es mit gleicher Zusammensetzung, aber verschiedener Molekularstruktur (Isomere), z. B. n-Butan und i-Butan.

1 kg Propan = 1,87 l ergibt etwa 0,50 m³ Gas von 0 °C,
1 kg Butan = 1,67 l etwa 0,37 m³ Gas.

Heizwerte und andere Daten siehe Tafel 137-1 und 136-25.

1 kg Propan oder Butan entspricht im Heizwert etwa 1,29 m³ Erdgas H oder 1,27 l Heizöl EL. Die Brenneigenschaften sind denen von Erdgas ähnlich.

Anforderungen an die Qualität DIN 51622 (12.85).

*Ölgas* entsteht durch Kracken von Ölen.

**Tafel 136-25. Technische Daten von Flüssiggasen**

| | Einheit | Propan | Butan (n) |
|---|---|---|---|
| Chemische Formel | – | $C_3H_8$ | $C_4H_{10}$ |
| Dichte der Flüssigkeit bei 15 °C | kg/l | 0,51 | 0,58 |
| Spez. Volumen bei 0 °C | | | |
| flüssig | l/kg | 1,87 | 1,67 |
| gasförmig | m³/kg | 0,495 | 0,370 |
| Dichteverhältnis (Luft = 1) | – | 1,52 | 2,09 |
| Siedepunkt bei 1,013 bar | °C | −42,5 | −0,5 |
| Dampfdruck (abs.) bei 20 °C | bar | 8,53 | 2,06 |
| Brennwert $H_o$ | kJ/kg | 50340 | 49500 |
| Heizwert $H_u$ | kJ/kg | 46350 | 45720 |
| Heizwert $H_u$ | kJ/$m_n^3$ | 93 180 | 123570 |
| Heizwert $H_u$ | kWh/$m_n^3$ | 25,88 | 34,33 |
| Mindestluftbedarf | m³/m³ | 23,8 | 30,9 |
| Zündtemperatur in Luft | °C | 510 | 490 |
| Verdampfungswärme beim Siedepunkt | kJ/kg | 448 | 404 |
| Abgasvolumen feucht | m³/m³ | 26 | 33 |

## -35 Erdgase[1])

Unter Erdgas versteht man alle gasförmigen meist verunreinigten *Kohlenwasserstoffverbindungen*, die aus der Erde gewonnen werden und brennbar sind. Sie sind von Natur aus geruchlos. Häufige Beimengungen sind $NH_3$, NO, $NO_2$, $H_2S$, $CS_2$ u.a.

*Entstehung* der Erdgasfelder vermutlich gemeinsam mit Erdöl und Kohle aus einfachen Organismen, die sich abgelagert und unter dem Einfluß hoher Drücke und Temperaturen umgewandelt haben. Ansammlung in porösen Gesteinsformationen, die durch tektonische Einflüsse sich bildeten und nach oben durch gasdichte Schichten (Ton) abgedeckt sind.

Die *Zusammensetzung* der Erdgase ist je nach Fördergebiet sehr unterschiedlich. Die *Hollandgase* haben erhebliche Anteile von $N_2$, während die Nordseegase mehr hochmolekulare Kohlenwasserstoffe wie Äthan und Propan enthalten. Hauptbestandteil ist jedoch immer Methan ($CH_4$), das Anteile von 70···99% erreichen kann. Weitere Bestandteile sind Äthan, Kohlendioxyd, Stickstoff u.a. Wenn das Erdgas auch höhermolekulare Kohlenwasserstoffe enthält, die kondensiert werden können, nennt man es nasses Erdgas oder *Erdölgas* (Tafel 136-27).

Vor der Verwendung des Erdgases ist eine *Aufbereitung* erforderlich, wobei unerwünschte Bestandteile wie Schwefelwasserstoff, Wasser u.a. durch besondere Prozesse wie Trocknung, Auswaschung, Adsorption usw. entfernt werden.

Besonders ungünstig sind Anteile von schwefelhaltigen Verbindungen, da durch deren Verbrennung das schädliche *Schwefeldioxyd* $SO_2$ entsteht.

**Tafel 136-27. Zusammensetzung verschiedener Erdgase in %**

| Erdgasfeld | $CH_4$ | $C_2H_6$ | $C_3H_8$ | $C_4H_{10}$ | $CO_2$ | $N_2$ | $H_2S$ | $H_u$ kJ/$m_n^3$ |
|---|---|---|---|---|---|---|---|---|
| Deutschland | | | | | | | | |
| Anzing | 94,2 | 2,0 | 1,7 | 1,1 | 0,8 | – | – | 37800 |
| Bentheim | 89,2**) | 1,0 | 0,5 | – | 2,8 | 5,5 | 0,6 | 33300 |
| Goldenstedt | 89,6 | 1,7 | – | – | 0,5 | 8,2 | – | 32200 |
| Isen | 98,6 | 0,5 | 0,2 | – | 0,1 | 0,6 | – | 35700 |
| Rehden 5 | 74,0 | 0,6 | – | – | 17,8 | 7,5 | – | 26200 |
| Niederlande | | | | | | | | |
| De Lier | 88,8*) | 6,2 | 1,0 | 0,5 | 0,1 | 1,4 | – | 37600 |
| Slochteren | 81,9 | 3,5 | 0,4 | – | 0,8 | 14,4 | – | 32000 |
| Tubbergen | 85,1**) | 1,8 | 0,8 | 0,6 | 3,0 | 8,6 | 0,03 | 33200 |
| Frankreich | | | | | | | | |
| Lacq (Rohgas) | 69,6*) | 3,1 | 1,0 | 0,3 | 10,0 | – | 15,1 | 33200 |
| Lacq (gereinigt) | 96,5**) | 2,7 | 0,4 | 0,25 | – | – | – | 37000 |
| Italien | | | | | | | | |
| Corregio | 99,6 | – | 0,2 | – | – | 0,2 | – | 35700 |
| Ravenna | 99,5 | – | 0,1 | – | – | 0,4 | – | 35600 |
| Österreich | | | | | | | | |
| Marchfeld | 97,0 | 0,8 | 0,3 | – | 0,6 | 1,3 | – | 36300 |
| UdSSR | | | | | | | | |
| Baku | 93,0 | 3,3 | – | – | 2,2 | 0,5 | – | 35500 |
| Algerien | | | | | | | | |
| Hassi R'Mel | 79,6*) | 7,4 | 2,7 | 1,4 | 0,2 | 5,1 | – | 42600 |

*) feuchte Erdgase. **) saure Erdgase (mit Schwefelwasserstoff)

[1]) Cerbe u.a.: Gastechnik 1981.
Marx, E.: Feuerungstechn. 3/84. S. 8.
Ruhrgas-Handbuch, 1985.

**Tafel 136-28. Mittlere Kennwerte von Stadtgas und Erdgas**
1 kWh = 3600 kJ

| | Zeichen | Dimension | Stadtgas | Erdgas |
|---|---|---|---|---|
| Heizwert | $H_u$ | kJ/$m_n^3$ | 16100 | 33500 |
| Heizwert | $H_u$ | kWh/$m_n^3$ | 4,5 | 9,3 |
| Dichte | $\varrho$ | kg/$m_n^3$ | 0,60 | 0,78 |
| Wobbeindex | $W_o$ | kJ/$m_n^3$ | 26400 | 49400 |
| Wasserstoffgehalt | $H_2$ | Vol.-% | 51 | 0 |
| Methangehalt | $CH_4$ | Vol.-% | 19 | 90 |
| CO-Gehalt | CO | Vol.-% | 18 | 0 |
| Zündgeschwindigkeit | – | m/s | ≈0,70 | ≈0,30 |
| Zündgrenzen | – | Vol.-% | 5···30 | 5···15 |
| Luftbedarf | $L_{min}$ | $m_n^3/m_n^3$ | 3,90 | 8,90 |
| Abgasmenge, feucht | $V_{A min}$ | $m_n^3/m_n^3$ | 4,5 | 9,9 |
| Abgasmenge je 1000 kJ/$H_u$ | – | $m_n^3$/1000 kJ | 0,28 | 0,30 |
| Abgasmenge in kWh | $V_{A min}$ | $m_n^3$/kWh | 1,0 | 1,08 |
| Max. $CO_2$-Gehalt | – | Vol.-% | 12 | 12 |
| Zündtemperatur | $t_V$ | °C | 550 | 640 |

*Fortleitung* und Verteilung der Erdgase durch Rohrleitungsnetze, die von privaten und kommunalen Unternehmen betrieben werden. Zwecks wirtschaftlicher Ausnutzung der Leitungen werden hohe Drücke mit Druckerhöhungsstationen in geeigneten Abständen verwendet; ferner *Untertagespeicher* mit großem Fassungsvermögen. Riechbarmachung durch *Odorierung.*

Teilweise wird das Erdgas bei −162 °C verflüssigt und drucklos durch Tanker zu den Verbrauchsstellen geliefert, wo es wieder, meist durch Seewasser, in den gasförmigen Zustand umgewandelt wird (LNG = *Liquified Natural Gas*).

Von großem Vorteil ist der Umstand, daß das Erdgas ungiftig ist, da es im Gegensatz zum Stadtgas kein Kohlenoxyd CO enthält. Sein *Heizwert* ist ungefähr doppelt so groß wie der von Stadtgas. Mittlere Kennwerte von Stadtgas und Erdgas siehe Tafel 136-22 u. -28.

*Richtlinien für die Erdgasbeschaffenheit* in der öffentlichen Gasversorgung sind vom DVGW aufgestellt, wobei für die Austauschbarkeit in Brennern 2 Gruppen angegeben werden (Tafel 136-22). Innerhalb der Gruppen soll der Wobbeindex nur zwischen +0,7 und −1,4 kWh/m³ (bei Erdgas H) schwanken. Die norddeutschen und holländischen Erdgase gehören der Gruppe L an mit Brennwerten von $H_o = 9 \cdots 10$ kWh/m³, während die energiereicheren H-Gase von der Nordsee und aus Rußland Brennwerte von $H_o = 11 \cdots 13$ kWh/m³ besitzen (mehr Methan, weniger Stickstoff). Mit vermehrtem Einkauf von Erdgas aus Nordafrika und dem Nahen Osten allmähliche Umstellung auf Gase der Gruppe H. (DVGW-Arbeitsblatt G 260 – 4.83).

Für Europa Sahara-Erdgas in Zukunft von Bedeutung; jedoch gegenwärtig noch Transportschwierigkeiten; ebenso Gas aus der UdSSR und dem Iran, wo riesige Vorräte vorhanden sind. Transport in Rohrleitungen unter hohem Druck oder nach Verflüssigung in Tankern.

*Grubengas* tritt in Steinkohlengruben durch Vermoderung auf (Schlagende Wetter). Hauptbestandteil Methan.

*Klärgas* entsteht bei der biologischen Abwasserklärung. Hauptbestandteil ca. 60% Methan, 30% $CO_2$. Verwendung als Kraftstoff und Beimischung zum Stadtgas. Auf ähnliche Weise entsteht *Sumpfgas.*

### -36 Spaltgase

Sie werden in Gaswerken und Raffinerien durch Spaltung von Mineralölprodukten (Flüssiggas, Benzin, Erdöl u. a.) erzeugt. Eigenschaften ähnlich den Stadtgasen. Je nach Ausgangsprodukt viele thermische oder katalytische Verfahrensarten.

*Vorteile:*

Verwendung von Rückständen, Anpassung an Lastspitzen, keine Nebenprodukte, verhältnismäßig billig.

# 137 Verbrennung

## -1 ALLGEMEINES

Verbrennung ist die chemische Verbindung (Oxydation) der brennbaren Bestandteile von Brennstoffen mit dem Sauerstoff der Luft unter Bildung von Wärme. Fast alle technisch verwendete Wärme, abgesehen vom elektrischen Strom, wird durch Verbrennung von Brennstoffen erzeugt, deren brennbare Bestandteile in der Hauptsache Kohlenstoff C und Wasserstoff H sind, die zu Kohlendioxyd $CO_2$ und Wasserdampf $H_2O$ verbrennen.

Die Verbrennung wird eingeleitet bei festen Brennstoffen durch Erwärmung, bei flüssigen und gasförmigen Brennstoffen durch momentane Überschreitung der Zündgrenze mittels Zündfunken.

## -2 HEIZWERT

Diejenige Wärmemenge, die bei vollständiger Verbrennung eines Brennstoffes frei wird, nennt man *Brennwert* (kJ/kg oder kJ/$m_n^3$). Begriffe siehe DIN 5499 (1.72).

Bei den Brennstoffen, die Wasserstoff und daher in den Verbrennungsprodukten auch Wasserdampf enthalten, unterscheidet man den Brennwert $H_o$ (früher oberer Heizwert genannt) und den *Heizwert* $H_u$ (früher unterer Heizwert genannt), je nachdem man die Verdampfungswärme des Wassers in den Verbrennungsgasen berücksichtigt oder nicht. Der Brennwert ist um den Betrag der Verdampfungswärme des in den Abgasen enthaltenen Wassers größer als der untere Heizwert. In allen technischen Feuerungen enthalten die Abgase das Wasser im dampfförmigen Zustand, so daß bei Verbrennungsrechnungen im allgemeinen mit dem unteren Heizwert zu rechnen ist. Es ist also

$$H_o = H_u + r \cdot \frac{9\,h + w}{100} \text{ in kJ/kg bzw. kJ/m}_n^3$$

$r$ = Verdampfungsenthalpie des Wassers = 2500 kJ/kg bzw. 2000 kJ/m³ bei 0 °C
$w$ = Wassergehalt des Brennstoffs in %
$h$ = Wasserstoffgehalt des Brennstoffs in %.

Angaben über die Heizwerte fester, flüssiger und gasförmiger Brennstoffe siehe Tafel 136-16, -20 und -22 sowie 137-1 bis -4. Bei festen und flüssigen Brennstoffen läßt sich die genaue Größe des Heizwertes wegen der vielen möglichen Bindungsarten der Elemente nur auf kalorimetrische Weise ermitteln. Angenähert ist bei bekannter Zusammensetzung eines Brennstoffes der empirisch ermittelte Heizwert:

Feste und flüssige Brennstoffe (nach Boie):

$$H_u \approx 34{,}8\,c + 93{,}9\,h + 10{,}5\,s + 6{,}3\,n - 10{,}8\,o - 2{,}5\,w \text{ in MJ/kg}$$

c = Gehalt an Kohlenstoff kg/kg
h = Gehalt an Wasserstoff kg/kg
n = Gehalt an Stickstoff kg/kg
o = Gehalt an Sauerstoff kg/kg
s = Gehalt an Schwefel kg/kg
w = Gehalt an Wasser kg/kg

Für *Koks:*

$$H_u = 33\,200\,(1 - a - w) - 2500\,w \text{ in kJ/kg}$$

a = Gehalt an Asche kg/kg

Für *Heizöl* EL kann bei fehlender Analyse gesetzt werden

$$H_u = 42{,}9 \text{ MJ/kg} = 11{,}9 \text{ kWh/kg.}$$

Bei gasförmigen Brennstoffgemischen wird der Heizwert aus der Summe der Heizwerte der Einzelgase berechnet:

$$H_u = 10{,}78\,H_2 + 12{,}62\,CO + 35{,}87\,CH_4 + 59{,}48\,C_2H_4 + 56{,}51\,C_2H_2 \text{ MJ/m}_n^3$$
$$H_o = 12{,}75\,H_2 + 12{,}62\,CO + 39{,}81\,CH_4 + 63{,}42\,C_2H_4 + 58{,}48\,C_2H_2 \text{ MJ/m}_n^3$$

Darin ist:

$H_2$ = Gehalt an Wasserstoff in m³/m³
CO = Gehalt an Kohlenoxyd in m³/m³ usw.

**Tafel 137-1. Verbrennung gas- und dampfförmiger Brennstoffe**
1 kWh = 3600 kJ

| Stoff | Zeichen | Molekulare Masse | Dichte $\varrho$ | Gehalt an $c$ | Gehalt an $h$ | Brennwert bzw. Heizwert $H_o$ | $H_u$ | $H_o$ | $H_u$ | Theor. Verbrennungsluftmenge $L_{min}$ | | Abgasvolumen feucht $V_{af}$ | $V_{af}$ | Trockenes Abgas $CO_{2\,max}$ | Feuchtes Abgas $H_2O$ |
|---|---|---|---|---|---|---|---|---|---|---|---|---|---|---|---|
| | | kg/kmol | kg/$m_n^3$ | Gew.-% | Gew.-% | kJ/kg | kJ/kg | kJ/$m_n^3$ | kJ/$m_n^3$ | $m_n^3$/kg | $m_n^3/m_n^3$ | $m_n^3$/kg | $m_n^3/m_n^3$ | Vol.-% | Vol.-% |
| Azethylen | $C_2H_2$ | 26,04 | 1,17 | 92,5 | 7,5 | 49910 | 48220 | 58470 | 56490 | 10,2 | 11,9 | 10,6 | 12,4 | 17,5 | 8,1 |
| Benzol | $C_6H_6$ | 78,1 | 3,73 | 92,2 | 7,8 | 42270 | 40580 | 157970 | 151650 | 10,2 | 35,7 | 10,6 | 37,2 | 17,5 | 8,1 |
| Butan (n) | $C_4H_{10}$ | 58,1 | 2,71 | 83 | 17 | 49500 | 45715 | 134060 | 123810 | 11,4 | 30,9 | 12,4 | 33,4 | 14,1 | 15,0 |
| Buthylen | $C_4H_8$ | 56,1 | 2,60 | 85 | 15 | 48430 | 45290 | 125860 | 117710 | 11,6 | 28,9 | 12,4 | 30,9 | 14,9 | 12,9 |
| Ethan | $C_2H_6$ | 30,1 | 1,35 | 80 | 20 | 51880 | 47490 | 70290 | 64345 | 12,3 | 16,7 | 13,4 | 18,1 | 13,2 | 16,5 |
| Ethylalkohol | $C_2H_5OH$ | 46,11 | 2,19 | 52 | 13 | 30570 | 27710 | 67070 | 60790 | 7,0 | 14,3 | 8,0 | 16,4 | 15,0 | 18,4 |
| Ethylen | $C_2H_4$ | 28,05 | 1,26 | 85,7 | 14,3 | 50280 | 47150 | 63410 | 59460 | 11,3 | 14,3 | 12,1 | 15,3 | 15,1 | 13,1 |
| Kohlenoxid | CO | 28,01 | 1,25 | 42,9 | 0 | 10100 | 10100 | 12630 | 12630 | 1,91 | 2,38 | 2,30 | 2,88 | 34,7 | 0 |
| Methan | $CH_4$ | 16,04 | 0,72 | 75 | 25 | 55500 | 50010 | 39820 | 35880 | 13,3 | 9,52 | 14,6 | 10,5 | 11,7 | 19,0 |
| Methanol | $CH_3OH$ | 32,04 | 1,52 | 37,5 | 12,5 | 23840 | 21090 | 36200 | 32030 | 5,0 | 7,15 | 6,0 | 8,6 | 15,1 | 23 |
| Propan | $C_3H_8$ | 44,09 | 2,01 | 81,8 | 18,2 | 50340 | 46350 | 101240 | 93210 | 11,8 | 23,8 | 12,8 | 25,8 | 13,8 | 15,5 |
| Propylen | $C_3H_6$ | 42,08 | 1,91 | 85,7 | 14,3 | 48920 | 45780 | 93580 | 87575 | 11,2 | 21,4 | 11,9 | 22,9 | 15,1 | 13,1 |
| Toluol | $C_7H_8$ | 92,11 | 4,87 | 91,2 | 8,8 | 42850 | 40940 | 208890 | 199570 | 10,4 | 42,8 | 10,9 | 44,8 | 17,1 | 8,9 |
| Wasserstoff | $H_2$ | 2,016 | 0,090 | 0 | 100 | 141800 | 119970 | 12745 | 10780 | 26,4 | 2,38 | 32,0 | 2,88 | 0 | 34,7 |

Brenn- und Heizwerte bezogen auf 25 °C und 1,013 bar, die Volumen bezogen auf 0 °C und 1,013 bar (DIN 51850)

**Tafel 137-2. Verbrennung technischer Heizgase (Richtwerte nach F. Schuster u. a.) (siehe auch Tafel 136-20)**

| Nr. | Brenngas | Luftbedarf $L_{min}$ $m_n^3/m_n^3$ | Abgasmenge $V_{Af}$ $m_n^3/m_n^3$ | Abgasmenge $V_{A\,tr}$ $m_n^3/m_n^3$ | $\frac{V_{A\,tr\,min}}{L_{min}}$ – | $CO_{2\,max}$ Vol.-% | Zünd-geschwind. cm/s | Heizwert $H_o$ kJ/$m_n^3$ | Heizwert $H_u$ kJ/$m_n^3$ |
|---|---|---|---|---|---|---|---|---|---|
| 1 | Hochofengichtgas | 0,76 | 1,60 | 1,58 | 2,08 | 24,0 | 13 | 4080 | 3980 |
| 2 | Koksgeneratorgas | 1,00 | 1,80 | 1,66 | 1,66 | 20,1 | 32 | 5340 | 5020 |
| 3 | Braunkohlengeneratorgas | 1,19 | 1,98 | 1,79 | 1,50 | 20,1 | 38 | 6070 | 5760 |
| 4 | Mischgas 10+1 | 1,90 | 2,69 | 2,32 | 1,22 | 16,5 | 48 | 9125 | 8370 |
| 5 | Kokswassergas | 2,19 | 2,74 | 2,23 | 1,02 | 20,4 | 143 | 11510 | 10460 |
| 6 | Kohlenwassergas | 2,50 | 3,07 | 2,47 | 0,99 | 18,2 | 140 | 12770 | 11620 |
| 7 | Stadtgas I 10+5 | 3,88 | 4,54 | 3,59 | 0,93 | 13,1 | 113 | 18000 | 16120 |
| 8 | Stadtgas II 10+2 | 3,86 | 4,59 | 3,65 | 0,94 | 12,1 | 93 | 18000 | 16120 |
| 9 | Propan + Luft (1:4,5) | 3,47 | 4,65 | 3,93 | 1,14 | 13,7 | 42 | 18000 | 16740 |
| 10 | Koksofengas (Ferngas) | 4,26 | 4,97 | 3,86 | 0,90 | 10,1 | 111 | 19670 | 17370 |
| 11 | Ölkarb. Kokswassergas | 4,14 | 4,79 | 4,02 | 0,97 | 17,4 | 117 | 20090 | 18420 |
| 12 | Erdgas L | 8,4 | 9,4 | 7,7 | 0,92 | 11,8 | 36 | 35150 | 31950 |
| 13 | Erdgas H | 9,8 | 10,9 | 8,9 | 0,90 | 12,0 | 49 | 41100 | 37500 |
| 14 | Propan $C_3H_8$ | 23,80 | 25,80 | 21,80 | 0,92 | 13,8 | 42 | 100880 | 92890 |
| 15 | *n*-Butan $C_4H_{10}$ | 30,94 | 33,44 | 28,44 | 0,92 | 14,1 | 39 | 133870 | 123650 |

**Tafel 137-3. Verbrennung fester Brennstoffe**
1 kWh = 3600 kJ

| Brennstoff | Rohzusammensetzung in Gew.-% | | | | | | | Heizwert $H_u$ kJ/kg | Theor. Luftbedarf $L_{min}$ $m_n^3/kg$ | Rauchgasmenge $V_{A\,min}$ (naß) $m_n^3/kg$ | $CO_{2\,max}$ % |
|---|---|---|---|---|---|---|---|---|---|---|---|
| | c | h | o | n | s | a | w | | | | |
| Steinkohle | | | | | | | | | | | |
| Ruhr u. Aachen | 73…83 | 3,4…5,3 | 1,8…6,5 | 1,1 | 0,9 | 4…7 | 3…5 | 30140…33070 | 7,7…8,3 | 8,2…8,6 | 18,3…18,9 |
| Saar | 70…78 | 4,7…5,2 | 5,4…12,5 | 1,2 | 0,6 | 3…8 | 3…5 | 28050…31400 | 7,9 | 8,3 | 18,7 |
| Oberschlesien | 72…78 | 4…5 | 9,5…12,0 | | 0,8 | 5…7,5 | 4…5 | 28460…30560 | 7,5 | 7,9 | 18,9 |
| Rohbraunkohle | | | | | | | | | | | |
| Rheinland | 25…32 | 2 | 9…12 | 0,3 | 0,2 | 3 | 50…60 | 7530…10460 | 2,4…3,0 | 2,4…3,8 | 19,8 |
| Sachsen/Thüringen | 29,3 | 2,5 | 9,2 | 0,3 | 1,0 | 5,7 | 52 | 10460 | 2,9 | 3,85 | 18,8 |
| Lausitz | 26,6 | 2,4 | 12,4 | 0,4 | 0,2 | 3 | 55 | 9630 | 2,6 | 3,5 | 19,5 |
| Böhmen | 72…77 | 5,7…6,2 | 1,57…20,9 | – | 1,0 | 5…7 | 25…40 | 14230…2512 | 3,9…6,5 | 4,6…7,0 | 17,8…18,7 |
| Braunkohlenbriketts | | | | | | | | | | | |
| Mitteldeutschland | 52,9 | 4,5 | 15,9 | 0,6 | 2,1 | 8,9 | 15 | 20930 | 5,4 | 6,0 | 18,6 |
| Rheinland | 54,5 | 4,2 | 20,1 | 0,8 | 0,4 | 5 | 15 | 20090 | 5,3 | 5,9 | 19,5 |
| Ostelbien | 54,0 | 4,0 | 21,0 | 0,7 | 0,35 | 6 | 14 | 20090 | 5,2 | 5,7 | 19,7 |
| Koks (Gaskoks) | 86 | 0,3 | 1,5 | | 0,7 | 12 | 1,5 | 29300 | 7,7 | 7,7 | 20,7 |
| Torf (lufttrocken) | 40 | 5 | 25 | 2 | 1,0 | 7 | 20 | 15490 | 4,1 | 5,0 | 18,9 |
| Holz (lufttrocken) | 44 | 5 | 35 | 0,5 | 0 | 0,5 | 15 | 15490 | 4,1 | 4,8 | 20,2 |

Heizwerte von Holz s. auch Bild 136-3.

**Tafel 137-4. Verbrennung flüssiger Brennstoffe**

1 kWh = 3600 kJ

| Brennstoff | Chem. Zeichen | Molekulare Masse kg/kmol | Gehalt an c Gew.-% | Gehalt an h Gew.-% | Dichte bei 15 °C $\varrho$ kg/m³ | Siedepunkt °C | Brennwert $H_o$ kJ/kg | Heizwert $H_u$ kJ/kg | Theoretischer Luftbedarf $L_{min}$ $m_n^3$/kg | Theoretische Rauchgasmenge $V_{a\,tr}$ $m_n^3$/kg | Theoretische Rauchgasmenge $V_{a\,f}$ $m_n^3$/kg | $CO_{2\,max}$ Vol.-% |
|---|---|---|---|---|---|---|---|---|---|---|---|---|
| Benzin (Mittelwerte) | – | – | 85 | 15 | 720 | 60…120 | 46050 | 42700 | 11,5 | 10,7 | 12,3 | 15,0 |
| Benzol | $C_6H_6$ | 78,1 | 92,2 | 7,8 | 875 | 80 | 42270 | 40580 | 10,2 | 9,8 | 10,6 | 17,5 |
| Braunkohlenteerheizöl | – | – | 84 | 11 | 925 | – | 42700 | 40230 | 10,3 | 9,6 | 10,9 | 16,1 |
| Ethylalkohol | $C_2H_5OH$ | 46,1 | 52 | 13 | 794 | 78 | 30570 | 27710 | 7,0 | 6,5 | 8,0 | 15,0 |
| Gasöl (Diesel) | – | – | 87 | 13 | 870 | 230…360 | 44710 | 41820 | 11,2 | 10,4 | 11,9 | 15,5 |
| Heizöl EL | – | – | 86 | 13 | 850 | 200…350 | 44790 | 42700 | 11,2 | 10,2 | 11,8 | 15,5 |
| Heizöl M | – | – | 85 | 12 | 910 | 250…400 | 43120 | 41020 | 10,8 | 10,1 | 11,7 | 15,7 |
| Heizöl S | – | – | 84 | 11 | 960 | > 300 | 42280 | 39770 | 10,6 | 10,0 | 11,4 | 15,9 |
| Hexan | $C_6H_{14}$ | 86,2 | 83,6 | 16,4 | 660 | 60 | 48680 | 45100 | 11,8 | 10,9 | 12,6 | 14,3 |
| Methanol | $CH_3OH$ | 32,04 | 37,5 | 12,5 | 790 | 64 | 23840 | 21090 | 5,0 | 4,7 | 6,0 | 15,1 |
| Pentan | $C_5H_{12}$ | 72,2 | 82,2 | 16,8 | 626 | 37 | 49010 | 45350 | 11,8 | 10,9 | 12,7 | 14,2 |
| Steinkohlenteerheizöl | – | – | 91 | 6,5 | 1060 | – | 39150 | 37680 | 9,8 | 9,2 | 9,9 | 18,1 |
| Toluol | $C_7H_8$ | 92,1 | 91,2 | 8,8 | 867 | 111 | 42850 | 40940 | 10,4 | 8,9 | 10,9 | 17,1 |
| Xylol | $C_8H_{10}$ | 106,2 | 90,5 | 9,5 | 863 | 140 | 43290 | 41220 | 10,6 | 10,0 | 11,1 | 16,8 |

**Tafel 137-5. Verbrennungsrechnung bei festen und flüssigen Brennstoffen**

| | Stoff | Luftbedarf $L_{min}$ $m_n^3/kg$ | Abgasmenge $V_a$ | | Verbrennungsprodukte |
|---|---|---|---|---|---|
| | | | $m_n^3/kg$ | kg/kg | |
| Brennstoff | c Gew.-% | 8,88 c | 1,85 c | 3,67 c | $CO_2$ |
| | h Gew.-% | 26,44 h | 11,11 h | 9 h+w | $H_2O$ |
| | s Gew.-% | 3,32 s | 0,68 s | 2 s | $SO_2$ |
| | o Gew.-% | −3,33 o | – | – | – |
| | n Gew.-% | – | 0,80 n | n | $N_2$ |
| | w Gew.-% | – | 1,24 w | w | $H_2O$ |
| Luft | $x$ kg/kg | $L_{min}(1+1{,}6x)$ | $\lambda L_{min} \cdot 1{,}6 \cdot x$ | $\lambda \cdot L_{min} \cdot 1{,}28 \cdot x$ | $H_2O$ |
| | o | – | $(\lambda-1)\,0{,}21 \cdot L_{min}$ | $\lambda(0-3{,}330)$ | $O_2$ |
| | n | – | $\lambda \cdot 0{,}79 \cdot L_{min}$ | $\lambda \cdot n$ | $N_2$ |

Bei weiteren brennbaren Bestandteilen müssen die Gleichungen sinngemäß erweitert werden.

Siehe auch DIN 51850 (4. 80) mit den Heizwerten einfacher gasförmiger Brennstoffe.

## -3 VERBRENNUNGSLUFTMENGE UND ABGASE

Die zur vollkommenen Verbrennung von Brennstoffen *theoretisch erforderliche Luftmenge* ist $L_{min}$. Bei allen technischen Feuerungen ist jedoch, um eine vollkommene Verbrennung zu erhalten, mehr Luft zuzuführen, als theoretisch erforderlich ist. Das Verhältnis der wirklich zugeführten Luftmenge $L$ zu $L_{min}$ nennt man *Luftzahl* (Luftverhältniszahl) $\lambda$:

$$L = \lambda \cdot L_{min}.$$

Mittelwerte von $\lambda$ siehe Abschn. 137-5.

*Hauptreaktionsformeln* bei vollständiger Verbrennung:

| | |
|---|---|
| $C + O_2 = CO_2$ | 12 kg C + 32 kg $O_2$ (22,4 $m^3$) = 44 kg $CO_2$ |
| $2\,H_2 + O_2 = 2\,H_2O$ | 4 kg $H_2$ + 32 kg $O_2$ (22,4 $m^3$) = 36 kg $H_2O$ |
| $S + O_2 = SO_2$ | 32 kg S + 32 kg $O_2$ (22,4 $m^3$) = 64 kg $SO_2$ |

### -31 Feste und flüssige Brennstoffe

Die Berechnung der theoretischen Verbrennungsluftmenge $L_{min}$ sowie der Abgase $V_a$ mit ihrer Zusammensetzung ist aus Tafel 137-5 ersichtlich. *Verbrennungsprodukte* sind Kohlendioxyd, Schwefeldioxyd und Wasserdampf. Außerdem enthalten die Abgase Stickstoff und bei $\lambda > 1$ auch Sauerstoff.

Die *theoretische Verbrennungsluftmenge* (ohne s) ist (s. Tafel 137-5):

$$L_{min} = \frac{22{,}4}{0{,}21}\left(\frac{c}{12} + \frac{h}{4} - \frac{o}{32}\right) = 8{,}88\,c + 26{,}44\,h - 3{,}33\,o\ m_n^3/kg$$

Darin ist

22,4 = Molvolumen der Gase in $m^3/kg$
0,21 = Sauerstoffanteil der Luft.

Die *trockene Abgasmenge* ist (ohne s und n)

$$V_{a\,tr} = 1{,}85\,c + (\lambda-1)\,0{,}21\,L_{min} + \lambda \cdot 0{,}79\,L_{min} = 1{,}85\,c + (\lambda - 0{,}21)\,L_{min}\ m_n^3/kg$$

Die feuchte Abgasmenge $V_{af}$ ist um den Betrag des Wasserdampfes in den Abgasen größer. Dabei ist zu beachten, daß Wasserdampf nicht nur durch den Wasserstoffgehalt des Brennstoffes, sondern auch durch den Wassergehalt $x$ der Verbrennungsluft auftritt. Weitere Werte siehe nachstehendes Beispiel.

*Beispiel:*

Verbrennung von 1 kg Steinkohle mit der Luftzahl $\lambda = 1{,}5$. Wassergehalt der Luft $x = 10$ g/kg. Zusammensetzung des Brennstoffs:

| c | h | s | o | n | w | a | |
|---|---|---|---|---|---|---|---|
| 0,80 | 0,05 | 0,02 | 0,07 | 0,0 | 0,04 | 0,02 | kg/kg |

Theoretische Luftmenge:

$L_{min} = 8{,}88\ c + 26{,}44\ h - 3{,}33\ o = 8{,}88 \cdot 0{,}80 + 26{,}44 \cdot 0{,}05 - 3{,}33 \cdot 0{,}07 = 8{,}20\ m_n^3/kg$

Trockene Abgasmenge

$V_{a\,tr} = 1{,}85\ c + (\lambda - 0{,}21)\ L_{min} = 1{,}85 \cdot 0{,}80 + 1{,}29 \cdot 8{,}20 = 12{,}06\ m_n^3/kg$

Feuchte Abgasmenge (ohne Luftfeuchte $x$)

$V_{a\,f} = V_{a\,tr} + 11{,}11\ h + 1{,}24\ w = 12{,}06 + 11{,}11 \cdot 0{,}05 + 1{,}24 \cdot 0{,}04 = 12{,}67\ m_n^3/kg$

Wasserdampfmenge ohne Luftfeuchte $x$

$W = 11{,}11\ h + 1{,}24\ w = 0{,}61\ m_n^3/kg$

Durch Luftfeuchte $x = 10$ g/kg zusätzlich entstehende Wasserdampfmenge

$W' = \lambda \cdot L_{min} \cdot 1{,}6\ x = 1{,}5 \cdot 8{,}20 \cdot 1{,}6 \cdot 0{,}010 = 0{,}20\ m_n^3/kg$

Kohlendioxydmenge: $1{,}85\ c = 1{,}85 \cdot 0{,}80 = 1{,}48\ m_n^3/kg$

Kohlendioxydgehalt der trockenen Abgase: 1,48:12,06 = 12,3%

*Faustformel* für den Mindesluftbedarf: $L_{min} \approx 0{,}25\ m_n^3$ für 1000 kJ oder $\approx 0{,}9\ m_n^3$ für 1 kWh.

## -32 Gasförmige Brennstoffe

Theoretische Luftmenge:

$$L_{min} = \frac{1}{0{,}21}\left[\left(\frac{CO + H_2}{2}\right) + (n + m/4)\ C_n\ H_m - O_2\right]\ m_n^3/m_n^3$$

Wirkliche Luftmenge:

$L = \lambda \cdot L_{min}\ m_n^3/m_n^3$

Abgasmenge feucht (ohne Luftfeuchte):

$$V_{a\,f} = \lambda \cdot L_{min} + \tfrac{1}{2}(CO + H_2) + \frac{m}{4} \cdot C_nH_m + CO_2 + O_2 + N_2$$

$$= \text{Gasmenge} + \lambda\ L_{min} - 0{,}5\ (CO + H_2) - \left(1 - \frac{m}{4}\right)\ C_nH_m\ m_n^3/m_n^3$$

Wasserdampfmenge im Abgas:

$H_2 + m/2\ (C_nH_m)\ m_n^3/m_n^3$

Volumenverminderung zwischen (Gasmenge + Luftmenge) und feuchter Abgasmenge:

$\Delta V = 0{,}5\ (CO + H_2) + (1 - m/4)\ C_nH_m\ m_n^3/m_n^3$.

Abgas-Zusammensetzung:

| Abgasbestandteil | Zeichen | Abgase in $m^3/m^3$ |
|---|---|---|
| Kohlendioxyd | $CO_2$ | $CO_2 + CO + n\ (C_n\ H_m)$ |
| Wasserdampf | $H_2O$ | $H_2 + m/_2\ (C_n\ H_m)$ |
| Sauerstoff | $O_2$ | $0{,}21\ (\lambda - 1) \cdot L_{min}$ |
| Stickstoff | $N_2$ | $N_2 + 0{,}79\ \lambda \cdot L_{min}$ |

*Beispiel:*

Verbrennung von 1 $m_n^3$ Erdgas H mit $\lambda = 1{,}2$ (s. Tafel 137-1).

Zusammensetzung:

| $CH_4$ | $C_2H_6$ | $C_3H_8$ | $CO_2$ | $N_2$ | |
|---|---|---|---|---|---|
| 0,93 | 0,03 | 0,02 | 0,01 | 0,01 | $m_n^3/m_n^3$ |

*Heizwert* $H_u = 0{,}93 \cdot 35\,880 + 0{,}03 \cdot 64\,345 + 0{,}02 \cdot 93\,210$
$= 37\,162\ kJ/m_n^3$.

Theoretische Luftmenge:

$$L_{\min} = \frac{1}{0{,}21}(2 \cdot 0{,}93 + 3{,}5 \cdot 0{,}03 + 5 \cdot 0{,}02) = 9{,}83 \; m_n^3/m_n^3$$

Wirkliche Luftmenge:

$L = \lambda \cdot L_{\min} = 1{,}2 \cdot 9{,}83 = 11{,}8 \; m_n^3/m_n^3$

Abgasmenge feucht:

$V_{af} = 1{,}0 + 11{,}8 = 12{,}8 \; m_n^3/m_n^3$

Wasserdampfmenge:

$2 \cdot 0{,}93 + 3 \cdot 0{,}03 + 4 \cdot 0{,}02 = 2{,}03 \; m_n^3/m_n^3$

Abgas-Zusammensetzung:

| | | | |
|---|---|---|---|
| $CO_2$ | $0{,}93 + 2 \cdot 0{,}03 + 3 \cdot 0{,}02 + 0{,}01$ | $= 1{,}06 \; m_n^3/m_n^3 =$ | 8,3 Vol.-% |
| $H_2O$ | $2 \cdot 0{,}93 + 3 \cdot 0{,}03 + 4 \cdot 0{,}02$ | $= 2{,}03 \; m_n^3/m_n^3 =$ | 15,8 Vol.-% |
| $O_2$ | $0{,}21 \cdot 0{,}2 \cdot 9{,}83$ | $= 0{,}41 \; m_n^3/m_n^3 =$ | 3,2 Vol.-% |
| $N_2$ | $0{,}01 + 0{,}79 \cdot 1{,}2 \cdot 9{,}83$ | $= 9{,}32 \; m_n^3/m_n^3 =$ | 72,7 Vol.-% |
| Gesamte Abgasmenge $V_{Af}$ | | $= 12{,}82 \; m_n^3/m_n^3 =$ | 100 Vol.-% |

### -33 Näherungswerte

der Luft- und Abgasmengen für feste, flüssige und gasförmige Brennstoffe nach *Rosin und Fehling*[1]) siehe Tafel 137-8 und Bild 137-11 bis -13 mit Beispielen. Abgasmengen bezogen auf feuchte Gase, $CO_2$-Werte bezogen auf trockene Gase.

Bei den festen und flüssigen Brennstoffen ist $H_u$ in kJ/kg, bei den gasförmigen Brennstoffen in kJ/$m_n^3$ einzusetzen. Mit der Luftzahl $\lambda$ ist die Luftmenge $L = \lambda \cdot L_{\min}$, die Abgasmenge $V_A = V_{A\,\min} + (\lambda - 1) L_{\min}$.

**Tafel 137-8. Näherungswerte der Luft- und Abgasmengen**

| Brennstoff | $L_{\min}$ $m_n^3$/kg bzw. $m_n^3/m_n^3$ | $V_{A\,\min}$ $m_n^3$/kg bzw. $m_n^3/m_n^3$ |
|---|---|---|
| Feste Brennstoffe | $\frac{0{,}241\,H_u}{1000} + 0{,}5$ | $\frac{0{,}212\,H_u}{1000} + 1{,}65$ |
| Öle | $\frac{0{,}203\,H_u}{1000} + 2{,}0$ | $\frac{0{,}265\,H_u}{1000}$ |
| Arme Gase $\left(H_u < 12\,500 \frac{kJ}{m_n^3}\right)$ (Hochofen-, Generator-, Wassergas) | $\frac{0{,}209\,H_u}{1000}$ | $\frac{0{,}173\,H_u}{1000} + 1{,}0$ |
| Reiche Gase $\left(H_u > 12\,500 \frac{kJ}{m_n^3}\right)$ (Leucht-, Koksofen-, Ölgas) | $\frac{0{,}260\,H_u}{1000} - 0{,}25$ | $\frac{0{,}272\,H_u}{1000} + 0{,}25$ |

### -34 Dichte der Abgase

Die *Dichte* $\varrho$ der Abgase errechnet sich aus der Zusammensetzung wie folgt:

$\varrho = \varrho_{CO_2} \cdot CO_2 + \varrho_{O_2} \cdot O_2 + \varrho_{N_2} \cdot N_2 + \varrho_{H_2O} \cdot H_2O$ in kg/$m_n^3$

$CO_2$ = Gehalt an $CO_2$ in $m^3/m^3$ usw.

$\varrho = p/RT$ ($R$ = Gaskonstante).

Die Dichten der einzelnen *Abgasbestandteile* sind

| | $CO_2$ | $O_2$ | $N_2$ | $H_2O$ | $CO$ | |
|---|---|---|---|---|---|---|
| $\varrho =$ | 1,97 | 1,43 | 1,257 | 0,804 | 1,25 | kg/$m_n^3$. |

Dichte desto größer, je höher $CO_2$-Gehalt, und desto geringer, je größer $H_2O$-Gehalt.

[1]) Rosin, P., und Fehling, R.: Das *it*-Diagramm der Verbrennung. Berlin, VDI-Verlag 1929.

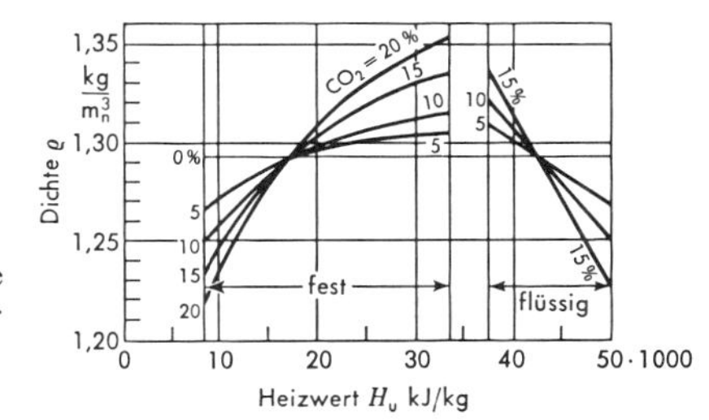


Bild 137-5. Dichte der feuchten Abgase bei festen und flüssigen Brennstoffen. 1000 kJ ≈ 0,28 kWh.

*Mittlere Werte* der Dichte bei festen und flüssigen Brennstoffen siehe Bild 137-5. Bei gasförmigen Brennstoffen sind die Werte von Fall zu Fall zu berechnen, da sehr unterschiedlich.

*Richtwerte* bei mittleren Verhältnissen:

| | |
|---|---|
| feste Brennstoffe | $\varrho \approx 1{,}33\ \mathrm{kg/m_n^3}$ |
| Heizöl | $\varrho \approx 1{,}32\ \mathrm{kg/m_n^3}$ |
| Stadtgas | $\varrho \approx 1{,}25\ \mathrm{kg/m_n^3}$ |
| Erdgas (Methan) | $\varrho \approx 1{,}25\ \mathrm{kg/m_n^3}$ |

## -35 Spezifische Wärmekapazität der Abgase

Bei Abgasen mittlerer Zusammensetzung ist die wahre spezifische Wärmekapazität

$C_p = 1{,}35 + 0{,}00030\ t$ in $\mathrm{kJ/m_n^3\ K}$.

Bei genaueren Rechnungen sind die spezifischen Wärmekapazitäten der einzelnen Bestandteile des Abgases zu berücksichtigen. Es gilt dann bei n Einzelbestandteilen die Beziehung

$C_p = \sum n\ C_p$

Die meisten technischen Wärmeübertragungsprozesse verlaufen über einen größeren Temperaturbereich. In diesen Fällen ist mit mittleren Werten $C_{pm}$ der Wärmekapazität zu rechnen (Tafel 137-10 und Bild 137-22). Mittelwert $C_{pm} = 1{,}35 + 0{,}00015\ t$.

Einige Richtwerte für $C_{pm}$ bei Temperaturen zwischen 100 und 300 °C sind

| | |
|---|---|
| bei Kohlefeuerung | $C_{pm} = 1{,}37\ \mathrm{kJ/m_n^3\ K}$ |
| bei Gasfeuerung | $C_{pm} = 1{,}38\ \mathrm{kJ/m_n^3\ K}$ |
| bei Heizölfeuerung | $C_{pm} = 1{,}39\ \mathrm{kJ/m_n^3\ K}$ |

**Tafel 137-10. Mittlere spezifische Wärmekapazität $C_{pm}$ von Gasen zwischen 0 und $t$ °C bezogen auf Normalvolumen in $\mathrm{kJ/m_n^3\ K}$**

| $t$ °C | $N_2$ | $O_2$ | $CO_2$ | $H_2O$ |
|---|---|---|---|---|
| 0 | 1,30 | 1,31 | 1,61 | 1,49 |
| 200 | 1,31 | 1,34 | 1,80 | 1,52 |
| 400 | 1,33 | 1,38 | 1,94 | 1,56 |
| 600 | 1,35 | 1,42 | 2,06 | 1,61 |
| 800 | 1,37 | 1,45 | 2,15 | 1,66 |
| 1000 | 1,40 | 1,48 | 2,20 | 1,72 |

Die spezifische Wärmekapazität $c_p$ je kg ist $c_p = C_p/\varrho$. ($\varrho$ = Dichte in $\mathrm{kg/m^3}$)

## -36 Wasserdampfgehalt und Taupunkt der Abgase

Um den *Taupunkt* der Abgase zu ermitteln, berechne man zunächst nach Abschnitt 31/32 den Wasserdampfgehalt der Abgase in Vol.-%: $H_2O = \frac{11{,}20\ h + 1{,}24\ w}{V_A}$, hieraus den dem Volumenanteil proportionalen Wasserdampfdruck in mbar und dann aus der Wasserdampftafel die Sättigungstemperatur, die dem Taupunkt entspricht. Der Taupunkt der Abgase ist desto höher, je höher der Wasser- und Wasserstoffgehalt des Brennstoffes ist.

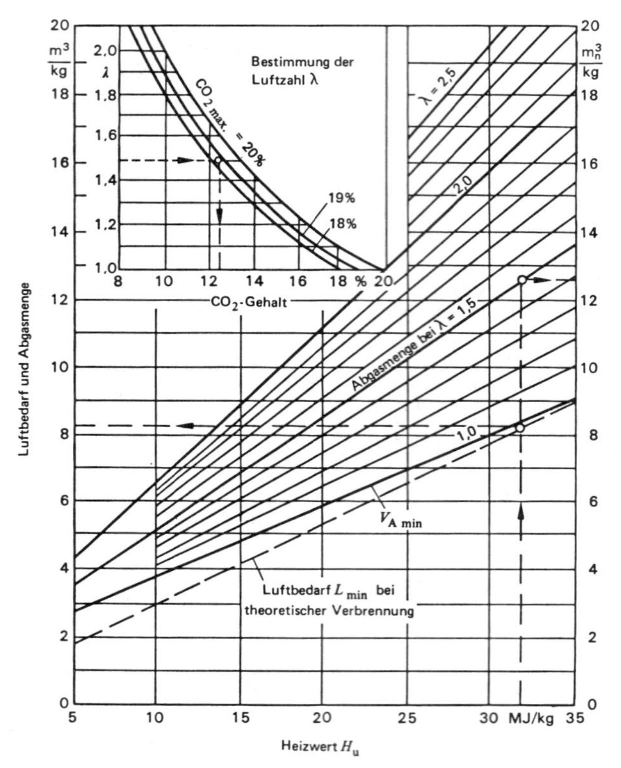


Bild 137-11. Abgasmenge (feucht) und Luftbedarf bei festen Brennstoffen.

*1. Beispiel:*

Verbrennung von Steinkohle mit dem Heizwert $H_u = 32$ MJ/kg (8,89 kWh/kg) und dem max. $CO_2$-Gehalt der Rauchgase von 18,7% nach Tafel 137-3 ergibt bei der Luftzahl $\lambda = 1{,}50$:

| | | |
|---|---|---|
| Luftbedarf bei theoretischer Verbrennung | $L_{min}$ | = 8,25 $m_n^3$/kg |
| Wirkliche Luftmenge | $L = 1{,}50 \cdot L_{min}$ | = 12,37 $m_n^3$/kg |
| Wirkliche Rauchgasmenge | $V_A$ | = 12,6 $m_n^3$/kg |
| $CO_2$-Gehalt der Rauchgase | | = 12,4% |

*2. Beispiel:*

Verbrennung von Braunkohlebriketts mit dem Heizwert $H_u = 20\,000$ kJ/kg (5,56 kWh/kg) und dem maximalen $CO_2$-Gehalt der Abgase von 19,5% nach Tafel 137-3 ergibt bei der Luftzahl $\lambda = 1{,}3$:

| | | |
|---|---|---|
| Luftbedarf bei theoretischer Verbrennung | $L_{min}$ | = 5,3 $m_n^3$/kg |
| Wirkliche Luftmenge | $L = 1{,}3 \cdot L_{min}$ | = 6,89 $m_n^3$/kg |
| Abgasmenge bei theoretischer Verbrennung | $V_{A\,min}$ | = 6,89 $m_n^3$/kg |
| Wirkliche Abgasmenge | $V_a$ | = 7,5 $m_n^3$/kg |
| $CO_2$-Gehalt der Abgase | | = 15% |

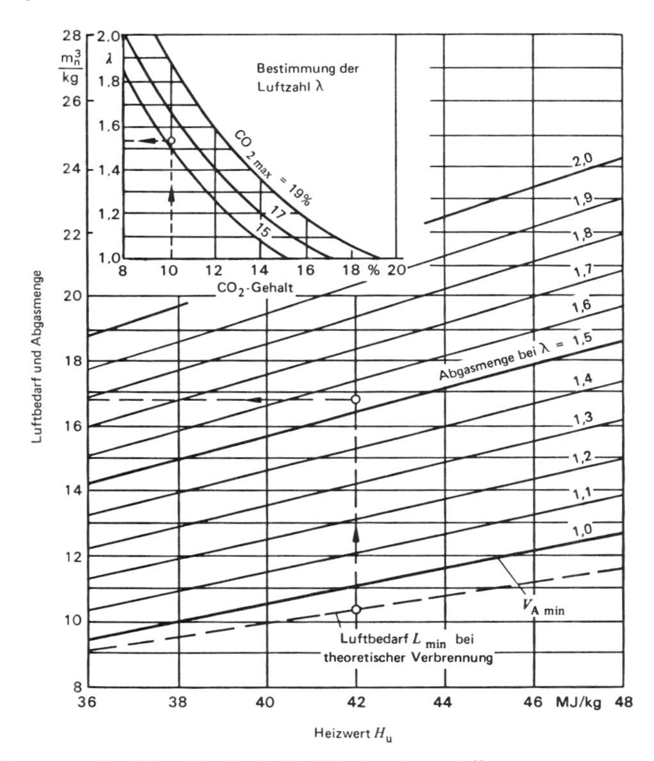


Bild 137-12. Abgasmenge (feucht) und Luftbedarf bei flüssigen Brennstoffen.

*1. Beispiel:*

Verbrennung von Heizöl EL mit dem Heizwert $H_u$ = 42 MJ/kg (11,67 kWh/kg) und $CO_{2\,max}$ = 15,5% nach Tafel 137-4 ergibt bei einem $CO_2$-Gehalt der Abgase von 10%:

Luftzahl $\lambda = 1{,}55$

| | | |
|---|---|---|
| Luftbedarf bei theoretischer Verbrennung | $L_{min}$ | $= 10{,}4\ m_n^3/kg$ |
| Wirkliche Luftmenge | $L = 1{,}55 \cdot L_{min}$ | $= 16{,}1\ m_n^3/kg$ |
| Wirkliche Abgasmenge (feucht) | $V_A$ | $= 16{,}8\ m_n^3/kg$ |

*2. Beispiel:*

Heizöl EL mit dem Heizwert $H_u$ = 44,8 MJ/kg und $CO_{2\,max}$ = 15,4% ergibt bei einem $CO_2$-Gehalt der Abgase von 13%:

Luftzahl $\lambda = 1{,}18$

| | | |
|---|---|---|
| Luftbedarf bei theoretischer Verbrennung | $L_{min}$ | $= 11{,}1\ m_n^3/kg$ |
| Wirkliche Luftmenge | $L = 11{,}1 \cdot 1{,}18$ | $= 13{,}1\ m_n^3/kg$ |
| Wirkliche Abgasmenge (feucht) | $V_A$ | $= 13{,}8\ m_n^3/kg$ |

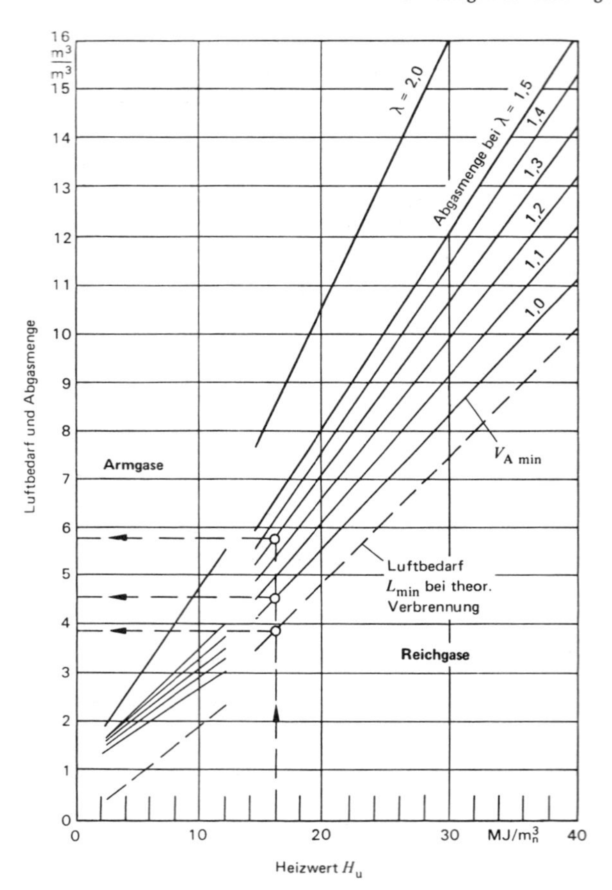


Bild 137-13. Abgasmenge (feucht) und Luftbedarf bei gasförmigen Brennstoffen.

*1. Beispiel:*

Verbrennung von Stadtgas mit einem Heizwert $H_u = 16$ MJ/m$_n^3$ (4,44 kWh/kg) ergibt bei einer Luftzahl $\lambda = 1{,}3$:

| | | |
|---|---|---|
| Luftbedarf bei theoretischer Verbrennung | $L_{min}$ | $= 3{,}9$ m$_n^3$/m$_n^3$ |
| Wirkliche Luftmenge | $L = 1{,}3 \cdot L_{min}$ | $= 5{,}1$ m$_n^3$/m$_n^3$ |
| Abgasmenge bei theoretischer Verbrennung | | $= 4{,}6$ m$_n^3$/m$_n^3$ |
| Wirkliche Abgasmenge | $V_A$ | $= 5{,}8$ m$_n^3$/m$_n^3$ |

*2. Beispiel:*

Verbrennung von Erdgas mit einem Heizwert von $H_u = 34\,000$ kJ/m$_n^3$ (9,44 kWh/m$_n^3$) ergibt bei einer Luftzahl $\lambda = 1{,}3$:

| | | |
|---|---|---|
| Luftbedarf bei theoretischer Verbrennung | $L_{min}$ | $= 8{,}6$ m$_n^3$/m$_n^3$ |
| Wirkliche Luftmenge | $L = 1{,}3 \cdot 8{,}6$ | $= 11{,}2$ m$_n^3$/m$_n^3$ |
| Abgasmenge bei theoretischer Verbrennung | $V_{a\,min}$ | $= 9{,}5$ m$_n^3$/m$_n^3$ |
| Wirkliche Abgasmenge | $V_A$ | $= 12{,}1$ m$_n^3$/m$_n^3$ |

*Beispiel:*

Wasserdampfgehalt der Steinkohle-Abgase in Beispiel Abschnitt 137-31:

$$0{,}61\ m_n^3/kg = \frac{0{,}61}{12{,}67} = 4{,}8\ Vol.\text{-}\%\ (\triangleq 18/22{,}4 \cdot 48 = 0{,}804 \cdot 48 = 39\ g/m_n^3)$$

$$\text{Dampfdruck: } \frac{4{,}8}{100} \cdot 1013 = 48\ mbar.$$

Taupunkt = 32 °C (aus Tafel 134-1).

Um ein Naßwerden und Verschmieren der Heizflächen sowie Korrosion zu verhindern, dürfen die Abgase nicht unter den Taupunkt abgekühlt werden. Mittlere Taupunkte für verschiedene Brennstoffe in Abhängigkeit vom Luftüberschuß siehe Bild 137-18, in Abhängigkeit vom Wassergehalt der Abgase in Bild 137-17.

Bei schwefelhaltigen Ölen kann sich in den Abgasen aus $SO_2$ unter Umständen, besonders bei hohem Luftüberschuß, eine mehr oder weniger große Menge $SO_3$ bilden, die sich mit dem Wasserdampf der Rauchgase zu $H_2SO_4$ (Schwefelsäure) verbindet. Bereits bei 0,5% Schwefelgehalt des Heizöls liegt der Säuretaupunkt bei etwa 130 °C. Siehe auch Abschnitt 136-228 und 237-3.

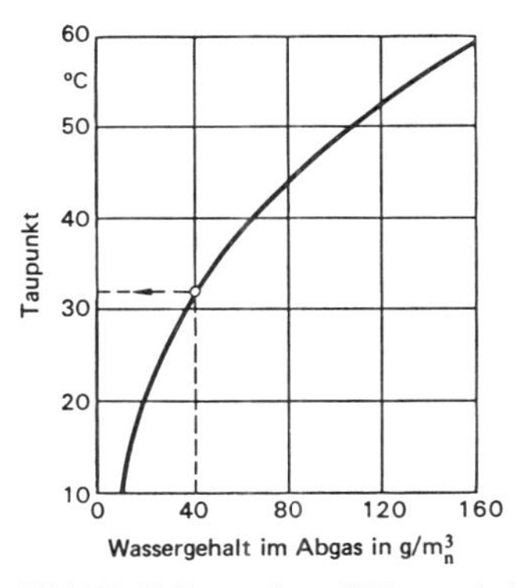


Bild 137-17. Taupunkt und Wassergehalt von Abgasen bezogen auf Normzustand.

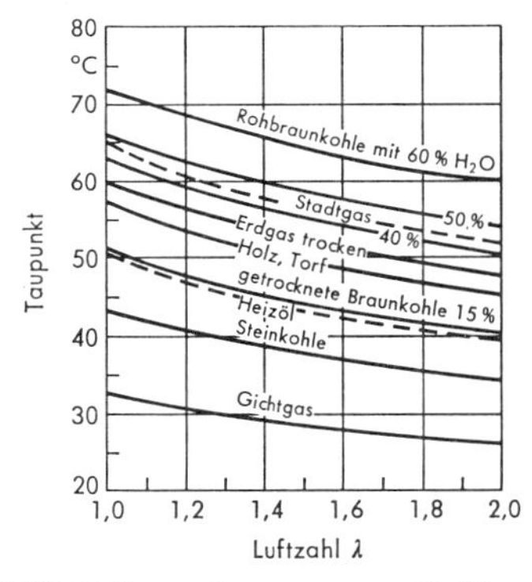


Bild 137-18. Taupunkttemperaturen für Wasserdampf bei verschiedenen Brennstoffen.

## -4 VERBRENNUNGSTEMPERATUR

Verbrennungstemperatur $t_v$ ist diejenige Temperatur, die die Verbrennungsgase theoretisch annehmen würden, wenn keine Wärmeabgabe nach außen erfolgte (adiabate Verbrennung). Sie läßt sich aus dem Heizwert der Brennstoffe $H_u$ und der *mittleren spezifischen Wärme* $C_{pm}$ der Verbrennungsgase errechnen. Tafel 137-10 und Bild 137-22.

Daraus erhält man mit der Abgasmenge $V_A$ die theoretische Verbrennungstemperatur

$$t_v = \frac{H_u}{C_{pm} \cdot V_A} \text{ in °C.}$$

**Tafel 137-12. Mittlere Verbrennungstemperatur in Feuerungen**

| Theoretische Temperatur °C | | Wirkliche Temperatur °C | |
|---|---|---|---|
| Steinkohle | ≈ 2200 | Wanderrostfeuerung | 1200…1400 |
| Braunkohle | ≈ 1500 | Kohlenstaubfeuerung | 1300…1500 |
| Heizöl EL | ≈ 2100 | Schmelzfeuerung | 1400…1700 |
| Heizöl S | ≈ 2000 | Ölfeuerung | 1200…1600 |
| Armgase | 1000…2000 | Erdgasfeuerung | 1200…1600 |
| Erdgas | ≈ 1950 | Müllfeuerung | 900…1000 |

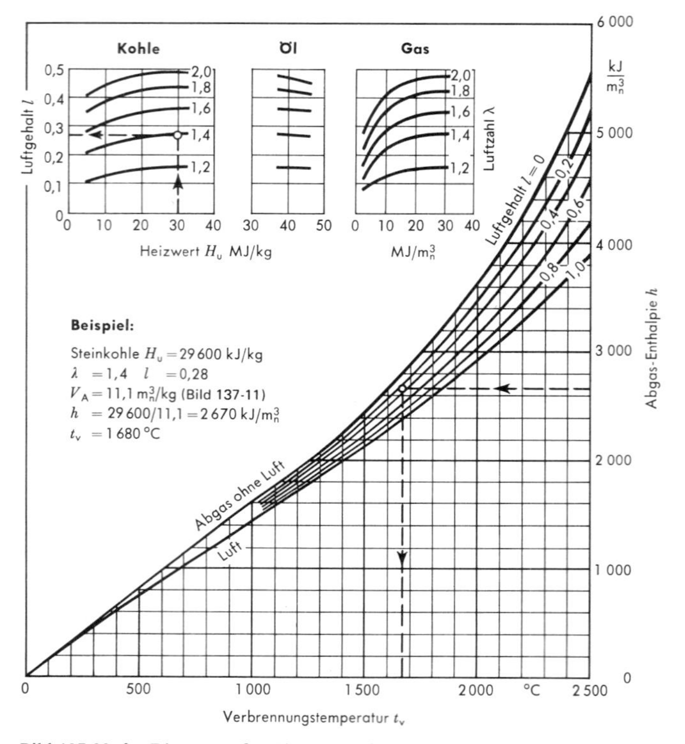


Bild 137-20. *h, t*-Diagramm für Abgase (nach Rosin und Fehling).

Theoretische Verbrennungstemperaturen für verschiedene Brennstoffe Bild 137-24. Die genaue Berechnung ist dadurch erschwert, daß bei Temperaturen oberhalb ≈ 1500 °C $CO_2$ und $H_2O$ unter Bindung von Wärme zerfallen, so daß die Temperaturen geringer werden *(Dissoziation).*

Für praktische Rechnungen mit Feuergasen genügt es jedoch häufig, eine mittlere Zusammensetzung der Abgase anzunehmen, deren spezifische Wärme dann nur von der Temperatur und dem Luftgehalt abhängt. Hierauf beruht die Konstruktion des *h, t-Diagramms,* das den *Wärmeinhalt* je $m_n^3$ Abgas in Abhängigkeit von der Temperatur und dem Luftgehalt angibt (Bild 137-20). Man bestimmt zunächst den Wärmeinhalt der Abgase nach der Formel

$$h = \frac{H_u}{V_{A\,\min} + (\lambda - 1)\,L_{\min}} = \frac{H_u}{V_A}\ \mathrm{kJ/m_n^3}$$

und den Luftgehalt der Abgase

$$l = \frac{(\lambda - 1)\,L_{\min}}{V_{A\,\min} + (\lambda - 1)\,L_{\min}} = \frac{(\lambda - 1)\,L_{\min}}{V_A}$$

und kann dann aus dem Diagramm sofort die theoretische Verbrennungstemperatur ablesen. Umgekehrt kann bei bestimmter Temperatur der Wärmeinhalt der Abgase in kJ/$m_n^3$ ermittelt werden. In den wirklichen Feuerungen ist die Flammtemperatur infolge Strahlung der Flammen und Wärmeverluste geringer als der theoretische Wert und außerdem sehr unterschiedlich (Tafel 137-12). Die Dissoziation ist in dem Diagramm bereits berücksichtigt.

*Beispiel:*

Verbrennung von Stadtgas mit $H_u = 20900\ kJ/m_n^3$ (5,81 $kWh/m_n^3$).

Anfangstemperatur $t_1 = 20°$, $\lambda = 1{,}3$. Wie groß ist die theoretische Verbrennungstemperatur $t_v$?

$$L_{min} = \frac{0{,}260 \cdot 20900}{1000} - 0{,}25 = 5{,}20\ m_n^3/m_n^3 \text{ (Tafel 137-8)}$$

$$V_{A\,min} = \frac{0{,}272 \cdot 20900}{1000} + 0{,}25 = 5{,}95\ m_n^3/m_n^3$$

$$h = \frac{20900}{5{,}95 + 0{,}3 \cdot 5{,}20} = 2780\ kJ/m_n^3 \qquad l = \frac{0{,}3 \cdot 5{,}20}{5{,}95 + 0{,}3 \cdot 5{,}20} = 0{,}21$$

Verbrennungstemperatur $t_v = 1700 + 20 = 1720\ °C$ aus $h, t$-Diagramm. Die Werte für $L_{min}$ und $V_A$ können auch aus Bild 137-13 entnommen werden.

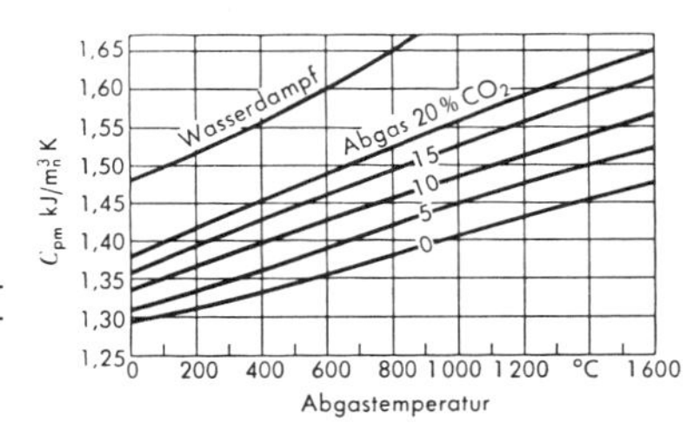


Bild 137-22. Mittlere spez. Wärme von trokkenen Abgasen und von Wasserdampf zwischen 0 und $t$ °C.

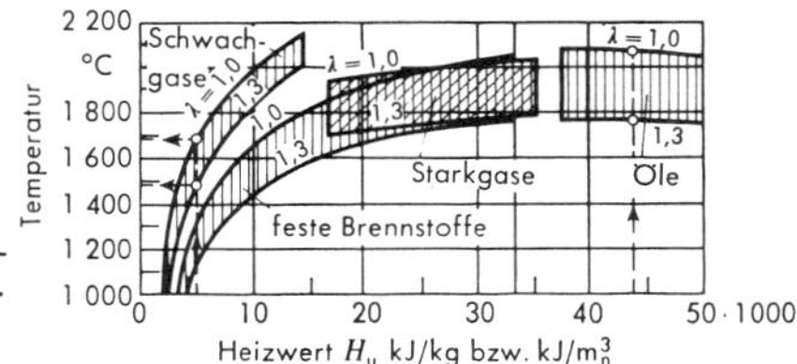


Bild 137-24. Theoretische Verbrennungstemperaturen verschiedener Brennstoffe.

## -5 ABGASPRÜFUNG

Aus der Zusammensetzung der Abgase kann man die Güte der Verbrennung beurteilen. Daher wird in gut geleiteten Feuerungen die Zusammensetzung der Abgase durch besondere Meßinstrumente laufend überwacht. Die günstigste Luftzahl ist diejenige, bei der die geringsten Wärmeverluste auftreten. Größter $CO_2$-Gehalt der Abgase ist nicht am günstigsten, da dabei auch meist CO auftritt.

Im allgemeinen ist

| | |
|---|---|
| bei Gasgebläsefeuermengen | $\lambda = 1{,}1 \cdots 1{,}3$ |
| bei atmosphärischen Gasbrennern | $\lambda = 1{,}25 \cdots 1{,}5$ |
| bei Ölfeuerungen | $\lambda = 1{,}2 \cdots 1{,}5$ |
| bei Kohlenstaubfeuerungen | $\lambda = 1{,}2 \cdots 1{,}3$ |
| bei mechanischen Kohlefeuerungen | $\lambda = 1{,}3 \cdots 1{,}5$ |
| bei handbeschickten Kohlefeuerungen | $\lambda = 1{,}5 \cdots 2{,}0$ |

*Wirkungsgrade* der Verbrennung und Wärmeverluste siehe Abschnitt 231-8.

### -51 Vollkommene Verbrennung

Bei vollkommener Verbrennung enthalten die trockenen Abgase nur $CO_2$, $O_2$ und $N_2$. Bei festen und flüssigen Brennstoffen, bei denen der Stickstoffgehalt praktisch zu vernachlässigen ist, berechnet sich die *Luftzahl* $\lambda$ aus dem Kohlendioxidgehalt $CO_2$ der Abgase nach folgender Gleichung:

$$\lambda = 1 + \left(\frac{CO_{2\,max}}{CO_2} - 1\right) \frac{V^{tr}_{A\,min}}{L_{min}}$$

$CO_2$ = Kohlendioxidgehalt der Abgase
$CO_{2\,max}$ = maximaler Kohlensäuregehalt der Abgase
$V^{tr}_{A\,min}$ = theoretisches trockenes Abgasvolumen $m_n^3/kg$
$L_{min}$ = theoretische Luftmenge $m_n^3/kg$

Da bei den *festen Brennstoffen* $V_{A\,min} \approx L_{min}$ ist, ist annäherungsweise auch

$$\lambda = \frac{CO_{2\,max}}{CO_2}.$$

Bei *Heizöl* EL

$$\lambda = 1 + \left(\frac{CO_{2\,max}}{CO_2} - 1\right) 0{,}93 \cdots 0{,}97.$$

Bei *Heizgasen* schwankt der Wert $V^{tr}_{A\,min}/L_{min}$ je nach Zusammensetzung des Gases zwischen 0,9 und 1,9, so daß immer mit der genauen Formel zu rechnen ist. Bei Stadt- und Erdgas kann man 0,9···1,0 annehmen.

Für Gase mit Stickstoffgehalt allgemein gültig ist die Gleichung

$$\lambda = \frac{21}{21 - 79\, O_2/N_2}\left(1 + \frac{O_2 \cdot V_N}{N_2 \cdot O_{min}}\right)$$

$V_N$ = Stickstoffanteil des Brenngases in $m^3/m^3$
$O_2$ = $O_2$-Gehalt der Abgase in $m^3/m^3$
$N_2$ = $N_2$-Gehalt der Abgase in $m^3m^3$

Bildliche Darstellung in Bild 137-28.

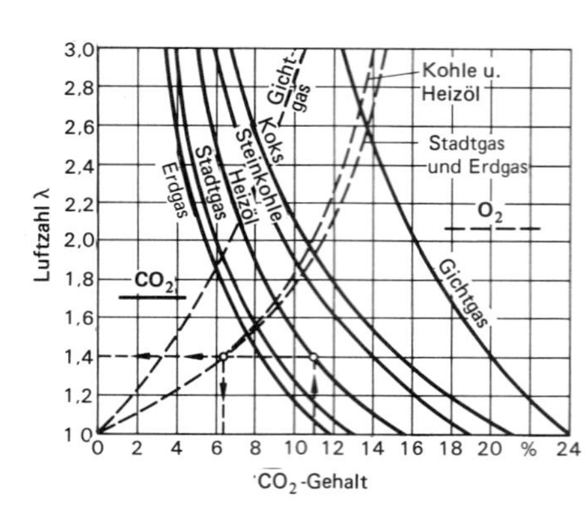


Bild 137-28. Luftzahl $\lambda$ in Abhängigkeit vom $CO_2$-Gehalt der Abgase bei verschiedenen Brennstoffen und bei vollkommener Verbrennung.

Der *maximale* $CO_2$-*Gehalt* $CO_{2\,max}$ der Abgase ergibt sich bei den verschiedenen Brennstoffen aus

$$CO_{2\,max} = \frac{1{,}87\,c}{1{,}87\,c + (\lambda - 1)\,L_{min}} = \frac{1{,}87\,c}{8{,}86\,c + 21\,h - 2{,}6 \cdot o}.$$

Bei reinem Kohlenstoff (c = 1, h = 0, o = 0) ist $CO_{2\,max} = 0{,}21$, sonst bei festen und flüssigen Brennstoffen immer geringer (Bild 137-26).

*Beispiel:*

Die Abgase eines Heizöls zeigen einen Kohlendioxidgehalt von 11%. Wie groß ist die Luftzahl $\lambda$ und wie ist die Zusammensetzung der trockenen Abgase?

Aus Bild 137-18 und 137-26: $\lambda = 1{,}40$ und $O_2 = 6{,}2\%$.

Zusammensetzung der Abgase: $11{,}0\ CO_2 + 6{,}2\ O_2 + 82{,}8\ N_2 \mathrel{\hat=} 100\%$.

## -52 Unvollkommene Verbrennung

Bei unvollkommener Verbrennung, die bei Luftmangel oder schlechter Mischung der Brenngase mit Luft oder bei Unterkühlung der Brenngase eintreten kann, enthalten die Abgase auch noch unverbrannte Bestandteile, insbesondere Kohlenoxyd CO und $H_2$ sowie Ruß. Wegen des großen Heizwertes des CO bedeutet ein auch nur geringer *CO-Gehalt* der Gase bereits einen erheblichen Wärmeverlust. Deshalb ist die CO- und auch $H_2$-Messung der Abgase von Feuerungen ein wichtiges Mittel zur Betriebsüberwachung. Die Gleichung für die Luftzahl $\lambda$ lautet:

$$\lambda = 1 + \frac{CO_{2\,max} - \dfrac{(CO_2 + CO) \cdot 100}{100 - 0{,}5\,CO - 1{,}5\,H_2}}{\dfrac{(CO_2 + CO) \cdot 100}{100 - 0{,}5\,CO - 1{,}5\,H_2}} \cdot \frac{V^{tr}_{A\,min}}{L_{min}}$$

Bei vollkommener Verbrennung geht sie in die dafür geltende Gleichung über. Vorschriften nach dem Immissionsschutzgesetz s. Abschn. 231-8.

## -53 Verbrennungsdreiecke

Eine übersichtliche Darstellung der Rauchgaszusammensetzung läßt sich durch *Abgasdreiecke* (Verbrennungsdreiecke) erreichen, von denen es mehrere Arten gibt. Aus dem *Ostwald-Dreieck,* das für jeden Brennstoff getrennt aufgezeichnet werden muß, läßt sich, abhängig vom $CO_2$- und $O_2$-Gehalt der Rauchgase, der CO-Gehalt und die Luftzahl $\lambda$ ablesen.

Auch zur Kontrolle der Abgasanalysen kann es verwendet werden. Auf der Ordinate ist der Betrag $CO_{2\,max}$, auf der Abszisse der Betrag $O_2 = 0{,}21$ aufgetragen. Die CO-Linien laufen parallel zur Hypotenuse. Beispiele siehe Bild 137-31 bis -33.

*Beispiel:*

Orsat-Analyse bei Steinkohle $CO_2 = 13\%$, $O_2 = 6\%$ ergibt $CO = 0{,}5\%$ Luftzahl $\lambda = 1{,}38$.

Beim *Bunte-Dreieck,* das für beliebige Brennstoffe gilt, liegt der Meßpunkt bei vollkommener Verbrennung auf der unter 45° durch den Nullpunkt gehenden Geraden (Bild 137-36). Bei unvollkommener Verbrennung Meßpunkt links von der Geraden. Bei Meßpunkten rechts von der Geraden Meßfehler.

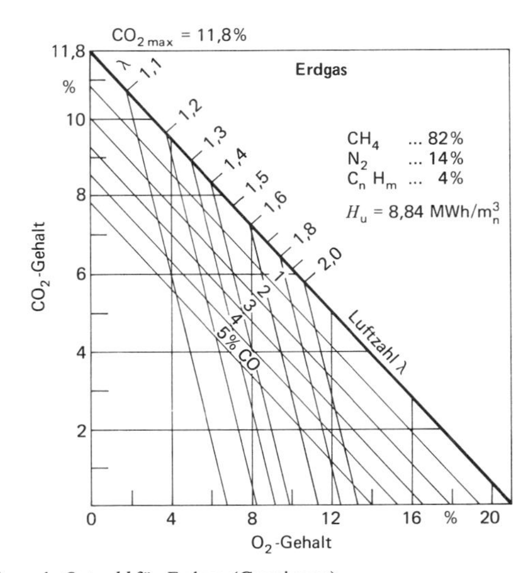


Bild 137-31. Verbrennungsdreieck nach *Ostwald* für Erdgas (Groningen).
Bei $O_2 = 3{,}5\%$ und $CO_2 = 9{,}8\%$ ist $\lambda = 1{,}18$.

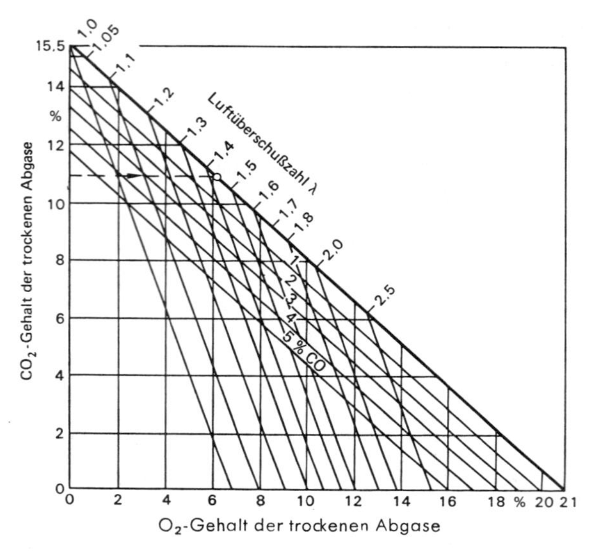


Bild 137-32. Verbrennungsdreieck nach *Ostwald* für Heizöl EL ($CO_{2\,max} = 15{,}5\%$). Bei $CO_2 = 11\%$ ist die Luftzahl $\lambda = 1{,}43$ bei vollkommener Verbrennung.

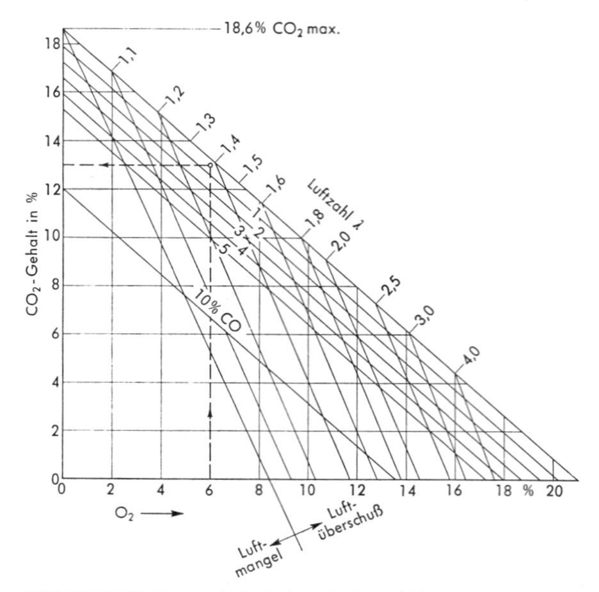


Bild 137-33. Verbrennungsdreieck nach *Ostwald* für Fett- und Gaskohle ($CO_{2\,max} = 18{,}6\%$).

## -6 ZÜNDTEMPERATUR UND ZÜNDGRENZEN

Die Entzündung eines Gemisches von Brennstoff und Luft erfolgt nur oberhalb einer gewissen Temperatur, die man *Zündtemperatur* (Selbstentzündungspunkt) nennt. Sie hängt von vielen äußeren und inneren Bedingungen ab und ist daher kein konstanter Wert. Bei Gasen und Dämpfen unterscheidet man außerdem eine obere und untere *Zündgrenze (Explosionsgrenze).* Entzündung des Gemisches erfolgt nur innerhalb dieser Grenzen (Tafel 137-20 bis -22).

**Tafel 137-20. Zündtemperatur von Brennstoffen in Luft**
Mittelwerte

| Brennstoff | Zündtemp. in °C | Brennstoff | Zündtemp. in °C |
|---|---|---|---|
| Benzin | 350···520 | Rohbraunkohle | 200···240 |
| Benzol | 520···600 | Ruß | 500···600 |
| Butan (n) | 430 | Stadtgas | ≈450 |
| Erdgas | ≈650 | Steinkohle | |
| Heizöl EL | ≈360 | Staub | 150···220 |
| Heizöl S | ≈340 | Fettkohle | ≈250 |
| Holz | 200···300 | Eßkohle | ≈260 |
| Holzkohle | 300···425 | Anthrazit | ≈485 |
| Koks | 550···600 | Streichholz | 170 |
| Propan | ≈500 | Torf, trocken | 225 |

**Tafel 137-21. Zündbereiche und Zündtemperaturen der wichtigsten technischen Gase und Dämpfe in Luft bei 1,013 bar**

| Gasart | Chem. Formel | Dichteverhältnis (Luft = 1) | Zündbereich (in Luft) (Vol.-%) | Zündtemperatur (in Luft) (°C) |
|---|---|---|---|---|
| Ammoniak | $NH_3$ | 0,59 | 15···28 | 630 |
| Azetylen | $C_2H_2$ | 0,90 | 1,5···82 | 335 |
| Benzin | – | – | 1,2···7,0 | 350 |
| Butan (n) | $C_4H_{10}$ | 2,05 | 1,8···8,5 | 460 |
| Erdgas H | – | 0,67 | 5···14 | 640 |
| Erdgas L | – | 0,64 | 6···14 | 670 |
| Ethan | $C_2H_6$ | 1,047 | 3,0···12,5 | 510 |
| Ethylen | $C_2H_4$ | 1,00 | 2,7···34 | 425 |
| Ferngas | – | 0,39 | 5···33 | 600 |
| Flüssiggas (50% Propan/Butan) | – | 1,79 | 2···9 | 490 |
| Generatorgas (Steinkohle) | – | 0,90 | 18···64 | 625 |
| Gichtgas | – | 0,98 | 35···75 | 495 |
| Heizöl EL | – | 0,67 | 0,6··· 6,5 | ≈230 |
| Klärgas | – | 0,60 | 5···14 | – |
| Kohlenmonoxyd | CO | 0,97 | 12,5···74 | 605 |
| Methan | $CH_4$ | 0,55 | 5,0···15 | 595 |
| Propan | $C_3H_8$ | 1,56 | 2,1··· 9,5 | 470 |
| Propylen | $C_3H_6$ | 1,48 | 2···11,7 | 455 |
| Schwefelwasserstoff | $H_2S$ | 1,19 | 4,3···45,5 | 270 |
| Stadtgas I | – | 0,47 | 5···38 | 550 |
| Stadtgas II | – | 0,51 | 6···32 | 550 |
| Wasserstoff | $H_2$ | 0,07 | 4···76 | 585 |

**Tafel 137-22. Zündbereiche, Flammpunkte und Zündtemperatur der wichtigsten Lösemittel**

| Lösemittel | Chem. Formel | Dichte kg/dm³*) | Siedepunkt °C | Zündbereich (in Luft) Vol.-% | Flammpunkt °C | Zündtemperatur °C |
|---|---|---|---|---|---|---|
| Aceton | $CH_3-CO-CH_3$ | 0,79 | 56,5 | 2,1 – 13 | –17 | 450 |
| Äthylacetat | $CH_3-COOC_2H_5$ | 0,90 | 150 | 2,2 – 11,5 | –4 | 450 |
| Äthyläther | $C_2H_5-O-C_2H_5$ | 0,71 | 34,5 | 1,6 – 40 | –40 | 175 |
| Äthylalkohol | $C_2H_5-OH$ | 0,80 | 78,3 | 3,3 – 19 | 11 | 558 |
| Äthylchlorid | $C_2H_5Cl$ | 1,26 | 12,2 | 3,6 – 14,8 | –50 | 519 |
| Äthyloxyd | $H_2C-O-CH_2$ | 0,90 | 10,7 | 3,0 – 80 | –30 | 440 |
| Äthylglykol | $C_4H_{10}O_2$ | 1,11 | 137 | 1,8/2,6 – 14,0/15,7 | 40 | 240 |
| Allylalkohol | $CH_2=CH-CH_2-OH$ | 0,87 | 97 | 2,4 – 17 | 21 | 380 |
| Amylacetat | $CH_3COO(CH_2)_4CH_3$ | 0,87 | 143 | 1 – 7 | 19 | 380 |
| Amylalkohol | $CH_3(CH_2)_4-OH$ | 0,81 | 131 | 1,2 – 7,5 | 33 | 330 |
| Benzin | $C_7H_{16}$ | 0,70 | 60…140 | 1,2 – 6,0 | –16…+10 | 430 – 550 |
| Benzol | $C_6H_6$ | 0,88 | 80 | 1,4 – 9,5 | –11 | 730 |
| Butanol | $CH_3-CO-C_2H_5$ | 0,81 | 117 | 1,7 – 9,5/11,5 | –1 | 515 |
| Butylacetat | $CH_3COO(CH_2)_3CH_3$ | 0,88 | 118 | 1,7 – 15 | 18 | 420 |
| Butylalkohol | $C_4H_9-OH$ | 0,81 | 83 | 1,4 – 5 | 22 | 450 |
| Dichloräthylen | $CHCl=CH-Cl$ | 1,26 | 48,4 | 6,2 – 12,8 | 14 | 460 |
| Dioxan | $OCH_2CH_2-OCH_2CH_2$ | 1,03 | 101 | 2 – 22,2 | 11 | 375 |
| Methylacetat | $CH_3-COO-CH_3$ | 0,93 | 58 | 3,1 – 15,5 | –13 | 455 |
| Methylalkohol | $CH_3-OH$ | 0,79 | 64,5 | 6 – 36,5 | 6,5 | 500 |
| Methylbromid | $CH_3Br$ | 1,68 | 2,7 | 8,6 – 20,0 | – | 535 |
| Methylchlorid | $CH_3Cl$ | 0,92 | –23,7 | 8,1 – 17,2 | – | 632 |
| Methylenchlorid | $CH_2Cl_2$ | 1,34 | 41 | 13 – 18 | – | 640 |
| Methylglykol | $C_3H_3O_2$ | 0,97 | 151 – 130 | 2,5/3,0 – 14,0/20,0 | 36 | 285 |
| Propyläther | $C_3H_7-O-C_3H_7$ | 0,75 | 69 | ? | 21 | ? |
| Propylalkohol | $C_3H_7-OH$ | 0,79 | 97,2 | 2,5 – 13,5 | 12 | 420 |
| Schwefelkohlenstoff | $CS_2$ | 1,26 | 46 | 1,2 – 50 | –30 | 120 |
| Terpentin | – | 0,85 | 160 | 0,8 – ? | 30…35 | 255 |
| Tetralin | $C_{10}H_{12}$ | 0,97 | 206 | ? | 80 | 490 |
| Toluol | $C_6H_5-CH_3$ | 0,87 | 111 | 1,3 – 7 | 7 | 620 |
| Trichloräthylen | $CCl_2=CHCl$ | 1,46 | 87 | 11,0 – 31,0 | ? | 400 |
| Vinylchlorid | $CH_2=CHCl$ | – | –13,9 | 4 – 31 | 30 | ? |
| Xylol | $CH_3-C_6H_4-CH_3$ | 0,86 | 138 | 1 – 7 | 23 | 757 |

*) Bei 20 °C

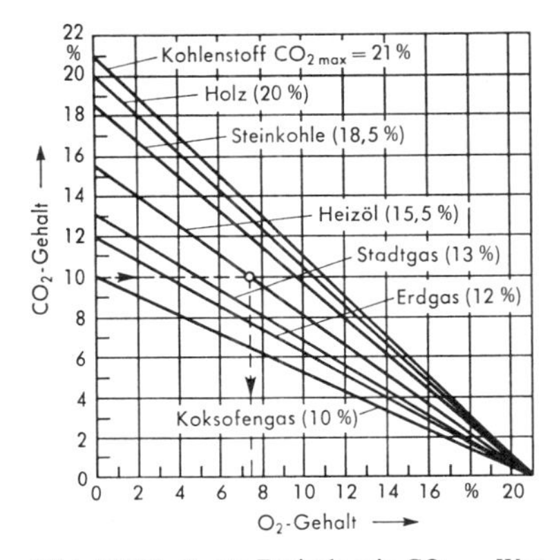


Bild 137-36. Bunte-Dreieck mit $CO_{2\,max}$-Werten für verschiedene Brennstoffe.

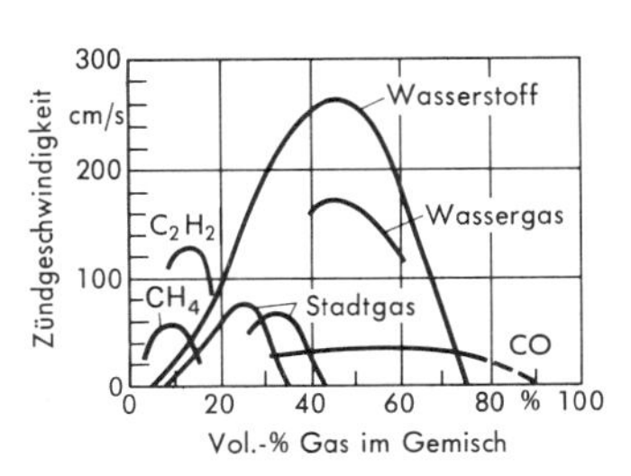


Bild 137-37. Zündgeschwindigkeit von Gasen in Luft.

*Zündgeschwindigkeit* ist die Geschwindigkeit, mit der sich die Verbrennung in einem Gemisch fortpflanzt. Sie ist mit der Zusammensetzung des Gemisches veränderlich und hat innerhalb der Zündgrenzen ein Maximum. Im Gemisch mit Sauerstoff ist die Zündgeschwindigkeit 5- bis 12mal größer als im Gemisch mit Luft. Zahlenwerte bei laminarer Strömung Bild 137-37. Bei hoher Zündgeschwindigkeit leicht Zurückschlagen der Flamme, z.B. bei Ferngas mit hohem $H_2$-Gehalt. Bei geringer Zündgeschwindigkeit leicht Abheben der Flamme vom Brenner. Zwischen diesen Grenzen liegt der stabile Brennprozeß.

*Beispiel:*

Verbrennung von Heizöl EL. $CO_{2\,max} = 15{,}5\%$. Bei $CO_2 = 10\%$ ist $O_2 = 7{,}4\%$, $\lambda = CO_{2\,max}/CO_2 = 1{,}55$.

Erdgas enthält keinen freien Wasserstoff und hat daher eine wesentlich geringere Zündgeschwindigkeit als Stadtgas oder Ferngas.

*Flammpunkt* einer Flüssigkeit (Tafel 137-22) ist im Gegensatz zum Zündpunkt die niedrigste Temperatur, bei der durch eine Flamme die über der Flüssigkeitsoberfläche befindlichen Dämpfe entzündet werden können. Der Dampfgehalt der Luft über der Flüssigkeit muß also die untere Zündgrenze erreichen.

Die gemessenen Werte sind je nach Versuchsbedingungen sehr unterschiedlich. Flüssige Brennstoffe sind nach ihrer Feuergefährlichkeit in drei Gefahrenklassen entsprechend dem Flammpunkt eingeteilt:

| Gefahrenklasse | I | II | III |
|---|---|---|---|
| Flammpunkt °C | <21 | 21–55 | 55···100. |

(Verordnung der Bundesregierung über brennbare Flüssigkeiten – VbF – vom 27.2.80)

# 138 Wärmekraftmaschinen

## -1 KOLBENDAMPFMASCHINEN UND DAMPFTURBINEN

In den Dampfkraftmaschinen wird die Brennstoffenergie mittelbar mit Hilfe des in den Dampfkesseln erzeugten Wasserdampfes ausgenutzt. Bei den *Kolbendampfmaschinen* leistet der Dampf durch Ausdehnung in einem Dampfzylinder und Bewegung eines Kolbens Arbeit. In den *Dampfturbinen* wird die Dampfenergie zunächst in kinetische

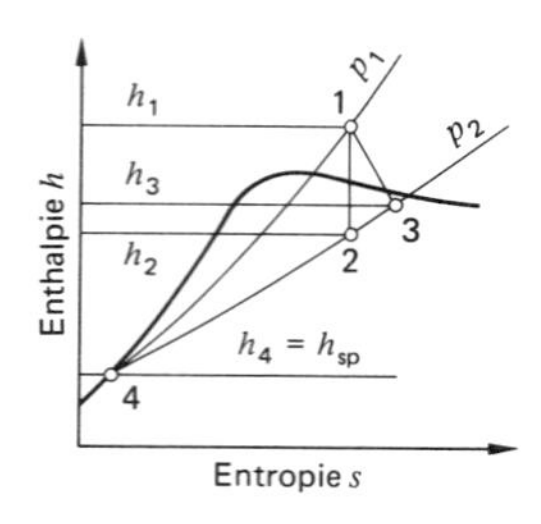


Bild 138-1. Dampfmaschinenprozeß im $h, s$-Diagramm.

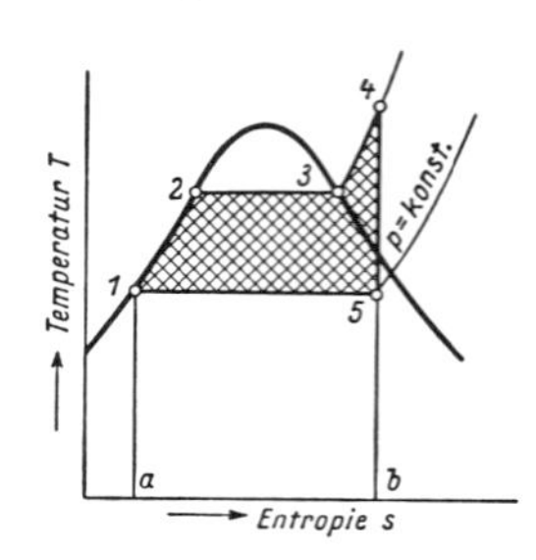


Bild 138-2. Dampfmaschinenprozeß im $Ts$-Diagramm.

Energie (Geschwindigkeitsenergie) umgesetzt und diese in den Laufschaufeln der Turbinen in mechanische Arbeit verwandelt.

Die Arbeit, die der Dampf in einer verlustlosen Maschine leistet, ist gleich der *Abnahme seiner Enthalpie h* (Wärmeinhalt). Ist $h_1$ die Enthalpie des Dampfes beim Eintritt in die Maschine, $h_2$ die Enthalpie beim Austritt, so ist die geleistete Arbeit $L = h_1 - h_2$. Den Betrag $h_1 - h_2$ nennt man auch das adiabatische *Arbeitsgefälle.*

Im $h, s$-Diagramm ist es durch den senkrechten Abstand zwischen den Zustandspunkten des Dampfes vor und hinter der Maschine gegeben (Bild 138-1). Im $Ts$-Diagramm (Bild 138-2) stellt sich der Arbeitsprozeß der Dampfkraftmaschinen einschließlich der Vorgänge im Dampfkessel wie folgt dar:

1…2 Erwärmung des Wassers von Kondensator- auf Kesseltemperatur im Vorwärmer und Dampfkessel
2…3 Verdampfung des Wassers im Dampfkessel
3…4 Überhitzung des Dampfes im Überhitzer
4…5 Adiabate Expansion des Dampfes in der Dampfkraftmaschine
5…1 Kondensation des Dampfes im Kondensator und Abgabe der Verdampfungswärme an das Kühlwasser.

Die von Dampf in Arbeit umgewandelte Wärme ist durch die schraffierte Fläche dargestellt, die aufgewendete Wärme durch die Fläche *a* 1 2 3 4 5 *b*.

Man nennt diesen theoretischen Prozeß einen *Clausius-Rankine-Prozeß* und benutzt ihn als idealen Vergleichsprozeß zur Beurteilung der Güte ausgeführter Wärmekraftmaschinen.

Verbesserung der *Wirtschaftlichkeit* durch:

a) Zwischenüberhitzung des Dampfes mit Anzapfdampf (Bild 138-6) oder Abgas
b) Speisewasservorwärmung mit Anzapfdampf (Bild 138-7)
c) Höhere Drücke und Temperaturen, Luftvorwärmung u. a.

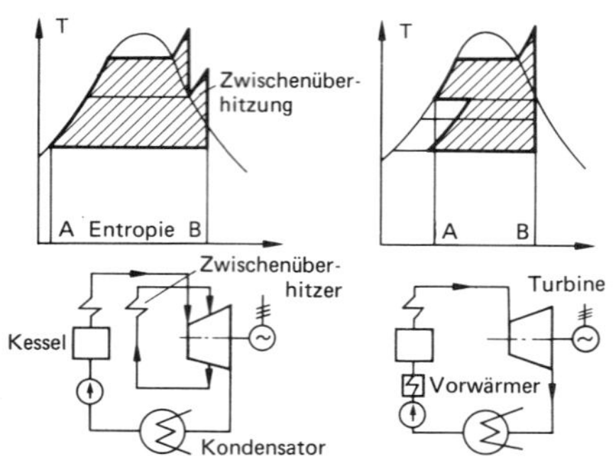


Bild 138-6. Dampfmaschinenprozeß mit Zwischenüberhitzung des Dampfes (links).

Bild 138-7. Dampfmaschinenprozeß mit Speisewasservorwärmer (rechts).

In allen wirklichen Maschinen treten Verluste auf, bei den Kolbendampfmaschinen insbesondere durch den schädlichen Raum, durch unvollständige Expansion, Drosselung, Wandeinflüsse, bei den Turbinen durch Unvollkommenheit der Strömung, Dampfreibung, Undichtheiten usw. Infolge dieser Verluste ist die von einer Maschine wirklich abgegebene Leistung geringer als die theoretische Leistung. Im *h, s*-Diagramm (Bild 138-1) machen sich die Verluste, die sämtlich eine Entropievermehrung zur Folge haben, dadurch bemerkbar, daß die Expansion nicht in *2*, sondern z. B. in *3* endet. Die Arbeit der Maschine ist um die Verluste $h_3 - h_1$ kleiner als das adiabate Gefälle $h_1 - h_2$.

Zur Beurteilung der Güte der Maschine hat man folgende Wirkungsgrade eingeführt:

$\eta_{th} = \dfrac{h_1 - h_2}{h_1 - h_{sp}} = \dfrac{\text{adiabates Gefälle}}{\text{Erzeugungswärme}}$ = *thermischer Wirkungsgrad*, bezogen auf den theoretischen Prozeß (Bild 138-10). Es sind Wirkungsgrade bis etwa $\eta_{th} = 45\%$ erreichbar.

$h_{sp}$ = Enthalpie (Wärmeinhalt) des Speisewassers kJ/kg

$\eta_i = \dfrac{h_1 - h_3}{h_1 - h_2} = \dfrac{\text{indiziertes Gefälle}}{\text{adiabates Gefälle}}$ = *indizierter Wirkungsgrad* oder *Gütegrad*, der die inneren Verluste in der Maschine berücksichtigt.

$\eta_m = \dfrac{P_e}{P_i} = \dfrac{\text{effektive Arbeit (Nutzarbeit)}}{\text{indizierte Arbeit}}$ = *mechanischer Wirkungsgrad*

$P_e$ = von der Maschinenwelle abgegebene Arbeit in kJ/kg *(Kupplungsleistung)*

$P_i = h_1 - h_3$ = indizierte Arbeit in kJ/kg

$\eta_{ges} = \dfrac{P_e}{h_1 - h_{sp}} = \eta_{th} \cdot \eta_i \cdot \eta_m$ = *effektiver Gesamtwirkungsgrad* (Nutzwirkungsgrad)

Der effektive Wirkungsgrad gibt das Verhältnis der nutzbaren von der Maschinenwelle abgegebene Wärme $P_e$ zu der dem Dampf zugeführten Wärmemenge $Q = h_1 - h_{sp}$ an. Dieser Wert ist für die praktische Beurteilung der Wärmeausnutzung einer Maschine maßgebend. Er kann durch Messung der Maschinenleistung und des Dampfverbrauches nachgeprüft werden.

Weitere Verluste bei der Stromerzeugung werden durch den Generator- und Klemmenwirkungsgrad erfaßt.

Im Vergleich mit anderen Maschinen benutzt man statt des Wirkungsgrades $\eta_{ges}$ meist den *spezifischen Wärmeverbrauch q* je kWh oder den spezifischen Dampfverbrauch *d* je kWh. Es ist:

spezifischer Wärmeverbrauch $q = \dfrac{3600}{\eta_{ges}}$ in kJ/kWh

spezifischer Dampfverbrauch $d = \dfrac{3600}{\eta_{ges}(h_1 - h_{sp})} = \dfrac{q}{h_1 - h_{sp}}$ in kg/kWh.

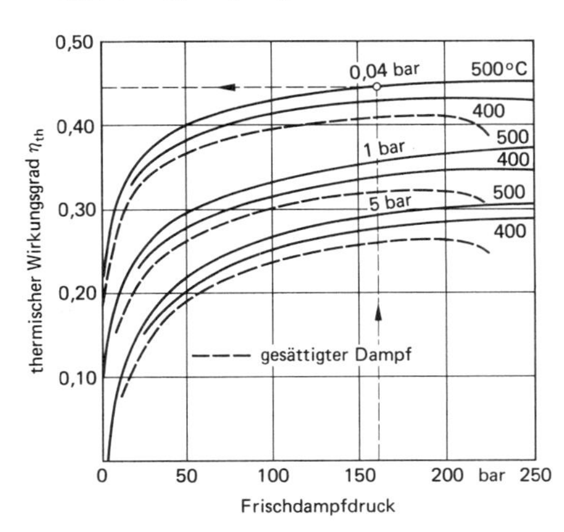


Bild 138-10. Thermischer Wirkungsgrad von Dampfkreisprozessen.

*Beispiel:*

Dampfdruck vor der Turbine $p_1 = 160$ bar. $t_1 = 500\,°C$, Kondensatordruck $p_2 = 0{,}04$ bar, indizierter Wirkungsgrad $\eta_i = 0{,}80$, mechanischer Wirkungsgrad $\eta_m = 0{,}90$. Wie groß sind Gesamtwirkungsgrad, Wärme- und Dampfverbrauch?

$h_1 = 3297$ kJ/kg (aus $h, s$- Diagramm, Einschlagtafel)
$h_2 = 1900$ kJ/kg (aus $h, s$-Diagramm)
$h_1 - h_2 = 1397$ kJ/kg
$h_3 = h_1 - \eta_i (h_1 - h_2) = 3297 - 0{,}8 \cdot 1397 = 2197$ kJ/kg

theoretischer thermischer Wirkungsgrad $\eta_{th} = \dfrac{h_1 - h_2}{h_1 - h_{sp}} = \dfrac{1397}{3297 - 29 \cdot 4{,}2} = 0{,}44$ (Bild 138-10)

Gesamtwirkungsgrad $\eta_{ges} = \eta_{th} \cdot \eta_i \cdot \eta_m = 0{,}44 \cdot 0{,}8 \cdot 0{,}9 = 0{,}32$

Spezifischer Wärmeverbrauch $q = \dfrac{3600}{\eta_{ges}} = \dfrac{3600}{0{,}32} = 11\,250$ kJ/kWh

Spezifischer Dampfverbrauch $d = \dfrac{q}{h_1 - h_{sp}} = \dfrac{11\,250}{3297 - 29 \cdot 4{,}2} = 3{,}54$ kg/kWh.

## -2 VERBRENNUNGSKRAFTMASCHINEN

Bei diesen Maschinen erfolgt die Verbrennung der Brennstoffe unmittelbar in der Maschine. Nach der Art der Verbrennung unterscheidet man Verpuffungs- und Gleichdruckmaschinen sowie Gasturbinen.

### -21 Verpuffungsmaschinen (oder Ottomotoren)

Brennstoffe sind teils brennbare Gase, insbesondere Generatorgase, Gichtgase und Koksofengase, teils Leichtöle wie Benzin oder Benzol, die vor der Verbrennung durch Vergaser oder Einspritzung fein zerstäubt werden. Das angesaugte Brennstoff-Luftgemisch wird in dem Zylinder der Maschine durch elektrische Funken entzündet, wodurch die Verbrennungsgase bei fast gleichbleibendem Volumen explosionsartig auf hohen Druck und hohe Temperatur gebracht werden und bei der dann folgenden Expansion mechanische Arbeit durch Bewegung eines Kolbens leisten. Verdichtungsgrade bei Kraftwagen $\varepsilon = 6 \cdots 9$.

### -22 Gleichdruck-Verbrennungsmaschinen (Dieselmotoren)

Bei diesen Maschinen wird im Gegensatz zu den Ottomotoren in die auf 30 bis 60 bar hochverdichtete Luft (550…600 °C) flüssiger Brennstoff so eingespritzt, daß die Verbrennung bei nahezu gleichem Druck erfolgt. Brennstoffe sind Mittelöle (Gasöle, Dieselöle).

Der Hauptunterschied der *Dieselmotoren* gegenüber den Ottomotoren besteht darin, daß der Brennstoff in flüssigem und nicht in dampfförmigem Zustand in den Zylinder eintritt und daß die Zündung nicht durch elektrische Funken, sondern durch Selbstentzündung in der hochverdichteten Luft erfolgt. Normale Verdichtungsgrade bei Kraftwagen $\varepsilon = 12$ bis 20.

Der Arbeitsprozeß der Dieselmotoren verläuft bei höheren Temperaturen als der der Ottomotoren, daher höhere Wirkungsgrade. Gesamtwirkungsgrade bis über 40%.

Gesamtwirkungsgrade von Otto- und Dieselmotoren siehe Tafel 138-1. Im Teillastbetrieb stark fallende Wirkungsgrade. *Faustformel:* Der eingesetzte Brennstoff ergibt etwa zu je einem Drittel mechanische Arbeit, Wärme im Abgas, Wärme im Kühler.

### -23 Gasturbinen

Bei den Gasturbinen (Verbrennungsturbinen) geben die bei der Verbrennung von Brennstoffen (Gas, Öl) entstandenen heißen Verbrennungsgase durch Ausdehnung die Energie an die Schaufeln der Turbine ab, die einen Generator antreibt. Hauptbestandteile einer vollständigen Gasturbinenanlage sind Verdichter (meist mehrstufiger Axialverdichter), Brennkammer (meist ringförmig) und Turbine. Turbine treibt den Verdichter an, beide sitzen auf gemeinsamer Welle. Im *pv*- und *Ts*-Diagramm (Bild 138-15 und -16) verläuft der Arbeitsprozeß wie folgt:

**Tafel 138-1. Gesamtwirkungsgrad $\eta_{ges}$ sowie spezifischer Wärme- und Kraftverbrauch bei Brennkraftmaschinen**

| Motorart | Kraftstoff | Gesamtwirkungsgrad $\eta_{ges}$ % | Spez. Wärmeverbrauch $q_e$ kWh/kWh | Spez. Brennstoffverbrauch $b_e$ kg/kWh |
|---|---|---|---|---|
| *Ottomotore* | | | | |
| Gasmotore, klein | Gichtgas | 0,25···0,30 | 4,0···3,3 | – |
| Gasmotore, groß | Generatorgas | 0,30···0,35 | 3,3···2,8 | – |
| Fahrzeugmotor | Benzin | 0,20···0,25 | 5,0···4,0 | 0,43···0,34 |
| Flugzeugmotor | Benzin | 0,28···0,32 | 3,5···3,1 | 0,31···0,27 |
| *Dieselmotore* | | | | |
| klein | Dieselöl | 0,30···0,35 | 3,3···2,8 | 0,28···0,24 |
| groß | Dieselöl | 0,35···0,40 | 2,8···2,5 | 0,24···0,22 |
| Kraftwagenmotor | Dieselöl | 0,25···0,30 | 4,0···3,3 | 0,34···0,28 |
| *Gasturbinen* | | | | |
| klein | Heizöl | 0,20···0,25 | 5,0···4,0 | 0,43···0,34 |
| groß | Heizöl | 0,25···0,30 | 4,0···3,3 | 0,34···0,28 |

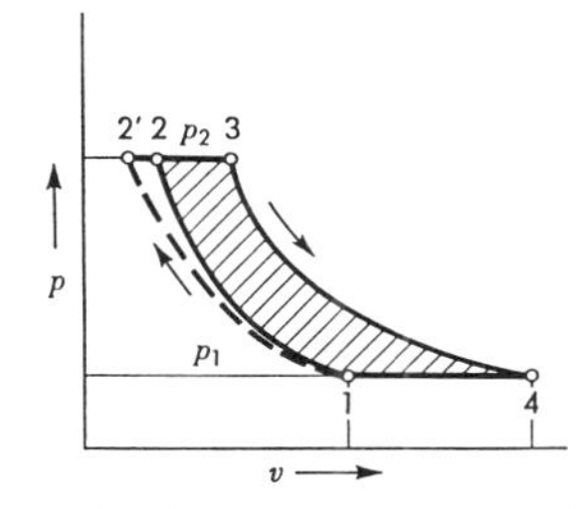


Bild 138-15. Gasturbinenprozeß im $pv$-Diagramm.

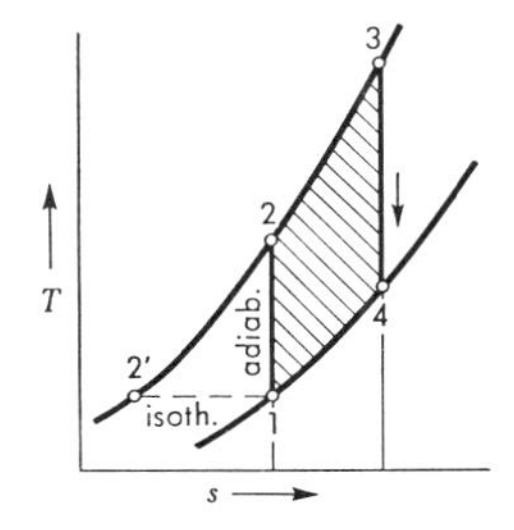


Bild 138-16. Gasturbinenprozeß im $Ts$-Diagramm.

1···2 adiabate Verdichtung (oder isothermische Verdichtung 1···2′) der Luft im Verdichter von $p_1$ auf $p_2$
2···3 Verbrennung bei konstantem Druck $p_2$ in der Brennkammer
3···4 adiabate Ausdehnung der Verbrennungsgase von $p_2$ auf $p_1$ in der Gasturbine
4···1 Austritt der Verbrennungsgase ins Freie.

Die schraffierte Fläche ist die Nutzarbeit.

| Praktisch erreichbare Wirkungsgrade: | ohne Abgaswärmeausnutzung | mit Abgaswärmeausnutzung |
|---|---|---|
| bei 600 °C Gastemperatur | ca. 20% | ca. 25 bis 30% |
| bei 800 °C Gastemperatur | ca. 30% | ca. 35 bis 40% |

*Ausführungsformen:*

*Offener Kreislauf.* Luft wird aus dem Freien angesaugt und im Verdichter auf 3 bis 8 bar Überdruck verdichtet, Verbrennung in der Brennkammer mit flüssigen oder gasförmigen Brennstoffen bei etwa 1500 °C, Eintrittstemperatur in Turbine 600···800 °C, Entspannung und Arbeitsleistung in der Turbine (Bild 138-18). Etwa ⅔ der Leistung werden im Verdichter verbraucht. Verbesserung des Wirkungsgrades durch Vorwärmung der Luft in einem Wärmeaustauscher, der durch die Abgase der Turbine beheizt wird.

*Geschlossener Kreislauf* (Heißluftturbinen). Luft oder andere Gase, wie z. B. Helium, von 10 bis 30 bar laufen in einem geschlossenen Kreislauf um. Erhitzung der Luft in besonderen Heizkesseln mit beliebigen Brennstoffen. Entspannung in der Turbine, Verdichtung im Verdichter (Bild 138-19). Ein Teil der Abwärme wird an Kühlwasser abgegeben.

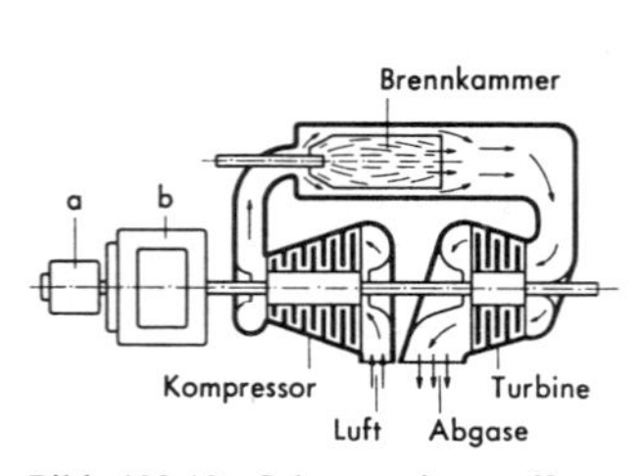


Bild 138-18. Schema einer offenen Gasturbine.
a = Anwurfmotor b = Generator

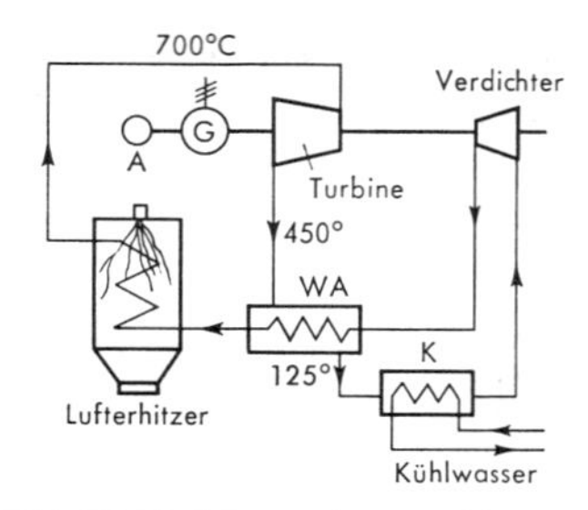


Bild 138-19. Schema einer geschlossenen Gasturbine (Heißluftturbine).
A = Anwurfmotor G = Generator
K = Kühler WA = Wärmeaustauscher

*Abgasturbinen* werden bei Verbrennungsmotoren zum Antrieb von Verdichtern benutzt, um den Motoren eine höhere Leistung zuzuführen (Abgasturbolader). Abgastemperaturen bis 1100 °C.

*Offene Gasturbinen* am häufigsten gebaut. Fast alle flüssigen und gasförmigen Brennstoffe verwendbar. Größe bis etwa 150 MW.

*Vorteile:*

Geringe Anfahrzeit, 10···20 min; geringer Raumbedarf (kein Kesselhaus); kein Speisewasser, geringe Bedienungskosten; geringer Kühlwasserverbrauch für Öl- und Luftkühlung; geringe Anschaffungskosten.

*Nachteile:*

Geräusche; geringer thermischer Wirkungsgrad, etwa 25···30%, bei Teillast stark fallend.

*Verwendung* besonders:

zur Spitzenlastdeckung, als Notstromaggregat, als Zusatzkraftmaschine.

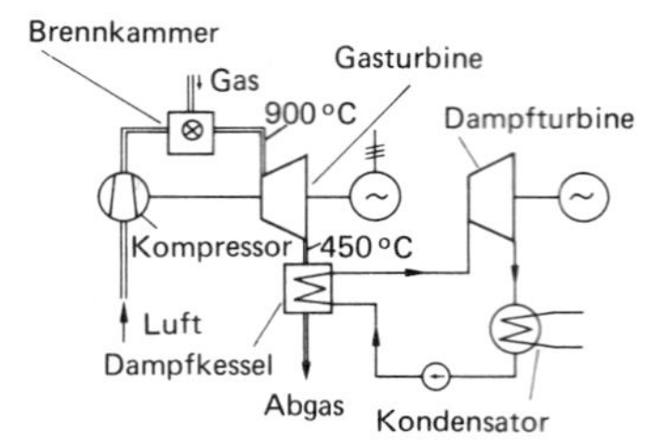


Bild 138-20. Kombiniertes Gasturbinen-Dampfkraftwerk.

Wirtschaftliche Bedeutung gewinnen neuerdings die kombinierten *Gasturbinen-Dampfkraftwerke,* Bild 138-20. Das mit ca. 450 °C aus der Turbine austretende Abgas befeuert ohne weiteren Brennstoffaufwand einen Dampfkessel, dessen Dampf einen Generator antreibt. Wirkungsgrade etwa 40%.

Bei Verwendung in Heizkraftwerken Abkühlung der Rauchgase bis auf etwa 100 °C. Beispiel siehe Abschnitt 224-4.

# 14 STRÖMUNGSTECHNISCHE GRUNDLAGEN

## 141 Strömung ohne Reibung

### -1 DIE IDEALE FLÜSSIGKEIT

Die Strömungslehre befaßt sich mit den *Gesetzmäßigkeiten* strömender Flüssigkeiten *(Fluide)*. Zur Vereinfachung bei der Darstellung der Bewegungsvorgänge hat man den Begriff der *idealen Flüssigkeit* eingeführt, die reibungsfrei und raumbeständig (inkompressibel) gedacht ist. Unter Flüssigkeiten im weiteren Sinne sind dabei auch Luft und andere Gase verstanden, wobei die durch Druckunterschiede hervorgerufenen Dichteänderungen vernachlässigt werden. Eine reibungsfreie Flüssigkeit bewegt sich ohne Widerstände durch ein Rohr, und in der Strömung liegende Körper werden widerstandslos umflossen. Mathematisch ist die Strömung der idealen Flüssigkeit auch dadurch gekennzeichnet, daß die einzelnen unendlich klein gedachten Flüssigkeitsteilchen während des Strömungsvorganges zwar deformiert werden, sich aber nicht um ihre Achse drehen. Man nennt daher solche Strömungen auch drehungsfrei *(Potentialströmung)*.

### -2 DIE KONTINUITÄTSGLEICHUNG

Aus dem Satz von der *Erhaltung der Masse* folgt für eine von der inkompressiblen Flüssigkeit durchströmte Röhre (Bild 141-1):

$$A_1 w_1 = A_2 w_2$$

$A_1$ und $A_2$ = Querschnittsfläche m²
$w_1$ und $w_2$ = Geschwindigkeit m/s.

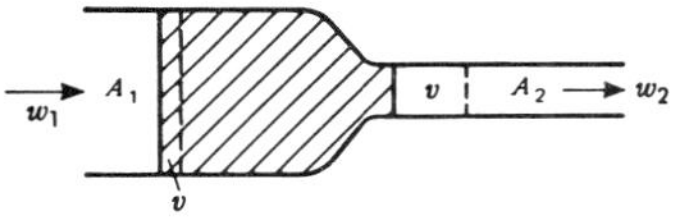

Bild 141-1. Strömung in einem Rohr.

### -3 DER ENERGIESATZ

Strömt ein Flüssigkeitsteilchen mit dem Volumen $v$ und der Masse $m$ ohne Höhenänderung durch ein waagerechtes sich verengendes Rohr, so erhöht sich die Geschwindigkeit an der engsten Stelle von $w_1$ auf $w_2$. Nach den Grundsätzen der Dynamik ist der Zuwachs an kinetischer Energie gleich der von der angreifenden Kraft geleisteten Arbeit, also nach Bild 141-1:

$$(p_1 - p_2)\, v = \frac{m}{2}(w_2^2 - w_1^2) \text{ oder mit } \frac{m}{v} = \varrho \text{ (Dichte)}$$

$$p_1 - p_2 = \frac{\varrho}{2}(w_2^2 - w_1^2) \text{ oder}$$

$$p + \frac{\varrho}{2} w^2 = \text{konstant } \textit{(Bernoullische Gleichung)} \text{ in Pa}$$

$p$ = statischer Druck (Druck auf die Endfläche des Elements = Wanddruck)

$\frac{\varrho}{2} w^2$ = dynamischer Druck oder Geschwindigkeitsdruck oder Staudruck in Pa

$$p + \frac{\varrho}{2} w^2 = p_{ges} = \text{Gesamtdruck}$$

Die Summe des statischen Drucks $p$ und des Staudrucks $\varrho/2 \cdot w^2$ ist an allen Stellen bei der verlustfreien Strömung konstant. Geschwindigkeitsenergie kann also in Druckenergie und diese in Geschwindigkeitsenergie umgewandelt werden. Bei den wirklichen Strömungen ist jedoch dieser Vorgang, namentlich der erstgenannte, mit Verlusten verbunden.

*Beispiel:*

Wie hoch ist der Druck $p_2$ an der engsten Stelle des von Luft durchströmten Rohres in Bild 141-1, wenn $p_1 = 0, w_1 = 10$ m/s, $w_2 = 20$ m/s $= 2\, w_1$? ($\varrho = 1{,}20$ kg/m³)

$$p_1 - p_2 = \frac{\varrho}{2}(w_2^2 - w_1^2)$$

$$p_2 = +\frac{\varrho}{2}(w_1^2 - 4w_1^2) = -\frac{\varrho}{2} 3\, w_1^2 = -\frac{1{,}20 \cdot 3 \cdot 100}{2} = -180 \text{ Pa}$$

Aus dem Druckunterschied läßt sich die Geschwindigkeit und damit die durchfließende Menge bestimmen. Prinzip des Venturirohres. Weitere Beispiele sind Zerstäuber, Bunsenbrenner, Strahlpumpe.

## -4 KREISSTRÖMUNG

Bewegt sich eine reibungsfreie Flüssigkeit im Kreis, so wird durch die Zentrifugalkraft $m \frac{w^2}{r}$ ein nach außen zunehmender Druck erzeugt. Infolge dieser Druckverteilung nimmt nach der Bernoullischen Gleichung die Geschwindigkeit nach außen ab und folgt der Gleichung $rw$ = konstant (Bild 141-2). Für $r = 0$ (Strömung im Zentrum eines Wirbels) ergibt sich also eine unendlich hohe Geschwindigkeit (Potential-Wirbel). Bei der wirklichen Strömung tritt diese unendlich hohe Geschwindigkeit nicht auf, sondern die Flüssigkeit bewegt sich in der Nähe der Wirbelachse wie ein fester Körper ($w/r$ = konst). In gewisser Entfernung vom Kern trifft jedoch das obige Gesetz $rw$ = konstant mit guter Annäherung zu.

Die Druckzunahme in radialer Richtung ist

$$\frac{\Delta p}{\Delta r} = \frac{\varrho\, w^2}{r}.$$

Diese Gleichung wird benutzt, um angenähert die Druckänderung z. B. bei Strömung von Luft in einem Bogen zu errechnen.

*Beispiel:*

Luft strömt mit 12 m/s mittlerer Geschwindigkeit in dem Bogen nach Bild 141-2a. Wie groß ist der Druckunterschied zwischen der inneren und äußeren Begrenzung?

Druckunterschied $\Delta p \approx \Delta r \cdot \varrho \cdot w^2/r \approx 0{,}2 \cdot 1{,}20 \cdot 12^2/0{,}5 = 69$ Pa

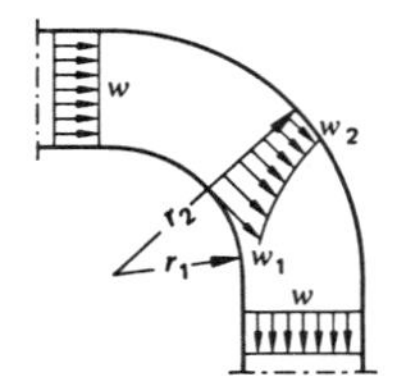


Bild 141-2.
Geschwindigkeitsverteilung bei Kreisströmung.

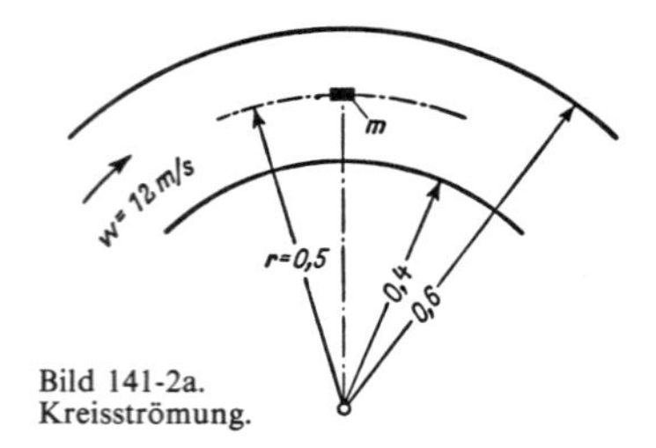


Bild 141-2a.
Kreisströmung.

## -5 STRÖMUNGSBILDER

Bei vielen Strömungsfiguren lassen sich die Geschwindigkeits- und Druckverhältnisse an allen Stellen der Strömung genau errechnen. Die Mathematik bedient sich hierzu der *Potentialtheorie*. Bei einer reibungs- und drehungsfreien Strömung (Potentialströmung) gibt es nämlich für das ganze Gebiet eine Potentialfunktion $\varphi$ der Art, daß die Geschwindigkeit in irgendeiner Richtung gleich der Ableitung $\frac{d\varphi}{dx}$ ist.

*Beispiel:*

Einfache Potentialströmungen sind z.B. die Parallelströmung und die Quelle (Bild 141-3). Durch Übereinanderlagerung beider Strömungen entsteht wieder eine Potentialströmung, die der Strömung um einen vorn abgerundeten Widerstandskörper entspricht. Richtung und Geschwindigkeit lassen sich an jeder Stelle der Strömung genau berechnen.

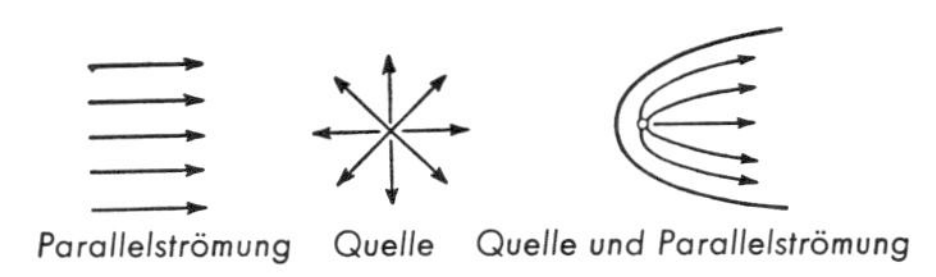


Bild 141-3.
Reibungsfreie Strömung.

## -6 IMPULSSATZ

Impuls I = Masse · Geschwindigkeit = $m \cdot w$ in kg · m/s.

Der Impulssatz der Mechanik (Kraft $P = m\, dw/dt = dI/dt$ = Zunahme des Impulses I) gilt für die Flüssigkeit in der Form: Die Differenz der in ein abgeschlossenes Raumgebiet ein- und austretenden Impulse $I_1$ und $I_2$ ist mit den äußeren Kräften $P$ im Gleichgewicht: $P = I_2 - I_1$.

*Beispiel 1:*

Strömung eines Luftstrahls $V = 0{,}1$ m³/s mit einer Geschwindigkeit $w = 10$ m/s gegen eine Platte. Wie groß ist der Strahldruck (Bild 141-4)?

Eintretender Impulsstrom $I_1 = V \cdot \varrho \cdot w$ in N
Austretender Impulsstrom $I_2 = 0$ (in waagerechter Richtung)

Daher äußere Kraft, die dem Strahldruck das Gleichgewicht hält:

$P = I_2 - I_1 = -\dot{V} \cdot \varrho \cdot w = -0{,}1 \cdot 1{,}20 \cdot 10$ Newton
$= -1{,}20$ N

*Beispiel 2:*

Strömung einer Flüssigkeit in einem Rohr mit plötzlicher Erweiterung nach Bild 141-5 (Stoßdiffusor)[1]. Die strömende Masse $m = \varrho w_1 A_1 = \varrho w_2 A_2$ ist konstant.

Druckanstieg nach Bernoulli:

$\Delta p_1 = \varrho/2\,(w_1{}^2 - w_2{}^2)$

Druckanstieg nach dem Impulssatz:

$\Delta p_2 = m \Delta w = \varrho w_2\,(w_1 - w_2)$

Die Differenz ist der *Carnot-Bordasche Stoßverlust:*

$\Delta p_v = \Delta p_1 - \Delta p_2 = \varrho/2 \cdot (w_1 - w_2)^2$

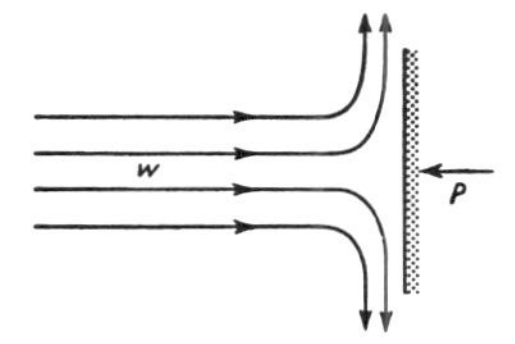


Bild 141-4. Strömung gegen eine Platte.

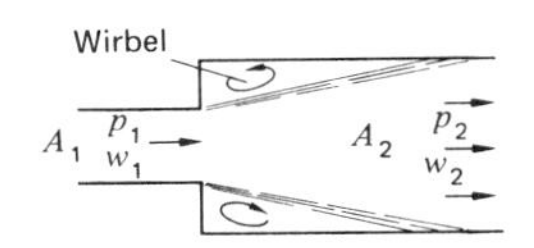


Bild 141-5. Stoßverlust bei Querschnittsvergrößerung.

[1]) Regenscheit, B.: HLH 9/79. S. 319/24.

## -7 DAS SCHAUFELGITTER (Bild 141-6)

bestehend aus mehreren nebeneinander liegenden feststehenden Schaufeln beliebiger Form, wird von Luft durchströmt. Der auf das Gitter ausgeübte Druck läßt sich nach dem Impulssatz berechnen, wenn man als abgeschlossenes Gebiet die gestrichelte Fläche annimmt. In Richtung der $x$-Achse ergibt sich:

Eintretender Impulsstrom $I_1 = \dot{V} \cdot \varrho \cdot w_{1x}$
Austretender Impulsstrom $I_2 = \dot{V} \cdot \varrho \cdot w_{2x}$
Daher Kraft auf Gitter $P_x = \dot{V} \cdot \varrho\,(w_{2x} - w_{1x})$.

Die Kraft in der Gitterrichtung ist also proportional der Differenz der Geschwindigkeitskomponenten in dieser Richtung.

## -8 DER IMPULSMOMENTENSATZ

*Drehmoment ist das Produkt aus Kraft und Hebelarm* (Nm). *Impulsmoment* oder Drall ist das Produkt aus Impuls und Hebelarm (kg m²/s).

Der *Impulsmomentensatz* lautet: Das Drehmoment $M$ der äußeren Kraft ist gleich der Änderung des Impulsmomentes.

*Beispiel:* Anwendung auf Radialventilator oder Pumpe ergibt das Drehmoment $M$ der äußeren (treibenden) Kraft (Bild 141-8):

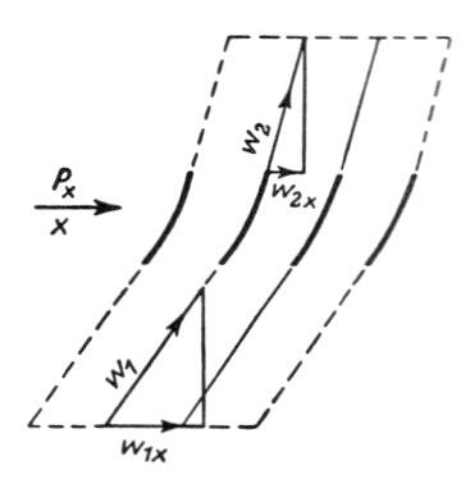

Bild 141-6. Strömung durch ein Schaufelgitter.

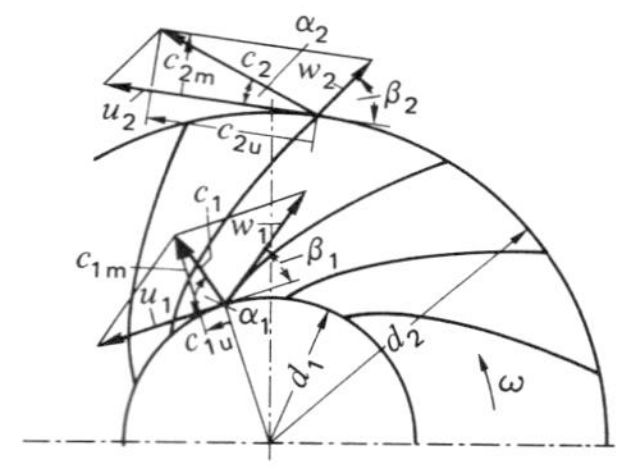

Bild 141-8. Impulsmomentensatz bei Radialventilatoren.

$M = \dot{V} \cdot \varrho\,(c_{2u} \cdot r_2 - c_{1u} \cdot r_1)$ in Nm.

Nach Multiplikation mit der Winkelgeschwindigkeit $\omega$ ist die Leistungsaufnahme des Rades

$M\omega = \dot{V} \cdot \varrho\,(c_{2u} \cdot u_2 - c_{1u} \cdot u_1)$ in Nm/s oder Watt.

Bei verlustloser Strömung muß dieser Betrag gleich der abgegebenen Leistung, d.h. dem Produkt aus Volumenstrom $\dot{V}$ und Gesamtdruckdifferenz $\Delta p$ sein, also

$M\omega = \dot{V}\Delta p = \dot{V}\varrho\,(u_2 c_{2u} - u_1 c_{1u})$ in Nm/s oder Watt
*Förderdruck* $\Delta p = \varrho\,(u_2 c_{2u} - u_1 c_{1u})$ in N/m²
(Eulersche Gleichung, Euler 1755)

oder mit Berücksichtigung der trigonometrischen Zusammenhänge in den Geschwindigkeitsdreiecken nach Bild 141-8 mit $w^2 = u^2 + c^2 - 2uc\cos\alpha = u^2 + c^2 - 2uc_u$

$$\textit{Förderdruck:}\ \Delta p = \frac{\varrho}{2}(c_2^2 - c_1^2) + \frac{\varrho}{2}(u^2 - u^2) + \frac{\varrho}{2}(w_1^2 - w_2^2)$$

Der erste Term ist die Änderung des dynamischen Drucks, der zweite und dritte Term gibt die Erhöhung des statischen Drucks. Da bei Axialmaschinen $u_1 = u_2$, entfällt der zweite Term und statischer Druck wird nur aus der Verzögerung der Relativgeschwindigkeiten $w$ erzeugt. Radialventilatoren erzeugen also unter vergleichbaren Bedingungen mehr statischen Druck als Axialventilatoren. Bei letzteren werden am Austritt daher öfter Diffusoren vorgesehen, um dynamischen Druck in statischen umzuwandeln.

## 142 Ausfluß aus Öffnungen

Für $w_1 = 0$ folgt bei kleinen Druckunterschieden aus der Bernoullischen Gleichung $p_1 + \frac{\varrho}{2} w_1^2 = p_2 + \frac{\varrho}{2} w_2^2$ die theoretische *Ausflußgeschwindigkeit*

$$w_2 = w = \sqrt{\frac{2(p_1 - p_2)}{\varrho}} = \sqrt{\frac{2\,\Delta p}{\varrho}} \text{ in m/s}$$

und der ausfließende Massenstrom $M$ beim Querschnitt $A$

$$M = A\,w\varrho = A\sqrt{2\,\Delta p \cdot \varrho} \text{ kg/s}$$

$w$ = Ausflußgeschwindigkeit m/s
$\Delta p = p_1 - p_2$ = Wirkdruck N/m²
$A$ = Querschnitt m²

*Beispiel:*

In Luft von 20 °C und 1 bar ist $\varrho = 1{,}2$ kg/m³ und

$$w = \sqrt{\frac{2\,\Delta p}{\varrho}} = \sqrt{\frac{2 \cdot \Delta p}{1{,}2}} = 1{,}29\sqrt{\Delta p} \text{ in m/s.}$$

Die wirkliche Ausflußmenge stimmt mit der theoretischen infolge Strahleneinschnürung und sonstiger Abweichungen (Verluste) nicht überein. Man berücksichtigt diese Abweichungen durch Einführung der *Durchflußzahl* $\alpha$ und erhält für die wirklich ausströmende Menge:

$$M = \alpha A\,w\varrho = \alpha A\sqrt{2 \cdot \Delta p \cdot \varrho} \text{ in kg/s.}$$

Diese Gleichungen gelten nur für konstante Dichte, also für Flüssigkeiten und für Gase bei geringen Druckunterschieden vor und hinter der Öffnung. Bei Gasen oder Dämpfen mit höheren Druckunterschieden ist noch die Expansion zu berücksichtigen, was durch Einführung der *Expansionszahl* $\varepsilon$ erfolgt. Dann ist also

$$M = \varepsilon\alpha A\,w\varrho = \varepsilon\alpha A\sqrt{2\,\Delta p\varrho} \text{ in kg/s}$$

Zahlenwerte für $\alpha$ siehe Tafel 143-2.

*Beispiel:*

Wieviel Leuchtgas ($\varrho = 0{,}5$ kg/m³) strömt stündlich durch eine gut abgerundete Öffnung von 1 mm² Querschnitt bei einem Überdruck von 300 N/m²?

$$w = \sqrt{\frac{2\,\Delta p}{\varrho}} = \sqrt{\frac{2 \cdot 300}{0{,}5}} = 34{,}6 \text{ m/s.}$$

Stündliches Volumen

$$\dot{V} = A \cdot w \cdot 3600 = 1 \cdot 10^{-6} \cdot 34{,}6 \cdot 3600 = 0{,}125 \text{ m}^3/\text{h.}$$

Bei winkeligem Ausströmen aus dünnwandigen Kanälen oder Rohren nach Bild 142-1 ist

$$\alpha = 0{,}62\sqrt{\frac{p}{p_{\text{ges}}}}$$

Der Austrittswinkel ist dabei

$$\beta = \operatorname{arc\,tg}\sqrt{\frac{2\,p}{\varrho w^2}}.$$

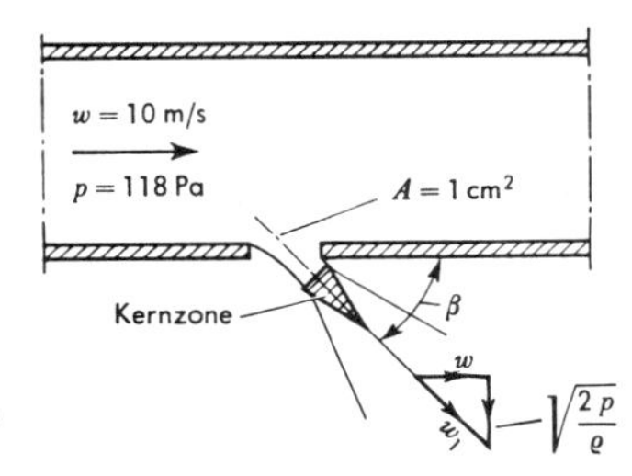


Bild 142-1. Strömung aus einem Loch in einem dünnwandigen Rohr oder Kanal.

*Beispiel:*

Unter welchem Winkel $\beta$ und wieviel Luft strömt aus der scharfkantigen Öffnung des Luftkanals in Bild 142-1?

$$\sphericalangle\ \beta = \arctan \sqrt{\frac{2\,p}{\varrho w^2}} = \arctan \sqrt{\frac{2 \cdot 118}{1{,}2 \cdot 10^2}} = \arctan \sqrt{1{,}96} = 54°$$

Volumenstrom $\dot{V} = \alpha \cdot A \cdot w_1$

$$\alpha = 0{,}62 \sqrt{\frac{p}{p_{ges}}} = 0{,}62 \sqrt{\frac{118}{118+60}} = 0{,}50$$

$$\dot{V} = \alpha A \sqrt{\frac{2 \cdot (p + \varrho/2 \cdot w^2)}{\varrho}} = \alpha A \sqrt{\frac{2\,(118+60)}{1{,}2}}$$

$$= 0{,}50 \cdot 0{,}0001 \cdot 17{,}2 = 0{,}00086\ \text{m}^3/\text{s} = 3{,}10\ \text{m}^3/\text{h}.$$

## 143 Blenden und Düsen

Man benutzt die angegebenen Gleichungen, um mittels Drosselgeräten genaue *Durchflußmessungen* bei Abnahmeversuchen an Dampfturbinen, Kompressoren usw. auszuführen. Der am Drosselgerät erzeugte Druckabfall (Wirkdruck) ist ein Maß für die durchfließende Menge. Die Werte der Durchflußzahl $\alpha$ hängen außer von der Form der Öffnung noch von dem Öffnungsverhältnis $m = A_1/A_2 = \left(\frac{d}{D}\right)^2$ ab und sind durch Versuche ermittelt (Tafel 143-2).

**Tafel 143-2. Durchflußzahl $\alpha$ von Düse, Blende und Venturidüse**

| | Durchflußzahl $\alpha$ beim Öffnungsverhältnis*) $m = (d/D)^2$ | | | | | | |
|---|---|---|---|---|---|---|---|
| | 0,10 | 0,20 | 0,30 | 0,40 | 0,50 | 0,60 | 0,70 |
| Düse | 0,989 | 0,999 | 1,017 | 1,043 | 1,081 | 1,042 | – |
| Blende | 0,602 | 0,615 | 0,634 | 0,660 | 0,695 | 0,740 | 0,802 |
| Venturidüse | 0,989 | 1,001 | 1,020 | 1,048 | 1,092 | 1,155 | – |

*) Statt des Öffnungsverhältnisses wird jetzt auch das Durchmesserverhältnis $\beta = \sqrt{m} = d/D$ verwendet.

Nach der Form der Öffnungen unterscheidet man *Düsen* und *Blenden* sowie *Venturidüsen,* die in ihren Abmessungen genormt sind (DIN 1952).

Düsen haben einen abgerundeten Zulauf, Blenden scharfe Kanten, Venturidüsen eine konische Erweiterung nach der Einschnürung (Bild 143-2). Die Blende hat wegen ihrer einfachen Bauart die größte Bedeutung erlangt. Für genaue Messungen sind die *VDI-Durchfluß-Meßregeln* zu beachten, die ausführliche Vorschriften für alle Verhältnisse enthalten[1]).

*Beispiel:*

Wieviel Dampf von 20 bar/300 °C strömt durch eine Rohrleitung von $D = 100$ mm, wenn die in der Leitung eingebaute Normblende einen Durchmesser von $d = 70$ mm hat und der Differenzdruck vor und hinter der Blende $\Delta p = 7850$ N/m² beträgt?

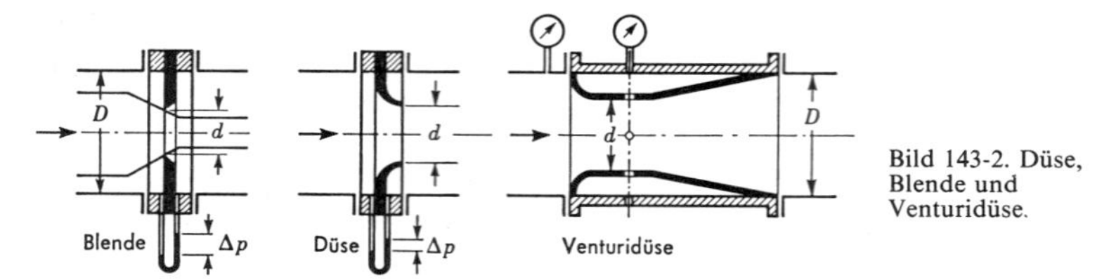


Bild 143-2. Düse, Blende und Venturidüse.

[1]) VDI-Durchfluß-Meßregeln. DIN 1952 (7.82).

Wirklicher Massenstrom $\dot{M} = \alpha A \sqrt{2 \cdot \Delta p \cdot \varrho}$ kg/s

$$m = \left(\frac{d}{D}\right)^2 = \left(\frac{70}{100}\right)^2 = 0{,}49$$

$\alpha = 0{,}69$ (Tafel 143-2)

$\varrho = 7{,}94$ kg/m³ (Tafel 133-8)

$$A = \frac{\pi d^2}{4} = 0{,}00385 \text{ m}^2$$

$$\dot{M} = 0{,}69 \cdot 0{,}00385 \sqrt{2 \cdot 7850 \cdot 7{,}94} = 0{,}94 \text{ kg/s} = 3375 \text{ kg/h}.$$

# 144 Kritischer Druck

Die angegebenen Gleichungen gelten nur, solange das Verhältnis der Drücke vor und hinter der Düse unterhalb eines bestimmten Wertes, des *kritischen Druckverhältnisses,* bleibt. Beim kritischen Druckverhältnis erreicht die Gasgeschwindigkeit in der Düse die *Schallgeschwindigkeit,* die auch bei beliebig kleinem Außendruck nicht überschritten wird:

$$w_{kr} = \sqrt{2 \frac{\kappa}{\kappa+1} pv} \text{ in m/s.}$$

$$\frac{p_{kr}}{p} = \left(\frac{2}{\kappa+1}\right)^{\frac{\kappa}{\kappa-1}}$$

Soll die Geschwindigkeit des Gases noch höher gesteigert werden, muß der Querschnitt der Düse von der engsten Stelle an sich wieder erweitern *(Lavaldüse).* Kritische Druckverhältnisse Tafel 144-1.

**Tafel 144-1. Kritische Druckverhältnisse**

| Gasart | $\kappa$ | $p_{kr}/p$ | $w_{kr}$ in m/s |
|---|---|---|---|
| Gase | 1,4 | 0,528 | $1{,}08 \sqrt{pv}$ |
| Heißdampf | 1,3 | 0,546 | $1{,}06 \sqrt{pv}$ |
| Sattdampf | 1,135 | 0,577 | $1{,}03 \sqrt{pv}$ |

*Beispiel:*

Wie groß ist die kritische Geschwindigkeit bei Sattdampf von 10 bar?

$p = 10 \cdot 10^5$ N/m², $v = 0{,}1943$ m³/kg (Tafel 133-4).

$w_{kr} = 1{,}03 \sqrt{10 \cdot 10^5 \cdot 0{,}1943} = 454$ m/s.

# 145 Enthalpie und Geschwindigkeit

Aus der Bernoullischen Gleichung (Abschnitt 141-3) folgt für kleine Druckänderungen:

$$dp = d\left(\frac{\varrho}{2} w^2\right) \text{ oder } v dp = d\left(\frac{m}{2} w^2\right).$$

Da nun nach dem ersten Hauptsatz der Wärmelehre bei Zustandsänderungen ohne Wärmezufuhr $v dp = dh$ ist, wobei $h$ die Enthalpie bedeutet, folgt weiter bezogen auf m = 1 kg:

$$dh = d\frac{w^2}{2} \text{ oder } \Delta h = \frac{w^2}{2} \text{ und } w = \sqrt{2\,\Delta h} = 1{,}41 \sqrt{\Delta h} \text{ in m/s}$$

Die *Dampfgeschwindigkeit* ergibt sich also aus der Enthalpie-Differenz (Grundgleichung der Dampfturbine). Das Wärmegefälle $\Delta h = h_1 - h_2$ kann aus dem $h, s$-Diagramm bei bekannten Ein- und Austrittsdrücken entnommen werden (Bild 133-6 und Einschlagtafel).

## 146 Drosselung

Bei der Drosselung (Ausdehnung ohne Arbeitsleistung) von in einer Leitung strömenden Gasen oder Dämpfen bleibt die *Enthalpie konstant,* vorausgesetzt, daß die Geschwindigkeitsänderung der Stoffe vernachlässigt werden kann:

$h_1 = h_2$.

Bei Dämpfen kann daher die Zustandsänderung beim Drosseln am besten aus dem *h, s*-Diagramm entnommen werden, in dem die *h*-Linien waagerechte Gerade sind. Aus dem Diagramm ergibt sich, daß Sattdampf durch Drosseln bei Drücken unter 32 bar überhitzt, bei Drücken über 32 bar erst naß und dann getrocknet und überhitzt wird. Feuchter Dampf wird, abgesehen von einem Gebiet in der Nähe des kritischen Punktes, durch Drosseln getrocknet (Anwendung beim Drosselkalorimeter).

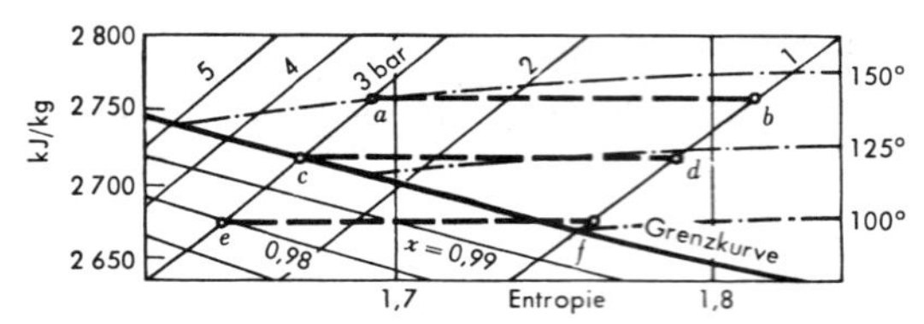


Bild 146-1. Drosselvorgang im *h, s*-Diagramm.

Aus Bild 146-1 ersieht man die Drosselgeraden für Dampf bei Drosselung von 3,0 auf 1,0 bar. Linie a–b: Auf 150 °C überhitzter Dampf kühlt sich auf 142 °C ab; Linie c–d: Sattdampf von 133,5 °C kühlt sich auf 123 °C ab, wird aber überhitzt; Linie e–f: Feuchter Dampf mit $x = 0{,}98$ wird getrocknet und leicht überhitzt.

Bei vollkommenen Gasen bleibt die Temperatur bei der Drosselung konstant, da die Enthalpie nur von der Temperatur abhängt:

$$h = \int c_p dt.$$

Bei den wirklichen Gasen und überhitzten Dämpfen ist dagegen, namentlich in der Nähe des kritischen Punktes, mit der Drosselung immer ein Temperaturabfall verbunden *(Thomson-Joule-Effekt),* wie im *h, s*-Diagramm aus der Neigung der Isothermen gegen die Waagerechte erkennbar ist. Bei überhitztem Wasserdampf von 200 °C beträgt beispielsweise der Temperaturabfall bei Drosselung um 1 bar rund 2,5 K (Bild 133-6 und Einschlagtafel – Mollier-Diagramm). Anwendung bei der Gasverflüssigung nach *Linde.*

## 147 Die Reibungszahl $\lambda$

Die Strömung einer wirklichen Flüssigkeit oder eines Gases in einem Rohr kann laminar (geschichtet) oder turbulent (wirbelig) sein. Bei der *laminaren Bewegung* in einem Rohr bewegen sich die einzelnen Flüssigkeitsteilchen auf achsenparallelen Stromlinien im allg. mit unterschiedlicher Geschwindigkeit $w$. Zwischen den einzelnen Stromfäden besteht eine Schubspannung (Reibung) $\tau$, die desto größer ist, je zäher die Flüssigkeit ist. Als Maß für die Zähigkeit *(Viskosität)* gilt nach dem *Reibungsgesetz* von Newton:

$$\tau = \eta \frac{dw}{dx}$$

Darin ist $\eta$ der sog. Zähigkeitskoeffizient (Dynamische Zähigkeit). Die Schubspannung $\tau$ ist proportional dem Geschwindigkeitsgefälle senkrecht zur Stromrichtung. Mittlere Geschwindigkeit bei laminarer Rohrströmung $w_m = 0{,}5\ w_{max}$.

Bei der *turbulenten Strömung* dagegen führen die Flüssigkeitsteilchen gleichzeitig Schwankungsbewegungen nach mehreren Richtungen aus, die der Grundströmung überlagert ist. Das Geschwindigkeitsprofil ist durch Energieaustausch quer zur Grundströmung abgeflacht, die mittlere Geschwindigkeit $w_m \approx (0{,}80 \cdots 0{,}85)\ w_{max}$. In der wandnahen Schicht ist die Turbulenz am größten. Die wandnahe Schicht heißt (nach Prandtl) *Grenzschicht.* Als *Turbulenzgrad Tu* bezeichnet man das Verhältnis

$$Tu = \frac{1}{U\infty} \sqrt{\frac{1}{3}(u^2 + v^2 + w^2)}$$

$u, v, w$ = überlagerte Schwankungs-Geschwindigkeit in den Koordinaten x, y, z.
$U\infty$ = Geschwindigkeit der Grundströmung

Der Übergang von der laminaren zur turbulenten Strömung wird durch Reibung an der Wand, Geschwindigkeitsänderungen und andere Faktoren beeinflußt. Der Umschlag hängt ab von der *Reynoldsschen Kennzahl Re.* Die Reibungskräfte sind jetzt gegenüber den Trägheitskräften geringer.

In einem Rohr wird das endgültige Strömungsbild erst nach einer gewissen *Anlaufstrecke* erreicht, die etwa 10 Rohrdurchmesser beträgt. Bei Störung der Strömung durch Verengungen, Krümmer o. dgl. erfolgt der Umschlag früher.

$$Re = \frac{wd}{\nu} \text{ (dimensionslos)}$$

$w$ = mittlere Geschwindigkeit in m/s
$d$ = Rohrdurchmesser in m
$\nu$ = $\eta/\varrho$ = kinematische Zähigkeit in $m^2/s$
$\eta$ = dynamische Zähigkeit in kg/ms = $Ns/m^2$
$\varrho$ = Dichte in $kg/m^3$.

Bei Reynoldsschen Zahlen $Re > 2320$, praktisch $Re > 3000$, ist die Strömung in geraden Rohren immer turbulent, bei $Re < 2320$ laminar. Die *kritische Geschwindigkeit,* bei der der Umschlag von der laminaren zur turbulenten Strömung erfolgt, ist für mehrere Flüssigkeiten und Durchmesser aus Bild 147-2 ersichtlich. Werte von $\nu$ für verschiedene Stoffe siehe Tafel 147-1 bis -3, für Heizöle Bild 136-7.

Einheit der *dynamischen Zähigkeit* ist $\eta = 1$ Pa · s = 1 kg/ms (= 10 P (Poise).)
Einheit der *kinematischen Zähigkeit* ist $\nu = \eta/\varrho = 1\ m^2/s$ (= $10^4$ St (Stokes).)

Zahlenangaben $\nu$ in cSt (Centistokes) sind gleich Zahlenangaben $10^6 \nu$ in $m^2/s$. Mit steigender Temperatur wird die Zähigkeit bei Flüssigkeiten geringer, da sie dünnflüssiger werden, bei Gasen dagegen größer.

Um eine Flüssigkeit oder ein Gas durch ein Rohr zu fördern, ist zur Überwindung des an den Wandungen des Rohres auftretenden Reibungswiderstandes ein *Druckunterschied Δp* erforderlich nach der empirischen Gleichung

$$\Delta p = \lambda \cdot \frac{l}{d} \cdot \frac{\varrho}{2} w^2 \text{ in } N/m^2$$

$\lambda$ = Reibungszahl (dimensionslos);
$l$ = Rohrlänge in m; $\varrho$ = Dichte in $kg/m^3$

Den Druckunterschied je m Rohr nennt man auch das *Druckgefälle R,* so daß

$$\Delta p = Rl \text{ in } N/m^2$$

$$R = \frac{\lambda}{d} \frac{\varrho}{2} w^2$$

$\lambda$ ist die sogenannte *Reibungszahl,* die sich als Funktion der Reynoldsschen Zahl *Re* darstellen läßt.

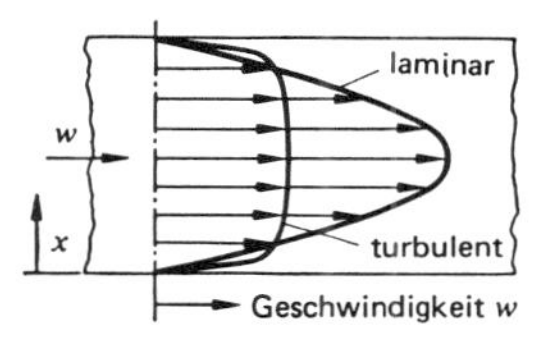


Bild 147-1. Laminare und turbulente Strömung.

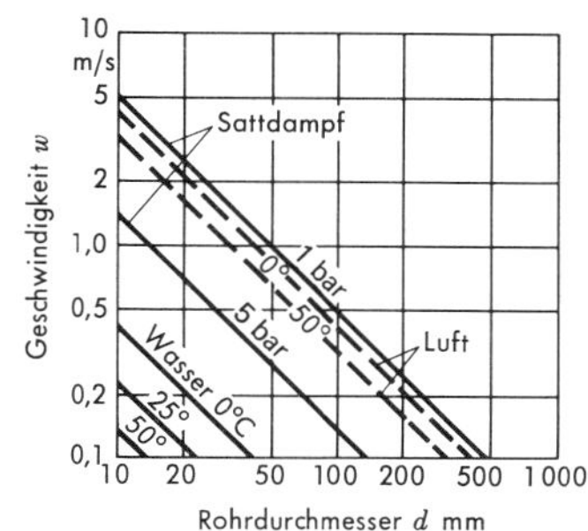


Bild 147-2. Kritische Geschwindigkeiten für Umschlag laminar/turbulente Strömung.

Bei *laminarer Strömung* ist $\lambda$ unabhängig von der Rauhigkeit des Rohres, wie man rechnerisch nachweisen kann, $\lambda = 64/Re$, und damit wird das Druckgefälle

$$R = 32 \cdot \nu \cdot \varrho \cdot w/d^2$$

Der Druckverlust ist also proportional der Geschwindigkeit (Gesetz von Hagen-Poisseuilles).

*Beispiel:*

Wie groß ist bei 15 °C das Druckgefälle $R$ in einer Heizölleitung von $d = 8 \times 1$ mm, wenn die Geschwindigkeit $w = 0{,}1$ m/s ist?

$\nu = 6 \cdot 10^{-6}$ m²/s. $\varrho = 860$ kg/m³.

$$R = \frac{32 \cdot 6 \cdot 860 \cdot 0{,}1}{10^6 \cdot 0{,}006^2} = 460 \text{ N/m}^2 \cdot \text{m} = 4{,}6 \text{ mbar/m}.$$

Bei *turbulenter Strömung* und glatten Rohren ist $\lambda = 0{,}3164/\sqrt[4]{Re}$ (nach Blasius für $Re < 2 \cdot 10^4$). Bei rauhen Rohren hängt $\lambda$ außerdem von der *relativen Rauhigkeit* der Rohre $\varepsilon/d$ ab, wobei $\varepsilon$ die in mm gemessene absolute Rauhigkeit der Rohrwandungen ist. Für gewöhnliche Rohre ist $\lambda$ bei gleicher Reynoldsscher Kennzahl $Re$ desto größer, je kleiner der Durchmesser ist.

Die Reibungszahl $\lambda$ kann berechnet werden[1]), so daß es nicht mehr nötig ist, empirische Formeln zu verwenden. Die von *Nikuradse, Prandtl, Kármán, Moody* und *Colebrook* für $\lambda$ angegebenen Werte sind graphisch in Bild 147-5 dargestellt. Dabei sind drei Strömungsgebiete unterschieden:

Strömung im *glatten Rohr:* $\frac{1}{\sqrt{\lambda}} = 2{,}0 \lg (Re\sqrt{\lambda}/2{,}51)$

($\lambda$ hängt nur von der Reynoldsschen Kennzahl $Re$ ab)

Strömung im *rauhen Rohr:* $\frac{1}{\sqrt{\lambda}} = 1{,}14 - 2 \lg \frac{\varepsilon}{d}$

($\lambda$ hängt nur von der relativen Rauhigkeit $\varepsilon/d$ ab)

Strömung im *Übergangsgebiet:* $\frac{1}{\sqrt{\lambda}} = -2{,}0 \lg \left(\frac{\varepsilon/d}{3{,}71} + \frac{2{,}51}{Re\sqrt{\lambda}}\right)$

($\lambda$ hängt sowohl von $Re$ als auch $\varepsilon/d$ ab)

Die letzte Gleichung geht bei $Re = \infty$ in Gleichung 2, bei $\varepsilon = 0$ in Gleichung 1 über.

Die Werte des Diagrammes 147-5 sind am zuverlässigsten und daher bei allen Berechnungen von Reibungszahlen zu benutzen. Dabei muß man allerdings die Größe der Rohrrauhigkeiten $\varepsilon$ kennen, wodurch eine gewisse Unsicherheit entsteht. Einige Werte für $\varepsilon$ sind in Tafel 147-5 angegeben.

**Tafel 147-1. Kinematische Zähigkeit $\nu$ von Luft, Wasser und gesättigtem Wasserdampf**

| Luft bei 1 bar | | Wasser | | Sattdampf | | |
|---|---|---|---|---|---|---|
| $t$ °C | $10^6 \cdot \nu$ m²/s | $t$ °C | $10^6 \cdot \nu$ m²/s | $p$ bar | $t$ °C | $10^6 \cdot \nu$ m²/s |
| 0 | 13,2 | 0 | 1,79 | 1 | 99,1 | 21,6 |
| 20 | 15,0 | 10 | 1,31 | 2 | 119,6 | 12,1 |
| 40 | 16,9 | 20 | 1,01 | 3 | 132,9 | 8,8 |
| 60 | 18,9 | 30 | 0,81 | 4 | 142,9 | 7,0 |
| 80 | 20,9 | 40 | 0,66 | 5 | 151,1 | 5,9 |
| 100 | 23 | 50 | 0,56 | 10 | 179,0 | 3,1 |
| 200 | 36 | 60 | 0,48 | 20 | 211,4 | 1,7 |
| 400 | 64 | 70 | 0,42 | 30 | 232,8 | 1,2 |
| 600 | 99 | 80 | 0,37 | 40 | 249,2 | 0,92 |
| 800 | 137 | 90 | 0,33 | 50 | 262,7 | 0,74 |
| 1000 | 181 | 100 | 0,29 | 100 | 309,5 | 0,39 |

Beispiel: Wasser 20 °C: $\nu = 1{,}01 \cdot 10^{-6}$ m²/s $= 1{,}01$ mm²/s.

[1]) Kirschmer, O.: Reibungsverluste in geraden Rohrleitungen. MAN-Forschungsheft 1951. S. 81/95.
Colebrook, C. F.: Journ. Inst. Civ. Engs. London 11 (1938/39), S. 133/56.

**Tafel 147-2. Kinematische Zähigkeit $\nu$ von Wasser bei höheren Temperaturen**

| Druck bar | $10^6 \cdot \nu$ in $m^2/s$ bei °C 100 | 150 | 200 | 250 | 300 | 350 | 400 | 450 |
|---|---|---|---|---|---|---|---|---|
| Sättigungsdruck | 0,29 | 0,20 | 0,16 | 0,14 | 0,13 | 0,12 | – | – |
| 50 | 0,30 | 0,20 | 0,16 | 0,14 | – | – | – | – |
| 100 | 0,31 | 0,21 | 0,16 | 0,14 | 0,13 | – | – | – |
| 200 | 0,33 | 0,22 | 0,16 | 0,14 | 0,13 | 0,13 | – | – |
| 300 | 0,35 | 0,23 | 0,17 | 0,15 | 0,13 | 0,13 | 0,12 | – |

**Tafel 147-3. Dynamische und kinematische Zähigkeit verschiedener Stoffe bei 20 °C**

| Stoff | $\varrho$ kg/m³ | $10^6 \cdot \eta$ kg/ms | $10^6 \cdot \nu$ m²/s |
|---|---|---|---|
| Abgase 100 ° | 0,95 | 19 | 20 |
| Abgase 300 ° | 0,63 | 28,4 | 45 |
| Alkohol | 790 | 1 180 | 1,5 |
| Benzol | 880 | 650 | 0,74 |
| Diphyl 100 ° | 996 | 1 015 | 1,02 |
| Diphyl 200 ° | 909 | 436 | 0,44 |
| Erdgas (etwa) | 0,78 | 10 | 12,8 |
| Ethylenglykol | 1 140 | 30 800 | 27 |
| Generatorgas | 1,0 | 17 | 17 |
| Gichtgas | 1,2 | 17 | 14 |
| Glyzerin | 1 260 | 1 071 000 | 850 |
| Heizöl EL (1,5 °E) | 860 | 5 160 | 6 |
| Heizöl S (200 °E) | 960 | 1 460 000 | 1520 |
| Maschinenöl ~ | 920 | 92 000 | 100 |
| Methan | 0,67 | 10,5 | 15,6 |
| Quecksilber | 13 550 | 1 540 | 0,114 |
| R 12 flüssig | 1 329 | 231 | 0,17 |
| R 12 Dampf (0 °C) | 1 765 | 1 201 | 0,68 |
| Rohöl | 850···900 | $10^3 \cdots 10^6$ | 10···1 000 |
| Sauerstoff | 1,10 | 20 | 18 |
| Stadtgas | 0,5 | 13 | 26 |
| Wasserstoff (0 °C) | 0,087 | 8,44 | 97 |

**Tafel 147-5. Rauhigkeit $\varepsilon$ verschiedener Rohre*)**

| Rohrart | Rauhigkeit $\varepsilon$ in mm |
|---|---|
| Gezogene Rohre (Messing u. a.) | 0,0015 |
| PVC- und PE-Rohre | 0,007 |
| Asbest-Zement-Rohre (neu) | 0,05···0,1 |
| Handelsübliche Stahlrohre | 0,045 |
| Verzinkte Stahlrohre | 0,15 |
| Stahlrohre, angerostet | 0,15···1,0 |
| Stahlrohre, stark verrostet | 1,0···3,0 |
| Gußeiserne Rohre | 0,4···0,6 |
| Gußeiserne Rohre, asphaltiert | 0,125 |
| Blechkanäle, gefalzt | 0,15 |
| Flexible Schläuche | 0,6···0,8, teilweise auch höher bis 2,0 |
| Rabitz, glatt | 1,5 |
| Gemauerte Kanäle | 3,0···5,0 |
| Holzkanäle | 0,2···1,0 |
| Betonkanäle, roh | 1,0···3,0 |

*) Lehmann, J.: Gesundh.-Ing. 1961. Heft 6 bis 9.
Wärmetechnische Arbeitsmappe 1967/80.
VDI-Wärmeatlas 1984.

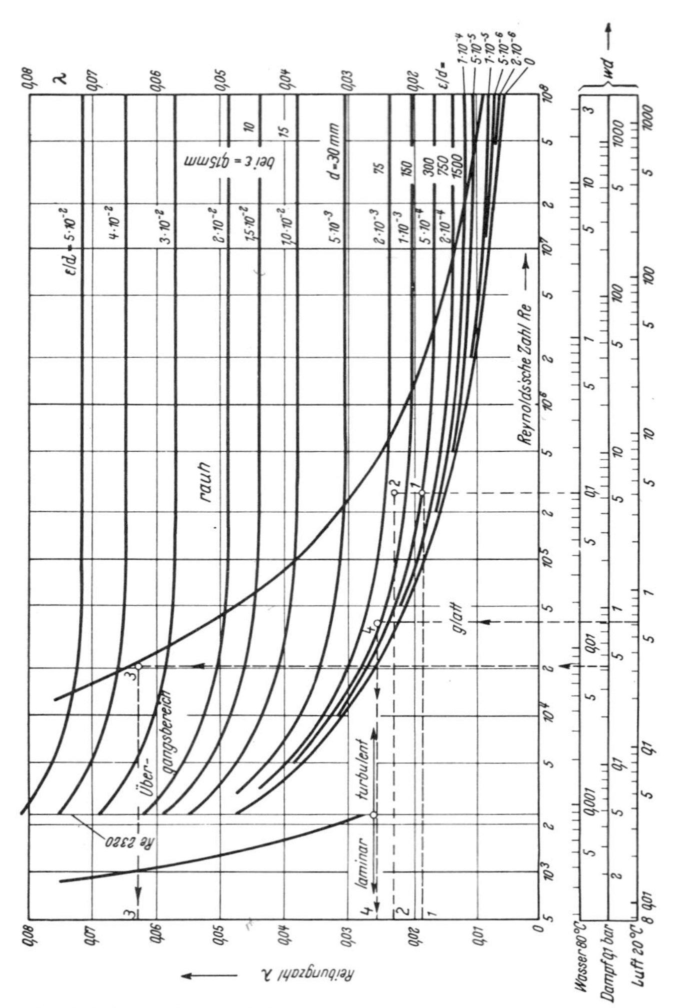


Bild 147-5. Die Reibungszahl $\lambda$ bei geraden Rohren nach Prandtl, Kármán und Colebrook.

Bei *Wellrohren* ist $\lambda$ nicht nur von der relativen Rauhigkeit abhängig, sondern auch von dem Verhältnis Rillenhöhe $\varepsilon$ zum Rillenabstand[1]).

Für $\varepsilon = 0{,}15$ (verzinktes Stahlrohr oder gefalzte Blechkanäle nach Tafel 147-5) kann aus Bild 147-5 die Reibungszahl $\lambda$ für verschiedene Durchmesser abhängig von *Re* abgelesen werden. Zwecks noch weiterer Vereinfachung sind für drei strömende Medien (Wasser von 80 °C, Dampf von 0,1 bar Überdruck, Luft von 20 °C) auf Hilfsabszissen an Stelle der *Re*-Werte die *wd*-Werte (Geschwindigkeit · Durchmesser in m²/s) aufgetragen, die sich leicht errechnen lassen.

Die Rohrreibungstafeln im „Rietschel-Raiss 1968/70" sind mit $\varepsilon = 0{,}045$ mm für handelsübliche Stahlrohre (s. Tafel 147-5) berechnet. Siehe auch Tafel 148-5.

---

[1]) Kander, K.: HLH 7/74. S. 226/32.

Bei nicht kreisförmigen Querschnitten rechnet man zur Ermittlung der Druckverluste mit dem *hydraulischen* oder gleichwertigen Rohrdurchmesser

$d_H = \frac{4A}{U}$ ($A$ = Fläche, $U$ = Umfang)

Bei rechteckigen Kanälen mit den Seitenlängen $a$ und $b$ ist

$$d_H = \frac{2a \cdot b}{a+b}$$

Die Querschnitte sind trotz gleichem Durchmesser in beiden Fällen unterschiedlich.

*Beispiele:*

1. Wie groß ist die Reibungszahl $\lambda$ bei einem handelsüblichen Stahlrohr NW 100, wenn es von Wasser mit einer Temperatur 80 °C und mit einer Geschwindigkeit von $w = 1$ m/s durchströmt wird?

Innendurchmesser $d = 0{,}1$ m
Geschwindigkeit $w = 1{,}0$ m/s
Rauhigkeit $\varepsilon = 4{,}5 \cdot 10^{-5}$ m
$wd = 0{,}1$ m²/s
$\varepsilon/d = 4{,}5 \cdot 10^{-4}$

Aus dem Bild 147-2 ergibt sich nach dem eingezeichneten Weg (1) für dieses Beispiel $Re = 2{,}7 \cdot 10^5$ und eine Reibungszahl $\lambda = 0{,}018$.

2. Wie groß ist die Reibungszahl $\lambda$ bei demselben Rohr, wenn die Rauhigkeit $\varepsilon = 0{,}15$ mm ist?

Man findet bei $wd = 0{,}1$ m²/s und bei $d = 100$ mm (Weg 2): $\lambda = 0{,}023$.

3. Gegeben ein Dampfrohr NW 25, stark verrostet, Dampfgeschwindigkeit $w = 15$ m/s. Dampfüberdruck 0,1 bar.

$d = 0{,}0277$ m, $w = 15$ m/s, $wd = 0{,}415$ m²/s,
$\varepsilon = 1{,}0 \cdot 10^{-3}$, $\varepsilon/d = 3{,}61 \cdot 10^{-2}$,
Reibungszahl $\lambda = 0{,}063$ (Weg 3).

4. Gegeben ein Blechrohr von $d = 125$ mm lichte Weite, Luftgeschwindigkeit $w = 5$ m/s, Lufttemperatur 20 °C.

$d = 0{,}125$ m, $w = 5$ m/s, $wd = 0{,}625$ m²/s,
$\varepsilon = 0{,}15 \cdot 10^{-3}$, $\varepsilon/d = 1{,}2 \cdot 10^{-2}$,
Reibungszahl $\lambda = 0{,}027$ (Weg 4).

5. Wie groß ist der Druckverlust bei Strömung von Heizöl S ($\varrho = 850$ kg/m³) in einem $l = 100$ m langen Rohr von $d = 50$ mm ∅ mit einer Geschwindigkeit $w = 0{,}6$ m/s? Zähigkeit 40 °E.

Kinematische Zähigkeit $\nu = 303 \cdot 10^{-6}$ m²/s (Tafel 136-12)

$$Re = wd/\nu = \frac{0{,}6 \cdot 0{,}05}{303 \cdot 10^{-6}} = 99$$

Reibungszahl $\lambda = 64/Re = 64/99 = 0{,}65$ (laminare Strömung)

$$\text{Druckverlust } \Delta p = \lambda \frac{l}{d} \frac{\varrho}{2} w^2$$

$$= 0{,}65 \frac{100}{0{,}05} \frac{850 \cdot 0{,}6^2}{2}$$

$$= 200\,000 \text{ N/m}^2 = 2 \text{ bar}$$

# 148 Einzelwiderstände

Den Druckabfall durch Einzelwiderstände wie Bogen, Ventile usw., der durch Wirbel, Strömungsablösungen, Sekundärströmungen verursacht wird, drückt man unter Bezug auf den Staudruck der strömenden Flüssigkeit durch folgende Gleichung aus:

$$\Delta p = \zeta \frac{\varrho}{2} w^2 \text{ in N/m}^2$$

Darin ist $\zeta$ der sogenannte *Widerstandsbeiwert*, der meist durch Versuche bestimmt werden kann und bei den verschiedenen Rohreinbauten in weiten Grenzen schwankt. Der

**Tafel 148-1. Widerstandsbeiwerte $\zeta_u$ von Rohrleitungsteilen*)**
Weitere Werte in Abschn. 244 und 336

| Teil | Darstellung | Widerstandsbeiwert $\zeta_u$ | Druckverlust $\Delta p$ in N/m² |
|---|---|---|---|
| **Bogen** 90° glatt | | | (Umlenkverlust) |
| $r/d = 0{,}5$ | | 1,0 | |
| 1,0 | | 0,35 | $\Delta p = \zeta_u \cdot \frac{\varrho}{2} w^2$ |
| 2,0 | | 0,20 | |
| 3,0 | | 0,15 | |
| **Knie** $\beta = 90°$ | | 1,3 | |
| 60° |  | 0,8 | $\Delta p = \zeta_u \frac{\varrho}{2} w^2$ |
| 45° | | 0,4 | |
| **Erweiterung,** rund | | $A_1/A_2 = 0{,}5$ 0,25 | |
| stetig $\beta = 10°$ | | $\zeta_1 = 0{,}07$ 0,10 | |
| (in einem 20° | | 0,17 0,38 | $\Delta p = \zeta_1 \frac{\varrho}{2} w_1^2$ |
| langen 30° | | 0,25 0,55 | |
| Rohr) 40° | | 0,30 0,60 | |
| plötzlich (Borda-Carnot) | 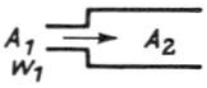 | $\zeta_1 = \left(1 - \frac{A_1}{A_2}\right)^2$ | $\Delta p = \zeta_1 \frac{\varrho}{2} w_1^2$ |
| Ausströmung | 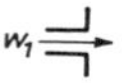 | $\zeta_1 = 1{,}0$ | $\Delta p = \frac{\varrho}{2} w_1^2$ |
| **Verengung,** | | | |
| stetig $\beta = 30°$ | | $\zeta_1 = 0{,}02$ | |
| 45° | | 0,04 | $\Delta p = \zeta_1 \frac{\varrho}{2} w_1^2$ |
| 60° | | 0,07 | |
| plötzlich | | $\zeta_2 = (1/\alpha - 1)^2 \cdot (1 - A_2/A_1)$ | $\Delta p = \zeta_2 \frac{\varrho}{2} w_2^2$ |
| | | | scharfe Kante: $\alpha = 0{,}63$ |
| | | | gebrochene Kante: $\alpha = 0{,}75$ |
| Einströmung | | $\zeta_2 = (1/\alpha - 1)^2$ | gerundete Kante: $\alpha = 0{,}90$ |
| | | | düsenförmige Kante: $\alpha = 0{,}99$ |
| **Blende,** scharfkantig | | $\zeta = \left(\frac{A}{\alpha A_0} - 1\right)^2$ | $\Delta p = \zeta \frac{\varrho}{2} w^2$ |
| | | $\zeta_2 = \left(\frac{A_2}{\alpha A_0} - 1\right)^2$ | $\Delta p = \zeta_2 \frac{\varrho}{2} w_2^2$ |

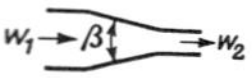

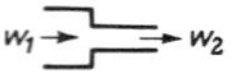

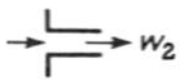

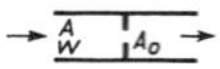

| Teil | Darstellung | $\beta = 90°$ | 60° | 45° | Druckverlust $\Delta p$ in N/m² |
|---|---|---|---|---|---|
| **Abzweigung,** scharfkantig | | | | | |
| $w_2/w_1 = 0{,}5$ | | 4,5 | 3,1 | 2,0 | |
| 1,0 | | 1,5 | 0,77 | 0,43 | |
| 2,0 | | 0,74 | 0,47 | 0,45 | $\Delta p = \zeta_2 \cdot \frac{\varrho}{2} w_2^2$ |
| 3,0 | | 0,62 | 0,58 | 0,54 | |

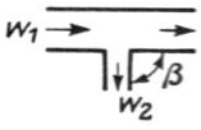

| Teil | Darstellung | ▮ | ○ | ⊃ | Druckverlust $\Delta p$ in N/m² |
|---|---|---|---|---|---|
| **Querwiderstand** | | | | | |
| $a/b = 0{,}10$ | | 0,7 | 0,2 | 0,07 | |
| 0,25 | | 1,4 | 0,55 | 0,23 | $\Delta p = \zeta \frac{\varrho}{2} w^2$ |
| 0,50 | | 4,0 | 2,0 | 0,9 | |

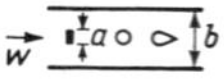

*) Rietschel-Raiss 1970. – Eck: Technische Strömungslehre Bd. 1. 1978. Bd. 2. 1981. – Richter, H.: Rohrhydraulik 1962. – Stradtmann: Stahlrohr-Handbuch 1982. – Idel'chik-Handbuch 1966. – Gersten, K.: Einführung in die Strömungsmechanik 1974 – Kalide, W.: Techn. Strömungslehre 1976 u. a.

**Tafel 148-2. Widerstandsbeiwerte $\zeta_u$ von Armaturen** (s.a. DIN 1988, T. 3. E. 2. 85)

| Teil | Bild | $\zeta_u$-Wert bei $d =$ 50 | 100 | 200 | 300 mm |
|---|---|---|---|---|---|
| **Ventile**<br>Normalventil | 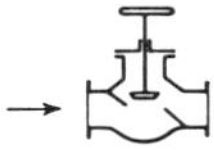 | 4,0 ⋮ 4,5 | 4,5 ⋮ 5,0 | 3,5 | 3,0 |
| Schrägsitzventil |  | 2,0 ⋮ 3,0 | 2,0 ⋮ 2,5 | 1,5 ⋮ 2,5 | 1,5 ⋮ 2,5 |
| Freiflußventil | 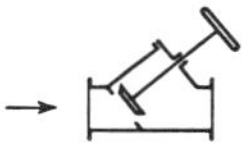 | 0,8 ⋮ 1,0 | 0,7 ⋮ 0,9 | 0,6 ⋮ 1,0 | 0,5 ⋮ 1,0 |
| Eckventil DIN |  | 3,5 | 4,0 | 5,0 | 6,0 |
| **Schieber**<br>ohne Leitrohr<br>mit Leitrohr | 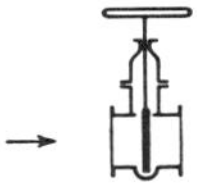 | <br>0,15 ...<br>0,08 ... | | | <br>... 0,30<br>... 0,12 |
| **Rückschlagklappe** | 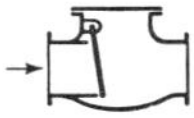 | 1,5 | 1,2 | 1,0 | – |
| **Rückschlagventil DIN** |  | 6 | 8 | 5 | – |
| **Hahn** | 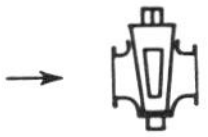 | 1,0 | – | – | – |
| **Lyrabogen**<br>glatt<br>gefaltet |  | <br>0,75<br>1,5 | <br>0,75<br>1,5 | <br>0,75<br>1,5 | <br>0,75<br>1,5 |
| **Wasserabscheider**<br>Eintritt normal<br>Eintritt tangential | 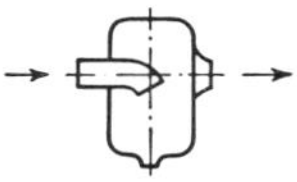 | <br>3,0<br>5 ··· 8 | <br>3,0<br>5 ··· 8 | <br>3,0<br>5 ··· 8 | <br>3,0<br>5 ··· 8 |
| **Wellrohrausgleicher**<br>je Welle | 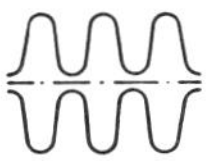 | 2,0 | 2,0 | 2,0 | 2,0 |

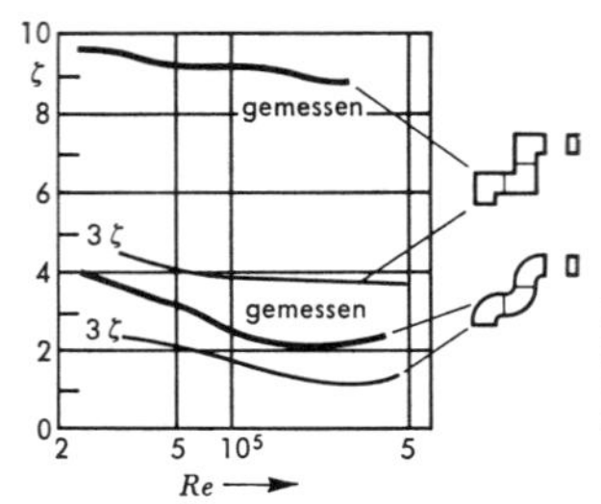


Bild 148-1. Widerstandsbeiwerte von 3 hintereinander geschalteten Krümmern im Vergleich zu den mit 3 multiplizierten ζ-Werten der Einzelkrümmer (nach H. Sprenger, SBZ 1969, Heft 13).

gesamte Druckverlust setzt sich aus zwei Teilen zusammen, dem Druckverlust durch Wandreibung und dem Druckverlust durch Umlenkung, Querschnittsveränderung usw.

Dementsprechend ist der ζ-Wert auch in einen Rohrreibungsbeiwert $\zeta_r = \lambda \cdot \frac{l}{d}$ (gem. Abschn. 147) und einen Umlenkungsbeiwert $\zeta_u$ aufgeteilt: $\zeta = \zeta_r + \zeta_u$. Der $\zeta_u$-Wert bezieht sich nur auf den *Zusatzverlust*, so daß bei Widerständen mit längeren Rohrstrekken wie Bogen oder Dehnungsausgleichern der Reibungsverlust eines geraden Rohrstücks gleicher Achsenlänge hinzuzufügen ist, wenn man den Gesamtverlust ermitteln will.

Werte von $\zeta_u$ Tafel 148-1 und -2. Weitere Werte siehe Abschnitt 244 und 336. Wegen unterschiedlicher Bauart der Armaturen Verluste stark voneinander abweichend.

*Beispiel:*

Wie groß ist der Druckverlust in einer *Drosselblende* bei $w = 1$ m/s Wassergeschwindigkeit und dem Flächenverhältnis $A/A_0 = 2$?

$\alpha = 0{,}69$ aus Tafel 143-2 (m = 0,5) und ζ für Blende nach Tafel 148-1

$\Delta p = \zeta \cdot \varrho/2 \cdot w^2 = (A/\alpha A_0 - 1)^2 \cdot 500 \cdot 1^2 = (2/0{,}69 - 1)^2 \cdot 500 \cdot 1 = 1800\ \text{N/m}^2$.

Bei allen Widerstandsbeiwerten ist zu beachten, daß gleichmäßige *parallele Anströmung* vorausgesetzt ist. Wenn dies nicht der Fall ist, werden die ζ-Werte *wesentlich größer,* teilweise mehr als 100%. Beispiel Bild 148-1. Der Gesamtwiderstand ist größer als die Summe der Einzelwiderstände. Zum Beispiel bei Hochgeschwindigkeitsanlagen in der Lüftungstechnik entstehen durch Kombination mehrerer Formstücke erhebliche Zusatzverluste.

*Die gleichwertige Rohrlänge*

Der zusätzliche Einzelwiderstand $\zeta_u$ läßt sich auch durch eine gleichwertige Rohrlänge $l_{gl}$ ersetzen, wobei $l_{gl} = \zeta_u d/\lambda$ in m Rohrlänge.

$l_{gl}$ hängt also nicht nur vom Einzelwiderstand, sondern auch vom Rohrdurchmesser wie von der Geschwindigkeit ab. Anwendung in Abschnitt 244-2 bei der Warmwasserrohrnetzberechnung.

## 149 Der Druckverlust[1])

Der gesamte Druckverlust $\Delta p$ in einer Rohrleitung mit beliebigen Einzelwiderständen setzt sich nunmehr aus den beiden Teilen für Reibung und Einzelwiderstand wie folgt zusammen:

$$\Delta p = \lambda \frac{l}{d} \frac{\varrho}{2} w^2 + \sum \zeta_u \frac{\varrho}{2} w^2 = Rl + Z \text{ in N/m}^2$$

oder mit der gleichwertigen Rohrlänge $l_{gl} = \zeta_u d/\lambda$ für die Einzelwiderstände:

$$\Delta p = \lambda \frac{l_{ges}}{d} \frac{\varrho}{2} w^2 \text{ in N/m}^2$$

$l_{ges} = l + l_{gl}$ in m
$\varrho$ = Dichte in kg/m³.

[1]) Hell, F.: HLH 1/83. S. 28/30.

*Beispiele:*

1. Wie groß ist der Druckverlust $\Delta p$ in einer 100 m langen geraden Wasserleitung von 70 mm in l. W., durch die stündlich 20 m³ Wasser von 80 °C strömen?

Die Rauhigkeit $\varepsilon$ sei 0,15 mm, somit $\varepsilon/d = 0{,}15/70 = 2{,}1 \cdot 10^{-3}$

Geschwindigkeit $w = \dfrac{20}{3600 \cdot \dfrac{\pi d^2}{4}} = 1{,}45$ m/s

$wd = 1{,}45 \cdot 0{,}07 = 0{,}102$ m²/s

Reibungszahl $\lambda = 0{,}025$ (aus Bild 147-5)

Staudruck $\dfrac{\varrho}{2} w^2 = \dfrac{1000}{2} 1{,}45^2 = 1050$ N/m²

Druckgefälle $R = \dfrac{\lambda}{d} \dfrac{\varrho}{2} w^2 = \dfrac{0{,}025}{0{,}070} 1050 = 375$ N/m² m

Druckverlust $R \cdot l = 375 \cdot 100 = 37\,500$ N/m² ≈ 3,75 m WS

2. Gegeben eine Rohrleitung NW 300, Dampfmenge $G = 40\,000$ kg/h, Anfangsdruck $p_1 = 12$ bar, Temperatur $t_1 = 300$ °C, gestreckte Rohrlänge $l = 500$ m mit 10 Bogen ($R = 3d$), 5 Absperrschiebern, 6 Faltenrohr-Lyrabogen, 2 Wasserabscheidern. Wie groß ist der Druckverlust $\Delta p$?

Rohrrauhigkeit $\varepsilon = 0{,}1$ mm.

Dichte $\varrho = 4{,}67$ kg/m³ (aus Tafel 133-8)

Geschwindigkeit $w = \dfrac{40\,000}{4{,}67 \cdot 3600 \cdot \dfrac{\pi d^2}{4}} = 33{,}7$ m/s

Kinematische Zähigkeit $\nu = \eta/\varrho = 20{,}2/4{,}67 \cdot 10^6 = 4{,}3 \cdot 10^6$ m²/s (aus VDI-Wasserdampftafeln).

$Re = \dfrac{wd}{\nu} = \dfrac{33{,}7 \cdot 0{,}300}{4{,}3\ 10^{-6}} = 2{,}35 \cdot 10^6$

Relative Rauhigkeit $\varepsilon/d = 0{,}1/300 = 3{,}3 \cdot 10^{-4}$

Rohrreibungszahl $\lambda = 0{,}016$ (aus Bild 147-5)

| Widerstandsbeiwerte: | | |
|---|---|---|
| | 10 Bogen ($\zeta_u = 0{,}15$) | $10 \cdot 0{,}15 = 1{,}5$ |
| | 5 Schieber ($\zeta_u = 0{,}3$) | $5 \cdot 0{,}3 = 1{,}5$ |
| | 6 Lyrabogen ($\zeta_u = 1{,}5$) | $6 \cdot 1{,}5 = 9{,}0$ |
| | 2 Wasserabscheider ($\zeta_u = 5$) | $2 \cdot 5 = 10{,}0$ |
| | | $\Sigma \zeta_u = 22{,}0$ |

Gleichwertige Rohrlänge der Einzelwiderstände

$l_{gl} = \zeta_u \dfrac{d}{\lambda} = 22{,}0 \cdot \dfrac{0{,}300}{0{,}016} = 413$ m

Gesamte Rohrlänge $l_{ges} = l + l_{gl} = 500 + 413 = 913$ m

Druckgefälle $R = \dfrac{\lambda}{d} \dfrac{\varrho}{2} w^2 = \dfrac{0{,}016}{0{,}300} \cdot \dfrac{4{,}67}{2} 33{,}72 = 141$ N/m² · m

Druckverlust $\Delta p = R \cdot l_{ges} = 141 \cdot 913 = 129\,000$ N/m² = 1,29 bar.

Bei langen Leitungen ist zu bedenken, daß sich die Zustandsgrößen des strömenden Mediums infolge Druck- und Temperaturabfalls ändern. In solchen Fällen ist mit mittleren Werten zu rechnen oder die Leitung in mehrere Abschnitte aufzuteilen.

Bei gegebenem Massenstrom $\dot{m}$ und Durchmesser $d$ läßt sich das Druckgefälle $R$ auch aus folgender nicht dimensionsgerechten Gleichung berechnen:

$$R = 62{,}5 \cdot 10^6 \frac{\lambda \cdot \dot{m}^2}{\varrho \cdot d^5} \text{ in } \frac{\text{N}}{\text{m}^2 \cdot \text{m}} \qquad (\dot{m} \text{ in kg/h} \quad d \text{ in mm})$$

oder

$$R = 0{,}81 \frac{\lambda \cdot \dot{m}^2}{\varrho \cdot d^5} \text{ in } \frac{\text{N}}{\text{m}^2\text{m}} \qquad (\dot{m} \text{ in kg/s und } d \text{ in m})$$

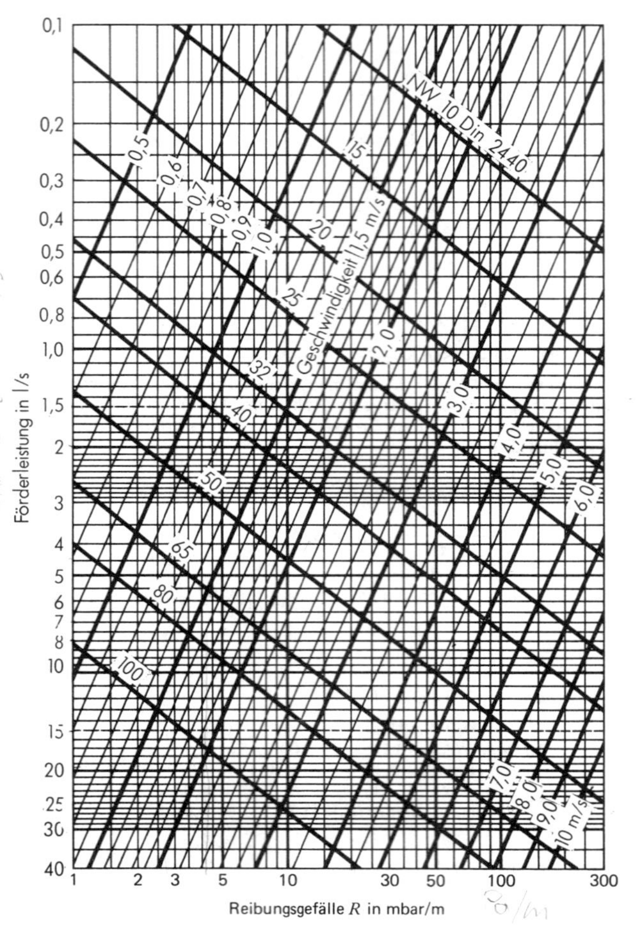


Bild 149-1. Das Reibungsgefälle $R$ bei Strömung von Kaltwasser von 10 °C in Gewinderohren nach DIN 2440 (Rauhigkeit $\varepsilon = 0{,}15$ mm). 1 mbar/m = 100 Pa/m

*Beispiel:* Bei $\dot{m} = 1{,}5$ l/s und $w = 1$ m/s ist $R = 3{,}7$ mbar/m

Für Überschlagsrechnungen empfiehlt es sich, Reibungsdiagramme zu verwenden, aus denen bei gegebenen Verhältnissen das Druckgefälle sofort abgelesen werden kann. Ein solches Diagramm ist in Bild 149-1 für Wasser von 10 °C dargestellt, wobei ein rauhes Stahlrohr angenommen ist, bei dem $\lambda$ praktisch von der *Re*-Zahl unabhängig ist. Das Druckgefälle folgt dabei gegebenem Durchmesser und gegebener Rauhigkeit $\varepsilon$ angenähert dem quadratischen Widerstandsgesetz: $R = \text{konst} \cdot w^2$. Die Rauhigkeit $\varepsilon$ ist mit 0,15 mm zugrunde gelegt. Ein weiteres Diagramm für Wasser von 50 °C mit $\varepsilon = 1{,}5$ mm ist in Abschnitt 447 (Bild 447-1) abgebildet. Diagramme für die Berechnung der Rohre in Heizungsanlagen siehe Abschnitt 244. Diagramm für Luft s. Bild 336-5[1]).

Bei *Kunststoffrohren* rechnet man mit einer Rauhigkeit von $\varepsilon = 0{,}007$ mm. Die Druckverluste sind nur geringfügig größer als bei Kupferrohren (Bild 244-14).

[1]) Weitere Diagramme s. Feurich: Rohrnetzberechnung. 1973.
DVGW-Arbeitsblatt W 302 (8. 81).

# 15 SCHALLTECHNISCHE GRUNDLAGEN

## 151 Allgemeine Bezeichnungen[1])

Mit *Schall* bezeichnet man mechanische Schwingungen der materiellen Teilchen in einem elastischen Medium um eine gewisse Mittellage im Frequenzbereich des menschlichen Hörens. Schwingungen in der Luft nennt man *Luftschall*, Schwingungen in festen Körpern *Körperschall*.

Der Effektivwert $p$ der wahrnehmbaren Druckschwankungen reicht von $p = 2 \cdot 10^{-5}$ N/m² bis $2 \cdot 10$ N/m².

Das menschliche Ohr vermag nur Luftschall zu empfinden. Die untere Grenze der Empfindung (der tiefste Ton) liegt bei etwa 20, die obere Grenze bei etwa 20000 Schwingungen in der Sekunde (Hertz). Schwingungen, die darunter liegen, nennt man *Infraschall* (Erdbeben, Erschütterungen, Gebäudeschwingungen), der meist als nicht hörbar bezeichnet wird, aber bei höherer Intensität doch wahrnehmbar ist[2]), Schwingungen, die darüber liegen, *Ultraschall* (wichtig für viele physikalische, chemische und biologische Zwecke). Je größer die Zahl der Schwingungen in der Sekunde ist, als desto höher empfinden wir den Schall.

Schwingen die einzelnen Teilchen in Richtung der Fortpflanzung der Welle, spricht man von Longitudinalwellen (Verdichtungswellen), schwingen sie senkrecht dazu, nennt man die Wellen Transversal- und Biegewellen. In Luft und Flüssigkeiten sind nur Verdichtungswellen möglich.

Ist die Schwingung sinusförmig, nennt man den Schall einen *Ton* (Bild 151-1). Mehrere gleichzeitig hörbare Töne ergeben einen *Klang*, wenn die Schwingungszahlen der einzelnen Töne im Verhältnis ganzer Zahlen (harmonisch) zueinander stehen. Sind die Schwingungen der einzelnen Töne beliebig, entsteht ein *Geräusch* oder, falls störend, ein *Lärm*.

Ein *Knall* ist ein kurzzeitiger Schallstoß von meist großer Schallstärke.

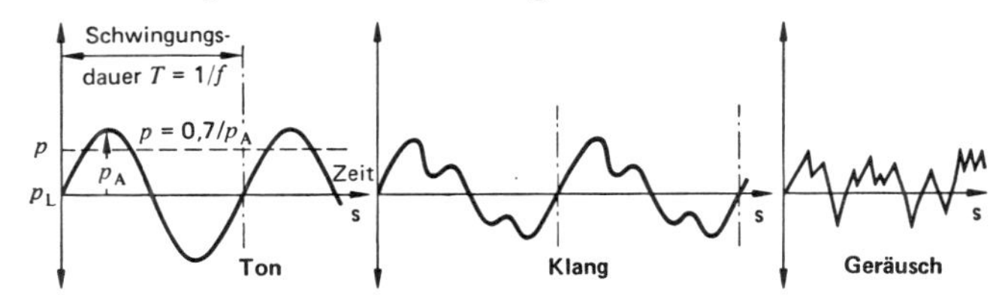


Bild 151-1. Schwingungen bei Tönen, Klängen und Geräuschen.
$p_L$ = atmosphärischer Druck $p_A$ = Amplitude $p$ = effektiver Druck = $0{,}71\, p_A$ $f$ = Frequenz.

## 152 Schallfeldgrößen

Die *Schallgeschwindigkeit* $c$ ist die Geschwindigkeit, mit der sich die Schwingung im Medium fortpflanzt:

$c = \lambda \cdot f$ in cm/s

$\lambda$ = Wellenlänge (cm)

$f$ = Zahl der Schwingungen, Frequenz in $s^{-1}$.

Die *Schallschnelle* $u$ (zum Unterschied von der Schallgeschwindigkeit so genannt) ist die mittlere Geschwindigkeit des schwingenden Teilchens:

$u = a \cdot \omega$ in cm/s

$a$ = Amplitude der Schwingung (cm)

$\omega = 2\,\pi f$ = Kreisfrequenz ($s^{-1}$).

---

[1]) DIN 1320 (10.69). Akustik, Grundbegriffe.
DIN 45630 T. 1 (12.71) und T. 2 (9.67). Grundlagen der Schallmessung.
LTG-Information Nr. 20 (1972/73).
Kopp, H.: HLH 1972. S. 204/9 und 229/33.
VDI-Richtlinie 2081: Geräuscherzeugung und Lärmminderung in RLT-Anlagen. 3.83.

[2]) Hönmann, W.: Ges.-Ing. 4/86. S. 209/212.

Durch die abwechselnden Verdichtungen und Verdünnungen entsteht ein periodischer Wechseldruck. Unter dem *Schalldruck p* versteht man den quadratischen Mittelwert der Drücke in einer Periode (quadratisch deswegen, weil sonst die Summe = 0 wäre). Er ändert sich in einem Schallfeld meist von Ort zu Ort. Ein Schall ist desto lauter, je mehr die Luftteilchen aus der Mittellage schwingen, je größer also die Amplitude $a$ der Schwingung und damit die Verdichtung oder Verdünnung der Luft ist. Der Schalldruck wird gemessen in $N/m^2$.

$1\ N/m^2 = 1\ Pa = 10\ \mu bar$.

Zwischen dem Schalldruck $p$ und der Schallschnelle $u$ besteht die Beziehung:

$p = u \cdot \varrho c$ (Ohmsches Gesetz der Akustik)

$\varrho$ = Dichte der Luft ($kg/m^3$).

$p/u = \varrho c$ heißt *Schallwiderstand* ($kg/m^2s$). Den geringsten Schallwiderstand von allen Stoffen hat Luft (Tafel 152-1).

Die *Schallintensität* $I = p \cdot u$ ($W/m^2$) ist die Schallenergie, die in der Sekunde durch eine Fläche von 1 $m^2$ strömt.

Für Luft von 20 °C ist

$$I = p \cdot u = \frac{p^2}{\varrho c} = \frac{p^2}{413}\ (W/m^2)$$

$$\approx \frac{p^2}{4}\ \mu W/cm^2.$$

**Tafel 152-1. Schallwiderstände $z$ verschiedener Stoffe**

| Stoff | $\varrho$<br>$kg/m^3$ | $c$<br>m/s | $z = \varrho \cdot c$<br>$kg/(m^2 \cdot s)$ |
|---|---|---|---|
| Stahl | 7900 | 5000 | $3950 \cdot 10^4$ |
| Granit | 2800 | 6400 | $1800 \cdot 10^4$ |
| Beton | 2000 | 4000 | $800 \cdot 10^4$ |
| Ziegelstein | 1500 | 4300 | $650 \cdot 10^4$ |
| Holz (quer zur Faser) | ≈ 500 | 5000 | $250 \cdot 10^4$ |
| Wasser | 1000 | 1450 | $145 \cdot 10^4$ |
| Kork | 200 | 500 | $10 \cdot 10^4$ |
| Gummi | ≈ 1000…2000 | 60 bis 150 | 6 bis $30 \cdot 10^4$ |
| Luft | 1,2 | 344 | 413 |

**Tafel 152-2. Leistung verschiedener Schallquellen**

| Schallquelle | Mittlere Leistung<br>$\mu W$ ($10^{-6}$ W) | Maximale Leistung<br>W |
|---|---|---|
| Menschliche Stimme, Geige | 10 | 0,001 |
| Ventilator, 5000 $m^3/h$, 500 Pa | | 0,01 |
| Klavier | 1 000 | 0,2 |
| Posaune | 4 000 | 6 |
| Orchester mit 75 Instrumenten | 40 000 | 70 |
| Großlautsprecher | | 100 |
| Düsenflugzeug | – | 10 000 |
| Raketentriebwerk | – | 10 000 000 |

**Tafel 152-3. Schallfeldgrößen bei verschiedenen Luft-Schalldrücken**

| Schalldruck $p$<br>$\mu$bar<br>(0,1 $N/m^2$) | Schall-<br>intensität $I$<br>$\mu W/cm^2$ | Schallschnelle $u$<br>cm/s | Schallamplitude $a$<br>$10^{-6}$ cm<br>bei 1000 Hz | Schalldruck-<br>pegel<br>dB |
|---|---|---|---|---|
| 1 | 0,0025 | 0,025 | 4 | 74 |
| 10 | 0,25 | 0,25 | 40 | 94 |
| 100 | 25 | 2,5 | 400 | 114 |
| 1000 | 2500 | 25 | 4000 | 134 |

Durch diese Gleichung läßt sich also $I$ aus $p$ bzw. $p$ aus $I$ berechnen. Ferner ist $I = u^2 \cdot \varrho c = \sim 400\ u^2$ ($\mu$W/cm²).

Die nicht direkt meßbare *Schalleistung* $W$ ist die von einer Schallquelle insgesamt abgegebene Leistung. Sie wird bestimmt, indem der Schalldruck z. B. über eine kugelförmige Fläche $A$ um die Schallquelle herum integriert wird. Für Luft ist

$$W = A \cdot I = A \cdot \frac{p^2}{\varrho c} \approx 400\ A \cdot u^2\ (\mu\text{W}).$$

Gewöhnliche Unterhaltungssprache erzeugt in etwa 1 m Abstand vom Mund des Sprechenden Schalldrücke von 1 bis 10 $\mu$bar. Geringster wahrnehmbarer Druck $2 \cdot 10^{-4}$ $\mu$bar, Schmerzgrenze etwa $2 \cdot 10^2$ $\mu$bar. Leistungen einiger anderer Schallquellen siehe Tafel 152-2.

Die Größen der verschiedenen Schallfeldeinheiten bei verschiedenen Schalldrücken siehe Tafel 152-3.

Die *Schalldichte* $E$ ($10^{-7}$ J/cm³) ist die in der Raumeinheit enthaltene Schallenergie. Bei ebenen Wellen ist $E = I/c$. In geschlossenen Räumen wird nach der Nachhalltheorie durch eine Schallquelle von der Leistung $W$ eine Schalldichte $E = 4\ W/Ac$ erzeugt ($A$ = Absorption der Wände in m², siehe Abschnitt 337).

# 153 Tonspektrum und Klangfarbe

Jedes Geräusch läßt sich nach dem Fourierschen Prinzip in einfache sinusförmige Schwingungen zerlegen. Man erhält ein Tonspektrum, wenn man über der Frequenzskala die Intensität der Einzelschwingungen aufträgt. Die tiefste Schwingung ist der *Grundton,* die höheren Schwingungen heißen *Obertöne.* Töne gleicher Tonhöhe, aber verschiedener Charakteristik unterscheiden sich durch die Obertöne. Man sagt, sie haben verschiedene *Klangfarbe* (Bild 153-1).

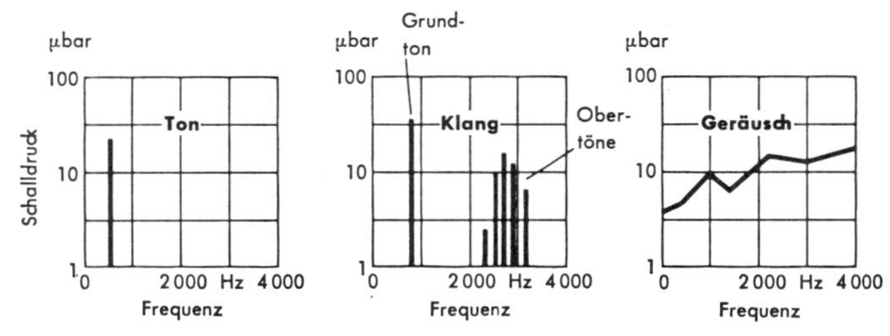


Bild 153-1. Tonspektren verschiedener Schalle.

Bei der menschlichen Stimme werden der Grundton durch die Stimmbänder im Kehlkopf, die Obertöne und damit die charakteristische Klangfarbe der verschiedenen Laute durch Stellung und Form der Lippen und der Mundhöhle erzeugt. Die Hauptobertöne liegen z. B.

für den Vokal a bei etwa 3000 Hz
für den Vokal u bei etwa 500 Hz
für den Vokal i bei etwa 500 und 3000 Hz.

Zischlaute enthalten hohe Frequenzen. *Geräusche* enthalten meist kontinuierliche Spektren mit mehr oder weniger ausgeprägten Spitzen bei bestimmten Frequenzen. Ist der Schalldruckpegel über alle Frequenzen konstant, spricht man von *„weißem Geräusch".* Kenntnis der Spektren von Geräuschen sehr wichtig bei Geräuschbekämpfung, da das Ohr die Geräusche auch auf Grund der Frequenz beurteilt.

Der technisch wichtige Bereich liegt zwischen 50 und 10000 Hz. Er wird unterteilt in *Oktaven* (Frequenzverhältnis 2:1) oder *Terze* (= ⅓ Oktave). Die Mittenfrequenzen der in der Raumlufttechnik benutzten 8 Oktavbänder sind in Tafel 154-1 angegeben.

# 154 Geräuschbewertung

## -1 DER DEZIBEL-MASSSTAB

Da die auf das menschliche Ohr einwirkenden Schalldrücke einen sehr großen Bereich umfassen, gibt man, um einfache Zahlenwerte zu erhalten, den Schalldruck $p$ im logarithmischen Verhältnis zu einem Bezugsdruck $p_0 = 2 \cdot 10^{-4}$ $\mu$bar (Hörschwelle) an und definiert physikalisch:

$$\textit{Schalldruckpegel } L_p = 10 \lg \left(\frac{p}{p_0}\right)^2 = 20 \lg \frac{p}{p_0} \text{ in dB}$$

Der Schalldruckpegel ist eine dimensionslose *physikalische* Größe. Maßeinheit Dezibel benannt nach Graham Bell (1847–1922).

Die Skala des Dezibel-Pegels erstreckt sich demnach von der Hörschwelle $L_p = 0$ bis zu der Schmerzgrenze $L_p = 20 \lg \frac{2 \cdot 10^2}{2 \cdot 10^{-4}} = 120$ dB.

Auch für *Schallintensität und Schalleistung W* wird der Dezibel-Maßstab verwendet:

$$L_i = 10 \lg \frac{I}{I_0} \text{ in dB}$$

$$L_W = 10 \lg \frac{W}{W_0} \text{ in dB}$$

Der Bezugswert $I_0$ ist dabei $10^{-12}$ W/m², der Bezugswert $W_0 = A_0 \frac{p_0^2}{\varrho c} = 10^{-12}$ W

(in USA häufig auch $10^{-13}$ W). Fläche $A_0 = 1$ m².

Durch Umrechnung aus den Gleichungen in 152 wird dabei der *Schalleistungspegel*

$$L_W = 10 \lg \frac{p^2}{p_0^2} \cdot \frac{A}{A_0} = 10 \lg \left(\frac{p}{p_0}\right)^2 + 10 \lg \frac{A}{A_0} = L_p + 10 \lg \frac{A}{A_0}$$

Bei $A = A_0$ ist $L_W = L_p$.

Der Schalleistungspegel ist für eine gegebene Schallquelle kennzeichnend, da er nicht wie der Druckpegel von anderen Faktoren wie Kanalfläche, Absorption usw. abhängig ist. Er ist zahlenmäßig gleich dem Schalldruckpegel, wenn sich der Druckpegel auf die Fläche von $A = 1$ m² bezieht.

Bei der Addition mehrerer Schallquellen ist zu beachten, daß sich nicht die Drücke, sondern die Intensitäten $I_1$, $I_2 \cdots$ oder die Schalldruckquadrate $p_1^2$, $p_2^2 \cdots$ addieren.

Addieren sich $n$ Schallquellen gleicher Intensität $I$, so ist der Gesamtpegel

$$L_g = 10 \lg nI = L + 10 \lg n$$

Bei 2 gleichstarken Schallquellen vergrößert sich der Gesamtpegel um 3 dB,
bei 10 gleichstarken Schallquellen vergrößert sich der Gesamtpegel um 10 dB,
bei 100 gleichstarken Schallquellen vergrößert sich der Gesamtpegel um 20 dB.

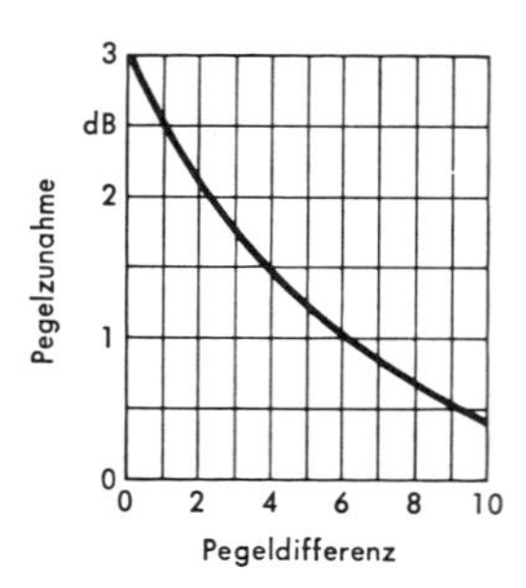


Bild 154-1. Bestimmung von Summenpegeln.

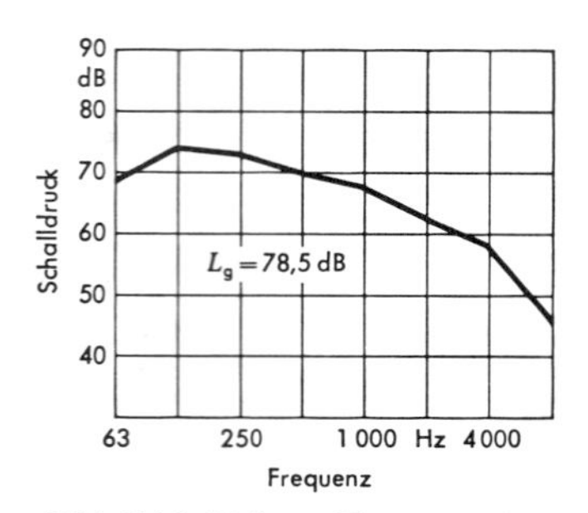


Bild 154-3. Meßwert-Diagramm einer Schallquelle. Ermittlung von $L_g$ in Tafel 154-1.

Die Addition ist nur anwendbar, wenn die Schallquellen dicht beieinander liegen. Bei räumlicher Verteilung ist

$L_g \approx L + 5 \lg n$ in dB.

Addieren sich mehrere Schallpegel $L_1$, $L_2 \cdots$, so ist der resultierende Gesamtpegel $L_g$

$L_g = 10 \lg (10^{0,1 L_1} + 10^{0,1 L_2} + \cdots)$.

Näherungsweise Bestimmung nach Bild 154-1. Man addiert 2 Pegel $L_1$ und $L_2$, indem man zum größeren Pegel einen Zuschlag macht, der von der Differenz der beiden Pegel abhängt. Bei Pegeldifferenzen $> 10$ dB erfolgt praktisch keine Addition zum größeren Pegel mehr. Die Addition in Tafel 154-1 erfolgt mit Hilfe von Bild 154-1.

Die Berechnung ist unabhängig von der Reihenfolge.

**Tafel 154-1. Beispiel zur Addition von Einzelpegeln eines Geräusches**

| Mittelfrequenz Hz | Oktavpegel dB | Summenpegel dB |
|---|---|---|
| 63 | 69 | |
| 125 | 74 | 76,5 (74 + 73); 78,0 (69 + 77,4) |
| 250 | 73 | 77,4 (76,5 + 70) |
| 500 | 70 | 78,4 (78,0 + 68) |
| 1000 | 68 | 78,5 dB (78,4 + 63) |
| 2000 | 63 | |
| 4000 | 58 | |
| 8000 | 46 | |

## -2 DIE LAUTSTÄRKE

Die durch das Gehör *subjektiv empfundene Lautstärke* steht in keinem gesetzmäßigen Verhältnis zu dem physikalisch meßbaren Schalldruck oder der Schallstärke. Um nun ein Maß für die Lautstärke zu erhalten, ist man folgendermaßen vorgegangen:

Man definiert zunächst für Töne von 1000 Hz die *Einheit der Lautstärke L*, das *phon*, wie folgt:

$$L = 10 \lg \frac{I}{I_0} \text{ (phon)}$$

oder, da $I = p^2/420$

$$L = 20 \lg p/p_0.$$

Die Lautstärke eines 1000-Hz-Tones ist also zahlenmäßig gleich groß wie der Schallpegel in dB.

Um nun für Töne anderer Frequenz ebenfalls die Lautstärke anzugeben, hat man Töne von 1000 Hz bei verschiedener Lautstärke mit Tönen anderer Frequenz subjektiv verglichen und festgestellt, auf welchen Schalldruck der *Normalschall* von 1000 Hz eingeregelt werden muß, damit er, von einer größeren Anzahl von Beobachtern abgehört, im Mittel ebenso laut erscheint wie der zu messende Ton. Dabei hat man die in Bild 154-5 dargestellten *Kurven gleicher Lautstärke* erhalten, die zuerst von Fletscher und Munson 1933 aufgestellt und später von anderen Seiten verbessert wurden (Robinson und Dadson).

Ein Sinuston hat demnach die Lautstärke $L$ phon, wenn er sich genauso laut anhört wie ein Ton von 1000 Hz und dem Schalldruckpegel $L$, wobei $L = 10 \lg I/I_0$ ist. Man sieht aus diesem Bild, daß bei Tönen niederer Frequenz ein erheblich größerer Schalldruckpegel erforderlich ist, um dieselbe Lautstärke zu erzielen. Beispielsweise ist bei 125 Hz und 30 phon der Schalldruckpegel 39 dB. Die Kurven beschreiben die frequenzabhängige Empfindlichkeit des Ohres für Einzeltöne, sind jedoch zur Beurteilung von Breitbandgeräuschen, mit denen man es meist zu tun hat, nur bedingt geeignet. Schalldruckpegel verschiedener Geräusche siehe Tafel 154-4.

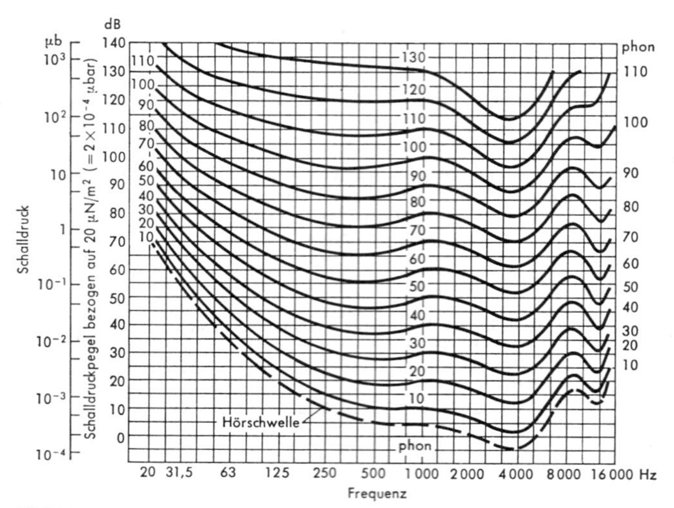


Bild 154-5. Kurven gleicher Lautstärke nach DIN 45630 Teil 2 (9.67).

**Tafel 154-4. Schalldruckpegel verschiedener Geräusche**

| Schalldruckpegel $L_p$ dB(A) | Geräusch |
|---|---|
| 0 | Beginn der Hörempfindung, nur im Laboratorium meßbar |
| 10 | Gerade hörbarer Schall |
| 15 ··· 20 | Leises Blätterrauschen, auf freiem Felde nachts, Kirche |
| 25 ··· 30 | Flüstern, Lesesaal |
| 30 ··· 40 | Ruhige Wohngegend |
| 40 ··· 50 | Leise Unterhaltung, ruhiges Büro |
| 50 ··· 60 | Normale Unterhaltung, Schreibmaschine (geräuscharm) |
| 55 ··· 65 | Staubsauger |
| 60 ··· 65 | Warenhaus, lautes Büro |
| 65 ··· 70 | Telefonklingel in 1 m Abstand, Hundegebell, Schreibmaschine |
| 55 ··· 75 | Eisenbahnabteil |
| 70 ··· 80 | Starker Straßenverkehr |
| 75 ··· 85 | Untergrundbahn, im Wagen |
| 80 ··· 85 | Rufen, Schreien |
| 80 ··· 90 | Lastauto, vorbeifahrend; Werkstatt mit Drehbänken; Druckerei |
| 90 ··· 100 | Baumwollweberei; Eilzug, vorbeifahrend; Turbogenerator |
| 100 ··· 110 | Kesselschmiede, lauter Donner |
| 110 ··· 120 | Flugzeug, Propeller in 3 m Abstand |
| 120 ··· 130 | Schmerzhaftes Geräusch |
| 130 ··· 150 | Düsenflugzeug |

## -3 BEWERTETER SCHALLPEGEL

Um bei der Messung von Geräuschen mit einem einzigen Zahlenwert auszukommen und objektiv vergleichbare Werte zu erhalten, hat man in die Schalldruckmeßgeräte Filter eingebaut, die die Schalldrücke in den verschiedenen Frequenzbereichen unterschiedlich bewerten, siehe Abschn. 169-6. Es wird gewissermaßen die Empfindlichkeit des menschlichen Ohres simuliert. Die damit gemessene Größe ist ein sog. *A-bewerteter*

*Schalldruckpegel* $L_{pA}$, der in dB(A) angegeben wird und im ganzen Schallpegelbereich gültig ist. Die in Deutschland früher übliche und 1968 zurückgezogene *DIN-Lautstärke* (Einheit DIN-phon) ist unterhalb 60 DIN-phon mit dem Schallpegel in dB(A) identisch. Ferner ist auch eine A-Bewertung des Schalleistungspegels (A-Schalleistungspegel) $L_{WA}$ möglich.

## -4 GRENZKURVEN

Bei breitbandigen Geräuschen mit hervorragenden Einzeltönen, wie sie z. B. bei Ventilatoren auftreten, erhält man ein falsches Bild, wenn man nur die Schallpegel in dB(A) angibt. Liegt z. B. ein Geräusch vor, das sich nur über ein einziges Oktavband erstreckt, dann ist der dB(A)-Meßwert dieses Geräusches um 9 dB geringer als der eines breitbandigen Geräusches, das in allen 8 Oktavbereichen die gleiche Lautstärke besitzt. Denn 8 Schallquellen gleicher Stärke ergeben einen Gesamtpegel, der um $10 \log 8 = 9$ dB höher liegt. In Wirklichkeit wird das Einzelgeräusch physiologisch jedoch lästiger empfunden als das „weiße" Geräusch.

Um diese Schwierigkeiten zu vermeiden, hat man *Kurven gleicher Lästigkeit* aufgestellt, bei denen die Frequenzzusammensetzung des Geräusches berücksichtigt wird, siehe Bild 154-8, das aufgrund einer ISO-Empfehlung die sogenannten *NR-Kurven* enthält (Noise rating). Wenn die einzelnen in den Oktaven gemessenen Schalldruckpegel alle dem Verlauf einer dieser Grenzkurven folgen, liegt der bewertete Schalldruckpegel $L_{pA}$ eines derartigen Geräusches um 7 bis 10 dB über dem Wert der Grenzkurve.

Bei den in Lüftungsanlagen vorkommenden Geräuschen ist die Differenz im Mittel nur etwa 5 dB(A), weil das Spektrum dieser Geräusche nicht in allen Oktaven ein und dieselbe Grenzkurve erreicht.

Außer der NR-Grenzkurve gibt es auch noch einige andere Kurven, z. B. die NC-Kurve. Man kann auch bei akustischen Berechnungen von raumlufttechnischen Anlagen, wenn ein bestimmter A-Schallpegel vorgegeben ist, die zu Bild 169-8 *inverse* (umgekehrte) A-Kurve wie eine Grenzkurve verwenden[1]).

Bei breitbandigen Geräuschen, d. h. Geräuschen ohne hervortretende Einzeltöne, genügt im allgemeinen die „A-Bewertung".

Wenn in einem Raum jedoch Geräusche mit deutlich hörbaren Einzeltönen auftreten, ist eine Messung der Schallpegel in den einzelnen Oktaven vorzunehmen, um festzustellen, wo die Grenzkurve erreicht wird. Meßgeräte siehe Abschn. 169.

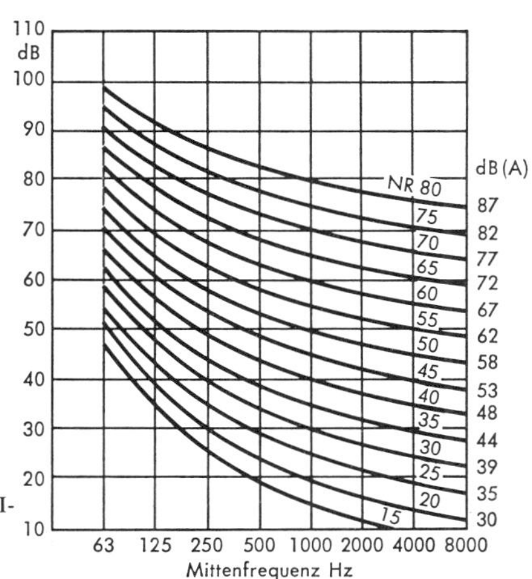


Bild 154-8. NR-Grenzkurven nach VDI-Richtlinie 2081 (3.83).

[1]) Die ARD (Arbeitsgemeinschaft der Rundfunkanstalten) hat eigene Kurven aufgestellt.

### -5 INFRASCHALL[1])

Longitudonale Wellen unter 20 Hz werden *Infraschall* genannt. Dieser galt früher als unhörbar. Inzwischen ist bekannt, daß ab gewissen Schallpegeln der Infraschall doch hörbar ist. Neuere Bestätigung nach Bild 154-9[2]).

Oft wurde auch angenommen, daß Infraschall für Menschen schädlich ist[3]). Neuere Erkenntnisse nach [2]) zeigen eindeutig, daß unhörbarer Infraschall völlig harmlos ist. Messungen zeigen, daß hörbarer Infraschall bei Klimaanlagen sehr selten ist[3]).

Oberhalb 20 Hz spricht man von niederfrequentem Schall. Im Bereich 20···100 Hz scheint die Bewertung nach Kurve A (Bild 169-8) die tatsächliche Belästigung nicht richtig zu berücksichtigen[2]). Es wird Bewertung nach Kurve C vorgeschlagen[3]).

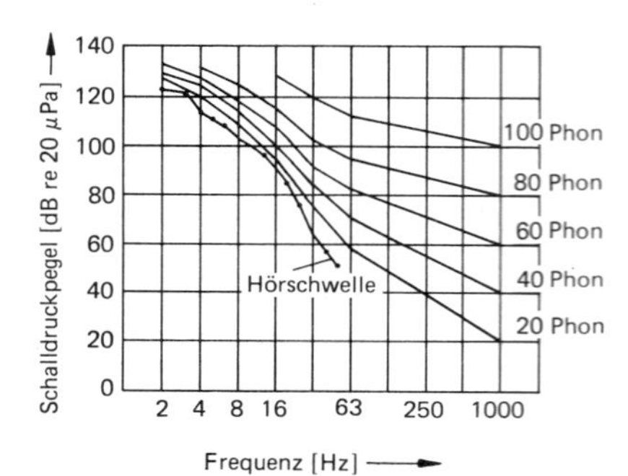


Bild 154-9. Kurven gleicher Lautstärke im Infraschallbereich[2]).

## 155 Schallausbreitung[4])

In *Gasen* ist die Fortpflanzungsgeschwindigkeit des Schalles

$$c = \sqrt{\frac{\kappa p}{\varrho}} \quad \text{(m/s)}$$

$p$ = Druck der Luft (N/m²)
$\varrho$ = Dichte der Luft (kg/m³)
$\kappa = c_p/c_0$ = Verhältnis der spez. Wärmen.

Für Luft ist $c = 331\,\sqrt{1+0{,}004\,t}$ oder genauer $c = 20{,}1\,\sqrt{T}$. Die Geschwindigkeit des Schalles ist abhängig von der Temperatur, nicht jedoch vom Druck.

Bei *Flüssigkeiten* ist

$$c = \sqrt{\frac{1}{K \cdot \varrho}} \qquad K = \text{Kompressibilität} = \frac{\Delta V}{V \cdot p} \text{ in m}^3/\text{N}.$$

Bei *festen Körpern* ist

$$c = \sqrt{\frac{E}{\varrho}} \qquad E = \text{Elastizitätsmodul (N/m}^2\text{)}.$$

---

[1]) Hönmann, W.: Ges.-Ing. 4/86. S. 209/212.
[2]) Møller, H.: Effects of infrasound on man. Aalborg University Press, 1984.
Ising, H., und C. Schwarze: Infraschallwirkungen auf den Menschen. Zeitschrift für Lärmbekämpfung 29 (1982). S. 79–82.
[3]) Kröling, P.: Gesundheits- und Befindensstörungen in klimatisierten Gebäuden. W. Zuckschwerdt Verlag München, 1985.
[4]) Grebig, K.: HLH 1971. S. 143/6.

**Tafel 155-1. Schallgeschwindigkeit $c$ in Luft**

| Temp. °C | $c$ m/s | Temp. °C | $c$ m/s |
|---|---|---|---|
| −10 | 325,6 | 20 | 343,8 |
| 0 | 331,8 | 30 | 349,5 |
| 10 | 337,8 | 40 | 355,3 |

**Tafel 155-2. Schallgeschwindigkeit $c$ in Wasser (dest.)**

| Temp. °C | $c$ m/s | Temp. °C | $c$ m/s |
|---|---|---|---|
| 0 | 1407 | 20 | 1484 |
| 10 | 1449 | 30 | 1510 |

**Tafel 155-3. Schallgeschwindigkeit $c$ in festen Körpern**

| Körper | $c$ m/s | Körper | $c$ m/s |
|---|---|---|---|
| Glas | 5200 | Holz, Fichte | 3300 |
| Aluminium | 5100 | Holz, Tanne | 4200 |
| Stahl | 5000 | Mauerwerk | 3500 |
| Beton | 4000 | Kork | 500 |
| Holz, Eiche | 3850 | Gummi | 50 |

An sich ist der in festen Körpern sich fortpflanzende Schall nicht hörbar, da das menschliche Ohr nur für Luftschall empfindlich ist. Der Körperschall kann jedoch durch Schwingungen an der Oberfläche aus den Körpern heraustreten und an die Luft übertragen werden, so daß er hörbar wird. Zahlenwerte für die Schallgeschwindigkeit Tafel 155-1 bis -3.

Ist die *Schallquelle punktförmig,* so bildet sich um sie ein kugelförmiges Schallfeld. Gemäß der Gleichung in Abschnitt 154-1 ist der Schalldruck in der Entfernung $r$ bestimmt durch

$$L_p - L_w = 10 \lg \frac{A_0}{4\pi r^2} \quad \text{mit } A_0 = 1 \text{ m}^2$$

$$L_p = L_w - 20 \lg r - 11$$

Der Schalldruck verringert sich also bei Verdoppelung der Entfernung jeweils um 6 dB im akustisch freien Feld (Bild 337-50). (20 lg 2 = 6). In der Praxis vermindert sich dieser Wert infolge Reflexionen jedoch. In Hallräumen bleibt der Schallpegel sogar konstant.

Bei nicht punktförmigen Schallquellen gilt dieses Gesetz erst in einem Abstand von einigen Durchmessern der Schallquelle, z. B. bei Ventilatoren[1]).

In der Praxis wird oft der Schall bevorzugt in einer Richtung ausgestrahlt, was durch einen *Richtungsfaktor $Q$* berücksichtigt wird:

$$L_p - L_W = 10 \lg \frac{Q}{4\pi r^2}$$

$Q$ ist das Verhältnis der Schallintensität in einer Richtung zur Schallintensität des Kugelstrahlers gleicher Leistung ($Q = 1 \cdots 8$). Siehe auch Bild 337-51.

| | | | | | |
|---|---|---|---|---|---|
| Raumwinkel | = | $4\pi$ | $2\pi$ | $\pi$ | $\pi/2$ |
| $Q$ | = | 1 | 2 | 4 | 8 |

In *geschlossenen Räumen,* in denen der Schall von den Wänden teils absorbiert, teils reflektiert wird, ist die Schallpegelabnahme geringer. Sie hängt von der Absorptionsfähigkeit der Wände ab und wird durch folgende Gleichung erfaßt:

$$L_p - L_W = 10 \lg \left(\frac{Q}{4\pi r^2} + \frac{4}{A}\right) \text{ in dB.}$$

Darin ist A das Absorptionsvermögen der Umschließungsflächen ausgedrückt in m² total absorbierender Flächen (*Sabine,* siehe Abschnitt 159). Diese Gleichung ist in Bild 337-50 dargestellt.

Auch der Standort des Mikrophons ist bei der Feststellung der Schallpegel in geschlossenen Räumen von Einfluß. In Räumen mit stark reflektierenden Wänden können durch die vielfache Reflexion an den Wänden *stehende Wellen* entstehen.

[1]) Für genauere Rechnungen siehe VDI 2714 (7.86).

Nach der *Nachhalltheorie* berechnet sich die Schalldichte im Raum mit *diffusem* Schallfeld zu.

$E = 4\ W/Ac$ in Ws/cm³

($W$ = Schalleistung in W).

Außer der durch die Ausbreitung der Schallenergie auf größere Flächen bedingten Verkleinerung der Schallstärke erfolgt noch eine weitere Verringerung durch innere Reibung im Schallmedium *(Schalldämpfung)*. Diese macht sich jedoch erst in größeren Entfernungen bemerkbar. Großer Einfluß der Luftfeuchte, starke Frequenzabhängigkeit.

# 156 Luftschalldämmung

## -1 DEFINITION[1])

Trifft auf eine Wand Schallenergie, so wird ein Teil durch Reflexion oder Biegeschwingungen (Wand schwingt wie eine Membran) zurückgeworfen, ein zweiter Teil wird in der Wand absorbiert oder fortgeleitet, ein dritter Teil wird durch die Poren der Wand hindurchgelassen oder durch Biegeschwingungen der Rückseite der Wand abgestrahlt (Bild 156-1). Bei festen Wänden erfolgt die Schallübertragung zum größten Teil durch die Biegeschwingungen der Wand.

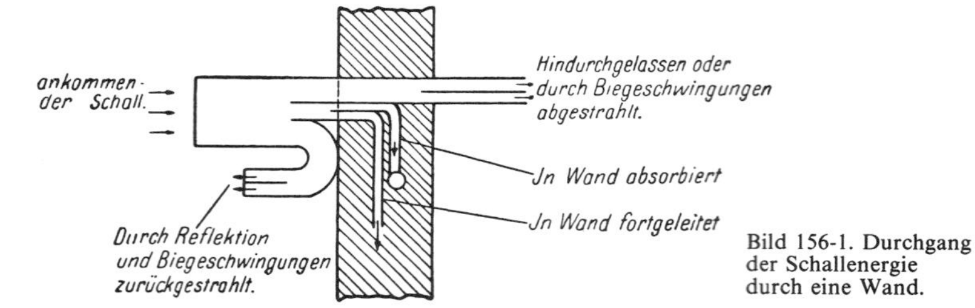


Bild 156-1. Durchgang der Schallenergie durch eine Wand.

Herrscht auf der einen Seite einer Wand oder Decke der Schallpegel $L_1$, auf der anderen Seite $L_2$, so ist die von den Bewohnern wahrnehmbare Dämmung

$D = L_1 - L_2$ (dB)

die *Schallpegeldifferenz*.

Sie ist nicht identisch mit der Schalldämmung, denn diese hängt nicht nur von der Wandkonstruktion, sondern auch von der Größe der Fläche und dem Schallschluckvermögen der Wände ab.

## -2 SCHALLDÄMM-MASS

Das Schalldämm-Maß ist kennzeichnend für die Wandkonstruktion.

Es wird bei einer Wand oder Decke durch Messung für die verschiedenen Frequenzen aus folgender Gleichung bestimmt:

$$R = L_1 - L_2 + 10 \lg S/A$$

$R$ = Schalldämm-Maß in dB
$S$ = Prüffläche in m²
$A$ = äquivalente Schallschluckfläche des Empfangsraumes in m²
$= 0{,}16\ V/T$
$V$ = Rauminhalt in m³
$T$ = Nachhallzeit in s.

Zahlenwerte in VDI 2571 und VDI 2719[2]).

[1]) DIN 4109, Schallschutz im Hochbau. E. 10.84. 7 Teile.
Gösele K.: Ges.-Ing. 1967. S. 95/98.

[2]) VDI 2571 (8.76): Schallabstrahlung von Industriebauten.
VDI 2719 (E. 9.83): Schalldämmung von Fenstern und deren Zusatzeinrichtungen.

## -3 SOLLKURVEN DER SCHALLDÄMMUNG

Die Schalldämmung ist bei einer bestimmten Wand abhängig von der Frequenz der Schallwellen. Um die Güte der Schalldämmung zu beurteilen, hat man für das Bauwesen eine sogenannte „*Sollkurve der Schalldämmung*" eingeführt (DIN 4109, Sept. 1962), die die Mindestanforderungen für die Schalldämmung enthält (siehe Bild 156-3). Der Frequenzbereich ist 100···3200 Hz. Die Kurve verläuft entsprechend der Empfindlichkeit des Ohres anfangs stark steigend.

Wohnungstrennwände müssen mindestens diese Schalldämmung besitzen.

## -4 PRÜFUNG[1])

Bei der Prüfung einer Wand oder Decke ist nach DIN 52210 zu verfahren. Die gemessenen Werte werden in Beziehung gesetzt zu der *Sollkurve*, Bild 156-4. Liegen sie darüber, ist ein zusätzlicher Schallschutz vorhanden, liegen sie darunter, ist Schallschutz nicht erforderlich.

Das Schallschutzmaß *R* wird ermittelt, indem man die Sollkurve solange parallel nach oben oder unten verschiebt, bis zwischen den Meßpunkten und der Sollkurve sich eine Differenz von höchstens 2 dB im Mittel ergibt.

Der Wert der verschobenen Kurve bei 500 Hz wird als Einzahl-Angabe mit *Schalldämm-Maß* bezeichnet. In Bild 156-4 ist dies 41 dB für die verschobene Kurve und 52 dB für die Sollkurve.

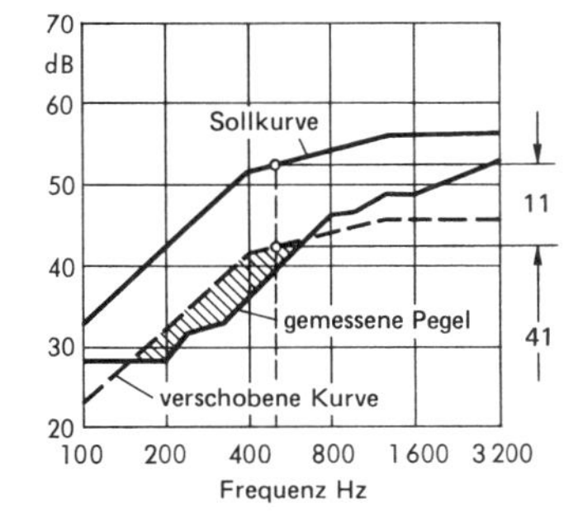


Bild 156-4. Prüfung einer Wand; Luftschallschutzmaß R = 41 dB.
Sollkurve = Bezugskurve nach DIN 52210, T. 4 (8.84); dafür Einzahl-Wert bei 500 Hz: 52 dB.

## -5 EINSCHALIGE WÄNDE UND DECKEN

bestehen aus einheitlichem Material, z. B. Beton, Ziegel usw. Sie dämmen um so besser, je schwerer sie sind. Gemessene Werte für mittlere Schalldämmung siehe Bild 156-5 und Tafel 156-2. Nach Cremer: $D = 14 \lg G + 14$ in dB, $G$ = Wandmasse in kg/m².

**Tafel 156-2. Mittlere Luftschalldämmung einschaliger Wände, beiderseits verputzt**

| Wand | Masse kg/m² | Dämmung dB | Wand | Masse kg/m² | Dämmung dB |
|---|---|---|---|---|---|
| 6 cm Bimsbeton | 110 | 35 | 11,5 cm Vollziegel | 270 | 47 |
| 10 cm Gipsplatten | 105 | 36 | 12 cm Schwerbeton | 330 | 50 |
| 10 cm Porenbeton | 150 | 41 | 24 cm Lochziegel | 350 | 51 |
| 11,5 cm Lochziegel | 200 | 44 | 24 cm Vollziegel | 460 | 53 |
| 20 cm Porenbeton | 220 | 45 | 24 cm Kalksandstein | 510 | 54 |

[1]) DIN 52210 – 7 Teile (8.84 bis 7.85): Luft- und Trittschalldämmung.

**Tafel 156-4. Mittlere Luftschalldämmung von zweischaligen Wänden**

| Wand | Dicke cm | Masse einschl. beiderseits 1,5 cm Zementputz kg/m² | Luft-spalt cm | Gesamt-dicke cm | Mittl. Schall-dämmg. dB |
|---|---|---|---|---|---|
| Vollziegel | 2×6,5 | 280 | 1,5 | 17,5 | 56 |
| Schwemmsteine | 2×9,5 | 250 | 1,8 | 23,8 | 56 |
| Schwemmsteine | 2×6,5 | 280 | 2,1 | 18,1 | 55 |
| Bimszementdielen | 2×5 | 150 | 3,0 | 16 | 53 |
| Gipsdielen | 2×5 | 130 | 3,7 | 16,7 | 53 |
| Leichtbauplatten | 2×5 | 90 | 4,5 | 17,5 | 52 |

**Tafel 156-6. Mittlere Luftschalldämmung von Fenstern und Türen**

Die höheren Werte beziehen sich auf Türen bzw. Fenster mit zusätzlicher Dichtung.

| Bauteil | Übliche Einfach-tür | Doppel-tür | Einfach-fenster | Isolier-glas | Kasten-doppel-fenster |
|---|---|---|---|---|---|
| Mittlere Dämmzahl dB | 20···25 | 30···40 | 20···25 | 25···30 | 30···35 |

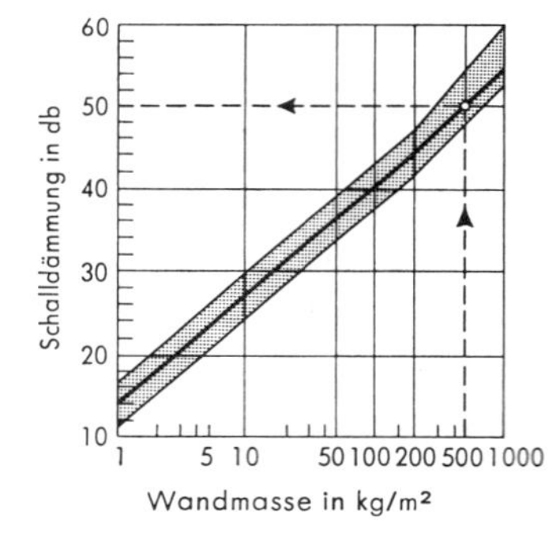


Bild 156-5. Abhängigkeit der Schalldämmung von der Wandmasse.

*Beispiel:*

Wie groß ist die Schalldämmung einer 25 cm dicken beiderseits geputzten Ziegelwand? (rd. 500 kg/m²). Lösung: 50 dB aus Bild 156-5.

Im Wohnungsbau ausreichend sind Wände mit einem Gewicht von >350 kg/m². Größere Hohlräume verschlechtern die Schalldämmung, aufgeklebte Akustikplatten verbessern sie nicht. Starke Verbesserung durch Vorsatzschalen und mehrschalige Wände. Verdoppelung des Gewichts bei einschaliger Wand bringt nach obiger Formel von Cremer nur 4,2 dB; zwei getrennte Schalen gleichen Gewichts verdoppeln im Idealfall jedoch $D$ der Einzelwand. Praktisch ist der Wert zwar kleiner, aber immer noch wesentlich größer als bei der Einzelwand mit doppeltem Gewicht (s. Tafel 156-4).

## -6 MEHRSCHALIGE WÄNDE

bestehen aus zwei oder mehr Schalen, die nicht in starrer Verbindung miteinander stehen. Zwischenraum mit Schallschluckstoff ausgefüllt. Bei richtiger Ausführung ergeben sie größere Dämmung bei geringerem Gewicht. Die Schalldämmung einer einfachen Wand mit schlechter Dämmung kann durch Anbringen einer sog. biegeweichen Vorsatzwand bis zu 20 dB verbessert werden. Verschiedene Ausführungen möglich: Wand mit vorgesetzter weicher Stelle, z.B. Leichtbauplatten mit möglichst wenig Verbin-

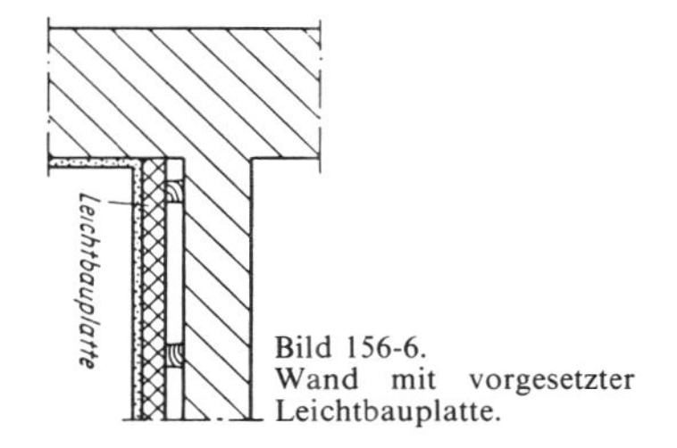

Bild 156-6.
Wand mit vorgesetzter Leichtbauplatte.

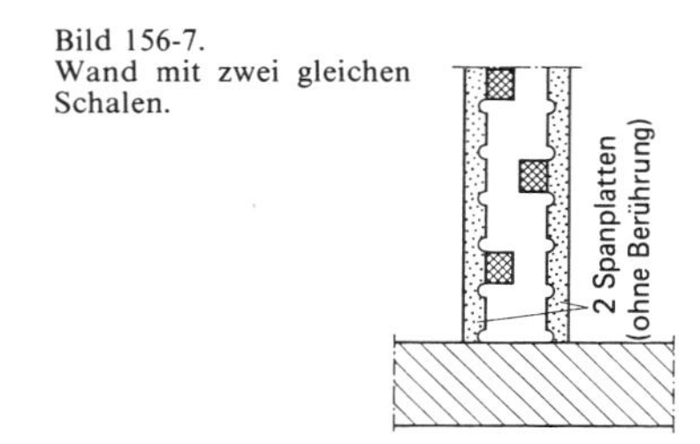

Bild 156-7.
Wand mit zwei gleichen Schalen.

dungspunkten zur Massivwand oder zwei gleich schwere Schalen mit Luftzwischenraum, u.a. (Bild 156-6 und 7.)

Gemessene Werte bei Doppelwänden Tafel 156-4.

## -7 MEHRSCHALIGE DECKEN

ebenfalls in vielen Ausführungen möglich:

Tragdecke mit Unterdecke, geringe Berührungsflächen vorsehen (siehe Bild 156-9),

Decke mit schwimmendem Estrich (Bild 156-10). Keine feste Verbindung mit Wänden oder Tragdecke. Zwischen Estrich und Wand Dämmstreifen.

Decke mit Unterdecke und schwimmendem Estrich (dreischalige Decke), besonders wirksam.

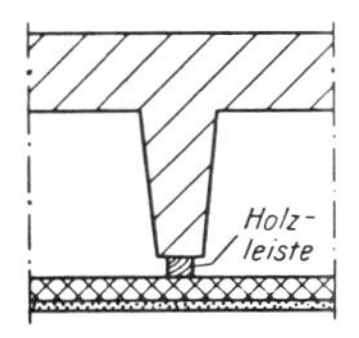

Bild 156-9. Decke mit untergehängter Schale.

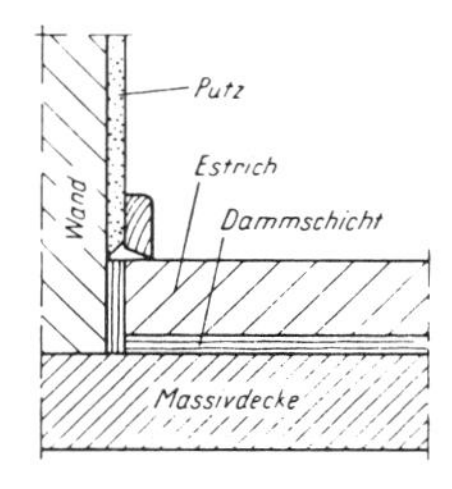

Bild 156-10. Decke mit schwimmendem Estrich.

## -8 FENSTER UND TÜREN

Die Schalldämmung von Fenstern und Türen hängt außer von der Dicke des Materials außerordentlich stark von der mehr oder weniger guten Ausführung der Dichtung an den Auflageflächen ab. Gemessene Werte daher außerordentlich streuend (Tafel 156-6).

In verkehrsreichen Straßen mit einem Pegel von z.B. 75 dB sind Doppelfenster unerläßlich. Schallpegel im Raum dabei $75-35=40$ dB.

## -9 ZUSAMMENGESETZTE WÄNDE

sind Wände mit darin befindlichen Flächen geringerer Schalldämmung, z.B. Fenster und Türen. Die *resultierende Schalldämmung* ergibt sich aus Bild 156-12. Bei dem Durchgang von Schallenergie durch *kleine Öffnungen* wie Schlüssellöcher, Schlitze, bei schlecht schließenden Türen, Fenstern usw. wird infolge Beugung der Luftschallwellen erheblich mehr Energie übertragen als der Öffnung entspricht. Die tatsächliche Öffnung wird durch die Beugeerscheinung gleichsam vergrößert.

*Beispiel:*

Flächenverhältnis Wand zu Tür: $S_0 : S_1 = 10$

Schalldämmung der Wand: $R_0 = 50$ dB
Schalldämmung der Tür: $R_1 = 35$ dB
$R_0 - R_1 = 50 - 35 = 15$ dB
$R_0 - R = 6$ dB (aus Bild 156-12).
Resultierende Schalldämmung der Wand $R = R_0 - 6 = 44$ dB.

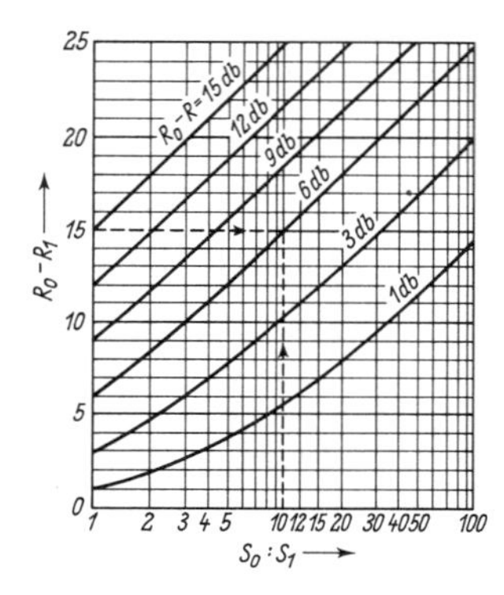


Bild 156-12. Schalldämmung zusammengesetzter Wände (nach DIN 4109, Teil 5, 4.63).

$S_0$ = Gesamte Fläche
$S_1$ = Fenster- oder Wandfläche

## 157 Körperschalldämmung

Körperschall ist der Schall, der sich in einem festen Medium bei einer Frequenz > 15 Hz ausbreitet. Körperschall ist an sich nicht hörbar, wird jedoch dann hörbar, wenn er durch Abstrahlung von Flächen in Luftschall verwandelt wird, z. B. beim Trittschall. Weiterleitung des Schalles ist also möglichst zu dämmen, zumal sich der Schall in festen Körpern mit nur geringen Verlusten fortpflanzt (Heizungsrohre).

Die Gesetzmäßigkeiten bei der Körperschalldämmung sind wegen der Kopplung verschiedener Wellen sehr unübersichtlich. Verhinderung der Schallausbreitung hauptsächlich durch Zwischenschaltung einer elastischen Schicht wie Kork, Gummi u. a., an der die Schallwellen reflektiert werden. Allgemein läßt sich sagen, daß die Dämmung desto größer ist, je weicher und je stärker belastet die elastische Schicht ist.

Bei langsamen Schwingungen, wie sie z. B. bei rotierenden Maschinen auftreten, spricht man von Erschütterungen. Sie werden durch sogenannte Schwingungsdämpfer verringert. Dabei ist es wichtig, die *Eigenschwingzahl* $n_{ei}$ der Anordnung möglichst weit unterhalb oder oberhalb der Erregungsschwingzahl $n_{er}$ zu halten, damit Resonanz vermieden wird. Eigenschwingzahl ist die Schwingzahl je Sekunde, die die Maschine auf der Federung beim Ausstoßen annimmt. *Erregerschwingzahl* ist durch den Takt der Erregerkräfte gegeben, z. B. durch die Drehzahl der Maschinen, Nutenzahl bei Motoren, Schaufelzahl bei Lüftern usw. (Weiteres siehe Abschnitt 337-6.)

## 158 Schallabsorption

Bei porigen Stoffen wie Textilien, Mineralwolle, Filzen, Holzfaserstoffen usw. wird ein wesentlicher Teil der auftreffenden Schallenergie in den Poren absorbiert und in Wärme verwandelt. Diesen Vorgang der Schallpegelabnahme nennt man *Schalldämpfung* (im Gegensatz zur *Schalldämmung*). Die Absorptions- oder *Schallschluckzahl* $\alpha$ eines Stoffes gibt an, wieviel von der auftreffenden Schallenergie absorbiert wird. Sie ist das Verhältnis der absorbierten zur auftretenden Schallintensität. Die Schallschluckzahl nimmt bei fast allen Stoffen mit der Frequenz stark zu. Bei tiefen Frequenzen ist sie um so größer, je dicker die Schallschluckplatte ist. Sie ist für zahllose Stoffe gemessen worden. Einige Werte zeigt Bild 158-1, weitere Zahlenwerte in Abschnitt 337.

Diese Methode der Schallabsorption wird in den „*Schalldämpfern*" der Lüftungstechnik in großem Maßstab benutzt. Dabei werden gerade Kanäle auf der Innenseite mit Schallschluckstoffen, insbesondere Glas- und Mineralwolle, ausgekleidet. Größere Kanäle erhalten schallschluckende Einbauten (Kulissen). Die Stärke der Schallabsorption läßt sich annähernd berechnen.

Eine bessere, auch für tiefere Frequenzen geeignete Schallabsorption erhält man, wenn man hinter dünnen, mitschwingenden Platten, z. B. Sperrholz, Gipskarton u. a. *Luftzwischenräume* vorsieht, die ganz oder teilweise mit Schallschluckstoffen ausgefüllt werden (Bild 158-4). Die in den Zwischenräumen auftretenden Schallschwingungen werden

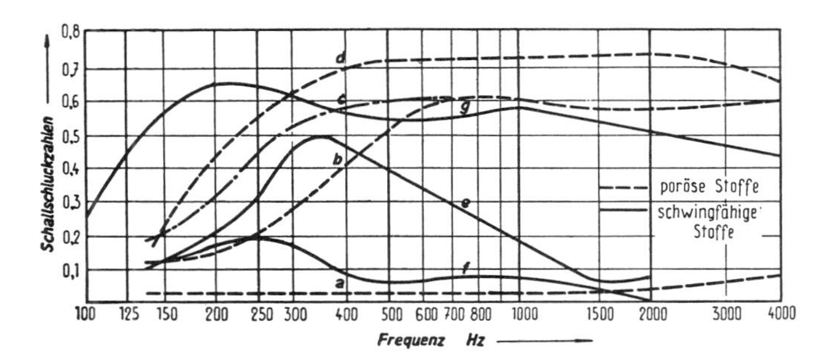


Bild 158-1. Schallschluckzahlen verschiedener Stoffe nach Thienhaus.

a) Glattputz
b) 2,5 cm Holzwolle-Leichtbauplatte
c) dito mit 5 cm Luftraum
d) 3 cm Glaswatte-Matte
e) 1 Lage Wachstuch über 5 cm durch Glaswatte gedämpften Luftraum
f) 3 mm Sperrholz über 5 cm ungedämpften Luftraum
g) poröse und schwingfähige Stoffe kombiniert

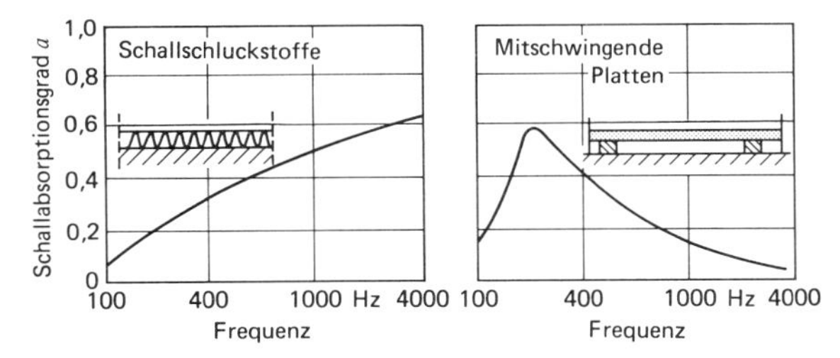


Bild 158-4. Schallabsorption bei Schallschluckstoffen und mitschwingenden Platten.

von dem Schluckstoff mehr oder weniger stark absorbiert. Diese Anordnung ist besonders wirksam bei oder in der Nähe der Frequenz:

$$f = \frac{c}{2\pi}\sqrt{\frac{\varrho}{l\,m}}$$

$\varrho$ = Dichte der Luft (kg/m³)
$l$ = Luftzwischenraum (m)
$m$ = Massen der Platte (kg/m²)
$c$ = Schallgeschwindigkeit der Luft (m/s).

Für Luft von 20 °C ist

$$f = \frac{60}{\sqrt{l\,m}} \text{ in Hz.}$$

Von der Schallabsorption macht man auch Gebrauch, wenn man die Geräuschstärke in einem Raum verringern will. Dabei werden in großem Umfang gelochte Platten oder Bleche verwendet, hinter denen Mineralwolle angebracht ist. Die Größe der Lochung beeinflußt die akustische Wirkung nicht wesentlich *(Akustikplatten)*. Verwendung in Büroräumen, Maschinenräumen u.a.

Siehe auch Abschnitt 337.

## 159 Akustik großer Räume

In geschlossenen Räumen wird der Schall an den Wänden ein- oder mehrmals zurückgeworfen. Je nach der Größe und Form der Räume sowie Schallschluckung der Wände ist die Verständlichkeit und Klanggüte verschieden. Räume mit großen Glas- oder Betonflächen, die stark reflektieren, haben eine lange Nachhallzeit *(Hallräume)*, evtl. sogar Echo und damit eine geringe Verständlichkeit. Räume mit schallschluckenden Wänden, Vorhängen oder dergl. (schallweiche Räume) haben eine kurze Nachhallzeit und damit gute Verständlichkeit. Daher ist der *Nachhall*, der mit einem Pegelschreibgerät aufgenommen wird, ein geeignetes Maß für die Klanggüte. Unter Nachhallzeit versteht man diejenige Zeit, während der die Schallenergie auf den millionsten Teil ihres Anfangswertes herabsinkt, der Schallpegel sich also um 60 dB verringert. Nach *Sabine* ist die Nachhallzeit in einem Raum

$t = 0{,}16\ V/A$ (in s)

$V$ = Rauminhalt ($m^3$)
$A$ = Schallschluckung der Wände ausgedrückt in $m^2$ vollkommen schallschluckender Fläche (Sabine) $= \Sigma\, \alpha F$.

Aus der Nachhallzeit läßt sich also die äquivalente Absorptionsfläche berechnen.

Übliche Nachhallzeiten von Räumen in Sekunden:

| | | | |
|---|---|---|---|
| Theater | 1 | Hotelzimmer | 1 |
| Konzertsäle | 1···2 | Büros | 0,5···1,5 |
| Versammlungsräume | 0,5···1,5 | Kirchen | 2···3 |
| Hörsäle | 0,8···1,5 | Schwimmbäder | 1,5···4 |

# 16 MESSTECHNIK

## 161 Allgemeines[1])

Meßgeräte haben die Aufgabe, *betriebliche Größen* wie Dampfdruck, Temperatur, Feuchte oder Verbrauchsmengen, z. B. von Brennstoffen, Volumenströmen u. a., laufend zu überwachen, um optimal zu regeln oder die Aufdeckung von Fehlern, Vermeidung von Verlusten und Anbringung von Verbesserungen zu ermöglichen. Sie sind ein wichtiges Hilfsmittel für eine wirtschaftliche Betriebsführung.

*Einteilung* der Meßgeräte

nach der zu *messenden Größe:*

Meßgeräte für Temperatur, Druck, Menge, Geschwindigkeit usw.;

nach der *Bauart:*

Anzeigegerät als Hilfsmittel für die Bedienung,

Schreibgeräte als Hilfsmittel für die Überwachung der Bedienung und nachträgliche Verfolgung der Betriebsvorgänge,

Zählgeräte zur Feststellung von Verbrauchszahlen und zur Verrechnung.

*Bestandteile* eines anzeigenden Meßgerätes sind grundsätzlich:

der Geber, z. B. bei einem Manometer das Federrohr,
das Meßsystem,
das Anzeigesystem (Zeiger und Skala).

Bei größeren Betrieben handelt es sich meist um die Messung mehrerer Größen. Dabei werden die Meßinstrumente in Meßschränken oder auf *Schalttafeln* zusammengefaßt. Zur Übertragung der Meßwerte von der Meßstelle zur Beobachtungsstelle sind dabei Fernmeßeinrichtungen erforderlich, die pneumatisch, elektrisch oder digital ausgeführt werden. Auf möglichst genaue Erfassung der Meßwerte in den Anlagen ist besonders zu achten[2]).

## 162 Druckmessung

### -1 ALLGEMEINES

Druck $p$ ist die senkrecht auf eine Fläche $A$ wirkende Kraft $F$:

$p = F/A$.

Bei Flüssigkeits- oder Gassäulen von der Höhe $h$ ist:

$p = \varrho g h$

$\varrho$ = Dichte

$g$ = Erdbeschleunigung

Bei allen Druckmessungen ist zwischen *Relativdrücken, Differenzdrücken* und *Absolutdrücken* zu unterscheiden.

Bei *Relativdrücken* ist der Bezugsdruck in der Regel der atmosphärische Luftdruck, also der Druck der Luft an der Erdoberfläche. Die meisten technisch gemessenen Drücke sind derartige Über- oder Unterdrücke, bezogen auf den atmosphärischen Druck, z. B. Dampfdruck in einem Kessel oder Luftdruck in einem Lüftungsrohr. Die *absolute* Höhe des atmosphärischen Luftdruckes, der in den Grenzen von 0,95 ··· 1,05 bar schwankt, ist dabei als unwesentlich angesehen. Bei der Messung von *Druckdifferenzen* bezieht man sich auf einen der beiden zu messenden Drücke. Beim *Absolutdruck* ist der Bezugsdruck = Null (Barometer, Vakuummeter).

Einheiten des Druckes sind im SI-System:

1 Newton/m² = 1 N/m² = 1 Pascal (Pa) ≈ 0,1 mm WS
1 bar = $10^5$ N/m² = 1000 mbar.

Umrechnung auf die früher üblichen Einheiten siehe Tafel 773. Die *Wasserdampftafeln* geben den absoluten Druck in bar an. In der *Vakuumtechnik* wird der Druck auch in % Vakuum angegeben, wobei 0% Vakuum = Atmosphärendruck = 1013 mbar.

[1]) VDI 2080: Meßverfahren und Geräte für RLT-Anlagen (10.84)
Schrowang, H.: IKZ 1/81 bis 19/83.
Kopp, H.: HLH 8/86. S. 401/10.

## -2 U-ROHR-MANOMETER

bestehend aus einem U-förmig gebogenen Glasrohr (Bild 162-1), sind die einfachsten Druckmesser zur Messung des Über- oder Unterdruckes, Meßflüssigkeit ist meist Wasser, Alkohol oder Quecksilber. Sonstige Flüssigkeiten siehe Tafel 162-1. Meßbereich ≈0 bis 1000 mm Flüssigkeitssäule. Meßgenauigkeit ≈1 mm Flüssigkeitssäule.

Für *kleine Drücke* mittels U-Rohr wird in beiden Schenkeln eine spez. leichtere Flüssigkeit über eine spezifisch schwerere Flüssigkeit eingefüllt, z. B. Benzin auf Wasser (Bild 162-3).

**Tafel 162-1. Manometerflüssigkeit**

| Flüssigkeit | Wasser | Petroleum | Alkohol | Benzol |
|---|---|---|---|---|
| Dichte $g/cm^3$ | 1 | 0,79 bis 0,82 | 0,80 | 0,879 |
| Flüssigkeit | Toluol | Nitrobenzol | Chloroform | Quecksilber |
| Dichte $g/cm^3$ | 0,864 | 1,20 | 1,50 | 13,55 |

Für sehr geringe Drücke werden *Mikromanometer* (Schrägrohrmanometer) verwendet, bei denen ein Schenkel schräg gelegt ist (Bild 162-4). Neigung meist 1:10. Meßbereich ≈1 bis 25 mm Flüssigkeitssäule, Meßgenauigkeit ≈0,1 mm Flüssigkeitssäule. Neigung auch verstellbar 1:25 bis 1:2 (Schwenkrohrmanometer). Sonderausführungen für kleinste Drücke (Minimeter) gestatten Ablesungen bis zu etwa $10^{-4}$ Pa ($10^{-3}$ mmWS).

Alle U-Rohr-Manometer können auch zur *Differenzdruckmessung* verwendet werden, indem die zu messenden Drücke mit den beiden Meßstellen verbunden werden. Schließlich sind sie auch als Meßinstrumente für absoluten Druck geeignet, indem der eine Schenkel luftleer gemacht wird, wie es beim Quecksilber-Barometer geschieht.

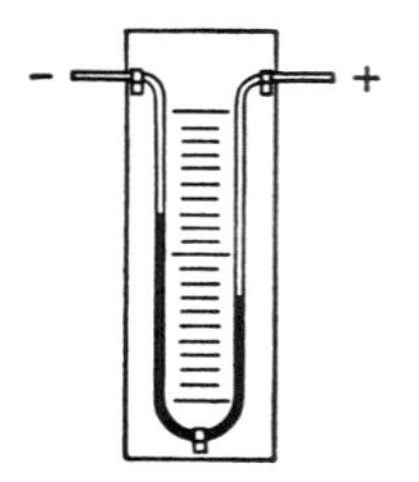


Bild 162-1. U-Rohr-Manometer.

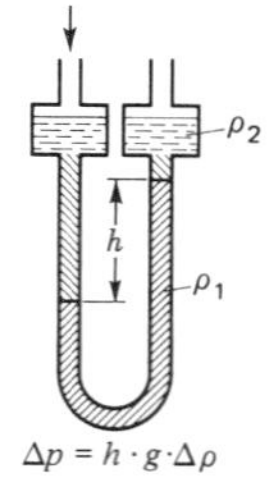


Bild 162-3. Zweistoffmanometer.

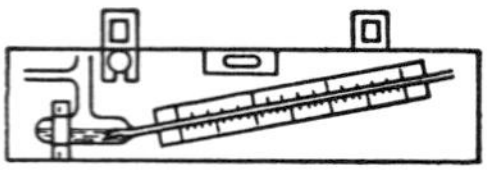

Bild 162-4. Schrägrohrmanometer.

## -3 RINGWAAGEN

bestehen aus einem Ring, der zum Teil mit einer Meßflüssigkeit gefüllt ist (Bild 162-6). Der Unterstützungspunkt liegt etwas oberhalb des Schwerpunktes. In der Nullage steht die Flüssigkeit auf beiden Seiten gleich hoch. Wirkt auf der einen Seite ein Überdruck $\Delta p$, so ist das Gleichgewicht gestört und die Flüssigkeit wird auf der einen Seite gehoben, so daß ein Drehmoment auf die Kammer ausgeübt wird. Dadurch Gegenmoment von dem Ringkammerschwerpunkt bis Gleichgewicht. Der zu messende Druckunterschied ist dem Sinus des Ausschlagwinkels $\alpha$ proportional. Druckmittelzuführung durch Gummischlauch oder bei höheren Drücken durch Kapillarrohr. Die Instrumente sind ohne weiteres auch als Druckdifferenzmanometer verwendbar.

Ausführung auch als Kleinringwaagen für Schalttafeleinbau zur Zugmessung bei Kesseln usw.

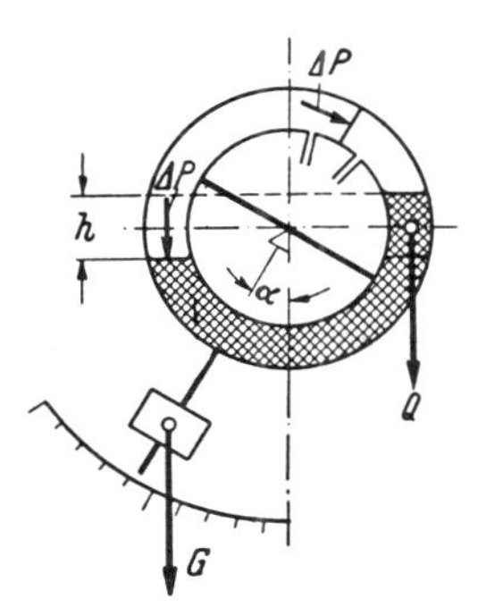

Bild 162-6. Ringwaage, Schema der Wirkungsweise.

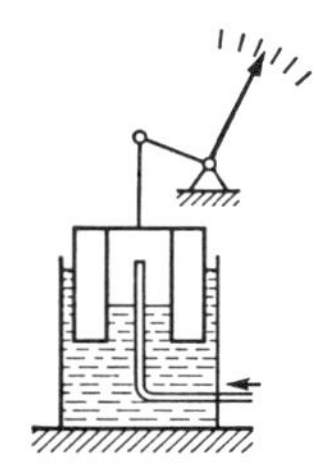
Bild 162-8. Glockenmesser.

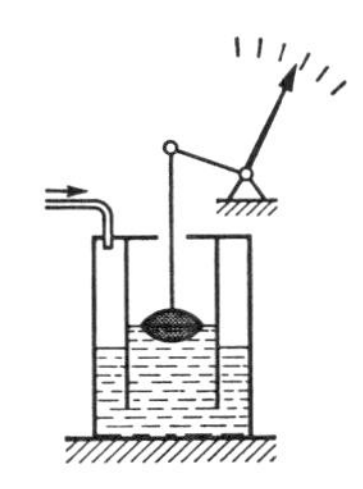
Bild 162-10. Schwimmermanometer.

## -4 GLOCKEN- UND SCHWIMMERMESSER

bestehen aus einem flüssigkeitsgefüllten Gehäuse mit einer darin schwimmenden *Tauchglocke,* unter die der Meßdruck geleitet wird (Bild 162-8). Besonders geeignet für geringe Drücke und für Schreibgeräte.

Ähnlich wirkt das Schwimmermanometer Bild 162-10.

## -5 FEDERMANOMETER

haben als druckempfindliche Organe meist metallische Federn verschiedener Bauart. Man unterscheidet (Bild 162-12):

*Plattenfeder-Manometer* (Bild 162-12a) mit kreisförmiger, flacher Federplatte, in die ringförmige Wellen eingepreßt sind, um eine lineare Charakteristik zu erhalten. Geeignet für hohe Drücke.

*Rohrfeder-Manometer* (Bild 162-12b), bei denen die Feder in Form einer elastischen, kreisförmig gebogenen Röhre mit flachem Querschnitt (früher Bourdonröhre genannt) ausgebildet ist. Beim Einleiten des Meßdruckes in das Rohr streckt es sich, wobei die Bewegung des freien Endes auf ein Zeigerwerk übertragen wird. Besonders für hohe Drücke geeignet.

*Kapselfeder-Manometer* mit 2 an den Rändern zusammengefügten Membranen, wodurch der Hub wesentlich vergrößert wird. Der Druck wird in den Hohlraum geleitet.

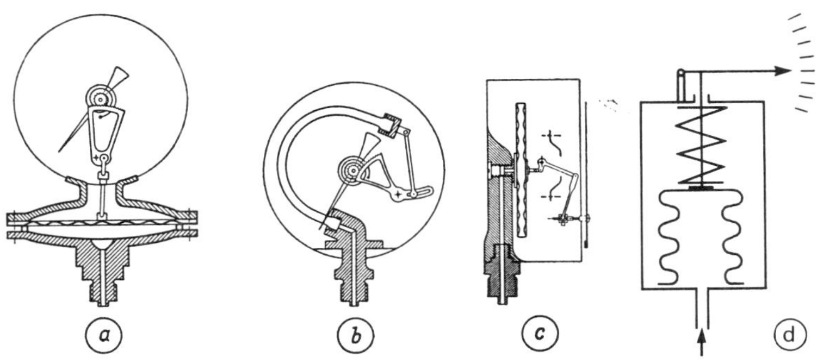

Bild 162-12. Feder-Manometer
*a)* Plattenfeder *b)* Rohrfeder *c)* Kapselfeder *d)* Balgfeder

Besonders geeignet für geringe Drücke oder Unterdrücke, z. B. Zugmesser bei Feuerungen. Die Instrumente können auch zur Messung des absoluten Druckes verwendet werden, indem das Innere der Membrane vollkommen luftleer gemacht wird (Aneroid-Barometer, Bild 162-12c).

*Balgfeder-Manometer* verwenden metallene Balgfedern, die innen oder außen beaufschlagt sein können. Nullpunkteinstellung durch Gegenfeder (Bild 162-12d).

*Vorteile* der Federmanometer sind insbesondere Unempfindlichkeit und Billigkeit. Besonders geeignet für mittlere und hohe Drücke. *Nachteilig* ist, daß eine Eichung nur mit Hilfe von Flüssigkeitsmanometern möglich ist. Bei Dampfdruckmessern Rohrschleifen vor Manometer, um direkte Berührung der Federn mit Dampf zu vermeiden.

### -6 ELEKTRISCHE MANOMETER

Digitale Mikromanometer sind sowohl für Messungen auf Baustellen als auch im Labor sehr praktisch. Bild 162-14 zeigt das Meßprinzip. Elektroden bilden mit einer Membran eine elektrische Luftspalt-Kapazität. Bewegt eine Druckdifferenz die Membran aus der Symmetrielage, werden die beiden Kapazitäten verschieden, so daß ein elektrisches Meßsignal entsteht. Meßbereich umschaltbar für Drücke 0···200 bis 0···5000 Pa. Eingebauter Mikrorechner für Quadratwurzel-Funktion erlaubt direkte Anzeige für Geschwindigkeit bei Druckmessung mit Pitot-Rohr. Tragbares Gerät für Baustellenmessung zeigt Bild 162-15. Gleiches System wird auch für digitale Weiterverarbeitung von Meßdaten in Labor- oder Leittechnik verwendet.

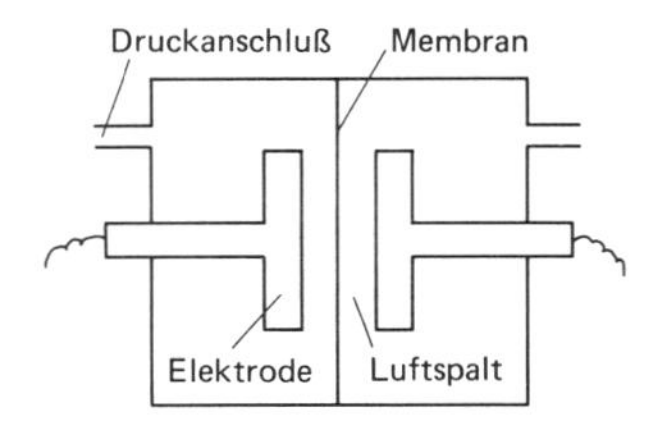


Bild 162-14. Digitales Mikromanometer, Meßprinzip: Luftspalt-Kondensator.

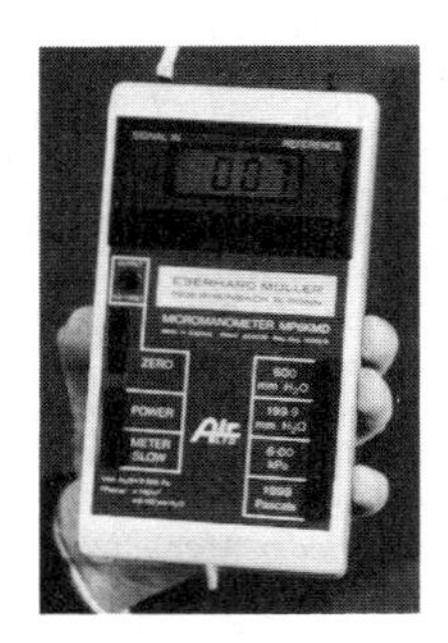


Bild 162-15. Digitales Mikromanometer, batteriebetriebenes Handgerät (E. Müller).

## 163 Temperaturmessung

### -1 ALLGEMEINES

Früher benutzte man zur Messung von Temperaturen die empirische *Celsius-Skala*, die auf der Ausdehnung von Quecksilber beruht und als willkürliche Festpunkte die Gefriertemperatur von Wasser mit 0 °C und die Siedetemperatur mit 100 °C hat.

Nach dem Bundesgesetz vom 2. 7. 69 über *„Einheiten im Meßwesen"* ist Einheit der Temperaturskala das *Kelvin* mit dem Einheitenzeichen K. Es beruht auf der Ausdehnung des idealen Gases, die linear genau mit der Temperatur erfolgt. Je Grad Temperaturerhöhung vergrößert sich das Volumen des idealen Gases bei konstantem Druck um 1/273,15 des Volumens, das es bei 0 °C hat. Die Temperatur von −273,15 °C = 0 K wird als absoluter Nullpunkt bezeichnet. Temperaturdifferenzen kann man in °C angeben oder in K. Beide Skalen sind durch die Beziehung

$$t\,°\mathrm{C} = T(\mathrm{K}) - 273{,}15$$

miteinander verbunden.

**Tafel 163-1. Meßbereiche verschiedener Thermometer**

| Meßbereich in °C | Meßgerät |
|---|---|
| −100 bis + 50 | Alkohol-Thermometer |
| − 35 bis + 300 | Gewöhnliches Quecksilber-Glasthermometer |
| − 35 bis + 500 | Quecksilber-Glasthermometer mit Gasfüllung |
| − 35 bis + 800 | Quecksilber-Quarzglasthermometer |
| bis + 300 | Bimetall-Thermometer |
| bis + 600 | Stabförmige Metallthermometer |
| − 25 bis + 500 | Feder-Thermometer |
| −100 bis + 150 | Nickel-Widerstandsthermometer |
| −200 bis + 750 | Platin-Widerstandsthermometer |
| −200 bis + 500 | Kupfer-Konstantan-Thermoelemente |
| −200 bis + 800 | Eisen-Konstantan-Thermoelemente |
| −200 bis +1100 | Nickel-Nickelchrom-Thermoelemente |
| −200 bis +1600 | Platin-Platinrhodium-Thermoelemente |
| +600 bis unbegrenzt | Strahlungspyrometer |

Für praktische Zwecke hat man eine Anzahl Festpunkte festgelegt, z. B. Siedepunkt des Sauerstoffs −182,97 °C, Siedepunkt des Schwefels 444,60 °C, Erstarrungspunkt des Goldes 1063 °C usw. Für die Messung dazwischenliegender Temperaturen sind *Interpolations-Instrumente* angegeben, z. B. von −193 bis +630,5 °C das Platin-Widerstandsthermometer, anschließend bis 1063 °C das Thermoelement aus Platin und Platin-Rhodium.

Die verschiedenen Meßverfahren beruhen auf solchen Eigenschaften der Körper, die sich mit der Temperatur in meßbarer Weise ändern, insbesondere:

1. Ausdehnung fester, flüssiger und gasförmiger Körper,
2. Änderung des elektrischen Widerstandes,
3. Stärke der elektromotorischen Kraft,
4. Stärke der Licht- und Wärmestrahlung.

Die *Meßbereiche* der verschiedenen Temperaturmeßgeräte sind in Tafel 163-1 angegeben.

Die Schwierigkeiten der richtigen Temperaturmessung liegen häufig weniger an den Meßgeräten als am *Einbau* derselben. Zufuhr oder Abfuhr von Wärme an der Meßstelle durch Leitung oder Strahlung verändern dabei die wirkliche Temperatur, so daß die Anzeige verfälscht wird. Daher ist auf den Einbau oder die Anordnung von Thermometern große Sorgfalt zu legen.

## -2 AUSDEHNUNGS-THERMOMETER

21. *Quecksilber-Glasthermometer* sind die am meisten verwendeten Temperatur-Meßinstrumente. In normaler Ausführung sind sie bis etwa 300 °C brauchbar. Bei Füllung mit Stickstoff erhöht sich der Verwendungsbereich bis 500 °C, bei Quarzglas an Stelle von Glas bis auf 800 °C. Die untere Meßgrenze liegt wegen des Erstarrungspunktes des Quecksilbers (−39 °C) bei etwa −35 °C. Für Messungen tieferer Temperaturen müssen andere Flüssigkeiten verwendet werden, insbesondere Alkohol, Toluol und Pentan.

Da fast nie der ganze Flüssigkeitsfaden des Thermometers die zu messende Temperatur aufnehmen kann, weil einTeil des Fadens aus der Hülse herausragt, ist bei genauen Messungen die sogenannte *Fadenkorrektur* notwendig, die bei Quecksilber nach folgender Formel erfolgt:

$$\Delta_t = \frac{n\,(t_a - t_f)}{6300} \text{ in °C}$$

$n$ = Zahl der herausragenden Temperaturgrade
$t_a$ = angezeigte Temperatur
$t_f$ = Fadentemperatur, in halber Höhe des herausragenden Fadens gemessen.

Die Fadenkorrektur wird der angezeigten Temperatur hinzugezählt, es sei denn, daß das Thermometer den ausdrücklichen Vermerk „Mit herausragendem Faden geeicht" trägt.

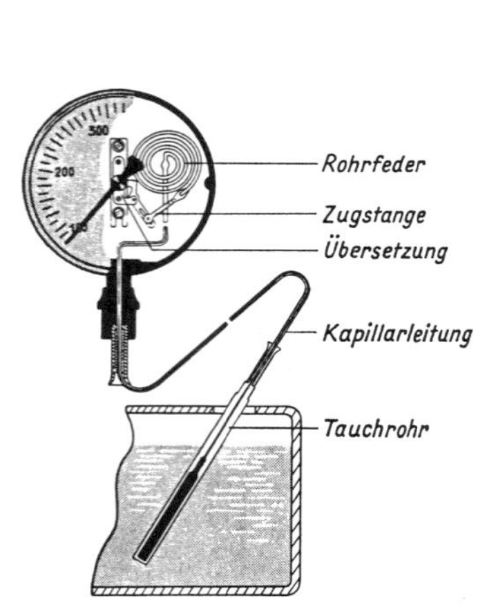


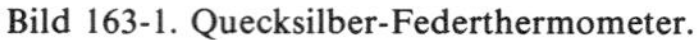

Bild 163-1. Quecksilber-Federthermometer.

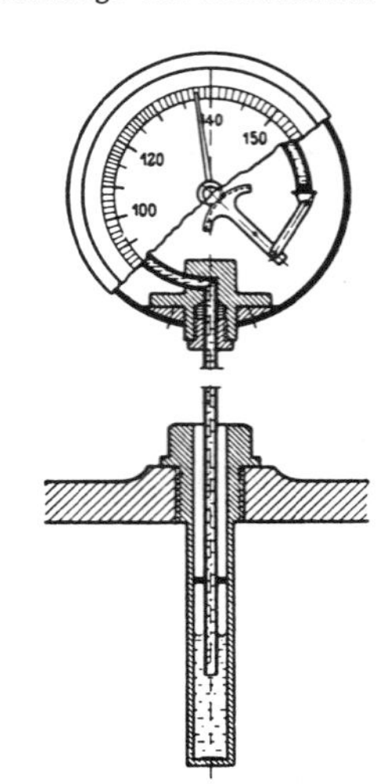

Bild 163-2. Dampfdruck-Thermometer.

Für Betriebsmessungen Einbau in Schutzrohre, wodurch die Genauigkeit sehr verschlechtert wird.

22. *Ausdehnungs-Federthermometer* (Bild 163-1) arbeiten ebenfalls mit Flüssigkeitsfüllung. Die Ausdehnungsflüssigkeit, z. B. Quecksilber oder Petroleum, befindet sich in einem *Tauchrohr* (Fühler) und ist durch eine Kapillarleitung mit dem Federrohr des Anzeige-Instrumentes verbunden *(Zeigerthermometer)*. Die Ausdehnung des Tauchrohrinhaltes bei Erwärmung bewirkt eine Drucksteigerung, die gesetzmäßig von der Temperatur abhängt. Die Anzeigeskala ist bei diesem Thermometer also nicht an die Meßstelle gebunden, sondern kann mehrere Meter, in Sonderfällen bis etwa 50 m, von ihr entfernt sein. Die Kapillarleitung, deren Flüssigkeitsfüllung eine andere Temperatur als die des Tauchrohrs besitzt, beeinträchtigt bei großen Entfernungen die Genauigkeit der Messung. Selbsttätige Korrektur ist durch eine zweite Kapillare – die *Kompensationsleitung* – möglich, die auf eine in entgegengesetzter Richtung wirkende Manometerfeder einwirkt. Gelegentliche Nachprüfung der Anzeige durch Vergleich mit Glasthermometern ist zweckmäßig. Genauigkeit: etwa ±1 bis 3% des Anzeigebereichs. Bei Luftmessung sehr träge. Geräte können auch mit einer Schreibeinrichtung zur automatischen Temperaturkontrolle versehen werden. Papier in Bandform oder als Kreisblatt. Antrieb durch Uhrwerk oder Motor.

23. *Dampfdruck-Thermometer* (auch Tensionsthermometer genannt oder Siededruck-Thermometer, Bild 163-2) ähneln äußerlich den Ausdehnungs-Federthermometern. Das Tauchrohr ist jedoch mit einer verdampfenden Flüssigkeit gefüllt und durch eine Meßleitung mit der Manometerfeder des Anzeige-Instrumentes verbunden. Die Füllflüssigkeit der Meßleitung dient nur zur Druckübertragung und benötigt daher keine Kompensation. Die Wirkung beruht auf der Eigenschaft der Dämpfe, daß der Dampfdruck eindeutig mit der Temperatur zusammenhängt. Da der Dampfdruck einer Flüssigkeit bei Erwärmung ohne Ausdehnungsmöglichkeit schneller ansteigt als der Druck eines idealen Gases, wird eine hohe Genauigkeit erreicht. Füllflüssigkeiten sind gewöhnlich Äther, Äthylchlorid, Quecksilber u. a. Genauigkeit: etwa ±1 bis 2% des Anzeigebereichs. Empfindlich gegen Übertemperaturen.

24. *Metall-Ausdehnungsthermometer* benutzen zur Messung den Unterschied der Ausdehnung zweier fester Körper mit verschiedenen Ausdehnungszahlen.

Bei den *Stabthermometern* ist ein Stab mit geringer Ausdehnungszahl (z. B. Invar oder Porzellan) von einem Rohr mit hoher Ausdehnungszahl (z. B. Messing) umgeben. Verwendung besonders als Temperaturregler. Große Verstellkraft, Längenänderung $<0{,}01$ mm/grd.

Bild 163-5. Bimetall-Zeigerthermometer (Schema).

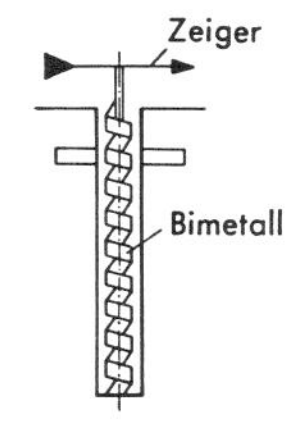


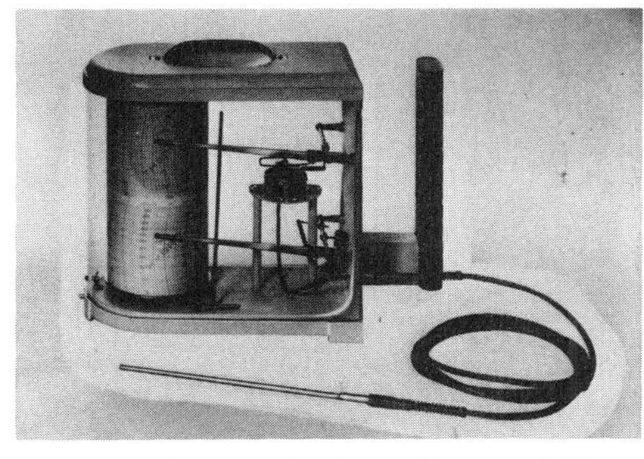

Bild 163-6. Thermograph mit Fernleitung und Hygrograph mit Haarharfe (Lufft, Stuttgart).

Bei den *Bimetall-Thermometern* (Bild 163-5) sind zwei Metallstreifen mit verschiedenen Ausdehnungszahlen miteinander verlötet. Bei Temperaturänderungen krümmt sich der Streifen mehr oder weniger stark, wobei die Bewegung auf einen Zeiger übertragen wird. Verwendung auch für Schreibgeräte *(Thermograph)*, siehe Bild 163-6, und für Raumtemperaturregler. Bild 163-6 enthält gleichzeitig einen Feuchteschreiber.

## -3 ELEKTRISCHE WIDERSTANDSTHERMOMETER

Bei diesen Geräten wird die Eigenschaft reiner Metalldrähte, daß bei steigender Temperatur ihr elektrischer Leitungswiderstand gesetzmäßig steigt, zur Fernmessung benutzt. Für niedrige Temperaturen Nickel, für hohe Temperaturen bis etwa 500 °C Platin.

Der *Widerstandsdraht* wird auf ein Isoliermaterial gewickelt oder auch freiausgespannt und mit einer Schutzhülle umgeben.

Meist erfolgt der Betrieb aus dem Netz über Gleichrichter bei Spannungen von 6 bis 24 Volt, wobei das Widerstandsthermometer in einen Zweig einer Wheatstoneschen Brücke eingebaut ist und der Brückenstrom mittels Drehspulmeßgerät gemessen wird. Statt dessen kann die Schaltung auch nach der Stromvergleichsmethode mit Kreuzspulmeßwerk erfolgen (Bild 163-7). *Widerstand* meist 100 Ω bei 0 °C. *Widerstandsänderung* bei Nickel ≈ 0,6%/K, bei Platin ≈ 0,4%/K.

Es gibt jedoch auch Widerstände, die mit steigender Temperatur besser leiten. Sie haben einen „Negativen Temperatur-Coeffizient" und heißen daher NTC-Widerstände oder *Heißleiter* oder *Thermistoren*. Herstellung aus Metalloxiden in Stab-, Scheiben- oder Perlenform.

Widerstandsänderung etwa 10mal so groß als bei metallischen Widerständen, ungefähr 5%/K. Er kann sich z. B. bei einer Temperaturänderung von 1 K um 1000 Ω ändern, so daß sehr genaue Messungen möglich sind (Bild 163-8). Nachteilig ist allerdings die Nichtlinearität des Widerstands mit der Temperatur. Verwendung insbesondere als sog. *Sekundenthermometer* zur Anzeige innerhalb weniger Sekunden. Der Thermistor befindet sich dabei in der Spitze eines Meßfühlers und liegt in einer Brückenschaltung. Spannung durch Batterie (Bild 163-9). Unterschiedliche Fühler für Wasser, Luft u. a.

Bei allen Geräten geringer Fehler durch Meßstromerwärmung.

Zur *Messung* Drehspul- und Kreuzspulgeräte. Mittels Umschalter Messung an mehreren Stellen. Temperaturanzeige häufig auch digital.

Verschiedene *Ausführungsformen:* Raumthermometer, Kanalthermometer usw. Anschluß an Regler und Schreibgeräte, z. B. *Punktschreiber,* bei denen der Zeiger in bestimmten Zeitabständen von einem Fallbügel kurzzeitig auf eine langsam umlaufende Papierrolle gedrückt wird (Bild 163-10).

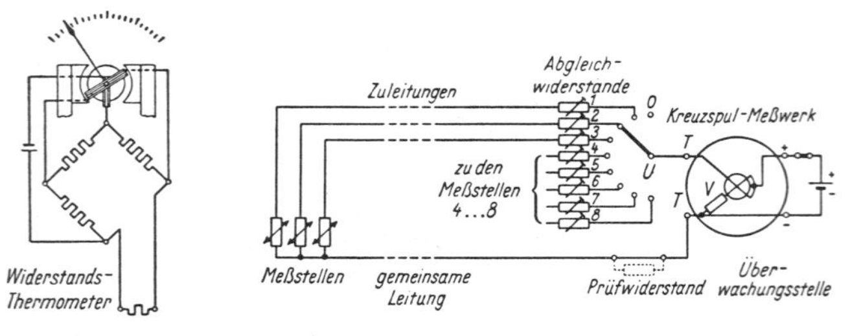


Bild 163-7. Temperaturmessung mit Widerstandsthermometer und Kreuzspulmeßwerk.

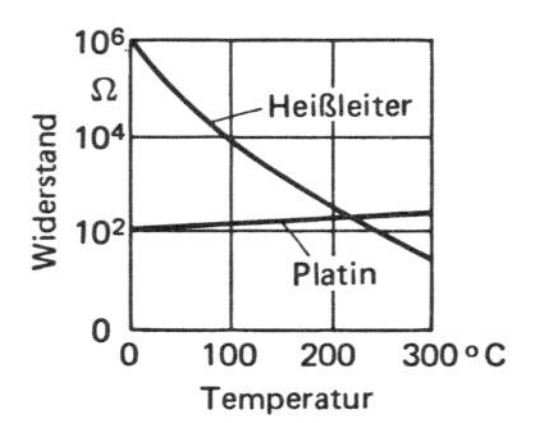


Bild 163-8. Widerstandskennlinien von Meßwiderständen.

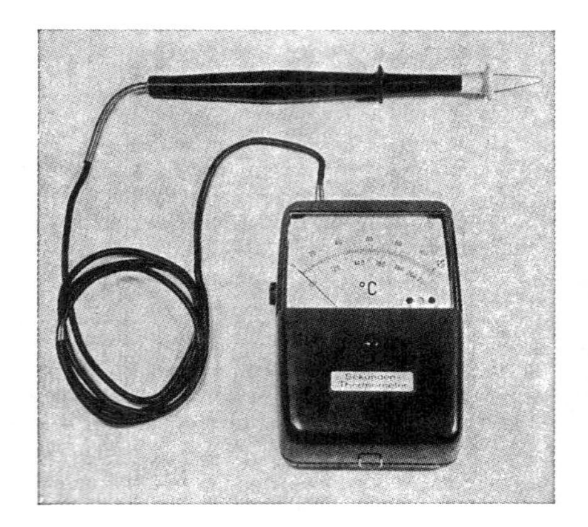


Bild 163-9. Sekundenthermometer.

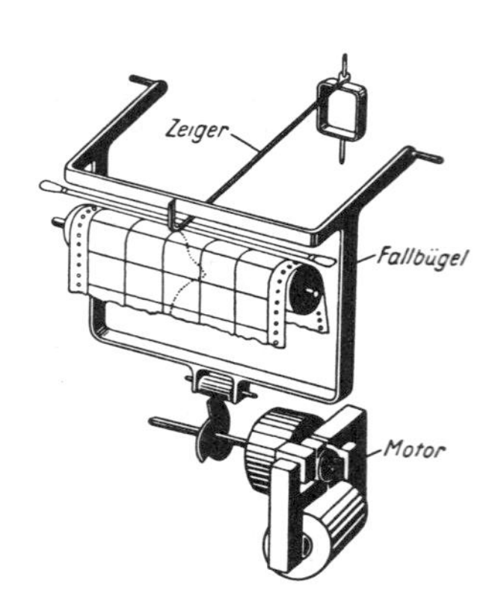


Bild 163-10. Prinzip des Punktschreibers.

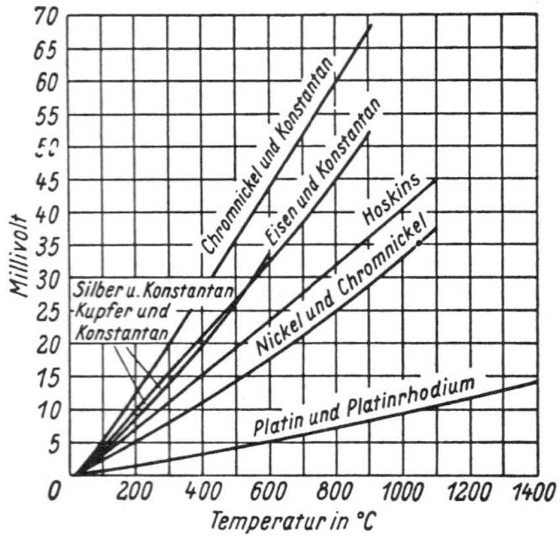


Bild 163-12. Thermospannungen bei verschiedenen Thermoelementen.

## -4 THERMOELEMENTE[1])

Wenn die Berührungsstelle zweier Drähte aus verschiedenen Metallen (z. B. Kupfer und Konstantan) erwärmt wird und gleichzeitig die anderen Enden kalt gehalten werden, entsteht eine elektrische Spannung *(Thermospannung)*, die fast proportional mit dem Temperaturunterschied zwischen der warmen und kalten Berührungsstelle (Lötstelle) steigt. Sie kann an einem Millivoltmeter abgelesen werden. Dies ist das Prinzip der Temperaturmessung mittels *Thermoelement*.

Die gebräuchlichsten Thermoelemente und ihre Meßbereiche sind in Bild 163-12 dargestellt. Sehr genau und schnell, besonders für punktförmige Messungen. Für genaue Messungen Vergleichsstelle mit konstanter Temperatur erforderlich, sog. *Thermostate*, in denen die Temp. durch el. Heizelemente konstant gehalten wird. Eine andere Möglichkeit ist die *Temperaturkompensation* mit einem temperaturabhängigen Widerstand in einer Brückenschaltung. Verwendung besonders für hohe Temperaturen, z. B. bei der Abgas-Temperaturmessung. Schaltung Bild 163-14.

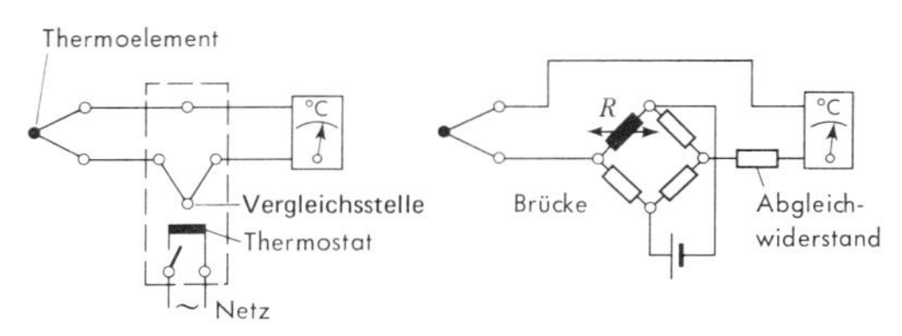


Bild 163-14. Schaltung von Thermoelementen. Links: Thermostat steuert Temperatur in der Vergleichsstelle; rechts: Brückenschaltung.

## -5 STRAHLUNGS-PYROMETER

Strahlungs-Pyrometer messen die von einem Körper ausgehende Strahlung. Sie beruhen auf der Tatsache, daß die Strahlung eines Körpers mit steigender Temperatur erheblich zunimmt.

Besonders für hohe Temperaturen geeignet. Es gibt jedoch auch Geräte, die die Strahlung durch Hohlspiegel auf eine Thermokette konzentrieren und Temperaturen unter 0 °C messen (Ultrakust).

## -6 THERMOGRAFIE[2])

Sie dient zur Herstellung von *Wärmebildern* in der Baupraxis und ermöglicht die wärmetechnische Beurteilung von Fassaden. Funktion: Die von einer Oberfläche abgegebene Strahlung wird von einem Infrarotempfänger, der mit flüssigem Stickstoff gekühlt ist, abgetastet und in elektrische Signale umgewandelt, die auf einem Bildschirm erscheinen. Die Helligkeit eines Bildpunktes wird dabei von der empfangenen Strahlung gesteuert. Helle Bildpunkte entsprechen einer stärkeren, dunkle Bildpunkte einer schwächeren Strahlungsintensität. Mit Zusatzgeräten auch Farbbilder möglich. Meßbereich etwa 8 ··· 15 $\mu$m.

## -7 SONSTIGE MESSVERFAHREN

*Temperaturfarbstifte*, mit Pinsel aufgetragen, ändern ihre Farbe bei bestimmten Temperaturen. Keine Rückverwandlung bei Temperaturabfall.

*Temperaturplättchen* wirken ähnlich.

*Segerkegel*, in der keramischen Industrie verwendet, erweichen bei bestimmten Temperaturen.

*Sonnenintensität.* Hierfür gibt es ein batteriebetriebenes Gerät, Solar 18 der Fa. Haenni u. Co., Stuttgart.

---

[1]) Herzog, H.: Regelungstechn. Praxis 3/82. S. 83/9.
[2]) Specht, H., u. J. Thomas: HR 12/79. S. 571/4.
Künzel, H., u. D. Holz: Bauphysik H 5/80. S. 155/61.
Breunig, H.: HLH 5/85. S. 246/9.

# 164 Mengen- und Durchflußmessung

## -1 WÄGUNG UND AUSMESSUNG

ist die einfachste Mengenmeßmethode. Zwei Gefäße werden abwechselnd gefüllt und geleert und die benötigte Zeit festgestellt.

## -2 KIPP- UND TROMMELZÄHLER

sind nur für offene drucklose, kleine Flüssigkeitsmengen geeignet. *Kippmesser* (Bild 164-1) enthalten ein geeichtes Gefäß, das nach Füllung umkippt und sich entleert, heute kaum noch gebräuchlich. *Trommelmesser* (Bild 164-2) bestehen aus einem Gehäuse mit einer Meßtrommel, deren Meßkammern während der Drehung sich langsam füllen und entleeren. Die Drehbewegung wird dadurch hervorgerufen, daß die zulaufende Flüssigkeit den Schwerpunkt dauernd seitlich verlegt. Übertragung auf Zählwerk. Für Kondensatmessung geeignet. Genauigkeit beider Geräte sehr groß. Keine kontinuierliche Messung.

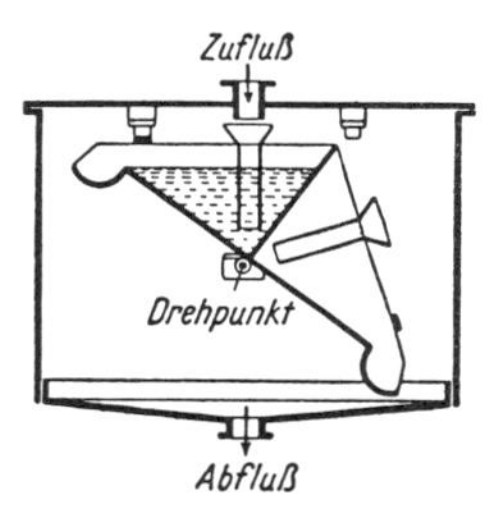


Bild 164-1. Kippflüssigkeitsmesser.

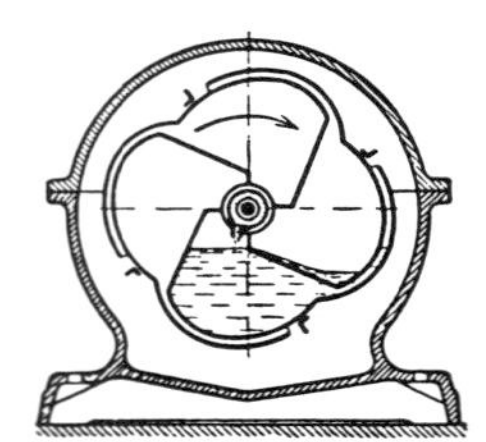

Bild 164-2. Trommelmesser.

## -3 GASZÄHLER

arbeiten ebenfalls nach dem volumetrischen Prinzip. Sie werden als trockene und nasse Zähler gebaut (Bild 164-3).

Die *nassen Gaszähler* enthalten im Innern des bis über die Hälfte mit Wasser gefüllten Meßraumes eine mit vier Kammern versehene Trommel (Crosley-Trommel). Diese dreht sich infolge des geringen einseitigen Gasüberdruckes langsam um ihre Achse, wobei sich die einzelnen Kammern entleeren und wieder füllen.

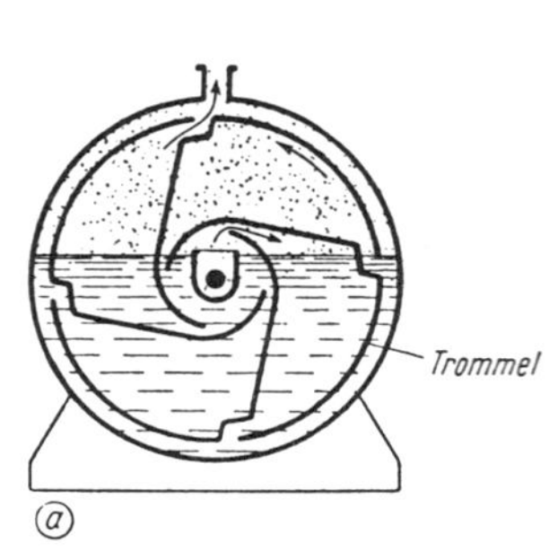


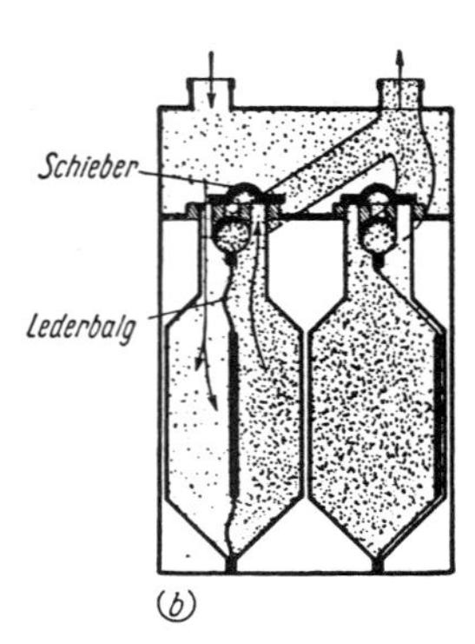


Bild 164-3. Gaszähler *a)* Nasser Gaszähler *b)* Trockener Gaszähler

Da diese nassen Zähler wegen der Flüssigkeitsfüllung regelmäßige Wartung verlangen, sind sie im Haushalt allmählich durch die trockenen Zähler verdrängt worden. Verwendung nur noch für Versuchszwecke, sehr genau.

Die *trockenen Gaszähler* haben in einem viereckigen Blechgehäuse zwei als Meßräume dienende Lederbälge, die sich abwechselnd füllen und entleeren. Die hin und her gehende ziehharmonikaähnliche Bewegung wird auf ein Zählwerk übertragen. Verwendung hauptsächlich als *Haushaltsgasmesser*. Druckverlust bei kleinen Mengen 10 bis 20 Pa, bei Vollast 80 bis 100 Pa. Größte Leistung etwa 500 $m^3/h$. Meßgenauigkeit etwa 1% des Bereichendwertes.

## -4 VERDRÄNGUNGSZÄHLER

sind dadurch gekennzeichnet, daß sie eine bewegliche Meßkammer besitzen, die durch das Strömungsmedium angetrieben wird und mit einem Zählwerk verbunden ist.

*Hubkolbenzähler* verwenden einen in einem Zylinder hin- und hergehenden Kolben, durch den die Flüssigkeit verdrängt wird. Seltene Ausführung.

*Drehkolbenzähler,* die besonders für Gasmessungen geeignet sind, enthalten 2 Drehkolben, die durch Zahnräder untereinander verbunden sind und durch den Gasstrom in Umdrehung versetzt werden (Bild 164-6). Schmutzempfindlich.

*Ovalradzähler.* Hier sind in der Meßkammer 2 ovalförmige, durch Zahnräder miteinander verbundene Verdrängungskörper vorhanden (Bild 164-8).

*Ringkolbenzähler* enthalten in der Meßkammer einen exzentrisch gelagerten Kolben, der durch den Druck des Mediums in Drehung versetzt wird (Bild 164-10).

Die Verdrängungszähler, zu denen auch die Gaszähler gehören, eignen sich für Warm- und Kaltwasser-Kondensat, Kraftstoffe aller Art sowie Gase.

Genauigkeit ziemlich groß, eichfähig. Auch für sehr kleine Mengen, z. B. Heizöl für Kessel und Ölöfen, und für große Gasmengen bis zu 60000 $m^3/h$.

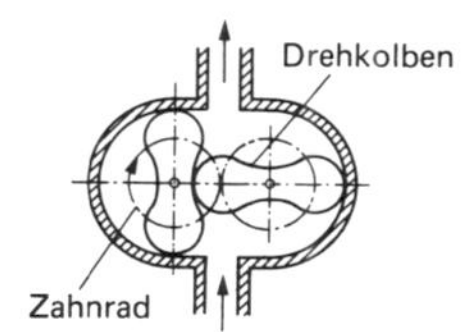


Bild 164-6. Prinzip des Drehkolbenzählers.

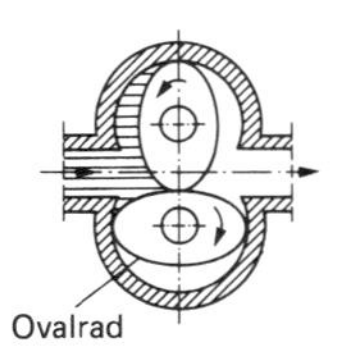


Bild 164-8. Prinzip des Ovalradzählers.

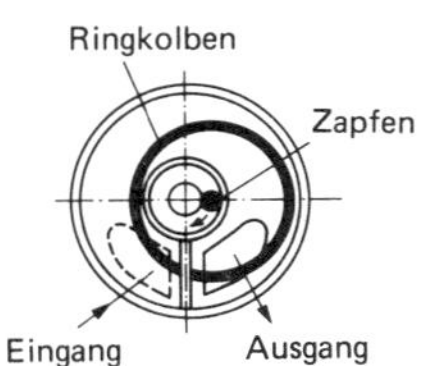


Bild 164-10. Prinzip des Ringkolbenzählers.

## -5 FLÜGELRADZÄHLER

haben gegenüber allen anderen Bauarten die weiteste Verbreitung zur Messung von Flüssigkeitsmengen gefunden (Bild 164-14). Meßorgan ist ein senkrecht gelagertes, tangential angeströmtes *Flügelrad,* das durch den Flüssigkeitsstrom in Drehung gesetzt wird. Die Umdrehungen der Achse werden durch ein Räderwerk auf ein Zählwerk übertragen. Man unterscheidet *Naßläufer,* bei denen Getriebe und Zeigerwerk innerhalb der Flüssigkeit liegen, und heute überwiegend verwendeten *Trockenläufer,* bei denen nur die schnellaufenden Räder des Getriebes im Wasser und die übrigen Teile im trockenen Außenraum liegen. Übertragung der Drehbewegung durch Magnetkupplung. Für Heißwasserzähler temperaturbeständige Werkstoffe. Bei Einbau Druckverlustkurven beachten. Verwendung hauptsächlich als Wasserzähler in Wohnungen u. Häusern.

Eine besondere Bauart der Flügelradzähler sind die *Woltman-Zähler* (Turbinenzähler), bei denen das axial angeströmte Meßrad mehrere steilgängige, schraubenförmige Flügel mit waagerechter Achse besitzt. Die Drehbewegung des Flügels wird durch ein kleines gekapseltes Schneckenradgetriebe auf das Zählwerk übertragen. Besonders als Hauptwassermesser verwendet (Bild 164-16).

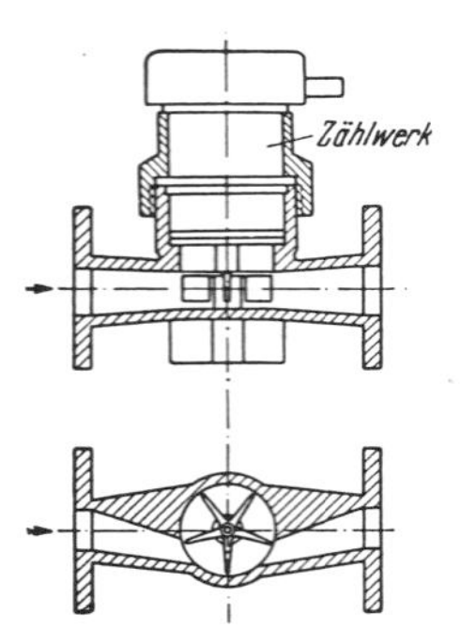


Bild 164-14. Flügelradmesser.

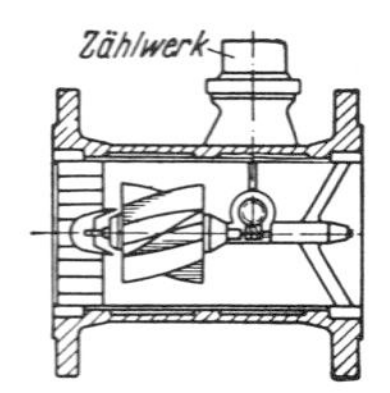


Bild 164-16. Turbinen-Zähler.

Derartige Turbinenzähler werden auch mit berührungslosem Meßwerk hergestellt. Dabei wird in einer außen befindlichen Abtastspule durch jeden vorbeidrehenden Flügel ein Spannungsimpuls induziert. Anzahl der Impulse ergibt den Volumenstrom. Fernübertragung möglich.

Zu den Flügelradmeßgeräten gehören auch die bei Luftmengen- und Luftgeschwindigkeitsmessung verwendeten *Flügelradanemometer* und die namentlich in der Meteorologie verwendeten *Schalenkreuzanemometer* (Bild 164-20). Die Anzeige der letzteren ist in einer Ebene von der Richtung der Luftbewegung unabhängig. Das Flügelradanemometer normaler Bauart ist mit einem Zählwerk ausgerüstet. Es gibt den Mittelwert der Geschwindigkeit in einem bestimmten Zeitabschnitt, meist einer Minute an.

Das Flügelradanemometer nach Bild 164-18 enthält einen eingebauten Gleichstromgenerator, wodurch in Verbindung mit einem Millivoltmeter die Geschwindigkeit direkt abgelesen werden kann. Keine Stoppuhr, Fernübertragung.

Bei Verwendung beider Instrumente sind die zugehörigen Eichkurven zu beachten. Anlaufgeschwindigkeit etwa 0,5 m/s, bei sehr geringen Luftgeschwindigkeiten daher nicht verwendbar. Flügelradanemometer auch mit Eintauchschaft für Messungen in Rohrleitungen erhältlich; auch mit Zählwerk zur Mittelwertbildung über z. B. 1 min.

Bei *elektrischen Anemometern* wird die Drehzahl des Flügels im Meßkopf elektronisch durch Lichtschranken abgetastet. Die Lichtimpulse werden elektronisch gezählt und an-

Bild 164-18. Flügelradanemometer mit elektrischer Fernübertragung (Lambrecht).

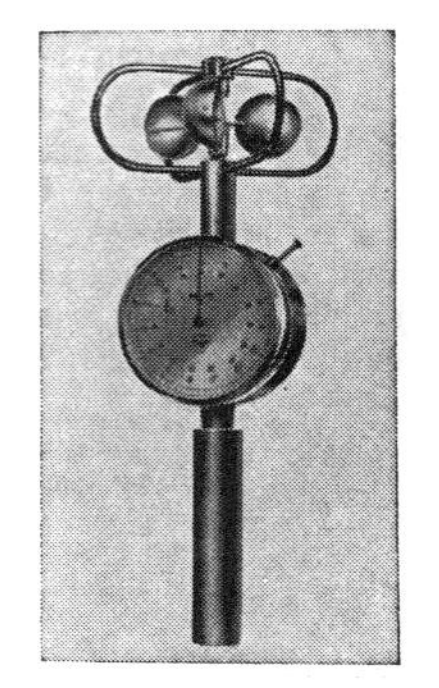

Bild 164-20. Schalenkreuzanemometer (Lambrecht).

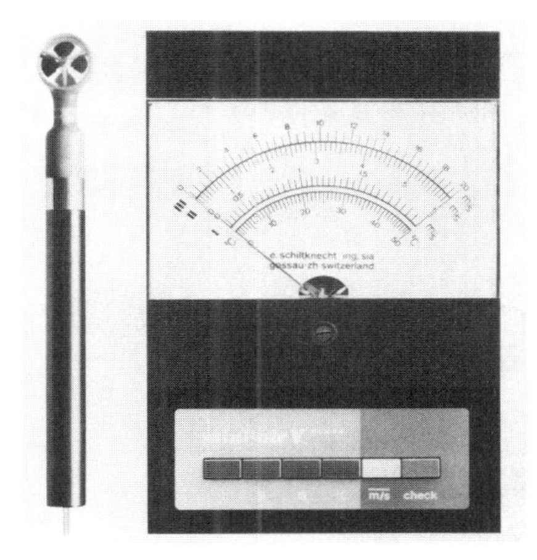

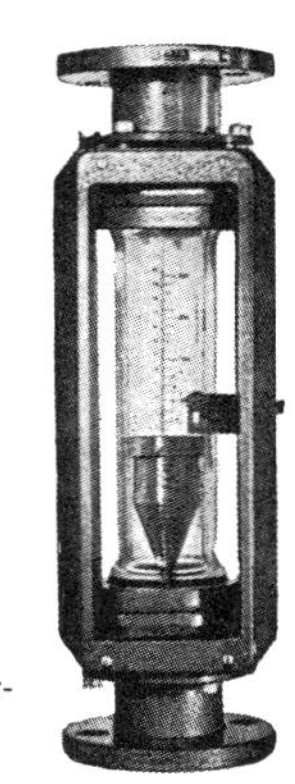

Bild 164-24. Schwebekörper-Durchfluß-messer (Rota).

Bild 164-22. Direkt anzeigendes fotoelektrisches Flügelrad-Anemometer (Schiltknecht, Gossau, Schweiz).

gezeigt. Sofortige Geschwindigkeitsanzeige (Bild 164-22). Flügelraddurchmesser nur 10 bzw. 15 mm. Bei einer neueren Bauart wird digital der Mittelwert der Geschwindigkeit über 22 s gemessen und angezeigt, wobei der mechanische Anlaufwert elektronisch kompensiert wird. Stromversorgung durch Batterie.

Meßbereich mechanischer Flügelradanemometer 3···20 m/s, elektrischer Anemometer 2···20 m/s.

## -6 SCHWEBEKÖRPER-DURCHFLUSSMESSER

Diese Instrumente enthalten in einem besonders geformten sich nach oben erweiternden Rohr einen Schwebekörper, der durch den Flüssigkeits- oder Gasstrom entgegen der Schwerkraft so weit gehoben wird, daß er schwebt. Durch geeignete Formgebung des Schwebekörpers und des Rohres läßt sich erreichen, daß der Hub proportional der Durchflußmenge ist. Die Geräte sind sowohl für Flüssigkeiten wie Gase und Dämpfe verwendbar, müssen jedoch für jeden Stoff besonders geeicht werden. Sie werden vermittels induktiver Längenfühler als Anzeige- und Schreibgeräte geliefert. Bekannte Bauarten sind die Rotamesser (Bild 164-24). Neben einer örtlichen Anzeige ist auch Fernanzeige und Registrierung möglich. Meßbereich bis etwa 600 $m^3/h$ Luft, 40 $m^3/h$ Wasser.

## -7 DROSSELGERÄTE

Die Mengenmessung mittels dieser Geräte beruht auf der Messung des *Druckunterschiedes,* der vor und hinter einer Drosselstelle bei der Strömung in einem Rohr eintritt (siehe Abschnitt 143 und Bild 164-26). Dieses Meßverfahren (Wirkdruckverfahren) ist für alle Flüssigkeiten, Gase und Dämpfe bei beliebigen Temperaturen und Drücken verwendbar und liefert sehr genaue Ergebnisse. Für die Messung mit *Blenden* und *Dü-*

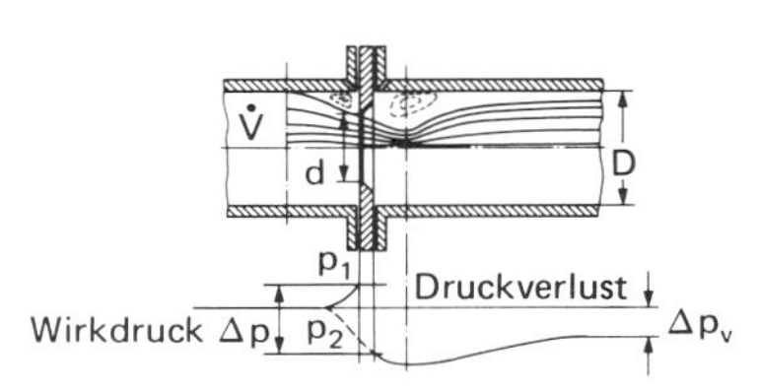


Bild 164-26. Druckverlauf bei einer Blende.

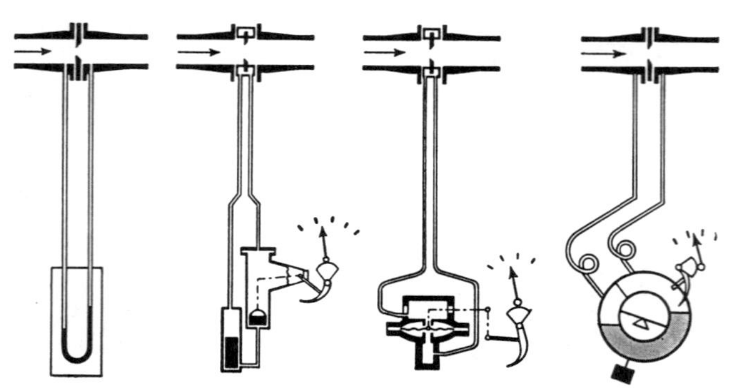

Bild 164-30. Mengenmessung mit Blende und verschiedenen Druckmessern.
a) U-Rohr-Manometer b) Schwimmer-Manometer
c) Plattenfeder d) Ringwaage
Durch die Kurvenscheiben bei b, c und d wird das quadratische Verhältnis zwischen Durchflußmenge und Wirkdruck in ein lineares verwandelt (Radizierung).

*sen* als Drosselstellen sind vom VDI Regeln aufgestellt worden, in denen alles für die Ausführung Wichtige zusammengestellt ist[1]).

Die sekundliche Durchflußmenge ist

$$\dot{V} = \alpha\, \varepsilon\, A \sqrt{2 \Delta p / \varrho} \quad \text{in m}^3/\text{s}$$

$\alpha$ = Durchflußzahl (Tafel 143-2)
$\varepsilon$ = Expansionszahl (DIN 1952)
$A$ = freier Querschnitt in $m^2$
$\Delta p$ = Druckunterschied in $N/m^2$
$\varrho$ = Dichte in $kg/m^3$

Zur vollständigen Meßeinrichtung gehören (Bild 164-30):

das *Drosselgerät* (Blende, Düse, Venturirohr),
ein *Differenzdruckmesser* (Manometer) zur Messung des Druckunterschiedes,
die *Druckübertragungsleitung* von der Meßstelle zum Manometer.

Als Drosselgeräte werden verwendet (siehe 143):

*Blenden* (früher Stauwand oder Stauscheibe genannt) sind Scheiben mit scharfer Kante an der Einlaufseite.
*Düsen* haben abgerundete Einlaufkanten.
*Venturirohre* bestehen aus einer konischen Verjüngung mit anschließender konischer Erweiterung.

Als Differenzdruckmesser können beliebige Druckmesser verwendet werden:

*U-Rohr-Manometer, Ringwaagen, Glockenmesser, Membranmesser* u. a.

Zur Verbindung zwischen Meßstelle und Meßinstrument werden Stahl-, Kupfer- oder Kunststoffleitungen verwendet. Die Druckentnahmestellen am Drosselgerät sind Einzelanbohrungen oder Ringschlitze.

Die *Auswahl* der geeigneten Drosselgeräte erfolgt nach technischen und wirtschaftlichen Gesichtspunkten. Die Blende ist am billigsten, verursacht aber den größten Druckverlust. Die Düse hat geringeren Druckverlust, noch geringeren hat das Venturirohr, das jedoch wegen höheren Preises und größerer Einbaulänge nicht so allgemein verwendet wird wie Blenden und Düsen.

Einen vornehmlich für Fernheizungen konstruierten Durchflußmesser zeigen Bild 164-32 und -34. Der Druckgeber ist eine Normblende, Druckmesser ein Membrangerät, Anzeige direkt in $m^3/h$. Die Kraftwirkung des Differenzdrucks wird durch 2 Federn kompensiert; die Übertragung auf den Zeiger erfolgt durch eine Magnetkupplung.

[1]) VDI-Durchfluß-Meßregeln. DIN 1952, 7.82.

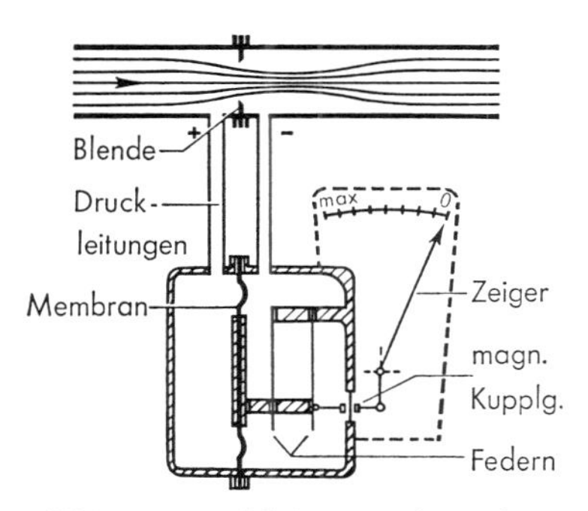


Bild 164-32. Durchflußmesser mit Membran-Meßwerk (Media von Samson, Frankfurt a.M.). Schema.

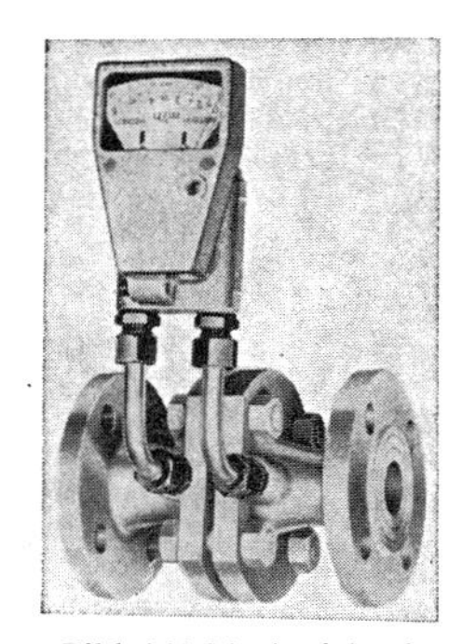

Bild 164-34. Ansicht des Durchflußmessers Bild 164-32.

Für Fernanzeige, Registrierung auf Schreibern sowie für Regelungen werden elektrische oder pneumatische *Meßwertumwandler* (Transmitter) verwendet. Deren Eingangssignal ist der Wirkdruck des Drosselgerätes, während sich auf der Ausgangsseite ein elektrischer Strom bzw. ein Steuerdruck einstellt.

Zu beachten ist, daß alle Drosselgeräte vor und hinter der Einbaustelle gewisse geradlinige Rohrstrecken erfordern, die in DIN 1952 in Vielfachen des Durchmessers angegeben sind.

## -8 STAUGERÄTE

Diese Geräte messen den *Staudruck* in einer Strömung. Staudruck oder dynamischer Druck ist derjenige Druck, der sich durch vollkommene Umwandlung der Geschwindigkeitsenergie in Druck ergibt:

Staudruck $p_d = \frac{1}{2}\varrho w^2$ in N/m²

$w$ = Geschwindigkeit m/s
$\varrho$ = Dichte in kg/m³

Aus dieser Beziehung folgt die Geschwindigkeit

$w = \sqrt{2\, p_d/\varrho}$ in m/s.

Das einfachste Staugerät ist das *Pitotrohr,* das ein vorn offenes Hakenrohr ist. Am meisten verwendet wird das *Staurohr von Prandtl* (Bild 164-36), das auch den statischen Druck innerhalb der Strömung mißt. Das Staurohr hat daher zwei Meßöffnungen. Die eine am vorderen Ende des Staurohres ist der Strömung entgegengerichtet und dient zur Messung des *Gesamtdruckes* $p_g = p_s + p_d$.

Die andere Öffnung ist in Form eines Schlitzes senkrecht zur Strömung angeordnet und mißt nur den *statischen Druck* $p_{st}$. Der dynamische oder Staudruck ist die Differenz beider Drücke:

$p_d = p_g - p_s$

Man erhält seine Größe, indem man nach Bild 164-38 beide Enden des Staurohrs mit den beiden Schenkeln eines Manometers verbindet. Man beachte die Unterschiede bei Über- oder Unterdruck.

Bei Luft von atmosphärischem Druck ist angenähert mit $p_d$ in N/m²:

$$w = \sqrt{2\, p_d/\varrho}$$
$$= \sqrt{\frac{2 \cdot p_d}{1{,}20}} = 1{,}3\sqrt{p_d} \text{ in m/s.}$$

Bild 164-36. Mengenmessung mit Staurohr von Prandtl.

1 = Staurohr
2 = statischer Druck $p_s$
3 = Gesamtdruck $p_g$
4 = Schrägrohrmanometer
5 = U-Rohr-Manometer

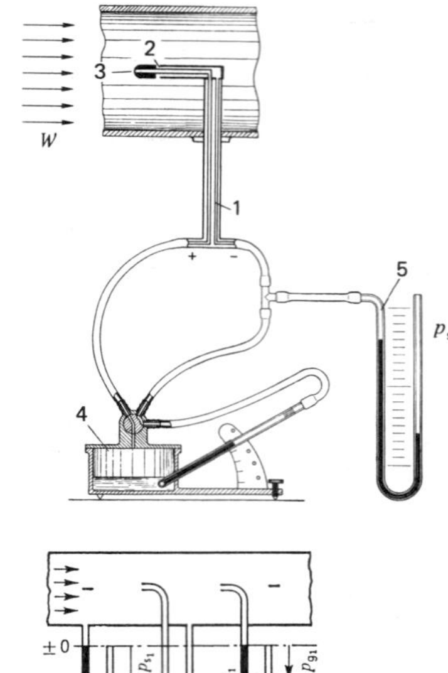


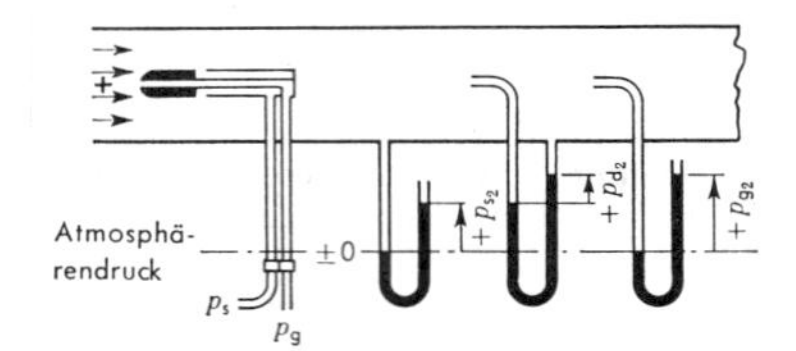


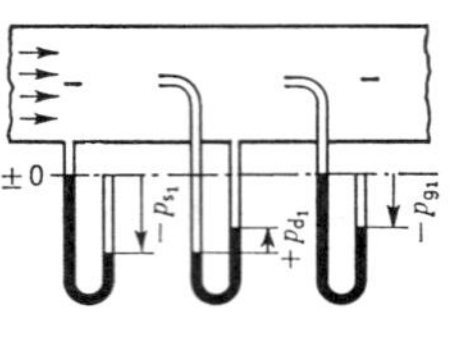


Bild 164-38. Drücke in einer Leitung mit Überdruck (links) und Unterdruck (rechts).

Bei größeren Kanälen ist zur Feststellung des Volumenstromes die Geschwindigkeit an mehreren Stellen zu messen und der Mittelwert zu bilden oder direkt mittelwertbildende Stausonden zu verwenden (siehe Abschnitt 164-10). Die meßbare Mindestgeschwindigkeit $w$ ist vom Sondendurchmesser $d$ abhängig.

$d$ = 1 2 3 5 mm
$w$ = 4,5 2,4 1,4 0,9 m/s.

Digitale Manometer (Bild 162-15) mit Rechner geben Anzeige direkt in m/s.

## -9 SONSTIGE GESCHWINDIGKEITSMESSGERÄTE

### -91 Hitzdraht-Anemometer, thermische Anemometer[1])

*Hitzdrahtanemometer* verwenden zur Bestimmung der Luftgeschwindigkeit einen kurzen elektrisch geheizten Draht von 1 bis 10 μm Durchmesser mit temperaturabhängigem Widerstand in einer Wheatstonschen Brücke, der je nach der Größe der Luftgeschwindigkeit sich mehr oder weniger abkühlt. Beim *Konstant-Strom*-Anemometer wird der Draht mit gleichem Strom geheizt und der Widerstand gemessen. Beim *Konstant-Temperatur*-Anemometer wird über eine Regelung die Temp. konstant gehalten und der Heizstrom als Maß für die Luftgeschwindigkeit festgestellt.

[1]) Finkelstein, Fitzner u. Moog: HLH 1973. S. 37.
Paul, J.: Klima-Kälte-Technik 3/75. S. 65/8.
Breuer, W.: Fernwärme 2/76. 5. L 9 bis L 14.
Moog, W., u. a.: HLH 11/76. S. 412/16.
Fitzner, K.: Ki 11/80. S. 431/6.
Paul, J.: Ki 6/81. S. 287/92.

*Thermische Anemometer* verwenden 2 Thermoelemente, von denen eins geheizt ist. Die durch die Temperaturdifferenz entstehende EMK ist proportional der Luftgeschwindigkeit. Die meisten Geräte sind richtungsempfindlich und verschmutzen auch leicht. Sie sind außerdem temperaturabhängig, falls nicht eine besondere Temperaturkompensation eingebaut ist. Für schnelle Anzeigen geringe Masse der Sonden wichtig.

Andere Geräte verwenden Heißleiter (Thermistoren) mit negativem Temperatur-Coeffizient (NTC) in Wheatsonscher Brücke. Bisher Fühlertemperatur 100–200 °C. Im unteren Geschwindigkeitsbereich durch Eigenkonvektion am Fühler leider richtungsempfindlich. Neue Entwicklung mit 40 °C Fühlertemperatur und mit zweitem Thermistor zur Kompensation der Lufttemperatur ergeben Unabhängigkeit von Anströmrichtung und Lufttemperatur[1]).

Meßbereich 0,1···3,0 m/s. Beispiel Bild 164-40.

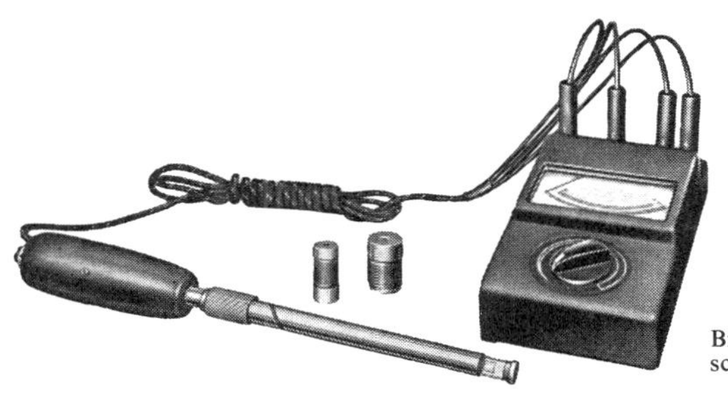

Bild 164-40. Thermoelektrisches Hitzdraht-Anemometer.

Die Geräte werden insbesondere zur Messung der Luftgeschwindigkeit in gelüfteten Räumen verwendet. Dabei hoher Turbulenzgrad (Abschnitt 147) vorhanden. Deshalb aufwendige Auswertung des Meßsignals durch Häufigkeitszähler, Diskriminator (s. Abschnitt 164-12).

## -92 Schwingflügelgeräte

(oder auch *Strömungssonden* genannt) sind dadurch gekennzeichnet, daß ein Teil der strömenden Luft durch ein Rohr in eine Meßkammer geleitet wird, in der ein Flügel durch die Strömung gegen die Kraft einer Spiralfeder abgelenkt wird (Bild 164-42 u. -44). Austritt der Luft durch seitliche Öffnungen des Rohres. Durch Verwendung ver-

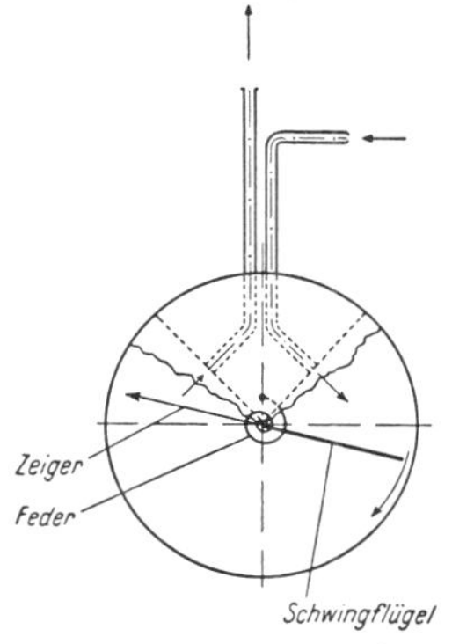


Bild 164-42. Meßprinzip des Schwingflügel-Geschwindigkeitsmessers.

Bild 164-44. Schwingflügel-Geschwindigkeitsmesser (Lambrecht).

[1]) Mayer, E.: FLT-Bericht 3/1/35/81. (Mai 81).

schiedener Düsen sind mehrere Meßbereiche möglich, auch für geringe Geschwindigkeiten, z.B. 0,2 bis 1 m/s. Eichung der Anzeigeskala in m/s. Sehr bequeme Anwendung, aber geringe Genauigkeit. Meßbereich 1···50 m/s.

### -93 Laser-Doppler-Geräte

*Arbeitsprinzip:* Laserstrahl wird in zwei sich kreuzende Strahlen aufgeteilt. Kreuzungspunkt ist Meßpunkt. Vom Luftstrom mitzutragende Partikel reflektieren Streulicht, das infolge der Partikelbewegung auf dem Lichtempfänger einen Doppler-Effekt als Maß der Geschwindigkeit ergibt. (Bild 164-45). Glasfenster im Rohr erforderlich.

*Vorteile:* Keine Sonde im Strömungsfeld, keine Eichung notwendig. Mißt Geschwindigkeitskomponente. Mit einem Zwei-Komponentengerät können zwei Geschwindigkeitskomponenten unabhängig voneinander gemessen werden. Auch bei sehr kleinen Geschwindigkeiten geeignet. Fabrikat TSI arbeitet mit Helium-Neon oder Argon-Laser. Anwendung vorzugsweise im Laborbetrieb, da Apparatur aufwendig.

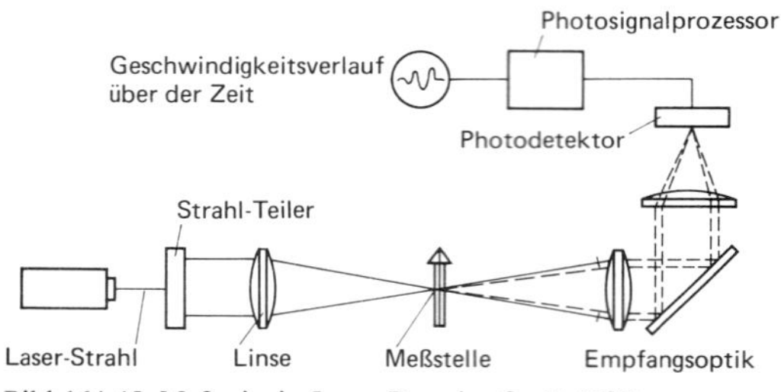

Bild 164-45. Meßprinzip Laser-Doppler-Gerät (TSI).

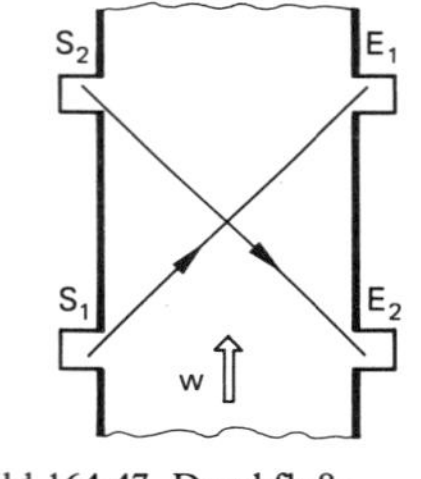

Bild 164-47. Durchflußmessung mit Ultraschall.
S = Sender, E = Empfänger

### -94 Ultraschallverfahren

Es wird die Frequenzdifferenz von Schallwellen stromaufwärts und stromabwärts gemessen. Da die Laufzeit der Schallwellen gegen die Strömungsrichtung größer ist als mit der Strömung, ergibt sich eine Zeitdifferenz, woraus sich die mittlere Geschwindigkeit und damit der Volumenstrom ergeben (Bild 164-47). Anwendung bei Wärmezählern. Auch ohne Anbohren der Rohrleitung anwendbar.

### -95 Induktionsverfahren

Die Flüssigkeit in einem nicht magnetisierbaren Rohrstück durchströmt ein senkrecht zum Rohr angeordnetes Magnetfeld und erzeugt dabei eine Spannung, die dem Durchfluß proportional ist. Flüssigkeit muß eine Mindestleitfähigkeit besitzen, was auf die meisten Flüssigkeiten zutrifft (Bild 164-51). Kein Druckverlust.

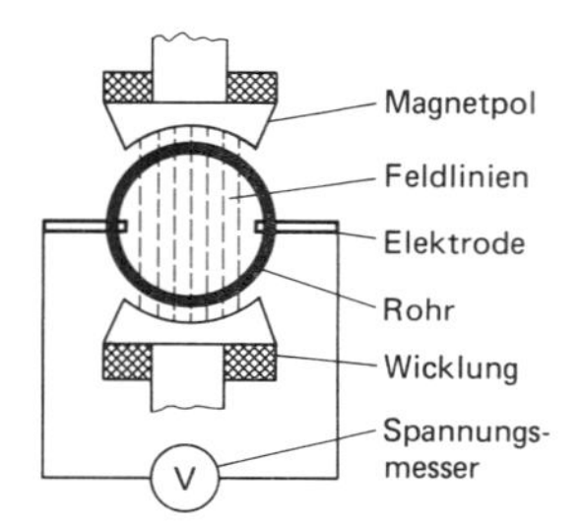

Bild 164-51. Prinzip der induktiven Durchflußmessung.

## -10 VOLUMENSTROMMESSUNG IN KANÄLEN[1])

### -101 Netzmessung

Bei dieser Methode werden die Geschwindigkeiten an mehreren, über den Querschnitt verteilten Stellen gemessen und der Mittelwert gebildet (VDI 2080 – 10.84).

Beim *Kreisquerschnitt* (Bild 164-56) teilt man die Kreisfläche in mehrere flächengleiche Kreisringe und mißt die Geschwindigkeit in den sogenannten Schwerlinien *(Schwerlinien-Verfahren)*. Mittlere Geschwindigkeit ist der arithmetische Mittelwert. Bei z.B. 5 Teilflächen sind die Rohrwandabstände der Meßpunkte aus Tafel 164-2 ersichtlich. Eine andere Methode ist das *Log-Linear-Verfahren*, das bei größerem Grenzschichtanteil am Querschnitt angewendet wird. Bei Messung im Kreisquerschnitt auf mindestens zwei zueinander senkrechten Durchmessern 3 bis 5 Messungen auf einem Radius je Kreissegment.

**Tafel 164-2. Wandabstand der Meßpunkte bei dem Schwerlinien-Verfahren**

| $x/D$ bei | $x_1/D$ | $x_2/D$ | $x_3/D$ | $x_4/D$ | $x_5/D$ |
|---|---|---|---|---|---|
| 5 Meßstellen | 0,026 | 0,082 | 0,146 | 0,226 | 0,342 |

Bei *Rechteckquerschnitten* teilt man die Fläche in eine angemessene Zahl möglichst gleichgroßer Teilflächen und mißt die Geschwindigkeit in den Schwerpunkten *(Trivialverfahren)*. Da die Geschwindigkeit an den Wänden stark abnimmt, soll man hier kleinere Teilflächen annehmen, wobei jedoch bei der Mittelwertbildung der geringere Flächenanteil an der Gesamtfläche zu berücksichtigen ist.

### -102 Schleifenmethode

In großen Kanälen oder hinter Filtern und Wärmeaustauschern kann man die mittlere Geschwindigkeit dadurch ermitteln, daß man ein Flügelradanemometer mit gleichmäßiger geringer Geschwindigkeit in mehreren Schleifen über den gesamten Querschnitt bewegt. Zweimalige Messung erforderlich. Bei rasch veränderlichen Geschwindigkeiten ist Meßwert zu hoch, ebenso wenn Querschnitt des Flügelrades größer als 1% des Leitungsquerschnitts (VDI 2080).

### -103 Einlaufdüse

Bei frei ansaugenden Ventilatoren mißt man den Volumenstrom vermittels einer gut abgerundeten Einlaufdüse an der Saugseite. Geschwindigkeit $w = \sqrt{2\Delta p/\varrho}$.

$\Delta p$ = statischer Unterdruck in Pa (Bild 164-58).

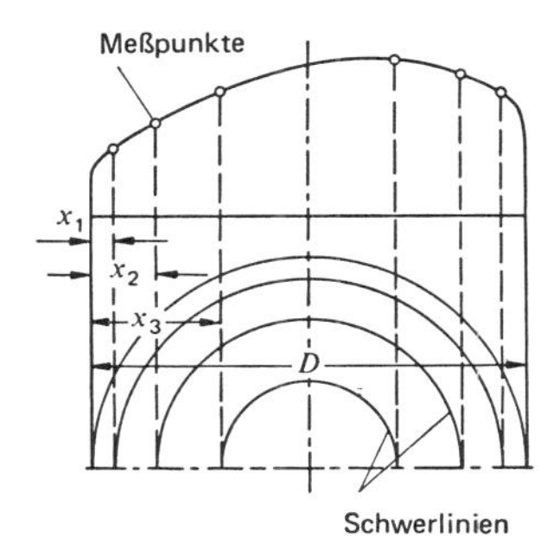


Bild 164-56. Messung der mittleren Geschwindigkeit bei Kreisquerschnitten.

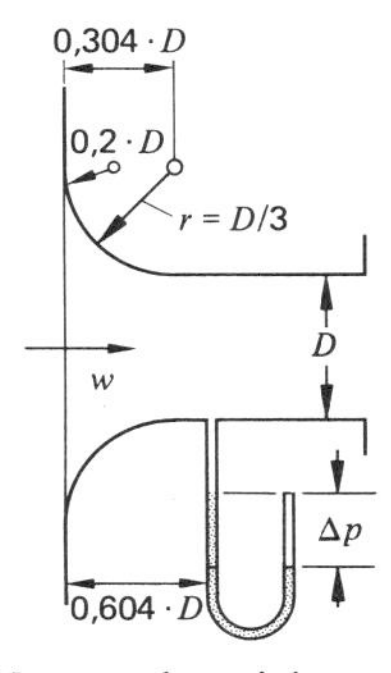


Bild 164-58. Messung der mittleren Geschwindigkeit mittels Einlaufdüse.

[1]) Wieland, H.: HLH 4/84. S. 161/5 u. 6/84. S. 266/70.

### -104 Blenden und Düsen

siehe Abschnitt 164-7.

### -105 Einpunktmessung

Bei Messung der Luftgeschwindigkeit $w_{max}$ an der Mittelachse eines Rohres ist die mittlere Geschwindigkeit $w_m \approx (0{,}80\cdots0{,}85)\ w_{max}$. Vorausgesetzt ist symmetrische, voll ausgebildete turbulente, drallfreie Strömung (s. Abschnitt 147).

### -106 Staukörper[1])

Bei über den Kanalquerschnitt ungleichmäßig verteilter Geschwindigkeit kann man *Stausonden* verwenden, die an mehreren Stellen gleichzeitig messen und den Staudruck ausmitteln. Formen der Sonden sind: Kreis, Kreuz, Gitter, Leiste o.ä. Die Sonden können auch den dynamischen Druck verstärkt anzeigen (3···4fach), wodurch auch kleinere Geschwindigkeiten (ab 3 m/s) noch mit dem Stauprinzip meßbar werden.

### -107 Leckluftstrom[2])

Er entsteht durch Undichtheiten in Kanalverbindungen und Geräteanschlüssen. Messung erfolgt dadurch, daß in einem Kanalnetz oder Kanalteil alle Öffnungen verschlossen werden und durch einen Ventilator mit Meßeinrichtung, z.B. Blende, ein Überdruck oder Unterdruck erzeugt wird. Prüfdruck ≈ Betriebsdruck. Messung des Leckluftstroms gemäß VDI 2080. Bei Kanälen vier Klassen:

**Zulässiger Leckluftstrom in l/s pro m² Kanaloberfläche** (DIN 24194 und VDI 3803)[3])

| Prüfdruck: | 1000 Pa | 400 Pa | 200 Pa |
|---|---|---|---|
| Klasse I | 7,2 | 3,96 | 2,52 |
| Klasse II | 2,4 | 1,32 | 0,84 |
| Klasse III | 0,8 | 0,44 | 0,28 |
| Klasse IV | 0,27 | 0,15 | 0,093 |

## -11 VOLUMENSTROMMESSUNG AN LUFTDURCHLÄSSEN[4])

### -111 Netzmessung

Man mißt an mehreren, über den Querschnitt verteilten Stellen des Luftdurchlasses mittels Staurohr oder Anemometer. Wegen der meist wirbel- und drallreichen Strömung Messung ziemlich ungenau.

### -112 Meßtrichter-Verfahren

Auf den Luftdurchlaß wird ein Meßtrichter gesetzt, eventuell mit Gleichrichter (Bild 164-60 und -62). Die Luftgeschwindigkeit wird an der engsten Stelle gemessen. Gute Ergebnisse, wenn der Widerstand des Luftdurchlasses groß ist im Verhältnis zu dem des Trichters. Gegebenenfalls Korrektur des Meßergebnisses.

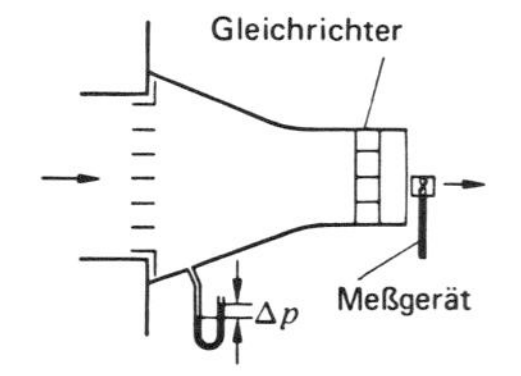


Bild 164-60. Volumenstrommessung an einer Zuluftöffnung mittels Meßtrichter.

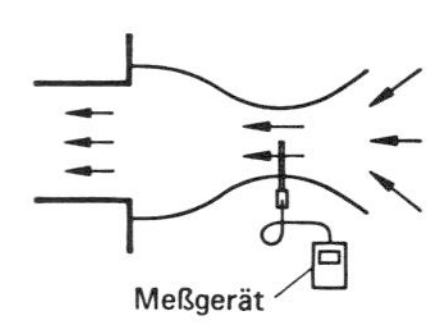


Bild 164-62. Volumenstrommessung bei einer Abluftöffnung.

[1]) Presser, K. H.: HLH 4/86. S. 209/16 und 8/86. S. 419/25.
[2]) Wagner, W.: TAB 9/83. S. 739/740.
[3]) DIN 24194 (11.85) und VDI 3803 (11.86).
[4]) Presser, K. H.: HLH 3/81. S. 98/107.

### -113 Nullmethode[1])

Die Luft wird mit einem regelbaren Hilfsventilator aus einer am Luftdurchlaß angebrachten Meßkammer so gesaugt, daß in der Meßkammer Atmosphärendruck herrscht. Zwischen Meßkammer und Ventilator Normblenden oder Düsen zur genauen Messung. Gute Ergebnisse, aber aufwendig, da geeignete Geräte noch nicht zur Verfügung stehen.

### -114 Sackaufrollverfahren[2])

Bei diesem Verfahren wird an den Luftauslaß ein zunächst zusammengefalteter leichter luftleerer Plastiksack angebracht. Aus der Füllzeit und dem Sackvolumen kann der Volumenstrom ermittelt werden. Die Zuströmung in den Sack wird schlagartig freigegeben und wieder abgestoppt, wenn der statische Druck im Kanal vor dem Luftauslaß über den ungestörten Wert ansteigt.

## -12 MESSUNG DER RAUMLUFTGESCHWINDIGKEIT[3])

Die Luftbewegung in Räumen ist durch regellose örtliche und zeitliche Schwankungen der Luftgeschwindigkeit nach Richtung und Größe gekennzeichnet. Sie werden nicht nur durch Luftauslässe, sondern auch durch Konvektionsströmungen von Personen und Geräten, Heizkörpern, Leuchten, Wänden, Fenstern usw. verursacht und ergeben ein sehr komplexes Bild, das sich nur durch statistische Methoden darstellen läßt (Bild 164-70).

Durch Untersuchungen hat man festgestellt, daß in der Mehrzahl der Fälle die Luftgeschwindigkeit um einen *Mittelwert* schwankt, gekennzeichnet durch Abweichungen nach einer sogenannten *Normalverteilung* (Gaußsche Verteilung). Für die Auswertung der Messungen gibt es zwei Methoden.

In einer Zeit von ca. 200 s werden etwa $n = 500$ Messungen der momentanen Geschwindigkeit $v$ durchgeführt.

Der arithmetische Mittelwert ist $\bar{v} = \frac{1}{n} \Sigma v_i$

Die mittlere Abweichung, die *Streuung* ist $s = \sqrt{\frac{\Sigma(\bar{v} - v_i)^2}{n-1}}$

Durch Mittelwert und Streuung ist die Raumluftgeschwindigkeit gekennzeichnet.

Beim *Verweildauerverfahren* wird mittels eines Schreib- oder Klassiergerätes gemessen, wie lange in % der gesamten Meßzeit mehrere vorgegebene Geschwindigkeiten von z. B. 0,1, 0,2, 0,3 m/s überschritten werden. Beim Aufzeichnen der Geschwindigkeit in einem *Wahrscheinlichkeitsnetz*[4]) ergibt sich wegen der angenommenen Normalverteilung eine

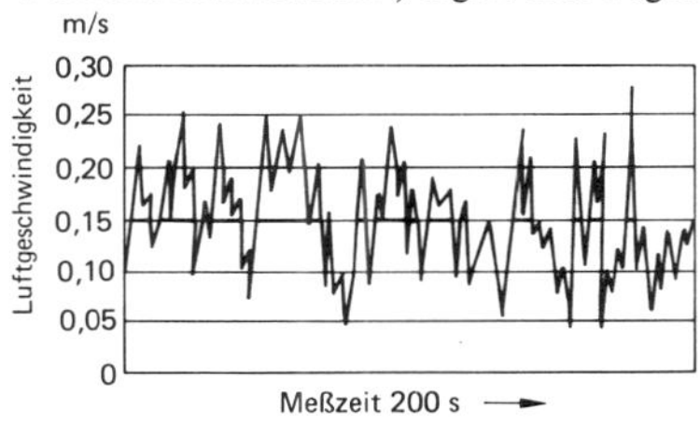


Bild 164-70. Verlauf der Raumluftgeschwindigkeit. Mittelwert 0,16 m/s, Streuung 0,06 m/s.

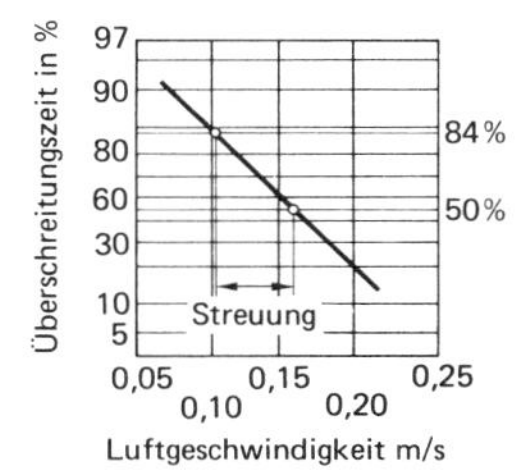


Bild 164-72. Geschwindigkeitsverlauf im Wahrscheinlichkeitsnetz.

[1]) Presser, K. H.: HLH 2/78. S. 59/68.
[2]) Presser, K. H.: HLH 3/82. S. 102/6.
[3]) VDI-Richtlinie 2080 (10.84) und DIN 1946 Teil 2 (1.83).
Laabs, K.-O.: VDI-Bericht 353 (1980). S. 5/13.
Gräff, B.: DKV-Bericht 1979. S. 445/59.
[4]) Das Wahrscheinlichkeitsnetz entsteht dadurch, daß die Schnittpunkte der Verteilungskurve *F(x)* der sog. Normalverteilung (Gaußsche Verteilung) mit der Abszisse auf die Ordinatenachse projiziert werden, auf der so eine Skala entsteht. Diese Skala ist die Ordinatenteilung im Wahrscheinlichkeitsnetz. Die Verteilungskurve erscheint dann als Gerade. Bild 164-72.

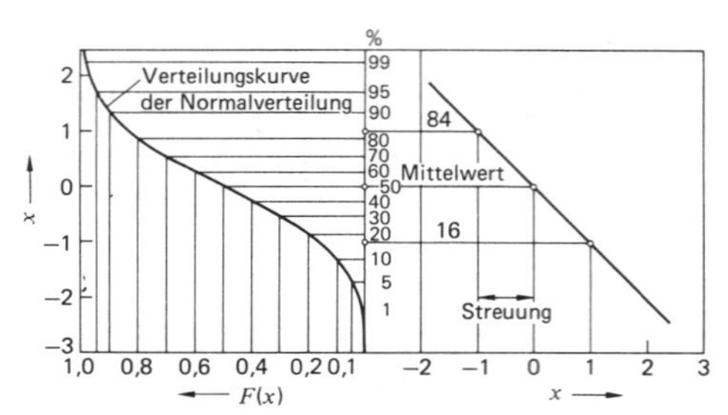


Bild 164-75. Verteilungsfunktion *F(x)* der Normalverteilung. Links: lineare Koordinaten. Rechts: Wahrscheinlichkeitsnetz.

Gerade, so daß an sich nur 2 Meßpunkte erforderlich sind. Der Schnittpunkt mit der 50%-Linie entspricht dem Mittelwert, die Differenz zwischen den 50%- und 84%-Werten entspricht der Streuung (Bild 164-75).

In Zusammenhang mit einem Rechner können 50%-Mittelwert oder Mittelwert plus Standardabweichung (84%-Wert) aus einer großen Zahl (>200) von Augenblickswerten berechnet werden *(Stichprobenverfahren)*.

An die *Meßgeräte*, meist Hitzdrahtanemometer, sind besondere Anforderungen zu stellen bez. dynamischen Verhaltens, Temperaturkompensation, Richtungsabhängigkeit u.a. Nach DIN 1946 Teil 2 muß der Geschwindigkeitsfühler eine *Zeitkonstante* kleiner als 2s und Cosinus-Charakteristik in beiden Anströmrichtungen haben. Meßzeit ≧200s; falls große Schwankungen vorliegen (mehr als 10% Unterschied zweier Meßwerte an einer Stelle) ist Meßzeit = 400s zu wählen. Wegen der unterschiedlichen Eigenschaften der verwendeten Meßsonden können die Ergebnisse der Messungen oft erhebliche Unterschiede aufweisen. Ansicht eines Meßgerätes in Bild 164-80.

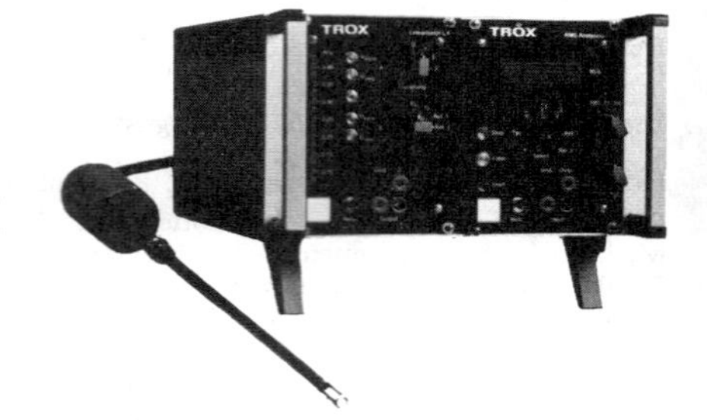


Bild 164-80. Meßgerät für Raumluftgeschwindigkeit mit Strömungssonde (Trox).

# 165 Wärmemengenmessung[1])

Die Messung von Wärmemengen wird in Zukunft große Bedeutung gewinnen, da zum Zweck der *Energieeinsparung* gesetzliche Vorschriften bestehen, die für die Abrechnung des Wärmeverbrauchs Meßgeräte zwingend vorschreiben. Ab 30.6.84 müssen in allen Mehrfamilienhäusern mit mehr als 2 Wohnungen die Heizkosten individuell gemessen und abgerechnet werden. (Verordnung über Heizkostenabrechnung vom 23.2.81.) Für Neubauten gilt dies bereits ab 1.7.81. Untersuchungen haben gezeigt, daß durch verbrauchsabhängige Messungen Energieeinsparungen von 10···20% möglich sind.

[1]) Kreuzberg, J.: Fernwärme 2/80. S. 68/71.
Goettling, D., u. F. Kuppler: Ki 10/80. S. 409/12.
Sauer, E.: HLH 2/82. S. 61/8.

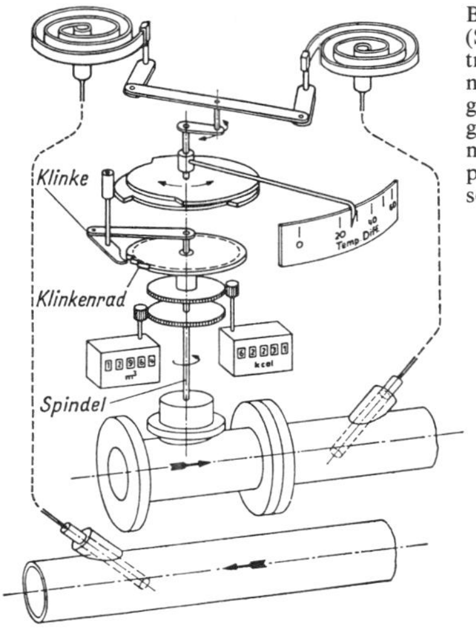


Bild 165-2. Mechanischer Wärmemengenzähler (Spanner-Pollux). Spindel des Wasserzählers treibt gleichzeitig Klinkenarm. Klinke wird je nach Temperaturdifferenz über kleinere und größere Drehwinkel mit Klinkenrad in Eingriff gebracht und treibt dadurch Zählwerk für Wärmemenge. Drehwinkel ist Temperaturdifferenz proportional, Abtasthäufigkeit entspricht Wassermenge.

Bild 165-3. Mechanischer Wärmemengenzähler – Ansicht (Spanner-Pollux).

## -1 HEIZUNGSANLAGEN[1])

### -11 Direkte Meßverfahren

zur physikalisch exakten Messung des Wärmeverbrauchs.

Bei *Dampfheizungen* kann man entweder die Dampfmenge oder die Kondensatmenge messen. Bei bekanntem Dampfzustand ist hieraus der Wärmestrom leicht zu berechnen. Zur Dampfmengenmessung werden Drosselgeräte (Blenden, Düsen, Venturirohre) verwendet, oder Schwimmermesser, siehe Abschnitt 164-6 und -7. Zur Kondensatmessung dienen Kipp- und Trommelmesser nach Abschnitt 164-2. Derartige Meßgeräte gibt es auch in sehr kleinen Ausführungen, die für die Wärmemengenmessung einzelner dampfgeheizter Wohnungen verwendet werden können.

Bei *Wasserheizungen*[2]) ist die genaue Messung der gelieferten Wärme wesentlich schwieriger. Die Konstruktion dieser Wärmemesser beruht auf der Messung des Produktes von Wassermenge und Temperaturdifferenz zwischen Vorlauf und Rücklauf. Für die Mengenmessung werden dabei Flügelrad- oder Drosselgeräte verwendet, während die Temperaturdifferenz zwischen Vorlauf und Rücklauf durch Thermoelemente, Widerstandsthermometer oder Ausdehnungsfühler angezeigt wird. Die Produktbildung beider Meßgrößen erfolgt durch Differentialgetriebe oder andere mechanische bzw. elektrische Methoden. Beispiel eines mechanischen Meßgerätes Bild 165-2 und -3.

Bei den *elektronischen* Rechenwerken, Bild 165-6 u. -7 sind sowohl netzbetriebene als Batterie-Geräte auf dem Markt. Der Volumenstrom wird durch einen Heißwasserzähler (Flügelrad- oder Woltmannzähler) mittels Kontaktgebern erfaßt. Die Messung der Vor-

---

[1]) DIN 4713 Wärmeverbrauchsabrechnung. 12. 80.
DIN 4714 Richtlinien für die Meßgeräte. 12. 80.
Zöllner, G., u. a.: Ges.-Ing. 1/82. S. 11/19 u. HLH 12/80. S. 441/4.
TAB 9/83. S. 747 (Wärmezähler).
Beedgen, O.: Wärmetechn. 1/84. S. 8.
Kreuzberg, J.: HLH 7/84. S. 307/16.

[2]) Dittrich, G.: Ki 7/8-1981. S. 337/41.
Braun, L.: Wärmetechnik 11/83. S. 393.

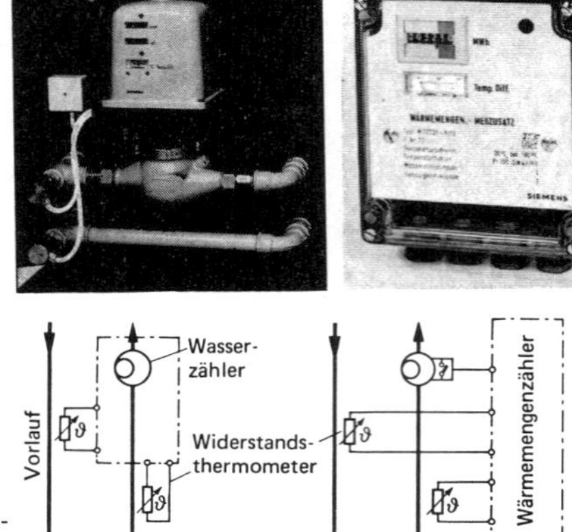


Bild 165-6. Elektrischer Wärmemengenzähler (Siemens).
Links für Rohrmontage, rechts für Wandmontage, unten Wirkschema.

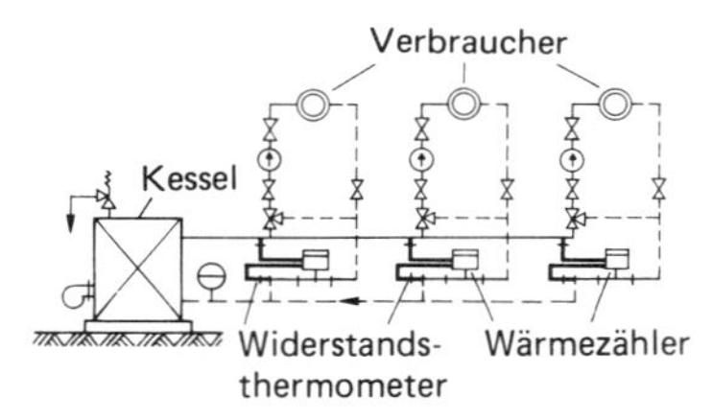


Bild 165-8. Einbaubeispiel von Wärmezählern.

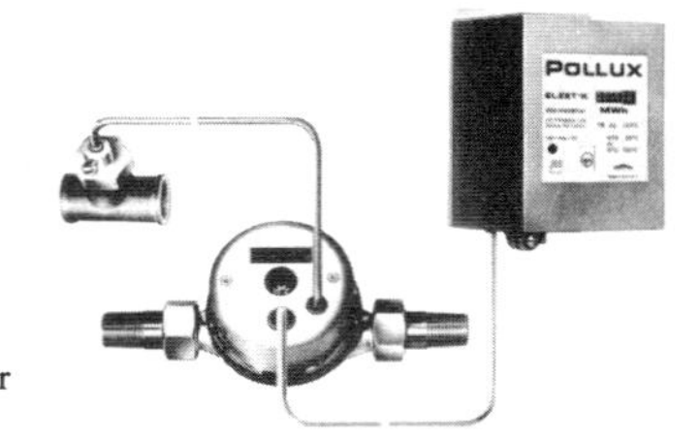


Bild 165-7. Elektronischer Wohnungs-Wärmezähler (Spanner-Pollux).

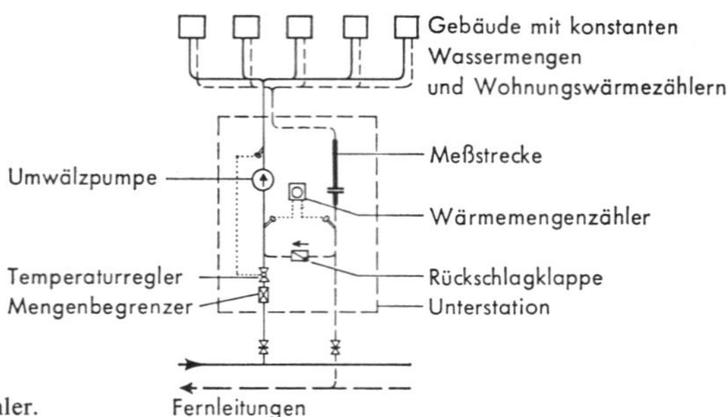


Bild 165-10. Fernheizungs-Unterstation mit Wärmezähler.

lauf- und Rücklauftemperatur erfolgt durch Widerstandsthermometer. Alle Meßwerte werden in eine elektrische Impulsfolge umgewandelt und das elektronische Rechenwerk bildet das Produkt aus Volumenstrom und Temperaturdifferenz.

Statt der störanfälligen Flügelräder verwenden neue Geräte zur Durchflußmessung auch das Induktiv- oder das Ultraschallverfahren.

*Vorteile:*

Meß- und Anzeigeart frei wählbar. Fernübertragung möglich.

*Nachteilig* ist jedoch der höhere Preis.

Alle Wärmezähler sind besonders für Einrohrheizungen und horizontale Zweirohrheizungen geeignet. Einbaubeispiel Bild 165-8.

Fehlergrenze etwa ±6%, häufig auch mehr. In einer Heizperiode können auch bei guten Geräten Fehler von ±3% entstehen. Beispiel für den Einbau eines Wärmemeßgerätes bei einer Fernheizung siehe Bild 165-10. Bei konstantem Wasserumlauf kann auf die Messung der Wassermenge verzichtet werden, Geräte dadurch einfach und billiger.

Manchmal werden auch nur *Wasserzähler* (Flügelrad- und Woltmannzähler) verwendet, wenn die Änderung der Vorlauftemperatur alle an das Heizwerk angeschlossenen Abnehmer gleichmäßig betrifft (Ersatzmeßverfahren). Sonderausführungen für Warmwasser und Heißwasser.

### -12 Indirekte Meßverfahren (Hilfsmethoden)[1])

Hierbei wird nicht die Wärmemenge gemessen, sondern nur der Anteil am Gesamtverbrauch.

*Verdunstungs-Wärmezähler* bestehen aus einem Gehäuse, das zwischen den Rippen der Radiatoren befestigt wird und im Innern ein mit einer Spezialflüssigkeit von hohem Siedepunkt (Tetralin u.a.) gefülltes Meßröhrchen enthält, das jährlich ausgewechselt wird. Die im Laufe einer Heizperiode verdunstete Flüssigkeitsmenge ist ein Maß für die von den Heizkörpern abgegebene Wärme und wird an einer angepaßten *Strichskala* abgelesen. Der Verbrauchsanteil einer Wohnung ist gleich dem Verhältnis der Strichsumme einer Wohnung zur Gesamtstrichsumme aller Geräte der Heizungsanlage. Verwendung in Mehrfamilienhäusern. Prinzipbild 165-15. Keine eigentlichen Wärmezähler, sondern nicht eichfähige *Heizkostenverteiler* zur relativen Aufteilung der Betriebskosten von Zentralheizungen. Zur Berücksichtigung der Heizkörperleistung sind Bewertungsfaktoren erforderlich. Wichtig für einwandfreie Meßergebnisse ist richtige Skalierung und Montage. Nachteilig ist die Möglichkeit der Beeinflussung der Anzeige, meist jedoch zum Nachteil des Manipulierenden. Bei verschiedenartigen Heizkörpern (Radiatoren, Konvektoren usw.) Korrekturen schwierig. Beispiel Bild 165-16. Für manche Heizkörper nicht verwendbar, z.B. Fußboden- und Strahlungsheizungen sowie senkrechte Einrohrheizungen.

*Fehlerbereich* 5···10%, manchmal auch mehr; Kostenabrechnung zu 70% bis 50% verbrauchsabhängig entsprechend Anzeige der Heizkostenverteiler, restliche Festkosten über Wohn- bzw. Nutzfläche oder umbauten Raum. Bekannte Hersteller: Brunata, Minol, Techem u.a.

*Ersparnis* an Heizenergie erfahrungsgemäß etwa 10···20% je nach Gebäudeart, Regelung, Wärmedämmung. Kosten je Wohnung für 5 Geräte einschl. Installation ca. 100,– DM, für jährliche Abrechnung je Wohnung 25···30 DM. Eine einfache, billige Möglichkeit zur Energieersparnis, obwohl keine physikalisch klare und nachprüfbare Methode.

*Elektronische Heizkostenverteiler*[2]) verwenden je einen Fühler am Heizkörper und in der Raumluft. Beispiel System *Heikozent* (AEG), (Bild 165-20). Vom Heizkörper- und Raum-Temperaturfühler gelieferte Meßspannungen werden mit Normwärmeleistung der Heizkörper bewertet und in einer zentralen Meß- und Rechenelektronik über der

---

[1]) DIN 4714, T. 2 A1 (4.85): Heizkostenverteiler nach dem Verdunstungsprinzip, 1. Änderung.
Goettling, R., u. F. H. Kuppler: HLH 5/79. S. 172/7 und HLH 5/83. S. 205/10.
Zöllner, G., u. J. E. Bindler: HLH 6/80. S. 195/201.
Zöllner, G., u.a.: HLH 11/80. S. 408/12 u. 12/80. S. 441/4.
Liebegall, A.: HLH 1/84. S. 28/31.
Test Nr. 6/84. S. 81/91.
BMWI: Verbrauchsabhängige Abrechnung. 1984.

[2]) Kuppler, F. H.: Ki 7/8-81. S. 331/6.

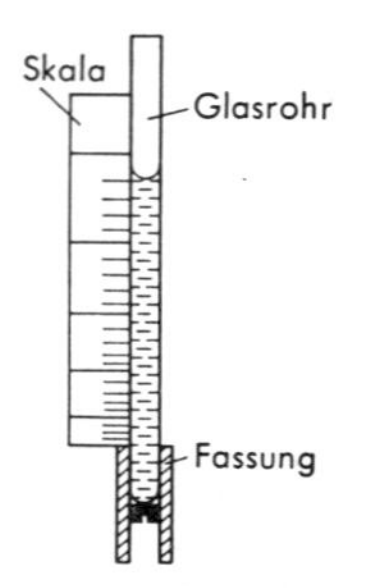


Bild 165-15. Wärmekostenverteiler nach dem Verdunstungsprinzip.

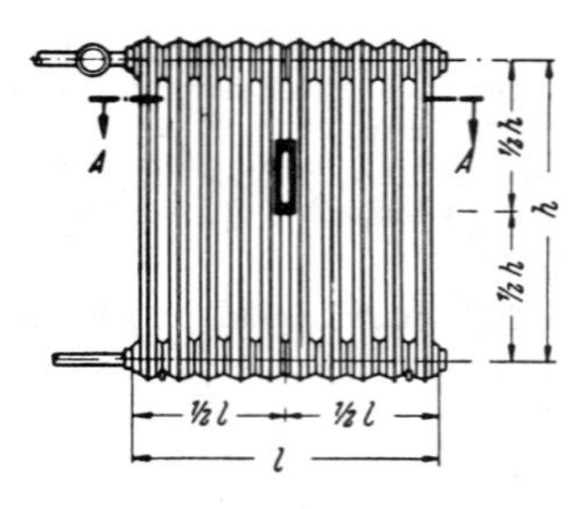


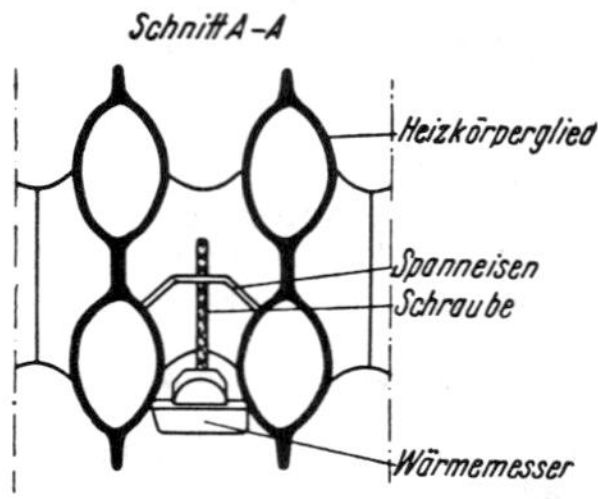


Bild 165-16. Verdunstungs-Wärmekostenverteiler.

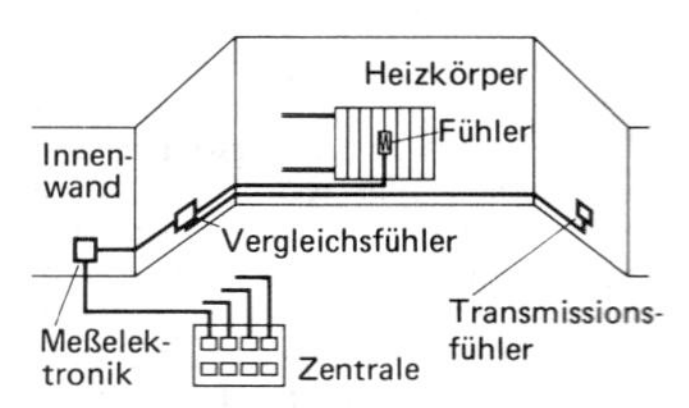


Bild 165-20. Meßprinzip Heikozent-Heizkostenverteiler.

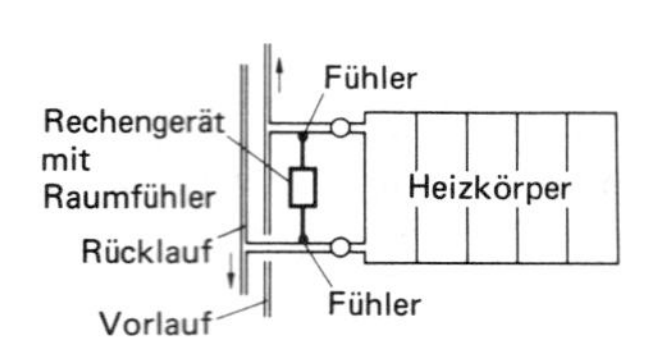


Bild 165-25. Meßprinzip Exatron-Heizkostenverteiler.

Zeit integriert. Mehrere Heizkörperfühler sind in Reihe geschaltet und ergeben Verbrauchsanzeige einer Wohnung in energieproportionalen Einheiten digital an einem Rollenzähler. Betreten der Wohnung zur Ablesung der Meßwerte daher nicht erforderlich. Ein Gerät für 30 bis 40 Heizkörper mit Gesamtleistung bis 40 kW geeignet.

Unabhängig vom Netz arbeitet das System *Exatron* (Bild 165-25). Pro Heizkörper werden gemessen: Vor- und Rücklauftemperatur sowie Raumtemperatur. Unter Berücksichtigung der Heizkörperkennlinie (Heizkörperkonstante und Temperaturexponent gemäß DIN 4703 und 4704) wird in einem batteriebetriebenen Rechenwerk der Verbrauch pro Heizkörper ermittelt und jederzeit ablesbar mit LDC digital angezeigt, ebenso eventuelle Überschreitung des eingegebenen Sollwertes für die Raumtemperatur.

Elektronische Messungen sehr genau, aber Investition teuer (800···1000 DM pro Wohnung einschl. Verkabelung). Außerdem besteht die Möglichkeit der Manipulation.

Mehrere weitere Meßsysteme sind auf dem Markt[1]) bzw. befinden sich noch in Entwicklung. Einige Hersteller sind Mitglieder der *„Arbeitsgemeinschaft Heizkostenverteilung“* in Schwalbach am Taunus.

[1]) TAB 9/83. S. 747/56.

### -2 BRAUCHWASSERANLAGEN (siehe auch Abschn. 452)

Bei großen Verbrauchern werden mechanische oder elektrische Wärmezähler wie bei den Wasserheizungen verwendet.

Wenn Kaltwasser- und Brauchwassertemperatur annähernd konstant sind, genügen gewöhnlich Flügelradmesser zur Verbrauchsmessung. Dies trifft zu, wenn getrennte Brauchwasserspeicher möglichst mit Ladepumpe und gut isolierten Zirkulationsleitungen vorhanden sind.

Bei Wohnungen mit schwankender Brauchwassertemperatur sind auch *Kostenverteiler* nach dem Verdunstungsprinzip in Benutzung. Durch ein in die Brauchwasserleitung eingebautes T-Stück mit Venturirohr wird beim Zapfen von Brauchwasser ein Teilstrom zu einem Wärmespeicher geleitet. Die zugeführte Wärme bewirkt die Verdampfung einer Meßflüssigkeit.

Bei der Umlegung der Kosten auf die Mieter ist ein Teil (30 bis 50%) als fester Betrag verbrauchsunabhängig, der andere Teil als verbrauchsabhängiger Betrag entsprechend den Anzeigen der Geräte zugrunde zu legen. Fehler meist weniger als 10%.

## 166 Niveaumessung

### -1 MESSUNG BEI OFFENEN BEHÄLTERN

Die einfachste Anordnung der Anzeige des Flüssigkeitsstandes in einem Behälter ist die Verwendung eines *Schwimmers* mit Seil, Rolle und Skala (Bild 166-1), bei Öltanks ist es der *Peilstab*.

Für Fernübertragung Verwendung eines Potentiometers, Bild 166-2. Für Batterietanks von Ölfeuerungen sind Ölstandsanzeigegeräte mit Schwimmer nach Bild 166-3 in Gebrauch. Je nach Tankform ist die Anzeigeskala linear oder nichtlinear.

Eine weitere Methode besteht in der Verwendung eines *Manometers* (Bild 166-4), das die Druckhöhe bis zum Meßinstrument angibt (Hydrometer). Verwendung namentlich

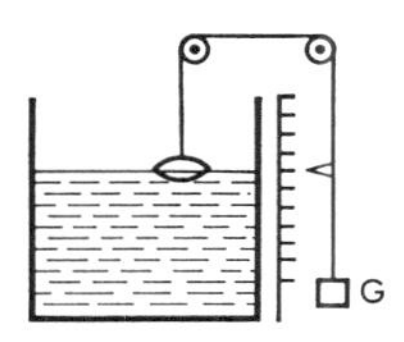


Bild 166-1. Niveaumessung mit Schwimmer, Seil und Rolle.

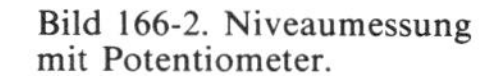

Bild 166-2. Niveaumessung mit Potentiometer.

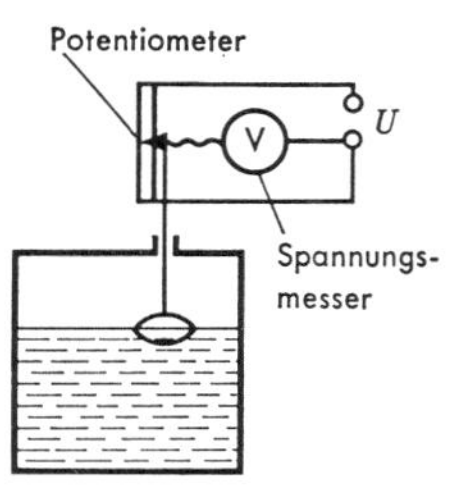

Bild 166-3. Ölstandsanzeiger mit Schwimmer.

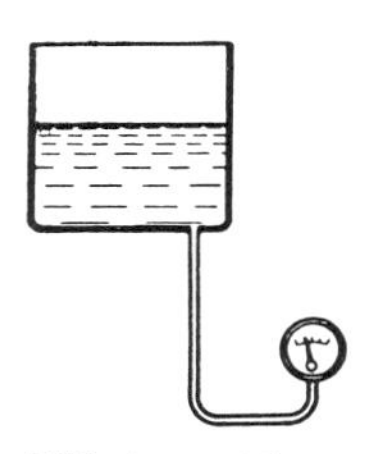

Bild 166-4. Niveaumessung mit Manometer.

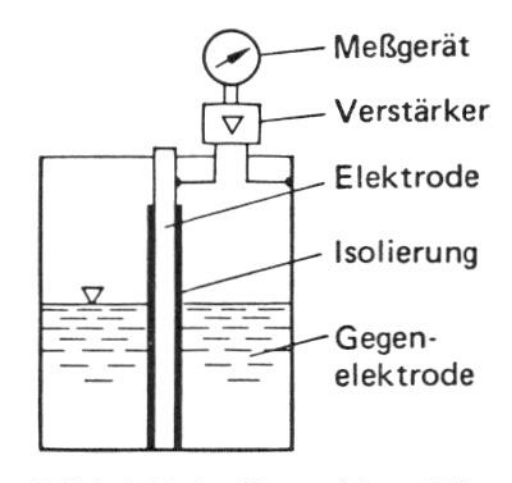


Bild 166-5. Kapazitive Niveaumessung mit Elektrode.

bei Warmwasserheizkesseln. Für große Entfernungen zwischen Behälter und Meßinstrument wird ein Differenzdruckmesser verwendet, der die Druckhöhendifferenz zwischen einem Normalniveau und dem jeweiligen Behälterstand mißt.

Für die Fernanzeige des Inhalts von *Heizölbehältern* ist das Instrument nach Bild 166-6 geeignet. Durch eine kleine Handpumpe wird das Öl aus dem Standrohr verdrängt, wobei das Manometer die Höhe des Flüssigkeitsstandes anzeigt. Keine Daueranzeige.

Eine andere Methode ist die Niveaumessung und Niveauregelung mittels *Elektroden*. Dabei wird die Veränderung der *Kapazität* eines aus Elektrode und Gegenelektrode bestehenden Kondensators ausgenutzt. In Bild 166-5 ist die Zentralelektrode ein Metallstab, während die Gegenelektrode durch die Flüssigkeit gebildet wird. Die Isolierung ist das Dielektrikum. Die Kapazität ändert sich linear mit der Füllhöhe. Weite Fernübertragung möglich.

In ähnlicher Weise kann bei leitenden Flüssigkeiten, z. B. Wasser, die *elektrische Leitfähigkeit* zur Messung verwendet werden.

## -2 MESSUNG BEI DRUCKBEHÄLTERN

Hauptanwendungsgebiet ist die Messung des Wasserstandes in Dampfkesseln. Gemäß der „Dampfkesselverordnung" (Febr. 1980) sind für jeden Kessel Wasserstandsgläser erforderlich. Bei Großkesseln verwendet man zur leichteren Kontrolle des Wasserstandes den *„heruntergezogenen Wasserstand"*, um die Beobachtung zu erleichtern.

Ein Schwimmer ist bei dem *Hannemann-Anzeiger* verwendet. Die Hubbewegung des Schwimmers wird nach außen über eine elastische selbstdichtende Welle übertragen.

Beim *Igema-Wasserstandsanzeiger* erfolgt die Fernanzeige des Wasserstandes an einem U-Rohr mit einer wasserunlöslichen Flüssigkeit (Bild 166-7). Ähnlich arbeitet der Wasserstandsanzeiger von Siemens, bei dem auch eine Fernmeldung möglich ist, Bild 166-8.

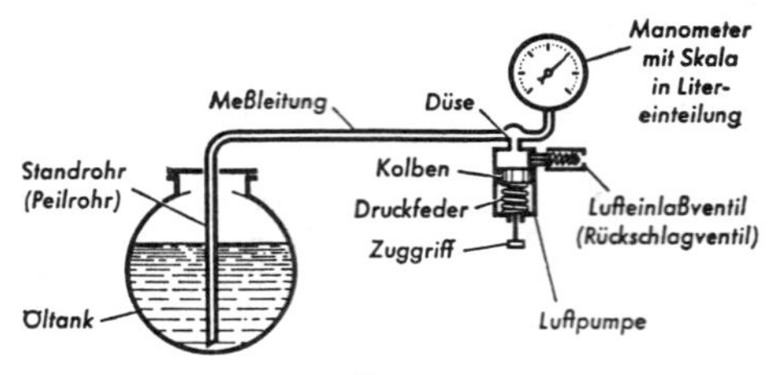


Bild 166-6. Pneumatische Ölstandsmessung.

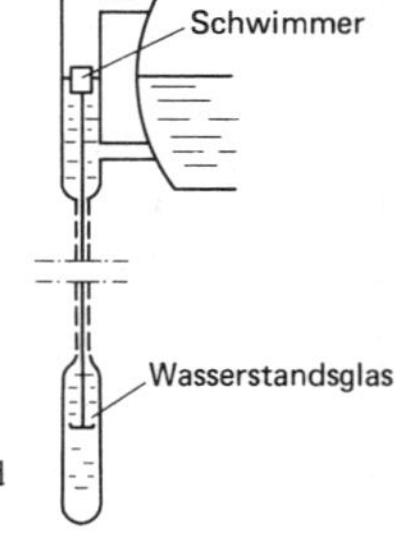


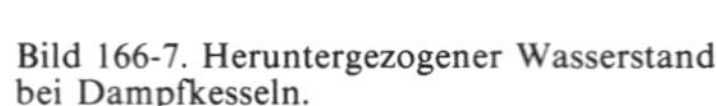
Bild 166-7. Heruntergezogener Wasserstand bei Dampfkesseln.

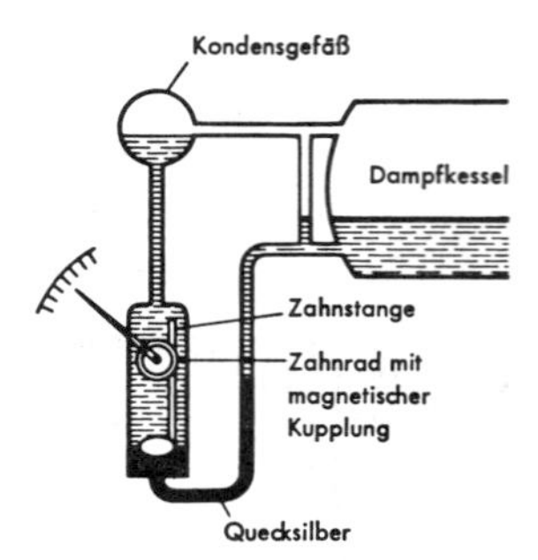


Bild 166-8. Flüssigkeitsstandsmessung mit Schwimmer für Dampfkessel (Siemens).

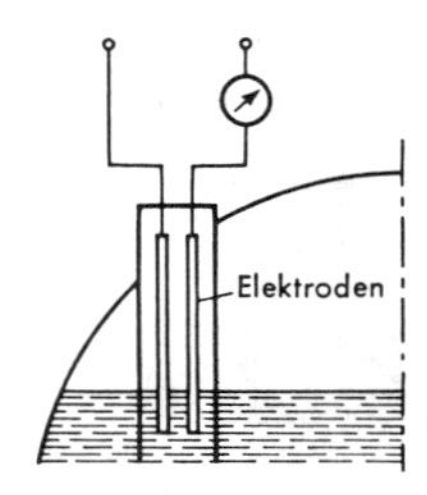


Bild 166-10. Höhenstandsmessung mit Elektroden.

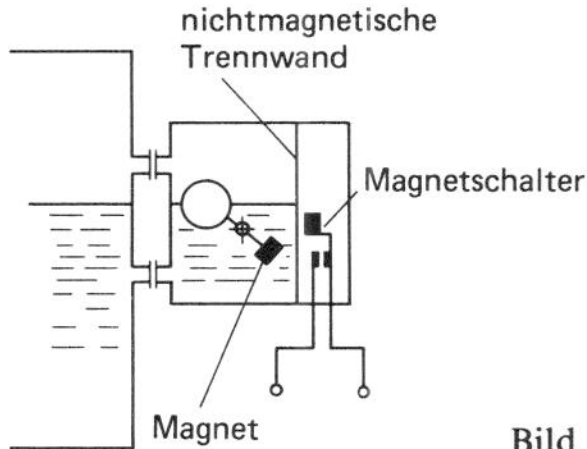


Bild 166-15. Zweipunkt-Niveauregler mit Schwimmerschalter.

*Elektrolytische Niveaumesser* bestehen aus 2 Elektroden mit Spannungsquelle. Sie nutzen die Leitfähigkeit von Wasser aus. Die Stromaufnahme steigt mit zunehmendem Niveau, Bild 166-10. Geeignet auch für Fernübertragung.

Bei *Zweipunkt-Niveaureglern* werden Schwimmerschalter mit stopfbuchsenloser Magnetkupplung zur Ansteuerung einer Magnetventils oder einer Pumpe verwendet (Bild 166-15).

# 167 Abgasprüfung

(siehe auch Abschn. 169-5 und -8 sowie 231-8)

Rauchgasuntersuchungen haben die Aufgabe, die Zusammensetzung der Rauchgase, namentlich den $CO_2$-Gehalt, festzustellen, um daraus die Güte der Verbrennung zu beurteilen[1]). Die Messung der Abgasverluste ist gesetzlich vorgeschrieben, um Energie einzusparen. In Zentralheizungen wird sie von den Schornsteinfegern durchgeführt (Energieeinspargesetz). Die zu verwendenden Meßgeräte müssen eine Eignungsprüfung bestehen. $SO_2$- und Stickoxidmessungen werden meist nur bei Großanlagen durchgeführt.

1. *Orsat-Apparat*. Dieser Apparat ist das bekannteste Gerät für die Untersuchung der Abgase. Ein abgemessenes Volumen von 100 $cm^3$ Gas wird nacheinander durch mehrere Absorptionsflüssigkeiten gedrückt, die der Reihe nach $CO_2$, $O_2$ und CO absorbieren. Nach Absorption eines Gasbestandteils wird die Restgasmenge gemessen. Die Volumenverminderung entspricht dem Raumanteil des absorbierten Gases. Absorptionsmittel sind Kalilauge für $CO_2$, Pyrogallussäure oder Phosphor für $O_2$ und Kupferchlor für CO (Bild 167-1). Letztere allerdings nicht genügend empfindlich.

Für betriebliche Zwecke ist der Orsat-Apparat nicht geeignet; er dient lediglich als *Kontrollapparat*. Für Schnellmessungen sind *Meßkoffer* erhältlich. Beispiel das $CO_2$-Schnellmeßgerät nach Bild 167-2 und -3 mit Kalilaugegefäß, Anzeigegerät, Gummiball und Umstellhahn. Der bei der Absorption entstehende Unterdruck ist dem $CO_2$-Gehalt proportional und wird direkt angezeigt. Meßflüssigkeit muß nach Erschöpfung erneuert werden. Nachteilig ist die Trägheit der Messung.

2. Die *selbsttätigen* auf chemischer Grundlage arbeitenden Geräte ahmen die Bewegungen bei der Handanalyse nach und zeichnen den Hub der Niveaugefäße verkürzt als Maß für den absorbierten Bestandteil auf. Nachteilig ist die große Anzeigeverzögerung von etwa 2 Minuten.

Bei neueren *chemisch-physikalischen Verfahren* verwendet man Geräte, bei denen zunächst zwar auch eine Absorption des zu messenden Gases erfolgt, anschließend jedoch eine physikalische Messung

der Absorptionswärme (Thermoflux)
oder der elektrischen Leitfähigkeit der Absorptionsflüssigkeit (Ionoflux und Elektroflux)
oder der Verfärbung der Flüssigkeit (Chromoflux).

---

[1]) Baum, F.: San. Hzg. Techn. 8 und 9/75.
Baumbach, G.: Oel + Gasfeuerung 2/79. 6 S.
Marx, E.: Oel + Gasfg. 9/79. 7 S., u. Feuerungstechn. 4/82. 6 S.
Geeignete Meßgeräte siehe Rdschr. des BMI vom 30.3.82.
Sträter, D., u. O. Menzel: Schornsteinfeger 6/83. S. 21/9.

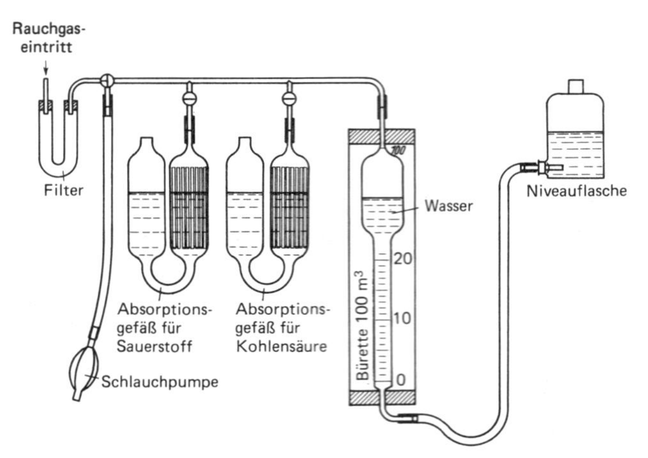


Bild 167-1. Orsat-Apparat zur Rauchgasprüfung (Schematische Darstellung).

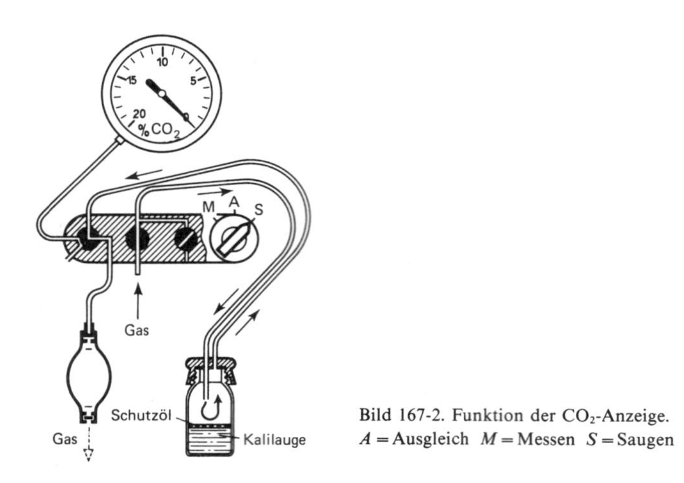


Bild 167-2. Funktion der $CO_2$-Anzeige.
*A* = Ausgleich *M* = Messen *S* = Saugen

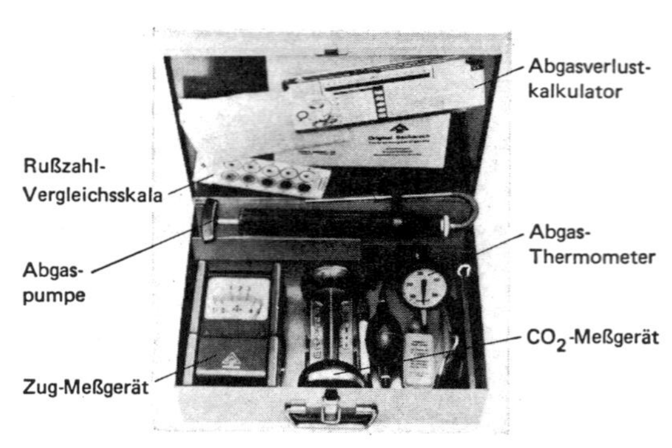


Bild 167-3. Meßkoffer für Abgasprüfung (Bacharach).

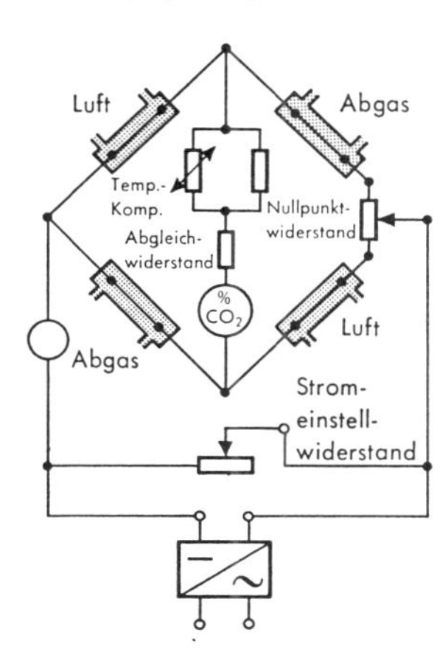


Bild 167-5. Elektrisches Rauchgasprüfgerät nach dem Wärmeleitfähigkeitsverfahren.

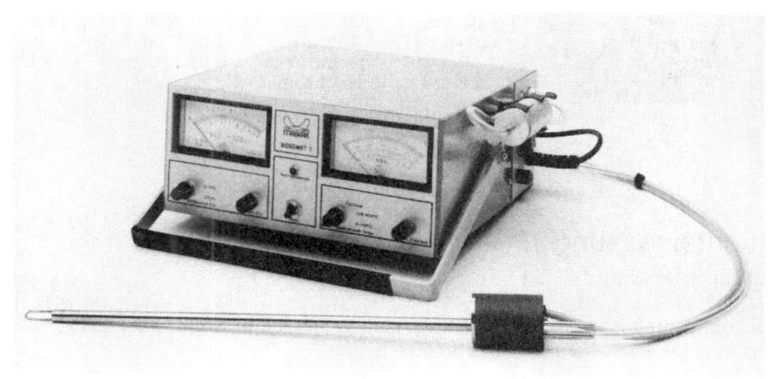

Bild 167-9. Meßgerät für $CO_2$ mit Infrarot-Fotometer und für Kaminzug (Maihak).

3. Bei den auf *physikalischer* Grundlage arbeitenden Geräten werden zur Messung hauptsächlich die Wärmeleitfähigkeit oder die Infrarotstrahlenabsorption benutzt. Bei den Rauchgasprüfern nach Bild 167-5 wird das verschiedene *Wärmeleitvermögen* der Kohlensäure gegenüber der Luft zur Messung ausgenutzt. Das Gas strömt an einem auf etwa 200 °C geheizten Draht vorbei, während ein zweiter Draht im Luftstrom liegt. Beide Drähte sind zu einer Wheatstoneschen Brücke geschaltet. Bei Änderung des $CO_2$-Gehaltes ändert sich die Wärmeleitfähigkeit des Gases, so daß sich auch die Temperatur der Heizdrähte und damit ihr Widerstand ändert. Der Widerstandsunterschied wird gemessen und umgerechnet als $CO_2$-Gehalt angezeigt.

In ähnlicher Weise wird auch der $(CO + H_2)$-Gehalt gemessen, indem diese Gase katalytisch verbrannt werden und dadurch die Temperatur des Heizdrahtes ändern *(Wärmetönungsverfahren)*.

Bei dem *thermomagnetischen Meßgerät* für Sauerstoff wird die Tatsache ausgenutzt, daß Sauerstoff magnetisch ist. Durch das Einströmen von Sauerstoff in ein kräftiges Magnetfeld entstehen Strömungen *(magnetischer Wind)* und Druckunterschiede, die meßtechnisch erfaßt werden.

Beim *Infrarotverfahren* wird das unterschiedliche Absorptionsspektrum der Gase zur Messung verwendet (Bild 167-9). Die durch die Absorption entstehende Temperaturdifferenz des zu messenden Gases und des Vergleichsgases wird gemessen, verstärkt und auf Anzeigeinstrument übertragen. Geeignet für CO, $CO_2$, $SO_2$ und viele andere Gase (VDI-Richtlinie 2455. – 8. 70).

*Rußmessung* bei Ölfeuerungen und Kohlenwasserstoffmessung siehe Abschn. 169-5 und 169-8.

4. *Prüfröhrchen*[1]). Ein bestimmtes Volumen, z.B. 100 cm³ Gas, wird mittels kleiner Pumpe durch ein Prüfrohr gesaugt, das mit einem spezifischen Reagenzstoff gefüllt ist. Dieser verfärbt sich, wobei sich aus der Länge der Verfärbung der Meßwert ergibt. Für $CO_2$, CO und andere Gase und Dämpfe. Fehlergrenzen ±10%.

5. *Gasanalyse-Computer*[2]). Moderne Geräte arbeiten mit Computerauswertung, Datenspeicherung und Drucker für die Meßwerte. Ein solches Gerät in tragbarer Form mit Batteriebetrieb zeigt Bild 167-11. Sensoren für Gase sind elektrochemische Zellen. Preis etwa 10000 DM.

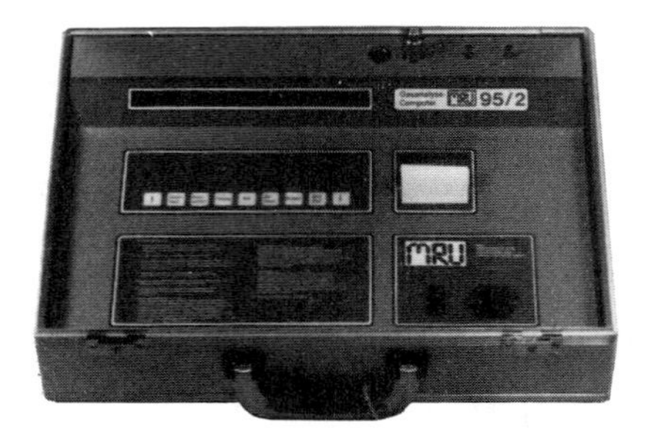


Bild 167-11. Elektronisches, tragbares Gas-Analyse-Gerät zur Messung von $O_2$, $CO_2$, CO, $SO_2$, $NO_x$, Temperatur, Kaminzug, Rußbild und feuerungstechnischem Wirkungsgrad (MRU, Heilbronn).

## 168 Feuchtemessung[3])

(siehe auch Abschn. 338-22)

Bei der Feuchtemessung ist zwischen Feuchtegehalt, gemessen in g/cm³ oder g/kg, und der relativen Feuchte, gemessen in %, zu unterscheiden.

### -1 ABSORPTIONSVERFAHREN

Der Wasserdampf wird in einigen hintereinander geschalteten Chlorkalziumröhrchen absorbiert. Die absorbierte Wassermenge wird durch Wägung ermittelt und die Gasmenge durch einen Gaszähler gemessen, wodurch direkt die absolute Feuchte ermittelt wird.

### -2 TAUPUNKTMETHODE

Eine glänzende Fläche wird soweit gekühlt, bis sich ein Niederschlag zeigt. Die hierbei vorhandene Temperatur ist der Taupunkt der Luft. Messung sehr genau.

### -3 HAARHYGROMETER

benutzen die Eigenschaft entfetteter Haare, sich mit der relativen Luftfeuchte zu kürzen und zu verlängern (Bild 168-1). Dehnung etwa 2% bei Feuchteänderung von 0 bis 100%. Außer Haaren werden auch andere hygroskopische Stoffe verwendet wie Seide, Cellophan, Baumwolle u.a., von denen manche allerdings temperaturabhängig sind. Alle

[1]) Leichnitz: Oel + Gasfg. 3/80. S. 114/8.
[2]) Grodmadzki, D.: TAB 9/86. S. 597/600.
[3]) Mohrmann, K.: San. u. Hzg. Techn. 1971. S. 741/8.
Schrowang, H.: IKZ 9 u. 11/78.

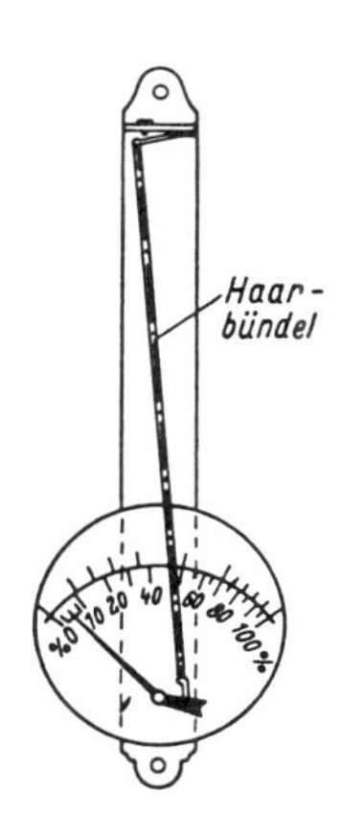


Bild 168-1. Haarhygrometer.

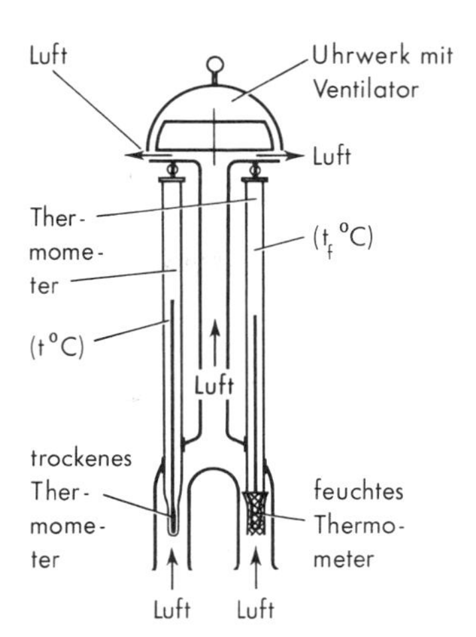


Bild 168-3. Assmannsche Aspirationspsychrometer.

Hygrometer müssen von Zeit zu Zeit nachgeeicht werden und zur Verbesserung der Elastizität kurze Zeit in feuchte Luft gestellt werden (z. B. Nachtluft). Hysterese ±2···5%, daher ungenau. Staubempfindlich. Arbeitsbereich 30···90%. Die Instrumente werden auch für elektrische Fernanzeige geliefert.

## -4 PSYCHROMETER[1])

bestehen aus einem trockenen und einem mit Musselinbausch befeuchteten Thermometer. Die Differenz zwischen den Anzeigen beider Thermometer – die sogenannte psychrometrische Differenz – dient zur Messung der relativen Luftfeuchte. Grundlage der Messung ist die Sprungsche Psychrometerformel (Näherungsformel)

$p_d = p_f - k\,(t_{tr} - t_f)\,p$ in mbar (Sprung 1888)

$t_{tr}$ = Temperatur des trockenen Thermometers in °C
$t_f$ = Temperatur des feuchten Thermometers in °C
$p_d$ = Teildruck des Wasserdampfes in mbar
$p$ = Gesamtdruck in mbar
$p_f$ = Dampfdruck bei der Feuchtkugeltemperatur in mbar
$k$ = eine Konstante = $0{,}61 \cdot 10^{-3}$ für Wasser/Luft
= $0{,}57 \cdot 10^{-3}$ für Eis/Luft.

Die relative Feuchte ist dann

$$\varphi = \frac{p_d}{p_s} \cdot 100 \text{ in } \%$$

$p_s$ = Sättigungsdruck in mbar bei der Temperatur $t_{tr}$.

Sie kann aus *Psychrometertafeln* oder Diagrammen (s. Bild 168-2) in Abhängigkeit von den Anzeigen beider Geräte abgelesen werden. Voraussetzung für richtige Messung ist, daß die zu messende Luft mit mindestens 2 m/s am feuchten Thermometer vorbeiströmt. Bei unbelüfteten Thermometern ist die Messung sehr ungenau. Für praktische Messungen am meisten verwendet ist das *Aspirationspsychrometer* nach Assmann (Bild 168-3), bei dem der künstliche Luftstrom durch einen kleinen uhrwerkgetriebenen Ventilator erzeugt wird. Das Instrument dient auch als Eichgerät. Auch Geräte mit elektrischem Ventilator erhältlich. Neuere Ausführungen verwenden *Halbleiterfühler* (NC-Element), wobei der Meßwertgeber durch Kabel mit einem Anzeigegerät verbunden ist. Stromversorgung durch Batterie.

[1]) Hofmann, W.-M.: HLH 8/77. S. 287/8.

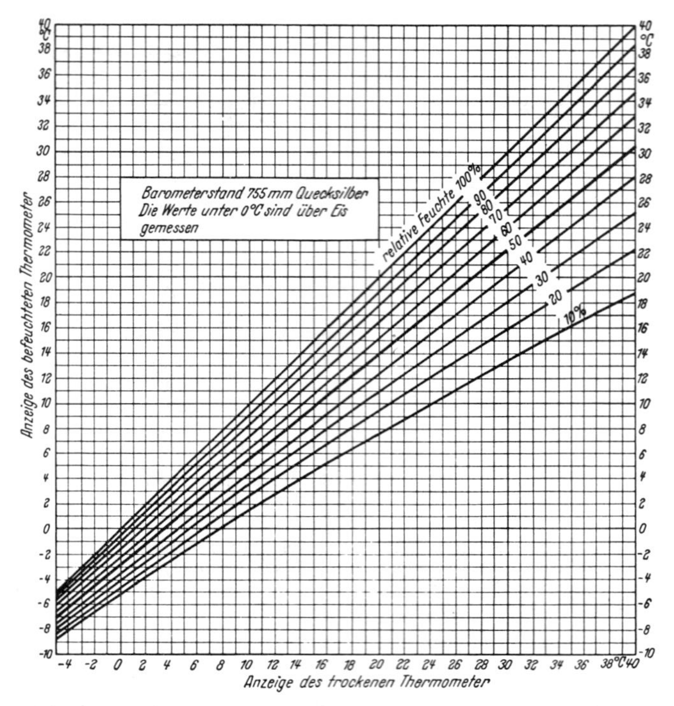


Bild 168-2. Psychrometrisches Diagramm zur Bestimmung der Luftfeuchte aus den Anzeigen des trockenen und feuchten Thermometers (755 Torr = 1006 mbar).

Rechnerisch ergibt sich aus der Psychrometer-Ablesung der Feuchtegehalt $x$ der Luft:

$$x = \frac{h - c_L\, t}{r + c_D\, t} = \frac{h - 1 \cdot t}{2500 + 1{,}86\, t} \text{ in kg/kg.}$$

Siehe auch Abschnitt 134-5.

Für höhere Temperaturen bis 300 °C ist der *GS-Psychromat* verwendbar, bei dem dem feuchten Thermometer das Befeuchtungswasser unter geringem Druck zugeführt wird (Öguna, Wien).

Eine einfachere Ausführung ist das *Schleuderpsychrometer*, wobei vor der Ablesung die beiden Thermometer in der Luft herumgeschleudert werden. Für Fernanzeigen werden statt der Quecksilberthermometer belüftete Widerstandsthermometer in Brückenschaltung oder auch Thermoelemente verwendet.

*Sekunden-Psychrometer*

Eine Neuentwicklung sind Geräte mit *Thermistoren* (NTC-Widerständen) zur Messung der Feuchte. Es wird dabei jedoch nicht die Verdunstung, sondern die Wärmeableitung als Meßgröße verwendet, so daß die künstliche Luftbewegung erspart wird. Für die Benetzung der Meßzelle werden die physikalischen Zusammenhänge zwischen Kapillarkraft und osmotischem Druck ausgenutzt. (Günthel, Reinhardt, Philips.)

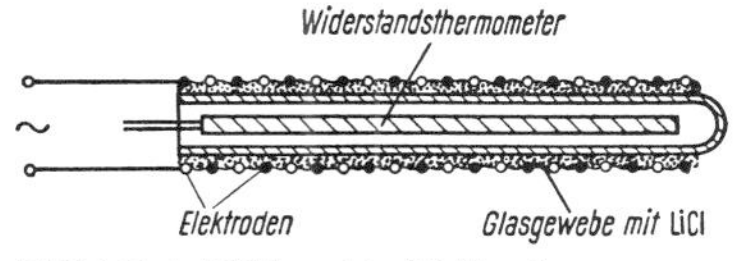


Bild 168-5. Lithiumchlorid-Feuchtemesser.

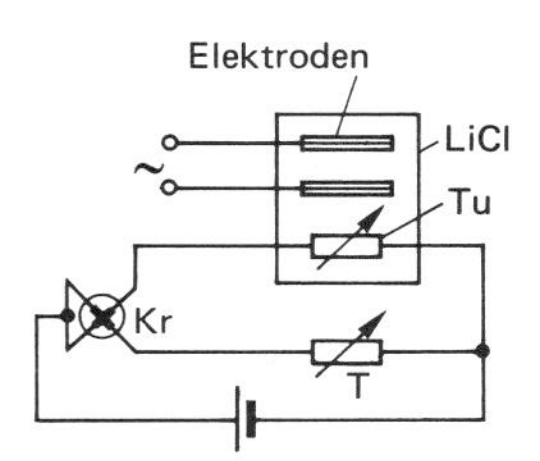


Bild 168-6. Schaltbild des Lithiumchlorid-Feuchtemessers für relative Feuchte
$Kr$ = Kreuzspulmeßwerk, $T$ = Lufttemperaturfühler, $T_u$ = Fühler für Umwandlungstemp.

Bild 168-12. Luftfeuchtemesser mit Elektrolyt (Barth u. Stöcklein).

## -5 LITHIUMCHLORID-FEUCHTEMESSER

Das hygroskopische Salz Lithiumchlorid saugt gierig Wasser aus der Luft auf, bis ein Gleichgewicht zwischen Dampfdruck der Lösung und der Luft besteht. Feuchtemesser besteht aus Metallhülse mit Glasgewebe, das mit Lithiumchloridlösung getränkt ist (Bild 168-5). Von zwei silbernen spiralig aufgewickelten Drähten fließt Strom durch die Lösung, erwärmt sie und verdampft das Wasser, bis am Umwandlungspunkt $T_u$ Lösung/Salz die Leitfähigkeit abnimmt, Strom und Temperatur sinken. Dabei wieder Wasserdampfaufnahme, zunehmende Leitfähigkeit und Stromstärke. Gleichgewichtstemperatur ist Maß für den Wassergehalt der Luft bzw. den Taupunkt. Temperatur durch Widerstandsthermometer gemessen. Spannung darf nicht abgeschaltet werden, kein Schalter vor Gerät! Anzeige in °C Taupunkt oder gr/m$^3$. Für Anzeige der relativen Feuchte weiteres Thermometer für die Lufttemperatur $T$ erforderlich, Bild 168-6. Meßfehler 2···3%.

## -6 FARBHYGROMETER

Gewisse Salze, z. B. Kobaltbromid, auf saugfähiges Papier aufgetragen, verändern ihre Farbe mit der Aufnahme von Wasser aus der Luft. Sehr ungenau.

## -7 Bi-PLASTIK-ELEMENTE

Bestehen aus einem spiraligen Metallband mit aufgedampfter hygroskopischer Plastikmasse. Wirkung wie bei Bimetall-Thermometern (Feder-Hygrometer). Für Fernanzeige fotoelektrische oder induktive Geber.

## -8 LEITFILM-HYGROMETER

Sie bestehen aus einem Kunststoffplättchen mit draht- oder kammförmigen Elektroden und mit einer hygroskopischen Schicht, deren Leitfähigkeit sich mit der relativen Luftfeuchte ändert. Stromstärke der aufgewickelten Elektroden ist ein Maß der Luftfeuchte. Strom liefert eine Batterie. Beispiel Bild 168-12.

## -9 KAPAZITÄTS-HYGROMETER

verwenden eine feuchteempfindliche Folie zwischen 2 Elektroden. Je nach Umgebungsfeuchte ändert sich die Kapazität, die mit Hilfe eines Spannungswandlers gemessen wird.

# 169 Sonstige Meßgeräte

## -1 DAS KATA-THERMOMETER

Das Kata-Thermometer[1]) – von dem Engländer Hill 1916 eingeführt – ist ein Instrument zur Bestimmung der Kühlstärke der Luft und zur Messung von geringen Luftgeschwindigkeiten. Es ist ein Alkoholthermometer mit einem großen Flüssigkeitsbehälter von vorgeschriebenen Abmessungen (Bild 169-1). Auf der Kapillare sind nur die beiden Temperaturen 35° und 38° festgelegt, deren Mittelwert etwa der mittleren Körpertemperatur entspricht. Zur Messung wird das Thermometer auf etwa 60°C erwärmt und mittels einer Stoppuhr die Zeit gemessen, während der die Flüssigkeitssäule von 38 auf 35°C fällt. Die Kühlstärke der Luft ist dann

$$A = \frac{Q}{Z}$$

$A$ = Kühlstärke (Katawert)
$Q$ = Eichwert des Instrumentes, auf dem Stiel eingeätzt (mcal/cm²s)
$Z$ = Zahl der Sekunden

Die Bestimmung des Eichwertes $Q$ ist allerdings etwas unsicher.

Zur Bestimmung von *Luftgeschwindigkeiten* dienen nach Hill folgende Gleichungen:

$$w = \left(\frac{\frac{A}{\vartheta} - 0{,}2}{0{,}4}\right)^2 \text{ bei } w < 1 \text{ m/s} \qquad w = \left(\frac{\frac{A}{\vartheta} - 0{,}1}{0{,}48}\right)^2 \text{ bei } w > 1 \text{ m/s}$$

$\vartheta = 36{,}5 - t_L$ = mittlere Übertemperatur des Kata-Thermometers über der Lufttemperatur $t_L$ in °C.

Siehe auch das Diagramm 169-2.

Für praktische Zwecke ist das Kata-Thermometer ziemlich unhandlich, so daß seine Verwendung nicht sehr häufig ist. Keine Momentmessung möglich, Spitzenwerte werden nicht angezeigt. Wird kaum noch verwendet.

Zur Ausschaltung des Strahlungseinflusses der umgebenden Flächen werden auch *versilberte Kata-Thermometer* verwendet, für die jedoch andere Formeln gelten.

## -2 KALORIMETER

sind Geräte zur Bestimmung des Heizwertes von Brennstoffen.

Für *feste und flüssige Brennstoffe Berthelot-Mahler*-Bombe.

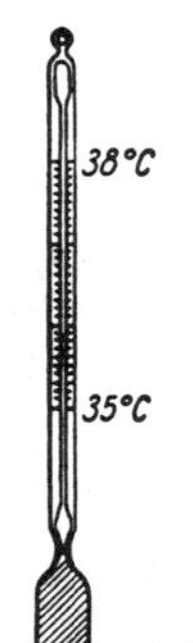


Bild 169-1. Kata-Thermometer.

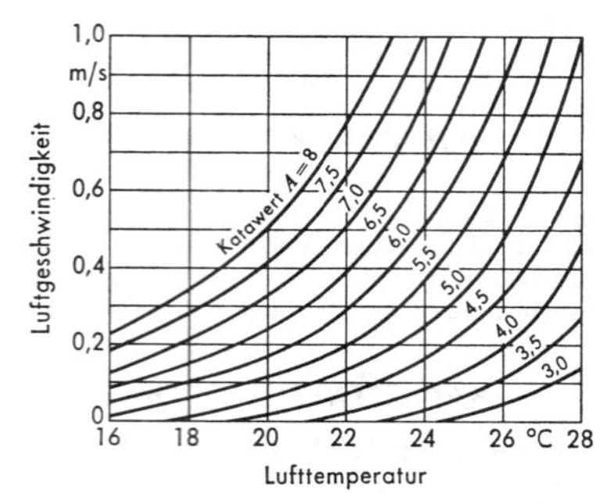


Bild 169-2. Katawert und Luftgeschwindigkeit.

[1]) Bradtke, F., und W. Liese: Hilfsbuch für raum- und außenklimatische Messungen. Springer 1952.

Für *flüssige* und *gasförmige Brennstoffe* gibt es eine Anzahl von Meßgeräten, von denen das erste und bekannteste das *Junkers-Kalorimeter* ist. Andere Gräte sind das Union-Kalorimeter, Ados-Kalorimeter und Reineke-Gaskalorimeter. Für betriebliche Zwecke, z. B. Heizwertüberwachung bei Gasanstalten, werden auch selbsttätig schreibende Kalorimeter verwendet.

## -3 FERNÜBERTRAGUNG

Viele Meßgeräte übertragen bereits ohne besondere Einrichtungen den Meßwert auf große Entfernungen, z. B. elektrische Widerstandsthermometer. Bei den meisten Meßgeräten sind dagegen für die Fernübertragung besondere Methoden erforderlich. Am meisten verbreitet ist die *elektrische Methode,* bei der ein *Schleifwiderstand* als Fernsender dient, siehe Bild 169-3. Auf diese Weise kann die Anzeige eines Meßgerätes, die Stellung von Ventilen und Klappen oder der Wasserstand in einem Behälter auf große Entfernungen übertragen werden.

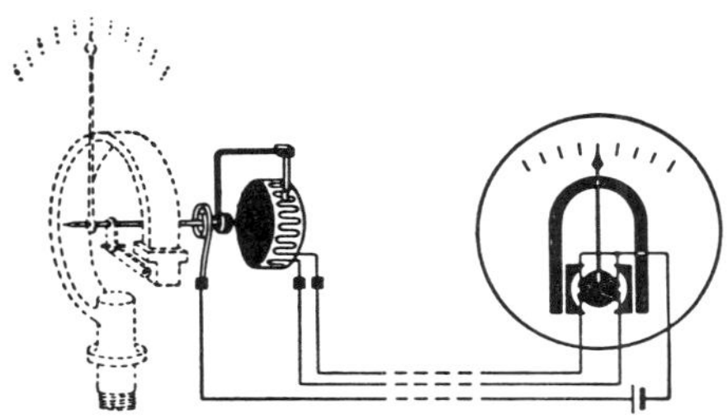

Bild 169-3. Fernübertragung einer Druckmessung mit Schleifwiderstand.

## -4 DER pH-WERT

(pondus hydrogenii) ist ein Maß dafür, wie stark sauer oder basisch Wasser ist. In reinem Wasser sind je Liter $10^{-7}$ g H-Ionen und ebensoviel OH-Ionen vorhanden. Das Wasser ist neutral, und man sagt, es hat den *p*H-Wert 7. Sind mehr Wasserstoff-Ionen vorhanden, z. B. $10^{-5}$ g je Liter, so ist der *p*H-Wert jetzt 5, und das Wasser ist sauer.

Säuren haben *p*H-Werte zwischen 0 und 7, Laugen zwischen 7 und 14. Zur Messung des *p*H-Wertes verwendet man galvanische Elemente, bei denen die Spannung der Meßelektrode nur von der H-Ionenzahl abhängt, während die Bezugselektrode davon ganz unabhängig ist (Bild 169-4).

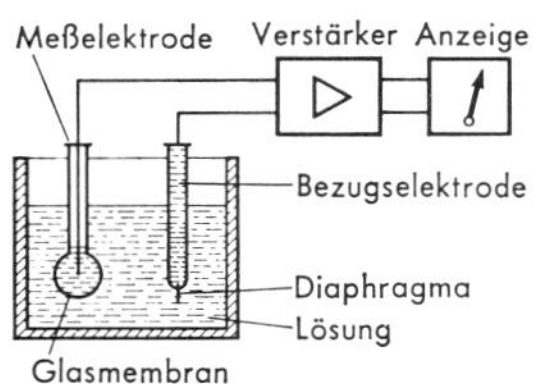


Bild 169-4. Schema eines *p*H-Meßgerätes.

Allgemeine Begriffe siehe DIN 19260 (3. 71).

Die heutige *p*H-Meßtechnik beruht darauf, nach der Art galvanischer Elemente 2 Elektroden zu verwenden. Die *Bezugselektrode* befindet sich in einer Lösung mit bekannter Konzentration, *die Meßelektrode* in der zu messenden Lösung, wobei beide Lösungen durch ein Diaphragma miteinander in leitender Verbindung stehen. Die Spannungsdifferenz zwischen beiden Elektroden ist ein Maß für den *p*H-Wert der Lösung.

Als Meßelektrode wird meist eine sog. *Glaselektrode* verwendet. An den beiden Flächen einer aus Spezialglas bestehenden *Glasmembran* entsteht beim Eintauchen in eine Lösung eine Spannungsdifferenz. Für betriebliche Zwecke Unterbringung der Elektroden in geeigneten Armaturen. Auch ein Taschen-*p*H-Messer ist auf dem Markt.

Eine weitere, jedoch weniger genaue Messung ist durch „Farbindikatoren" möglich (Lakmuspapier u. a.), deren Farbe bei gewissen *p*H-Werten umschlägt.

## -5 RUSSMESSUNG

Hierfür wird bei Ölfeuerungen das Rußprüfgerät nach *Bacharach* verwendet (DIN 51402 – 10.86 u. 3.79). Filterpapiermethode. Im Immissionsschutz-Gesetz vorgeschrieben. Fahrradpumpenähnliches Gerät, mit dem durch eine bestimmte Anzahl von Pumpenhüben eine bestimmte Abgasmenge durch ein Filterpapier gesaugt wird, das sich dabei verfärbt, Schwärzungsgrad wird mit einer Farbskala verglichen. *Rußziffern nach Bacharach* von 0 bis 9. Sichtbare Rauchgrenze am Schornstein bei der Rußzahl 5···6 (s. Bild 167-3). Bei Gasbrennern nicht verwendbar.

Bei mangelhafter Zerstäubung in Ölfeuerungen treten auch Kohlenwasserstoffverbindungen auf, die beim *Acetontest* eine Gelb- oder Braunfärbung des Filterpapiers bewirken. In DIN 51402 (3.79 – Teil 2) ist diese Art der Bestimmung der Ölderivate für Heizöle im einzelnen beschrieben.

Die für Abgase von Feuerungen zulässigen Auswurfmengen sind durch das *Immissionsschutzgesetz* und seine Verordnungen begrenzt (siehe Abschn. 231-44 und -193). Z.B. soll das Abgas ölbefeuerter Kessel eine Rußzahl 3 nicht überschreiten.

Vergleichsmethode für Rauchfahnen: *Ringelmann-Karte* mit 6 Gitterquadraten auf weißem Grund. Nr. 0 (weiß), Nr. 5 (schwarz). Optische Vergleichsmethode. Feuerungsanlagen sind so zu betreiben, daß der Grauwert 2 nicht überschritten wird.

Für schnelle Messungen gibt es *automatische Prüfgeräte* mit elektrischem Antrieb und gleichzeitiger Temperaturanzeige.

## -6 GERÄUSCHMESSER

dienen zur Messung des Schalldruckes und der Lautstärke von Geräuschen. Sie bestehen aus einem Mikrophon, einem Verstärker mit Bereichumschalter und einem Meßinstrument, das in dB geeicht ist. Sie heißen auch Lautstärkemesser oder Schallpegelmesser. Ansicht eines Gerätes Bild 169-6. Siehe auch Abschn. 154.

Bild 169-6. Schallpegelmesser mit Oktavfilter (Brüel u. Kjaer).

Richtlinien für Meßgeräte von Lautstärken in IEC 651 (12.81), früher DIN 45633 T.1 (3.70). Geräuschmessungen an Maschinen nach Hüllflächen, Hallraum- oder Kanalverfahren siehe DIN 45635 Teil 1 (4.84), T.2 (12.77) oder T.9 (10.85). Ferner Teil 38 (4.86, Ventilatoren) und Teil 56 (10.86, Luftbehandlungsgeräte).

Der physikalisch gemessene *Schalldruck* (oder Schalldruckpegel oder Schallpegel), das ist der Wechseldruck der Schallwellen in der Luft, wird entsprechend der Definition in dB angegeben, und zwar gesondert in den verschiedenen Frequenzbereichen *(Frequenzspektrum)* oder auch als Gesamtgeräusch.

Je nach der Art der Frequenzaufteilung unterscheidet man Oktav- und Terzbandspektren (Oktave = Frequenzverhältnis 1:2, Terz = ⅓ Oktave). Die dazu verwendeten zusätzlichen Geräte heißen Oktav- bzw. Terzfilter. Mittelfrequenzen beim Oktavfilter: 63, 125, 250 usw., beim Terzfilter 50, 63, 80, 100 usw.

| Frequenz Hz | Kurve A dB | Kurve B dB |
|---|---|---|
| 63 | −26,2 | −9,3 |
| 125 | −16,1 | −4,2 |
| 250 | −8,6 | −1,3 |
| 500 | −3,2 | −0,3 |
| 1000 | 0,0 | 0,0 |
| 2000 | 1,2 | −0,1 |
| 4000 | 1,0 | −0,7 |
| 8000 | −1,1 | −2,9 |

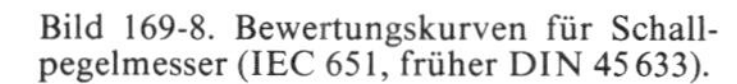

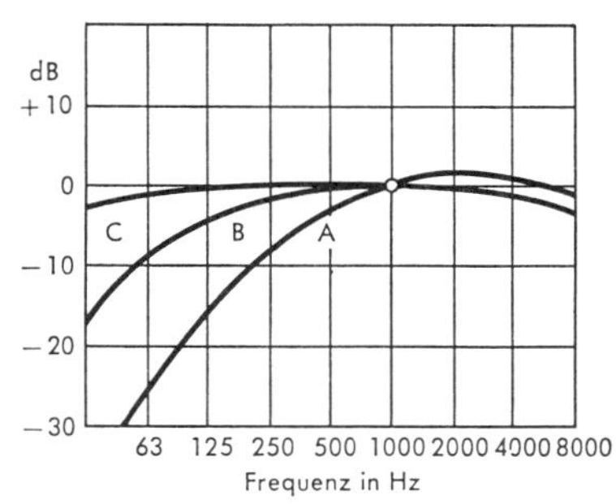


Bild 169-8. Bewertungskurven für Schallpegelmesser (IEC 651, früher DIN 45633).

Die subjektiv empfundene Lautstärke wird dadurch gemessen, daß in dem Meßgerät *Verzerrungsglieder* (Filter) eingebaut werden, um in etwa die Frequenzabhängigkeit des menschlichen Ohres nachzubilden. Nach internationaler Normung unterscheidet man drei *Bewertungskurven*, A, B, C. Die hiermit gemessenen Werte heißen dB(A), dB(B) und dB(C), von denen heute fast nur A benutzt wird. Bild 169-8.

*Beispiel:* Einzelton 250 Hz, Schalldruck 50 dB ergibt A-Bewertung −8,6 dB, d.h., der Pegelanteil von 50 dB im Frequenzband 250 Hz geht bei Tongemischen (Geräuschen) nur mit 50−8,6=41,4 dB in den bewerteten Summenpegel $L_{PA}$(dB (A)) ein.

Kurve A gilt für Geräusche unter 60 dB, Kurve B für Geräusche über 60 dB. Kurve C für sehr hohe Schallpegel. Außerdem unterscheidet man entsprechend den genormten Zeitbewertungen Langsam (Slow=S), Schnell (Fast=F) und Impuls (Impulse=I) bei sich ändernden Geräuschen die Schallpegel $L_{AS}$, $L_{AF}$ und $L_{AI}$.

Nach neuer internationaler Vereinbarung soll die Bewertung in dB(A) für den gesamten Schallpegelbereich gelten.

Für die Beurteilung von Schallschutzmaßnahmen ist unbedingt das Frequenzspektrum mit *Frequenzanalysator* aufzunehmen, am bequemsten mit einem Schreiber.

Meist gebräuchliche Schallmeßgeräte von den Firmen Rohde und Schwarz (München) sowie Brüel und Kjaer (R. Kühl, Quickborn/Holstein).

## -7 STAUBMESSUNG[1])

Eine einheitliche Meßmethode zur Feststellung von Staub in der Luft gibt es nicht, da Staub bezüglich Menge, Größe, Art usw. sehr vielseitig ist. Die Messung kann sich beziehen auf

Staubmenge (Staubkonzentration) in mg/m³ oder cm³/m³
Zahl der Staubteilchen in Teilchen/m³
Korngröße in µm (=0,001 mm)
Staubart bezüglich Herkunft, chemische Zusammensetzung usw.

Meßgeräte auf sehr verschiedener Grundlage aufgebaut, Meßergebnisse können jedoch nicht immer von einer auf die andere Methode umgerechnet werden. Siehe auch Abschnitt 333. Staubmengenmessung gibt es mit und ohne Teilchenabscheidung.

1. *Staubzählkammer.* Luftprobe wird in einer Kammer von etwa 5 cm³ Inhalt erfaßt, die auf Objektträger sich absetzenden Teilchen im Mikroskop gezählt.
2. *Konimeter.* Luft wird aus einer engen Düse mit großer Geschwindigkeit auf Haftplatte geblasen (Impaktor), haftende Staubteilchen ausgezählt. (Sartorius-Werke, Göttingen.) Ähnliche Bauart mit einer Vielzahl von Düsen u. Haftplatten (Andersen-Sampler, Cassella).
3. *Filtermethode (gravimetrische Methode).* Eine bestimmte durch Gasuhr gemessene Luftmenge wird durch Filter und Papier, Baumwolle oder dergleichen gesaugt, Staubteilchen ausgezählt und gewogen. Messung durch mikroskopische Zählung oder gravimetrisch (Dräger u.a.).

[1]) VDI-Richtlinie 2265 (10. 80): Staubsituation am Arbeitsplatz.
VDI-Richtlinie 2066 Bl. 1 bis 4 (10.75 bis 6.81): Messung von Partikeln; Staubmessung in strömenden Gasen.

4. *Thermal-Präcipitator.* Luft strömt durch ein enges Rohr, das in der Mitte Drahtelektrode von etwa 1000 V Gleichstrom trägt, um die eine staubfreie Zone entsteht. Staub schlägt sich an zwei Glas-Objektträgern nieder. Auszählung mit Mikroskop. Bis etwa 0,1 μm Korngröße (Auer Ges., Berlin und Sartorius, Göttingen).
5. *Verfärbungstestmethode.* Je ein Teilstrom von Roh- und Reinluft werden durch weißes Filterpapier gesaugt und die Verfärbungsgrade beider Papiere durch optische Messung festgestellt (DIN 24185 – 10.80).
6. *Streulicht-Partikelzähler.* Die Luft wird durch ein scharf beleuchtetes Meßvolumen gesaugt, wobei das Streulicht der Staubteilchen in einen Stromimpuls verwandelt und gemessen wird (Roico, USA, und Battelle-Dräger). Untere noch meßbare Größe bei normalem Licht etwa 0,3 μm.
7. *β-Strahlen-Absorption.* Auf einer Impaktorscheibe aus Polyester wird Feinstaub niedergeschlagen. Die Veränderung der β-Strahlenabsorption infolge der Staubablagerung ermöglicht schnelle, bequeme Messung mit handlichem Gerät. (Gerät GCA von Kratel). Die Staubkonzentration wird direkt angegeben.
8. *Schwingquarz-Prinzip.* Feinstaub wird elektrostatisch und durch Impaktion auf einem Schwingquarz niedergeschlagen, der die Eigenfrequenz verändert. Frequenz-Änderung ist proportional der abgeschiedenen Staubmenge. Anzeige in mg/m$^3$, Meßzeit 24 bis 120 s. Meßbereich 0,01 bis 10 mg/m$^3$ (Modell 3500, TSI).
9. *Vertical Elutriator.* Konisch, zylindrische Vorabscheider (Beruhigungshammer), um aus Gesamtstaub Anteil über 15 μm, der nicht lungengängig ist, abzuscheiden, damit anschließend nur lungengängiger Feinstaub in zweitem Meßgerät erfaßt wird.
10. *Gravikon VC 25.* Vom Staubforschungsinstitut in Bonn entwickeltes Membranfilter mit Trennung von Grob- und Feinstaub (Bild 169-10). Grobstaub haftet in Zone 1 oder prallt ab nach Zone 3. Feinstaub lagert sich in der Meßzone 2 ab.

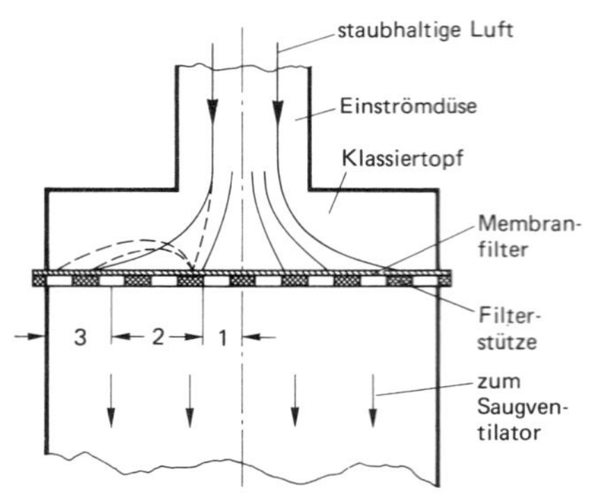


Bild 169-10. Gravikon VC 25 zur getrennten Messung von Grob- und Feinstaub. (Staubforschungsinstitut Bonn.)

Besondere Bedeutung hat die Staubmessung in den sogenannten *„Weißen (reinen) Räumen"*, die in einigen Industriezweigen für die Herstellung höchstempfindlicher Teile eingerichtet sind. Staubmessung mit Mikroskop (>1 μm), Elektronenmikroskop oder Partikelzähler nach der Streulichtmethode (bis ≈0,1 μm).

Staubmessung in Textilindustrie[1]) der USA z.Zt. von großer Bedeutung nach Einführung von MAK-Wert für Baumwollstaub durch Gesundheitsbehörde (OSHA). Siehe Abschnitt 111-22.

[1]) Stein, W., u. Dallmeyer, G.: Meliand Textilberichte 5/79. S. 367/72 und 7/81. S. 221.
Masuch, J.: LTG, Lufttechn. Inform. Nr. 31, 9/82. S. 12/15.

## -8 GASANALYSENGERÄTE[1])

Es gibt mehrere Methoden, um sehr geringe Gasmengen (Spuren) in der Luft oder Abgase zu messen. Siehe auch Abschn. 167. Die meisten Geräte beruhen auf physikalischer Grundlage, indem in einem Gemisch die Konzentration einer Komponente auf Grund ihrer physikalischen Eigenschaften ermittelt wird.

### -81 Ultrarot-Analysengeräte

benutzen die verschiedene Absorptionsfähigkeit von mehratomigen Gasen für ultrarote Strahlen. Jedes Gas absorbiert einen charakteristischen Wellenbereich.

Die durch eine infrarote Strahlenquelle erzeugte Strahlung wird durch 2 Gefäße mit Meßluft bzw. inaktivem Stickstoff geleitet. Ein geeigneter Strahlungsempfänger mißt die Temperatur- und Druckänderungen (siehe auch VDI-Richtlinie 2455 und 2459). Meßbereich bei CO z. B. 0···0,01 Vol.-%.

### -82 Ionisierungs-Analysengeräte

arbeiten in der Weise, daß die nachzuweisende Gaskomponente in einer Meßkammer durch ein radioaktives α-Präparat ionisiert wird und der Ionenstrom nach Verstärkung dem Anzeigegerät zugeführt wird.

### -83 Wärmetönungs-Analysengeräte

werden bei brennbaren Gasen angewendet (CO, $H_2$). Durch katalytische Verbrennung entsteht eine Temperaturerhöhung, die gemessen wird. Beispiel: CO-Warnanlagen in Garagen. Wirkungsweise siehe Bild 169-12. Angesaugte Luft wird in einem Heiztopf auf hohe Temperatur gebracht, wobei CO katalytisch zu $CO_2$ verbrennt. Die zusätzliche Temperaturerhöhung wird von einer Thermobatterie gemessen. Schema einer *CO-Warnanlage* siehe Bild 361-40.

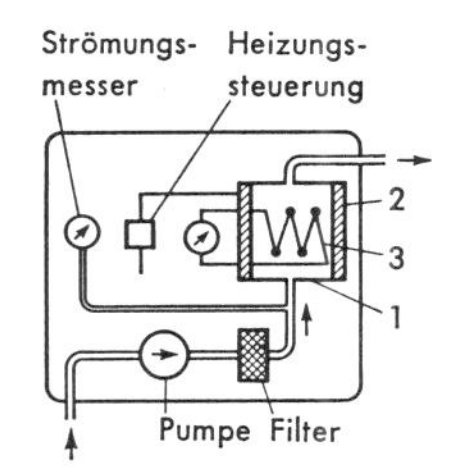


Bild 169-12. Schema eines CO-Meßgerätes (Dräger)
1 = Heiztopf 2 = Heizmantel 3 = Thermobatterie

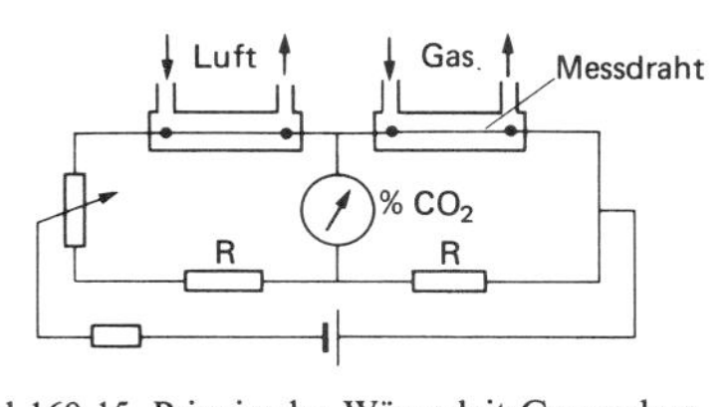


Bild 169-15. Prinzip der Wärmeleit-Gasanalyse.

### -84 Wärmeleitfähigkeits-Analysengeräte

finden Anwendung, wenn die Wärmeleitfähigkeit des zu messenden Gases gegenüber einem Vergleichsgas meßbar ist. Elektrisch geheizte Drähte nehmen eine um so höhere Temperatur an, je geringer die Leitfähigkeit des Gases ist. Z. B. $H_2$ oder $CO_2$ in Luft, Schutzgasüberwachung, Konzentration von Vergasungsmitteln u.a. Besonders gebräuchlich zur Messung des Schwefeldioxidgehaltes der Luft (VDI-Richtlinie 2451). 4 temperaturabhängige Widerstandsdrähte in Wheatstonescher Brücke, deren Verstimmung ein Maß für den Anteil des zu messenden Gases ist (Bild 169-15).

### -85 Paramagnetische Verfahren

Wird zur Messung von $O_2$ verwendet. $O_2$ ist paramagnetisch, d.h., es wird von Magneten angezogen. In einer Meßkammer mit Magneten entsteht durch die $O_2$-Bewegung ein „magnetischer Wind", der den Meßdraht mehr oder weniger abkühlt. Wichtig bei Rauchgasen, da 1% $CO_2$-Änderung ungefähr = 1% $O_2$-Änderung.

[1]) MSI: HR 10/86. S. 485/7.

### -86 Prüfröhren-Analysengeräte

Bei diesem Verfahren wird für Einzelanalysen mittels Balgpumpe eine bestimmte Menge Gasmischung durch ein Prüfröhrchen gesaugt, das ein für das zu bestimmende Gas spezifisches weißes Reagenz enthält, das sich je nach der Konzentration zonenweise verfärbt. Erhältlich für CO, $CO_2$, $SO_2$, NO, $NO_2$ und andere Gase (Dräger). Fehlermöglichkeit ±10%.

## -9 MESSUNG DER RADIOAKTIVITÄT DER LUFT

Geräte zur Überwachung der Radioaktivität bestehen grundsätzlich aus einer Detektor- und einer Meßeinheit. *Detektoreinheit* enthält je nach Aufgabe Zählrohr, Scintillationsgeräte u.a.

*Meßeinheit* enthält Instrumente wie Verstärker, Impulsfrequenzmesser, Pegelwächter u.a. sowie Steuer- und Schreibgeräte.

Die wichtigsten Detektoren sind:

*Ionisationskammern.* Bei Bestrahlung eines Gasvolumens mit radioaktiven Strahlen wird das Gas zum Teil ionisiert. Die anfallende Ladungsmenge ist ein Maß der Strahlung.

*Zählrohre* (Geiger und Müller). Die bei Auftreten von Kernstrahlen entstehenden Ionen und Elektronen erzeugen im Gasvolumen des zylindrischen Zählrohres einen Strom.

*Scintillationszähler* beruhen auf der Tatsache, daß radioaktive Strahlen beim Auftreffen auf bestimmte Substanzen Leuchterscheinungen hervorrufen.

*Filmdosimeter.* Strahlen erzeugen beim Auftreffen auf geeignete Filme eine Schwärzung, die gemessen wird.

## -10 LEITFÄHIGKEIT

Leitfähigkeitsmesser dienen zur Überwachung des *Salzgehaltes* von Lösungen, z.B. bei Kesselanlagen, Kraftwerken, Luftwäschern, Zucker- und Papierfabriken u.a. Messung in S/cm *(Siemens je cm).* Meßwerte verschieden bei verschiedenen Salzen. Bei einem bestimmten Salz ist Leitfähigkeit proportional der Konzentration (Bild 169-20). Temperaturabhängigkeit. Meßverfahren verwendet zwei von der Flüssigkeit umspülte Elektroden. Eichung der Geräte in $\mu$S/cm oder auch direkt in mg Salz/l, wobei NaCl als Salz mittlerer Leitfähigkeit gewählt wird.

1 mg NaCl/l ≙ 2 $\mu$S/cm bei 20 °C. Meßschaltung Bild 169-21.

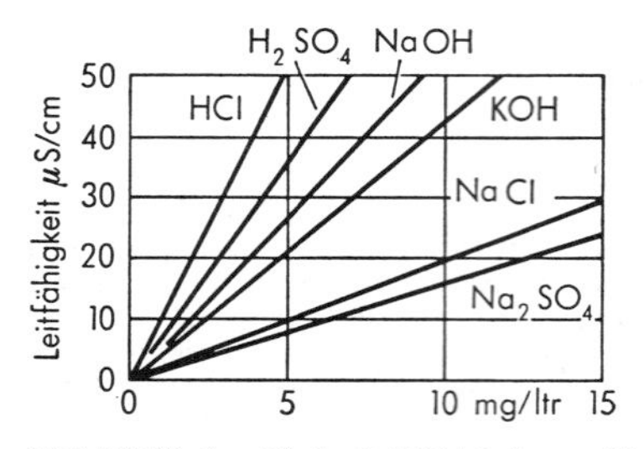


Bild 169-20. Spezifische Leitfähigkeit verschiedener Salze in wäßriger Lösung.

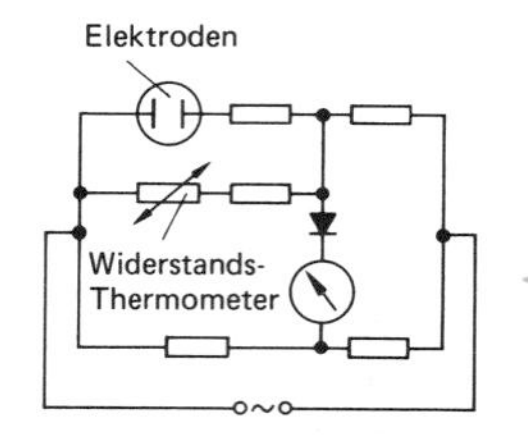


Bild 169-21. Temperaturkompensierte Meßschaltung zur Salzgehalt-Bestimmung.

# 17 REGELUNGSTECHNISCHE GRUNDLAGEN[1])

Überarbeitet von Dipl.-Ing. E. Prochaska, Stuttgart

## 171 Grundbegriffe

Unter Regelung versteht man einen Vorgang, bei dem eine physikalische Größe *(Regelgröße)*, z.B. Lufttemperatur, Luftdruck und andere, auf Grund einer Messung fortlaufend erfaßt, mit einer anderen Größe *(Führungsgröße)* verglichen und trotz störender Einflüsse von außen möglichst konstant oder auf vorgeschriebenen Werten gehalten wird.

Man stelle sich als Beispiel die Temperaturregelung eines Wohnraumes vor, in dem sich ein Heizkörper befindet (Bild 171-2). Ist das Heizventil richtig eingestellt, so erreicht die Raumtemperatur den gewünschten Wert. Sie kann jedoch bei fester Ventilstellung nicht über längere Zeit konstant bleiben. Durch äußere Einflüsse, z.B. mehr oder weniger Wärmeverluste durch Fenster und Wände, schwankende Heizmitteltemperatur, mehr Beleuchtung oder Personen usw., wird die Raumtemperatur immer wieder verändert. Diese Einflüsse sind sogenannte *Störgrößen z*, sie sind es, die eine Regelung erforderlich machen.

*Regelgröße x* ist die konstant zu haltende Größe, im Beispiel also die Raumtemperatur. *Sollwert* nennt man den gewünschten Wert dieser Größe, er wird durch die *Führungsgröße w* vorgegeben. Weicht die Regelgröße von ihrem Sollwert ab, stellt der Regler das durch Messung fest. Er verändert darauf die *Stellgröße y* (hier: Ventilhub) derart, daß der Energiefluß im richtigen Sinn und Maß korrigiert wird. Weil diese Verstellung ihrerseits sich auf die Regelgröße auswirkt und vom Regler als Regelgrößenänderung wieder gemessen wird, spricht man von einem *Regelkreis*. Dieser wird in der Regelungstechnik durch sogenannte *Blockschaltbilder* (Signalflußpläne) dargestellt (Bild 171-2 rechts).

Jeder der einzelnen Blöcke stellt ein Glied des Regelkreises dar. Jedes Glied hat eine Eingangs- und Ausgangsgröße; z.B. ist beim Heizkörper die Eingangsgröße die Menge des Heizwassers und die Ausgangsgröße die abgegebene Wärmemenge.

Der gesamte *Regelkreis* enthält zwei Hauptgruppen: (Bild 171-2)

die *Regeleinrichtung*, bestehend aus:
- Fühler
- Regler
- Stellantrieb

die *Regelstrecke*, bestehend aus
- Stellventil
- Heizkörper
- Raum

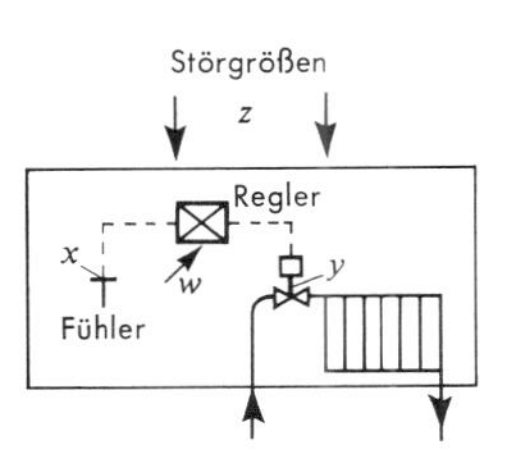


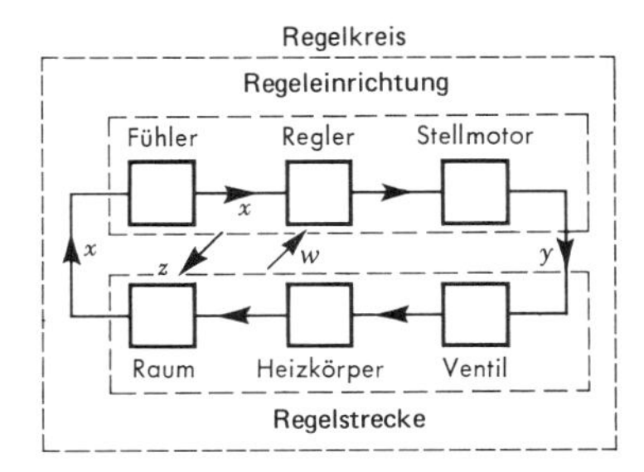


Bild 171-2. Temperaturregelung in einem zentralgeheizten Raum.
Links: Schaltbild; rechts: Signalflußplan für Regelkreis.
$x$ = Regelgröße (Temperatur); $y$ = Stellgröße (Ventilhub); $z$ = Störgröße (z.B. Heizlast); $w$ = Führungsgröße (z.B. Sollwerteinsteller)

---

[1]) Begriffe und Benennungen in DIN 19226 (E. 3.84): Regelungs- und Steuerungstechnik.
VDI/VDE-Richtlinie 3525 Bl. 1 (12.82): Regelung von raumlufttechnischen Anlagen-Grundlagen.
Hoffmann, H.: VDI-Bericht 353 (1980). S. 33/40.
VDI/VDE-Ges. Meß- u. Regelungstechn., Tagung Karlsruhe 3/1980.

Weitere Begriffe der Regelungstechnik:

Die *Führungsgröße w* ist eine dem Regelkreis von außen zugeführte Größe, der die Regelgröße $x$ in vorgegebener Abhängigkeit folgen soll. Sie bestimmt in der Regeleinrichtung den einzuhaltenden Sollwert der Regelgröße und kann entweder konstant sein oder einen von der Zeit oder anderen Größen abhängigen Wert haben; z.B. Tag/Nachtsollwert der Raumtemperatur oder Vorlauftemperaturregelung in Abhängigkeit von der Außentemperatur. Führungsgröße und Störgröße wirken also von außen auf den Regelkreis ein.

Die *Hilfsregelgröße* $x_h$ ist eine zusätzliche Größe, die neben der Hauptregelgröße $x$ auf den Regler einwirkt; z.B. Vorlauftemperaturregelung mit zusätzlicher Aufschaltung eines Raumtemperaturfühlers als Hilfsregelgröße.

Regelfirma, Gerätehersteller und Installateur teilen sich in die Lieferung eines Regelkreises, wobei die Trennstellen nicht immer zwischen Regelstrecke und Regeleinrichtung liegen. Meist gehört das sogenannte *Stellglied* (Stellantrieb + Stellventil) zum Lieferumfang der Regelfirma oder des Geräteherstellers.

Von der Regelung zu unterscheiden ist die *Steuerung*[1]). Hierunter versteht man einen Vorgang in einem System, bei dem eine (oder mehrere) Größe als Eingangsgröße eine andere Größe, die Ausgangsgröße, auf Grund der dem System eigenen Gesetzmäßigkeit beeinflußt. Beispiele: Bei konstantem Druck steuert die Stellung des Ventilkegels die Größe des Durchflusses nach der Gesetzmäßigkeit des Ventils, oder ersetzt man beispielsweise in Bild 171-2 den Raumfühler T durch einen Außenfühler, so liegt eine Steuerung vor. Die Heizwassermenge wird von der Außentemperatur beeinflußt, während Abweichungen der Raumtemperatur von ihrem Sollwert zu keiner Korrektur der Ventilstellung führen. Man spricht von einem *offenen Wirkungskreis.*

## 172 Die Regelstrecke

Bei allen Regelkreisen ist es von Bedeutung, wie die Regeleinrichtung bei einer Sollwertabweichung eingreifen soll, z.B. schnell oder langsam, stark oder schwach. Dies hängt von den regelungstechnischen Eigenschaften der Regelstrecke ab, weshalb man das statische und dynamische (von der Zeit abhängige) Verhalten der einzelnen Glieder möglichst genau kennen muß.

*Das statische Verhalten von Regelstrecken* (Kennlinien)

Wenn man den Zusammenhang zwischen Eingangs- und Ausgangsgröße für alle möglichen Werte im Beharrungszustand aufnimmt, erhält man die Kennlinie eines Gliedes. Beispielsweise zeigt Bild 172-2 die Kennlinie eines Heizkörpers oder Wärmeaustauschers. Sie ist nicht linear, sondern stark gekrümmt. Am Anfang bewirkt eine geringe Zunahme der Heizwassermenge bereits eine große Wärmeabgabe.

Bild 172-4 zeigt Durchflußkennlinien von Ventilen bei konstant gehaltenem Druckgefälle, d.h. also die Abhängigkeit des Durchflusses vom Ventilhub. Je nach Ausbildung der Sitz-/Kegelpartie eines Ventiles erhält man die beiden Grundformen der Ventilkennlinie: linear und gleichprozentig oder davon abweichende Formen.

Will man bei einem Heizkörper einen linearen Zusammenhang zwischen Ventilhub und Wärmeleistung haben, muß man das dem Heizkörper vorgeschaltete Stellventil so wählen, daß seine Kennlinien-Krümmung jener des Heizkörpers selbst entgegengesetzt ist. Man erhält dann eine annähernd gerade Kennlinie für die Kombination Stellventil + Heizkörper (Bild 172-6). Dies ist eine wichtige Voraussetzung, um ein lastunabhängig stabiles Verhalten des Regelkreises erreichen zu können.

Eine weitere wichtige Größe für die Kennzeichnung der Regelstrecken im Beharrungszustand ist der sogenannte *Übertragungsbeiwert* $K_s$. Allgemein wird der Übertragungsbeiwert eines Gliedes definiert durch das Verhältnis:

$$K = \frac{\text{Änderung der Ausgangsgröße}}{\text{Änderung der Eingangsgröße}}$$

[1]) Latzel, W., u. R. Oetker: Regelungstechn. Praxis 8/80. S. 273/9.

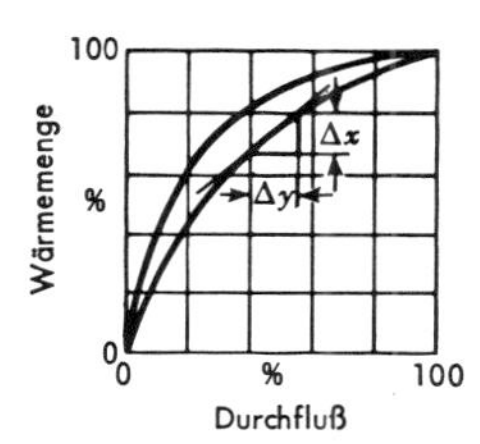


Bild 172-2. Kennlinie von Wärmeaustauschern.

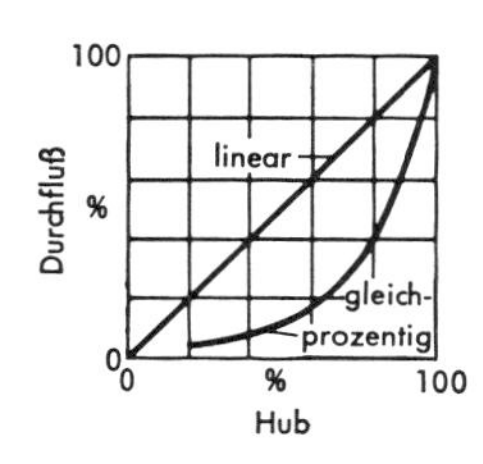


Bild 172-4. Durchflußkennlinie von Ventilen.

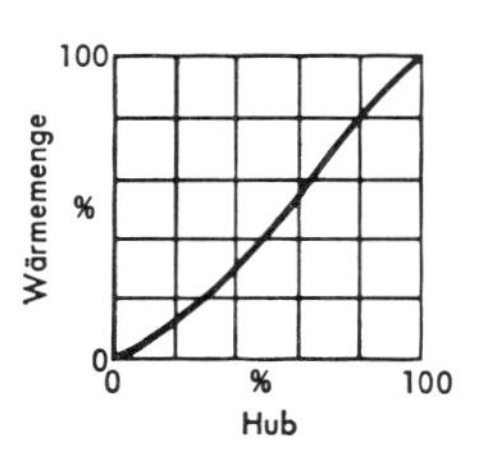


Bild 172-6. Kennlinie einer Kombination Wärmeaustauscher + Ventil.

Bezieht er sich auf die gesamte Regelstrecke, so wird der Index $S$ angefügt, und die Definitionsgleichung lautet:

$$K_s = \frac{\Delta x}{\Delta y}$$

Da hier Änderungen zwischen zwei Beharrungszuständen betrachtet werden, ist die Größe $K_s$ nichts anderes als die Kennliniensteigung; d.h., sie wird durch die Tangente an die Kennlinie dargestellt. Wie Bild 172-6 zeigt, nimmt $K_s$ abhängig vom Betriebspunkt (Ventilhub) etwas unterschiedliche Werte an, ist also nur bei wirklich linearer Kennlinie konstant. Im (erwünschten) linearen Fall kann die Definitionsgleichung von $K_s$ auch für den ganzen *Stellbereich* $Y_h$ als Ventilhub angeschrieben werden, und man erhält:

$$K_s = \frac{\Delta x}{\Delta y} = \frac{X_h}{Y_h}$$

Darin ist $X_h$ die maximale Änderung der Regelgröße, sie wird oft als *Stellwirkung* (Regelbereich) bezeichnet.

*Beispiel:*

Entspricht der Stellbereich $Y_h$ einem Ventilhub von 3 mm und beträgt die zugehörige Temperaturänderung $X_h = 12$ K, so ist der Übertragungsbeiwert $K_s = 12/3 = 4$ K/mm.

Der Kehrwert des Übertragungsbeiwerts der Regelstrecke im Beharrungszustand heißt *Ausgleichswert* $Q = 1/K_s$.

*Dynamisches Verhalten der Regelstrecke (Übergangsverhalten)*

Hierunter versteht man den Zusammenhang zwischen dem zeitlichen Verlauf der Ausgangsgröße und dem zeitlichen Verlauf der Eingangsgröße, welcher den Vorgang ausgelöst hat.

Verstellt man in einer Regelstrecke die Stellgröße $y$, z.B. den Ventilhub, sprunghaft und registriert man die sich einstellende Änderung der Regelgröße $x$, z.B. der Raumtemperatur, so erhält man die *„Sprungantwort"* der Regelstrecke. Sie wird meist experimentell ermittelt, ausgehend von einem Beharrungswert und endend wiederum mit einem Beharrungswert.

Die bei verschiedenen Regelstrecken vorkommenden Sprungantworten sind unterschiedlich. Man unterscheidet:

1. *Verzögerungsarme Regelstrecke* (Strecken nullter Ordnung), wo die Regelgröße der Stellgröße sofort folgt.

   *Beispiel:*

   Die Durchflußmenge ändert sich hinter einem Ventil fast unverzögert (Bild 172-8). Ähnliches trifft für die Mischtemperatur hinter einem Mischventil zu.

2. *Regelstrecke 1. Ordnung* (Einspeicherstrecke)

   Die Regelgröße ändert sich nach einer Ventilverstellung sofort mit einer gewissen Anfangsgeschwindigkeit, nähert sich danach mit stetig sinkender Geschwindigkeit ihrem Endwert. Dieses Verhalten ist charakteristisch für das Aufladen eines Speichers.

*Beispiel:*

Lufttemperatur hinter einem kondensatfrei gefahrenen, dampfbeheizten Lufterhitzer, dessen Metallmasse die (Wärme-)Speicherwirkung erzeugt. Die Lufttemperatur ändert sich hier nach einer Exponentialkurve mit der Gleichung:

$x = x_0 (1 - e^{-t/T})$

$x_0$ = Sprung in den Beharrungstemperaturen
$t$ = Zeit
$T$ = Zeitkonstante

Die *Zeitkonstante* $T$ ist dabei diejenige Zeit, in der sich die Regelgröße $x$ bei Beibehaltung der anfänglichen Geschwindigkeit über den ganzen Bereich $x_0$ ändern würde. Man kann sie auch nach den Gesetzen der Exponentialfunktion definieren als diejenige Zeit, die vergeht, bis 63,2% des Endwerts erreicht werden. Sie ist im linearen Fall unabhängig von der Größe des Sprunges und eine wichtige Zeitkenngröße.

In der Praxis findet man der Regelstrecke 1. Ordnung oft eine andere Art der Verzögerung überlagert. Sie wird durch die *Totzeit* $T_t$ beschrieben und ist auf Transportvorgänge in der Regelstrecke zurückzuführen (Bild 172-10).

*Beispiel:*

Welche Temperaturerhöhung $\Delta t$ stellt sich in einer Regelstrecke nach $t = 30$ min bei halber Ventilöffnung ein, wenn gegeben sind:

Stellwirkung $X_h = 50$ K und Totzeit $T = 15$ min.

$\Delta t = 0{,}5 \cdot 50\,(1 - e^{-30/15}) = 25\,(1 - 0{,}135) = 21{,}6$ K.

3. *Regelstrecken 2. und höherer Ordnung* (Mehrspeicherstrecken)

Die Sprungantwort beginnt hier mit einer horizontalen Tangente und hat einen Wendepunkt. Ursache für dieses Verhalten sind Speichervorgänge an zwei oder mehr Stellen in der Regelstrecke (Bild 172-12).

*Beispiel:*

Erwärmung des Wassers in einem Speicher durch eine Heizschlange. Speicherelemente sind die Heizschlange und das Wasser im Behälter. Bei dieser Art Sprungantwort unterscheidet man zwei Zeitkenngrößen (nach DIN 19226):

a) die *Verzugszeit* $T_u$ vom Zeitpunkt $t=0$ bis zum Schnittpunkt der Wendetangente mit dem Anfangswert der Regelgröße $x$

b) die *Ausgleichszeit* $T_g$ als Zeit zwischen Schnittpunkten der Wendetangente mit Anfangs- und Endwert der Regelgröße $x$.

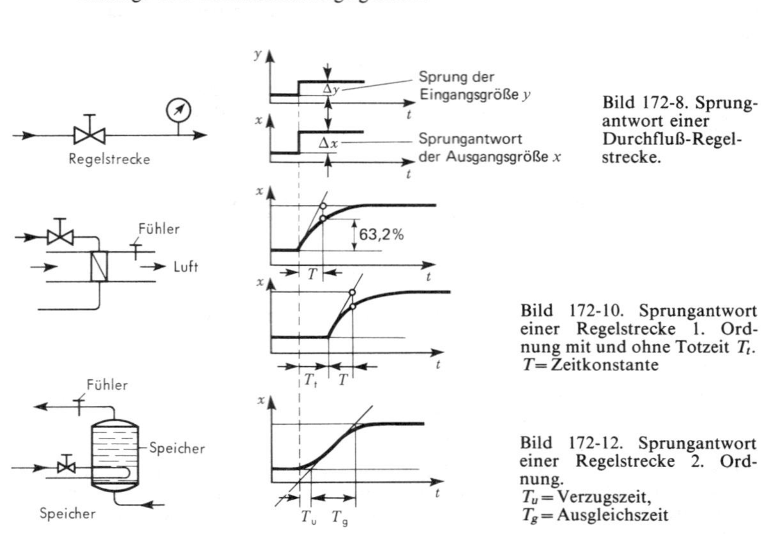


Bild 172-8. Sprungantwort einer Durchfluß-Regelstrecke.

Bild 172-10. Sprungantwort einer Regelstrecke 1. Ordnung mit und ohne Totzeit $T_t$. $T$= Zeitkonstante

Bild 172-12. Sprungantwort einer Regelstrecke 2. Ordnung. $T_u$ = Verzugszeit, $T_g$ = Ausgleichszeit

In ihrem Zahlenwert hängen diese Zeitkenngrößen von verschiedenen Faktoren ab: Transportwege und Speicherfähigkeit der einzelnen Glieder, wie z. B. Fühler, Rohrleitung, Heizkörper, Raumbegrenzungsflächen u. a. Wichtig für gute Regelung ist das Verhältnis $T_u / T_g$ *(Schwierigkeitsgrad)*, das möglichst klein sein soll, etwa 0,1 bis 0,2. Je mehr Speicher, desto größer wird $T_u / T_g$ (Strecken höherer Ordnung), desto schwieriger die Regelung; z. B. bei Decken- und Fußbodenheizungen, die großes Speichervermögen haben.

Läuft nach dem Sprung der Eingangsgröße die Ausgangsgröße $x$ auf einen neuen Beharrungswert ein, so liegt eine Regelstrecke *mit Ausgleich* vor, wie dies in den Bildern 172-8, -10 u. -12 der Fall ist. Wenn die Sprungantwort nicht mehr in einen Beharrungswert einläuft, handelt es sich um eine Regelstrecke *ohne Ausgleich*. Alle bisher bekannten Regelstrecken der Heizungs- und Klimatechnik haben jedoch die Eigenschaft des Ausgleichs.

Eine Übersicht der in der Heizungs- und Lüftungstechnik üblichen Regeldaten siehe Bild 172-20.

| Beispiel | Regelgröße $x$ / Regelstrecke | Verzugszeit $T_u$ | Ausgleichszeit $T_g$ | Schwierigkeitsgrad $s = T_u/T_g$ | Regelbereich $X_h$ | Übertragungsbeiwert $K_S$ (Hub in %) |
|---|---|---|---|---|---|---|
| 1 | Raumtemperatur 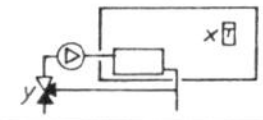 | 5 – 15 min | 1 – 2,5 h | 0,05 – 0,2 – | 20 – 30 K | 0,2 – 0,3 K/% |
| 2 | Vorlauftemperatur 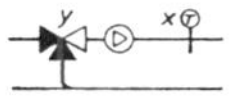 | 10 – 20 s | 30 – 60 s | 0,2 – 0,4 – | 20 – 80 K | 0,2 – 0,8 K/% |
| 3 | Brauchwassertemp. 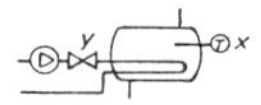 | 0,5 – 2 min | 10 – 30 min | 0,05 – 0,2 – | 30 – 60 K | 0,3 – 0,6 K/% |
| 4 | Zulufttemperatur 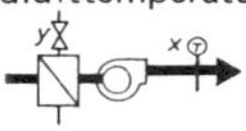 | 10 – 40 s | 30 – 120 s | 0,15 – 0,4 – | 20 – 50 K | 0,2 – 0,5 K/% |
| 5 | Ablufttemperatur 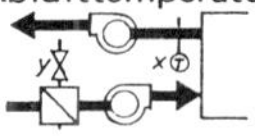 | 1 – 5 min | 10 – 60 min | 0,1 – 0,3 – | 15 – 25 K | 0,15 – 0,25 K/% |
| 6 | Taupunkttemperat. 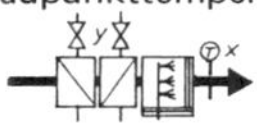 | 0,5 – 1,5 min | 2 – 10 min | 0,15 – 0,4 – | 15 – 25 K | 0,15 – 0,25 K/% |
| 7 | Schwimmbeckent. 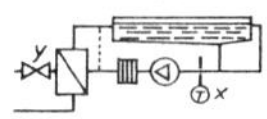 | 20 – 50 min | 10 – 40 h | 0,02 – 0,1 – | 10 – 25 K | 0,1 – 0,25 K/% |

Bild 172-20. Regeldaten in der Heizungs- und Lüftungstechnik (nach Schrowang).

*Schwingungsantwort*

Eine weitere Möglichkeit zur Beschreibung des dynamischen Verhaltens der Regelstrecke besteht darin, daß die Eingangsgröße, z. B. der Ventilhub, entsprechend einer sinusförmigen Kurve bewegt wird. Die Ausgangsgröße, z. B. die Raumtemperatur, wird dann ebenfalls Schwingungen ausführen. Diese stellen die Schwingungsantwort dar.

Die Ausgangsschwingung ist gegenüber der am Eingang angelegten Schwingung in Amplitude und Phase verändert, was abhängig von der Frequenz in einem Diagramm aufgezeichnet wird (Bode-Diagramm).

Diese *Frequenzgangmethode* wird vom Regelungstechniker verwendet, wenn er genauere Resultate erhalten oder schwierige Regelstrecken untersuchen will.

# 173 Regeleinrichtungen

Die Regeleinrichtung enthält alle Bauglieder, die zur Beeinflussung der Regelstrecke benötigt werden. In der Hauptsache sind es

der *Fühler* am Meßort (z. B. ein Temperaturfühler)
der *Vergleicher* (Vergleich von Ist- und Sollwert)
der *Stellantrieb* am Stellort (Stellventil oder Klappe werden der Regelstrecke zugezählt).

Ein einfaches mechanisches Beispiel hierfür ist eine Wasserstandsregelung nach Bild 173-2. Das Fühlen übernimmt der Schwimmer, das Vergleichen der Hebel, der auch gleichzeitig das Stellventil betätigt. Ein Stellantrieb ist nicht vorhanden, der Fühler verstellt ohne Hilfsenergie das Stellglied (Regler ohne Hilfsenergie). Weiterentwickelte Regeleinrichtungen haben zusätzliche Bauglieder, u. a.:

einen *Meßumformer,* der gemessene Werte in ein elektrisches oder pneumatisches Signal umformt, das dem Regler zurückgeführt wird;
einen *Verstärker,* der Signaländerungen verstärkt (die eigentliche Leistungsverstärkung erbringt zumeist der Stellantrieb);
einen *Sollwertgeber,* im Regler oder außerhalb an bedienungstechnisch günstiger Stelle angeordnet.

Das zweite Beispiel (Bild 173-4) zeigt die Raumtemperaturregelung in einem Haus mit gasbeheiztem Warmwasserkessel. Temperaturfühler ist ein Bimetall, das mit dem Sollwertgeber und den Schaltkontakten zu einem Gerät vereinigt ist (Raumtemperaturregler). Die Schaltkontakte wirken als Verstärker und betätigen den elektromagnetischen Stellantrieb des Gasventiles.

Auch bei den Regeleinrichtungen spricht man ähnlich wie bei den Regelstrecken von der *Sprungantwort.* Verändert man die Regelgröße $x$, z. B. die Temperatur am Meßort plötzlich, so ändert sich die Stellgröße $y$ in bestimmter Weise. Betrachtet man die Beharrungswerte vor und nach der plötzlichen Änderung, so gibt das Verhältnis

$$K_R = \frac{\text{Änderung der Stellgröße}}{\text{Änderung der Regelgröße}} = \frac{\Delta y}{\Delta x}$$

den *Übertragungsbeiwert* der Regeleinrichtung. Er wird für Temperaturregelungen angegeben in mm Hub/K; bei Hubangabe in % auch in %/K.

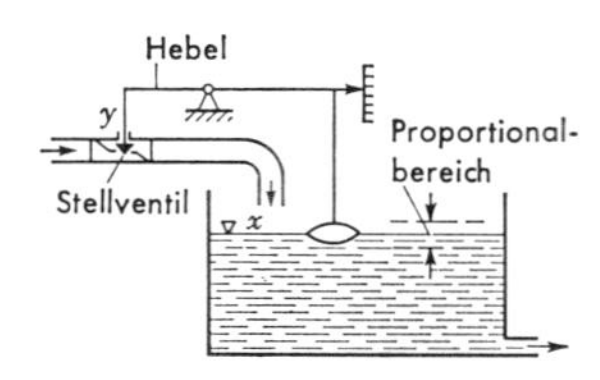


Bild 173-2. Niveauregelung mit $P$-Regler. $P$-Bereich einstellbar durch Hebelübersetzung.

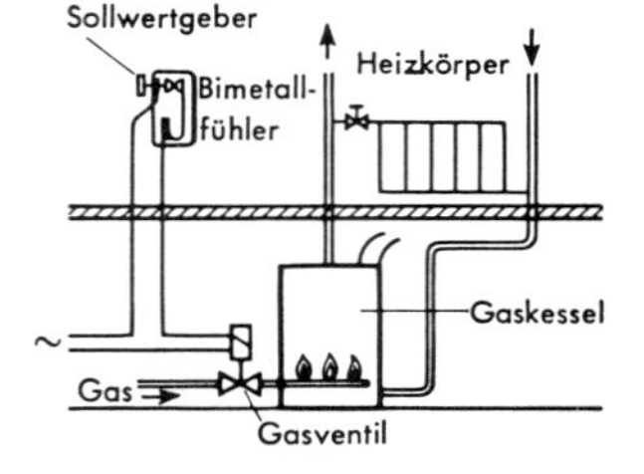


Bild 173-4. Raumtemperaturregelung Gasheizung.

*Einteilung der Regeleinrichtungen*

Zur Vereinfachung und in Anlehnung an den Sprachgebrauch der Praxis wird nachstehend das Wort *Regler*[1]) anstelle von Regeleinrichtungen gesetzt.

Man unterscheidet nach der *Regelgröße:*
Temperaturregler, Feuchteregler, Druckregler, Mengenregler usw.;

nach der *Hilfsenergie:*
Regler ohne Hilfsenergie
elektrische (elektronische) Regler
pneumatische Regler
elektropneumatische Regler;

nach dem *zeitlichen Regelverhalten:*
unstetige Regler (Schaltende Regler: Zweipunktregler, Mehrpunktregler)
stetige Regler wie
*P*-(Proportional-)Regler,
*I*-(Integral-)Regler,
*PI*-(Proportional-Integral-)Regler.

PID-Regler kommen in der Haustechnik ganz selten vor (D = Differential). Das zeitliche Regelverhalten, ist für die Auswahl von Reglern am wichtigsten. Es ist unabhängig von der Art der Regelgröße und der Hilfsenergie.

# 174 Reglerbauarten

## -1 ZWEIPUNKTREGLER (Schaltende Regler)[2])

Diese fast immer elektrischen Regler bestehen aus Fühler, Schalter und Sollwertsteller. Die *Fühler* für Temperatur sind in der Regel Bimetalle oder Federrohre mit Flüssigkeitsfüllung (z. B. Petroleum) oder Flüssiggasfüllung (z. B. Butan) oder Kontaktthermometer.

Die *Schalter* sind

Magnetsprungschalter (Bild 174-2)
Mikroschalter (mit Federsprung)
Quecksilberschalter.

Mögliche Schaltfunktionen in Bild 174-1.

Beispiel eines Zweipunktreglers mit Bimetall für Temperaturregelung in Bild 174-2. Das Stellglied kann nur *zwei Stellungen* einnehmen, z. B. bei einer elektrischen Heizung Strom „ein" und „aus", so daß die Regelgröße dauernd zwischen zwei Werten pendelt. Ein- und Ausschaltpunkt liegen nicht beim gleichen Wert der Regelgröße, sondern es besteht eine kleine Schaltdifferenz $X_d$. Das zeigt die statische Kennlinie, Bild 174-4, die den Zusammenhang zwischen Stellgröße $y$ und Regelgröße $x$ darstellt. Dynamisch fällt

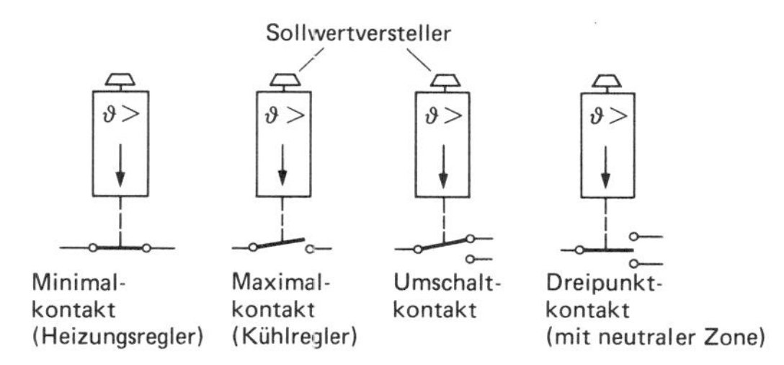


Bild 174-1. Kontaktfunktionen bei Zweipunktreglern.

[1]) Nach DIN 19226 ist der Regler eine Baueinheit, muß aber nicht alle Elemente der Regeleinrichtung enthalten.

[2]) Schrowang, H.: TAB 10/83. S. 779.
Joost, P.: HLH 7.84. S. 284/8 u. 8/84. S. 379/87.

die Trägheit des Fühlers ins Gewicht (Fühlerzeitkonstante $T_F$), siehe Sprungantwort in Bild 174-4. Die Temperatur steigt innerhalb der Totzeit (Bild 174-2) nach Abschalten des Stroms noch etwas weiter an bis zu einem Maximum und fällt dann sägezahnartig ab.

Im Regelkreis führt die unstetige Arbeitsweise des Zweipunktreglers zu Schwankungen der Regelgröße $x$ um einen Mittelwert. Im Beispiel der Temperaturregelung (siehe Bild 174-2, rechts) ergibt sich:

*Temperaturschwankung* (Schwingungsbreite)

$$\Delta x = T_t/T \cdot X_h + X_d$$

$T$ = Zeitkonstante der Regelstrecke
$T_t$ = Totzeit der Regelstrecke
$X_h$ = Stellwirkung (max. Temperaturdifferenz) in °C
$X_d$ = Schaltdifferenz des Reglers in °C

*Schaltperiode* $T_0$, d.h. Dauer einer Schwingung, ist abhängig von der Belastung $b = x/X_h$ (nach Bild 174-2)

$$T_0 = \frac{T_t}{b - b^2}$$

Bei einer Belastung von 50%, entsprechend also $b = 0{,}5$, ist

$$T_0 = \frac{T_t}{0{,}5 - 0{,}25} = 4\ T_t$$

Die Schaltperiode $T_0$ hat hier den geringsten Wert, bei höherer oder niedrigerer Belastung ist $T_0$ größer.

Die *Schaltfrequenz* ist $f = 1/T_0$. Bei Regelstrecken höherer Ordnung ist statt der Totzeit $T_t$ die Verzugszeit $T_u$, statt der Zeitkonstanten $T$ die Ausgleichszeit $T_g$ zu setzen.

Bei Raumtemperaturreglern wird eine wesentliche Verbesserung des Regelergebnisses durch einen *Rückführwiderstand* ermöglicht, wobei dem Fühler durch einen Heizwiderstand während der Einschaltdauer des Reglers eine höhere Temperatur vorgetäuscht wird (Bild 174-6).

Der Regler schaltet bereits vor Erreichen der Raum-Solltemperatur ab. Die Temperaturschwankung wird stark verringert, die Schaltfrequenz jedoch erhöht. Außerdem ergeben sich lastabhängig bleibende Regelabweichungen.

*Verwendung* als Kesselregler, Sicherheitsregler, Frostschutzregler u.a., Druckschalter bei Luftkompressoren. Nicht elektrische Zweipunktregler sind z.B. Schwimmer in Kondensatableitern.

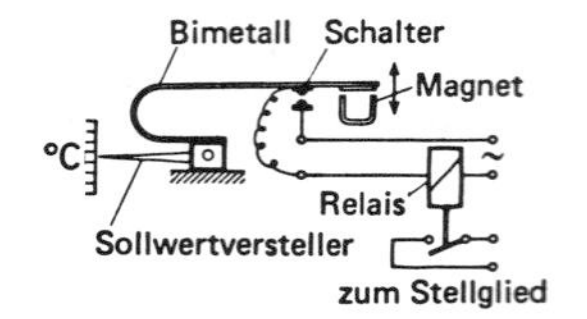


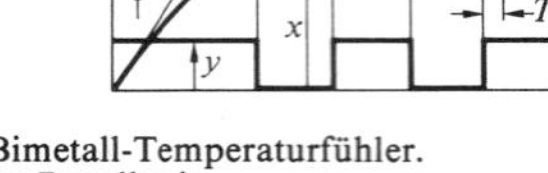

Bild 174-2. Zweipunkttemperaturregler mit Bimetall-Temperaturfühler.
Links: Schaltschema; rechts: Zeitverhalten im Regelkreis

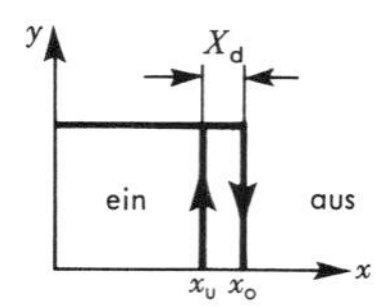


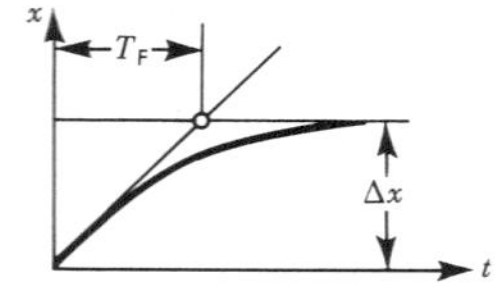


Bild 174-4. Zweipunktregler.
Links: statische Kennlinie; rechts: Sprungantwort
$x_u$ = unterer Schaltpunkt, $x_o$ = oberer Schaltpunkt, $X_d$ = Schaltdifferenz

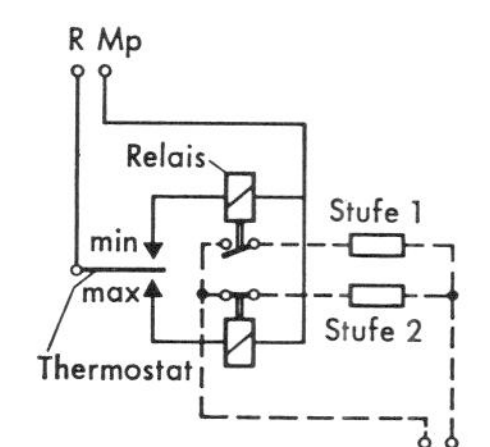


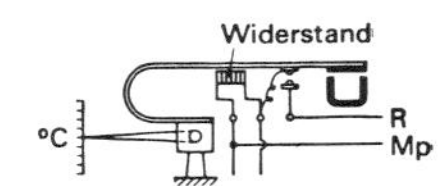


Bild 174-6. Zweipunkttemperaturregler mit Rückführwiderstand.

Bild 174-8. Schema einer Dreipunktregelung mit Umschaltkontakt und neutraler Zone.

Bei elektrischen Dreipunktreglern kann das Stellglied auch eine Zwischenstellung einnehmen, z. B. „aus" – „klein" – „groß" oder „zu" – „halb" – „auf" oder „aus" – „1. Stufe" – „2. Stufe". Prinzipschaltbild 174-8. Verwendung z. B. bei Ölbrennern mit zwei Düsen oder bei kleinen Klimageräten zur Umschaltung von Heizung auf Kühlung.

Auch um einen Stellmotor links oder rechts laufen zu lassen, werden Dreipunktregler verwendet. Z. B. bei einer Druckregelung läuft der Motor rechts oder links, je nachdem, ob der Minimal- oder Maximalkontakt geschlossen hat. In den Zwischenlagen steht der Motor (s. auch Bild 174-1).

Nachteilig ist die immer vorhandene Schwingung der Regelgröße $x$.

Ähnlich wirken *Doppelthermostate* mit Folgekontakt, bei denen die Sollwerteinsteller mechanisch miteinander gekoppelt sind (Bild 174-10).

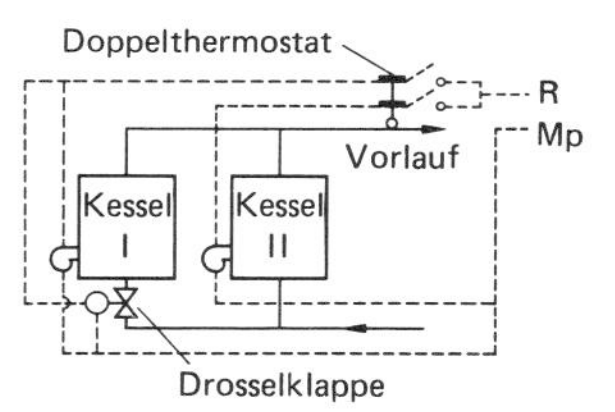


Bild 174-10. Folgeschaltung mit Doppelthermostat für zwei Warmwasser-Kessel.

## -2 PROPORTIONALREGLER (P-REGLER)[1]

Bei diesen Reglern besteht im Beharrungszustand eine feste Zuordnung zwischen Regelgröße $x$ und Stellgröße $y$. Für kleine Änderungen der Regelgröße gilt immer

$$\Delta y = K_R \cdot \Delta x \text{ oder } K_R = \frac{\Delta y}{\Delta x}$$

Hierin ist $K_R$ der *Übertragungsbeiwert* des Reglers. Bei linearen $P$-Reglern kann man auch schreiben

$$K_R = Y_h / X_p$$

mit $Y_h$ = Stellbereich, d. h. ganzer Ventil- oder Klappenhub. Die Größe $X_p$ ist der *Proportionalbereich* ($P$-Bereich) des Reglers. Er stellt also den Betrag dar, um den sich die Regelgröße ändern muß, damit die Stellgröße den ganzen Stellbereich $Y_h$ durchläuft. Der $P$-Bereich wird in K oder in Prozent des Regelbereichs $X_h$ angegeben. Er ist bei den meisten Reglern verstellbar (Bild 174-15). Ein $P$-Bereich von 10% bedeutet, daß der Stellbereich $Y_h$ mit 10% des Regelbereichs durchfahren wird.

Mechanisches Beispiel eines $P$-Reglers in Bild 173-2. Weitere Beispiele sind thermostatische Heizkörperventile, Druckminderer u. a.

*Sprungantwort* des Reglers, d. h. die zeitliche Änderung der Stellgröße $y$ bei sprungweiser Änderung der Regelgröße $x$, ist in Bild 174-22 dargestellt. Die Stellgröße ändert sich im Idealfall ebenfalls sprunghaft, in der Praxis sind jedoch Verzögerungen vorhanden, erfaßt mit der Zeitkonstanten $T_R$ des Reglers.

Infolge der festen Zuordnung der Stellgröße zur Regelgröße entstehen *im Regelkreis* mit $P$-Reglern bleibende Regelabweichungen. Diese sind um so größer, je größer der $P$-Bereich ist und je mehr der momentane Betriebspunkt vom Eichpunkt des Reglers ab-

[1]) Schrowang, H.: TAB 12/86. S. 829/36.

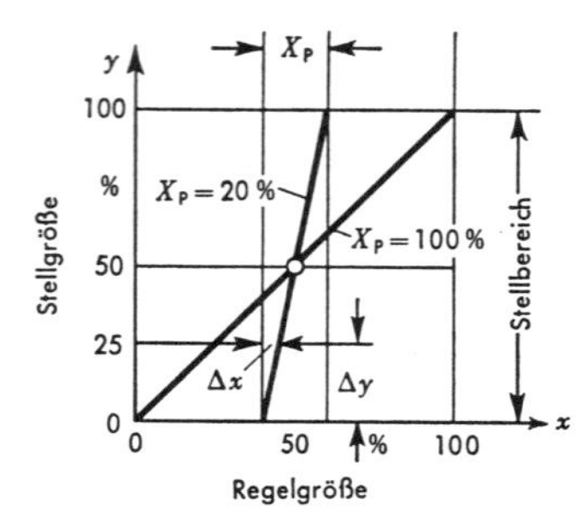


Bild 174-15. Kennlinie eines *P*-Reglers (Sollwert in der Mitte des Einstellbereiches).

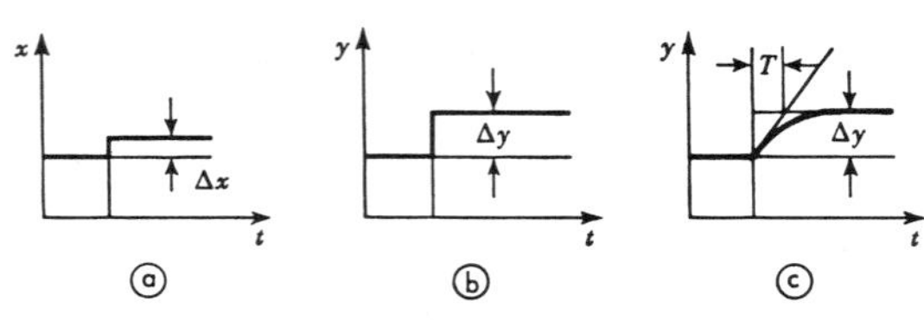


Bild 174-22. Sprungantwort des *P*-Reglers.
a = Stellgrößenänderung, b = idealer Regler, c = Regler mit Zeitkonstante $T$

weicht. Das ist ein Nachteil aller *P*-Regler, der unter bestimmten Bedingungen deren Verwendung ausschließt.

Bei sehr kleinem *P*-Bereich nähert sich der *P*-Regler in seiner Arbeitsweise dem Zweipunktregler, so daß die Regelgröße Schwingungen ausführt. Die bleibenden Regelabweichungen können deshalb durch Verkleinerung des *P*-Bereiches nicht in beliebigem Maße herabgesetzt werden.

Wichtig für die Stabilität (Schwingungsfreiheit) der Regelung ist die sogenannte *Kreisverstärkung*, gebildet aus den Übertragungsbeiwerten $K_s$ für die gesamte Regelstrecke und $K_R$ nur für den Regler:

$$V_0 = K_R \cdot K_s = \frac{Y_h}{X_p} \cdot \frac{X_h}{Y_h} = \frac{X_h}{X_p}$$

$V_0$ ist hiernach im linearen Regelkreis das Verhältnis des Regelbereichs (Stellwirkung) $X_h$ zum *P*-Bereich $X_p$.

Bei großer Kreisverstärkung $V_0$ (kleinem $X_p$):
genaue Regelung, aber Schwingungen;

bei kleiner Kreisverstärkung $V_0$ (großem $X_p$):
Stabilität, aber ungenau.

*Beispiel:*

Regelbereich $X_h = 12$ K
P-Bereich $X_p = 3$ K
ergibt $V_0 = 4$.

Der richtige $V_0$-Wert hängt von den regelungstechnischen Kenngrößen der Regelstrecke, beispielsweise also von der Totzeit $T_t$ und der Zeitkonstanten $T$ ab. Angenähert beträgt der optimale Wert für die Kreisverstärkung

$$V_{0\,\mathrm{opt}} \approx T/T_t$$

Damit ist der *günstigste Proportionalbereich*

$$X_{p\,\mathrm{opt}} = X_h/V_{0\,\mathrm{opt}} = X_h \cdot T_t/T$$

Bei Strecken höherer Ordnung sind statt $T$ und $T_t$ angenähert die Größen $T_g$ und $T_u$ einzusetzen (Bild 174-25).

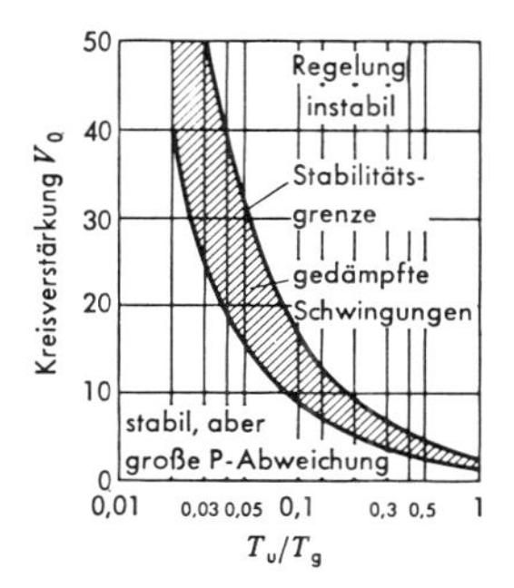


Bild 174-25. Optimale Kreisverstärkung bei Regelstrecken mit Verzugszeit $T_u$ und Ausgleichzeit $T_g$. ($T_u$, $T_g$ s. Bild 172-12)

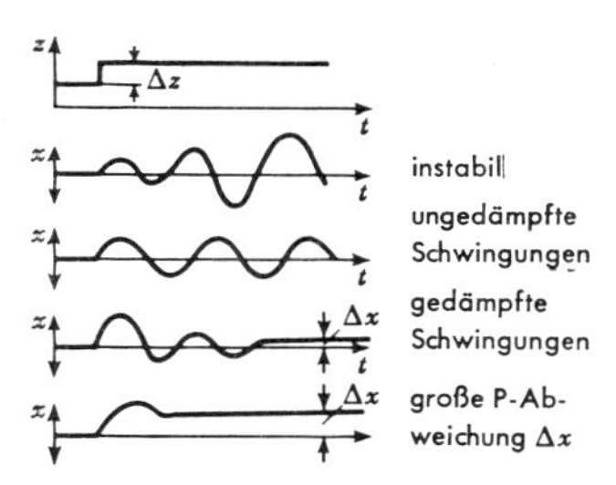


Bild 174-28. Schwingungsverhalten von Regelstrecken bei einer Störung $\Delta z$ mit Verzugszeit $T_u$ und Ausgleichzeit $T_g$ nach Bild 174-25.

Das *Schwingungsverhalten* bei verschiedenen Einstellungen zeigt Bild 174-28.

Bei den meisten Regelstrecken der Heizung und Lüftung beträgt $T_u/T_g$ etwa 0,1···0,3. Damit wird $V_{opt} = 3 \cdots 10$. Der für den Einzelfall gültige Wert wird bei der Inbetriebsetzung empirisch bestimmt. Weitere Angaben in Abschn. 236-4 und 338[1]).

Beispiel 1.
Eine Kanaltemperaturregelung mit $T_u = 1$ min, $T_g = 5$ min, $X_h = 30$ K ergibt $X_{p\ opt} = 30 \cdot 1/5 = 6$ K.

Beispiel 2.
Eine Raumtemperaturregelung mit $T_u = 10$ min, $T_g = 100$ min, $X_h = 30$ K ergibt $X_{p\ opt} = 30 \cdot 1/10 = 3$ K.

## -21 Elektrische P-Regler

Das Meßprinzip der meisten elektrischen Regler beruht auf der *Wheatstoneschen Brückenschaltung* mit den 4 Widerständen $R_1$ bis $R_4$, wobei $R_1$ der Meßfühler mit temperaturabhängigem Widerstand ist (Bild 174-30). Ändert sich die Temperatur am Fühler $R_1$, so entsteht ein Spannungsunterschied zwischen den Punkten $A$ und $B$, der über einen Verstärker den Stellmotor in Bewegung setzt. Gleichzeitig wird der mit dem Stellmotor gekoppelte Widerstand $R_2$ so verändert, daß der Brückenstrom verschwindet und der Regler in Ruhestellung geht (sogenannte *starre Rückführung*). Es gehört also zu jedem Wert der Regelgröße $x$ eine ganz bestimmte Stellung des Stellmotors, deshalb $P$-Regler.

*Sollwerteinstellung* erfolgt am Potentiometer $S$.

*Proportionalbereich* $X_p$ kann verändert werden, indem ein zusätzlicher variabler Widerstand $P$ parallel zum Rückführwiderstand $R_2$ eingebaut wird, Bild 174-32. Durch Ver-

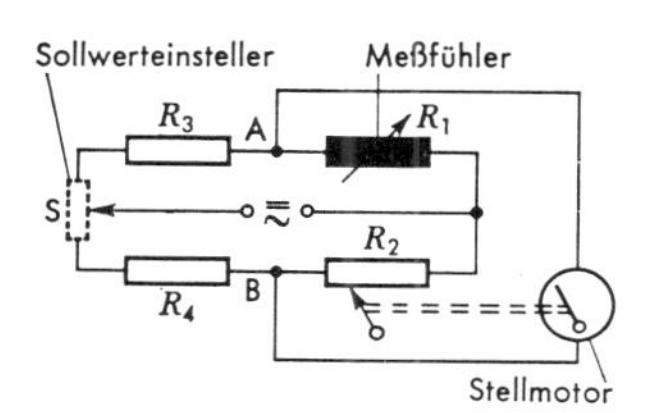


Bild 174-30. Wheatstonesche Meßbrücke für elektrische Regler.
$R_1$ = Meßfühler, $R_2$ = Rückführwiderstand, $R_3$ und $R_4$ = Festwiderstände

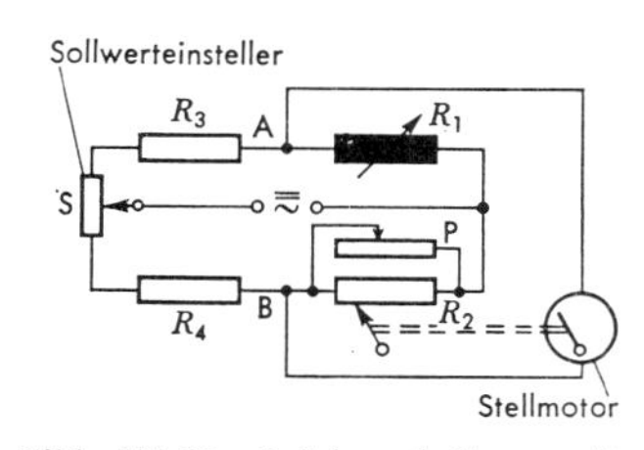


Bild 174-32. Brückenschaltung mit Sollwerteinsteller $S$ und Proportionalbereichsschalter $P$.

[1]) ferner in B. Junker: Klimaregelung, Oldenbourg 1984.

kleinerung dieses Widerstandes *P* wird der *P*-Bereich reduziert, wobei allerdings die Kennlinie des *P*-Reglers die Linearität verliert.

Neben der Wheatstoneschen Brücke verwendet man bei modernen Reglern auch *Gleichspannungsverstärker* mit Differenzeingang, aufgebaut aus einem Chip als integrierter Halbleiter.

Als Ausgangssignal entstehen entweder Schaltkontakte (2-Punkt-, 3-Punktregler) oder ein analoges *Einheitssignal*, vorzugsweise 0···10 Volt oder 0···20 mA. Durch Einrichtungen an den Stellgliedern wird das Einheitssignal in einen bestimmten Hub am Stellglied umgesetzt.

### -22 Pneumatische P-Regler

Bei diesen Reglern wird sowohl zur Signalübertragung wie auch als Hilfskraft zur Betätigung des Stellgliedes Druckluft von 0,2···1,0 bar verwendet, die gewöhnlich von einem eigenen Steuerluft-Kompressor erzeugt wird.

Das einfachste System besteht aus Düse, Prallplatte und Stellmotor (Bild 174-40). Bei Änderung der Regelgröße, z.B. Temperatur, ändert sich der Abstand *x* zwischen Prallplatte und Düse und damit auch der Druck in der Steuerleitung zum Stellantrieb. Der Zusammenhang zwischen Steuerdruck und Abstand *x* ist jedoch nicht linear (Bild 174-42).

Auch hier ist eine Rückführung (Bild 174-45) erforderlich, da sonst für die Praxis zu kleine *P*-Bereiche entstehen, die zu instabilem (schwingenden) Regelkreisverhalten führen. Die Rückführung besteht darin, daß man durch einen Federbalg den Ausgangsdruck als Gegenkraft zu der vom Fühler ausgeübten Kraft einführt. Stellgrößenänderungen werden so den Regelgrößenänderungen proportional gemacht. Veränderung des *P*-Bereiches durch Verschiebung des Hebeldrehpunktes.

Außer dieser abblasenden Bauart mit dauerndem Luftverbrauch gibt es auch *nichtabblasende* Bauformen mit geringerem Luftverbrauch.

Darüber hinaus sind pneumatische *Einheitsregler* entwickelt worden, die mit einheitlichen Ein- und Ausgangsdrucksignalen von 0,2···1,0 bar arbeiten.

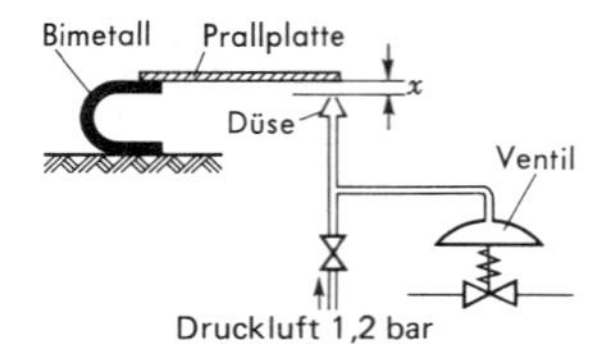


Bild 174-40. Schema eines abblasenden pneumatischen Temperaturreglers mit Düse und Prallplatte.

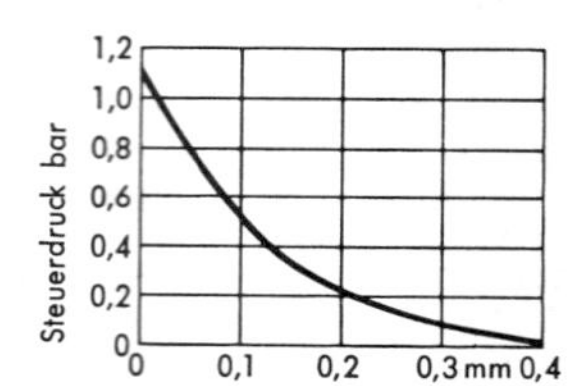


Bild 174-42. Steuerdruck abhängig vom Spalt *x* beim Düsen-Prallplattensystem.

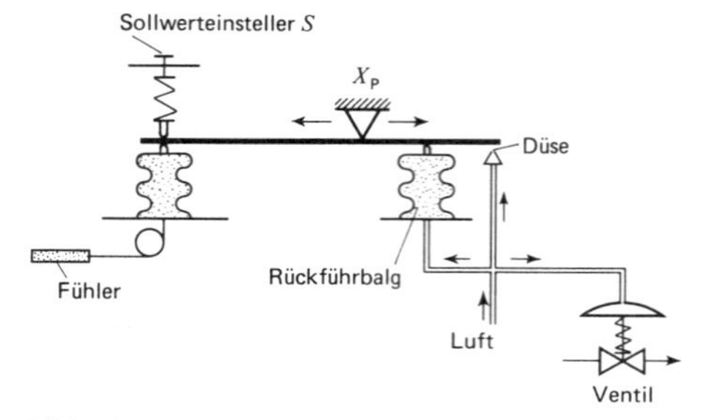


Bild 174-45. Pneumatischer Temperaturregler mit Rückführfederbalg beim abblasenden System. $X_p$ = Proportionalbereichsverstellung.

Die zu messenden Größen, wie Temperatur, Feuchte usw., werden durch *Meßumformer* (Transmitter) in den Einheitsdruckbereich umgewandelt und über pneumatische Leitungen dem Regler zugeführt. Hier erfolgt der Vergleich zwischen Istwert und Sollwert, zum Teil ebenfalls pneumatisch, und die Verstärkung der Abweichung zum Ausgangssignal (= Steuerdruck zum Stellantrieb).

*Hauptvorteile:*

getrennte Installation von Fühlern und Reglern

zentrale Anordnung von Reglern und Meßgeräten auf Schalttafeln.

## -3 INTEGRAL-REGLER (I-REGLER)

Bei Änderung der Regelgröße $x$ (z. B. Temperatur) ändert sich die Stellgröße $y$ mit einer bestimmten Geschwindigkeit $dy/dt$, die desto größer ist, je größer die Sollwertabweichung $x_w$ ist:

$dy/dt = c \cdot x_w$ oder

$$y = c \int x_w \, dt$$

Stellgröße ist proportional dem Zeitintegral der Abweichung, daher der Name Integralregler.

Bild 174-50 zeigt die Sprungantwort des idealen *I*-Reglers.

$$\Delta y = c \int_{t_0}^{t_1} \Delta x \, dt$$

Der Regler ist nur im Ruhezustand, wenn der Istwert mit dem Sollwert übereinstimmt ($x_w = 0$). Da in der Heizungstechnik meist Stellmotore mit Kurzschlußanker verwendet werden, ist eine sich ändernde Geschwindigkeit nicht möglich. Man speist daher den Motor mit *Impulsen*, deren Dauer oder Frequenz proportional der Abweichung ist: quasistetige *I*-Regler mit oder ohne Schrittschaltern. Der Stellantrieb ist hier von normaler elektromechanischer Bauart mit fester Schließ- und Öffnungsgeschwindigkeit; man spricht von *Zweilaufreglern*.

Das Schaltschema eines Zweilaufreglers mit Schrittschalter ist im Bild 174-54 dargestellt.

Die *I*-Regler dieser Art sind geeignet für Regelstrecken mit geringer Totzeit, z. B. für die Mengen- oder Druckregelung und die Mischtemperaturregelung in Wasser- und Luftströmen, nicht geeignet für Regelstrecken mit großer Zeitkonstante. Vorteilhaft ist, daß keine bleibende Regelabweichung auftritt.

Wenn die Totzeit $T_t$ der Regelstrecke bekannt ist, so läßt sich die für eine stabile Regelung erforderliche Laufzeit $T_m$ des Stellantriebes annähernd errechnen:

$T_m = 2{,}5 \; T_t \cdot X_h / X_n$

$X_h$ = Stellwirkung

$X_n$ = neutrale Zone, in der keine Stellgrößenänderung erfolgt (Schaltbereich)

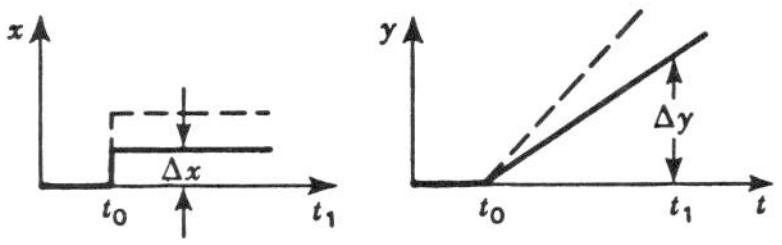

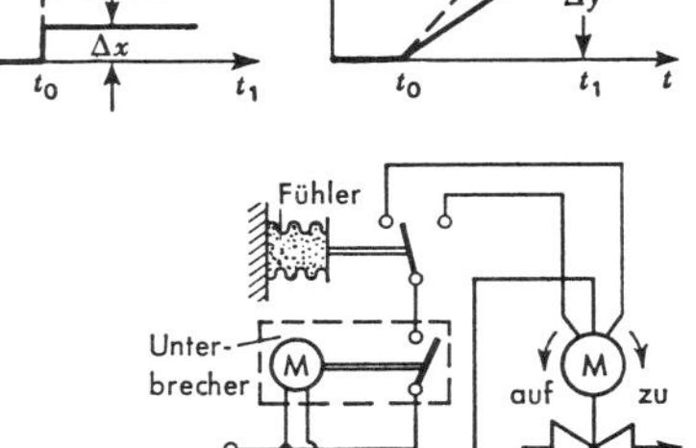


Bild 174-50. Sprungantwort des *I*-Reglers.

Bild 174-54. Quasi-*I*-Regler (Dreipunktregler mit Unterbrecher).

*Beispiel:*

Mischtemperaturregelung von Vor- und Rücklaufwasser in einer Warmwasserheizung

$X_h = 90 - 40 = 50$ K
$X_n = 3$ K
$T_t = 10$ s

Damit ist die Laufzeit des Stellmotors
$T_m = 2{,}5 \cdot 10 \cdot 50/3 = 417$ s, also etwa 7 min.

## -4 PROPORTIONAL-INTEGRAL-REGLER (PI-REGLER)

Der *P*-Regler greift bei Störungen im Regelkreis sofort ein, kann aber deren Auswirkung nicht vollständig beseitigen (bleibende Regelabweichung). Beim *I*-Regler tritt im ausgeregelten Zustand keine Regelabweichung auf, aber die Korrekturen erfolgen nur langsam. Im *PI*-Regler sind das rasche Eingreifen des *P*-Reglers und die vollständige Beseitigung der Regelabweichung beim *I*-Regler vereinigt.

Die *Sprungantwort* des *PI*-Reglers bei sprunghafter Veränderung der Regelgröße ersieht man aus Bild 174-60. Sie besteht aus zwei Teilen, dem *P*- und dem *I*-Anteil. Es erfolgt zunächst eine der Regelabweichung proportionale Verstellung des Stellgliedes, daran anschließend eine weitere Verstellung mit einer einstellbaren Geschwindigkeit.

Die Zeit, die der *I*-Regler allein brauchen würde, um die *P*-Verstellung zu bewirken, nennt man *Nachstellzeit* $T_n$. Im Bild 174-60 ist diese Zeit durch Verlängerung der *y*-Kurve zum Ausgangswert dargestellt. Sie ist neben dem Proportional-Bereich $X_p$ die zweite Kenngröße des *PI*-Reglers. Die Nachstellzeit ist bei den meisten *PI*-Reglern einstellbar, hat aber bei einfachen Bauformen oftmals nur einen (festen) Wert. Sie wird im allgemeinen in Minuten angegeben.

Für die optimale Einstellung des *PI*-Reglers gelten folgende Richtlinien:

$X_{p\ \mathrm{opt}} = X_h \cdot T_t/T$ bzw. $= X_h \cdot T_u/T_g$
$T_n = (2 \cdots 3) \cdot T_t$ bzw. $= (2 \cdots 3) \cdot T_u$

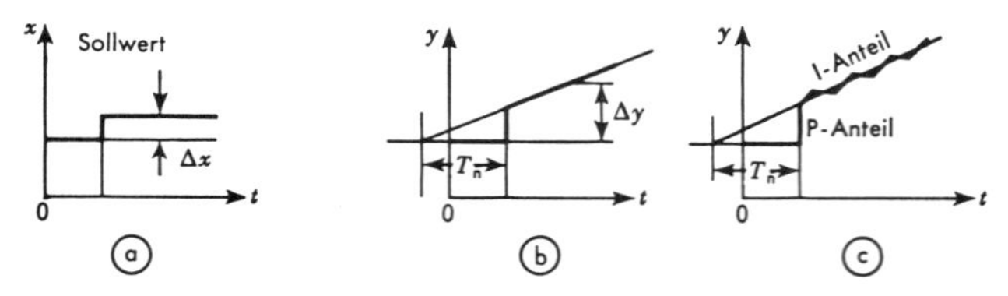


Bild 174-60. Sprungantwort eines *PI*-Reglers.

### -41 Elektrische PI-Regler

Sie werden mit thermischer Rückführung oder elektronisch mit *RC*-Gliedern ausgeführt. Erstere wirkt auf die Meßbrücke (Wheatstonesche Brücke) zurück und führt im allgemeinen auf eine konstante (nicht einstellbare) Nachstellzeit.

Die *Meßbrücke* ist wie bei dem *P*-Regler aufgebaut (Bild 174-62). Kommt sie durch Temperaturänderungen am Meßfühler $R_1$ aus dem Gleichgewicht, so entsteht ein Diagonalstrom, der über einen Verstärker den Stellmotor betätigt. Gleichzeitig wird je nach Laufrichtung ein kleiner elektrischer Heizwiderstand $R_a$ oder $R_b$ eingeschaltet. Die dadurch erzeugte Temperaturerhöhung am Widerstand $R_3$ oder $R_2$ bringt die Brücke wieder ins Gleichgewicht. Stellmotor und Heizwiderstand werden damit ausgeschaltet.

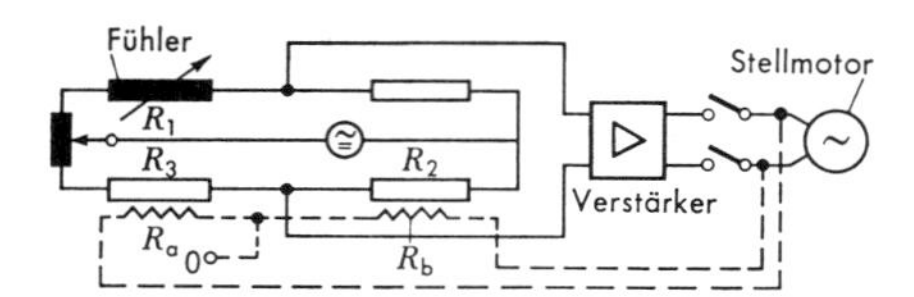


Bild 174-62. Schematische Schaltung des *PI*-Reglers.

Nach einer gewissen Zeit hat sich der Heizwiderstand abgekühlt. Besteht dann die Regelabweichung noch weiter, werden Stellmotor und Heizwiderstand von neuem eingeschaltet. Der Vorgang wiederholt sich so lange, bis die Regelabweichung 0 ist (*I*-Anteil, siehe Bild 174-60c).

### -42 Pneumatische PI-Regler

Diese Regler unterscheiden sich von den *P*-Reglern (Bild 174-45) dadurch, daß ein zusätzlicher Federbalg am Waagebalken angebracht wird, welcher über eine einstellbare Drossel mit dem Ausgangsdruck des Reglers verbunden ist (Bild 174-70).

Die beim *P*-Regler bestehende starre Zuordnung des Ausgangsdruckes zur Regelabweichung wird dadurch aufgehoben. Bei konstanter Regelabweichung wird durch den über die Drossel langsam ansteigenden Druck im Federbalg der Ausgangsdruck stetig weiter erhöht (*I*-Anteil der Sprungantwort in Bild 174-60b).

Die Geschwindigkeit, mit der dieser weitere Anstieg des Ausgangsdruckes erfolgt, läßt sich durch die Stellung der Drossel und durch die Wahl des nachgeschalteten Volumens beeinflussen. Kleine Drosselöffnung ergibt lange Nachstellzeit und umgekehrt.

Die *I*-Wirkung kann auch durch ein zusätzlich dem *P*-Regler nachgeschaltetes *PI*-Relais erreicht werden. Dabei wird dann der *P*-Bereich am *P*-Regler und die Nachstellzeit am *I*-Regler eingestellt.

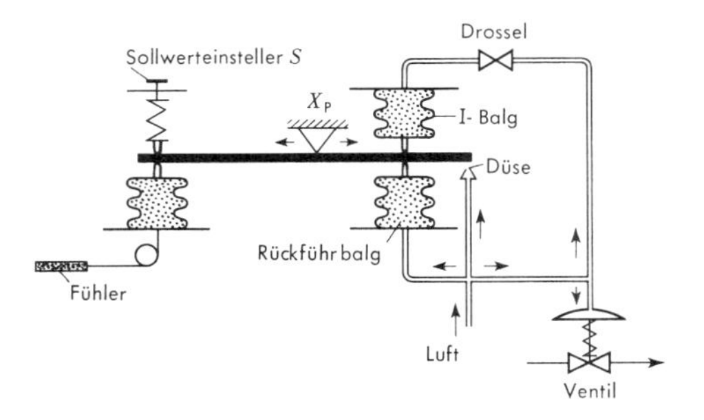


Bild 174-70. Pneumatischer *PI*-Regler – Schema.

## -5 ELEKTROPNEUMATISCHE REGLER

Es werden elektronische Regler eingesetzt, welche ein analoges *Einheitssignal* von z.B. 0···20 mA oder 0···10 V ausgeben. Ein elektro-pneumatischer Umsetzer wandelt dieses Signal in das pneumatische analoge Einheitssignal 0,2···1,0 bar um, womit das pneumatische Stellglied bestätigt wird. Schema Bild 174-75.

Der *Vorteil* dieser Regler liegt darin, daß die große Vielseitigkeit des elektronischen Reglers mit der Robustheit, Schnelligkeit und Kraft des pneumatischen Stellgliedes kombiniert werden kann. Bestehen zwischen Regler und Stellglied große Entfernungen, kann der E-P-Umformer auch direkt am pneumatischen Stellglied angeordnet werden.

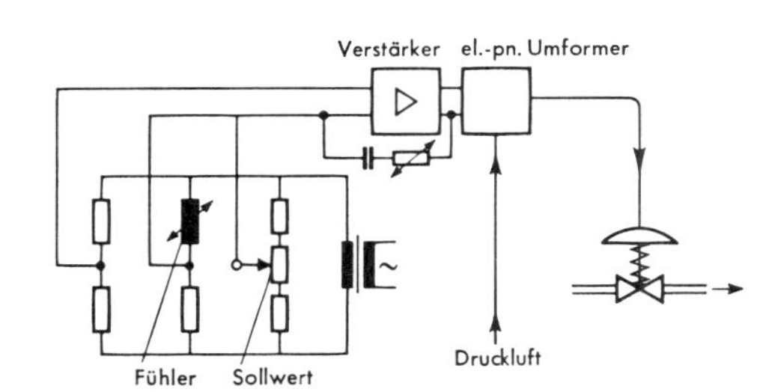


Bild 174-75. Schema eines elektropneumatischen Reglers.

## -6 DDC-REGELUNG (MIKROCOMPUTER)

Seit etwa 1979 sind auch in der Heizungs- und Klimatechnik *mikroprozessor-gesteuerte* Steuerungs- und Regelungs-Systeme im Einsatz (*DDC* = Direct Digital Control). Bei der Steuerung wird die konventionelle Relais-Technik mit ihrer festen Verdrahtung ersetzt durch eine speicherprogrammierbare Steuerung (*SPS*-Steuerung). Dadurch wird der elektrische Aufbau eines Schaltschrankes mit seinen Leistungsschützen von den Relais entkoppelt. Da die logische Verknüpfung frei programmierbar ist, kann sie auch jederzeit geändert werden, ohne daß Umverdrahtungen wie bei konventioneller Relaistechnik nötig sind. Bei der *DDC*-Regelung können die Regelparameter frei programmiert werden. Moderne DDC-Systeme integrieren Regelung, Steuerung und Optimierung.

Integrierte gedruckte Transistor-Schaltungen erfordern große Serien, die in RLT-Anlagen wegen der Vielfalt der Probleme nicht vorkommen. Man wählt daher Allzweck-Chips, d.h. *Mikroprozessoren*, die in Verbindung mit Speicherchips in der Lage sind, durch entsprechende Programmierung verschiedene Ablaufsteuerungen zu verwirklichen („künstliche Intelligenz"). Chips werden auch *IC* (integrated circuit) genannt.

Zukünftig scheinen sich allerdings preislich doch hochintegrierte Schaltungen realisieren zu lassen, die alle Funktionen auf einem einzigen Chip haben. Diese heißen *ASIC* (Anwender-spezifischer IC). Sie bieten den Vorteil höherer Betriebssicherheit, da viel weniger Lötstellen und Steckverbindungen vorliegen als bei herkömmlicher Kombination von Standard-ICs auf Leiterplatten.

Den prinzipiellen Aufbau eines *Mikrocomputers* zeigt Bild 174-82.

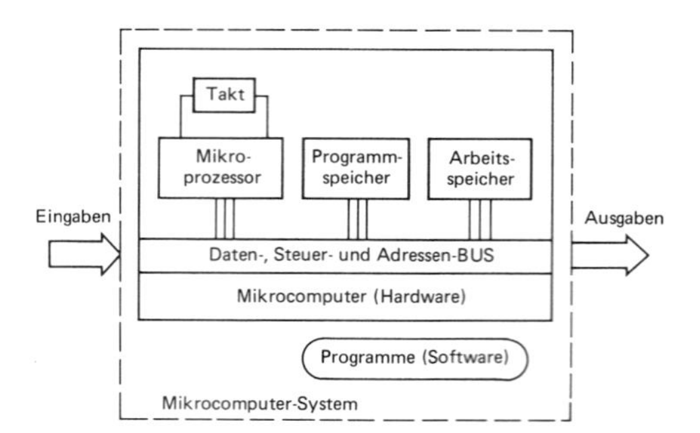


Bild 174-82.
Aufbau eines Mikrocomputers.

Das Kernstück des Mikrocomputers ist der Mikroprozessor. Er bildet die Zentraleinheit (*CPU* = Central Processing Unit), welche die im *Programm* formulierten Befehle zwischen den anderen Systemkomponenten versteht und steuert, und zwar im Systemtakt in der programmierten Reihenfolge. Alle Komponenten sind durch eine *Sammelleitung (BUS)* miteinander verbunden. Im *Arbeitsspeicher* werden Zwischenergebnisse gespeichert. Es handelt sich um Schreib-Lese-Speicher (*RAM* = Random Access Memory). Hier können variable Daten, z.B. Sollwerte, Schaltzeiten gespeichert werden. Diese Daten müssen auch bei Spannungsausfall erhalten bleiben, daher erhält dieser Teil des Mikrocomputers eine Batterieversorgung. Im *Programmspeicher* sind die Befehle einprogrammiert, entweder fest vom Hersteller eingeprägt (*ROM* = Read only Memory) oder vom Anwender selbst programmierbar (*PROM* = Programmable ROM), wahlweise auch wieder abänderbar (*EPROM* = Erasable PROM), z.B. durch UV-Licht zu löschen. ROM, PROM und EPROM behalten auch bei Spannungsausfall die eingegebenen Informationen.

---

[1]) Würstlin, D.: Regelungstechn. Praxis. 8.80. S. 268/73.
Bergmann, S., u. Schumann, R.: Regelungstechn. Praxis. 8/80. S. 280/86.
Prochaska, E.: LTG, Lufttechn. Inform. Heft 27. (12.80) u. Ki 2/83. S. 61/66.
Herbst, D.: Ges.-Ing. Heft 8, 10 u. 12/81 sowie 4/82.
Grosche, R.: Ki 11/81. S. 495/99.
Hefti, H. u. A. Dollfuß: TAB 2/85, S. 81/4.

Modernste DDC-Systeme arbeiten mit *EEPRON* (elektr. EPROM). Diese Speicherbauart verbindet die Vorteile des RAM- und EPROM-Speichers: Man kann diesen Speicher auch im eingebauten Zustand beschreiben – z. B. über die Tastatur –, aber er verliert nicht wie ein RAM seinen Inhalt bei Spannungsunterbrechung.

Unter *Interface* versteht man Schaltungen, die den Mikrocomputer ein- und ausgangsseitig an externe Geräte anpassen. Zur *Peripherie* gehören alle Geräte, mit denen Mikrocomputer zusammenarbeiten, z. B.: Meßfühler, Analog/Digital-Wandler, Stellglieder, Tastaturen, Magnetplatten-Geräte (floppy disc), Drucker, Sichtgeräte.

Die Programme der Computer arbeiten mit *Binär*-Informationen: Ja/Nein oder 0/1. Eine solche Information heißt *bit* (Binary Digit) und die gesamte Technik, die mit diesen Informationen arbeitet, daher *Digital*technik. Die Binärzahlen 0 oder 1 können in einem Muster angeordnet Dezimalzahlen bilden, indem sie z. B. als Potenz von 2 angeordnet werden. Eine „1" an der Stelle 0 ergibt $2^0=1$, an der Stelle 1 ergibt $2^1=2$ usw. (s. Tafel 174-2.)

**Tafel 174-2. BCD-Code (Binär codierte Dezimalzahlen)**
**Beispiel: Wortlänge 4 bit**

| | binär | | | | dezimal |
|---|---|---|---|---|---|
| Exp $n$ = | 3 | 2 | 1 | 0 | |
| Wertigkeit $2^n$ = | 8 | 4 | 2 | 1 | |
| | 0 | 0 | 0 | 0 | 0 |
| | 0 | 0 | 0 | 1 | 1 |
| | 0 | 0 | 1 | 0 | 2 |
| | 0 | 0 | 1 | 1 | 3 |
| | 0 | 1 | 0 | 0 | 4 |
| | 0 | 1 | 0 | 1 | 5 |
| | 0 | 1 | 1 | 0 | 6 |
| | 0 | 1 | 1 | 1 | 7 |
| | 1 | 0 | 0 | 0 | 8 |
| | 1 | 0 | 0 | 1 | 9 |
| | ⋮ | | | | |
| | 1 | 1 | 1 | 1 | 15 |

Mit der *Wortlänge* von 4 bit können also die Zahlen 0 bis 15, d. h. 16 verschiedene Befehle interpretiert werden. Üblich ist eine Wortlänge von 8 bit (dann 1 *Byte* genannt), womit die Zahl 0 bis 255, also 256 Daten dargestellt werden können. Es können auch Buchstaben und andere Zeichen binär gespeichert werden, wenn sie in entsprechende „Bitmuster" geformt werden.

Im Speicher werden die verschiedenen Informationen ständig oder vorübergehend festgehalten. Die 8 bit bilden einen Speicherblock, der ein 8-bit-Wort (1 Byte) aufnimmt. Die Speicherblöcke werden durchnumeriert, damit man die Informationen wiederfindet, sie erhalten *Adressen.* Die Anzahl der Blöcke ist oft einige 10000.

1024 Speicherblöcke zu je 8 bit entspricht 1 k Byte
1024 Speicherblöcke zu je 16 bit entspricht 1 k Worte

Es werden ebenso viele Adressen benötigt wie Speicherplätze existieren.

Im Mikrocomputer wird durch den *Taktgeber* in einer Ablaufsteuerung das Programm in seinen Schritten abgefahren. Da die Taktzeit von Mikroprozessoren bei 1⋯25 MHz liegt, ist die Verarbeitungsgeschwindigkeit auch vieler Daten sehr groß, und es können daher viele Aufgaben in einer vergleichsweise langsam arbeitenden Regelung oder Steuerung einer RLT-Anlage übernommen werden.

Die Arbeitsgeschwindigkeit der DDC ist aber nicht nur von der Taktzeit des eingesetzten Mikrocomputers abhängig. Bei den derzeit modernsten Systemen werden 32-bit-Mikroprozessoren verwendet sowie Mehrprozessorsysteme eingesetzt, die durch parallele Verarbeitung eine zusätzliche Steigerung der Arbeitsgeschwindigkeit ergeben. Ein weiterer Gesichtspunkt für die Leistungsfähigkeit eines DDC-Systems ist die Programmiersprache. Schnelle Systeme sind zumindest teilweise in Maschinensprache (Assembler) und in einer maschinennahen Hochsprache geschrieben. Insbesondere in „C" geschriebene Systeme zeichnen sich durch schnelle Programmverarbeitung aus.

Die Mikrocomputer für Steuerung oder Regelung von Heizungs- oder RLT-Anlagen ermöglichen insbesondere die direkte digitale Verbindung mit übergeordneten *zentralen Leitsystemen* (ZLT): Während bisher bei der konventionellen Analogtechnik z. B. Leitungen der Fühler für Regelung und Überwachung meist streng getrennt, also doppelt installiert wurden, ist dies bei der Digitaltechnik nicht mehr notwendig. Dem DDC-System (Regelung und Steuerung) übergeordnete intelligente Leitsysteme (z. B. zum Überwachen, Protokollieren, Energieoptimieren) sind daher preiswert zu realisieren. Die freie Programmierbarkeit ermöglicht es ferner, den Programmablauf von Steuerungen „im Büro" zu programmieren, da keine Kabel mehr umgeklemmt werden müssen. Ein Festlegen der Schaltpläne nach der Schaltschrank-Montage ist ebenso möglich wie eine leichte nachträgliche Anpassung an geänderte Wünsche zur Betriebsweise. Bei der DDC-Regelung können mehrere Fühler und Stellglieder von einem Regler seriell bedient werden. Die Regelparameter können für jeden Regelkreis frei gewählt und stets leicht geändert werden. Es sind P-, PI- und PID-*Regelalgorithmen* möglich. Selbstadaptierende Systeme sind in Entwicklung, die die Regelparameter selbstätig anpassen, um stabile Regelkreise auch bei veränderten Lastbedingungen (z. B. VVS-Systemen) zu ermöglichen.

Fortschrittliche DDC-Systeme erstellen automatisch die Dokumentation für den Betreiber, so daß stets aktuelle Information gegeben ist.

Die geringen Preise der Mikrocomputer ermöglichen heute schon bei kleineren Anlagen die Energieoptimierung. Sogar für Einfamilienhaus-Heizungsanlagen sind Regelsysteme zu angemessenen Preisen erhältlich, die vielseitige Möglichkeiten für die Programmierung der Benutzungszeiten (Wochenuhr) bieten und durch Verknüpfen der Meßwerte für Raum-, Außen- und Vorlauftemperatur energiesparende Betriebsweise bieten: Schnellabsenkung bei Nachtbetrieb, Pumpensteuerung einschließlich Frostschutz, wählbare Schnellaufheizung oder Optimierung des Aufheizzeitpunktes abhängig von der Außentemperatur. Siehe auch Abschn. 338-9.

# 18 ENERGIEWIRTSCHAFT

Die Energiewirtschaft bezweckt die Erzeugung, Umwandlung, Fortleitung und Verwendung von Energieformen verschiedener Art mit möglichst geringen Verlusten. In Zeiten der Brennstoffknappheit oder -teuerung kommt ihr besondere Bedeutung zu.

## 181 Energiequellen

Die weitaus meiste Energie wird durch Verbrennung von fossilen Brennstoffen erzeugt, von denen Kohle, Erdöl und Erdgas am wichtigsten sind. Sie decken derzeit immer noch 90% des Weltenergieverbrauchs. Daneben gewinnt die *Kernenergie* größere Bedeutung, während die sog. *Alternativenergien* – auch *Neue Energien* genannt – (Sonne, Wind, Umwelt, Biomasse u. a.) nur einen geringen Beitrag leisten. (Siehe auch Abschnitt 181-3.)

Als *Einheitsmaß* für die Energie gilt 1 kg Steinkohle (SKE) mit einem Energieinhalt von 7000 kcal = 29,3 MJ = 8,14 kWh, international auch TEP (tonne equivalent petrol) = 1,428 t SKE.

*Umrechnungsfaktoren für andere Energien*

| | | | | | |
|---|---|---|---|---|---|
| Steinkohle | je kg | 1,000 | Erdgas | je $m_n^3$ | 1,08 |
| Rohbraunkohle | je kg | 0,29 | Wasserkraft | je kWh | 0,33 |
| Rohöl | je kg | 1,454 | Kernkraft | je kWh | 0,33 |

### -1 NATÜRLICHE BRENNSTOFFE

**Feste Brennstoffe**

Feste Brennstoffe sind in der Hauptsache *Steinkohle* und *Braunkohle*, denen gegenüber die übrigen festen Brennstoffe – Holz und Torf – nur eine geringe örtlich bedingte Rolle spielen. Braunkohle wird fast nur zur Stromerzeugung und Brikettierung verwendet.

Der Anteil der festen Brennstoffe an der gesamten Primär-Energie betrug 1985 in der Bundesrepublik Deutschland etwa 30%. Ausbringbare Weltvorräte geschätzt auf über $5000 \cdot 10^9$ t SKE, ausreichend für etwa 500 Jahre (Tafel 181-1 und Bild 181-1). Deutsche Vorräte an Steinkohlen rd. 70 Mrd. t, an Braunkohle rd. 62 Mrd. t.

**Flüssige Brennstoffe**

Wichtigster flüssiger Brennstoff ist das *Erdöl*, das in den Raffinerien zu Heizöl und Treibstoff verarbeitet wird (Tafel 181-2). In aller Welt hat sich der Verbrauch an Erdöl infolge seiner Vorteile (hoher Heizwert, gute Transport- und Lagerfähigkeit, leichte Automatisierung der Feuerung, geringe Wartung, Sauberkeit) in den vergangenen Jahren erheblich erhöht. Erst seit der Preissteigerung von 1973 beginnt der Verbrauch langsam zu sinken.

Erdölvorräte, namentlich im Nahen Orient, noch reichlich vorhanden, beim gegenwärtigen Verbrauch für ca. 50 Jahre (150 Mrd. t). Geschätzte Vorräte bei Ausnutzung aller Vorkommen mit entsprechend hohen Kosten (Ölschiefer, Ölsande u. a.) wesentlich höher, 500···600 Mrd. t. Deutsche Erdölförderung gering (Weser-Ems, Oberrhein, Alpenvorland). Nordseereserven etwa 4 Mrd. t, hauptsächlich im britischen und norwegischen Sektor. Förderung 1983 in der Nordsee rd. 150 Mill. t.

Anteil des zu 96% importierten Erdöls am Primärenergieaufkommen in Deutschland 1985 etwa 42%. Haupteinfuhr aus dem Mittleren Osten, Nordafrika und der Nordsee. Der Anteil des OPEC-Öls ging von 96% im Jahr 1973 inzwischen auf 56% (1985) zurück.

**Erdgas**

Das *Erdgas* stellt in manchen Ländern, namentlich in den USA, eine wichtige Wärmequelle dar, ebenso die Wasserkraft (Schweiz, Norwegen). Erdgasverbrauch der USA über 500 Mrd. $m^3$. In Deutschland Vorkommen in norddeutscher Tiefebene, bei Darmstadt, ostwärts München, jährlich gleichbleibend etwa 20 Mrd. $m^3$. Vorkommen in den Niederlanden bei Groningen und anderswo, in Südfrankreich bei Lacq. Vorkommen auch in Oberitalien. Deutsche Vorräte geschätzt auf 300 Mrd. $m^3$, in der EWG auf 5000 Mrd. $m^3$. Große Vorräte an Erdöl und Erdgas werden in der Nordsee vermutet, etwa

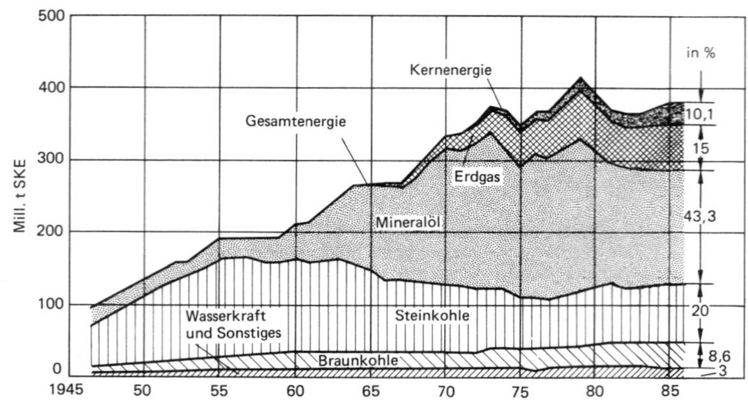


Bild 181-1. Primärenergieverbrauch der Bundesrepublik Deutschland.

**Tafel 181-1. Weltförderung von Kohle (Stein- u. Braunkohle) in Mio. t SKE*)**

| Land | 1960 | 1965 | 1970 | 1975 | 1980 | 1983 | 1984 | 1985 |
|---|---|---|---|---|---|---|---|---|
| USA | 392 | 476 | 553 | 581 | 736 | 683 | 774 | 767 |
| Sowjetunion | 393 | 472 | 516 | 584 | 600 | 604 | 601 | 612 |
| Polen | 107 | 126 | 150 | 184 | 204 | 203 | 207 | 209 |
| Großbritannien | 197 | 190 | 145 | 128 | 128 | 116 | 49 | 91 |
| Bundesrepublik | 170 | 165 | 142 | 135 | 133 | 126 | 122 | 124 |
| DDR | 70 | 73 | 76 | 72 | 75 | 81 | 86 | 90 |
| Frankreich | 56 | 52 | 38 | 23 | 19 | 18 | 18 | 16 |
| Tschechoslowakei | 61 | 49 | 53 | 53 | 56 | 57 | 56 | 56 |
| Japan | 51 | 49 | 40 | 19 | 18 | 17 | 17 | 16 |
| China | ? | 600 | 360 | 470 | 602 | 696 | 745 | 824 |
| Sonstige | – | 311 | 335 | 431 | 523 | 634 | 704 | 754 |
| Welt | 1718 | 2562 | 2406 | 2679 | 3092 | 3235 | 3378 | 3559 |

*) Umrechnung Steinkohle: Braunkohle = 1:0,29.
Statistik der Kohlenwirtschaft, Statistik der Energiewirtschaft, VIK (Vereingg. ind. Kraftwirtschaft).

5000 Mrd. m³ Erdgas. Für Europa dürfte in Zukunft die Erdöl- und Erdgasproduktion in der Sahara Bedeutung gewinnen. Noch weit größer die Vorkommen in der UdSSR und im Mittleren Osten. Sichere Gesamtvorräte in der Welt gegenwärtig etwa 100000 Mrd. m³, ausreichend für etwa 50···60 Jahre, geschätzte gewinnbare Vorräte noch weit höher bis 400000 Mrd. m³. Tafel 181-4 und -6.

Fortleitung vom Fundort bis zu den Verbrauchern in Rohrleitungen bis 1200 mm Durchmesser und bei Drücken bis 80 bar. Bei manchen Erdgasfeldern vorhergehende Reinigung und evtl. Entfernung von Schwefelverbindungen erforderlich. *Speicherung* in unterirdischen Hohlräumen (Kavernen). Erdgasanteil an der Energieversorgung 1985 in Deutschland etwa 15%.

Zunehmender Transport auch von verflüssigtem Erdgas mit Tankerschiffen, sog. LNG-Kette *(Liquified Natural gas).*

Ca. 35% aller Haushalte wurden 1986 mit Erdgas versorgt, etwa 28% aller Wohnungen mit Erdgas beheizt. Bei der Beheizung von Neubauten ist Gas mit etwa 50% vorherrschend.

Durch die seit Ende 1973 erfolgende Ölpreissteigerung liegen die *Wärmepreise* für Heizöl und Gas etwa auf gleicher Höhe, ca. 4···5 Pf/kWh, jedoch mit steigender Tendenz.

**Tafel 181-2. Weltförderung von Erdöl in Mio. t*)**

| Land | 1960 | 1970 | 1975 | 1980 | 1982 | 1983 | 1984 | 1985 |
|---|---|---|---|---|---|---|---|---|
| USA | 380 | 534 | 467 | 482 | 486 | 480 | 489 | 492 |
| Kanada | 26 | 70 | 78 | 83 | 74 | 77 | 83 | 85 |
| Venezuela | 148 | 193 | 122 | 113 | 100 | 95 | 96 | 89 |
| Mexiko | 14 | 22 | 41 | 107 | 150 | 147 | 152 | 151 |
| Iran | 52 | 192 | 267 | 77 | 120 | 123 | 109 | 110 |
| Saudi-Arabien | 66 | 190 | 352 | 496 | 323 | 249 | 229 | 165 |
| Kuweit | 86 | 151 | 105 | 81 | 42 | 53 | 57 | 50 |
| Irak | 48 | 77 | 110 | 130 | 50 | 47 | 59 | 70 |
| Indonesien | 21 | 42 | 66 | 79 | 65 | 64 | 72 | 60 |
| Libyen | – | 159 | 72 | 86 | 55 | 53 | 52 | 50 |
| Algerien | 9 | 47 | 45 | 52 | 33 | 31 | 30 | 29 |
| Nigeria | 1 | 53 | 88 | 102 | 64 | 61 | 68 | 73 |
| Sowjetunion | 148 | 353 | 491 | 603 | 613 | 616 | 613 | 596 |
| China | 6 | 20 | 77 | 106 | 102 | 106 | 115 | 125 |
| BR Deutschland | 6 | 8 | 6 | 5 | 4 | 4 | 4 | 4 |
| Großbritannien | 0 | 0 | 2 | 81 | 103 | 115 | 126 | 129 |
| Norwegen | – | – | 9 | 24 | 25 | 31 | 35 | 38 |
| Sonstige | 397 | 760 | 787 | 860 | 857 | 878 | 926 | 955 |
| Welt | 1025 | 2336 | 2707 | 3059 | 2755 | 2720 | 2789 | 2739 |

*) Quelle: Petroleum Economist.

**Tafel 181-3. Zusammensetzung des Mineralölverbrauchs in der BRD 1985 (Shell)**

| | Mio. t | % |
|---|---|---|
| Leichtes Heizöl EL | 36,9 | 34,4 |
| Schweres Heizöl S | 8,6 | 8,0 |
| Dieselöl | 14,5 | 13,6 |
| Benzin | 23,1 | 21,6 |
| Sonstiges | 23,9 | 22,4 |
| Summe | 107 | 100 |

Quelle: Bundesamt für gewerbliche Wirtschaft.

**Tafel 181-4. Weltförderung von Erdgas*)**
in Mrd. $m_n^3$ ($H_O = 35160$ kJ/$m_n^3$ = 9,77 kWh/$m_n^3$)

| Land | 1965 | 1970 | 1977 | 1980 | 1981 | 1982 | 1983 | 1985 |
|---|---|---|---|---|---|---|---|---|
| Bundesrepublik | 2,2 | 12,0 | 19 | 19 | 19 | 17 | 17 | 17 |
| Frankreich | 7,2 | 6,9 | 8 | 7 | 7 | 7 | 7 | 6 |
| Großbritannien | – | 11 | 40 | 36 | 36 | 36 | 38 | 44 |
| Italien | 7,8 | 12,8 | 14 | 12 | 14 | 15 | 14 | 13 |
| Niederlande | 1,6 | 30,7 | 95 | 78 | 71 | 78 | 65 | 83 |
| Rumänien | 12,9 | 24,6 | 29 | 30 | 33 | 33 | 35 | 40 |
| Iran | 1 | 11 | 22 | 8 | 7 | 7 | 7 | 7 |
| Sowjetunion | 12,9 | 199,6 | 372 | 425 | 450 | 485 | 520 | 640 |
| USA | 456 | 620,3 | 567 | 535 | 525 | 485 | 440 | 470 |
| Kanada | 41 | 68,0 | 72 | 70 | 69 | 71 | 68 | 81 |
| Mexiko | 14 | 18,0 | 17 | 29 | 31 | 32 | 30 | 28 |
| Sonstige | – | – | – | – | – | – | – | – |
| Welt | 703 | 1073 | 1414 | 1440 | 1465 | 1455 | 1460 | 1793 |

*) Statistisches Amt der EG, Uno-Statistik, OECD Oel-Statistic.

**Nukleare Brennstoffe**[1]

Sie sind trotz des Widerstandes gegen die Kernenergie für die gegenwärtige Energieversorgung wichtig. Die gesamten Uranvorräte werden auf etwa 4 Mio. t geschätzt, deren Einsatz in Brutreaktoren gegen Ende des Jahrhunderts den Hauptteil der Stromerzeugung bringen könnte. Bei vollkommener Spaltung in Brutreaktoren erbringt 1 t Uran 235 eine Wärmemenge ≙ 2,5 Mio. t SKE (Steinkohleeinheiten). Bei heutigen Leichtwasserreaktoren ist die Ausbeute aber nur ca. $\frac{1}{60}$ dieses Wertes. Daneben wird als weniger gefährliche Energiequelle die *Kernfusion* Bedeutung gewinnen (Verschmelzung von Wasserstoffatomen zu Helium bei ca. 100 Mio. °C).

**Primärenergie**

Primärenergie-Bilanz in Deutschland siehe Tafel 181-5. Der Anteil von Erdöl und Erdgas, der 1978 rd. 68% betrug, hat sich 1985 auf 57% verringert.

Anteil der verschiedenen Primär-Energieträger am Energiebedarf der Welt siehe Bild 181-3. Gesamtenergieverbrauch 1985 etwa 12 Mrd. t SKE. *Energieprognosen* sind jedoch sehr unterschiedlich. Aufkommen neuer und Substitution alter Primärenergieträger siehe Bild 181-4.

*Gesamtvorräte* an gewinnbarer Primärenergie gegenwärtig in der Welt siehe Tafel 181-6.

*Zusammenfassung*

Energiequellen sind nur noch vorläufig vorhanden, wobei langfristig sich nur bei Kohle keine Probleme abzeichnen. Für ihre weitere Ausnutzung, die für das Bevölkerungs-

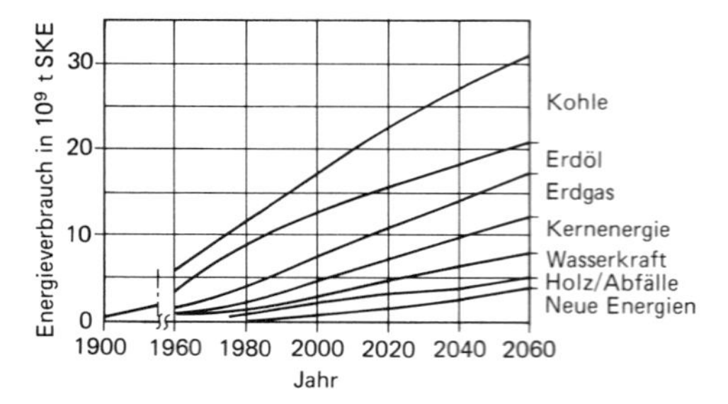


Bild 181-3. Deckung des Weltenergiebedarfs 1900 bis 2060. Quelle: Mittlere Schätzung der 13. Weltenergie-Konferenz 1986, Cannes. 1 t SKE = 8,14 MWh = 29,3 GJ.

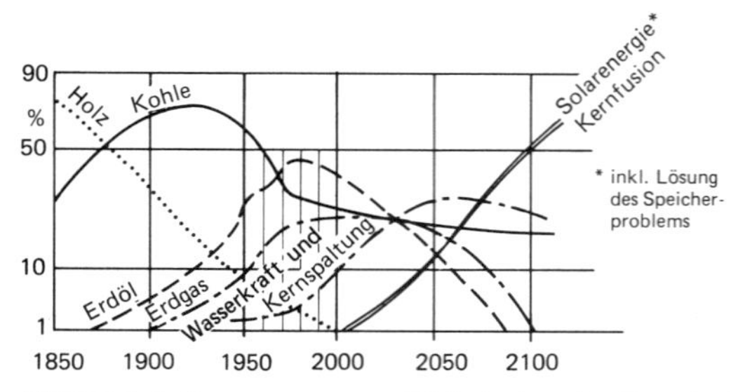


Bild 181-4. Aufkommen neuer und Substitution alter Energieträger[2]).

[1]) Arnold, O.: BWK 6/75. S. 239/43.
Dolinski, V., und H.-J. Ziesing: BWK 8/76. S. 301/5.
Hansen, U.: BWK 10/81. S. 422/5.

[2]) Sinn, H. v.: Physikalische Blätter 37 (1981), S. 261. S. auch Lotz, H.: Ki 9/86. S. 368/74.

**Tafel 181-5. Entwicklung des Primärenergiebedarfs in Deutschland (in Millionen t SKE) 1968–2000**

| | 1968 | 1970 | 1978 | 1980 | 1982 | 1983 | 1984 | 1985 | 1990*) | 2000*) |
|---|---|---|---|---|---|---|---|---|---|---|
| Steinkohle | 98,0 | 99,6 | 62 | 77 | 77 | 78 | 81 | 79 | 85 | 90 |
| Braun- u. Pechkohle | 28,7 | 31,5 | 36 | 38 | 39 | 38 | 38 | 36 | 40 | 45 |
| Mineralöl | 142,2 | 179,2 | 203 | 187 | 160 | 158 | 158 | 161 | 158 | 160 |
| Naturgas | 9,3 | 19,3 | 60 | 65 | 55 | 56 | 59 | 59 | 60 | 68 |
| Wasserkraft, Einfuhrsaldo Strom | 7,4 | 7,3 | 7 | 8 | 8 | 9 | 7 | 7 | 11 | 12 |
| Kernkraft | 0,6 | 2,2 | 12 | 14 | 20,5 | 22 | 30 | 41 | 40 | 65 |
| Holz, Torf | 1,7 | 1,6 | 2 | 2 | 3 | 3 | 4 | 4 | 6 | 10 |
| Gesamtprimärenergie | 288,1 | 340,7 | 389 | 391 | 362,5 | 364 | 377 | 387 | 400 | 450 |

*) geschätzt, Prognosen verschiedener Quellen sehr unterschiedlich.

**Tafel 181-6. Weltweite Vorräte an nichterneuerbaren Energien**

| Energie | Vorräte in $10^9$ t SKE | | | Jahr der Erschöpfung | |
|---|---|---|---|---|---|
| | Bekannte Vorräte | Vermutete zusätzliche Vorräte | Gesamte Vorräte | bekannter Vorräte | gesamter Vorräte |
| Kohle | 1300 | 3900 | 5200 | nach 2060 | nach 2060 |
| Erdöl, konventionell | 140 | 50 | 190 | } 2013 | } 2024 |
| -, aus Ölschiefer/-sand | 20 | 440 | 460 | | |
| Erdgas | 110 | 230 | 440 | 2021 | nach 2060 |
| Uran | 40 | 45 | 95 | 2011/13*) | 2031/39*) |

*) höhere Jahreszahl gilt für forcierten Einsatz schneller Brüter.
Quelle: 13. Weltenergiekonferenz Okt. 1986, Cannes.

wachstum in der Welt erforderlich ist, sind große technische und finanzielle Anstrengungen und Investitionen erforderlich. Insbesondere muß bei den fossilen Brennstoffen die Umweltbelastung beachtet werden. Dabei sind Staub und saurer Regen infolge $SO_2$ und $NO_x$ inzwischen technisch zu beseitigen, nicht dagegen der Treibhauseffekt durch $CO_2$. Dagegen ist die Entwicklung der Kernenergie seit dem Reaktorunfall 1986 ungewiß. Bei der absehbaren Knappheit werden die Energiepreise zweifellos steigen. Sparsame und rationelle Verwendung werden weiterhin Vorrang haben.

## -2 VEREDELTE BRENNSTOFFE

Der größte Teil unserer natürlichen Brennstoffe wird in edlere Formen überführt, teils um vor der Verbrennung die in den Brennstoffen enthaltenen wertvollen Rohstoffe zu gewinnen, teils um eine bessere Anpassung an die Wärmeverbraucher zu erhalten. Der Anteil der Edelenergie (Koks, Briketts, elektr. Strom, Gas, Öl) beträgt heute etwa 88% der Gesamtenergie.

### -21 Vermahlung

zu Staub ist eine mechanische Veredlung, die für fast alle festen Brennstoffe geeignet ist. Verwendung des Kohlenstaubes besonders zur Verfeuerung in Dampfkesseln.

### -22 Brikettierung

namentlich bei Braunkohlen, um einen höheren Gebrauchswert der Kohlen zu erhalten, jedoch auch bei feinkörnigen Steinkohlensorten. Verwendung fast nur im Haushalt.

### -23 Entgasung (Verkokung)

Durch die Entgasung bei 1000 bis 1200 °C wird einesteils der für Hochöfen und Gießereien unentbehrliche veredelte Brennstoff *Koks* gewonnen, andererseits *Gas*, das in Haushalt und Industrie verwendet wird. *Nebenerzeugnisse* sind u.a. Teer, Ammoniak und Benzol.

**Tafel 181-7. Produkte der Entgasung von 1 t Steinkohle**

| | |
|---|---|
| Steinkohlengas | 350···400 $m^3$ |
| Koks | 650···750 kg |
| Teer | 35··· 45 kg |

**Tafel 181-8. Gesamtes Gasaufkommen in Deutschland in Mrd. $m_n^3$*)**
($H_o = 35\,160$ kJ/$m_n^3$ = 9,77 kWh/$m_n^3$)

| Gasart | 1960 | 1970 | 1975 | 1980 | 1982 | 1983 | 1985 |
|---|---|---|---|---|---|---|---|
| Kokereigas | 12,13 | 9,75 | 8,40 | 6,77 | 6,14 | 5,31 | 5,35 |
| Generatorgas | 3,23 | 0,16 | 0,04 | 0,02 | 0,02 | 0,02 | 0,04 |
| Gichtgas | 9,44 | 7,51 | 5,70 | 5,65 | 4,35 | 4,18 | 5,00 |
| Erd- und Erdölgas | 0,72 | 16,64 | 45,71 | 61,67 | 52,71 | 53,87 | 56,32 |
| Raffgas | 1,40 | 5,90 | 4,84 | 5,82 | 4,55 | 4,20 | 4,07 |
| Flüssiggas | 1,07 | 3,07 | 3,17 | 4,49 | 4,55 | 3,94 | 4,23 |
| Spaltgas aus Öl | 0,23 | 1,95 | 1,16 | 1,32 | 1,08 | 0,95 | 0,92 |
| Grubengas | 0,24 | 0,30 | 0,27 | 0,50 | 0,47 | 0,46 | 0,48 |
| Klärgas | 0,05 | 0,13 | 0,18 | 0,25 | 0,28 | 0,28 | 0,32 |
| Insgesamt | 25,81 | 45,41 | 69,47 | 86,49 | 74,15 | 73,21 | 76,73 |

*) Quelle: BMWi, III C 4.

### -24 Vergasung

Bei der Vergasung in Gasgeneratoren wird der gesamte feste Brennstoff in Gas überführt. Zu diesem Prozeß können fast alle Brennstoffe verwendet werden. Der *Wirkungsgrad* der Vergasung beträgt im Durchschnitt 80%. Das Gas wird in der Hauptsache für industrielle Feuerungen und Heizungen aller Art verwendet, z.B. in Kokereien und Gasanstalten, in der Metall-, keramischen, Glasindustrie u.a., ferner zur Krafterzeugung in Gaskraftmaschinen. Zusätzliche Gasmengen werden in Zukunft durch *Kohlevergasung*, auch mittels Hochtemperaturreaktoren, erwartet.

### -25 Schwelung

Bei der Schwelung (Temp. 450···500 °C), die nur mit Braunkohle in großem Maßstab durchgeführt wird, ist die Hauptaufgabe die Gewinnung von *Teeren* (Urteer, Tieftemperaturteer), die zu hochwertigen chemischen Produkten weiterverarbeitet werden, während das gewonnene *Schwelgas* meist im eigenen Betrieb verbrannt wird. Nebenerzeugnis der Schwelerei ist *Schwelkoks* (Grudekoks, Halbkoks), der sehr feinkörnig ist und daher außer in Kohlenstaubfeuerungen schwer verwendbar ist.

### -26 Chemische Veredlung

Die Aufgabe besteht darin, feste Brennstoffe in *Gase* und *Öle* umzuwandeln, was besonders seit der Verteuerung der Mineralöle Bedeutung gewonnen hat (*Hydrierung* = Anlagerung von Wasserstoff an die relativ wasserstoffarme Kohle). Die Schwerpunkte liegen auf der Weiterentwicklung bekannter Verfahren durch höhere Drücke und Temperaturen. Viele Versuchsanlagen sind international bereits in Betrieb. Dabei wird in Zukunft die *nukleare Wärme* eine Rolle spielen. Nur durch diese Prozesse der Kohlevergasung und -verflüssigung wird die Kohle in den nächsten Jahrzehnten bei steigenden Ölpreisen sich neue Verwendungsbereiche erschließen und die Importabhängigkeit des Energiebedarfs verringern. Allerdings bisher aus Preisgründen wenig Erfahrung in Europa. In Südafrika aus anderen Gründen und weil billige Kohle vorhanden, bereits gut ausgebaut. Aus 100 kg Steinkohle können etwa 70 kg Öle u. Gase verschiedener Art gewonnen werden.

### -27 Spaltanlagen

erzeugen aus Erdöl, Raffineriegasen oder Erdgas ein Spaltgas, das durch Mischung mit Luft oder anderen Gasen der Verwendung zugeführt wird. Dadurch können vorhandene Heiz- und Kochgeräte ohne Umstellung weiter verwendet werden. Zahlreiche Gaswerke, die früher Gas aus Kohle herstellten, beziehen heute Spaltgas von Raffinerien oder besitzen eigene Spaltanlagen, soweit nicht Erdgas bezogen wird.

### -28 Ferngasversorgung

Zahlreiche *Ferngasgesellschaften* betreiben Gasnetze, u. a. Ruhrgas-AG, Saar Ferngas AG, Gasversorgung Süddeutschland AG. Netze in *Verbundwirtschaft,* an die fast alle Gegenden Westeuropas angeschlossen sind. Insgesamt ca. 500 Gasversorgungsunternehmen. Druck 5…10 bar, in neuen Leitungen bis 64 bar. Speicherung teilweise in *Untertagespeichern.*

## -3 KERNENERGIE UND ALTERNATIV-ENERGIEQUELLEN[1])

Die heute zu rd. 90% auf fossilen Energiequellen beruhende Entwicklung in der Zukunft zeigt Bild 181-3. Kurzfristig ist allein die *Kernenergie* in der Lage, den weltweit noch steigenden Energiebedarf zu decken. Zunächst Leichtwasserreaktoren, später evtl. Brutreaktoren.

Die *Kernfusion* gilt sicherheitstechnisch als problemloser und wird vielleicht in 2 oder 3 Jahrzehnten einen wichtigen Beitrag zur Energieversorgung leisten.

Die nachstehend besprochenen *Alternativenergien* werden auch aus Furcht vor radioaktiver Verseuchung bei Kernkraftunfällen wieder stärker beachtet. Die wirtschaftliche Bedeutung ist aber immer noch gering.

Nach einem Bericht der Forschungsstelle für Energiewirtschaft (1986)[2]) werden in der BRD bis zum Jahr 2000 nur 5…10% des Primärenergiebedarfs aus erneuerbaren Quellen (Wind, Sonne, Biogas) kommen. Es wird folgender Kostenvergleich angegeben:

| Energieerzeugung durch | Leistung | Betriebsstunden im Jahr | Investitions-Kosten DM/kW | Strompreis DM/kWh |
|---|---|---|---|---|
| Kohlekraftwerk | 420 MW | 5000 h | 2500 | –,195 |
| Kernkraftwerk | 1285 MW | 7000 h | 5000 | –,135 |
| Windkraftanlage | 55 kW | 2000 h | 3800 | –,27 |
| Photovoltaikanlage | 300 kW | 900 h | 30000 | 3,57 |

Für Raumheizsysteme nennt die Studie folgende Energiekosten (63 kW Heizleistung):

| | |
|---|---|
| Elektro-Wärmepumpe, monovalent | 26 Pf/kWh |
| Ölkessel | 19 Pf/kWh |
| Hackschnitzel-Feuerung | 22 Pf/kWh |
| Strohbrikett-Feuerung | 3 Pf/kWh |
| Strohvergasung | 13 Pf/kWh |
| Biogas-Feuerung | 15 Pf/kWh |

*Wärmepumpen* siehe Abschn. 225-1.

*Wasserkraft* steht in der Natur örtlich und zeitlich unregelmäßig zur Verfügung. Anteil an der Gesamtenergie seit Jahrzehnten ziemlich gleichbleibend ≈ 4…5%. Keine Erweiterung in Deutschland möglich.

*Windkraft*[3]) wird zur Erzeugung von Strom eine gewisse, aber geringe Bedeutung erreichen. Unerschöpflich, aber unregelmäßig. *Growian,* Großwindanlage bei Brunsbüttel in Schleswig-Holstein, Leistung 3 MW, Propellerdurchmesser 100 m. 1985 nach wenigen Jahren Betriebszeit wegen mechanischer Störungen wieder demontiert.

---

[1]) Meliß, M. u. N.: WT 3/83. S. 86. 7 S.
Meliß, M.: BWK 4/84. S. 134/9.
Beyer, U.: ETA 2/86. S. A68/72.

[2]) BMFT-Journal 1/87. S. 7.

[3]) Zastrow, S.: Ki 12/84. S. 491/4.

Die *Ausnutzung des Temperaturgefälles* zwischen dem Meerwasser an der Oberfläche und in der Tiefe ist in den Tropen möglich. Bisher nur Versuchsanlagen.

Die Ausbeutung der *Sonnenenergie* hat bis heute nur geringe Bedeutung erreicht. Infolge des Kernkraftwerksunfalls 1986 in der UdSSR steigt das Interesse wieder. Die Sonne strahlt jährlich $180 \cdot 10^{12}$ t SKE auf die Erde, das ist ca. 20000mal mehr als der weltweite Energieverbrauch. Die jährliche Strahlungssumme liegt in Deutschland bei ca. 1000 kWh/m²a, in sonnigen Ländern 2···3mal höher. Dem steht gegenüber ein Verbrauch von nur 0,15 kWh/m²a, bezogen auf die gesamte Erdoberfläche.

Die Nutzung kann durch *solarthermische* oder *fotovoltaische* Verfahren erfolgen.

Eine gewisse praktische Verbreitung besteht für solare Brauchwassererwärmung sowie Heizung und Kühlung. Näheres siehe Abschnitt 225-2. Weitere Möglichkeiten sind thermische *Solarkraftwerke* in südlichen Ländern, wofür jedoch große Flächen für die Kollektoren und große Leitungsnetze erforderlich sind. Das europäische Solarkraftwerk *Eurelios* auf Sizilien mit 1 $MW_{el}$ Leistung hat 25000 DM je kW gekostet, d.h. das Mehrfache wie von konventionellen Kraftwerken. Daher gegenwärtig noch unwirtschaftlich.

Ebenso sind *Solarzellen,* die auf Galliumarsenid- oder Silizium-Basis arbeiten und aus der Strahlungsenergie der Sonne direkt elektrischen Strom erzeugen, heute noch nicht wirtschaftlich[1]). Wirkungsgrad max. ca. 21%; Kosten etwa 1,50 DM/kWh. Investitionskosten 25···50000 DM/kW. Das Solarkraftwerk auf der Nordseeinsel Pellworm hat eine Leistung von 300 kW und eine 6000-Ah-Batterie. Demnächst werden in Neuenburg in der Oberpfalz 5000 m² Solarzellen für 50 Mio. DM errichtet, die Strom mit 500 kW Spitzenleistung und 500000 kWh pro Jahr erzeugen.[2])

Da man Wärme und Strom über größere Entfernungen nur verlustreich transportieren und schwer speichern kann, wird versucht, Wasserstoff als Brenngas elektrolytisch zu erzeugen; der Strom kommt aus Solarzellen. Versuchsanlage für 100 kW der DVFLR mit 1000 m² Solarzellen in Saudiarabien kostet 34 Mio. DM.

*Geothermische Energie* in Form von Heißwasser wird in einigen vulkanreichen Gebieten der Erde ausgenutzt, z.B. auf Island. In Deutschland Pilotkraftwerk bei Bruchsal geplant.

*Gezeitenkraftwerke* haben in Frankreich ebenfalls noch keine Wirtschaftlichkeit erreicht.

Anlagen zur Ausnutzung der *Wellenenergie* mit hoffnungsvoller Aussicht werden in Norwegen entwickelt.

*Biogas,* das durch mikrobielle Umwandlung organischer Abfallstoffe entsteht, wird aus Mülldeponien, Kläranlagen, landwirtschaftlichen Betrieben, der Ernährungsindustrie u.a. gegenwärtig nur in Versuchsanlagen gewonnen.

*Holz und Stroh* als Abfallbrennstoff wird in manchen Industrien für Heizzwecke verwendet. Emissionen jedoch problematisch.

## 182 Energieverwendung

In der Technik wird Energie für drei Hauptzwecke gebraucht. Im Kraftbetrieb zur Erzeugung von mechanischer oder elektrischer Energie, im Heizbetrieb zur Beheizung von Räumen und im Prozeßbetrieb für industrielle Zwecke aller Art. Der *Nutzungsgrad* der verschiedenen Energiearten ist sehr unterschiedlich, bei Öl- und Gasheizung 70···90%, bei der Stromerzeugung etwa 35%. Insgesamt beträgt wegen der Umwandlungsverluste der Endenergieverbrauch (d.h. der Verbrauch energetisch genutzter Energie) nur etwa 65% des Primärenergieverbrauchs, das waren 1985 etwa 252 Mill. t SKE. Die ungefähre Aufteilung dieser Endenergie auf die verschiedenen Verbraucher ist aus Tafel 182-1 und Bild 182-1 ersichtlich.

Der größte Anteil der Endenergie mit 40% wird für die Raumheizung verwendet, vorwiegend im Haushalt und Gewerbe. In *klimatisierten Gebäuden* wird insgesamt nur etwa 4% der Endenergie verbraucht, davon etwa ⅓ für die Grundheizung bei abgestellter Klimaanlage[3]).

[1]) Goetzberger, A., u.a.: Ki 12/83. S. 477/82.
Petersen, W.: Sonnenenergie u. WP. 3/84. S. 37/8.

[2]) BMFT-Journal 1/87. S. 7.

[3]) Hönmann, W.: HLH 10/79. S. 388/99 und ETA 3/85. S. 82/94.
FLT Bericht 3/1/80/82: Bestand und Energieverbrauch von RLT-Anlagen in der Bundesrepublik Deutschland.

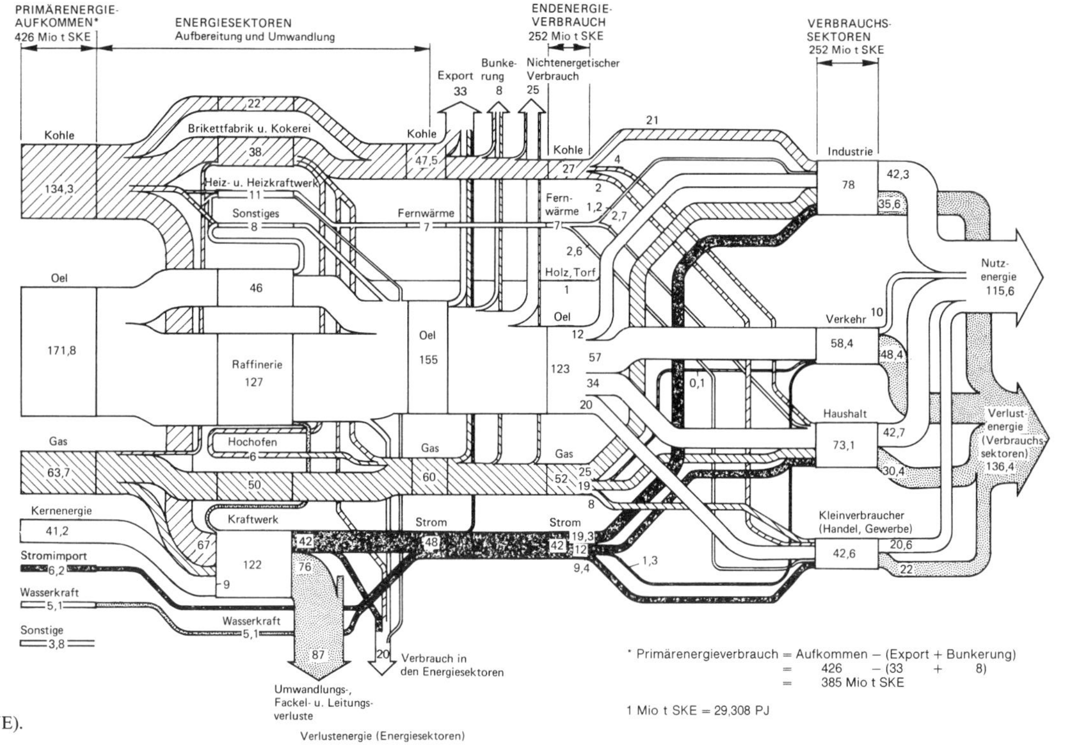


Bild 182-1. Energieflußbild der Bundesrepublik Deutschland 1985 (Quelle: RWE). 1 Mio. t SKE = 29,308 PJ

**Tafel 182-1. Endenergieverbrauch der BRD 1985 nach Verbrauchsgruppen in %**

| Bereich | Licht u. Kraft | Heizung | Warmwasser | Prozeß-Wärme | Summe |
|---|---|---|---|---|---|
| Industrie | 5,6 | 3,4 | 0,2 | 21,7 | 30,9 |
| Haushalt | 1,9 | 23,1 | 3,1 | 1 | 29 |
| Gewerbe | 4,2 | 8,8 | 1,7 | 2,2 | 16,9 |
| Verkehr | 23,1 | – | – | – | 23,2 |
| Summe | 34,8 | 35,4 | 5 | 24,8 | 100 |

**Tafel 182-2. Energieverbrauch einer Durchschnittsfamilie in %, BRD 1985**

| Licht | Kochen | Kühlen, Haushaltgeräte | Brauchwasser | Auto | Heizen |
|---|---|---|---|---|---|
| 1 | 1,5 | 4 | 7 | 36,5 | 50 |

Quelle: Arbeitsgemeinschaft Energiebilanzen.

Anteil des elektrischen Stroms an der Endenergie ca. 16%, im Bedarf an Primärenergie jedoch ca. 28%.

## -1 KRAFTWERKE

Zur Umwandlung von Primärenergie in elektrische oder mechanische Energie dienen neben den Wasserkraftwerken im wesentlichen die Wärmekraftmaschinen, die in Dampfkraft- und Brennkraftmaschinen zu unterscheiden sind, und die Kernkraftanlagen.

Die Wärmeenergie wird teils direkt zum Antrieb von Arbeitsmaschinen (Kraftfahrzeuge, Förderanlagen, Schiffsantrieben), teils zur Erzeugung elektr. Stromes verwendet (Tafel 182-3).

**Tafel 182-3. Wärmeverbrauch verschiedener Kraftmaschinen**
1 kWh = 3600 kJ

| Maschine | Wärmeverbrauch kJ/kWh | Wirtschaftlicher Wirkungsgrad % |
|---|---|---|
| Dampfturbine | | |
| 20···30 at, 350···400 °C | 15000···20000 | 18···24 |
| 60 at, 450 °C | 12500···14000 | 26···29 |
| 125 at, 500 °C | 11300···12500 | 29···32 |
| Gasturbine 600 °C | 12000···14000 | 25···30 |
| 800 °C | 9200···10500 | 35···40 |
| Dieselmaschine 10 kW | 10500···12500 | 29···35 |
| 100 kW | 9200···11300 | 32···40 |
| Ottomotor | | |
| Motor 4-Takt | 12500···19600 | 18···28 |
| Motor 2-Takt | 17200···22600 | 16···21 |
| Gasmaschine 4-Takt | 11300···14600 | 25···32 |
| Gasmaschine 2-Takt | 14600···15500 | 23···25 |

### -11 Dampfkraftanlagen

Bei der Umwandlung von Energie durch Dampfkraftmaschinen (Turbinen und Kolbenmaschinen) entsteht immer ein großer Wärmeverlust, weil nur ein kleiner Teil der im Brennstoff enthaltenen Wärme in Arbeit umgewandelt werden kann, im Mittel 35 bis 38%. Der größte Teil der Energie der Brennstoffe geht im Kühlwasser der Maschi-

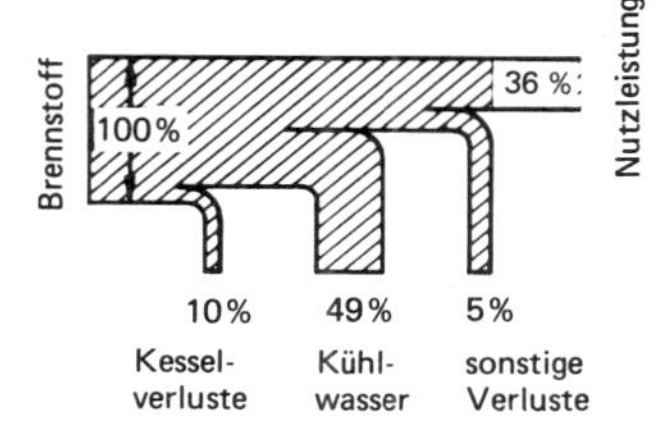


Bild 182-3. Wärmefluß im Dampfkraftwerk mit Kondensation.

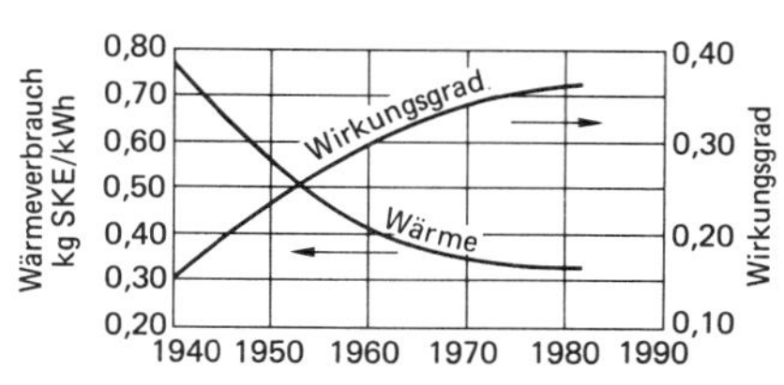


Bild 182-4. Wärmeverbrauch und Wirkungsgrad von Dampfkraftanlagen.

nen verloren. Kühlwasserverbrauch sehr groß, das 60···70fache der Dampfmenge. Ungefähre Zahlen über den Wärmeverbrauch je erzeugte kWh siehe Tafel 182-2 und Bild 182-3 u. -4. Steinkohlenverbrauch 1950 etwa 0,58 kg, 1983 etwa 0,32 kg je kWh Strom.

Höhere Wirkungsgrade bis 80% beim Heizkraftbetrieb, siehe Abschnitt 224.

Der Wärmeverbrauch aller Maschinen ist wesentlich von der *Belastung* abhängig; zur Erzielung geringen Wärmeverbrauchs ist also gleichmäßige Belastung der Kraftmaschinen erforderlich. In den letzten Jahren sind die technischen Einrichtungen der Dampfkraftwerke ständig weiterentwickelt worden. Der Wirkungsgrad ist dadurch von etwa 10···15% im Jahre 1900 heute bei den modernsten Anlagen auf etwa 35···38% gestiegen. Besondere Merkmale in der Entwicklung der Dampfkrafttechnik sind folgende:

In den *Feuerungen* mit festen Brennstoffen werden weitgehend mechanisch bewegte Roste verwendet, besonders Wanderzonenroste mit Unterwindregulierung, Schürroste und Unterschubroste. Für große Leistungen über 100 t/h Staubfeuerungen, Abziehen der Schlacke in flüssiger Form (Schmelzfeuerungen), Erhöhung der Verbrennungstemperatur durch Lufterwärmung mittels Abgasen.

Die *Kessel* werden mit immer größeren Leistungen hergestellt, hohe Feuerräume mit ausgedehnten, durch Rohrwände gebildeten Strahlungsheizflächen, weitgehende Ausnutzung der Abgaswärme durch Nachschaltheizflächen für Speisewassererwärmung und Lufterhitzung. Für größere Leistungen Zwangsdurchlaufkessel vorherrschend. Automatisches An- und Abfahren. In Zukunft können vielleicht *Wirbelschichtverbrennungen*, in denen Kohle vermischt mit Sand- und Kalkpartikeln verbrannt wird, für große Anlagen Bedeutung gewinnen. Geringere Schadstoffemission.

Großkraftwerke, gebaut für *Blockbetrieb* (ein Kessel – eine Turbine) oder Sammelschienenbetrieb.

*Kesselleistungen* bis 2000 t/h Dampf, Einwellenturbinen bis 750 MW, Zweiwellenturbinen bis 1150 MW, Turbinen durch Wasserstoff gekühlt. Anlagen mit Leistungen bis zu 1300 MW bei einer Welle bzw. 1500 MW bei 2 Wellen sind geplant oder im Bau. Kombinationen mit Gasturbinen.

Die *Dampfdrücke* bei Großanlagen 150 bis 200 bar, gelegentlich auch höher bis zum kritischen Druck 221 bar und darüber. Die Dampftemperatur bis 565 °C am Übererhitzeraustritt und darüber.

Durch das *Regenerativverfahren*, bei dem das Speisewasser in mehreren Stufen bis auf 200 °C und mehr erwärmt wird, wird der Kesselwirkungsgrad erhöht.

*Zwischenüberhitzung* durch Frischdampf oder Abgase verhindert die Expansion in das feuchte Wasserdampfgebiet.

Dem *Umweltschutz* wird größere Beachtung geschenkt (Abgasentschwefelung).

Der Fortschritt der Entwicklung ist durch das Bild 182-6 gekennzeichnet, n dem ein veraltetes und ein neuzeitliches 125-bar-Hochdruck-Kondensationskraftwerk gegenübergestellt sind. Aber auch bei diesem modernen Werk ist der thermische Wirkungsgrad immer noch nicht mehr als etwa 38%. Die weitere Entwicklung verläuft nur noch langsam. Siehe Bild 182-4. Weltstromerzeugung siehe Tafel 182-4.

### -12 Brennkraftanlagen

Hierzu zählen Gasmotoren, Ölmotoren und Gasturbinen. Der wirtschaftliche Wirkungsgrad der Energieumwandlung ist etwas höher als bei den Dampfkraftanlagen, im

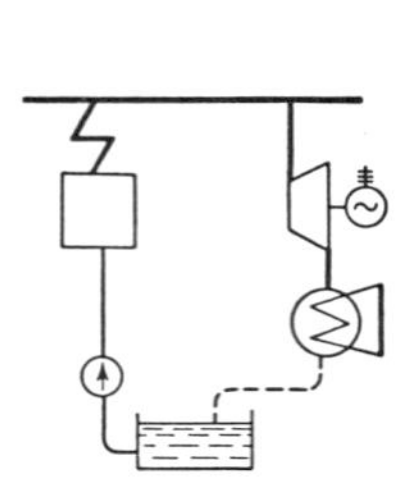

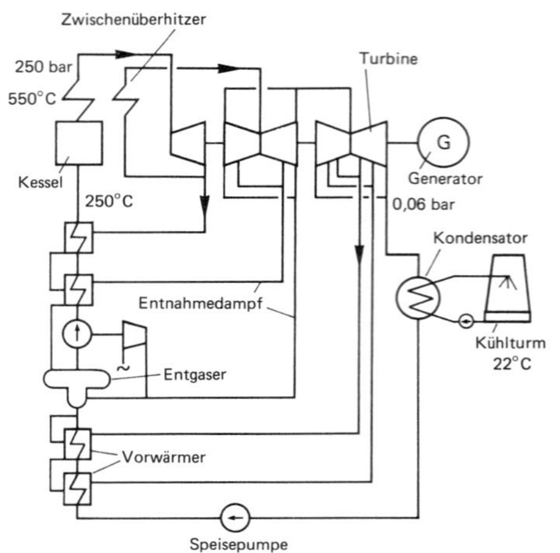


Bild 182-6. Vereinfachtes Schaltbild eines veralteten und eines neuzeitlichen Kraftwerkes mit vierstufiger Speisewasservorwärmung und Zwischenüberhitzung.

**Tafel 182-4. Welterzeugung von elektrischem Strom*)**
Öffentliche und private Werke

| Land | 1950 | 1970 | 1979 | 1980 | 1981 | 1982 | 1983 |
|---|---|---|---|---|---|---|---|
| | Mrd. kWh | Mrd. kWh | Mrd. kWh | Mrd. kWh | Mrd. kWh | Mrd. kWh | Mrd. kWh |
| BRD | 44,4 | 243 | 372 | 369 | 369 | 367 | 373 |
| DDR | 19,5 | 68 | 97 | 97 | 103 | 101 | 105 |
| Frankreich | 33,1 | 146 | 241 | 258 | 260 | 262 | 294 |
| Großbritannien | 56,5 | 246 | 300 | 285 | 278 | 272 | 276 |
| Italien | 24,7 | 115 | 181 | 186 | 185 | 184 | 181 |
| Kanada | – | 205 | 352 | 362 | 378 | 375 | 395 |
| Norwegen | 17,8 | 57 | 89 | 84 | 93 | 92 | 91 |
| Schweiz | 10,5 | 33 | 43 | 47 | 48 | 51 | 51 |
| USA | 388,7 | 1638 | 2324 | 2363 | 2368 | 2314 | 2383 |
| Japan | 44,9 | 360 | 581 | 577 | 583 | 581 | 582 |
| UdSSR | 91,2 | 740 | 1240 | 1285 | 1325 | 1366 | 1396 |
| Sonstige | – | – | – | – | – | – | – |
| Welt**) | 956,8 | 4953 | 7998 | 8223 | 8357 | 8226 | 8796 |

*) Statistik in der Energiewirtschaft 1983/84. UN-Statistics. Statistisches Jahrbuch 1984. Letzte verfügbare Werte: 1983.
**) Ohne China.

Mittel 25 bis 40%. Der Rest der in den Brennstoffen enthaltenen Wärme geht je etwa zur Hälfte mit dem Kühlwasser und den Abgasen verloren. Bei allen Maschinen fällt der Wirkungsgrad erheblich mit der Belastung. Abgasreinigung nach TA Luft 1986 ab bestimmten Leistungen ist zu beachten.

1. *Gasmotoren* werden vorwiegend in Hüttenwerken und anderen Großbetrieben zum Antrieb von Generatoren, Gebläsen usw. verwendet, wobei als Kraftstoff Hochofengichtgas, Generatorgas und Koksofengas (Ferngas) verwendet werden. Großgasmaschinen werden bis zu Leistungen von etwa 1200 kW je Zylinder ausgeführt. Wirtschaftliche Wirkungsgrade 25 bis 30%.

2. Bei den *Ölmotoren* sind zu unterscheiden:

21 *Ottomotore,*
die mit Leichtölen (Benzin) betrieben werden und vor allem in Kraftwagen und Flugzeugen sowie als Kraftquelle in Landwirtschaft und Kleingewerbe verwendet werden. Überwiegend ist ihre Verwendung im Fahrzeugbau. Bei einem gesamten Fahrzeugbestand 1983 von etwa 280 Mill. Stück in der Welt ist die installierte Leistung das Mehrfache derjenigen aller Elektrizitätswerke.

22 *Dieselmotore*
werden sowohl für Fahrzeuge (Kraftwagen, Eisenbahnen) wie in ortsfesten Anlagen (Landwirtschaft, Gewerbe, Notstromaggregate, Kraftreserve in elektrischen Zentralen usw.) verwendet. Kraftstoff ist das Gasöl *(Dieselöl),* das bei der Destillation des Erdöls gewonnen wird. Größte Leistung etwa 15000 kW.

3. Bei den *Gasturbinen* wird die in den heißen Gasen gespeicherte Energie durch Entspannung in Turbinenrädern ausgenutzt. Ihr Vorteil besteht darin, daß sie relativ billig sind, eine schnelle *Startbereitschaft* haben und kein Kühlwasser benötigen. Sie sind besonders für die Abdeckung von elektrischen Lastspitzen geeignet. Wärmeverbrauch entsprechend einem wirtschaftlichen Wirkungsgrad von etwa 30%. Ausnutzung der Abwärme für Heizung. Entwicklungshemmend ist die durch die hohen Gastemperaturen bedingte Werkstoff-Frage. Maximale Leistung gegenwärtig etwa 100 MW. Bekannte Anlagen in Coburg, Bremen-Vahr, Sendling, Berlin-Wilmersdorf und Braunschweig-Nord (s. auch Abschn. 224-4 und 138-2).

### -13 Kernenergie

Die neueste Entwicklung ist durch *Kernkraftwerke* gekennzeichnet, die in vielen verschiedenen Bauarten errichtet werden. In der Bundesrepublik arbeiten 1985 19 Kernkraftwerke mit über 15000 MW Leistung. Sie erzeugen etwa ⅓ vom Gesamtverbrauch: 1986 $120 \cdot 10^9$ kWh = 14,7 Mio. t SKE.

Weltweit waren 1984 etwa 344 Kernkraftwerke mit rd. 219000 MW in Betrieb.

Weitere 180 Anlagen mit ca. 200000 MW sind bestellt oder in Bau.

### -14 Gesamtleistung

Installierte Leistung aller öffentlichen und industriellen Kraftwerke in der BRD 1983 rd. 92000 MW, davon 10000 MW Industrie-Kraftwerke. Primärenergieverbrauch der öffentlichen Kraftwerke in Tafel 182-5. Stromerzeugung der öffentlichen Kraftwerke 311 TWh. Jahreshöchstlast ca. 54000 MW.

**Tafel 182-5. Primärenergiequellen für Stromerzeugung der öffentlichen und industriellen Kraftwerke der BRD 1985**

| Energieart | Mrd. kWh | % |
|---|---|---|
| Steinkohle | 128,5 | 31,4 |
| Braunkohle, Torf | 88,9 | 21,7 |
| Mineralöl | 9,4 | 2,3 |
| Erdgas u. sonst. Gase | 33,7 | 8,2 |
| Kernenergie | 126,0 | 30,8 |
| Wasserkraft u. a. | 22,2 | 5,4 |
| Summe | 408,7 | 100 |

BMWi III B 2, Statistisches Bundesamt.

## -2 HEIZUNG

Die wesentlich größeren Wärmemengen, die im Heizbetrieb verbraucht werden, verteilen sich auf viele Gruppen.

*Heizung und Brauchwasserbereitung* in Industrie, Gewerbe und Haushalt. Örtliche Heizungen für Wohnungen (Kachelöfen, eiserne Öfen, Ölöfen), Zentralheizungen in Gebäuden (Koks, Gas und Öl),

Fabrikheizungen mit Dampf, Warmwasser oder Heißwasser (Steinkohle, Koks, Öl, Gas),

Fernheizungen und Stadtheizungen, häufig mit Stromerzeugung gekoppelt.

Ferner Koch-, Wasch- und Destillationsapparate in den verarbeitenden Industrien, besonders Brauereien, Textilfabriken, Zellstoff- und Papierindustrie, Molkereien, Färbereien, Wäschereien, Schlächtereien u. a. Ungefähren Wärmeverbrauch siehe Tafel 182-7.

Temperaturen dieser Wärmeverbraucher meist $<200\,°C$.

**Tafel 182-7. Spezifischer Wärme- und Energieverbrauch je kg Fertigprodukt in verschiedenen Industrien*)** 1 kWh = 3600 kJ

| Industrie | Dampf druck bar abs. | Wärme-bedarf MJ/kg | El. Energie-bedarf kWh/kg | Kennzahl Wärme: Kraft MJ/kWh ≈ |
|---|---|---|---|---|
| Spinnerei | 2···3 | 8,4···10,5 | 1,4 ···1,5 | 7 |
| Leder | 3,5 | 37 ···50 | 0,35···0,7 | 8 |
| Linoleum | 3···5 | 7,5···10,5 | 0,9 ···1,0 | 10 |
| Kunstseide | 3 | 50 ···83 | 4,5 ···6 | 13 |
| Feinpapier | 5 | 15 ···19 | 1 ···1,2 | 15 |
| Zellwolle | 3 | 33 ···38 | 2 ···2,5 | 15 |
| Tuchfabrik | 1,5···2 | 10 ···13 | 0,6 ···0,8 | 16 |
| Packpapier | 2,5 | 7,5··· 8,4 | 0,3 ···0,6 | 18 |
| Naturgummi | 7···8 | 67 ···75 | 3,5 ···4 | 19 |
| Zellstoff | 3···5 | 6,3···10,5 | 0,3 ···0,4 | 24 |
| Brauerei | 3,5 | 3,3··· 8,4 | 0,05···0,1 | 80 |
| Weberei | 2···3 | 21 ···33 | 0,07···0,15 | 32 |
| Mehl | – | 3,1 | 0,07 | 42 |
| Zement | – | 3,0··· 5,0 | 0,1 | 42 |
| Weißzucker | 3 | 10,5···12,5 | 0,15···0,2 | 67 |
| Milch | – | 0,85··· 1,3 | 0,015 | 71 |
| Wäscherei | 1,5 | 21 ···29 | 0,3 ···0,35 | 77 |
| Kalk | – | 4,2··· 8,4 | 0,05 | 125 |
| Färberei | 1,5···2 | 7,5···12,5 | 0,4 ···0,8 | 145 |
| Spiritusbrennerei | 2···3 | 17 ···34 | 0,04···0,15 | 240 |

*) Aus Geisler: Energie 1967, S. 427, und Ruhrkohle-Beratung: Wärmeverbrauch in Industrie und Haushalt. Düsseldorf 1965.

## -3 PROZESSWÄRME

*Industrielle Öfen* aller Art, besonders Schmelzöfen für Glas, Stahl, Gußeisen, Brennöfen für Kalk, Zement, Ziegel,

Wärmeöfen verschiedener Art (Stoßöfen, Schmiedeöfen, Härteöfen, Glühöfen u.a.),

Trocknungsöfen für Gießereien, Ziegeleien usw.,

Hochöfen für Roheisenerzeugung.

Die hierfür verwendete Energie liegt meist im höheren Temperaturbereich, >200 °C.

## -4 HEIZKRAFTANLAGEN[1])

Benötigt man in einem Industriewerk gleichzeitig Wärme zur Stromerzeugung sowie für Heizzwecke (Fabrikation, Warmwasserbereitung, Raumheizung, Trocknung usw.), so liegt es nahe, den aus den Dampfkraftmaschinen kommenden Dampf nach der Arbeitsleistung für die Heizung oder andere Wärmeverbraucher zu verwenden. Der Dampfverbraucher übernimmt also die Funktion des Kondensators. Bei dieser Kupplung von Energieerzeugung mit Abwärmeverwertung, dem sogenannten *Heizkraftverfahren,* erhält man die Leistung der Maschinen sehr billig, da ja der Dampf doch erzeugt werden muß. Wird die gesamte Dampfmenge, die den Kraftmaschinen entströmt, für Fabrikations- oder Heizzwecke verwendet, so ist der wirtschaftliche Wirkungsgrad fast vollkommen, da, abgesehen von den unvermeidlichen Verlusten, die gesamte im Brennstoff enthaltene Wärme ausgenutzt wird.

Die Wärmeausnutzung steigt theoretisch maximal bis auf etwa 80%, gegenüber 35 bis 40% bei Kraftwerken ohne Kupplung. Praktisch allerdings ist die Wärmeausnutzung wegen der Leitungsverluste und der ungleichmäßigen Wärmeabnahme wesentlich geringer, etwa 75%.

[1]) Burkhardt, W.: HLH 10/77. S. 353/8.
Jacobi, E.: HLH 10/79. S. 364/70 u. 1/80. S. 35/7.
Beedgen, O.: TAB 9/82. S. 695/704.

Im allgemeinen wird das Verhältnis zwischen der für Energieerzeugung und Heizzwecke benötigten Wärme verschieden sein (Tafel 182-7). Derartige Anlagen müssen daher nach individuellen Gesichtspunkten von Fall zu Fall aufgebaut werden.

Bevorzugte Anwendung der Heizkraftkupplung in *Stadtheizkraftwerken* für die Beheizung von Wohnungen. Nachteilig ist, daß Heizwärme meist nur in *einer* Jahreshälfte benötigt wird und wirtschaftlich auch nur in Stadtteilen mit hoher Wärmebedarfsdichte.

Weiteres über Heizkraftwirtschaft siehe Abschnitt 224.

## 183 Wärmespeicher[1])

Wärmespeicher haben die Aufgabe, vorübergehend nicht verwendbare Energie so lange zu speichern, bis eine Nutzung möglich ist. Beispiele hierfür sind: Elektroenergie von Kraftwerken nachts und an den Wochenenden, Abwärme bei der Kraftwärmekupplung, Sonnenenergie, Spitzenlastspeicher bei Kraftwerken u. a. Durch die Speicher wird eine bessere Ausnutzung der Energieerzeugung bewirkt. Die Suche nach geeigneten Speichern ist gegenwärtig ein sehr wichtiges technisches Problem.

1. *Brauchwasserspeicher* werden in großem Umfang bei der Versorgung mit Brauchwasser in Haushalt und Gewerbe verwendet (siehe Abschn. 432).

2. *Warmwasser- oder Heißwasserspeicher* werden in Fernheizungen zum Ausgleich von Spitzen verwendet. Insbesondere finden sie bei Heizkraftwerken Anwendung, wenn unterschiedliche Anforderungen beim Strom- und Wärmebedarf vorliegen. Bild 183-1 zeigt eine übliche Entnahme-Kondensationsanlage. Mit Hilfe von Anzapfdampf aus der Turbine wird in Zeiten geringen Strombedarfs der Speicher von oben nach unten mit warmem bzw. heißem Wasser aufgeladen *(Verdrängungsspeicher)*. Er kann dann bei Stromspitzen das Fernwärmenetz allein oder gemeinsam mit den Wärmeaustauschern versorgen.

Die Wärmekapazität des Speichers hängt von der Temperaturspreizung ab. Bei 100 K Spreizung können je $m^3$ Inhalt $1000 \cdot 100 \cdot 4{,}2/3600 = 110$ kWh Wärme gespeichert werden.

Ausführung der Speicher in Form stehender, stark isolierter Druck- oder druckloser Gefäße. Anwendung besonders auch bei der Speicherung von *Sonnenenergie* (siehe Abschn. 225-3).

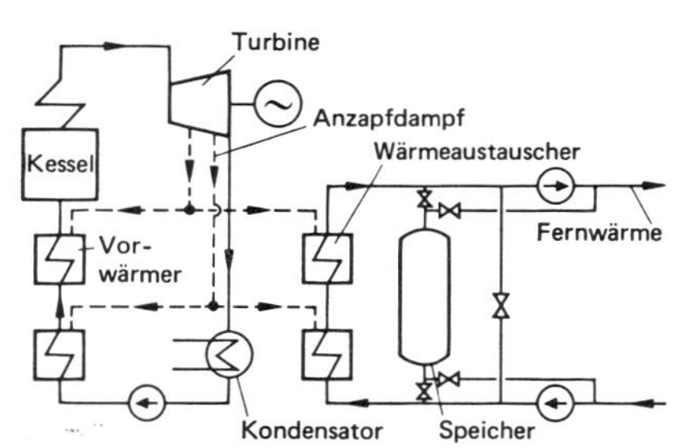


Bild 183-1. Heizkraftwerk mit Warmwasserspeicher für Fernheizung.

3. *Langzeitspeicher*[2]). Zur Ausnutzung der billigen Abwärme von Kraftwerken oder der Sonnenwärme wird als Speicher ein mit warmem Wasser von 60···90 °C gefüllter und mit Folien abgedeckter See vorgeschlagen. Technisch möglich, Wirtschaftlichkeit gegenwärtig noch nicht gegeben.

[1]) VDI-Bericht 288 (1977).
Eisenmann, G., u. E. Hahne: BWK 4/77. S. 151/4.
Kaiser, U., u. S. Wolter: Fernwärme 2/79. S. 67/8.

[2]) VDI-Bericht 223 (1975).
Mareske, A.: BWK 8/77. S. 313/16.
Schöll, G.: HLH 11/79. S. 449/53.
Scholz, F.: HLH 10/80. S. 374/81.
Graue, R., u. J. Blumenberg: Ki 10/81. S. 467/71.
Fortschrittsbericht der VDI-Zeitschrift Reihe 6 Nr. 104.
Sillmann, S.: Ki 9/83. S. 369/76.

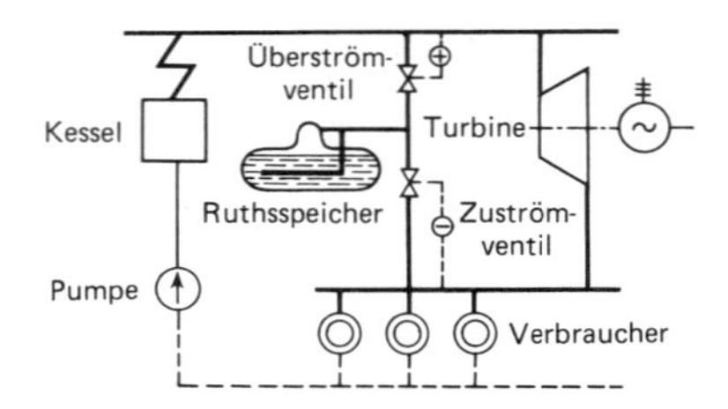


Bild 183-3. Ruths-Wärmespeicher parallel mit Gegendruckturbine.

Ein Prototyp, der im Sommer von einem Fernwärmenetz aufgespeichert wird, ist in Wolfsburg[1]) geplant. Speichervolumen $2 \times 10000$ m³, Speicherung 1050 MWh. Bei 1500 Benutzungsstunden und 15 kW Wärmebedarf je Haus können damit 46 Häuser in einer Heizperiode versorgt werden.

Speicherung von Sonnenenergie im Erdreich *(Aquiferspeicher)* ist möglich, wenn das Erdreich trocken ist und der Grundwasserspiegel genügend tief liegt, etwa 20 m. Aufheizung des Erdspeichers im Sommer mittels Kollektoren und wasserführenden Heizrohren auf etwa 60 °C, Wärmeentnahme im Winter für die Niedertemperaturheizung von Häusern. Sehr teuer.

4. *Dampfspeicher*. Ältere Ausführung Rateau-Speicher, neuere Ausführung *Ruths-Speicher*. Dampf wird in Wasser eingeblasen, kondensiert und wärmt das Speicherwasser bei steigendem Druck auf. Bei der Entladung sinkt der Druck. Ausführung bis 18 bar höchstem Aufladedruck und 0,5 bar niedrigstem Entladedruck, 350 m³ Wasserinhalt, 45 t Entladedampfmenge. *Speicherfähigkeit* 30 bis 150 kg Dampf je m³ Wasser (Bild 183-5). Besonders geeignet zum Ausgleich größerer Belastungsspitzen (Bild 183-3).

*Berechnung*. Wasserenthalpie $h_1'$ im geladenen Zustand = Enthalpie im entladenen Zustand $h_2'$ + Dampfenthalpie $h''$. Daher ist die Speicherfähigkeit je m³ Speicherinhalt

$$d = \varrho_1 \frac{h_1' - h_2'}{h'' - h_2'} \text{ kg/m}^3.$$

$\varrho_1$ = Dichte des Wassers kg/m³,

*Beispiel:*

Aufladedruck $p_1 = 15$ bar,
$h_1 = 845$ kJ/kg, $\varrho_1 = 867$ kg/m³
Enddruck $p_2 = 5$ bar, $h_2' = 640$ kJ/kg, $h'' = 2776$ kJ/kg

$$\text{Speicherung } d = 876 \frac{845-640}{2776-640} = 83 \text{ kg/m}^3 \text{ Speicherinhalt.}$$

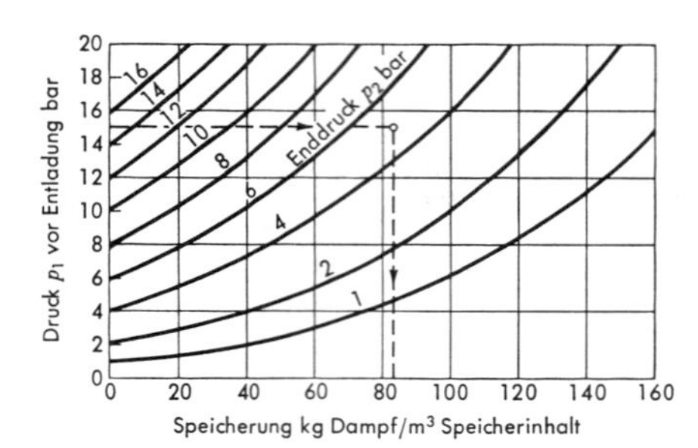


Bild 183-5. Bestimmung des Speichervolumens von Ruths-Wärmespeichern nach dem Druckgefälle.

[1]) Breuer, W., u.a.: FW 1/81. S. 19/24 und 4/82. S. 243/9.
Strickrodt, J., u. W. Breuer: HLH 10/83. S. 418/23.

5. *Latentspeicher*[1]). Latentwärme ist diejenige Wärme, die beim Übergang vom flüssigen in den festen Zustand entnommen und auch wieder zugeführt werden kann *(Schmelzwärme)*, wobei die Zustandsänderung bei konstanten Temp. erfolgt. Man kann also überschüssige Wärme zunächst zum Schmelzen derartiger Stoffe verwenden, um sie später bei Bedarf wieder durch Entzug von Wärme zurückzugewinnen. Wichtigste Anforderungen: hohe Speicherkapazität je $m^3$, günstige Schmelzpunkte, nicht korrosiv, wenig Volumenänderung beim Phasenwechsel, große Leitfähigkeit u. a. Besonders geeignet sind einige *Salzhydrate*, z. B. Glaubersalz ($Na_2SO_4$), siehe Tafel 183-1, sowie einige Paraffine und Fettsäuren. Schwierigkeiten bereiten Unterkühlungsvorgänge bei der Entladung sowie Stratifikationserscheinungen. Wegen vieler namentlich konstruktiver Probleme Anwendung gegenwärtig nur für Versuchszwecke. Nach weiteren Speichermedien, die besonders für Solar- und Wärmepumpenanlagen wichtig sind, wird gesucht[2]).

**Tafel 183-1. Wärmetechnische Daten einiger Speicherstoffe für Niedertemperatur-Latentspeicher[1])**

| Stoff | Gew.-% Salz*) | Formel | Schmelzpunkt °C | Dichte fest kg/dm³ | Dichte flüssig kg/dm³ | Schmelzwärme kJ/dm³ |
|---|---|---|---|---|---|---|
| Kochsalz | 22,4 | $NaCl \cdot H_2O$ | −21,2 | – | 1,16 | 241 |
| Natriumsulfat | 44,1 | $Na_2SO_4 \cdot 10\,H_2O$ | 32,4 | 1,46 | 1,41 | 345 |
| Calciumchlorid | 50,1 | $CaCl_2 \cdot 6\,H_2O$ | 29,2 | 1,62 | 1,49 | 258 |
| Natriumhydrogenphosphat | 39,7 | $Na_2HPO_4 \cdot 12\,H_2O$ | 35,2 | 1,52 | 1,42 | 403 |
| Kalziumfluorid | 44,7 | $KF \cdot 4\,H_2O$ | 18,5 | 1,45 | 1,46 | 336 |
| Natriumfluorid | 3,9 | $NaF/H_2O$ | − 3,5 | – | 1,04 | 309 |
| Wasser | – | $H_2O$ | 0 | 0,92 | 1,00 | 333 |

*) in Wasserlösung

6. *Sonstige Speicher.* Gesteinspeicher, z. B. Granit, Erdspeicher in Erdschichten und Salzkavernen (Aquiferspeicher), Luftdruckspeicher, Pumpenspeicher, Batteriespeicher. Chemische Speicher mit reversiblen chemischen Reaktionen u. a.

7. *Kältespeicher*[3]) zur Speicherung von Kälteenergie zu Kühlzwecken. Als Latentspeicher eignen sich Paraffine und eutektische Salzgemische. Für die Anwendung in der Klimatechnik ist zu fordern, daß der Phasenwechsel bei einer Temperatur liegen soll, die nur unwesentlich unter der der üblichen Kaltwassertemperatur von 6···8 °C liegt. Anderenfalls schlechte Leistungszahl der Kältemaschine. Die vorgenannten Speichermedien benötigen meist eine Trennfläche zum Kaltwasser.

Unter Berücksichtigung aller Gesichtspunkte, wie Zyklenfestigkeit, Entmischung, Umwelt, Preis u. a., hat sich *Wasser/Eis* am besten bewährt.

*Eisspeicher* siehe Abschnitt 658.

# 184 Abwärmeverwertung

Bei allen Wärmeverbrauchern, sowohl Kraftmaschinen wie Dampfkesseln, Öfen usw., wird nur ein Teil der zugeführten Wärme nutzbringend verwendet. Ein großer Teil, manchmal der weitaus größte Teil der Wärme, geht nutzlos als Abwärme im Auspuff, Schornstein oder Kühlwasser verloren. Aufgabe der Abwärmewirtschaft ist es, diese Abwärme wenigstens teilweise nutzbringend zu verwerten. Dabei ist jedoch immer zu bedenken, daß eine Abwärmeverwertung nur dann Sinn hat, wenn sie im Rahmen der Gesamtwirtschaftlichkeit erfolgt.

---

[1]) Gawron, K., u. J. Schröder in VDI-Bericht 288 (1977).
Lorsch, H. G.: ASHRAE Journal 11.75. S. 47/52.
Jurinak u. Abdel-Khalik: Solar Energy 5/78. S. 377/83.
Schwind, H., u. D. Wolff: DKV-Bericht 1978. S. 137/55.
Kalt, A. C.: Oel+Gasfg. 11/80. S. 637/41.

[2]) Richarts, F., u. J. Beyß: HLH 10/80. S. 368/73.
Graue, R., u. J. Blumenberg. Ki 10/81. S. 467/72.

[3]) Brunk, M.: HLH 7/86. S. 351/8.

## -1 ABWÄRME IN FORM VON DAMPF

*Vakuumheizung:* Abdampf strömt durch das Heiznetz, in dem eine teilweise Kondensation eintritt. Abdampfrest wird im Kondensator niedergeschlagen. Abdampfnetz muß dicht sein.

Bei den *Gegendruck- und Entnahmemaschinen* wird der Abdampf bzw. Entnahmedampf für Heiz- oder Fabrikationszwecke verwendet. Dieses Verfahren wird jedoch nicht mehr als Abwärmeverwertung bezeichnet, sondern ist ein selbständiges und wichtiges Glied der Wärmewirtschaft.

Eine besondere Form der Abdampfverwertung besteht in der Ausnutzung der *Nachverdampfung* bei Hochdruckdampfanlagen zur Raumbeheizung, Trocknung oder andere Zwecke (siehe Abschn. 222-23 und Bild 184-1). Nachverdampfung entsteht dann, wenn heißes Hochdruck-Kondensat auf einen geringeren Druck entspannt wird.

*Beispiel* Bild 184-1:

Das Kondensat der Hochdruckdampfverbraucher entspannt sich in einem Gefäß, und der sich bildende Dampf wird in einem Wärmeaustauscher zur Erwärmung von Heizwasser ausgenutzt.

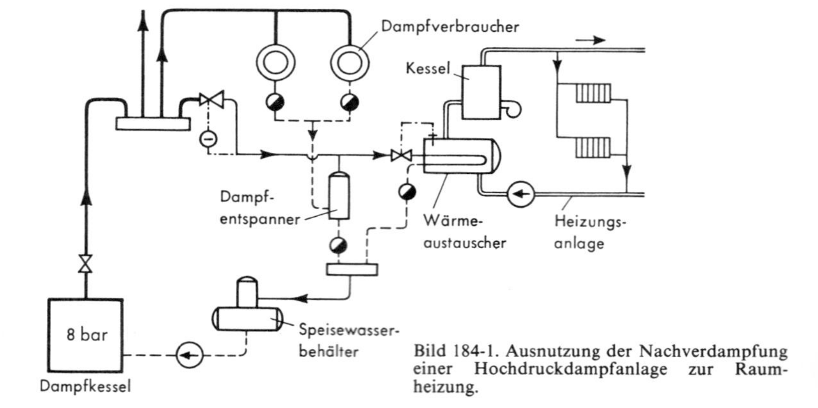


Bild 184-1. Ausnutzung der Nachverdampfung einer Hochdruckdampfanlage zur Raumheizung.

## -2 ABWÄRME IN FORM VON ABGASEN

Heiße Rauchgase von industriellen Feuerungen aller Art Kessel (Brennöfen, Heizkessel, Glühöfen usw.) sowie auch Abgase von Brennkraftmaschinen können zur Erzeugung von Dampf, Warmwasser oder Warmluft ausgenutzt werden. Unmittelbare Einführung der Rauchgase z. B. in Trocknungsanlagen nur dann zulässig, wenn Trockengut gegen chemische Zusammensetzung vollkommen unempfindlich ist, z. B. Brennöfen der keramischen Industrie.

### -21 Dampferzeugung

Bei der Ausnutzung der Abgase zur Dampferzeugung verwendet man *Abhitzekessel,* die meist in Form von Rauchrohrkesseln, häufig mit Überhitzer und Vorwärmer, gebaut werden. Heizflächenbelastung 10 bis 15 kg Dampf/m$^2$h. Je höher die Abgastemperatur, desto höher der erzeugte Dampfdruck. Bei Dieselmaschinen wegen der geringen Abgastemperaturen von 300 bis 400 °C nur geringe Dampfdrücke erzielbar, bei Großgasmaschinen mit Abgastemperatur 500 bis 700 °C und industriellen Feuerungen dagegen auch Hochdruckdampf. Dieser Dampf kann auch zum Betrieb von *Abdampfturbinen* verwendet werden, wobei je kW Nutzleistung etwa ¼ kW zusätzlich gewonnen werden kann. Besonders häufig findet man Abhitzekessel

in der Hüttenindustrie bei Hochöfen, Martinöfen, Walzwerks- und Schmiedeöfen,
in der Glasindustrie bei Glasschmelzöfen,
in Kokereien und Gasanstalten bei den Retortenöfen usw.

**Tafel 184-1. Abgasverwertung für Dampferzeugung bei Brennkraftmaschinen**

| | Gasmaschinen | Dieselmaschinen |
|---|---|---|
| Abgastemperatur °C | 500···700 | 300···400 |
| Dampferzeugung | 1,1···1,4 kg/kWh<br>bei 10···12 bar, 350 °C | 0,6···0,8 kg/kWh<br>bei 1···3 bar |

**Tafel 184-2. Abwärmeverwertung bei Öfen und Feuerungen**

| Ofenart | Ofentemp. °C | Abgastemperatur °C |
|---|---|---|
| Hochöfen | 1600···1800 | 200··· 400 hinter Winderhitzer |
| Schmelzöfen | | |
| SM-Öfen | 1700···1800 | 400··· 700 hinter Regenerator |
| Glasöfen | 1300···1500 | 900···1300 ohne Regenerator |
| Glasöfen | | 600··· 800 mit Regenerator |
| Kupolöfen | | 400···1000 |
| Wärmöfen | | |
| Stoß- und Rollöfen | 1200···1600 | 700···1200 ohne Regenerator |
| Stoß- und Rollöfen | | 300··· 600 mit Regenerator |
| Schmiedeöfen | 1150···1300 | 1000···1200 ohne Regenerator |
| Schmiedeöfen | | 400··· 600 mit Regenerator |
| Koksöfen | 900···1200 | 250··· 300 mit Regenerator |
| Gaswerksöfen | 900···1200 | 400··· 700 mit Regenerator |
| Brennöfen | | |
| keram. Industrie | 800···1200 | 150··· 200 Vorfeuer |
| keram. Industrie | | 500···1000 Scharffeuer |
| Drehrohrofen für Zement | 1300···1400 | 400··· 600 |
| Glühöfen | 800···1100 | 600··· 700 |
| Dampfkessel | | |
| Steinkohle | 1100···1350 | 300··· 400 vor Vorwärmer |
| Braunkohle | 1000···1200 | 300··· 400 vor Vorwärmer |
| Kohlenstaub | 1300···1400 | 300··· 400 vor Vorwärmer |
| Gasgeneratoren | | |
| Steinkohle | – | 550··· 700 |
| Braunkohlenbriketts | – | 200··· 350 |

Im allgemeinen lassen sich bei den meisten Feuerungen 20 bis 30% der Brennstoffwärme weiternutzen, gelegentlich auch mehr. Abgastemperaturen verschiedener Feuerungen siehe Tafel 184-1 und -2.

Von besonderer Bedeutung ist die Ausnutzung der Abwärme bei *Gasturbinen* durch Kopplung mit einem Dampfkraftprozeß (siehe Abschn. 138-2 und 224-4).

## -22 Wassererwärmung

Bei der Ausnutzung der Abgase zur Wassererwärmung sind die *Speisewassererwärmer* (Ekonomiser) der Dampfkessel am wichtigsten. Zweckmäßig in allen Fällen, wo Rauchgase über 300 °C vorhanden sind.

Für die Heizungstechnik interessant sind die sog. *Brennwertgeräte*[1]), die eine Wärmerückgewinnung aus den Abgasen von Gaskesseln ermöglichen (Bild 184-3). Die heißen Abgase werden dabei durch umgewälztes verrieseltes Kondensat bis auf 40···50 °C abgekühlt, wobei die fühlbare Restwärme der Abgase und der größte Teil der latenten Wärme des Wasserdampfes an einen Wärmeaustauscher nutzbar abgegeben werden. Wirkungsgrad des Kessels bezogen auf den unteren Heizwert ca. 100%. Einsparung gegenüber üblichen Kesseln ca. 10···15%. Schwierigkeiten bereitet die Materialfrage (Kor-

[1]) Oel + Gasfg. 9/78. S. 502
Miska, J.: CCI 11/81.
Schmitter, W.: HR 11/81. 9 S. u. TAB 6/82. S. 469/73.

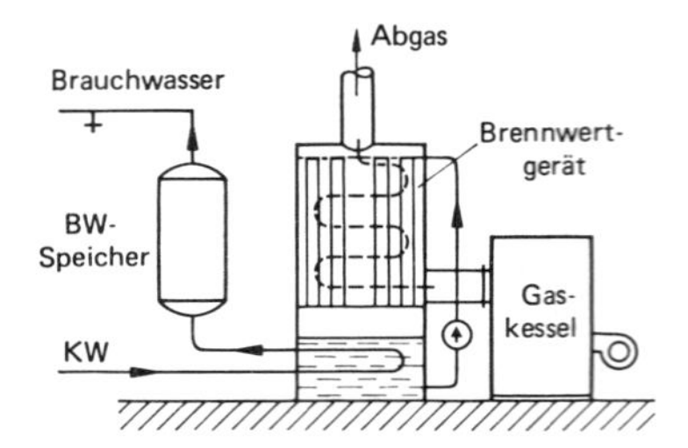


Bild 184-3. Gaskessel mit Wärmerückgewinnung aus den Abgasen (Recitherm von Fröling).

rosion) und die Schornsteinausführung (Versottung). Verwendung besonders bei Gasfeuerung und bei größeren Anlagen über 500 kW; mit geringerer Abgaswärmeausnutzung auch für Ölfeuerung. Es sind bereits Kessel bis 3500 kW in Betrieb. Sie ermöglichen eine wesentliche Energieeinsparung gegenüber konventionellen Kesseln[1]), s. auch Abschnitt 231-434.

Auch die Abgase aus industriellen *Wärmeprozessen* können auf diese Weise für die Wärmerückgewinnung genutzt werden (Glühöfen, Härteöfen, Trocknungsanlagen). Bild 184-4 zeigt einen Wärmerückgewinner, der in den Abgasweg eines Prozeßwärmeerzeugers eingeschaltet ist. Die heißen Abgase werden im Querstrom zu den wasserführenden Rohrheizflächen aus Edelstahl geführt. Abkühlung auf 90···100 °C. Die rückgewonnene Wärme kann zur Rücklaufanhebung, zur Brauchwassererwärmung u.a. eingesetzt werden. Ansicht Bild 184-5.

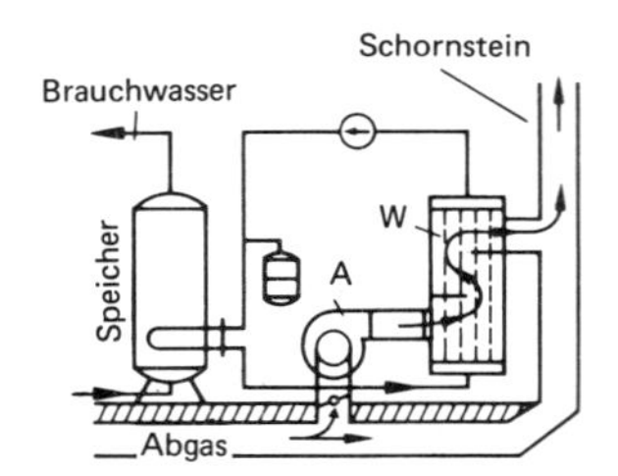


Bild 184-4. Abgaswärmeausnutzung bei einem industriellen Wärmeprozeß (Recitherm von Fröling).
*A* = Abgasventilator
*W* = Wärmerückgewinnungsgerät

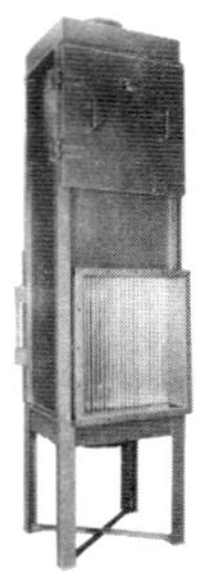

Bild 184-5. Wärmerückgewinnungsgerät.

## -23 Lufterwärmung

1. Bei Dampfkesseln wird zur Erhöhung der Feuertemperatur, Verringerung der Verluste und Steigerung der Rost- und Heizflächenleistung häufig die Verbrennungsluft mittels der Abgase der Kessel vorgewärmt (*Luftvorwärmer,* Luvo). Lufterhitzung bis 250 °C, in Einzelfällen auch höher. Endtemperatur der Rauchgase 150 bis 200 °C. Ausführung als

Röhrenlufterhitzer: Luft strömt durch oder um Rohre;
Plattenlufterhitzer: Luft und Gas zwischen eisernen Platten im Kreuzstrom;
Rotationslufterhitzer (Ljungström-Lufterhitzer) verwenden Bleche zur Speicherung der Wärme, Regenerativ-Wärmetauscher.

2. Lufterhitzer bei Industrie-Feuerungen. *Regeneratoren* (Wärmeaustauscher mit Speichern) bestehen aus einer mit wärmespeichernden Steinen ausgerüsteten Kammer, die abwechselnd von heizendem Gas und geheizter Luft durchströmt wird. Für ununterbro-

[1]) König, W.: HR 5/81. S. 338/46.
Schmitter, W.: TAB 6/82. S. 469/473.
Kremer, R.: Ges.-Ing. 1/84. S. 11/14.

chenen Betrieb zwei Kammern erforderlich. Während die eine durch die Gase geheizt wird, gibt die andere die Speicherwärme an die Luft ab. Verwendung bei Hochöfen, Martinöfen, Glühöfen, Schmelzöfen, Kokereien usw.

Bei den *Rekuperatoren* (Wärmeaustauscher ohne Speicherung) strömen Gas und Luft gleichzeitig in getrennten Kanälen; Wärmeübertragung erfolgt durch trennende Zwischenwände.

3. Lufterhitzer für die Raumbeheizung. Ausführung wie bei den Kessellufterhitzern.

### -24 ORC-Prozeß (Organic-Rankine-Cycles)

Hochwertige mechanische Energie kann in einem Kraftwerksprozeß aus Abwärme mit geringem Temperaturniveau erzeugt werden, wenn statt Wasser ein organischer Arbeitsstoff verwendet wird. Der Prozeß entspricht im Prinzip dem mit Wasser betriebenen Dampfmaschinenprozeß, als Arbeitsstoff wird jedoch ein organisches *Kältemittel* verwendet (s. Bild 184-6).

Ein zusätzlicher Wärmetauscher (Regenerator) im entspannten Dampf zwischen Kraftmaschine (Turbine) und Kondensator verbessert die Energiebilanz.

Prozeßwirkungsgrade sind mit 10···20% geringer als bei Wasserdampf (≈30%), jedoch Abwärmequellen mit 100···400 °C nutzbar. Im unteren Bereich R 11 und R 113, im mittleren Bereich R 12 und R 114 in ölfreier Betriebsweise, im oberen Bereich Gemische mit Wasser, z. B. Flurinol 85 mit 15 mol% Wasser oder Pyridin 57 mit 43% Wasser. Auch Toluol oder Ammoniak möglich. Über 400 °C reines Wasser als Arbeitsstoff. Bisher jedoch erst wenige Anlagen gebaut.

Wird die Kraftmaschie zum Antrieb eines Kältekompressors benutzt, ist für den *ORC-Prozeß* und den Kompressionkälteprozeß auch ein gemeinsamer Arbeitsstoff möglich[1]). Für Kälteerzeugung mit Abwärme wird jedoch Absorptionskälte aus wirtschaftlichen Gründen bevorzugt.

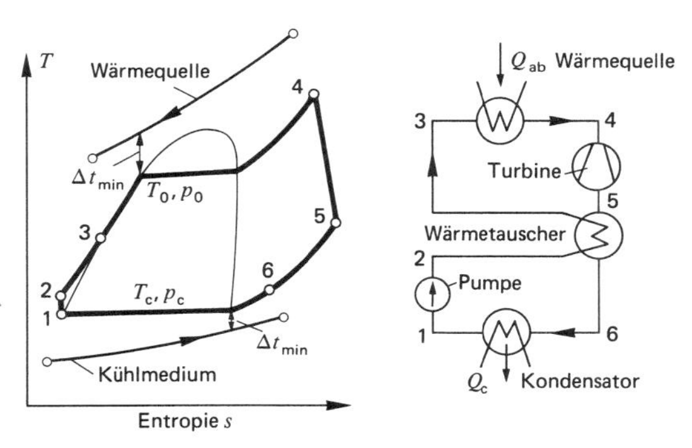


Bild 184-6. Erzeugung mechanischer Energie aus Abwärme durch ORC-Prozeß (Organic-Rankine-Cycles).

## -3 ABWÄRME IN FORM VON WASSER

Bei Gasmaschinen ist Abwärmeverwertung des Kühlwassers und der Abgase, bei Dieselmaschinen wegen geringerer Abgastemperatur meist nur Ausnutzung der Kühlwasserwärme wirtschaftlich.

| | Gasmaschinen | Dieselmaschinen |
|---|---|---|
| Kühlwassereintrittstemperatur | 30···40 °C | 30···40 °C |
| Kühlwasseraustrittstemperatur | 50···70 °C, auch 90 °C | 50···75 °C |
| Kühlwassermenge | 25···50 l/kWh | 20···30 l/kWh |

[1]) Holldorf, G.: Ki 2/83. S. 65/70.
Bitterbach, W., u. D. Kestner: BWK 7/8 (84). S. 332/43.

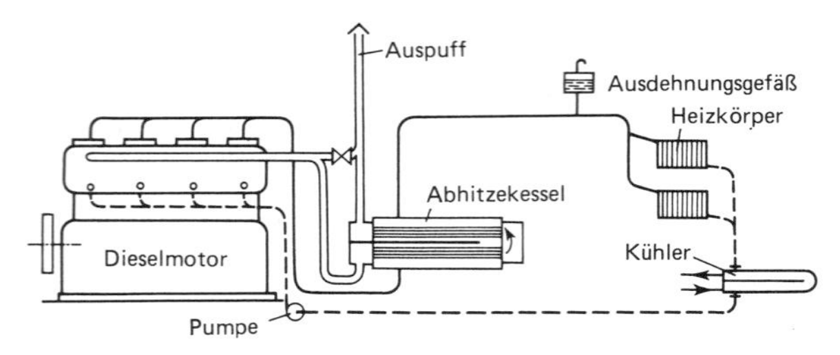


Bild 184-7. Abwärmeverwertung bei Dieselmaschinen.

Verwendung des Kühlwassers für Heizzwecke und zur Warmwasserbereitung. Falls Temperatur zu niedrig, ist Erhöhung durch Ausnutzung der Abgase der Maschine möglich (Bild 184-7).

Neuerdings kann auch in der Maschine selbst das Kühlwasser auf Temperaturen über 100 °C erwärmt werden (Heißwasserkühlung), wobei der Kühlmantel der Maschine unter Überdruck steht. Durch Entspannung des Wassers dabei Dampferzeugung möglich.

Durch gleichzeitige Ausnutzung der Abgas- und Kühlwasserwärme bei Diesel- und Gasmaschinen sehr hohe Gesamtwirkungsgrade möglich, bis zu 85% (Tafel 184-5).

Beispiel für die Wärmebilanz einer großen Dieselmaschine (Bild 184-7):

Mit dem Brennstoff zugeführt: 100%.

| | | | |
|---|---|---|---|
| Nutzleistung der Maschine | 32% | Verluste durch Ausstrahlung | 5% |
| Nutzleistung des Kühlwassers | 30% | Verluste durch Auspuff | 10% |
| Nutzleistung der Abgase | 20% | elektrische Verluste | 3% |
| Gesamtwirkungsgrad | 82% | Summe der Verluste | 18% |

Im Rahmen der Energieeinsparung bemüht man sich neuerdings, auch die Wärme im *Abwasser* von Duschen und Badeanlagen auszunutzen, etwa nach Bild 184-8. Möglicherweise ist diese Methode für Hallenbäder, Turnhallen, manche gewerbliche Betriebe geeignet[1]).

*Kalte Fernwärme* s. Abschnitt 224.

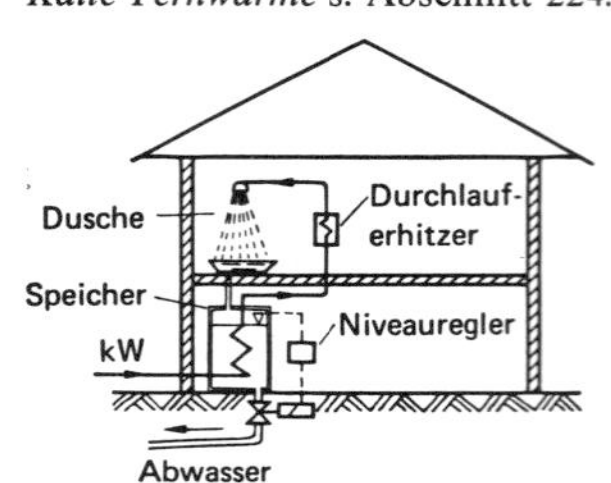


Bild 184-8. Ausnutzung der Abwasserwärme von Duschen.
KW = Kaltwasser

**Tafel 184-5. Wärmebilanzen von Brennkraftmaschinen**

| | Gasmaschinen | | Dieselmaschinen | |
|---|---|---|---|---|
| | kJ/kWh | % | kJ/kWh | % |
| Nutzwärme | 3600 | 21···32 | 3600 | 27···40 |
| Kühlwasserwärme | 3800···5400 | 27···40 | 2300···3800 | 22···35 |
| Abgaswärme | 2900···5400 | 25···38 | 2100···3350 | 20···30 |
| Restverluste | 840···2300 | 10···15 | 840···2300 | 12···18 |
| Gesamtwärme | 11140···16700 | ≈ 100 | 8840···13050 | ≈ 100 |

[1]) Kirn, H., u. D. Fluck: HLH 7/77. S. 248/52.
Biasin, K.: TAB 6/82. S. 461/3.

## -4 TOTAL-ENERGIE-ANLAGEN[1])

Unter Total-Energie-Anlagen versteht man solche Kleinkraftanlagen, die bei weitgehender Ausnutzung der Abwärme annähernd den gesamten Wärme-, Kälte- und Elektroenergiebedarf eines Gebäudes oder eines Industriekomplexes decken, so daß nur *eine* Art Primär-Energie gebraucht wird. (Einschienige Energieversorgung.) Allerdings ist die Primärenergie nur Öl oder Gas, deren Vorkommen zeitlich begrenzt ist.

Als *Antrieb* dienen Gasmotoren, Gasturbinen oder auch Dampfturbinen. Diese Maschinen erzeugen durch einen Generator elektrischen Strom, während die Abwärme zum Heizen, zur Dampferzeugung oder über Absorptions-Kältemaschinen auch zur Kühlung verwendet wird.

Voraussetzung für den Bau derartiger Anlagen ist, daß über längere Zeiten sowohl Strombedarf wie Wärme- und Kältebedarf vorliegen. Dies ist z. B. der Fall bei:

Krankenhäusern,
Rechenzentren,
manchen Industriebetrieben,
Bürogebäuden und Wohnsiedlungen,
Kunsteisbahnen und Kühlhäusern usw.

*Gasmotoren* mit Generator haben im Normalbetrieb einen Wirkungsgrad von etwa 30 bis 35%, Gasturbinen etwa 20%. Durch die Ausnutzung der Abwärme lassen sich die Wirkungsgrade auf etwa 75 bis 85% verbessern, wobei die Abwärme als Warmwasser, Niederdruckdampf oder auch Heißwasser anfällt (Beispiel: siehe Bild 184-10).

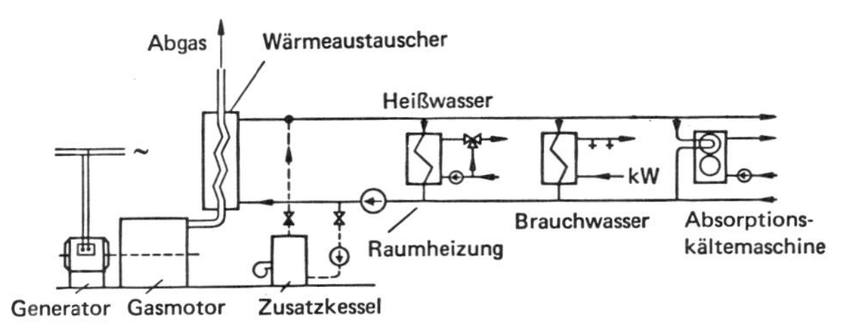


Bild 184-10. Schema einer Total-Energie-Anlage.

Vor dem Bau derartiger Anlagen ist ein *Lastdiagramm* über verschiedene Tagesstunden, Tage und Monate anzufertigen. Optimal ist die vollkommene Ausnutzung der Abwärme. Falls dies nicht möglich ist, müssen zusätzliche Energiequellen installiert werden, z. B. ein Heizkessel oder Strom aus dem öffentlichen Netz. In der Regel werden mehrere Antriebsmaschinen aufgestellt, die je nach Bedarf zu- und abgeschaltet werden.

Für jeden Bedarfsfall ist eine *Wirtschaftlichkeitsrechnung* aufzustellen. Der Mehraufwand für die Investitionen muß sich durch die geringeren Kosten für die Primär-Energie und den elektrischen Strom bezahlt machen. Außerdem sind diese Anlagen natürlich ein wesentlicher Beitrag zur Einsparung von Primär-Energie, obwohl sie erst in sehr geringem Umfang gebaut worden sind.

Bild 184-10. Schema einer Total-Energie-Anlage mit Gasmotor und Heißwasser als Abwärme.

---

[1]) Auras, H., u. a.: HLH 1 und 2/1976.
Jüttemann, H.: HLH 8/77. S. 282/6.
VDI-Bericht 259 (1976).
Hein, K.: BWK 1975. S. 225/27.
Siehe auch Abschn. 224-5: Blockheizkraftwerke.

# 185 Wärme- und Energiekosten[1])

Die Kosten für Wärmeversorgungsanlagen oder für eine Wärmeeinheit, z. B. 1 t Dampf oder 1 kWh Wärme oder 1 kWh elektrischen Strom, setzen sich in der Hauptsache aus vier Teilen zusammen:

Kapitalkosten einschl. Instandsetzung $K_1$
Energiekosten $K_2$
Betriebskosten $K_3$
Sonstige Kosten $K_4$.

## -1 KAPITALKOSTEN

Die Kapitalkosten dienen zur *Verzinsung* und *Amortisation* (Abschreibung) des Investitionskapitals I. Anlagekosten je nach Art und Größe der Anlagen sehr verschieden. Ungefähre Kosten ohne Verteilnetze:

| | |
|---|---|
| Kernkraftwerke | 2000···3000 DM/kW$_{el}$ |
| Dampfkraftwerke > 500 MW | 1200···1500 DM/kW$_{el}$ |
| Gasturbinenanlage 5···10 MW$_{el}$ | 1000···1200 DM/kW$_{el}$ |
| Blockheizkraftwerk 2···5 MW | 1200···1600 DM/kW$_{el}$ |
| Heizwerk (Öl, Gas) 5···10 MW$_{th}$ | 200···300 DM/kW$_{th}$ |
| Kesselanlage (Öl, Gas) | 200···250 DM/kW$_{th}$ |
| Heizungsanlage mit Verteilnetz | 800···1000 DM/kW$_{th}$ |

Zinssätze für Verzinsung des Kapitals $p \approx 8 \cdots 10\%$

Die *Abschreibung Ab*, d. h., der Betrag, der wegen der Wertminderung der Anlagen in der Bilanz als Aufwand angesetzt wird, hängt von der voraussichtlichen *Nutzungsdauer* $n$ der Anlagen ab (s. auch Abschn. 266). Aus Zins $p$ und Nutzungsdauer $n$ ergibt sich der Annuitätsfaktor $a$. Beispiel Tafel 185-1 und Bild 185-1.

Die *Instandhaltungskosten in* werden ebenfalls in % der Investitionshöhe angegeben. Sie betragen etwa 1···3% der Investitionskosten.

**Tafel 185-1. Annuitätsfaktor *a* in % des Anlagekapitals *I***

$$a = \frac{p(1+p)^n}{(1+p)^n - 1} = \text{angenähert } \frac{1}{n} + 0{,}56\,\frac{p}{100}$$

| Teil | Nutzungs-dauer n Jahre | Annuität beim Zinsfuß p von | | | | |
|---|---|---|---|---|---|---|
| | | 4% | 6% | 8% | 10% | 12% |
| Gebäude | 50 | 4,66 | 6,34 | 8,17 | 10,09 | 12,04 |
| Schornsteine | 40 | 5,05 | 6,65 | 8,39 | 10,23 | 12,13 |
| Heizwerke | 30 | 5,78 | 7,26 | 8,88 | 10,61 | 12,41 |
| Rohrleitungen | 25 | 6,40 | 7,82 | 9,37 | 11,02 | 12,75 |
| Heizanlagen | 20 | 7,36 | 8,72 | 10,19 | 11,75 | 13,39 |
| Lüftungsanlagen | 15 | 8,99 | 10,30 | 11,68 | 13,15 | 14,86 |
| Motore | 10 | 12,33 | 13,59 | 14,90 | 16,27 | 17,70 |

*Beispiel*

Investition $I = 10000$ DM
Zinssatz $p = 8\%$
Nutzungsdauer $n = 20$ Jahre
Annuitätsfaktor $a = 10{,}19\%$ (Tafel 185-1)
Instandsetzung $i = 2\ \%$

Summe 12,19%
Kapitalkosten $K_1 = 10000 \cdot 0{,}1219 = 1219$ DM/a.

[1]) Genauere Berechnungsunterlagen in der VDI-Richtlinie 2067: Berechnung der Kosten von Wärmeversorgungsanlagen. Bl. 1 (12.83).
Rostek, H. A., u. N. Haarmann: HLH 8/81. S. 300/15.

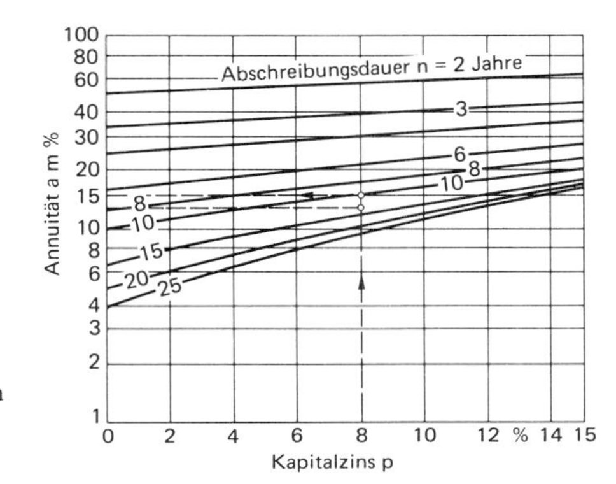


Bild 185-1. Annuitäten von Investitionen.

Kapitalkosten Jahr für Jahr ziemlich unverändert und praktisch von Belastung unabhängig. Auf die gelieferte kWh bezogen steigen daher bei Kraftwerken die Kapitalkosten desto mehr an, je weniger die Anlage ausgenutzt wird.

$$\text{Ausnutzungsfaktor } m = \frac{\text{jährlich gelieferte Arbeit in kWh}}{\text{eingebaute Leistung kW} \cdot 8760}.$$

Der Ausnutzungsgrad wird $=1$, wenn sämtliche Maschinen das ganze Jahr hindurch (d.s. 8760 h) mit Vollast liefern.

Mittl. Ausnutzungsgrad bei öffentlichen Elektrizitätswerken $m = 0{,}4 \cdots 0{,}5$
bei Industriekraftwerken $m = 0{,}5 \cdots 0{,}7$

*Kapitalkosten* je kWh:

$$K_1 = \frac{I}{Q}(a+i) \text{ in DM/kWh}$$

$I$ = Anlagekapital in DM
$Q$ = jährlich gelieferte Energie in kWh

## -2 ENERGIEKOSTEN

Brennstoffpreise bzw. Endenergiepreise je nach Heizwert und Güte sehr unterschiedlich (Bild 185-2).

Der *Endenergiepreis* ist

$$k = \frac{P}{H_u} \text{ in DM/kWh}$$

$P$ = Brennstoffpreis in DM/kg bzw. DM/$m_n^3$
$H_u$ = Heizwert in kWh/kg bzw. kWh/$m_n^3$ (Tafel 266-8)

Infolge der in den letzten Jahren sehr gestiegenen Brennstoffpreise ist der Anteil der Brennstoffkosten an den Gesamtkosten heute der Hauptanteil, meist mehr als die Hälfte.

Aus dem Endenergiepreis und dem bekannten Wärmeverbrauch oder dem Jahres-Nutzungsgrad $\eta_a$ einer Heiz- oder Kraftanlage berechnen sich die *spezifischen Brennstoffkosten* $K_2$ wie folgt:

$$K_2 = k/\eta_a = \frac{P}{H_u \cdot \eta_a} \text{ in DM/kWh.}$$

Bei Brennkraftmaschinen sind noch Kosten für Schmieröl und Kühlwasser zu berücksichtigen.

*Beispiel:*

Bei Steinkohle von 400 DM/t ist der Wärmepreis ($H_u = 8{,}33$ kWh/kg)

$$k = \frac{400}{8{,}33 \cdot 1000} = 0{,}048 \text{ DM/kWh.}$$

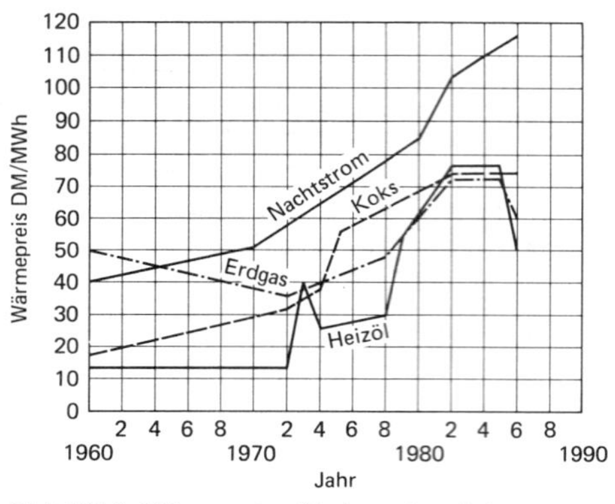


Bild 185-2. Wärmepreise (Endenergiepreise) verschiedener Energiearten für Endverbraucher. Preis für Tagstrom etwa 2⋯2,5mal Nachtstrom.

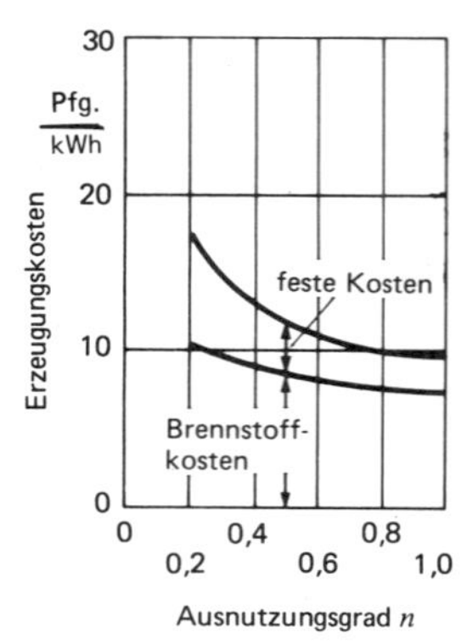


Bild 185-3. Änderung der Erzeugungskosten je kWh mit dem Ausnutzungsgrad einer Kraftanlage.

Der Wirkungsgrad eines Kraftwerks ist nach Bild 182-4 etwa $\eta_a = 0{,}36$. Demnach sind die Energiekosten für 1 kWh elektrischen Strom

$$K_2 = \frac{0{,}048}{0{,}36} = 0{,}13\ \mathrm{DM/kWh_{el}}.$$

## -3 BETRIEBSKOSTEN

sind Kosten für Wartung der Kessel und Maschinen, Bedienung, Reinigung, Prüfung der Sicherheitseinrichtungen, Emissionsüberwachung u.ä. Sie lassen sich sehr schwer mit einiger Genauigkeit angeben. Richtwerte für die Betriebskosten bei:

| | |
|---|---|
| Dampfkraftanlagen | $b_c = 4\cdots5\%$ der Investitionskosten I |
| Fernheizwerke (Öl oder Gas) | $b_c = 2\cdots3\%$ der Investitionskosten I |
| Große Heizungsanlagen | $b_c = 1\cdots2\%$ der Investitionskosten I |
| Große Klimaanlagen | $b_c = 2\cdots3\%$ der Investitionskosten I |

Weiteres siehe Abschn. 266 und 375.

## -4 SONSTIGE KOSTEN

für Versicherungen, Steuern, Verwaltung u.ä. Richtwert für die sonstigen Kosten: so = 1% der Investitionskosten I.

## -5 GESAMTKOSTEN

Die *Gesamtkosten K* setzen sich aus den vier Anteilen $K_1$, $K_2$, $K_3$ und $K_4$ zusammen:

$$K = K_1 + K_2 + K_3 + K_4$$

*Beispiel:*

Wie hoch sind die Gesamtheizungskosten $K$ je kWh Nutzwärme, wenn gegeben sind:

| | |
|---|---|
| Kesselleistung | 20 kW |
| Investitionskosten | $I = 20 \cdot 1000 = 20\,000$ DM |
| Vollbenutzungsstunden | $b = 1800$ h/a |
| Nutzwärme | $Q = 1800 \cdot 20 = 36\,000$ kWh/a |
| Nutzungsdauer | $n = 20$ Jahre |
| Zinssatz | $p = 8\%$ |
| Heizölpreis | $P = 0{,}50$ DM/kg |
| Heizwert | $H_u = 11{,}86$ kWh/kg |
| Jahresnutzungsgrad | $\eta_a = 80\%$ |

*Lösung:*

$$K = K_1 + K_2 + K_3 + K_4$$

$$= \frac{I}{Q}(a + i + be + so) + \frac{P}{H_u \cdot \eta_a}$$

$$= \frac{20000}{36000}(0{,}1019 + 0{,}02 + 0{,}02 + 0{,}01) + \frac{0{,}50}{11{,}86 \cdot 0{,}8} =$$

$$= 0{,}084 + 0{,}053 = 0{,}137 \text{ DM/kWh}$$

## -6 ENERGIEKENNZAHL

Hierunter versteht man den auf die Bruttogeschoßfläche eines Gebäudes bezogenen jährlichen *Energieverbrauch*. Bei vergleichbarer Nutzungsart eines Gebäudes kann hiermit ein schneller Vergleich vorgenommen werden. Gelegentlich wurden bisher Energien verschiedener Wertigkeit zusammengerechnet, z. B. Strom- und Wärmeverbrauch, manchmal auch noch Kälteverbrauch. Die Addition der verschiedenen Energieformen ist nicht zweckmäßig und ohne Angabe des Anteils für Strom und Wärme nicht sinnvoll (Kälte wird oft direkt als Stromverbrauch angegeben).

Die *Energiekennzahl*[1]) läßt sich wie folgt definieren:

$E = u \cdot (E_s + v \cdot E_k) + E_w$ in kWh/m²a

darin bedeuten:

$E_s$ = Jährlicher Strom-Energieverbrauch (z. B. für Beleuchtung, Ventilatoren, Pumpen, etc.) in kWh/m²a

$E_k$ = Jährlicher Kälte-Energieverbrauch (sofern nicht direkt als Stromverbrauch angegeben) in kWh/m²a

$E_w$ = Jährlicher Wärme-Energieverbrauch in kWh/m²a

$u$ = Anzahl an Einheiten thermischer Energie, die zur Herstellung einer Einheit elektrischer Energie gebraucht werden. Bei thermischen Kraftwerken wird überwiegend $u = 3$ gesetzt

$v$ = Anzahl an Einheiten elektrischer Energie, die zur Erzeugung einer Einheit thermischer Kälte-Energie gebraucht wird. Je nachdem, ob der Kälteerzeugung die Nebenaggregate, wie Kühlturm und Pumpen, zugerechnet oder getrennt als Stromverbraucher erfaßt werden, ist

$v = 0{,}33 \cdots 0{,}50$

Die *Energiekennzahl* gibt also den jährlichen Verbrauch einheitlich in thermischen Einheiten an; man nennt diese Verbrauchskennzahl auch *jährlichen Primär-Energiebedarf.*

Die *Beleuchtung* wird wegen ihres erheblichen Einflusses auf den Energieverbrauch zukünftig bei Büros sinnvoll in die Betrachtung einbezogen (s. Bild 364-16).

Modernste Energiespar-*Mehrfamilienwohnhäuser* zielen auf eine Energiekennzahl von 70···100 kWh/m²a für Heizung, Lüftung und Brauchwasser hin, während sie beim Gebäudebestand aus der Zeit vor 1975 etwa 200···350 kWh/m²a beträgt.

*Büroklimaanlagen*, die 1970 (ohne Beleuchtung und Brauchwasserwärme) eine Energiekennzahl bis etwa 800 hatten, können heute, sofern alle Sparmöglichkeiten wie Wärmedämmung, Sonnenschutz, Wärmerückgewinnung, kontrollierte Lüftung, optimale Klimaanlagen u. a. ausgenutzt werden, Werte von 300···350, in Zukunft *Energiekennzahlen* von 200···300 kWh/m²a einschl. Beleuchtung erreichen[2]).

---

[1]) Hofmann, W. M.: Ges.-Ing. 4/81. S. 170/8.
Jahn, A.: Ges.-Ing. 4/82. S. 201/3.
Hausmann, K.-H.: TAB 7/82. S. 545/53.
Möhl, U.: HLH 10/82. S. 365/8.
Brendel, Th., u. G. Güttler: BMFT-Forschungsbericht T83-092 (1983).

[2]) Hönmann, W.: Ki 3/83. S. 121/27 und Deutsches Architektenblatt 2/86. S. 155/8.

## -7 WIRTSCHAFTLICHKEIT[1])

Bei der Entscheidung über eine neue Investition ist in der Regel eine *Wirtschaftlichkeitsrechnung* durchzuführen. Dabei geht man davon aus, daß durch die zu erwartenden Einsparungen das eingesetzte Kapital (Investition) $I$ mit Zins und Zinseszins in einer gewissen Zeit zurückgezahlt (amortisiert) wird. Diese Zeit entspricht etwa der Nutzungsdauer der neuen Anlage.

Es gibt verschiedene Methoden für die Ermittlung der Wirtschaftlichkeit.

### -71 Kapitalrückflußdauer *n*

ist das Verhältnis von Investition (Kapital I) zur jährlichen Ersparnis $e$ (Nutzen):

$$n = I/e$$

Dieses sogenannte *statische Verfahren* ist unvollkommen, da es weder die Verzinsung des Kapitals noch steigende Preise berücksichtigt.

*Beispiel:*

Investition $I$ = 100 000 DM
Jährliche Ersparnis $e$ = 20 000 DM/a
$n$ = 5 Jahre

### -72 Annuitätenmethode

Hierbei nimmt man an, daß der Kapitaleinsatz $I$ während der Nutzungsdauer von $n$ Jahren in gleichen Raten *(Annuitäten)* amortisiert wird. Bei dieser Methode ist die Verzinsung des Kapitals eingeschlossen. Die Annuität $A$ errechnet sich dabei durch Multiplikation mit dem *Annuitätsfaktor* (Kapitalwertfaktor) $a$:

$$A = I \cdot a = I \frac{p(1+p)^n}{(1+p)^n - 1}$$ (Bild 185-1 und Tafel 185-1)

*Beispiel:*

Kapital $I$ = 100 000 DM
Einsparung $e$ = 20 000 DM/a
Zins $p$ = 0,08
Nutzungsdauer $n$ = 10 Jahre
Tilgungsfaktor $a$ = 0,149
Annuität $A$ = 100 000 · 0,149 = 14 900 DM/a.

Die Investition ist lohnend, da die Einsparung $e$ größer ist als die Annuität $A$.

### -73 Amortisationsdauer

Man kann die Gleichung für den Annuitätsfaktor $a$ in Abschn. 72 bei bestimmten jährlichen Ersparnissen $e$ auch zur Berechnung der Amortisationsdauer $n_A$ verwenden. Dabei ist die Verzinsung des Kapitals mitberücksichtigt. Es ist

$$n_A = \frac{\lg \dfrac{e}{e - I \cdot p}}{\lg(1+p)}$$

*Beispiel:*

$e$ = 14 900 DM/a
$I$ = 100 000 DM
$p$ = 0,08

$$\text{Amortisationsdauer } n_A = \frac{\lg \dfrac{14900}{14900 - 100000 \cdot 0{,}08}}{\lg(1+0{,}08)} = 10 \text{ Jahre}$$

Die Amortisationsdauer ist länger als die Kapitalrückflußdauer (Bild 185-4).

---

[1]) Geusen, R.: HLH 10/80. S. 353/7.
Cube, H. L. von: HR 6/81. S. 404/10.
Rostek, H. A., u. N. Haarmann: HLH 8/81. S. 300/15.
Grebe, Frech, Großmann, Reinmuth: HLH 1/82. S. 33/9.
Thiel, G. H.: HR 11/82. S. 507/11.
VDI-Richtlinie 2071 Bl. 2 (3.83): Wärmerückgewinnung; Wirtschaftlichkeitsberechnung.
Moog, W.: HLH 4/84. S. 171/8.

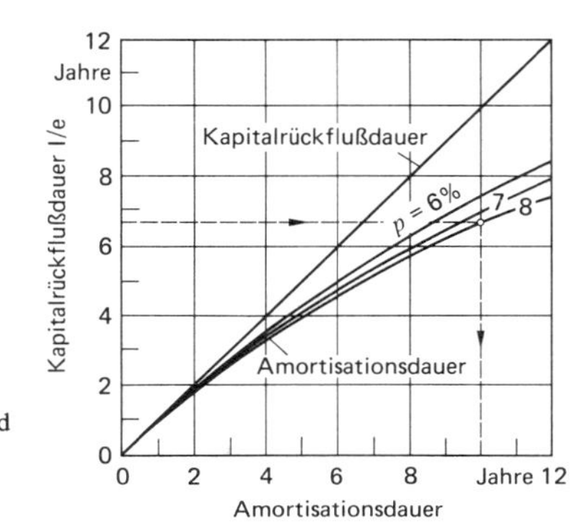


Bild 185-4. Kapitalrückflußdauer und Amortisationsdauer.

## -74 Barwertmethode (oder Kapitalwertmethode)

Der *Barwert B* ist die Summe der Einsparungen *e* während der Nutzungsdauer, diskontiert auf den Beginn der Investition:

$$B = e/a = e \cdot \frac{(1+p)^n - 1}{p(1+p)^n}$$

Die Investition ist wirtschaftlich, wenn $B - I$ positiv ist.

*Beispiel:*

$I$ = 100 000 DM
$p$ = 0,08
$e$ = 20 000 DM/a
$n$ = 10 Jahre
$a$ = 0,149 (aus Bild 185-1 oder Tafel 185-1)
$B = \frac{20\,000}{0{,}149} = 134\,000$ DM
$B - I = 34\,000$ DM, also positiv.

Eine Preissteigerung der Energie ist hierbei nicht berücksichtigt.

## -75 Dynamische Berechnung

Bei den bisherigen Methoden war vorausgesetzt, daß Preise, Löhne und sonstige Kosten konstant wären. Dies ist bekanntlich heute nicht mehr der Fall, so daß die errechneten Zahlenwerte nicht mehr zutreffend sind. Von besonderem Einfluß auf die Wirt-

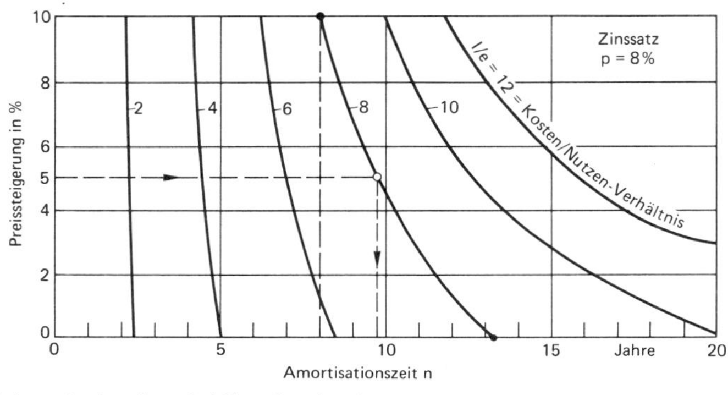


Bild 185-5. Amortisationsdauer bei Energiepreissteigerung.

schaftlichkeit sind die *Energiepreise,* die infolge stetigen Steigens zu jährlichen Energieeinsparungen zwingen. Bei Berücksichtigung steigender Energiepreise ergibt sich die Amortisationsdauer aus

$$n = \frac{\lg[1 + I/e \cdot (q_2 - q_1)]}{\lg q_2/q_1}$$

$q_1$ = Zinsfaktor = 1 + $p$
$q_2$ = Preissteigerungsfaktor = 1 + prozentuale Preissteigerung
$I/e$ = Kosten/Nutzen-Verhältnis

Diese Gleichung ist in Bild 185-5 dargestellt, wobei ein Zins von $p = 0{,}08$ (8%) zugrunde gelegt ist.

*Beispiel:*

Ein veralteter Heizkessel von 50 kW Leistung verbraucht jährlich 13 000 l Heizöl zu 0,40 DM/l.

| | |
|---|---|
| Jährliche Heizkosten 13 000 · 0,4 | = 5200,– DM |
| Ein neuer Kessel kostet $I$ = 12 000,– DM | |
| und verbraucht nur 9250 l zum Preis von 9250 · 0,4 | = 3700,– DM |
| Jährliche Ersparnis $e$ | = 1500,– DM/a |
| Kosten/Nutzen-Verhältnis $I/e = \frac{12\,000}{1500}$ | = 8 |

| | | |
|---|---|---|
| Amortisationsdauer $n$ | bei 8% Zinsen ohne Energiepreissteigerung | 13,2 Jahre |
| | bei einer Energiepreissteigerung von 5% | 9,7 Jahre |
| | bei einer Energiepreissteigerung von 10% | 8,0 Jahre. |

Ähnliche Rechnungen lassen sich auch bei Preissteigerungen für Löhne, Wartungen und Instandhaltungen durchführen.

## 186 Energieersparnis[1])

Die Verteuerung des Heizöls durch die Erzeugerländer hat dazu geführt, daß in aller Welt Pläne zur Energieersparnis diskutiert werden. Seitens der Bundesregierung sind Gesetze zur Einsparung von Energie in Gebäuden erlassen. Auf dem Heizungs- und Klimagebiet bestehen in den nächsten Jahren folgende Möglichkeiten:

1. Der Energieverbrauch für Heizung und Lüftung in Gebäuden ist besonders groß. Er beträgt etwa 40% des gesamten deutschen primären Energieverbrauchs. Durch verbesserten *Wärmeschutz* erwartet man bei Neubauten eine Einsparung an Wärmeenergie von etwa 25 bis 30% gegenüber den bisherigen Bauweisen, was sich aber erst in sehr langer Zeit auswirkt.

   Bei bestehenden Gebäuden ist aus wirtschaftlichen Gründen Wärmedämmung meist nur an Dach, Keller und Fenstern durchführbar.
2. Sofort wirksame Ersparnis bringt der Ersatz veralteter Kesselanlagen durch moderne *Niedertemperaturkessel* mit optimaler Regelung (thermostatischen Ventilen, Nachtabsenkung, Brauchwasser-Vorrangschaltung u. a.). Einsparungen von 25···30% sind bei tragbaren Kosten möglich.
3. Geringere *Raumtemperaturen,* statt 22 °C etwa 20 °C. Je Kelvin-Temperaturabsenkung ergibt sich eine Ersparnis an Heizenergie von ca. 5%. Kontrollierte *Lüftung* in Wohnhäusern anstelle der natürlichen Lufterneuerung durch Undichtheiten der Fenster, möglichst mit Wärmerückgewinnung.
4. Bei *Klimaanlagen* Einbau energieoptimaler Systeme mit *Wärmerückgewinnung* und Ausnutzung innerer Energiequellen. Bis Ende 1984 waren in Westeuropa WRG-Anlagen für 30 GW installiert.

[1]) VDI-Bericht 425: Brennstoffeinsparung. 1981.
VDI 3808 (E. 5.86) Energiewirtschaftliche Bewertungskriterien für heiztechnische Anlagen.
Jacobi, E.: TAB 8/81. S. 673/8.
Moog, W.: TAB 8/82. S. 619/23.
Gössl, N.: Ki 10/82. S. 383/91.

5. Ausdehnung der *Fernwärmeversorgung* durch stadtnahe Heizkraftwerke mit fossilen Brennstoffen. Bei zwangsweisem Anschluß von 25% aller gegenwärtig vorhandenen 24 Mio. Wohnungen an Heizkraftwerke würden etwa 0,25 · 24 · 25 (MWh/Whg) = 150 Mio. MWh Wärme eingespart, das sind 150/8,1 = 18,5 Mio. t SKE. Hierfür sind ca. 25 000 km Heizleitungen erforderlich, die etwa DM 25 Mrd. kosten. Gleichzeitig wird die ohnehin schon erforderliche elektrische Kraftwerksleistung um etwa 20 000 MW erhöht.
6. Verwendung von *Wärmepumpen* für die Hausheizung, namentlich mit Gas- oder Ölmotoren zum Antrieb der Kompressoren. Durch gleichzeitige Ausnutzung der Kühlwasser- und Abgaswärme lassen sich Ersparnisse an Primärenergie erreichen. Tafel 186-1 zeigt für verschiedene Heizsysteme das Verhältnis Nutzwärme/Primärenergie (Heizzahl $\zeta$). Weiterentwicklung der *Absorptionswärmepumpen.* Systeme haben jedoch noch geringe Wirtschaftlichkeit.

**Tafel 186-1. Leistungsverhältnis Nutzwärme : Primärenergie im Jahresdurchschnitt**
Heizzahl $\zeta$ – Mittelwerte

| Heizkessel für Öl, Gas, Kohle | Nachtstrom-speicher-heizung | Heizkraft-werk | Wärmepumpe mit elektr. Antrieb bivalent | Wärmepumpe mit Gasmotor und Abgas-ausnutzung | Absorptions-Wärme-pumpe |
|---|---|---|---|---|---|
| 0,75 | 0,35 | 0,75 | 1,00 | 1,50 | 1,20 |

7. Durch *Kernkraftwerke* weitere Ersparnis an fossiler Energie (bis zum Jahr 2000 jährlich etwa 70 Mio. t SKE). 1000 MW Kraftwerksleistung entsprechen jährlich etwa 2,3 Mio. t Steinkohle.
8. Vermehrte Anwendung jeder Art von *Wärmerückgewinnung,* außer bei Lüftungs- und Klimaanlagen auch bei industriellen Prozessen (Öfen aller Art, Trocknungsanlagen, Gießereien, Brauereien u.a.), bei Abwasser sowie im Gewerbe und in der Landwirtschaft. Es gibt viele verschiedene Methoden, die auch unter wirtschaftlichen Gesichtspunkten eine Rückgewinnung von 50–60% der eingesetzten und sonst verlorenen Energie ermöglichen.

   Eine Abart der Wärmerückgewinnung ist auch die sog. *Wärmeverschiebung,* bei der Wärmeüberschuß von einer Stelle des Gebäudes an eine andere mit Wärmemangel übertragen wird.
9. Ausnutzung der *Sonnenenergie* ist im beschränkten Ausmaß namentlich für die Brauchwassererwärmung und Schwimmbaderwärmung möglich. Eine weitere – an sich sehr erwünschte – Ausnutzung der Sonnenenergie scheitert bisher an den gegenwärtig noch zu hohen Investitionskosten. Erforderlich ist die Entwicklung geeigneter Kurz- und Langzeitspeicher. *Siliziumfotozellen,* die Sonnenenergie direkt in elektrischen Strom umwandeln, haben gegenwärtig ca. 20% Wirkungsgrad und kosten 20···30 000 DM/kW.

   Interessant ist jedoch der *passive Solarwärmegewinn* durch Glasflächen (s. Abschnitt 353-42).
10. Sonstige *Energiequellen* wie Wind, geothermische Wärme, Gezeitenkraftwerke u.a. sind in absehbarer Zeit quantitativ nur von geringer Bedeutung. Diese sog. *regenerativen Energien dürften* auch bis zum Jahre 2000 kaum mehr als 2···3% des gesamten Energieverbrauchs decken (Bild 181-3).

Das *Energieeinsparungsgesetz* vom 22.7.1976 mit Änderung vom 20. 6. 80 ermächtigt die Bundesregierung, durch Rechtsverordnungen bestimmte Anforderungen an Heizungs-, Lüftungs- und Brauchwasserversorgungsanlagen zu stellen.

Inzwischen sind 4 Verordnungen zu diesem Gesetz erschienen:

1. Die *Wärmeschutzverordnungen* (WSVO) vom 11.8.1977 und 24.2.1982. Hierin sind bestimmte Anforderungen an den Wärmeschutz von Neubauten und bestehenden Gebäuden festgesetzt. Siehe Abschn. 238-6.
2. Die *2. Heizungsanlagenverordnung* vom 24. 2. 1982. Hier werden Grenzwerte für die Abgasverluste von Wärmeerzeugern angegeben (siehe Abschnitt 231-8), Dämmschichtdicken von Rohrleitungen (siehe Abschnitt 238-4), Vorschriften für automatische Temperaturregelung u.a.

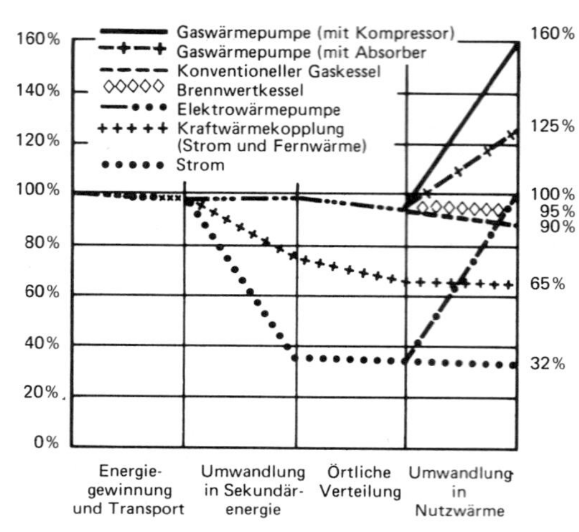


Bild 186-1. Energiebilanzen verschiedener Heizsysteme.

3. Die *Heizungsbetriebsverordnung* vom 22. 9. 78 enthält Anforderungen an den Betrieb von Heizungsanlagen bezüglich Abgasverlusten, Bedienung, Wartung und Instandsetzung sowie Überwachung der Anforderungen durch Fachkundige (siehe Abschnitt 268).
4. Die *Verordnung über Heizkostenabrechnung* vom 23. 2. 81 schreibt den Einbau von Meßgeräten im Wohnungsbau zur verbrauchsgerechten Erfassung des Wärmeverbrauchs für Heizung und Warmwasser vor (siehe Abschn. 165).

Obwohl sich die Baukosten durch die neuen Forderungen erhöhen, werden die zusätzlichen Aufwendungen durch Energieeinsparung in den nächsten Jahren ausgeglichen, zumal staatliche Zuschüsse für Maßnahmen zur Energieeinsparung in Anspruch genommen werden können (Modernisierungs- und Energieeinspargesetz vom 12. 7. 1978).

# 19 UMWELTSCHUTZ, LUFTREINHALTUNG

*Umweltschutz* umfaßt vier Bereiche:

Luftreinhaltung, Abwasserbehandlung,
Abfallbehandlung, Lärmminderung.

Dieser Abschnitt befaßt sich mit der Luftreinhaltung im Energiesektor (Kraft- und Fernheizwerke, Industriefeuerungen, Kleinverbrauch im Haushalt und Gewerbe, Verkehr), nicht dagegen mit dem Prozeß-Sektor (z. B. Kohle- und Rohölverarbeitung, Steine und Erden, Eisen und Stahl, Chemie, Gewerbe etc.).

Fragen zur Lärmminderung s. Abschnitte 123-65 und 337.

## -191 Emissionsbelastung

Unter *Emission* versteht man den Ausstoß von Schadstoffen. Die wichtigsten Emissionen sind:

Staub
Schwefeldioxid ($SO_2$)
Stickoxide ($NO$, $NO_2$)
Kohlenmonoxid ($CO$)
Organische Verbindungen (Kohlenwasserstoffe)
Schwermetalle, Fluor- u. Chlorwasserstoff u. a.

Die zeitliche Entwicklung der Jahresemissionen zeigt Bild 191-1, die Gesamtemission im Jahre 1982 Tafel 191-1.

**Tafel 191-1. Gesamtemissionen in der BRD in Mio. t/a (Stand: 1982)**

| Quelle | $SO_2$ | $NO_x$ | CO | Staub | Org. Verb. |
|---|---|---|---|---|---|
| Verkehr | 0,10 | 1,70 | 5,33 | 0,07 | 0,62 |
| Haushalte und Kleinverbraucher | 0,28 | 0,11 | 1,72 | 0,06 | 0,52 |
| Industrie | 0,76 | 0,43 | 1,12 | 0,42 | 0,45 |
| Kraft- und Stromwerke | 1,86 | 0,86 | 0,03 | 0,15 | 0,01 |
| Summe | 3,00 | 3,10 | 8,20 | 0,70 | 1,60 |

Quelle: Umweltbundesamt 1984

Es sind folgende Tendenzen festzustellen:

*Staub*

Die Gesamtemission hat abgenommen. Hauptverursacher ist die Industriefeuerung, gefolgt von Kraft- und Fernheizwerken. Es wirken die verbesserte Entstaubungstechnik und die Abnahme der festen Brennstoffe bei Kleinfeuerungen zugunsten der flüssigen und gasförmigen Brennstoffe.

*Schwefeldioxid*

Die Gesamtemission ist nahezu gleichgeblieben. Hauptemittenten sind Kraft- und Fernheizwerke mit dem Energieverbrauch entsprechender Tendenz. Bei Industriefeuerungen und dem Kleinverbrauch ist die Abnahme gegeben durch Rückgang der Kohle und Entschwefelung von Heizöl EL.

*Stickoxide*

Die Gesamtemission ist steigend. Hauptemittent ist der Straßenverkehr, gefolgt von Kraft- und Fernheizwerken entsprechend dem Energieverbrauch in diesen Verbrauchssektoren.

*Kohlenmonoxid*

Die Gesamtemission nimmt ab durch Rückgang der Kohle bei Haushalt und Kleinverbrauch. Hauptemittent ist der Verkehr geworden, bei dem die Entwicklung aber jetzt stagniert. Kraftwerke und Fernheizung sind hier wegen guter Feuerungstechnik unbedeutend.

*Organische Verbindungen*

Die Gesamt-Emission stagniert, bei steigendem Anteil des Verkehrs. Sehr unterschiedliche Substanzen mit unterschiedlichen Wirkungen, u.a. Phenole und Aldehyde, Benzol, Chlorwasserstoff. Zulässige Emissionen s. Tafel 369-8.

Die *Raumheizung* wird im wesentlichen durch die Emittentengruppe „Haushalte und Kleinverbraucher" (Bild 191-3) dargestellt, auf die etwa 44% des gesamten Endenergieverbrauchs der BRD entfällt[1]).

Der Anteil dieser Gruppe am Schadstoffausstoß beträgt im Mittel etwa bei

$SO_2$: 9,3%, $NO_x$: 3,7%, CO: 21%, Staub: 9,2%, Org. Verb.: 32,4%.

In Ballungsgebieten höhere Werte.

Die *spezifischen Emissionen* der in dieser Gruppe benutzten Brennstoffe gehen aus Tafel 191-3 hervor.

**Tafel 191-3. Spezifische Emission von Brennstoffen in kg/MWh (Stand: 1982)**

| Brennstoff | Emission in kg/MWh | | | | |
|---|---|---|---|---|---|
| | $SO_2$ | $NO_x$ | CO | Staub | Org. Verb. |
| Steinkohle | 1,80 | 0,36 | 23 | 0,90 | 0,90 |
| Steinkohle-Briketts | 1,80 | 0,18 | 36 | 0,90 | 1,80 |
| Koks | 1,80 | 0,36 | 25 | 1,36 | 0,07 |
| Braunkohle-Briketts | 0,83 | 0,05 | 25 | 1,26 | 0,54 |
| Heizöl EL | 0,47 | 0,18 | 0,18 | 0 | 0,04 |
| Heizöl S | 1,76 | 0,65 | 0,04 | 0,11 | 0,03 |
| Gas | 0,01 | 0,18 | 0,22 | – | 0,01 |
| Sonstige Brennstoffe | – | 0,05 | 25 | 1,26 | 0,54 |

Quelle: Umweltbundesamt 1984

### -192 Einwirkung der Emissionen

Die Emissionen wirken sich aus auf Luft, Boden und Gewässer. Insbesondere der $SO_2$-Gehalt der Luft führt durch Umwandlung zu Sulfaten und Schwefelsäure ($H_2SO_4$) in der Atmosphäre zu trockenen und nassen Depositionen *(saurer Regen)*, wodurch der Boden in seinem pflanzlichen Nährstoffhaushalt durch Versauerung gestört wird. Mehr als 3 Mio. t $SO_2$ werden in der Bundesrepublik jährlich in die Luft gebracht (Bild 191-1). Ebenso wirken die Stickoxide in der Luft durch Umwandlung zu Salpetersäure ($HNO_3$). Es entstehen zunächst Wurzelschäden bei Nadel- und Blattgewächsen, später auch nachlassendes Puffervermögen von Stammrinde und Sproß gegen Zufuhr saurer Niederschläge *(Tannensterben)*. Gegenmaßnahme: Kalkdüngung des Bodens.

*Luftverunreinigungen* werden auch durch *photochemische Prozesse* infolge Sonneneinstrahlung bei Anwesenheit von Stickstoffoxid oder Kohlenwasserstoff in der Atmosphäre gebildet: Es entstehen *Ozon* und andere Reaktionsprodukte wie Peroxide, Aldehyde usw. Die normale Ozonkonzentration an der Erdoberfläche beträgt 80 $\mu g/m^3$, bei ungünstiger Wetterlage 150 $\mu g/m^3$. Akute Wirkung auf Menschenlungen werden bei 300 $\mu g/m^3$ erwartet. Bei diesem Wert tritt auch Sichttrübung der Luft auf: *Sommerlicher Smog* (Los Angeles). In der Stratosphäre verhindert Ozon die gesundheitsschädliche UV-B-Strahlung (0,28...0,32 $\mu m$) durch Ausfilterung.

Reduzierung des Ozongehalts in der oberen Atmosphäre wird durch Spraytreibmittel (Fluorkohlenwasserstoff FKW) und hochfliegende Düsenflugzeuge (NO) erwartet. Bei stärkerer UV-Strahlung werden Hautkrebs, Pflanzenschädigung und Klimaveränderung befürchtet (Ozon-Theorie).

*Winterlicher Smog* (London) tritt infolge $SO_2$, Staub, CO, $NO_x$ und organische Verbindungen auf. $SO_2$ oxidiert zu Schwefeltrioxid, welches mit Nebel zu Schwefelsäureaerosol $H_2SO_4$ oxidiert. Der Vorgang wird beschleunigt durch katalytische Wirkung von Schwermetallsalzen (Fe, Mn), die sich im Feinstaub der Luft befinden.

[1]) Der Sektor „Kleinverbraucher" erfaßt: öffentliche Gebäude, Handel, Gewerbe und Landwirtschaft.
Wagenknecht, P.: Schornsteinfeger 6/85. S. 21/4.

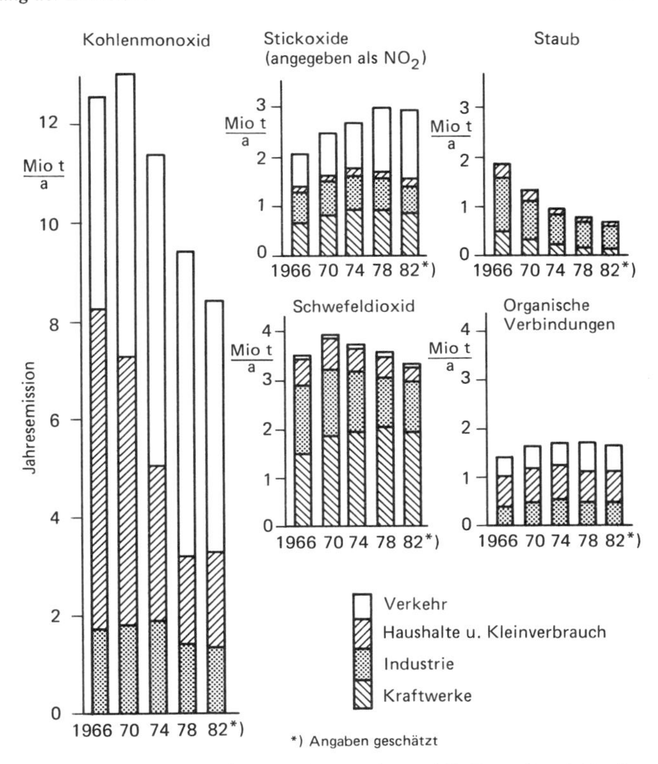


Bild 191-1. Entwicklung der Jahresemissionen in der Bundesrepublik Deutschland (Quelle: Umweltbundesamt 1984).

Weitere Wirkungen der Luftverunreinigungen:

*Staub*

Gesundheitsschädigend, wenn lungengängig (Bild 111-9). Reinigungskosten von Gebäuden werden durch Luftverschmutzung erhöht. Schwermetalle, vor allem Blei, schädigen die Lunge und das Blut von Lebewesen. Für Pflanzen ist Blei weniger gefährlich als Cadmium, das bei Menschen die Nieren schädigen kann. Quecksilber ist für Lebewesen schädlich. Faserige Staube, insbesondere Asbest und Baumwollstaub, führen zu Lungenschädigung (Silikose, Asbestose, Byssinose).

*$SO_2$*

Atembeschwerden bei Menschen, Abbau von Chlorophyll (Blattgrün) bei Pflanzen. Korrosionsschäden an Gebäuden und Metallkonstruktionen.

*NO, $NO_2$*

Reizung und Schädigung der Lunge, 280 mg $NO_2/m^3$ führen zu tödlichen Lungenentzündungen, 47 mg/$m^3$ zu Bronchitis. Bei Pflanzen Blattschäden schon ab 0,1 mg/$m^3$. Durch Absorption von Sonnenlicht führt $NO_2$ zu gelblicher Trübung der Luft.

*CO*

Für Vegetation und Bauwerke unschädlich, jedoch für Mensch und Tier giftig. Wirkung auf Zentralnervensystem und Herzkreislaufsystem. CO bindet roten Blutfarbstoff, dadurch wird der Sauerstofftransport beeinträchtigt. In Luft schnelle Umwamdlung in $CO_2$.

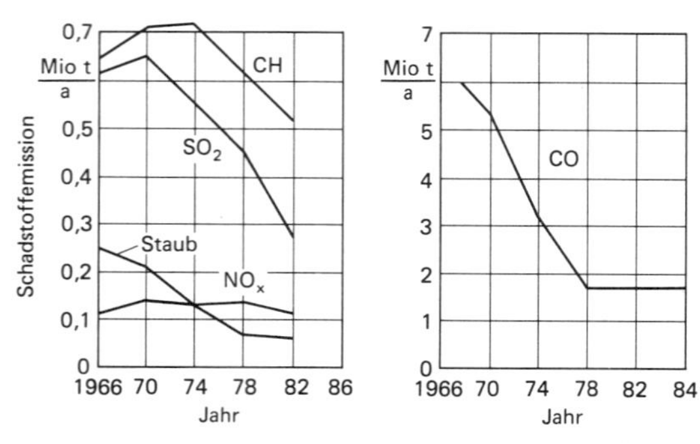


Bild 191-3. Schadstoffemission aus Feuerungsanlagen der Haushalte und Kleinverbraucher in der Bundesrepublik Deutschland (Quelle: Umweltbundesamt 1984).

*$CO_2$*

Für Mensch und Tier derzeit unschädlich, für Pflanzen wäre hoher $CO_2$-Gehalt wachstumsfördernd. Jedoch für Bauwerke schädlich durch Auslaugung von Kalk. Steigender $CO_2$-Gehalt in der Erdatmosphäre infolge hohen Energieverbrauchs fossiler Brennstoffe. In den letzten 100 Jahren Anstieg von 250 auf 340 ppm. $CO_2$-Schicht läßt kurzwelliges Sonnenlicht durch, behindert aber Wärmeabstrahlung nachts (Treibhauseffekt). Temperaturerhöhung auf der Erde wird befürchtet mit negativer Auswirkung auf Landwirtschaft und Erhöhung des Meeresspiegels (Kohlendioxidglocke).

*HF*

Fluorwasserstoff reizt Schleimhäute, verändert Knochenstoffwechsel beim Menschen und bringt Vegetationsschäden. Materialschäden bei Glas (Mattätzung).

*HCL*

Chlorwasserstoff führt zu ähnlichen Schäden wie HF, Metalle korrodieren, Anstriche verlieren Glanz.

*$H_2S$:*

Schwefelwasserstoff ist toxisches Gas. Vergiftung bei 7000 mg/m$^3$ mit Tod durch Atemlähmung. Bei geringer Belastung Dauerschäden bei Atemorgan, Herz-Kreislauf, Zentralnervensystem möglich.

**-193 Gesetze, Verordnungen, Richtlinien**

Es gibt eine Vielzahl von Gesetzen, Verordnungen und Richtlinien auf Bundes- und Länderebene[1]). Für Feuerungsanlagen und Brennstoffe gelten die nachstehend erläuterten Durchführungsverordnungen, die nach dem Bundes-Immissionsschutzgesetz (BImSchG) der *Luftreinhaltung* dienen.

1) *Bundes-Immissionsschutzgesetz* (BImSchG) vom 15.3.1974, geändert am 4.3.82 und 4.10.85[2]).

Rahmengesetz zum Schutz von Menschen, Tieren, Pflanzen mit mehreren Durchführungs-Verordnungen.

2) *Verordnung über Feuerungsanlagen* (1. BImSchVO)

Erste Durchführungsverordnung vom 28.8.74 und 5.2.79, geändert 24.7.85. Erfaßt alle Feuerungsanlagen, die keiner Genehmigung nach der 4. BImSchVO bedürfen. Geltungsbereich siehe Tafel 193-1.

Grenzwerte für *Rauch* nach *Ringelmann-Skala:* Rauchfahne muß heller als Grauwert 2 der 6stufigen Ringelmann-Karte sein (s. Abschnitt 169-5).

[1]) VDMA-Kompendium Umweltschutz, Ffm, Maschinenbau-Verlag, 1983.
Wagenknecht, P.: CCI 2/85, S. 34/6.

[2]) zu bestellen vom Bundesanzeigen-Verlag, Breite Str. 78, 5000 Köln 1.

Begrenzung der *Abgasverluste*

Die Abgasverluste sollen ab 1.1.1983 je nach Nennwärmeleistung zwischen 11% (bei 120 kW) und 14% (bei 4 kW) liegen (s. Abschnitt 231-8).

Begrenzung des Auswurfs von *Staub und Ruß*

Bei flüssigen und gasförmigen Brennstoffen dürfen die Abgase von Anlagen >11 kW Rußwert 3 der 10stufigen *Bacharach*-Skala nicht überschreiten (s. Abschnitt 169-5), keine Ölderivate zulässig.

*Schornsteinhöhe* siehe Abschnitt 232.

Bei festen Brennstoffen ist für Anlagen <22 kW Verwendung raucharmer Brennstoffe vorgeschrieben, für Anlagen >22 kW gilt als Emissionsgrenzwert für Staub und Ruß

bei Handbeschickung (Wasserrohrkessel) 150 mg/m$^3$
bei mechanischer Beschickung (Großwasserraumkessel) 300 mg/m$^3$

Der *$CO_2$-Gehalt* der Abgase soll für Anlagen >11 kW betragen:

bei Zerstäubungsbrennern (ab 1.10.74) über 10%
bei Verdampfungsbrennern (ab 1.1.79) über 8%

Überwachung durch *Bezirksschornsteinfeger* jährlich, sofern >11 kW.

Messung der Temperatur und des $CO_2$-Gehaltes der Abgase, des Schornsteinzuges und des Rußgehaltes (bei Ölfeuerungen), Feststellung der Abgasverluste.

Die 1. BImSchVO wird ergänzt durch die Verwaltungsvorschrift vom 19.10.81, welche erstere erläutert und auch eine Liste geprüfter *Brenner* enthält.

3) *4. Verordnung zur Durchführung* (4. BImSchVO) vom 24.7.85.

Hier ist festgelegt, welche Anlagen sich der Betreiber von der Behörde (Gewerbeaufsicht) genehmigen lassen muß. Betroffen sind *Neu- und Altanlagen,* u.a.

Kraftwerke, Heizwerke, Feuerungsanlagen, Verbrennungsmotor- und Gasturbinen-Anlagen, Kühltürme (Wasserdurchsatz >10000 m$^3$/h, Tierställe (>7000 Hennen oder 250 Sauen), Lackier- und Trocknungsanlagen (Lösemitteleinsatz >25 kg/h).

Für diese Anlagen begrenzt die Behörde die Emission nach der *TA-Luft.*

4) *TA-Luft* (Technische Anleitung zur Reinhaltung der Luft)

Erste Allgem. Verwaltungsvorschrift in der Fassung vom 28.2.86 zum BImSchG mit Grenzwerten für Emissionen und Immissionen.

Die *TA-Luft* regelt für genehmigungsbedürftige Anlagen (4. BImSchVO) das Verfahren der Genehmigung durch die Gewerbeaufsicht. Die TA-Luft gilt der Vorsorge gegen schädliche Luftverunreinigungen. Die neue TA-Luft von 1986 verschärft die Anforderungen der Luftreinhaltung jetzt auch bei kleinen Feuerungsanlagen gemäß Tafel 193-1 und -6; es werden auch Altanlagen betroffen.

Man schätzt, daß die neue TA-Luft Investitionen von 10···30 Mrd. DM auslöst.

**Tafel 193-1. Geltungsbereich der gesetzlichen Regelwerke zur Luftreinhaltung bei Feuerungsanlagen**

| Feuerungswärmeleistung | Brennstoff | | | |
|---|---|---|---|---|
| MW | fest | Heizöl S | Heizöl EL | gasförmig |
| <1 | 1. BImSchVO = Feuerungsanlagenverordnung | | | |
| 1–5 | | | | |
| 5–10 | 4. BImSchVO vom 24.7.85 | | | |
| 10–50 | TA-Luft vom 28.2.86 | | | |
| 50–100 | 13. BImSchVO vom 22.6.83 | | | |
| >100 | Großfeuerungs-Anlagen-VO | | | |

Die Anleitung gliedert sich in drei Hauptabschnitte:

a) *Allgemeine Vorschriften* zur Reinhaltung der Luft, worin u.a. für etwa 20 staubförmige anorganische Stoffe und über 100 organische Stoffe *Emissionsgrenzwerte* in mg/m³ festgelegt sind. Dabei sind je nach Gefährlichkeit drei Klassen unterschieden, z. B.

| | | | |
|---|---|---|---|
| Klasse | I | Cadmium, Quecksilber, Thallium und Verbindungen | E < 0,2 mg/m³ |
| | II | Arsen, Kobalt, Nickel und deren Verbindungen | E < 1 mg/m³ |
| | III | Blei, Chrom, Kupfer, Zinn und deren Verbindungen | E < 5 mg/m³ |
| Klasse | I | Phosgen, Formaldehyd, Tetrachlorkohlenstoff | E < 0,2 mg/m³ |
| | II | Chlor, Toluol, Methanol, Naphtalin | E < 1 mg/m³ |
| | III | Aceton, Glykol, Ethylenacetat, Chlorwasserstoff | E < 5 mg/m³ |

Auch Emissionsgrenzwerte für krebserzeugende Stoffe (Tafel 193-2) und für *Gerüche* sind aufgeführt.

**Tafel 193-2. Max. Massenkonzentration im Abgas bei krebserregenden Stoffen in mg/m³**

| Klasse | bei einem Massenstrom | maximale Konzentration |
|---|---|---|
| I z. B. Asbest, Benzopyren, Beryllium | ≧ 0,5 g/h | 0,1 g/m³ |
| II Arsen-, Chrom-, Kobalt-, Nickel-Verbindungen | ≧ 5 g/h | 1 g/m³ |
| III Benzol, Ethylenoxid, Hydrazin, Vinylchlorid | ≧ 25 g/h | 5 g/m³ |

**Tafel 193-3. Immissions-Grenzwerte**

| Stoff | Einheit | TA-Luft 1986 Kurzzeit ½ Std. | TA-Luft 1986 Langzeit 1 Jahr | VDI 2310[1]) ½ h | VDI 2310[1]) 24 h | VDI 2310[1]) 1 Jahr | MAK-Wert[2]) 8 h |
|---|---|---|---|---|---|---|---|
| CO | mg/m³<br>ppm | 30<br>26 | 10<br>8,6 | 50<br>43 | 10<br>8,6 | 10<br>8,6 | 33<br>30 |
| $SO_2$ | mg/m³<br>ppm | 0,40<br>0,14 | 0,14<br>0,05 | 1,0<br>0,35 | 0,3<br>0,1 | 0,1<br>0,04 | 5<br>2 |
| NO | mg/m³<br>ppm | –<br>– | –<br>– | 1,0<br>0,8 | 0,5<br>0,4 | –<br>– | –<br>– |
| $NO_2$ | mg/m³<br>ppm | 0,20<br>0,10 | 0,08<br>0,04 | 0,2<br>0,1 | 0,1<br>0,05 | –<br>– | 9<br>5 |
| Cl | mg/m³<br>ppm | 0,30<br>0,20 | 0,10<br>0,07 | –<br>– | –<br>– | –<br>– | 1,5<br>0,5 |
| Ozon | mg/m³<br>ppm | –<br>– | –<br>– | 0,15<br>0,08 | 0,05<br>0,03 | 0,05<br>0,03 | 0,2<br>0,1 |
| Staub | mg/m³ | 0,30 | 0,15 | 0,45 | 0,30 | 0,15 | – |
| Formaldehyd | mg/m³ | 0,07 | 0,03 | – | – | – | 1,2 |
| Blei | µg/m³ | 2,0 | – | – | 3,0 | 1,5 | 100 |
| Cadmium | µg/m³ | 0,04 | – | – | – | 0,05 | – |
| Zinkrauch ZnO | mg/m³ | – | – | – | 100 | 50 | 5 |

[1]) VDI-Richtlinie 2310: Maximale Immissionswerte (mehrere Blätter). 8.78 bis 6.86.
[2]) Siehe Tafel 123-9.

**Tafel 193-4. Emissionsgrenzen bei Feuerungsanlagen nach TA-Luft 1986 in mg/m³**

| | Brennstoff | | | | |
|---|---|---|---|---|---|
| Schadstoff | Kohle, Koks, Kohlebriketts | Holz[1]) Torf | Heizöl | Heizöl EL nach DIN 51603, T. 1 | Gas |
| Staub | bei F > 5 MW<br>bei F < 5 MW | 50<br>150 | bei F > 5 MW 80<br>bei F > 5 MW u. S > 1% 50 | Rußzahl < 1 und keine Ölderivate | 5<br>Gichtgas 10 |
| $SO_2$ | bei Wirbel-schichtfeuerung | 2000<br>400 | bei F > 5 MW 1700<br>bei F < 5 MW nur Öl EL zul. | keine Grenzwerte | Erdgas 35<br>Flüssiggas 5 |
| $NO_x$ | bei Wirbelschichtfeuerung und F > 20 MW | 500<br>300 | 450 | 250 | 200 |
| CO | | 250 | 170 | 170 | 100 |
| HCL<br>HF | kein Emissions-grenzwert | | bei M > 300 g/h 30<br>bei M > 50 g/h 5 | 30<br>5 | 30<br>5 |
| Organische Stoffe | | 50 | Werte nach Tafel 369-8 | | |
| Sauerstoffgehalt im Abgas, Vol.-%[2]) | 7 | 11 | 3 | 3 | 3 |

[1]) Holz ohne Kunststoffbeschichtung.
für Holz s. a.: Lorenz, W.: TAB 8/86. S. 551/5.

F = Feuerungswärmeleistung, S = Schwefelgehalt in Gew.-%, M = Massenstrom in g/h.

[2]) Die angegebenen Emissionen $E_B$ beziehen sich auf den Bezugs-Sauerstoffgehalt $O_B$. Bei anderen Meßwerten für Sauerstoffgehalt $O_M$ und Emission $E_M$ erfolgt Umrechnung nach Formel:

$$E_B = E_M (21 - O_B)/(21 - O_M)$$

Die Emissionsbegrenzung nach der TA-Luft wird nur angewandt, wenn bestimmte Anlagengrößen vorliegen. Dazu müssen gewisse Schadstoffmassenströme in g/h überschritten werden (siehe z. B. Tafel 193-2), bei Feuerungsanlagen müssen bestimmte Wärmeleistungen vorliegen (Tafel 193-4).

Die von den Emissionen hervorgehenden Luftverunreinigungen sind noch keine ausreichende Basis für die Betrachtung der Schädlichkeit. Von maßgebender Bedeutung ist auch die Einwirkung der Schadstoffe entfernt von der Quelle an der Erdoberfläche, die *Immissionen*.

Tafel 193-3 enthält maximale *Immissionsgrenzwerte* nach TA-Luft und anderen Quellen, wobei Kurzzeit- und Langzeiteinwirkungen unterschieden sind. Unterhalb dieser Konzentrationswerte sind nach dem heutigen Stand der Wissenschaft keine Schädigungen für Menschen, Tiere, Pflanzen und Sachgüter zu erwarten.

Die *Emissionen* sind in der Regel über Schornsteine abzuleiten. Zur Bestimmung der Mindestschornsteinhöhe bei idealisierten Ausbreitungsverhältnissen dient ein Nomogramm (Bild 232-25).

b) *Begrenzung und Feststellung der Emission sowie Anforderung an bestimmte Anlagen*

Hierunter fallen z. B. Feuerungsanlagen aller Art, Anlagen zum Mahlen, Brennen, Brechen, Rösten von Stoffen, Zementbestellung, Roheisenerzeugung, Kupolöfen usw.; ca. 40 Anlagen, und seit 1986 auch Ställe für Schweine und Geflügel sowie Tierschlächtereien. Bezüglich Feuerungsanlagen für feste, flüssige und gasförmige Brennstoffe zeigt Tafel 193-4 die neu eingeführten Emissionsgrenzwerte.

c) *Altanlagen*

Diese werden durch die Novellierung der TA-Luft vom 28.2.86 besonders betroffen. Je nach dem Grad der Überschreitung der max. zulässigen Emissionen werden Fristen für die Anpassung gesetzt:

Übersteigen Massenstrom und Massenkonzentration das 3fache der zulässigen Werte, muß bis 1.3.89 saniert oder stillgelegt werden.
Wenn die Überschreitung höher als das 1,5fache ist, muß bis 1.3.91 saniert werden; bei mehr als 1facher Überschreitung ist die Frist 1.3.94.
Bei krebserregenden Emissionen gibt es keine zeitliche Staffelung. Frist: 1.3.1989.

5) *Großfeuerungsanlagen-Verordnung* (13. BImSchVO)

13. Durchführungsverordnung vom 22.6.1983 (Tafel 193-7).

Gilt für Neu- und Altanlagen mit einer Feuerungsleistung bei festen und flüssigen Brennstoffen > 50 MW, bei gasförmigen Brennstoffen > 100 MW.

Begrenzt Emission von Stäuben, Schwermetallen, $SO_2$, $NO_x$, HCl und HF, CO.

Anlagen über 300 MW müssen voll-, Anlagen darunter müssen teilentschwefelt werden. Kosten der Entschwefelung werden durchschnittlich auf 1···1,5 Pf pro kWh erzeugten Strom bezw. 200···300 DM je installierte $KW_{el}$ geschätzt. Investitionsvolumen bis 1993 ca. 10 Mrd. DM. Regelung für Altanlagen gilt maximal bis 1993, dann Anforderungen wie bei Neuanlagen.

6) *Smog-Verordnungen*

Einige Landesregierungen haben zur Verhinderung schädlicher Umwelteinwirkungen Verordnungen erlassen. Dabei sind je nach der Höhe der auftretenden Schadstoffkonzentrationen drei Alarmstufen vorgesehen, denen bestimmte Maßnahmen zugeordnet sind, z. B.:

| Alarmstufe | 1 | 2 | 3 |
|---|---|---|---|
| Schadstoff $SO_2$<br>Situation<br>Maßnahmen | 0,8 mg/m³<br>Vorwärmung<br>keine | 1,6 mg/m³<br>Gesundheitsgefahr<br>Verkehrsverbot | 2,4 mg/m³<br>katastrophen-ähnlich<br>Stillegung bestimmter Anlagen |

**Tafel 193-7. Emissionsgrenzen bei Großfeuerungsanlagen[1])**
in mg/m³

| Schadstoff | | Neuanlagen | | | Altanlagen | | |
|---|---|---|---|---|---|---|---|
| | | Brennstoffe | | | Brennstoffe | | |
| | | fest | flüssig | gasförmig | fest | flüssig | gasförmig |
| Staub | | 50 | 50 | 5 sonst.<br>10 Gichtgas<br>100 Industriegas | 80 Braunk.<br>125 sonst. | 50…100 | – |
| Schwermetalle | | 0,5 | 2 | – | 1,5 | 2 | – |
| $SO_2$ | > 300 MW | 400 u.<br>15% Em. | Heizöl EL<br>oder 400 u.<br>15% Em. | 35 sonst.<br>5 Flüssiggas | $R > 30000$ h:<br>wie Neue Anl.<br>$R < 30000$ h:<br>2500 | <br><br><br>2500 | – |
| | 100…300 $MW_{th}$ | 2000<br>40% Em | 1700<br>40% Em | 100 Kokereigas | Restnutzung<br>> 10000 h | | – |
| | ≤ 100 MW | 2000<br>W: 400<br>oder 25%<br>Em | 1700 | 200…800<br>Verbundgase | 2500 | 2500 | |
| $NO_x$ | | 800<br>1800 bei<br>Schmelzfg. | 450 | 350 | 1000<br>2000 bei<br>Schmelzfg. | 700 | 500 |
| CO | | 250 | 175 | 100 | 250 | 175 | 100 |
| HCl | | 100 (> 300 MW)<br>200 sonst. | 30 | – | – | – | – |
| HF | | 15 (> 300 MW)<br>30 sonst. | 5 | – | – | – | |

Em = max. Emissionsgrad für $SO_2$ R = Restnutzung W = Wirbelschichtfeuerung

[1]) Aus David/Lange: Die Großfeuerungsanlagen-Verordnung 1984.

### -194 Maßnahmen zur Begrenzung der Schadstoffemissionen[1])

Es gibt drei Möglichkeiten, die Schadstoffemissionen zu verringern:

- brennstoffseitig
- feuerungstechnisch
- abgasseitig.

Grundsätzlich reduziert sich die Schadstoffemission natürlich auch mit Verringerung des Energieverbrauchs. Deutlichen Einfluß nehmen hier Wärmerückgewinnung und Verbesserungen an Heizungsanlagen und Wärmedämmung. Dieser Möglichkeit wird starke Beachtung geschenkt, da sich hier Umwelt- und Energiepolitik decken.

[1]) Brandes, H.: Abgasreinigung bei Kohlefeuerung, VDI-Bericht Nr. 486, 1983. S. 19/23.
Kremer, H.: Brennstoffseitige Begrenzung der Schadstoffemissionen von Öl- und Gasfeuerungen, VDI-Bericht Nr. 486, 1983. S. 25/29.
Davids, P., u.a.: Luftreinhaltung bei Kraftwerks- und Industriefeuerungen, BWK 4/83, S. 169/174.
Winkler, W.: Energie + Umwelt 84, S. 6/9.
VDI-Fachtagung Nov. 86, Köln. S. Feuerungstechnik 12/86 u. 1/87.

1 *Brennstoffseitige Maßnahmen*

Hierunter versteht man die Änderung der Brennstoffart von z. B. schwefelreicher Kohle oder Schweröl auf schwefelarme Brennstoffe oder Erdgas. Besonders bei Heizöl versucht man, den Schwefelgehalt brennstoffseitig in der Raffinerie zu reduzieren. Ferner häufig auch Umstellung von Heizöl S, das bis 2,8 Gew.-% Schwefel enthält, auf Heizöl EL, das ab 1979 auf 0,3 Gew.-% S begrenzt ist (gemäß 3. Durchführung-VO über Schwefelgehalt von leichtem Heizöl und Dieselkraftstoff). Geplant 0,15% S. Kosten der Entschwefelung ca. 3,5 Pf/l.

Kleinere Feuerungsanlagen für Kohle sind mit schwefelarmer Steinkohle (< 1 Gew.-%) zu betreiben. Bei Anlagen mit flüssigem Brennstoff und mit Feuerungswärmeleistung unter 5 MW muß Heizöl EL nach DIN 51603, T. 1 mit <0,3 Gew.-% Schwefelgehalt verwendet werden. Für Anlagen, die unter die Großfeuerungsanlagen-VO fallen, sind die Grenzen schärfer (s. Abschn. 193).

2 *Feuerungstechnische Maßnahmen*

Zur Reduzierung der *$SO_2$-Bildung* werden feuerungstechnische Maßnahmen vornehmlich bei Kohle angewandt. Bei der Wirbelschichtfeuerung *(Trockenadditivverfahren)*[1]) verbrennt feinkörnige Kohle in einer durch Luftzuführung aufgewirbelten Schwebeschicht aus Asche, Schlacke, Gips, Kalkstein (Sand). Neben der gemahlenen Kohle werden als Additive meist Kalkstein $CaCO_3$ oder Kalkhydrat $Ca(OH)_2$ eingeblasen. Bei der Verbrennung entstehendes $SO_2$ verbindet sich mit dem Kalzium des Kalksteins zu Gips, der mit der Asche abgeführt wird. Der Abscheidegrad für Schwefel liegt bei 50···60%. Infolge geringer Verbrennungstemperatur entstehen auch weniger Stickoxide. Nur für große Feuerungsleistungen (Bild 194-1).

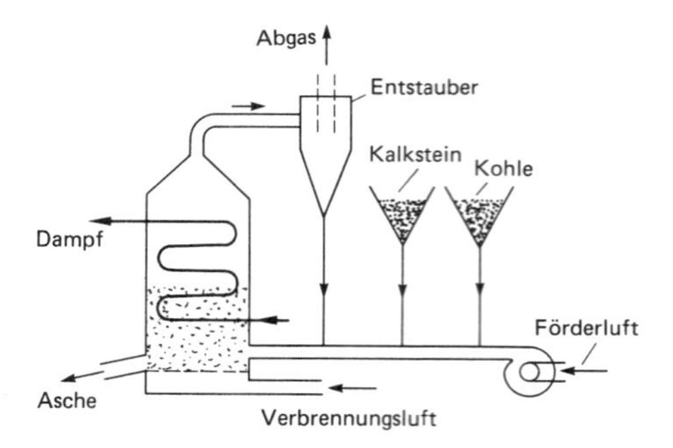


Bild 194-1. Prinzip der Wirbelschichtfeuerung.

Die Entstehung von *Stickstoffoxiden* $NO_x$ wird ebenfalls bei dieser Feuerung verringert, da die Verbrennungstemperatur relativ tief liegt. $NO_x$ wird hauptsächlich durch niedrige Verbrennungstemperaturen reduziert. Dazu dienen folgende Maßnahmen: kurze Verweilzeit in Zonen hoher Verbrennungstemperatur, Rezirkulation, Verringerung des Luftüberschusses durch mehrstufige Verbrennung oder Sekundärluft.

Bei Brennern für *Heizöl* EL erzeugen Gelbbrenner etwas doppelt soviel $NO_x$ wie Blaubrenner.

Gaskessel mit Brennern ohne Gebläse erzeugen nach Messungen[2]) im Bereich um 200 mg $NO_x/m^3$, mit Gebläse nur etwa 100 mg/m³. Durch Flammenkühlung mittels Einbauten in der heißen Flammenzone wird der Flamme ein Teil ihrer Wärme entzogen und als Strahlungswärme an die Brennraumwände abgegeben *(Renox-System)*. Dadurch 50% $NO_x$-Reduktion möglich, ohne CO zu erhöhen.

*Kohlenmonoxid* CO entsteht grundsätzlich als Zwischenprodukt bei der Verbrennung. Gute Abstimmung zwischen Brennerkonstruktion und Feuerung ermöglicht jedoch Einhaltung der Vorschriften.

[1]) Steven, H.: BWK 11/83. S. 453/8.
Hildebrandt, R.: BWK 5/84. S. 193/9.
[2]) Jannemann, T., u. a.: GWI 9/86. S. 463/6.
Schneider, H.: Feuerungstechnik 12/86. S. 18/9.
Schupp, R.: Ges.-Ing. 1/87. S. 5/9.

Über Beseitigung von *Fluor und Chlor-Wasserstoff* liegen bisher wenig Erfahrungen vor. Additive bei Wirbelschicht ermöglichen jedoch eventuell auch hier eine Bindung.

Die Emission von *Staub* ist bei Verbrennung fester Brennstoffe nur indirekt durch besonders ruhige Feuerführung möglich. Ruß führt zur gelbbrennenden Ölflamme. Bei guter Feuerungsführung brennt dieser doch ausreichend ab. Blaubrenner vermeiden Rußbildung fast vollständig.

3 *Abgasseitige Maßnahmen*[1])

Während die Staubemission bei Gasfeuerung bedeutungslos ist, wird *Staub* bei Verbrennung fester Brennstoffe aus dem Rauchgas durch Zyklone, Gewebe- oder Elektrofilter seit langem abgeschieden. Dabei sind Abscheidegrade von 99% erreichbar.

Die *Abgasentschwefelung,* von der es viele verschiedene Verfahren gibt, besonders in USA und Japan, kann grundsätzlich auf drei verschiedene Weisen durchgeführt werden.

a) *Naßverfahren.* Bisher in der BRD überwiegend verwendet. Das Abgas wird in einen Wäscher geleitet, in dem das $SO_2$ bei Temperaturen von 50–60 °C mit dem Kalk der Waschlösung zu Calciumsulfit ($CaSO_3$) reagiert, woraus Gips ($CaSO_4$) als Baustoff gewonnen wird (Saarberg-Hölter- und Bischoff-Verfahren). Abscheidung von $SO_2$ bis 95%. Wiederaufheizung erforderlich (Bild 194-5).

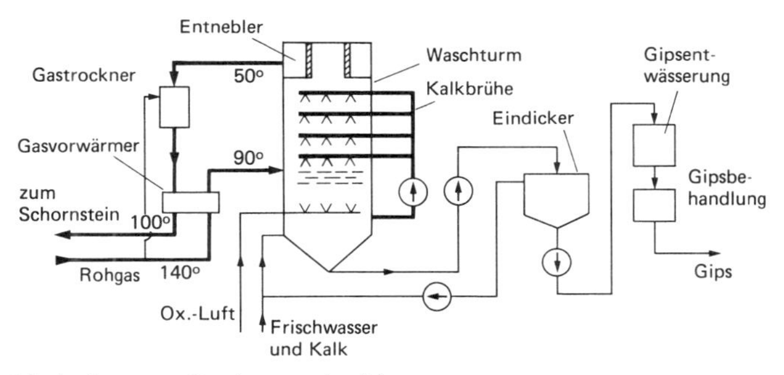


Bild 194-5. Prinzip der nassen Rauchgasentschwefelung.

b) *Halbtrockenverfahren.* Hier wird die Waschflüssigkeit mittels eines Reaktors in den heißen Abgasstrom eingedüst. Das Reaktionsprodukt wird mit Filtern abgeschieden und zu Kunstdünger weiterverarbeitet (Walther-Verfahren).

c) *Trockenverfahren.* Das Abgas durchströmt ein Aktiv-Koks-Filter, in dem $SO_2$ gebunden wird. Anschließend Herauslösung und Weiterverarbeitung zu Schwefel oder Schwefelsäure (Bergbau-Forschungs-Verfahren).

*$NO_x$-Abscheidung*[2]) ist auch bei den Trockenverfahren mit Aktivkoks möglich. Abscheidegrade werden mit 70···80% angegeben. Kombinationsverfahren arbeiten in Verbindung mit der Naßwäsche.

Beim katalytischen Verfahren wird unter Verwendung geeigneter Katalysatoren das Stickoxid NO durch Einsatz von Ammoniak ($NH_3$) in Stickstoff $N_2$ und Wasser bei Temperaturen von 250···450 °C reduziert (SCR-Verfahren = selektive katalytische Reduktion). Bild 194-7 zeigt ein Beispiel. Hinter der Abgasentschwefelung werden zur $NO_x$-Abscheidung z. B. drei Reaktortürme eingebaut, die mit alternierender Abgasrichtung abwechselnd durchströmt werden. Katalyse und regenerative Aufheizung sind in jedem Turm integriert. Das Abgas strömt von unten nach oben, erwärmt sich in einer Regeneratorschüttung auf die Reaktionstemperatur, gelangt in die Katalysatorschicht und gibt seine Wärme an eine obere Regeneratorschüttung ab. Nach der Abkühlung der

---

[1]) Lützke, K.: Ges.-Ing. 6/83. S. 282/90.
Scholz, F.: BWK 1/2-84. S. 9/18.
Heiting, B.: BWK 10/84, S. 411/19.

[2]) Weber, E., u. K. Hübner: Energie 38 (4/86). S. 10ff.

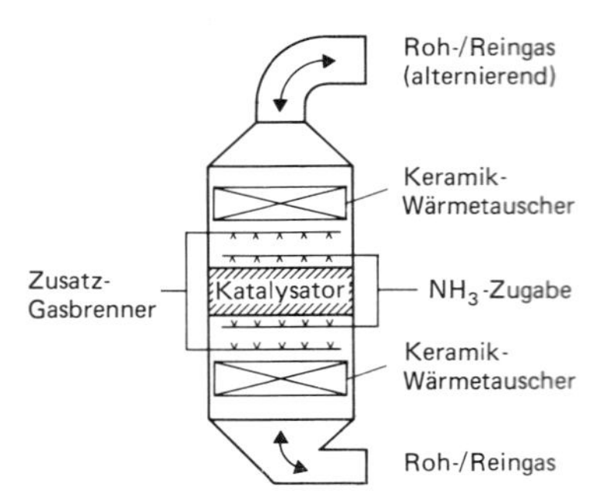


Bild 194-7. SCR-Reaktor mit integriertem regenerativem Wärmetauscher (System Linde).

unteren Regeneratorschicht wird der Abgasstrom umgekehrt. Wärmeverluste werden durch Gasbrenner im Reaktor ausgeglichen.

*Fluor und Chlorabscheidung* erfolgt bei den Naßverfahren zur $SO_2$-Abscheidung etwa mit dem gleichen Wirkungsgrad wie $SO_2$.

Zur Rauchgasentschwefelung waren 1986 in der BRD 130 Anlagen für 35000 MW Feuerungsleistung bestellt und 25 Anlagen für 7000 MW in Betrieb. Zu 90% wird Gips erzeugt, der Rest ergibt Ammoniumsulfat, Elementar-Schwefel oder Schwefelsäure ($H_2SO_3$). Die Entstickungs-(DENOX-)Anlagen sind dagegen immer noch im Versuch (30 Versuchsanlagen). Selbst Großanlagen (Altbach, Scholven) sind noch im Versuchsstadium.

*Schornsteine* siehe Abschnitt 232.

# 2. HEIZUNG

## 21 ALLGEMEINES

### 211 Aufgabe der Heizung

Gewöhnlich bezeichnet man als *Aufgabe der Heizung,* den Aufenthaltsraum des Menschen im Winter zu heizen. Genauer gesagt besteht die Aufgabe darin, die Wärmeabgabe des menschlichen Körpers in der kalten Jahreszeit durch Erwärmung der Umgebung derart zu regulieren, daß sich ein *Gleichgewicht* zwischen Wärmeproduktion und Wärmeabgabe einstellt und der Mensch sich wärmephysiologisch behaglich fühlt.

Die Faktoren, die die Behaglichkeit beeinflussen, sind außer der Kleidung insbesondere Lufttemperatur, mittlere Wandtemperatur, Luftfeuchte, Luftbewegung und Luftreinheit. Die Heizung beeinflußt unmittelbar nur zwei dieser fünf Faktoren, nämlich die Lufttemperatur und die mittlere Wandtemperatur (einschließlich der Heizflächen), die man beide unter dem gemeinsamen Begriff der *Empfindungstemperatur* zusammenfaßt. Die übrigen Faktoren lassen sich nur durch eine Klimaanlage beeinflussen, die man als das vollkommenste technische Mittel zur Erzielung eines behaglichen Raumklimas bezeichnen kann.

Etwa 40% des Primärenergieverbrauchs der Bundesrepublik wird für Raumheizung aufgewendet, zum Teil mit geringem Wirkungsgrad. Die Einsicht, daß unsere Energiequellen begrenzt sind und der Verbrauch zur Umweltbelastung beiträgt, hat dazu geführt, daß gerade in der Heizungstechnik das *Energiesparen* große Bedeutung gewonnen hat. Der gegenwärtige Entwicklungsstand der Heizungstechnik ist daher dadurch gekennzeichnet, daß zur Verringerung des Energieverbrauchs zahlreiche, teils langfristige Maßnahmen und Methoden eingeführt wurden, die sich sowohl auf den baulichen wie den technischen Bereich beziehen.

### 212 Geschichte der Heizungstechnik[1])

Älteste Form der *örtlichen Heizung* war bei allen Völkern das mit Holz geheizte und gleichzeitig zur Speisenbereitung dienende Herdfeuer, sein Hauptnachteil die starke Rauchentwicklung. Um diese zu vermeiden, erfanden die Römer die *Holzkohle,* die in flachen Metallbecken rauchfrei verbrannt wurde. Am weitesten verbreitete Art der Heizung im Altertum.

In Deutschland entwickelte sich aus dem offenen Herdfeuer etwa seit dem 10. Jahrhundert der offene Kamin mit oberem Rauchabzug. Der *Ofen* als geschlossene Feuerstätte mit Rauchgasabführung durch Schornstein leitet sich als Stein- und Lehmofen ebenfalls von alten Vorbildern ab und fand später seit dem 14. Jahrhundert als *Kachelofen* im Laufe der Zeit vielfach verbessert weite Verbreitung.

Der eiserne Ofen entstand seit dem 15. Jahrhundert aus dem Gußplattenofen. Weiterentwicklung über den *Rundofen* (17. Jahrhundert) bis zu den feuerungs- und regeltechnisch verbesserten heutigen Konstruktionen.

---

[1]) Siehe auch Hermann Rietschel – Archiv zur Geschichte der Heizung – und Klimatechnik Universität Kaiserslautern, Prof. Usemann.
Schmitz, H.: HLH 3/81. S. 122/9.

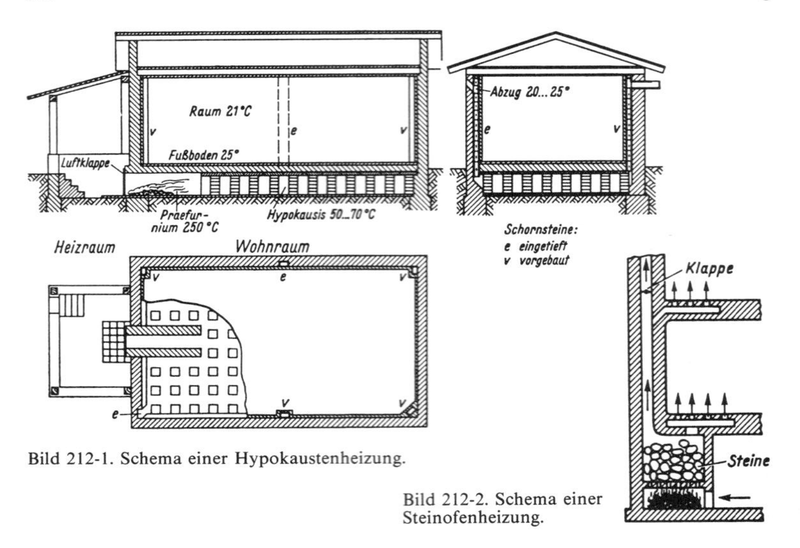


Bild 212-1. Schema einer Hypokaustenheizung.

Bild 212-2. Schema einer Steinofenheizung.

Neue Anwendungsmöglichkeiten bringen die mit Gas bzw. Öl geheizten Öfen. Besonders die *Ölöfen* haben in den letzten Jahren große Verbreitung gewonnen. *Nachtstromspeicheröfen* sind eine Entwicklung der letzten Jahre, besonders für Altbauten geeignet.

*Erste Zentralheizung* ist die sogenannte *Hypokaustenheizung* der Römer (Bild 212-1).

Feuerstätte unterhalb des Hauses, Brennstoff Holz oder Holzkohle, kein Rost. Rauchgase strömen in den Hohlraum unter dem Haus. Erwärmung des Fußbodens. Abzug der Gase durch ein oder mehrere Rohre oder Schächte in den Wänden. Austritt seitlich durch Öffnungen. Kein Schornstein.

*Wasserbehälter* über dem Feuerraum sind die ersten Vorläufer der zentralen Brauchwassererwärmung.

In den ersten Jahrhunderten unserer Zeitrechnung wurden in Rom und im römischen Weltreich viele große Hypokaustenheizungen gebaut, z. B. für die Thermen (Badehäuser) des Caracalla (211–217 n. Chr.) und des Diokletian sowie die Thermen im heutigen Trier.

Bei der *Kanalheizung* war nicht der ganze Fußboden unterkellert, sondern Abgase strömten nur durch einzelne Kanäle unter demFußboden. Verbesserung durch zusätzliche *Frischluftheizung,* indem nach Erlöschen des Feuers sonst verschlossene Öffnungen im Fußboden geöffnet wurden. Dadurch bessere Regelung der Temperatur.

Ähnliche Bauart in Deutschland seit dem 12. Jahrhundert die *Steinluftheizung* oder Steinofenheizung, bei der durch Holzfeuer erwärmte Steinschichten nach Erlöschen des Feuers ihre Speicherwärme in Form einer Auftriebsluftheizung an den Raum abgeben (Ordensschloß Marienburg, Rathaus Lüneburg, Bild 212-2). Etwa im 18. Jahrhundert *Ofen-Luftheizungen* mit gemauertem Ofen im Keller. Rauchgas- und Luftwege erstmalig getrennt.

Rauchgase ziehen durch Schornstein ab. Luft erwärmt sich außen am Ofen, tritt durch Öffnungen im Fußboden in den Raum ein. Später eiserne Öfen (Kalorifere). Rauchgase in eisernen Rohren, Warmluft außen oder umgekehrt (Rauchrohrheizung).

*Die Dampfheizung* entstand in England etwa 1750. Dampfdruck zunächst 1 bis 2 bar Überdruck. Heizkörper in Form von Rohren, Rippenrohren oder Rohrschlangen. Später Niederdruckdampfheizung. Regelung durch Variation des Dampfdrucks. Etwa ab 1870 gußeiserne Kessel, zuerst in USA. 1880 gußeiserne Radiatoren, ebenfalls in USA. 1895 erster Gliederkessel des Ingenieurs Strebel. Später Verbesserung der Heizung durch Feuerungsregler, Regelventile, Koksfeuerung. Wissenschaftliche Untermauerung der Heizungstechnik durch Hermann Rietschel. Erste große Stadtheizung in Europa 1900 in Dresden (größte Entfernung 1040 m, 11 Gebäude).

*Warmwasserheizung* erstmalig ausgeführt Anfang bis Mitte des 18. Jahrhunderts in England und Frankreich. Größere Verbreitung ab 1850 auch in Deutschland durch Gründung der ersten Zentralheizungsfirmen. Umlauf des Heizwassers durch Schwerkraft. Weiterentwicklung der Einzelteile parallel zur Dampfheizung. 1885 Lehrstuhl für Heizung und Lüftung mit Hermann Rietschel (1847–1914) in Berlin. 1898 Verband deutscher Centralheizungsindustrieller (VdCI). Anfang 20. Jahrhundert starker Auftrieb durch Verwendung von Pumpen. In Deutschland allmählich Verdrängung der Dampfheizung. Pumpenwarmwasserheizung wird die Normalheizung für Wohnungen und Bürohäuser, Dampfheizung nur noch für Fabriken.

*Heißwasserheizung* 1831 erfunden durch Perkins in England (Perkinsheizung). Geschlossenes Rohrsystem, starkwandige Rohre, hoher Druck bis 50 bar. Verwendung hauptsächlich für gewerbliche Zwecke. Entwicklung zur Heißwasserheizung mit Umwälzpumpen etwa ab 1925, namentlich in Deutschland. Heißwasserfernheizungen mit Umformern oder Beimischung. Starke Konkurrenz zur Dampffernheizung. Die *weitere Entwicklung* ist durch Bestrebungen gekennzeichnet, die Heizung durch Verringerung der Anlage- und Betriebskosten wirtschaftlicher zu gestalten und Energie, besonders Heizöl, einzusparen. Merkmale dieser Entwicklung sind:

Neue Heizkörper (Konvektoren, Flächenheizkörper, Sockelheizkörper, Strahlplatten, Fußbodenheizungen)

Verbesserungen der Kessel, namentlich der Stahlkessel (schnelleres Aufheizen, hoher Wirkungsgrad, leichtere Bedienung, Überdruckbauarten, korrosionsfeste Niederdruckkessel) und Verbindung mit Brauchwasser-Erwärmung

Weitgehende Verwendung von Meß- und Regelgeräten

Immer weitere Verbreitung der vollautomatischen Öl- und Gasfeuerung

Steigende Verwendung elektrischer Heizung mit billigem Schwachlaststrom

Ausbau der *Fernheizung* in den Großstädten

Luftheizanlagen mit Induktionsgeräten für vielräumige Gebäude (Bürohäuser, Hotels) sowie Klimaanlagen in vielen Bauarten

Die *neueste Entwicklung* ist vor allem durch Energieverknappung und Umweltbelastung beeinflußt und hat z.T. aufgrund von Energieeinspar- und Immissionsschutzgesetzen zur Folge:

Verbesserte Wärmedämmung der Gebäude
Vermehrte Anwendung von automatischen Regelungen
Verbesserte Ausnutzung der Brennstoffe in den Heizkesseln
Weiterer Ausbau der Fernwärmeversorgung
Heizung durch Wärmepumpen und alternative Energien wie Sonnenenergie, Biogas u.a.
Wärmerückgewinnung mit verschiedenen Methoden
Heizung mit geringen Heizwassertemperaturen – *Niedertemperaturheizung*
Neue Verfahren der Abgasreinigung.

## 213 Anforderungen an die Heizung

1. Die *Empfindungstemperatur* in dem beheizten Raum (Mittelwert aus Luft- und mittlerer Wandtemperatur) soll in vertikaler und horizontaler Richtung sowie zeitlich möglichst *gleichmäßig* sein, etwa 20 °C bis 22 °C. Dabei stellt sich ein dauerndes Gleichgewicht ein zwischen der durch Verbrennung der Nahrung und durch Muskeltätigkeit entstehenden körperlichen Wärme und der Wärmeabgabe an die Umgebung.

2. Die Heizung soll *regelbar* sein, d.h., die Empfindungstemperatur soll sich entsprechend dem Wunsch des einzelnen in gewissen Grenzen ändern lassen können. Die Regelung soll dabei möglichst trägheitsarm, d.h. schnell erfolgen; insbesondere soll sich der Raum schnell aufheizen lassen.

3. Die Raumluft (innere Umwelt) soll durch die Heizung *nicht verschlechtert* werden; insbesondere soll keine merkliche Erzeugung von Staub, schädlichen Gasen und Dämpfen möglich sein; auch dürfen keine störenden Geräusche und Zugerscheinungen auftreten. Die Heizkörper sollen leicht zu reinigen sein.

4. Die gleichzeitig mit der Heizung erfolgende Erwärmung der zur Behaglichkeit erforderlichen Außenluft *(Lüftungswärme)* soll zugfrei und ohne störende Luftströmungen bewirkt werden.

5. Die Heizung soll *kostengünstig* in Anschaffung und Betrieb sein. Insbesondere soll sie sparsam und wirtschaftlich betrieben werden können.

6. Die Heizung soll *umweltfreundlich* sein. Dazu gibt es, teils durch Vorschriften geregelt, feuerungs- und brennstoffseitige Maßnahmen. Auch die Schornsteinausführung gehört hierzu.

Eine Heizung, die alle genannten Forderungen in gleicher Weise erfüllt, gibt es natürlich nicht. Alle heutigen Heizungen, angefangen vom uralten Kaminfeuer bis zur modernen Niedertemperaturheizung, haben Vor- und Nachteile. Insgesamt hat die Technik aber einen hohen Stand erreicht. Welche Heizungsart in einem Einzelfall zu wählen ist, hängt von vielen Faktoren ab, die zu berücksichtigen sind, z. B. Gebäudeart, Dauer der Benutzung, Zahl der Personen und ihrer Kleidung, Art der Brennstoffe, Umweltbelastung, Anlage- und Betriebskosten usw.

## 214 Einteilung der Heizungsanlagen

nach der Lage der Wärmeerzeuger:
*Einzel-, Zentral- und Fernheizungen;*

nach der Energieart:
*Kohle-, Gas-, Öl-, elektrische, Solar- und Wärmepumpenheizungen;*

nach dem Wärmeträger:
*Warmwasser-, Heißwasser-, Dampf- und Luftheizungen;*

nach der Art der Wärmeabgabe:
*Konvektions-, Strahlungs-, Luft- und kombinierte Heizungen.*

## 215 Sinnbilder der Heizungs- und Wärmetechnik[1])

s. Tafel 215-1 bis 215-3. Einige weitere Sinnbilder sind auch in DIN 4752 (1.67) enthalten (Heißwasserheizungen), ferner in DIN 2481 (6. 79): Sinnbilder in Wärmekraftanlagen.

In DIN 1946 Teil 1, E. 9. 86 (Grundlagen der Raumlufttechnik) sind ebenfalls Sinnbilder enthalten.

[1]) Lindner, H.: TAB 10/84, S. 705/8.

**Tafel 215-1. Sinnbilder für Rohrleitungsanlagen nach DIN 2429** (7.62 u. E. 8.82)

| Benennung | Sinnbild | Benennung | Sinnbild |
|---|---|---|---|
| *Leitungen* | | Drosselklappe | |
| Grundleitung | | Absperrorgan mit Handrad | |
| Impulsleitung | | mit Magnet | |
| Wirkleitung | | mit Motorantrieb | |
| Bewegliche Leitung | | mit Membran | |
| Kreuzende Leitung ohne Verbindung | | mit Schwimmer | |
| Kreuzverbindung | | Rückschlagorgan | |
| Abzweigstelle | | Rückschlagklappe | |
| *Verbindungen* | | Fußklappe | |
| Flanschverbindung | | Fußventil | |
| Muffenverbindung | | *Ausgleicher* | |
| Schraubverbindung | | U-Bogen-Ausgleicher | |
| Schweißnaht/Lötnaht | | Lyra-Ausgleicher | |
| *Absperrorgane* | | Dehnungs-Ausgleicher | |
| Durchgangsventil | | Balgkompensator | |
| Eckventil | | Stopfbuchs-Ausgleicher | |
| Sicherheitsventil mit Gewicht | | *Zubehör* | |
| mit Feder | | Abscheider | |
| Druckminderventil | | Kondenswasserableiter | |
| Rückschlagventil absperrbar | | Sieb | |
| nicht absperrbar | | Regenhaube | |
| Schieber | | Abflußtrichter | |
| Hahn (Durchgang) | | *Rohrhalterungen* | |
| Eckhahn | | Gleitlager | |
| Absperrklappe | | Festpunkt | |

**Tafel 215-2. Sinnbilder der Heiztechnik*)**

| Benennung | Sinnbild | Benennung | Sinnbild |
|---|---|---|---|
| Dampfleitung | | Pumpe: für Schaltbilder | |
| Kondensatleitung | | Wasserabscheider | |
| Heizungs- Vorlauf | | Kondensatableiter | |
| Heizungs- Rücklauf | | Rückschlagorgan | |
| Luftleitung | | Drosselklappe | |
| Kessel | | Absperrventil | |
| | | Absperrorgan mit Entleerung | |
| Heizkörper | | Heizkörperventil | |
| Radiator | | Absperrschieber | |
| | | Regelventil | |
| Flachheizkörper | | Druckminderventil | |
| Konvektor | | Sicherheitsventil, gewichtsbelastet | |
| Bandheizkörper | | Sicherheitsventil, federbelastet | |
| Rippen- u. Lamellenrohr | | | |
| Rohrschlange | | Standrohr | |
| Rohrregister | | Zugbegrenzer | |
| Wärmeaustauscher | | Belüftungsventil | |
| Wärmeaustauscher mit Speicherung | | Be- u. Entlüftungsstelle | |
| Wandluftheizgerät: a Umluft b Außenluft | a, b | Feuerungsregler | |
| Behälter: offen | | Druckmessung | |
| Behälter: geschlossen | | | |
| Druckbehälter | | Temperaturmessung | |

*) Aus Rietschel-Raiss: 15. Aufl. 1968/70.

**Tafel 215-3. Sinnbilder der Heizungstechnik*)**

| Benennung | Sinnbild | Benennung | Sinnbild |
|---|---|---|---|
| Pumpe |  | Blende |  |
| Ventilator Verdichter |  | Fühler allgemein |  |
| Ventilator |  | Fühler für Temperatur | 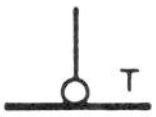 T |
| Brenner | 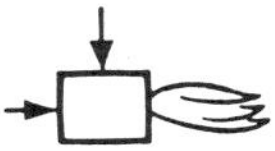 | Fühler für rel. Feuchte | 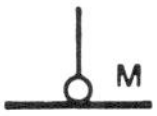 M |
| Wärmeverbraucher |  | Fühler für Druck |  P |
| Wärmeaustauscher | 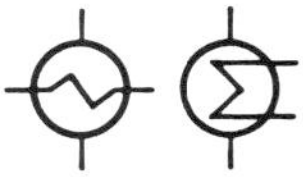 | Fühler für Höhenstand | 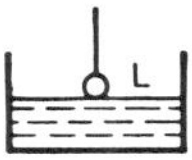 L |
| Heizkessel mit Gebläsebrenner | 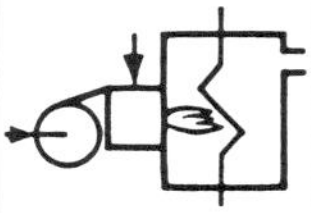 | Regler z. B. für Temperatur |  T |
| Heizkessel für feste Brennstoffe | 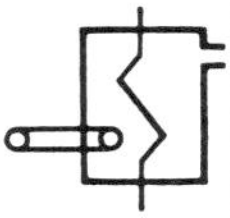 | Meßgerät anzeigend z. B. Temperatur |  T |
| Stellgerät |  | Meßgerät registrierend | |
| Membranantrieb |  | El.-Zähler |  |
| Motorantrieb | 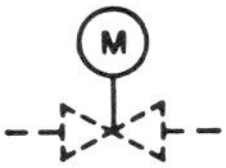 M | Uhr | |
| Magnetantrieb | 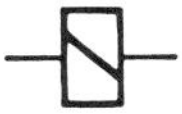 | Umformer z. B. Temp./Elektr. |  T E |

*) Aus VDI-Richtlinie 2068 (11.74). Siehe auch DIN 1946 T. 1 (E. 9. 86).

# 22 HEIZUNGSSYSTEME

Bei den *Einzelheizungen* befindet sich die Feuerstätte (Wärmeerzeuger) in den zu beheizenden Räumen selbst.

Bei den *Zentralheizungen* ist für sämtliche Räume eines Hauses nur ein Wärmeerzeuger, bestehend aus einem oder mehreren Heizkesseln, meist im Keller des Gebäudes, vorhanden, während die einzelnen Räume mit Heizflächen der verschiedensten Art ausgestattet sein können.

Die *Fernheizung* schließlich benutzt für eine mehr oder weniger große Gruppe von Häusern, einen Gebäudeblock oder sogar einen Stadtteil nur eine Heizzentrale.

Bei der *Heizkraftwirtschaft* wird die bei der Stromerzeugung im Abdampf erhaltene Wärme einer Fernheizung zugeführt.

Außerdem gibt es noch *Sonderbauarten*, insbesondere zur Nutzung regenerativer Energien: Heizung mit Wärmepumpen, mit Sonnenenergie und anderen alternativen Energien.

## 221 Einzelheizungen

### -1 KAMINE UND KAMINÖFEN[1])

Das offene Kaminfeuer (Bild 221-1) entstand aus der ältesten Feuerstätte, dem offenen Herdfeuer. Verwendung in Ländern mit mildem Winterklima, z. B. England. Heizwirkung hauptsächlich durch Strahlung. Wirkungsgrad sehr gering, etwa 20 bis 30%. Geringe Anschaffungskosten, jedoch viel Bedienung erforderlich. Verwendung manchmal zu dekorativen Zwecken, ein-, zwei-, drei- oder allseitig offen (Bild 221-2). In neuerer Zeit bemüht man sich, die Kamine in verbesserter Form mit eisernem Rost, Unterluftregelung, Aschensammler und Abwärmenutzung der Verbrennungsgase herzustellen, um höhere Heizleistung zu erhalten.

Heizleistung etwa 3500…4500 W je $m^2$ Kaminöffnung. Verfeuerung hauptsächlich von Holz. Sehr viel Verbrennungsluft erforderlich, die jedoch nur zum Teil an der Verbrennung teilnimmt. Luftgeschwindigkeit in Feuerraumöffnung ≈ 0,2 m/s. Manchmal auch direkte Luftzufuhr aus dem Freien in den Feuerraum. Die Muster-Feuerungsverordnung (1.80) fordert Sicherstellung der Verbrennungsluftzufuhr. $CO_2$-Gehalt der Abgase 1…2%. Schornsteinquerschnitt ist nach mittl. Abgastemperatur (50…60 °C), Höhe und Abgas-Luftmenge zu berechnen. Eigener Schornstein ist vorgeschrieben.

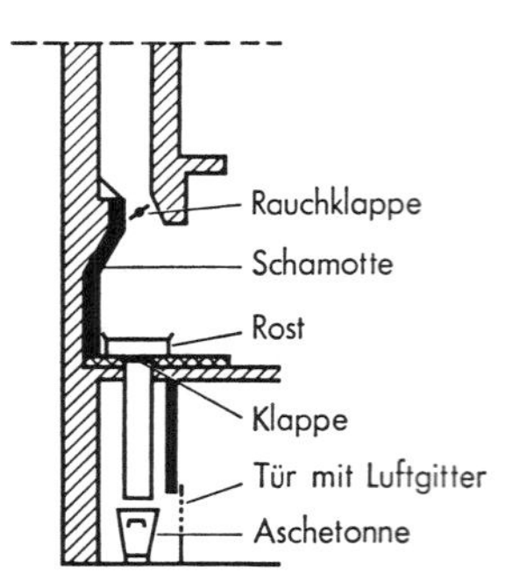


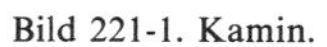
Bild 221-1. Kamin.

Bild 221-2. 3seitig offener Kamin mit Blechschürze.

[1]) Richtlinien für den Bau von offenen Kaminen. Feuerungstechn. 12/78 u. 2/79.
DIN 18895 Teil 1. E. 12.83. Offene Kamine.
DIN 18891 4.84: Kaminöfen für feste Brennstoffe.
Pepping, E.: IKZ 20/82. S. 40.
Kleine-Voßbeck, H.: IKZ Heft 15/16 und 19 (1985).

Eine Weiterentwicklung der Kamine sind die *Kaminöfen,* die nicht vor Ort, sondern werkstattmäßig hergestellt werden. Zum Aufstellungsraum haben sie ein geschlossenes oder zu öffnendes *Sichtfenster.* Brennstoffe sind Holz und Braunkohlenbriketts. Keine Dauerbrandöfen. Leistung bis 11 kW.[1])

Manche Kaminöfen haben auch Rohrsysteme oder Doppelwände zum Anschluß an die hausinterne Warmwasserheizung. Sobald das Wasser im Kamin eine bestimmte Temperatur erreicht hat, wird die zugehörige Umwälzpumpe ein- und die Heizungspumpe ausgeschaltet. Wärmeausnutzung somit auch für andere Räume (Bild 221-6).

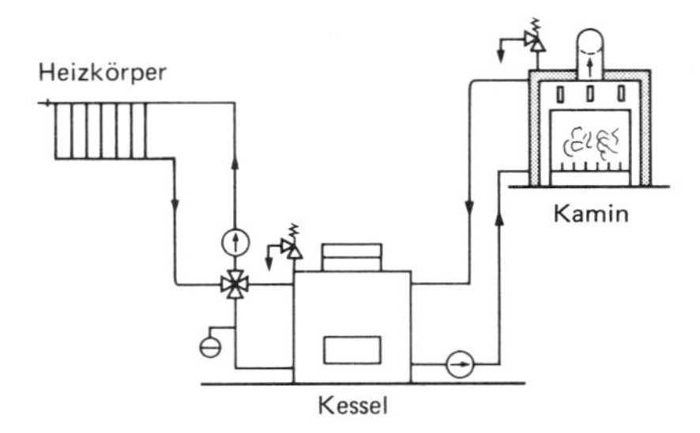


Bild 221-6. Kamin mit Heizwasser-Anschluß.

## -2 KACHELÖFEN (SPEICHERÖFEN)[2])

### -21 Allgemeines

Kachelöfen (Bild 221-20) sind dadurch gekennzeichnet, daß im Verbrennungsraum durch Verbrennung der Brennstoffe schnell ein- oder zweimal täglich (in ¼ bis 1 Stunde) Wärme erzeugt wird, die von den Rauchgasen in der schweren Masse der Öfen gespeichert und langsam im Laufe des Tages an die Umgebung abgegeben wird. Die Kachelöfen sind also *Wärmespeicheröfen.* Früher in deutschen Wohnungen sehr verbreitet. Sie geben infolge ihrer großen Heizfläche eine milde, angenehme Wärme ab, namentlich in der Nähe des Ofens. Die Regulierfähigkeit ist jedoch schlecht, die Wärmeabgabe ungleichmäßig (Bild 221-23), Temperaturunterschiede im Raum erheblich. Platzbedarf groß. Nutzungsgrad etwa 65 bis 75%. Manchmal aus architektonischen Gründen bevorzugt, seit der Energieverteuerung manchmal in der Übergangszeit auch aus Ersparnisgründen *(Zweitheizung).*

### -22 Bauarten

Man unterscheidet

nach dem Gewicht:
*Leichte, mittlere und schwere Öfen;*

nach der Zahl der beheizten Zimmer:
*Einzimmeröfen* (Bild 221-20) und *Mehrzimmeröfen* (Bild 221-21); im letzteren Fall befindet sich der Ofen in einem der beheizten Räume, während die mitzuheizenden Räume durch je einen Warm- und Kaltluftkanal mit der Heizkammer des Ofens in Verbindung stehen.

### -23 Ausführung

Äußerlich unterscheiden sich neuzeitliche *Kachelgrundöfen* von den älteren Bauarten dadurch, daß sie allseitig glasierte Heizflächen besitzen, auf Sockeln oder Füßen von mindestens 15 cm Höhe ruhen, niedrig und breit ohne Gesimse gebaut sind. Aufstellung frei vor Innenwänden. Wandabstand 12 bis 15 cm. Beispiel Bild 221-20.

[1]) DIN 18891 (4.84): Kaminöfen für feste Brennstoffe.
[2]) Schenk, E.: IKZ 17/80. 8 S. u. SBZ 8/81. 7 S. u. IKZ 7/85. S. 58/60.
Madaus, Ch.: TAB 8/82. S. 633/4.
Richtlinien für den Kachelofenbau. Hrsg. vom ZVHSK 1984.
Gütegemeinschaft Kachelofenbau im RAL, 7780 Bühl.

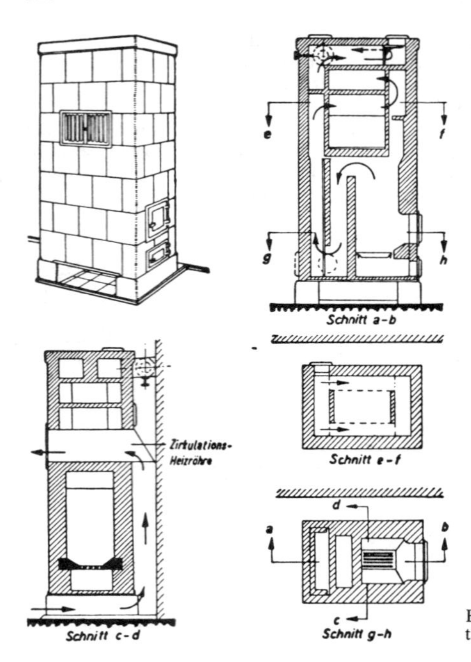


Bild 221-20. Kachelofen mit Zirkulationsheizröhre.

Der *Kachelmantel* besteht aus Ton- oder Schamottekacheln, Kachelmaße 22 × 22 cm. Nach diesen Maßen wird die Größe des Kachelofens angegeben (z. B. 2½ · 3 · 5 Kacheln). Die *Feuerzüge* (Sturzzüge, Steigezüge, Unterzüge, Deckenzüge) werden zwecks besserer Erwärmung des Raumes so geführt, daß der untere Teil des Ofens durch Sturzzüge stärker als der obere erwärmt wird. Mittlere Oberflächentemperaturen der Kacheln s. Bild 221-23.

## -24 Heizleistung[1])

Die Größe der Kachelöfen richtet sich nach dem Wärmebedarf des Raumes und der *Heizflächenleistung*. Der Wärmebedarf des Raumes ist nach DIN 4701 zu ermitteln oder überschlägig aus Tabellen zu entnehmen. Mittlere Wärmeabgabe je nach Wanddicke

bei schwerer Bauart ≈ 0,7 kW/m²
bei mittelschwerer Bauart ≈ 1,0 kW/m²
bei leichter Bauart ≈ 1,2 kW/m²

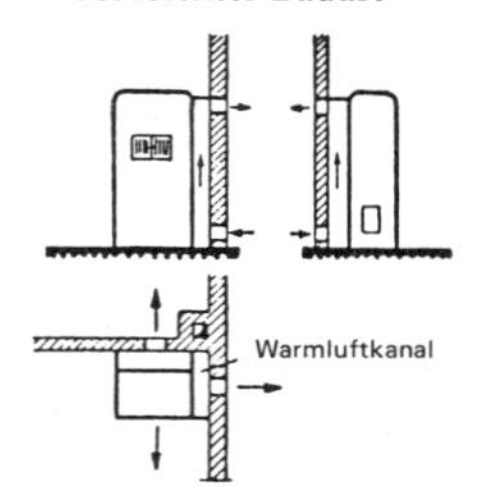


Bild 221-21. Dreizimmerheizung mit Kachelofen.

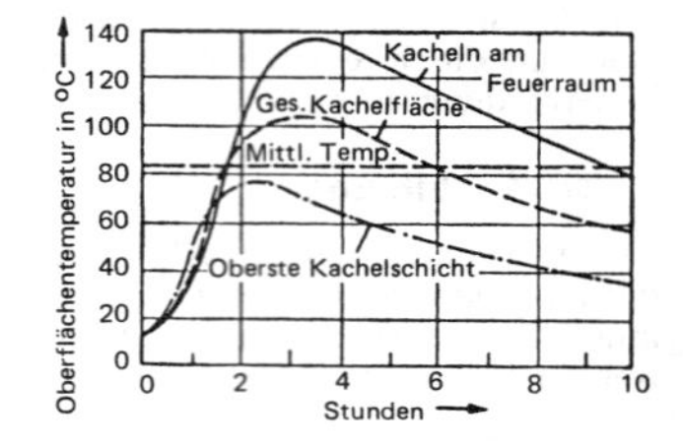


Bild 221-23. Oberflächentemperaturen eines mittelschweren Kachelofens.

[1]) Pfestorf, K. H.: SBZ 2/86. S. 87.

Wärmeabgabe je etwa zur Hälfte durch Konvektion und Strahlung. Sie ändert sich stündlich je nach der Oberflächentemperatur. Technisch genaue Berechnungen sind nicht üblich, man verwendet Erfahrungswerte. Angaben über den Brennstoffverbrauch, richtige Bedienung vorausgesetzt, siehe Abschn. 266-7.

Brennstoffe in der Regel langflammige Brennstoffe wie Braunkohlenbriketts und Holz, bei Steinkohlenfeuerung besondere freistehende Ausbildung des Feuerraumes erforderlich. Normaler Zug 10 Pa.

Statt fester Brennstoffe können zur Heizung auch *Öl-Einbaubrenner* verwendet werden. Brenner sind Verdampfungsbrenner mit oder ohne Ventilator. Ölversorgung durch Tank am Ofen oder von einem Kellertank mit Pumpe. Auch *Gaseinbaubrenner* werden verwendet. Siehe hierzu Abschnitt 221-5: Warmluft-Kachelöfen.

## -25 Schornstein[1])

Die Aufgabe des Schornsteins besteht in der Zuführung der Verbrennungsluft und der Abführung der Verbrennungsgase. Der Zug des Schornsteins ist desto größer, je höher er ist und je wärmer die Rauchgase sind. Um Abkühlung der Rauchgase zu vermeiden, Anordnung möglichst an Innenwänden. Herstellung einschalig aus Mauersteinen bzw. Formstücken aus Beton oder dreischalig mit Dämmstoffschicht. Strömungswiderstände durch möglichst glatte Innenflächen gering halten, aus demselben Grund auch Richtungswechsel (sog. Verziehen des Schornsteins) möglichst vermeiden. Lichte Weite überall beibehalten, Schornstein über Dachfirst hinausführen. *Fugendichtheit* wichtig.

Anforderungen an *Hausschornsteine* sowie Planung und Ausführung sind in DIN 18160 (4 u. 6/81) enthalten. Bemessung siehe Abschn. 232. Mindestquerschnitt bei Mauersteinen 13,5 × 13,5 cm bzw. 10 cm ∅, Mindesthöhe 4 m. An einen *gemeinsamen* Schornstein dürfen bis 3 Feuerstätten für feste oder flüssige Brennstoffe angeschlossen werden.

Für mehrfach belegte Schornsteine ist in DIN 4705 T.3 (7.84) ein Näherungsverfahren, zur Ermittlung der Schornsteinquerschnitte in Abhängigkeit von der wirksamen Schornsteinhöhe $H$ und dem Abgasmassenstrom $\dot{m}$ angegeben. Daraus Bild 221-27. Der Abgasmassenstrom ergibt sich aus der Wärmeleistung $\dot{Q}$:

$\dot{m} = 1{,}2\ \dot{Q}$ in g/s.

*Beispiel:*

Für 3 übereinander liegende Feuerstätten von je 5 kW Leistung ist der Massenstrom $\dot{m} = 1{,}2 \cdot 15 = 18$ g/s. Der Schornstein benötigt bei $H = 6$ m einen Querschnitt von 245 cm².

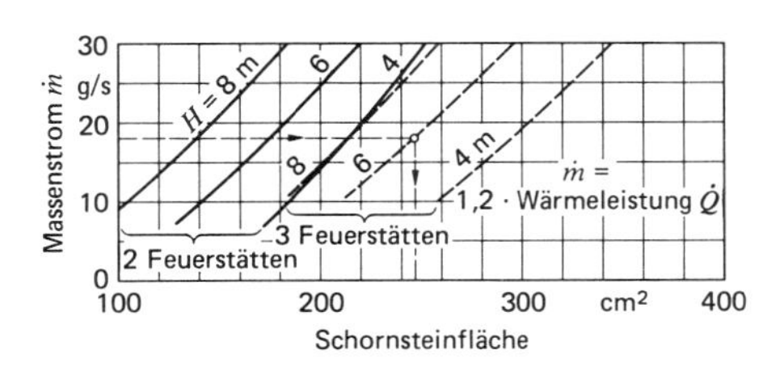


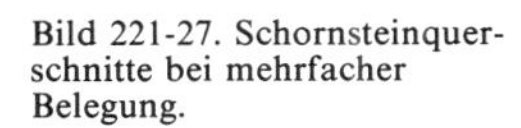
Bild 221-27. Schornsteinquerschnitte bei mehrfacher Belegung.

## -26 Kleinkachelöfen (Keramische Kleinöfen)

Diese Öfen sind Übergangsformen zwischen den Speicheröfen und den eisernen Dauerbrandöfen. Sie sind meist transportabel und für Dauerbrand eingerichtet. Vielfach Verwendung von Luftmänteln oder Luftschlitzen. Auslegung nach DIN 18894 (6.56). Hohe Oberflächentemperaturen.

---

[1]) DIN 18160 – Teil 1 (2.87): Hausschornsteine – Anforderungen, Planung, Ausführung.

## -3 EISERNE ÖFEN

### -31 Allgemeines[1])

Eiserne Öfen sind dadurch gekennzeichnet, daß man den Brennstoff im Ofen je nach der verlangten Heizleistung durch Einstellung der Verbrennungsluftmenge mehr oder weniger langsam abbrennen lassen kann. Sie sind daher sowohl für *kurzzeitigen Betrieb* wie für *Dauerbrand* geeignet. Im Gegensatz zu den Speicheröfen besitzen sie keine große Speichermasse, sondern verhältnismäßig dünne Wände, sind daher bei gleicher Heizleistung leichter, kleiner und meist transportabel. Ihre Oberflächentemperatur ist dabei jedoch größer, so daß mehr Wärme durch Strahlung abgegeben wird. Nachteilig ist jedoch auch hier die ungleichmäßige Raumerwärmung.

Trotz der Konkurrenz von Öl und Gas haben die eisernen Öfen für feste Brennstoffe noch immer einen gewissen Marktanteil. Dies ist neben sonstigen Verbesserungen insbesondere darauf zurückzuführen, daß durch *Automatik* die Bedienung erleichtert und gleichzeitig Überheizung und Erlöschen des Feuers verhindert wird. Anwendung oft nur aus dekorativen Gründen (Gußeisen) als Zweitheizung.

### -32 Bauarten

Man unterscheidet Öfen mit oberem Abbrand (irische Öfen, Durchbrandöfen) und mit unterem Abbrand (amerikanische Öfen, Unterbrandöfen) sowie Universal-Dauerbrandöfen.

*Durchbrandöfen* haben einen großen, innen mit etwa 4 cm Schamotte ausgekleideten runden oder rechteckigen Brennstoffraum, der gleichzeitig als Verbrennungsraum dient. Der gesamte gespeicherte Brennstoffvorrat gerät bei Zuführung der Verbrennungsluft von unten in Glut und verbrennt allmählich. Drei Türen: Aschen-, Feuer- und Falltür. Der Rost zum leichten Entaschen als Schüttelrost ausgebildet. Regelung des Abbrandes durch Drosselung der Verbrennungsluftmenge mittels Rosette oder Schieber in Aschtür. Heizgase ziehen bei kleinen Öfen nach oben zum Rauchrohr ab; bei guten Öfen sind zur besseren Ausnutzung der Heizgaswärme Deckenzüge oder Sturz- und Steigzüge angebracht. Zum Anheizen Kurzschließen der Sturzzüge durch Umstellklappe (Anheizklappe). Die Mehrzahl der eisernen Öfen wird als Deckenzugöfen gebaut, da bei Sturzzugöfen der erforderliche größere Schornsteinzug häufig nicht vorhanden ist (Bild 221-30).

In diesen Öfen können fast alle Brennstoffe verbrannt werden, insbesondere Anthrazit, Koks und nichtbackende Steinkohle, daher auch *Allesbrenner* genannt; Briketts vornehmlich in Sturzzugöfen. Bestwirkungsgrade 75 bis 80%; Nutzwirkungsgrade 65 bis 70%, Abgastemperatur bei Vollast ≈ 250···300 °C, Luftzahl ≈ 2,0[2]). Bild 221-31.

Bei den *Unterbrandöfen* (Bild 221-32) sind Füllschacht und Verbrennungsraum voneinander getrennt. Es brennt nur der auf dem Rost befindliche untere Teil des Brennstoffs. Der Brennstoff sinkt mit fortschreitendem Abbrand im Füllschacht allmählich zum Rost nach. Im übrigen Bauart wie bei den Öfen mit oberem Abbrand. Regelung des Abbrandes ist wegen der gleichmäßigen Brennraumhöhe besonders feinfühlig möglich. Als Brennstoff ist besonders Anthrazit geeignet. Bestwirkungsgrade 80 bis 85%, Nutzwirkungsgrade 70 bis 75%. Die Öfen sind jedoch wesentlich teurer als die Durchbrandöfen.

Wichtig für störungsfreie Verbrennung ist die richtige Brennstoffsorte. Zu kleine Körnung ergibt Luftmangel, zu große Luftüberschuß und evtl. Erlöschen des Feuers.

Zuletzt entwickelt wurde der *Universal-Dauerbrandofen*, gewissermaßen eine Verbindung zwischen den beiden Bauarten. Verbrennungsluft wird nicht nur von unten, sondern auch von oben und seitlich an die brennende Kohle herangeführt. Damit wird insbesondere die Verbrennung der Schwelgase verbessert.

### -33 Ausführung

Maßgebend für die Konstruktion und Ausführung eiserner Dauerbrandöfen ist DIN 18890 (9.71 u. 12.74), die Richtlinien über Bau, Anforderungen, Leistung und Prüfung dieser Öfen enthält.

Mittlere Oberflächentemperatur 200 bis 250 °C, Masse je $m^2$ Heizfläche 40 bis 80 kg, je kW Heizleistung 13 bis 26 kg.

---

[1]) Pochcial, J. P.: BWK 12/77. S. 474/8.
[2]) Schüle, W., u. U. Fauth: HLH 1962. S. 133/146.

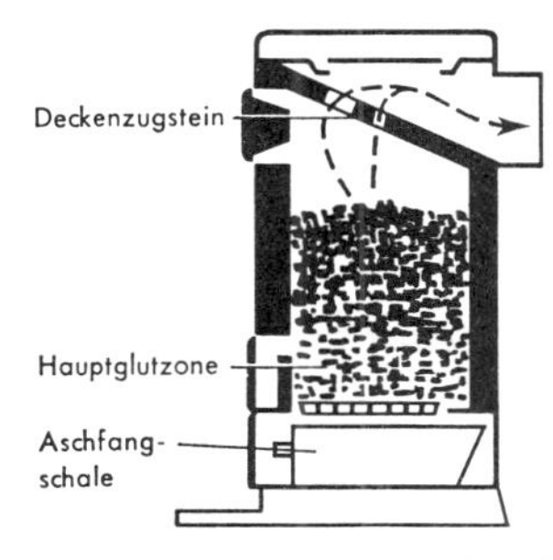


Bild 221-30. Eiserner Dauerbrandofen mit Deckenzug, Schüttelrost und Aschekasten.

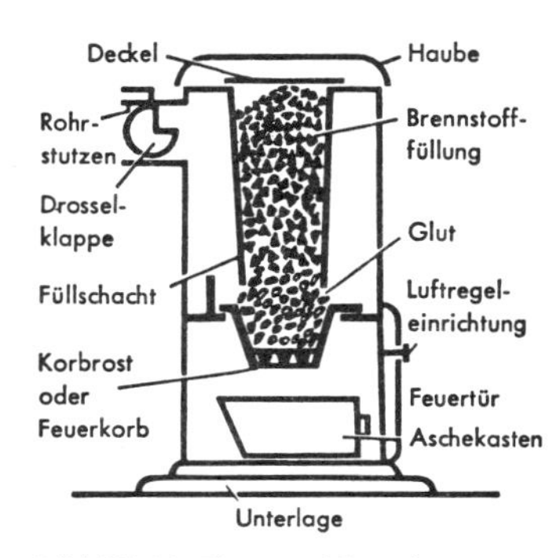


Bild 221-32. Eiserner Ofen mit unterem Abbrand (Amerikaner-Ofen).

Bild 221-31. Wirkungsgrade bei eisernen Dauerbrandöfen sowie Abgastemperaturen und Luftzahlen.
$a$ = Deckenzugofen
$b$ = Sturzzugofen

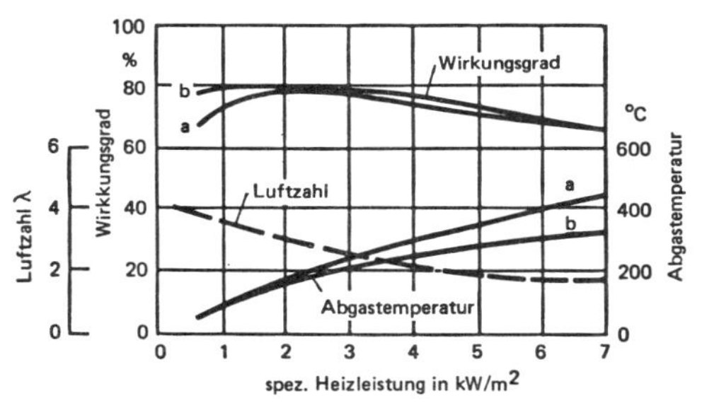


Neuere Bauarten verwenden Zirkulationsschlitze (Konvektormantel) um den eigentlichen Ofen. Dadurch Verringerung des Strahlungsanteils der Wärmeabgabe von vorher etwa 50% auf etwa 10%. Weitere Eigenschaften: Entaschung der Roste von außen her, ohne die Ofentür zu öffnen (staubfreie Entaschung in Papiertüte), großer Aschekasten, Leuchtfeuerfenster an der Vorderseite. Leuchtfeuerofen nur für Koks und Magerkohle. Die Hersteller ändern häufig den äußeren Mantel entsprechend dem Publikumsgeschmack, während der „Innenofen" unverändert bleibt.

Zum Wiederanzünden des Brennstoffs gibt es *Anzündmittel*, die auf der Basis Öl, Holzkohle oder Spiritus hergestellt werden, und Anzündgeräte, so daß ein Ausräumen der Kohle beim Erlöschen des Feuers nicht erforderlich ist.

Die *Emissionen* von Feststoffen und Gasen sind je nach Bauart, Brennstoff und Betriebsart der Öfen sehr unterschiedlich[1]). Hinweise in der VDI-Richtlinie 2118 (7.79). Mittlere Feststoffemission (Ruß, Teer) 0,02···0,2 g/kWh, bei rauchreichen Brennstoffen bis 0,7 g/kWh.

## -34 Regelung[2])

Die Öfen sind meist mit automatischer Regelung ausgestattet, dadurch

konstante Heizleistung oder Raumtemperatur,
sicherer Dauerbrand bei Schwachlast,
keine Ofenüberlastung,
größere Wirtschaftlichkeit,
Abfangen von Zugschwankungen.

Bauarten der Regler:

*Abgastemperaturregler* mit Temperaturfühler (Bimetallspirale) in Abgasrohr steuern Lufteintrittsöffnung so, daß Abgastemperatur und damit Heizleistung annähernd konstant bleiben (Leistungsregler). Bei sich änderndem Wärmebedarf neu einstellen, Knopfbedienung.

[1]) Baum, F., u.a.: Ges.-Ing. 4/72. S. 102/8 und 10/69. S. 295/306.
[2]) Siegmund, H.: Ges.-Ing. 1966. S. 195/200.

*Oberflächentemperaturregler* betätigen Frischluftklappe so, daß Oberflächentemperatur und damit Leistung annähernd konstant bleiben (Leistungsregler).

*Raumtemperaturregler* in Form von Bimetallen oder flüssigkeitsgefüllten Federbalgen in der Nähe der unteren Lufteintrittsöffnung steuern die Luftklappe, so daß Raumtemperatur annähernd konstant bleibt. Schema der Wirkungsweise siehe Bild 221-36 u. -37.

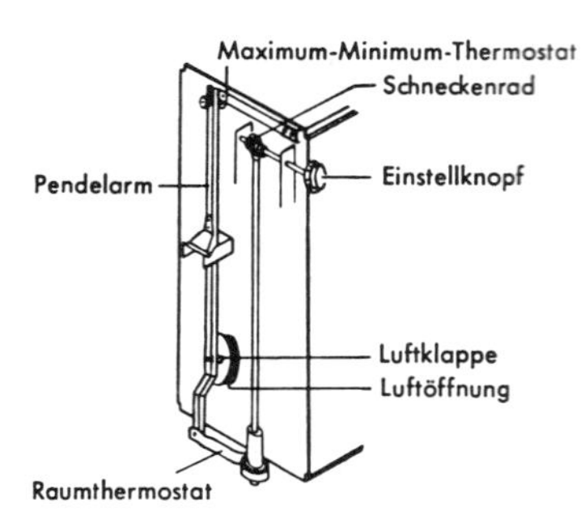


Bild 221-36. Automatische Raumtemperaturregelung mit Thermostat in der Raumlufteintrittsöffnung; Max-Min-Leistungsbegrenzung.

Bild 221-37. Gußeiserner Ofen für Kohle, Koks und Briketts mit Leistungsregler (Frank'sche Eisenwerke).

## -35 Heizleistung

Die *Auswahl* eines Ofens richtet sich nach der Heizleistung des Ofens und dem Wärmeverlust des Raumes. Für die spezifische *Heizleistung*, d. h. die Heizleistung je $m^2$ Heizfläche der Öfen, ist nach DIN 18890 (9.71) ein Wert von 4650 $W/m^2$ zugrunde zu legen. Verschiedene Modelle mit Nennleistungen von 3,7 bis 9,3 kW.

Außerdem gelten folgende Bestimmungen:

| | |
|---|---|
| Wirkungsgrad | >70% |
| Abgastemperatur | <400 °C |
| Oberflächentemperatur am Fußboden und an Stellwand 0,2 m hinter Ofen | <60 K über Raumtemp. |
| Dauerbrand bei Nennleistung bzw. Kleinstellung | 4 bzw. 16 Stunden |
| Sicherheit gegen CO-Unfälle | |

Vereinfachtes Verfahren zur Größenbestimmung des Ofens nach DIN 18893 (8.87)[1]):

Je nach Wärmedämmung und Lage der Raumbegrenzungswände gilt die Heizbedingung als

*günstig* = 1 Außenwand; Fußboden und 1 Innenwand grenzen an unbeheizte, 2 Innenwände und Decke grenzen an beheizte Nachbarräume,

*weniger günsig* = 1 Außenwand; 3 Innenwände und Decke grenzen an unbeheizte, Fußboden grenzt an beheizte Nachbarräume,

*ungünstig* = 2 Außenwände; 2 Innenwände, Fußboden und Decke grenzen an unbeheizte Räume.

| Nennleistung des Ofens in kW | | 2 | 3 | 4 | 6 | 8 | 2 | 3 | 4 | 6 | 8 |
|---|---|---|---|---|---|---|---|---|---|---|---|
| *Raumheizvermögen* in $m^3$ | | vor Wärmeschutz-VO | | | | | nach Wärmeschutz-VO | | | | |
| günstige Heizbedingung | $m^3$ | 31 | 56 | 88 | 165 | – | 60 | 107 | 160 | – | – |
| weniger günstige Heizbedingung | $m^3$ | 20 | 35 | 53 | 95 | 145 | 36 | 63 | 95 | 169 | – |
| ungünstige Heizbedingung | $m^3$ | 12 | 22 | 34 | 65 | 98 | 24 | 43 | 66 | 118 | 175 |

*Beispiel:* Raum 160 $m^3$, günstige Heizbdg., entspr. WSVO. Leistung des Ofens 4 kW.

Mindestschornsteinhöhe 4 m, Mindestquerschnitt bei Mauerwerk 13,5 × 13,5 cm. Gemeinsame Schornsteine siehe Abschn. 221-25.

[1]) DIN 18893, T. 1 (8. 87): Raumheizvermögen von Einzelfeuerstätten; Näherungsverfahren zur Ermittlung der Feuerstättengröße.

## -4 GROSSRAUMÖFEN

Diese Öfen, die sich aus den eisernen Zimmerheizöfen entwickelt haben, sind für die Heizung größerer Räume, z. B. Werkstätten und Lagerräume, bestimmt. Sie werden aus Stahl oder Gußeisen hergestellt.

Im Untergestell ist die Feuerung mit dem Feuergeschränk angebracht. Die Luft steigt durch geeignete röhren- oder plattenförmige Wärmeaustauscher nach oben, während die Rauchgase meist seitlich abgeführt werden.

Nachteilig ist bei diesen Öfen die starke Erwärmung der Luft, wodurch hauptsächlich der obere Teil der Räume erwärmt wird. Sie sollten daher nur für niedrige untergeordnete Räume verwendet werden.

Eine erheblich bessere Wirkung erhält man bei Öfen mit angebautem Ventilator, den *Kohle-Luftheizern* (s. Abschnitt 341-4), oder bei Öfen mit getrennt aufgestellten Ventilatoren, den *Warmluft-Heizungen* (siehe Abschnitt 222-3).

## -5 WARMLUFT-KACHELÖFEN[1])

Bei dem Warmluft-Kachelofen wird in einer Kachel-Ummantelung ein meist gußeiserner Heizeinsatz für Dauerbrand aufgestellt (Bild 221-40 und -41). Geringe Speicherheizung. Die Raumluft tritt unten in die Ummantelung ein, erwärmt sich an dem Heizeinsatz sowie ev. Nachheizflächen und tritt dann oben durch ein Gitter in den Raum ein.

Die *Nachheizfläche,* auf die etwa 20% der Wärmeabgabe entfällt, besteht aus Gußeisen, Stahlblech oder Keramik in Form von Fall-, Steig- oder Deckenzügen. Auch Heizkästen oberhalb der Einsätze werden verwendet. Die Heizleistung kann außer durch die Verbrennungsluftmenge am Heizeinsatz auch durch die Gitteröffnung reguliert werden. Umwälzung der Luft durch *Schwerkraft.* Bei dieser Anordnung ist es auch möglich, mehrere Räume an den Kachelofen anzuschließen, auch Räume in einem darüber liegenden Geschoß (Bild 221-40 und -42). Solche Anlagen nennt man *Mehrzimmer-Kachelofenheizungen*[2]). Die Warmluft wird dabei durch Luftkanäle auf die höher gelegenen Räume verteilt. Umluftrückführung durch das Treppenhaus. Feuerungsbedienung

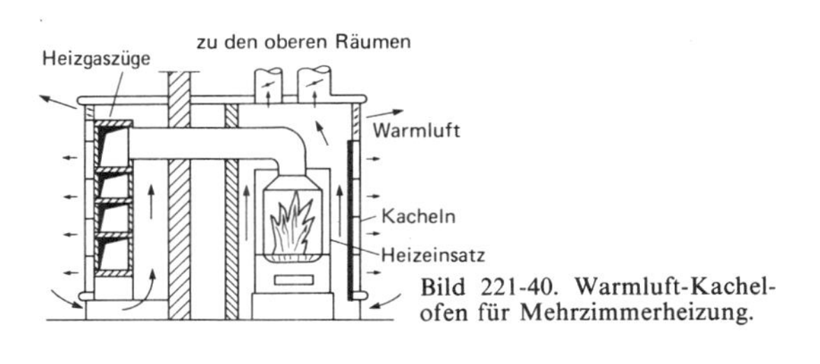


Bild 221-40. Warmluft-Kachelofen für Mehrzimmerheizung.

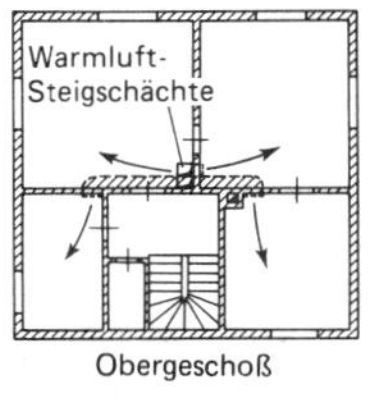


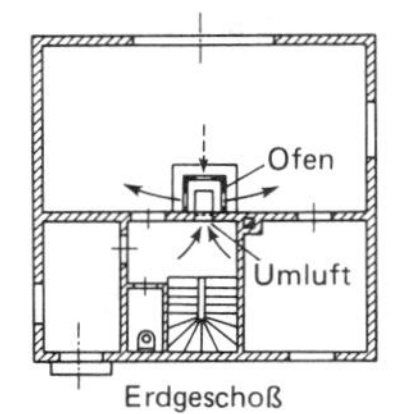


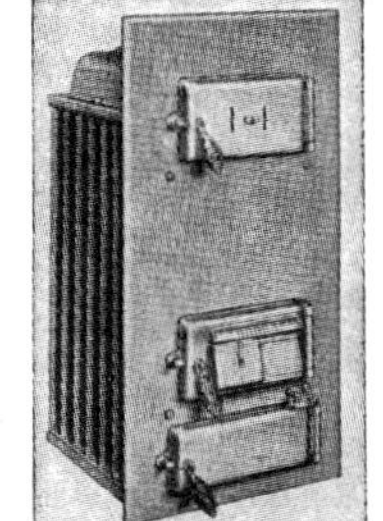

Bild 221-41. Ansicht eines gußeisernen Dauerbrand-Einsatzofens für Kachelofen-Warmluftheizungen (Buderus).

Bild 221-42. Mehrzimmer-Kachelofen-Warmluftheizung für ein 2geschossiges Gebäude.

[1]) Siehe auch Abschnitt 222-3: Warmluftheizungen.
[2]) Madaus, C.: TAB 8/82. S. 634.
Richtlinien für den Kachelofenbau. Hrsg. vom ZVSHK 1984.

am besten von der Diele des Hauses. Gleichmäßige Warmhaltung aller Räume allerdings sehr schwierig. Geräuschübertragung, Staubanfall, Windanfälligkeit. DIN 18892, T. 1 (4.85): Begriffe, Anforderung und Prüfung.

Spezifische Heizleistung des Heizeinsatzes 4 kW/m².
Leistung der Warmluftöfen etwa 5···20 kW.
Lufttemperatur an den Gittern max. 60 bis 70 °C.
Luftgeschwindigkeit bei Schwerkraftbetrieb 0,5 bis 1,0 m/s.

Heizkammer kann auch im Keller angeordnet werden, Ummantelung dann aus Mauerwerk, Verlegung der Warmluftrohre an Kellerdecke oder im Fußboden.

Die *Querschnitte* der Warmluftleitungen werden auf Grund der Gleichung

Auftriebskraft = Einzelwiderstände $Z$ + Rohrreibung $R \cdot l$ für jede Leitung getrennt berechnet. Auftriebskraft $H$ sehr gering, z.B. bei einem Temperaturunterschied von $\Delta t = 50$ K nur

$$H = g(\varrho_{20} - \varrho_{70}) = 9{,}81\,(1{,}205 - 1{,}029) = 1{,}76 \text{ Pa/m}.$$

Eine bessere Wirkung erhält man durch künstliche Verstärkung der Luftumwälzung mittels Axial- oder Radialventilator, der unter demEinsatz angeordnet wird. Dabei höhere Luftgeschwindigkeiten und größere Heizflächenleistung möglich. Auch Räume, die vom Ofen weiter entfernt liegen, können hierbei mitgeheizt werden. Warmluftaustritt möglichst unter den Fenstern, da sonst erhebliche Temperaturunterschiede und Zugerscheinungen in den Räumen.

In allen Öfen können Leistungs- oder Raumtemperaturregler zur Anwendung kommen, siehe Abschn. 221-34.

Statt für feste Brennstoffe werden die Kachelöfen heute oft mit Heizeinsätzen für Ölverdampfungsbrenner eingerichtet, wodurch eine wesentliche Bedienungs-Erleichterung bewirkt wird. Zündung elektrisch durch Hochspannungsfunken. Regelung des Brenners elektrisch mittels Raumthermostat, wobei der Brenner im Zwei- oder Dreistufenbetrieb arbeitet (Aus–klein–groß). Ansicht eines Ölheizeinsatzes s. Bild 221-45. In DIN 4731 (E.4.87) „Öleinsätze mit Verdampfungsbrennern“ sind die Anforderungen an derartige Brenner zusammengestellt.

Auch *Gasheizeinsätze*[1]) für Kachelöfen werden hergestellt. Zündsicherungen verhindern das Austreten von unverbranntem Gas. Durch elektrische Raumthermostate, die ein Magnetventil in der Gasleitung steuern, läßt sich ein sparsamer vollautomatischer Verbrauch erreichen. Leistungsstufen 8,7, 11,6, 14,5 und 17,4 kW. Für den Bau maßgebend DIN 3364 – Teil 2 (E.2.85).

Manchmal werden die Heizeinsätze auch mit einer zusätzlichen Heiztasche oder einem Heizregister ausgerüstet, an das Warmwasserheizkörper angeschlossen werden (Bild 221-49). Um Übertemperatur zu verhindern, ist in diesem Fall eine sog. *thermische Ab-*

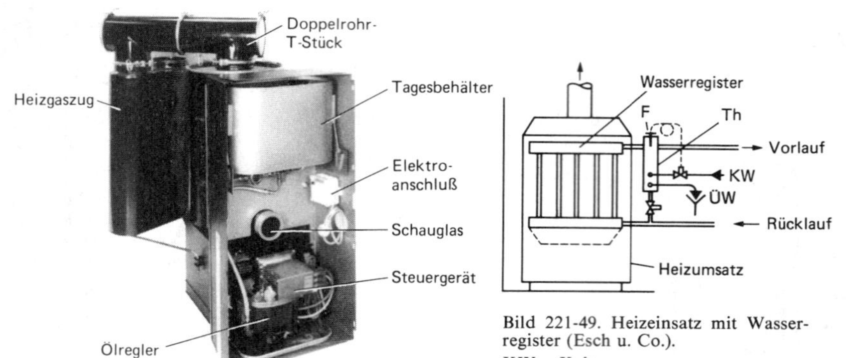


Bild 221-45. Ölheizeinsatz mit verstellbarer Nachheizung (Schrag).

Bild 221-49. Heizeinsatz mit Wasserregister (Esch u. Co.).
KW = Kaltwasser
ÜW = Überschußwärme
F = Fühler
Th = thermische Ablaufsicherung

[1]) DVGW-Arbeitsblatt G 675: Gasbefeuerte Kachelofen-Luftheizung (12.79).

*laufsicherung* erforderlich, durch die überschüssige Wärme abgeführt wird (DIN 4751 T. 2). Siehe auch Bild 222-49.

Die Verknappung von Energie hat dazu geführt, daß häufig auf mehrere Brennstoffe umschaltbare Heizöfen hergestellt werden.

## -7 GASHEIZGERÄTE

### -71 Allgemeines

Die Heizung mit Gas hat in den letzten Jahren mit steigendem Erdgasangebot erheblich an Bedeutung gewonnen. Gasheizgeräte finden Anwendung zur Beheizung von Wohnräumen, Büros, Läden, Schulen usw. Insbesondere nützt man die Vorzüge der Gasraumheizung bei der *Altbausanierung* aus.

Besonders vorteilhaft ist die Gasheizung auch bei höherem Tarif für die *kurzzeitige Beheizung* von Schulräumen, Warteräumen, Küchen, Baderäumen, Sitzungszimmern, Ausstellungshallen, Hotelräumen u. a.

*Vorteile* der Gasheizung:

Bequeme Bedienung, namentlich bei automatischer Regelung;
kurze Anheizzeit;
sauberer Betrieb;
ständige Betriebsbereitschaft;
keine Vorratshaltung;
leichte Ermittlung der Heizungskosten durch Gaszähler;
kein Schornstein bei Außenwandgasöfen;
Brennstoffbezahlung erst nach Verbrauch;
keine Luftverunreinigung.

Zu beachten:

TRGI 1986 Techn. Regeln für Gasinstallationen
DIN 3364 (4.82 u. E. 2.85): Heizöfen für gasförmige Brennstoffe (Raumheizer)
DIN 3362 (E. 4.85): Brenner ohne Gebläse, 4 Teile
DIN 3258 (2.71, 11.77 u. E.3.86): Zündsicherungen
DVGW-Arbeitsblatt G 600 (11. 86): Techn. Regeln für Gasinstallationen
DVGW-Arbeitsblatt G 674 (3. 80): Einzelofen-Gasheizung
DVGW-Arbeitsblatt G 679 (9. 76): Gas-Heizstrahler
Muster-Feuerungsverordnung vom Jan. 1980.

Je nach Gasart unterscheidet man *Eingasgeräte* für eine Gasart (Gasfamilie), *Mehrgasgeräte* für zwei Gasarten, *Allgasgeräte* für alle Gasarten, z. B. Stadtgas, Erdgas, Propan/Butan.

Umstellung von Stadtgas auf Erdgas siehe DVGW-Arbeitsblatt G 680 (8. 71). Gasart und Gasdruck sollten auf den Geräten angegeben sein.

*Gasdruck* (Fließdruck) vor Gerät bei Stadt- und Ferngas: mindestens 7,5 mbar
bei Erdgas mindestens 18 mbar
bei Flüssiggas: mindestens 50 mbar

### -72 Bauarten

Man unterscheidet *Heizstrahler*, die Wärme zu einem wesentlichen Teil durch Strahlung abgeben, und *Konvektionsheizgeräte* mit Wärmeabgabe hauptsächlich durch Luftumwälzung.

721. *Raumheizstrahler* haben im unteren Teil des Gehäuses durch entleuchtete Flammen erhitzte *Glühkörper* (z. B. Magnesia), während im oberen Teil nachgeschaltete Heizregister zur weiteren Ausnutzung der Heizgaswärme eingebaut sind.

Derartige Heizgeräte sind in Ländern mit mildem Klima, z. B. England, zur Heizung von Wohnungen, Schulen, Hotels usw. weit verbreitet. In unserem Klima sind sie jedoch zur Dauerheizung weniger geeignet.

722. *Gasheizstrahler*[1]). Für größere Räume, wie Kirchen, Turnhallen, Fabriken, werden *Gasheizstrahler* (Glühstrahler) verwendet. Die Wärmeabgabe erfolgt dabei zum größeren Teil durch Strahlung hocherhitzter Platten aus Keramik oder anderem Material. Die bei uns meist verwendeten Strahler dieser Art sind die praktisch flammenlos arbeitenden Gasheizstrahler mit gelochten Keramikplatten (Bild 221-50 u. -51). Das Gasluftgemisch wird bei diesen Geräten über einen Injektor nach dem Prinzip des Bunsenbrenners in die Keramikmasse geleitet, wo es unter dem Einfluß von Katalyten restlos verbrennt und dabei Oberflächentemperaturen von 800 bis 900 °C erzeugt (hellrotglühend).

Die *Abgase*, die $CO_2$ und in ungünstigen Fällen auch CO und $NO_2$ enthalten, können entweder *indirekt* mit der Raumluft gemischt durch Öffnungen oberhalb der Strahler abgeführt werden, Volumenstrom dabei je nach Hallenform 14 bis 24 $m^3/h$ je kW Nennbelastung der Strahler, oder *direkt* durch Anschluß an einen Schornstein (Bild 221-51a) oder eine mechanische Absauganlage.

Gesamtwirkungsgrad etwa 85···90% bei indirekter Abgasführung (in Lager- und Werkhallen) und etwa 65···80% bei Abgasführung durch Abgasrohre (Turnhallen, Aufenthaltsräume).

Der *Aufstellungsraum* muß je kW Belastung der Strahler einen Rauminhalt von mindestens 10 $m^3$ haben. Mindestabstände zu brennbaren Stoffen beachten.

Größere Strahler erhält man durch Zusammensetzung mehrerer Einheiten in einem gemeinsamen Brennerkasten. Strahlungsmaximum bei Wellenlänge 2 bis 4 $\mu$m, Energiedichte je nach Belastung 50···130 $kW/m^2$. Zündung der Geräte elektrisch durch Hochspannungsfunken mit Ionisationselektroden oder mit Dauerzündflammen und Thermoelement. Infolge der hohen Strahlungstemperatur müssen die Geräte genügend hoch angebracht werden, da andernfalls unbehagliche Kopfbestrahlung, siehe hierzu Abschn. 221-76. Bei geringeren Höhen *Schrägstrahler*. Die Anlagekosten sind desto geringer, je höher der zu beheizende Raum ist, da dann weniger, aber größere Strahler verwendet werden können. Druckregler erforderlich.

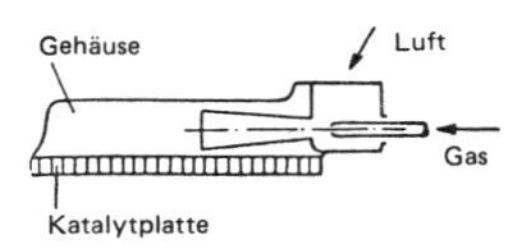


Bild 221-50. Flammenloser Gasheizstrahler.

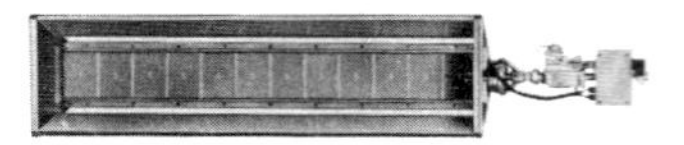

Bild 221-51. Ansicht eines Gasheizstrahlers mit Elektrozündung (Schwank).

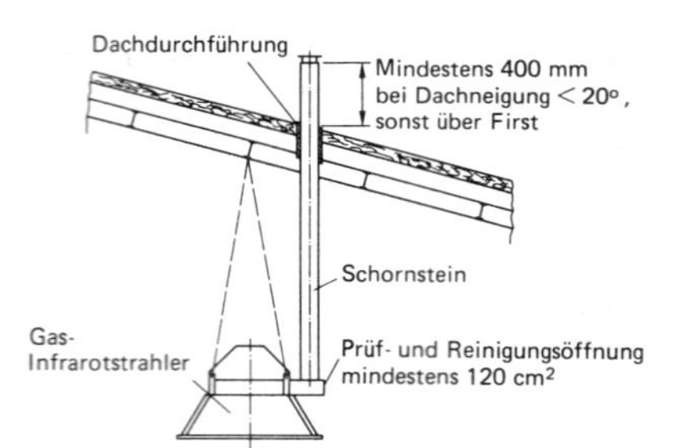


Bild 221-51 a. Abgasabführung über Schornstein.

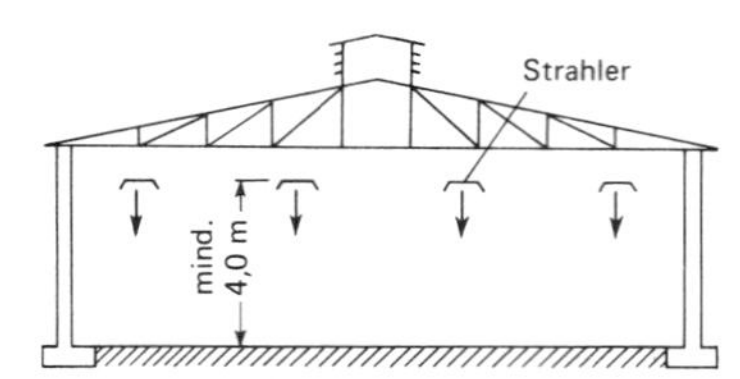


Bild 221-52. Fabrikhalle mit gasbeheizten Senkrechtstrahlern.

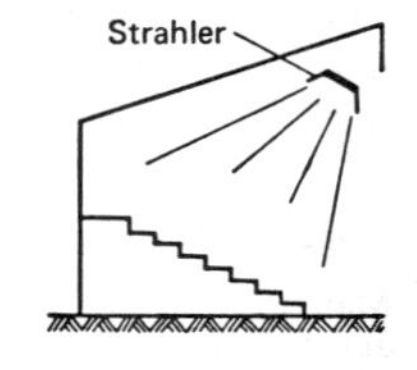


Bild 221-53. Gasstrahler für Tribünen.

[1]) Rissmann, R.: Gasverwendung 12.75. S. 470/3.
DIN 3372, 4 Teile: Heizstrahler mit Brennern ohne Gebläse (1.80 bis 4.83).
DVGW-Arbeitsblatt G 638: Gasheizstrahler; Installation und Betrieb (12.80).
DVGW-Arbeitsblatt G 679: Gasheizstrahler für Räume. 9.76.
Kamps, H.-H.: HLH 11/82. S. 395/8.

Bei indirekter Abgasführung ist zu beachten, daß die Abgase frei in den Raum strömen und durch windunabhängige Öffnungen an der Decke entweichen müssen. Die Geräte sind hauptsächlich zur Temperierung offener Räume, wie Terrassen, Tribünen, Wartehallen, Bahnsteige usw., geeignet (Bild 221-52 u. -53). Auch zur Beheizung von Straßen sind sie bereits verwendet worden (für Werbungszwecke). Nicht geeignet für niedrige Räume. Jährliche Wartung erforderlich.

Zur *Vollbeheizung* von Aufenthaltsräumen, auch Turn- und Tennishallen, sollten Heizstrahler nur mit einer Abgasanlage betrieben werden. Die Gasheizstrahler nennt man auch *Infrarot-* oder *Ultrarotstrahler* (besser Hochtemperaturstrahler), weil die von den Heizquellen ausgehenden wärmenden Strahlen im Spektrum den Bereich von etwa 0,8 bis 4 μm Wellenlänge umfassen, der sich unmittelbar an das Gebiet der roten Lichtstrahlen von 0,8 μm Wellenlänge anschließt.

Vorschriften für Installation und Betrieb im DVGW-Blatt G 638 (12.80) u. G 679 (9.76).

723. *Gasraumheizer mit Schornsteinanschluß* (DIN 3364 – 4.82) wurden früher zum Teil als Gliederöfen, ähnlich den Radiatoren, gebaut, jetzt aber meist als sog. *Konvektionsgeräte.* Leistung bis etwa 12 kW. Etwa 70% der Gesamtwärmeabgabe ist Konvektionswärme (Bild 221-54). Im unteren Teil sind die Brenner angebracht, während die heißen Gase durch die Hohlkörper in die Höhe steigen. Die äußeren Formen sind heute sehr gefällig und in verschiedenen Farbtönen, mit verchromten Gittern, Rahmen usw. erhältlich, so daß sie sich jedem Geschmack anpassen.

Die meisten Geräte sind mit *Allgasbrennern* ausgerüstet, die sich durch Auswechseln von Düsen und Einstellen des richtigen Gasdrucks leicht auf jede Gasart umstellen lassen. Einige Bauformen auch mit Sichtfenster (oder Leuchtfeuer). Abgase müssen in einen Schornstein abgeführt werden. Bei gemischt belegten Schornsteinen automatische Absperrklappe in Abgasleitung oberhalb der Strömungssicherung. Regelung bis auf 25% der Nennlast, darunter Ein-Aus-Betrieb.

Bei fugendichten Fenstern ist die Zufuhr der Verbrennungsluft sicherzustellen (s. *Muster-Feuerungsverordnung* vom Jan. 1980).

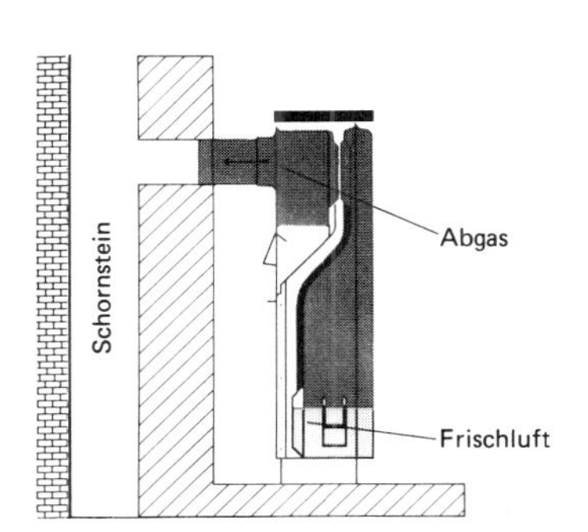


Bild 221-54. Gasraumheizer mit Schornsteinanschluß.

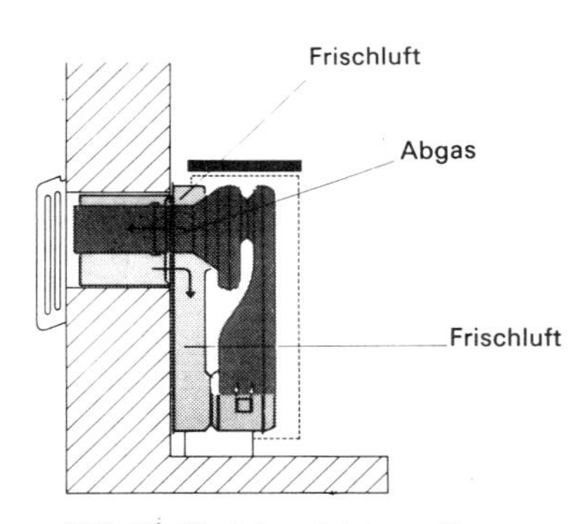


Bild 221-55. Schornsteinloser Gasraumheizer (Außenwand-Gasheizofen).

724. *Außenwand-Gasraumheizer*[1]). Eine besondere Bauart sind die *schornsteinlosen Gasraumheizer,* die im Gegensatz zu den bisher beschriebenen keinen Abgasschornstein benötigen, sondern die Abgase entweichen durch eine Öffnung in der Außenwand direkt ins Freie (Bild 221-55). Auch die Verbrennungsluft wird aus dem Freien angesaugt. Keine direkte Verbindung zwischen Brennkammer und Raumluft. Für die Wanddurchführung wird entweder ein teleskopartig ausgebildetes Rundrohr oder eine kastenförmige Ausführung verwendet. Außen eine *Windschutzvorrichtung.* Die Geräte können an jeder Stelle einer Außenwand, auch unter den Fenstern, aufgestellt werden. Die Verbreitung dieser Geräte ist in den letzten Jahren außerordentlich gestiegen. Verwendung besonders zur Modernisierung von Altbauten. Viele geschmackvolle Bauarten. Meist

[1]) Beckmann, W., u. a.: Schornsteinfegerhandwerk 7/84. S. 13/19.

Allgasbrenner. Keine Probleme bei der Zufuhr der Verbrennungsluft. Jedoch ist eventuelle Abgasbelästigung bei offenen Fenstern zu prüfen.

Die Geräte werden zum Teil von Hand gezündet und automatisch geregelt, jedoch gibt es auch Konstruktionen mit Vollautomatik.

725. *LAS-Gasraumheizer* haben wie die Außenwand-Raumheizer eine gegenüber dem Raum geschlossene Verbrennungskammer, sind jedoch an einen Luft-Abgas-Schornstein (LAS) angeschlossen. Der Schornstein dient gleichzeitig zur Abfuhr der Abgase und Zufuhr der Verbrennungsluft (s. Abschn. 221-78).

726. *Flüssiggas-Heizgeräte* ohne Abgasführung haben nur einen begrenzten Anwendungsbereich, da die Abgase in den Raum übergehen. Siehe Arbeitsblatt G 643 (2. 67).

## -73 Sicherheitsvorrichtungen[1])

Die Zündsicherung, die für alle Gasheizgeräte erforderlich ist, bewirkt, daß kein unverbranntes Gas ausströmen und Schaden anrichten kann. Drei Ausführungsarten:

*Bimetall-Sicherung.* Durch eine von Hand gezündete oder dauernd brennende Zündflamme wird ein Bimetall geheizt, das dadurch das Gasventil offen hält. Bei Erlöschen der Zündflamme schließt sich das Ventil, Bild 221-56. Billiges und früher am meisten verwendetes Verfahren.

*Thermoelektrische Sicherung.* Mit Eindrücken des Druckknopfes öffnet sich das Gasventil, Gas strömt in die Zündgasleitung. Nach Zünden des Gases erwärmt die Gasflamme ein Thermoelement, und der erzeugte Gleichstrom hält mittels Magnet das Gasventil offen. Bei Erlöschen der Flamme hört Stromerzeugung auf und Gasventil schließt. Thermospannung etwa 30···35 mV bei ≈600 °C. Heute am meisten verwendetes System. Bild 221-57. Häufig in Verbindung mit einem Absperrhahn (Sicherheitsschalter mit Gashahn).

*Ionisations-Sicherung.* Die brennende Flamme leitet einen Gleichstrom von der Elektrode zur Masse. Bei Verlöschen der Flamme wird der Strom unterbrochen und die Gaszufuhr gesperrt.

Außerdem besitzen alle schornsteingebundenen Öfen eine Strömungssicherung (Zugunterbrecher) zur Sicherstellung der Abführung der Abgase.

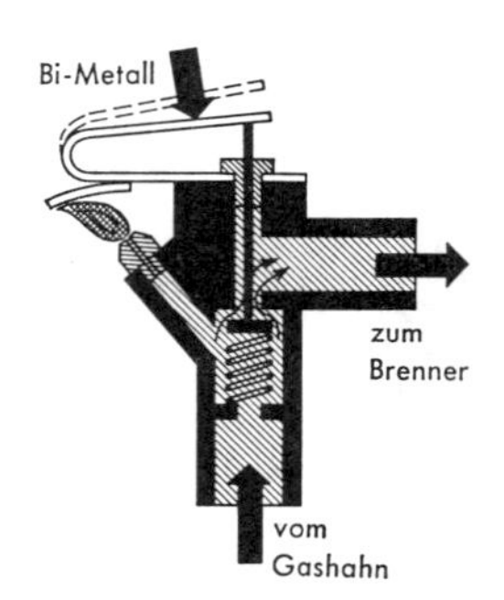


Bild 221-56. Schema der Bimetall-Zündsicherung.

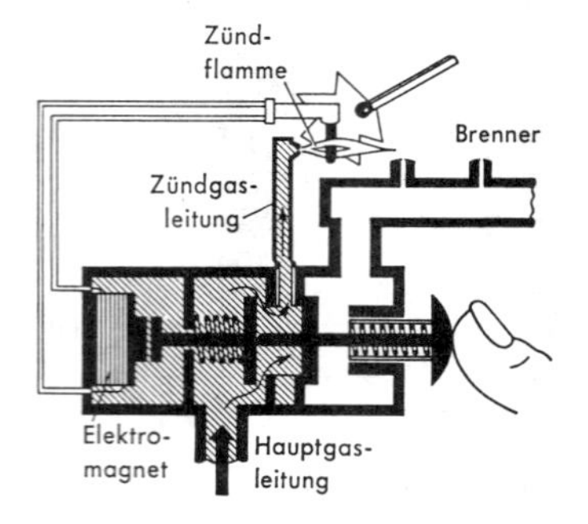


Bild 221-57. Schema der thermoelektrischen Zündsicherung.

## -74 Zündeinrichtungen

Ältere Öfen mit offenem Brennraum werden mit *Streichhölzern* entzündet. Für neuzeitliche Öfen besondere Zündeinrichtungen.

*Feuersteinzündung.* Durch Drehen am Knopf Erzeugung von Zündfunken mittels Feuerstein.

*Magnetzünder.* Durch Ziehen an einem Knopf wird Magnetzünder in Tätigkeit gesetzt. Technisch überholt durch Piezozünder.

[1]) Hertel, F.: SBZ 1973. S. 136/48.

*Piezo-elektrische Zünder* beruhen auf der Tatsache, daß manche Kristalle (Quarz u.a.), wenn sie durch einen mechanischen Schlag deformiert werden, elektrisch aufgeladen werden. Spannungen bis 20 kV. Kein Netzanschluß.

*Glühwendelzündung.* Beheizte Glühspirale entzündet das Gas (nur Stadtgas).

*Zündelektrode.* El. Zündfunken (Hochspannung über Zündtransformator) zündet das ausströmende Gas. Dabei Zündung von einer beliebigen Stelle möglich, z.B. in Schulen vom Schuldienerraum, ferner bei Hotels, Fremdenzimmern, Klubhäusern usw. Rückmeldung durch Signallampe. In Verbindung mit Temperaturregler dabei große Wirtschaftlichkeit erreichbar. Auch Zeitschaltuhr verwendbar. Infolge Fortfall der Zündflamme Verringerung des Gasverbrauches (Bild 221-58).

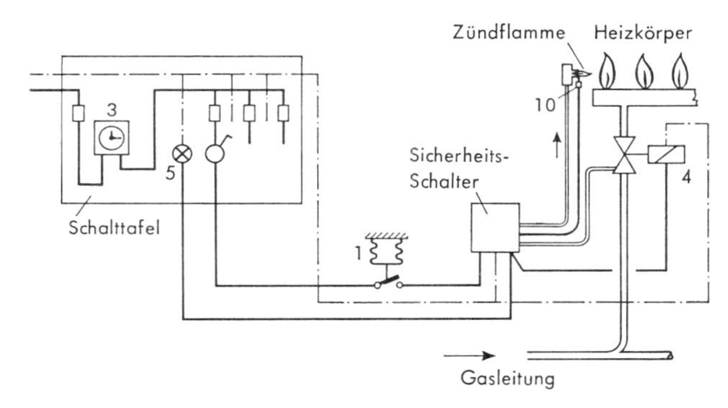


Bild 221-58. Elektrische Fernzündung für Gasheizöfen mit Temperaturregler und Schaltuhr (Junkers). 1 = Temperaturregler, 10 = Thermoelement, 3 = Schaltuhr auf Schalttafel, 4 = Magnetventil in Gasleitung, 5 = Signallampe

## -75 Regelung

*Handregelung.* Zündung von Hand oder mit Magnetzünder.

Nach Brennen der Zündflamme wird der Gashahn je nach Raumtemperatur mehr oder weniger weit geöffnet. Unwirtschaftlich. Armatur meist kombiniert mit Zündsicherung. Bei Kleinstellung Gefahr der Schornsteinversottung durch Kondensatbildung.

*Halbautomatik.* Benutzer zündet die Zündflamme mit Hand oder Piezozünder. Ein Raumtemperaturregler schaltet die Gaszufuhr zum Brenner in „Auf/Zu“ oder „Groß/Klein“ oder modulierend bis etwa 25% der Nennleistung. Elektrischer Zweipunktregler mit Magnetventil oder Ausdehnungsregler mit Gas- bzw. Flüssigkeitsfüllung. Beispiel Bild 221-58.

In Armatur sind eingebaut: Thermoelektrische Zündsicherung, Druckregler, Ausdehnungsthermostat mit gleitender Regelung, Öffnungs- und Schließventil durch Drucktaste betätigt. Zündung durch piezoelektrischen Hochspannungszünder ohne Fremdenergie. Leistung bis 12 kW.

*Vollautomatik.* Alle Schaltvorgänge erfolgen vollautomatisch. Bei Wärmeanforderung des Thermostaten wird das Zündgasventil geöffnet und die Zündflamme durch Hochspannungsfunken oder Glühspirale gezündet. Der in der Zündflamme erzeugte Thermostrom öffnet das Magnetventil in der Gasleitung. Vorteil: Geringerer Gasverbrauch durch Abschalten der Zündflamme (Bild -59 u. -60).

## -76 Berechnung[1])

**Vereinfachte Berechnung**

Für die Beheizung von Einzelräumen mit Gasraumheizern bis etwa 200 m³ Rauminhalt besteht eine vom DVGW aufgestellte Tafel 221-7 des *Raumheizvermögens* von Gasheizern (Arbeitsblatt G 674 – 3.80). Sie bezieht sich auf Wohnungen in Gebäuden, die ge-

[1]) Simon, G.: Gas 4/79. S. 130/5.

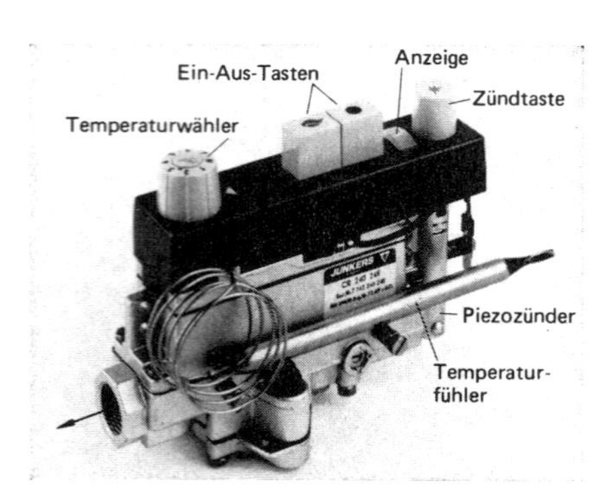


Bild 221-59. Drucktastenschalter für Gasheizautomaten mit Temperaturregler (Junkers).

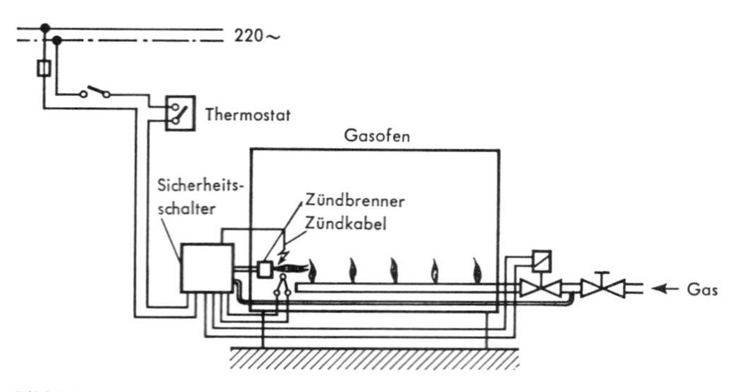


Bild 221-60. Vollautomatische Schaltung bei einem Gasheizofen.

**Tafel 221-7. Raumheizvermögen von Gasraumheizern**

| Betriebs-weise | Raumlage | Nennleistung in kW | | | | | |
|---|---|---|---|---|---|---|---|
| | | 2 | 3 | 4 | 5 | 6 | 7 |
| | | Rauminhalt in m³ | | | | | |
| Dauer-heizung | Günstig | 30 | 63 | 110 | 170 | – | – |
| | Weniger günstig | 20 | 40 | 70 | 98 | 130 | – |
| Zeit-heizung | Günstig | 24 | 51 | 90 | 140 | 210 | – |
| | Weniger günstig | 15 | 31 | 55 | 78 | 110 | 140 |

mäß der Wärmeschutzverordnung vom 11.8.77 wärmegedämmt sind. Bei nicht wärmegedämmten Gebäuden ist das Raumheizvermögen wesentlich geringer, bei besser wärmegedämmten Gebäuden größer.

Es sind 3 Betriebsweisen unterschieden:

*Dauerheizung* mit nächtlicher Absenkung der Temperatur um höchstens 5 K;

*Zeitheizung* mit täglich 6…12 Stunden Betriebszeit (Schulen u.a.);

Die besonderen Verhältnisse hinsichtlich Lage und Ausführung der Räume werden wie bei den eisernen Öfen durch ein *Punktsystem* berücksichtigt, bezogen auf einen Grundraum von 20 m² Fläche. Das Verfahren ist jedoch sehr ungenau und ergibt meist zu hohe Werte, so daß eine Transmissionsrechnung vorzuziehen ist.

*Kurzheizung* = seltene Beheizung. Hier muß die Berechnung nach dem genauen Verfahren erfolgen.

**Genaue Berechnung**

Bei Dauerheizung und Zeitheizung von Räumen ist das normale Berechnungsverfahren nach DIN 4701 anzuwenden, siehe Abschn. 24.

Bei *Kurzheizung*, z. B. für Ausstellungshallen, Küchen, Versammlungsräumen, ist der Wärmebedarf selten beheizter Räume, ebenfalls nach DIN 4701 der Berechnung zugrunde zu legen, wobei auch die Wärmeeindringzahl der raumumschließenden Flächen berücksichtigt wird. Von ausschlaggebender Wichtigkeit sind dabei die Anheizzeit $z$ und die Anfangstemperatur $t_1$, die von Fall zu Fall nach den örtlichen Verhältnissen angenommen werden müssen.

Der Wärmebedarf (ohne Lüftungsanteil) ist mit den Bezeichnungen im Abschn. 253-13 *(Kirchenheizung)*:

$\dot{Q} = \dot{Q}_W + \dot{Q}_F$ (Wärmebedarf zum Aufheizen speichernder Bauteile + Fensterwärmebedarf)

*Beispiel:*

Turnhalle $30 \times 14 \times 7$ m³ Rauminhalt; $t_i = 15\,°C$; $t_a = -15\,°C$, Anfangstemperatur Innenwand $t_0 = 0\,°C$. Fensterfläche $A_F = 90$ m²; $k_F = 3{,}5$ W/m² K:

Innere Wandfläche $A_W = 2\,(30 \cdot 14 + 30 \cdot 7 + 14 \cdot 7) - 90 = 1366$ m².

Anheizzeit $z = 2$ Stunden und Wärmeeindringkoeffizient $\sqrt{2\,c\varrho} = 1500$ angenommen.

Aus Bild 253-1: Aufheizwiderstand $R_z = 0{,}15$ m² K/W.

Wärmebedarf $\dot{Q} = (A_w/R_z) \cdot (t_i - t_0) + A_F \cdot k_F\,(t_i - t_a)$
$= (1366/0{,}15) \cdot (15 - 0) + 90 \cdot 3{,}5\,(15 + 15)$
$= 136\,600 + 9450 = 146\,050 \text{ W} \mathrel{\hat{=}} 146 \text{ kW}.$

Bei *Deckenstrahlern* genügt nicht die Berechnung nach DIN 4701, sondern es ist auch die bestrahlte Fläche zugrunde zu legen. Die Höhe der Räume soll nicht unter 4 m liegen. Je größer die Raumhöhe, desto höher sind auch die Strahler anzuordnen und desto größere Strahlungsgeräte können verwendet werden.

Für *überschlägliche Berechnungen* rechnet man je Strahlereinheit von 3,5 kW Nennleistung:

10 bis 15 m² Grundfläche bei günstiger Lage (niedere Raumtemperatur, geringe Luftbewegung, kleine Wärmeverluste);

8 bis 10 m² Grundfläche bei ungünstiger Lage (hohe Raumtemperatur, starke Luftbewegung, große Wärmeverluste).

Zur einwandfreien Bemessung der Strahler empfiehlt sich jedoch eine genauere Berechnung. Dabei ist z. B. bei einer Fabrikhalle in der Weise vorzugehen, daß man zunächst den zuschlagfreien Wärmeverlust des zu heizenden Raumes bei $-15\,°C$ Raumtemperatur nach DIN 4701 ermittelt, woraus sich die Gesamtleistung der Strahler ergibt. Die Strahler selbst sind in ihrem gegenseitigen Abstand und in ihrer Höhe so anzuordnen, daß die *Zustrahlung* $\dot{q}_z$ auf den Kopf einer Person einen bestimmten Wert nicht überschreitet. Dieser Wert soll betragen

bei 12 °C Lufttemperatur: $\dot{q}_z = 30 \cdots 40$ W/m²
bei 15 °C Lufttemperatur: $\dot{q}_z = 17 \cdots 30$ W/m²
bei 18 °C Lufttemperatur: $\dot{q}_z = 14 \cdots 17$ W/m²
bei 20 °C Lufttemperatur: $\dot{q}_z = 12 \cdots 14$ W/m².

Die Zustrahlung errechnet man dabei nach der Gleichung

$\dot{q}_z = \alpha_s \cdot \varphi \cdot A\,(t_s - t_m)$ in W/m²

$\alpha_s$ = Strahlungsübergangszahl in W/m² K (Bild 135-39)
$\varphi$ = Einstrahlzahl bezogen auf 1 m²
$A$ = Fläche der Strahler in m²
$t_s$ = Strahlertemperatur in °C
$t_m$ = Kopftemperatur = 32 °C.

Die Ermittlung der Einstrahlzahl $\varphi$ erfordert bei Verwendung mehrerer Strahler umfangreiche Rechenarbeit. Für einfache Flächenstrahler siehe Bild 221-61.

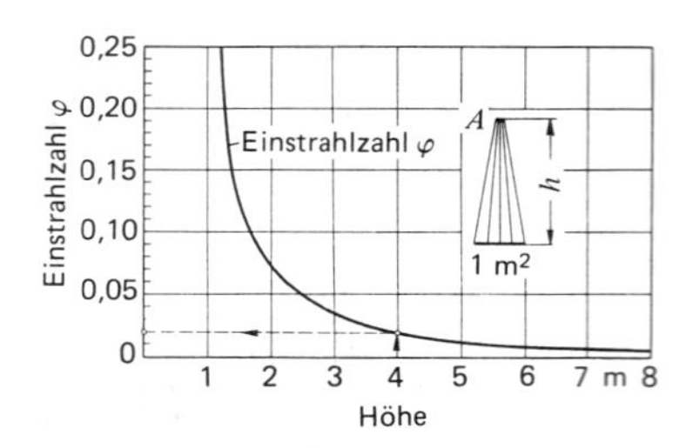


Bild 221-61. Einstrahlzahl $\varphi$ von einem waagerechten Flächenteilchen $A$ auf eine senkrecht darunter befindliche Fläche von 1 m² Größe bei verschiedenen Höhen $h$.

Wählt man die Zustrahlung zu hoch, ordnet also z. B. die Brenner zu niedrig an, so treten infolge Kopferwärmung Unbehaglichkeitsgefühle ein (Kopfschmerzen).

Für industrielle Zwecke, z. B. Lagerhallen, Betonhärtung u. a. sind natürlich auch höhere Zustrahlungen möglich.

*Beispiel:*

Ein Gasheizstrahler von $0{,}12 \times 0{,}18$ m² Fläche und 800 °C Temperatur befindet sich 4 m über Kopfhöhe. Wie groß ist die Zustrahlung $q_z$ auf den Kopf?

*Lösung:*

$\alpha_s = \beta \cdot C = 17 \cdot 5{,}2 = 88$ W/m² K (angenähert aus Bild 135-39 mit $C = 5{,}2$)

$\varphi = 0{,}02$ aus Bild 221-61

$A = 0{,}12 \cdot 0{,}18 = 0{,}0216$ m²

$\dot{q}_z = 88 \cdot 0{,}02 \cdot 0{,}0216\,(800-32) = 29$ W/m².

Bei niederer Raumtemperatur wäre also diese Zustrahlung noch tragbar.

Über Gasheizungen mit gasgeheiztem Kessel, jedoch mit Warmwasser oder Dampf als Wärmeträger (Zentralheizungen) siehe Abschnitt 231-3.

## -77 Gasverbrauch

Der untere Heizwert $H_u$ der Gase ist in den Gasversorgungsgebieten unterschiedlich. Er schwankt bei Stadt- und Ferngas meist in den Grenzen von 4,5 bis 5,5 kWh/$m_n^3$ (bezogen also auf 0 °C und 1,013 bar), bei Erdgas von 8 bis 11 kWh/$m^3_n$. Der *Betriebsheizwert $H_{uB}$* bezieht sich auf die jeweils vorhandene Temperatur bei dem mittleren Ortsbarometerstand und wird für trockenes Gas aus dem Normalwert nach folgender Formel berechnet:

$$H_{uB} = H_u \frac{273}{273+t} \cdot \frac{B+p}{1013}$$

$t$ = mittlere Temperatur, meist 15 °C
$B$ = Luftdruck in mbar (Barometerstand)
$p$ = Überdruck des Gases in mbar

Enthält das Gas Wasserdampf, so ist dessen Partialdruck zu berücksichtigen.

Der *Gasvolumenstrom* einer Gasverbrauchseinrichtung *(Anschlußwert)* ist

$$\dot{V} = \frac{\dot{Q}}{H_{uB} \cdot \eta} \text{ in m}^3\text{/s}$$

$\dot{Q}$ = Heizleistung kW
$H_{uB}$ = Heizwert kJ/m³
$\eta$ = Gerätewirkungsgrad ($\approx 0{,}80 \cdots 0{,}86$)

Der *Jahresgasverbrauch* errechnet sich auf Grund der Vollbetriebsstunden, siehe Abschn. 266.

### -78 Gasanschluß und Abgasführung[1])

Für die Installation von Niederdruckgasanlagen (außer Flüssiggas) bis zu einem Druck von 100 mbar (10000 Pa) gelten ab 1.1.87

„Die Technischen Regeln für Gas-Installationen" (TRGI 1986)[1]).

Ihre Kenntnis ist bei Ausführung von Gasheizungen unbedingt erforderlich. Schema einer Leitungsanlage siehe Bild 221-62.

*Rohrleitungen.* Maßgebend für die Berechnung ist der Belastungswert, d.i. der maximal durch eine Leitung fließende Volumenstrom in m³/h, der sich unter Berücksichtigung des Gleichzeitigkeitsfaktors aus den Anschlußwerten der Verbraucher errechnet. *Anschlußwerte* einiger Gasverbraucher siehe Tafel 221-8. Der Belastungswert einer Leitungsteilstrecke wird in TRGI 1986 aus Diagrammen entnommen, von denen Bild 221-63 ein Beispiel ist.

**Tafel 221-8. Anschlußwerte einiger Gasverbraucher**

| Gasverbraucher | | Stadtgas, Ferngas $m^3/h$ $H_u = 4{,}2$ kWh/m³ | Erdgas H $m^3/h$ $H_u = 10{,}6$ kWh/m³ |
|---|---|---|---|
| Herd mit 4 Brennern und Backofen | | 3,0 | 1,2 |
| Wasserheizer | 17,5 kW | 5,0 | 2,0 |
| Wasserheizer | 22,7 kW | 6,5 | 2,6 |
| Wasserheizer | 27,9 kW | 8,0 | 3,2 |
| Vorrats-Wasserheizer 100 l | | 2,3 | 0,9 |
| Raumheizer | 4,6 kW | 1,3 | 0,5 |
| Raumheizer | 7,0 kW | 2,0 | 0,8 |
| Raumheizer | 9,3 kW | 2,8 | 1,1 |
| Gasheizkessel | 9,3 kW | 2,7 | 1,1 |
| Gasheizkessel | 11,0 kW | 3,1 | 1,2 |

Weiter Werte siehe auch DVGW 600 (11.86).

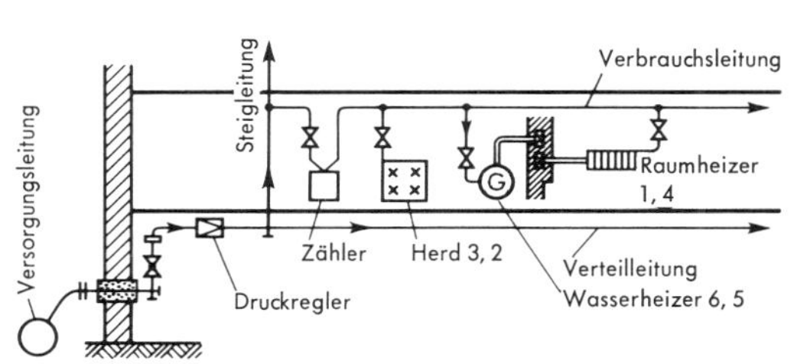


Bild 221-62. Leitungsschema einer Gasinstallation.

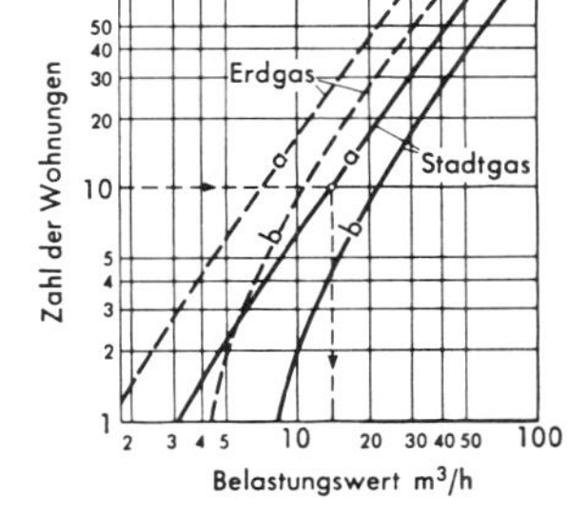


Bild 221-63. Belastungswert (Volumenstrom) für 2 Kombinationen von Gasverbrauchern bei Stadtgas bzw. Erdgas.
a) Raumheizer von 4,65 kW
b) 1 Herd, 1 Wasserheizer 22,7 kW
Raumheizer von 4,65 kW

[1]) TRGI – Technische Regeln für die Gasinstallation entspricht DVGW-Arbeitsblatt G600 (11.86). Ferner G631 (6.77).

*Beispiel:*

10 Wohnungen eines Gebäudes haben Raumheizer von je 4,65 kW Heizleistung bei Stadtgas. Belastungswert aus Bild 221-63: 14 m³/h.

Die *Dimensionierung* der einzelnen Leitungsabschnitte erfolgt nach den Druckverlustdiagrammen der TRGI, wobei die maximal zulässigen Druckverluste jeweils vorgeschrieben sind:

| | |
|---|---|
| Hausanschluß | 0,2 mbar = 20 Pa |
| Verteilleitung | 0,3 mbar = 30 Pa |
| Zähler | 1,0 mbar = 100 Pa |
| Verbrauchsleitung | 0,8 mbar = 80 Pa |
| Abzweigleitung zu Geräten | 0,5 mbar = 50 Pa |
| Summe | 2,8 mbar = 280 Pa |

Die *Steigleitungen* werden so ausgelegt, daß der Druckverlust durch Rohrreibung durch den Druckgewinn infolge des Auftriebs des leichten Gases ausgeglichen wird.

Der *Versorgungsdruck* muß so groß sein, daß nach Abzug der Druckverluste der Anschlußdruck (Fließdruck) am Gerät mindestens 7,5 mbar bei Stadtgas bzw. 18,0 mbar bei Erdgas beträgt; andernfalls sind die Rohrweiten zu vergrößern.

Die *Abgase* aller Gasraumheizer, mit Ausnahme der oben erwähnten schornsteinlosen Öfen, müssen durch Abgasrohre und Schornsteine ins Freie abgeführt werden. Abgasrohre steigend am Schornstein, mit Prüföffnung, möglichst kurz, korrosionsgeschützt, meist aus Stahlblech oder Asbestzement, in kalten Räumen isoliert. Mindestquerschnitte siehe TRGI 1986.

Zur Vermeidung von zu großem Zug, von Stau oder Rückstrom ist zwischen Schornstein und Verbrennungskammer eine *Strömungssicherung* (Zugunterbrecher kombiniert mit Rückstromsicherung) anzubringen, die ein Bestandteil der Feuerstätte ist und vom Gerätehersteller mitgeliefert wird. Bild 221-64. Eine zusätzliche Sicherung kann durch *Abgastemperaturfühler* bewirkt werden, die bei Stau oder Rückströmung den Brenner für ca. 3 Minuten ausschalten (Bild 221-65).

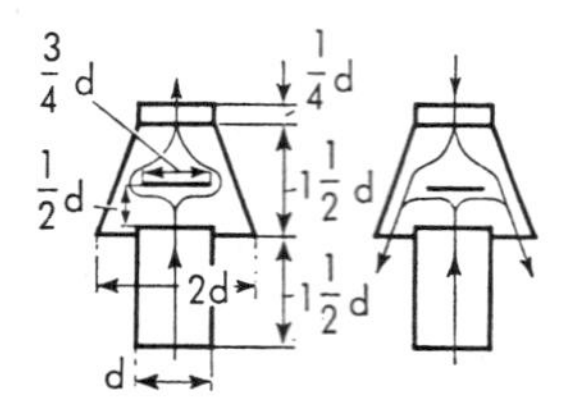

Bild 221-64. Strömungssicherung für Gasfeuerstätten.

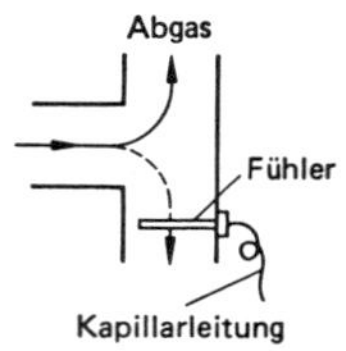

Bild 221-65. Elektrische Abgasrückstauüberwachung.

Zur Ersparnis von Heizkosten automatische thermisch oder elektrisch gesteuerte *Absperrklappen* im Abgasrohr zweckmäßig. Sie sind beim Betrieb der Feuerung geöffnet und schließen bei Stillstand, wodurch Wärmeverluste durch den Schornstein verringert werden. In beheizten Räumen Einbau nach der Strömungssicherung, sonst davor.

*Abgasschornsteine* sind nach DIN 18160 Teil 1 (2. 87) auszuführen. Mauerwerk wenig günstig, da bei niedrigen Abgastemperaturen leicht eine Durchfeuchtung (Versottung) eintritt. Besser sind Formstücke aus Ton, Beton und dergl. In gemauerten Schornsteinen können auch flexible Rohre eingezogen werden.

Der *lichte Querschnitt* ist entsprechend Belastung, Zahl der Anschlüsse, Benutzungsdauer und Höhe zu ermitteln. Für mehrfach belegte Schornsteine aus Formstücken ist bei langzeitiger Belastung (Raumheizer) der erforderliche Mindestquerschnitt

$$A = 100 \frac{(20-h)+1{,}16\,\dot{Q}}{20+h} \text{ in cm}^2$$

$\dot{Q}$ = Nennleistung in kW
$h$ = wirksame Schornsteinhöhe in m (Mindestwert 4 m)
Bei $h > 8$ m ist $h = 8$ zu setzen.

Siehe auch hierzu Bild 221-66.

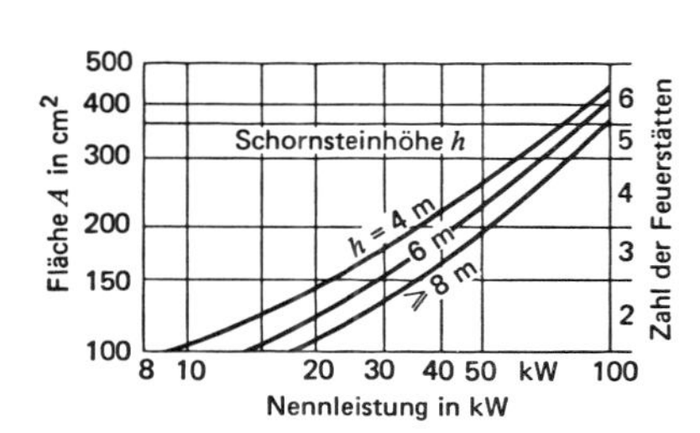


Bild 221-66. Querschnitte für Schornsteine aus Formstücken bei Dauerbelastung (Raumheizer).

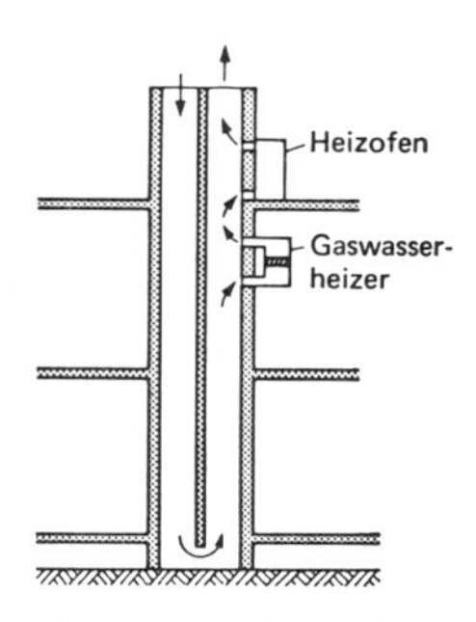


Bild 221-67. Schema eines Luft-Abgas-Schornsteins (LAS).

In *Neubauten* ab 7.1980 sind nur 3 Feuerstätten je Schornstein zulässig.

Mindestquerschnitt bei Formsteinen 100 $cm^2$, bei Mauerwerk 13,5 × 13,5 cm. Bei Leistungen > 30 kW eigener Schornstein.

Die Abführung der Abgase der Raumheizer in innenliegenden fensterlosen Räumen (Bäder) über Entlüftungsschächte ist nach DIN 18017 T. 1 (Einzelschachtanlagen, 2.87) und T. 3 (mechanische Abluftförderung, E. 11.84) zulässig. Bei mechanischer Abgasabführung ist gemäß DVGW-Arbeitsblatt G 626 (11.71) eine sog. *Abgas-Überwachungssicherheitseinrichtung* erforderlich.

Bei Aufstellung von Gasheizkörpern in Räumen, wo die Verlegung von Abgasleitungen schwierig ist, können *Saugzugventilatoren* verwendet werden (DVGW-Arbeitsblatt G 660 – 8.81).

Anschluß der Verbrennungsluft- und Abgasöffnung an einen gemeinsamen Schornstein sind bei den sog. Luft-Abgas-Schornsteinen (LAS) möglich[1]). Dabei keine Strömungssicherung erforderlich. Verbrennungskammer ohne Verbindung mit der Raumluft. Schema siehe Bild 221-67. Siehe auch Bild 231-86.

Bei fugendichten Fenstern und Türen, wie sie aufgrund der Wärmeschutzverordnung vorgeschrieben sind, ist für ausreichende Zufuhr der Verbrennungsluft zu achten. Nach der *Muster-Feuerungsverordnung* (1.80) ist der Mindestrauminhalt bei Fenstern u. Türen ohne Dichtung 2 $m^3$ je kW Heizleistung, bei besonderen Dichtungen jedoch 4 $m^3$. Nähere Angaben in den TRGI 1986.

*Gemischtbelegte Schornsteine*

Der gleichzeitige Anschluß von maximal 3 Feuerstätten an einen gemeinsamen Schornstein ist im allgemeinen nur dann zulässig, wenn folgende Voraussetzungen erfüllt sind:

1. Nennwärmeleistung je Feuerstätte bei Gas < 30 kW, bei Öl u. Kohle 20 kW.
2. Automatische Abgasklappe oberhalb Strömungssicherung.
3. Wirksame Schornsteinhöhe ≧ 4,5 m.
4. Anschlüsse unterschiedlicher Feuerstätten in der Höhe versetzt.
5. Funktion aller Feuerstätten muß gesichert sein.

Mindestquerschnitt bei Formstücken 140 $cm^2$, bei Mauerwerk 180 $cm^2$.

Ein Näherungsverfahren zur Feststellung des Schornsteinquerschnitts ist in DIN 4705 enthalten, siehe Abschnitt 221-25.

## -79 Auswahl

*Raumheizstrahler* sind besonders für Kamine geeignet, Wandheizgeräte für kleine Räume und in solchen Fällen, wo örtliche Anstrahlung gewünscht wird (Badezimmer).

*Konvektionsgeräte* besonders für Wohnungen, Hotels, Schulen, Geschäfte und andere Aufenthaltsräume. Bei Altbauten besonders geeignet sind schornsteinlose Geräte.

---

[1]) Berthold, B.: Gas 4/82. S. 212/4.
DVGW-Arbeitsblatt G 627 (12.76, zurückgezogen): Luft-Abgas-Schornsteine.

*Gasheizstrahler* (Glühstrahler) für Fabriken, Messe- und Ausstellungshallen, offene Terrassen und andere Großräume.

Bei manchen Räumen bestehen besondere behördliche Vorschriften: In Kinos und Garagen z. B. sind nur Gliederheizöfen mit geschlossenem Verbrennungsraum zulässig.

## -8 ELEKTRISCHE RAUMHEIZGERÄTE[1])

überarbeitet von Dr.-Ing. H. Jüttemann, Karlsruhe

### -81 Allgemeines

Elektrische Raumheizung läßt sich auf folgende Weise durchführen:

*Direktheizung,* bei der die elektrische Energie unmittelbar z. B. aus der Steckdose in Nutzwärme umgesetzt wird. Sie wird in Deutschland wegen hoher Strompreise meist nur als Zusatz- oder Übergangsheizung eingesetzt, in einigen nordischen Ländern und auch Frankreich sehr häufig auch als Vollraumheizung.

*Speicherheizung,* bei der eine Speichermasse durch billigen *Nachtstrom* Wärme aufnimmt, die am Tage langsam abgegeben wird. Der Nachtstrom wird von den Elektrizitätsversorgungsunternehmen (EVU) verbilligt abgegeben, da er die nachts geringe Netzbelastung ohne zusätzliche Aufwendungen erhöht. Diese für ganze Wohnungen und Häuser geeignete Heizungsart ist in ihrer Verbreitung begrenzt. Das EVU läßt sie nur solange zu, bis das Lasttal in der Nacht aufgefüllt ist.

*Wärmepumpenheizung.* Der Endenergieverbrauch beträgt bei gleicher Wärmeabgabe gegenüber der elektrischen Widerstandsheizung nur etwa 35 bis 45%, trägt also zur Energieeinsparung bei. Außerdem ist elektrischer Strom nach den Erfahrungen der letzten Jahre krisensicherer als Öl und Erdgas, da der Strom in der BRD zum größten Teil aus den heimischen Energieträgern Braunkohle und Ballast-Steinkohle erzeugt wird. Es werden allerdings wesentlich höhere Investitionskosten erforderlich (siehe Abschn. 225-1).

Besondere *Vorteile* der Elektroheizung:

Wenig Bedienungsarbeit, sauberer Betrieb, keine Luftverschmutzung, keine Brennstofflagerung, leicht meßbar,

einschienige Energieversorgung ohne Gas-, Heißwasser- oder Fernleitung.

Wie bei anderen Heizungsarten ist auch bei der Elektroheizung auf gute Wärmedämmung des Gebäudes Wert zu legen.

### -82 Elektrische Direktheizgeräte

Elektrische Direktheizgeräte geben die erzeugte Wärme *unmittelbar* oder mit nur kurzer Verzögerung an den zu beheizenden Raum ab. Sie belasten das Stromnetz auch in den Spitzenzeiten der Stromversorgung. Wegen dieser nachteiligen Wirkung lassen die meisten EVU im allgemeinen nur eine Direktheizleistung von 2 kW je Wohnung zu. Bei größerem Bedarf Sonderregelung. Geräte tragbar oder fest montiert.

821. *Ortsveränderliche Direktheizgeräte* dienen besonders dem vorübergehenden Beheizen von Räumen. Man baut sie allgemein bis zu einer Leistung von 2 kW. Vorherrschend ist heute der Heizlüfter, Bild 221-70. Als Vorteile gelten die kurze Aufheizdauer des Raumes und die weitgehend gleichmäßige Temperaturverteilung im Raum. Ein Sicherheitsthermostat sorgt für Abschaltung des Gerätes bei defektem Gebläse oder behindertem Luftdurchtritt. Es gibt auch Geräte mit eingebautem Raumtemperaturregler.

Ferner gibt es Direktheizgeräte ohne Gebläse, bei denen die natürliche Konvektion durch eine Kaminwirkung verstärkt wird (Bild 221-71) oder Geräte in Radiatorenbauart auf fahrbaren Rollen. Die gebläselosen Geräte bedingen eine größere Aufheizzeit des Raumes.

822. *Ortsfeste Strahlungsheizkörper* geben ihre Wärme überwiegend durch Strahlung ab. Die Heizelemente sind meist Rohrheizkörper, bei denen der durch Magnesiumoxid isolierte gewendelte Heizdraht in einem runden Rohr aus temperaturfestem Stahl eingebettet ist (Backerheizrohre u. a.). Bei einer anderen Ausführung werden die Widerstands-

[1]) VDEW-Studie: El. Raumheizung. Jan. 77.
Borstelmann, P.: Elektrowärme Praxis Bd. 71 (1980).
Karel, A.: ETA 6/83. S. A 181/7.

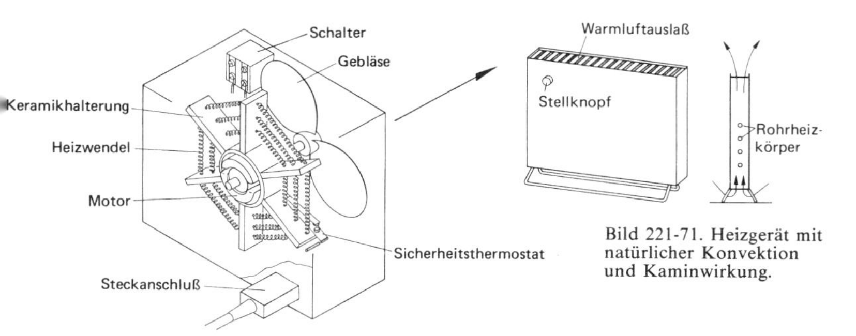


Bild 221-70. Schema eines ortsveränderlichen Heizlüfters.

Bild 221-71. Heizgerät mit natürlicher Konvektion und Kaminwirkung.

drähte in Quarzglas oder Keramikmaterial eingeschmolzen (Heräus, Elstein u.a.). Das Rohr oder der Stab hat dabei Oberflächentemperaturen von etwa 600 bis 700 °C und strahlt dunkelrot. Man spricht daher auch von *Infrarotstrahlern*. Max. Wellenlänge $\lambda_{max} \approx 3$ µm. Anschlußleistung $\approx 1 \cdots 2$ kW/m. Alle Strahler sind mit Reflektoren aus hochglanzpoliertem Metall, meist Aluminium, versehen, um die Wärmestrahlen in bestimmte Richtungen zu konzentrieren.

Die Strahlung wird erst beim Auftreffen auf eine Person oder einen Gegenstand in Wärme umgesetzt; die Umgebungstemperatur kann daher niedrig bleiben. Auf diese Weise läßt sich gegenüber der Vollbeheizung des Raumes Energie sparen. Außerdem sind die Aufheizzeiten gering.

*Verwendung* der Infrarot-Strahlungsheizung im Dauerbetrieb wegen des hohen Wärmepreises für elektrischen Strom im allgemeinen nicht möglich. Für kurzzeitig benutzte Räume, z.B. Badezimmer, Arbeits- und Sitzplätze in sonst ungeheizten Großräumen, Turnhallen, Kirchen, Ausstellungsräume usw. dagegen häufig wirtschaftlicher Betrieb möglich, auch für Freiluftheizung, z.B. Gaststättenterrassen oder Sporttribünen, sowie für Zusatz- und Übergangsheizung. Bei der Berechnung der Infrarot-Strahlungsheizungen[1]) ist darauf zu achten, daß die Wärmeeinstrahlung auf die Köpfe der sich im Raum aufhaltenden Personen einen gewissen Wert nicht überschreitet, da andernfalls bei längerem Aufenthalt Unbehaglichkeit eintritt. Siehe Abschnitt 221-76.

Anordnung der Strahler (Bild 221-73):

an der Decke mit Strahlung von oben nach unten *(Deckenstrahler, Großflächenstrahler)*,

an der Voute zwischen Decke und Wand *(Voutenstrahler, Sofittenstrahler, Langfeldstrahler)*,

an der Wand, besonders unter Fenstern *(Seitenstrahler)*

sowie unter Sitzen *(Sitzbankstrahler)*.

Mittlere Heizleistung bei vorübergehend geheizten Räumen je nach Raumhöhe: $150 \cdots 250$ W/m², im Freien $300 \cdots 600$ W/m².

Anforderungen an Strahlungsheizgeräte in DIN 44567 (3. 70).

823. *Ortsfeste Konvektionsheizgeräte mit natürlicher Konvektion.* Elektrische *Konvektionsheizgeräte* arbeiten mit geringen Oberflächentemperaturen und geben die Wärme größtenteils durch Luftumwälzung ab. Die Heizdrähte sind entweder frei auf keramischem Tragkörper angebracht oder in geeigneten Isolierstoffen, z.B. keramischen Massen, eingebettet. Als äußere wärmeabgebende Oberfläche dienen Gehäuse aus Stahlblech oder Porzellan in zylindrischer oder rechteckiger Form. Zum Beheizen von Wohnräumen und Büros gibt es *plattenförmige Heizkörper* für Montage unter den Fenstern, Bild 221-74. In Verbindung mit einem Raumtemperaturregler ist eine schnelle Regelung der Raumtemperatur möglich. Man verwendet diese Geräte in Wohnungen mit

[1]) Kollmar, A., und Liese, W.: Ges.-Ing. 76, 1955. S. 1/15.
Dolega, U.: Ges.-Ing. 1959. S. 129/135 und 1961. S. 112/116 u. 172/177.

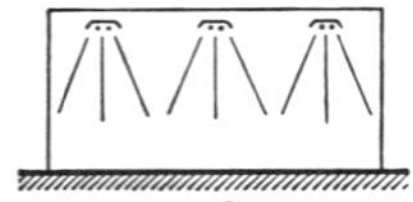


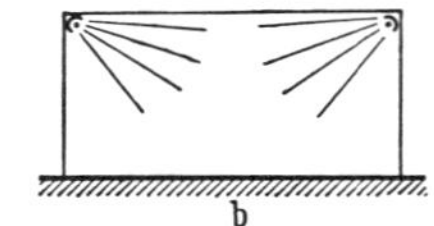


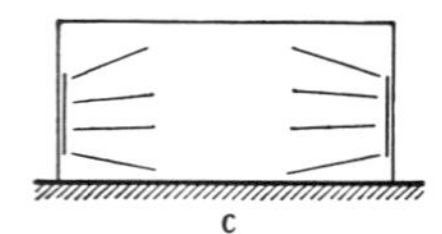


Bild 221-73. Verschiedene Anordnungen elektrischer Infrarot-Strahler. *a* = Deckenstrahler, *b* = Voutenstrahler, *c* = Seitenstrahler

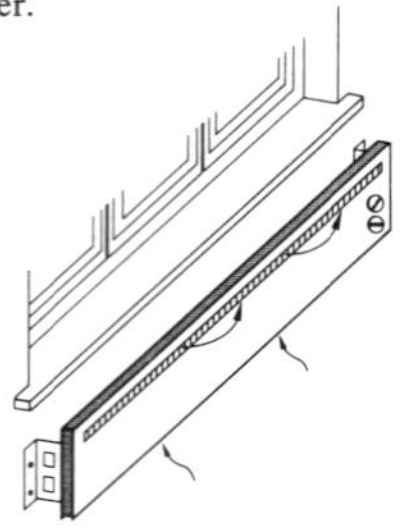

Bild 221-74. Plattenförmiger elektrischer Direktheizkörper für Montage unter Fenster.

Elektrospeicherheizung für das Beheizen wenig genützter Räume wie Schlafzimmer, Küche und Bad. Dies mindert die Investitionskosten. Ferner gibt es sie als schnell regelnde *Zusatzheizung* bei der sonst trägen Fußbodenspeicherheizung. Sie werden geschlossen oder aber mit Öffnungen für Luftdurchtritt ausgeführt. Die maximale Oberflächentemperatur ist 95 °C.

Zum Beheizen von Räumen im industriellen Bereich dienen *Rohrheizöfen,* Bild 221-75. Ein Stahlrohr mit einem Durchmesser von 40···80 mm dient als äußerer Abschluß. Die Oberflächentemperaturen erreichen 160···200 °C.

*Rippenrohrheizöfen* (Bild 221-76) haben eine elektrische Heizleistung von rd. 0,6 kW/m. Sie sind in der Regel mit einem Stufenschalter ausgestattet.

Konvektionsheizöfen sind in zahllosen Ausführungen, dem jeweiligen Verwendungszweck angepaßt, erhältlich, z. B. zylindrische Heizöfen unter den Sitzen elektrischer Bahnen, Flachheizöfen, Rohrheizöfen an den Fußbänken in Kirchen, Rohrregister oder Rippenrohrheizöfen für Garagen mit geringen Oberflächentemperaturen von max. 115 °C usw. Sonderausführungen sind Warmwasserradiatoren mit an der unteren Nabe axial eingebauter elektrischer Heizpatrone. Anforderungen an Geräte mit natürlicher Konvektion in DIN 44568 (3.70).

824. *Ortsfeste Konvektionsheizgeräte mit erzwungener Konvektion. Heizlüfter* verwenden zusätzlich einen elektrischen Ventilator, meist Axial- oder Tangentialventilator. Ausblas der Luft waagerecht über Fußboden. Dadurch wesentlich bessere Heizwirkung, da warme und kalte Raumluft sich schneller miteinander mischen. Beispiel Bild 221-77 u. -78. Regelung sowohl der Luftmenge (Drehzahl des Ventilators) wie der Heizleistung, häufig auch mit Raumthermostat und Schaltuhr für Baderäume, Küchen usw.

Anforderungen siehe DIN 44569 (3.70).

825. *Flächenheizungen*[1]). *Deckenheizungen* verwenden Heizleiter mit Isolierung und Blech- oder Bleimantel im Decken- oder Wandputz mit darüber befindlicher Wärmedämmung. Mäanderförmige Verlegung. Wirkung daher dieselbe wie bei den Deckenstrahlungsheizungen mit Warmwasser-Heizrohren. Belastung der Leiter 30 bis 80 Watt/m.

Bild 221-75. Elektrischer Rohrheizofen mit innenliegender Heizwendel, Leistung 250···400 W/m.

Bild 221-76. Rippenrohrheizofen. Leistung etwa 600 W/m (Schultze Kältewehr).

[1]) Firle, G.: TAB 5/78. S. 445/8.

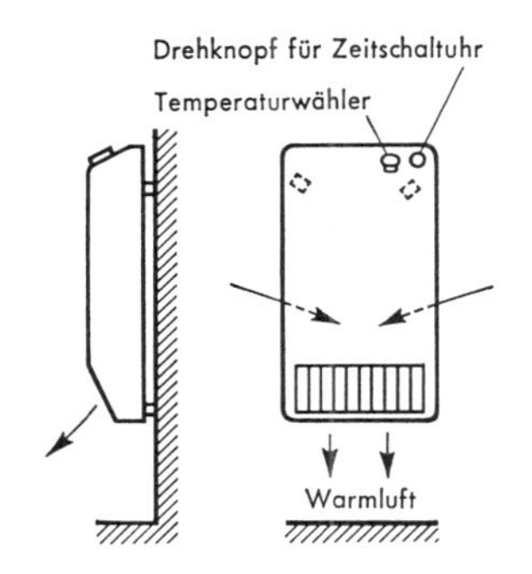


Bild 221-77. Elektrischer Ventilator-Heizkörper mit Thermostat und Zeitschaltuhr für Bad oder Nebenräume.

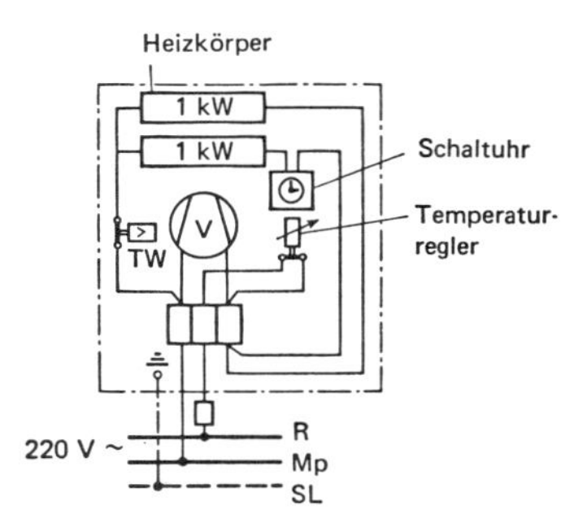


Bild 221-78. Schaltbild eines Ventilatorheizgerätes mit Schaltuhr für Schnellaufheizung (TW = Temperaturwächter, V = Ventilator).

Bei anderen Systemen werden als Heizelement mäanderförmige *Metallfolien* oder andere leitfähige Schichten verwendet, die zwischen Kunststoff-Folien eingeschweißt sind. Versand in Rollen. Befestigung durch Aufnageln auf Platten oder Holzleisten. Belastung 150 bis 200 Watt/m$^2$ Heizfläche. Anschluß an 220 Volt, bei Wandbelag 24 V.

*Heizplatten* sind vorgefertigte, im Innern mit einer Heizwicklung versehene Platten aus Sperrholz, Glas, Stahlblech oder anderem Material. Befestigung frei unter der Decke oder vor der Wand, namentlich unter den Fenstern. Bei den Lignotherm-Heizplatten sind Widerstandsdrähte zwischen dünnen Furnieren verlegt. Oberflächentemperatur 60 bis 70 °C, Belastung 500 bis 600 Watt/m$^2$. Verwendung als Wandtäfelung oder bewegliche Wandschirme. *Heizteppiche* werden dadurch hergestellt, daß dünne, elektrisch geheizte Drahtgewebe oder Metallfolien unmittelbar unter dem Fußbodenbelag (z. B. Linoleum) verlegt werden. Spannung durch Transformatoren auf etwa 50 Volt oder weniger herabgesetzt. Fußbodentemperatur ≈ 30 °C. Diese Methode der *Direkt-Fußbodenheizung* ist jedoch wenig gebräuchlich. Sie ist zwar billig in der Anschaffung, wird jedoch von den EVUs nur bis zu Leistungen von 2 kW zugelassen, da sonst im Winter zu große Lastspitzen entstehen.

## -83 Elektrische Speicherheizung

831. *Elektrische Speicherheizgeräte*[1]) enthalten im Innern Beton-, Schamotte- oder meist Magnesitsteine, die durch eingebettete elektrische Heizwendeln, Rohrheizkörper oder Heizpatronen aufgeheizt werden und die Wärme später abgeben. Begriffe, Anforderungen und Prüfung in DIN 44572 T. 1···5 (1. 72, 4. 73 und 10. 74). Außen 20···50 mm dicke Isolierung aus Steinwolle oder Microtherm und ein Mantel aus Kacheln oder Stahlblech. Aufheizung durch billigen Nachtstrom auf etwa 500···620 °C max. Nachtstrom steht seitens der E-Werke meist zwischen 22 Uhr und 6 Uhr zur Verfügung, häufig auch noch nachmittags 2 bis 3 Stunden. Entladung tagsüber. Nutzbarer Wärmeinhalt von Magnesit bei Aufladung auf 600 °C und Abkühlung auf 100 °C: $(600-100)\cdot 1{,}14 = 570$ kJ/kg = 1700 kJ/dm$^3$. Tiefe eines 3-kW-Speichers etwa 300 mm, bei Isolierung mit dem neuartigen Wärmeschutzstoff *Microtherm* (Siliziumdioxid in körniger mikroporöser Zusammensetzung) auch 250 bis herab zu 190 mm.

Verschiedene Bauarten:

1. Wärmeabgabe nur von Oberfläche, nicht regelbar. Ungünstig, da nicht gleichbleibend, sondern allmählich geringer werdend (Bauart I). Begrenzte Anwendung, z. B. für Flure, Lagerräume.

[1]) Kirn, H., u. W. Marquart: HLH 1970. S. 186/90.
Jüttemann, H.: HLH 1970. S. 286/91.
Firle, G.: SBZ 1973. S. 1156. 5 S.
Diedrich, H.: ETA 2/82. S. A 58/63.
Hadenfeld, A.: ETA 4/5-82. S. A 194/203.
RWE-Bauhandbuch 1985.

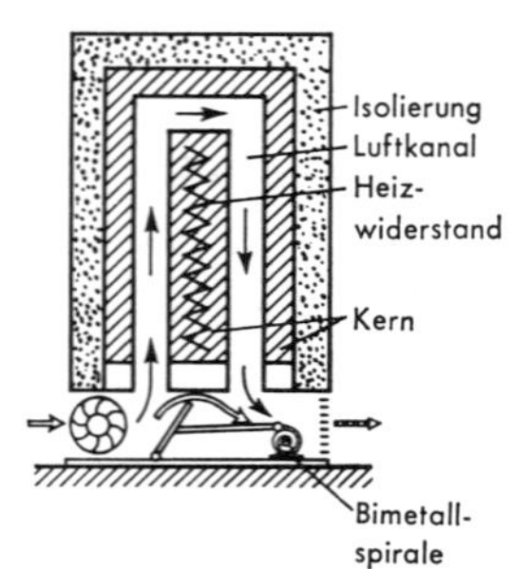


Bild 221-79. Elektrisches Speicherheizgerät mit Ventilator (Bauart III).

2. Wärmeabgabe dynamisch durch Luftkanal mit Ventilator, meist Tangentialgebläse (Bild 221-79). Starke Isolierhülle, geringe Wärmeabgabe durch Oberfläche. Raumthermostat schaltet Ventilator ein und aus. Durch Mischung erwärmter und nicht erwärmter Luft mittels Thermostat konstante Austrittstemperatur erreichbar (Bauart III). Verbreitetste Bauart.

Regelmäßige geringe Temperaturschwankungen im Raum lassen sich infolge des „Ein-Aus-Betriebs“ bei Bimetall-Thermostaten nicht vermeiden. Neuere elektronische Thermostate verändern die Gebläsedrehzahl stetig und vermeiden Raumtemperaturschwankungen.

Bei allen Speichergeräten ist Prinzip der Auflade- und Entladeregelung wichtig[1]). Gerät ist nach 24 Stunden nicht voll ausgekühlt, sondern enthält noch eine gewisse *Restwärme.*

Richtige Aufheizzeit ist durch viele Faktoren bedingt: Außentemperatur, Wind, Sonneneinstrahlung, Restwärme im Speicherkern usw. Verschiedene Möglichkeiten der Aufladesteuerung:

Wahl einer bestimmten Leistung der Heizwiderstände durch Mehrstufenschalter von Hand (Leistungssteuerung);

Wahl einer bestimmten Aufladezeit (Ladezeitsteuerung);

Wahl einer bestimmten Kerntemperatur von Hand;

Automatische Aufladung[2]) in Abhängigkeit von der Außentemperatur und Restwärme, wobei der Einschaltzeitpunkt durch besondere Zeitlaufwerke bestimmt wird; Vorwärtssteuerung ab 22 Uhr, Rückwärtssteuerung, d.h. Einschaltung der Heizung derart, daß die Aufheizung am Morgen beendet ist. Letztere hat den Vorteil, daß die geringe nächtliche Belastung des Stromnetzes besser ausgenutzt wird; bestes Verfahren.

*Beispiel* einer elektronischen *Aufladeautomatik mit Rückwärtssteuerung* siehe Bild 221-80.

Am Widerstand $R$ des *Zentralsteuergeräts* entsteht eine Spannung $U'$, die vom Widerstand $R_w$ (Heißleiter) des Außentemperaturfühlers und vom Widerstand $R_t$ des Zeitgliedes abhängt. $R_t$ wird über einen motorbetätigten Abgriff mit Beginn der Freigabezeit für den Nachtstrom vergrößert. Damit sinkt die Spannung $U'$ und auch $U$ mit zunehmender Freigabezeit. Außerdem bleibt – bedingt durch den Außentemperaturfühler – das Niveau der Spannung $U$ niedrig, wenn es außen kalt ist und hoch, wenn es warm ist. Die Führungsspannung $U$ wird über eine Sammelleitung allen Speicherheizgeräten der Wohnung zugeleitet.

Auf Grund der zunächst hohen Spannung $U$ erwärmt der Widerstand $R_s$ die Flüssigkeit im Fühler des benachbarten Fühlrohrs so stark, daß die Doppelmembran den Schalter $S$ öffnet und die Heizwiderstände im Speicherkern keine Spannung erhalten. Erst mit abnehmender Spannung $U$ zieht sich die Doppelmembran soweit zusammen, daß der Schalter $S$ schließlich schließt. Aufgrund des Kerntemperaturfühlers schließt

[1]) Jüttemann, H.: HLH 1970. S. 90/94 u. 133/8.
Mohr, G. F.: SBZ 1972. S. 1658.
DIN 44572 Teil 1 (4.73): Eigenschaften, Begriffe.

[2]) DIN 44574: Aufladesteuerung. 6 Teile (3. 85).

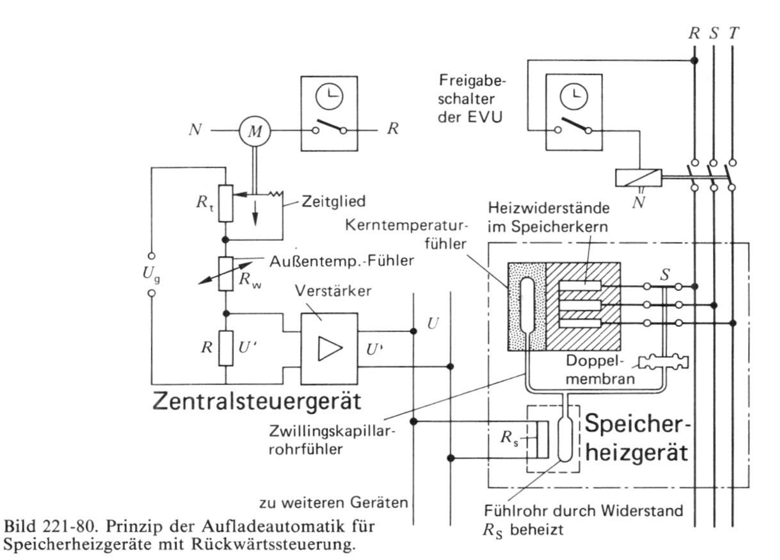


Bild 221-80. Prinzip der Aufladeautomatik für Speicherheizgeräte mit Rückwärtssteuerung.

der Schalter *S* um so früher, je kleiner die Kerntemperatur *(Restwärme)* ist. Die Ladezeit ist daher um so länger, je kleiner die Außentemperatur und die Restwärme sind.

Eine elektronische *Aufladesteuerung mit Vorwärtssteuerung* zeigt Bild 221-80a.

Über einen Witterungsfühler wird die Außentemperatur gemessen. Abhängig hiervon kann der Ladebeginn zwischen +8 und +25 °C und die Volladung zwischen +5 und −25 °C Außenlufttemperatur eingestellt werden. Dazwischen wird die Einschaltdauer eines Triacs getaktet. Beim Ansprechen des Ladebeginns ist die Einschaltdauer 20%, bei Volladung 100%.

*Beispiel:*

20% Einschaltdauer bedeutet 1 s ein und 4 s aus.

Noch modernere Steuerungen arbeiten mit Mikroprozessoren. Diese beinhalten Lademodelle verschiedener EVU und verbessern die Wirtschaftlichkeit durch Zusatzfunktionen wie Sommerlogik, Wochenendabsenkung oder Unterdrückung der Nachladung in der Hochtarif-Zeit[1]).

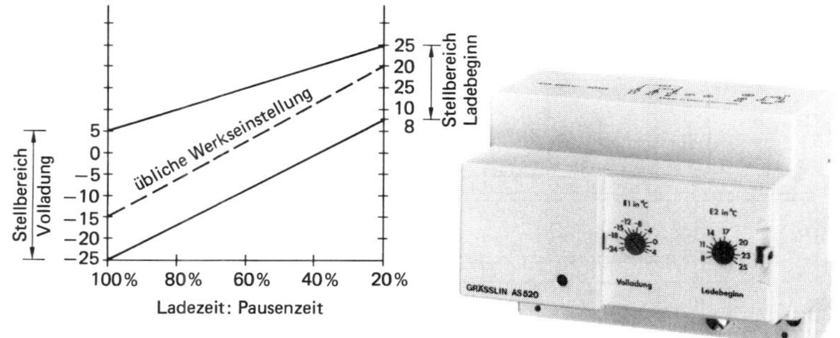


Bild 221-80a. Aufladesteuerung mit Vorwärtssteuerung.
Rechts: Ansicht des Geräts.
Links: Einstellbereich für Ladebeginn und Volladung.

---

[1]) Campe, M.: ETA 9/86. S. 165/9.

*Vorteile der Elektrospeicherheizung:*

kein Schornstein, keine Bauauflagen, keine Brennstoffbevorratung, keine Asche, leichte Ermittlung der Heizkosten, schnelle Raumaufheizung, Sparmöglichkeit, dauernde Betriebsbereitschaft.

*Nachteile:*

hohe Massen von ca. 40 kg je kW Anschlußwert, großer Platzbedarf, hohe Ausblastemperatur von etwa 80···100 °C, komplizierte el. Verdrahtung, schwaches Gebläsegeräusch, begrenzte Zulassung durch das EVU.

Die Speicherheizgeräte haben in den letzten Jahren für die Wohnraumheizung große Bedeutung gewonnen, namentlich für die Modernisierung von Altbauten, da ihre Verwendung von manchen Elektrizitätswerken wegen der besseren Ausnützung der Kraftwerke in der Nacht gefördert wird. Allerdings scheinen in jüngerer Zeit manche EVU die Grenze der Nachtstrombelastung erreicht zu haben, so daß mit Einschränkungen zu rechnen ist. Eine größere Verbreitung der Speicherheizungen ist mit Rücksicht auf die Versorgungsnetze nur in beschränktem Maß zu erwarten. In Deutschland sind 1985 36,7 Mill. kW Speicherheizungen in Betrieb, zu etwa 90% in privaten Haushalten (ca. 2,3 Mill. Anlagen).

Energieverbrauch siehe Abschnitt 251 und 266.

Kosten etwa 600···800 DM je kW Anschlußleistung mit el. Verdrahtung. Anschlußwert überschläglich in Wohngebäuden 0,20···0,25 kW/m². Beispiel für die Lade- und Entladekurve eines Speicherheizgerätes siehe Bild 221-81.

Prinzipschaltbild einer Büroraumheizung siehe Bild 221-82.

*Auswahl*

Zur richtigen Auswahl von Geräten genügt es nicht, nur die Nennleistung zugrunde zu legen, sondern es sind auch die *Heizleistungskurven* zu beachten. Aus diesen Kurven ist ersichtlich, ob ein Gerät für die gestellte Aufgabe verwendbar ist, insbesondere, ob es

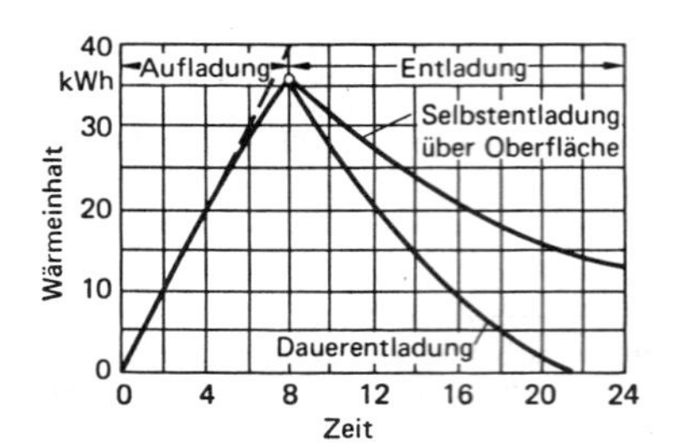


Bild 221-81. Lade- und Entladekurven eines elektrischen Speicherheizgerätes von 5 kW Anschlußwert, mit Gebläse 40 kWh Speicheraufladung.

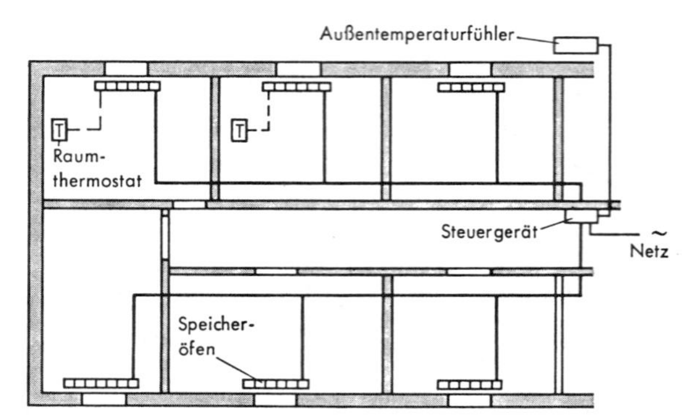


Bild 221-82. Prinzipschaltbild für Heizung von Büroräumen durch elektrische Speicherheizgeräte mit Außentemperaturfühler und Raumthermostat.

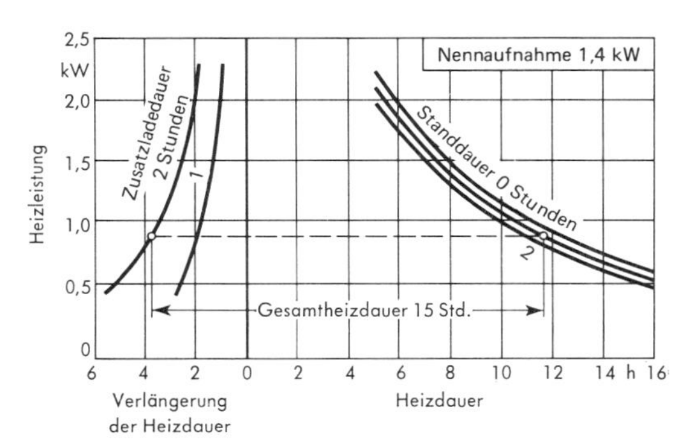


Bild 221-83. Heizleistungskurven eines Speichergerätes von 1,4 kW Nennaufnahme.

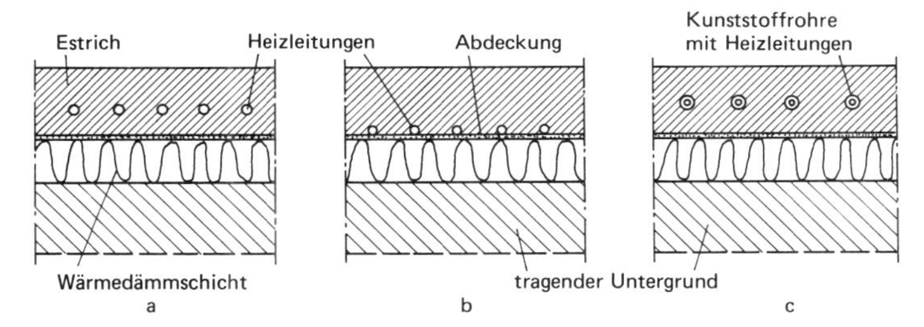


Bild 221-84. Ausführungsarten von Fußboden-Speicherheizungen.
a) Heizleitungen in Estrich eingegossen
b) Heizleitungen unter Estrich
c) Heizleitungen in Kunststoffrohren eingezogen

während der ganzen Benutzungsdauer, z. B. für Wohnungen 15 Stunden lang, wirklich Wärme abgeben kann. Darstellung der Kurvenschar eines Gerätes siehe Bild 221-83 (DIN 44572 – 4.73).

In einem Koordinatensystem mit 2 Quadranten wird auf der Abszissenachse die Heizdauer, auf der Ordinate die stündliche Heizleistung angegeben. Parameter sind die Standdauer (Zeitdifferenz zwischen Ende der Aufheizung und Heizungsbeginn) und die zusätzliche Ladedauer am Nachmittag. Für jede Gerätetype gibt es ein gesondertes Diagramm.

*Beispiel:*

Gesamtwärmebedarf eines Raumes (nach DIN 4701) $\dot{Q} = 0{,}85$ kW; gewünschte Heizdauer 15 Stunden von 7 bis 22 Uhr; Standdauer morgens von 6 bis 7 Uhr = 1 Stunde; Aufheizzeit $9 + 2 = 11$ Stunden. Aus Bild 221-83 entnimmt man, daß das Gerät geeignet ist.

832. Bei der *elektrischen Fußboden-Speicherheizung*[1]) werden im Fußboden Heizleitungen verlegt, die beim Aufheizen mit Nachtstrom eine Speichermasse (Estrich) erwärmen. Nachheizung am frühen Nachmittag für 2 bis 3 Stunden.

[1]) Wieland, J.: HR 1/77. S. 11/17.
Siegert, H.: HLH 11/77. S. 389/97.
Gockell, B., u. M. Tokarz: TAB 3/77. S. 279/81.
DIN 44576: El. Fußbodenspeicherheizung. Teil 1 bis 4 (7.81).
Börner, W.: ETA 2/81. S. A 96/103.
Bohnenstengel, H.: Siemens Elektrodienst Bd. 20. Nr. 2, 5, 6, 7 Bd. 21. Nr. 2.
Ritter, K.: ETA 5/84. S. A161/4.

Unterhalb der Heizfläche Wärmedämmung etwa 5···8 cm dick, darüber Feuchteschutz. Nur für dauerbeheizte Räume. Wärmeabgabe während des Tages nach oben in den Raum. Viele Systeme für das Einbetten der Heizleitungen (Bild 221-84):

a) Leitungen werden direkt in Estrich eingegossen; dabei Auswechseln defekter Teile sehr schwierig (Naßmontage). Estrichdicke 8···10 cm, Bauhöhe ca. 13···18 cm ab OK Rohdecke (Bild 221-84a). Guter Wärmeübergang.
b) Über die Wärmedämmschicht wird eine wasserdichte Abdeckung (z.B. Bitumen oder Folie) gelegt und darauf die Heizleitungen angeordnet. Über die Heizleitungen wird Estrich vergossen, so daß die Heizleitungen nur z.T. vom Estrich umschlossen sind (Bild 221-84b).
c) Mit dem Estrich werden Kunststoffrohre vergossen, in die die Heizleitungen nachträglich eingezogen werden (Bild 221-84c).
d) Vorgefertigte Heizmatten, wobei die Heizleitungen auf Kunststoffträger oder Blechstreifen befestigt sind (Bild 221-84d).

Spez. *Belastung* der Leitungen 10···25 W/m. Äußere Manteltemperatur bei Naßeinbettung 40···50 °C, bei Trockeneinbettung 80···100 °C.

In allen Fällen ist größte Sorgfalt bei der Installation erforderlich, um Beschädigung der Leitungen zu vermeiden. Die verwendeten Baumaterialien wie Leitungen, Dämmstoffe, Bodenbelag und -kleber müssen temperaturbeständig sein. Leitungen meist mit Umhüllung aus Metalldrahtgeflecht. Reparaturen sind sehr kostspielig. Schadstellen können u.a. durch Infrarot-Sucheinrichtungen festgestellt werden.

In der *Aufenthaltszone* sollte die Fußbodentemperatur im zeitlichen Mittel während der Raumbenutzungsdauer einen Wert von 6,5 K über Raumtemperatur nicht überschreiten, da sonst Fußbeschwerden. In den nicht begehbaren Randzonen dagegen kann die Temperatur bis auf 15 K über Raumtemperatur gesteigert werden. Die maximalen Wärmeleistungen sind dann mit den Wärmeübergangszahlen $a_t = 10{,}5$ bzw. 11,5 W/m² K:

in der Aufenthaltszone $10{,}5\,(26{,}5-20) = 68$ W/m²
in der Randzone $11{,}5\,(35-20) = 172$ W/m².

Bei einem Anteil der Randzone von 15% ist daher ein spezifischer Wärmebedarf von

$0{,}85 \cdot 68 + 0{,}15 \cdot 172 = 84$ W/m²

durch reine Fußbodenheizung zu decken. Für größeren Wärmebedarf ist eine Zusatzheizung erforderlich.

Um möglichst gleichmäßige Wärmeabgabe des Fußbodens zu erhalten, ist der Estrich desto dicker zu wählen, je geringer die spezifische Masse der Umfassungswände des Raumes ist.

Zum Ermitteln der *Estrichdicke* in Abhängigkeit von der Zusatzladedauer am Tage $t_Z$, dem Bodenbelag und der spez. Masse G der Umschließungswände dient das Diagramm in Bild 221-85.

*Beispiel:*

Gegeben: Spezifischer Raumwärmebedarf 70 W/m², Zusatzladedauer $t_Z = 2$ h. Teppich > 6 mm Dicke, spez. Gebäudemasse 500 kg/m².

Nach Bild 221-85: Estrichdicke 9 cm.

Die Estrichdicke soll nicht weniger als 6 cm betragen.

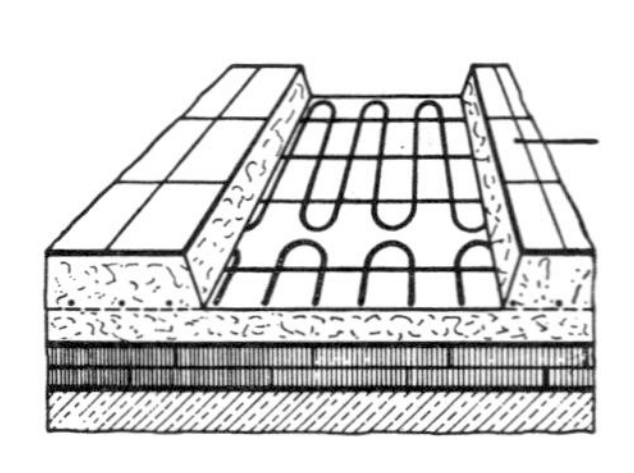

Bild 221-84d. Elektrische Fußbodenspeicherheizung mit konfektionierter Heizmatte (Flexwell).

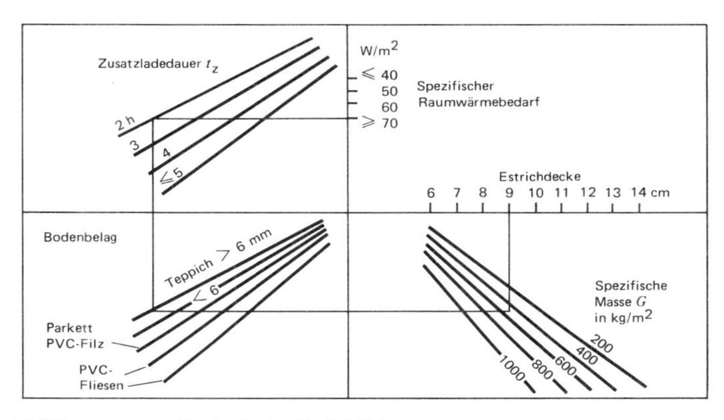


Bild 221-85. Diagramm zum Ermitteln der Estrichdicke.

*Aufladeregelung* erfolgt in der Weise, daß ein Witterungsfühler in der Außenwand des Hauses je nach der Außentemperatur die Aufheizung des Estrichs freigibt, wobei die Restwärme im Fußboden durch einen besonderen Restwärmefühler wie bei den Speicherheizgeräten berücksichtigt wird.

Die zu installierende Leistung kann aus Tafel 221-9 entnommen werden. Die Raumtemperatur des zu beheizenden Raumes ist mit $\vartheta_R$ und die des darunter liegenden Raumes mit $\vartheta_{RN}$ bezeichnet. Die Ladedauer setzt sich aus der *Nennladedauer* $t_N$ und der *Zusatzladedauer* am Nachmittag $t_Z$ zusammen[1]).

Die zu installierende Leistung darf nicht größer sein als 200 W/m².

*Beispiel:*

Gegeben: Estrichdicke 9 cm, Nennladedauer $t_N = 8$ h, Zusatzladedauer $t_Z = 2$ h, Wärmedämmdicke unter Estrich 6 cm, Differenz der Raumlufttemperaturen zwischen beheiztem und darunter liegendem Raum $\vartheta_R - \vartheta_{RN} = 0$ K.

Nach Tafel 221-9: Anschlußleistung 180 W/m².

**Tafel 221-9. Anschlußleistungen der Fußbodenheizung in W/m² in Abhängigkeit von der Ladedauer $t_N + t_Z$ und der Raumlufttemperatur-Differenz $\vartheta_R - \vartheta_{RN}$*). Mindestdicke der Speicherschicht 6 cm.**

| Raumluft-temperatur-Differenz | Wärmedämmdicke unter Estrich 4 cm | | | | Wärmedämmdicke unter Estrich 6 cm | | | |
|---|---|---|---|---|---|---|---|---|
| | Ladedauer $t_N + t_Z$ | | | | Ladedauer $t_N + t_Z$ | | | |
| $\vartheta_R - \vartheta_{RN}$ | 8 h | 8 h + 2 h | 8 h + 3 h | 8 h + 4 h | 8 h | 8 h + 2 h | 8 h + 3 h | 8 h + 4 h |
| 0 | 200 | 200 | 200 | 180 | 200 | 180 | 160 | 160 |
| 5 K | 200 | 200 | 200 | 180 | 200 | 180 | 180 | 160 |
| 10 K | 200 | 200 | 200 | 200 | 200 | 200 | 180 | 160 |
| 15 K | 200 | 200 | 200 | 200 | 200 | 200 | 180 | 160 |
| 20 K | 200 | 200 | 200 | 200 | 200 | 200 | 180 | 180 |
| 25 K | 200 | 200 | 200 | 200 | 200 | 200 | 200 | 180 |
| 30 K | 200 | 200 | 200 | 200 | 200 | 200 | 200 | 180 |

*) $\vartheta_R$ = Raumtemperatur des zu beheizenden Raumes,
$\vartheta_{RN}$ = Raumtemperatur des darunter liegenden Raumes.

[1]) DIN 44576 (7.81). Elektro-Fußboden-Speicherheizung.

Grundsätzlich ist wie bei allen elektrischen Heizungen auch hier gute *Wärmedämmung* des Raumes erforderlich, ≈ 80 W/m² maximaler Wärmeverlust. Für wirtschaftlichen Betrieb Mischpreis nicht über 14 Pf/kWh. Anlagekosten etwa 130⋯150 DM/m² einschl. Installation, ohne Fußbodenbelag. Bei 1500 Vollbetriebsstunden und einem Strommischpreis von 14 Pf/kWh ergeben sich dann

jährliche Kosten von 1500 · 0,14 · 0,080 = 16,80 DM/m² Wohnfläche.

Die Wärmeabgabe des Fußbodens ist sehr ungleichmäßig, wie aus Bild 221-89 hervorgeht. Im Mittel wird jedoch während der Raumbenutzungsdauer von 7 bis 22 Uhr eine Oberflächentemperatur von 26,5 °C nicht überschritten.

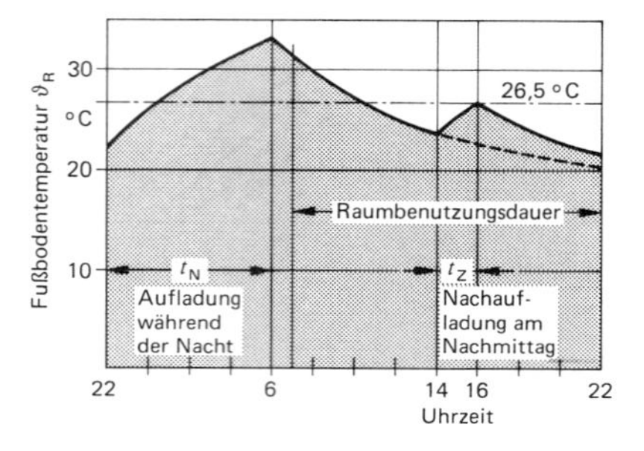


Bild 221-89. Typischer Verlauf der Temperatur und Wärmeabgabe des Fußbodens (ohne Randzonenheizung).

Da die Wärmeabgabe während der Entladung kaum mehr beeinflußt werden kann, ist zum Ausgleich kurzfristiger Einwirkungen (Sonne, Personen, Lüftung) als Spitzenwärmeleistung fast immer eine gut regelbare elektrische *Direktheizung* erforderlich. Hierfür sollten z. B. thermostatisch geregelte Flachheizkörper, Unterflurkonvektoren o. ä. unter den Fenstern angebracht werden, etwa 20% des Wärmebedarfs (max. 2 kW).

*Vorteile:*

Kein Schornstein, Heizungskeller, Abgas,
häufig billiger in der Anschaffung,
kein nennenswerter Platzbedarf,
geringe Wartungskosten,
einfache Messung des Energieverbrauchs, keine Bevorratung von Brennstoffen.

*Nachteile:*

Ungünstige Temperaturregelung, Grundheizung sehr träge,
elektrische Zusatzheizung erforderlich,
Schäden an Heizleitungen schwer zu beseitigen,
starke Deckenbelastung,
Genehmigung durch das EVU.

*Elektrospeicherheizkessel* siehe Abschn. 231-7, *Blockspeicher für Warmluftheizungen* 222-3.

## -9 ÖLBEHEIZTE ÖFEN[1])

Die Verwendung von Ölöfen hatte in der Zeit der niedrigen Ölpreise bei uns erheblich zugenommen. Gegenüber koks- und kohlebeheizten Öfen haben sie zweifellos wesentliche Vorteile, insbesondere Sauberkeit, geringen Bedienungsaufwand, schnelles Aufheizvermögen, gute Regelbarkeit, wenig Platzverbrauch für Brennstoff. Für den Bau und Einbau von Ölöfen sind zu beachten:

---

[1]) Michaelis, F.: SBZ 14/75. S. 852/3.

1. DIN 4730 (DIN EN 1 – 11/80). Ölheizöfen mit Verdampfungsbrennern, Begriffe, Bau, Leistung, Güte und Prüfung.
2. DIN 4736 (6. 80). Ölversorgungsanlagen für Ölbrenner.
3. DIN 18160. Hausschornsteine. Teil 1 (2. 87).
4. Muster-Feuerungsverordnung vom Jan. 1980.

Der Einbau von Ölöfen ist in allen Ländern der BRD den zuständigen Behörden anzuzeigen. Mindestrauminhalt für die Aufstellung des Ofens 4 $m^3$ je kW Heizleistung.

Die allgemeine *Wirkungsweise* geht aus Bild 221-90 hervor.

Aus einem meist am oder im Ofen befindlichen Tank läuft das Öl zunächst in einen Schwimmerbehälter, durch den der Ölspiegel konstant gehalten wird. Aus diesem Behälter fließt es über ein Regulierventil in den Verdampfungsbrenner, in dem das Öl verbrennt. Abzug der Abgase nach oben in den Verbrennungsraum und von dort in das Abgasrohr und zum Schornstein.

*Bestandteile:*

Der *Verdampfungsbrenner* ist ein meist topfförmig ausgebildeter aus hitzebeständigem Stahlblech bestehender Behälter mit zahlreichen Luftlöchern am Umfang, Durchmesser 100 bis 300 mm. Brennerringe dienen zur Flammenstabilisierung. Außer dieser Bauart gibt es auch Schalen- und Kaskadenbrenner. Regelmäßige Reinigung erforderlich.

*Ölregler* halten das Ölniveau konstant, regeln die Heizleistung und verhindern Überflutung[1]). Einen viel benutzten Ölregler zeigt Bild 221-91.

2 Schwimmer: Haupt- und Sicherheitsschwimmer. Ersterer hält den Ölspiegel konstant, letzterer verhindert das Überfließen und verriegelt die Ölzufuhr. Im Ölregler Handregelventil mit Einstellknopf für die Heizleistung. Bestimmungen über Bau, Leistung und Güte von Ölreglern in DIN 4737 (E. 7. 85).

Im *Brennraum* steigen die Öldämpfe nach oben, verbrennen und geben dabei ihre Wärme an die Wandungen ab. Außen an den Wandungen strömt die zu heizende Raumluft nach oben. Wärmeabgabe hauptsächlich durch Konvektion.

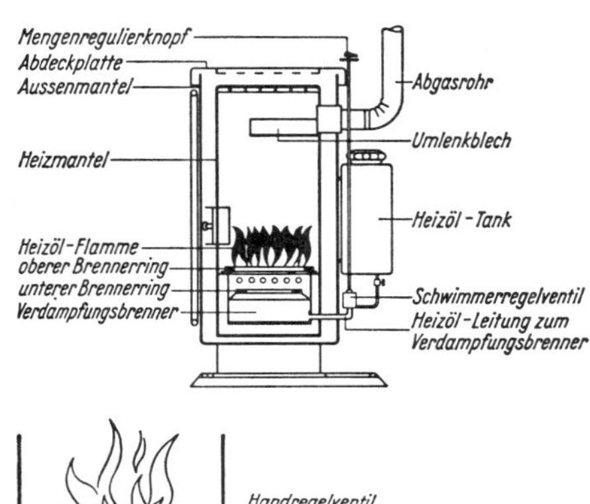


Bild 221-90. Schema eines Ölofens mit Verdampfungsbrenner.

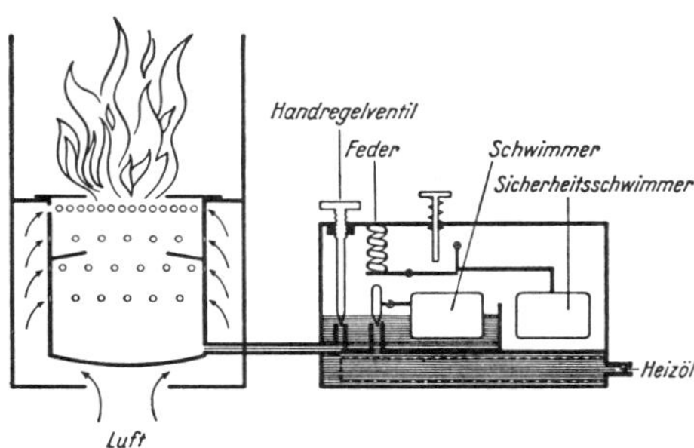


Bild 221-91. Doppelschwimmerregler.

[1]) Bauder, W.: Öl + Gas und Feuerungstechn. 3/1973. 3 S.

Der *Tank* faßt etwa 10 bis 15 l und ist entweder hinter dem Ofen befestigt oder auch in der Verkleidung des Ofens selbst angeordnet. Inhaltsanzeiger, Entleerungsvorrichtung. Bei mehreren Öfen kann man einen gemeinsamen Tank für alle Brennstellen verwenden.

Auch *zentrale Heizölversorgung* aus einem Zentraltank im Keller des Gebäudes ist möglich. Ölförderung dabei durch eine Pumpe. Tankinhalt je nach Ausstattung des Lagerraums bis zu 5000 l. In Wohnungen bis 100 l in ortsfesten Behältern zulässig. Bauvorschriften der Länder und [1]) regeln Anforderungen an Leitungen, Behälter und deren Ausführung.

*Erforderlicher Zug* etwa 10···20 Pa je nach Nennleistung. Alle Verdampfungsbrenner sind sehr zugempfindlich. Sowohl zu starker Schornsteinzug wie zu schwacher Zug sind zu vermeiden. Zugregelung durch Nebenluftklappe oder Zuluftdrosselung. Letztere ist günstiger. Noch besser ist die Verwendung von kleinen Ventilatoren, die die Verbrennungsluft zwangsweise zuführen. Dabei Unabhängigkeit vom Kaminzug. Flamme kann auch waagerecht brennen (Bild 221-92). Siehe auch Abschn. 236-82.

Als *Brennstoff* sollen nur leicht siedende Heizöle verwendet werden, die eine Viskosität von 6 $mm^2/s$ oder weniger haben müssen, insbesondere

| | |
|---|---|
| Petroleum | Siedegrenze 180 bis 250 °C* |
| Gasöl (Dieselöl) | Siedegrenze 180 bis 300 °C |
| Heizöl EL | Siedegrenze 180 bis 360 °C (Gefahrenklasse III) |

* in Deutschland nicht zugelassen, da Gefahrklasse II.

Öle müssen frei von Verunreinigungen sein. Conradson-Wert <···0,05%.

*Schornsteinzerstörung* durch Wasserdampfkondensation oder Sulfatbildung ist bei richtiger Bauart und Belastung des Schornsteins ebensowenig wie bei Kohleöfen zu befürchten. Öfen für feste und flüssige Brennstoffe können an einen gemeinsamen Schornstein angeschlossen werden, wenn der Schornsteinquerschnitt ausreichend ist, siehe DIN 18160 (2.87) und DIN 4705 (Teil 3 – 7.84). Anschlüsse in der Höhe versetzt. Der *Staub- und Rußgehalt* der Abgase soll die Schwärzungsstufe 4 der Bacharach-Skala nicht überschreiten (Bundes-Immissionsschutzgesetz – 1. Verordnung vom 5. 2. 79).

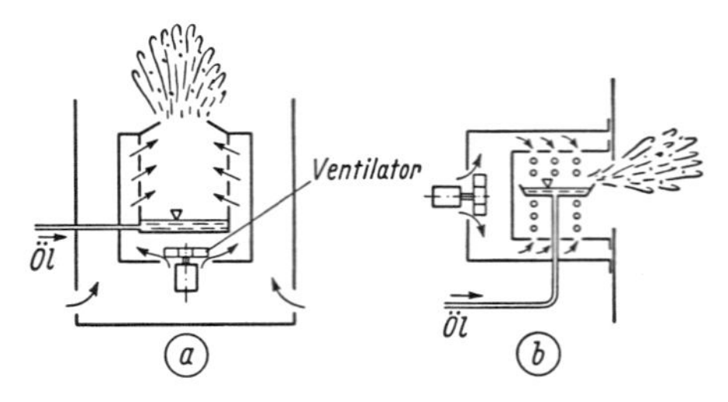


Bild 221-92. Verdampfungsbrenner mit Ventilator;
a) Ventilator unterhalb des Brenners,
b) Ventilator seitlich am Brenner

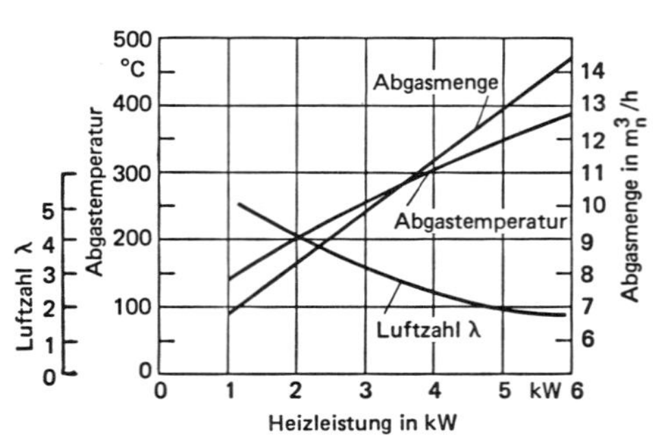


Bild 221-93. Abgastemperatur, Luftzahl u. Abgasmenge eines Ölofens von 5,8 kW Nennleistung.

[1]) DIN 4755 T. 1 (9.81) Ölfeuerung u. T. 2 (2.84) Heizölversorgung; sicherheitstechn. Grundsätze.

*Zündung* durch Hand mittels Docht oder Spiritus-Tabletten, oder elektrisch mittels Glühdraht bzw. Piezozünder.

*Regelung* gewöhnlich durch Betätigung des Handregelventils mit 6 Stellungen 1 bis 6. Heizleistung dabei jedoch nur im Verhältnis von etwa 1:3 regelbar.

Manche Ölöfen sind auch mit automatischer Regulierung und el. Zündung erhältlich. Raumthermostat steuert ein Ventil in der Brennstoffzuleitung, dadurch Ölzufluß geöffnet oder gedrosselt. Auch *Ausdehnungsregler* sind in Gebrauch, die das Ölzuflußventil über einen Hebel kontinuierlich öffnen und schließen.

*Wirkungsgrad* auf dem Prüfstand bei Nennleistung >70%.

Abgastemperaturen bei Nennleistung 300···370 °C, Luftüberschußzahl $\lambda \approx 2$, der $CO_2$-Gehalt 9···11%. Größte Leistung etwa 35 kW.

Kennzeichen der Verbrennung siehe Bild 221-93.

Das *äußere Gesicht* der Ölöfen ist bei den verschiedenen Herstellern sehr verschiedenartig, teils den eisernen Öfen angepaßt, teils den Gasöfen, teils speziell für Ölfeuerung eingerichtet. Äußerer Mantel meist emailliertes Blech. Beispiel siehe Bild 221-94.

Bestimmung der *Ofengröße* nach Raumheizvermögen wie bei Gasöfen (Tafel 221-7) oder ggf. auch durch Wärmebedarfsberechnung.

*Heizöfen mit zentraler Ölversorgung*[1]). Gemeinsamer Tank im Keller oder Erdreich. Besonders geeignet für Altbausanierung. Man unterscheidet 3 Bauarten:

1. Anlagen mit Saugpumpe und Ölzwischenbehälter. Saughöhe maximal 7,5 m; besonders für Ein- und Zweifamilienhäuser.
2. Anlagen mit Druckpumpe am Öltank und mit Ölbetriebsbehälter im Dachgeschoß, sonst wie vor.
3. Anlagen mit Druckpumpe und Öldruckbehälter (Bild 221-95 u. -97), am meisten verwendet. Bei Mehrfamilienhäusern werden für jeden Mieter Einzelanlagen vorgesehen.

Vor jedem Ofen ein Regler, der auf den erforderlichen Druck eingestellt wird. Schwimmer im Regler hält Niveau konstant. Bei Drücken >0,3 bar Druckminderventil.Ölleitungen aus Kupfer 6×1 oder 8×1 mm.

Druckpumpenaggregate werden mit Druckbehälter, Steuer- und Sicherheitsschalter, Ölfilter, fertig verdrahtet hergestellt.

Zu beachten: „Richtlinien für die Installation von zentralen Heizölversorgungsanlagen in Gebäuden und Grundstücken". Hrsg. von HKI (2.71) und DIN 4736 (6.80): Ölversorgungsanlagen für Ölbrenner. Zur Abrechnung eichfähige Ölzähler für jede Wohnung erforderlich. Ferner *Heizölbehälter-Richtlinien* der Argebau (3.72).

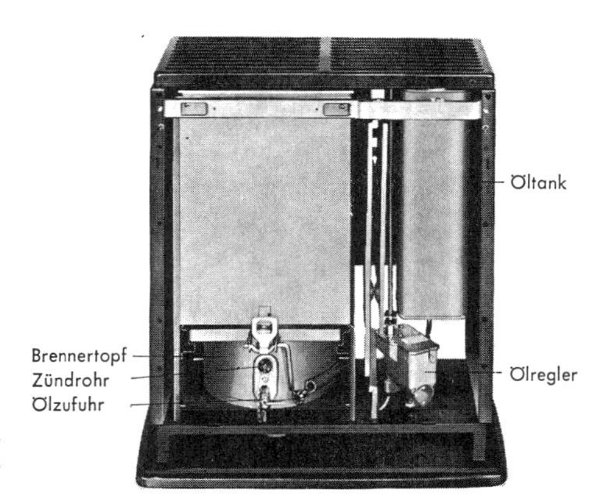


Bild 221-94. Ölheizofen mit eingebautem Ölbehälter (Oranierofen der Frank'schen Eisenwerke).

[1]) Michaelis, Fr.: SBZ 1971. S. 1414/5.

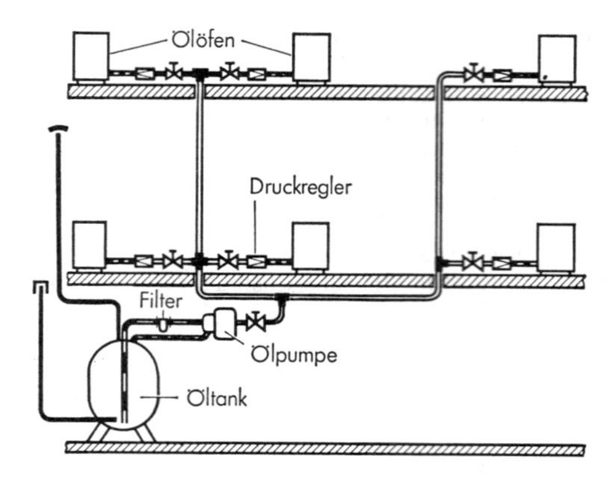


Bild 221-97. Zentrale Ölversorgung mit Druckpumpe.

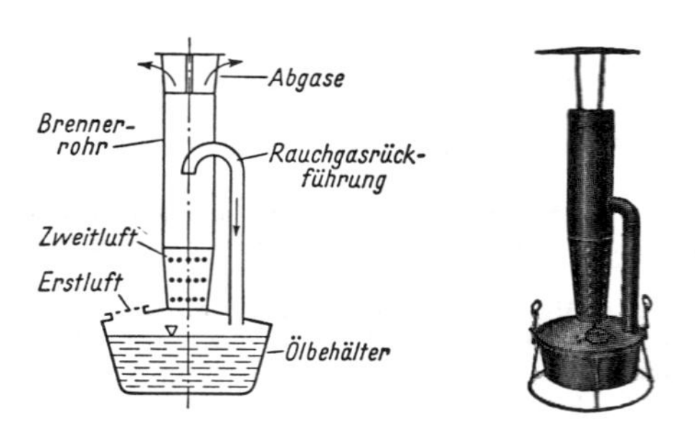


Bild 221-98. Ölofen für Baustellen (Heylo, Sarstedt).

Einen sehr einfachen Ölofen, bei dem die Abgase direkt in den Raum eintreten, zeigt Bild 221-98. Ölgefäß ist gleichzeitig Ölbrenner. Ein Teil der Rauchgase wird in den Brenner zurückgeführt. Nachteile: Vergiftungsgefahr, Rußschäden. Verwendung in gut gelüfteten Baustellen und zur Bautrocknung. Lieferbar auch mit Abgasrohr. Leistung bis ca. 35 kW.

*Ölofen* ohne Schornsteinanschluß, häufig angeboten, mit Dochtbrenner oder dgl., nicht für Wohnungen geeignet, da Verbrennungsgase (besonders $CO_2$ oder $SO_2$), Wasserdampf und Gerüche in den Raum eintreten, höchstens für vorübergehende Heizung gut gelüfteter Räume. Auch Feuergefahr vorhanden[1]).

## 222 Zentralheizungen

Die Zentralheizungen (Sammelheizungen) sind dadurch gekennzeichnet, daß es für die zu beheizenden Räume nur *eine* außerhalb der Wohnungen befindliche Feuerstelle gibt und daß die hier erzeugte Wärme unter Zwischenschaltung eines Wärmeträgers den einzelnen Räumen zugeführt wird. Als Wärmeträger werden Wasser, Dampf oder Luft verwendet, so daß sich die Zentralheizungen in Warmwasser-, Dampf- und Luftheizungen einteilen.

---

[1]) DIN 30686 E. 3.84: Flüssiggas-Heizgeräte.

*Vorteile* der Zentralheizungen:

Verringerung der Feuerstellen und Schornsteine;
geringere Umweltverschmutzung;
Fortfall der Brennstoff- und Aschentransporte in den Wohnungen;
große Wirtschaftlichkeit bei der Brennstoffausnutzung;
geringer Platzbedarf der Heizkörper;
wenig Bedienungsarbeit.

*Nachteile:*

Höhere Anschaffungskosten;
Messung zur Heizkostenverteilung bei mehreren Wohnungen erforderlich;
höhere Betriebskosten mit allerdings größerem Heizkomfort;
Energieverluste bei der Wärmeverteilung.

## -1 WARMWASSERHEIZUNGEN (WWH)

Die WWH arbeiten mit *Warmwasser* bis zu einer max. Temp. von 120 °C als Wärmeträger. Das in den Kesseln erwärmte Wasser wird durch Rohrleitungen den Heizkörpern zugeführt, kühlt sich durch Wärmeabgabe ab und kehrt wieder zu den Kesseln zurück, wo der Kreislauf von neuem beginnt. Man unterscheidet

nach der den Wasserumlauf bewirkenden Triebkraft:
*Schwerkraft-WWH und Pumpen-WWH*

nach der Verbindung des Rohrsystems mit der Atmosphäre:
*Offene und geschlossene WWH;*

nach der Wasserführung im Rohrsystem:
*Einrohr- und Zweirohrsysteme;*

nach Lage der Hauptverteilungen:
*Obere und untere Verteilung;*

nach der Energieart:
*WWH mit festen Brennstoffen, Öl, Gas, el. Strom.*

Die WWH haben unter allen Zentralheizungssystemen in Deutschland die weiteste Anwendung gefunden, bei Neubauten besonders die geschlossenen Pumpenwarmwasserheizungen, während die Schwerkraftheizungen kaum noch ausgeführt werden.

*Vorteile:*

Einfachheit der Bedienung;
große Betriebssicherheit;
infolge der niederen Oberflächentemperatur der Heizkörper milde und angenehme Erwärmung;
zentrale Regelbarkeit durch Änderung der Wassertemperatur;
geringe Korrosionsschäden und daher lange Lebensdauer.

*Nachteile:*

Größere Trägheit und daher längere Anheizzeiten;
hohe Anschaffungskosten;
Einfriergefahr.

### -11 Schwerkraft-Warmwasserheizungen (SWH)

Der Heizkessel, in dem die Wärme erzeugt wird, befindet sich an der tiefsten Stelle der Anlage und ist durch Rohrleitungen mit den Heizkörpern verbunden (Bild 222-2).

In den Heizflächen kühlt sich das Wasser ab und gelangt über die Rohrleitung zum Kessel zurück.

Der Kreislauf des Wassers erfolgt lediglich infolge des Unterschiedes der Dichten des erwärmten Wassers im Vorlauf und abgekühlten Wassers im Rücklauf. Die Druckdifferenz, die zur Überwindung der Rohrwiderstände dient, beträgt bei einer Vorlauftemp. von 90 °C und einer Rücklauftemp. von 70 °C nur 1,25 mbar je m Höhe. Die Ausdehnung des Wassers bei der Erwärmung wird durch ein offenes Ausdehnungsgefäß aufgenommen (Bild 222-4).

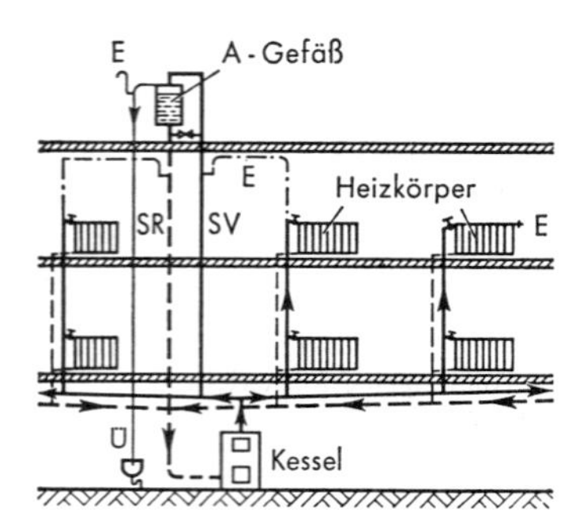


Bild 222-2. Offene Schwerkraft-Warmwasserheizung mit unterer Verteilung (Zweirohrsystem).

A = Ausdehnung, E = Entlüftung, SV = Sicherheitsvorlauf, SR = Sicherheitsrücklauf, Ü = Überlauf

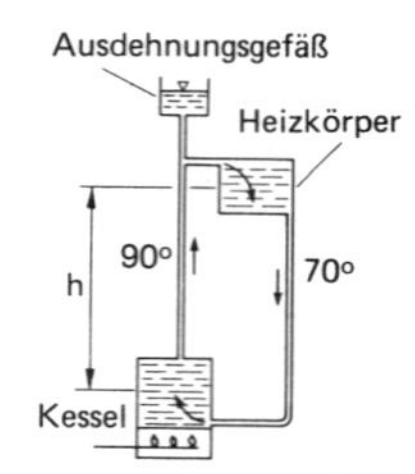


Bild 222-4. Schema der Schwerkraftheizung.

Alle Schwerkraftheizungen haben erhebliche *Nachteile:*

Sie sind schlecht regulierbar, namentlich bei Öl- und Gasfeuerungen.
Sie benötigen dicke Rohrleitungen, daher teuer und träge.
Die Rohrführung ist beschränkt.

Schwerkraftheizungen werden daher heute nur noch selten ausgeführt, etwa bei sehr kleinen koksbeheizten Anlagen oder in Orten, die keinen Stromanschluß haben. Bei den heute üblichen Gas- und Ölfeuerungen werden ausschließlich Wasserheizungen mit Umwälzpumpen eingebaut, die billiger sind und sich besser regeln lassen. Bei *nachträglichem* Einbau einer Pumpe ist sorgfältige Einregulierung erforderlich, da die Rohrdimensionierung bei Schwerkraft- und Pumpenanlagen sehr unterschiedlich ist.

Eine besondere, allerdings veraltete Ausführungsform der Schwerkraft-Warmwasserheizung bildet die *Stockwerks-Warmwasserheizung* (Etagenheizung).

Der Vorteil der Stockwerksheizung, die eigentlich eine Übergangsstufe von der örtlichen zur zentralen Heizung ist, besteht im wesentlichen darin, daß von *einer* Heizstelle, z.B. in der Küche oder Diele, alle Zimmer einer Wohnung nach *eigenem Ermessen* des Wohnungsinhabers geheizt werden können. Besonders geeignet für Heizung mit gasbeheiztem Kessel.

## -12 Pumpen-Warmwasserheizungen (PWWH)

### -121 Allgemeines

Der Wasserumlauf wird durch eine Pumpe bewirkt, die eine Druckdifferenz erzeugt und dadurch die Druckverluste im Heizwasserkreislauf überwindet.

*Vorteile:*

Schnelleres Aufheizen; geringere Trägheit;
Verbesserung der zentralen und örtlichen Regelung; leichte Mischung von Vorlauf- und Rücklaufwasser;
geringere Wärmeverluste infolge kleinerer Rohre;
größere Unabhängigkeit in der Rohrführung;
billigeres Rohrnetz.

*Nachteile:*

Größere Wartung;
Abhängigkeit von der Stromversorgung;
ständiger Stromverbrauch.

Die höchste Vorlauftemperatur wurde früher meist mit 90 °C angenommen. Heute legt man jedoch zwecks Energieeinsparung der Berechnung nur maximale Temperaturen von 65 oder 70 °C zugrunde *(Niedertemperaturheizung).*

Die *Ausdehnung* des Wassers wird entweder durch ein offenes Ausdehnungsgefäß (A-Gefäß), das mit der Atmosphäre in Verbindung steht, oder ein geschlossenes Gefäß (Membrangefäß) aufgenommen.

**-122 Rohrführung**[1])

1. *Einrohrsystem.* Die einfachste und billigste, besonders für Einfamilienhäuser geeignete Bauart ist die *Einrohrheizung mit Reihenschaltung* der Heizkörper, wobei das Heizwasser in einer Ringleitung alle Heizkörper der Reihe nach durchströmt (Bild 222-8). Dabei allerdings höherer Pumpendruck erforderlich.

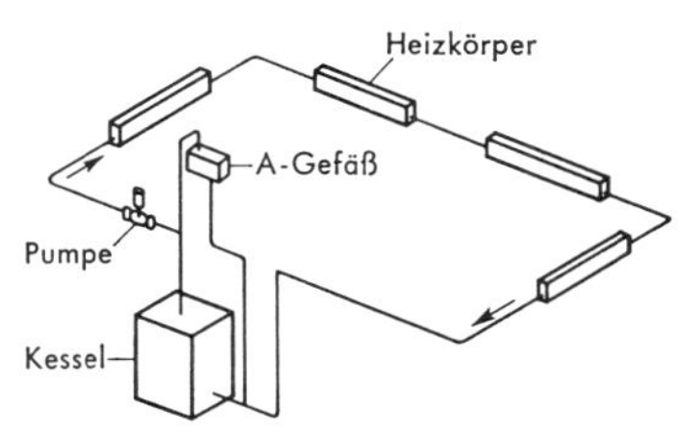


Bild 222-8. Warmwasser-Einrohrheizung mit Reihenschaltung der Heizkörper.

Nachteilig ist dabei jedoch, daß die Heizleistung der einzelnen Heizkörper örtlich meist nicht reguliert werden kann. Eine teilweise Regulierung der Heizleistung ist bei Konvektoren mit Luftklappe möglich. Die Wassertemperatur verringert sich mit jedem durchströmten Heizkörper, so daß die Heizflächen bei gleich großer Wärmeabgabe vergrößert werden müssen. Wählt man bei der Berechnung der Anlage den gesamten Temperaturabfall statt der üblichen 20 K nur 10 K, so ist der Unterschied jedoch nicht mehr allzu groß. Bei größeren Häusern kann man dieselbe Art der Heizung verwenden, jedoch mit mehreren Heizkreisen, wobei jeder Heizkreis einen Teil des Hauses mit Wärme versorgt (Mehrkreis-Einrohrheizung). Dabei ist für jeden Zonenheizkreis ein besonderes durch Thermostat gesteuertes Zonenventil vorgesehen.

Eine wesentliche Verbesserung der Einrohrheizung erhält man dadurch, daß die Heizkörper jeweils in Abzweige der Hauptverteilleitungen verlegt und mit *Regulierventilen* versehen werden (Bild 222-10 bis -12). Dabei ist dann auch eine Regulierung der Heizleistung einzelner Heizkörper möglich. Siehe auch Bild 251-15. Es gibt dabei viele *Varianten* von Ausführungsformen:

Drossel-T-Stück in der Kurzschlußleitung, heute kaum noch verwendet, großer Widerstand;

Reduktions-T-Stücke im Hauptstrang beim Anschluß der Heizkörper;

Saugfittings *(Venturi-fittings)* im Hauptstrang beim Rücklaufanschluß; sie saugen die erforderliche Wassermenge durch die Heizkörper. Leistung läßt sich aus Tabellen der Hersteller entnehmen (Bild 222-14);

Dreiwegeventile lassen beliebige Wassermengen durch die Heizkörper strömen; Vierwegeventile ebenso;

Spezialventile für Einrohrheizungen, die heute am meisten verwendet werden, ermöglichen schnelle Berechnung und schnellere Montage. Beispiel Bild 222-16 und -17 mit nur einem Heizkörperanschluß. Strangleitung dabei allerdings bei jedem Heizkörper unterbrochen. Evtl. Druckabfall im Heizkörper beachten[2]). Entleerung der horizontalen Leitungsteile schwierig. Ventile sind auch für automatische Regelung erhältlich.

Die Rohrführung kann sowohl in waagerechter wie senkrechter Richtung erfolgen. Bei waagrechter Rohrführung mit geschlossener Ringleitung je Wohnung ist die Heizkostenabrechnung erleichtert. Bei der senkrechten Rohrführung sind sowohl untere wie obere Verteilung möglich sowie Kombinationen von beiden. Bei der waagerechten Rohrführung sind häufig *Türunterführungen* nötig. Die Temperaturspreizung im Heizkörper sollte möglichst groß gewählt werden, um gute Regelung der Heizleistung zu erhalten.

[1]) Roos, H., u. O. Zaitschek: HLH 6/79. S. 201/10.
[2]) Berner, U.: SHT 5/76. S. 291/4.

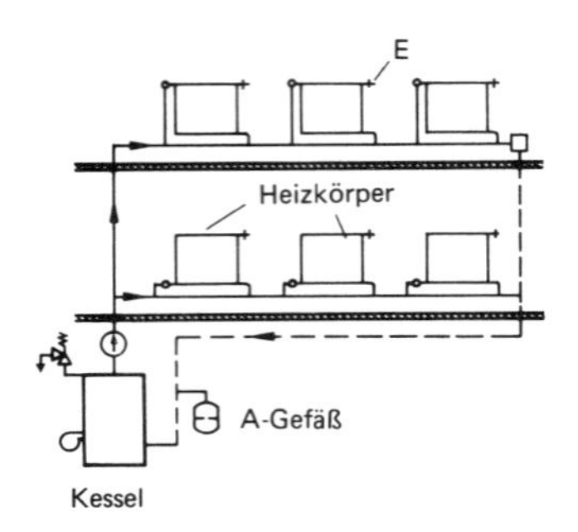


Bild 222-10. Einrohrheizung für ein mehrgeschossiges Gebäude mit Nebenschlußschaltung der Heizkörper und mit Membran-Ausdehnungsgefäß.
A = Ausdehnungsgefäß
E = Entlüftung

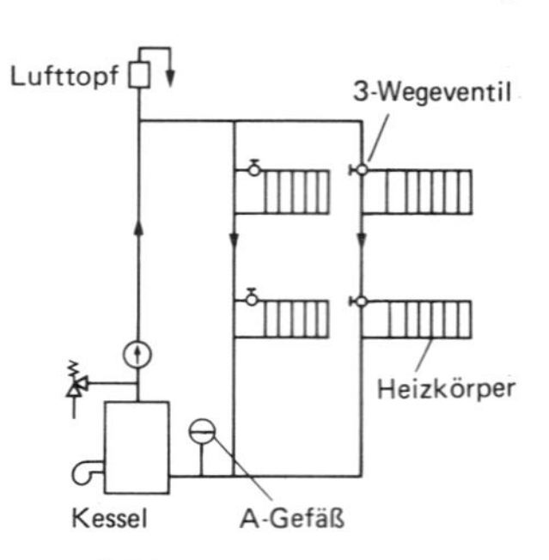


Bild 222-11. Senkrechte Warmwasser-Einrohrheizung mit Nebenschlußschaltung der Heizkörper und mit Regulierventilen.

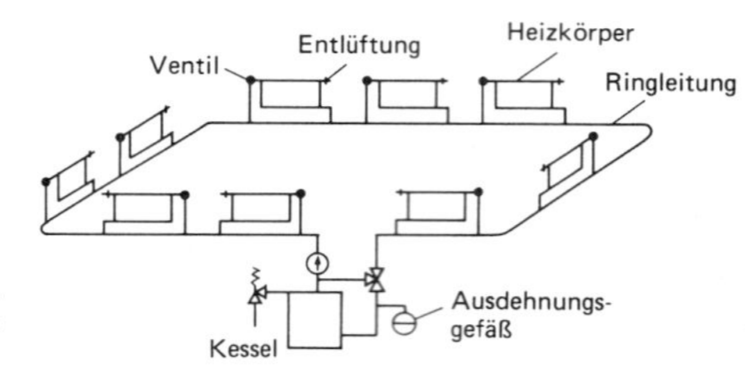


Bild 222-12. Waagerechte Einrohrheizung mit Nebenschlußschaltung der Heizkörper.

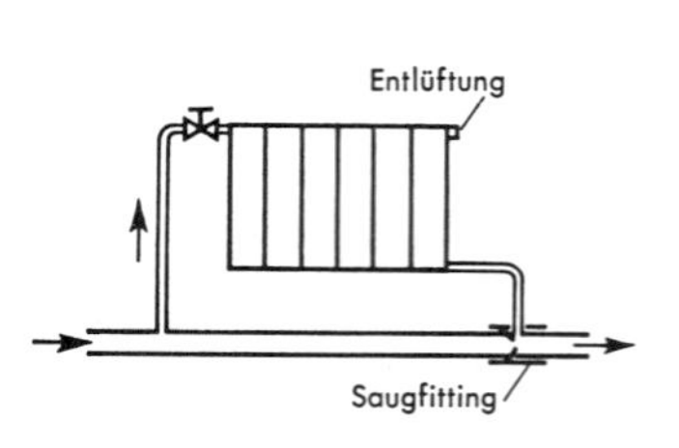


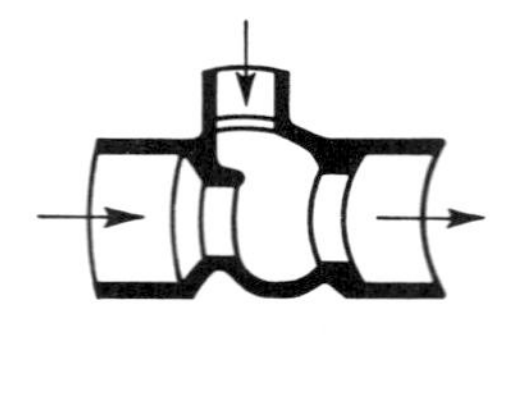

Bild 222-14. Saugfitting aus Bronze für Lötverbindung. Links: Einbau in Rohrleitung. Rechts: Schnitt.

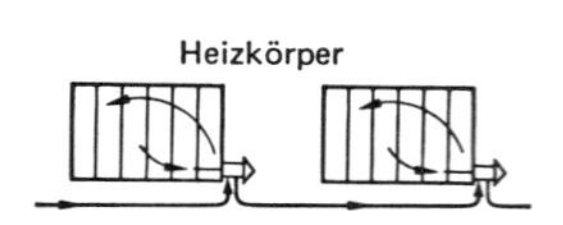


Bild 222-16. Einrohr-Nebenschlußheizung mit Spezialventilen.

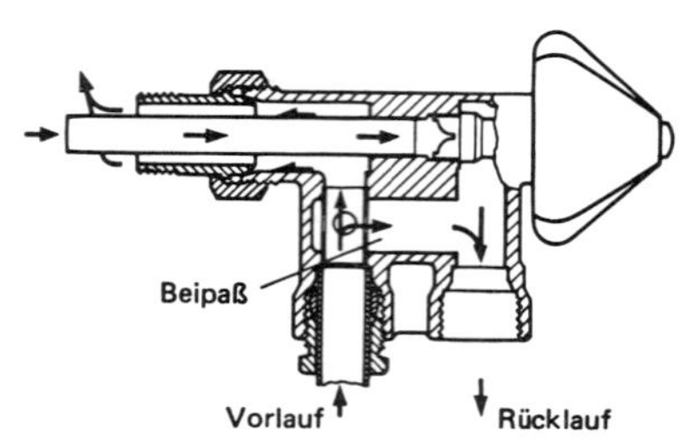


Bild 222-17. Spezialventil mit Doppelrohr für Vorlauf und Rücklauf (TA-Mühlheim).

*Vorteile* der waagerechten Rohrführung:

Geschoßweise Absperrung und Regelung möglich
weniger Deckendurchbrüche
späteres Aufstocken erleichtert
einfache Montage
Wärmemengenmessung erleichtert.

*Vorteile* der senkrechten Rohrführung:

Leichtere Montage
Schwerkraftumtriebskraft ohne Einfluß.

*Nachteile* beider Systeme:

Abstellen einzelner Heizkörper beeinflußt die andern
genauere Berechnungen erforderlich
größere Heizflächen erforderlich.

Senkrechte Einrohrheizungen besonders für Hochhäuser geeignet, da sich hier das Abstellen einzelner Heizkörper am wenigsten bemerkbar macht.

Für Einfamilienhäuser oder Etagenwohnungen sind Einrohrpumpenheizungen mit wärmegedämmten *Kupferrohren* oder Präzisionsstahlrohren günstig. Die Rohrleitungen von 10 × 1 bis 22 × 1,2 mm l. Weite werden oft über dem Rohbeton im schwimmenden Estrich oder unter den Sockelleisten verlegt. Sogenannte *Kleinrohrpumpenheizungen*. Die Heizkörper können dabei sowohl über dem Strang (reitend) wie unter dem Strang angeordnet werden.

Bei Rohrleitungen im Estrich Entleerung und Isolierung ungünstig. Rohrverbindungen dort vermeiden. Bei Stahlrohren (besonders Präzisionsstahlrohr) Korrosionsgefahr.

2. *Zweirohrsystem*. Es ist das meist ausgeführte System zur Verteilung der Wärme auf die angeschlossenen Wärmeverbraucher. Jeder Heizkörper ist an die getrennte Vorlauf- und Rücklaufleitung angeschlossen und erhält annähernd die gleiche Vorlauftemperatur. Regelung der Heizleistung durch Drosselung der Wassermenge mittels Regelventil. Man unterscheidet untere und obere Verteilung des Heizwassers.

Bei der *unteren Verteilung*, die am meisten verbreitet ist (Bild 222-20), sind die Vorlauf- und Rücklaufleitungen an der Kellerdecke verlegt. Die Heizkörper werden von hier durch Vorlaufsteigeleitungen mit Heizwasser versorgt, das durch die Rücklaufsteigeleitungen zum Kessel zurückkehrt. An den höchsten Stellen ist zentrale oder örtliche Entlüftung vorgesehen. Zentrale Entlüftung ist jedoch problematisch; daher meist örtliche Entlüftung oder über zentrale Entlüftungsarmaturen (s. Abschn. 235-6).

Bei der *oberen Verteilung* (Bild 222-21) wird das Heizwasser von der Pumpe in einer Steigeleitung zum Dachgeschoß gefördert und hier durch Verteilungsleitungen auf die verschiedenen Fallstränge mit den angeschlossenen Heizkörpern verteilt. Durch Rücklauf-Falleitungen kehrt das Heizwasser zum Kessel zurück. Entlüftung zentral an höchster Stelle. Verbreitung dieses Systems besonders dann, wenn im Keller kein Platz für Rohrleitungen vorhanden ist.

Die untere Verteilung ist billiger, jedoch weniger schnell anlaufend als die obere Verteilung. Das erste System bewirkt Wärme im Keller. Letzteres Wärme im Dachraum bzw. Wärmeverlust im Dach.

### -123 Entlüftung[1])

Luft in Rohren oder Heizkörpern verursacht häufig Störungen im Wasserkreislauf sowie Korrosion und Geräusche. Der Gehalt des Wassers an Luft ist von Temperatur und Druck abhängig. Bei 1 bar Überdruck enthält Wasser von 10 °C etwa 43 $l/m^3$, bei 90 °C nur 20 $l/m^3$. Besondere Beachtung ist daher einer guten Entlüftung zu widmen, die bei hohen Wassergeschwindigkeiten schwieriger wird. Entlüftung kann zentral oder örtlich erfolgen.

Bei Anlagen mit *oberer Verteilung* müssen die Verteilleitungen mit geringer Steigung verlegt und am höchsten Punkt mit einer Entlüftung versehen werden, da sonst durch Luftansammlungen die Zirkulation gestört wird (Bild 222-21). Luftgefäße örtlich von Zeit zu Zeit oder auch automatisch entlüften oder auch zentrale Entlüftung durch separate Entlüftungsleitungen.

---

[1]) Ihle, C.: SBZ 15, 18 u. 19/76.
Wasserberg, H.: HR 1/78. S. 10/12.

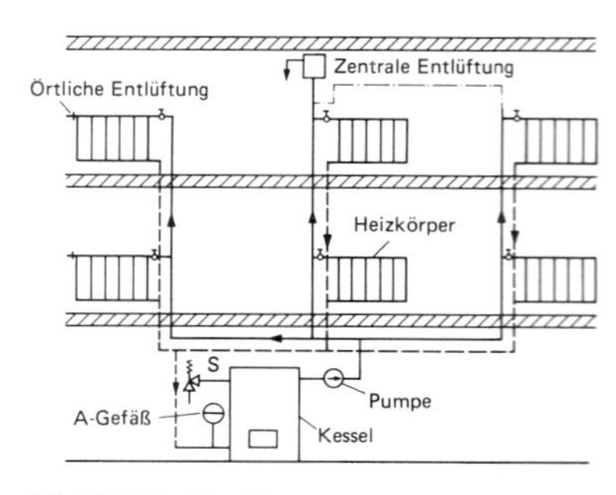


Bild 222-20. Geschlossene Pumpen-Warmwasserheizung mit unterer Verteilung.
S = Sicherheitsventil

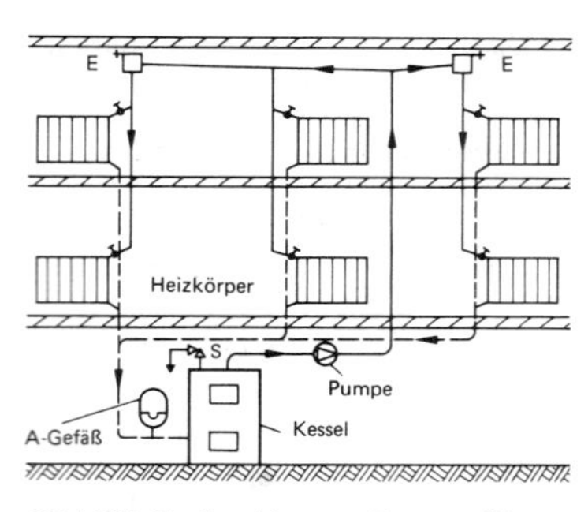


Bild 222-21. Geschlossene Pumpen-Warmwasserheizung mit oberer Verteilung und Pumpe im Vorlauf.
*S* = Sicherheitsventil
*E* = Entlüftung

Bei *unterer Verteilung* Entlüftung durch die Vorlaufleitungen und Luftleitungen in Ausdehnungsgefäß oder Lufttopf. Größe des Lufttopfes ungefähr $I = 0{,}014\ L \cdot h$ (l), wobei L = Länge der ⅜″-Luftleitungen und $h$ = Höhenabstand zwischen Ausdehnungsgefäß und Lufttopf in m.

Bei *örtlicher Entlüftung* an den obersten Stellen eines Stranges oder an Heizkörpern handbetätigte oder automatische Luftventile.

Ferner gibt es besondere *Luftabscheider* mit Entlüftungsventil, die in der Vorlaufleitung eingebaut werden und durch Querschnittserweiterung sowie Prallbleche Luft abscheiden. Beruhigungsstrecke vorsehen (siehe Bild 235-75).

### -124 Druckverteilung[1])

Die *Pumpe* kann sowohl in den *Vorlauf wie Rücklauf* eingebaut werden. Dabei ist die Druckverteilung im Rohrnetz zu beachten (Bild 222-24).

*Offene* Anlage: Beim Anschlußpunkt der Ausdehnungsleitung an das Rohrnetz herrscht immer der statische Druck (Ruhedruck) entsprechend dem Höhenunterschied zum Ausdehnungsgefäß. Durch die Pumpe wird der zur Überwindung der Rohrwiderstände erforderliche zusätzliche Differenzdruck erzeugt, der im Rohrnetz teils als Überdruck, teils als Unterdruck gegenüber dem statischen Druck auftritt. Die Resultierende aus beiden Drücken heißt Betriebsdruck. Von Pumpe bis Anschluß Ausdehnungsgefäß herrscht Überdruck, danach Unterdruck gegenüber dem Ruhedruck. Je nach dem Anschlußpunkt des Ausdehnungsgefäßes ergeben sich verschiedene Lagen der Betriebsdrucklinie. Bei Anschluß auf der *Saugseite* der Pumpe liegt die Betriebsdrucklinie im Kreislauf im wesentlichen über der Ruhedrucklinie, bei Anschluß auf der *Druckseite* im wesentlichen darunter.

Im letzten Fall ist darauf zu achten, daß an den Heizkörpern des obersten Geschosses der Betriebsdruck in jedem Fall über dem Atmosphärendruck liegt. Bei Unterdruck wird an den Stopfbuchsen der Ventile und an den Entlüftungsventilen Luft angesaugt.

*Faustregel:* Die Ruhedrucklinie am obersten Heizkörper soll etwa um 50% über der Pumpenförderhöhe liegen.

Zur Vermeidung von Unterdrücken ist die Pumpe im Vorlauf vorzuziehen (Bild 222-24a).

*Geschlossene Anlage*

Bei *geschlossenen* Anlagen mit tiefliegendem Ausdehnungsgefäß, wie heute meist verwendet, gilt sinngemäß das gleiche. Am Anschlußpunkt des Membrangefäßes an das Netz entspricht der Druck dem Gasdruck des Ausdehnungsgefäßes (Bild 222-28), der jedoch von der Wassertemperatur abhängt. Die Ruhedrucklinie verschiebt sich je nach der Wassertemperatur parallel nach oben oder unten.

[1]) Burkhardt, W.: HLH 2/74. S. 47/50.

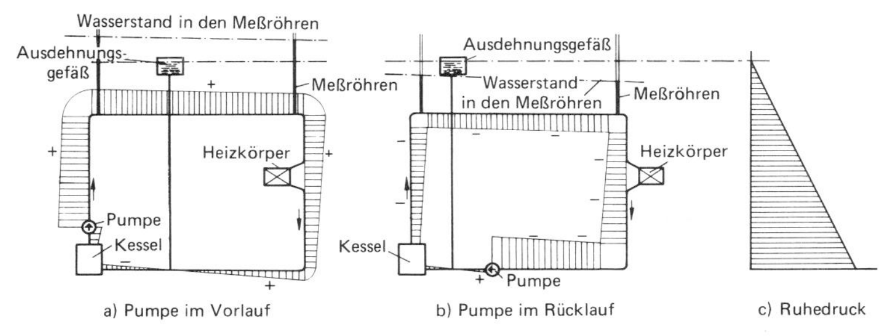


Bild 222-24. Druckverteilung im Rohrnetz bei offener Pumpen-Warmwasserheizung.
Bild a und b: Pumpendruck
a) Ausdehnungsgefäß auf Pumpensaugseite angeschlossen
b) Ausdehnungsgefäß auf Pumpendruckseite angeschlossen
Bild c: Ruhedruck
Betriebsdruck = Ruhedruck + Pumpendruck

Bei Anlagen mit Wassertemperaturen >100 °C ist zu beachten, daß hier zusätzlich zur Verhinderung von Dampfbildung ein *Überdruck* vorhanden sein muß. Wichtig vor allem bei Dachheizzentralen.

**-125 Pumpen**

Als Pumpen werden ausschließlich *Kreiselpumpen* verwendet, die durch Elektromotor oder in Sonderfällen durch Dampfturbine angetrieben werden. Zur Vermeidung von Geräuschübertragungen bei Rohrpumpen auf gute Schallisolierung an den Berührungsstellen von Rohrleitung und Gebäudeteilen achten, bei größeren Pumpen geringe Drehzahlen, geräuscharme Motoren, Aufbau auf schallgedämmtem Fundament, Dämmung gegen Körperschall und Erschütterungen meist durch Gummiplatten oder Schwingungsdämpfer. Aus Gründen der Betriebssicherheit *Reservepumpe* zweckmäßig. Bei großen Anlagen Aufteilung der Leistung auf mehrere Pumpen. Für Nachtbetrieb Pumpe mit kleinerer Leistung. Je höher der Pumpendruck gewählt wird, desto kleiner die Rohrweiten, desto größer aber auch die Stromkosten bei elektrischem Betrieb. Seit einiger Zeit gibt es für große Anlagen auch Heizungspumpen mit 2, 3 oder mehr Drehzahlen, so daß man die Leistung der Pumpe den jeweiligen Verhältnissen anpassen kann. Die Umschaltung kann manuell oder automatisch erfolgen. Die automatische Umschaltung kann erfolgen

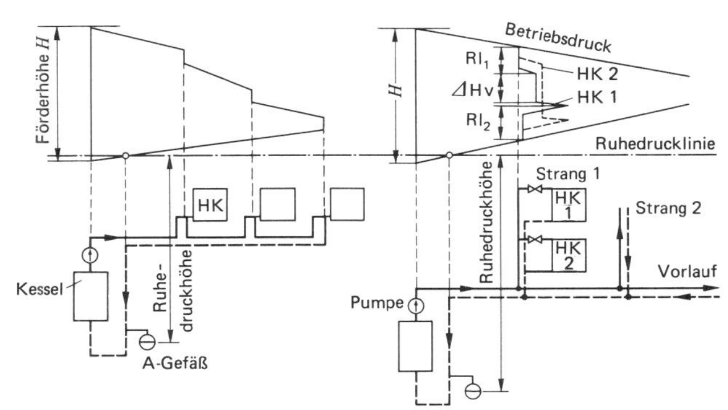


Bild 222-28. Druckverteilung im Rohrnetz bei geschlossenen Anlagen.
Links: Einrohrheizung — Rechts: Zweirohrheizung
H = Pumpenförderhöhe — HK = Heizkörper
$\Delta H_v$ = Druckhöhendrosselung des Ventils HK1
$Rl_1$ = Druckverlust Rohrleitung von 1 bis Eintritt HK1
$Rl_2$ = Druckverlust Rohrleitung von Austritt HK1 bis 2

zeitabhängig, z. B. nachts kleinere Drehzahl
druckabhängig oder
mengenabhängig.

Dadurch wesentliche Einsparung an Antriebsenergie, Vermeidung von Geräuschen und Fehlverhalten von thermostatischen Ventilen.

Mittlere Förderdrücke etwa:

bei Anlagen bis 50 kW .................... 0,05···0,3 bar
bei Anlagen von 50 bis 100 kW ............. 0,2 ···0,5 bar
bei Anlagen über 100 kW .................. 0,5 ···1,0 bar

Nach der waagerechten Ausdehnung des Heiznetzes rechnet man etwa:

bei 100 m ............................. 0,1···0,2 bar
bei 500 m ............................. 0,4···0,6 bar
bei 1000 m ............................ 0,6···1,2 bar.

Wegen der Verringerung der Kosten für das Rohrnetz und wegen der günstigeren Rohrführung werden heute auch kleinste Anlagen mit betriebssicheren *Rohreinbaupumpen* ausgerüstet (s. Abschn. 236-9). Sie finden auch in größeren Anlagen immer mehr Verwendung. Sicherheit gegen Pumpenausfall durch *Zwillingspumpen* mit automatischer Umschaltung.

### -126 Leistungsregelung

Leistungsregelung ist die Anpassung der gelieferten Wärme an den jeweiligen Wärmebedarf.

1. *Örtliche Regelung*[1]). Hierzu dienen die handbetätigten Regulierventile an den Heizkörpern. Der durch ein Ventil mit linearer Kennlinie fließende Wasserstrom *31 V* ist in Abhängigkeit vom Hub $h$:

$$\frac{\dot{V}}{\dot{V}_{100}} = h \cdot \sqrt{\left(1+\frac{1-P_V}{P_V}\right) : \left(1+h^2\,\frac{1-P_V}{P_V}\right)} = 1 : \sqrt{1+P_V\left(\frac{1}{h^2}-1\right)}$$

$h$ = Ventilhub = 0 bis 1
$P_V$ = Ventilautorität = $\Delta p_V/\Delta p$
$\Delta p_V$ = Druckverlust des geöffneten Ventils
$\Delta p$ = gesamter Druckverlust im Netz

Die Wassermenge ist also von der sogenannten *Ventilautorität* abhängig, d. h. vom Verhältnis des Druckverlustes des geöffneten Ventils zum Gesamtdruckverlust des Netzes, Bild 222-30. Nur bei großen Werten von $P_V$ ist eine einigermaßen wassermengenproportionale Regelung möglich ($P_V > 0{,}5$).

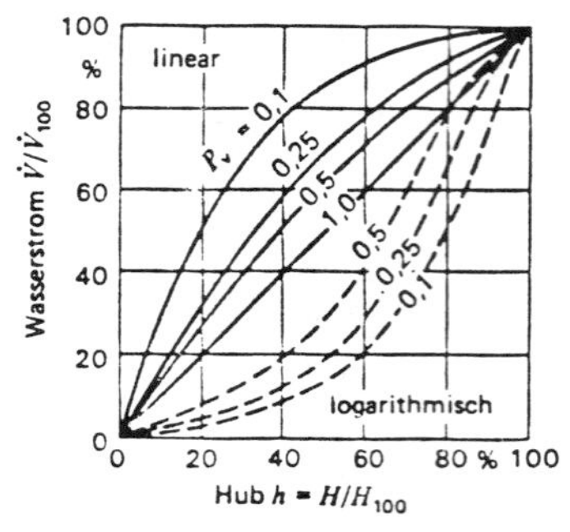


Bild 222-30. Heizmittelstrom bei Ventilen mit linearer und logarithmischer Kennlinie.
$P_V$ = Ventilautorität

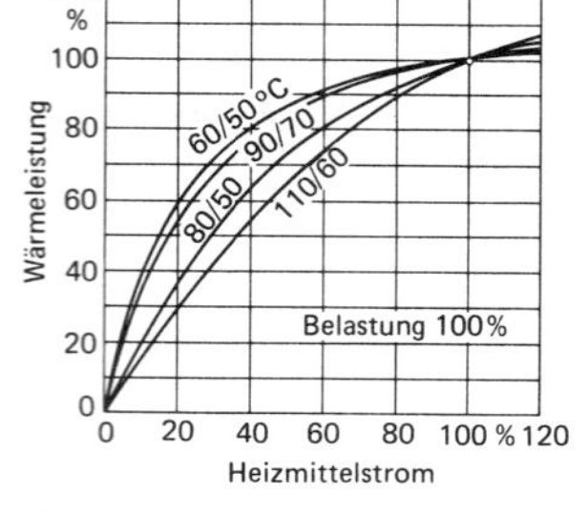


Bild 222-31. Wärmeabgabe von Heizkörpern in Abhängigkeit vom Wasserstrom bei verschiedenen Vorlauftemperaturen und Spreizungen.

[1]) Wolsey, W. H.: Die el. Heizungs- und Klimaregelung. Bd. 2. 1968. S. 59ff.
Zöllner, G.: HLH 1/79. S. 13/22.

Die *Wärmeabgabe* der Heizkörper ist jedoch nicht proportional der Wassermenge, sondern ändert sich infolge größeren Temperaturabfalls bei reduziertem Wasservolumenstrom des Wassers im Heizkörper etwa nach Bild 222-31. Um wärmeproportionales Verhalten des Ventils zu erreichen, müssen daher andere Ventilkegelarten verwendet werden, z. B. solche mit *logarithmischer Kennlinie*. Man kann außerdem aus Bild 222-30 entnehmen, daß die Abweichung von der Linearität um so größer ist, je geringer die Spreizung ist. Weiteres siehe Abschn. 236-4 u. 338-4.

*Herstellung* der Ventile in zahllosen Bauarten als Durchgangs- oder Eckventile, mit Handrad oder Steckschlüssel (Behördenmodell), mit steigender oder nicht steigender Spindel u. a. Zur Einstellung der der Berechnung zugrunde gelegten Wassermenge *Voreinstellung* durch Hubbegrenzung, Doppelkegel oder Regulierhülse. Für hohe Ansprüche (kleine Durchflußmengen wegen großer Temperaturspreizung) spezielle Feinregulierventile.

Für selbsttätige örtliche Regelung *elektrische oder thermostatische Heizkörperventile* (s. Abschn. 236-41). Gemäß der 2. Heizungsanlagen-Verordnung vom 24. 2. 82 müssen alle Räume über 8 m² Grundfläche mit solchen Ventilen nachgerüstet werden (ausgenommen Ein- und Zweifamilienhäuser).

2. *Zentrale Regelung* erfolgt durch Änderung der Wasservorlauftemperatur am Mischventil des Kessels je nach Außentemperatur, da zu jeder Außentemperatur annähernd eine ganz bestimmte Heizmitteltemperatur gehört (Bild 222-34). Weiteres siehe Abschn. 236-4. Die angegebenen Rücklauftemperaturen stellen sich allerdings nur ein, wenn die Heizleistung genau der Heizlast entspricht. Die leichte Krümmung nach oben ergibt sich aus der Abhängigkeit der Wärmeleistung von der mittleren Temperaturdifferenz. Durch das *Energieeinspargesetz* wird die zentrale Regelung für alle Zentralheizungen in Mehrfamilienhäusern verlangt.

Bei neuen Kesseln mit *korrosionsfester* Oberfläche, die gegen Taupunktunterschreitungen unempfindlich sind, verzichtet man auf das Mischventil und fährt die Kesselwassertemperatur gleitend bis herab zu Temperaturen von etwa 30···35 °C (Bild 222-35). Dadurch wesentlich verringerte Stillstandsverluste in den Betriebspausen *(Niedertemperaturheizung)*.

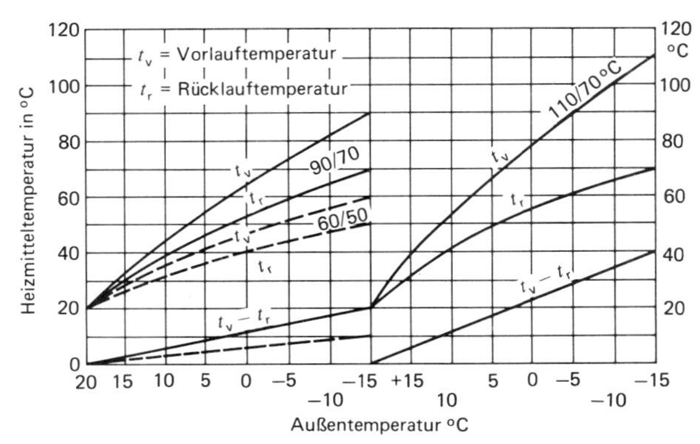


Bild 222-34. Außentemperatur und Heizwassertemperatur von Pumpen-Warmwasserheizungen bei 20 °C Raumtemperatur (Heizkurven für Radiatoren).

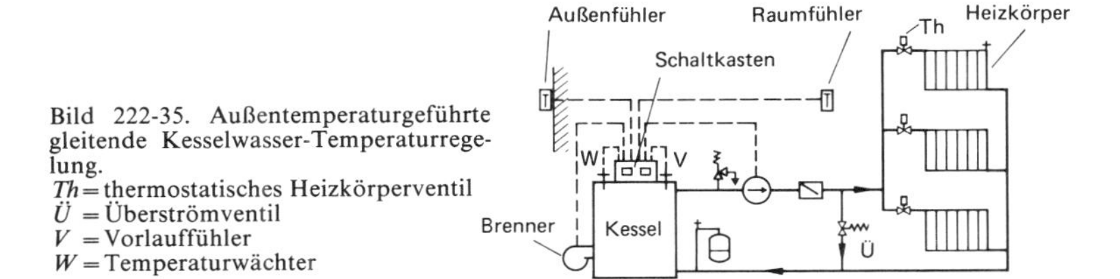


Bild 222-35. Außentemperaturgeführte gleitende Kesselwasser-Temperaturregelung.
*Th* = thermostatisches Heizkörperventil
*Ü* = Überströmventil
*V* = Vorlauffühler
*W* = Temperaturwächter

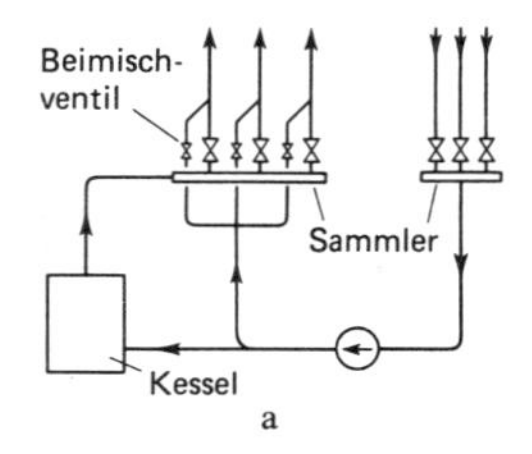


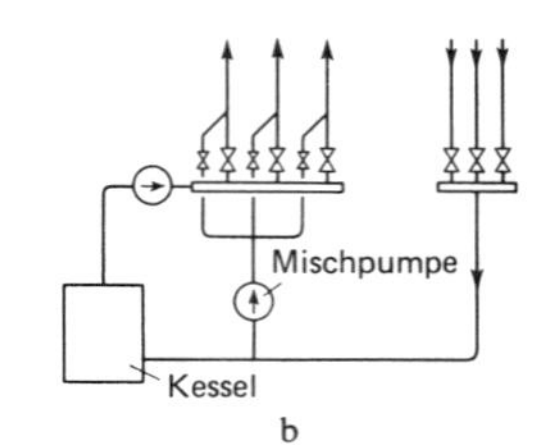


Bild 222-38a. Heizgruppenregelung mit Pumpe im Rücklauf.

Bild 222-38b. Heizgruppenregelung mit Pumpe im Vorlauf und gemeinsamer Mischwasserpumpe im Rücklauf.

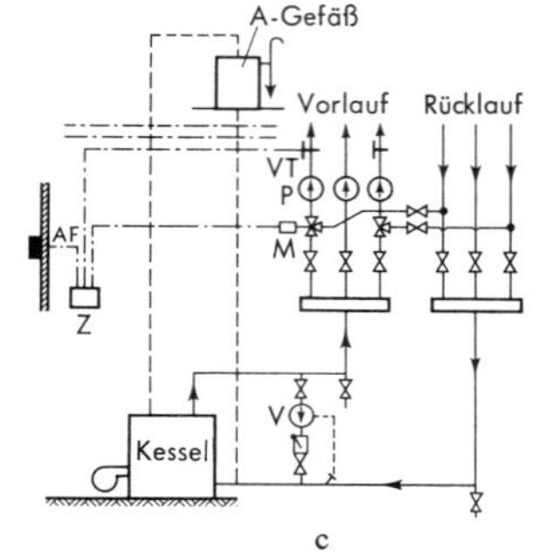


Bild 222-38c. Heizgruppenregelung mit Rohrpumpe und Mischventil in jeder Gruppe.
AT = Außentemperaturfühler
M = Motormischventil
P = Heizungsumwälzpumpe
V = Vorlaufbeimischpumpe
VT = Vorlaufthermostat
Z = Zentrales Steuergerät

3. *Gruppenregelung* wird bei größeren Anlagen verwendet, wenn einzelne Raumgruppen unterschiedlichen Außenbedingungen unterliegen (Nord- und Südseite von Gebäuden), wenn Betriebszeiten verschieden sind (Hausmeisterwohnung) oder stellenweise höhere Temperaturen verlangt werden (Luftheizer).

Verschiedene Schaltmöglichkeiten:

31. Pumpe im Rücklauf
    Für jede Heizgruppe getrennte Vor- und Rücklaufleitung, Regelventil am Vorlaufverteiler, gelegentlich auch gemeinsame Rücklaufleitung (Bild 222-38 a).
32. Pumpe im gemeinsamen Vorlauf
    Dabei Mischwasserpumpe im Rücklauf erforderlich. Geringste Vorlauftemperatur einer Heizgruppe ist die Mischtemperatur im Rücklauf (Bild 222-38 b).
33. Pumpe im Vorlauf jeder Heizgruppe
    Jede Gruppe kann zwischen 0 und 100% geregelt werden. Dem Vorlauf jeder Gruppe wird mittels Motormischventil Rücklaufwasser derselben Gruppe beigemischt. Regelung in Abhängigkeit von der Außentemperatur. Beste Art der Regelung (Bild 222-38c). Umlaufende Wassermengen in den einzelnen Gruppen können konstant gehalten werden.

## -13 Sicherheitseinrichtungen

### -131 Hochliegendes Ausdehnungsgefäß

Die Sicherheitseinrichtungen für offene und geschlossene Warmwasserheizungen mit heute nur noch selten ausgeführtem hochliegendem Ausdehnungsgefäß sind in DIN 4751, Teil 1 (11.62) genormt. Alle *Warmwasserheizkessel,* die mit Brennstoffen, Abgasen oder elektrisch oder auch mit Dampf > 0,5 bar Überdruck bzw. Wasser über 110 °C beheizt werden, müssen zur Verhinderung von Druckerhöhungen eine unabsperrbare *Sicherheitsvorlaufleitung* (SV) und eine *Sicherheitsrücklaufleitung* (SR) haben, die mit Steigung zum Ausdehnungsgefäß, das sich an höchster Stelle der Anlage befindet, zu verlegen sind. Die SV mündet bei den offenen Anlagen oben, die SR unten in das Ausdehnungsgefäß (Bild 222-42). Sicherheitsleitungen und Ausdehnungsgefäße müssen gegen Einfrieren geschützt sein. Bei mehreren Kesseln hat jeder Kessel eine SV und SR, oder die Kessel sind mit *Sicherheits-Wechselventilen* (Bild 222-43) ausgerüstet, die beim Absperren der Verbindung mit dem Ausdehnungsgefäß durch eine Ausblasleitung eine

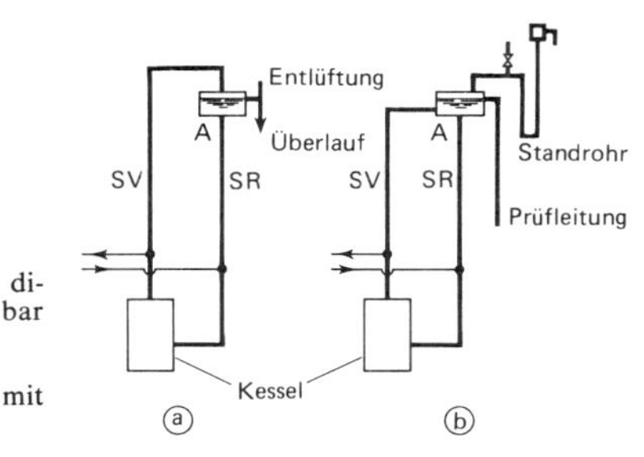


Bild 222-42. Sicherheitseinrichtungen bei direkt mit Brennstoffen oder Dampf >0,5 bar Überdruck beheizten Warmwasserkesseln.
a) offenes Ausdehnungsgefäß
b) geschlossenes Ausdehnungsgefäß mit Standrohr oder Sicherheitsventil

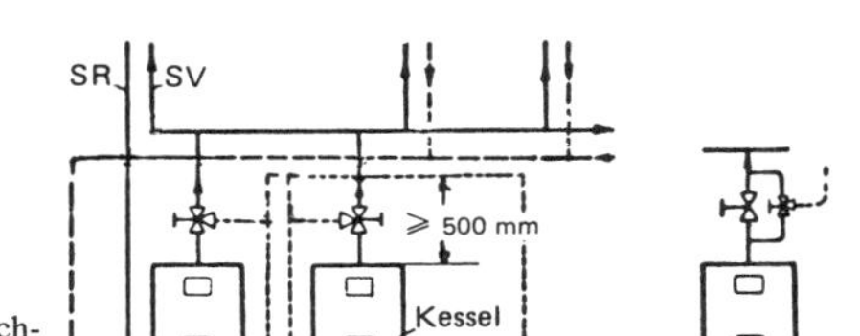


Bild 222-43. Anordnung von Wechselventilen bei Warmwasserkesseln
links: Wechselventile im Vor- und Rücklauf
rechts: Wechselventile im Nebenschluß

unmittelbare Verbindung mit der Atmosphäre herstellen. Zur Vermeidung zu großer Abmessungen können die Wechselventile auch in Umgehungsleitungen angebracht werden. Durchmesser der SV und SR siehe Abschnitt 231-1. Weiteres über Ausdehnungsgefäße in Abschn. 236-7.

Bei Anlagen bis 350 kW genügt nach DIN 4751 Teil 2 (9.68) nur *eine* Sicherheitsleistung unter folgenden Voraussetzungen (Bild 222-45):

a) max. statischer Druck 15 m WS (1,5 bar);
b) Beheizung schnell regelbar, z. B. durch Öl, Gas, elektr. Strom;
c) thermostatische Absicherung durch Temperaturregler und Temperaturwächter.

Bei den *geschlossenen Warmwasserheizungen* mit Temperaturen im Vorlauf bis 120 °C erhält das Ausdehnungsgefäß ein Standrohr nach DIN 4750 (Bild 222-42) oder ein Sicherheitsventil. Anschluß der SV- und SR-Leitung unten am A-Gefäß. Maximale Vorlauftemperatur von 120 °C ist nur erreichbar, wenn *Dampfbildung* im A-Gefäß durch genügende Zirkulation über SV und SR gewährleistet ist.

Sicherheitseinrichtungen für *Umlauf-Gaswasserheizer* in DIN 4751, Teil 3 (3.76).

### -132 Membran-Ausdehnungsgefäße[1])

Geschlossene Anlagen mit einer Wärmeleistung bis ≈350 kW werden nach DIN 4751, Teil 2 (9.68. In Überarbeitung) mit einem tiefliegenden Membran-Ausdehnungsgefäß ausgeführt. Das A-Gefäß befindet sich neben dem Kessel und ist nur durch *eine Ausdehnungsleitung* mit dem Kessel verbunden. Diese Bauart wird heute fast ausschließlich angewendet.

*Vorteile:*

Keine Korrosion durch Sauerstoff.
Kein Wasserverlust durch Verdunstung.
Keine Frostgefahr.
Leichte Unterbringung.

Voraussetzungen sind dabei:

a) Feuerung schnell regelbar, z. B. Öl- und Gasfeuerung;
b) Stat. Druckhöhe ≦15 m WS (1,5 bar);

[1]) ZVH-Richtlinie 12.02 zur Auslegung von Membranausdehnungsgefäßen, 7.86.

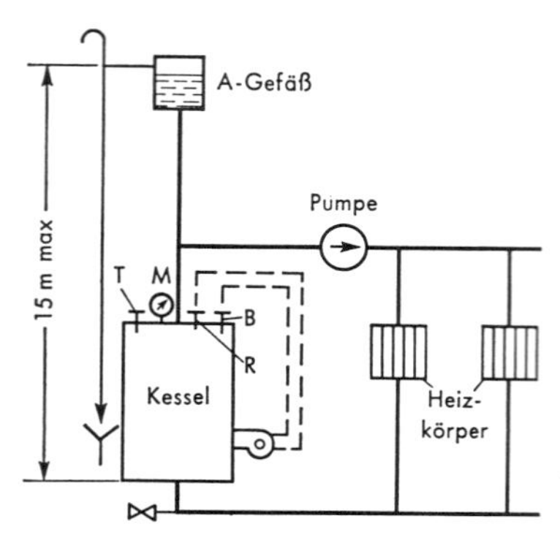


Bild 222-45. Sicherheitseinrichtung bei Warmwasserheizung mit offenem hochliegendem Ausdehnungsgefäß (bis 350 kW).
B = Temperaturwächter
R = Temperaturregler
T = Thermometer
M = Manometer

c) Thermostatische Absicherung durch Temperaturregler und Sicherheitstemperaturbegrenzer

sowie zusätzlich

d) Baumustergeprüftes, unabsperrbares Sicherheitsventil am oder nahe am Kessel;
e) Wassermangelsicherung bei Anlagen > 150 kW;
f) Thermometer u. Manometer;
g) Kessel nach TRD 702 mit Bauartzulassung.

Das A-Gefäß gibt es grundsätzlich in zwei verschiedenen Ausführungsformen:

a) Behälter *ohne Membran,* wobei sich über der Wasserfläche komprimierte Luft befindet; da das Wasser Luft absorbiert, muß Behälter von Zeit zu Zeit entleert werden. Selten ausgeführt.

b) Behälter *mit Membran,* wobei die Membran den Wasser- und Gasraum voneinander trennt (Bild 222-46). Dies ist die normale Ausführung. Näheres in Abschn. 236-7.

Bild 222-48 zeigt eine geschlossene Anlage mit eingebautem Brauchwasserspeicher, wie sie heute meist ausgeführt werden.

Heizungsanlagen mit *festen Brennstoffen* können bis zu einer Leistung von 80000 kcal/h (93 kW) ebenfalls mit einem Membran-Ausdehnungsgefäß ausgerüstet werden, jedoch müssen die Kessel (auch Wechselbrand- und Umstellbrandkessel) dabei eine eingebaute *thermostatische Ablaufsicherung* besitzen, um einen gefährlichen Überdruck zu verhindern. Die Sicherung besteht im wesentlichen aus einem Wärmeaustauscher, der an die Kaltwasserleitung angeschlossen ist. Übersteigt die Wassertemperatur 90 °C, wird automatisch ein Ventil geöffnet, so daß kaltes Wasser durch den Wärmeaustauscher fließt und überschüssige Wärme in Form von heißem Wasser solange ablaufen kann, bis die Gefahr vorüber ist (Bild 222-50). Der Wärmeaustauscher kann auch ein *Brauchwasserspeicher* sein.

Eine Umstellung von Öl- oder Gasfeuerung auf feste Brennstoffe ist also nur mit Schwierigkeiten möglich.

Bei Anlagen mit mehreren Kesseln erhält entweder jeder Kessel ein eigenes A-Gefäß oder das gemeinsame A-Gefäß wird über gesicherte Absperrventile mit jedem Kessel verbunden (Bild 222-52).

*Geschlossene Anlagen* > 350 kW bis 120 °C[1]).

Solche Anlagen können nach DIN 4751 T. 4 (9. 80) unter bestimmten Voraussetzungen ausgeführt werden:

Max. Vorlauftemperatur bis 100 °C bei unmittelbar und bis 110 °C bei mittelbarer Beheizung; Gesamtdruck bis 50 m WS (≈ 5 bar);
Temperaturregler und Sicherheitstemperaturbegrenzer;
Schnell regelbare Feuerung, keine festen Brennstoffe;
Sicherheitsventil;
Druckbegrenzer und Wassermangelsicherung;
Druckhaltung mit Gaspolster, Luftkompressor, Druckhaltepumpen u. a.
Verschiedene Anzeigegeräte;
Prüfung und erstmalige Inbetriebnahme durch Sachkundigen.

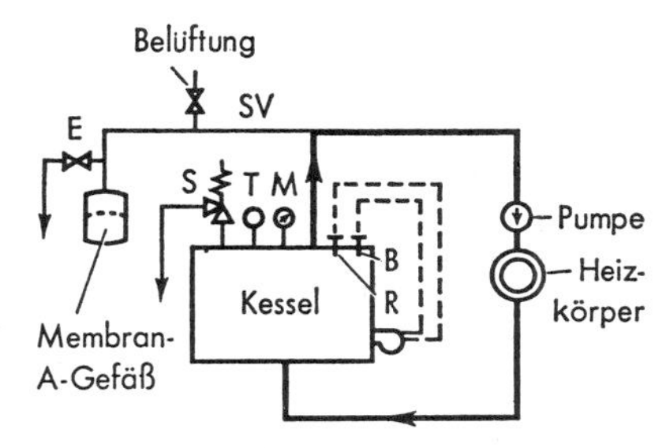


Bild 222-46. Sicherheitseinrichtungen bei geschlossenen Wasserheizungen mit Membrangefäß bis ≈350 kW.
B = Temperaturbegrenzer
E = Entleerungsventil
M = Manometer
R = Temperaturregler
S = Sicherheitsventil
T = Thermometer

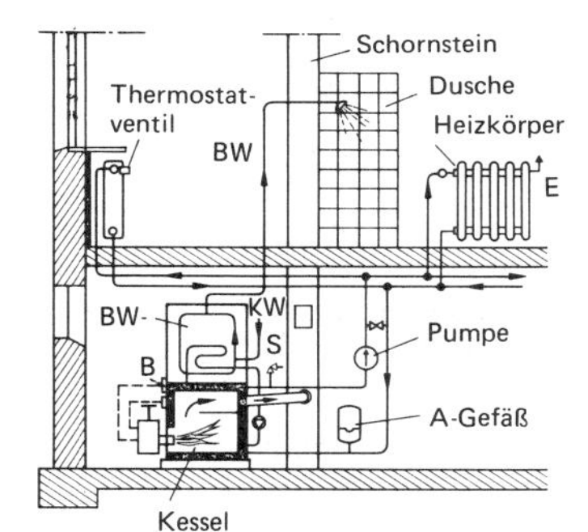


Bild 222-48. Geschlossene Warmwasserheizung mit Membran-Ausdehnungsgefäß und Brauchwasserspeicher.
BW = Brauchwasser
S = Sicherheitsventil
KW = Kaltwasser
B = Begrenzer
E = Entlüftung
T = Temperaturregler

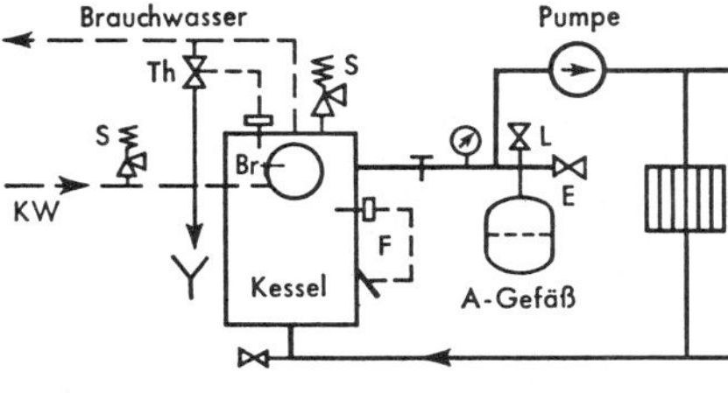


Bild 222-50. Sicherheitseinrichtung bei Warmwasserheizung mit festen Brennstoffen und Membranausdehnungsgefäß (bis 93 kW).
Br = Brauchwassererwärmer
E = Entleerung
F = Feuerungsregler
L = Belüftung
Th = Thermostatische Ablaufsicherung
S = Sicherheitsventil

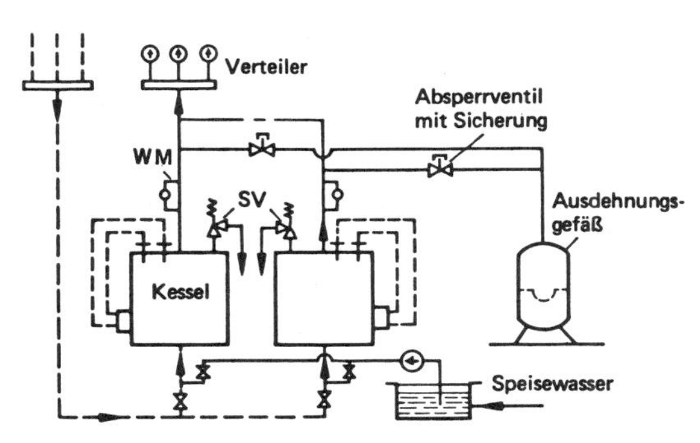


Bild 222-52. Heizungsanlage nach DIN 4751 (T. 2) mit 2 Kesseln und gemeinsamem Membran-Ausdehnungsgefäß.
WM = Wassermangelsicherung SV = Sicherheitsventil

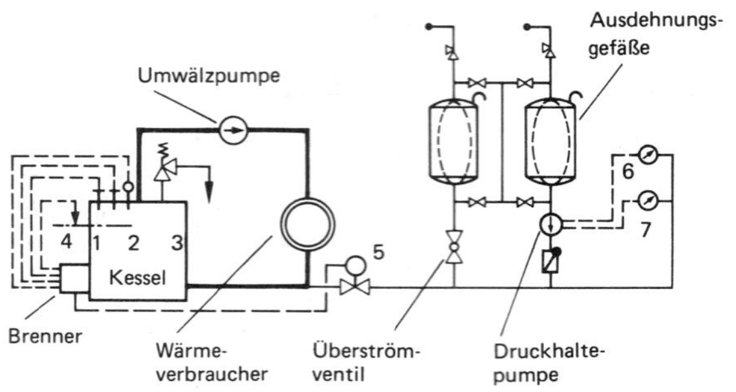


Bild 222-54. Schaltschema einer Heizungsanlage mit Druckhaltepumpe und Überströmventil.
1 = Temperaturregler 2 = Begrenzer 3 = Druckbegrenzer 4 = Wasserstandsbegrenzer
5 = Sicherheitsdruckbegrenzer 6 = Druckregler für Druckhaltepumpe 7 = Druckbegrenzer

Schaltschema in Bild 222-54.

Anlagen >120 °C mit unmittelbarer Beheizung können unter den gleichen Bedingungen und zusätzlichen Auflagen für Werkstoffe und Einrichtungen errichtet werden. Siehe Techn. Regeln für Dampfkessel (TRD – Abschn. 74).

Bei Temperaturen über 110 °C gelten zusätzlich die Vorschriften von DIN 4752 (1.67) „Sicherheitstechnische Ausrüstung und Aufstellung von Heißwasserheizungsanlagen mit Vorlauftemperaturen über 110 °C“. Siehe Abschn. 222-2.

## -14 Flächenheizungen

### -141 Allgemeines

Unter Flächenheizungen (oder sog. integrierten Heizflächen) versteht man solche Heizungen, bei denen die Wärmeabgabe in den Räumen durch beheizte Raumflächen, z. B. Decken, Fußböden oder Wandflächen, erfolgt. Die Flächenheizungen werden fast durchweg mit Warmwasser betrieben, so daß sie im Rahmen der Warmwasserheizungen besprochen werden.

Bei der *Deckenheizung* sind die wärmeabgebenden Heizrohre in der Decke angeordnet. Der größte Teil der Wärme wird von der Decke durch Strahlung abgegeben, daher auch der Name *Strahlungsheizung*. Die von der beheizten Decke ausgehenden Wärmestrahlen treffen auf die übrigen Wandflächen auf, die dadurch erwärmt werden und ihrerseits wieder Wärme teils durch Strahlung, teils durch Konvektion abgeben. Diese Heizungsart wird heute nur noch selten ausgeführt.

Bei der *Fußbodenheizung*, die in letzter Zeit große Verbreitung gefunden hat, sind die Heizschlangen in den Beton, den Estrich oder in Hohlräumen des Fußbodens verlegt. Die Fußbodentemperatur darf auf den begangenen Flächen einen gewissen Wert nicht überschreiten, da andernfalls Fußbeschwerden auftreten.

Bei der *Wandheizung* (Paneelheizung) schließlich sind die Heizflächen in den Wänden, insbesondere den Außenwänden unter den Fensterbrüstungen, angebracht.

Als *Vorteile* der Strahlungsheizung werden angegeben:

Kein Platzbedarf für Raumheizkörper, ihre Unsichtbarkeit;
keine Staubansammlung auf Heizkörpern;
geringere Lufttemperatur und daher physiologisch günstigere Entwärmung des Menschen;
niedrige Vorlauftemperaturen möglich, günstig für Wärmepumpen und Solarheizungen;
Möglichkeit der Raumkühlung im Sommer durch Verwendung kalten Wassers.

*Nachteile:*

Größere Trägheit und daher geringere Regelfähigkeit;
keine Möglichkeit nachträglicher Änderung der Heizflächen;
höhere Kosten durch baulichen Aufwand.

---
[1]) Koszuszek, G.: SBZ 21 u. 22/78.

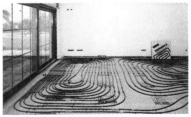

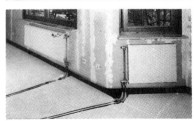

**-142 Deckenheizungen**[1])

Man unterscheidet bei der Deckenheizung vier Arten von Ausführungen: die Rohrdeckenheizung, die Lamellenrohrdeckenheizung, die Strahlplattenheizung und die Hohlraumdeckenheizung.

1. Die *Rohrdeckenheizung* (Bild 222-56) ist dadurch gekennzeichnet, daß nahtlose Rohre von ⅜″, ½″ oder ¾″ in der Decke verlegt werden, wobei wiederum zwei Ausführungsarten möglich sind: Rohrverlegung in Beton oder in Deckenputz.

Bei *Vollbetondecken* oder Decken mit unterem Tragbeton werden die Rohre direkt in der Betonschicht eingebettet. Dies ist die älteste Ausführung (Crittall-Decke). Bei anderen Deckenkonstruktionen, z. B. Hohlsteindecken, wird eine besondere, etwa 6 bis 7 cm starke *Betonheizdecke* aufgehängt, in der die Heizrohre liegen. Auf dieser Heizdecke liegt dann die eigentliche Tragdecke. In jedem Fall muß die Verlegung der Heizrohre gleichzeitig mit der Deckenherstellung erfolgen. Die Heizregister werden vor der Betonfüllung auf der Holzschalung über der Stahlbewehrung verlegt, wobei zwischen Schalung und Rohren durch untergelegte Distanzstücke ein Zwischenraum von etwa 2 cm bleibt.

Bei der Verlegung der Heizrohre im *Deckenputz* (Bild 222-57) wird erst die Decke hergestellt und danach das Rohrregister an der Decke aufgehängt. Der Verputz, der dann in mehreren Schichten aufgetragen wird, ist ein Kalkzementmörtel mit einigen besonderen Beigaben, wie Jutegeweben u. a., um den unterschiedlichen Wärmeausdehnungszahlen Rechnung zu tragen. Der Putzträger (Streckmetallgewebe) wird meist unterhalb der Rohre angebracht. Die gesamte Schicht hat eine Dicke von etwa 5 bis 6 cm.

Besonders einfach wird die Montage der Heizflächen bei Verwendung von ⅜″-*Kupferrohren* an Stelle von Stahlrohren. Der Putz besteht dabei aus Gips mit Kalkzusatz und hat eine Dicke von nur etwa 3 cm.

2. Die *Lamellendeckenheizungen* sind aus den Rohrdeckenheizungen entwickelt worden, um die Trägheit der Heizung zu vermindern und eine schnellere Anpassung an den Wärmebedarf zu erreichen. Sie sind dadurch gekennzeichnet, daß an den Heizrohren Lamellen, das sind meist aus Aluminiumblech bestehende rechteckige Bleche, befestigt werden, die die Wärme schneller von den Rohren ableiten sollen. Die Art der Befestigung dieser Bleche an den Rohren und an der Decke, ihre Größe und ihre Verbindung mit dem Putz ist bei den verschiedenen Konstruktionen unterschiedlich. Einige der bekanntesten Ausführungen sind folgende:

Die *Stramax-Standard-Decke* verwendet breite Aluminiumbleche, die in der Mitte eine Sicke haben, in der die Heizrohre gleiten. Unter den Lamellen Gipsputz mit Putzträgern. Glatte Decke (Stramax A.G., Zürich, Bild 222-59).

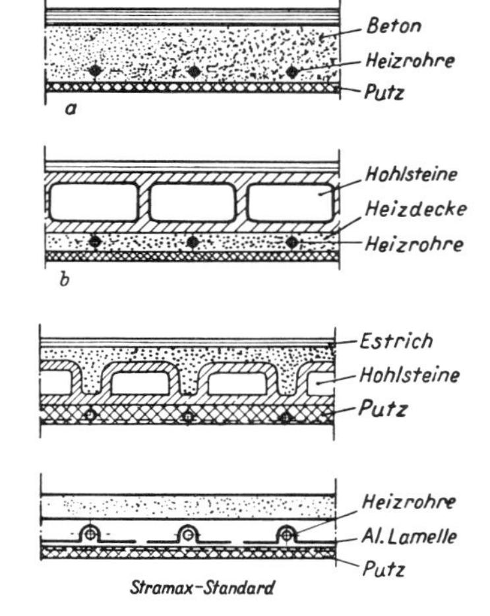


Bild 222-56. Rohr-Deckenheizungen mit Heizrohren in Beton.
a) Heizrohre im Beton der Tragdecke
b) Heizrohre in einer besonderen Betonheizdecke unterhalb der Hohlstein-Tragdecke

Bild 222-57. Rohr-Deckenheizung mit Heizrohren im Deckenputz.

Bild 222-59. Lamellen-Deckenheizung (Stramax).

[1]) Florian, H., u. a.: TAB 6/78. S. 501/5.

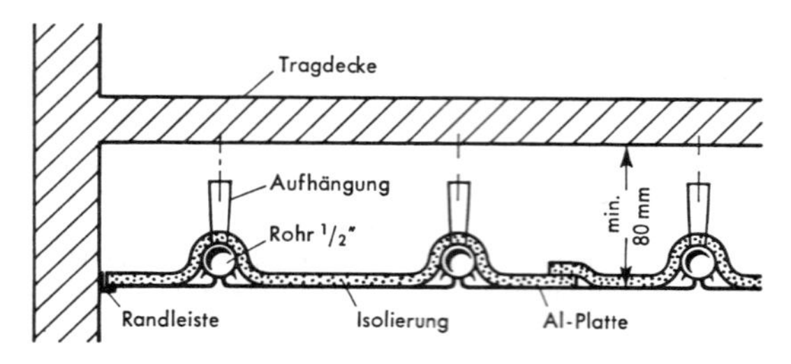


Bild 222-60. Querschnitt durch eine Frenger-Heizdecke.

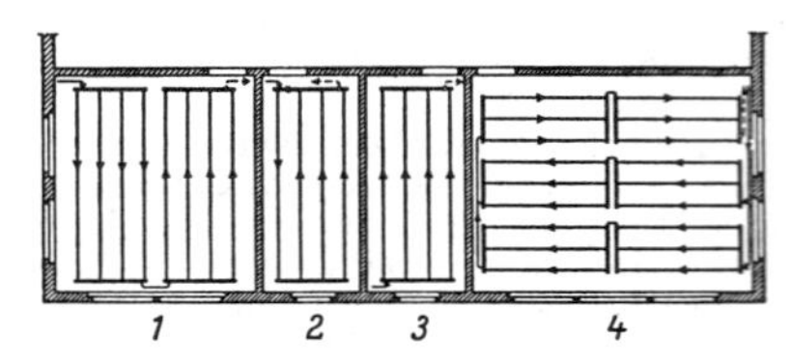


1 = Register in Serie, Zuleitung an Außenwand,
2 = Register mit einseitigem Anschluß,
3 = Register diagonal angeschlossen, Zuleitung an Außenwand,
4 = 3 Gruppen von je 2 Registern, 2 Gruppen parallel, 1 Gruppe als Rückleitung

Bild 222-62. Verschiedene Anordnungen von Heizrohrregistern bei der Frenger-Heizdecke.

Die *Zent-Frengerdecke* verwendet perforierte oder nichtperforierte thermolackierte Aluminiumbleche ohne Gipsplatten von 625 × 625 mm Größe und 0,75 mm Dicke. Die Heizrohre werden unter der Decke aufgehängt und die Platten dann von unten mittels Stahlklammern an den Rohren befestigt. Platten an der Oberseite mit Isoliermatten abgedeckt, wodurch gleichzeitig eine Schalldämmung erreicht wird. Ein Teil der Lochung sowie die 1,5 mm breiten Schlitze zwischen den Platten können auch zur Lüftung verwendet werden. An den Wänden besondere Randleisten erforderlich (Bild 222-60). Heizwassertemp. wie bei Radiatoren. Verschiedene Möglichkeiten der Anordnung der Heizrohrregister siehe Bild 222-62.

Eine alternative Ausführung mit 85 mm breiten Aluminiumstreifen zeigt Bild 222-63, ballwurffeste *Streifendecke*. Verlegebreite 100 mm. Wärmeabgabe dabei jedoch geringer (Zent-Frenger).

3. Die *Strahlplattenheizung* verwendet Heizplatten, die mit der Decke keinerlei direkte Verbindung mehr haben, sondern frei im Raum aufgehängt sind. Die Platten selbst bestehen meist aus Stahlblechen, an denen die Rohre mittels Schellen oder durch Schweißung befestigt sind. Die Platten werden entweder als langgestecktes Band (Bandstrahler) oder in einzelnen Stücken an der Decke angeordnet. Oberseite isoliert. Verwendung namentlich in Fabriken mit Heißwasserheizung (Bild 222-64).

Anordnung von Bandstrahlern in einer Fabrikhalle siehe Bild 222-66. Auch die schon erwähnte Frengerheizdecke gehört eigentlich zu diesen Strahlplattenheizungen.

4. Bei der *Hohlraumdeckenheizung* (Bild 222-67) sind die Heizrohre in dem Zwischenraum zwischen Tragdecke und Zwischendecke verlegt. Unterseite Tragdecke isoliert. Wärmeabgabe von den Heizrohren durch Strahlung und Konvektion. Heizmittel kann beliebig warm sein, Warmwasser 90/70 °C, Heißwasser oder Dampf. Zwischendecke

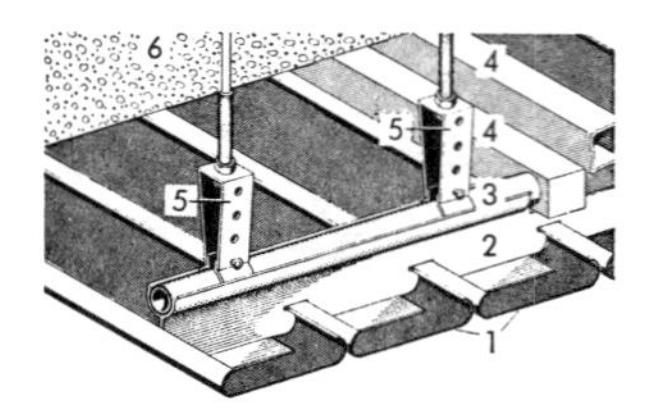


Bild 222-63. Streifenheizdecke (Zent-Frenger).
1 = Streifen,
2 = Tragprofil,
3 = Heizrohr,
4 = Verteilerrohr,
5 = Aufhängung,
6 = Tragdecke

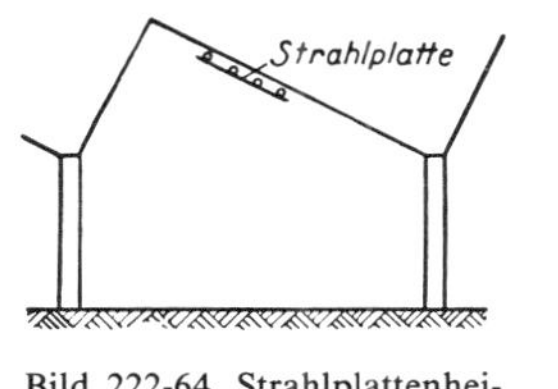


Bild 222-64. Strahlplattenheizung in einer Fabrikhalle mit Sägedach.

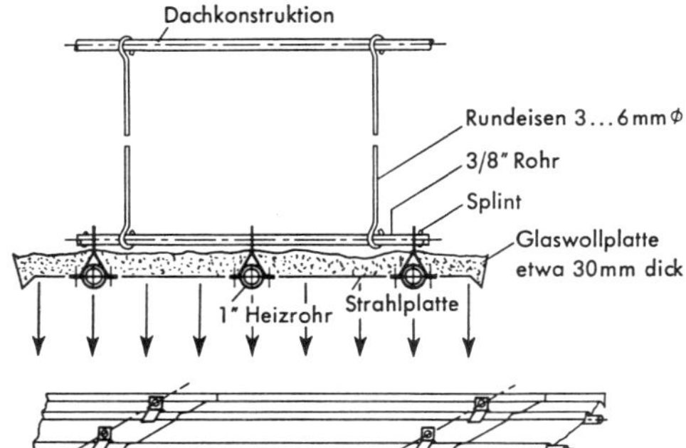


Bild 222-66. Bandstrahlplatte mit 3 Heizrohren.

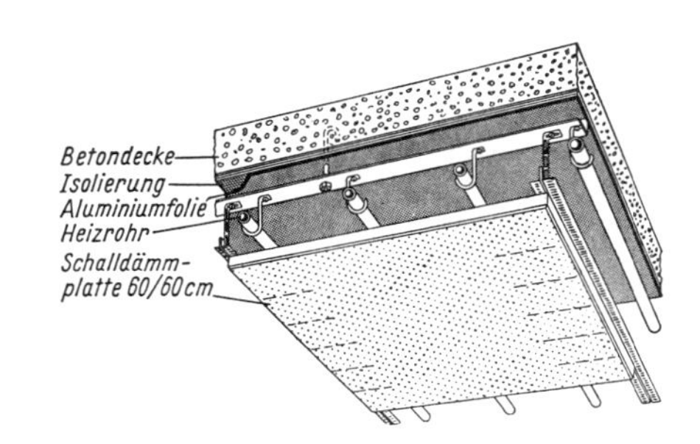


Bild 222-67. Hohlraum-Deckenheizung mit Akustikplatten 62,5 × 62,5 cm².

wird als Putzdecke, Plattendecke oder Metalldecke ausgeführt. Auch Verwendung von Lochdecken, wobei gleichzeitig Lüftung und Schalldämmung möglich sind. Vorteilhaft ist die Möglichkeit nachträglichen Einbaues sowie nachträglicher Änderungen.

5. *Rohrführung*. Flächenheizungen sind Pumpenwarmwasserheizungen mit unterer Verteilung. Für die Erzeugung des Warmwassers werden die gewöhnlichen Warmwasserheizungskessel der Zentralheizung verwendet. An die Stelle der Raumheizkörper treten jedoch die in Decken eingebetteten *Rohrschlangen* (Rohrregister) der Flächenheizung. Das Heizwasser tritt am tiefsten Punkt in die Register ein und am höchsten Punkt aus (Bild 222-68). Die Temperatur des Heizwassers wird bei Rohrdeckenheizungen niedriger gewählt als bei den gewöhnlichen Warmwasserheizungen. Als *höchste Temperaturen* läßt man 55 bis 60 °C zu.

Die einzelnen Rohrregister werden meist waagerecht verlegt, was erfahrungsgemäß für die Entlüftung ausreichend ist, während die Vor- und Rücklaufanschlüsse ein leichtes Gefälle erhalten. Die Einzelregister einer Strahlungsheizfläche sollen wegen gleichen Wasserwiderstandes möglichst gleiche Rohrlängen erhalten (Tichelmannsches System). Regulierventil im Vorlauf oder Rücklauf.

Wenn die Kessel auch gleichzeitig Wasser höherer Temperatur erzeugen, wird die geringere Vorlauftemperatur der Flächenheizung durch *Zumischung* von *Rücklaufwasser* (Bild 222-68) oder Anwendung von Wärmeaustauschern erzeugt. Die Temperaturdifferenz zwischen Vorlauf und Rücklauf beträgt meist 10···15 K.

Bei *Lamellendeckenheizungen* kann die Vorlauftemperatur etwas höher zugelassen werden, etwa 70 °C, während bei den Strahlplattenheizungen beliebig hohe Temperaturen zulässig sind, sofern die Platten genügend hoch angebracht werden ebenso wie bei den Hohlraumdeckenheizungen.

Die Heizrohre sind bei den Rohrdeckenheizungen nahtlose Stahlrohre von ½″ oder ¾″. Insbesondere werden nach dem *Fretz-Moon-Walzverfahren* hergestellte lange Rohre bis 60 m Länge verwendet (Deutsche Röhrenwerke, Düsseldorf), jedoch sind auch nahtlose

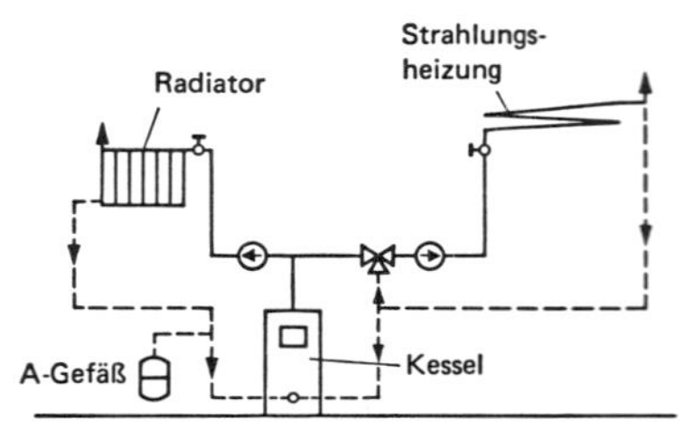


Bild 222-68. Rohrführung einer gemischten Radiatoren- und Flächenheizung.

Rohre nach DIN 2441 geeignet. Rohrverbindungen erfolgen durch Schweißen, Bogen werden aus dem Rohr selbst hergestellt. Abstand der Rohre voneinander 10 bis 30 cm, Abstand Rohrunterkante bis Heizfläche 1 bis 3 cm. Soll bei der Deckenheizung keine Wärme nach oben abgegeben werden, ist oberhalb der Heizrohre eine Dämmschicht vorzusehen. Nach Verlegung der Rohre Dichtigkeitsprobe unter hohem Druck (20 bis 30 bar).

Im Ausland werden z.T. die Rohrschlangen auch als *Stahlbetonbewehrung* zugelassen, wodurch sich u.U. eine Reduzierung der Deckenstärke und der Herstellungskosten ergibt.

**-143 Fußbodenheizungen**[1])

Bei der Fußbodenheizung (Bild 222-69) werden die Heizrohre in Verbindung mit einer Warmwasserzentralheizung im Fußboden verlegt (Bild 222-70 bis -73). Die Heizmitteltemperatur beträgt maximal 55···60 °C, in den Übergangszeiten nur etwa 35···40 °C. Die Fußbodenheizung ist daher eine sogenannte *Niedertemperaturheizung,* die sich besonders für Wärmepumpen und Sonnenenergie eignet. Die Wärme wird vom Fußboden durch Konvektion und Strahlung nach oben an den Raum abgegeben, während die Wärmeabgabe nach unten durch eine Wärmedämmschicht (Polystyrolschaumplatten u.a.) begrenzt wird. Wärmedurchgangskoeffizient nach unten ab Unterkante Heizrohr $< 0{,}45$ W/m²K für Räume mit $t < 12$ °C.

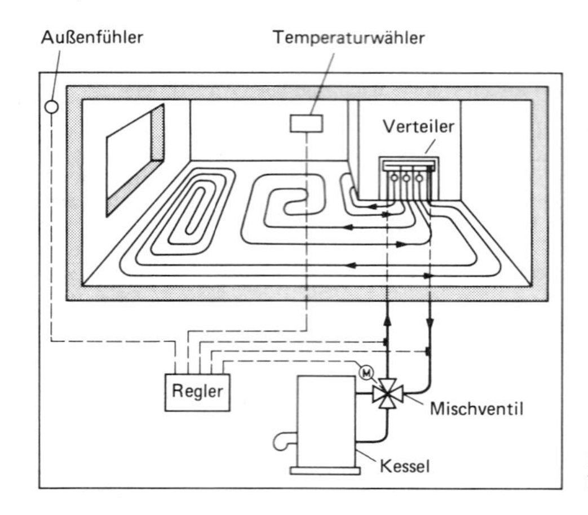


Bild 222-69. Schema einer Fußbodenheizung.

[1]) Elektrische Fußbodenheizung siehe Abschn. 221-83.
DIN 4725. – Warmwasser-Fußbodenheizung. Entwurf 12.83. 3 Teile.
Kast, W., u. H. Klan: Ges.-Ing. 5/81. S. 218/26. Ferner: VDI-Bericht 464 (1982). S. 39/49.
Röttgen, W.: HLH 3/83. S. 113/8.
Langer, K.-H., u. M. Pohl: Kupferrohr-Fußbodenheizung. SBZ 4, 5 u. 7/1983.
Drum, G.: HLH 5/83. S. 228/32.
Konzelmann, M., u. G. Zöllner: SHT 4/84. S. 255/9.
Test Heft 7/84.
Schmidt, P.: Ges.-Ing. Heft 1 u. 2/85 u. SHT 5/85. S. 183ff.

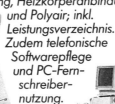

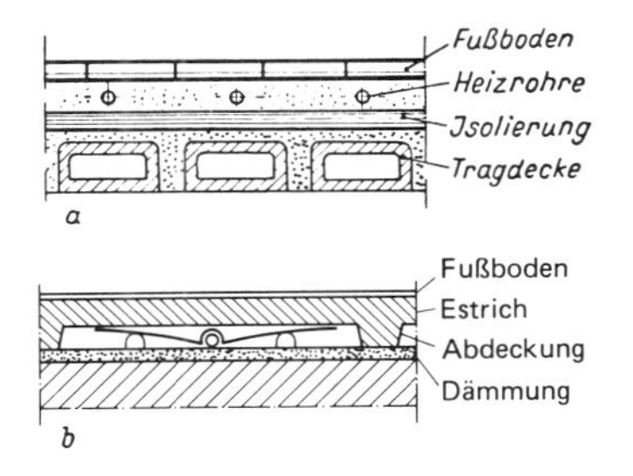


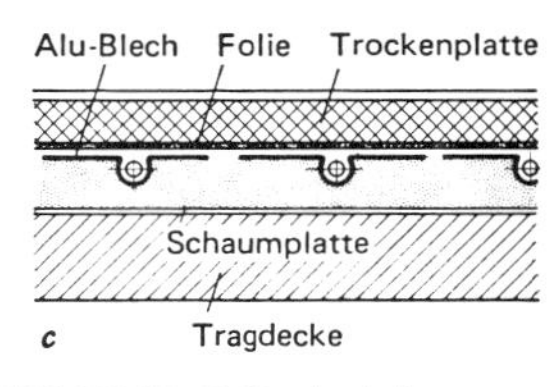


Bild 222-70. Fußbodenheizungen.
a) Heizrohre in Beton verlegt
b) Heizrohre in Hohlräumen mit Metallbügeln (Deria-Destra)
c) Heizrohre trocken verlegt

Die Fußbodenheizung ist zwar etwa 20–40% teurer als eine Heizung mit örtlichen Raumheizkörpern, sie hat jedoch *Vorteile,* besonders

Fortfall der sichtbaren, manchmal störenden Raumheizkörper,
günstiges Temperaturprofil (siehe Abschnitt 123-1),
geringe hygienisch und technisch vorteilhafte Heizmitteltemperaturen, z. B. für Wärmepumpenheizungen

*Nachteile:*

Beschränkung bei Fußbodenbelegen
bei Rohrbrüchen teure Reparatur
höhere Kosten
schlechtere Regelfähigkeit, Trägheit.

Es gibt zahlreiche verschiedene Ausführungen, die sich in zwei Gruppen einteilen lassen: Naßverlegung und Trockenverlegung. In der Regel werden die Fußbodenheizflächen aller Räume einer Wohnung an einen Heizkreisverteiler angeschlossen, von dem sich die einzelnen parallel geschalteten Heizkreise mittels Regulierventilen hydraulisch abgleichen lassen.

*1. Naßverlegung* (Bild 222-71, links)

Die Heizrohre werden schlangen- oder spiralförmig direkt im Estrich auf Trägerrosten, Matten, Baustahlgewebe usw. verlegt und mit Rohrschellen, Rohrclips oder anderen Befestigungselementen in ihrer Lage gesichert. Guter Wärmeübergang zwischen Rohr und Estrich. Die Wärmedämmschicht einschl. einer evtl. Trittschalldämmschicht ist durch eine Folie gegen Eindringen von Feuchtigkeit geschützt. Nach Druckprobe Einbringen des Estrichs, der die Rohre vollkommen umschließen muß. Estrichdicke insgesamt ca. 45···70 mm.

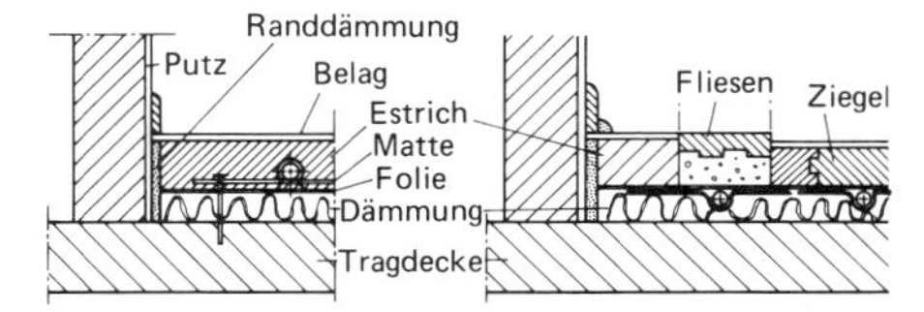


Bild 222-71. Rohrverlegung mit verschiedenen Fußbodenaufbauten.
Links: nasse Verlegung.
Rechts: trockene Verlegung.

Um den verschiedenen Ausdehnungskoeffizienten von Beton und Rohren Rechnung zu tragen, Polsterung der Bögen mit elastischem Material, außerdem erhält der Estrich bestimmte Zusätze *(Heizestrich).* Zu beachten DIN 4109 (Schallschutz) und 18560 (Estricharbeiten). An den Rändern bei schwimmendem Estrich Dämmstreifen zur Aufnahme von Dehnungen. Großer Montageaufwand.

Metallene Wärmeleitbleche unterhalb des Estrichs erhöhen die Wärmeabgabe.

*2. Trockenverlegung* (Bild 222-71, rechts)

Die Rohre werden auf vorgefertigten, mit Rillen oder Kanälen versehenen Wärmedämmplatten verlegt. Darüber wird der Estrich eingebracht oder Trockenplatten verlegt. Zur besseren Wärmeverteilung an den Estrich werden *Leitbleche* aus Aluminium oder verzinktem Stahlblech auf den Rohren aufgeklemmt. Heizrohre können sich ungehindert ausdehnen. Estrichdicke über Rohr ca. 45 mm. Statt des Estrichs können auch *Trockenbauplatten,* z. B. Glasfaserplatten, Holzspanplatten u. a., verlegt werden, wobei die Speicherfähigkeit des Estrichs wegfällt. Schnellere Montage. Heizmitteltemperaturen höher als bei der Naßverlegung.

Bei Rippendecken können die Heizrohre auch in den Hohlräumen zwischen den Rippen verlegt werden, wobei höhere Heizmitteltemperaturen zulässig sind (Bild 222-70b).

*Klimaboden* – Fußbodenheizungen verwenden anstatt von Rohren Kunststoffplatten von nur ca. 5 mm Dicke mit einer Vielzahl von Wasserwegen für Montage auf oder unter dem Estrich. Vermeidet Welligkeit der Oberflächentemperatur. Oberhalb der Heizplatte ist eine Lastverteilschicht, unterhalb die Wärmedämmung (Bild 222-73).

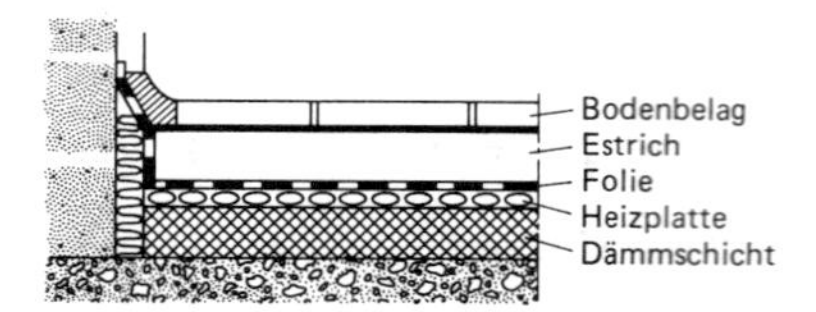


Bild 222-73. Fußbodenaufbau mit wasserführender Kunststoffplatte (Velta).

*3. Rohre und Rohrführung*

Früher wurden in der Hauptsache *Rohre* aus Stahl oder vorwiegend Kupfer für die Verlegung verwendet, die sich, abgesehen von gelegentlichen Korrosionen, durchaus bewährt haben.

Auch Kupferrohre mit PVC-Mantel werden verwendet; dadurch besserer Korrosionsschutz und Vermeidung von Spannungen.

Heute werden jedoch hauptsächlich *Kunststoffrohre*[1]) verwendet, deren Eigenschaften in der letzten Zeit so verbessert wurden, daß sie den Beanspruchungen bei der Fußbodenheizung gewachsen sind, nämlich Druck- und Temperaturbelastung, Stoßfestigkeit, Flexibilität, lange Lebensdauer. Rohrdurchmesser 16 × 2 bis 20 × 2 mm. Jede bekannte Fußbodenheizung läßt sich auch mit Kunststoffrohren ausführen.

Verwendet werden folgende *Werkstoffe* bei der Rohrherstellung:

Polypropylen (PP), am meisten in Benutzung (z. B. Hostalen von Hoechst),

Polyethylen (PE) und vernetztes Polyethylen (VPE) (z. B. Lupolen von BASF),

Polybutylen (PB) (z. B. Wirsbo von Shell).

Es sollten nur langjährig geprüfte und von erfahrenen Herstellern gelieferte Rohre verwendet werden. Auch Lagerung, Transport und Verlegung sollte sorgfältig überwacht werden. Durchmesser der Rohre 12–20 mm lichte Weite, Länge eines Heizrohres 80–120 m, ausreichend für ca. 10–25 m² Grundfläche.

Neuerdings hat man festgestellt, daß durch Sauerstoffdiffusion der Kunststoffrohre im Eisenbereich, z. B. Kessel und in Stahlrohrleitungsteilen, Rostschlamm und *Korrosionsschäden* entstehen können[2]). Rohre vorzugsweise *sauerstoffdicht* nach DIN 2426/29 (E. 1.87). Sonst kann man durch Zusatz von Rostschutzmitteln, sog. *Inhibitoren,* bei richtiger Dosierung die Korrosion verhindern. Ferner richtige Dimensionierung des Ausdehnungsgefäßes wichtig, damit nicht durch Unterdruck im System Sauerstoff eindringt.

Für die *Rohrführung* gibt es verschiedene Möglichkeiten. *Schlangenförmige* (mäanderförmige) Verlegung (Bild 222-74a), dabei gewisse Temperaturunterschiede an der Fußbodenoberfläche. Bei gegenläufiger Anordnung sind Vorlauf und Rücklauf nebenein-

---

[1]) ZVSHK-Datenblatt „Kunststoffrohre für Fußbodenheizungen" (Jan. 81).
Produktangaben in HR 3/84. S. 160.
DIN 2426 (E. 1.87): Rohrleitungen aus Kunststoff für Warmwasser-Fußbodenheizung.

[2]) BDH. Merkblatt Nr. 4 (9.86): Korrosionsverhütung bei Fußbodenheizung mit Rohrleitungen aus Kunststoff. Bezug bei: BDH, Kaiserswerther Str. 135, 4000 Düsseldorf 30.
SHT 5/80. S. 289/301. Ki 6/80: Forum. SBZ 21/84. Diskussion. 8 Seiten.
Kruse, C. L.: VDI-Bericht 388 (1980). S. 57/61.
Dehren, H., u. K. Malenk: SHT 2/81. S. 83/8.
Scharmann, R.: KKT 6/81. 5 S.

Bild 222-74. Rohrverlegungsarten
a) schlangen- (mäander-) förmig
b) spiralig (bifilar)
c) gemischt

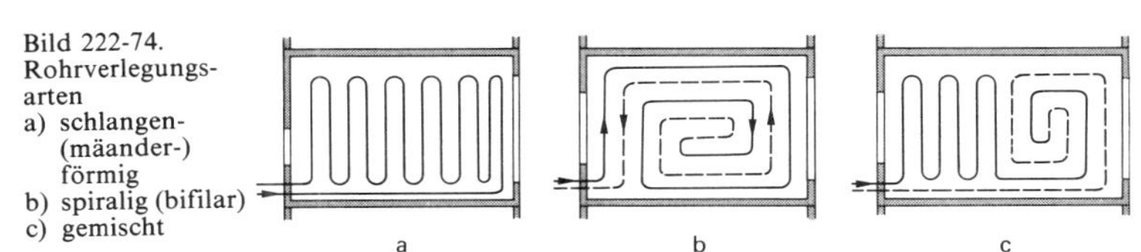


ander verlegt, wobei die Temperaturverteilung günstiger ist. Randbereiche, z. B. vor den Fenstern, können mit engerem Rohrabstand verlegt werden, um höhere Wärmeleistung zu erreichen.

*Spiralförmige Verlegung* (Bifilare) (Bild 222-74b). Hier können die Vor- und Rücklaufleitungen entweder parallel zueinander oder als Doppelrohre verlegt werden. In beiden Fällen gleichmäßigere Oberflächentemperatur des Fußbodens.

Gemischte Verlegung, bestehend aus beiden Arten der Rohrführung, ist natürlich auch möglich (Bild 222-74c).

Die Enden der Heizkreise werden zu Verteilern und Sammlern geführt, die an geeigneter Stelle, meist in der Diele (Mauernische, Wandschrank) angeordnet werden. Jeder Heizkreis ist regulierbar. Die Druckverluste des verschiedenen Heizregisters sollten nicht zu sehr voneinander abweichen.

Der *Wärmeleitwiderstand* des Bodenbelags sollte 0,15 $m^2$ K/W nicht überschreiten, da sonst zu hohe Heizwassertemperaturen nötig werden. Außerdem sind die Beläge auf Temperaturbeständigkeit, Gerüche u. a. zu prüfen.

Ansicht einer Fußbodenheizung ohne Estrich in Bild 222-76.

*4. Regelung*[1])

Alle Fußbodenheizungen sind je nach der Masse des Estrichs mehr oder weniger träge, so daß eine Raumtemperaturregelung allein unzweckmäßig ist. Im allgemeinen wird daher eine witterungsabhängige Vorlauftemperaturregelung gewählt.

Der Einfluß von Störgrößen, wie Sonneneinstrahlung oder Personenwärme, wird durch die Selbstregelung der Fußbodenheizung zu einem Teil gedämpft.

Man kann die Fußbodenheizung auch nur als *Grundheizung* in Abhängigkeit von der Außentemperatur regeln, z. B. auf 15 °C, und für die Spitzenlast besondere Raumheizkörper mit thermostatischen Ventilen vorsehen, z. B. Konvektoren, Radiatoren oder elektrische Heizkörper vor den Fenstern (Bild 222-77). Dies ist auch für solche Fälle zweckmäßig, wo nachträglich durch Teppiche oder Möblierung die Wärmeabgabe der

Bild 222-76. Rohrsystem einer Fußbodenheizung (Velta).

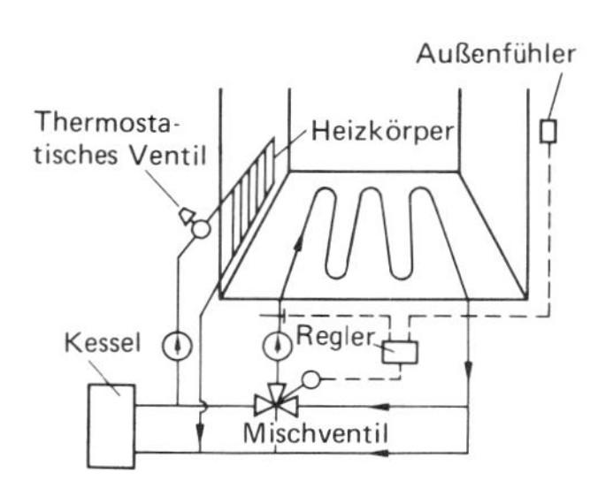


Bild 222-77. Fußbodenheizung mit zusätzlichem Heizkörper.

[1]) Frotscher, H.: TAB 1/83 u. 3.83.
Munack, A.: HLH 1/84. S. 11/16.

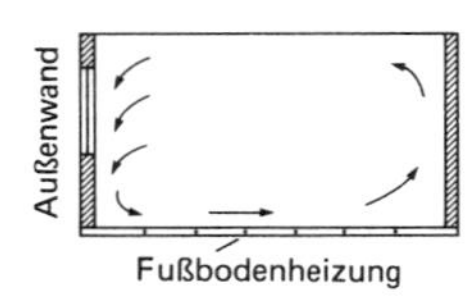


Bild 222-78. Raumluftströmung bei Fußbodenheizung ohne örtliche Heizkörper vor den Fenstern.

Fußbodenheizung wesentlich verändert wird. Evtl. auch 2 Heizkreise. Die örtlichen Heizkörper haben außerdem den Vorteil, Zugerscheinungen an den Fenstern zu verhindern (Bild 222-78), was bei Wärmeschutzglas aber nicht mehr bedeutend ist.

Fußbodenheizungen sind besonders geeignet für *Niedertemperaturheizung,* bei der die Kesseltemperatur etwa 60 °C nicht überschreitet. In diesem Fall kann die übliche witterungsabhängige Vorlauftemperaturregelung mit Mischventil für die Fußbodenheizung verwendet werden, siehe Bild 222-79 links.

Wenn jedoch in einer kombinierten Anlage auch Heizkörper mit hoher Temperatur, z. B. 90 °C, betrieben werden müssen, ist für den Fußbodenheizkreis eine feste Vormischung erforderlich, damit das Mischventil der Regelung im ganzen Hubbereich arbeitet, siehe Bild 222-79 rechts. Kombinierter Misch- und Verteilerkasten Bild 222-80.

Bei moderner Wärmedämmung reicht die Fußbodenheizung allein aus. Regelung auch über Raumfühler mit Zonenventilen.

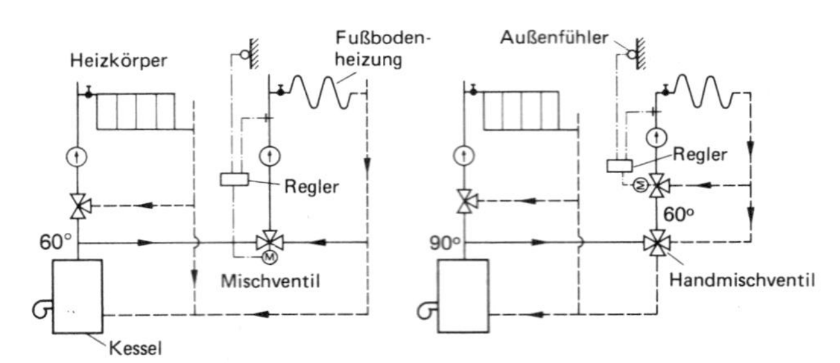


Bild 222-79. Grundschaltbild der Regelung bei der Fußbodenheizung.
links: Niedertemperaturkessel, rechts: Konventioneller Heizkessel 90/70 °C

*5. Wärmeabgabe*[1])

Die Fußbodentemperatur hat wegen des endlichen Abstandes der Heizrohre eine *Welligkeit,* wobei der Temperaturunterschied zwischen der maximalen und mittleren Temp. etwa 0,5···2,5 K beträgt.

Bei allen Fußbodenheizungen ist zu beachten, daß die maximale Oberflächentemperatur bei Aufenthaltsräumen 29 °C nicht überschreiten darf, da andernfalls erfahrungsgemäß wegen fehlender Entwärmung der Fußsohle *Fußbeschwerden* eintreten. In unserem Klima ist daher diese Heizung zur Deckung des Wärmebedarfs von Räumen im allgemeinen nicht ausreichend, so daß zusätzliche Heizflächen erforderlich sind, oder der Wärmeschutz des Gebäudes muß verbessert werden, wie es jetzt durch Wärmeschutzverordnung gefordert wird. Durch besondere Verlegung der Heizrohre mit engeren Rohrabständen in den Randzonen, wo sich meist niemand länger aufhält, können jedoch auch höhere Temperaturen bis max 35 °C zulässig sein. In Bädern bis 32 °C.

Die *Wärmeübergangszahl* $\alpha_t$ setzt sich aus zwei Teilen zusammen, dem konvektiven Anteil $\alpha_k$ und dem Strahlungsanteil $\alpha_s$. Die Größe dieser Zahlen ist weitgehend abhängig von der Luftströmung, der Größe der Heizfläche, Zahl der Außenwände, dem Rohrabstand, der mittleren Wandtemperatur und anderen Faktoren. Ausgeführte Versuche haben unterschiedliche Werte ergeben. Mittlere Zahlenwerte bei 27 °C Fußbodentempera-

[1]) Konzelmann, M., u. G. Zöllner: HLH 4/82. S. 136/42.
Schmidt, P.: TAB 8/82. S. 611/3.
Schlapmann, D.: HLH 3/83. S. 119/32.
Kast, W., u. H. Klan: Ges.-Ing. 1/84. S. 1/10.

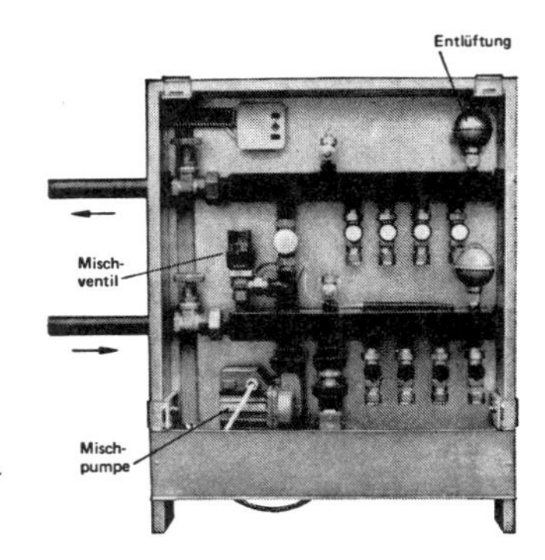


Bild 222-80. Misch- und Verteilerkasten einer Fußbodenheizung (Genkinger).

tur sind $\alpha_t = 10 \cdots 11$ W/m² K. Der Strahlungsanteil ist etwa doppelt so groß wie der Konvektionsanteil.

Bei einer mittleren Oberflächentemperatur von 27 °C und 20 °C Raumtemperatur beträgt dann die abgegebene Wärme 70···80 W/m², in der Randzone ca. 140 W/m². Hat der darüber liegende Raum ebenfalls Fußbodenheizung, ist die Wärmeübergangszahl $\alpha_t$ je nach Wärmedämmung der Decke um ca. 5···10% geringer.

Zur einheitlichen Bewertung und Prüfung von Fußbodenheizungssystemen ist in DIN 4725 (E. 12.83) eine sog. *Basiskennlinie* festgelegt worden, aus der die Wärmeabgabe bei gegebener mittlerer Heizflächenübertemperatur ersichtlich ist (siehe Abschnitt 243-33).

Die Berechnung der Rohrabstände, der Heizwassertemperatur, der Heizwassermenge und das Verlegesystem ist von der Installationsfirma auf Grund einer *Normkennlinie* vorzunehmen, die durch Versuche ermittelt wird.[1]) (Die Prüfmethode ist gegenwärtig allerdings noch umstritten.)

Von besonderer Wichtigkeit ist der *Fußbodenbelag*. Sein Wärmeleitwiderstand $d/\lambda$ sollte nicht größer als 0,15 m² K/W sein, da andernfalls die Heizmitteltemperatur zu hoch wird. In Tafel 222-14 sind für verschiedene Bodenbelage die Wärmeleitzahlen $\lambda$ angegeben.

**Tafel 222-14. Mittlere Wärmeleitzahlen $\lambda$ verschiedener Bodenbelage**

| | | | |
|---|---|---|---|
| Teppiche | 0,06···0,12 W/mK | Linoleum | 0,17 W/mK |
| Korklinoleum | 0,08 W/mK | Parkett | 0,20···0,25 W/mK |
| PVC-Filz | 0,04 W/mK | Fliesen | 1,00 W/mK |
| PVC | 0,06 W/mK | Marmor | 3,50 W/mK |

Der *Wärmeverbrauch* der Fußbodenheizung ist wegen der höheren Wärmeverluste durch die Geschoßdecke und der schlechteren Regelbarkeit geringfügig größer als bei einer vergleichbaren Niedertemperaturheizung mit Heizkörpern. Dies gilt besonders für Einfamilienhäuser.

*Beispiel* eines Leistungsdiagramms in Bild 222-81

### -144 Wandheizungen

Die *Wandheizungen* bestehen aus Heizrohren, die wie bei den Fußbodenheizungen in den Außenwänden der Gebäude verlegt werden, namentlich in den Fensterbrüstungen. Hier werden sie besonders auch als zusätzliche Heizflächen zu Deckenheizungen benötigt, um den Kaltlufteinfall an den Fenstern bei großer Kälte zu verhindern. Hinter den Heizrohren ist eine 6 bis 8 cm starke Dämmplatte anzuordnen (Bild 222-82). Zu den Wandheizflächen gehören auch die *Strahlheizkörper,* die bündig mit der Wand eingelassen sind. Sie werden auch als vorgefertigte Sandwichelemente von einigen Herstellern geliefert. Auf der Vorderseite Putzfliesen oder Trockenbauplatten. Siehe auch Abschnitt 233 (Heizkörper).

[1]) Kast, W., u. H. Klan: HLH 8/84. S. 371/8.

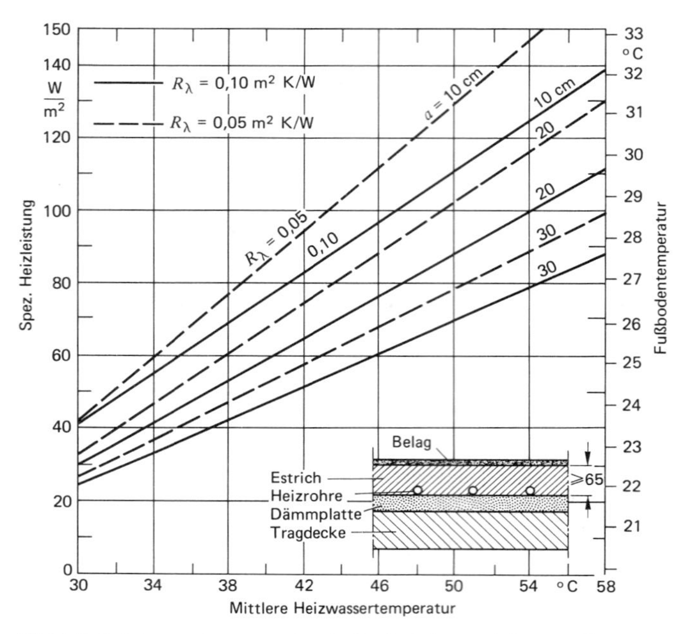


Bild 222-81. Leistungsdiagramm einer Fußbodenheizung mit kunststoffummanteltem Kupferrohr 14 × 0,8 mm (Wieland-Sulzer). $a$ = Abstand der Heizrohre.

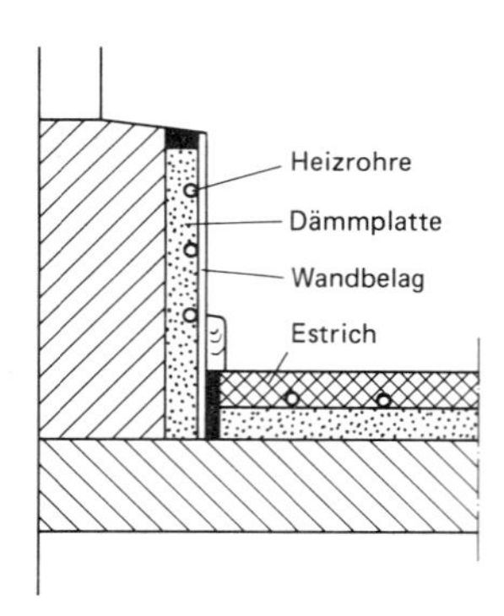


Bild 222-82. Heizfläche in Fensterbrüstung.

Eine *Sonderbauart* stellt die in die Fassaden-Konstruktion *integrierte Heizung* (nach Karl Gartner) dar. Hierbei werden die senkrechten Hohlpfosten und Riegel eines Fassadenelementes vom Heizwasser durchflossen. Die Wärmeabstrahlung des Menschen zum Fenster wird so auf günstige Weise kompensiert. Auf gute Wärmedämmung nach außen ist besonders zu achten.

**-145 Anwendung von Flächenheizungen**

Anwendung der *Rohrdeckenheizung*, die beim Anheizen träge ist, vornehmlich für *dauernd geheizte* Räume, wie z. B. Krankenhäuser, Altersheime und Wohngebäude. Für nicht dauernd beheizte Räume, wie Schulen, Büros usw., sind die Lamellen- und Strahlplattendeckenheizungen geeigneter, da sie sich schneller dem Wärmebedarf anpassen sowie ein schnelleres Auf- und Abheizen gestatten. Die mittlere Deckentemperatur soll

35 °C nicht überschreiten, da bei höheren Temperaturen die Strahlungswirkung von den Raumbenutzern ungünstig empfunden wird. Zulässige Grenzwerte siehe Abschn. 243-3. Zur Vermeidung von Zugerscheinungen an kalten Tagen in der Nähe der Fenster empfiehlt sich die Verwendung von Wandheizflächen unter den Fenstern nach Bild 222-82.

*Strahlplattenheizungen* sind insbesondere für Fabrikhallen, Werkstätten usw. geeignet. Sie benötigen eine sehr kurze Anheizzeit, wodurch auch Wärmeersparnisse bewirkt werden. Auch geeignet für lokal begrenzte Heizzone in großen sonst kalten Hallen.

*Fußbodenheizungen* hatten früher bei unserem Klima geringe Verbreitung, bedingt durch den höheren technischen Bauaufwand. Erst mit dem Kunststoffrohr und dessen besonderer Verlegungstechnik sowie bei einem verbesserten baulichen Wärmeschutz wurden vermehrt Fußbodenheizungen ausgeführt. Sie sind auch für Heizungen mit *Wärmepumpen* geeignet, da sie niedrige Heizwassertemperaturen benötigen.

Eingangshallen, Kassenhallen, Flure, Kindergärten, Schwimmhallen usw. werden oft mit Fußbodenheizungen ausgestattet, jedoch treten in Schwimmhallen (Naßräume) öfter durch mangelnde Einbettung der Stahlrohre Korrosionsschäden auf. Ein besonderes Anwendungsgebiet für die Fußbodenheizung sind die Zellen für Geisteskranke in Heilanstalten.

Die Verwendung der Deckenheizung hat sich dagegen in den letzten Jahren erheblich verringert, während die Fußbodenheizung mit *Kunststoffrohren* breitere Anwendung findet, vor allem im Wohnungsbau.

## -2 DAMPFHEIZUNGEN

Bei den Dampfheizungen wird als Wärmeträger Dampf verwendet. Der in den Kesseln erzeugte Dampf wird durch Rohrleitungen den Heizkörpern zugeführt, kondensiert hier und kehrt als Kondensat zu den Kesseln zurück, wo der Kreislauf von neuem beginnt.

Man unterscheidet

nach der Verbindung mit der Atmosphäre:
*offene und geschlossene Dampfheizungen;*

nach dem Dampfdruck:
*Niederdruck-, Hochdruck- und Vakuumdampfheizungen;*

nach dem Rohrsystem:
*Einrohr- und Zweirohrsysteme;*

nach der Lage der Hauptverteilleitung:
*Obere und untere Verteilung;*

nach der Lage der Kondensleitung:
*Obere (trockene) und untere (nasse) Kondensatrückführung;*

nach der Art der Kondensatrückführung:
*Rückführung mit natürlichem Gefälle und zwangsweise Rückführung.*

Durch Kombinationen dieser verschiedenen Möglichkeiten entstehen viele Ausführungsarten der Dampfheizung.

Für Wohn- und Bürohausheizung wird heute kaum noch Dampf verwendet, häufiger für zeitweilig oder periodisch benutzte Räume wie Messehallen, Ausstellungsräume usw., besonders, wenn in den Betriebspausen Frostgefahr besteht, sowie für Kochküchen, Wäschereien und für Fabriken, die Dampf für andere Zwecke benötigen.

### -21 Offene Niederdruckdampfheizungen (NDH)

#### -211 Allgemeines

Der Dampf wird entweder in Niederdruckdampfkesseln erzeugt oder er wird Kesselanlagen mit höherem Druck entnommen und für Zwecke der Heizung auf niederen Druck herabgemindert. Der *Betriebsüberdruck* darf nach den gesetzlichen Bestimmungen in Deutschland höchstens 0,5 bar betragen (nach der neuen Dampfkesselverordnung vom 1.7.1980 angehoben auf 1,0 bar), wenn die Kessel nicht unter die strengen Dampfkesselvorschriften fallen sollen (laufende Überwachung, ständige Beaufsichtigung). Gewöhnlich beträgt der Druck für Gebäude mit einer waagerechten Ausdehnung bis zu 200 m etwa 0,05 bis 0,1 bar, bis zu 300 m etwa 0,15 bar und bis zu 500 m etwa 0,2 bar.

Bei Raumheizungen ist 0,1 bar Dampfdruck fast immer ausreichend, bei Dampf für gewerbliche Zwecke (Wäschereien, Küchen u. a.) auch Drücke bis 0,5 bar.

*Vorteile* der Niederdruckdampfheizung gegenüber Warmwasserheizung:

Geringe Trägheit und daher schnelles Hochheizen;
geringe Einfriergefahr;
geringere Anlagekosten;
einfache Wärmemengenmessung durch Kondensatmesser.

*Nachteile:*

Keine zentrale Regelung vom Kesselhaus aus, daher in der Übergangszeit häufig Überheizung und dadurch höherer Wärmeverbrauch;
hohe, hygienisch ungünstige Oberflächentemperatur der Heizkörper;
größere Wärmeverluste;
keine Wärmespeicherung in den Heizkörpern;
größere Korrosionsgefahr (in den Kondensatleitungen);
keine Stahlradiatoren möglich;
häufig erhebliche Vertiefung des Heizkellers erforderlich.

Alle Dampfheizungen verlangen eine sorgfältige Planung und Ausführung, da sonst Störungen auftreten wie Durchschlagen des Dampfes, Geräusche, mangelnde Erwärmung einzelner Heizkörper, Überwärmung bei anderen, Wasserspiegelschwankungen in den Kesseln u. a.

### -212 Rohrführung

1. *Einrohrsystem.* Dampf und Kondensat strömen in derselben Leitung. Der vom Kessel gelieferte Dampf fließt zuerst in die Hauptverteilung, die bei *unterer Verteilung* an der Kellerdecke, bei *oberer Verteilung* im Dachboden liegt. Bei größerer Ausdehnung stufenförmige Verlegung mit Entwässerung an den Steigstellen. Die Heizkörper sind an die Steig- bzw. Fallstränge nur mit einer Abzweigleitung angeschlossen. Das Kondensat wird entweder oberhalb der Druckzone (trocken) oder unterhalb (naß) zum Kessel mit natürlichem Gefälle zurückgeführt. Bei trockener Kondensleitung werden die Steig- und Fallstränge in der Regel durch *Wasserschleifen* entwässert, die die dampfführenden Rohre von den kondensatführenden trennen.

Jeder Heizkörper erhält ein automatisches *Luftventil,* das nur Luft, aber keinen Dampf entweichen läßt. Außerdem sind an den tiefsten Stellen der Dampfleitungen ebenfalls Luftventile anzubringen. Die Ventile an den Heizkörpern, soweit sie überhaupt vorgesehen werden, dürfen nur „auf" oder „zu" gestellt werden, Zwischenstellungen sind nicht möglich, da sonst der Kondensatabfluß behindert wird.

Als Brennstoff für die Kessel sind zweckmäßig nur Gas oder Öl zu verwenden, bei festen Brennstoffen ist die Regelung wesentlich schwieriger. Ein-Aus-Regelung. Die Einrohrsysteme werden bei uns kaum ausgeführt, da eine gleichmäßige Temperaturerhaltung bei höheren Außentemperaturen nicht möglich ist.

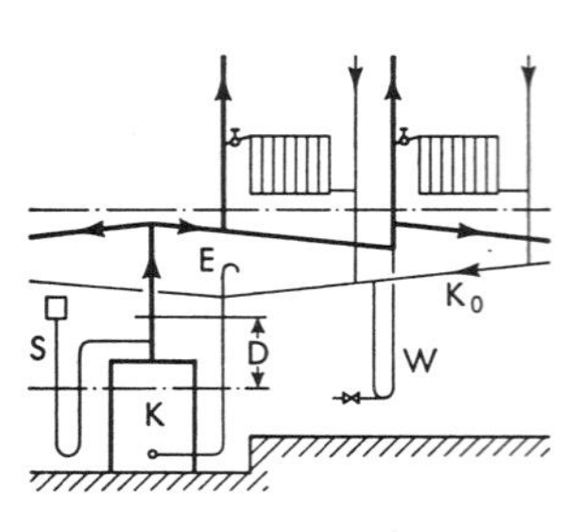


Bild 222-90. Zweirohr-Niederdruckdampfheizung mit unterer Verteilung und trockener Kondensleitung. D = Druckhöhe, E = Entlüftung, K = Kessel, Ko = Kondensatleitung, S = Standrohr, W = Wasserschleife

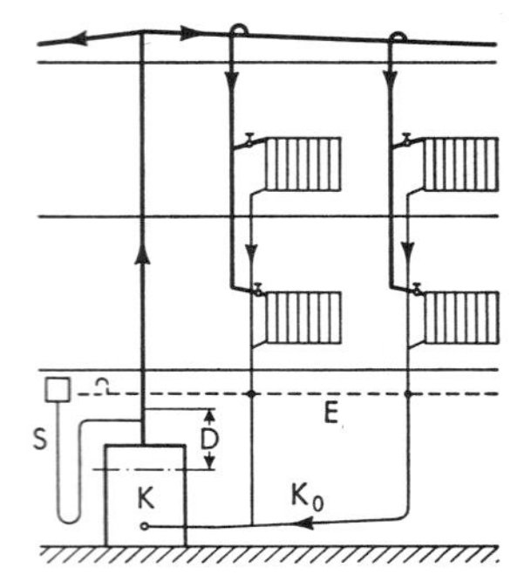


Bild 222-91. Zweirohr-Niederdruckdampfheizung mit oberer Verteilung und nasser Kondensleitung.

2. *Zweirohrsystem*. Dampf und Kondensat strömen in verschiedenen Leitungen. Hauptverteilleitung an Kellerdecke (untere Verteilung, Bild 222-90) oder im Dachgeschoß (obere Verteilung, Bild 222-91). Gefälle zu den Steig- bzw. Fallsträngen. Bei großer Ausdehnung stufenförmige Verlegung mit Entwässerung an den Steigestellen. Die Heizkörper sind sowohl an die senkrechten dampfführenden Stränge wie an die Kondensatleitungen angeschlossen. Dampfeintritt oben, Kondensataustritt unten. Zur Trennung von Dampf und Kondensat hinter jedem Heizkörper ein Kondensat-Ableiter (siehe Abschn. 235-4).

Das Kondensat aus den Heizkörpern wird mit natürlichem Gefälle zu den Kesseln zurückgeführt (Kondensatrückspeiser siehe Abschnitt 236-3). *Kondensatleitung* entweder *trocken* an der Kellerdecke oberhalb der Druckzone verlegt oder *naß* unterhalb. Entwässerung der Dampfleitungen bei hochliegender Rückführung durch *Wasserschleifen*, bei tiefliegender Rückführung keine Schleifen erforderlich. Siehe auch Abschn. 235-4.

Die Luft wird bei Dampffüllung der Anlage von dem leichteren Dampf durch die Heizkörper in die Kondensatleitung gedrückt. Bei hochliegender Kondensatleitung Abführung der Luft ins Freie an der tiefsten Stelle. Bei tiefliegender Kondensatleitung sind die senkrechten Kondensatstränge durch eine besondere *Luftleitung* zu entlüften.

### -213 Sicherheitsvorrichtungen

Damit der Dampfdruck auf keinen Fall 0,5 bar übersteigt, müssen die Kessel in Deutschland gemäß DIN 4750 (8. 65) mit einem Standrohr versehen sein, das aus einem vom Dampfraum ausgehenden unabschließbaren Rohr mit Wasserfüllung besteht. Höhe $H$ = Betriebsdruck in m WS + Zuschlag. Ausführungen des Standrohres und Querschnitte nach DIN 4750 siehe Abschn. 231-15.

*Druckzone* = Bereich des Betriebsdruckes über mittlerem Wasserspiegel im Kessel. In den Kondensleitungen steht das Wasser um den Betriebsdruck höher als im Kessel.

An Stelle von Standrohren können auch am Kessel angebrachte gewichtsbelastete *Sicherheitsventile* verwendet werden. Diese Ventile unterliegen einer Baumusterprüfung.

### -214 Heizkörper und Absperrorgane

wie bei den Warmwasserheizungen. Druck vor den Ventilen 10···20 mbar. Anschlußleitung mit Steigung zum Heizkörper, um Kondensatstau bei geschlossenem Ventil zu vermeiden. Bei langen Heizkörpern wechselseitiger Anschluß. Um die hohen Oberflächentemperaturen der Heizkörper zu vermeiden, wurde bei Niederdruckdampfheizungen manchmal das *Luftumwälzverfahren* verwendet. Dieses besteht darin, daß in den unteren Naben ein Rohr mit metallischen Düsen von 2 bis 4 mm ∅ angebracht wird. Der aus den Düsen austretende Dampf mischt sich mit der im Heizkörper enthaltenen Luft und erzeugt eine Umwälzbewegung des Dampf-Luft-Gemisches, wodurch eine gleichmäßige und milde Oberflächentemperatur erreicht wird. Heute nicht mehr üblich.

### -215 Regelung

Die *örtliche Regelung* der Heizleistung erfolgt durch die an den Heizkörpern angebrachten *Regulierventile*, allerdings ziemlich unvollkommen. Heizkörper evtl. unterteilen in ⅓ und ⅔ o.ä.

Die *zentrale Regelung* der Niederdruckdampfheizung ist namentlich bei schwacher Belastung kaum möglich, da durch Veränderung des Dampfdrucks eine gleichmäßige Dampf- und Wärmeverteilung nicht erreicht werden kann. Für eine möglichst günstige Regelung der Niederdruckdampfheizung ist zu beachten:

Alle Dampfleitungen sind reichlich zu dimensionieren, gut zu isolieren und zu entwässern;
Heizkörper mit guten, doppeleinstellbaren Regelventilen oder mit selbsttätigen Ventilen versehen; diese werden bei der Einregulierung so weit gedrosselt, daß bei höchstem Dampfdruck kein Dampf durchschlägt; dabei keine Dampfstauer erforderlich;
bei Konvektoren empfiehlt sich die Verwendung von Luftklappen;
der Verbrennungsregler soll möglichst empfindlich sein (Schwimmerregler);
die Entlüftung der Kondensatleitungen sorgfältig ausführen;
Montage und Einregulierung der Anlage mit Sorgfalt vornehmen.

Trotz bester Einregulierung wird es jedoch bei der Dampfheizung immer schwer sein, die Temperatur in Räumen gleichmäßig zu halten, daher kaum noch Verwendung zur Raumheizung, besonders auch wegen der großen Wärmeverluste im Rohrnetz.

## -22 Geschlossene Niederdruckdampfheizungen (Vaporheizungen)

Diese Heizungen, die bei uns kaum bekannt sind, unterscheiden sich von den offenen Niederdruckdampfheizungen dadurch, daß *keine direkte Verbindung* mit der Atmosphäre besteht. Der Dampf steigt aus dem Kessel in die Heizkörper, wo er kondensiert. Kondensat und Luft werden durch Dampfstauer abgeleitet.

In Deutschland sind Heizungen dieser Art nicht gebräuchlich, in USA früher jedoch häufig.

## -23 Hochdruckdampfheizungen

### -231 Allgemeines

Hochdruckdampfheizungen arbeiten mit Überdrücken > 0,5 bar, nach der neuen Dampfkesselverordnung vom 1.7.80 > 1,0 bar. Anwendung besonders in Fabriken, in denen für Krafterzeugung oder Fabrikation hoher Dampfdruck benötigt wird. Der Heizdampf ist entweder Frischdampf, der direkt aus dem Kessel entnommen wird, oder Abdampf bzw. Entnahmedampf aus Kraftmaschinen. Wahl des Dampfdruckes abhängig von der Art der Heizkraftkupplung, der Ausdehnung des Rohrnetzes und anderen Umständen, meist 1 bis 3 bar. Erzeugung des Hochdruckdampfes in Dampfkesseln verschiedenster Bauart. Für Raumheizungen wird Hochdruckdampf heute nur noch selten verwendet, da die Heizkörper dabei hygienisch ungünstig hohe Oberflächentemperaturen haben, höchstens gelegentlich für Nebenräume, Lager usw.

Auch ist keine einwandfreie örtliche Regelung der Heizleistung möglich, so daß Räume meist überheizt werden.

Dagegen ist Hochdruckdampf für Luftheizgeräte in Fabriken durchaus noch üblich. Regelung der Heizleistung dabei durch Ein- und Ausschalten der Ventilatoren der Geräte.

*Vorteile* der Hochdruckdampfheizung:

Niedrige Anlagekosten wegen kleiner Rohrleitungen und Heizkörper; geringe Einfriergefahr;
leichte Umbaumöglichkeit.

*Nachteile:*

Hohe, hygienisch ungünstige Heizkörpertemperatur;
Schwierigkeiten in der Regelung der Heizleistung;
umständliche Kondensatwirtschaft;
strenge bauaufsichtliche Vorschriften;
größere Wärmeverluste.

Übliche *Dampfgeschwindigkeiten*

bei Sattdampf .............................20···30 m/s
bei Heißdampf.............................30···50 m/s.

### -232 Schaltung

Je nach örtlichen Verhältnissen, insbesondere auch nach dem Verhältnis zwischen den für Krafterzeugung und Heizung benötigten Dampfmengen, sind verschiedene Schaltungen möglich.

1. *Frischdampfbetrieb* (Bild 222-100).

Der Heizdampf wird aus dem Kessel entnommen und direkt oder unter Zwischenschaltung eines Druckminderers in das Heiznetz geschickt. Verfahren jedoch thermodynamisch unwirtschaftlich.

2. *Gegendruckbetrieb* (Bild 222-101).

Der in dem Heizdampfkessel erzeugte Dampf leistet zunächst in einer Dampfkraftmaschine (Kolbendampfmaschine oder Dampfturbine) Arbeit; der Abdampf wird zur Heizung verwendet. Heizdampfverbrauch schwankend, daher bei ungenügender Abdampfmenge Frischdampfzusatz durch Überströmventil, bei überschüssiger Dampfmenge Auspuff oder Kondensation.

3. *Entnahmebetrieb* (Bild 222-102).

Der für die Heizung benötigte Dampf wird zwischen dem Hochdruck- und Niederdruckteil der Kraftmaschine entnommen.

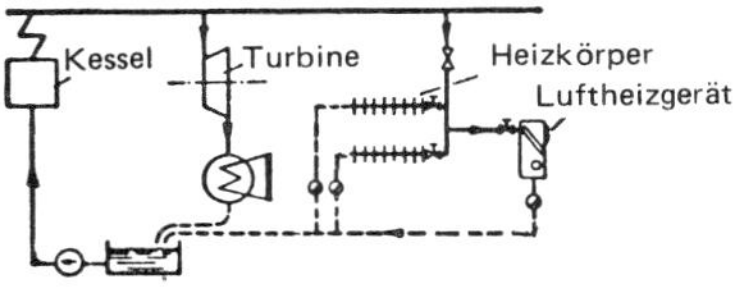

Bild 222-100. Hochdruckdampfheizung mit Frischdampf.

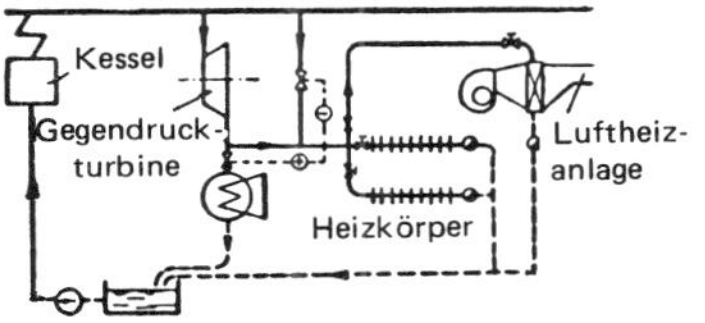

Bild 222-101. Hochdruckdampfheizung mit Gegendruckdampf.

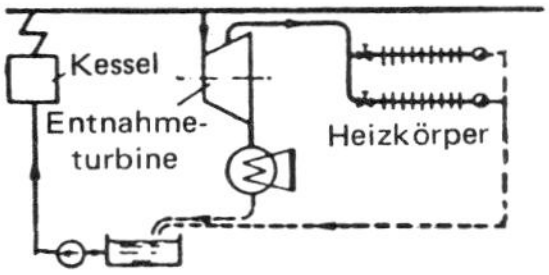

Bild 222-102. Hochdruckdampfheizung mit Entnahmedampf.

**-233 Kondensatleitungen**

Hinter jedem Wärmeverbraucher oder Gruppen von Wärmeverbrauchern sind *Kondenswasserableiter* anzubringen. Bemessung für die Normalleistung entsprechend dem Kondensatanfall und dem Differenzdruck. Die größte Menge fällt beim Aufheizen an (Anfahrbetrieb). Für diese Extremfälle sind besondere Rohrstutzen oder Umführungen der Kondensatableiter vorzusehen. Die Zahl der Ableiter ist grundsätzlich möglichst gering zu halten, da sie im Betrieb viel Wartung erfordern. Alles Kondenswasser ist in Sammelleitungen mit Gefälle zu sammeln und dem Speisewasser-Sammelbehälter im Kesselhaus zuzuführen. Rückspeisung in den Kessel mit *Kondensatpumpen* oder *Rückspeisern*. Pflege der Kondensatleitungen, insbesondere der Kondenstöpfe, ist für einen wirtschaftlichen Betrieb der Hochdruckdampfheizung unerläßlich.

In Anlagen mit unterschiedlichen Betriebsdrücken dürfen nach dem Ableiter nur Entwässerungsleitungen gleichen Druckes zusammengeführt werden, da sonst Störungen auftreten. Bei unterschiedlichen Drücken sind die Kondensate getrennt zurückzuführen, um Wasserschläge zu vermeiden. Entspannungsdampfgeschwindigkeit 15···20 m/s, bei Hochdruck bis 25 m/s. Zweckmäßig ist die Verwendung von *Entspannungsgefäßen,* um den Entspannungsdampf der Niederdruckstufe zuzuführen (Energieersparnis). Bild 222-103.

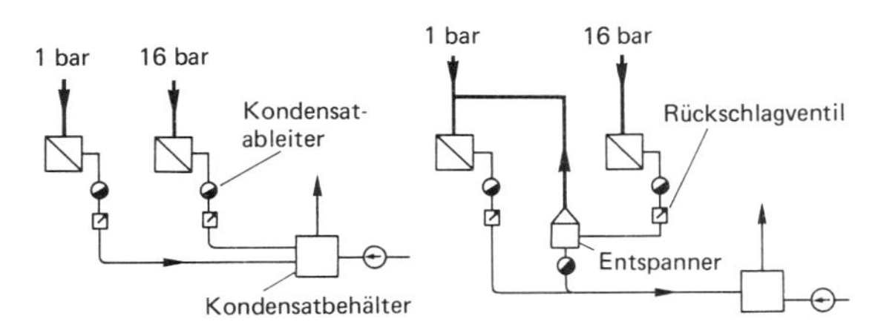


Bild 222-103. Kondensatabführung bei unterschiedlichen Drücken.

**-234 Sicherheitsvorrichtungen**

Für alle Kessel mit einem Druck > 1,0 bar Überdruck gelten Erlaubnis- und Prüfungsvorschriften der „Dampfkesselverordnung" vom 1.7.1980. Für Kessel bis 50 l Wasserinhalt Erleichterungen, wenn Produkt aus Wasserinhalt in l und Betriebsüberdruck in bar < 1000 ist (Produktenkessel).

*Erleichterungen* für den Betrieb in den TRD (Technische Regeln für Dampfkessel)[1]). Sie betreffen:

Eingeschränkte Beaufsichtigung in TRD 602 (5.82).
Herabgesetzer Betriebsdruck in TRD 603 (7.81).
Keine ständige Beaufsichtigung in TRD 604 (9.86).

**-235 Heizkörper und Absperrorgane**

Heizkörper sind hauptsächlich glatte Rohre, Rippenrohre, Luftheizanlagen und Luftheizgeräte, gewöhnliche Radiatoren nur bis 2 bar Überdruck, sonst Hochdruckradiatoren (Abschnitt 233). Absperrorgane siehe Abschnitt 235.

**-236 Regelung**

Regelung der Heizleistung durch Drosseln der Absperrorgane in der Dampfzuleitung ist bei Hochdruckdampfheizungen nicht möglich. Statt dessen Regelung durch *gruppenweise Abschaltung* von Heizkörpern sowie durch *unterbrochene Heizung* (Stoßbetrieb). Möglich ist auch *Kondensatstau.*

**-237 Nachverdampfung**

Das Kondensat hinter dem Kondensatableiter hat höhere Temperaturen als 100° und verdampft daher – Nachverdampfung: Dadurch Störungen und Wärmeverluste.

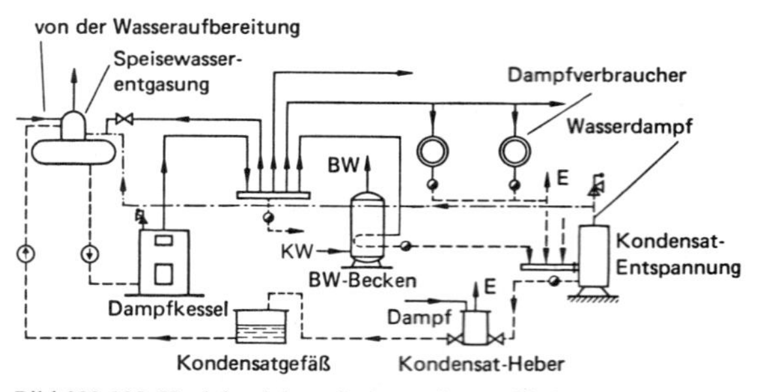


Bild 222-105. Hochdruckdampfanlage mit verschiedenen Wärmeverbrauchern und mit Nachdampfverwertung.
BW = Brauchwasser, E = Entlüftung, KW = Kaltwasser

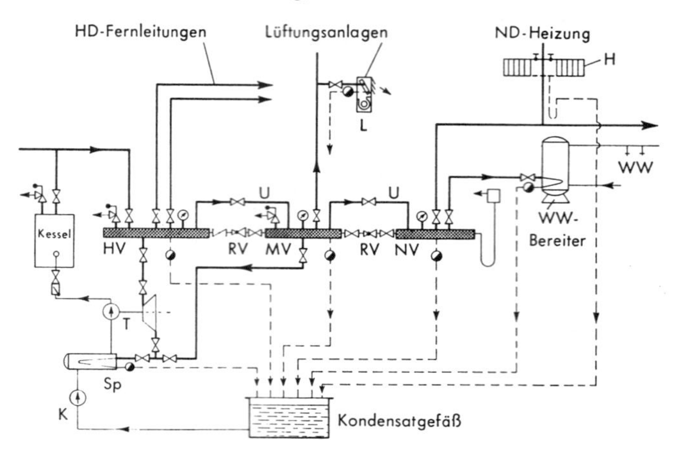


Bild 222-106. Hochdruckdampfanlage mit verschiedenen Wärmeverbrauchern.
HV = Hochdruckdampfverteiler, MV = Mitteldruckdampfverteiler, NV = Niederdruckdampfverteiler, H = Heizkörper, K = Kondensatpumpe, L = Luftheizgeräte, RV = Reduzierventil, Sp = Speisewasservorwärmer, U = Umgehungsleitung, T = Turbospeisepumpe, WW = Warmwasser

Ausnutzung der Nachverdampfung durch Kondensat-Entspanner, in denen das Kondensat auf bestimmtem Druck gehalten wird. Der Nachdampf kann dann für beliebige Zwecke verwendet werden, z. B. Raumheizung, Brauchwasser-Erwärmung usw.

In Bild 222-105 Dampfanlage mit Brauchwassererwärmer und Speisewassererwärmung durch Nachdampf.

**-238 Beispiel**

Beispiel einer Hochdruckanlage mit verschiedenen Wärmeverbrauchern siehe Bild 222-106.

## -24 Vakuumdampfheizungen (VDH)

**-241 Allgemeines**

Vakuumdampfheizungen (Unterdruckdampfheizungen) sind dadurch gekennzeichnet, daß in den Kondensatleitungen ein Unterdruck herrscht, der durch eine Vakuumpumpe (eigentlich Luftpumpe) aufrechterhalten wird. Der absolute Dampfdruck beträgt je nach Außentemperatur etwa 0,2 bis 1,1 bar. Der Atmosphärendruck wird nur bei größerer Kälte erreicht oder überstiegen.

*Vorteile* der VDH gegenüber den NDH:

Geringere Heizkörpertemperaturen;
leichtere Möglichkeit der zentralen Regelung;
schnelle Rückführung des Kondensats zum Kessel.

*Nachteile:*

Höhere Anschaffungs- und Bedienungskosten;
sorgfältige Montage erforderlich (Dichthalten der Rohrleitungen und Ventile).

Trotz ihrer zweifellosen Vorteile Verwendung der VDH in Deutschland nur in geringem Umfang, namentlich in Verbindung mit Kraftanlagen, wobei das Heizungsnetz zwischen Kraftmaschine und Kondensator als Vorkondensator oder parallel zu diesem geschaltet ist. Im Ausland, namentlich USA, dagegen wird die VDH auch bei größeren Anlagen häufig verwendet. Insbesondere bei allen großen Gebäuden und bei Fernheizungen ist die Vakuumheizung, ganz im Gegensatz zu den europäischen Verhältnissen, auch heute noch eine durchaus moderne Heizungsart.

In der Ausführung gibt es mehrere verschiedene Bauarten, die sich jedoch auf 2 Haupttypen zurückführen lassen.

**-242 Die einfache Vakuumdampfheizung**

Bei dieser Heizung wird eine *Vakuumpumpe* verwendet, die in den Kondensatleitungen durch Absaugen von Luft und Dampf dauernd ein bestimmtes Vakuum, z. B. 20 bis 30%, aufrechterhält und dadurch den Kreislauf des Wassers beschleunigt, während in der Dampfleitung je nach Belastung der Anlage ein mehr oder weniger großer Überdruck oder auch Unterdruck herrscht (Bild 222-110). Die Vakuumpumpe trennt Wasser

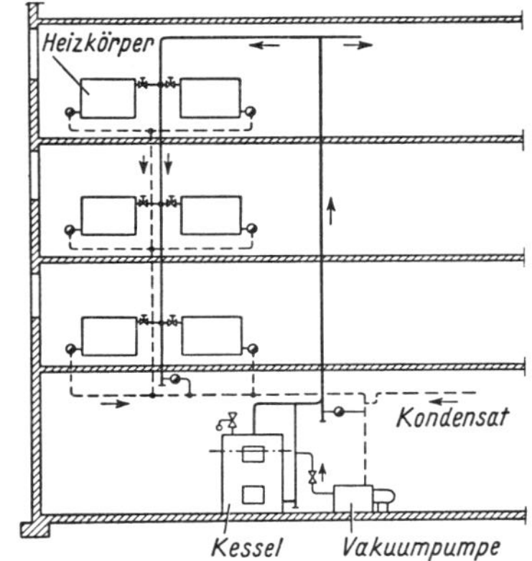


Bild 222-110. Einfache Vakuumheizung.

von Luft, fördert das Wasser zurück zum Kessel oder Kondensatbehälter und bläst die Luft ins Freie. Alle Heizkörper haben in der Regel ein stopfbuchsenloses Regulierventil und einen Dampfstauer. Die Heizleistung wird durch Änderung des Dampfdrucks und des Vakuums dem Bedarf angepaßt.

Die Vakuumpumpe wird von einem *Vakuummeter* gesteuert, das bei Überschreiten des eingestellten Vakuums die Pumpe einschaltet, bei Unterschreiten ausschaltet.

Gegenüber den Niederdruck-Dampfheizungen haben diese Anlagen den Vorteil, daß das Kondensat schneller zum Kessel zurückkehrt und daß dadurch auch das Aufheizen und die Entlüftung schneller vor sich gehen.

**-243 Die Differential-Vakuumdampfheizung**

unterscheidet sich von der einfachen Vakuumdampfheizung dadurch, daß zwischen der Dampf- und Kondensatseite eine *dauernd konstante Druckdifferenz* von etwa 0,1 bar automatisch aufrechterhalten wird, während die absolute Höhe des Dampfdrucks sich je nach der Außentemperatur ändert. Bei sehr tiefer Außentemperatur ist der Dampfdruck in den Heizkörpern etwa gleich dem Atmosphärendruck oder etwas darüber, während er bei höheren Außentemperaturen sich bis auf einen geringsten Wert von etwa 0,20 bar verringern kann. Die Dampftemperatur ändert sich dabei von 100 °C bis auf etwa 60 °C. Ist die verlangte Heizleistung noch geringer als diesen Temperaturen entspricht, muß die Dampfmenge verringert werden, wobei dann die Heizkörper nur zum Teil mit Dampf gefüllt sind, oder es wird *periodisch geheizt.*

Die grundsätzliche *Wirkungsweise* geht aus dem Schema 222-112 hervor, das eine an eine Fernheizung angeschlossene Vakuumheizung zeigt.

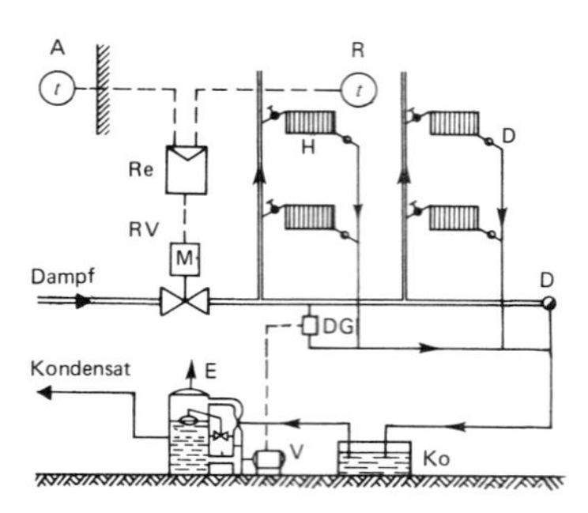


Bild 222-112. Schema einer Vakuumheizung mit Differenzdruckregelung und Anschluß an eine Fernheizung.

*A* = Außentemperaturfühler
*DG* = Differenzdruckgeber
*H* = Heizkörper
*R* = Raumthermostat
*V* = Vakuumpumpe
*D* = thermostatischer Dampfstauer
*E* = Entlüftung
*Ko* = Kondensatbehälter
*Re* = Regler
*RV* = Regelventil

## -3 WARMLUFTHEIZUNGEN[1])

Die Warmluftheizungen benutzen zirkulierende Luft als Wärmeträger. Die in Luftheizgeräten erwärmte Luft wird durch Warmluftleitungen den zu beheizenden Räumen zugeführt, kühlt sich hier ab und kehrt wieder zum Gerät zurück, wo der Kreislauf von neuem beginnt. Man nennt diese Systeme auch direkte oder unmittelbare Luftheizungen (oder *Feuerluftheizungen*) im Gegensatz zu den indirekten oder mittelbaren Luftheizungen, bei denen Wasser oder Dampf als Zwischenwärmeträger verwendet wird. (Siehe Abschn. 325 und 341.)

[1]) Siehe auch Abschnitte 231-6, 251-13, 325, 341-2 und 364-3.
DIN 4794 – Teil 1 bis 7 (1.80 bis 12.80).
Ihle, C.: Oel + Gasfg. 6. 80. 5 S.
Bierling, H.-J.: IKZ 1/81. S. 38/42.
Ki 12/83. Forum S. 483/90.

Man unterscheidet

nach der den Luftumlauf bewirkenden Triebkraft:
*Schwerkraft-Luftheizungen (Auftriebs-Luftheizungen) und*
*Ventilator-Luftheizungen (Warmluftautomaten);*

nach dem Außenluftanteil:
*Umluftheizungen, bei denen die Luft dauernd umgewälzt wird,*
*Außenluftheizungen, bei denen die Heizluft aus dem Freien entnommen wird,*
*Mischluftheizungen, bei denen Außen- und Umluft gemischt wird;*

nach dem Heizmittel:
*Luftheizungen mit kohlebefeuerten Warmlufterzeugern,*
*Luftheizungen mit ölbefeuerten Warmlufterzeugern,*
*Luftheizungen mit gasbefeuerten Warmlufterzeugern,*
*Luftheizungen mit elektrischen Warmlufterzeugern,*
*Luftheizung mit Wärmepumpe.*

### -31 Schwerkraft-Luftheizungen

Diese Heizungsart wurde früher besonders für kleine Einfamilienhäuser, ferner kleine Säle, Schulen, Kirchen und ähnliche Räume verwendet. Der *Warmlufterzeuger* befindet sich möglichst in der Mitte unterhalb der zu beheizenden Räume, meist im Keller des Gebäudes. Die Bewegung der Luft erfolgt dabei lediglich infolge des Unterschieds der spezifischen Gewichte der erwärmten und der gekühlten Luft. Bauarten der Öfen in Abschn. 231-6.

Für jeden Raum eine Warmluftleitung, Rückführung der Raumluft zum Ofen durch Umluftleitungen. In Einfamilienhäusern häufig nur eine Umluftentnahmestelle im Treppenhaus oder in der Diele. Heute ist die Bedeutung der Schwerkraftluftheizung gering, da sie weitgehend durch Ventilator-Luftheizungen ersetzt wird. Eine ähnliche Heizungsart ist die Mehrzimmerkachelofenheizung, s. Abschn. 251-12.

### -32 Ventilator-Luftheizungen

Diese Heizungen unterscheiden sich dadurch von den Schwerkraft-Luftheizungen, daß zur Erzeugung des Luftumlaufes ein elektrisch getriebener *Ventilator* verwendet wird. Prinzip in Bild 222-120, Beispiel Bild 325-1. Dadurch ergeben sich wesentliche

*Vorteile:*

Kleinere Abmessungen der Leitungen bei gleicher Heizleistung;
größere Unabhängigkeit in der Leitungsführung;
Erzielung größerer Heizleistung (Heizung größerer Räume);
schnelleres Aufheizen;
bessere Regelbarkeit;
Möglichkeit der Verwendung zusätzlicher Luftaufbereitungsgeräte wie Staubfilter, Luftkühler, Befeuchter, Wärmerückgewinner usw.

*Nachteile:*

Die höheren Kosten sowie der dauernde Stromverbrauch.
Mehr Wartung.

Im Ausland, namentlich USA, werden die Ventilatorluftheizungen in großem Umfang zur Heizung von Einfamilienhäusern verwendet, wobei die Geräte mit Öl oder Gas beheizt werden. Erst durch Verwendung dieser Brennstoffe an Stelle von Koks oder

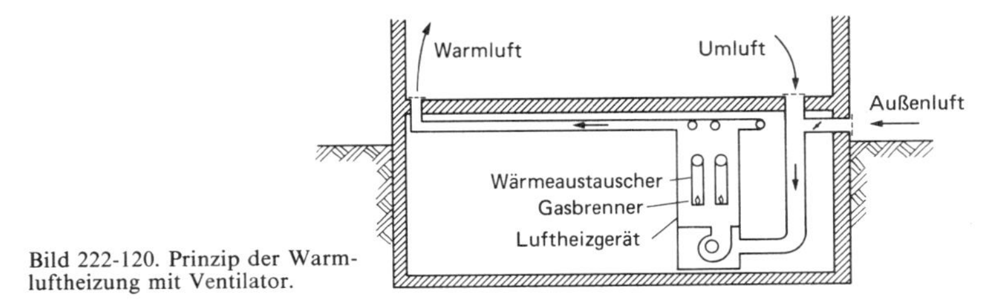


Bild 222-120. Prinzip der Warmluftheizung mit Ventilator.

Kohle wird die Heizung gut regulierbar. Siehe Beispiel Abschnitt 251. Luftheizgeräte siehe Abschnitt 341-2 bis -4.

In der Bauart der Ventilator-Warmluftheizungen kann man zwei große Gruppen unterscheiden:

Großraum-Warmluftheizungen und
Mehrraum-Warmluftheizungen oder Wohnhaus-Warmluftheizungen.

### -321 Großraum-Warmluftheizungen

1. *Allgemeines.* Diese Heizungen finden bei Kirchen, Ausstellungshallen, Werkstätten, Turnhallen und ähnlichen Großräumen Verwendung.

Hauptbestandteile sind:

der Wärmeaustauscher, der mit festen Brennstoffen, Öl, Gas oder elektrisch beheizt wird;
der Ventilator, der die Luft über die Heizfläche des Ofens fördert;
das Kanalnetz, durch das die Warmluft in den zu heizenden Raum eintritt und die Umluft zum Ventilator zurückkehrt.

Im übrigen entspricht die Wirkungsweise und Ausführung ganz den normalen Luftheizungen mit Warmwasser- oder Dampflufterhitzern, von denen sie sich nur durch die Heizquelle unterscheidet. Bei den *Warmluftheizungen* wird die Luft durch feuerbeheizte Flächen erwärmt (daher der Name), bei den Warmwasser- oder Dampfluftheizungen durch Lufterhitzer, denen der Wärmeträger Warmwasser oder Dampf von einem zentralen Kessel geliefert wird. In allen Fällen, in denen eine ausreichende Kesselanlage vorhanden ist, wird man zweifellos Dampf- oder Warmwasser-Lufterhitzer verwenden. Wo dies jedoch nicht möglich ist, und wo keine andere Heizquelle zur Verfügung steht, ist die Warmluftheizung eine sehr geeignete Heizungsart.

Der Wärmeaustauscher oder *Zentrallufterhitzer* wird außerhalb des zu heizenden Raumes im Heizraum aufgestellt. Ein getrennt angeordneter Ventilator bläst Luft durch den Lufterhitzer in einen Luftkanal, der zur Verteilung der Luft dient. *Warmlufttemperatur* etwa 40···50 °C, in Werkstätten auch höher.

Besonders zu beachten ist, daß die aus den Luftauslässen austretende Luft gut verteilt wird, ohne daß im Aufenthaltsbereich Zugerscheinungen auftreten.

2. *Der Wärmeaustauscher.* Der Wärmeaustauscher der Ventilator-Luftheizungen ist ursprünglich derselbe gewesen wie bei den Schwerkraft-Luftheizungen. Man hat einfach vor das Gerät einen Ventilator gesetzt, um die Leistung zu erhöhen. Ausnutzung der Heizfläche dabei jedoch sehr schlecht, so daß man später dazu übergegangen ist, besondere Bauarten für Ventilatorbetrieb zu entwickeln, siehe Abschnitt 231-6.

Diese Bauarten sind dadurch gekennzeichnet, daß als Wärmeübertragungsflächen *Rohre oder Taschen* verwendet werden. Die Heizgase strömen in den Rohren oder Taschen, die zu heizende Luft außen herum oder auch umgekehrt. Auf diese Weise erreicht man eine wesentlich größere Wärmeleistung je m² Heizfläche.

Bei den früheren Ausführungen stand der *Wärmeaustauscher* in einer gemauerten Kammer, wobei die Luft zwischen Ofen und Mauer strömte. Heute werden die Kammern als *Stahlblechgehäuse* gebaut; dadurch geringe Kosten. Beschleunigung der Montage.

Heizmittel sind feste, flüssige oder gasförmige Brennstoffe. Für die Abführung der Verbrennungsgase ist immer ein Schornstein erforderlich.

3. *Elektrische Nachtstrom-Speicherblocks* haben gewisse Bedeutung gewonnen, besonders für selten geheizte Räume wie Kirchen, Ausstellungshallen usw. Aufheizung der keramischen Speichermasse durch billigen Nachtstrom auf maximal 600···800 °C. Warmluftaustritt max. mit 60–80 °C durch Mischung mittels Beipaßklappe. Schema Bild 222-121.

Der Anschlußwert $P$ eines Speichers ergibt sich aus folgender Formel:

$$P = \frac{\dot{Q}_h \cdot z}{n \cdot \eta} \text{ in kW}$$

$\dot{Q}_h$ = Wärmebedarf in kW in der Betriebszeit
$z$ = Betriebszeit einschl. Vorheizzeit in h
$n$ = Aufheizzeit in h
$\eta$ = Verlustfaktor = 0,75···0,80.

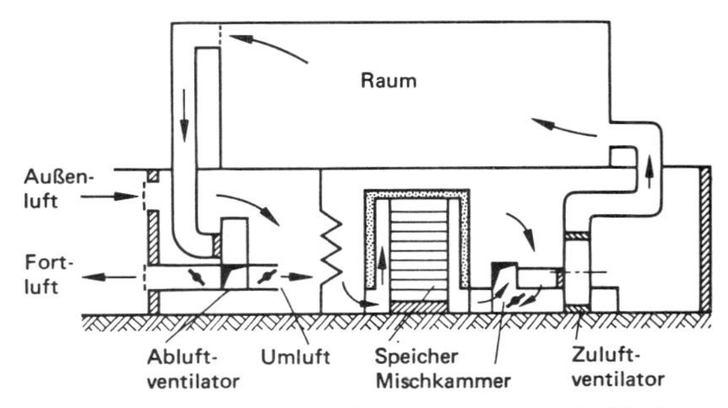


Bild 222-121. Schema einer Warmluftheizung mit elektrischem Nachtstromspeicherblock.

Der *Verlustfaktor* berücksichtigt die Wärmeverluste beim Aufheizen des Speichers, die Auskühlverluste des aufgeheizten Speichers, den Verlust an Restwärme, den Wirkungsgrad der Speicherung. Zu beachten sind auch die Wärmeverluste der Luftkanäle.

*Beispiel*

Wärmebedarf: $\dot{Q}_h = 93$ kW
Betriebszeit $z = 6$ Stunden
Aufheizzeit $n = 10$ Stunden
Anschlußwert $P = \dfrac{93 \cdot 6}{10 \cdot 0{,}75} = 74{,}5$ kW

Zu wählen ist ein Speicherblock von 75···80 kW Anschlußwert.

Zu beachten ist, daß der Platzbedarf von Blockspeichern sehr groß ist, etwa 125···170 $dm^3/kW$ Anschlußleistung ohne Anschlüsse und Ventilatoren. Ebenso ist die Masse hoch, etwa 70···110 kg/kW. Tafel 222-30. Gute Wärmedämmung des Speichers wichtig, damit Verlustwärme im Raum möglichst gering ist. Ventilator saugseitig anordnen, um Verlustwärme zu erfassen. Außentemperaturabhängige Aufladeregelung wie bei Speicheröfen, siehe Abschn. 221-83. Heizraum wird sehr warm. Die Aufladung beginnt am Anfang oder während der Niedertarifzeit. Die Ladedauer richtet sich nach Außentemperatur und Restwärme.

**Tafel 222-30. Abmessungen und Gewichte von Nachtstrom-Speicherblocks** (Schürer)
Lufterwärmung 50 K

| Anschlußleistung | kW | 18 | 21 | 24 | 27 | 30 | 33 | 36 | 39 | 42 | 45 |
|---|---|---|---|---|---|---|---|---|---|---|---|
| Speicherkapazität | kWh | 190 | 190 | 217 | 217 | 244 | 271 | 271 | 299 | 326 | 326 |
| Heizleistung | kW | 18 | 18 | 21 | 21 | 26 | 26 | 31 | 31 | 37 | 37 |
| Luftleistung max. | $m^3/h$ | 1000 | 1000 | 1200 | 1200 | 1500 | 1500 | 1800 | 1800 | 2100 | 2100 |
| Maße: Breite | mm | 1120 | 1120 | 1120 | 1120 | 1120 | 1120 | 1120 | 1120 | 1120 | 1120 |
| Länge | mm | 2500 | 2500 | 2500 | 2500 | 2500 | 2500 | 2500 | 2500 | 2500 | 2500 |
| Höhe | mm | 1350 | 1350 | 1450 | 1450 | 1550 | 1650 | 1650 | 1750 | 1850 | 1850 |
| Gewicht ca. | kg | 2000 | 2000 | 2150 | 2150 | 2300 | 2400 | 2400 | 2600 | 2700 | 2700 |

4. *Der Ventilator.* Der Ventilator wird bei Gas- und Ölfeuerungen immer so eingebaut, daß die Luft über die Heizfläche des Ofens gedrückt, nicht gesaugt wird, damit auf keinen Fall bei etwaigen Undichtheiten Abgase in den Luftkreislauf gelangen können.

In der Regel werden Radialventilatoren bevorzugt, da sie geräuschärmer als Axial-Ventilatoren sind und die Lager im kalten Bereich liegen.

5. *Das Kanalnetz.* Das Kanalnetz der Ventilator-Luftheizungen kann in sehr verschiedenartiger Weise ausgebildet werden, wobei nicht nur wärmetechnische Überlegungen eine Rolle spielen, sondern auch die baulichen Gegebenheiten zu berücksichtigen sind.

Bezüglich Kanalausführung und Kanalmaterial, Luftgeschwindigkeit, Luftauslässe usw. siehe Abschnitt 336. Zu beachten ist, daß die Warmluftkanäle im allgemeinen gegen Wärmeverluste zu isolieren sind.

Beispiel einer Warmluftheizung für einen Saal, siehe Bild 324-1.

6. *Luftheizung und Lüftung.* Alle Luftheizungen lassen sich leicht durch Ansaugung von Außenluft auch zur Lüftung (Lufterneuerung) erweitern. Weiteres siehe Abschnitt 324 und 325.

7. *Luftheizung mit Wärmerückgewinn.* Zur Ersparnis an Energiekosten ist es in vielen Fällen zweckmäßig, wenn eine Lüftung mit Luftheizung geplant wird, eine Wärmerückgewinnung zu verwenden. Die Methoden hierfür sind in Abschn. 339 beschrieben.

Am meisten verwendet werden gegenwärtig der *Regenerativ-Wärmeaustauscher* mit rotierendem Speicher und der *Rekuperativ-Wärmeaustauscher* mit Rippenrohrsystem. Bei ausreichender Betriebsdauer können derartige Anlagen auch für Büroräume, Schulen und ähnliche Gebäude wirtschaftlich betrieben werden. Weiteres s. Abschn. 339.

Bild 222-126 zeigt eine Luftheizungsanlage mit getrennt aufgestelltem Abluftventilator für ein Großraumbüro. Die Abluft wird hier dicht über Fußboden durch ein sog. *Abluftfenster*[1]) abgesaugt, das aus einer zusätzlichen demontierbaren Glasscheibe vor dem Fenster besteht. Der Rückgewinn von Wärme aus der Abluft erfolgt durch ein Wasserumlaufsystem zwischen Fortluft und Außenluft. Dadurch ist ein Rückgewinn von ca. 40···50% der Abluftwärme möglich.

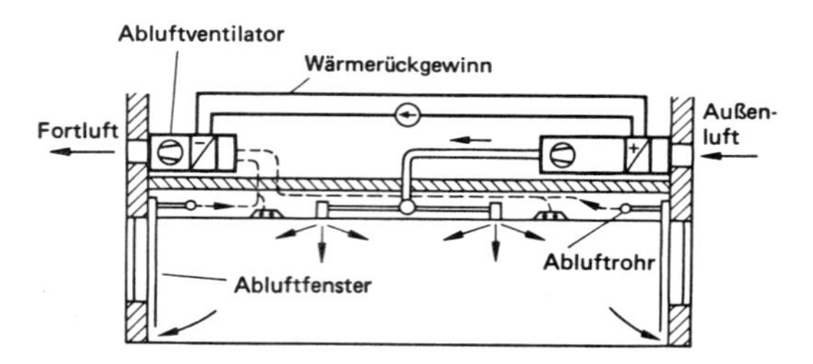


Bild 222-126. Lüftung und Luftheizung mit Abluftfenster und Wärmerückgewinn.

Das *Abluftfenster* hat den Vorteil, den Wärmeverlust durch das Fenster sehr erheblich zu verringern und die innere Scheibentemperatur bei −10 °C Außentemperatur auf etwa 17···18 °C zu erhöhen, so daß auch ohne Heizkörper keine Zugerscheinungen durch Kaltluftabfall oder Abstrahlung auftreten. Mit steigendem Abluftstrom verringert sich der Wärmedurchgangskoeffizient $k$ des Fensters. Abluftfenster aber sehr teuer.

Weiteres über Abluftfenster siehe Abschn. 364-126.

### -322 Mehrraum-Warmluftheizungen[2])

1. *Allgemeines.* Diese Heizungen sind insbesondere für eingeschossige Einfamilienhäuser geeignet, aber auch für ähnliche Gebäude wie z. B. kleine Schulen, Büros oder dergleichen. Die Anlagen bestehen aus folgenden Hauptteilen:

dem *Luftheizgerät* mit Wärmeaustauscher, Brenner und Ventilator,
dem *Kanalsystem* für die Luftverteilung und Umluftrückführung,
der *Temperaturregelung.*

In der Regel dienen die Geräte auch gleichzeitig zur Lüftung..

Bei unterkellerten Häusern ist das Luftheizgerät im Keller aufgestellt, die Warmluftkanäle liegen an der Kellerdecke, Bild 251-10. Bei den nicht unterkellerten Räumen steht es in einer Kammer des Erdgeschosses, während die Kanäle entweder unter dem Fußboden, an der Decke oder im Dachboden verlegt sind. Im Bild 222-129 sind sie im Fußboden angeordnet.

---

[1]) Sohlberg, J., u. D. Södergren: HAH 3/76. S. 77/87.
Müller, H., u. M. Balkowski: HLH 10/83. S. 412/17.

[2]) Siehe auch Abschnitte 251, 341-4 und 364-3.
Wiedmer, P.: Ki 10/75. S. 305/8.
Kokowski, P.: Ki 2/80. S. 55/8.
Mürmann, H.: WT 3/83. S. 110.

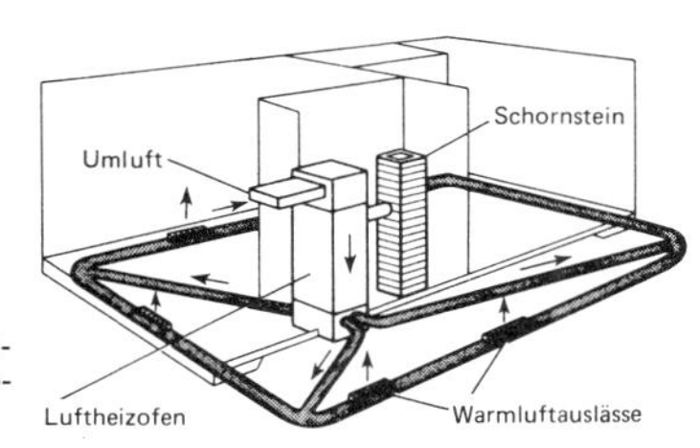


Bild 222-129. Luftheizung für ein nicht unterkellertes Wohnhaus mit Warmluftrohren im Fußboden (Perimeterheizung).

Jeder Raum erhält einen besonderen Warmluftauslaß, in der Regel unter den Fenstern. Die Umluft wird ebenfalls in jedem Raum einzeln, manchmal jedoch auch nur an einer einzigen zentralen Stelle, z. B. in der Diele, zurückgesaugt. Aus Küchen, Bädern und Aborten keine Umluftrückführung, sondern Abführung der Raumluft nach außen.

*Außenluftrate* entsprechend einem etwa 0,5fachen Luftwechsel. *Gesamtluftmenge* entsprechend einem 3- bis 5fachen Luftwechsel.

2. *Das Luftheizgerät.* Es besteht aus einem Gehäuse, in dem Ventilator, Motor, Filter, Wärmeaustauscher, Brenner und alle übrigen Teile zu einer vollständigen Einheit mit gefälligem Äußeren zusammengebaut sind *(Warmluftautomat).* Heizmittel sind entweder Gas oder Öl. Feste Brennstoffe sind weniger geeignet, da die Regelung der Heizleistung schwieriger ist. Bauart dieser Geräte siehe Abschn. 341-31. Der Wärmeaustauscher (Heizkammer) besteht meist aus Edelstahl. Maximale Lufttemperatur 50 °C.

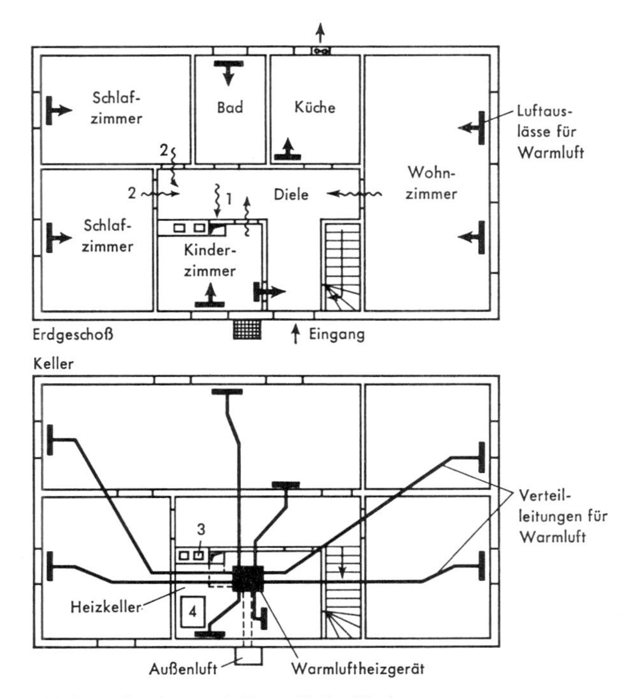


Bild 222-131. Warmluftheizung für ein unterkellertes Einfamilienhaus.
1 = Umluftansaugung in der Diele
2 = Luftgitter in Türen (oder Wänden)
3 = Schornstein
4 = Öltank

Zu beachten:

Technische Richtlinien für Warmluftautomaten; Blatt 1. Hrsg. vom HKI Nov. 1967 (Fachverband Heiz- und Kochgeräte-Industrie, Frankfurt).
Ferner DIN 4794 – Teil 1, 2 u. 3 (12.80), T. 5 (6.80) u. T. 7 (1.80).

3. *Luftverteilung*. Man unterscheidet mehrere Anordnungen.

31. *Kanäle an Kellerdecke* (Bild 222-131 u. 251-10)

Kanäle sind mit Wärmedämmung zu versehen.

Luftauslässe entweder im Fußboden, unter den Fenstern oder in der Fensterbrüstung. Besonders zweckmäßig sind Sockel-Warmluftauslässe, bei denen die Luft längs der Außenwände oder eines Teiles der Wände aus langen schmalen Schlitzen nach oben austritt. Schallübertragung durch Abluftgitter beachten. Evtl. Schalldämpfer einbauen.

32. *Kanäle im Fußbodenbeton*. Hierbei werden die Warmluftleitungen bei der Herstellung des Betonfußbodens in den Beton mit eingezogen. Verlegung in Form von geschlossenen Ringen am äußeren Umfang des Gebäudes oder in Form von radialen Speiseleitungen (Bild 251-12). Diese Anordnung der Luftverteilleitungen nennt man auch *Perimeter-Luftheizung*. Material der Rohre Stahlblech, Ton, Asbestzement, Luftaustritt unter jedem Fenster.

33. *Kanäle im Estrich*. Hierbei werden besonders flache Blechkanäle (5···6 cm hoch) oberhalb des Rohfußbodens im Estrich untergebracht, dessen Gesamthöhe mit 10···15 cm vergleichsweise groß wird (System Schrag). Bei Kanälen im Fußboden Schmutzfang im Auslaß und Reinigungsmöglichkeit vorsehen.

34. *Kanallose Ausführung*. Verwendung dieser Bauart, wenn kein Keller vorhanden ist, sondern nur ein Hohlraum unter dem Fußboden. Die Warmluft wird von dem Heizungsgerät einfach in diesen Hohlraum geblasen und strömt von hier durch Schlitze unter den Fenstern in die einzelnen Räume (Bild 222-133). Gleichzeitig Wirkung als Fußbodenheizung. Sehr einfache Bauart und trotzdem gute Wirkung. Verwendbar jedoch nur für kleine Häuser. Wärmeverluste beachten.

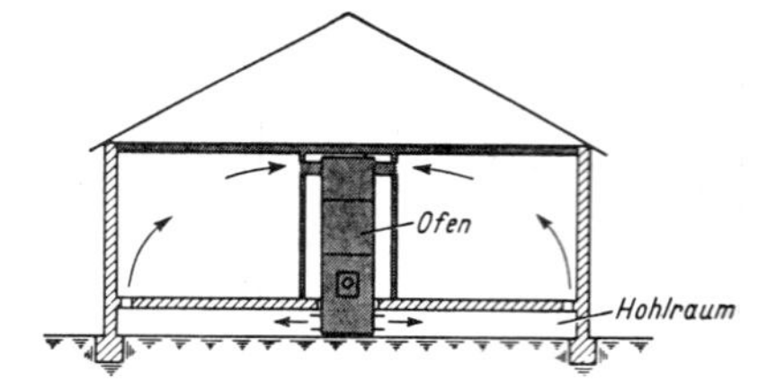


Bild 222-133. Warmluftheizung mit dem Heizgerät im Erdgeschoß und mit senkrechtem Ausblas nach unten in den Hohlraum unter dem Fußboden, Warmluftaustritt unter den Fenstern.

4. *Temperaturregelung*. Die immer erforderliche Regelung arbeitet bei Luftheizung in folgender Weise:

Ein Raumthermostat schaltet den Ölbrenner bzw. das Gasventil ein und aus. Am Luftauslaß befindet sich ein Begrenzungsregler, der die Feuerung bei einer Lufttemperatur von 70 bis 80 °C ausschaltet. Ein an derselben Stelle angeordneter Ventilatorthermostat schaltet den Ventilator ein, wenn die Lufttemperatur einen oberen Grenzwert erreicht hat, und bei einem unteren Grenzwert wieder aus. Die beiden Grenzwerte liegen in der Regel bei 30 bis 35 °C bzw. 40 bis 50 °C. Es sind also zwei voneinander unabhängige Regelkreise vorhanden, die bewirken, daß Brenner sowohl wie Ventilator mit Unterbrechung tätig sind. Moderne Geräte verwenden auch elektronische Regelungen mit außen- oder umluftgeführter Steuerung der Zulufttemperatur.

Die *Einzelraumregelung* erfolgt an den Luftauslässen durch einstellbare Klappen. Allerdings darf nur ein Teil der Klappen geschlossen werden, da sonst an den anderen Auslässen zu viel Luft austritt.

Wird der Ölbrenner nach Erreichung der eingestellten Raumtemperatur ausgeschaltet, so läuft der Ventilator noch so lange, bis der *untere Grenzwert* von etwa 30 °C erreicht ist. Die Heizfläche gibt also auch nach Ausschaltung des Brenners noch Wärme ab. Schaltet sich der Brenner durch den Raumthermostaten wieder ein, so tritt der Ventilator nicht sofort wieder in Tätigkeit, sondern erst dann, wenn die Heizfläche sich genügend erwärmt hat und die Luft hinter derselben die *obere Grenztemperatur* von 40 bis 50 °C erreicht hat. Auf diese Weise wird *Kaltblasen von Luft* verhindert.

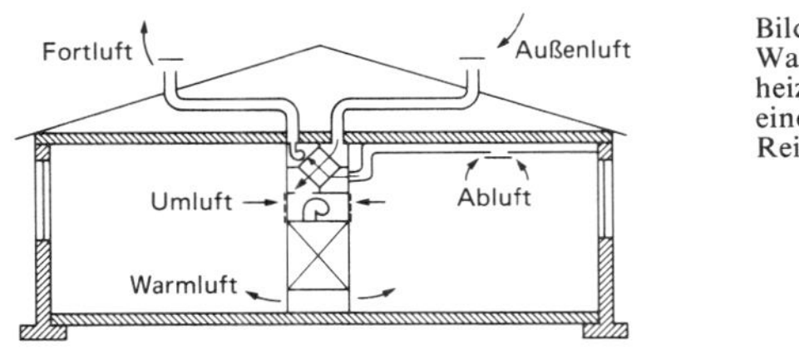


Bild 222-136. Warmluftheizung mit Wärmerückgewinnung.

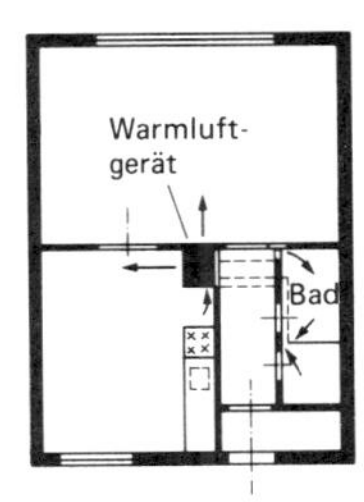


Bild 222-137. Warmluftheizung eines Reihenhauses.

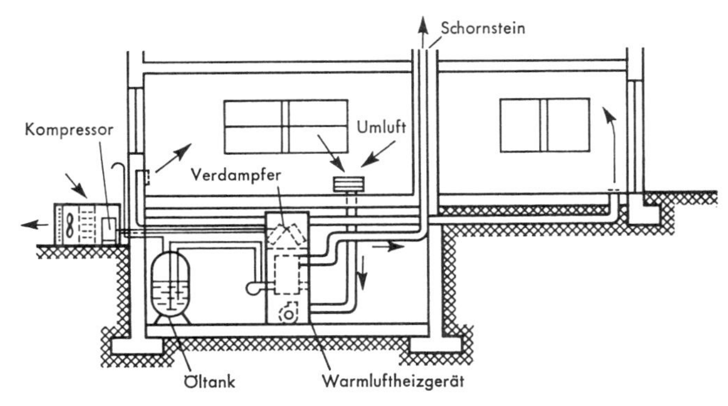


Bild 222-140. Luftheizgerät mit Kühlung (Klimagerät) für ein Wohnhaus. Kondensator luftgekühlt.

5. *Wärmerückgewinnung.* Bei Neubauten mit guter Wärmedämmung ist der Wärmeaufwand für die Lüftung relativ groß und beträgt manchmal 50% des Gesamtwärmeverlustes. Durch *kontrollierte Lüftung* mittels Ventilatoren und durch Wärmerückgewinnung lassen sich erhebliche Energieeinsparungen erreichen. (Siehe auch Abschn. 364-3.)

In Bild 222-136 ist oberhalb des Warmluftgerätes ein *Plattenwärmeaustauscher* eingebaut, durch den die Wärme aus der Abluft zu 50 bis 70% zurückgewonnen und zur Erwärmung der Außenluft verwendet wird. Die Außenluft, entsprechend etwa einem ½- bis 1-fachen stündlichen Luftwechsel, wird der Umluft beigemischt, so daß keine zusätzliche Wärmequelle erforderlich ist. Bauart des Heizgerätes siehe Bild 341-50.

Besonders günstig ist diese Anordnung, wenn wegen hervorragender Wärmedämmung des Gebäudes die Zuluftgitter nicht unter den Fenstern, sondern an den Innenwänden angebracht werden können, z. B. an einem zentralen Installationsschacht (Bild 222-137).

6. *Erweiterung zur Klimaanlage.* Alle Warmluftheizungen lassen sich verhältnismäßig leicht durch zusätzliche Luftbehandlung zu *Klimaanlagen* erweitern, indem man *Split-Kälteaggregate* verwendet. Die Kältemaschine mit luftgekühltem Kondensator wird dabei außerhalb des Gebäudes aufgestellt, während der Verdampfer in dem Luftweg des Warmluftgerätes eingebaut wird.

Beispiel Bild 222-140, das die Luftzentralheizung mit zusätzlicher Kühlung für ein Einfamilienhaus zeigt. Der Verdampfer ist hier auf dem Warmluftheizgerät in V-förmiger Anordnung angebracht. Siehe auch Abschn. 342-8.

7. *Warmluft- und Fußbodenheizung*[1]). Hierbei wird ein Teil der Warmluft in einem Hohlraum unter dem Fußboden durch Rohre bis in den Bereich unter die Fenster geführt und strömt im Hohlraum zum Warmlufterzeuger zurück *(Fußbodenheizung).* Ein anderer Teil strömt über Düsen und durch Klappen geregelt unter den Fenstern in den Raum ein *(Warmluftheizung).* Man nennt dieses System daher auch *Zwei-Komponenten-*

[1]) Radtke, W.: SHT 11/85. S. 767 ff.

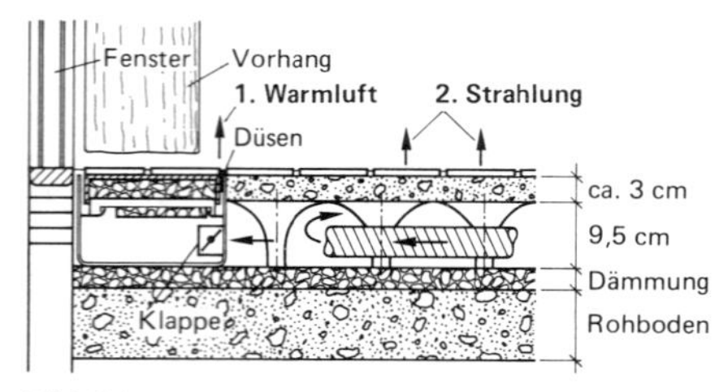


Bild 222-142. Warmluft- und Fußbodenheizung (2-K-Heizung, Schmidt-Reutter).

*Heizung*. Die zweite Komponente verbessert die Regelfähigkeit einer reinen Fußbodenheizung.

Außenluftbetrieb mit Wärmerückgewinnung aus Abluft ist möglich (Bild 222-142).

## -33 Heißluft-Strahlungsheizung

Bei dieser Heizart wird als Heizungsmittel Heißluft mit Temperaturen von 150···300 °C verwendet, die in einem geschlossenen Rohrleitungssystem umgewälzt wird. Die Luft wird in einem öl- oder gasgefeuertem Brenner erwärmt, von einem Ventilator in die umlaufenden Rohre und zurück zum Lufterhitzer gefördert (Bild 222-145).

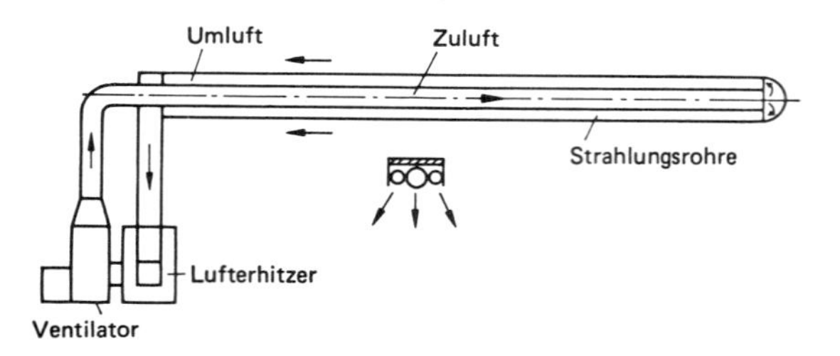


Bild 222-145. Prinzip der Heißluft-Strahlungsheizung (Kübler-Mannheim).

Das Rohrsystem, das möglichst hoch im Raum angeordnet wird, besteht aus Wickelfalzrohren in Gruppen von zwei, drei oder vier Rohren je Gruppe. Die Rohre sind seitlich abgeschirmt und nach oben wärmegedämmt. Etwa 70% der Wärme wird durch infrarote *Strahlung* nach unten abgegeben, wodurch sich der Fußboden erwärmt und ein günstiges Temperaturprofil entsteht. Schnelle Aufheizung, Energieeinsparung.

Anwendung hauptsächlich in Industriebauten, Lagerhallen, Sporthallen, Flugzeughangars u.a. Für kleinere Werkstätten auch als komplettes Gerät hergestellt, wobei Strahlungsrohre, Reflektor, Dämmung, Gasbrenner und Abgasventilator eine Einheit bilden. Leistung 10···35 kW. Mit Flüssiggas auch transportabel (Bild 222-146).

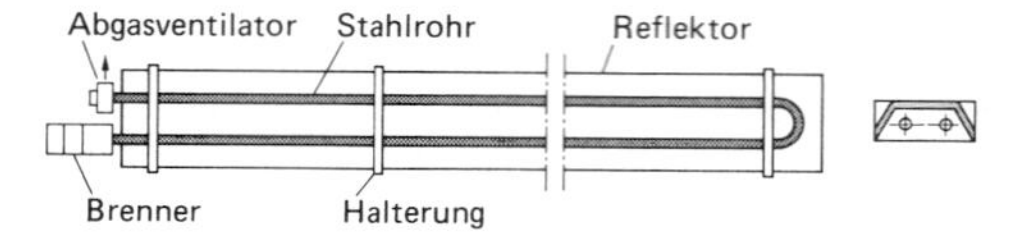


Bild 222-146. Direkt beheiztes Strahlungsrohr (Kübler-Mannheim).

### -34 Direkt-Gasluftheizung[2])

Gelegentlich werden in gewissen Industriebetrieben direkt beheizte Gaslufterhitzer verwendet, bei denen die Abgase und die zu erwärmende Luft gemeinsam dem Raum zugeführt werden. Hierfür sind Spezialbrenner mit Mischplatten erforderlich. Thermischer Wirkungsgrad 100%, keine Abgasschornsteine. Wegen der Bildung von Kohlendioxid muß jedoch eine ausreichende Entlüftung mit Außenluftzufuhr in den Räumen vorhanden sein.

Verwendung daher besonders dann, wenn in den Räumen Staub, Gase oder Dämpfe entstehen, die ohnehin Abluft und Zuluft erfordern.

## 223 Fernheizungen[2])

Überarbeitet von Dipl.-Ing. D. Bublitz und Dipl.-Ing. G. Jämmrich

Bei der Fernheizung ist für eine Krankenanstalt, Kaserne, Fabrik, Gebäudegruppe, Siedlung oder einen Stadtteil ein Heizwerk oder Heizkraftwerk vorhanden, von dem die erzeugte Wärme den einzelnen Gebäuden durch Rohrleitungen zugeführt und aufgrund von Fernwärmelieferungsverträgen abgerechnet wird.

Die Fernheizungen bestehen aus folgenden Hauptteilen:

*Kesselhaus* mit Kesseln, Feuerungen, Schornstein, Brennstofflager, Pumpen, Wasseraufbereitung, Meßanlagen und Zubehör.

*Fernwärme-Rohrnetz,* das die Wärme, gebunden an Dampf, Warmwasser oder Heißwasser, zu den verschiedenen Gebäuden führt;

*Übergabestationen,* in denen die Wärme vom Fernwärme-Rohrnetz auf die Hausanlagen übertragen wird;

*Hauswärme-Rohrnetz,* das die Wärme in den Häusern auf die verschiedenen Heizkörper und sonstigen Wärmeverbraucher verteilt.

Wichtig für den Bau einer Fernheizung ist die *Wirtschaftlichkeit,* die immer zu prüfen ist. Besondere Beachtung verdienen folgende Gesichtspunkte:

*Wärmebedarfsdichte* des zu versorgenden Gebietes:
 Flächendichte (MW/km$^2$),
 Liniendichte (MW/km),
 Stromverkauf beim HKW (Heizkraftwerk).

*Struktur* des zu versorgenden Gebietes:
 Möglichkeit zur Einrichtung des Heizkraftwerkes, Heizwerkes, Kesselhauses,
 Verkehrskapazität zu Brennstoffan- und Ascheabfuhr,
 Schadstoff-Belästigung: $SO_2$, Staub, Asche,
 zulässige Emissions- und Immissionswerte (Vorbelastung),
 Geräusch-Belästigung.

Wahl der Systemparameter des *Heizungssystems:*
 Vorlauf-, Rücklauf-Temperatur, Temperaturspreizung,
 Dampfdruck und -temperatur (Wärmenutzung),
 Spitzenleistung,
 Jahresausnutzungsstunden.

*Rohrleitungs-, Netzbau-Konzept*
 im Kanal, kanalfrei, Lebensdauer (Bodenbeschaffenheit),
 Versorgungssicherheit (Einleiter-, Zweileiter-, Dreileitersystem),
 Zugänglichkeit der Rohrleitungen (Groß-, Kleinstadt, offenes Gelände),
 Grund-, Schichten-, Brackwasser,
 Bodenart.

---

[1]) DIN 4794. Teil 7 (1. 80): Ortsfeste Warmlufterzeuger.
Dittmann, H. J.: Oel + Gasfeuerung. 12/79. 9 S.

[2]) Deuster, G.: FWI 4/80. S. 209/13.
Fernwärmeversorgung aus Heizwerken: AGFW 2. Aufl. 1981.
Eisenhauer, G.: Ki 3/84. S. 97/101.
Neuffer, H.: Fernwärme-Bericht 1983.
Windorfer, E.: BWK 7/8-84. S. 295/98.
Mathema, Th.: HLH 10/84. S. 483/91.

*Betriebsführung* des Heiz-, Heizkraftwerkes:
Dampfkesselverordnung (Dampf-V.) vom 27. 2. 1980 mit/ohne Aufsicht, Wechselschicht.

*Vorteile* der Fernheizung sind:

Wegfall des Brennstoff- und Aschetransportes nach und von den einzelnen Gebäuden (Verkehrsentlastung);
Verwendbarkeit billiger Brennstoffe, z. B. Müll oder Ballastkohle;
Große Wirtschaftlichkeit in der Ausnutzung des Brennstoffes;
Große Betriebssicherheit durch wechselweise Benutzung mehrerer Kessel;
Raumersparnis, kein Heizkeller, kein Brennstoffraum, kein Schornstein beim Verbraucher;
Fast keine Bedienung, erhöhter Brandschutz;
Verringerung der Rauchbelästigung und des $SO_2$-Auswurfs;
Bei Heizkraftwerken günstige Koppelproduktion von Strom und Wärme unter gleichzeitiger Verbesserung des thermodynamischen Prozesses und Nutzung der Abwärme.

*Einteilung der Fernheizanlagen:*

nach dem Wärmeträger

Warmwasserheizungen mit Temperaturen bis 100 °C;
Heißwasserheizungen mit Temperaturen bis 120 °C;
Heißwasserheizungen mit Temperaturen über 120 °C;
Dampfheizungen;
*Kalte Fernwärme* mit Wassertemperaturen von 25···35 °C und Temperaturanhebung beim Verbraucher durch Wärmepumpe (vgl. Abschn. 224-33).

nach der Anschlußart

*direkt,* wobei das Heizmedium unmittelbar in die Rohrnetze der Abnehmer gelangt;
*mittelbar,* wobei Wärmeaustauscher zwischengeschaltet werden.

nach der Größe

3 bis 1000 MW.

nach der Zahl der beheizten Wohnungen.

nach der Art der beheizten Gebäude

*Blockheizungen,* das sind hauptsächlich vom Hausbesitzer in eigener Regie betriebene Heizungen für ein oder mehrere benachbarte Wohnblocks, ferner Schulen, Kasernen, Krankenhäuser usw., meist eigenes Gebäude für Heizzentrale, Bild 223-2 und -3. Häufig offene Anlagen ohne Kesselüberwachung mit Ausdehnungsgefäß im höchsten Haus, besser geschlossene Anlagen. Leistungsbereich etwa 3 bis 8 MW. Temperatur maximal 120 °C;

*Fabrikheizungen,* wobei die Heizungsanlage außer der Heizung der angeschlossenen Gebäude auch die Lieferung von Betriebswärme für fabrikatorische Zwecke übernimmt;

*Stadtheizungen (Fernheizungen),* die sowohl Wohngebäude als auch Industriebetriebe auf kommerzieller Basis über ein Fernwärmenetz mit Wärme beliefern. Leistung 20 bis etwa 2000 MW. Vorlauftemperatur 110···180 °C. Abrechnung mit den Kunden über Grundpreis und Arbeitspreis oder leistungsbezogenen Wärmepreis.

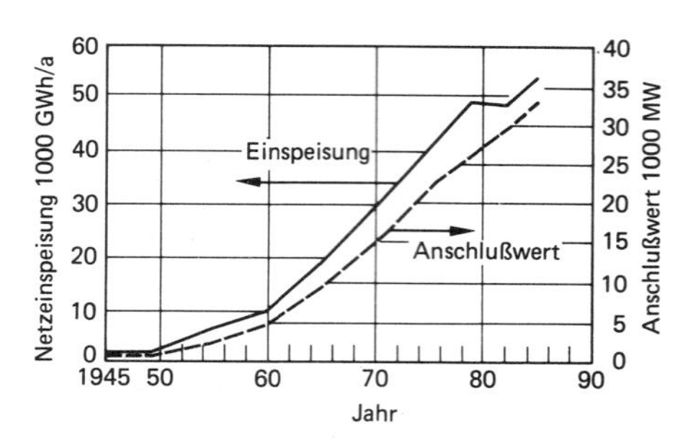


Bild 223-1. Entwicklung der Fernwärmeversorgung in der Bundesrepublik.

Erste deutsche Fernheizungen im Jahr 1898 in Hamburg für das Rathaus und in Berlin-Charlottenburg an der Technischen Hochschule sowie 1900 in Dresden.

Die Fernwärmeversorgung hat in den letzten Jahrzehnten, namentlich seit 1950, große Fortschritte gemacht, obwohl bisher nur etwa 8% der Bevölkerung (Bild 223-1) Fernwärme beziehen. Die verschärften Umweltschutzauflagen haben inzwischen das Investitionstempo gebremst, so daß die Entwicklung deutlich hinter der Prognose der Fernwärmestudie zurückblieb[1]). Wärmeträger heute fast immer Wasser. Für kleinere Leistungen bis etwa 200 MW werden *Heizwerke* errichtet, die nur Wärme für Raumheizung

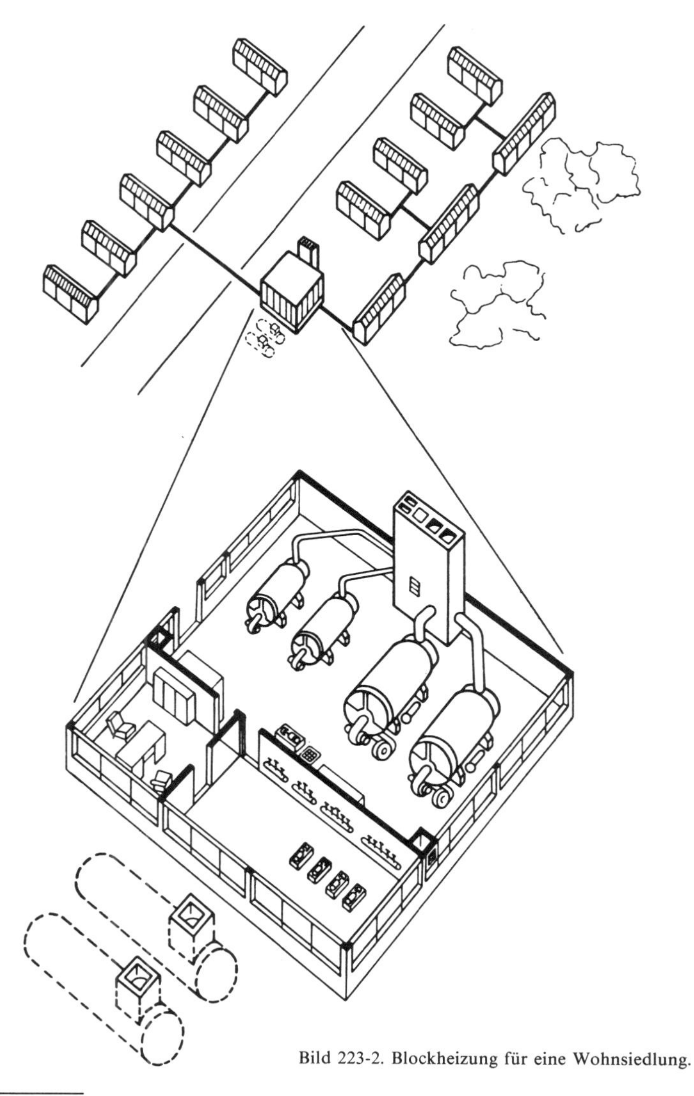

Bild 223-2. Blockheizung für eine Wohnsiedlung.

[1]) Buck, H.: Ges.-Ing. 5/86. S. 311/2.

und evtl. Brauchwasserbereitung liefern, während für große Gebiete *Heizkraftwerke* überwiegen, die gleichzeitig elektrischen Strom und Fernwärme liefern. Etwa zwei Drittel der Fernwärme stammen von Heizkraftwerken.

Nach der AGFW[1])-Hauptstatistik gibt es 1985 in der Bundesrepublik 120 Fernwärmeerzeuger und -verteiler mit rd. 500 Netzen, einer Streckenlänge von 8400 km, einem Gesamtanschlußwert von ca. 33000 MW und einer Netzeinspeisung von ca. 53000 GWh/a. Daran Anteil der Versorgung aus Heizwerken ca. 30%.

Anteil der Fernwärmeversorgung am gesamten Raumwärmebedarf ca. 8%.

Größte deutsche Fernheiznetze (1985):

Hamburg .................. 2522 MW
Berlin ..................... 2324 MW
München .................. 2030 MW

Als Brennstoffe wurden 1984/85 für Fernheizung verwendet:

Steinkohle ...................... 42%
Erdgas .......................... 31%
Heizöl .......................... 17%

Heizkraftwerke siehe Abschn. 224.

*Fernheizung im Ausland*

In den USA bestehen seit langer Zeit Fernheizungen zur Beheizung von Stadtzentren, vor allem als Dampfheizungen ohne Kondensatrückführung.

Im Laufe der letzten 30 Jahre starke Entwicklung der Fernheizung in den skandinavischen Ländern, in der UdSSR und den anderen Ostblockländern. In jüngster Zeit erhebliche Zunahme auch in Japan. In Dänemark wurden 1984 etwa 40% aller Wohnungen mit Fernwärme versorgt, in Schweden und Finnland ca. 25%.

In der UdSSR wurden 1983 etwa 800 Städte fast ausschließlich mit Fernwärme versorgt. In den Großstädten waren über 80% aller Haushalte an die zentralisierte Wärmeversorgung angeschlossen. Eine weitere Ausdehnung der Fernwärmebelieferung auch für kleinere Städte ist geplant. Der Anteil der *Heizkraftwerke* an der Gesamtwärmeerzeugung beträgt etwa 40%. Allein in Moskau sind 15 HKW mit einem Gesamtanschlußwert von ca. 26000 MW in Betrieb. Anschlußwert aller Heizkraftwerke in der UdSSR etwa 60000 MW.

In *Polen* wurden 1983 40 Städte mit Fernwärme versorgt. Das größte Heizkraftwerk in Warschau hat einen Anschlußwert von 1300 MW. Wegen der klimatischen Bedingungen sind 3000 Vollbenutzungsstunden im Jahr möglich. Dadurch ergibt sich eine besonders günstige Ausnutzung des investierten Kapitals. Anschlußwert aller öffentlichen Heiz- und Heizkraftwerke in Polen ca. 35000 MW. Wärmeanschlußwert in der *DDR* etwa 10000 MW, in der ČSSR etwa 18000 MW.

## -1 WARMWASSER-FERNHEIZUNGEN

(Temperatur bis 120 °C)

### -11 Allgemeines

Diese Heizungsart entspricht in der Bauart grundsätzlich einer großen Pumpenwarmwasserheizung (Bild 223-3). Sie kann als offene oder geschlossene Heizung ausgeführt werden. Für die Fortleitung der Wärme werden dieselben Wassertemperaturen verwendet wie bei den Zentralheizungen, maximal 120 °C. Vorlauftemperatur

entweder zentral nach Außentemperatur geregelt (gleitende Temperatur),
oder teilweise gleitend bis z. B. 70 °C,
oder konstant mit z. B. 110 °C.

*Vorteile* der Warmwasserfernheizung:

Große Betriebssicherheit,
Möglichkeit der zentralen Regelung,
keine Kondensatwirtschaft,
geringe Wärmeverluste,
einfache Speichermöglichkeit von Wärme.

[1]) AGFW = Arbeitsgemeinschaft Fernwärme e.V. bei der VDEW, 6000 Ffm. (s. Abschn. 74).

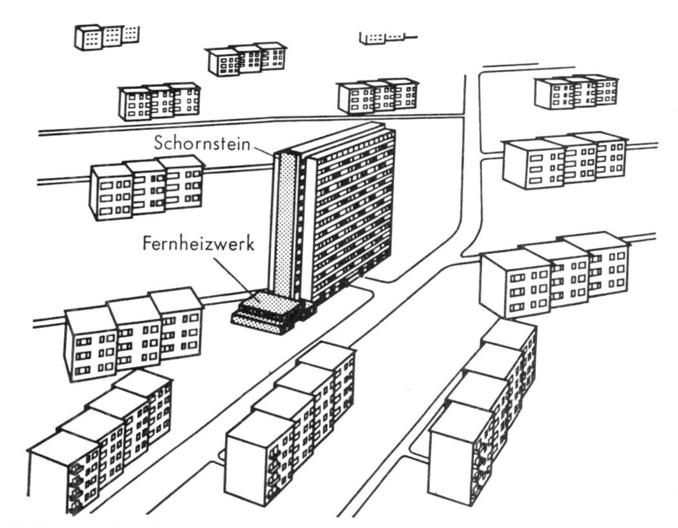


Bild 223-3. Siedlung mit Fernheizwerk. Schornstein am Hochhaus.

*Anwendung* namentlich bei Gebäudegruppen mit Wohnungen oder Büroräumen, Wohnsiedlungen, Krankenhäusern sowie Industrieanlagen, die keinen oder wenig Dampf benötigen. Weiteres über Warmwasserfernheizungen siehe auch Abschnitt 224 (Heizkraftwirtschaft).

## -12 Wärmeerzeugung

Das *Heizwerk*, dessen Lage sorgfältig zu überlegen ist, enthält hauptsächlich folgende Räume (Bild 223-2):

Kesselraum mit 2 oder mehr Kesseln
Pumpenraum mit Wasseraufbereitung und Hauptverteilung
Schaltwarte mit Meß- und Regelgeräten
Werkstatt
Nebenräume für Personal
Brennstofflager.

Bei kleinen Anlagen bis etwa 3···5 MW Anordnung der Kessel im Keller des höchsten Gebäudes, um das Ausdehnungsgefäß auf dem Dach unterzubringen. Meist wird jedoch die Anlage als geschlossene Heizung ausgeführt, wobei das Ausdehnungsgefäß tiefliegend angeordnet werden kann.

Große Heizungszentralen werden meist in separaten Gebäuden untergebracht (Bild 223-2).

Als Wärmeerzeuger für das Heizwasser werden bei kleinen Anlagen gewöhnlich direkt beheizte Kessel verwendet, wobei das Ausdehnungsgefäß entweder offen oder geschlossen sein kann. Das Heizwasser wird den angeschlossenen Verbrauchern direkt zugeleitet. Brauchwasser z. B. für den Küchenbetrieb, für Wasch- und Baderäume wird entweder zentral im Heizwerk oder dezentral in den Gebäuden durch Wärmeaustauscher meist mit Speichern erwärmt. *Dampf* für Kochkessel und andere Zwecke wird entweder in separaten Dampfkesseln erzeugt, oder es werden bei überwiegendem Dampfbedarf nur Dampfkessel aufgestellt und Heizwasser in Wärmeaustauschern erzeugt (Bild 223-5).

Bei größeren Anlagen kommen *Stahlkessel* der verschiedensten Art zur Verwendung, Flammrohr-Rauchrohrkessel, Wasserrohr-, automatische Großkessel und andere. Am meisten verwendet werden Dreizugkessel. Aufteilung der Gesamtleistung auf 2 oder 3 Einheiten, häufig unterteilt in 40, 40, 20%. Werden für Betriebszwecke große Mengen

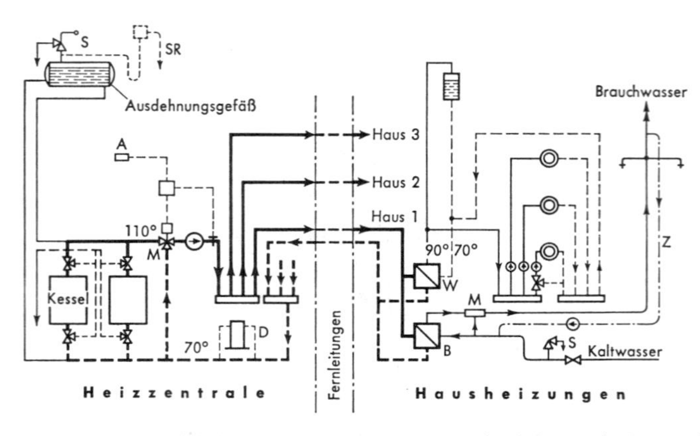


Bild 223-4. Schaltbild einer geschlossenen Warmwasserfernheizung mit Hausanschlüssen über Wärmeaustauscher und mit Brauchwassererwärmern.

A = Außentemperaturregelung, B = Brauchwassererwärmer, D = Dosiergerät, M = Mischventil, S = Sicherheitsventil, SR = Standrohr (wahlweise), W = Wärmeaustauscher, Z = Zirkulation für Brauchwasser

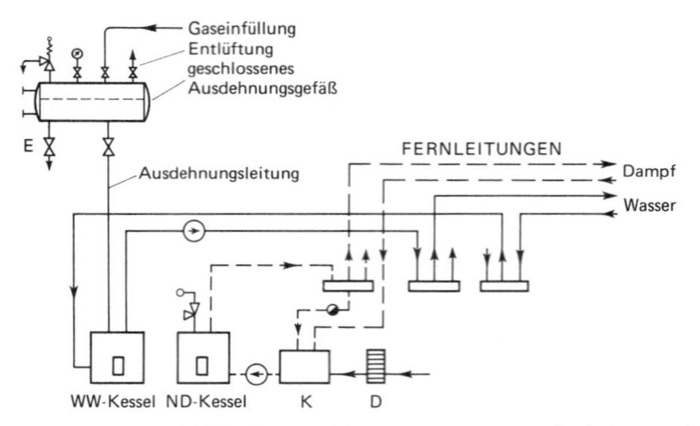


Bild 223-5. Schaltbild einer geschlossenen Warmwasserfernheizung mit Warmwasser- und Niederdruck-Dampfkessel.

D = Dosiergerät, K = Kondensationssammelgefäß, E = Entleerung, ND = Niederdruckdampf

von Dampf benötigt, werden *Hochdruckdampfkessel* aufgestellt, deren Dampf zunächst einer Turbine zugeführt werden kann, ehe er im Kondensator (Gegenstromapparat) das Heizungswasser erwärmt.

Größte Leistung eines Dreizugkessels mit einem Flammrohr 10 MW, mit 2 Flammrohren 20 MW.

Brennstoff je nach örtlichen Verhältnissen Kohle, Koks, Öl oder Gas. Häufig Kohlebetrieb im Winter, Gas- oder Ölfeuerung im Sommer. Bei der Auswahl der Brennstoffe sind besonders zu beachten: Preis, Sicherheit der Versorgung, Lagerraum, Transportwege, Bedienungskosten, Kosten der Beschickung, Entaschung und Abgasreinigung. Insbesondere sind auch die Forderungen des Bundesimmissionsschutzgesetzes zu beachten. Wirbelschichtfeuerungen verringern den Ausstoß von Schadstoffen (Abschn. 194).

*Der Schornstein*

Die Höhe des zwangsweise zu jedem Heizwerk gehörenden Schornsteins ist sorgfältig zu berechnen. Grundlage hierfür ist DIN 4705 (T. 1 u. 2; 9.79). Er soll nicht nur die Abgase abführen, sondern auch die luftverunreinigenden Bestandteile möglichst weit von der Erdoberfläche entfernen[1]). Daher gute Wärmedämmung, hohe Abgasgeschwindigkeiten.

Bei kleinen Anlagen mit an Hochhäusern angelehntem Schornstein rechteckige Querschnitte mit je einem Zug für jeden Kessel.

Bei freistehendem Schornstein aus Kostengründen meist runder einzügiger Querschnitt, in den alle Abgase einmünden.

Bezüglich Luftverschmutzung ist Gasheizung am günstigsten und benötigt die geringste Schornsteinhöhe.

## -13 Rohrsysteme

Beim *Einleiter-System* werden wie bei den Einrohr-Zentralheizungen je nach Lage der einzelnen Gebäude eine oder mehrere Ringleitungen verlegt, Bild 223-8. Vorlauftemperatur konstant = 120 °C oder weniger. Bei jedem Hausanschluß ein Dreiwegeventil zur Mischung von Vorlaufwasser aus dem Fernnetz mit Rücklaufwasser der Hausheizung.

Temperatur des Fernheizwassers verringert sich durch Zumischung des Rücklaufwassers. Berechnung muß so erfolgen, daß das letzte Haus der Ringleitung noch ausreichende Heizleistung erhält. Ausführung für Gebäudegruppen im Endausbau.

Beim *Zweileiter-System,* Bild 223-4 und -5 sowie -12, werden vom Heizwerk zum Verbraucher zwei Leitungen verlegt, eine Vorlauf- und eine Rücklaufleitung. Verwendung namentlich bei reinen Heizungen ohne Brauchwasserbereitung. Vorlauftemperatur dabei in Abhängigkeit von der Außentemperatur zentral geregelt. Temperaturen 90/70 °C oder 110/70 °C oder 110/60 °C o.ä. Meistgebrauchtes System. Bei Anschluß von Brauchwassererwärmern muß die geringste Vorlauftemperatur 70 °C sein (Bild 223-10).

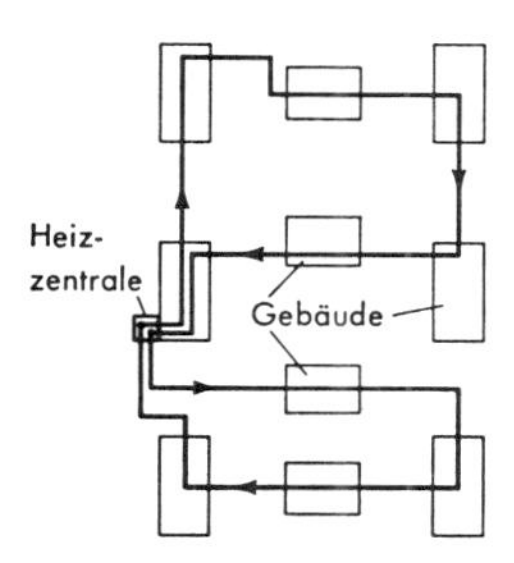


Bild 223-8. Fernheizung nach dem Einrohr-System mit 2 Heizgruppen.

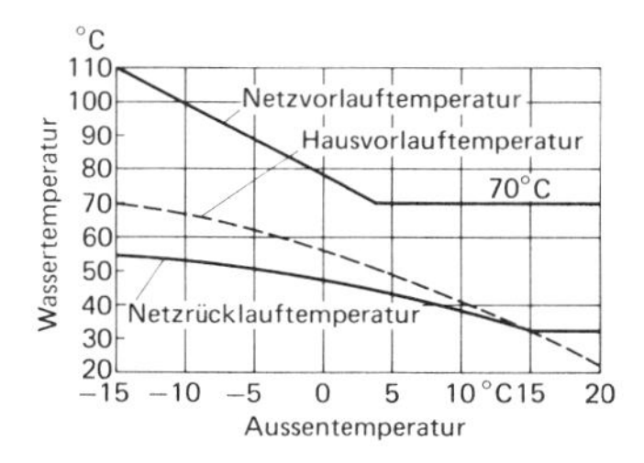


Bild 223-10. Praktische Heizwassertemperaturen beim Zweileiter-System mit Brauchwasserbereitung und 24 h/d Betrieb.

Bei den einzelnen Abnehmern Regelung der Temperatur möglich durch Mischventile, Strahlapparate, Drosselschieber oder Wärmeaustauscher. Im letzten Fall Wärmegefälle-Verlust.

Bild 223-5 zeigt schematisch eine geschlossene Warmwasserfernheizung, bei der ein Dampf- und ein Warmwasserkessel bzw. Kesselgruppen vorgesehen sind. Der Dampfkessel liefert die für Kochzwecke usw. benötigten Dampfmengen, er kann auch durch einen Wärmeaustauscher (Gegenstromapparat) zur Erwärmung des Heizwassers der Pumpenheizung beitragen. In den angeschlossenen Gebäuden zentrale Regelung der Vorlauftemperatur in Abhängigkeit von der Außentemperatur. Das Zweileiter-System kann auch mit konstanter Vorlauftemperatur betrieben werden, wenn in größerem Maß Produktionswärme benötigt wird. Größere Wärmeverluste. Beispiel Bild 223-15.

Automatischer Hochleistungskessel erzeugt Warmwasser von konstant 100 °C. Angeschlossen sind mehrere Wohngebäude, ein Brauchwasserspeicher und mehrere Lufterhitzer. Für die Heizungskreise der Wohngebäude je eine Umwälzpumpe und Rücklaufbeimischung mit Temperatursteuerung von der Außenluft. Lufterhitzer und Brauchwassererwärmer werden direkt versorgt.

---

[1]) TA-Luft = Verwaltungsvorschrift vom 27. 2. 86. Siehe Abschn. 223-9.

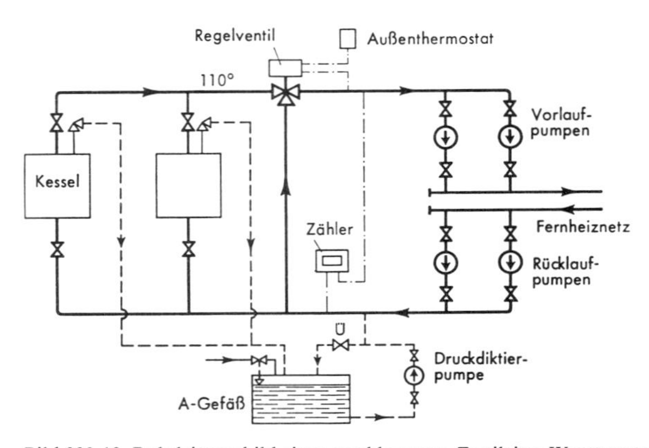


Bild 223-12. Rohrleitungsbild einer geschlossenen Zweileiter-Warmwasserfernheizung mit zentraler Temperaturregelung und Druckdiktierpumpe.
Ü = Überströmventil

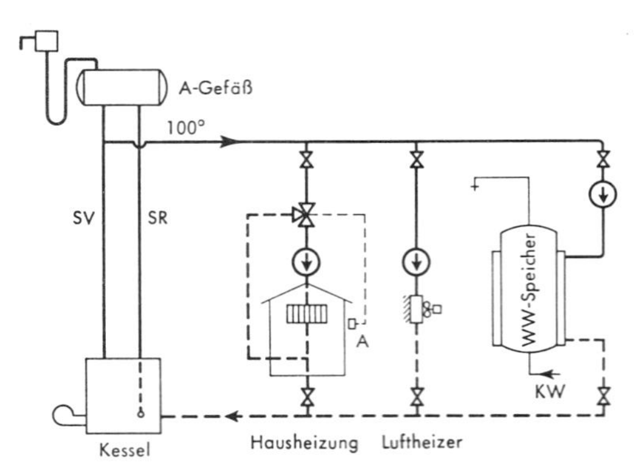


Bild 223-15. Rohrleitungsbild einer Zweileiter-Warmwasserblockheizung mit hochliegendem geschlossenem Ausdehnungsgefäß.
A = Außentemperaturregler, SV = Sicherheitsvorlaufleitung, SR = Sicherheitsrücklaufleitung, KW = Kaltwasser

Beim *Dreileiter-System* werden 3 Leitungen verlegt:

Eine Heizungsvorlaufleitung mit wechselnder von der Außentemperatur abhängiger Temperatur. Sie ist nur während der Heizperiode in Betrieb;

eine Leitung (oder Industrievorlaufleitung) zur Versorgung der Brauchwassererwärmer oder sonstiger Verbraucher in den Gebäuden mit konstanter Temperatur von 90 oder 110 °C (ganzjährig);

eine gemeinsame Rücklaufleitung (ganzjährig).

Anwendung bei kombinierter Versorgung von Wohnungen und Industriebetrieben.

*Nachteil:* Probleme bei Schwachlastzeiten möglich. Temperatur in gemeinsamem Rücklauf kann höher liegen als gewünschte Heizungsvorlauftemperatur.

Ein *Vierleiter-System* kommt dann zur Verwendung, wenn das Temperaturniveau zwischen Heizungsvorlauf und Industrievorlauf sehr unterschiedlich ist. Dabei dann zwei getrennte Rücklaufleitungen; teuer, große Wärmeverluste.

## -14 Vor- und Rücklauftemperaturen[1])

*Vorlauftemperaturen* bei offenen Heizungen bis 95 °C, bei geschlossenen Heizungen bis 120 °C, gleitend in Abhängigkeit von der Außentemperatur. Bei Brauchwasserbereitung nur bis etwa 70 °C fallend und dann konstant bleibend (Bild 223-10), abgeknickte Temperaturkurve.

Je größer der Temperaturunterschied zwischen Vorlauf und Rücklauf in den Fernleitungen ist, desto geringer ist für gleiche Heizleistung die umlaufende Wassermenge, desto billiger wird das Netz. Daher aus wirtschaftlichen Gründen möglichst große Spreizung wählen.

Die Heizkörper erhalten infolge Mischung mit Rücklaufwasser in den meisten Fällen keine höheren Temperaturen als 70 °C im Vorlauf.

Manchmal wird zur Erhöhung der Leistungsfähigkeit des Netzes auch eine noch größere *Temperaturspreizung* bis zu 65 K, z. B. 110/45 °C, verwendet, wobei die Rücklauftemperatur durch *Feinregulierventile*[2]) bzw. Thermostatventile an den Heizkörpern niedrig gehalten wird.

Die niedrige Rücklauftemperatur ermöglicht dem Benutzer bei Heizkraftwerken sparsame Heizung. Verbilligung des Heiznetzes durch kleinere Rohrquerschnitte, geringere Leistung der Fernheizpumpen, jedoch gegenüber 90/70 °C höhere Heizkörperkosten.

Für die *Heizkörper* sind Feinregulierventile mit hohen Druckverlusten zu verwenden. Einregulierung ist jedoch bei großen Temperaturspreizungen schwieriger, Störungen sind häufiger, z. B. infolge der zusätzlichen Auftriebskräfte, Verschmutzung der Ventile, Geräusche in den Ventilen u. a.

Ein weiteres Mittel zur Vergrößerung der Temperaturspreizung besteht in der *Hintereinanderschaltung* verschiedener Heizgruppen mit gleichen Heizzeiten und entsprechend dem Heizwasserstrom abgestuften Teilleistungen, z. B. Raumheizung, Lüftung. Dadurch starke Erhöhung der Netzauslastung. Beispiel Bild 223-18. Besonders geeignet zur Erzielung niederer Rücklauftemperaturen sind *Flächenheizungen*.

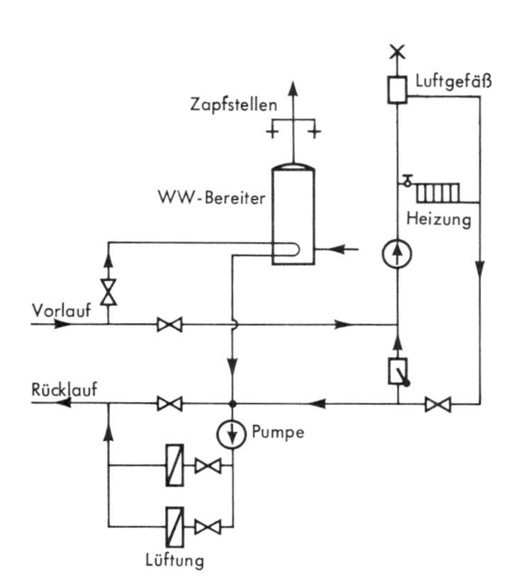


Bild 223-18. Schaltung zur Vergrößerung der Temperaturspreizung mit parallel geschalteter Heizung und Brauchwassererwärmung und in Serie geschalteter Lüftung.

[1]) Overbeck, A.: HLH 10/74. S. 327/32.
Brumm, W.: Fernwärme 3/77. S. 129/33.
Schelosky, H. U.: Fernwärme 4/81. S. 275/80.
Winkens, H. P.: VDI-Bericht 388. S. 3/14 (1980).
Schelosky u. Winkens: SHT 5 u. 6/82.

[2]) Schelosky, U., u. H.-P. Winkens: FWI 5/81. S. 120/32.

### -15 Umwälzpumpen

Förderung des Heizwassers durch Pumpen im Vorlauf und/oder Rücklauf.

Antrieb elektrisch oder selten durch Dampfturbine. Betriebssichere Drehzahlregelung vermeidet zwei Pumpensätze für Vollast bzw. Halblast. Für die Wahl des *Pumpendrukkes* sind wirtschaftliche Gesichtspunkte maßgebend. Hohe Pumpendrücke ergeben großen Leistungsbedarf, aber kleine Rohrdurchmesser und umgekehrt. Daher Berechnung des wirtschaftlichsten Pumpendruckes zweckmäßig. Übliche Überdrücke etwa 4···6 bar.

Große Umwälzpumpen sind mit *Drehzahlsteuerung* auszurüsten (Thyristor-Motor-Steuerung) oder hydraulische Regelgetriebe.

Pumpendruck etwa 5···10 mbar/m Rohrlänge. Stromverbrauch dabei 16···20 kWh/MWh (≈2%).

### -16 Wärmespeicherung

Durch *Wärmespeicherung* können kurzzeitige Belastungsspitzen aufgefangen werden, obwohl bereits das ausgedehnte Heiznetz selbst eine große Wärmekapazität besitzt. Einfachste Ausführung als Verdrängungsspeicher. Er kann im Hauptschluß oder Nebenschluß in das Netz eingebaut werden. Beispiel einer Nebenschlußschaltung Bild 223-20.

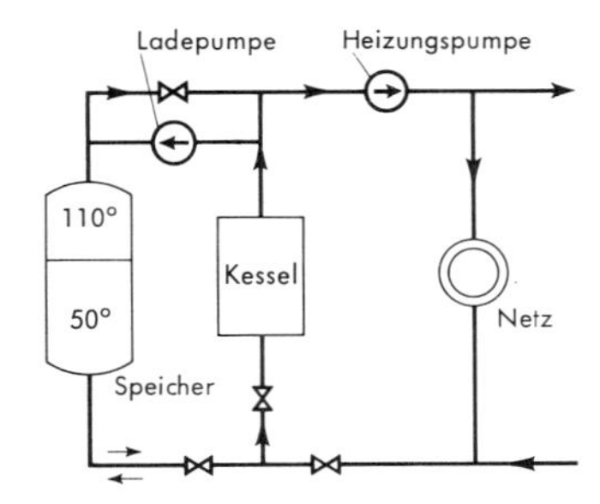


Bild 223-20. Verdrängungsspeicher in einem Warmwasser-Fernheiznetz.

Zum Laden fördert Ladepumpe heißes Wasser durch den Kessel aus dem unteren Teil des Speichers in den oberen Teil. Beim Entladen wird Ladepumpe ausgeschaltet und Heizungspumpe fördert das gespeicherte Warmwasser in das Netz.

Speicherfähigkeit nimmt mit der Temperaturspreizung zu. Bei Wasser von 110/50 °C können je m³ Wasser 250000 kJ (≈70 kWh) gespeichert werden. Ein Speicher von 1000 m³ Inhalt kann dabei 1000 · 70 = 70000 kWh in kurzer Zeit abgeben, wenn Schichtung des Heizwassers im Speicher während des Betriebes erhalten wird. Strömung im Speicher beachten! Anwendung vor allem bei elektrischer Heizung mit Niedrigtarifstrom.

### -17 Druckverteilung im Netz[1])

Bei der Projektierung der Anlagen sind die zu erwartenden Druckverhältnisse im Fernheiznetz zu beachten.

Jede Anlage hat eine *Ruhedruckhöhe*. Diese entspricht bei offenen Anlagen der Höhe des Wasserspiegels im A-Gefäß. Bei geschlossenen Anlagen mit Standrohr erhöht sich die Druckhöhe um den Dampfdruck im Ausdehnungsgefäß. Bei anderen geschlossenen Anlagen werden Druckhalte-Einrichtungen verwendet.

Durch den Betrieb der Umwälzpumpen werden die Druckverhältnisse im Netz wesentlich verändert. Der *Gesamtdruck* (Betriebsdruck) an einer beliebigen Stelle ergibt sich als Summe von Ruhedruck und Pumpendruck, wobei letzterer sowohl positiv wie negativ sein kann. Bei normalen gußeisernen Heizkörpern darf der Druck nicht größer als 4 bar Überdruck sein, bei Hochhausheizkörpern 6 bar Überdruck (DIN 4720, 6.79).

[1]) Nehring, G.: Ges.-Ing. 3/74. S. 76/82.
Burkhardt, W.: HLH 2/74. S. 47/50 u. 3/74. S. 85/90.
Geier, P.: HR 1/81. 7 S.
Hagemeister, B., u. U. Pollvogt: FWI, 2/87. S. 78/84.

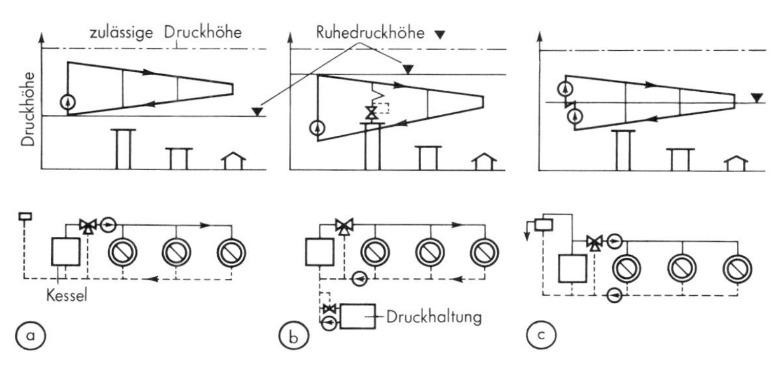


Bild 223-22. Druckverhältnisse im WW-Fernheiznetz bei Vollast.
a) Pumpe im Vorlauf
b) Pumpe im Rücklauf
c) Pumpen im Vorlauf und Rücklauf

Bei Anordnung der Pumpe im *Vorlauf* (Bild 223-22a) addiert sich der Pumpendruck zum Ruhedruck.

Bei Anordnung der Pumpe im *Rücklauf* (Bild 223-22b) ist der Betriebsdruck im ganzen Netz geringer als der Ruhedruck. Auf einen ausreichenden Zulaufdruck ist zu achten, da sonst Umlaufstörung in den oberen Geschossen auftreten.

Bei 2 Pumpen im *Vorlauf und Rücklauf* ist der Gesamtdruck im Netz über und unter dem Ruhedruck (Bild 223-22c).

Der Pumpendruck dient zur Überwindung der Reibungs- und sonstigen Widerstände im Netz und wird bis zum ungünstigsten Anschluß oder Heizkörper aufgebraucht. Der *Differenzdruck* zwischen Vorlauf und Rücklauf ist in der Nähe der Zentrale am größten. Er muß z.T. durch Drosselorgane (automatische Druckminderventile, Mengenregler, Differenzdruckregler) abgebaut werden, um eine leistungsgerechte Verteilung des Heizwassers zu erhalten.

*Beispiel* eines Druckdiagramms mit Zahlenwerten siehe Bild 223-25. Beim jeweiligen Hausanschluß werden die Netzpumpendifferenzdrücke durch Reduzierventile auf Null gedrosselt. Umwälzung des Heizwassers durch Pumpe $P_2$ für die Hausanlage, Begrenzung der dem Fernheiznetz entnommenen Wassermenge durch Wassermengenregler (Mengenbegrenzer).

*Anfangsüberdrücke* im Fernheiznetz je nach Ausdehnung bis 16 bar und mehr. Im Rücklauf Mindestüberdrücke (Pumpenzulaufdrücke) $\approx 0{,}5$ bar. Bei Stillstand der Pumpen stellt sich der Ruhedruck ein.

Bei hohen Gebäuden zur Verhinderung zu hoher Drücke im Netz Sondermaßnahmen:

Druckerhöhungspumpe mit Überströmventil,
Wärmeaustauscher (Gegenstromapparate).

## -18 Hausstationen[1])

In der Hausstation werden die Heizungsanlagen der Kunden an das Fernheiznetz angeschlossen. Sie bestehen aus *Übergabestation* (Eigentum des Wärmelieferanten) und *Hauszentrale* (Eigentum des Kunden). Verschließbarer Stationsraum mit Be- und Entlüftung, Beleuchtung, Entwässerung. Für große Stationen ($\dot{Q} > 3$ MW) Notausgang. Ausreichender Wartungsraum, Kopffreiheit, Möglichkeit zum Lasttransport.

[1]) DIN 4747, Teil 1 (E. 9. 86).
Hausanschlüsse an Fernwärmenetze, Techn. Richtlinien der AGFW, 4. Aufl. 1986.
Overbeck, A.: HLH 10/74. S. 327/32.
Marheineke, G.: HR 9/79. S. 399/406 u. 10/79. S. 463/7.
Frank, W.: Fernwärme 2/81. S. 52/7.
Schmidt, P.: Fernwärme 2/84. S. 61/4.
Paulmann, R.-D.: HLH 10/86. S. 519/21.

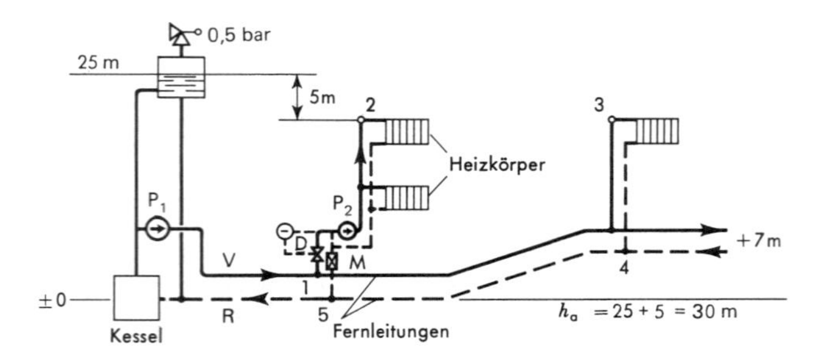


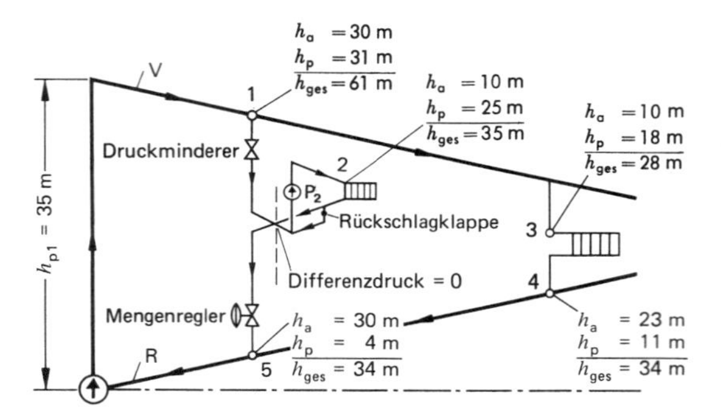


Bild 223-25. Druckdiagramm für eine Fernheizung mit 110 °C Vorlauftemperatur und mit Hausanschlüssen.

D = Druckminderer, M = Mengenregler, P = Umwälzpumpe, $h_a$ = Druck im Ausdehnungsgefäß + hydrostatischer Druck, $h_p$ = Pumpendruck, $h_{ges}$ = Gesamtdruck, V = Vorlauf, R = Rücklauf. (Druckverlust Kessel in R enthalten.)

Viele Ausführungsarten je nach Vorlauftemperatur, Druck, Art der Regelung, Betriebsweise, Abrechnungsverfahren u.a.

Das Heizwasser der Netze wird im allgemeinen *direkt* in die Hausnetze geleitet, da einfacher und Wärmeverlust geringer, auch Fortfall eigener Umwälzpumpen.

*Beispiel* für direkten Anschluß einer Gebäudeheizung mit Pumpen-Warmwasserbetrieb an ein Zweileitersystem siehe Bild 223-27. Zentrale Regelung der Raumtemperatur durch Beimischung von Rücklaufwasser.

Bei dem indirekten Anschluß wird ein Wärmeaustauscher zwischen Fernheiznetz und Hausheiznetz geschaltet. Verwendung bei hohen Temperaturen und Drücken im Fernheiznetz. Die Regelung kann dabei zentral oder dezentral erfolgen.

*Wichtige Ausrüstung der Übergabestation:*

Absperrorgane in Vor- und Rücklaufleitung zum Abschalten der Hausanlage; Wärmemengenmesser;

Wassermengenbegrenzer im Vorlauf oder Rücklauf hält den Differenzdruck an einer Blende konstant, so daß die durchfließende Wassermenge begrenzt wird, elektrische oder mechanische Bauarten;

Kurzschlußstrecke, die bei Außerbetriebsetzung der Hausheizung geöffnet wird, um Einfrieren zu vermeiden;

Manometer und Thermometer;

Sicherheitsventil oder Reduzierventil, die die Hausanlage gegen Überdruck schützen;

Rückschlagorgan.

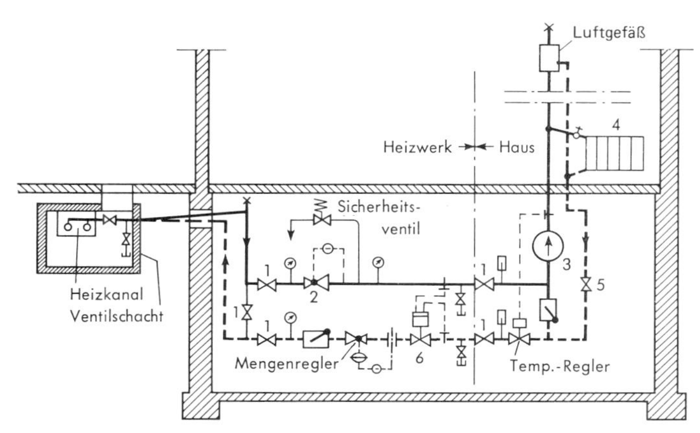


Bild 223-27. Hausanschluß einer Warmwasserpumpenheizung beim Zweileiter-System.
1 = Absperrventil, 2 = Reduzierventil, 3 = Pumpe, 4 = Heizanlage, 5 = Einstellorgan, 6 = Zähler

*Wichtige Ausrüstung der Hauszentrale:*

Absperrorgane im Vorlauf und Rücklauf;

Temperaturregler zur Mischung des Vorlauf- und Rücklaufwassers, bei pauschaler Abrechnung und gleitender Vorlauftemperatur nicht unbedingt erforderlich;

Rückschlagklappe, um Überströmen des Wassers zu verhindern;

Umwälzpumpe für Heizung, auch Wasserstrahlpumpe;

Thermometer, Manometer;

Luftgefäß, druckfest.

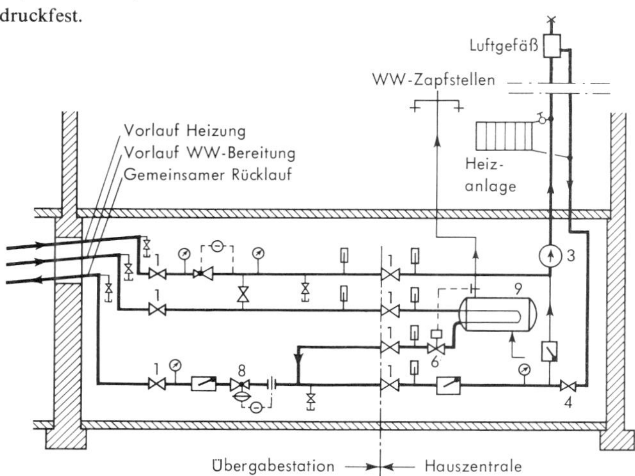


Bild 223-28. Direkter Hausanschluß einer Warmwasserpumpenheizung und Brauchwassererwärmung beim Dreileiter-System (Bewag)[1]).

1 = Absperrventil, 3 = Pumpe, 4 = Einstellorgan, 6 = Mengenbegrenzer und Temperaturregler, 8 = Wassermengenregler, 9 = Brauchwasserspeicher

[1]) Bewag = Berliner Kraft- und Licht AG.

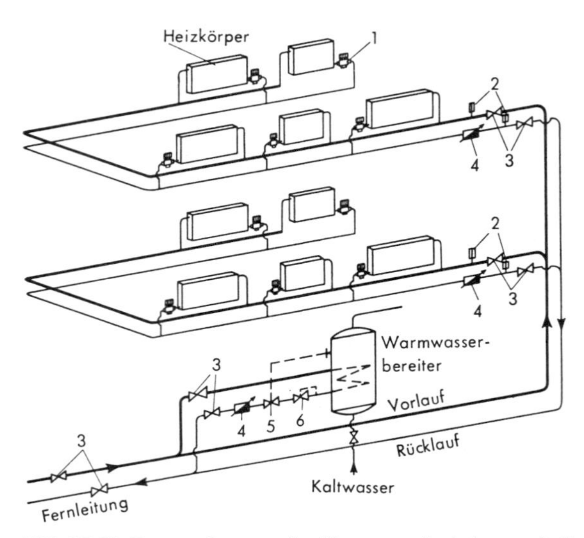


Bild 223-32. Etagenweise geregelte Warmwasserfernheizung mit Brauchwasserbereiter und Wärmemengenzähler.

1 = Feinregulier-, Thermostatventil, 2 = Thermometer, 3 = Absperrschieber, 4 = Wärmemengenzähler, 5 = Temperaturregler, 6 = Temperaturbegrenzer

*Brauchwasseranlagen* können nach verschiedenen Systemen an das Fernheiznetz angeschlossen werden. Die Hauptbauarten sind das Speicher- und das Durchflußsystem. Näheres siehe Abschn. 422-44. Beispiel für den Anschluß einer *Pumpen-Warmwasserheizung und Brauchwassererwärmung* an ein Dreileiter-Netz siehe Bild 223-28. Armaturen ähnlich wie beim Zweileiter-Netz. Brauchwassererwärmer wird direkt ohne Mischleitung an das Fernheiznetz angeschlossen.

Bei Anlagen mit Bedarf verschiedener Wassertemperatur (Strahlungsheizung, Klimaanlagen usw.) Verwendung mehrfach unterteilter Pumpenkreisläufe. Lüftungs- und Klimaanlagen können im allg. ohne besondere Vorkehrungen an das Fernheiznetz angeschlossen werden. Sie sind besonders gut dafür geeignet, den Heizungsanlagen nachgeschaltet zu werden, wodurch große Temperaturspreizungen und damit größere Transportleistungen des Netzes zu erreichen sind. Siehe Bild 223-18.

Bei *Wohnungsanschlüssen* von Blockheizungen für Siedlungen, in denen Wärme zentralgeregelt nur für Heizung geliefert wird, wird Heizwasser mit max. 110 °C durch die Netzpumpen direkt in die einzelnen Heizkörper der Wohnungen gefördert. Ein *Differenzdruckregler* sorgt für die gleichmäßige Versorgung des Hauses auch bei schwankendem Netzdruck.

Bei hohen Differenzdrücken evtl. *Überströmventil* zwischen Vorlauf und Rücklauf. An jedem Heizkörper thermostatisches Regelventil (Temperaturbegrenzer), wodurch Mieter den Wärmeverbrauch regulieren können. Wärmeverbrauch wird direkt durch *Heizkostenverteiler* gemessen. Ventile an den Heizkörpern müssen für gute Regelfähigkeit hohen Widerstand haben, etwa 50 mbar.

Auch ein zentraler Brauchwassererwärmer läßt sich vorsehen. Wärmezufuhr zum Warmwassererwärmer wird durch Temperaturregler gesteuert.

Beispiel Bild 223-32. Jeder Heizkörper hier mit Feinregulier-Thermostatventil.

### -19 Sicherheitseinrichtungen

Für offene und geschlossene Anlagen mit Temperatur bis 110 °C im Vorlauf siehe DIN 4751 Teil 1 (11.62), Teil 2 (9.68), Teil 3 (3.76) sowie für Anlagen bis 120 °C und über 350 kW T. 4 (9.80).

## -2 HEISSWASSER-FERNHEIZUNGEN

(Temperatur über 120 °C)[1])

### -21 Allgemeines

Heißwasserheizungen sind geschlossene Heizungen, die als Wärmeträger Wasser mit Temperaturen über 120 °C benutzen. Vorläufer dieser Heizungsart ist die seit langem bekannte, aber heute nur noch selten ausgeführte *Perkinsheizung*. Die Weiterentwicklung des Gedankens, Heißwasser als Träger für die Fernverteilung großer Wärmemengen zu verwenden, beruhte auf dem Wunsche, die Vorzüge der Verteilung durch Warmwasser und die der Verteilung durch Dampf miteinander zu vereinen. Sie hat zu der Ausbildung dieser Form der Fernverteilung der Wärme, der Heißwasserheizung, geführt, bei der das Heißwasser einem unter beliebigem Dampfdruck stehenden Kessel oder besonderen Heißwassererzeugern entnommen und durch Pumpen in einem Rohrnetz umgewälzt wird (siehe das Schema Bild 223-34). In den letzten Jahren immer mehr zunehmende Verbreitung. Verdrängung der Hochdruckdampfheizung, die auf Sonderfälle beschränkt ist.

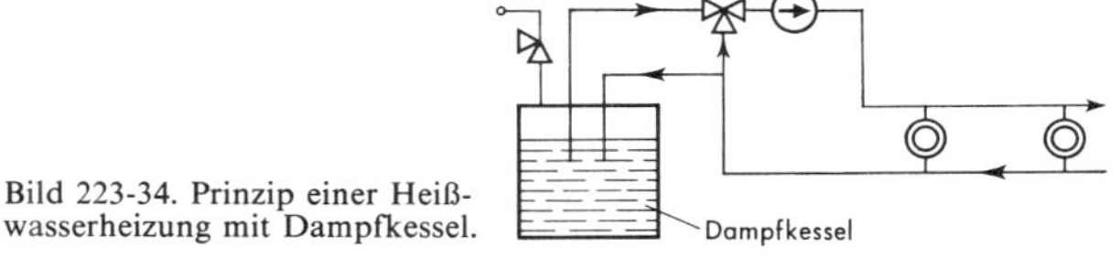


Bild 223-34. Prinzip einer Heißwasserheizung mit Dampfkessel.

*Vorlauftemperatur* gewöhnlich 110···140 °C, manchmal bis 180 °C.

*Vorzüge* der Heißwasserheizung gegenüber der Dampf-Fernheizung sind:

Fortfall der Kondensatwirtschaft und der damit verbundenen Verluste;
Vereinfachung in der Leitungsführung;
bei großer Temperaturspreizung hohe Wärmetransportleistung des Netzes;
leichte örtliche und zentrale Regelung;
geringere Wartung;
einfache Wärmespeicherungsmöglichkeit;
lange Lebensdauer.

*Nachteile:*

Erhöhte Anlagenkosten, durch Druck und Temperatur bedingt;
erhöhte Kosten durch Wärmeumformer in den Hausstationen;
erhöhte Kosten durch sicherheitstechnische Vorschriften in den Heizzentralen;
dauernde Stromkosten für Pumpenantrieb.

*Anwendung* der Heißwasserheizung für Fernheizungen großen Umfangs, insbesondere *Stadtheizungen,* bei denen neben den üblichen Zentralheizungen auch Anlagen angeschlossen werden, die Warmwasser oder Dampf für Fabrikationszwecke benötigen (z. B. Krankenanstalten, Textilbetriebe, Wäschereien, Schlachthöfe usw.), sowie für *Industriebetriebe,* Kasernen, Hochschulen usw. Die Rohrleitungen können in beliebiger Weise ohne Rücksicht auf das Gefälle verlegt werden, es ist lediglich an den höchsten Punkten des Netzes für Entlüftung und an den tiefsten für Entleerung zu sorgen.

### -22 Wärmeerzeuger

Die Heißwassererzeugung kann im allgemeinen auf vier Arten erfolgen:

1. In gewöhnlichen *Dampfkesseln* beliebiger Bauart (Flammrohrkesseln u. a.) durch Anbringung von zwei Tauchrohren für Entnahme und Rückführung des Heizwassers. Die Kessel können dabei sowohl Heizwasser wie Dampf abgeben. Ausdehnungsraum ist der Dampfraum des Kessels (Bild 223-34).

Bei großen Verbrauchsschwankungen Ausdehnungsraum nicht ausreichend, namentlich zur Aufnahme der großen beim An- und Abfahren erforderlichen Wassermengen. Hierfür besonderes Ausdehnungsgefäß mit Dampfraum oberhalb des Kessels erforderlich (Bild 223-36).

[1]) Dampfkesselverordnung vom 27. 2. 1980.

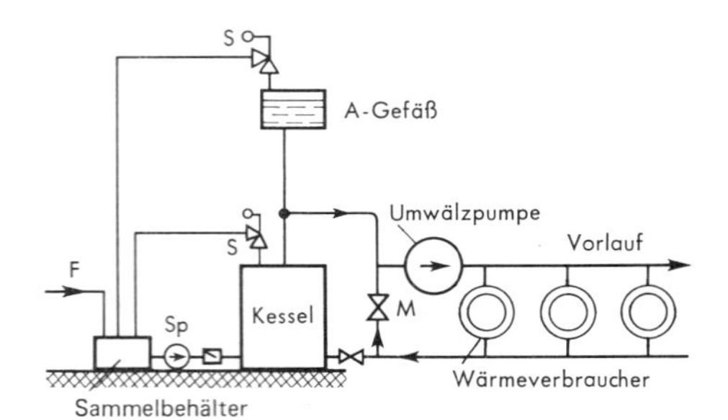


Bild 223-36. Prinzipschaltbild einer Heißwasserheizung mit Dampfraum im Ausdehnungsgefäß.
F = Zusatzwasser,
M = Mischventil,
S = Sicherheitsventil,
Sp = Speisewasserpumpe

| Wassererwärmung von 4 °C auf | Wasserausdehnung in %: |
|---|---|
| 100 °C | 4,4 |
| 130 °C | 7,0 |
| 150 °C | 9,1 |
| 180 °C | 12,8 |
| 200 °C | 15,7 |

In Vorlaufleitung kann durch Druckabnahme leicht Dampfbildung auftreten, daher fast immer Zumischung von kaltem Rücklaufwasser zum Vorlaufwasser gleich hinter dem Kessel oder im Kessel selbst. Pumpe möglichst im Vorlauf, damit der Druck in der Vorlaufleitung größer wird. Bei mehreren Kesseln gleiche Wasserstandshaltung schwierig, daher möglichst große Ausgleichsleitungen zwischen den Kesseln, evtl. zusätzliches Speichergefäß. Dabei große Wärmespeicherung möglich.

2. In *Heißwasserkesseln,* wobei der Kessel nur Wasser, aber keinen Dampf enthält. Für die Ausdehnung besonderes Ausdehnungsgefäß. Druckerzeugung auf 5 Arten möglich:[1])

21. *Eigendampf* im Ausdehnungsgefäß (Bild 223-37). Druck mit Wassertemperatur veränderlich. Rücklaufbeimischung zur Temperaturbegrenzung erforderlich, um Dampfbildung in Leitungen zu verhindern. Bei mehreren Kesseln getrennte Vorlaufleitungen zum Ausdehnungsgefäß und Sicherheitsventile an jedem Kessel.

22. *Fremdgas* (Stickstoff aus Flaschen oder Luftkompressor mit Membranausdehnungsgefäß). Druck bleibt durch automatische Regelung konstant (Bild 223-38). Größe des Ausdehnungsgefäßes entweder für die gesamte Wasserausdehnung, dabei große Abmessungen, oder nur für die normale durch Temperaturänderungen bedingte Wasserausdehnung. Dabei kleinere Abmessungen, jedoch zusätzliche Wasseraufnahme in Speisewassergefäß.

23. *Fremddampf* aus Hochdruckkessel, falls vorhanden. Verwendung besonders in Fernheizanlagen.

24. *Elektrische Heizkörper* im Ausdehnungsgefäß mit automatischer Druckregelung (selten).

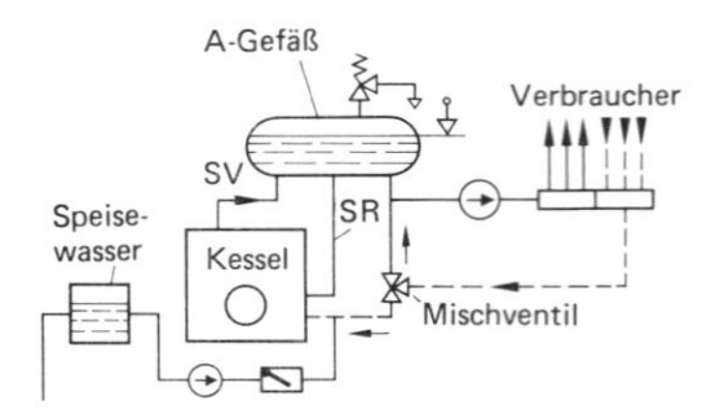


Bild 223-37. Heißwasserheizung mit hochliegendem Ausdehnungsgefäß. SV = Sicherheitsvorlauf, SR = Sicherheitsrücklauf

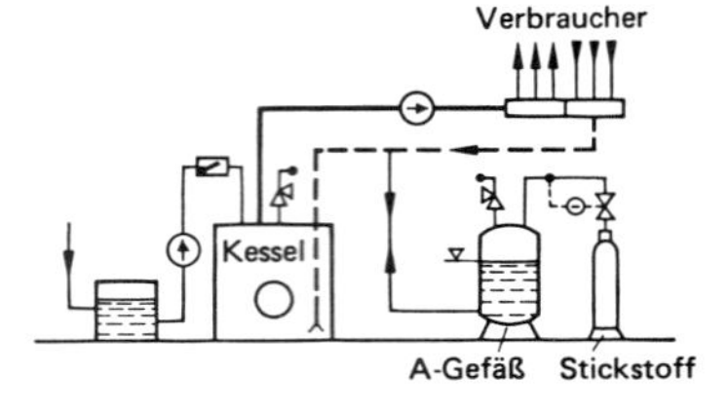


Bild 223-38. Heißwasserheizung mit tiefliegendem Ausdehnungsgefäß mit Fremdgaspolster.

[1]) Burkhardt, W.: HLH 10/74. S. 317/25.

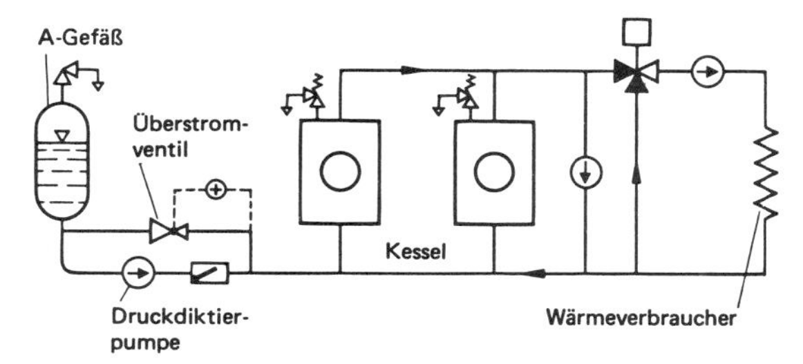


Bild 223-40. Heißwasserheizung mit Heißwasserkessel und Druckdiktierpumpe für Druckhaltung.

25. *Druckdiktierpumpen.* Hierbei wird durch eine Pumpe dauernd eine kleine Wassermenge in das Netz gedrückt, während eine annähernde ebenso große Menge durch ein Überströmventil aus dem Netz in das Ausdehnungsgefäß entweicht (Bild 223-40). Wasserverlust im Netz beachten!

3. In *Mischvorwärmern.* Der in einem Dampfkessel erzeugte Dampf wird hierbei mit dem umgewälzten Heizwasser in direkte Berührung gebracht, wobei der kondensierende Dampf das Wasser erwärmt. Mischung durch Düsen, die Dampf in Wasser blasen, oder durch kaskadenförmig in einem Druckgefäß herabfallendes Wasser (sogenannte *Kaskaden*). Die Kaskadenmischvorwärmer sind zylindrische Gefäße, halb mit Wasser gefüllt. Dampfeintritt oben, ebenso Rücklaufwassereintritt. Verteilung des Wassers durch mehrere übereinander liegende gelochte Platten, dabei gute Wärmeübertragung von Dampf auf Wasser. Unten Anschluß der Pumpensaugleitung (Bild 223-41).

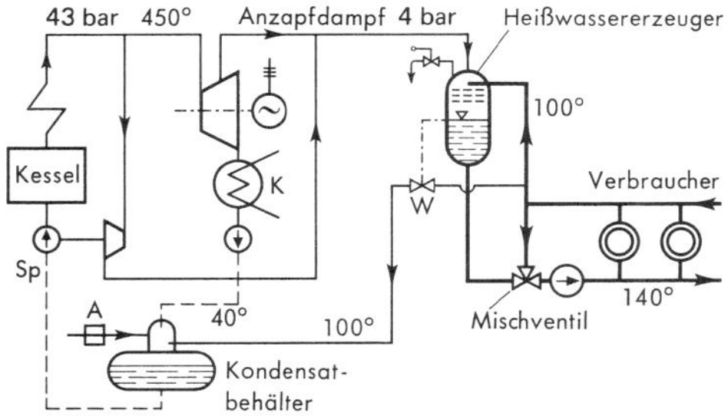

Bild 223-41. Heißwasserheizung mit Dampfkessel, Dampfturbine und Mischvorwärmer (Kaskade).
A = Speisewasseraufbereitung
K = Kondensator
Sp = Speisewasserpumpe
W = Wasserstandsregler

Der Wasserspiegel im Umformer wird durch einen Schwimmer konstant gehalten. Überschüssiges Wasser läuft zum Kondensat-Sammelgefäß und wird von hier durch die Speisepumpe zum Kessel zurückgefördert.

Große Leistung in kleinem Raum, sehr geringer Temperatursprung, jedoch Kondensatverlust des Kessels.

Die Kaskaden-Umformer werden auch manchmal bei großen Anlagen zweiteilig ausgeführt. Im oberen Teil die Mischvorrichtung mit den Lochplatten, im unteren Teil das Heißwasser. Dabei großer Ausdehnungsraum möglich. Nachteil der Mischvorwärmer: Kondensatverlust und Mischung des Kessel- und Heizungswassers.

4. In *Oberflächen-Wärmeaustauschern* (Gegenstromapparaten). Hierbei kommt ein Dampfkessel zur Verwendung, der Dampf zum Gegenstromapparat befördert. In diesem Erwärmung des umlaufenden Wassers. Dampfkreislauf und Heizwasserkreislauf also vollkommen getrennt (Bild 223-42).

Im Heißwasserkreislauf Ausdehnungsgefäß mit Sicherheitsventil erforderlich. Druckhaltung entweder durch Dampf aus dem Dampfkessel oder durch Fremdgas. Wegen der Temperaturdifferenz im Gegenstromapparat größerer Druck im Kessel erforderlich.

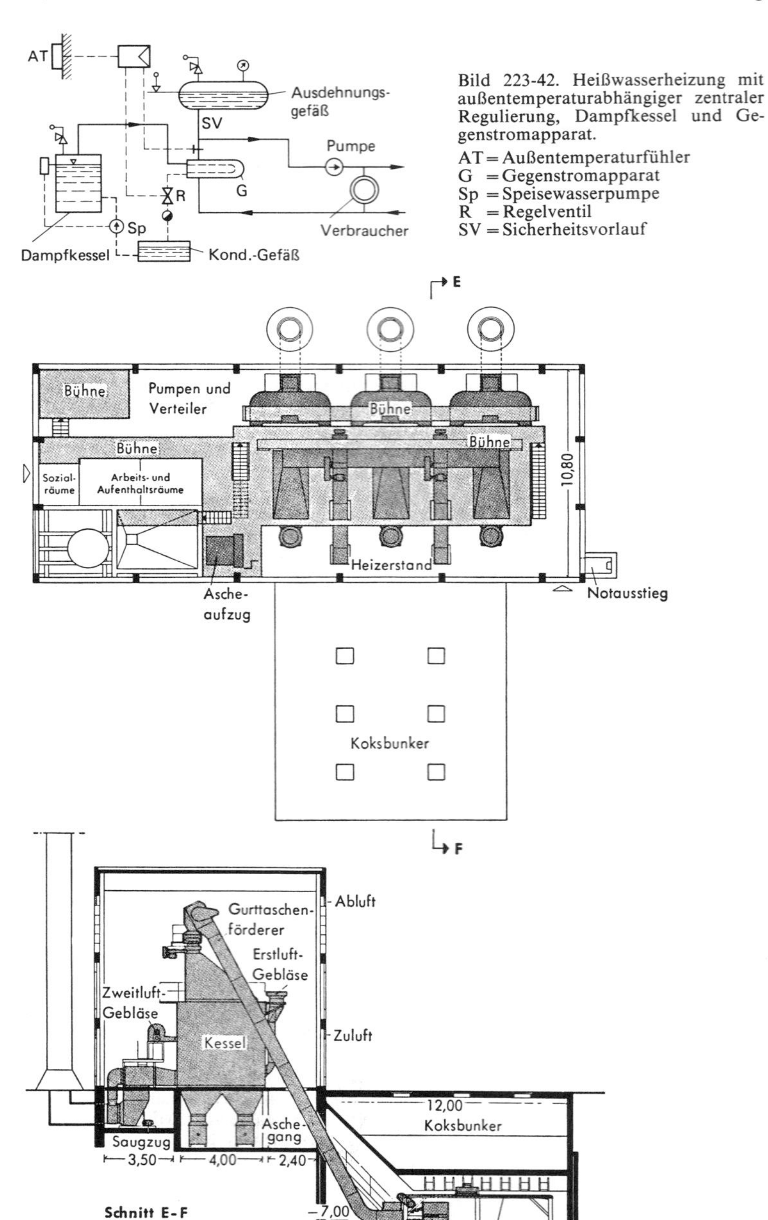


Bild 223-42. Heißwasserheizung mit außentemperaturabhängiger zentraler Regulierung, Dampfkessel und Gegenstromapparat.

AT = Außentemperaturfühler
G = Gegenstromapparat
Sp = Speisewasserpumpe
R = Regelventil
SV = Sicherheitsvorlauf

Bild 223-45. Kesselhaus eines Heizwerkes von 17,4 MW Heizleistung mit Koksfeuerung, Grundriß und Schnitt.

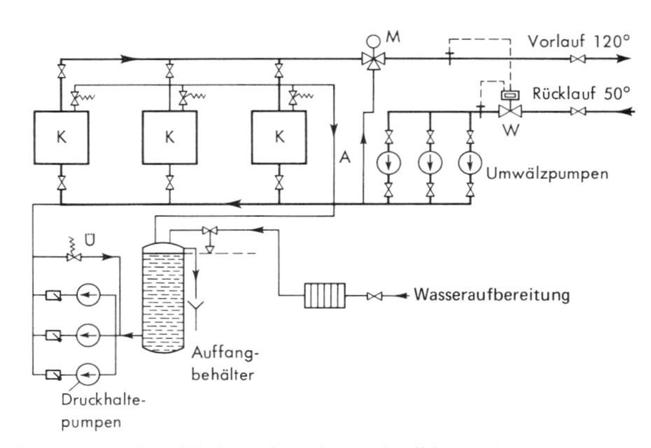


Bild 223-46. Vereinfachtes Wärmeschaltbild des Heizwerkes nach Bild 223-45.
A = Ausdehnungsleitung, K = Kessel, M = Mischventil, W = Wärmemengenzähler, Ü = Überströmventil

*Beispiel* eines modernen Kesselhauses mit drei Heißwasserkesseln und Koksfeuerung für eine Siedlung von etwa 2000 Wohnungen siehe Bild 223-45 u. -46.

Drei automatische Großkessel von je 5,8 MW Leistung. Kesselvorlauf 130 °C konstant. 2-Leiter-System für Heizung und Warmwasser. Vorlauftemperatur im Netz durch Mischventil geregelt nach Außentemperatur von 120 °C bis 70 °C. Rücklauf nicht unter 50 °C.

Je Kessel ein Schornstein, Koks im Bunker vor Kesselhaus gelagert, Vorrat für etwa 4 Tage. Förderung in die Kessel durch Gurtbänder und -taschen. Asche sammelt sich unter den Kesseln und wird von Zeit zu Zeit in einen Aschesilo gefördert.

Druckhaltung im Netz durch drei Druckhaltepumpen auf 50 m Wassersäule (5 bar Überdruck). Bei Drucküberschreitung fließt Wasser durch Überströmventil in Wasserauffangbehälter. Drei Umwälzpumpen. Heißwasser strömt direkt in die Heizkörper.

## -23 Rohrsysteme

Für die Wärmeverteilung verschiedene Rohrnetze möglich:

Beim *Zweileitersystem* eine Vorlauf- und eine Rücklaufleitung. Meistgebrauchtes System.

Bild 223-48 zeigt die Rohrführung bei einer reinen Heißwasserheizung 130/110 °C mit *Gebäudeanschlüssen*. Es sind zwei (oder mehr) Heizkessel vorhanden, die Heißwasser von 130 °C konstant erzeugen. Druckhaltung durch Stickstoff. Das Heizwasser für die Raumwärme wird den verschiedenen Gebäuden durch Heißwasserpumpen zugeführt. Vorregelung durch Außenthermostat. In den Gebäuden jeweils normale Warmwasserheizungen in geschlossener Bauart.

Zentrale Brauchwasseranlage mit einem (oder mehreren) Warmwasserspeichern. Regler begrenzt die Brauchwassertemperatur auf 55 °C. Besondere Pumpen für den Kesselhaus-Kreislauf.

Beim *Dreileitersystem* eine Vorlaufleitung mit konstanter Temperatur für die Betriebswärme (Industriewärme für Fabrikation), eine zweite Vorlaufleitung mit veränderlicher Temperatur für Heizung und eine gemeinsame Rücklaufleitung.

Beim *Vierleitersystem* 2 Vorlauf- und 2 Rücklaufleitungen.

Wahl des bestgeeigneten Systems hängt von dem Verhältnis Heizwärme:Betriebswärme ab.

Bild 223-50 zeigt das Rohrleitungsschema einer Industrie-Heißwasseranlage mit 4-Leitersystem.

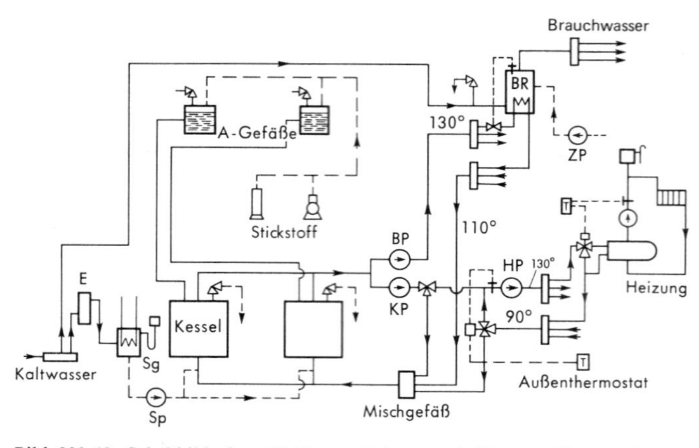


Bild 223-48. Schaltbild einer Heißwasserheizung mit Hausanschlüssen durch Gegenstromapparate (Umformer) und mit zentraler Brauchwasserbereitung.

BP = Brauchwasserpumpe
E = Entsalzer
HP = Heizungspumpe
MV = Mischventil
KP = Kesselumwälzpumpe
Sg = Speisewassergefäß
Sp = Speisewasserpumpe
BR = Brauchwassererwärmer (Speicher)
ZP = Zirkulationspumpe
T = Außenthermostat

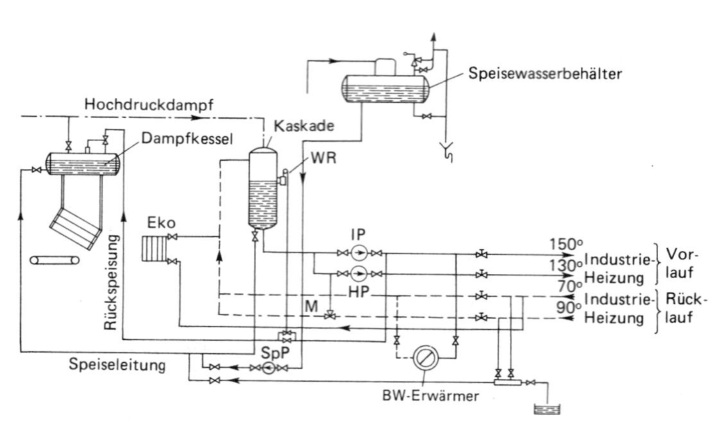


Bild 223-50. Leitungsschema einer Industrie-Heißwasseranlage mit Hochdruckdampfkessel, Kaskade und Warmwasserbereiter, 4-Leiter-System.

HP = Heizungspumpe
M = Mischventil
WR = Wasserstandsregler
JP = Industriepumpe
SpP = Speisewasserpumpe
Eko = Ekonomiser (Rücklaufvorwärmer)

Der im Hochdruckdampfkessel erzeugte Dampf wird in einer Kaskade in Heißwasser von 150 °C umgeformt. Das Heißwasser wird einerseits für industrielle Wärmeprozesse mit konstanter Temperatur verwendet, andererseits dient es mit je nach der Außentemperatur veränderlicher Vorlauftemperatur zur Heizung, wobei die geringere Temperatur durch Beimischung von Rücklaufwasser erfolgt. Vom Kesselhaus gehen also 2 Vorlaufleitungen ab, je eine für Industrie- und Heizungswärme. Ebenso kehren 2 Leitungen zurück.

## -24 Vor- und Rücklauftemperaturen

Die Wahl der Vorlauftemperatur hängt in Industriebetrieben von den bei den Wärmeverbrauchsstellen geforderten Temperaturen ab, z. B. in Wäschereien 130 bis 160 °C, in Gummi- und Kabelwerken 155 bis 160 °C usw. Nach Möglichkeit wird man eine Vorlauftemperatur von 183 °C nicht überschreiten, um noch die bis Nenndruck PN 10 und DN 200 zulässigen gußeisernen Absperrorgane benutzen zu können.

Bei reinen Heizanlagen wird die Vorlauftemperatur je nach der Witterung in weiten Grenzen geändert.

Die meisten Heizwerke arbeiten mit max. Temperaturen von 120···140 °C. Bei direktem Anschluß der Verbraucher ist in der Hauszentrale eine Beimischeinrichtung vorzusehen, bei indirektem Anschluß ein getrennter Sekundärkreislauf mit eigener Umwälzpumpe. Bei Heizkraftkopplung Rücklauftemperatur möglichst tief, um höhere Stromausbeuten zu erhalten.

Temperaturdifferenz zwischen Vorlauf und Rücklauf je nach Anlage sehr verschieden, z. B. 160/80 °C oder 150/90 °C u. ä. In Heizwerken häufig 130/70 °C oder 110/50 °C.

Grundsätzlich ist die Differenz möglichst groß anzustreben, da dabei das Heiznetz billiger und der Energieverbrauch der Pumpen geringer wird.

## -25 Pumpen

Heißwasserumwälzpumpen sind Sonderkonstruktionen, bei hohen Wassertemperaturen mit gekühlten Lagern. Einbau im Vorlauf und Rücklauf möglich. Im Rücklauf geringere Temperaturbeanspruchung. Druckverhältnisse im Netz überprüfen. An keiner Stelle darf der Druck geringer sein als der zur Wassertemperatur gehörende Sättigungsdruck, sonst Dampfbildung und Wasserschläge.

Antrieb fast immer durch Elektromotore, manchmal, wenn Abdampf vorhanden, auch durch Dampfturbinen. Reservepumpe erforderlich. Bei geringerem Wärmebedarf, z. B. im Sommer, Pumpe mit kleinerer Leistung.

Anordnung der Pumpe im Vorlauf oder Rücklauf, bei großen Anlagen zwei Pumpen, eine im Vorlauf, die andere im Rücklauf. Anordnung im Vorlauf bedeutet Druckerhöhung. Anordnung im Rücklauf Druckverringerung im ganzen Netz gegenüber dem Ruhedruck.

*Drehzahlregelung* der Pumpen verbessert das Betriebsverhalten bei Teilbelastung.

## -26 Speicher

Kurzzeitige Wärmespitzen können durch den Wasserinhalt des Heiznetzes selbst aufgenommen werden, ohne daß die Verbraucher durch die schwankende Wassertemperatur wesentlich gestört werden. Falls Großwasserraumkessel vorhanden sind, kann auch durch Herabsetzen des Druckes Wärme freigesetzt werden. Z. B. werden bei Druckminderung von 5 auf 4 bar je m$^3$ Wasser rd. 33 000 kJ frei (≙ 9 kWh).

*Mittelbare Wassererwärmung.* In Zeiten geringer Belastung wird Brauchwasser erwärmt. Bei Erwärmung von 10 auf 70 °C können je m$^3$ Wasser 250 000 kJ (≙ 70 kWh) gespeichert werden.

*Verdrängungsspeicher.* Ausführung wie Bild 223-20 bei der Warmwasserfernheizung. Speicher verringern die Anlagekosten, wenn der Spitzenbedarf an Wärme durch sie gedeckt wird.

Beim Be- und Entladevorgang auf gleichmäßige Strömungsgeschwindigkeiten im Speicher achten.

### -27 Druckverteilung im Netz[1])

Bei der Projektierung der Anlage ist darauf zu achten, daß an keiner Stelle des Netzes der Druck geringer wird als der Sättigungsdruck des Wassers, da sonst Dampfbildung eintritt (Wasserschläge, Rohrschäden). Im ungünstigsten Fall sollte der Druck 0,5 bis 1,5 bar über dem Verdampfungsdruck sein.

Bei *Kesseln mit Dampfraum* herrscht im Kessel ein durch die Wassertemperatur gegebener Druck. Nach der Heißwasserentnahme möglichst bald Zumischung von kälterem Rücklaufwasser. Pumpe möglichst im Vorlauf.

Bei *Kesseln ohne Dampfraum* mit getrenntem Gas- oder Dampfpolster sind Dampfdruck und Netzdruck unabhängig voneinander, daher leichtere Anpassung. Der Pumpendruck wird heute meist sehr hoch gewählt, um große Entfernungen zu bewältigen, häufig 10 bar und mehr. Druckverteilung in einem ausgedehnten Heißwassernetz mit Hausanschlüssen für verschieden hohe Häuser siehe Bild 223-52.

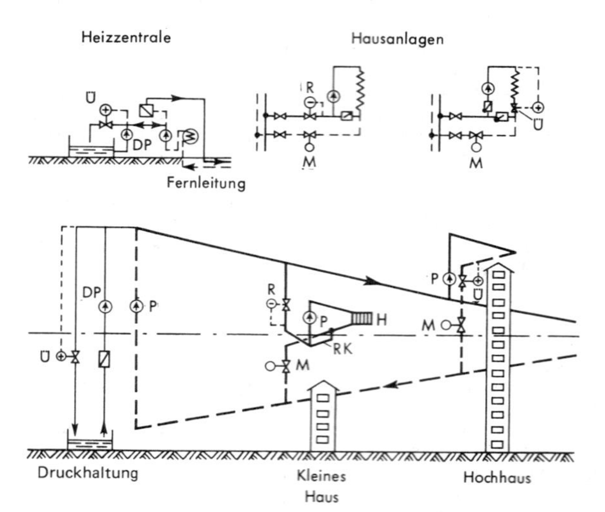


Bild 223-52. Druckdiagramm einer Heißwasserfernheizung mit Gebäudeanschlüssen.
H = Heizkörper, M = Mengenbegrenzer, R = Reduzierventil, RK = Rückschlagklappe, DP = Druckdiktierpumpe, P = Pumpe, Ü = Überstromventil

Da der Differenzdruck zwischen Vorlauf- und Rücklaufleitung namentlich in der Nähe der Wärmezentrale groß ist, muß er in den Hausanschlüssen durch Reduzierventile verringert werden, da Normalradiatoren nur mit 4 bar Überdruck belastet werden können. Sind Häuser angeschlossen, deren Höhe größer ist, als dem Druck in den Fernleitungen entspricht, sind besondere Maßnahmen erforderlich: Druckerhöhungspumpen mit Überströmventil oder Wärmeaustauscher mit getrenntem Sekundärkreis.

### -28 Hausstationen[2])

Das Fernheizwasser kann entweder unmittelbar (direkt) in das Hausnetz geleitet werden oder bei hohen Temperaturen im Fernheiznetz mittelbar (indirekt) über Wärmeaustauscher.

*Unmittelbarer Hausanschluß* ist nur möglich, wenn die Heizkörper im Gebäude gegen Drucküberschreitung gesichert sind. Dies ist bei Industrieheizungen ohne weiteres der

[1]) Nehring, G.: Ges.-Ing. 3/74. S. 76/82.
Burkhardt, W.: HLH 2 und 3/74. S. 47/50 und 85/90.
[2]) Literaturangaben siehe Abschnitt 223-18.

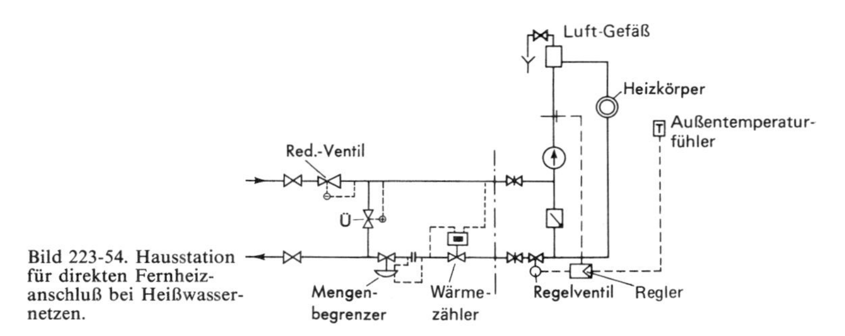


Bild 223-54. Hausstation für direkten Fernheizanschluß bei Heißwassernetzen.

Fall, wenn druckfeste Luftheizer, Konvektoren usw. als örtliche Heizkörper verwendet werden. Aber auch Wohnungen werden heute meist direkt angeschlossen, wobei normale Zentralheizungsanlagen mit Luftgefäß, jedoch ohne Ausdehnungsgefäß zur Anwendung kommen. *Vorteile:* einfache Übergabestation, keine Ausdehnungsgefäße und Druckhalteeinrichtungen in den Gebäudeheizungen.

Zum einwandfreien Betrieb des Netzes und der Hausstation gehören dabei folgende Armaturen in jede *Hausanschlußstation* (Bild 223-54):

1. Druckreduzierventil, um den hohen Netzdruck vom Hausnetz fernzuhalten;
2. Sicherheitsventil für den Fall des Versagens des Reduzierventils;
3. Hauptabsperrventile in den Anschlußleitungen des Fernheiznetzes;
4. Hauptabsperrventile in der Vorlauf- und Rücklaufleitung des Hausanschlusses;
5. Mengenbegrenzer, um die vom Abnehmer entnommene Wassermenge ($m^3/h$) auf einen max. Wert festzulegen und größere Entnahme zu verhindern;
6. Temperaturregelung mit Thermostat in der Vorlaufleitung abhängig von der Außentemperatur;
7. Wärmemengenzähler zur Abrechnung der entnommenen Wärme[1]);
8. Entlüftungs- und Entleerungshähne, Manometer, Thermometer, Schmutzfänger u.a.

Bei gleitender Vorlauftemperatur im Fernheiznetz können Temperaturregler u.U. entfallen.

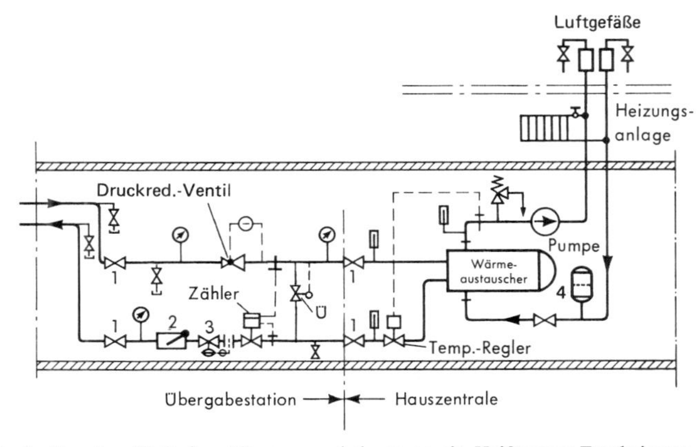


Bild 223-56. Indirekter Anschluß einer Warmwasserheizung an ein Heißwasser-Fernheiznetz. 1 = Absperrventil, 2 = Rückschlagorgan, 3 = Wassermengenbegrenzer, 4 = Membrangefäß

[1]) Wärmemengenzählung (Übersicht). FWI 1/87.

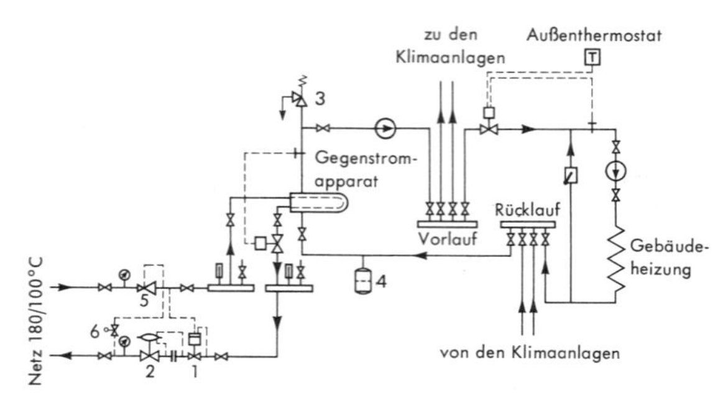


Bild 223-58. Indirekter Anschluß einer Gebäudeheizung an ein Heißwassernetz mit zusätzlichen Klimaanlagen.
1 = Wärmemengenzähler, 2 = Mengenbegrenzer, 3 = Sicherheitsventil, 4 = Membrangefäß, 5 = Druckminderer

Bild 223-59. Fernwärme-Kompaktstation (Samson).

*Indirekter Hausanschluß* erfolgt unter Verwendung von Wärmeaustauschern, wobei sowohl Warmwasserheizungen als auch Dampfheizungen in den Gebäuden in üblicher Bauweise angeschlossen werden können. Vorteilhaft ist die Trennung zwischen Fernheiz- und Hausnetz, nachteilig der Temperaturgefälleverlust und die eigene Heizwasseraufbereitung.

Bild 223-56 zeigt einen Hausanschluß Heißwasser-Warmwasser.

Im Fernheiznetz-Vorlauf Absperrventil und Druckreduzierventil, im Rücklauf Heizwassermengenbegrenzer, Wärmemengenzähler und Temperaturregelventil. Heizwasserumlauf im Haus durch Schwerkraft oder Pumpe.

Bild 223-58 zeigt den Anschluß eines größeren Gebäudes an das Fernheiznetz.

Neuerdings werden für kleine und mittlere Anschlußwerte industriell gefertigte *Fernwärme-Kompaktstationen*[1]) geliefert (Bild 223-59). Durch den geringeren Montageaufwand ergibt sich eine wesentliche Verbilligung der Anschlußkosten. Aufstellung entweder durch Heizungsfirma oder EVU[2]).

## -29 Sicherheitsvorschriften[3])

Nach der *Dampfkesselverordnung* vom 27.2.1980 werden die Kessel wie folgt eingeteilt:

1. Landdampfkesselanlagen,
2. Schiffsdampfkesselanlagen,

---

[1]) AGFW-Merkblatt 5/19: Anforderungen an Kompakt-Hausstationen.
Paulmann, R.-D.: Fernwärme 2/84. S. 53/61 und HLH 10/86. S. 519/21.
[2]) Paulmann, R.-D.: FWI, 2/87. S. 73/8.
[3]) Laska, L., u. A. Schumacher: BWK 6/80. S. 231/41.

und es werden 4 *Gruppen von Dampfkesseln* unterschieden:

Gruppe I: Dampfkessel mit einem Wasserinhalt $\leqq$ 10 l,
Gruppe II: Dampfkessel mit einem Wasserinhalt > 10 l,
Gruppe III: Dampfkessel mit einem Wasserinhalt > 10 und $\leqq$ 50 l,
Druck $p > 1$ bar Überdruck, Temp. $\vartheta > 120\,°C$, $p \cdot \vartheta \leqq 1000$,
Gruppe IV: alle übrigen Dampfkessel.

*Wasserinhalt* ist

1. bei Dampfkesseln, bei denen ein niedrigster Wasserstand festgesetzt ist, die Wassermenge beim niedrigsten Wasserstand;
2. bei Dampfkesseln, bei denen ein niedrigster Wasserstand nicht festgesetzt ist, die Wassermenge, die der Dampfkessel aufzunehmen vermag.

Bei Dampfkesseln der Gruppe I beträgt der Wasserinhalt mindestens ein Fünftel der Wassermenge, die der Dampfkessel aufzunehmen vermag. Bei Heißwassererzeugern bleibt der Anteil der Wassermenge in den getrennt angeordneten, nichtabsperrbaren Druckausdehnungsgefäßen und in den Leitungen zu diesen bei der Ermittlung des Wasserinhalts unberücksichtigt.

Zulässiger Betriebsüberdruck ist der höchste Dampfdruck oder Wasserdruck, mit dem der Dampfkessel betrieben werden darf, vermindert um den atmosphärischen Druck.

Zulässige Vorlauftemperatur ist die höchste Wassertemperatur am Vorlaufabgang des Kessels, mit der der Dampfkessel betrieben werden darf.

Zusätzlich gelten
die Druckbehälterverordnung vom 27. 2. 1980 (z. B. für Speisewasservorwärmer, Ausdehnungsgefäße u. a.);
die Technischen Regeln für Dampfkessel (TRD), die laufend ergänzt werden (aufgestellt vom Deutschen Dampfkessel- und Druckgefäß-Ausschuß (DDA));
die DIN 4752 (1.67), Sicherheitstechn. Anforderungen > 110 °C.

Alle Kessel müssen einen Ausdehnungsraum entweder im Kessel selbst oder in einem besonderen Ausdehnungsgefäß haben. Auch eine Speisevorrichtung ist vorgeschrieben, ferner mindestens ein Sicherheitsventil, Fabrikschild, Vorlaufthermometer. Die Ausführungsart der Sicherheitseinrichtungen für die verschiedenen Kesselanlagen geht aus Bild 223-60 a–f hervor.

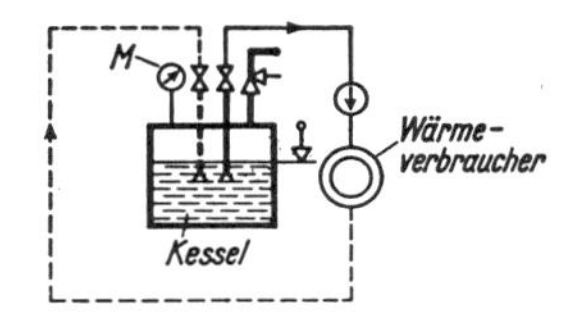


Bild 223-60a. Heißwassererzeuger mit Ausdehnungsraum im Kessel, direkt beheizt, zusätzliche Vorrichtungen:
Speiseleitung, Sicherheitsventil,
Sicherung gegen Rückströmen,
Wasserstandsanzeige und -marke
M = Manometer

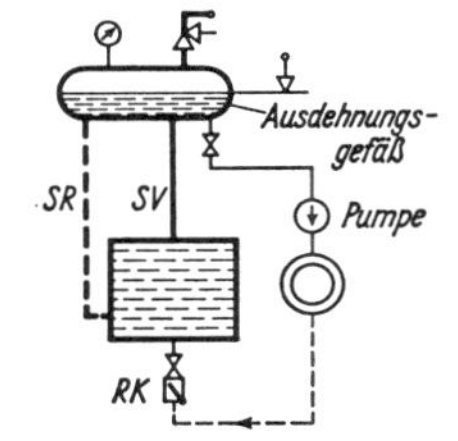


Bild 223-60b. Heißwasserkessel mit hochliegendem unabsperrbarem Ausdehnungsgefäß, direkt beheizt. Sicherheitsvorlauf- und SR-Leitung. Evtl. auch nur eine Leitung.

Wasserstand und Druck müssen vom Kesselbedienungsstand beobachtet werden können, evtl. Fernübertragung.

Bei absperrbarem Ausdehnungsgefäß (mehrere Kessel mit gemeinsamem Ausdehnungsgefäß) Sicherheitsventil an Kesseln und Ausdehnungsgefäß.

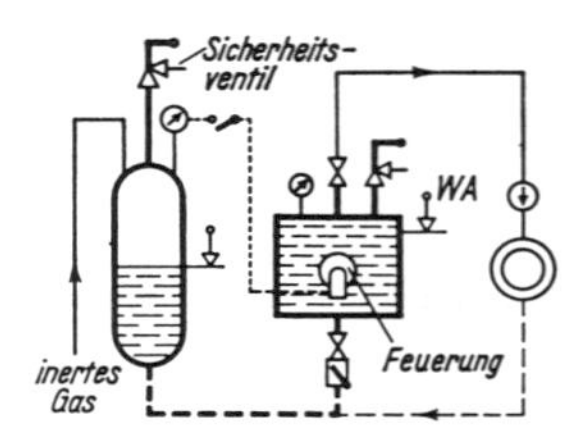


Bild 223-60c. Gaspolsteranlage. Heißwassererzeuger mit tiefliegendem Ausdehnungsgefäß und Gaspolster. Bei Zusammenbruch des Gaspolsters selbsttätiges Abstellen der Feuerung.

Ausdehnungsgefäß absperrbar oder unabsperrbar.

WA = Wasserstandsanzeige

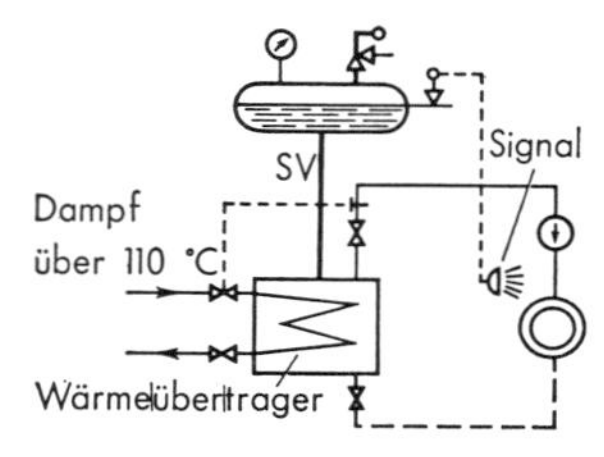


Bild 223-60d. Heißwassererzeuger indirekt mit Dampf über 0,5 bar Überdruck oder Wasser über 110 °C beheizt (Gegenstromapparate). Für Wärmeübertrager und Ausdehnungsgefäße gilt die Druckbehälterverordnung vom 27.2.80. Sicherheitsleitungen nach DIN 4751 – Blatt 1. Im allgemeinen eine Sicherheitsleitung ausreichend.

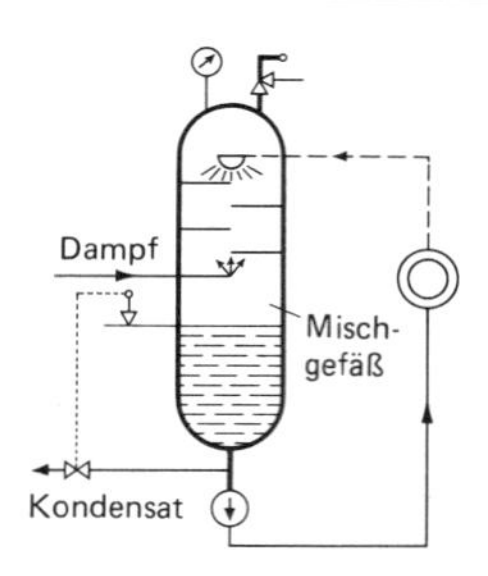


Bild 223-60e. Heißwassererzeuger direkt mit Dampf über 0,5 bar Überdruck oder Wasser über 110 °C beheizt (Kaskaden, Mischgefäße). Für Mischgefäße gilt die Druckbehälterverordnung vom 27.2.80. Sicherheitsventil, Manometer, Wasserstandsvorrichtung, Wasserstandsregler müssen vorgesehen werden.

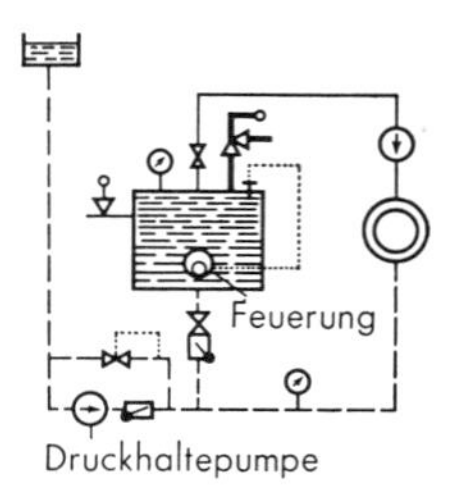


Bild 223-60f. Heißwassererzeuger mit Druckhaltepumpe. Druckloses Ausdehnungsgefäß mit Wasserstandsanzeige. Sonstige Ausrüstungsteile ähnlich den anderen Kesseln.

## -3 DAMPF-FERNHEIZUNGEN

### -31 Allgemeines

Von Dampfkesseln gelieferter Dampf wird bei kleinen Anlagen im allgemeinen mit Drücken von 2 bis 3 bar, bei großen mit max. 12 bar in das Fernleitungsnetz geschickt, während das Kondensat durch Kondensatpumpen zum Kesselhaus zurückgeführt wird. Dampf früher ausschließlich zur Fernleitung der Wärme verwendet, heute wegen der besseren Anpassungsfähigkeit an die Außentemperatur ersetzt durch Heißwasser. Dampfanteil heute etwa 18%. Bei Neuanlagen wird Dampf heute nur noch für Industriewärme verwendet.

*Vorteile* gegenüber der Heißwasserheizung:

Überbrückung großer Entfernungen ohne Pumpen (jedoch Abfall des Dampfdrucks);
geringere Anlagekosten;
einfache Umformung des Hochdruckdampfes auf Niederdruckdampf und Warmwasser;
einfache Wärmemengenmessung;
bequeme Kopplung mit Kraftbetrieben.

*Nachteile:*

Schwierige Kondensatwirtschaft;
Korrosionsschäden in den Kondensatleitungen;
verhältnismäßig geringe Stromausbeute bei der Heizkraftkopplung;
keine zentrale Temperaturregelung möglich;
schlechte Leistungsbegrenzung;
größere Wärmeverluste.

*Verwendung* namentlich dann, wenn von den Verbrauchern große Dampfmengen für Betriebszwecke benötigt werden.

Schema einer Dampffernheizung mit Kraftwerk und Hausanschlüssen Bild 223-62.

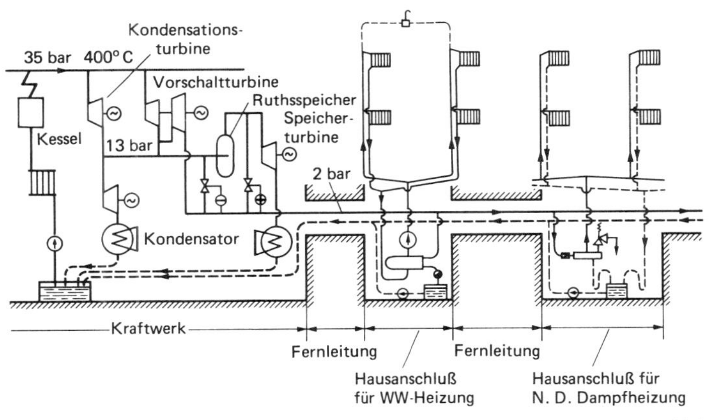


Bild 223-62. Schaltbild einer Dampffernheizung mit Heizkraftwerk, mit einem Hausanschluß für Warmwasserheizung und einem Hausanschluß für Niederdruckdampfheizung.

## -32 Dampferzeugung

Als *Frischdampf* in Dampfkesseln beliebiger Bauart, ferner als *Entnahme- oder Abdampf* von Dampfkraftmaschinen. Das aus dem Heiznetz zurückkehrende Kondensat muß sorgfältig aufbereitet werden. Bei Großanlagen daher manchmal auch Trennung der Dampfkreisläufe durch Zwischenschaltung eines Verdampfers. Nachteil: Geringeres Druckgefälle.

## -33 Rohrleitungen

Im Gegensatz zu Wassernetzen müssen die Rohrleitungen bei Dampfnetzen immer mit *Gefälle* verlegt werden, damit das durch Wärmeverluste sich bildende Kondensat möglichst in Richtung des Dampfstromes abgeführt werden kann. Gefälle bei mit dem Dampf gleichsinniger Strömung etwa 1:1000, bei ungleichsinniger Strömung 1:50.

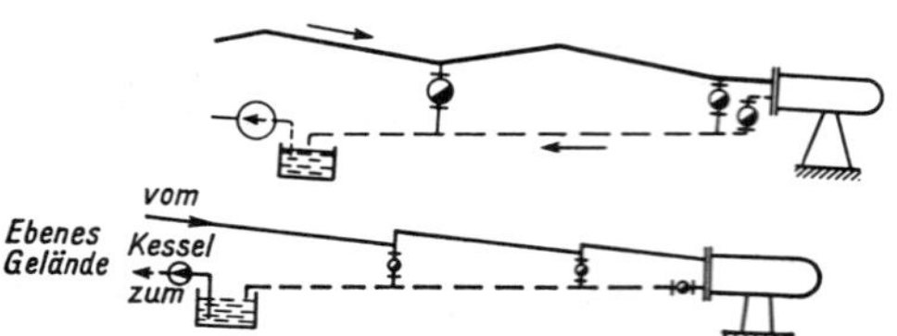


Bild 223-64. Entwässerung von Ferndampfleitungen.
Oben: zickzackförmige Verlegung
Unten: sägeförmige Verlegung

Lange Leitungen müssen säge- oder zickzackförmig verlegt werden, Entwässerung durch Kondensatableiter an der tiefsten Stelle (Bild 223-64). Kondensatleitung meist nicht isoliert. Festpunkte an geeigneten Stellen. Wärmedehnungen werden aufgefangen durch Dehnungsausgleicher. Kontrollschächte alle 50 bis 100 m. Weiteres über Rohrleitungen siehe Abschn. 223-4.

### -34 Druckverteilung im Netz

Höhe des Anfangsdruckes und des zulässigen Druckverlustes muß individuell festgelegt werden.

*Heizwerke,* die nur Wärme für Raumheizung liefern, arbeiten meist mit Drücken von 3···6 bar.

*Heizkraftwerke* arbeiten mit Kesseldrücken bis 80 bar (180 bar) und Überhitzung.

Deckung der Heizspitzen durch Frischdampf; Turbinengegen- bzw. Entnahmedruck möglichst niedrig, um hohe Stromausbeute zu erhalten.

Den Abnehmern wird meist ein Mindestüberdruck von 0,5···1,0 bar garantiert. Bei *Industriewerken,* die vorwiegend Dampf verbrauchen, sind häufig auch mehrere Druckstufen erforderlich.

Die Dampfentnahme der verschiedenen Verbraucher ist völlig unterschiedlich und läßt sich nicht von vornherein berechnen. Der Dampfdruck im Netz verändert sich daher dauernd. Zur Sicherstellung der garantierten Wärmeleistung daher *Drucküberwachung* an mehreren Netzpunkten erforderlich und danach Steuerung des Anfangsdruckes automatisch mittels Regler oder per Hand.

### -35 Kondensatwirtschaft

Das Kondensat, das in den Rohrleitungen und bei den Verbrauchern anfällt, kann entweder zum Kessel zurückgeführt oder in die Entwässerung (max. zul. Temperatur beachten!) abgeleitet werden.

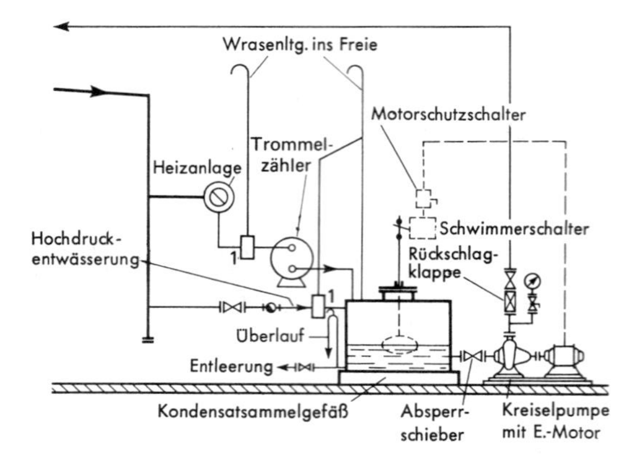


Bild 223-66. Typische Kondensatpumpenstation eines Hausanschlusses.
1 = Entlüftungsgefäß

**-351 Natürliches Gefälle**

für Kondensatrückführung selten möglich.

**-352 Kondensatpumpe**

bei jedem Verbraucher fördert Kondensat in gemeinsame Sammelleitung. Typische Ausführung Bild 223-66.

Alles Kondensat wird zum Kondensat-Sammelgefäß geleitet. Größe ausreichend für die max. Kondensatmenge, die in etwa einer Stunde anfällt. Pumpe wird durch Schwimmer gesteuert. Bemessung der Pumpe für 1,5···2fachen max. stündl. Kondensatanfall. Kondensatgefäß mit Überlaufleitung, Wrasenabzug und Entwässerung. Falls möglich, kann Kondensat von mehreren Verbrauchern auch in einer *Blockstation* gesammelt werden, dadurch weniger Pumpen erforderlich.

*Abwärmeverwertung* durch Ausnutzung der Wrasen- und Kondensatwärme siehe Abschn. 184.

**-353 Geschlossener Kondensatkreislauf**

Kondensat wird durch den Dampfdruck zum Kessel zurückgefördert. Nur bei mittelbaren Wärmeaustauschern oder Dampfumformern möglich. Keine Verschmutzung des Kondensats und keine Sauerstoffaufnahme. Regelung durch Kondensatanstau. Kein Kondenstopf, Messung durch Kolbenzähler.

**-354 Keine Kondensatrückführung**

Diese Methode ist besonders in Heizwerken der USA üblich. Fortfall jeder Kondensatwirtschaft, jedoch im Kesselhaus große Wasseraufbereitungsanlage erforderlich. Das Kondensat wird vor Ableitung in die Kanalisation zur Vorwärmung des Wassers der Brauchwasserbereitung benutzt und dabei gekühlt.

**-355 Wärmeabrechnung**

Zur Abrechnung des Wärmebezuges wird die anfallende Kondensatmenge über (Kolben- oder Trommel-)Zähler geführt.

Rohrleitungssystem so aufbauen, daß das gesamte Kondensat den Zähler durchlaufen muß.

## -36 Leistungsbegrenzung

Um das Heiznetz nicht durch Spitzenentnahmen von einzelnen Verbrauchern zu stören, sind in manchen Heizwerken Leistungsbegrenzer in Gebrauch.

*Dampfmengenbegrenzer* in der Dampfleitung begrenzen das durchströmende Dampfvolumen. Druck vor Begrenzer muß durch Druckreduzierventil konstant gehalten werden.

*Kondensatmengenbegrenzer* werden in der Kondensatleitung zwischen Wärmeaustauscher und Kondensatpumpe eingebaut. Sie enthalten eine oder mehrere Düsen, die nur eine bestimmte Wassermenge hindurchlassen. Es sind auch Differenzdruckregler in Gebrauch.

Sicherung der im Rückstau liegenden Kondensatgefäße gegen Kondensatverlust (Überlaufen).

## -37 Speicherung

Dampfnetz hat im Gegensatz zum Wassernetz praktisch keine Speichermöglichkeit. Daher zur Befriedigung von Wärmespitzen Speicher erforderlich. Zwei Bauarten:

*Gefällespeicher* (Ruthspeicher)

Bei Dampfüberschuß wird Dampf in den Speicher geleitet, bei Dampfmangel wird er an das Fernheiznetz abgegeben.

*Gleichdruckspeicher*

Bei Dampfüberschuß wird Heißwasser auf Vorrat erzeugt und im Speicher so lange aufbewahrt, bis Dampfbedarf (Druckabfall) eintritt.

Weiteres über Speicher siehe Abschn. 183.

## -38 Hausstationen[1])

### -381 Anschluß einer Niederdruckdampfheizung

Die Heizanlage kann direkt über Reduzierventil oder indirekt über Verdampfer angeschlossen werden.

*Direkter Anschluß* (Bild 223-68)

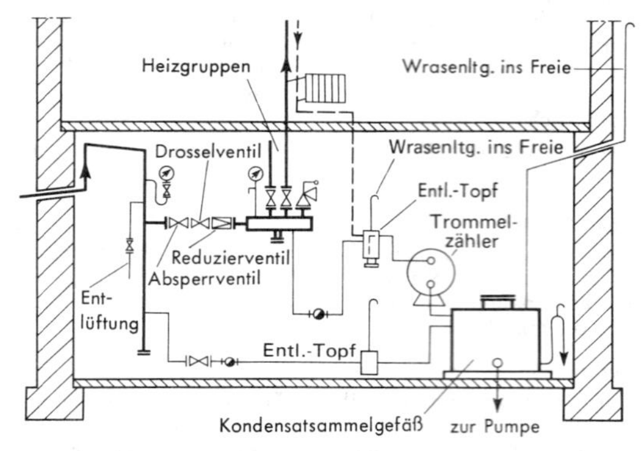


Bild 223-68. Hausstation Hochdruckdampf–Niederdruckdampf mit direktem Anschluß.

Dampf strömt über Absperr- und Reduzierventil zum Verteiler für die angeschlossenen Verbraucher. Am Verteiler Sicherheitsventil oder Standrohr. Kondensat fließt über Entlastungstopf und Meßgerät zum Sammelgefäß. Verfahren zwar billig, jedoch Kondensatrückführung nicht immer vollständig gesichert. Eventuell auch Verschmutzung des Kondensats.

Ferndampf wird in einem Verdampfer in Niederdruckdampf umgeformt. Geschlossene Kreisläufe für Fern- und Heizdampf.

*Indirekter Anschluß* (Bild 223-70)

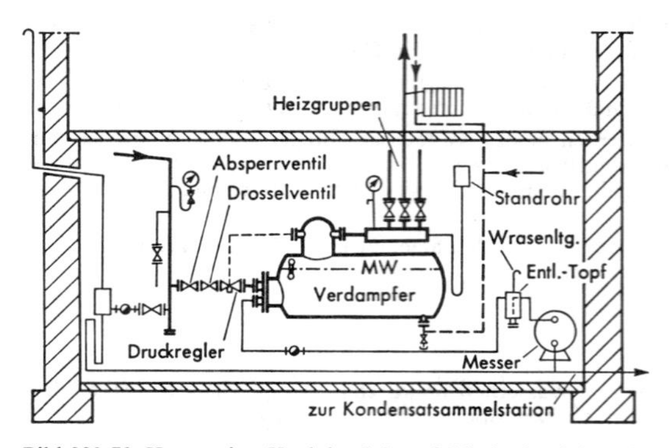


Bild 223-70. Hausstation Hochdruckdampf–Niederdruckdampf mit Umformer.

Keine Kondensatverschmutzung im Fernheiznetz, daher günstiger als direkter Anschluß. Dampfzufuhr gesteuert von Druckregler im Niederdrucknetz oder Regelung durch Kondensatstau.

[1]) Hausanschlüsse an Fernwärmenetze, Technische Richtlinien der AGFW, 4. Auflage 1986. DIN 18012 (6.82): Hausanschlußräume; Planungsgrundlagen.

**-382 Anschluß einer Warmwasserheizung** (Bild 223-71)

Ferndampf wird durch Wärmeaustauscher, meist Gegenstromapparat, in Warmwasser umgeformt. Heizwassertemperatur wird durch Temperaturregler gesteuert. Fühler in Warmwasservorlauf und in der Außenluft, Regelventil in Dampfleitung.

Kondensat kann zur besseren Ausnutzung seiner Wärme sowie Verhinderung der Nachverdampfung in einem *Kondensatkühler* bis auf etwa 50 °C gekühlt werden. Wärmeverwendung entweder für die Warmwasserheizung oder besser für die Brauchwassererwärmung.

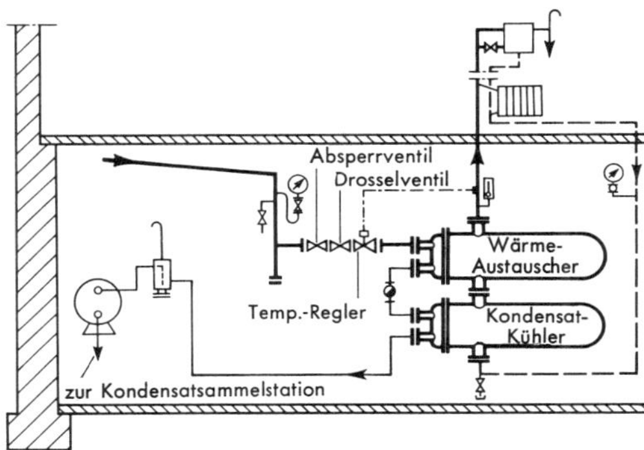


Bild 223-71. Hausstation Hochdruckdampf–Warmwasser.

**-383 Anschluß einer Brauchwassererwärmung**

Ausführung ähnlich wie bei der Warmwasserheizung.

*Direkte Wassererwärmung:*

Brauchwassererwärmer (Boiler) enthält Spezialarmatur mit Dampfeinleitung. In Dampfleitung Reduzierventil und Sicherheitsventil. Temperaturregler zur Regelung der Zapfwassertemperatur. Sicherheitsvorschriften nach DIN 4753 T. 1 (E. 2.86). Nicht möglich bei Anschluß an die öffentliche Wasserversorgung.

*Indirekte Wassererwärmung:*

Brauchwasserbereiter (Boiler) enthält Heizschlange oder Erwärmung des Brauchwassers in separaten Wärmeaustauschern. Sicherheitsvorschriften nach DIN 1988 (1.62).

## -39 Sicherheitsvorschriften

Die Dampfkesselanlagen der Fernheizung unterliegen den Vorschriften der *„Dampfkesselverordnung“* von 1980 und den „Technischen Regeln für Dampfkessel“ (TRD). Erleichterungen für Herstellung und Betrieb sind unter gewissen Bedingungen möglich, siehe Abschn. 223-29 sowie TRD 602, 603 und 604.

*Niederdruck-Dampfanlagen* sind nach DIN 4750 (8. 65) mit einem Standrohr oder baumustergeprüften Sicherheitsventil auszurüsten, siehe Abschn. 222-21.

# -4 FERNHEIZLEITUNGEN[1])

Das Verteilungsnetz zur Fortleitung der Wärme vom Erzeugungsort bis zu den Abnehmern erfordert in der Fernwärmeversorgung *hohe Investitionen.* Die Netzbaukosten sind für die Wirtschaftlichkeit der Fernwärmeversorgung von entscheidender Bedeu-

[1]) Schmidt, W.: FWI 5/1975. S. 172/8.
Marheinecke, G.: HR 7/8 u. 9/1978.
Fernwärme Heft 1/1980.
Ziegler, K.: FWI 9/1980. S. 268/74.
Fink P., u. M. Klöpsch: FWI 1/1981. S. 13/15.
Klöpsch, M., u. A. Schleyer: Fernwärme 6/83. S. 328/33.
Technische Richtlinien für den Bau von Fernwärmenetzen (AGFW). 4. Aufl. 1984.
Schleyer, A.: Fernwärme 6/84. S. 317/8.

tung, da ihr Anteil an den Gesamtkosten mehr als die Hälfte beträgt. Im Vergleich zur Erdgasversorgung sind die Investitionskosten um ein Vielfaches größer.

## -41 Verlegearten

Die Verlegungsart hängt von der Versorgungsaufgabe und den örtlichen Gegebenheiten ab, beispielsweise Bodenverhältnissen, Grundwasserstand, Oberflächenwasser, Straßenbefestigung, Kreuzungen von Verkehrsanlagen, vorhandenen Anlagen anderer Versorgungsunternehmen (Gas, Wasser, Entwässerung, elektr. Strom, Fernmeldeanlagen usw.), auch behördlichen Vorschriften, Schutz von Bäumen und Vegetationsflächen. Da die Einflüsse von Fall zu Fall verschieden sind, ist die wichtigste Forderung absolute Funktionssicherheit, denn Undichtheiten und Korrosionsschäden machen sich oft erst nach Jahren oder Jahrzehnten bemerkbar. Nachstehende Verlegearten und Bauweisen werden verwendet, soweit die Leitungen nicht in den Gebäuden selbst verlegt werden können.

### -411 Oberirdische Verlegung (Freileitungen)

Maste, Rohrbrücken oder Betonsockel auf Industriegrundstücken oder ähnlichen (Bild 223-74). In der Regel mit nennenswerter Kostenersparnis verbunden.

### -412 Begehbare Rohrkanäle

Leichte Montage der Leitungen und Wärmedämmung sowie gute Wartungsmöglichkeit, jedoch aufwendige Tiefbauarbeiten, daher selten verwendet (Bild 223-75).

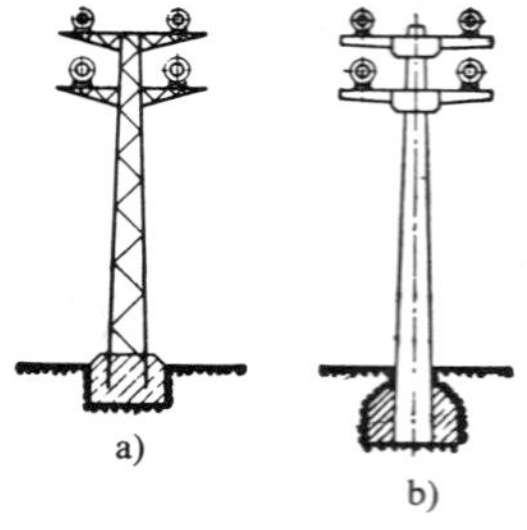


Bild 223-74. Maste für Ferndampfleitungen.
a) Eisenmast, b) Betonmast

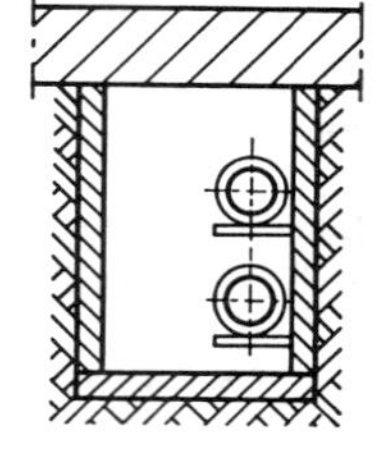

Bild 223-75. Begehbarer Heizkanal.

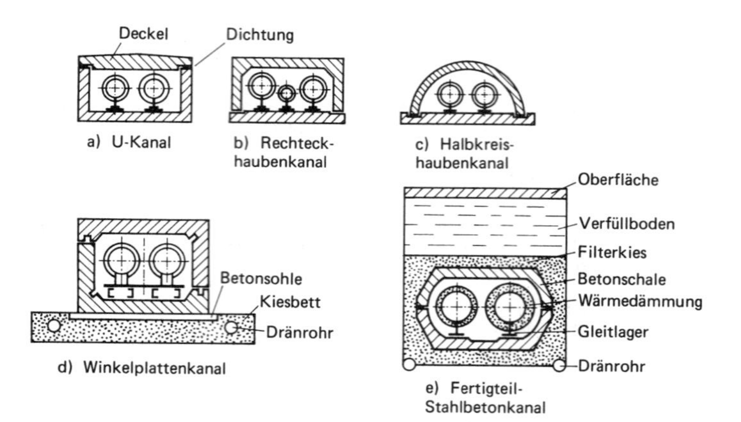


Bild 223-77a-e. Profilkanäle für Fernheizleitungen.

**-413 Profilkanäle (nicht begehbare Rohrkanäle)**

Sie bestehen in der Regel aus Wanne und Deckel oder Sohle und Haube. Verschiedene Formen (Bild 223-77 a–e):

U-Kanal, Rechteck- u. Halbkreishaubenkanal, Winkelplattenkanal, Halbschalenkanal u. a. Je nach Ausführung waagerechte Lagerfuge, verschieden hoch. In Gebieten mit hohem Grundwasserstand oder Schichtenwasser nur U-Kanal, Kanäle in der Regel aus wasserundurchlässigem *Stahlbeton.* Dehnungsfugen vorsehen. Seitenwangen geringer Bauhöhe auch aus Klinkermauerwerk mit armierter Betonsohle und Deckel. Kostensenkung durch serienmäßig im Betonwerk hergestellte *Fertigteile,* auch für Schächte möglich. Sorgfältige Ausbildung der dauerelastischen und temperaturbeständigen *Abdichtung* der Lager- und Stoßfugen ist erforderlich. Eingedrungenes Wasser muß abgeführt werden können (Sohlengefälle, Dränrohr). Einzelne Systeme in Verbindung mit Entwässerungs- und Belüftungsschächten.

Zugängige *Schachtbauwerke* für die Bedienung und Wartung von Absperrungen in Haupt- und Abzweigleitungen, Entlüftungen und Entleerungen, Kompensatoren mit Schachtabdeckungen versehen.

*Normung* der Haubenkanäle in DIN 18178 (5.72).

Der lichte Querschnitt der Kanäle muß so gewählt werden, daß die mit Wärmedämmung versehenen Rohrleitungen sich in Längs- und Querrichtung entsprechend der Wärmedehnung bewegen können und untereinander und von den Kanalwänden ausreichenden Abstand haben.

**-414 Kanalfreie Verlegeverfahren**

-1 *Stahlmantelrohre* (Bild 223-78)

Das Mediumrohr wird in einem mit äußerem Korrosionsschutz versehenen *Stahlschutzrohr* verlegt. Zwischen beiden Rohren die Wärmedämmung. Korrosionsschutz durch Bituminierung und bitumengetränkte Glasvlieswickel, außen gekalkt, in Sonderfällen auch Polyäthylenumhüllung. *Wärmedämmung* mit Kalziumsilikat-Halbschalen oder Segmenten, auch wasserabweisenden Steinwolleschalen. An Lagerstellen und *Festpunkten* ist die thermische Trennung des Mediumrohres vom Schutzrohr erforderlich, die sich einstellende Temperatur darf nicht den Korrosionsschutz gefährden und dadurch die Lebensdauer beeinträchtigen. Werksseitig vorgefertigt in Standardlängen von 12 bzw. 16 m. Absperrarmaturen, Abzweige, Entlüftungen und Entleerungen in Stahlschächten einbaufertig montiert. Zusätzlich kathodischer Korrosionsschutz. Stahlmantelrohre einschließlich Schächten mit einer zentralen Melde- und Ortungsanlage überwachbar. Das System ist evakuierbar und wird überwiegend aus Gründen der Wärmedämmung unter *Vakuum* betrieben.

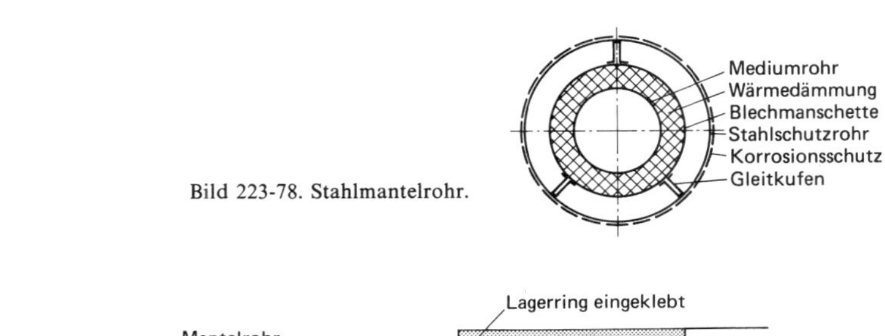


Bild 223-78. Stahlmantelrohr.

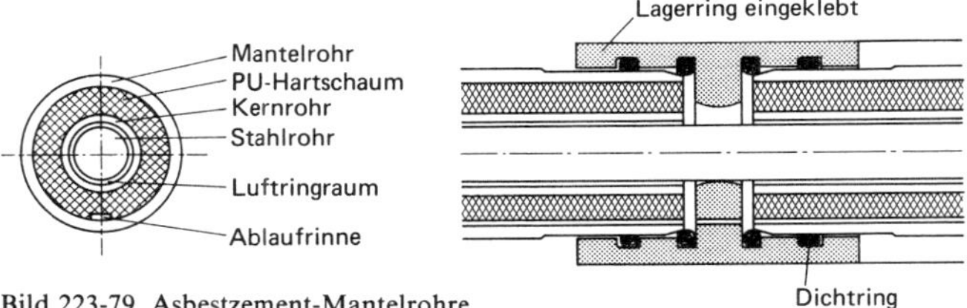


Bild 223-79. Asbestzement-Mantelrohre.
Links: Rohr; rechts: Kupplung

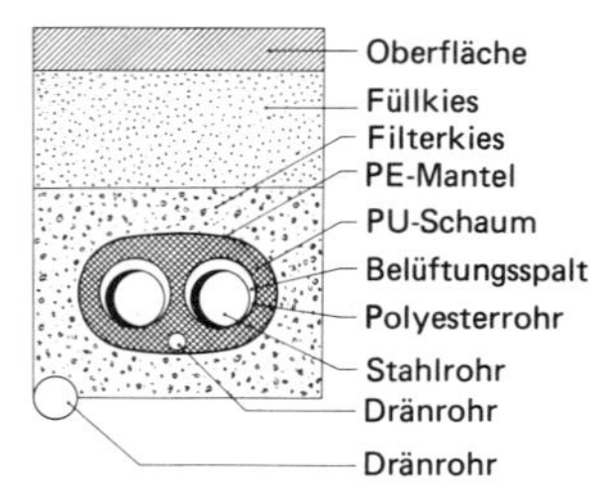


Bild 223-84. Kunststoffmantelrohre mit frei bzw. axial beweglichem Stahlmediumrohr.

-2 *Asbestzement (AZ)-Mantelrohr* (Bild 223-79)

mit werksseitiger PUR-Hartschaum-Wärmedämmung zwischen Mantelrohr und Kernrohr. Stahlrohre werden nachträglich eingezogen, Auflager in der Kupplung, Lieferlängen 4 bzw. 5 m. Für die Aufnahme seitlicher Bewegungen ovale Kernrohre. An Abzweigungen werden Formstücke oder AZ-Fertigteilschächte eingesetzt.

-3 *Kunststoffmantelrohre* mit frei beweglichem Stahlmediumrohr (Bild 223-84)

Fertigteilelemente mit Polyäthylen (PE)-Außenmantel (3–5 mm dick), mit inneren glasfaserverstärkten *Polyester-Schutzrohren* und Wärmedämmung aus hartem *Polyurethan (PUR)-Schaum*. Doppelrohrelemente mit einem inneren Dränagerohr versehen. Auch Einrohr- und Vierrohrelemente in Standardlängen von 12 m. Als Verlegesystem mit Bogen- und Abzweigstücken, Mauerdurchbruch- und Festpunkthülsen, Expansionselementen für seitliche Wärmedehnungen. Mediumleitungen werden eingezogen und verschweißt. Verbindung und Abdichtung der einzelnen Elemente durch Schrumpfmuffen aus vernetztem PE-Material. Für Fernheizleitungen ≦ DN 200 verwendbar.

*Vorgefertigte Bauteile* für Fernheizleitungen ≦ DN 250 mit Polyäthylen-Mantelrohr und PUR-Hartschaumdämmung. Die mit einer Gleitschicht versehenen Stahlrohre ermöglichen das Gleiten gerader Rohrstücke in der Dämmschicht bei temperaturbedingten Längenänderungen. Die Dehnung wird in mit elastischem PUR ausgeschäumten Formteilen mit größerem Mantelrohrdurchmesser (L-Z- u. U-Dehnungsausgleich) oder eingeschäumten Axialkompensatoren aufgenommen. Die Schweißnähte werden mit PUR-Halbschalen, über die ein geschlitztes PE-Rohrstück gestülpt wird, gedämmt und mit Dichtungsbahn und Schrumpfmuffe abgedichtet. Für das System werden Bogen und Abzweigstücke, Reduzierstücke, Gebäudeeinführungen und Festpunkte geliefert. Leckwarn- und Ortungsanlage möglich. Standardlänge gerader Rohrstücke 6 m.

-4 *Kunststoffmantelrohr-Verfahren* in Verbundbauweise

Aufbau wie Bild 223-85, Stahlmediumrohr mit PE-Außenmantel durch PUR-Hartschaum *kraftschlüssig* verbunden. Längenänderungen können durch in L-Z- oder U-Form verlegte *Dehnstrecken,* die mit elastischen Dehnungspolstern versehen werden müssen, aufgenommen werden. Durch thermische Aufheizung auch dehnungslose Verlegetechnik möglich. Im Lieferwerk eingeschäumte Bogen und Abzweigstücke, Reduzierstücke, Festpunkte, Absperrarmaturen und mit Abscherstiften vorgespannte Axial-Kompensatoren. Kontrollsysteme für Leckwarnung und Ortung. Verbindungsstellen

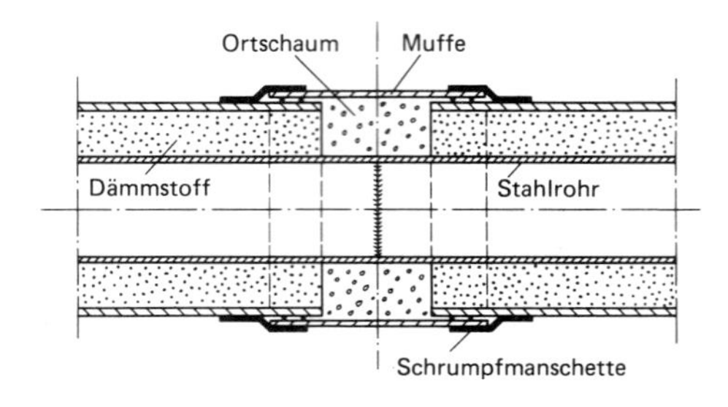


Bild 223-85. Kunststoffmantelrohr in Verbundbauweise.

werden durch PE-Überschiebmuffen geschlossen, fugenlos ausgeschäumt und mit Schrumpfmanschetten abgedichtet. Bei großen Nennweiten kommen Spezialmuffen zum Einsatz. Auf der Baustelle auszuschäumende Montagebogen und Abzweige sind möglich. Lieferlängen 6 bis 12 m für Fernheizleitungen bis DN 800, geeignet für Betriebstemperaturen bis max. +130 °C, Sonderausführungen bis max. +200 °C. Dieses System hat sich in der BRD bei neu verlegten Leitungen auf 58% Anteil erhöht, in Skandinavien auf über 80%.

-5 *Fernheizkabel*

Der Raum zwischen dem inneren endlos gewellten Mediumrohr aus rostfreiem Edelstahl (WStNr 1.4301) oder wahlweise aus Kupfer (SF–Cu) und dem ebenfalls gewellten Stahlmantelrohr ist mit flexiblem PUR-Hartschaum ausgeschäumt, mit Meldeadern für Überwachung und Fehlerortung. Äußerer Korrosionsschutz durch zweifache Polymentschicht mit PE-Schutzmantel. Selbst kompensierend, daher keine zusätzlichen Vorkehrungen für den Dehnungsausgleich erforderlich. Lieferung auf Kabeltrommeln in Längen von 250 bis 600 m (nennweitenabhängig). Einbettung in steinfreien Boden. Für Fernheizleitungen DN 25 bis DN 125, PN 16, max. 130 °C.

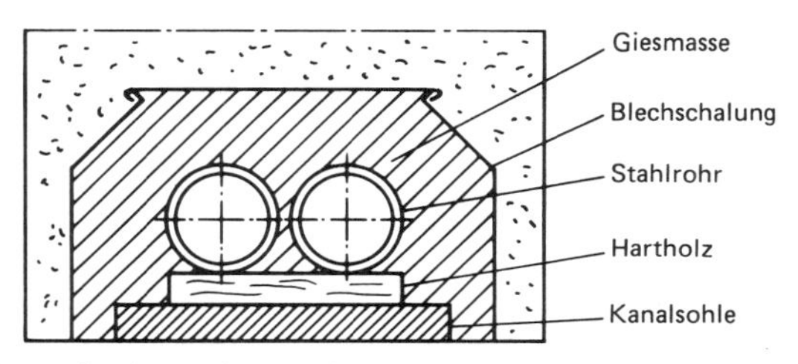


Bild 223-86. Kanalfreie Verlegung in Bitumendämmstoff.

-6 *Gießverfahren* (Bild 223-86)

Die Mediumrohre werden in einer *Blechschalung* auf einer Hartholzunterlage, die auf einem Spezialbitumenklotz aufliegt, verlegt. Abstand der Lager abhängig von der Nennweite. Führungslager und Festpunkte in Beton. Dehnungsausgleich durch natürliche Dehnungsschenkel, die Querbewegung der Heizleitungen soll 80 mm nicht überschreiten. Absperrarmaturen in Schächten. Abschottung der Schacht- und Gebäudeeinführungen notwendig. Bitumendämmstoff wird nach betriebsfertiger Verlegung der Heizleitungen eingebracht. Gießtemperatur 180 °C. Inbetriebnahme nach vollständiger Verfüllung und Verdichtung des Bitumendämmstoffes. Geeignet für Betriebstemperaturen bis +150 °C. Wärmeleitzahl (Mittelwert bei Mediumtemperatur +90 °C) 0,127 W/mK.

## -42 Rohrleitungen (Bild 223-88)

*Material* Gewinderohr nahtlos DIN 2441 bzw. DIN 2442, nahtloses Stahlrohr DIN 2448 bzw. ISO 4200, unlegiert nach DIN 1629 oder geschweißte Stahlrohre DIN 2458, unlegiert nach DIN 1626, Materialprüfung nach DIN 50049 (8.86), Druckstufen und zulässige Betriebsdrücke siehe DIN 2401, Wanddickenberechnung nach DIN 2413.

*Rohrverbindung* durch Schweißen, Schweißnahtvorbereitung nach DIN 2559, 2 Teile, Richtlinien für Schweißverbindungen DIN 8558 und DIN 8564.

Flanschverbindungen nur an zugänglichen Stellen für den Einbau von Absperrarmaturen. Gewindeverbindungen vermeiden.

*Armaturen* (Stahl, Stahlguß, Sphäroguß). Schließzeiten beachten: Druckstoßgefahr.

*Dehnung* der Rohrleitung muß durch geeignete Ausgleicher aufgenommen werden. Hierfür natürlicher Dehnungsausgleich (L-Z- u. U-Dehnungsstrecken) oder Gelenkkompensatoren, Gelenkstücke, Axialkompensatoren mit/ohne Druckentlastung. Unterstützung der Rohrleitungen durch wartungsfreie Gleitlager auf Gleitplatten, Rollen-, Walzen-, Kugellager nur an zugänglichen Stellen. Der sich aus der gewählten Unterstützungskonstruktion ergebende Reibungsbeiwert ist in der Rohrstatik zu berücksichtigen.

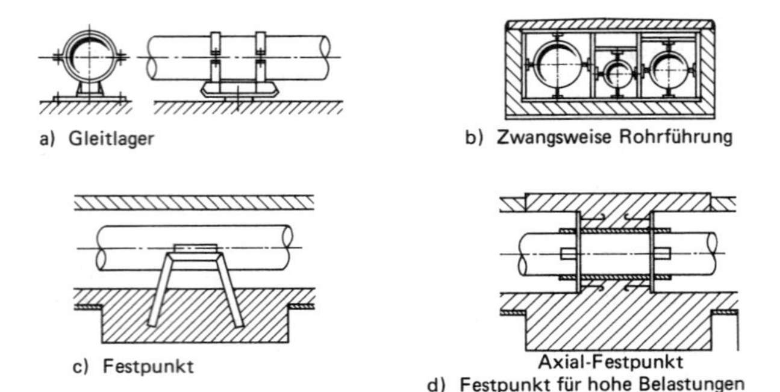


Bild 223-88 a–d. Beispiele für Gleitlager, Rohrführungen und Festpunkte für kanalverlegte Fernheizleitungen.

Messungen und Versuche haben ergeben, daß die Reibungsbeiwerte für Rohrlager höher anzusetzen sind als bisher in der Literatur angegeben. Rohrführungen und Festpunkte[1]) ebenfalls gemäß Rohrstatik. Korrosionsschutz erforderlich.

Fertig montierte Rohrstrecken sind einer Druckprobe mit Wasser ggf. Dampf zu unterziehen. Prüfdruck entsprechend dem zulässigen Betriebsüberdruck.

An den Hoch- und Tiefpunkten einer Fernheizleitung sind Entlüftungen und Entleerungen vorzusehen, die zugänglich sein müssen.

*Dampfleitungen* sind mit Gefälle zu verlegen, s. Abschn. 223-33. Das an den Tiefpunkten anfallende Kondensat ist über selbsttätige Kondensatableiter abzuführen. Absperrbare Entlüftungen.

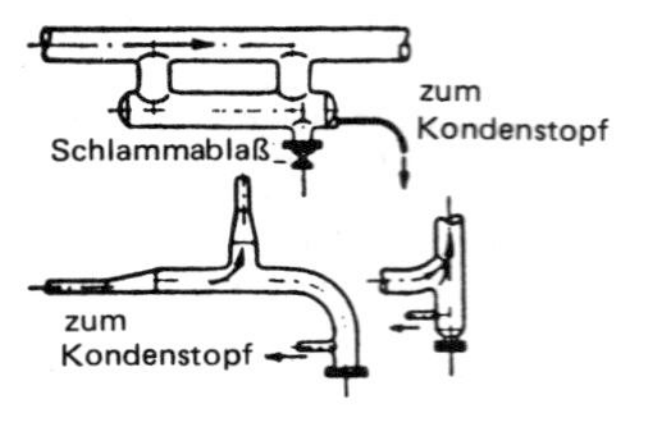


Bild 223-90. Ausführungsformen von Wasserabscheidern in Dampffernleitungen.

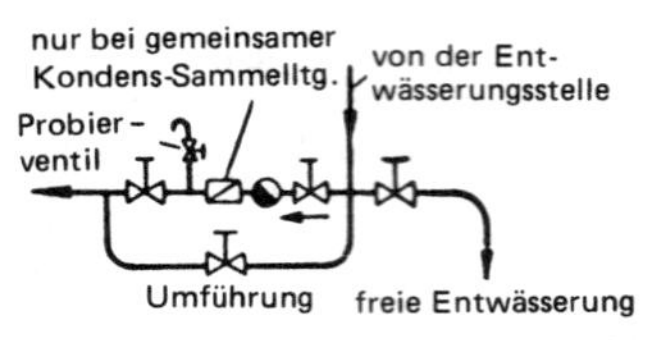


Bild 223-91. Schema einer selbsttätigen und freien Entwässerung.

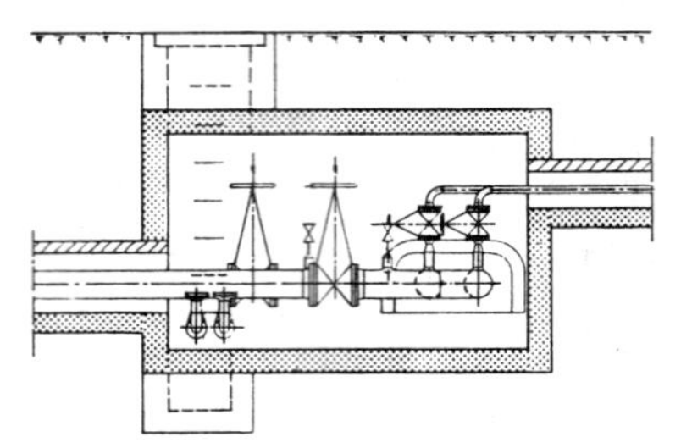

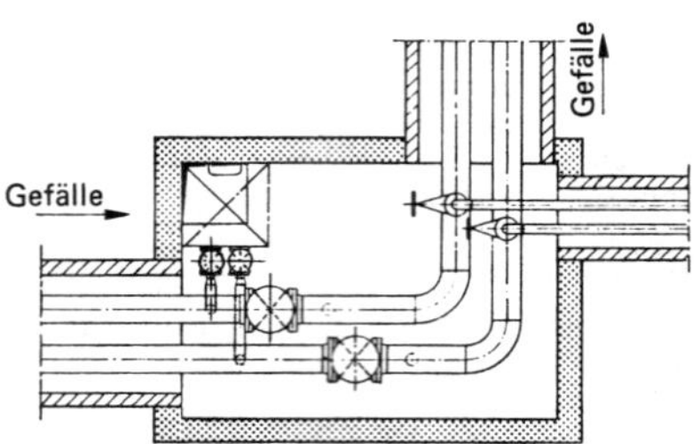


Bild 223-92. Einsteigeschacht (Eckschacht) mit Hauptabsperrungen, Abzweigleitungen, Entlüftungen und Entleerungen.

[1]) Caminada, R.: HR 3/72. S. 65/8.
Kromm, K.: Fernwärme 3/83. S. 126/38.

Einsteigeschächte (Bild 223-92) für die Wartung und Betätigung von Absperrarmaturen, Entlüftungen und Entleerungen (bei Ferndampfleitungen auch Entlüftung und Kondensatableitung) für den Betrieb und die Überwachung des Fernheiznetzes.

*Lecksuche*

Da bereits geringe Undichtheiten infolge Durchfeuchtung der Wärmedämmung zu Außenkorrosion der Heizrohre führen können, ist schnelle Ortung der Leckstellen wichtig. Dafür gibt es folgende Verfahren[1]):

Schallpegelmessung der Strömungsgeräusche durch die Leckstelle,
Oberflächentemperaturmessung durch infrarote Abstrahlung aus dem Netz,
Radioisotope im Heizwasser,
Frigenfüllung der Rohre oder des Zwischenraumes zwischen Rohr und Mantelrohr,
Kontrolldraht mit feuchtedurchlässiger Isolation.

### -43 Wärmedämmung

*Mineralfaserdämmstoffe* (Glas- oder Steinwolle) als Matten aus verzinktem Drahtgeflecht gesteppt, oder Schalen wasserabweisend imprägniert. Oberflächenschutz durch Bitumenpappe mit Bändern aus korrosionsfreiem Material (Ms 80 weich, Edelstahl) gehalten, Blechmantel aus Aluminium oder verzinktem Stahlblech. Matten so befestigen, daß sie nicht durchhängen können. *Kalzium-Silikat* als Schalen oder mehrteilige Segmente in Stahlmantelrohrsystemen. *PUR-Hartschaum* als Schalen oder Segmente. Für in Gebäuden verlegte Fernheizleitungen sind Dämmstoffe und Oberflächenschutz aus nicht brennbaren bzw. schwer entflammbaren Materialien auszuwählen (DIN 18421 und DIN 4102).

Armaturen, Flanschen, Kompensatoren werden mit abnehmbaren, mit Dämmstoff ausgekleideten, mehrteiligen *Blechkappen* versehen. Die Dämmstoffdicke wird nach wirtschaftlichen Gesichtspunkten unter Anwendung der VDI-Richtlinie 2055 „Wärme- und Kälteschutz“ ermittelt. Übliche Dämmdicken bei Rohren DN 200 für Vorlaufleitungen 50···100 mm, für Rücklaufleitungen 30···50 mm[3]).

Die *Wärmeverluste*[2]) neuzeitlicher Fernheizungen mit Heizwasser betragen etwa

bezogen auf die maximale Transportleistung .......................... 3··· 4%
bezogen auf die Wärmemenge .................................. 8···12%.

## -5 KOSTEN[3])

*Baukosten*

Je nach Größe der Anlage, Lage, Wärmeträger, Baugelände usw. stark schwankend.

Richtwerte 1987 für mittelgroße Heizwerke über 10 bis 40 MW Anschlußwert auf Öl- oder Gasbasis siehe Bild 223-95 und nachstehende Tabelle, jedoch große Abweichungen möglich:

| | |
|---|---|
| Heizwerk (Öl, Gas) | 250···190 DM/kW |
| Fernheiznetz einschl. Übergabestation | 200···380 DM/kW |
| Gesamtkosten (ohne Hausheizung) | 450···570 DM/kW |

Heizwerke auf Kohlenbasis sind wesentlich teurer, ebenso kleine Heizwerke. Aufteilung der Kosten des Fernheiznetzes in Abhängigkeit vom Rohrdurchmesser, siehe Bild 223-96. Von großer Bedeutung sind hierbei die Kosten für die Bauarbeiten (Erdarbeiten, Betonierung usw.), besonders bei ausgebauten Straßen. Profilkanal am teuersten, kanallose Verlegung preiswerter. Je nach den örtlichen Verhältnissen sehr große Unterschiede sowohl in den Teil- wie auch Gesamtkosten. Kosten des Netzes desto geringer,

[1]) Bartsch, D.: FWI 1/79. S. 2/5.
[2]) Zetiler, M.: Fernwärme 3/80. S. 170/9.
Gerke-Reineke, L.: Fernwärme 4/83. S. 224/31.
[3]) Hellmers, P.: Fernwärme 3/78. S. 91/3.
Peter, F., u. a.: Fernwärme 4/80. S. 248/55.
Fink, P., u. M. Klöpsch: FWI 1/81. S. 13/15.
Klöpsch, M., u. A. Schleyer: FWI 6/83. S. 328/33.
Winkens, H. P., u. a.: Fernwärme 5/76. S. 134/52 u. FWI 6/85. S. 277/85.

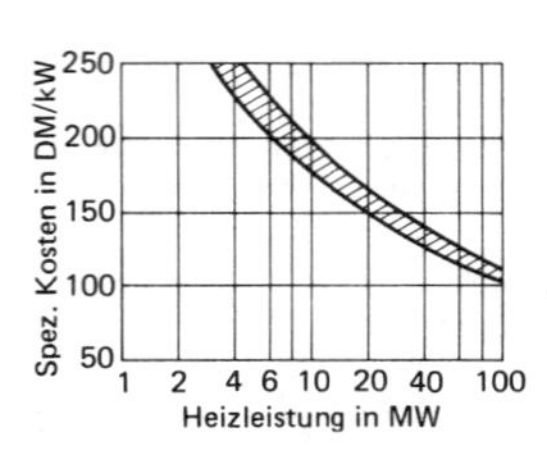


Bild 223-95. Spezifische Anlagekosten von Heizwerken mit Öl- oder Gasfeuerung (1987).

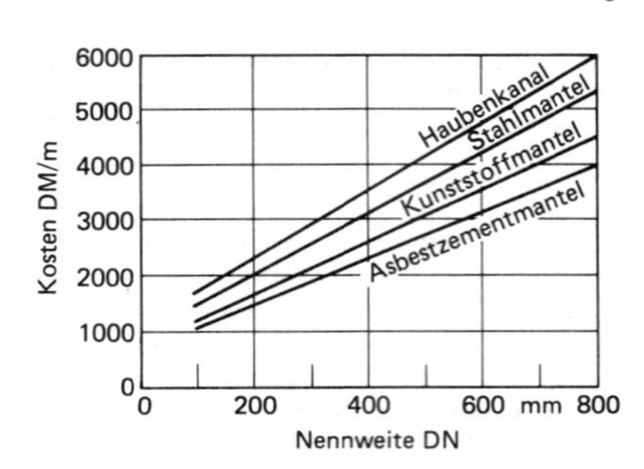


Bild 223-96. Ungefähre Kosten für Zweileiter-Heizwasserleitungen (1987).

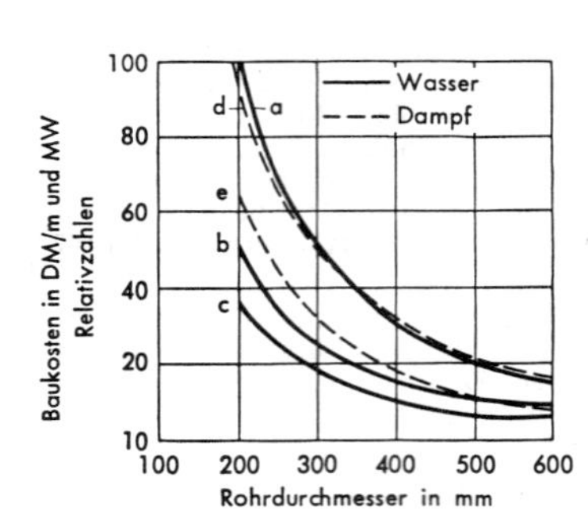


Bild 223-98. Relative Kosten von Fernheiznetzen (nach Stegemann).
a = Heizwasser $\Delta t = 20$ K
b = Heizwasser $\Delta t = 40$ K
c = Heizwasser $\Delta t = 60$ K
d = Dampfenddruck 0,5 bar Überdruck
e = Dampfenddruck 2,5 bar Überdruck

je größer die Temperaturspreizung, siehe Bild 223-98. Wirtschaftlichster Rohrdurchmesser muß von Fall zu Fall berechnet werden.

*Betriebskosten*

Sie bestehen aus folgenden drei Hauptgruppen:

20…30% Kapitalkosten (Abschreibung und Verzinsung),
60…70% Brennstoffkosten,
8…12% Nebenkosten (Bedienung, Reparaturen, Wasser-, Stromkosten usw.).

Die *Kapitalkosten* sind unabhängig von der Belastung der Anlage annähernd konstant (feste Kosten), während die *Brennstoffkosten* von der Belastung abhängig sind (bewegliche Kosten). Die Nebenkosten sind teils fest, teils beweglich. *Personalkosten* besonders hoch bei Anlagen mit ständiger Beaufsichtigung.

*Beispiel:*

Heizwerk von 5 MW Heizleistung für 1000 Wohnungen
Jährlicher Wärmeverbrauch 5 × 2000 = 10000 MWh
Anlagenkosten .......... 2,5 Mill. DM

| | | |
|---|---|---|
| Abschreibung und Verzinsung 10% | 250000 DM | ≙ 28% |
| Brennstoffkosten für Heizöl (1200 t à 400 DM) | 480000 DM | ≙ 54% |
| Personalkosten 1 Mann | 80000 DM | ≙ 9% |
| Instandhaltung 3% der Anlagekosten | 75000 DM | ≙ 9% |
| Wärmeselbstkosten | 885000 DM | ≙ 100% |

$$\frac{885\,000}{10\,000} = 88{,}50 \text{ DM/MWh}$$

Bei kleinen Werken steigen die Kosten stark, bei größeren werden sie geringer. Ebenso hat die Auslastung des Heizwerkes und der Brennstoffpreis einen großen Einfluß. Aus den Betriebskosten ermitteln sich die Kosten für die gelieferte Wärme.

*Beispiel:*

Bei einem max. Wärmebedarf in Wohnungen von 120 W/m² und bei 1500 Vollbetriebsstunden betragen die Heizkosten etwa

0,12 · 1500 · 0,0885 = 15,93 DM/m² Jahr.

Die Mieter zahlen für die Beheizung weniger, da die Kapitalkosten in der Wohnungsmiete enthalten sind.

# 224 Heizkraftwirtschaft[1])

## -1 ALLGEMEINES

Der *thermische Wirkungsgrad* $\eta$ von Kondensations-Dampfkraftwerken, die nur elektrischen Strom erzeugen, ist bekanntlich gering.

Der größte Teil der im Brennstoff enthaltenen Wärme geht in der Weise verloren, daß der Abdampf der Turbine im Kondensator mittels Kühlwasser verflüssigt wird und dabei bei geringer Temperatur nicht mehr ausgenutzt wird (Bild 224-1).

$$\eta = \frac{\text{in Arbeit umgesetztes Wärmegefälle}}{\text{Gesamtgefälle}} = \frac{h_1 - h_2}{h_1 - h_4} \approx 30 \cdots 40\%.$$

$h_1$ = Enthalpie bei Eintritt in die Maschine
$h_2$ = Enthalpie bei Austritt
$h_4$ = Enthalpie des Speisewassers

Das Wesen des *Heizkraftwerkes* (HKW) besteht nun darin, die im Abdampf enthaltene Verdampfungswärme nutzbar als *Heizwärme* zu verwenden. An die Stelle des Kondensators, der die Kühlwärme nutzlos in die Umwelt abführt, tritt der Wärmeverbraucher.

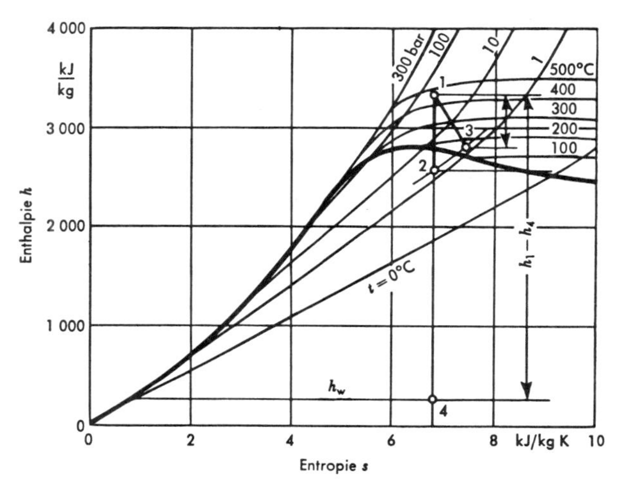


Bild 224-1. Dampfturbinenprozeß im $h, s$-Diagramm.

[1]) Winkens, H.-P.: Fernwärme 4/76. S. 123/8 und 5/76. S. 134/52.
Schenk, P.: Fernwärme 3/77. S. 58/60.
Techn. Mitteilungen Haus der Technik, Essen, Heft 2/1978.
Höhr, H.: Techn. Mitteilungen Essen 2/78. S. 61/70.
Jacoby, E.: HLH 10/80. S. 397/407.
Bald, A., u. J. K. Beer: Fernwärme 4/82. S. 201/9.
Neuffer, H.: BWK 4/84. S. 148/53.

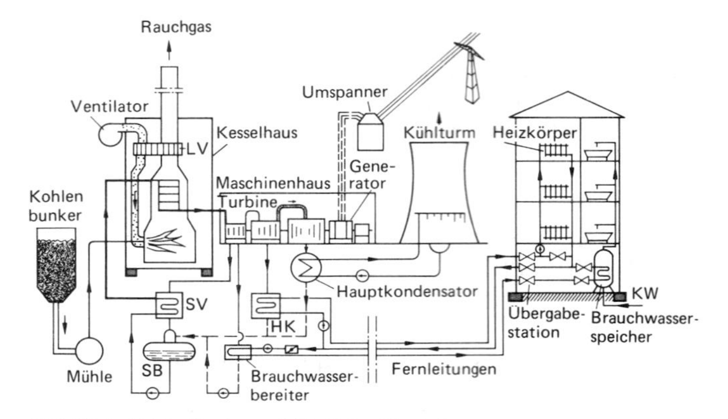


Bild 224-2. Heizkraftanlage mit Dreileiter-Fernheizung.
HK = Heizkondensator, KW = Kaltwasser, SV = Speisewasservorwärmer, SB = Speisewasserbehälter, LV = Luftvorwärmer

Das HKW erzeugt dabei also sowohl elektrischen Strom als auch Heizwärme in einem gekuppelten Prozeß *(Kraft-Wärme-Kopplung)*. Der Gesamtwirkungsgrad steigt dabei auf etwa 75···80% an, während er in den größten Hochdruckkraftwerken bei reiner Stromerzeugung nur etwa 38% beträgt. Schema einer Heizkraftanlage Bild 224-2.

Die *wirtschaftliche Bedeutung* liegt darin, daß infolge der besseren Wärmeausnutzung sich sowohl der elektrische Strom als auch die Heizwärme verbilligen.

Dazu kommt im Rahmen der allgemein angestrebten Energieersparnis der Vorteil, daß durch Heizkraftwerke in Verbindung mit überregionalen Fernwärmenetzen sehr erhebliche Mengen an *Primärenergie* eingespart werden können. Auch die Umweltbelastung durch Schadgase und Staub wird im Versorgungsgebiet wesentlich verringert. Je MWh Wärmeabgabe werden in modernen HKW etwa 200···400 kWh Strom erzeugt (Stromkennzahl), was bei einem Strompreis von 6 Pf/kWh eine Gutschrift von 12,– bis 24,– DM je MWh bedeutet. Gegenwärtig arbeiten nur etwa 10% der installierten Kraftwerksleistung mit Kraft-Wärme-Kopplung. Eine wesentliche Ausweitung von Fernwärmenetzen verursacht jedoch sehr erhebliche Kosten, so daß die Fernwärmeversorgung erst bei weiterer Steigerung der Ölpreise und evtl. bei Anschlußzwang der Abnehmer konkurrenzfähig wird. Hauptkonkurrent auf dem Wärmemarkt ist die Fernversorgung mit Erdgas.

Anwendung der HKW gegenwärtig ab etwa 50 MW Wärmeleistung, entsprechend Wohnsiedlungen von etwa 6000···7000 Wohnungen (mittlerer Wärmebedarf je Wohnung etwa 7,5 kW).

Erstes deutsches Heizkraftwerk 1925 in Berlin-Charlottenburg.

Wenn man die am Hauptkondensator in Bild 224-2 anfallende Wärme statt dem Kühlturm einer Wärmepumpe zuführt, spricht man von *Kaltwasser-* (oder *kalter*) *Fernwärme*. Siehe hierzu Abschnitt 224-33.

Übersicht wichtigster deutscher Heiz- und Heizkraftwerke siehe Tafel 224-1.

*Einteilung* der Heizkraftwerke:
Dampfturbinen-Heizkraftwerke
Gasturbinen-Heizkraftwerke
Blockheizkraftwerke.

## -2 STANDORT

Aus wirtschaftlichen Gründen möglichst in der Nähe der Verbraucher (im Wärmeschwerpunkt), Baukosten dabei am geringsten. Max. Entfernung 15···20 km. Neuerdings wird vorgeschlagen, das Rücklaufwasser extrem abzukühlen und auf eine Rücklaufleitung zu verzichten. Dadurch größere Reichweite möglich.

**Tafel 224-1. Fernwärmeversorgung in der Bundesrepublik 1985*) – Auswahl**
Stw. = Stadtwerke

| Spaltennummer | 1 | 2 | 3 | 4 | 5 |
|---|---|---|---|---|---|
| Spalte: Spalte | | | | 2 : 3 | 3 : 1 |
| Ort | Anschlußwert MW | Netzeinspeisung GWh/a | Höchstlast MW | Benutzungsdauer h/a | Belastungsverhältnis |
| Aachen, EVB-Fernwärme GmbH | 151,8 | 251 | 65,1 | 3856 | 0,43 |
| Berlin, BEWAG | 2303,7 | 4232 | 1356,4 | 3120 | 0,59 |
| Bielefeld, Stw. GmbH | 512,7 | 645 | 264,7 | 2437 | 0,52 |
| Braunschweig, Stw. GmbH | 602,0 | 886 | 334,5 | 2649 | 0,56 |
| Dinslaken, FwNR GmbH | 746,2 | 1265 | 425,8 | 2971 | 0,57 |
| Dortmund, VEW | 659,7 | 1789 | 765,8 | 2336 | 1,16 |
| Düsseldorf, Stw. AG | 561,5 | 996 | 349,8 | 2847 | 0,62 |
| Essen, Steag Fw. GmbH | 1200,2 | 2263 | 825,4 | 2742 | 0,69 |
| Flensburg, Stw. | 745,9 | 1250 | 371,0 | 3369 | 0,50 |
| Frankfurt/Main, Stw. | 727,3 | 1296 | 472,9 | 2741 | 0,65 |
| Hamburg, Favorit GmbH | 955,8 | 1305 | 510,0 | 2559 | 0,53 |
| Hamburg, HEW | 2521,6 | 4939 | 1393,3 | 3545 | 0,55 |
| Hamburg Helios, Fw.-Ges | 356,3 | 533 | 201,1 | 2650 | 0,56 |
| Hannover, Stw. | 609,9 | 1055 | 395,8 | 2665 | 0,65 |
| Kiel, Stw. AG | 816,4 | 1098 | 420,1 | 2614 | 0,51 |
| Köln, GEW-Werke AG | 789,4 | 1294 | 484,6 | 2670 | 0,61 |
| Mannheim, SMA | 1526,7 | 2411 | 836,5 | 2882 | 0,55 |
| München, Stw. | 2030,4 | 4239 | 1515,6 | 2797 | 0,75 |
| Oberhausen, Evgg. AG | 545,7 | 672 | 297,6 | 2258 | 0,55 |
| Saarbrücken, Sbg.-Fw | 521,4 | 805 | 273,9 | 2939 | 0,53 |
| Stuttgart, TWS | 830,0 | 1450 | 613,9 | 2362 | 0,74 |
| Wolsburg, Stw. AG | 488,0 | 772 | 296,1 | 2607 | 0,61 |
| Wuppertal, Stw. AG | 516,8 | 997 | 317,4 | 3141 | 0,61 |

*) Kröhner, P., u. Ruppert, K.: Hauptbericht der Fernwärmeversorgung 1985. FWI, 6/86. S. 383/93.

Jedoch zwingen andere Umstände wie Brennstoffzufuhr, Ascheentfernung, Frischwasserbeschaffung, Kühlturmanlage, Platzbeschaffung, ferner architektonische Rücksichten (Schornstein) und Umweltauflagen häufig zur Verlagerung der HKW an den Stadtrand.

Am *Stadtrand* häufig Möglichkeit, Industriebetriebe mit Wärme zu beliefern. Für wirtschaftlichen Betrieb des HKW ist eine gewisse *Wärmebedarfsdichte* erforderlich. Zahlen bei ausgeführten Anlagen hierfür sehr abweichend voneinander, von etwa 20···30 MW/km² für neue Siedlungen bis 40···100 MW/km² für Stadtkerngebiete. Die größte Wärmedichte (> 200 W/m²) weisen Stadtkerne auf, die geringste (< 20 W/m²) Einfamilienhaus-Siedlungen. Auch Heiznetzbelastung von 1···6 MW/km wird angegeben (Liniendichte). Vor Errichtung Wirtschaftlichkeit sehr genau prüfen. Verbilligung dadurch, daß der Spitzenbedarf der Heizwärme (ca. 40%) durch besondere Spitzenwerke, z. B. Gasturbinen, Ölkessel, Wärmespeicher u. a., gedeckt wird. Einfamilienhaussiedlungen werden zunehmend in Fernwärmekonzepte aufgenommen.[1])

## -3 DAMPFTURBINEN-HEIZKRAFTWERKE

Je nach der Art der Dampfentnahme für die Fernwärme unterscheidet man Gegendruck- oder Entnahmebetrieb. Nutzt man das Kühlwasser des Kondensators zu Heizzwecken, spricht man von Kaltwasser-Fernwärme oder kalter Fernwärme.

[1]) Bublitz, D.: PTB-Mitteilungen 92 – 2. 82 (Phys. Techn. Bundesanstalt).

## -31 Gegendruckbetrieb

Beim *Gegendruckbetrieb* (Bild 224-3 und -4) wird der gesamte aus der Niederdruckturbine strömende Abdampf zur Wärmeerzeugung verwendet. Kondensat wird zum Kessel zurückgeführt. Strom- und Wärmeerzeugung sind gegenseitig voneinander abhängig. Höhe des Gegendrucks abhängig von der Art der Verbraucher, bei Stadtheizungen mit Dampf als Wärmeträger 3···5 bar, bei Wasser als Wärmeträger je nach Wassertemperatur geringere Drücke, bei 90 °C Vorlauftemperatur z. B. 0,75 bar. Nachteilig ist die Abhängigkeit der elektrischen Leistung vom Wärmeverbrauch, vorteilhaft der geringe Anschaffungspreis.

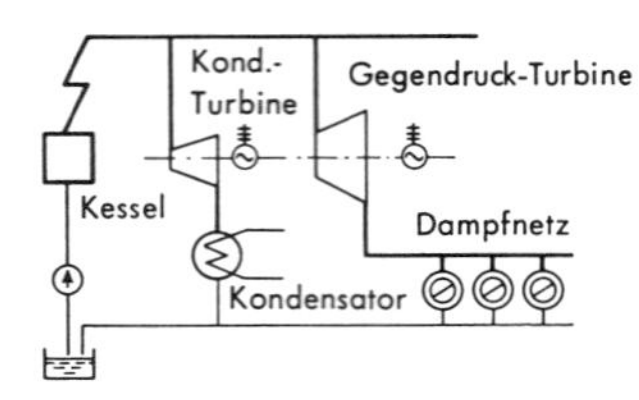


Bild 224-3. Heizkraftwerk mit Gegendruckturbine und Ferndampfnetz.

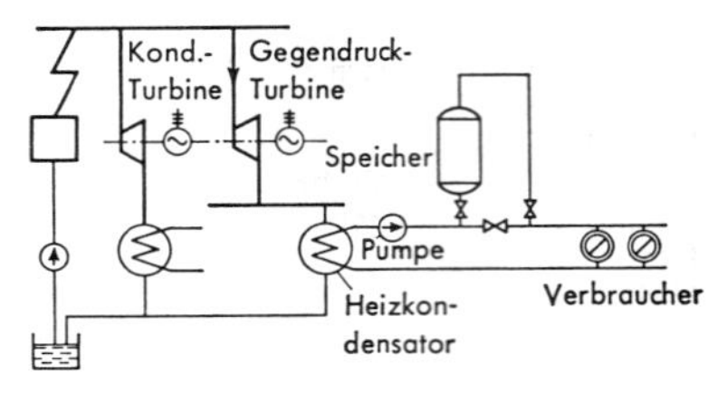


Bild 224-4. Heizkraftwerk mit Gegendruckturbine und Warmwassernetz.

Zur Deckung von *Wärmebedarfsspitzen* zweistufige Erwärmung mit Zusatz von Frischdampf, Bild 224-5:

1. Stufe Heizkondensator;
2. Stufe Frischdampf-Wärmeaustauscher.

Bei Dampfüberschuß *Speicherung* von Wärme in Warmwasserspeichern oder im Heiznetz selbst durch vorübergehende Erhöhung der Heizwassertemperatur. Wenig Kühlwasserverbrauch.

*Verwendung* besonders in Industriebetrieben mit hohem gleichmäßigen Wärmeverbrauch (Textilfabriken, Färbereien usw.). Individuelle Bearbeitung jedes Falles und Aufstellung von Wärmebedarfsdiagrammen erforderlich.

## -32 Entnahmebetrieb

Heizdampf wird *zwischen Hoch- und Niederdruckteil* oder an mehreren Druckstufen der Turbine entnommen, während der restliche Dampf bis zur Kondensation weiterströmt (Anzapfturbine), Bild 224-6.

Dadurch wesentlich bessere Möglichkeiten in der Anpassung des Strombedarfs an den Heizwärmebedarf. Erwärmung einstufig oder zweistufig. Bei zweistufiger Erwärmung (Bild 224-7):

1. Stufe Heizkondensator;
2. Stufe Erwärmung durch Entnahmedampf im Wärmeaustauscher.

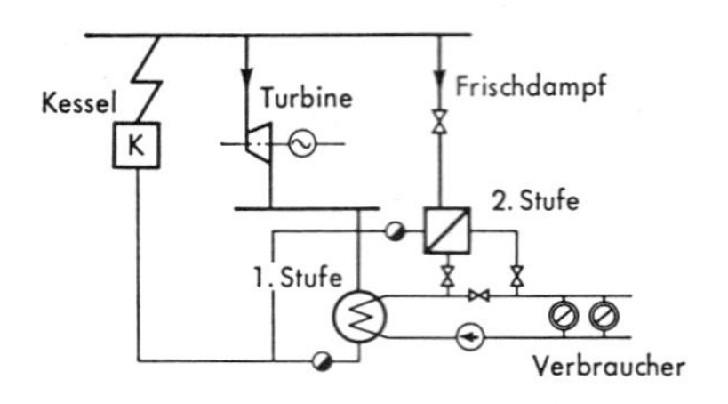


Bild 224-5. Heizkraftwerk mit Gegendruckturbine und 2stufiger Wassererwärmung.

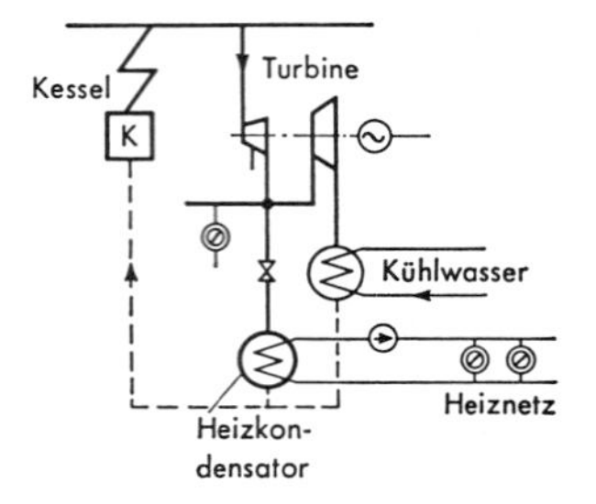


Bild 224-6. Heizkraftwerk mit Entnahmebetrieb.

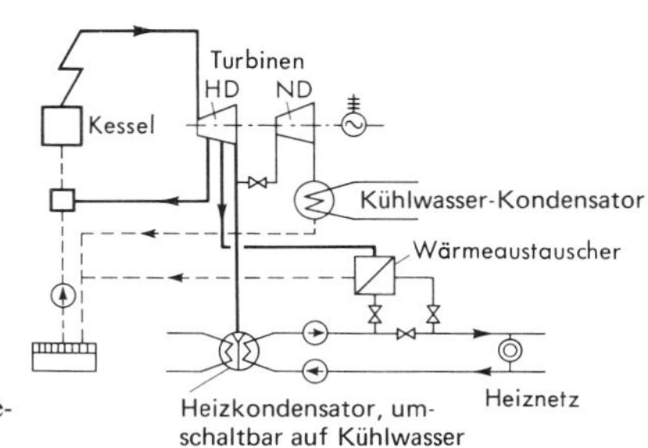


Bild 224-7. Heizkraftwerk mit Entnahmebetrieb und 2stufiger Wassererwärmung.

Bei geringem Heizwärmebedarf Umschaltung auf Kühlwasserkondensator, so daß die volle elektrische Leistung zur Verfügung steht. Zu Zeiten der *Stromspitze* kann man die Abgabe von Heizwärme vorübergehend unterbrechen, ohne daß die Heizwärmeverbraucher infolge der großen Speicherfähigkeit des Warmwassernetzes zu stark benachteiligt werden. Je 1000 m³ Wasserinhalt des Heiznetzes können etwa 30···40 MWh gespeichert werden. Aufladung des Netzes vor Stromspitze.

Die Wärmeentnahme aus dem Dampfkraftwerk führt zu einer Verringerung der el. Leistung, da der Dampf weniger entspannt wird.

Das Verhältnis zwischen Stromabgabe und Heizwärmeabgabe hängt von den Vorlauf- und Rücklauftemperaturen des Fernwärmenetzes ab. Bei 30 °C Vorlauftemperatur keine Reduzierung der Stromabgabe. Gegenseitige Abhängigkeit von Strom- und Wärmeerzeugung siehe Bild 224-8.

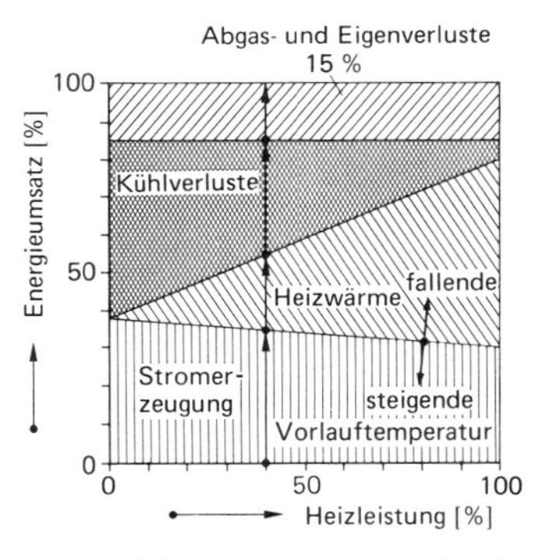


Bild 224-8. Wärmeumsatz in Abhängigkeit von der Heizleistung.

## -33 Kaltwasser-Fernwärme[1])

Im Bestreben, den Primärenergieverbrauch zu senken, bemüht man sich um die konsequente Nutzung der Kraftwerksabwärme zu Heizzwecken. Bei Fernwärme mit den üblichen Vorlauftemperaturen muß der mit der Wärmeauskoppelung verbundene Stromausfall entsprechend bewertet werden. *Kalte Fernwärme* nutzt dagegen Kühlwasser des Kondensators des Dampfturbinenprozesses und arbeitet so mit Vorlauftemperaturen von 25···35 °C. Beim Verbraucher wird durch Wärmepumpen Niedertemperatur-Heizwasser von 50···60 °C erzeugt. Damit wird die Verwendung von sonst nicht mehr nutzbarer Abwärme im Kraftwerk (Anergie) zu Heizzwecken möglich. Die Wärmeauskoppelung bei der Elektrizitätserzeugung entfällt hierbei. Dem steht allerdings ein gewisser Stromverbrauch gegenüber bei elektrisch angetriebener Wärmepumpe.

Eine schematische Darstellung der *Kaltwasser-Fernheizung* zeigt Bild 224-9. Die Wärmepumpen beim Verbraucher können konzentriert in Heizzentralen oder dezentral pro Verbraucher aufgestellt werden. Anwendungsbeispiele: Thermisches Kraftwerk Arzberg für Schule mit 3 · 390 kW und Schwimmbad mit 480 kW Heizleistung. Ferner Projekt Kernkraftwerk Gösgen/Schweiz für 3000···5000 Fernwärme-Abnehmer in Olten.

Mehrere Untersuchungen haben jedoch gezeigt, daß Heißwasser-Fernwärme z.Zt. immer noch wirtschaftlicher ist als kalte Fernwärme[2]).

[1]) Nunold, K.: FWI, 3/80. S. 135/41.
Müller, L.: Energie 8/80. S. 325/8.
Gössel, N.: Energiespar-Technik 5/81. S. 8/12.

[2]) N. N.: Energie 8/83. S. 238/40.

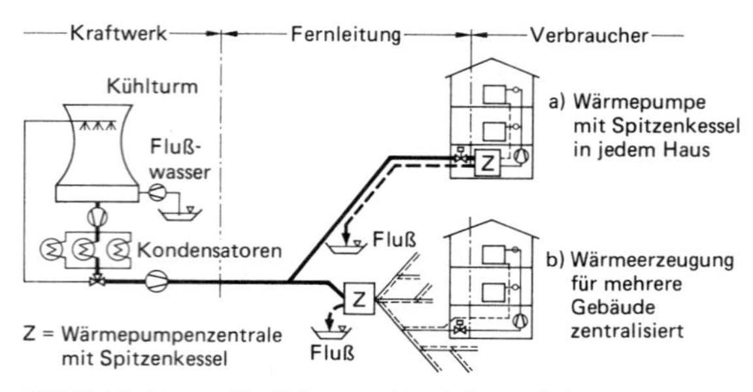


Bild 224-9. Schema für Kaltwasser-Fernheizung (Sulzer).

*Vorteile:*

Kühlwasser von Kraftwerken auf niedrigem Temperaturniveau, das sonst kein nutzbares Temperaturgefälle hat, steht in großen Mengen zur Verfügung.
Für den Transport sind einfache Niederdruckleitungen ausreichend, z. B. aus Kunststoff, Beton oder Eternit.
Isolation der Rohrleitung und Maßnahmen zur Aufnahme der Wärmedehnung sind nicht erforderlich.
Da in der Fernleitung normales Kühlwasser (Flußwasser) fließt, kann auf eine Rückleitung zum Kraftwerk verzichtet werden (Einrohr-System).
Wegen der relativ konstanten Temperaturen von 25···35 °C arbeiten die Wärmepumpen mit günstiger Leistungszahl.
Keine direkte Beeinflussung der Stromerzeugung durch Energieauskoppelung wie bei Heißwasser-Fernheizung.

*Nachteile:*

Bei Erschließung von bestehenden Heizungen ist Umstellung auf Niedertemperatur-Heizung ganzjährig oft nicht möglich.
Bivalenter Betrieb mit zusätzlichem Heizkessel mit fossilem Brennstoff daher meist notwendig.
Verbrauch hochwertiger Energie zum Antrieb der Wärmepumpen notwendig (Strom, Gas, Dieselöl).
Wirtschaftlichkeit der kalten Fernwärme gegenüber Heißwasser-Fernheizung z. Zt. noch schlechter.

*Anwendungsmöglichkeiten:*

Beheizung von Industriebetrieben durch Lufterhitzer, die mit ausreichend großen Heizflächen ausgerüstet sind[1]).

*Auslegungstemperaturen:*

Im Vorlauf z. B. 50 °C, Ablauftemperatur (Rücklauf) 30···35 °C.

Regelung örtlich durch die Variation der Ventilatordrehzahl und Begrenzung der Ablauftemperatur.

Geringer Gradient der Lufttemperatur in den beheizten Hallen als Folge der geringen Ausblastemperatur.

## -4 GASTURBINEN-HEIZKRAFTWERKE[2])

Gasturbinen werden oftmals in Heizkraftanlagen aufgestellt. Die in den Abgasen enthaltene Wärme wird in einem nachgeschalteten Wärmeaustauscher zur Erwärmung von Heizwasser verwendet (s. auch Abschn. 138-2).

[1]) Stropp, H.: Fernwärme-Rücklaufauskopplung, Bericht über ein Großmodell. FWI, 1985, H. 1.

[2]) Zuppke, B.: HR 9/74. S. 188/90.
Schellenberg, K.-D.: Fernwärme 1/75. S. 20/4.
Schäch, R.: Fernwärme 2/79. S. 41/9.

*Vorteile:*

Billig, wenig Raumbedarf, kein Kesselhaus, kurze Anheizzeit (20 min), wenig Kühlwasserverbrauch, wahlweise Verbrennung von Erdgas oder Heizöl, Stromerzeugung von Heizwärmeerzeugung unabhängig.

Ausführung in offener und (selten) geschlossener Bauart, siehe auch Abschn. 138-23.

*Thermischer Wirkungsgrad* des Kraftprozesses ungefähr 25% bis max. 30%, bei geringerer Belastung stark fallend (im offenen Prozeß), Gesamtwirkungsgrad bei kombinierter Strom- und Wärmeerzeugung ≈75···80%.

Maximale Leistung gegenwärtig etwa 200 $kW_{el}$.

Gastemperatur ungefähr

Turbineneintritt ........... 800···950 °C, teilweise auch bis 1000 °C
Turbinenaustritt........... 400···500 °C
nach Abhitzekessel ........ 100···200 °C
Heizwärmeabgabe von ..... 350···100 °C

$$\text{Stromkennzahl } n = \frac{\text{Stromabgabe kWh}}{\text{Wärmeabgabe kWh}} \approx 0{,}5 \cdots 0{,}8.$$

*Beispiel* eines Gasturbinenkraftwerkes mit offenem Kreislauf und mit angeschlossener Heizwärmeerzeugung siehe Bild 224-10.

Ein weiteres Beispiel in Bild 224-11. Hier ist ein *Zweikreissystem* gewählt, um Taupunktunterschreitung im Abgas und damit Korrosionsschäden zu vermeiden.

Die Gasturbinen-Heizkraftwerke werden in der Regel in der Nähe von Wohngebieten errichtet, weil nur wenig Kühlwasser benötigt wird. Die erheblichen Ansaug- und Abgasgeräusche müssen durch *Schalldämpfer* reduziert werden.

Bekannte Gasturbinen-Heizkraftwerke: Siedlung „Neue Vahr" bei Bremen (ältestes Werk), Sendling und Freimann bei München, Berlin-Charlottenburg 3 × 70 MW, Berlin-Wilmersdorf 3 × 83 MW Klemmenleistung.

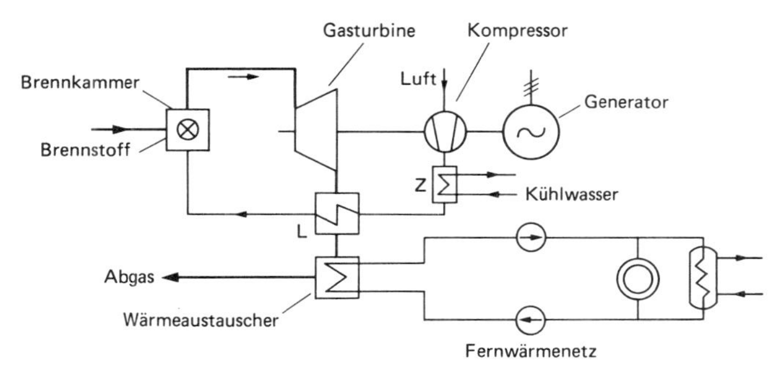


Bild 224-10. Offener Gasturbinenprozeß mit Fernwärme-Erzeugung.
L = Luftvorwärmer, Z = Zwischenkühler

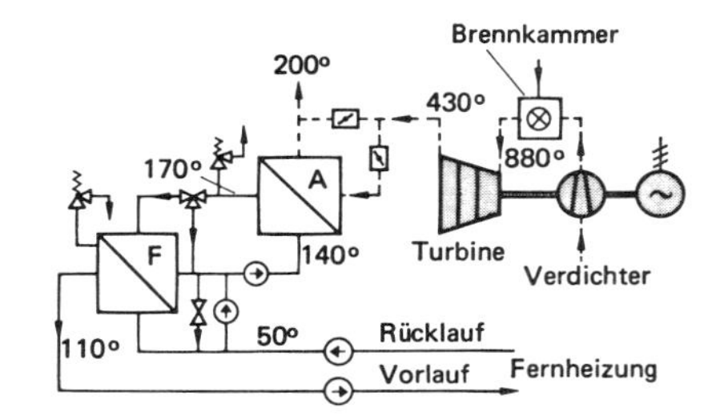


Bild 224-11. Gasturbinen-Heizkraftwerk mit indirekt versorgtem Fernheizungskreislauf.
A = Abgaswärmeaustauscher
F = Fernwärmeaustauscher

*Kombinierte Gasturbinen- und Dampfkraftwerke*

Diese Bauart, bei der die Gasturbine einem Dampfkessel vorgeschaltet ist, hat sich in letzter Zeit vielfach als zweckmäßig erwiesen. Die 400···500 °C heißen Abgase der Gasturbine beheizen dabei einen Abhitzekessel, der Dampf von etwa 30 bar und 350···450 °C für eine Dampfturbine liefert (Bild 224-12). Strom wird von beiden Turbinen erzeugt. Der Abdampf der Dampfturbine erwärmt im Kondensator das Wasser des Fernwärmenetzes.

Der Gesamtwirkungsgrad erreicht die Werte von großen Heizkraftwerken, etwa 80···85%. Beispiel einer Anlage ist das Heizkraftwerk München Süd.

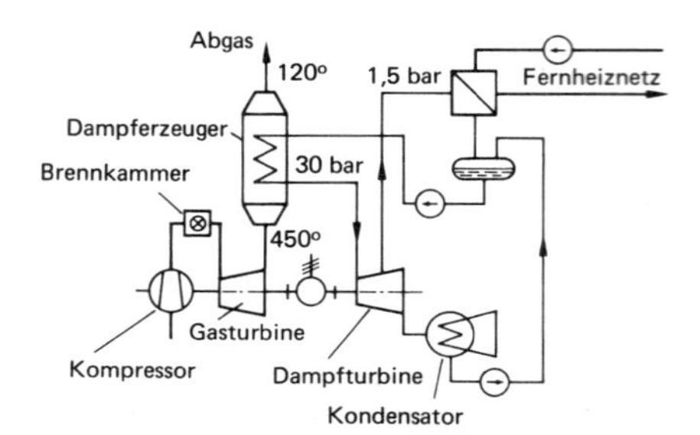


Bild 224-12. Kombinierte Gasturbinen-Dampfkraftanlage.

## -5 BLOCKHEIZKRAFTWERKE[1])

### -51 Allgemeines

Man versteht darunter relativ kleine, im Stadtgebiet zur Nahwärmeversorgung installierte Kleinkraftwerke von ca. 0,5···10,0 MW el. Leistung mit *Verbrennungsmotoren*, die hauptsächlich die Abwärme der Motoren aus Kühlwasser und Abgas zur Heizung ausnutzen, aber gleichzeitig im Verbund mit dem öffentlichen Niederspannungsnetz über Rückstromzähler Strom liefern. Bezogen auf den Brennstoffeinsatz erreichen sie eine Stromausbeute von etwa 30···35%, je nach Leistung der Motoren, sowie eine Wärmeleistung bis etwa 55%, so daß der *Gesamtwirkungsgrad* rund 85% beträgt.

Besondere Vorteile ergeben sich, wenn der erzeugte el. Strom zum Antrieb von *Wärmepumpen* verwendet wird, z. B. in einer Siedlung mit Einfamilienhäusern.

Anders als bei Heizkraftwerken, die wegen der hohen Netzkosten nur in Gebieten ausreichender Wärmedichte wirtschaftlich sind, sind die Kosten für den Wärme- und Stromtransport geringer. Die Blockheizkraftwerke (BHKW) mit ihrem örtlichen Wärmeverteilungsnetz sind daher besonders für einzelne Objekte, kleine Siedlungen, Kaufhäuser, Schlachthöfe, Sportzentren, Krankenhäuser, manche Industriebetriebe u. a. geeignet. Sie benötigen zwar auch wertvolle Importenergie wie Erdöl und Erdgas, substituieren jedoch gleichzeitig erhebliche Mengen an Energie, die sonst zur Heizung benötigt würde (die Blockheizkraftwerke ähneln den sogenannten „Total-Energie-Anlagen" (siehe Abschnitt 184-4), die jedoch nicht den Parallelbetrieb mit dem öffentlichen Stromnetz enthalten).

Kleine Anlagen für Einzelhäuser im Bereich 20 kW haben sich jedoch als unwirtschaftlich erwiesen. Derzeit gibt es in der BRD etwa 270 BHKW mit zusammen 157 MW.

[1]) Taubert, G.: Fernwärme 9/80. S. 161/5.
Kolodziejczyk, K.: HR 10/80. S. 489/98, und 11/80. S. 551/60.
Winkens, H. P.: SBZ 12 u. 13/80. 10 S.
Beedgen, O.: WT 4 u. 5/81 und TAB 9/82. 6 S.
Krahwinkel, R.: TAB 7/81. S. 573/94.
Hein, K., u. a.: GAS 3/82. S. 138/47.
Hein, K., u. R. Lotz: Fernwärme 6/84. S. 322/9.
Nitschke, J.: Elektrizitätswirtschaft 1/86.

### -52 Funktion

Die Grundschaltung eines Blockheizkraftwerkes geht aus Bild 224-20 hervor. *Hauptbestandteile* sind der Verbrennungsmotor (Gas- oder Dieselmotor), der Kühlwasserwärmeaustauscher, der Abgaswärmeaustauscher, der Generator (Asynchron- oder Synchronmotor), evtl. ein Wärmespeicher und ein Spitzenheizkessel. Das umlaufende Heizungswasser des Wärmeverbrauchers wird zunächst im Motor auf etwa 80 °C vorgewärmt und kann anschließend im Abgaswärmeaustauscher auf höhere Temperaturen, maximal etwa 130 °C, nachgewärmt werden.

Die *Abgastemperaturen* betragen 400···650 °C. Sie können bei Gasmotoren bis auf 120 °C, bei Dieselmotoren bis auf 180 °C ausgenutzt werden. Das so erwärmte Wasser wird in der Regel für Heizzwecke verwendet, kann jedoch auch für andere Aufgaben wie Trocknung, Dampferzeugung, Lufterwärmung u.a. eingesetzt werden.

Als Motoren werden erprobte Serienbauarten verwendet, wie LKW- oder Schiffsmotore von 100 bis 1000 kW, möglichst in Kompaktbauweise mit eingebauten Wärmeaustauschern und Zubehör für automatischen Betrieb. Wegen des hohen Geräuschpegels der Motoren – ca. 90···100 dB(A) – sind immer besondere *Schallschutzmaßnahmen* erforderlich (Bild 224-24). Die kleinsten gegenwärtig angebotenen Einheiten haben eine el. Leistung von 15 kW und 30 kW thermische Leistung, deren Lebensdauer allerdings gering ist. Lieferung als *Kompakteinheiten* anschlußfertig mit Kühlwasser- und Abgaswärmeaustauscher. Aufstellungsplan einer größeren Anlage mit 6 Motoren Bild 224-22.

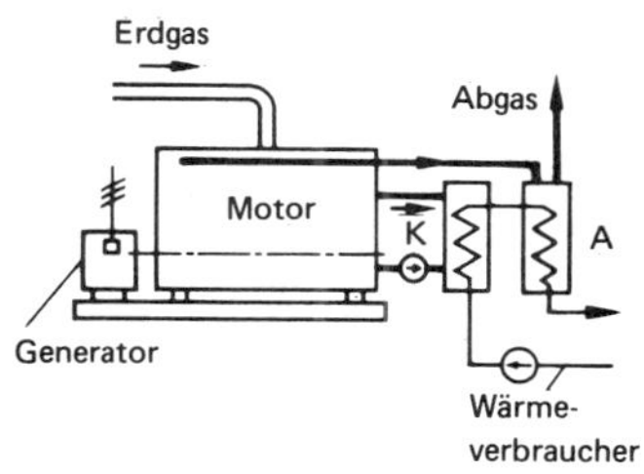


Bild 224-20. Schema eines Blockheizkraftwerkes.
A = Abgaswärmeaustauscher
K = Kühlwasserwärmeaustauscher

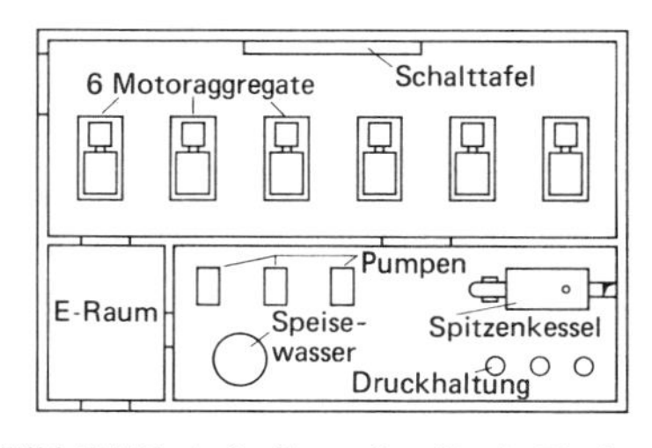


Bild 224-22. Aufstellungsplan für ein Blockheizkraftwerk mit 6 Motoren.

Als *Generatoren* können Asynchron- oder Synchronmaschinen eingesetzt werden. Sie werden meist direkt mit dem Motor gekoppelt.

Bei der Errichtung der Anlagen sind auch Vorschriften des Bundesimmissionsschutzgesetzes zu beachten, insbesondere die Emission von Schadstoffen (s. Abschn. 19).

### -53 Wärmebilanzen

Die Wärmebilanzen sind je nach Bauart, Fabrikat der Motore, Größe, Kraftstoff und Betriebsweise unterschiedlich. Im Mittel kann man mit den Zahlen in Tafel 224-2 rechnen, in der Leistungen der Motoren von etwa 0,5···1,0 MW zugrunde gelegt sind.

Effektive *Wirkungsgrade* der Verbrennungsmotore siehe Bild 224-26.

**Tafel 224-2. Wärmebilanzen von Verbrennungsmotoren in % des Kraftstoffverbrauchs**

| Leistungsart | Gasmotor | Dieselmotor |
|---|---|---|
| Nennleistung, mechanisch | 30···33 | 37···39 |
| Kühlwasser incl. Ölkühlung | 28···30 | 22···24 |
| Abgaswärme, nutzbar | 18···22 | 19···21 |
| Rest (Strahlung und Abwärme) | 18···20 | 18···20 |
| Abgastemperatur bei Vollast | 500···600 °C | 400···550 °C |
| CO-Gehalt der Abgase | 3···5% | 0,1···0,3% |

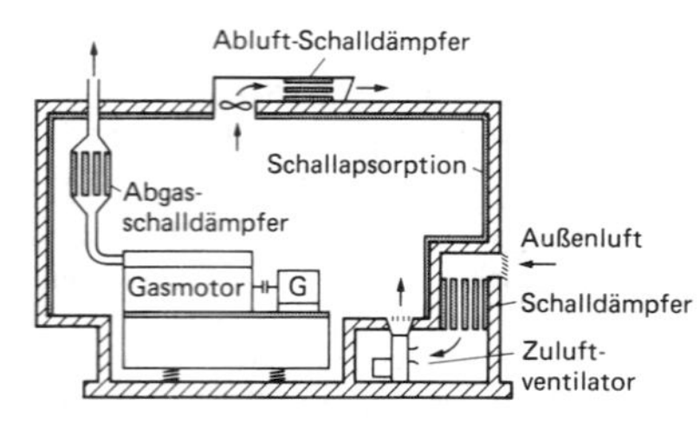


Bild 224-24. Schallschutzmaßnahmen an einer BHKW-Anlage.

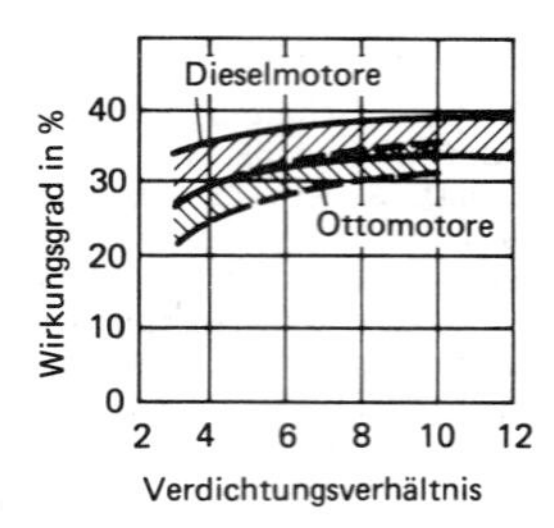


Bild 224-26. Wirkungsgrade von Verbrennungsmotoren.

Die Menge des umlaufenden Kühlwassers ist bestimmt durch die Erwärmung im Motor auf etwa 80 °C, die Abgasmenge läßt sich aus Tafel 137-2 und -4 errechnen. Die *Wärmekennziffer,* d.h. das Verhältnis Wärmeerzeugung/Stromerzeugung, beträgt etwa 1,75 beim Gasmotor und 1,25 beim Dieselmotor (bei Fernheizkraftwerken mit Dampfkesseln 1,5···5,0).

## -54 Wirtschaftlichkeit

Der Strom- und Wärmebedarf eines Betriebes ist fast immer innerhalb eines Tages- oder Jahresverlaufs erheblichen Schwankungen unterworfen. Ist der Wärmebedarf größer als die zugehörige Stromerzeugung, muß die fehlende Wärmeleistung von Wärmespeichern oder von Zusatzheizkesseln geliefert werden (Heizung im Winter). Ist der Wärmebedarf z.B. im Sommer geringer als die Stromerzeugung, muß die überschüssige Wärme durch Speicher aufgefangen werden oder, falls erschöpft, durch Rückkühlung des Motorwassers oder Beipaßschaltung des Abgases ungenutzt bleiben. Dies ist in jedem Fall unwirtschaftlich.

Meist erfolgt die Bemessung nach dem Wärmebedarf.

Wegen der Vielzahl der Betriebsbedingungen ist daher bei jedem Projekt der zeitliche Verlauf des Energieverbrauchs genau zu untersuchen (Energieanalyse). Es müssen Diagramme aufgestellt werden, aus denen der tägliche und jährliche Bedarf an Wärme und Strom ersichtlich ist *(Lastverlaufdiagramme).*

Bei einer *Wirtschaftlichkeitsprüfung* sind die hauptsächlichen Kostenfaktoren:

Investitionskosten, ca. 1500···1800 DM/$kW_{el}$, ohne Gebäudeanteil,
bauliche Kosten ca. 200···300 DM/$kW_{el}$,
Brennstoffkosten (Erdgas bzw. Dieselöl),
jährliche Vollastbenutzungsstunden:
  bei Dauerleistung 3000···6000 Stunden,
  bei Spitzenleistung nur 1000···2000 Stunden,
Betriebskosten für Wartung, Reparaturen u.ä.,
Lebensdauer der Motoren etwa 20000···30000 Stunden
  bis zur Überholung (PKW-Motore nur ca. 2000 Std.),
Vergütung seitens der EVU für Stromlieferung je kWh
  im Winter 5···6 Pf/kWh
  im Sommer 3···4 Pf/kWh.

Wegen der hohen Investitionskosten ist eine möglichst große jährliche *Benutzungsdauer* anzustreben. Anwendung auch als Notstromanlage[1]).

Wird z.B. beim Neubau einer Siedlung oder dgl. der Bau eines BHKW geplant, so entfallen hauptsächlich Heizkessel, Brenner und Öltank. Andererseits entstehen anteilige Kosten für Heizwassernetz und Zentrale. Die *Heizkosten,* die den Abnehmern angerechnet werden, müssen in etwa den Kosten entsprechen, die bei Gebäudeeinzelheizung entstehen. Von entscheidendem Einfluß sind dabei die Erlöse, die aus dem Verkauf el. Energie an das EVU zu erzielen sind.

In der Regel wird man aus Sicherheits- und Betriebsgründen mehrere Motore installieren, die je nach Last in Betrieb gehen (Bild 224-28). Die Gesamtleistung der Motore

[1]) Börner, H.: HLH 4/85. S.181/5.

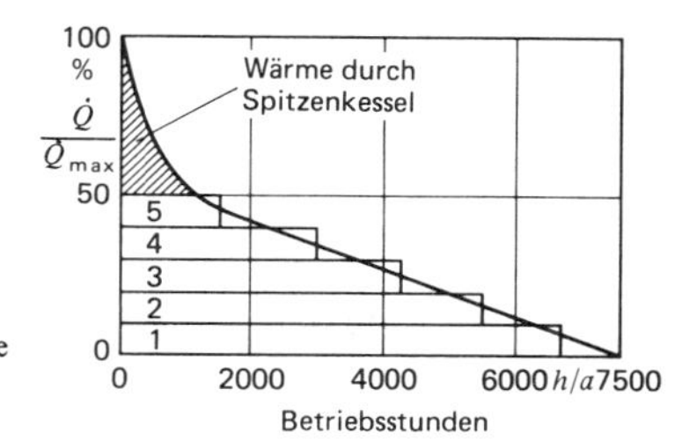


Bild 224-28. Wärmelieferung durch 5 Motore eines Blockheizkraftwerks.

wird für etwa 50% der maximalen Wärmeleistung ausgelegt, womit etwa 80% des jährlichen Wärmeverbrauchs befriedigt werden können. Der restliche Bedarf ist durch einen *Spitzenheizkessel* und z. T. auch durch Speicher aufzubringen (Bild 224-29). Günstiger wird die Wirtschaftlichkeit, wenn im Sommer Wärmeverbraucher bestehen, wie es z. B. bei Schwimmbädern, Krankenhäusern, wo das BHKW als Notstromaggregat dienen kann, und gewissen gewerblichen Betrieben der Fall ist.

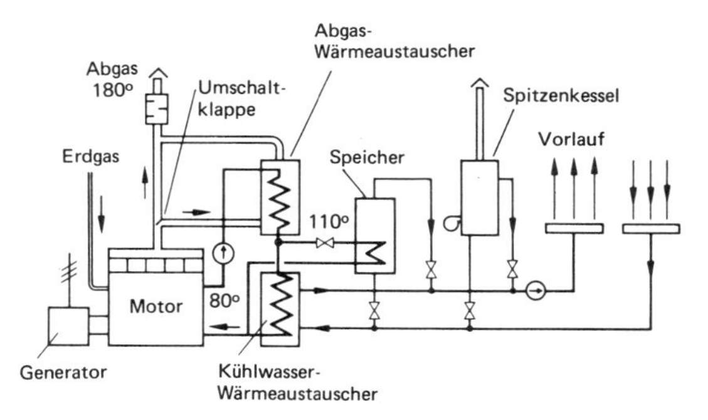


Bild 224-29. Rohrleitungsschaltbild eines Blockheizkraftwerkes mit Speicher und Spitzenkessel.

*Blockheizwerk und Wärmepumpe*

Bei im Verhältnis zum Strom großem Wärmebedarf kann der Gasmotor mit einer Wärmepumpe gekoppelt werden (Bild 224-30). Dabei kann durch Leistungsregelung am Verdichter die Wärmeleistung besser dem Bedarf angepaßt werden. Vorausgesetzt ist natürlich eine geeignete Wärmequelle, z. B. Grundwasser oder ein Fluß.

Außerdem besteht bei dieser Anordnung auch die Möglichkeit, den Verdichter im Sommer als *Kältemaschine* zu verwenden. Überschüssige Kondensationswärme muß dann allerdings durch einen Kühlturm abgeführt werden. Siehe auch Abschnitt 225-19.

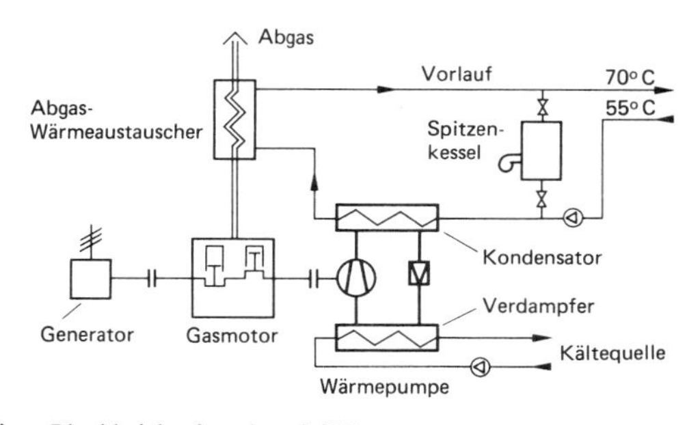


Bild 224-30. Prinzipschaltbild eines Blockheizkraftwerks mit Wärmepumpe.

Eine weitere Verbesserung der Wirtschaftlichkeit ist möglich, wenn zwecks Energieersparnis gesetzlich *Investitionszuschüsse* gewährt werden. Bis Ende 1983 waren in Deutschland etwa 100 BHKW in Betrieb. Größtes BHKW in Lünen (Westfalen) mit 9,77 MW el. Leistung.

Grundsätzlich läßt sich sagen, daß durch BHKW-Anlagen zwar der *Primärenergieeinsatz* erheblich um 35···40% verringert wird, die Investitionskosten jedoch sehr hoch sind, so daß die Amortisationszeit entsprechend lang ist. Nachteilig ist es auch, wenn in Zukunft die Öl- und Gaspreise schneller steigen als die Strompreise.

*Kleine Anlagen* ausschließlich zur Beheizung von Wohnungen sind wegen geringer Lebensdauer und hoher Wartungskosten gegenwärtig noch sehr problematisch.

## -6 STROMKENNZAHL

Die *Stromkennzahl n* gibt an, wieviel Strom im Verhältnis zur Heizwärme erzeugt wird:

$$n = \frac{\text{Stromabgabe}}{\text{Wärmeabgabe}}$$

Sie ist ein wichtiges Kriterium für den Heizkraftprozeß.

Legt man für Strom und Wärme dieselbe Energieeinheit zugrunde, so kann das Verhältnis annähernd aus dem $h,s$-Diagramm Bild 224-1 entnommen werden.

$$n = \frac{h_1 - h_3}{h_3 - h_4}$$

Der Zähler entspricht der indizierten Leistung der Dampfkraftmaschine, der Nenner der vom Kondensator abgegebenen Wärmeleistung. Man erkennt deutlich, daß die Stromausbeute desto größer wird, je geringer der Gegendruck ist. Bezogen auf den *Dampfverbrauch* je kWh ergeben sich folgende Beziehungen (siehe Abschn. 138):

$$\text{Spez. Dampfverbrauch } d = \frac{3600}{(h_1 - h_3)} \text{ in kg/kWh}$$

$$h_1 - h_3 = \frac{3600}{d}$$

$$n = \frac{3600}{d\,(h_3 - h_4)}.$$

Setzt man im Mittel

$h_3 - h_4 = 2600 - 250 = 2350$ kJ/kg, so erhält man

$$n = \frac{3600}{d \cdot 2350} = \frac{1{,}5}{d} \text{ in } \frac{\text{kWh}}{\text{kWh}}.$$

Werte für $n$ bei den üblichen Dampfdrucken und Überhitzungen in Bild 224-32.

*Mittlere Werte* der Stromkennzahl

bei Dampfheiznetzen $n \approx 0{,}15 \cdots 0{,}20$
bei Wassernetzen $n \approx 0{,}20 \cdots 0{,}40$.

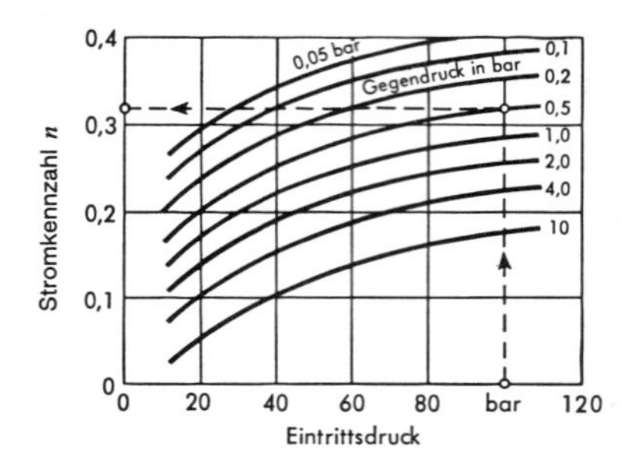


Bild 224-32. Stromkennzahl in kWh/kWh von Heizkraftwerken bei verschiedenen Gegendrücken.

*Beispiel:*

Heizwassernetz konstant 110/70 °C, Dampfdruck 50 bar/450 °C,
Turbinenwirkungsgrad $\eta_i \cdot \eta_m = 0{,}75$, Kondensattemperatur = 60 °C.
Erforderlicher Heizdampfdruck entsprechend 110 + 10 °C: p = 2 bar Überdruck.

Spez. Dampfverbrauch nach Abschnitt 138

$$d = \frac{3600}{\eta_i \cdot \eta_m (h_1 - h_2)} = \frac{3600}{0{,}75\,(3311 - 2582)} = \frac{3600}{547} = 6{,}6 \text{ kg/kWh}$$

(s. a. Bild 138-1)

$h_1 = 3311$ kJ/kg aus $h,s$-Diagramm
$h_2 = 2582$ kJ/kg aus $h,s$-Diagramm
$h_3 = 3311 - 547 = 2764$ kJ/kg

$$\text{Stromkennzahl } n = \frac{3600}{6{,}6 \cdot (2764 - 259)} = 0{,}216 \text{ kWh/kWh}$$

Bei Heiznetzen mit *gleitender Temperatur* steigt die Stromkennzahl an, je geringer die Wassertemperatur wird. Max. Temperatur ist im Heiznetz nur an wenigen Tagen des Jahres erforderlich. Maßgebend für Stromausbeute ist die mittlere Temperatur des Vorlaufes im Jahresdurchschnitt. Bild 224-35 zeigt Verlauf der Vorlauftemperatur bei verschiedener Belastung. Mittlere Belastung etwa 40 bis 50% der Maximalbelastung.

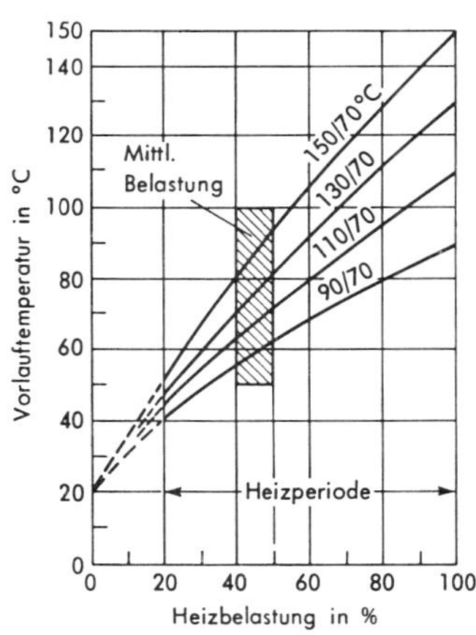


Bild 224-35. Heizungs-Vorlauftemperaturen in Abhängigkeit von der Belastung.

*Beispiel:*

Heizwassernetz gleitend 110/70 °C, Dampfdruck 100 bar/500 °C. Mittlere Temperatur des Vorlaufs im Jahresdurchschnitt nach Bild 224-35 etwa 70 °C.

Erforderlicher mittlerer Heizdampfdruck entsprechend 70 + 10 = 80 °C: p = 0,48 bar.

Kennzahl $n$ aus Bild 224-32: $n = 0{,}31$ kWh/kWh.

Turbine wird meist für die mittlere Belastung des Heiznetzes ausgelegt. Die zusätzlich an kalten Tagen im Winter erforderliche Wärme wird durch Frischdampf oder Entnahmedampf gedeckt oder durch Spitzenkessel. Siehe auch Bild 224-43.

Bei Lieferung von Heiz- und Industriewärme ist sinngemäß vorzugehen. Die wirkliche Stromausbeute ist meist noch größer, weil der nach DIN 4701 (3. 83) errechnete Wärmebedarf der Gebäude erfahrungsgemäß selten voll in Erscheinung tritt. Die mittlere Vorlauftemperatur liegt daher häufig noch um 5···10 °C unterhalb der errechneten Werte.

## -7 HEIZNETZ

Wärmeträger sind Dampf und Wasser; früher hauptsächlich Dampf, heute überwiegend Wasser wegen der besseren Anpassung der Heizwassertemperatur an die Außentemperatur. Bei kleinen Anlagen Temperaturen von etwa 110/60 °C, bei großen bis

140 °C Vorlauftemperatur. Das Heiznetz wird desto billiger, je größer die Temperaturspreizung ist, so daß der Anschluß von Niedertemperaturheizungen besonders günstig ist.

DAMPF

*Vorteile*

Anschluß von unterschiedlichen Wärmeverbrauchern
Einfache Wärmemeßmöglichkeit
Einfache Brauchwassererwärmung

*Nachteile*

Geringe Stromausbeute
Wartung des Kondensatnetzes oder große Kondensatverluste
Keine großen Entfernungen überbrückbar (bis 5,0 km)
Höhere Wärmeverluste
Schwierigere Rohrnetzverlegung
Keine zentrale Regelung möglich

WASSER

*Vorteile*

Große Stromausbeute
Leichte Aufnahme von Heizspitzen durch höhere Vorlauftemperatur
Zentrale Regelung möglich
Große Entfernungen überbrückbar (10 bis 15 km)
Geringe Wärmeverluste
Speicherfähigkeit des Netzes

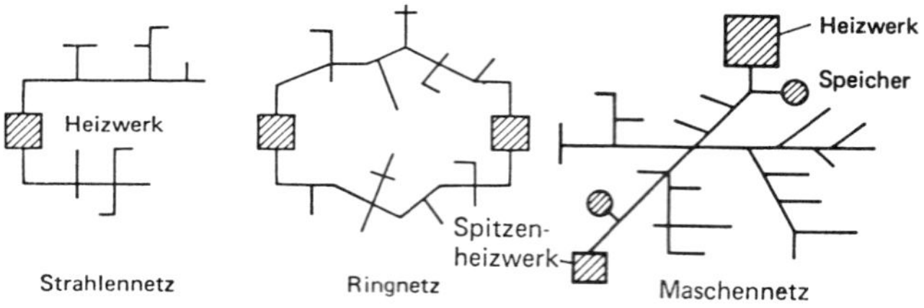

*Nachteile*

Größere Netzkosten
Teure Meßgeräte
Dampferzeugung in Kundenanlagen nur beschränkt möglich
Erhöhte Betriebskosten durch Umwälzbetrieb.

Bild 224-40. Verschiedene Formen von Heiznetzen.

Je nach Art und Lage der Verbraucher verschiedene *Netzformen* (Bild 224-40):

1. *Strahlennetz.* An eine vom Werk abgehende Leitung werden alle Verbraucher angeschlossen. Schwierigkeit bei Reparaturen oder Rohrbruch. Für kleine Heizwerke geeignet.
2. *Ringnetz* für größere Anlagen, besonders bei mehreren Heizwerken. Größere Sicherheit bei Schäden.
3. *Vermaschtes Netz.* Anordnung mit Spitzenheizwerk und Wärmespeichern. Erhöhte Betriebssicherheit. Bevorzugt für große Heizkraftwerke.

Ausführung der *Rohrleitungen* als Ein-, Zwei-, Drei- oder Vierleiternetz möglich.

*Einleiternetz* mit Dampf als Wärmeträger ohne Rückführung des Kondensats, in USA weit verbreitet, dabei geringe Netzkosten, weniger Wartung, jedoch höhere Wärmeverluste; sorgfältige und umfangreiche Wasseraufbereitung erforderlich.

*Zweileiternetz* sowohl bei Dampf als auch Wasser als Wärmeträger, in Deutschland am meisten ausgeführt.

*Dreileiternetz* für Wasser hat einen Vorlauf mit zentral geregelter Temperatur für Heizung, einen zweiten Vorlauf mit konstanter Temperatur für Brauchwasserbereitung, Lüftungsanlagen, Industriewärme usw., gemeinsamer Rücklauf.

*Vierleiternetz:* 1. Vorlauf Industriewärme, 2. Vorlauf Heizwärme, 2 getrennte Rückläufe. Selten verwendet, insbesondere bei hoher Temperatur des 1. Rücklaufes.

*Hausstationen* siehe Abschnitt 223.

## -8 KOSTEN

Die Kosten für Fernwärme setzen sich zusammen aus
 Kapitalkosten (feste Kosten)
 Brennstoffkosten (Kohle, Heizöl, Erdgas)
 Betriebsgebundenen Kosten (Wartung, Reparaturen, Steuern usw.).

Die ungefähren *Baukosten* von kohlebeheizten Heizkraftwerken sind aus Bild 224-41 ersichtlich.

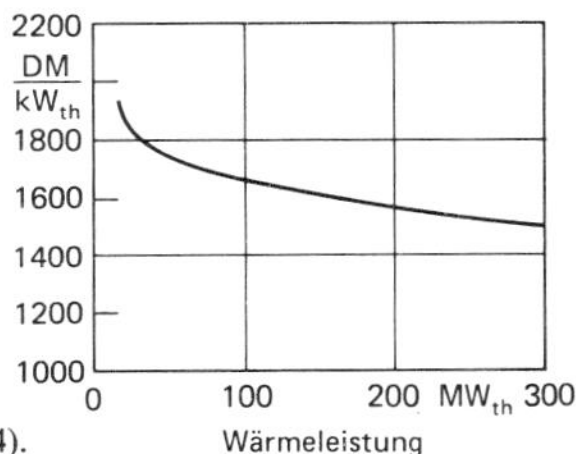


Bild 224-41. Spezifische Herstellungskosten kohlegefeuerter Heizkraftwerke ohne Rauchgasreinigung (1984).

Nachstehend ist für ein kleines kohlebeheiztes Gegendruck-Heizkraftwerk einschl. Fernwärmenetz eine Überschlagsrechnung zur Ermittlung der Fernwärmekosten durchgeführt, wobei folgende Zahlen zugrunde gelegt sind:

| | |
|---|---|
| Wärmeverbrauch (ausreichend für etwa 5000 Wohnungen) | 100 GWh/a |
| Benutzungsdauer der Wärmehöchstlast | 3000 h/a |
| Stromkennzahl (Bild 224-32) | $n = 0{,}30$ |
| Annuität | 10% |
| Gesamtwirkungsgrad des Heizkraftwerks | $\eta = 0{,}85$ |
| Brennstoffpreis (Kohle) | 35 DM/MWh |
| Stromverkaufspreis | 0,12 DM/kWh |

| | |
|---|---|
| Wärmehöchstlast 100 GWh:3000 = | 33,3 $MW_{th}$ |
| Baukosten 1800 DM/kW · 33,3 MW = | rd. 60,0 Mio DM |
| Elektrische Höchstlast 33,3 · $n$ = 33,3 · 0,3 = | 10 MW |
| Stromlieferung 5000 h/a · 10 MW = | 50 GWh/a |
| Brennstoffaufwand $\frac{100+50 \text{ GWh}}{\eta = 0{,}85}$ = | 176 GWh/a |

Daraus ergeben sich folgende *spezifische Kosten:*

| | |
|---|---|
| Kapitalkosten 60,0 Mio · 0,10 = | 6,0 Mio DM/a |
| Brennstoffkosten 35 · 176 GWh/a = | 6,2 Mio DM/a |
| Betriebsgebundene Kosten 8% der Baukosten = | 4,8 Mio DM/a |
| Gesamtkosten | 17,0 Mio DM/a |
| Stromverkauf 50 000 MWh/a · 0,15 DM/kWh = | 7,5 Mio DM/a |
| Wärmekosten | 9,5 Mio DM/a |
| Spezifische Wärmekosten 9,5 Mio DM/100 GWh = | 9,5 DM/MWh |

Dieses Ergebnis dient nur als Beispiel. Für reale Fälle muß eine genaue Berechnung unter Berücksichtigung aller Komponenten erfolgen (Dampfkessel, Gegendruck, Gasturbinen, Art und Dauer der Wärmeabnahme, Stromerzeugung, Dampfdruck, Spitzenkessel usw.).

## -9 BELASTUNGSLINIEN

Wird nur Heizwärme für *Raumheizung* geliefert, ergibt sich die maximale Leistung (Anschlußleistung) aus dem nach DIN 4701 errechneten Wärmebedarf der angeschlossenen Gebäude, d.h. dem Wärmebedarf bei der tiefsten Außentemperatur von z.B. −15 °C. *Belastung* des Heizwerkes ist das Verhältnis

$$\frac{\text{Abgegebene Wärmeleistung}}{\text{maximaler Wärmebedarf}}$$

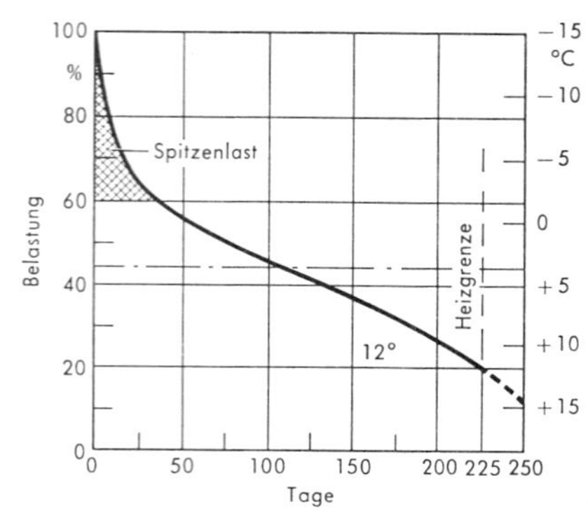


Bild 224-43. Belastungsdauerlinie eines Heizwerkes für Raumheizung.

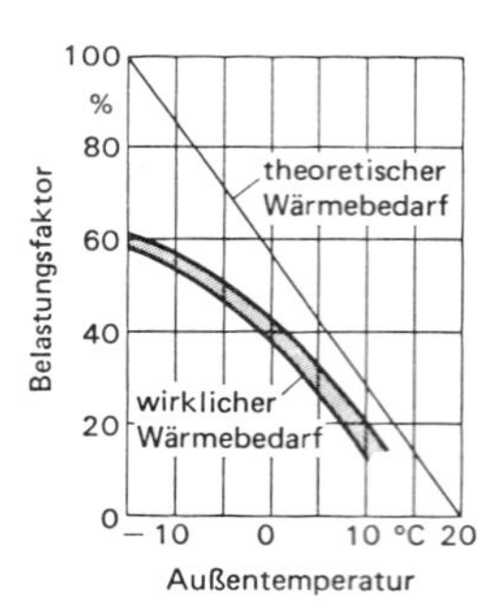


Bild 224-45. Mittlere Belastung von Fernheizwerken.

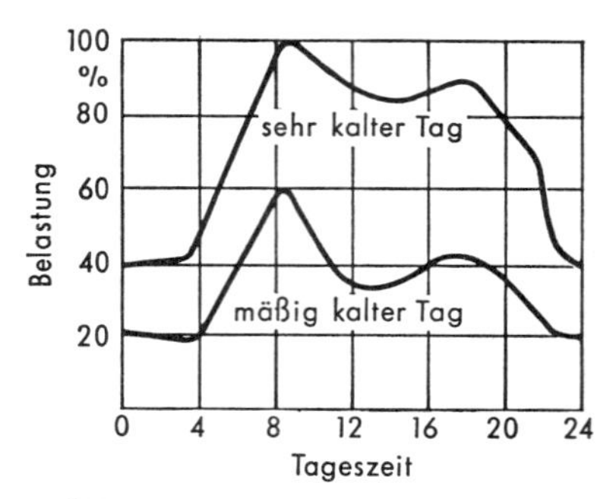


Bild 224-47. Typisches Belastungsdiagramm eines Heizkraftwerkes.

Bei ausschließlicher Lieferung von Wärme für Raumheizung ist der *Belastungsfaktor* proportional der Differenz zwischen der jeweiligen mittleren Außentemperatur und der Raumtemperatur bzw. proportional der Zahl der Heizgradtage.

Bild 224-43 zeigt die *Belastungsdauerlinie,* die aus der Temperaturhäufigkeit abgeleitet ist und die Häufigkeit der Belastung darstellt. Man erkennt, daß eine höhere Belastung als 80% nur an etwa 8···10 Tagen im Jahr auftritt.

Die mittlere Belastung erreicht entsprechend der mittleren Außentemperatur $t_{am}$ der Heizzeit in Deutschland nur etwa 45% der maximalen Belastung. Infolge der nicht gleichzeitig für eine größere Anzahl von Gebäuden auftretenden ungünstigsten Einflüsse, sowie der nächtlichen Betriebseinschränkung der Heizung praktisch meist noch geringer, nur etwa 35···40% (Bild 224-45).

Die *Tagesbelastungslinie* hat bei den verschiedenen Heizwerken einen sehr unterschiedlichen Verlauf. Ursachen hierfür:

Einschränkung der Heizung in der Nacht,
erhöhte Leistung in den Morgenstunden,
Speicherung von Wärme im Heiznetz, in den Gebäuden und den Wärmespeichern.

Einige typische Linien siehe Bild 224-47.

Bei Lieferung von Wärme auch für Brauchwasserbereitung, Klimaanlagen, Industrie andere Kurven, die von Fall zu Fall zu berechnen sind.

*Ausnutzungsdauer* (Jahres-Vollbenutzungsstunden) ist das Verhältnis

$$b = \frac{\text{Jahreswärmemenge}}{\text{Anschlußwert}} \text{ in h/Jahr}$$

Der *Anschlußwert* ist bei Raumheizungen die Summe der Wärmeverluste nach DIN 4701 (3. 83). Für andere Verbraucher ist ein Zuschlag erforderlich (Brauchwasser, Lüftungsanlagen u.a.), ebenso für Netzverluste.

Bei Industrieheizkraftwerken

b = 2000···8000 h/Jahr,

bei Raumheizungen

b = 1200···2000 h/Jahr, im Mittel etwa 1500 h/Jahr.

Der *Gleichzeitigkeitsfaktor* g ist das Verhältnis

$$g = \frac{\text{effektive Wärmehöchstlast}}{\text{Summe der Anschlußwerte der Abnehmer}}$$

Er wird im allgemeinen für den Zeitpunkt der Spitzenbelastung im Winter angegeben.

Er ist bei der Fernwärmeversorgung von Wohngebäuden erfahrungsgemäß nur etwa 0,60, bei andern Verbrauchern u. U. auch geringer, siehe Tafel 224-1.

## -10 WÄRMEPREISE[1])

*Preise* der Fernwärme bei den einzelnen Fernwärme-Versorgungsunternehmen durch Unterschiede in Kapitaldienst, Brennstoffkosten, Personalaufwand, Steuern usw. sehr verschieden. *Definitionen* der verschiedenen Kostenarten in der VDI-Richtlinie 2067 Bl. 1 und 2. Genaue Kostenaufteilung für Wärme- und Stromerzeugung sehr schwierig. Für die Vertragsgestaltung mit Kunden gilt die *AVB-Fernwärme-Verordnung*[1]), ergänzt durch Technische Anschlußbedingungen. Neben einmalig zu zahlenden Anschlußkosten sind folgende Abrechnungsarten in Benutzung[2]):

1. *Abrechnung nach Leistung und Arbeit.*

Gesamtpreis in 2 Teile aufgespalten:

*Leistungspreis* zur Deckung des Festkostenanteils auf der Grundlage des Anschlußwertes u.ä. Deckt etwa 40···60% der Gesamtkosten. *Arbeitspreis* für die entnommene und gemessene Wärme. Beide Preise sehr unterschiedlich, etwa 40,– bis 60,– DM/kW als Leistungspreis bzw. 45···65,– DM/MWh als Arbeitspreis.

*Beispiel:*

Jahresabnahme 3000 MWh, höchste Leistung 1000 kW

| | | |
|---|---|---|
| Leistungspreis | 1000 · 60 | = 60000 DM/a |
| Arbeitspreis | 3000 · 55 | = 165000 DM/a |
| Durchschnittspreis | 225000/3000 | = 75,– DM/MWh |

Die sich hieraus ergebenden Wärmepreise für Wohngebäude liegen im Durchschnitt bei 16···18 DM/m² Jahr, bei einem spez. Nutzwärmebedarf von etwa 100 W/m² Wohnfläche und 1600 Vollbenutzungsstunden. Meist verwendete Methode.

2. *Leistungsabhängiger Jahrespauschalpreis*

Wird ein *Pauschalpreis* berechnet, ist er auf 1 m² beheizte Fläche und die zur Beheizung dieser Fläche notwendige maximale Wärmeleistung zu beziehen.

Anwendbar bei:

- Kraft-Wärme-Kopplung oder Abwärmeverwertung,
- Wärmeträger Wasser,
- Raumheizung,
- zentraler Steuerung der Vorlauftemperatur im HKW.

Damit verbunden:

- feste Einstellung der Heizwassermenge,
- weitgehender Fortfall teurer Meßgeräte,
- vereinfachte Wartung,
- Minderung der Heizkosten,
- geringes Wetterrisiko.

---

[1]) AVB = Allg. Bedingungen für die Versorgung mit Fernwärme vom 11. 6. 80 BGBl. I. S. 1233. Kreuzberg, I.: HLH 4, 5 u. 6/85.

[2]) DIN 4713: Verbrauchsabhängige Wärmekostenabrechnung (12. 80). Krähmer, P.: FWI 2/82. S. 85/95. Fernwärme – Preisvergleich 1986, FWI 1/87.

Nicht anwendbar bei:

- zentraler Wassererwärmung,
- Lüftungs- und Klimaanlagen,
- örtlicher, individueller Regelung (Steuerung) der Heizleistung.

Beheizungskosten gegenwärtig ca. 14···18,– DM/m²a bei einem maximalen spez. Wärmebedarf von 0,1 kW/m².

Aufgrund gesetzlicher Vorschriften nur noch *ausnahmsweise* gestattet.

3. *Messung, Abrechnung*[1])

Außer den Kosten für die Wärmelieferung sind vom Kunden auch der einmalige *Baukostenzuschuß* und der Hausanschlußkostenbeitrag zu tragen, 100 000,– bis 200 000,– DM/MW Anschlußwert und mehr. Im Bedarfsfall bei dem örtlichen Versorgungsunternehmen zu erfragen. Dafür Ersparnisse an Kesselanlage, Brennstoffraum, Schornstein usw.

Meßgeräte zur Abrechnung der gelieferten Wärme mit dem Kunden sind bei

*Dampfheizung:*

Trommelzähler für das Kondensat (freier Auslauf, Kondensatpumpe),
Flügelrad- oder Ringkolbenzähler,
bei großen Anlagen Drosselgeräte in der Dampfleitung.

*Wasserheizung:*

Mechanische oder elektrische Wärmemengenzähler, die gleichzeitig Wassermenge und Temperaturdifferenz messen (teuer).

*Zentrale Brauchwassererwärmung:*

Die verbrauchte Wassermenge wird in der Regel über einen Kaltwasserzähler gemessen und mit einem festen spez. Wert abgerechnet.

Maßgebend für die Fernwärmelieferung und -abrechnung ist der Wärmeversorgungsvertrag im Rahmen der AVBFernwärmeV., bei der Weiterverrechnung des Hauseigentümers mit den Mietern die Neubaumietenverordnung bzw. die Heizkosten-VO, in Berlin auch die Altbaumietenverordnung. (Siehe Abschn. 711).

Die mittleren von den FVUs berechneten *Wärmelieferpreise* bei Wohngebäuden sind in Bild 224-50 dargestellt. In Nichtwohngebäuden sind die Preise ca. 5% geringer.

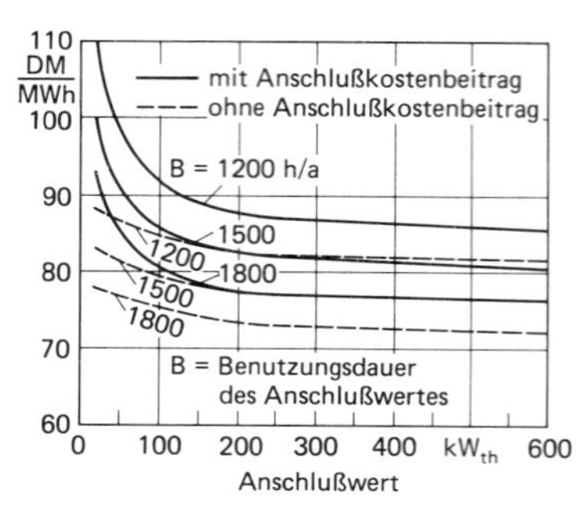


Bild 224-50. Mittlere Jahreslieferpreise für Fernwärme in Wohngebäuden.
Quelle: A. Buch – Fernwärme.

*Anforderungen* des FVU an den Hausanschluß, die Hausanlage und den Betrieb der Hausanlage sind in den „Technischen Anschlußbedingungen" (TAB) zu regeln. Sie müssen den zuständigen Behörden angezeigt und veröffentlicht sein.[2])

[1]) Pollmeier, H.: FWI 1/82. S. 15/18.
Anforderungen an Wärmemessgeräte. AGFW. 2. Aufl. 1979.

[2]) Paulmann, R.-D.: Fernwärme 6/80. S. 442/5 und HLH 18/86. S. 519/21.

# 225 Sonderformen der Heizung

Infolge der enormen Steigerung der Energiepreise nach 1973, wegen der Umweltbelastung durch Verbrennung und wegen der Abneigung gegen Kernenergie seit dem Reaktorunfall Tschernobyl 1986 ist man um den verstärken Einsatz sog. *alternativer Energien* bestrebt. Dies ist besonders für die Heizungstechnik wichtig, da zur Heizung von Gebäuden in der Bundesrepublik Deutschland ca. 40% des gesamten Energieverbrauchs benötigt werden, wovon gegenwärtig etwa 80% durch Heizöl und Gas geliefert werden.

Zwar werden sicherlich in den nächsten Jahrzehnten die konventionellen Heizkessel noch die Hauptlast der Heizung tragen, aber Energieeinsparung und neue Technologien werden zweifellos Bedeutung haben. Siehe hierzu Abschnitt 186.

*Neue Technologien* sind teilweise noch sehr risikoreich. Wirtschaftlichkeitsrechnungen führen in den meisten Fällen zu ungünstigen Ergebnissen, nachdem Heizöl und Gas seit 1986 wieder erheblich billiger wurden. In den nachfolgenden Abschnitten sind nur die alternativen Energien behandelt, die einen gewissen Entwicklungsstand erreicht und in der Praxis Eingang gefunden haben, nämlich

die *Wärmepumpenheizung* mit Elektro-, Dieselöl- oder Gasantrieb,

die Ausnutzung der *Sonnenenergie* mit Kollektoren und Absorbern.

Alternative Energien, wie Wind, Erdwärme, Solarzellen, Biomasse usw. s. Abschnitt 182-3.

## -1 DIE WÄRMEPUMPE[1])

Siehe auch Abschn. 62.

### -11 Allgemeines

Mit der Wärmepumpe ist es möglich, unter Aufwendung von Arbeit in einem Kreisprozeß Wärme (Anergie = gegenüber Umgebungstemperatur nicht nutzbare Wärme) aus der Umgebung zu entziehen und sie dann auf einem höheren Temperaturniveau zur Heizung zu verwenden, wobei die Wärmemenge ein *Vielfaches des Wärmeäquivalentes* der aufgewendeten Arbeit ist. Beispielsweise kann man mit elektrisch angetriebenen Wärmepumpen je kW Motorleistung eine Wärmelieferung von 3 oder 4 kW erreichen, während bei der direkten Widerstandsheizung bekanntlich höchstens 1 kW Wärme abgegeben wird. Die gesamte für Heizzwecke zur Verfügung stehende Wärme setzt sich aus zwei Teilen zusammen: der von der niederen zur höheren Temperatur hochgepumpten Wärme und dem Wärmeäquivalent der dazu verbrauchten Arbeit.

Die Wärmepumpe arbeitet so wie die Kältemaschine, nur mit dem Unterschied, daß es nicht auf die Kühlleistung des Verdampfers, sondern auf die Wärmeleistung des Kondensators ankommt.

Man kann mit der Wärmepumpe relativ kalte *Wärmequellen* wie Grundwasser, Erdreich und Außenluft für *Heizzwecke* ausnutzen, z. B. für Raumheizung, Brauchwasserbereitung, Schwimmbaderwärmung u. a.

Von *Wärmerückgewinnung* spricht man, wenn man z. B. mittels der Wärmepumpe die Abwasserwärme zur Brauchwassererwärmung oder die Fortluftwärme einer Lüftungsanlage zur Erwärmung der Außenluft oder zur Raumheizung ausnutzt. Außerdem ist eine *Doppelnutzung* fast jeder Kältemaschine möglich, wenn gleichzeitig Wärme- und Kältebedarf vorhanden ist. Dies ist z. B. der Fall, wenn in einem Teil eines Gebäudes Überschußwärme vorhanden ist und ein anderer Teil geheizt werden muß *(Wärmeverschiebung).*

---

[1]) Antriebe für Wärmepumpen, Tagung Essen 9/78. Vulkan-Verl.
ETA-Heft 4/5-79 mit 17 Fachberichten.
VDI-Bericht 343: El. Wärmepumpen 1979.
Wärmepumpentechnologie. 9 Bde. 1977/84. Essen, Vulkan-Verl.
Bukau, F.: HLH 10/80. S. 358/67, und HR 5/83. S. 287 (9 S.).
DIN 8900: Wärmepumpen, 5 Teile (4.80 bis E. 2.86) und EN 255 (E. 4.87).
FTA-Fachbericht 1 + 2. Wärmepumpen. 1981 und 1983.
Schmidt, P. C.: HR 6/83. S. 353/61.
Döring, R.: HR 2/84. S. 69.

Ähnliche Verhältnisse liegen vor, wenn neben einem zu heizenden Schwimmbad eine zu kühlende Eisbahn vorhanden ist.

Auch in zahlreichen Industrieprozessen besteht die Möglichkeit, Wärmepumpen zur Wärmeersparnis zu verwenden, z. B. in Schlachthöfen, Brauereien, Fleischfabriken, Färbereien usw.

Die Einführung der Wärmepumpe zur Wohnungsheizung hat jedoch nicht die Erwartungen der Hersteller erfüllt. 1984 waren erst 50000 Elektrowärmepumpen zur Heizung von 65000 Wohnungen in der BRD installiert. (Zum Vergleich: 2,1 Mio. Wohnungen haben elektr. Speicherheizung.) Schweiz 1986: ca. 23000 Stück. Hinzu kommen in der BRD 130000 Wärmepumpen für Brauchwasser-Erwärmung.

Zu beachten:

DIN 8900 Wärmepumpen, elektr. angetrieben<br>
Teil 1 4.80 Begriffe<br>
Teil 2 10.80 Prüfung von elektr. Wärmepumpen<br>
Teil 3 8.79 Prüfung Wasser/Abwasser- u. Sole/Wasser-Wärmepumpen<br>
Teil 4 9.80 Prüfung Luft/Wasser-Wärmepumpen<br>
Teil 6 E. 2.86 Meßverfahren installierter Wärmepumpen<br>
DIN 8975 Teil 1 12.86 Sicherheitstechn. Grundsätze, 9. Teile<br>
VGB 20 10.84 Unfallverhütungsvorschriften<br>
VDI 2067 Bl. 6 (E. 4.86) Kosten von Wärmeversorgungsanlagen, Wärmepumpen

## -12 Theoretische Grundlagen

Da sich Wärmepumpen und Kältemaschinen in ihrem Aufbau nicht unterscheiden, sind die theoretischen Grundlagen für beide Systeme gemeinsam im Abschnitt 62 behandelt. Nachstehend wird nur ein kurzer Überblick gegeben.

Nach dem 2. *Hauptsatz der Wärmelehre* (s. Abschnitt 131-9) ist immer ein Arbeitsaufwand erforderlich, um Wärme von einem niedrigen auf ein höheres Niveau zu fördern. Die technische Ausführung erfolgt in einem *Kreisprozeß*, der wie bei der Kältemaschine aus folgenden Teilen besteht (Bild 225-2):

Verdampfer, Verdichter, Kondensator, Drosselorgan und den erforderlichen Rohrleitungen und Armaturen.

Der Vorgang dieses *theoretischen Kreisprozesses* läßt sich im $T,s$- oder log $p,h$-Diagramm darstellen (Bild 225-4):

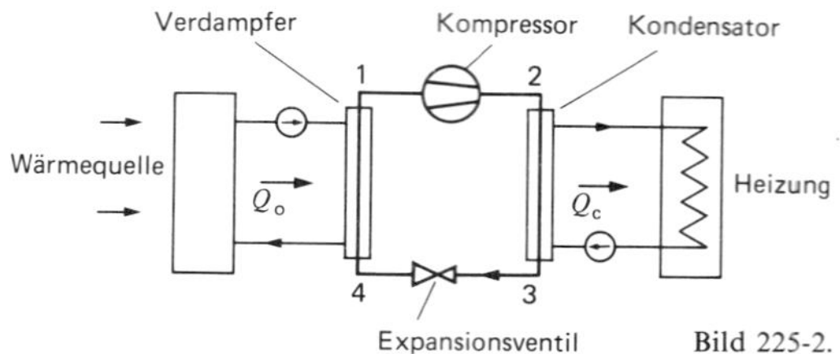


Bild 225-2. Schema einer Wärmepumpe.

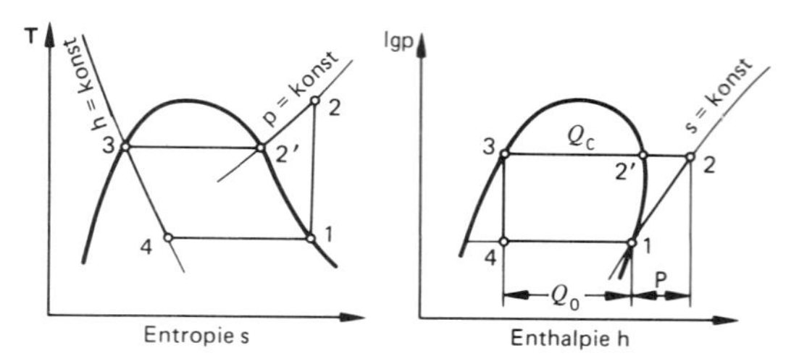


Bild 225-4. Theoretischer Wärmepumpenprozeß in $T,s$- und lg $p,h$-Diagramm.

1 → 2 isentrope Verdichtung
2 → 3 isobare Wärmeabgabe im Kondensator $Q_c$
3 → 4 isenthalpe Drosselung
4 → 1 isobare und isotherme Wärmeaufnahme im Verdampfer $Q_o$.

Das Verhältnis der im Kondensator abgegebener Heizleistung $Q_c$ zu der Verdichterleistung $P$ bezeichnet man als *Leistungszahl* $\varepsilon_{th}$ der theoretischen Wärmepumpe. Im log $p, h$-Diagramm (Bild 225-4 rechts) ist $\varepsilon_{th}$ durch das Verhältnis zweier Strecken dargestellt:

$$\varepsilon_{th} = \frac{Q_c}{P} = \frac{h_2 - h_3}{h_2 - h_1} \qquad Q_c = Q_o \frac{\varepsilon_{th}}{\varepsilon_{th} - 1}$$

Die Leistungszahl ist stark abhängig von der Temperaturdifferenz zwischen Kondensator und Verdampfer. Bild 225-6 zeigt den Verlauf bei konstanter Kondensationstemperatur von $t_c = 50\,°C$. Gleichzeitig ist auch der Verlauf von $\varepsilon_c$, das ist die Leistungszahl beim idealen *Carnot-Prozeß*, angegeben, bei dem nur der Temperaturunterschied zwischen der warmen und kalten Seite maßgebend ist (siehe Abschnitt 132-9). Hier ist $\varepsilon_c = T_c / T_c - T_0$. Aus Bild 225-7 erkennt man noch deutlicher die Abhängigkeit der theoretischen Leistungszahl von der Verflüssigungstemperatur.

Die Leistungszahl $\varepsilon_w$ des realen (effektiven) Wärmepumpenprozesses ist geringer als die der theoretischen Wärmepumpe, da durch Reibung, Druckabfall, Wärmeübertragung u.a. Verluste entstehen. Der Wirkungsgrad liegt etwa bei 60…70% im Vergleich zum theoretischen Prozeß (s. Bild 225-6).

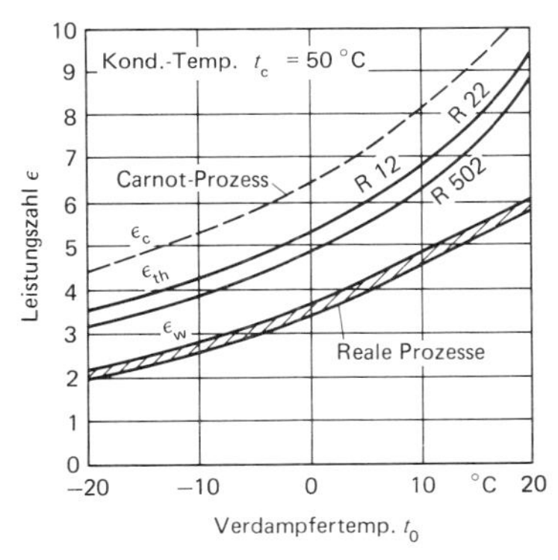


Bild 225-6. Leistungszahlen des Wärmepumpenprozesses in Abhängigkeit von der Verdampfungstemperatur.

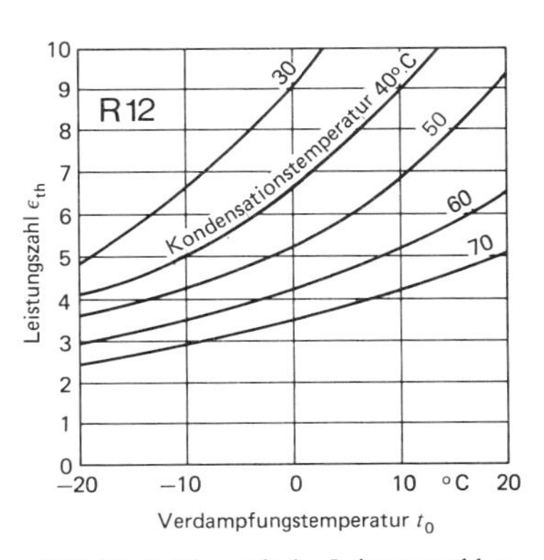


Bild 225-7. Theoretische Leistungszahl $\varepsilon_{th}$ bei verschiedenen Kondensationstemperaturen.

## -13 Bauelemente

Da, wie schon gesagt, Kältemaschine und Wärmepumpe den gleichen Aufbau haben, sind auch die Bauelemente für beide Systeme gleich. Bezüglich Einzelheiten siehe daher Abschnitt 64.

*Kompressoren*

Wärmepumpen zur Wohnungsheizung verwenden fast ausschließlich Hubkolbenverdichter[1]) mit elektromotorischen Antrieb, in geringem Umfang auch Rollkolbenverdichter.

Je nach Leistung unterscheidet man die Bauarten:

Hermetische Motorverdichter bis etwa 20 kW
Halbhermetische Motorverdichter
Offene Verdichter bis etwa 600 kW

[1]) Ruosch, E.: TAB 9/81. S. 745/7.

*Antrieb* mittels Gas- oder Dieselmotor ist gegenwärtig nur bei Leistungen über etwa 100 kW sinnvoll. Aggregate mit geringerer Leistung für die Beheizung von Einfamilienhäusern sind technisch noch in Entwicklung begriffen.

Für Großanlagen wie Schwimmbäder, Siedlungen, Warenhäuser, Sporthallen u. a. werden außer Kolbenverdichtern auch Turbo- und Schraubenkompressoren verwendet, wobei sowohl elektromotorischer wie Gasmotor- oder Dieselantrieb möglich ist.[1])

*Kondensatoren* (Verflüssiger)

In diesen Wärmeaustauschern wird die vom dampfförmigen Kältemittel abgegebene Wärme an Heizwasser oder Warmluft übertragen. Bei Erwärmung von Wasser werden für kleine Leistungen Koaxial-Kondensatoren, für größere Leistungen in der Regel Röhrenkessel-Kondensatoren verwendet. Bei Erwärmung von Luft finden Rippenrohrsysteme der üblichen Bauart Anwendung.

*Verdampfer*

In den Verdampfern wird das im Kondensator verflüssigte Kältemittel durch Wärmeaufnahme aus der Umgebung (Wasser, Luft, Erdreich u. a.) verdampft. Ausführung des Verdampfers bei kleinen Leistungen als Koaxial-Verdampfer, bei größeren Leistungen als Rohrbündel-, Röhrenkessel- oder Platten-Verdampfer.

Bei *direkter* Verdampfung wird die Wärmequelle, z. B. Luft oder Grundwasser, dem Verdampfer direkt zugeführt. Beim *indirekten* Verfahren wird Wasser oder Sole als Wärmeträger zwischengeschaltet, der seinerseits Wärme an das Kältemittel im Verdampfer abgibt.

*Drosselorgane*

sind wie bei der Kältemaschine thermostatische Expansionsventile bzw. bei großen Leistungen Niveauregler.

*Regelung*

Zweipunkt-Regelung in Abhängigkeit von der Außen- oder Rücklauftemperatur mit Zeitrelais zur Verhinderung häufigen Ein- und Ausschaltens, evtl. Pufferspeicher im Heizwasserkreislauf.

Regelung des Verdichters wie bei Kältemaschinen (s. Abschn. 641), z. B. polumschaltbare Motore, Zylinderabschaltung u. a. Aufteilung der Leistung auf mehrere Kompressoren.

*Kältemittel*

Die hauptsächlich in Wärmepumpen verwendeten Arbeitsstoffe sind in Tafel 225-1 aufgeführt. Am meisten wird R 12 verwendet. R 502 ist eine Mischung von R 22 und R 115. (Siehe auch Abschn. 631.)

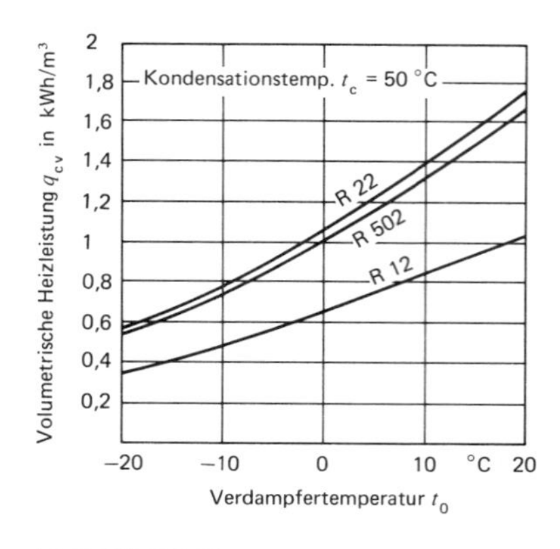


Bild 225-8. Volumetrische Wärmeleistung der Wärmepumpen bei verschiedenen Kältemitteln.

[1]) Hess, H.: Ki 2/85. S. 61/4.

**Tafel 225-1. Kenndaten verschiedener Kältemittel bei einer Verdampfungstemperatur von 0 °C und einer Kondensationstemperatur von 50 °C**

| Bezeichnung | | | R 12 | R 22 | R 502 |
|---|---|---|---|---|---|
| Verdampfungsdruck | $p_0$ | bar | 3,09 | 4,98 | 5,73 |
| Kondensationsdruck | $p_c$ | bar | 12,24 | 19,33 | 21,01 |
| Druckverhältnis | $p_c/p_0$ | – | 3,96 | 3,88 | 3,67 |
| Volumetrische Heizleistung | $q_{cv}$ | kWh/m³ | 0,64 | 1,04 | 1,02 |
| Isentropische Verdichtungs-endtemperatur | $t_2$ | °C | 57 | 73 | 57 |
| Dito bei Sauggaskühlung | | °C | 71 | 90 | 69 |
| Theoretische Leistungszahl | $\varepsilon_{th}$ | – | 5,2 | 5,2 | 4,3 |
| Reale Leistungszahl | $\varepsilon_W$ | – | 3,5 | 3,5 | 3,1 |

$q_{cv}$ bezogen auf den angesaugten Dampf

$\varepsilon_{th} = \dfrac{h_2 - h_3}{h_2 - h_1}$ $\quad \varepsilon_W$ bezogen auf Motorklemmenleistung und Unterkühlung um 3 K

Die *volumetrische Wärmeleistung* $q_{cv}$, d.h. das Verhältnis der Heizleistung $Q_c$ je m³ Ansaugvolumen des Kompressors ist in Bild 225-8 dargestellt. Bezogen auf das log $p, h$-Diagramm Bild 225-4 ist

$$q_{cv} = \frac{h_2 - h_3}{v_0} \text{ in kJ/m}^3 \text{ bzw. kWh/m}^3$$

$v_0$ = spezifisches Volumen des angesaugten Dampfes in m³/kg.

$q_{cv}$ ist nicht nur von der Temperatur abhängig, sondern auch sehr wesentlich von der Art des Kältemittels. Kältemittel mit hohem Dampfdruck, wie z.B. R22, haben eine große volumetrische Heizleistung und benötigen bei gleicher Heizleistung ein relativ geringes Fördervolumen des Kompressors.

Bei allen Kältemitteln ist zu beachten, daß bestimmte Verdichtungsendtemperaturen nicht überschritten werden, da sonst Zersetzungen eintreten.

## -14 Wärmequellen[1])

Nach der Bauart der Wärmepumpe unterscheidet man zwischen den Wärmequellen Wasser, Luft, Erdreich und Umwelt. Die Bezeichnung erfolgt in der Reihenfolge Wärmequelle/Wärmeträger, z.B. Luft/Wasser-Wärmepumpe. Die Wahl der bestgeeigneten Wärmequelle ist für die Wirtschaftlichkeit einer Wärmepumpenanlage von größter Bedeutung. Die Temperaturen der verschiedenen Wärmequellen abhängig von der Außentemperatur zeigt Bild 225-8a.

*Wärmequelle Wasser*

*Oberflächenwasser* (Flüsse, Seen etc.) kann an kalten Wintertagen so kalt werden, daß Einfriergefahr für Verdampfer besteht und damit Abschaltung der Wärmepumpe über Sicherheitseinrichtungen. Überwiegend nur für große Leistungen geeignet. Hauptsächlich Verwendung von Plattenverdampfern.

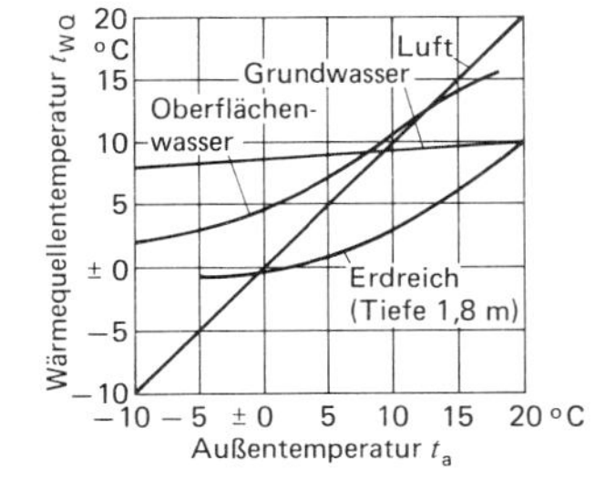


Bild 225-8a. Anhaltswerte für den Jahresgang der Temperaturen von Wärmequellen (nach VDI 2067, Bl. 6 – E.4.86).

[1]) Cube, H. L. von: SBZ 3/79. 4 S.
Müller, P.: VDI Bericht 343 (1979) S. 89/100.

*Grundwasser* liegt meistens ganzjährig um +8···10 °C und ist damit sehr gut geeignet. Saug- und Schluckbrunnen erforderlich. Tiefste Wintertemperatur prüfen für Auslegung der Wassermenge. Möglichkeit der Verstopfung (Verokerung) prüfen. Pumpversuche!

Vor Erschließung die Genehmigung des zuständigen Wasserwirtschaftsamtes einholen, Verfahren und Vorschriften örtlich unterschiedlich. Behördliche Zustimmung erforderlich. Übersicht s. [1]).

*Abwasser* erfordert genaue Prüfung des Mengen- und Temperaturganges über Tageszeit und Jahreszeiten. Sein Verschmutzungsgrad erschwert die Nutzung.

Bei Wasser als Wärmequelle stets auf Korrosionsgefahr und Verschmutzung achten, Reinigungsmöglichkeiten vorsehen.

*Wärmequelle Luft*

Rippenrohr-Verdampfer wird von Luft mit 1,5···2 m/s durchströmt. Abkühlung der Luft 3···4 K. Tiefste Außentemperatur ohne Vereisung etwa 3···4 °C. Rippenabstand ca. 2···3 mm. Bei tieferen Außentemperaturen periodische Abtauung des Verdampfersystems durch Umschaltung auf Kühlbetrieb (Heißgasabtauung Bild 225-9) oder elektrische Heizung oder Außenluft in den Betriebspausen erforderlich, dabei Unterbrechung der Wärmepumpenheizung und zusätzlicher Energiebedarf für die Abtauung. Häufigkeit der Abtauperioden abhängig von konstruktiver Ausführung. Mehrere Möglichkeiten:

Zeitrelais (ungünstig)
Temperaturdifferenzmessung zwischen Luft und Verdampfer
Druckmessung am Verdampfer
Temperaturmessung am Verdampfer.

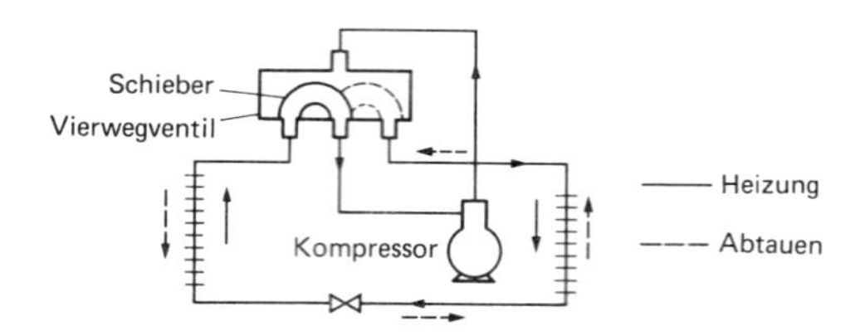


Bild 225-9. Umschaltung einer Wärmepumpe mit Vierwegeventil.

Erforderliche Luftmengen sehr groß, deshalb Außenluft-Verdampfer oft im Freien aufgestellt (Geräuschentwicklung beachten) oder relativ große Luftkanäle erforderlich.

Außenluft ist gerade dann am kältesten, also am wenigsten ausnutzbar, wenn der maximale Wärmebedarf besteht.

Fortluft aus raumlufttechnischen Anlagen ist meistens ziemlich temperaturkonstant und damit gut geeignet. Prüfung des Mengen- und Temperaturganges über Tageszeit und Jahreszeiten jedoch erforderlich.

*Wärmequelle Erdreich*

Verdampferschlangen direkt im Erdreich verlegt oder meist Zwischenschaltung eines Kühlsole-Kreislaufes. Ausschlaggebend für den Wärmeentzug ist die Wärmeleitzahl $\lambda$ des Bodens, seine Dichte und spezifische Wärmekapazität. Je feuchter, desto günstiger. Messungen ergaben Werte von $\lambda = 1 \cdots 3$ W/mK. Bei horizontaler Verlegung etwa 1 m tief, 20 bis 40 m² Erdoberfläche erforderlich je kW Heizleistung. Die gespeicherte Wärme kommt nicht vom Erdkern, sondern von oben durch Sonneneinstrahlung, Konvektion und Regen.

*Wärmequelle Umwelt*

Flächenwärmeaustauscher (Absorber), die aus Stahl- oder Al-Blech oder auch aus Kunststoff mit Hohlräumen bestehen, sind als Dachteil, Energiedach, Zaun, Fassade

[1]) Vorschriften und Richtlinien für Wärmepumpen bei der Nutzung von Grund- und Oberflächenwasser, 1979, FTA-Bonn.

u.a. ausgebildet. Durch die Hohlräume zirkuliert Sole zum Verdampfer der Wärmepumpe. Wärme wird nicht nur aus der Luft, sondern auch aus Sonnenstrahlung, Regen und Wasserdampf entzogen.

*Kennzeichen der Wärmepumpen* z. B.:

$L_2$ $W_{55}$ = Lufttemperatur 2 °C, Wassertemperatur 55 °C

*Kosten*

Die Kosten für die verschiedenen Arten von Wärmequellen sind sehr unterschiedlich. Am preiswertesten sind im allgemeinen Wärmequellen, die Luft verwenden. *Richtwerte:*

| Wärmequelle | Luft | Grundwasser | Erdreich |
|---|---|---|---|
| Investitionskosten je kW | 200···300,– | 600···1000,– | 800···1000,– |

### -15 Energieverbrauch[1])

Wesentlich für die Wirtschaftlichkeit einer Wärmepumpenheizung ist der *Kostenaufwand* für die erzeugte Wärmeeinheit. Maßgebend hierfür ist einerseits die Leistungszahl $\varepsilon_W$ der Wärmepumpe – das Verhältnis von gewonnener Heizenergie zum erforderlichen Energieaufwand – und andererseits der Preis für die Einheit der Antriebsenergie. Bild 225-10 zeigt den Verlauf der Leistungszahl $\varepsilon_W$ der Wärmepumpe in Abhängigkeit von der Temperaturdifferenz zwischen Verdampfer und Kondensator sowie der Kondensationstemperatur $t_c$, und zwar sowohl die theoretischen Idealwerte nach Carnot (s. Abschnitt 621) wie auch die real erreichbaren Werte, beide für Temperaturen der warmen Seite von 20 °C und 60 °C.

Die realen Werte in Bild 225-10 sind *Mittelwerte* zahlreicher Fabrikate von semihermetischen Verdichtern mit einem Fördervolumen von über 30 m³/h. Bei kleinerem Fördervolumen sinkt die Leistungszahl ab, bis um etwa 30% bei einem Fördervolumen von 1 m³/h. Die Art des Kältemittels (R 12, R 22, R 502) ist dabei fast ohne Einfluß.

Wie die dünn gestrichelte Linie zeigt, werden real etwa 50% des Idealwertes nach Carnot erreicht. Diese 50% sind auch zu erreichen bei Temperaturdifferenzen unter 20 K durch Einsatz von Rotations- oder Turbo-Verdichtern und bei Temperaturdifferenzen über 80 K durch Übergang von einstufiger auf zwei- oder mehrstufige Verdichtung.

Bei Anwendung von Bild 225-6 und -10 ist zu beachten, daß $\Delta t$ die Temperaturdifferenz zwischen Verflüssigungs- und Verdampfungstemperatur der Wärmepumpe ist und damit spürbar kleiner als die Differenz zwischen Temperatur der gewünschten Nutzwärme und Temperatur der verfügbaren Wärmequelle. Die *Energiekosten* für den Betrieb einer Wärmepumpe sind direkt abhängig von der mittleren realen Leistungszahl und dem vom jeweiligen EVU gewährten Stromtarif:

$$\frac{\text{DM/kWh Strom}}{\varepsilon_W} = \text{DM/kWh Heizleistung}$$

Hinsichtlich der Energiekosten wird die elektrische Wärmepumpe gegenüber konventionellen Heizsystemen gleichwertig, wenn

$$\varepsilon_W \geqq \frac{\text{DM/kWh Strom}}{\text{DM/kWh Nutzheizleistung konventionell}}$$

*Beispiel:*

Mittlerer Strompreis 0,20 DM/kWh, Nutzwärmepreis z.B. Heizöl 0,05 DM/kWh. Eine Wärmepumpe ist bei diesen Energiepreisen wirtschaftlich verwendbar, wenn die Leistungszahl

$$\frac{0{,}20}{0{,}05} \geqq 4 \quad \text{ist.}$$

[1]) Stenzel, A.: Kälte u. Klimatechn. 2/80. S. 52/4.
Thiel, G.: HLH 1/80. S. 28/31.
VDI-Richtlinie 2067 Bl. 6 E. 4. 86 Wärmepumpen.
Michler, K., u. F. Richarts: HLH 3/82. S. 87/92.
Müller, H.: HLH 5/82. S. 174/9.
Picken, G., u. P. Stuch: TAB 5/84. S. 383/6.
Klosa, F.: TAB 1/87. S. 31/7.
Siehe auch Abschnitt 621.

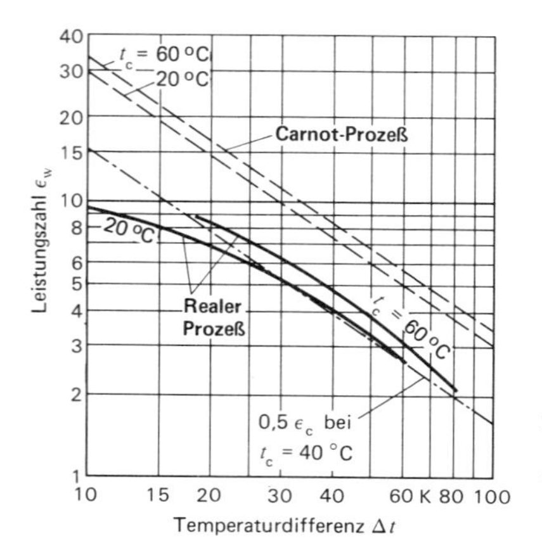


Bild 225-10. Leistungszahl $\varepsilon_w$ des Wärmepumpenprozesses.
$t_c$ = Kondensationstemperatur
$\varepsilon_c$ = Leistungszahl nach Carnot-Prozeß

Bei Kostenrechnungen für Wärmepumpen ist stets der *Jahresmittelwert* der Leistungszahl *(Jahresarbeitszahl oder Heizzahl)* anzusetzen, denn bei richtiger Planung mit gleitender Regelung der Vorlauftemperatur erzeugt die Wärmepumpe nur die jeweils zur Deckung des Wärmebedarfs erforderliche Temperaturdifferenz. Damit ist die Leistungszahl während des größten Teils der Heizperiode größer als im Auslegungspunkt für die Maximallast. Eine echte Kostenrechnung ist damit nicht über die Heizgradtage möglich wie bei konventionellen Heizungen, sondern nur über das Betriebsverhalten bei den verschiedenen Außentemperaturen und eine Summenbildung über die Häufigkeit der jeweiligen Außentemperaturen am Aufstellungsort gemäß Häufigkeitstabellen oder -kurven, z.B. wie Bild 112-8. Bei unterschiedlicher Betriebsweise und/oder verschiedenen Strompreisen für Arbeit und Leistung muß dabei auch noch nach Tag- und Nachtbetrieb unterteilt werden.

Für genaue Berechnungen ist zusätzlich der Energieverbrauch der Hilfseinrichtungen, wie Pumpen und Ventilatoren, zu berücksichtigen, als reiner Energieverlust oder mit entsprechender Wärmeabgabe auf der Nutzseite. Bei Systemvergleichen natürlich genauso für die konventionelle Heizung.

Die *Anlagekosten* für Wärmepumpen sind relativ hoch. Deshalb lohnt es sich meistens nicht, die Wärmepumpe für die Spitzenlast an den wenigen kalten Tagen auszulegen.

Tafel 225-2 gibt einen vereinfachten Überblick über die *Nutzwärmekosten* verschiedener Heizsysteme, wobei allerdings eine große Anzahl den Preisvergleich verändernder Einflußgrößen, wie Art der Wärmequelle, Nebenkosten, Zusatzheizung usw., zunächst vernachlässigt sind, ebenso wie die Kapitalkosten.

**Tafel 225-2. Energiekosten je MWh Nutzwärme bei verschiedenen Heizsystemen**

| Heizmittel | Heizwert $H_u$ kWh | Einheitspreis DM | Wirkungsgrad $\eta$ bzw. $\varepsilon$ | Verbrauch je MWh | Kosten DM/MWh |
|---|---|---|---|---|---|
| Leichtöl EL | 10/l | 0,40/l | 0,75 | 133 l | 53,20 |
| Erdgas | 8,9/m³ | 0,60/m³ | 0,80 | 140 m³ | 84,00 |
| Flüssiggas | 11,6/kg | 1,00/m³ | 0,80 | 108 kg | 108,00 |
| Koks | 8,3/kg | 0,60/kg | 0,70 | 172 kg | 103,20 |
| Nachtstrom | 1/kWh | 0,12/kWh | 0,95 | 1053 kWh | 126,30 |
| El. Wärmepumpe* | 1/kWh | 0,20/kWh | $\varepsilon=2$ | 53 l/300 kWh | 81,20 |
| El. Wärmepumpe* | 1/kWh | 0,20/kWh | $\varepsilon=3$ | 53 l/200 kWh | 61,20 |
| El. Wärmepumpe* | 1/kWh | 0,20/kWh | $\varepsilon=4$ | 53 l/150 kWh | 51,20 |
| Gasmotor-Wärmepumpe | 8,9/m³ | 0,60/m³ | $\varepsilon=1,4$ | 80 m³ | 48,00 |

* bivalent mit Ölheizung (40% Öl)

Langfristig ist zu erwarten, daß im Rahmen der *Energieeinsparung* und des *Umweltschutzes* die Wärmepumpe möglicherweise doch noch eine wichtige Rolle spielen wird. Voraussetzung ist dabei, daß die Wirtschaftlichkeit verbessert wird.

Der Unterschied in den jährlichen *Gesamtbetriebskosten* gegenüber Ölheizung und Gasheizung liegt hauptsächlich in der Aufteilung der Kosten auf Investitionskosten und Energiekosten. Wärmepumpenanlagen haben je nach Wärmequelle erheblich höhere Investitionskosten, aber geringere Energiekosten als ölbeheizte Anlagen. Auch die Wartungs- und Reparaturkosten sind höher.

Der *Primärenergieverbrauch* der elektrischen Wärmepumpe im Vergleich zur Ölheizung beträgt etwa

$$\frac{\eta_h}{\eta_k \cdot \varepsilon_w} = \frac{0{,}75}{0{,}3 \cdot 2{,}5} = 1{,}00$$

$\eta_h$ = Gesamtwirkungsgrad der Ölheizung
$\eta_k$ = Gesamtwirkungsgrad des Kraftwerks
$\varepsilon_w$ = mittlere Leistungszahl der Wärmepumpe

Hiernach besteht also überhaupt keine Ersparnis gegenüber der Ölheizung.

Dabei ist jedoch zu beachten, daß in Deutschland der elektr. Strom zum größten Teil aus heimischen Brennstoffen erzeugt wird. Insofern ist die Wärmepumpe ein wichtiger Faktor für Verringerung der Ölimporte.

Bessere Primärenergienutzung ist möglich bei Wärmepumpen mit Antrieb durch Verbrennungsmotor.

## -16 Bauarten elektrischer Wärmepumpen

### -161 Kompaktgeräte

Darunter versteht man anschlußfertige kompakte Geräte, in die alle für die Heizung erforderlichen Teile wie Kompressor, Verdampfer, Kondensator, Ventilator, Regelung usw. eingebaut sind. Die Montagekosten werden dadurch erheblich verringert. Je nach Wärmequelle und Heizmittel gibt es verschiedene Bauarten, von denen einige erwähnt seien.

Eine Kompakt-Wärmepumpe nach dem *Luft-Wasser-System* zeigt das Schema Bild 225-12. Außenluft wird von einem Ventilator angesaugt, im Verdampfer entwärmt und in einiger Entfernung wieder ins Freie geblasen. Der Kältemitteldampf wird in einem Doppelrohr-Kondensator verflüssigt und die Kondensatorwärme an das Heizwasser übertragen. Derartige Bauarten sind besonders häufig, da Luft als Wärmequelle überall zur Verfügung steht.

Ansicht einer derartigen Wärmepumpe für Innenaufstellung in Bild 225-13.

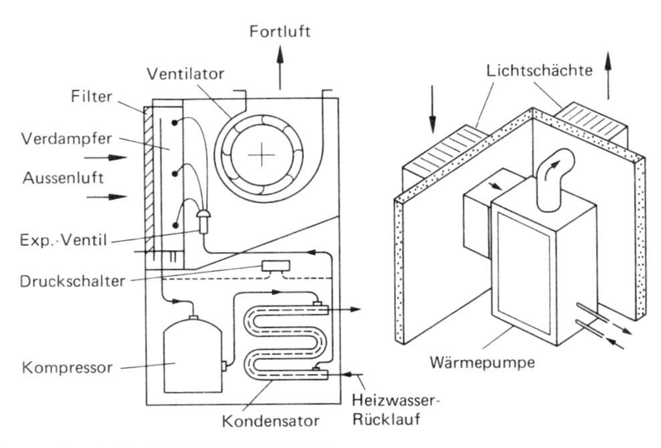


Bild 225-12. Schema einer luftgekühlten Wärmepumpe.
Rechts: Einbau der Wärmepumpe in einer Kellernische

Bild 225-13. Innenansicht einer Luft-Wasser-Wärmepumpe (Viessmann).

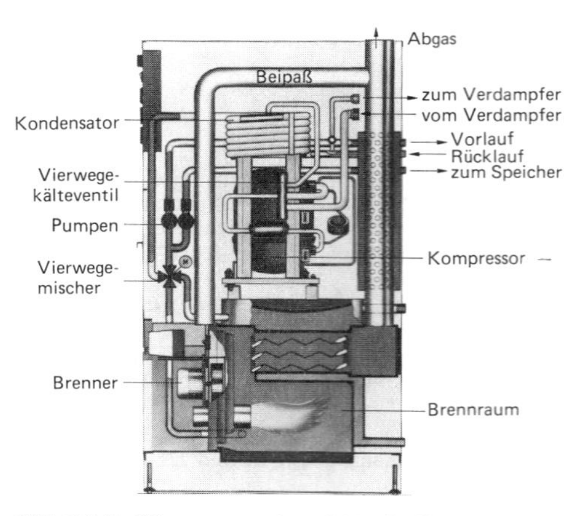


Bild 225-17. Wärmepumpenkessel (Brötje-Siemens).

Von mehreren Firmen werden *Kombinationen* von Wärmepumpen mit Heizkesseln angeboten. Die Wärmepumpe hat dabei immer eine wesentlich geringere Leistung als der Kessel. Beispiel eines derartigen Wärmepumpenkessels in Bild 225-17.

Heizkessel mit Öl- oder Gasbrenner unten, darüber Kompressor mit dem Kondensator. Splitleitungen mit Schnellkupplung verbinden die Wärmepumpe mit dem für Außenaufstellung vorgesehenen luftgekühlten Verdampfer. Bis zu einer Außentemperatur von +5 °C übernimmt die Wärmepumpe allein die Heizung, im Bereich von +5 °C bis −5 °C besteht Parallelbetrieb, darunter geht die Wärmepumpe außer Betrieb und der Heizkessel übernimmt allein die Wärmeversorgung. Eine eingebaute Zentralsteuerung mit Mikroprozessor veranlaßt und überwacht alle erforderlichen Funktionen. Kesselleistung 24 bis 28 kW, Heizleistung der Wärmepumpe bei 2 °C Lufttemperatur und 55 °C Wassertemperatur (L 2 W 55) 7,5 kW.

**-162 Splitgeräte**

Die Kompaktgeräte, bei denen der Außen- und Innenteil gemeinsam in einem Gehäuse untergebracht sind, lassen sich bei Luftkühlung oft sehr schwer im Gebäude unterbringen. Man kann jedoch beide Teile getrennt montieren und durch Kältemittelleitungen miteinander verbinden. Der Außenluftteil enthält den Kompressor und Verdampfer, der Innenteil den Kondensator (Bild 225-19).

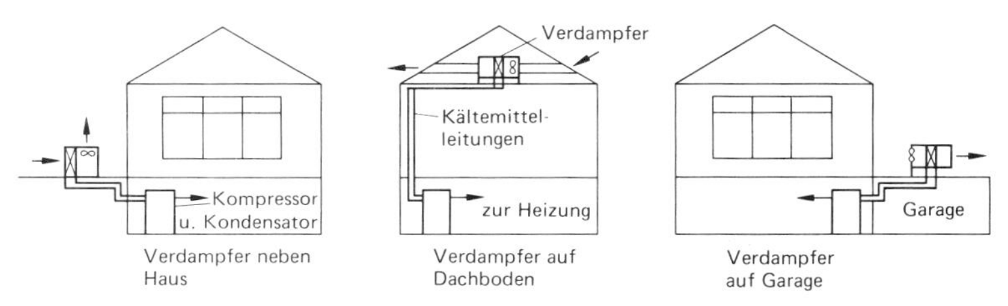


Bild 225-19. Aufstellungsmöglichkeiten von Split-Wärmepumpen.

## -17 Anwendung der Elektrowärmepumpen

### -171 Wärmepumpen zur Heizung von Wohngebäuden[1])

*Allgemeines*

Die meisten Ein- und Zweifamilienhäuser sind für Heizung mittels Wärmepumpen geeignet (Bild 225-20). Für *Mehrfamilienhäuser* sind bisher erst wenige Wärmepumpen installiert worden, da die Ausnutzung der Wärmequellen meist schwierig ist. Besonders geeignet als Wärmequelle ist Flußwasser.

Nachteilig ist, daß die Heizleistung der Wärmepumpe desto geringer wird, je kälter es ist. Die Leistungszahl wird also mit fallender Außentemperatur immer geringer, der elektrische Anschlußwert größer und die Wärmepumpe teurer. Die Heizungsanlage sollte daher mit möglichst geringer Kondensator- bzw. Heizmitteltemperatur betrieben werden (Niedertemperaturheizung, besonders Fußbodenheizung). Ein Kennlinienfeld einer Luft-Wasser-Wärmepumpe zeigt Bild 225-21.

Man begrenzt in den meisten Fällen die Leistung der Wärmepumpe derart, daß der Wärmebedarf nur bis zu einer Außentemperatur von 3···5 °C gedeckt wird. Bei tieferen Temperaturen wird eine zusätzliche Heizquelle benötigt, z. B. Gas, Öl, Flüssiggas, Nachtstromspeicher u. a.

Anlagen, die mit zwei Energien heizen, heißen *bivalente Heizungen*. Die Außentemperatur, bei der die Heizleistung der Wärmepumpe gerade noch den ganzen Wärmebedarf deckt, heißt *Gleichgewichts- oder Einsatzpunkt*. Die Umschaltung erfolgt automatisch.

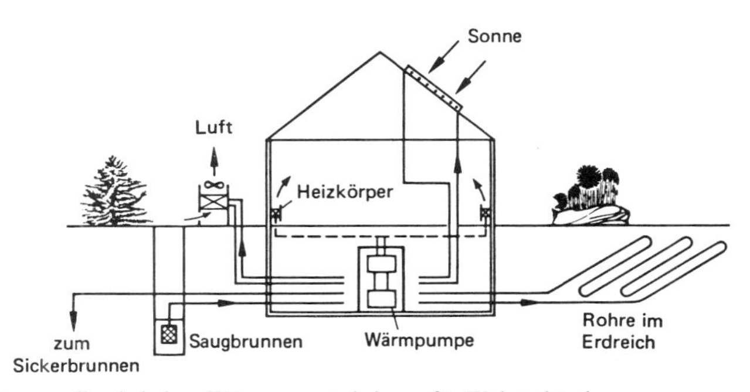


Bild 225-20. Wärmequellen bei einer Wärmepumpenheizung für Wohngebäude.

[1]) Bockwyt, H.: TAB 4/81. S. 359/63, und Ki 10/83. S. 397/402.
Göricke, P., u. Th. Rink: Wärmetechn. 1/82. S. 16.
Rostek, H. A.: HLH 3/82. S. 97/101.
Weidemüller, W.: TAB 12/82. S. 923/6.
Argebau: Wärmepumpen-Richtlinien 10.83.
Test-Sonderheft Heizwärmepumpen 3/83.
Liebermann, W.: Ki 4/84. S. 145/8.
Jelonnek, K.: ETA 5/84. S. A 156/61.
Pielke, R.: KKT 10/84. S. 510.
Haarmann, N. A.: Ki 1/85. S. 17/22.

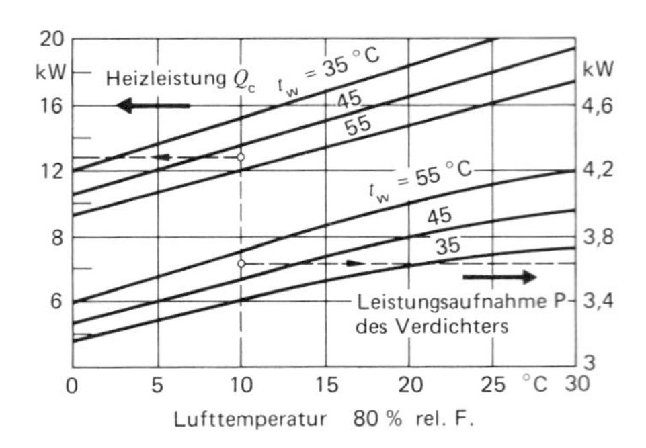


Bild 225-21. Kennlinien einer Luft-Wasser-Wärmepumpe.
Beispiel: Bei 50 °C Wassertemperatur und 10 °C Lufttemperatur ist die Heizleistung $\dot{Q}_c = 12{,}8$ kW und die Leistungsaufnahme des Verdichters $P = 3{,}63$ kW (ohne Ventilator und Pumpe).

Wie aus der Kurve der Temperaturhäufigkeit (Bild 225-22) hervorgeht, ist die Zahl der Tage unter 3 °C und der Wärmebedarf für diese Zeit beträgt im Mittel 50% des gesamten jährlichen Wärmebedarfes, wenn man 20 °C Außentemperatur als Heizgrenze ansetzt (bei Heizgrenze 15 °C ca. 65%).

Die Wärmepumpe kann unterhalb des Gleichgewichtspunktes entweder parallel mit der Zusatzheizung betrieben werden (Betrieb = bivalent parallel gem. Bild 225-22 b), oder sie wird ausgeschaltet, so daß die konventionelle Heizung den gesamten Wärmebedarf deckt (Betrieb = bivalent alternativ gem. Bild 225-22a).

Es bestehen also folgende Möglichkeiten für den Betrieb:

*Monovalent,* d. h. ohne Zusatzenergie. Sehr teuer, da die Wärmepumpe für volle Heizleistung $\dot{Q}_h$ bemessen werden muß, daher bei mitteleuropäischen Außentemperaturen unwirtschaftlich.

Elektrische Anschlußleistung der Wärmepumpe $P \approx 0{,}5 \cdot \dot{Q}_N$ ($\dot{Q}_N$ = maximaler Wärmebedarf in kW), da $\varepsilon_w = \dot{Q}_N / P \approx 2$ (nach Bild 225-6) bei $-15$ °C hoher Bereitstellungspreis des EVU. Außerdem manchmal täglich Sperrzeiten.

*Bivalent im Alternativbetrieb* (Bild 225-22a). Deckung des Jahresenergiebedarfs konventionelle Heizung: Wärmepumpe ≈ 50 : 50%. Wärmepumpe läuft nur oberhalb des Einsatzpunktes. Elektrische Anschlußleistung der Wärmepumpe $P \approx 0{,}25 \cdot \dot{Q}_N$, da $\varepsilon_w = \dot{Q}/P \approx 4$ (nach Bild 225-6). Oberhalb des Einsatzpunktes von 3 °C Außentemperatur läuft WP getaktet mit Teillast. Heizkesselleistung ist für 100% $\dot{Q}_{max}$ auszulegen.

*Bivalent im Parallelbetrieb* (Bild 225-22b). Deckung des Jahresenergiebedarfs konventionelle Heizung: Wärmepumpe ≈ 20 : 50%. Wenn wieder Anschlußleistung der WP mit $P = 0{,}25 \cdot \dot{Q}_N$ (Einsatzpunkt 3 °C). Dann bei $-15$ °C $\varepsilon_w = 2$ (Bild 225-6), und wegen abnehmender Leistungsaufnahme $P$ (Bild 225-21) Heizkesselleistung $\approx 0{,}8 \cdot \dot{Q}_{max}$.

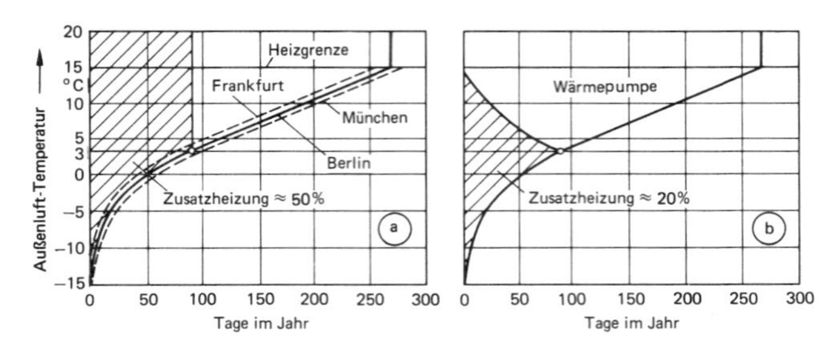


Bild 225-22. Bivalente Wärmebedarfsdeckung durch Wärmepumpe.
a) im Alternativbetrieb
b) im Parallelbetrieb.

Bei *eingeschränktem Heizungsbetrieb* (nachts oder an Wochenenden) ändern sich die Wärmebedarfskurven. In diesen Fällen muß eine gesonderte Berechnung des Wärmebedarfs erfolgen.

*2. Luft-Luft-Wärmepumpe*

Bei diesen Anlagen wird die Wärme aus der umgebenden Luft entnommen und auf höherem Niveau zur Heizung von Gebäuden verwendet. Der *Wärmegewinn* ergibt sich teils durch Abkühlung der Luft (fühlbare Wärme), teils durch Kondensation bzw. Vereisung des Wasserdampfes der Luft (latente Wärme). Betrieb meist bivalent (parallel oder alternativ) mit Einsatzpunkt bei etwa +3 °C. Monovalente Heizung mit Luft als Wärmequelle ist bei mitteleuropäischen Außentemperaturen unwirtschaftlich.

System soll mit einem Wärmespeichersystem, z. B. einer Fußbodenluftheizung, verbunden sein, da sonst wegen der Ein-Aus-Regelung des Kompressors erhebliche Temperaturschwankungen auftreten.

Bei der Ausführung unterscheidet man *Kompaktgeräte,* bei denen der Außenluft- und Innenluftteil in einem gemeinsamen Gehäuse zusammengebaut sind, und *Splitgeräte,* bei denen beide Teile getrennt sind und z. B. durch Schläuche mit Schnellkupplung verbunden werden.

Betriebliches Verhalten siehe Bild 225-25. Die Wärmepumpe deckt den Wärmebedarf bis zu einer Außentemperatur von etwa 5 °C. Darunter ist bei dauernd laufender Wärmepumpe zusätzliche Heizleistung erforderlich. Die mittlere jährliche Leistungszahl ist etwa $\varepsilon_W = 2{,}3 \cdots 2{,}5$.

Der *Luftbedarf* des Verdampfers ist verhältnismäßig groß. Er beträgt 450 bis 300 m³/h je kW Heizleistung bei einer Enthalpieabnahme der Außenluft von 4···6 kJ/kg (4···6 K bei trockener Luft). Auch Geräusche beachten.

Nachteilig ist die *Vereisung* des Verdampfers. Je nach Reifanfall muß bei tiefen Temperaturen täglich mehrmals durch elektrische Heizkörper, Brauchwasser, Kreislaufumkehr oder sonstwie abgetaut werden. Eisbildung kann bereits bei Außentemperaturen von +5 °C auftreten.

*3. Luft-Wasser-Wärmepumpe*[1])

Hier ist die Wärmquelle wieder Luft, während für die Heizung Warmwasser verwendet wird, besonders in Form von Flächenheizungen mit ihren niedrigen Heizwassertemperaturen von 40···50 °C. Die Spreizung der Heizwassertemperaturen sollte möglichst ge-

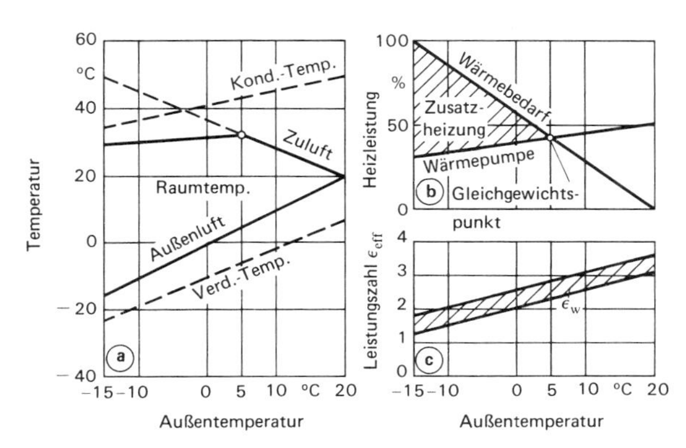


Bild 225-25. Betriebsverhalten einer Luft-Luft-Wärmepumpe.
a) Temperaturen für Luft, Kondensatoren und Verdampfer
b) Gleichgewichtspunkt
c) Leistungszahl

[1]) Hering, H. J.: Öl + Gasfg. 5 bis 8/78.
Fox, U., u. W. Schneider: HLH 8/78. S. 299/301.
Kamm, K.: Ki 3/80. S. 105/9.
Hadenfeld, A.: ETA Sept. 5/81. S. A 263/7.

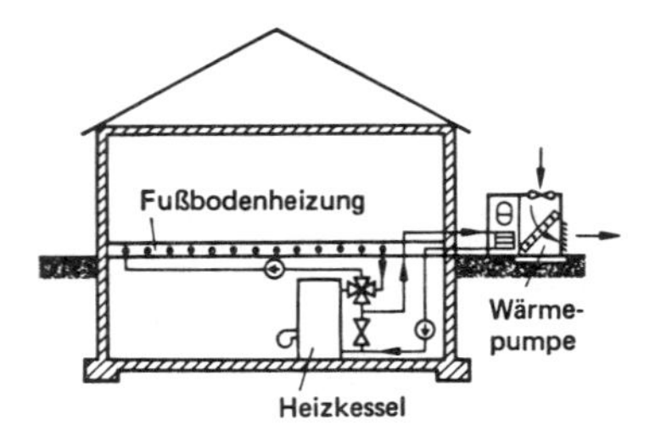


Bild 225-30. Außenaufstellung einer Luft-Wasser-Wärmepumpe.

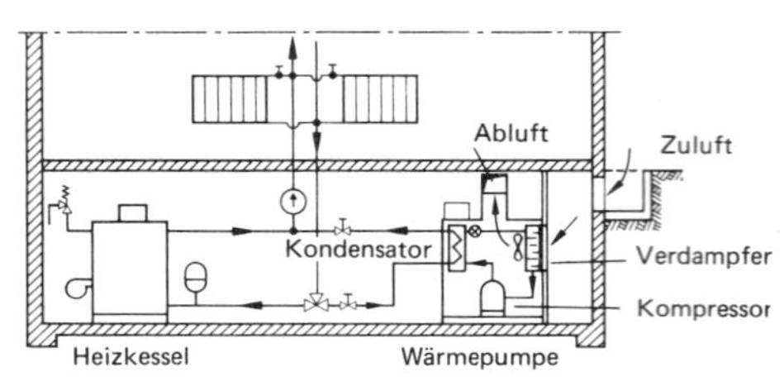


Bild 225-31. Luft-Wasser-Wärmepumpe für Innenaufstellung.

ring sein, das Heizwasservolumen möglichst groß, evtl. zusätzlicher Warmwasserspeicher *(Puffer)*. Betriebsverhalten siehe Bild 225-21.

Wegen der überall vorhandenen Wärmequelle Außenluft werden diese Anlagen häufig ausgeführt.

Ausführung der Wärmepumpen als *Kompaktgerät* mit Aufstellung außerhalb des Hauses oder im Hausinnern, Bild 225-30 und -31. Bei der *Splitausführung* werden Verdampfer und Ventilator im Freien oder auf dem Dachboden montiert, während der Kondensator im Innern des Gebäudes installiert wird (Bild 225-18).

Bei Fußbodenheizungen genügen bereits Temperaturen von 30···45 °C.

Die mittlere Leistungszahl $\varepsilon$ im Jahresdurchschnitt (Arbeitszahl) ist etwa 2,0 bis 2,3.

Einbindung der Wärmepumpe in den Heizungskreislauf entweder in *Serie* oder *parallel* mit dem Heizkessel (Bild 225-33). Die erstgenannte Schaltung, bei der das Rücklaufwasser der Wärmepumpe durch den Kessel weiter aufgeheizt wird, ist am einfachsten; keine Einfriergefahr, jedoch darf die Rücklauftemperatur 70 °C nicht überschreiten. Pumpenleistung muß geprüft werden, da sich die Widerstände addieren.

Eisbildung am Verdampfer wie bei Luft-Luft-WP.

*4. Luft-Sole-Wasser-Wärmepumpe*

Die *„Absorber"* (Solarabsorber, Freiflächenabsorber, Energieabsorber) nutzen Umweltenergie als Wärmequelle[1]). Siehe auch Abschn. 225-2.

Wegen der großen Flächen verwendet man in den Absorbern keine direkte Verdampfung, sondern es wird Sole (Glykolmischung) als Wärmeträger dazwischen geschaltet.

Außer der Sonnenenergie nehmen die Absorber in Verbindung mit der Wärmepumpe auch Wärme aus der Luft, Wind, Regen, Kondenswasser aus feuchter Luft und Reif auf, wobei die Sole auch Temperaturen von −10 bis −15 °C annehmen kann. Sie sind

[1]) Kast, W.: HLH 1/81. S. 5/12.
Müller, R.: ETA Sept. 5/81. S. A 283/6.
Laroche, R.: TAB 12/81. S. 1053/5.
Dietrich, B.: HR 6/81. S. 413/24 u. ETA 2/84. S. A 46/54.
Bogdanski, F.: HLH 6/82. S. 221/7.
Böbel, A.: HLH 6/82. S. 203/9.
Dietrich, B., u. U. Jacobs: ETA 4/83. S. A 114/28.
Krumm, W. u.a.: HLH 7/84. S. 317/26 (Mathematisches Modell).
Weßing, W. u.a.: Gas 5/84. S. 276/81.
Maßmeyer, K. u. R. Posovski: HLH 3/85. S. 113/16.

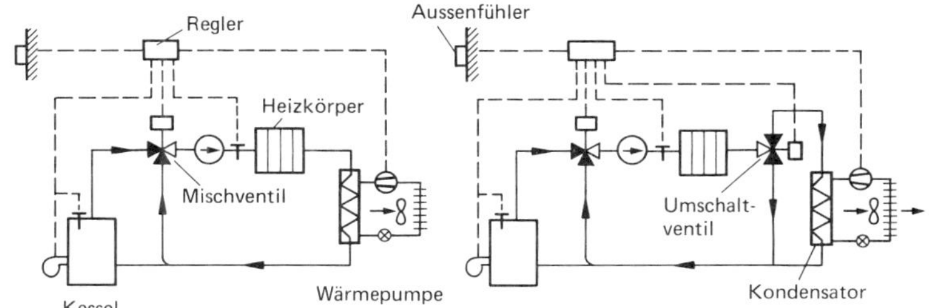


Bild 225-33. Luft-Wasser-Wärmepumpe.
Links: Kessel und Wärmepumpe in Serie; rechts: Kessel und Wärmepumpe parallelgeschaltet

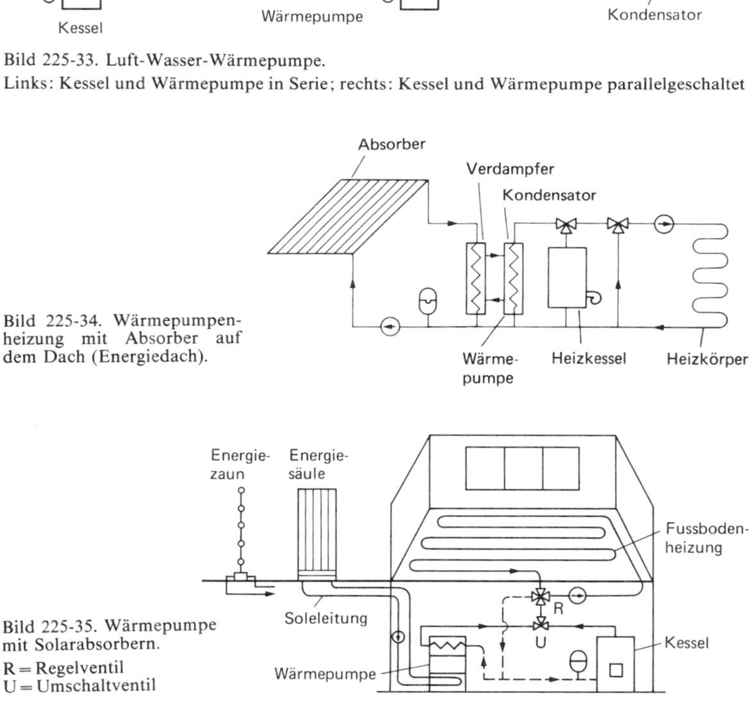


Bild 225-34. Wärmepumpenheizung mit Absorber auf dem Dach (Energiedach).

Bild 225-35. Wärmepumpe mit Solarabsorbern.
R = Regelventil
U = Umschaltventil

im Gegensatz zu den Solarkollektoren Tag und Nacht ganzjährig wirksam. Schema siehe Bild 225-34 und -35.

Bei den Bauarten kann man Flächenabsorber und Kompaktabsorber unterscheiden.

Zu den *Flächenabsorbern* gehören das Energiedach, die Energiefassade und der Energiezaun. Wegen der tiefen Soletemperatur bildet sich am Absorber Kondensat aus der Luft. Unterhalb des Absorbers daher Wärmedämmung und Dachdichtung. Bei anderen Systemen ist der Absorber in die Dachfläche integriert, wofür es zahlreiche Konstruktionen gibt. Bei den meisten Dächern ersetzt der Absorber die herkömmliche Ziegeleindeckung.

Bei den *Kompaktabsorbern,* die auf dem Dach oder außerhalb des Gebäudes aufgestellt werden, ist die Wärmeaustauscherfläche auf engstem Raum zusammengedrängt. Sie werden als Energiesäulen, -stapel, -fächer, -türme oder dgl. hergestellt. Bei ihnen wird weniger Sonnenenergie und mehr die Umgebungsenergie durch den Wind ausgenutzt.

Um *Korrosionen* zu vermeiden, sollten bei allen Absorbern nur Kunststoffe oder nicht korrosive Metalle in den Wärmeaustauschern verwendet werden.

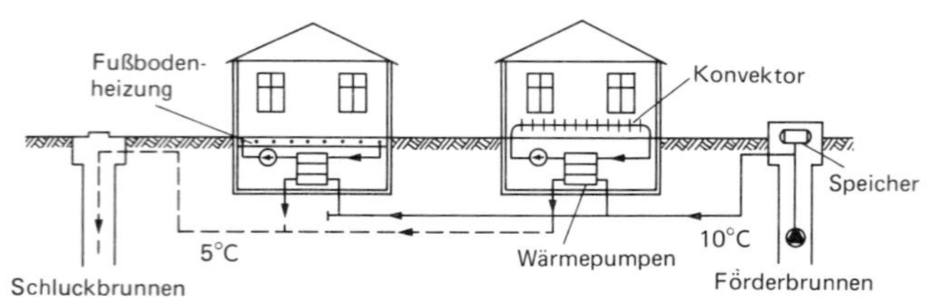


Bild 225-38. Grundwasser/Wasser-Wärmepumpenanlage für eine Wohnsiedlung.

Zahlenmäßige Werte über die Wärmeaufnahme der Absorber sind leider noch wenig bekannt, da die Wärmeübergangskoeffizienten von vielen Faktoren, besonders der Windgeschwindigkeit, abhängen. Im Mittel kann man bei Dachabsorbern mit etwa $\alpha = 15$ bis 25 W/m²K rechnen, so daß sich bei 5 K Temperaturdifferenz Energieaufnahmen von 75 bis 125 W/m² ergeben. Das ergibt je kW Heizleistung 8···13 m² Absorberfläche. Bei Kompaktabsorbern wie z.B. Rippenrohrsystemen oder Lamellenrohrbündeln (Energiestapel) sind die Wärmeübergangskoeffizienten wesentlich geringer, etwa 5···10 W/m²K.[1]) Wind liefert den größten Beitrag zum Wärmegewinn. Die *Jahresarbeitszahl* liegt bei etwa 2,5. Betrieb meist bivalent.

Demnach sind 45/159 = 0,28 m² Absorberfläche je m² Wohnfläche erforderlich.

Die Nutzung der Sonnenenergie ist bei den meisten Bauarten gering. Auch der Gewinn aus Reif, Regen und Dampfkondensation hat keine große Bedeutung. Der größte Gewinn wird hauptsächlich von der Luft geliefert. Die Leistung verringert sich stets, wenn die Absorber verschneit sind.

Kosten einzelner Absorber je nach Bauart sehr unterschiedlich, gegenwärtig etwa 100···300 DM/m². Die Kosten einer vollständigen Anlage mit Wärmepumpe und Absorber betragen etwa 2000···2500 DM/kW.

*5. Wasser-Wasser-Wärmepumpen*[2])

Wärmequelle ist hier z.B. *Grundwasser* aus einem Brunnen mit einer konstanten Temperatur von 8···12 °C. Das um 4···5 K abgekühlte Wasser wird in einen Sickerbrunnen geleitet, der etwa 15···20 m entfernt herzustellen ist. Je m³/h Wasser ergibt eine Heizleistung von ≈ 6···7 kW. Die Verdampfungstemperatur bleibt hier bei etwa 0 °C fast konstant, während die Kondensationstemperatur mit steigender Außentemperatur fällt. Die Leistungszahl wird dadurch wesentlich günstiger, etwa $\varepsilon_W = 3{,}0\cdots3{,}5$. Wasserqualität durch Fachmann zu prüfen! Probebohrung. Häufig Schwierigkeiten wegen Versagen der Brunnen oder schlechter Wasserqualität (Eisen, $CO_2$ u.a.). Genehmigungspflicht! Vorteilhaft ist, daß ein monovalenter Betrieb möglich ist. Kosten von Brunnenanlagen sehr unterschiedlich, bei einer Leistung von 5 m³/h je nach Baugrund 10000,– bis 20000,– DM.

Da nicht überall Grundwasser zur Verfügung steht, ist der Anwendungsbereich beschränkt.

*See- und Flußwasser* ist zwar sehr geeignet, man muß jedoch im Winter mit Einfrieren des Wassers rechnen. Viele Flüsse sind heute auch stark verunreinigt, so daß häufige Reinigung der Wärmeübertrager erforderlich wird. Am geeignetsten sind Plattenverdampfer. Ausführung meist nur bei größeren öffentlich geförderten Objekten wirtschaftlich möglich.

Ferner besteht die Möglichkeit, das zur Beheizung nötige Grundwasser den einzelnen Häusern von einer zentralen Brunnenanlage zu liefern. Das Wasser gelangt mit einer Temperatur von etwa 10 °C über ein Rohrnetz zu den Wärmepumpen der Häuser, wo es um etwa 5 K abgekühlt wird, und dann wieder über den Rücklauf zum Schluckbrunnen strömt (Bild 225-38)[3]).

[1]) Krumm, W., u. F. N. Fett: HLH 7/84. S. 327/31.
[2]) Specht, O.: ETA 2/78. S. A 101/4.
Kuhrwall, H.: Wärmepumpentechnologie III (1979) S. 42/8.
Schneider, H.: CCI 3/81. S. 63 (Brunnen).
Fox, F.: HLH 1/86. S. 16/8.
[3]) SHT 9/10 (1980). S. 739.
Fischer, M.: ETA 5/85. S. A 163/71.

Bei einem anderen System wird das Heizwasser in einer zentralen Wärmepumpenanlage erwärmt und dann den Häusern wie in einer Fernheizung durch ein wärmegedämmtes Rohrnetz zugeführt. *Jahresarbeitszahl* etwa 4.

*Kalte Fernwärme* nutzt die Abwärme bei der Stromerzeugung. Kondensatorwasser mit 25···30 °C steht ganzjährig zur Verfügung. Näheres s. Abschn. 224-33.

*6. Erdreich-Wasser-Wärmepumpen*[1])

Bei den Erdreich-Wasser-Wärmepumpen (Bild 225-40) wird die Wärme durch mit Sole gefüllte Kunststoffrohre, meist PE-Rohre 40 × 2,3 mm, aus der Erde entnommen. Mehrere parallel geschaltete Leitungskreise. Abstand der Rohre ca. 0,5 m, Tiefe 0,8···1,5 m, Soletemperatur bis −10 °C.

Ungestörtes Erdreich hat eine wenig schwankende Temperatur von 8···12 °C in 5 m Tiefe. Er wird im Sommer mit Wärme aufgeladen und dient auf diese Weise als natürlicher Speicher, der im Winter durch den Wärmeentzug der Wärmepumpe entladen wird. Mittlerer Wärmeentzug etwa 20···30 W/m² im Winter je nach Wärmeleitfähigkeit des Bodens, die sehr unterschiedlich ist. *Jahresarbeitszahl* etwa 3,0 bei Niedertemperaturheizung. Ungefährer Verlauf der Temperatur im Erdreich und Luft siehe Bild 225-41, wobei je nach Klima und Erdbeschaffenheit wesentliche Abweichungen möglich sind.

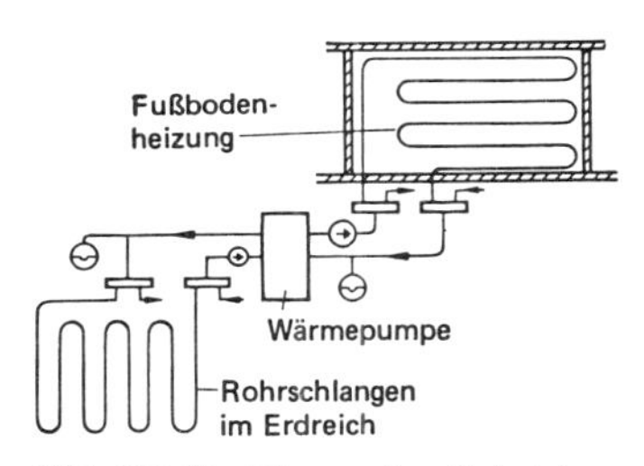


Bild 225-40. Schema der Erdreich-Wasser-Wärmepumpe.

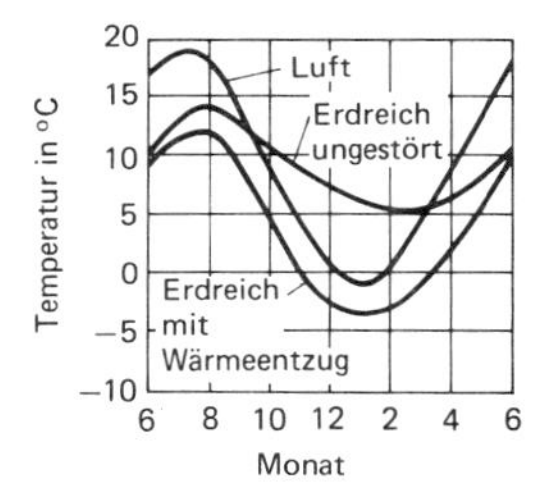


Bild 225-41. Ungefährer Verlauf der Erdtemperatur in 1,5 m Tiefe und der Lufttemperatur.

Die Anwendung dieses Systems ist allerdings dadurch beschränkt, daß die Grundfläche, etwa das 2- bis 3fache der beheizten Fläche, meist nicht zur Verfügung steht. Außerdem sind die Anschaffungskosten hoch. Kosten des Erdkollektors allein etwa 20,– bis 30,– DM/m² Verlegefläche. Günstig ist jedoch die Einfachheit und Betriebssicherheit.

*7. Wasser-Luft-Wärmepumpe*

Die Wärme wird hier wieder aus dem Grundwasser oder Fluß entnommen, während die Heizung im Gebäude durch die im Kondensator erwärmte Luft übernommen wird.

*8. Wirtschaftlichkeit*[2])

Für die Wirtschaftlichkeit der Wärmepumpe gegenüber anderen Heizsystemen sind die Energiekosten einschl. Wartung und die von Zins und Investitionsaufwand abhängigen Kapitalkosten einschl. Instandhaltung bestimmend.

*Energiekosten*

Der *Jahresenergiebedarf* errechnet sich aus dem Jahreswärmeverbrauch $Q_a$ und der *Jahresarbeitszahl* (Heizzahl) $\zeta$. Letztere ist hauptsächlich abhängig von den sich im Laufe des Jahres ändernden Temperaturen der Wärmequelle und des Heizmittels sowie von

---

[1]) Ruhm, D.: SHT 3/80. S. 177/82.
Schinke, H., u. C. Mostofizadeh: HLH 3/81. S. 108/14.
Kraneburg, P.: HR 5/84. S. 279.

[2]) Rudolf, R.: TAB 10/81. S. 851/8.
FTA-Fachbericht Bd. 2 (1981).
Oesterwind, D.: HLH 5/81. S. 183/7.
Holzapfel, L.: HLH 7/82. S. 259/66.
Michel, A.: HLH 2/83. S. 47/53.
Picken, G., u. B. Stoy: TAB 1/83. S. 211 (7 S.).
Isermann, R. u. W.-D. Gruhle: HLH 3 u. 4/85.

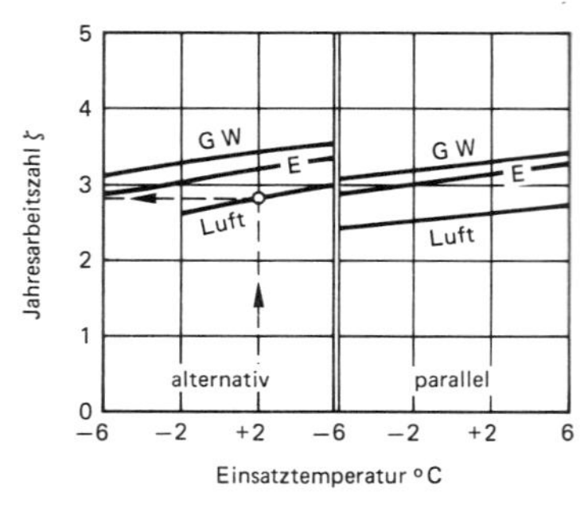


Bild 225-42. Jahresarbeitszahlen $\zeta$ von Elektrowärmepumpen.
E = Erdreich, GW = Grundwasser.

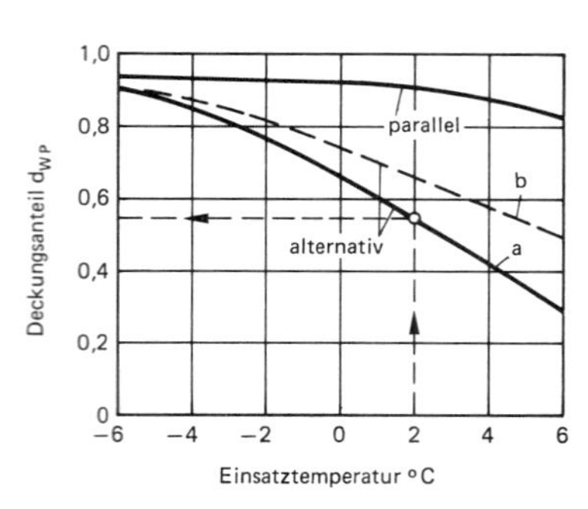


Bild 225-43. Deckungsanteile *d* von Elektrowärmepumpen.
a) Abschalttemperatur = Einsatztemperatur
b) Abschalttemperatur = $-6\,°C$.

dem *Deckungsanteil d*, den die Wärmepumpe vom jährlichen Gesamtwärmeverbrauch $Q_a$ übernimmt. Beide Werte, $\zeta$ sowohl wie *d*, hängen von der *Einsatztemperatur* ab. Die Einsatztemperatur ist die Außentemperatur, bis zu der die WP allein ausreicht, um die Heizlast zu decken.

Richtwerte für die Jahresarbeitszahl $\zeta$ in Bild 225-42.

Richtwerte für den Deckungsanteil *d* in Bild 225-43.

Für beide Diagramme ist ein Niedertemperatur-Heizsystem 60/50 °C sowie eine Normaußentemperatur von $-12\,°C$ zugrunde gelegt.

Die reinen jährlichen Energiekosten *k* errechnen sich je kW maximalen Wärmebedarfs eines Hauses bei den meist angeführten bivalenten Anlagen (ohne Leistungspreis für den elektr. Strom) wie folgt:

$$k = b\left(d_{öl}\frac{P_{öl}}{H_u \cdot \eta} + d_{WP}\frac{P_{el}}{\zeta}\right) \text{ in DM/a, kW}$$

$b$ = Vollbetriebsstunden
$d_{WP}$ = Deckungsanteil durch Wärmepumpe (Bild 225-43)
$P_{öl}$ = Ölpreis = 0,4 DM/l
$P_{el}$ = Strompreis = 0,18 DM/kWh
$H_u$ = Heizwert des Öls = 10 kWh/l
$\eta$ = Kesselnutzungsgrad = 0,8
$\zeta$ = Jahresarbeitszahl

*Beispiel:*

Luft-Wasser-WP, bivalent alternativ, Einsatztemperatur $+2\,°C$, $b = 1800$ Vollbetriebsstunden.

Nach Bild 225-43: $d_{WP} = 0{,}54$ und nach Bild 225-42: $\zeta = 2{,}8$.

Jährliche Kosten

$$k = 1800\left(0{,}46\frac{0{,}40}{10 \cdot 0{,}8} + 0{,}54\frac{0{,}18}{2{,}8}\right)$$
$$= 1800\,(0{,}023 + 0{,}035)$$
$$= 1800 \cdot 0{,}058 = 104{,}40 \text{ DM/a, kW bzw. } 0{,}058 \text{ DM/kWh}$$

Bei *konventioneller Ölheizung* wären die Energiekosten

$$\text{k} = 1800\frac{0{,}4}{10 \cdot 0{,}8} = 90{,}\text{– DM/a, kW, bzw. } 90/1800 = 0{,}05 \text{ DM/kWh.}$$

Eine Energiekostenersparnis ist bei dem derzeitigen Preisverhältnis (1987) zwischen Öl und Strom nicht zu erzielen. Aus den vorstehenden Gleichungen läßt sich ableiten, daß die Energiekosten der bivalenten Wärmepumpe erst günstiger werden als Ölheizung, wenn

$$P_{öl} \text{ in DM/l} > \frac{H_u \cdot \eta}{\zeta} \cdot P_{el} \qquad \text{mit } P_{el} \text{ in DM/kWh.}$$

Für das vorstehende Beispiel

$P_{Öl} > 2{,}85 \cdot P_{el}$

d.h., bei $P_{el} = 0{,}18$ DM/kWh muß ein Liter Heizöl teurer als 0,51 DM sein.

*Investitionskosten*

Außerdem sind die *Investitionskosten* derartiger bivalenter Heizungsanlagen natürlich höher als bei konventionellen Anlagen. Wärmepumpengeräte mit Wärmequelle ohne Zusatzheizung kosten einschließlich Installation DM 1500,– bis DM 2000,– je kW Heizleistung, allerdings mit erheblichen, von den örtlichen Gegebenheiten, besonders der Wärmequelle, abhängigen Unterschieden.

Rechnet man hierzu noch die Kosten für eine konventionelle Ölheizung einschl. Heizkörper mit ca. 800,– DM/kW, so erhält man einen Gesamtaufwand für die Investition von etwa $\frac{1750}{2} + 800{,}- = 1675{,}-$ DM/kW (ohne Baukosten). Dabei ist angenommen, daß die Wärmepumpe für die Hälfte des maximalen Wärmebedarfs bemessen ist.

*Gesamtkostenvergleich*

Vergleiche der Gesamtkosten von konventionellen Heizungen und Wärmepumpenheizungen ergeben oft sehr unterschiedliche Werte, weil alle zu beachtenden Kostenfaktoren nicht immer in die Rechnung eingebracht werden. In Tafel 225-3 ist ein überschläglicher Kostenvergleich zwischen Ölheizung und Wärmepumpenheizung für ein Einfamilienhaus vorgenommen, wobei allerdings eine beträchtliche Zahl zusätzlicher Faktoren nicht berücksichtigt ist, wie bauliche Nebenkosten, Art der Heizkörper, Größe der Anlage, *Leistungszahl* $\varepsilon$, Stromverbrauch der Ventilatoren und Pumpen, Wartungskosten u.a. Insbesondere ist bei größeren Anlagen auch der Leistungspreis der EVUs zu beachten, der ca. 200···300 DM/kW beträgt. Diese Beträge können bei speziellen Fällen jedoch leicht hinzugefügt werden. Als Wärmequelle ist Luft angenommen.

Eine Steigerung der Energiepreise kann durch eine *„dynamische Wirtschaftlichkeitsberechnung"* gem. Abschnitt 185-7 berücksichtigt werden.

**Tafel 225-3. Gesamtkostenvergleich zwischen Ölheizungen und Wärmepumpenheizungen für Wohnungen je kW max. Wärmebedarf (ohne Wärmeverteilkosten)**

| | | | Öl-heizung | Wärme-pumpe bivalent altern. | Wärme-pumpe monovalent |
|---|---|---|---|---|---|
| 1 | Wärmeverbrauch | kWh/a | 1800 | 1800 | 1800 |
| 2 | Ölverbrauch | l/a | $\frac{1800}{10 \cdot 0{,}8} = 225$ | $\frac{600}{10 \cdot 0{,}8} = 75$ | – |
| 3 | Stromverbrauch | kWh/a | – | $\frac{1200}{2{,}5} = 480$ | $\frac{1800}{2{,}0} = 900$ |
| 4 | Ölkosten | DM/a | 112,50 | 37,50 | – |
| 5 | Stromkosten | DM/a | – | 86,40 | 162,– |
| 6 | Energiekosten (5+4) | DM/a | 112,50 | 123,90 | 162,– |
| 7 | Investitionskosten | DM/kW | 600,– | 1800,– | 2400,– |
| 8 | Annuität 10% | DM/a, kW | 60,– | 180,– | 240,– |
| 9 | Gesamtkosten (6+8) | DM/a, kW | 172,50 | 303,90 | 402,– |
| 10 | Spez. Gesamtkosten (9/1) | DM/MWh | 95,80 | 168,80 | 233,30 |

Vorausgesetzt ist folgendes:

| | |
|---|---|
| Maximaler Wärmebedarf | 1,0 kW |
| Vollbetriebsstunden | 1800 h/a |
| Heizwert von Öl | 10 kWh/l |
| Nutzungsgrad der Ölheizung | 0,8 |
| Arbeitszahl der Wärmepumpen | $\zeta = 2{,}5$ |
| Ölverbrauchsanteil bei bivalenter Heizung | ⅓ |
| Ölpreis | 0,50 DM/l |
| Mittlerer Strompreis (aus Tag- und Nachtstrom) | 0,18 DM/kWh |

Die *Gesamtkosten* bei einer Ölheizung sind also gemäß Tafel 225-3 wesentlich geringer als bei einer Wärmepumpenheizung.

Die jährlichen Mehrkosten bei der Energie betragen hier bei der bivalenten Wärmepumpe nur 123,90–112,50 = 11,40 DM je kW. Der Mehraufwand an Investitionskosten beträgt aber 1200,– DM, so daß sich eine positive Kapitalrückflußzeit erst ergeben kann, wenn Öl oder Gas zukünftig stärker im Preis steigen als Strom.

Bei den gegenwärtigen Preisen für Energie und Investitionen ist daher ein wirtschaftlicher Betrieb von Elektrowärmepumpen mit Wärmequelle *Luft* für die Raumheizung nicht zu erzielen.

### -172 Schwimmbäder

*1. Hallenbäder*[1])

In den Bädern nimmt die Luft durch Verdunstung von der Wasserfläche Wasserdampf auf, wodurch die relative Luftfeuchte auf unangenehm hohe und schädliche Werte ansteigt. Die Verdunstungsmenge hängt von der Temperatur des Wassers und der Luft, der relativen Luftfeuchte und der Luftbewegung ab und beträgt etwa 0,05···0,10 kg/$m^2$h.

In konventionellen Anlagen erfolgt die Beseitigung der feuchten Hallenluft durch Zufuhr erwärmter Außenluft und Absaugung, was einen erheblichen Wärmeverlust bedeutet.

Bei Verwendung einer Wärmepumpe wird die Abluftenthalpie im Umluftbetrieb zurückgewonnen, und zwar in der Weise, daß der Verdampfer der Kältemaschine in den Abluftweg eingeschaltet wird. Dabei wird die Abluft auf etwa 15···18 °C abgekühlt und gleichzeitig entfeuchtet. Der hinter dem Verdampfer eingebaute Kondensator gibt die aufgenommene Wärme, vermehrt um das Wärmeäquivalent der Kompressorarbeit, an die Zuluft ab. Dabei hat die Zuluft höhere Temperaturen als vor dem Kühler, denn sie enthält außer der Kompressionsenergie die gesamte Wärme, die dem Wasser und der Luft entzogen worden ist.

Das Schema einer derartigen Anlage ist im Bild 225-45 dargestellt. Entfeuchtung der Luft erfolgt im Winter und Sommer. Die bei steigender Außentemperatur überschüssige Kondensatorwärme wird zur Erwärmung des Becken- oder Duschwassers oder auch für eine Fußbodenheizung verwendet. Brauchwasserspeicher sind zweckmäßig.

Zur *Erneuerung* der Hallenluft muß dauernd ein Teil vorgewärmte Außenluft, mindestens 20 $m^3$/Pers. h, zugesetzt werden. Nachts Umluftbetrieb.

In letzter Zeit sind auch einige Großbäder mit elektrischer *Vollversorgung* ausgeführt worden. Die Kondensatoren der Wärmepumpen liefern dabei die gesamte Wärme für Becken, Duschen, Heizung, Brauchwasserbereitung, während als Wärmequellen Hallenluft, Grundwasser, Außenluft, Abwärme u.a. dienen. Dabei lassen sich erhebliche Mengen an Primärenergie einsparen (Bild 225-46). Es ist jedoch eine sehr sorgfältige Berechnung erforderlich.

Vorteile: umweltfreundlich, geringerer Energiebedarf.

Nachteile: teurer in der Anschaffung, mehr Wartung.

*2. Privatschwimmbäder*

Für kleine *Privatschwimmbäder* im Innern von Gebäuden (Hotels o.a.) bis etwa 300 $m^2$ Beckenfläche gibt es zur Entfeuchtung der Luft Wärmepumpenaggregate in Kompakt-

---

[1]) Siehe auch Abschn. 256-2.
Hausmann, H.: ETA 3/79. S. A 175/80.
Vossen, W.: Gas 5/84. S. 270/5.

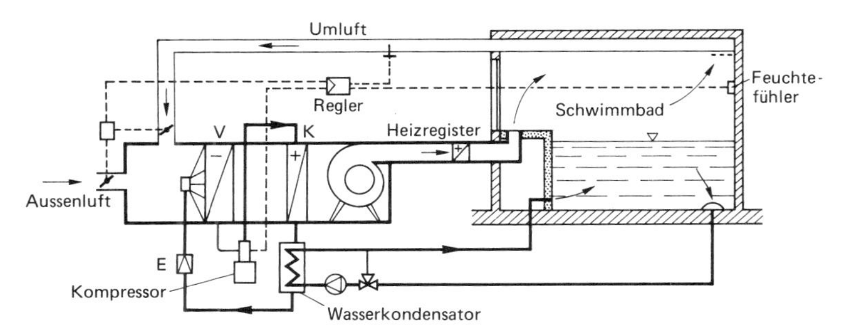


Bild 225-45. Schema der Wärmepumpe für Hallenbadentfeuchtung und -lüftung.
E = Expansionsventil, K = Kondensator, V = Verdampfer

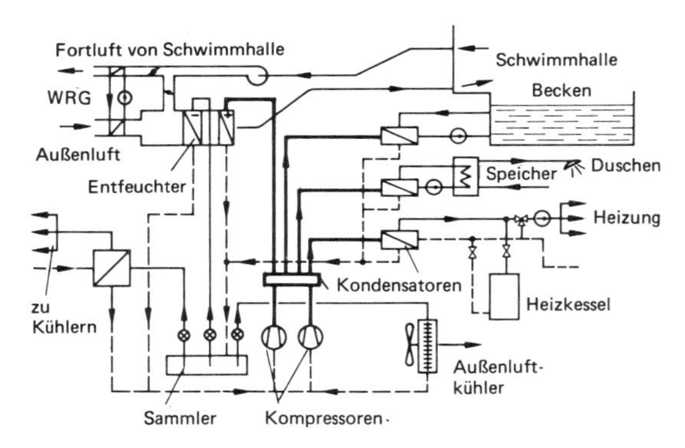


Bild 225-46. Wärmepumpenanlage für ein Großbad.
WRG = Wärmerückgewinnung

bauweise mit Kompressor, Pumpen, Verdampfer, Kondensator und sonstigem Zubehör (Bild 225-50 u. -51).

Sie sind gewöhnlich auch mit einem Außenluft- und Fortluftanschluß versehen. Bei sehr niedriger Außentemperatur wird das Gerät hauptsächlich mit Umluft betrieben, während bei steigender Außenlufttemperatur der Außenluftanteil automatisch erhöht wird.

Der jährliche *Energiebedarf* je m² Beckenfläche für Entfeuchtung und Außenlufterwärmung beträgt etwa max. 700 kWh/m²a. Addiert man hierzu noch den Wärmebedarf für Frischwassererwärmung (ca. 100 kWh/m²a) und Heizung (z. B. 200 kWh/m²a), so erhält man für den gesamten Energiebedarf (ohne Duschen) Werte von etwa 1000 kWh/m²a. Unterschiede ergeben sich durch Häufigkeit der Benutzung, Größe der Transmissionswärme, Wassertemperatur, Luftfeuchte u. a.

In Tafel 225-8 ist ein *Vergleich* zwischen Wärmepumpenanlagen und konventionellen Lüftungs- und Entfeuchtungsanlagen dargestellt, wobei etwa gleicher Komfortzustand in beiden Fällen angenommen ist. Bei der Wärmepumpe ist ein minimaler Außenluftanteil von 1,5 m³/m²h zugrunde gelegt, während bei der konventionellen Anlage der Außenluftstrom wegen der Wasserdampfaufnahme wesentlich größer ist, etwa 10 m³/m²h.

Der *Energieverbrauch* ist bei den Wärmepumpen wesentlich geringer. Da jedoch der elektrische Strom je kWh wesentlich teurer ist als Öl oder Gas, verschwinden die Kostenunterschiede. Dazu kommt, daß Wärmepumpenanlagen etwa 3- bis 4mal teurer sind als konventionelle Anlagen in öl- oder gasbeheizten Häusern.

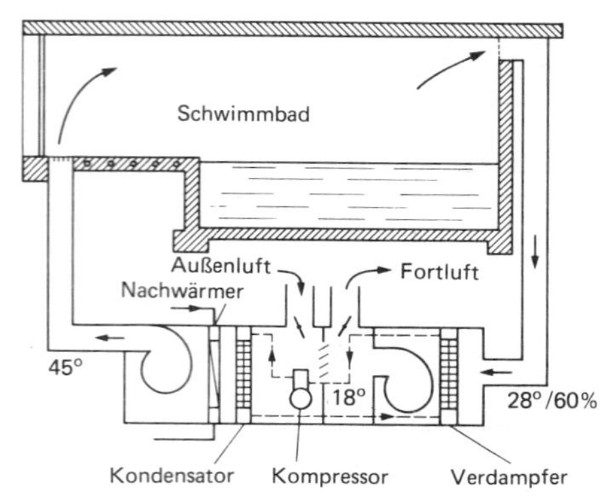


Bild 225-50. Schema der Rohr- und Kanalführung bei einer Schwimmbadentfeuchtung mittels Wärmepumpe in Kompaktbauweise.

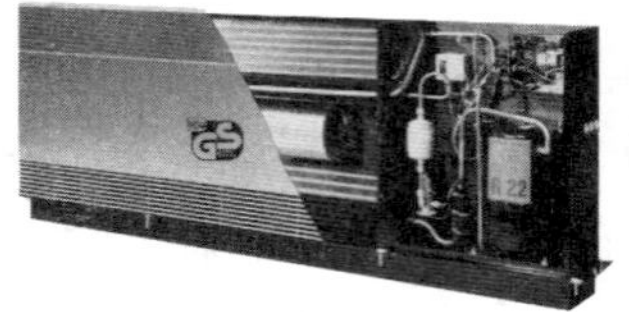

Bild 225-51. Wärmepumpen-Kompaktgerät für Schwimmbäder (Happel).

**Tafel 225-8. Vergleich des Energieverbrauchs zwischen Wärmepumpen- und Außenluftanlagen (ohne Wärmebedarf für Heizung)**

| Anlage | Wärmepumpe kWh/m²a | | Außenluftanlage kWh/m²a | |
|---|---|---|---|---|
| 1) Kompressor und Ventilator | | 270 | | – |
| 2) Verdunstung | | | | |
| 0,1 kg/m²h | 525 | | | 525 |
| abzüglich Überschußwärme | 250 | 275 | | |
| 3) Lüftung | 1,5 m³/m²h | 80 | 10 m³/m²h | 540 |
| Summe | | 625 | | 1095 |

*3. Freibäder*[1])

Für *Freibäder* sind in den letzten Jahren häufig auch aus Gründen des Umweltschutzes Wärmepumpen verwendet worden. Schema Bild 225-55. Das Wasser wird dabei im Kondensator der Kältemaschine aufgeheizt, während dem Verdampfer Fluß- oder Grundwasser zugeführt wird. *Wärmebedarf* für Freibadheizung ohne Berücksichtigung des Gewinnes durch Sonneneinstrahlung bei 22 °C Wassertemperatur im Sommer von April bis September maximal etwa 465 W/m². Der *Energiebedarf* beträgt bei einer Leistungszahl von $\varepsilon = 6$ dabei 465/6 = 78 W/m². Infolge der großen Sonnenstrahlung auf die Wasserfläche sind in den 6 Sommermonaten nur etwa 1500 Vollbetriebstunden erforderlich, so daß der *Jahresenergieverbrauch* (ohne Pumpen) 1500 · 0,078 = 117 kWh/m² beträgt. Ohne Wärmepumpe wäre der Bedarf 6 · 117 = rd. 700 kWh/m².

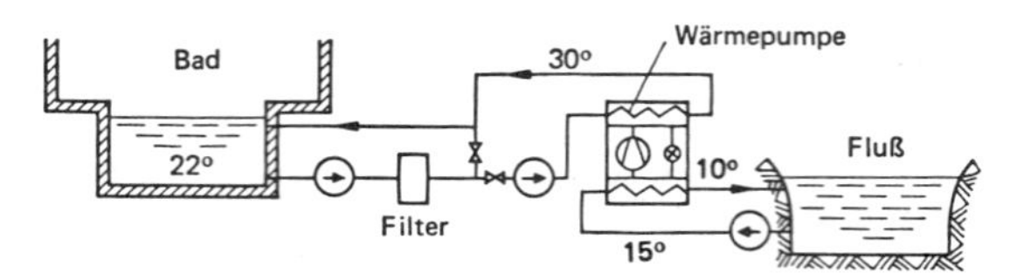


Bild 225-55. Schema der Wärmepumpe für Freibadheizung.

[1]) Jahrbuch der Wärmerückgewinnung. 4. Aufl. 1981/82.
DVGW G 677: Gasheizung für Freibäder. 10.80.
Biasin, K.: ETA Heft A Mai 81. S. 169/74.

Bei höheren Wassertemperaturen steigt der Energieverbrauch.

Manchmal wird auch die Luft als Wärmequelle verwendet, wobei jedoch große Luftmengen und Wärmeaustauscher erforderlich sind. Die Leistungszahl verringert sich dabei auf $\varepsilon_W \approx 4$. Geräusche beachten!

Die *Energiekosten* sind erheblich geringer als bei Verwendung von Öl oder Gas. Rechnet man überschläglich:

| | |
|---|---|
| Wärmebedarf | 0,5 kW/m$^2$ · 1500 = rd. 750 kWh/m$^2$a |
| Ölpreis | 0,4 DM/l ≈ 0,04 DM/kWh |
| Leistungszahl | $\varepsilon_W = 5$ |
| Jahresnutzungsgrad | $\eta = 0{,}8$ |
| Strompreis | = 0,18 DM/kWh, |

so ergibt sich folgender Vergleich:

Ölkosten:

$$\frac{750 \cdot 0{,}04}{0{,}8} = 37{,}50 \text{ DM/m}^2\text{a}.$$

Stromkosten:

$$0{,}18 \cdot 750/5 = 27{,}\text{– DM/m}^2\text{a}.$$

Die direkten Betriebskosten betragen also bei der Wärmepumpenheizung in diesem Fall nur etwa 73% der Kosten bei Ölheizung. Infolge der höheren Kapitalkosten verändern sich jedoch die Gesamtjahreskosten.

Wesentliche Ersparnisse beim Energieverbrauch durch Abdeckung des Bades bei Nichtbenutzung, ca. 30···40%.

**-173 Großanlagen**[1])

In den letzten Jahren sind für viele Bürohäuser, Mehrzweckanlagen, Wohnanlagen, Unterrichtsanstalten usw. Klimaanlagen mit Kältemaschinen zur Kühlung der Räume im Sommer gebaut worden. Es liegt nahe, die Maschinen auch als *Wärmepumpen* zur Heizung im Winter zu verwenden, falls geeignete Wärmequellen vorhanden sind. Das Prinzip einer solchen Anlage geht aus Bild 225-58 hervor, das eine von Heiz- auf Kühlbetrieb umschaltbare Wärmepumpe zeigt.

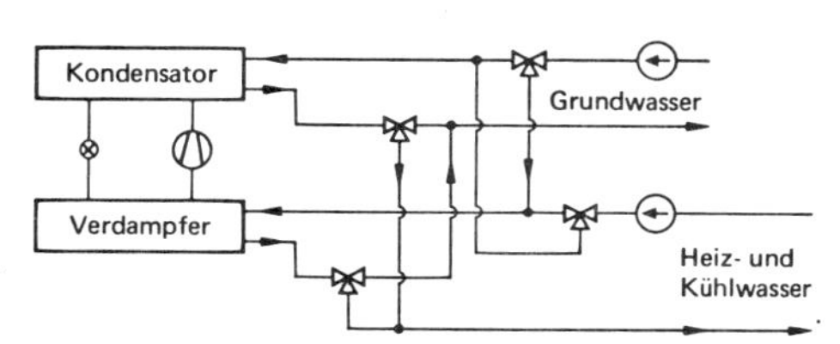


Bild 225-58. Schaltbild einer Wasser-Wasser-Wärmepumpe.

Das Grund- oder Flußwasser dient im Sommer dazu, die Kondensatorwärme abzuführen, wobei es sich um einige Grade erwärmt. Im Winter dient es für den Verdampfer als Wärmequelle, wobei es sich abkühlt. Insgesamt sind vier Umschaltventile erforderlich. Eine gleichzeitige Heizung und Kühlung ist jedoch nicht möglich.

In manchen Industrieanlagen steht Wasser aus Betriebseinrichtungen das ganze Jahr über zur Verfügung, so daß für die Wärmepumpen ein monovalenter Betrieb ohne Zusatzheizung möglich ist.

Der *Wärme- und Kältebedarf* wird nicht immer in der Größe vorhanden sein, daß die Wärmepumpe jederzeit im Gleichgewicht ist. Daher wird es in den meisten Fällen erforderlich sein, namentlich auf der Heizseite, einen zusätzlichen Wärmeerzeuger (Zusatzkessel) vorzusehen. Beispiel Bild 225-60.

---

[1]) Wärmerückgewinnung u. Abwärmeverwertung. VDI-Tagung Essen 1978.
Fluck, F., u. E. Merkert: TAB 9/79. S. 735/8.
FTA-Fachbericht 5: Großwärmepumpen. 1982.
Mayer, E., u. F. Bös: HLH 5/83. S. 217/25.
Broschk, J., u.a.: TAB 12/83. S. 951.

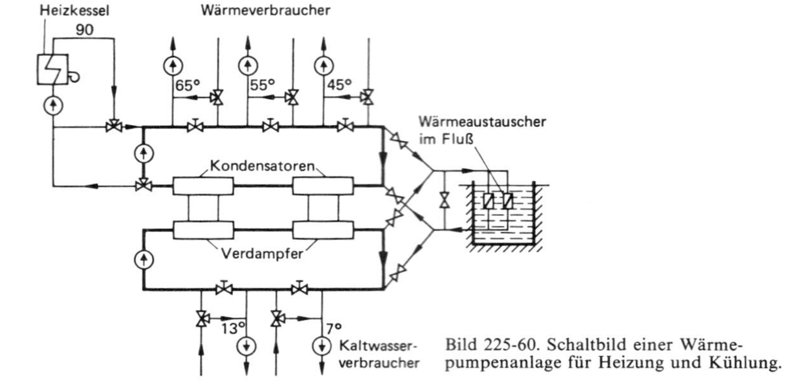


Bild 225-60. Schaltbild einer Wärmepumpenanlage für Heizung und Kühlung.

Hier sind zwei Wärmepumpen vorhanden, deren Kondensatorkreis im Winter die Heizwärme für die örtliche Heizung, Induktionsgeräte und andere Zonen liefert, während die Wärme hierfür aus einem Fluß entnommen wird. Zusätzlich ist in den Heizkreis ein Heizkessel eingeschaltet, der bei tiefen Außentemperaturen in Betrieb genommen wird. Im Sommer wird auf Kühlbetrieb umgeschaltet, wobei sich das Flußwasser um einige Grade erwärmt. Das gesamte umlaufende Wasser muß durch *Glykol-Zusatz* für Temperaturen bis etwa −10 °C geeignet sein. (Siehe Bild 339-53.)

Besonders günstig sind Wärmepumpen, wenn *gleichzeitig* oder nacheinander Wärme- und Kältebedarf vorliegt[1]). Die Wärmepumpen können dabei ganzjährig in Betrieb bleiben. Solche Fälle liegen z. B. vor, wenn in einer Sportanlage sowohl Warmwasser für Schwimmbad und Duschen verlangt wird wie Kälte für eine Kunsteisbahn, siehe Bild 225-62. Im Kondensatorkreis ist hier ein zusätzlicher Heizkessel vorhanden. Im Verdampferkreis kann bei Nichtbenutzung der Eispisten auf Brunnenwasser oder Flußwasser als Wärmequelle umgeschaltet werden.

Bei einer kombinierten Anlage, die z. B. im Sommer ein Freiluftschwimmbad heizt und im Winter eine überdachte *Kunsteisbahn* mit Sole kühlt, kann man etwa mit den Zahlen der Tafel 225-4 rechnen, bezogen auf eine Schwimmbadfläche von 1000 m². Dabei ist der maximale Wärmebedarf des Schwimmbades mit 0,5 kW/m² angenommen (nach Abschn. 225-172).

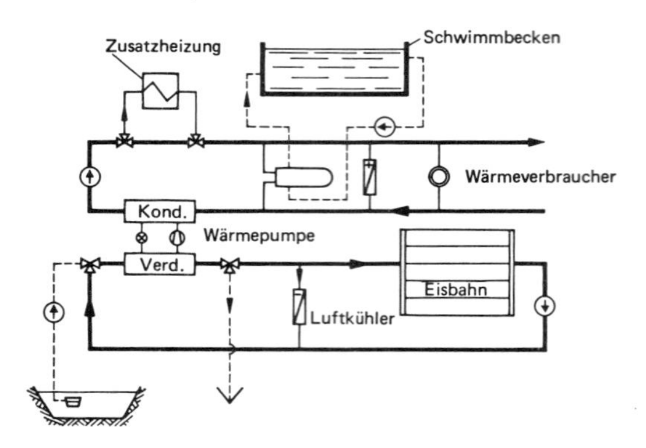


Bild 225-62. Wärmepumpenanlage für Schwimmbad und Eisbahn.

[1]) Eicke, E. W.: Gas 12/78. S. 521/33.
Bouillon, H.: ETA Mai 81. S. A 174/80.
Steincke, H.: TAB 1/81. S. 49.

**Tafel 225-4. Betriebsdaten einer kombinierten elektrischen Schwimmbad/Eisbahn-Anlage mit Solebetrieb – Beckenfläche 1000 m²**

| | | Schwimmbadbetrieb | | Eisbahnbetrieb | |
|---|---|---|---|---|---|
| | | Verdampfer | Kondensator | Verdampfer | Kondensator |
| Leistung | kW | 400 | 500 | 200 | 260 |
| Verdampfungstemperatur $t_0$ | °C | 0 | – | −15 | – |
| Kond.-Temperatur $t_c$ | °C | – | 35 | – | 25 |
| Wassertemperatur $t_w$ | °C | 12/6 | 25/30 | −8/−10 | 18/20 |
| Leistungszahl $\varepsilon$ | – | $\varepsilon_W = 5$ | | $\varepsilon_k = 3$ | |
| Kraftbedarf | kW | 100 | | 67 | |

Bei einem angenommenen maximalen Kältebedarf der Eisbahn von 0,25 kW/m² ist die Kältemaschine also für eine Fläche von 200/0,25 = 800 m² ausreichend. Die Mehrzahl der heutigen Kunsteisbahnen werden allerdings mit Direktverdampfung (meist $NH_3$) betrieben, was günstiger ist. Statt Elektroantrieb der Kältemaschine können auch Gasmotoren verwendet werden, wobei die Primärenergienutzung besser wird, da auch noch die Kühlwasser- und Abgaswärme der Gasmotoren ausgenutzt werden können (siehe Abschn. 225-19).

Zum Ausgleich von Wärme- oder Kältespitzen können natürlich auch Speicher verwendet werden. Dadurch kann der Wärmepumpenbetrieb weit in die *Niedertarifzeit* verlegt werden, in der die Stromkosten nur etwa halb so hoch sind wie in der Hochtarifzeit. Auch ist es immer zweckmäßig, zur Anpassung an den Bedarf die Wärmepumpenanlage mit mehreren Kompressoren auszurüsten und diese außerdem mit Leistungsregelung zu versehen.

Wärmepumpen für Wärmerückgewinnung siehe Abschn. 339.

Ob der Einbau einer Wärmepumpenanlage wirtschaftlich ist, ist in jedem einzelnen Fall zu prüfen. Die zu beachtenden Faktoren sind zahlreich, insbesondere die Art der Wärmequelle, der Verlauf des Wärmebedarfs, die Spitzenlastdeckung, der Strom- und Leistungspreis u.a. Dazu kommen noch die Fragen der Betriebssicherheit, Wartung und Bedienung.

### -174 Klein-Wärmepumpen[1])

Diese Geräte sind Teile eines dezentralen Klimasystems mit einem geschlossenen Wasserkreislauf (Bild 225-68). Hier befindet sich in jedem Raum eine Klein-Wärmepumpe

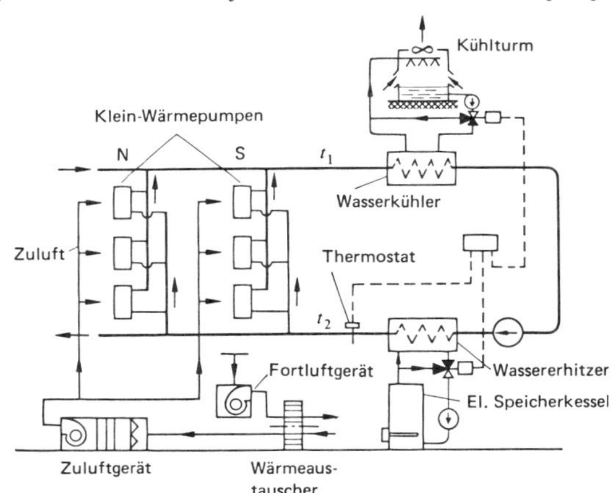


Bild 225-68. Schema einer Anlage mit Klein-Wärmepumpen für ein Mehrraumgebäude.

[1]) Brockmeyer, H.: VDI-Bericht 147/1970 u. HR 2/74. S. 35/40.

mit Ventilator, Verdampfer, Kondensator, Kompressor und Umschaltventil für Heizung und Kühlung. Jedes Gerät wird durch einen Raumthermostat geschaltet und kann durch Betätigung eines Umschaltventils sowohl heizen wie kühlen. Die Anlage wird im Winter auf der Nordseite durch die Kondensatoren der Wärmepumpen erwärmt, während sie auf der Südseite bei Sonnenstrahlung durch die Verdampfer gekühlt wird. Wassertemperaturen 20···35 °C. Bei $t_1 = t_2$: Ausgleich der Wärme- und Kältebilanz; bei $t_1 > t_2$ zusätzliche Kühlung durch Kühlturm, bei $t_1 < t_2$ zusätzliche Erwärmung durch Heizkessel.

Bei gleichzeitig vorhandenem Wärme- und Kältebedarf Ersparnis an Energie, jedoch großer Aufwand am Gerät. Bei nicht gleichzeitig vorhandenem Energiebedarf ist die Aufstellung von Speichern zweckmäßig. Heute nur noch selten ausgeführt. Lüftung ist zusätzlich erforderlich, zentral oder örtlich.

Die Preisrelation 1987 ergibt, daß eine kWh Strom etwa 4···5mal teurer ist als Gas oder Öl als Nutzenergie zum Heizen. Damit ist die Wettbewerbsfähigkeit der elektrischen Wärmepumpe derzeit nicht gegeben. Etwas günstiger sind die Verhältnisse, wenn die Wärmepumpe mit Gas oder Öl angetrieben wird.

## -18 Absorptions-Wärmepumpen[1])

Überarbeitet von Dr.-Ing. H. Jüttemann, Karlsruhe

Ebenso wie die Kompressions-Kältemaschinen lassen sich auch die Absorptions-Kältemaschinen als *Wärmepumpen* verwenden. Bei diesen Maschinen wird ein Zweistoffgemisch verwendet, bestehend aus dem eigentlichen Kältemittel und dem Absorptionsmittel (Lösungsmittel).

Das *Prinzip* besteht darin, daß das Kältemittel im Absorber bei geringem Druck von einer Flüssigkeit absorbiert wird, wobei Absorptionswärme erzeugt wird. Dann wird die Lösung durch eine Pumpe auf einen höheren Druck gebracht, bei dem das Kältemittel im Austreiber (Desorber) durch Wärmezufuhr ausgetrieben und anschließend im Kondensator kondensiert wird (thermische Verdichtung). Nach Entspannung in einem Drosselorgan kehrt es zum Verdampfer zurück. Bild 225-74. Die heute üblichen Systeme verwenden Wasser/Ammoniak ($H_2O$–$NH_3$) oder Lithiumbromid/Wasser (LiBr–

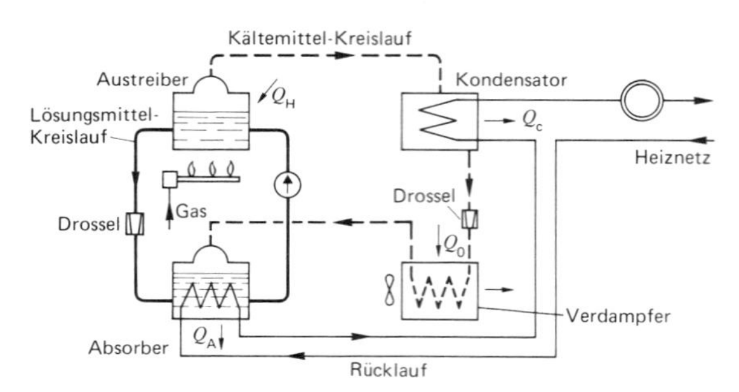


Bild 225-74. Prinzip der Absorptions-Wärmepumpe.

[1]) Siehe auch Abschn. 623.
DIN 33830 (E. 10.85), 4 Teile: Anschlußfertige Heiz-Absorptionswärmepumpen.
Steimle, F.: 21. Kongreßbericht 1980. S. 16/19.
Lotz, R.: 21. Kongreßbericht 1980. S. 20/22.
Wärmepumpentechnologie Bd. IV (1979) u. Bd. VI (1980).
Schirp, W.: IKZ 20/80. 6 S.
Loewer, H.: Ki 5/81. S. 255/62.
Ki Extra 14 mit 16 Beiträgen. 1981.
Lindner, H.: Feuerungstechnik 6/81. S. 42/6.
Mühlmann, P., u. W. Wessing: Gas 1/82. S. 24.
Bayer, L.: Gas 3/82. S. 148/53.
Hensgens, C.: HR 9/83. S. 465/70, u. 10/83. S. 535.
Gazinski, B.: Ki 7/8-1984. S. 289/93.
Schnitzer, H.: Ki 4/87. S. 195/8.

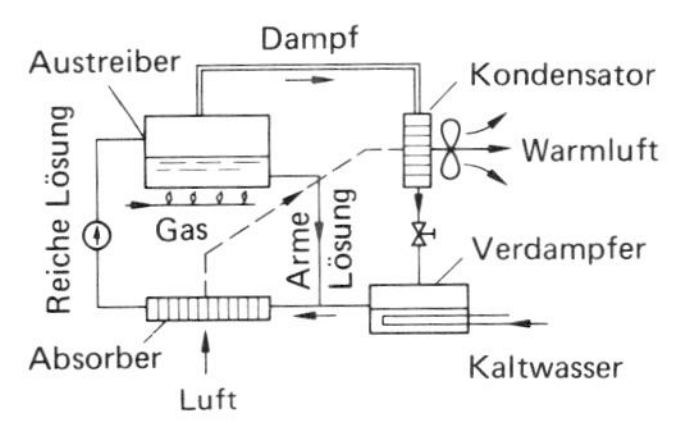


Bild 225-75. Wasser/Luft-Absorptionspumpe.

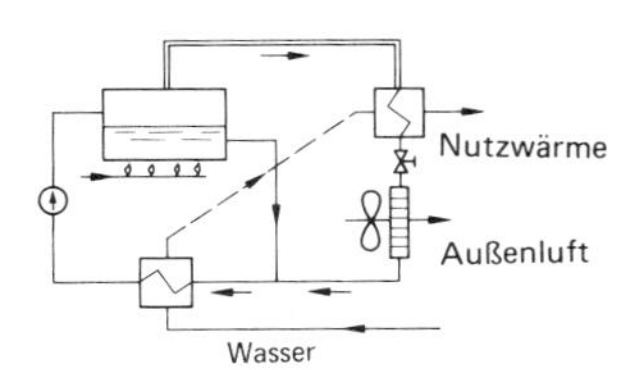


Bild 225-76. Luft/Wasser-Absorptionspumpe.

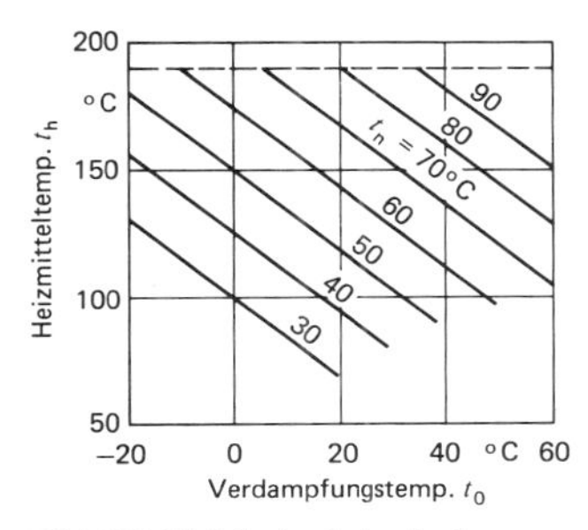


Bild 225-77. Mindestheizmitteltemperaturen bei Absorptions-Wärmepumpen.

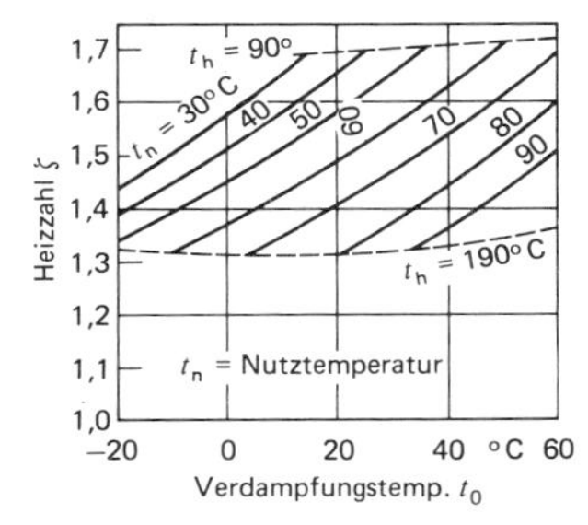


Bild 225-77a. Heizzahl $\zeta$ bei Absorptions-Wärmepumpen.

$H_2O$). Letzteres ist allerdings wegen der Einfriergefahr von Wasser und wegen Kristallisationsgefahr weniger günstig. Schematische Wirkungsweise der Wärmepumpen siehe Bilder 225-75 und -76.

Der *Austreiber* (Desorber) wird mit Erdgas, Flüssiggas oder Öl geheizt, also durch unmittelbare Verbrennung von Primärenergie, wobei das Lösungsmittel Temperaturen von max. 190 °C annimmt. Der *Verdampfer* nimmt Wärme aus der Umgebung auf, z. B. aus der Luft, aus Flußwasser oder aus dem Erdreich (Wärmequellen).

Die Mindestheiztemperatur in Abhängigkeit von der Nutztemperatur geht aus Bild 225-77 hervor.

Die *Nutzwärme* mit einer Temperatur von max. etwa 80 °C wird aus dem Absorber und Kondensator abgeführt, wobei sowohl Wasser wie Luft die Wärmeträger sein können.

Beide Apparate können auf gleicher oder unterschiedlicher Temperatur gehalten werden.

Das *Wärmeverhältnis* $\zeta_w$, d. h. das Verhältnis der Nutzwärme $Q_N$ zur Heizwärme $Q_H$ ist

$$\zeta_w = \frac{Q_A + Q_c}{Q_H} = \frac{Q_N}{Q_H}$$

$Q_A$ = im Absorber abgeführte Wärme
$Q_c$ = im Kondensator abgeführte Wärme
$Q_H$ = Heizwärme für den Austreiber.

Als Heizzahl $\zeta$ gilt das Verhältnis von erhaltener Nutzwärme zum Primärenergieeinsatz. Die Heizzahl schließt im Unterschied zum Wärmeverhältnis den Abgasverlust mit ein.

Das theoretische Wärmeverhältnis gemäß dem *Carnot-Prozeß* ist etwa 1,8 bis 2, während die wirklich erreichbaren Werte $\zeta_w$ = rd. 1,1 bis 1,3 je nach der Temperaturdifferenz zwischen Verdampfer und Austreiber sowie Größe der Anlage sind[1]). Man kann also mit diesen Maschinen aus der Primärwärme 110 bis 130% Nutzwärme gewinnen, während bei den üblichen öl- oder gasbeheizten Heizkesseln nur 70 bis 80% gewonnen werden. Bild 225-77a zeigt die *Heizzahlen* $\zeta$, wobei ein Desorber-Wirkungsgrad (feuerungstechnischer Wirkungsgrad) von 100% angenommen ist.

[1]) Mühlmann u. a.: Gaswärme international 9/86. S. 472/8.

Natürlich kann auch die Kälteleistung gleichzeitig als Nutzleistung verwendet werden, z. B. zur Kühlung der Raumluft. Das Wärmeverhältnis ist dabei ungefähr $\zeta_w = 0{,}5$ bis 0,7.

*Regelung* der Heizleistung in der Regel im Zweipunktbetrieb, bei großen Anlagen auch kontinuierlich durch ein Beipaßventil im Lösungsmittelkreislauf, wodurch ein Teil des Lösungsmittels am Generator vorbeigeleitet wird. Ferner Änderung der Austreiberleistung oder des Lösungsmitteldurchsatzes.

Spez. *Anlagekosten* noch sehr hoch, etwa 1500,– bis 2000,– DM/kW. Die Maschinen sind noch stark im Entwicklungsstadium.

Der *Vorteil* gegenüber der Kompressions-Wärmepumpe liegt darin, daß außer der Lösungsmittelpumpe keine bewegten Teile vorhanden sind und daß bei Nutztemperaturen über 50 °C die Heizzahl wesentlich geringer abnimmt (Bild 225-77). Die Wärmeentnahme an der Wärmequelle ist gegenüber der el. Wärmepumpe nur etwa halb so groß. Ferner geräuscharm, lange Lebensdauer, geringe Wartungskosten.

Der *Nachteil* ist der große apparative Aufwand und die hohen Drücke im System $H_2O$–$NH_3$ (ungefähr 20 bar), ferner die Giftigkeit des Ammoniaks. Bessere Arbeitsstoffpaare werden noch gesucht, z. B. Methanol–Lithiumbromid u. a.[1])

Die Maschinen arbeiten in der Regel nur bis zu einer Außentemperatur von 0 oder −5 °C. Bei tieferen Außentemperaturen wird das umlaufende Heizungswasser direkt in einem Wärmeerzeuger erwärmt.

In der Ausführung unterscheidet man ebenso wie bei den el. Wärmepumpen Kompaktgeräte, bei denen alle Teile in einem gemeinsamen Gehäuse eingebaut sind, und Splitgeräte, bei denen die Verdampfer getrennt aufgestellt werden (Bild 225-78). Aufstellung im Freien oder in geschlossenen Räumen mit Abgasabführung wie bei Gasheizkesseln.

*Hausheizwärmepumpen* werden gegenwärtig bis zu einer Leistung von ca. 40 kW hergestellt. Für industrielle Zwecke gibt es jedoch auch Groß-Absorptionswärmepumpen mit Leistungen bis 20 MW und mehr, die für den jeweiligen Bedarf einzeln angefertigt werden.

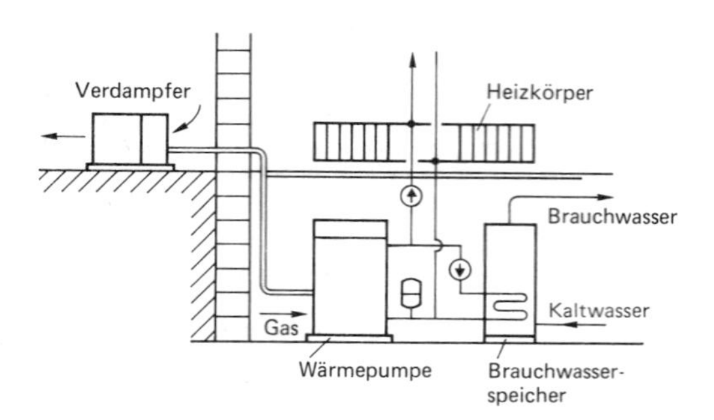


Bild 225-78. Absorptions-Wärmepumpe in Splitbauweise für Wohnungsheizung.

Beim Vergleich der Kompressions- und Absorptionssysteme ist zu beachten, daß für den Antrieb Energien gleicher Qualität zugrunde gelegt werden müssen. Elektrische Energie muß also mit dem „Kraftwerkswirkungsgrad" $\eta_{Kr} \approx 0{,}36$ auf Primärenergie umgerechnet werden.

Energetisch betrachtet (bezogen auf Primärenergie) ist die Heizzahl der elektrischen Wärmepumpe

$$\zeta = \varepsilon_W \cdot \eta_{Kr} \approx \varepsilon_W \cdot (0{,}36 \cdots 0{,}38)$$

Bei einer Jahresarbeitszahl der elektrischen Wärmepumpe von $\varepsilon_W = 2{,}8$ ist also die Primärenergieausnutzung $\zeta = 2{,}8 \cdot 0{,}36 = 1{,}0$.

[1]) Bokelmann, H., u. H.-J. Ehmke: GWF 12/83. S. 608/11.

*Beispiel:*

Bei welchem Strompreis sind die Energiekosten der Gas-Absorptionswärmepumpe gleich denen der Kompressionswärmepumpe? $\varepsilon_W = 3,0$, $\zeta = 1,3$.

$$\frac{\text{Stromverbrauch je kWh Wärmeleistung der Kompressionsmaschine}}{\text{Wärmeverbrauch je kWh Wärmeleistung der Absorptionsmaschine}} = \frac{1/\varepsilon_W}{1/\zeta}$$

$$= \frac{1/3}{1/1,3} = 0,43.$$

Der Wärmepreis je kWh Gas darf also 43% des Preises für eine kWh el. Strom betragen.

## -19 Gasmotor-Wärmepumpen[1])

Überarbeitet von Dr.-Ing. H. Jüttemann, Karlsruhe

Bei diesen Maschinen wird zum Antrieb des Kompressors statt eines Elektromotors ein Gas- oder Dieselmotor verwendet. Es läßt sich dabei eine besonders große Ersparnis an Primärwärme erreichen, da zusätzlich zur Umgebungswärme die im Kühlwasser und in den Abgasen enthaltenen Wärmemengen ausgenutzt werden können (Bild 225-80).

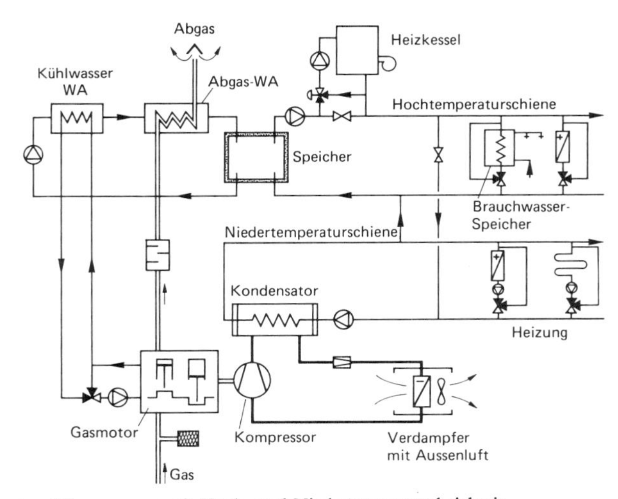


Bild 225-80. Gasmotor-Wärmepumpe mit Hoch- und Niedertemperaturheizkreis.

Die heute verwendeten Gasmotore haben Leistungen ab etwa 100 kW und sind erprobte Konstruktionen mit bis 16 Zylindern in Reihen- oder V-Anordnung. Die Kolbenverdichter sind meist direkt mit den Motoren gekoppelt, andere wie Schrauben- oder Turboverdichter werden über Getriebe mit den Motoren verbunden. Bis herab auf 50% Teillastbetrieb wird durch Drosselung der Brennstoffzufuhr die Drehzahl verringert, bei kleinerer Teillast Regelung des Verdichters und schließlich Ein-Aus-Betrieb.

[1]) DIN 33831 (E. 4. 87): Wärmepumpe, verbrennungsmotorisch angetrieben, 4 Teile.
Wärmetechnologie Bd. VI. Tagung Nürnberg 1980. Vulkan-Verl. Essen.
Jüttemann, H.: HLH 3/82. S. 97/101.
Rostek, A.: GWF (Gas) 10/11-82. S. 505/14.
Cube, L. von: Fernwärme 4/82. S. 216/20.Hunold, F.: KKT 10/82. S. 438.
Hunold, F.: KKT 10/82. S. 438.
Bussmann, W.: Gas 5/82. S. 274/82.
Rostek, H. A.: GWF 10/11-82. S. 505/14.
Brinkmann, A.: TAB 1/83. S. 51/4.
Vossen, W.: HLH 1/84. S. 32/39.
Wärmepumpenrichtlinien der „Argebau" 9.83.
DVGW-Schriftenreihe Nr. 36 (1984).
Grunenberg, H.: Ki 6/85. S. 245/9. (Wohnungskomplex).

Die *Wärmebilanz* von Gas- oder Dieselmotoren mit Leistungen über 100 kW ist etwa folgende:

| | Gasmotor | Dieselmotor |
|---|---|---|
| Kompressorantrieb | 33% | 39% |
| Kühlwasserwärme | 30 } 50% | 24 } 44% |
| Abgaswärme | 20 | 20 |
| Verluste (Strahlung und Abwärme) | 17% | 17% |
| Summe | 100% | 100% |

Die Abgase verlassen die Maschine mit etwa 500 °C und können bei Gasmotoren auf 120 °C, bei Dieselmotoren auf etwa 180 °C abgekühlt werden, in Sonderfällen, z. B. bei nachgeschalteten Brennwertgeräten, auch noch tiefer.

Die *Primärenergienutzungszahl* Nutzwärme/Primärwärme *(Heizzahl $\zeta$)* beträgt z. B. bei einer Arbeitszahl von $\varepsilon_W = 3$ bei Gasmotor-Wärmepumpen

$$\zeta = 0{,}33 \cdot 3 + 0{,}50 \approx 1{,}50,$$

ist also etwa doppelt so groß als bei Öl- und Gasheizkesseln.

Praktisch erreichbare *Heizzahlen* sind (weitere Werte s. VDI 2067 Bl. 6):

| | |
|---|---|
| bei Frei- und Hallenbädern | $\zeta = 2 \cdots 2{,}5$ |
| bei Sporthallen | $\zeta = 1{,}5 \cdots 1{,}7$ |
| bei Wohngebäuden, Bürohäusern | $\zeta = 1{,}4 \cdots 1{,}6$ |

Der *Vorteil* des Gasmotors gegenüber anderen Antrieben ist um so größer, je geringer die Leistunszahl der Wärmepumpe ist, z. B. bei Außenluft als Wärmequelle (Bild 225-81). Vorteilhaft ist ebenfalls, daß ein Teil der Nutzwärme mit hohen Temperaturen bis nahe 100 °C oder als Dampf zur Verfügung steht.

Der *Nutzwärmepreis* bei der Gasmotor-Wärmepumpe unterscheidet sich nicht wesentlich vom Preis der Absorptionswärmepumpe, er ist jedoch gegenüber Gas- oder Ölheizkesseln nur etwa halb so groß. Die Elektro-Wärmepumpe ist durch den verhältnismäßig hohen Strompreis wieder uninteressanter geworden (Bild 225-81a).

*Wärmequellen* sind außer Außenluft, Erdreich und Grundwasser auch Fortluft aus Gebäuden, Maschinenräumen, Schwimmbädern usw. In der Regel wird ein zusätzlicher Wärmeerzeuger benutzt. Bei der bivalent-alternativen Ausführung übernimmt ab einer bestimmten Außentemperatur, z. B. 0 °C, ein konventioneller Gasheizkessel die Heizung. Bei der bivalent-parallelen Ausführung sind sowohl Wärmepumpe wie Heizkessel in Betrieb. Jedoch wird die Spitzenlast fast immer durch einen Heizkessel übernommen.

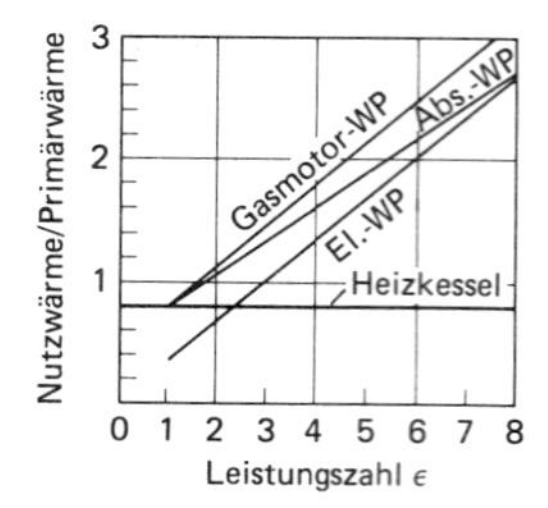


Bild 225-81. Primärenergienutzungszahl (Heizzahl) von Wärmepumpen.

| | |
|---|---|
| Heizkessel | $\zeta \approx 0{,}8$ |
| Elektro-WP | $\zeta \approx 0{,}33 \cdot \varepsilon$ |
| Gasmotor-WP | $\zeta \approx 0{,}33 \cdot \varepsilon + 0{,}5$ |
| Abs.-WP | $\zeta \approx 0{,}26 \cdot \varepsilon + 0{,}54$ |

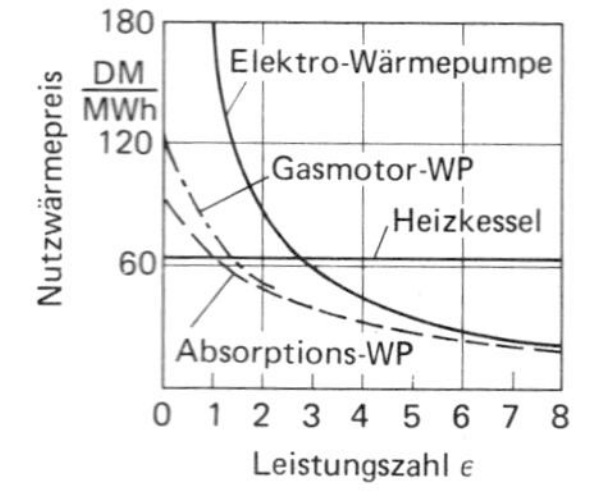


Bild 225-81a. Nutzwärmepreise bei verschiedenen Heizsystemen.

| | |
|---|---|
| Gaspreis | 60 DM/MWh |
| Ölpreis | 55 DM/MWh |
| Strompreis | 180 DM/MWh |

Anwendung findet diese Heizung besonders in folgenden Fällen:

*Schwimmbäder und Sportzentren* (Bild 225-82)

Das Beckenwasser wird hier durch die Kondensatorwärme erwärmt. Die Kühlwasser- und Abgaswärme wird für Heizzwecke und Duschen verwendet. Als Wärmequelle können Brunnen, Außenluft oder auch die zur Luftentfeuchtung dienenden Verdampfer verwendet werden.

Bei einem *Freibad* ohne Duschen ergeben sich folgende Zahlen:

| | |
|---|---|
| Max. Wärmeverbrauch (s. Abschn. 225-172) | = 0,45 kW/m² |
| Leistungszahl $\varepsilon$ | = 6,0 |
| Heizzahl $\zeta = 6 \cdot 0{,}33 + 0{,}5$ | = 2,50 |
| Gasmotor-Wärmeverbrauch 0,45/2,5 | = 0,18 kW/m² |
| Kompressorleistung 0,33 · 0,18 | = 0,059 kW/m² |
| Vollbetriebstunden | = 1500 |
| Jährlicher Wärmebedarf 1500 · 0,18 | = 270 kWh/m² |
| Heizkessel-Wirkungsgrad | = 0,8 |
| Bei einem Gasheizkessel wäre der Verbrauch 1500 · 0,45/0,8 | = 844 kWh/m² |
| Ersparnis | = 68%. |

Besonders günstig ist es für die Wirtschaftlichkeit[1]), wenn gleichzeitig Kühlung verlangt wird, z. B., wenn eine *Kunsteisbahn* als Wärmequelle verwendet werden kann. Beispiel Bild 225-88. In solchen Fällen muß geprüft werden, welches System Priorität hat. Es kann entweder eine Kälteanlage mit sekundärer Abwärmenutzung gewählt werden oder eine Wärmepumpenanlage zur Heizung mit Wärmequellennutzung auf der kalten Seite. In beiden Fällen kann Brauchwasser erwärmt werden.

*Gebäudeheizung,* namentlich dann, wenn gleichzeitig die Kühlleistung der Wärmepumpen ausgenutzt werden kann (Bild 225-85). Z. B. in Kaufhäusern, Supermärkten, fleischverarbeitenden Betrieben.

Im Winterbetrieb dient die Kondensatorwärme zuzüglich der Kühlwasser- und Abgaswärme für Heizzwecke. Wenn die aus den Kühlern gewonnene Wärme nicht ausreicht, kann zusätzlich Wärme aus der Fortluft des Gebäudes gewonnen werden.
Im Sommerbetrieb wird überschüssige Kondensatorwärme durch ein Rückkühlwerk an die Außenluft abgegeben, soweit sie nicht zur Brauchwassererwärmung oder andere Zwecke verwendet werden kann.

Falls die Wärmepumpe bivalent parallel mit einem Heizkessel arbeitet und nur der Raumheizung dient, wird die wirtschaftlichste Lösung insgesamt erreicht, wenn die Heizleistung der Wärmepumpe max. ca. 40% der Gesamtheizleistung beträgt[2]).

*Die Wirtschaftlichkeit* muß in jedem Fall durch eine besondere Rechnung geprüft werden. Gegenwärtig stehen komplette Aggregate nur für verhältnismäßig große Heizleistungen über etwa 200 kW zur Verfügung. Investitionskosten 700···1400 DM/kW Wärmeleistung, stark fallend mit steigender Leistung (Bild 225-86). Maschinen mit kleineren Leistungen von 10···30 kW und mit genügend langer Lebensdauer für Ein- und Zweifamilienhäuser sind noch in der Entwicklung begriffen (Volkswärmepumpen)[3]). Einige *Klein-Diesel-Wärmepumpen* laufen zur Erprobung bei verschiedenen Firmen.

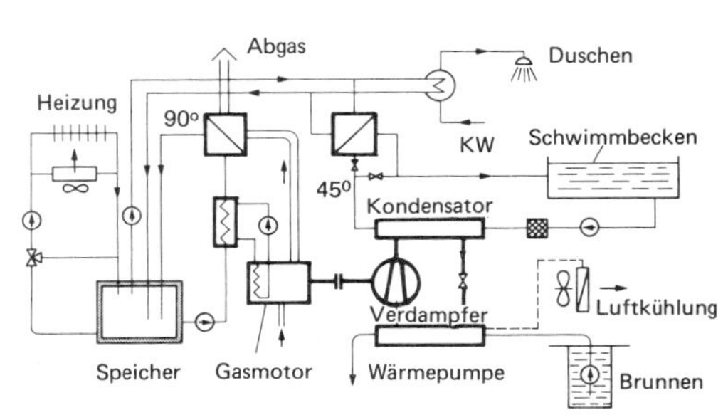


Bild 225-82. Prinzipschaltbild einer Gasmotor-Wärmepumpenanlage für Schwimmbäder.

[1]) Bruder, Th.: TAB 4/85. S. 305/7.
[2]) Hirschbichler, F.: Ki 9/86. S. 349/51.
[3]) Burghardt, J.: GWF 4/83. S. 191/7.
Wiedemann, B.: KKT 10/84. S. 532.

*Vorteile* der Gaswärmepumpe
- Geringer Primärenergieverbrauch,
- höhere Heiztemperaturen erreichbar,
- gute Regelbarkeit.

*Nachteile*
- Geräuschvoll,
- hohe Wartungs- und Investitionskosten[1]),
- Umweltverschmutzung bei Dieselöl.

Ansicht einer Gaswärmepumpe in Bild 225-87.

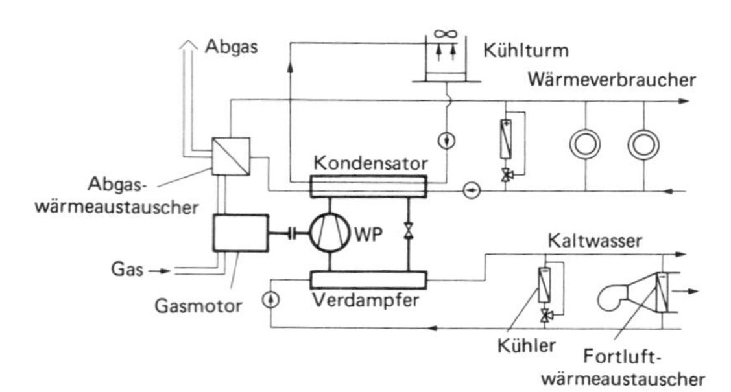


Bild 225-85. Prinzipschaltbild einer Gasmotor-Wärmepumpenanlage für Gebäudeheizung und -kühlung.

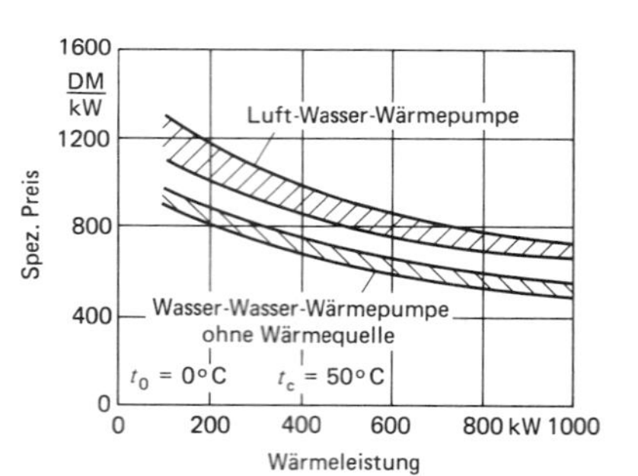


Bild 225-86. Preise von Gasmotor-Wärmepumpen einschl. Montage ohne Gasanschluß.

Bild 225-87. Drei Gasmotor-Wärmepumpen in Kompaktbauart, Leistung je 100 kW (Bauer).

[1]) Baumann, H., u. a.: HLH 9/86. S. 455/61.

Die für Wirtschaftlichkeitsrechnungen erforderlichen Daten sind sehr unterschiedlich, so daß nachstehende Rechnung nur als Richtlinie dienen soll:

*Beispiel einer Gasmotor-Wärmepumpenanlage:*

Heizleistung 1000 kW, 1500 Vollbetriebsstunden, mittlere Leistungszahl $\varepsilon = 3$, Heizwert $H_u = 8{,}9$ kWh/m³, Heizzahl der Gaswärmepumpe $\zeta = 1{,}55$, Kesselnutzungsgrad $\eta_K = 0{,}8$. Wärmequelle Wasser, Parallelbetrieb mit Zusatzgaskessel, Deckung des Jahreswärmebedarfs durch Wärmepumpe 90%, durch Gaskessel 10%.

| Nr. | | Einheit | Gasmotor-Wärmepumpe mit Zusatzkessel | | Elektromotor-Wärmepumpe mit Zusatzkessel | | Gaskessel |
|---|---|---|---|---|---|---|---|
| | | | Wärmepumpe | Gaskessel | Wärmepumpe | Gaskessel | |
| 1 | Wellenleistung | kW | 107 | – | 167 | – | – |
| 2 | Wärmeleistung der Wärmepumpe | kW | 321 | – | 500 | – | – |
| 3 | Motorabwärme | kW | 179 | – | – | – | – |
| 4 | Zusatzkessel | kW | – | 500 | – | 500 | – |
| 5 | Gesamtnutzheizleistung | kW | 1000 | | 1000 | | – |
| 6 | Leistungseinsatz | kW | 322 | 630 | 180 | 630 | 1250 |
| 7 | Nutzbare Wärmeabgabe | MWh/a | 1350 | 150 | 1350 | 150 | 1500 |
| 8 | Energieeinsatz | MWh/a | 870 | 188 | 450 | 188 | 1875 |
| 9 | Arbeitspreis 1986/87 | DM/kWh | 0,06 | 0,06 | 0,18 | 0,06 | 0,06 |
| 10 | Leistungspreis | DM/kWa | 20,– | 20,– | 200,– | 20,– | 20,– |
| 11 | Arbeitskosten | DM/a | 52 200,– | 11 280,– | 81 000,– | 11 280,– | 112 500,– |
| 12 | Leistungskosten | DM/a | 6 440,– | 12 600,– | 36 000,– | 12 600,– | 25 000,– |
| 13 | Energiekosten, gesamt | DM/a | 82 520,– | | 140 880,– | | 137 500,– |
| 14 | Investitionskosten | DM | 650 000,– | 85 000,– | 550 000,– | 85 000,– | 170 000,– |
| 15 | Kapitalkosten inkl. Wartung u. Bedienung | % | 17 | 12 | 15 | 12 | 13 |
| 16 | | DM/a | 110 500,– | 10 200,– | 82 500,– | 10 200,– | 22 100,– |
| 17 | | | 120 700,– | | 92 700,– | | 22 100,– |
| 18 | Jahresgesamtkosten | DM/a | 203 220,– | | 233 580,– | | 159 600,– |
| 19 | | DM/MWh | 135,– | | 156,– | | 106,– |

*Die jährlichen Gesamtkosten* (einschl. Kapitalkosten) liegen also bei allen drei Systemen in unterschiedlicher Größenordnung, wobei die Wärmepumpen derzeit doch deutlich über dem normalen Gaskessel liegen. Besonders zu beachten ist der Leistungspreis für elektrischen Strom, der stark ins Gewicht fällt. In jedem Fall sind jedoch die *Energiekosten* bei der Gasmotor-Wärmepumpe am günstigsten.

Die Kapitalkosten werden geringer, wenn staatliche *Investitionszuschüsse* für energiesparende Anlagen gewährt werden.

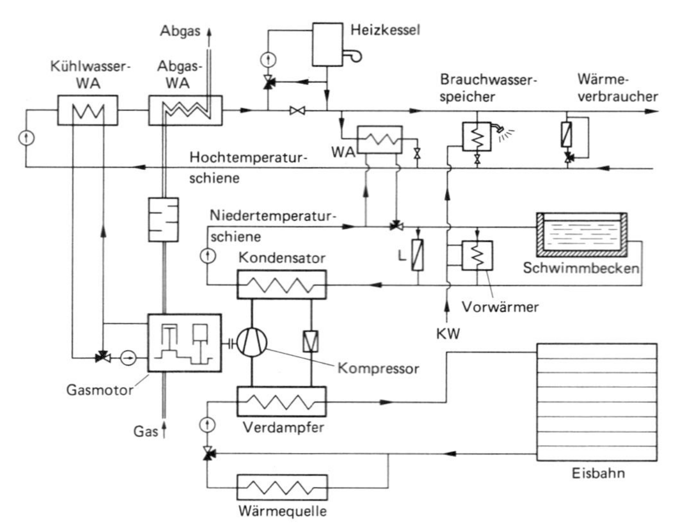


Bild 225-88. Gasmotor-Wärmepumpenanlage für Hallenbad und Eisbahn.
L = Lufterhitzer für Halle, KW = Kaltwasser, WA = Wärmeaustauscher

## -2 SONNENENERGIE[1])

### -21 Allgemeines

Die Sonne sendet täglich gewaltige Energiemengen auf die Erde. An der äußeren Grenzschicht der Atmosphäre beträgt die Einstrahlung (Solarkonstante) etwa 1,39 kW/m², an der Erdoberfläche max. etwa 1,0 kW/m². Im Jahresdurchschnitt ergeben sich in Deutschland aber nur 0,1 kW/m² und jährliche *Strahlungssummen* von etwa 900···1150 kWh/m² (Tafel 225-5). Daher ist es verständlich, daß man sich seit langem bemüht hat, diese Wärme auch für Heizzwecke nutzbar zu machen. Einen wirklichen Erfolg wird man dabei natürlich nur in solchen Gegenden der Erde haben, wo mit langem Sonnenschein in den kalten Monaten gerechnet werden kann, z. B. in Südeuropa und Nordafrika, wo die Sonne etwa 4000 Stunden im Jahr scheint, in Deutschland etwa 1500···1800 Stunden. Siehe auch Abschn. 114 und 182-3.

**Tafel 225-5. Jährliche Globalbestrahlung für einige Orte**

| Ort | kWh/m²a | Ort | kWh/m²a |
|---|---|---|---|
| Berlin | 1025 | Paris | 1500 |
| Braunschweig | 960 | Lugano | 1500 |
| Hamburg | 970 | Miami | 1800 |
| München | 1080 | Sahara | 2500 |

[1]) Funk, H.: ETA 3/80. S. A 131/9.
Stein, H. J., u. M. Meliß: DIN Mitt. 8/80. S. 434/40.
Wagner, G., u. G. Böhm: Feuerungstechn. 11/80. 7 S.
Kuczera, M.: BWK 3/81. S. 90/7.
Dietrich, B.: HR 6/81. S. 413/24.
DIN 4757 Sonnenheizungsanlagen. T. 1 bis 4 (11.80 bis 7.82).
Winter, C.-J.: BWK 5/83. S. 243/54.
Goetzberger, A., u. A. Zastrow: Ki 12/83. S. 477/82.
Test-Sonderheft Solarenergie 1.84.
Fisch, N., u. E. Hahne: Ki 12/84. S. 501/6.
Müller, F.: Ki 5/85. S. 199/203.

Mehrere Anlagen unterschiedlicher Bauart zur Gewinnung von Wärme oder elektrischem Strom sind in sonnenreichen Gegenden bereits in Tätigkeit (Abschnitt 182-3).

Grundsätzlich arbeiten in unseren Breitengraden die Sonnenheizungen in der Weise, daß die Sonnenenergie mit *Kollektoren* aufgefangen und durch Wasser mit Frostschutzbeimischung oder geeignete synthetische Öle als Wärmeträger einem Speicher zugeführt wird. Aus diesem Speicher wird dann das Heizwasser in üblicher Weise zur Heizung verwendet (Bild 225-90). Die Kollektoren werden meist auf Dächern angebracht, können jedoch an anderen Stellen neben den Häusern aufgestellt werden.

Die ursprünglich seit der Ölpreiskrise von 1973 an die Ausnutzung der Sonnenenergie gestellten Erwartungen haben sich jedoch nicht erfüllt. Der Verkauf von Sonnenkollektoren ist gegenwärtig in der Bundesrepublik rückläufig. Vielleicht erhält die Technik wieder einen Auftrieb als Alternative zur Kernenergie.

## -22 Kollektoren[1])

Der einfachste Kollektor – der *Flachkollektor* – besteht aus einer flachen geschwärzten *Metallplatte* mit darin befestigten oder integrierten wassergefüllten Rohren. An der Unterseite Wärmedämmung, an der Oberseite eine oder zwei Platten aus Glas oder transparentem Kunststoff oder Folien, um den Wärmeverlust an die Umgebung zu verringern (Bild 225-90).

Statt Metall (Al, Kupfer, Edelstahl) werden auch korrosionsbeständige *Kunststoffplatten,* Kunststoffrohre und andere Konstruktionen verwendet. Bei allen Materialien ist auf Korrosionsschutz und Temperaturbeständigkeit zu achten.

Die einfallende Sonnenwärme, die durch Reflexion und Absorption der Glasscheiben um etwa 15% verringert wird, wird im Kollektor in Wärme umgewandelt. Ein Teil der Wärme geht jedoch durch Abstrahlung, Konvektion und Leitung wieder verloren (Glashaus-Prinzip).

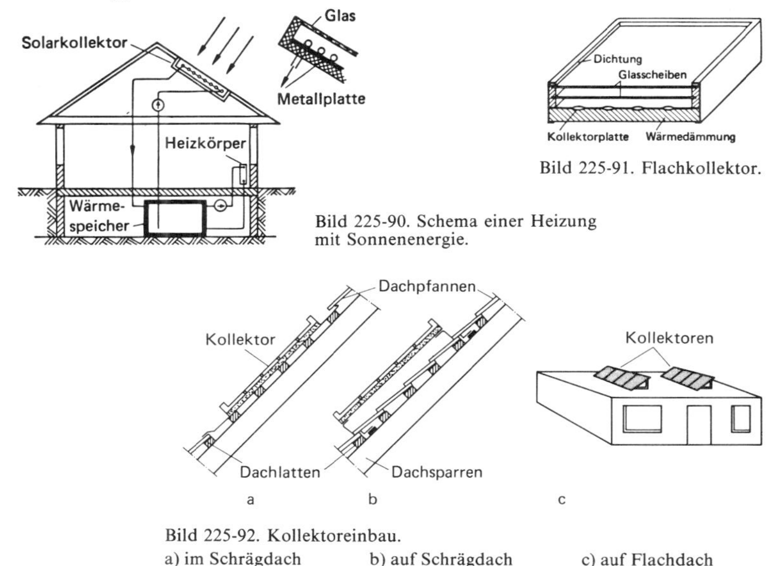


Bild 225-90. Schema einer Heizung mit Sonnenenergie.

Bild 225-91. Flachkollektor.

Bild 225-92. Kollektoreinbau.
a) im Schrägdach b) auf Schrägdach c) auf Flachdach

[1]) Reinhard, K.: Ki 4/78. S. 131/5.
Koch, H. A., u. M. Bruck: Ges.-Ing. 9/78. S. 275/80.
Urbanek, A.: SHT 7/79. S. 629/33.
Ihle, C.: Oel + Gasfg. 2/80. 5 S.
Fubel, K.-H.: TAB 5/82. S. 399/401.
Marktumschau in WT 7/82. S. 266/72 u. TAB 10/82.
Bachofner, W.: Techn. Rundschau Sulzer 3/84. S. 3/6.

Prinzip der Bauweise eines Flachkollektors in Bild 225-91. Bei *Schrägdächern* können die Kollektoren entweder auf dem Dach montiert werden, wobei die vorhandene Dacheindeckung erhalten bleibt, oder sie werden im Dach integriert. Bei der Aufstellung auf Flachdächern ist eine besondere Stützkonstruktion erforderlich (Bild 225-92).

Außer den Flachkollektoren gibt es auch *Parallelkollektoren*, die die Sonneneinstrahlung mittels parabolischer Spiegel auf das wasserführende Rohr konzentrieren. Sehr wirksam, aber teuer; mehr geeignet für industrielle Anwendung.

Von verschiedenen Seiten sind neue Bauarten entwickelt worden, um den Wirkungsgrad zu verbessern:

*Der Philips-Kollektor* verwendet evakuierte Glasrohre mit spezifischer innerer Beschichtung und darin befindlichen wasserführenden Rohren (Musterhaus in Aachen).

*Der Dornier-Kollektor* arbeitet nach dem Heat-Pipe-System mit Glasabdeckung (Musterhaus in Essen).

*Der VW-Kollektor* verwendet schwarz eingefärbte PVC- oder PE-Folien, die durch Verschweißung ein Kanalsystem bilden.

Weitere Bauarten und Bauvorhaben werden von Firmen und Instituten gegenwärtig geprüft. Auch eine Anzahl von Versuchshäusern[1]) ist bereits in Betrieb, sowohl in Deutschland wie im Ausland (MBB-Haus in Offerfing, Solarhaus Freiburg, Sulzer-Haus, Tritherm-Haus von Junkers in Stuttgart, Solarhaus Berndt u.a.). Gelegentlich wird auch Luft als Wärmeträger verwendet.

Die unterschiedlichen Bauarten machen es verständlich, daß die Kollektorkosten ebenfalls sehr unterschiedlich sind, etwa 200···600 DM/m² ohne Installation. Vorschriften über Sicherheit, Prüfung, Wirkungsgrad usw. in DIN 4757.

1987 waren in Deutschland etwa 200000 m² installiert.

### -23 Wirkungsgrad[2])

Die Umwandlung der auf die Kollektoren auftreffenden Sonnenstrahlung in nutzbare Wärme des Wassers ist ein ziemlich komplizierter Prozeß, der von vielen Faktoren abhängt. Wichtig ist, daß der Kollektor für die ankommende kurzwellige Sonnenstrahlung einen möglichst hohen Absorptionskoeffizienten $\alpha$ hat, daß aber der Emissionskoeffizient $\varepsilon$ im langwelligen Bereich (2···15 $\mu$m) möglichst klein ist, z.B. $\alpha=0{,}95$ und $\varepsilon=0{,}1$. In vereinfachter Form ist der Wirkungsgrad

$$\eta = \frac{\dot{Q}_P}{\dot{Q}_s} = \frac{\text{Nutzleistung}}{\text{Sonnenleistung}} = \frac{\alpha \cdot \tau \cdot \dot{Q}_s - \dot{Q}_v}{\dot{Q}_s}.$$

Darin ist

$\tau$ = Strahlungsdurchlässigkeit der Glasscheiben $\approx 0{,}90$
$\alpha$ = Absorptionszahl der Kollektorenbeschichtung $\approx 0{,}95$
$\dot{Q}_v$ = Verluste = $\dot{Q}_1 + \dot{Q}_2 + \dot{Q}_3$

Die Verluste $\dot{Q}_v$ sind im einzelnen hauptsächlich

$\dot{Q}_1$ = Wärmeabstrahlung der Glasscheiben an die Umgebung $\approx \alpha_s \cdot \Delta t$
$\dot{Q}_2$ = Konvektive Wärmeabgabe der Glasscheiben $\approx \alpha_k \cdot \Delta t$
$\dot{Q}_3$ = Wärmeleitungsverluste $\approx k \cdot \Delta t$
$\Delta t$ = Temperaturunterschied zur Umgebung

Angenähert kann man auch sagen:

$$\eta = \alpha\tau - \frac{k_{\text{ges}} \cdot \Delta t}{\dot{Q}_s}$$

worin $k_{\text{ges}}$ der Gesamtwärmedurchgangskoeffizient ist. Die Gleichung ist in Bild 225-94 dargestellt.

Der wirklich gemessene Wirkungsgrad ändert sich in weitem Bereich abhängig von der Einstrahlung und der Temperaturdifferenz zur Umgebung, so daß er durch Kennlinien dargestellt wird. *Normen* für die Prüfung von Kollektoren sind z.B. von seiten des BSE (Bundesverband Solarenergie) und anderen Stellen herausgegeben[3]).

[1]) Broschk, J.: TAB 3/81. S. 213/9.
[2]) Schölkopf, W.: Oel+Gasfg. 3/79. 5 S.
Bergmann, G.: Wärmetechnik 12/83. S. 426.
[3]) Hahne, E.: 21. Kongreßbericht Berlin 1980. S. 52/5.
DIN 4757 T. 3 (11.80) Sonnenkollektoren; Sicherheitstechn. Anforderungen, Stillstandstemp.
DIN 4757 T. 4 (7.82) Sonnenkollektoren; Wirkungsgrad, Wärmekapazität.

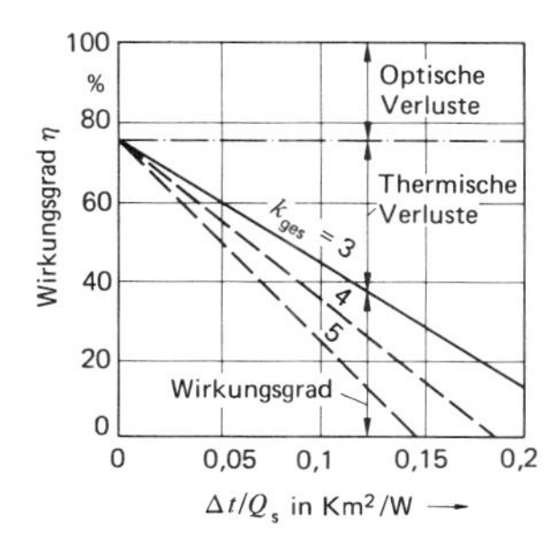


Bild 225-94. Wirkungsgrad von Sonnenkollektoren.

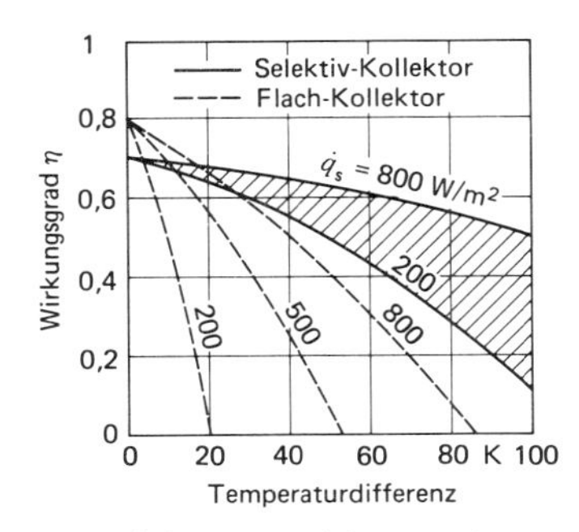


Bild 225-96. Wirkungsgrade von Sonnenkollektoren unterschiedlicher Güte in Abhängigkeit von der Temperaturdifferenz und Sonnenstrahlung.

Die nutzbare Strahlung hängt von der Hauptsache von folgenden Faktoren ab:

a) *Bauart der Kollektoren,* besonders Art und Zahl der Glasscheiben, Wärmedämmung, Beschichtung, Evakuierung, Wärmekapazität

b) dem *Temperaturunterschied* zwischen Kollektor und Umgebung

c) der *Intensität* der einfallenden Strahlung (0···800 W/m²)

d) *Verrohrung* der Anlage, Wärmedämmung, Regelung, Speicherung.

Bild 225-96 zeigt den ungefähren Verlauf des Wirkungsgrades in Abhängigkeit von der Temperaturdifferenz bei verschiedenen Kollektoren. Man erkennt, daß einfache Kollektoren einen stark fallenden Wirkungsgrad haben.

Aus Bild 225-98 geht die Abhängigkeit von der Intensität der Sonnenstrahlung hervor. Je geringer diese ist, desto geringer ist der Wirkungsgrad. Bei einer Einstrahlung von 400 W/m² kann bei einem hochwirksamen Kollektor ein Wirkungsgrad von 60% erreicht werden. Bei einem einfachen 1-Scheiben-Kollektor kann jedoch auch der Wirkungsgrad und die Nutzleistung auf Null absinken (*Leerlauftemperatur* = Schnittpunkt der Kennlinie mit der Abszisse). Die meisten gegenwärtig auf dem Markt angebotenen Kollektoren haben Leerlauftemperaturen von 100···150 °C. Sie müssen durch Versuche ermittelt werden.

Bei sehr guten Spezialkollektoren können Temperaturen weit über 100 °C erreicht werden. Dabei sind dann schon sicherheitstechnische Probleme zu beachten (Sicherheitsventile, thermostatische Absicherung u.a.). Für noch höhere Temperaturen werden Parabolspiegel, Linsen und andere konzentrierende Kollektoren verwendet, wobei jedoch die Kollektoren durch komplizierte Antriebssysteme der Sonne nachgeführt werden müssen.

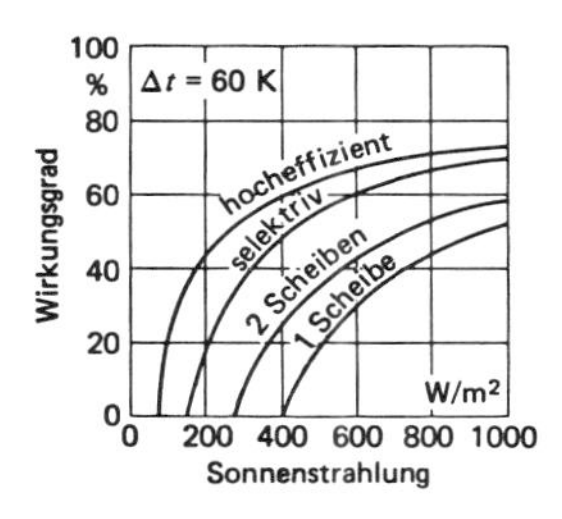


Bild 225-98. Wirkungsgrade von Sonnenkollektoren in Abhängigkeit von der Intensität der Sonnenstrahlung.

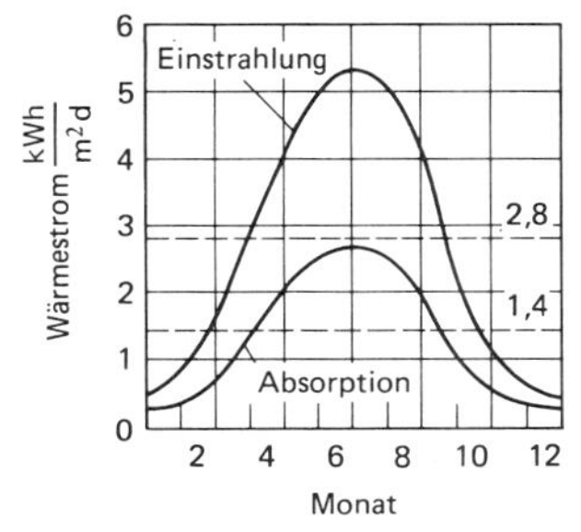


Bild 225-100. Sonnenstrahlung und Wärmeabsorption von 45°-Sonnenkollektoren auf 50° N.

Maßnahmen zur *Verbesserung des Wirkungsgrades:*

Doppelscheiben

Evakuierung des Kollektors

Selektive Absorber mit geringer Abstrahlung im Langwellenbereich, aber hoher Absorption im sichtbaren Bereich, wofür es mehrere Methoden gibt (Interferenzfilter, Halbleiterfilter, spezielle Oberflächenbehandlung u. a.).

Wärmereflexionsschicht auf den Abdeckscheiben, wodurch die vom Absorber abgestrahlte Wärme zurückreflektiert wird, u. a.

Bei der Montage von Kollektoren auf nach Süden gelegenen Hausdächern unter einem Winkel von 45° ergeben sich tägliche Einstrahlungswerte nach Bild 225-100. Rechnet man mit einem mittleren jährlichen Wirkungsgrad von $\eta = 50\%$, so ergibt sich für die Nutzwärme die untere Kurve, die einer jährlichen Wärmemenge von etwa 500 kWh/m² entspricht.

Viele Kollektoren zeigen allerdings im Betrieb *Alterserscheinungen* wie Rißbildung, Abblättern der Beschichtung u. a., so daß die erwartete Nutzungsdauer nicht erreicht wird.

## -24 Wirtschaftlichkeit[1])

### -241 Heizung

Ein normal wärmegedämmtes Haus benötigt eine maximale spezifische Wärmeleistung von etwa $\dot{q} = 0{,}1$ kW/m² und hat im Jahr einen Verbrauch von etwa $1500 \cdot 0{,}1 = 150$ kWh/m². Durch einen Sonnenkollektor läßt sich im Jahresdurchschnitt höchstens eine Wärmemenge von ungefähr 500 kWh/m² gewinnen, d. h., man könnte $500/150 = 3{,}3$ m² Wohnfläche mit 1 m² Kollektorfläche heizen, wenn man die Wärme genügend lange speichern könnte. Dafür sind jedoch sehr große Speicher erforderlich[2]). Dies ist das Hauptproblem bei der Nutzung der Sonnenenergie für Heizzwecke (Latentspeicher siehe Abschn. 183).

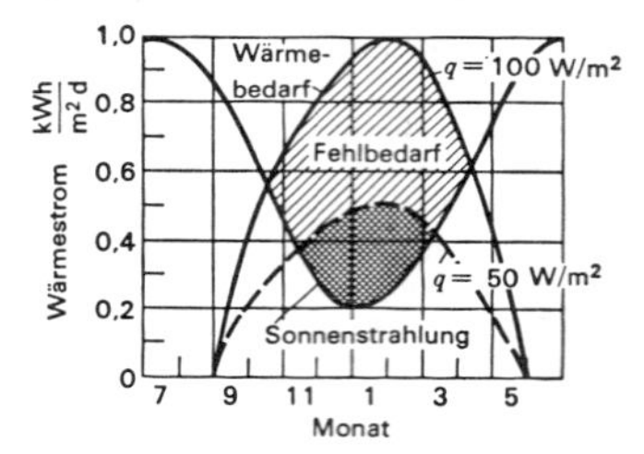


Bild 225-102. Täglicher Wärmebedarf eines Hauses und tägliche Sonnenstrahlung je m² Wohnfläche.

$\dot{q}$ = spez. Wärmebedarf = 50 bzw. 100 W/m², Speicherwirkungsgrad $\eta_s = 50\%$, Wohnfläche/Kollektorfläche = 2

Im Bild 225-102 ist der tägliche Wärmebedarf eines Hauses je m² Wohnfläche und die nutzbare tägliche Sonnenstrahlung dargestellt, wobei 2 m² Wohnfläche je m² Kollektorfläche angenommen sind. Man sieht, daß wegen des Unterschiedes im Wärmebedarf und Wärmeanfall der Fehlbetrag (schraffiert) sehr groß ist. Er beträgt rund 80 kWh je m² und Jahr bezw. bei besserem Wärmeschutz ($\dot{q} = 50$ W/m²) nur ca. 25 kWh/m² a. Dieser Bedarf muß durch *Speicherwärme* oder durch eine Zusatzheizung oder durch eine Wärmepumpe gedeckt werden.

Um 1 kWh Wärme mit Wasser von 60/30 K zu speichern, benötigt man jedoch eine *Wassermenge* von $1 \cdot 3600/(4{,}2 \cdot 30) = 28$ l. Für 80 kWh also $80 \cdot 28 = 2240$ l je m² Wohnfläche. Bei doppelt so guter Wärmedämmung ($\dot{q} = 50$ W/m²) wäre das Speichervolumen nur etwa $20 \cdot 28 = 560$ l/m² Wohnfläche, bei 100 m² Wohnfläche also 56 m³ (ohne Wärmeverluste).

Das sind unmögliche Größen. Praktisch wird man daher die Speicherung nur für einen kleinen Zeitraum, z. B. einige Tage, vorsehen und den zusätzlichen Bedarf durch eine andere Energieart, etwa elektrischen Strom oder Öl, decken *(Bivalente Heizung)*. Für die Übergangsheizung im Herbst und Frühling ist die Solarheizung jedoch durchaus möglich.

Kollektoren kosten im günstigsten Fall – fertig installiert – etwa 600,– DM/m², womit

---

[1]) Krinninger, H.: TAB 6/77. S. 577/80.
[2]) Weik, H.: HR 1/84. S. 23/31.

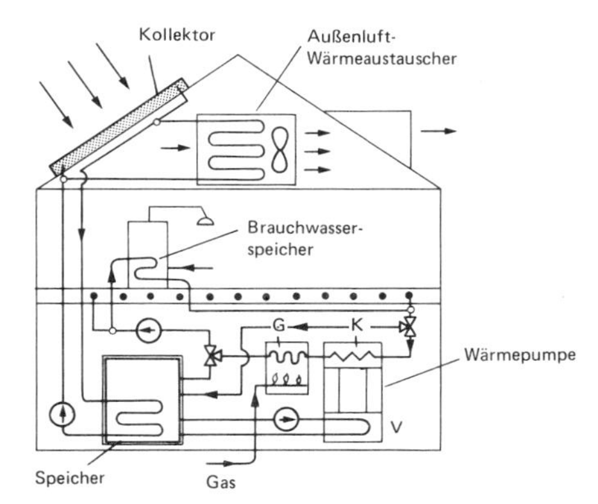


Bild 225-104. Solarheizung mit Wärmepumpe und Gaswasserheizer.
G = Gaswasserheizer
K = Kondensator
V = Verdampfer

man jährlich 0,5 MWh Wärme gewinnen kann. Bei 15% Abschreibung ergeben sich jährliche Kosten von 2 · 0,15 · 600 = 180,– DM/MWh, was wesentlich über den Kosten von normalen Heizungen liegt. Man muß noch berücksichtigen, daß zusätzlich sehr erhebliche Kosten für den Speicher und die Zusatzheizung entstehen, so daß die Wirtschaftlichkeit der Sonnenheizung in absehbarer Zeit kaum möglich ist, wenigstens in unseren Breitengraden.

Durch Kombination von *Sonnenkollektoren* mit *Wärmepumpen* läßt sich der Wirkungsgrad der Solarheizung erhöhen, weil die Speicherwassertemp. bis auf 0° herab und sogar die Schmelzwärme des Wassers ausgenutzt werden können. Beispiel Bild 225-104. Spitzendeckung des Wärmebedarfs hier durch Flüssiggas. Neben der Solarwärme kann auch die Außenluft als Wärmequelle benutzt werden, so daß 3 Wärmequellen zur Verfügung stehen. Die Betriebskosten sind hier zwar reduziert, die Investitionskosten jedoch sehr groß[1]). Eine Heizenergieersparnis von 40 bis 50% ist bei gut wärmegedämmten Häusern im Bereich des Möglichen.

Einfacher und billiger ist jedoch die Verwendung von *Absorbern* mit Wärmepumpen, siehe Abschn. 225-171-4.

*Passive Solarenergieausnutzung* siehe Abschn. 238-6 und 353-42.

### -242 Brauchwassererwärmung[2])

Wesentlich günstiger liegen die Verhältnisse bei der das ganze Jahr über dauernden Brauchwasserversorgung, wobei der mittlere Temperaturunterschied zwischen Brauchwasser und Umgebung nur etwa 30···40 K beträgt. Hier entstehen durch das geringere Speichervolumen wesentlich geringere Mehrkosten, so daß ein wirtschaftlicher Betrieb bei billigen Kollektoren durchaus möglich ist, namentlich im Sommer, wo man mit einem täglichen Energiegewinn von etwa 2,0 kWh/m² rechnen kann.

Bei einem Brauchwasserwärmebedarf von täglich 8 kWh je Wohnung sind im Sommer etwa 4 m² Kollektorfläche erforderlich. Rechnet man mit einer sonnenlosen Periode von 3 Tagen, so müßte der *Speicher* theoretisch einen Inhalt von

$$\frac{24 \cdot 3600 \cdot \eta = 0{,}75}{(50-10)\,\mathrm{K} \cdot 4{,}2} = 385\,\mathrm{l}\ \text{haben.}$$

Nach praktischen Erfahrungen rechnet man mit 2 m² Kollektorfläche und 100···150 l Speicherinhalt je Person. Die Übertragung der Solarwärme erfolgt immer über einen *Wärmeaustauscher,* da das umlaufende Heizwasser zum Schutz gegen Einfrieren meist mit einem Frostschutzmittel gemischt ist. Der *Speicher* selbst wird häufig zweiteilig ausgeführt; der obere Teil als Entnahmebereich mit 45 °C Temperatur, der untere Teil als Aufheizbereich mit dem Kaltwasseranschluß.

---

[1]) Broschk, J.: TAB 3/81. S. 213/9.
[2]) Göhringer, P.: SBZ 20/80. 4 S.
Klingenfuß, H., u. W. Schönherr: HR 9/82. S. 399/403.
Fox, U.: HLH 7/83. S. 281/3.
Test: Solaranlagen im Vergleich. Heft 1/84. S. 77/89.
Uhlemann, R.: Wärmetechnik 7/84. S. 298.

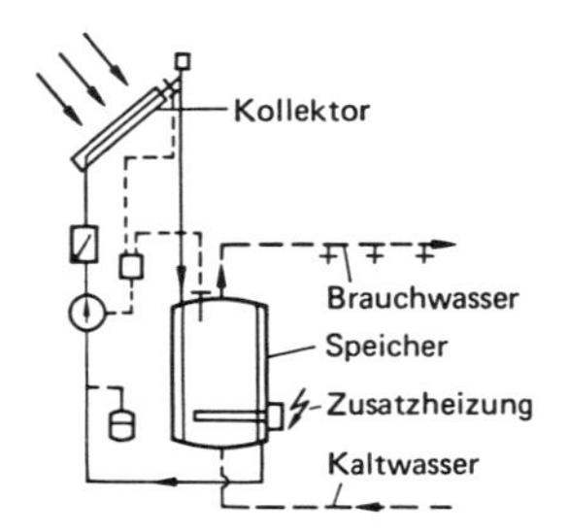


Bild 225-105. Brauchwassererwärmung durch Sonnenenergie mit elektrischer Nachheizung.

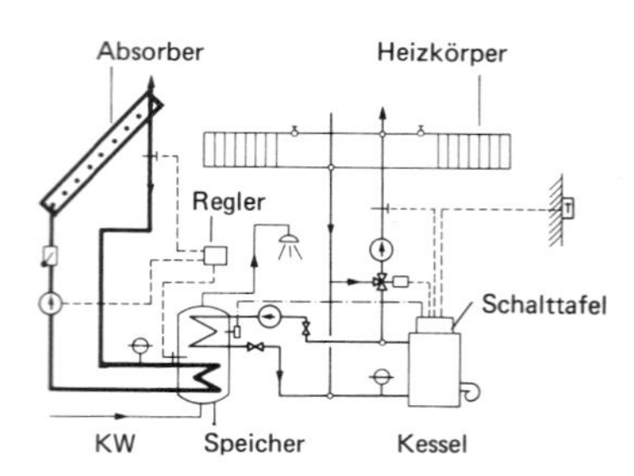


Bild 225-106. Brauchwassererwärmung durch Sonnenenergie mit Nachheizung durch Heizkessel.

*Beispiel* einer Brauchwassererwärmung in Bild 225-105. Das im Kollektor erwärmte Wasser wird durch die Pumpe einem Doppelmantelspeicher zugeführt, wo es seine Wärme an das Brauchwasser abgibt. Die Pumpe wird so gesteuert, daß sie bei etwa 5 K Temperaturdifferenz zwischen Kollektor und Speicher in Betrieb geht.

*Nachheizung* elektrisch, durch Gasdurchlauferhitzer oder (weniger zweckmäßig) durch den Zentralheizungskessel (Bild 225-106). Im Sommerhalbjahr kann der Brauchwasser-Wärmebedarf bis etwa 80%, im Winter dagegen nur zu etwa 20% durch die Sonnenenergie gedeckt werden. Je m² Kollektorfläche können jährlich bestenfalls etwa 300 kWh gewonnen werden, was gegenüber Ölkesseln einer Ölersparnis von $300/(10 \cdot \eta) = 300/(10 \cdot 0{,}35) = 86$ l je m² entspricht.

$$\text{Gemessene } \textit{Arbeitszahlen} = \frac{\text{Nutzenergie}}{\text{elektrische Zusatzheizung}}$$

| | |
|---|---|
| im Sommer | 2···4 |
| im Winter | 1···1,2 |
| im Jahr | 1,5···2 |

Ein wirtschaftlicher Betrieb ist wegen der hohen Investitionskosten (ca. 12000,– DM ohne Heizkessel) auch hier gegenwärtig noch nicht möglich. Denn der Energieverbrauch eines 4-Personen-Haushalts für Brauchwasserbereitung beträgt jährlich nur etwa 3000 kWh zum Preis von ca. 250,– bis 500,– DM bei konventioneller Heizung (siehe Tafel 452-5), so daß eine Amortisation kaum möglich ist.

In einigen Ländern, z. B. Israel und im Süden der USA, sind auch *Primitivkollektoren* in Gebrauch, die bei geringem Wirkungsgrad trotzdem wirtschaftlich sind. Sie arbeiten durch Schwerkraft ohne Umwälzpumpe und Regelung *(Thermosiphonanlagen)*.

### -243 Schwimmbadheizung[1])

Bei *Innenschwimmbädern* kann man im Sommer die Sonnenenergie verhältnismäßig einfach zur Beheizung des Beckenwassers verwenden, das dabei als Speicher dient. Mit korrosions- und druckfesten, einfach abgedeckten Absorbern kann auf den Wärmeaustauscher verzichtet werden und das Schwimmbecken direkt beschickt werden (*Einkreis-System* Bild 225-110). Bei nicht korrosionsfesten Kollektoren ist jedoch ein Wärmeaustauscher zwischen Kollektor- und Beckenwasser einzuschalten (*Zweikreis-System* Bild 225-111).

Der Verdunstungsverlust des Wassers beträgt bei 24 °C Wassertemperatur etwa 0,1 kg/m²h = 2,4 kg/m²d. Dies entspricht einem Wärmestrom von $2{,}4 \cdot 2500/3600 = 1{,}7$ kWh/m²d. Siehe Abschn. 366-2.

Die nutzbare Sonnenenergie des Kollektors andererseits liegt nach Bild 225-100 in den Sommermonaten bei etwa 2 kWh/m²d, so daß sie in etwa zur Beheizung des Wassers ausreicht, wenn man 0,80 m² Kollektorfläche je m² Wasserfläche annimmt. Bei längerem Ausbleiben der Sonnenwärme schwankt allerdings die Wassertemperatur mehr oder weniger um einen Mittelwert, so daß eine Zusatzheizung unerläßlich ist. Nicht berücksichtigt ist der Wärmebedarf für Transmission und Lüftung.

[1]) Biasin, K.: Elektrowärme Int. A 4, Juli 76. S. 169/77 u. Mai 81, S. 169/73.
Sonnenenergie und Wärmepumpe. Heft 1/84, 1/85 u. 1/86.

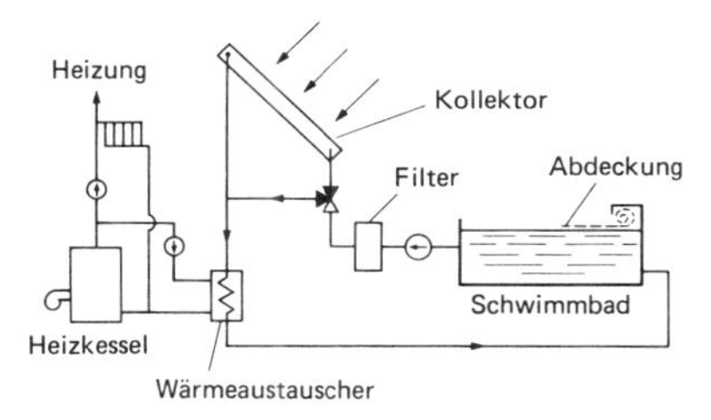


Bild 225-110. Schwimmbadbeheizung im Einkreis-System.

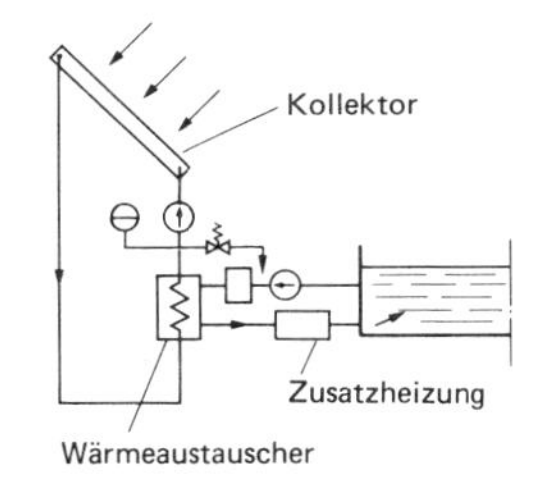


Bild 225-111. Schwimmbadbeheizung im Zweikreis-System.

Bei *Freibädern* liegen die Verhältnisse wesentlich ungünstiger, da zusätzlich zum Verdunstungsverlust noch der Wärmeverlust durch Wind zu berücksichtigen ist. Man kann bei 24 °C Wassertemperatur mit einem Gesamtverlust von 4,0 kWh/m$^2$d rechnen und benötigt dann bereits 2 m$^2$ Kollektorfläche je m$^2$ Beckenfläche, wenn keine besonderen Einrichtungen zur Wärmeersparnis eingebaut werden. Jährlicher Wärmegewinn bei 150 Betriebstagen ca. 150 · 2 = 300 kWh/m$^2$a.

Manchmal werden auch statt Kollektoren nur *Solarabsorber* verwendet, die aus Kunststoffmatten oder -rohren ohne Glasabdeckung und Wärmedämmung bestehen. Bei geringer Sonnenstrahlung ist ihre Leistung sehr beschränkt, so daß größere Absorberflächen erforderlich sind. Kosten ca. 100···200 DM/m$^2$ Kollektorfläche (ohne Installation). Jährlicher Wärmegewinn ca. 200···250 kWh/m$^2$a.

Bei *Abdeckung der Wasserfläche* in Zeiten der Nichtbenutzung, was auf jeden Fall vorgesehen werden sollte, genügt etwa die Hälfte der Kollektorfläche, also 1 m$^2$ Kollektorfläche je m$^2$ Wasserfläche. Weitere Ersparnisse erreicht man durch Wärmerückgewinnung mit Wärmeaustauschern für das Filter-Spülwasser. Auf diese Weise kann man sehr günstige Wärmeverbrauchszahlen erzielen. Die *Investitionskosten* sind allerdings sehr groß, ca. 1000 DM je m$^2$ Kollektor, so daß die sich daraus ergebenden hohen jährlichen Kapitalkosten oft den Einbau von Kollektoranlagen verhindern.

Große Versuchsanlage in Wiehl (bei Köln) mit 1500 m$^2$ Kollektorfläche[1]). Ersparnis an Primärenergie im Sommer etwa 65%. Hier ist auch eine *Duschwasser-Erwärmungsanlage* eingebaut, deren Wärmeverbrauch im Sommer zu etwa 30% von der Sonne geliefert wird. Eine weitere Großanlage mit 2250 m$^2$ in Ahaus, davon 1750 m$^2$ mit Glasabdekkung und 500 m$^2$ ohne Abdeckung.[2])

### -244 Heizung und Kühlung[3])

In sonnenreichen Gegenden ist es in Verbindung mit einer Absorptions-Kältemaschine möglich, die Sonnenenergie sowohl zur *Heizung* als auch zur *Kühlung* zu verwenden.

Beispiel Bild 225-115. Das im Kollektor bis auf etwa 80 bis 100 °C erwärmte und im Speicher gesammelte Wasser wird entweder direkt zur Heizung verwendet oder nach Umschaltung in den Austreiber einer *Absorptionskältemaschine* geleitet, wo es zur Erzeugung von Kaltwasser dient. Diese Maschinen, die bisher zum Betrieb Heizmitteltemperaturen von etwa 120 °C benötigten, können neuerdings bereits auch mit Temperaturen von 70···90 °C betrieben werden. Der Wärmeverbrauch beträgt dann etwa je kW Kälteleistung

bei 90 °C···1,5 kW
bei 70 °C···2,0 kW.

Diese Art der Kühlung durch Sonnenenergie ist besonders zweckmäßig und dürfte in Zukunft zweifellos größere Bedeutung erreichen. Schwierigkeiten bereitet allerdings häufig die Kühlwasserbeschaffung. Je kW Kälteleistung werden etwa 0,3···0,4 m$^3$/h Wasser verbraucht.

---

[1]) Frühauf, H.-J.: IKZ 3/77, 6 S. u. ETA Mai 81. S. A 139/48.
Biasin, K.: TAB 10/81. S. 839/46.
[2]) Solar + Wärmetechnik 4/82 und SHT 1/83. S. 8/9. Ferner TAB 6/85.
[3]) Reinmuth, F.: HR 5/79. 5 S.
Podesser, E.: Ki 1/82. S. 29/32.

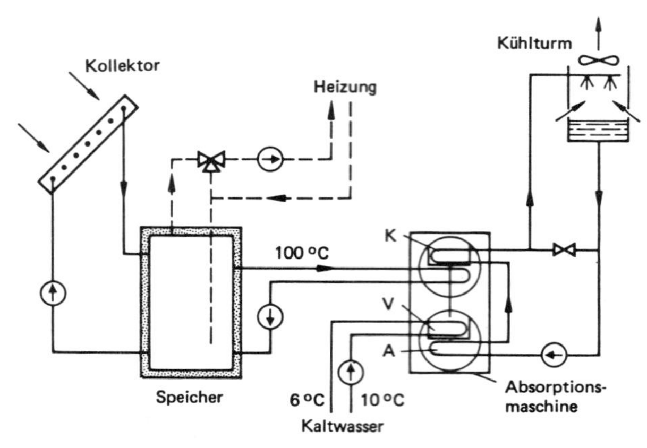


Bild 225-115. Sonnenenergieanlage für Heizung und Kühlung.
K = Kondensator, V = Verdampfer, A = Absorber

## -3 HEIZUNG MIT ATOMENERGIE[1])

Die Energiegewinnung aus Atomen beruht auf der *Spaltung von Atomkernen* (Uran und Plutonium) in den Reaktoren. Der Reaktor ist der Wärmeaustauscher, in dem die durch den Spaltprozeß erzeugte Wärme an Wärmeträger (Kohlendioxid, Wasser, Natrium u.a.) übertragen wird. Die verschiedenen Bauarten unterscheiden sich durch die Art der Brennstoffe, Moderatoren, Absorptionsstoffe, Wärmeträger usw. Schema zweier Leichtwasser-Reaktoren siehe Bild 225-120.

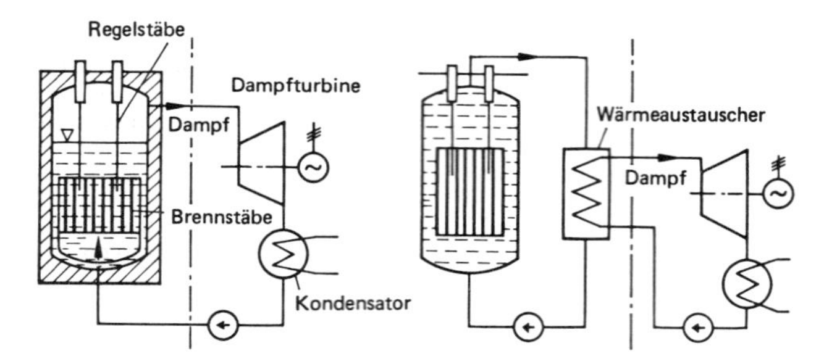


Bild 225-120. Schema von Leichtwasserreaktoren.
Links: Siedewasserreaktor; rechts: Druckwasserreaktor

Außer Dampfkraft kann in den Kernreaktoren natürlich auch Heizwärme und Prozeßwärme erzeugt werden. Kosten der Werke sind in den letzten Jahren infolge gesetzlicher Bestimmungen erheblich gestiegen und liegen dadurch höher als bei den konventionellen Kraftwerken, etwa 1500···2000 DM/kW, jedoch sind die Brennstoffkosten wesentlich geringer als bei konventionellen Kraftwerken.

Bessere Energieausbeutung des Urans ist durch *schnellen Brütertechnologie* möglich. Hier gibt es jedoch noch Probleme bei der Wiederaufbereitung und Plutoniumwirtschaft.

[1]) Zoller, P.: Fernwärmeversorgung durch Heizreaktoren, Verlag TÜV Rheinland, Köln 1985.

# 23 BESTANDTEILE DER HEIZUNGSANLAGEN

## 231 Heizkessel ohne Brauchwassererwärmer[1])

Überarbeitet von Dipl.-Ing. G. Böhm, Allendorf

### -1 ALLGEMEINES

Während praktisch bis zur Einführung der Ölfeuerung in Deutschland um 1955 bis 1960 fast nur gußeiserne Glieder-Heizkessel im Heizungsbau anzutreffen waren, hat der Heizkesselbau in den letzten Jahren eine Entwicklung genommen, die insbesondere durch die *Energiesituation* beeinflußt wird. Der gegenwärtige Stand im Heizkesselbau läßt sich etwa wie folgt skizzieren:

1. Durch die Verteuerung aller für die Zentralheizungstechnik zur Anwendung kommender Brennstoffe ist der heutige Heizkesselbau geprägt durch konstruktive Maßnahmen, die eine Verringerung der Abgas-, Strahlungs- und Betriebsbereitschaftsverluste und damit geringeren Energieeinsatz zur Folge haben.
2. Diese Bestrebungen führen mehr und mehr zur Konstruktion und Anwendung von *„Spezialheizkesseln“*, die jeweils speziell ausgerüstet sind für die Verfeuerung von flüssigen, gasförmigen oder festen Brennstoffen. Sofern von Anlagen-Betreibern – insbesondere für Heizanlagen in Ein- und Zweifamilienhäusern – die wahlweise Verfeuerung flüssiger bzw. gasförmiger Brennstoffe und fester Brennstoffe vorgenommen wird oder werden soll, werden für die jeweiligen Brennstoffe spezielle Konstruktionen installiert, um die Wirtschaftlichkeit für jeden Brennstoff zu verbessern. Für kleine Leistungen werden *„Units“* (Baueinheiten Kessel-Brenner-Regelung) zunehmend produziert.
3. Um den *Jahresnutzungsgrad* von Zentralheizungsanlagen zu verbessern, werden zunehmend Heizkessel mit gleitender Kesselwassertemperatur – sogenannte *Niedertemperaturheizkessel* – derzeit bis zu einer Leistung von etwa 6000 kW eingesetzt. Kessel mit noch größerer Leistung sind in Vorbereitung. Niedertemperaturheizkessel sind solche Wärmeerzeuger, deren max. Kesselwasserbetriebstemperatur 75 °C beträgt und die in Abhängigkeit der Außentemperaturen bis auf 40 °C oder tiefer gefahren werden, ohne daß Schaden durch Kondensatbildung auftritt (s. HeizAnlVO, 24.2.82).
4. Es werden Kessel – hauptsächlich Gaskessel – mit extrem geringen Abgastemperaturen zur teilweisen *Kondensation* der Heizgase im Wärmeerzeuger selbst oder in einem nachgeschalteten Abgaswärmeaustauscher hergestellt *(Brennwertkessel, Hochwirkungsgradkessel)*. Dadurch wesentliche Verringerung der Abgasverluste.
5. Die zentrale Brauchwassererwärmung erfolgt überwiegend durch typenmäßige Zuordnung von Speicher-Brauchwassererwärmern über, unter oder neben Heizkesseln. Durch entsprechende Brauchwasservorrangschaltungen konnte der Jahresnutzungsgrad der Brauchwassererwärmung wesentlich gesteigert werden.
6. Es werden auch Heizkessel in sogenannten *bivalenten Systemen* mit Wärmepumpen, Heizwasserspeichern und solarer Brauchwassererwärmung angeboten. Die Systeme besitzen im Regelfall auch vorfabrizierte und montageleichte Steuer- und Regelsysteme mit Teiloptimierung.

Neben der Weiterentwicklung der Komponenten (Brenner, Kessel, Regelung) findet die Optimierung des Gesamtsystems immer mehr Beachtung. Hierbei eröffnet die Regelung durch *Mikroprozessor* neue Möglichkeiten zur Selbstoptimierung und -kontrolle.

*Gesetzliche Vorschriften*[2])

Für alle Kessel, gleichgültig, ob sie Dampf oder Heißwasser über 100 °C erzeugen, gilt die sogenannte *„Dampfkesselverordnung“*[3]), die am 27.2.1980 von der Bundesregierung erlassen wurde und allgemeine Anforderungen enthält, insbesondere Rechtsnormen über Errichtung und Betrieb von Dampfkesselanlagen einschl. Heißwasseranlagen, all-

---

[1]) Schmitz, H.: HLH 10/79. S. 371/5 und HR 12/84. S. 628/31.
Ermeler, W.: Feuerungstechn. 2/81. S. 8
Bach, H.: Ges.-Ing. 1/85. S. 2/6.
Thiel, G. H.: HLH 6/87. S. 271 ff.

[2]) Laska, L., u. A. Schumacher: BWK 1980. S. 231/41.

[3]) Bundesgesetzblatt Teil I Nr. 8. S. 173/253.

gemeine Vorschriften, Angaben über das Erlaubnisverfahren, die Bauartzulassung, die Prüfung u.a. Dazu gehören ferner die „Allgemeinen Verwaltungsvorschriften" und die *„Technischen Regeln für Dampfkessel"* (TRD). Diese enthalten den Stand der *sicherheitstechnischen Anforderungen* an Werkstoffe, Berechnung, Aufstellung, Prüfung, Betrieb usw. Sie werden vom *„Deutschen Dampfkessel- und Druckgefäß-Ausschuß"* (DDA) aufgestellt und laufend dem Stand der Technik angepaßt. In einzelnen Blättern behandeln sie bestimmte Teilgebiete, z.B. Werkstoffe oder Kesselarten wie Niederdruckdampfkessel u.a. Die TRD beziehen sich weitgehend auf DIN-Normen, die demnach verbindlich gelten und als Regeln der Technik anzusehen sind. Siehe nachstehende Übersicht.

*Heizkessel*

Grundlage der deutschen *Heizkesselnormung* ist DIN 4702, mehrere Teile, worin als Folge der Energieeinspargesetze wichtige Vorschriften über Wirkungsgrade, Abgastemperaturen, Betriebsbereitschaftsverluste, Emissionen, Dichtheit, Wärmedämmung, Prüfung u.a. enthalten sind.

Europäische Regeln als „CEN HEATING BOILER CODE" in Vorbereitung (CEN-TK 57). Ein 6teiliger European Heating Boiler Code soll später die nationalen Normen ablösen.

Heizkessel mit *Brauchwasserspeicher* oder Durchlauferhitzer siehe Abschn. 431.

Internationale *„Prüfregeln"* für Heizkessel sind bei der ISO in Vorbereitung (ISO/TC 116/SC 2).

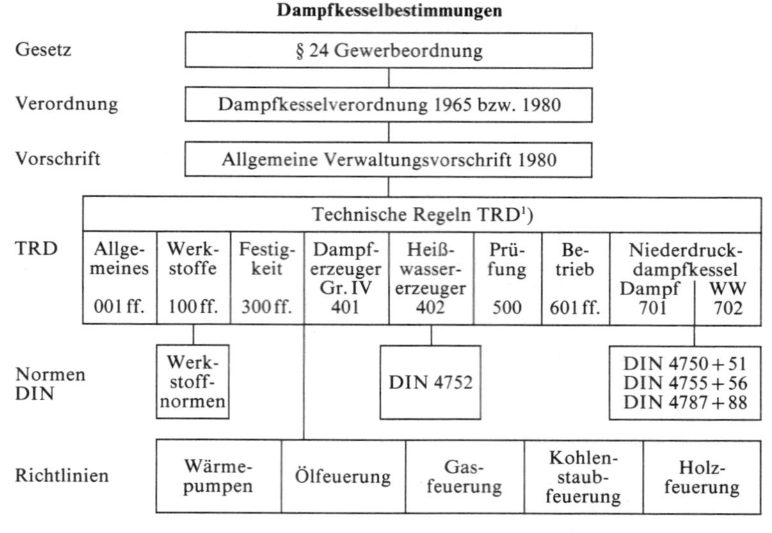


*Hochdruckdampfkessel*

Hochdruckdampfkessel und Hochdruckheißwassererzeuger benötigen in der Regel nach TRD 601, Blatt 1 und 2 (6. 83 u. 9. 86) Beaufsichtigung durch Kesselwärter. Um die dadurch entstehenden Kosten zu verringern, sind jedoch unter bestimmten Voraussetzungen auch Erleichterungen möglich. Diese beziehen sich in allen Fällen auf zusätzliche Sicherheitseinrichtungen und Prüfvorschriften. Kessel mit automatischer Befeuerung erfüllen meist die Forderungen, so daß nur Zusatzteile erforderlich sind. Allgemeine *Forderungen* sind u.a.:

regelbare Feuerungen wie Gas, Öl, elektrischer Strom
Sicherheitsbegrenzer für Temperatur bzw. Druck
Wasserstandsregler
regelmäßige Wartung und Prüfung

[1]) Carl Heymanns Verl. Köln 1, Gereonstr. 18–32.

Folgende *Betriebsweisen* sind möglich:

1. *Eingeschränkte Beaufsichtigung* nach TRD 602, Blatt 1 und 2 (5.82). Kesselwärter kann sich auch an anderen Orten auf dem Firmengelände aufhalten, muß jedoch alle zwei Stunden die Anlage prüfen, wofür eine Zeitkontrolleinrichtung vorhanden ist.
2. *Zeitweiliger Betrieb* mit herabgesetztem Druck < 1,0 bar bzw. 120 °C, z. B. nachts oder an Wochenenden, nach TRD 603, Blatt 1 und 2 (7.81). Beaufsichtigung nur während des Hochdruckbetriebes notwendig.
3. Betrieb ohne ständige Beaufsichtigung *(BOB-Anlagen)* nach TRD 604, Blatt 2 (9.86). Kesselwärter muß alle 24 Stunden bestimmte Prüfungen durchführen (Betriebsbuch), er braucht sich in der Zwischenzeit nicht auf dem Firmengelände aufzuhalten.

An allen Hochdruckdampfkesseln müssen vor der Inbetriebnahme eine große Anzahl verschiedener *Prüfungen* vorgenommen werden.

Bei der Planung von Kesselanlagen ist auch zu beachten, daß seit der Verabschiedung des *Bundes-Immissionsschutzgesetzes* und der dazugehörigen Verwaltungsvorschrift „Technische Anleitung zur Reinhaltung der Luft“ *(TA Luft)* von den Baubehörden zahlreiche Verordnungen, Richtlinien und Vorschriften erlassen wurden. Sie beziehen sich auf Brennstoffe, Schornsteinhöhen, Kesselwirkungsgrade, $SO_2$-Gehalt und vieles andere. Siehe Abschnitt 19: Umweltschutz.

*Einteilung der Wärmeerzeuger für Zentralheizungsanlagen*

nach dem *Werkstoff:*

gußeiserne Heizkessel, stählerne Heizkessel, Edelstahlheizkessel

nach dem *Betriebsüberdruck:*

Niederdruckkessel (< 1,0 bar Überdruck bzw. < 120 °C) und Hochdruckkessel (> 1,0 bar bzw. > 120 °C)

nach der *Bauart:*

Spezialkessel für Öl, Gas, feste Brennstoffe oder elektrischen Strom;
Umstellbrandkessel, bei denen für den Betrieb mit anderen Brennstoffen ein Umbau der Feuerungseinrichtung erforderlich ist;
Wechselbrandkessel mit 1 oder 2 Feuerräumen, bei denen kein Umbau der Feuerungseinrichtung erforderlich ist
Kesselkombinationen (Doppelkessel) = Baueinheiten von Öl/Gas- und Festbrennstoffkesseln

nach dem *Brennstoff:*

für flüssige, gasförmige, feste Brennstoffe, für Elektrobeheizung

nach dem *Wärmeträger:*

Warmwasserkessel für Temperaturen bis 120 °C
Heißwasserkessel für Temperaturen > 120 °C
Dampfkessel für Niederdruck- und Hochdruckdampf
Heißöl- bzw. Thermoölkessel

nach der *Abgasführung:*

bei Öl- und Gasfeuerung: Zweizug, Dreizug, Teilstrom, Umkehrzug und Kombinationen;
bei festen Brennstoffen: Oberabbrand und Unterabbrand;

nach der *Abgastemperatur*

ohne oder mit Kondensation (Brennwert)

nach der *Brennstoff-/Luftzuführung*

bei Gasfeuerung ohne und mit Gebläse
bei Ölfeuerung mit Verdampfungs- oder Zerstäubungsbrennern

nach dem *Feuerraumdruck:*

Naturzugkessel und Überdruckkessel

nach der Art der *Brauchwassererwärmung:*

Heizkessel mit Speicher-Brauchwassererwärmer und Heizkessel mit Durchfluß-Brauchwassererwärmer.

## -2 HEIZKESSEL FÜR FESTE BRENNSTOFFE[1])

Die *Marktbedeutung* dieser Kessel ist infolge des Angebots von Heizöl und Gas sehr zurückgegangen, da sie viel Bedienung erfordern. Wegen der langfristig gesehen besseren Verfügbarkeit von Kohle im Vergleich zu Gas und Öl (Bild 181-4) verdienen diese Kessel weiterhin Beachtung.

### -21 Gußeiserne Gliederkessel

In kleinen und mittleren Heizungsanlagen bis etwa 600 kW Leistung wurden in Deutschland früher meist gußeiserne Gliederkessel mit festen Brennstoffen zur Wärmeerzeugung verwendet. Die ersten Kessel dieser Art wurden durch *Strebel* erstmals 1893 serienmäßig in Deutschland gefertigt. Sie bestehen aus einer mehr oder weniger großen Anzahl von Mittelgliedern, durch deren Zusammensetzung unter Hinzufügung von Vorder- und Endgliedern Heizkessel verschiedener Größe entstehen (Bild 231-1). Im Prinzip werden diese Kessel auch heute noch so gebaut.

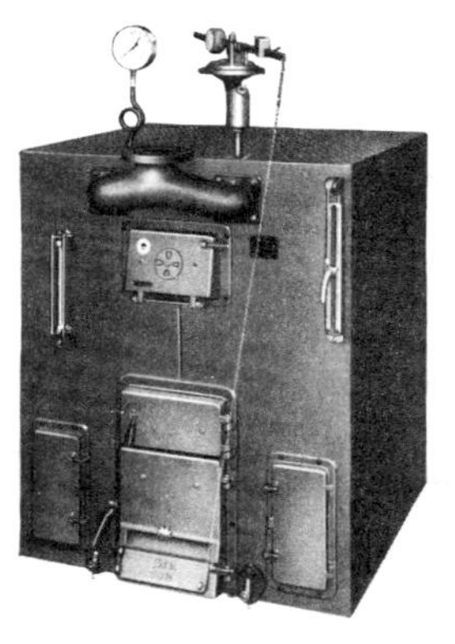

Bild 231-1. Gußeiserner Niederdruckdampf-Gliederkessel älterer Bauart für Koksfeuerung mit unterem Abbrand und wassergekühltem Rost.
Links: Vorderansicht; rechts: Innenansicht

*Merkmale* der Heizkessel sind:

Große Betriebssicherheit, geringe äußere und innere Korrosionsgefahr
Mögliche Vergrößerung der Heizkesselleistung durch Ansetzen weiterer Glieder.

Die einzelnen Glieder sind Hohlkörper, auf deren Innenseite sich das Heizwasser oder der Dampf befinden, während an der Außenseite die Rauchgase entlangströmen. Durch ihre Aneinanderreihung entstehen der sich auf die ganze Länge des Kessels erstreckende Rost, der Füllschacht zur Aufnahme des Brennstoffes, die Abgaswege, der Abgassammelkanal und der Aschfallraum, während das Vorderglied Fülltür und Aschentür und das Endglied den Anschluß an Fuchs oder Abgasrohr enthalten. Zusammenbau der einzelnen Glieder mittels doppelt konischer Kesselnippel und Zuganker. Heizgasseitige Abdichtung durch Dichtleisten mit Zusatz von Kesselkitt bzw. Dichtschnüren. Ausführung meist symmetrisch. Bei großen Kesseln Teilung der Glieder in zwei Halbglieder mit Beschickung von oben.

Die *Niederdruckdampfkessel* wurden früher wie die Wasserkessel gebaut, wobei sich im oberen Teil der Dampfraum befand. Bei mit intermittierender Feuerung betriebenen ND-Heizkesseln traten hierbei jedoch Korrosionen im Dampfraum auf, die infolge der Stillstandszeiten durch die Einwirkung von Feuchte, Salzen und Sauerstoff schnell zur Zerstörung der Heizkessel führten. Heute werden ND-Heizkessel immer mit einer *Obertrommel* ausgerüstet, in der sich der Dampf sammelt (Bild 231-2).

[1]) Test Nr. 6/84. S. 92/5.

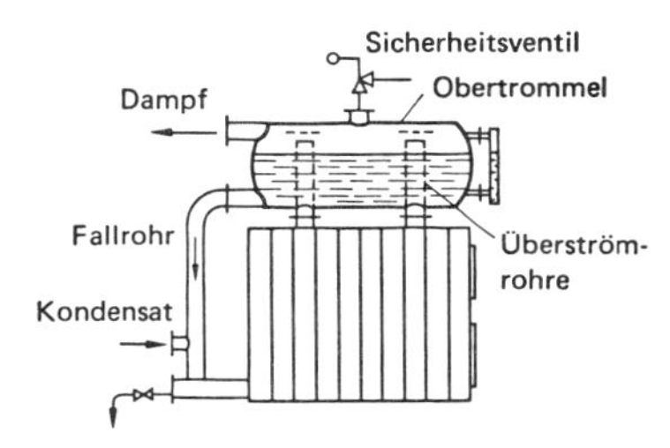


Bild 231-2. Gußeiserner Niederdruckdampfkessel mit Obertrommel.
Links: Ansicht; rechts: Schema

Normale Bauarten bis 4 bar Überdruck, für höhere Drücke Spezialausführungen (Hochhausmodelle) bis etwa 5···6 bar Überdruck.

Als *Umstellbrandkessel,* die sowohl mit festem Brennstoff wie mit Öl oder Gas beheizt werden, werden sie jedoch weiterhin gebaut (s. Abschn. 231-43). Sie können jedoch nicht die Nutzungsgrade der Spezialkessel erreichen.

Ein Beispiel ist der gußeiserne Gliederkessel in Bild 231-103. Es ist ein *Zweizugkessel,* wobei die Heizgase aus dem Verbrennungsraum nach oben in den linken und rechten Kanal des 1. Zuges nach vorn strömen und dann an der Fronttür in den zentralen 2. Zug umgelenkt werden. Bei Ölfeuerung wird der Feuerraum durch einen halbrunden eingelegten Zwischenboden verkleinert, um bessere Verhältnisse für die Verbrennung zu schaffen. Noch besser ist die Ausführung als *Doppelkessel* mit getrennten Feuerungsräumen für festen und flüssigen/gasförmigen Brennstoff.

## -22 Stahlheizkessel[1])

### -221 Allgemeines

Stahlheizkessel werden bereits seit langer Zeit, namentlich in Form der sogenannten *Quersieder- und Ringglieder-Kessel,* gebaut. In der Hauptsache wurden diese Kessel allerdings früher für gewerbliche Betriebe verwendet, besonders, wenn für Fabrikationszwecke auch Dampf höherer Drücke benötigt wurde. Sie werden, vielfach verbessert, auch heute noch gebaut, allerdings in geringerem Umfang.

Später sind jedoch für den Heizungsbau zahlreiche neue Konstruktionen auf den Markt gekommen, bei denen eine mehr oder weniger radikale Abwandlung von den ursprünglichen Bauarten vorgenommen wurde. Verursacht wurde diese Entwicklung einerseits durch das schnelle Vordringen der Öl- und Gasfeuerung in den sechziger Jahren, andererseits durch die weite Verbreitung der Heißwasserheizungen in Hochhäusern. Für diese Anlagen werden z.T. hohe Temperaturen bzw. hohe Drücke verlangt.

*Vorteile* der Stahlheizkessel gegenüber den Gußkesseln:

- geringes Leistungsgewicht;
- optimale Brennraumgeometrie;
- Reparaturmöglichkeit durch Schweißen;
- Eignung für hohe Drücke und Temperaturen, höhere Heizflächenbelastung;
- große Leistung je Einheit, bis etwa 15 MW und darüber.

*Nachteile:*

- Größere Korrosionsgefahr;
- keine Möglichkeit der Kesselvergrößerung durch zusätzliche Glieder;
- Transportschwierigkeiten bei großen Einheiten.

Bei Großheizungen werden die aus den Flammrohr-Kesseln entwickelten *Flammrohr-Rauchrohr-Kessel* verwendet oder bei noch größeren Leistungen die aus dem Kraftwerksbau entwickelten *Hochdruckkessel,* die jedoch ein besonderes Kesselhaus benötigen.

[1]) Holler, K.-F.: HLH 10/79. S. 376/80.
Fritsch, H.: Wärmetechnik 11/85. S. 414ff.

Hersteller von Stahlheizkesseln sind im „Stahlheizkessel-Verband" organisiert, der u. a. ein Gütezeichen für Stahlheizkessel eingeführt hat (RAL-RG 610). Die hiernach durchgeführten Prüfungen beziehen sich nicht nur auf die in Normen festgesetzten Mindestanforderungen (z. B. DIN 4702 u. 4753), sondern auch auf zusätzliche Forderungen wie höhere Wirkungsgrade, Korrosionsschutz, Bedienbarkeit u. a.

Um die *Taupunktkorrosion* zu vermeiden, werden in vermehrtem Umfang Edelstahl oder beschichteter Stahl verwendet. Dabei sind auch geringere Temperaturen im Kesselkreislauf zulässig: *Niedertemperaturkessel.*[1]) (Siehe Abschn. 231-433.)

### -222 Kleine und mittelgroße Stahlheizkessel

Diese Kessel arbeiten meist ähnlich den eisernen Öfen mit Füllschacht und unterem oder oberen Abbrand. In der Regel haben sie steigende Züge, um mit niedrigem Schornsteinzug auszukommen.

Bild 231-6 zeigt einen derartigen Heizkessel mit *unterem Abbrand,* der mit Kohle oder Koks befeuert werden kann. Die Heizgaszüge oberhalb des Feuerraums können von vorn gereinigt werden. Leistung 18 bis 42 kW. Verbrennung von Holz, Torf oder Braunkohlenbriketts ist weniger günstig, da sich Schwelgase bilden und Flugasche in den Heizgaszügen sich absetzt. Daher sind bei diesen Brennstoffen besondere Zusatzeinrichtungen erforderlich, wie Zweitluftzufuhr, Schwelgasabsaugung u. a.

Der Kessel in Bild 231-7 hat *oberen Abbrand.* Die Heizzüge bestehen hier aus großflächigen Platten mit glatter Oberfläche im hinteren Teil des Feuerraums. Während der Anheizphase werden die Heizgase über eine Beipaßklappe direkt in den Schornstein abgeleitet.

*Ringgliederkessel* bestehen aus mehreren konzentrischen wasserführenden Doppelzylindern mit in der Mitte befindlichem Füllschacht für obere Beschickung und unteren Abbrand. Bild 231-8.

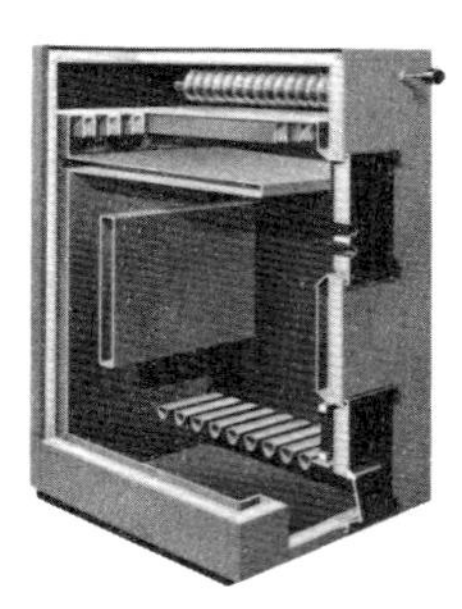

Bild 231-6. Stahlheizkessel mit unterem Abbrand (Viessmann-Longola).

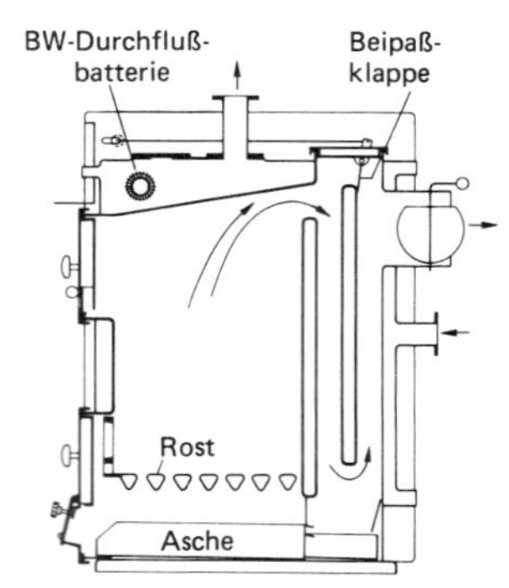


Bild 231-7. Stahlheizkessel mit oberem Abbrand (Interdomo-Domotherm HK).

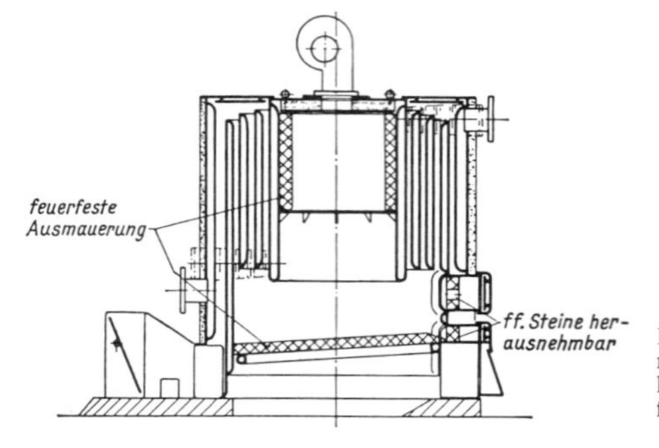


Bild 231-8. Ringgliederheizkessel mit oberem Brennereinbau, auch lieferbar kombiniert für Holz/Öl-feuerung.

[1]) Schmitz, H.: HR 10/81. S. 619/628.

Die meisten der genannten Heizkessel sind so konstruiert, daß sie auch mit Öl- oder Gasbrennern ausgerüstet werden können *(Umstellbrandheizkessel)*. S. Abschn. 231-431.

**-223 Zweikammerheizkessel**

Die Sorge um die Verfügbarkeit von Brennstoffen führte dazu, daß Zweikammerkessel *(Doppelkessel)* gebaut werden, in denen einerseits Öl oder Gas, andererseits feste Brennstoffe wie Kohle oder Holz verbrannt werden können. In der Regel werden dabei zwei getrennte Brennkammern mit gemeinsamen oder getrennten Nachheizflächen verwendet (Bild 231-10).

Feuerungstechnisch ist es zweifellos besser, getrennte Nachheizflächen einzubauen, da jeder Verbrennungsvorgang dabei mit bestem Wirkungsgrad betrieben werden kann. Noch besser ist es aus Gründen des Brennstoffverbrauchs, zwei getrennte Kessel aufzustellen, einen für Öl- bzw. Gasfeuerung, einen weiteren für feste Brennstoffe.[1]) Derartige Kessel werden in letzter Zeit häufiger hergestellt. Sie gestatten dem Benutzer, die Brennstoffe im jeweiligen Spezialkessel zu verbrennen. Zu beachten ist, daß sich bei festen Brennstoffen, besonders Holz, Ruß und Teer an den Heizflächen ablagert, so daß häufige Reinigung erforderlich ist.

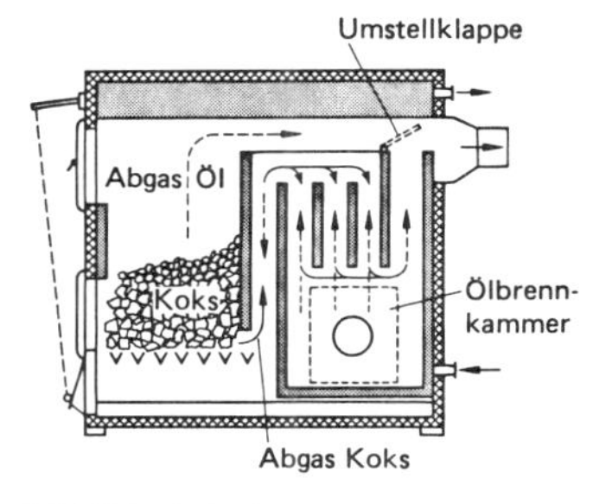


Bild 231-10. Stählerner Wechselbrandkessel mit 2 Brennkammern.

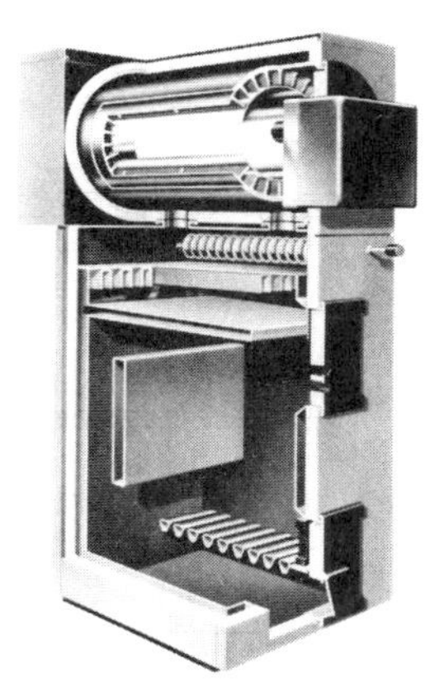

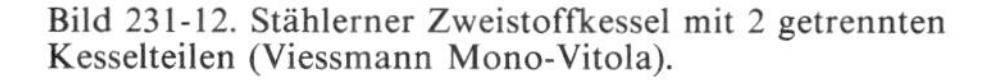

Bild 231-12. Stählerner Zweistoffkessel mit 2 getrennten Kesselteilen (Viessmann Mono-Vitola).

Der Kessel nach Bild 231-12 besteht aus 2 aufeinandergesetzten Kesselteilen mit getrennten Heizgaszügen. Unten der Kessel für feste Brennstoffe, oben der Öl/Gas-Kessel. Der Feststoffkessel bleibt kalt, wenn der Brenner in Betrieb ist.

**-224 Automatische Heizkessel**[2])

Nach den Preissteigerungen für Heizöl und Erdgas in den letzten Jahren konnten die festen Brennstoffe, die lange Zeit nicht mehr konkurrenzfähig waren, wieder langsam an Boden gewinnen. Die Industrie liefert heute Heizkessel für Brennstoffe, die mit automatischer Feuerung und Aschebeseitigung ausgerüstet werden, so daß die Wartung auf ein Minimum begrenzt ist.

In der Hauptsache werden die Kessel als sog. *Füllschachtkessel* angeboten, bei denen der Brennstoff durch Schwerkraft auf den Rost fällt und dort verbrennt. Die Verbrennungsluft wird durch einen Ventilator gefördert. Die Entfernung der Asche und Schlacke erfolgt mechanisch durch Stößel oder Schieber, bei großen Anlagen mit einer Transportschnecke o.ä. in den Aschebehälter (Bild 231-17).

Der *Brennstoff*, hauptsächlich Brechkoks 3, 4, Anthrazit und Gasflammkohle, wird aus dem Bunker durch Förderspiralen, Rohrketten oder pneumatisch selbsttätig dem Kessel zugeführt *(Stoker)*.

---

[1]) Lorenz, W.: TAB 2/82. S. 117/21.
[2]) Fritsch, W.: Oel + Gasfg. 9/80. 7 S.
Mingels, H.: HR 10/80. S. 504/11.
Michalcea, R.: SHT 3/83. S. 299/301, u. 4/83. S. 391/6.
Holler, K. F.: TAB 5/84. S. 389/92.

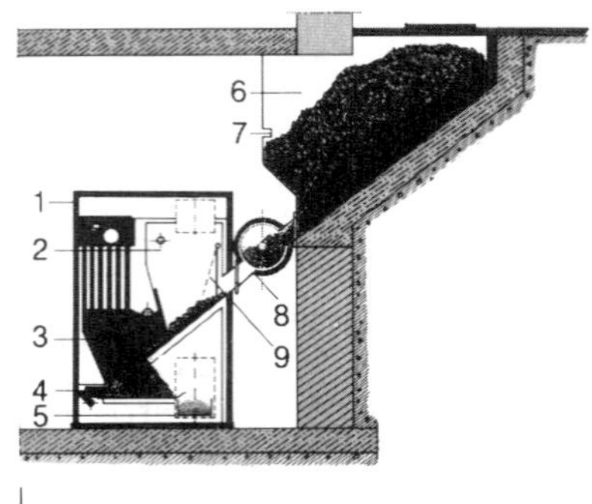


Bild 231-17. Mechanische Feuerung für einen automatischen Anthrazit-Heizkessel 20 bis 90 kW (Preussag).

1 = Kessel, 2 = Füllschacht, 3 = Feuerung, 4 = Ascheschieber, 5 = Aschebehälter, 6 = Vorratsbehälter, 7 = Sichtfenster, 8 = Brennstoffschleuse, 9 = Füllstandsanzeiger

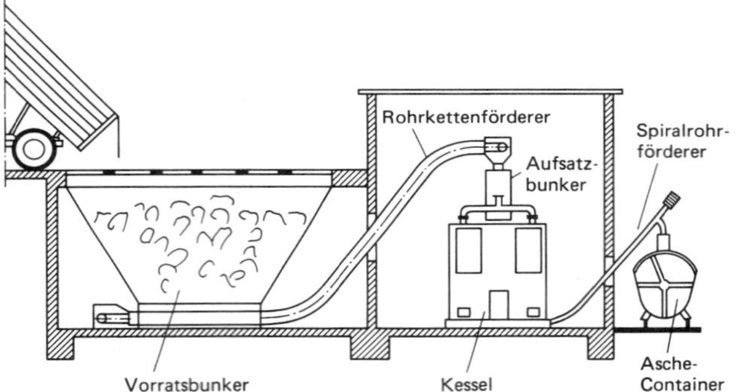


Bild 231-18. Füllschachtkessel mit automatischer Beschickung und Schlackeabführung.

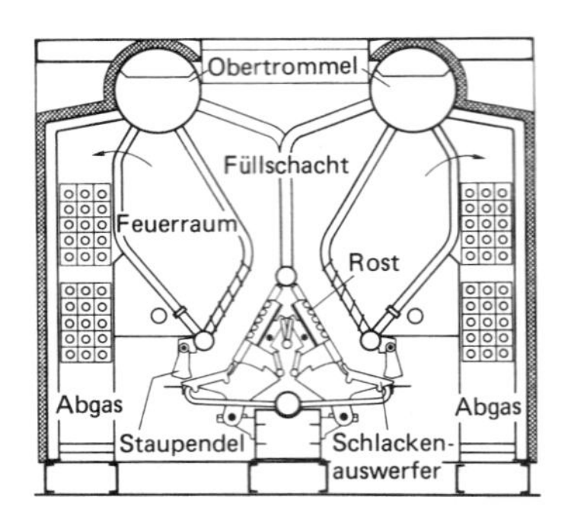


Bild 231-19. Wasserrohrkessel für Kohlefeuerung (Buderus-Omega).

Auf diese Weise wird ein Feuerungsbetrieb erreicht, der dem Öl- und Gasheizbetrieb nahekommt. Wichtig ist, daß der Kessel auch bei Minimallast von z. B. 15% in Betrieb bleibt, ohne daß das Feuer erlischt.

Automatischer Betrieb in Abhängigkeit von der Heizkessel- bzw. Raum- oder Außentemperatur ab etwa 100 kW möglich.

Bei dem Füllschachtkessel nach Bild 231-18 wird die Kohle durch eine Rohrkette aus dem Bunker selbsttätig in den Vorratsbehälter des Kessels gefördert, während die Asche in einen Behälter ausgebracht wird.

Der *Omega-Kessel* (Bild 231-19) besteht aus zwei symmetrischen durch Sammler verbundenen Teilen mit längsliegender Obertrommel und mit Rippenrohr-Nachschaltheizflächen. Zwischen beiden Hälften der Füllschacht mit Sattelrost und Entschlackungseinrichtung. Regelung der Leistung durch Steuerung der Verbrennungsluftmenge und Abgasdrosseln. Automatische Entschlackung in Zeitintervallen abhängig von der Kesselleistung. Kessel sind umstellbar auf Öl- oder Gasfeuerung. Dafür Ausbau des Rostes und Einbau eines Brenners. Leistungen 0,7···11,6 MW.

Infolge der höheren Herstellungskosten sind alle diese Bauarten von Füllschachtkesseln teurer als öl- oder gasbefeuerte Kessel. Als Vorteil kann der gegenwärtig günstige Preis der festen Brennstoffe angesehen werden.

## -23 Feuerungen und Brennstoffe

Bei der Feuerung mit festen Brennstoffen (Koks, Kohle und Briketts) unterscheidet man Oberabbrand und Unterabbrand.

Beim *Oberabbrand,* oder auch z.T. als Durchbrand bezeichnet (Bild 231-21), gerät die gesamte im Füllschacht eingefüllte Brennstoffmenge in Glut, und die Heizgase durchstreichen die ganze Brennstoffschicht. Glutschicht und Heizleistung veränderlich. Beschickung grundsätzlich von vorn.

Beim *Unterabbrand* (Bild 231-22) werden die Abgase durch seitliche Kanäle im unteren Teil des Füllschachtes abgeleitet. Im Füllschacht findet keine Verbrennung statt. Diese Art der Feuerung hat den Vorteil gleichbleibender Glutschicht und daher gleichbleibender Leistung mit hohem Wirkungsgrad, während Kessel mit Durchbrand stärker belastbar und schneller hochheizbar sind. Kleine Heizkessel bis etwa 50 kW haben meist Oberabbrand, mittlere und große Unterabbrand.

Bei unterem Abbrand auch Beschickung von oben, häufig mit Füllschachtverlängerung.

Gasreiche Brennstoffe, wie Rohbraunkohle, Braunkohlenbriketts sowie kleinstückige Brennstoffe, benötigen zur vollständigen Verbrennung Zuführung von *Zweitluft* (Oberluft), die unter Umgehung des Rostes durch schmale Kanäle oberhalb der Feuerung den Rauchgasen beigemengt wird (Bild 231-22c).

Die Rostausbildung ist je nach Brennstoffart und Stückgröße verschieden. Die günstigste Brennstoffsorte und Stückgröße wird von den Herstellern angegeben. Kleinere Heizkessel erhalten häufig zur Erleichterung der Bedienung mechanische *Entaschungseinrichtungen,* die durch einen Hebel betätigt werden.

Einen Heizkessel für Koksfeuerung im Leistungsbereich bis 50 kW zeigt Bild 231-24. Oberhalb des Feuerraums ein waagerechter Zug mit gußeisernen Rippen. Wassergekühlter Rost; umstellbar auf Öl- und Gasgebläsebrenner (Umstellbrandkessel).

Die meisten Feststoffkessel werden für *Koksfeuerung* mit Durchbrand oder Unterbrand gebaut; bei Koks als Brennstoff langer Dauerbrand möglich und Wartung am einfachsten (raucharme Verbrennung). Auch andere gasarme feste Brennstoffe wie Anthrazit und Magerkohle können in den meisten Heizkesseln verbrannt werden, jedoch muß der Brennstoff öfter und in kleineren Mengen aufgegeben werden (kleinere Schichthöhen), ferner Zufuhr von Oberluft durch Fülltür und öftere Reinigung der Heizgaszüge.

Die Leistung bei anderen Brennstoffarten und -körnungen muß im Einzelfall vom Hersteller angegeben werden. Wichtig für jede Verbrennung ist die richtige Korngröße. Je höher die Glutschicht $h$ bei Koks, desto größer die Körnung. Bei Kleinkesseln Körnung $\approx 0{,}1$ h, bei Großkesseln $\approx 0{,}2$ h.

In den *Heizkesseln für Kohle,* die sich von den Konstruktionen für Koks namentlich durch die regelbare Zweitluftzuführung, enge Rostspalten und niedere Brennschichthöhe unterscheiden, lassen sich Brennstoffe verschiedener Art verbrennen, außer Koks und Anthrazit nichtbackende Eß- und Flammkohle, Anthrazit-Eierbriketts, Braunkohlenbriketts, trockene stückige Braunkohle, Perlkoks. Backende Steinkohle ist nicht geeignet.

Anforderungen durch das Bundesimmissions-Schutzgesetz siehe Abschnitt 193.

*Umstellung auf Öl- und Gasbrenner.* Fast alle für feste Brennstoffe gebauten Heizkessel lassen sich auf Öl- oder Gasfeuerung umstellen. Die dafür erforderlichen Teile (Brennerplatte, Sicherheitsklappe usw.) werden von den Herstellern geliefert. Feuerraum muß im Regelfall mit Schamotte ausgekleidet werden. Eignung des Brenners prüfen.

Optimale Anpassung von Flamme und Brennraumgeometrie ist allerdings kaum möglich.

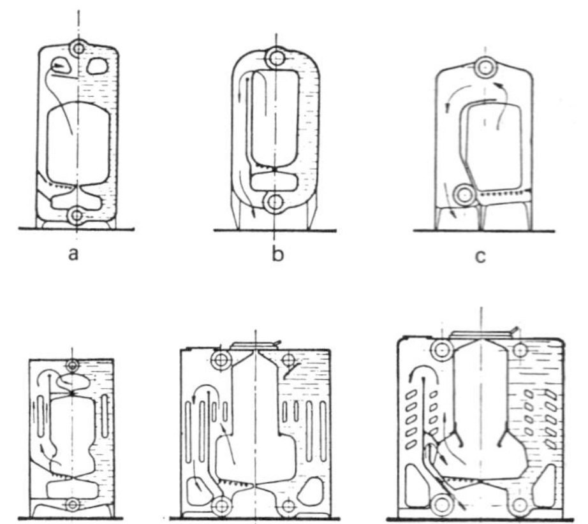


Bild 231-21. Gußeiserne Oberabbrand-Heizkessel für Koksfeuerung.
a) mit einfachem Zug,
b) mit doppeltem Zug,
c) unsymmetrische Bauart

Bild 231-22. Gußeiserne Unterabbrand-Kessel.
a) mit einfachem Zug,
b) mit doppeltem Zug,
c) mit Zweitluftzuführung für Kohle.

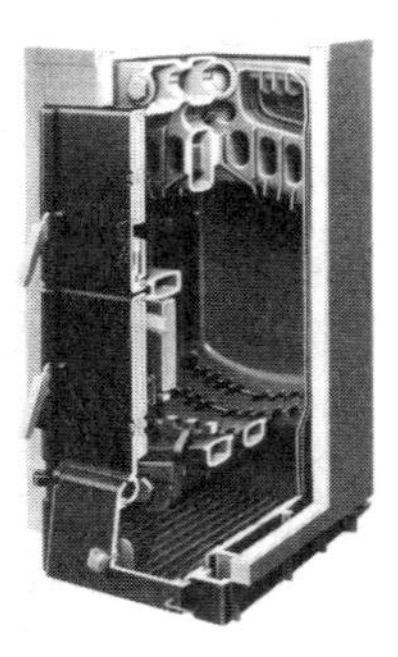

Bild 231-24. Heizkessel für Koks, umstellbar auf Öl- oder Gasfeuerung (Buderus 02.40).

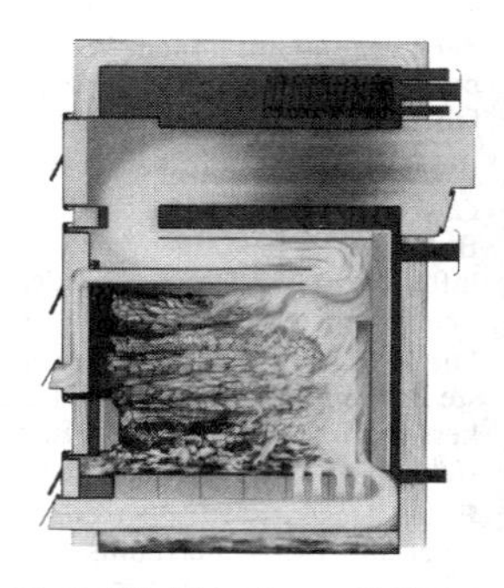

Bild 231-28. Stahlheizkessel zum Verbrennen von Scheitholz, 20–30 kW; Sekundärluftvorwärmung durch Anordnung des Strömungskanals als oberen Brennraumabschluß (Viessmann-Longola).

Für die Verbrennung von Holz, Stroh, Papier gibt es Sonderbauarten[1]). Begriffe und Anforderungen in DIN 4702 Teil 4 (E. 4.85). Die Brennstoffe stehen in sehr vielfältiger Form zur Verfügung, als Stücke, Schnitzel, Späne, Ballen u.a. Sie enthalten kaum Schadstoffe und sind daher umweltfreundlich. Da sie jedoch sehr gasreich sind, muß in den Kesseln auf vollständige und rauchfreie Verbrennung geachtet werden. Andernfalls ergeben sich hohe Emissionen von Qualm, Ruß, Gerüchen, die die Umgebung belästigen. Wichtig ist Vorwärmung der Zweitluft[2]).

Die Verbrennung kann sowohl in Oberbrand- wie Unterbrand-Kesseln erfolgen. Feuchtegehalt der Brennstoffe unter 20%.

Vorteilhaft ist der günstige Wärmepreis der Brennstoffe, je nach Art etwa 0,03–0,05 DM/kWh, etwa halb soviel wie bei Heizöl. Beispiel Bild 231-28.

## -24 Heizleistung

Früher waren für alle Heizkessel durchschnittliche, mittlere Heizflächenbelastungen und Heizflächengrößen angegeben, mit deren Hilfe die Leistung der Heizkessel be-

[1]) Marutzky, R., u. E. Schriever: IKZ 19 u. 23/85.
[2]) Schornsteinfegerhandwerk 4/86. S. 7ff.

stimmt wurde. Je nach Bauart und Brennstoff betrugen die zulässigen Belastungen 7 bis 14 kW/m². Heute ist die mittlere Heizflächenbelastung als Bewertungsmaßstab für Heizkessel nicht mehr zutreffend. Wichtiger ist gerade bei intermittierenden Feuerungen die Vermeidung von Lastspitzen und möglichst gleichmäßige thermische Beanspruchung. Die *mittlere spezifische Heizflächenbelastung* ist bei den neuen Konstruktionen bis auf 40 kW/m² und mehr gestiegen, wobei durch konstruktive Maßnahmen die Unterschiede zwischen maximaler und minimaler örtlicher Belastung geringer werden.

Die Heizkessel wurden dadurch wesentlich leichter und preisgünstiger.

DIN 4702 Teil 1 verlangt, daß der Kesselhersteller selbst nach einer Prüfung auf einem Prüfstand die Nennleistung angibt, wobei bestimmte Bedingungen erfüllt sein müssen, die in Zahlen und Diagrammen festgelegt sind.[1]) Dabei handelt es sich um folgende Größen (Bild 231-31):

*Kesselwirkungsgrad* je nach Kesselleistung 73···83%,

*Zugbedarf* 0,15···0,80 mbar,

*Staubemission* bei Kesseln über 22 kW und bei
automatischen Feuerungen < 300 mg/m³
handbeschickten Feuerungen < 150 mg/m³

*Brenndauer* bei Schwachlast
bei handbetätigten Feuerungen 12···16 Std.
bei automatischen Feuerungen 16···22 Std.

Brenndauer bei Nennlast 4½ Std.

*Abgastemperatur* 160 bis 300 °C je nach Brennstoff.

*Fassungsvermögen* des Ascheraumes bei Nennleistung 9 Stunden.

*Abgasverluste* 11···14%.

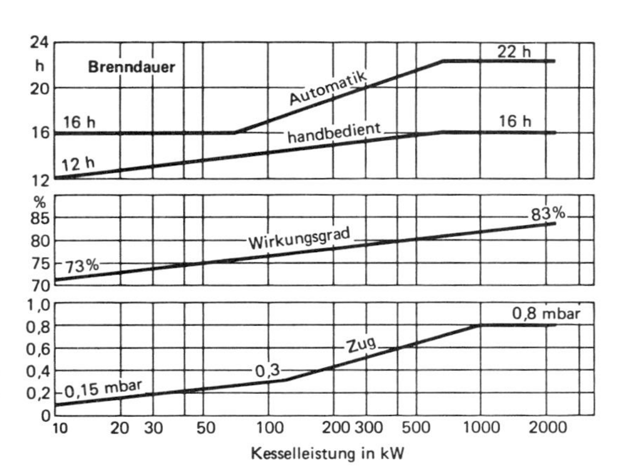


Bild 231-31. Anforderungen an Kessel für Koks u. Steinkohle.

Bei Umstell- und Wechselbrandkesseln sind die Anforderungen geringer. Bei Umstellung auf Koksfeuerung darf die Nennleistung nicht kleiner als 65% sein.

Die Erfüllung der Bedingungen muß durch Versuche auf besonderen Prüfständen nachgewiesen werden. Damit vergleichbare Ergebnisse erreicht werden, sind für die Durchführung der Versuche in DIN 4702 T. 2 (E. 4.85) Prüfregeln aufgestellt worden. Durchführung der Leistungsversuche durch neutrale Prüfstellen, Technische Überwachungsvereine sowie Werkprüfstellen in Verbindung mit dem Fachnormenausschuß Heiz- und Raumlufttechnik.

[1]) DIN 4702 (E. 4. 85) Heizkessel; T. 1: Begriffe, Prüfung. T. 2: Prüfregeln.

### -25 Sicherheitseinrichtungen (siehe auch Abschnitt 222-13)

#### -251 Warmwasserkessel

Um Überdrücke zu verhindern, muß jeder Heizkessel einer *offenen Warmwasserheizung* mit Temperaturen bis 110 °C nach DIN 4751 Teil 1 (11.62) durch eine Sicherheits-Vorlaufleitung und eine Sicherheits-Rücklaufleitung mit der Atmosphäre in Verbindung stehen.

Der lichte Durchmesser der Leitung muß mindestens

$d_{SR} = 15 + 0{,}93\sqrt{\dot{Q}}$ in mm, ($\dot{Q}$ = Kesselleistung in kW)

darf jedoch nicht kleiner als 25 mm sein (Tafel 231-4).

**Tafel 231-4. Durchmesser der Sicherheits-Vorlauf- und Rücklaufleitungen in Warmwasserheizungen (nach DIN 4751, Teil 1, 11.62)**

| Sicherheitsleistung Nennweite DN | bis zu einer Kesselleistung von kW | |
|---|---|---|
| | Sicherheits-Vorlaufleitung | Sicherheits-Rücklaufleitung |
| 25 | 58 | 116 |
| 32 | 151 | 337 |
| 40 | 326 | 733 |
| 50 | 640 | 1430 |
| 60 | 1046 | 2326 |
| 70 | 1628 | 3489 |
| 80 | 2210 | 4884 |
| 90 | 2907 | 6513 |
| 100 | 3722 | 8374 |
| 110 | 4652 | 10467 |
| 125 | 6280 | 14072 |
| 140 | 8025 | 18142 |
| 150 | 9420 | 21167 |

**Tafel 231-5. Durchmesser der Sicherheitsleitung bei geschlossenen Anlagen mit Membran-Ausdehnungsgefäß** (DIN 4751, Teil 2, 9.68)

| Wärmeleistung kW | Leitung zum *A*-Gefäß mm | Leitung zum *S*-Ventil mm |
|---|---|---|
| bis 23,3 | 12 | 20 |
| 23,3 bis 46,5 | 20 | 20 |
| 46,5 bis 151 | 20 | 25 |
| 151 bis 233 | 20 | 32 |
| 233 bis 349 | 20 | 40 |

Bei festen Brennstoffen bis 80000 kcal/h (95 kW) und bei gas- und ölfbefeuerten Heizungsanlagen bis 300000 kcal/h (350 kW) genügt auch *eine Sicherheitsleitung* zum Ausdehnungsgefäß, wenn Druckhöhe ≦ 15 m ist[1]). Tafel 231-5.

Bei *geschlossenen Warmwasserheizungen* mit Temperaturen bis 120 °C werden in der Regel heute *Membran-Ausdehnungsgefäße* verwendet, um die Wasserausdehnung aufzunehmen. Wegen der Trägheit der Feuerung mit festen Brennstoffen ist zur Verhinderung von Überdrücken eine sog. *thermische Ablaufsicherung* erforderlich. Diese wirkt in der Weise, daß bei einer Temperatur von etwa 100 °C der Wasserablauf am Brauchwassererwärmer (oder an einem besonderen Wärmeaustauscher) geöffnet wird, so daß die überschüssige Wärme abgeführt wird.[1])

Für Kessel mit Temperaturen über 120 °C gilt DIN 4752 (Jan. 1967), worin die Kessel nach dem Betriebsdruck in 3 Gruppen eingeteilt sind.

Weiteres siehe Abschn. 223-29.

[1]) DIN 4751 Teil 2 (9.68) Sicherheitstechn. Ausrüstung von Heizungsanlagen; $t < 110$ °C.

### -252 Niederdruckdampfheizkessel

Jeder Heizkessel muß nach den „Technischen Regeln für Niederdruckdampfkessel"[1]) mit einem vom Dampfraum ausgehenden, unverschließbaren *Standrohr* versehen sein, um zu verhindern, daß der Überdruck 0,5 bar übersteigt. Nach dem DIN-Blatt 4750 (August 1965) hat das Standrohr die in Bild 231-34 dargestellte Bauform mit Vorausströmung und mit Rückführung des Sperrwassers. Der lichte Rohrdurchmesser der Standrohre ist nach Tafel 231-6 zu bemessen. Schenkellänge $H$ = Betriebsdruck in m WS + Zuschlag.

**Tafel 231-6. Standrohrdurchmesser bei Niederdruckdampfkesseln**
(nach DIN 4750, 8.65)

| Standrohr Nennweite DN | bis zu einer Kesselleistung von kg/h | kW |
|---|---|---|
| 32 | bis 60 | bis 40,7 |
| 40 | über 60 bis 100 | 40,7 bis 64,0 |
| 50 | über 100 bis 200 | 64,0 bis 133,8 |
| 65 | über 200 bis 500 | 138,8 bis 325,6 |
| 80 | über 500 bis 1000 | 325,6 bis 651 |
| 100 | über 1000 bis 1600 | 651 bis 1093 |
| 125 | über 1600 bis 2800 | 1093 bis 1861 |
| 150 | über 2800 bis 5000 | 1861 bis 3256 |
| 175 | über 5000 bis 7500 | 3256 bis 5117 |

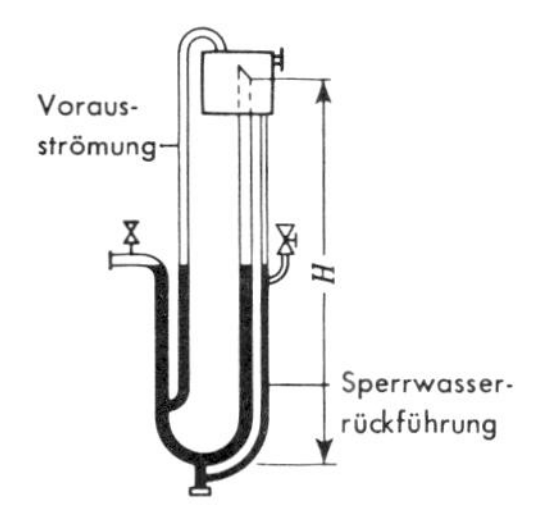


Bild 231-34. Sicherheitsstandrohr für Niederdruckdampfheizungen.

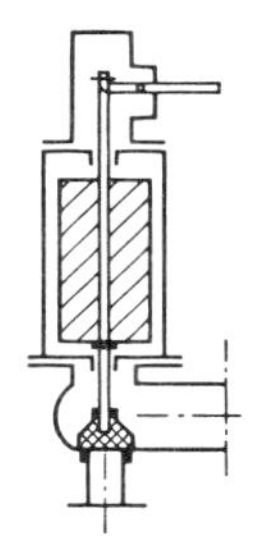

Bild 231-35. Sicherheitsventil mit Gewichtsbelastung.

Außer dem Standrohr sind auch gewichtsbelastete Sicherheitsventile zugelassen, die jedoch einer Baumusterprüfung durch die „Technischen Überwachungsvereine" unterworfen sind (Bild 231-35).

Weitere Vorschriften sind: Wasserstandsglas, Manometer, Überdruck- und Wassermangelanzeiger.

Typenmäßig zugelassene Niederdruckdampfkessel unterliegen keiner Abnahme, sondern lediglich einer Anzeige an die zuständige Bauaufsichtsbehörde über die Aufstellung. Hierzu sind Vordrucke zu benutzen. Die Typenzulassung erfolgt durch das für den Hersteller zuständige Landesministerium. Für nicht typenmäßig zugelassene Kessel ist eine Einzelabnahme erforderlich, ebenso bei Anlagen über 800 000 kcal/h (934 kW) Feuerungsleistung.

## -26 Zubehörteile

*Grobe Armaturen:*

Fülltür, Schür- und Aschfalltür, Rauchgasstutzen, Rauchschieber, Füll- und Entleerungshahn, Schür- und Reinigungsgeräte.

[1]) TRD-701. Dampfkesselanlagen mit Dampferzeugern der Gruppe II (7.85).

*Feine Armaturen:*

Verbrennungsluftregler, Zugmesser, Thermometer und Manometer (Hydrometer), bei Dampfkesseln ferner Wasserstandsanzeiger, Wassermangel- und Überdruckpfeife.

*Moderne Kesselanlagen* sollten ausreichend mit Meß-, Überwachungs- und Regelgeräten ausgerüstet sein, um möglichst wirtschaftlich zu arbeiten[1]).

Die Konkurrenz durch das Heizöl und Erdgas hat bei den Kesseln für feste Brennstoffe viele zusätzliche Verbesserungen gebracht, u. a.:

mechanische Entaschung bei geschlossener Feuertür,
aufgesetzte trichterförmige Kohlebunker,
Ascheabfüllgeräte für Papiersäcke oder Mülltonnen,
Gaslanzen für das Anzünden des Brennstoffs,
zuverlässige und billige Regler (siehe Abschn. 236-4).

### -27 Heizraum

Bezüglich Bau und Einrichtung der Heizräume siehe Abschn. 264. Maßgebend sind die *Feuerungsverordnungen* der einzelnen Bundesländer. Sie werden von den Bauaufsichtsbehörden bei der Überwachung und Abnahme von Heizungsanlagen angewendet. Kesselräume im *Dachgeschoß* ebenfalls in Abschn. 264.

1 $m^3$ Zechenkoks wiegt etwa 400 bis 550 kg, 1 $m^3$ Gaskoks etwa 350 bis 500 kg. Schichthöhe nicht über 2 m. Je $m^2$ Bodenfläche können also 0,8 bis 1,1 t Zechenkoks bzw. 0,7 bis 1,0 t Gaskoks gelagert werden.

## -3 GASHEIZKESSEL MIT BRENNERN OHNE GEBLÄSE[2])

### -31 Allgemeines

Die Verwendung von Gas als Brennstoff hat wesentliche *Vorteile:*

Sauberer und bequemer Einsatz, bei richtiger Geräteeinstellung rückstandsfreie Verbrennung und saubere Abgase;
Raumersparnis durch Fortfall der Brennstoffbevorratung;
stetige und schnelle Betriebsbereitschaft;
einfache Wärmeverbrauchskontrolle;
Brennstoffbezahlung erst nach Verbrauch;
kostengünstige Wärmeerzeuger;
zahlreiche Bauformen und Einsatzmöglichkeiten.

*Nachteile:*

Abhängigkeit vom örtlichen Gasversorgungsunternehmen;
verbrauchsunabhängige Grundpreisbelastung.

Zu beachten sind eine große Zahl von Vorschriften und Richtlinien, u. a.:

TRGI 1986, hrsg. vom DVGW (Techn. Regeln für Gas-Installationen). Ergänzung 2.81.

DIN 4756, Gasfeuerungen in Heizungsanlagen, sicherheitstechn. Anforderungen (2. 86).

DIN 4788, Teil 1 Gasbrenner ohne Gebläse 6.77
Teil 2 Gasbrenner mit Gebläse E. 8.83
Teil 3 Flammenüberwachungseinrichtungen E. 8.83.

DIN 3258, Flammenüberwachung und Zündsicherungen. T. 1 (2.71). T. 2 (E. 3.86).

DIN 3362 (E. 4.85): Gasgerät mit atmosphärischen Brennern. 4 Teile.

DIN 4702 Teil 3. Gaskessel mit Brennern ohne Gebläse (E. 5.87) mit ausführlichen Vorschriften über Werkstoffe, Ausrüstung, Dichtheit, Prüfung u. a.

---

[1]) VDI-Richtlinie 2068 (11.74) Meß-, Überwachungs- u. Regelgeräte heiztechn. Anlagen.
[2]) Ermeler, W.: Feuerungstechn. 6/80. 8 S.
Marx, E.: Wärmetechnik 10/85. S. 370ff.
DIN 4702 Teil 3 (E. 5.87) Gaskessel mit Brennern ohne Gebläse.
VDI 2050 (10.63): Heizzentralen.
IFB: Muster-VO über Feuerungsanlagen u. Brennstofflagerung (1.80).

Es gibt 2 Bauarten von Gasbrennern: Brenner ohne Gebläse *(atmosphärische Gasbrenner),* bei denen die Verbrennungsluft durch den Auftrieb der Abgase angesaugt wird, und *Gebläsebrenner,* bei denen die Luft durch einen Ventilator zugeführt wird. Nachstehend sind hauptsächlich die Kessel für die erstgenannte Bauart behandelt, während die Heizkessel mit Gasgebläsebrennern gemeinsam mit den Ölkesseln in Abschn. 231-4 beschrieben sind.

Gesamtanordnung einer Gaszentralheizung siehe Bild 231-39. Alle Gasfeuerstätten benötigen die Genehmigung der zuständigen Bauaufsichtsbehörde und des zuständigen Gasversorgungsunternehmens. Installationen dürfen nur durch zugelassene Firmen ausgeführt werden. Regelmäßige Prüfung der Abgasverluste durch Schornsteinfeger.

Bezüglich Einzelheiten der Gasbrenner siehe Abschn. 236-9.

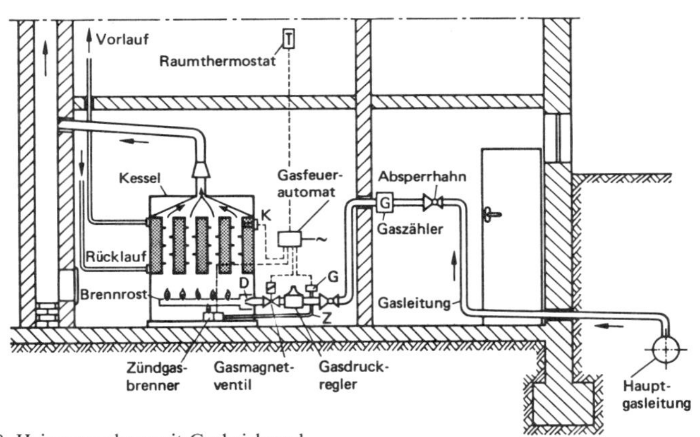


Bild 231-39. Heizungsanlage mit Gasheizkessel.
D = Gasdüse, G = Gasdruckwächter, Z = Zündgasleitung, K = Kesselwasser-Temperaturregler

## -32 Einteilung

nach Größe:

| | | |
|---|---|---|
| *kleine Kessel* (Wohnungs-Gasheizkessel, Etagenkessel) | bis etwa | 50 kW |
| *mittlere Kessel* | von etwa | 50 bis etwa 500 kW |
| *große Kessel* | über | 500 kW. |

nach Bauart:

*Gasspezialkessel, Umlauf-Gaswasserheizer, Brennwertkessel, Kessel mit und ohne Brauchwasserbereiter;*

nach Baustoff:

*gußeiserne, kupferne, stählerne Heizkessel sowie Edelstahlheizkessel;*

nach Zahl der Gase:

*Eingas-, Mehrgas- und Allgaskessel;*

nach Gasart:

*Stadt- und Ferngase, Naturgase, Flüssiggase* (S, N und F);

nach Wärmeträger:

*Warmwasser-, Heißwasser- und Dampfkessel.*

## -33 Bauarten

### -331 Allgemeines

Der Aufbau eines Heizkessels mit atmosphärischem Gasbrenner geht aus Bild 231-40 hervor. Das aus den Brennrohren austretende Gas, das vorher durch Injektorwirkung mit Luft gemischt wurde, wird durch Zündflamme oder Funkenstrecke entzündet. Die

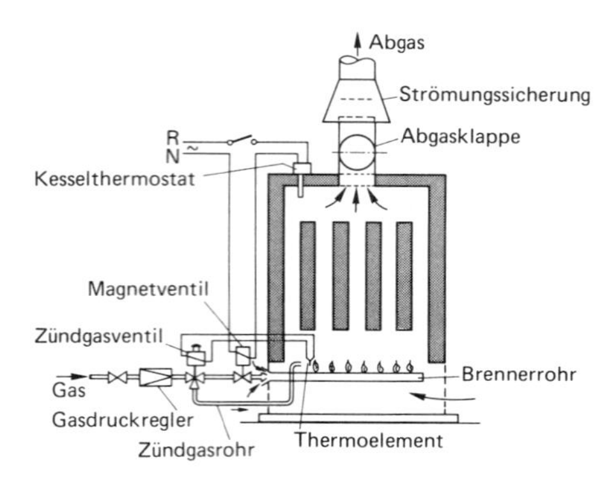


Bild 231-40. Heizkessel mit atmosphärischem Brenner.

Flammen brennen in vertikaler Richtung und geben in der Brennkammer ihre Wärme an die Heizflächen ab. Der Einbau der Gasbrenner ist bei allen Kesseln möglich, die mit Naturzug arbeiten. Näheres über diese Gasbrenner siehe Abschn. 236-94. Besonders vorteilhaft ist die *Geräuscharmut.*

Der Feuerraum muß nach vorn unten offen sein, damit die Verbrennungsluft nachströmen kann.

Der Abgasweg erhält am Wärmeerzeuger eine *Strömungssicherung,* die den Einfluß von zu starkem Auftrieb, von Stau oder Rückstau in der Abgasanlage auf die Verbrennung in der Feuerstätte verhindert und so die Zugverhältnisse im Kessel und Schornstein stabilisiert. Die Strömungssicherung (Zugunterbrecher) ist Bestandteil des Wärmeerzeugers (Bild 231-41).

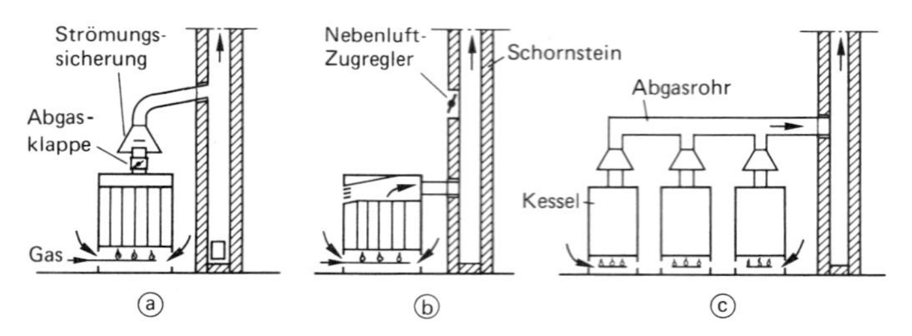


Bild 231-41. Strömungssicherungen bei Gaskesseln.

a) aufgesetzte Strömungssicherung, b) eingebaute Strömungssicherung (Nebenluft-Zugregler), c) Kesselgruppe mit je einer Strömungssicherung

Der thermische Auftrieb im Heizkessel bis zur Strömungssicherung muß ausreichen, die Verbrennungsluft anzusaugen. In der Regel nur senkrechte Züge. Luftüberschuß etwa 20···30%.

Kessel bis etwa 100 kW arbeiten meist *halbautomatisch.* Dabei wird am Brenner eine Zündflamme von Hand, meist durch Piezozünder, gezündet. Sie brennt dauernd. Das Hauptgasventil wird in Abhängigkeit von der Regelgröße (Temperatur oder Dampfdruck im Kessel) geöffnet bzw. geschlossen.

Größere Kessel arbeiten *vollautomatisch* mit fotoelektrischer Flammenüberwachung und auch mit Stufenschaltung. Je nach Kesseltemperatur wird die Zündflammenbildung und das Öffnen bzw. Schließen des Start- und Hauptgasventils durch einen Gasfeuerungsautomaten gesteuert.

*Kesselwirkungs- und Nutzungsgrad* der Wärmeerzeuger mit Gasbrennern ohne Gebläse sind wegen höheren Luftüberschusses und meist größerem Bereitschaftswärmeverlust naturgemäß etwas geringer als der von Gas- oder Ölkesseln mit Gebläse, etwa 2 bis 3%.

Bei zu hohem Schornsteinzug Einbau einer Nebenlufteinrichtung (Zugregler/-begrenzer) empfehlenswert. Bei atmosphärischen Brennern ist auch eine Abgasklappe sehr wirksam, um bei Brennerstillstand die inneren Auskühlverluste zu verringern. Die Klappe soll bei Kesselaufstellung außerhalb des Wohnbereichs *vor* der Strömungssicherung erfolgen (Bild 231-41a).

**-332 Gasspezialkessel[1])**

Diese Heizkessel sind ausschließlich für die Verbrennung von Gas bestimmt und nehmen daher auf die Besonderheiten der Gasverbrennung Rücksicht.

*Besondere Kennzeichen* sind:

Geeigneter Verbrennungsraum mit geringem heizgasseitigem Widerstand
Rippen und Lamellen in den Zügen zur Vergrößerung der Heizfläche und Verbesserung der Wärmeübertragung
Geringer Wasserinhalt
Korrosionsfester Werkstoff
Umstellbarkeit auf verschiedene Gasarten.

Herstellung vornehmlich aus Gußeisen, jedoch auch Stahl. Bei Herstellung aus korrosionsbeständigem Material können die Kessel ohne Mischventil mit Kesselwassertemperaturen in Abhängigkeit der Raum- oder Außentemperatur betrieben werden, wodurch vor allem die Betriebsbereitschaftsverluste verringert werden. Manche Typen, besonders Küchenmodelle, werden häufig komplett zusammengebaut mit allen Armaturen, Sicherheits- und Regelorganen, sogar meist mit Umwälzpumpe und Ausdehnungsgefäß geliefert. *Heizflächenleistung* etwa 18···23 kW/m², Leistungsgewichte etwa 5···10 kg/kW, manchmal auch weniger.

Beispiel Bild 231-43.

Senkrechte nebeneinander angeordnete gußeiserne Kesselglieder aus korrosionsfestem Werkstoff mit Nocken. Bei Vermehrung der Kesselglieder wird der Kessel also breiter. Elektrische Zündung für vollautomatischen Betrieb, auswechselbare Düsen. Pumpe und flaches Ausdehnungsgefäß sind eingebaut. Strömungssicherung mit Öffnung nach vorn. Allgasbrenner mit Brennroststäben aus Edelmetall.

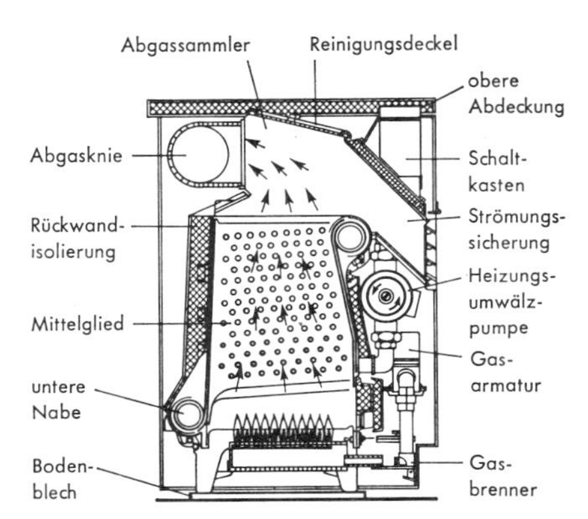


Bild 231-43. Gußeiserner Gasspezialkessel (Buderus-Loganagas 04.30). Leistung 12···120 kW.

Heizkessel ähnlicher Bauart mit atmosphärischen Brennern werden mit Leistungen bis 1 MW hergestellt, wobei allerdings der geringere Nutzungsgrad gegenüber Kesseln mit Gebläsebrennern wirtschaftlich schon bedeutsam wird. Sie arbeiten mit gleitender Temperaturregelung. Damit durch *Schwitzwasserbildung* keine Korrosionsschäden entstehen, dürfen nur korrosionsfeste Materialien verwendet werden, wie Edelstahl, Gußflächen mit gesinterten keramischen Überzügen o.ä.

Einen *gußeisernen Heizkessel* anderer Bauart für geringe Leistungen zeigt Bild 231-45 u. -46. Kesselglieder mit großen Rippen sind horizontal angeordnet und durch konische Nippel verbunden. Flächenbrenner nach dem Bunsenbrennerprinzip. Auch mit Brauch-

[1]) Test Heft 7/84.

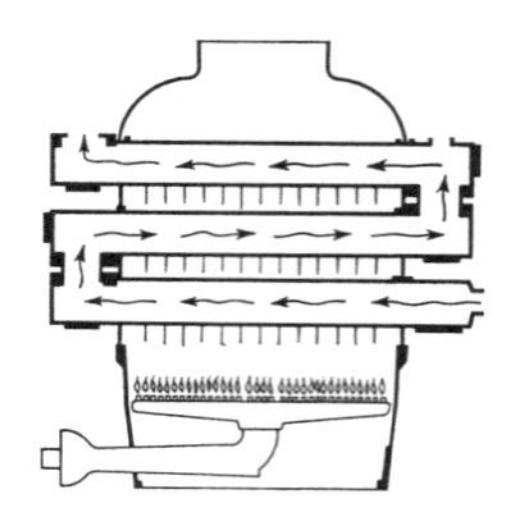

Bild 231-46. Gasbeheizter gußeiserner Kessel mit horizontalen Gliedern – Bauprinzip (Hydrotherm).

Bild 231-45. Gußeiserner Gasspezialheizkessel mit Gasbrenner ohne Gebläse. Nennleistung bis 323 kW. Schnittdarstellung (Vaillant, GAF).

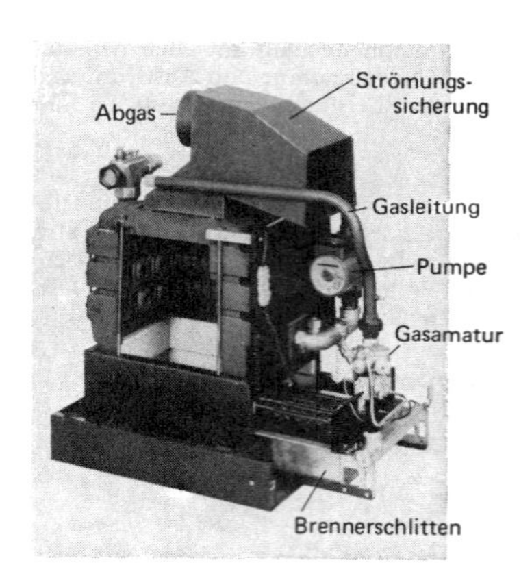


Bild 231-47. Gasbeheizter gußeiserner Gliederheizkessel – Ansicht und Aufbau (Rubi-Werk).

Bild 231-48. Gußeiserner gasbeheizter Gliederkessel mit automatischer Zünd- und Überwachungseinrichtung (Vaillant, VKS-E Calormatic).

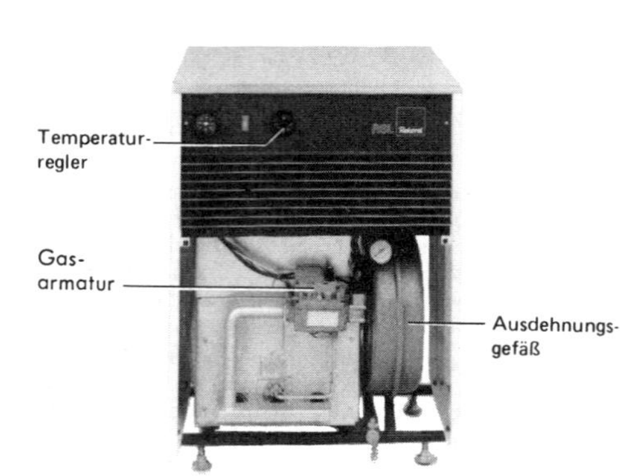


Bild 231-49. Gußeiserner Gliederkessel mit atmosphärischem Brenner (Rekord RSL).

wasserspeicher lieferbar. Eine ähnliche Bauart mit genippelten horizontalen Gußgliedern zeigt Bild 231-47. Modulierender atmosphärischer Brenner mit Gasregelventil, Luftdosierklappe und elektrischer Zündung. Leistung bis 67 kW. Weitere Gußkessel s. Bild 231-48 und 431-27.

Der Gußgliederkessel in Bild 231-49 hat senkrechte Heizgaszüge. Der Gasbrenner besteht aus Edelstahl. Zusätzlich eingebaut sind eine Umwälzpumpe, ein flaches Druckausdehnungsgefäß und alle Sicherheitsarmaturen. Die Düsen des Brenners können für Erdgas, Stadtgas oder Flüssiggas eingerichtet werden.

Mehrkesselanlagen siehe Bild 231-93.

Die *stählernen Kessel* haben als Heizfläche in der Regel senkrechte, innen von den Heizgasen durchströmte Stahlrohre oder Taschen, in denen Drallbleche zur Vergrößerung der Wärmeübertragung eingebaut sind, Bild 231-55. Der Heizkessel hat zusätzlich eine durch einen Klappenmotor angetriebene Abgasklappe, die nur bei Betrieb geöffnet ist. Dadurch erhebliche Wärmeersparnisse infolge Verringerung der Stillstandverluste. Ferner elektrische Zündung und Brennersteuerung. Keine dauernd brennende Zündflamme.

Der Stahlheizkessel nach Bild 231-56 hat einen mit waagerechter Flamme brennenden atmosphärischen Gasbrenner. Über Brennkammer Nachschaltheizflächen aus Flachrippenrohren.

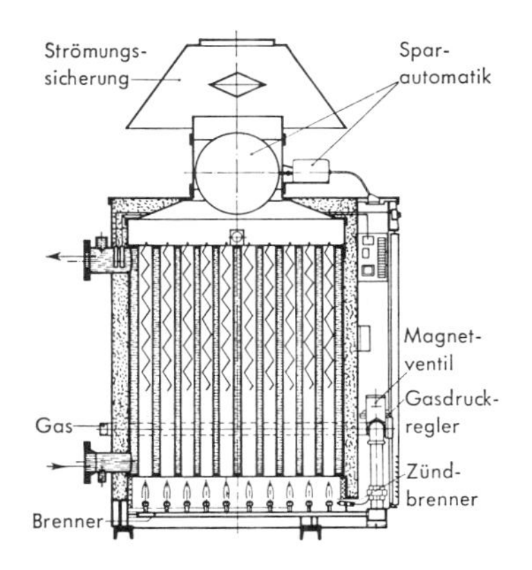


Bild 231-55. Gasgefeuerter stählerner Spezialkessel mit elektrisch gesteuerter Abgasklappe und elektrischer Ausrüstung (Rohleder). Links: Schnitt; rechts: Ansicht. Leistung 81 ··· 1000 kW.

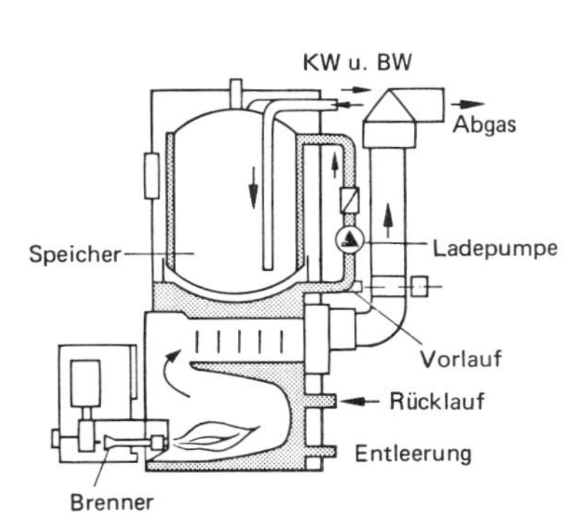


Bild 231-56. Gasbeheizter Stahlheizkessel mit waagerecht brennender Flamme und mit Brauchwasserspeicher.

Kleine Kessel werden auch als *Etagenheizkessel* zum Einbau in der Küche geliefert. Abmessungen wie bei Küchengeräten (850 mm hoch, 600 mm tief). Regelung durch Raumthermostat, der Pumpe ein- und ausschaltet. Strömungssicherung, Ausdehnungsgefäß und Pumpe sind im Kessel eingebaut. Thermoelektrische Zündsicherung (Halbautomatik). (Bild 231-57.)

Bei Stahlheizkesseln werden in der Regel, soweit sie nicht aus korrosionsfestem Material bestehen, Mischventile verwendet, um Kesselkorrosionen zu vermeiden. Meist dauernd brennende Zündflamme oder Piezozünder, teilweise aber auch als Vollautomat ohne ständig brennende Zündflamme.

Ganz aus Edelstahl, sowohl Brennkammer wie Heizgaszüge, besteht der Kessel in Bild 231-63. Nennleistung 11 bis 46 kW. Sehr geringes Gewicht ($\approx$ 2,7 kg/kW), keine Korrosion. Auch mit seitlich angebautem Speicher lieferbar.

Einen gußeisernen Kessel, der an der Wand angebracht wird, zeigt Bild 231-70. Edelstahlbrenner mit Gaskombinationsventil und Pumpe sind eingebaut. Lieferbar auch mit nebenliegendem Brauchwasserspeicher, Leistung 8 bis 29 kW.

Bild 231-57. Gasbeheizter Kessel für Küchenaufstellung. Vorn Öffnung der Strömungssicherung. Halbautomatische Gasarmatur mit Piezo-Zünder (Junkers).
Links: Ansicht; rechts: ohne Verkleidung

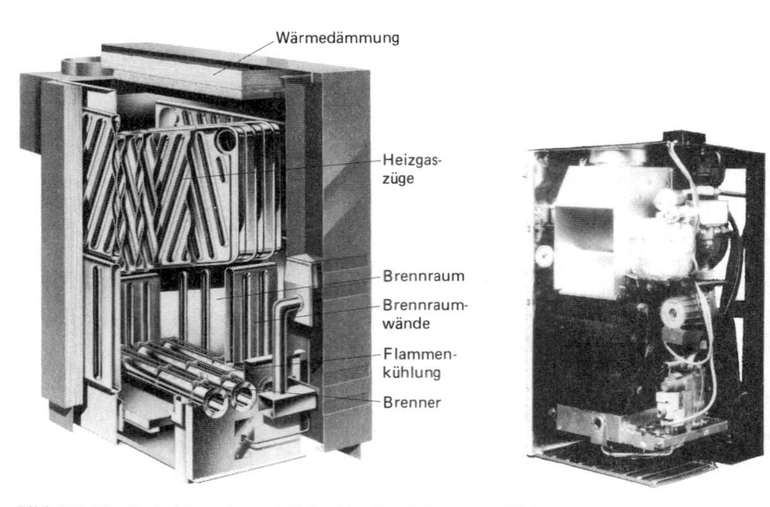


Bild 231-63. Gasheizkessel aus Edelstahl mit Stickoxidminderung durch Flammenkühlung (Viessmann mit Renox-System).

Bild 231-70. Gußeiserner Wandkessel ohne Verkleidung (Oechssler).

Bei allen Kesseln mit atmosphärischen Brennern besteht der Nachteil, daß der Wirkungsgrad der Kessel erheblich sinkt, wenn bei fallender Belastung die Gaszufuhr gedrosselt wird. Dies ist darauf zurückzuführen, daß der für die Verbrennung benötigte Luftüberschuß größer wird. Daher versucht man neuerdings, durch eine modulierende Regelung mit Anpassung der Sekundärluftzufuhr den Wirkungsgrad zu verbessern.

Bei dem Kessel in Bild 231-73 ist eine Einrichtung vorhanden, bei der Gas- und Verbrennungszufuhr *proportional* in jedem Lastbereich gesteuert werden. Ein Stellmotor betätigt in Abhängigkeit von der Temperaturregelung eine unter der Brennkammer befindliche Luftregelklappe und gleichzeitig das modulierende Gasventil. Da die Kessel im weitaus größten Teil des Jahres mit Teillast betrieben werden, kann die Energieein-

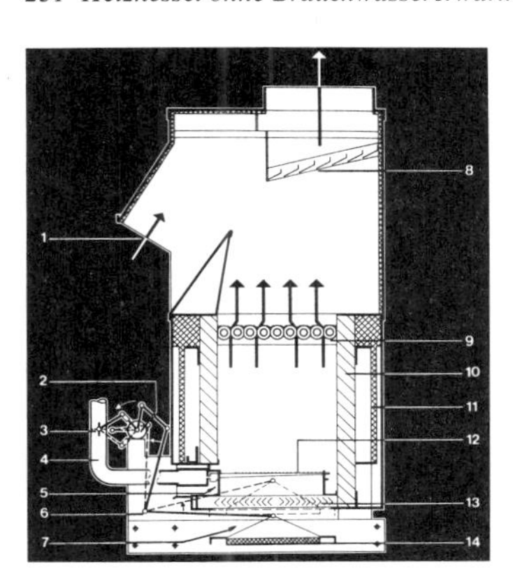


1 Strömungssicherung
2 Stellmotor
3 Modulierendes Gasventil
4 Gaszufuhr
5 Primärluftzufuhr
6 Steuermechanik für die Luftklappe
7 Verstellbare Öffnung für die Sekundärluft
8 Fallwindableiter
9 Wärmetauscher
10 Isolierwände
11 Isoliermantel
12 Brenner
13 Bodengitter
14 Isolierte Luftklappe

Bild 231-73. Gaskessel mit stufenlos modulierendem atmosphärischen Gasbrenner (Gas-Geräte-Gesellschaft).

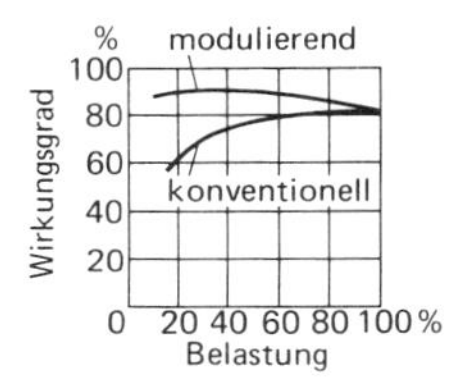


Bild 231-74. Wirkungsgrade bei modulierenden und konventionellen Gasheizkesseln.

sparung nach Bild 231-74 recht groß sein. Andere Messungen ergaben auch nur 2···5% Unterschied bezogen auf den Jahresbrennstoffverbrauch.[1])

Der Vorteil des modulierenden Brenners liegt hauptsächlich in der Verringerung der Abgasverluste (Abschnitt 231-81), vorausgesetzt, die Luftzufuhr wird entsprechend der Feuerungsleistung verändert.

### -333 Brennwertkessel (Kondensationskessel)[2])

Aus Gründen der Energieeinsparung wird die Abgastemperatur der Kessel unter die bisher üblichen Werte von ca. 160 °C gesenkt, so daß der in den Abgasen enthaltene Wasserdampf teilweise kondensiert. Grundsätzliches über Brennwertkessel s. Abschn. 184-2 und 231-434.

Der grundsätzliche Aufbau eines *Brennwertkessels* ohne Gebläse, wie er in Holland entwickelt wurde, besteht aus einem konventionellen Gasheizkessel mit atmosphärischen

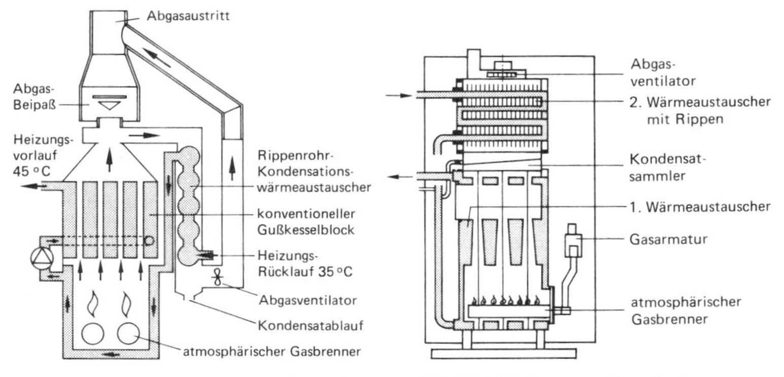


Bild 231-75. Grundsätzlicher Aufbau eines Brennwertkessels mit atmosphärischem Brenner (System Benraad).

Bild 231-76. Brennwertkessel mit erstem und zweitem Wärmeaustauscher (Schema).

[1]) Krisch, W., u. J. Meier: GWF 1/84. S. 29/35.
[2]) DIN 4702 Teil 6 (E. 8.85): Brennwertkessel für gasförmige Brennstoffe. Siehe auch Abschnitt 231-434.

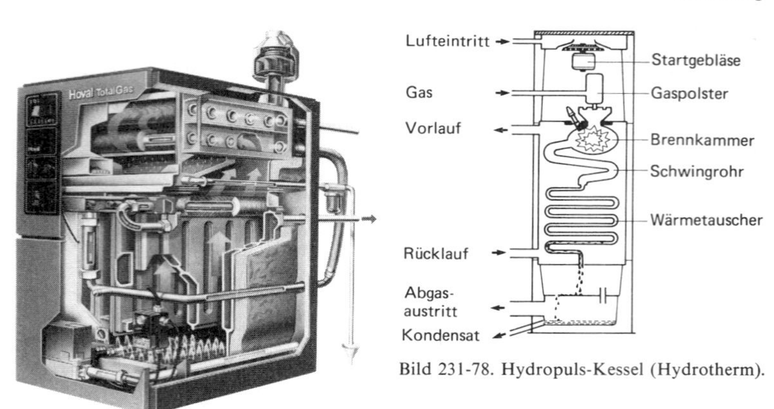


Bild 231-78. Hydropuls-Kessel (Hydrotherm).

Bild 231-77. Brennwertkessel mit erstem und zweitem Wärmeaustauscher (Hoval). Schnittbild.

Brenner, dem ein Kondensator-Wärmeaustauscher im Abgasweg nachgeschaltet ist (Bild 231-75). Dieser sekundäre Wärmeaustauscher kann sowohl neben wie über dem Kessel angeordnet werden. Es gibt jedoch auch *Kompaktgeräte* mit ebenfalls zwei Wärmeübertragungsflächen (Bild 231-76 und -77). Das Abgas wird in den Kesseln bei geringer Rücklauftemperatur des Heizwassers auf 30 bis 40 °C abgekühlt. Wegen des geringen Auftriebs fördert ein Abgasventilator das Abgas in den Schornstein, der dabei unter Überdruck steht.

Eine Sonderkonstruktion ist der *Hydropuls-Kessel* (Bild 231-78). Nach anfänglicher Luftzufuhr durch einen Ventilator und Zündung verbrennt das Gas/Luftgemisch in der Brennkammer, und die Abgase werden in den Wärmeaustauscher getrieben. Durch sich bildenden Unterdruck wird neues Gas/Luftgemisch angesaugt, das sich an den heißen Wänden ohne Zündkerze zündet. Selbständig je Sekunde pulsierende Verbrennung mit ca. 60 Zündungen. Wegen geringer Abgastemperatur ist ein Abgasventilator notwendig.

*Regelung*

Die *Zündung* erfolgt bei allen Brennwertkesseln mit atmosphärischen Brennern elektrisch mit Flammenüberwachung. Regelung der Vorlauftemperatur in Abhängigkeit von der Außentemperatur durch Ein- und Ausschalten des Brenners.

Angaben zu Kondensat, Schornstein, Wirkungsgrad u. a. s. Abschnitt 231-434.

### -334 Umlauf-Gaswasserheizer[1])

Umlauf- und Kombi-Gaswasserheizer haben sich seit mehr als 25 Jahren in über 2 Millionen Wohnungen und Einfamilienhäusern als besonders wirtschaftliche Wärmeerzeuger bewährt. Bei der Altbau-Modernisierung spielen sie eine tragende Rolle.

*Umlauf-Gaswasserheizer* werden als *Wärmeerzeuger für Gas-Etagenheizungen* in Wohnungen und *Gaszentralheizungen* in Einfamilienhäusern eingesetzt. Als *Kombi-Gaswasserheizer* dienen sie als Wärmezentrale für Heizung und Brauchwasserbereitung. *Hauptbestandteile:* Rippenrohr-Wärmeblock, Gasbrenner, Gas- und Wasserarmaturen, Umwälzpumpe, Regelgeräte, Ausdehnungsgefäß. Funktions- und Installationsschema siehe Bild 231-80.

Bei Unterschreitung der am Thermostaten (Vorlaufthermostat, Raumthermostat) oder am witterungsgeführten Regler eingestellten Temperatur läuft die Umwälzpumpe an.

Durch den Differenzdruck der Umwälzpumpe wird über den Strömungsschalter das Wassermangelventil im Gaseingang geöffnet und der Brennerstart freigegeben. Gleichzeitig wird der Feuerungsautomat mit Spannung versorgt und somit Zündtrafo und Operator in Funktion gesetzt. Der Operator öffnet in Verbindung mit dem Servodruck-

[1]) Miska, I.: KI 5/76. S. 185/8.
Kombinationsgeräte siehe Abschn. 421-3.

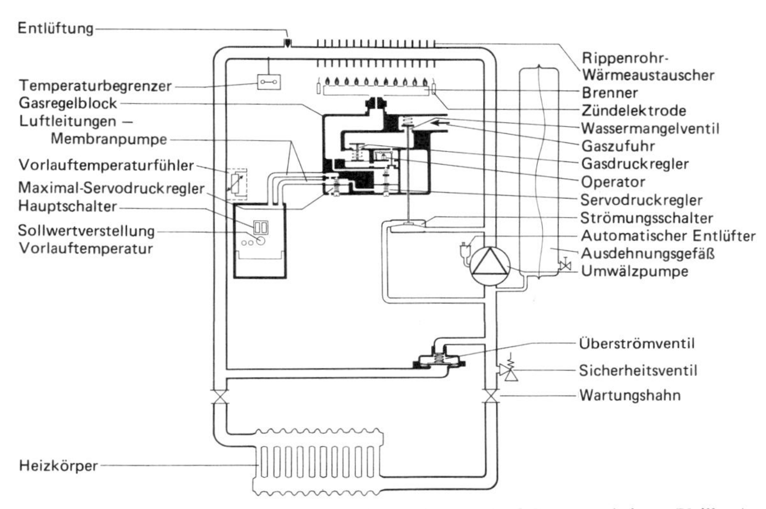


Bild 231-80. Funktions- und Installationsschema eines Umlauf-Gaswasserheizers (Vaillant).

regler für die Zündstufe den Gasdruckregler (Hauptgasventil) so weit, daß nur die Zündgasmenge freigegeben wird. Wenn innerhalb der Sicherheitszeit von ca. 10 s keine Flamme entsteht, schaltet das Gerät auf Störung.

Ca. 3 s nach der Operatoransteuerung wird die Membranpumpe erregt. Je nach Schwingung der Membranpumpe wird über den im Gasregelblock eingebauten Maximalservodruckregler der Gasdruckregler mehr oder weniger geöffnet.

Beträgt die Sollwertabweichung mehr als 6,5 K, so wird über die Membranpumpe der Gasdruckregler voll geöffnet. Mit Hilfe des am Gasregelblockes vorhandenen einstellbaren Maximalservodruckreglers wird eine Teilheizleistung entsprechend dem errechneten Wärmebedarf eingestellt.

Nach Erreichen des eingestellten Sollwerts der Vorlauftemperatur sowie nach Erreichen des Sollwerts der Raumtemperatur oder des witterungsgeführten Regler-Sollwerts schaltet der elektronische Regler den Brenner aus.

Danach wird eine 5minütige Zeitgliedfunktion wirksam und verhindert bei Wärmeanforderung während dieser Zeit einen erneuten Brennerstart. Nach Ablauf der 5 min laufen bei Wärmeanforderung Umwälzpumpe und Brenner wieder an.

Durch das eingebaute Überströmventil ist der Betrieb des Gerätes von einer Mindestumlaufwassermenge unabhängig. Dies wirkt sich besonders bei Anlagen mit thermostatischen Heizkörperventilen aus. Ein Abschalten des Gerätes infolge Wassermangel wird durch Öffnen des Überströmventils verhindert. Ansprechdruck 250 mbar.

Wasserinhalt des Heizgerätes nur ca. 1 l. Rohrleitung kann im Zweirohr- oder Einrohrsystem verlegt werden, wobei die Umlaufwassermenge konstant bleiben soll. Beim Zweirohrsystem müssen daher einige Heizkörper mit 3-Wege-Ventilen versehen sein oder eine Kurzschlußstrecke mit Regulier-T-Stück oder ein Überströmventil eingebaut werden. Neuere Geräte besitzen eine automatisch arbeitende eingebaute Kurzschlußstrecke. Rohrleitungsplan einer Einrohrheizung Bild 231-84. Rohrsystem offen oder geschlossen, im letzten Fall Ausdehnungsgefäß neben Gaswasserheizer installiert.

*Drei Sicherheitseinrichtungen:* Das Wassermangelventil bewirkt, daß Gas nur zum Brenner strömt, wenn die Pumpe läuft. Erfolgt nach 10 s keine Flammenbildung, schaltet eine automatische Überwachung das Gerät auf Störung. Sicherheitstemperaturbegrenzer schaltet Anlage bei zu hoher Wassertemperatur aus.

Leistung bis etwa 30 kW, bei größeren Leistungen mehrere Geräte. Verwendung besonders für Einfamilienhäuser und Etagenheizungen, auch nachträglicher Einbau in Alt-Häusern. Meist Allgasbrenner mit Düsenaustausch. Einfache Aufstellung in Diele, Küche oder sogar im Schrank (Bild 231-82).

Es gibt auch Geräte, die gleichzeitig zur Heizung und Warmwasserbereitung dienen *(Kesseltherme)*. Während der Warmwasserbereitung wird dabei die Heizung vorübergehend abgeschaltet (s. auch Abschn. 421-35). Geräte werden in sehr gefälliger Form komplett verdrahtet einschl. Pumpe und Ausdehnungsgefäß geliefert. Auch Geräte ohne Schornsteinanschluß *(Außenwand-Umlaufgaswasserheizer)* für raumluftunabhängige Betriebsweise lieferbar, bei denen jedoch eine gewisse Einfriergefahr bei Erlöschen der Zündflamme besteht (Bild 231-83).

Die Geräte sind inzwischen auch als Brennwertgeräte erhältlich.

Für die wirtschaftliche Beheizung von *Etagenwohnungen* ist diese Art der Wärmeversorgung besonders geeignet, sowohl bei Schornstein- wie Außenwandanschluß. Zwei voneinander unabhängige Wärmeaustauscher für Heizung und Brauchwassererwärmung mit verzögerungsfreier Umschaltung (Bild 231-85).

Bei fugendichten Fenstern, Türen und Schornsteinanschluß ist auf genügende Zufuhr von Verbrennungsluft zu achten. Je kW Heizleistung 4 m³ Rauminhalt, ohne besondere Dichtung 2 m³. Gefahr von CO-Bildung.

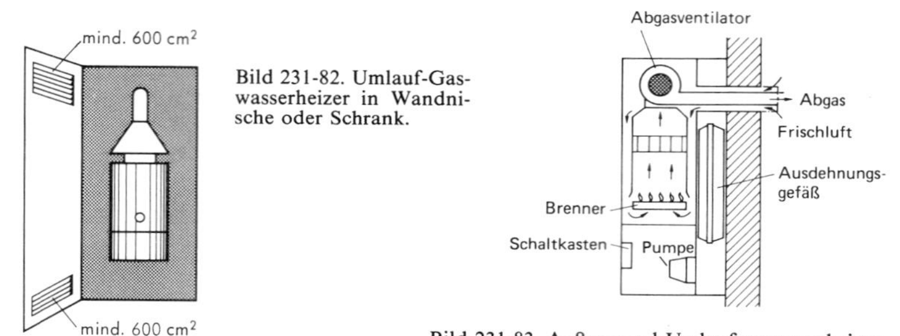


Bild 231-82. Umlauf-Gaswasserheizer in Wandnische oder Schrank.

Bild 231-83. Außenwand-Umlaufgaswasserheizer.

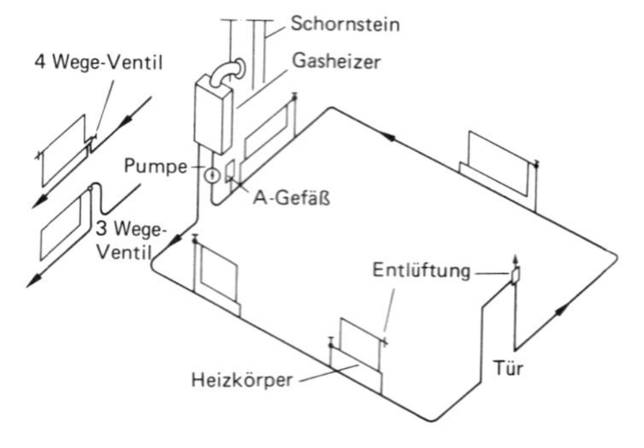


Bild 231-84. Rohrleitungsschema einer Umlauf-Gaswasserheizung im Einrohrsystem mit verschiedenen Heizkörperanschlüssen.

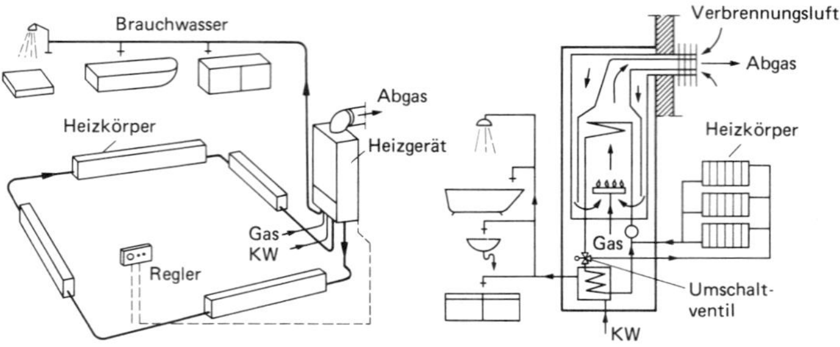


Bild 231-85. Umlaufgaswassergerät für Heizung und Brauchwassererwärmung (Hydrotherm).

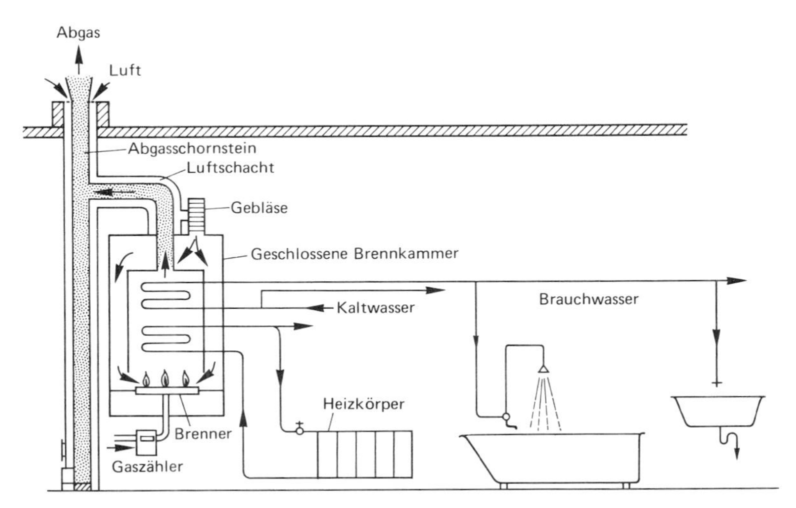


Bild 231-86. Umlauf-Gaswasserheizer (Kombigeräte) mit Anschluß an einen Luft-Abgas-Schornstein.

Zu beachten:

DIN 4751, Teil 3. – 3.76 (Sicherheitstechn. Ausrüstung) und DIN 3368, Teil 3. – 4.79 (Anforderungen, Kennzeichnung, Aufstellung, Prüfung) sowie TRGI 1986.

*Vorteile:*

Billig in Anschaffung, kurze Anheizzeit, gute Regelbarkeit,
Heizung nach individuellen Bedürfnissen,
wenig Bedienung, keine Brennstoffbevorratung,
geringer Platzbedarf, einfache Messung des Gasverbrauchs, nachträglicher Einbau möglich (Altbausanierung). Bild 231-82 und -83.

*Nachteile:*

Verschmutzungsgefahr,
höherer Wartungsaufwand,
geringere Lebensdauer als beim Spezialgaskessel.

Für mehrgeschossige Gebäude besonders geeignet sind Umlauf-Gaswasserheizer bei Verwendung eines *Luft-Abgas-Schornsteins* (Bild 231-86). Diese Schornsteine dienen gleichzeitig zur Zufuhr der Verbrennungsluft und Abführung der Abgase. Sie bestehen aus einem äußeren Betonmantel und einem konzentrisch darin befindlichen Schamotterohr. Das Innenrohr führt die Abgase über Dach, während die Verbrennungsluft durch den ringförmigen Zwischenraum strömt. Die Verbrennungskammer muß geschlossen sein. Ein Gebläse im Gerät saugt die Verbrennungsluft an. Es können bis zu 10 Geräte übereinander in den Geschossen angeordnet werden.

Vorteilhaft ist neben der einfachen Messung des Gasverbrauchs die Unabhängigkeit vom Aufstellraum. Das System (LAS-System) ist jedoch genehmigungspflichtig (DIN 3368, Teil 5, 7. 85).

## -34 Sicherheitseinrichtungen (siehe auch Abschn. 221-7 und 236-9)[1])

*Ausdehnungsgefäße* siehe Abschn. 222-13.

Alle gasbeheizten Kessel benötigen besondere *Sicherheitseinrichtungen*, um Vergiftungen durch ausströmendes unverbranntes Gas sowie Explosionen zu verhindern. Einzelheiten siehe Abschn. 236-9.

[1]) Wallmeier, H.: Heizungsjournal 3/76. 6 S.
Fritsch, W.: Öl- und Gasfeuerung 8/76. 8 S.

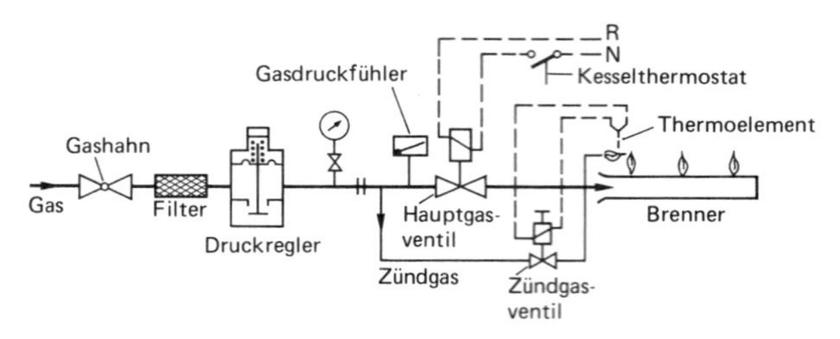


Bild 231-88. Armaturen für einen Gasbrenner ohne Gebläse mit handbetätigtem Zündgasventil (Zündgasventil siehe Bild 221-56 u. -57).

Dabei sind besonders die *Sicherheitszeiten* von Bedeutung, d.h. die Zeitspannen, in denen unverbranntes Gas entweichen kann. Sie betragen je nach Kesselleistung bei Zündsicherungen 15···30 s, bei Feuerungsautomaten 5···30 s.

Vorgeschrieben sind (Bild 231-88):

Eine handbetätigte Gasabsperrvorrichtung (Gashahn) vor Brenner.

Ein *Gasdruckregler* (im Regelfall) nach DIN 3380 (12.73), um den Gasdruck konstant zu halten.

Eine *Zündeinrichtung*, bestehend entweder aus einem von Hand betätigten Zündbrenner mit dauernd brennender Zündflamme oder einer elektr. Funkenstrecke mit Transformator. Bei Leistungen über etwa 100 kW wird durch den Zündbrenner zur Vermeidung von Druckstößen ein Startbrenner gezündet, der eine eigene Gaszufuhr mit Gasventil hat (DIN 3258 T. 1 (2.71) und T. 2 (E. 3.86).

Eine *Flammenüberwachung* entweder durch eine thermoelektrische Zündsicherung mit dauernd brennender Zündflamme (siehe Abschn. 221-73) oder durch einen Feuerungsautomaten mit Flammenwächter und Steuergerät. Dadurch wird eine selbsttätige In- und Außerbetriebnahme des Brenners erreicht.

Eine *Sicherheitsabsperreinrichtung* (Selbsteinstellglied), das die Gaszufuhr nur bei einwandfreier Funktion aller Teile freigibt (Magnetventil oder Kombinationsventil). Ab 120 kW mit gedämpfter Öffnung, um Druckstöße im Feuerraum zu vermeiden.

Ein *Gasdruckwächter* bei Feuerungsautomaten.

Bei Anlagen über 50 kW Absperreinrichtung und evtl. *Gefahrenschalter* außerhalb des Heizraumes.

*Leckgasleitung* zur Prüfung der Anlage bei Stillstand auf Dichtheit (nicht vorgeschrieben, jedoch von manchen Bauaufsichtsbehörden verlangt). Kontrolle auf Druck oder Vakuum zwischen 2 Magnetventilen.

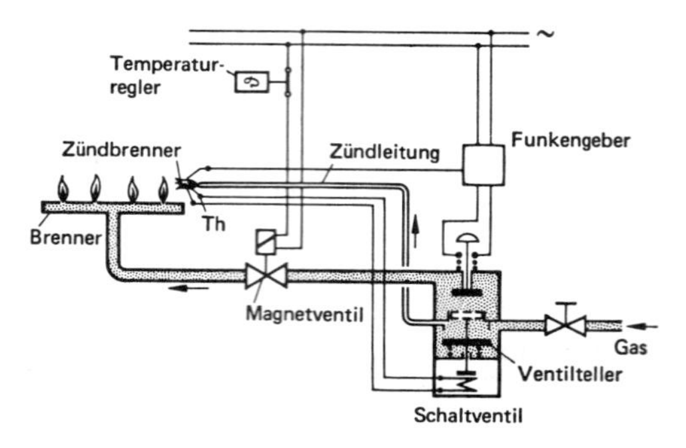


Bild 231-90. Thermoelektrische Zündsicherung für Gasfeuerungen mit Regelventil.
*Th* = Thermozünder

Eine Anlage mit thermoelektrischer Zündsicherung, *System Hegwein* (Stuttgart), ist in Bild 231-90 dargestellt. Hauptbestandteile dieser Konstruktion sind das magnetisch betätigte Schaltventil und der Thermozünder mit einem Thermoelement als Stromquelle für den Elektromagneten im Schaltventil. Das Thermoelement erzeugt eine Spannung von etwa 24 mV.

*Inbetriebnahme des Brenners:*

1. Hauptabsperrhahn öffnen.
2. Druckknopf am Schaltventil eindrücken, Gasweg zum Brenner ist abgesperrt, Gas strömt durch eine Leitung zum Thermozünder mit dem Thermoelement *Th*, Zündflamme entzündet sich durch elektrische Funken, die durch den Funkengeber erzeugt werden.
3. Druckknopf loslassen, Zündflamme brennt weiter, da das geheizte Thermoelement das Schaltventil offenhält. Der Brenner erhält Gas und ist jetzt in Tätigkeit, wenn das Regelventil geöffnet ist.
4. Erlischt Zündflamme, hört Stromlieferung auf und Schaltventil schließt sich durch Federdruck.
5. In der Gasleitung zum Brenner ist ein Magnetventil eingebaut, das in Abhängigkeit von einem Temperaturregler geöffnet oder geschlossen wird.

## -35 Regelung

Um die Vorteile der Zentralheizung mit Gasfeuerung voll auszunutzen, empfiehlt sich immer die Verwendung einer ***automatischen Temperaturregelung***. Ein Teillastbetrieb oder Zweistufenbetrieb ist bei Brennern ohne Gebläse wegen der Unregulierbarkeit der Verbrennungsluft bislang nicht möglich.

Es bestehen folgende Möglichkeiten:

1. *Zweipunktregelung;* ein Zweipunkttemperaturregler in einem Testraum mit oder ohne Schaltuhr für Nachtabsenkung und mit thermischer Rückführung schaltet den Brenner ein und aus. Sollwertabweichung von $\approx \pm 2$ K.

   Die *elektrische Temperaturregelung* nach Bild 231-90 besteht aus dem Raumtemperaturregler, dem (nicht gezeichneten) Begrenzungsregler im Kessel, dem Schaltventil und dem Magnetventil in der Gasleitung. Bei Erreichung des gewünschten Sollwertes im Raumtemperaturfühler wird der elektrische Stromkreis unterbrochen, das Magnetventil schließt sich, so daß der Brenner erlischt, während die Zündflamme weiterbrennt.
2. *Witterungsabhängige Regelung;* Heizungsregler regelt die Vorlauftemperatur in Abhängigkeit von der Außentemperatur durch Ein- und Ausschalten des Brenners, wobei viele Schaltprogramme eingestellt werden können (siehe Abschn. 236-42).
3. *Verbundregelung* mit gleichzeitiger Steuerung der Luft- und Gaszufuhr siehe Bild 231-73.
4. Bei *Mehrkesselzentralen*[1]) können die Kessel einzeln durch Außenthermostate oder

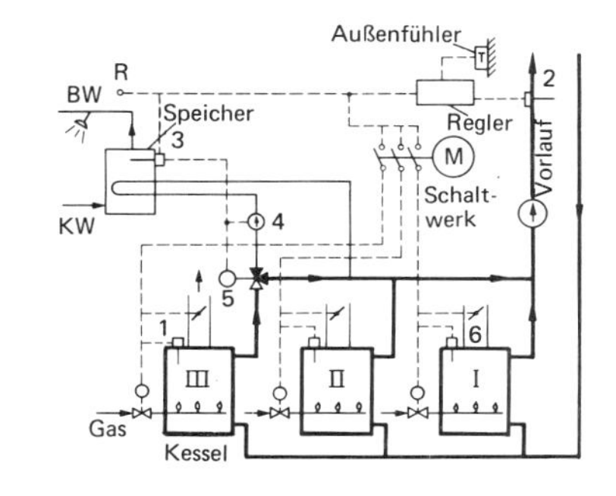


Bild 231-93. Regelung bei einer gasbeheizten Mehrkesselzentrale mit Brauchwasserspeicher.
1 = Kesselthermostat,
2 = Vorlauftemperaturfühler,
3 = Temperaturregler für Speicher,
4 = Speicherladepumpe,
5 = Umschaltventil,
6 = Abgasklappe,
KW = Kaltwasser,
BW = Brauchwasser

[1]) Ermeler, W.: IKZ 11/76. 6 S.

mit elektronischen Reglern lastabhängig über die Vorlauf- oder Rücklauftemp. zu- und abgeschaltet werden, Bild 231-93. Für die *Brauchwassererwärmung* im Speicher ist eine Vorrangschaltung erforderlich, indem ein Temperaturregler im Speicher unabhängig von der Heizlast einen Kessel in Betrieb setzt. Jeder in Betrieb befindliche Kessel arbeitet dabei mit *Vollast,* so daß hohe Betriebswirkungsgrade erreicht werden. Dabei allerdings mehr Wartungskosten und Abgasleitungen, komplizierte Gasrohrleitungen, mehr Platzbedarf. Die Kessel können statt mit einer Strömungssicherung je Kessel auch mit einer gemeinsamen Strömungssicherung eingebaut werden. Absperrklappen im Wasserrücklauf und Abgas.

### -36 Schornstein

(siehe auch Abschn. 232)

Taupunkt der Abgase liegt wegen des großen Wasserdampfgehaltes hoch, etwa bei 50 bis 60 °C. Daher bei geringer Belastung Gefahr von Wasserniederschlag im Schornstein und damit *Versottung*. Schornsteine für Gasfeuerungsanlagen sollen daher wasserdicht und wärmedämmend (siehe DIN 4705) sein sowie eine Entwässerung haben. Am besten sind als Baustoff Formsteine geeignet. Wird der Taupunkt der Abgase im Schornstein unterschritten *(Brennwertkessel)*, sind korrosionsfeste Materialien zu verwenden, z.B. Edelstahl, Keramik, Kunststoffe.

Eigener Schornstein bei Leistungen > 50 kW.

Abgastemperatur bei konventionellen Kesseln nicht unter 160 °C. Hinter Strömungssicherung geringste Temperatur 80 °C zulässig, da durch Nebenluft der Taupunkt der Abgase gesenkt wird. CO-Gehalt des unverdünnten trockenen Abgases < 0,1%.

Abgasleitung vom Kessel zum Schornstein verbleites Stahlblech oder andere zugelassene Werkstoffe.

Gas und feste Brennstoffe dürfen gleichzeitig im gleichen Kessel verbrannt werden, Prüfung durch den Schornsteinfeger empfohlen. DIN 4759, 4. 86.

Schornsteinquerschnitte siehe Bild 221-66 und Abschn. 232 sowie TRGI 1986.

Automatisch wirkende *Abgasklappen*[1]) mit Mindestöffnung sind zweckmäßig, um Auskühlverluste des Kessels während der Brennerstillstandszeit zu verringern; dadurch bei Heizkesseln mit konstant hoher Kesselwassertemperatur Brennstoffersparnisse, je nach Zugstärke und Belastung des Kessels etwa 0,5···1,0% der Kesselleistung bei großen Kesseln (> 0,5 MW) und 1,0···3,0% bei kleinen Kesseln. Besonders wichtig ist der Einbau der Absperrklappe, wenn der Kessel in Wohnungen aufgestellt ist, da er den Abzug warmer Wohnraumluft verhindert. Hier empfiehlt sich der Einbau der Abgasklappe *hinter* der Strömungssicherung. Die inneren Kessel-Auskühlverluste werden so zwar nicht verhindert, sie kommen jedoch in der überwiegenden Zeit des Jahres der Raumheizung zugute (s. auch Abschn. 231-331). Ausführung mit Bimetall oder elektrisch (DIN 3388, 2 Teile, 9. 79 u. 12. 84).

Absaugung der Abgase mittels Ventilator s. DVGW-Arbeitsblatt G 660 (8.81).

Bei Aufstellung von Gasfeuerstätten in Wohn- und Aufenthaltsräumen mit *fugendichten Fenstern* ist die Zufuhr der erforderlichen Verbrennungsluft sicherzustellen bzw. von vornherein ein Luft-Abgas-Schornstein vorzusehen (Bild 235-86).

Schornsteine für Brennwertkessel s. Abschn. 231-434.

### -37 Heizleistung der Gasheizkessel

In DIN 4702 – Teil 3 (E.5.87) sind die wichtigsten Anforderungen an die Gas-Spezialheizkessel niedergelegt. Unter anderem wird verlangt (Bild 231-96):

| | |
|---|---|
| Kesselwirkungsgrad je nach Größe | 83···88% |
| Abgastemperatur nach Strömungssicherung | 80···260 °C |
| Mindest-Restwärme (Mindest-Abgasverlust) | 9···6% |
| CO-Gehalt | <0,10 Vol.-% |

Die Heizleistung der Wärmeerzeuger wird auf Antrag der Hersteller von besonderen Prüfstellen festgestellt, die vom Fachnormenausschuß Heizung und Lüftung (FNHL)

[1]) Eisele, C.-D., u.a.: BWK 3/79. S. 102/4.
Dreizler, U., u. W.: Wärmetechn. 3/82. S. 79.
Dreizler, W.: HR 2/83. S. 82/4.

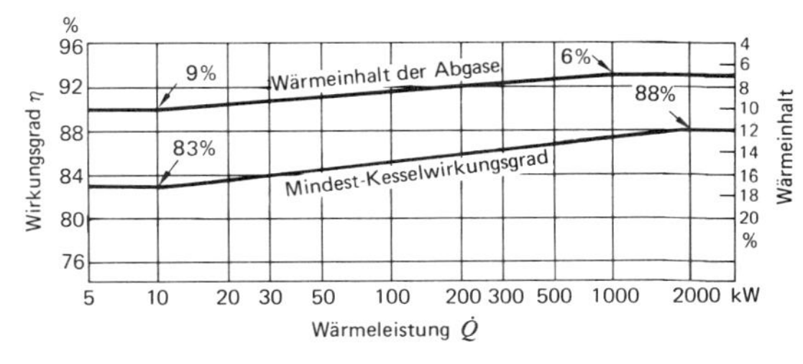


Bild 231-96. Anforderungen bei Gaskesseln ohne Gebläse nach DIN 4702 (T. 3 – E. 5. 87).

anerkannt sind. Für die Durchführung der Versuche gibt DIN 4702 – Teil 3 genaue Anweisungen.

Heizflächenbelastungen bei atmosphärischen Brennern 18···23 kW/m²
bei Gasgebläsebrennern bis 45 kW/m².

Vom Kesselnennwirkungsgrad zu unterscheiden ist der geringere *Kesselbetriebswirkungsgrad* (Jahresnutzungsgrad), siehe Abschn. 231-8.

Bei Inbetriebnahme sind die Kessel nach der 2. HeizAnlVO (24. 2. 82) auf die Leistung einzustellen, die sich aus der Wärmebedarfsberechnung ergibt. Keine Zuschläge. Ausnahme bei Niedertemperatur-Kesseln.

### -38 Lüftung des Kesselraumes

Da in allen Gasfeuerstätten bei Luftmangel die gefährliche CO-Bildung möglich ist, enthalten die Feuerungsverordnungen der Länder bestimmte Vorschriften:

Der Aufstellraum muß bei Fenstern oder Türen ohne besondere Dichtung einen Rauminhalt von 2 m³/kW haben.

Es genügt 1 m³/kW, wenn eine ins Freie führende Öffnung von 150 cm² besteht.

Bei 2 Öffnungen von je 150 cm² unten und oben in einer Wand zum benachbarten Raum genügt ebenfalls ein Rauminhalt von 1 m³/kW für beide Räume zusammen.

## -4 HEIZKESSEL MIT ÖL- ODER GASGEBLÄSEBRENNERN[1])

### -41 Allgemeines

Die Öl- und Gasfeuerung hat im Laufe der Zeit eine stetige Weiterentwicklung erfahren, sowohl bei den Brennern wie bei Heizkesseln. Gegenüber früheren Bauarten haben die Wärmeerzeuger aus Guß oder Stahl viele Verbesserungen wie höhere mittlere Heizflächenbelastung, kleinere Feuerräume, Fortfall der Schamotteausmauerung u. a. Insbesondere ist es heute auch möglich, Kessel mit geringen Wassertemperaturen zu betreiben, ohne daß durch Unterschreiten des Wasserdampf-Taupunkts und durch *Schwefelsäureausscheidung* aus den Abgasen Korrosionen auftreten. Dies wird durch besondere Beschichtungen der Kesselwände oder durch Anheben der Wandungstemperaturen über den Taupunkt der Heizgase mit Hilfe konstruktiver Maßnahmen oder durch besonderes Kesselmaterial erreicht. Die Strahlungs- und Betriebsbereitschaftsverluste werden dadurch wesentlich verringert.

Öl- und Gasheizkessel unterscheiden sich nicht in ihrer Bauart, so daß jeder Ölheizkessel auch mit einem Gasgebläsebrenner betrieben werden kann.

*Hauptvorteile* der Zentralheizung mit Ölfeuerung:

die vorzügliche Regelbarkeit des Heizbetriebes und damit Wirtschaftlichkeit des Systems;

[1]) Marx, E.: Wärmetechnik 8/85. S. 298 ff.

Möglichkeit der Programmsteuerung;
freie Wahl des Brennstofflieferanten;
die einfache Bedienung (Kohlenanfuhr und Schlackenabfuhr entfallen);
die ständige Betriebsbereitschaft auch im Sommer;

Vorteile der Zentralheizung mit Gas siehe Abschnitt 231-31.

Bei der Installation von Ölfeuerungen sind u. a. folgende Vorschriften[1]) zu beachten:

*Verordnung über brennbare Flüssigkeiten* – VbF – BFV vom 27.2.1980 und 2.5.82 (B.G.Bl.).

*Technische Regeln für brennbare Flüssigkeiten* – TRbF – vom April 1980. Die für die Heizungstechnik maßgebenden Bestimmungen der obigen Gesetze sind enthalten in den

*Heizölbehälter-Richtlinien* (HBR); Musterverordnung der „Argebau" vom März 1972 und inzwischen von den meisten Bundesländern eingeführt. In den Richtlinien wird auch auf die entsprechenden DIN-Normen und andere Vorschriften hingewiesen. Weiterhin sind folgende Bestimmungen zu beachten:

*Heizkessel;* Begriffe, Nennleistung, Anforderungen, Kennzeichnung. – DIN 4702 (E. 4. 85) Teil 1 Begriffe, Teil 2 Prüfregeln.

*Ölfeuerungen* in Heizungsanlagen; Bau, Ausführung, Sicherheitstechnische Grundsätze – DIN 4755 Teil 1 (9. 81) Teil 2 (2. 84).

*Ölzerstäubungsbrenner;* Begriffe, Sicherheitstechn. Anforderungen, Prüfung – DIN 4787. Teil 1 u. 2 (9. 81).

*Feuerungsverordnungen der Länder.*

Ferner sind bei jeder Anlage die etwaigen zusätzlichen örtlichen bauaufsichtlichen Vorschriften zu beachten, insbesondere auch das Immissionsschutzgesetz (Auswurfbegrenzung bei Feuerungen mit Ölbrennern), siehe Abschn. 193. Hinweise in der VDI-Richtlinie 2116 (1. 81). Ein ständiger Wartungsdienst wird durch die Heizungsbetriebsverordnung verlangt.

Vorschriften für *Gasfeuerungen* siehe Abschn. 231-3 und 236-9.

### -42 Die Heizöle (siehe auch Abschn. 136)

*Einteilung der Heizöle* nach DIN 51 603 in 4 Gruppen:

- EL (extra leicht), für Verdampferbrenner und Zentralheizungen mit Leistungen bis 100 kg/h, jetzt auch zunehmend bei Mittel- und Großanlagen;
- L (Leichtöl), ohne Vorwärmung verbrennbar (nur für Teeröle);
- M (Mittelöl), zur Verbrennung Vorwärmung erforderlich; nur für Teeröle;
- S (Schweröl), zum Transport und zur Verbrennung Vorwärmung erforderlich; Verwendung bei Großanlagen und in der Industrie.

Die *Mindestanforderungen* nach DIN 51 603 sind in Tafel 136-8 enthalten.

## -43 Die Heizkessel

### -431 Umstell- und Wechselbrandkessel

Alte *gußeiserne Koks- und Kohle-Kessel* lassen sich für Öl- oder Gasfeuerung verwenden, wobei einige Änderungen erforderlich sind, wie Auswechselung der Vorderglieder, Ausmauerung des Feuerraums u. a. Im Rahmen der Energieersparnis sollten jedoch solche Umstellungen heute nicht mehr vorgenommen werden, da sie hinsichtlich Abgasverlust sowie Strahlungs- und Betriebsbereitschaftsverlusten nicht mehr den heutigen Anforderungen entsprechen. Besser ist vollständige *Modernisierung* (Abschn. 266-9).

*Umstellbrandkessel* mit festeingebautem Rost oder mit Einlegerost werden noch geliefert. Bei Ölfeuerung haben sie meist eine mehr oder weniger große Schamotte-Auskleidung, die bei Umstellung auf feste Brennstoffe entfernt werden muß. Außerdem muß die Brennerplatte durch das Feuerungsgeschränk ersetzt werden.

Beispiel eines kleinen Heizkessels siehe Bild 231-103. Große Brennkammer, wassergekühlter Rost.

Bild 231-105 zeigt einen Heizkessel ähnlicher Bauart, jedoch als *Wechselbrandkessel.* Darunter versteht man solche Kessel, die ohne Umbau mit wenigen Handgriffen von

---

[1]) Lippert, E.: Ölfeuerungen. Loseblatt-Sammlung.

Bild 231-103. Gußeiserner Umstellbrandkessel mit variablem Feuerraum (Strebel Camino 160).

Bild 231-105. Gußeiserner Wechselbrandheizkessel. Leistung 45···116 kW.

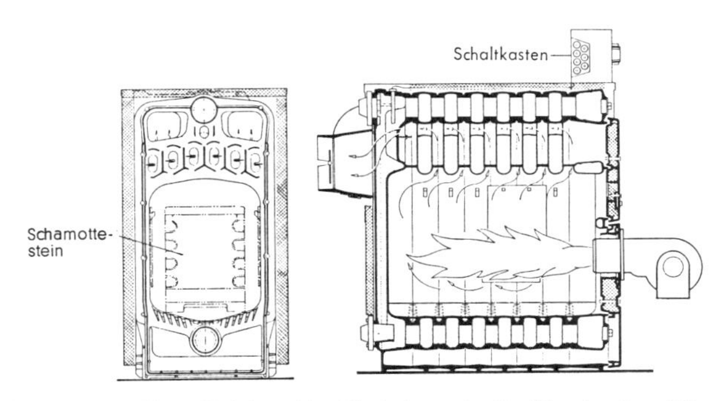


Bild 231-108. Gußeiserner Umstellbrandheizkessel in Gliederbauweise für Öl- oder Gasgebläsefeuerung, umstellbar auf Koksfeuerung. Leistung 20···80 kW (Buderus Logana 02.30).

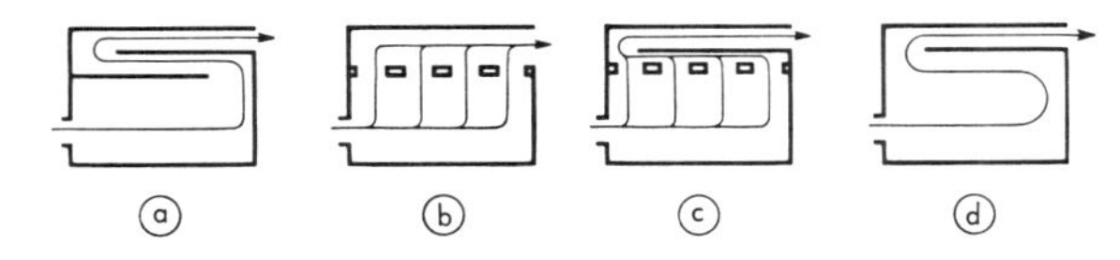


Bild 231-110. Rauchgasführung bei Öl- und Gasfeuerung.
a = Zweizugprinzip, b = Teilstromprinzip, c = kombiniertes Zweizug- und Teilzugprinzip, d = Flammenumkehrprinzip

Öl- oder Gasfeuerung auf feste Brennstoffe umgestellt werden können. Bei Umstellung auf Koksfeuerung wird der Ölbrenner ausgeschwenkt und das Koksfeuergeschränk eingeschwenkt. Feste und flüssige oder gasförmige Brennstoffe dürfen jedoch nicht gleichzeitig verbrannt werden (Verriegelung).

Ein anderer gußeiserner Umstellbrandheizkessel ist in Bild 231-108 dargestellt. Großer Brennraum mit wassergekühltem Rost. Die waagerechten Nachheizflächen über dem Brennraum sind mit angegossenen Turbulenzrippen versehen, um den Wärmeübergang zu verbessern.

Bei Verbrennung von Koks anstelle von Öl oder Gas sinkt allerdings die Leistung auf 65…80%. Eine derartige Rauchgasführung findet man übrigens bei vielen gußeisernen Gliederkesseln, siehe Bild 231-110.

Die meisten *Stahlheizkessel* lassen sich ebenfalls mit verhältnismäßig geringen Änderungen für Öl- oder Gasfeuerungen einrichten, sowohl runde, rechteckige wie liegende Bauarten. Der Wirkungsgrad der Wärmeerzeugung ist allerdings erheblich geringer als bei den Spezialkesseln, daher kaum noch angewandt.

Bevorzugt werden heute *Zweikammerkessel* (Doppelkessel), die 2 verschiedene Feuerräume enthalten, die dem Brennstoff entsprechend speziell konstruiert sind. Die Brennkammer für feste Brennstoffe liegt dabei meist unter der für die Ölfeuerung. Beispiel für eine derartige *Kombinationsbauart* von speziellen Öl/Gaskesseln mit Festbrennstoffkesseln zeigt Bild 231-12. Diese Ausführung wird zwecks gesicherter Energieversorgung und gleichzeitig optimaler Brennstoffausnutzung bevorzugt.

### -432 Spezialheizkessel[1])

Diese nur für Öl- oder Gasfeuerung geeigneten Heizkessel dominieren heute eindeutig auf dem Markt, trotz Ölkrisen und alternativer Energiequellen, da sie gegenüber den Umstell- und Wechselbrandkesseln wesentlich kleiner, leichter und billiger sind sowie einen höheren Wirkungsgrad haben. Besonders wichtig ist dabei die Anpassung des Brennraums an die Flamme, wobei der Stahlheizkessel besondere Vorteile gegenüber dem Gußgliederkessel hat.

Häufig findet man stählerne Spezialkessel nach Bild 231-115. Der Feuerungsteil ist nach dem *Umkehrprinzip* ausgebildet, indem die Heizgase im Brennraum umkehren und die darüberliegende Nachheizfläche durchströmen. Diese besteht aus waagerechten Rohren oder rechteckigen Kanälen, die zur Erhöhung des Wärmeübergangs profiliert oder mit Turbulenzeinsätzen versehen sind. Ansicht eines derartigen Kessels in Bild 231-116.

Bei dem Kessel in Bild 231-120 sind die taschenförmigen Nachheizflächen hinter dem Brennraum angeordnet. Der wassergekühlte Brennraum ist zylindrisch ausgebildet und hat am Ende einen *Heizgas-Lenkschirm*, der die Heizgase umlenkt und gleichmäßig auf die Nachheizflächen verteilt. Der ganze Kessel ist aus korrosionsfestem Stahl (Kerastahl) hergestellt.

Die Mehrzahl der Heizkessel wird mit einem Brauchwasserspeicher ausgerüstet, der sich entweder im oberen oder als regelbarer Speicher im unteren Kesselbereich befindet. Zunehmend wird er auch unter oder neben den Kessel gesetzt und mit Rohrleitungen angeschlossen, siehe Abschn. 431.

Der aus Stahl geschweißte Kessel (Bild 231-125) hat eine runde Brennkammer, über der sich die Nachheizfläche in Form von parallelen Flachrippenrohren befindet. An der Vorderseite die Kesseltür mit Schauöffnung und Brennerplatte. Der Brauchwas-

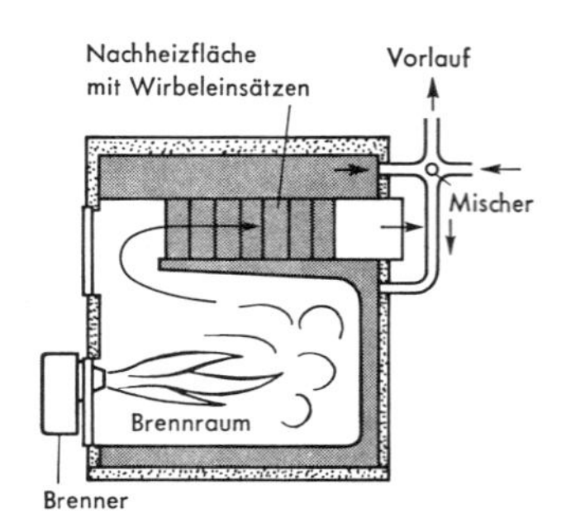


Bild 231-115. Stählerner Öl-Spezialheizkessel mit Umkehrbrennkammer.

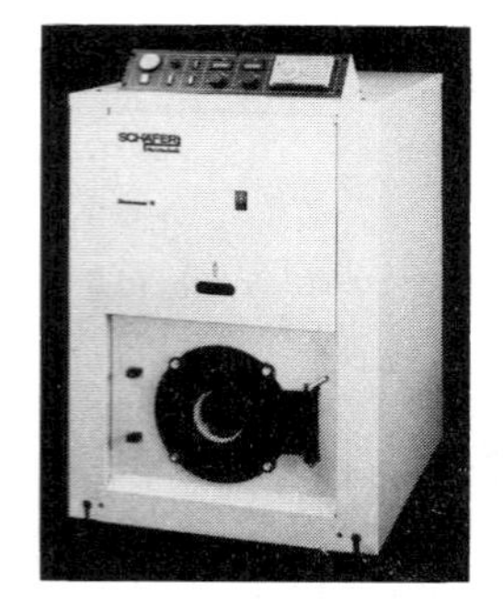

Bild 231-116. Ansicht eines Öl/Gas-Spezialkessels (Schäfer-Interdomo).

[1]) Marx, E.: Wärmetechnik 10/85. S. 369/74.

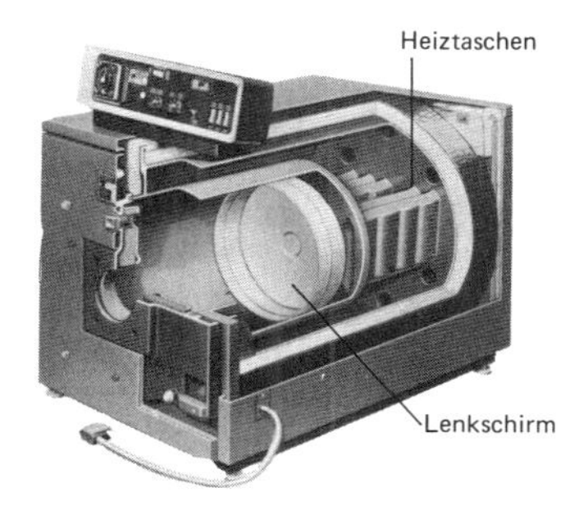


Bild 231-120. Niedertemperatur-Öl-Gas-Stahlheizkessel mit Nachheizflächen hinter dem Brennraum aus Sinterkeramik und mit Heizgas-Lenkschirm (Buderus, Junomat-Ecomatic), 14···49 kW.

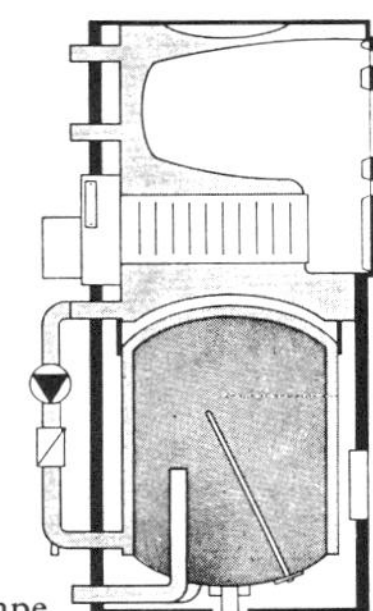

Bild 231-125. Ölbefeuerter Stahlkessel mit Umkehrbrennkammer und untergesetztem Brauchwasserspeicher (Tiefspeicher) mit Ladepumpe.

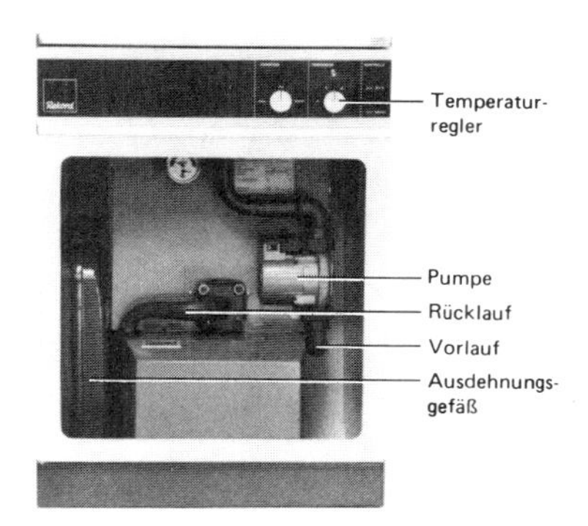


Bild 231-130. Ölbefeuerter Küchenheizkessel mit Gebläse-Verdampfungsbrenner (Rekord).

ser-Speicher ist im Wasserraum des Kessels eingeschweißt oder auch über dem Kessel gesondert montiert. Auf der Instrumententafel sind die Bedienungselemente angebracht: Kessel- und Speicherthermometer, Temperaturregler, Ein/Aus-Schalter, Sommer/Winter-Schalter, Betriebsstundenzähler. Kessel kann mit Öl oder Gas betrieben werden.

Eine Sonderbauart sind runde Spezial-Heizkessel mit Sturzbrenner, siehe Bild 231-221. Brenner oben auf dem Kessel, in der Mitte der Brennraum, unten Wendekammer, seitliche Rauchrohre als zweiter Zug.

Kleine Heizkessel werden auch als *Etagenkessel* zum Einbau in Küchen geliefert, Beispiel Bild 231-130 mit Gebläse-Verdampfungsbrenner.

Komplette Installationseinheit, fertig verdrahtet mit Verdampfungsbrenner und Ventilator, automatischer Zündung, eingebautem Durchlauferhitzer, Umwälzpumpe, 4-Wege-Mischventil, Schaltbrett mit Thermometer, Thermostat und Hydrometer, zusätzliche Elektro- oder Gaskochplatte. Abmessungen $B \times H = 60 \times 85$ cm. Heizleistung 11···25 kW. Auch mit aufgesetztem Speicher lieferbar.

Eine weitere moderne Konstruktion zeigt Bild 231-132. Zylindrischer Verbrennungsraum ohne Rost, vertikale wellenförmige Kesselzüge. Gußeiserne Kessel ähnlicher Bauart werden für Leistungen bis 2 MW hergestellt.

Der Kessel in Bild 231-133 hat einen *Blaubrenner*, bei dem der Ölnebel im Brennerrohr durch Rezirkulation der heißen Brenngase vergast wird. Der Kessel aus korrosionsbeständigem Grauguß kann auch im Niedertemperaturbereich bis 35 °C betrieben werden.

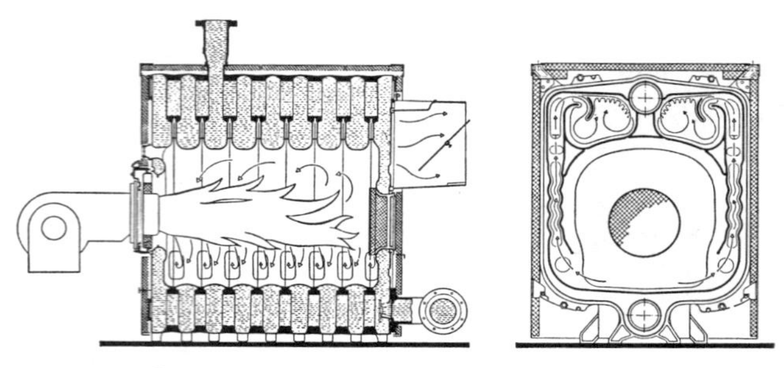

Bild 231-133. Öl-Spezialheizkessel mit Blaubrenner (Braukmann). Leistung 17 bis 35 kW.

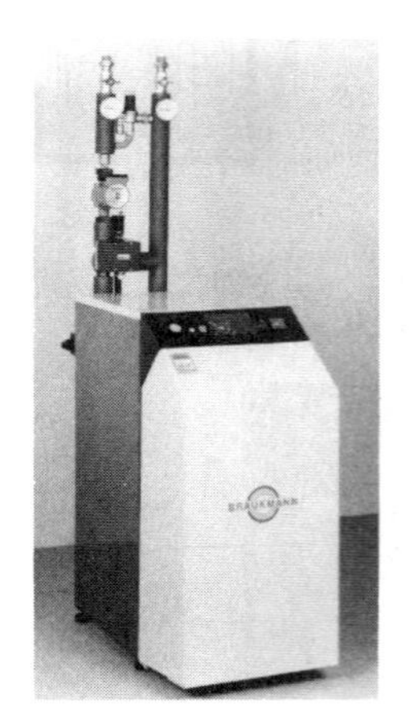

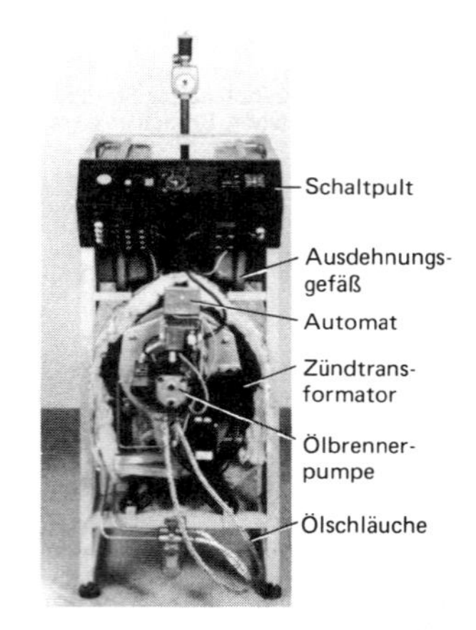


Bild 231-132. Gußeiserner Gliederkessel für Öl- oder Gasgebläsebrenner. Leistung 370 bis 1000 kW (Buderus Lollar).

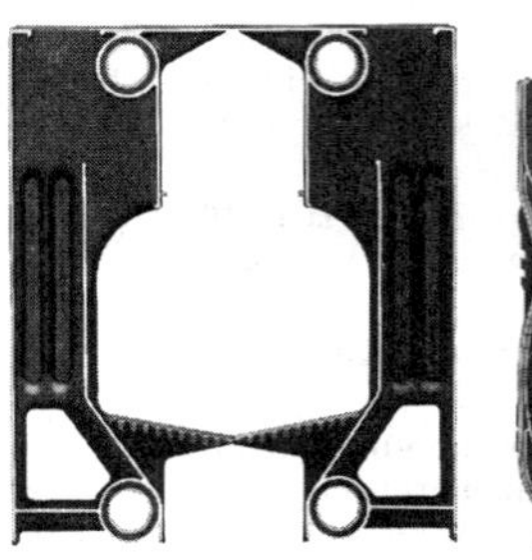

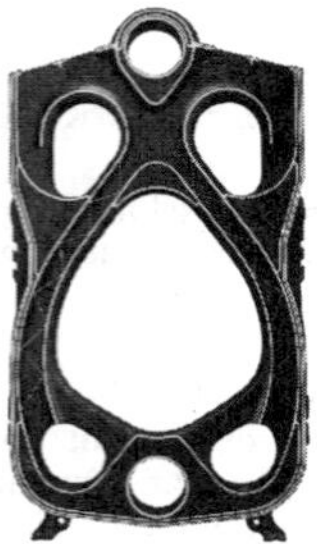

Bild 231-135. Größenvergleich zwischen dem Glied eines Gußheizkessels für Überdruck- und Unterdruckfeuerung bei etwa gleicher Leistung.

Eine weitere Entwicklung sind Gußkessel für *Überdruck.* Sie sind dadurch gekennzeichnet, daß die Rauchgasgeschwindigkeit im Kessel auf das Mehrfache gesteigert wird, etwa auf das 4–5fache gegenüber Kesseln mit Schornsteinzug.

Dadurch steigt der Wärmeübergang ebenfalls erheblich an, und die Nachschaltheizfläche kann wesentlich reduziert werden. Allerdings muß zur Überwindung der Strömungswiderstände ein erheblich höherer Druck (16···25fach) aufgewendet werden.

*Vorteile:*

Unabhängigkeit vom Schornsteinzug, kleinerer Schornsteinquerschnitt; stabile Verbrennung mit höherem $CO_2$-Gehalt;

höhere Wirkungsgrade, besserer Wärmeübergang, geringere Verschmutzung, geringere Abmessungen, geringerer Preis.

*Nachteile:*

Höhere Gebläsedrücke und dadurch höherer Energieaufwand des Brenners.

Manchmal erhöhte Geräusche, so daß Schallschutzmaßnahmen erforderlich werden: Brennerschalldämpfhaube, Abgasschalldämpfer, Rohrkompensatoren, schallgedämmtes Fundament u. a. Überdruck bis 600 Pa und mehr. Die Kessel sind wegen ihres geringen Gewichtes und wegen der Transportmöglichkeit in Einzelgliedern besonders auch für Dachzentralen geeignet. Aus Bild 231-135 geht der Größenunterschied zwischen Kesseln für Überdruck- und Unterdruckfeuerung hervor. Die Konstruktionen sind allerdings noch sehr unterschiedlich, siehe Bild 231-138.

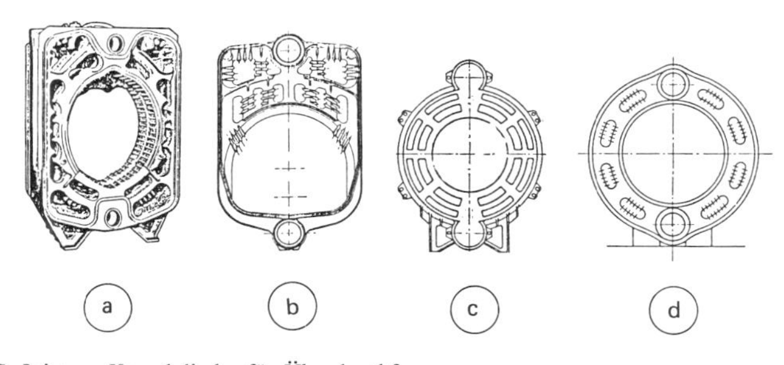


Bild 231-138. Gußeiserne Kesselglieder für Überdruckfeuerung.
a) Buderus Lollar G 505, b) Vaillant/Rheinstahl GP, c) Strebel RU3, d) Ideal Stelrad CR

Beim *Vaillant-Rheinstahlkessel* GP 400 Umkehrflamme im Feuerraum, unten liegende Sammelkanäle mit daran anschließenden Vertikalzügen.

Beim *Buderus-Kessel Lollar* 55 unten am Feuerraum beginnende wedelzugartige senkrechte Züge und tangentialer Eintritt in die oberen Sammelkanäle.

Beim *Strebel-Kessel* RU Rauchzüge konzentrisch um den Feuerraum wie bei den 3-Zug-Flammrohr-Rauchrohrkesseln.

Beim *Ideal Stelrad Kessel* CR zylindrischer Feuerraum mit ringförmig angeordneten Nachschaltheizflächen.

Die Betriebswerte wie $CO_2$-Gehalt, Abgastemperatur, Luftzahl, Wirkungsgrad usw. gleichen sich jedoch weitgehend. Leistungsgewichte verringert bis auf 3···4 kg je kW.

Den Übergang zu der Bauart großer Hochleistungskessel bilden Heizkessel mit *Umkehrbrennkammer* und seitlich oder darüber befindlichen Nachschaltheizflächen in Form von *Heiztaschen oder Heizrohren* (Bild 231-143).

Der Feuerraum ist groß genug, daß die Flamme vollständig ausbrennt. Die rückströmenden Heizgase umhüllen entweder die Flamme oder es werden besondere Brennraumerweiterungen verwendet. Die Wendekammer befindet sich an der Vorderseite des Kessels.

Werden die Heizrohre oberhalb des Brennraums angebracht, läßt sich der Heizkessel sehr schmal bauen. Bei einer Breite von weniger als 900 mm werden Leistungen von 0,5 MW und mehr erreicht. Durch Einbau von Wirbelblechen in den Heiztaschen sind die Kessel auch für *Überdruckbetrieb* geeignet, wobei sich infolge des besseren Wärmeübergangs Mehrleistungen von etwa 20% ergeben.

Einen Überdruckkessel größerer Leistung mit Umkehrbrennkammer und Turbulenzrohren als Nachschaltheizfläche zeigt Bild 231-144. Hier ist zur besseren Ausnutzung der Abgase ein *Abgaswärmeaustauscher* aus Rippenrohren am Ende des Kessels eingebaut. Er wird ohne Kondensatbildung ganz oder teilweise von den Abgasen durch-

Bild 231-143. Niedertemperatur-Heizkessel mit Umkehrbrennkammer und mit zweischaligen Heizrohren (Paromat-Duplex, Viessmann). Heizrohre s. auch Bild -148a.

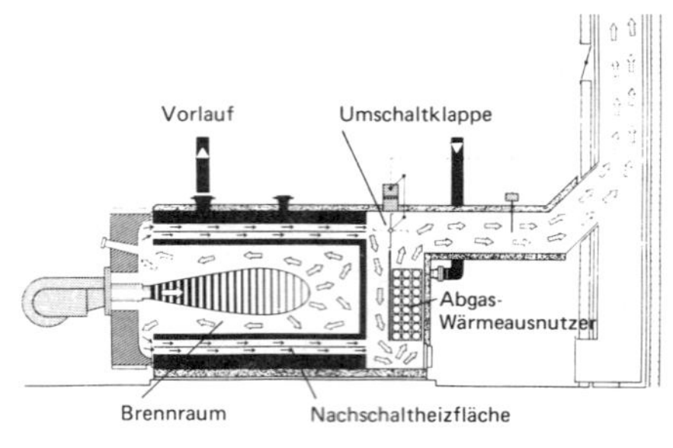


Bild 231-144. Überdruckheizkessel mit Abgaswärmeausnutzung (Buderus Omnimat).

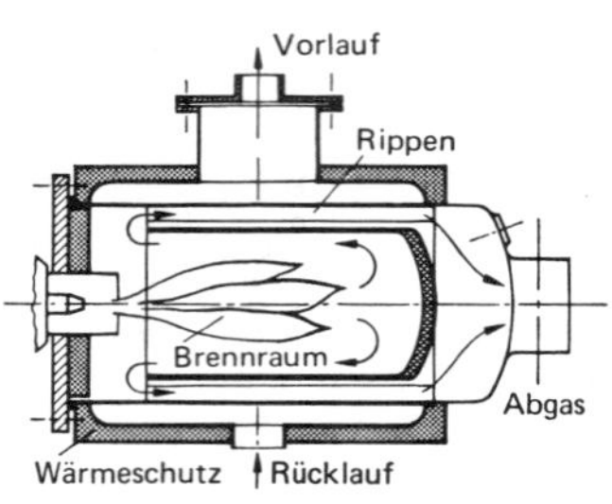


Bild 231-146. Stahlheizkessel kleiner Leistung mit ungekühlter Brennkammer (Heimax).

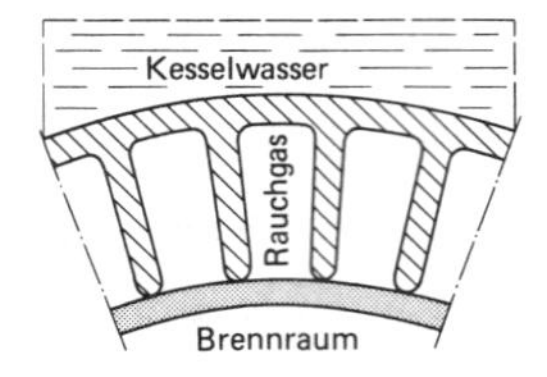


Bild 231-147a. Rauchgas führendes Innenrippenrohr.

Bild 231-147b. NT-Stahlheizkessel für Gas oder Öl mit ungekühlter Brennkammer und Innenrippenrohr (Buderus Junomat) 14…70 kW.

strömt, die sich dabei auf 140 °C abkühlen. Diese Abgastemperatur wird durch eine von einem Abgasthermostaten gesteuerte Regelklappe bei allen Leistungsstufen konstant gehalten. Dadurch Steigerung des Wirkungsgrades bis auf 93%. Der Abgaswärmeausnutzer kann auch an anderer Stelle des Abgaswegs eingebaut werden und auch bei bestehenden Anlagen, wenn Ventilator und Brenner noch Leistungsreserven haben.

Da durch das *Energiespargesetz* in Zukunft bessere Wärmedämmung für Wohnbauten verlangt wird, werden für Einfamilienhäuser kleine Kessel von 10 bis 15 kW benötigt. Weil die Flamme bei dem kleinen Volumen leicht unterkühlt wird und erlischt, werden ungekühlte Brennkammern verwendet. Dadurch wird eine zu starke Auskühlung der Brennkammer verhindert, und es ergibt sich eine bessere Verbrennung mit großem Wirkungsgrad. Beispiel in Bild 231-146 mit zylindrischer nicht wassergekühlter (trockener) Brennkammer, die sich nach Ausschwenken der Brennertür herausziehen läßt. Innenrippenrohr als Nachschaltheizfläche. Durch die große Fläche des rauchgasdurchströmten Innenrohres wird die Oberflächentemperatur an den Rippen erhöht, so daß sich kaum Schwefelsäure durch Kondensation ausscheiden kann (Bild 231-147).

Viele Kessel kleiner Leistung werden, namentlich bei Gasfeuerung, als sog. *Packaged-Units* geliefert, bei denen Wärmeerzeuger, Brenner, Regelung, Pumpe und andere Bestandteile bereits in der Fabrik zusammengebaut werden. Die Vorteile sind:

optimale Abstimmung zwischen Kessel, Brenner und Regelung,
keine Montagefehler,
geringere Montagekosten.

Siehe auch Bild 431-29. Heizflächenleistung ca. 60 kW/m² [1]).

### -433 Niedertemperaturkessel (NT-Kessel)[2])

Bei herkömmlichen Heizungsanlagen war es bisher üblich, die Kesselwassertemperatur auf 80 oder 90 °C konstant zu halten und die jeweilige Vorlauftemperatur durch Rücklaufbeimischung mittels Mischventil auf die erforderlichen geringeren Werte zu bringen. Die Abgastemperatur darf bei Nennleistung 240 °C nicht überschreiten und 160 °C nur unterschreiten, wenn die Abgasanlage entsprechende Anforderungen erfüllt (DIN 4702, T. 1, E. 4. 85). Es sollte dadurch namentlich bei Ölfeuerungen vermieden werden, daß die Heizgase bei Berührung mit kalten Wandungen auf der Feuerseite sich unter den Taupunkt von 50–55 °C abkühlen, wodurch infolge Schwefelsäure Korrosion entsteht (siehe Bild 237-7 u. -8).

Zwecks Verringerung der Verluste und Erhöhung des Wirkungsgrades wurden sogenannte Niedertemperaturkessel entwickelt, bei denen die Kessel mit abgesenkter oder gleitender Temperatur gefahren werden. Die Kesselwasser-Temperaturen können dabei auf wesentlich geringere Werte, z. B. 40 °C oder auch bis auf Raumtemperatur (totale Abschaltung) abgesenkt werden, ohne daß Korrosionen entstehen. Bild 231-150.

*Niedertemperaturkessel* sind solche Kessel, die mit maximaler Kesselwassertemperatur von 75 °C betrieben werden und die in Abhängigkeit von der Außentemperatur gleitend bis auf 40 °C oder tiefer betrieben werden bzw. auf max. 55 °C eingestellt sind.[3])

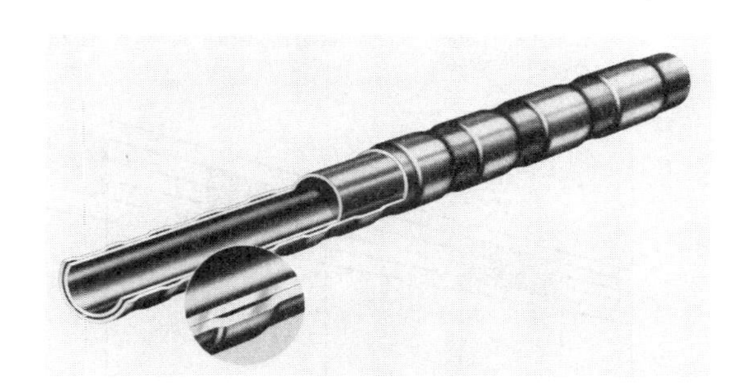

Bild 231-148a. Zweischalige Konvektionsheizfläche mit dosiertem Wärmeübergang. Material: Stahl/Stahl (Turbomat-Duplex, Viessmann).

Bild 231-148 b. Dreischichtiges Turbulenzrohr. Äußeres und inneres Metallrohr mit kontaktverhindernder Zwischenschicht, deren Länge in Rauchgas-Strömungsrichtung zunimmt. Prägungen erzeugen Turbulenz (Buderus).

[1]) Mann, W.: San. Heizg. Techn. 8/78. S. 567/70.
Holz, R.: TAB 6/86. S. 405/411.
[2]) Test Zeitschrift 5/84. S. 92/8.
[3]) Heizungsanlagen-Verordnung vom 24. 2. 82.

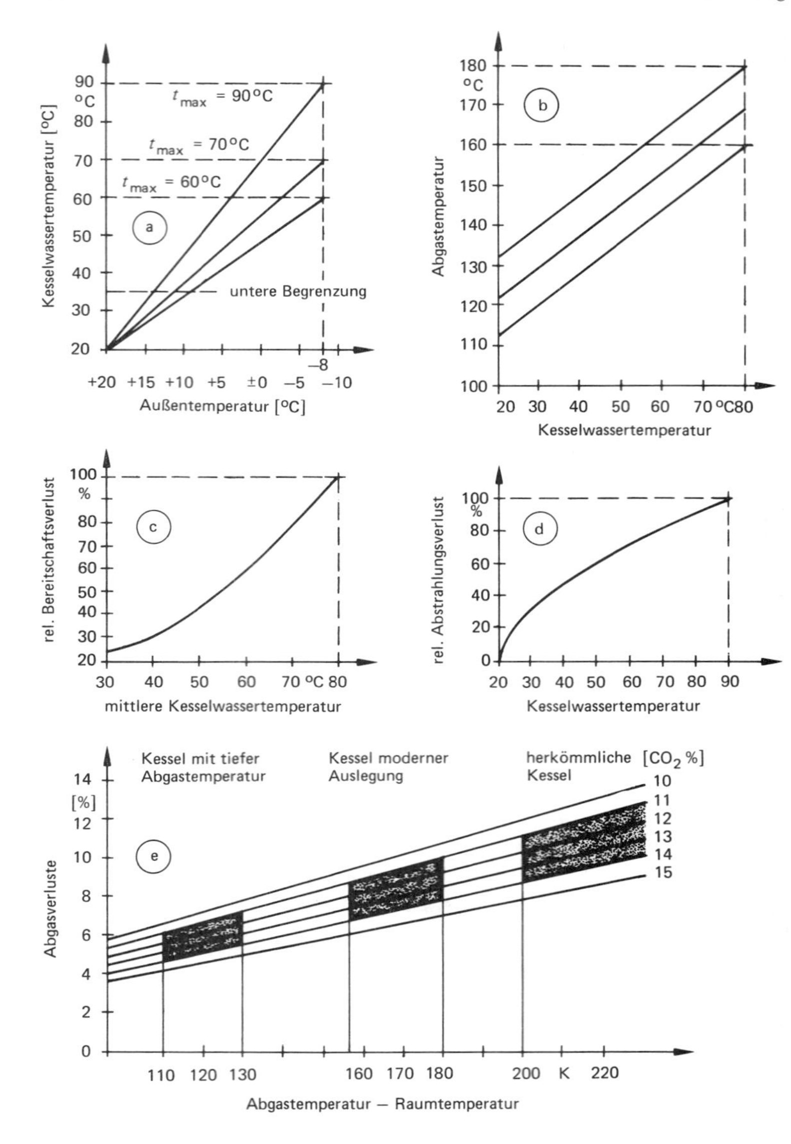


Bild 231-149. Temperaturen und Verluste bei Niedertemperaturkesseln.
a) Kesselwassertemperatur abhängig von der Außentemperatur.
b) Typische Verläufe der Abgastemperatur abhängig von der Kesselwassertemperatur.
c) Abnahme der Bereitschaftsverluste.
d) Abnahme der Abstrahlungsverluste.
e) Abnahme der Abgasverluste (Heizöl EL).

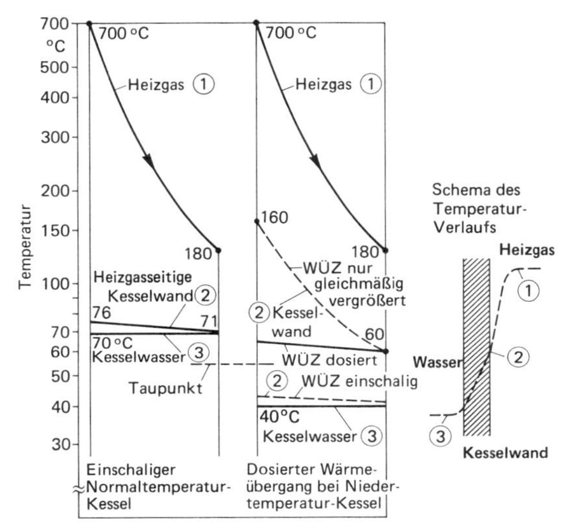


Bild 231-150. Temperaturverlauf bei Normal- und Niedertemperatur-Kessel mit dosiertem Wärmeübergang.
Links: Einschaliger Normalkessel
Mitte: Niedertemperatur-Kessel mit dosiertem Wärmeübergang (WÜZ = Wärmeübergangszahl)
Rechts: Temperaturverlauf schematisch.

Die *Vorteile* dieser Bauart sind:

geringere Abgasverluste, da die Abgastemperatur mit der geringeren Kesselwassertemperatur sich ebenfalls verringert, Bild 231-149b und e;
geringere Bereitschaftsverluste durch Abstrahlung und Konvektion, namentlich bei Kesseln mit Brauchwassererwärmung im Sommer, Bild 231-149c und d;
höherer Nutzungsgrad im Jahresbetrieb.

Der Vorteil geringerer Auskühlverluste ist insbesondere bei Kesseln kleiner Leistung von relativ hoher Bedeutung. Bei größerer Kesselleistung verringern sich die prozentualen Auskühlverluste wegen der abnehmenden spezifischen Kesseloberfläche ($m^2$/kW).

Das Problem bei der Entwicklung dieser Niedertemperaturkessel ist die Vermeidung von Kondensanfall bzw. die Verhinderung von Korrosion durch geeignete Werkstoffe oder Konstruktionen. Die Kesselhersteller beschreiten dazu mehrere Wege:

*Kessel mit Trockenbrennkammer*

Die zylindrische Brennkammer, die nicht an Wasser grenzt, ist von einem zylindrischen Rohr mit Rippen umgeben. Die hohe Rippentemperatur läßt keine oder wenig Kondensbildung zu. Dies ist eine schon lange bewährte Bauart (siehe Bild 231-146, -147a und b sowie 431-29). Die Rippen können aus Gußeisen oder Stahl sein.

*Kessel mit zweischaliger Heizfläche* (*Hybrid*-Heizflächen)[1])

Die Rauchrohre werden als zweischalige Konvektionsheizfläche ausgebildet. Zwei Stahlrohre sind ineinandergesteckt, jedoch nicht durchgehend miteinander verpreßt. Durch die Hohlräume entsteht ein *dosierter Wärmeübergang,* so daß auch bei niedriger Kessel-Betriebstemperatur die Oberflächentemperatur hoch bleibt. Die Hohlräume werden in Strömungsrichtung der Rauchgase größer, damit im hinteren Bereich die Wärmeübergangszahl verringert wird. Dort ist wegen der geringeren Rauchgastemperatur die Wärmeflußdichte kleiner und damit der Temperaturabfall im Metall kleiner, so daß rauchgasseitig niedrigere Wandoberflächen-Temperaturen vorliegen würden. Der dosierte Wärmeübergang kompensiert das.

[1]) Böhm, G.: GWI, 11/85. S. 465/7, und IKZ 9/85.

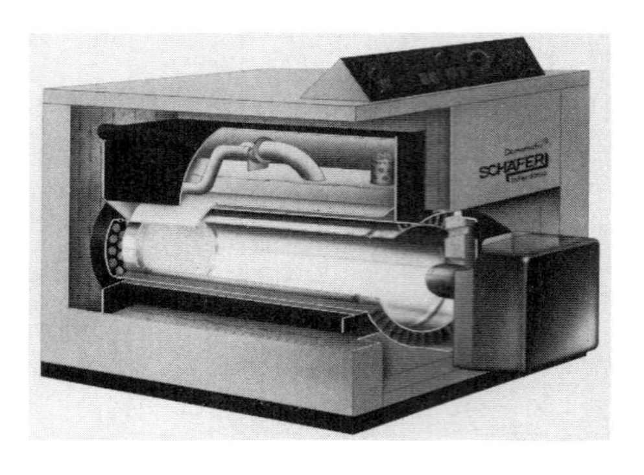

Bild 231-151a. Zweikreis-NT-Kessel-Leistung 10···58 kW (Schäfer-Interdomo).

Statt einer Zwischenschicht beim Doppelrohr kann man auch mit aufgeschweißten Rippen auf dem Brennraummantel arbeiten, wobei die Schrittlänge der Schweißung nach hinten hin abnimmt.

Gleitende Kesseltemperatur bis 40 °C ohne Kondensation (Bild 231-150).

*Zweikreiswarmwasserkessel*

Beim Kessel in Bild 231-151a ist der Kesselinhalt in 2 Kreise unterteilt: Primärkreis für die von Rippen umgebene Brennkammer mit Wassertemperaturen oberhalb des Taupunktes und Sekundärkreis für die Heizung. Beide Kammern sind durch eine Mischkammer mit Thermoventil verbunden. Durch den geringen Wasserinhalt des Primärkreises ist eine Schnellaufheizung des Kessels auch bei Kaltstarts möglich[1]).

*Kessel mit Beschichtung*

Die Heizflächen werden emailliert, oder es wird eine keramische Sinterschicht bei hohen Temperaturen aufgebracht. Der Kessel im Bild 231-151b wird mit einem modulierenden Gasbrenner betrieben, wobei sich bei geringer Belastung auch Kondensat im Abgas bilden kann. Im übrigen entspricht die Bauart konventionellen Kesseln.

Die Niedertemperatur-Technik kann auch bei Kesseln mit *Brauchwassererwärmung* angewendet werden. Hier muß die Kesseltemperatur von der abgesenkten niedrigen Temperatur zeitweise bis auf 70–75 °C erhöht werden. Im Sommer kann die Aufheizung auch im Kaltstart erfolgen. Da die Aufheizung jedoch je nach Speichergröße nur wenige Male täglich erfolgt, wird der Wirkungsgrad der Heizungsanlage nicht wesentlich verringert.

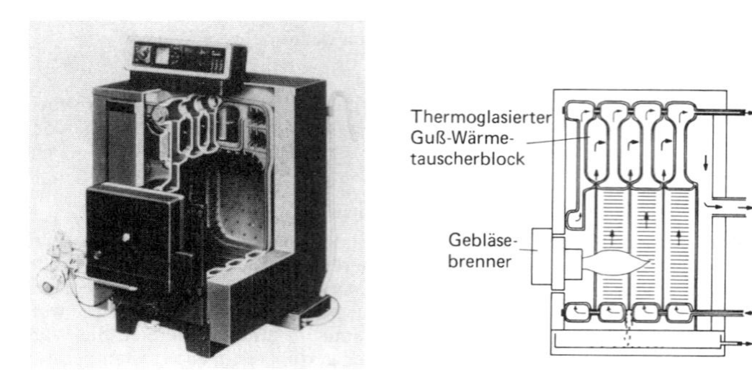


Bild 231-151b. Gußeiserner Niedertemperaturkessel mit emaillierter Heizfläche (Buderus Logana-Plus – 03.10).

[1]) Nohren, H.: HLH 5/85. S. 223/5.

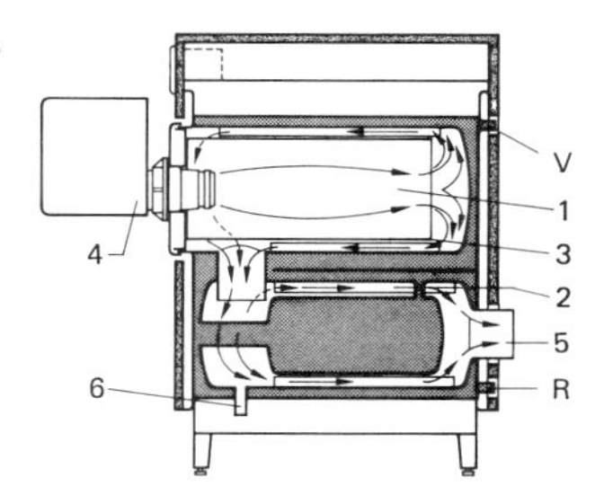


Bild 231-152. Aufbau eines Brennwertkessels für Gas (Dreizler)

1 Wärmeaustauscher 1
2 Wärmeaustauscher 2
3 Edelstahlbrennkammer
4 Gasgebläsebrenner
5 Abgasstutzen
6 Kondensatablauf

Für Niedertemperaturkessel und Stahlkessel gibt es besondere *Güte- und Prüfbestimmungen* (RAL-RG 610), die sich nicht nur auf Werkstoff und Konstruktion beziehen, sondern auch auf Temperatur-Regelung, Wirkungsgrad, Bereitschaftsverluste u. a.

Bei allen Niedertemperaturkesseln ist darauf zu achten, daß der *Schornstein* feuchtigkeitsfest ist (siehe Abschn. 232-4).

**-434 Brennwertkessel (Kondensationskessel)[1])**

Die neueste Entwicklung bei den Gaskesseln geht aus Gründen der Energieeinsparung dahin, die Abgastemperatur der Kessel unter die bisher üblichen Werte von ca. 160 °C zu senken, und zwar so weit, daß der in den Abgasen enthaltene Wasserdampf teilweise kondensiert. Voraussetzung ist dabei, daß das Heizsystem mit geringen Vorlauftemperaturen betrieben wird. Vorläufer dieser Entwicklung sind die *Brennwertgeräte,* die mit einer nachgeschalteten Heizfläche arbeiten, in der Kondensation auftritt (siehe Abschnitt 184-2) und die Schwimmbadheizer (Abschn. 256-2).

Die *Kondensationstemperatur* der Abgase (Taupunkt) beträgt bei Erdgas etwa 58 °C, bei Heizöl ca. 48 °C (Bild 137-18). Der erreichbare Nutzen ist bei Öl daher geringer. Hinzu kommt bei Öl die Gefahr durch $SO_2$-Bildung (s. Abschn. 237-3). Daher überwiegt Gas in der Brennwerttechnik.

Bei Unterschreiten dieser Temperatur schlägt sich der Wasserdampf an der Heizfläche nieder. Dabei wird die freiwerdende Kondensationswärme zusammen mit der noch vorhandenen fühlbaren Wärme im Abgas ausgeschieden und vom Kesselwasser aufgenommen. Der Wirkungsgrad des Heizkessels erhöht sich dabei erheblich und kann Werte über 100%, bezogen auf den unteren Heizwert, erreichen.

Im Kleinkesselbereich überwiegt die Ausführung als *Kondensations-Gaskessel* (Bild 231-152), während bei größeren Leistungen angebaute *Rekuperatoren* bevorzugt werden (Bilder 184-3 bis -5).

Energieersparnis gegenüber konventionellen Gas-Spezialheizkesseln nach Messungen 15···20% (siehe auch Bild 231-153), gegenüber Niedertemperaturkesseln 5···10%.

Mindestwerte für Kesselwirkungsgrad nach DIN 4702 T. 6 (Bild 231-154).

---

[1]) DIN 4702 Teil 6 (E. 8.85). In Österreich: ÖNorm M7466.
Jannemann, Th.: Gas 2/84. S. 74/80, 3/84. S.137/44 u. HLH 10/85.
Schaefer, F.: SHT 8/84. S. 515/18.
Ki-Forum 4/84. S. 161/5.
Brenner, L.: Ki 11/84. S. 461/5.
Brennwert-Symposium. Referate Essen 12.84. H.R. 1, 2 und 4/85.
Frischmann, G., u. a.: HR 2/85. S. 67/74 u. Ki 1/86. S. 15/7.
Ruhrgas: HR 1/85. S. 7/14 u. 2/85. S. 5.
Höß, A.: Feuerungstechnik 11/85. S. 12ff.
Marx, E.: Feuerungstechn. 1/86 bis 3/86.
Bockwyt, H., u. K. H. Schulze: HR 3/86. S. 145/52.
Heizung – Lüftung – Klimatechnik 3/86. S. 174/187 und 5/86. S. 326/332.
Miska, I.: CCI 12/86. S. 29/30.
Brennwertkessel mit atmosphärischen Brennern s. Abschnitt 231-333.

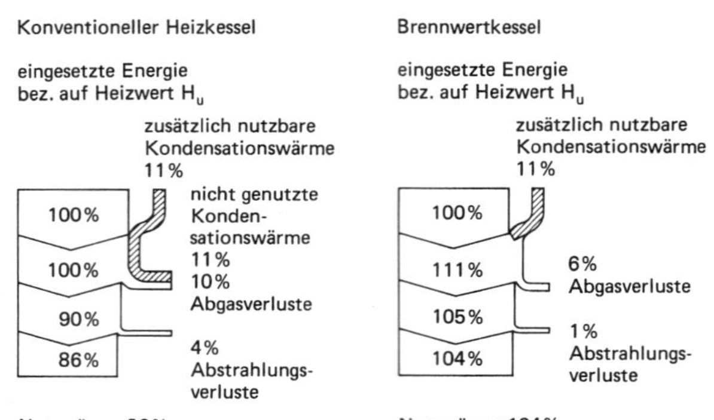


Bild 231-153. Energiebilanz konventioneller Heizkessel und Brennwertkessel bei Heizwassertemperatur 30/40 °C.

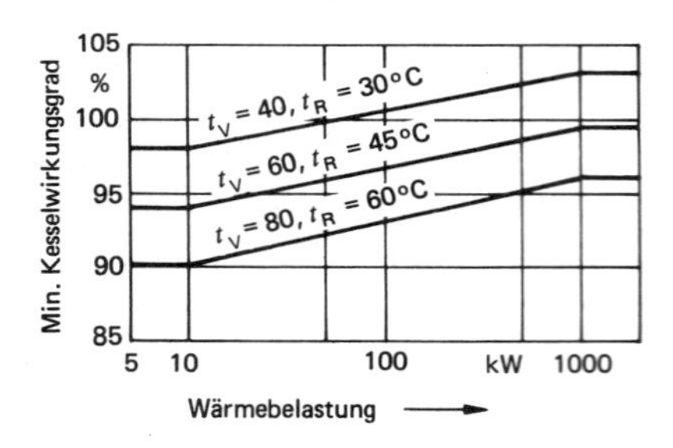


Bild 231-154. Kesselwirkungsgrad (Mindestwerte) für Brennwertkessel für Gas nach DIN 4702 Teil 6 (E. 8.85).

Die Bereitschaftsverluste sind ebenfalls nach Norm begrenzt abhängig von der Nennwärmebelastung. Sie lauten bei 40 °C Vorlauftemperatur:

| Nennwärmebelastung | 10 | 100 | 1000 kW |
|---|---|---|---|
| max. Bereitschaftsverlust | 1,5 | 1 | 0,5 % |

*Schornstein (Abgasleitung)*[1]

Die Abgase aus dem Kessel müssen über eine Abgasleitung abgeführt werden. Da gewöhnlich auch im Schornstein Kondensat anfällt, sind hier besondere Maßnahmen erforderlich. Schornstein muß feuchtigkeitsunempfindlich sein und über Dach oder (bis 30 kW) durch die Gebäudewand ins Freie geführt werden. Man kann ein Rohr aus Edelstahl (1 mm Wanddicke), Aluminium (mind. 2,5 mm) oder Kunststoff (mind. 2,5 mm) in den vorhandenen Schornstein oder einen hinterlüfteten Schacht einziehen. Bei Neubauten wird man säurefeste Rohre aus Keramik oder Formsteinen verwenden.

*Abgasventilator*

Da die stark abgekühlten Gase keinen Auftrieb haben, hat die Abgasleitung meist Überdruck. Wegen der tiefen Abgastemperatur wird häufig das Gebläse des Brenners auch zur Abführung der Abgase verwendet, sofern nicht ein getrennter Abgasventilator eingesetzt wird.

*Kondensat*

Die Menge des sich bei der Abkühlung unter den Taupunkt bildenden Kondensats hängt von der Kesselwasser-Temperatur ab. Die maximale Kondensatmenge errechnet sich (siehe Abschnitt 137-32 u. -35) vereinfacht aus:

$m_{H_2O} = 0{,}804\,(2\,CH_4 + 3\,C_2H_6)$ in kg/m³ Gas.

[1]) Schmitter, W.: HR 3/86. S. 153/7.

Bei 0,90 $CH_4$ und 0,06 $C_2H_6$ ist also der Massenanteil des Wasserdampfes:

$m_{H_2O} = 0{,}804\,(2 \cdot 0{,}90 + 3 \cdot 0{,}06) = 1{,}59$ kg/m³ Gas.

Maximal betragen die *Kondensatmengen* bei mittlerer Luftfeuchte, bezogen auf eine Abgastemperatur von 20 °C:

bei Stadtgas .............................. 0,7 kg/m³ Gas
bei Erdgas L.............................. 1,4 kg/m³ Gas
bei Erdgas H ............................ 1,8 kg/m³ Gas.

Diese Werte werden jedoch im praktischen Betrieb nicht erreicht, da sich die Abgastemperaturen infolge der wechselnden Heizwassertemperaturen etwa zwischen 40 und 70 °C ändern (Bild 231-155).

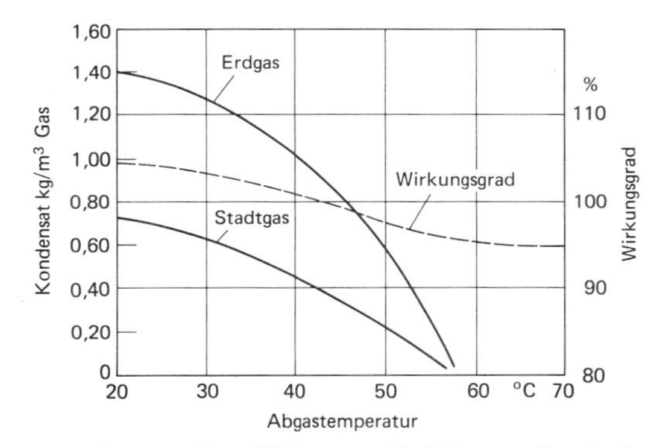


Bild 231-155. Kondensatmengen und wasserseitiger Wirkungsgrad bei Brennwertkesseln in Abhängigkeit von der Abgastemperatur.

Die Gesamtmenge des Kondensats beträgt jährlich etwa 0,06 kg/kWh. Aus Gründen der Sicherheit dimensioniert man jedoch das System mit 0,12 kg/kWh.

Für einen Gas- oder Ölkessel von 20 kW und bei 1500 Vollbetriebsstunden also etwa 3600 l im Jahr. Diese Menge muß über die öffentliche *Kanalisation* abgeführt werden. Maximum der Kondensatbildung etwa bei 6···7 °C Außentemperatur. Das ist darauf zurückzuführen, daß oberhalb dieser Temperaturen der Gasverbrauch abnimmt, unterhalb die Kesselwassertemperatur steigt.

Das *Kondensat* ist wegen des $CO_2$-Gehaltes der Abgase bei Gas nur leicht sauer mit einem pH-Wert von 2,5···5,2, so daß Metalle angegriffen werden. Hauptbestandteile sind neben Kohlensäure Sulfate, Fluoride und Nitrat.

*Alle Brennwertgeräte* müssen daher gegen anfallendes Kondensat unempfindlich sein.

Bei der Brennwertausnutzung von *Heizöl* bilden sich in Folge des Schwefelgehaltes des Heizöls Schwefeldioxid, das bei Kondensation z.T. in Schwefelsäure $H_2SO_4$ übergeht. Das Kondensat ist daher sehr sauer (pH etwa 1,8···3,7) und aggressiv, so daß es neutralisiert werden muß. Weitere Bestandteile sind $CO_2$, Chlorid, Nitrat und Schwermetallhydroxide. Max. zulässige Beimengungen siehe DIN 4702, T. 6. Gasfeuerung ist i.a. bis 50 kW Brennerleistung ohne *Neutralisation* möglich. Verdünnung des Kondensats mit häuslichem *Abwasser* siehe [1]).

*Regelung*

Die *Zündung* erfolgt bei allen Brennwertkesseln elektrisch mit Flammenüberwachung. Regelung der Vorlauftemperatur in Abhängigkeit von der Außentemperatur durch Ein- und Ausschalten des Brenners. Bei größerer Leistung modulierende Feuerung entsprechend dem Bedarf.

---

[1]) Merkblatt M 251 der ATV (Abwassertechnische Vereinigung), E. 6.85. Bezug bei Gesellschaft zur Förderung der Abwassertechnik e.V. (GFA): Markt 71, 5205 St. Augustin 1. In der Schweiz sind die Vorschriften der kantonalen Wasserschutzämter zu beachten.

*Aussichten*

Die Brennwertkessel dringen jetzt in Deutschland ebenfalls vor. Brennstoff ist fast immer Gas. Leistung meist unter 50 kW. Es sind jedoch folgende Probleme zu beachten:

1. Geeignete Materialien, die der Korrosion durch das wässerige säurehaltige Kondenswasser widerstehen, z. B. Edelstähle, Aluminiumlegierungen oder Keramikelemente, die bereits im Probebetrieb sind (Rosenthal u. a.).
2. Schornsteinprobleme, auch in Verbindung mit dem Abgasventilator.
3. Abführung des sauren Kondensats in die Abwasserleitungen. Bei Kesseln bis 50 kW ist die Einleitung des Kondenswassers in die Kanalisation gestattet, falls im häuslichen, normalerweise alkalischen Entwässerungssystem korrosionsbeständige Werkstoffe vorhanden sind. Bei sehr großen Kesseln (über 50 kW) ist bedingt, ab 200 kW stets eine Neutralisation erforderlich. Gegenüber saurem Kondensat gelten nach ATV M 251 als beständig:

   Steinzeug, PVC hart, PE (Polyethen), PP (Polypropen), ABS. Mindestdurchmesser der Kondensatabführung 15 mm.
4. Kosten, denn die Brennwertkessel sind natürlich teurer als konventionelle Kessel. Mehrpreis bei Leistungen von 20···30 kW ca. 2000,– bis 3000,– DM.

### -435 Flammrohr-Rauchrohr-Kessel[1])

Flammrohr-Rauchrohr-Kessel, die sich aus den früher üblichen Flammrohrkesseln entwickelt haben, enthalten außer dem Flammrohr zur Vergrößerung der Kesselheizfläche zwei oder drei Gruppen von Rauchrohrzügen, die hinter, über oder neben dem Flammrohr liegen (Bild 231-156). Die Rauchgase ziehen durch diese Rohre in ein, zwei oder drei Zügen *(Einzug-, Zweizug- oder Dreizugkessel)* mit großer Geschwindigkeit, so daß sich nur wenig Flugasche absetzen kann. Die Verbindung zwischen Flammrohr und Rauchrohren wird bei den Mehrzugkesseln durch die *Wendekammer* gebildet, die innen oder außen angeordnet werden kann. Kein Mauerwerk, sondern nur eine gute Isolierung mit Mineralwollematten und Blechmantel erforderlich. Ausführung für Niederdruckdampf, Hochdruckdampf, Warmwasser und Heißwasser.

Strömungswiderstand meist zwischen 5 und 10 mbar.

Beispiele Bild 231-158 u. -159.

Lieferung erfolgt meist betriebsfertig mit Brenner, Armaturen, Schaltschrank und sonstigem Zubehör.

Kessel bereits in der Fabrik auf Grundrahmen mit allen zugehörigen Hilfseinrichtungen wie Speisepumpe, Ölpumpe, Gebläse, Schaltpult usw. zusammengebaut, so daß sich Montagezeit wesentlich verkürzt.

Alle Kessel haben wegen des langen Rauchgasweges einen erheblichen *Zugbedarf,* so daß Unterwind- oder Saugzuggebläse oder beides erforderlich sind. Kraftbedarf hierfür etwa 1% der Kesselleistung. Bei Ölfeuerungs-Überdruckbetrieb Saugzuggebläse nicht erforderlich. Leistung einer Einheit bei einem Flammrohr bis 9 MW, bei zwei Flammrohren bis 18 MW. Bestwirkungsgrad 88···90%.

*Überhitzer* können entweder in der vorderen oder hinteren Wendekammer angeordnet oder als Rauchrohrüberhitzer ausgebildet werden, wobei die engen dampfführenden Rohre in die weiten Rauchgasrohre eingehängt sind.

Die Kessel haben wegen ihres geringen Platzbedarfes, schneller Betriebsbereitschaft, guten Wirkungsgrades, geringer Strahlung, geringer Stillstands- und Anheizverluste die

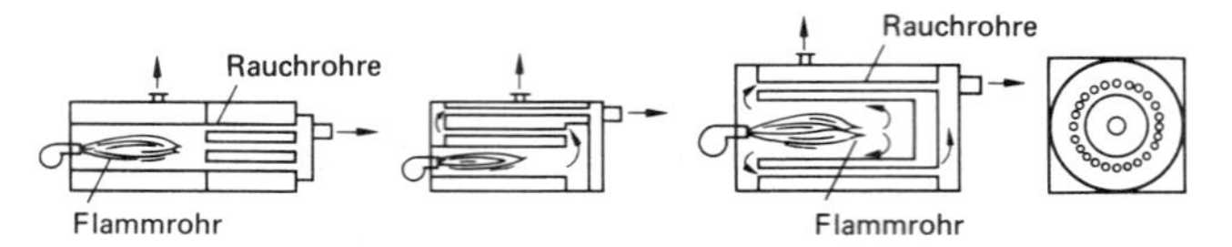


Bild 231-156. Flammrohr-Rauchrohrkessel.
Links: Einzug-Kessel. Mitte: Dreizug-Kessel. Rechts: Zweizug-Kessel mit Flammenumkehr

[1]) Fritsch, H.: Wärmetechnik 3/83. S. 72 (8 S.).

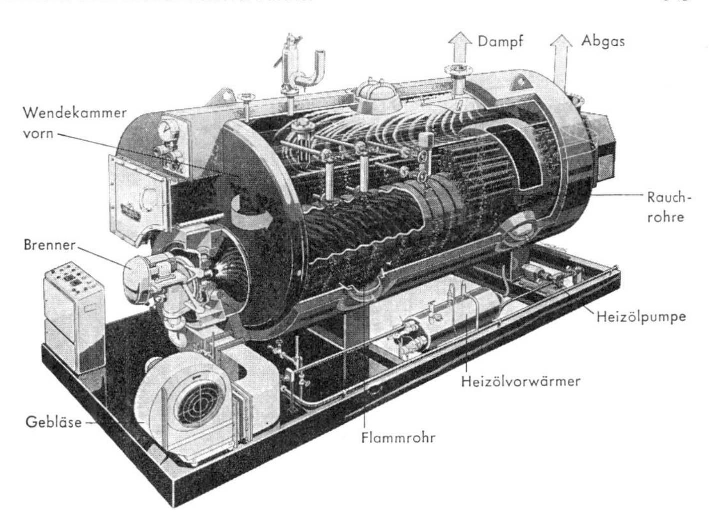


Bild 231-158. Automatischer ölbefeuerter Dreizug-Flammrohr-Rauchrohr-Kessel mit gleitender Temperaturregelung (Condorkessel der Standardkessel, Duisburg). Leistung 0,42 bis 21 MW.

früher verwendeten Flammrohrkessel fast vollkommen verdrängt und werden bei Großheizungsanlagen für Krankenhäuser, Kasernen usw. neben den Wasserrohrkesseln hauptsächlich verwendet. Bei größeren Kesseln wird häufig *Überdruckfeuerung* vorgesehen; dadurch höherer Wirkungsgrad, kleinerer Schornsteinquerschnitt, geringere Kesselmaße.

Bild 231-162 zeigt die geringen Abmessungen, die in Kesselhäusern mit derartigen Kesseln benötigt werden.

Eine besondere Bauart mit abgewandeltem Zweizugprinzip sind gas- oder ölgefeuerte liegende Kessel, bei denen durch *Flammenumkehr* im Kessel und zentrische Anordnung der Konvektionsheizflächen bemerkenswerte Vorteile erreicht werden. Das System der Flammen- und Rauchgasführung geht aus Bild 231-155 rechts hervor.

Bild 231-165 zeigt einen derartigen Kessel, bei dem die Flammengase am Ende des Verbrennungsraumes umkehren und zurückströmen; dabei findet eine wirksame Durchmischung von Brennstoff und Luft statt. Die Konvektionsheizfläche ist in Form von Rohren mit Turbulenzeinbauten dem Verbrennungsraum nachgeschaltet. Durch diese Einbauten kann die Leistung erheblich gesteigert werden.

Betrieb mit stufenlosen oder mehrstufigen Brennern, wodurch lange Betriebszeiten und geringe Stillstandsverluste erreicht werden. Hohe Jahreswirkungsgrade.

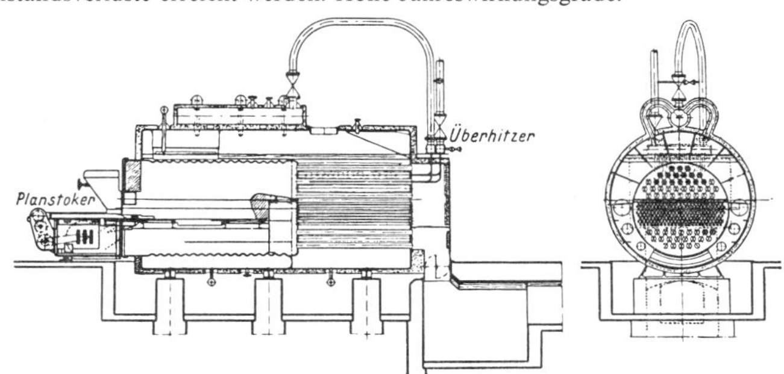


Bild 231-159. Flammrohr-Rauchrohr-Kessel mit Brennstofförderung durch Planstoker.

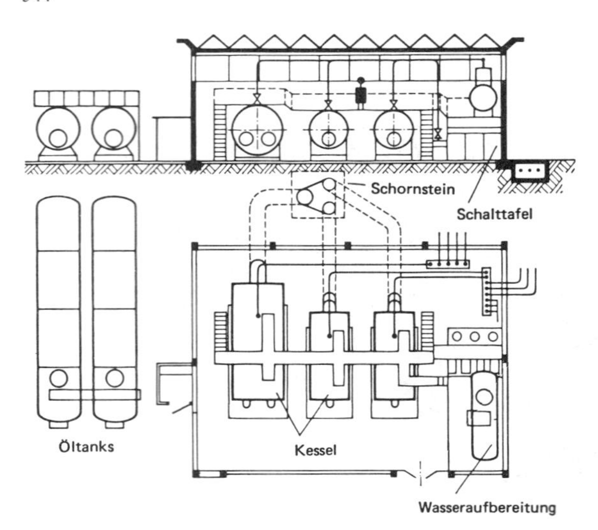


Bild 231-162. Kesselhaus mit drei Flammrohr-Rauchrohr-Kesseln.

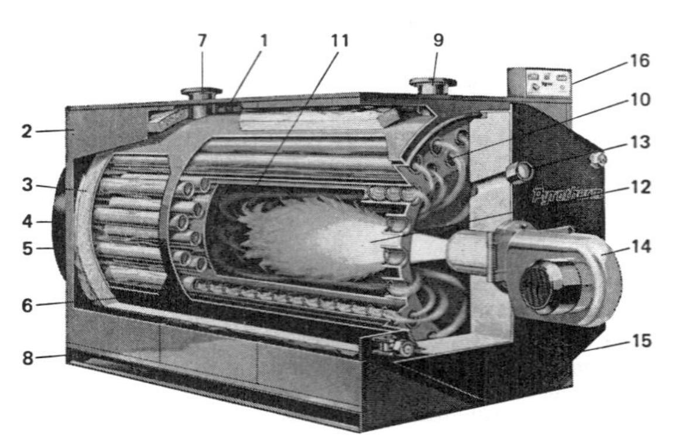


Bild 231-165. Schnittbild eines liegenden gas- oder ölbefeuerten Stahlkessels mit ringförmiger Zweizuganordnung mit Flammenumkehr (Ygnis-Pyrotherm). S. auch Schema Bild 231-155.

1 = Transportösen
2 = Verkleidung
3 = Wärmedämmung
4 = Abgassammelkasten
5 = Abgasrohr
6 = Wassermantel
7 = Rücklauf
8 = Kesselgrundrahmen
9 = Vorlauf
10 = Rauchrohr mit Turbospirale (2. Zug)
11 = Rauchgasrückführung (1. Zug)
12 = Brennerflamme
13 = Okular zur Flammenbeobachtung
14 = Brenner (Gas oder Öl)
15 = Ausschwenkbare Kesseltür
16 = Schaltkasten

### -436 Mehrkesselanlagen[1])

Bei *Mehrkesselanlagen*, die häufig aus Gründen der Betriebssicherheit an Stelle von mehrstufigen oder stufenlos geregelten Feuerungsanlagen gewählt werden, müssen die nicht in Betrieb befindlichen Kessel vom Heiznetz abgeschaltet werden, damit sie nicht

[1]) Siehe auch Abschn. 236-426.
Schmitz, H.: HLH 12/80. S. 445/51.
Beedgen, O.: Wärmetechnik 9/83. S. 321.

vom Rücklauf erwärmt werden und unnötige Wärmeverluste verursachen. Diese Verluste können so groß sein, daß der Nutzungsgrad geringer als bei der Einkesselanlage wird. Daher sollte kurzzeitiges Zuschalten weiterer Kessel (z. B. für Brauchwassererwärmung) unbedingt vermieden werden. Die Dimensionierung der kleinsten Leistung sollte unter diesem Gesichtspunkt getroffen werden.

Moderne *DDC-Regelung* ermöglicht heute ein Höchstmaß an Wirtschaftlichkeit und Betriebssicherheit durch bedarfsgerechtes Zu- und Abschalten des Folgekessels. Dabei werden heute z. B. Zählimpulse (z. B. für Energieverbrauch) oder Temperatur/Zeit-Quotienten als Zuschalt-Kriterium gewählt. Diese Formen sind Zuschaltung nach Temperatur allein weit überlegen.

Beim Zuschalten von Kesseln ist zu geringe Rücklauftemperatur zu verhindern. Außerdem muß jeder Kessel einen konstanten Volumenstrom erhalten. Weiter ist zu vermeiden, daß Fehlzirkulationen stattfinden, z. B. über die Verbindungsleitung eines gemeinsamen Ausdehnungsgefäßes. Zwei Beispiele:

In Bild 231-168 (Mehrkesselanlage mit *Absperrventilen*) schaltet ein Regler über Vorlaufthermostat T 1 bei Sollwertunterschreitung Kesselwasserregler und Brenner des zweiten Kessels ein, evtl. mit Zeitverzögerung. Das Absperrventil im Rücklauf wird geöffnet, wenn die Kesseltemperatur am Thermostat T 2 den eingestellten Wert erreicht hat. Beim Abschalten schließt das Absperrventil des zweiten Kessels erst nach Erreichen einer am Thermostat T 2 eingestellten Temperatur. Ein Wahlschalter bestimmt die Reihenfolge der Kessel.

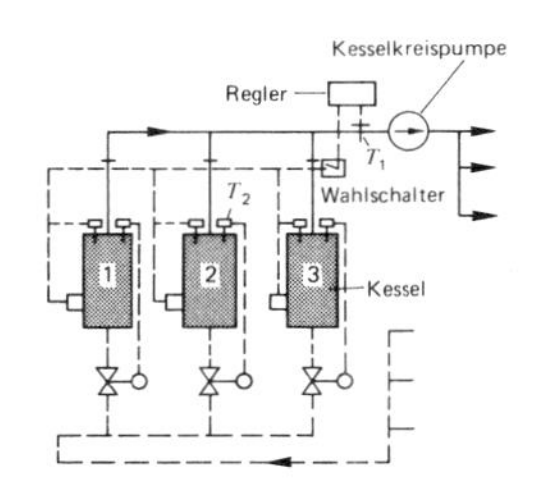


Bild 231-168. Mehrkesselanlage mit Absperrventilen.

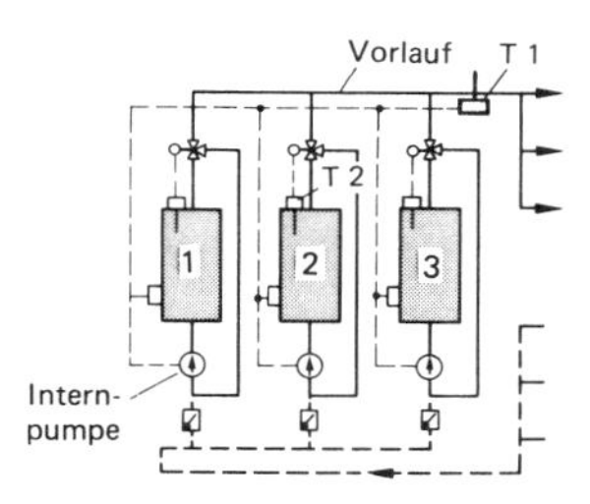


Bild 231-169. Mehrkesselanlage mit Umschaltventilen und Internpumpen. $T_1$, $T_2$ = Thermostate.

In Bild 231-169 (Mehrkesselanlage mit *Umschaltventilen*) schaltet Vorlaufthermostat T 1 bei Sollwertunterschreitung Internpumpe und Brenner des zweiten Kessels ein. Das Dreiwegeventil wird erst nach Erreichen einer bestimmten Vorlauftemperatur am Thermostat T 2 geöffnet.

**-437 Zweikreiskessel**

sind kompakte Einheiten mit einem Primär- und einem Sekundärkreis. Primärkreis ist ein Niederdruckdampfkessel, Sekundärteil ein in den Dampfraum des Kessels eingebauter Wärmeaustauscher für das Heizwasser. Druck im Sekundärteil beliebig hoch, Temperatur max. 107 °C. Verwendung in Fernheizanlagen, wenn das Ausdehnungsgefäß nicht im Heizgebäude untergebracht werden kann (siehe Abschn. 223-12), ferner für Wäschereien, Großküchen u. a., wenn Wasser und Dampf gleichzeitig benötigt werden. Schema siehe Bild 231-172.

Heizungsanlagen dieser Art haben jedoch heute kaum noch Bedeutung, da sie durch geschlossene Anlagen nach DIN 4752 ersetzt werden.

## -44 Brenner

Die bei den Kesseln verwendeten Brennerbauarten sind im einzelnen in Abschnitt 236-8 und -9 beschrieben. Für Ölheizungen gibt es im wesentlichen drei verschiedene Brennertypen, nämlich

1. Verdampfungsbrenner
2. Zerstäubungsbrenner
3. Rotationsbrenner

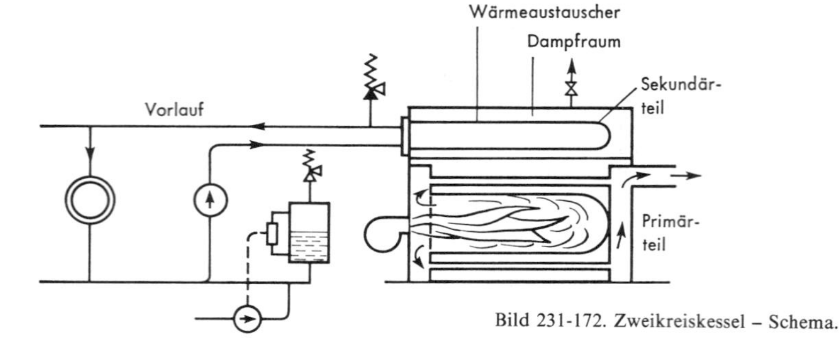


Bild 231-172. Zweikreiskessel – Schema.

Es dürfen nach DIN 4755 (9.81) in Heizungsanlagen nur baumustergeprüfte Ölbrenner verwendet werden.

Grundsätzlich ist es bei der Wahl von Ölbrennern wichtig, vorher zu wissen, welche *Ölsorten* verwendet werden sollen. Man kann entweder die leichten, jedoch teuren *Mineralöle* EL oder die etwas billigeren *Schweröle* verwenden. Bei Zentralheizungskesseln mit automatischem Betrieb für kleine Anlagen, wie Villen, Mietshäuser, Hotels usw., empfiehlt sich die Verwendung von Leichtöl EL mit Druckölbrennern, während für große Anlagen, wie Industriebetriebe, große Krankenhäuser usw., auch die billigen Schweröle mit Luftdruckzerstäubern oder Rotationsbrennern verwendet werden. Denn hier spielen die Ölkosten bereits eine wesentliche Rolle, und eine Wartung der Kessel ist ja auf jeden Fall vorhanden. In den letzten Jahren ist aber auch in diesen Bereichen ein zunehmender Einsatz von Heizöl EL zu verzeichnen, u.a. wegen des geringeren Schwefelgehalts. Zu beachten ist, daß bei *Teerölen* die Ölgerüche oft schwer zu beseitigen sind.

Bei mittleren und großen Kesseln werden mehr und mehr *Überdruckbrenner* für Öl- oder Gasheizung eingesetzt, da hierbei größere Abgasgeschwindigkeiten und damit kleinere Heizflächen erzielbar sind.

Der *Staub- und Rußgehalt* der Abgase ist nach dem Bundes-Immissionsschutzgesetz begrenzt (s. Abschn. 193). Es darf auch keine Gelbfärbung des Filterpapiers durch Ölspuren auftreten. Zur Vermeidung von Rußbildung, namentlich beim Kaltstart, müssen Feuerraum und Ölbrenner gut aufeinander abgestimmt sein, damit die Flamme voll ausbrennen kann. CO-Gehalt $< 0{,}1\%$. Richtige Zerstäubung und Gemischbildung, keine Flammenunterkühlung. Regelmäßige Wartung nach der Heizungsbetriebsverordnung ist vorgeschrieben. *Emissionsmessungen* durch Bezirksschornsteinfeger. Prüfung der Abgase nach DIN 51402.

$CO_2$-Gehalt der Abgase bei älteren Kesseln je nach Anlagengröße 10···11%, bei Neuanlagen sind Werte von 13···14% möglich.

*Gasgebläsebrenner* siehe Abschn. 236-9.

## -45 Der Öltank[1])

Die *Größe des Öltanks* (Vorratstank für das Heizöl) hängt von der Lage des Gebäudes, Verfügbarkeit des Heizöls, Kosten von Tank und Öl sowie anderen Faktoren ab. Günstig ist ein Tank, der das Heizöl einer ganzen Heizperiode aufnehmen kann, dadurch jedoch sehr groß und teuer. Daher häufig Tank mit mehrmaliger Nachfüllung im Winter. Übersicht von genormten Tanks in Bild 231-175.

[1]) Baumgartner, R.: SBZ 22/1975. S. 1400/2.
Diehle, J.: IKZ 11, 17, 19/1976.
Beedgen, O.: TAB 3/78. 4 S.
Ihle, C.: SBZ 11/79. 6 S.
Krause, G.: Kälte u. Klima Fachm. 2/80. 5 S.
DIN 4755 T. 2 (2.84): Heizölversorgungsanlagen; Sicherheitstechn. Anforderungen.

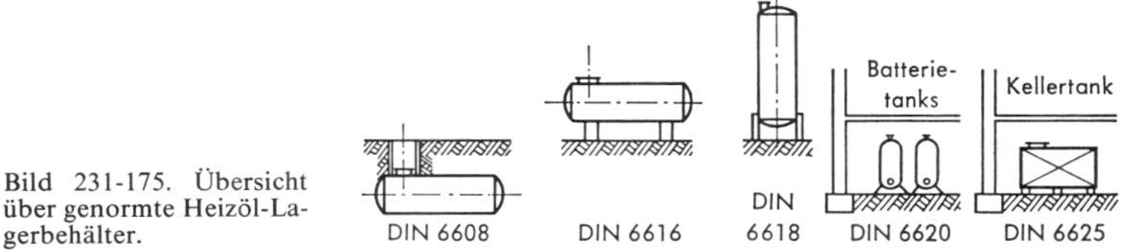


Bild 231-175. Übersicht über genormte Heizöl-Lagerbehälter.

Ungefährer *Heizölverbrauch* für eine volle Heizperiode in Deutschland für Wohnhäuser ohne Brauchwassererwärmung:

$B \approx 200\ \dot{Q}_h$ in l/a

$\dot{Q}_h$ = max. Wärmebedarf in kW.

*Unterirdisch verlegte zylindrische Tanks aus Stahl* in Deutschland früher am meisten üblich. Abmessungen der Behälter sind in DIN 6608, Teil 1 – einwandig (10.81) und Teil 2 – doppelwandig (10.81) genormt (Tafel 231-10). Behälter im Lieferwerk gegen Korrosion isoliert und mit Schutzanstrich versehen. Bei Neubauten sind nur doppelwandige Stahltanks mit Leckanzeige zugelassen.

**Tafel 231-10. Abmessungen von Öltanks nach DIN 6608 – Teil 1 (10.81)**

| Inhalt $m^3$ | Außendurchmesser mm | Gesamtlänge mm | Inhalt $m^3$ | Außendurchmesser mm | Gesamtlänge mm |
|---|---|---|---|---|---|
| 1 | 1000 | 1510 | 20 | 2000 | 6960 |
| 3 | 1250 | 2740 | 25 | 2000 | 8540 |
| 5 | 1600 | 2820 | 30 | 2000 | 10120 |
| 7 | 1600 | 3740 | 40 | 2500 | 8800 |
| 10 | 1600 | 5350 | 50 | 2500 | 10800 |
| (13) | 1600 | 6960 | 60 | 2500 | 12800 |
| 16 | 1600 | 8570 | 80 | 2900 | 12750 |
| | | | 100 | 2900 | 15950 |

Bei ungünstigem Untergrund Betonsockel. Oben auf dem Behälter der „Dom" mit den Rohrleitungsanschlüssen, umgeben von einem gemauerten Schacht mit Deckel. Entlüftungsleitung ins Freie. Bei großen Schweröltanks Mannloch für Reinigung und evtl. Heizschlangen zum Erhalten der Pumpfähigkeit sowie Ablaßhahn für Wasser. Tank mit Schutzschale für Wasserschutzgebiete siehe Bild 231-180. Einbaurichtlinien für unterirdische Tanks in DIN 6608. Sorgfältiges Abladen, Einbringen und Einbauen des Tanks sind von großer Wichtigkeit.

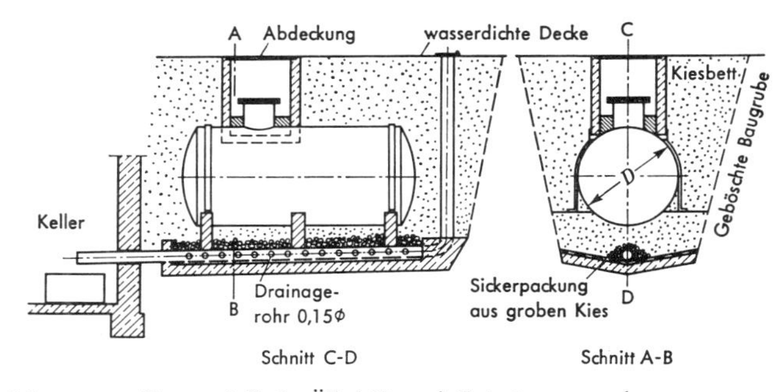


Bild 231-180. Schutzwanne für unterirdische Ölbehälter mit Entwässerungsrohr.

Unterirdische *Kunststofftanks* werden aus glasfaserverstärktem Polyesterharz hergestellt. Sie sind einwandig und benötigen keine Lecksicherungsgeräte. Für Einbau und Transport strenge Anforderungen (nach TRbF 410).

*Kugeltanks* werden sowohl aus glasfaserverstärktem Kunststoff (GFK) hergestellt wie aus Beton mit Auskleidung. Inhalt bis 12 $m^3$.

Alle unterirdischen Tanks müssen in jeweils 5 Jahren durch Sachverständige auf Dichtheit geprüft werden.

*Oberirdische Heizöltanks* in Gebäuden werden in folgenden Bauformen hergestellt:

*Stählerne Tanks* für kleine Anlagen, oft zu Batterien zusammengestellt. Inhalt 1000, 1500 und 2000 l. Häufig mit Auffangschale. Obere oder untere Flanschverbindung. Normung in DIN 6620 Teil 1 u. 2 (10.81). Bild 231-182.

*Kunststofftanks* aus PE, Polyamid oder GFK (glasfaserverstärktem Polyester) werden bis 10000 l Inhalt hergestellt. Mehrere Tanks in Batterien zusammengestellt, Auffangwanne, kein Abstand von Wänden. Tank durchscheinend. Zur Erhöhung der Stabilität besondere Profilierung oder Stahlbandagen. Lange Lebensdauer. Heute hauptsächlich verwendet. Auch in Zylinderform hergestellt.

*Stählerne liegende Zylindertanks* nach DIN 6616 mit öldichtem Auffangraum. Einbringung in das Gebäude häufig schwierig.

*Kellergeschweißte Tanks* (Rechtecktanks) in verschiedenen Bauarten nach DIN 6625 T. 1 u. 2 (6.78 u. 8.80). Auch geeignet für nachträgliches Einbringen in Gebäude. Öldichter Auffangraum erforderlich. Gute Raumausnützung möglich. Meist innenbeschichtet (Bild 231-184). Auch aus Kunststoff lieferbar.

Die Tanks aus *Kunststoff* werden in Zukunft zweifellos in vermehrtem Umfang verwendet werden.

*Vorteile:*

Korrosionsfrei, leicht, transluzent, einfache Bauartzulassung, jedoch teurer als Stahltanks.

Gütesicherung durch „Gütegemeinschaft unter- und oberirdische Lagerbehälter" in Hagen/Westf. bzw. „Gütegemeinschaft Behälter aus thermoplastischen Kunststoffen". Gütezeichen RAL-RG 998 und RAL-RG 616.

*Im Freien aufgestellte Tanks* für Heizungsanlagen von Wohnungen bei uns nicht üblich, in anderen Ländern dagegen häufiger, ebenso Tanks aus Stahlbeton. Kontrolle dabei erleichtert. Tanks aus Beton nur bei großem Inhalt wirtschaftlich, etwa ab 200 $m^3$. Vornehmlich für gewerbliche Zwecke sind liegende und stehende zylindrische Behälter bis 100 $m^3$ Inhalt nach DIN 6616 bis 6619 (10.81) entwickelt worden. Für sehr große Mengen (z.B. bei Kraftwerken) freistehende zylindrische *Flachbodenbehälter* mit Dach, Mannloch und Steigleiter.

Als *Ölstandsanzeiger* werden verwendet:

Peilstäbe,
Mechanische Anzeiger mit Schwimmer und Skala,
Pneumatische Meßgeräte (siehe Abschn. 166).

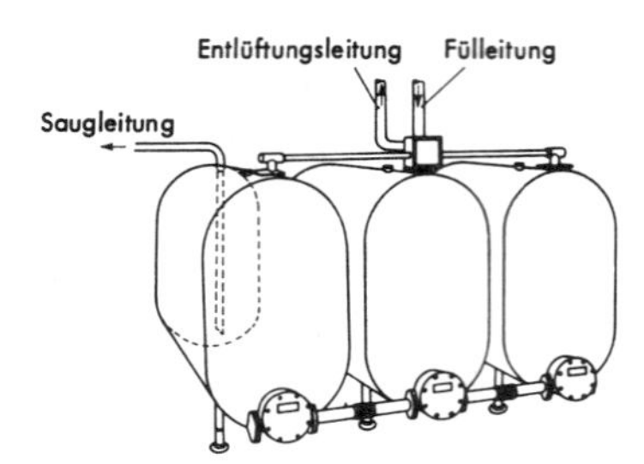


Bild 231-182. Heizöl-Batterietanks mit unterer Flanschverbindung.

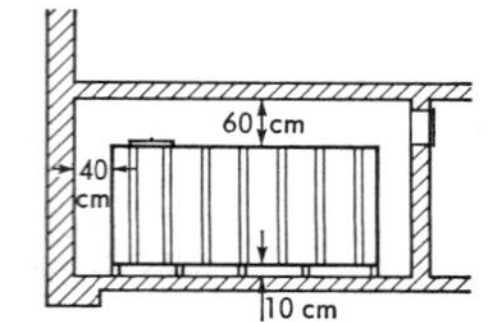


Bild 231-184. Kellergeschweißter Heizöltank.

*Korrosionsschutz*

Korrosion kann sowohl außen am Behälter wie innen auftreten. Die *Innenkorrosion* wird durch aggressive Stoffe und Kondenswasser an der Behältersohle verursacht, die dadurch infolge von Lochfraß zerstört werden kann. Daher regelmäßige Behälterreinigung alle 5 Jahre empfohlen.

Gegenwärtig sind folgende Schutzmaßnahmen bekannt:

1. Einwandiger Stahlbehälter mit Auffangraum und Meldesonde, die bei Undichtheit ein Alarmsignal auslöst.
2. Innenbeschichtung mit geeigneten Korrosionsschutzmitteln, insbesondere an der Behältersohle, hier auch doppelter Boden.
3. Doppelwand; Zwischenraum ist mit unter Druck stehender Flüssigkeit gefüllt, die bei Leckwerden einer Wand ausläuft und optisch und akustisch Signal betätigt (Bild 231-188). Sicherste und bei Neuanlagen meist gebrauchte Ausführung. Zwei in die Flüssigkeit tauchende Elektroden, die bei Absinken des Flüssigkeitsspiegels den Stromkreis unterbrechen.
4. Kunststoffblase innen oder außen am Tank. Zwischenraum mit Schaumstoffüllung unter Vakuum. Beim Leckwerden wird Vakuum unterbrochen und Signal gegeben.
5. Kathodischer Schutz. Ausführung mit Magnesium-Anode oder Fremdstrom-Anode. Erzeugt einen Korrosionsschutzstrom. Nur bei aggressivem Boden ($pH < 6{,}5$) anwendbar.
6. Zusatz von Additiven (Korrosionsschutzmitteln), die evtl. vorhandenes Wasser binden. Wirkung nicht ganz geklärt. Sie sollen auch die Verbrennung verbessern[1]), indem auch bei geringem Luftüberschuß Ruß vermieden wird. Mischung 1:2000···4000.
7. Herstellung der Tanks vollständig aus Kunststoff, z. B. glasfaserverstärktem Polyester.

Für die Zulassung geeigneter *Sicherungen* steht den Bauaufsichtsbehörden ein Prüfausschuß zur Verfügung[2]). Regelmäßige Tankreinigung empfehlenswert. Hingewiesen wird auf die verschiedenen *„Gütegemeinschaften“*, die besondere Güte- und Prüfbedingungen aufgestellt haben (s. Abschnitt 762), besonders Gütegemeinschaft „Tankschutz“ (RAL-RG 998).

Alle Anlagen zur Lagerung von Heizöl bedürfen der Baugenehmigung nach der Landesbauordnung.

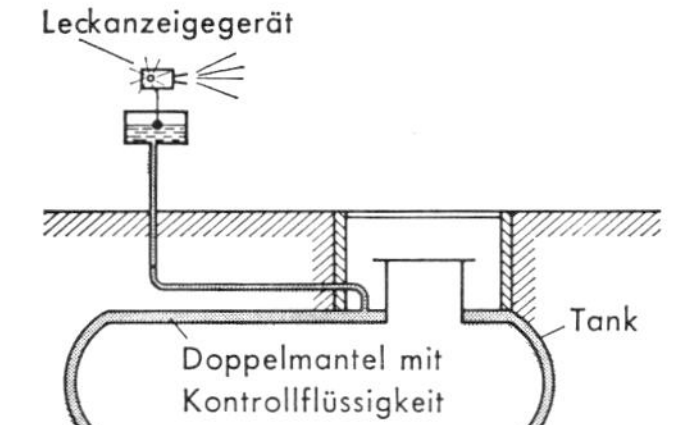


Bild 231-188. Doppelwandiger liegender Heizölbehälter.

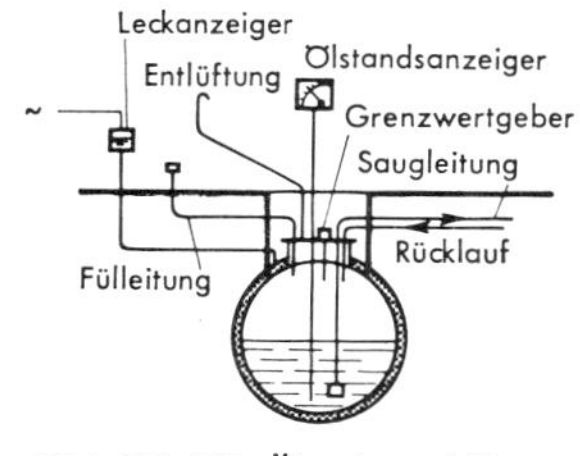


Bild 231-190. Öltankanschlüsse – Schema.

## -46 Ölleitungen[3])

Die Ölleitungen zwischen Vorratstank und Brenner lassen sich als Einstrang- oder Zweistrangleitungen verlegen.

Beim *Einstrangsystem* nur eine ölführende Leitung zwischen Tank und Brenner. Die Ölpumpe muß eine Entlüftungseinrichtung haben. Verwendung bei kleinen Anlagen und bei Ölzulauf.

[1]) Ostwald, F.: Feuerungstechnik 10/86. S. 22.
[2]) Prüfausschuß für Sicherungsgegenstände bei Lagerung grundwasserschädigender Flüssigkeiten. Düsseldorf, Brehmstr. 33a.
[3]) Beedgen, O.: IKZ 5/76. 5 S. und 17/76. 7 S.
Altenburg, A.: Feuerungstechn. 2/77.
Marx, E.: Wärmetechnik Heft 3, 4, 5 und 6/84.

Beim *Zweistrangsystem* (Bild 231-193) sind eine Ölvorlauf- und eine Ölrücklaufleitung vorhanden. Überschüssiges Öl wird in den Tank zurückgefördert. Dabei automatische Entlüftung etwa eingedrungener Luft zurück in den Tank. Übliche Ausführung.

Bei großen Anlagen mit mehreren Brennern Ringleitung mit Zwischenpumpe (Bild 231-195). Reservepumpe zweckmäßig.

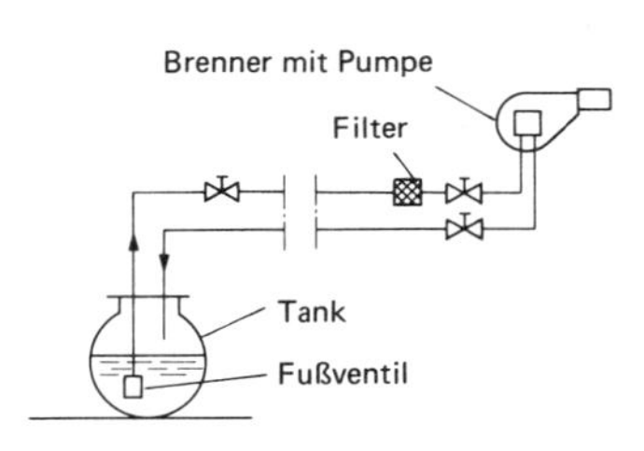


Bild 231-193. Einzelbrenner im Zweistrangsystem.

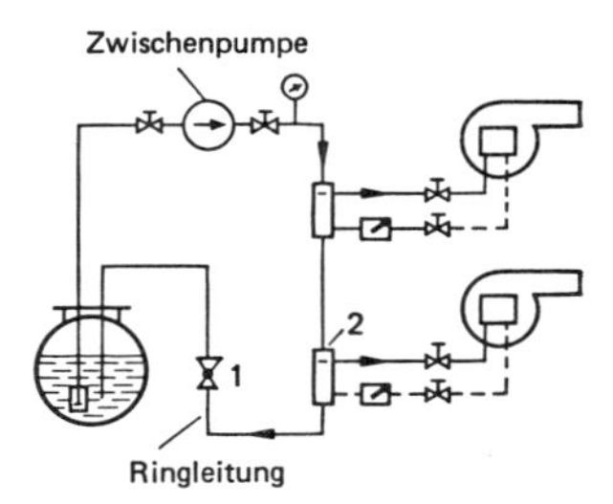


Bild 231-195. Ringleitung mit mehreren Brennern und mit Zwischenpumpe.
1 = Druckreduzierventil
2 = Luftabscheider

Rohre aus Kupfer mit öldichter Klemmring- oder Schneidringverbindung, Stahlrohre mit Gewinde oder ebenfalls Schneidringverbindung (Ermeto-Rohre). Im Erdreich mit Schutzrohr. Unmittelbar am Brenner sind auch Schlauchleitungen zulässig. Leitungen müssen frostfrei verlegt werden, um Paraffinausscheidung zu verhindern.

Bei Heizöl S Vorwärmung erforderlich für Förderung und Verbrennung.

Der Vorratstank erhält folgende *Anschlüsse* (Bild 231-190, -200 und -201):

1 Füllstutzen zum Einfüllen vom Tankwagen, meist DN 50 und DN 80, mit gesicherter Verschlußklappe.

Schlauchleitung zum Füllen normal 10 m lang, max. 30 m.

1 Entlüftungsleitung zur Abführung von Öldämpfen, die sich bei hoher Temperatur entwickeln können, mind. DN 50, in der Regel 0,5 m über Füllstutzen.

1 Saugleitung zum Brenner mit Bodenventil und Absperrventil, Ausführung am besten aus Kupferrohr. Dicke hängt ab von der Leistung der Brennerpumpe, Entfernung des Tanks sowie der Saughöhe, normal ⅜ bis 1″. Ölgeschwindigkeit max. etwa 0,4 m/s. Frostfreie Verlegung, im Erdreich mit Schutzrohr, evtl. Isolierung. Max. Druckverlust ≈ 0,4 bar. Am Brenner bewegliche Leitungen (Schläuche). Strömung meist laminar.

1 Umlaufleitung beim Zweistrangsystem, Durchmesser wie Saugleitung.

1 Peilrohrstutzen mit Kappe 1″.

1 Anschluß für Grenzwertgeber zur Verhinderung von Überfüllung.

1 Leitung zur Messung des Ölvorrats, wofür pneumatische oder mechanische Geräte zur Verfügung stehen (siehe Bild 166-6).

Beispiel Bild 231-200 zeigt die Anordnung einer Heizungsanlage für Leichtöl mit Kessel, Ölleitungen und außenliegendem Tank. Beispiel Bild 231-201 eine andere Anlage, bei der sich der Öltank im Gebäudeinneren neben dem Kessel befindet.

Die Armaturen werden heute in Standardausführung und als komplette Installationspakete mit flexiblen ölfesten Leitungen geliefert, um Montagekosten zu sparen.

Bezeichnungen siehe Bild 231-200.

*Schwerölanlagen*

Schweröl, das fast nur in der Industrie verfeuert wird, ist bei normalen Temperaturen dickflüssig und muß sowohl zum Transport wie zur Verbrennung erwärmt werden, damit es dünnflüssiger wird. Die für den Transport im Tankwagen wichtige *Pumpgrenze* liegt bei einer kinematischen Viskosität von etwa 600 mm²/s, die für die Verbrennung erforderliche Viskosität je nach Brennersystem bei 12···30 mm²/s.

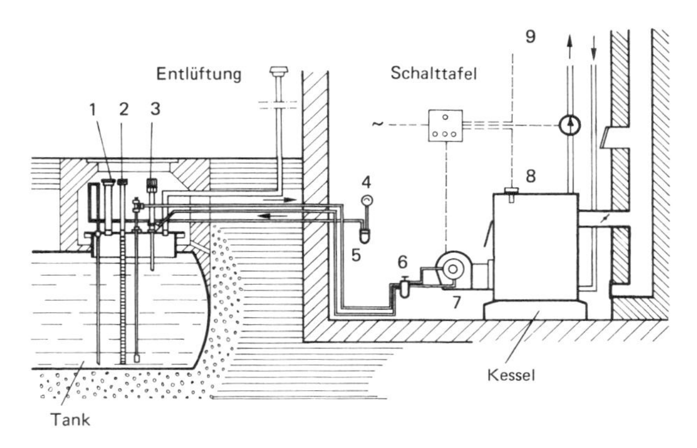


Bild 231-200. Ölbeheizte Heizkesselanlage mit Kessel, Brenner, unterirdischem Tank und Verbindungsleitungen.
1 = Fülleitung, 2 = Peilrohr, 3 = Grenzwertgeber, 4 = Ölstandsanzeiger, 5 = Kondensatgefäß, 6 = Ölfilter, 7 = Ölbrenner, 8 = Kesselregler, 9 = zum Raum- oder Außentemperaturfühler

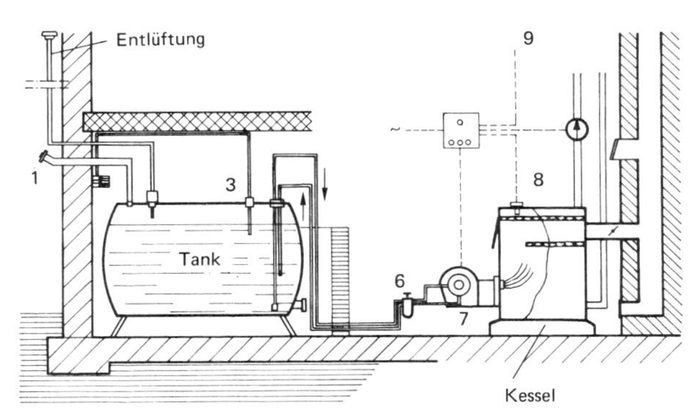


Bild 231-201. Ölbeheizte Kesselanlage mit Heizkessel, Brenner, Kellertank und Verbindungsleitungen. (Legende siehe Bild 231-200)

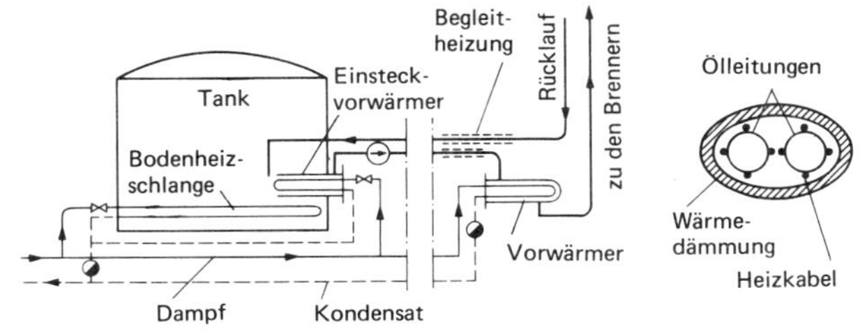


Bild 231-202. Schwerölanlage.

Das Öl erhält bereits im möglichst wärmegedämmten Tank eine *Bodenheizschlange* zur Erwärmung auf 40···50 °C (Bereitschaftswärme) und an der Entnahmestelle einen Einsteckvorwärmer (Bild 231-202).

Die in Stahl ausgeführten Rohrleitungen müssen wärmegedämmt werden und erhalten eine meist elektrische thermostatisch gesteuerte *Begleitheizung,* um die Wärmeverluste gering zu halten. Die Zerstäubungstemperatur (Betriebstemperatur) beträgt je nach Ölviskosität und Brennersystem 90···120 °C und wird durch einen besonderen Ölvorwärmer (Tagesbehälter) oder Durchlauferhitzer bewirkt, für deren Betrieb sowohl Dampf wie Heißwasser oder el. Strom verwendet werden können.

## -47 Bauaufsichtliche Bestimmungen

Da die *Heizöllagerung* bei Undichtheiten durch äußere oder innere Korrosionen große Gefahren für das Grundwasser mit sich bringt (bereits ein Ölanteil von 1:1 000 000 im Wasser ist angeblich schädlich) und auch zum Schutz gegen Brand und Explosionen, sind von den Bauaufsichtsbehörden der Länder, die jede Ölfeuerungsanlage genehmigen müssen, mit der Zeit immer mehr und mehr Vorschriften herausgegeben worden, zuletzt das novellierte *Wasserhaushaltsgesetz* v. 23.9.86, gültig ab 1.1.87. Dieses Gesetz regelt den Umgang mit *wassergefährdenden Stoffen*, wozu u.a. Heizöl, aber auch Kältemittel gehören. Nach dem neuen § 19 l dieses Gesetzes dürfen Anlagen zum Lagern, Abfüllen, Herstellen, Behandeln wassergefährdender Stoffe nur noch von *Fachbetrieben* eingebaut, instandgehalten und gereinigt werden. Fachbetriebe im Sinne dieses Gesetzes müssen Personal beschäftigen, das sachkundig im Umgang mit wassergefährdenden Stoffen ist, d.h. welches die einschlägigen Bestimmungen kennt. Ferner muß das Vorhandensein entsprechender Geräte und Ausrüstung nachgewiesen werden. Beide Bedingungen müssen mindestens alle 2 Jahre vom TÜV oder einer anerkannten Gütegemeinschaft überprüft werden. Eine Gütegemeinschaft befindet sich im BHKS in Gründung. Antrag auf Anerkennung ist beim IFB, Berlin, gestellt. Fachbetriebe, die sich nicht vom TÜV überwachen lassen wollen, können ein Gütezeichen und Überprüfung beim BHKS beantragen.

Die Vielfalt der behördlichen Bestimmungen erschwert die Übersicht erheblich.

Maßgebend für den Bau ist der Musterentwurf:

„Richtlinien über Bau und Betrieb von Behälteranlagen zur Lagerung von Heizöl (Heizölbehälter-Richtlinien – HBB)“, März 1972,

herausgegeben von der Argebau[1]).

Dazu gehört außerdem die *„Verordnung über brennbare Flüssigkeiten“* (VbF) vom 27.2.80 und 2.5.82. Die technischen Einzelheiten sind enthalten in den „Technischen Regeln für brennbare Flüssigkeiten – TRbF“, die laufend überarbeitet werden. Für Heizölbehälter sind u.a. wichtig:

| | | | |
|---|---|---|---|
| TRbF 001 | Allgemeines 12.82 | TRbF 510 | Überfüllsicherungen 2.85 |
| TRbF 100 | Sicherheitsanforderungen 7.80 | TRbF 521 | Kathod. Korrosionsschutz 2.84 |
| TRbF 131 | Rohrleitungen 3.81 | TRbF 600 | Allgem. Prüfgrundsätze 10.83 |
| TRbF 401/2 | Innenbeschichtungen 12.81 | TRbF 610 | Prüfregeln für Anlagen 2.85 |
| TRbF 501 | Leckanzeigegeräte 12.82 | TRbF 620 | Prüfregeln für Tanks 10.83 |

Die wichtigsten Bestimmungen, die allerdings in den einzelnen Bundesländern nicht unbedingt gleichlautend sind, sind folgende:

*Oberirdische Lagerung in Gebäuden*

Für Lagerung von mehr als 5000 l sind besondere Heizöllagerräume erforderlich. In Heizräumen darf Heizöl bis 5000 l gelagert werden. Wände und Decken feuerbeständig; Türen mindestens feuerhemmend; Fußböden öldicht; Lüftung; auslaufendes Heizöl muß in Auffangraum, Wanne oder dgl. ganz oder zum Teil aufgefangen werden; es darf nicht in Abwasserleitungen gelangen.

In Wohnungen ortsfeste Behälter bis 100 l, Kanister bis 40 l.

*Oberirdische Lagerung im Freien*

Auslaufendes Heizöl darf nicht in Kellerräume, Abwasserleitungen gelangen; bei mehr als 1000 l Auffangwanne oder Auffangraum; statt dessen auch doppelwandige Behälter mit Leckanzeigegerät. Auffangräume mit Entleerungseinrichtung, Absperrvorrichtung und Heizölabscheider.

[1]) Arbeitsgemeinschaft der Bauminister. Zu beziehen vom Beuth-Vertrieb, Berlin 30.

*Unterirdische Lagerung*

Doppelwandige Behälter mit Leckanzeigegerät oder öldichter Auffangraum mit Leckanzeigegerät; einwandige Behälter mit Leckanzeige- und -sicherungsgerät nur bei bestehenden Anlagen. Tanks aus glasfaserverstärktem Kunststoff ohne Doppelwandigkeit und ohne Leckanzeigegerät.

*Stählerne Behälter*

Zylindrische Behälter müssen den jeweiligen DIN-Normen 6608, 6616 bis 6619 entsprechen, rechteckige Behälter DIN 6625. Bei unterirdischen Behältern wasserundurchlässige Isolierung mit Spannungsprüfung von 14000 Volt. Werksprüfung auf Bau, Druck, Isolierung mit Prüfzeugnis. Gütezeichen RAL erforderlich.

*Betonbehälter*

Für Berechnung und Ausführung von Betonbauteilen sind DIN 1045 und 4227 maßgebend. Druckprüfung beim Hersteller.

*Kunststoffbehälter*

müssen den Bestimmungen der TRbF genügen.

*Transport und Einbau*

Beim Transport dürfen keine Beschädigungen eintreten. Nach Einbau Druckprüfung.

Oberirdische Behälter in Gebäuden dürfen bestimmte Abstände von den Umfassungsflächen nicht unterschreiten. Mindestabstand von Wänden auf zwei Seiten 40 cm, sonst 25 cm; von Decke 25 bzw. 60 cm; vom Fußboden 10 cm. Abstand vom Kessel mindestens 1 m.

Bei unterirdischen Behältern Prüfung vor Einbettung; Sohle mit 1% Gefälle zum Dom; Anschlüsse durch Schacht zugänglich; lichte Weite des Schachtes mindestens 940 mm.

*Behälterausrüstung*

Anschluß der Fülleitung im Freien und verschließbar; Öffnungen für Ölleitungen nur oben; Entlüftungsleitungen mit Steigung ins Freie, 0,5 m über Erdgleiche; Durchmesser mind. DN 50; Entleerungseinrichtung, Flüssigkeitsstandanzeiger. Überfüllsicherungen am Behälter sind nicht mehr erforderlich, da für die Tankwagen eine elektronische Überfüllsicherung vorgeschrieben ist. Sicherung am Tankwagen arbeitet zusammen mit einem *Grenzwertgeber,* der bei Tanks über 1000 l anzubringen ist und vom Betreiber des Tanks beschafft werden muß. Der von el. Strom durchflossene *Kaltleiter* des Grenzwertgebers ändert beim Eintauchen in die Flüssigkeit schlagartig seinen Widerstand und beendet mittels Relais den Füllvorgang. Zulassungspflicht.

*Leitungen*

in Wänden und Decken mit Schutzrohr; korrosionsfestes Material (Kupfer); flexible Anschlüsse nur am Brenner; Prüfung auf Dichtheit mit mindestens 5 bar Überdruck.

*Abnahme*

Werkprüfungen und bauaufsichtliche Schlußabnahme (TRbF 610/620) mit Bescheinigung über Benutzbarkeit und Prüfzeugnis des Behälters. Alle 5 Jahre regelmäßige Prüfung unterirdischer Behälter durch Sachverständige.

*Lagerung in Schutzgebieten*

Gemäß dem *Wasserhaushaltsgesetz* des Bundes vom 27.7. 57, novelliert ab 1.1.87, ist in der engeren Zone die Lagerung von Heizöl überhaupt nicht zulässig, in der weiteren Zone besondere Vorschriften zum Schutz von Grund- und Quellwasser (Kathodischer Korrosionsschutz, Prüfung alle 2 Jahre und mehr). Die einzelnen Länder haben entsprechende Lagerverordnungen erlassen.

*Sicherungseinrichtungen*

benötigen eine Zulassung oder ein Prüfzeichen. Dazu gehören

Auffangvorrichtungen für auslaufendes Heizöl;
Leckanzeigegeräte mit optischem oder akustischem Signal;
Lecksicherungsgeräte, die das Auslaufen von Öl anzeigen und verhindern;
bei Anlagen über 50 kW Gefahrenschalter außerhalb des Heizraumes.

*Dachzentralen*

Hier sind zusätzliche Lecksicherungen erforderlich: Schutzrohr, Auffangwanne unter Kesseln. Siehe auch Abschnitt 264.

## -48 Heizleistung der Ölkessel

In DIN 4702 – Teil 1 sind die wichtigsten Anforderungen an Öl- und Gaskessel niedergelegt. Unter anderem wird verlangt (Bild 231-205):

| | | |
|---|---|---|
| Kesselwirkungsgrad bei Nennleistung | | 86···88% |
| Zugbedarf | | 0,15···0,8 mbar |
| Abgastemperatur | | < 240 °C |
| Luftüberschuß | | 25···15% |
| Abgasverlust | | 14···11% |
| Rußzahl nach Bacharach | bei Heizöl EL | ≦ 1 |
| | bei Heizöl S | ≦ 3 |

Bereitschafts-Wärmeverlust bei Brennerstillstand beträgt ca. 3,0···0,5% der Nennleistung.

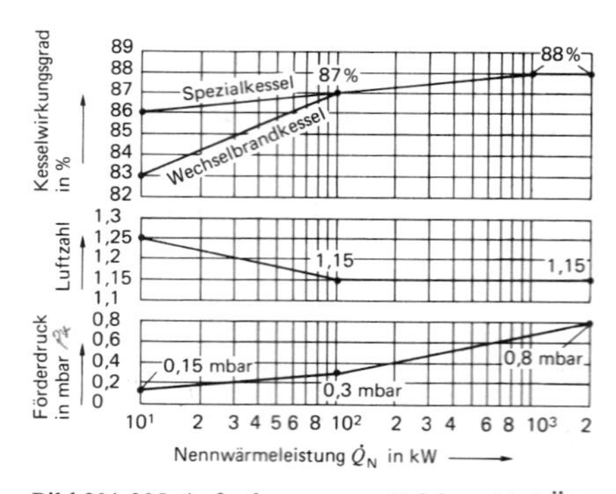


Bild 231-205. Anforderungen an Heizkessel bei Öl- und Gasfeuerung (DIN 4702, T. 1. E. 4. 85).

Die Heizleistung der Kessel wird auf Antrag der Hersteller von besonderen Prüfstellen festgestellt. Für die Durchführung der Versuche gibt DIN 4702 – Teil 2 (E. 4. 85) genaue Anweisungen.

| | | |
|---|---|---|
| Feuerraumbelastung | bei kleinen Kesseln | 0,5···1,0 MW/m³ |
| | bei großen Kesseln | 1,0···1,5 MW/m³ |
| Heizflächenbelastung | | 25···30 kW/m² |
| | bei Überdruckkesseln | bis 50 kW/m². |

Bei Befeuerung mit Koks können die Umstell- bzw. Wechselbrandkessel eine Leistungsminderung bis 35% haben.

Vom Kesselnennwirkungsgrad zu unterscheiden ist der wesentlich geringere *Kesseljahreswirkungsgrad* (Nutzungsgrad), siehe Abschn. 231-8.

Automatisch wirkende Abgasklappen, die bei Stillstand des Kessels sich schließen, verringern die Auskühlverluste (siehe Abschn. 231-36)[1]. Bei dicht schließenden Abgasklappen ist der Schornstein mit einer Nebenlufteinrichtung zur Durchlüftung zu versehen, um Kondensbildung zu verhindern. Viele Brenner sind auch mit einer *Luftabsperrklappe* ausgerüstet, die elektrisch, hydraulisch, durch Fliehkraft oder Unterdruck betätigt werden kann. Energieersparnis max. 1···3%.

[1]) Beedgen, O.: IKZ 21/79. 6 S.

## -5 SONSTIGE KESSEL

### -51 Wasserrohrkessel

Diese vornehmlich in Kraftwerken verwendeten Kessel sind im Laufe der Zeit, namentlich seit Einführung der Strahlungsheizflächen, bis zu den größten Leistungen und höchsten Drücken entwickelt worden. Im Gegensatz zu den Flammrohren befindet sich in den Rohren Wasser. Sie sind für jede Feuerungsart geeignet. Geringer Platzbedarf, schnelle Anheizzeit, große Heizflächenleistung. Man unterscheidet grundsätzlich 3 Bauarten (Bild 231-210):

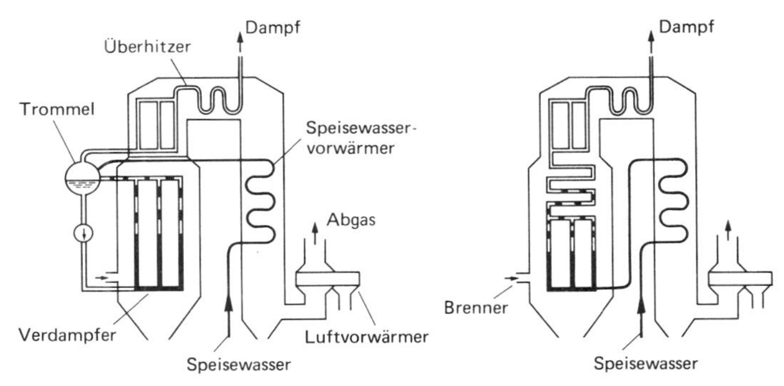


Bild 231-210. Wasserrohrkessel. Rechts: Naturumlaufkessel; links: Zwangsdurchlaufkessel

a) *Naturumlaufkessel.* Zwischen einer Trommel mit Fallrohren und den beheizten Wasserrohren im Brennraum erfolgt ein Wasserumlauf infolge der unterschiedlichen spezifischen Gewichte. Die Rohre sind in Wänden oder Bündeln angeordnet. Oberhalb des Brennraums der Überhitzer. Das Speisewasser wird durch die Abgase des Kessels vorgewärmt, ebenso die Verbrennungsluft im Luftvorwärmer.

b) *Zwangsumlaufkessel.* Eine Pumpe bewirkt den Umlauf des Wassers zwischen den Heiz- und Fallrohren und bringt es dabei auf den Siedepunkt. Besserer Wärmeübergang, größere Freiheit in der Rohranordnung (La-Mont-Kessel u. a.).

c) *Zwangsdurchlaufkessel.* Es besteht kein Umlauf mehr, alles von der Speisewasserpumpe geforderte Wasser wird verdampft; keine Trommeln (z. B. Benson-Kessel und Sulzer-Kessel).

### -52 Schnelldampferzeuger

Diese Geräte, auch Dampfgeneratoren oder Dampfautomaten genannt, finden Verwendung für kurzzeitigen Dampfverbrauch, namentlich für Fabrikationszwecke, aber auch in gewerblichen Betrieben wie Wäschereien, Kochküchen, chemischen Reinigungsanstalten, ferner in Krankenhäusern usw. Kleine und mittlere Kessel, die vollautomatisch arbeiten und in kurzer Zeit (2 bis 5 Min.) Dampf erzeugen.

Alle Teile auf gemeinsamem Rahmen montiert, keine Fundamente und keine Einmauerung. Dampfleistung etwa 100 bis 5000 kg/h, Dampfdruck 1 bis 12 bar Überdruck, auch höher. Manche Geräte fahrbar.

Kleiner Wasserraum, etwa 10 bis 200 l Inhalt, Heizfläche besteht aus zahllosen eng nebeneinanderliegenden Rohren. Wasser wird im Durchlaufverfahren oder im Umlaufverfahren erhitzt. Im ersten Fall Verdampfung zu etwa 90%. Hohe Heizflächenbelastung, bis 70 kW/m$^2$. Keine Leistungsreserve, keine Dampfspeicherfähigkeit. Verbrennungsluft wird vorgewärmt. Wasseraufbereitung erforderlich (Basen-Austauscher) und sorgfältige Bedienung.

Sondervorschriften für Abnahme der Kessel, bei Inhalt $<35$ Liter genehmigungsfrei, bei 35 bis 100 Liter Erleichterungen.

Feuerung nur Ölbrenner oder Gasbrenner. Schaltgeräte auf besonderen Schalttafeln oder Schaltgestellen angeordnet. Ausführungsbeispiel 231-218.

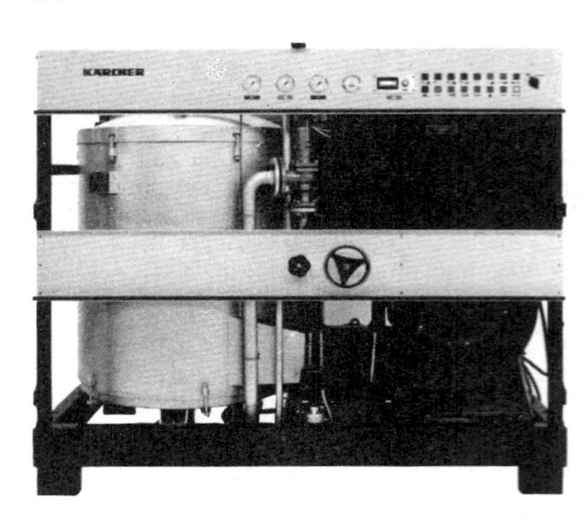

Bild 231-218. Schnelldampferzeuger (Karcher).

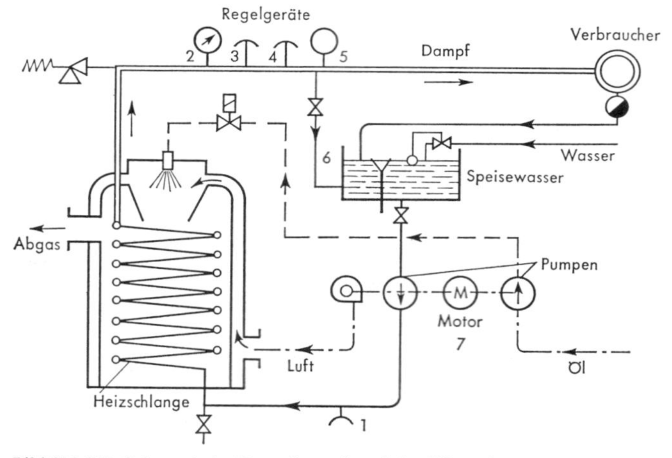


Bild 231-219. Schematische Darstellung eines Schnelldampferzeugers.
1 = Wassermangelsicherung, 2 = Manometer, 3 = Druckbegrenzer, 4 = Druckregler, 5 = Thermometer, 6 = Speisewasservorwärmung, 7 = gemeinsamer Motor für Gebläse, Wasser- und Ölpumpe

Schematische Darstellung der Wirkungsweise Bild 231-219.
Für die *Sicherheitseinrichtungen* besondere Vorschriften[1]).

*Vorteile:*

Kurze Anheizzeiten, geringer Platzbedarf, gute Regelbarkeit.

*Nachteile:*

Keine Speicherung, sorgfältige Wartung und Speisewasserpflege erforderlich.

### -53 Thermoölkessel[2])

In manchen Industrien, z. B. der Textil-, Holz- und chemischen Industrie sowie Verfahrenstechnik, werden für Beheizungs-, Trocknungs- und Kochprozesse *hohe Arbeitstem-*

---

[1]) DIN 4754 (1.80): Wärmeübertragungsanlagen mit organischen Flüssigkeiten.
[2]) Goede, J.: Öl + Gas 11/74. 6 S.
Neumann, H.: Öl- u. Gasfeuerung 2/76. 4 S.
VDI 3033: Aufbau, Betrieb und Instandhaltung von Wärmeübertragungsanlagen (8.81).

**Tafel 231-12. Eigenschaften einiger Wärmeträgermedien (Thermoöle)**

| Handelsname | Gruppe | Hersteller | Verwendungsbereich °C | Dichte kg/m³ | Spez. Wärme-Kapaz. kJ/kg K | Siedebeginn °C | Fließgrenze- °C |
|---|---|---|---|---|---|---|---|
| Farulin S | 1 | Aral | −25<br>300 | 944<br>732 | 1,66<br>2,93 | 333 | −39 |
| Transcal LT | 1 | BP | −35<br>290 | 892<br>680 | 1,70<br>3,05 | 300 | −48 |
| Thermalöl T | 1 | Esso | 0<br>310 | 871<br>682 | 1,86<br>3,01 | 355 | −15 |
| Thermia Öl E | 1 | Shell | 0<br>310 | 910<br>718 | 1,80<br>2,87 | 360 | −24 |
| Mobiltherm 605 | 1 | Mobil Oil | −5<br>320 | 880<br>674 | 1,83<br>2,93 | 390 | −10 |
| Diphyl DT | 2 | Bayer | −20<br>330 | 1067<br>786 | 1,45<br>2,34 | 330 | −54 |
| Dowtherm LF | 2 | Dow Chem. | −20<br>300 | 1060<br>823 | 1,52<br>2,47 | 264 | −32 |
| Malowtherm S | 2 | CW Hüls | −14<br>350 | 1052<br>800 | 1,45<br>2,68 | 390 | −35 |

*peraturen* gefordert, wofür früher Dampf und Heißwasser mit hohen Drücken verwendet wurden. Neuerdings haben sich jedoch für viele Zwecke Öle als Wärmeträger eingeführt, die bei hohen Temperaturen *drucklos* arbeiten.

Die erste Flüssigkeit dieser Art war *Dowtherm* der Firma Dow 1925, in Deutschland *Diphyl* genannt, ein organisches Kohlenwasserstoffprodukt, bestehend aus Diphenyl und Diphenyloxyd (MAK-Wert 1 mg/m³). Siedepunkt 256 °C bei 1 bar. Später wurden noch viele andere geeignete Öle *(Thermoöle)* entwickelt, siehe Tafel 231-12.

Im Ausland sind verschiedene weitere Öle in Gebrauch.

Die *Viskosität* der Öle schwankt in sehr weiten Grenzen (einige Werte siehe Tafel 147-3), die spezifischen Wärmekapazitäten liegen bei 20 °C meist zwischen 1,50 und 2,0 kJ/kg K. Die *Ausdehnung* der Öle reicht bis 10% je 100 °C. Preise zwischen 2 und 10 DM/l.

Alle diese Öle können ähnlich wie Wasser in Spezialkesseln erhitzt und durch Pumpen den verschiedenen Wärmeverbrauchern zugeführt werden. Die Beheizung erfolgt am besten durch Heizöl oder Gas, bei Kleinanlagen auch elektrisch. Der Umlauf kann sowohl im offenen wie im geschlossenen System erfolgen. Letzterer günstig, weil keine Berührung mit Luft. Beispiele für verschiedene Verbraucher siehe Bild 231-220.

Manche Kessel werden ähnlich den Schnelldampferzeugern auch in Kompaktbauweise komplett mit Brenner, Pumpe, Schaltgeräten usw. geliefert, sogenannte *„Heißölgeneratoren"*. Beispiel Bild 231-221, das einen Zwangdurchlaufkessel mit konzentrischen Rohrschlangenzylindern zeigt.

*Vorteile* dieser Anlagen:

Keine komplizierten Armaturen und Sicherheitseinrichtungen, Überwachungspflicht, gefahrloser Betrieb ohne Überdrücke bis etwa 300 °C, keine Korrosionsgefahr, kein Kesselstein, Gesamtkosten einer Anlage häufig geringer als bei Dampf oder Heißwasser.

*Nachteile:*

Hoher Ölpreis, Brandgefahr, Dichtigkeitsschwierigkeiten, manchmal Geruchsbelästigung, Alterung der Öle, teilweise gesundheitsschädlich, feuergefährlich.

Zweifellos wird sich die Anwendung dieser Wärmeübertragungsöle in der Industrie noch sehr erweitern. Für direkte *Raumheizung* sind sie noch nicht in größerem Umfang geeignet, sondern nur in Ausnahmefällen unter Verwendung eines Wärmeübertragers.

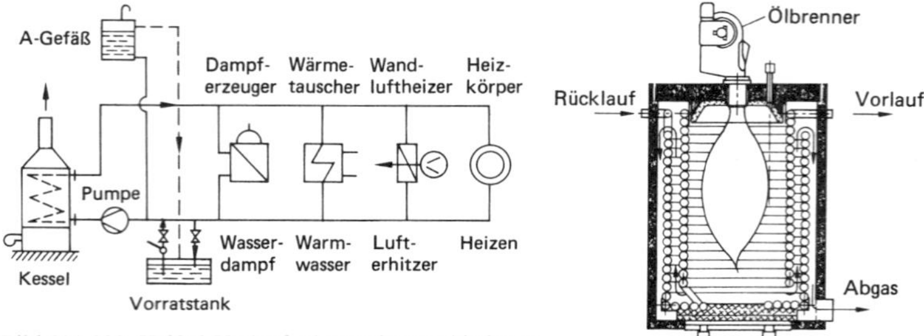


Bild 231-220. Heißöl-Umlaufanlage mit verschiedenen Verbrauchern.

Bild 231-221. Heißölerhitzer mit Sturzbrenner und Dreizugsystem (Konus-Kessel).

Sicherheitstechnische Anforderungen in DIN 4754 (1.80), Druckbehälterverordnung (4.80) und Richtlinie Nr. 14 (1970) der BG-Chemie.

## -54 Feuerungen

In den Feuerungen der Kessel erfolgt die Verbrennung der Brennstoffe. Die Bauart der Feuerung ist vom Brennstoff abhängig. Bei festen Brennstoffen sind wichtig: Heizwert, Wasser- und Aschegehalt, Festigkeit, Gehalt in flüchtigen Bestandteilen, Eigenschaften u.a. Dementsprechend gibt es viele verschiedene Konstruktionen von Feuerungen.

Man unterscheidet bei festen Brennstoffen folgende Feuerungen:

1. Feste Roste:

*Planrostfeuerungen* mit Hand- oder Wurfbeschickung für alle festen Brennstoffe, besonders für kleine Flammrohr- und Heizungskessel; letztere mit oberem oder unterem Abbrand.

*Treppenroste,* bestehend aus treppenförmig übereinander liegenden Rosten mit waagerechtem Luftdurchgang, namentlich für wasserhaltige Brennstoffe wie Rohbraunkohle und Torf;

*Muldenroste,* bestehend aus zwei muldenförmig angeordneten Treppenrosten mit Brennstoffbeschickung durch Füllschächte, ebenfalls für Rohbraunkohle und Torf.

2. Mechanische (bewegliche) Roste:

*Wanderroste* mit Roststäben auf einem umlaufenden endlosen Band, die langsam durch die Feuerung hindurchgezogen werden. Verbesserte Ausführungen sind die *Wanderzonenroste,* bei denen Unterwind in verschiedenen Zonen zur Anpassung an den Brennstoffabbrand zugeführt wird. Dadurch bedeutende Leistungssteigerung;

*Unterschubroste* führen den Brennstoff durch Schnecken und Kolben (Stoker) von unten her in die Feuerung;

**Tafel 231-14. Mittlere Heizflächenbelastung bei verschiedenen Kesseln**

| Kessel | Belastung in kg Dampf/m²h |
|---|---|
| Abhitzekessel | ≈ 10 |
| stehende Kessel | 15··· 25 |
| Flammrohrkessel | 20··· 25 |
| Flammrohr-Rauchrohr-Kessel | 30··· 45 |
| Wasserrohrkessel | |
| ohne Strahlungsheizflächen | 40··· 60 |
| mit Strahlungsheizflächen | 60···100 |
| Strahlungskessel | 100···150 |

**Tafel 231-15. Rostwärmebelastung** (nach E. Schulz)

| Feuerungsart | Brennstoff | Rostwärmebelastung $q_r$ in MW/m² |
|---|---|---|
| Handgefeuerte Planroste | Alle Steinkohlensorten, | 0,8···1,0 |
| ohne und mit Unterwind | Briketts, Holz | 1,0···1,4 |
| Treppenroste und Mulden-roste ohne Unterwind | Rohbraunkohlen | 0,7···0,9 |
| Zonenwanderroste | Nußkohlen | 1,4···1,6 |
| | Feinkohlen | 1,0···1,4 |
| | Mittelprodukte | 0,8···1,2 |
| | Schwelkoks (stückig) | 1,0···1,2 |
| | Braunkohlenbriketts | 1,0···1,3 |
| Schür- und Rückschubroste mit Unterwind | Steinkohlen mit hohem Asche- und Wassergehalt | 1,2···1,5 |
| | Mittelprodukte, Schlamm-kohlen, Abfallbrennstoffe | 1,0···1,3 |
| Vollmech. Vorschub- und | Rohbraunkohlen | 0,9···1,4 |
| Muldenroste | bei aschereichen Sorten | 0,5···0,7 |
| Unterschubroste (Klein-stoker) und Planstoker | Fett- und Gasflammkohlen | |
| ohne Unterwind | | 0,9···1,1 |
| mit Unterwind | | 1,3···1,4 |

*Vorschub- und Rückschubroste* (Schürroste). Roststäbe führen langsame, schlangenförmige Bewegungen aus und fördern dabei den Brennstoff unter gleichzeitiger Schürung weiter (Riley-Stoker, Vorschub-Treppenrost, Vorschub-Muldenrost u. a.); ähnlich arbeiten die *Schüttelroste.*

3. Kohlenstaubfeuerungen:

Der Brennstoff wird in Zentral- oder heute meist Einzelmahlanlagen zu Staub zermahlen und mit Luft in die Feuerung geblasen. Zur Vermahlung der Kohle dienen *Mühlen* (Schleuder-, Schläger-, Rohrmühlen u. a.). In Kraftwerken fast ausschließlich verwendet. Ascheabzug trocken oder flüssig *(Schmelzfeuerung).*

4. *Wirbelschichtfeuerung*[1]):

Dies ist eine neue, noch in der Entwicklung befindliche Feuerungsart für alle Kohlearten, bei der körnige Kohle in einer Wirbelschicht aus Luft, Asche und Kalkstein verbrennt. Kompakte Bauweise, umweltfreundlich mit geringem $SO_2$- und $NO_2$-Auswurf. Nur für große Leistungen.

5. Ölfeuerungen siehe Abschn. 231-4 und 236-8.

6. Gasfeuerungen siehe Abschn. 231-3.

## -6 WARMLUFTERZEUGER

Die hier beschriebenen Wärmeübertrager werden in den sogenannten *Warmluftheizungen (Feuerluftheizungen)* verwendet, siehe Abschn. 222-3. Man unterscheidet

nach der Heizart:

*Warmlufterzeuger für Schwerkraft-Luftheizungen,*
*Warmlufterzeuger für Ventilator-Luftheizungen;*

nach dem Werkstoff:

*gußeiserne Warmlufterzeuger,*
*stählerne Warmlufterzeuger;*

[1]) Stroppel, K. G.: Fernwärme 11/79. S. 241/6.
Steven, H.: BWK 11/83. S. 453/8.

nach dem Brennstoff:

*kohle- und koksbeheizte Warmlufterzeuger,*
*ölbeheizte Warmlufterzeuger mit Zerstäubungs- oder Verdampfungsbrenner,*
*gasbeheizte Warmlufterzeuger,*
*elektrische Warmlufterzeuger.*

## -61 Warmlufterzeuger für feste Brennstoffe

Diese Geräte werden gewöhnlich mit festen Brennstoffen betrieben, gelegentlich aber auch mit Gas- oder Ölfeuerung.

Die Warmlufterzeuger bestehen ähnlich den Einsatzöfen von Kachelofenheizungen in der Hauptsache aus 3 Teilen, dem Feuerraum, dem Wärmeaustauscher und der Ummantelung. Der *Feuerraum* ist eine mit Schamotte ausgekleidete Kammer, in der die Brennstoffe verbrannt werden. Bei Kohlefeuerung werden Planroste verwendet, während bei Umstellung auf Gas- und Ölheizung die auch bei Heizkesseln üblichen Brenner zur Verwendung gelangen können.

Der Warmlufterzeuger besteht in der Regel aus Gußeisen in schwerer Bauform (Bild 231-222). Um die Heizfläche zu vergrößern, werden besondere *Profilierungen* verwendet, z.B. Rippen, Spiralen oder Taschen. Öfen dieser Art wurden früher vielfach für Heizung einzelner Großräume, insbesondere für Kirchen verwendet. Dabei wird die Ummantelung durch eine gemauerte Kammer gebildet, in die von unten die zu heizende Luft eintritt, während die Warmluft oben ausströmt.

Bild 231-222. Warmluftheizofen für feste Brennstoffe mit Vorstellplatte und Rahmen zur Aufstellung in gemauerten Heizkammern oder mit Stahlblechmantel (ältere Bauart).

Heute werden diese Öfen mit Luftbewegung durch Eigenkonvektion selten verwendet, da eine einwandfreie gleichmäßige Heizung der Räume nicht möglich ist und sich starke Temperaturschichtung einstellt.

## -62 Warmlufterzeuger für Gasfeuerung

### -621 Allgemeines[1])

Der Warmlufterzeuger *(Gaslufterhitzer)* benutzt die Heizwärme des Gases direkt zur Erwärmung der Luft, ohne daß dabei Wasser oder Dampf als Wärmeträger verwendet werden. Er besteht grundsätzlich aus folgenden Teilen: Brenner, Wärmeaustauscher, Abgasführung und Sicherheitseinrichtung.

Nachstehend sind nur die sogenannten *Standgaslufterhitzer* behandelt, bei denen der Ventilator getrennt vom Lufterhitzer aufgestellt ist (Bild 231-225), während die Gasluftheizgeräte *(Gasluftheizer),* bei denen Ventilator und Lufterhitzer zu einem Gerät zusammengebaut sind, in Abschnitt 341-2 beschrieben sind.

Heizleistung der Standgeräte bis zu etwa 1000 kW. Abmessungen der üblichen Geräte siehe Tafel 231-16.

### -622 Der Brenner (siehe auch Abschn. 236-9)

In dem *Brenner* werden Luft und Gas miteinander in Verbindung gebracht und entzündet. Es gibt *Brenner ohne Gebläse* (atmosphärische Brenner), die sich die Verbrennungs-

[1]) DIN 4794, Teil 3: Ortsfeste Warmlufterzeuger mit Gasfeuerung (12.80).

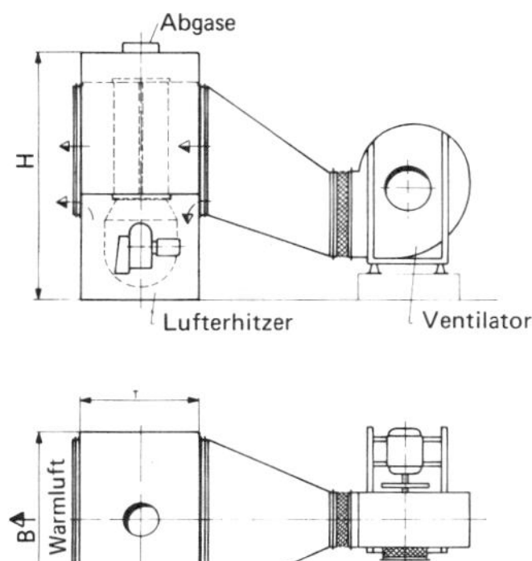


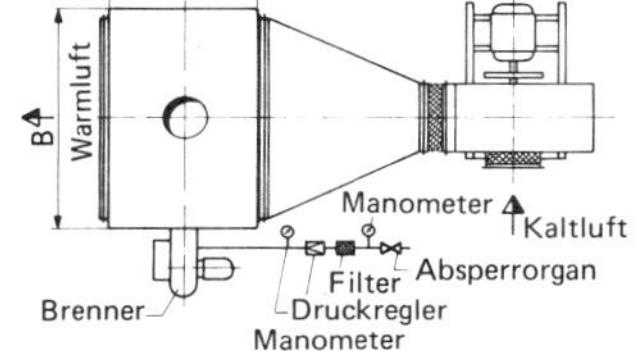


Bild 231-225. Standgaslufterhitzer mit getrennt aufgestelltem einseitig saugenden Ventilator.

**Tafel 231-16. Mittlere Abmessungen und Leistungsdaten von Standgaslufterhitzern Bild 231-225. (Liescotherm)**

| Typ GZG | Wärme-leistung kW | Volumen-strom $m_n^3/h$ | Maße Breite *B* mm | Tiefe *T* mm | Höhe *H* mm |
|---|---|---|---|---|---|
| 1 | 29 | 1600 | 650 | 600 | 1539 |
| 2 | 58 | 3200 | 880 | 510 | 1768 |
| 3 | 81 | 4500 | 850 | 820 | 2180 |
| 4 | 116 | 6400 | 970 | 820 | 2180 |
| 5 | 157 | 8700 | 1210 | 820 | 2180 |
| 6 | 186 | 10300 | 1330 | 820 | 2180 |
| 7 | 232 | 12900 | 1570 | 820 | 2180 |
| 8 | 290 | 16100 | 1810 | 820 | 2180 |
| 9 | 349 | 19300 | 1690 | 960 | 2979 |
| 10 | 465 | 25700 | 2170 | 960 | 2979 |
| 11 | 581 | 32200 | 2770 | 960 | 2979 |
| 12 | 698 | 38600 | 3000 | 960 | 2979 |

luft selbst ansaugen, und *Gebläsegasbrenner*, bei denen zur Förderung der Verbrennungsluft ein Ventilator verwendet wird. Bei den erstgenannten Brennern unterscheidet man zwei *Brennerarten: Leuchtbrenner* mit langer, leuchtender Flamme, bei denen die Vermischung mit der Luft während der Verbrennung erfolgt, und entleuchtete Brenner *(Bunsenbrenner)* mit kurzer nicht leuchtender Flamme, bei denen die Luft zum größeren Teil vor der Verbrennung zugemischt wird. Die leuchtende Flamme darf Gegenstände nicht berühren, weil dabei Ruß entsteht. Beide Brennerarten werden verwendet. Die Brenner selbst befinden sich in der Brennkammer, die mit Schamotte ausgekleidet ist, und bestehen aus feuerfestem Material oder Metall.

Alle Brenner müssen DIN 4788 Teil 1 bis 3 entsprechen.

**-623 Wärmeaustauscher**

Der Wärmeaustauscher, in dem die Heizgase im Kreuzstrom ihre Verbrennungswärme an die Luft abgeben, wird in mehreren Bauformen hergestellt:

*Röhren-Wärmeaustauscher,* innen die Verbrennungsgase, außen die zu erwärmende Luft.

*Taschen-Wärmeaustauscher,* taschenförmig zusammengeschweißte gewellte Bleche.

*Gußeiserne Wärmeaustauscher,* aus Spezialgußeisen mit Rippen oder Nadeln zur Vergrößerung der Oberfläche.

Es ist zweckmäßig, für den Austauscher möglichst hitze- und korrosionsbeständiges Material zu verwenden, da die Heizflächen stark beansprucht sind. Wichtig ist ferner, daß die Austauscherflächen durch geeignete Luftführungsbleche in allen Teilen durch die Luft gut gekühlt werden, damit örtliche Überheizungen vermieden werden. Die zu erwärmende Luft muß mit *Überdruck* durch den Wärmeaustauscher geschickt werden.

### -624 Abgasführung

Die *Abgase* werden am oberen Ende des Wärmeaustauschers gesammelt und auf kürzestem Weg durch die Abgasleitung zum Schornstein geführt, indem sie durch ihren Auftrieb nach oben entweichen. In dem Abgasweg muß bei den atmosphärischen Brennern eine *Strömungssicherung* (Zugunterbrecher) eingebaut sein, um zu verhindern, daß durch die Außenluft (Stau, Rückstrom) der Verbrennungsvorgang gestört wird.

*Abgashauben* werden vom Hersteller der Gaslufterhitzer meist mitgeliefert. Querschnitt der Abgasleitung reichlich wählen, mit Steigung verlegen, lange Leitungen isolieren.

Bei ungünstiger Lage der Lufterhitzer (lange Abgasleitung, kalter Schornstein, kein Schornstein) kann zur Abgasführung auch ein *Abgasventilator* verwendet werden. Abgastemperaturen etwa 130···150 °C, bei tieferer Temperatur Gefahr von Schwitzwasserbildung. In diesem Fall ist Sonderausführung aus korrosionsfestem Material erforderlich.

Wirkungsgrad der Geräte je nach Größe 83···88%. Als Brennwert-Geräte (Abschn. 231-434) Wirkungsgrad auf $H_o$ bezogen bis 103%.

Abgasverluste 11···14%.

### -625 Sicherheitseinrichtung (siehe auch Abschn. 231-3 und 236-9)

Die Grundsätze der Sicherheitseinrichtungen sind in DIN 4755 (9.81 u. 2.84), DIN 4756 (2.86), DIN 4788 (E. 8.83) und DIN 4794 Teil 1 und 3 (12.80) enthalten.

Die Sicherheitseinrichtungen sollen Bedienung und Gerät vor Schaden bewahren. Zu diesem Zweck gibt es eine Anzahl von *Sicherheitseinrichtungen.*

Im Prinzip wirken diese Einrichtungen in Verbindung mit einer Zündvorrichtung alle in ähnlicher Weise. Eine von Hand oder elektrisch entzündete *Zündflamme* brennt dauernd und heizt dabei ein Bi-Metall oder ein Thermoelement. Bei irgendwelchen Störungen wird sofort das Gasventil geschlossen. Neuere Sicherungseinrichtungen verwenden Leitflammen- oder Fotozellen-Sicherungen, die weniger träge sind. Die *Störungsquellen* sind im besonderen folgende:

Gasmangel: bei Ausfall des Gases oder Schließen des Absperrhahnes.
Strommangel: bei Ausfall des elektrischen Stromes.
Luftmangel: bei Schäden am Ventilator, z.B. Riemenbruch bei riemengetriebenen Ventilatoren.
Übertemperatur der Abgase: bei verringerter Luftmenge oder bei Motorschaden.

In allen diesen Fällen spricht die Sicherheitseinrichtung an und schließt automatisch das Sicherheitsventil.

Der Einbau eines *Gasdruckreglers* ist erforderlich, um Gasdruckschwankungen vom Brenner fernzuhalten.

### -626 Temperaturregelung

Bei allen Gaslufterhitzern empfiehlt sich zur sparsamen Verwendung des Gases die Verwendung eines *Temperaturreglers,* damit Überheizungen vermieden werden. Der Regler arbeitet meist nach der Zweipunkt-(Auf-Zu-)Methode, da hierbei die Heizung immer im Bereich des größten Wirkungsgrades arbeitet. Regelung mit Drosselung des Gasstroms ist nicht zweckmäßig, da dabei unter Umständen die Abgase den Taupunkt unterschreiten und sich Kondenswasser bilden kann.

Gaslufterhitzer, bei denen der Wärmeaustauscher in zwei oder mehr Stufen unterteilt ist, können auch stufenweise geregelt werden, insbesondere bei Lüftungsanlagen. Die *Stufenunterteilung* muß in Richtung des Luftweges erfolgen.

**-627 Bauliche Belange**

Bei jedem Einbau von Gaslufterhitzern ist die Schornsteinfrage zu klären. Schornstein möglichst nicht an Außenwand. Innen mit wasserabweisendem Anstrich (z. B. Inertol) versehen. Am Sockel Schwitzwasserschale vorsehen.

Falls die Abgase den Taupunkt unterschreiten, müssen die Abgasleitungen aus korrosionsfestem Material bestehen, z. B. Edelstahl, Keramik u. a.

Der Ventilator muß immer vor dem Gaslufterhitzer angeordnet sein, damit die Luftseite gegenüber der Gasseite stets Überdruck hat (siehe Bild 231-228).

Der Lufterhitzerraum muß eine genügend große Öffnung ins Freie für die Verbrennungsluft besitzen. Die Bauaufsicht schreibt bei großen Anlagen im Lufterhitzerraum stets 2 Ausgänge vor sowie feuerfeste Türen.

Bei der Bestellung der Lufterhitzer ist auf den vorhandenen Fließdruck zu achten, der im allgemeinen 7 bis 8 mbar betragen soll. Bei starken Druckschwankungen Druckregler einbauen.

Freiansaugende Ventilatoren müssen getrennt von dem Lufterhitzer in einem besonderen Raum zur Aufstellung gelangen, damit die Saugwirkung der Ventilatoren nicht die Brenner des Lufterhitzers beeinflußt oder stört. Die Zuluftkanäle sollen aus nicht brennbarem Material bestehen, insbesondere Stahlblech, Monier, Mauerwerk oder dergleichen.

Bei Luftheizungen mit längeren Unterbrechungen der Heizung, z. B. bei Kirchen, Versammlungsräumen u. ä., empfiehlt sich eine gesonderte Berechnung des Wärmebedarfs, siehe Abschn. 253-1.

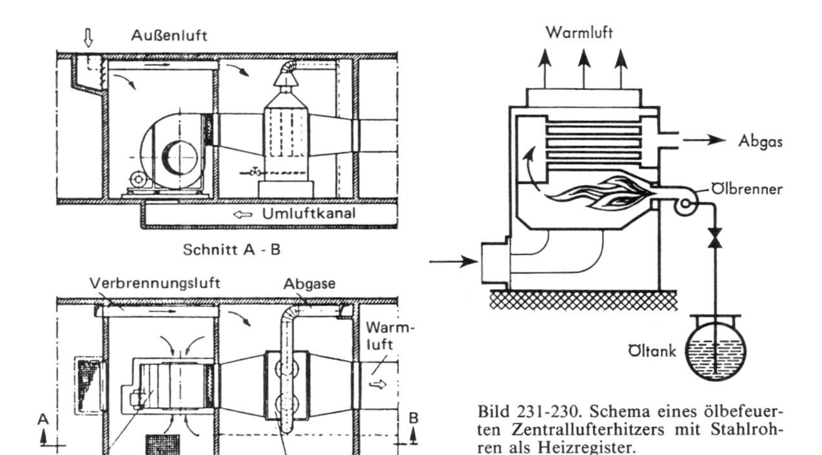


Bild 231-228. Maschinenraum einer Gasluftheizanlage mit zweiseitig saugendem Ventilator.

Bild 231-230. Schema eines ölbefeuerten Zentrallufterhitzers mit Stahlrohren als Heizregister.

## -63 Warmlufterzeuger für Ölfeuerung[1])

**-631 Allgemeines**

Für diese Geräte *(Lufterhitzer)* mit getrennt aufgestelltem Ventilator gilt sinngemäß das gleiche wie für die eben beschriebenen gasbefeuerten Lufterhitzer. Sie bestehen aus folgenden Teilen (Bild 231-230):

[1]) DIN 4794 Teil 2 (12. 80). Ortsfeste Warmlufterzeuger mit Ölfeuerung.

Brennkammer aus hitzebeständigem Stahl
Ölbrenner
Heizregister in verschiedenen Bauformen (Taschen, Rohre u.a.)
Gehäuse für Anschluß an einen Luftkanal.

Wirkungsgrade je nach Größe 83···88%.
Abgasverluste 11···14%.

**-632 Sicherheitseinrichtungen**

Wie bei jeder Ölfeuerung sind auch hier die in DIN 4787 (9.81) angegebenen Sicherheitseinrichtungen erforderlich, die durch einen Ölfeuerautomaten koordiniert werden (Zündung, Flammenwächter usw.). Zusätzlich gibt es bei den Zentrallufterhitzern noch einige weitere Bedingungen:

Um *Überhitzen* des Wärmeaustauschers durch Keilriemenbruch oder Filterverstopfung zu vermeiden, muß ein Sicherheitsthermostat vorhanden sein, der bei Übertemperatur oder Luftmangel den Ölbrenner abschaltet.

Ein *Verzögerungsrelais* sorgt dafür, daß der Ventilator erst einige Zeit nach Inbetriebnahme des Brenners eingeschaltet wird, damit keine Kaltluft gefördert wird. Ebenso läuft der Ventilator noch einige Zeit nach Ausschalten des Brenners, um eine Abkühlung des Wärmeaustauschers zu erreichen.

**-633 Regelung**

Diese erfolgt im allgemeinen durch *Ein- und Aus-Schaltung* des Lufterhitzers in Abhängigkeit von einem Raumthermostat. Dies hat allerdings die Folge, daß die Schaltperioden sehr häufig sind, falls nicht durch die Wärmespeicherung des Heizregisters und der Raumumfassungsflächen ein gewisser Ausgleich möglich wird.

Bei Anlagen, die auch zur Lüftung dienen, ist zusätzlich ein Minimal-Thermostat im Zuluftkanal erforderlich.

**-634 Bauaufsichtliche Forderungen**

Alle Anlagen ab einer bestimmten Nennleistung sind nach den Bauordnungen der Länder genehmigungs- und abnahmepflichtig. Warmlufterzeuger über 50 kW Nennleistung müssen in Heizräumen aufgestellt werden.

*Richtlinien* über die Aufstellung von ölbefeuerten Lufterhitzern. Hrsg. von der Argebau (5.78). Musterentwurf, von den meisten Ländern übernommen.

DIN 4755 – Ölfeuerungen in Heizungsanlagen (9.81 und 2.84).

*Beispiel* einer Anlage siehe Bild 231-235.

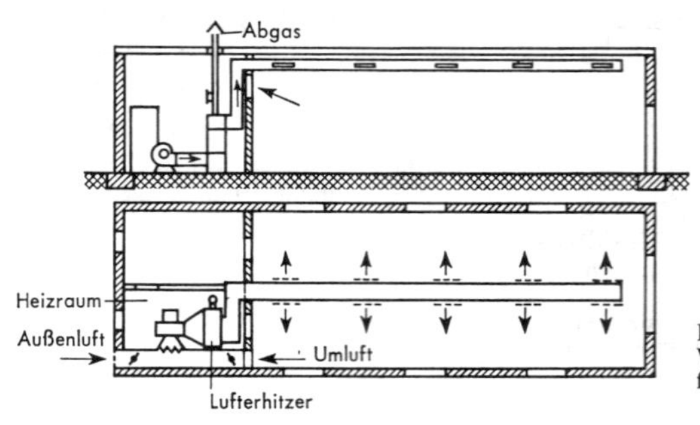


Bild 231-235. Beheizung einer Werkstatt mit einem ölbefeuerten Warmlufterzeuger.

## -7 ELEKTROKESSEL[1])

Kessel mit elektrischer Direktheizung werden in Deutschland verhältnismäßig selten zur Heizung verwendet, in anderen Ländern mit billigem Strom dagegen häufiger. Heute hat der Elektrokessel nur Bedeutung, wenn die Ausnutzung von billigem Nacht-

[1]) Hadenfeldt, A.: SBZ 1973. S. 572/86.
Elektrowärme Nov. 1973 (Edition A).

strom in Speichern möglich ist. In manchen Gebieten wird diese Heizung aus Gründen des Umweltschutzes vorgeschrieben. Man unterscheidet grundsätzlich 2 Bauarten: Speicher mit Wasser und Speicher mit anderen Medien.

## -71 Elektroheizung mit Wasser als Speichermedium[1])

Bei dieser Bauart wird die durch den elektrischen Strom erzeugte Wärme in Wasser gespeichert. Die Erwärmung des Wassers erfolgt entweder direkt im Speicher selbst oder indirekt in einem besonderen Wärmeerzeuger.

Die *direkte Heizung* (Bild 231-240) wird vornehmlich bei kleinen Anlagen, z. B. Einfamilienhäusern verwendet. Das Wasser wird im Speicher durch Tauchheizkörper auf Temperaturen bis max. 110 °C erwärmt. Die Aufladung erfolgt automatisch abhängig von der Außentemperatur und mit Berücksichtigung der Restwärme in der Niedertarifzeit, bei tiefen Außentemperaturen evtl. Nachladung am Tage. Das im Heizkreis umlaufende Wasser wird in einem Dreiwege-Mischventil je nach Außentemperatur mit Rücklaufwasser gemischt.

Bei der *indirekten Heizung* (Bild 231-242) ist ein besonderer Wärmeerzeuger nach Art eines Durchlauferhitzers vorhanden, der von dem Speicher getrennt ist. Das Wasser wird durch eine Pumpe zwischen Speicher und Wärmeerzeuger umgewälzt.

Manche Firmen liefern heute bereits einbaufertige Aggregate mit Speicher, Pumpe, Regelung, Isolierung und allem sonstigen Zubehör, so daß die Montage sehr vereinfacht

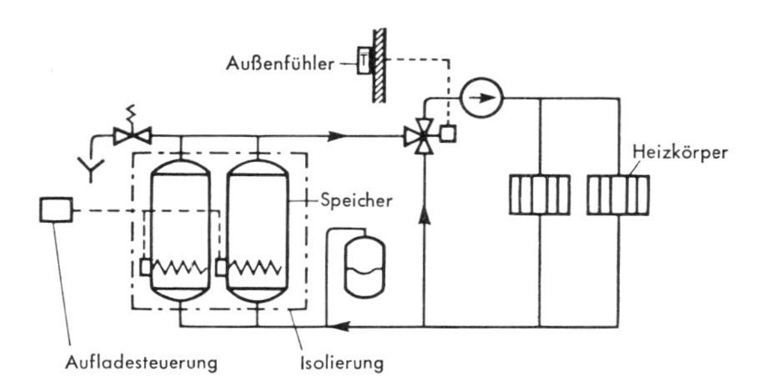


Bild 231-240. Elektro-Zentralspeicherheizung mit direkter Wassererwärmung durch Tauchheizkörper.

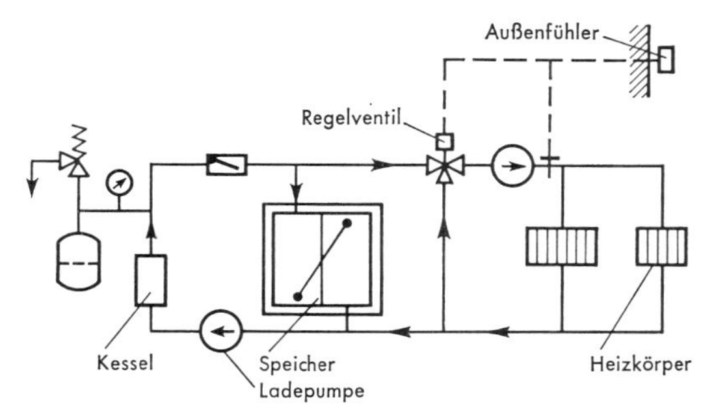


Bild 231-242. Elektro-Zentralspeicherheizung mit indirekter Wassererwärmung durch besonderen Wärmeerzeuger (Kessel) oder Durchlauferhitzer.

[1]) Funk, H.: SBZ 19/74. 5 S.
Hadenfeldt, A.: HLH 11/74. S. 393/6.
Funk, H.: Ki 3/77. S. 111/16.
HEA: Richtwerte zur Berechnung der Wirtschaftlichkeit. 1976.
Hofmann, P.: ETA 5/85. S. A 171/6.
Parma, W.: ETA 1/86. S. A 8/13.

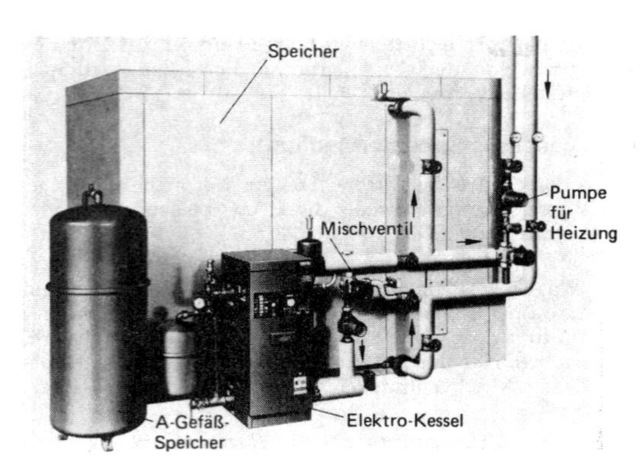


Bild 231-245. Elektro-Zentralspeicher, bestehend aus Kessel, Speicher in Zellenbauweise mit Wärmedämmung und Ladesteuerung (Buderus).

ist (Bild 231-245). Die Speicheranlage besteht aus mehreren wärmegedämmten Zellenspeichern, die baukastenartig zusammengestellt sind. Der *Anschlußwert* für ein Einfamilienhaus mit 100 m² Wohnfläche beträgt je nach Ladezeit und Wärmeverlust etwa 24 bis 48 kW. Investitionskosten einschl. Wärmedämmung und Installation etwa 1000···1200 DM je kW Wärmeleistung.

Wegen der hohen Investitionskosten für die Speicher empfiehlt es sich oft, den Elektro-Wärmeerzeuger nur für etwa 50% des Normwärmebedarfs auszulegen und für den Spitzenbedarf einen Öl- oder Gaskessel einzusetzen. Dabei können ca. 80···85% des Jahreswärmebedarfs durch elektrischen Strom abgedeckt werden.

Bei sehr großen Anlagen über etwa 300 kW können als Wärmeerzeuger auch *Elektroden* verwendet werden. Dabei bilden nicht metallische Heizelemente, sondern das Wasser selbst den Widerstand, der die Wärmeerzeugung verursacht. Der Strom wird von einer im Wasser befindlichen Elektrode zu einer anderen geleitet, wobei der Widerstand von der Temperatur und der Leitfähigkeit des Wassers abhängt.

Natürlich ist der Wasserkreislauf in diesem Fall vom Heizkreis durch Wärmeübertrager getrennt *(Zweikreis-Ausführung)*. Teuer, großer Wartungsaufwand, jedoch geringer Raumbedarf, wirtschaftlich erst ab etwa 300 kW.

Die *Leitfähigkeit* muß durch Zusatz von Salzen (Natriumsulfit $Na_2SO_3$ u. a.) mittels Dosierpumpe so groß gemacht werden, daß die Elektrodenflächen eine bestimmte Belastung erhalten.

Beispiel einer Ausführung Bild 231-250:

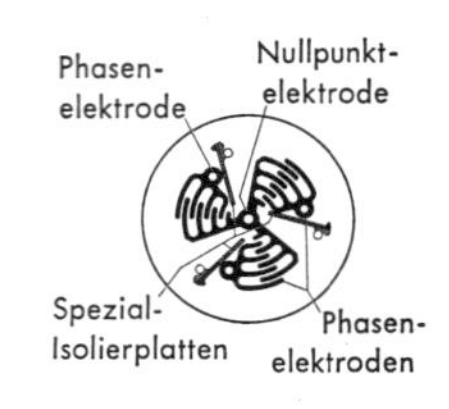


Bild 231-250. Elektrodenkessel (Buderus ASEA).
Links: Ansicht; rechts: Elektrodeneinsatz

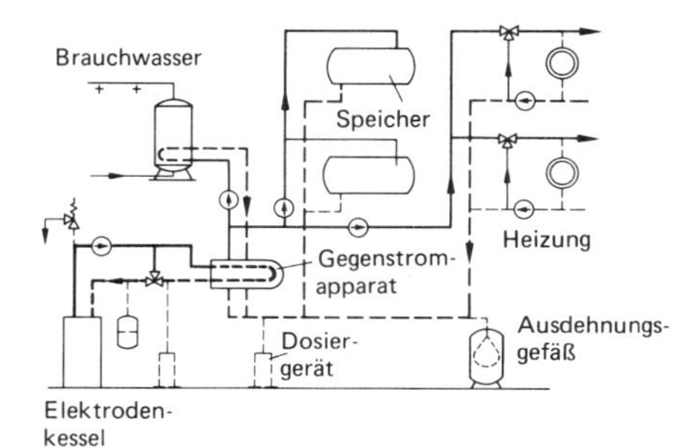


Bild 231-252. Rohrleitungsschema einer Heizanlage mit Elektrodenkessel und Wärmespeichern.

3 fingerförmige Elektroden, die ineinandergreifen. In der Mitte Nullpunktelektrode, die durch einen Stellmotor gedreht wird, wobei die Leistung zwischen 10 und 100% geändert werden kann. Leistung von 300 bis 1000 kW.

Der Speicher wird desto kleiner, je größer die Temperaturspreizung des Heizwassers und je länger die Niedertarifzeit ist. Günstig sind *Flächenheizungen,* besonders Fußbodenheizungen, die Vorlauftemperaturen von nur etwa 40···45 °C benötigen. Rohrleitungsschema in Bild 231-252.

*Richtwerte:* Anschlußwert $P = 2{,}0 \cdots 2{,}4\ \dot{Q}$ in kW.
Speichervolumen $V = 0{,}25 \cdots 0{,}32\ \dot{Q}$ in m³.

*Beispiel:*

Für eine Heizleistung von $\dot{Q} = 10$ kW, 90/60 Wassertemperatur, Aufheizung auf 105 °C, 8 Stunden Niedertarifzeit und $z = 15$ Stunden Vollbenutzungszeit, ist das erforderliche Speichervolumen

$$V = \frac{\dot{Q} \cdot 3600 \cdot 15}{(105-60) \cdot c_w \cdot \eta_{sp} \cdot \varrho} = \frac{10 \cdot 3600 \cdot 15}{45 \cdot 4{,}2 \cdot 0{,}90 \cdot 1000} = 3{,}175 \text{ m}^3.$$

Der Anschlußwert ist

$$P = \frac{\dot{Q} \cdot 15}{8 \cdot \eta_a} = \frac{10 \cdot 15}{8 \cdot 0{,}85} = 22 \text{ kW}.$$

$\eta_{sp}$ = Speicherwirkungsgrad = 0,90···0,95
$\eta_a$ = Aufladewirkungsgrad = 0,80···0,90
$c_w$ = spez. Wärmekapazität des Wassers = 4,2 kJ/kg K
$\varrho$ = Dichte des Wassers = 1000 kg/m³.

Jährlicher Stromverbrauch (nach Abschnitt 266-2) bei 1800 Vollbetriebsstunden

$$B = \frac{1800 \cdot 10}{\eta_a} = \frac{1800 \cdot 10}{0{,}85} = 21\,176 \text{ kWh/a}.$$

Bei zusätzlicher Nachheizzeit am Tage kann man mit etwa 0,2···0,25 m³ je kW Heizleistung $\dot{Q}_N$ rechnen. Die zukünftige Entwicklung der Elektro-Speicherheizung hängt hauptsächlich von den angebotenen Niedertarif-Strompreisen ab. Gegenwärtig sind sowohl die Investitions- wie die Betriebskosten sehr hoch, so daß ein großer Anwendungsbereich jetzt noch nicht erreichbar ist. Zu beachten ist, daß auch das Ausdehnungsgefäß wegen des großen Speichervolumens groß wird.

*Bivalente Elektroheizung*

Eine wesentliche Verkleinerung der Speicher erhält man, wenn für die Spitzenleistung ein Öl- oder Gasheizkessel eingesetzt wird. Dabei können etwa 70–80% des Wärmeverbrauchs durch elektrischen Strom geliefert werden, während der Restbedarf durch den Heizkessel abgedeckt wird[1]). Schaltschema siehe Bild 231-254.

[1]) Dreisbach, K., u. W. Reichmann: ETA 5/85. S. A 179/83.

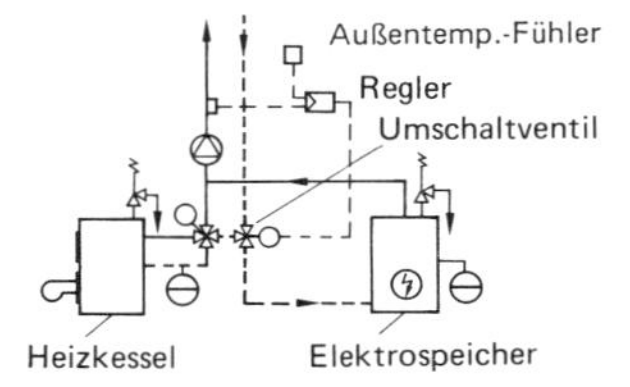


Bild 231-254. Schaltschema einer bivalenten Elektro-Blockspeicher-Heizungsanlage.

## -72 Elektroheizung mit sonstigen Speichern

In diesen Kesseln wird statt Wasser ein anderes Speichermittel durch billigen Nachtstrom aufgeladen und die Wärme am Tage an den Wärmeträger der Zentralheizung (Wasser oder Luft) abgegeben. Dabei wird also der sonst mit Öl oder Gas betriebene Kessel durch einen elektrisch beheizten sogenannten *Blockspeicher* ersetzt.

Wichtigstes Bauelement ist der *Speicherkern*, der die elektrische Wärmeenergie aufnimmt. Er kann fest oder flüssig sein. Hauptanforderungen: hohe spez. Wärmespeicherung und gute Wärmeleitfähigkeit. Eigenschaften einiger Speicherstoffe siehe Tafel 231-17.

**Tafel 231-17. Eigenschaften verschiedener Speicherstoffe**

| | | Magnesit | Guß-eisen | Wasser | Öl*) |
|---|---|---|---|---|---|
| Max. Temperatur | °C | 640 | 600 | 135 | 300 |
| Min. Temperatur | °C | 120 | 80 | 75 | 85 |
| Temp.-Differenz | K | 520 | 520 | 60 | 215 |
| Spez. Wärmekapazität | kJ/kg K | 1,13 | 0,60 | 4,2 | 2,3 |
| Schmelzwärme | kJ/kg | – | – | – | – |
| Gespeicherte Wärmemenge je kg | kJ/kg | 586 | 312 | 250 | 495 |
| Gespeicherte Wärmemenge je dm³ | kJ/dm³ | 1700 | 2300 | 250 | 371 |
| Spez. Speichermasse | kg/1000 kJ | 1,7 | 3,2 | 3,98 | 2,02 |
| Dichte | kg/dm³ | 2,9 | 7,3 | 1,0 | 0,75 |
| Spez. Speichervolumen | dm³/1000 kJ | 0,60 | 0,43 | 4,0 | 2,70 |
| Preis des Speicherstoffes | DM/kg | 0,50 | 0,60 | 0,00 | 0,80 |
| Spez. Speicherpreis | DM/1000 kJ | 0,85 | 1,92 | 0,00 | 1,60 |

*) s. auch Tafel 231-12.

Die bekanntesten festen *Speicherstoffe* sind Gußeisen und Magnesit. Einige Salze sind dadurch geeignet, daß sie infolge Übergangs in den flüssigen Zustand erhebliche Wärmemengen zu speichern vermögen, insbesondere $KNO_3$ (Kaliumnitrat), das weniger hygroskopisch und damit weniger korrosiv ist, als das früher verwendete KOH (Kalilauge) und NaOH (Natronlauge). Nachteilig ist jedoch ihr korrosives Verhalten gegenüber dem Behältermaterial. Auch Mischungen aller Art können verwendet werden.

Praktische Bedeutung haben jedoch gegenwärtig nur *Blockspeicher* mit Magnesitkern.[1]) In Abschn. 222-32 sind die für *Luftheizungen* geeigneten Anlagen beschrieben.

Der Speicherkern bei Warmwasser-Zentralheizungen wird nachts und in der Freigabezeit durch Niedertarifstrom in Abhängigkeit von der Außentemperatur und mit Berücksichtigung der Restwärme aufgeladen. Tagsüber wird die gespeicherte Wärme durch einen Ventilator an einen Luft-Wasser-Wärmeaustauscher und damit an das Warmwasser-Heizungsnetz abgegeben (Bild 231-257 u. -258). Aufgrund der hohen Temperaturen des Speicherkerns bis zu 650 °C sind Vorlauftemperaturen von 90 °C und Rücklauftemperaturen von 70 °C leicht erreichbar. Die Vorlauftemperatur wird in Abhängigkeit von der Außentemperatur durch Drehzahländerung des Ventilators gesteuert.

[1]) Stieper, K.: Feuerungstechn. 9/78. 3 S.
Göhringer, P.: Wärmetechnik 12/83. S. 436.

Bild 231-257. Ansicht eines Elektro-Speicherblocks. Anschlußleistung 9···18 kW, max. Aufladung 150 kWh (Thermotechnik Bauknecht).

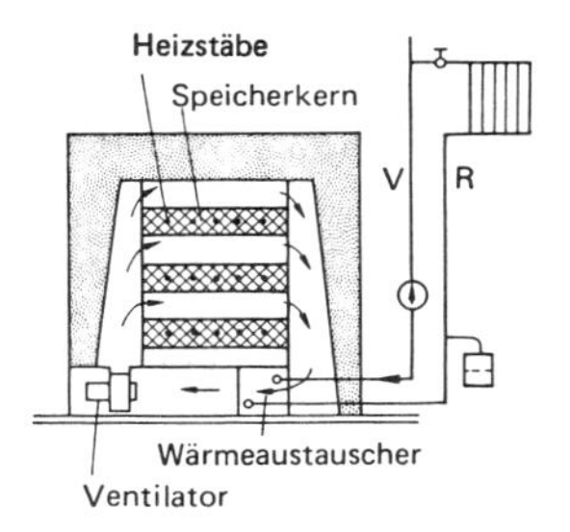


Bild 231-258. Nachtstromspeicherblock mit Luftumwälzung für Warmwasserheizung.

V = Vorlauf, R = Rücklauf

Gewicht sehr groß, etwa 70···90 kg je kW Heizleistung. Sehr dicke Wärmedämmung. Maße und Leistungen eines Fabrikates siehe Tafel 222-30.

*Vorteile:* Kein Schornstein, kein Abgas, keine Brennstoffbevorratung.

Die Regelung von Blockspeichern ist ähnlich wie bei Speicherheizgeräten (vgl. Abschnitt 221-83).

*Beispiel* zur Berechnung einer Anlage:

Wärmebedarf $\dot{Q}_N$ = 17 kW
Vollbenutzungszeit $z$ = 15 Stunden
Aufheizzeit $n$ = 10 Stunden
Aufladewirkungsgrad $\eta_a$ = 0,85

$$\text{Anschlußwert } P = \frac{\dot{Q}_N \cdot z}{n \cdot \eta_a} = \frac{17 \cdot 15}{10 \cdot 0{,}85} = 30 \text{ kW}$$

Bei großen Anlagen werden mehrere Speicher parallel geschaltet (Bild 231-259). Der Raumbedarf ist wegen der hohen Speichertemperatur wesentlich geringer als bei den Anlagen mit Wasser als Speichermedium.

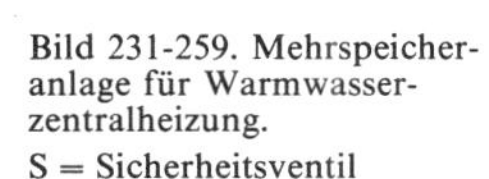

Bild 231-259. Mehrspeicheranlage für Warmwasserzentralheizung.

S = Sicherheitsventil

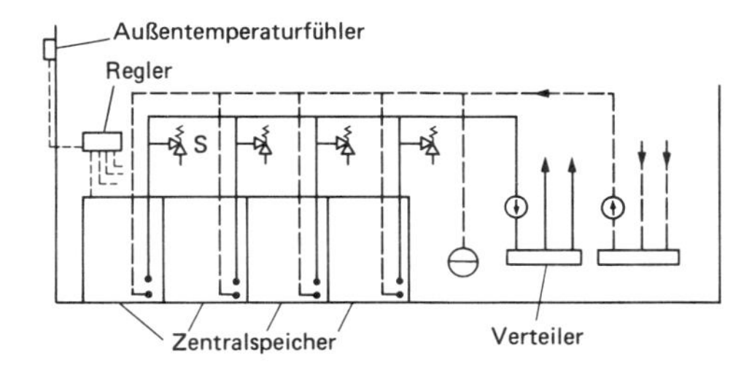


## -8 WÄRMEVERLUSTE UND WIRKUNGSGRADE[1])

Bei der Verbrennung der Brennstoffe im Heizkessel wird die erzeugte Wärme nicht vollständig auf das Heizwasser übertragen, sondern es entstehen Verluste. Der *Wirkungsgrad* des Heizkessels ist

[1]) DIN 4702 Teil 2 (E. 4. 85): Heizkessel; Begriffe, Prüfung, Anforderungen.
Salzmann, F.: TAB 5/80. S. 413/5.
Schmitz, H.: HR 9 u. 10/81.
Marx, E.: Feuerungstechn. 4/82. S. 10/15, 4/84. S. 8/11 und 10/86. S. 8/16.
Brinke, R.: Feuerungstechnik 6/84. S. 24.
Wagner, G.: HLH 1/85. S. 7/14.
Heinisch, R., u. a.: HLH 3/87. S. 105/9 und 4/87. S. 163 ff.

$\eta_K = \dot{Q}_N/\dot{Q}_F = \dot{Q}_N/BH_u$

$\dot{Q}_N$ = Kesselleistung = nutzbare Wärme; bei Wasserkesseln = Produkt aus umlaufendem Wasserstrom und Erwärmung in kW (kJ/s);
$\dot{Q}_F$ = Feuerungsleistung in kW;
$B$ = Brennstoffmenge kg/s oder $m_n^3/s$;
$H_u$ = unterer Heizwert kJ/kg oder kJ/$m_n^3$.

Für die Prüfung von *Heizkesseln* sind in DIN 4702 T. 2 genaue Angaben über Versuchsbedingungen, Prüfstandaufbau, Meßverfahren und Auswertung der Versuche gemacht.

Die *Verluste* sind in % der Kesselleistung hauptsächlich folgende:

## -81 Abgasverlust

(Schornsteinverlust) $q_A$, der durch den Unterschied des Wärmeinhalts der Abgase im Schornstein und der Verbrennungsluft verursacht wird, bei weitem der größte Verlust in der Bilanz der Verlustwärme*ströme* (betr. Kesselwirkungsgrad, s. Abschn. -85).

$$q_A = \frac{V_A \cdot Cp_A}{H_u}(t_A - t_L) \qquad \text{in } \%$$

$V_A = V_{Atr} + V_W$ = trockene Abgasmenge + Wasserdampf in $\left[\frac{m_n^3}{kg} \text{ oder } \frac{m_n^3}{m_n^3}\right]$, zu berechnen nach Abschnitt 137 aus der Zusammensetzung des Brennstoffs und der Abgase.

$$V_{Atr} = \frac{V_{CO_2}}{CO_2}$$

genauer $V_{Atr} = \dfrac{V_{CO_2+SO_2+CO}}{(CO_2+SO_2)+CO}$

$C_{pA}$ = mittl. spez. Wärmekapazität der Abgase nach Bild 137-22 in kJ/$m_n^3$ K
$t_A$ = Abgastemperatur °C
$t_L$ = Lufttemperatur °C
$CO_2$ = gemessener Volumengehalt an $CO_2$ im trockenen Abgas in %

Siehe auch die Tafel 137-10 und die Bilder 137-11, -12 und -13. Angenähert ist nach der *Siegertschen Formel*

$$q_A = \sigma \frac{t_A - t_L}{CO_2} \quad \text{in Vol.-\%}$$

$CO_2$ = Kohlendioxidgehalt der Abgase in Vol.-%
$\sigma$ = $V_A \cdot Cp_A \cdot CO_2/H_u$ (Beiwert)

| | |
|---|---|
| Koks | $\sigma \approx 0{,}75$ |
| Steinkohlen | $\sigma \approx 0{,}67 \cdots 0{,}68$ |
| Heizöl EL | $\sigma \approx 0{,}59$ |
| Stadtgas mit Gebläsebrenner | $\sigma \approx 0{,}38$ |
| Stadtgas mit atmosphärischen Brennern | $\sigma \approx 0{,}35$*) |
| Erdgas mit Gebläsebrennern | $\sigma \approx 0{,}46$ |
| Erdgas mit atmosphärischen Brennern | $\sigma \approx 0{,}42$*) |
| Propan und Butan | $\sigma \approx 0{,}50$ |

*) gemessen hinter der Strömungssicherung gem. 1. BImSchV, was fachlich umstritten ist, da die Messung vor der Strömungssicherung richtiger ist.

Zu beachten ist, daß der Siegertfaktor $\sigma$ nicht konstant ist; er verringert sich etwas bei steigender Luftzahl $\lambda$. Deshalb unterschiedliche Werte für atmosphärischen und Gebläsebrenner.

Normale Abgastemperaturen konventioneller Kessel 200…250 °C, bei großen Kesseln noch weniger. Tendenz zu Abgastemperaturen < 200 °C, bei Niedertemperatur- und Brennwertkesseln bis unter Taupunkt.

Näherungswerte für einige Brennstoffe siehe Bild 231-260. 15 K höhere Abgastemperaturen bedeuten 1% geringeren Wirkungsgrad oder ≈ 1,5% mehr Brennstoffverbrauch.

Nach der *2. Heizungsanlagen-Verordnung* vom 24. 2. 82 und der Verordnung über Feuerungsanlagen (1. BImSchV vom 5. 2. 79) sollen bei Gas und Öl folgende Abgasverluste nicht überschritten werden:

| | bis 12.78 | bis 12.82 | ab 1.83 |
|---|---|---|---|
| Kessel über 4 bis 25 kW | 18 | 16 | 14% |
| Kessel über 25 bis 50 kW | 17 | 15 | 13% |
| Kessel über 50 bis 120 kW | 16 | 14 | 12% |
| Kessel über 120 kW | 15 | 13 | 11% |

Nach dem *Bundesimmissionsschutzgesetz* werden die Abgasverluste von den Schornsteinfegern regelmäßig überprüft.

Die 1. BImSchVO befindet sich in Überarbeitung. Dann sollen die Abgasverluste wie folgt ermittelt werden

$$q_A = (t_A - t_L) \cdot \left(\frac{A_1}{CO_2} + B\right)$$

oder falls der Sauerstoffgehalt $O_2$ in % gemessen wird

$$q_A = (t_A - t_L) \cdot \left(\frac{A_2}{21 - O_2} + B\right)$$

Beiwerte A und B nach Tafel 231-18.

**Tafel 231-18. Beiwerte zur Berechnung des Abgasverlusts**

| Beiwert | Heizöl | Erdgas | Stadtgas | Kokereigas | Flüssiggas und Flüssiggas-Luft-Gemische |
|---|---|---|---|---|---|
| $A_1$ | 0,50 | 0,37 | 0,35 | 0,29 | 0,42 |
| $A_2$ | 0,68 | 0,66 | 0,63 | 0,60 | 0,63 |
| B | 0,007 | 0,009 | 0,011 | 0,011 | 0,008 |

### -82 Verlust durch unverbrannte Gase,

im wesentlichen CO:

$$q_u = \frac{V_{Atr} \cdot 12\,640 \cdot CO}{H_u} \quad \text{in } \%$$

12 640 = Heizwert von CO in kJ/$m_n^3$.
CO = Volumengehalt $m^3/m^3$

Angenähert nach *Brauss*

$$\text{bei Koks: } q_u = \frac{69 \cdot CO}{CO + CO_2}; \text{ bei Heizöl: } q_u = \frac{52 \cdot CO}{CO + CO_2} \text{ in } \%.$$

Auch sehr geringe CO-Gehalte bedeuten bereits erhebliche Wärmeverluste, überschläglich 5 bis 7% Verlust je 1% CO-Gehalt. Zulässiger Wert $<0{,}1\%$.

### -83 Verlust durch brennbare Rückstände

nur bei festem Brennstoff:

$$q_F = \frac{R \cdot c \cdot 32\,000}{B \cdot H_u}$$

$R$ = Rückstände in kg/s
$c$ = Kohlenstoffgehalt der Rückstände in kg/kg
32 000 = Heizwert von Kohle in KJ/kg

### -84 Verluste durch Strahlung und Konvektion

sind die sogenannten Restverluste, da sie bei der Wärmebilanz als Restglied anfallen. Bei alten Kesseln sehr hoch, 3···5%, bei neuzeitlichen Kesseln durch gute Wärmeisolierung und gedrängte Bauart je nach Größe auf 0,5 bis 2% verringert. Sie sind auf dem Prüfstand zu ermitteln.

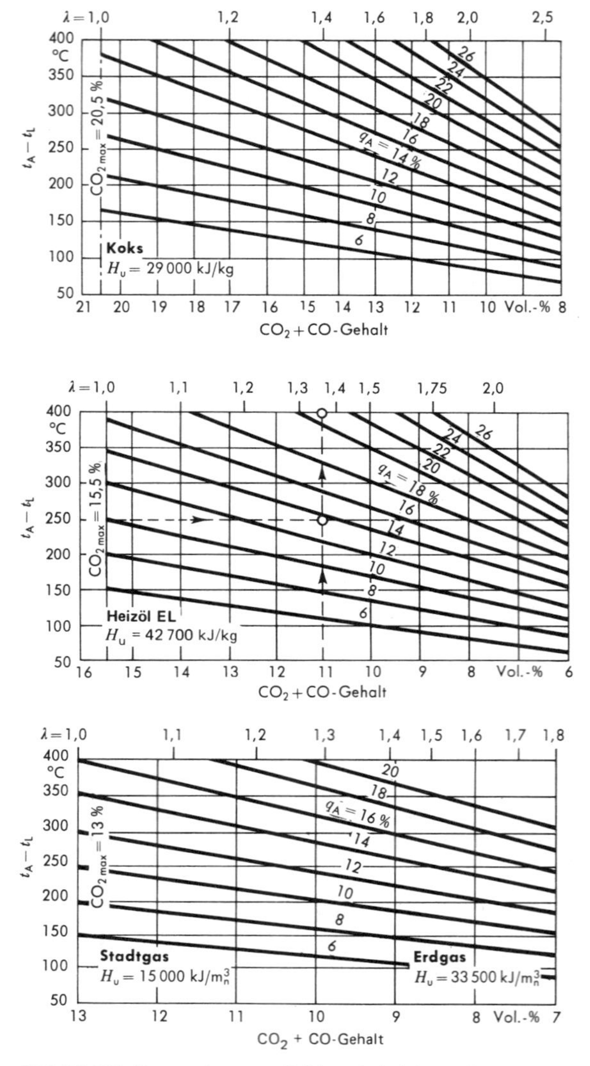


Bild 231-260. Abgasverluste von Heizkesseln bei der Verbrennung von Heizöl EL, Erdgas und Koks.

Der Strahlungsverlust $q_s$ hängt ab von der mittleren Temperatur des Kesselwassers, der Kesselgröße, der Größe der nicht wärmegedämmten Oberflächen, z. B. Türen u. a. Richtwerte in Bild 231-264.

Besonders gering sind die Strahlungsverluste bei neuzeitlichen Kesseln, die mit gleitender statt konstanter Wassertemperatur betrieben werden *(Niedertemperaturkessel)* und die außerdem eine modulierende Feuerung haben (Bild 231-265).

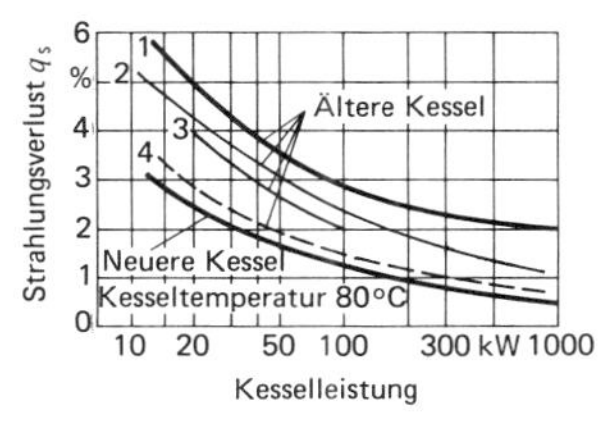


Bild 231-264. Strahlungsverluste von Heizkesseln (VDI 3808 – 11. 86).

1 Spezialkessel für feste Brennstoffe, umgestellt auf Ölfeuerungsbetrieb
2 Umstellbrand- und Wechselbrandheizkessel bei Betrieb mit Öl- bzw. Gasgebläsebrennern
3 Spezialheizkessel für Öl- bzw. Gasfeuerung mit Gebläsebrennern
4 Gasspezialheizkessel mit Brennern ohne Gebläse

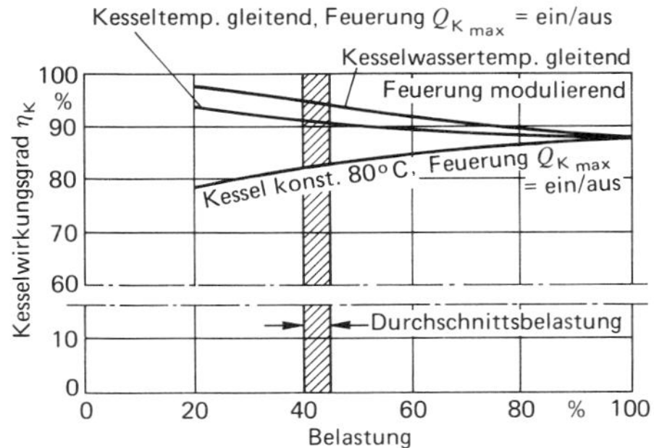


Bild 231-265. Kesselwirkungsgrad bei unterschiedlicher Betriebsweise.

### -85 Kesselwirkungsgrad

Abgasverluste $q_A$ und Strahlungsverluste $q_s$ bestimmen den Kessel- oder feuerungstechnischen Wirkungsgrad

$$\eta_K = 1 - q_A - q_s \text{ bzw.}$$
$$\dot{Q}_N = \dot{Q}_F - \dot{Q}_A - \dot{Q}_S$$

*Beispiel:*

Mineralisches Heizöl mit $H_u$ = 10 kWh/l = 42700 kJ/kg und $CO_{2\,max}$ = 15,5%

Gemessen $CO_2$-Gehalt = 11%

Rauchgastemperatur $t_A$ = 270 °C

Lufttemperatur $t_L$ = 20 °C

Wie groß ist der Abgasverlust $q_A$?

Abgasmenge nach Bild 137-12: $V_A$ = 15,3 $m_n^3$/kg
Mittl. spez. Wärmekapazität nach Bild 137-15: $C_{pA}$ = 1,42 kJ/$m_n^3$ K

$$\text{Abgasverlust } q_A = \frac{15{,}3 \cdot 1{,}42}{42\,700}(270–20) \cdot 100 = 13{,}0\%.$$

Dasselbe Ergebnis erhält man annähernd aus Bild 231-260.
Nach der Siegertschen Formel ergibt sich $q_A = 0{,}59 \cdot 250/11 = 13{,}4\%$.
Luftzahl $\lambda$ = 1,38.

Zulässige *Emissionen* von Staub, Ruß, $SO_2$ siehe VDI-Richtlinie 2215 für Koksfeuerung bzw. 2116 für Ölfeuerung. Siehe auch Abschn. 19.

Einfluß von *Abgasklappen* auf den Wirkungsgrad siehe Abschn. 231-36.

### -86 Nutzungsgrad

Die Unterschiede im *Nennwirkungsgrad* moderner Kessel sind bei den verschiedenen Herstellern verhältnismäßig gering; sie betragen bei modernen Kesseln 88 bis über 90%.

*Mindestwerte* gemäß den Prüfregeln sind auf den Bildern 231-31, -96 und -205/6 angegeben;

bei Öl- und Gasfeuerungen $\eta_K$ = 80···87%
bei automatischen Koksfeuerungen $\eta_K$ = 73···83%
bei handbedienten Koksfeuerungen $\eta_K$ = 70···78%.

Weitere Werte in Abschn. 266.

Von dem auf einem Prüfstand festgestellten Nennwirkungsgrad ist der *Jahreswirkungsgrad* oder *Nutzungsgrad* zu unterscheiden, der sich auf eine längere Zeit, z. B. eine Heizperiode oder ein Jahr, bezieht und für die Wirtschaftlichkeit der Anlage maßgebend ist[1]). Er ist nach den Rechenmethoden der VDI 2067 geringer als der Nennwirkungsgrad, da während des Betriebes weitere Verluste auftreten, z. B. Anheizverluste, Bereitschaftsverluste bei Brennerstillstand durch Strahlung und Konvektion u. a. Außerdem wird er beeinflußt durch die Kessel- und Feuerungsregelung, Art der Betriebsführung, z. B. Nachtabschaltung und andere Faktoren. Die VDI-Richtlinie 2067 enthält Angaben über durchschnittliche Kesselwirkungsgrade und Jahresnutzungsgrade verschiedener Kessel, siehe Tafel 266-6 und -7. Sie lassen sich annähernd berechnen. Siehe Abschn. 266.

Praktische Messungen zeigen gegenüber den bekannten Rechenmethoden jedoch auch den Fall, daß der Jahresnutzungsgrad über dem Kesselwirkungsgrad liegen kann. Dies ist mit dem dynamischen Verhalten des Kessels zu erklären – insbesondere durch gleitenden Betrieb (NT-Kessel) und der mit kürzerer Brennerlaufzeit (Teillast) reduzierten Abgastemperatur.

Während beim Kesselwirkungsgrad die Abgasverluste den größten Teil ausmachen, sind beim Jahresnutzungsgrad die Bereitschaftsverluste dominierend. Dies hängt mit der größeren zeitlichen Gewichtung der Auskühlverluste im Jahresbetrieb zusammen.

Im Rahmen der *Energieeinsparung* bemühen sich alle Kesselhersteller um weitere Verbesserung der Wirkungsgrade durch z. B.:

bessere Wärmedämmung des Heizkessels an allen Stellen
Herabsetzung der Kesselwassertemperatur (Niedertemperaturheizung)
geringere Abgastemperaturen
modulierende Feuerung auch bei kleinen Leistungen
teilweise Kondensation des Wasserdampfes (Brennwertkessel)
verringerte Stillstandsverluste durch Abgas- oder Luftabschlußklappe
bessere Regeltechnik u. a.

Dadurch sind bei allen Heizungsanlagen heute wesentlich höhere Nutzungsgrade möglich als vor wenigen Jahren (Bild 231-270).

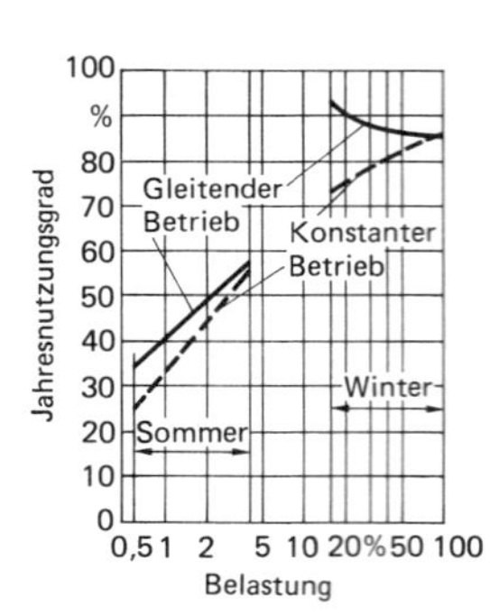


Bild 231-270. Nutzungsgrade bei einem Niedertemperaturkessel mit Brauchwasserbereitung.

## -87 Heizungsanlagenverordnung[2])

Zur Ersparnis an Energie hat die Bundesregierung die 2. Heizungsanlagenverordnung erlassen, die seit dem 1. 6. 82 in Kraft ist und für die Erstellung von Heizungsanlagen eine Anzahl von Forderungen aufstellt, u. a.:

---

[1]) Hüter, J.: SHT 10/76. S. 661/67.
Böhm, G.: Ki 10/80. S. 405/8.
Dittrich, A.: HLH 1/82. S. 27/32, und HLH 4/83. S. 139/43.
Möllmann, E.: Ki 3/83. S. 129/33.

[2]) Die 2. Heizungsanlagenverordnung vom 24. 2. 82 wurde von der Bundesregierung auf Grund des Energieeinspargesetzes verordnet. Zur Durchführung von Messungen besteht die „Allgemeine Verwaltungsvorschrift" vom 3. 11. 81.

Die Abgasverluste werden auf 11···14% begrenzt (siehe Abschn. 231-81).

Die Wärmeerzeuger werden ohne Zuschläge nach dem Wärmebedarf bemessen (was allerdings bei Kesseln mit hohem Wirkungsgrad und niedrigen Bereitschaftsverlusten nicht zweckmäßig ist).

Anlagen über 120 kW sind in kleinere Einheiten aufzuteilen.

Bei Mehrkesselanlagen dürfen die nichtbenötigten Kessel keine Wärmeverluste haben.

Die Brauchwassertemperatur wird auf 60 °C begrenzt.

Rohrleitungen müssen nach vorgegebenen Werten wärmegedämmt werden.

Steuerung der Vorlauftemperatur nach der Außentemperatur und Zeit bei allen Neuanlagen.

Einzelraumregelung, z. B. thermostatische Ventile in allen Räumen oder Niedertemperaturheizung. Nachrüstungspflicht für bestehende Anlagen mit mehr als 2 Wohnungen, die vor dem 1. 10. 78 errichtet wurden, bis 30. 9. 87.

# 232 Schornsteine[1])

## -1 ALLGEMEINES

Der Schornstein eines Heizkessels hat die Aufgabe, die Abgase abzuführen und bei Kesseln mit natürlichem Zug gleichzeitig die erforderliche Verbrennungsluft anzusaugen. Der dazu benötigte Schornsteinzug wird durch den Gewichtsunterschied der heißen Gase im Schornstein und einer gleich hohen kalten Außenluftsäule bewirkt. Bild 232-1. Siehe auch Abschnitt 264-2.

Bei *Naturzugkesseln* müssen die Schornsteine so viel Zug erzeugen, daß durch den Auftrieb die Widerstände im Kessel, Abgasrohr und Schornstein überwunden werden.

Bei *Überdruckkesseln* wird der abgasseitige Widerstand des Kessels vom Brenner überwunden, so daß die Schornsteine kleiner bemessen werden können (Bild 232-2).

*Statische Zugstärke* $p_H$ ist der Unterdruck am Abgaseintritt in den Schornstein, der sich bei ruhender Gassäule einstellt.

*Zugstärke* (nutzbarer Zug) $p_Z$ ist der effektive Unterdruck, der sich aus der Differenz zwischen statischem Zug $p_H$ und Zugverlust $p_E$ ergibt.

*Zugverlust* (Eigenverbrauch) $p_E$ ist der Teil des statischen Zuges, der bei der Strömung der Gase zur Überwindung des Reibungswiderstandes verbraucht wird:

$p_Z = p_H - p_E$.

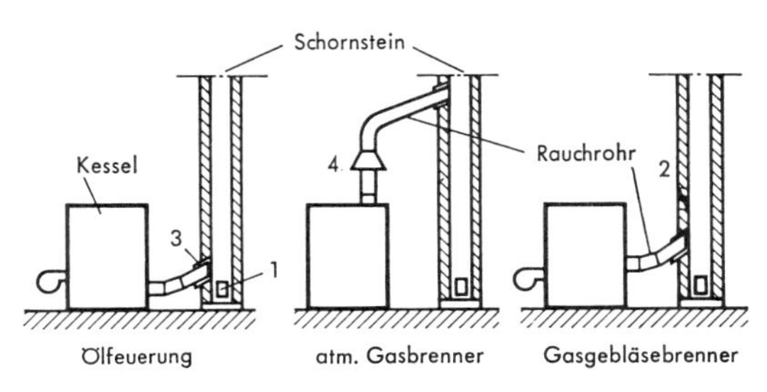


Bild 232-1. Kessel und Schornstein.

1 = Reinigungsöffnung, 2 = Zugbegrenzer, 3 = Rauchrohrhülse, 4 = Zugunterbrecher bei Gasfeuerungen

[1]) Usemann, K. W.: HLH 2. u. 3./1980.
DIN 18160: Hausschornsteine. 4 Teile.
Merkblatt BHKS: Abstimmung Heizkessel–Schornstein (1.84).

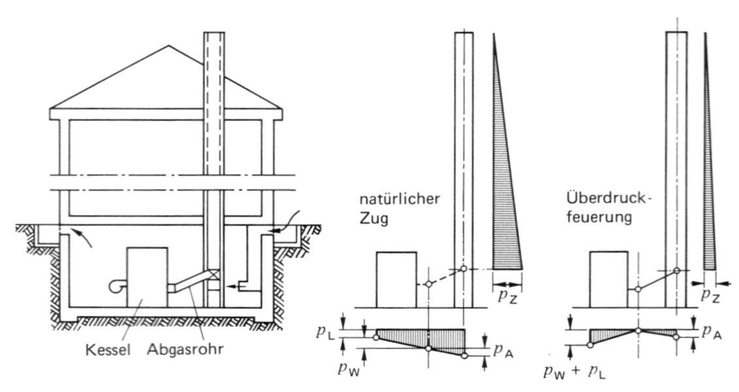


Bild 232-2. Zugstärke von Schornsteinen bei Naturzug- und Überdruckkesseln.

*Zugbedarf* ist der Druckunterschied, der für die Verbrennung $p_W$ im Wärmeerzeuger und zur Überwindung der Strömungsverluste $p_A$ im Abgaskanal und bei der Zuluftzufuhr $p_L$ erforderlich ist.

## -2 BERECHNUNG NACH REDTENBACHER

Die Bestimmung des Schornsteinquerschnitts $A$ erfolgte früher nach der Formel von *Redtenbacher*[1]):

$$A = \frac{2{,}6\,\dot{Q}}{n\sqrt{H}} \text{ in m}^2.$$

$\dot{Q}$ = Kesselleistung in kW
$H$ = Schornsteinhöhe in m
$n$ = Beiwert (900···1800)

Älterer *Überschlagswert* bei Öl- und Gasfeuerungen:

$$A \approx 15\,\dot{Q}/\sqrt{H} \text{ in cm}^2$$

($\dot{Q}$ in kW)

Es hat sich jedoch gezeigt, daß diese Formeln für die heutigen Feuerungen ungenügend sind, so daß eine neue Berechnung erforderlich wurde (DIN 4705, Teil 1 und 2 – 9.79). Dabei ergeben sich wesentlich geringere Querschnitte.

## -3 ALLGEMEINE BERECHNUNG NACH DIN 4705 – 9.79

Die Aufgabe besteht darin, bei gegebener Kesselleistung $\dot{Q}$ und Schornsteinhöhe $H$ für eine erforderliche Zugstärke $p_Z$ den kleinstmöglichen Querschnitt $A$ oder bei gegebenem Querschnitt $A$ die maximale Zugstärke $p_Z$ ermitteln. Es muß gelten:

$$p_Z \geqq p_W + p_A + p_L \text{ in N/m}^2.$$

Die ausführliche Berechnung beruht auf den Grundsätzen der Strömungslehre, indem der Strömungswiderstand der Gase durch Kessel, Abgasverbindungsstück und Schornstein möglichst genau berechnet wird.

Der *Abgasmassenstrom* $\dot{m}$, der von vielen Faktoren abhängig ist, kann bei Öl- und Gasbrennern angenähert aus folgender Formel ermittelt werden:

$$\dot{m} = 0{,}50\cdots0{,}65\,\dot{Q}/1000 \text{ in kg/s}$$

($\dot{Q}$ in kW)

Genauere Werte bei mittleren Kesselwirkungsgraden siehe Bild 232-3.

[1]) Gröber, H.: Heizung und Lüftung 1943. S. 31.
Redtenbacher, F.: Der Maschinenbau. 4. Aufl. 1860.

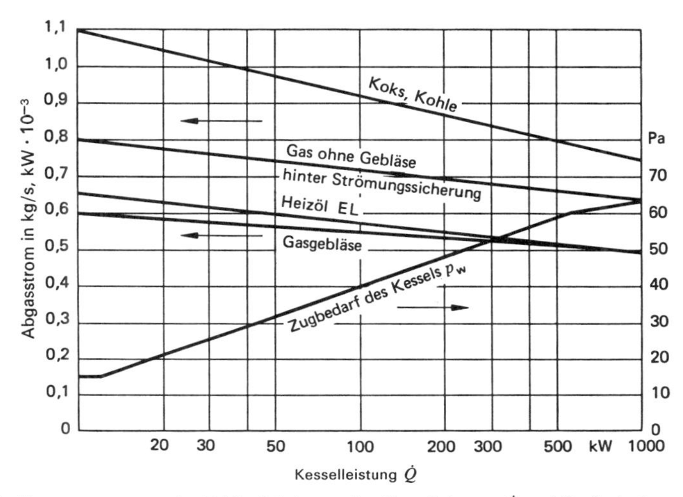


Bild 232-3. Abgasmassenstrom in Abhängigkeit von der Kesselleistung $\dot{Q}$ und Zugbedarf $p_w$ von Kesseln. *Beispiel:* Ein Heizkessel von 100 kW hat bei Heizöl EL einen Abgasmassenstrom von 0,58 · 100/1000 = 0,058 kg/s.
*Näherungsformel* bei Heizöl und Gas: $\dot{m} = 1{,}8 \cdots 2{,}2$ kg/h, kW.

Der Zugbedarf $p_w$ des Kessels ist vom Hersteller anzugeben. Normale Werte in Bild 232-3.

*Der Zugbedarf des Abgaskanals* ist wie folgt zu berechnen:

$$p_A = 1{,}5 \left(\lambda \frac{L}{d} + \Sigma\zeta\right) \varrho_A/2 \cdot w^2 \text{ in N/m}^2$$

$\lambda$ = Reibungszahl = 0,03···0,08
$L$ = Länge des Abkanals in m
$d$ = hydraulischer Durchmesser = 4 $A/U$ in m
$U$ = Umfang in m
$w$ = Abgasgeschwindigkeit in m/s
$\varrho_A$ = Dichte der Abgase = 1,27 $T_L/T_A$ in kg/m³
$T_L$ = Temperatur der Luft = 288 K
$T_A$ = Temperatur der Abgase in K
1,5 = Sicherheitszuschlag für Undichtheiten

Der Zugbedarf für die Zuluft $p_L$ beträgt je nach Kesselleistung 3···5 Pa.

*Die statische Zugstärke* $p_H$ des Schornsteins (Ruhedruck) ist

$p_H = H(\varrho_L - \varrho_A)\, g \cdot s_H$ in N/m² (Bild 232-6)

$\varrho_L$ = Dichte der Außenluft = 1,15 kg/m³.
$s_H$ = Sicherheitszuschlag für fehlende Temperaturbeharrung bei intermittierender Feuerung.

*Der Zugverlust des Schornsteins* ist in derselben Form zu berechnen wie der des Abgaskanals:

$$p_E = 1{,}5 \left(\lambda \frac{H}{d} + \Sigma\zeta\right) \varrho_A/2 \cdot w^2 \text{ in N/m}^2$$

$d$ = hydraulischer Durchmesser = 4 $A/U$ in m.

Die Zugstärke $p_Z$ des Schornsteins (notwendiger Unterdruck) muß dann sein:

$p_Z = p_H - p_E \geqq p_W + p_A + p_L$

Falls sich kein geeigneter Wert ergibt, müssen einige Faktoren geändert werden, z. B. Schornsteinquerschnitt, Schornsteinhöhe, Wärmedämmung, Führung des Abgasrohres u. a. *Nebenzugregler* s. Abschn. 236-45.

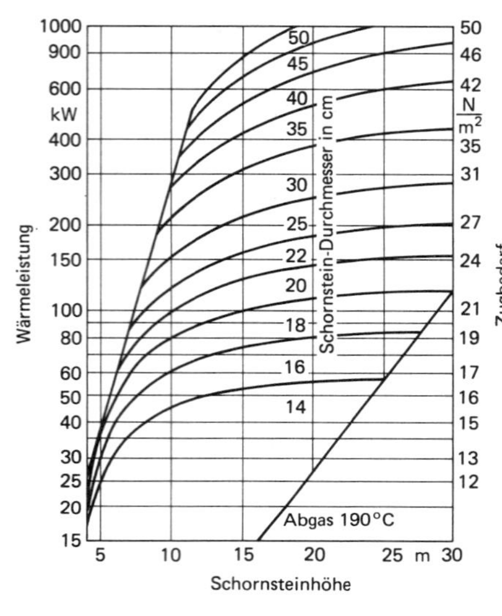


*Beispiel:*

| | |
|---|---|
| Gegeben | $\dot{Q} = 100$ kW |
| und | $H = 15$ m. |
| Ergibt | |
| Zugbedarf | 21 N/m² |
| Schornsteindurchmesser | 20 cm |

Bild 232-5. Schornsteinquerschnitte für Öl- und Gasfeuerung bei Kesseln mit niederem Zugbedarf.

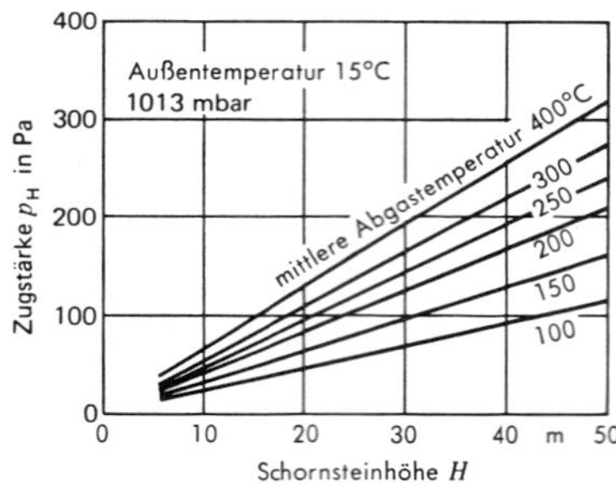


Bild 232-6. Statische Zugstärke von Schornsteinen (Dichte der Abgase $\varrho_A = 1{,}27$ kg/m$_n^3$).

Für die näherungsweise Bestimmung der Schornsteinquerschnitte gibt es seitens der Hersteller Diagramme, von denen eins in Bild 225-5 gezeigt ist. Dabei sind die jeweils gemachten Voraussetzungen zu beachten wie Zugbedarf, Rauchrohrlänge, Abgastemperatur u.a. Siehe auch Bild 221-27.

## -4 ABGASTEMPERATUREN

Die mittlere Temperatur $t_m$ der Abgase im Schornstein hängt von der Wärmedurchgangszahl $k$ der Wandungen und anderen Faktoren ab. Es ist

$$t_m = t_L + \frac{t_e - t_L}{K} (1 - e^{-K})$$

$t_L$ = Lufttemperatur = 15 °C
$t_e$ = Abgaseintrittstemperatur °C
$K$ = Abkühlzahl = $\dfrac{H \cdot k \cdot U}{\dot{m} \cdot c}$
$H$ = Schornsteinhöhe in m
$U$ = innerer Umfang in m
$c$ = spez. Wärmekapazität ≈ 1050 J/kg K
$k$ = Wärmedurchgangszahl in W/m² K
$\dot{m}$ = Abgasgewicht in kg/s

Die Wärmedurchgangszahl $k$ der Wandungen muß aus der Bauart berechnet werden. Ungefähr gilt je nach Querschnitt und Abgasgeschwindigkeit:

$k = 2{,}0 \cdots 3{,}0$ W/m² K bei gemauerten Schornsteinen, 25 cm
$k = 2{,}5 \cdots 3{,}5$ W/m² K bei gemauerten Schornsteinen, 12,5 cm
$k = 1{,}5 \cdots 2{,}0$ W/m² K bei Blechschornsteinen, wärmegedämmt
$k = 3{,}0 \cdots 6{,}0$ W/m² K bei Blechschornsteinen, nicht wärmegedämmt

*Die Abgastemperatur am Schornsteinkopf* ist

$$t_0 = t_L + (t_e - t_L)\, e^{-K} \text{ in °C}$$

*Die Abkühlung im Abgaskanal* wird in derselben Weise berechnet:

$$t_e = t_L + (t_W - t_L)\, e^{-K} \text{ in K}$$

$t_W$ = Kesselaustrittstemperatur in °C.

Die Funktion $e^{-K}$ ist in Bild 232-8 dargestellt.

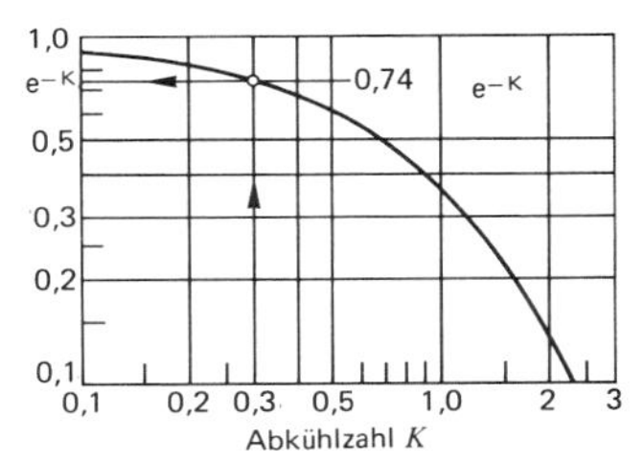


Bild 232-8. Funktion $e^{-K}$ zur Ermittlung der Abgasabkühlung im Schornstein.

## -5 ZENTRALHEIZUNGSSCHORNSTEINE[1])
nach DIN 4705 T. 2 (5.79)

Die Berechnung der Schornsteine erfolgt prinzipiell wie oben angegeben nach den Gesetzen der Strömungslehre, jedoch mit einigen vereinfachenden Annahmen, u.a.:

Abgastemperatur $t_A$ = 140 bzw. 190 oder 240 °C.

Schornsteinausführung I mit Wärmedurchlaßwiderstand $R_\lambda \geqq 0{,}65$ m²K/W
An diese Schornsteinbauart können alle normalen Feuerungen angeschlossen werden.

Schornsteinausführung II mit Wärmedurchlaßwiderstand $R_\lambda = 0{,}22$ bis $0{,}64$ m²K/W
Schornsteinausführung III mit Wärmedurchlaßwiderstand $R_\lambda = 0{,}12$ bis $0{,}21$ m²K/W

Unter diesen Voraussetzungen sind in DIN 4705 (9.79) mehrere *Schaubilder* (insgesamt 30) angegeben, aus denen der Schornsteinquerschnitt entnommen werden kann, wenn gegeben sind: Schornsteinhöhe $H$, Zugstärke $p_Z$, Ausführungsart I, II oder III, Abgasmassenstrom $\dot{m}$. Der Zugbedarf $p_A$ des Abgaskanals muß durch eine Kontrollrechnung nachgeprüft werden, ebenso der Temperaturabfall. Bild 232-10 ist ein Auszug aus DIN 4705 bezogen auf Ausführung II, Schornsteinhöhen von 4 bis 35 m und Abgastemperaturen von 140 und 190 °C.

Eine zusätzliche Ausführungsart IIIa mit $R_\lambda = 0{,}12$ m²/KW und Abgastemperatur 80 °C ist in DIN 4705 Teil 10 (12.84) enthalten.

An einen *eigenen Schornstein* sind anzuschließen:

jede Feuerstätte mit mehr als 20 kW, bei Gas 30 kW
jeder offene Kamin
jede Feuerstätte mit Gebläsebrenner.

---

[1]) Marx, E.: FT 5/83. S. 24/7.
Merkblatt der VDZ – 1.84 und des BHKS.
Hausladen, G.: GWF 10/11-84. S. 445/7.
Ferling, P.: Schornsteinfegerhandwerk 1/86. S. 13/4.
Uschwa, H.: Wärmetechnik 12/85. S. 470/2.

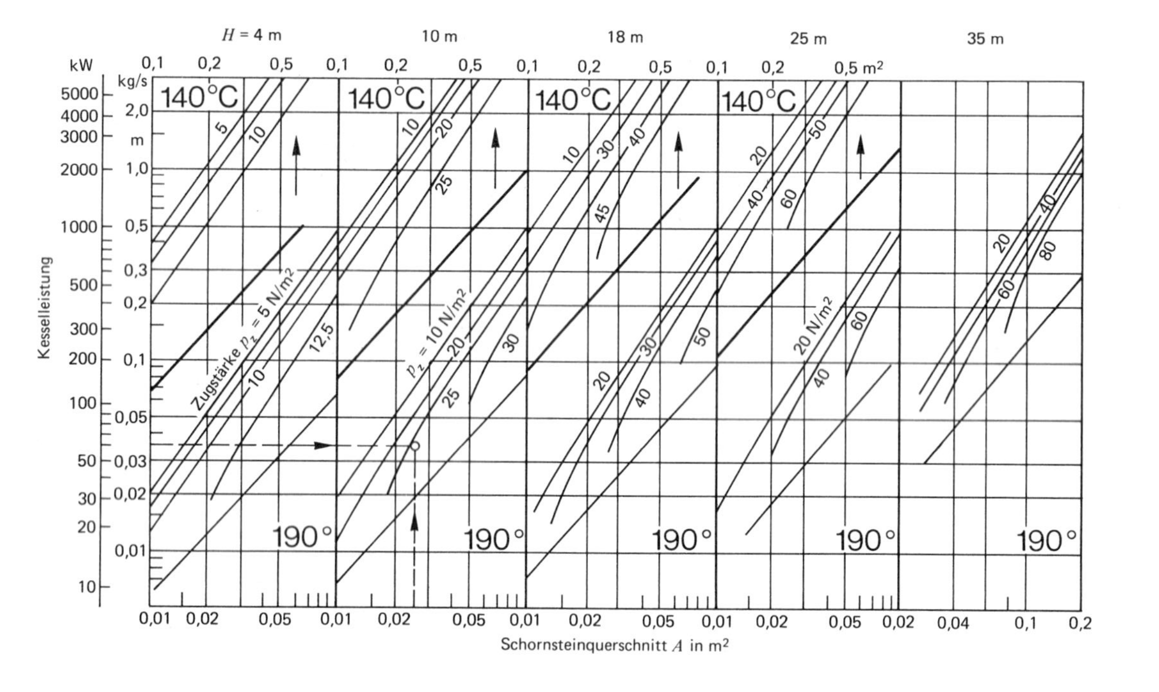


Bild 232-10. Unterdruck $p_Z$ am Schornsteinfuß in Abhängigkeit vom Massenstrom $\dot{m}$, Schornsteinquerschnitt $A$, Schornsteinhöhe $H$ und Abgastemperatur $t_e$.
*Beispiel:* Bei einer Kesselleistung von 58 kW (Massenstrom $\dot{m}=0{,}035$ kg/s), $A=0{,}025$ m², $H=10$ m und $t_e=190$ °C ist der Schornsteinzug $p_Z=26$ N/m².

## -6 AUSFÜHRUNG

Man unterscheidet mehrere *Bauarten:*

Gemauerte Schornsteine aus Ziegel- oder Schamottesteinen, innen unverputzt mit glatten Fugen, außen verputzt; früher übliche Ausführung;

Formschornsteine (nach DIN 18150), bestehend aus besonderen Formstücken;

Zweischalige Schornsteine mit keramischem Innenrohr;

Mehrschalige Schornsteine (innen Formstücke, außen Mantel, dazwischen Wärmedämmung), z.B. Plewa, Schofer, Eterdur u.a.; am besten geeignet, da glatt, wärmegedämmt, freie Ausdehnung, geringe Wärmekapazität (Bild 232-12);

Schornsteine aus korrosionsbeständigem Stahl oder Keramik z.B. für *Industrieanlagen, Brennwertkessel.*

Eine Sonderbauart ist der LAS-(Luft-Abgas-)Schornstein, der gleichzeitig Verbrennungsluft zuführt, und Abgas abführt (s. Abschn. 221-78 und 231-334)[1]).

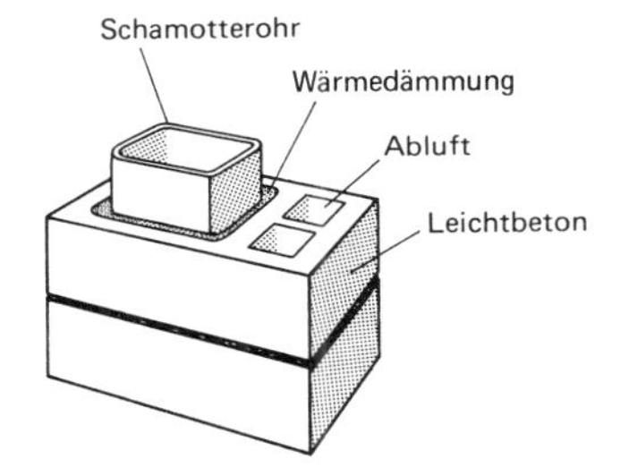

Bild 232-12. Dreischaliger Schornstein.

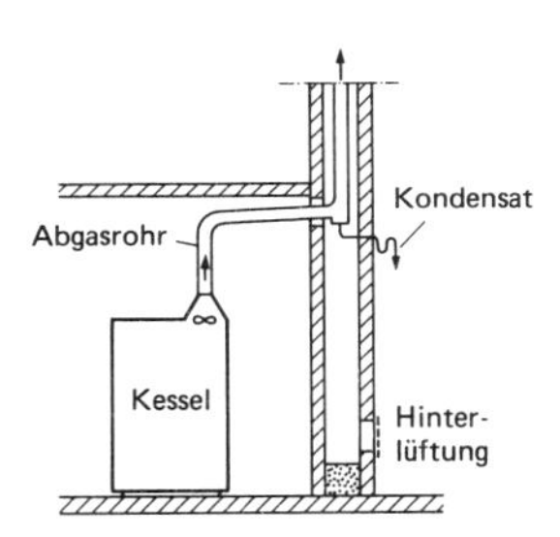

Bild 232-13. Abgasrohr bei einem Brennwertkessel.

*Anordnung* der Schornsteine möglichst im Gebäudeinnern mit möglichst kurzem Abgaskanal (Fuchs) zwischen Kessel und Schornstein. Innen dicht und glatt, gleichbleibender Querschnitt. Wichtig ist gute Warmhaltung und geringe Wärmekapazität, möglichst dreischaliger Wandaufbau. Fuchsanschluß mit 45°. Höhe richtet sich nach der Gebäudehöhe, mindestens 0,4 m über First, damit die Abgase nicht durch Wirbelbildung am freien Austritt gehindert werden, bei großen Anlagen auch höher.

Kurzzeitige Wasserdampfkondensationen werden von den üblichen Schornsteinen schadlos aufgenommen. Bei hohem Taupunkt der Rauchgase Nachprüfung der Abkühlung im Schornstein erforderlich, damit der Taupunkt nicht unterschritten wird, anderenfalls Durchnässung der Schornsteinwandung und als Folge *Durchsottung* (Verfall des Mauerwerks).

Wenn *Kondensation*[2]) im Kessel und Schornstein wie bei Brennwertkesseln auftritt, sind feuchtebeständige Schornsteine zu verwenden, z.B. Schamotteinnenrohre mit Glasierung, flexible oder starre Edelstahlrohre, evtl. auch Kunststoffrohre. Auch Kondensatabführung durch *Hinterlüftung* ist möglich und wird zunehmend ausgeführt. In den meisten Fällen ist auch wegen fehlenden Auftriebs der Abgase ein Ventilator erforderlich. Am Fuß des Schornsteins eine Kondensatableitung. Bild 232-13 zeigt die Abgasführung bei einem Brennwertkessel.

Taupunkt des Wasserdampfes bei Abgasen von festen Brennstoffen etwa 40···50°C, bei Stadt- und Erdgas 50···60°C, bei schwefelhaltigem Heizöl Säuretaupunkt etwa 140···160°C (siehe Abschn. 237-3). Schäden können auch bei schwacher Belastung oder Überbemessung eintreten, ebenso bei Verwendung von *Abgasklappen.* Diese verringern zwar die Auskühlung des Kessels, erhöhen jedoch gleichzeitig die Schwitzwasserbildung und damit Versottungsgefahr im Schornstein. Abhilfe durch Schornsteinsanierung

[1]) Zöbisch, W.: WT 5/85, S. 208.
Gas 2/86. S. 80/3.

[2]) Hoess, A.: VDI-Bericht 486. S. 1/8 (1983) und SHT 7 u. 8/86.

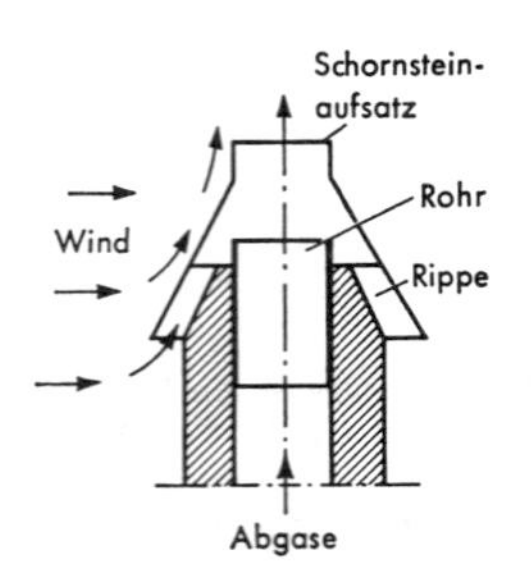


Bild 232-15. Schornsteinaufsatz mit Zugverstärkung.

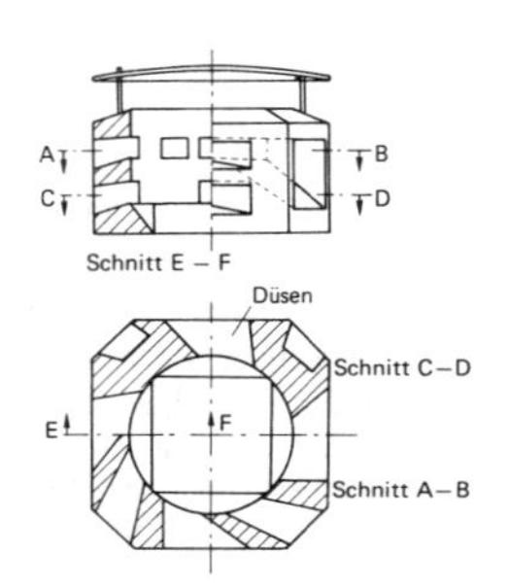


Bild 232-16. Schornsteinaufsatz Orkan (Basten, St. Goar).

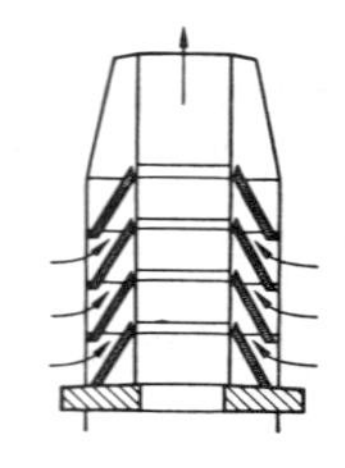

Bild 232-17. Schornsteinaufsatz mit Zugverstärkung (Schwendilator).

mittels wärmegedämmter Schamotterohre oder Edelstahlrohre (auch flexibel), bei älteren zu großen Schornsteinen durch *Nebenlufteinrichtungen* (s. Abschn. 236-45)[1]).

An einen *gemeinsamen Schornstein* dürfen max. 3 Feuerstätten für feste oder flüssige Brennstoffe mit Leistungen von max. je 20 kW angeschlossen werden, bei Gas max. je 30 kW. Das Verhältnis der größten zur kleinsten Leistung < 2. Näherungsverfahren zur Berechnung der Schornsteinquerschnitte in DIN 4705 Teil 3 (7.84).

*Schornsteinaufsätze* sollen die Windeinflüsse aufheben oder den Wind zur Erhöhung des Zuges ausnutzen. Beispiel Bild 232-15, -16 und -17. Leistung der verschiedenen Bauarten sehr unterschiedlich. Weiteres über Schornsteine siehe Abschnitt 264. Bauaufsichtliche Vorschriften beachten.

Anforderungen, Planung und Ausführung von Hausschornsteinen regelt DIN 18160 T. 1 (2.87); z. B. Immissionsschutz, Dichtheit, Dampfdiffusionsverhalten, Standsicherheit, Reinigung.

Gemäß *Muster-Feuerungsverordnung* (Jan. 1980) müssen die Schornsteine einen Wärmedurchlaßwiderstand von mind. 0,12 $m^2$ K/W haben, bei ganzjährigem Betrieb 0,22 $m^2$ K/W.

## -7 BEISPIEL

Gegebene Kesselleistung $\dot{Q} = 58$ kW Ölfeuerung, Schornsteinausführung II, Schornsteinhöhe $H = 10$ m, Abgaskanal $L = 2$ m (Blech) mit $\Sigma\zeta = 1{,}5$. Zugbedarf des Kessels $p_W = 15$ Pa.

Abgasmassenstrom bei 190 °C Abgastemperatur aus Bild 232-3: $\dot{m} = 0{,}035$ kg/s.

Schornsteinquerschnitt aus Bild 232-10: A = 0,024 $m^2$.

Gewählt handelsüblich A = 0,025 $m^2$ (D = 0,18 m oder 0,16 · 0,16 m).

Kontrolle:

Der notwendige Unterdruck im Schornstein wird zunächst bei einer Abgastemperatur von 190 °C auf $p_Z = 25$ Pa geschätzt.

Zugbedarf des Abgaskanals mit $\varrho_A \approx 0{,}70$ kg/$m^3$:

$$p_A = 1{,}5 \left(\lambda \frac{L}{d} + \Sigma\zeta\right) \varrho_A/2 \cdot w^2$$

$$= 1{,}5 \left(0{,}05 \frac{2}{0{,}18} + 1{,}5\right) \frac{0{,}70}{2} \cdot 2^2 =$$

$$= 1{,}5 \cdot 2{,}0 \cdot 0{,}35 \cdot 4 = 4{,}2 \text{ Pa.}$$

Zugbedarf für die Zuluft $p_L = 3$ Pa.

Erforderliche Zugstärke $p_Z = 15 + 4{,}2 + 3 = 22{,}2$ Pa < 25 Pa. Der Querschnitt ist also ausreichend.

---

[1]) VDZ-Merkblatt: Abstimmung Kessel/Schornstein. 1.84.

Die Austrittstemp. $t_0$ der Abgase am Kopf des Schornsteins ist bei $t_e = 190\,°C$, $k = 2{,}0$ und Lufttemp. $t_L = 0\,°C$:

$$t_0 = t_e \cdot e^{-K}$$

$$K = \frac{H \cdot k \cdot U}{\dot{m} \cdot c} = \frac{10 \cdot 2 \cdot 0{,}56}{0{,}035 \cdot 1050} = 0{,}30$$

$$t_0 = 190^{-0{,}3} = 190 \cdot 0{,}74 = 141\,°C.$$

## -8 KÜNSTLICHER ZUG

wird bei sehr niedrigen Abgastemperaturen, hohem Zugbedarf des Kessels und hohen Kesselbelastungen angewendet. Man unterscheidet:

*Unterwind.* Die Verbrennungsluft wird durch einen Ventilator unter dem Rost in den Aschenfall geblasen. Besonders günstig bei großem Rostwiderstand durch stark schlakkenden oder feinkörnigen Brennstoff. Immer erforderlich bei Zonenrosten mit Regulierung der Luftzufuhr zu den einzelnen Zonen des Rostes. Vorwärmung bis 350 °C möglich.

*Saugzug.* Bei dem mittelbaren Saugzug wird ein Teil der Abgase durch einen Ventilator angesaugt und ejektorförmig in den Schornstein geblasen. Bei dem heute meist ausgeführten unmittelbaren oder direkten Saugzug wird die gesamte Rauchgasmenge in den Schornstein gefördert.

*Leistungsbedarf* des Saugzugventilators:

$$P = \frac{\dot{V} h}{\eta} \text{ in W } \left( \frac{m^3\,N}{s\,m^2} = \frac{m\,N}{s} = W \right)$$

$\dot{V}$ = Gesamter Rauchgasvolumenstrom im Betriebszustand $m^3/s$
$h$ = Förderdruck (Zugstärke) $N/m^2$
$\eta$ = Wirkungsgrad des Ventilators = 0,6 bis 0,8.

*Beispiel:*

Wie groß ist der Leistungsbedarf eines Ventilators, der 12000 $m_n^3/h$ Abgase bei 250 °C gegen 400 Pa Druck fördert?

Rauchgasstrom $\dot{V} = 12\,000 \dfrac{273 + 250}{273} = 23\,000\ m^3/h = 6{,}39\ m^3/s$

Leistungsbedarf $P = \dfrac{6{,}39 \cdot 400}{1000 \cdot 0{,}7} = 3{,}65\ kW$

Motorleistung um etwa 25 bis 50% größer wählen, da bei Kaltluftförderung erheblich größerer Kraftbedarf.

Für schlecht ziehende Schornsteine Zugverstärker ähnlich Bild 232-19 verwendbar. Teilstrom des Rauchgases wird durch Ventilator injektorartig in den Schornstein eingeblasen. Automatische Einschaltung des Ventilators durch Thermostat in Rauchgasstrom oder durch einen Unterdruckfeinregler. Eine andere Bauart in Bild 232-20.

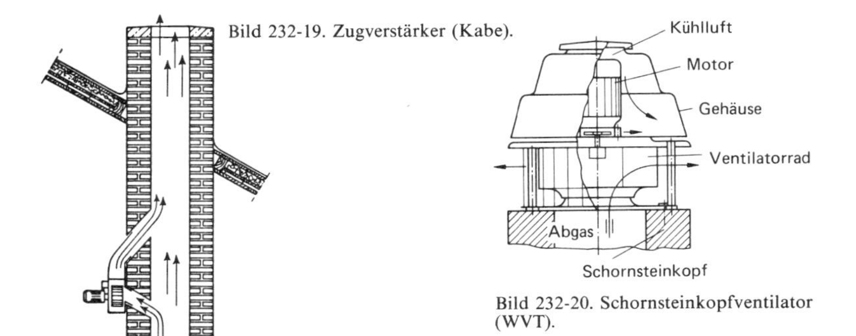


Bild 232-19. Zugverstärker (Kabe).

Bild 232-20. Schornsteinkopfventilator (WVT).

Moderne *Großkesselanlagen* arbeiten mit sehr hohen Abgasgeschwindigkeiten, etwa 25 m/s und mehr.

## -9 IMMISSIONSSCHUTZ

Bei der Ausführung der Schornsteine sind auch die Vorschriften über die *Reinhaltung der Luft* im Immissions-Schutzgesetz zu beachten (siehe Abschn. 193).

Nach der Verordnung über Feuerungsanlagen (1. BImSchG) gilt seit 24.7.85:

Für Feuerungsanlagen mit einer Feuerungswärmeleistung
1…5 MW bei Heizöl EL
1…10 MW bei Gas

muß *Schornstein* mindestens 10 m über dem Gelände oder 3 m über Dachfirst enden.

Im Geltungsbereich der Technischen Anleitung zur Reinhaltung der Luft *(TA-Luft)* vom 28.2.86 (s. Tafel 193-5)[1]) muß bei der Ermittlung der Schornsteinhöhe auch geprüft werden, ob der *Immissionsgrenzwert* für Staube und Gase in der Umgebung nicht überschritten wird. Denn der Schornstein hat auch die Aufgabe, luftverunreinigende

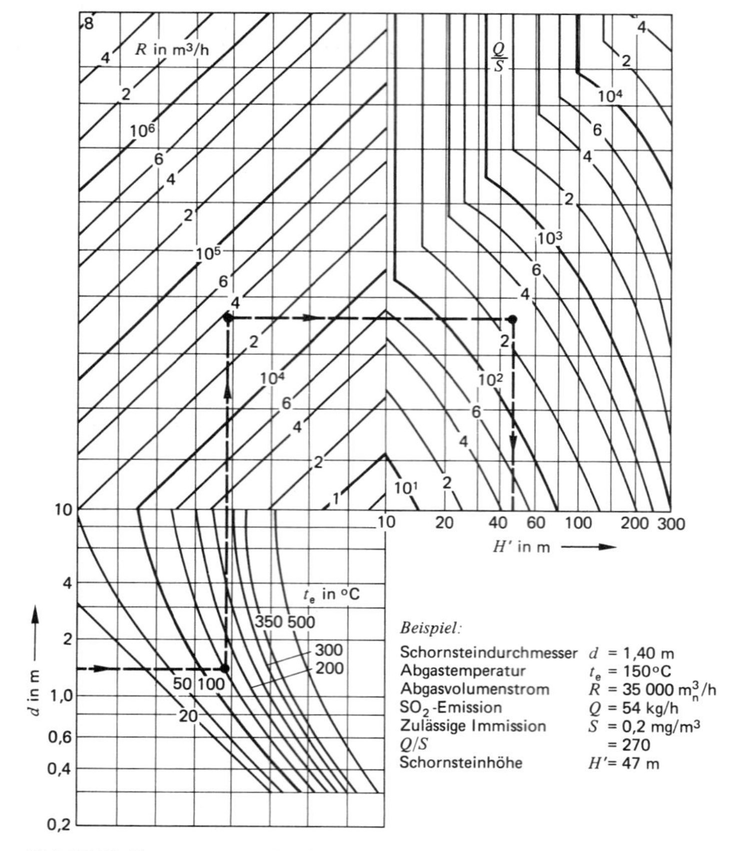


Bild 232-25. Nomogramm zur Ermittlung der Schornsteinhöhe.

[1]) Weitere Angaben in VDI-Richtlinie 3781 Bl. 2 (8.81) und Bl. 4 (11.80).

Bestandteile der Abgase möglichst weit von der Erdoberfläche zu entfernen, besonders $SO_2$. Fast der gesamte Schwefel des Brennstoffs verbrennt im Kessel zu $SO_2$, das je nach Luftfeuchte mehr oder weniger langsam zu $SO_3$ oxidiert und als stark verdünnte Schwefelsäure auf die Erde fällt. Berechnungsmethode siehe *TA-Luft*.

Als Beispiel zur Berechnung einer Schornsteinhöhe auf Grund der $SO_2$-Emission dient das Bild 232-25, das sich auf eine Feuerungsleistung von ca. 30 MW mit Heizöl S bezieht. Der ermittelte Wert für die Schornsteinhöhe muß noch wegen sonstiger Einflüsse wie die Höhe der benachbarten Bebauung oder des Bewuchses, Vorbelastung, Windrichtung u.a. korrigiert werden[1]).

# 233 Heizkörper[2])

Heizkörper in Zentralheizungsanlagen haben die Aufgabe, die vom Wärmeträger (Wasser oder Dampf) gelieferte Wärme in den zu heizenden Räumen durch Konvektion oder Strahlung an die Raumluft zu übertragen. Es gibt eine große Anzahl Bauarten, die sich sowohl in der Form (Radiatoren, Konvektoren, Fußboden- und Deckenheizung u.a.) als auch im Material (Gußeisen, Stahl usw.) und ihrem Regel- und Leistungsverhalten sehr unterscheiden.

Die Prüfung der *Wärmeleistung* von Raumheizkörpern wurde früher in Deutschland und anderen Ländern bei unterschiedlichen Bedingungen durchgeführt, so daß für dieselben Heizkörper häufig verschiedene Werte angegeben wurden. Inzwischen wurde jedoch international eine Normung der Meßmethoden und der Versuchsbedingungen durchgeführt, so daß annähernd vergleichbare und reproduzierbare Leistungswerte erhalten werden. Hierzu dient DIN 4704, Teil 1 bis 3 (8.76) identisch mit der ISO/TC 116. Zur Prüfung sind zwei genau vorgeschriebene *Prüfkabinen* zugelassen, die sogenannten offenen und die geschlossenen Kabinen, wobei der Heizkörper frei vor einer Rückwand aufgestellt ist. Beide Prüfungen ergeben bei Einhaltung aller Vorschriften dieselben Werte.

Für alle auf dem Markt befindlichen Heizkörper erfolgt durch anerkannte *Prüfstellen*[3]) eine Prüfung der Leistung und – damit verbunden – eine Registrierung beim Deutschen Normenausschuß, wodurch eine einwandfreie Dimensionierung ermöglicht wird. Die *Normwärmeleistung* bezieht sich aus historisch bedingten Gründen (Schwerkraftheizung) auf eine mittlere Temperaturdifferenz von 60 K zwischen Heizkörper und Raumluft sowie eine Spreizung von 20 K zwischen Vorlauf- und Rücklauftemperatur. Die Umrechnung der Wärmeleistung auf andere Heizmittel und Temperaturen ist in DIN 4703 – Teil 3 (4.77) genormt.

Nachstehend sind die Heizkörper in folgende *Gruppen* unterteilt:

Rohrheizkörper
Rippenrohrheizkörper
Flachheizkörper (Plattenheizkörper, Flachradiatoren, Konvektorheizkörper, Strahlplatten)
Radiatoren
Rohrradiatoren
Konvektoren
Sockelheizkörper
(Flächenheizungen s. Abschn. 243-3)

## -1 ROHRHEIZKÖRPER

Rohrheizkörper sind waagerecht oder senkrecht angeordnete vom Heizmittel durchströmte glatte Rohre. Sie werden entweder in Form von *Schlangen* (Heizschlangen) oder *Registern* (Rohrheizregister) an den Wänden auf Konsolen befestigt (Bild 233-1). Ihre Vorteile sind gute Wärmeabgabe und leichte Reinigungsmöglichkeit. Nachteile:

---
[1]) Weitere Angaben in VDI-Richtlinie 3781 Bl. 2 (8.81) und Bl. 4 (11.80).
[2]) Trauner, K.: IKZ 3/78. 8 S.
Ermeler, W.: IKZ 3 u. 5/78 sowie Feuerungstechn. 7 u. 8/81.
[3]) Hermann-Rietschel-Institut, Techn. Universität Berlin.
Institut für Thermische Verfahrenstechnik, TH Darmstadt.
Institut für Kernenergetik und Energiesysteme, Univ. Stuttgart.

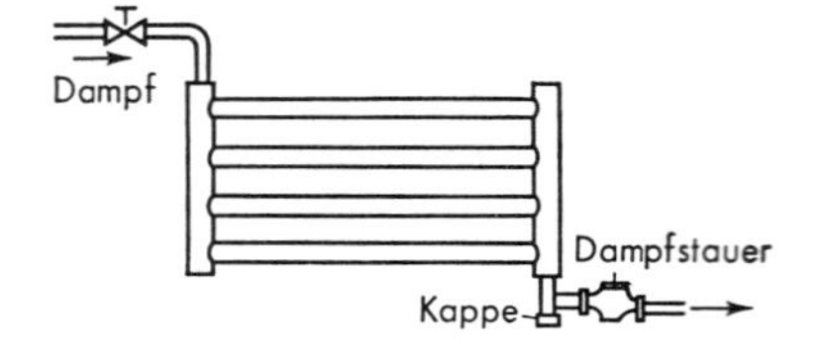


Bild 233-1. Rohrregister.

Großer Eisen- und Wandflächenbedarf, hoher Preis. Im allgemeinen werden sie heute nur noch für Nebenräume wie Lager, Keller oder ähnliche Räume verwendet. Für die Berechnung der Wärmeabgabe waagerechter Rohre siehe Tafel 233-1. Für die Wärmeabgabe senkrechter Rohre können dieselben Zahlen wie bei einzelnen waagerechten Rohren zugrunde gelegt werden. (Weitere Werte in Abschnitt 135-22.) Die Umrechnung[1]) der $k$-Werte von der normalen Temperaturdifferenz $\Delta t_N$ auf andere Differenzen erfolgt nach der Formel:

$$k = k_N \sqrt[4]{\frac{\Delta t}{\Delta t_N}}$$

während für die Wärmeabgabe $\dot{q}$ gilt:

$$\dot{q} = \dot{q}_N \left(\frac{\Delta t}{\Delta t_N}\right)^{1,25}.$$

Bei *mehreren Rohren* übereinander ist die spez. Wärmeabgabe um 10···20% geringer.

**Tafel 233-1. Wärmeabgabe von Rohrheizkörpern**

| Rohr | | Außendurchmesser | Masse | Wasserinhalt | Wärmeabgabe in W/m | | | |
|---|---|---|---|---|---|---|---|---|
| | | | | | WW 80° Raumtemp. | | ND-Dampf 1,1 bar abs. Raumtemp. | |
| DN | Zoll | mm | kg/m | l/m | 10° | 20° | 10° | 20° |
| 15 | ½ | 21,3 | 1,45 | 0,067 | 73 | 60 | 99 | 86 |
| 20 | ¾ | 26,9 | 1,90 | 0,085 | 90 | 73 | 121 | 105 |
| 25 | 1 | 33,7 | 2,97 | 0,106 | 106 | 87 | 143 | 124 |
| 32 | 1¼ | 42,4 | 3,84 | 0,133 | 131 | 108 | 180 | 156 |
| 40 | 1½ | 48,3 | 4,43 | 0,152 | 148 | 121 | 201 | 173 |
| 50 | 2 | 60,3 | 6,17 | 0,189 | 180 | 148 | 244 | 212 |
| 65 | 2½ | 76,1 | 7,90 | 0,239 | 221 | 181 | 299 | 260 |
| 80 | 3 | 88,9 | 10,1 | 0,279 | 250 | 207 | 341 | 295 |
| 100 | 4 | 114,3 | 14,4 | 0,359 | 314 | 261 | 430 | 372 |

## -2 RIPPENROHRHEIZKÖRPER

Sie geben auf kleinerem Raum eine größere Wärmemenge ab als glatte Rohre. Ausführung in Gußeisen und Stahl. Die *gußeisernen* Heizkörper, die früher häufig in Fabriken und Nebenräumen verwendet wurden, haben heute wegen ihres großen Eisengewichts nur noch eine geringe Bedeutung. Desto mehr werden jedoch die *stählernen* Rippenrohrheizkörper verwendet. Man unterscheidet folgende Bauarten:

1. *Bandrippenrohre,* bei denen die Rippen auf das Rohr schraubenförmig aufgewickelt sind,
   a) mit Wellung,
   b) ohne Wellung;
2. *Scheibenrippenrohre,* bei denen auf dem Rohr einzelne Scheiben befestigt sind. Hierzu gehören auch die gußeisernen Rippenrohre.

[1]) Buckau, F., u. G. Bannach: HR 10/74. S. 220/30.

Die stählernen Rippenrohre finden in der Heizung neuerdings häufig in den verschiedensten Formen Verwendung. Nachteilig ist gegenüber den glatten Rohren die geringere Reinigungsmöglichkeit, vorteilhaft das kleinere Gewicht und der geringere Preis.

Für die Wärmeabgabe gilt nach Bradtke[1]) bei Niederdruckdampf:

$\dot{q} = c \cdot n \sqrt[3]{a} \cdot (100f)^2$ in W/m

$n$ = Zahl der Rippen je m
$f$ = Fläche eines Rippenrohrgliedes in $m^2$
$a$ = freier Abstand zwischen den Rippen
$c$ = 2,0 bei gußeisernen Scheibenrippen und bei runden Bandrippen
$c$ = 1,75 bei stählernen Bandrippen

Bei Warmwasser von 80 °C ist die Wärmeabgabe um ca. 10% geringer.

Eine Normung der Rippenrohre ist bis heute noch nicht möglich gewesen. Tafel 233-2 gibt mittlere Werte der Wärmeabgabe bei gußeisernen Rippenrohren.

**Tafel 233-2. Wärmeabgabe von gußeisernen Rippenrohrheizkörpern bei ND-Dampf von 1,1 bar abs. und bei Raumtemperatur von 20 °C**

| Kerndurchmesser $d$ mm | Rippenabstand $a$ mm | $\dot{q}$ in W/m bei einem Durchmesser $D$ in mm | | |
|---|---|---|---|---|
| | | 120 | 140 | 160 |
| 38 | 20 | 663 | 756 | 872 |
| | 30 | 523 | 582 | 640 |
| | 40 | 436 | 488 | 535 |
| 57 | 20 | 709 | 826 | 983 |
| | 30 | 547 | 640 | 750 |
| | 40 | 454 | 541 | 628 |
| 76 | 20 | 756 | 919 | 1058 |
| | 30 | 605 | 721 | 826 |
| | 40 | 500 | 605 | 686 |

## -3 FLACHHEIZKÖRPER

Diese nicht genormten Heizkörper sind dadurch gekennzeichnet, daß sie bei sehr geringer Tiefe große glatte oder profilierte Heizflächen besitzen und daher einen größeren Teil der Wärmeleistung durch Strahlung abgeben. Sie werden in letzter Zeit zunehmend verwendet, häufig aus dekorativen Gründen. Zur Verhinderung von Kaltlufteinfall sollte ihre Länge möglichst der Breite des Fensters entsprechen. Man unterscheidet folgende Bauarten:

*Plattenheizkörper* sind plattgedrückten Rohren ähnliche Heizkörper, die jedoch frei von der Wand verlegt werden und daher auch eine größere konvektive Wärmeabgabe haben. Herstellung aus Stahlblech von etwa 2 bis 4 mm Stärke. Plattendicke 25 mm. Zusammenbau der einzelnen Elemente in beliebiger Anzahl übereinander oder auch nebeneinander in senkrechter Anordnung (Bild 233-4). Auch mehrreihige Ausführungen, wobei 2 oder mehr Flachheizkörper hintereinander angeordnet sind, werden hergestellt. Vorteilhaft sind die geringe Bauhöhe, die glatte Außenfläche sowie Anpassungsfähigkeit an die Raumverhältnisse.

Die auf die Heizfläche bezogene *spezifische Heizleistung* aller flachen Stahlheizkörper mit glatter oder profilierter Oberfläche hängt von der Höhe ab. Je niedriger, desto größer ist die spez. Heizleistung. Bei mehrlagiger Ausführung (Heizkörper übereinander) entspricht die Heizleistung einem einfachen Heizkörper gleicher Gesamthöhe. Bei zweireihiger Anordnung sinkt die Normwärmeleistung um etwa 35···40% (Bild 233-5).

Die Rückseite wirkt als Konvektionsheizfläche, während die Vorderseite Wärme auch in Form von Strahlung abgibt.

---

[1]) Bradtke, F.: HLH 1950. S. 51/8.
VDI-Wärmeatlas 4. Aufl. 1983.

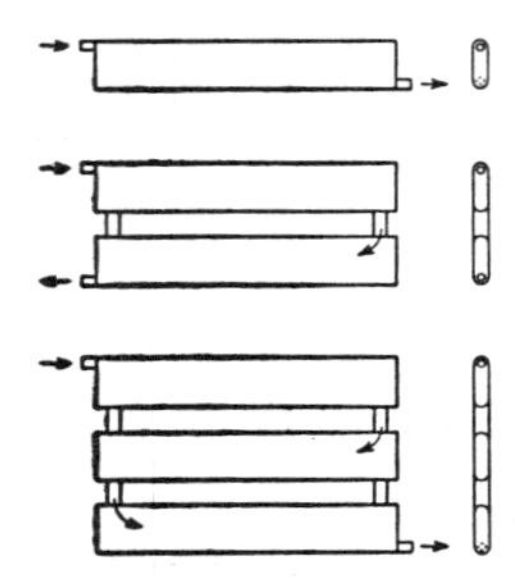

Bild 233-4. Plattenheizkörper, waagerecht liegend mit 1, 2 und 3 Gliedern.

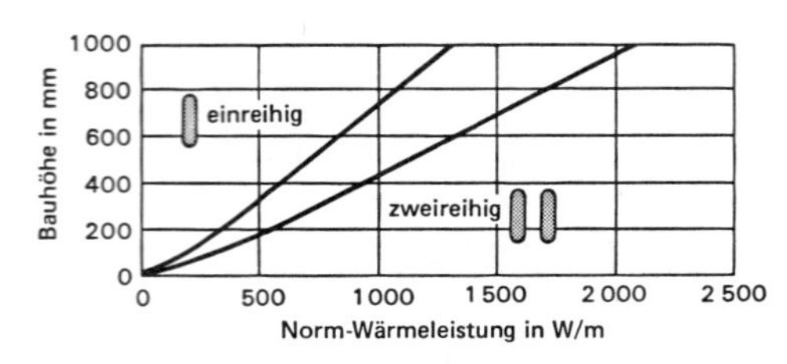


Bild 233-5. Heizleistung von profilierten Plattenheizkörpern aus Stahl ($\Delta t = 60$ K).

Das Normblatt DIN 4703, Teil 2 (4.77) enthält die Normwärmeleistung glatter und vertikal profilierter Plattenheizkörper in W/m. Umrechnung der Wärmeabgabe bei anderen Temperaturen wie bei Radiatoren (s. auch Abschn. 233-8).

*Flachradiatoren* sind eine weit verbreitete Bauart von Heizkörpern.

Sie erfordern einen sehr geringen Einbauraum, entsprechen in Form und Aussehen hohen Ansprüchen und erzielen neue architektonische Ansprüche. Bezogen auf die Heizleistung sind sie die billigsten Heizkörper. Als Beispiel siehe Bild 233-8 bis -11. Bauelemente sind profilierte Stahlbleche, die untereinander verschweißt sind und so waagerechte oder senkrechte Kanäle bilden. Geringer Wasserinhalt, leicht, Bautiefe nur etwa 25···30 mm.

*Konvektorplatten* gleichen auf der Vorderseite Flachradiatoren, auf der Rückseite jedoch zusätzliche senkrechte Leitbleche aus Stahlblech (Lamellen). Dadurch erhöhte *Wärmeabgabe*. (Bild 233-12 und Tafel 233-3.)

Derartige Bauarten gibt es in großer Zahl und mit zunehmendem Marktanteil. Sie werden 1- und 2reihig geliefert und ergeben je lfd. m sehr große Heizleistungen. Vorderseite glatt oder profiliert. Bei Ausführung der Lamellen aus Aluminium statt Stahlblech erhöht sich die Wärmeleistung infolge der besseren Wärmeleistung noch um ca. 20–30%. Heizleistung muß durch autorisierte Institute nachgewiesen werden.

Beim Einbau von Flachheizkörpern in *Nischen* ist darauf zu achten, daß oben genügender Abstand zum Fensterbrett vorhanden ist, da sonst die Leistung stark verringert wird, bei mehreren Heizkörpern bis um 10 oder 15%[1]).

*Strahlplatten-Heizkörper*, die Wärme überwiegend durch Strahlung abgeben, werden insbesondere zur Beheizung von Fabriken, Lagerhallen und anderen Großräumen ver-

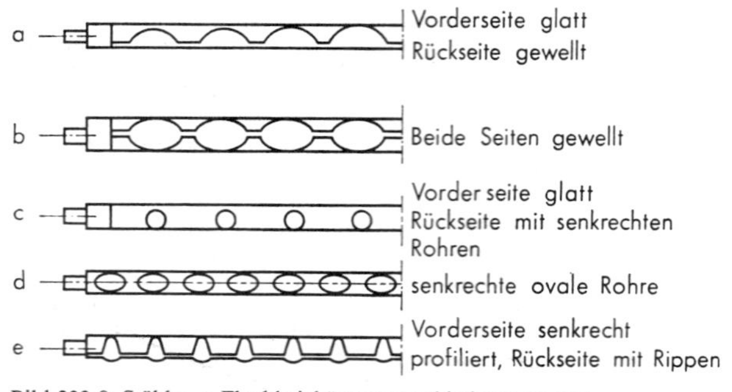


Bild 233-8. Stählerne Flachheizkörper verschiedener Bauart.

[1]) Schlapmann, D.: Ki 5/76. S. 193/6.

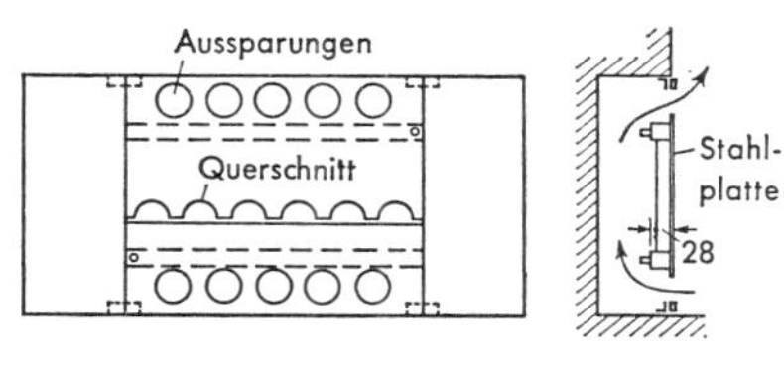


Bild 233-9. Wandplattenheizkörper mit glatter Vorderseite und gewellter Rückseite in Nische. Obere und untere Abdeckplatte mit Aussparungen.

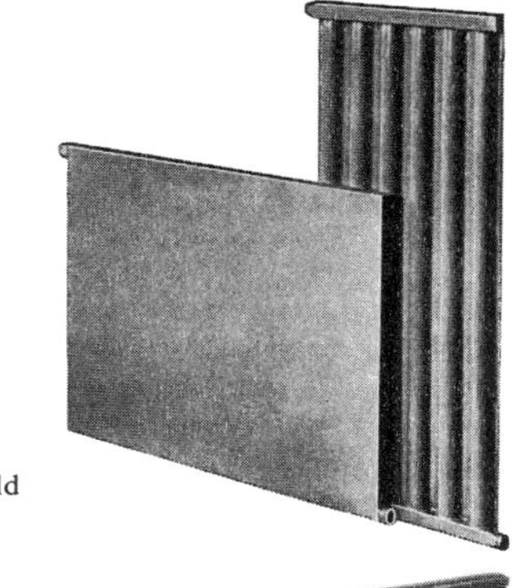

Bild 233-10. Ansicht der Plattenheizkörper nach Bild 233-9.

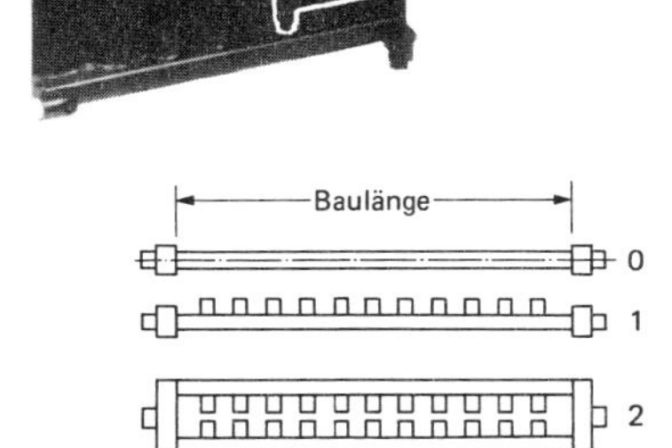

Bild 233-11. Flachheizkörper aus profiliertem Stahlblech mit glatter Vorderseite, gewellter Rückseite und zusätzlichen Konvektionsblechen (Gerhard u. Rauh, Modell Bochum plus).

Baulänge
0
1
2
3

Bild 233-12. Konvektorplatten mit Lamellen (Schäfer-Interdomo).

**Tafel 233-3. Wärmeabgabe der Konvektorplatten** (Bild 233-12)

| Bauhöhe | Heizfläche $m^2$/lfm | | | | Heizleistung bei 80/20 °C*) W/m | | | |
|---|---|---|---|---|---|---|---|---|
| mm | 0 | 1 | 2 | 3 | 0 | 1 | 2 | 3 |
| 300 | 0,66 | 1,40 | 2,79 | 4,19 | 425 | 583 | 1112 | 1623 |
| 500 | 1,10 | 2,57 | 5,54 | 7,72 | 684 | 945 | 1684 | 2482 |
| 700 | 1,54 | 3,75 | 7,50 | 11,24 | 935 | 1278 | 2269 | 3311 |
| 900 | 1,98 | 4,85 | 9,70 | 14,55 | 1180 | 1567 | 2864 | 4085 |

*) Vorlauf 90 °C, Rücklauf 70 °C; Raumtemperatur 20 °C.

wendet. Sie bestehen aus mehreren nebeneinanderliegenden Heizrohren mit einer daran befestigten Blechplatte (Bild 233-13). Verbindung der Rohre mit der Blechplatte entweder durch Schweißung oder durch Sicken aus Stahlblech mit metallener Kontaktmasse und Befestigungsschellen. Rohre über oder unter dem Blech. Rückseite der Platten isoliert, meist mit Glaswattematten. Anordnung der Strahlplatten

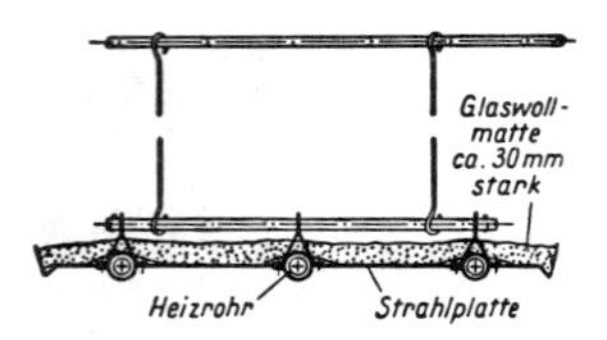


Bild 233-13. Strahlplatte.

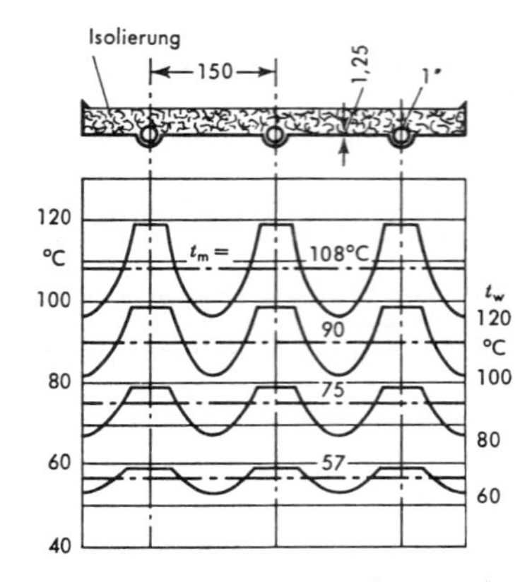


Bild 233-15. Temperaturverteilung an der Unterseite einer Deckenstrahlplatte.
$t_m$ = Mittlere Temperatur
$t_w$ = Wassertemperatur

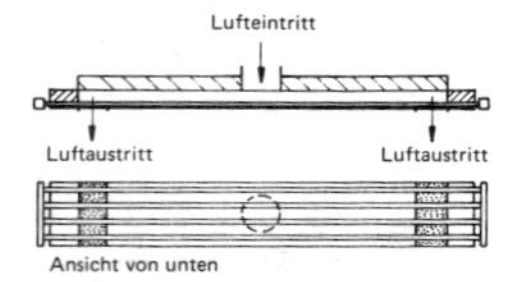


Bild 233-14. Strahlplatte mit Luftkanal (Baufa).

senkrecht an einer Außenwand,
horizontal unter der Decke,
schrägliegend unter beliebigem Winkel.

Geeignet für Warmwasserheizungen und Heißwasserheizungen bis 170 °C, für Dampfheizungen bis 140 °C und Thermoölheizungen bis 250 °C. Vorteilhaft ist die geringe Speicherkapazität und das schnelle Aufheizvermögen.

Bei Anordnung einer größeren Anzahl von Blechplatten hintereinander spricht man von *Bandstrahlern* (Bild 222-65). Beispiel einer Ausführung mit Leistungsangaben siehe Tafel 233-4. Berechnung der Wärmeabgabe siehe Abschnitt 243-3. Die Temperaturen an der Unterseite der Platten sind wellenartig verteilt; siehe Beispiel Bild 233-15.

Strahlplatten werden auch als kombinierte Strahlungs- und Luftheizung gefertigt. Die Oberseite ist dabei als Luftkanal ausgebildet (Bild 233-14).

**Tafel 233-4. Wärmeabgabe und Abmessungen der Strahlplatten** (Bild 233-13)

| Baubreite | mm | 500 | 600 | 700 | 800 |
|---|---|---|---|---|---|
| Heizrohre | Zahl | 3 × 1″ | 4 × 1″ | 4 × 1½″ | 4 × 2″ |
| Rohrheizfläche | m²/m | 0,32 | 0,42 | 0,60 | 0,75 |
| Gewicht | kg/m | 7,1 | 8,2 | 10 | 10 |
| Heizleistung bei WW 90/70 °C | | | | | |
| 10 °C Raumtemperatur | W/m | 302 | 395 | 564 | 704 |
| 20 °C Raumtemperatur | W/m | 262 | 343 | 488 | 605 |
| Heizleistung bei 0,1 bar Dampf | | | | | |
| 10 °C Raumtemperatur | W/m | 424 | 552 | 791 | 983 |
| 20 °C Raumtemperatur | W/m | 378 | 494 | 709 | 878 |

Herstellungslänge 2 m, Blechstärke 1,25 mm, Bauhöhe 65 bis 80 mm.

## -4 RADIATOREN (GLIEDERHEIZKÖRPER)

*Bauarten*

Radiatoren, die bisher immer noch am meisten verwendeten Heizkörper (Bild 233-17 und -18), bestehen aus einzelnen Gliedern gleicher Größe, die in größerer Zahl aneinandergereiht Heizflächen beliebiger Größe ergeben. Die Verbindung der einzelnen

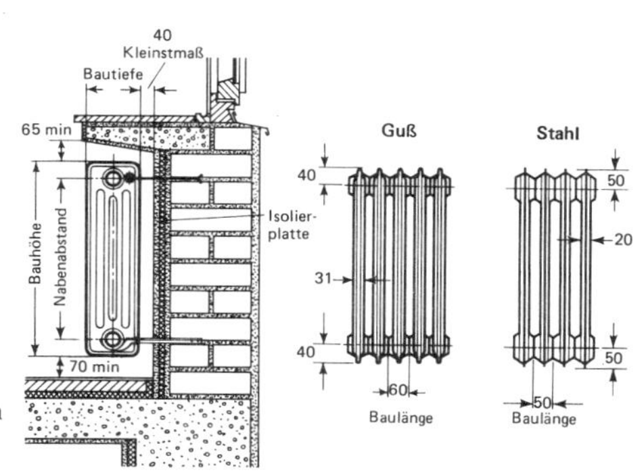


Bild 233-17. Baumaße von Radiatoren nach DIN 4720 (6.79) und 4722 (7.78).

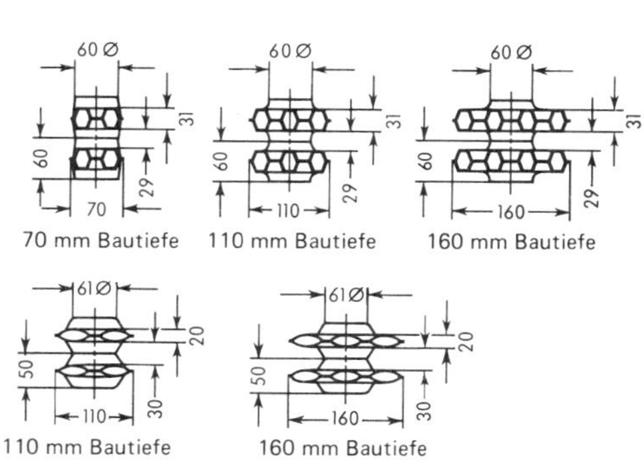


Bild 233-18. Querschnitt von Gußradiatoren (oben) und Stahlradiatoren (unten).

Glieder miteinander erfolgt durch Nippel mit Rechts- und Linksgewinde R 1¼″ (Bild 233-19). *Dichtung* bei Warmwasser meist Manila-Papier, bei Heißwasser und Dampf Spezialmaterial.

Früher bestanden die Heizkörper nur aus *Gußeisen,* heute sind jedoch in weit größerem Umfang *Stahlradiatoren* auf den Markt gekommen. Sie sind erheblich leichter, billiger und bei Schaden durch Schweißen reparierbar, bruchsicher, kürzer, doch weniger korrosionsfest, Verwendung daher nur in Warmwasserheizungen. (Für Gußradiatoren werden teilweise 30jährige Garantien bezüglich Korrosion gegeben.)

Verbindung außer durch einzelne Nippel auch im Block bis zu 20 Gliedern geschweißt (Bild 233-20). Zur Versteifung zu den Naben Stabilisationsrohre (Zuganker). Stahlblech 1,25 mm dick.

Auch *Aluminium-Gliederheizkörper*[1]) werden hergestellt, ohne sich jedoch bisher trotz eleganter Formen und Farben in größerem Maßstab eingeführt zu haben. Sie sind etwa

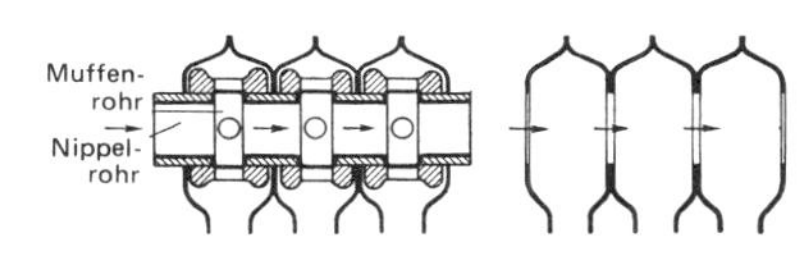


Bild 233-20. Verbindung bei Stahlradiatoren.
Links: Einzelnippel Rechts: Blockschweißung

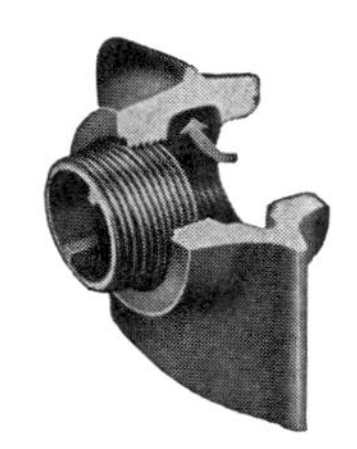

Bild 233-19. Gewindenippel für Radiatorverbindung.

[1]) Penkert, R.: IKZ 17/76. 3 S.
Witt, C. A., u. R. Penkert: IKZ 17/80. S. 39.

**Tafel 233-5. Radiatoren nach DIN 4720/22 – Abmessungen, Wasserinhalte, Heizleistungen**

| Gußradiatoren 1979 | | | | | | | Stahlradiatoren 1979 | | | | | |
|---|---|---|---|---|---|---|---|---|---|---|---|---|
| Bauhöhe | Bautiefe | Heizfläche je Glied | Baulänge | Wasserinhalt je Glied | Heizleistung je Glied | | Bauhöhe | Bautiefe | Heizfläche je Glied | Baulänge | Wasserinhalt je Glied | Heizleistung je Glied WW $t_m = 80°$ |
| | | | | | WW $t_m = 80°$ | ND 1,1 bar $t_m = 100°$ | | | | | | |
| mm | mm | m² | mm | ca. l | W | W | mm | mm | m² | mm | l | W |
| 980 | 70 | 0,205 | 60 | 0,78 | 111 | 161 | 980 | 110 | 0,240 | 50 | 1,18 | 122 |
| | 160 | 0,440 | 60 | 1,5 | 204 | 297 | | 160 | 0,345 | 50 | 1,72 | 157 |
| | 220 | 0,580 | 60 | 1,9 | 260 | 378 | | 220 | 0,480 | 50 | 2,39 | 204 |
| 580 | 70 | 0,120 | 60 | 0,5 | 68 | 99 | 580 | 110 | 0,140 | 50 | 0,88 | 73 |
| | 110 | 0,180 | 60 | 0,8 | 92 | 134 | | 160 | 0,205 | 50 | 1,18 | 99 |
| | 160 | 0,255 | 60 | 1,06 | 126 | 183 | | 220 | 0,285 | 50 | 1,57 | 128 |
| | 220 | 0,345 | 60 | 1,3 | 162 | 235 | | | | | | |
| 430 | 160 | 0,185 | 60 | 0,83 | 93 | 135 | 430 | 160 | 0,155 | 50 | 0,98 | 74 |
| | 220 | 0,255 | 60 | 1,1 | 122 | 177 | | 220 | 0,210 | 50 | 1,21 | 99 |
| 280 | 250 | 0,185 | 60 | 0,9 | 92 | 134 | 280 | 250 | 0,160 | 50 | 0,97 | 77 |

doppelt so teuer wie Stahlradiatoren. Herstellung durch Druckguß und Strangpressen. Bei ungünstigen Wasserverhältnissen Korrosionsgefahr.

Die *Abmessungen* sind in DIN 4720 und 4722 genormt. Es gibt bei Gußeisen 10 Modelle, bei Stahl 9. Bauhöhen von 280 bis 980 mm, Bautiefen von 70 bis 250 mm (Tafel 233-5). Höchster Betriebsdruck bei allen Radiatoren: 4 bar bzw. 40 m WS, höchste Temperatur 110 °C. Sonderausführungen bis 6 bar Überdruck (60 m WS) und 140 °C, teilweise auch noch höher. Radiatoren geringer Bautiefe werden bevorzugt.

Auch *Kunststoffradiatoren* sind bereits auf dem Markt. Maximale Temperatur 80 °C, maximaler Überdruck 2 bar, geringe mechanische Festigkeit, jedoch leicht zu montieren. Sehr teuer, große Ausdehnungszahl, brennbar. Verwendung recht selten.

Außer den genormten Radiatoren gibt es auch noch eine Anzahl von *Sonderbauarten* mit anderen Abmessungen. Sie besitzen einen immer mehr steigenden Marktanteil. Insbesondere werden Radiatoren mit geringerer Bautiefe als DIN hergestellt, sogenannte *Schmalsäuler* mit etwa 60···70 mm Bautiefe. Sie sind insbesondere für die Altbausanierung geeignet.

*Leistung*

Für die *Heizkörper* ist im Normenblatt DIN 4703 Teil 1 (4.77) die Wärmeleistung $\dot{q}$ je Glied angegeben: *Normleistung.*

Strahlungsanteil je nach Temperatur und Tiefe 20···40%.

Die Prüfung der Normwärmeleistung von Heizkörpern erfolgt in Deutschland nach DIN 4704 Teil 1 bis 3 (8.76) in offenen Prüfkabinen durch neutrale Prüfinstitute. Internationale Prüfmethoden nach ISO-TC 116.

Wärmeabgabe der Heizkörper bezieht sich auf 10 Glieder. Bei weniger Gliedern Mehrleistung bis 15%, bei mehr Gliedern geringere Wärmeabgabe bis 4%.

Umrechnung mittels Korrekturfaktor $f_1$ auf andere Heizmittel- und Raumtemperaturen nach der Gleichung

$$\dot{q} = \dot{q}_{60}\left(\frac{\Delta t}{\Delta t_{60}}\right)^{1,3} \quad \text{bzw.} \quad \dot{q} = \dot{q}_{80}\left(\frac{\Delta t}{\Delta t_{80}}\right)^{1,3} = \dot{q}_{80} \cdot f_1 \quad \text{(Tafel 233-6)}$$

*Beispiel:*

Wärmebedarf eines Raumes 1000 W, $t_i = 24\,°C$, $t_V = 70\,°C$, $t_R = 60\,°C$, Gußradiator 980/70,

Normleistung je Glied 111 W (Tafel 223-5)
Korrekturfaktor $f_1 = 0{,}61$ (Tafel 233-6)

Wirkliche Wärmeleistung je Glied $\dot{q} = 111 \cdot 0{,}61 = 68$ W
Gliederzahl = 1000:68 = 15.
Bezeichnung: 15 – 980 – 70 DIN 4722

Bei Verringerung des Heizmittelstroms um 50% verringert sich die Wärmeleistung bei oberem Anschluß um ca. 5%, bei unterem Anschluß um ca. 25%.

Einfluß des *Luftdrucks p* wird durch den Korrekturfaktor $f_p$[1]) erfaßt:

$$f_p \approx \left(\frac{p_0}{p}\right)^{2\,(m-1)} \qquad p_0 = 1013 \text{ mbar}, \; m = \text{Exponent nach Bild 233-34}$$

Dabei ist vorausgesetzt, daß der Strahlungsanteil $s$ der Wärmeabgabe gering ist. Sonst Einfluß nach Formel von *Klan* (s. auch Bild 233-21)

$$\frac{\dot{Q}_p}{\dot{Q}_{po}} = \frac{1}{s + (s-1) \cdot f_p}$$

Bei fallendem Luftdruck fällt also die Wärmeleistung.

Für den mittleren Temperaturunterschied $\Delta t$ (Heizmittel-Raumluft) genügt normalerweise das arithmetische Mittel, bei größeren Temperaturspreizungen (z. B. bei direktem

---

[1]) Bach, H.: Ges.-Ing. 8/73. S. 236/41.
Klan, H., u. Kast: Ges.-Ing. 5/82. S. 217/221.
Statt des näherungsweisen Exponenten $2\,(m-1)$ gilt genauer $2\,\{(m-1)\,(m-1{,}3146)\,\Delta t/\Delta t_{60}\}$

**Tafel 233-6. Korrekturfaktor $f_1$ für verschiedene Heizmittel- und Raumlufttemperaturen** (Umrechnungsfaktoren*) bei Exponent $m = 1{,}30$)

| Mittlere Heizkörper- (Heizmittel-) temperatur $t_m$ °C | Korrekturfaktor $f_1$ bei Raumlufttemperatur $t_i$ in °C | | | | | | | | | | |
|---|---|---|---|---|---|---|---|---|---|---|---|
| | 5 | 10 | 12 | 15 | 18 | **20** | 22 | 24 | 25 | 28 | 30 |
| | $f_1 = \dot{q}/\dot{q}_{80}$ | | | | | | | | | | |
| 60 | 0,89 | 0,79 | 0,75 | 0,69 | 0,63 | 0,59 | 0,55 | 0,51 | 0,50 | 0,44 | 0,41 |
| 65 | 1,00 | 0,89 | 0,85 | 0,79 | 0,73 | 0,69 | 0,65 | 0,61 | 0,59 | 0,53 | 0,50 |
| 70 | 1,11 | 1,00 | 0,96 | 0,89 | 0,83 | 0,79 | 0,75 | 0,71 | 0,69 | 0,63 | 0,59 |
| 75 | 1,22 | 1,11 | 1,07 | 1,00 | 0,94 | 0,89 | 0,85 | 0,81 | 0,79 | 0,73 | 0,69 |
| **80** | 1,34 | 1,22 | 1,18 | 1,11 | 1,04 | **1,00** | 0,96 | 0,91 | 0,89 | 0,83 | 0,79 |
| 85 | 1,45 | 1,34 | 1,29 | 1,22 | 1,15 | 1,11 | 1,07 | 1,02 | 1,00 | 0,94 | 0,89 |
| 90 | 1,57 | 1,45 | 1,41 | 1,34 | 1,27 | 1,22 | 1,18 | 1,13 | 1,11 | 1,04 | 1,00 |
| 95 | 1,69 | 1,57 | 1,52 | 1,45 | 1,38 | 1,34 | 1,29 | 1,24 | 1,22 | 1,15 | 1,11 |
| 100 | 1,82 | 1,69 | 1,65 | 1,57 | 1,50 | 1,45 | 1,41 | 1,36 | 1,34 | 1,27 | 1,22 |
| | $f_1 = \dot{q}/\dot{q}_{60}$ | | | | | | | | | | |
| 40 | 0,84 | 0,69 | 0,63 | 0,54 | 0,46 | 0,41 | 0,35 | 0,30 | 0,28 | 0,21 | 0,16 |
| 45 | 1,00 | 0,84 | 0,78 | 0,69 | 0,60 | 0,54 | 0,49 | 0,43 | 0,41 | 0,33 | 0,28 |
| 50 | 1,17 | 1,00 | 0,94 | 0,84 | 0,75 | 0,69 | 0,63 | 0,57 | 0,54 | 0,46 | 0,41 |
| 55 | 1,34 | 1,17 | 1,10 | 1,00 | 0,90 | 0,84 | 0,78 | 0,72 | 0,69 | 0,60 | 0,54 |
| **60** | 1,51 | 1,34 | 1,27 | 1,17 | 1,07 | **1,00** | 0,94 | 0,87 | 0,84 | 0,75 | 0,69 |
| 65 | 1,69 | 1,51 | 1,44 | 1,34 | 1,23 | 1,17 | 1,10 | 1,03 | 1,00 | 0,90 | 0,84 |
| 70 | 1,88 | 1,69 | 1,62 | 1,51 | 1,41 | 1,34 | 1,27 | 1,20 | 1,17 | 1,07 | 1,00 |
| 75 | 2,07 | 1,88 | 1,80 | 1,69 | 1,58 | 1,51 | 1,44 | 1,37 | 1,34 | 1,23 | 1,17 |
| 80 | 2,26 | 2,07 | 1,99 | 1,88 | 1,77 | 1,69 | 1,62 | 1,55 | 1,51 | 1,41 | 1,34 |

*) Alle Korrekturfaktoren für $\dot{q}_{80}$ (auch Umrechnungsfaktoren genannt) sind bezogen auf $\Delta t_n = 60$ K, d.h. auf $t_i = 20\,°C$, $t_v = 90\,°C$, $t_r = 70\,°C$ und $t_m = 80\,°C$. Der Faktor wird dann zum Wert 1,00. Siehe auch Abschn. 233-8.

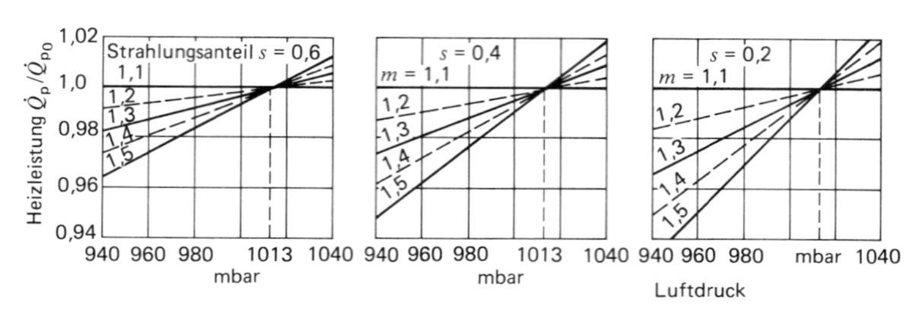


Bild 233-21. Einfluß des Luftdrucks auf die Leistung von Heizkörpern (mittlere log. Temperatur-Differenz $\Delta t = 40$ K).

Fernheizanschluß) ist jedoch das logarithmische Mittel einzusetzen, namentlich dann, wenn

$$\frac{t_r - t_i}{t_v - t_i} < 0{,}7 \text{ ist.}$$

$t_r$ = Rücklauftemperatur °C
$t_i$ = Raumtemperatur °C
$t_v$ = Vorlauftemperatur °C

Zusätzlicher Berichtigungsfaktor $f_2$ hierzu siehe Bild 233-22 und Tafel 233-11.

*Beispiel:*

Normleistung eines Gliedes 100 W. Leistung bei $t_v = 110\,°C$, $t_r = 70\,°C$ und $t_i = 20\,°C$:

Tafel 233-6 für $t_m = \frac{1}{2}(t_r - t_R) = 90\,°C$: $f_1 = 1{,}22$

$$\frac{t_r - t_i}{t_v - t_i} = \frac{70-20}{110-20} = \frac{50}{90} = 0{,}56.$$ Nach Bild 233-22: $f_2 = 0{,}98$

$\dot{q} = 100 \cdot 1{,}22 \cdot 0{,}98 = 119$ W.

Die Heizkörper werden in der Regel unterhalb der Fenster (heiztechnisch am günstigsten) oder auch an Innenwänden aufgestellt. Lagerung auf Stützen oder *Konsolen* (Bild 233-23) besser als auf *Füßen* (leichtere Reinigung). Konsole neuerer Bauart verstellbar und für alle gebräuchlichen Heizkörper passend. Beim Einbau in eine Wandnische ist die obere Fläche zwecks leichterer Luftströmung zu wölben und die hinter den Heizkörpern gelegene Wandfläche bei Außenwänden mit Wärmedämmung oder „Heizkörperfolien“ zu versehen. *Verkleidungen* der Heizkörper sind nach Möglichkeit zu vermeiden. Falls eine Verkleidung aus architektonischen Gründen nicht vermeidbar ist, ist sie leicht abnehmbar einzurichten und mit genügend großen Öffnungen an der Vorder- und Oberseite zu versehen, um die Luftströmung so wenig wie möglich zu behindern. Die Verminderung der Wärmeabgabe beträgt dabei je nach Art der Verkleidung 3···7%, bei unsachgemäßer Ausführung auch mehr, so daß die Heizkörper entsprechend größer auszuführen sind[1]). Auch durch Fensterbretter ergibt sich eine Verringerung der Normleistung.

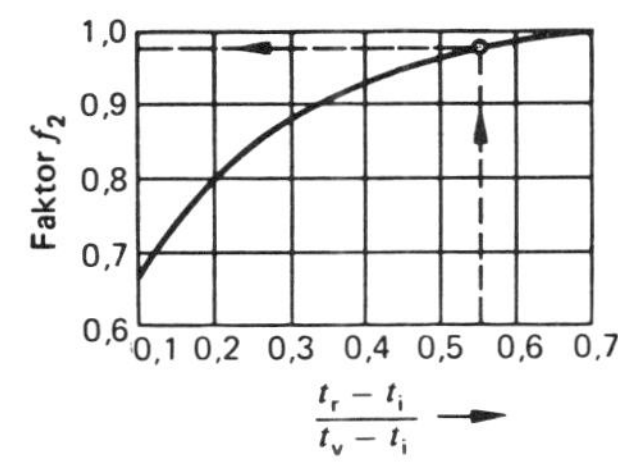


Bild 233-22. Berichtigungsfaktor $f_2$ bei großer Temperaturspreizung.

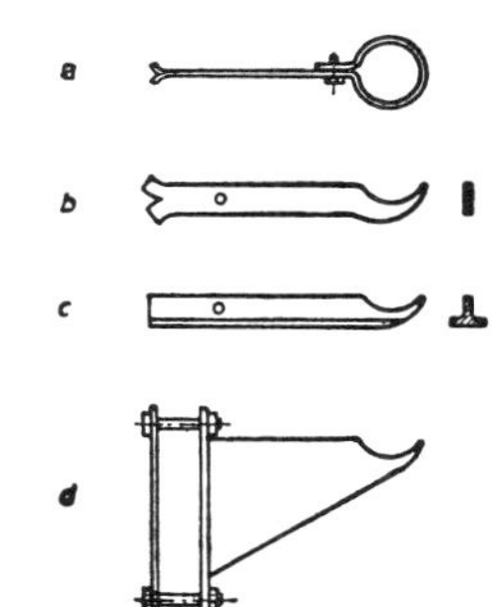


Bild 233-23. Radiatorbefestigungen.
*a* Radiatorhalter, *b* Flacheisenkonsol, *c* T-Eisenkonsol, *d* Konsol für Rabitzwände

*Anschluß* der Leitungen bei Warmwasser in der Regel gleichseitig, Vorlauf oben, Rücklauf unten, bei unterem Anschluß infolge der Beimischung von kühlerem Rücklaufwasser Minderleistung von etwa 5···10%, bei Einrohrheizungen sogar 10···15%, falls nicht Blindscheibe nach dem 1. oder 2. Glied[2]). Siehe Bild 233-25. Bei wechselseitigem Anschluß keine Leistungsänderung.

*Anstrich:* Grundbeschichtung, darüber Lackanstrich, Richtlinien für den Grundanstrich enthält DIN 55900 (2.80). Metallbronzen als Anstrich sind zu vermeiden, da hierdurch eine Verminderung der Wärmeabgabe um etwa 5 bis 10% eintritt. Manche Hersteller liefern Heizkörper fertig lackiert, mit Ventil und Befestigungselementen, einzeln verpackt; auch emailliert oder kunststoffbeschichtet *(Fertigheizkörper).*

Radiatoranschlüsse Bild 233-26.

*Gewichte:* Gußeiserne Radiatoren etwa 25 kg/m², Wanddicke 2,5···3 mm, Stahlradiatoren etwa 10 kg/m² Heizfläche, Wanddicke 1,25 mm.

*Preise ab Werk* bei Warmwasser von 80 °C:

Stahlradiatoren etwa 100 DM/kW,
Gußradiatoren etwa 150 DM/kW,
Al-Radiatoren etwa 200 DM/kW.

[1]) Sauter, H.: HLH 4/85. S. 200/3.
[2]) Bach, H., u. D. Schlapmann: Ki 10/77. S. 349/54.

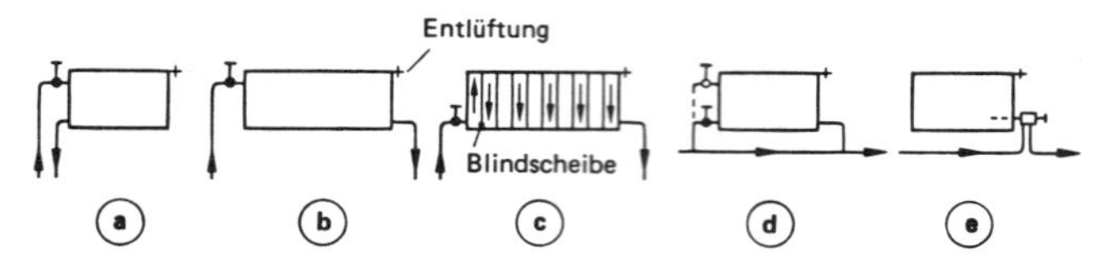


Bild 233-25. Heizkörperanschlüsse.

a) Normalanschluß, b) wechselseitiger Anschluß bei mehr als 40 Gliedern, c) unterer Anschluß mit Blindscheibe, d) Anschlußarten beim Einrohrsystem, e) Einrohrsystem mit 4-Wege-Ventil

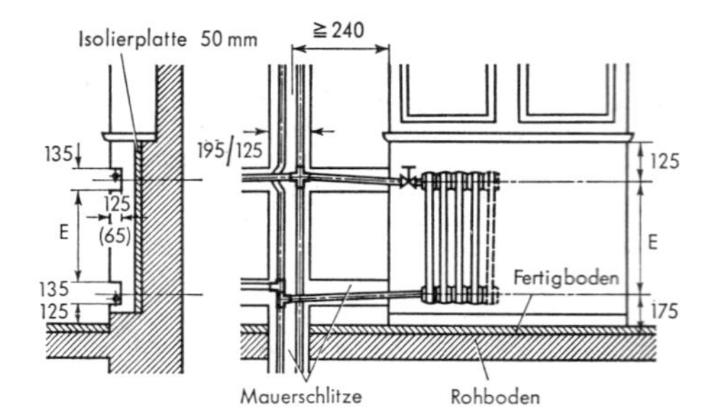


Bild 233-26. Höhenlage der Mauerschlitze bei Radiatoranschlüssen.

## -5 ROHRRADIATOREN

Die besonders in Hochdruckanlagen für Hochhäuser und Fernheizungen verwendeten Röhrenradiatoren bestehen aus nahtlosen senkrecht angeordneten runden oder profilierten Rohren, die oben und unten in je ein *gemeinsames Sammelrohr* eingeschweißt sind. Die senkrechten Rohre sind entweder glatt oder es sind zur Vergrößerung der Heizfläche Stahlbleche elektrisch angeschweißt, die bei den verschiedenen Herstellern verschiedene Formen aufweisen.

In der einfachsten Form sind es nur gerade Rippen an beiden Seiten der Rohre, meist jedoch sind die Flächen in Form von Flügeln oder Hufeisen ausgebildet. Durch diese Ummantelung entsteht ähnlich wie bei den Konvektoren eine *Kaminwirkung,* die die Wärmeabgabe vergrößert. Außerdem wird ein Berührungsschutz vor den heizmittelführenden Rohren erreicht. Bei einsäuliger Ausführung beträgt die Bautiefe nur 3 cm und der Betriebsdruck bis 20 bar.

Oben erhalten die Heizkörper zwecks besseren Aussehens eine durchlochte Deckhaube, unten evtl. eine Deckleiste. Nabenabstand beliebig, meist 500, 600, 800 und 1000 mm. Verwendung in Hochdruck-Heißwasser- oder Dampfheizungen bei Drücken bis 16 bar Überdruck und darüber sowie in Hochhäusern, wenn gußeiserne Radiatoren nicht mehr verwendet werden können.

Rohre können auch in zwei bis sechs Reihen nebeneinander angeordnet werden (mehrsäulige Ausführung). Ferner gibt es Röhrenradiatoren mit glatten Rohren und Nabenabständen bis 6 m, die stehend angeordnet werden können. Auch waagerechte Anordnung der Rohre ist möglich sowie geknickte und bogenförmige Ausführung. Normwärmeleistung glatter Stahlrohrradiatoren in DIN 4703 T. 1 (4.77).

Beispiel von Ausführungen siehe Bild 233-28 und -29 sowie -30.

Bei einer anderen Bauart sind an der Vorderseite der senkrechten Rohre jalousieartige Spezialrippen aufgeschweißt (Thermal-Radiatoren).

Heizleistung einer Ausführung siehe Tafel 233-7.

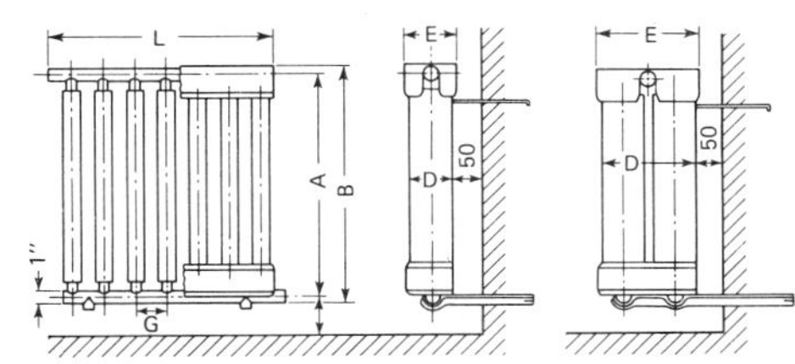


Bild 233-28.
Hochdruckradiator.

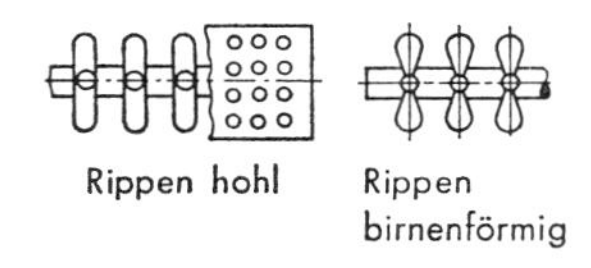


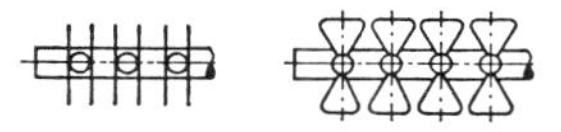


Bild 233-29. Verschiedene Ausbildung der Rippen an Hochdruckradiatoren.

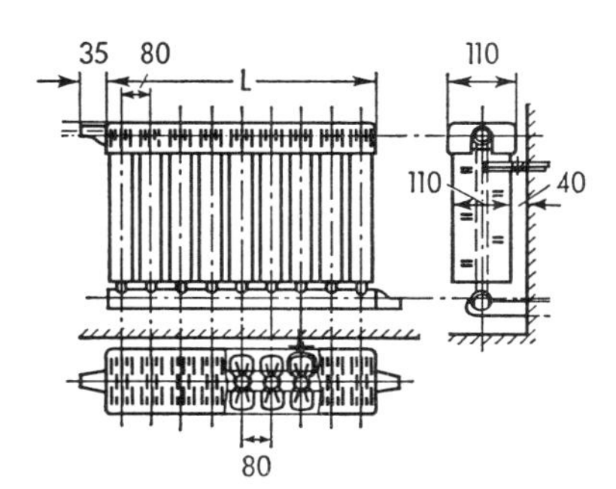


Bild 233-30. Hochdruckradiator mit U-förmigen Rippen und zusätzlichen angeschweißten Stegen (Gerhard).

**Tafel 233-7. Heizleistung der Hochdruckradiatoren nach Bild 233-30**
$t_m = 80\,°C$, $t_i = 20\,°C$

| | Bauhöhe in mm | | | |
|---|---|---|---|---|
| | 300 | 500 | 800 | 1000 |
| Heizfläche je Glied in m² | 0,210 | 0,385 | 0,654 | 0,834 |
| Heizleistung je Glied in W | 69 | 114 | 179 | 209 |
| Masse je Glied in kg | 1,22 | 2,22 | 3,75 | 4,80 |

## -6 KONVEKTOREN

Sie bestehen aus stählernen oder kupfernen *Rippenrohren* in einem *Blechgehäuse* oder in einer Mauernische mit vorderer Abdeckung (Bild 233-32 u. -33). Luft tritt unten in den Heizkörper ein, erwärmt sich an den Heizflächen und tritt nach oben oder vorn aus. Wärmeabgabe fast nur durch Konvektion. Regulierung der Heizleistung außer durch Ventile auch durch Regulierklappen an der oberen Luftaustrittsöffnung.

Kupferrohre meist mit aufgepreßten Aluminiumlamellen; Stahlrohre häufig in Ovalform mit aufgeschweißten Lamellen.

Die Aufstellung der Konvektoren wie die der Radiatoren ist an den Außenwänden der Räume unter den Fenstern wie an den Innenwänden möglich. Im letzten Fall kann der Heizkörper auch so ausgebildet werden, daß er direkt in der Zwischenwand zwischen den Räumen angebracht wird und so gleichzeitig zur Heizung von zwei und mehr Räumen dient (Zentralkonvektor).

Infolge der geringen Abmessungen der Konvektoren sind auch viele andere Anordnungen möglich, z.B. unter Sitzbänken, Verkaufsregalen, Tischen usw.

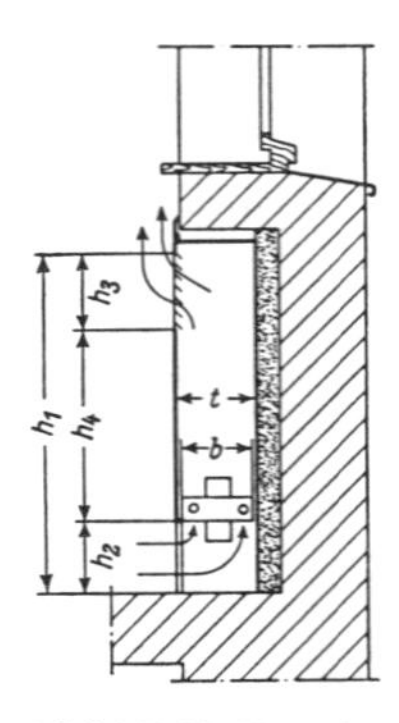


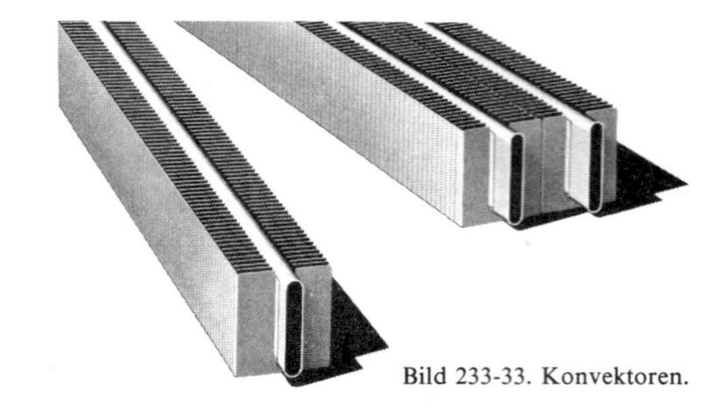

Bild 233-33. Konvektoren.

Bild 233-32. Konvektor.
$h_1$ = Einbauhöhe, $h_2$ = Lufteinlaßhöhe, $h_3$ = Luftauslaßhöhe, $h_4$ = Schachthöhe, $b$ = Bautiefe, $t$ = Schachttiefe, $= b + 10$ mm

Als *Vorteile* der Konvektoren gegenüber den Radiatoren sind anzugeben:

Geringe Abmessungen und Gewichte
Niedere Preise
Geringe Anheizzeit, schnelle Regelung
Viele Einbaumöglichkeiten

*Nachteile:*

Zusätzliche Kosten für die Verkleidung
Keine Strahlungswärmeabgabe
Schlechtere Reinigungsmöglichkeit

Die *Heizleistungen* sind, da noch keine Normalgrößen festgelegt sind, bei den Herstellern zu erfragen. Gegenüber den frei vor der Wand liegenden Rippenrohren ergibt sich eine höhere Wärmeabgabe, da die Luftgeschwindigkeit zwischen den Rippen infolge des Auftriebes im Schacht größer wird[1]).

Die Luftgeschwindigkeit und damit die Heizleistung werden desto höher, je größer die Kaminhöhe, das ist der Abstand von Oberkante Heizkörper bis Unterkante Luftaustrittsöffnung, wird. Von Einfluß ist auch der Rippenabstand.

*Regelung* der Heizleistung durch Regelventil oder Drosselklappe über Konvektor.

Die *Verkleidung* der Heizkörper kann aus beliebigem Material hergestellt werden, z. B. Blech, Eternit, Holz, Hartfaserplatten oder dergleichen. In Fällen, wo die Verkleidungsplatten nicht von der Heizungsfirma mitgeliefert werden, ist streng darauf zu achten, daß sie dicht an dem Heizkörper anliegen, da andernfalls die Luft am Heizkörper vorbeistreicht und nicht genügend erwärmt wird. Der Preisvorteil, den Konvektoren gegenüber Radiatoren haben, wird häufig durch die Kosten der Verkleidung wieder aufgehoben, jedoch häufig architektonisch gute Lösungen.

Wegen hygienischer Einwendungen gegen die Verwendung von Konvektoren infolge Staubablagerung, die manchmal erhoben werden, sollten die Verkleidungsplatten leicht abnehmbar oder türartig eingerichtet werden.

Für die Umrechnung auf andere Heizmittel- und Raumtemperaturen dient nachstehende Formel. Der Faktor $m$ im Kennliniengesetz

$$\dot{q} = \dot{q}_{60} \left( \frac{\Delta t}{\Delta t_{60}} \right)^m$$

liegt je nach Bauart der Konvektoren zwischen 1,25 bis 1,45 (s. Tafel 233-6 u. Abschn. 233-8). Bei gemeinsamer Verwendung von Radiatoren und Konvektoren ist zu beachten, daß bei Änderung der Wassertemperaturen die Heizleistungen beider Heizkörper sich nicht gleichmäßig ändern.

[1]) Hesslinger, S.: HLH 5 und 6/85.

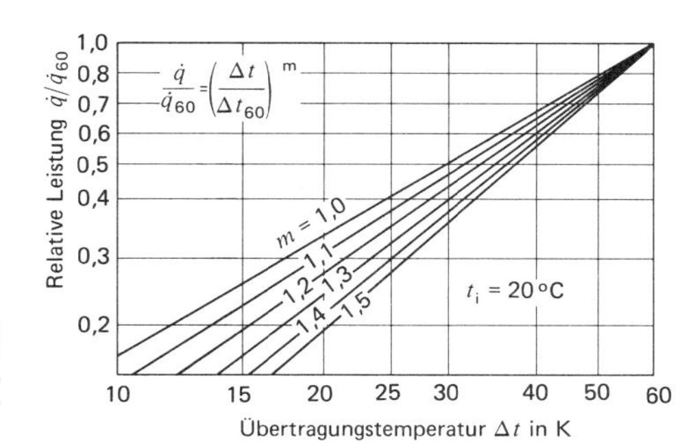


Bild 233-34. Abhängigkeit des Umrechnungsfaktors für die Heizleistung von der Temperaturdifferenz und dem Exponenten *m*.

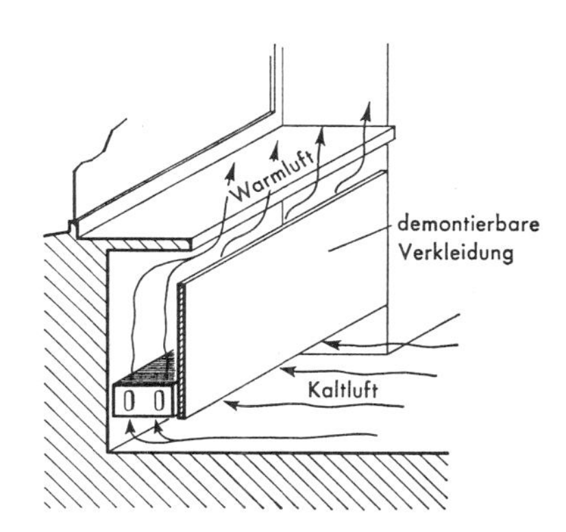


Bild 233-36. Konvektor mit vorgehängter abnehmbarer Platte.

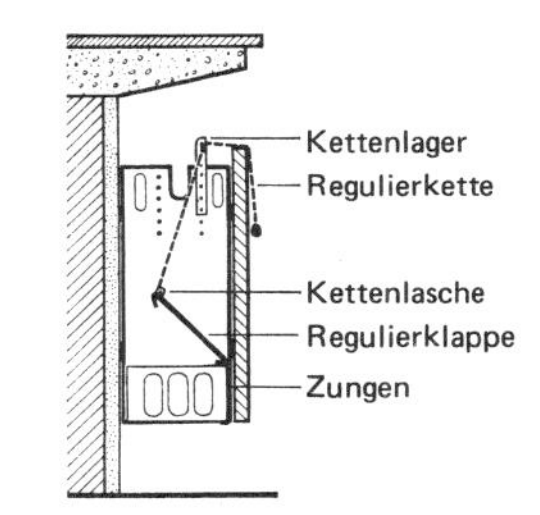


Bild 233-37. Konvektor mit Regulierklappe.

Den Einfluß des Exponenten *m* kann man aus Bild 233-34 entnehmen. Die meisten Konvektoren haben bei geringen Vorlauftemperaturen eine kleinere Heizleistung als Radiatoren, so daß sie möglichst nicht an das gleiche Rohrnetz angeschlossen werden sollten. Abhilfe durch thermostatische Heizkörperventile bei erhöhter Vorlauftemperatur.

Der *Wasserwiderstand* ist aus den Listen der Hersteller zu entnehmen, wobei der Widerstand in den Rohren und den Sammelkammern zu berücksichtigen ist.

Bilder 233-36 bis -38 zeigen verschiedene Einbaumöglichkeiten von Konvektoren. Bei den Unterflur-Konvektoren nach Bild 233-38 f, g und h ist die Leistung wesentlich geringer[1]). Eine Sonderbauart ist der *Rohrkonvektor*.

Tafel 233-8 enthält als Ausführungsbeispiel die Heizleistung der Gea-Konvektoren bei verschiedener Einbauhöhe und Tiefe, Bild 233-40 dient zur Umrechnung auf andere Temperaturverhältnisse. Die Baulänge versteht sich einschließlich der Heizmitteleinund -austrittskammern. Die geometrischen Maße für Schachthöhe und Luftdurchlaßhöhe gem. Bild 233-32 beeinflussen die Heizleistung erheblich. Diesbezügliche Maße in den Hersteller-Katalogen müssen daher sorgfältig beachtet werden.

*Beispiel:*

Wärmebedarf 2400 W, Heizmittel WW von 80/60 °C, Fensternische 1500 mm lang, 800 mm hoch. Raumtemperatur 20 °C.

[1]) DIN 4704 T. 4 – 11.84. Prüfung von Unterflurheizkörpern.
Kast, W., u. H. Klan: Ges.-Ing. 2/84. S. 59/66.

Gewählt ein Konvektor 200 mm tief und 800 mm hoch. Leistung nach Tafel 233-8 und Bild 233-40:

$\dot{Q} = 3500 \cdot 0{,}77 = 2695$ W

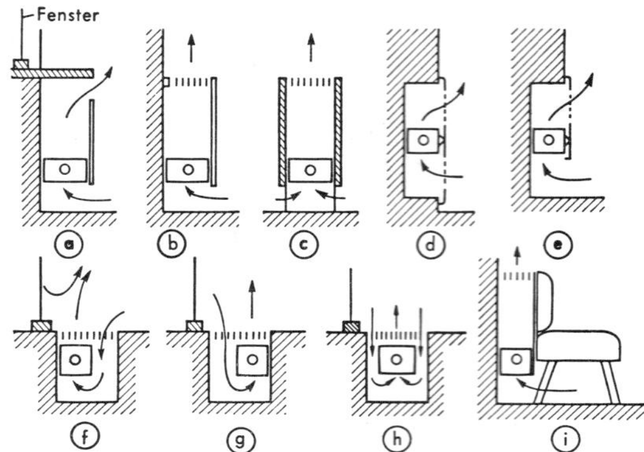


Bild 233-38. Verschiedene Verwendungsmöglichkeiten von Konvektoren.

a) Konvektor unter Fenster, b) Konvektor vor Wand, c) Konvektor freistehend, d) Konvektor in Wand eingebaut, e) Konvektor in Wand eingebaut, f) Unterflurkonvektor mit Raumluftansaugung, g) Unterflurkonvektor mit Kaltluftansaugung, h) Unterflurkonvektor mit beidseitiger Ansaugung, i) Konvektor hinter Bank

**Tafel 233-8. Heizleistung der Konvektoren Fabrikat GEA K 66 in Watt** bei Warmwasser 90/70 °C und 20 °C Raumtemperatur (Bauhöhe 70 mm)

| Bautiefe mm | Baulänge mm | Einbauhöhe $h_1$ in mm 400 | 600 | 800 | 1000 | Gewicht kg | Inhalt l | Heizfläche m² |
|---|---|---|---|---|---|---|---|---|
| 50 | 1000 | 396 | 521 | 590 | 632 | 4,4 | 0,41 | 1,44 |
| | 1500 | 616 | 811 | 917 | 983 | 6,6 | 0,51 | 2,24 |
| | 2000 | 836 | 1100 | 1245 | 1334 | 8,7 | 0,62 | 3,04 |
| | 2500 | 1056 | 1390 | 1572 | 1685 | 10,9 | 0,72 | 3,84 |
| | 3000 | 1276 | 1679 | 1900 | 2036 | 13,0 | 0,83 | 4,64 |
| 100 | 1000 | 819 | 1080 | 1235 | 1305 | 8,7 | 0,86 | 2,88 |
| | 1500 | 1274 | 1680 | 1921 | 2030 | 13,0 | 1,07 | 4,48 |
| | 2000 | 1729 | 2280 | 2607 | 2755 | 17,3 | 1,28 | 6,08 |
| | 2500 | 2184 | 2880 | 3293 | 3480 | 21,6 | 1,49 | 7,68 |
| | 3000 | 2639 | 3480 | 3979 | 4205 | 25,9 | 1,70 | 9,28 |
| 150 | 1000 | 1188 | 1553 | 1746 | 1881 | 13,1 | 1,31 | 4,32 |
| | 1500 | 1848 | 2415 | 2716 | 2926 | 19,5 | 1,62 | 6,72 |
| | 2000 | 2508 | 3278 | 3686 | 3971 | 26,0 | 1,94 | 9,12 |
| | 2500 | 3168 | 4140 | 4656 | 5016 | 32,4 | 2,25 | 11,52 |
| | 3000 | 3828 | 5003 | 5626 | 6061 | 38,9 | 2,57 | 13,92 |
| 200 | 1000 | 1494 | 1967 | 2250 | 2448 | 17,4 | 1,76 | 5,76 |
| | 1500 | 2324 | 3059 | 3500 | 3808 | 26,0 | 2,18 | 8,96 |
| | 2000 | 3154 | 4152 | 4750 | 5168 | 34,6 | 2,60 | 12,16 |
| | 2500 | 3984 | 5244 | 6000 | 6528 | 43,2 | 3,02 | 15,36 |
| | 3000 | 4814 | 6337 | 7250 | 7888 | 51,8 | 3,44 | 18,56 |
| 250 | 1000 | 1755 | 2358 | 2736 | 3015 | 21,7 | 2,21 | 7,20 |
| | 1500 | 2730 | 3668 | 4256 | 4690 | 32,5 | 2,73 | 11,20 |
| | 2000 | 3705 | 4978 | 5776 | 6365 | 43,2 | 3,26 | 15,20 |
| | 2500 | 4680 | 6288 | 7296 | 8040 | 54,0 | 3,78 | 19,20 |
| | 3000 | 5655 | 7598 | 8816 | 9715 | 64,7 | 4,31 | 23,20 |
| 300 | 1000 | 1962 | 2745 | 3224 | 3555 | 26,1 | 2,65 | 8,64 |
| | 1500 | 3052 | 4270 | 5015 | 5530 | 39,0 | 3,28 | 13,44 |
| | 2000 | 4142 | 5795 | 6806 | 7505 | 51,9 | 3,91 | 18,24 |
| | 2500 | 5232 | 7320 | 8597 | 9480 | 64,8 | 4,54 | 23,04 |
| | 3000 | 6322 | 8845 | 10388 | 11455 | 77,7 | 5,17 | 27,84 |

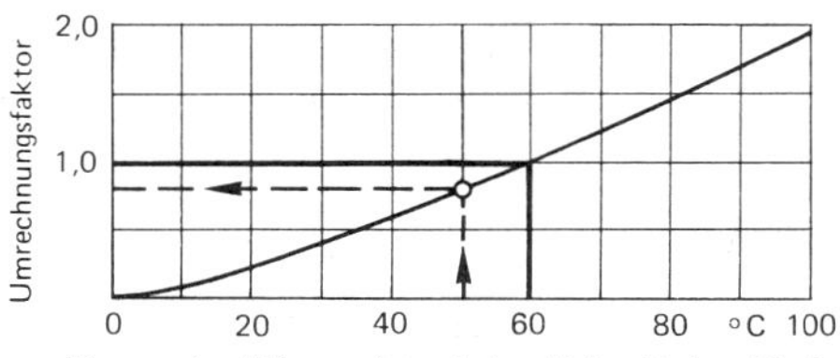


Bild 233-40. Umrechnungsfaktor für die Gea-Konvektoren Tafel 233-8 bei verschiedenen mittleren Temperaturdifferenzen $\Delta t$ (Heizmittelabkühlung 20 K).

Eine Vergrößerung der Leistung der Konvektoren erhält man durch Verbindung mit einer *Primärluftzuführung*, siehe Bild 233-41. Die zentral vorgewärmte, gefilterte und evtl. gekühlte Luft tritt unterhalb des Konvektors in einen Sammelkasten und strömt durch Düsen nach oben durch den Konvektor, wobei seitlich Senkundärluft angesaugt wird. Ohne Ventilatorbetrieb, z. B. nachts, nur natürliche konvektive Leistung.

*Gebläse-Konvektoren* (Fan coil units)[1])

Sie sind eine Erweiterung der Konvektoren, indem im Gehäuse ein Ventilator eingebaut wird, der die Raumluft zwangsweise über den Wärmeaustauscher bläst oder saugt (Bild 233-42).

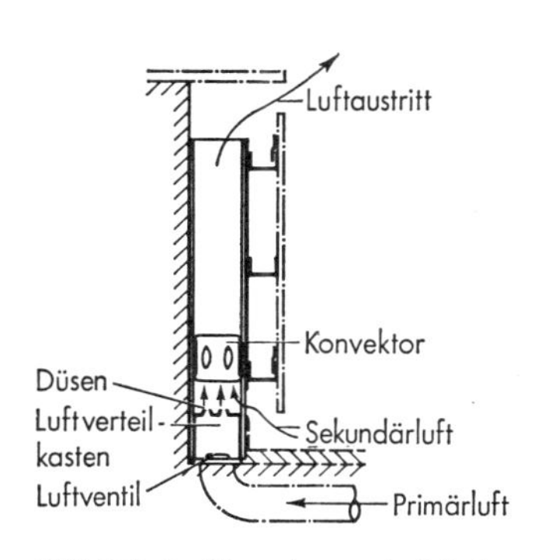


Bild 233-41. Konvektor mit Primärluftzufuhr (GEA-Klimakonvektor).

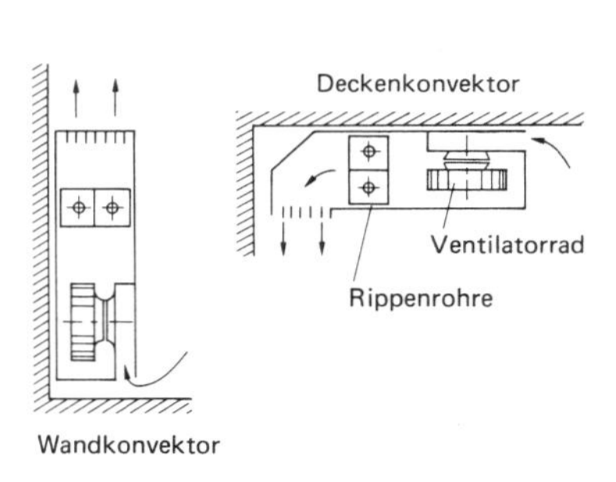


Bild 233-42. Gebläse-Konvektoren für Wand- und Deckeneinbau.

*Vorteile:*

Große Heizleistung;
schnelles Aufheizen, evtl. durch Temperaturregler und mit Fernsteuerung;
Luftreinigung durch Filter;
möglicher Außenluftanschluß für Lüftung.

*Nachteile:*

Höhere Kosten;
Ventilatorgeräusche.

Verwendung in Badezimmern, Schulen, Gaststätten, Hotels, Büroräumen. Siehe auch Lüftungstruhen Abschnitt 341-14.

[1]) DIN 4704, T. 5 (11.84): Prüfung von Heizkörpern mit Gebläse.
Döhlinger, M.: HR 4/74. S. 89/92.

## -7 SOCKEL-HEIZKÖRPER

### -71 Allgemeines

*Sockel-Heizkörper* (auch Fußleisten-Heizkörper oder Heizleisten genannt) sind langgestreckte, schmale und niedrige Heizkörper, die an den Wänden der Räume, namentlich an den Außenwänden, wie Fußleisten angebracht werden (Bild 233-44 und -45). Sie können sowohl für Warmwasser- wie für Dampfheizungen verwendet werden. Durch Versuche hat man festgestellt, daß diese Heizkörper eine besonders gute Wärmeverteilung im Raum ergeben, was ja auch leicht verständlich ist, da die Heizkörper gewissermaßen einen Wärmeschleier vor die kalten Außenwände legen, der den Kälteeinfall kompensiert. Besonders geeignet für Einrohr-Pumpenheizungen.

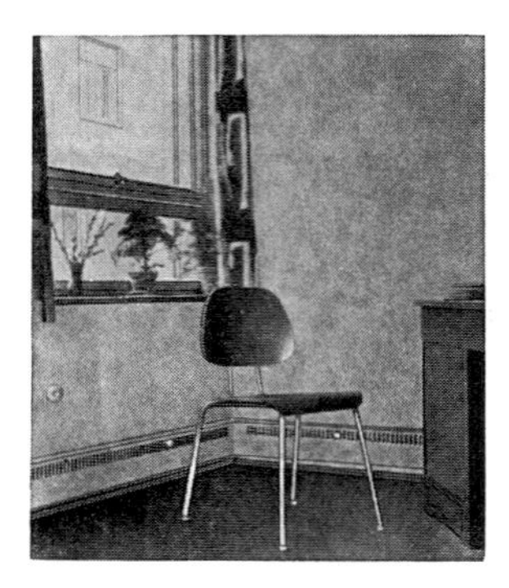

Bild 233-44. Raum mit Sockelheizkörper.

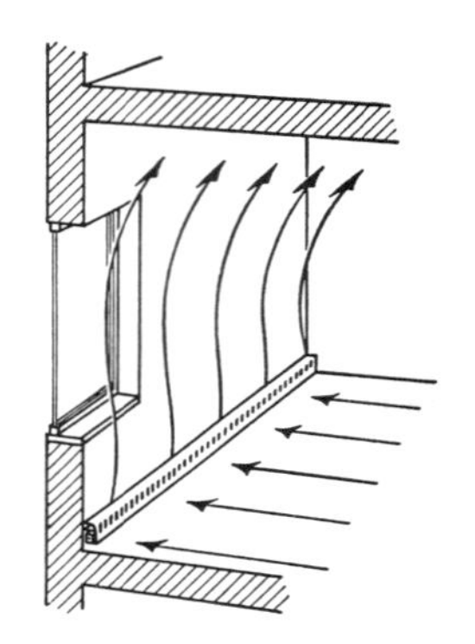

Bild 233-45. Raum mit Sockelheizkörper.

*Vorteile:*

Geringer Platzverbrauch,
geringer Preis,
gutes Aussehen,
gute Wärmeverteilung (guter Heizeffekt),
leichte Installation,
trägheitsarm.

*Nachteile:*

Erschwerte Reinigung,
Behinderung der Möbelaufstellung an Innenwänden.

### -72 Bauarten

*Stählerne und kupferne Sockel-Heizkörper* bestehen aus Rippenrohren, die von geeigneten Stahlblechgehäusen umgeben sind. Kaltlufteintritt von unten. Warmluftaustritt nach oben oder vorn. Rippenrohre entweder rund, quadratisch oder rechteckig, manchmal auch zwei Rohre übereinander oder nebeneinander. Mehrzahl der Heizkörper aus Kupferrohren mit Aluminiumrippen. Rohrdurchmesser 22···28 mm.

Gehäuse sehr vielseitig hergestellt. Jeder Hersteller hat seine eigenen Methoden für die Form des Gehäuses, schnelle Befestigung, Verbindungsstücke, Eckverbindungen usw. Beispiele Bild 233-47 bis -49.

*Gußeiserne Sockel-Heizkörper* besonders klein und unauffällig, allerdings auch geringe Heizleistung. Vorderseite in der Regel glatt, Rückseite mit Rippen, um die Konvektionswärme zu erhöhen. Wärmeabgabe teils durch Strahlung, teils durch Konvektion. Für Verlegung der Heizkörper an Wänden oder Wandteilen ohne Heizung Zwischenstücke aus Holz oder Blech, für Raumecken Spezialleckstücke.

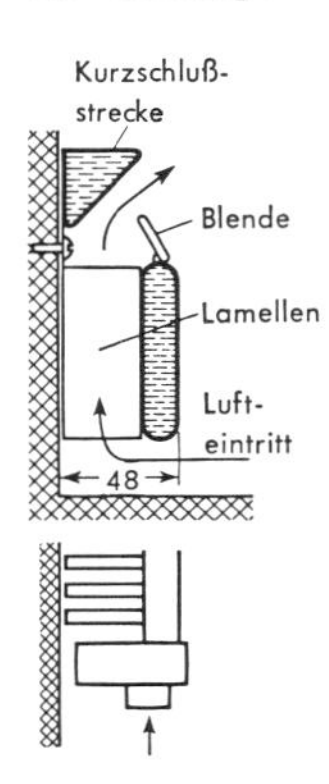


Bild 233-47. Stählerner Fußleistenheizkörper mit eingebauter Kurzschlußstrecke (Reusch).

Bild 233-48. Stählerner Sockelheizkörper mit Regelklappe (Zorn, München).

1 = Rippenrohr
2 = Halter
3 = Rückblech
4 = Schrauben
5 = Dübel
6 = Gehäuse
7 = Abkantung
8 = Regelklappe
9 = Feder
10 = Hebel
11 = Griff
12 = Dichtung

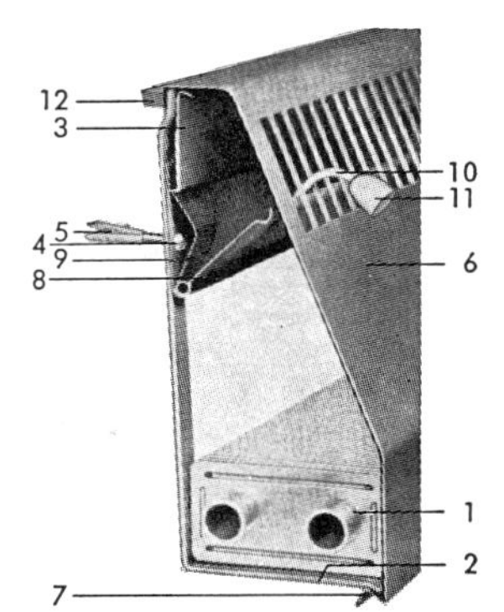


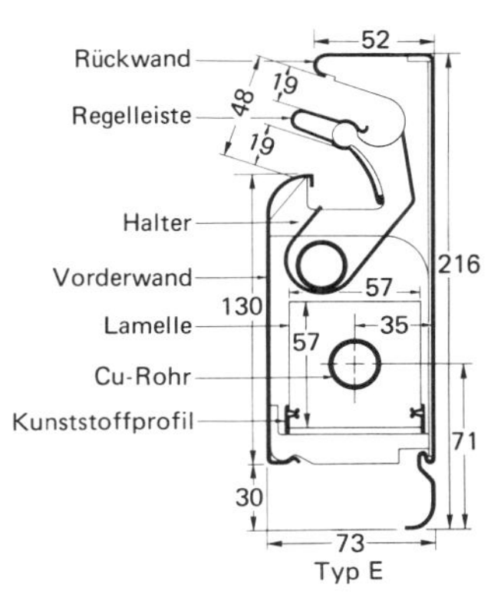


Bild 233-49. Sockelheizkörper mit Kupferrohren und Al-Lamellen (Evitherm).

Heizleistung je m bei WWPH 90/70 °C etwa 300 bis 400 W/m. Höhe etwa 150 bis 200 mm, Tiefe 50 bis 70 mm.

*Leichtmetall-(Silumin-)Sockelheizkörper.*

Silumin = Aluminium-Silizium-Legierung. Rohre und Rippen im Kokillenguß hergestellt. Blechverkleidung.

Wärmeabgabe in der Hauptsache durch Konvektion, weniger durch Strahlung. Regelung der Heizleistung ist durch Luftklappen etwa im Verhältnis 1:3 möglich. Klappen durch Hebel oder Knöpfe verstellbar.

Höhe der Heizkörper etwa 100 bis 350 mm, Tiefe 40 bis 150 mm. Heizleistungen siehe Bild 233-51 und Tafel 233-9. Überschlagswert für die Wärmeabgabe einfacher Sockelheizkörper bei 80 °C mittl. Wassertemperatur etwa 450···800 W/m. Häufig Knackgeräusche bei wechselnder Heizwassertemperatur.

**Tafel 233-9. Wärmeabgabe der Sockelheizkörper Bild 233-49**
Lufttemperatur 20 °C, Wassergeschwindigkeit 0,65 m/s

| | Mittlere Wassertemperatur in °C | | | | |
|---|---|---|---|---|---|
| | 60 | 70 | 80 | 90 | 100 |
| Wärmeabgabe W/m | 326 | 419 | 529 | 628 | 750 |

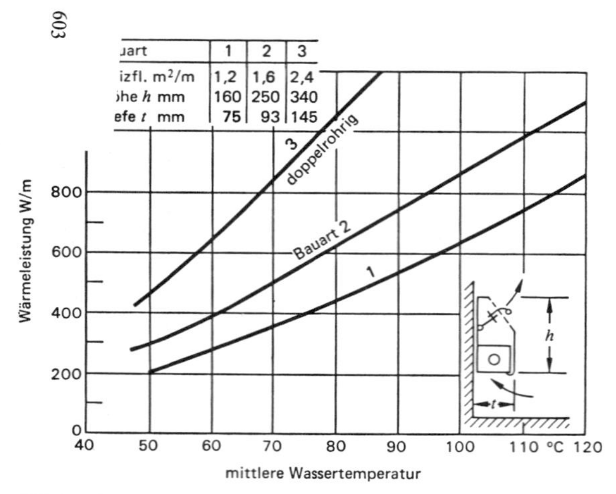


Bild 233-51. Wärmeabgabe von Sockelheizkörpern nach Bild 233-48 bei 20 °C Raumtemperatur (Zorn, München).

## -73 Montage

Verbindung der einzelnen Stöße durch Fittings. Vor Verlegung der Heizkörper Rückwand möglichst isolieren. Ausdehnung der Rohre beachten. Rohre müssen sich bequem ausdehnen können (freie Aufhängung, Kompensatoren, Bogen in den Raumecken). Zwischen Wand und Gehäuse Dichtung anbringen, damit keine *Schmutzfahnen* entstehen. Für Umlenkungen Wellrohre (Flex-Rohre) günstig.

## -8 UMRECHNUNG VON HEIZKÖRPERLEISTUNGEN[1])

Die Leistung $\dot{q}$ von Heizkörpern ändert sich gegenüber der Normleistung $q_N$ mit dem mittleren logarithmischen Temperaturunterschied $\Delta t$ zwischen Heizmittel und Raumluft nach der Gleichung

$$\frac{\dot{q}}{\dot{q}_N} = \left(\frac{\Delta t}{\Delta t_N}\right)^m \qquad \Delta t_N = 60\ K$$

Der Faktor $m$ ist dabei unterschiedlich und beträgt etwa:

| | |
|---|---|
| bei Radiatoren | $m = 1{,}30$ |
| bei Rohren | $m = 1{,}25$ |
| bei Rippenrohren | $m = 1{,}25$ |
| bei Plattenheizkörpern | $m = 1{,}20 \cdots 1{,}30$ |
| bei Konvektoren | $m = 1{,}25 \cdots 1{,}45$ |
| bei Fußbodenheizungen | $m \approx 1{,}1.$ |

Der Faktor $m$ ändert sich auch mit der Anschlußart und dem Heizmittelstrom.

Je größer der Strahlungsanteil, desto geringer ist $m$. Siehe auch Bild 233-34.

Die mit steigenden Energiepreisen mehr und mehr zum Einsatz kommenden neuen Heizsysteme, wie Wärmepumpen, bivalente Systeme, Solarheizung u. a., erfordern eine Verringerung der Heizmitteltemperaturen auf maximal 55···60 °C. Man spricht dann von *Niedertemperaturheizung*, wozu auch die Fußbodenheizung gehört. Die geringen Temperaturen sind jedoch mit allen Warmwasser-Heizungssystemen bei geeigneter

[1]) Dieterle, R.: HLH 2/83. S. 43/6.
Renndorfer, H.: HLH 1/86. S. 23/7.

Auswahl der Heizkörper erreichbar. Gleichzeitig wird mit der Temperaturabsenkung auch Heizenergie eingespart und ein günstiges Temperaturprofil im Raum erreicht.[1])

Der für Radiatoren, Plattenheizkörper und einlagige Konvektoren gültige Umrechnungsfaktor $f_1$ für geringe Übertemperaturen $\Delta t$ ist in Tafel 233-10 angegeben. Raumtemperatur $t_i = 20\,°C$ (siehe auch Tafel 233-6).

**Tafel 233-10. Umrechnungsfaktor $f_1 = (\Delta t/60)^{1,3}$ für verschiedene Übertemperaturen $\Delta t$ (Exponent $m = 1{,}3$)** $\dot{q} = f_1 \cdot \dot{q}_N$

| $\Delta t$ K | 0 | 1 | 2 | 3 | 4 | 5 | 6 | 7 | 8 | 9 |
|---|---|---|---|---|---|---|---|---|---|---|
| 0 | 0 | 0,005 | 0,01 | 0,02 | 0,030 | 0,04 | 0,05 | 0,06 | 0,07 | 0,09 |
| 10 | 0,10 | 0,11 | 0,12 | 0,14 | 0,15 | 0,16 | 0,18 | 0,19 | 0,21 | 0,22 |
| 20 | 0,24 | 0,26 | 0,27 | 0,29 | 0,30 | 0,32 | 0,34 | 0,35 | 0,37 | 0,39 |
| 30 | 0,41 | 0,42 | 0,44 | 0,46 | 0,48 | 0,50 | 0,51 | 0,53 | 0,55 | 0,57 |
| 40 | 0,59 | 0,61 | 0,63 | 0,65 | 0,67 | 0,69 | 0,71 | 0,73 | 0,75 | 0,77 |
| 50 | 0,79 | 0,81 | 0,83 | 0,85 | 0,87 | 0,89 | 0,91 | 0,94 | 0,96 | 0,98 |
| 60 | 1,00 | 1,02 | 1,04 | 1,07 | 1,09 | 1,11 | 1,13 | 1,15 | 1,18 | 1,20 |

*Beispiel:*

Ein für 90/70 °C berechneter Radiator hat bei 60/50 °C eine Heizleistung von $\dot{q} = f_1 \cdot \dot{q}_n = 0{,}5\ \dot{q}_n$. Er muß also doppelt so groß ausgeführt werden als bei 90/70 °C.

Tafel 233-11 enthält den Faktor $f_2$ für größere Temperaturspreizungen.

**Tafel 233-11. Berichtigungsfaktor $f_2$ bei großen Temperaturspreizungen** (s. auch Bild 233-22)

$$c = \frac{t_r - t_i}{t_v - t_i} \qquad \dot{q} = f_1 \cdot f_2 \cdot q_N$$

| c | 0,00 | 0,01 | 0,02 | 0,03 | 0,04 | 0,05 | 0,06 | 0,07 | 0,08 | 0,09 |
|---|---|---|---|---|---|---|---|---|---|---|
| 0,1 | 0,65 | 0,67 | 0,69 | 0,70 | 0,73 | 0,74 | 0,75 | 0,77 | 0,77 | 0,78 |
| 0,2 | 0,79 | 0,80 | 0,81 | 0,82 | 0,83 | 0,84 | 0,85 | 0,85 | 0,86 | 0,87 |
| 0,3 | 0,88 | 0,88 | 0,89 | 0,89 | 0,90 | 0,90 | 0,91 | 0,91 | 0,92 | 0,92 |
| 0,4 | 0,93 | 0,93 | 0,94 | 0,94 | 0,94 | 0,95 | 0,95 | 0,95 | 0,96 | 0,96 |
| 0,5 | 0,96 | 0,96 | 0,97 | 0,97 | 0,97 | 0,97 | 0,98 | 0,98 | 0,98 | 0,98 |
| 0,6 | 0,98 | 0,99 | 0,99 | 0,99 | 0,99 | 0,99 | 0,99 | 0,99 | 1,00 | 1,00 |

In vielen Fällen, z. B. beim Anschluß an eine Fernheizung, ändern sich sowohl die Temperaturen wie die Heizmittelströme. Der Zusammenhang zwischen den verschiedenen veränderlichen Größen läßt sich aus dem Diagramm 233-55 entnehmen, das sich allerdings nur auf den Exponenten $m = 1{,}30$ bezieht[2]).

*Beispiel 1*

Eine Heizungsanlage mit den Temperaturen 90/70 – 20 °C soll an eine Fernheizung mit $t_v = 120\,°C$ angeschlossen werden, ohne daß sich die Leistung ändert. Wie groß werden die Rücklauftemperaturen $t_R$ und der Mengenstrom?

Aus Diagramm 233-55:

$t_v - t_i = 120 - 20 = 100$ K
$t_R - t_i = 32$ K
$t_R = 32 + 20 = 52\,°C$
Mengenstrom $m/m_N = 0{,}3$.

---

[1]) Schmitz, H.: HLH 12/78. S. 451/8.
Hesslinger, S.: Oel + Gasfg. 10/80. 6 S.
Läge, F. K.: Wärmetechnik 5/81. S. 282. 5 S.
Adunka, F.: Ges.-Ing. 5/83. S. 230/6.

[2]) Bukau, F., und G. Bannach: HR 10/74. S. 220/30.

*Beispiel 2*

Der Heizmittelstrom mit $t_v = 90\,°C$ wird in einem Heizkörper auf 50% reduziert. Wie ändern sich die Heizleistung und die Rücklauftemperatur $t_R$?

$t_v - t_i = 90 - 20 = 70$ K = konstant
$t_R - t_i = 37$ K
$t_R = 37 + 20 = 57\,°C$
Heizleistung $\dot{q}/\dot{q}_N = 0{,}83$.

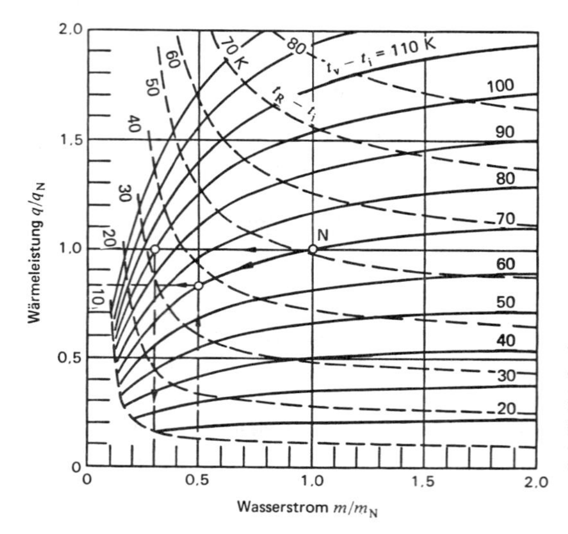


Bild 233-55. Betriebsdiagramm für Heizkörper. Normleistung $N$ bei 90/70 °C Heizmitteltemperaturen und Raumtemperatur $t_i = 20\,°C$. Exponent $m = 1{,}30$. Wechsel- oder gleichseitiger Anschluß.

# 234 Rohrleitungen

## -1 STAHLROHRE

### -11 Abmessungen, Normen

In der Heizungstechnik werden zur Fortleitung von Wasser und Dampf hauptsächlich *Flußstahlrohre* verwendet, in geringerem Umfang, namentlich für kleine Anlagen, auch *Kupferrohre* und in Fußbodenheizflächen *Kunststoffrohre*. Die Stahlrohre sind genormt. Grundlage der Normung sind die Begriffe Nennweite, Nenndruck und Betriebsdruck (DIN 2402 – 2.76).

*Stahlsorten:* St 00 – ohne besondere Gütevorschriften
St 33 – mit 330 N/mm² Zugfestigkeit u. a.

Der Begriff *Nennweite* (früher NW, jetzt DN) kennzeichnet die zueinander passenden Einzelteile einer Rohrleitung (Flansche, Verschraubungen usw.), gleichgültig, ob sie nach dem Zoll- oder metrischen System benannt werden. Da die Außendurchmesser der Rohre festliegen, die Wanddicken bei den verschiedenen Rohrarten jedoch verschieden sind, entsprechen die Nennweiten nur angenähert den lichten Rohrweiten. Abgekürzte Bezeichnung: Nennweite 250 = DN 250 (Tafel 234-1).

Der *Nenndruck PN* ist derjenige Druck, für den Rohrleitungen, Armaturen, Flansche, Formstücke usw. ausgelegt sind. Die Nenndrücke sind nach Normzahlen gestuft (DIN 2401 – Teil 1 – 5.77):

1, 1,6, 2,5, 4, 6, 10, 16, 25, 40, 63, 100, 160 ··· bar.

Für die Anwendung maßgebend ist der *Betriebsdruck*. Der für ein Rohrleitungsteil zulässige Betriebsdruck richtet sich nach Werkstoff und Temperatur. Bei 20 °C ist Betriebsdruck = Nenndruck. Bei höheren Temperaturen ist der zulässige Betriebsdruck je nach Werkstoff mehr oder weniger geringer, wobei die Abhängigkeit besonderen Normen zu entnehmen ist. Z. B. gilt für Eisenwerkstoff nach DIN 2401, T. 2 (1.66, inzwischen zurückgezogen) Tafel 234-2.

*Prüfdruck* (früher Probedruck) ist der vom Hersteller zur Prüfung anzuwendende Druck, meist gleich 1,5facher Nenndruck.

Für Heizungsanlagen werden hauptsächlich verwendet:

*Mittelschwere Gewinderohre* nach DIN 2440 – 6.78 (Tafel 234-5), hauptsächlich von 3/8″ bis 1″.

*Schwere Gewinderohre* nach DIN 2441 – 6.78 (Tafel 234-5), hauptsächlich für hohe Drücke.

*Nahtlose Rohre* nach DIN 2448 – 2.81 (Tafel 234-8), hauptsächlich von NW 40 bis NW 300. Auswahl daraus in DIN 2449.

*Geschweißte Rohre* nach DIN 2458 – 2.81 (Tafel 234-10), hauptsächlich für Rohre großen Durchmessers. Siehe auch ISO 4200 (2.81).

**Tafel 234-1. Nennweiten (nach DIN 2402 – 2.76)**

| DN | DN | DN | DN | DN | DN |
|---|---|---|---|---|---|
| 3 | 12 | 40 | 150 | 450 | 1000 |
| 4 | 15 | 50 | 200 | 500 | 1200 |
| 5 | 16 | 65 | 250 | 600 | 1400 |
| 6 | 20 | 80 | 300 | 700 | 1600 |
| 8 | 25 | 100 | 350 | 800 | 1800 |
| 10 | 32 | 125 | 400 | 900 | 2000 |

**Tafel 234-2. Zulässige Betriebsdrücke für Rohrleitungsteile aus Stahl**
Auswahl aus DIN 2401 Teil 2

| Nenndruck PN | Stahlrohre nach DIN 2448 | Zulässiger Betriebsdruck PB in bar bei ... °C | | | | |
|---|---|---|---|---|---|---|
| | | 20 | 200 | 250 | 300 | 350 |
| 1 | St 00 | 1 | – | – | – | – |
| 2,5 | St 00 | 2,5 | – | – | – | – |
| 6 | St 35 | 6 | 5 | 4,5 | 3,6 | – |
| 10 | St 35 | 10 | 8 | 7 | 6 | – |
| 16 | St 35 | 16 | 13 | 11 | 10 | – |
| | St 35.8 | 16 | 14 | 13 | 11 | 10 |
| 25 | St 35 | 25 | 20 | 18 | 15 | – |
| | St 35.8 | 25 | 22 | 20 | 17 | 16 |
| | 15 Mo 3 | – | – | 25 | 22 | 20 |

**Tafel 234-3. Übersichtstafel für gußeiserne Rohre (nach DIN 2410, Teil 2 – 2.77)**

| Rohrart | Verbindung nach | Lieferbedingungen nach | Maße nach | Nenndruck Wasser | Nenndruck Gas*) | Nennweiten DN |
|---|---|---|---|---|---|---|
| Schraubmuffen | DIN 28601 | DIN 28600 | DIN 28610 | bis 25<br>32<br>40 | bis 1 | 80 bis 400<br>80 bis 300<br>80 bis 150 |
| Flansche angegossen | DIN 28604/7 | DIN 28600 | DIN 28614 | 16<br>25<br>40 | bis 1 | 80 bis 1200<br>80 bis 600<br>80 bis 300 |
| Flansche nicht angegossen | DIN 28604/7 | DIN 28600 | DIN 28615 | 25<br>40 | bis 1 | 80 bis 600<br>80 bis 300 |

*) Für Drücke bis 16 bar gilt zusätzlich das DVGW-Arbeitsblatt G 461 T. 2 (11. 81).

**Tafel 234-4. Übersichtstafel für Stahlrohre (nach DIN 2410 Teil 1 – Jan. 1968)**

| Rohrart Benennung | | Maße | Technische Lieferbedingungen | Werkstoff | Nenndruckbereich bar | | Außendurchmesserbereich mm |
|---|---|---|---|---|---|---|---|
| Nahtlose Präzisionsstahlrohre | | DIN 2391 Teil 1 | DIN 2391 Teil 2 | Stahl nach DIN 2391 | alle Drücke | | 4 bis 120 |
| Geschweißte Präzisionsstahlrohre mit besonderer Maßgenauigkeit | | DIN 2393 Teil 1 | DIN 2393 Teil 2 | Stahl nach DIN 2393 | alle Drücke | | 4 bis 120 |
| Geschweißte Präzisionsstahlrohre, einmal kaltgezogen | | DIN 2394 Teil 1 | DIN 2394 Teil 2 | Stahl nach DIN 2394 | bis 100 | | 6 bis 120 |
| Gewinderohre | mittelschwer | DIN 2440 | DIN 2440 | St 33 | bis 25 | | 10,2 bis 165,1 (NW 1/8″ bis 6″) |
| | schwer | DIN 2441 | DIN 2441 | St 33 | bis 25 | | 10,2 bis 165,1 (NW 1/8″ bis 6″) |
| | mit Gütevorschrift | DIN 2442 | DIN 1629 DIN 1626 | St 35 St 37-2 | bis 100 | | 10,2 bis 165,1 (NW 1/8″ bis 6″) |
| Nahtlose Stahlrohre | | DIN 2448 | DIN 1629 Teil 1 bis 4 | Stahl nach DIN 1629 | alle Drücke | | 10,2 bis 558,8 |
| | | DIN 2449 | | St 00 | bis 25 | | 10,2 bis 508 |
| | | DIN 2450 | | St 35 | bis 100 | | 10,2 bis 508 |
| | | DIN 2451 | | St 45 | bis 100 | | 10,2 bis 508 |
| | | DIN 2456 | | St 55 | bis 100 | | 10,2 bis 508 |
| | | DIN 2457 | | St 52 | bis 100 | | 10,2 bis 508 |
| Geschweißte Stahlrohre | | DIN 2458 | DIN 1626 Teil 1 bis 4 | Stahl nach DIN 1626 | alle Drücke | | 10,2 bis 1016 |
| Stahlrohre für Gas- und Wasserleitungen | | DIN 2460 | DIN 1629 Teil 1 bis 3 | St 00 | Gas bis 1 | Wasser bis 25 | 60,3 bis 508 (NW 50 bis 500) |
| | | | | St 35 | bis 100 | bis 64 | |
| | | DIN 2461 | DIN 1626 Teil 1 bis 3 | St 33 | bis 1 | bis 20 | 60,3 bis 2020 (NW 50 bis 2000) |
| | | | | St 37-2 | bis 80 | bis 64 | |
| Stahlrohre für Fernleitungen für brennbare Flüssigkeiten u. Gase | | DIN 17172 | DIN 17172 | Stahl nach DIN 17172 | alle Drücke | | über 100 |

**Tafel 234-5. Technische Daten von Gewinderohren**

| DN Nennweite | Rohr-gewinde Zoll | Mittelschwere Gewinderohre DIN 2440 | | | | | Schwere Gewinderohre DIN 2441 | | | | |
|---|---|---|---|---|---|---|---|---|---|---|---|
| | | Außen-durchm. $d_1$ (mm) | Ober-fläche ($m^2/m$) | Wand-dicke $s$ (mm) | Innen-durchm. $d_2$ (mm) | Lichter Querschn. A in $cm^2$ | Außen-durchm. $d_1$ (mm) | Ober-fläche ($m^2/m$) | Wand-dicke $s$ (mm) | Innen-durchm. $d_2$ (mm) | Lichter Querschn. A in $cm^2$ |
| 6 | ⅛″ | 10,2 | 0,0314 | 2,00 | 6,2 | 0,302 | 10,2 | 0,0314 | 2,65 | 4,9 | 0,189 |
| 8 | ¼″ | 13,5 | 0,0424 | 2,35 | 10,8 | 0,916 | 13,5 | 0,0424 | 2,9 | 7,7 | 0,466 |
| 10 | ⅜″ | 17,2 | 0,0540 | 2,35 | 14,5 | 1,651 | 17,2 | 0,0540 | 2,9 | 11,4 | 1,021 |
| 15 | ½″ | 21,3 | 0,0669 | 2,65 | 16,0 | 2,010 | 21,3 | 0,0669 | 3,25 | 14,8 | 1,723 |
| 20 | ¾″ | 26,9 | 0,0845 | 2,65 | 21,6 | 3,663 | 26,9 | 0,0845 | 3,25 | 20,4 | 3,269 |
| 25 | 1″ | 33,7 | 0,1058 | 3,25 | 27,2 | 5,808 | 33,5 | 0,1058 | 4,05 | 25,6 | 5,147 |
| 32 | 1¼″ | 42,4 | 0,1331 | 3,25 | 35,9 | 10,117 | 42,4 | 0,1331 | 4,05 | 34,3 | 9,240 |
| 40 | 1½″ | 48,3 | 0,1517 | 3,25 | 41,8 | 13,716 | 48,3 | 0,1517 | 4,05 | 40,2 | 12,69 |
| 50 | 2″ | 60,3 | 0,1893 | 3,65 | 53,0 | 22,050 | 60,3 | 0,1893 | 4,5 | 51,3 | 20,75 |
| 65 | 2½″ | 76,1 | 0,2390 | 3,65 | 68,8 | 37,160 | 76,1 | 0,2390 | 4,5 | 67,1 | 35,36 |
| 80 | 3″ | 88,9 | 0,2791 | 4,05 | 80,8 | 51,25 | 88,9 | 0,2791 | 4,85 | 79,2 | 49,27 |
| 100 | 4″ | 114,3 | 0,3589 | 4,50 | 105,3 | 87,04 | 114,3 | 0,3589 | 5,4 | 103,5 | 84,09 |
| 125 | 5″ | 139,7 | 0,4387 | 4,85 | 130,0 | 132,67 | 139,7 | 0,4387 | 5,4 | 128,9 | 130,43 |
| 150 | 6″ | 165,1 | 0,5184 | 4,85 | 155,4 | 189,60 | 165,1 | 0,5148 | 5,4 | 154,3 | 186,90 |

Bezeichnung eines mittelschweren Gewinderohres für Nennweite 40 für Rohrgewinde R 1½ nahtlos, verzinkt (B) in Herstellungslängen: Gewinderohr DN 40, DIN 2440 – nahtlos B.

**Tafel 234-8. Nahtlose Stahlrohre nach DIN 2448 (2.81)**

| Nennweite DN | Außendurchmesser $d_1$ | | Wanddicke $s$ | Innendurchmesser $d_2$ | Lichter Querschnitt $F$ | Masse $G$ | Rohrgewinde |
|---|---|---|---|---|---|---|---|
| mm | mm | Zoll | mm | mm | cm² | kg/m | |
| 6 | 10,2 | 13/32 | 1,6 | 7,0 | 0,385 | 0,344 | R 1/8″ |
| 8 | 13,5 | 17/32 | 1,8 | 9,9 | 0,770 | 0,522 | R 1/4″ |
| 10 | 16 | 5/8 | 1,8 | 12,4 | 1,207 | 0,632 | – |
| – | 17,2 | 11/16 | 1,8 | 13,6 | 1,453 | 0,688 | R 3/8″ |
| 15 | 20 | 25/32 | 2,0 | 16,0 | 2,011 | 0,890 | – |
| – | 21,3 | 27/32 | 2,0 | 17,3 | 2,351 | 0,962 | R 1/2″ |
| 20 | 25 | – | 2,0 | 21,0 | 3,464 | 1,13 | – |
| – | 26,9 | 1 1/16 | 2,3 | 22,3 | 3,906 | 1,41 | R 3/4″ |
| 25 | 30 | 1 3/16 | 2,6 | 24,8 | 4,831 | 1,77 | – |
| – | 31,8 | 1 1/4 | 2,6 | 26,6 | 5,557 | 1,88 | – |
| – | 33,7 | 1 11/32 | 2,6 | 28,5 | 6,379 | 2,01 | R 1″ |
| 32 | 38 | 1 1/2 | 2,6 | 32,8 | 8,450 | 2,29 | – |
| – | 42,4 | 1 11/16 | 2,6 | 37,2 | 10,87 | 2,57 | R 1 1/4″ |
| – | 44,5 | 1 3/4 | 2,6 | 39,3 | 12,13 | 2,70 | – |
| 40 | 48,3 | 1 29/32 | 2,6 | 43,1 | 14,59 | 2,95 | R 1 1/2″ |
| – | 51 | 2 | 2,6 | 45,8 | 16,47 | 3,12 | – |
| 50 | 57 | 2 1/4 | 2,9 | 51,2 | 20,59 | 3,90 | – |
| – | 60,3 | 2 3/8 | 2,9 | 54,5 | 23,33 | 4,14 | R 2″ |
| – | 63,5 | 2 1/2 | 2,9 | 57,7 | 26,15 | 4,36 | – |
| 65 | 70 | 2 3/4 | 2,9 | 64,2 | 32,37 | 4,83 | – |
| – | 76,1 | 3 | 2,9 | 70,3 | 38,82 | 5,28 | R 2 1/2″ |
| 80 | 82,5 | 3 1/4 | 3,2 | 76,1 | 45,48 | 6,31 | – |
| – | 88,9 | 3 1/2 | 3,2 | 82,5 | 53,46 | 6,81 | R 3″ |
| (90) | 101,6 | 4 | 3,6 | 94,4 | 69,99 | 8,70 | – |
| 100 | 108 | 4 1/4 | 3,6 | 100,8 | 79,80 | 9,33 | – |
| – | 114,3 | 4 1/2 | 3,6 | 107,1 | 90,09 | 9,90 | R 4″ |
| (110) | (121) | 4 3/4 | 4,0 | 113,0 | 100,3 | 11,5 | – |
| – | 127 | 5 | 4,0 | 119,0 | 111,2 | 12,2 | – |
| 125 | 133 | 5 1/4 | 4,0 | 125,0 | 122,7 | 12,8 | – |
| – | 139,7 | 5 1/2 | 4,0 | 131,7 | 136,2 | 13,5 | R 5″ |
| – | 152,4 | 6 | 4,5 | 143,4 | 161,5 | 16,4 | – |
| 150 | 159 | 6 1/4 | 4,5 | 150,0 | 176,7 | 17,1 | – |
| – | 165,1 | 6 1/2 | 4,5 | 156,1 | 191,4 | 17,8 | R 6″ |
| – | 168,3 | 6 5/8 | 4,5 | 159,3 | 199,3 | 18,1 | – |
| – | 177,8 | 7 | 5,0 | 167,8 | 221,1 | 21,3 | – |
| (175) | (191) | 7 1/2 | 5,4 | 180,2 | 255,0 | 24,7 | – |
| – | 193,7 | 7 5/8 | 5,4 | 182,9 | 262,7 | 25,0 | – |
| 200 | (216) | 8 1/2 | 6,0 | 204,0 | 326,9 | 31,1 | – |
| – | 219,1 | 8 5/8 | 5,9 | 207,3 | 337,5 | 31,0 | – |
| (225) | 244,5 | 9 5/8 | 6,3 | 231,9 | 422,4 | 37,1 | – |
| 250 | 267 | 10 1/2 | 6,3 | 254,4 | 508,3 | 40,6 | – |
| – | 273 | 10 3/4 | 6,3 | 260,4 | 532,6 | 41,6 | – |
| (275) | 298,5 | 11 3/4 | 7,1 | 284,3 | 634,8 | 51,1 | – |
| 300 | (318) | 12 1/2 | 7,5 | 303,3 | 721,1 | 57,4 | – |
| – | 323,9 | 12 3/4 | 7,1 | 309,7 | 753,3 | 55,6 | – |

Bezeichnung z. B.: Rohr 57 × 2,9 DIN 2448 – St 35

*Herstellung* der Rohre:

Rohre mit Längsnaht (stumpfgeschweißt, wassergas-, elektrogeschweißt),
Rohre ohne Längsnaht (nahtlose Rohre),

Übersicht der Rohre siehe Tafel 234-3 und -4.

Von den in der Übersichtstafel 234-4 enthaltenen Rohren sind für die Heizungstechnik am wichtigsten die mittelschweren *Gewinderohre* (Gasrohre) nach DIN 2440, die schweren *Gewinderohre* (Dampfrohre) nach DIN 2441 und die glatten *nahtlosen Rohre* nach DIN 2449 (Siederohre), für große Durchmesser ferner geschweißte Rohre nach DIN 2458. Gewöhnlich werden für die kleinen Rohrweiten bis etwa DN 40 Gewinderohre verwendet, bei großen Rohrweiten die glatten Rohre (Tafel 234-5 bis -11).

Verbindung erfolgt hauptsächlich durch Schweißen. Lösbare Verbindung mit Gewinde oder Flansch an Geräten wie Kessel, Pumpe, Ventil usw.

Handelsübliche Lieferung:

Gewinderohre nahtlos von DN 6 bis 150, stumpf geschweißt von DN 6 bis 50; schwarz (A) oder verzinkt (B), in Rohrlängen von 4 bis 8 m mit Gewinden an beiden Enden nach DIN 2999 Teil 1 bis 6 sowie mit einer aufgeschraubten Muffe oder ohne Gewinde und ohne Muffe.

**Tafel 234-9. Nahtlose Stahlrohre aus St 35 nach DIN 2450 (Auszug) 4.64**

| Nennweite | Rohr-Außendurchmesser | Maximale Betriebsüberdrücke in bar | | | | | | | |
|---|---|---|---|---|---|---|---|---|---|
| | | 40 ohne Abnahme | | 64 ohne Abnahme | | 80 mit Abnahme | | 100 mit Abnahme | |
| | | Wanddicke | Masse | Wanddicke | Masse | Wanddicke | Masse | Wanddicke | Masse |
| DN | mm | mm | kg/m | mm | kg/m | mm | kg/m | mm | kg/m |
| 50 | 57 | | | 2,9 | 3,90 | | | 2,9 | 3,90 |
| | 60,3 | | | 2,9 | 4,14 | | | 2,9 | 4,14 |
| 65 | 76,1 | | | 2,9 | 5,28 | 2,9 | 5,28 | 3,6 | 6,49 |
| 80 | 88,9 | | | 3,2 | 6,81 | 3,6 | 7,63 | 4 | 8,43 |
| 100 | 108 | 3,6 | 9,33 | 3,6 | 9,33 | 4 | 10,3 | 5 | 12,7 |
| | 114,3 | 3,6 | 9,90 | 4 | 11,0 | 4 | 11,0 | 5 | 13,5 |
| 125 | 133 | 4 | 12,8 | 4,5 | 14,2 | 5 | 15,8 | 6,3 | 19,8 |
| | 139,7 | 4 | 13,5 | 5 | 16,6 | 5 | 16,6 | 6,3 | 20,8 |
| 150 | 159 | 4,5 | 17,1 | 5,6 | 21,1 | 5,6 | 21,1 | 7,1 | 26,6 |
| | 168,3 | 4,5 | 18,1 | 5,6 | 22,4 | 6,3 | 25,3 | 7,1 | 28,3 |
| (175) | (191) | 5,4 | 24,7 | 6,3 | 28,7 | 7,1 | 32,2 | 8,8 | 39,5 |
| | 193,7 | 5,4 | 25,0 | 6,3 | 29,2 | 7,1 | 32,8 | 8,8 | 40,0 |
| 200 | 216 | 6 | 31,1 | 7,1 | 36,6 | 8 | 41,0 | 10 | 50,8 |
| | 219,1 | 5,9 | 31,0 | 7,1 | 37,2 | 8 | 41,5 | 10 | 51,6 |
| 250 | 267 | 6,3 | 40,6 | 8,8 | 55,8 | 10 | 63,4 | 11 | 69,7 |
| | 273 | 6,3 | 41,6 | 8,8 | 57 | 10 | 64,9 | 12,5 | 80,9 |
| 300 | 318 | 7,5 | 57,4 | 11 | 83,3 | 11 | 83,3 | 14,2 | 106 |
| | 323,9 | 7,1 | 55,6 | 11 | 85,3 | 11 | 85,3 | 14,2 | 109 |
| 350 | 355,6 | 8 | 68,3 | 12,5 | 107 | 12,5 | 107 | 16 | 133 |
| | 368 | 8 | 70,8 | 12,5 | 110 | 12,5 | 110 | 16 | 138 |
| 400 | 406,4 | 8,8 | 85,9 | 14,2 | 138 | 14,2 | 138 | 17,5 | 168 |
| | 419 | 10 | 101 | 14,2 | 142 | 14,2 | 142 | 17,5 | 173 |
| 500 | 508 | 11 | 135 | 16 | 193 | 17,5 | 211 | 22,2 | 266 |
| | 521 | 11,5 | 144 | 17,5 | 217 | 17,5 | 217 | 22,2 | 273 |

Bezeichnung eines nahtlosen Stahlrohres z. B.: Rohr 88,9×4 DIN 2448–St 35 mit Abnahme.

**Tafel 234-10. Geschweißte Stahlrohre nach DIN 2458 (Auszug) 2.81**

| Außen-durch-messer | Normal-wanddicke | | Masse | Außen-durch-messer | Normal-wanddicke | | Masse |
|---|---|---|---|---|---|---|---|
| mm | mm | Zoll | kg/m | mm | mm | Zoll | kg/m |
| 51 | 2,3 | 0,092 | 2,78 | 219,1 | 4,5 | 0,176 | 23,7 |
| 57 | 2,3 | 0,092 | 3,13 | 244,5 | 5 | 0,192 | 29,5 |
| 60,3 | 2,3 | 0,092 | 3,31 | 267 | 5 | 0,192 | 32,3 |
| 63,5 | 2,3 | 0,092 | 3,50 | 273 | 5 | 0,192 | 33,0 |
| 70 | 2,6 | 0,104 | 4,35 | 298,5 | 5,6 | 0,219 | 40,3 |
| 76,1 | 2,6 | 0,104 | 4,75 | 323,9 | 5,6 | 0,219 | 43,8 |
| 82,5 | 2,6 | 0,104 | 5,16 | 355,6 | 5,6 | 0,219 | 48,2 |
| 88,9 | 2,9 | 0,116 | 6,20 | 368 | 5,6 | 0,219 | 49,9 |
| 101,6 | 2,9 | 0,116 | 7,11 | 406,4 | 6,3 | 1/4 | 62,4 |
| 108 | 2,9 | 0,116 | 7,57 | 419 | 6,3 | 1/4 | 64,3 |
| 114,3 | 3,2 | 0,128 | 8,83 | 457,2 | 6,3 | 1/4 | 70,3 |
| 127 | 3,2 | 0,128 | 9,84 | 508 | 6,3 | 1/4 | 78,2 |
| 133 | 3,6 | 0,144 | 11,6 | 558,8 | 6,3 | 1/4 | 86,1 |
| 139,7 | 3,6 | 0,144 | 12,2 | 609,6 | 6,3 | 1/4 | 94,1 |
| 152,4 | 4 | 0,160 | 14,7 | 660,4 | 7,1 | 9/32 | 115 |
| 159 | 4 | 0,160 | 15,4 | 711,2 | 7,1 | 9/32 | 124 |
| 165,1 | 4 | 0,160 | 16,0 | 762 | 8 | 5/16 | 148 |
| 168,3 | 4 | 0,160 | 16,3 | 812,8 | 8 | 5/16 | 158 |
| 177,8 | 4,5 | 0,176 | 19,2 | 863,6 | 8,8 | 11/32 | 185 |
| 193,7 | 4,5 | 0,176 | 20,9 | 914,4 | 10 | – | 223 |

Glatte Rohre, nahtlos von DN 4 bis 550, in wechselnden Herstellungslängen.

In zunehmendem Maße werden auch dünnwandige biegsame *Präzisionsstahlrohre* für geschlossene Heizungen verwendet, besonders für Einfamilienhäuser und Altbauwohnungen. Sie müssen durch eine Umhüllung außen korrosionsgeschützt sein. Wandstärke 10×1,2 bis 35×1,5 mm. Lieferung auch in Ringform mit Isolierung aus Kunststoff (DIN 2391, 2393, 2394).

*Sinnbilder* für Rohrleitungen in DIN 2429 (E. 8. 82) siehe Tafel 215-1, Kennfarben für Heizungsrohrleitungen in DIN 2404 (12.42).

| | | |
|---|---|---|
| Warmwasser | Verlauf | ··· zinnoberrot |
| | Rücklauf | ··· kobaltblau |
| Brauchwasser | Zuleitung | ··· karminrot |
| | Umlauf | ··· violett |
| Kaltwasser | | ··· hellblau |

## -12 Rohrverbindungen für Stahlrohre

### -121 Formstücke (Fittings, Verbindungsstücke)

Zur Verbindung von Gewinderohren werden *Formstücke* verwendet: Muffen, Bögen, Verschraubungen, T-Stücke usw. Sie bestehen zum größten Teil aus Temperguß, in geringem Umfang auch aus Stahl sowie Messing und Bronze. Die Zahl der Fittingsformen ist außerordentlich groß; es gibt mehrere tausend Modelle. Eine einheitliche Bezeichnung der verschiedenen Formen hat sich bisher noch nicht eingeführt, so daß gegenwärtig mehrere Bezeichnungssysteme nebeneinander laufen. Die Tempergußfittings sind in den DIN 2950, die Stahlfittings in den DIN 2606 bis 2619 und 2980 bis 2993 genormt. Dichtung durch Werg (Hanf) und Mennige oder Mangankitt (Manganesit, Fermit u. a.) oder Gewindeband aus Kunststoff.

*Whitworth-Rohrgewinde* nach DIN 2999 umfassen zylindrische Innen- und kegelige Außengewinde.

Für *Präzisionsstahlrohre* verwendet man oft Preßfittings mit eingelegtem Dichtring wobei der Druck durch eine hydraulische Preßzange erzeugt wird (Bild 234-3). Außerdem auch Klemm- und Schneidringverbindungen wie bei Kupferleitungen.

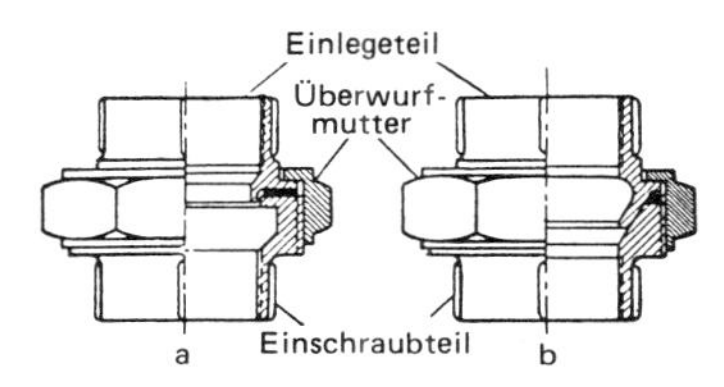


Bild 234-1. Verschraubungen.
*a* flache Dichtung, *b* konische Dichtung

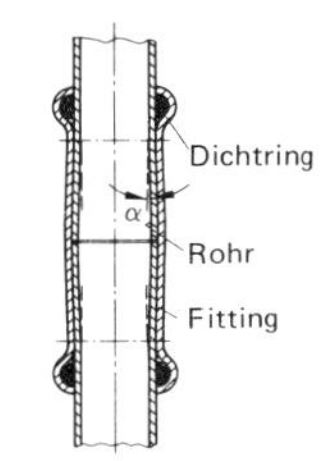


Bild 234-3. Preßfitting.

**-122 Flansche**

Flansche werden sowohl bei Gewinderohren wie bei glatten Rohren verwendet. Bei *Gewinderohren* werden die Flansche auf das Rohr aufgeschraubt. Bei *glatten Rohren* werden hauptsächlich Walzflansche, Vorschweißflansche oder lose Flansche mit Bund am Rohr verwendet. Die Flansche sind rund oder oval, mit oder ohne Ansatz lieferbar. Abmessungen genormt in DIN 2500 bis 2673. Hauptabmessungen runder Flansche siehe Tafel 234-11.

*Dichtungsmaterial* bei Dampfleitungen:

Klingerit, Fiber und ähnliche Fasererzeugnisse, bei hohen Drücken, metallische Dichtungsringe aus Kupfer, Nickel, Stahl oder Kombinationen aus nichtmetallischen Stoffen mit Metallarmierung;

bei Wasserleitungen:

Gummi mit Einlage.

Seit der Einführung des autogenen Schweißens hat sich die Verwendung von Flanschen stark vermindert.

**-123 Schweißverbindungen**

Verbindungen von Rohren durch Schweißung sind vorteilhaft, da die Gefahr von Undichtheiten vermieden und der Wärmeschutz verbessert wird. Brandgefahr beachten (UVV 26.0)[1]). Auch Abzweige, Richtungsänderungen und Querschnittsänderungen von Rohrleitungen werden unter Verwendung von Rohrbogen aus nahtlosem Siederohr in allen möglichen Zusammenstellungen hergestellt, so daß in neuzeitlichen Anlagen nur noch an den Armaturen Muffen- und Flanschverbindungen oder Verschraubungen zu finden sind. Bei kleinen Rohrweiten bis etwa DN 40 ist die Verbindung durch Formstücke dann vorzuziehen, wenn bei nicht sorgfältiger Schweißarbeit Verengungen der Rohre und damit Widerstandsvergrößerungen zu befürchten sind.

Hauptschweißarten:

*Autogenschweißen* (A-Schweißen) mit Sauerstoff und Acetylen.
*Lichtbogenschweißen* (E-Schweißen) mit Elektroden,
bei größeren Wandstärken *Schutzgasschweißen*.

In der Heizungstechnik wird hauptsächlich A-Schweißen angewandt.

## -13 Rohrbefestigungen

Bei den Rohrbefestigungen ist zu beachten, daß die unter dem Einfluß der Temperaturänderungen erfolgenden Rohrbewegungen sich frei ausspielen können. Rohre geringer Durchmesser werden in zweiteiligen *Rohrschellen* gelagert, größere Rohre häufig an Rohrpendeln aufgehängt (Bild 234-4 und -5). Bei Durchführungen von Rohren durch Wände oder Decken sind stählerne *Hülsen* oder elastische *Rohrhülsen* zu verwenden, um eine freie Bewegung der Rohre ohne Abplatzen des Putzes von der Wand zu gewährleisten. Häufig nur *Rosetten*.

Für Rohre großer Durchmesser benutzt man Lagerung auf Rollen oder besser Gleitschienen (Bild 234-6 und -7). Die Längsausdehnungen der Rohrleitungen werden bei Heizungen kleinen Umfangs durch Richtungsänderungen der Rohre, bei Leitungen großen Umfangs durch besondere *Ausdehner* aufgenommen (Abschnitt 235-3), die zwischen Festpunkten angeordnet werden. Beispiel eines Festpunktes Bild 234-8 und 223-88. Zur Erleichterung der Rohraufhängung an Decken werden häufig Deckenschie-

[1]) BHKS-Merkblatt: Brandverhütung beim Schweißen, Schneiden, Löten.

**Tafel 234-11. Flanschenabmessungen** (s. auch DIN 2501, T. 1, 2.72)

| DN | Maß | Abmessungen in mm nach den Normen von | | | | | | | | |
|---|---|---|---|---|---|---|---|---|---|---|
| | | PN 6 | PN 10 | PN 16 | PN 25 | PN 40 | PN 64 | PN 100 | PN 160 | PN 250 |
| 6 | D/K<br>Schrauben | 65 40<br>4 × M 10 | 75 50<br>4 × M 10 | | 75 50<br>4 × M 10 | | Keine Flansche genormt | | | |
| 8 | D/K<br>Schrauben | 70 45<br>4 × M 10 | 80 55<br>4 × M 10 | | 80 55<br>4 × M 10 | | | | | |
| 10 | D/K<br>Schrauben | 75 50<br>4 × M 10 | 90 60<br>4 × M 12 | | 90 60<br>4 × M12 | | 100 70<br>4 × M 12 | | 100 70<br>4 × M 12 | 125 85<br>4 × M 16 |
| 15 | D/K<br>Schrauben | 80 55<br>4 × M 10 | 95 65<br>4 × M 12 | | 95 65<br>4 × M 12 | | 105 75<br>4 × M 12 | | 105 75<br>4 × M 12 | 130 90<br>4 × M 16 |
| 20 | D/K<br>Schrauben | 90 65<br>4 × M 10 | 105 75<br>4 × M 12 | | 105 75<br>4 × M 12 | | 130 90<br>4 × M 16 | | – | – |
| 25 | D/K<br>Schrauben | 100 75<br>4 × M 10 | 115 85<br>4 × M 12 | | 115 85<br>4 × M12 | | 140 100<br>4 × M 16 | | 140 100<br>4 × M 16 | 150 105<br>4 × M 20 |
| 32 | D/K<br>Schrauben | 120 90<br>4 × M 12 | 140 100<br>4 × M 16 | | 140 100<br>4 × M 16 | | 155 110<br>4 × M 20 | | – | – |
| 40 | D/K<br>Schrauben | 130 100<br>4 × M 12 | 150 110<br>4 × M 16 | | 150 110<br>4 × M 16 | | 170 125<br>4 × M 20 | | 170 125<br>4 × M 20 | 185 135<br>4 × M 24 |
| 50 | D/K<br>Schrauben | 140 110<br>4 × M 12 | 165 125<br>4 × M 16 | | 165 125<br>4 × M 16 | | 180 135<br>4 × M 20 | 195 145<br>4 × M 24 | | 200 150<br>8 × M 24 |
| 65 | D/K<br>Schrauben | 160 130<br>4 × M 12 | 185 145<br>8 × M 16 | | 185 145<br>8 × M 16 | | 205 160<br>8 × M 20 | 220 170<br>8 × M 24 | | 230 180<br>8 × M 24 |
| 80 | D/K<br>Schrauben | 190 140<br>4 × M 16 | 200 160<br>8 × M 16 | | 200 160<br>8 × M 16 | | 215 170<br>8 × M 20 | 230 180<br>8 × M 24 | | 255 200<br>8 × M 27 |

| 100 | D/K | 210 170 | 220 180 | | 235 190 | | 250 200 | 265 210 | | 300 235 |
|---|---|---|---|---|---|---|---|---|---|---|
| | Schrauben | 4 × M 16 | 8 × M 16 | | 8 × M 20 | | 8 × M 24 | 8 × M 27 | | 8 × M 30 |
| 125 | D/K | 240 200 | 250 210 | | 270 220 | | 295 240 | 315 250 | | 340 275 |
| | Schrauben | 8 × M 16 | 8 × M 16 | | 8 × M 24 | | 8 × M 27 | 8 × M 30 | | 12 × M 30 |
| 150 | D/K | 265 225 | 285 240 | | 300 250 | | 345 280 | 355 290 | | 390 320 |
| | Schrauben | 8 × M 16 | 8 × M 20 | | 8 × M 24 | | 8 × M 30 | 12 × M 30 | | 12 × M 33 |
| (175) | D/K | 295 255 | 315 270 | | 330 280 | 350 295 | 375 310 | 385 320 | 390 320 | 430 355 |
| | Schrauben | 8 × M 16 | 8 × M 20 | | 12 × M 24 | 12 × M 27 | 12 × M 30 | 12 × M 30 | 12 × M 33 | 12 × M 36 |
| 200 | D/K | 320 280 | 340 295 | 340 295 | 360 310 | 375 320 | 415 345 | 430 360 | 430 360 | 485 400 |
| | Schrauben | 8 × M 16 | 8 × M 20 | 12 × M 20 | 12 × M 24 | 12 × M 27 | 12 × M 33 | 12 × M 33 | 12 × M 33 | 12 × M 39 |
| 250 | D/K | 375 335 | 395 350 | 405 355 | 425 370 | 450 385 | 470 400 | 505 430 | 515 430 | 585 490 |
| | Schrauben | 12 × M 16 | 12 × M 20 | 12 × M 24 | 12 × M 27 | 12 × M 30 | 12 × M 33 | 12 × M 36 | 12 × M 39 | 16 × M 45 |
| 300 | D/K | 440 395 | 445 400 | 460 410 | 485 430 | 515 450 | 530 460 | 585 500 | 585 500 | 690 590 |
| | Schrauben | 12 × M 20 | 12 × M 20 | 12 × M 24 | 16 × M 27 | 16 × M 30 | 16 × M 33 | 16 × M 39 | 16 × M 39 | 16 × M 48 |
| 350 | D/K | 490 445 | 505 460 | 520 470 | 555 490 | 580 510 | 600 525 | 655 560 | Keine Flansche genormt | |
| | Schrauben | 12 × M 20 | 16 × M 20 | 16 × M 24 | 16 × M 30 | 16 × M 33 | 12 × M 36 | 16 × M 45 | | |
| 400 | D/K | 540 495 | 565 515 | 580 525 | 620 550 | 660 585 | 670 585 | 715 620 | | |
| | Schrauben | 16 × M 20 | 16 × M 24 | 16 × M 27 | 16 × M 33 | 16 × M 36 | 16 × M 39 | 16 × M 45 | | |

Buchstabenerklärung:

$D$ = Flanschendurchmesser in mm
$K$ = Lochkreisdurchmesser in mm

$d_2$, $\phi K$, $D$

Lochanordnung

| Lochdurchm. $d_2$ mm<br>bei Schraubengröße | 11,5<br>M 10 | 15<br>M 12 | 18<br>M 16 | 22<br>M 20 | 25<br>M 24 | 28<br>M 27 | 32<br>M 30 | 35<br>M 33 | 39<br>M 36 | 42<br>M 39 | 48<br>M 45 |
|---|---|---|---|---|---|---|---|---|---|---|---|

| DIN-Flanschen-Normen | | PN 6 | 10 | 16 | 25 | 40 | 64 | 100 | 160 | 250 |
|---|---|---|---|---|---|---|---|---|---|---|
| Gußeisen-Flanschen | DIN | 2531 | 2532 | 2533 | 2534 | 2535 | | | | |
| Stahlguß-Flanschen | DIN | | | 2543 | 2544 | 2545 | 2546 | 2547 | 2548 | 2549 |

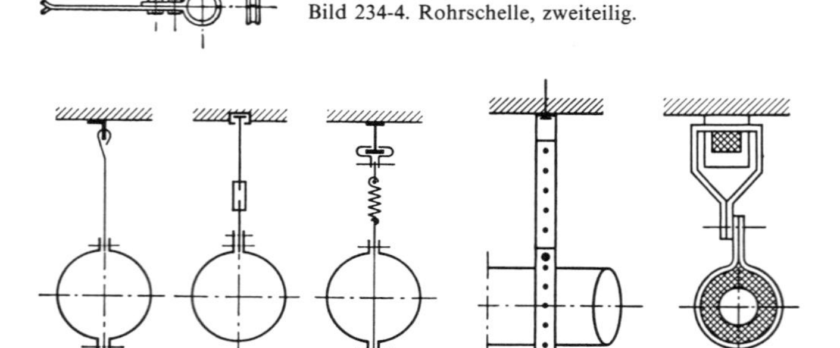


Bild 234-4. Rohrschelle, zweiteilig.

Bild 234-5. Rohraufhängungen:
a) einfache Aufhängung aus Rund- oder Flachstahl, b) mit Spannschloß, c) mit Feder, d) mit Lochband, e) mit Isolierung

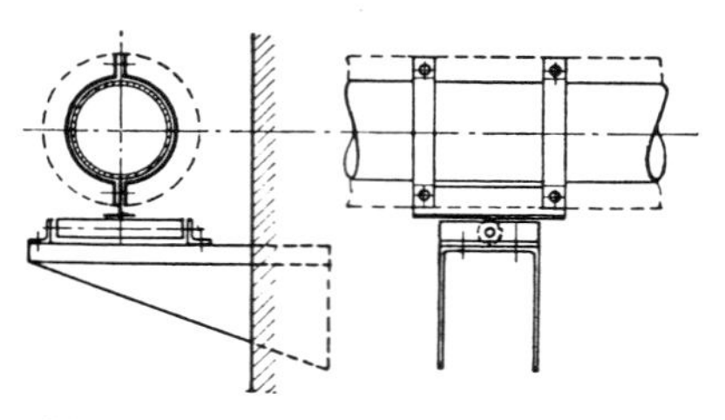

Bild 234-6. Konsol mit Rollenlager.

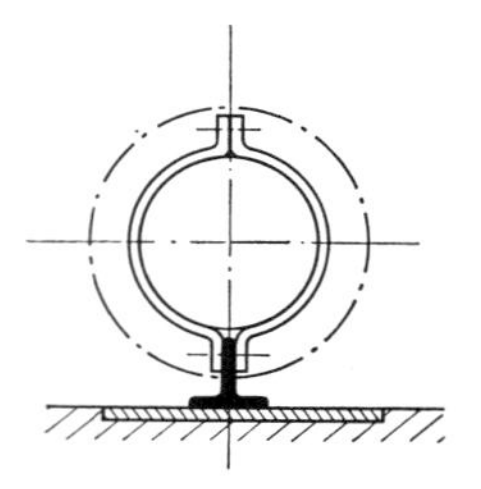

Bild 234-7. Rohrunterstützung mittels Gleitlager.

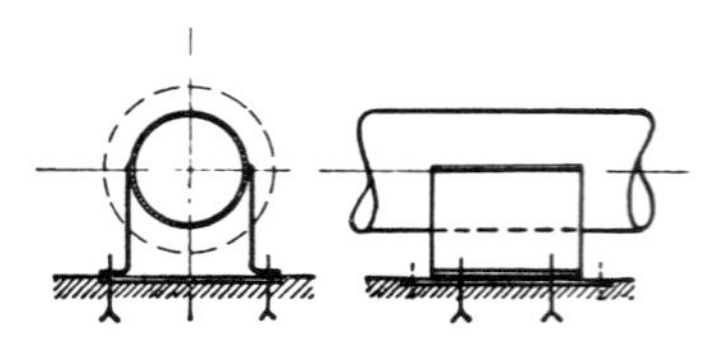

Bild 234-8. Festpunkt.

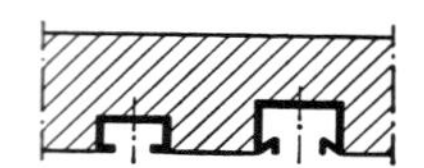

Bild 234-9. Deckenschienen für Rohraufhängungen.

nen (Halfenschienen, Jordahlschienen u. a.) in Decke einbetoniert, dadurch Vermeidung von Stemmarbeiten (Bild 234-9).

Die Berechnung der *Stützweite* $l$ von Rohrleitungen ist ein Problem, das wegen der Annahmen bezüglich Art der Rohreinspannung an den Lagerstellen nicht einwandfrei zu lösen ist[1]).

Nach Mixdorf gilt für Leitungen mit Gefälle

$$l = 2{,}1 \sqrt[3]{\frac{a \cdot J}{m}} \quad [\mathrm{m}]$$

$a$ = Gefälle (Durchbiegung) in mm/m
$J$ = Trägheitsmoment in $\mathrm{cm}^4$
$m$ = Rohrmasse in kg/m

[1]) Weber, A. P.: HLH 1955. S. 215/9.
Mixdorf, E.: HLH 1960. S. 201/5.
Usemann, K. W.: Ges.-Ing. 1975. S. 202/3.

Leitungen mit Gefälle lassen größere Stützweiten zu als waagerechte Leitungen.
*Näherungsformel* für nahezu waagerechte Leitungen:

$l = 0{,}4 \cdots 0{,}5\ \sqrt{D}$ [m]

$D$ = Rohrdurchmesser in mm

oder nach Weber:

$l = 0{,}032\ D$ [m].

oder nach Mixdorf

$$l = 1{,}07 \sqrt[3]{\frac{l}{m}}$$

## -2 KUPFERROHRE[1])

Kupferrohre werden namentlich bei kleinen Anlagen in zunehmendem Maß verwendet. Teurer als Stahlrohre, aber leichtere Montage, korrosionsfest.

Die *Abmessungen* der Kupferrohre sind in DIN 1754 genormt. Auswahl der für Installationszwecke geeigneten Rohre in DIN 1786 (5.80) für Rohre von 6 bis 108 mm Außendurchmesser (Tafel 234-12). Wanddicken 1,0···2,5 mm. Verschiedene Härtestufen möglich: weich oder hart.

**Tafel 234-12. Kupferrohre für Kapillarlötverbindungen nach DIN 1786 (5.80)**

| Rohrabmessung Außendurchmesser × Wanddicke (mm) | Gewicht (kg/m) | Inhalt (l/m) | Rohrlänge je Liter (m/l) | zulässiger Betriebsdruck (4fache Sicherheit) (bar) |
|---|---|---|---|---|
| 6 × 1 | 0,140 | 0,013 | 79,58 | 145 |
| 8 × 1 | 0,196 | 0,028 | 35,37 | 109 |
| 10 × 1 | 0,252 | 0,050 | 19,89 | 87 |
| 12 × 1 | 0,308 | 0,079 | 12,73 | 71 |
| 15 × 1 | 0,391 | 0,133 | 7,53 | 57 |
| 18 × 1 | 0,475 | 0,201 | 5,00 | 48 |
| 22 × 1 | 0,587 | 0,314 | 3,18 | 38 |
| 28 × 1,5 | 1,110 | 0,491 | 2,04 | 46 |
| 35 × 1,5 | 1,410 | 0,804 | 1,24 | 36 |
| 42 × 1,5 | 1,700 | 1,195 | 0,84 | 30 |
| 54 × 2 | 2,010 | 1,963 | 0,51 | 31 |
| 64 × 2 | 3,467 | 2,827 | 0,35 | 26 |
| 71 × 2 | 4,144 | 4,083 | 0,25 | 22 |
| 80 × 2 | 4,859 | 5,661 | 0,18 | 19 |
| 108 × 2,5 | 7,374 | 8,332 | 0,12 | 19 |

Ein weiteres DIN-Blatt 59753 (5.80) enthält Kupferrohre mit engen Toleranzen speziell für Kapillarlötverbindungen.

Bestellung nach Gewicht z. B. 2 t Rohr 28 × 1,5 DIN 1786 oder in Längen: 1000 m Rohr DIN 1786 – SF – Cu F 37 – 22 × 1 × 5 m (SF = sauerstofffrei, F 37 = Werkstoffbezeichnung).

Kupferrohre bis 22 mm ∅ werden entweder weich in Ringen oder hart in Stangen geliefert, darüber nur Stangen. Sie müssen ein Herstellerzeichen tragen.

Die *Druckverluste* durch Rohrreibung sind bei Kupferrohren wesentlich geringer als bei Stahlrohren.

Rauhigkeit bei Kupferrohren $\varepsilon = 0{,}0015$ mm
Rauhigkeit bei Stahlrohren $\varepsilon = 0{,}045$ mm und mehr.

[1]) Blaschke, H., u. K. Rustenbach: SBZ 22/79. 8 S.
Deutsches Kupfer-Institut: Kupferrohre in der Heizungstechnik. 1973.

Unterschied wird desto größer, je höher Geschwindigkeit. Rohrreibungsdiagramm siehe Abschnitt 244 (Bild 244-14).

Beispielsweise ist das Reibungsgefälle bei 1 m/s Wassergeschwindigkeit und 80 °C Temperatur:

für Kupferrohr 28 × 1,5 .............................. R = 380 Pa/m
für Gewindestahlrohr DN 25 (l. Weite 27,2 mm) ........ R = 480 Pa/m

Verlegung häufig im Estrich oder in Sockelleisten.
Wärmedehnung 1,7 mm bei 100 K Temperaturdifferenz (Stahl 1,2 mm/100 K).

Für Rohre nach DIN 1786 bestehen Gütezeichen der *Gütegemeinschaft Kupferrohr e.V.*

*Verbindungen:*

*Lötfittings.* Prinzip beruht beim Erwärmen mit einem Brenner auf Saugwirkung des Spaltes zwischen Rohr und Fitting (Kapillarwirkung). Spaltbreite 0,05···0,2 mm, Fittings als Muffen, T-Stücke, Bogen, Winkel. Material Rotguß, Kupfer oder Messing. Heute meist gebrauchte Verbindungsart. Genormt in DIN 2856 (2.86). Belastung bis 110 °C.

*Hartlötung* mit Bund- oder Kelchnähten sowie Muffen, Silberlot in Stäben oder Ringen.

*Schweißung* nur für Kupferrohre mit größerer Wandstärke (> 1,5 mm).

*Lösbare Verbindungen* sind (Bild 234-20 bis -23)

Schneidringverschraubungen mit sich einschneidendem Ring sowie Klemmringverbindungen
Bördelverbindungen mit Mutter und Gegenmutter
Lötringverschraubungen mit auf Rohrende aufgelötetem Ring
Lötstutzenverschraubungen
Flanschverbindungen, namentlich für Anschluß an Geräte und Maschinen.

*Vorteile* der Kupferrohrinstallation:

große Korrosionsbeständigkeit
geringes Gewicht
geringe Wärmekapazität, daher schnell Warmwasser bei Warmwasserbereitern
leichte Installation
geringer Strömungswiderstand.

Gegen gleichzeitige Verwendung von Stahl, Gußeisen und Kupfer in Installationsanlagen im allgemeinen keine Bedenken, sofern keine zu hohe Alkalität im Wasser vorhanden ist. pH < 9,5. Bei Brauchwasserbereitern jedoch Kupfer nur in Fließrichtung des Wassers hinter Stahl einbauen.

Berst- und Betriebsdrücke für verschieden harte Rohre siehe Tafel 234-14.

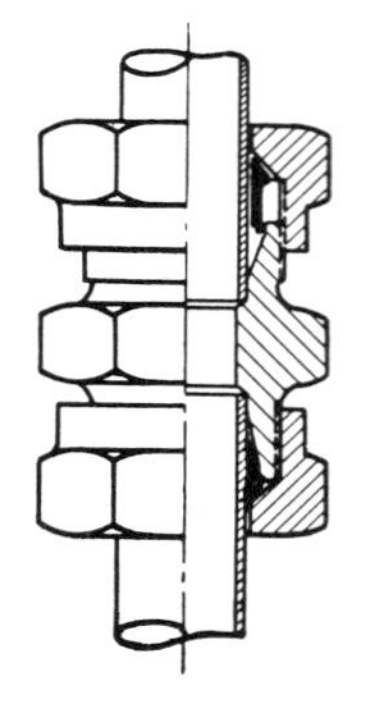

Bild 234-20. Schneidring-verschraubung.

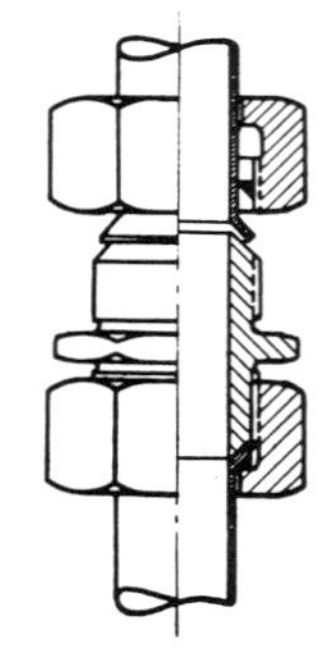

Bild 234-21. Bördel-verbindung.

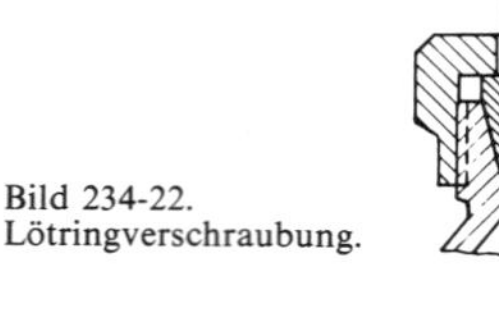

Bild 234-22. Lötringverschraubung.

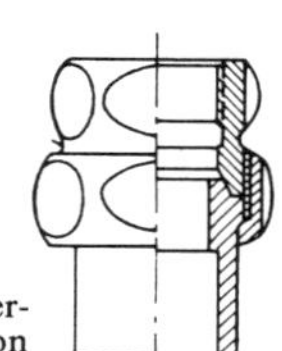

Bild 234-23. Lötstutzenverschraubung für Anschluß von Kupfer- an Stahlrohre.

**Tafel 234-14. Berst- und Betriebsdrücke für Kupferrohre nach DIN 1786 (5.80)**

| Rohr NW | Berstdruck bar | Höchstzulässiger Betriebsüberdruck in bar | | |
|---|---|---|---|---|
| | | Rohre | Kapillar-lötverbindungen | |
| | | | 65 °C | 110 °C |
| 6 × 1 | 582 | 145 | 10 | 6 |
| 8 × 1 | 437 | 109 | 10 | 6 |
| 10 × 1 | 350 | 87 | 10 | 6 |
| 12 × 1 | 285 | 71 | 10 | 6 |
| 15 × 1 | 228 | 57 | 10 | 6 |
| 18 × 1 | 190 | 48 | 10 | 6 |
| 22 × 1 | 154 | 38 | 10 | 6 |
| 28 × 1,5 | 184 | 46 | 10 | 6 |
| 35 × 1,5 | 143 | 36 | 6 | 4 |
| 42 × 1,5 | 120 | 30 | 6 | 4 |
| 54 × 2 | 125 | 31 | 6 | 4 |

Viel verwendet wird fabrikfertig wärmegedämmtes Kupferrohr. Bekannt als *WICU-Rohr*[1]), bei dem das Rohr entweder mit Polyurethan-Hartschaum und Folie oder andern Wärmedämmstoffen umgeben ist. Dabei sind gleichzeitig die gemäß Energieeinspargesetz erforderlichen Dämmdicken berücksichtigt.

## -3 KUNSTSTOFFROHRE[2])

Kunststoffrohre, erstmalig in den 30er Jahren für die chemische Industrie hergestellt, gewinnen jetzt auch in der Installationstechnik steigende Bedeutung. In der Heizungstechnik ist die Benutzung dadurch beschränkt, daß die Temperatur etwa 80 °C nicht überschreiten darf. Anwendung hauptsächlich für Fußbodenheizung[3]). Hier gelegentlich Korrosionsprobleme an Eisenwerkstoffen (Heizkörper, Kessel) infolge Sauerstoffeindringens durch Kunststoffrohr. Diese müssen daher *sauerstoffdicht* nach DIN 2426 bis 29 (E. 1. 87) sein.

*Vorteile:*

Korrosionsbeständigkeit,
leichte Verlegbarkeit, besonders in großen Längen,
glatte Oberflächen,
gutes Aussehen,
hygienische Unbedenklichkeit,
Geräuscharmut.

*Nachteile:*

Große Dehnung,
Temperaturempfindlichkeit,
Sauerstoffdiffusion, dadurch Gefahr für Eisenteile im System,
Schlagempfindlichkeit,
geringe Festigkeit.

*Hauptarten* sind: Polyvinylchlorid und die Polyolefine, zu denen die Werkstoffe: Polypropylen, Polyethylen und Polybuten gehören.

*Thermoplastische Kunststoffe* werden bei Zufuhr von Wärme weich.

*Duroplaste* sind härtbar und nicht erweichbar.

Ein Teil der Hersteller hat sich zur *Gütegemeinschaft Kunststoffrohre* zusammengeschlossen (RAL – RG 713/1, 5.77).

---

[1]) Warenzeichen d. Kabel- u. Metallwerke Gutehoffnungshütte – *Wärme-Isoliertes Kupferrohr*.
[2]) DVGW-Arbeitsblatt W 320: Kunststoffrohre für die Wasserversorgung (9.81).
Godawa, K.-H.: HLH 4/79. S. 134/8.
[3]) DIN 2426/29 (E. 1. 87): Rohrleitungen aus Kunststoff für WW-Fußbodenheizung.
BDH-Merkblatt Nr. 4 (9.86): Korrosionsverhütung bei Fußbodenheizung mit Rohrleitungen aus Kunststoff.

### -31 Polyvinylchloridrohre (PVC-Rohre)

Grundstoff ist das Polyvinyl, das aus einfachen Stoffen (Kalk, Kohle, Kochsalz) erzeugt wird.

Chemische Formel:

$C_2H_2$ (Äthylen) + HCl (Salzsäure) = $CH_2CHCl$ (Vinylchlorid).

Aus Vinylchlorid entsteht durch *Polymerisation* (Zusammenbau einfacher Moleküle zu Molekülketten) das PVC, ein weißes Pulver, das bei Erwärmung weich wird. Verarbeitung in warmem Zustand (110 bis 150 °C) zu Hart-PVC (Rohre, Platten) oder Weich-PVC (Schläuche, Dichtungen). Schwer entflammbar. Unter 0 °C spröde. Nur verwendbar bei Temperaturen bis etwa 60 °C. Für Heizungen daher meist nicht brauchbar. Große Wärmeausdehnung (7mal größer als Stahl), geringe Wärmeleitfähigkeit.

Unter zahlreichen *Handelsnamen* erhältlich, z. B. Hostalit (Hoechst), Lupolit (BASF), Vestolit (Hüls) u. a. Farbe gelb, braun, rot, auch glasklar. Verwendung namentlich zu Rohren für Wasserleitungen und Abflußleitungen, einschl. Formstücken und Armaturen. Verbindung von Rohren durch PVC-Kleber, Flansche, Verschraubungen. Eigenschaften in Tafel 234-15.

**Tafel 234-15. Eigenschaften von Kunststoffrohren** (Anhaltszahlen)

| Stoff | Dichte kg/dm³ | Zugfestigkeit bei 20° bar | Druckfestigkeit bar | E-Modul N/cm² | Dehnung mm/m K | Leitfähigkeit W/m K | spez. Wärmekap. kJ/kg K |
|---|---|---|---|---|---|---|---|
| PVC (h) | 1,40 | 500 | 800 | 300 000 | 0,08 | 0,16 | 1,1 |
| PE (h) | 0,92–0,95 | 160 | 100 | 2···100 000 | 0,15···0,20 | 0,3···0,4 | 1,7···2,1 |

*Lieferbedingungen* in DIN 8061 (4.84). Abmessungen in DIN 8062 (E. 6.85) mit 3 Rohrreihen: „leicht" – „mittelschwer" – „schwer". Lieferungen in Längen von 4 bis 6 m.

*Verarbeitungsrichtlinien* in DIN 16928 (4.79).

*Rohrverbindungen*

unlösbar durch

Schweißung, Klebemuffen, Klebefittings (Bild 234-30),

lösbar durch

Flansche, Verschraubungen aus Messing, Temperguß mit Klebemuffen (Bild 234-31 und -32).

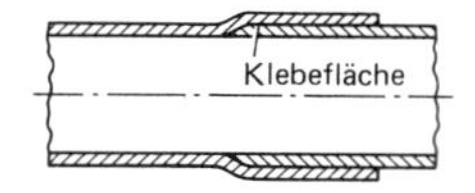


Bild 234-30. PVC-Kunststoffrohr-Klebverbindung.

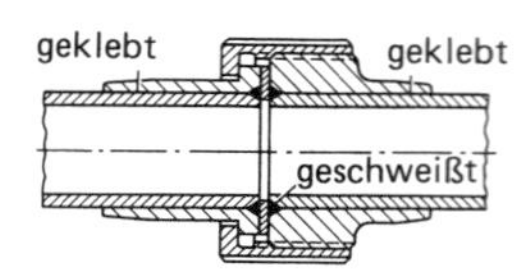


Bild 234-31. Kunststoffrohr-Verschraubung zur Verbindung zweier PVC-Rohre.

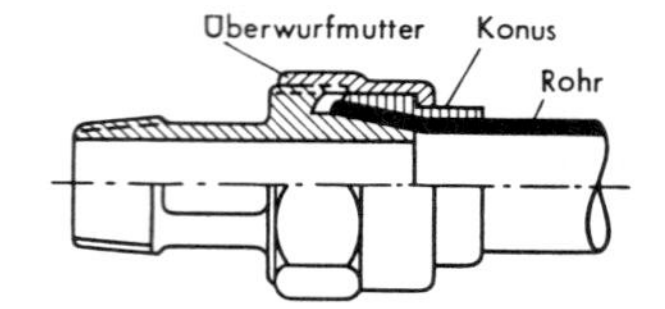


Bild 234-32. Lösbare Klemmverschraubung für PE-Rohre.

### -32 Polyäthylenrohre (PE-Rohre)

Polyäthylen entsteht durch Polymerisation von Äthylen. Pulverförmig, durch Erwärmung verarbeitet. Rohre auch bei tiefen Temperaturen biegsam und weich. Durch Ruß schwarz gefärbt, um Sprödigwerden zu vermeiden. Verwendung für Kaltwasserleitungen, Gas- und Luftleitungen. Rohr läßt sich in großen Längen auf Rollen aufwickeln. Daher weniger Fittings bei der Verlegung. Frostsicher und bruchsicher. Beim Einfrieren kein Platzen. Empfindlich gegen Fette und Benzol. Brennbar, wachsartiges Aussehen. Lieferbar als Weich- und Hart-PE. PE-Rohre mit besonderer Behandlung, bestehend aus sog. druckvernetztem Polyethylen (VPE) mit Querverbindungen zwischen den Molekülketten, werden auch für Heizungen verwendet, insbesondere Fußbodenheizungen.

Zulässige Dauertemperatur ≈ 80…85 °C. Manche Fabrikate auch für höhere Temperaturen.

*Rohrverbindungen* hauptsächlich durch Klemmverbindungen. Bild 234-32. Verschweißung nicht möglich.

*Handelsnamen* wie zum Beispiel Genathen, Lupolen, Troben, Supralen, Dynalen u.a. Teurer als PVC.

*Lieferbedingungen* genormt in DIN 8073 (3.76), Abmessungen in DIN 8072 (7.72) und 8074 (E. 6.85). Nenndruck PN 2,5, PN 6 und PN 10.

### -33 Polypropylenrohre (PP-Rohre)

haben ähnliche Eigenschaften wie die Polyäthylenrohre. Für Heizungen besonders geeignet ist ein Sondertyp, sog. copolymeres Polypropylen (PPC). Weniger schlag- und kerbfest als PE. Vorteilhaft ist die gute Verschweißbarkeit. Verbindungen daher auch durch Schweißmuffen. Dauerbetriebsdruck 10 bar, Dauertemperatur 60 °C, kurzzeitige Spitzen bis 95 °C zulässig. Bei horizontaler Verlegung werden Rohre in Tragschalen aus Blech gelegt, um Durchhängen zu verhindern.

Bekanntestes Fabrikat ist Hostalen (Fa. Hoechst).

Güte- und Prüfnorm für PP-Rohre DIN 8077 (E. 6. 85).

### -34 Polybutylenrohre (PB-Rohre)

Sie sind besonders für hohe Beanspruchungen geeignet. Verwendung auch für Fußbodenheizungen. Kurzfristig für Temperaturen bis 100 °C bei 3 bar standhaltig. Schlagfest, verschweißbar, flexibel. Hersteller: Shell-Chemie. DIN 16968/69.

### -35 Sonstige Kunststoffrohre sind:

Polystyrolrohre aus Vinylbenzol (Styrol) hergestellt
Polyesterrohre, glasfaserverstärkt (GFK) DIN 16868/71 und 16964/65
Polyamidrohre (Nylon, Perlon).

Verwendung dieser und anderer Rohre bisher im wesentlichen nur in der chemischen Industrie.

## -4 SCHLÄUCHE

für Dampf- und Wasserleitungen werden aus nahtlosen Präzisionsrohren dadurch hergestellt, daß gewindeähnliche Rillen mehr oder weniger eng und tief auf das Rohr aufgewalzt werden. Material meist Kupferlegierungen, insbesondere Tombak (Tombakrohre), jedoch auch nichtrostender Stahl; Schläuche also ganz aus Metall ohne Naht. Wellung und Wandstärken je nach Anforderungen verschieden. Vielfach vewendet zum Anschluß von Heizkörpern, Klimageräten, Ölleitungen u.a. Auch gewebeverstärkte Gummischläuche werden eingesetzt.

Zur Aufnahme hoher Drücke und zum Schutz gegen Beschädigungen außen häufig Schutzgeflecht aus Stahl- oder Bronzedraht, auch mit Asbestisolierung. Anschlußstücke für Muffenverbindung, Verschraubung mit Überwurfmutter, Flanschen. Nur leichte Festpunkte erforderlich.

Verwendung auch als Axial-Kompensatoren sowie Schwingungsdämpfer für Kompressoren, Kältemaschinen, Pumpen usw.

# 235 Rohrleitungszubehör

## -1 ABSPERRORGANE

### -11 Ventile

Ventile (Bild 235-1) bestehen aus dem *Gehäuse* und den *Einbauteilen* (Garnitur): Spindel und Handrad, Kegel und Sitz, Dichtung, Stopfbuchse. Kopfstück- und Deckelventile mit innenliegendem Gewinde (kurze Bauhöhe), Aufsatzventile mit außenliegendem Gewinde (größere Bauhöhe). Verwendung der Ventile besonders bei kleineren Durchmessern bis etwa NW 80, darüber hinaus Schieber.

*Gehäusematerial:* Rotguß bis ND 16, 225 °C, Gußeisen bis ND 25, 300 °C; bei höheren Drücken Stahl und Stahlguß. Neuerdings gibt es auch Einschweißventile aus einem Spezialgußeisen, wobei Flanschen, Gegenflanschen, Dichtungen und Schrauben fortfallen. (H. Braukmann, Düsseldorf.)

*Material der Einbauteile:* Spindel aus Messing, Bronze oder Stahl.

*Gehäuseform* für Geradsitz (Bild 235-1) oder Schrägsitz (Stromlinienform), dieser mit sehr verringertem Strömungswiderstand.

*Dichtungen* bei geringen Drücken: Gummi, Leder, Vulkanfiber und ähnliche weiche Stoffe, die auch bei Verschmutzung dicht schließen. Bei höheren Drücken und Temperaturen Dichtungen aus Stahl oder Metall. Für Stopfbuchsen: Talkumschnur, Weichmetallringe.

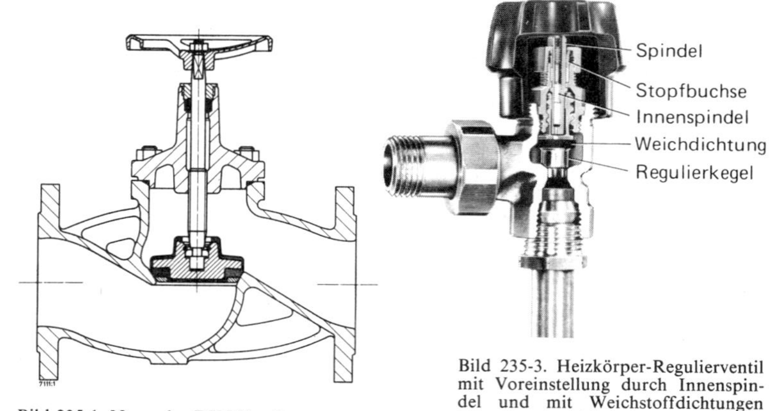


Bild 235-1. Normales DIN-Ventil.

Bild 235-3. Heizkörper-Regulierventil mit Voreinstellung durch Innenspindel und mit Weichstoffdichtungen (Metallwerke Neheim).

*Baulängen und Flanschmaße* siehe DIN 3202, Strömungswiderstände siehe Tafel 148-2.

*Radiatorventile* (Bild 235-3), meist aus Rotguß oder Messing, werden in zahllosen Bauarten hergestellt, als Durchgangs- oder Eckventile, mit Handrad oder Steckschlüssel (Behördenmodell) mit steigender oder nicht steigender Spindel, mit hartem oder weichem Sitz usw. Sie haben meist außer dem zur Einstellung der Heizmittelmenge benutzten Ventilteil noch ein Regelorgan zur Voreinstellung, das bei Inbetriebnahme und Probeheizung zur Begrenzung des maximalen Verbrauches fest eingestellt wird (doppelt einstellbare Regulierventile). Die Voreinstellung erfolgt mittels Hohlspindel entweder durch Hubbegrenzung oder durch einen besonderen Regulierkegel oder eine Drosselhülse. Da die Wärmeabgabe eines Heizkörpers nicht proportional der Warmwassermenge ist, ist dies bei der *Ventilkegelform* besonders wichtig. Hauptabmessungen der Ventile sind in DIN 3841 (7.78 u. 1.82) genormt. Für Fernheizungen mit großer Temperaturspreizung Feinregulierventile mit großem Druckabfall (50···100 mbar).

*Thermostatische Radiatorventile* siehe Abschn. 236-41.

*Doppelsitzventile* haben 2 Ventilsitze und sind dadurch druckentlastet.

*Dreiwegeventile* für Einrohrheizungen, Umlauf-Gaswasserheizer u. a.
*Rückschlagventile* sind Sicherheitsorgane, die das Zurückströmen des Betriebsmittels in Rohrleitungen verhindern sollen. Betätigung selbsttätig durch den Strömungsdruck. Ausführung mit Ventilkegel (Bild 235-5) oder mit Kugel.
*Wechselventile* haben drei Rohrstutzen und lassen den Betriebsstoff nach Wahl in der einen oder anderen Richtung strömen.
*Kreuzventile* verteilen den Betriebsstoff gleichzeitig auf zwei (oder mehr) Rohrleitungen.
*Rohrbruchventile* haben einen Kegel, der bei einem Rohrbruch infolge der dadurch erhöhten Strömungsgeschwindigkeit mitgerissen wird und das Ventil schließt.
*Absperrventile kombiniert mit Einstellfunktion* dienen zum Einregulieren[1]) eines Leitungsnetzes (Bild 235-6). Meßnippel gestatten Messung des Druckabfalls. Am Hersteller-Diagramm kann je nach Stellung der Ventilspindel Wasserstrom abgelesen werden.
*Sicherheitsventile* dienen zur Druckbegrenzung. Ausführung feder- oder gewichtsbelastet. Begriffe in DIN 3320 (9.84). Sie müssen baumustergeprüft sein. Beispiel eines Sicherheitsventils für kleine Zentralheizungskessel Bild 235-7.

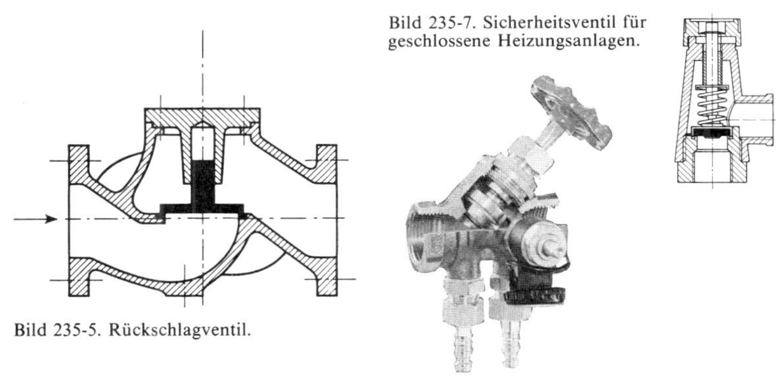

Bild 235-7. Sicherheitsventil für geschlossene Heizungsanlagen.

Bild 235-5. Rückschlagventil.

Bild 235-6. Absperr- und Einregulierventil mit Meßnippeln zur Messung des Druckabfalls (MNG, Neheim).

*Strangabsperrventile* dienen zum Absperren und Regulieren einzelner Stränge einer Heizungsanlage; meist Schrägsitzventile mit Entleerungsstutzen.
*Umschaltventile* werden in Warmwasserpumpenheizungen verwendet, um bei Ausfall der Pumpe die Wasserzirkulation durch Schwerkraft aufrechtzuerhalten (mit Kolben oder Gummikugel).
*Sonderbauarten* sind: Schwimmerventile, magnet-, motor- oder membranbetätigte Ventile, elektrothermische Ventile (Fernsteuerventile), Fußventile, Ablaßventile u. a. Für angreifende Flüssigkeiten Membranventile mit Schutzüberzügen.

### -12 Schieber

bestehen aus *Gehäuse* und *Einbauteilen* (Bild 235-10 und -11), Spindel mit Handrad und Keil- oder Parallelschieber, Stopfbuchse, Dichtung. Gewinde innenliegend, wobei Spindel und Handrad in ihrer Lage bleiben, oder außenliegend mit steigender Spindel (Schieberstellung dabei außen erkennbar). Dichtung durch Ringe aus Bronze, Rotguß, Eisen oder Stahl. Verwendung besonders bei größeren Nennweiten (DN > 80). Normung der Schieber in DIN 3352 (13 Teile – 79 bis 87).
Für höhere Drücke und bessere Dichtung werden Parallelplatten- oder Keilplattenschieber verwendet, bei denen durch geeignete Druckstücke eine zwangsmäßige Anpressung an die Dichtflächen erfolgt.

*Vorteile* der Schieber:

Geringer Strömungswiderstand, kurze Baulänge.

[1]) Die hydraulische Einregulierung, Druckschrift der TA Tour Andersson GmbH, 1985.

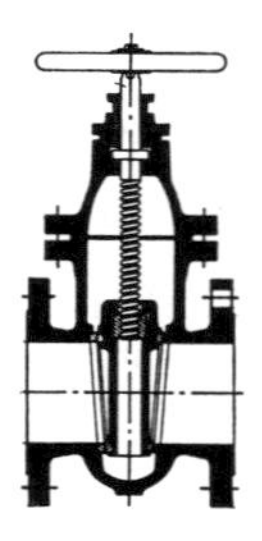
Bild 235-10.
Keilschieber mit
Innengewinde.

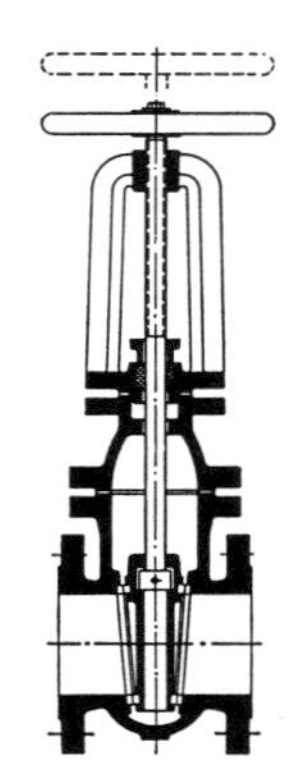
Bild 235-11.
Keilschieber mit
Außengewinde.

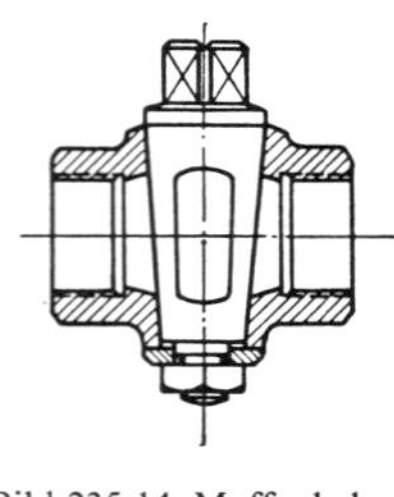
Bild 235-14. Muffenhahn.

*Nachteile:*

Dauernd dichter Abschluß schwer möglich, für hohe Drücke daher Sonderbauarten mit mechanischer Anpressung der Dichtflächen.

*Schnellschlußschieber* mit Zugstange und Hebel zum schnellen Schließen von Rohrleitungen.

### -13 Hähne

Sie bestehen aus Gehäuse und Küken, mit oder ohne Stopfbuchse (Bild 235-14). Küken zylindrisch oder meist konisch, Material meist Messing, Rotguß oder Bronze. Geringer Widerstand. Für hohe Drücke nicht verwendbar. Verwendung in Heizungsanlagen als Kontrollhähne für Be- und Entlüftung, Entwässerung usw.

### -14 Klappen

*Drosselklappen* finden bei Warmwasserheizungen zum Absperren oder Regeln gelegentlich Verwendung, wenn kein dichter Abschluß erforderlich ist.

*Rückschlagklappen* verhindern ähnlich wie Rückschlagventile das Zurückströmen von Flüssigkeit. Geringer Widerstand, leichtes Ansprechen, aber keine absolute Dichtung. Dichtung hart oder weich. Ausgeführt auch mit Dämpfungsvorrichtung.

*Schnellschlußklappen* für Gefahrenfälle, von Hand oder selbsttätig (elektrisch hydraulisch, pneumatisch) ausgelöst.

## -2 DRUCKREGLER[1])

Druckregler (im allgemeinen Sinn) haben die Aufgabe, den Druck in einem System konstant zu halten. Sie bestehen grundsätzlich aus einem Ventil, einer Membran und einer Steuerleitung ohne Hilfsenergie. Symbole in Bild 235-20.

Einteilung nach dem zu regelnden Druck (Bild 235-22 u. -23):

*Druckregler* (im engeren Sinn) halten den Druck in einem geschlossenen System konstant. Dieser Druck wird als Steuerdruck verwendet und wirkt auf die Membran des Regelventils in einer Rohrleitung (Bild 235-22).

*Überströmventile* halten den Druck in einem Rohrleitungssystem vor dem Regelventil konstant. Sie werden z. B. bei einem Fernheizungsanschluß zwischen Vorlauf- und Rücklaufleitung als Überström-Sicherheitsventil eingebaut und lassen bei steigendem Druck Vorlaufwasser in den Rücklauf strömen (Bild 235-27 u. -28). Bei Dampf strömt die überschüssige Menge in Nebenanlagen, z. B. Warmwasserbereiter.

[1]) Schrowang, H.: IKZ 7 u. 9/1977.

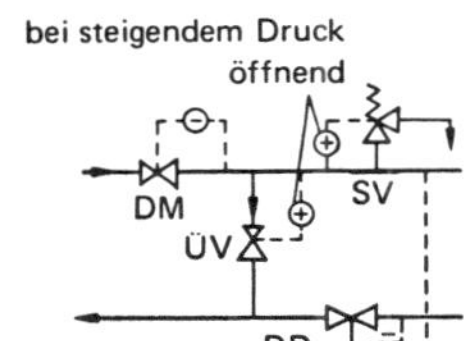


Bild 235-20. Symbole von Druckreglern.
DM = Druckminderung, ÜV = Überströmventil, SV = Sicherheitsventil, DD = Differenzdruckventil

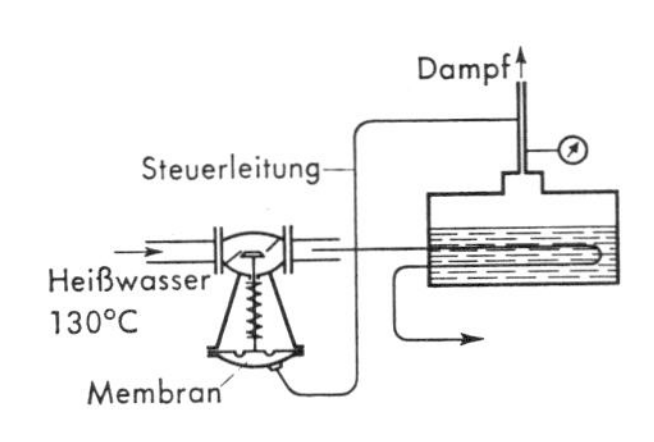


Bild 235-22. Druckregler für einen Umformer Heißwasser/Dampf.

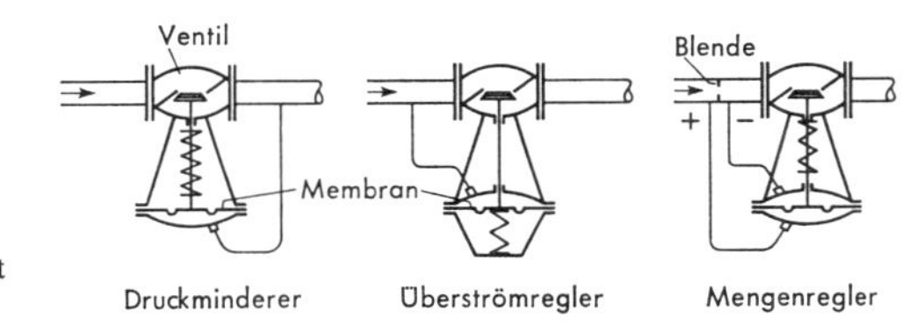


Bild 235-23. Druckregler mit verschiedenartiger Funktion.

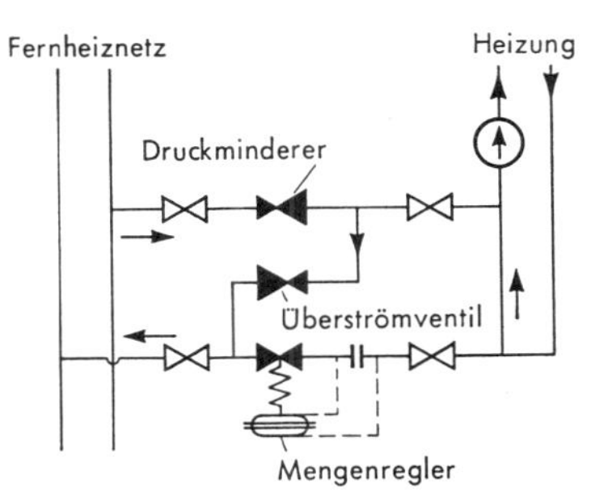


Bild 235-27. Einbau von Druckreglern in einer Fernheizungs-Hausstation.

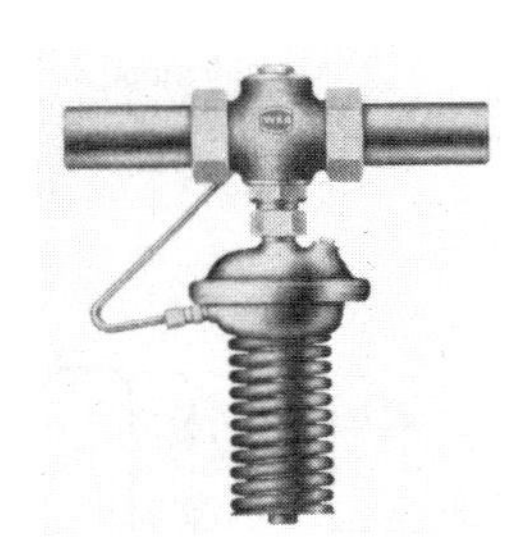

Bild 235-28. Überströmregler und Druckregler IWK.

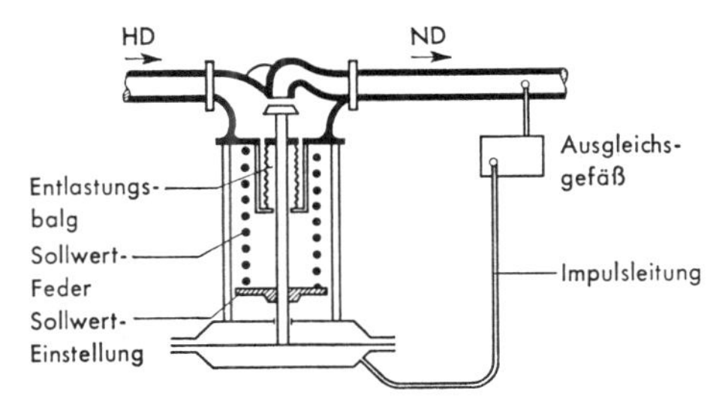


Bild 235-29. Druckminderventil mit Einsitz und Membransteuerung.

Bild 235-30. Druckminderventil (Samson Typ 39-2).

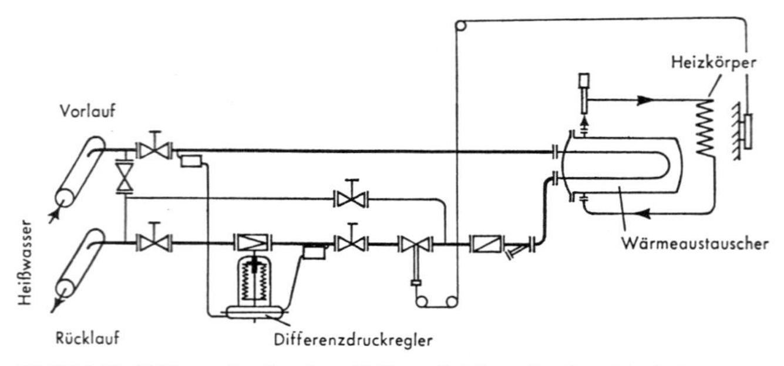


Bild 235-31. Differenzdruckregler mit Drosselwirkung in einer Fernheizung.

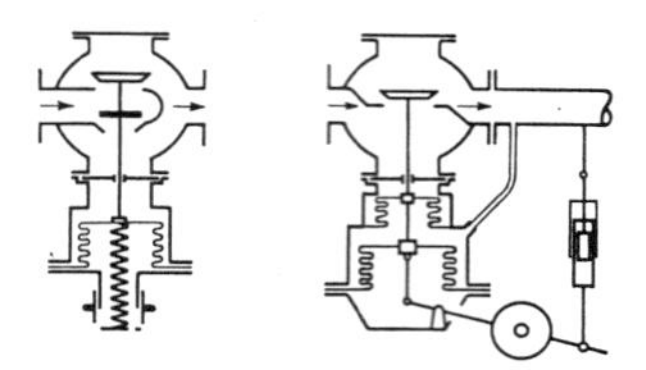

Bild 235-32. Schema der Druckregulierung. Links: Federregulierung eines Doppelsitzventils; rechts: Gewichtsregulierung eines entlasteten Einsitzventils.

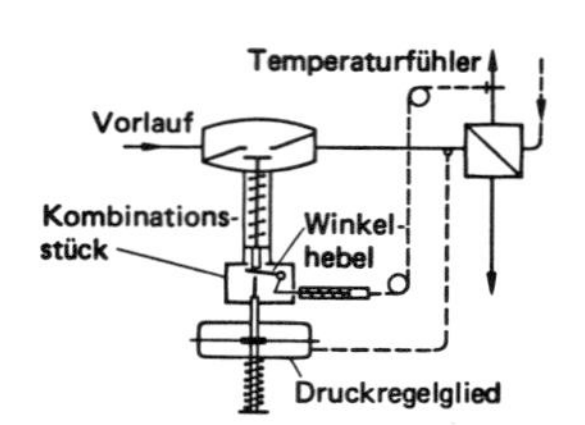


Bild 235-36. Kombinationsventil für Temperaturregelung und Druckminderung.

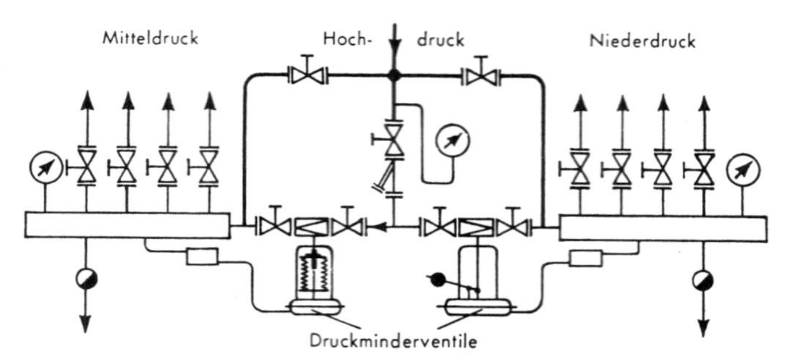


Bild 235-35. Einbau von Druckminderventilen bei einem Hochdruckdampfverteiler.

*Druckminderventile* (Zuströmventile, Reduzierventile) halten den Druck hinter dem Ventil unabhängig vom Vordruck konstant. Sie drosseln oder schließen bei steigendem Druck hinter dem Ventil und verhindern damit Schäden an den nachgeschalteten Geräten (Bild 235-29 u. -30).

*Differenzdruckregler* halten den Druckunterschied zwischen zwei Leitungen, z. B. dem Vorlauf und Rücklauf einer Heizungsanlage konstant. Sie arbeiten entweder in Reihenschaltung zur Anlage nach dem Drosselungs- oder in Parallelschaltung zur Anlage nach dem Überströmverfahren. Mit einem Drosselgerät z. B. einer Blende oder einem Ventil mit Meßanschlüssen als Fühlorgan arbeiten sie auch als *Mengenregler* und begrenzen dabei z. B. bei Fernheizungen den Anschlußwert (Bild 235-27 u. -31).

Das Regelventil enthält in beiden Fällen ein zweiseitig beaufschlagtes Membransystem. Einstellung des Sollwertes durch eine Gegenfeder.

nach der Art der Steuerung:

*Direkt wirkende* (unmittelbare) Regler arbeiten ohne Hilfskraft.

*Pilotgesteuerte* Ventile wirken über ein Pilotventil und eine Hilfsmembran auf die Hauptmembran. Kleinere Abmessungen, genauere Regelung.

*Indirekt wirkende* (unmittelbare) Regler benutzen zur Verstärkung der Steuerkraft als Hilfskraft Drucklust, Wasser, Öl oder elektrischen Strom, wodurch die Regelgenauigkeit erheblich verbessert wird und Fernverstellungen möglich sind.

*Wirkungsweise*

Der Regeldruck steuert das Ventil über einen Kolben, einen Federkörper oder eine Membrane. Fällt z. B. bei einem Reduzierventil der Druck auf der Niederdruckseite, so wird das Ventil geöffnet, bei steigendem Druck geschlossen. Gegenkraft zur Einstellung des Regeldruckes (Sollwerteinstellung) ist ein Gewicht oder eine Feder (siehe Schema 235-32). *Federregulierung* platzsparend, durch Unbefugte kaum verstellbar, P-Regler. *Gewichtsregulierung* sehr genau wirkend, unempfindlich gegen starke Belastungsänderungen, jedoch leicht schwingungsfähig, kein P-Regler. Typischer Einbau von Druckminderventilen in Dampfverteilern siehe Bild 235-35.

Um von Druckschwankungen in dem nicht zu regelnden Rohrnetz unabhängig zu sein, müssen die Ventile entlastet sein. *Entlastung* meist durch Doppelsitz:

*Doppelsitzventile;* bei Einsitz Entlastung durch Kolben, Membrane oder Federkörper. Doppelsitzventile schließen nie ganz dicht, dürfen also nicht verwendet werden, wenn eine Drucksteigerung auf der Niederdruckseite gefährlich ist. Alle Druckregelventile sind mit Umgehungsleitung einzubauen. Die Größe des Regelventils hängt von der durchzulassenden Dampfmenge sowie dem Druckgefälle ab und ist den Listen der Hersteller zu entnehmen. Bei großem Druckgefälle verwende man zwei Regler hintereinander geschaltet, bei großen Mengendifferenzen zwei verschieden große Regler parallel geschaltet.

Durch Zwischenschaltung eines *Kombinationsstückes* ist es möglich, zwei Regler auf ein gemeinsames Stellventil wirken zu lassen. In Bild 235-36 z. B. steuern ein Temperaturregler und ein Druckminderventil in der Weise ein Ventil, daß immer derjenige Regler bevorrechtigt ist, der ein Schließen des Ventils fordert. Auch andere Kombinationen sind möglich.

## -3 DEHNUNGSAUSGLEICHER

Dehnungsausgleicher (auch Kompensatoren genannt) werden in langen Rohrleitungen zwischen *Festpunkten* eingebaut, um die Ausdehnung der Rohre bei Temperaturänderungen aufzunehmen. Längenänderung je 100 °C bei Stahlrohren rund 1,2 mm/m Rohr, bei Kupferrohren rd. 1,7 mm/m Rohr und bei Kunststoffrohren 8 mm/m.

Für diese Dehnungsaufnahme gibt es verschiedene Formen von *Rohrdehnungsausgleichern,* und zwar:

natürlicher Ausgleich durch Rohrbiegung bei Rohrschenkel- oder Rohr-U-Bogen- bzw. Lyrabogen-Ausgleichern,
durch Stopfbuchsen-Ausgleicher,
durch Balgkompensatoren in axialer, lateraler oder angularer Ausführung.

Balgkompensatoren werden auch noch zur *Dämpfung von Geräuschübertragungen,* zum spannungsreduzierten Anschluß von Pumpen und zur Aufnahme von Schwingungen eingebaut.

### -31 Rohrschenkelausgleicher und U-Bogen-Ausgleicher

sind aus demselben Material wie die Rohrleitungen hergestellte natürliche Ausgleicher, bei denen die Ausdehnung einer geraden Rohrstrecke durch die Ausbiegung eines rechtwinklig sich anschließenden Rohrschenkels aufgenommen wird. Bei großen Dehnungen Verlegung der Rohre mit Vorspannung, d. h., es wird schon während der Montage eine Dehnung erzeugt, die der Dehnung im Betriebszustand entgegengesetzt ist. Erforderliche Ausladung von *U-Rohrbogen* aus Stahl bei verschiedenen Dehnungsaufnahmen siehe Bild 235-40.

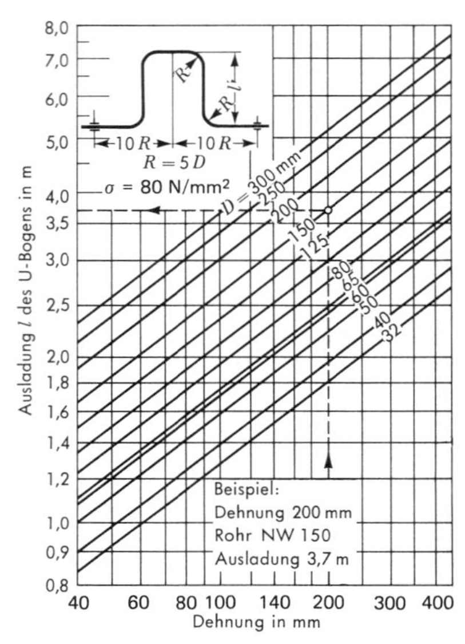


Bild 235-40. U-Rohrbogen aus Stahl Vorspannung 50%, sonst Ausladung $l$ ca. 40% größer.

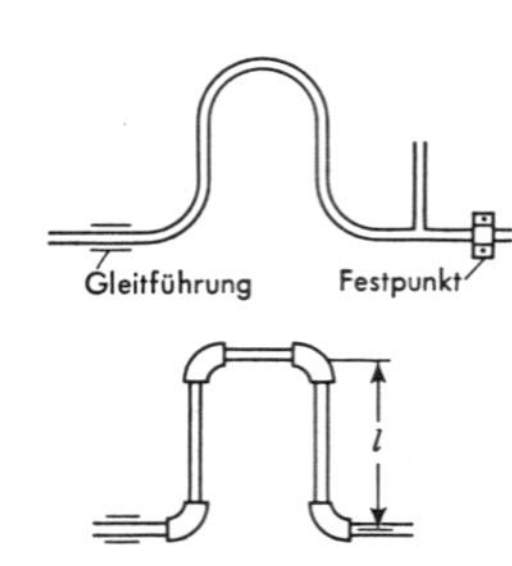


Bild 235-41. U-Rohrbogen bei Kupferleitungen.
$l = 0{,}32\sqrt{Df}$ in m.

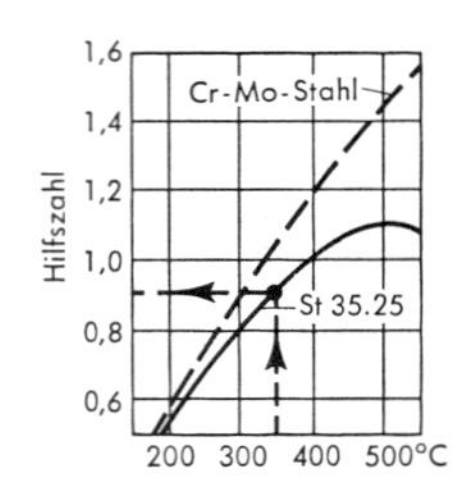


Bild 235-43. Umrechnungsfaktor für andere Temperaturen und Werkstoffe.

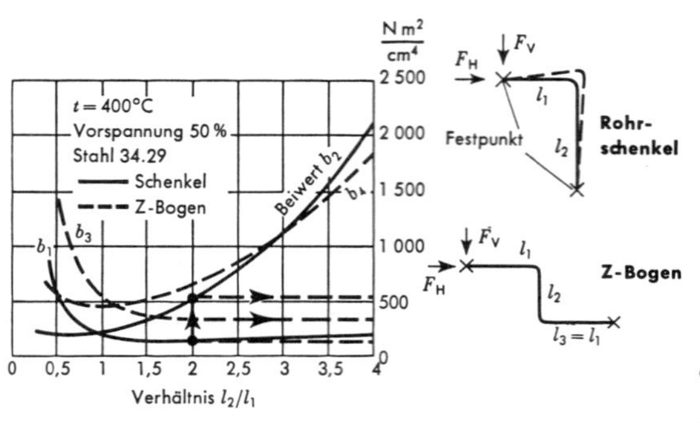


Bild 235-42. Beiwerte $b$ zur Berechnung der Reaktionskräfte bei einfachen und Z-Bögen.

Bild 235-44. Beiwert $C$ zur Berechnung der Reaktionskraft bei U-Bögen.

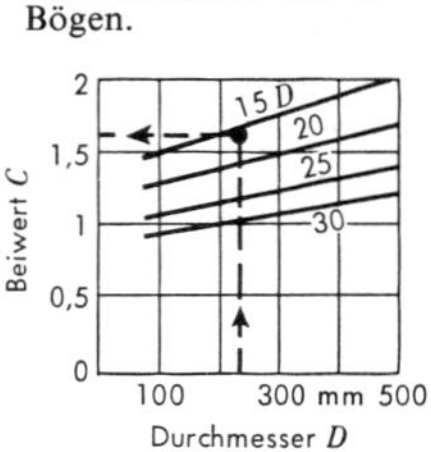


Ausladung

$$l = 0{,}205\sqrt{Df} \text{ in m.}$$

$D$ = Rohraußendurchmesser in cm
$f$ = Dehnung in cm

Bei *Rohrschenkeln* ist die Ausladung

$$l = 0{,}65\sqrt{Df} \text{ in m}$$

also mehr als das Dreifache. Ausladung bei Kupferrohren Bild 235-41.

*Festpunktkräfte*

Die bei Rohrschenkeln und U-Bögen auftretenden Kräfte werden durch Festpunkte aufgenommen. Die genaue Berechnung der Kräfte ist schwierig. Nachstehend sind Näherungswerte angegeben[1]).

Bei *Rohrschenkeln* sind die horizontal und vertikal wirkenden Kräfte (Bild 235-42):

$F_H = b_1 I/l^2$ und $F_V = b_2 I/l^2$ in N

Bei *Z-Bögen:*

$F_H = b_3 I/l^2$ und $F_V = b_4 I/l^2$ in N

$I = \pi/64\,(D^4 - d^4)$ = Trägheitsmoment $cm^4$
$b$ = Beiwerte aus Bild 235-42
$l = l_1 + l_2$ in m.

Dabei sind vorausgesetzt

Temperatur 400 °C, Stahl St 35, Vorspannung 50%, Biegeradius $R = 5$ D.

Umrechnung auf andere Temperaturen und Werkstoffe in Bild 235-43.

*Beispiel:*

Rohrschenkel mit $l_1 = 6$ m, $l_2 = 12$ m, $l_2/l_1 = 2$, $D = 267$ mm,
$I = 4516\ cm^4$, Vorspannung 50%
$F_H = 160 \cdot 4516/18^2 = 2230$ N
$F_V = 520 \cdot 4516/18^2 = 7248$ N
Gesamtkraft $F = \sqrt{F_H{}^2 + F_V{}^2} = \sqrt{2230^2 + 7248^2} = 7583$ N.

Bei *U-Bögen* ist die Reaktionskraft bei 50% Vorspannung:

$$F = \frac{10\,I \cdot f}{l^3 \cdot C} \text{ in N}$$

$f$ = gesamte Dehnung cm
$C$ = Beiwert aus Bild 235-44
$l$ = Ausladung in m

*Beispiel:*

Durchmesser $D = 267$, Ausladung $l = 4{,}5$ m = 17 D, Dehnung $f = 18$ cm, $I = 4516\ cm^4$, $C = 1{,}7$.

Reaktionskraft $F = \dfrac{10 \cdot 4516 \cdot 18}{4{,}5^3 \cdot 1{,}7} = 5200$ N.

### -32 Lyra-Bogen

sind sehr betriebssichere Ausgleicher, erfordern jedoch ebenfalls großen Platz. Ausführungen in glatten Rohren, Faltenrohren oder Wellrohren bis zu höchsten Drücken und Temperaturen. Dehnungsaufnahme bei Glattrohren etwa 10% größer als U-Bogen-Ausgleichern. Zu beiden Seiten des Ausgleichers sind Rohrführungen vorzusehen. Festpunktkräfte wie bei U-Bögen.

### -33 Dehnungsstopfbuchsen

haben bei großen Dehnungsaufnahmen bis 600 mm geringen Raumbedarf. Auswahl der Dichtung wichtig. Ausführung auch als entlastete Ausgleicher, wobei keine Kräfte auf die Rohrleitung ausgeübt werden. Längenausdehnung nur axial. Wartung und saubere Rohrführung erforderlich, um Verklemmungen zu verhindern.

### -34 Axialkompensatoren[2])

nehmen die Rohrausdehnung in axialer Richtung auf. Bewegliches Grundelement ist ein *Metallbalg* vorzugsweise aus Edelstahl (z.B. Werkstoff Nr. 1.4541) oder auch noch aus Tombak oder Bronze. Kompensatoren mit Bälgen aus Gummi siehe Abschnitt

---

[1]) Weber, A. P.: Die Warmwasserheizung 1970.
Richarts, F.: HLH 1973. S. 335/8.

[2]) Kaucher, W.: IKZ 24/72. 3 S.

Bild 235-46. Axialkompensator aus Edelstahl mit Anschweißenden oder Flanschen (Metallschlauchfabrik Pforzheim).

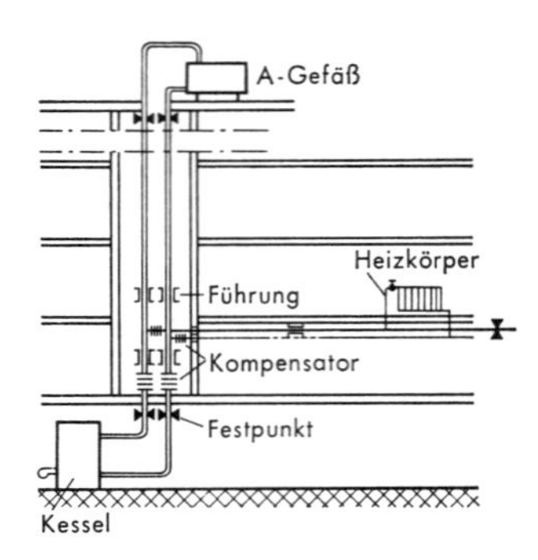


Bild 235-47. Axialkompensatoren bei der Zentralheizung eines vielstöckigen Gebäudes.

235-37 (Bild 235-46). Sie zeichnen sich ebenso wie die Stopfbuchsenausgleicher durch geringen Platzbedarf aus. Beim Einbau sind vor und hinter den Ausgleichern Rohrführungen anzubringen, die seitliches Ausbiegen verhindern, sowie Festpunkte, die die Ausdehnungskräfte aufnehmen. Für Kupferrohre werden meist Federrohre aus *Tombak* bis 180 °C verwendet, für Stahlrohre Edelstahl. Die Kompensatoren können mit *Führungsrohren* geliefert werden, die einer genauen axialen Führung sowie zur Verringerung des Strömungswiderstandes (innenliegend) oder zum Schutz gegen Beschädigung (außenliegend) dienen. Bei lateralen Bewegungen kein Schutzrohr.

Herstellung für praktisch alle Nennweiten, Drücke und Temperaturen. Sie sind wartungsfrei. Der Einbau erfolgt meist mit 50% Vorspannung, d.h., der Kompensator wird um die Hälfte der im Betrieb auftretenden Dehnung auseinandergezogen, um optimale Nutzung zu erreichen. Verwendung in einer Zentralheizung Bild 235-47. Sorgfältig festzulegen ist die Lage der Festpunkte und der Gleitlager (Rohrführungen). Einbaubeispiel Bild 235-48.

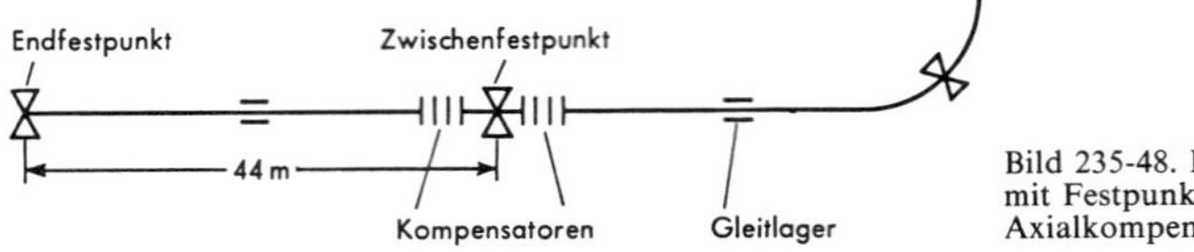


Bild 235-48. Rohrleitung mit Festpunkten und Axialkompensatoren.

*Festpunktkräfte*

Es sind zu unterscheiden:

1. Druckkraft (Balgquerschnitt · Druck), nur bei Endfestpunkten und Winkeln;
2. Eigenwiderstand des Kompensators in N/mm Federweg;
3. Rohrreibung bei waagerechten Rohren (Reibungsfaktor $\mu \approx 0{,}3$) bzw. Gewicht bei senkrechten Rohren.

*Beispiel:*

Heißwasserleitung NW 200, 12 bar, 130 °C, Rohrlänge 44 m

Rohrdehnung 1,5 × 44 = 66 mm

Druckkraft am Endpunkt:
448 cm² Balgquerschnitt × 12 = 53 800 N

Eigenwiderstand bei 50% Vorspannung und 180 N/mm Federweg:
180 × 66/2 = 6 000 N

Gleitlagerreibung bei 650 N/m Rohrgewicht:
0,3 × 650 × 44 = 8 580 N

Hauptfestpunktbelastung 68 950 N

Bei Zwischenfestpunkten entfallen die Druckkräfte, da sie sich gegenseitig aufheben. Im Beispiel ist die Festpunktkraft nur 8580 N, da hier auch die Auflagerreibung entfällt.

## -35 Lateral-Kompensatoren

*Grundelemente* sind normalerweise zwei Bälge wie unter Axial-Kompensatoren beschrieben, die durch ein Zwischenrohr beliebiger Länge verbunden sind (Bild 235-50).

Der Lateral-Kompensator kann nur auf seitliche Verschiebung beansprucht werden, da die Verspannung eine Längenänderung verhindert. Der Vorteil ist, daß ein Lateral-Kompensator sehr große Bewegungen aufnehmen kann und daß der Festpunkt viel weniger belastet wird, weil die meist außenliegenden Verankerungen die Druckkräfte aus dem Leitungsquerschnitt aufnehmen. Der Einbau erfolgt deshalb vorzugsweise in Leitungen mit großem Querschnitt, und zwar meistens in einer 90°-Umlenkung, also rechtwinklig zur Hauptstrecke (Bild 235-51).

Bild 235-49. Lateral-Kompensator als Kugelgelenkkompensator (3fach verspannt) mit Anschweißende und mit Flanschanschluß (Stenflex, Hamburg).

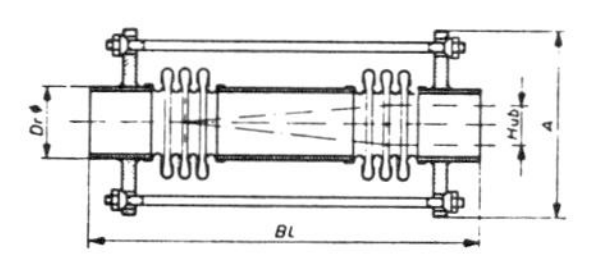


Bild 235-50. Lateral-Kompensator (IWK).

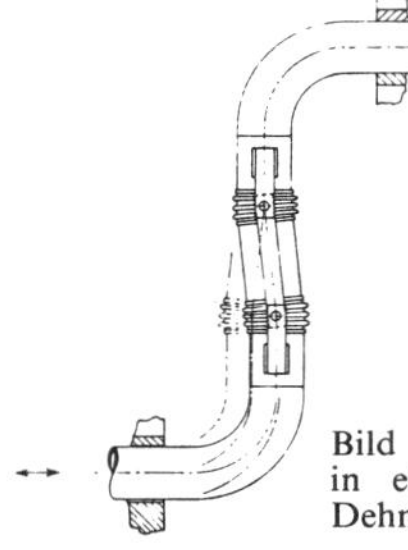

Bild 235-51. Lateral-Kompensator in einer Rohrleitung für große Dehnungsaufnahme.

Bild 235-52. Rohrgelenksystem mit Angular-Kompensatoren für Dehnungsaufnahme aus zwei Richtungen.

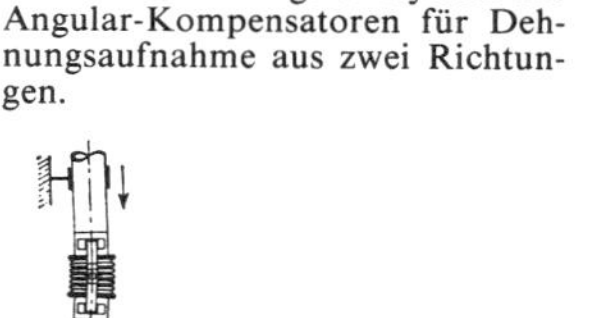

## -36 Angular-Kompensatoren

Der Aufbau entspricht annähernd dem der Lateral-Kompensatoren. Das Einzelelement (Bild 235-50) kann jedoch nur Winkelbewegungen machen, da die Gelenke eine Längenänderung nicht zulassen. Häufig werden 3 Elemente in sog. 3-Gelenk-Anordnung montiert (Bild 235-52). Die Anordnung hat den Vorzug, daß praktisch beliebig große Bewegungsaufnahmen möglich sind, daß insbesondere bei sehr verwinkelter Leitungsführung die Kompensation einfach lösbar wird und daß ein vollkommen spannungsfreies Arbeiten gewährleistet ist. Einsatz ebenfalls vor allem im Großrohrleitungsbau.

## -37 Gummikompensatoren[1])

Gummikompensatoren werden genauso wie Metallbalgkompensatoren aus einem Balg und Befestigungsteilen hergestellt und als Axial-, Lateral- und Angular-Kompensatoren geliefert. Der elastische Gummibalg besteht aus einem Verbundwerkstoff. Die innere

[1]) Koch, G., u. E. Memmert: TAB 10/80. S. 905/7.

Seele aus Gummi dichtet gegen das Fördermedium ab, die Druckträgereinlage (Karkasse) aus Synthesefaser oder Stahldraht nimmt die Innendruckkräfte auf, die äußere Decke aus Gummi schützt den Kompensator vor äußeren Einflüssen (Bild 235-53). Einsatzbereich: max. 16 bar Betriebsdruck; Temperatur +100 °C. Gummikompensatoren für Heizungsanlagen sollen DIN 4809 entsprechen und das „DINgeprüft"-Gütezeichen tragen oder eine TÜV-Nummer haben.

Gummikompensatoren werden vorzugsweise zur Dämpfung von Geräuschübertragungen (Körperschall), zum spannungsreduzierenden Pumpenanschluß und zur Aufnahme von Vibrationen eingesetzt. Bevorzugt werden Kompensatoren mit Längenbegrenzer (Lateral-Kompensatoren), um die Festpunktkräfte niedrig zu halten und die Pumpengehäuse zu entlasten (Bild 235-54).

### -38 Geräuschdämpfer

Das Problem der Unterbrechung bzw. Dämpfung von Geräuschfortleitungen, verursacht durch Pumpen, Motore oder andere gräuscherzeugende Aggregate, ist wirkungsvoll nur mit Einbauelementen aus Gummi zu erzielen. Hochwertiger Synthese-Kautschuk (z. B. EPDM) ist wärmefest und läßt eine lange Lebensdauer erwarten. Neben Gummikompensatoren auch Stahlbalgkompensatoren mit Gummiflanschen z. B. für Fernheizungs-Übergabestationen oder Pumpen (Bild 235-55). Davor und danach Festpunkte (Bild 235-56).

Daneben gibt es auch starre, geräuschdämpfende Einbaustücke wie z. B. Gummimetall-Rohrverbindungen (Bild 235-57).

Geräuschpegel-Absenkung siehe Druckschriften der Hersteller.

Bild 235-53. Stahldraht-Gummikompensator aus EPDM (Stenflex).

Bild 235-54. Verspannter Gummikompensator für Pumpenanschluß.

Bild 235-55. Stahlbag-Kompensator mit Gummiflanschen bis 140 °C (Stenflex).

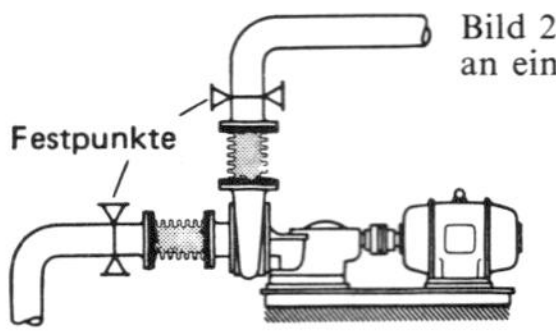


Bild 235-56. Schwingungsdämpfer an einer Pumpe.

Bild 235-57. Gummimetall-Rohrverbinder zur Trennung metallischer Leitungen (Stenflex).

## -4 KONDENSATABLEITER

Die Kondensatableiter (nach einer viel verwendeten Bauart auch *Kondenstöpfe* genannt) haben die Aufgabe, das Kondensat, das in Rohrleitungen und in den dampfverbrauchenden Apparaten anfällt, bei gleichzeitiger Überwindung des Druckunterschiedes vom Dampf zu trennen. Sie müssen außerdem, besonders nach Betriebspausen, Luft und Gase abführen, da das Kondensat sonst nicht abfließen kann.

Für Dampfleitungen bis 0,5 bar Überdruck können *Wasserschleifen* (Syphons) verwendet werden, falls die erforderliche Raumhöhe zur Verfügung steht. Wirkungsweise siehe Bild 235-58. Länge der Wasserschleifen $l$ = Betriebsdruck in m WS + 0,5 m. Für höhere Drücke sind selbsttätige Ableiter notwendig. Sie geben häufig zu Störungen Anlaß, da manche ihrer Bestandteile von dem strömenden Dampf und Wasser sowie mitgeführten Unreinigkeiten angegriffen werden, und führen dabei durch Undichtheiten zu erheblichen Dampfverlusten. Sorgfältige Pflege der Kondenstöpfe ist daher wichtig. Die Größe der Kondenstöpfe richtet sich nach der stündlich anfallenden Kondensatmenge und dem Dampfdruckunterschied. Große Kondenstöpfe sind mit Umgehungen zu versehen, um bei Störungen oder plötzlichen starken Kondensatanfällen (Anheizen) das Kondensat durch die Umgehung abzulassen. Zur Prüfung der Wirkungsweise ist ein Prüfventil am Ableiter von Nutzen. Zweckmäßig sind außerdem Schaugläser (Kondensatwächter) vor den Ableitern, die das richtige Arbeiten derselben zu beobachten gestatten.

Bauarten, Benennungen, Begriffe, Druckstufen und sonstige Angaben siehe DIN 3680 (4.76) und 3684 (9.77).

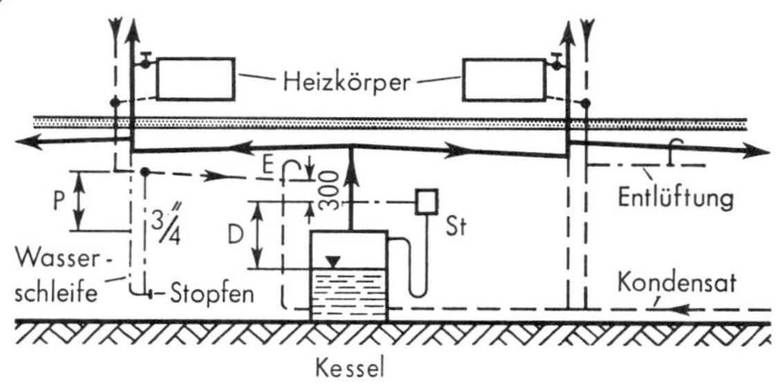


Bild 235-58. Kondensatableitung bei Niederdruckdampfheizungen.
Links: trockene Kondensatleitung, rechts: nasse. $D$ = Druckzone, $E$ = Entlüftung, $P$ = Dampfdruck, $St$ = Standrohr

## -41 Schwimmer-Kondensatableiter

Es gibt Ableiter mit *offenem Schwimmer* und mit geschlossenem Schwimmer. Die offenen Schwimmer können nach oben offen sein *(Eimerschwimmer)* oder nach unten *(Glokkenschwimmer)*. Bei den ersteren füllt sich zunächst das Gehäuse so weit mit Kondensat, bis es in den Schwimmer überläuft und diesen zum Sinken bringt. Dadurch wird das Auslaßventil geöffnet und das Kondensat durch den Dampfdruck hinausbefördert. Sie sind entweder ganz geöffnet oder ganz geschlossen. Heute kaum noch verwendet. Der Glockenschwimmer wirkt in ähnlicher Weise. Einströmender Dampf bringt den Schwimmer zum Auftrieb und schließt das Ventil, während bei Kondensatzufluß der Schwimmer durch ein Gewicht sinkt und Ventil öffnet. Stoßweise Entwässerung, schwer, Einfriergefahr.

Bei den Ableitern mit *geschlossenem Schwimmer* (Kugelschwimmer), (Bild 235-60), die heute am meisten verwendet werden, betätigt der Schwimmer vermittels einer Hebelübersetzung ein Absperrventil oder einen Schieber. Der heute vielfach verwendete Schieber kann als Flachschieber oder als Drehgelenkschieber ausgebildet werden (Bild 235-61).

Der Schwimmer bewegt sich bei Wasseranfall nach oben und öffnet das Absperrorgan, so daß das Wasser hinausgedrückt werden kann. Für alle Drücke und Temperaturen lieferbar. Besonders geeignet bei veränderlichem Kondensatanfall; verzögerungsfrei. Wichtig ist schnelle Luftabführung, namentlich beim Anfahren. Entlüftung von Hand durch ein kleines Ventil oder vermittels einer engen zusätzlichen Düse oder durch ein thermostatisch gesteuertes Ventil. Nachteilig sind die großen Abmessungen sowie die Empfindlichkeit der bewegten Teile gegen Korrosion, Verschmutzung und Verschleiß. Zu beachten ist die Einfriergefahr.

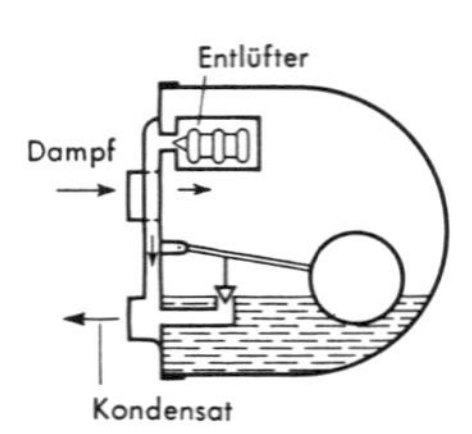


Bild 235-60. Kondensatableiter mit Kugelschwimmer und Entlüftung.

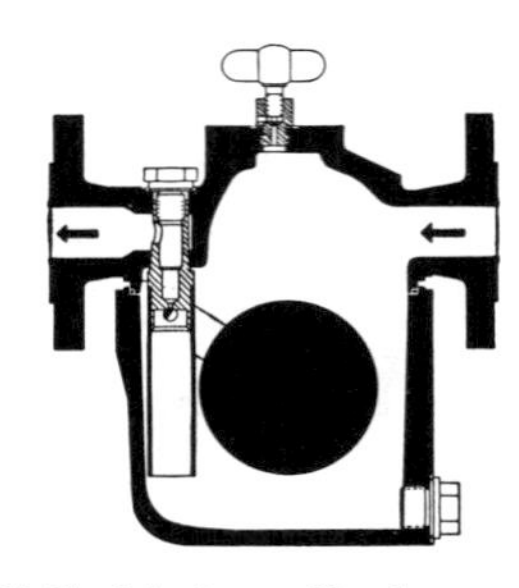

Bild 235-61. Schwimmer-Kondensatableiter mit Drehgelenkschieber (Rifox, Bremen).

Beim Schwimmer-Kondensatableiter ist die Überwachung der Arbeitsweise durch eingebauten Wasserstand möglich, der zugleich auch den Dampfverbrauch des Heizapparates erkennen läßt. Das Wasserniveau entspricht der Öffnungsweite des Auslasses und damit die Kondensatmenge sowie dem Dampfverbrauch.

Schwimmer-Kondensatableiter auch mit geschweißtem Stahlgehäuse und aus Vollstahl gedreht für hohe Dampfdrücke und Dampfüberhitzungen.

## -42 Thermische Kondensatableiter

Bei diesen thermisch gesteuerten Apparaturen wird die Ausdehnung fester oder flüssiger Körper durch Wärme dazu benutzt, ein Ventil zu schließen. Sobald Dampf in den Ableiter gelangt, dehnt sich das temperaturempfindliche Organ aus und schließt das Ventil. Öffnung findet erst dann statt, wenn sich das Kondensat abgekühlt hat. Luft und Gase werden selbsttätig in das Kondensatnetz abgeleitet.

Je nach der Ausbildung des Ausdehnungskörpers unterscheidet man

*Federkörper-Ableiter,* die eine mit der Flüssigkeit gefüllte Patrone oder einen Federkörper enthalten (Bild 235-62 u. -63). Flüssigkeit verdampft bzw. dehnt sich aus, erzeugt einen kräftigen Druck und schließt Ventil. Sie sind gleichzeitig gute Entlüfter. Empfindlich gegen Wasserschlag. Nur für geringe Drücke. Bei manchen Bauarten Temperatureinstellung für das Kondensat von z.B. 80 bis 100 °C möglich. Sonderausführung bis 10 bar Überdruck.

*Bimetall-Ableiter* verwenden zur Steuerung des Ventils Bimetalle, d.h. Elemente, die aus 2 korrosionsfesten Metallen mit verschiedenen Ausdehnungskoeffizienten bestehen und sich bei Erwärmung ausbiegen. Die Bauformen sind bei den verschiedenen Fabrikaten sehr unterschiedlich, teils sind es Pakete, teils Bügel, teils Klauen oder andere Formen. Alle Bimetalle haben eine gewisse Trägheit, Kondensat wird mit Unterkühlung von etwa 5···15 K (Anstau) abgeleitet; daher der Name *Stauer.* Für alle Drücke verwendbar. Geringe Abmessungen, in jeder Lage einbaubar, ziemlich frostsicher.

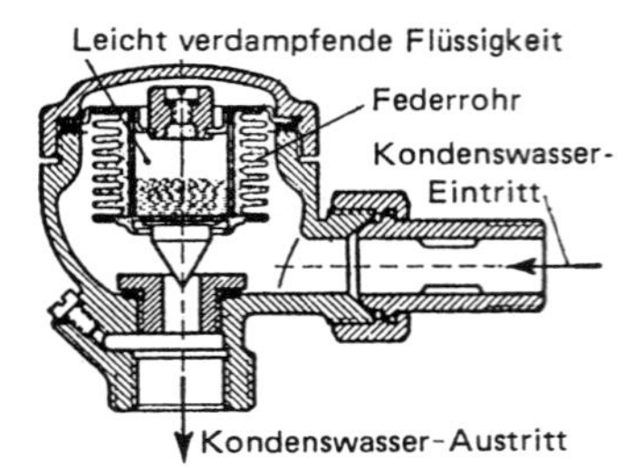


Bild 235-62. Ausdehnungs-Kondenswasserableiter mit Federrohr (Schnellentleerer-Samson).

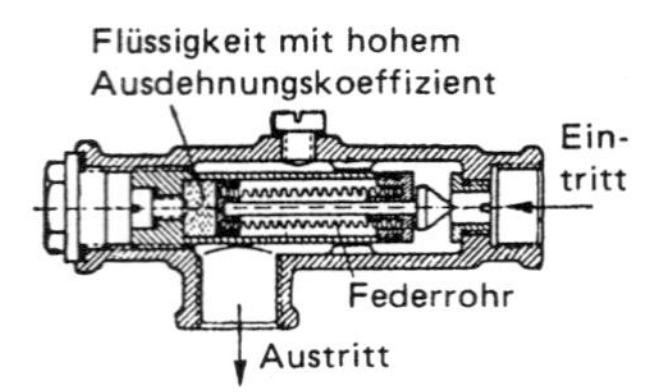


Bild 235-63. Ausdehnungs-Kondenswasserableiter mit Patrone (Dampfstauer-Samson).

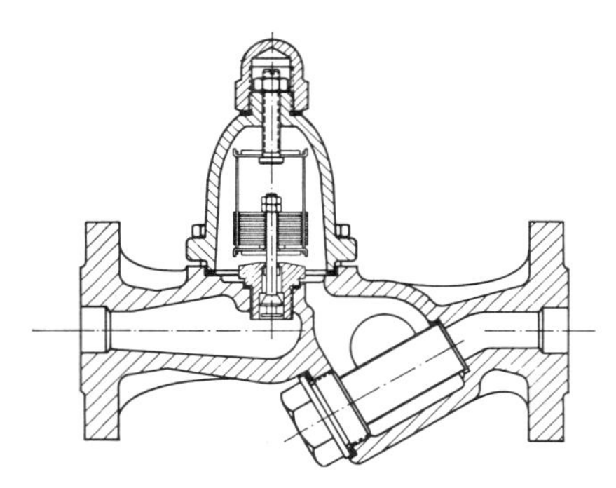

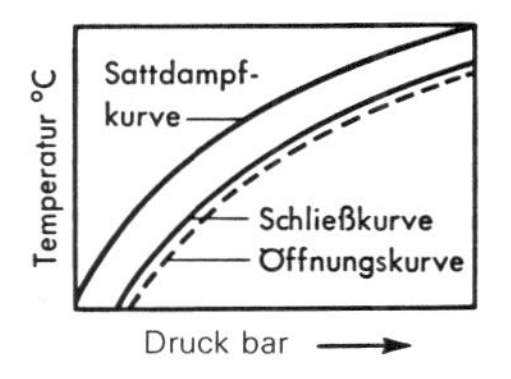


Bild 235-64. Kondensatableiter mit Bimetallsäule (Bitter & Co.).

Bild 235-65. Kennlinie eines Bimetallableiters.

Beispiel siehe Bild 235-64. Hier ist eine Bimetallsäule zur Steuerung des Ventils verwendet. Einstellung des Ventilhubs durch Regulierschraube von außen. Auf beiden Seiten Schaugläser.

Schließ- und Öffnungskurve derartiger Ableiter haben Hysteresis, die durch Reibung verursacht sind, siehe Bild 235-65.

## -43 Düsenableiter (Starre Ableiter)

Diese Ableiter, die keine beweglichen Teile haben, sind besonders bei Hochdruck-Heizungsanlagen mit gleichmäßigem Kondensatanfall geeignet. Nicht geeignet bei stoßweise anfallenden großen Kondensatmengen. Einfache Bauart, geringe Wärmeverluste. Ihre Arbeitsweise beruht darauf, daß eine Düse gewichtsmäßig erheblich mehr Wasser als Dampf hindurchläßt. Wenn kein Wasser anfällt, treten Dampfverluste auf. Aber selbst dann, wenn nur Dampf der Düse zuströmt, ist der Verlust nur gering, bei den in der Heiztechnik üblichen Drücken etwa 2···3% der maximalen Kondensat-Durchflußleistung. Geringe Abmessungen. Entlüftung durch die Düse. Beispiel einer Bauart Bild 235-66. Hier ist ein Schauglas vor der Düsenöffnung angebracht. Ferner ist eine Rück-

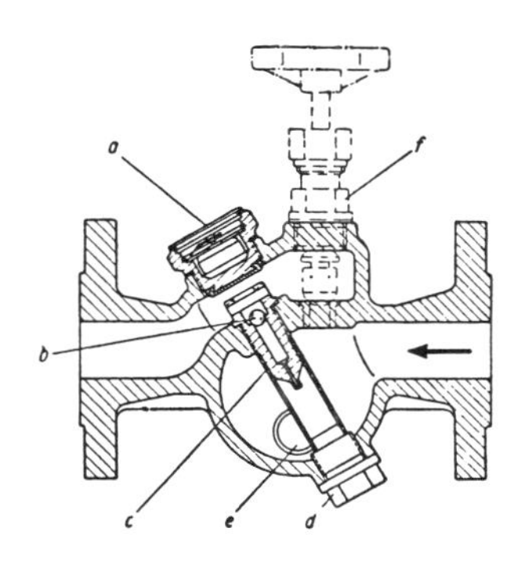


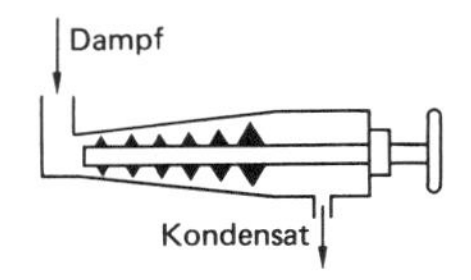


Bild 235-67. Schema eines Stufendüsen-Kondensatableiters.

Bild 235-66. Düsen-Kondensatableiter (Richter, Bremen).

*a* = Bimetall-Thermometer, *b* = Rückflußsperre, *c* = Sieb, *d* = Entleerungsstopfen, *e* = Schauglaspaar, *f* = Absperrventil

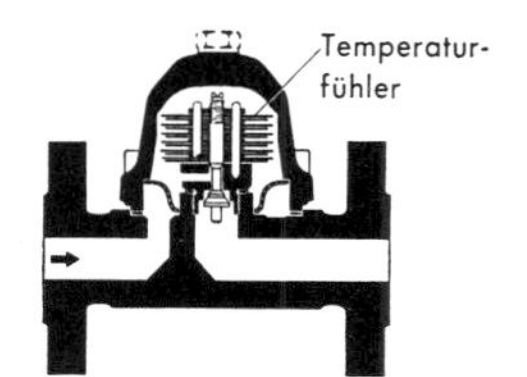


Bild 235-68. Stufendüsenableiter mit zusätzlicher Thermosteuerung aus Duo-Stahl (Gerdts).

flußsperre (Kugel-Rückschlagventil) sowie ein Bimetall-Thermometer zur Kontrolle der Kondensat-Temperatur vorhanden. Gerät auch mit eingebautem Kondensat-Wächter zur Kontrolle der Wirkungsweise lieferbar.

Eine Weiterentwicklung der einfachen Düsenableiter sind die Stufendüsenableiter. Düsenquerschnitt nimmt von Stufe zu Stufe zu. Der Entspannungsdampf, der sich bei der stufenweisen Druckabsenkung bildet, wird für die Steuerung des Kondensatabflusses benutzt. Schema Bild 235-67. Größere Regelfähigkeit. Noch besser sind Düsenableiter mit zusätzlicher thermischer Steuerung, z. B. durch Temperaturfühler aus Duo-Stahl (2 rostfreien Stählen mit verschiedenen Ausdehnungskoeffizienten). Beispiel Bild 235-68. Geringer Raumbedarf, auch für höchste Drücke und Temperaturen geeignet. Arbeitsweise unabhängig von Druck und Temperatur.

### -44 Thermodynamische Kondenswasserableiter

Die Wirkungsweise geht aus Bild 235-69 hervor. Kondensat hebt den Deckel und strömt ab. Dampf hat größere Geschwindigkeit, erzeugt unter dem Teller durch Umsetzung von Druck in Geschwindigkeit einen Unterdruck und strömt zunächst um den Rand des Deckels nach der Oberseite. Da Druck hier größer, fällt der Deckel jetzt auf den Sitz. Nach Abkühlung des Dampfes sinkt Druck, und Teller wird durch das strömende Kondensat wieder gehoben. Einbau in allen Lagen. Dampfdruck 1,0 bis 65 bar. Größenauswahl nach Leistung, nicht nach Rohrdurchmesser. Sehr geringe Abmessungen, trägheitsarm, unempfindlich gegen Druckschwankungen.

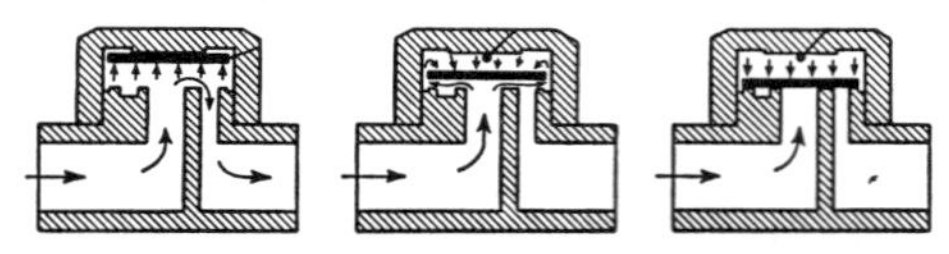

Bild 235-69. Thermodynamischer Kondensatableiter (Sarco, Konstanz).

## -5 KONDENSATWÄCHTER

dienen zur Kontrolle der richtigen Arbeitsweise der Kondenswasserableiter, da diese durch Undichtheit, Beschädigung oder Verschmutzung oft Dampfverluste und andere Schäden verursachen. Sie bestehen aus einem Gehäuse mit einer Trennwand und doppelseitigen Schaugläsern, durch die man die Strömung des Dampfes und Wassers beobachten kann. Bei richtig gebauten Kondensat-Wächtern trennen sich Dampf und Kondensat nach der Dichte und werden in den Schaugläsern sichtbar. Einbau immer vor den Kondensableitern, um Täuschungen durch Nachverdampfen hinter den Ableitern zu vermeiden. Beispiel Bild 235-70.

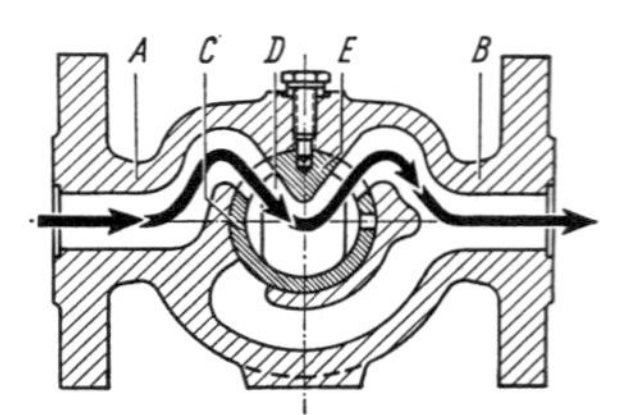


Bild 235-70. Vaposkop (Gerdts, Bremen).
*A* = Eintritt, *B* = Austritt, *C* = drehbarer Einsatz, *D* = Wasservorlage, *E* = Nase

## -6 BE- UND ENTLÜFTER[1])

Be- und Entlüfter werden in *Dampfleitungen* um selbsttätigen Entlüften vor der Füllung der Rohrleitungen mit Dampf und zur Belüftung nach dem Erkalten verwendet. Ein

---

[1]) Fravi, H.: SBZ 14/75 u. 16/75.
Jacoby, H.: Heizung – Lüftung – Klimatechnik, 6/86. S. 455/7.

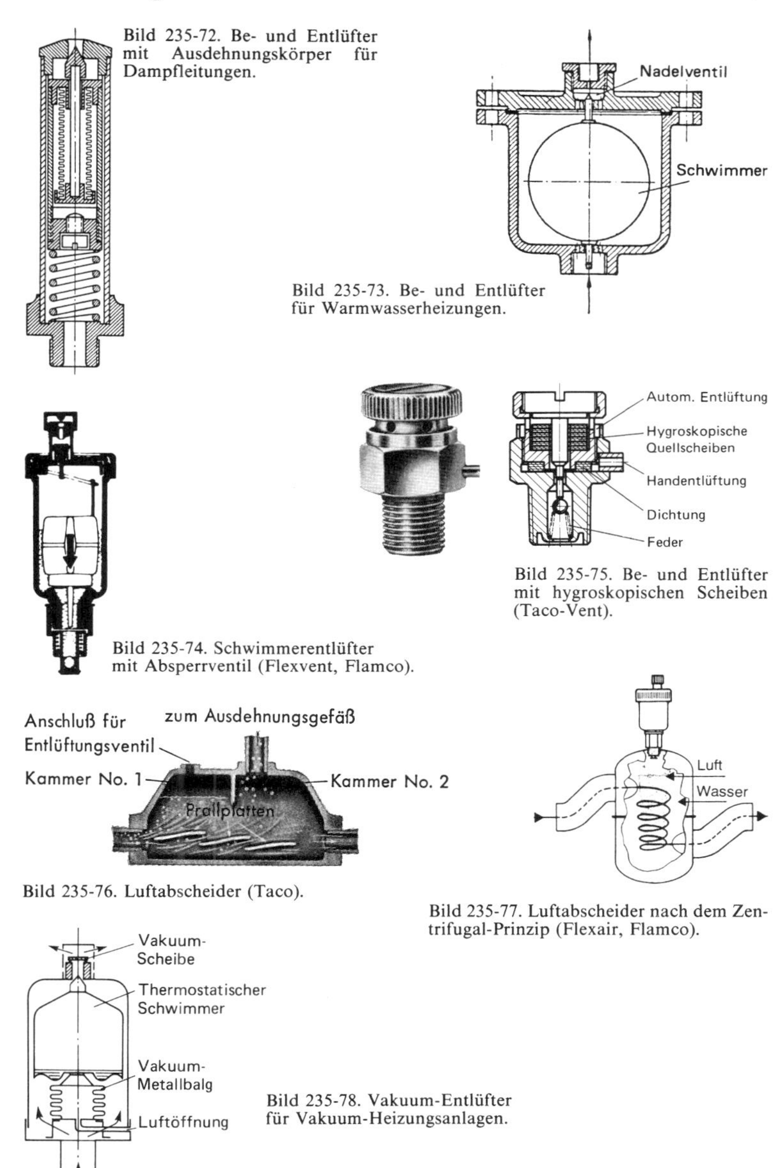


Bild 235-72. Be- und Entlüfter mit Ausdehnungskörper für Dampfleitungen.

Bild 235-73. Be- und Entlüfter für Warmwasserheizungen.

Bild 235-74. Schwimmerentlüfter mit Absperrventil (Flexvent, Flamco).

Bild 235-75. Be- und Entlüfter mit hygroskopischen Scheiben (Taco-Vent).

Bild 235-76. Luftabscheider (Taco).

Bild 235-77. Luftabscheider nach dem Zentrifugal-Prinzip (Flexair, Flamco).

Bild 235-78. Vakuum-Entlüfter für Vakuum-Heizungsanlagen.

thermostatischer Ausdehnungskörper mit Flüssigkeitsfüllung (Bild 235-72) läßt das Luftventil offen, solange er von kalter Luft umgeben ist, und schließt es, sobald er von Dampf umspült und dadurch erwärmt wird. Schließtemperatur kann geändert werden.

Bei *Wasserleitungen* werden statt der Ausdehnungskörper Schwimmer verwendet, die ein Ventil (Bild 235-73) betätigen oder einen Drehgelenkschieber (Bild 235-74), ferner hygroskopische Dehnungsscheiben (Bild 235-75); diese sind jedoch träge, gestatten automatische Entlüftung über quellende hygroskopische Scheiben oder manuell über Rändelschraube.

Luftabscheider zum Einbau in die Vorlaufleitung von Warmwasserkesseln siehe Bild 235-76. Luftabscheider vermeiden hohe Wassergeschwindigkeit an der Entlüftungsbohrung. Zur Trennung von Luft und Wasser auch Zentrifugalabscheidung (Bild 235-77).

Bei geschlossenen Niederdruckdampfheizungen, die z.T. im Vakuum arbeiten, werden Vakuum-Entlüfter nach Bild 235-78 verwendet. Hier kann die Luft beim Anheizen zwar entweichen, ihre Rückkehr wird jedoch durch eine Dichtungsscheibe verhindert.

## -7 SONSTIGES ZUBEHÖR

### -71 Wasserabscheider

Sie dienen dazu, das in Dampfleitungen vom Dampf mitgeführte Wasser sowie auch Schlamm abzuscheiden, um dadurch den Dampf zu trocknen und Wasserschläge zu verhindern. Das abgeschiedene Wasser wird durch Kondenstöpfe abgeleitet. Wirkungsweise der Abscheider beruht auf mehrfacher Richtungsänderung des Dampfes (Bild 235-81). Einfachste Ausführung ist ein Rohrknie.

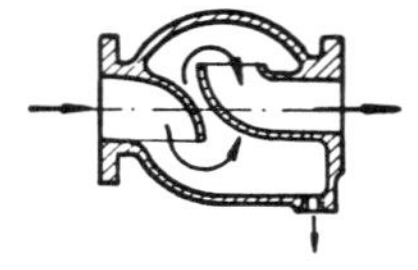

Bild 235-81. Wasserabscheider.

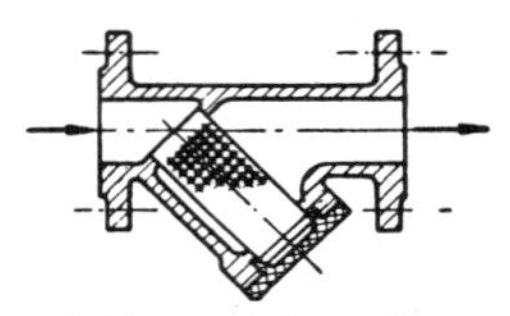

Bild 235-82. Schmutzfänger.

### -72 Schmutzfänger

Diese halten Unreinigkeiten in Dampfleitungen zurück und verhindern dadurch Schäden und Verstopfungen an Ventilen, Apparaten und Maschinen (Bild 235-82).

### -73 Verteiler und Sammler

Sie dienen dazu, von einer zentralen Stelle aus die den einzelnen Heizgruppen durch Rohrleitungen zugeführten Wärmemengen zu regulieren. Hauptrohr mit großem Durchmesser und aufgeschweißte Rohrstutzen. Bei Dampfheizungen nur ein Verteiler, bei Wasserheizungen Verteiler im Vorlauf und Sammler im Rücklauf mit Mischschieber dazwischen (Bild 223-58 und 235-35).

Der Durchmesser des Verteilers oder Sammlers wird meist so bemessen, daß sein Querschnitt etwa um 50% größer ist als die Summe der Flächen der Abgänge.

### -74 Regulier-T-Stücke

mit Einstellnippel und Verschlußstopfen (Bild 235-84).

### -75 Einschweiß-Drosselklappen

zum Einschweißen in Rohrleitungen (Bild 235-85).

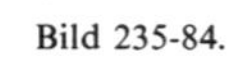

Bild 235-84.

Bild 235-85.

### -76 Entlüftungsventile

für Warmwasserheizungen mit Steckschlüssel (Bild 235-86).

### -77 Wassermangelschalter

Sie schalten bei Absinken des Wasserstandes den Brenner aus (Bild 235-87).

### -78 Sicherheitspfeifen

für Dampfkessel, abblasend bei zu hohem Druck (Bild 235-88).

### -79 Heizungsverteiler kombiniert mit Rücklaufsammler

(Bild 235-89).

Bild 235-86. Entlüftungsventil.

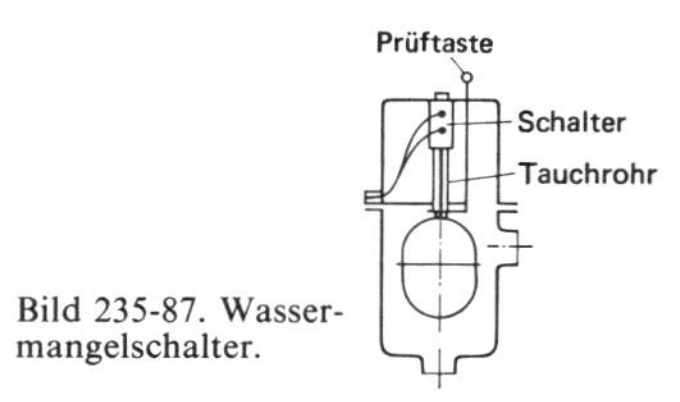


Bild 235-87. Wassermangelschalter.

Bild 235-88. Dampfpfeife.

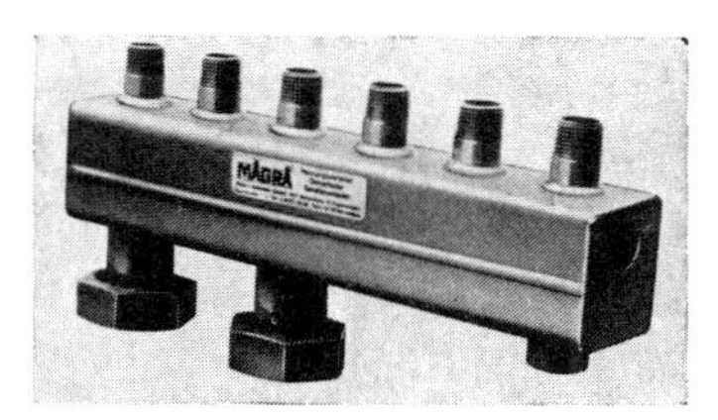


Bild 235-89. Heizungsverteiler mit übereinander angeordneter Vorlauf- und Rücklaufkammer (Magra).

## 236 Maschinen und Apparate

### -1 PUMPEN[1])

### -11 Allgemeines

Für den zwangsweisen Wasserumlauf in Pumpen-Warmwasserheizungen werden ausschließlich Kreiselpumpen verwendet. Die Pumpen sind hochentwickelte Dauerläufer mit ca. 5000 Betriebsstunden je Heizperiode. Hauptbestandteile sind das Spiralgehäuse und das auf der Welle sitzende Laufrad (Schleuderrad oder Schraubenrad). Antrieb durch Elektromotor oder Kleindampfturbine.

Begriffe, Zeichen und Einheiten genormt in DIN 24260 T. 1 (9.86). Maße in DIN 24255 (11.78).

---

[1]) Ihle, C.: Öl- und Gasfg. 7/74. S. 506/10 und Oel und Gasfg. 4/77. 4 S.
Schmalfuß, H.-G.: HR 12/77. S. 660/3.
Ihle, C.: SBZ 5/77. 3 S. u. 4/78. 2 S.
Gruber, H.: HR 8/78. S. 342/5 u. IKZ 6/77. S. 402/5.
Sittig, H.-W.: Ki 11/2. S. 427/30.

Einige Begriffe:

Förderstrom $\dot{V}$ = von der Pumpe geförderter Volumenstrom $m^3/s$

Förderhöhe $H$ = von der Pumpe auf die Flüssigkeit übertragene Energie bezogen auf die Gewichtskraft der Flüssigkeit in Nm/N = m.

Sie setzt sich allgemein zusammen aus:

$\Delta z$ = geometrische Höhendifferenz

$\Delta p/\varrho g$ = Druckhöhendifferenz

$\Delta w^2/2\,g$ = Differenz der Geschwindigkeitshöhe

$\Delta v$ = Rohrleitungsverluste = $\left(\lambda \frac{1}{d} + \Sigma\zeta\right)\frac{w^2}{2\,g}$

$H = \Delta z + \Delta p/\varrho g + \Delta w^2/2\,g + \Delta v$

Bei reinen Umwälzanlagen, wie z. B. bei Heizungskreisumläufen, sind oft die drei ersten Summanden = 0 und es ist $H = \Delta v$.

Haltedruckhöhe $H_H$ = NPSH-Wert (Net Positive Suction Head)

= um die Verdampfungsdruckhöhe $p_D/\varrho g$ bei warmem Wasser verringerte Druckhöhe in Mitte Eintrittsquerschnitt der Pumpe (wichtig zur Verhinderung von Dampfbildung und *Kavitation*).

$$= \frac{p_e + p_b - p_D}{\varrho g} + \Delta z + \frac{\Delta w^2}{2\,g} - \Delta v$$

$p_e$ = Überdruck

$p_b$ = Luftdruck

$p_D$ = Dampfdruck

$H_H$ muß größer sein als der vom Pumpenhersteller angegebene Wert.

Förderleistung $P$ = auf die Flüssigkeit übertragene nutzbare Leistung
$P = \dot{V} \cdot H \cdot \varrho \cdot g = \dot{V} \cdot \Delta p_t$

Statt mit der Förderhöhe $H$ kann auch mit dem Gesamtdruck $\Delta p_t = H \cdot \varrho \cdot g$ gerechnet werden.

## -12 Leistungsbedarf

Der zum Antrieb der Pumpen erforderliche Leistungsbedarf $P$ ergibt sich aus

$$P = \frac{\dot{V} \cdot H \cdot \varrho \cdot g}{\eta} \text{ in W } \left(\frac{\text{Nm}}{\text{s}}\right) \text{ oder } P = \frac{\dot{V} \cdot \Delta p_t}{\eta} \text{ in W}$$

$\dot{V}$ = Förderstrom in $m^3/s$ ist aus der Heizleistung und dem Temperaturunterschied $\Delta t$ zwischen Vorlauf und Rücklauf zu bestimmen. (Bei der Deckenheizung $\Delta t = 10$ K, bei der WW-Pumpenheizung 20 bis 30 K, bei Heißwasserheizungen 40 bis 100 K.)

$\varrho$ = Dichte des Wassers $kg/m^3$.

$H$ = Förderhöhe in m WS ist durch die Rohrleitungswiderstände bestimmt und so zu wählen, daß die Summe aus jährlichen Betriebskosten und Kapitalkosten ein Minimum wird.

$\eta$ = Wirkungsgrad der Pumpe. Bei kleinen Pumpen ist der höchste Wirkungsgrad $\eta_{max} = 0{,}4 \cdots 0{,}6$, bei mittleren Pumpen $0{,}6 \cdots 0{,}75$, bei großen Pumpen $0{,}75 \cdots 0{,}85$. Bei sich ändernder Belastung ist $\eta$ stark fallend.

$\Delta p_t$ = Gesamtdifferenz in *Pa*.

Der Antriebsmotor ist um etwa 15 bis 25% größer zu wählen, damit bei evtl. Mehrleistung der Pumpe der Motor nicht überlastet wird.

*Beispiel:*

Förderstrom 1000 $m^3/h$, Förderhöhe $H = 20$ m, $\eta = 0{,}80$

$$\text{Leistung } P = \frac{1000 \cdot 20 \cdot 1000 \cdot 9{,}81}{3600 \cdot 0{,}8} = 68\,100 \text{ W} = 68{,}1 \text{ kW}$$

Zu beachten ist, daß bei Förderung von *Glykol- oder Salzsolen* wegen ihrer Zähigkeit die Förderhöhe und der Wirkungsgrad sinken, die Antriebsleistung steigt, zumal die Rohrreibung auch ansteigt (s. Abschn. 634).

### -13 Kennlinien

Das Verhalten der Pumpen im Betrieb ist durch die Pumpen- und Rohrleitungskennlinien bestimmt. Die *Pumpenkennlinie,* die nur durch Versuche bestimmt werden kann, gibt die Beziehung zwischen Förderhöhe und Förderstrom bei konstanter Drehzahl an, während die *Rohrleitungskennlinie,* eine durch den Nullpunkt gehende Parabel, die Beziehung zwischen Druckverlust und Förderstrom bei einem bestimmten Rohrnetz bezeichnet. Der *Betriebspunkt* ist durch den Schnitt der Pumpenkennlinie mit der Rohrleitungskennlinie gegeben (Punkt $A$ im Bild 236-1). Bei Änderung des Rohrnetzwiderstandes Verschiebung des Betriebspunktes auf der $H$-Linie, z. B. von $A$ nach $B$ oder $C$.

Die Kennlinien lassen sich auch in logarithmischem Maßstab darstellen. Die Netzlinien werden dabei Gerade (Bild 236-2).

Die Kennlinien können je nach Ausbildung der Laufräder einen flachen oder mehr steilen Verlauf haben. Im ersten Fall ergibt sich bei Widerstandsänderung eine große Förderstromänderung, im zweiten Fall eine geringe Änderung.

Wegen der quadratischen Abhängigkeit des Druckverlustes vom Förderstrom gilt für die Netzkennlinie

$$\Delta p = \text{konst.}\ \dot{V}^2$$

Daraus ergeben sich 2 Kenngrößen:

*Rohrnetzkennzahl* $C_R = \Delta p / \dot{V}^2$

*Pumpenkennzahl* $k_v = \dot{V} / \sqrt{\Delta p}$.

Beide Größen lassen sich durch Parabeln darstellen. $k_v$ ist wie bei Regelventilen der Durchfluß in $m^3/h$ bei einem Druckabfall von $\Delta p = 1$ bar.

Bei *Parallelarbeit* zweier gleich großer Pumpen auf dasselbe Netz ist der Betriebspunkt durch den Schnittpunkt der Rohrnetzkennlinie mit der Förderhöhenkurve für den doppelten Förderstrom gegeben (Bild 236-4).

Beim *Hintereinanderschalten* zweier Pumpen fließt das Wasser nacheinander durch beide Pumpen, Förderhöhen addieren sich. Wassermenge konstant (Bild 236-5).

Als Beispiel der Kennlinien für die Pumpe eines bestimmten Fabrikats und bestimmter Größe dient Bild 236-6. Bei Veränderung von Laufraddurchmesser oder Drehzahl verschieben sich die Kennlinien.

### -14 Proportionalitätsgesetze

Für jede Pumpe gelten mit großer Annäherung folgende Gesetze:

Der Förderstrom ist proportional der Drehzahl;
die Förderhöhe ist proportional dem Quadrat der Drehzahl;
der Kraftverbrauch ist proportional der dritten Potenz der Drehzahl, bei Rohrpumpen mit Spaltrohrmotor proportional der zweiten Potenz.

### -15 Regelung der Pumpenleistung[1])

ist möglich durch *Drosselung* der Wassermenge mittels Absperrorgan in der Druckleitung; durch einen Beipaß im Pumpengehäuse; durch *Änderung der Drehzahl*; durch *gruppenweisen Betrieb* mehrerer Pumpen, z. B. eine Hauptpumpe für den Tagbetrieb und eine Nebenpumpe für den Nachtbetrieb. Im allgemeinen laufen die Pumpen in kleinen Heizungsanlagen mit *konstanter Drehzahl,* während die Heizleistung durch Änderung der Wasservorlauftemperatur dem Bedarf angepaßt wird. Häufig Haupt- und Reservepumpe mit unterschiedlicher Leistung.

Bei größeren Anlagen werden zur Anpassung an die Betriebsverhältnisse Pumpen mit *Drehzahländerung* verwendet. Die Umschaltung kann erfolgen abhängig von

der Zeit, z. B. nachts kleinere Drehzahl
dem Differenzdruck, z. B. in Zweirohranlagen mit Thermostatventilen
der Differenztemperatur zwischen Vorlauf und Rücklauf
der Außen- oder Vorlauftemperatur.

---

[1]) Kunz, U.: ETA 5/83. S. 59/67, und Ki 7/8 – 1984. S. 281/8.
Pornitz, M.: CCI 7/84. S. 24/5.
Zeddis, F.: VDI-Bericht 508 (1984). S. 53/6.
Schneider, P.: TAB 1/85. S. 113/20.
Stygar, E.: IKZ 5/86. S. 57 ff. u. 6/86. S. 107 ff.

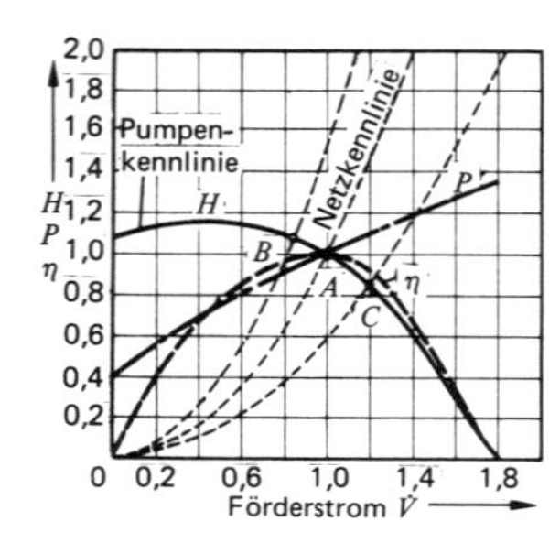


Bild 236-1. Abhängigkeit der Förderhöhe $H$, des Leistungsbedarfs $P$ und des Wirkungsgrades $\eta$ vom Förderstrom $\dot{V}$ bei konstanter Drehzahl der Pumpe (im Betriebspunkt $A$ sind alle Werte = 1 gesetzt).

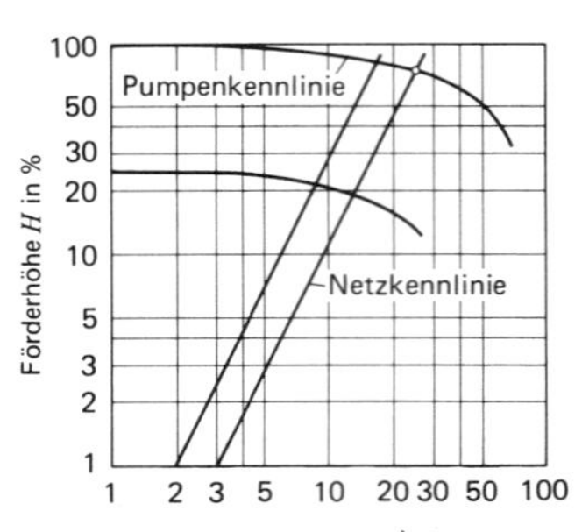


Bild 236-2. Pumpen- und Netzkennlinie im logarithmischen Netz.

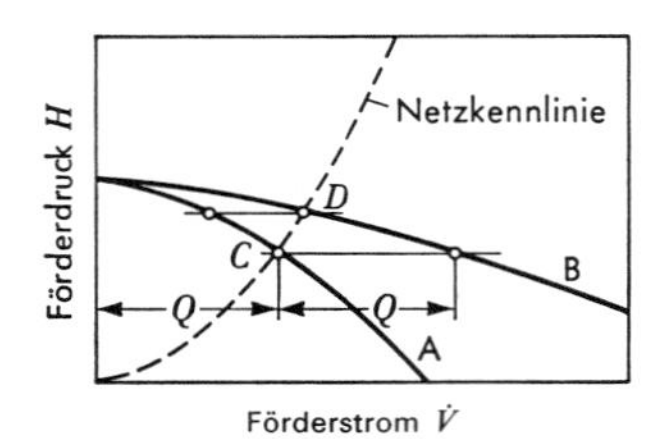


Bild 236-4. Kennlinien beim Parallelarbeiten von zwei gleich großen Pumpen.
$A$ = Kennlinie einer Pumpe,
$B$ = Kennlinie beider Pumpen,
$C$ = Betriebspunkt bei einer Pumpe,
$D$ = Betriebspunkt bei beiden Pumpen

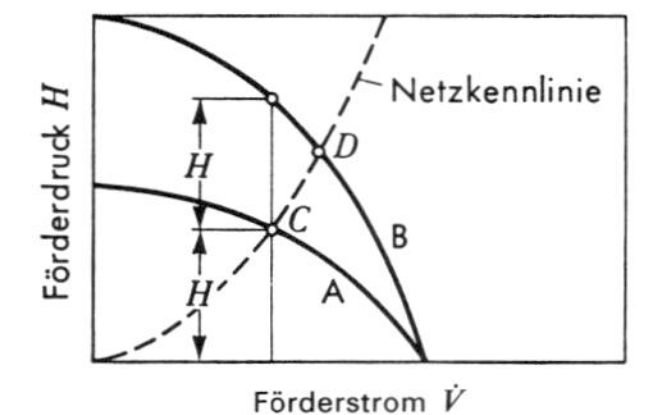


Bild 236-5. Kennlinien beim Hintereinanderschalten von zwei gleich großen Pumpen.
$A$ = Kennlinie einer Pumpe,
$B$ = Kennlinie beider Pumpen,
$C$ = Betriebspunkt bei einer Pumpe,
$D$ = Betriebspunkt bei beiden Pumpen

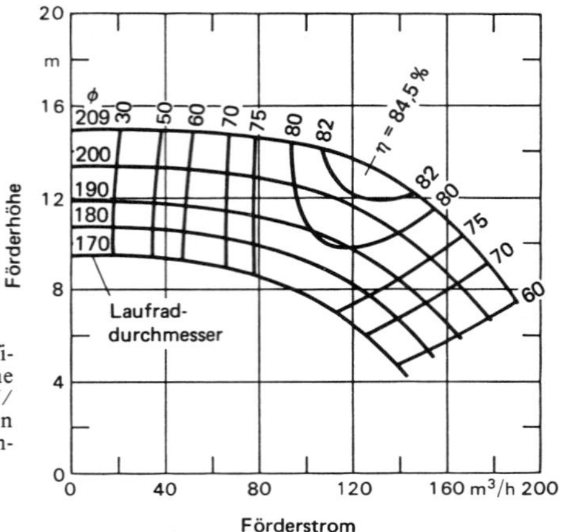


Bild 236-6. Kennlinien einer einstufigen Heizungspumpe für verschiedene Laufraddurchmesser bei n = 1450 U/min. (ETANORM 100 bis 200 von Klein, Schanzlin & Becker, Frankenthal).

Bewirkt wird die Umschaltung bei Kurzschlußläufern durch Spannungsänderung (Transformator oder Phasenanschnitt), bei Drehstrommotoren durch Polumschaltung. Neuerdings Drehzahl auch kontinuierlich veränderbar (Thyristor). In allen Fällen ergibt sich eine wesentliche Energieeinsparung, ferner bei Thermostatventilen eine bessere Regelcharakteristik (Bild 236-36) und geringeres Drosselgeräusch.

*Beispiel* einer stufenlosen Drehzahlregelung bei konstantem Förderdruck in Bild 236-9. Verändert sich die Rohrkennlinie z. B. durch Schließen der Ventile, wandert der Betriebspunkt der Pumpe von A nach B. Der Förderstrom $\dot{V}$ verringert sich auf 50%, die Wärmeleistung $\dot{Q}$ bei Radiatoren auf 83% und die Leistungsaufnahme auf ca. 35%.

## -16 Bauarten[1])

Das gußeiserne Spiralgehäuse ist bei den kleineren Pumpen bis etwa 100 mm Sauganschluß am Lagerstuhl angeflanscht, bei den größeren Pumpen mit Füßen versehen. Druckstutzen normal nach oben gerichtet. Beispiel eines Blockaggregats mit angeflanschter Pumpe. Bild 236-8. Die Laufräder, ebenfalls meist aus Gußeisen, werden mit verschiedenen Außendurchmessern hergestellt, so daß bei gleicher Drehzahl verschiedene Förderhöhen erreicht werden können. Bei großen Leistungen Antriebsmaschine und Pumpe auf gemeinsamer gußeiserner Grundplatte. Verbindung beider Maschinen durch elastische Kupplungen.

Bild 236-9. Stufenlose Drehzahlregelung bei konstanter Förderhöhe $H$.
$P$ = Leistungsaufnahme
$\dot{Q}$ = Wärmeleistung

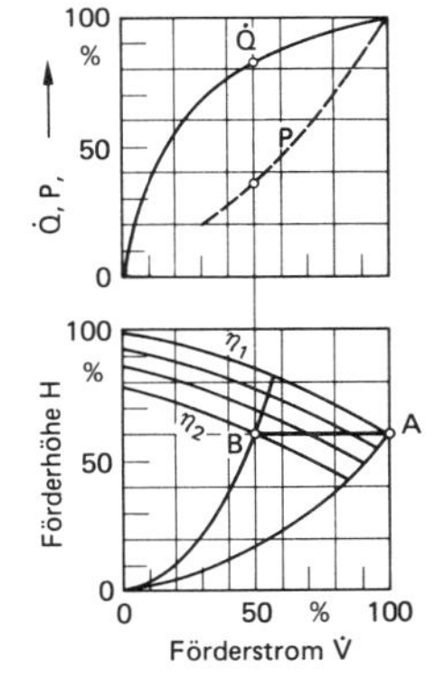

Bild 236-8. Einstufige Umwälzpumpe für Wasserheizungen bis 140 °C (KSB Bauart ETATHERM-M).

Bei Platzmangel *Zwillingspumpen*, bei denen Haupt- und Reservepumpen in einem Gehäuse vereinigt sind. Jede Pumpe kann dabei einzeln in Betrieb genommen werden; automatische Umschaltklappe auf Druckseite. Auch Parallelbetrieb möglich. Weniger Installationskosten.

Für kleine und mittlere Anlagen werden elektrisch angetriebene *Kleinpumpen* verwendet, die direkt in die Rohrleitung eingebaut werden *(Rohrpumpen)*. Je nach dem Förderdruck werden Laufräder verschiedener Bauart verwendet. Bei geringem Druck propellerähnliche Räder (Axialpumpe). Ihr Widerstand ist gering, so daß die Anlagen bei stillstehender Pumpe als Schwerkraftanlagen weiter im Betrieb bleiben. Bei höherem Druck Radialräder.

Große Heizungsanlagen werden meist in mehrere *Heizkreise* aufgeteilt, die verschiedene Temperaturen benötigen, z. B. Nord-Süd-Seiten, Deckenheizungen, Lagerräume u. a. Dabei erhält jeder Heizkreis am Vorlaufverteiler eine Rohrpumpe mit Beimischventil (Bild 222-38).

Die Rohrpumpen[2]) werden in ziemlich einheitlicher Bauweise auch für kleinste Anlagen verwendet, da kaum noch Schwerkraftheizungen gebaut werden. In der ursprüngli-

[1]) Mackensen, H.: IKZ Heft 14. Juli 1975.
Ihle, C.: SBZ 5/1975. S. 334.
Kunz, U.: IKZ 15/77. 4 S.
Schmalfuß, H.-G.: IKZ 21/81. S. 48.

[2]) IKZ 19/81. S. 30.

chen Bauart waren sie noch mit Stopfbuchsen versehen, während heutige Bauarten stopfbuchsenlos mit Gleitring- oder Labyrinthdichtung in der sogenannten *Spaltrohrbauweise* und mit Wasserschmierung ausgeführt werden, so daß sie praktisch wartungslos sind. Alle rotierenden Teile einschl. des Rotors liegen dabei im Wasser *(Naßläufer)*. Die Trennung zwischen dem nassen und trockenen Teil der Pumpe bewirkt das Spaltrohr, das aus unmagnetischem Chromnickelstahl besteht. Drehsinn muß von außen erkennbar sein. Ausführungsbeispiele siehe Bild 236-10 u. -11 sowie Leistungsdiagramme Bild 236-12. Wirkungsgrad einschl. Motor gering, etwa 40…50%. Förderleistung bis

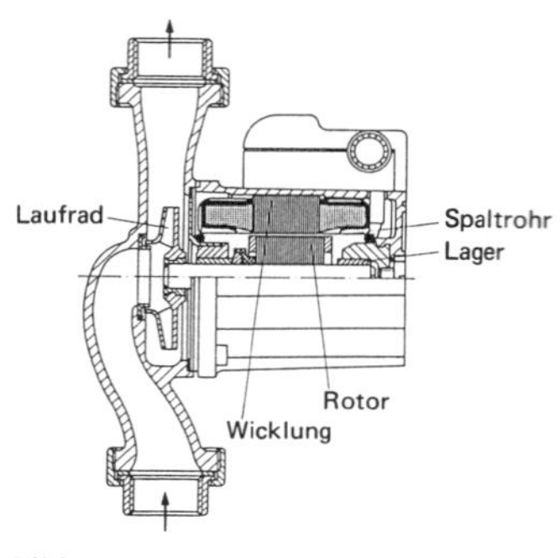


Bild 236-10. Stopfbuchsenlose regelbare Naßläuferrohrpumpe (Wilo).

Bild 236-11. Rohrpumpen-Doppelaggregate mit automatischer Umschaltung (Loewe).

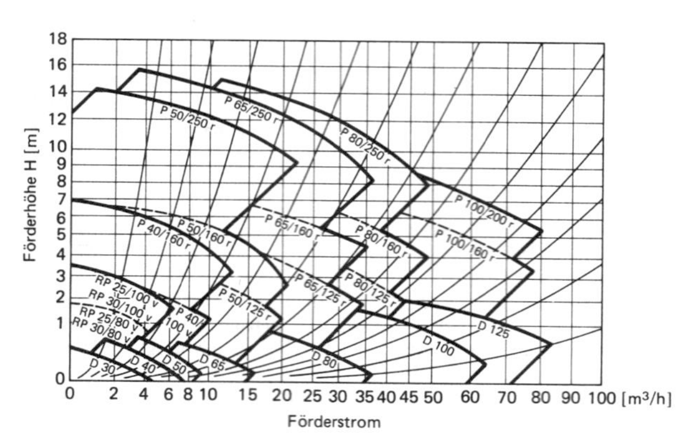


Bild 236-12. Kennlinien von Rohrpumpen (Wilo Baureihe RP, P, D).

Bild 236-14. Rohrpumpen-Montageeinheit mit Mischer, Thermometer und Absperrschiebern, auch mit angebautem Regelstellmotor lieferbar (Loell).

etwa 100 m³/h; Förderdrücke bis etwa 20 m WS (2 bar). Normale Drehzahlen 1400 und 2800 U/min.

Einige Bauformen sind durch Anordnung eines Beipaßventils zwischen Druck- und Saugseite oder durch einen Regulierschieber oder durch einen Vordrall in der Leistung regelbar, was jedoch energetisch weniger günstig ist.

Manche Pumpen werden auch in Kombination mit einem Mischer gebaut oder sogar als kompakte Einheit mit Regelgerät, Fühlern, Anzeigegeräten u.a., wodurch sich der Installationsaufwand verringert. *(Pumpen-Mischer-Kombination).* Als Beispiel siehe Bild 236-14.

Normalausführung bis 100 °C. Für Heißwasserheizungen *Sonderausführungen* von Umwälzpumpen mit wassergekühlten Ringschmierlagern, Gehäuse aus Spezialgußeisen oder Stahlguß.

## -17 Einbau der Pumpen in den Vor- oder Rücklauf

Auf Saug- und Druckseite je ein Absperrventil. Wasser mit Temperaturen über 65° soll den Pumpen frei zufließen. Die Zuflußleitung soll reichlich bemessen sein und geringe Widerstände besitzen. Es ist besonders auf Verhinderung von Geräuschübertragungen zu achten. Daher geringe Drehzahlen wählen, geräuscharme Motoren, Maschinen mit Gleitlagern, Isolierung der Fundamente durch schalldämmende Schichten, Schalldämmung bei Berührungsstellen von Rohr- und Gebäudeteilen.

Aus Gründen der Betriebssicherheit empfiehlt sich die Verwendung einer Reservepumpe (Bild 236-11). Für Nachtbetrieb häufig Pumpe mit halber Förderleistung. (Kraftverbrauch dabei nur ⅛ des Normalverbrauches). Pumpe kann sowohl im Vorlauf wie Rücklauf der Anlage angeordnet werden. Für einwandfreien Betrieb muß der Druck am Saugstutzen der Pumpe größer sein als der Dampfdruck des Wassers, da sonst *Kavitation* (Hohlraumbildung) eintritt; dadurch Geräuschbildung, Materialzerstörung und Minderleistung. Siehe auch Abschnitt 222-12.

Sicherheitsvorschriften beachten. Pumpe darf nicht zwischen Kessel und Sicherheitsleitungen eingebaut werden.

Manchmal werden Pumpen auch zur besseren Betriebsanpassung in *Hintereinanderschaltung* verwendet. Automatische Umschaltung in Abhängigkeit vom Differenzdruck. Dadurch Energieersparnis.

## -18 Wasserstrahlpumpen[1])

Diese Pumpen, auch *Ejektoren* genannt, werden zum Fördern von Flüssigkeiten häufig bei Gebäudeheizungen angewendet, die an Fernleitungsnetze angeschlossen sind, Bild 236-15. Die Pumpen mischen dabei Vorlauf- und Umlaufwasser und erzeugen die für den Umlauf erforderliche Förderhöhe. Ferner dienen sie zum Entwässern von Schächten, Gruben, Kellern usw. Begriffe in DIN 24290/1 (8.81).

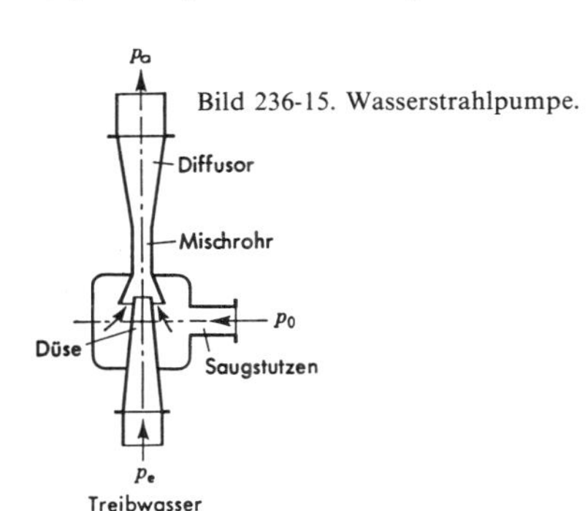


Bild 236-15. Wasserstrahlpumpe.

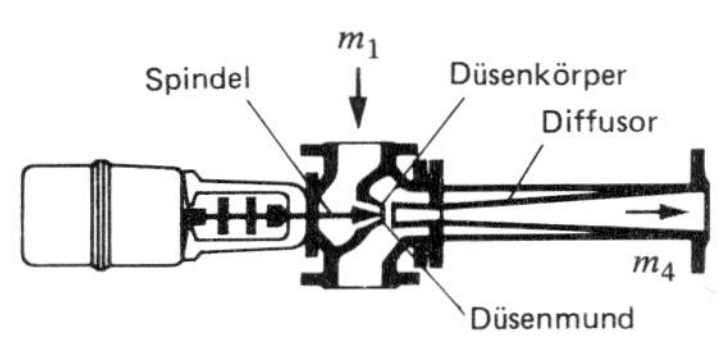


Bild 236-16. Geregelte Strahlpumpe (Bälz-Heilbronn).
$m_1$ = Treibstoffstrom, $m_4$ = Gesamtstrom

[1]) Brumm, W.: Fernwärme 5/78. S. 154/9.
Zöllner, G., u. G. Lehr: HLH 3/80. S. 95/100.
Krinninger, H.: HR 2/81. S. 81/4.

*Wirkungsweise:*

Ein aus einer Düse austretender Wasserstrahl saugt aus einem angeschlossenen Saugstutzen infolge des entstehenden Unterdruckes Wasser an, mischt sich im Mischrohr (Fangdüse) damit und fördert das Gemisch bei abnehmender Geschwindigkeit in den Diffusor auf einen höheren Druck.

*Regelbare Strahlpumpen*

Während bei diesen Strahlpumpen unter sonst gleichen Umständen der umlaufende Wasserstrom konstant ist, wird bei der geregelten Pumpe durch elektrische, pneumatische oder manuelle Verschiebung einer Nadel der Treibquerschnitt geändert (Bild 236-16). Dabei ändert sich außer dem Treibstoffstrom auch die umlaufende Menge und das Mischungsverhältnis.

Eine geeignete Anwendung findet die Strahlpumpe bei Kesselanlagen mit nur einer, möglichst drehzahlgeregelten Zentralpumpe und in geringerem Maße auch bei *Fernheizungen*. Die auf der Treibdruckseite anstehende Treibdruckdifferenz wird dabei zur Umwälzung der Sekundärmenge benutzt (Bild 236-17). Es genügt im allgemeinen eine Treibdruckdifferenz, die doppelt so hoch ist wie der sekundärseitige Widerstand. Dabei entfällt gegenüber der konventionellen Anlage die sonst übliche Mischpumpe mit dem Dreiwege-Mischventil.

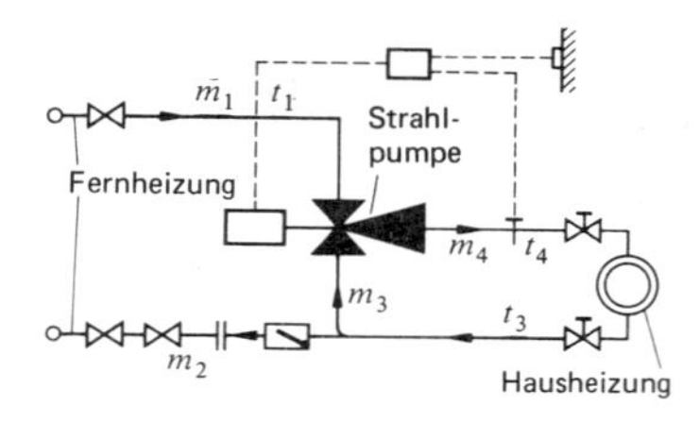


Bild 236-17. Hausstation einer Fernheizung mit direkter Einspeisung und Strahlpumpe.
$m$ = Wasserstrom

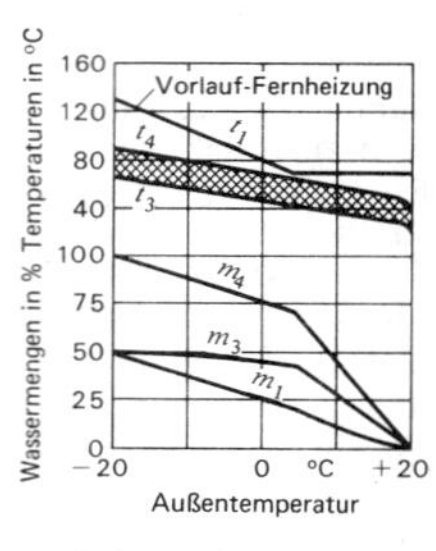


Bild 236-18. Teillastverhalten einer Wärmeübergabestation mit Strahlpumpe. Fernheizung 130/70 °C, Hausheizung 90/70 °C.

Als besonders geeignet für kritische Regelaufgaben ist die Strahlpumpe wegen der hohen „Ventilautorität".

*Vorteilhaft* ist der geringe Strombedarf und die geringen Investitionskosten.

Zu beachten ist, daß bei fallender Belastung der umgewälzte Wasserstrom geringer wird. Das bedeutet einerseits eine geringere Rücklauftemperatur und damit gute Wärmeausnutzung, andererseits bei sehr geringem Wasserstrom eine ungleichmäßige Verteilung, wenn kein Widerstandsabgleich der parallelen Stränge durchgeführt wird. Bei Lufterhitzern ist die Einfriergefahr durch Prüfen der Umwälzpumpe zu beachten (Bild 216-18).

Die Auswahl der Strahlpumpen erfolgt aus den Listen der Hersteller in Abhängigkeit des Differenzdrucks der Fernheizung, des Anlagewiderstandes, der Heizleistung und der Temperaturverhältnisse.

## -2 KLEINDAMPFTURBINEN FÜR PUMPENANTRIEB

### -21 Allgemeines

In mittleren und großen Warmwasserheizanlagen werden als Antriebsmaschinen für die Umwälzpumpen manchmal statt Elektromotoren oder zusätzlich zu diesen oder als Reservemaschinen Dampfturbinen gewählt, deren Abdampf zur Heizung verwendet wird.

*Vorteile:*

Unabhängigkeit von der Stromlieferung und dadurch große Betriebssicherheit; sehr geringe Betriebskosten, weil der Wärmeverbrauch je kWh Förderleistung klein (etwa 1,5 kW) ist;

daher hohe Pumpendrücke und kleinere Rohrdurchmesser zulässig.

*Nachteile:*

Höhere Anschaffungskosten der Turbine.

## -22 Bauarten

Meist *Gleichdruckturbine* mit ein- oder mehrkränzigem Curtisrad. Beaufschlagung in axialer oder radialer Richtung.

## -23 Dampfverbrauch

Dampfverbrauch $D = \dfrac{3600}{(h_1 - h_2)\,\eta_i \cdot \eta_m}$ in kg/kWh

$h_1$ = Wärmeinhalt des Dampfes beim Eintritt in kJ/kg
$h_2$ = Wärmeinhalt des Dampfes bei verlustloser Maschine beim Austritt in kJ/kg
$\eta_i$ = innerer Wirkungsgrad
$\eta_m$ = mechanischer Wirkungsgrad
= 0,75⋯0,85.

$\eta_i$ ist abhängig vom Verhältnis $u/w$ = Umfangsgeschwindigkeit : Dampfgeschwindigkeit (Bild 236-20). $h_1$ und $h_2$ sowie $w$ sind aus dem $h,s$-Diagramm zu entnehmen. Dampfverbrauch bei höheren Eintrittsdrücken siehe Bild 236-21.

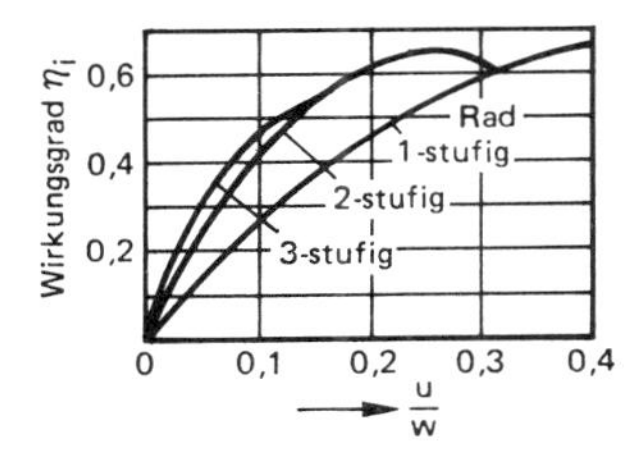


Bild 236-20. Innerer Wirkungsgrad $\eta_i$ einer Turbine in Abhängigkeit vom Verhältnis der Umfangsgeschwindigkeit $u$ zur Dampfgeschwindigkeit $w$.

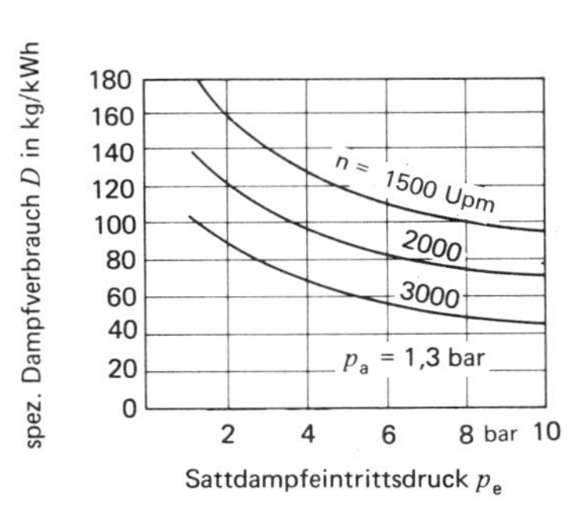


Bild 236-21. Einfluß der Drehzahl einer Kleindampfturbine auf den spezifischen Dampfverbrauch.

*Beispiel:*

Dampfeintritt $p_1 = 1{,}40$ bar $x_1 = 0{,}97$, $h_1 = 2625$ kJ/kg
$p_2 = 1{,}1$ bar, $h_2 = 2580$ kJ/kg, $w = 230$ m/s,

gewählt ein zweistufiges Rad mit dem Durchmesser $d = 0{,}4$ m.

$n = 1500$ U/min.

Daraus

$u = \dfrac{\pi \cdot d \cdot n}{60} = 31{,}4$ m/s.

$u/w = 0{,}145$. $\eta_i$ aus Bild 236-20 = 0,53. $\eta_m = 0{,}8$.

Dampfverbrauch $D = \dfrac{3600}{(2625 - 2580) \cdot 0{,}53 \cdot 0{,}8} = 188$ kg/kWh.

## -24 Regelung

Sie erfolgt durch *Drosselung* des Dampfdruckes mittels Absperrventil oder bei größeren Maschinen durch Zu- und Abschaltung von Düsen.

### -25 Zubehör

*Schnellschlußregler* zwecks Verhinderung des Durchgehens der Turbine bei Entlastung; Drehzahlmesser, Sicherheitsventil, Manometer, Thermometer.

## -3 KONDENSATRÜCKSPEISEGERÄTE UND WASSERSTANDS-REGLER

Wenn es nicht möglich ist, das Kondensat in Dampfheizungsanlagen mit natürlichem Gefälle nach dem Kessel zurückzuführen, da die Dampfverbraucher in der Druckzone liegen, sind besondere *Rückspeiser* zu verwenden, die das Kondensat auf die durch den Kesseldruck gegebene Höhe fördern. Man unterscheidet mechanische, elektrische und dampfbetätigte Rückspeiser.

### -31 Mechanische Speisewasserregelung (Bild 236-22)

Es ist ein hochliegendes Kondensatgefäß vorhanden, aus dem das Kondensat über *Zuflußregler* den Kesseln zufließt. Der Regler öffnet mittels Schwimmer je nach Wasserstand im Kessel das Zuflußventil mehr oder weniger (Bild 236-24). Der Wasserstand im Kondensatgefäß wird durch Schwimmer und Kondensatpumpe geregelt.

### -32 Elektrische Speisewasserregelung (Bild 236-23)

Bei dieser Anordnung hat jeder Kessel einen elektrischen *Wasserstandsregler,* der jeweils die zugehörige Kondensatpumpe steuert. Einfachste Anordnung. Pumpenlaufzeit/Stillstandszeit ca. 1:2. Wasserstandsregler in Bild 236-25.

### -33 Dampfbetätigte Kondensat-Rückspeiser

gibt es in zwei Ausführungen:

#### -331 Bei den mit Dampfüberdruck

arbeitenden Rückspeisern füllt das zulaufende Kondensat allmählich einen Behälter. Nach Füllung wird das Zulaufventil selbsttätig durch einen Schwimmer geschlossen und das Dampfventil in der Leitung zum Kessel geöffnet, so daß das Wasser in den

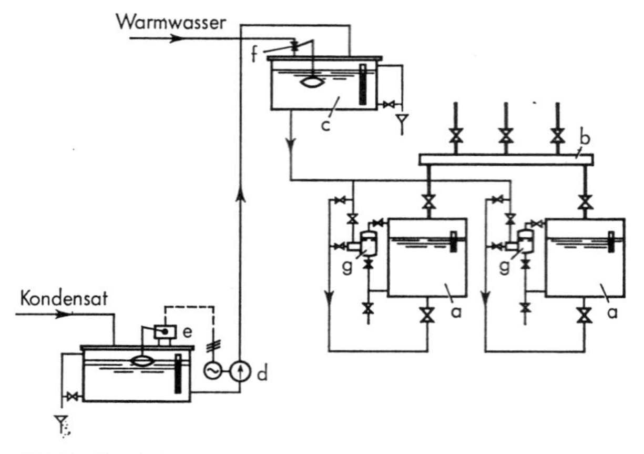


Bild 236-22. Mechanische Rückspeisung mit vom Sammelgefäß gesteuerter Kondensatpumpe und mit Wasserstandsregler (Zuflußregler).

*a* = Kessel, *b* = Dampfverteiler, *c* = Kondensatgefäß, *d* = Kondensatpumpe, *e* = Schwimmerschalter, *f* = Schwimmer für Zusatzwasser, *g* = Zuflußregler, *h* = Signalgeber

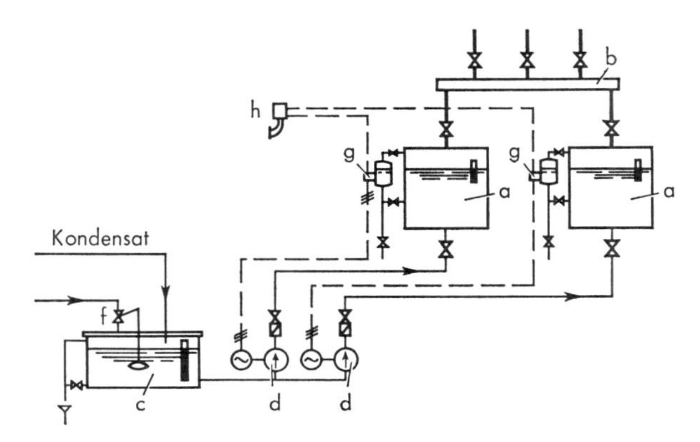


Bild 236-23. Elektrische Rückspeisung durch Wasserstandsregler am Kessel. Legende siehe Bild 236-22

Kessel bzw. in den oberen Kondensatbehälter gefördert wird. Mindestdampfdruck 0,35 bar Überdruck. Ausführungen mit offenem oder geschlossenem Schwimmer. Bei größeren Druckhöhen 2 Rückspeiser (Heber) erforderlich (Bild 236-24).

**-332 Bei den mit Unterdruck (Vakuum)** arbeitenden Rückspeisern wird durch Kondensation des Dampfes in einem Gefäß Unterdruck erzeugt, wodurch das Kondensat hochgesaugt und dann durch Dampfdruck in den Kessel gespeist wird. Von der Dampfdruckhöhe unabhängig.

Kondensattemperatur höchstens 80 °C. Saughöhe etwa 3 m. Bei größeren Höhen zwei Heber erforderlich (Bild 236-24).

Beide Rückspeiser-Bauarten werden infolge ihres hohen Preises kaum noch verwendet.

## -34 Wassermangelschalter

An jedem Kessel sind (nach DIN 4755/6) Wassermangelschalter erforderlich, die bei Wassermangel die Brenner sofort abschalten. Häufig wird auch gleichzeitig ein akustisches oder optisches Signal gegeben. Schalterbetätigung durch *Dauermagnet,* der durch eine unmagnetische dünne Trennwand auf einen zweiten Magnet einwirkt, der seinerseits den Hebel des Schalters betätigt. Stopfbuchslos, reibungslos (Bild 236-25).

## -35 Kondensatableitung bei Vakuum

Bei dampfbeheizten Wärmeaustauschern kann *Vakuum* auftreten, wenn die Temperatur des zu erwärmenden Mediums unter 100 °C liegt. Kondensat wird dann angestaut oder

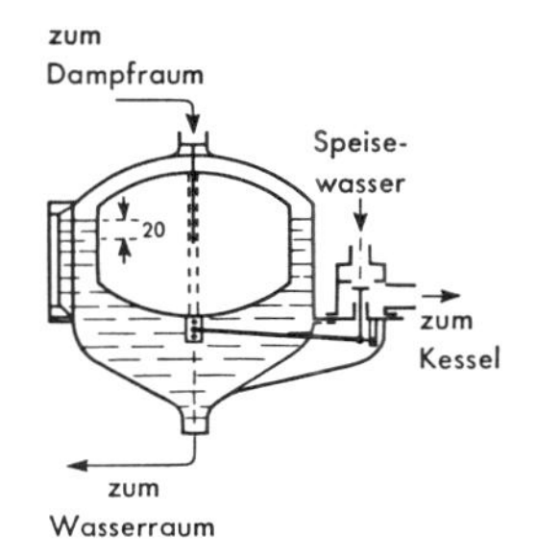


Bild 236-24. Zuflußregler mit Ventil (Scheer & Cie., Stuttgart).

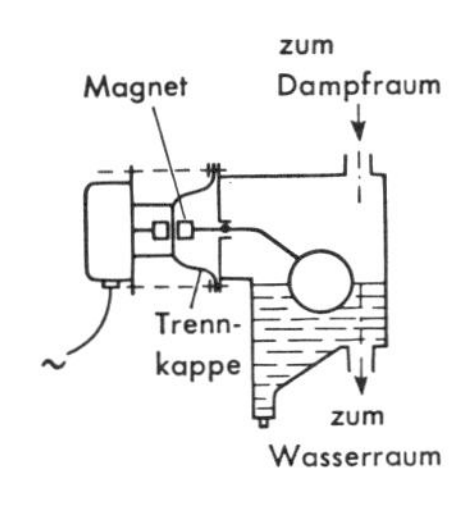


Bild 236-25. Magnet-Schwimmerschalter (Scheer & Cie.).

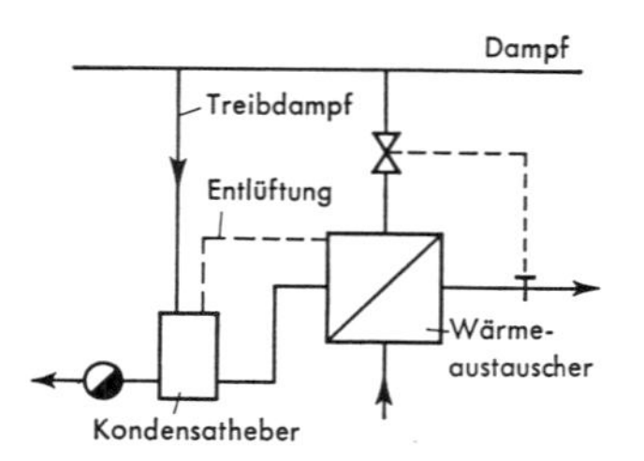


Bild 236-26. Vakuumbetrieb eines dampfbeheizten Wärmeaustauschers mit Kondensatheber.

sogar aus der Kondensatleitung, evtl. zusätzlich mit Luft, zurückgesaugt. Dabei sind neben sonstigen Nachteilen auch *Wasserschläge* möglich. Abhilfe durch folgende Methoden:

1. Vakuumbrecher hinter Regelventil, ungünstig;
2. Vakuumbetrieb mit Kondensatheber nach Bild 236-26;
3. Einbau eines Kondensators mit Kühlwasser, teuer.

## -4 REGELUNG

Überarbeitet von Dipl.-Ing. U. Andreas und Dr.-Ing. D. Wolff
Siehe auch Abschn. 338

Der *Wärmeverbrauch* eines Raumes oder Hauses ist zeitlichen Schwankungen unterworfen. Er hängt von der Außenlufttemperatur, von den Windverhältnissen, der Sonneneinstrahlung, den inneren Wärmequellen und anderen Einflüssen ab. Die fortwährende Anpassung der Heizleistung von Heizkörpern und Heizkesseln an den veränderlichen Wärmebedarf kann nur von einer selbsttätigen Regelung befriedigend gelöst werden. Bei der Wahl der Raumtemperatursollwerte ist zwischen Komfortbedürfnis, evtl. Forderungen des Fertigungsprozesses und den Heizkosten abzuwägen. Außerdem soll die Regelung die für die Heizung erforderliche Wärmeerzeugung überwachen und so steuern, daß die Wärmeverluste so gering wie möglich sind.[1])

Die seit dem 1.6.82 in Kraft getretene *Heizungsanlagen-Verordnung* schreibt vor, daß Zentralheizungen – außer bei Niedertemperaturheizungen – auszustatten sind mit zentralen selbsttätig wirkenden Einrichtungen zur Verringerung und Abschaltung der Wärmezufuhr in Abhängigkeit von

1. der Außentemperatur oder einer anderen geeigneten Führungsgröße und
2. der Zeit.

Weiterhin sind selbsttätig wirkende Einrichtungen zur raumweisen Temperaturregelung vorzusehen. Vor dem 1. 10. 78 eingebaute Zentralheizungen für mehr als zwei Wohnungen waren bis zum 30. 9. 87 in gleicher Weise auszustatten.

## -41 Einzelraum-Temperaturregelung

Aufgabe dieser Regler ist es, die Temperatur eines einzelnen Raumes durch Steuerung der Wärmezufuhr zum Heizkörper oder zu Heizflächen auf vorgegebenen Werten konstant zu halten.

### -411 Regler ohne Hilfskraft[2])

*Thermostatische Radiatorventile* werden anstelle gewöhnlicher Radiatorventile verwendet, um die Wärmeabgabe eines Heizkörpers dem jeweiligen Wärmebedarf des Raums

[1]) Andreas, U., u. D. Wolff: HLH 8/84. S. 361/70.
Winter, A., u. D. Wolff: HLH 3/85. S. 120ff.
[2]) Bitter, H.: HLH 7/81. S. 272/6.
DIN 3841 T. 2: Thermostatische Heizkörperventile 1.82.
Hübinger, M.: HR 3/82. S. 118/22 und Wärmetechn. 6/82. S. 622/6.
Frotscher, H.: TAB 6/84. S. 457/67.
BHKS: Merkblatt für Planung von Heizungsanlagen mit Thermostat-Ventilen. 3.84.
Treuner, I.: HLH Heft 6 u. 7/85.

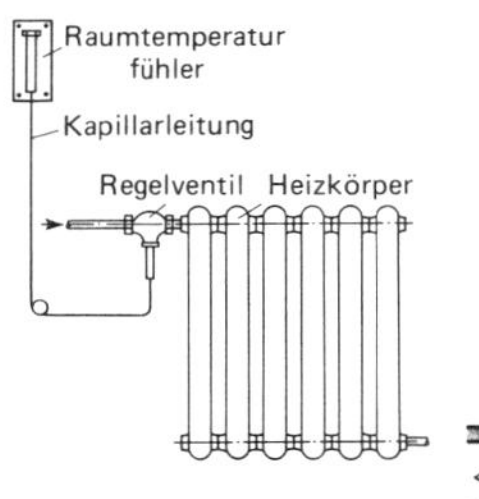


Bild 236-30. Temperaturregler mit Fernfühler für einen Heizkörper.

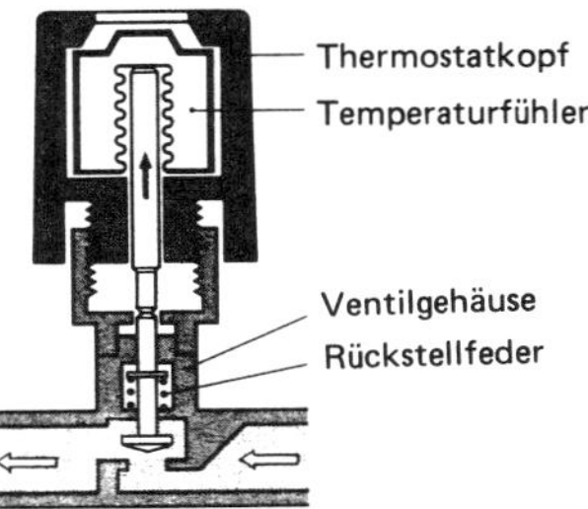


Bild 236-31. Thermostatisches Heizkörperventil.

Bild 236-32. Automatisches Heizkörperventil – Ansicht (Danfoss).

durch Änderung des Volumenstromes des Heizmittels anzupassen. Sie werden zweiteilig hergestellt: Ventil (Unterteil) und Regler (Oberteil).

Im Regler befindet sich der *Thermostat,* der in einem Behälter eine dampfförmige, flüssige oder feste (pastenartige) Substanz enthält. Diese dehnt sich bei Erwärmung aus und schließt das Ventil gegen Federdruck. Hub etwa 3 mm. Bei ungünstigen Einbauverhältnissen Trennung des Thermostats vom Ventil und Verbindung mittels *Kapillarrohr.* Spindeldichtung durch O-Ringe oder Faltenbalg. Viele Fabrikate auf dem Markt (Bild 236-30 bis -32).

Die Ventile sind regeltechnisch gesehen *Proportional-Regler* mit einem Proportionalbereich von 2···3 K, der nicht verstellbar ist. Zu jeder Fühlertemperatur gehört eine bestimmte Ventilstellung. Bei steigender Fühlertemperatur schließt sich das Ventil, bei fallender Temperatur öffnet es sich. Zwischen der Schließ- und der Öffnungskennlinie besteht durch Reibung in der Stopfbuchse eine geringe Temperaturdifferenz (Hysterese). Der Sollwert wird durch Vorspannung einer Gegendruckfeder festgelegt. Der Sollwertbereich (Einstellbereich) liegt meist zwischen 5 und 30 °C.

Die *Heizleistung* des Heizkörpers ist nicht proportional dem Massenstrom oder Ventilhub, sondern hängt ab von der Kennlinie des Heizkörpers. Der Zusammenhang zwischen Massenstrom und Ventilhub ist durch die Ventilkennlinie und die Ventilautorität $P_V$, d. h. den anteiligen Druckabfall des geöffneten Ventils zum Gesamtdruckabfall des Netzteiles gegeben. Dadurch erhält man für die Heizleistung in Abhängigkeit von der Temperatur Diagramme wie Bild 236-35. Die Öffnungs- und Schließkennlinie entstehen durch die Reibung im Ventil. Man erkennt, daß bei einer Proportionalabweichung von 1,0 K bereits etwa 70% der Heizleistung abgedrosselt werden.

Verbesserung der Regelkennlinie durch konstanten Druckabfall am Ventil empfehlenswert (Bild 236-36). Verringert Energieverbrauch infolge verringerter Regelabweichung durch bessere Nutzung der Fremdwärme (z. B. Sonneneinstrahlung, elektr. Geräte usw.). Ähnlichen Einfluß wie Fremdenergie hat zu hohe Heizwasser-Vorlauftemperatur. Druckregelung über Pumpe s. Abschnitt 236-15.

Für die Bemessung der Ventile sind aus der Rohrnetzdimensionierung Angaben über den Differenzdruck $\Delta p_V$ des Ventils und den Massenstrom erforderlich. Mit diesen Werten kann das geeignete Ventil aus den Diagrammen der Hersteller ausgewählt werden. Siehe auch Abschnitt 431. Beispiel Bild 236-34, das sich auf einen Proportionalbereich von 2 K bezieht. Max. Differenzdruck 0,2···0,3 bar, da sonst Geräusche entstehen. Ventilautorität $P_V$ falls möglich etwa 0,3···0,5, um eine günstige Regelcharakteristik zu erhalten.

*Beispiel:*

Heizleistung 2 kW bei einer Spreizung von 70/50 °C
Massenstrom = 2 × 3600/(4,2 · 20) = 85 kg/h
Differenzdruck $\Delta p_V$ des Ventils = 50 mbar (5 kPA)
Erforderliches Ventil RAVL 10/6 oder RAVL 15/6 (aus Bild 236-34).

Bei manchen Herstellern werden auch Ventile mit eingebauter fester oder variabler Voreinstellung (z. B. Hubbegrenzung) verwendet, wodurch sich stufenlos Massenstrom und Druckverhältnis den Betriebsverhältnissen anpassen lassen. Derartige Ventile sind be-

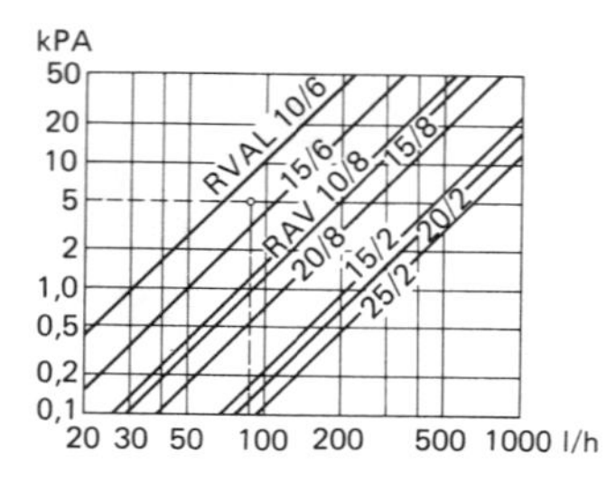


Bild 236-34. Auslegungsdiagramm für Thermostatventile (Danfoss).

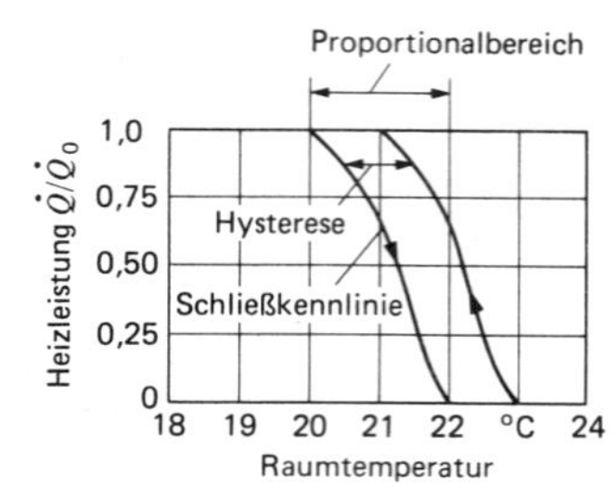


Bild 236-35. Heizkörperleistung in Abhängigkeit von der Raumtemperatur (Proportionalbereich 2 K).

sonders für Fernheizungen mit deren großen Temperaturdifferenzen zwischen Vorlauf und Rücklauf zweckmäßig[1]).

Die Regler finden sowohl in Einfamilien- wie Miethäusern und anderen Gebäuden Anwendung. Sie dienen in erster Linie der Fremdwärme-Nutzung, außerdem der Nachregelung, wenn die Temperatur einzelner Räume abweichend vom allgemeinen Temperaturniveau gehalten werden soll. Eine witterungsgeführte Vorregelung ist zweckmäßig wegen des erwähnten negativen Effektes zu hoher Vorlauftemperaturen auf die Regelabweichung (P-Regler!). Der Differenzdruck darf nicht zu groß sein, da sonst Geräusche auftreten. Abhilfe durch Pumpen mit flacher Kennlinie oder Drehzahlregelung. Ferner Rohrnetz so dimensionieren, daß Differenzdruck am Ventil < 0,2 bar (Bild 236-36).

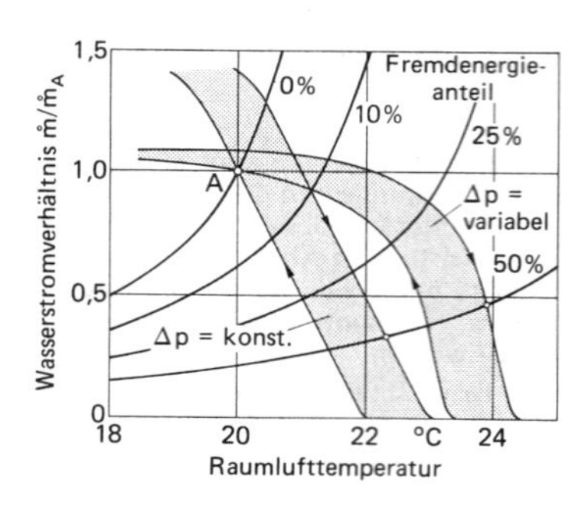


Bild 236-36. Öffnungs- und Schließkennlinie eines thermostatischen Heizkörperventils bei konstantem und variablem Differenzdruck. A = Auslegungspunkt.

Bei Zweirohrheizungen ist auf ausreichenden Volumenstrom bei geschlossenen Thermostatventilen zu achten, z. B. durch Beipaßventile oder besser Differenzdruckventile. Für Einrohrheizungen sind Thermostatventile ebenfalls verwendbar. Es gibt Ausführungen mit unterem Anschluß und solche mit 2 Anschlüssen (oben und unten), was günstiger ist.

Eine Neuentwicklung sind Thermostatköpfe mit eingebautem Mikroprozessor für eine *elektronische* Schaltuhr für die Temperaturabsenkung bei Nacht oder Heizpausen (Bild 236-37)[2]). Zum Programmieren wird eine einstellbare Programmierkarte durch die Nut 6 gezogen.

Während der vorgenannte Thermostatkopf seine Energie über einen Netzanschluß (Steckdose) erhält, benötigt ein 1987 vorgestelltes Gerät keinen Kabelanschluß, sondern wird über einfache Mignon-Batterien versorgt, die nach ca. 2–3 Heizperioden ausge-

[1]) Bartsch, D.: HLH 10/83. S. 424/6.
[2]) Mayer, E.: SHT 2/84. S. 71/75.

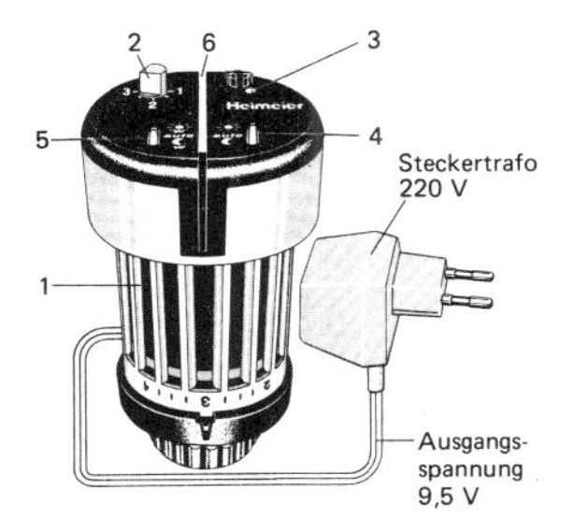


Bild 236-37. Elektronischer Thermostatkopf mit Mikroprozessor-Steuerung und -Uhr (Heimeier).

1 Einstellung der Raumtemperatur am Thermostatkopf von 4–30 °C
2 Drehknopf zur Einstellung der Absenktemperatur 20–8 °C
3 Optische Anzeige der Absenkphase
4 Wahlschalter für Automatikbetrieb bzw. ständige Normal- u. Absenkphase
5 Wahlschalter für Wochenendprogramm
6 Führungsnut für Programmierkarte

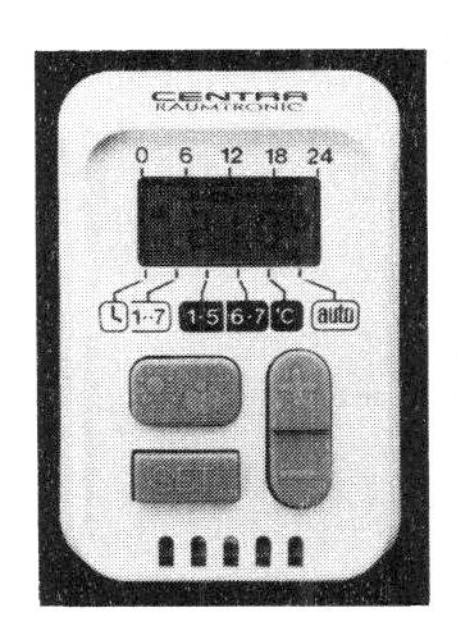


Bild 236-38. Mikroelektronischer Thermostatkopf mit Batterieantrieb als PI-Regler. Programmierbare Sollwerte für Raumtemperatur und Zeiten für Tag/Nacht- und Wochenprogramm (Centra, Raumtronic).

tauscht werden müssen (Bild 236-38). Dieser Thermostat-Kopf kann auf die gängigsten Ventilunterteile aufgesetzt werden. Er besitzt einen Elektromotor als Antriebseinheit sowie einen Mikroprozessor mit integrierter Wochenschaltuhr (28 Schaltpunkte für individuelle Absenkprogramme) und mit PI-Regelalgorithmus. Letzterer ermöglicht eine genaue Regelung der Raumtemperatur ohne bleibende Regelabweichung, die bei dem P-Regler-Thermostatventil durch Fremdwärmeeinfall und/oder zu hohe Vorlauftemperatur auftritt. Auch eine Abweichung durch unterschiedliche Öffnungs- und Schließkennlinie wird hierdurch vermieden (s. hierzu Bild 236-36), sogar bei den üblicherweise auftretenden, veränderlichen Druckabfällen am Ventil.

Die wesentlichen Merkmale dieser neuen Geräte:

- Einfache Montage auf die marktgängigen Ventilunterteile ohne Entleerung des Heiznetzes und ohne elektrischen Verdrahtungsaufwand.
- Komfortverbesserung und energiesparende Regelung durch individuell der Nutzung anpaßbare Temperatur- und Zeitprogramme.
- Energieeinsparung durch Schließen des Ventils bei Fensterstoßlüftung, Wochenschaltprogramm jeden Tag einzeln oder blockweise Werktage und Wochenende.
- Einfache Bedienbarkeit durch nur drei Tasten, leichte Ablesbarkeit durch LCD-Display mit zusätzlichem Anzeige-Balken für das aktuelle Tagesprogramm.
- Betriebssicherheit und Schutz gegen Festsetzen infolge Verkalken durch einmal wöchentliches Öffnen und Schließen, auch in der Heizpause.
- Spontaneingriff mit Wechsel des aktuellen Heizprogramms bis zum nächsten programmierten Schaltpunkt durch einfachen Tastendruck.

Weitgehende Optimierungsmöglichkeiten bieten auch Thermostatventile, die mit einer zentralen Programmiereinheit über einen Bus vernetzt sind (Bild 236-39a u. -39b). Alle Thermostaten Th haben einen Fernfühler FF, in den ein Heizelement eingebaut ist. Der Bus ist ein 2-Draht-Netz mit 24 V. Die Verbraucher haben adressierbare Signalempfänger SE, die mit Hilfe der 24-V-Spannung auf dem Datenbus die Fühler bei Bedarf heizen. Dadurch Raumtemperaturabsenkung.

Jede Signaleinheit SE kann bis zu 10 Thermostatfühler FF oder bis zu 4 Relais R versorgen. Letztere können Verbraucher bis zu 4 A/220 V schalten, z. B. Pumpen, Licht, Ventilatoren.

Bild 236-39b zeigt die Bauelemente des Systems: Raumprogrammiereinheit, Thermostatventile mit Fernfühler, Signalempfänger.

Ausdehnungsregler für Lufterhitzer siehe Abschn. 338-11.

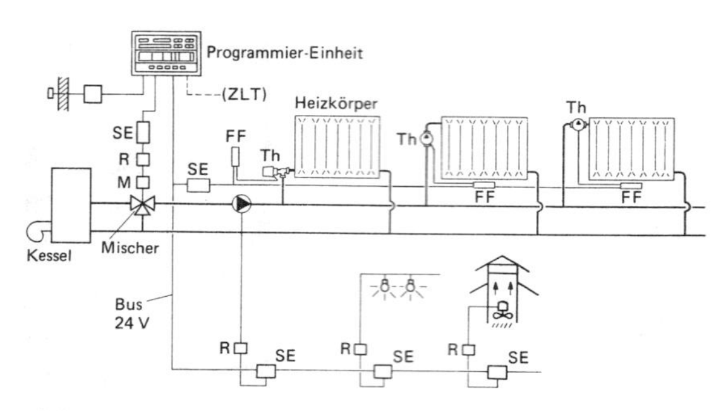


Bild 236-39a. Heizungssystem mit Thermostatventilen mit adressierbaren Signalempfängern und 24-V-Steuer/Datenbus zur Optimierung über zentrale Raumprogrammiereinheit (Danfoss).

Th = Thermostatventil
FF = Fernfühler mit Heizelement
SE = Signalempfänger
R = Relais 4 A/220 V

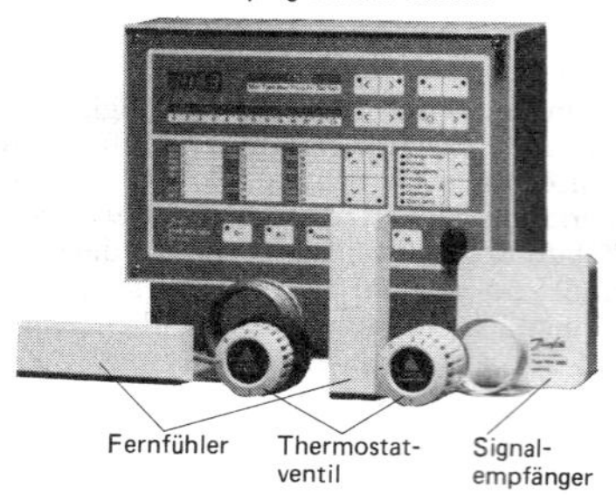


Bild 236-39 b. Bauelemente des Systems nach Bild 236-39a (Danfoss).

### -412 Regler mit Hilfskraft

arbeiten in derselben Weise, sie verwenden jedoch als Hilfsenergie Druckluft oder elektrischen Strom. Dadurch sind sie natürlich entsprechend teurer, arbeiten aber auch mit größerer Genauigkeit. Elektrische Regler verwenden z. B. als Temperaturfühler ein Bimetall oder einen Ausdehnungskörper mit Rückführung, die bei Temperaturabfall einen Stromkreis schließen und dadurch mittels Motor das Ventil öffnen. *Elektronische Regler* haben meist Widerstandsfühler (NTC, Ni oder Pl) und stetigen oder schaltenden Ausgang über Relais. Als Antrieb dienen Elektro-Motore mit Federrücklauf oder reversierbar. Ventilantrieb auch elektrothermisch oder elektromagnetisch möglich, siehe Bild 236-40. Weiteres siehe Abschn. 338.

## -42 Regler für Kessel

### -421 Verbrennungsregler ohne Hilfskraft für Kokskessel

Diese einfachen Regler haben die Aufgabe, die Vorlauftemperatur bzw. den Dampfdruck des Kessels durch Steuerung der Verbrennungsluftmenge auf bestimmten einstellbaren Werten konstant zu halten. Bei sich ändernden Außentemperaturen ist die Einstellung am Regler ebenfalls zu ändern.

a) *Schwimmerregler*

für Dampfkessel. Bei steigendem Dampfdruck hebt sich der Schwimmer und schließt mittels einer Kette die Luftklappe des Kessels (Bild 236-41). Diese Regler sind besonders empfindlich und zuverlässig.

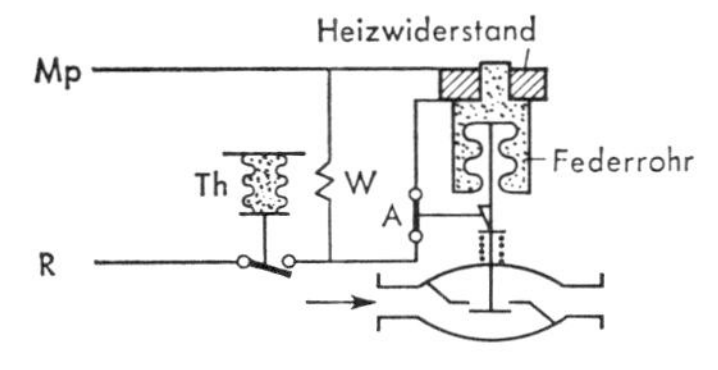


Bild 236-40. Elektrische Temperaturregelung mit elektrothermischem Ventilantrieb (Zonenventil).
*A* = Ausschalter,
*Th* = Temperatur-Ausdehnungsfühler (Thermostat)
*W* = Rückführwiderstand

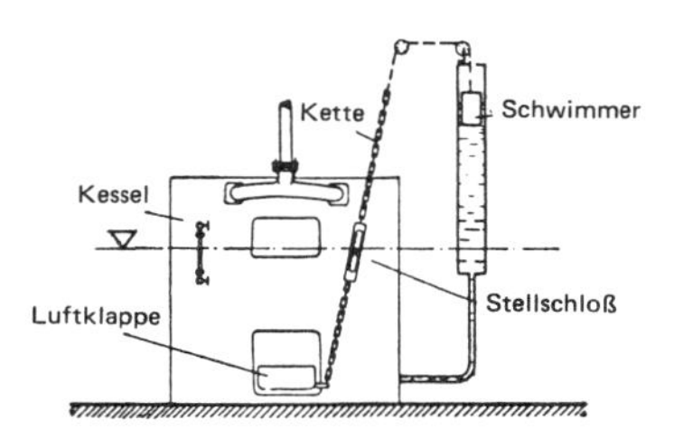


Bild 236-41. Schwimmerregler für Niederdruckdampfkessel.

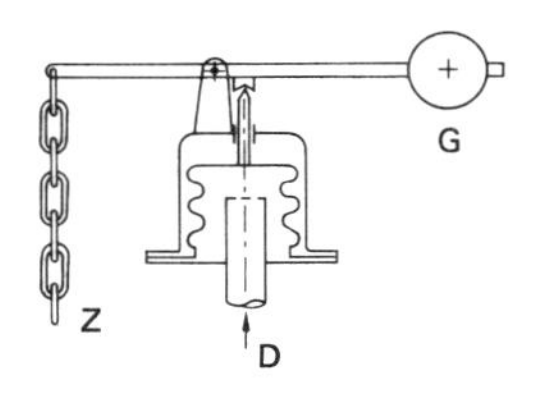


Bild 236-42. Federrohrregler für Dampfkessel (*D* = Dampfdruck).

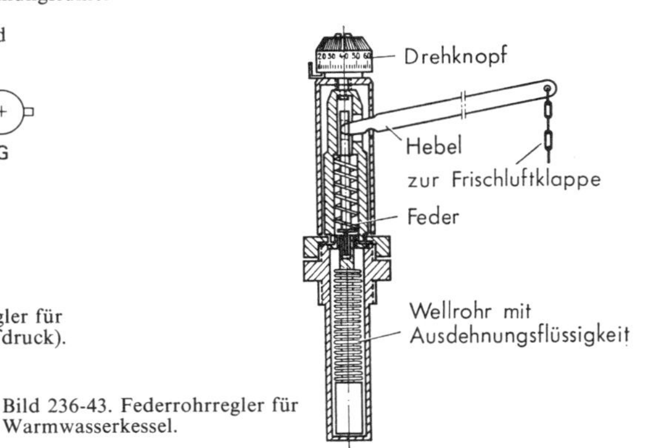


Bild 236-43. Federrohrregler für Warmwasserkessel.

b) *Membranregler*

bei Dampfkesseln haben als Fühlorgan eine Gummi- oder Metallmembrane, deren Bewegung durch eine Hebelübersetzung auf die Luftklappe des Kessels übertragen wird.

c) *Federrohrregler (Patronenregler)*

für *Dampfkessel* haben als Fühlorgan ein *Federrohr F,* das bei steigendem Dampfdruck ebenfalls vermittels einer Hebelübersetzung die Luftklappe des Kessels betätigt (Bild 236-42). Klappengewicht Z wird durch Gegengewicht G ausgeglichen. Bei *Warmwasserkesseln* wird der Federkörper als austauschbares Tauchrohr direkt in den Kesselraum eingebaut – Patronenregler (Bild 236-43). Klappengewicht wird durch Feder ausgeglichen. Änderung der Vorlauftemperatur durch Drehknopf.

### -422 Verbrennungsregler mit Hilfskraft für Kokskessel

Regler dieser Art benutzen als Hilfskraft mechanische Triebwerke oder meist elektrischen Strom. Infolge ihrer großen Stellkraft sind sie in der Lage, nicht nur die Luftklappe in der Aschtür des Kessels, sondern auch den Schieber im Abgasrohr oder eine Nebenluftklappe im Schornstein zu betätigen, wodurch die Regelung wesentlich genauer arbeitet. Fühlorgan ist bei Warmwasserkesseln der Thermostat im Vorlauf, bei Dampfkesseln der Pressostat im Kessel. Regelorgane sind entweder Klappen für die Verbrennungsluft, Abgase und Nebenluft oder Gebläse, so daß man auch Klappenregler und Gebläseregler unterscheidet. Häufig ist auch noch ein Temperaturfühler im Abgasrohr vorhanden, der bei Unterschreiten einer bestimmten Abgastemperatur Impuls gibt. Beispiel: Bild 236-44.

### -423 Kesseltemperaturregler[1])

Bei Kesseln mit Befeuerung durch Öl, Gas oder elektrischen Strom verwendet man elektro-mechanische oder elektronische Regler mit Zweipunkt-, Dreipunkt- oder stetigem Ausgang. Sie steuern unter Beachtung der Sicherheitseinrichtungen die Brenner

[1]) DIN 3440 – 7.84 Temperaturregler.

ein- oder mehrstufig oder modulierend an oder betätigen Magnetventile, Schütze usw. Man unterscheidet:

a) *Kesseltemperaturregler,* die die Kesseltemperatur auf einem annähernd konstanten Wert halten oder als obere Begrenzung bei Niedertemperatur-Kesseln dienen (75 °C).

  aa) *Zweipunktregler* mit Minimalkontakt. Das Meßprinzip beruht meist auf der Ausdehnung von Flüssigkeiten, Gasen oder Metallen (Bild 236-46). Bei Über- oder Unterschreitung des Sollwerts wird die Wärmezufuhr ab- bzw. eingeschaltet. Schaltdifferenz ≈ 6 K. Herstellung als Aufbau- oder Einbaugeräte. Zur Vermeidung schleichender Kontaktgabe Mikroschalter (mit Sprungfeder) oder Magnete. Von außen verstellbar. Sonstige Bauarten siehe Abschnitt 338-2.

  ab) Elektronische, witterungsgeführte Kesseltemperaturregler, die die Kesseltemperatur gleitend nach der Außentemperatur oder einer anderen geeigneten Führungsgröße sowie der Zeit zwischen 75 °C und 40 °C oder tiefer regeln.

b) *Kesseltemperaturwächter,* die die Wärmezufuhr bei Erreichen eines fest eingestellten Grenzwertes abschalten und erst nach wesentlichem Absinken der Temperatur wieder freigeben. Sie sind gegen Verstellung durch Unbefugte gesichert, nur mit Werkzeug verstellbar, z. B. durch einen Deckel über der Sollwerteinstellung.

c) *Sicherheitstemperaturbegrenzer* schalten bei einer fest eingestellten Grenztemperatur aus und verriegeln. Sie lassen sich von Hand oder mit Werkzeugen wieder in Betrieb setzen, z. B. Abschrauben eines Deckels und Betätigung eines Rückstellknopfes. Häufig geliefert als Doppeltemperaturregler (Regler und Begrenzer). Sie müssen erweiterte Sicherheit nach DIN 3440 u. 3012 erfüllen.

d) *Kesseltemperaturbegrenzer* wie vor, jedoch Wiedereinschalten von Hand.

Zur Absicherung der höchsten Vorlauftemperatur werden bei offenen Warmwasserheizungen ein Temperaturregler und ein Temperaturwächter, bei geschlossenen Warmwasserheizungen ein Temperaturregler und ein Sicherheitstemperaturbegrenzer am Kessel installiert.

*Dreipunktregler* erlauben drei verschiedene Schaltzustände, z. B. aus – klein – groß oder aus – ½ – voll. Beispiel Bild 236-47 mit Stufensteuerung eines Gas- oder Ölbrenners.

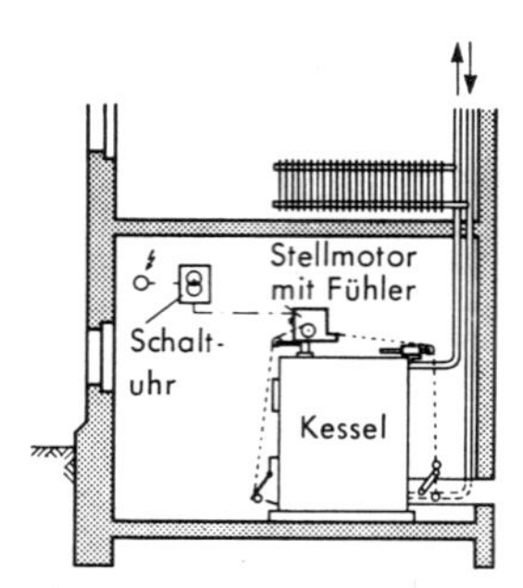


Bild 236-44. Elektroautomatischer Kesselregler für Kokskessel mit Stellmotor für Luft- und Abgasklappe.

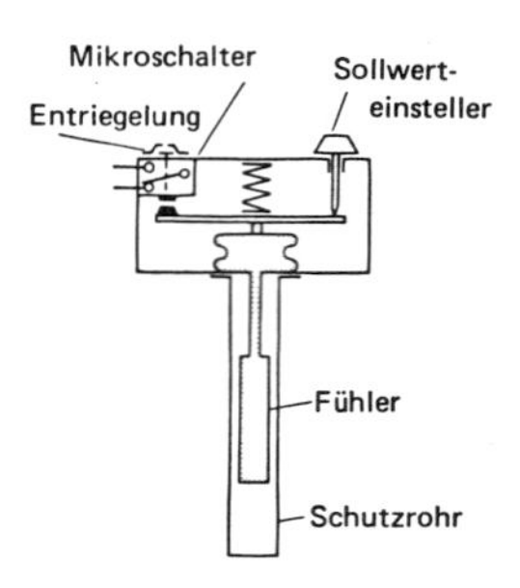


Bild 236-46. Zweipunkt-Temperaturregler für Kesselregelung.

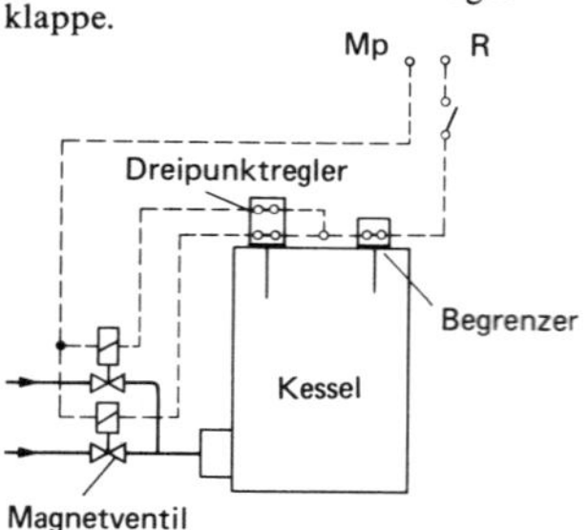


Bild 236-47. Dreipunktregelung eines Gas- oder Ölbrenners.

**-424 Regelung nach der Raumtemperatur – Testraumregelung[1])**

*Unstetige Regelung*

In einem geeigneten Raum des Gebäudes – *dem Testraum* – wird ein Raumthermostat angebracht, der die Temperatur in dem Raum unabhängig vom Wärmebedarf der übrigen Räume konstant hält. Die Wärmeleistung der übrigen Heizkörper des Gebäudes gleicht sich derjenigen des Testraumes an. Anwendung besonders in Etagenheizungen oder Einfamilienhäusern mit Umlauf-Gaswasserheizer oder bei Zonenregelungen in Schulen und Verwaltungsgebäuden. Bei größeren Gebäuden mit erheblichen Unterschieden des Wärmebedarfs einzelner Gebäudeteile nicht geeignet.

Ausführung meist mit elektrischen Zwei- oder Dreipunktreglern. Billig, aber wegen der großen Totzeit des Systems Temperaturschwankungen im Raum verhältnismäßig groß. Regler immer mit thermischer Rückführung verwenden, um die Schwingungsbreite zu verringern (Bild 174-6). Wichtig ist die gute Plazierung des Raumthermostaten.

Schema der Regelung bei gas- oder ölbefeuerten Kesseln Bild 236-50.

Der Raumthermostat im Testraum schaltet den Brenner ein und aus: Auf-Zu-Regelung oder *Brennerregelung*. Kesselregler muß je nach Außentemperatur von Zeit zu Zeit verstellt werden. Auch *Pumpenschaltung* bei konstanter Kesseltemperatur möglich. In beiden Fällen unbedingt thermische Rückführung erforderlich, da sonst erhebliche Temperaturschwankungen.

Bei der *Zonenregelung* nach Bild 236-51 wird die Kesseltemperatur durch einen Kesselthermostaten annähernd konstant gehalten, während die Raumthermostate die Zonenventile ein- und ausschalten. Bei Verwendung von Thermostaten mit kombinierter Schaltuhr ist auch automatische *Nachtabsenkung* möglich.

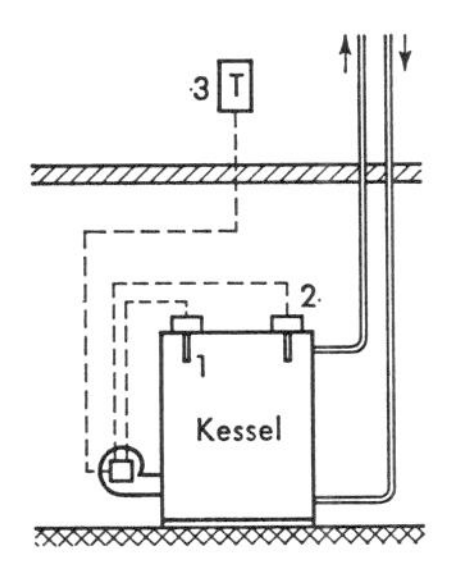


Bild 236-50. Schema der raumtemperaturabhängigen Kesselregelung bei Gas- oder Ölfeuerung.
1 = Kesseltemperaturregler,
2 = Begrenzungsregler,
3 = Raumthermostat

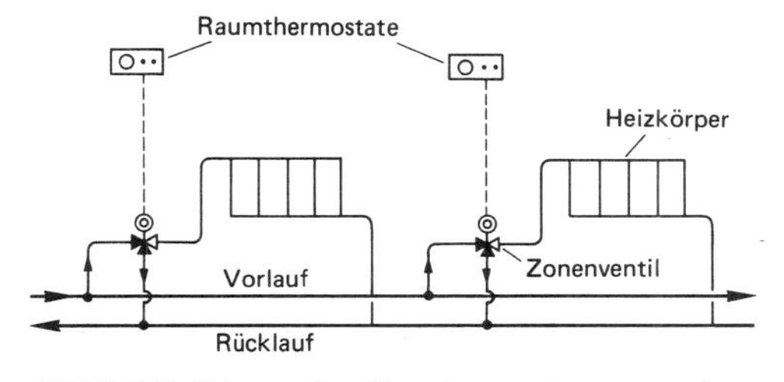


Bild 236-51. Schema einer Raumtemperaturzonenregelung mit Zonenventilen.

*Stetige Regelung*

Die Grundschaltung einer *elektronischen Raumtemperaturregelung* mit Motor-Mischer oder Mischventil geht aus Bild 236-52 hervor.

$R_1$ bis $R_4$ sind Widerstände in einer Meßbrücke. Ändert sich die Raumtemperatur am Fühler $R_1$, wird durch den Diagonalstrom über Verstärker und Relais das Mischventil in Bewegung gesetzt. Dadurch ändert sich auch die Vorlauftemperatur am Fühler $R_4$, so daß die Brücke wieder ins Gleichgewicht kommt, allerdings bei einer etwas veränderten Raumtemperatur *(P-Wirkung)*. Einstellung des Proportionalbereichs am Potentiometer.

---

[1]) Beedgen, O.: Wärmetechnik 6/82. S. 236/40.
Siehe auch Abschn. 17.
Ki 3/85: Forum über Regelung.

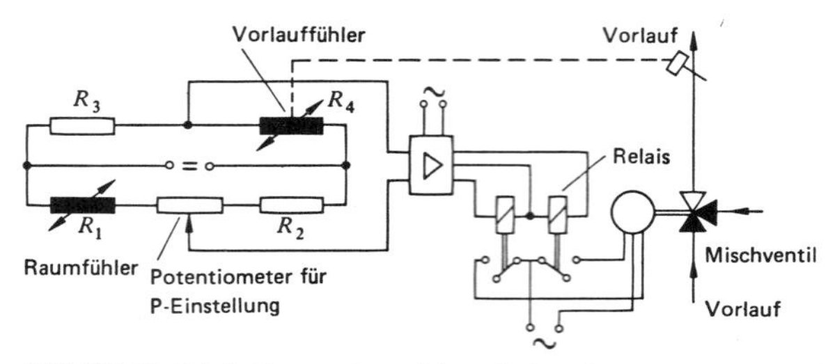


Bild 236-52. Schaltschema einer elektronischen Raumtemperaturregelung mit Mischventil. $R_1$, $R_2$, $R_3$, $R_4$ = Widerstände

*Regelkreisverhalten*

Die *Temperaturschwankung* $\Delta x$ im Raum läßt sich nur ermitteln, wenn die Kennwerte der Regelstrecke – Verzugszeit $T_u$ und Ausgleichszeit $T_g$ – bekannt sind (siehe Abschn. 172).

*Beispiel 1:*

Raumthermostat schaltet Ölbrenner. Gegeben sind Verzugszeit $T_u = 10$ min, Ausgleichszeit $T_g = 60$ min, Stellwirkung $X_h = 35$ K, Schaltdifferenz des Reglers $X_d = 0{,}5$ K.

Raumtemperaturschwankung

$\Delta x = X_h \cdot T_u/T_g + X_d = 35 \cdot 10/60 + 0{,}5 = 6{,}3$ K

Dauer einer Temperaturschwankung bei mittlerer Leistung:

$T_o \approx 4\,(T_u + T_g \cdot X_d/X_h) = 4 \cdot (10 + 60 \cdot 0{,}5/35) = 43{,}4$ min.

Sehr ungünstig. Verbesserung durch Thermostate mit thermischer Rückführung (dadurch Verringerung der Temperaturschwankung auf etwa ⅓), richtige Lage des Fühlers zum Heizkörper, keine Überbemessung des Kessels, Kesselthermostat etwa 10 K über Vorlauftemperaturkurve einstellen.

*Beispiel 2:*

Proportionalregelung nach Bild 236-52.

Konstante Kesseltemperatur 90 °C, Verzugszeit $T_u = 6$ min, sonst wie vor.

Optimale *P*-Einstellung

$X_{opt} = T_u/T_g \cdot X_h = 6/60 \cdot 35 = 3{,}5$ K.

*Einzelraumregelung*

Soll die Temperatur in einzelnen Räumen unabhängig vom Testraum geregelt werden, sind thermostatische oder elektrische Heizkörperventile zu verwenden (siehe Abschn. 236-41).

### -425 Regelung nach der Außentemperatur[1])

Witterungsgeführte Vorlauftemperatur-Regelung

Ein in der Außenluft befindlicher *Temperaturfühler* (Bild 236-54) gibt seinen Meßwert an das elektronisch arbeitende Zentralgerät. Die hier eingestellte Heizkennlinie gibt den Zusammenhang zwischen Außen- und Vorlauftemperatur für eine angepaßte Wärmezufuhr für das Gebäude. Durch ein Verstellen des Mischers und/oder Schalten des Brenners wird die notwendige Vorlauftemperatur eingehalten. Kontrolle durch Vorlauftemperaturfühler oder Kesselfühler. Der Außenluftfühler wird an der klimatisch ungünstigsten Stelle der Hausfassade angebracht, in der Regel sonnengeschützt auf der Nordseite.

[1]) Pöppe, R., u. H. Köller: Feuerungstechnik 2/79. 5 S.
DIN 32729: Regeleinrichtungen für Heizungsanlagen, witterungsgeführte Regler der Vorlauftemperatur 9.82.
Nitschke, E.: Feuerungstechn. 1/81. S. 8.
Beedgen, O.: Wärmetechnik 7/81. S. 359/64.
Gilch, H.: IKZ 6/81. S. 122.
Winter, A., u. D. Wolff: HLH 3/85. S. 120/9.

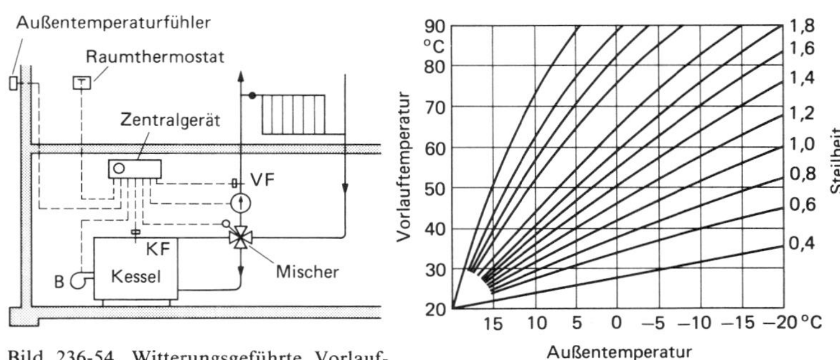


Bild 236-54. Witterungsgeführte Vorlauftemperatur-Regelung.
B = Brenner
KF = Kesseltemperaturfühler
VF = Vorlauftemperaturfühler

Bild 236-55. Heizkennlinien bei einer Außentemperaturregelung.

Der Zusammenhang zwischen Außen- und Vorlauftemperatur kann beliebig festgelegt werden, z.B. derart, daß bei −15 °C die Vorlauftemperatur 90 °C und bei +10 °C nur 45 °C beträgt, Bild 236-55. Die *Gebäudeheizkennlinien* sind normalerweise nach oben gekrümmt. Der Krümmungsverlauf ist abhängig vom Heizsystem und seiner Wärmeabgabe (Konvektion und Strahlung), ausgedrückt durch den Faktor $m$ des Kennliniengesetzes (s. Abschnitt 233-8). Bei Radiatoren ist $m = 1{,}3$. Die Kennlinie kann auch parallel verschoben oder in ihrer Neigung geändert werden. Steilheit = Vorlauftemperaturänderung: Außentemperaturänderung.

*Mikroprozessor-Regler* bieten die Möglichkeit, die Kennlinie in Krümmung und Steilheit automatisch zu adaptieren.

Ein Prinzip der außentemperaturabhängigen Regelung geht aus dem Bild 236-56 hervor.

Der Außentemperaturfühler und der Vorlauftemperaturfühler sind jeweils in einem Zweig einer Wheatstonschen Brücke eingeschaltet. Durch Potentiometer lassen sich die beiden Fühler so einstellen, daß einer bestimmten Außentemperatur eine bestimmte Vorlauftemperatur entspricht.

Weicht die Vorlauftemperatur von dem vorgeschriebenen Wert ab, so entsteht an der Brückendiagonale eine Spannungsdifferenz, und es fließt ein Strom durch die Steuerwicklung des Verstärkers. Dadurch Anziehen der Relais und Einschalten des Ölbrenners und/oder Verstellen des Mischventils, bis das Gleichgewicht wiederhergestellt ist.

Eine verfeinerte Ausführung ist der Einsatz von *Witterungsfühlern,* die als getrennte oder kombinierte Fühler auch zusätzlich Sonnenstrahlung, Windgeschwindigkeit und Luftfeuchte erfassen können. Dabei ist jedoch zu bedenken, daß die „richtige Vorlauftemperatur" nicht nur von dem Außenluftzustand, sondern auch von vielen weiteren Faktoren abhängt, z.B. der Bauart der Heizung, der Luftdurchlässigkeit der Fenster, der Wandtemperatur, dem Montageort des Außenfühlers usw.

Am Regelgerät lassen sich noch weitere Schaltmöglichkeiten erreichen, die an einem Wahlschalter eingestellt werden, z.B.

1. Raumtemperatur tagsüber normal, nachts reduziert,
2. Raumtemperatur tagsüber normal, nachts abgestellt,
3. Reduzierte Raumtemperatur für Tag und Nacht,
4. Normale Raumtemperatur für Tag und Nacht,
5. Automatik ausgeschaltet; Vorlauftemperatur am Kesselthermostat einstellen,
6. Heizung ausgeschaltet.

Die Mindestanforderung ist in DIN 32729 festgelegt.

Es ist einleuchtend, daß bei dieser Regelung nicht alle Räume absolut gleiche Temperaturen haben können. Um z.B. bei Einfamilienhäusern wenigstens einen Raum auf der gewünschten Temperatur zu halten und die Fremdwärme zu nutzen, kann zusätzlich für diesen Raum ein Raumfühler installiert werden, wie in Bild 236-54 angegeben. Der

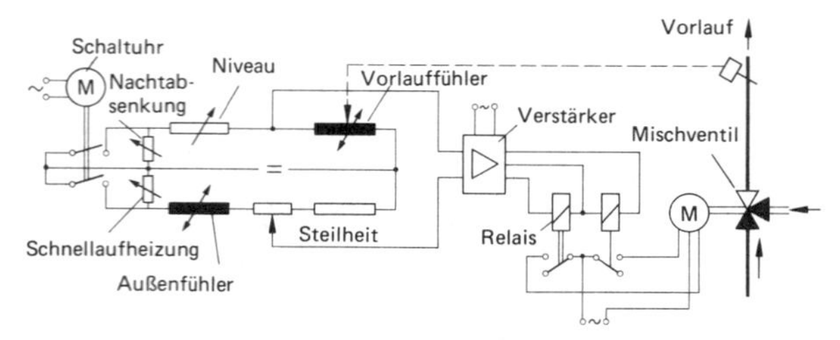


Bild 236-56. Schema einer außentemperaturabhängigen Regelung mit Mischventil.

Raumfühler bewirkt dabei eine Verschiebung des Sollwertes der Vorlauftemperatur in Abhängigkeit von der Raumtemperatur *(Kaskadenschaltung).*

Ansicht eines Regelgerätes in Bild 236-58.

Moderne Regeleinrichtung für Wohnbauten umfassen heute nicht nur die Aussteuerung der Wärmeerzeugung und ein oder zwei Mischkreise, sondern regeln auch die Temperatur der Warmwasser-Speicher, schalten bedarfsgeführt die Heizkreispumpen und gestalten einen zeitoptimierten Betrieb der Anlage. *Mikrocomputergesteuerte* Geräte bieten darüber hinaus eine zentrale Überwachung der Betriebszustände und Temperaturen (Ist- und Sollwerte) sowie eine Fehler- und Systemdiagnose. Über Fernbedienungs- und Anzeigegeräte im Wohnraum erfolgt die Kommunikation Mensch–Regeleinrichtung.

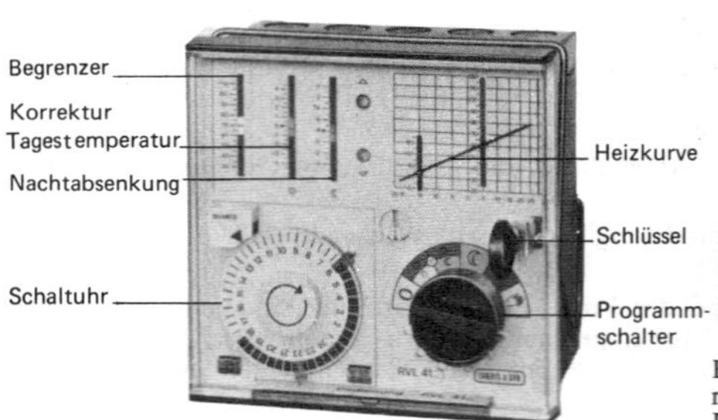


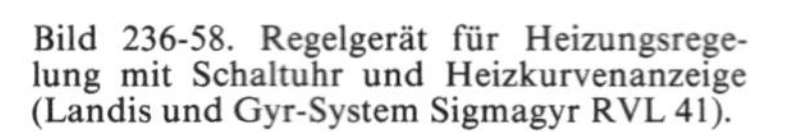
Bild 236-58. Regelgerät für Heizungsregelung mit Schaltuhr und Heizkurvenanzeige (Landis und Gyr-System Sigmagyr RVL 41).

Bild 236-59. Kessel mit witterungsgeführter Mikrocomputer-Regelung von Kesseltemperatur und Vorlauftemperatur für 2 Mischkreise, Warmwasser-Speicher, Pumpensteuerung und Diagnosesystem (Viessmann, Tetramatik).

Durch Wahl einer entsprechenden *Schaltuhr* (analog oder digital) ist auch ein Wochen- oder Jahresprogramm möglich, z. B. für Geschäftshäuser, Fabriken, Schulen und Verwaltungsgebäude. Bei diesen Objekten mit instationärem Heizbetrieb sind durch Einsatz einer *Heizungsoptimierung* weitere Energieeinsparungen möglich. Zum Funktionsablauf einer Heizungsoptimierung gehört:

Absenken zum frühestmöglichen Zeitpunkt (optimum off),

Tatsächlich tiefere Absenkung der Nachttemperatur durch Sperrung der gesamten Energiezufuhr (evtl. auch Kessel),

Verlängerung des Absenkbetriebes auf den maximal möglichen Zeitraum, d. h. morgendliche Wiedereinschaltung der Heizung zum spätest zulässigen Zeitpunkt (variabler Einschaltpunkt),

Aufheizung in kürzest möglicher Zeit mit der maximal zur Verfügung stehenden Heizleistung (Bild 338–128).

Der tiefen Absenkung sind, trotz aller wirtschaftlichen Vorteile durch bauphysikalische Gegebenheiten und durch den Problemkreis der Behaglichkeit, nach unten hin Grenzen gesetzt.

*Heizungsoptimierungsgeräte* gibt es in den verschiedensten Ausführungsformen. Von der Technologie her gesehen sowohl in Analogtechnik als auch in Digitaltechnik. Es gibt sogenannte Heizungsoptimierungsgeräte, die als Zusatzgeräte zu bestehenden Anlagen beigefügt werden und diese dann übersteuern; der Markt bietet aber auch Heizungsoptimierungsgeräte, die zumindest als Baueinheit ein oder mehrere witterungsgeführte Regelungen mit integriert haben.

Für einzelne Räume oder Raumgruppen müssen laut Energieeinspargesetz zusätzlich *thermostatische Heizkörperventile* oder Zonenregler zur Nachregelung eingebaut werden, um hier die Raumtemperatur auf den gewünschten Werten zu halten und Überheizung zu vermeiden.

Auch Analog-Regler werden in einzelnen Gruppen aufgebaut, die man als Steckmodule bezeichnet und eine große Anzahl zusätzlicher Funktionen im Heizbetrieb ermöglichen[1]). Beispiel: Bild 236-60.

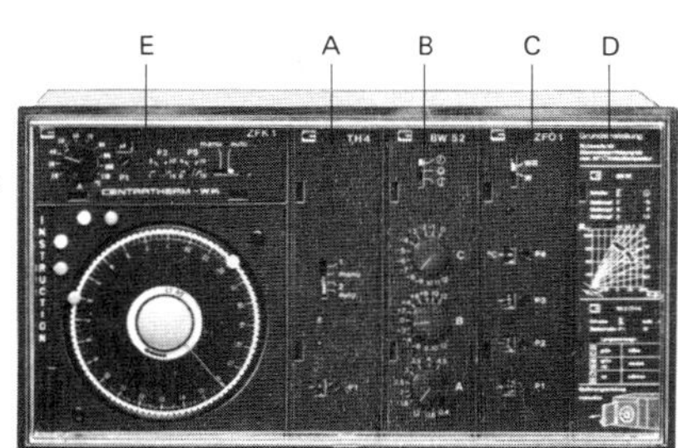


Bild 236-60.
CENTRATHERM-Regler W (CENTRA-BÜRKLE).

E = Einstellung für min. Kesseltemperatur, Mindesteinschaltzeit, Schaltdifferenz
A = Ausgangsschaltung für Mischer oder Ventil und Pumpe sowie P-Bereich
B = Heizkurve, Parallelverschiebung und Absenkung
C = Heizungsoptimierung (Gebäude-Kennwert, Vorlaufverschiebung, max. Kesseltemperatur)
D = Grundeinstellung der Heizkurve

Im einzelnen bestehen dabei u.a. folgende zusätzliche Funktionen:

1. *Kesselschaltungen* mit Einstellung für minimale Kesseltemperatur, Mindestschaltzeit und Schaltdifferenz der Kesseltemperatur. Dabei kann der Kessel auch mit gleitender Temperatur betrieben werden.
2. *Heizungsoptimierung,* d.h. Absenkung in der Nacht auf die tiefstmögliche Temperatur, morgendliche Wiederanschaltung zum spätesten Zeitpunkt und in kürzester Zeit; der Einschaltpunkt der Heizung wird dabei vom Gerät selbständig ermittelt (Bild 236-61 und 338-128). Frühabschaltung am Nachmittag; bei mehreren Heizkreisen für jeden Kreis ein besonderer Fühler. Vereinfachte Funktion für den Wohnhausbereich.
3. *Aufschaltungen* zur Kompensation des Einflusses von Wind oder der Sonne.
4. *Begrenzung (minimal oder maximal)* der Vorlauftemperatur bei Niedertemperatur- oder Fernheizung oder der Zulufttemperatur bei Lüftungsanlagen.
5. *Begrenzung* der Rücklauftemperatur z.B. bei der Fernheizung konstant oder gleitend nach der Außentemperatur; Begrenzung der Raumtemperatur z.B. bei Fremdwärme-Einwirkung.
6. *Pumpenschaltung* z.B. beim Absenkbetrieb in der Nacht oder an Wochenenden.
7. *Kesselfolgeschaltungen* bei zwei oder mehr Kesseln; lastmäßig nicht benötigte Kessel werden ausgeschaltet und wasserseitig abgesperrt.
8. *Vorrangschaltung* und zeitabhängiger Betrieb des Brauchwasserspeichers.

Regeleinrichtungen mit *Mikroprozessor*[2]) sind besonders im kommunalen Bereich (Schulen und Verwaltungen) sowie im gewerblichen Bereich bei Anlagen mit mehreren Regelkreisen von Vorteil. Sie werden sich jedoch immer mehr auch im Wohnhausbereich durchsetzen. Bild 236-61 zeigt einen Mikroprozessorregler mit einem herausnehmbaren Bedienteil, das an jeder Stelle angeordnet werden kann. Über eine vierzeilige Klartextanzeige kann der Bediener die Funktionen des Reglers erkennen. Eingabe und Abfrage wichtiger Informationen – z.B. Temperaturen, Regelparameter – ist möglich.

Aufbau des Reglers nach dem Baukastenprinzip bietet zusätzliche Funktionen, die in Analog-Technik nicht oder nur schwer realisierbar sind: z.B. Adaption der Heizkennlinie und der Optimierungsparameter. Dadurch *Zeitersparnis* bei der Einregulierung. Integrierte *Jahresuhren* senken Energieverbrauch durch der Nutzung angepaßte Betriebs-

[1]) Andreas, U.: HLH 9/81. S. 377/81.
Hartmann, K.: TAB 9/83. S. 693/6.

[2]) ETA 2/85: Mikroprozessor-Regelsysteme
Pfeifenberger, U.: Ki 2/85. S. 57/60.

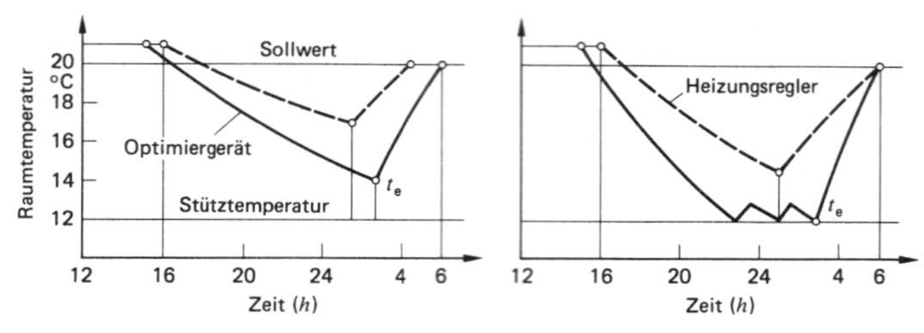


Bild 236-61. Temperaturverlauf bei Optimierung und Heizungsregelung.

Bild 236-62. Mikroelektronischer Heizungsregler. Programmierbar mit je 10 Ein- und Ausgängen. Mit Jahresuhr und LCD-Klartext-Information (Centratherm).

zeiten. Ferner ständige Funktionskontrolle der Anlage durch Messung und Anzeige von Abgas-Temperatur, feuerungstechnischem Wirkungsgrad usw. möglich.

**-426 Kesselfolgeschaltungen[1])** (siehe auch Abschn. 231-434)

Da gemäß Heiz.Anl.VO bei Leistung > 120 kW in Stufen oder mehrere Kessel zu unterteilen ist, werden bei großen Anlagen zwei, drei oder mehr Kessel aufgestellt, die je nach Belastung in Betrieb gehen.

Hierfür gibt es folgende Regelung:

1. Freigabe eines Folgekessels über die Vorlauftemperatur. Ein Kessel übernimmt die Grundlast; die weiteren Kessel werden je nach Temperaturabweichung zugeschaltet. Ungünstig, da je nach Belastung die notwendige Vorlauftemperatur nicht erreicht wird. Der Einsatz von PI-Reglern mit großer Nachstellzeit oder die Aufschaltung der Außentemperatur bietet eine Verbesserung.
2. Freigabe über die Außentemperatur;
   je nach der Außentemperatur werden die Kessel der Reihe nach eingeschaltet. Jeder Kessel hat zusätzlich seinen eigenen Kesselthermostat. Regelung nicht verwendbar bei stoßartig großem Wärmebedarf (z. B. Anheizbetrieb) oder für andere Zwecke als Heizung, z. B. Brauchwasser in Wäschereien, Industriewärme u. a.

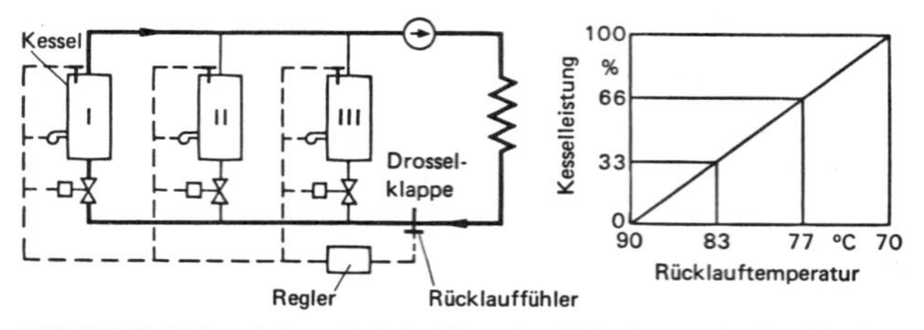


Bild 236-63. Folgeschaltung bei drei Kesseln abhängig von der Rücklauftemperatur.

[1]) Dittrich, A.: HLH 11/81. S. 451/2.

3. Freigabe über Rücklauftemperatur (Bild 236-63); bei fallender Leistung steigt die Rücklauftemperatur. Zu jeder Leistung gehört eine ganz bestimmte Temperaturdifferenz. Der erste Kessel bleibt dauernd in Betrieb, der zweite und dritte Kessel werden freigegeben, wenn die Rücklauftemperatur auf einen bestimmten Wert gesunken ist, z. B. bei drei Kesseln mit 90/70 °C Auslegung auf 20/3 ≈ 7 °C. Die Freigabe erfolgt jeweils durch Einschalten der Brenner. Die Kesselabsperrung wird erst geöffnet, wenn die Kesseltemperatur den eingestellten Wert erreicht hat.
4. Da nicht die Temperatur, sondern die von den Wärmeabnehmern benötigte Leistung entscheidend ist, sind durch die Möglichkeiten der *Mikroprozessor-Technik* neue Verfahren der Kesselfolgeschaltungen entwickelt worden. Dabei berücksichtigt die Regelung die Wärmeanforderung der nachgeschalteten Wärmeabnehmer und schaltet durch eine frühzeitige Trendrechnung leistungsabhängig die notwendigen Kesseleinheiten zu.

Voraussetzung für eine einwandfreie Funktion der Kesselfolgeschaltung im Zusammenwirken mit der Heizungsanlage ist eine einwandfreie Hydraulik im Kessel- und im Heizkreis. Die Ausführung – für jeden Kessel eine eigene Pumpe und hydraulischer Ausgleich zwischen Kessel- und Heizkreis (z. B. über eine „hydraulische Weiche") – gehört zu den Grundforderungen.

Die *„hydraulische Weiche"* dient der Entkopplung von Kesselkreis und nachgeschalteten Heizkreisen. Sie besteht aus einer Rohrverbindung zwischen Kesselvor- und Kesselrücklauf, die in ihrer Dimension zwei bis drei Nennweiten größer ist als die Sammelleitung des Kesselkreises (Bild 236-64).

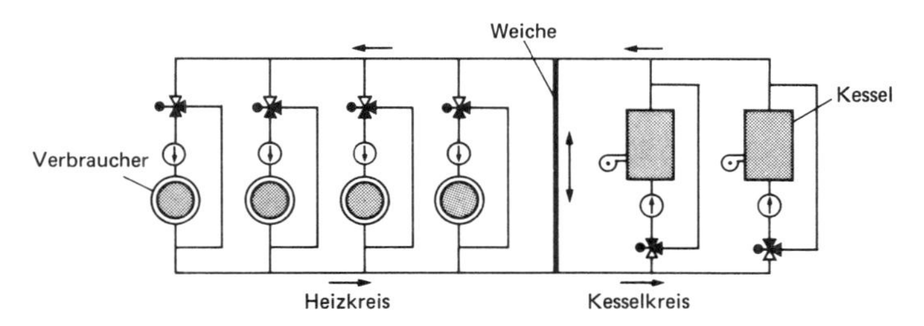


Bild 236-64. Schema der hydraulischen Weiche.

Überwiegt der Volumenstrom im Kesselkreis, so erfolgt der Ausgleich über die „hydraulische Weiche" vom Kesselvor- zum Kesselrücklauf. Die den Heizkreisen angebotene Temperatur entspricht dann der momentanen Kesseltemperatur.

Ist der von den Heizkreisen abgenommene Volumenstrom größer als der von den Kesseln angebotene, so strömt über die „hydraulische Weiche" Rücklaufwasser direkt zum Vorlauf zu den Heizkreisen und mischt sich dem Kesselvorlaufwasser bei. Das führt zu einer gewollten Temperatur-Reduktion im Vorlauf. Bei einer evtl. daraus resultierenden Unterschreitung des momentanen Sollwertes der Kesselfolgeschaltung führt dies, je nach Trendrechnung (bei mikroprozessorgesteuerten Regeleinrichtungen), zur Anforderung weiterer Kessel.

### -43 Ventile im Regelkreis[1] (siehe auch Abschn. 338-4 und 222-126)

#### -431 Durchgangsventile

Damit Regelventile, die in der Regel einen elektromotorischen Antrieb haben, für stetige Regelung richtig bemessen werden, müssen drei Größen beachtet werden:

a) Die *Ventilkennlinien* oder $k_v$-Linien; sie enthalten den Durchfluß der Flüssigkeit in Abhängigkeit vom Hub bei einem konstanten Druckabfall von 1 bar. Je nach Kegelausbildung gibt es verschiedene Kennlinien:

[1]) Haueis, J.: SBZ 21/75. 8 S.
Frotscher, H.: TAB 6/74. S. 431/40.

lineare (Tellerventile)
quadratische
logarithmische (gleichprozentige) u.a. siehe auch Bild 338-83 und -84.

Sie gelten nur, wenn der Druckabfall konstant ist. Die *Nennweite* des Ventils, die meist mit der Rohrleitung übereinstimmt, besagt nichts über die Durchflußkapazität. Für jede Nennweite gibt es mehrere $k_{vs}$-Werte, d.h. Durchflußmengen bei voller Öffnung. Für die meisten Anwendungsfälle der Heizungstechnik kommt die logarithmische Kennlinie in Betracht.

b) Der anteilige Druckabfall $\Delta p_v$ des geöffneten Ventils am gesamten Druckabfall $\Delta p$ des Netzteils mit variabler Wassermenge oder die Druckdifferenz bei geöffnetem und geschlossenem Ventil. Man nennt das Verhältnis $\Delta p_v/\Delta p$ *Ventilautorität* $P_v$ oder Ventilwirkungsgrad. Bei Einbau der Ventile im Rohrnetz steht im allgemeinen nur ein Teil des Gesamtdrucks für die Ventile zur Verfügung. Dadurch werden die Ventilkennlinien je nach dem Verhältnis $\Delta p_v/\Delta p$ verformt. Bild 338-86. Um eine gute Regelung des Volumenstroms zu erhalten, sollte die Ventilautorität etwa 0,25···0,50 sein. Im allgemeinen ist das Ventil um 1 bis 2 Nennweiten kleiner als die zugehörige Rohrleitung.

c) Die *Leistungskennlinie* des Wärmeaustauschers, d.h. die Kurve der Wärmeleistung in Abhängigkeit vom Durchfluß. Ihr Verlauf ist vom Auslegungskennwert $a$ des Wärmeaustauschers abhängig. Bei bekanntem $a$-Wert läßt sich der günstigste Wert $P_v$ für die Ventilautorität aus Bild 338-91 entnehmen.

*Beispiel:*

Heizwasserkreislauf nach Bild 236-65.

Heizleistung eines Wärmeaustauschers 100 kW, Auslegungswert $a=0{,}5$, Druckdifferenz des mengenvariablen Netzes ohne Ventil $\Delta p_n = 120$ mbar. Volumenstrom $100/(4{,}2 \cdot 20) = 1{,}19$ kg/s $= 4{,}28$ m³/h. Aus Bild 338-91 entnimmt man ein Ventil mit gleichprozentiger Kennlinie und eine Ventilautorität $P_v = 0{,}25$. Damit wird die Druckdifferenz des Ventils

$$\Delta p_v = 0{,}25 \frac{120}{1-0{,}25} = p_v \frac{\Delta p_n}{1-P_v} = 40 \text{ mbar}$$

und der $k_{vs}$-Wert:

$$k_{vs} = \frac{\dot{V}}{\sqrt{\Delta p_v}} = \frac{4{,}28}{\sqrt{0{,}04}} = 21{,}4 \text{ m}^3/\text{h}.$$

Dieser Wert kann auch aus Bild 338-82 entnommen werden.

Nennweite aus Katalogen der Hersteller, z.B. DN 32.

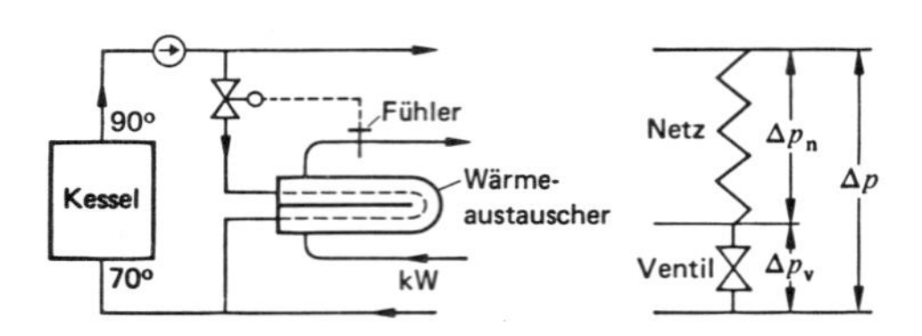


Bild 236-65. Beispiel eines Heizkreises mit Durchgangsventilen.
KW = Kaltwasser

### -432 Dreiwegeventile[1])

Sie haben drei Anschlüsse für zwei Strömungen (Bild 236-66) und können sowohl zur Verteilung wie zur Mischung von Wassermengen verwendet werden.

Als *Verteilventile* werden sie in Heiznetzen eingebaut, um Druckschwankungen und andere Strömungen auszuschalten, die bei Verwendung von Durchgangsventilen auftreten (Bild 236-67). Die im Netz umlaufende Wassermenge bleibt annähernd konstant und ebenso die Pumpenleistung. Die Mischung erfolgt außerhalb des Ventils.

Als *Mischventile* werden die Dreiwegeventile verwendet, um z.B. durch Mischung von Kessel- und Rücklaufwasser die Wärmeleistung zu regulieren. Im Verbraucherkreis ist der Wasserstrom konstant. Die Mischung erfolgt innerhalb des Ventils (Bild 236-68).

[1]) Schrowang, H.: IKZ 23/73. 8 S. und 5/74. 9 S. sowie 7/74. 7 S.
Frotscher, H.: TAB 7/75. S. 523.

Die *Ventilkegel* können wie bei den Durchgangsventilen mit linearer, quadratischer oder gleichprozentiger Kennlinie ausgeführt werden, und zwar auf beiden Seiten gleich (symmetrisch) oder verschieden (unsymmetrisch).

Der *Gesamtdurchfluß* ist durchaus nicht konstant, sondern kann je nach Kennlinie und Druckanteil im Netz sehr verschieden sein.

*Vierwegeventile* siehe Abschn. 236-436.

Beispiele einiger Kennlinien in Bild 236-70.

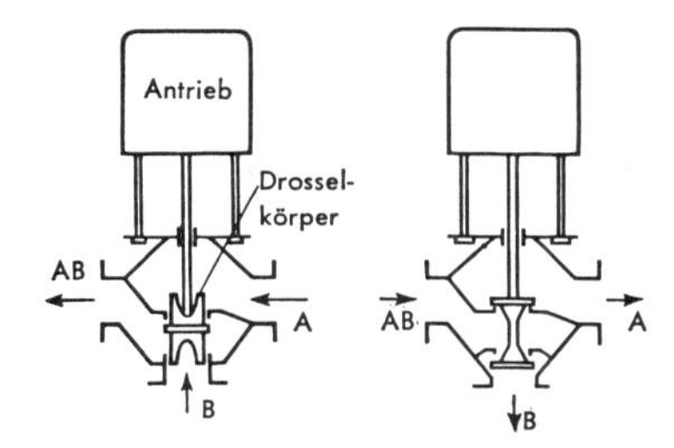


Bild 236-66. Dreiwegeventil.
Links: Mischventil,
rechts: Verteilventil
A = Regeltor
B = Beipaßtor
AB = gesamter Volumenstrom

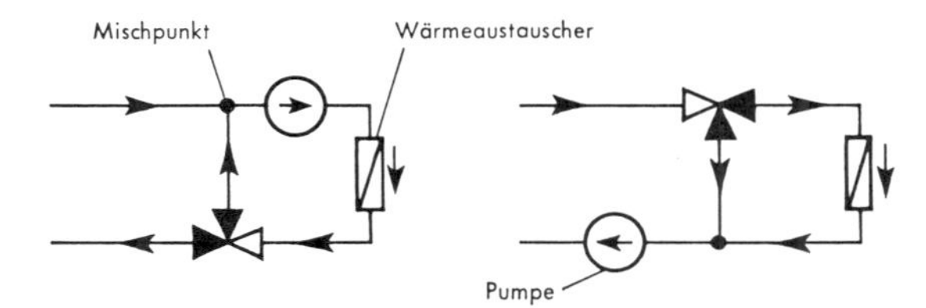


Bild 236-67. Dreiwegeventile als Verteiler. Links: mit Mischwirkung; rechts: mit Verteilwirkung.

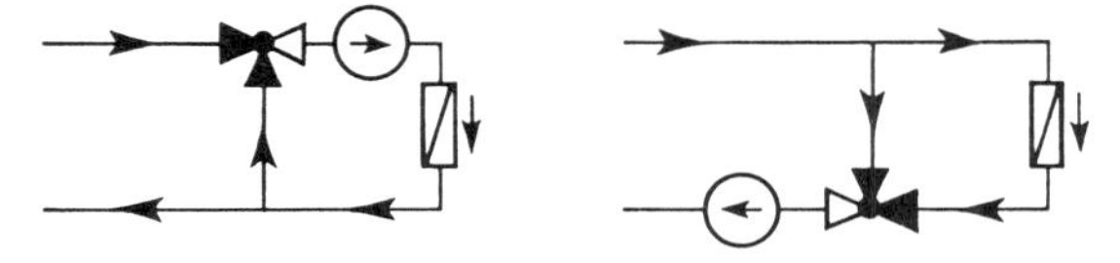

Bild 236-68. Dreiwegeventile als Mischer. Links: mit Mischwirkung; rechts: mit Verteilwirkung.

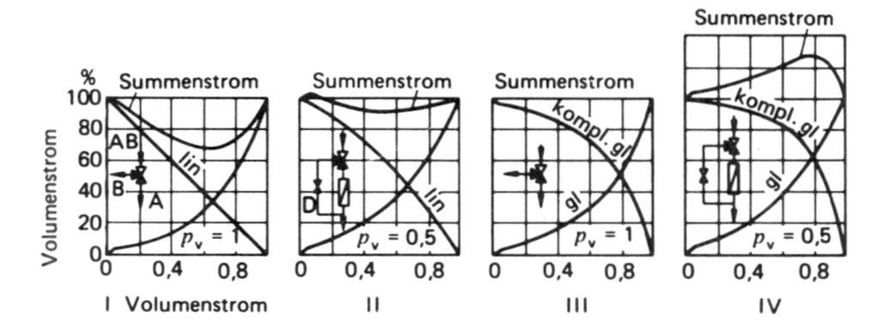


Bild 236-70. Kennlinien von Dreiwegeventilen.
I u. II: linear + gleichprozentig
III u. IV: gleichprozentig + komplementär – gleichprozentig
$P_v$ = Ventilautorität, D = Drossel

Bild I zeigt die Kennlinie mit einem gleichprozentigen Regeltor und einem linearen *Beipaßtor* bei einer Autorität $P_v = 1{,}0$, d. h. frei auslaufend, wie es allerdings in den Rohrnetzen der Heizungstechnik nicht vorkommt.

Bild II zeigt dieselben Kennlinien, jedoch bei einer Autorität $P_v = 0{,}5$, wie sie z. B. durch einen Lufterhitzer im Regeltor und eine Drossel D im Beipaßtor erzeugt wird. Die Summenkurve ist günstiger als im Fall I.

In Bild III und IV sind die Kennlinien bei einem gleichprozentigen Regeltor und einem komplementär-gleichprozentigen Beipaßtor dargestellt. (Komplementär bedeutet, daß die Summe der Ventilöffnungen gleichbleibend ist.) Man erkennt, daß bei der Autorität $P_v = 0{,}5$ der Summenstrom wesentlich ansteigt.

Bei der Bemessung der Ventile ist folgendes zu beachten:
Der *Druckverlustanteil* (die Autorität) bezogen auf den Gesamtdruckabfall im Netz soll möglichst gering sein, etwa 3···8%, damit die Durchflußmenge möglichst konstant bleibt. Bezogen auf die beiden mengenvariablen Strecken soll der Druckverlust jedoch groß sein, etwa 50% oder ebenso groß wie der Druckabfall der Strecken. Außerdem sollen die Druckabfälle der beiden mengenvariablen Strecken bei geöffneten Toren etwa gleich groß sein.

*Beispiel:*

Heizwasserkreislauf nach Bild 236-72. Heizleistung 200 kW bei Wasser von 90/70 °C, Wasservolumenstrom 200/(4,2 · 20) = 2,38 kg/s ≙ 8,57 m³/h, Druckabfall des Kesselkreislaufs $\Delta p_k$ = 180 mbar, Druckabfall des Ventils $\Delta p_v$ = 180 mbar.

$\Delta p_{ges} = 180 + 180 = 360$ mbar.

$\Delta p_v / \Delta p_{ges} = 180/360 = 0{,}50$ (Autorität).

Aus Diagramm 338-82: $k_v = 20$.

Nennweite aus Katalog der Ventilhersteller, z. B. DN 40.

Die Drossel in der Beipaßleitung ist auf den Druckabfall $\Delta_{p_k}$ = 180 mbar des Kesselkreislaufs einzustellen. Der Druckabfall im mengenkonstanten Verbraucherkreis ist hierbei ohne Bedeutung.

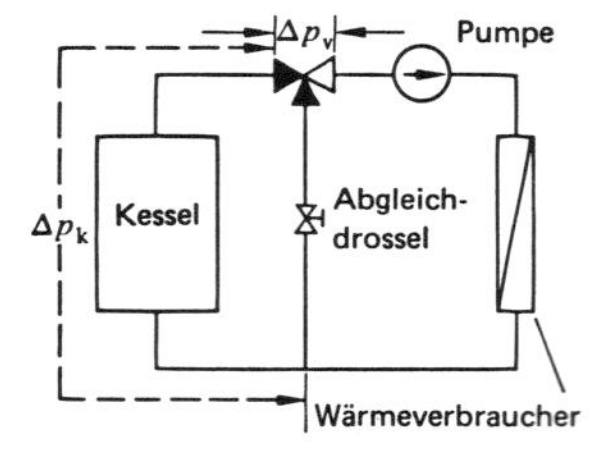


Bild 236-72. Beispiel eines Heizkreises mit Dreiwegeventil.

### -433 Hydraulische Schaltungen[1])

Die in der Heizungs- und Klimatechnik üblichen Schaltungen lassen sich auf einige Grundschaltungen zurückführen, die in Bild 236-74 dargestellt sind.

Man unterscheidet zwei Hauptschaltungen:

*Verteiler ohne Hauptpumpe.* Jede Umwälzpumpe einer Heizgruppe fördert nur so viel Wärme, wie dem Bedarf entspricht. Sie muß sowohl den Druckverlust im Verbraucher- wie Kesselstromkreis überwinden. Die im Kesselkreis umlaufende Wassermenge ist variabel. Die Differenzdrücke am Verteiler sind daher unterschiedlich, und die einzelnen Regelkurven können sich untereinander beeinflussen, z. B. bei plötzlicher Laständerung einer Gruppe.

*Verteiler mit Hauptpumpe.* Im Kesselstromkreis befindet sich eine Pumpe und zwischen Verteiler und Sammler eine Kurzschlußleitung. Der Förderstrom ist konstant und der Differenzdruck gering (druckloser Verteiler). Jede Gruppe muß eine eigene Umwälzpumpe haben. Eine Beeinflussung der einzelnen Regelkreise findet nicht statt.

---

[1]) SWKI-Richtlinien 79-1 (Schweizer Verein von Wärme- u. Klimaingenieuren).
Schmitz, H.: HLH 12/80. S. 445/51.
Die hydraulische Einregulierung. Druckschr. d. TA Tour Andersson GmbH, 1985.
Schaer, W.: Heizung und Lüftung 2/87. S. 6 ff.

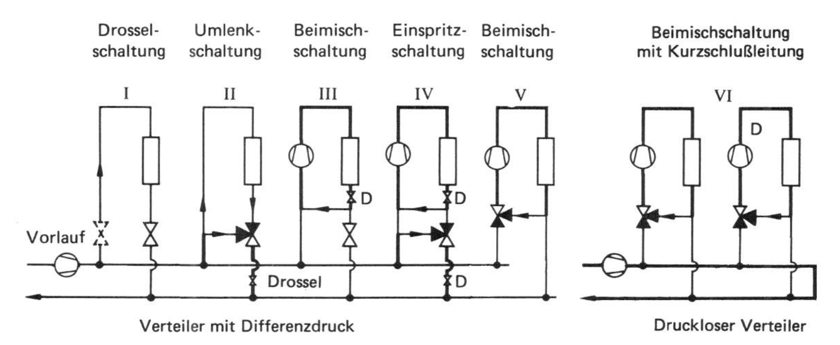


Bild 236-74. Hydraulische Schaltungen.

Die Strecken mit konstantem Volumenstrom sind stark ausgezogen.

I *Drosselschaltung mit Durchgangsventil.* Leistungsregelung durch Wasserstromänderung. Ventil im Vorlauf oder Rücklauf. Wasserstrom sowohl im Primär- wie Verbraucherkreis veränderlich. Druckschwankungen im Netz, große Temperaturdifferenzen im Heizkörper. Einfriergefahr bei Lufterhitzern.

II *Umlenkschaltung mit Dreiwegeventil.* Leistungsregelung wie bei I durch Wasserstromveränderung. Ventil im Vorlauf (Verteilventil) oder Rücklauf (Mischventil). Wasserstrom im Primärkreis konstant, im Verbraucherkreis veränderlich. Annähernd konstante Druckverhältnisse im Rohrnetz.

III *Beimischschaltung mit Durchgangsventil und Internpumpe.* Schaltung wie I, jedoch mit zusätzlicher Internpumpe. Leistungsregelung erfolgt jetzt durch Mischung von Vorlauf- und Rücklaufwasser. Wasserstrom im Verbraucherkreis konstant, im Primärkreis variabel. Druckschwankungen im Netz.

IV *Einspritzschaltung.* Kombination von II und III. Leistungsregelung durch Änderung der Vorlauftemperatur (Mischung). Dreiwegeventil im Vorlauf oder Rücklauf. Wasserstrom sowohl im Primärkreis wie Verbraucherkreis konstant.

V *Beimischschaltung mit Umwälzpumpe für jeden Verbraucher.* Leistungsregelung durch Änderung der Vorlauftemperatur. Ventil im Vorlauf (Mischventil) oder Rücklauf (Verteilventil). Wasserstrom im Verbraucherkreis konstant, im Primärkreis variabel. Gegenseitige Beeinflussung der einzelnen Regelkreise ist möglich.

VI *Beimischschaltung mit Kurzschlußleitung.* Es ist eine Verbindungsleitung zwischen Verteiler und Sammler installiert, so daß keine Druckdifferenz zwischen beiden besteht: *Druckloser Verteiler.* Kesselpumpe überwindet nur die Widerstände im Kesselkreis. Wasserstrom im Primärkreis und Verbraucherkreis konstant. Keine Beeinflussung bei Zu- und Abschalten einzelner Heizgruppen.

In allen Schaltungen sind Stellventile mit gleichprozentiger Kennlinie vorzuziehen. Die Ventilautorität sollte etwa 0,50 betragen, d.h., der Druckverlust des Ventils $\Delta p_V$ über das ganz geöffnete Regeltor ist gleich dem Druckverlust $\Delta p_{var}$ der mengenvariablen Strecke. Zur genauen Anpassung sind Einstelldrosseln zu installieren, jedoch nur in Leitungsteilen mit konstantem Volumenstrom.

### -434 Regelung mit Heizungsmischern [1])

Bei großen Heizungsanlagen werden vom Heizkessel für verschiedene Heizkreise verschieden hohe Wassertemperaturen verlangt, beispielsweise für einen Warmwasserbereiter 80 °C konstant, für eine Radiatorheizung mit den Außentemperaturen sich ändernde Wassertemperaturen im Bereich von 90 bis 30 °C, für eine Fußbodenheizung 50 °C usw. Diese verschiedenen Temperaturen erhält man am einfachsten durch Verwendung von Heizungsmischern.

[1]) Ihle, C.: SBZ 23/79. 5 S.
DIN 3334, 3335 u. 3336: Heizungsmischer 10.68.

Dabei wird warmes Vorlauf- mit kaltem Rücklaufwasser so miteinander gemischt, wie es jeweils dem Wärmebedarf entspricht *(Rücklaufbeimischer)*. Es gibt Mischer mit Klappen, Drehtellern, Drehscheiben, Küken. Einstellung von Hand oder automatisch über Stellantrieb durch Temperaturregler. Die Mischung kann direkt in Mischschaltung oder indirekt durch Verteilschaltung erfolgen.

Beispiel für die Anordnung eines Mischers in einer Heizungsanlage mit Brauchwasserbereitung zeigt Bild 236-76. Kesselwasser wird durch einen Thermostaten konstant auf z. B. 90 °C gehalten, während die jeweilige Vorlauftemperatur im Mischer durch Mischung von heißem Kesselwasser und kalten Rücklaufwasser erzeugt wird. Der Brauchwasserbereiter erhält Kesselwasser.

Die Vorlauftemperatur wird automatisch verstellt, entweder in Abhängigkeit von der Raumtemperatur oder von der Außentemperatur.

In großen Gebäuden werden einzelne Gebäudeteile getrennt geregelt wie z. B. Büro und Werkstatt, wobei jeder Heizkreis ein eigenes Mischventil erhält. Bei ausgedehnten Heizungsanlagen sind in der Regel eine große Anzahl derartiger Heizkreise mit Mischventilen vorhanden. Beispiel für zwei Heizkreise siehe Bild 236-78.

Jeder Mischer soll das Rücklaufwasser seines eigenen Heizkreises erhalten, da sich sonst bei verschiedenem Wärmebedarf der einzelnen Heizkreise diese einander beeinflussen. Für jeden Heizkreis eine eigene Umwälzpumpe.

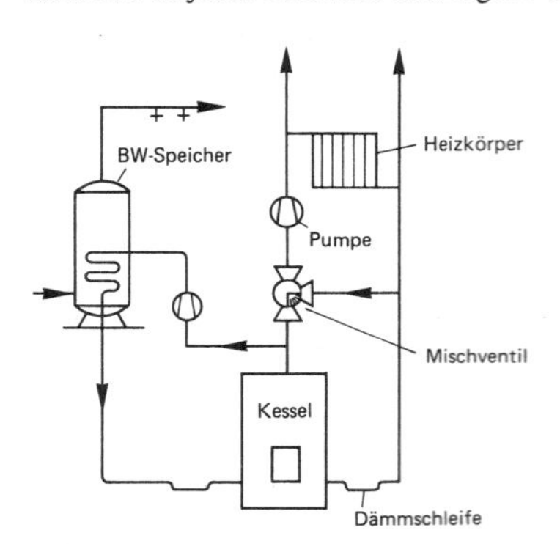


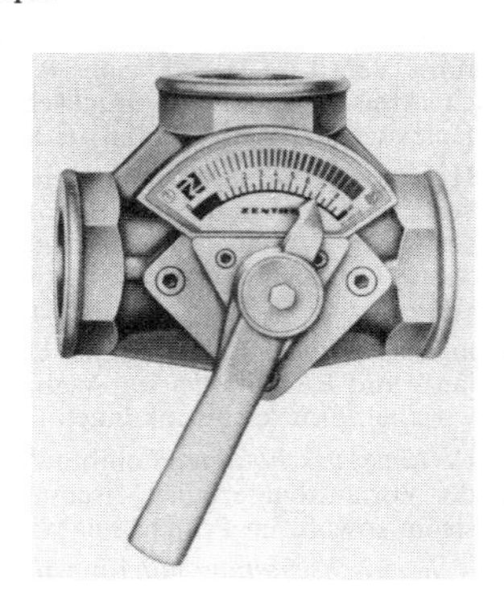

Bild 236-76. Handbetätigter Rücklaufbeimischer bei einer Warmwasser-Zentralheizung.
Links: Warmwasserkreislauf Rechts: Ansicht des 3-Wege-Mischers (Centra)

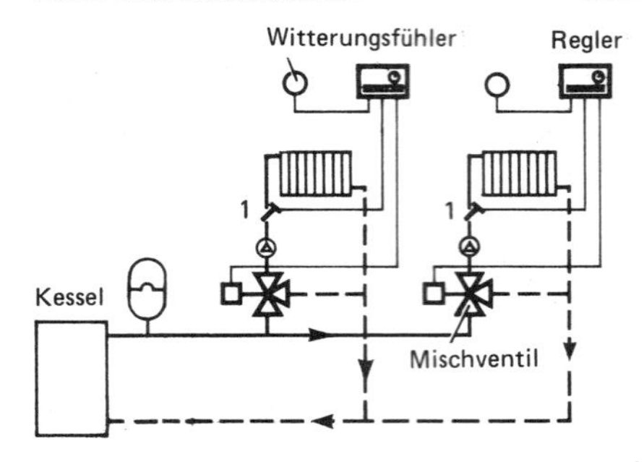


Bild 236-78. Zwei Heizkreise mit je einem Mischventil und Pumpe.
1 = Vorlauftemperaturfühler

### -435 Zonenregelung[1])

Eine Methode mit noch weitergehender Regelung besteht darin, für einzelne Räume oder Raumgruppen zusätzlich je einen Raumthermostat mit Zonenventil vorzusehen

[1]) Laibold, E.: Neue Deliwa-Zeitschr. 11/78. S. 89.
Mayer, E.: Ges.-Ing. 1/81. S. 1/10.
Mayer, E.: SHT 2/84. S. 71/75.

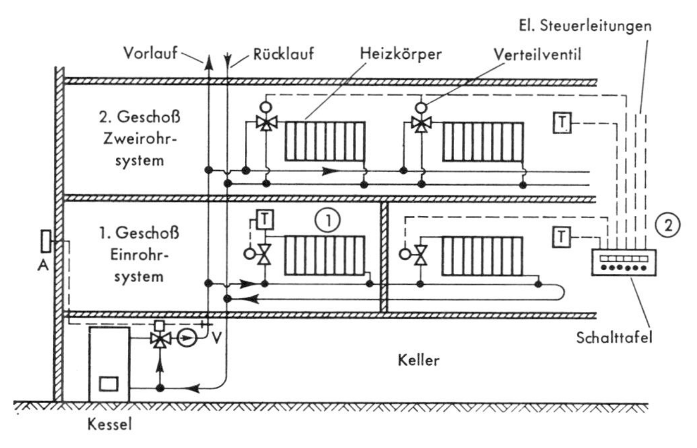


Bild 236-80. Schematische Darstellung verschiedener Zonenregelungen in einem zentralgeheizten Gebäude.
A = Außenfühler, T = Raumtemperaturfühler, V = Vorlauffühler

*(Zonenregelung).* Zweipunktregler, elektrische Proportionsregler oder Ausdehnungsregler. Beispiel 236-80. Hier sind mehrere Wege dargestellt, um einzelne Räume oder Raumgruppen unabhängig von der Außentemperaturregelung auf unterschiedlichen Temperaturen zu halten.

Im Keller befindet sich der Kessel mit Regelung der Vorlauftemperatur nach der Witterung.

Im 1. Geschoß ist eine *Einrohrheizung* vorhanden; die Temperatur im Raum 1 wird durch einen örtlichen Fühler geregelt, der auf das Magnet- oder Motorventil des Heizkörpers einwirkt. Raum 2 hat ebenfalls einen Raumfühler, jedoch in elektronischer Bauart mit Fernverstellung des Sollwerts von einer Schalttafel. Im 2. Geschoß ist eine *Zweirohrheizung* eingebaut; die Temperaturregelung erfolgt hier ebenfalls durch einen fernverstellbaren Raumfühler, jedoch mit Rücksicht auf den Pumpenwiderstand in Verbindung mit Drei-Wege-Ventilen.

Bei Verwendung einer Schaltuhr lassen sich die Temperaturen einzelner Räume nachts oder am Wochenende auch auf tiefere Werte einstellen. Neuzeitliche Regler berücksichtigen auch die effektive Nutzungszeit der einzelnen Räume und schalten automatisch vom Sollwert der Nutzungszeit auf den Sollwert der nicht genutzten Zeit, wobei gleichzeitig die Aufheizzeit für die Räume optimal eingestellt werden kann. Dadurch zusätzliche Energieersparnis. Anwendung z. B. in Schulen, Hotels und Geschäftshäusern.

### -436 Anhebung der Kesselrücklauftemperatur

Wenn bei schwefelhaltigen Brennstoffen, z. B. Heizöl S oder EL, die Rücklauftemperatur zu gering ist, besteht die Gefahr, daß im Kessel stellenweise Schwefelsäure $H_2SO_4$ kondensiert und die sogenannte *Niedertemperatur-Korrosion* verursacht (siehe Abschn. 237-3). Neuere Kesselkonstruktionen, sog. *Niedertemperatur-Kessel,* sind durch verbesserte Konstruktion und Materialwahl gegen diese Korrosion geschützt. Für größere Einheiten, insbesondere bei Kesselfolgeschaltungen, empfehlen die Kesselhersteller jedoch eine Anhebung der Kessel-Rücklauftemperatur.

Die Rücklaufanhebung gewinnt auch zunehmend Bedeutung bei der Vermeidung zu niedriger Abgastemperaturen zum Schutz des Schornsteins. Für die Anhebung der Rücklauftemperatur gibt es verschiedene Schaltungen, siehe Bilder 236-82 bis -87.

*Vierwegemischer* (Bild 236-82)

Der Mischer dient gleichzeitig zur Regelung der Vorlauftemperatur mit stetiger Regelung und zur Beimischung von heißem Vorlaufwasser zum Kesselrücklauf. Montage über Oberkante Kessel, da Umlauf nur durch Schwerkraftwirkung erfolgt. Bessere Wir-

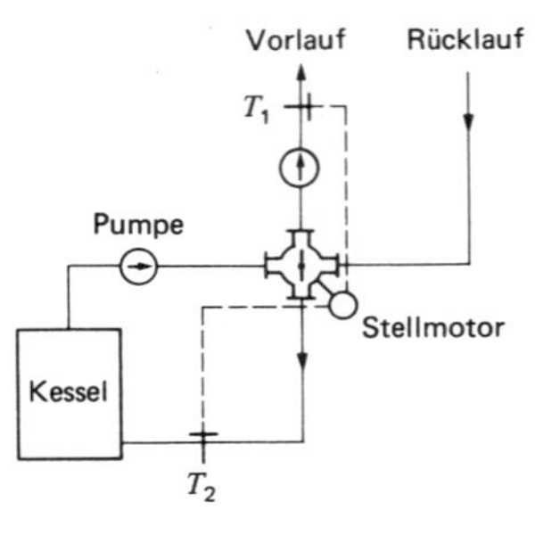


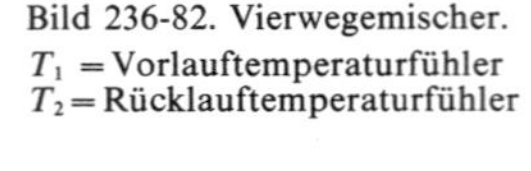
Bild 236-82. Vierwegemischer.
$T_1$ = Vorlauftemperaturfühler
$T_2$ = Rücklauftemperaturfühler

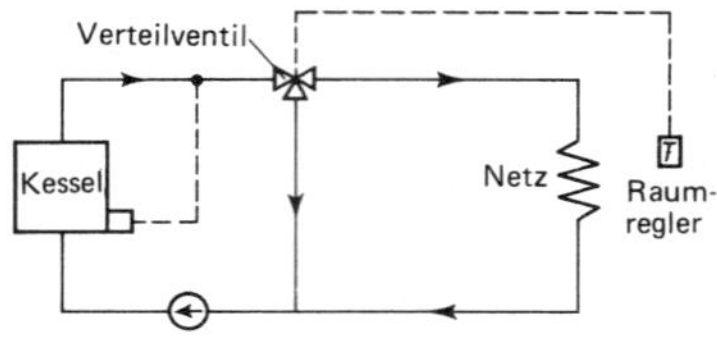


Bild 236-84. Nur eine Pumpe. Mengenregelung durch Drei-Wege-Verteilventil.

Netzwassermenge veränderlich je nach Außentemperatur, Kesselwassermenge konstant, kann jedoch sehr tief liegen. Ungünstig. Bei Lufterhitzern Temperaturschichtung mit Einfriergefahr. Regelventil kann auch im Rücklauf liegen. Kommt als Rücklauftemperatur-Regelung bei Kesselfolgeschaltungen (pro Kessel) zum Einsatz.

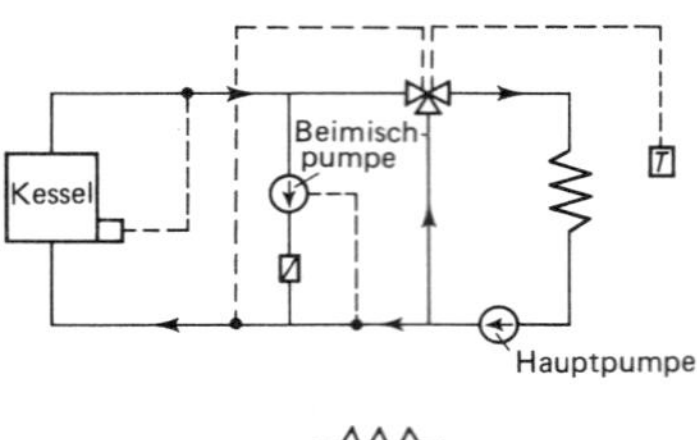


Bild 236-86. Zweipunktsteuerung mit Begrenzungsregler und Beimischpumpe in Beipaßleitung.

Beimischpumpe wird durch einen Rücklaufthermostaten zu- und abgeschaltet. Mindestkesselrücklauftemperatur wird nicht unterschritten, wenn gleichzeitig eine Rücklauftemperatur-Regelung das Stellglied in Richtung „zu" verstellen kann. Netzwassermenge konstant. Kesselwassermenge veränderlich. Meist verwendete Anordnung. Maximale Leistung der Beimischpumpe muß je nach den Vorlauf- und Rücklauftemperaturen errechnet werden, etwa 25% der Hauptumwälzpumpe.

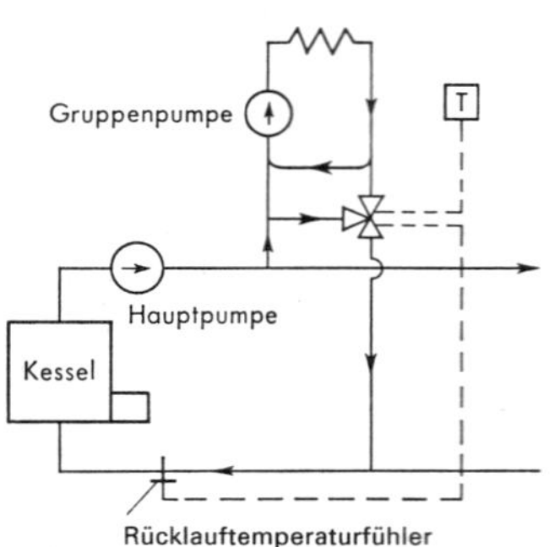


Bild 236-87. Einspritzsystem.

Hauptpumpe im Kesselkreis sowie eine oder mehrere Gruppenpumpen mit Kurzschlußleitung. Kessel- und Netzwassermenge konstant. Bei Spitzenlast (Aufheizung) sperrt Rücklaufthermostat stetig Gruppenmischventil und verhindert Absinken der Kesselrücklauftemperatur unter den eingestellten Wert. Verwendung besonders in zentralgeregelten Regelkreisen.

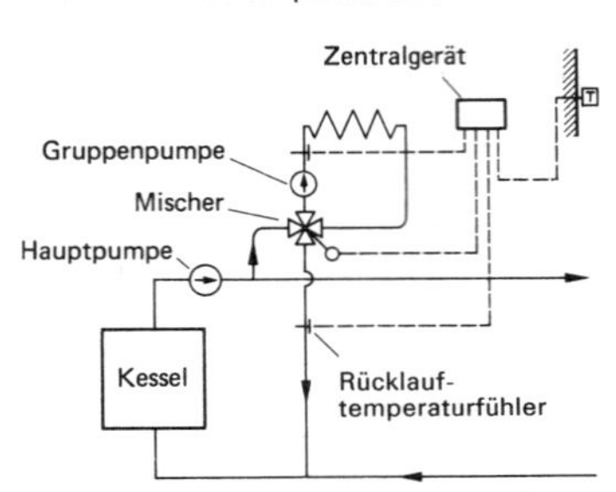


Bild 236-88. Einspritzsystem über Vierwegemischer.

kung durch besondere Rücklauf-Temperaturbegrenzung $T_2$, die Priorität vor $T_1$ hat, und besondere Kesselpumpe.

Hauptpumpe im Kesselkreis sowie eine oder mehrere Gruppenpumpen. Vierwegemischer vermeidet Fehlzirkulation über offene Kurzschlußleitung und leistet definierte Rücklaufbeimischung im Vor- und Rücklauf. Kessel- und Netzwassermenge konstant. Bei Spitzenlast (Aufheizung) sperrt Rücklaufthermostat stetig Gruppenmischventil und verhindert Absinken der Kesselrücklauftemperatur unter den eingestellten Wert. Verwendung besonders in zentralgeregelten Regelkreisen.

Maßgebend sind folgende Grundsätze:

1. Die Kesselrücklauftemperatur soll mit Sicherheit, namentlich bei Kesseln, die für konstant angehobenen Betrieb konzipiert sind, eine gewisse Mindesttemperatur nicht unterschreiten, etwa 50 °C, um Tieftemperaturkorrosionen zu vermeiden.
2. Die umgewälzten Wassermengen sollen in den verschiedenen Heizkreisen und im Kessel sich möglichst wenig ändern.

## -44 Regler bei Umformern

Bei diesen Geräten sind die Stellglieder in der Regel Ventile oder Klappen, die von Thermostaten gesteuert werden.

### -441 Regler ohne Hilfskraft (Ausdehnungsregler)

Diese Regler eignen sich besonders dazu, gleichbleibende Wassertemperaturen in Heizungs- und Warmwasserbereitungsanlagen zu halten. Sie arbeiten wie die Heizkörper-Temperaturregler Bild 236-30 nach dem Prinzip der Flüssigkeitsausdehnung. Die Flüssigkeit im Fühler dehnt sich aus und bewegt über ein Kapillarrohr und einen Metallbalg-Arbeitskörper das Ventil (Bild 236-90). Sollwerteinstellung mittels Schlüssel. Einbaubeispiel Bild 236-91. Bei Auswahl zulässigen Druck und $k_V$-Wert beachten. Proportionalbereich etwa 5···10 K.

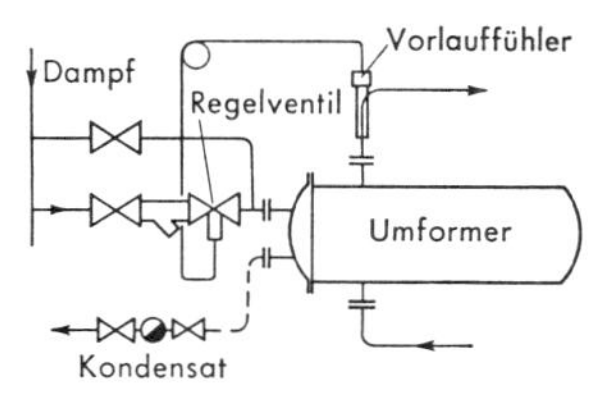


Bild 236-91. Regelung der Vorlauftemperatur bei einem dampfbeheizten Umformer.

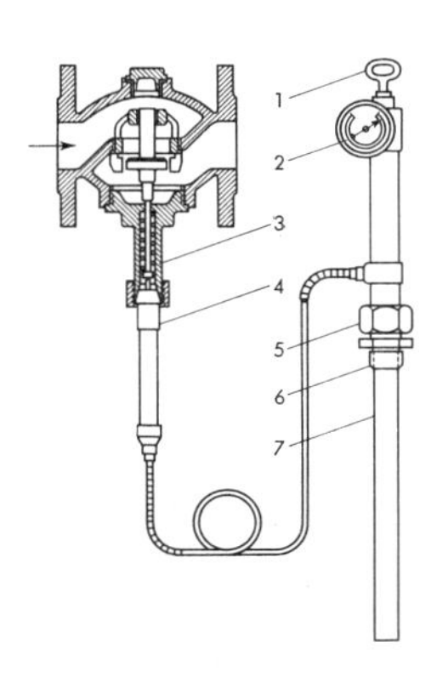


Bild 236-90. Temperaturregler mit Einsitzventil (Samson).
1 = Schlüssel,
2 = Skala,
3 = Ventilaufsatz,
4 = Arbeitskörper,
5 = Überwurfmutter,
6 = Nippel,
7 = Temperaturfühler

Ventile *entlastet oder nichtentlastet,* im ersten Fall gleicher Druck auf Ventilteller von beiden Seiten. Durchgangs- oder Drei-Wege-Ventile.

Zu unterscheiden sind außerdem:

*Öffnungsventile,* die bei steigender Temperatur öffnen, und *Schließventile.*

Raum- oder außentemperaturabhängige Regler berücksichtigen auch den Einfluß der Außentemperatur und passen die Heizleistung dem wirklichen Wärmebedarf an.

Bild 236-92 zeigt einen direkt wirkenden Regler, der die Vorlauftemperatur eines Umformers in einem bestimmten Verhältnis zur Außenluft regelt. Das Stellglied ist ein Durchgangsventil, dessen Stellmotor (Federrohr) von zwei Thermostaten gesteuert wird, die sich in der Außenluft und im Heizungsvorlauf befinden. Die Fühler der Thermostate sind durch biegsame Kapillarrohre mit dem Stellmotor des Ventils verbunden.

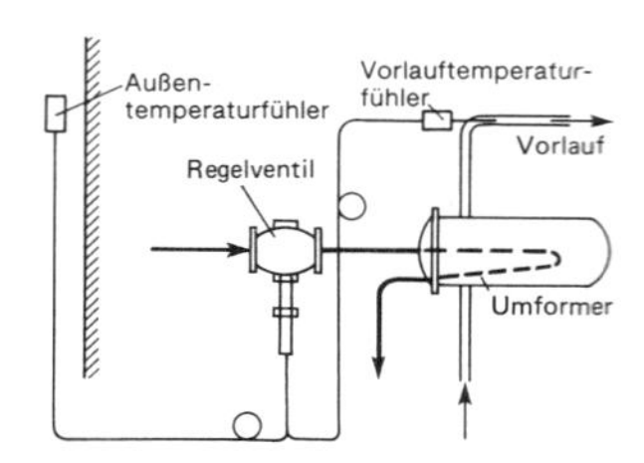


Bild 236-92. Regelung der Vorlauftemperatur bei einer Warmwasserheizung mit Umformer durch einen direkten Regler in Abhängigkeit von der Außentemperatur.

Einer bestimmten Außentemperatur entspricht eine bestimmte Vorlauftemperatur: die Heizgerade oder die Heizkurve.

### -442 Regler mit Hilfskraft

Bei diesen Reglern wird elektrischer Strom oder Druckluft als Hilfsenergie verwendet, sonst ist die Wirkungsweise wie vor; siehe Abschn. 236-43.

## -45 Zugregler[1])

Eine besondere Bauart von Reglern sind die selbsttätig arbeitenden *Nebenluft-Zugregler,* besser *Zugbegrenzer* genannt, die in den Schornstein oder Fuchs eingebaut werden und bei zu großem Zug selbsttätig Nebenluft in den Schornstein eintreten lassen. Dadurch wird der Kesselwirkungsgrad verbessert und der Bereitschaftsverlust in den Stillstandszeiten verringert. Sie dienen auch zur Durchlüftung des Schornsteins und Austrocknung bei Kondensatbildung. Es gibt selbsttätige oder zwangsgesteuerte Ausführungen. Bei ersteren beruht die Funktion darauf, daß eine außermittig aufgehängte Regelscheibe auf der einen Seite mit dem Unterdruck des Schornsteins, auf der anderen Seite mit dem Atmosphärendruck beaufschlagt ist. Einstellung des Sollwerts durch ein Gewicht. Beispiel mit einer gewichtsbelasteten Pendelklappe Bild 236-95 links. Einregulierung mit Zugmeßgerät.

Um bei niedrigen Abgastemperaturen, wie sie bei modernen Kesseln vorkommen, *Durchfeuchtung* des Schornsteins zu verhindern, kann der Regler mit Motorantrieb ausgerüstet werden. Während der Stillstandszeit des Brenners wird die Nebenluftklappe geöffnet und der Schornstein ständig durchlüftet. Klappe und Motorantrieb Bild 236-95 rechts. Brennstoffersparnis, jedoch kein Mittel, um zu groß dimensionierten oder schlecht gedämmten Schornstein zu sanieren.

Bild 236-95. (Kutzner u. Weber).
Links: Zugbegrenzer mit Pendelklappe im Verbindungsrohr;
rechts: Zugbegrenzer mit Motorsteuerung.

[1]) Brinkmann, P.: Heizung 11/75. S. 234/40, u. 12/75. S. 256/59.
DIN 4795: Nebenlufteinrichtungen. 7.85.
Böhm, G.: Ki 10/86. S. 416/8 u. Feuerungstechnik 3/86. S. 46ff.

### -46 Rücklauftemperaturregler[2])

Heizkraftwerke verlangen manchmal von den Abnehmern, daß die Rücklauftemperatur möglichst einen bestimmten Wert nicht überschreiten soll, z. B. 50 °C, damit die Stromausbeute des Kraftwerkes möglichst groß wird; außerdem Kostenersparnis bei den Rohrleitungen und der Pumpenarbeit. In diesem Fall kann man Rücklauftemperaturregler verwenden. Beispiel Bild 236-96 und -97. Hauptbestandteil ist das mit einer temperaturempfindlichen Flüssigkeit gefüllte Wellrohrelement. Wasser wird erst durchgelassen, wenn es sich unter die eingestellte Temperatur abgekühlt hat. Sie können in die Rücklaufleitung einer Wohnung oder auch bei einzelnen Heizkörpern oder Lufterhitzern eingebaut werden. Bild 236-98 zeigt je einen Rücklauftemperaturbegrenzer für den Warmwasserbereiter und den Hausanschluß einer Fernheizung. Sie wirken in der Weise, daß sie das Heizungswasser nur dann in den Rücklauf abfließen lassen, wenn es sich auf den eingestellten Wert abgekühlt hat. Bei Einstellung auf tiefe Temperaturen, z. B. 10 °C, schließt es vollkommen, daher kein Handabsperrventil im Vorlauf erforderlich. Einbaubeispiel Bild 223-32.

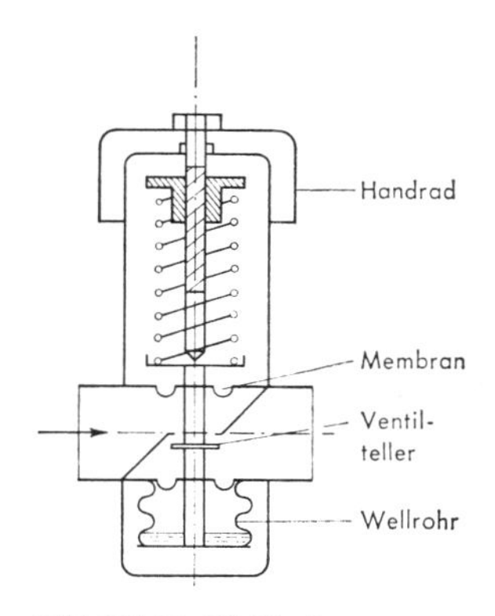


Bild 236-96. Rücklauftemperaturregler.

Bild 236-97.
Rücklauftemperaturregler – Ansicht (Danfoss).

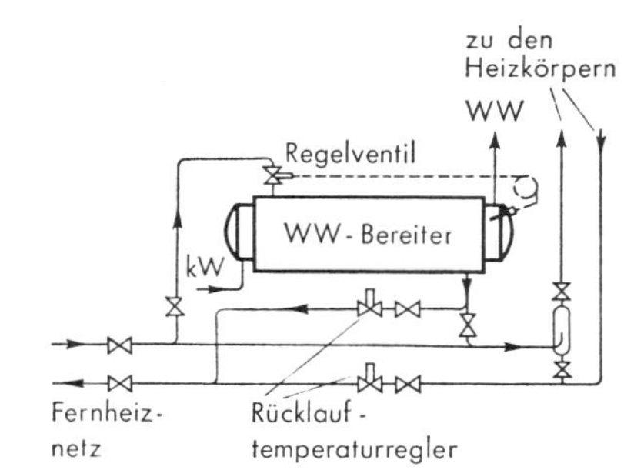


Bild 236-98. Rücklauftemperaturbegrenzer bei einem Fernheizanschluß.

Bei manchen stetigen Regeleinrichtungen ist die Maximalbegrenzung der Fernheizrücklauftemperatur auch Bestandteil oder Zusatzfunktion der elektronischen Regler. Sie ermöglichen auch eine gleitende Begrenzung, wie sie von manchen Fernheizwerken gefordert wird.

[1]) Dreizler, U. u. W.: Wärmetechn. 3/82. S. 77.

## -5 WÄRMEAUSTAUSCHER

### -51 Allgemeines

Wärmeaustauscher im weiteren Sinne des Wortes sind alle Apparate, in denen Wärme von einem Medium auf ein anderes übertragen wird, z. B. Kessel und Überhitzer, Lufterhitzer und Luftkühler, Kondensator und Vorwärmer usw. Im engeren Sinne versteht man in der Heizungstechnik jedoch unter Wärmeaustauschern solche Apparate, bei denen Wärme zwischen Dampf, Warmwasser oder Heißwasser ausgetauscht wird. Man bezeichnet sie auch als *Umformer.*

Einteilung: Umformer Dampf (HD oder ND) → Warmwasser
Dampf (HD) → Dampf (ND)
Umformer Heißwasser → Warmwasser
Heißwasser → Dampf (ND)

### -52 Bauarten

Die Umformer bestehen grundsätzlich aus drei Teilen:

dem äußeren Gehäuse (Mantel) aus Gußeisen oder Stahl,
der inneren aus Röhren bestehenden Wärmeumformbatterie,
den Ein- und Auslaßkammern für das Heizmittel.

Die Mehrzahl der Umformer wird in Form der sogenannten *Gegenstromapparate* gebaut, bei denen das eine Heizmittel im Gegenstrom zum anderen läuft. Die Apparate, die auf der Sekundärseite Wasser haben, bestehen aus einem gußeisernen oder stählernen Gehäuse mit einem darin befindlichen geraden oder U-förmig gebogenen Bündel aus Stahl- oder Kupferrohren (Bild 236-100 und -102).

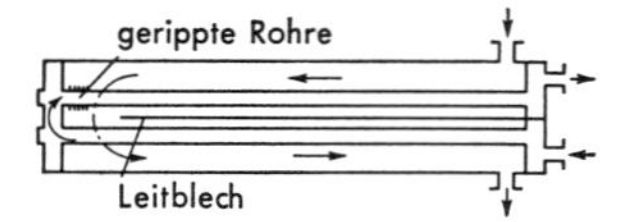


Bild 236-100. Wasser-Wasser-Wärmeaustauscher mit geraden gerippten Rohren (Gegenstromapparat).

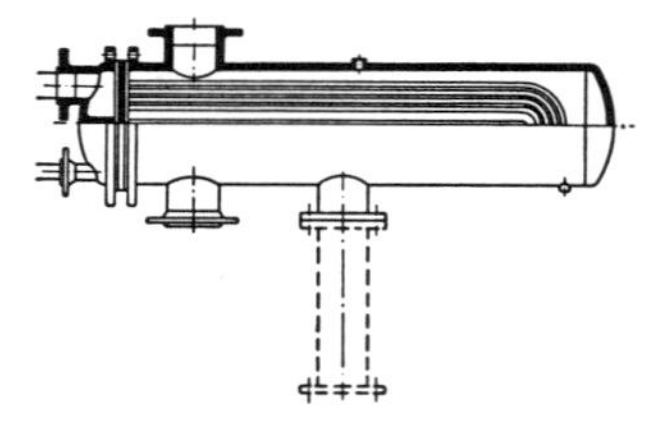

Bild 236-102. Wärmeaustauscher mit U-förmig gebogenen Rohren.

Die Ausführung mit U-förmig gebogenen Rohren am billigsten, jedoch schlechte Reinigungsmöglichkeit und Auswechselbarkeit der Rohre. Gerippte Rohre ergeben größere Wärmeleistung. Bei längeren Durchlaufwegen sind U-Rohrapparate in *Hintereinanderschaltung* zu wählen oder *mehrflutige Apparate* auszuführen (Bild 236-104). Umformer, die auf der Sekundärseite Dampf führen, sind ähnlich ausgeführt, haben jedoch zur Aufnahme des Dampfes einen größeren Durchmesser.

Außer waagerechten Apparaten gibt es auch senkrechte Ausführungen (Bild 236-106), die wegen ihres geringen Grundflächenbedarfs manchmal bevorzugt werden, besonders bei Fernheizungen.

Die bekannten Nachteile der Dampfkondensatwirkung im offenen System werden beim geschlossenen System dadurch vermieden, daß die Heizfläche durch *Kondensatstau* der jeweils geforderten Leistung angepaßt wird (Bild 236-108). Dabei werden stehende Wärmeaustauscher verwendet, in deren Rohren das Kondensat mehr oder weniger gestaut wird, so daß sich die Heizfläche entsprechend verändert. Die Regelung erfolgt durch einen Thermostaten im Vorlauf des Heizkreises, der auf ein Regelventil in der Kondensatleitung einwirkt.

Kein Kondenstopf, kein Dampfregelventil erforderlich, geringe Wärmeverluste, einfacher Betrieb.

Bild 236-110 zeigt Umformer für Hochdruckdampf (oder Heißwasser) in Niederdruckdampf, kenntlich am Dampfdom auf Behälter.

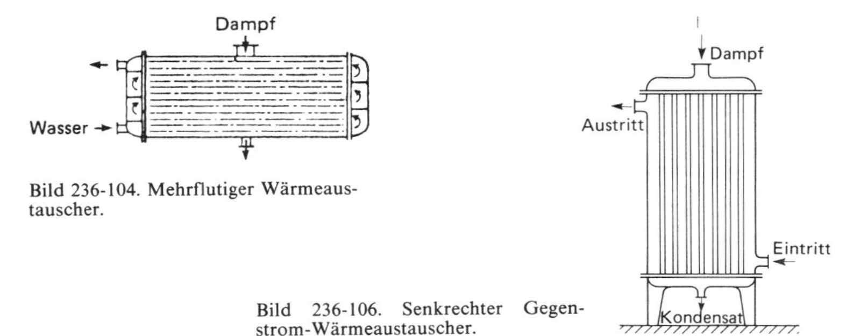


Bild 236-104. Mehrflutiger Wärmeaustauscher.

Bild 236-106. Senkrechter Gegenstrom-Wärmeaustauscher.

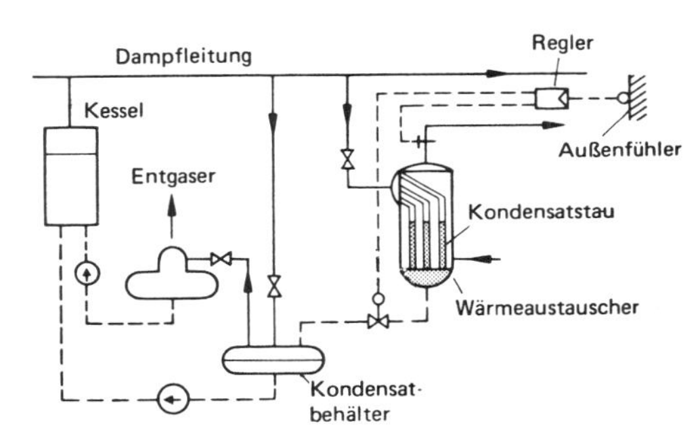


Bild 236-108. Dampfbeheizter Wärmeaustauscher in einem geschlossenen Dampf-Kondensat-Kreislauf (Bälz u. Sohn).

Bild 236-110.
Umformer Hochdruckdampf/Niederdruckdampf.

Zubehör der Umformer sind Unterstützungssäulen aus Gußeisen oder Stahl, Umkleidungsmantel aus Schwarzblech, Isolierung mit Glaswatte oder anderer Schutzmasse sowie Temperaturregler zur Innehaltung bestimmter Temperaturen.

### -53 Wärmeleistung[1])

Die Wärmeleistung, die stark von der Wassergeschwindigkeit abhängt, läßt sich an sich nach den Formeln der Wärmeübertragung berechnen, allerdings mit ziemlich großer Unsicherheit, besonders bei geringen Geschwindigkeiten.

Bei Vernachlässigung des Widerstandes im Metall ist der Wärmedurchgangswiderstand

$$\frac{1}{k} = \frac{1}{\alpha_i} + \frac{1}{\alpha_a} \text{ in m}^2\text{K/W}$$

[1]) Kimmich, R.: HR 6/82. S. 299/303, und 9/82. S. 404/7.

*Gegenstromapparate Wasser/Wasser*

Für Strömung von Wasser in Rohren ist nach Abschn. 135-21:

$\alpha_i = 3370 \cdot w_i^{0,85} (1 + 0{,}014\ \vartheta_w)$ (Bild 135-12)

Nimmt man zunächst an, daß die Wassergeschwindigkeit $w_a$ außerhalb der Rohre genauso groß ist wie innerhalb der Rohre, kann man $\alpha_i = \alpha_a$ setzen und erhält

$k = 3370/2 \cdot w_i^{0,85} (1 + 0{,}014\ \vartheta_w) = 1685 \cdot w_i^{0,85} (1 + 0{,}014\ \vartheta_w)$

$\vartheta_w$ = mittlere Wassertemperatur

Ist die Wassergeschwindigkeit $w_a$ im Außenraum geringer, wird $k$ kleiner. Bei $w_i/w_a = 3$ ergibt sich z. B.:

$k = 930\ w_i^{0,85} (1 + 0{,}014\ \vartheta_w)$.

*Beispiel:*

Heißwasser 130/110 °C, Warmwasser 90/70 °C, Heizleistung $\dot{Q} = 100$ kW. Legt man das Rohrbündel so aus, daß $w_i = 0{,}30$ m/s und $w_a = 0{,}1$ m/s werden, dann wird

$k = 930 \cdot 0{,}30^{0,85} [1 + 0{,}014 \cdot (120 - 80)] = 521\ \text{W/m}^2\text{K}$

Die erforderliche Heizfläche wird

$$A = \dot{Q}/(k \cdot \vartheta_m) = \frac{100}{0{,}521 \cdot 40} = 4{,}80\ \text{m}^2$$

$\vartheta_m$ = mittlerer Temperaturunterschied.

Bei Wärmeübertragung von *Dampf in den Heizrohren* an Wasser genügt es, mit der Gleichung

$k = 3370 \cdot w_i^{0,85} (1 + 0{,}014\ \vartheta_w)$ (s. Bild 135-18)

zu rechnen.

Bei allen Geräten ist wegen eventueller Schmutzablagerung oder Wassersteinbildung ein größerer *Sicherheitsfaktor* zu berücksichtigen. Gemessene Werte in Bild 236-112.

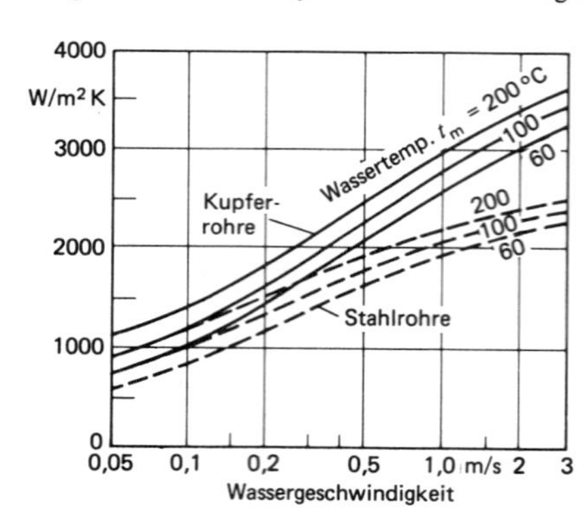


Bild 236-112. Wärmedurchgangszahl $k$ bei der Erwärmung von Wasser in Gegenstromapparaten mittels Dampf.[1])

Richtwerte bei mittlerer Wassergeschwindigkeit:

für Wasser/Wasser-Gegenstromapparate $k = 450 \cdots 700$ W/m²K

bei Dampf/Wasser-Gegenstromapparate $k = 1100 \cdots 1300$ W/m²K.

## -54 Garantiekurven

Da die der Berechnung zugrunde gelegten Betriebsbedingungen bei der Abnahme der Wärmeaustauscher selten vorhanden sind, sollte der Lieferer *Garantiekurven* gewährleisten, aus denen die Leistung bei geänderten Stoffströmen oder Temperaturen hervorgeht. Ist z. B. bei einem dampfgeheizten Gegenstromapparat die durchfließende Wassermenge veränderlich, so soll aus den Garantiekurven die jeweilige Wassererwärmung ersichtlich sein.

---

[1]) Bössow: Heizung u. Lüftung 1944. S. 1.

Zur Umrechnung der Heizleistung eines Apparates bei anderen Verhältnissen dienen folgende Beziehungen:

Heizleistung bei Betriebsart 1:

$$\dot{Q}_1 = A_1 \cdot k_1 \cdot \vartheta_{m1} = W_1 \cdot c_1 \cdot \Delta\vartheta_1$$

Heizleistung bei Betriebsart 2:

$$\dot{Q}_2 = A_2 \cdot k_2 \cdot \vartheta_{m2} = W_2 \cdot c_2 \cdot \Delta\vartheta_2$$

$A$ = Heizfläche in $m^2$
$k$ = Wärmedurchgangszahl in $W/m^2K$
$\vartheta_m$ = mittl. Temperaturunterschied in °C
$W$ = Wassermenge in kg/h
$\Delta\vartheta$ = Wassererwärmung in °C
$v$ = Wassergeschwindigkeit in m/s
$c$ = spez. Wärmekapazität in kJ/kg K.

Durch Division folgt:

$$\frac{\dot{Q}_2}{\dot{Q}_1} = \frac{k_2\,\vartheta_{m2}}{k_1\,\vartheta_{m1}} = \frac{W_2\,\Delta\vartheta_2}{W_1\,\Delta\vartheta_1} = \frac{v_2\,\Delta\vartheta_2}{v_1\,\Delta\vartheta_1}$$

Für den *Leistungsnachweis* dient als Grundlage die VDI-Richtlinie 2076 (8.69): Leistungsnachweis für Wärmeaustauscher mit zwei Massenströmen. Der Lieferer hat dabei in *Garantiekurven* anzugeben, welche Verhältnisse bei veränderten Massen oder Temperaturen sich einstellen.

## -6 KONDENSAT-SAMMELBEHÄLTER

Kondensat-Sammelbehälter (Bild 236-115 und -116) sind zylindrische oder kastenförmige Behälter, die in Dampfheizungsanlagen zur Aufnahme und Rückspeisung des Kondensats dienen. Herstellung aus 3 bis 4 mm starkem Stahlblech, innen und außen mit Rostschutzfarbe gestrichen, auch im Vollbad verzinkt oder kunststoffbeschichtet oder aus Edelstahl, mit Mannloch. Inhalt etwa ½ bis ⅓ des stündlich maximal anfallenden Kondensats. Anschlüsse für Kondensateintritt, Pumpe, Überlauf mit Wasserverschluß, Entleerung, Wrasenabzug. Förderleistung der Pumpe gleich etwa der 3- bis 5fachen stündlich anfallenden Wassermenge. Schaltung durch Schwimmer mit Gestänge oder durch Magnetschwimmer.

Bei Temperaturen über 100 °C zylindrische liegende Druckbehälter.

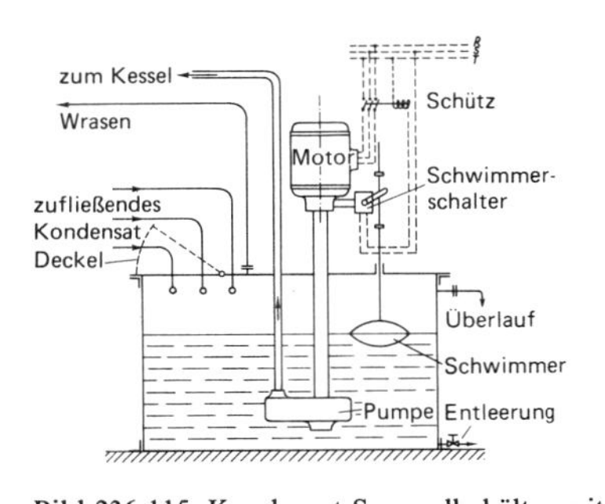


Bild 236-115. Kondensat-Sammelbehälter mit Kondensatpumpe.

Bild 236-116. Geschlossener Kondensatbehälter mit Pumpe.

## -7 AUSDEHNUNGSGEFÄSSE UND DRUCKHALTUNG

*Offene Warmwasserheizung*

Jede offene Warmwasserheizung ist zur Aufnahme der Wasserausdehnung, zur Deckung von Leckverlusten und zur Entlüftung mit einem Ausdehnungsgefäß zu versehen, das an höchster Stelle der Anlage anzubringen ist (DIN 4751 11.62), möglichst senkrecht über dem Kessel. Es ist mit unabsperrbarer Entlüftungs- und Überlaufleitung zu versehen, sonst aber geschlossen. Kleine Anlagen haben geschlossene, große Anlagen offene Gefäße mit aufgeschraubtem Deckel und Mannloch. Kleine Gefäße meist zylindrisch, liegend oder stehend, größere in Kastenform. Zylindrische Gefäße sind in DIN 4806 (Sept. 1953) genormt. Stehende Ausführung günstiger, da weniger Luftaufnahme und bessere Hydrometeranzeige. Rostschutz durch Verzinkung bzw. Anstrich. *Nennvolumen* des Ausdehnungsgefäßes $V_n$ (Bruttovolumen) etwa doppelt so groß wie das Ausdehnungsvolumen $V$ des Wassers, das bei Erwärmung von 10 auf 100 °C rund 4,3% beträgt, näherungsweise 1 bis 2 Liter je 1 kW Heizleistung. Siehe auch Tafel 131-10.

Überschlagszahlen für Heizungsanlagen mit normalen Heizkesseln und Heizkörpern

bei Verwendung von Radiatoren: $V_n = 1{,}0 \cdots 1{,}3$ Liter je kW Heizleistung;

bei Verwendung von Konvektoren: $V_n = 0{,}5 \cdots 0{,}8$ Liter je kW Heizleistung;

bei Fußbodenheizungen: $V_n = 1{,}5 \cdots 2{,}0$ Liter je kW Heizleistung.

Für genaue Bestimmung muß der Wasserinhalt $V_A$ der Kessel, Heizkörper, Rohre usw. errechnet werden, da die Werte außerordentlich unterschiedlich sind (Tafel 236-8 und Bild 236-17). Das Ausdehnungsgefäß erhält dann einschl. eines Zuschlags für Leckagen ein Volumen von $V_n = 0{,}06 \cdots 0{,}08\ V_{ges}$ bei normalen Wasserheizungen.

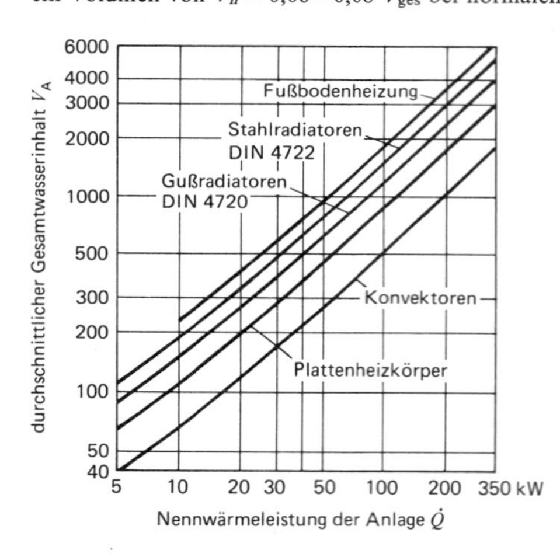


Bild 236-117. Durchschnittlicher Wasserinhalt von Zentralheizungsanlagen in Abhängigkeit der Nennwärmeleistung (nach ZVH-Richtlinie).

**Tafel 236-8. Inhalt von Rohren**

| | Gewinderohre nach DIN 2440 | | | | | | |
|---|---|---|---|---|---|---|---|
| Zoll | 3/8″ | 1/2″ | 3/4″ | 1″ | 1 1/4″ | 1 1/2″ | 2″ |
| Nennweite mm | 10 | 15 | 20 | 25 | 32 | 40 | 50 |
| Außen-∅ mm | 17,2 | 21,3 | 26,9 | 33,7 | 42,4 | 48,3 | 60,3 |
| Inhalt l/m | 0,123 | 0,201 | 0,366 | 0,581 | 1,01 | 1,37 | 2,16 |

| | Nahtlose Stahlrohre nach DIN 2449 | | | | | | | | |
|---|---|---|---|---|---|---|---|---|---|
| Nennweite mm | 40 | 50 | 60 | 65 | 80 | 90 | 100 | 110 | 125 |
| Außen-∅ mm | 44,5 | 57 | 70 | 76 | 89 | 102 | 108 | 121 | 133 |
| Inhalt l/m | 1,23 | 2,08 | 3,22 | 3,85 | 5,35 | 7,09 | 7,93 | 10,0 | 12,3 |

| | Kupferrohre | | | | | | | | |
|---|---|---|---|---|---|---|---|---|---|
| Nennweite mm | 8/0,8 | 10/0,8 | 12/1 | 15/1 | 18/1 | 22/1,2 | 28/1,2 | 35/1,5 | 42/1,5 |
| Inhalt l/m | 0,03 | 0,06 | 0,08 | 0,13 | 0,20 | 0,30 | 0,52 | 0,80 | 1,20 |

*Näherungswerte für den Wasserinhalt:*

| | |
|---|---|
| Gußradiatoren 900 mm | 3,5 $l/m^2$ |
| Gußradiatoren 200···500 mm | 4···5 $l/m^2$ |
| Stahlradiatoren 900 mm | 5,0 $l/m^2$ |
| Stahlradiatoren 200···500 mm | 6,0 $l/m^2$ |
| Flachheizkörper | 1···5 $l/m^2$ |
| Konvektorplatten | 0,2···0,8 $l/m^2$ |
| Konvektoren | 0,2···0,4 $l/m^2$ |
| Gußkessel ohne Brauchwassererwärmer | 0,5···1,0 l/kW |
| Gußkessel mit Brauchwassererwärmer | 1,0···2,0 l/kW |
| Stahlkessel | 2,0···4,0 l/kW |

Anschluß für Sicherheits-Vorlaufleitung oben, für Sicherheits-Rücklaufleitung unten, fernern für Überlauf und damit verbundene Entlüftung. Die *Überlaufleitung* wird in den Heizkeller geführt und endet sichtbar über einem Ausguß. Durchmesser der Entlüftungs- und Überlaufleitung nach DIN 4751, mindestens (wie die SV)

$d = 15 + 1{,}39\sqrt{\dot{Q}} \cdots$ in mm. $\quad \dot{Q}$ = Kesselleistung in kW.

Die Überlaufleitung kann gleichzeitig als *Entlüftung* benutzt werden, wenn in Höhe des Ausdehnungsgefäßes eine Rohrunterbrechung angeordnet wird. Ausführungsform der Gefäße siehe Bild 236-118.

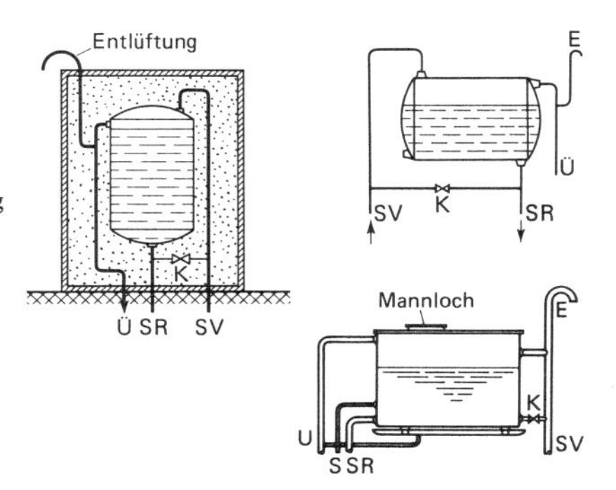


Bild 236-118. Ausdehnungsgefäße für Warmwasserheizungen.
*SV* = Sicherheits-Vorlaufleitung
*SR* = Sicherheits-Rücklaufleitung
*E* = Entlüftung
*Ü* = Überlauf
*K* = Kurzschluß-Zirkulationsverbindung
*S* = Signalleitung

Unter bestimmten Voraussetzungen braucht das Ausdehnungsgefäß nur mit *einer* Sicherheitsleitung angeschlossen werden (siehe Abschnitt 222-13).

Gefäß und Leitungen sind gegen Einfrieren zu schützen. Zwischen Vorlauf und dem unteren Teil des Gefäßes oder besser dessen Anschlußstutzen wird zur Herbeiführung einer das Einfrieren verhindernden geringen Zirkulation eine *Kurzschlußverbindung K* in DN 20 mit Drossel vorgesehen. Bei Kesseln mit Brauchwasserspeicher kann zur Verhinderung von Wärmeverlusten im Sommer auf die Kurzschlußleitung verzichtet werden, wenn die statische Höhe $<15$ m WS ist. Die Anzeige des Wasserstandes erfolgt durch eine Meldeleitung oder ein Manometer im Heizkeller.

Alle offenen Ausdehnungsgefäße sind infolge dauernder Verbindung mit dem Luftsauerstoff korrosionsgefährdet, so daß sie weitgehend durch geschlossene Gefäße ersetzt sind.

*Geschlossene Warmwasserheizungen*[1])

Ausdehnungsgefäße für *geschlossene Warmwasserheizungen* mit Temperatur bis 110 °C haben in älteren Anlagen ein Standrohr nach DIN 4750 mit Belüftungsventil DN 20 (Abschnitt 231-1). Dabei ist es zweckmäßig, das Standrohr nicht am Ausdehnungsge-

---

[1]) Faber, R. W.: Öl-Gasfeuerung 11/73. 8 S., IKZ 13/77. 3 S. und 17/78. 6 S.
IKZ II/79. S. 84.
Wasserberg, H.: HR 6/79. 3 S.
ZVH-Richtlinie 12.02 für Membran-Druckausdehnungsgefäße (7. 86).
Metzner, G.: HLH 10/86. S. 505/7.

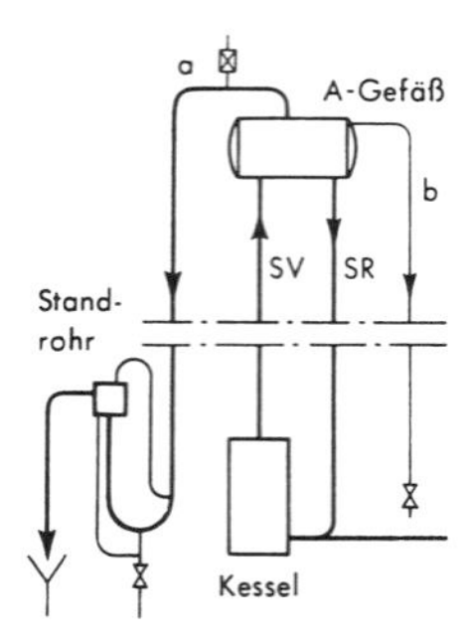


Bild 236-120. Anordnung des Standrohrs im Heizraum.
$a$= Belüftungsventil, $b$= Prüfleitung

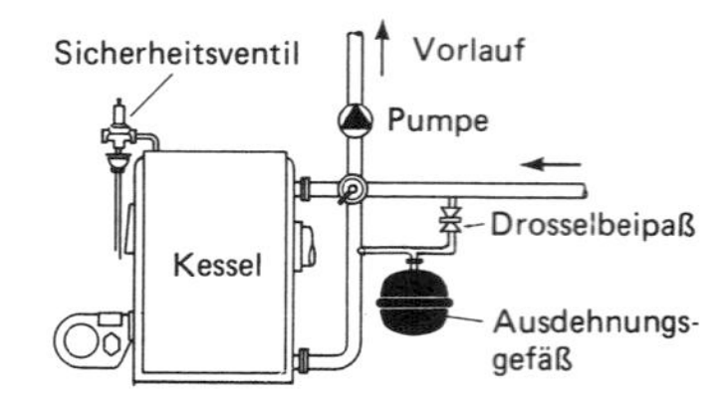


Bild 236-122. Kessel mit Membran-Ausdehnungsgefäß für geschlossene Heizungen.

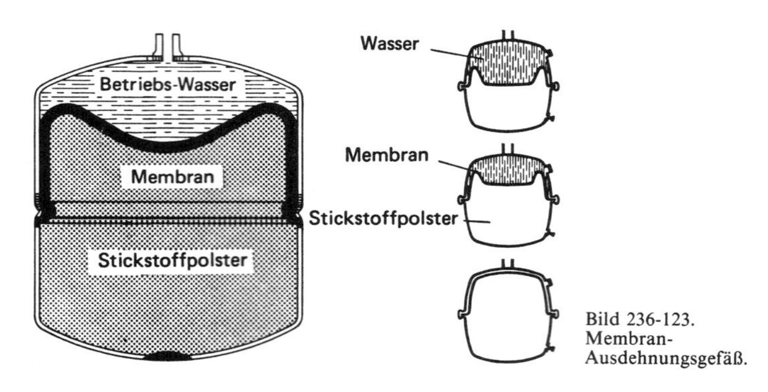


Bild 236-123. Membran-Ausdehnungsgefäß.

fäß, sondern zur besseren Kontrolle im Kesselraum anzubringen (Bild 236-122). Der Druck im Ausdehnungsgefäß hängt von der Kesselwassertemperatur ab.

In modernen Heizungsanlagen werden heute fast nur (nach DIN 4751 T. 2, 9. 68, in Überarbeitung) *„Druckausdehnungsgefäße"* verwendet. Sie bestehen aus einem Stahlgehäuse mit einer Kunststoffmembran (DIN 4807), die den Wasser- und Gasteil voneinander trennt (Bild 236-122 und -123). Diese Ausführung ist heute wegen ihrer Einfachheit zum Standard geworden.

Luft kommt mit dem Heizungswasser nicht in Berührung. Das Gefäß ist mit einem *Stickstoffpolster* aufgeladen, dessen Druck dem statischen Druck der Anlage entspricht (Fülldruck). Bei Anlieferung liegt Membran an Gefäßwand. Bei Zunahme von Temperatur und Druck im Kessel wölbt sich Membran und preßt Stickstoffpolster zusammen.

Geringere Korrosion, keine Sicherheitsleitungen, keine Einfriergefahr. Einbau meist in Rücklaufleitung, um Temperatur niedrig zu halten. Anordnung in senkrechter Position. Wasseranschluß möglichst oben. Bei dichtschließendem Mischer sind für Kessel- und Heizkreis zwei getrennte Gefäße notwendig oder alternativer Verbindung der beiden Kreise über Drosselbeipaß (Bild 236-122). Baumusterprüfung in DIN 4807 (4.86).

Nur ein Teil des Gefäßes kann Wasser aufnehmen. Das Bruttovolumen *(Nennvolumen)* errechnet sich aus

$$V_n = V \frac{p_e}{p_e - p_a} \text{ in l (Nennvolumen)}$$

$V$ = Ausdehnungsvolumen = Nutzinhalt [l]
$p_e$ = Enddruck in bar absolut
$p_a$ = Anfangsdruck in bar absolut (= statische Höhe bis 100 °C)

Handelsübliche Gefäße haben einen Fülldruck von 0,5 – 1,0 – 1,5 bar Überdruck.

Der Enddruck $p_e$ sollte etwa 0,5 bar unter dem Ansprechdruck des Sicherheitsventils liegen. Zur Berücksichtigung von *Leckagen* kann das Ausdehnungsvolumen $V$ einen Zuschlag von 50% enthalten.

Ist das Ausdehnungsvolumen z. B. $V = 10$ l, $p_e = 3{,}0$ bar und $p_a = 10$ mWS $\hat{=}$ 2,0 bar absolut, so ist das Nennvolumen

$$V_n = 10 \cdot \frac{3{,}0}{3{,}0 - 2{,}0} = 30\,\text{l}$$

Für große Heizungsanlagen nach DIN 4752 werden ebenfalls Druckausdehnungsgefäße in stehender und liegender Form verwendet; serienmäßige Herstellung bis 8 m$^3$ und mehr; Temperatur jedoch $< 120\,°\text{C}$. Siehe Abschn. 222-13. Sie sind statt mit fest angebrachten Halbmembranen vornehmlich mit *Blasen* oder *Vollmembranen* ausgerüstet, die austauschbar sind. Stickstoff außerhalb der Membran. Betriebsüberdrücke bis 5 bar (Bild 236-125).

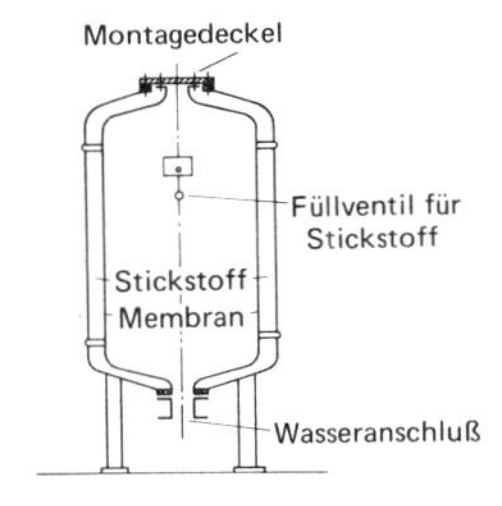


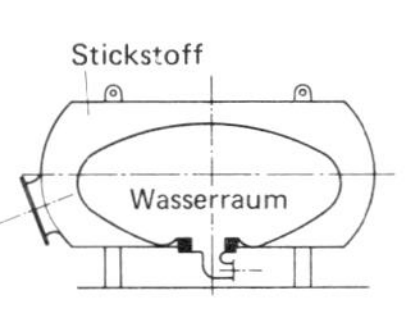


Bild 236-125. Membran-Ausdehnungsgefäße für große Anlagen.
Links: stehend; rechts: liegend

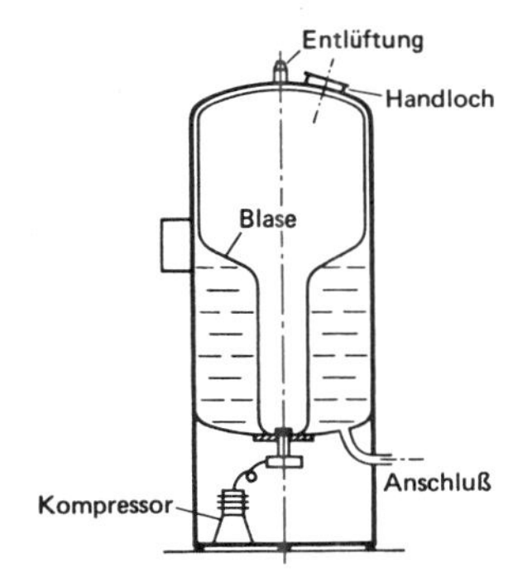


Bild 236-127. Ausdehnungsgefäß mit auswechselbarer Membran und Kompressor.

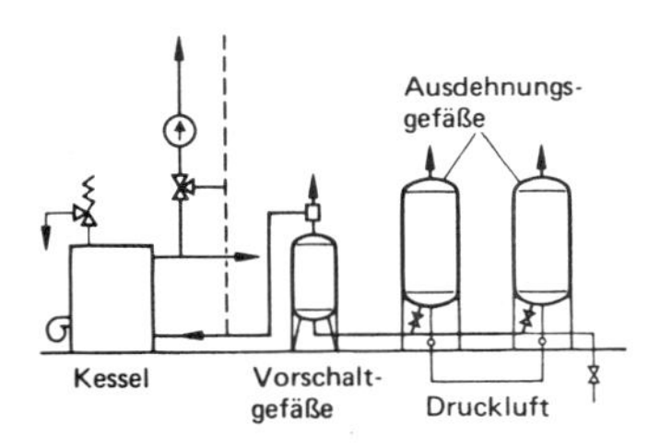


Bild 236-128. Zwei Ausdehnungsgefäße mit Kompressor und Vorschaltgefäß.

Außerdem gibt es über *Kompressoren* gesteuerte Membranbehälter (Bild 236-127). Das Ausdehnungswasser kann dabei voll eingebracht werden, so daß die Behälter kleiner werden. Schaltgerät und Armaturen häufig außen am Gerät, so daß die Anlage als betriebsfertige Baueinheit installiert werden kann. Es können auch zur Vergrößerung der Kapazität mehrere parallel geschaltete Gefäße aufgestellt werden. Um das Wasser vor Eintritt in das Ausdehnungsgefäß abzukühlen, wird zum Schutz der Membran ein *Vorschaltgefäß* verwendet (Bild 236-128).

Druckhalteanlagen dieser Art sind besonders zweckmäßig, wenn die Druckdifferenz zwischen statischem Druck und höchstem Betriebsdruck möglichst gering sein soll. Der Druckanstieg kann dabei durch den Kompressor in geringen Grenzen gehalten werden (Dachheizzentralen).

Druckhaltung bei Heißwasseranlagen siehe Abschn. 223-22.

Für die geschlossenen *Kaltwasserkreise* der Klimaanlagen sind ebenfalls Druckausdehnungsgefäße erforderlich sowie Manometer und Sicherheitsventil. Der Inhalt errechnet sich angenähert nach der oben angegebenen Formel[1]). Temperaturbereich etwa 5···30 °C. Ausdehnungsgefäß muß bereits im Ruhezustand Wasser aufnehmen (Schrumpfvolumen).

## -8 ÖLBRENNER

Überarbeitet von D. Bombis, Vilters (Schweiz)

### -81 Allgemeines

Ölbrenner in Heizungskesseln haben die Aufgabe, das Heizöl möglichst fein zu zerstäuben oder zu verdampfen, mit der Verbrennungsluft intensiv zu mischen und das Gemisch dann zu verbrennen. Nach der Art, in der diese Vorgänge stattfinden, unterscheidet man mehrere Brennerbauarten. Verwendung in Heizungsanlagen siehe DIN 4755 Teil 1 (9.81).

Einige weitere Verfahren, wie Ultraschallzerstäubung, elektrostatische Zerstäubung, katalytische Vergasung u. a., haben bisher noch keine praktische Bedeutung erlangt.

Man unterscheidet folgende Brennerbauarten:

*Verdampfungsbrenner*

*Zerstäubungsbrenner*

  mit Öldruck

  mit Luft- oder Dampfdruck

*Rotations- oder Drehzerstäubungsbrenner*

### -82 Verdampfungsbrenner

Man unterscheidet Verdampfungsbrenner mit natürlichem Zug und mit Ventilator. (Siehe auch Abschnitt 221-9: Ölbeheizte Öfen.)

*Hauptbestandteil* aller Verdampfungsbrenner ist eine Schale oder ein Topf (daher auch Schalenbrenner oder Topfbrenner genannt). In diesem Gefäß wird das Öl unter Wärmezufuhr verdampft und verbrennt dann mit senkrechter oder horizontaler Flamme. Verbrennungsluft strömt durch Öffnungen an den Seiten des Brennertopfes und bewirkt dabei die erforderliche Durchmischung des Öldampfes mit der Luft. Zwei eingelegte gußeiserne Ringe sorgen für gute Durchmischung. Bild 221-91.

Die Ölzufuhr und damit die *Heizleistung* wird durch ein Handventil eingestellt, das sich meist in einem Schwimmerbehälter befindet. Hier wird das Ölniveau durch einen Schwimmer auf konstanter Höhe gehalten, so daß unabhängig vom Vordruck ein gleichbleibender Durchfluß erfolgt (s. auch Abschnitt 221-9). Ölnachlauf aus einem höher gelegenen Tank.

Bestimmungen über Bau, Güte, Leistung und Prüfung von Ölreglern in DIN 4737 „Ölregler für Verdampfungsbrenner", Teil 1 u. 2 (E. 7.85) Sicherheitstechn. Anforderungen.

*Zündung* bei erster Inbetriebnahme durch Gas, Paraffindocht, elektrischen Heizdraht oder Spiritustabletten. Manche Ölbrenner arbeiten auch halbautomatisch, wobei in der Ölzuflußleitung ein Magnetventil durch einen Thermostaten auf „Groß" und „Klein" gesteuert wird (Zweipunkt-Regelung).

Auch *vollautomatischer Betrieb* ist möglich. Dabei elektrische Vorwärmung des Gefäßes, selbsttätige Entzündung und selbsttätige Ausschaltung durch Thermostat. *Zweistufen-Verdampfungsbrenner* werden ebenfalls bereits hergestellt.

Alle Verdampfungsbrenner sind stark zugempfindlich. Erforderliche *Zugstärke* ≈ 10 Pa. Weniger empfindlich sind Verdampfungsbrenner mit Ventilator. Bauart im übrigen aber dieselbe wie bei den Brennern ohne Ventilator. Beispiel Bild 236-140 und -141 sowie -142. Ventilatordrehzahl regelbar. Luftmenge und Öldurchfluß gemeinsam gesteuert, daher guter Wirkungsgrad. Als Öl für Verdampfungsbrenner darf nur Heizöl EL verwendet werden. Viskosität 1 bis 1,5 °E.

---

[1]) Buddy, P.: Ki 6/75. S. 191/6.
Hansen, W.: Oel + Gasfg. 5/77. 4 S.

Bild 236-140. Verdampfungsbrenner mit Ventilator.

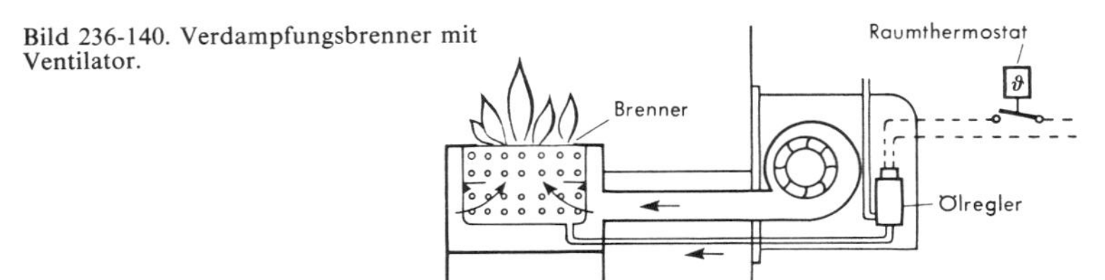

Bild 236-141. Verdampfungsbrenner mit Radialventilator.

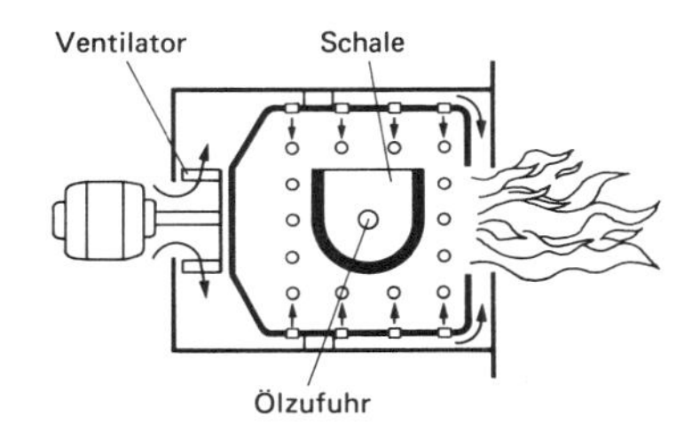


Bild 236-142. Verdampfungsbrenner mit Ventilator und Horizontalflamme.

Regelmäßige Reinigung des Gefäßes von Rückständen erforderlich. $CO_2$-Gehalt der Abgase 8···10%, entsprechend einer Luftzahl $n \approx 2$. *Abgastemperatur* bei Nennleistung 300 bis 375 °C; *Wirkungsgrad* 70 bis 75%, Heizleistung ohne Ventilator etwa 3 bis 15 kW, mit Ventilator bis max. 30 kW. Emissionsbegrenzung s. VDI 2117 (4.77). Flächenbelastung des Topfbodens ≈ 150···250 kW/m².

Verwendung für Öfen, Badeöfen, Kachelöfen, kleine Kessel.

## -83 Öldruckzerstäubungsbrenner[1])

Bei diesen Brennern (siehe Bild 236-143 bis -145), die häufig für kleine Leistungen in sog. *Pistolen-* oder querliegender *Gebläseform* ausgeführt werden, wird das Öl durch eine elektrisch angetriebene Ölpumpe auf hohen Druck, etwa 7 bis 20 bar, gebracht und dann einer *Zerstäuberdüse* zugeführt, in der es in feinste Teilchen vernebelt und verdampft wird. Tropfendurchmesser ≈ 80···120 μm.

Ein *Niederdruckventilator* mit steiler Kennlinie saugt gleichzeitig Luft aus dem Heizraum und fördert sie durch das *Brennerrohr* zu der Zerstäuberdüse, wo sie sich mittels geeigneter Mischvorrichtungen (Stauscheibe, Stausieb, Ringscheiben, Drallscheiben u. a.) mit dem Ölnebel vermischt. Die *Mischeinrichtung* muß entsprechend dem Öldurchsatz ausgebildet sein, damit eine vollkommene Verbrennung ohne CO, Ruß oder unverbranntes Öl erreicht wird.

Bei kleinen Brennern wird zur Verbesserung des Brennprozesses eine teilweise Vergasung des Heizöls durch einen inneren Vergasungskopf aus Metall oder Keramik erreicht (Bild 236-146). Wandung des Vergasungskopfes wird sehr heiß, gleichzeitig Rezirkulation der Verbrennungsgase.

Lufteintritt in das Brennerrohr zentral oder tangential, wobei ein Drall für bessere Durchmischung erzeugt wird. Einstellung der Luftmenge durch Schieber oder Klappen auf Saug- oder Druckseite oder beidseitig. Luftabschlußklappe bei Brennerstillstand zur Verringerung der Auskühlverluste. Durch einen *Hochspannungsfunken* wird das Gemisch entzündet und brennt dann weiter, solange Öl und Luft gefördert werden.

[1]) Hansen, W.: Öl- und Gasfeuerung 5/76. 5 S.
Marx, E.: TAB 3/79. S. 243/6, u. Feuerungstechn. 2/81. S. 26, sowie 10/81. S. 8.
Beedgen, O.: Feuerungstechn. 12/81. 7 S.
Beedgen, O.: TAB 3/83. S. 136 (6 S.).
Marx, E.: Wärmetechnik 6/84. S. 262/8.

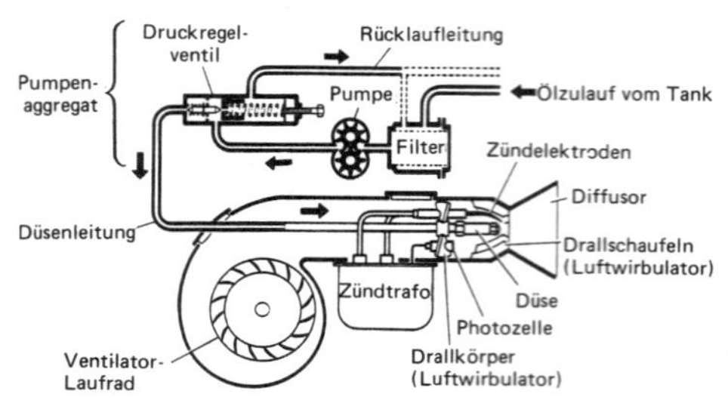


Bild 236-143. Schematische Darstellung eines Hochdruckbrenners (Danfoss).

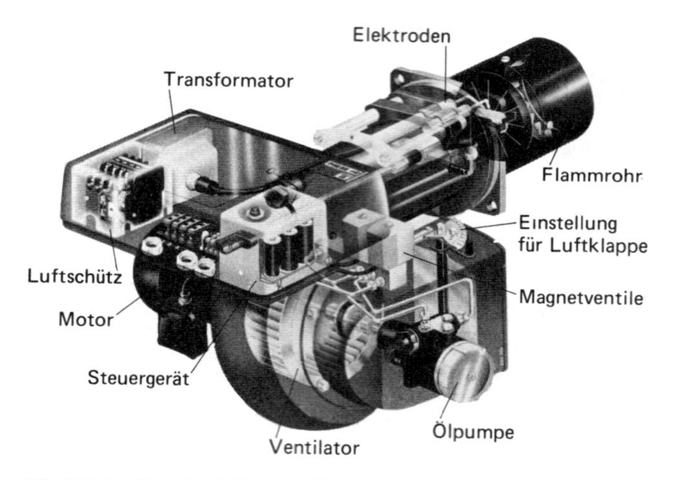


Bild 236-144. Hochdruckölbrenner (Mainflamme).

Bei großen Anlagen über etwa 6000 kW wird der Ventilator häufig auch getrennt vom Brenner aufgestellt, wobei die Luft durch eine Rohrleitung zu dem oder den Brennern gefördert wird (Kastenbrenner). Der Regelbereich einer einzelnen Düse ist beschränkt etwa im Verhältnis 1:2, da zum einwandfreien Zerstäuben einer bestimmten Ölmenge ein bestimmter Druck erforderlich ist. Intermittierender Betrieb in Abhängigkeit von Temperatur oder Druck des Heizmittels.

*Einstufenbrenner* arbeiten im Ein-Aus-Betrieb, d.h. sie arbeiten immer mit der vollen Nennleistung des Wärmeerzeugers. Zur besseren Regulierung und Wirkungsgradverbesserung werden bei Wärmeerzeugern über etwa 100 kW *Zweistufenbrenner* mit ein oder zwei Düsen verwendet (siehe Schema Bild 236-148).[1]) Sie arbeiten mit Dreipunktregelung: Aus – Teillast – Vollast. Neuerdings wird diese Technik schon ab 15 kW angeboten.

Zu jeder Stufe gehört ein Thermostat oder Druckregler. Bei geringer Belastung (oder beim Anfahren) sind Magnetventil 1 und 2 geöffnet. Bei Vollast schließt sich bei dem Eindüsensystem (links) das Magnetventil 2, so daß die Düse bei höherem Druck mehr Öl zerstäubt. Beim Zweidüsensystem (rechts) geben das Zwei-Wege-Magnetventil 2 und Magnetventil 3 den Weg zur zweiten Düse frei. Die Luftklappe wird durch einen hydraulischen Antrieb auf zwei verschiedene Stellungen gesteuert. Anfahrstoß wird wesentlich kleiner, geringeres Abgasvolumen. Regelbereich etwa 1:2,5.

Ansicht eines derartigen Brenners in Bild 236-150.

[1]) Beedgen, O.: Öl + Gas 2/76. 5 S. u. 2/76. 5 S.
Marx, E.: Feuerungstechnik 9/83. S. 6/10, und TAB 11/84. S. 837/40.

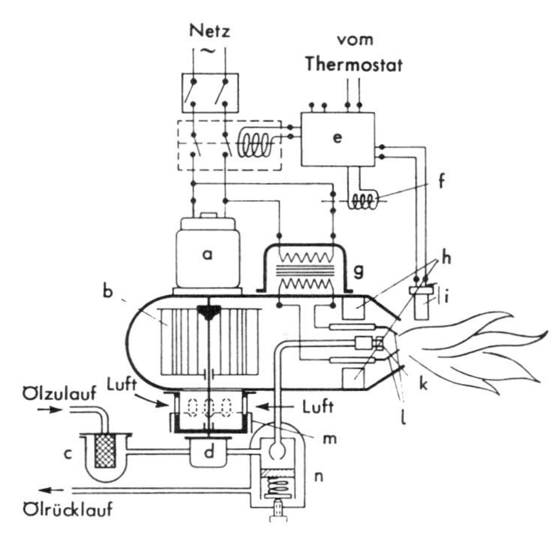


Bild 236-145. Schematischer Aufbau eines Hochdruckölbrenners (Aus Reinders: Heizölfeuerung).

a Motor
b Ventilator
c Filter
d Pumpe
e Steuergerät
f Zündrelais für unterbrochene Zündung
g Zündtransformator
h Leitschaufeln
i Flammenwächter
k Düse
l Zündelektroden
m Luftregelung
n Öldruckregler

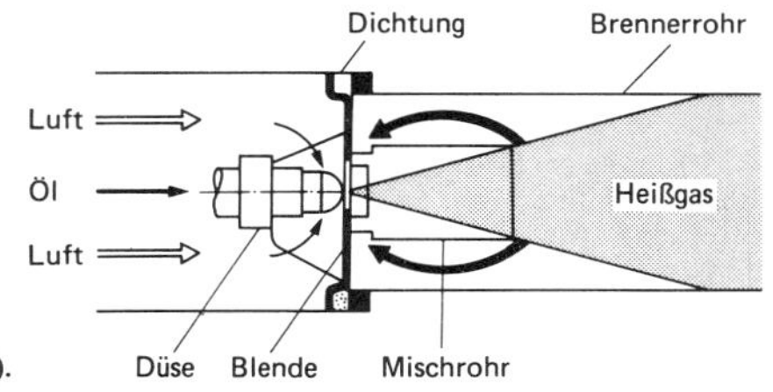


Bild 236-146.
Mischrohr mit Vergasungskopf (MAN).

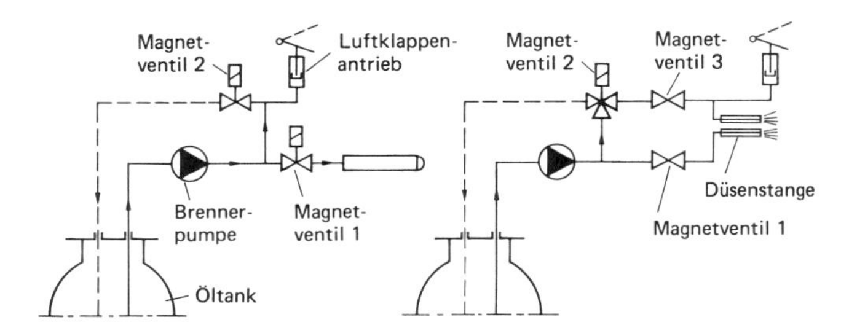


Bild 236-148. Schema der Zwei-Stufen-Brenner. Links: Eine Düse mit zwei verschiedenen Öldrücken. Rechts: Zwei Düsen mit *einem* Öldruck.

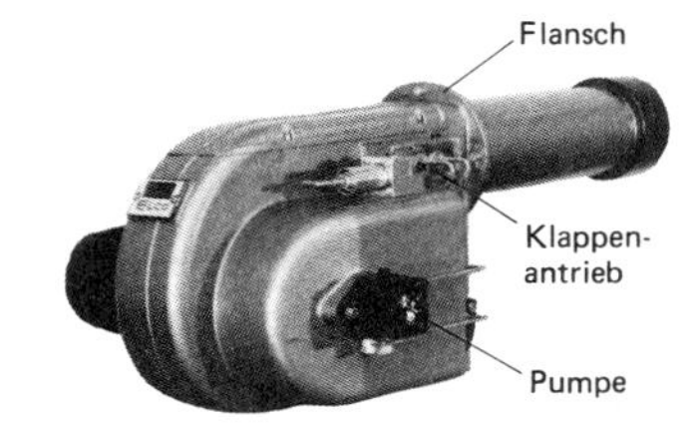


Bild 236-150. Ansicht eines Hochdruckölbrenners mit 2 Düsen und hydraulischem Klappenantrieb (Elco Typ EL).

Auch bei kleinen Leistungen werden heute zur Energieeinsparung derartige Einrichtungen verwendet. Dadurch wird erreicht, daß die Brenner in der überwiegenden Zeit des Jahres mit verringerter Leistung *(Sparschaltung)* betrieben werden können.

Bei sehr großen Leistungen werden regelbare Brenner mit *Rücklaufdüsen* verwendet, mit denen es möglich ist, die Brennerleistung *stufenlos* zu verstellen und der Belastung anzupassen. Das Düsengestänge besteht aus einem Doppelrohr. Im äußeren Rohr fließt das Öl zur Düse, im inneren zurück. Das Prinzip der Regelung besteht darin, daß das von der Düse kommende Öl über ein Druckreduzierventil geleitet wird, das von einem Stellmotor über ein Potentiometer gesteuert wird. Erhöhung des Rücklaufdruckes bedeutet höheren Öldurchsatz, Verringerung kleineren Durchsatz. Der Vordruck bleibt konstant. Gleichzeitig mit dem Öldruck wird durch eine mechanische Kupplung über eine Kurvenschiene auch die Luftklappe verstellt. Regulierbereich etwa 1:4. Schema der Wirkungsweise in Bild 236-152.

Eine neuere Entwicklung arbeitet mit Brennkopfverstellung LGO *(Luft-Geschwindigkeits-Optimierung)* zur Erzielung gleicher Verbrennungsgüte in allen Lastbereichen. Der Abstand zwischen Stauscheibe und Brennermundstückkante wird mittels Stellantrieb lastabhängig verstellt (Bild 236-151).

Bei großen Leistungen (> 1000 kW) wird auch eine *elektronische Verbundregelung* verwendet, wobei sowohl das Öl- wie das Luftstellglied einen Stellmotor erhält. Geregelt wird in Abhängigkeit von der Abgas-Analyse ($O_2$-Gehalt) mit einer Meßsonde ($\lambda$-Sonde). Dadurch wird ein optimaler Wirkungsgrad erreicht[1]).

Da die Zerstäubungsdüse bei den hohen Drücken eine sehr kleine Öffnung hat, ist möglichst dünnflüssiges und rückstandfreies Öl zu verwenden. Dickes Öl ist stark vorzuwärmen, wofür besondere *Ölvorwärmer* verwendet werden. Vorwärmung je nach Viskosität etwa auf 50 bis 90 °C. Durch die Erwärmung wird die Viskosität herabgesetzt, wodurch sich eine Durchsatzreduktion von ca. 25% bei gleicher Zerstäubungsqualität ergibt.

Düsengröße wird in „gph“ (gallons per hour, 1 gal = 3,785 l) bei einem Druck von 100 psi (pounds per square inch = 7,03 bar Überdruck) angegeben. Untere Grenze gegenwärtig etwa 0,4 gph ≈ 1,5 l/h. Max. Viskosität 6 mm²/s. Dabei Düsenbohrungsdurchmesser ≈ 0,13 mm und Tropfendurchmesser ca. 50 bis 100 μm.

Ventilatordruck früher etwa 100…200 Pa, heute durch Erhöhung der Drehzahl auf 2800 U/min höhere Drücke, bis etwa 1000 Pa und mehr, um bessere Gemischbildung und damit Verbrennung zu erhalten. Dafür sind zahlreiche Konstruktionen von *Stauschei-*

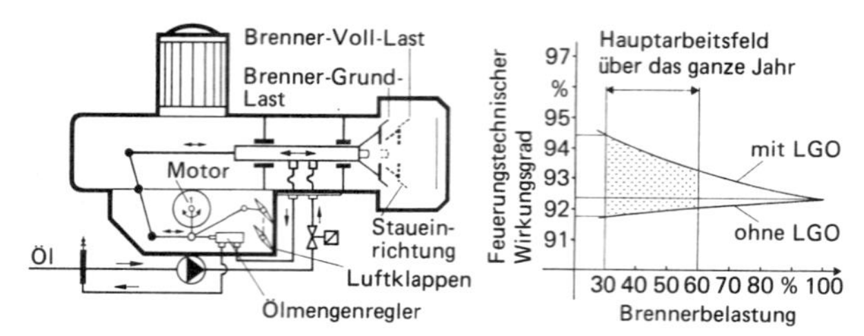


Bild 236-151. Modulierender Ölbrenner mit Luft-Geschwindigkeits-Optimierung (LGO) durch motorisches Verstellen des Brennerkopfes (ELCO).

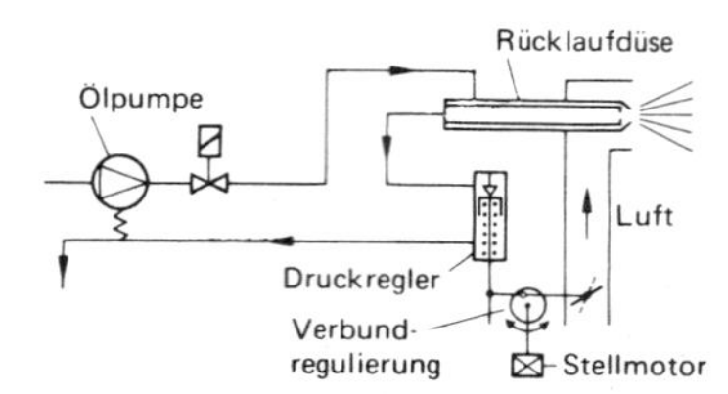


Bild 236-152. Schema der stufenlosen Brennerregulierung mit Rücklaufdüse.

[1]) Beedgen, O.: TAB 3/86. S. 187/92

*ben* am Brennerkopf entwickelt worden. Bei großen Kesseln häufig *Überdruckbrenner* mit Drücken von 2000 Pa und mehr. Verbrennung zugunabhängig, kleine Abzugsrohre, jedoch erhebliche Geräusche. Die Kennlinie des Ventilators sollte möglichst steil sein, damit bei Druckänderungen das Fördervolumen annähernd konstant bleibt.

Da die Brenner fast immer intermittierend arbeiten, entstehen in den Schaltpausen erhebliche Nachströmverluste, weil im Kessel erwärmte Luft durch den Schornstein abzieht. Um dies zu vermeiden, sollte der Brenner möglichst dem Wärmebedarf angepaßt werden. Lange Lauf- und kurze Stillstandszeiten sind anzustreben. Viele Brennerbauarten verwenden daher zur Vermeidung dieses Nachteils automatische *Absperrklappen* in der Luftansaugung oder Druckleitung, die elektrisch, hydraulisch oder auch mechanisch (mittels Schwerkraft oder Feder) angetrieben werden.

In der Ölleitung oder an der Pumpe sind *Magnetventile* eingebaut, um beim Abschalten des Brenners die Ölzufuhr sofort zu stoppen und dadurch Rußbildung zu verhindern. Kleine Ölbrenner werden heute fast alle verkleidet.

Einen modernen Ölbrenner zeigt Bild 236-153. Er enthält Ölvorwärmung, Schnellschlußventil gegen Vor- und Nachtropfen, Luftabschlußklappe gegen Auskühlverluste, Drallblech am Gebläseeintritt zur Anpassung der Kennlinie an den Feuerraumdruck.

Brennerkonstruktionen heute im wesentlichen abgeschlossen, Verbesserungen noch in einigen Details möglich[1]): Vorvergasung des Heizöls durch Rezirkulation der heißen Gase oder durch Vergasungskörper, dadurch rußfreie Verbrennung und höherer Feuerungswirkungsgrad mit höherem $CO_2$-Gehalt der Abgase, Geräuschdämmung, kompakte formschöne Bauweise mit Steckverbindungen und Austauschbarkeit von Einzelteilen, mit PTC oder thermostatisch geregelter *Ölvorwärmung*[2]) vor der Düse zur Verringerung der Viskosität, namentlich bei Kleinölbrennern, Nach- bzw. Vortropfverhinderung durch Schnellschlußventil, welches direkt vor der Düsenbohrung sitzt (Bild 236-153). Dadurch kleines Ölvolumen zwischen Ventil und Bohrung. Ferner variable

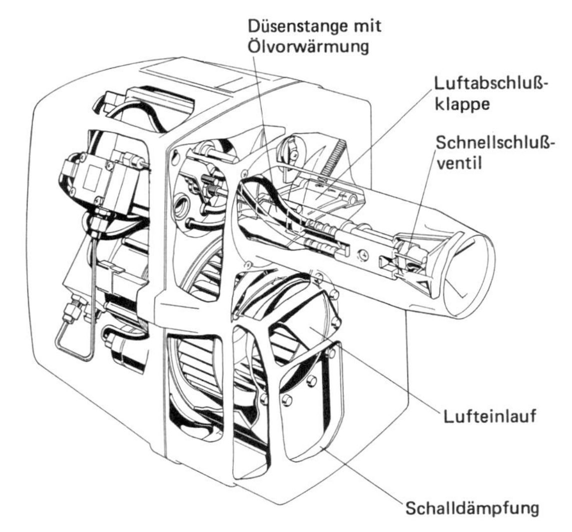


Bild 236-153. Moderner Ölbrenner für 12···74 kW mit Ölvorwärmung, Luftabschlußklappe, Schnellschlußventil, Schalldämpfer (ELCO).

[1]) Kirchmann, H. G.: TAB 7/82. S. 541/2.
Beedgen, O.: TAB 3/83. S. 163.
Eickhoff, H.: HLH 6/84. S. 243/8.
Dittrich, A.: Wärmetechnik 9/84. S. 371/2.

[2]) Beedgen, O.: Wärmetechnik 2/85. S. 40.

Brennerrohrlängen zur Anpassung an verschiedene Kessel, Diagnosegeräte zur schnellen Erkennung von Störungen, stufenlos regelbare Zerstäubung bei optimalem Luft/Ölverhältnis.

Der Schwerpunkt der Entwicklung liegt im Bereich der *Kleinstbrenner* von 5 bis 10 kW, da durch die erhöhten Anforderungen an den Wärmeschutz von Gebäuden ein zunehmender Bedarf hierfür besteht. Derartige Brenner arbeiten vorzugsweise nach dem Prinzip der Luftdruckzerstäubung (ab etwa 7 kW) oder der Vergasung bzw. Verdampfung des Heizöls. Untere Grenze für Öldruckzerstäuber etwa 12···15 kW.

Kraftverbrauch für Zerstäubung bei Heizöl EL ≈ 0,5 kWh je 100 kg Öl.

*Blauflammenbrenner* (Vergasungsbrenner mit nichtstrahlender Flamme) sind dadurch gekennzeichnet, daß die Öltröpfchen z.T. vor der Verbrennung vergasen, während bei den üblichen Ölbrennern die Kohlenstoffteilchen des Öls in der Flamme zum Glühen gebracht werden und mit gelblicher Farbe verbrennen. Der Effekt wird dadurch erzeugt, daß man dem Flammenanfang Wärme durch *Rezirkulation* heißer Abgase oder besondere Vergasungsköpfe aus Metall oder Keramik zuführt. Für die Blauflamme sind Spezialbrenner erforderlich, die zum Teil schon im Einsatz sind. Hohe $CO_2$-Werte, kein Ruß.

Beim „*Wasser-Öl-Emulsionsverfahren*"[1]) wird dem Öl Wasser beigemischt. Dadurch bei hoher Temperatur Aufspaltung des Wassers und Reaktion mit dem Ruß:

$$C + H_2O = CO + H_2$$

Rußfreie Verbrennung. Bewährung bleibt abzuwarten, aufwendig. Besonders geeignet für Schweröl. Wasseranteil 6···10%. Zur Senkung des Feststoffgehalts der Abgase besonders wirksam bei Rotationszerstäubern. Bei einem anderen Verfahren erfolgt Injektion von Additiven ins Schweröl.

Sonstige *Zerstäubungsverfahren* sind noch in der Entwicklung: Ultraschallzerstäuber, bei denen das drucklos zugeführte Heizöl an der Zerstäuberspitze durch piezoelektrische Schwingungen zerstäubt wird, ferner Ölvergaser u.a.

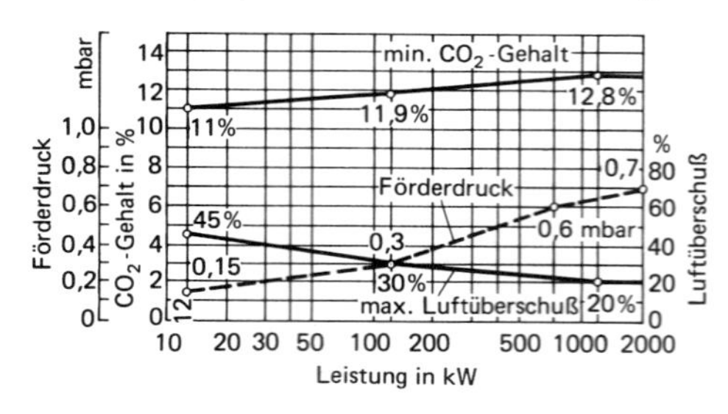


Bild 236-154. Anforderungen an Ölzerstäubungsbrenner für EL nach DIN 4787 Teil 1 (9.81).

In DIN 4787 Teil 1 (9.81) sind Begriffe, Anforderungen, Kennzeichnung und Prüfung enthalten. Das Blatt gliedert sich wie folgt:

1. Geltungsbereich
2. Normen
3. Begriffe
4. Anforderungen an Bau und Funktion
5. Prüfung
6. Kennzeichnung
7. Gerätekennzeichnung und Unterlagen

Brenner, die die Forderung der Norm erfüllen, können nach Prüfung an einer anerkannten Prüfstelle mit einer *Baumuster-Nummer* gekennzeichnet werden. Die in Bild 236-154 angegebenen Werte des Luftüberschusses und des $CO_2$-Gehaltes dürfen nicht überschritten werden.

Rußzahlen nach TA-Luft (2. 86) und 1. BImSchV (1986)

≦ 1 für Heizöl EL bis 5 MW
≦ 1 für Heizöl EL > 5 MW mit ständiger Meßeinrichtung
≦ 2 für Anlagen, die vor dem 31. 12. 82 errichtet wurden.

[1]) Marx, E.: Feuerungstechnik 10/80. 7 S.

Teil 2 der DIN-Norm 4787 enthält sicherheitstechnische Vorschriften für die Flammenüberwachungseinrichtungen, Flammenwächter und Feuerungsautomaten.

TRD 411 gilt für Ölfeuerungen an Dampfkesseln.

## -84 Luftdruckzerstäubungsbrenner

Bei diesen Brennern wird nicht primär das Öl durch hohen Druck zerstäubt, sondern Luft mit unterschiedlichem Druck saugt das Öl aus Düsen an und zerstäubt es durch *Injektorwirkung*. Öldruck gering, etwa 0,2···1,0 bar oder frei zulaufend. Je nach dem für die Zerstäubung verwendeten Luftdruck unterscheidet man Niederdruck-, Mitteldruck- und Hochdruckbrenner, siehe Tafel.

| Brenner | Luftdruck | % der Verbrennungsluft |
|---|---|---|
| Niederdruck | 15···100 mbar | 100···25 |
| Mitteldruck | 0,1···1,0 bar | 25··· 5 |
| Hochdruck | > 1,0 bar | < 5 |

Je größer der Luftdruck ist, desto höher ist die Luftgeschwindigkeit und desto geringer kann die Luftmenge sein. Die Zerstäubungsluftmenge, die als *Primärluft* bezeichnet wird, genügt dabei jedoch nicht zur Verbrennung des Öls, sondern es muß noch weitere Luft – die *Sekundärluft* – zugeführt werden. Man gibt die bei den Injektorbrennern für die Zerstäubung erforderliche Luft in Prozent der gesamten Verbrennungsluft an und erhält dann in etwa die in der Tafel angegebenen Werte.

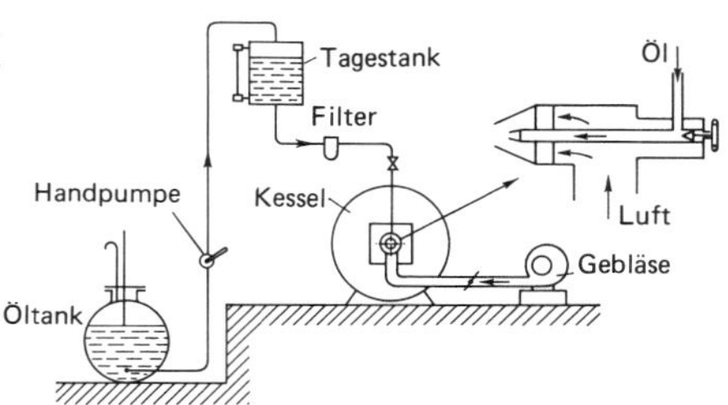


Bild 236-156. Luftdruckzerstäubungsbrenner mit getrennt aufgestelltem Gebläse.

Bei den *Niederdruckbrennern* (siehe Schema Bild 236-156) wird die Zerstäubung meist mit der gesamten Verbrennungsluft durchgeführt, wobei der benötigte Druck durch einen Niederdruckventilator erzeugt wird. Das Heizöl fließt dem Brenner ohne Druck zu und wird durch die Injektorwirkung der die Düse ringförmig umgebenden Luft erfaßt und zerstäubt. Eventuell zusätzlich benötigte Verbrennungsluft wird durch den Schornsteinzug angesaugt oder der vom Ventilator gelieferte Luftstrom teilt sich in zwei Teile, die Primär- und Sekundärluft. Die primäre Zerstäubungsluft wird dabei in den Ringraum geführt, der das Ölführungsrohr konzentrisch umgibt.

Das Gemisch wird durch einen elektrischen Hochspannungsfunken entzündet.

Der Ventilator wird bei großen Heizanlagen für Flammrohr- oder Rauchrohrkessel häufig getrennt aufgestellt.

Bei den *Mittel- und Hochdruckbrennern* ist die Wirkungsweise im Prinzip dieselbe, jedoch ist wegen des hohen Luftdrucks der Anteil der Primärluft gering. Bei Drücken von etwa 1,0 bar beträgt die zu erzeugende Zerstäubungsluftmenge nur etwa 0,5 $m^3_n$ je kg Heizöl.

Verwendung hauptsächlich in der Industrie, aber neuerdings auch für Brenner kleiner Leistung ab ca. 5 kW. Vorteile: Geringe Verstopfungsgefahr der Düse, Tropfendurchmesser sehr gering, ca. 10···40 $\mu$m.

## -85 Dampfzerstäubungsbrenner

Statt Luft kann auch Dampf für die Zerstäubung des Heizöls verwendet werden – Dampfzerstäubungsbrenner (Bild 236-158). Der Dampf wird bei hohen Temperatu-

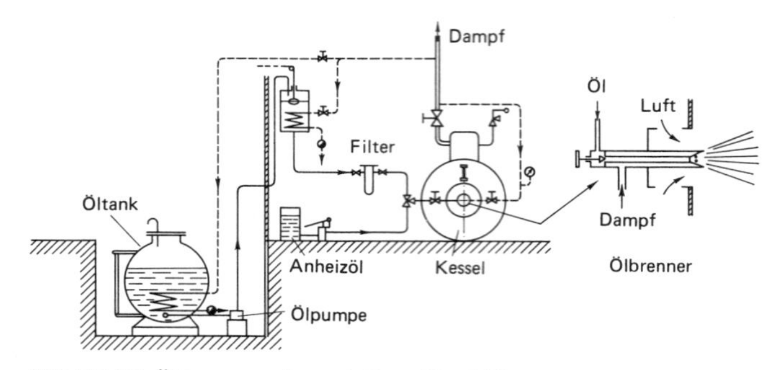


Bild 236-158. Ölfeuerungsanlage mit Dampfdruckölbrenner.

ren aufgespalten und verbrennt zusammen mit dem Erdöl nach der Gleichung $C + H_2O \rightarrow CO + H_2$. Der Vorteil besteht darin, daß kein besonderes Gebläse für die Luft erforderlich ist. Nachteilig ist jedoch, daß Dampf erst dann zur Verfügung steht, wenn der Kessel in Betrieb ist. Falls Dampf nicht von einem anderen Kessel geliefert werden kann, muß zur Inbetriebsetzung eine besondere *Anheizeinrichtung* vorgesehen werden (z.B. Druckluft). Dampfdruck 2···8 bar Überdruck. Dampfverbrauch etwa 1,5···3% der im Kessel erzeugten Dampfmenge oder etwa 0,2···0,4 kg Dampf je kg Öl. Die Verbrennungsluft wird durch einen Ventilator oder durch Schornsteinzug zugeführt. Nachteilig ist die hohe Feuchte der Abgase sowie der Energieverlust.

## -86 Rotationsbrenner

Bei diesen Brennern (siehe Schema Bild 236-160) fließt das Heizöl durch eine schnell rotierende *Hohlwelle* einem nach der Kesselseite *offenen Becher* zu. Durch Fliehkraftwirkung wird das Öl auf der Becherinnenseite gleichmäßig verteilt und von der Becherkante mit großer Geschwindigkeit abgeschleudert und dabei fein zerstäubt. Ölzulauf mit geringem Druck. Die Verbrennungsluft wird zum Teil durch einen besonderen Ventilator gefördert und tritt durch ein Rohr rings um den Becher in den Verbrennungsraum ein, wo sie sich mit dem Öl mischt. Luftdruck 7···25 mbar. Die restliche Verbrennungsluft kann durch natürlichen Zug, Saugzug oder Unterwind in den Verbrennungsraum eingeführt werden.

Die Regelung der Heizleistung ist in weiten Grenzen durch das Ölregulierventil möglich, etwa 1:10. Max. Heizleistung eines Brenners bis etwa 4000 kg/h Öl. Drehzahl des Bechers 3000 und 6000 U/min.

Der Brenner ist weniger empfindlich gegenüber den verschiedenen Ölsorten und verbrennt bei geringer Vorwärmung auch schwere Heizöle bei einem großen Regelbereich, normal 1:3 bis 1:5, auch 1:10 möglich. Bei großen Anlagen und für Schweröl am häufigsten verwendeter Brenner. Dabei Vorwärmung auf etwa 120···140°C. Geräuschvoller als Öldruckbrenner. Robust und betriebssicher.

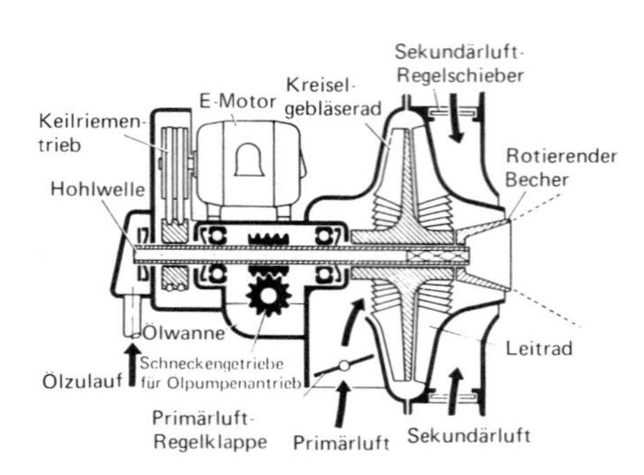


Bild 236-160. Schematische Darstellung eines Rotationsbrenners.

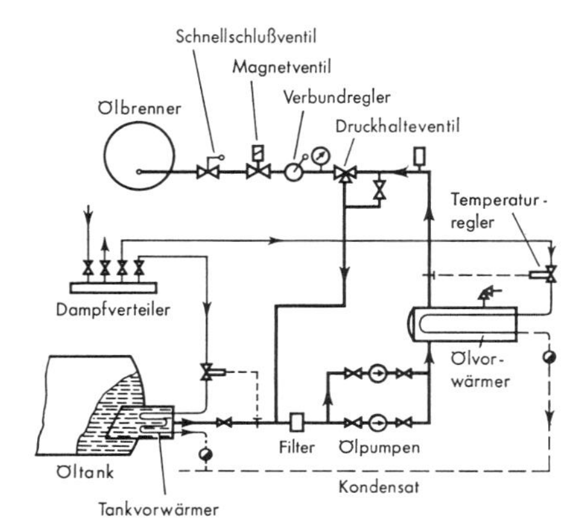


Bild 236-162. Rohrleitungsschema für Schwerölbrenner eines Dampfkessels.

Rohrleitungsschema einer *Schwerölbrenneranlage* siehe Bild 236-162. Das Öl wird im Tank auf etwa 50 °C vorgewärmt. Zur Zerstäubung ist weitere Erwärmung auf etwa 100···120 °C erforderlich, wofür Durchflußerwärmer verwendet werden, die mit Dampf, Heißwasser oder elektrisch beheizt werden. Viskosität am Brenner 15···30 $mm^2/s$. Verbundregler für gleichzeitige Steuerung von Luft und Öl. Pumpstation mit zwei Pumpen, Ölvorwärmer, Filter, Armaturen und Rohrleitungen siehe Bild 236-163. Anwendung nur für industrielle Zwecke.

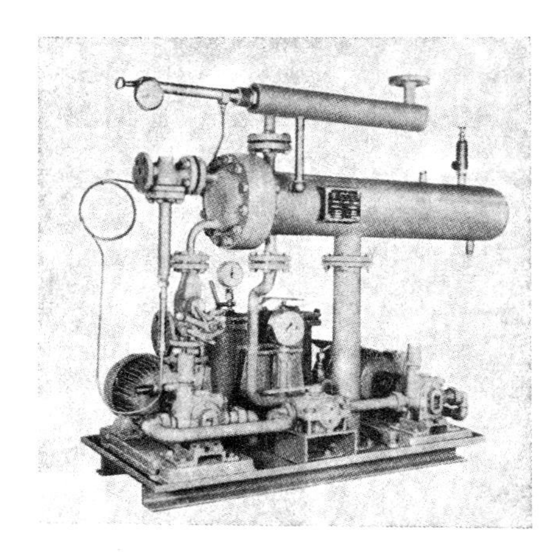

Bild 236-163. Pumpstation für Schwerölbrenner.

## -87 Regel- und Sicherheitseinrichtungen der Ölzerstäubungsbrenner[1])

Da der Hauptvorteil der Ölheizung der automatische, trägheitsarme und wirtschaftliche Betrieb ist, muß die *Automatik* besonders sorgfältig, sicher und störungsfrei gebaut sein. Im Prinzip sind die Einrichtungen hierfür bei allen Fabrikaten einander ziemlich ähnlich, wenn auch die von der Elektroindustrie gelieferten Steuer- und Regelgeräte natürlich im einzelnen Unterschiede zeigen. Kleine Anlagen arbeiten intermittierend nach

[1]) Güterbock, G.: Öl + Gas 9/74. 4 S.
Esslinger, P.: Öl + Gas 2/75. 4 S.
Wittekind, R.: Feuerungstechn. 3.77. 4 S.

der „Auf-Zu"-Regelung, wobei die Brenner entweder mit Vollast heizen oder ausgeschaltet sind. Mittelgroße Anlagen lassen sich in Stufen einschalten. Große Anlagen sind stufenlos reguliert. Zu der vollautomatischen Einrichtung gehören im allgemeinen folgende Teile:

Der *Zündtransformator* erzeugt beim selbsttätigen oder handbetätigten Einschalten der Ölbrenner zwischen zwei Elektroden Hochspannungsfunken, die das Öl-Luftgemisch entzünden, Spannung etwa 10000 Volt.

Der *Flammenwächter* hat die Aufgabe, zusammen mit dem Flammenfühler im Brenner das Vorhandensein oder Ausbleiben der Flamme zu überwachen und zu melden. DIN-Registernummer erforderlich.

Der *Kesselthermostat* (Temperaturregler) ist im Heizkessel angebracht und schaltet den Brenner bei Abweichung vom Sollwert ein bzw. aus. Je nach Kesselbauart reagiert er auf Wassertemperatur oder Dampfdruck.

Der *Temperaturwächter* schaltet den Brenner bei Überschreiten der höchstzulässigen Temperatur aus.

Der *Raumthermostat* wird verwendet, wenn der Heizkessel direkt vom Raum aus gesteuert werden soll, wie es bei kleineren Heizungsanlagen für Einfamilienhäuser manchmal der Fall ist. Der Kesselthermostat arbeitet in diesem Fall als Begrenzungsregler *(Temperaturwächter)* und verhindert eine zu hohe Temperatur bzw. einen zu hohen Druck im Kessel.

Der *Ölfeuerautomat* (Steuergerät) koordiniert alle Schaltgänge in der richtigen Reihenfolge, wie Zündung einschalten, Motor für Ventilator und Pumpe einschalten, Zündung ausschalten usw., und enthält alle Steuerorgane, um die Anlage automatisch ein- und auszuschalten oder bei Störungen den Brenner stillzusetzen. Bis 30 kg/h thermisch gesteuerte Geräte mit Bimetallen für Zeitverzögerung, darüber motorgesteuerte Programmwalzen. Die meisten Geräte sind am Brennergehäuse angebracht und steckbar, um bei einem Defekt schnellen Austausch zu ermöglichen.

Alle Ölfeuerungsautomaten müssen DIN 4787 Teil 2 entsprechen. Nach Bestehen einer *„Baumusterprüfung"* durch eine Prüfstelle erhalten sie eine Register-Nr.

Nach DIN 4787 (9.81) gelten folgende *Begriffe:*

*Regler,* Wächter und Begrenzer siehe Abschn. 236-4.

*Sicherheitszeit* ist die höchstzulässige Zeitspanne, während der Heizöl gefördert werden darf, ohne daß eine Flamme vorhanden ist. Für Brenner bis 30 kg/h beim Anlauf und im Betrieb 10 s, bei größeren Brennern beim Anlauf 5, im Betrieb 1 s.

*Zündungszeit* ist die Zeit, während der die Zündeinrichtung in Betrieb ist (Vorzündungs-, Zündungs- und Nachzündungszeit).

*Wartezeit* ist die Zeitspanne zwischen Abschalten des Brenners und selbsttätiger Wiederinbetriebnahme der Zündung.

*Ansprechzeit* ist die Zeitspanne zwischen Entstehen oder Erlöschen der Flamme und dem entsprechenden Steuerbefehl des Flammenwächters.

*Vorspül- oder Durchlüftungszeit* ist die Zeitspanne, während der der Feuerraum zwangsweise durchlüftet wird, ohne daß die Ölzufuhr freigegeben ist. Dauer 15 s. Bei Brennern bis 30 kg/h oft natürliche Entlüftung durch den Schornstein.

*Regelschaltung* erfolgt durch Temperaturregler oder Schaltuhr.

*Störabschaltung* erfolgt bei Ausbleiben der Flamme oder bei Fremdlicht, danach Verriegelung.

*Allgemeine Arbeitsweise des Ölfeuerungsautomaten*

Anlauf:

Einschalten des Motors mit Ventilator
Zündtransformator erhält Spannung
Nach einigen Sekunden Vorzündzeit wird das Ölventil geöffnet, und die Zerstäubung beginnt
Ölnebel wird gezündet, Flamme brennt
Flammenwächter spricht an und schaltet Zündtransformator aus.

Betrieb:

Ölbrenner bleibt in Betrieb, solange durch Raum- oder Kesselthermostat Wärme angefordert wird.

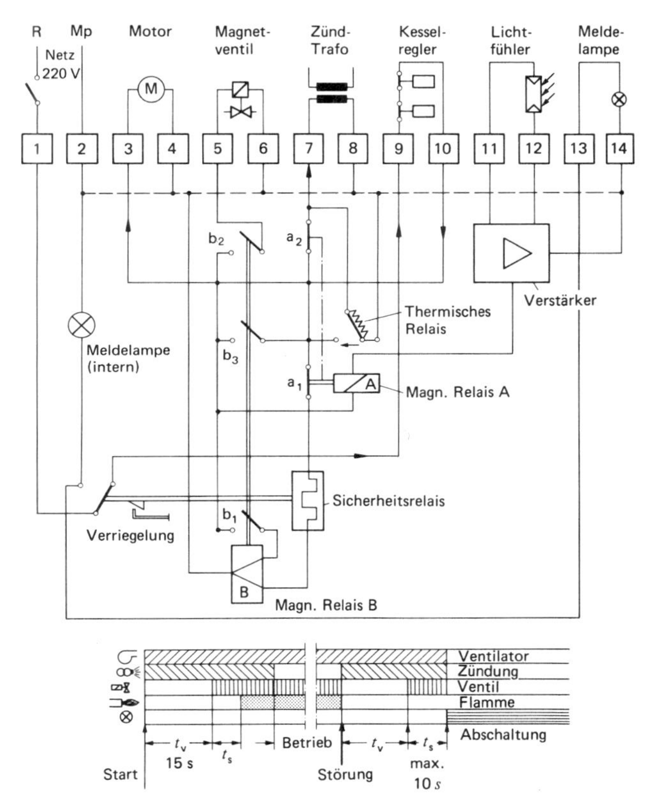


Bild 236-165. Stromlaufplan einer Ölbrennersteuerung mit Fotowiderstand und Vorzündung für Brenner bis 30 kg/h.
$a_{1,2}$ und $b_{1,2,3}$ = Kontakte

Störschaltung:

Kommt Zündung beim Anlaufen nach Ablauf der Sicherheitszeit nicht zustande oder erlischt Flamme während des Betriebes, wird Brenner ausgeschaltet und verriegelt. Wiederinbetriebnahme durch Betätigung des Entriegelungsknopfes. Bei den meisten Anlagen auch ein zweiter Zündversuch, spätestens nach 1 s.

*Beispiel* Bild 236-165 für Brenner bis 30 kg/h mit Vorspülung.

Sind Kesseltemperaturregler und Sicherheitsbegrenzer geschlossen, so erhalten Ventilatormotor, Zündtransformator und die Heizwicklung des thermischen Relais Strom. Damit beginnt die *Vorzündzeit* und die Vorspülzeit. Nach 20 s schaltet das thermische Relais um, wodurch das magnetische Relais B anzieht und die drei Kontakte $b_1$, $b_2$, $b_3$ schließt. Dadurch öffnet sich das Magnetventil am Brenner und Öl fließt zur Düse. Gleichzeitig fließt ein Strom durch das thermische *Sicherheitsrelais,* womit die Sicherheitszeit $t_s$ beginnt (10 s). Kommt die Flamme zustande, so wird über den Lichtfühler (Fotowiderstand) und Verstärker das magnetische Relais A betätigt, das über $a_1$ das Sicherheitsrelais und über $a_2$ den direkten Weg zum Zündtransformator abschaltet, der jedoch über $b_3$ noch in Betrieb bleibt.

Inzwischen hat sich das thermische Relais abgekühlt und ist in die ursprüngliche Lage zurückgekehrt, wodurch der Zündtransformator endgültig abgeschaltet ist *(Nachzündzeit).*

Bei *Störung,* z. B. Flammenausfall, werden die Kontakte a 1 und a 2 wieder geschlossen und das Sicherheitsrelais erwärmt sich. Kommt keine Flamme innerhalb der Sicherheitszeit $t_s$ zustande, so wird der Brenner durch den Sicherheitskontakt ausgeschaltet und verriegelt.

Der Automat muß *fremdlichtsicher* sein. Bei Fremdlichteinfall muß er auf Störung schalten.

## -88 Sonstige Bestandteile

### -891 Flammenwächter und Flammenfühler[1])

haben die Aufgabe, die Flamme zu überwachen. Beim Erlöschen und Zünden veranlassen sie über Verstärker und Relais die erforderlichen Schaltungen für Ölbrenner, Motor, Transformator usw. Sie sind meist mit dem Steuergerät zu einer Einheit, dem *Ölfeuerungsautomaten,* zusammengebaut. Man unterscheidet:

1. *Thermische Flammenwächter.* Empfindendes Organ ist eine Bimetallspirale im Rauchgasstutzen oder ein Ausdehnungsrohr. Der Fühler kann in gemeinsamem Gehäuse mit dem Steuergerät oder getrennt montiert werden.

   Robust, einfach, billig, jedoch korrosionsgefährdet und träge. Kaum noch verwendet.

2. *Photoelektrische* (optische) *Flammenwächter* mit folgenden Fühlelementen (Gebern) Bild 236-167:

   21. *Photowiderstände,* das sind Halbleiter, die ihren Widerstand bei Lichteinfall verringern (meist Kadmium-Verbindungen), z. B. von 1000 MΩ auf 0,1 MΩ. Ansprechempfindlichkeit ≈ 5···30 lux. Halbleiterschicht meist kammförmig auf Glasplatte in evakuiertem Glaskolben aufgedampft. Heute fast nur verwendet.

       Bei Erlöschen der Flamme schließt Kontakt und schaltet Zündtransformator ein. Niederohmige Widerstände betätigen ein Relais ohne Verstärker, hochohmige mit Verstärker. Ansprechzeit ≈ 0,5 s.

   22. *Selenzellen* und ähnliche Photoelemente
       erzeugen bei Belichtung eine Spannung von etwa 0,1···0,2 V, wodurch ein Steuerstrom fließen kann. Metallene Grundplatte mit Selenschicht. Verwendung mit Transistor- oder Magnetverstärkern. Ansprechempfindlichkeit ≈ 100···150 lux.

   23. *Photozellen*
       bestehen aus luftleeren Glaskolben mit zwei Elektroden. Spannung ≈ 100 V. Kathode aus Cäsium oder anderen Metallen ist lichtempfindlich und emittiert bei Belichtung einen Elektronenstrom (Photostrom). Verstärker erforderlich. Neuere Ausführungen verwenden Photozellen, die auf ultraviolette Strahlen in einem sehr kleinen Bereich ansprechen *(UV-Detektor).* Sie sind unempfindlich gegen die längerwelligen Strahlen von glühendem Mauerwerk. Verwendung bei Blaubrennern.

   24. *Weitere Flammenwächter:*
       Infrarotdetektoren,
       Ionisationsdetektoren.

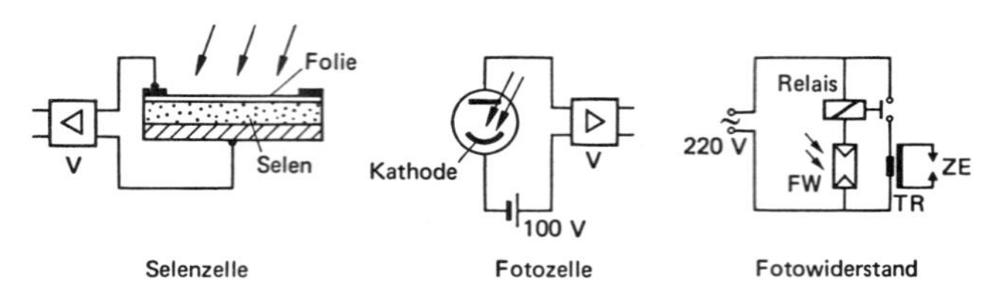


Bild 236-167. Fotoelektrische Bauelemente.
*FW* = Fotowiderstand, *ZE* = Zündelektroden, *TR* = Zündtransformator, *V* = Verstärker

[1]) Wittekind, R.: Feuerungstechn. 3/77. 4 S.
Hauk, G.: Feuerungstechn. 9 u. 10/81.

**-892 Düsen**[1])

Bauart sehr unterschiedlich, im Prinzip jedoch gleich, siehe Schema 236-169. Bestandteile: Filter, Düsenkörper, Düsenkern mit Schlitzen (Drallkörper), Druckstück, Filter. Durch Tangialbohrungen im Düsenkern wird Öl in rotierende Bewegung versetzt und verläßt die Düse in Form eines Voll- oder Hohlkegels mit Öffnungswinkeln von 30 bis 80°. Durchsatz wird durch Düsenbohrung und Öldruck festgelegt. Eichung meist in USA-Gallonen je Stunde (gph). Eine US-Gallone = 3,785 l = 3,22 kg. Normaldruck 7 bar. Kleinster Öldurchsatz ca. 2 l/h, darunter Verstopfungsgefahr. Durchsatz der Quadratwurzel des Druckes etwa proportional. Streukegel abhängig von Länge der Düsenbohrung. Normale Werte 30° (selten), 45°, 60°, 80°. Mittlere Tropfengröße ≈ 50 bis 100 μm. *Rücklaufdüsen* haben eine zusätzliche Bohrung im Düsenkern.

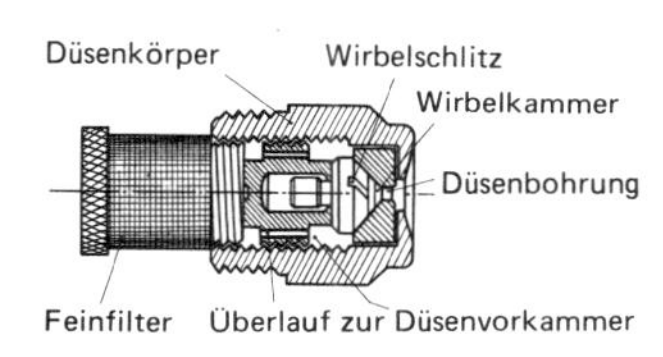


Bild 236-169. Ölbrennerdüse.

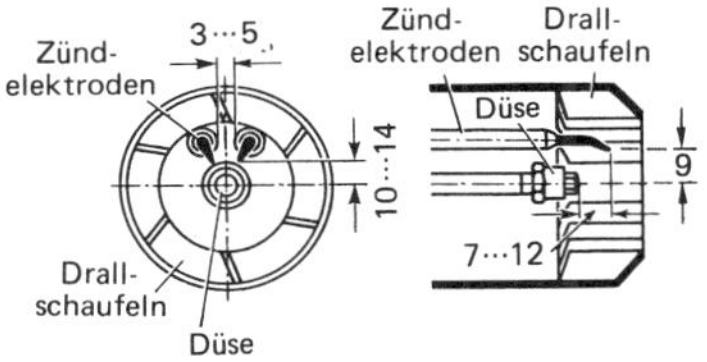

Bild 236-171. Brennerkopf mit Zündelektroden.

Für kleine Leistungen von 1 bis 2 kg/h gibt es auch bei leichtem Heizöl *Ölvorwärmung,* um die Viskosität zu verringern. Ausführung mit Widerstandsheizung (30···100 W) oder mit Kaltleiter. Dadurch ist die Verwendung einer größeren Düse möglich, um Verstopfung zu vermeiden.

Vermeiden von Vor- und Nachtropfen durch Schnellschlußventil möglich. Öffnen durch Öldruck (2 bar). Schließen durch Permanentmagnet. Das Ölvolumen zwischen Düsenbohrung und Ventil ist so klein, daß auch durch Wärmeausdehnung keine Tropfenbildung entsteht (ELCO).

**-893 Mischeinrichtung**

Sie hat die Aufgabe, Luft und Ölnebel im Mischrohr innig miteinander zu vermischen, damit die Verbrennung gleichmäßig und mit möglichst geringem Luftüberschuß erfolgt. Der Luftstrom hat dabei einen gewissen Widerstand zu überwinden (Bild 236-171).

Die meisten Konstruktionen arbeiten vorwiegend mit im Brennerkopf eingebauter verschiebbarer Stauscheibe, deren Bauform unterschiedlich ist (Ringscheiben, Siebscheiben, Drallscheiben u.a.). Dabei höherer Luftdruck und bessere Durchmischung von Luft und Ölteilchen (Bild 236-173). Bei neueren Brennern versucht man, durch *Rezirkulation* heißer Verbrennungsgase und durch besondere Vergasungskörper eine bessere Verbrennung zu erreichen. Beispiel Bild 236-146.

Befestigung des Brenners am Kessel meist mittels Schiebeklemmflansch auf dem Brennerrohr. Andere Brenner haben Schwenkflansche oder scherenartige Schwenkvorrichtungen.

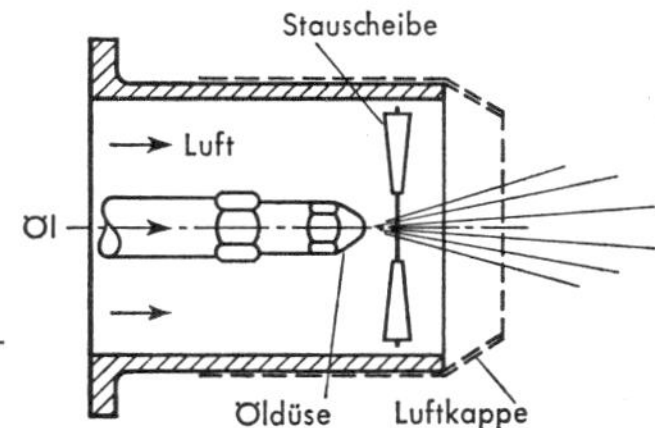


Bild 236-173. Brennerkopf eines Öldruck-Zerstäuberbrenners.

[1]) Fenger, N. P.: Öl + Gasfg. 3/77. 5 S.
Beedgen, O.: IKZ 10/77. 5 S.
DIN 4790 (9. 85): Ölbrennerdüsen.

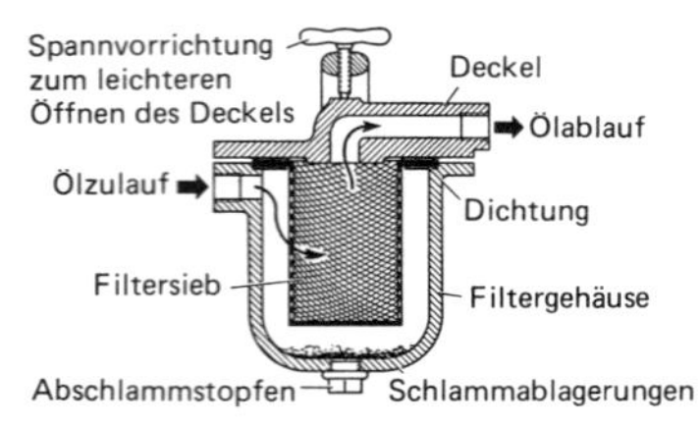


Bild 236-177. Schema eines Ölfilters.

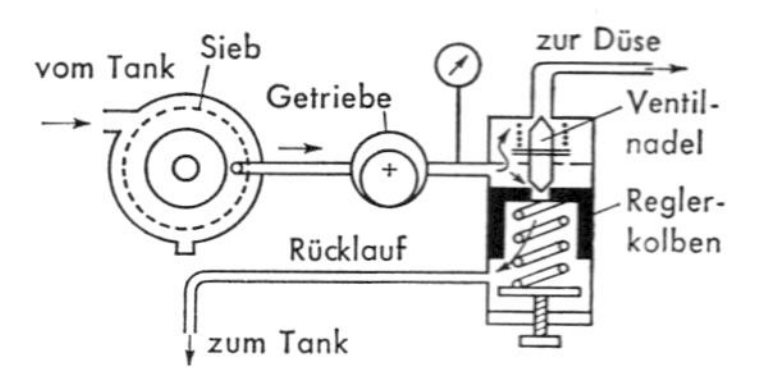


Bild 236-178. Wirkungsweise des Druckregulierventils.

**-894 Elektrische Zündeinrichtung**

Sie besteht aus einem Zündtransformator, zwei Zündkabeln, zwei Isolatoren aus Porzellan und zwei Elektroden aus hitzebeständigem Stahl, zwischen denen der Zündfunke für das Öl-Luftgemisch überspringt. Spannung 10000···12000 V. Richtige Einstellung wichtig. Elektrodenabstand von der Düsenspitze hängt ab vom Einspritzwinkel und vom Öldurchsatz sowie von der Luftgeschwindigkeit. Bild 236-171.

**-895 Ventilator** (Bild 236-153)

Normaler Trommelläufer, direkt vom Motor angetrieben. Drehzahl meist 2800 U/min. Förderdruck ca. 200 bis 600 Pa, für höheren Druck, z. B. Überdruckkessel, Räder mit rückwärts gekrümmten Schaufeln. Steile Ventilatorkennlinie empfehlenswert, um geringe Volumenänderung bei Druckänderungen zu erhalten. Regelung der Luftmenge durch Regulierklappe auf Saugseite. Luftmenge ≈ 15 $m^3$/kg Öl.

**-896 Ölfilter** (Bild 236-177)

sehr wichtig, um Verstopfungen zu vermeiden. Verschiedene Einsätze wie Metallgewebe, Sinterbronze, Kunststoffgewebe u. a. Regelmäßige Reinigung erforderlich.

**-897 Ölpumpe[1])** (Bild 236-178)

Am Brenner meist als Zahnradpumpe durch elastische Kupplung mit Motorwelle verbunden. Meist eingebautes Ölfilter. Befestigung am Brennergehäuse oder am Lagerschild des Motors. Druckregelventil führt überschüssiges Öl zurück zum Tank oder Pumpenaggregat. Pumpe, Druckregler und Filter häufig als gemeinsames „Pumpenaggregat" ausgebildet. Pumpendruck 7···40 bar. Bei Stillstand Schnellschlußventil. Einstufenpumpen mit einem Satz Zahnräder, Zweistufenpumpen mit zwei Satz. Außen-, Innen-, Trochoiden- und andere Verzahnungen. Max. Saughöhe 5 m, Drehzahl 1500 oder 3000 U/min. Bei größeren Höhen Druckpumpe mit Tagesbehälter beim Kessel. Mittlere Strömungsgeschwindigkeit in Saugleitung ≈ 0,2 m/s, in Druckleitung ≈ 0,4 bis 0,5 m/s.

## -9 GASBRENNER[2])

Überarbeitet von D. Bombis, Vilters (Schweiz)

### -91 Allgemeines

In den Gasbrennern wird Gas durch Zutritt von Luft verbrannt. Man unterscheidet:

| *nach der Flammenart* | *nach der Gasart* |
|---|---|
| Leuchtflammenbrenner | Stadt- und Ferngasbrenner |
| Bunsenbrenner | Erdgasbrenner usw. |
| flammenlose Brenner | Mehrgas- und Allgasbrenner |

[1]) Hester, W.: IKZ 19/73. 3 S.
[2]) Fritsch, W.: Öl-Gasfeuerung 8/76. 8 S. und 6/78. 8 S.
Marx, E.: Wärmetechnik 4/82. S. 151.
Dreizler, W.: Feuerungstechnik 2/86. S. 41ff.

*nach der Art der Luftzufuhr*
Brenner mit Gebläse
Brenner ohne Gebläse
(atmosphärische Brenner)

*nach dem Gasdruck*
Niederdruckbrenner
(5···50 mbar Gasdruck)
Hochdruckbrenner
(0,5···3,0 bar Gasdruck)

*nach der Automatik*
handbetätigte Gasbrenner
halbautomatische Gasbrenner
vollautomatische Gasbrenner

*nach der Flammenanordnung*
Einzelbrenner
Gruppenbrenner in Form von Ring-, Flach-, Rund-, Mantelbrennern u. a.

Einschlägige Bestimmungen

DIN 4756 (2. 86) – Gasfeuerungen in Heizungsanlagen; Errichtung und Ausführung

DIN 4788 6. 77 Teil 1 – Gasbrenner ohne Gebläse
E. 8. 83 Teil 2 – Gasbrenner mit Gebläse
E. 8. 83 Teil 3 – Flammenüberwachungseinrichtung

DIN 4702 Teil 3 (E. 5. 87) Gasspezialkessel ohne Gebläse

TRGI 1986

TRD 412 (7. 85) Gasfeuerungen für Hochdruckdampfkessel.

Infolge der Vielfalt der heute angebotenen Gase sind auch die Brennerbauarten unterschiedlich. Insbesondere hat die Forderung nach dem *„Allgasbrenner"* die Entwicklung beeinflußt. Brenngas und Brenner müssen aufeinander abgestimmt sein. Dabei sind zu berücksichtigen: Heizwert, Gasdruck, Wobbezahl, Zündgeschwindigkeit, Luftbedarf.

Nachstehend sind die in der Heizungstechnik hauptsächlich verwendeten Brenner kurz beschrieben. Jeder Typ eines Gasbrenners muß ebenso wie bei Ölbrennern durch eine „Prüfstelle" (DVGW u. a.) geprüft werden und erhält als normgerecht eine Registriernummer.

### -92 Leuchtflammenbrenner (Diffusionsflammenbrenner)

Verbrennungsluft hat nur von außen Berührung mit der Flamme, an Oberfläche verbrennt der Kohlenstoff in Form von Ruß, daher lange, leuchtende Flamme (Bild 236-180a). Geringe Temperatur, etwa 1200 °C. Bei Berührung der Flamme mit festen Oberflächen Rußbildung. Rückschlagsicher, geräuscharm, billig. In Heizungskesseln jedoch nicht verwendet.

### -93 Injektorbrenner

Gas und ein Teil der Verbrennungsluft (Primärluft) werden vor Verbrennung miteinander durch Injektion gemischt. Der mit großer Geschwindigkeit austretende Heizgasstrahl erzeugt am *Mischrohr* einen Unterdruck, durch den die Primärluft aus dem Raum angesaugt wird. Prinzip des *Bunsenbrenners* Bild 236-180b u. c. Zweitluft (Sekundärluft) hat nur an der Flamme Zutritt. Düse, Venturirohr und Brenner müssen entsprechend Gasart und Gasdruck ausgelegt sein. Flammentemperatur höher, etwa 1500 °C, Flamme kurz, nicht leuchtend. Injektorbrenner mit auswechselbarer Düse zur Anpassung an verschiedene Gase in Bild 236-180d.

Bei größeren Leistungen Zusammensetzung von Einzelbrennern zu Gruppenbrennern. Brennkopf aus Edelstahl, Messing, Speckstein, Keramik.

### -94 Brenner ohne Gebläse[1])

Die in der Heizungstechnik verwendeten Brenner dieser Art, die sogenannten *atmosphärischen Brenner,* haben sich aus den Injektionsbrennern entwickelt und werden vorwiegend als Brennroste oder Flächenbrenner eingebaut (Bild 236-184). Sie arbeiten mit Luftselbstansaugung. Die *Brennroste* bestehen aus einzelnen Brennrohren oder Brennstäben mit je einem Injektor und Mischrohr. Die Primärluft wird je Brennstab zentral angesaugt, wobei im Mischrohr durch Umsetzung der Geschwindigkeit ein Überdruck von etwa 10···20 Pa entsteht.

---

[1]) Dittrich, A.: Öl-Gasfeuerung 1971. S. 971/6 und 1973. S. 192/200.
Ohl, W.: Öl- und Gasfeuerung 3/74. 4 S. und SBZ 19/74. 3 S.
Ermeler, W.: Kälte- u. Klima-Fachmann 6/80. 9 S.

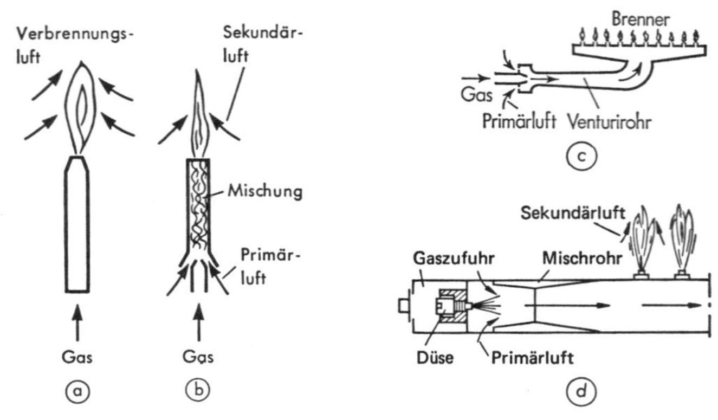


Bild 236-180. Gasbrennarten. a) Leuchtflammenbrenner, b) Bunsenbrenner, c) Injektorbrenner mit Venturirohr, d) Schnitt durch Injektorbrenner mit auswechselbarer Düse

In dem Brennrohr sind auf der Oberseite Loch- oder Schlitzreihen angebracht, aus denen die Primärluft/Gas-Gemisch austritt. Sehr häufig findet man halbkreisförmige Schlitze quer zum Rohr, wodurch sich besonders große, für die Verbrennung günstige Oberflächen bilden. Belastung je Stab zwischen etwa 5···20 kW. Zündtemperatur ≈ 600 °C. Zündung mit Pilotflamme oder elektrisch mit Zündfunken.

Die *Sekundärluft* strömt nach der Zündung infolge des Auftriebes von unten her in den Brennraum. Anteil der Primärluft ca. 40···50%.

Alle Teile des Brenners – Düse, Mischrohr, Brennstab und Brennöffnungen – müssen gut aufeinander abgestimmt sein, damit die Flamme stabil ist. Es darf weder bei zu großer Austrittsgeschwindigkeit zum „Abheben“ der Flamme kommen, noch bei zu geringer Geschwindigkeit zum „Rückschlag“, d.h. Bewegung der Brennfläche entgegen der Strömung. Ein Teillastbetrieb durch Drosselung der Gaszufuhr ist daher nur in geringem Maße möglich.

Manche Brenner neuerer Bauart können auch mit *horizontaler Flamme* betrieben werden (Bild 236-185). Mehrere nebeneinander befindliche Grundeinheiten sind über einen Verteilerkasten an eine gemeinsame Gaszufuhr angeschlossen *(Einblasbrenner)*. Jeder der Einzelbrenner besitzt eine auswechselbare Gasdüse. Leistung bis 115 kW.

Die meisten atmosphärischen Gaskessel werden mit halbautomatischer Zündung ausgerüstet. Dabei wird die Hauptflamme durch eine dauernd brennende Zündflamme gezündet.

Bild 236-184. Atmosphärischer Flächenbrenner (Dreizler).

Bild 236-185. Atmosphärischer Brenner mit waagerechter Flamme (Dreizler).

Verwendung der atmosphärischen Brenner bei Heizkesseln und Spezialgaskesseln mit steigenden Zügen bis etwa 1 MW. Einfach, billig, anpassungsfähig, wartungsarm, geräuscharm, ohne bewegte Teile, jedoch weniger wirtschaftlich als Brenner mit Gebläse. Sie arbeiten im Ein-Aus-Betrieb mit Nennlast.

Wegen der Anpassung der Brenner an die unterschiedlichen Kessel und besonders Feuerräume erfolgt die Lieferung meist durch die Kesselhersteller.

Bei *Umstellung* auf andere Gasarten müssen die Düsen ausgewechselt werden. Eine Düse kann etwa durch Veränderung des Düsendrucks Wobbezahlschwankungen von 15···20% bewältigen.

Material der Brenner ist Gußeisen, Messing oder Edelstahl. Große und kleine Kessel bestehen aus denselben Einzelteilen, was für die Fertigung und Lagerhaltung von Vorteil ist. Bei Wartungen wird der gesamte Brenner einschließlich Armatur aus dem Kessel nach vorn herausgezogen.

## -95 Gasgebläsebrenner[1])

Verbrennungsluft wird dem Gas vor der Verbrennung durch ein Gebläse zugeführt. Dadurch unempfindlich gegen atmosphärische Störungen, große Betriebssicherheit, vollautomatischer Betrieb möglich. Genaue Dosierung der Luftmenge, gute Durchmischung, hoher Wirkungsgrad. Bauart der Gebläsebrenner ähnlich den Ölbrennern, von denen viele Bauteile übernommen sind.

Gasgebläsebrenner wurden früher nur für große Leistungen verwendet, heute jedoch in Konkurrenz zu den gebläselosen Brennern wegen höherer Wirtschaftlichkeit auch für kleine Leistungen bis herab zu 3 kW.

*Hauptbestandteile:*

Gebläse mit Motor (Luftdruck etwa 200···500 Pa, bei Überdruckbrennern bis 900 und mehr Pa), Motordrehzahl 2800 U/min,
Brennerzwischenteil zur Einführung der Gasleitung,
Brennerrohr mit Düsen und Mischraum,
Zündelektroden, Gasarmaturen, Sicherheits- und Regelgeräte.

Brenner und Gebläse sind bei Leistungen bis etwa 10 MW in einem gemeinsamen Gehäuse zusammengebaut *(Monoblock-Ausführung)*. Brenner- und Gebläseachse sind in der Regel quer zueinander angeordnet (Pistolenform), bei einigen Bauarten jedoch auch parallel. Ansicht eines Gasbrenners in Bild 236-187.

Bei größeren Leistungen über etwa 10 MW wird das Gebläse getrennt aufgestellt (Bild 236-189) (Kastenbauart). Kleinbrenner werden fast alle mit einer Haube verkleidet.

*Der Mischkopf*[2])

Die verschiedenen Bauarten unterscheiden sich hauptsächlich durch die Ausbildung des *Mischkopfes,* in dem die Mischung von Luft und Gas vor der Zündung stattfindet. Die Konstruktion des Mischkopfes ist wichtig für schnelle intensive Mischung bei geringstem Luftüberschuß und zur Stabilisierung der Flamme. Die Konstrukteure verwenden hierzu viele verschiedene Bauteile wie Rohre mit Öffnungen oder Schlitzen, Gaslanzen, Dralleinrichtungen, konzentrische Zonen für Luft und Gas, Leitbleche, Stauscheiben mit Schlitzen oder Löchern u.a. (Bild 236-190). Auch axial im Brennkopf verschiebbar Scheiben werden verwendet. Beim *Parallelstromprinzip* treffen Luft und Gas in vielen parallelen Strömen aufeinander, beim *Kreuzstromprinzip* in einem Winkel. Zusätzlich erhält die Luft häufig noch eine Drallbewegung. Im Gegensatz zu den Ölbrennern konnte sich bisher eine einigermaßen einheitliche Konstruktion noch nicht durchsetzen.

Brenner können im allgemeinen nur für die Gasfamilie verwendet werden, für die sie gebaut sind. Bei anderen Gasen Änderungen erforderlich, mindestens des Mischkopfes.

---

[1]) Beedgen, O.: IKZ 3/75 u. 5/75 u. 17/77.
Fritsch, W. H.: SBZ 16 u. 17/77. 6 S.
Dreizler, U.: HR 2/78. 6 S.
Marx, E.: TAB 12/78. S. 1011/14 u. Wärmetechn. 10/81. S. 492.
Marx, E.: Feuerungstechnik 11/80 ff.
Beedgen, O.: Wärmetechnik 5/82. S. 191/4 u. Feuerungstechn. 10/82. S. 6.
Beedgen, O.: TAB 4/84. S. 271/5.

[2]) Rolker, J.: FT Heft 6 u. 7/85.

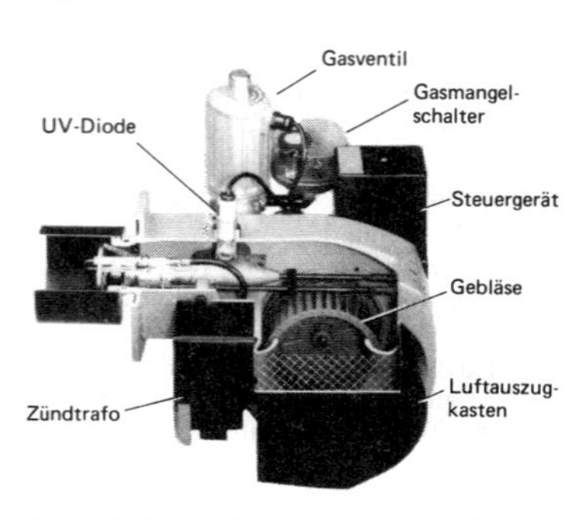


Bild 236-187. Vollautomatischer einstufiger Gasgebläsebrenner (Junkers GE).

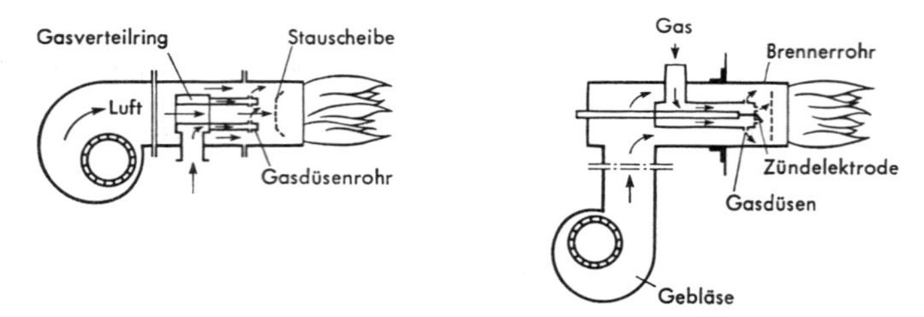


Bild 236-189. Bauart von Gasgebläsebrennern.
Links: Monoblockausführung; rechts: Gebläse getrennt vom Brenner

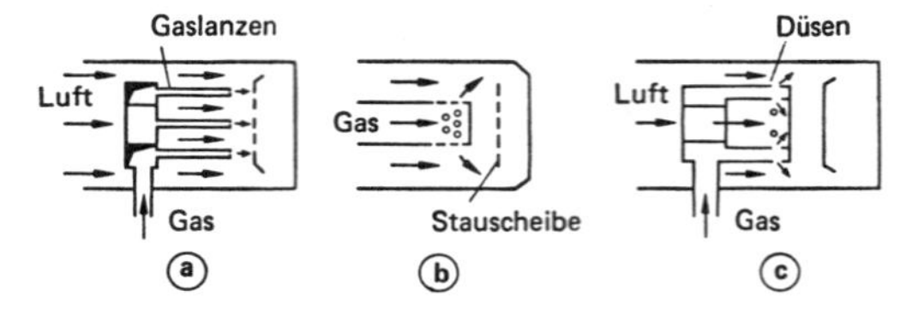


Bild 236-190. Schema der Gas- und Luftführung bei Gasgebläsebrennern.
a) Parallelstrombrenner, b) Kreuzstrom-Mittelrohrbrenner, c) Kreuzstrom-Lanzenbrenner

*Funktionsbeschreibung*

Kleine Kessel bis 120 kW werden mit einem Magnetventil einstufig geschaltet. Bei Leistungen über 150 kW wird zur Vermeidung eines Druckstoßes mit reduzierter Startlast angefahren. Dazu dient ein langsam öffnendes Magnetventil.

Der Zündfunke zündet direkt die Hauptflamme oder erst die Zündflamme und danach die Hauptflamme. Schema einer derartigen normalen Gasstraße Bild 236-192. Es kann auch ein Hauptgasventil mit einstellbarer Zündlast gewählt werden.

*Größere Kessel* erhalten ein Hauptgasmagnetventil und ein parallel geschaltetes zweites Ventil (Startgasventil). Nach der Durchlüftung erfolgt die Zündung mittels eines Zündbrenners und das Startgasventil gibt zunächst eine Teillastmenge frei, die zwischen 10% und 40% der Hauptlastmenge eingestellt werden kann. Sobald die Startlastflamme gezündet hat, wird die Hauptgasmenge freigegeben. Bei einwandfreier Flammenbildung wird die Zündung abgeschaltet. Damit ist der Betriebszustand erreicht (Bild 236-194).

*Mittelgroße Kessel* arbeiten in zwei Stufen. Dafür sind zwei parallel geschaltete Magnetventile oder ein zweistufiges Magnetventil und eine Verbundregelung Gas/Luft erforderlich. Nach Freigabe der Teillastflamme erhält der Stellmotor für die Verbundrege-

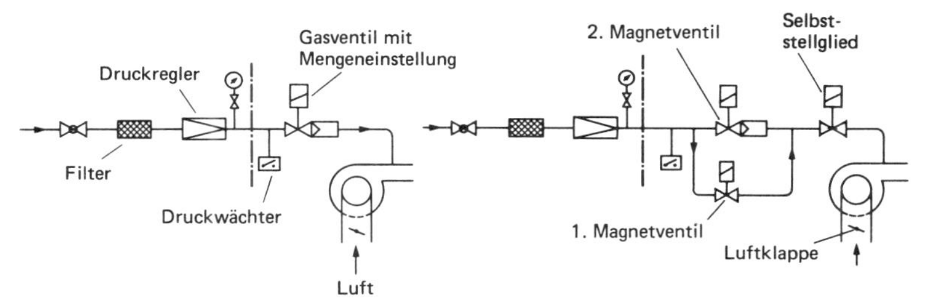


Bild 236-192. Armaturen für Gaskessel bis 350 kW.

Bild 236-194. Armaturen für Gaskessel über 350 kW mit zweistufigem Brenner.

lung Spannung, so daß Gas und Luft für Vollast freigegeben werden. Sobald der Sollwert erreicht ist, schaltet der Brenner auf Kleinlast zurück.

*Große Kessel* werden mit *stufenloser Regelung* ausgeführt. In diesem Fall wird nach Zündung mit Schwachlast die Gas- und die Luftklappe durch einen Stellmotor gemeinsam über Kurvenschiene, Scheiben oder Trommeln betätigt, wobei jede Zwischenstellung erreichbar ist. Gas- und Luftklappe sind aufeinander abgestimmt, so daß immer das optimale Gas-Luftgemisch vorhanden ist.

Ansicht von Gasbrennern in Bild 236-195 und -196.

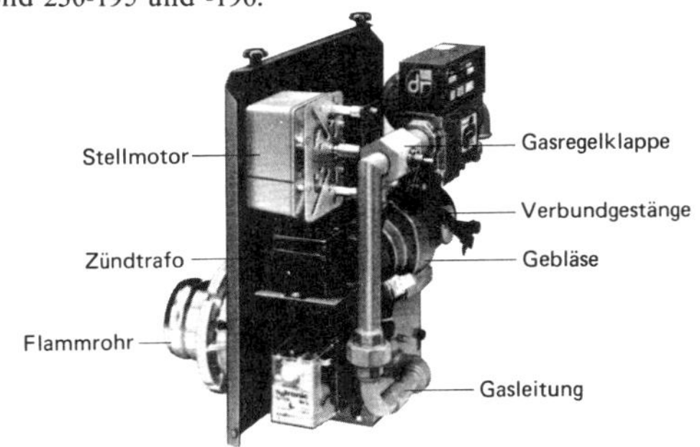


Bild 236-195. Stufenloser Gasgebläsebrenner (Dreizler GM).

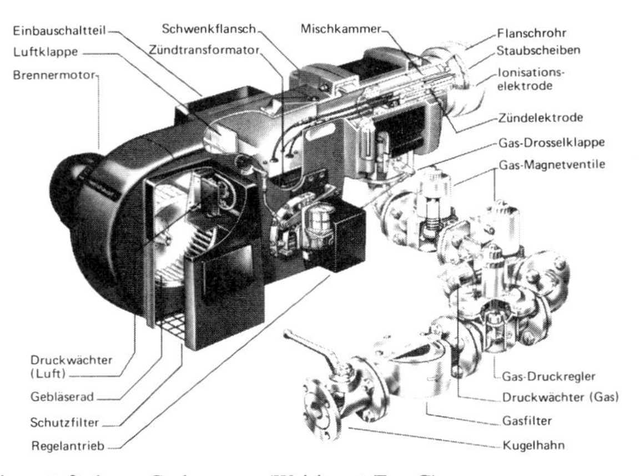


Bild 236-196. Ansicht eines stufenlosen Gasbrenners (Weishaupt Typ G).

Zur Verringerung der Stillstandverluste werden druck- oder saugseitig oder auch beidseitig automatische *Luftklappen* verwendet, die bei Stillstand die Luftansaugöffnung verschließen. Antrieb elektrisch oder hydraulisch durch Öl. Demselben Zweck dienen *Abgasklappen*, die durch Bimetall oder Motore betätigt werden.

*Pulsationsbrenner* siehe Abschn. 231-333.

## -96 Ausrüstung und Sicherheitseinrichtungen[1])

Die Grundsätze der Sicherheitseinrichtungen sind für Gasfeuerungen bei Heizungsanlagen in DIN 4756 (2.86) und DIN 4788 Teil 2 (E. 8.83) enthalten.

Die für atmosphärische Brenner vorgeschriebene Ausrüstung ist bereits im Abschn. 231-34 beschrieben. Für Gebläsebrenner ist die normale Ausrüstung folgende:

Eine von Hand bedienbare *Absperreinrichtung*, ein Filter sowie ein Gasmengen-Einstellglied, z.B. Drosselklappe.

Ein *Gasdruckregler*, der den Druck vor dem Brenner konstant hält (Bild 236-197).

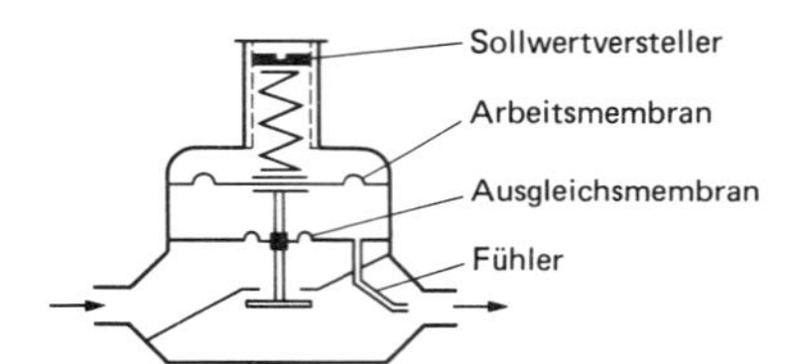


Bild 236-197. Gasdruckregler.

Ein *Luftdruck- oder Luftströmungswächter* oder Fliehkraftschalter, der bei fehlendem Luftdruck den Brenner ausschaltet.

Ein *Gasdruckwächter* mit Membran und Mikroschalter, der bei fehlendem Gasdruck den Brenner ausschaltet.

*Vorspülzeit*. Vor jedem Einschalten ist der Feuerraum mit Luft für mindestens 30 s zu belüften.

*Zündung*. Die Zündeinrichtung besteht in der Regel aus einem Zündtransformator, der eine Spannung von etwa 10000 V erzeugt, früher mit zwei Zündkabeln, zwei Isolatoren und zwei Elektroden aus hitzebeständigem Stahl mit einem Abstand von 2···5 mm, zwischen denen der Zündfunke überspringt und das Gas-Luftgemisch des Zünd- oder Startbrenners zündet. Heute meistens nur ein Kabel, ein Isolator, eine Elektrode; Zündung gegen Masse. Bei Brennern bis 350 kW ist bei Verlöschen der Flamme ein automatischer Wiederzündversuch zulässig. Die Zündung soll möglichst stoßfrei sein, daher muß bei reduzierter Gasmenge oder langsam öffnendem Ventil gestartet werden. Bei Brennern > 350 kW verwendet man *Zündbrenner*, die die Haupt- oder Teillastflamme zünden.

Eine *Sicherheitsabsperreinrichtung* (Selbststellglied), die die Gaszufuhr nur bei einwandfreier Funktion aller Teile freigibt. Es ist in der Regel ein Magnetventil, ein Motorventil oder bei großen Leistungen ein pneumatisch betätigtes Ventil verschiedener Güteklassen, einstufig, zweistufig, dreistufig oder stufenlos (*Güteklassen* der Ventile je nach Dichtheit A, B und C nach DIN 3394). An die Ventile der Gruppe A werden die höchsten Anforderungen bezüglich Dichtheit und Schließkraft gestellt, an Gruppe C die geringsten. Für Brenner bis 350 kW Nennleistung genügt nach DIN 4788, T. 3 ein Ventil der Gruppe A; darüber zwei Selbststellglieder, vorzugsweise mit automatischer Dichtheitskontrolle. Bei kleinen Leistungen einstufiges Ventil, bei größeren Leistungen zwei- oder dreistufig. Außerdem kann das Stellglied schnell öffnend und schnell schließend oder langsam öffnend und schnell schließend eingerichtet sein, ferner auch mit einstellbarer Startfreigabe und Hauptmengeneinstellung. Es kann auch für die Regelung verwendet werden. Die Zeitverzögerung wird meist durch eine mit Öl gefüllte Dampfungsvorrichtung erreicht.

[1]) Grolimund, E.: Feuerungstechn. 8/77.
Leemann, A.: Feuerungstechn. 7/77. 3 S.
Marx, E.: TAB 6/78. S. 521/3.

Eine *Flammenüberwachung,* die durch einen Feuerungsautomaten bewirkt wird. Der Automat besteht aus einem Flammenfühler, Flammenwächter und einem Steuergerät. Bei Erlöschen der Flamme muß das Gasventil innerhalb einer Sicherheitszeit geschlossen werden (Störabschaltung). Die Sicherheitszeit, d.h. die höchstzulässige Zeitdauer, während der unverbranntes Gas in den Feuerraum eintreten darf, beträgt je nach Belastung des Brenners 1 s (bei > 350 kW) bis 10 s (bei < 10 kW). Der Steuerautomat ist bei kleinen Leistungen direkt am Brenner befestigt, bei großen Leistungen separat in einem Schaltschrank.

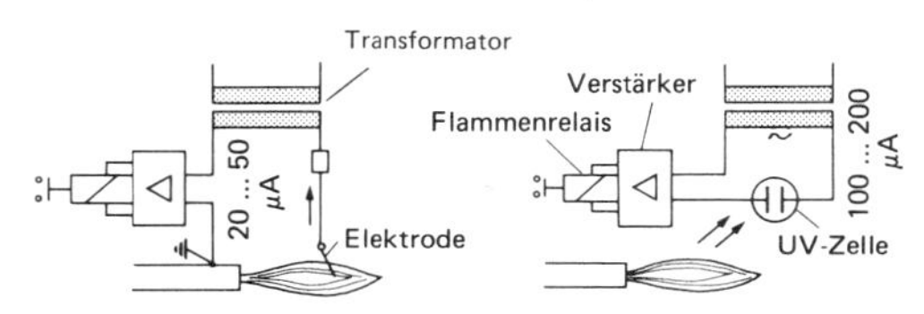


Bild 236-198. Flammenüberwachung bei Gasfeuerungen.
Links: Leitflammensicherung; rechts: UV-Sicherung

Es gibt folgende Arten von Flammenwächtern (Bild 236-198):

*Leitflammen-Sicherung,* beruht auf Ionisierung der Flamme, d.h., die Flamme leitet den Strom; außerdem wird er gleichgerichtet. Verwendung für Zünd- und Hauptflamme, momentan wirkend. Der Ionisationsstrom steuert nach Verstärkung des Flammenrelais für den vollautomatischen Brennerbetrieb. Energieabgabe des Fühlers 10···100 μW.

*Fotozellen-Sicherung,* UV-empfindlich, momentan wirkend, für Zünd- und Hauptflamme. Die Funktion beruht darauf, daß Gasflammen in der Nähe der Brennermündung eine UV-Strahlung erzeugen, die in der Fotozelle (Diode) einen elektrischen Strom von 4 ···6 mA bewirkt. Diese Strahlung erfolgt nur in einem sehr engen Bereich des Spektrums, etwa 0,19 bis 0,27 μm, so daß keine Störung durch Fremdbelichtung eintreten kann. Glaskolben mit zwei Elektroden. Energieabgabe 1···10 μW, für Relaisbetrieb ≈ 0,20 μW. Auch für Ölflammen verwendbar.

*Thermoelektrische Zündsicherungen* siehe Abschn. 221-73. Auf Grund der langen Sicherheitszeit von ca. 15 s werden solche Sicherungen nur bei kleinen Leistungen verwendet.

*Optische Flammenfühler* sind nicht verwendbar, da die Gasflamme eine zu geringe Strahlung besitzt.

Im *Steuergerät* werden alle Impulse der Regler und Wächter zusammengefaßt und nach einem bestimmten Programm verarbeitet.

*Gefahrenschalter* außerhalb des Heizraumes zum Abschalten der gesamten Gasfeuerungsanlage bei Leistungen > 50 kW.

Bei großen Anlagen werden als zusätzliche Sicherung gegen Undichtheiten beim Stillstand *Leckgassicherungen* verwendet, die nach dem Vakuum- oder Druckprinzip arbeiten[1]). Sie benötigen zwei Absperrventile. Bei der Vakuummethode wird zwischen den Ventilen durch eine Vakuumpumpe ein bestimmter Unterdruck von ≈ 100 mbar erzeugt. Steigt innerhalb einer Prüfzeit von 30 s der Druck über einen eingestellten zulässigen Wert, sperrt das Vakuumgerät den Brenner (Bild 236-199 und -200).

Bei der Druckmethode wird eine Membranpumpe verwendet, die zwischen den Ventilen einen gewissen Überdruck erzeugt, der in der Prüfzeit innerhalb eines einstellbaren Wertes bleiben muß.

Noch einfacher ist die Einrichtung mit Zwischenentlüftung, wobei zwischen zwei Magnetventilen eine Leckgasleitung mit Kontrollgerät, z.B. Wasservorlage, ins Freie führt. Bei Undichtheit entstehen Blasen. Das Magnetventil in der Leckgasleitung ist bei Stillstand der Anlage geöffnet (Bild 236-198 rechts).

Für Anlagen bis etwa 100 kW sind heute Kombinationsarmaturen üblich, in denen die verschiedenen Bauelemente zu einer Einheit zusammengebaut sind (Bild 236-202).

---

[1]) Köhler, H.: IKZ 7/78. S. 21/6.

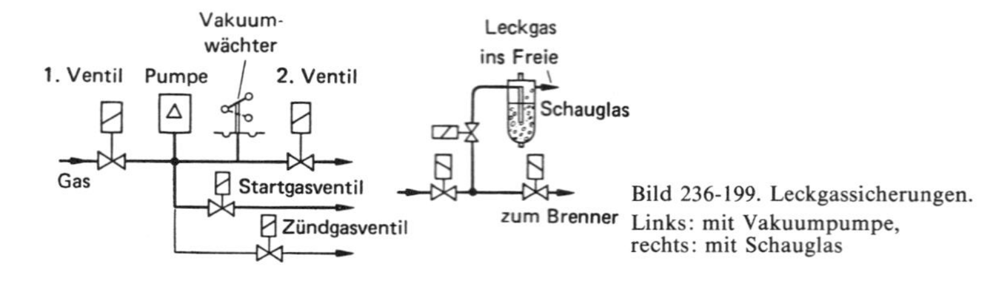


Bild 236-199. Leckgassicherungen. Links: mit Vakuumpumpe, rechts: mit Schauglas

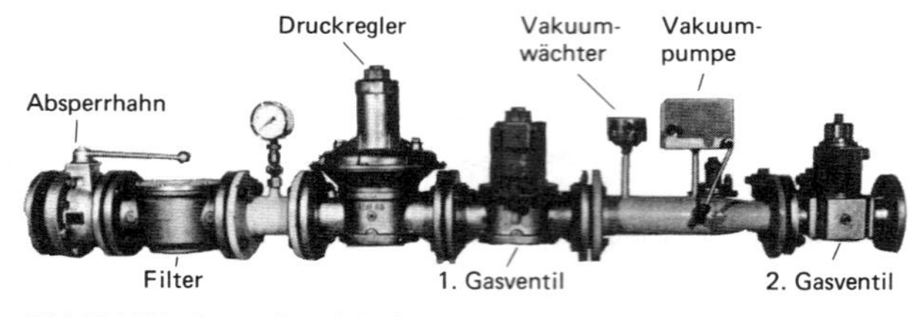


Bild 236-200. Gasstraße mit Vakuumwächter (Dungs).

Bild 236-202. Kompakteinheit mit Filter, Druckregler und zwei Magnetventilen (Kromschröder).

## -97 Regelung[1])

Bei kleinen Kesseln bis 120 kW Einstufen- oder „Ein-Aus-Schaltung" mit Magnetventilen für die Gaszufuhr. Gas- und Luftstrom sind fest eingestellt.

Schnell öffnende Ventile geben den Gasweg innerhalb 1 s frei. Sie sind meist mit einer Einstellvorrichtung versehen, um den Gasvolumenstrom auf die Nennleistung zu begrenzen. Bei größeren Leistungen bis 350 kW werden langsam öffnende Ventile verwendet, die den Gasstrom verzögert frei geben, um den Anfahrstoß zu verkleinern.

Die *Wirkungsweise* eines einfachen Gasfeuerungsautomaten (Flammenwächter und Steuergerät) wird an Hand des Stromlaufbildes 236-210 und des Programmablaufs Bild 236-211 erläutert:

Es sei vorausgesetzt, daß der Hauptschalter, Begrenzer und Gasdruckfühler ihre Kontakte geschlossen haben. Dann beginnt das Programm bei Kontaktgabe des Kesselthermostaten. Zunächst läuft das Gebläse zur Spülung des Feuerraums, wobei die Zeit durch ein Zeitrelais (Hitzdraht oder Motor) $T$ kontrolliert wird. Der Luftdruckfühler schließt. Nach einiger Zeit schaltet das thermische Zeitrelais $T$ nach rechts, so daß Magnetrelais $A$ Spannung erhält. $A_1$ nimmt Spannung von $T$, so daß $T$ wieder nach links zurückschaltet (Ende der *Vorspülzeit*). $A_2$ versorgt $A$ mit Spannung, durch $A_3$ erhalten Zündtransformator und Zündventil Strom. Zündflamme bildet sich, *Sicherheitsrelais S* steht unter Strom. Der Ionisationsstrom der Zündflamme schaltet über Verstärker und Relais $B$ das Sicherheitsrelais $S$ aus und Hauptgasventil ein. *Normalbetrieb.*

[1]) Frotscher, H.: IKZ 6/79. 8 S.
Beedgen, O.: Wärme-Technik 8/64. S. 328/30.

Bildet sich keine Zündflamme innerhalb der Sicherheitszeit, schaltet der Kontakt $S_1$ die Anlage aus *(Störabschaltung)*. Störlampe leuchtet auf.

Bei Erlöschen der Flamme während des Betriebes wird $B$ spannungslos, $B_1$ schließt Hauptgasventil, $B_2$ erwärmt Sicherheitsrelais $S$, Wiederzündversuch.

*Zweistufige und stufenlose Gasbrenner*

Bei dieser Regelung erfolgt die Umschaltung von Teillast auf Vollast durch 2 Magnetventile oder durch ein mehrstufiges Magnetventil. Die erste Stufe dient als Zündstufe. Brennstoff und Luft müssen gemeinsam geregelt werden. Hierfür stehen elektrische und mechanische Regelsysteme zur Verfügung.

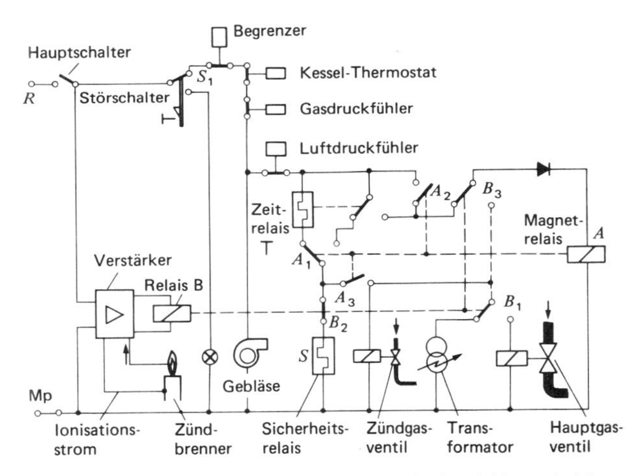


Bild 236-210. Stromlaufplan eines Gasfeuerungsautomaten mit Ionisationsfühler und elektronischem Verstärker.

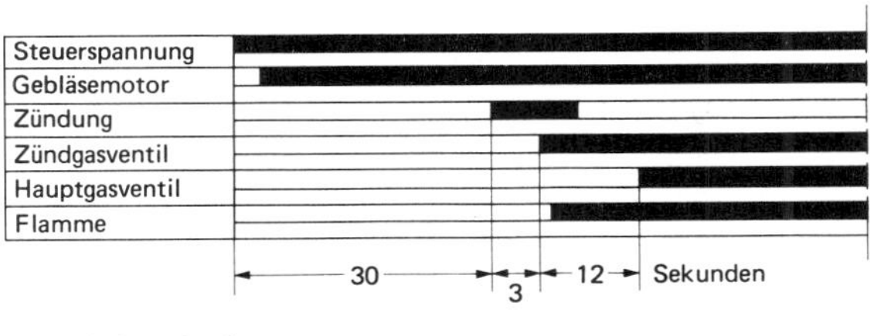

Steuerspannung
Gebläsemotor
Zündung
Zündgasventil
Hauptgasventil
Flamme
30 3 12 Sekunden

Bild 236-211. Programmablauf eines Gasfeuerungsautomaten.

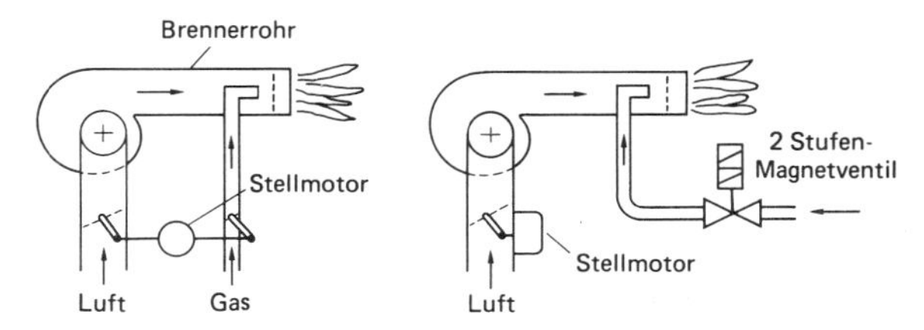


Bild 236-212. Verbundregelung bei zweistufigem Gasbrenner.
Links: mechanischer Verbund
Rechts: elektrischer Verbund

Bei der *elektrischen Regelung* werden zwei elektrische Stellmotore für den Gas- und den Luftstrom in Parallelschaltung verwendet. Bei der *mechanischen Regelung* mit einem gemeinsamen Stellmotor werden verstellbare Kurvenbänder oder Kurvenscheiben verwendet. Gasventil und Luftklappe sind mechanisch miteinander gekoppelt (Bild 236-212).

Die Zweistufenregelung kann auch *stufenlos* oder gleitend (modulierend) ausgeführt werden, wenn die Stellantriebe entsprechend ausgebildet sind. Der Stellmotor wird dabei über ein Potentiometer gesteuert, wenn die Temperatur oder der Druck vom Sollwert abweichen. Regelbereich bis 1:5 und 1:8.

Die neueste Entwicklung bewirkt eine stufenlose Gemischregelung mit einem pneumatischen Gas/Luft-Verhältnisdruckregler (Bild 236-214), der wegen der hohen Genauigkeit den Betrieb des Brenners mit einem niedrigen Sicherheits-Luftüberschuß ermöglicht. Hierbei wird der Druck der Verbrennungsluft $p_L$ als Führungsgröße benutzt und der Gasdruck $p_G$ entsprechend dem eingestellten Übersetzungsverhältnis $V$ und der Nullpunktverschiebung $N$ erzeugt. Als Korrekturgröße wird der Feuerraumdruck $p_F$ an den Gas/Luft-Verhältnisdruckregler angeschlossen, so daß im Meßwerk die Größen $p_L - p_F$ und $p_G - p_F$ verarbeitet werden.

*Vorteile:*

Gasmengenregulierung entfällt beim Brenner, kleinere Abmessungen, da Kombination von Gasdruckregler, Stellglied und Mengenregler, ferner größere Sicherheit, da Gasmenge immer der Luftmenge entspricht.

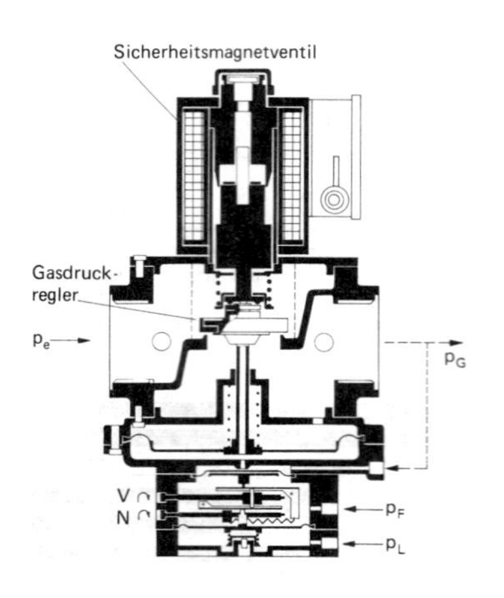


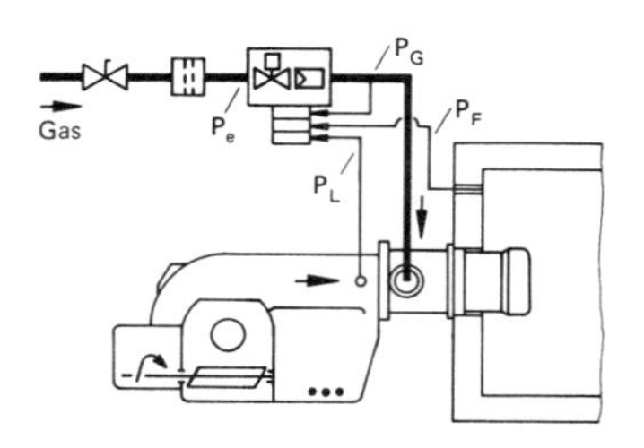


Bild 236-214. Gasmengendosierung durch pneumatischen Verhältnisdruckregler (Kromschröder).

$p_e$ = Gas-Eingangsdruck
$p_G$ = Gas-Ausgangsdruck
$p_L$ = Luftdruck
$p_F$ = Feuerraumdruck

Neueste Systeme der Regelung beruhen auf der *elektronischen* $O_2$-Messung der Abgase. Gas und Luft werden durch 2 elektrische Antriebe so geregelt, daß immer mit dem geringsten Luftüberschuß gefahren wird.

## -98 Gas-Öl-Brenner (Zweistoffbrenner)[2])

Sie sind für wechselweise oder gleichzeitige Verbrennung von Öl und Gas gebaut. Die allgemeine Anordnung entspricht dem normalen Ölbrenner. In der Mitte des Brennkopfes befindet sich die *Öldüse,* ringsherum die *Gasverteilung* mittels einzelner Lanzen oder auf ähnliche Weise. Die verschiedenen Konstruktionen unterscheiden sich hauptsächlich in der unterschiedlichen Ausbildung des Mischkopfes.

[1]) Rolker, J.: Feuerungstechnik 6/85. S. 18/21 und 7/85. S. 13/8 und GWI 1/86. S. 49/58.
[2]) Magenau, P. H.: Oel + Gas 3/75. S. 34.
Fritsch, W. H.: Öl- und Gasfeuerung 8/76. 8 S.
Magenau, P. H.: Öl- und Gasfeuerung 3/77. 3 S.
Beedgen, O.: TAB 11/79. 7 S.

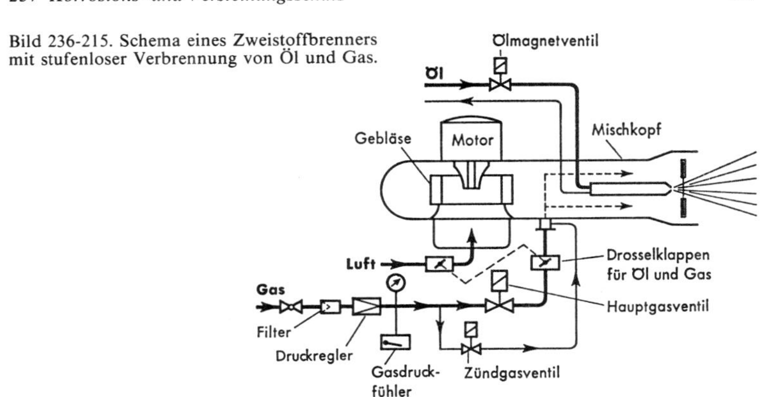


Bild 236-215. Schema eines Zweistoffbrenners mit stufenloser Verbrennung von Öl und Gas.

Der *Programmablauf* erfolgt für beide Feuerungen durch das gleiche Steuergerät mit Flammenüberwachung durch UV-Zellen. Die Umschaltung wird gewöhnlich von Hand vorgenommen, kann jedoch bei großen Anlagen auch automatisch vor sich gehen. Vielfach erfolgt die Umschaltung auch durch *Rundsteueranlagen* der Gasversorgungsunternehmen (GVU), um eine günstige Ausnutzung des Gasnetzes zu erhalten.

Schematische Darstellung eines Zweistoffbrenners für Öl und Gas siehe Bild 236-215. Die Ölzerstäubung erfolgt hier wie bei den Hochdruckölbrennern mittels Düse und Stauscheibe. Bei Umschaltung auf Gasbetrieb schließt das Ölmagnetventil, die Ölpumpe wird mittels Elektromagnetkupplung außer Funktion gesetzt und die Gasventile, das Zündgasventil und die Gasmangelsicherung werden eingeschaltet. Für die Gasverbrennung ist oftmals eine stufenlose Regelung vorgesehen, indem die Gas- und Luftklappen durch einen Stellmotor gemeinsam angetrieben werden.

Anwendung besonders da, wo die Sicherheit der Wärmeversorgung immer gewährleistet sein muß, z. B. in Kraftwerken, Krankenhäusern u. a. Ferner bei evtl. Versorgungsschwierigkeiten (Ölkrise) oder zur Erzielung günstiger Tarife (Winter- und Sommerbezug).

Bisher jedoch mehr für Industriefeuerungen als Heizungsanlagen verwendet, besonders aus wirtschaftlichen Gründen.

Das gleichzeitige Verbrennen von Gas und festen Brennstoffen ist nicht zulässig.

# 237 Korrosions- und Versteinungsschutz

## -1 ALLGEMEINES[1])

Unter *Korrosion* versteht man die Reaktion eines metallischen Werkstoffs mit seiner Umgebung, die eine meßbare Veränderung des Werkstoffs bewirkt und zu einem Korrosionsschaden führen kann. Durch Korrosionsvorgänge entstehen der Volkswirtschaft große Verluste. Es ist ein sehr komplizierter, von vielen Faktoren abhängiger Prozeß, der heute durchaus noch nicht einwandfrei geklärt ist. Genauere Definitionen in DIN 50900.

[1]) VDI-Richtlinie 2035: Korrosion und Steinbildung in Wasserheizungsanlagen (7.79).
Sauermann, D.: HLH 12/74. S. 426/32.
Scharmann, R.: HLH 2/76. S. 53/7.
DIN 50900: Korrosion, Begriffe. T1 (4.82), T2 (1.84), T3 (9.85).
DIN 50930: Korrosion. 12.80. 5 Teile.
Nietz, S.: TAB 5/82. S. 385/95.
Hancke, K.: HLH 6/84. S. 253/8.

*Korrosionsschäden* kann man in zwei Arten einteilen:

1. *Oberflächenkorrosion* (flächiger Angriff der Metalloberfläche)
2. *Lokalkorrosion* (örtlicher, oft punktförmiger Angriff).

Sie machen sich in Rohrleitungen und Apparaten durch Schwächung der Wandungen bzw. durch Lochfraß bemerkbar.

Ursachen der Korrosion sind sehr verschieden, beim Wasser sind es hauptsächlich die darin gelösten Gase wie Sauerstoff und Kohlendioxid (Kohlensäure). Sie sind in erster Linie Auslöser eines flächigen Angriffs. Aber auch die chemische Wasserzusammensetzung ist von Bedeutung, insbesondere der Gehalt des Wassers an gelösten und ungelösten Fremdstoffen (vor allem gelöste Salze). Sie wirken vornehmlich in Richtung der Lokalkorrosion.

Beschleunigt werden alle Korrosionsvorgänge durch höhere Temperaturen und Drücke.

In Kesseln wird Korrosion auch durch Rauchgase und deren wäßrige Niederschläge verursacht, wobei man die *Hoch- und Tieftemperaturkorrosion* unterscheidet.

*Außenkorrosionen* an Rohren treten auf, wenn Gips oder Gipsmörtel zum Verfüllen verwendet wird und dabei Baufeuchte oder Schwitzwasser vorhanden ist.

Auch andere elektrochemische Vorgänge spielen bei der Korrosion eine große Rolle. Bei der Verwendung verschiedener Metalle entsteht bei deren unmittelbarer Verbindung ein sogenanntes *galvanisches Element*, wenn sich die Metalle in einer gelöste Salze enthaltenden Flüssigkeit, einem *Elektrolyten*, befinden. Diese ist elektrisch leitend, und es entsteht ein meßbarer elektrischer Strom.

An der Phasengrenze zwischen Metall und Salzlösung bildet sich eine elektrische *Potentialdifferenz*, deren Größe man durch Vergleich mit einer in die gleiche Lösung tauchenden Vergleichselektrode – der *Wasserstoffelektrode* – mißt. Auf diese Weise erhält man *Normalpotentiale* gemäß Tafel 237-1.

**Tafel 237-1. Elektrochemische Spannungsreihe verschiedener Metalle bei 18 °C und 1 bar Druck**
Normalpotentiale der Elemente in Lösungen ihrer Ionen gegenüber der „Normalwasserstoffelektrode"

| Metall | Chem. Zeichen | Potential in Volt |
|---|---|---|
| Calcium | Ca | −2,76 |
| Magnesium | Mg | −2,35 |
| Aluminium | Al | −1,69 |
| Mangan | Mn | −1,18 |
| Zink | Zn | −0,76 |
| Chrom | Cr | −0,51 |
| Eisen | Fe | −0,44 |
| Cadmium | Cd | −0,40 |
| Nickel | Ni | −0,24 |
| Zinn | Sn | −0,14 |
| Blei | Pb | −0,13 |
| Wasserstoff | $H_2$ | ±0 |
| Kupfer | Cu | +0,52 |
| Silber | Ag | +0,80 |
| Gold | Au | +1,40 |
| Platin | Pt | +1,20 |

Der Strom fließt von der Anode (unedleres Metall) über die Lösung (Wasser, feuchtes Erdreich) zur Kathode (edleres Metall). Korrosion, d. h. Metallauflösung, erfolgt da, wo der Strom von der Anode in die Flüssigkeit eintritt, jedoch nur dann, wenn die Flüssigkeit leitfähig ist. Wegen der unterschiedlichen elektrischen Ausrichtung der geladenen Teilchen gestattet die Tafel nur gewisse qualitative Folgerungen. Abweichungen ergeben sich auch durch die Bildung schützender Oxidschichten. *Korrosionsvorhersagen* nur aufgrund der Spannungsreihe sind nicht möglich.

Weiterer Schaden entsteht in Heizungsanlagen durch *Versteinung* der Heizflächen. Sie ist darauf zurückzuführen, daß sich bei Erwärmung des Wassers an den Wandungen *Wasserstein* abscheidet, der die Querschnitte verengt, den Wärmedurchgang verringert und infolge seiner geringen Wärmeleitzahl *Wärmespannungen* mit nachfolgenden Kesselgliedsprüngen verursacht. Oberhalb 100 °C spricht man von *Kesselstein*. Ursache der Steinbildung sind die Härtebildner des Wassers.

In Wasserheizungen mit ihrem ständig umlaufenden, selten erneuerten Wasserinhalt tritt merklicher Korrosions- und Steinschaden wenig auf, wenn es gelingt, die Sauerstoffzufuhr zu unterbinden, desto mehr dagegen in den Kondensatleitungen von Dampfheizungen, da das Kondensat gierig die Gase Sauerstoff und Kohlendioxid aus der Luft absorbiert, sowie in Warmwassererwärmungsanlagen.

Um die durch Korrosion und Kesselsteinbildung verursachten Schäden zu verringern, gibt es außer baulichen und betrieblichen Maßnahmen die Möglichkeit der *Aufbereitung* des Heizungswassers durch Entgasung, Entsäuerung, Enthärtung sowie durch die Zugabe von Korrosionsinhibitoren. Zur Anwendung geeigneter Maßnahmen ist es auf jeden Fall erforderlich, vorher die Zusammensetzung des Rohwassers zu untersuchen. Der beste Korrosionsschutz besteht in der Verwendung geeigneter Werkstoffe, besonders Kupfer, Kupferbronze, Chromnickelstahl, dieser auch mit Molybdängehalt, wobei jedoch auf andere in der Anlage vorhandenen Werkstoffe zu achten ist.

Für die Durchführung von *Wasseruntersuchungen* siehe „Deutsche Einheitsverfahren zur Wasser-, Abwasser- und Schlammuntersuchung" (DIN 38404 bis 38412).

## -2 WASSERZUSAMMENSETZUNG

Absolut reines Wasser kommt in der Natur nicht vor. Das Rohwasser und das von den Wasserwerken gelieferte Wasser enthält immer eine mehr oder weniger große Menge von gelösten Salzen, von denen die hinsichtlich Korrosion und Versteinung wichtigsten nachstehend aufgeführt sind.

### -21 Salze, im Wasser gelöst

Durchschnittliches Wasser enthält 0,2···0,5 g Salze je l. Sie lassen sich in zwei Gruppen einteilen:

1) *Härtebildner* z. B.
   - Calciumhydrogencarbonat $Ca(HCO_3)_2$
   - Magnesiumhydrogencarbonat $Mg(HCO_3)_2$
   - Calciumsulfat (Gips) $CaSO_4$
   - Calciumchlorid $CaCl_2$
   - Magnesiumchlorid $MgCl_2$
2) *Neutralsalze* z. B.
   - Natriumhydrogencarbonat $NaHCO_3$
   - Natriumchlorid $NaCl$
   - Natriumsulfat $NaSO_4$
   - Natriumsilikat $Na_2SiO_3$
   - Natriumnitrat $NaNO_3$

Der Gehalt an diesen Salzen des Calziums und Magnesiums, deren im Wasser frei gelöste Bestandteile Ionen heißen, bestimmt die *Härte des Wassers* (Härtebildner). Die gelösten Salze liegen alle in dissociierter Form vor. Sie sind gespalten in positiv geladene Teilchen (Kationen) und negativ geladene (Anionen). Die Härte des Wassers ist für Heizungsanlagen von großer Bedeutung. Denn die im Wasser schwer löslichen Stoffe können sowohl im Kessel wie auch in Rohrleitungen und Wärmeaustauschern bei ihrer Ausscheidung großen Schaden anrichten. Schutz dagegen durch Enthärtung.

Es werden unterschieden:

Die *Carbonathärte* (auch vorübergehende oder temporäre Härte genannt). Man versteht darunter denjenigen Anteil an Ca- und Mg-Ionen, der an das Hydrogencarbonat $HCO_3$ gebunden ist. Die Carbonathärte kann verhältnismäßig leicht beseitigt werden. Durch Erwärmung des Wassers zersetzen sich die Hydrogencarbonate (Bicarbonate) nach der Gleichung

$$Ca(HCO_3)_2 = CaCO_3 + CO_2 + H_2O$$

unter Bildung von $CO_2$, wobei die unlöslichen Carbonate als Schlamm oder *Wasserstein* (Carbonatstein) anfallen.

Die *Nichtcarbonathärte* wird von denjenigen Ca- und Mg-Ionen gebildet, die an $SO_4$-, Cl- und $NO_3$-Ionen gebunden sind. Diese Salze, die bei höherer Konzentration korrosiv sind, können durch Erwärmung nicht beseitigt werden. Bei Überschreiten der Löslichkeitsgrenze namentlich bei Anwesenheit von Gips ($CaSO_4$) bildet sich der schädliche *Gipskesselstein*, der sich an stark erwärmten Stellen des Kessels ausscheidet.

*Gesamthärte* ist die Summe der Gehalte an gelösten Calcium- und Magnesiumsalzen. (Neue Bezeichnung: Summe der Erdalkalien.) Sie wird in *Härtegraden* gemessen, wobei ein deutscher Härtegrad (1 °d) einem Gehalt des Wassers von 10 mg Calciumoxid (CaO) entsprechend $10 \cdot 40/56 = 7{,}2$ mg Ca im Liter oder gleichwertigen Mengen entspricht. In anderen Ländern sind andere Einheiten in Gebrauch.

Man benutzt für die Härte auch das Milliäquivalent/l:

1 mval/l = 28 mg CaO/l.

Außer den Erdalkalien enthalten fast alle Wasser auch *Alkalisalze* Na und K. Die Summe der Erdalkali- und Alkalisalze ist der Gesamtsalzgehalt.

| | |
|---|---|
| Weiche Wasser | 0 ··· 8 °d |
| Mittelharte Wasser | 8 ··· 15 °d |
| Harte Wasser | mehr als 15 °d |

Als neues Maß für die Gesamthärte wird die Summe der *Erdalkali-Ionen* in mol/m³ angegeben.

Umrechnung auf deutsche Härtegrade:

$1\ \text{mol/m}^3 = 5{,}6\ °\text{dH}$

Als neues Maß für die Carbonathärte wird die Säurekapazität (SK) bis pH 4,3 angegeben, und zwar in mol/m³.

Umrechnung auf deutsche Härtegrade:

$1\ \text{mol/m}^3 = 2{,}8\ °\text{dKH}$

Bestandteile des Kesselsteins sind in der Hauptsache:

| | | |
|---|---|---|
| Calciumcarbonat | $CaCO_3$ | schwer löslich |
| Magnesiumcarbonat | $MgCO_3$ | schwer löslich |
| Calciumsulfat (Gips) | $CaSO_4$ | hart und schwer löslich |
| Calciumsilicat | $CaSiO_3$ | sehr hart und fast unlöslich |

Steine mit großem Gipsgehalt sind in der Regel fest und dicht, solche mit hauptsächlich Carbonatgehalt weich. Silikatsteine sind besonders hart. Der meiste Wasserstein ist ein Mischwasserstein.

Abgesehen von der Kesselsteinbildung bedingt die Härte des Wassers beim Wäschewaschen auch einen höheren Seifenverbrauch. 1 m³ Wasser von 1 °d macht etwa 160 g gute Kernseife unbrauchbar. In Kesseln verringert Kesselstein den Wärmeübergang und verursacht dadurch örtliche Überhitzung und eventuell Schäden. Härtegrade des Leitungswassers in verschiedenen Städten siehe Tafel 237-5.

**Tafel 237-5. Härtegrade von Leitungswasser in verschiedenen Städten Deutschlands**

| Stadt | °d | mval/l* | Stadt | °d | mval/l* |
|---|---|---|---|---|---|
| Aachen | 10···15 | 3,6··· 5,4 | Hamburg | 8···16 | 2,9··· 5,7 |
| Augsburg | 16 | 5,7 | Hannover | 8···26 | 2,9··· 9,3 |
| Berlin | 12···18 | 4,3··· 6,4 | Kassel | 9···17 | 3,2··· 6,1 |
| Bonn | 16···23 | 5,7··· 8,2 | Köln | 25···28 | 8,9···10,0 |
| Dortmund | 7···18 | 2,5··· 6,4 | München | 14···17 | 5,0··· 6,1 |
| Duisburg | 15···18 | 5,3··· 6,4 | Nürnberg | 6···14 | 2,1··· 5,9 |
| Düsseldorf | 12···34 | 4,3···12,1 | Stuttgart | 9···27 | 3,2··· 9,6 |
| Essen | 8 | 2,9 | Wuppertal | 2···18 | 0,7··· 6,4 |
| Frankfurt a. M. | 5···16 | 1,8··· 5,7 | Würzburg | 24···37 | 8,6···13,2 |

* 1 mval/l = 28 mg CaO/l = 2,8 °d. Siehe auch Abschn. 237-23.

*Meerwasser* hat einen annähernd konstanten Salzgehalt von 35 g/l, wovon etwa 26 g/l Kochsalz sind.

*Dichte*

Auch nach Wasseraufbereitung sind im Wasser noch meist lösbare Salze in Form von Ionen enthalten, die an sich unschädlich sind *(Neutralsalze, Dichtebildner)*, jedoch für manche Zwecke unerwünscht sind, z. B.

| | |
|---|---|
| NaOH (Natronlauge) | NaCl (Kochsalz) |
| $Na_2CO_3$ (Natriumcarbonat, Soda) | $Na_2SO_4$ (Natriumsulfat, Glaubersalz) |
| und andere | |

Bei Überschreitung der Löslichkeitsgrenze bilden die Salze Schlamm. Zur Bestimmung der Salzmenge wird die Dichte des Wassers mittels Aräometer gemessen.

1° Bé (Baumé) ≙ 10 g NaCl/l Wasser.

Übliche zulässige Dichte bei Niederdruckdampfkesseln < 0,7° Bé, bei Hochdruckdampfkesseln < 0,5° Bé. Bei Zunahme der Dichte infolge Nachspeisung Entsalzen erforderlich. Für Hochdruckkessel *Vollentsalzung* des Wassers erforderlich, um Bedingungen für die Bildung einer oxidischen Schutzschicht ($Fe_3O_4$) zu schaffen.

Man kann den Salzgehalt auch durch die *elektrische Leitfähigkeit* der Lösung bestimmen. Einheit ist *Mikro-Siemens* je cm (µS/cm).

Angenähert ist 1 µS/cm ≙ 0,55 mg NaCl/l bei 20 °C.

## -22 Gase

### -221 Kohlensäure ($CO_2$), besser Kohlendioxid genannt,

ist in allen Wässern in freier und gebundener Form enthalten. Sie greift wie alle schwachen Säuren Eisen stärker an als neutrale Lösungen gleicher Ionen-Zusammensetzung, wobei der sogenannte *Rost* entsteht und das Wasser eine rotbraune Färbung annimmt.

Gesamte Kohlensäure

| freie Kohlensäure | | gebundene Kohlensäure | |
|---|---|---|---|
| zugehörige | korrosive | Carbonat $CaCO_3$ | Bicarbonat $Ca(HCO_3)_2$ |

Die *freie Kohlensäure* teilt sich in 2 Teile:

*Zugehörige Kohlensäure*, die erforderlich ist, um die Carbonate des Wassers in Lösung zu halten (Kalk-Kohlensäure-Gleichgewicht) nach der Gleichung:

$$CaCO_3 + CO_2 + H_2O = Ca(HCO_3)_2$$

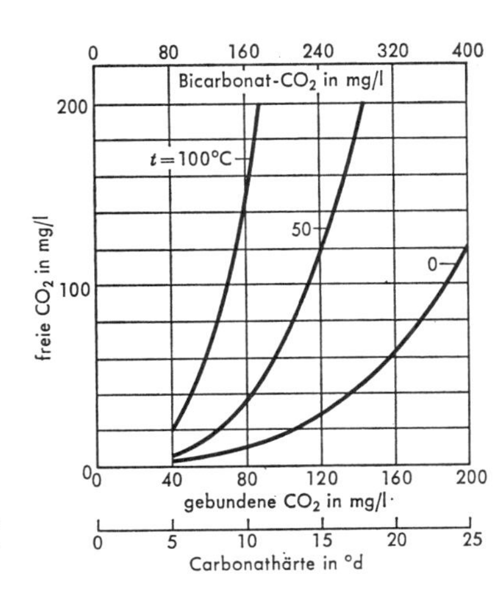


Bild 237-3. Das Kalk-Kohlensäure-Gleichgewicht in Anhängigkeit von der Temperatur (nach Tillmanns).

Zu jeder Carbonathärte gehört eine bestimmte Menge freier zugehöriger Kohlensäure. Gleichgewichtskurven siehe Bild 237-3. Sie sind sehr temperaturabhängig.

Z. B. gehören zum Gleichgewichtszustand eines Wassers von 10 °d Carbonathärte (3,55 mval/l) und 50 °C nach der Kurve 160 mg/l Bicarbonatkohlensäure und 32 mg/l freie zugehörige Kohlensäure. Alle Wässer, die unterhalb der Kurve liegen, sind nicht korrosiv, neigen jedoch zur Ausscheidung von Calciumkarbonat.

Die Stärke der Calciumkarbonat-Ausscheidung, also der *Steinbildung*, ist desto größer, je geringer der Gehalt an freier zugehöriger Kohlensäure ist.

*Korrosive (überschüssige) Kohlensäure* löst Kalk und greift Eisen an, verhindert Rostschutz, muß daher entfernt werden (Entsäuerung). Rotbraunfärbung des Wassers.

$Fe + 2\,H_2CO_3 = Fe(HCO_3)_2 + H_2$
$Fe(HCO_3)_2 + 2\,H_2O = Fe(OH)_2 + 2\,H_2CO_3$

Auch Zink und Kupfer werden angegriffen.

Zum Schutz der Rohrnetze Beseitigung der Überschuß-Kohlensäure bereits in den Wasserwerken durch Auswaschung oder chemische Bindung.

Die *gebundene Kohlensäure* teilt sich ebenfalls auf:

Gebunden an Calziumcarbonat $CaCO_3$.

Gebunden an Calziumbicarbonat, leichtere Bindung, geht durch Erwärmung in Calziumcarbonat über

$Ca(HCO_3)_2 = CaCO_3 + CO_2 + H_2O.$

Das nahezu unlösliche $CaCO_3$ kristallisiert normalerweise als *Kesselstein* aus dem Wasser aus.

### -222 Sauerstoff ($O_2$)

Der im Wasser gelöste Sauerstoff ist neben $CO_2$ die Hauptursache der Korrosion. Er verursacht durch Rostbildung erhebliche Schäden in Heizungs- und Warmwassererwärmungsanlagen. Stahlkessel und Stahlradiatoren besonders gefährdet. Der sich bildende Rost von hell- oder dunkelbrauner Farbe ist je nach den örtlichen Verhältnissen ein Gemisch von Eisenhydroxyden und Eisenoxyden:

$Fe(OH)_2$, $Fe(OH)_3$, $Fe_2O_3$ und $FeO$.

Löslichkeit von Sauerstoff in Wasser siehe Bild 237-4. Bei höheren Drücken stark steigend, Bild 237-5.

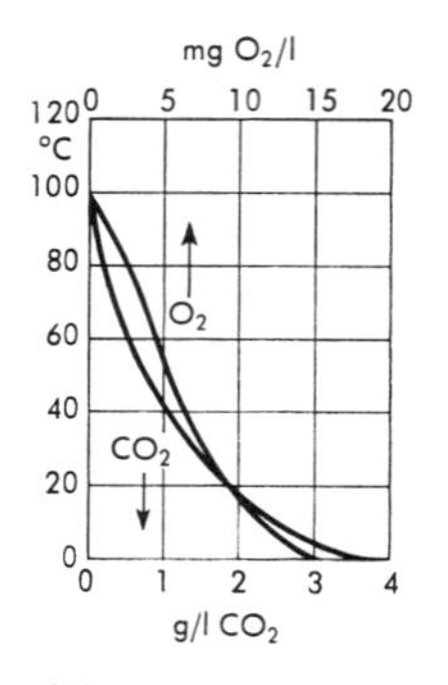


Bild 237-4. Löslichkeit von Sauerstoff und Kohlensäure in Wasser bei atmosphärischem Druck.

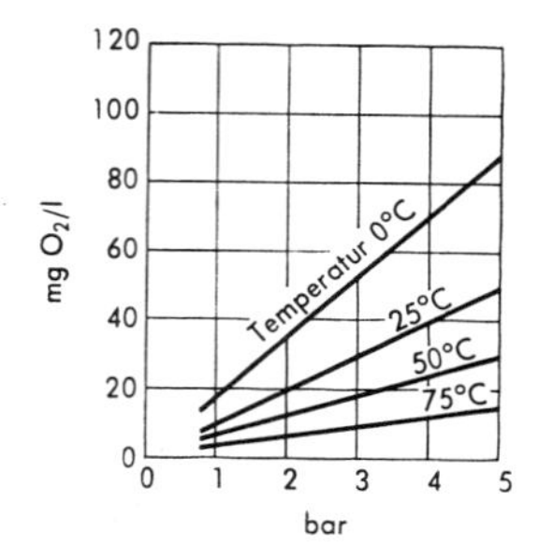


Bild 237-5. Löslichkeit von Sauerstoff in Wasser bei höheren Drücken.

Das Eindringen von Sauerstoff in die Heizungsanlage ist nach Möglichkeit zu verhindern (gleichmäßige Kesseltemperatur, geschlossene Anlagen, richtige Schaltung von Ausdehnungsgefäß und Pumpen, Vermeidung von Luftpolstern). Bei Sauerstoffgehalten $> 0{,}1$ mg/l können bereits Korrosionen auftreten.

## -23 Ionen, pH-Wert, Alkalität

*Ionen*

Bei der Lösung in Wasser gehen Säuren, Basen und Salze (Elektrolyte) nicht als Moleküle, sondern als mehr oder weniger elektrisch geladene Atome oder Atomgruppen, Ionen genannt, in Lösung. Dieser Vorgang heißt Dissoziation.

Positiv geladene Ionen heißen *Kationen* (z.B. Wasserstoff-Ionen $H^+$, Calcium-Ionen $Ca^{++}$), negativ geladene *Anionen* (z.B. Hydroxid-Ionen $OH^-$, Clorid-Ionen $Cl^-$). Die Kationen wandern bei Anlegung einer Gleichstromspannung in der Lösung zur Kathode, die Anionen zur Anode.

*Beispiel:*

$NaCl = Na^+ + Cl^-$
$NaOH = Na^+ + OH^-$

Auch gewöhnliches Leitungswasser ist ein Elektrolyt, weil es immer gelöste Salze enthält. In wäßriger Lösung liegen Metalle und Wasserstoff als Kationen, Säurereste und Hydroxylionen als Anionen vor.

Sind in einer Lösung mehr H-Ionen als OH-Ionen enthalten, ist die Lösung sauer, im umgekehrten Fall alkalisch. Auch reines Wasser ist zum Teil in H-Ionen und OH-Ionen gespalten, und zwar sind bei 18 °C etwa $10^{-7}$ Wasserstoff-Ionen H und ebensoviel Hydroxyl-Ionen OH vorhanden, d.h., in $10^7$ l = 10000 m³ Wasser befindet sich 1 g H-Ionen. Produkt aus H-Ionen und OH-Ionenzahl ist bei konstanter Temperatur konstant. Bei 18 °C ist $H \cdot OH = 10^{-14}$. Durch Zusatz von Säure erhöht sich die für die chemische Wirksamkeit der Lösung maßgebende *H-Ionen-Konzentration*, durch Zusatz von Basen verringert sie sich. (Bild 237-6).

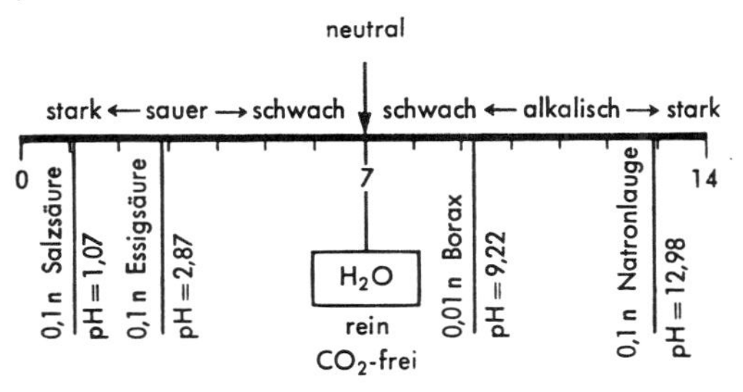


Bild 237-6. pH-Skala.

Als Maß für die H-Ionen-Konzentration und damit für den Säuregrad einer Lösung verwendet man zwecks Vermeidung kleiner Zahlen den negativen Exponenten der Konzentration und bezeichnet ihn mit pH (pondus hydrogenii). Begriffe siehe DIN 19260 (3.71). Für reines Wasser ist pH = 7, für saures Wasser pH < 7, für alkalisches Wasser pH > 7.

Der pH-Wert ist temperaturabhängig:

| °C | 0 | 18 | 50 | 100 | 200 |
|---|---|---|---|---|---|
| pH-Wert | 7,45 | 7,0 | 6,61 | 6,07 | 5,7 |

Bei hohen Temperaturen ist reines Wasser also schwach sauer, Angriffsfähigkeit des Wassers verringert sich bei pH > 7. Größter Korrosionsschutz bei pH-Werten > 10. Der pH-Wert ist auch von der Carbonathärte des Wassers und vom Kohlensäuregehalt abhängig.

*Alkalität*

Die Alkalität eines Wassers wird durch die Anwesenheit von Basen, die die Hydroxidgruppe OH enthalten, sowie von Salzen schwacher Säuren hervorgerufen. In der Hauptsache sind dies:

Calziumhydroxid $Ca(OH)_2$, Natriumhydroxid NaOH
Calziumcarbonat $CaCO_3$, Natriumcarbonat $Na_2CO_3$ (Soda)
Calziumbicarbonat $Ca(HCO_3)_2$, Natriumbicarbonat $NaHCO_3$ usw.

Durch Zusatz dieser Alkalien zum Wasser verringert sich die Zahl der H-Ionen und vergrößert sich die Zahl der OH-Ionen, der pH-Wert wird größer als 7.

Durch die Alkalität wird der Salzgehalt des Wassers vergrößert, so daß sie so gering wie möglich zu halten ist.

Gemessen wird die Alkalität eines Wassers unter Verwendung sogenannter *„Farbindikatoren"*, indem bei der Titration von Wasser so lange Säure zugesetzt wird, bis ein Farbumschlag des Indikators erfolgt. Statt der Bezeichnung Alkalität hat man den Begriff *„Säurekapazität"* eingeführt, wobei 100 $cm^3$ Wasser mit 0,1 n Salzsäure (0,1 Normallösung) titriert werden. Normallösung ist die Lösung, in der die Konzentration des betreffenden Stoffes

$$1 \text{ val/l} = \frac{1 \text{ mol}}{\text{Wertigkeit}}$$ je Liter beträgt. So enthält eine

$$\text{Normallösung HCl:} \quad \frac{1 + 35{,}5}{1} = 36{,}5 \text{ g HCl} \quad \text{je l Lösung}$$

$$\text{Normallösung } H_2SO_4\text{:} \quad \frac{98}{2} = 49 \text{ g } H_2SO_4 \quad \text{je l Lösung}$$

Der $cm^3$-Verbrauch an Salzsäure bis zum Farbumschlag des Indikators Phenolphthalein ergibt *den p-Wert* des Wassers, bei Methylorange *den m-Wert.*

1 $cm^3$ 0,1 n Salzsäure ≙ 1 mval/l (Millival je l)

Der *p*-Wert erfaßt alle Hydroxide und die Hälfte aller Carbonate im Wasser, der *m*-Wert alle Hydroxide, Carbonate und Bicarbonate.

Bei bekannter Zusammensetzung des Wassers läßt sich unter bestimmten Voraussetzungen aus den *p*- und *m*-Werten und deren Verhältnis zueinander die Menge und Art der Salze bestimmen, die die Alkalität verursachen. Sie sind *wichtige Kenngrößen* zur Kontrolle von Enthärtungsanlagen.

Aus dem *m*-Wert eines Wassers wird die Carbonathärte ermittelt:

$1\,°d = 2{,}8 \cdot m$

Unter *Alkalitätszahl AZ* (früher Natronzahl) versteht man den Betrag

AZ = 40 p (40 = Molekulargewicht von NaOH).

Um den gewichtsmäßigen Anteil der Salze im Wasser zu erfahren, sind die *p*- und *m*-Werte mit ihrem Äquivalentgewicht zu multiplizieren.

*1. Beispiel:*

5 mval/l Calziumcarbonat $CaCO_3$ (Äquivalentgewicht 50) entspricht $5 \cdot 50 = 250$ mg/l.

*2. Beispiel:*

In einem Ca-haltigen Wasser wurde gemessen $p = 0{,}5$ mval/l, $m = 3$ mval/l. Nach den hier nicht aufgeführten Formeln betragen die gelösten Mengen

Hydroxide = 0
Ca-Carbonate $2\,p = 2 \cdot 0{,}5 \cdot 50 = 50$ mg/l
Ca-Bicarbonate $(m - 2\,p) = (3 - 2 \cdot 0{,}5) \cdot 81 = 162$ mg/l
Carbonathärte $= 2\,p \cdot 2{,}8 = 2{,}8\,°d$
Bicarbonathärte $= (m - 2\,p) \cdot 2{,}8 = 5{,}6\,°d$
Gesamthärte $= 8{,}4\,°d$
oder $m \cdot 2{,}8 = 3 \cdot 2{,}8 = 8{,}4\,°d$.

### -24 Eisen

ist im Wasser hauptsächlich als Eisenbicarbonat $Fe(HCO_3)_2$ enthalten.

Wird durch Belüftung entfernt. *Geschlossene Enteisenung* mit Kiesfilter und Kompressor. *Offene Enteisenung* durch Wasserzerstäubung mittels Düsen. In beiden Fällen Rückspülung mit Rohwasser.

## -3 RAUCHGAS-KORROSION[1])

*Hochtemperatur-Korrosion* tritt bei Wandtemperaturen über etwa 600 °C ein, wenn sich auf den Heizflächen Asche abgelagert hat. Sie wird verursacht durch oxydierende Einflüsse der heißen Gase (Zunderbildung) und vanadiumhaltige Schlacken, die das Metall angreifen. Bei Temperaturen über etwa 625 °C schmelzen die in der Asche enthaltenen Vanadiumverbindungen und zerstören alle Metalle. Steigerung der Korrosion bei höheren Temperaturen. *Schutzmaßnahmen* sind:

Sauberhalten der Heizflächen,
Verwendung aschearmer Brennstoffe,
korrosionsfestes Material,
Temperaturen < 600 °C,
Additive[2]) wie Dolomit CaO, Magnesit MgO, Siliziumdioxid $SiO_2$, u. a., die die Schlacken neutralisieren. Einbringung mittels Dosiergerät in den Feuerraum.

*Tieftemperatur-Korrosion*

Bei schwefelhaltigem Brennstoff (Steinkohle, Heizöl) verbrennt Schwefel S zu Schwefeldioxid $SO_2$. Teile des $SO_2$ (etwa 1 bis 5%) oxydieren unter bestimmten Voraussetzungen bei hohen Temperaturen weiter zu Schwefeltrioxid $SO_3$, das bei Gegenwart von Wasser in Schwefelsäure $H_2SO_4$ übergeht, bei Unterschreitung des Taupunktes an kalten Flächen kondensiert und Metalle angreift. Es bildet sich Eisensulfat $FeSO_4$, ein hygroskopisches Salz. Der Schwefelsäuretaupunkt ist abhängig vom S-Gehalt des Brennstoffes, $SO_3$-Bildung sowie Güte der Verbrennung, etwa 100···150 °C. Bild 237-7 zeigt den Wassertaupunkt bei verschiedenen Brennstoffen; Bild 237-8 den Säuretaupunkt in Abhängigkeit vom Wassergehalt und $SO_2$-Gehalt der Abgase. Die Oxidation des $SO_2$ zu $SO_3$ ist hier mit 1% angenommen. Bei höherer Oxidation steigt der Taupunkt. Korrosion erfolgt auch durch $SO_2$-haltigen Ruß (Stillstandskorrosion); *Schutzmaßnahmen* sind:

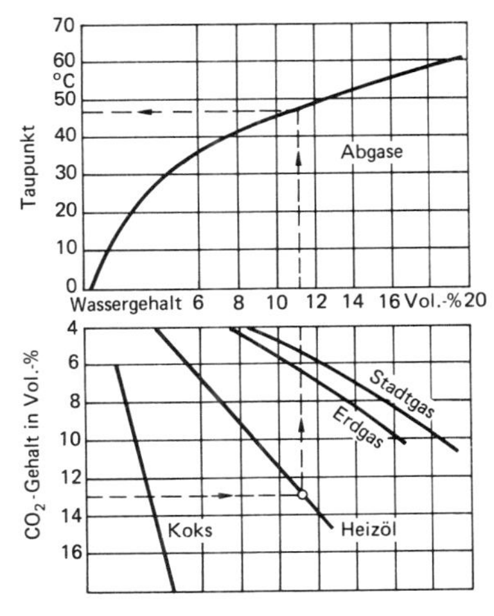


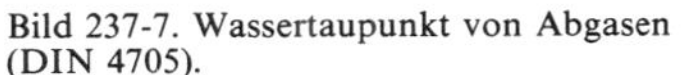

Bild 237-7. Wassertaupunkt von Abgasen (DIN 4705).

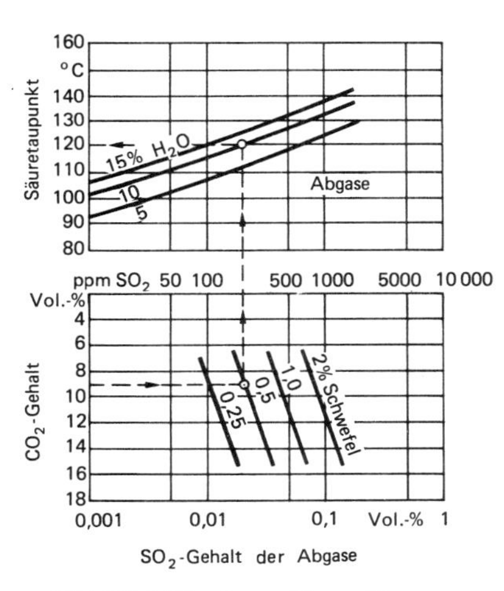


Bild 237-8. Säuretaupunkt von Abgasen (DIN 4705).

---

[1]) Frotscher, H.: HR 8/76. 6 S. – Pasko, M.: HR 2/76. S. 50/3.
[2]) Hansen, W.: Öl + Gasfg. 10/77. 2 S.
Reynolds, Th., u. J.-D. Meurer: FT 5/85 u. 6/85.
Reynolds, Th., u. W. Wickek: FT 10/85. S. 30/3.
Heinemann, W.: Wärmetechnik 3/86. S. 113 ff.

genügend hohe Abgastemperaturen, > 160 °C, keine Falschluft;

Erhöhung der Wandtemperatur durch betriebliche und konstruktive Maßnahmen (Rücklaufbeimischung mittels Beimischpumpe, Metallrippen auf der Heizgasseite, häufige Kesselreinigung u. a.), korrosionsbeständige Baustoffe, Schornsteinisolierung;

geringer Luftüberschuß, gute Flammenbildung durch geeignete Brenner;

Zusatz von *Additiven* wie Ammoniak $NH_3$, Dolomit $[CaMg(CO_3)_2]$, Siliziumdioxid $SiO_2$, Magnesiumoxid u. a. Stoffen, die das $SO_2$ binden und die Schwefelsäurebildung verhindern. Vorgang für $NH_3$-Zusatz (etwa 0,02%) bei etwa 250 °C:
$2\,NH_3 + H_2O + SO_3 = (NH_4)\,SO_4$ (Ammoniumsulfat). Es empfiehlt sich, nur objektiv geprüfte Mittel zu verwenden.

Bei *Erdgas* meist keine Säurekondensation, da Schwefelgehalt gering. Deshalb für *Brennwertkessel* besser als Heizöl geeignet.

*Stillstandskorrosion*

Die im Kessel vorhandenen Restgase kühlen sich ab, wobei sich korrosives Kondenswasser bildet. Bei häufigem Abstellen der Anlage sind Schäden möglich.

## -4 ENTGASUNG UND ENTSÄUERUNG DES WASSERS

(Entfernung von $O_2$ und $CO_2$)

### -41 Chemische Entgasung

*Natriumsulfit* bindet den Sauerstoff nach der Gleichung $2\,Na_2SO_3 + O_2 = 2\,Na_2SO_4$, wobei im Wasser geringe Mengen Glaubersalze entstehen (Alkalisierung). Vorgang verläuft mit geringer Geschwindigkeit, nicht dampfflüchtig. Verwendung namentlich bei Dampferzeugern und Heizungsanlagen. Bei Heizungsanlagen in Verbindung mit Phosphatzusatz verwendet, der die Steinbildung verhindert. Zusatzmenge: 10 g je $m^3$ und mg $O_2$ im Liter. Üblicher Gehalt des Umlaufwassers 5···20 g/$m^3$. Beispiel einer automatischen Dosiervorrichtung siehe Bild 237-10.

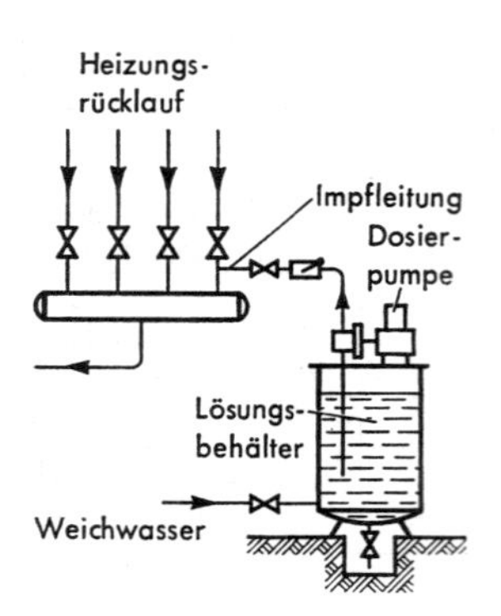


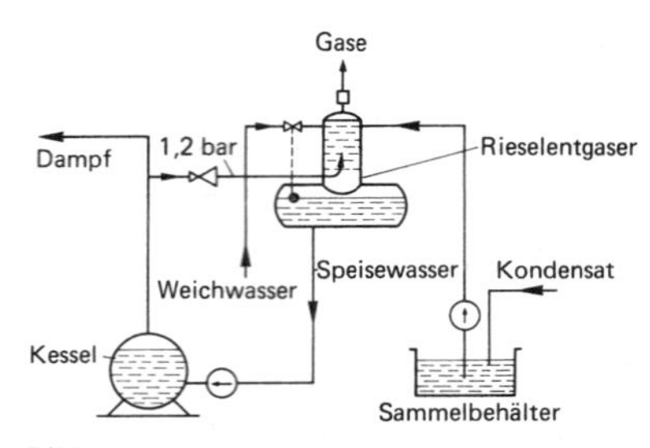


Bild 237-14. Rieselentgaser.

Bild 237-10. Schema einer Dosierungspumpenanlage für eine Heizung.

Außer Sulfit auch *Levoxin* (früher *Hydrazin* von Bayer-Leverkusen) in Form von Hydrazin-Hydrat in Gebrauch: $N_2H_4 \cdot H_2O + O_2 = 3\,H_2O + N_2$. Das Hydrat kommt als 24%ige Lösung mit einem Gehalt von 15% $N_2H_4$ in den Handel. Dampfflüchtig, ätzend, nicht für Genußzwecke und andere Zwecke, wo mit Wasser behandelte Gegenstände von Menschen berührt werden können. Keine Salzbildung. Erstmaliger Zusatz ≈ 100 $cm^3/m^3$ Heizungswasser. Impfung direkt im Heizungskreislauf oder in Frischwasserspeiseleitung. Üblicher Überschuß in Heizungswasser 2···5 g $N_2H_4/m^3$, bei Wasser über 100 °C weniger, etwa 0,5···1,0 g/$m^3$. Bei großem Überschuß Umsetzung in Ammoniak $NH_3$ und damit Alkalisierung des Wassers sowie Korrosionsgefahr für Buntmetalle.

### -42 Thermische Entgasung

wird bei Dampfkesseln zur restlosen Entfernung von Sauerstoff und Kohlensäure angewendet. Das Verfahren beruht darauf, daß mit steigender Temperatur die Löslichkeit der Gase im Wasser stark abnimmt. Daher Erwärmung des Wassers in dampfbeheizten Entgasern meist auf den Speisewasserbehältern nach der Enthärtungs- bzw. Entsalzungsanlage. Gebräuchlichste Bauart ist der Rieselentgaser, bei dem Wasser und Kondensat bei einem Überdruck von 0,2 bar und einer Temperatur von ca. 102 °C über *Kaskaden* entgegen der Dampfströmung herunterrieseln, wobei die Gase ausgetrieben werden. Der für das Entgasen benötigte Dampf wird meist dem Dampfdruck über ein Reduzierventil entnommen.

### -43 Entfernung der korrosiven $CO_2$

ist im allgemeinen Aufgabe der Wasserwerke. Sie erfolgt:

1. durch *Rieselung* an der Luft, Restgehalt 5···10 mg/l
2. durch Zusatz von *Ätzkalk* (oder Ätznatron)

   $Ca(OH)_2 + 2\ CO_2 = Ca(HCO_3)_2$

   dabei Härtezunahme durch Bildung von Kalziumcarbonat, billigstes Verfahren, jedoch nicht gebräuchlich.
3. durch Filterung über *Dolomit*.
   Filter enthalten in einem Behälter gebrannten Dolomit, eine Mischung von $CaCO_3$, MgO u. a., die die Kohlensäure des Wassers chemisch bindet. Dadurch Ausbildung einer Schutzschicht auf der Rohroberfläche. Verwendung in Wasserwerken und Industrie-Anlagen, auch in Warmwasserversorgungen; in Dampfheizungen bisher wenig Erfahrungen. Filtermasse 200···250 kg/m³ Wasser.
4. in *Heizungsanlagen* zur Alkalisierung Zugabe von Natronlauge oder Trinatriumphosphat:

   $Na_3PO_4 + H_2O \rightarrow Na_2HPO_4 + NaOH$
   $2\ NaOH + CO_2 \rightarrow Na_2CO_3 + H_2O$.

## -5 ENTHÄRTUNG DES WASSERS[1])

Unter Enthärtung eines Wassers versteht man die Entfernung des Ca und Mg oder Ersatz der Ca- und Mg-Ionen durch andere, z. B. Na-Ionen.

Man unterscheidet die *Fällverfahren,* bei denen die Härtebildner in unlösliche Verbindungen überführt werden, als Schlamm ausfallen, und die *Austauschverfahren,* bei denen die Härtebildner gegen unschädliche Verbindungen ausgetauscht werden und die heute am meisten verwendet werden.

### -51 Kalk-Soda-Verfahren

Heute nicht mehr gebräuchlich.

### -52 Phosphatverfahren

Dem Wasser wird mittels Dosiervorrichtung *Trinatriumphosphat* ($Na_3PO_4$) zugesetzt, das die Härtebildner als wasserunlöslichen Calzium- und Magnesiumphosphatschlamm abscheidet *(Fällungsphosphat):*

$2\ (Na_3PO_4) + 3\ (CaCO_3) = Ca_3(PO_4)_2 + 3\ (Na_2CO_3)$

Schlamm muß von Zeit zu Zeit entfernt werden.

Enthärtung des Wassers bis auf nahezu 0 °d möglich. Je m³ Kesselwasser und je 1 °d etwa 20 bis 40 g Trinatriumphosphat (18···20% $P_2O_4$) erforderlich.

Eine andere Gruppe von Phosphaten (Meta- und Polyphosphate) hat die Eigenschaft, die Ausfällung der Härtebildner zu verzögern, so daß die Kesselsteinbildung statt bei 60 °C erst bei 75 °C beginnt. Man nennt sie daher *härtestabilisierende Phosphate.* Härtebildner bleiben im Wasser, keine Enthärtung. Heute nur noch wenig angewandt.

---

[1]) Thummernicht, W.: TAB 1/81. S. 57/9.

## -53 Austauschverfahren

Bei diesem Verfahren werden sogenannte *Ionen-Austauscher* verwendet. Es sind in Wasser unlösliche Kunstharze auf Polystyrolbasis mit gebundenen Ionen, dadurch gekennzeichnet, daß diese gegen andere in der Flüssigkeit gelöste Ionen ausgetauscht werden können. Einfachstes und heute fast ausschließlich zur Wasserenthärtung verwendetes Verfahren.

*Kationenaustauscher* enthalten Kationen, wie Na, H. Ein z. B. mit Natriumionen beladener Austauscher tauscht die Natriumionen gegen die im Wasser vorhandenen Calciumionen aus (Natriumaustauscher).

*Anionen-Austauscher* enthaltenen Anionen, wie $OH^-$, die gegen andere Anionen des Wassers ausgetauscht werden.

Damit können praktisch alle im Wasser vorkommenden Kationen und Anionen entfernt werden.

Handelsnamen sind *Permutit, Lewatit, Duolite* u. a.

### -531 Natrium-Austauscher (Basen-Austaucher) (Bild 237-16)

Alle im Wasser enthaltenen Ca-Ionen und Mg-Ionen werden gegen Natrium-Ionen ausgetauscht:

$$CaSO_4 + Na\text{-}A = Ca\text{-}A + Na_2SO_4$$
$$Ca(HCO_3)_2 + Na\text{-}A = Ca\text{-}A + 2\ NaHCO_3.$$

Im gereinigten Wasser sind also Natriumsulfat und auch Natriumbicarbonat enthalten. Letzteres bildet sich beim Erhitzen in $CO_2$ und Soda ($Na_2CO_3$) um. Der Salzgehalt des Wassers ist nach dem Durchgang durch den Austauscher so groß wie im Rohwasser, jedoch sind die Salze löslich *(Neutralsalze)*. Bei gleichzeitiger Anwesenheit von *Chloridionen* ist das Wasser wesentlich korrosiver. Übliches Verfahren bei Warmwasser- und Heißwasserkesseln.

Beim Erwärmen des Wassers erhöht sich durch Zerfall des Sodas die Alkalität, daher Verfahren nicht geeignet für Hochdruckdampfkessel (Schäumen und Spucken). Durch das Fehlen der Kalksalze bildet sich keine Schutzschicht mehr aus, außerdem wird durch Entfernen der Ca-Ionen die gesamte zugehörige $CO_2$ frei. Korrosionsgefahr! Daher gibt man zur Abbindung der $CO_2$ und evtl. Restenthärtung durch automatische Dosierpumpen Trinatriumphosphat zu:

$$Na_3PO_4 + H_2O = Na_2HPO_4 + NaOH$$
$$2\ NaOH + CO_2 = Na_2CO_3 + H_2O.$$

Nach Erschöpfung des Austauschers *Regenerierung* durch Kochsalz:

$$2\ NaCl + Ca\text{-}A = Na_2\text{-}A + CaCl_2.$$

Austauschprozeß verläuft also umgekehrt. $CaCl_2$ wird durch Spülung entfernt. Anlagen werden auch halb- oder vollautomatisch ausgeführt, wobei die Regenerierung über Schaltuhren gesteuert wird. Salzverbrauch ca. 50 g je m³ und °d.

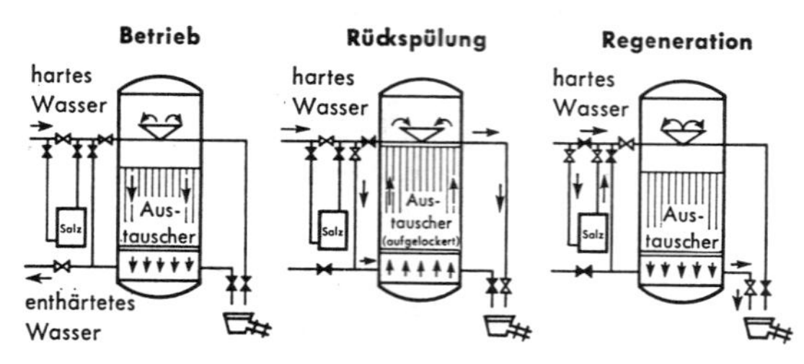


Bild 237-16. Prinzip der Enthärtung durch Natrium-Austauscher.

### -532 Wasserstoffaustauscher

Sie dienen zur Entfernung der als Carbonathärte vorliegenden Ca- und Mg-Ionen, wobei die gesamte Carbonathärte in Wasser und gasförmiges Kohlendioxyd umgewandelt wird *(Entcarbonisierung)*. Im übrigen ist der Aufbau gleich dem der Na-Austauscher. Verwendung besonders bei Carbonathärten > 6 °d:

$$Ca(HCO_3)_2 + H_2\text{-}A = Ca\text{-}A + 2\,H_2O + 2\,CO_2.$$

Wasserstoff-Ion ist also gegen Ca-Ion ausgetauscht. Nichtcarbonathärte bleibt im Wasser, z. B. $CaSO_4$ u. a. Wasser wegen Gehalts an $CO_2$ korrosiv, geringer *p*H-Wert (< 4). Zugabe von Laugen, z. B. Natronlauge, Regenerierung durch Salz- oder Schwefelsäure.

Regenerierung wie vor.

**-533 Natrium-Wasserstoff-Austauscher**

Dabei werden beide Austauscher parallel oder hintereinander geschaltet (Bild 237-18). Im Wasserstoff-Austauscher Entcarbonisierung, im Natrium-Austauscher Restenthärtung. Geringer Säureverbrauch für Regenerierung.

$$Ca(HCO_3)_2 + H_2\text{-}A = Ca\text{-}A + 2\,H_2O + 2\,CO_2$$
$$CaSO_4 + Na\text{-}A = Na_2SO_4 + Ca\text{-}A.$$

Carbonathärte wird in $CO_2$ überführt, Nichtcarbonathärte in entsprechende Na-Salze. Der Salzgehalt des Wassers wird um den Anteil der Carbonathärte vermindert. Es können auch beide Filter in einem gemeinsamen Behälter untergebracht werden *(Mischbettfilter)*, wenn das Wasser in seiner Zusammensetzung konstant bleibt.

Regenerierung zuerst mit Säure, dann mit Salz.

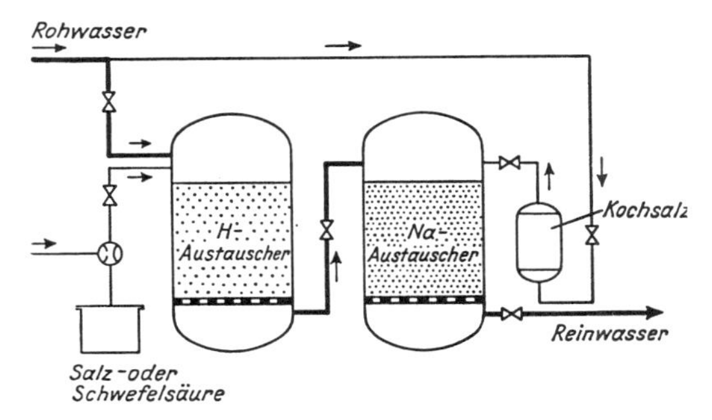


Bild 237-18. Enthärtung durch Wasserstoff-Austauscher mit nachgeschaltetem Natrium-Austauscher.

**-534 Vollentsalzung[1])**

ist möglich durch Kombination von H- und OH-Austauschern (Kationen- und Anionenaustauschern). In den H-Austauschern werden die Kationen (Ca, Mg), in den OH-Austauschern die Anionen (Cl, $SO_4$) an die Harze angelagert. Dadurch also Entfernung der Chloride und Sulfate bis auf etwa 1 mg/l. Nur Kieselsäure bleibt.

$$H_2SO_4 + (OH)\text{-}A = SO_4\text{-}A + H_2O$$
$$HCl + (OH)\text{-}A = Cl\text{-}A + H_2O.$$

Regenerierung durch Säure und Soda-Lösung (oder Ätznatron-Lösung). Verwendung z. B. bei Fernheizanlagen. Wasser sehr salzarm, jedoch in Verbindung mit Sauerstoff korrosiv, so daß sorgfältige Überwachung erforderlich ist. Nachbehandlung durch Natronlauge u. a., um pH-Werte von 9 ··· 10 zu erhalten.

Durch *Spezial-Austauscherharze* auch Kieselsäure entfernbar.

Für kleine und auch große Leistungen gibt es halb- und vollautomatische *Vollentsalzungsanlagen*, die nur Anschluß an die Wasserleitung und elektrischen Strom benötigen. Verwendung z. B. für Luftwäscher, wenn auf die Reinheit der Luft großer Wert gelegt wird.

---

[1]) Boeckle, A.: TAB 3/78. S. 229/33.

**-535 Entkalkungsgeräte**

Zum Entkalken von Brauchwasserbatterien, Speichern usw. gibt es *transportable Geräte,* die mittels Pumpe und Schläuchen geeignete Lösungsmittel (verdünnte Salzsäure u.a.) durch die zu entkalkenden Behälter fördern. Schutzvorschriften beachten.

## -6 KESSELSTEIN-GEGENMITTEL[1])

### -61 Auflösung des Kesselsteins mit inhibierten Säuren.

Um wirtschaftliche Betriebsverhältnisse wieder herzustellen, bietet sich eine chemische Reinigung des Systems an. Zur Reinigung der Oberflächen von Härteablagerungen und Korrosionsprodukten werden inhibierte Säuren eingesetzt. Eine solche Reinigungschemikalie sollte folgende Eigenschaften haben:

- kein wesentlicher Angriff auf die installierten Materialien
- gutes Lösevermögen der Ablagerungen
- geringe Schaumneigung
- Dispergierwirkung auf ungelöste Ablagerungen
- geringe Toxität
- gute Hautverträglichkeit
- einfach in der Handhabung.

Diese Spezial-Chemikalien zur Entkalkung und Entrostung von wasserführenden Systemen aller Art enthalten je nach Einsatzbereich *Korrosionsschutzzusätze* für Eisen, Stahl, Kupfer, Kupferlegierungen, Aluminium und Zink.

Fetthaltige Bestandteile werden emulgiert und unlösliche Schmutzteilchen dispergiert. Vorhandene Beläge werden unterwandert und lösen sich vom metallischen Untergrund. Dieser Effekt führt zu einer schnellen und kostengünstigen Entfernung der Ablagerungen.

Listen der geprüften Entkalkungsmittel werden von den Technischen Überwachungsvereinen geführt.

(z.B. acitol, efetin, antilith)

### -62 Verhinderung von Kesselsteinbildung

(Härtestabilisierung)

Neben den bereits geschilderten Aufbereitungsverfahren zur Enthärtung des Wassers (Abschn. 237-5) wird auch die Stabilisierung der Wasserhärte durch die Impfung mit Chemikalien praktiziert. Bei diesem Verfahren werden sogenannte *Härtestabilisatoren* dem Wasser zugegeben, hauptsächlich *Polyphosphate,* die unter zahlreichen Handelsnamen erhältlich sind wie Mikrophos, Quantophos, Aquaphos, Siliphos, Berkophos u.a. Anwendung namentlich bei *Brauchwasserversorgungen,* weniger bei Heizungsanlagen, da bei langer Verweilzeit die Wirkung nachläßt. Wichtig ist die richtige Dosierung des Zusatzes. Obere Grenze für Trinkwasser 5 mg $P_2O_5$/l. Hygienisch unschädlich.

Diese Härtestabilisatoren arbeiten schon bei der Zugabe von wenigen g/m³ Wasser (Threshold-Effekt). Sie verhindern die Ausbildung und das Wachsen der Kalk-Kristalle und damit den Aufbau von festen Kalk-Belägen.

Im Gegensatz zu den im Brauchwasserbereich üblichen Polyphosphaten werden heute im Heizungsbereich Härtestabilisatoren eingesetzt, die Temperaturen bis 250 °C standhalten (Varidos u.a.)

## -7 KORROSIONSSCHUTZ UND INHIBITOREN[2])

Im Gegensatz zu offenen Kühlsystemen, wo die Problemstellung Korrosion, Ablagerungen und mikrobiologisches Wachstum eine Rolle spielen, ist bei geschlossenen Systemen der Korrosionsschutz die Hauptaufgabe.

---

[1]) Scharmann, R.: KKT 7/81. S. 264/6.
[2]) Scharmann, R.: TAB 6/83. S. 483/5.
Kruse, C.-L.: SBZ 19/85. S. 1202ff.

Anders als bei offenen Systemen, bei denen der ständige Wasserverlust durch Verdunstung eine ständige Nachspeisung von Frischwasser und damit eine ständige Zufuhr von Salzen bzw. Härtebildnern hervorruft, handelt es sich bei geschlossenen Systemen praktisch um eine einmalige Wasserzusatzmenge.

Eventuell ausfallende Härtebildner können daher mangels Masse keine wachsenden Beläge ausbilden. Trotzdem sollte auf einen Härtestabilisator bei der chemischen Wassernachbehandlung zum Korrosionsschutz nicht verzichtet werden, da in der Praxis ein echt geschlossenes System ohne jede Nachspeisewassermenge kaum existiert.

Wie bereits eingangs erwähnt, bestehen in geschlossenen Systemen keine Möglichkeiten, die gebildeten Korrosionsprodukte durch Abschlämmen zu entfernen. Es besteht hier die Gefahr, daß durch die Anhäufung von Korrosionsprodukten im System Ventile und Leitungen verstopfen und daß unter diesen Ablagerungen Lochkorrosion auftritt.

Gerade bei geschlossenen Wassersystemen ist es daher notwendig, Korrosionsvorgänge weitgehend zu verhindern. Besondere Bedeutung hat diese Frage bei Fußbodenheizungen mit Kunststoffrohren, da diese Rohre für Sauerstoff durchlässig sind. Zum Schutz gegen Korrosionen und Verschlammungen werden *Inhibitoren* und Inhibitorgemische verwendet, die Deckschichten bilden und so Korrosionen verhindern. Sie sind meist auf der Basis von Phosphaten aufgebaut. Diese Korrosionsinhibitoren müssen jedoch vor Einsatz sorgfältig geprüft werden[1]).

Für die Zugabe der Chemikalien gibt es drei verschiedene Arten von Dosiereinrichtungen:

1. *Dosierschleusen*. Dabei wird das gesamte Speisewasser durch einen Behälter geleitet, in dem sich die stückigen Chemikalien befinden (Bild 237-20a).
2. *Dosiergeräte mit Stauscheibe*. Hier wird durch Injektionswirkung nur ein feiner Teilstrom des Wassers durch den Dosierbehälter geleitet. Genauer als Dosierschleusen, aber auch empfindlicher, daher Schutzfilter vorschalten (Bild 237-20b).
3. *Dosierpumpen*. Besondere durchflußproportional gesteuerte Pumpen fördern die gelösten Chemikalien in den Wasserkreislauf. Bei Wasserdurchfluß wird durch eine geeignete Vorrichtung die Dosierpumpe in möglichst kurzen Abständen eingeschaltet. Bestes Verfahren (Bild 237-20c).

Alle Dosiergeräte sollten durch einen Kundendienst regelmäßig gewartet werden.

Ansicht eines Feindosierapparates für die Zugabe von Polyphosphaten und Gemischen siehe Bild 237-22.

Eine vollständige Aufbereitungsanlage für Rohwasser ist in Bild 237-25 dargestellt.

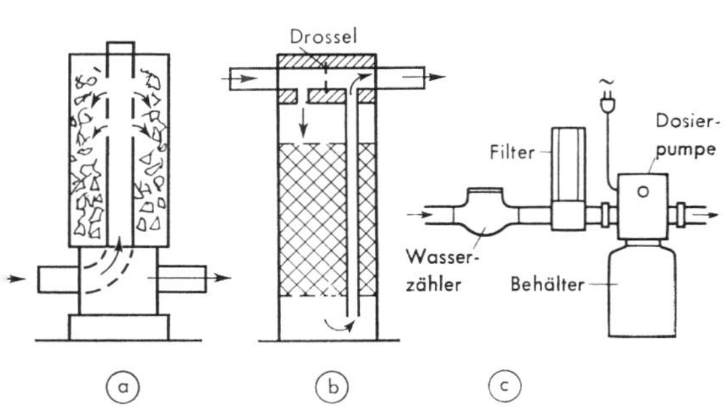


Bild 237-20. Verschiedene Dosiereinrichtungen.

a) Dosierschleuse, b) Dosiergerät mit Drossel, c) Dosiergerät mit Pumpe und vorgeschaltetem Filter

Bild 237-22. Feindosiergerät zur Phosphat-Impfung (Bewados E) von Benckiser Wassertechnik (Schnisheim).

[1]) SHT-Diskussion SHT 6/83. S. 526/36.

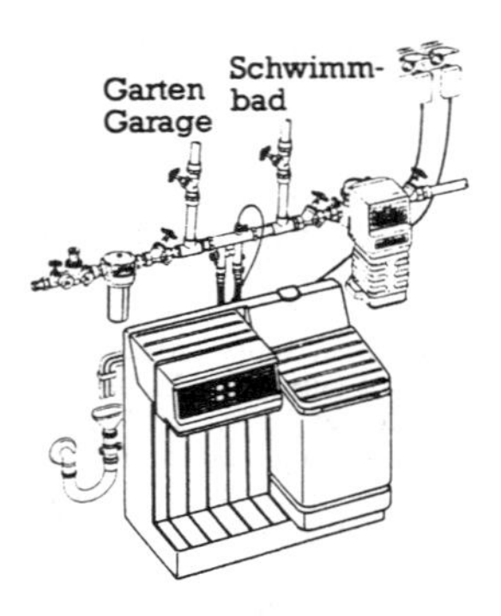


Bild 237-25. Einbaubeispiel Wasseraufbereiter mit Enthärtung und Dosiereinrichtung (Grünbeck).

## -8 ELEKTROCHEMISCHE UND ANDERE VERFAHREN

Da Korrosionsvorgänge überwiegend auf elektro-chemische Vorgänge zurückzuführen sind, besteht die Möglichkeit, die Korrosionsströme durch entgegengesetzt gerichtete Ströme zu neutralisieren. Die Auflösung des Metalls in feuchter Umgebung wird dadurch erklärt, daß Metallionen aus der Oberfläche (Anode) austreten, wobei ein elektrischer Gleichstrom entsteht. Die Aufgabe des elektrischen Schutzverfahrens besteht dann darin, diesen Strom zu verhindern und die Metalloberfläche durch den Eintritt von Gleichstrom zur Kathode zu machen, aus der sich das Metall nicht lösen kann. Der Schutzstrom kann durch ein sich selbst verzehrendes galvanisches Element, z. B. Stahl-Magnesium, oder auch eine Fremdstromquelle erzeugt werden. Man nennt dieses Verfahren *„kathodischen Korrosionsschutz"*, der sich unter gewissen Bedingungen durchaus bewährt hat. Das Wasser muß dabei natürlich eine gewisse Leitfähigkeit besitzen.

### -81 Galvanische Anoden

Bei diesem Verfahren wird der kathodische Schutzstrom erzeugt, indem man einen Stab aus Magnesium oder Zink in dem zu schützenden Metall elektrisch leitend verbindet. Voraussetzung ist allerdings, daß in dem System Magnesium oder Zink ein unedleres Potential haben als das zu schützende Metall (Eisen z. B.). Die Anode löst sich allmählich auf *(Opferanode)* und muß nach einer gewissen Zeit ersetzt werden. Auf dem Eisen bildet sich eine dünne Ca-Mg-Schutzschicht. Verwendung besonders in Brauchwasserbereitern (Bild 421-12, 423-3, 432-9), aber auch sonst zum Schutz von Rohrleitungen, Tanks usw. im Erdreich.

### -82 Fremdstrom-Anoden

Hierbei wird ein Metallstab im Innern der zu schützenden Anlage mit Pluspol einer Gleichstromquelle verbunden, Behälterwandung (Gegenelektrode) mit dem Minuspol. Größe des Schutzstroms abhängig von Oberflächengröße und Leitfähigkeit der Flüssigkeit. Stromdichte ca. 200···400 mA/m². Strom fließt von Anode zur Metalloberfläche (Kathode). Spannung 10···15 V Gleichstrom. Beispiel Bild 237-29. Bekannte Ausführung: *Guldager-Verfahren.*

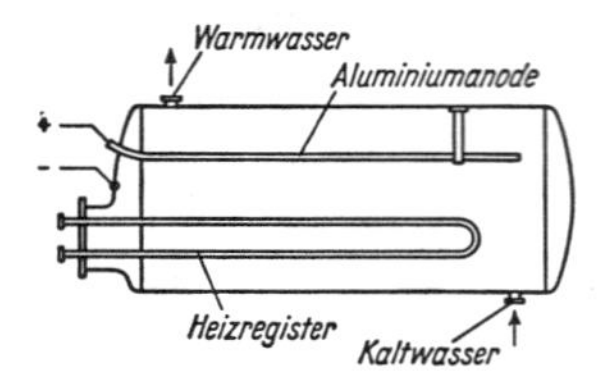


Bild 237-29. Kathodisch geschützter Warmwasserbereiter.

### -83 Magnetverfahren

Die Härtebildner sollen beim Durchgang durch ein magnetisches Feld, das durch einen Permanentmagneten erzeugt wird, so beeinflußt werden, daß sie beim Erwärmen im Kessel nicht auskristallisieren, sondern als Schlamm anfallen. Zahlreiche Untersuchungen haben jedoch ergeben, daß diese sog. „physikalischen Verfahren" keine Wirkung haben.

## -9 ANSTRICHE UND ÜBERZÜGE

*Farbanstriche und Lackierungen* haben in der Regel folgende Bestandteile:

Pigmente als Farbträger, z. B. Bleiweiß, Ocker, Aluminiumpulver;

Bindemittel für die Pigmente wie Kalk, Leinöl, Terpentinöl, Natur- und Kunstharzlacke, Nitrozellulose;

Lösungs- und Verdünnungsmittel wie Benzin, Alkohol;

Zusatzstoffe wie Trockenmittel, Weichmacher.

Die Anstriche müssen, wenn sie längere Zeit gegen Korrosion schützen sollen, sorgsam vorgenommen werden. In der Regel nach mechanischer oder chemischer Reinigung der Oberflächen zunächst Grundanstrich, z. B. Bleimennige $Pb_3O_4$ mit Öl, Washprimer, Kaltverzinkung u. a. Danach mehrere Lagen von Deckanstrichen. Regelmäßige Erneuerung.

Für hohe Ansprüche Nitrozelluloselacke oder Kunstharzeinbrennlacke (130···150 °C), gegen Säuredämpfe Chlorkautschuklack.

*Galvanische Metallüberzüge.* Gegenstände werden in wässerige Metallsalzlösungen eingetaucht und überziehen sich bei deren Elektrolyse mit fest haftenden Filmen aus Metall. Man kann galvanisch verzinken, verkupfern, verbleien, verchromen, kadmieren u. a. Vorheriges Entfetten und Beizen erforderlich.

*Metallspritzen.* Bei hohen Temperaturen werden mittels Druckluft Metalle wie Zink, Blei u. a. aufgespritzt. Nicht unbedingt porenfrei.

*Emaillierung.* Glasartiger Überzug, bei ca. 900 °C eingebrannt; gut, aber schwierig herzustellen, teuer; empfindlich gegen Stoß und Wärmespannungen.

*Feuerverzinkung* in Zinkbad, weit verbreitetes Verfahren; wichtig besonders für Bleche und Rohre. Bei alkalischem Wasser kein unbedingter Schutz, ebenso bei Temperaturen über 60 °C. Ähnlich ist die Tauchverzinnung und Tauchverbleiung.

*Eloxal-Verfahren* (elektrisch oxydiertes Al) bildet durch Oxydation eine Schutzschicht; farbig herstellbar.

*Plattierung.* Auf Grundmetall wird Überzugsmetall, z. B. Kupfer, aufgepreßt oder aufgewalzt.

*Kunststoffschutzschichten,* z. B. PVC, werden im Heißspritzverfahren aufgetragen, besonders zum Schutz gegen Säureangriffe. Auch Anstriche auf PVC-Basis. VDI-Richtlinie 2532 (1.78) beachten. Ähnlich ist Gummierung.

## -10 WASSERAUFBEREITUNG BEI ZENTRALHEIZUNGEN

Die Wasserbehandlung soll Steinbildung und Korrosion verhindern, wofür es jedoch kein allgemein gültiges Rezept gibt. Die Methoden werden durch viele Faktoren beeinflußt, u. a. Temperatur, Bauart der Kessel, Werkstoffe, Betriebsweise u. a. Kein edleres Metall (z. B. Kupfer) in Strömungsrichtung vor unedleren Metallen (z. B. Zink). In schwierigen Fragen sollte immer eine Fachfirma für Wasseraufbereitung befragt werden.

**Warmwasserheizungen**[1])

Wichtigste Regel: Zutritt von Luft (Sauerstoff) durch richtige Planung und Installation verhindern. Offene Anlagen möglichst mit nur einer Sicherheitsleitung. Geschlossene

---

[1]) Mackensen, E.: IKZ 2/77. 8 S.
Wenzel, W.: IKZ 19/77. 6 S. und Ki 2/81. S. 69/72.
VDI 2035 – 7.79. Verhütung von Schäden durch Korrosion und Steinbildung in Warmwasser-Heizungsanlagen.
Herre, E.: Oel + Gasfg. 7/78. S. 388/91.

Anlagen sind günstiger. Bei Anlagen < 100 kW normalerweise keine Wasseraufbereitung.

Bei größeren Anlagen werden nach VDI-Richtlinie 2035 (7.79) folgende *Grenzwerte* für die Härte des Füll- und Ergänzungswassers angegeben:

| Leistung | kW | 100···350 | 350···1000 | 1000···1750 | > 1750 |
|---|---|---|---|---|---|
| Grenzwert | mol/m³ | 1···3 | 1···2 | 1,0 | < 0,3 |

Das *Heizungswasser* soll einen pH-Wert von 8 bis 9,5 haben. Falls erforderlich, ist zur Sauerstoffbindung Hydrazin (2 bis 5 g/m³) zuzugeben oder Natriumsulfit $Na_2SO_3$ (5 bis 20 g/m³).

*Beispiel:*

Leistung 1300 kW, Wasserinhalt 16 m³, Füllwasserhärte 4 mol/m³.

Da nur 1 mol/m³ zulässig ist, darf nur $\frac{1}{4} \cdot 16 = 4$ m³ Wasser unbehandelt eingespeist werden. Weitere Mengen an Ergänzungswasser müssen durch Härtekomplexierung oder Enthärtung aufbereitet werden.

Bei kunststoffberohrten *Fußbodenheizungen* ist der Zutritt von Sauerstoff zum Heizungswasser und damit die Gefahr von Korrosionsvorgängen durch die Sauerstoffdurchlässigkeit der Kunststoffrohre (Sauerstoffdiffusion) gegeben.

Die Zugabe eines sauerstoffunabhängig wirkenden Inhibitorgemisches ist hier unbedingt anzuraten. Geprüfte und für Fußbodenheizungen freigegebene Inhibitoren sind bei den Rohrherstellern zu erfragen.

**Niederdruck-Dampfheizungen**

Schäden häufiger als bei Warmwasser, namentlich in Kondensatleitungen, die meist mit Sauerstoff und Kohlensäure angereichertes Wasser enthalten.

Schutzmaßnahmen

Undichtheiten vermeiden, Speisewasserzähler.

Kondensat möglichst vollständig zum Kessel zurückführen.

Bei kleinen Anlagen Enthärtung durch Trinatriumphosphatzusatz mittels Dosiergerät in Speiseleitung, evtl. auch Chromate (giftig).

Regelmäßige Prüfung des Phosphatgehalts und regelmäßiges Abschlämmen. Phosphatgehalt $PO_4 \approx 10 \cdots 15$ mg/kg.

Bei großem Kondensatverlust Basenaustauscher mit nachgeschaltetem Phosphatdosierer. Resthärte > 2 mval/l (1 mol/m³).

Sauerstoffbindung durch Hydrazin. In der Dampf- und Kondensatphase flüssige Amine.

pH-Wert zwischen 8···9,5.

**Heißwasserheizungen**

Wegen hoher Temperatur größere Schäden möglich.

Schutzmaßnahmen

Zur Füllung bei Temperaturen < 130 °C teilenthärtetes, > 130 °C vollenthärtetes Wasser verwenden.

Bei geringen Temperaturen Phosphatzusatz wie beim Warmwasser.

Bei hohen Temperaturen > 150 °C Basenaustauscher und Nachbehandlung mit Phosphaten und Entkarbonisierung, da sich beim Basenaustausch $CO_2$ bildet. Phosphatgehalt max. 25 mg/kg.

Sauerstoffbindung durch Hydrazin. Hydrazingehalt 1···10 mg/kg.

Schema einer Anlage siehe Bild 237-31.

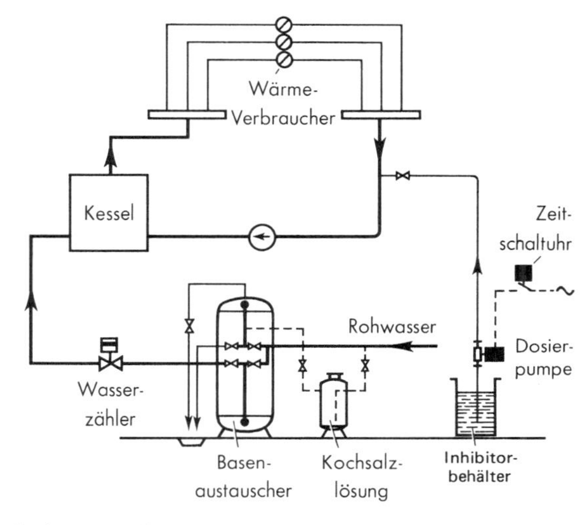


Bild 237-31. Schema der Speisewasseraufbereitung für einen Heißwasser-Heizungskessel.

# 238 Wärmeschutz und Schallschutz

## -1 ALLGEMEINES

Der Wärmeschutz hat hauptsächlich die Aufgabe, die Wärmeverluste der Gebäude und wärmeführender Rohrleitungen und Apparate möglichst zu verringern und dadurch Kosten zu sparen. Seine Bedeutung ist seit der Ölkrise von 1973 erheblich gestiegen.

Zu beachten sind:

DIN 18421 10.79 Wärmedämmungsarbeiten
DIN 4108 8.81 Wärmeschutz im Hochbau, 5 Teile
DIN 4140 8.83 bis 6.86 Ausführung der Dämmung, 2 Teile
VDI 2055 3.82 Wärme- und Kälteschutz für haustechnische Anlagen
Zweite Wärmeschutzverordnung vom 24.2.82, in Kraft ab 1.1.84
Zweite Heizungsanlagenverordnung vom 24.2.82.

## -2 WÄRMELEITFÄHIGKEIT

Die *Wärmeleitfähigkeit* $\lambda$ eines Stoffes ist die wichtigste Rechnungsgröße der Wärmeschutztechnik. Sie ist eine Stoffeigenschaft und gibt die Wärmemenge an, die durch eine 1 m dicke Schicht von 1 $m^2$ Querschnitt stündlich hindurchströmt. Die Wärmeleitfähigkeit $\lambda$ ist bei einem Stoff keine feste Größe, sondern mit der Temperatur steigend (Tafel 238-3, 135-5 u. 135-6). Sie ist desto kleiner, je geringer das Raumgewicht ist. Luft mit $\lambda = 0{,}023$ W/mK hat eine geringe Wärmeleitfähigkeit. Wärmeleitfähigkeit der praktisch verwendeten Dämmstoffe $\approx 0{,}02 \cdots 1{,}0$ W/mK.

Von der sich auf homogene Stoffe beziehenden Wärmeleitzahl $\lambda$ ist die etwas größere *Betriebswärmeleitzahl* zu unterscheiden, die den Einfluß des Schutzmantels, der Stützkonstruktionen, der Ausführungsgenauigkeiten usw. berücksichtigt und bei allen Rechnungen zugrunde zu legen ist. Als Beispiel: Zuschlag auf die Wärmeleitzahl $\lambda$ infolge eines Gipshartmantels siehe Bild 238-1.

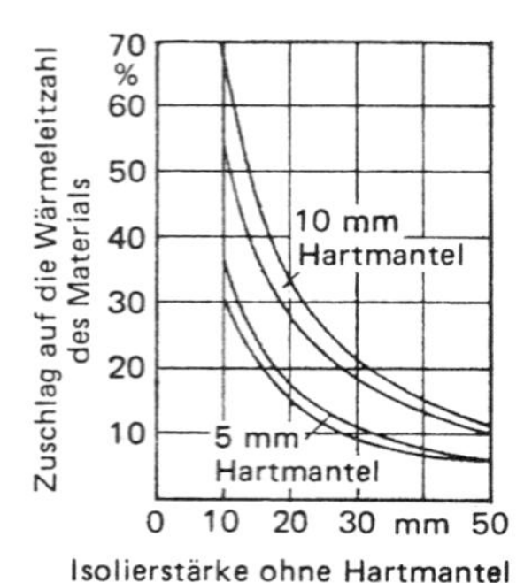


Bild 238-1. Zuschlag auf die Wärmeleitfähigkeit zur Berücksichtigung eines Hartmantels (Rohrtemperatur $t = 80\,°C$, $\lambda = 0{,}043$ W/mK; nach Cammerer).

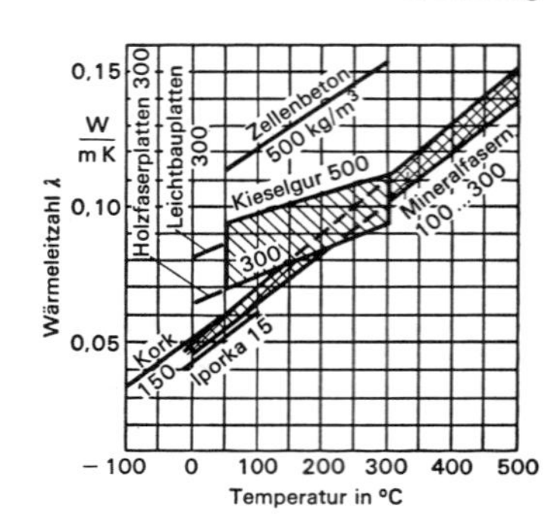


Bild 238-2. Wärmeleitzahlen der verschiedenen Dämmstoffe in Abhängigkeit von der Temperatur.

Einen Überblick über die Wärmeleitzahlen der am meisten gebrauchten Dämmstoffe jedoch ohne Einfluß der Ummantelung gibt Bild 238-2. Siehe auch Bild 135-1 und -2. Betriebswärmeleitzahlen nach DIN 18421 siehe Tafel 238-4. Ferner Tafel 241-40.

Wärmeschutztechnische Prüfungen von Bauteilen siehe DIN 52611 (E. 10.86 u. 6.76) und 52612 (9.79 u. 6.84). Dämmarbeiten an betriebstechnischen Anlagen in DIN 4140.

Bei allen Dämmstoffen ist wegen zunehmender Verschärfung bauaufsichtlicher Vorschriften das Brandverhalten zu beachten, incl. Kleber, Deckschichten usw.

## -3 DÄMMSTOFFE

Als Dämmstoffe gelten solche Stoffe, deren Wärmeleitfähigkeit $\lambda < 0{,}1$ W/mK ist.

Die wichtigsten Dämmstoffe und ihre Handelsformen sind folgende:

### -31 Plastische Dämmstoffe (Wärmeschutzmassen)

besonders *Kieselgur,* Magnesia und Gichtstaub, werden in pulverförmigem Zustand angeliefert, an der Baustelle mit Wasser angerührt und schichtweise auf das Rohr gestrichen. Bandagen, Fertiganstrich. Erhärtung durch das Heizmittel in den Rohren. Sogenannte *„Hartmantel-Isolierung"*. Anpassungsfähig an jede Form. Bei Zentralheizungen früher am meisten verwendet, heute seltener.

Heizung muß vor Wärmedämmung fertig und abgedrückt sein.

Äußerer Schutz aller Wärmedämmungen durch Blechmantel, Folien, Bitumenpappe, Wickelbandagen u. a.

### -32 Formstücke

aus Kieselgur, Magnesia, Kork, Mineralfaser, Polystyrol-Hartschaum, Polyurethan, Schaumglas werden fabrikmäßig in beliebigen Formen, z. B. Schalen oder Platten, hergestellt und mit einer Ansatzmasse oder auch trocken auf dem zu isolierenden Objekt angebracht; anpassungsfähig, wiederverwendbar. Für Kälteisolierung diffusionsdichte Ausführung mit Dampfsperre, z. B. Alu-Folie.

*Schaumstoffschalen* (Porethan, Polyäthylenschaum, Zellgummi u. a.) sind biegsam und werden auf die Rohre aufgeschoben. Auch geschlitzt für nachträgliche Montage oder als Halbschalen. Stöße werden verklebt.

### -33 Mineralische Wärmedämmatten und -platten

Matten aus Mineralfasern (Glasgespinst, Glaswolle, Glaswatte, Steinwolle, Schlackenwolle). In mehreren Ausführungsformen erhältlich, insbesondere

einseitig versteppt auf Wellpappe, Kreppapier oder Drahtgeflecht;
zweiseitig versteppt zwischen Glasgewebe oder Drahtgeflecht.

Bahnen aus Glasfasern oder Steinwolle in vielen Dicken und Dichten erhältlich, mit Kunstharzen gebunden. Auch in Form von Schalen für Rohre mit äußerem Schutzmantel. Korkplatten nur noch für Kälteschutz. Ferner *Schaumglasplatten* (in USA foamglas), druckfest, unbrennbar und unempfindlich gegen Feuchte.

Leichtbauplatten aus mineralisierter Holzwolle nur im Hochbau.

### -34 Stopfisolierungen

wie Korkschrot, Torfmull, Schlackenwolle, Glaswatte (Steinwolle) usw. werden in Hohlräume gefüllt, die durch besondere Tragkonstruktionen, z. B. Drahtgewebemantel bei Rohrleitungen, gebildet werden. Teuer. Äußerer Schutz durch Drahtgewebe, Blech- oder Hartmantel. Stopfdichte 125···250 kg/m$^3$.

### -35 Isolierschnüre (Zöpfe und Schläuche)

sind Schläuche aus Textilfäden, Glas- oder Mineralfasergarn oder dünnen Drähten, die mit lockeren Isolierstoffen, z. B. Mineralfasern, Korkschrot usw., gefüllt werden. Leichtes, sauberes Aufbringen auf kalten Leitungen. Nach Abnehmen wieder verwendbar. Bis ca. 100 °C. Für Rohrleitungen auch geschlitzte Kunststoffmäntel mit Reißverschluß (Isomat) und Schläuche aus Venilkautschuk (Armaflex, Misselfix).

### -36 Schaumstoffe

werden aus vielen verschiedenartigen Rohstoffen hergestellt, besonders Polystyrol und PVC, ferner Polyäthylen, Phenolharz und Polyurethan (PUR). Rohstoff kann flüssig oder fest sein. Der schaumförmige Zustand wird durch Zusatz von Treibmitteln erreicht. Herstellung zum Teil örtlich am fertig montierten Rohr. Viele Handelsnamen wie Frigolit, Poresta, Isopor, Moltopren u. a. Sie werden durch Zusätze schwer entflammbar. Lieferung in Schalen, Schläuchen, Platten oder Bahnen. Oberflächenschutz durch Folien. Für Wärmedämmung von *Rohren* vornehmlich Schläuche in geschlitzter oder ungeschlitzter Form. In Plattenform geeignet für Luftkanäle, sofern keine nichtbrennbaren Dämmstoffe vorgeschrieben sind. Flüssige Schaumstoffe zur Isolierung von Rohren in Mauerschlitzen und dergleichen. Für Temperaturen bis 110 °C Isoschaum, bestehend aus Harnstoff und Formaldehydharz, für höhere Temperaturen bis 180 °C Polyurethan-Hartschaum.

Verwendung auch zur Herstellung „vorisolierter Rohre“.

### -37 Luftschichten-Dämmung

mit Aluminiumfolien *(Alfol-Isolierung),* zerknittert oder gespannt, ferner Wellpappe, Asbestwellpappe u. a.

### -38 Schüttstoffe

*Porenbeton* besteht aus Beton, der mit einem blasenerzeugenden chemischen Mittel gemischt ist. Speziell präpariertes Mineralpulver (Protexulat). Verwendung besonders für unterirdische Fernleitungen.

### -39 Sperrschichten (Dampfsperren)

werden bei kälteführenden Leitungen verwendet, um den Feuchtetransport von der Umgebung zur kalten Oberfläche und damit Durchfeuchtung des Dämmstoffes zu verhindern. Verwendung finden Al-Folien, PVC-Folien, Bitumenpapier sowie flüssige Massen.

## -4 DÄMMSTOFFDICKE[1])

Die Wahl der Dämmdicke erfolgte bisher gewöhnlich nach Erfahrungszahlen. Die steigenden Energiepreise zwingen jedoch zu wirtschaftlichen Überlegungen. Mit wachsender Dämmdicke steigen die Anlagekosten, fallen jedoch die Kosten für die Wärmeverluste. Die wirtschaftlichste Dämmstärke ist die, bei der die Summe beider Kosten am geringsten ist. Bei ausgedehnten Anlagen sollte man daher die günstigste Dicke der Wärmedämmung berechnen. Für allgemeine Zwecke genügt jedoch die Anwendung nach Bild 238-5.

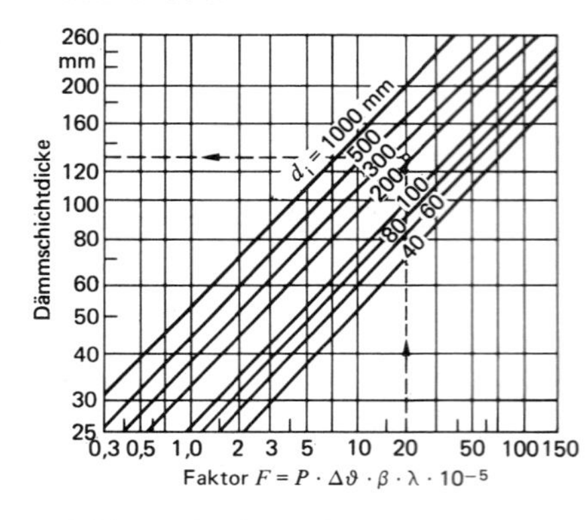


Bild 238-5. Wirtschaftlichste Dämmstoffdicke von Rohrleitungen (nach VDI 2055 – 3.82).

Dabei hängt die wirtschaftlichste Dämmstoffdicke nur vom Rohrdurchmesser und einer sogenannten Aufwandgröße $F$ ab:

$F$ = Preis der Nutzwärme $P$ × mittlere Temperaturdifferenz $\Delta\vartheta$ × Betriebsstunden $\beta$ × Wärmeleitzahl $\lambda$.

$F = P \cdot \Delta\vartheta \cdot \beta \cdot \lambda \cdot 10^{-5}$.

$P$ in DM/MWh $\Delta\vartheta$ in K $\beta$ in Stunden/Jahr $\lambda$ in W/mK.

Man kann diesem Diagramm leicht entnehmen, welchen Einfluß steigende Wärmepreise auf die Wärmedämmung haben.

*Beispiel:*

Rohr DN 250, Warmwassertemperatur 70 °C, Lufttemperatur 20 °C, Temperaturdifferenz $\Delta\vartheta = 50$ K, Preis Nutzwärme $P = 100$ DM/MWh, Betriebszeit $\beta = 8000$ Stunden im Jahr, $\lambda = 0{,}05$ W/mK.

$F = P \cdot \Delta\vartheta \cdot \beta \cdot \lambda \cdot 10^{-5} = 100 \cdot 50 \cdot 8000 \cdot 0{,}05 \cdot 10^{-5} = 10$.

Wirtschaftlichste Dämmstoffdicke = 130 mm.

Nach der *2. Heizungsanlagenverordnung* vom 24. 2. 82 sind für Wärmeverteilungsleitungen bestimmte Dämmanforderungen gestellt, siehe Tafel 238-2.

Die sich hierbei ergebenden Wärmedurchgangskoeffizienten $k_R$ in W/mK sind etwa folgende:

| DN | 12 | 15 | 18 bis 28 | 35 bis 100 |
|---|---|---|---|---|
| $k_R$ in W/mK | 0,17 | 0,18 | 0,20 | 0,21 |

Für *Anschlußleitungen* bis 8 m Länge genügt die Hälfte der angegebenen Dicken.

Diese Anforderungen gelten auch für *Brauchwasseranlagen*.

---

[1]) Ruppelt, F.: BWK 2/75. S. 54/6.
Berber, J.: HLH 10/78. S. 398/92.
Rechtsverordnung zum Energieeinspargesetz (EnEG). In Kraft ab 1.10.78.
Kapmeyer, E.: HLH 4/78. S. 153/6.
Rustenbach, K.: IKZ 1/80 u. 2/80. 8 S.
Korff, H. K.: HR 11/12/85. S. 530/4.
Lillich, K.-H.: HLH 2/85. S. 98/103.

## -5 WÄRMEVERLUSTE

Für den Wärmeverlust $\dot{q}$ gilt die Formel:

*bei ebenen Flächen* — *bei Rohren*

$\dot{q} = k \cdot \Delta\vartheta = \Delta\vartheta / R$ — $\dot{q}_R = k_R \cdot \Delta\vartheta = \Delta\vartheta / R_R$

$\dot{q}$ = Wärmeverlust in W/m² bzw. bei Rohren in W/m
$k$ = Wärmedurchgangskoeffizient in W/m²K
$k_R$ = Wärmedurchgangskoeffizient in W/mK
$\Delta\vartheta$ = Temperaturunterschied zwischen Rohrinhalt und Luft in K
$R$ = $1/k$ = Wärmedurchgangswiderstand in m²K/W
$R_R$ = $1/k_R$ = Wärmedurchgangswiderstand in mK/W

Der Wärmedurchgangskoeffizient $k$ ist der reziproke Wert des Wärmedurchgangswiderstandes $1/k$. Dieser setzt sich wie folgt zusammen:

$$\frac{1}{k} = R = \frac{1}{\alpha_1} + \frac{d}{\lambda} + \frac{1}{\alpha_a} \qquad \frac{1}{k_R} = R_R = \left(\frac{1}{\alpha_i d_i} + \frac{1}{2\lambda} \ln \frac{d_a}{d_i} + \frac{1}{\alpha_a d_a}\right) \frac{1}{\pi}$$

$d$ = Dämmstoffdicke in mm
$d_a$ = Außendurchmesser der Dämmung in m
$d_i$ = Innendurchmesser der Dämmung in m
= Rohraußendurchmesser
$\alpha_i$ = innerer Wärmeübergangskoeffizient in W/m²K
$\alpha_a$ = äußerer Wärmeübergangskoeffizient in W/m²K
$\frac{d}{\lambda} = R_\lambda$ = Wärmeleitwiderstand in m²K/W

Die Werte von $k_R$ sind unter Vernachlässigung des meist geringen inneren Wärmeübergangswiderstandes in Bild 238-8 dargestellt. Bild 238-9 zeigt die Wärmeverluste gedämmter Rohre bei einer Wärmeleitzahl von $\lambda = 0{,}05$ W/mK (Mineralfasern u.ä.). Zusätzliche Verluste entstehen durch Einbauten und Aufhängungen, siehe Tafel 238-1.

**Tafel 238-1. Zusätzliche Verluste durch Einbauten in Rohrleitungen bei Innenräumen**

| Gegenstand | DN | Rohrtemperatur °C 50 | 100 | 300 |
|---|---|---|---|---|
| Flanschenpaar | 25 | 0,2 m | 0,4 m | 1,0 m |
| | 100 | 0,5 m | 1,0 m | 2,5 m |
| | 300 | 1,5 m | 3,0 m | 7,0 m |
| Ventil oder Schieber | 25 | 0,5 m | 1,0 m | 2,5 m |
| | 100 | 1,2 m | 2,5 m | 7,0 m |
| | 300 | 3,0 m | 6,0 m | 12,0 m |
| Rohraufhängung | | 15% | 15% | 15% |

Im Freien sind etwa doppelt so große Werte anzusetzen.

**Tafel 238-2. Dämmschichtdicken von Rohrleitungen in Heizungsanlagen**

| Wärmeleitfähigkeit $\lambda$ der Wärmedämmung in W/(m · K) | Nennweite der Rohrleitung 10 | 15 | 20 | 25 | 32 | 40 | 50 | 65 | 80 | 100 |
|---|---|---|---|---|---|---|---|---|---|---|
| | Dämmschichtdicken in mm | | | | | | | | | |
| 0,035 | 20 | 20 | 20 | 30 | 30 | 40 | 50 | 65 | 80 | 100 |
| | gleichwertige Dämmschichtdicken in mm | | | | | | | | | |
| 0,040 | 25 | 25 | 25 | 40 | 40 | 50 | 65 | 80 | 100 | 125 |
| 0,045 | 35 | 35 | 35 | 50 | 45 | 60 | 80 | 100 | 125 | 155 |
| 0,050 | 45 | 45 | 40 | 60 | 55 | 80 | 100 | 120 | 150 | 190 |
| 0,055 | 60 | 55 | 50 | 75 | 70 | 90 | 120 | 150 | 185 | 230 |
| 0,060 | 70 | 65 | 60 | 90 | 80 | 110 | 140 | 180 | 225 | 280 |

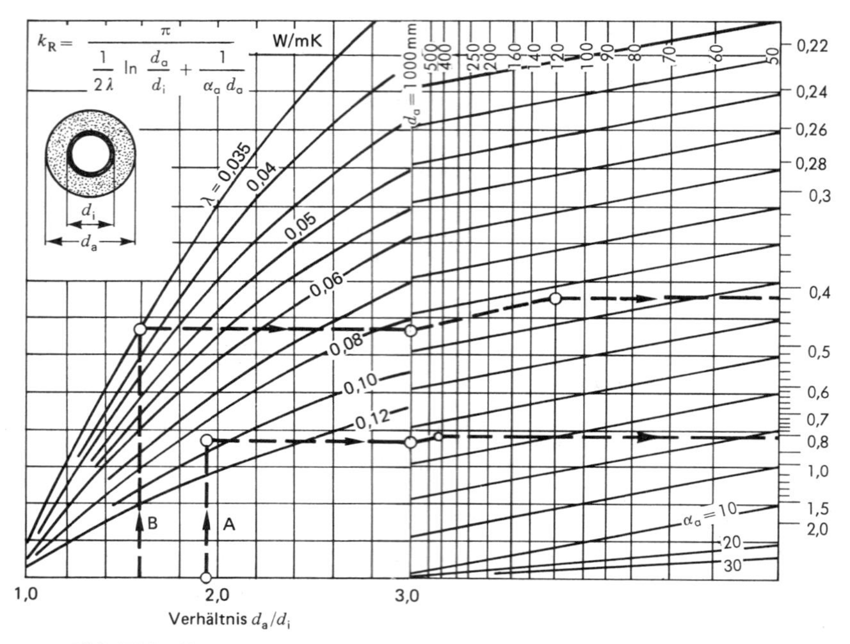


Bild 238-8. Diagramm zur Ermittlung des Wärmedurchgangskoeffizienten $k_R$ gedämmter Rohre.

| *Beispiele:* | A | B |
|---|---|---|
| Gegeben: | | |
| Rohrdurchmesser | 200/216 mm | 100/108 mm |
| Heizmitteltemperatur | 350 °C | 90 °C |
| Raumlufttemperatur | 20 °C | 20 °C |
| Wärmeleitzahl $\lambda$ | 0,09 W/mK | 0,035 |
| Dämmdicke | 100 mm | 32,5 mm |
| Lösung: | | |
| $d_a/d_i$ | 416/216 = 1,93 | 173/108 = 1,6 |
| aus Diagramm $k_R$ | 0,81 W/mK | 0,42 W/mK |
| $\dot{q}_R = k_R \cdot \Delta\vartheta$ | 0,81 · 330 = 267 W/m | 0,42 · 70 = 30 W/m |

Zuschlag für Windanfall im Freien ≈ 10···20%. Bei der Ermittlung der Wärmeleitzahl $\lambda$ ist genügend genau die mittlere Temperatur zugrunde zu legen. Bei mehreren hintereinander durchströmten Schichten ist der Wärmedurchgangswiderstand gleich der Summe der Einzelwiderstände:

$$\frac{1}{k} = \frac{1}{\alpha_i} + \Sigma \frac{d}{\lambda} + \frac{1}{\alpha_a} = \frac{1}{\alpha_i} + \Sigma R_\lambda + \frac{1}{\alpha_a}.$$

Bei mehreren nebeneinander liegenden Teilen verschiedenen Materials, aber gleicher Dicke (Rippen usw.) ist der Wärmedurchgang:

$$\dot{q} = 1/A \cdot (k_1 A_1 + k_2 A_2 + \cdots) \cdot \Delta\vartheta = k \cdot \Delta\vartheta$$

$A$ = Gesamtfläche
$A_1$ = anteilige Fläche

Tafeln zur schnellen Ermittlung von Wärmeverlusten enthält VDI-Richtlinie 2055 (3.82). Wärmeverluste ungedämmter Rohre siehe Bild 135-31.

Für Wärmeverluste von auf Putz verlegten *Kupferleitungen* mit unterschiedlicher Wärmedämmung siehe Bild 238-10. Bei Verlegung unter Putz sind die Wärmeverluste ca. 20 bis 50% größer.

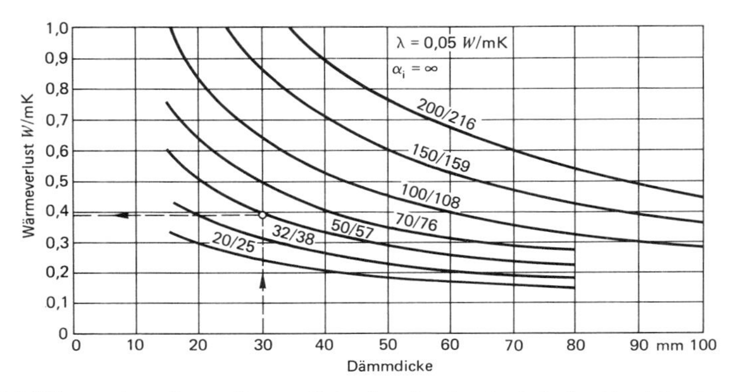


Bild 238-9. Wärmeverlust wärmegedämmter Rohre je m in ruhender Luft ohne Zuschläge bei $\lambda = 0{,}05$.

*Beispiel:*

Rohr 50/57 mit $d$ = 30 mm Dämmstoffdicke bei einer Temperaturdifferenz $\Delta\vartheta = 80-20 = 60$ K ergibt einen Wärmeverlust von

$q_R = 0{,}39 \cdot 60 = 23{,}4$ W/m.

Der *Temperaturabfall* in einer Leitung errechnet sich angenähert aus

$$\Delta\vartheta = \frac{\dot{q} \cdot l}{\dot{m} \cdot c} \text{ in K}$$

$\dot{q} = k_R \cdot \Delta\vartheta$ = Wärmeverlust W/m
$\dot{m}$ = Massenstrom in kg/s
$c$ = spez. Wärmekap. in J/kgK.

*Beispiel:*

| | |
|---|---|
| Rohrdurchmesser | 200/216 |
| Rohrlänge $l$ = | 1000 m |
| Dämmdicke | 100 mm |
| Wassertemperatur | 160 °C |
| Spez. Wärmekap. $c$ = | 4200 J/kgK |
| Massenstrom | 18 000 kg/h = 5 kg/s |
| Wärmeleitzahl $\lambda$ = | 0,09 W/mK |
| Außentemperatur | 10 °C |
| $\dot{q} = 0{,}81\,(160-10)$ = | 121 W/m (aus Bild 238-8) |

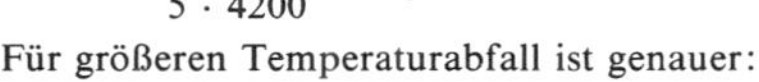

$$\Delta\vartheta = \frac{121 \cdot 1000}{5 \cdot 4200} = 5{,}76 \text{ K}.$$

Für größeren Temperaturabfall ist genauer:

$$\Delta\vartheta = \Delta\vartheta_a \left(1 - e^{\frac{-k_R \cdot l}{\dot{m} \cdot c}}\right) \text{ in K}$$

$\Delta\vartheta_a$ = Anfangstemperaturunterschied in K.

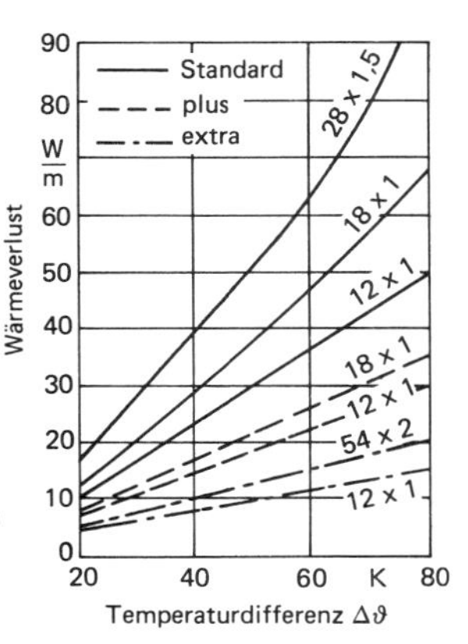


Bild 238-10. Wärmeverluste gedämmter Kupferleitungen WICU bei Aufputzverlegung.

Bei in *Erdreich verlegten Rohrleitungen* sind die Wärmeverluste geringer als in Luft, im Mittel um etwa 10 bis 35%. Dabei sind sandige und lehmige Böden zu unterscheiden sowie auch die Verlegungstiefe zu berücksichtigen[1]).

---

[1]) Grigull, U., u. G. Franz: Wärmetechn. 1970. S. 229/35.
Ferencik, V.: IKZ 8/78. 5 S.

**Tafel 238-3. Mittlere Wärmeleitzahlen $\lambda$ von Dämmstoffen*)**

| Dämmstoffe | Temp.-Beständigkeit °C | Dichte kg/m³ | Wärmeleitzahl $\lambda$ in W/mK bei einer mittleren Temperatur von °C | | | | | |
|---|---|---|---|---|---|---|---|---|
| | | | 0 | 50 | 100 | 150 | 200 | 300 |
| Alfol-Knitterverfahren bei Rohrleitungen | 500 | 3 | 0,046 | 0,055 | 0,062 | 0,066 | 0,007 | 0,091 |
| Asbest, lose | 500 | 300 | – | 0,062 | 0,070 | 0,078 | 0,086 | 0,102 |
| | | 400 | – | 0,099 | 0,105 | 0,111 | 0,117 | 0,130 |
| | | 500 | – | 0,144 | 0,149 | 0,153 | 0,158 | 0,167 |
| | | 600 | – | 0,199 | 0,203 | 0,208 | 0,214 | 0,224 |
| Asbestmatrazen | 500 | 300 | 0,042 | 0,076 | 0,081 | 0,087 | 0,093 | 0,105 |
| Foamglas | 430 | 135 | 0,053 | 0,060 | 0,070 | 0,079 | 0,087 | 0,105 |
| Glaswatte (auf Drahtgefl., Wellpappe usw. versteppt) | 500 | 109 | 0,034 | 0,039 | 0,048 | 0,056 | 0,066 | 0,091 |
| Glaswatte-Schalen | 400 | 123 | – | 0,041 | 0,049 | 0,060 | 0,073 | 0,091[2] |
| Glaswolle (auf Drahtgefl., Wellpappe usw. versteppt) | 600 | 119 | 0,033 | 0,039 | 0,048 | 0,057 | 0,067 | 0,091 |
| Kieselgurschalen, gebrannt | 900 | 200 | – | 0,074 | 0,083 | 0,091 | 0,098 | 0,116 |
| | | 300 | – | 0,083 | 0,091 | 0,099 | 0,107 | 0,123 |
| | | 400 | – | 0,092 | 0,100 | 0,108 | 0,116 | 0,133 |
| | | 500 | – | 0,101 | 0,112 | 0,120 | 0,128 | 0,144 |
| | | 600 | – | 0,121 | 0,129 | 0,137 | 0,145 | 0,162 |
| Korkschalen, imprägniert und expandiert | 150 | 100 | 0,037 | 0,045 | 0,053 | – | – | – |
| | | 200 | 0,046 | 0,055 | 0,063 | – | – | – |
| | | 300 | 0,056 | 0,064 | 0,072 | – | – | – |
| Magnesiaformstücke | | 200 | – | 0,060 | 0,065 | 0,070 | 0,074 | 0,085 |
| Kieselgurformstücke | | 300 | – | 0,072 | 0,077 | 0,081 | 0,085 | 0,094 |
| Leichtgipsformstücke | | 400 | – | 0,087 | 0,091 | 0,094 | 0,098 | 0,106 |
| Mineralwolle Stopfverfahren | 800 | 225 | 0,040 | 0,048 | 0,053 | 0,060 | 0,067 | 0,081 |
| Moltopren, hart | 80 | 45 | 0,023 | 0,026 | – | – | – | – |
| Plastische Massen Kieselgur und Magnesia[1] | 500 | 200 | – | 0,049 | 0,055 | 0,060 | 0,066 | 0,078 |
| | | 300 | – | 0,058 | 0,063 | 0,067 | 0,073 | 0,083 |
| | | 400 | – | 0,069 | 0,073 | 0,078 | 0,083 | 0,090 |
| | | 500 | – | 0,084 | 0,087 | 0,091 | 0,094 | 0,101 |
| | | 600 | – | 0,102 | 0,106 | 0,108 | 0,112 | 0,117 |
| | | 700 | – | – | 0,129 | – | – | – |
| Gichtstaub | 900 | 400 | – | 0,063 | 0,066 | 0,070 | 0,074 | 0,083 |
| | | 500 | – | 0,069 | 0,072 | 0,076 | 0,079 | 0,086 |
| | | 600 | – | 0,077 | 0,080 | 0,084 | 0,087 | 0,094 |
| Microtherm | 950 | 240 | 0,017 | 0,019 | 0,020 | 0,021 | 0,023 | 0,026 |
| Polystyrol-Schaumstoff | 70 | 20 | 0,033 | 0,041 | – | – | – | – |
| Pulverförmige Stoffe Kieselgur, Magnesia und Gichtstaub | 900 | 100 | – | 0,043 | 0,050 | 0,057 | 0,065 | 0,079 |
| | | 200 | – | 0,052 | 0,058 | 0,064 | 0,071 | 0,083 |
| | | 300 | – | 0,060 | 0,066 | 0,072 | 0,078 | 0,088 |
| | | 400 | – | 0,071 | 0,076 | 0,081 | 0,086 | 0,096 |
| | | 500 | – | 0,080 | 0,085 | 0,090 | 0,095 | 0,106 |
| | | 600 | – | 0,092 | 0,096 | 0,101 | 0,106 | 0,128 |
| Schnüre m. Hartmantel | | | | | | | | |
| Korkfüllung | 100 | 220 | 0,051 | 0,066 | 0,073 | – | – | – |
| Kieselgurfüllung | 100 | 475 | 0,076 | 0,081 | 0,087 | – | – | – |
| Asbestfüllung | 500 | 400 | 0,099 | 0,107 | 0,122 | 0,140 | – | – |
| Steinwolle | 250[3] | | | | | | | |
| Platten | | 100 | 0,035 | 0,043 | 0,052 | 0,064 | 0,078 | – |
| Matten | | 120 | 0,035 | 0,041 | 0,048 | 0,056 | 0,066 | – |
| Zellenbeton Porengips, Aerokret | | 300 | – | 0,072 | 0,081 | 0,091 | 0,111 | 0,117 |
| | | 400 | – | 0,085 | 0,093 | 0,101 | 0,110 | 0,127 |
| | | 600 | – | 0,120 | 0,128 | 0,136 | 0,144 | 0,162 |
| | | 800 | – | 0,178 | 0,186 | 0,194 | 0,1202 | 0,220 |

*) Nach Cammerer, VDI 2055 und anderen. Siehe auch Tafel 135-6.
[1]) Magnesia hat nur eine Temperaturbeständigkeit bis 300 °C.
[2]) Bei 250 °C Mitteltemperatur.
[3]) Ohne Bindemittel bis 700 °C.

**Tafel 238-4. Betriebswärmeleitzahlen von Dämmstoffen**

| Dämmstoffe | Obere Grenzwerte der Betriebswärmeleitzahlen in W/mK bei einer Mitteltemperatur in der Dämmschicht von | | Verwendungstemperatur bis |
|---|---|---|---|
| | 50 °C | 100 °C | °C |
| 1. Kieselgurmasse | | | |
| a) ohne Tonzusatz (Leichtkieselgurmasse) | 0,074 | 0,079 | 500 |
| b) mit Tonzusatz | 0,093 | 0,099 | 500 |
| 2. Magnesiamasse | 0,058 | 0,064 | 300 |
| 3. Mineralfasern für Stopfdämmungen hergestellt | | | |
| a) nach dem Zerstäubungsverfahren | 0,052 | 0,064 | 450 |
| b) nach dem Düsenblas- oder dem Schleuderverfahren | 0,058 | 0,070 | 450 |
| 4. Gesteppte Matten aus Mineralfasern und | | | |
| a) einer Lage Wellpappe oder Kreppapier | 0,046 | 0,056 | 250 |
| b) einer Lage Drahtgeflecht mit Textilfäden gesteppt | 0,049 | 0,058 | 450 |
| c) einer Lage Drahtgeflecht mit dünnen Drähten gesteppt | 0,053 | 0,063 | 450 |
| 5. Gesteppte Matten aus Mineralfasern | | | |
| a) zwischen 2 Lagen Asbest oder Glasgewebe mit Asbest- oder Glasgarn gesteppt | 0,046 | 0,056 | 450 |
| b) zwischen 2 Lagen Drahtgeflecht mit Asbest- oder Glasgarn gesteppt | 0,058 | 0,070 | 450 |
| 6. Dämmschnüre einschl. Mantel | | | |
| a) aus organischen Stoffen mit Textilumspinnung | 0,058 | – | 100 |
| b) aus Mineralfasern mit Drahtumspinnung | 0,070 | 0,081 | 350 |
| 7. Magnesia-Formstücke | 0,058 | 0,064 | 300 |
| 8. Mineralfaser-Formstücke | | | |
| a) aus verklebten Mineralfasern mit organischen Bindemitteln | 0,046 | 0,056 | 250 |
| b) aus verklebten Mineralfasern mit anorganischen Bindemitteln | 0,058 | 0,067 | 250 |
| c) aus losen Mineralfasern mit Drahtgeflechthüllen, Mineralfasern hergestellt | | | |
| aa) nach dem Zerstäubungsverfahren | 0,052 | 0,064 | 450 |
| bb) nach dem Düsenblas- oder dem Schleuderverfahren | 0,058 | 0,070 | 450 |
| 9. Korkplatten | 0,045 | 0,055 | 150 |
| 10. Polyurethan-Hartschaumplatten | | | |
| a) ohne Deckschicht | 0,035 | | – |
| b) mit Deckschicht | 0,030 | | – |
| 11. Polyurethan-Ortschaum | 0,035 | 0,040 | – |
| 12. Polystyrol-Hartschaum | 0,040 | 0,045 | – |
| 13. Schaumglas | 0,060 | 0,065 | – |

Angenähert ist der Wärmeverlust eines Einzelrohres

$$\dot{q}_R = \frac{\Delta\vartheta}{R_R} = \frac{\Delta\vartheta}{\frac{1}{2\pi\lambda}\ln\frac{d_a}{d_i} + \frac{1}{2\pi\lambda_E}\ln\frac{4h}{d_a}} \text{ in W/m}$$

$\lambda$ = Wärmeleitzahl der Wärmedämmung W/mK
$\lambda_E$ = Wärmeleitzahl des Erdreichs ≈ 1,15 ··· 1,8 W/mK
$h$ = Verlegetiefe (m)

Bei 2 nebeneinander verlegten Heizleitungen ist der Wärmeverlust etwa um 20% geringer.

Bei kalten Leitungen muß auf der warmen Seite eine *Dampfsperre* angebracht werden, da sonst die Wärmedämmung durchfeuchtet wird.

## -6 WÄRMESCHUTZ IM HOCHBAU[1])

Beim Bau von Wohnungen und anderen Aufenthaltsräumen ist der Wärmeschutz von großer Bedeutung für die Gesundheit der Bewohner und für die Heizungskosten, namentlich seit der Energiekrise 1973.

Aufgrund des EnNG (Energieeinsparungsgesetz) hat die Bundesregierung für Neubauten die *Wärmeschutzverordnung* (WSVO) vom 11. 8. 1977 erlassen, der 1982 eine Novellierung folgte, die ab 1. Jan. 1984 gültig ist. Die wichtigsten Forderungen für Gebäude mit normalen Temperaturen sind folgende:

1) Der *maximale* mittlere Wärmedurchgangskoeffizient $k_{m\,max}$ darf in Abhängigkeit vom Verhältnis A/V (Oberfläche/Volumen) die in Tafel 238-6 enthaltenen Werte nicht überschreiten. Siehe auch Bild 238-12. A und V beziehen sich auf die Gebäude-Außenmaße.

**Tafel 238-6. Maximaler mittlerer Wärmedurchgangskoeffizient $k_{m\,max}$**

| A/V $m^{-1}$ | $k_{m\,max}$ in W/m² K | | A/V $m^{-1}$ | $k_{m\,max}$ in W/m² K | |
|---|---|---|---|---|---|
| | WSVO 77 | WSVO 82 | | WSVO 77 | WSVO 82 |
| 0,22 | 1,47 | 1,20 | 0,70 | 0,88 | 0,69 |
| 0,25 | 1,37 | 1,11 | 0,80 | 0,85 | 0,66 |
| 0,30 | 1,24 | 1,00 | 0,90 | 0,82 | 0,63 |
| 0,40 | 1,09 | 0,86 | 1,00 | 0,80 | 0,62 |
| 0,50 | 0,99 | 0,78 | 1,10 | 0,78 | 0,60 |
| 0,60 | 0,93 | 0,73 | 1,20 | 0,77 | 0,60 |

Zwischenwerte für die WSVO 82 sind zu errechnen aus $k_{m\,max} = 0{,}45 + 0{,}165 \cdot \frac{1}{A/V}$

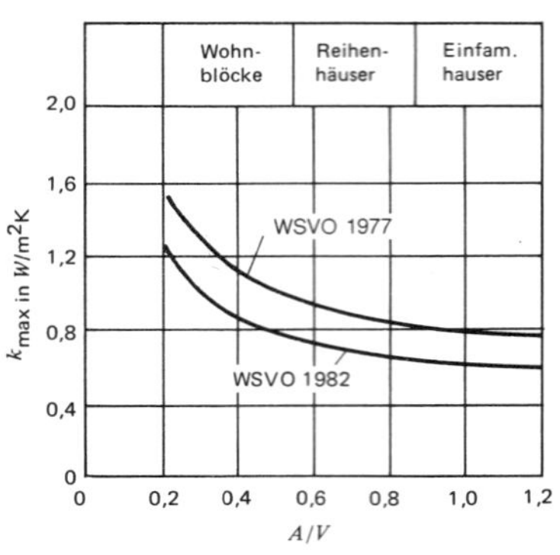


Bild 238-12. Mittlerer maximaler Wärmedurchgangskoeffizient $k_{m\,max}$ bei Gebäuden.

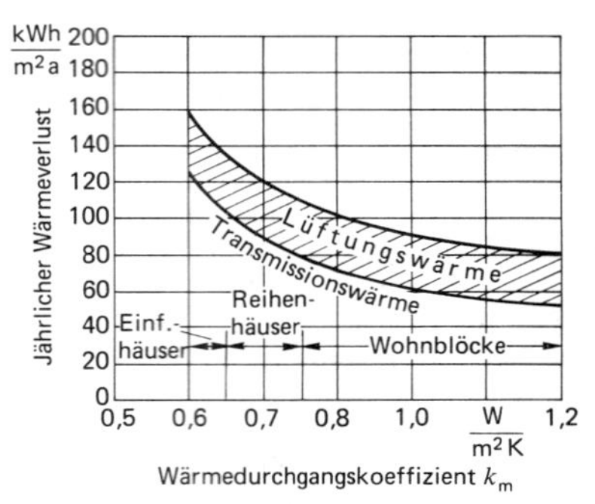


Bild 238-13. Jährlicher Wärmeverlust durch Transmission und Lüftung (0,6facher Luftwechsel, 1500 Vollbenutzungsstunden).

[1]) Gertis, K.: HLH 3/75. S. 105/10 und 3/85. S. 130/5.
Detzer, R.: HLH 8/76. S. 273/7.
Werner, H., u. K. Gertis: Ges.-Ing. 1/2 u. 5/1976.
Esdorn, H.: HLH 2/78. S. 45/58.
Gallinat, H.-E.: ETA 1/79. S. A24/32.
Steinert, J.: Gas 1/85. S. 20.

Dieser Wert ist in etwa ein Maß für die Wärmeverluste eines Gebäudes. Steigender $k_{m\ max}$-Wert bedeutet wachsende Wärmeverluste. Der sich für verschiedene Gebäudearten ergebende *jährliche Wärmebedarf* ist in etwa in Bild 238-13 dargestellt[1]).

2) Statt dessen können auch für *bestimmte Bauteile* bestimmte Werte $k_{max}$ gewählt werden, siehe Tafel 238-8.

**Tafel 238-8. $k_{max}$-Werte für einzelne Bauteile**

| Bauteil | WSVO 77 | WSVO 82 |
|---|---|---|
| Außenwände einschl. Fenster und Fenstertüren je nach Grundfläche | $k_{max} < 1{,}45$ bis $1{,}75$ W/m²K | $< 1{,}20$ bis $1{,}50$ |
| Decken unter Dachraum | $k_{max} < 0{,}45$ W/m²K | $< 0{,}30$ |
| Kellerdecken, Wände und Decken gegen unbeheizte Räume | $k_{m\ max} < 0{,}80$ | $< 0{,}55$ |
| Decken und Wände an Erdreich | $k_{m\ max} < 0{,}90$ | $< 0{,}55$ |

3) *Fenster und Fenstertüren* sind mit Isolier- oder Doppelverglasung auszuführen.
Nach der WSVO 1977 $k_{max} < 3{,}5$ W/m²K
Nach der WSVO 1982 $k_{max} < 3{,}1$ W/m²K
Bei Schaufenstern nach beiden Verordnungen $k_{max} < 1{,}75$ W/m²K.

4) Bei Fenstern und Fenstertüren dürfen bestimmte Werte a der *Fugendurchlässigkeit* nicht überschritten werden, siehe Tafel 238-9.

**Tafel 238-9. Fugendurchlässigkeit a von Fenstern in $m^3/h\ m\ Pa^{2/3}$**

| Gebäudehöhe | Beanspruchungsgruppe<br>Gebäudehöhe bis 8 m | Gebäudehöhe > 8 m |
|---|---|---|
| bis 2 Geschosse | $2 \cdot 0{,}1^{2/3} = 0{,}43$ | – |
| mehr als 2 Geschosse | – | $1 \cdot 0{,}1^{2/3} = 0{,}22$ |

5) Bei Gebäuden mit *geringeren Temperaturen,* z. B. Werkhallen, Lagerhallen, sind höhere $k$-Werte zugelassen, für Hallenbäder geringere $k$-Werte gefordert.

Bei Gebäuden für Sport- und Versammlungszwecke gelten leicht geänderte Vorschriften.

6) Im begrenztem Umfang werden nach der WSVO 1982 auch Anforderungen an den Wärmeschutz bestehender Gebäude gestellt, z. B. bei An- und Ausbauten, Erneuerung von Dächern u. a.

Erstrebt wird als *Richtwert* für den maximalen Wärmebedarf
bei Einfamilienhäusern ··· 0,63 W/m²K
bei Mehrfamilienhäusern ··· 0,40 W/m²K

7) *Lüftungswärme*
Mit Verstärkung der Wärmedämmung erhöht sich der anteilige *Lüftungswärmeverlust.* Definiert man den auf die Außenfläche $A$ des Gebäudes bezogenen Lüftungswärmeverlust mit

$$k_L = \frac{c \cdot l \cdot V}{A} = \frac{c \cdot l}{A/V} = \frac{0{,}36\, l}{A/V} \text{ in W/m}^2\text{K}$$

$c$ = spez. Wärmekapazität der Luft = 0,36 Wh/m³K
$l$ = Luftwechsel h⁻¹

so erhält man bei $l$ = 1fachem stündlichen Luftwechsel die Darstellung in Bild 238-14. Es zeigt sich, daß zum mindesten bei großen Gebäuden die Lüftungswärmeverluste etwa ebenso groß sind wie die Transmissionswärmeverluste. Eine bessere Wärmedämmung ist dann nur zweckmäßig, wenn für die Lüftungswärme Rückgewinnung vorgenommen wird. Außerdem sind dann trägheitsarme Heizsysteme zweckmäßig, z. B. Luftheizungen mit kontrollierter Lüftung (s. Abschn. 364-3).

[1]) Klingenberg, D.: ETA 1/84, Wärmedämmung im Ausland.

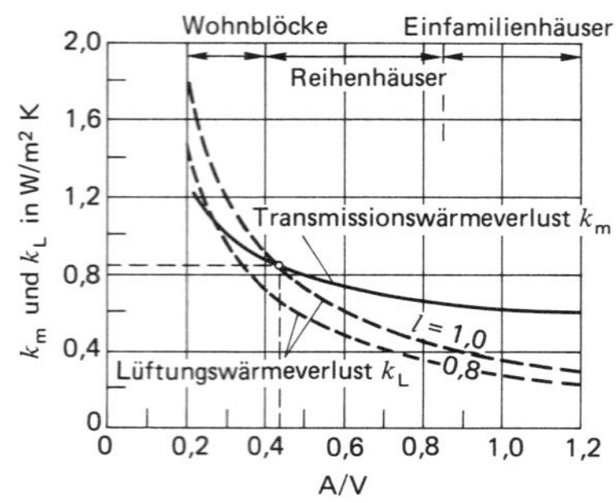


Bild 238-14. Transmissions- und Lüftungswärmeverluste.

8) *Passive Sonnenenergieausnutzung durch Fenster.*[1])
Direkte und diffuse Sonnenstrahlung durch Fenster bewirkt im Winter eine wesentliche Verringerung der Transmissionswärmeverluste, abhängig von der Fensterorientierung, Bauart und Größe, besonders bei hochwärmegedämmten Häusern. Dabei ist besonders die diffuse Sonnenstrahlung zu beachten, die in einer Heizperiode etwa halb so groß wie die direkte Sonnenstrahlung ist. Also empfangen auch Nordfenster erhebliche Sonneneinstrahlung. Dieser Einfluß läßt sich durch einen äquivalenten Wärmedurchgangskoeffizienten des Fensters $k_{eff} < k_F$ erfassen (s. Abschn. 353-42).

9) *Wärmeschutz im Sommer*[2])
Zur Verringerung der Kühllast im Sommer soll in klimatisierten Räumen der Faktor $b \cdot f < 0{,}25$ sein. Darin ist

$b$ = Sonnendurchlaßfaktor nach VDI 2078 (siehe Tafel 353-13 und -14).
$f$ = Fensterflächenanteil

(Die Forderung ist jedoch umstritten, s. Abschn. 364-14.)

*Beispiel:*

Doppelverglasung aus Klarglas mit Jalousie zwischen den Scheiben und 55% Fensterflächenanteil ergibt

$b \cdot f = b_1 \cdot b_2 \cdot f = 0{,}9 \cdot 0{,}5 \cdot 0{,}55 = 0{,}25$

Bei nicht gekühlten Räumen wird (nach DIN 4108) auch die *Speicherfähigkeit* der Bauart in Rechnung gestellt. Je nach der Schwere der Bauteile und Art der natürlichen Lüftung wird eine Verminderung von $g \cdot f$ auf 0,14 bis 0,25 empfohlen.

10) Optimierung
Die erhöhten Anforderungen an den Wärmeschutz im Winter bedeuten zwar höhere Investitionskosten, die sich jedoch durch die Ersparnis an Heizenergiekosten bezahlt machen, je mehr die Energiepreise steigen.

Die wirtschaftlich *optimalen Wärmedurchgangszahlen* hängen von mehreren Einflußgrößen ab, besonders Zinsniveau, Baukosten, Kosten der Heizungsanlage, Wärmekosten, Heizsystem u.a. Sie lassen sich durch Optimierungsrechnungen in etwa erfassen.

11) *Wärmeschutz außen oder innen?* (Bild 238-15)[3])

Für die *innere Dämmschicht* gilt: schnellere Auskühlung in der Nacht, jedoch kurze Anheizzeit, einfaches auch nachträgliches Anbringen, keine Wetterfestigkeit erforderlich, günstig im Sommer. *Äußere Dämmschicht:* Großes Speichervermögen der Wände, langsame Auskühlung und Aufheizung der Räume, günstig im Winter, energetisch ungünstiger, Wetterfestigkeit erforderlich, teurer. In Sonderfällen *Diffu-*

[1]) Rouvel, L., u. B. Wenzl: HLH 8/79. S. 285/91.
Esdorn, H., u. G. Wentzlaff: HLH 9/81. S. 358/67.
Hauser, G.: HLH 4/83. S. 144/53, u. 5/83. S. 200/4, u. 6/83. S. 259/65.
Gertis, K.: Bauphysik 5/83. S. 183/94.

[2]) In der Wärmeschutzverordnung vom 24.2.82 ist statt des Durchlaßfaktors $b$ der *Gesamtenergiedurchlaßgrad g* verwendet, der sich auf unverglaste Fenster bezieht. Es ist $g \approx 0{,}87\ b$. Siehe DIN 4108 Teil 2 Abschn. 7 (8.81).

[3]) Richarts, F.: HLH 12/76. S. 427/34.
Krienke, C. F.: Öl + Gasfg. 1 u. 2/1980.

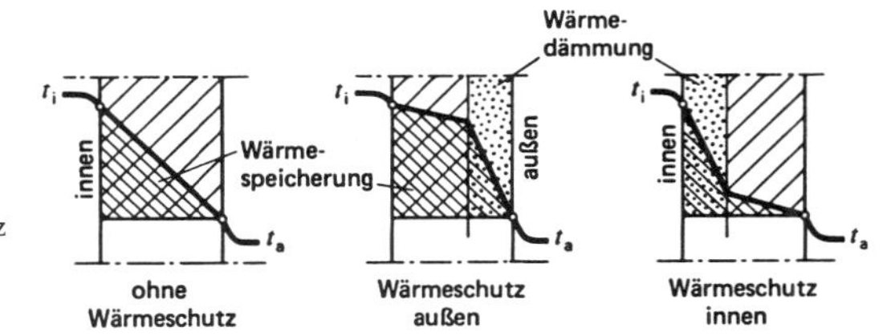


Bild 238-15. Wärmeschutz bei Wänden.

*sionsvorgänge* prüfen, damit keine Durchfeuchtung der Bau- oder Dämmstoffe erfolgt. Die kann z.B. in Feuchträumen (Küchen, Badezimmer) mit innerer Dämmschicht der Fall sein. Siehe Abschnitt 135-5.

## -7 SCHWITZWASSERVERHINDERUNG

Schwitzwasser entsteht dann, wenn Luft sich an einer kalten Fläche soweit abkühlt, daß der Taupunkt der Luft unterschritten wird[1]). Dadurch kann an Wänden *Schwärzepilz* (Schimmelbildung) entstehen. Taupunkttemperaturen in Bild 238-17. Die Schwitzwasserbildung läßt sich durch Anbringung einer Dämmschicht an der kalten Wand verhindern, wobei folgende Gleichung erfüllt sein muß:

$$k \leqq \alpha_i \frac{t_i - t_\tau}{t_i - t_a} \text{ W/m}^2\text{K}$$

$k$ = Wärmedurchgangszahl der Wand W/m²K
$\alpha_i$ = innere Wärmeübergangszahl W/m²K
$t_i$ = Innentemperatur °C
$t_\tau$ = Taupunkt (aus $h, x$-Diagramm) °C
$t_a$ = Außentemperatur °C.

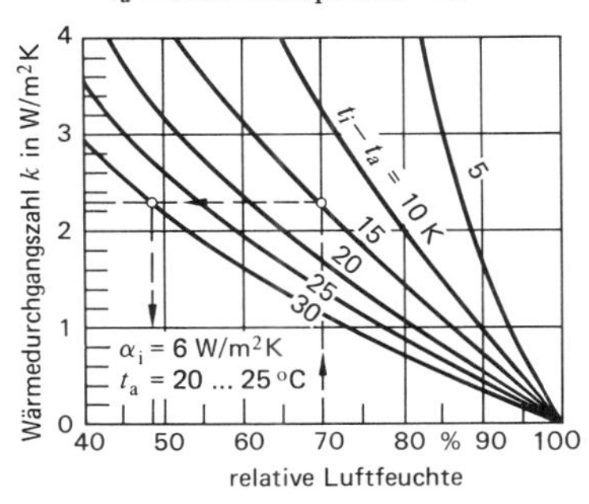


Bild 238-16. Erforderlicher $k$-Wert zur Verhinderung von Schwitzwasserbildung in ruhender Luft.

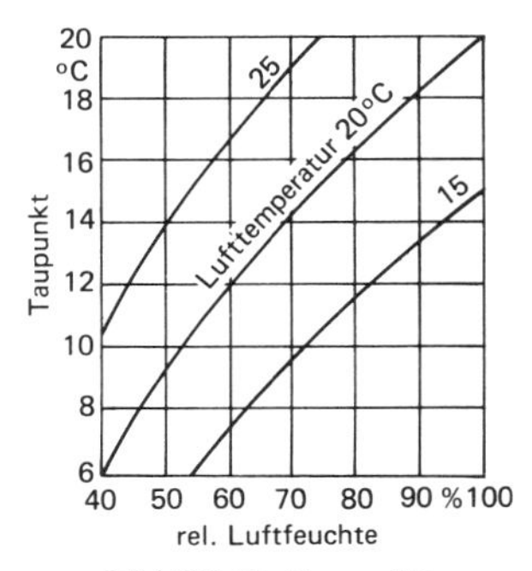


Bild 238-17. Taupunkttemperaturen in Abhängigkeit von der relativen Luftfeuchte.

Bei *Schaufenstern* verringert man den Temperaturunterschied zwischen Luft und kalter innerer Fensterfläche durch starke Luftbewegung mittels Ventilator, wobei $\alpha_i$ größer wird. In *Ecken* sind die $k$-Werte wesentlich geringer zu wählen, da $\alpha_i$ sehr gering ist. Je geringer $\alpha_i$, desto größer die Gefahr von Schwitzwasserbildung.

Zur schnellen Berechnung der erforderlichen $k$-Zahl dient Diagramm 238-16.

*1. Beispiel:*

Ein Luftkanal mit $t_a = 10$ °C Lufttemperatur führt durch einen Raum mit $t_i = 25$ °C/70% rel. Feuchte.
Erforderlicher $k$-Wert: 2,3 W/m²K.

[1]) Gertis, K., u. H. Erhorn: HLH 3/85. S. 130/5.
Gertis, K.: SBZ 19/85. S. 1192 ff.

*2. Beispiel:*

Bei einem Doppelfenster mit $k = 2{,}3$ W/m²K und einer Temperaturdifferenz $(t_i - t_a) = 30$ K tritt Schwitzwasserbildung bereits bei $\varphi = 49\%$ ein.

*Wohnraumfeuchte*[1])

Schwitzwasser bildet sich auch in Wohnungen, wenn bei dichten Fenstern die Fugenlüftung nicht ausreicht, um die in den Wohnungen entstehende Feuchte abzuführen. Es ergeben sich Feuchteflecken und *Schwärzepilze* an den Wänden, namentlich in Raumecken. Feuchteproduktion je Haushalt durch Personen, Pflanzen, Kochen u.a. etwa 2···4 $g/m^3h$ im Tagesdurchschnitt. Bild 238-18 zeigt den erforderlichen Mindestaußenluftwechsel in Abhängigkeit von der Feuchteproduktion und der Außenlufttemperatur. Dabei sind im Raum maximale relative Luftfeuchten von 70% bzw. 80% vorausgesetzt.

Es ist erkennbar, daß mit steigender Außenlufttemperatur der erforderliche Luftwechsel größer wird. Bei 70% maximaler Raumluftfeuchte und 2 $g/m^3$ h Feuchteproduktion liegt der Mindestluftwechsel in der Übergangszeit ($t_a = 10\cdots15$ °C) zwischen 0,45 und 0,8fach. Bei tieferen Außentemperaturen kann der Luftwechsel reduziert werden.

*Richtwert:* Mindestluftwechsel: Feuchteproduktion = 0,2···0,25.

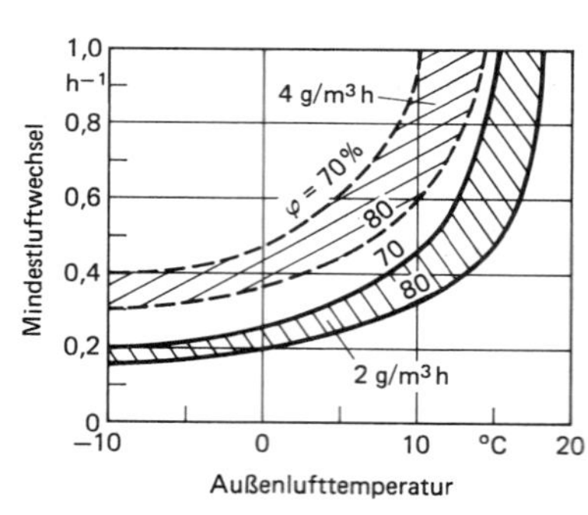


Bild 238-18. Mindestaußenluftwechsel zur Verhinderung von Schwitzwasserbildung bei verschiedener Feuchteproduktion.

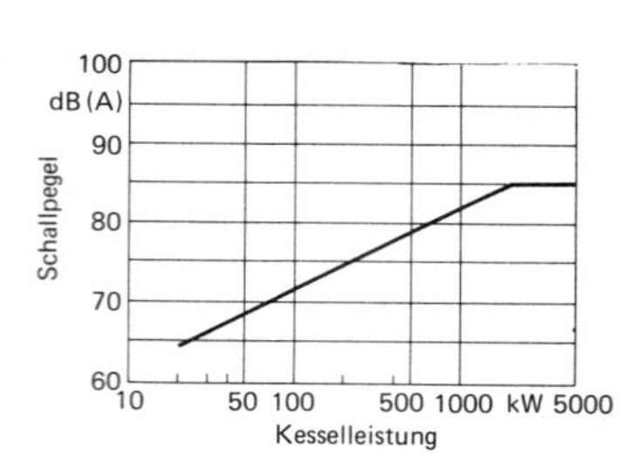


Bild 238-19. Schallpegel in Heizräumen (Äquivalente Absorptionsfläche 10 m²).

## -8 SCHALLSCHUTZ[2])

### -81 Geräuschentstehung

*Verbrennungsgeräusche* bei Öl- und Gasbrennern entstehen durch Wirbelbildungen oder Druckschwankungen am Ventilator oder Verbrennungsraum. Abstrahlung als Luftschall von der Kesselwandung. Verstärkung manchmal durch Resonanz zwischen Verbrennungsraum und Schornstein. Hauptfrequenz im niederen Bereich 100···500 Hz. Brenner-Kessel-Abstimmung erforderlich. Beim Anfahren größere Geräusche durch plötzliche Druckerhöhung.

Weitere *Geräuschquellen* einer Kesselanlage:

Umwälzpumpen bei Unwucht, Lagerschäden, Ablagerungen; Armaturen bei hohen Wassergeschwindigkeiten; Wärmespannungen (Knackgeräusche).

---

[1]) Gertis, G., u. H. Evhorn: Ges.-Ing. 1/86. S. 12ff.

[2]) VDI-Richtlinie 2715 (9.77): Lärmminderung an Warm- und Heißwasserheizungsanlagen.
Gösele, K.: HLH 7/78. S. 257/60.
Fritsch, H.: Gas + Ölfg. 8/78. 5 S.
Ihle, C.: SBZ 6/79. 5 S.
Baade, P. K.: Ki 3/80. S. 125/31.
DIN 4109: Schallschutz im Hochbau. E. 10.84.
Siehe auch Abschn. 337.
Ihle, C.: SBZ 9/83. S. 696 (5 S.).

Mindestanforderungen an den Schallpegel in Heizräumen siehe Bild 238-19 (aus VDI 2715).

### -82 Geräuschfortpflanzung

durch Luftschall vom Kessel über Decke, Wände, Schornstein in Nachbarraum; durch Körperschall über das Fundament, Rohrleitungen, Pumpen, besonders bei großen Anlagen und Dachheizzentralen.

### -83 Zulässige Schallpegel

in Heizungsräumen bei normalem Bauaufwand etwa bei Kesseln

< 100 kW – 65···70 dB(A)
100··· 500 kW – 70···75 dB(A)
500···1000 kW – 75···80 dB(A)
> 1000 kW – 80···85 dB(A)

Die Werte können durch geeignete Maßnahmen um bis 15 dB(A) verringert werden. Hauptfrequenzen 500···2000 Hz.

### -84 Bauliche Schallschutzmaßnahmen

Wände und Decken der Heizräume müssen genügende Schalldämmung besitzen. Normale Wohnungstrennwände mit einem Luftschallschutzmaß LSM = 0 haben im unteren Frequenzbereich (< 200 Hz) eine Schallpegeldifferenz von etwa

$R = L_1 - L_2 = 40$ dB(A)
$L_1$ = Pegel im Heizraum
$L_2$ = Pegel im Nachbarraum

Bei $L_2 = 30$ dB(A) im Nachbarraum darf also das Geräusch im Heizraum höchstens einen Pegel von $L_1 = R + 30 = 70$ dB(A) haben. Bei höheren Geräuschpegeln im Heizraum ist die Dämmung stärker zu wählen, das LSM zu vergrößern. Für genauere Rechnungen ist auch das Absorptionsvermögen des Empfangsraumes zu berücksichtigen.

### -85 Weitere Maßnahmen

Verbrennungsgeräusche lassen sich beeinflussen durch Änderung der Öl-Luft-Mischung, Düsengröße und Düsenwinkel, Pumpendruck, Elektrodenabstand u.a. Weitere Maßnahmen zur Verringerung der Geräusche und Geräuschübertragung siehe Bild 238-20. Sie sind je nach Größe der Anlage und örtlichen Verhältnissen zu wählen. Besonders wichtig sind *Rauchrohrschalldämpfer* und schalldämpfende *Brennerhauben*. Beide Bauteile werden von Fachfirmen geliefert. Brennerhauben bewirken 10···20 dB(A) Pegelminderung, Abgasschalldämpfer bei 1 m Länge etwa 10···15 dB(A).

Bei Dachheizzentralen empfiehlt sich schwimmendes Betonfundament auf Dämmplatten oder sogar elastische Lagerung der ganzen Heizzentrale in einer Betonzelle.

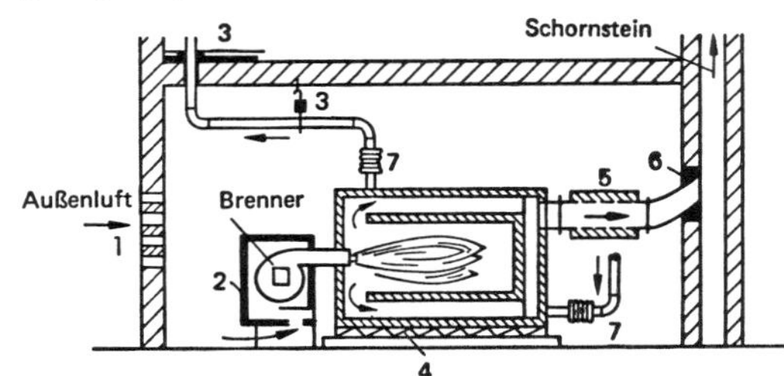


Bild 238-20. Schallschutzmaßnahmen bei Heizungskesseln.

1 = Schalldämpfer bei der Ansaugöffnung nach außen,
2 = Schalldämmende Haube über Brenner, Dämmung 10···15 dB(A),
3 = Isolierung der Rohre bei Wand- und Deckendurchführungen sowie bei Aufhängungen,
4 = Körperschalldämmende Unterlagen für Kessel und Pumpen,
5 = Schalldämpfer in Abgasleitungen (Dämmung ca. 10 dB(A),
6 = Isolierung des Abgasrohres bei der Schornsteineinführung,
7 = Kompensatoren zwischen Kessel und Rohrleitungen

# 24 BERECHNUNG DER HEIZUNGSANLAGEN

## 241 Berechnung des Wärmebedarfs

Das Verfahren zur Berechnung des Wärmebedarfs normaler Räume ist als DIN 4701 – 3.83 (2 Teile) genormt.[1])

Der *Gesamtwärmebedarf* $\dot{Q}_N$ (Norm-Wärmebedarf) normaler Räume setzt sich aus zwei Teilen zusammen:

1) Transmissionswärmebedarf $\dot{Q}_T$ = Wärmeverlust über die Umschließungsflächen.

2) Lüftungswärmebedarf $\dot{Q}_L$ zur Aufheizung der eindringenden Außenluft.

Für Sonderfälle (selten geheizte Räume, Gewächshäuser, hohe Hallen u.a.) werden besondere Berechnungsmethoden angegeben.

Der Wärmebedarf wird bei den Berechnungen als eine *Gebäudeeigenschaft* betrachtet, so daß die Art der Beheizung bei allerdings unterschiedlicher thermischer Behaglichkeit keinen Einfluß hat[2]). Beim Jahresenergieverbrauch ist jedoch infolge unterschiedlicher Verluste der verschiedenen Heizsysteme ein entsprechender Einfluß vorhanden.

Der Nachweis über die Einhaltung der Norm kann nur rechnerisch erfolgen. Stellen sich bei richtiger Berechnung die vorgegebenen Temperaturen nicht ein, so ist der Fehler an dem Gebäude zu suchen.

### -1 AUFBAU DER RECHNUNG

Die Rechnung beginnt mit der Ermittlung des *Norm-Transmissionswärmebedarfs* nach der Gleichung

$$\dot{Q}_T = k \cdot A\,(\vartheta_i - \vartheta_a) = \frac{A\,(\vartheta_i - \vartheta_a)}{R_k} \text{ in W}$$

$A$ = Fläche des Bauteils m²
$k$ = Wärmedurchgangszahl in W/m²K
$\frac{1}{k} = R_k$ = Wärmedurchgangswiderstand in m²K/W
$\vartheta_i$ = Temperatur innen °C
$\vartheta_a$ = Temperatur außen °C

Der *Lüftungswärmebedarf* ist nach folgender Formel zu ermitteln:

$$\dot{Q}_L = \dot{V} \cdot \varrho \cdot c\,(\vartheta_i - \vartheta_a) \text{ in W}$$

$\dot{V}$ = Luftvolumenstrom m³/s
$c$ = spez. Wärme der Luft in J/kg K
$\varrho$ = Dichte der Luft kg/m³

### -2 TEMPERATUREN

Als *Norm-Innentemperatur* gilt die sog. empfundene Temperatur, die sowohl die Lufttemperatur wie auch die mittlere Temperatur der umgebenden Flächen berücksichtigt (s. Abschn. 123-2).

Wahl der *Norm-Außentemperatur* siehe Klimakarte Bild 241-10 und Tafel 241-2. Hier sind die niedrigsten Zweitagesmittelwerte zugrunde gelegt, die innerhalb von 20 Jahren zehnmal erreicht wurden.

Wahl der *Raumtemperaturen* für verschiedene Raumarten siehe Tafel 241-4, für Dachräume Tafel 241-23, für angrenzende Räume und Erdreich DIN 4701.

---

[1]) Esdorn, H., u. G. Wentzlaff: HLH 9/81. S. 358/67 u. 10/81. S. 394/401.
Esdorn, H.: HR 7 u. 8/81. S. 451. 16 S.
Feustel, H.: HLH 9/82. S. 329/33.

[2]) Esdorn, H., u. P. Schmidt: VDI-Bericht 317 (1978). S. 65/72.
Kollmar, A.: TAB 3/79. S. 213/19.
Schmidt, P.: HLH 8/83. S. 341/2.

## -3 KORREKTUREN

*Außentemperatur.* Bei den meist kurzen extremen Kälteperioden hat die Speicherfähigkeit eines Gebäudes einen Einfluß auf den Wärmebedarf. Dies wird durch Einführung eines Außentemperatur-Korrekturfaktors $\Delta\vartheta_a$ berücksichtigt, um den die Norm-Außentemperatur angehoben wird. Es ist

bei leichter Bauart <600 kg/m² . . . . . . . . . . . . . . . . . . . . . . . . $\Delta\vartheta_a = 0$
bei schwerer Bauart 600 bis 1400 kg/m² . . . . . . . . . . . . . . . . . $\Delta\vartheta_a = 2$ K
bei sehr schwerer Bauart >1400 kg/m² . . . . . . . . . . . . . . . . . . $\Delta\vartheta_a = 4$ K.

*Außenwände.* Da bei Außenwänden infolge ihrer geringeren inneren Oberflächentemperatur eine Verringerung der Empfindungstemperatur und damit der Behaglichkeit erfolgt, wird als Ausgleich beim Wärmedurchgangskoeffizienten eine Korrektur $\Delta k_A$ addiert, siehe Tafel 241-5.

*Sonnenstrahlung.* Zum teilweisen Ausgleich des Wärmegewinns durch die immer vorhandene diffuse Sonnenstrahlung durch Fenster wird beim Wärmedurchgangskoeffizienten ein Korrekturfaktor $\Delta k_s$ eingeführt. Er ist negativ und unabhängig von der Himmelsrichtung, siehe Tafel 241-6. Durch direkte Strahlung ergibt sich jedoch beim Jahresenergieverbrauch tatsächlich ein höherer Wert sowie ein Einfluß der Himmelsrichtung. (S. auch Abschn. 353-42.)

## -4 TRANSMISSIONSWÄRMEBEDARF $\dot{Q}_T$

Ermittlung der Wärmedurchgangszahl $k$ bzw. des Wärmedurchgangswiderstandes $1/k$ nach der Gleichung

$$\frac{1}{k} = \frac{1}{\alpha_i} + \frac{1}{\alpha_a} + \sum\frac{d}{\lambda} \qquad \text{oder} \qquad R_k = R_i + R_a + \Sigma R_\lambda$$

$\alpha_i$ = innerer Wärmeübergangskoeffizient
$\alpha_a$ = äußerer Wärmeübergangskoeffizient
$d$ = Schichtdicke
$\lambda$ = Wärmeleitfähigkeit
$k$ = Wärmedurchgangskoeffizient
$R_k$ = Wärmedurchgangswiderstand = $1/k$
$R_\lambda$ = Wärmeleitwiderstand.

In der Norm werden nicht mehr die Wärmedurchgangszahlen $k$ verschiedener Bauteile angegeben, sondern es muß für jede Schicht eines Bauteils der *Wärmeleitwiderstand* $R_\lambda$ ermittelt werden. Die Summe der Wärmeleitwiderstände der einzelnen Schichten ergibt zusammen mit den Wärmeübergangswiderständen $1/\alpha_i = R_i$ und $1/\alpha_a = R_a$ den gesamten Wärmedurchgangswiderstand $1/k = R_k$ des Bauteils. Der *Norm-Wärmedurchgangskoeffizient* ist dann $k_N = k + \Delta k_A + \Delta k_S$.

Werte für den *Wärmedurchlaßwiderstand* $R_\lambda$ sind aus DIN 4108 – Teil 4 zu entnehmen. Siehe auch Tafel 241-33 und -35.

*Beispiel* zur Berechnung des Wärmedurchgangswiderstandes $R_\lambda$ eines Bauteils:

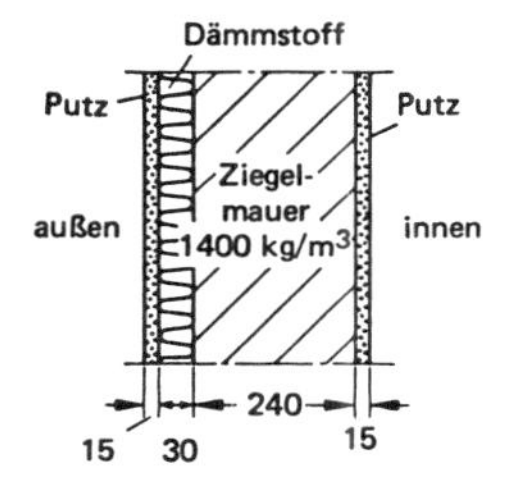


| Baustoff | $d$ Dicke m | $\lambda$ W/mK | $R_\lambda$ m²K/W |
|---|---|---|---|
| $1/\alpha_a = R_a$ | – | – | 0,040 |
| Außenputz | 0,015 | 1,40 | 0,011 |
| Glasfasermatte | 0,030 | 0,041 | 0,732 |
| Ziegelmauer | 0,24 | 0,61 | 0,393 |
| Innenputz | 0,015 | 0,70 | 0,021 |
| $1/\alpha_i = R_i$ | – | – | 0,130 |

$1/k = R_k = 1{,}327$

Werte für den Wärmedurchgangskoeffizienten $k$ bei *Verglasungen* und *Fenstern* siehe Tafel 241-10. Sonderausführungen von Fenstern in Hochisolations-Technik erreichen bei z.B. 90 mm Scheibenabstand mit dazwischen gespannter Folie $k_F = 0{,}7$ W/m²K *(HIT-Fenster).* Infrarotreflektierende Beschichtung verringert dabei die Strahlungsverluste, aber auch die *Lichtdurchlässigkeit* ($\tau = 0{,}56$). Sehr teuer. Wirtschaftlicher sind

*Wärmeschutzgläser* mit $k_F = 2{,}0 \cdots 1{,}4$ W/m³K und $\tau = 0{,}7 \cdots 0{,}75$ (s. Abschn. 353-41). Tafel 241-12 gibt $k$-Werte für Türen.

Wärmeleitwiderstand $R_\lambda$ von *Luftschichten* in Tafel 241-14.

Werte für $R_i$ und $R_a$ in Tafel 241-8.

Bei Räumen, die mit dem *Erdreich* in Berührung stehen, erfolgt ein Wärmeverlust zum Teil über das Erdreich an die Außenluft, zum anderen Teil über das Erdreich an das Grundwasser. Der Wärmeverlust ist

$$\dot{Q}_T = A_{\text{ges}} \left( \frac{\vartheta_i - \vartheta_{AL}}{R_{AL}} + \frac{\vartheta_i - \vartheta_{GW}}{R_{GW}} \right) \text{ in W}$$

$\vartheta_{AL}$ = mittlere Außentemperatur $\approx 0 \cdots -5\,°\text{C} \approx (\vartheta_a + 15)$
$R_{AL}$ = $R_i + R_{\lambda A} + R_{\lambda B} + R_a$
= äquivalenter Wärmedurchgangswiderstand Raum – Außenluft
$R_{\lambda A}$ = äquivalenter Wärmeleitwiderstand des Erdreichs (Bild 241-3)
$R_{\lambda B}$ = Wärmeleitwiderstand des Bauteils
$R_{GW}$ = $R_i + R_{\lambda B} + R_{LE}$
= äquivalenter Wärmedurchgangswiderstand Raum – Grundwasser
$R_{\lambda E}$ = $T/\lambda_E$ = Wärmeleitwiderstand des Erdreichs zum Grundwasser
$T$ = Tiefe des Grundwassers
$\lambda_E$ = Wärmeleitkoeffizient des Erdreichs $\approx 1{,}2$ W/mK
$\vartheta_{GW}$ = Grundwassertemperatur = + 10 °C.

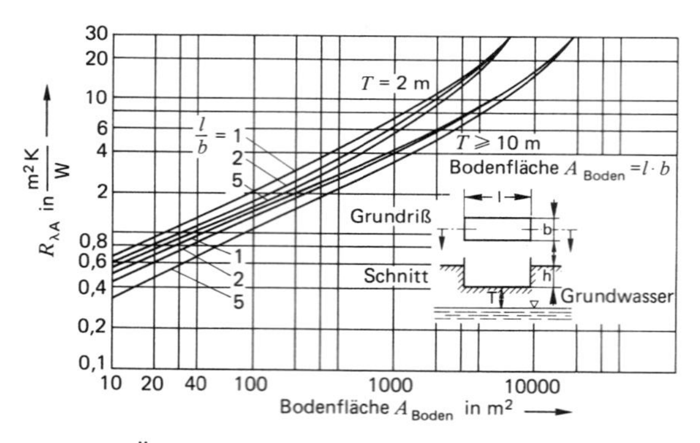


Bild 241-3. Äquivalenter Wärmeleitwiderstand $R_{\lambda A}$ bei an das Erdreich angrenzenden Bauteilen (nach DIN 4701 – Teil 2).

## -5 LÜFTUNGSWÄRMEBEDARF $\dot{Q}_L$

In allen Räumen dringt im Winter durch die Fugen der Fenster und Türen ein Teil Außenluft ein, der durch die Heizung erwärmt werden muß *(Freie Lüftung)*. Luftstrom abhängig von Undichtheiten, Lage der Räume, Gegend und Windanfall.

Stündlicher Luftdurchgang bei Fenstern läßt sich nach folgender Gleichung darstellen:

$$\dot{V} = \sum (a \cdot l) \sqrt[3]{\Delta p^2}$$

$\dot{V}$ = Luftvolumenstrom in m³/h
$\Delta p$ = Druckunterschied in Pa
$a$ = Durchlässigkeitsfaktor in m³/mh Pa$^{2/3}$
$l$ = Fugenlänge in m

Der *Wärmebedarf* ist

$$\dot{Q}_{FL} = \dot{V} \cdot c \cdot \varrho \cdot (\vartheta_i - \vartheta_a) \text{ in W}$$
$$= \sum (a \cdot l) \sqrt[3]{\Delta p^2} \cdot c \cdot \varrho (\vartheta_i - \vartheta_a)$$

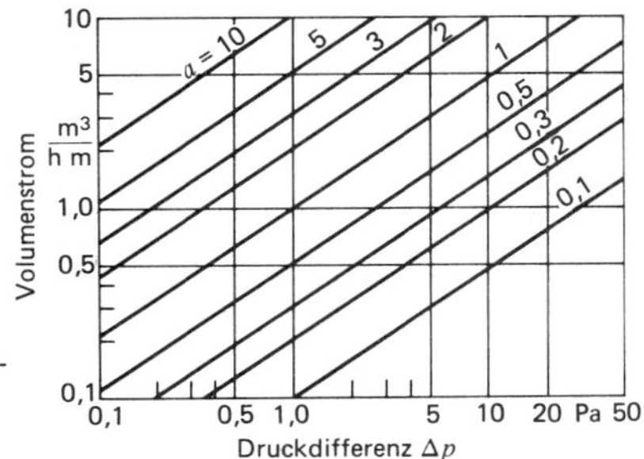


Bild 241-3a. Luftdurchgang durch Fenster- und Türfugen je m Fugenlänge.

Die Fugendurchlässigkeit $a$ gibt dabei an, wieviel $m^3$ Luft je Stunde und m Fugenlänge bei einem Druckunterschied von 1 Pa durch das Fenster in den Raum eintritt.[1]) (Bild 241-3a)

Praktisch sind bei normalen Fenstern *ohne besondere Dichtung* nur geringe Unterschiede in der Luftdurchlässigkeit zwischen Einfach-, Verbund- und Doppelfenstern sowie Metall- und Holzfenstern vorhanden. Mittlere Durchlässigkeit $a = 0{,}6\ m^3/mh\ Pa^{2/3}$. Bei Fenstern *mit besonderer Dichtung* wesentlich geringere Durchlässigkeit mit $a \approx 0{,}3\ m^3/mh\ Pa^{2/3}$ und auch noch weniger bis $0{,}1\ m^3/mh\ Pa^{2/3}$. Im letzteren Fall ist die natürliche Lüftung der Räume bereits in Frage gestellt.

Die der DIN 4701 zugrunde gelegten Luftdurchlässigkeitszahlen $a$ sind in Tafel 241-18 enthalten (s. auch Tafel 238-9). Falls die Fensterbauart bei Projekten noch nicht festliegt, kann man die Fugenlänge $l$ aus Tafel 241-20 entnehmen, in der das Verhältnis $\omega$ = Fugenlänge $l$/Fensterfläche $A$ für verschiedene Fenster und Türen angegeben ist.

Wegen des unterschiedlichen Einflusses von Wind und thermischem Auftrieb bei hohen Gebäuden unterscheidet man bei der Berechnung des Wärmeverlusts zwei Grundtypen von Gebäuden:

*Geschoßtyp* mit luftdichten Geschoßtrennflächen. Sie unterliegen nur Windeinflüssen.

*Schachttyp* ohne innere horizontale Unterteilungen. Sie unterliegen Wind- und Auftriebswirkungen und haben im unteren Gebäudeteil den größten Wärmebedarf.

Für den Lüftungswärmebedarf des Geschoßtyps gilt

$$\dot{Q}_{LG} = \varepsilon_{GA} \cdot \sum (a \cdot l)_A \cdot H \cdot r(\vartheta_i - \vartheta_a) \text{ in W}$$

für den Schachttyp

$$\dot{Q}_{LS} = [\varepsilon_{SA} \cdot \sum (a \cdot l)_A + \varepsilon_{SN} \sum (a \cdot l)_N] \cdot H \cdot r(\vartheta_i - \vartheta_a) \text{ in W}$$

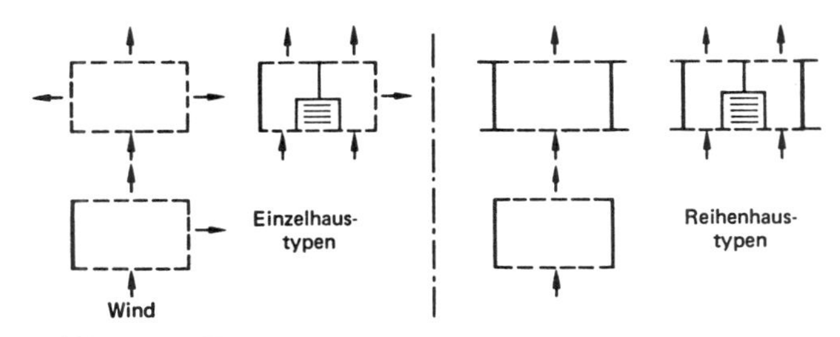


Bild 241-4. Grundrißtypen von Häusern.

[1]) DIN 18055 (10.81): Fenster, Fugendurchlässigkeit, Schlagregendichtheit.
Esdorn, H., u. J. Rheinländer: HLH 3/78. S. 101/8.
Esdorn, H., u. W. Brinkmann: Ges.-Ing. 4/78. S. 81. 17 S.

Die einzelnen Faktoren haben darin folgende Bedeutung:

*Raumkennzahl* $r$ ist ein Reduktionsfaktor, der die Erhöhung des Strömungswiderstandes für die Gebäudedurchströmung infolge Innenwänden und Türen darstellt. Zahlenwerte für $r$ liegen zwischen 0,7 bis 0,9 (Tafel 241-22).

*Hauskenngröße* $H = c \cdot \varrho \cdot \sqrt[3]{\Delta p^2}$ berücksichtigt die Lage des Gebäudes (geschützt oder frei) und Bauweise (Einzelhaus oder Reihenhaus) (Tafel 241-24). Sie ist abhängig von der Windgeschwindigkeit. Bei Häusern vom Einzelhaustyp kann die Luft über zwei oder mehr Seiten abströmen, bei Reihenhäusern nur über eine Seite (Bild 241-4). $H$ in Tafel 241-24 ist bezogen auf eine Gebäudehöhe von 10 m.

*Der Höhenkorrekturfaktor* $\varepsilon$ (Tafel 241-26 bis -28) berücksichtigt den Wind- und Auftriebseinfluß in verschiedenen Höhen $h$ sowohl beim Geschoßtyp ($\varepsilon_G$) wie beim Schachttyp ($\varepsilon_S$). Außerdem sind wegen des Winddrucks auf das Gebäude angeblasene Flächen (Index $A$) und nicht angeblasene Flächen (Index $N$) zu unterscheiden. Geschoßtyp-Gebäude unterliegen nur Windeinflüssen, der Faktor $\varepsilon_{GA}$ ändert sich mit der Höhe von 1,0 bis 2,8. Schachttyp-Gebäude haben wegen des thermischen Auftriebs in den unteren Geschossen den größten Lüftungswärmebedarf mit $\varepsilon_{SA}$ steigend von 0 bis auf 9,4 bei 100 m Gebäudehöhe eines Einzelhauses.

Für *Daueraufenthaltsräume* darf ein 0,5facher Mindestluftwechsel des Raumvolumens $V_R$ nicht unterschritten werden. Der Wärmebedarf hierfür ist

$$\dot{Q}_{L\,\min} = 0{,}5 \cdot c \cdot \varrho \cdot V_R\,(\vartheta_i - \vartheta_a) = 0{,}17\;V_R\,(\vartheta_i - \vartheta_a) \text{ in W}$$

Bei *mechanisch* gelüfteten Räumen wird bei Zuluftüberschuß der Norm-Lüftungswärmebedarf $\dot{Q}_L'$ nach dem normalen Verfahren ermittelt. Bei Abluftüberschuß muß der zusätzliche Lüftungswärmebedarf

$$\dot{Q}_L' = (\dot{V}_A - \dot{V}_Z) \cdot c \cdot \varrho \cdot (\vartheta_i - \vartheta_u) \text{ in W}$$

$\dot{V}_A$ = Abluftvolumenstrom m³/s
$\dot{V}_z$ = Zuluftvolumenstrom m³/s
$\vartheta_u$ = Umgebungstemperatur °C

errechnet werden.

Für *Küchen* und sanitäre Räume mit freien Lüftungseinrichtungen ist der Lüftungswärmebedarf entsprechend einem 4fachen Luftwechsel zu berechnen:

$$\dot{Q}_L' = 1{,}36\;V_R\,(\vartheta_i - \vartheta_u) \text{ in W}$$

$V_R$ = Raumvolumen m³.

## -6 GESAMTWÄRMEBEDARF

Bei der Berechnung des Gesamtwärmebedarfs eines *Gebäudes* werden die Transmissionswerte aller Räume addiert, die Werte für den Lüftungsbedarf jedoch nur teilweise, da nicht alle Fassaden gleichzeitig vom Wind angeströmt werden.

Der Gesamtwärmebedarf (Gebäudewärmebedarf) ist

$$\dot{Q}_N = \sum \dot{Q}_T + \zeta \sum \dot{Q}_L$$

Darin ist $\zeta$ der gleichzeitig wirksame Lüftungswärmeanteil. Für alle Gebäude < 10 m hoch ist $\zeta = 0{,}5$ (siehe Tafel 241-30). Bei einem Verhältnis von z.B. $\dot{Q}_L/\dot{Q}_T = 0{,}30$ vermindert sich der Normwärmebedarf $\dot{Q}_N$ durch den Gleichzeitigkeitsfaktor um 15%.

Für die Berechnung des Wärmebedarfs bei mehreren verschiedenen Wärmeverbrauchern siehe [1]).

## -7 ÜBERSCHLAGSZAHLEN FÜR DEN WÄRMEBEDARF

Hierfür können die Werte in Bild 266-1 verwendet werden, wobei jedoch zu beachten ist, daß es sich eben nur um Anhaltswerte handelt, die in Einzelfällen sowohl über- wie unterschritten werden können.

---

[1]) VDI-Richtlinie 3815. E. 6.87: Grundsätze für die Bemessung der Leistung von Wärmeerzeugern.

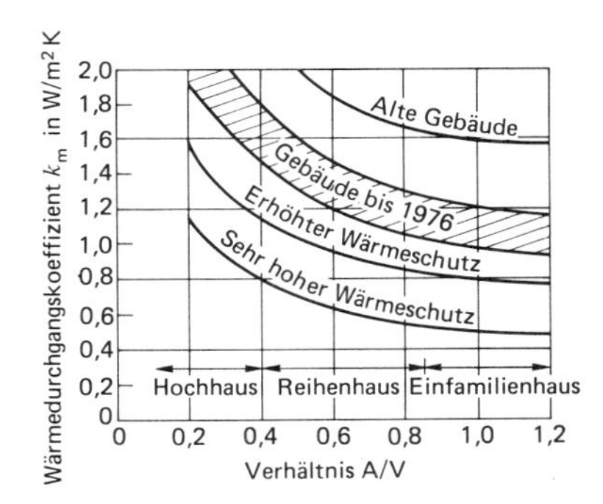


Bild 241-6. Wärmedurchgangskoeffizient in Abhängigkeit vom A/V-Wert.

Nach der $A/V$-Methode wird der maximale Wärmebedarf wie folgt geschätzt (siehe Abschnitt 238-6):

$$\dot{Q}_n = \left(k_m \cdot \frac{A}{V} + 0{,}34\, n\right) \cdot V \cdot \Delta\vartheta \text{ in W}$$

$k_m$ = mittlerer Wärmedurchgangskoeffizient in W/m²K
$A$ = gesamte Umfassungsfläche m²
$V$ = gesamtes Gebäudevolumen m³
$n$ = stündlicher Luftwechsel = 0,5 bis 1,0 in $h^{-1}$
$\Delta\vartheta = (\vartheta_i - \vartheta_a)$ = Temperaturdifferenz K

Der durchschnittliche Wert von $k_m$ kann für verschiedene Gebäude aus Bild 241-6 entnommen werden.

## -8 SONDERFÄLLE

1. *Selten beheizte Räume* wie Kirchen, Ausstellungshallen usw.
   Berechnung hierzu siehe Abschnitt 253 (Kirchenheizung).
2. Gebäude *schwerer Bauart* (Bunker), geringer Wärmeverlust, normale Berechnung.
   Gebäude *leichter Bauart* (Wintergarten), normale Berechnung.
3. *Hallen.* Die inneren Wärmeübergangswiderstände an den Außenwänden sind wegen des verringerten Strahlungsaustauschs mit Innenwänden größer anzusetzen, mit $R_i = 0{,}12$ bis 0,21. Für einfach verglaste Stahlfenster ist $R_k = 0{,}14$ bis 0,21. Die mittlere Raumtemperatur ist je nach Raumhöhe um 1…4 K höher anzunehmen.
4. *Gewächshäuser.* Siehe DIN 4701.
5. *Teilweise eingeschränkte Beheizung.*[1]) Werden Nachbarräume, z. B. Schlafzimmer, nur teilweise beheizt, ergibt sich für den voll beheizten Raum ein zusätzlicher Wärmebedarf, der je nach Zahl der Außenflächen 10 bis 30% beträgt. Die Heizkurven müssen höher als bei Vollheizung gefahren werden.

## -9 BEISPIEL

Zur Durchführung der Rechnung sind Formblätter entsprechend dem Beispiel zu Bild 241-8 zu verwenden, siehe Tafel 241-1.

Um die mühsame Arbeit der Transmissionsberechnung zu vereinfachen, werden heute meist programmierbare Kleinrechner oder EDV-Anlagen verwendet[2]). DIN 4701 (3.83) enthält hierfür geeignete Algorithmen, d. h. mathematische Formeln für die in den Ta-

---
[1]) Esdorn, H., u. H.-P. Bendel: Ges.-Ing. 3/84. S. 124.
[2]) Markert, H.: Ges.-Ing. 6/80. S. 181/7.
San. Hzg. Techn. 6/81. S. 607/10.
Paech, W.: SHT 2/83. S. 89/19.
Markert, H.: HLH 4/85. S. 195/6.

bellen enthaltenen Daten in der Weise, daß die Berechnungen von Computern ausgeführt werden können.

*Windlage:* Einzelhaus, windschwach, normal

*Außenwände:* Vollziegel, $\varrho = 1600$, $\lambda_R = 0{,}68$, Kalkmörtelputz

$$\frac{1}{k} = 0{,}04 + \frac{0{,}015}{0{,}87} + \frac{0{,}365}{0{,}68} + \frac{0{,}02}{0{,}87} + 0{,}13 = 0{,}75 \text{ m}^2\text{K/W}$$

*Innenwände:* Kalksandstein, $\varrho = 1400$, $\lambda_R = 0{,}70$, Gipsmörtelputz

$$\frac{1}{k} = 0{,}13 + \frac{0{,}015}{0{,}87} + \frac{0{,}24}{0{,}70} + \frac{0{,}015}{0{,}87} + 0{,}15 = 0{,}63 \text{ m}^2\text{K/W}$$

*Doppelfenster:* Holz, 100 mm Scheibenabstand, $k_F = 2{,}5$, $\Delta k_s = -0{,}3$

*Türen:* ohne Schwellen

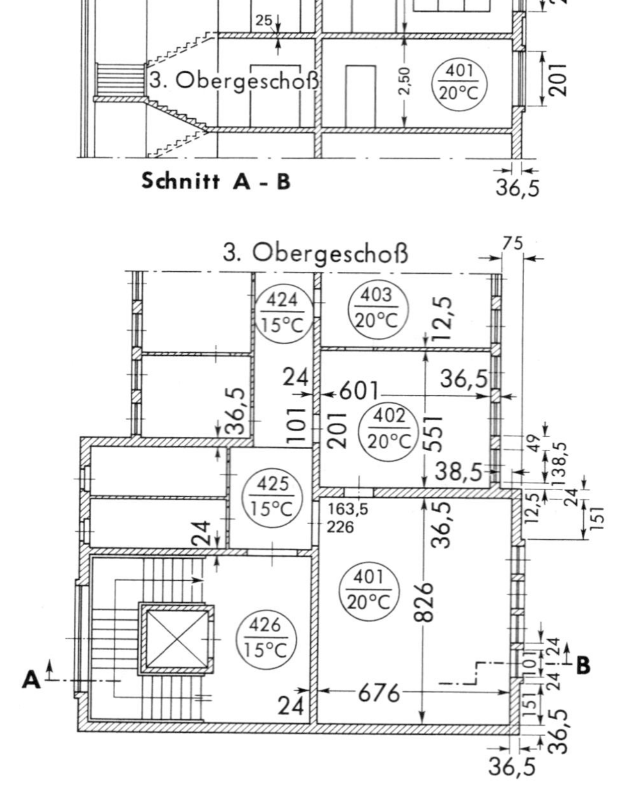


Bild 241-8. Lage und Abmessungen der Räume zum Berechnungsbeispiel nach DIN 4701.

**Tafel 241-1. Berechnung des Norm-Wärmebedarfs nach DIN 4701** – Beispiel Bild 241-8

Projekt/Auftrag/Kommission: Datum: Seite

Bauvorhaben: Beispiel Raumnummer: 401 Raumbezeichnung: Wohnraum

| | | | |
|---|---|---|---|
| Norm-Innentemperatur: | $\vartheta_i = 20\ °C$ | Hauskenngröße: | $H = 0{,}72\ \frac{W \cdot h \cdot Pa^{2/3}}{m^3 K}$ |
| Norm-Außentemperatur: | $\vartheta_a = -14\ °C$ | Anzahl der Innentüren: | $n_1 = 2$ |
| Raumvolumen: | $V_R = 140\ m^3$ | Höhe über Erdboden: | $z = 10\ m$ |
| Gesamt-Raumumschließungsfläche: | $A_{ges} = 187\ m^2$ | Höhenkorrekturfaktor (angeströmt): | $\varepsilon_A = 1{,}0$ |
| Temperatur der nachströmenden Umgebungsluft: | $\vartheta_U = -14\ °C$ | Höhenkorrekturfaktor (nicht angeströmt): | $\varepsilon_N = 0$ |
| Abluftüberschuß: | $\Delta\dot{V} = -\ m^3/s$ | | |

| 1 | 2 | 3 | 4 | 5 | 6 | 7 | 8 | 9 | 10 | 11 | 12 | 13 | 14 | 15 | 16 | 17 |
|---|---|---|---|---|---|---|---|---|---|---|---|---|---|---|---|---|
| | | | Flächenberechnung | | | | | Transmissions-Wärmebedarf | | | Luftdurchlässigkeit | | | | | |
| Kurz-be-zeich-nung | Him-mels-rich-tung | An-zahl | Breite | Höhe bzw. Länge | Fläche | Fläche abzie-hen? (–) | in Rech-nung ge-stellte Fläche | Norm-Wärme-durch-gangs-koeffizient | Tempe-ratur-diffe-renz | Trans-missions-Wärme-bedarf des Bauteils | Anzahl waage-rechter Fugen | Anzahl senk-rechter Fugen | Fugen-länge | Fugen-durchlaß-koeffizient | Durch-lässig-keit des Bauteils | an- oder nicht ange-strömt (A/N) |
| – | – | $n$ | $b$ | $h$ | $A$ | – | $A'$ | $k_N$ | $\Delta\vartheta$ | $\dot{Q}_T$ | $n_w$ | $n_s$ | $l$ | $a$ | $\sum(a \cdot l)$ | |
| – | – | – | m | m | $m^2$ | – | $m^2$ | $\frac{W}{m^2 \cdot K}$ | K | W | – | – | m | $\frac{m^3}{m \cdot h \cdot Pa^{2/3}}$ | $\frac{m^3}{h \cdot Pa^{2/3}}$ | – |
| AF | SO | 4 | 1,01 | 2,01 | 2,0 | | 8,1 | 2,2 | 34 | 606 | 8 | 8 | 24,1 | 0,6 | 14,5 | A |
| AW | SO | 1 | 8,26 | 2,75 | 22,7 | AF | 14,6 | 1,33 | 34 | 660 | | | | | | |
| AW | SO | 1 | 0,38 | 2,75 | 1,0 | | 1,0 | 1,33 | 34 | 45 | | | | | | |
| AW | SW | 1 | 6,76 | 2,75 | 18,6 | | 18,6 | 1,33 | 34 | 841 | | | | | | |
| IT | | 1 | 1,63 | 2,0 | 3,3 | | 3,3 | 2,00 | 5 | 33 | | | | | | |
| IW | | 1 | 8,26 | 2,75 | 22,7 | IT | 19,4 | 1,59 | 5 | 154 | | | | | | |
| | | | | | | | | | | 2339 | | | | | | |

| | | | |
|---|---|---|---|
| angeströmte Durchlässigkeiten: | $\sum(a \cdot l)_A = 14{,}5\ \frac{m^3}{h \cdot Pa^{2/3}}$ | Mindest-Lüftungswärmebedarf | $\dot{Q}_{L\,min} = 809\ W$ |
| | | Norm-Lüftungswärmebedarf: | $\dot{Q}_L = 809\ W$ |
| nicht angeströmte Durchlässigkeiten: | $\sum(a \cdot l)_N = -\ \frac{m^3}{h \cdot Pa^{2/3}}$ | Norm-Transmissions-Wärmebedarf: | $\dot{Q}_T = 2339\ W$ |
| Raumkennzahl: | $r = 0{,}9$ | Krischer-Wert: | $D = 0{,}37\ \frac{W}{m^2K}$ |
| Lüftungswärmebedarf durch Fugen-Lüftung: | $\dot{Q}_{LFI} = \varepsilon_A \cdot 14{,}5 \cdot H \cdot r \cdot 34 = 320\ W$ | anteiliger Lüftungswärmebedarf: | $\dot{Q}_L / \dot{Q}_T = 0{,}35$ |
| Lüftungswärmebedarf durch RLT-Anlagen: | $\Delta\dot{Q} \cdot_{RLT} = -\ W$ | Norm-Wärmebedarf: | $\dot{Q}_N = 3148\ W$ |

Bild 241-10. Klimakarte von Deutschland und benachbarten Gebieten (aus DIN 4701). Norm-Außentemperatur als tiefstes Zweitagesmittel der Lufttemperatur in °C. W= windstark.

**Tafel 241-2. Norm-Außentemperaturen für einige Städte**

| Stadt | Temp. | Stadt | Temp. | Stadt | Temp. |
|---|---|---|---|---|---|
| Aachen | −12 | Düsseldorf | −10 W | Köln | −10 |
| Augsburg | −14 | Frankfurt/M. | −12 | Lübeck | −10 W |
| Berlin | −14 | Hamburg | −12 W | Mannheim | −12 |
| Bonn | −10 | Hannover | −14 W | München | −16 |
| Bremen | −12 W | Karlsruhe | −12 | Stuttgart | −12 |
| Dortmund | −12 | Kiel | −10 W | Zugspitze | −24 W |

W = windstarke Gegend

**Tafel 241-4. Norm-Innentemperaturen für beheizte Räume**

| Raumart | Temperatur °C |
|---|---|
| 1) *Wohnhäuser* | |
| Wohn- und Schlafräume, Küchen, Aborte | 20 |
| Bäder | 24 |
| Flure, geheizte Nebenräume | 15 |
| Treppenräume | 10 |
| 2) *Verwaltungsgebäude* | |
| Alle Räume außer Aborte und Nebenräume | 20 |
| Nebenräume | 15 |
| 3) *Geschäftshäuser* | |
| Verkaufsräume, Läden | 20 |
| Lebensmittelverkauf, allgem. Lager | 18 |
| Wurstlager, Fleischwaren | 15 |
| 4) *Hotels* | |
| Hotelzimmer, Hotelhallen, Festsäle, Sitzungszimmer | 20 |
| 5) *Unterrichtsgebäude* | |
| Allgem. Räume, Turnhallen, Gymnastikräume | 20 |
| Lehrküchen | 18 |
| 6) *Theater, Konzerträume* | 20 |
| 7) *Kirchen* (allgem.) | 15 |
| 8) Krankenhäuser (s. auch DIN 1946 Teil 4) | |
| OP-Räume, Frühgeborene | 25 |
| Sonstige Räume | 22 |
| 9) *Werkstatträume,* mindestens | 15 |
| bei sitzender Tätigkeit | 20 |
| 10) *Kasernen* | 20 |
| 11) *Schwimmbäder* | |
| Hallen | 28 |
| Duschen | 24 |
| Umkleideräume | 22 |
| 12) *Museen, Galerien, Flughäfen* | 20 |

**Tafel 241-5. Außenflächenkorrekturen $\Delta k_A$ für den Wärmedurchgangskoeffizienten von Außenflächen**

| Wärmedurchgangkoeffizient der Außenflächen nach DIN 4108 Teil 4 $k$ in $W/(m^2 \cdot K)$ | 0,0 bis 1,5 | 1,6 bis 2,5 | 2,6 bis 3,1 | 3,2 bis 3,5 |
|---|---|---|---|---|
| Außenflächen-Korrektur $\Delta k_A$ in $W/(m^2 \cdot K)$ | +0,0 | +0,1 | +0,2 | +0,3 |

**Tafel 241-6. Sonnenkorrekturen $\Delta k_S$ für den Wärmedurchgangskoeffizienten transparenter Außenflächen**

| Verglasungsart | Sonnenkorrektur $\Delta k_S$ $W/(m^2 \cdot K)$ |
|---|---|
| Klarglas (Normalglas) | −0,3 |
| Spezialglas (Sonderglas) | $-0{,}35 \cdot g_F$ |

$g_F$ = Gesamtenergiedurchlaßgrad nach DIN 4108 Teil 2 (s. auch Tafel 353-14)

**Tafel 241-8. Wärmeübergangswiderstände $R_i$ und $R_a$ in $m^2K/W$ [1])**

| Innenwände und Fenster $R_i = 1/\alpha_i$ | Fußböden und Decken $R_i = 1/\alpha_i$ Wärmestrom ↑ | Fußböden und Decken $R_i = 1/\alpha_i$ Wärmestrom ↓ | Außenwände $R_a = 1/\alpha_a$ | vorgehängte Fassaden $R_a = 1/\alpha_a$ |
|---|---|---|---|---|
| 0,13 | 0,13 | 0,17 | 0,04 | 0,08 |

[1]) Weitere Angaben in DIN 4108 Teil 4 (12.85).

**Tafel 241-10. Rechenwerte der Wärmedurchgangskoeffizienten für Verglasungen $k_V$ und für Fenster und Fenstertüren einschließlich Rahmen $k_F$ in $W/m^2K$**

| | Beschreibung der Verglasung | Verglasung $k_V$*) $\frac{W}{m^2K}$ | $k_F$ für Fenster und Fenstertüren in $W/(m^2K)$ einschl. Rahmen · Rahmenmaterialgruppe**) 1 | 2.1 | 2.2 | 2.3 | 3 |
|---|---|---|---|---|---|---|---|
| 1 | Einfachverglasung | 5,8 | 5,2 | | | | |
| 2 | Isolierglas mit ≥ 6 bis ≤ 8 mm Scheibenzwischenraum (SZR) | 3,4 | 2,9 | 3,2 | 3,3 | 3,6 | 4,1 |
| 3 | Isolierglas mit > 8 bis ≤ 10 mm SZR | 3,2 | 2,8 | 3,0 | 3,2 | 3,4 | 4,0 |
| 4 | Isolierglas mit > 10 bis ≤ 16 mm SZR | 3,0 | 2,6 | 2,9 | 3,1 | 3,3 | 3,8 |
| 5 | Isolierglas mit zweimal ≥ 6 bis ≤ 8 mm SZR | 2,4 | 2,2 | 2,5 | 2,6 | 2,9 | 3,4 |
| 6 | Isolierglas mit zweimal > 8 bis ≤ 10 mm SZR | 2,2 | 2,1 | 2,3 | 2,5 | 2,7 | 3,3 |
| 7 | Isolierglas mit zweimal > 10 bis ≤ 16 mm SZR | 2,1 | 2,0 | 2,3 | 2,4 | 2,7 | 3,2 |
| 8 | Doppelverglasung mit 20 bis 100 mm SZR | 2,8 | 2,5 | 2,7 | 2,9 | 3,2 | 3,7 |
| 9 | Dreifachverglasung aus Einfachglas und Isolierglas 10 bis 16 mm SZR | 2,0 | 1,9 | 2,2 | 2,4 | 2,6 | 3,1 |
| 10 | Doppelverglasung aus zwei Isolierglaseinheiten (4fach Glas) mit 10 bis 16 mm SZR | 1,4 | 1,5 | 1,8 | 1,9 | 2,2 | 2,7 |
| 11 | Wärmeschutzglas mit 14 mm SZR | 1,3 | 1,4 | 1,7 | 1,8 | 2,1 | 2,7 |

*) Rahmenanteil < 5%
**) Rahmengruppe 1 Fenster mit Rahmen aus Holz oder Kunststoff
Wärmedurchgangskoeffizient der Rahmen $k_R$ < 2,0 $W/m^2K$
Rahmengruppe 2.1 Rahmen aus Metall oder Beton $k_R$ = 2 bis 2,8 $W/m^2K$
2.2 Rahmen aus Metall oder Beton $k_R$ = 2,8 bis 3,5 $W/m^2K$
2.3 Rahmen aus Metall oder Beton $k_R$ = 3,5 bis 4,5 $W/m^2K$
3 Sonstige Fenster

**Tafel 241-12. Wärmedurchgangskoeffizient $k$ für Außen- und Innentüren**

| Türen | $k$ in $W/m^2K$ |
|---|---|
| Außentüren | |
| Holz, Kunststoff | 3,5 |
| Metall, wärmegedämmt | 4,0 |
| Metall, ungedämmt | 5,5 |
| Innentüren | 2,0 |

**Tafel 241-14. Wärmeleitwiderstände $R_\lambda = 1/\Lambda$ von Luftschichten in $m^2 K/W$**

| Lage der Luftschicht | Dicke der Luftschicht in cm | | | | |
|---|---|---|---|---|---|
| | 1 | 2 | 5 | 10 | 15 |
| Senkrechte Luftschichten | 0,14 | 0,16 | 0,18 | 0,17 | 0,16 |
| Waagerechte Luftschichten | | | | | |
| Wärmedurchgang nach oben | 0,14 | 0,15 | 0,16 | 0,16 | 0,16 |
| Wärmedurchgang nach unten | 0,15 | 0,18 | 0,21 | 0,21 | 0,21 |

**Tafel 241-18. Fugendurchlässigkeit *a* von Fenstern und Türen**

| Fenster und Fenstertüren | zu öffnen | Beanspruchungs-gruppe*) | $m^3/mh\ Pa^{2/3}$ |
|---|---|---|---|
| | | B, C, D | 0,3 |
| | | A | 0,6 |
| | nicht zu öffnen | normal | 0,1 |
| Außentüren | Dreh- und Schiebetüren | sehr dicht | 1,0 |
| | Dreh- und Schiebetüren | normal | 2,0 |
| | Pendeltüren | normal | 20 |
| | Karusselltüren | normal | 30 |
| Innentüren | mit Schwelle | dicht | 3 |
| | ohne Schwelle | normal | 9 |

*) Nach DIN 18055 (10.81): Fenster, Fugendurchlässigkeit, Schlagregendichtheit.

**Tafel 241-20. Fugenlänge *l* je $m^2$ Fensterfläche (für Überschlagsrechnungen)**
Aus DIN 4701 – 1.59

| | Fenster- bzw. Türhöhe im m | $\omega = \frac{l}{A}$ |
|---|---|---|
| Fenster beliebiger Flügelzahl | 0,50 | 7,2 |
| | 0,63 | 6,2 |
| | 0,75 | 5,3 |
| | 0,88 | 4,9 |
| | 1,00 | 4,5 |
| | 1,25 | 4,1 |
| | 1,50 | 3,7 |
| | 2,00 | 3,3 |
| | 2,50 | 3,0 |
| Türen und Türfenster | | |
| zweiflügelig | 2,50 | 3,3 |
| einflügelig | 2,10 | 2,6 |

**Tafel 241-22. Raumkennzahl $r$ in $m^3/h\ Pa^{2/3}$**

| Innentüren | Zahl | $\Sigma (a \cdot l)_A$ | $r$ |
|---|---|---|---|
| normal (ohne Schwelle) | 1 | < 30<br>> 30 | 0,9<br>0,7 |
| | 2 | < 60<br>> 60 | 0,9<br>0,7 |
| | 3 | < 90<br>> 90 | 0,9<br>0,7 |
| dicht (mit Schwelle) | 1 | < 10<br>> 10 | 0,9<br>0,7 |
| | 2 | < 20<br>> 20 | 0,9<br>0,7 |
| | 3 | < 30<br>> 30 | 0,9<br>0,7 |

Für Räume ohne Innentüren ist $r = 1$

**Tafel 241-23. Temperaturen in Dachräumen**

| Geschlossene Dachräume | | | Norm-Außentemperatur °C | | | | |
|---|---|---|---|---|---|---|---|
| Dachaußenfläche | Wärmedurchgangswiderstand $R_k$ in $m^2$ K/W | | | | | | |
| | nach außen | zu Räumen | ≥ −10 | −12 | −14 | −16 | ≤ −18 |
| undicht | 0,2 | 0,8<br>1,6 | −6<br>−8 | −8<br>−10 | −10<br>−12 | −12<br>−14 | −13<br>−15 |
| | 0,4 | 0,8<br>1,6 | −4<br>−7 | −5<br>−9 | −7<br>−10 | −9<br>−12 | −11<br>−14 |
| dicht | 0,2 | 0,8<br>1,6 | −6<br>−8 | −8<br>−10 | −9<br>−11 | −11<br>−13 | −13<br>−15 |
| | 0,4 | 0,8<br>1,6 | −3<br>−6 | −4<br>−8 | −6<br>−9 | −7<br>−11 | −9<br>−13 |
| | 0,8 | 0,8<br>1,6 | +1<br>−3 | 0<br>−5 | −1<br>−6 | −3<br>−8 | −4<br>−9 |
| | 1,6 | 0,8<br>1,6 | +5<br>0 | +4<br>−1 | +3<br>−2 | +2<br>−4 | +1<br>−5 |

**Tafel 241-24. Hauskenngröße $H$**

| Gegend | Lage | H in $W \cdot h \cdot Pa^{2/3}/m^3 K$ Einzelhaus | Reihenhaus | Windgeschw. m/s |
|---|---|---|---|---|
| windschwach | normal<br>frei | 0,72<br>1,82 | 0,52<br>1,31 | 2<br>4 |
| windstark | normal<br>frei | 1,82<br>3,13 | 1,31<br>2,24 | 4<br>6 |

**Tafel 241-26. Höhenkorrekturfaktor $\varepsilon_{GA}$ bei Einzel- und Reihenhäusern**

| Höhe über Erdboden in m | | | | | | | | | | | | | |
|---|---|---|---|---|---|---|---|---|---|---|---|---|---|
| 0 | 5 | 10 | 15 | 20 | 25 | 30 | 40 | 50 | 60 | 70 | 80 | 90 | 100 |
| 1,0 | 1,0 | 1,0 | 1,2 | 1,4 | 1,5 | 1,6 | 1,9 | 2,0 | 2,2 | 2,4 | 2,5 | 2,7 | 2,8 |

**Tafel 241-27. Höhenkorrekturfaktor $\varepsilon_{SA}$ und $\varepsilon_{SN}$ bei Einzelhäusern Normale Lage, windschwach, Hauskennzahl $H = 0,72$**

| Gebäudehöhe m | | Höhe über Erdboden in m | | | | | | | | | | | |
|---|---|---|---|---|---|---|---|---|---|---|---|---|---|
| | | 0 | 5 | 10 | 15 | 20 | 25 | 30 | 35 | 40 | 45 | 50 | 100 |
| 100 | $\varepsilon_{SA}$ | 9,4 | 8,8 | 8,1 | 7,5 | 6,8 | 6,1 | | | | | | |
| | $\varepsilon_{sN}$ | 9,1 | 8,5 | 7,8 | 7,0 | 6,2 | 5,4 | 4,5 | 3,5 | 2,4 | | 0 | 0 |
| 80 | $\varepsilon_{SA}$ | 8,2 | 7,5 | 6,7 | 6,0 | 5,3 | 4,5 | 3,6 | 2,6 | 1,3 | 0 | 0 | 0 |
| | $\varepsilon_{SN}$ | 7,9 | 7,1 | 6,4 | 5,6 | 4,7 | 3,7 | 2,5 | 1,1 | 0 | 0 | 0 | 0 |
| 60 | $\varepsilon_{SA}$ | 6,8 | 6,0 | 5,2 | 4,4 | 3,5 | 2,5 | 1,2 | 0 | | | | |
| | $\varepsilon_{SN}$ | 6,5 | 5,7 | 4,8 | 3,8 | 2,7 | 1,3 | 0 | | | | | |
| 40 | $\varepsilon_{SA}$ | 5,3 | 4,4 | 3,4 | 2,4 | 1,1 | 0 | | | | | | |
| | $\varepsilon_{SN}$ | 4,9 | 4,0 | 2,9 | 1,6 | 0 | | | | | | | |
| 20 | $\varepsilon_{SA}$ | 3,5 | 2,4 | 0,86 | 0 | | | | | | | | |
| | $\varepsilon_{SN}$ | 3,1 | 1,8 | 0 | | | | | | | | | |
| 10 | $\varepsilon_{SA}$ | 1,0 | 1,0 | 1,0 | | | | | | | | | |
| | $\varepsilon_{SN}$ | 0 | 0 | 0 | | | | | | | | | |

Für windstarke Gegend und freie Lage siehe DIN 4701.

**Tafel 241-28. Höhenkorrekturfaktor $\varepsilon_{SA}$ und $\varepsilon_{SN}$ bei Reihenhäusern Normale Lage, windschwach, Hauskennzahl $H = 0,52$**

| Gebäudehöhe m | | Höhe über Erdboden in m | | | | | | | | | | | |
|---|---|---|---|---|---|---|---|---|---|---|---|---|---|
| | | 0 | 5 | 10 | 15 | 20 | 25 | 30 | 35 | 40 | 45 | 50 | 100 |
| 100 | $\varepsilon_{SA}$ | 12,9 | 12,0 | 11,0 | 10,2 | 9,2 | 8,2 | 7,2 | 6,0 | 4,7 | 3,2 | 1,2 | 0 |
| | $\varepsilon_{SN}$ | 12,5 | 11,6 | 10,6 | 9,5 | 8,4 | 7,3 | 6,0 | 4,5 | 2,8 | 0 | 0 | 0 |
| 80 | $\varepsilon_{SA}$ | 11,2 | 10,2 | 9,1 | 8,2 | 7,1 | 6,0 | 4,7 | 3,2 | 1,2 | 0 | | |
| | $\varepsilon_{SN}$ | 10,7 | 9,7 | 8,7 | 7,5 | 6,2 | 4,8 | 3,2 | 0,8 | 0 | 0 | | |
| 60 | $\varepsilon_{SA}$ | 9,3 | 8,2 | 7,0 | 5,9 | 4,7 | 3,2 | 1,2 | 0 | 0 | | | |
| | $\varepsilon_{SN}$ | 8,8 | 7,7 | 6,5 | 5,1 | 3,5 | 1,4 | 0 | 0 | 0 | | | |
| 40 | $\varepsilon_{SA}$ | 7,2 | 6,0 | 4,6 | 3,1 | 1,0 | 0 | 0 | 0 | 0 | | | |
| | $\varepsilon_{SN}$ | 6,7 | 5,3 | 3,8 | 1,9 | 0 | 0 | 0 | 0 | 0 | | | |
| 20 | $\varepsilon_{SA}$ | 4,8 | 3,1 | 0,8 | 0 | 0 | | | | | | | |
| | $\varepsilon_{SN}$ | 4,1 | 2,2 | 0 | 0 | 0 | | | | | | | |
| 10 | $\varepsilon_{SA}$ | 1,0 | 1,0 | 1,0 | | | | | | | | | |
| | $\varepsilon_{SN}$ | 0 | 0 | 0 | | | | | | | | | |

Für windstarke Gegend und freie Lage siehe DIN 4701.

**Tafel 241-30. Gleichzeitig wirksamer Lüftungswärmeanteil $\zeta$**

| Windverhältnisse | $\zeta$ | |
|---|---|---|
| | Gebäudehöhe $H$ | |
| | < 10 m | > 10 m |
| Windschwache Gegend normale Lage | 0,5 | 0,7 |
| alle übrigen Fälle | 0,5 | 0,5 |

**Tafel 241-33. Wärmedurchgangswiderstände $R_\lambda$ von Decken nach DIN 4108 – Teil 4**

| Zeile | Bezeichnung | Dicke s mm | $R_\lambda$ in m²K/W im Mittel | $R_\lambda$ in m²K/W an der ungünstigsten Stelle |
|---|---|---|---|---|
| 1 | **Stahlbetonrippen- und Stahlbetonbalkendecken** nach DIN 1045 | | | |
| 1.1 | Stahlbetonrippendecke (ohne Aufbeton, ohne Putz) | 120 | 0,20 | 0,06 |
| | | 140 | 0,21 | 0,07 |
| | | 160 | 0,22 | 0,08 |
| | | 180 | 0,23 | 0,09 |
| | | 200 | 0,24 | 0,10 |
| | 500 (625,750) 500 (625,750) 500 (625,750) | 220 | 0,25 | 0,11 |
| | | 250 | 0,26 | 0,12 |
| 1.2 | Stahlbetonrippendecke (ohne Aufbeton, ohne Putz) | 120 | 0,16 | 0,06 |
| | | 140 | 0,18 | 0,07 |
| | | 160 | 0,20 | 0,08 |
| | | 180 | 0,22 | 0,09 |
| | | 200 | 0,24 | 0,10 |
| | 500 (625,750) 500 (625,750) 500 (625,750) | 220 | 0,26 | 0,11 |
| | | 240 | 0,28 | 0,12 |
| 2 | **Stahlbetonrippen- und Stahlbetonbalkendecken** nach DIN 1045 | | | |
| 2.1 | Ziegel als Zwischenbauteile nach DIN 4160 ohne Querstange (ohne Aufbeton, ohne Putz) | 115 | 0,15 | 0,06 |
| | | 140 | 0,16 | 0,07 |
| | | 165 | 0,18 | 0,08 |
| | 300 300 300 300 300 | | | |
| 2.2 | Ziegel als Zwischenbauteile nach DIN 4160 mit Querstanben (ohne Aufbeton, ohne Putz) | 190 | 0,24 | 0,09 |
| | | 225 | 0,26 | 0,10 |
| | | 240 | 0,28 | 0,11 |
| | | 265 | 0,30 | 0,12 |
| | | 290 | 0,32 | 0,13 |
| | 300 300 300 300 300 | | | |
| 3 | **Stahlsteindecken** nach DIN 1045 aus Deckenziegeln nach DIN 4159 | | | |
| 3.1 | Ziegel für teilvermörtelbare Stoßfugen nach DIN 4159 | 115 | 0,15 | 0,06 |
| | | 140 | 0,18 | 0,07 |
| | | 165 | 0,21 | 0,08 |
| | | 190 | 0,24 | 0,09 |
| | | 225 | 0,27 | 0,10 |
| | | 240 | 0,30 | 0,11 |
| | 250 250 250 250 | 265 | 0,33 | 0,12 |
| | | 290 | 0,36 | 0,13 |
| 3.2 | Ziegel für vollvermörtelbare Stoßfugen nach DIN 4159 | 115 | 0,13 | 0,06 |
| | | 140 | 0,16 | 0,07 |
| | | 165 | 0,19 | 0,08 |
| | | 190 | 0,22 | 0,09 |
| | | 225 | 0,25 | 0,10 |
| | | 240 | 0,28 | 0,11 |
| | 250 250 250 250 | 265 | 0,31 | 0,12 |
| | | 290 | 0,34 | 0,13 |

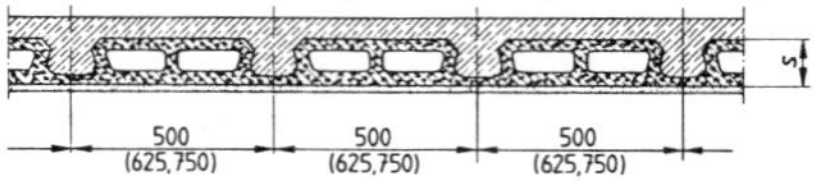

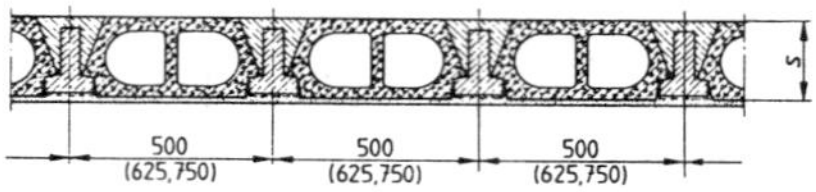

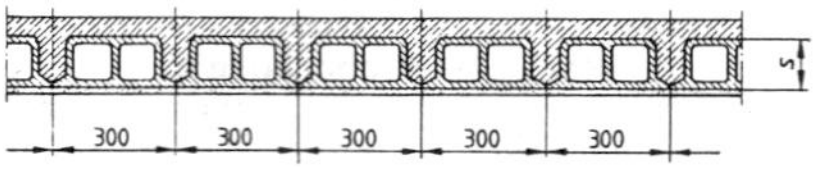

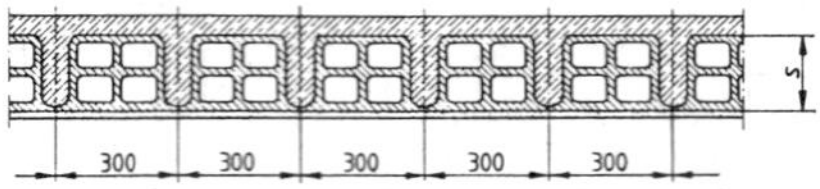

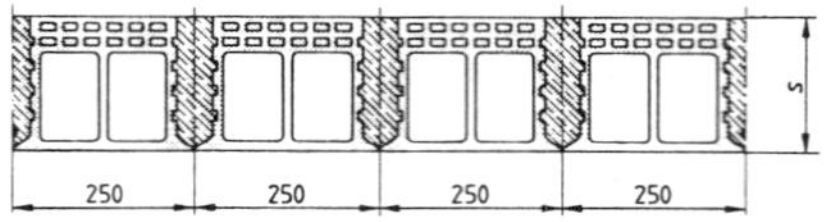

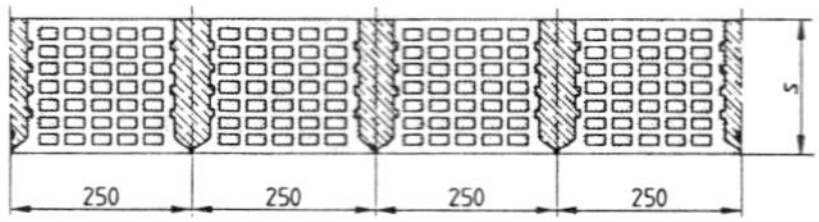

**Tafel 241-35. Wärmeleitwiderstände $R_\lambda$ von Bau- und Dämmstoffen verschiedener Dicke** (nach DIN 4108 – Teil 4)

| Zeile | Stoff | Dichte $\varrho$ kg/m³ | $\lambda_R$ W/mK | Wärmeleitwiderstand $d/\lambda = R_\lambda$ in m²K/W für Schichtdicken $d$ in cm | | | | | | | | |
|---|---|---|---|---|---|---|---|---|---|---|---|---|
| | | | | 1 | 2 | 5 | 10 | 15 | 20 | 30 | 40 | 50 |
| 1 | **Putze, Mörtel** | | | | | | | | | | | |
| 1.1 | Kalkmörtel | 1800 | 0,87 | 0,011 | 0,023 | 0,057 | | | | | | |
| 1.2 | Zementmörtel | 2000 | 1,40 | 0,007 | 0,014 | 0,035 | | | | | | |
| 1.3 | Gipsmörtel | 1400 | 0,70 | 0,014 | 0,029 | 0,072 | | | | | | |
| 1.6 | Zementestrich | 2000 | 1,40 | 0,007 | 0,014 | 0,057 | | | | | | |
| 2 | **Großformatige Bauteile** | | | | | | | | | | | |
| 2.1 | Normalbeton (Kiesbeton) | 2400 | 2,10 | | | 0,024 | 0,048 | 0,071 | 0,095 | 0,143 | 0,190 | 0,238 |
| 2.2 | Leichtbeton mit Blähton, Blähschiefer, Bims | 800 | 0,30 | | | 0,166 | 0,333 | 0,500 | 0,667 | 1,000 | 1,333 | 1,667 |
| | | 1000 | 0,38 | | | 0,131 | 0,263 | 0,394 | 0,526 | 0,789 | 1,053 | 1,316 |
| | | 1200 | 0,50 | | | 0,100 | 0,200 | 0,300 | 0,400 | 0,600 | 0,800 | 1,000 |
| | | 1400 | 0,62 | | | 0,081 | 0,161 | 0,242 | 0,322 | 0,484 | 0,645 | 0,806 |
| | | 1600 | 0,73 | | | 0,068 | 0,137 | 0,205 | 0,274 | 0,411 | 0,548 | 0,685 |
| 2.4 | Leichtbeton mit porigen Zuschlägen (DIN 2426 – Teil 2) | 600 | 0,22 | | | 0,227 | 0,454 | 0,692 | 0,969 | 1,364 | | |
| | | 800 | 0,28 | | | 0,178 | 0,357 | 0,536 | 0,714 | 1,071 | | |
| | | 1000 | 0,36 | | | 0,139 | 0,278 | 0,417 | 0,555 | 0,833 | | |
| | | 1200 | 0,46 | | | 0,109 | 0,217 | 0,326 | 0,438 | 0,652 | | |
| | | 1400 | 0,57 | | | 0,088 | 0,175 | 0,263 | 0,351 | 0,526 | | |
| | | 1600 | 0,75 | | | 0,067 | 0,133 | 0,200 | 0,267 | 0,400 | | |
| 2.4.2.1 | Leichtbeton mit Naturbims | 500 | 0,15 | | | 0,333 | 0,667 | 1,000 | 1,333 | 2,000 | | |
| | | 600 | 0,18 | | | 0,278 | 0,555 | 0,833 | 1,111 | 1,667 | | |
| | | 800 | 0,24 | | | 0,208 | 0,417 | 0,624 | 0,833 | 1,250 | | |
| | | 1000 | 0,32 | | | 0,156 | 0,312 | 0,468 | 0,625 | 0,937 | | |

**Tafel 241-35. (Fortsetzung 1)**

| Zeile | Stoff | Dichte $\varrho$ kg/m³ | $\lambda_R$ W/mK | Wärmeleitwiderstand $d/\lambda = R_\lambda$ in m²K/W für Schichtdicken $d$ in cm | | | | | | | | |
|---|---|---|---|---|---|---|---|---|---|---|---|---|
| | | | | 1 | 2 | 5 | 10 | 15 | 20 | 30 | 40 | 50 |
| 3 | **Bauplatten** | | | | | | | | | | | |
| 3.1 | Asbestzementplatten | 2000 | 0,58 | 0,017 | 0,034 | 0,086 | 0,172 | 0,259 | 0,345 | 0,517 | | |
| 3.2 | Gasbeton-Bauplatten | | | | | | | | | | | |
| | normalfugig | 500 | 0,22 | 0,045 | 0,091 | 0,227 | 0,454 | 0,682 | 0,969 | 1,364 | | |
| | | 600 | 0,24 | 0,042 | 0,083 | 0,208 | 0,417 | 0,624 | 0,833 | 1,250 | | |
| | | 800 | 0,29 | 0,034 | 0,069 | 0,172 | 0,345 | 0,517 | 0,690 | 1,034 | | |
| 3.3 | Wandbauplatten | | | | | | | | | | | |
| | aus Leichtbeton | 800 | 0,29 | 0,034 | 0,069 | 0,172 | 0,345 | 0,512 | 0,690 | 1,034 | | |
| | | 1000 | 0,37 | 0,027 | 0,054 | 0,135 | 0,270 | 0,405 | 0,540 | 0,811 | | |
| | | 1200 | 0,47 | 0,021 | 0,042 | 0,106 | 0,212 | 0,319 | 0,425 | 0,638 | | |
| 3.4 | aus Gips | 600 | 0,29 | 0,034 | 0,069 | 0,172 | 0,345 | 0,517 | | | | |
| | | 900 | 0,41 | 0,024 | 0,049 | 0,122 | 0,244 | 0,366 | | | | |
| | | 1200 | 0,58 | 0,017 | 0,034 | 0,086 | 0,172 | 0,259 | | | | |
| 3.5 | Gipskartonplatten | 900 | 0,21 | 0,048 | 0,095 | 0,238 | 0,476 | | | | | |
| 4 | **Mauerwerk** | | | | | | | | | | | |
| 4.11 | Vollklinker | 2000 | 0,96 | | | 0,052 | 0,104 | 0,156 | 0,208 | 0,312 | 0,417 | 0,521 |
| 4.13 | Vollziegel, Lochziegel | 1200 | 0,50 | | | 0,100 | 0,200 | 0,300 | 0,400 | 0,600 | 0,800 | 1,000 |
| | | 1400 | 0,58 | | | 0,086 | 0,172 | 0,259 | 0,345 | 0,517 | 0,690 | 0,862 |
| | | 1600 | 0,68 | | | 0,073 | 0,147 | 0,220 | 0,294 | 0,441 | 0,588 | 0,735 |
| | | 1800 | 0,81 | | | 0,062 | 0,123 | 0,185 | 0,247 | 0,370 | 0,414 | 0,617 |
| | | 2000 | 0,96 | | | 0,052 | 0,104 | 0,156 | 0,201 | 0,312 | 0,417 | 0,521 |
| 4.14 | Leichthochlochziegel | | | | | | | | | | | |
| | DIN 105 Teil 2, Typ A u. B | 700 | 0,36 | | | 0,139 | 0,278 | 0,417 | 0,555 | 0,833 | 1,111 | 1,389 |
| | | 800 | 0,39 | | | 0,128 | 0,256 | 0,385 | 0,513 | 0,769 | 1,026 | 1,282 |
| | | 1000 | 0,45 | | | 0,111 | 0,222 | 0,333 | 0,044 | 0,666 | 0,888 | 1,111 |
| 4.2 | Mauerwerk | | | | | | | | | | | |
| | aus Kalksandsteinen | 1000 | 0,50 | | | 0,100 | 0,200 | 0,300 | 0,400 | 0,600 | 0,800 | 1,000 |
| | | 1400 | 0,70 | | | 0,071 | 0,143 | 0,214 | 0,286 | 0,428 | 0,571 | 0,714 |
| | | 1800 | 0,99 | | | 0,050 | 0,101 | 0,151 | 0,202 | 0,303 | 0,404 | 0,505 |
| | | 2000 | 1,10 | | | 0,045 | 0,090 | 0,136 | 0,182 | 0,273 | 0,364 | 0,454 |

**Tafel 241-35. (Fortsetzung 2)**

| Zeile | Stoff | Dichte $\varrho$ kg/m³ | $\lambda_R$ W/mK | Wärmeleitwiderstand $d/\lambda = R_\lambda$ in m²K/W für Schichtdicken $d$ in cm | | | | | | | | |
|---|---|---|---|---|---|---|---|---|---|---|---|---|
| | | | | 1 | 2 | 5 | 10 | 15 | 20 | 30 | 40 | 50 |
| 4.3 | Mauerwerk | | | | | | | | | | | |
| | aus Hüttensteinen | 1000 | 0,47 | | | 0,106 | 0,212 | 0,319 | 0,425 | 0,638 | 0,851 | 1,064 |
| | | 1200 | 0,52 | | | 0,096 | 0,192 | 0,288 | 0,385 | 0,577 | 0,769 | 0,961 |
| | | 1600 | 0,64 | | | 0,078 | 0,156 | 0,234 | 0,312 | 0,469 | 0,625 | 0,781 |
| | | 2000 | 0,76 | | | 0,066 | 0,131 | 0,197 | 0,269 | 0,395 | 0,526 | 0,658 |
| 4.51 | Mauerwerk | | | | | | | | | | | |
| | aus Leichtbetonsteinen | 600 | 0,35 | | | 0,143 | 0,286 | 0,428 | 0,571 | 0,857 | 1,143 | 1,428 |
| | | 800 | 0,47 | | | 0,106 | 0,212 | 0,319 | 0,425 | 0,638 | 0,851 | 1,064 |
| | | 1000 | 0,65 | | | 0,077 | 0,154 | 0,213 | 0,308 | 0,461 | 0,615 | 0,770 |
| | | 1200 | 0,77 | | | 0,065 | 0,130 | 0,195 | 0,260 | 0,390 | 0,519 | 0,649 |
| 4.53 | Vollsteine aus Leichtbeton | 500 | 0,32 | | | 0,156 | 0,312 | 0,468 | 0,625 | 0,937 | 1,250 | 1,562 |
| | | 700 | 0,37 | | | 0,135 | 0,270 | 0,405 | 0,540 | 0,811 | 1,081 | 1,351 |
| | | 1000 | 0,46 | | | 0,109 | 0,217 | 0,326 | 0,438 | 0,652 | 0,869 | 1,007 |
| | | 1400 | 0,63 | | | 0,079 | 0,159 | 0,238 | 0,317 | 0,476 | 0,635 | 0,794 |
| | | 1800 | 0,87 | | | 0,057 | 0,115 | 0,172 | 0,230 | 0,345 | 0,460 | 0,575 |
| 5 | **Wärmedämmstoffe** | | | | | | | | | | | |
| 5.1 | Holzwolle-Leichtbauplatten | 360 bis | | | | | | | | | | |
| | ≥25 mm | 480 | 0,093 | 0,107 | 0,215 | 0,538 | 1,075 | 1,613 | 2,150 | | | |
| | =15 mm | 570 | 0,15 | 0,067 | 0,133 | 0,333 | 0,667 | | | | | |
| 5.3 | PUR-Ortschaum | 0,37 | 0,03 | 0,333 | 0,667 | 1,667 | 3,333 | | | | | |
| 5.4 | Korkplatten DIN 18161 | | | | | | | | | | | |
| | Gruppe 0,45 | } 80 bis | 0,045 | 0,222 | 0,444 | 1,111 | 2,222 | | | | | |
| | Gruppe 0,55 | } 500 | 0,055 | 0,182 | 0,364 | 0,909 | 1,818 | | | | | |
| 5.52 | PUR-Hartschaum | | | | | | | | | | | |
| | Gruppe 0,20 | } > 30 | 0,020 | 0,500 | 1,000 | 2,500 | 5,000 | | | | | |
| | Gruppe 0,35 | | 0,035 | 0,286 | 0,571 | 1,428 | 2,857 | | | | | |
| 5.7 | Schaumglas (DIN 18174) | | | | | | | | | | | |
| | Gruppe 0,45 | } 100 bis | 0,045 | 0,222 | 0,444 | | | | | | | |
| | Gruppe 0,60 | } 150 | 0,060 | 0,167 | 0,333 | | | | | | | |

**Tafel 241-35. (Fortsetzung 3)**

| Zeile | Stoff | Dichte $\varrho$ kg/m³ | $\lambda_R$ W/mK | Wärmeleitwiderstand $d/\lambda = R_\lambda$ in m²K/W für Schichtdicken $d$ in cm | | | | | | | | |
|---|---|---|---|---|---|---|---|---|---|---|---|---|
| | | | | 1 | 2 | 5 | 10 | 15 | 20 | 30 | 40 | 50 |
| 6 | **Holz** | | | | | | | | | | | |
| 6.11 | Fichte, Kiefer, Tanne | 600 | 0,13 | 0,077 | 0,154 | 0,385 | 0,770 | 1,154 | | | | |
| 6.12 | Buche, Eiche | 800 | 0,20 | 0,050 | 0,100 | 0,250 | 0,500 | 0,750 | | | | |
| 6.21 | Sperrholz | 800 | 0,15 | 0,067 | 0,133 | 0,333 | 0,667 | 1,000 | | | | |
| 6.23 | Holzfaserplatten, hart | 1000 | 0,17 | 0,059 | 0,118 | 0,294 | 0,588 | 0,882 | | | | |
| 7 | **Beläge** | | | | | | | | | | | |
| 7.11 | Linoleum | 1000 | 0,17 | 0,059 | | | | | | | | |
| | Korklinoleum | 700 | 0,081 | 0,123 | | | | | | | | |
| | PVC-Belag | 1500 | 0,23 | 0,043 | | | | | | | | |
| | Betumen | 1100 | 0,17 | 0,059 | | | | | | | | |
| | Bitumen-Dachbahnen | | 0,17 | 0,059 | | | | | | | | |
| 8 | **Sonstiges** | | | | | | | | | | | |
| 8.11 | Lose Schüttung | | | | | | | | | | | |
| | aus Korkschrot | > 200 | 0,05 | 0,200 | 0,400 | 1,00 | 2,00 | | | | | |
| | aus Bimskies | > 1200 | 0,22 | 0,045 | 0,090 | 0,227 | 0,454 | | | | | |
| 8.12 | aus Sand, Kies | 1800 | 0,70 | 0,014 | 0,028 | 0,071 | 0,143 | | | | | |
| 8.2 | Fliesen | 2000 | 1,0 | 0,010 | 0,020 | 0,050 | 0,100 | | | | | |
| 8.3 | Glas | 2500 | 0,80 | 0,012 | 0,025 | 0,062 | 0,125 | | | | | |
| 8.4 | Natursteine | | | | | | | | | | | |
| | Granit, Basalt, Marmor | 2600 | 3,5 | | | 0,014 | 0,028 | 0,043 | 0,057 | 0,086 | 0,114 | 0,143 |
| | Sandstein | 2600 | 2,3 | | | 0,021 | 0,043 | 0,065 | 0,086 | 0,130 | 0,174 | 0,217 |
| 8.5 | Böden, naturfeucht | | | | | | | | | | | |
| | aus Sand | | 1,4 | | | 0,036 | 0,071 | 0,107 | 0,143 | 0,214 | 0,286 | 0,357 |
| | bindig | | 2,1 | | | 0,024 | 0,077 | 0,071 | 0,095 | 0,143 | 0,190 | 0,238 |

# 242 Berechnung der Kessel

Die Leistung der Heizkessel für Zentralheizungen wird nach dem stündlichen Norm-Wärmebedarf $\dot{Q}_N$ bestimmt, wie er nach DIN 4701 berechnet ist.

Die Heizleistung steht in vollem Umfang für die Erwärmung des Heizwassers zur Verfügung. Um die Stillstandsverluste zu verringern, soll die einstellbare Nennleistung des Kessels nicht größer sein als der berechnete Wärmebedarf. (2. Heizungsanlagenverordnung vom 24. 2. 82). Dies gilt jedoch nicht für Niedertemperaturkessel.

Zuschläge für die Erwärmung von Brauchwasser sind nur bei Kesselleistungen unter 20 kW zulässig.

Hat eine Kesselanlage auch noch zusätzliche Wärmeverbraucher wie Kochkessel, Warmwasserbereiter, Lüftungsanlagen usw. mit Wärme zu versorgen, so ist ein Wärmeverbrauchsschaubild über 24 Stunden aufzustellen und die Wärmelieferung der Kessel nach dem Höchstwert des Schaubildes zu bemessen. Ziel der Berechnung ist es, eine Überdimensionierung und damit unnötige Bereitschaftsverluste zu vermeiden. Eventuelle Wärmegewinne und Gleichzeitigkeit der Verbraucher sind daher sorgfältig zu beachten[1]).

# 243 Berechnung der Heizkörper

## -1 ALLGEMEINES

Die im Raum aufgestellten Heizkörper übertragen die Wärme an die Raumluft durch Konvektion und Strahlung. Die allgemeine Gleichung für die Bestimmung der erforderlichen Heizfläche $A$ ist bei bekannter Wärmeleistung $\dot{Q}$:

$$\dot{Q} = A \cdot \alpha_{\text{ges}}\,(t_m - t_i) = A \cdot (\alpha_{\text{kon}} + \alpha_{\text{str}})\,(t_m - t_i) \text{ in W}$$

$t_m$ = mittlere Heizflächentemperatur
$t_i$ = Innentemperatur

Für senkrechte Flächen ist bei 20 °C Raumlufttemperatur

$$\alpha_{\text{kon}} = 1{,}35 \sqrt[4]{\frac{t_m - t_i}{h}} \qquad \text{(Abschn. 135-22)}$$

$h$ = Höhe der Heizfläche in m

$$\alpha_{\text{str}} = \beta \cdot C$$

$C$ = Strahlungszahl
$\beta$ = Temperaturfaktor

Diese Gleichungen lassen sich jedoch in der Praxis nicht verwenden, da für die Wärmeabgabe der Heizkörper eine Vielzahl weiterer Einflußfaktoren bestimmend sind, besonders

die Bauart des Heizkörpers,
die Aufstellung im Raum,
die Temperatur der Umgebungswände u. a.

Daher wird heute bei fast allen Heizkörpern die Wärmeleistung durch *genormte Versuche* unter genormten Bedingungen ermittelt, wofür anerkannte Prüfstellen zur Verfügung stehen.

## -2 FREI AUFGESTELLTE HEIZKÖRPER

Für die gußeisernen und stählernen unverkleideten *Gliederheizkörper* nach DIN 4720 und 4722 enthält das Normblatt DIN 4703 (4.77) Zahlenangaben über die stündliche Wärmeabgabe $\dot{q}$ je Glied bei verschiedenen Heizmitteln (Tafel 233-5).

Wärmeabgabe von *Rippenrohren* siehe Tafel 233-2. Bei verkleideten Heizkörpern ist die Wärmeabgabe je nach der Ausbildung der Verkleidung um 10···30% geringer als bei unverkleideten Heizkörpern.

[1]) VDI 3815 (E. 6.87): Grundsätze für die Bemessung der Leistung von Wärmeerzeugern.

Für stählerne *Plattenheizkörper* ist die Wärmeabgabe je m Länge bei verschiedenen Heizkörperhöhen in DIN 4703 – Teil 3 (4.77) angegeben, siehe Abschn. 233-3.

Wärmeabgabe von *Rohrheizkörpern* und von *Hochdruck-Röhren-Radiatoren* siehe Abschnitt 233.

Die Wärmeleistungen weiterer Heizkörper sind den Leistungstabellen der Hersteller zu entnehmen.

Umrechnung auf andere Bedingungen siehe Abschn. 233-8.

## -3 FLÄCHENHEIZUNGEN[1])

### -31 Allgemeines

Die exakte Berechnung der Flächenheizung (Decken-, Fußboden- und Wandheizung) ist ziemlich schwierig, so daß die aufgestellten Theorien in ihren Ergebnissen erhebliche Unterschiede aufweisen. Nachstehende Daten stützen sich im wesentlichen auf das Berechnungsverfahren von Kollmar.

Die Wärmeabgabe $\dot{q}_D$ der *Deckenheizfläche* bei der üblichen Ausführung mit in Beton eingebetteten Heizrohren hängt von einer großen Anzahl von Faktoren ab, deren wichtigste folgende sind:

mittlere Heizwassertemperatur
äußerer Rohrdurchmesser
mittlerer Rohrabstand
Abstand Rohroberkante bis Fußbodenoberfläche
Abstand Rohrunterkante bis Deckenoberfläche
mittlerer Wärmeleitwiderstand der Deckenschicht oberhalb der Rohre $W/m^2K$
Anteil der Heizfläche von der Gesamtfläche.

Ähnliches gilt für Wand- und Fußbodenheizungen.

Die grundlegenden Gleichungen für die Deckentemperatur und die Wärmeabgabe sind in [1]) angegeben.

Im allgemeinen kann man bei 20 °C Raumtemperatur mit folgenden abgerundeten Werten für die Wärmeabgabe durch Konvektion und Strahlung rechnen:

*Deckenheizfläche*

| | | | | |
|---|---|---|---|---|
| mittlere Deckentemperatur | $t_D$ = 35 °C | Wärmeabgabe | $\dot{q}_D$ | = 130 $W/m^2$ |
| | 40 °C | | | = 175 $W/m^2$ |
| | 45 °C | | | = 230 $W/m^2$ |

*Fußbodenheizfläche*

| | | | | |
|---|---|---|---|---|
| mittl. Fußbodentemperatur | $t_{FB}$ = 25 °C | Wärmeabgabe | $\dot{q}_{FB}$ | = 50 $W/m^2$ |
| | 30 °C | | | = 110 $W/m^2$ |

*Wandheizfläche*

| | | | | |
|---|---|---|---|---|
| mittlere Wandtemperatur | $t_w$ = 30 °C | Wärmeabgabe | $\dot{q}_w$ | = 100 $W/m^2$ |
| | 40 °C | | | = 220 $W/m^2$ |
| | 50 °C | | | = 360 $W/m^2$ |

Bei allen Deckenheizungen ist zu beachten, daß die *Oberflächentemperatur* der Decke, namentlich bei geringen Raumhöhen, nicht zu groß wird, da andernfalls durch Wärmezustrahlung auf den Kopf der Personen im Raum evtl. Unbehaglichkeitsgefühle auftreten. Zulässige Deckentemperaturen bei verschiedenen Raumhöhen und Heizflächenabmessungen siehe Bild 243-3.

Die Bestimmungsgleichung[2]) für die wärmephysiologisch zulässige Deckentemperatur nach Bild 243-3 lautet:

$$t_m = (2 - \varphi)\,(18 + 2/\varphi) \text{ in °C.}$$

---

[1]) Kollmar, A., u. W. Liese: Die Strahlungsheizung. 1957.
Weise, E.: Strahlungsheizung. 1973.
Siehe auch Taschenbuch 1983/84.

[2]) Kollmar, A.: Wärmephysiologische Berechnungen bei Heizdecken, Strahlplatten und Infrarotstrahlen. Ges.-Ing. 1960, S. 65/84.
Kollmar, A.: HR 1971. S. 230/5 u. 262/4.

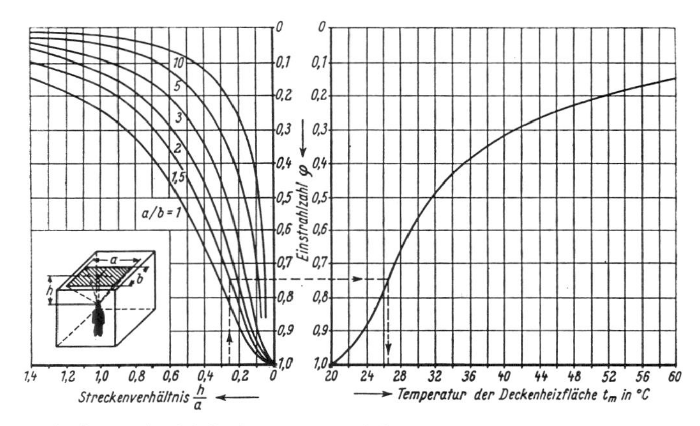


Bild 243-3. Zulässige Deckenheizflächentemperatur bei 20 °C Raumtemperatur (nach Kollmar).

In Anbetracht der verhältnismäßig geringen Anzahl der sehr kalten Tage und der Speicherfähigkeit von Betondecken genügt es, der Berechnung der Deckentemperatur eine Außenlufttemperatur von −5 °C zugrunde zu legen.

## -32 Stahlrohr-Deckenheizungen

Bei reinen Deckenheizungen, bei denen die Wärmeabgabe nach oben möglichst gering sein soll, ist oberhalb der Heizrohre eine *Wärmedämmschicht* anzubringen.

Zur Berechnung für praktische Zwecke geeignet ist Bild 243-4, aus dem in Abhängigkeit von der Wärmedurchgangszahl $k_D$ der Decke gleichzeitig die Wärmeabgabe der Decke und des darüberliegenden Fußbodens bei ½″-Heizrohren zu entnehmen ist.

Die Wärmeabgabe der Randumgebung einer Heizfläche, die sog. *Randwärme*, ist angenähert bei Hintereinanderschaltung der Heizrohre $\dot{Q}_E = 65\ (a + 0{,}6\ b)$, bei Parallelschaltung $\dot{Q}_E = 65\ (a + 2\ b)$ in W, wobei $a$ = Registerlänge in Rohrrichtung und $b$ = Registerbreite in m sind. Genauere Werte siehe Gesundheits-Ing. 1963, Heft 7, Arbeitsblatt 63.

*Beispiel:*

Ein Raum von $5 \times 6 \times 3{,}1\ \text{m}^3$ Rauminhalt hat einen Wärmeverlust von $\dot{Q} = 3840$ W. Wärmedurchgangszahl der Decke $k = 0{,}5\ \text{W/m}^2\text{K}$. Wie groß wird die Deckenheizfläche bei einer mittleren Heizwassertemperatur von 55 °C?

Gewählt wird ein ½″-Heizrohr mit einem Rohrabstand $l = 20$ cm. Wärmeabgabe der Decke nach Bild 243-4: $q_D = 186\ \text{W/m}^2\text{K}$. Erforderliche Heizfläche $A = 3840/186 = 20{,}6\ \text{m}^2$. Gewählt 3 Rohrzüge von je 7 Rohrlagen. Gesamte Registerbreite $b = 20 \cdot 20$ cm $= 4{,}0$ m. Registerlänge $a = 5$ m. Gesamt Heizfläche $A = 5 \cdot 4 = 20\ \text{m}^2$. Randwärme $\dot{q}_E = 65\ (5 + 0{,}6 \cdot 4) = 481$ W. Gesamte Wärmeabgabe $\dot{Q} = 20 \cdot 186 + 481 = 4201$ W, also etwas reichlich.

*Belegungsgrad der Heizfläche*[1])

Von wesentlichem Einfluß auf die Wärmeabgabe ist die Größe der Heizfläche innerhalb der Decke. Allgemein ist die spezifische Wärmeabgabe

$$\dot{q} = (\alpha_{\text{konv}} + \alpha_{\text{Str}})\ \Delta t \text{ in W/m}^2$$

$$\alpha_{\text{Str}} = 5{,}8\ \text{W/m}^2\text{K (bei etwa 40 °C Deckentemperatur)}$$

$$\alpha_{\text{konv}} = a \sqrt[4]{\Delta t}.$$

[1]) Kollmar, A.: Ges.-Ing. 1959, S. 1/11.
Krause, B.: Die konvektive Wärmeabgabe von Heizdecken. Ges.-Ing. 1959. S. 285/305 u. 324/34.

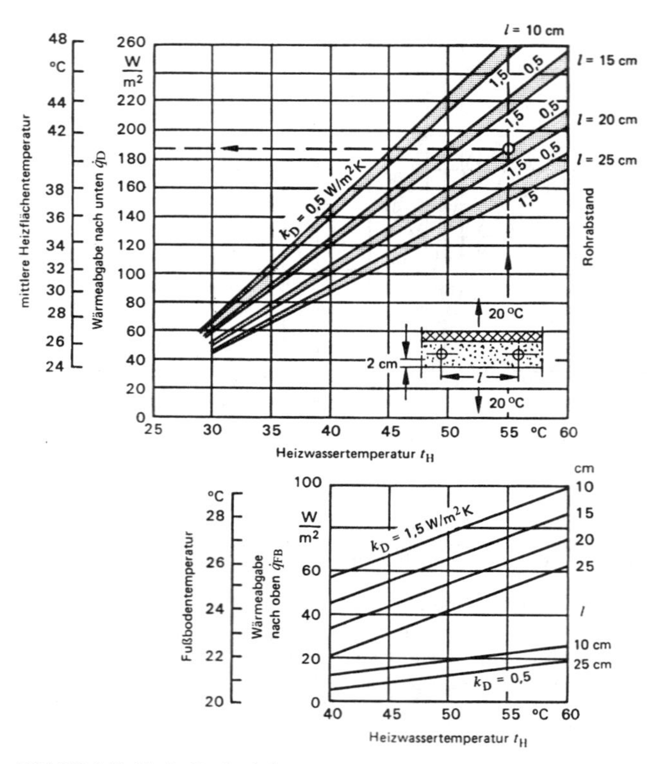


Bild 243-4. Stahlrohr-Deckenheizung.

½″-Rohre in Beton verlegt. Belegungsgrad der Heizfläche ca. 50%. Wärmeabgabe der Decke $\dot{q}_D$ und des darüberliegenden Fußbodens $\dot{q}_{FB}$ in Abhängigkeit von der Heizwassertemperatur und der Wärmedurchgangszahl $k$ der Decke, Raumlufttemperatur 20 °C

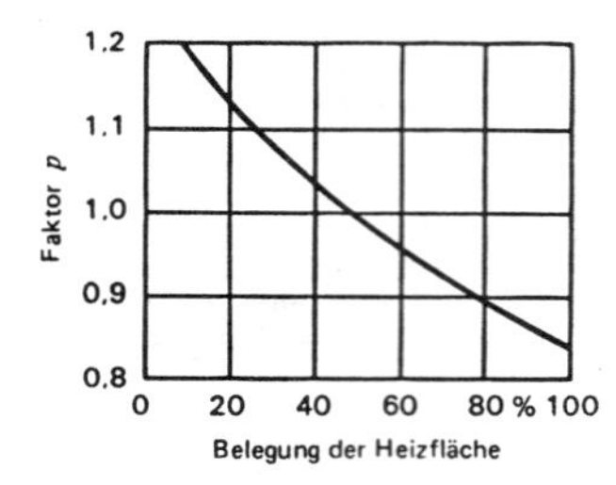


Bild 243-4a. Korrekturfaktor $p$ zur Berücksichtigung des Belegungsanteils der Deckenheizfläche.

Der Faktor $a$ schwankt in weiten Grenzen zwischen etwa 0,60 bis 1,25 je nach Größe der Heizfläche und Stärke der Luftbewegung im Raum. Mit $\Delta t = 20$ K ergeben sich dann die Grenzwerte

$$\alpha_{\text{konv}} = 1{,}25 \text{ bis } 2{,}60 \text{ W/m}^2\text{K}$$

Je geringer der Anteil der Heizfläche an der Deckenfläche ist, desto größer wird die spezifische Heizleistung. Man berücksichtigt diese Tatsache durch einen *Korrekturfaktor p*. Bei 50% Belegung der Decke ist $p = 1$, bei anderer Belegung ist der Faktor aus Bild 243-4a zu entnehmen.

## -33 Kupferrohr-Deckenheizungen[1])

Bei Heizungsdecken mit Kupferrohren in Gipsverputz dient zur Berechnung der erforderlichen Heizfläche das Diagramm 243-20, das in derselben Weise wie das Diagramm 243-4 aufgebaut und auch ebenso zu benutzen ist.

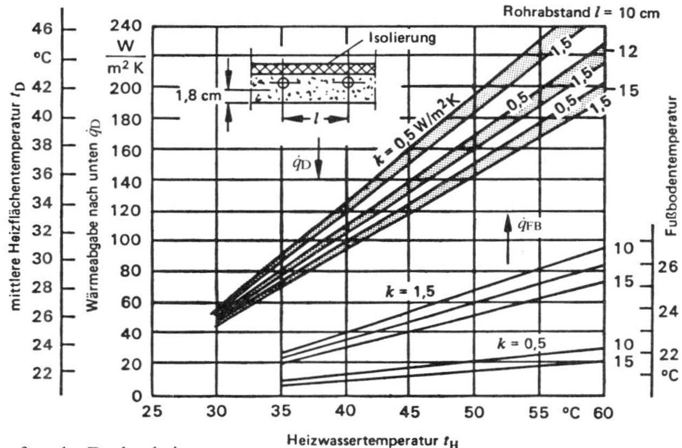


Bild 243-20. Kupferrohr-Deckenheizung.
Kupferrohre ⅜″ oder ½″ in Gips verlegt, Raumtemperatur 20 °C.

## -34 Al-Lamellen-Deckenheizungen

Für die Berechnung dieser Heizdecken dienen die Diagramme 243-22 und 243-24. Bei der Ermittlung der Heizflächen muß man die *direkte Wärmeabgabe* $\dot{q}_D$ der Aluminiumflächen und die Wärmeabgabe der ringsherum liegenden Ränder, die *Randwärme* $\dot{q}_E$, unterscheiden. Die Randwärmeabgabe $\dot{q}_E$ wiederum erfolgt sowohl zwischen den Lamellen, wenn hier ein Abstand gelassen wird, als auch an den äußeren Rändern. Die Gesamtwärmeabgabe ist dann

$$\dot{Q} = A \cdot \dot{q}_D + \Sigma(L \cdot \dot{q}_E) \text{ in W},$$

worin $L$ die äußere Seitenlänge der Lamellen ist.

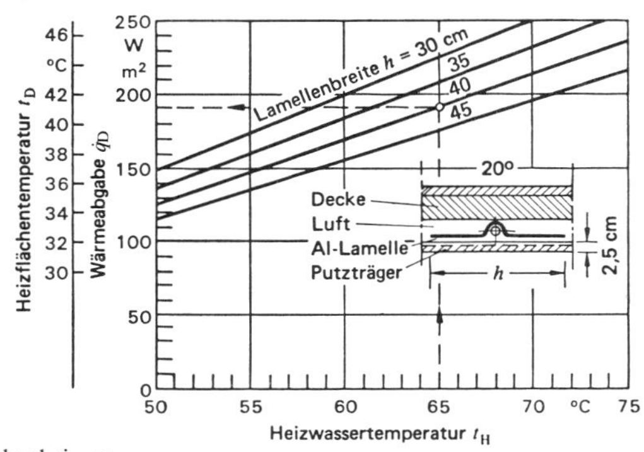


Bild 243-22. Al-Lamellen-Deckenheizung.
Wärmeabgabe der Decke $\dot{q}_D$ in Abhängigkeit von der mittleren Heizwassertemperatur $t_H$. Rohrdurchmesser ½″, Lamellendicke 1 mm, Abstand von Deckenunterkante 2,5 cm, Wärmeabgabe des Fußbodens 12 W/m², Raumtemperatur 20 °C

[1]) Deutsches Kupfer-Institut Berlin: Kupferrohre für Strahlungsheizungen 1965 und Kupferrohre in der Heizungstechnik 1973 u. 1985.

Die Anwendung sei an einem Beispiel erläutert.

*Beispiel:*

Ein Raum von $5 \times 6 \times 3{,}1\ m^3$ Rauminhalt mit einem Wärmeverlust $\dot{Q} = 2660$ W soll eine Al-Lamellen-Deckenheizung erhalten. Größe der Al-Lamellen $0{,}5 \times 0{,}4$ m, mittlere Heizwassertemperatur 65 °C. Anordnung der Lamellen nach Bild 243-26.

Wärmeabgabe der Decke nach Bild 243-22: $\dot{q}_D = 192\ W/m^2$

Erforderliche Heizfläche $A = \frac{2660}{192} = \frac{\dot{Q}}{\dot{q}_D} = 13{,}9\ m^2$.

Gewählt 8 Al-Streifen von je 4 m Länge, 0,4 m Breite, 10 cm Abstand zwischen den Lamellen.

Heizfläche $A = 8 \cdot 0{,}4 \cdot 4 = 12{,}8\ m^2$.

Gesamte Wärmeabgabe (Bild 243-24):

$$\dot{Q} = A \cdot \dot{q}_D + \Sigma(L \cdot \dot{q}_E) = 12{,}8 \cdot 192 + 7 \cdot 4 \cdot 7{,}2 + (2 \cdot 8 \cdot 0{,}4 + 2 \cdot 4)\,6{,}0$$
$$= 2458 + 201 + 86 = 2772\ W$$

also ausreichend.

Bei unrichtiger Annahme der Lamellenheizflächen wäre die Rechnung mit anderen Zahlen zu wiederholen gewesen.

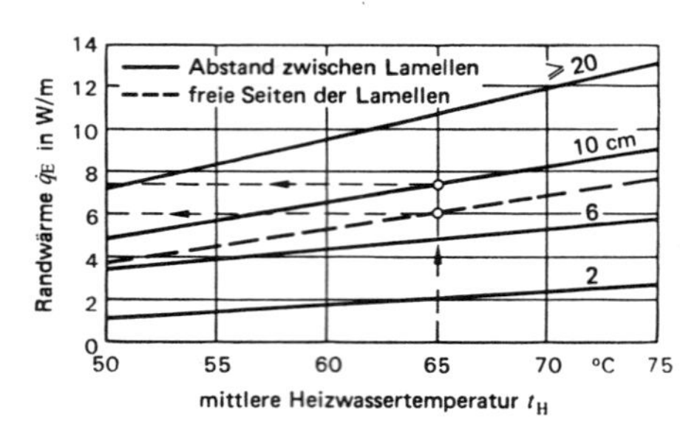


Bild 243-24. Randwärmeabgabe $\dot{q}_E$ der Aluminiumlamellen.

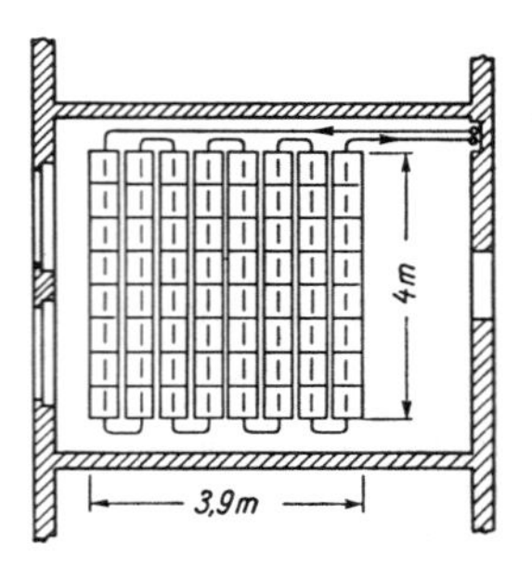


Bild 243-26. Anordnung der Al-Lamellen in einer Al-Lamellen-Deckenheizfläche.

Wesentlich für gute Heizwirkung ist bautechnisch richtige Ausführung. Rohr und Lamelle müssen möglichst fest miteinander verbunden sein (metallische Verbindungsmasse). Gipsverputz muß an Lamelle gut anliegen. Auch bei dauerndem Auf- und Abheizen darf keine Ablösung erfolgen. Feuchtigkeit fernhalten.

## -35 Strahlplattenheizungen

Bei unter der Decke aufgehängten Strahlplatten, d.h. also stählernen Platten, die durch aufgeschweißte oder eingesickte Rohre geheizt werden und auf der Oberseite eine Dämmschicht tragen, ist die nach unten abgegebene Wärmemenge

$\dot{q} = (\alpha_k + \alpha_s)\,(t_m - t_L)$ in $W/m^2$

$\alpha_k$ = konvektive Wärmeübergangszahl
$= 1{,}28\,\sqrt[4]{t_m - t_L}$ in $W/m^2K$

$\alpha_s$ = Strahlungsübergangszahl $= \beta \cdot C$ in $W/m^2K$ (siehe Abschnitt 135-3)

$t_m$ = mittlere Heizflächentemperatur in °C

$t_L$ = Lufttemperatur in °C

Die mittlere Heizflächentemperatur $t_m$, die stark von der Art der Befestigung der Rohre auf der Platte abhängt, läßt sich annähernd berechnen. Größenordnungsmäßig ist die Wärmeabgabe etwa so groß wie bei frei verlegten Rohren, jedoch mit einem größeren Anteil von Strahlungswärme. Zur schnellen Ermittlung der Zahlenwerte dient Bild 243-30.

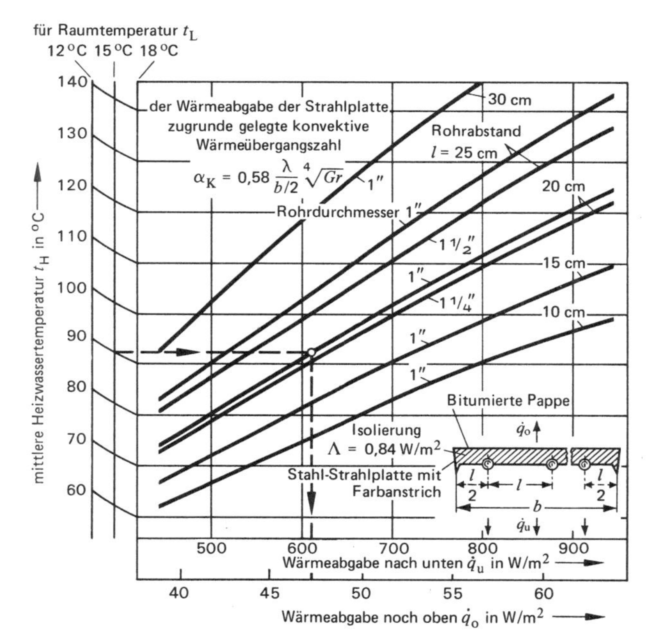


Bild 243-30. Strahlplattenheizung (Stahlblechdicke 1,5 mm).

$$Gr = \text{Grashofzahl} = \frac{g l^3 \beta \Delta t}{\nu^2} = \frac{\text{Auftriebskraft}}{\text{Zähigkeitskraft}}$$

Bei Aluminium-Platten ist die Wärmeabgabe wesentlich größer, je nach Rohrabstand etwa 10···25%.

*Beispiel:*

Wie groß ist die Wärmeabgabe $\dot{q}_u$ nach unten bei einer Strahlplatte, wenn die mittlere Heizmitteltemperatur $t_H = 90\,°C$, die Raumlufttemperatur $t_L = 15\,°C$, der Rohrabstand $l = 20$ cm und der Rohrdurchmesser $d = 1''$ betragen?

*Lösung:*

Aus Bild 243-30 ergibt sich die nach unten abgegebene Wärmemenge $q_u = 610$ W/m².

Die nach oben abgegebene Wärmemenge ist

$\dot{q}_o = 47$ W/m².

### -36 Hohlraum-Deckenheizung[1])

Die im Hohlraum der Zwischendecke verlegten Rohre geben durch Strahlung und Konvektion Wärme an die darunterliegende Decke ab, die ihrerseits als Strahlungsheizdecke für den zu heizenden Raum dient. Ein Teil Wärme wird auch an den darüberliegenden Fußboden abgegeben, falls nicht die Unterseite der Decke gut isoliert ist. Berechnung siehe [1]).

### -37 Wandheizung

Zur schnellen Errechnung der Heizleistung dient das Diagramm Bild 243-32. Randwärme etwa wie bei der Deckenheizung.

[1]) Kollmar, A.: Ges.-Ing. 1956, S. 97/100 u. 1959, S. 274/80.
Siehe auch Taschenbuch 1974/5, S. 688.

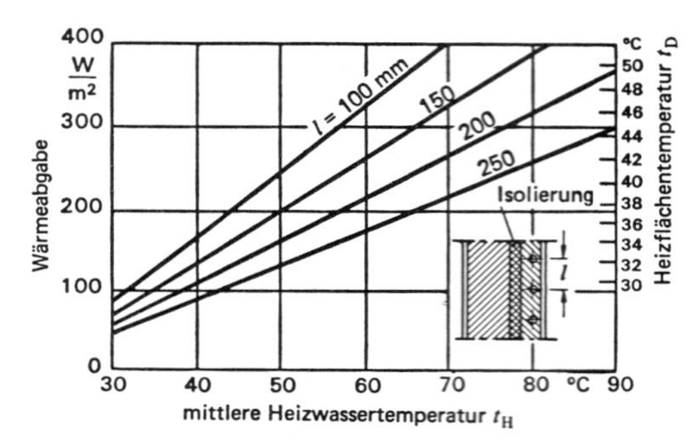


Bild 243-32. Wärmeabgabe von Wandheizflächen.
Rohrdurchmesser ½″, Innentemperatur 20 °C, Außentemperatur − 15 °C, Isolierung $d/\lambda = 0{,}75$ m²K/W entsprechend etwa 8 cm Holzwolleplatten (Heraklit o. ä.). Wandstärke 36 cm Ziegel

## -38 Fußbodenheizung[1])

Die Wärmeleistung der Fußbodenheizung wird durch Versuche ermittelt, so daß man für jedes Heizsystem ähnlich wie bei Heizkörpern eine *Normwärmeleistung* angeben kann.

Die Wärmeabgabe *(Wärmestromdichte)* des Fußbodens in Abhängigkeit von einer gleichmäßigen Heizflächenübertemperatur wurde festgelegt durch

$\dot{q} = 8{,}92\,(\vartheta_F - \vartheta_i)^{1,1}$ in W/m²

$\vartheta_F$ = Fußbodentemperatur
$\vartheta_i$ = Innentemperatur

Siehe hierzu Bild 243-35 *(Basiskennlinie)*.

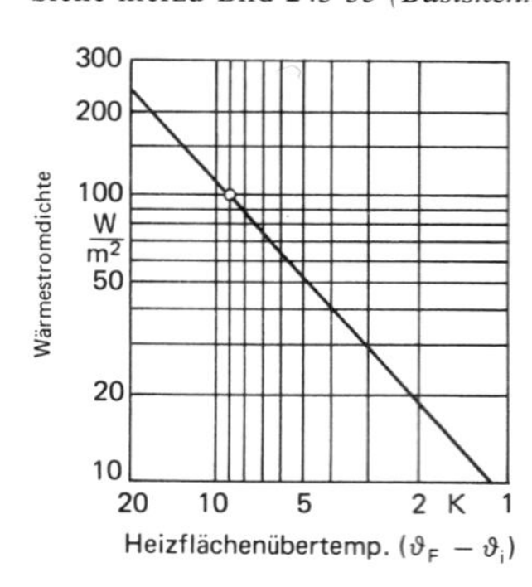


Bild 243-35. Basiskennlinie der Fußbodenheizung.

Jedes Fußbodenheizungssystem ist einer wärmetechnischen Prüfung zu unterwerfen, um die Wärmeleistung in Abhängigkeit von der maximalen Oberflächentemperatur $\vartheta_{F\max}$ und der Heizmittelübertemperatur $\Delta\vartheta = \frac{1}{2}(\vartheta_V - \vartheta_R) - \vartheta_i$ zu ermitteln. Die Ergebnisse sind in einem *Kennlinienfeld* darzustellen.

[1]) Suter, P., u. M. Nilsson: Ges.-Ing. 11/79. 5 S.
Fanger, P. O., u. B. W. Olesen: VDI-Bericht 367 (1979).
Kast, W., u. H. Klan: VDI-Bericht 464 (1982). S. 39/49.
Kast, W., u. H. Klan: Ges.-Ing. 1/84. S. 1/10, HLH 4/86. S. 175/82 und HLH 10/86. S. 497/502.
DIN 4725. E. 12.83. 3 Teile: Warmwasser-Fußbodenheizung.
Zöllner, G., u. M. Konzelmabb: IKZ 6/85. S. 154.
Siehe auch Abschnitt 222-143.

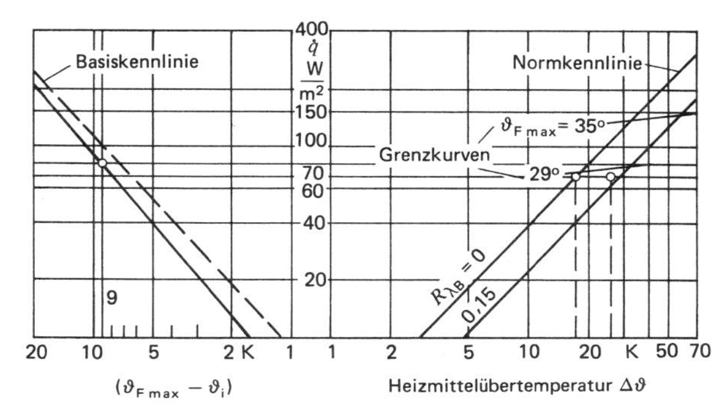


Bild 243-36. Beispiel eines Kennlinienfeldes.

Beispiel eines Kennlinienfeldes zeigt Bild 243-36. In der linken Hälfte des Bildes ist die Wärmeabgabe in Abhängigkeit von der Temperaturdifferenz ($\vartheta_{F\max} - \vartheta_i$) angegeben, in der rechten Hälfte die zugehörige Heizmittelübertemperatur $\Delta\vartheta$. Der Zusammenhang zwischen Wärmeabgabe und Heizmittelübertemperatur wird als *Norm-Kennlinie* des gemessenen Systems bezeichnet. Die Messungen werden zunächst ohne Fußbodenbelag durchgeführt, anschließend jedoch auch mit einem Belag mit dem Wärmeleitwiderstand $R_{\lambda B} = 0{,}15$ m²K/W.

Da die maximale Fußbodentemperatur von 29 bzw. 35 °C nicht überschritten werden soll, sind im Kennlinienfeld auch die *Grenzkurven* angegeben, aus denen die zulässige Heizmitteltemperatur ersichtlich ist.

Der Wärmestrom nach unten $\dot{q}_u$ soll nicht größer sein als 10% des Wärmestroms $\dot{q}$ nach oben ($\dot{q}_u / \dot{q} < 10\%$).

Bei der *Auslegung* einer Fußbodenheizungsanlage ist nunmehr wie folgt vorzugehen:

Für den Raum mit dem höchsten Wärmebedarf ist aus einem Kennlinienfeld die Heizmittelübertemperatur $\Delta\vartheta$ zu entnehmen. Mit einer anzunehmenden Spreizung *sp* zwischen Vorlauf $\vartheta_v$ und Rücklauf $\vartheta_R$ ergibt sich hieraus die Vorlauftemperatur $\vartheta_v$ und der Heizmittelstrom $\dot{m}$. Für die übrigen Räume ist dieselbe Vorlauftemperatur zugrunde zu legen. Der jeweilige Heizmittelstrom $\dot{m}$ und die Temperaturspreizung *sp* sind so zu berechnen, daß sich die nach dem Kennlinienfeld erforderliche Heizmittelübertemperatur $\Delta\vartheta$ einstellt.

*Die Temperaturspreizung* ist angenähert

$$sp = 2\,(\vartheta_v - \vartheta_i - \Delta\vartheta)$$

bei großen Spreizungen ($sp > 10$ K) siehe Bild 243-37.

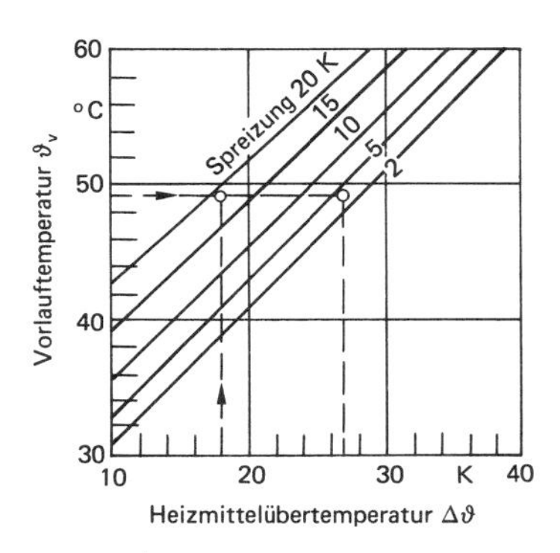


Bild 243-37. Diagramm zur Berechnung der Temperaturspreizung.

Der *Heizmittelstrom* ist

$$\dot{m} = \frac{\dot{Q}}{c \cdot sp}$$

$c$ = spez. Wärmekapazität des Wassers = 4,18 kJ/kgK.

*Beispiel:*

*Raum 1:* $A = 30\ m^2$, $\dot{Q} = 2100\ W$, $R_{\lambda B} = 0{,}12$, $\dot{q} = \frac{2100}{30} = 70\ W/m^2$

Heizmittelübertemperatur $\Delta\vartheta = 27\ °C$ (aus Kennfeld Bild 243-36)
Spreizung gewählt $sp = 4{,}6\ K$

$$\text{Heizmittelstrom} + 10\% = \dot{m} = \frac{1{,}1\ \dot{Q}}{c \cdot sp} = \frac{1{,}1 \cdot 2{,}100}{4{,}18 \cdot 4{,}6} = 0{,}12\ kg/s = 432\ kg/h$$

$$\text{Vorlauftemperatur } \vartheta_v = \vartheta_i + \Delta\vartheta + \frac{sp}{2} = 20 + 27 + 2{,}5 = 49{,}5\ °C$$

*Raum 2:* $A = 6\ m^2$, $\dot{Q} = 420\ W$, $R_{\lambda B} = 0$, $\dot{q} = \frac{420}{6} = 70\ W/m^2$

$\Delta\vartheta = 18\ K$ aus Kennfeld (Bild 243-36)
$sp = 18\ K$ aus Bild 243-37

$$\dot{m} + 10\% = \frac{1{,}1 \cdot 0{,}42}{4{,}18 \cdot 18} = 0{,}0061\ kg/s = 22\ kg/h$$

Bei großen Spreizungen (geringen Heizmittelströmen) ist bei der Ermittlung der Wärmestromdichte ein Korrekturfaktor zu beachten. Siehe hierzu DIN 4725.

## -39 Druckverlust in den Rohrregistern

Der Wasserwiderstand in einem stählernen Rohrregister, der für die Bemessung der Umwälzpumpe zugrunde zu legen ist, setzt sich aus den Reibungsverlusten in den *geraden Rohrstrecken* und den durch die 180°-Bogen verursachten *Einzelwiderständen* zusammen. Der Gesamtwiderstand ist:

$$\Delta p = l \cdot \frac{\lambda}{d} \cdot \frac{\varrho}{2} w^2 + \sum \left( \zeta_u \cdot \frac{\varrho}{2} w^2 \right) = Rl + \Sigma Z \text{ in } N/m^2 \text{ (Pa)}.$$

Die Werte für die Reibungszahl $\lambda$ sind aus dem Bild 147-5 zu entnehmen, für die 180°-Umlenkung mit $\zeta_u = 0{,}25$ aus Tafel 244-3. Für den häufigsten Fall, mit Rohren von ½″ lichter Weite läßt sich der Druckverlust eines Rohrregisters annähernd aus Bild 243-40 ermitteln. Bei Rohrabständen über 25 cm kann der durch die Bogen verursachte Widerstand praktisch vernachlässigt werden.

*Beispiel:*

Gestreckte Rohrlänge $L = 40\ m$,
Zahl der 180°-Bogen = 12, Wasserstrom 270 kg/h.
Aus Bild 243-40 ergibt sich:
Druckgefälle $R = 140\ Pa$,
Rohrbogenwiderstand $Z = 34\ Pa$,
demnach Druckverlust $\Delta p = Rl + \Sigma Z = 40 \cdot 140 + 12 \cdot 34 = 5600 + 408 = 6008\ Pa$.

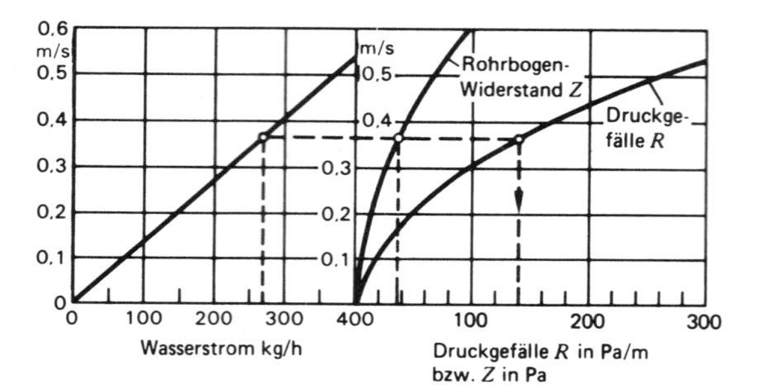


Bild 243-40. Druckverlust-Berechnung der Rohrregister bei Strahlungsheizungen. Rohrdurchmesser ½″ (lichte Weite 16 mm)

### -4 KONVEKTOREN UND SOCKELHEIZKÖRPER

Für die Wärmeabgabe dieser Heizkörper gibt es bisher noch keine allgemein anerkannte Berechnungsgrundlage. Die Werte der Wärmeabgabe sind daher durch Versuche nach DIN 4704, Teil 1···3 (8.76) zu ermitteln und für die Auslegung den Leistungslisten der Hersteller zu entnehmen. Siehe Abschnitt 233-6 und -7.

### -5 KÜHLLEISTUNG BEI DECKENHEIZUNGEN[1])

Die erreichbaren Kühlleistungen bei den üblichen Kupferrohr-Deckenheizungen sind natürlich stark von der Wassertemperatur abhängig. Bei einer mittleren Wassertemperatur von 12 °C und Raumtemperatur von 26 °C erhält man Kühlleistungen von 60···70 W/m². Schwitzwasserbildung ist zu beachten.

## 244 Berechnung der Rohrnetze[2])

Nach Festlegung des Heizungssystems ist vor Beginn der Berechnung ein *Strangschema* anzufertigen, aus dem die Lage von Kessel, Heizkörpern, Rohrleitungen und Armaturen ersichtlich ist. Die einzelnen Teilstrecken vom Kessel zu den Heizkörpern und zurück werden systematisch numeriert, Wärmeleistungen und Rohrlängen eingetragen. Damit das Heizwasser im Rohrleitungssystem zirkuliert, muß zur Überwindung der Widerstände ein Druckunterschied vorhanden sein.

Die Berechnungsverfahren gliedern sich, weil die Druckverlustgleichungen nicht nach der Unbekannten *d* (Rohrdurchmesser) gelöst werden können, grundsätzlich in eine *vorläufige Rechnung,* bei der die gesuchten Durchmesser zunächst geschätzt werden, und in eine *endgültige Rechnung.*

Zum Teil werden heute auch Computer-Programme verwendet.[3])

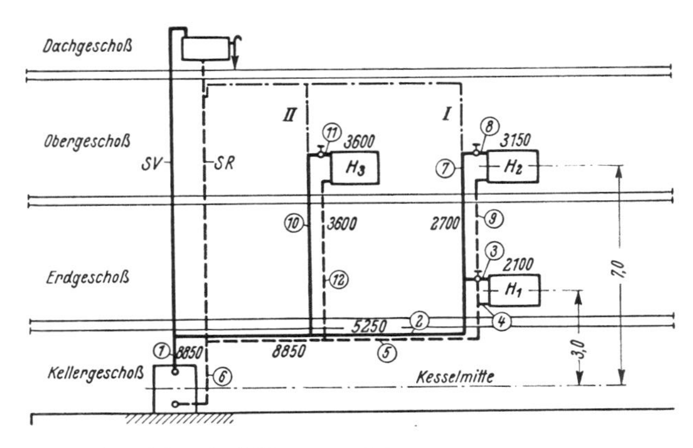


Bild 244-1. Strangschema einer Schwerkraft-Warmwasserheizung.

[1]) Kollmar, A.: HR 1971. S. 230/5 u. 262/4. – Weise, E.: HR. 1973. S. 196/200 und 218/24.
[2]) Nach Raiss, W., in Rietschel, H.: Lehrbuch der Heiz- und Lüftungstechn. 15 verb. Aufl. Berlin, Springer 1968/70. – Siehe auch Abschnitt 14.
[3]) Vahlberg, K.: HLH 5/77. S. 183/6.
Paech, W.: SHT Heft 3, 4 u. 6/84.

## -1 SCHWERKRAFT-WARMWASSERHEIZUNG

Die treibende Kraft $\Delta p$ bei allen Warmwasserheizungen ohne Pumpen (Bild 244-1) ist der durch den Einfluß der Fallbeschleunigung $g$ sich einstellende *Druckunterschied* zwischen der kälteren schweren Wassersäule im Rücklauf und der wärmeren leichten Wassersäule im Vorlauf:

$$\Delta p = H \cdot g\,(\varrho_r - \varrho_v) \text{ in kg/ms}^2 = \text{Pa}$$

$H$ = Höhe der Wassersäule m
$g$ = 9,81 m/s²
$\varrho_r$ = Dichte im Rücklauf kg/m³
$\varrho_v$ = Dichte im Vorlauf kg/m³

Dieser Druckunterschied $\Delta p$ infolge des Dichteunterschiedes (Tafel 244-1) dient bei der Strömung des Wassers zur Überwindung der Strömungswiderstände.

*Beispiel:*

Bei 90° Vorlauftemperatur, 70 °C Rücklauftemperatur und einem Höhenunterschied von $H$ = 3 m ist der wirksame Druck

$$\Delta p = 3 \cdot 9{,}81 \cdot 12{,}5 = 368 \text{ Pa} = 3{,}68 \text{ mbar}.$$

Es werden 2 Arten von Widerständen unterschieden:

Der *Reibungswiderstand* der geraden Rohrstrecke $l$, der durch die Rohrreibungszahl $R$ je m Rohr (Druckgefälle) gekennzeichnet ist. Er wird für Wasser von 80 °C berechnet nach der Gleichung

$$R = \frac{\lambda}{d} \cdot \frac{\varrho}{2} \cdot w^2 = 6{,}42 \cdot 10^4\, \lambda\, \dot{m}^2/d^5 \text{ in Pa/m} \quad \text{(s. Abschn. 149)}$$

$\lambda$ = Rohrreibungsbeiwert ≈ 0,02…0,04
$\dot{m}_h$ = Massenstrom in kg/h
$d$ = lichter Rohrdurchmesser in mm

Siehe Tafel 244-4 und -5 sowie Bild 244-5, woraus man das Druckgefälle $R$ bei bekannter Wassergeschwindigkeit und Rohrdurchmesser entnehmen kann. Stahlrohre haben wegen der größeren Rohrrauhigkeit ($\varepsilon = 0{,}045$) ein wesentlich größeres Druckgefälle als Kupferrohre ($\varepsilon = 0{,}0015$).

*Einzelwiderstände* für Bogen, Ventile usw. nach Gleichung $Z = \zeta \frac{\varrho}{2} w^2$, wobei die Reibungsbeiwerte $\zeta$ durch Versuche bestimmt und aus Tafeln zu entnehmen sind (Tafel 244-3).

Im Gleichgewicht gilt also die Grundgleichung:

$$\Delta p = \sum (Rl) + \sum Z.$$

Der prozentuale Anteil von $Z$ am Gesamtdruckverlust beträgt

bei Anlagen mit wenigen Formstücken etwa 30…40%,
bei Anlagen mit viel Formstücken etwa 40…50%.

**Tafel 244-1. Dichteunterschiede bei Warmwasser-Schwerkraftheizungen** ($\varrho_r - \varrho_v$) in kg/m³

| Rücklauftemp. in °C | Vorlauftemperatur in °C | | | | | | | | | | |
|---|---|---|---|---|---|---|---|---|---|---|---|
| | 80 | 85 | 90 | 95 | 100 | 105 | 110 | 115 | 120 | 125 | 130 |
| 60 | 11,4 | 14,6 | 17,9 | 21,3 | 24,8 | 28,5 | 32,2 | 36,1 | 40,1 | 44,2 | 48,4 |
| 65 | 8,8 | 11,9 | 15,2 | 18,7 | 22,2 | 25,9 | 29,6 | 33,5 | 37,5 | 41,6 | 45,8 |
| 70 | 6,0 | 9,2 | 12,5 | 15,9 | 19,4 | 23,1 | 26,8 | 30,7 | 34,7 | 38,8 | 43,0 |
| 75 | – | 6,2 | 9,6 | 13,0 | 16,5 | 20,2 | 23,9 | 27,8 | 31,8 | 35,9 | 40,1 |
| 80 | – | – | 6,5 | 9,9 | 13,4 | 17,1 | 20,8 | 24,7 | 28,7 | 32,8 | 37,0 |
| 85 | – | – | – | 6,7 | 10,3 | 14,0 | 17,7 | 21,6 | 25,6 | 29,7 | 33,9 |
| 90 | – | – | – | – | 6,9 | 10,6 | 14,3 | 18,2 | 22,2 | 26,3 | 30,5 |
| 95 | – | – | – | – | – | 7,2 | 10,9 | 14,8 | 18,8 | 22,9 | 27,1 |
| 100 | – | – | – | – | – | – | 7,4 | 11,3 | 15,3 | 19,4 | 23,6 |

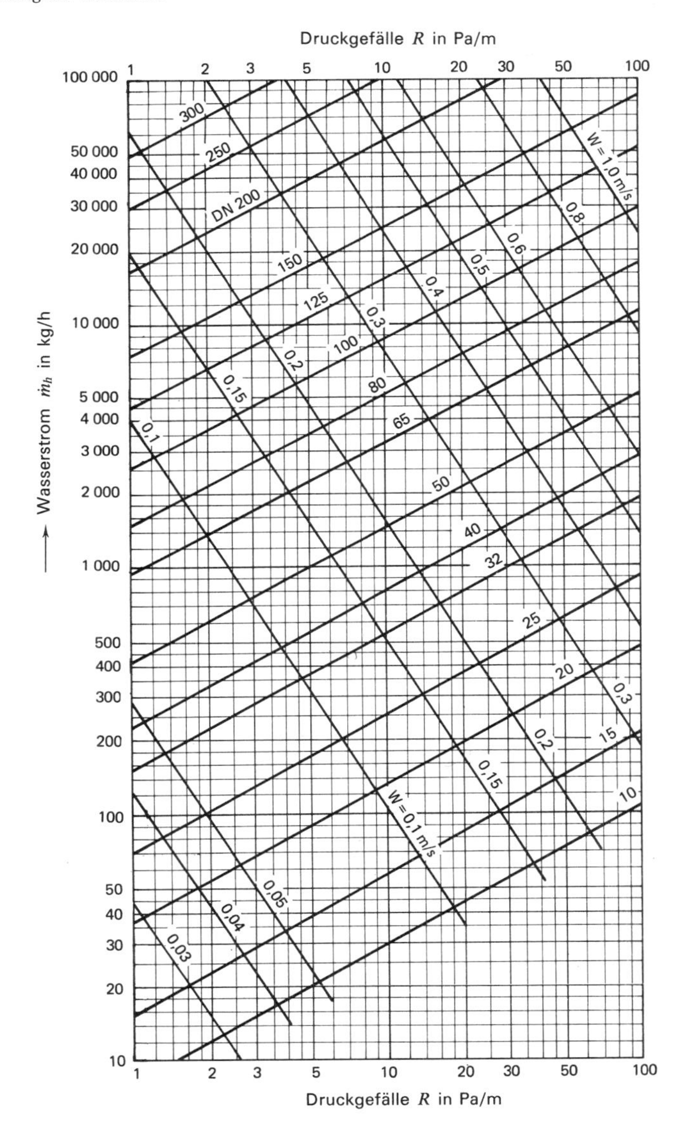


Bild 244-5. **Rohrreibungs-Diagramm für Stahlrohre – Schwerkraftwarmwasserheizung** (Rauhigkeit $\varepsilon = 0{,}045$ mm)

*Beispiel:*

Rohr DN 50 – Innendurchmesser 51,3 mm
Wasserstrom $\dot{m}_h$ = 2000 kg/h
Wassergeschwindigkeit 0,28 m/s
Druckgefälle $R$ = 18 Pa/m

Die Schwerkraftheizung wird wegen ihrer Trägheit und begrenzten Regelfähigkeit und der dicken Rohre heute kaum noch gebaut, höchstens mit kleinen Kokskesseln in abgelegenen Gegenden ohne Stromanschluß. Daher wird auf die Berechnung nicht näher eingegangen.

## -2 PUMPEN-WARMWASSERHEIZUNG

Bei diesen Heizungen wird zur Überwindung der Rohrwiderstände eine *Pumpe* verwendet. Man erreicht dadurch eine schnellere Aufheizung mit kleinerem Rohrnetz und eine freizügigere Rohrverlegung bei guter Regelfähigkeit.

Je nach der Größe des Pumpendruckes und der Temperaturspreizung sind verschiedene Rohrdurchmesser möglich. Bei kleinen Durchmessern erhält man billige Rohrnetze, aber große Betriebskosten, bei großen Durchmessern teuere Rohrnetze, aber billigere Betriebskosten für die Pumpe. Die günstigsten Rohrdurchmesser erreicht man im allgemeinen bei Geschwindigkeiten in den Verteilleitungen von etwa 0,3 bis 1,5 m/s in den Hauptverteilleitungen, bei Fernleitungen bis 3 m/s und mehr. Mittlere Druckgefälle bei kleinen Anlagen 50···100 Pa/m, bei großen Anlagen 100···200 Pa/m, in Sonderfällen 200···400 Pa/m.

Bei der Berechnung beginnt man unter Benutzung der Tafel 244-4 oder des Bildes 244-13 mit dem längsten Rohrstrang, wobei die zulässige Wassergeschwindigkeit oder das Druckgefälle angenommen werden, und die Einzelwiderstände mit ⅓ des Gesamtdruckverlustes geschätzt werden. Bei Thermostatventilen und zentralem Mischventil können weitere Widerstände hinzukommen. Alle Werte werden auf einem Formblatt eingetragen. Auf diese Weise erhält man den Druckabfall $\Delta p = \Sigma(Rl) + \Sigma Z$. Daraus ergibt sich die Pumpenleistung:

$$P = \frac{\dot{V} \cdot \Delta p}{\eta} \text{ in W}$$

$\dot{V}$ = Förderstrom $m^3/s$
$\Delta p$ = Förderdruck $N/m^2$ (Pa)
$\eta$ = Wirkungsgrad

*Beispiel:*

Heizleistung 50 kW, Wassertemperatur 60/50 °C, Wasserstrom $\dot{V} = 50/(1{,}16 \cdot 10) = 4{,}32\ m^3/h$, längster Stromkreis $l = 150$ m, Druckgefälle $R = 200$ Pa/m.

Man nimmt für die Einzelwiderstände zunächst ⅓ des Gesamtverlustes $lR + \Sigma Z$ an.

$lR = 150 \cdot 200 = 30\,000$ Pa
$\Sigma Z = 0{,}5\ Rl = 15\,000$ Pa

Pumpendruck: $30\,000 + 15\,000 = 45\,000$ Pa $= 4{,}5$ m WS

Pumpenleistung

$$P = \frac{4{,}32 \cdot 45\,000}{3600 \cdot \eta = 0{,}3} = 180 \text{ W.}$$

Die übrigen Rohrstränge werden in der Weise berechnet, daß man zunächst das zur Verfügung stehende Druckgefälle $R$ ermittelt und danach die Rohre nach Tafel 244-4 dimensioniert. Überschüssige Drücke werden durch kleinere Rohrdimensionen oder durch Voreinstellung der Heizkörperventile weggedrosselt.

Bei ausgedehnten Anlagen stehen die in der Nähe der Pumpe liegenden Steigstränge unter einer starken Druckdifferenz, die durch enge Bemessung der Rohrleitungen oder durch Drosselstellen aufgebraucht werden muß. Diesen Nachteil vermeidet die Rohr-

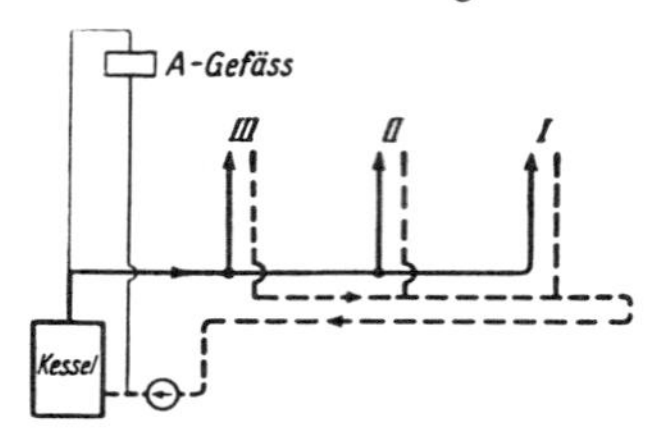


Bild 244-6. Rohrnetz mit umgekehrter Rücklaufleitung (Tichelmannsche Rohrführung).

führung nach *Tichelmann*, bei der die Summe der Längen der Vorlauf- und Rücklaufleitung an jeder Stelle annähernd gleich groß ist, siehe Bild 244-6, Rohrnetz jedoch teurer.

Die Zahlenwerte der Tafel 244-4 und des Diagrammes 244-13 sind sowohl für Warmwasser wie für Heißwasser bis 200 °C gültig.

Für Druckverluste in Kupferrohrleitungen siehe Diagramm 244-14 und Tafel 244-5.

Nachstehend *drei Beispiele* für Einrohr- und Zweirohrheizungen. Bei der Berechnung der Einzelwiderstände ist dabei die gleichwertige Rohrlänge $l_{gl}$ benutzt, die eine besonders sinnfällige Darstellung erlaubt (s. auch Abschn. 148).

*1. Beispiel:*

*Senkrechte Einrohrheizung mit Nebenschluß der Heizkörper.* Rohrplan nach Bild 244-7.
Heizleistung $\dot{Q} = 12{,}5$ kW.
Temperaturabfall insgesamt $\Delta t = 70 - 60 = 10$ K, Temperaturspreizung gleichmäßig in Heizkörpern $\Delta t_x = 2$ K.

Die einzelnen Heizkörper sind mit Vorlauf und Rücklauf an denselben Rohrstrang angeschlossen. Am Verzweigungspunkt $A$ verteilt sich der Heizwasserstrom $\dot{m}$ auf die Kurzschlußstrecke $K$ und die Heizkörperstrecke $H$. Der Druckverlust über beide Strecken muß gleich groß sein:

$$\Delta P_k = \Delta P_H$$

Aus $\frac{\zeta_K}{\zeta_H} = \frac{w^2{}_H}{w^2{}_K}$ und $w = \frac{\dot{m}}{\pi d^2/4}$

folgt mit $\varepsilon = \zeta_H/\zeta_K$

$$\frac{\dot{m}_H}{\dot{m}_K} = \frac{\dot{m}_H}{\dot{m} - \dot{m}_H} = \left(\frac{d_H}{d_K}\right)^2 / \sqrt{\varepsilon}$$

$\zeta$ = Summe der Widerstandsbeiwerte je Strecke
$w$ = Geschwindigkeit in m/s
$\dot{m}$ = Wasserstrom

Diese Gleichung ist in Bild 244-8 dargestellt. Die Schwierigkeit bei der Berechnung der Rohre liegt in der richtigen Aufteilung der Wasserströme an den Verzweigungspunkten. Je größer der Druckverlust in der Heizkörperstrecke ist, desto geringer ist der Wasserstrom und die mittlere Heizkörpertemperatur.

In dem Bild 244-7 sind 5 gleich große Heizkörper von je 2500 W an die Rohrleitung angeschlossen, die einen gleichbleibenden Durchmesser $d_a$ hat.

Heizleistung insgesamt $\dot{Q} = 5 \cdot 2500 = 12\,500$ W
Vorlauftemperatur $t_V = 70$ °C
Rücklauftemperatur $t_R = 60$ °C.
Spreizung $\Delta t = t_v - t_R = 10$ K

Wasserstrom $\dot{m} = \frac{\dot{Q}}{c \cdot \Delta t} = \frac{12{,}500}{4{,}2 \cdot 10} = 0{,}30$ kg/s $= 1080$ kg/h

Vorläufiger Strangdurchmesser $d_K = 20$ mm

Geschwindigkeit $w = \frac{0{,}3}{\pi d_K{}^2/4} = 0{,}83$ m/s

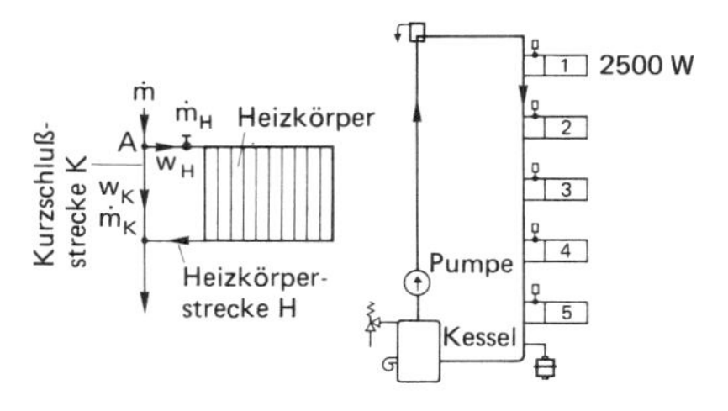


Bild 244-7. Strangschema zur Berechnung einer Einrohr-Pumpenheizung.

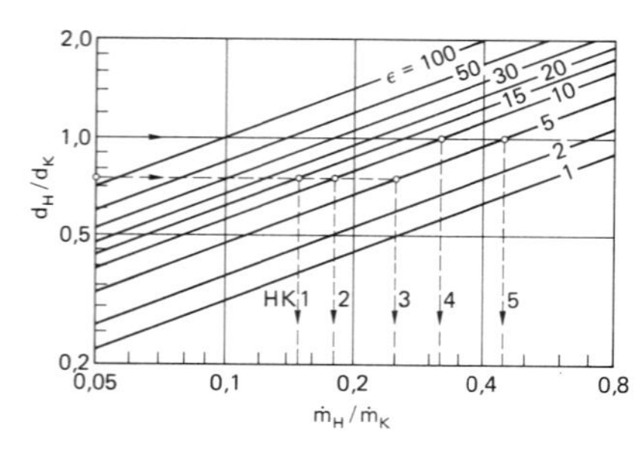


Bild 244-8. Anteiliger Heizwasserstrom durch die Heizkörper.

**Tafel 244-2. Berechnung der Einrohrheizung nach Bild 244-7**

| Heizkörper | | | 1 | 2 | 3 | 4 | 5 |
|---|---|---|---|---|---|---|---|
| Heizleistung $\dot{Q}$ | | W | 2500 | 2500 | 2500 | 2500 | 2500 |
| Strangdurchmesser | $d_K$ | mm | 20 | 20 | 20 | 20 | 20 |
| Heizkörperanschluß | $d_H$ | mm | 15 | 15 | 15 | 20 | 20 |
| | $d_H/d_K$ | – | 0,75 | 0,75 | 0,75 | 1 | 1 |
| Gewählt: | $\varepsilon = \zeta_H/\zeta_K$ | – | 15 | 10 | 5 | 10 | 5 |
| Bild 224-8: | $\dot{m}_H/\dot{m}_K$ | – | 0,15 | 0,18 | 0,25 | 0,32 | 0,45 |
| | $\dot{m}_H$ | kg/h | 137 | 163 | 217 | 259 | 334 |
| | $\dot{m}_H$ | kg/s | 0,038 | 0,045 | 0,060 | 0,072 | 0,093 |
| | $\Delta t_H$ | °C | 15,6 | 13,1 | 9,9 | 8,3 | 6,4 |
| | $\Delta t_K$ | °C | 2 | 2 | 2 | 2 | 2 |
| Vorlauftemperatur | $t_v$ | °C | 70 | 68 | 66 | 64 | 62 |
| Mitteltemperatur | $t_m$ | °C | 62,2 | 61,4 | 61,1 | 59,9 | 58,8 |

Durch geeignete Wahl der Durchmesser und der Widerstände kann man erreichen, daß alle Heizkörper etwa gleiche Größe erhalten. Zusätzliche Druckverluste im Heizkörper werden durch die Voreinstellung der Ventile, im Kurzschlußstrang durch Drosselscheiben oder Einschnürung bewirkt.

Bei der Nachrechnung sind die Widerstandsbeiwerte $\zeta_H$ und $\zeta_K$ genauer festzustellen, wodurch sich evtl. Änderungen der Wasserströme und Temperaturen ergeben.

*2. Beispiel:*

*Waagerechte Einrohrheizung*

Die Heizkörper sind im Nebenschluß zum Hauptstrang angeordnet, so daß die Vorlauftemperatur von Heizkörper zu Heizkörper absinkt. Zur Berechnung ist hier das Verfahren von *Reichow*[1]) benutzt. Das Verhältnis der Durchmesser $d$ für Heizkörperanschluß und $D$ für Hauptstrang (Kurzschlußstrecke) ist dabei (Bild 244-9):

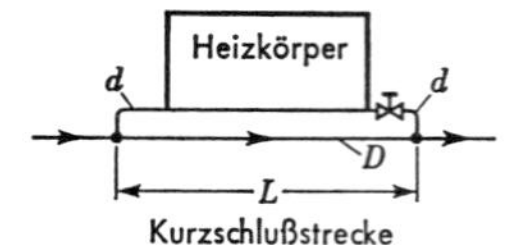


Bild 244-9. Rohrstrecke der Einrohrheizung.

[1]) Reichow, W.: Die waagerechte Einrohrheizung. 1964.
Wellsand, R.: IKZ Nr. 19/1970. S. 20/28.
Möker, M.: HLH 1/77. S. 27/34.
Roos, H., u. O. Zaitschek: HLH 6/79. S. 201/10.

$$\frac{d}{D} = \frac{\sqrt[4]{\varepsilon}}{\sqrt{n\dfrac{\Delta t}{t_v - t_r} - 1}}$$

$\varepsilon$ = Verhältnis der Widerstandsbeiwerte $\zeta$ der Stromwege durch Heizkörper und Hauptstrang
$n$ = $\Sigma \dot{Q}_{HK}/\dot{Q}_{HK}$ = Verhältnis der Wärmeleistungen
$\Delta t$ = $t_v - t_r$ = Wasserabkühlung im Heizkörper K
$t_v$ = Vorlauftemperatur °C
$t_r$ = Rücklauftemperatur °C

Gleichung ist in Bild 244-10 dargestellt. Es empfiehlt sich, zunächst $\varepsilon = 10$ einzusetzen, entsprechend etwa einer ungedrosselten Kurzschlußstrecke. Nachstehend ein Zahlenbeispiel:

*Rohrplan* Bild 244-12 mit Kupferrohren. Zahl der Heizkörper = 6. Strangheizleistung = 15000 W. $t_v - t_r$ = 10 °C. Wasserstrom $\dot{m}_h$ = 15000/(4200 · 10) = 0,357 kg/s = 1286 kg/h. Strangdurchmesser aus Tafel 244-5: $D$ = 22 × 1,2 mm. $R$ = 700 Pa/m, wobei $w$ = 1,18 m/s.

| *HK* Nr. | $\dot{Q}_{HK}$ W | $\Delta t$ K | $\dot{m}_h$ kg/h | $n$ – | $\frac{\Delta t}{t_v - t_r}$ | $\varepsilon$ – | $d/D$ – | $D$ mm | $d$ mm |
|---|---|---|---|---|---|---|---|---|---|
| 1 | 1160 | 10 | 100 | 13,0 | 1 | 10 | 0,53 | 22 × 1,2 | 12 × 1 |
| 2 | 2300 | 10 | 200 | 6,5 | 1 | 10 | 0,75 | 22 × 1,2 | 18 × 1 |
| 3 | 2300 | 10 | 200 | 6,5 | 1 | 10 | 0,75 | 22 × 1,2 | 18 × 1 |
| 4 | 2300 | 10 | 200 | 6,5 | 1 | 10 | 0,75 | 22 × 1,2 | 18 × 1 |
| 5 | 2300 | 10 | 200 | 6,5 | 1 | 10 | 0,75 | 22 × 1,2 | 18 × 1 |
| 6 | 4640 | 20 | 200 | 3,2 | 2 | 10 | 0,75 | 22 × 1,2 | 18 × 1 |
| | 15000 | | | | | | | | |

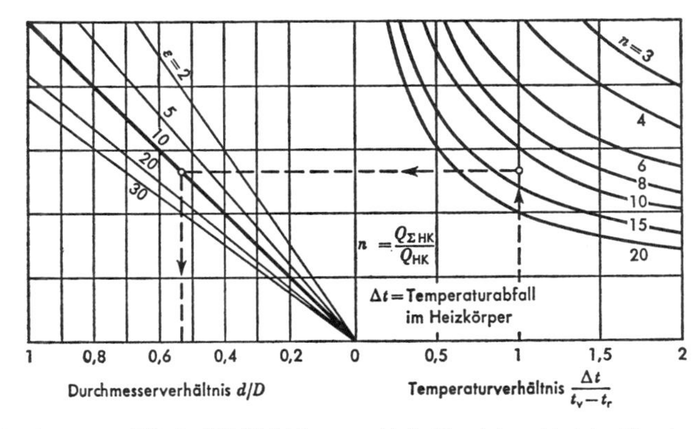


Bild 244-10. Durchmesserverhältnis $d/D$ (Heizkörperanschluß: Hauptstrang) bei der Einrohrheizung.

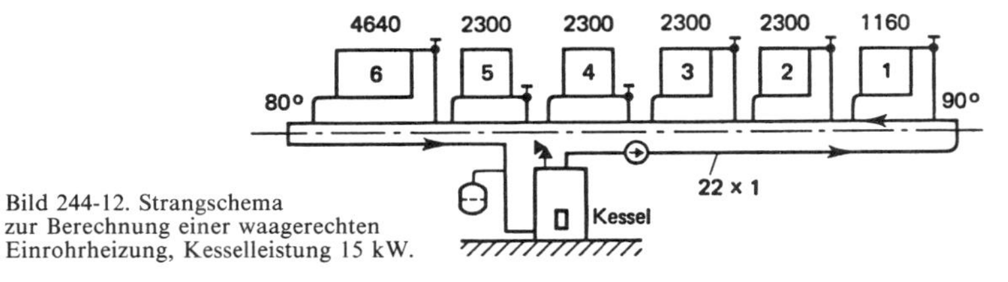


Bild 244-12. Strangschema zur Berechnung einer waagerechten Einrohrheizung, Kesselleistung 15 kW.

*Heizkörperbemessung.* Die Abkühlung des Wassers im Hauptstrang ist jeweils

$$\vartheta = \frac{\dot{m}_{HK}}{\dot{m}}(t_v - t_r)$$

Daraus ergeben sich die Eintrittstemperatur des Wassers für den folgenden Heizkörper und die mittleren Heizkörpertemperaturen $t_m$.

Heizkörper

| $HK$ Nr. | $\vartheta$ K | $t_v$ °C | $t_r$ °C | $t_m$ °C |
|---|---|---|---|---|
| 1 | 0,8 | 90 | 80 | 85 |
| 2 | 1,5 | 89,2 | 79,2 | 84,2 |
| 3 | 1,5 | 87,7 | 77,7 | 82,7 |
| 4 | 1,5 | 86,2 | 76,2 | 81,2 |
| 5 | 1,5 | 84,7 | 74,7 | 79,7 |
| 6 | 3,0 | 83,2 | 63,2 | 73,2 |
| | 9,8 ≈ 10 °C | | | |

*3. Beispiel:*

*Zweirohrheizung.* Rohrplan Bild 244-16 mit Stahlrohr.
Kesselleistung 42 kW; Wassertemperatur 70/60 °C.
Wasserstrom $\dot{m} = 42\,000/(4200 \cdot 10) = 1$ kg/s = 3600 kg/h.
Längster Rohrstrang I mit $l = 75$ m.
Mittleres Gefälle gewählt mit $R = 50$ Pa/m. Werte für $R$ nach Tafel 244-4. Gleichwertige Rohrlängen aus Tafel 244-10.

Einzelwiderstände

| | | | |
|---|---|---|---|
| T.-Str. 1: | Kessel | $\zeta = 2{,}5$ | |
| | 2 Bogen | 1,0 | |
| | | 3,5 | $l_{gl} = 3{,}5 \cdot 2{,}28 = 8{,}00$ |
| T.-Str. 2: | 2 T-Stücke | 0 | |
| | 2 Bogen | 1,0 | |
| | | 1,0 | $l_{gl} = 1{,}0 \cdot 1{,}72 = 1{,}72$ |
| T.-Str. 3: | 1 Ventil | 2,5 | |
| | 3 Bogen | 1,5 | |
| | 2 T-Stücke | 0 | |
| | | 4,0 | $l_{gl} = 4 \cdot 1{,}36 = 5{,}44$ usw. |

Strang I

| Aus dem Rohrplan | | | | Berechnung | | | | | | |
|---|---|---|---|---|---|---|---|---|---|---|
| T.S. | Wärmeleistung $\dot{Q}$ | Wasserstrom $\dot{m}_h$ | Rohrlänge $l$ | Rohrdurchmesser $d$ | Geschwindigkeit $w$ | Druckgefälle $R$ | $\Sigma\zeta$ | Gleichw. Rohrlänge $l_{gl}$ | Gesamtlänge $l_{ges}$ | $R\,l_{ges}$ |
| Nr. | W | kg/h | m | DN | m/s | Pa/m | – | m | m | Pa |
| 1 | 42 000 | 3600 | 15 | 50 | 0,46 | 38 | 3,5 | 9,7 | 24,7 | 940 |
| 2 u. 9 | 28 000 | 2400 | 10 | 40 | 0,50 | 59 | 2,0 | 4,2 | 14,2 | 840 |
| 3 u. 8 | 14 000 | 1200 | 15 | 32 | 0,33 | 32 | 8,0 | 13,6 | 28,6 | 916 |
| 4 u. 7 | 7 000 | 600 | 8 | 25 | 0,29 | 34 | 3,0 | 3,7 | 11,7 | 398 |
| 5 u. 6 | 3 500 | 300 | 2 | 20 | 0,24 | 29 | 6,0 | 6,0 | 8,0 | 231 |
| 10 | 42 000 | 3600 | 20 | 50 | 0,46 | 38 | 3,0 | 8,4 | 28,4 | 1077 |
| 11 | 42 000 | 3600 | 5 | 50 | 0,46 | 38 | 5,0 | 13,9 | 18,9 | 719 |
| | | | 75 | | | | | 59,5 | 134,5 | 5121 |
| Heizkörper 3/4 | | | | | | | | | | |
| 12 u. 13 | 3 500 | 300 | 2 | 20 | 0,24 | 29 | 6,0 | 6,0 | 8,0 | 231 |

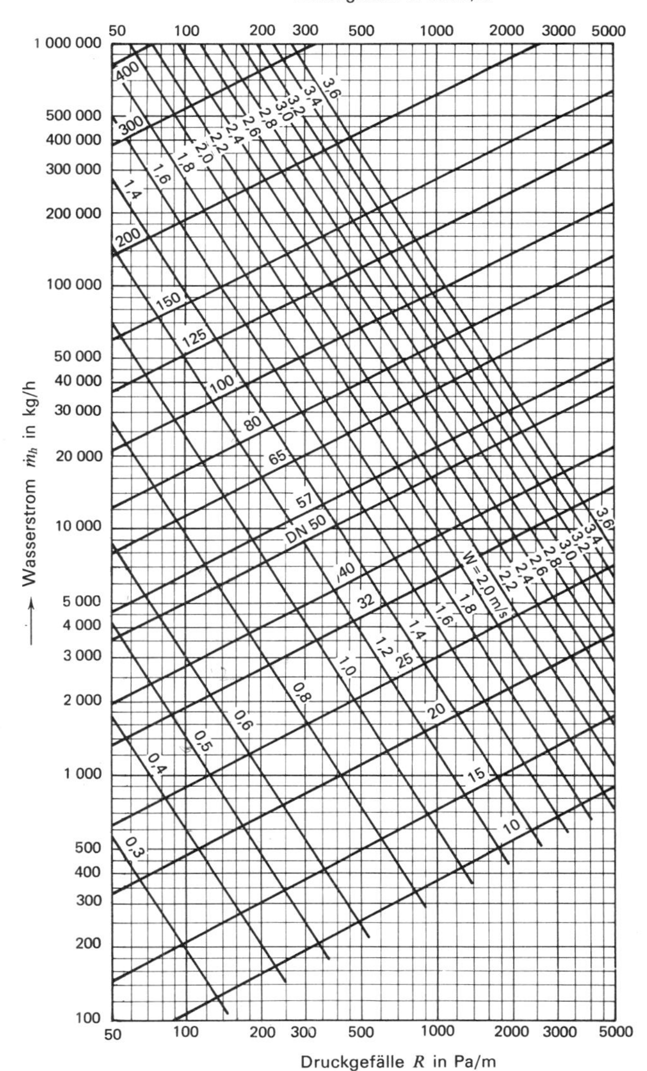


Bild 244-13. **Rohrreibungs-Diagramm für Stahlrohre – Pumpenwarmwasserheizung**
(Wassertemperatur 80 °C, Rauhigkeit $\varepsilon = 0{,}045$ mm)
Bei Wasser von 150 °C ist $R$ um etwa 4% kleiner, bei Wasser von 50 °C um etwa 4% größer.

*Beispiel:*

Rohr DN 50 (l. W. = 51,2 mm)
Wasserstrom $\dot{m}_h$ = 10 000 kg/h
Wassergeschwindigkeit 1,4 m/s
Druckgefälle $R$ = 400 Pa/m

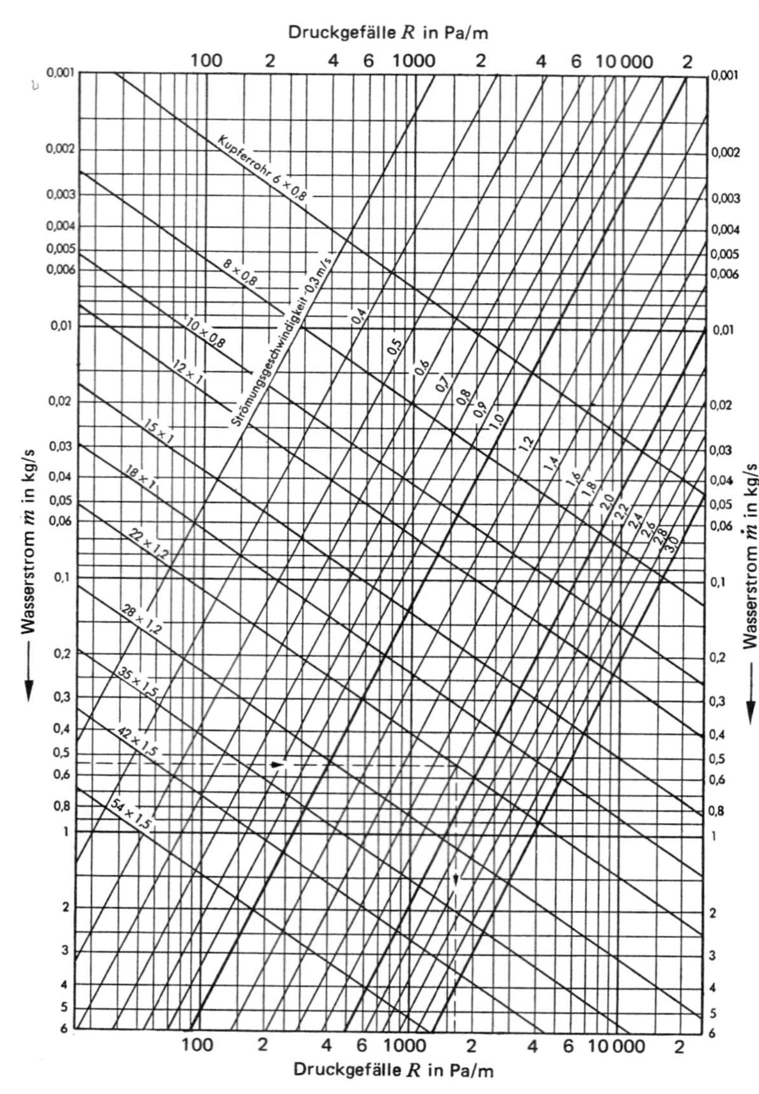


Bild 244-14. **Rohrreibungs-Diagramm für Kupferrohre** (Wassertemperatur 80 °C, Rauhigkeit $\varepsilon$ = 0,0015 mm).

$$\frac{1}{\sqrt{\lambda}} = -2 \lg \left( \frac{\varepsilon/d}{3{,}71} + \frac{2{,}51}{Re\sqrt{\lambda}} \right)$$

*Beispiel:*

Kupferrohr 22 × 1,2
Wasserstrom $\dot{m}$ = 0,56 kg/s
Wassergeschwindigkeit 1,8 m/s
Druckgefälle 1600 Pa/m

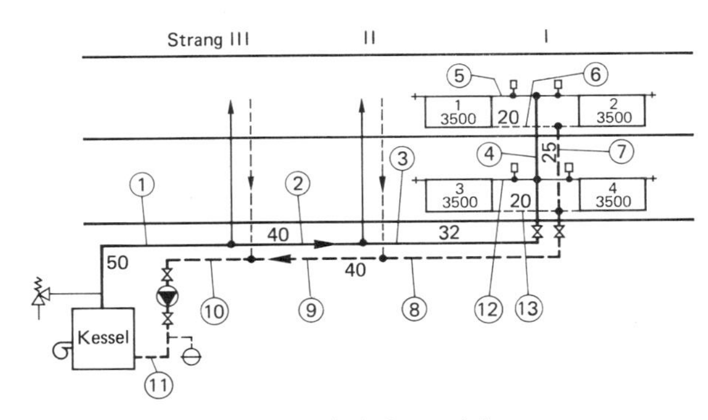


Bild 244-16. Strangschema zur Berechnung einer Zweirohr-Pumpenheizung.

Druckverlust des Thermostatventils für HK 1 bei der Ventilautorität

$P_v = \Delta p_v / \Delta p_n = 0{,}5$, wobei $\Delta p_n$ = anteiliger Netzdruck TS. 3 bis 8 = 1545 Pa:

$\Delta p_v = 0{,}5 \cdot \Delta p_n = 772$ Pa. Nach Abschnitt 338-4

Ventilkenngröße $k_v = \frac{\dot{m}_h}{\sqrt{\Delta p_v}} = \frac{0{,}300}{\sqrt{0{,}00772}} = 3{,}4\ \text{m}^3/\text{h}$.

Für die Heizkörper 3/4 steht der Druck der Strecken 4 und 7 zur Verfügung: 398 Pa. Dieser Druck darf durch die Anschlußverbindungen 12 und 13 aufgebraucht werden. Überschüssige Drücke sind durch die Voreinstellung der Ventile abzudrosseln.

Berechnung Strang II:

Bei gleicher Ausführung ist der Druckverlust der Teilstrecken 3 und 8 in Höhe von $R \cdot l_{ges} = 916$ Pa durch die Strangventile abzudrosseln.

Pumpendruck: $\Delta p = 5121 + 772 = 5893$ Pa.

Pumpenleistung: $P = \frac{\dot{V} \cdot \Delta p}{\eta} = \frac{0{,}001 \cdot 5893}{0{,}3} = 20$ W.

Pumpenwahl aus Katalog der Hersteller mit $H \approx 5893$ Pa (5,893 kPa) und 3600 kg/h.

## -3 NIEDERDRUCKDAMPFHEIZUNG

Das Rohrnetz wird so dimensioniert, daß der Kesseldruck durch die Verluste in den Rohren bis auf einen Druck von 1000 bis 2000 Pa vor den Heizkörperventilen aufgebraucht wird. Die Berechnung zerfällt wieder in eine vorläufige und eine endgültige Rechnung.

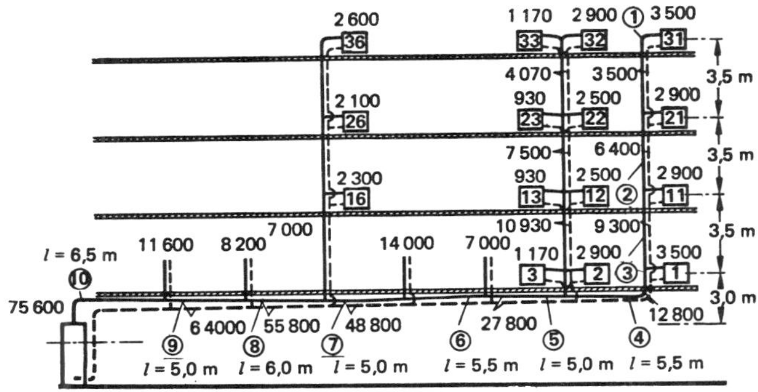


Bild 244-19. Strangschema zur Berechnung einer Niederdruckdampfheizung.

Die *vorläufige Rechnung* beginnt mit der Rohrleitung zum entferntesten Heizkörper, wobei der Anteil der Einzelwiderstände zunächst mit 33% angenommen wird. Die Durchmesser der einzelnen Teilstrecken sind aus Bild 244-23 oder Tafel 244-16 zu entnehmen und in einen Vordruck einzutragen. In der *endgültigen Rechnung* ermittelt man nach der Gleichung

$$\Delta p = \Sigma(lR) + \Sigma Z$$

den genauen Druckverlust, der mit dem zur Verfügung stehenden Druck annähernd übereinstimmen soll, andernfalls ein oder mehrere Durchmesser des Stranges zu ändern sind. Die Restdrücke sind durch die Voreinstellung der Absperrorgane an den Heizkörpern abzudrosseln. Werte für $Z = \zeta \cdot \varrho/2 \cdot w^2$ sind für $\zeta = 1$ in Tafel 244-9 angegeben. Die Bemessung der *Kondensatleitungen* erfolgt nach der empirisch aufgestellten Tafel 244-14.

*Beispiel:*

Das Rohrnetz einer Niederdruckdampfheizung nach Bild 244-19 soll berechnet werden. Kesseldruck 0,05 bar Überdruck, Druck vor den Heizkörperventilen 0,02 bar.

*1. Vorläufige Rechnung* (siehe Formblatt)

Der entfernteste Heizkörper ist Nr. 31.

| | |
|---|---|
| Kesseldruck | 5000 Pa |
| Druck vor dem Heizkörperventil | 2000 Pa |
| Wirksamer Druck | 3000 Pa |
| Für Rohrreibung verfügbar 67% = | 2000 Pa |
| Gesamtlänge der Rohrleitung | 50,5 m |
| Druckgefälle $R$ = 2000 : 50,5 = | 40 Pa/m. |

Für dieses Gefälle werden aus Tafel 244-16 oder Bild 244-23 die vorläufigen Rohrdurchmesser $d$ bestimmt und in den Vordruck Spalte e eingetragen. Ebenso wird mit den übrigen Teilstrecken verfahren.

*2. Nachrechnung*

In der Nachrechnung wird zunächst mit dem vorläufigen Durchmesser für jede Teilstrecke der genaue Wert $\Sigma(lR) + \Sigma Z$ ermittelt, der annähernd mit dem wirksamen Druck übereinstimmen soll. Ist das nicht der Fall, ist der Durchmesser zu ändern.

## -4 HOCHDRUCKDAMPFHEIZUNG[1])

Das verfügbare Druckgefälle ist im allgemeinen bestimmt durch den Anfangsdruck $p_1$ (Kesseldruck oder Druck am Dampfverteiler) und den Enddruck $p_2$, dessen Höhe durch den Verwendungszweck festgelegt ist.

Die Widerstände gliedern sich ihrer Art nach wieder in Rohrreibungs- und Einzelwiderstände.

Für die Bestimmung der Rohrreibung gilt die allgemeine Gleichung (siehe auch Abschnitt 147):

$$R = \frac{\lambda}{d} \cdot \frac{\varrho}{2} \cdot w^2 = 62{,}5 \cdot 10^6 \frac{\lambda\, \dot m_h^2}{\varrho\, d^5} \text{ in Pa/m}$$

$\lambda$ = Reibungszahl (Bild 147-5)
$\dot m_h$ = Dampfstrom in kg/h
$\varrho$ = mittlere Dichte in kg/m³ (Tafel 133-4)
$d$ = lichter Durchmesser in mm

Für die Einzelwiderstände wieder:

$$Z = \zeta \frac{\varrho}{2} w^2 \text{ in Pa.}$$

Die Gleichung für $R$ ist in Diagrammform in Bild 244-30 dargestellt. Das Diagramm bezieht sich auf Sattdampf. Bei überhitztem Dampf ist das Druckgefälle je 1 °C Überhitzung um rd. 0,3% größer. Die Berechnung gliedert sich, wie auch vorher, in eine vorläufige Berechnung und in eine Nachrechnung.

[1]) Ferencik, V.: IKZ 8/78. S. 110. 5 S.

**Beispiel für eine Rohrnetzberechnung bei Niederdruckdampfheizung nach Strangschema Bild 244-19**

| Aus dem Rohrplan | | | | Vorläufiger Rohrdurchmesser | Nachrechnung | | | | | | | | | | | Unterschied | |
|---|---|---|---|---|---|---|---|---|---|---|---|---|---|---|---|---|---|
| | | | | | mit vorläufigem Rohrdurchmesser | | | | | mit geändertem Rohrdurchmesser | | | | | | | |
| Teilstrecke Nr. | Wärmeleistung $\dot{Q}$ W | Wasserstrom $\dot{m}_h$ kg/h | Länge der Teilstrecke $l$ m | $d$ mm | $w$ m/s | $R$ $\frac{Pa}{m}$ | $lR$ Pa | $\Sigma\zeta$ | $Z$ Pa | $d$ mm | $w$ m/s | $R$ $\frac{Pa}{m}$ | $lR$ Pa | $\Sigma\zeta$ | $Z$ Pa | $lR$ $o-h$ Pa | $Z$ $q-k$ Pa |
| a | b | c | d | e | f | g | h | i | k | l | m | n | o | p | q | r | s |
| Wirksamer Druck: 3000 Pa | | | | | *Dampfleitung zum Heizkörper 31* | | | | | | | Druckgefälle: $R = 0{,}67 \cdot 3000/50{,}5 = 40$ Pa/m | | | | | |
| 1 | 3500 | – | 5,5 | 20 | 7 | 26 | 143 | 2,5 | 40 | | | | | | | | |
| 2 | 6400 | – | 3,5 | 20 | 12 | 80 | 280 | 1,0 | 46 | | | | | | | | |
| 3 | 9300 | – | 3,5 | 25 | 12 | 50 | 175 | 1,0 | 46 | | | | | | | | |
| 4 | 12800 | – | 5,5 | 32 | 9 | 22 | 121 | 3,5 | 91 | | | | | | | | |
| 5 | 27800 | – | 5,0 | 40 | 14 | 45 | 225 | 1,0 | 63 | | | | | | | | |
| 6 | 34800 | – | 5,5 | 50 | 12 | 22 | 121 | 1,5 | 69 | | | | | | | | |
| 7 | 48800 | – | 5,0 | 50 | 16 | 40 | 200 | 2,0 | 164 | | | | | | | | |
| 8 | 55800 | – | 6,0 | 57 | 15 | 50 | 300 | 1,0 | 72 | | | | | | | | |
| 9 | 64000 | – | 5,0 | 57 | 18 | 40 | 200 | 1,0 | 104 | | | | | | | | |
| 10 | 75600 | – | 6,5 | 60 | 17 | 30 | 195 | 3,0 | 277 | | | | | | | | |
| | | | 50,5 | | | | 1960 | + | 972 | = 2932 Pa | | | | | | | |
| Wirksamer Druck: 3000 Pa | | | | | *Dampfleitung zum Heizkörper 21* | | | | | | | Druckgefälle: $R = (0{,}67 \cdot 3000 - 45 \cdot 40):3 = 70$ Pa/m | | | | | |
| | 2900 | – | 3 | 20 | 6 | 20 | 60 | 2,5 | 30 | | | | | | | | |

| | | | | |
|---|---|---|---|---|
| | 60 | + | 30 | = 90 Pa |
| Dazu kommt $\Sigma(lR_2^{10}) + \Sigma Z_2^{10} =$ | 1817 | + | 932 | = 2749 Pa |
| Damit wird $\Sigma(lR) + \Sigma Z$ für H.-K. 21: | | | | = 2839 Pa |

Der Rest ist abzudrosseln usw.

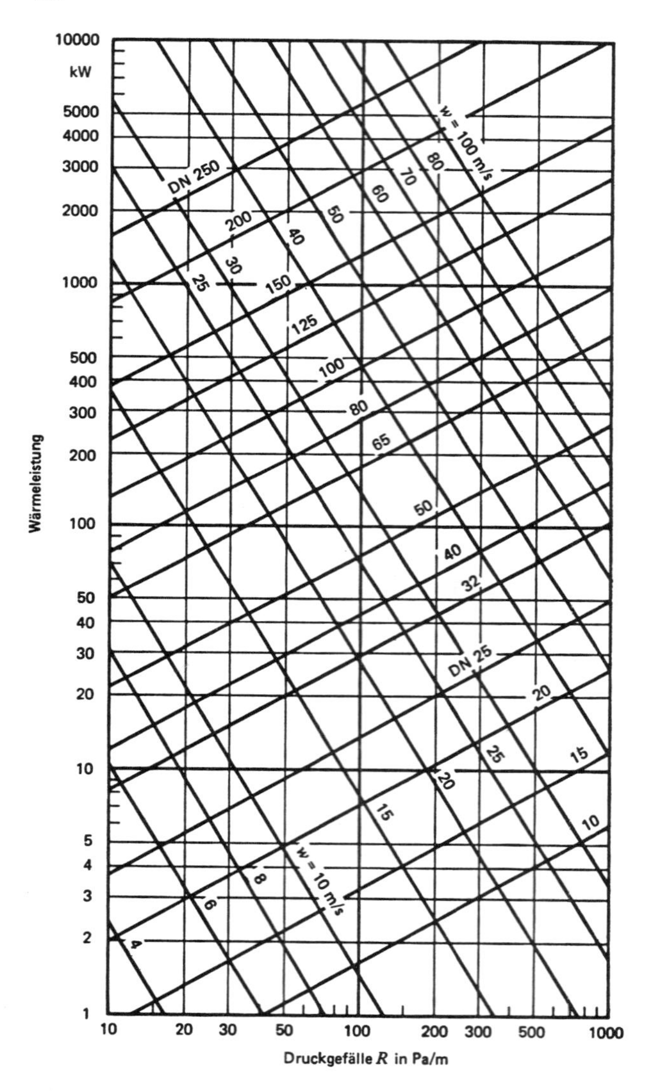


Bild 244-23. **Rohrreibungs-Diagramm für Stahlrohre DIN 2440/49 bei Niederdruckdampfheizung.**

*Beispiel:*

Rohr DN 65
Wärmeleistung 100 kW
Dampfgeschwindigkeit $w = 18$ m/s
Druckgefälle $R = 35$ Pa/m

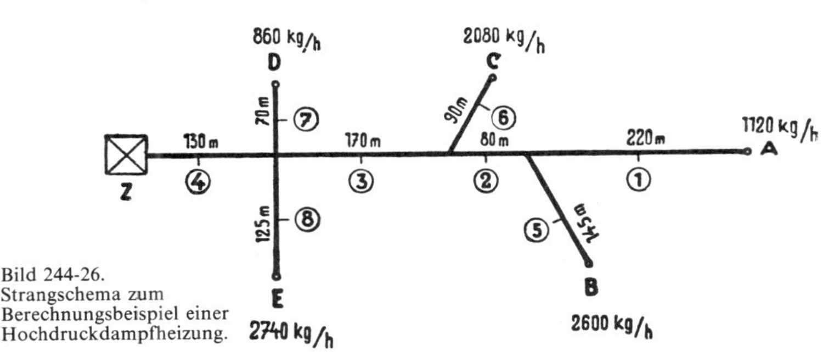


Bild 244-26.
Strangschema zum Berechnungsbeispiel einer Hochdruckdampfheizung.

*Beispiel:*

Für das in Bild 244-26 dargestellte Rohrnetz einer Hochdruckdampfverteilung sollen die Rohrdurchmesser ermittelt werden. In der Zentrale ($Z$) steht ein Betriebsdruck $p_1 = 6{,}6$ bar zur Verfügung. An den Dampfsammlern der einzelnen Verbrauchsstellen wird ein Druck $p_2 = 3{,}0$ bar verlangt. Die Dampfmengen und die Längen der Teilstrecken gehen aus Bild 244-26 hervor.

*Vorläufige Rechnung*

Es wird mit der Berechnung der Teilstrecken begonnen, die zur Verbrauchsstelle $A$ führen. Für $p_1 = 6{,}6$ bar und $p_2 = 3{,}0$ bar ist nach Abzug von 20% für die Einzelwiderstände das mittlere Druckgefälle:

$$R = \frac{0{,}8\,(660\,000 - 300\,000)}{600} = 480 \text{ Pa/m}$$

Aus dem Druckdiagramm 244-27 lassen sich die mittleren Drücke und aus Bild 244-30 die Rohrdurchmesser entnehmen, siehe nachstehende Tafel.

| Teilstrecke | Rohrlänge $l$<br>m | Dampfstrom $\dot{m}_h$<br>kg/h | Mittlerer Druck $p_m$<br>bar | Rohrdurchmesser $d$<br>DN |
|---|---|---|---|---|
| 1 | 220 | 1120 | 3,65 | 65 |
| 2 | 80 | 3720 | 4,55 | 100 |
| 3 | 170 | 5800 | 5,30 | 125 |
| 4 | 130 | 9400 | 6,20 | 150 |

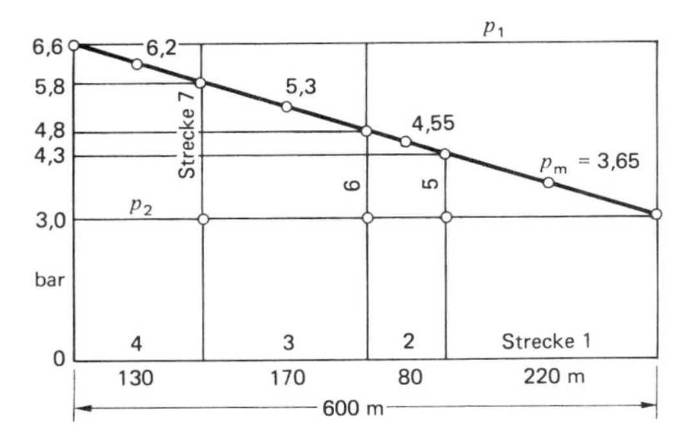


Bild 244-27. Druckdiagramm zum Strangschema Bild 244-26.

*Nachrechnung*

Die Nachrechnung des Widerstandes erfolgt am besten nach der genauen Gleichung

$$\Delta p = \lambda \frac{l_{ges}}{d} \frac{\varrho}{2} w^2 \text{ in Pa,}$$

wobei $\lambda$ aus Bild 147-5 zu entnehmen ist. Die Beiwerte für die Einzelwiderstände seien bei den einzelnen Teilstrecken

| Teilstrecke | 1 | 2 | 3 | 4 |
|---|---|---|---|---|
| Beiwert $\zeta_u$ | 10 | 4 | 6 | 3 |

Für die Umrechnung der Einzelwiderstände in gleichwertige Strecken gerader Rohrleitungen ist $l_{gl} = \zeta_u \, d/\lambda$ und somit $l + l_{gl} = l_{ges}$ (s. Abschn. 148).

Bei der Ermittlung der Geschwindigkeiten $w$ hat man zunächst die Dichte $\varrho_m$ des Dampfes zu schätzen und, falls die Annahme nicht genügend genau war, die Rechnung zu wiederholen. Auf diese Weise ergeben sich die Zahlenwerte nachstehender Tafel.

| Teil Str. Nr. | $l$ m | $\zeta_u$ – | $d$ mm | $\lambda$ – | $l_{gl}$ m | $l_{ges}$ m | $\varrho_m$ kg/m³ | $w$ m/s | $\frac{\varrho_m}{2} w^2$ Pa | $\Delta p$ bar |
|---|---|---|---|---|---|---|---|---|---|---|
| 1 | 220 | 10 | 65 | 0,023 | 30 | 250 | 2,0 | 40,5 | 1640 | 1,45 |
| 2 | 80 | 4 | 100 | 0,022 | 18 | 98 | 2,5 | 52 | 3380 | 0,73 |
| 3 | 170 | 6 | 125 | 0,020 | 38 | 208 | 2,9 | 45 | 2940 | 0,98 |
| 4 | 130 | 3 | 150 | 0,019 | 24 | 154 | 3,3 | 45 | 3340 | 0,65 |
| | 600 | | | | 110 | 710 | | | | 3,81 |

Der Druckabfall ist also nur wenig größer als der gewünschte Wert $\Delta p = 3{,}6$ bar. Nachprüfung der Dichten $\varrho_m$ des Dampfes:

bei 3,72 bar: $\varrho_m = 2{,}02$ statt 2,0 kg/m³
bei 4,81 bar: $\varrho_m = 2{,}58$ statt 2,5 kg/m³
bei 5,67 bar: $\varrho_m = 3{,}00$ statt 2,9 kg/m³
bei 6,49 bar: $\varrho_m = 3{,}42$ statt 3,3 kg/m³

Eine nochmalige Nachrechnung ergibt nur geringe Änderungen.

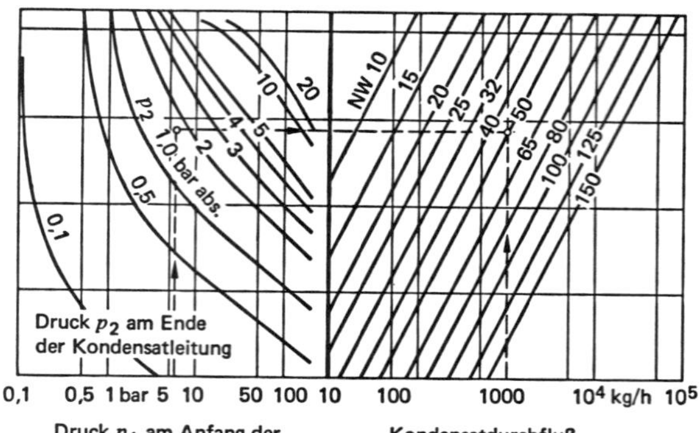


Bild 244-28. Bemessung der Kondensatleitungen von Hochdruckdampfverbrauchern. Leitungslänge < 150 m. (Sarco-Calorie Heft 28 – 1970).

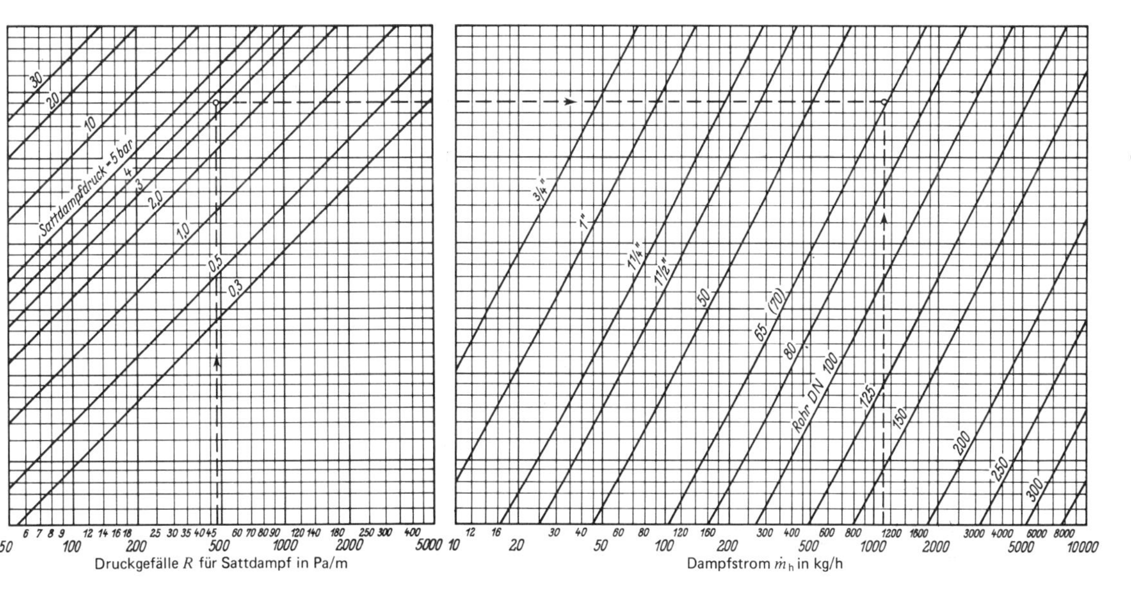


Bild 244-30. **Druckverlust in Sattdampfleitungen.**

*Beispiel:*

1120 kg Dampf von 4 bar abs. werden in einer geraden Strecke DN 65 von 200 m Länge stündlich gefördert. Wie groß ist der Enddruck? Mittlerer Druck zunächst geschätzt: 3,5 bar. Damit Gefälle $R$ = 480 Pa/m; $Rl$ = 480 · 200 = 96000 Pa ≈ 0,96 bar. Enddruck: 4,0 – 0,96 = 3,04 bar.

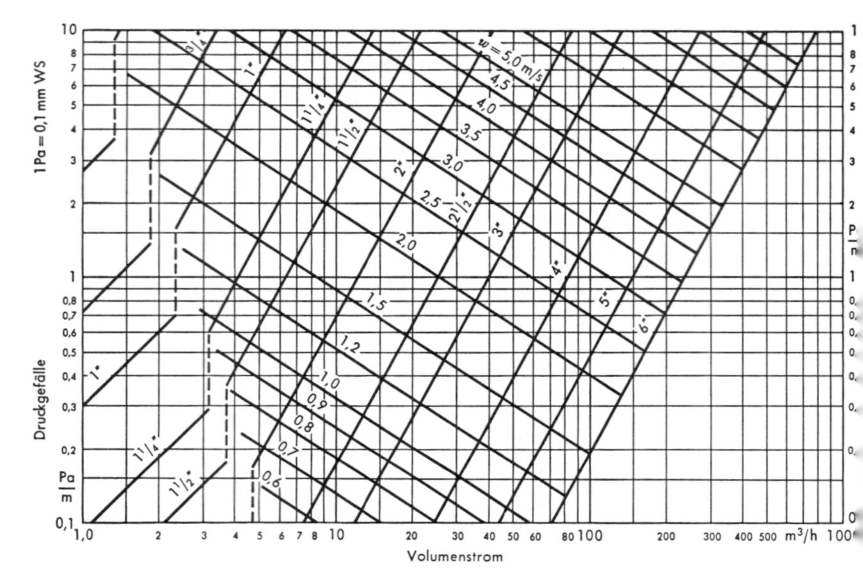


Bild 244-36. Druckgefälle $R$ für Erdgas bei Rohren nach DIN 2441 – Rauhigkeit $\varepsilon = 0{,}5$ mm.

*Zweigleitungen*

Die Zweigleitungen werden nach derselben Methode wie die Hauptleitung berechnet. Z. B. gilt für die Abzweigstrecke 5 mit der Länge $l_5 = 145$ m:

$$R = \frac{0{,}8 \cdot \Delta p}{l_5} = \frac{0{,}8 \cdot 145\,000}{145} = 800 \text{ Pa/m}.$$

Vorläufiger Rohrdurchmesser aus Bild 244-30: $d$ = DN 80 für $\dot{m}_h = 2600$ kg/h usw.

*Kondensatleitungen*

Für die Bemessung der Kondensatleitungen ist der Druck am Anfang und Ende der Leitungen, die Anfangstemperatur und die „Nachverdampfung“ zu berücksichtigen.

Wird z. B. Kondensat von 175 °C in ein belüftetes Sammelgefäß geleitet, so verdampfen in den Leitungen große Dampfmengen, in diesem Fall ca. 13%, so daß bei zu geringem Durchmesser sehr große Geschwindigkeiten auftreten können. Genaue Berechnung der Leitungen sehr schwierig.

Näherungsweise kann der Durchmesser aus Bild 244-28 entnommen werden, in dem die Geschwindigkeit des Dampfes am Ende der Kondensatleitung je nach Nennweite 10…30 m/s beträgt.

*Beispiel:*

1000 kg/h Kondensat von 6 bar sollen in einen Entspanner von 1,7 bar geleitet werden.

Erforderlicher Durchmesser DN 50 (aus Bild 244-28).

## -5 GASLEITUNGEN[1])

Der übliche Druck in den städtischen Gasversorgungsleitungen beträgt im Niederdrucknetz bis 100 mbar, im Mitteldrucknetz 100 bis 1000 mbar.

Der *Anschlußdruck* (Fließdruck) bei den Verbrauchern soll für Betrieb mit Stadtgas mindestens 7,5 mbar, mit Erdgas mindestens 18 mbar betragen.

Der *zulässige Druckabfall* in einer Gasleitung richtet sich nach dem Druck am Anfang der Leitung und dem an Verbrauchsgerät geförderten Druck. Er wird berechnet nach der allgemeinen Druckverlustgleichung (Abschn. 147)

$$\Delta p = \sum \lambda \frac{l}{d} \frac{\varrho}{2} w^2 + \sum \zeta \frac{\varrho}{2} w^2 = \sum Rl + \sum Z \text{ in Pa.}$$

Der erste Faktor stellt den Reibungswiderstand an den Rohrwandungen, der zweite Faktor den durch Einzelwiderstände wie Ventile, Bogen usw. verursachten Druckverlust dar. Die Größe $\frac{\varrho}{2} w^2$ ist der Staudruck.

$\zeta$-Werte in Tafel 148-1 und -2, Tafel 244-6 und TRGI 1986.

*Berechnungsgrundlage* für das Druckgefälle $R$ in geraden Rohrstrecken ist

$$R = \frac{\lambda}{d} \cdot \frac{\varrho}{2} w^2 \text{ in Pa/m}$$

oder bezogen auf das stündliche Volumen $\dot{V}$:

$$R = 62{,}5 \cdot 10^6 \cdot \lambda \cdot \varrho \cdot \dot{V}^2/d^5 \qquad d \text{ in mm.}$$

Diese Gleichung ist in Bild 244-36 dargestellt, wobei zugrunde gelegt sind:

Erdgas mit der Dichte $\varrho = 0{,}8$ kg/m³
Rohre nach DIN 2441 (6.78): Schwere Gewinderohre
Rauhigkeit der Rohre $\varepsilon = 0{,}5$ mm.

Für Stadt- und Ferngas ist das Druckgefälle ca. 15% geringer. Die Rechnung geht in der Weise vor sich, daß aus dem Rohrplan zunächst der ungünstigste, d. h. der am weitesten entfernte Verbraucher ermittelt wird. Darauf werden die einzelnen Teilstrecken numeriert und die vorläufigen Durchmesser mit Geschwindigkeiten von 2···3 m/s angenommen.

Dann folgt die Berechnung der genauen Druckverluste ($Rl + Z$) der einzelnen Strekken. Übersteigt die Summe den zulässigen Wert, sind einzelne Durchmesser entsprechend zu ändern.

---

[1]) Stobäus, K.-H.: HLH 2/74. S. 51/4 (Kupferrohre).
Beedgen, O.: Öl + Gasfeuerung 2/78. S. 93/8 u. SBZ 9/78. 4 S. u. TAB 10/80. S. 871/6.

*Beispiel:*

Es sind die Rohrdurchmesser der Gasleitungen einer Heizungsanlage mit Gasraumheizern nach Bild 244-37 zu ermitteln. Rohre nach DIN 2441. Zulässiger Druckverlust von der Anschlußstelle bis zum Heizgerät einschl. Gaszähler 280 Pa.

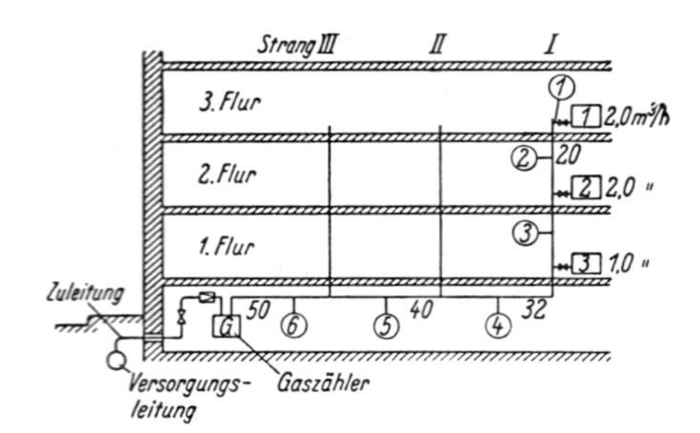


Bild 244-37. Gaszentralheizung mit Gasraumheizung.

| Aus dem Rohrplan | | | | Nachrechnung | | | | | | |
|---|---|---|---|---|---|---|---|---|---|---|
| TS<br>Nr. | Gas<br>$\dot{V}$<br>m³/h | Länge<br>$l$<br>m | Vorl.<br>Ø<br>DN | Geschw.<br>$w$<br>m/s | $R$<br>Pa/m | $Rl$<br>Pa | $\Sigma\zeta$<br>– | Stau-<br>druck<br>Pa | $Z$<br>Pa | |
| 1 | 2 | 2 | 3/4″ | 1,7 | 3,6 | 7,2 | 15,0 | 1,2 | 18,0 | |
| 2 | 2 | 3 | 3/4″ | 1,7 | 3,6 | 10,8 | 2,0 | 1,2 | 2,4 | |
| 3 | 4 | 3 | 1″ | 2,2 | 4,1 | 12,3 | 2,0 | 2,0 | 4,0 | |
| 4 | 5 | 8 | 1 1/4″ | 1,5 | 1,5 | 12,0 | 4,0 | 0,9 | 3,6 | |
| 5 | 10 | 5 | 1 1/4″ | 3,0 | 5,1 | 25,5 | 2,0 | 3,6 | 7,2 | |
| 6 | 15 | 6 | 1 1/2″ | 3,3 | 5,0 | 30,0 | 6,0 | 4,4 | 26,4 | |
| | | | | | | 97,8 | + | | 61,6 | = 159,4 |
| | | | | | | Zuzüglich Zähler | | | | = 100,0 |
| | | | | | | | | | | 259,4 Pa |

Da der errechnete Druckverlust geringer ist als der verfügbare Druck von 280 Pa, ist der Strang also ausreichend bemessen. Die übrigen Stränge sind in derselben Weise zu berechnen.

Für genaue Rechnungen siehe TRGI 1986 sowie das Arbeitsblatt des DVGW für Hauptgasleitungen G 464 (11. 83). *Volumenströme* (Belastungswerte) der verschiedenen Gasverbraucher siehe DVGW-Merkblatt G 661 (zurückgezogen).

Nicht berücksichtigt ist, daß der Druckverlust in Steigleitungen durch den Druckgewinn infolge des Auftriebs zum Teil kompensiert wird.

Auftrieb bei Erdgas: $\Delta p_A = 4$ h in Pa ($h$ = Höhenunterschied in m)
Auftrieb bei Stadtgas: $\Delta p_A = 5{,}8$ h in Pa.

Ausführung der Anlagen nur durch konzessionierte Installationsfirmen.

**Tafel 244-4. Druckgefälle $R$ bei Warmwasserheizungen mit Stahlrohren, $\varepsilon = 0{,}045$**

| Mittelschwere Gewinderohre DIN 2440 (6.78) | | | | | | | | | | |
|---|---|---|---|---|---|---|---|---|---|---|
| DN ″ | 3/8″ | 1/2″ | 3/4″ | 1″ | 1 1/4″ | 1 1/2″ | 2″ | 2 1/2″ | 3″ | 4″ |
| DN mm | 10 | 15 | 20 | 25 | 32 | 40 | 50 | 54 | 80 | 100 |
| l.W. mm | 12,5 | 16,0 | 21,6 | 27,2 | 35,9 | 41,8 | 53,0 | 68,8 | 80,8 | 105,3 |
| $f$ Gefälle $R$ Pa/m | $w$ = Geschwindigkeit in m/s<br>$\dot{m}$ = Wasserstrom in kg/h | | | | | | | | | |
| 1 | 0,03 | 0,04 | 0,04 | 0,05 | 0,06 | 0,07 | 0,08 | 0,09 | 0,10 | 0,12 |
| | 13 | 25 | 56 | 103 | 213 | 318 | 592 | 1172 | 1784 | 3563 |
| 5 | 0,07 | 0,08 | 0,10 | 0,11 | 0,13 | 0,15 | 0,17 | 0,20 | 0,22 | 0,26 |
| | 30 | 57 | 125 | 230 | 477 | 710 | 1323 | 2620 | 3989 | 7967 |
| 10 | 0,10 | 0,11 | 0,14 | 0,16 | 0,19 | 0,21 | 0,24 | 0,28 | 0,31 | 0,36 |
| | 42 | 80 | 177 | 325 | 674 | 1005 | 1872 | 3705 | 5641 | 11267 |
| 15 | 0,12 | 0,14 | 0,17 | 0,19 | 0,23 | 0,25 | 0,29 | 0,34 | 0,38 | 0,45 |
| | 51 | 98 | 217 | 398 | 825 | 1230 | 2292 | 4538 | 6909 | 13799 |
| 20 | 0,14 | 0,16 | 0,19 | 0,22 | 0,26 | 0,29 | 0,34 | 0,40 | 0,44 | 0,51 |
| | 59 | 114 | 251 | 460 | 953 | 1421 | 2647 | 5240 | 7978 | 15934 |
| 25 | 0,15 | 0,18 | 0,21 | 0,25 | 0,30 | 0,33 | 0,38 | 0,44 | 0,49 | 0,58 |
| | 66 | 127 | 280 | 514 | 1066 | 1588 | 2959 | 5859 | 8920 | 17814 |
| 30 | 0,17 | 0,19 | 0,24 | 0,27 | 0,32 | 0,36 | 0,41 | 0,49 | 0,54 | 0,63 |
| | 72 | 139 | 307 | 563 | 1167 | 1740 | 3242 | 6418 | 9771 | 19514 |
| 35 | 0,18 | 0,21 | 0,25 | 0,29 | 0,35 | 0,39 | 0,45 | 0,52 | 0,58 | 0,68 |
| | 78 | 150 | 332 | 608 | 1261 | 1880 | 3502 | 6932 | 10554 | 21078 |
| 40 | 0,19 | 0,22 | 0,27 | 0,31 | 0,37 | 0,41 | 0,48 | 0,56 | 0,62 | 0,73 |
| | 84 | 161 | 354 | 650 | 1348 | 2009 | 3743 | 7411 | 11283 | 22533 |
| 45 | 0,20 | 0,24 | 0,29 | 0,33 | 0,40 | 0,44 | 0,51 | 0,59 | 0,66 | 0,77 |
| | 89 | 170 | 376 | 690 | 1430 | 2131 | 3970 | 7860 | 11967 | 23900 |
| 50 | 0,21 | 0,25 | 0,30 | 0,35 | 0,42 | 0,46 | 0,53 | 0,63 | 0,69 | 0,81 |
| | 94 | 180 | 396 | 727 | 1507 | 2246 | 4185 | 8285 | 12614 | 25193 |
| 60 | 0,23 | 0,28 | 0,33 | 0,39 | 0,46 | 0,50 | 0,58 | 0,69 | 0,76 | 0,89 |
| | 103 | 197 | 434 | 796 | 1651 | 2461 | 4585 | 9076 | 13818 | 27598 |
| 70 | 0,25 | 0,30 | 0,36 | 0,42 | 0,50 | 0,54 | 0,63 | 0,74 | 0,82 | 0,96 |
| | 111 | 213 | 469 | 860 | 1783 | 2658 | 4952 | 9803 | 14926 | 29809 |
| 80 | 0,27 | 0,32 | 0,38 | 0,44 | 0,53 | 0,58 | 0,67 | 0,79 | 0,87 | 1,03 |
| | 118 | 227 | 501 | 919 | 1906 | 2842 | 5294 | 10480 | 15956 | 31867 |
| 90 | 0,29 | 0,34 | 0,41 | 0,47 | 0,56 | 0,62 | 0,72 | 0,84 | 0,93 | 1,09 |
| | 126 | 241 | 532 | 975 | 2022 | 3014 | 5615 | 11116 | 16924 | 33800 |
| 100 | 0,30 | 0,36 | 0,43 | 0,50 | 0,59 | 0,65 | 0,75 | 0,89 | 0,98 | 1,15 |
| | 132 | 254 | 560 | 1028 | 2131 | 3177 | 5919 | 11717 | 17840 | 35628 |
| 150 | 0,37 | 0,44 | 0,53 | 0,61 | 0,72 | 0,80 | 0,92 | 1,09 | 1,20 | 1,41 |
| | 162 | 311 | 686 | 1259 | 2610 | 3891 | 7249 | 14351 | 21849 | 43636 |
| 200 | 0,43 | 0,50 | 0,61 | 0,70 | 0,84 | 0,92 | 1,07 | 1,25 | 1,38 | 1,63 |
| | 187 | 359 | 793 | 1454 | 3014 | 4493 | 8370 | 16571 | 25229 | 50386 |
| 250 | 0,48 | 0,56 | 0,68 | 0,79 | 0,94 | 1,03 | 1,19 | 1,40 | 1,55 | 1,82 |
| | 209 | 402 | 886 | 1625 | 3370 | 5023 | 9358 | 18527 | 28207 | 56333 |
| 300 | 0,53 | 0,62 | 0,74 | 0,86 | 1,03 | 1,13 | 1,31 | 1,53 | 1,69 | 1,99 |
| | 229 | 440 | 971 | 1780 | 3691 | 5503 | 10252 | 20295 | 30899 | 61710 |
| 400 | 0,61 | 0,71 | 0,86 | 0,99 | 1,18 | 1,30 | 1,51 | 1,77 | 1,96 | 2,30 |
| | 265 | 508 | 1121 | 2056 | 4262 | 6354 | 11838 | 23434 | 35679 | 71257 |
| 500 | 0,68 | 0,79 | 0,96 | 1,11 | 1,32 | 1,46 | 1,69 | 1,98 | 2,19 | 2,57 |
| | 296 | 568 | 1253 | 2298 | 4765 | 7104 | 13235 | 26201 | 39891 | 79668 |
| 600 | 0,74 | 0,87 | 1,05 | 1,22 | 1,45 | 1,59 | 1,85 | 2,17 | 2,40 | 2,82 |
| | 324 | 622 | 1373 | 2518 | 5220 | 7782 | 14498 | 28701 | 43698 | 87271 |
| 700 | 0,80 | 0,94 | 1,14 | 1,32 | 1,57 | 1,72 | 2,00 | 2,34 | 2,59 | 3,04 |
| | 350 | 672 | 1483 | 2720 | 5639 | 8405 | 15660 | 31001 | 47199 | 94264 |
| 800 | 0,86 | 1,00 | 1,22 | 1,41 | 1,67 | 1,84 | 2,13 | 2,51 | 2,77 | 3,25 |
| | 374 | 719 | 1585 | 2907 | 6028 | 8986 | 16741 | 33141 | 50458 | 100772 |

**Tafel 244-4. (Fortsetzung)**

| Nahtlose Stahlrohre DIN 2448 (2.81) und ISO 4200 (2.81) | | | | | | | |
|---|---|---|---|---|---|---|---|
| DN mm<br>l.W. mm | 40<br>39,3 | 50<br>51,2 | 60<br>57,7 | 65<br>70,3 | 80<br>82,5 | 90<br>94,4 | 100<br>100,8 |
| *f*<br>Gefälle *R*<br>Pa/m | $w$ = Geschwindigkeit in m/s<br>$\dot{m}$ = Wasserstrom in kg/h | | | | | | |
| 1 | 0,06<br>270 | 0,07<br>541 | 0,08<br>739 | 0,09<br>1240 | 0,10<br>1884 | 0,11<br>2679 | 0,11<br>3179 |
| 5 | 0,14<br>604 | 0,17<br>1209 | 0,18<br>1653 | 0,20<br>2772 | 0,22<br>4212 | 0,24<br>5989 | 0,25<br>7108 |
| 10 | 0,20<br>855 | 0,23<br>1710 | 0,25<br>2338 | 0,28<br>3920 | 0,31<br>5957 | 0,34<br>8470 | 0,35<br>10053 |
| 15 | 0,24<br>1047 | 0,29<br>2094 | 0,31<br>2864 | 0,35<br>4801 | 0,38<br>7296 | 0,42<br>10374 | 0,43<br>12312 |
| 20 | 0,28<br>1209 | 0,33<br>2418 | 0,36<br>3307 | 0,40<br>5544 | 0,44<br>8424 | 0,48<br>11979 | 0,50<br>14217 |
| 25 | 0,31<br>1351 | 0,37<br>2703 | 0,40<br>3697 | 0,45<br>6199 | 0,50<br>9419 | 0,54<br>13393 | 0,56<br>15895 |
| 30 | 0,34<br>1480 | 0,40<br>2961 | 0,44<br>4050 | 0,49<br>6790 | 0,54<br>10318 | 0,59<br>14671 | 0,61<br>17412 |
| 35 | 0,37<br>1599 | 0,44<br>3199 | 0,47<br>4374 | 0,53<br>7334 | 0,59<br>11144 | 0,68<br>15846 | 0,66<br>18807 |
| 40 | 0,40<br>1709 | 0,47<br>3419 | 0,50<br>4676 | 0,57<br>7841 | 0,63<br>11914 | 0,64<br>16940 | 0,71<br>20105 |
| 45 | 0,42<br>1813 | 0,50<br>3627 | 0,53<br>4960 | 0,60<br>8316 | 0,66<br>12636 | 0,72<br>17968 | 0,75<br>21325 |
| 50 | 0,44<br>1911 | 0,52<br>3823 | 0,56<br>5228 | 0,63<br>8766 | 0,70<br>13320 | 0,76<br>18940 | 0,79<br>22478 |
| 60 | 0,49<br>2093 | 0,57<br>4188 | 0,62<br>5727 | 0,70<br>9603 | 0,77<br>14591 | 0,83<br>20748 | 0,87<br>24624 |
| 70 | 0,52<br>2261 | 0,62<br>4523 | 0,67<br>6186 | 0,75<br>10372 | 0,83<br>15760 | 0,90<br>22410 | 0,94<br>26597 |
| 80 | 0,56<br>2417 | 0,66<br>4836 | 0,71<br>6613 | 0,80<br>11088 | 0,89<br>16849 | 0,96<br>23957 | 1,00<br>28433 |
| 90 | 0,59<br>2564 | 0,70<br>5129 | 0,75<br>7014 | 0,85<br>11761 | 0,94<br>17871 | 1,02<br>25410 | 1,06<br>30158 |
| 100 | 0,63<br>2702 | 0,74<br>5407 | 0,79<br>7394 | 0,90<br>12397 | 0,99<br>18837 | 1,08<br>26785 | 1,12<br>31789 |
| 150 | 0,77<br>3310 | 0,90<br>6622 | 0,97<br>9055 | 1,10<br>15183 | 1,21<br>23071 | 1,32<br>32805 | 1,37<br>38934 |
| 200 | 0,89<br>3822 | 1,04<br>7646 | 1,12<br>10456 | 1,27<br>17532 | 1,40<br>26640 | 1,52<br>37880 | 1,58<br>44957 |
| 250 | 0,99<br>4273 | 1,17<br>8549 | 1,26<br>11690 | 1,42<br>19602 | 1,57<br>29784 | 1,70<br>42351 | 1,77<br>50263 |
| 300 | 1,08<br>4681 | 1,28<br>9365 | 1,38<br>12806 | 1,56<br>21473 | 1,72<br>32627 | 1,86<br>46393 | 1,94<br>55061 |
| 400 | 1,25<br>5405 | 1,48<br>10813 | 1,59<br>14787 | 1,80<br>24794 | 1,98<br>37674 | 2,15<br>53570 | 2,24<br>63579 |
| 500 | 1,40<br>6043 | 1,65<br>12090 | 1,78<br>16533 | 2,01<br>27721 | 2,22<br>42121 | 2,41<br>59893 | 2,50<br>71083 |
| 600 | 1,53<br>6620 | 1,81<br>13243 | 1,95<br>18111 | 2,20<br>30367 | 2,43<br>46142 | 2,64<br>65610 | 2,74<br>77868 |
| 700 | 1,66<br>7150 | 1,95<br>14305 | 2,10<br>19562 | 2,38<br>32800 | 2,62<br>49839 | 2,85<br>70866 | 2,96<br>84107 |
| 800 | 1,77<br>7644 | 2,09<br>15292 | 2,25<br>20913 | 2,54<br>35065 | 2,80<br>53280 | 3,04<br>75759 | 3,17<br>89914 |

**Tafel 244-4. (Fortsetzung)**

| Nahtlose Stahlrohre DIN 2448 (2.81) und ISO 4200 (2.81) | | | | | | |
|---|---|---|---|---|---|---|
| DN mm<br>l.W. mm | 110<br>107,1 | 125<br>125,0 | 135<br>131,7 | 150<br>150,0 | 175<br>181,8 | 200<br>206,5 |
| *f*<br>Gefälle *R*<br>Pa/m | $w$ = Geschwindigkeit in m/s<br>$\dot{m}$ = Wasserstrom in kg/h | | | | | |
| 1 | 0,12<br>3724 | 0,13<br>5574 | 0,13<br>6387 | 0,14<br>8965 | 0,16<br>14795 | 0,17<br>20613 |
| 5 | 0,26<br>8327 | 0,29<br>12463 | 0,29<br>14281 | 0,32<br>20047 | 0,36<br>33082 | 0,39<br>46091 |
| 10 | 0,37<br>11776 | 0,40<br>17625 | 0,42<br>20196 | 0,45<br>28351 | 0,51<br>46784 | 0,55<br>65183 |
| 15 | 0,45<br>14423 | 0,49<br>21586 | 0,51<br>24735 | 0,55<br>34723 | 0,62<br>57299 | 0,67<br>79832 |
| 20 | 0,52<br>16654 | 0,57<br>24926 | 0,59<br>28562 | 0,64<br>40095 | 0,72<br>66163 | 0,77<br>92182 |
| 25 | 0,58<br>18620 | 0,64<br>27868 | 0,66<br>31933 | 0,71<br>44827 | 0,80<br>73973 | 0,87<br>103063 |
| 30 | 0,64<br>20397 | 0,70<br>30528 | 0,72<br>34981 | 0,78<br>49106 | 0,88<br>81033 | 0,95<br>112900 |
| 35 | 0,69<br>22032 | 0,76<br>32974 | 0,78<br>37784 | 0,84<br>53040 | 0,95<br>87526 | 1,02<br>121945 |
| 40 | 0,74<br>23553 | 0,81<br>35251 | 0,83<br>40393 | 0,90<br>56703 | 1,01<br>93569 | 1,09<br>130365 |
| 45 | 0,78<br>24981 | 0,86<br>37389 | 0,88<br>42843 | 0,96<br>60142 | 1,07<br>99245 | 1,16<br>138272 |
| 50 | 0,82<br>26333 | 0,90<br>39411 | 0,93<br>45160 | 1,01<br>63395 | 1,13<br>104613 | 1,22<br>145753 |
| 60 | 0,90<br>28846 | 0,99<br>43173 | 1,02<br>49471 | 1,10<br>69446 | 1,24<br>114598 | 1,34<br>159664 |
| 70 | 0,97<br>31157 | 1,07<br>46632 | 1,10<br>53434 | 1,19<br>75010 | 1,34<br>123780 | 1,45<br>172457 |
| 80 | 1,04<br>33309 | 1,14<br>49852 | 1,18<br>57124 | 1,128<br>80190 | 1,43<br>132326 | 1,55<br>184364 |
| 90 | 1,10<br>35329 | 1,21<br>52876 | 1,25<br>60589 | 1,35<br>85054 | 1,52<br>140353 | 1,64<br>195548 |
| 100 | 1,16<br>37240 | 1,28<br>55736 | 1,32<br>63866 | 1,43<br>89655 | 1,60<br>147945 | 1,73<br>206125 |
| 150 | 1,42<br>45610 | 1,56<br>68262 | 1,61<br>78220 | 1,75<br>109804 | 1,96<br>181195 | 2,12<br>252451 |
| 200 | 1,64<br>52665 | 1,81<br>78823 | 1,86<br>90321 | 2,02<br>126791 | 2,27<br>209226 | 2,45<br>291505 |
| 250 | 1,84<br>58882 | 2,02<br>88126 | 2,08<br>100981 | 2,26<br>141756 | 2,53<br>233922 | 2,74<br>325913 |
| 300 | 2,01<br>64502 | 2,21<br>96538 | 2,28<br>110620 | 2,47<br>155286 | 2,78<br>256248 | 3,00<br>357020 |
| 400 | 2,32<br>74480 | 2,55<br>111472 | 2,64<br>127733 | 2,85<br>179309 | 3,20<br>295890 | 3,46<br>412251 |
| 500 | 2,60<br>83271 | 2,86<br>124629 | 2,95<br>142809 | 3,19<br>200474 | 3,58<br>330815 | 3,87<br>460911 |
| 600 | 2,85<br>91219 | 3,13<br>136525 | 3,23<br>156440 | 3,49<br>219608 | 3,92<br>362390 | 4,24<br>504902 |
| 700 | 3,07<br>98528 | 3,38<br>147464 | 3,49<br>168974 | 3,77<br>237204 | 4,24<br>391426 | 4,58<br>545357 |
| 800 | 3,29<br>105331 | 3,61<br>157645 | 3,73<br>180641 | 4,03<br>253582 | 4,53<br>418452 | 4,89<br>583011 |

**Tafel 244-5. Druckgefälle $R$ bei Warmwasserheizungen mit Kupferrohren*)**

| Rohr∅ | 10×1 | | 12×1 | | 15×1 | | 18×1 | | 22×1,2 | |
|---|---|---|---|---|---|---|---|---|---|---|
| $w$ m/s | $\dot{m}_h$ kg/h | $R$ Pa/m | $\dot{m}_h$ kg/h | $R$ Pa/m | $\dot{m}_h$ kg/h | $R$ Pa/m | $\dot{m}_h$ kg/h | $R$ Pa/m | $\dot{m}_h$ kg/h | $R$ Pa/m |
| 0,01 | 1,8 | 1,8 | 2,8 | 1,2 | 4,8 | 0,7 | 7,2 | 0,5 | 10,9 | 0,3 |
| 0,05 | 9,0 | 9,1 | 14 | 5,8 | 24 | 3,4 | 36 | 2,3 | 54 | 2,9 |
| 0,10 | 18 | 18 | 28 | 22 | 48 | 16 | 72 | 12 | 109 | 9,3 |
| 0,15 | 27 | 59 | 42 | 44 | 72 | 32 | 108 | 24 | 163 | 19 |
| 0,20 | 36 | 97 | 56 | 73 | 96 | 52 | 144 | 40 | 218 | 31 |
| 0,22 | 40 | 114 | 62 | 86 | 105 | 61 | 159 | 47 | 240 | 36 |
| 0,24 | 43 | 132 | 67 | 99 | 115 | 71 | 173 | 55 | 262 | 42 |
| 0,26 | 47 | 152 | 73 | 114 | 124 | 82 | 187 | 63 | 284 | 49 |
| 0,28 | 50 | 173 | 79 | 130 | 134 | 93 | 202 | 72 | 306 | 55 |
| 0,30 | 54 | 194 | 85 | 146 | 143 | 105 | 216 | 81 | 327 | 63 |
| 0,32 | 57 | 217 | 90 | 163 | 153 | 112 | 230 | 90 | 349 | 70 |
| 0,34 | 61 | 241 | 96 | 182 | 162 | 130 | 245 | 100 | 371 | 78 |
| 0,36 | 65 | 266 | 102 | 201 | 172 | 144 | 259 | 111 | 393 | 86 |
| 0,38 | 68 | 293 | 107 | 220 | 181 | 158 | 273 | 122 | 415 | 95 |
| 0,40 | 72 | 320 | 113 | 241 | 191 | 173 | 288 | 134 | 435 | 104 |
| 0,42 | 76 | 348 | 118 | 262 | 201 | 189 | 302 | 145 | 457 | 113 |
| 0,44 | 79 | 377 | 124 | 285 | 210 | 205 | 316 | 158 | 479 | 123 |
| 0,46 | 83 | 408 | 130 | 308 | 220 | 221 | 330 | 171 | 501 | 133 |
| 0,48 | 86 | 439 | 135 | 331 | 230 | 238 | 345 | 184 | 523 | 143 |
| 0,50 | 90 | 472 | 141 | 351 | 239 | 256 | 360 | 198 | 545 | 154 |
| 0,55 | 99 | 557 | 155 | 421 | 263 | 303 | 396 | 234 | 600 | 182 |
| 0,60 | 108 | 649 | 169 | 490 | 287 | 353 | 432 | 273 | 655 | 212 |
| 0,65 | 117 | 746 | 183 | 564 | 310 | 407 | 468 | 314 | 710 | 245 |
| 0,70 | 126 | 850 | 197 | 643 | 335 | 464 | 504 | 358 | 765 | 279 |
| 0,75 | 135 | 960 | 211 | 726 | 358 | 524 | 540 | 405 | 820 | 315 |
| 0,80 | 144 | 1070 | 225 | 814 | 381 | 587 | 576 | 454 | 875 | 353 |
| 0,90 | 162 | 1320 | 254 | 1000 | 430 | 724 | 648 | 560 | 980 | 437 |
| 1,00 | 180 | 1590 | 282 | 1210 | 478 | 873 | 720 | 676 | 1090 | 527 |
| 1,10 | 198 | 1875 | 309 | 1403 | 524 | 1015 | 792 | 797 | 1203 | 634 |
| 1,20 | 216 | 2177 | 339 | 1651 | 573 | 1187 | 864 | 928 | 1307 | 729 |
| 1,10 | 198 | 1890 | 310 | 1430 | 525 | 1030 | 792 | 802 | 1200 | 625 |
| 1,20 | 216 | 2200 | 338 | 1670 | 574 | 1210 | 865 | 937 | 1310 | 731 |
| 1,30 | 234 | 2540 | 366 | 1930 | 620 | 1400 | 935 | 1080 | 1420 | 844 |
| 1,40 | 252 | 2900 | 395 | 2200 | 670 | 1590 | 1010 | 1230 | 1530 | 964 |
| 1,50 | 270 | 3280 | 423 | 2490 | 715 | 1800 | 1080 | 1400 | 1640 | 1090 |
| 1,60 | 288 | 3680 | 450 | 2790 | 765 | 2020 | 1150 | 1570 | 1750 | 1230 |
| 1,70 | 306 | 4100 | 480 | 3110 | 810 | 2260 | 1220 | 1750 | 1860 | 1370 |
| 1,80 | 324 | 4540 | 508 | 3450 | 860 | 2500 | 1300 | 1940 | 1960 | 1520 |
| 1,90 | 342 | 5000 | 536 | 3800 | 910 | 2760 | 1370 | 2140 | 2070 | 1670 |
| 2,00 | 360 | 5480 | 564 | 4170 | 956 | 3020 | 1440 | 2350 | 2180 | 1830 |
| 2,10 | 378 | 5970 | 592 | 4550 | 1000 | 3300 | 1510 | 2560 | 2290 | 2000 |
| 2,20 | 396 | 6510 | 620 | 4950 | 1050 | 3590 | 1580 | 2790 | 2400 | 2180 |
| 2,30 | 414 | 7050 | 649 | 5360 | 1100 | 3890 | 1650 | 3020 | 2510 | 2360 |
| 2,40 | 432 | 7610 | 675 | 5790 | 1150 | 4200 | 1730 | 3270 | 2620 | 2550 |
| 2,50 | 450 | 8190 | 705 | 6230 | 1190 | 4530 | 1800 | 3520 | 2730 | 2750 |
| 2,60 | 468 | 8790 | 732 | 6690 | 1240 | 4860 | 1870 | 3780 | 2840 | 2950 |
| 2,70 | 486 | 9410 | 760 | 7160 | 1290 | 5200 | 1940 | 4040 | 2950 | 3160 |
| 2,80 | 504 | 10050 | 790 | 7660 | 1320 | 5560 | 2020 | 4320 | 3060 | 3380 |
| 2,90 | 522 | 10710 | 820 | 8150 | 1390 | 5920 | 2090 | 4610 | 3170 | 3600 |
| 3,00 | 540 | 11380 | 845 | 8670 | 1430 | 6300 | 2160 | 4900 | 3280 | 3830 |
| 4,00 | 720 | 19210 | 1130 | 14640 | 1920 | 10650 | 2880 | 8290 | 4360 | 6490 |
| 5,00 | 900 | 28880 | 1410 | 22020 | 2380 | 16030 | 3600 | 12480 | 5460 | 9780 |

*) Aus „Kupferrohrnetzberechnung", Deutsches Kupfer-Institut 1969 u. 1985. Wassertemperatur 80 °C. Bei Wasser von 110 °C: $R$ −2%, bei 50 °C: $R$ +6%, bei 10 °C: $R$ +25%.

**Tafel 244-5. Druckgefälle $R$ bei Warmwasserheizungen mit Kupferrohren** (Fortsetzung)

| Rohr∅ | 28 × 1,2 | | 35 × 1,5 | | 42 × 1,5 | | 44 × 2 | | 54 × 2 | |
|---|---|---|---|---|---|---|---|---|---|---|
| $w$ m/s | $\dot{m}_h$ kg/h | $R$ Pa/m | $\dot{m}_h$ kg/h | $R$ Pa/m | $\dot{m}_h$ kg/h | $R$ Pa/m | $\dot{m}_h$ kg/h | $R$ Pa/m | $\dot{m}_h$ kg/h | $R$ Pa/m |
| 0,01 | 18,5 | 0,2 | 29,0 | 0,1 | 43 | 0,1 | 45 | 0,1 | 71 | 0,0 |
| 0,05 | 92,0 | 2,0 | 145 | 1,5 | 215 | 1,2 | 225 | 1,1 | 350 | 0,8 |
| 0,10 | 185 | 6,6 | 290 | 5,0 | 430 | 3,9 | 450 | 3,7 | 710 | 2,8 |
| 0,15 | 277 | 13 | 435 | 10 | 645 | 7,8 | 675 | 7,6 | 1 060 | 5,7 |
| 0,20 | 370 | 22 | 580 | 17 | 860 | 13 | 900 | 13 | 1 415 | 9,5 |
| 0,22 | 407 | 26 | 638 | 20 | 945 | 15 | 990 | 15 | 1 555 | 11 |
| 0,24 | 444 | 30 | 696 | 23 | 1 030 | 18 | 1 080 | 17 | 1 695 | 13 |
| 0,26 | 481 | 35 | 754 | 26 | 1 115 | 21 | 1 170 | 20 | 1 835 | 15 |
| 0,28 | 518 | 40 | 812 | 30 | 1 200 | 24 | 1 260 | 23 | 1 975 | 17 |
| 0,30 | 555 | 45 | 870 | 34 | 1 290 | 27 | 1 350 | 26 | 2 120 | 20 |
| 0,32 | 592 | 50 | 928 | 38 | 1 375 | 33 | 1 440 | 29 | 2 260 | 22 |
| 0,34 | 627 | 56 | 986 | 42 | 1 460 | 33 | 1 530 | 32 | 2 400 | 24 |
| 0,36 | 665 | 62 | 1 045 | 47 | 1 545 | 37 | 1 620 | 36 | 2 540 | 27 |
| 0,38 | 700 | 68 | 1 100 | 52 | 1 630 | 40 | 1 710 | 39 | 2 680 | 30 |
| 0,40 | 740 | 74 | 1 160 | 57 | 1 720 | 44 | 1 810 | 43 | 2 830 | 33 |
| 0,42 | 775 | 81 | 1 220 | 62 | 1 805 | 48 | 1 900 | 47 | 2 970 | 36 |
| 0,44 | 810 | 88 | 1 280 | 67 | 1 890 | 52 | 1 990 | 51 | 3 110 | 39 |
| 0,46 | 850 | 95 | 1 330 | 72 | 1 975 | 57 | 2 080 | 55 | 3 250 | 42 |
| 0,48 | 885 | 103 | 1 390 | 78 | 2 060 | 61 | 2 170 | 59 | 3 390 | 45 |
| 0,50 | 925 | 110 | 1 450 | 84 | 2 150 | 66 | 2 260 | 64 | 3 530 | 49 |
| 0,55 | 1015 | 131 | 1 595 | 99 | 2 365 | 78 | 2 485 | 76 | 3 880 | 58 |
| 0,60 | 1110 | 153 | 1 740 | 116 | 2 580 | 91 | 2 710 | 88 | 4 230 | 67 |
| 0,65 | 1200 | 176 | 1 885 | 134 | 2 795 | 105 | 2 935 | 102 | 4 580 | 78 |
| 0,70 | 1290 | 201 | 2 030 | 153 | 3 010 | 120 | 3 150 | 117 | 4 930 | 89 |
| 0,75 | 1390 | 227 | 2 170 | 173 | 3 225 | 136 | 3 380 | 132 | 5 300 | 101 |
| 0,80 | 1480 | 255 | 2 310 | 194 | 3 440 | 153 | 3 605 | 148 | 5 650 | 113 |
| 0,85 | 1570 | 284 | 2 450 | 217 | 3 655 | 170 | 3 830 | 165 | 6 000 | 126 |
| 0,90 | 1660 | 315 | 2 600 | 240 | 3 870 | 189 | 4 060 | 183 | 6 350 | 140 |
| 0,95 | 1750 | 347 | 2 750 | 264 | 4 085 | 208 | 4 285 | 202 | 6 700 | 154 |
| 1,00 | 1850 | 380 | 2 900 | 290 | 4 300 | 228 | 4 520 | 221 | 7 060 | 169 |
| 1,10 | 2035 | 451 | 3 190 | 344 | 4 730 | 271 | 4 970 | 263 | 7 770 | 201 |
| 1,20 | 2215 | 528 | 3 480 | 403 | 5 160 | 317 | 5 420 | 308 | 8 480 | 235 |
| 1,30 | 2400 | 610 | 3 770 | 465 | 5 590 | 366 | 5 870 | 355 | 9 200 | 272 |
| 1,40 | 2585 | 697 | 4 060 | 532 | 6 020 | 419 | 6 320 | 406 | 9 900 | 311 |
| 1,50 | 2770 | 789 | 4 350 | 603 | 6 450 | 475 | 6 770 | 461 | 10 600 | 352 |
| 1,60 | 2955 | 887 | 4 640 | 677 | 6 880 | 534 | 7 220 | 518 | 11 300 | 396 |
| 1,70 | 3140 | 990 | 4 930 | 756 | 7 310 | 596 | 7 670 | 578 | 12 000 | 442 |
| 1,80 | 3325 | 1100 | 5 220 | 839 | 7 740 | 661 | 8 120 | 641 | 12 700 | 491 |
| 1,90 | 3510 | 1210 | 5 510 | 925 | 8 170 | 729 | 8 570 | 708 | 13 400 | 542 |
| 2,00 | 3700 | 1330 | 5 800 | 1020 | 8 600 | 801 | 9 040 | 777 | 14 100 | 595 |
| 2,10 | 3885 | 1450 | 6 090 | 1110 | 9 030 | 875 | 9 490 | 849 | 14 800 | 650 |
| 2,20 | 4070 | 1580 | 6 380 | 1210 | 9 460 | 953 | 9 940 | 924 | 15 700 | 708 |
| 2,30 | 4255 | 1710 | 6 670 | 1310 | 9 890 | 1030 | 10 390 | 1000 | 16 300 | 768 |
| 2,40 | 4440 | 1850 | 6 950 | 1410 | 10 320 | 1120 | 10 840 | 1080 | 17 000 | 830 |
| 2,50 | 4625 | 1990 | 7 240 | 1520 | 10 750 | 1200 | 11 290 | 1170 | 17 700 | 895 |
| 2,60 | 4810 | 2140 | 7 530 | 1640 | 11 180 | 1290 | 11 740 | 1250 | 18 400 | 981 |
| 2,70 | 5000 | 2290 | 7 820 | 1750 | 11 610 | 1380 | 12 190 | 1340 | 19 100 | 1030 |
| 2,80 | 5185 | 2450 | 8 110 | 1880 | 12 040 | 1480 | 12 640 | 1440 | 19 800 | 1100 |
| 2,90 | 5370 | 2610 | 8 400 | 2000 | 12 470 | 1580 | 13 090 | 1530 | 20 500 | 1170 |
| 3,00 | 5550 | 2780 | 8 700 | 2130 | 12 900 | 1680 | 13 540 | 1630 | 21 200 | 1250 |
| 4,00 | 7400 | 4710 | 11 600 | 3610 | 17 200 | 2850 | 18 080 | 2770 | 28 200 | 2120 |
| 5,00 | 2950 | 7110 | 14 500 | 5450 | 21 500 | 4300 | 22 580 | 4180 | 35 400 | 3210 |

**Tafel 244-6. $\zeta$-Werte von Einzelwiderständen**

**Krümmer**

| $r/d$ | 1 | 2 | 3 | 4 | 5 | 6 |
|---|---|---|---|---|---|---|
| $\zeta$ | 0,5 | 0,35 | 0,3 | 0,3 | 0 | 0 |

**Knie**

| DN | 10 u. 15 | 20 | 25 | 32 | 40 | 50 |
|---|---|---|---|---|---|---|
| $\zeta$ | 2,0 | 1,5 | 1,5 | 1,0 | 1,0 | 1,0 |

**Trennung** ($w$, $w_d$, $w_a$, 45°)

| Abzweig | | | | | | | Durchgang | | |
|---|---|---|---|---|---|---|---|---|---|
| $w_a/w$ | 0,3 | 0,4 | 0,6 | 0,8 | 1,0 | 2,0 | $w_d/w$ | 0,5 | 1,0 |
| $\zeta_a$ | 7,0 | 4,0 | 1,5 | 0,8 | 0,6 | 0,5 | $\zeta_d$ | 0,5 | 0 |

**Trennung** ($w$, $w_a$, $w_d$)

| Abzweig | | | | | | | Durchgang | | |
|---|---|---|---|---|---|---|---|---|---|
| $w_a/w$ | 0,3 | 0,4 | 0,6 | 0,8 | 1,0 | 2,0 | $w_d/w$ | 0,5 | 1,0 |
| $\zeta_a$ | 12,0 | 7,0 | 3,5 | 2,5 | 2,0 | 1,0 | $\zeta_d$ | 0,5 | 0 |

**Vereinigung** ($d, V$; $d_d, V_d$; $d_a, V_a$; 45°)

| Abzweig $\zeta_a$ | | | | | | Durchgang $\zeta_d$ | | | |
|---|---|---|---|---|---|---|---|---|---|
| $\dot{V}_a/\dot{V}$ / $d_a/d$ | 0,1 | 0,2 | 0,3 | 0,4 | 0,5 | $\dot{V}_d/\dot{V}$ / $d_d/d$ | 0,6 | 0,8 | 1,0 |
| 0,3 | 0,3 | 0,8 | | | | | | | |
| 0,4 | −1 | 0,8 | 1,0 | 0,8 | | <1 | 0,3 | 0,3 | |
| 0,5 | −3 | 0,3 | 0,8 | 0,8 | | | | | |
| 0,7 | | −0,5 | 0,5 | 1,0 | 1,0 | 1 | 0,5 | 0,3 | 0 |
| 1,0 | | | −1,0 | 1,3 | 1,5 | | | | |

**Vereinigung** ($w$, $w_d$, $w_a$)

| Abzweig $\zeta_a$ | | | | | | Durchgang $\zeta_d$ | | | | | | |
|---|---|---|---|---|---|---|---|---|---|---|---|---|
| $w_a/w$ | 0,2 | 0,4 | 0,6 | 0,8 | 1,0 | $w_d/w$ | 0 | 0,2 | 0,4 | 0,6 | 0,8 | 1,0 |
| $\zeta_a$ | −1 | 0,5 | 1 | 1,3 | 1,5 | $\zeta_d$ | 1,5 | 1,3 | 1,1 | 0,8 | 0,5 | 0 |

**Trennung** ($w_a$, $w$)

| $w_a/w$ | 0,4 | 0,6 | 0,8 | 1,0 | 1,3 | 1,5 | 2,0 |
|---|---|---|---|---|---|---|---|
| $\zeta_a$ | 6,5 | 3,0 | 1,8 | 1,3 | 1,0 | 0,8 | 0,5 |

**Vereinigung $\zeta_a$** ($d_a, V_a$; $d$, $V$)

| $V_a/V$ / $d_a/d$ | 0,3 | 0,5 | 0,7 |
|---|---|---|---|
| 0,5 | 5,0 | 1,3 | 1,0 |
| 0,7 | 6,5 | 2,0 | 1,3 |
| 0,8 | 9,0 | 3,0 | 1,8 |
| 1,0 | 15,0 | 5,0 | 3,0 |

| | $\zeta$ | | $\zeta$ |
|---|---|---|---|
| Schieber mit Einschnürung | ≧ 0,3 | Ausbiegestück | 0,5 |
| Schieber ohne Einschnürung | 0,2 | Kessel | 2,5 |
| Ventile, Geradsitz | 2,5 | Radiator | 2,5 |
| Ventile, Schrägsitz | 2,0 | Verteiler – Austritt | 0,5 |
| Ventile, Eckventil | 1,5 | Sammler – Eintritt | 1,0 |
| Heizkörperventil, Durchgang | 4,0 | Hähne | 0,15 |
| Heizkörperventil, Eckventil | 2,0 | | |
| Rückschlagventil | 4,0 | | |

**Tafel 244-8. Einzelwiderstand $Z = \zeta \frac{\varrho}{2} w^2$ in Pa für $\zeta = 1$ bei Warmwasserheizungen** ($Z \approx 500\ w^2$)

| | | | | | | | | |
|---|---|---|---|---|---|---|---|---|
| Wassergeschwindigkeit $w$ in m/s<br>$Z$ in Pa | 0,06<br>1,8 | 0,08<br>3,2 | 0,10<br>5 | 0,15<br>11 | 0,20<br>20 | 0,30<br>45 | 0,40<br>80 | 0,50<br>125 |
| Wassergeschwindigkeit $w$ in m/s<br>$Z$ in Pa | 0,6<br>180 | 0,7<br>245 | 0,8<br>320 | 0,9<br>405 | 1,0<br>500 | 1,1<br>605 | 1,2<br>720 | 1,3<br>845 |
| Wassergeschwindigkeit $w$ in m/s<br>$Z$ in Pa | 1,4<br>980 | 1,5<br>1130 | 1,6<br>1280 | 1,7<br>1445 | 1,8<br>1620 | 1,9<br>1805 | 2,0<br>2000 | 2,5<br>3125 |

**Tafel 244-9. Einzelwiderstand $Z = \zeta \frac{\varrho}{2} w^2$ für $\zeta = 1$ bei Niederdruckdampfheizungen** ($\varrho = 0{,}645$ kg/m$^3$)

| | | | | | | | | |
|---|---|---|---|---|---|---|---|---|
| Dampfgeschwindigkeit $w$ in m/s<br>$Z$ in Pa | 6<br>12 | 8<br>20 | 10<br>32 | 12<br>46 | 14<br>63 | 16<br>82 | 18<br>104 | 20<br>129 |
| Dampfgeschwindigkeit $w$ in m/s<br>$Z$ in Pa | 22<br>156 | 24<br>186 | 26<br>218 | 28<br>253 | 30<br>290 | 32<br>330 | 34<br>372 | 36<br>418 |

**Tafel 244-10. Gleichwertige Rohrlängen $l_{gl} = \zeta_u d/\lambda$ in m für Warmwasser 80 °C bei $\zeta_u = 1$**

| Geschw. $w$ m/s | Gewinderohre DIN 2440 – DN | | | | | | Nahtlose Stahlrohre DIN 2449 – DN | | | | | | | | | | | |
|---|---|---|---|---|---|---|---|---|---|---|---|---|---|---|---|---|---|---|
| | 10 | 15 | 20 | 25 | 32 | 40 | 50 | 65 | 80 | 100 | 125 | 150 | 200 | 250 | 300 | 350 | 400 | 500 |
| 0,25 | 0,31 | 0,45 | 0,66 | 0,90 | 1,29 | 1,55 | 2,05 | 3,02 | 3,71 | 4,68 | 6,12 | 7,67 | 11,0 | 14,6 | 18,2 | 21,9 | 25,4 | 33,1 |
| 0,5 | 0,36 | 0,50 | 0,73 | 1,00 | 1,44 | 1,72 | 2,28 | 3,33 | 4,02 | 5,05 | 6,65 | 8,30 | 12,0 | 15,7 | 19,8 | 23,6 | 27,3 | 36,0 |
| 1,0 | 0,40 | 0,55 | 0,81 | 1,10 | 1,60 | 1,91 | 2,53 | 3,67 | 4,40 | 5,55 | 7,20 | 9,00 | 13,0 | 17,0 | 21,5 | 26,1 | 30,5 | 38,5 |
| 1,5 | 0,41 | 0,56 | 0,82 | 1,12 | 1,63 | 1,94 | 2,58 | 3,74 | 4,50 | 5,62 | 7,40 | 9,20 | 13,3 | 17,4 | 22,0 | 26,4 | 30,7 | 39,3 |
| 2,0 | 0,42 | 0,57 | 0,84 | 1,15 | 1,67 | 1,97 | 2,63 | 3,80 | 4,60 | 5,70 | 7,60 | 9,40 | 13,6 | 17,7 | 22,4 | 26,7 | 31,0 | 40,0 |
| 3,0 | 0,44 | 0,59 | 0,87 | 1,20 | 1,72 | 2,03 | 2,72 | 3,90 | 4,75 | 5,90 | 8,00 | 9,80 | 14,3 | 18,4 | 23,1 | 27,2 | 32,0 | 41,0 |

Zahlenwerte berechnet nach der Gleichung von Colebrook mit $\varepsilon = 0{,}045$ mm.

**Tafel 244-14. Durchmesser der Kondensatwasserleitungen für Dampfheizungen *)**

| Durchmesser $d$ | Trockene Leitungen | | Nasse Leitungen | | |
|---|---|---|---|---|---|
| | waagrecht mit Gefälle | lotrecht | waagrecht oder lotrecht $l \leqq 50$ m | $l > 50$ u. $< 100$ m | $l > 100$ m |
| DN | Die für die Bildung des Kondenswassers dem Dampf entzogene Wärmemenge in kW | | | | |
| 1 | 2 | 3 | 4 | 5 | 6 |
| 15 | 4,5 | 7,0 | 32 | 21 | 10 |
| 20 | 17,5 | 25 | 81 | 52 | 29 |
| 25 | 32,5 | 49 | 145 | 93 | 46 |
| 32 | 79,0 | 115 | 315 | 200 | 100 |
| 40 | 120 | 180 | 435 | 290 | 133 |
| 50 | 250 | 370 | 750 | 510 | 250 |
| (57) l. ∅ | 365 | 550 | 1100 | 720 | 365 |
| 60 | 495 | 740 | 1450 | 990 | 500 |
| 65 | 580 | 870 | 1750 | 1220 | 580 |
| (76) l. ∅ | 700 | 1050 | 2150 | 1450 | 700 |
| 80 | 870 | 1300 | 2600 | 1750 | 870 |
| (88) l. ∅ | 1050 | 1570 | 3100 | 2100 | 1050 |
| 90 | 1280 | 1920 | 3600 | 2300 | 1280 |
| 100 | 1450 | 2150 | 4000 | 2800 | 1450 |

*) $l$ bedeutet die Länge der Rohrleitung des untersten und vom Kessel entferntesten Heizkörpers. Die Durchmesser der Luftleitungen bei nassen Kondensatleitungen sind nach Spalte 4 zu wählen.

**Tafel 244-16. Berechnung der Rohrweiten bei Niederdruckdampfheizungen (Rohrreibungstafel)**

| | | Mittelschwere Gewinderohre DIN 2440 | | | | | | Nahtlose Rohre DIN 2449 | | | | | | | |
|---|---|---|---|---|---|---|---|---|---|---|---|---|---|---|---|
| DN | | 3/8″ | 1/2″ | 3/4″ | 1″ | 1 1/4″ | 1 1/2″ | 50 | 60 | 65 | 80 | 100 | 125 | 150 | 200 |
| l. W. mm | | 12,25 | 15,75 | 21,25 | 27,00 | 35,75 | 41,25 | 51,50 | 64 | 70 | 82,5 | 100,5 | 125 | 150 | 204 |
| Druckgefälle $R$ in Pa/m | $\dot{Q}$ <br> $w$ | $\dot{Q}$ = Wärmeleistung in kW <br> $w$ = Dampfgeschwindigkeit in m/s | | | | | | | | | | | | | |
| 5 | $\dot{Q}$ | – | – | – | 2,62 | 5,65 | 8,35 | 15,2 | 27,4 | 35,0 | 54,5 | 92,7 | 166 | 271 | 615 |
| | $w$ | | | | 3 | 4 | 4 | 5 | 6 | 6 | 7 | 8 | 10 | 10 | 14 |
| 8 | $\dot{Q}$ | – | – | 1,76 | 3,43 | 7,37 | 10,9 | 19,9 | 35,7 | 45,4 | 70,6 | 120 | 215 | 350 | 790 |
| | $w$ | | | 3 | 4 | 5 | 6 | 7 | 8 | 8 | 9 | 10 | 12 | 14 | 16 |
| 12 | $\dot{Q}$ | – | 0,98 | 2,24 | 4,30 | 9,25 | 13,6 | 24,9 | 44,7 | 56,7 | 88,4 | 150 | 269 | 435 | 981 |
| | $w$ | | 4 | 4 | 5 | 6 | 7 | 8 | 10 | 10 | 12 | 14 | 16 | 18 | 20 |
| 18 | $\dot{Q}$ | 0,63 | 1,24 | 2,81 | 5,42 | 11,6 | 17,1 | 31,0 | 55,8 | 70,9 | 110 | 187 | 334 | 541 | 1221 |
| | $w$ | 4 | 4 | 6 | 7 | 8 | 9 | 10 | 12 | 12 | 14 | 16 | 20 | 22,5 | 25 |
| 24 | $\dot{Q}$ | 0,73 | 1,47 | 3,33 | 6,37 | 13,6 | 20,1 | 36,5 | 65,4 | 82,9 | 129 | 217 | 388 | 631 | 1419 |
| | $w$ | 4 | 5 | 7 | 8 | 10 | 10 | 12 | 14 | 16 | 16 | 20 | 22,5 | 25 | 30 |
| 30 | $\dot{Q}$ | 0,83 | 1,65 | 3,77 | 7,21 | 15,3 | 22,7 | 41,2 | 73,7 | 93,6 | 145 | 245 | 438 | 710 | 1593 |
| | $w$ | 5 | 6 | 7 | 9 | 10 | 12 | 14 | 16 | 18 | 20 | 22,5 | 25 | 27,5 | 35 |
| 40 | $\dot{Q}$ | 0,98 | 1,95 | 4,41 | 8,46 | 18,0 | 26,6 | 48,1 | 85,9 | 109 | 170 | 286 | 510 | 826 | 1837 |
| | $w$ | 6 | 7 | 9 | 10 | 12 | 14 | 16 | 18 | 20 | 22,5 | 25 | 30 | 35 | 40 |
| 50 | $\dot{Q}$ | 1,11 | 2,22 | 4,99 | 9,57 | 20,5 | 30,0 | 54,3 | 97,0 | 123 | 191 | 322 | 574 | 930 | 2093 |
| | $w$ | 7 | 8 | 10 | 12 | 14 | 16 | 18 | 20 | 22,5 | 25 | 27,5 | 35 | 35 | 45 |
| 60 | $\dot{Q}$ | 1,23 | 2,45 | 5,52 | 10,6 | 22,6 | 33,1 | 59,9 | 107 | 136 | 210 | 355 | 631 | 1026 | 2303 |
| | $w$ | 7 | 9 | 10 | 12 | 16 | 18 | 20 | 22,5 | 25 | 27,5 | 30 | 35 | 40 | 50 |
| 80 | $\dot{Q}$ | 1,45 | 2,87 | 6,49 | 12,3 | 26,4 | 38,6 | 69,9 | 124 | 158 | 245 | 414 | 735 | 1186 | – |
| | $w$ | 9 | 10 | 12 | 16 | 18 | 20 | 22,5 | 27,5 | 30 | 30 | 35 | 40 | 45 | |
| 120 | $\dot{Q}$ | 1,83 | 3,61 | 8,12 | 15,5 | 32,8 | 47,9 | 86,9 | 155 | 195 | 303 | 510 | 909 | – | – |
| | $w$ | 10 | 12 | 16 | 18 | 22,5 | 25 | 30 | 35 | 35 | 40 | 45 | 50 | | |
| 180 | $\dot{Q}$ | 2,28 | 4,50 | 10,1 | 19,3 | 40,8 | 59,6 | 108 | 192 | 243 | 376 | – | – | – | – |
| | $w$ | 14 | 16 | 20 | 22,5 | 27,5 | 30 | 35 | 40 | 45 | 50 | | | | |
| 240 | $\dot{Q}$ | 2,66 | 5,26 | 11,7 | 22,4 | 47,4 | 69,4 | 126 | 222 | 284 | – | – | – | – | – |
| | $w$ | 16 | 18 | 22,5 | 27,5 | 35 | 35 | 40 | 50 | 50 | | | | | |
| 300 | $\dot{Q}$ | 3,00 | 5,93 | 13,4 | 25,2 | 53,5 | 78,1 | 141 | – | – | – | – | – | – | |
| | $w$ | 18 | 22,5 | 27,5 | 30 | 35 | 40 | 45 | | | | | | | |

# 25 AUSFÜHRUNG DER HEIZUNG IN DEN VERSCHIEDENEN GEBÄUDEARTEN

überarbeitet von Dr.-Ing. G. Nehring, Tamm b. Stuttgart

## 251 Wohngebäude[1])

| | |
|---|---|
| *Zahl der Wohnungen* 1984 etwa | 25 Mio. |
| davon einzelgeheizt | 7,2 Mio. = 29% |
| zentralgeheizt | 17,8 Mio. = 71% |
| *Aufteilung* der Zentralheizungen nach Bauarten: | |
| Hauszentralheizung | 76% |
| Etagenheizung | 10% |
| Mehrraumheizung | 6% |
| Fernheizung | 8% |
| | 100% |
| *Aufteilung* der Wohnungen nach der Heizart: | |
| Feste Brennstoffe | 10% |
| Heizöl | 47% |
| Gas | 25% |
| El. Strom | 8% |
| Fernwärme | 8% |
| Sonstige | 2% |
| | 100% |

*Neubauten* von Wohnungen werden gegenwärtig zu etwa 97% mit Zentralheizungen ausgerüstet, davon über 50% mit Gas als Brennstoff.

Aufteilung des gesamten Endenergieverbrauchs siehe Tafel 182-1.

### -1 EINFAMILIENHÄUSER

#### -11 Örtliche Heizung (Zimmerheizung)[2])

Die Verwendung von *Einzelöfen* mit Braunkohlenbriketts, Kohle oder Koks als Heizmittel in jedem der zu beheizenden Räume ist zweifellos die einfachste und in der Anschaffung billigste Form der Heizung. Öfen jeder Bauart stehen in großer Auswahl zur Verfügung, gleichgültig, ob der Bauherr Kachel- oder eiserne Öfen vorzieht. Zu empfehlen sind im allgemeinen gute Dauerbrandöfen mit automatischer Temperaturregelung, die eine zeitlich gleichmäßige Durchwärmung der Räume gestatten. Auch Küchen sollten eine besondere Heizung, gegebenenfalls in Kombination mit dem Herd, erhalten.

Nachteilig ist bei dieser örtlichen Heizung der große Arbeitsaufwand zur Bedienung der Öfen, namentlich der Brennstoff- und Aschetransport, die Staubbildung bei der Ascheentfernung, wenn auch die heute gebauten Öfen in dieser Hinsicht sehr verbessert worden sind, ferner der große Platzverbrauch und die verhältnismäßig starke Luftverschmutzung durch Ruß und $SO_2$.

*Örtliche Gasheizkörper,* die heute in sehr geschmackvollen Formen und ohne Schornsteinanschluß erhältlich sind, werden mit steigendem Angebot mehr und mehr verwendet. Eine weitere Verbreitung ist zu erwarten, namentlich bei der Sanierung von Altbauten, kaum Umweltbelastung. Bei dichten Fenstern und Türen ist auf genügende Zufuhr von Verbrennungsluft zu achten, da sonst Vergiftungsgefahr durch CO besteht.

*Ölöfen* mit *Verdampfungsbrennern* werden häufig verwendet, und zwar als eiserne Öfen oder besonders Kachelöfen mit Ölbrennereinsatz. Ihre Vorteile sind Sauberkeit, geringer Bedienungsaufwand, wenig Platzverbrauch für Brennstoff. Die Ölversorgung der

---

[1]) Esso Magazin 2/78 und 1/80.
Krienke, C. F.: Wärmetechnik 3/82. S. 87.
Hempel, C. H.: HLH 2/84. S. 61/70.

[2]) Siehe auch Abschnitt 221.

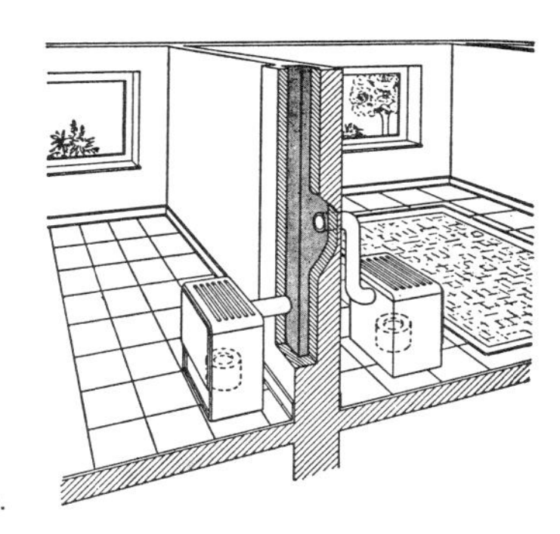

Bild 251-4. Heizung mit Ölöfen.

einzelnen Öfen kann auch zentral von einem Tank erfolgen. Große Umweltbelastung. Überwachung der vielen Einzelfeuerstätten schwierig. Bild 251-4.

*Elektrische Direktheizung* ist für Dauerheizung in der BRD meist zu teuer; in Frankreich häufig. Bei günstigen Nachtstromtarifen können jedoch elektrische Speicherheizgeräte eingesetzt werden.

## -12 Mehrzimmer-Kachelofenheizung

Diese Heizung, die gewissermaßen den Übergang zur Zentralheizung darstellt, hat nur *eine Feuerstelle* in der Küche oder Diele (Bild 221-42). Der Ofen hat einen Kachelmantel mit Dauerbrandeinsatz. Die Heizung ist zwar billig in der Anschaffung, hat aber wesentliche Nachteile, insbesondere ungleichmäßige Erwärmung der angeschlossenen Räume, Verschmutzung der Kanäle, Geräusch- und Geruchsübertragung durch die Kanäle. Sie wird daher nur bei geringen Anforderungen an die Heizung gebaut. Das Bad erhält einen besonderen Gasraumheizer oder Kohlenbadeofen, während für die Küche der kombinierte Herd üblich ist. Eine verbesserte Ausführung erhält man durch Verwendung eines Ventilators im Kachelofen sowie bei Gas- oder Öleinsätzen im Kachelofen.

## -13 Warmluftheizung[1])

Bei der veralteten Schwerkraft-Luftheizung steht im Keller ein *Warmlufterzeuger,* der den einzelnen Räumen durch je ein Rohr warme Luft mittels natürlichen Auftriebs zuführt. Rückführung der Luft aus jedem Raum getrennt oder durch eine gemeinsame Ansaugöffnung in der Diele. Nachteile ähnlich wie bei der Mehrzimmer-Kachelofenheizung. Daher Verwendung in Deutschland ziemlich selten, im Ausland häufiger.

Bei der heutigen Warmluftheizung wird zur Verstärkung des Luftumlaufes ein *Ventilator* verwendet und der Wärmeaustauscher mit Öl oder Gas beheizt. Diese Art der Luftheizung ist in Verbindung mit einer selbsttätigen *Temperaturregelung* namentlich in Einfamilienhäusern der USA verbreitet. Sie ist besonders einfach, wenn die Türen zu den einzelnen Zimmern mit Öffnungen versehen werden, so daß die Umluft nur an einer Stelle des Hauses, meist der Diele, zurückgesaugt zu werden braucht (Bild 251-10). Die Luft kann bei derartigen Anlagen außerdem durch Staubfilter, Kühler, Befeuchter oder Trockner aufbereitet werden, wodurch man *Klima- oder Teilklimaanlagen* erhält, die dem Benutzer einen höheren Komfort bezüglich der Luftverhältnisse in seiner Wohnung gewährleisten (Bild 222-140). Die Geräuschübertragung durch Öffnungen in den Türen vermeidet man durch Öffnungen in der Wand mit Telefonie-Schalldämpfern.

Die Warmluftheizung hat Bedeutung im Zusammenhang mit der kontrollierten mechanischen *Wohnungslüftung,* bei der eine Energieersparnis durch Wärmerückgewinnung aus der Abluft ermöglicht wird[1]).

Eine besondere Art der Luftverteilung verwendet die *Perimeter-Luftheizung* (Bild 251-12). Hierbei wird die Warmluft in eine am äußeren Umfang des Gebäudes unter

---

[1]) Siehe auch Abschnitte 222-3, 325 und 364-3 (Wohnungslüftung).
Wacker, H.-U.: Ki 4/85. S. 151/4.

Bild 251-10. Ventilatorluftheizung mit öl- oder gasbeheiztem Ofen für ein Einfamilienhaus.

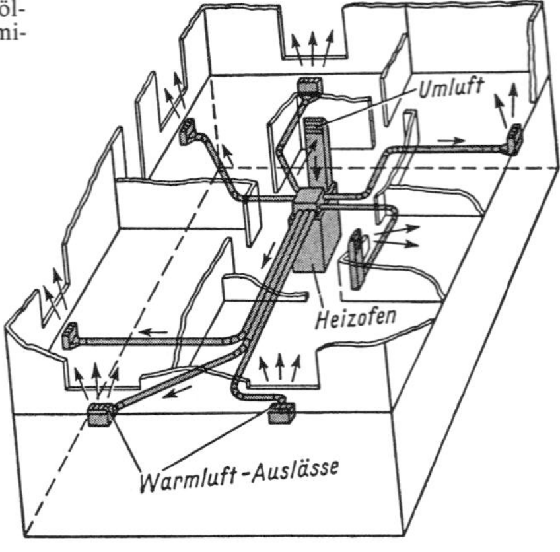


Bild 251-12. Perimeter-Luftheizung für ein Wohnhaus.

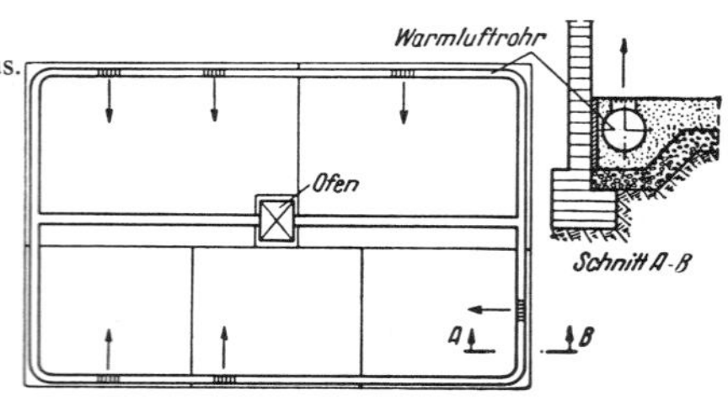


dem Fußboden liegende Rohrleitung gefördert und der Warmluftaustritt erfolgt aus regulierbaren Fußbodenöffnungen. Reinigungsmöglichkeit vorsehen.

## -14 Warmwasser-Zentralheizung

Im Keller oder im Erdgeschoß (Stockwerksheizung) ist der *Warmwasserkessel* aufgestellt, der das mittels Pumpe umgewälzte Heizwasser für die in den einzelnen Räumen aufgestellten Heizkörper erwärmt. Der meist öl- oder gasbeheizte Kessel ist häufig kombiniert mit einem Brauchwasserspeicher. Ausführung als offenes oder geschlossenes System. Vorherrschend ist das geschlossene System mit tiefliegendem Membran-Ausdehnungsgefäß. Die Heizkörper (Radiatoren oder Konvektoren) werden im allgemeinen unter den Fenstern aufgestellt. Eine fast ideale Heizung, namentlich, wenn als Brennstoff Gas oder Öl mit Einzelraum-Temperaturregelung verwendet wird (Bild 251-15 u. -16).

Bei günstigen Nachtstromtarifen kann ein *Elektro-Warmwasserkessel* in Verbindung mit einem Heizwasserspeicher eingesetzt werden. Allerdings sind dabei Gewicht und Platzbedarf zu beachten.

Zur Verbilligung der Anlagen können die Heizkörper bei sehr guter Wärmedämmung mit Wärmeschutzglas evtl. auch an den *Innenwänden* aufgestellt werden. Falls der Bauherr keine sichtbaren Heizkörper wünscht, können *Flächenheizungen* z. B. in Form von Fußbodenheizungen eingebaut werden, die sich im Preis allerdings teurer stellen. Besonders *Fußbodenheizungen* mit Kupfer- oder Kunststoffrohren sind in letzter Zeit häufig eingebaut worden. Auch Heizkörper in Form von *Sockelheizkörpern* werden häufig verwendet (s. Abschn. 233-7). Günstig im Preis sind *Einrohr-Pumpenheizungen,* wobei die kupfernen Heizleitungen (Wicu-Rohr) oder Weichstahlrohre an der Kellerdecke oder im Erdgeschoß unter den Wandleisten verlegt werden.

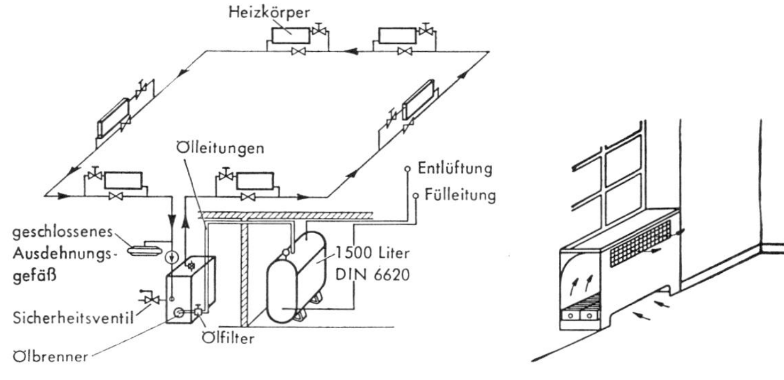


Bild 251-15. Geschlossene Warmwasser-Zentralheizung mit Ölfeuerung für ein Einfamilienhaus.

Bild 251-16. Konvektor mit Verkleidung.

Mit zunehmendem Erdgasangebot und besserer Wärmedämmung gewannen die *Umlaufgaswasserheizer* an Bedeutung (siehe Abschnitt 231-3). Geringer Platzbedarf und Kombination mit Brauchwasserbereitung im gleichen Gerät. Auch geeignet für Altbausanierung.

### -15 **Heizung mit Wärmepumpe** siehe Abschnitt 225-1 und 251-28

### -16 **Dampfzentralheizung** siehe Abschnitt 251-25

### -17 Heizkosten[1])

Korrekte *Heizkostenvergleiche* sind wegen der zahlreichen Voraussetzungen und unterschiedlichen Gesichtspunkte sehr schwierig aufzustellen. Tafel 251-1 gibt einen ungefähren Überblick der Gesamtheizkosten sowohl für Einfamilienhäuser wie Mietwohnungen. Eine Umrechnung bei anderen Einheitspreisen ist leicht möglich. Die Daten entsprechen dem Stand der Technik und Bauphysik 1987 bei Neubauten. Durch moderne Maßnahmen (Wärmedämmung, Wärmeschutzverglasung, Niedertemperaturheizung) konnten die Energiekosten wesentlich verringert werden, jedoch bei leicht steigenden Investitionskosten. Siehe auch Abschn. 266.

Außer den Kosten sollten bei Vergleichen auch die *Vor- und Nachteile* jeder Heizungsart berücksichtigt werden, wie z. B. Geräusche, Kundendienst, Bequemlichkeit, Gerüche, Raumbedarf, Aussehen, Abgase (Umweltbelastung), Brennstoffbeschaffung, Brennstoffbezahlung u. a.

Für die Berechnung in Tafel 251-1 wurden folgende Annahmen gemacht:

*Heizwerte $H_u$*

| | |
|---|---|
| Öl | 10 kWh/l |
| Erdgas | 8,55 kWh/m³ |
| Koks | 8,00 kWh/kg |

*Anschaffungskosten*

| | |
|---|---|
| Öl | 1000 DM/kW |
| Gas | 900 DM/kW |
| Elektroheizung (El) | 800 DM/kW |
| Fernwärme (FW) | 800 DM/kW |
| Kohle | 700 DM/kW |

*Jahresnutzungsgrade $\eta_{ges}$*

| | |
|---|---|
| Öl und Gas | 0,80 |
| Koks | 0,70 |
| El. Strom u. Fernw. | 0,95 |

*Nebenkosten in % der Anschaffungskosten*

| | |
|---|---|
| Öl und Gas | 3 % |
| Koks und FW | 1,5% |
| El | 0,5% |

Die billigsten Energiekosten ergeben sich z. Zt. bei Öl-Heizung, was in der BRD auch seit 1986 wieder zu leicht steigendem Ölverbrauch führte. (Der Vergleich mit Koks-Heizung beim Einfamilienhaus hat nur theoretische Bedeutung, da Koksheizung aus Komfortgründen heute nicht mehr üblich.)

[1]) Postenrieder, E.: San. Inst. u. Heizungsbauer 11/75. S. 238/42.
Ruhrgas u. Brandi: Feuerungstechn. 3/76. 4 S.

**Tafel 251-1. Heizkosten für verschiedene Wohnungen und Energiearten** (Stand der Technik 1987)

| 1 | Wohnungsart | | Freistehendes Einfamilienhaus | | | | | Reihenhaus | | | | | Wohnung in Mehrfamilienhaus | | | | |
|---|---|---|---|---|---|---|---|---|---|---|---|---|---|---|---|---|---|
| 2 | Fläche | m² | 125 | | | | | 100 | | | | | 80 | | | | |
| 3 | spez. Wärmebedarf | W/m² | 120 | | | | | 100 | | | | | 80 | | | | |
| 4 | Wärmebedarf | kW | 15 | | | | | 10 | | | | | 6,4 | | | | |
| 5 | Energieart | | Öl | Gas | Koks | El[1]) | FW[2]) | Öl | Gas | Koks | El[1]) | FW[2]) | Öl | Gas | Koks | El | FW |
| 6 | Einheit | | 1 | m³ | kg | kWh | kWh | 1 | m³ | kg | kWh | kWh | 1 | m³ | kg | kWh | kWh |
| 7 | Preis je Einheit | DM | 0,400 | 0,415 | 0,395 | 0,180 | 0,070 | 0,400 | 0,415 | 0,395 | 0,180 | 0,070 | 0,400 | 0,415 | 0,395 | 0,180 | 0,070 |
| 8 | jährl. Verbrauch[5]) | | 3000 | 3509 | 4286 | 25263 | 25263 | 2000 | 2339 | 2857 | 16842 | 16842 | 1280 | 1497 | 1829 | 10779 | 10779 |
| 9 | jährl. Brennstoffkosten | DM | 1200 | 1456 | 1693 | 4547 | 1768 | 800 | 971 | 1129 | 3032 | 1179 | 512 | 621 | 722 | 1940 | 755 |
| 10 | Anlagekosten[3]) | DM | 15000 | 13500 | 12000 | 12000 | 10500 | 10000 | 9000 | 8000 | 8000 | 7000 | 6400 | 5760 | 5120 | 5120 | 4480 |
| 11 | Kapitaldienst 10% | DM | 1500 | 1350 | 1200 | 1200 | 1050 | 1000 | 900 | 800 | 800 | 700 | 640 | 576 | 512 | 512 | 448 |
| 12 | jährl. Nebenkosten[4]) | DM | 450 | 405 | 180 | 60 | 158 | 300 | 270 | 120 | 40 | 105 | 192 | 173 | 77 | 26 | 67 |
| 13 | jährl. Gesamtkosten (9+11+12) | DM | 3150 | 3211 | 3073 | 5807 | 2976 | 2100 | 2141 | 2049 | 3872 | 1984 | 1344 | 1370 | 1311 | 2478 | 1270 |
| 14 | spez. jährl. Gesamtkosten (13:2) | DM/m² | 25,20 | 25,69 | 24,58 | 46,46 | 23,81 | 21,00 | 21,41 | 20,49 | 38,72 | 19,84 | 16,80 | 17,13 | 16,39 | 30,97 | 15,87 |
| 15 | spez. jährl. Betriebskosten [(9+12):2] | DM/m² | 13,20 | 14,89 | 14,98 | 36,86 | 15,41 | 8,80 | 9,93 | 9,99 | 24,57 | 10,27 | 5,63 | 6,35 | 6,39 | 15,73 | 6,57 |
| 16 | spez. jährl. Festkosten (11:2) | DM/m² | 12,00 | 10,80 | 9,60 | 9,60 | 8,40 | 8,00 | 7,20 | 6,40 | 6,40 | 5,60 | 5,12 | 4,61 | 4,10 | 4,10 | 3,58 |

[1]) Elektrokessel [2]) Fernwärme [3]) ohne Baukosten [4]) Wartung, Gebühren usw. [5]) 1600 Vollbetriebsstunden

## -2 MEHRFAMILIENHÄUSER

### -21 Örtliche Heizung (Zimmerheizung)

Siehe auch Abschnitt 221.

Die örtliche Heizung mit *Einzelöfen* ist zwar, wie schon gesagt, die einfachste und billigste Heizungsart, hat jedoch die bereits oben erwähnten Nachteile, die bei mehrgeschossigen Häusern besonders ins Gewicht fallen. Einzelöfen werden daher in Neubauten nur noch selten verwendet. Dazu kommt, daß bei Berücksichtigung der baulichen Nebenkosten die Gesamtkosten bei Einzelöfen kaum niedriger sind als bei Zentralheizungen. Bezogen auf die Gesamtbaukosten eines Gebäudes unterscheiden sich die Kosten der verschiedenen Heizsysteme nur wenig voneinander. Koks als Brennstoff ist fast vollständig durch Heizöl und Erdgas verdrängt worden.

Einen Übergang zu den Zentralheizungen stellen Ölheizöfen mit *zentraler Ölversorgung* dar. Für kleinere Häuser Saugpumpen, für größere Druckpumpen mit Windkessel oder Zwischenbehälter im obersten Geschoß. Öltank im Keller oder Erdreich.

### -22 Elektrische Nachtstrom-Speicherheizung[1])

Diese Heizungsart hat in den letzten Jahren dank dem Interesse der Elektrizitätswerke, die eine bessere Ausnutzung der Kraftwerke in der Nacht wünschen, große Fortschritte gemacht. Nachheizung am Tage zum Nachtstromtarif erwünscht. Außer einzelnen Wohnungen und Häusern werden bereits ganze Siedlungen elektrisch beheizt. Verwendung finden dabei meist *Speicheröfen* der Bauart III mit Ventilator, Anschlußwert 2 bis 4 kW, die unter den Fenstern aufgestellt werden. Weniger häufig ist *Fußboden-Speicherheizung,* da teurer und träge im Betrieb, wenn nicht tagsüber elektrische Zusatzheizung verwendet wird.

*Vorteile:*

Kein Heizraum und Schornstein, keine Abgase
gute Regelung, Sparmöglichkeit
Bezahlung nach Verbrauch, einfache Messung
schnelles Aufheizen
wenig Wartung
schnelle Installation

*Nachteile:*

Betriebskosten abhängig vom Stromtarif
starke Beanspruchung des Stromnetzes
großer Platzverbrauch und großes Gewicht der Öfen
gute Wärmedämmung der Räume erforderlich
Staubverschwelung im Ofen, hohe Ausblastemperatur.

In bebauten Gebieten Schwierigkeiten häufig durch ungenügende *Kapazität des Stromnetzes,* da je Wohnung ein Anschlußwert von 8···12 kW erforderlich ist, gegenüber sonst 2 kW. Bei Neubaublöcken muß das Netz von vornherein für den höheren Bedarf vorgesehen werden.

*Wirtschaftlichkeit* ist nur gewährleistet bei geringem Stromtarif von ≈10···12 Pf/kWh und guter Wärmedämmung der Räume; spez. Wärmebedarf $\dot{q} = 60\cdots80$ W/m².

*Anlagekosten* einschl. Installation ≈ 0,90···1,00 DM je Watt.

*Jahresenergieverbrauch* bei einem spez. Wärmebedarf von $\dot{q}$ W/m²:

$B \approx (1{,}3\cdots1{,}5)\,\dot{q}$ in kWh/m² und Jahr.

Bei $\dot{q} = 100$ W/m² und einem Stromtarif von 20 Pf/kWh betragen also die *jährlichen Stromkosten:*

$K = B \cdot 0{,}20 = 1{,}4 \cdot 100 \cdot 0{,}20 = 28{,}00$ DM/m² Jahr.

Gemessene Werte liegen z.T. auch niedriger, bei

$B = (1{,}0\cdots1{,}4)\,\dot{q}$ in kWh/m² Jahr

entsprechend 900···1300 Jahresbenutzungsstunden. Die geringen Werte sind jedoch zweifellos auf den Sparwillen der Benutzer zurückzuführen.

[1]) HEA-Dimensionierung von Elektro-Speicherheizungen. 1970.
VDEW-Empfehlung für Elektro-Fußbodenheizung 1972.

Ferner gibt es *elektrische Zentralspeicher* in Verbindung mit Warmwasserheizungen, die allerdings wesentlich höhere Investitionen bedingen. Sie werden in Zukunft sicher eine größere Bedeutung gewinnen. Siehe Abschn. 231-7.

### -23 Stockwerkswarmwasserheizung (Etagenheizung)

Jede Wohnung hat einen besonderen *Warmwasser-Heizkessel* mit Heizkörpern in den einzelnen Zimmern. Der Heizkessel ist in der Küche oder Diele aufgestellt (Bild 251-30). Bei dieser Anordnung wird erreicht, daß jeder Mieter unabhängig vom Hauswirt und je nach seinem Einkommen so heizen kann, wie es ihm beliebt. Beheizung mit Öl oder Gas.

Günstig zu installieren (namentlich in Altbauten) ist die Gaszentralheizung mittels Küchenkessel oder *Umlaufgaswasserheizer* (Bild 251-31). Verlegung der kupfernen Heizrohre unter den Wandleisten im Einrohr- oder Zweirohrsystem. Besonders zweckmäßig ist die Kombination mit der *Brauchwasserversorgung* in einem einzigen Gerät (Kombigerät), zumal wenn ein LAS (Luft/Abgas)-Schornstein verwendet werden kann. Diese Bauarten haben an Bedeutung gewonnen, zumal ihre Anschaffungskosten gering sind. Vorteilhaft ist die Messung des Wärmeverbrauchs mittels *Gaszähler,* so daß es eine einfache Heizkostenabrechnung gibt.

Die Heizkessel für jede Wohnung können auch im Keller des Gebäudes aufgestellt werden, wobei zwar die Bedienung in der Wohnung fortfällt, jedoch andere Nachteile entstehen: Höhere Anlagekosten, Platzverbrauch im Keller.

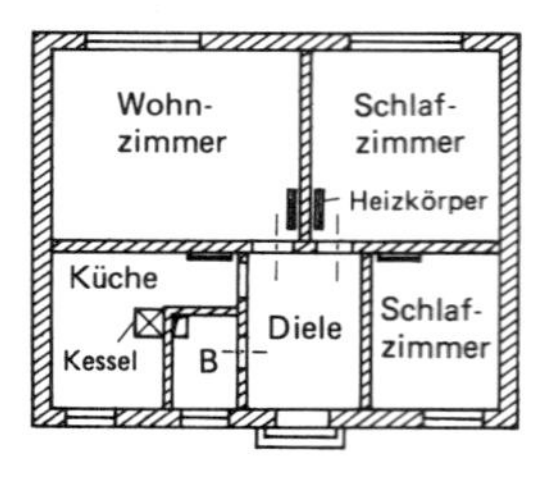


Bild 251-30. Zentralheizung mit gasbeheiztem Küchenkessel und Brauchwasserspeicher.

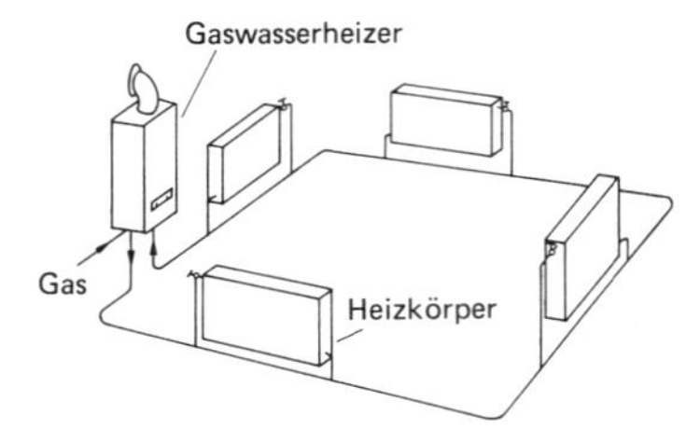


Bild 251-31. Stockwerksheizungen mit Gasumlaufheizern in einem Mehrfamilienhaus.

### -24 Warmwasserzentralheizung

Der im Keller des Gebäudes aufgestellte *Warmwasserkessel* mit senkrechten Strangleitungen versorgt die Heizkörper sämtlicher Wohnungen mit Wärme (Bild 251-35). Die Kessel meist für Öl- oder Gasfeuerung, auch atmosphärische Gasbrenner. Für *Brauchwasserversorgung* im Sommer häufig ein zweiter Kessel. Nur eine Feuerstelle für das ganze Haus.

Eine *Verbilligung der Herstellkosten* bringt die Verwendung von gut zugänglichen, gut reinigungsfähigen Konvektoren an Stelle von Radiatoren und bei sehr guter Wärmedämmung die Anordnung der Heizkörper an den Innenwänden statt unter den Fenstern.

Aufgrund der *Heizungsanlagen-Verordnung* von 1982 müssen die Vorlauftemperaturen des Heizwassers automatisch in Abhängigkeit von der Außentemperatur gesteuert werden (Ausnahme: Zentralheizungen für nicht mehr als 2 Wohnungen), ferner ist thermostatische Einzelraumregelung bis 30.9.1987 vorgeschrieben.

Eine andere Anordnung der Heizkörper zeigt Bild 251-36. Waagerechte Kupferrohr-Einrohrringleitung in jeder Wohnung. Kupferrohr teils an Raumdecke, teils am Boden unter Fußleisten verlegt. Regelventil für jede Wohnung, vorteilhaft ist die einfache Messung des Wärmeverbrauchs durch Wärmezähler.

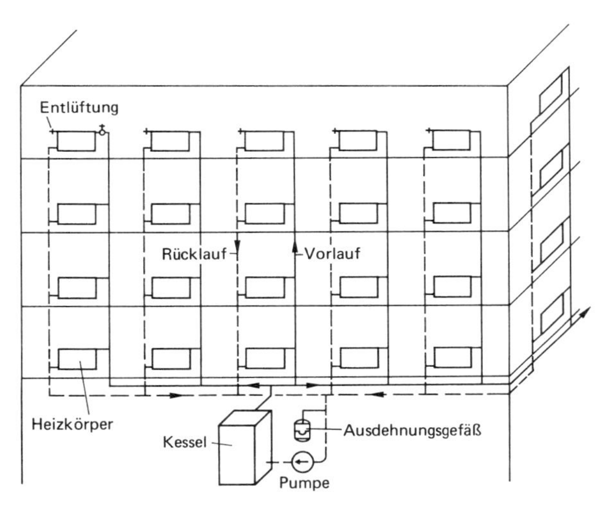


Bild 251-35. Pumpen-Warmwasserheizung im Zweirohrsystem für ein Mehrfamilienhaus.

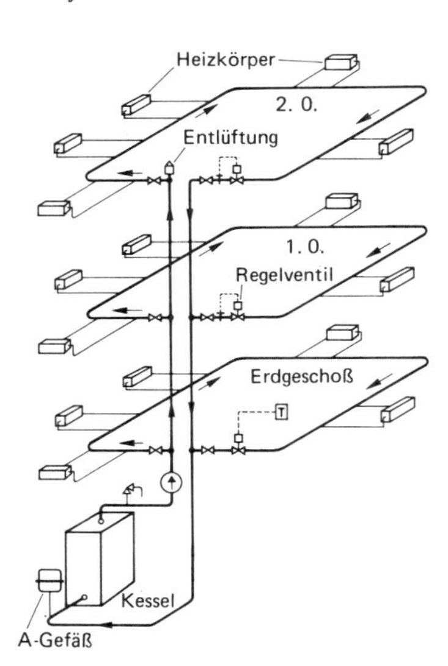


Bild 251-36. Pumpen-Warmwasserheizung im waagerechten Einrohrsystem.

Die *Heizkostenabrechnung* mit den einzelnen Nutzern ist nach der Heizkostenverordnung vom 23.2.1981 vorzunehmen. Der wesentliche Inhalt der Verordnung besagt folgendes: Die Gesamtbetriebskosten (Heizenergie, Hilfsenergie, Schornsteinfeger, Wartung) der zentralen Heizungsanlage und der Warmwasserversorgungsanlage sind getrennt zu ermitteln. Max. 50%, mindestens jedoch 30% der Gesamtbetriebskosten sind für alle Nutzer einzelverbrauchsunabhängig einheitlich nach der Wohn- oder Nutzfläche bzw. nach dem umbauten Raum (oder: nach der beheizten Wohn- oder Nutzfläche bzw. nach dem beheizten umbauten Raum) auf die Nutzer zu verteilen. Die verbliebenen max. 70%, mindestens jedoch 50% der Gesamtbetriebskosten sind für alle Nutzer einheitlich entsprechend dem Einzelverbrauch zu verteilen. Weiteres in DIN 4713/14 (12.80).

Der verbrauchsunabhängige Kostenanteil zwingt Nutzer auch dann zur Kostenbeteiligung, wenn sie selbst tatsächlich keinen Wärmeverbrauch hatten, weil sie bei den Nachbarn Mehrverbräuche verursachen.

### -25 Dampfzentralheizung

Die gewöhnliche Niederdruck-Dampfheizung ist wegen des Mangels zentraler Regelbarkeit und wegen der im Betrieb ständig hohen Heizkörpertemperaturen unzweckmäßig.

### -26 Vakuumdampfzentralheizung siehe Abschnitt 222-24

### -27 Luftzentralheizung

Diese Heizungsart ist dadurch gekennzeichnet, daß in der Diele jeder Wohnung ein *Wärmeaustauscher* vorhanden ist. Er ist an das Warmwasser- oder Dampfheiznetz des Hauses oder der Fernheizung angeschlossen. Ein Ventilator fördert die erwärmte Luft in die einzelnen Zimmer und saugt sie im Kreislauf zurück. Die Heizung gestattet ein schnelles Anheizen, hat jedoch Nachteile wie Geräusch- und Geruchübertragung von einem Zimmer ins andere, Verschmutzung der Kanäle, ungleichmäßige Raumerwärmung. Verwendung in Mehrfamilienhäusern als Zentralheizung daher selten, jedoch in Verbindung mit Wohnungslüftung interessant.

### -28 Heizung mit Wärmepumpe[1])

Mit zunehmender Wärmedämmung der Gebäude wird der relative Anteil des Wärmebedarfs für Lüftung am Gesamtwärmebedarf immer größer und nähert sich einem Wert von 50%. In diesem Fall kann bei Lüftung mittels Ventilatoren durch Einsatz einer Wärmepumpe die *Abluftwärme* zur Heizung verwendet werden (Bild 251-45 und 364-35).

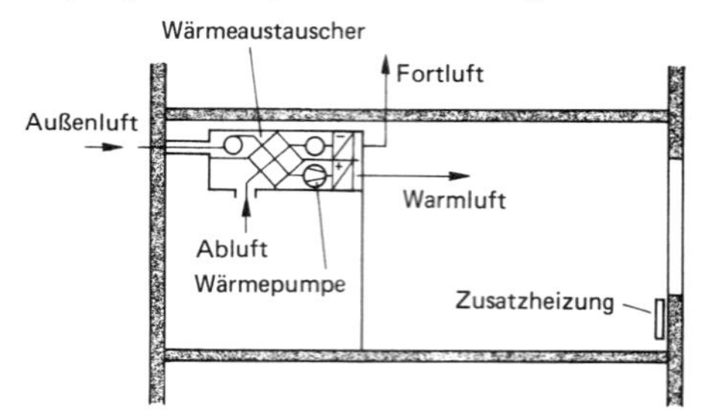


Bild 251-45. Wohnungsheizung mit Wärmerückgewinnung und Wärmepumpe.

Aus der Abluft wird zunächst mittels eines Wärmeaustauschers mit einem Wirkungsgrad von 50···70% ein Teil der Wärme zurückgewonnen. Die Restwärme wird der Abluft in dem Verdampfer einer Wärmepumpe entzogen und bei einer Temperatur von etwa 30···35 °C dem Raum zugeführt.

Damit kann der Wärmebedarf der Wohnung bis zu Außentemperaturen von etwa 5 °C gedeckt werden. Bei tieferen Temperaturen ist elektrische oder andere Zusatzheizung erforderlich.

Energieersparnis, jedoch bezüglich Anschaffung und Wartung teuer.

### -29 Heizkosten[2])

Durchgeführte Rechnungen führen meist auf sehr unterschiedliche Ergebnisse. Für einige typische Wohnungen ergeben sich als Beispiel die in Tafel 251-1 aufgeführten jährlichen Betriebskosten.

---

[1]) Siehe auch Abschnitt 225.
Trümper, H.: VDI Bericht 508 (1984).
[2]) Ruhrgas A.G. 3/76. S. 19.
Esdorn, H.: Gas 2/81. S. 76/86.
Dörfer, A.: Ges.-Ing. 9/10-84. S. 235/40.
Jahn, A.: Ges.-Ing. 9/10-84. S. 255/57.

Die Energiepreiskrise von 1973 führte dazu, den Wärmeverbrauch für die Hausheizung möglichst zu verringern. Dafür bestehen bereits mehrere gesetzliche Vorschriften (Energieeinspargesetz, Heizkostenabrechnung u. a.). Vorschriften siehe Abschnitt 186. Gegenüber den früher gebauten Häusern mit maximalen Verbrauchszahlen von 150 bis 200 W/m² bestehen unter Ausnutzung aller technischen Mittel folgende *Energieeinsparmöglichkeiten:*

| | |
|---|---|
| Verbesserte Wärmedämmung | 25% |
| kontrollierte Lüftung | 10% |
| Niedertemperaturkessel, Wärmepumpen | 10% |
| Optimale Regelungen, Thermostatventile | 10% |
| Verbrauchsmessung | 5% |
| | 60% |

Der Wärmeverbrauch läßt sich also auf etwa 40% verringern. Bei Neubauten vermindert sich auf diese Weise der max. Wärmeverbrauch auf etwa 50 bis 60 W/m². Siehe hierzu auch Tafel 364-8.

# 252 Verkehrsgebäude

## -1 LICHTSPIELTHEATER

Der Zuschauerraum in Lichtspiel- und anderen Theatern wird fast ausnahmslos mit *Luftheizungsanlagen* geheizt, die gleichzeitig auch zur Lüftung dienen, häufig auch mit Klima- oder wenigstens *Teilklimaanlagen*. Behandlung daher in Abschnitt 362-2. Örtliche Heizkörper sind nicht zweckmäßig, da sie zu träge sind und den sich schnell ändernden Schwankungen der Heizlast nicht folgen können.

## -2 **Warenhäuser** siehe Abschnitt 362-2.

# 253 Kirchen (Museen, Bibliotheken)

## -1 KIRCHEN[1])

### -11 Allgemeines

Die Berechnung der Heizanlage ist mit gewissen Schwierigkeiten verbunden, was auf verschiedene Umstände zurückzuführen ist, insbesondere:

a) Die Beheizung wird im allgemeinen nur für einige Stunden (sonnabends und sonntags) verlangt.

b) Außer der Kirchenhalle sind meist noch Nebenräume wie Kapellen, Taufzimmer, Sakristeien usw. vorhanden, die dauernd geheizt werden sollen.

c) Kirchen alter Bauart haben außerordentlich dicke Wände, so daß ein Beharrungszustand in der Heizung, der eine einwandfreie Berechnung ermöglicht, nicht erreicht wird. Es ist nicht der Beharrungszustand, sondern der Anheizvorgang zu errechnen.

d) Die Heizkörper sollen aus architektonischen Gründen möglichst unsichtbar sein.

e) Zur Erhaltung der Innenausstattung (Wandmalereien, Gemälde, Holzschnittarbeiten u. a.) sollten Temperaturänderungen nur langsam vor sich gehen, $\approx 1{,}5$ K/h.

---

[1]) Hennings, F.: HLH 1966. S. 321/6.
Ende, G.: San. Hzg. Techn. 1968. S. 267/71 und
Schmidt, K. H.: HLH 1968. S. 278/83.
Arendt, C.: HLH 12/76. S. 435/41.
Gossens, H.: San. Hzg. Techn. 9/77. S. 720/6.
Schmidt, K. H.: Deutsche Bauzeitung 9/82. S. 1227/30.

Es sind für Kirchenheizungen schon fast alle bekannten Systeme mit mehr oder weniger Erfolg ausgeführt worden.

Neue Kirchen werden heute meist in modernen Bauformen mit normalem Speichervermögen errichtet.

## -12 Temperaturen

In der Kirchenhalle genügt es meist, eine *Berechnungstemperatur* von etwa 12 °C bis 15 °C anzunehmen, da die Kirchgänger ihre Überkleidung nicht ablegen. Die Temperatur im ganzen Raum ist nicht gleichmäßig, sondern je nach Meßort und Art der Heizung verschieden. Insbesondere ist eine mit der Höhe steigende Temperatur vorhanden. Werden Kirchen auch für Konzerte oder religiöse Versammlungen über längeren Zeitraum benutzt, empfiehlt sich eine etwas höhere Temperatur, etwa 18 °C.

Eine dauernd vorhandene *Grundheizung*, die bei Nichtbenutzung im Winter die Temperatur nicht unter 6···8 °C fallen läßt, ist zweckmäßig. Die Mehrkosten der Heizung sind geringer als die Reparaturkosten für Schäden an Putz, Holzwerk, Gemälden u.a.

Wichtig für die Vermeidung von Schäden an Orgel und Kunstwerken ist *gleichmäßige Temperaturhaltung* und langsames Aufheizen, etwa 1···2 K je Stunde.

## -13 Wärmebedarf

Der *Wärmebedarf* $\dot{Q}$ kurzzeitig benutzter Räume läßt sich nicht nach den normalen Wärmedurchgangszahlen in DIN 4701 berechnen, da kein Beharrungszustand erreicht wird. Es muß eine gesonderte Berechnung für speichernde und nicht speichernde Bauteile vorgenommen werden.

Nach *Krischer und Kast*[1]) ist:

$$\dot{Q} = \dot{Q}_F + \dot{Q}_W + \dot{Q}_L$$

mit

$\dot{Q}_F$ Wärmebedarf für Fenster und andere nichtspeichernde Bauteile
$\dot{Q}_L$ Lüftungswärmebedarf
$\dot{Q}_W$ Wärmebedarf zum Aufheizen speichernder Bauteile

wobei gilt:

$$\dot{Q}_W = \sum \frac{A_W}{R_Z} \cdot (t_i - t_0)$$

mit

$A_W$ Oberfläche des wärmespeichernden Bauteils in $m^2$
$R_Z$ von der Aufheizdauer $Z$ abhängiger mittlerer Aufheizwiderstand in $m^2K/W$
$t_i$ Innentemperatur nach der Aufheizdauer
$t_0$ Innentemperatur vor dem Aufheizen

In Bild 253-1 sind die Werte $R_Z$ für verschiedene Wärmeeindringkoeffizienten $\sqrt{\lambda \cdot c \cdot \varrho}$ in Abhängigkeit von der Aufheizdauer angegeben mit

$\lambda$ Wärmeleitfähigkeit
$\varrho$ Dichte
$c$ spezifische Wärmekapazität

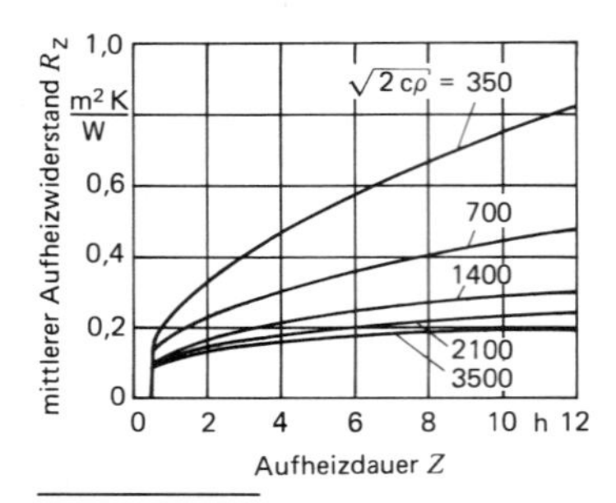


Bild 253-1. Mittlerer Aufheizwiderstand in Abhängigkeit der Aufheizzeit (DIN 4701, T.2. 3.83) (Wärmeeindringkoeffizient $\sqrt{\lambda c \varrho}$ in $J/m^2 K s^{0,5}$).

[1]) Krischer, O., und W. Kast: Ges.-Ing. 78 (1957). S. 321/25.

Die Anwendung des Bildes ist beschränkt auf folgende max. Aufheizzeiten $Z_{max}$ abhängig von der Wanddicke:

| | | | | | |
|---|---|---|---|---|---|
| Wanddicke $d$ | 0,1 | 0,2 | 0,4 | 0,6 | in m |
| max. Aufheizzeit $Z_{max}$ | 1 | 3 | 12 | 30 | in h |

Richtwerte für *Wärmeeindringkoeffizient* $\sqrt{\lambda \cdot c \cdot \varrho}$

| | |
|---|---|
| Vollziegel | 1300 J/m² $K s^{0,5}$ |
| Sandstein | 1600 |
| Beton | 1800 |

Die Anfangstemperatur $t_0$ wird meist mit +5 °C, die Aufheizzeit mit 6···8 Stunden angenommen.

Ferner ist der Wärmebedarf für einen etwa 0,5- bis 1,0fachen stündlichen Luftwechsel zu berücksichtigen.

## -14 Heizungssysteme

*Örtliche Heizung* durch Kachelöfen oder eiserne Öfen mit Kohle, Koks oder Holz als Brennstoff kommt im allgemeinen nur für kleine Kirchen auf dem Lande in Frage. Eine gleichmäßige Raumerwärmung ist dabei natürlich nicht möglich.

*Kachelöfen-Warmluftheizungen* sind ebenfalls nur für kleine Kirchen zweckmäßig.

*Gasöfen* werden wegen der Schwierigkeit der Abgasführung selten verwendet. Gelegentlich werden mehrere Gasöfen an einen gemeinsamen Abgasventilator angeschlossen. Außenwandgasöfen kommen gelegentlich zur Verwendung.

*Elektrische Direktheizgeräte* verursachen sehr hohe Betriebskosten, so daß sie nur bei billigen Tarifen verwendbar sind. Günstiger sind elektrische *Speicheröfen,* die mit Nachtstrom aufgeheizt werden, sich jedoch meist architektonisch nicht unterbringen lassen.

*Elektrische Fußbodenspeicherheizungen* sind träge und eignen sich daher nur für dauernd benutzte Kirchen mit gutem Wärmeschutz oder als Grundheizung.

*Elektrische Fußbankheizung* besteht darin, daß man unter den Fußbänken elektrische Heizkörper (gelegentlich auch Dampfheizschlangen) anbringt, damit die Besucher wenigstens warme Füße behalten (Bild 253-2). Anheizzeit etwa ½ bis 1½ Stunden. Bei dieser kurzen Zeit kann die Wärme in Wände, Stoffe und Mauerwerk kaum eindringen. Energiebedarf 60···80 W je Sitzplatz; möglichst niedrige Oberflächentemperaturen. Günstig ist die leichte Regulierbarkeit, nachteilig sind der hohe elektrische Anschlußwert und die hohen Betriebskosten, ferner auch die unvermeidlichen Zugerscheinungen, die durch die an den Außenwänden herabfallenden Kaltluftmassen verursacht werden, falls hier nicht auch Heizkörper aufgestellt werden. *Strahlungsheizung* durch Gasglühkörper, die in 4 bis 8 m Höhe angebracht werden, geben sofort nach Inbetriebnahme Strahlungswärme ab, die bei nicht zu niedrigen Außentemperaturen ausreichend ist. Nachteilig sind das unschöne Aussehen der Heizkörper, Schwierigkeit der Anordnung, Beseitigung der Abgase, ungleichmäßige Erwärmung (kalte Füße).

*Elektrische Strahlungsheizkörper* vermeiden einen Teil dieser Nachteile.

*Luftheizung* in Form der sogenannten Warmluftheizung ist die bisher am meisten verbreitete Heizart. Zur Erwärmung der Luft dienen im Heizkeller, meist unter dem Altarraum, aufgestellte Warmlufterzeuger, über die ein Ventilator aus der Kirche zurückgesaugte Umluft fördert. Bei Bedarf kann der Umluft ein Teil Außenluft beigemischt werden. Verteilung der Warmluft durch Fußbodenkanäle, aus denen die Luft an geeigneten Stellen, möglichst an den Außenwänden, austritt. Waagerechte Öffnungen in den Fuß-

Bild 253-2. Elektrische Fußbankheizung.

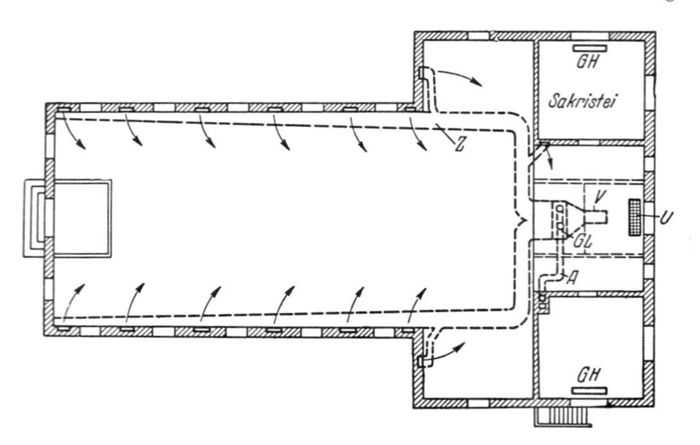


Bild 253-4. Gasluftheizung (oder Ölluftheizung) einer Kirche mit Luftauslässen an den Außenwänden. $A$ = Abgasrohr, $GL$ = Gaslufterhitzer, $GH$ = örtliches Gasheizgerät, $U$ = Umluftrost, $V$ = Ventilator, $Z$ = Zuluftkanal

böden sind wegen Verschmutzung möglichst zu vermeiden. Kanäle möglichst kurz halten. Wärmeschutz. Geräuschdämpfer. Volumenstrom-Richtwert ca. 100 $m^3/h$ je kW Wärmeverlust. Zulufttemperatur <55 °C. Brennstoff Gas oder Öl (Bild 253-4).

Günstig in Anschaffung und Betrieb. Heizung der Nebenräume durch örtliche Gas- oder elektrische Heizkörper. Kurze Anheizzeiten, sauberer Betrieb, leichte Regulierbarkeit. Heute am meisten verwendet.

Statt eines direktbeheizten Ofens kann die Lufterwärmung natürlich auch mittels Dampf- oder Warmwasserlufterhitzer erfolgen, wenn ein Heizkessel aufgestellt wird. Vorteilhaft ist hierbei, daß für die Nebenräume örtliche Heizkörper verwendet werden können. Einfriergefahr.

Ferner ist eine *elektrische Blockspeicherheizung* möglich, wobei der Speicherblock durch billigen Nachtstrom aufgeheizt wird. Schnelles Aufheizen am Morgen. Kein Schornstein. Luftzirkulation mit Ventilator. Teuer.

*Zentralheizung* mit örtlichen Heizkörpern und mit Niederdruckdampf oder Warmwasser als Heizmittel wird verhältnismäßig selten ausgeführt. Heizkörper in Form von Radiatoren, Konvektoren unter Flur oder unter den Bänken. Einfriergefahr namentlich bei Warmwasserheizung. Zweckmäßig nur bei dauerbeheizten Kapellen und in Verbindung mit der Heizung anderer Gebäude wie Gemeindehaus, Pfarrhaus usw.

Bei Dauerheizung der Kirche auch Verwendung der *Fußbodenheizung,* wobei jedoch zur Vermeidung von Zugerscheinungen an den Außenwänden Zusatzheizung zweckmäßig ist.

## -15 Nebenraumheizung

Hierfür kommen fast nur örtliche Heizkörper in Frage, und zwar je nach den Kosten und den zur Verfügung stehenden Brennstoffen entweder Kachel- oder eiserne Öfen, transportable keramische Öfen, Gas- oder elektrische Raumheizkörper, Radiatoren oder Konvektoren, falls für die Kirchenheizung ein Heizkessel vorhanden ist.

Zu beachten ist, daß der *Orgelraum* möglichst die Temperatur der Kirchenhalle hat, damit keine Verstimmung der Orgel eintritt. Am Orgelspieltisch häufig Sitzbankstrahler.

## -16 Befeuchtung

Gelegentlich wird auch eine *Befeuchtung* der Luft im Winter verlangt, wenn Rücksicht auf die Orgel und eventuelle Gemälde genommen werden soll. Relative Luftfeuchte ≈50···60%. Befeuchtung durch Dampf oder Wasserzerstäuber in der Zuluft (siehe Abschn. 343). Dabei ist darauf zu achten, daß die rel. Feuchte möglichst konstant bleibt und daß sich keine Feuchte an kalten Flächen niederschlägt (Wärmedämmung).

### -17 Energieverbrauch

Dieser ist von vielen Faktoren abhängig, insbesondere Zahl der Heiztage, Dauer der Anheizzeit, Raumtemperatur, Wärmedichtheit des Gebäudes usw. Für nur sonntags beheizte Kirchen (meist evangelische Kirchen) rechnet man mit 25 bis 30 Heiztagen, für Kirchen mit Grund- und Sonntagsheizung mit etwa 150 Tagen. Der mittlere *Energieverbrauch* beträgt nach der Formel von Recknagel (siehe Abschn. 266-3):

$B = \varphi \cdot \dot{Q}_N$ in kg bzw. $m_n^3$ bzw. kWh im Jahr ($\dot{Q}_N$ in W)

wobei $\varphi$ = Wärmeverbrauchsfaktor

| | | Sonntagsheizung | Dauerheizung |
|---|---|---|---|
| Koks | $\varphi =$ | 0,07 ···0,09 | 0,21···0,26 |
| Heizöl | $\varphi =$ | 0,035···0,043 | 0,11···0,13 |
| Stadtgas | $\varphi =$ | 0,09 ···0,11 | 0,26···0,31 |
| Nachtstrom | $\varphi =$ | 0,35 ···0,43 | 1,0 ···1,3 |

Umrechnung auf andere Brennstoffe siehe Abschnitt 266.

Bei elektrischen Speicherheizungen für kleine Kirchen mit Sonntagsheizung bis etwa 5000 m³ Rauminhalt werden Verbrauchszahlen von 10···15 kWh/m³ Jahr angegeben.

*Beispiel:*

Heizung einer Ziegelstein-Kirche mittels Nachtstromspeicherblock.

| | | |
|---|---|---|
| Inhalt | $I$ | = 2500 m³ |
| Wärmespeichernde Oberfläche | $A_W$ | = 1000 m² |
| Fensterfläche | $A_F$ | = 80 m² |
| Raumtemperatur | $t_i$ | = 15 °C |
| Anfangstemperatur | $t_1$ | = 0 °C |
| Außentemperatur | $t_a$ | = −15 °C |
| Aufheizzeit | $z_1$ | = 3 h |
| Betriebszeit | $z_2$ | = 3 h |
| Aufheizwiderstand | $R_Z$ | = 0,22 m²K/W |

*Wärmeverlust* nach Krischer-Kast:

$$\dot{Q}_W + \dot{Q}_F = 1000 \cdot (1/0{,}22) \cdot (15-0) + 80 \cdot 6\,(15-(-15)) = 67\,500 + 14\,400$$
$$= 81\,900 \text{ W} = 81{,}9 \text{ kW}$$

zuzüglich Lüftungswärmebedarf für 1,0fachen Luftwechsel bei $t_a = 0\,°C$:

$$\dot{Q}_L = 2500/3600 \cdot 1{,}25\,(15-0) = 13{,}0 \text{ kW}$$

*Gesamtwärmebedarf* $\dot{Q}_N$ = 94,9 kW

Volumenstrom bei Lufterwärmung von 0 auf 60 °C

$$\dot{V} = \frac{94{,}9}{1{,}25 \cdot (60-0)} = 1{,}27 \text{ m}^3/\text{s} = 4570 \text{ m}^3/\text{h}$$

entsprechend einem 1,84fachen stündlichen Luftwechsel.

*Anschlußwert* des Speicherblocks bei $n$ = 10stündiger Aufheizzeit und einem Verlustfaktor $f$ = 0,70 (s. Abschn. 222-3):

$$P = \frac{\dot{Q}_N \cdot z}{n \cdot f} = \frac{94{,}9 \cdot 6}{10 \cdot 0{,}70} = 81{,}3 \text{ kW}$$

*Energieverbrauch* bei Sonntagsheizung:

$$B = \varphi \cdot \dot{Q}_N = 0{,}39 \cdot 94\,900 = 37\,000 \text{ kWh/Jahr} \mathrel{\hat{=}} 15 \text{ kWh/m}^3 \text{ Jahr.}$$

### -18 Auswahl

Die Auswahl der bestgeeigneten Heizung hängt von sehr vielen Umständen ab, wie Brennstoffpreisen, Anlagekosten, Nutzungszeiten, Bauart der Kirche (Altbau oder Neubau), Unterkellerung, Schornsteinlage, Grundrißgestaltung usw. Daher können allgemeine Richtlinien nicht gegeben werden, so daß die Auswahl durch erfahrene Fachleute unter Beachtung der oben gegebenen Hinweise erfolgen soll. In Städten dürfte die *Gasluftheizung* oder *Ölluftheizung* oder auch die *Nachtstromspeicherheizung* im allgemeinen am günstigsten sein, während auf dem Lande häufig auch die Warmluftheizung mit festen Brennstoffen, mit oder ohne Ventilator anzutreffen ist. Sind größere Verwaltungs- oder Wohnräume mit der Kirche verbunden, empfiehlt sich eine Warmwasser-Zentralheizungsanlage mit *WW-Luftheizung* für den Kirchenraum.

# 254 Vielraumgebäude (Bürohäuser, Hotels)

## -1 BÜROGEBÄUDE[1])

### -11 Allgemeines

Unter der Rubrik „Bürogebäude“ oder „Verwaltungsgebäude“ sind solche Gebäude zusammengefaßt, die in der Hauptsache Büroräume enthalten, insbesondere also Verwaltungsgebäude von Industriefirmen und Behörden, Geschäftshäuser mit vermieteten Büroräumen (Bürohäuser), Banken, Gerichtsgebäude, Postämter, aber auch die Bettenhäuser von Krankenanstalten, Hotelzimmer u. a.

In der Regel sind auch eine Eingangshalle, mehr oder weniger Sitzungszimmer, Garagen, bei größeren Gebäuden auch ein Speiseraum bzw. Kantine vorhanden. Je nach der Gebäudeart gibt es außerdem noch eine Anzahl von Spezialräumen, z. B.

bei Banken: Schalterhallen, Tresore, Wählerräume,
bei Industriegebäuden: Ausstellungsräume, Werkstätten,
bei Geschäftshäusern: Läden, Lagerräume, Garagen usw.

Nachstehend sind zunächst die allen Gebäuden gemeinsamen Heizsysteme beschrieben, während die Heizung der Sonderräume in getrennten Abschnitten behandelt wird.

### -12 Heizungssysteme

*Warmwasserheizung*

Die Warmwasserheizung mit 2-Rohr-Verteilung ist das in Deutschland in Vielraumgebäuden bevorzugte und bewährte Heizsystem, auch in Verbindung mit Klimaanlagen oder Lüftungsanlagen. Das Gesamtsystem wird aufgeteilt in einzelne Heizkreise, von denen jeder einzeln zentrale Regelmöglichkeit der Heizleistung und zentrale Absenkungs- oder Abschaltmöglichkeit besitzt. (Bild 254-1.)

Sofern das Heizsystem mit *Eigenwärmeerzeugung* arbeitet, werden öl- oder gasgefeuerte Warmwasser- oder Niederdruckheißwasserkessel (max. zulässige Temperatur 120 °C) eingesetzt. Sofern zusätzlich Dampf für andere Zwecke, z. B. Kochküchen, Dampfbefeuchter für Lüftungsanlagen benötigt wird, wird ein separater öl- oder gasgefeuerter Dampferzeuger, z. B. in Form eines Schnelldampferzeugers oder eines Produkt-Kessels,

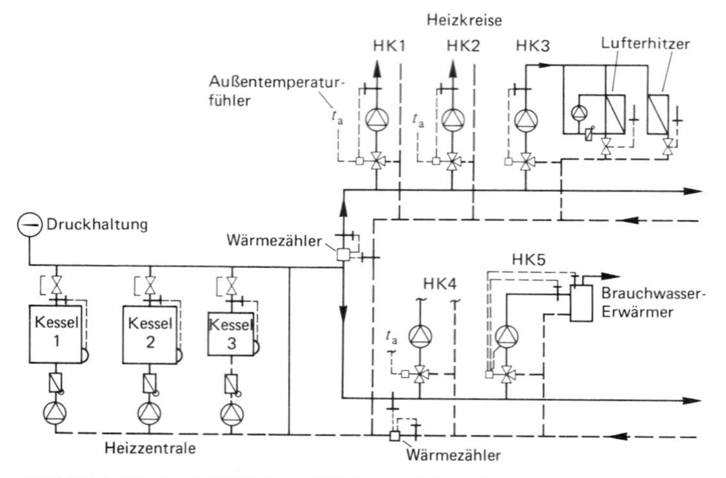


Bild 254-1. Prinzipschaltbild einer WW-Pumpenheizung für ein Verwaltungsgebäude mit verschiedenen Heizkreisen HK, darunter auch Lüftungsanlagen und Brauchwassererwärmer.

[1]) Klimaanlagen siehe Abschn. 364-1.
Holler, K.-F.: SHT 3/77. S. 236/46.

aufgestellt. Je nach dem Verhältnis der max. Wärmeverbrauchs-Leistungsanforderungen von Nicht-Dampfverbrauchern zu Dampfverbrauchern und je nach dem Verhältnis der Jahreswärmeverbräuche von Nicht-Dampfverbrauchern zu Dampfverbrauchern können auch andere Lösungen zweckmäßig werden, z. B. Niederdruckdampfkessel mit eingebauten Gegenstromapparaten (sogenannte 2-Kreis-Kessel) oder aber auch öl- oder gasgefeuerte Niederdruckdampferzeuger mit nachgeschalteten Wärmeaustauschern für die Heizwassererwärmung. Beachtet werden muß, daß Dampferzeugungsanlagen im allgemeinen einen erheblichen zusätzlichen Aufwand in Herstellkosten und Betrieb verursachen, durch notwendige Speisewasser- und Kondensataufbereitungsanlagen sowie für die Kondensatrückführung.

Aufteilung der Kesselanlage zur Sicherung der Versorgung und Verbesserung der Wirtschaftlichkeit in 2 oder 3 Einheiten. Für die Brauchwasserversorgung separater Kessel für den Sommerbetrieb u. U. wirtschaftlich.

Da die Wärmeleistungsanforderungen von Heizkörpern in Vielzweckgebäuden zeitlich und örtlich unterschiedlich anfallen, ist es zweckmäßig, die Gesamtanlage in einzelne *Heizkreise* zu unterteilen. Diejenigen Räume, denen Heizkörper jeweils eines Heizkreises zugeordnet werden, müssen mind. gleiche Nutzungszeit haben, um die zugehörige energiesparende Nacht- bzw. Nacht- und Wochenendabsenkung anwenden zu können. Ggf. ist eine weitere darüber hinausgehende Differenzierung von Heizkreisen vorzunehmen, wenn auf unterschiedliches Raumtemperaturniveau abgehoben werden muß oder zusätzlich andere Raumerwärmungsmöglichkeiten vorgesehen sind (z. B. aus raumlufttechnischen Anlagen). Die früher weit verbreitete Zonierung nach Himmelsrichtungen ist nicht mehr nötig, da die dieser zugrunde gelegten Einflüsse durch die gesetzlich vorgeschriebene Einzelraum-Temperaturregelung kompensiert werden.

Bei vielgeschossigen Gebäuden *(Hochhäusern)* kann eine überlagernde vertikale zusätzliche Heizkreiseinteilung zweckmäßig sein, wenn während starken Windanfalls die ansteigende Wärmeleistungsanforderung der Heizkörper in den oberen Geschossen nicht von vornherein durch Heizflächenvergrößerung berücksichtigt wird, sondern durch jeweilige Vorlauftemperaturerhöhung während des tatsächlichen Belastungsfalles. Weiterhin kann eine vertikale Zonierung zweckmäßig sein, wenn anderenfalls die tiefer liegenden Heizkörper wirtschaftlich nicht mehr für die erhöhten Betriebsdrücke vertretbar sind. Allerdings ist dann hydraulische Trennung von den anderen Heizkreisen notwendig.

*Umwälzpumpen* werden durch Elektromotor angetrieben. Soweit die Leistungsgrößen es zulassen, sollen Rohreinbaupumpen bzw. sog. Inline-Pumpen aus Gründen der Platzersparnis direkt in den Rohrleitungsverband eingebaut werden. Nur für hohe Ansprüche an die Betriebssicherheit ist jeweils eine Reservepumpe zu installieren, ggf. mit automatischer Umschaltung im Störfall und automatischer zeitabhängiger Umschaltung. In Normalfällen genügt die Bevorratung von Pumpen-Austauschsätzen oder kompletten Pumpenaggregaten.

Die max. zulässigen *Heizwassertemperaturen* am Austritt der Wärmeerzeuger liegen nach DIN 4751 T. 4 bei 120 °C. Dies gestattet mittlere max. Effektiv-Austrittstemperaturen von 100 °C, wenn notwendig. Im übrigen werden die max. Heizwasser-Auslegungstemperaturen der einzelnen Heizkreise mit 90 °C angenommen. Jede andere darunterliegende Vorlauftemperatur von Heizkreisen ist möglich. Diese Vorlauftemperaturen werden durch Abmischen oder durch zweckmäßige Hintereinanderschaltungen mit Verbrauchern höherer Vorlauftemperatur erreicht. Die Zweckmäßigkeit der Hintereinanderschaltung von Heizkreisen bedarf stets genauerer Untersuchungen, insbesondere auch über das Teillastverhalten der voran- und der nachgeschalteten Anlagenteile. Als nachgeschaltete Systeme mit entsprechend niedriger Vorlauftemperatur sind Heizkreise für Lufterhitzer in raumlufttechnischen Anlagen und für Warmwasserbereitung geeignet. Von besonderem Vorteil kann die Hintereinanderschaltung von Heizkreisen bei Fernwärmeanschluß dann werden, wenn der tarifliche Leistungspreisanteil auf Grund des eingestellten max. Fernheizwasser-Durchsatzes gebildet wird.

*Druckhaltung*

Als Einrichtungen zur Druckhaltung und zur Aufnahme des Expansions-Heizwasservolumens bieten sich an Membranausdehnungsgefäße als geschlossene Behälter mit einmaliger Stickstoff-Füllung oder als offene Behälter mit Fremd-Druckluftbeaufschlagung oder mit Eigenkompressor-erzeugter Druckluft. Geschlossene Membranausdehnungsgefäße benötigen erheblich mehr Platz als letztgenannte. Die mit Kompressor ausgestatteten Membranausdehnungsgefäße sind in den Anschaffungskosten höher und benötigen wegen des Kompressors und seiner Steuerung Wartung. Membranausdehnungsgefäße mit Fremd-Druckluft benötigen eine Fremd-Druckluftquelle.

*Niedertemperaturheizung*

Zunehmend werden auch Niedertemperaturheizungen mit max. Vorlauftemperaturen von 55–60 °C eingesetzt. Vor- und Nachteile der Niedertemperaturheizung gegenüber der konventionellen Hochtemperaturheizung sind durch eine Wirtschaftlichkeitsuntersuchung gegenüberzustellen. Niedertemperaturheizsysteme gehen von niedrigeren Wärmeverlusten der Verteilsysteme aus, ferner von niedrigeren Abgastemperaturen, sofern ein dafür geeigneter Heizkessel eingesetzt wird. Sie erschließen grundsätzlich die Möglichkeit, als Wärmeerzeuger auch *Wärmepumpen* einzusetzen, wobei im allgemeinen die wirtschaftlich vertretbare höchste Vorlauftemperatur der Wärmepumpe bei 50 °C liegt, es sei denn, daß der Antrieb der Wärmepumpe über Verbrennungsmotor erfolgt.

Die Herstellkosten für eine Niedertemperatur-Heizung sind wegen der notwendig größeren Heizflächen und der notwendig größeren Rohr- und Armaturen-Querschnitte höher als bei Hochtemperaturanlagen. Fast ohne Herstellkostenerhöhungen können Niedertemperaturheizsysteme zur Versorgung von Lufterhitzern in raumlufttechnischen Anlagen angewendet werden.

*Einrohrheizungen*

Die Warmwasserheizung mit vertikaler oder horizontaler Einrohrverteilung (Bild 254-4) hat Verbreitung gefunden dort, wo die räumliche Konfiguration und die zeitlich gleiche Nutzung von Räumen den Vorteil dieses preiswerten Rohrsystems zuläßt (horizontale Ringe, vertikale Haupt-Steigeleitung in Verbindung mit einer Vielzahl von vertikalen Fall-Leitungen oder umgekehrt).

*Funktionsprinzip* der Einrohrheizung: Jeder einzelne Heizkörper findet sich in hydraulischer Parallelschaltung zum Hauptzweigrohr, so daß jeweils zwischen Vorlauf- und Rücklaufanschluß eines einzelnen Heizkörpers im Zweigrohr ein Teilwasserstrom und über den Heizkörper ebenfalls ein Teilwasserstrom fließt. Jeweils am Rücklaufanschluß des Heizkörpers an das Zweigrohr findet eine Mischung der 2 Teilströme statt und damit eine Temperaturabsenkung. Der in Strömungsrichtung nächstfolgende Heizkörper arbeitet hydraulisch in gleicher Weise, jedoch thermisch mit bereits gegenüber dem ersten Heizkörper abgesenkter Vorlauftemperatur; die in Strömungsrichtung weiter folgenden Heizkörper arbeiten nach dem gleichen Prinzip, d. h. in Strömungsrichtung fort-

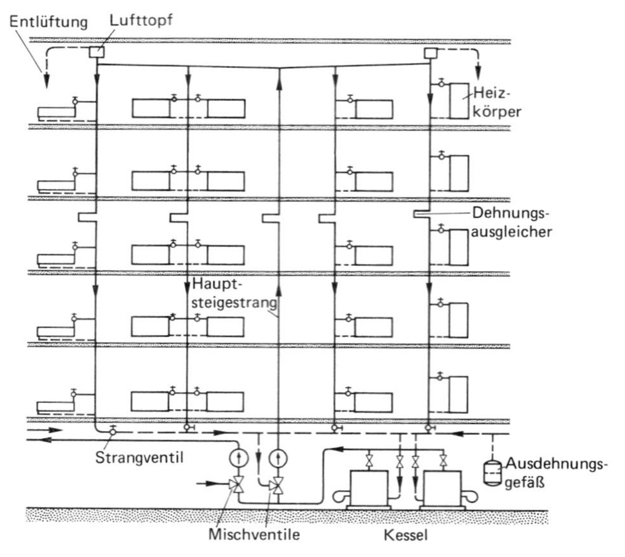


Bild 254-4. Senkrechte Einrohr-Pumpenheizungsanlage.

schreitend wird die Einzel-Heizkörpervorlauftemperatur jeweils erniedrigt, mit der Folge, daß das fortschreitende Temperaturdefizit durch Heizflächenvergrößerung berücksichtigt werden muß (s. Abschn. 244-2).

Bei kleineren Anlagen kann über Spezial-Heizkörperventile der gesamte Einrohr-Zweigdurchsatz geführt werden. Das Ventil besorgt dann die Verteilung für den Heizkörper einerseits und für die Umgehung des Heizkörpers andererseits. Besondere Schwierigkeiten können eintreten, wenn Einrohr-Heizungsanlagen an Fernwärmeversorgung angeschlossen werden, die zwingend eine Mindestauskühlung des Gesamtheizwassers verlangen.

*Niederdruckdampfheizung*

ist in Vielraumgebäuden ungeeignet, weil die bereits für Wohngebäude aufgezeigten Nachteile hier noch gravierender greifen.

*Vakuumheizung*

wird demgegenüber im Ausland, namentlich in den USA, häufig verwendet. Die Mehrzahl aller älteren großen amerikanischen Bürogebäude sind mit derartigen Heizungsanlagen ausgerüstet, die sich bei uns jedoch nicht einführen konnten. Die Heizleistung wird je nach Außentemperatur durch ein mehr oder weniger großes Vakuum reguliert. Dampfdruck veränderlich von 0,2 bis 1,1 bar. Besonders gut für Anschluß an Dampffernheizungen geeignet (siehe Bild 222-112).

*Klimaanlagen*

Klimatisierte Räume mit Außenfenstern oder Außenfassaden erhalten an der Außenfassade dann Heizkörper, wenn die Klimatisierung nicht über Induktionsgeräte an der Fassade vorgenommen wird. Bei Einbau von Induktionsgeräten übernehmen diese auch die Abdeckung des Wärmeverlustes nach außen. Wenn keine Induktionsgeräte installiert werden, dienen die Heizkörper der Grundtemperierung der Räume bei abgeschalteter Klimaanlage und kompensieren im Betrieb der Klimaanlage den Kaltluft- bzw. Kaltstrahlungseffekt der Fassade (siehe Abschn. 364).

## -13 Heizkörper

*Radiatoren* aus Gußeisen oder Stahl oder Flachheizkörper verschiedenster Bauart unter den Fenstern sind die normale Ausführung. Befestigung auf Konsolen oder Füßen. Regulierventil mit Voreinstellung oder thermostatische Ventile.

Die gegenüber Radiatoren oder Flachheizkörpern ohne Strahlungsanteil arbeitenden *Konvektoren* sind billiger, leichter und haben einen geringeren Wasserinhalt und deshalb eine schnellere Auf- und Abheizzeit. Konvektoren sollten nicht eingesetzt werden an Aufstellungsorten, an denen von vornherein erhöhte Verschmutzungsgefahr besteht. Bei der Verwendung von Konvektoren muß unbedingt auf gute Zugänglichkeit zum Zwecke der Reinigung geachtet werden, besonders gilt dies für die Einbauart als Unterflur-Konvektor. Siehe auch Abschnitt 233.

Die früher gelegentlich eingesetzten *Flächenheizungen* in Form von Deckenheizungen, Fußboden- und Wandheizungen haben sich in Vielzweckgebäuden generell nicht durchgesetzt. Ihrem Hauptvorteil, ohne Platzbedarf im Nutzbereich auszukommen, stehen die Nachteile hoher Herstellkosten, ungünstiger technischer Zugänglichkeit und mangelnder Flexibilität bei Änderung der Raumaufteilung gegenüber.

In Büroräumen, in denen Deckenheizungen verwendet werden, empfiehlt sich die Verwendung zusätzlicher Heizflächen unter den Brüstungen großer Fenster, um den Kaltlufteinfall von den Fenstern her zu verringern. Die Deckenheizungen lassen sich auch im Sommer zu einer allerdings mäßigen Kühlung verwenden, indem durch die Rohre Kaltwasser geleitet wird.

*Luftheizungen,* die mit Luft als Wärmeträger im Umluftbetrieb ohne weitere Luftbehandlung arbeiten, werden gern in Eingangsbereichen zu Abschirmzwecken eingesetzt, so z. B. in Tür-Schleusenanlagen, Tor-Schleieranlagen und für

*Fensterblasanlagen,* ferner als Decken- oder Wand-Umluftheizgeräte für Räume untergeordneter Bedeutung, z. B. Lager. Andere Anlagen, die mit erwärmter Luft als Wärmeträger arbeiten, jedoch Außenluftanteil haben oder einer über die Erwärmung hinausgehenden Luftbehandlung unterzogen werden, gehören bereits zu den raumlufttechnischen Anlagen (Abschn. 35 u. 36).

### -14 Heizkessel- und Apparateraum

Öl- oder gasgefeuerte *Warmwasserheizkessel* als Gußgliederkessel oder Stahlkessel (s. Abschn. 231). Größe der erforderlichen Kessel- und Brennstoffräume siehe Abschnitt 264. Beispiele von Heizräumen ebenda.

Gelegentlich befindet sich die Kesselanlage auf dem Dach *(Dachzentralen)*, mit dem Vorteil, daß die sonst über sämtliche Geschosse gehende Schornsteinanlage wesentlich verkleinert wird und die entsprechende Unterkellerung für die Aufstellung der Heizanlage selbst entfällt. Besonders günstig ist diese Aufstellungsart, wenn im gleichen Dachgeschoß auch raumlufttechnische Geräte oder Kälteerzeugungsanlagen aufgestellt sind.

Wesentliche Vereinfachungen ergeben sich, wenn statt der Eigenwärmeerzeugung *Fernwärmeanschluß* gewählt werden kann, insbesondere bezüglich der Wartung. In solchen Fällen wird die Fernwärmeübergabestation meist in einem gemeinsamen Raum mit der Einzelheizkreis-Verteilstation kombiniert. Die Verbindung zwischen Fernwärmeteil und Hauswärmeteil kann hydraulisch gekoppelt oder aber hydraulisch entkoppelt, d.h. durch Trennung über Wärmetauscher erfolgen. Sämtliche kontrollbedürftigen und wichtigen Apparate wie Pumpen, Regelkreise, Steuerungen, Schaltungen und Messungen sowie der Gesamtschaltschrank befinden sich im gleichen Raum.

### -15 Brauchwassererwärmung

Man unterscheidet die Wassererwärmer nach Durchfluß-Wassererwärmer, Speicher-Wassererwärmer und Wasserspeicher (DIN 4753 T. 1 – E. 2.86). *Durchfluß-Wassererwärmer* sind Erwärmer, in denen das Trink- oder Betriebswasser im wesentlichen während der Entnahme (des Durchflusses) erwärmt wird. *Speicher-Wassererwärmer* sind Erwärmer, in denen das Trink- oder Betriebswasser im wesentlichen vor der Entnahme erwärmt und zum Verbrauch bereitgehalten wird. *Wasserspeicher* sind unbeheizte Speicherbehälter, die betriebsmäßig mit einem Durchfluß-Wassererwärmer oder einem Speicherwassererwärmer verbunden sind. Weiter wird unterschieden nach der Bauart in offene und geschlossene Wassererwärmer. Die ersten sind solche, die mit der Atmosphäre ständig unmittelbar oder über ein offenes Ausdehnungsgefäß in nicht absperrbarer Verbindung stehen. Geschlossene Wassererwärmer sind solche, die keine offenen Wassererwärmer sind.

Für Brauchwassererwärmungsanlagen, die an eine *Zentralheizungsanlage* angeschlossen sind, muß wegen sparsamer Energieverwendung der Grundsatz gelten, daß das Brauchwasser im Wassererwärmer nie höher erwärmt werden soll als es der Verwendungstemperatur entspricht. Die Heizmittel-Eintrittstemperatur in den Wassererwärmer sollte aus gleichem Grunde so niedrig wie möglich gehalten werden. Insbesondere bei härteren Wässern sollte die Heizmittel-Eintrittstemperatur 60–70 °C keinesfalls überschreiten.

Wassererwärmer nach dem Durchflußprinzip dürften sich auf kleine Leistungen beschränken. Der Großteil der Wassererwärmungsanlagen wird ausgeführt werden nach dem Speicherwassererwärmer-Prinzip. Bei größeren Wassererwärmungsanlagen empfiehlt sich das *Brauchwasser-Speicherprinzip* mit Durchfluß-Wassererwärmer und Wasserspeicher ohne Heizfläche, beide auf der Brauchwasserseite hydraulisch mit einer Ladepumpe verbunden. Nur das letztgenannte Prinzip gestattet es, definierte Lade- und Entladezeiten sowie definierte Ladeleistungen zu realisieren und damit die Gesamtwärmedarbietung einer Anlage sinnvoll zu vergleichmäßigen (s. auch Abschn. 421).

*Sommerkessel*

Bei Wassererwärmungsanlagen, die an Eigenwärmeerzeugungsanlagen angeschlossen sind, ergibt sich jeweils außerhalb der Heizperiode das Problem, daß die Wärmeleistungsanforderung der Warmwassererwärmungsanlage nur einen Bruchteil der Nennleistung der Eigenwärmeerzeugungsanlage beträgt. Sind außerhalb der Heizperiode in größeren Anlagen auch noch Wärmeleistungsanforderungen anderer Verbraucher, z. B. für RLT-Anlagen vorhanden, so ist die Installation eines sog. Sommerkessels zu überlegen.

Besteht außerhalb der Heizperiode Wärmeleistungsanforderung allein für Wassererwärmer, so ist ein eigener, besonderer, direkt warmwassererzeugender öl- oder gasgefeuerter Warmwassererwärmer verwendbar. Bei relativ kleinem Warmwasserbedarf im Vergleich zum sonstigen Heizwärmebedarf kann auch die Umschaltmöglichkeit auf elektrische Warmwasserbereitung mit Speicherung außerhalb der Heizperiode angewendet werden. Heizkessel mit eingebauten Wassererwärmern, diese mit interner Ladepumpe arbeitend, sind für Vielzweckgebäude in den meisten Fällen nicht die geeignete Lösung.

## -16 Heizung der einzelnen Räume

### -161 Sitzungszimmer

erhalten normale Heizkörper, jedoch empfiehlt sich, die Heizleistung nur für eine Raumtemperatur von etwa 12–15 °C zu bemessen. Der Wärmebedarf wird in der Nutzungszeit mit der Zuluft aus einer raumlufttechnischen Anlage zugeführt, die gleichzeitig für die Lufterneuerung sorgt.

### -162 Eingangshallen

in modernen Verwaltungsgebäuden erhalten häufig, soweit nicht eine Radiatorheizung in Frage kommt, eine Luftheizung, namentlich, wenn bis auf den Fußboden herabreichende große Fenster vorhanden sind, so daß sich örtliche Heizkörper nur schlecht verwenden lassen. Der Warmlufteintritt muß in diesem Fall unmittelbar vor den Fenstern erfolgen, oder die Kaltluft hier abgesaugt werden. Auch der Haupteingang ist zweckmäßig an die Luftheizung mit anzuschließen. Bei großen Eingängen besondere Türheizung. Decken- oder Fußbodenheizungen werden häufig aus architektonischen Gründen bevorzugt. Fußbodenheizungen allein decken jedoch meist nicht den Wärmebedarf.

### -163 Speiseräume

(Kantinen) werden üblicherweise mit Radiatoren oder Flächenheizkörpern ausgestattet. Konvektoren sind hier wegen der Verschmutzungsgefahr ungünstig. Zusätzlich zu den örtlichen Heizkörpern, die auch auf Grundheizung ausgelegt sein können, ist Zu- und Abluft aus einer RLT-Anlage erforderlich.

### -164 Lagerräume

können zur Verbilligung der Heizungsanlage mit billigeren Heizkörpern wie Konvektoren oder Rohrschlangen oder Lufterhitzern versehen werden.

### -165 Tresorräume

bei Banken oder anderen Geschäftshäusern werden immer im Kellergeschoß angeordnet. Sie sind mit starken Umfassungswänden versehen und haben ringsherum meist einen Kontrollgang. Der Heizbedarf ist gering und kann häufig durch elektrische Heizkörper gedeckt werden, zumal er auch im Sommer erforderlich ist. Da der Raum fast vollkommen luftdicht ist, ist bei größeren Tresoren auch eine Lüftung erforderlich, die am besten mit der Heizung zu einer Luftheizung verbunden wird. Der Luftein- und -austritt erfolgt durch besondere schlangenhalsförmig gebogene Stahlrohre mit Stahlplatten an beiden Seiten. Der Luftwechsel ist gering zu wählen, etwa 2- bis 3fach je Stunde. Lufterhitzer im Sommer elektrisch oder Anschluß an den Sommerheizkessel, im Winter Anschluß an die Zentralheizung.

# 255 Krankenhäuser

## -1 KRANKENHÄUSER[1])

### -11 Allgemeines

*Heizungsanlagen*

Die Heizungsanlagen in Krankenhäusern sind im Zusammenhang mit der gesamten Wärmeerzeugung zu betrachten, da außer für die *Heizung* auch große Wärmemengen für *Wirtschaftszwecke* (Kochküche, Wäscherei), medizinische Zwecke (Desinfektion, Sterilisation von Verbandswatte und chirurgischen Instrumenten) sowie für *Brauchwasserbereitung* benötigt werden. Erschwerend für die Planung ist der Umstand, daß für die verschiedenen Zwecke Wärme verschiedener Art und Temperatur benötigt wird, z. B.

für die Kochküche Dampf von 0,5 bar,
für Desinfektion u. Sterilisation Dampf von 2···4 bar,
für die Wäscherei Dampf von 4···6 bar,
für Dampfmangeln und Trockner Dampf von 10···14 bar,
für die Heizung Warmwasser mit variabler Temperatur,
für lufttechnische Anlagen Warmwasser oder Dampf,
für die Brauchwassererwärmung Dampf oder Warmwasser.

Da die Wärmekosten in den Krankenhäusern immerhin einen beachtlichen Wert, bis 6% der Gesamtbetriebskosten, erreichen (bei etwa 70% Personalkosten), ist der Wirtschaftlichkeit der Wärmeerzeugung und Verteilung großer Wert beizulegen. Andererseits jedoch soll die Anlage auch in hygienischer und technischer Hinsicht allen Anforderungen entsprechen.

Falls möglich, ist Fernwärmeversorgung vorzusehen, wofür jedoch eine besondere Wirtschaftlichkeitsberechnung erforderlich ist.

*Kälteanlagen und Wärmepumpen*

Soweit in Krankenhäusern in der warmen Jahreszeit oder aber auch ganzjährig von raumlufttechnischen Anlagen Kälteleistungsanforderungen ausgehen, sind diese durch Installationen von Kälteerzeugungs-Anlagen bereitzustellen. In der gleichen Jahreszeit vorliegende Wärmeleistungsanforderung mit niedrigem Temperaturniveau für die Warmwasserbereitung und gegebenenfalls für raumlufttechnische Anlagen kann aus Wärmeenergie der zu *Wärmepumpen* aufgerüsteten Kältemaschinen gedeckt werden. Die Laufzeit der Wärmepumpenaggregate läßt sich erheblich vergrößern bis in die Winterzeit hinein – auch wenn keine echte Kälteleistungsanforderung vorliegt –, indem die Fortluftenthalpie oder Anteile davon direkt oder indirekt verfügbar gemacht werden. Die Fortluftenthalpie-Wärmerückgewinnung ist selbst dann noch möglich, wenn bereits Wärmerückgewinnungs-Anlagen in den raumlufttechnischen Anlagen zwischen Außenluft und Fortluft eingesetzt sind.

In jüngster Zeit werden Anstrengungen gemacht, als Wärmequellen auch Abwasserenergien zu erschließen. Da die Investitionskosten für Wärmepumpenanlagen – oder hier besser: die Mehrkosten für die Aufrüstung zur Wärmepumpenanlage – erheblich sind, insbesondere auch wegen der Einrichtungen für die Wärmequellen und deren Regelung und Steuerung, sind hier *Wirtschaftlichkeitsberechnungen* zwingend notwendig. Hierfür müssen die Tagesgänge für die Verbrauchleistungen, für die möglichen Wärmequellenleistungen sowie die sommerlichen Kälteverbrauchleistungen, unterschieden nach Werktagen und Nicht-Werktagen, ermittelt werden. Als bereits gesicherter Erfahrungsgrundsatz kann gelten: Die Leistungsgröße des Wärmepumpenaggregates ist im Vergleich zu Gesamtleistungsanforderungen an Kälte und Wärme klein auszulegen, da-

---

[1]) Holler, Fr.: Bauzentrum-Heft 3/1974.
Canzler, B.: TAB 2/76. 6 S.
Technischer Überwachungsverein Bayern. Heft 20. 1976.
Hiergeist, A.: TAB 4/77. S. 367/72.
Fachverlag Krankenhaustechnik Hannover: Energie im Krankenhaus 1979.
Fachverlag Krankenhaustechnik Hannover: Heizungs-, Kälte- und Klimatechnik im Krankenhaus 1982.
Fachverlag Krankenhaustechnik Hannover: Betriebs- und Bautechnik 1984.
Mihalcea, R.: HR 10/84. S. 518.

mit eine möglichst hohe Betriebsstundenzahl und innerhalb dieser eine möglichst hohe Vollast-Betriebsstundenzahl pro Jahr erreicht wird.

*Einteilung der Krankenhäuser*

nach der Bauart:
*Flachbauten* (Pavillonbauart), *Hochbauten,*

nach der Größe:
*kleine Krankenhäuser* bis etwa 100 Betten,
*mittlere Krankenhäuser* bis etwa 500 Betten,
*große Krankenhäuser* mit mehr als 500 Betten.

nach der Behandlungsart:
*allgemeine Krankenhäuser mit allen Spezialabteilungen,*
*Spezialkrankenhäuser wie Lungenheilstätten, TBC-Krankenhäuser, Säuglingsheime, Kinderkrankenhäuser, Frauenkliniken, Nervenkrankenhäuser* und andere,
*Universitätskliniken mit Einrichtungen für Forschung und Unterricht, Polikliniken, die die Patienten ambulant behandeln.*

## -12 Kessel und Feuerungen

### -121 In kleinen Krankenhäusern

werden – sofern kein Fernheizanschluß möglich ist – als Wärmeerzeuger öl- oder gasgefeuerte *Warmwasserheizkessel* installiert. Die Anzahl der Einheiten wird so gewählt, daß bei Ausfall einer Einheit auch bei maximaler Verbrauchsleistung im Winter und bei minimaler Wärmeleistung im Sommer für die Warmwasserbereitung Betriebssicherheit gewährleistet ist. Um auf eine Eigendampferzeugung zu verzichten, wird Wirtschaftswärme für die Küche aus elektrischer Energie oder durch direktgasgefeuerte Geräte gewonnen. *Sterilisationseinrichtungen* und Desinfektionseinrichtungen arbeiten mit elektrischen Eigen-Dampferzeugern. Sofern in Ausnahmefällen auch bei kleinen Krankenhäusern eine *Wäscherei* vorhanden ist, wird der für diese benötigte Hochdruckdampf im allgemeinen durch in der Nachbarschaft der Wäscherei aufgestellte gas- oder ölgefeuerte Hochdruckdampfkessel in Form von Schnelldampferzeugern bereitgestellt. Wärmeleistungsanforderungen aus raumlufttechnischen Anlagen werden von der Warmwasser-Kesselanlage gedeckt, im Sommer aus dem *Sommerkessel.*

Auch wenn Kälteverbrauchsleistungsanforderungen in der warmen Jahreszeit vorliegen, die durch Kältemaschinen abgedeckt werden, ist die Aufrüstung von Kältemaschinen zu Wärmepumpen hier bei den heutigen Energiepreisen noch nicht wirtschaftlich.

### -122 In mittelgroßen Krankenhäusern

werden – sofern kein Fernheizanschluß mit ganzjährig hohem Temperaturniveau vorhanden ist – die Wärmeleistungen der verschiedenen Wärmeverbraucher durch *Eigenwärmeerzeugung* in einem zentralen Kesselhaus abgedeckt, wobei unterschiedliche Konfigurationen möglich sind. Die Feuerungen der Wärmeerzeuger werden im allgemeinen mit Heizöl, Erdgas oder alternierend mit Heizöl oder mit Erdgas betrieben. Die letztgenannte Kombifeuerungsart ist dann sinnvoll, wenn ein Gaslieferungsvertrag mit Unterbrechung der Gaslieferung und entsprechenden Leistungspreis-Vorteilen abgeschlossen werden kann.

*Wärmerückgewinnung* aus Abgasen oder Rauchgasen in Rauchgas- bzw. Abgaswärmetauschern, die den Wärmeerzeugern nachgeschaltet werden, kann hier bereits für einige oder für sämtliche Wärmeerzeuger wirtschaftlich sein.

*Alleinige Aufstellung von Niederdruck-Dampfkesseln*

In Neubauten ist aus moderner Sicht von dieser Lösung abzusehen. Die Niederdruckdampf-Wärmeerzeugungsanlage ist auch nach Erweiterung in der Niederdruckdampf-Druckgrenze auf 1 bar Überdruck nur in der Lage, die Leistungsanforderung der Kochküche und die Dampfleistungsanforderung für raumlufttechnische Anlagen zu decken sowie durch Umformung die Wärmeverbrauchsleistung der Heizungs-Anlagen, der RLT-Anlagen und der Brauchwasserbereitung zu befriedigen. Wärmebedarf der Sterilisation und der Wäscherei kann wegen der höheren Dampfdrücke nicht befriedigt werden. Der Vorteil, daß lediglich eine einzige Kesselbauart vorhanden ist, wird aufgehoben dadurch, daß der Dampfkesselbetrieb einschließlich der Dampfverteilung und Kondensatwirtschaft sowie Wasseraufbereitung störanfälliger und wartungsintensiver und somit auch weniger wirtschaftlich ist.

*Aufstellung von Warmwasser-Heizkesseln und Niederdruckdampfkesseln*

Hinsichtlich der Verbraucher kann diese Lösung wegen der Beschränkung auf Niederdruck ebenfalls die Wärmeleistungsanforderung von Sterilisation, Desinfektion und Wäscherei nicht befriedigen. Es sind deshalb für diese Zwecke die gleichen Zusatzerzeuger notwendig. Vorteilhaft ist hier die Beschränkung des Dampf- und Kondensatbetriebes auf diejenigen Wärmeverbraucher, die zwingend Dampf benötigen. Der Nachteil besteht in der Trennung in zwei voneinander unabhängige Wärmeerzeugungssysteme, von denen jedes aus Sicherheits- und Betriebsgründen Aufteilung in mehrere Einzel-Erzeuger erfordert (Reserve). Die Reservevorhaltung kann dadurch vermindert werden, daß durch einen Wärmetauscher *Niederdruckdampf/Heizwasser* aus der Dampferzeugungsanlage Wärme in die Warmwasserheizungsanlage übergespeist wird (z. B. bei niedriger Wärmeleistungsanforderung in der Übergangszeit und im Sommer). Siehe hierzu Bild 255-1.

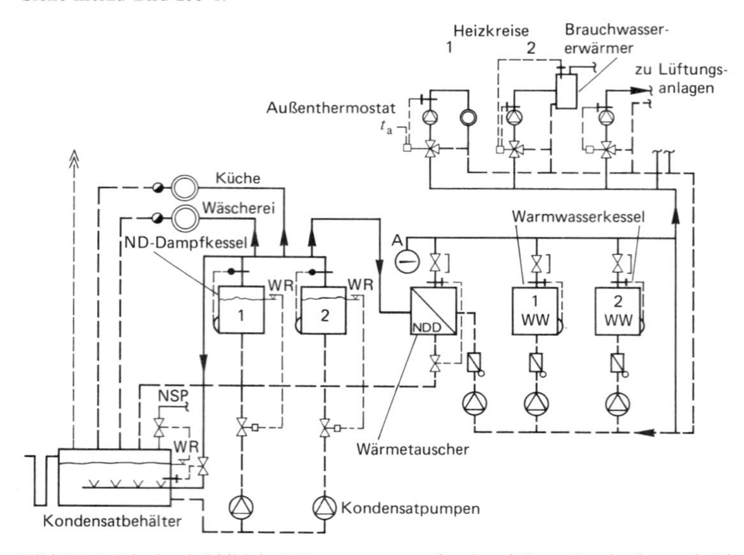


Bild 255-1. Prinzipschaltbild der Wärmeversorgung für ein mittleres Krankenhaus mit Niederdruckdampf- und Warmwasserkesseln.
A = Ausdehnungsgefäß, NSP = Nachspeiseeinrichtung, NDD = Niederdruckdampf, WW = Warmwasser, WR = Wasserstandsregler

*Aufstellung von Warmwasserkesseln und Hochdruckdampfkesseln*

Hier wird der Druck der Dampferzeuger so hoch gewählt, daß sämtliche Wärmeleistungsanforderungen der Dampfverbraucher erfüllt werden können, ohne daß bei den Verbrauchern selbst Einzelgeräte aufgestellt werden müssen. Von besonderer Bedeutung ist, daß die Dampfqualität für Sterilisation und Luftbefeuchtung in raumlufttechnischen Anlagen als sogenannter *Reindampf*, d. h. frei von giftigen oder gesundheitsbeeinträchtigenden Beimengungen, verlangt wird. Die Reindampferzeugung wird häufig bewerkstelligt in separaten Wärmetauschern Hochdruckdampf/Reindampf, deren Sekundärseite mit vollentsalztem, chemisch nicht nachbehandeltem Wasser gespeist wird. Die speisewasser- bzw. reindampfberührten Teile bestehen wegen des notwendigen Korrosionsschutzes aus Edelstahl, das nachgeschaltete Reindampfnetz ebenfalls. Darüber hinaus neigen Reindampf-Erzeuger-Bauteile an den physikalischen Aggregatzustands-Phasengrenzen „Wasser/Dampf" *dann* zu Spannungsriß-Korrosionen, wenn dort die Konstruktion nicht spannungsfrei ausgeführt ist *und* gleichzeitig die Reindampf-Umlaufwasserkonzentration (Chloride) nicht begrenzt wird. Deshalb sind Reindampferzeuger einzusetzen, deren Konstruktionen an den relevanten Stellen spannungsfrei sind. Außerdem sind zu installieren: permanente Leitwertüberwachung des

Umlaufwassers mit Grenzwertmeldung, stetige oder unstetige, automatische Absalzung des Umlaufwassers in Abhängigkeit der Konzentration. Neuerdings wird von einigen Wasserchemikern die Auffassung vertreten, das vollentsalzte Speisewasser vor Eintritt in den Reindampferzeuger thermisch zu entgasen.

Eine andere „Quasi"-Reindampferzeugung kann nach Zustimmung des zuständigen Hygienikers und bei Vorliegen einer geeigneten Speisewasseraufbereitung des Betriebsdampfes eingesetzt werden, indem der Betriebsdampf selbst ein- oder mehrstufigen Aktivkohlefiltern zwangsweise durchströmt. Das Filter muß z. B. Rest-Hydrazingehalte des Betriebsdampfes binden bis unterhalb Nachweisgrenze. Reindampfberührte Teile des Filters und Reindampfnetz sind wieder in Edelstahl auszuführen.

Da der beim Verbraucher ankommende Reindampf nicht in Kondensat zurückverwandelt wird, fällt nur Streckenkondensat an, welches in das Kondensatgefäß der Hochdruckdampferzeugungsanlage zurückgegeben werden kann. Der Reindampf aus einer solchen Anlage ist auch geeignet, in der Küche in sogenannten Garautomaten verwendet zu werden.

Die Hochdruckdampferzeugungsanlage besteht zweckmäßigerweise aus *Produktkesseln* oder aus *Schnelldampferzeugern*, gegebenenfalls mit nachgeschaltetem Dampfspeichergefäß zum Ausgleich von Dampfdruckänderungen infolge taktenden Betriebes der Feuerung von Schnelldampferzeugern.

*Energiekonzepte*

Wegen der Größe der zu installierenden Wärmeerzeugungs- und Umformeinrichtungen einerseits und des Vorhandenseins von raumlufttechnischen Anlagen mit Kälteleistungsanforderungen in der warmen Jahreszeit andererseits sind hier Wirtschaftlichkeitsüberlegungen für sogenannte Energiekonzepte angebracht.

So sind z. B. zur Verminderung der installierten Leistung und zur Verminderung der Reserveleistungen bei den Heizwärmeerzeugern *Heizwasser-Speicheranlagen* möglich, die in der Verbrauchs-Schwachlastzeit (Nacht) geladen und in der Verbrauchs-Hochleistungszeit (tagsüber) entladen werden.

Da die Speicheranlagen in Form von Druckbehältern mit entsprechender Wärmedämmung eine außerordentlich hohe Investition und einen relativ großen Platzbedarf bedeuten, muß im allgemeinen die Speicheranlage bivalent benutzt werden, das heißt, daß die Speicheranlage im Sommer von Warmspeicherbetrieb umgeschaltet wird auf *Kaltspeicherbetrieb*. Dies ermöglicht auf der Kälteerzeugungsseite kleinere installierte Kälteerzeugungsleistungen und Reduzierung der Reservevorhaltung, bei elektrisch angetriebenen Kälteerzeugern Stromleistungseinsparung.

Die Speicheranlagen arbeiten sowohl beim Warm- als auch beim Kaltspeicherbetrieb im Tageszyklus. Ob dabei Kältemaschinen zu Wärmepumpen aufgerüstet werden, bedarf umfangreicher Untersuchungen bezüglich Leistungsgang von Kälte, Wärme, Entzugs- und Verlustenergien, bezogen auf Tag und Jahr.

## -13 Große Krankenhäuser

erfordern wegen ihrer hohen Verbrauchsleistungsanforderungen an Wärme, Kälte und Elektroenergie, die selbst starken tageszeitlichen und jahreszeitlichen Änderungen unterworfen sind, bestgeeignete Energiekonzepte, die sich dem Umfange nach nicht auf Wärmeerzeugung und Wärmeverteilung allein beschränken, sondern alle 3 Energieformen berücksichtigen müssen. Da die einzelnen Energieumsätze wegen der hohen Leistungen in relativ großen Aggregateeinheiten getätigt werden, sind *Energiekonzepte*, wie bereits bei den mittleren Krankenhäusern beschrieben, hier besonders erfolgversprechend, weil die spezifischen Investitionskosten für den Energieanteil mit zunehmender Einheitengröße abnehmen.

### -131 Eigenstromerzeugung

In die Überlegung sind hier mit einzubeziehen die Eigenstromerzeugung mit Wärmenutzung (Vorteil: Wärme auf Temperaturniveau 80–100 °C möglich), Aufrüstung von Kältemaschinen zu Wärmepumpen, auch verbrennungsmotorangetriebene Wärmepumpen (Vorteil: Nutzwärmetemperaturniveau bis 60, auch 65 °C), mit und ohne Wärme- bzw. Kälte-Speicherlösung. Die erzielbaren Lösungsmöglichkeiten sind vielfältig. Sie hängen nicht nur von den zur Zeit gültigen Energiepreisen (auch Energietarifen), sondern auch von deren zukünftiger Entwicklung und in starkem Maße von der örtlich räumlichen Ausdehnung und Konfiguration des Krankenhauskomplexes ab. Allgemein kann gesagt werden:

1. Dimensionierung der Leistung von *Energieerzeugungsaggregaten* mit Doppelnutzung (Elektroenergie/Wärmeenergie, Kälteenergie/Wärmeenergie) wegen der spezifisch hohen Investitionskosten derart, daß ganzjährig ganztägiger Betrieb mit möglichst hoher Eigenleistung möglich wird.
2. Keine *Reserveaggregate* für diese Einrichtungen, bei Ausfall dieser Aggregate muß die Ersatzenergie von Aggregaten übernommen werden, die herstellkostengünstig sind, jedoch selbst mit teurer Energie gespeist werden. Auf Ersatzenergiebereitstellung kann zum Teil verzichtet werden, wenn sinnvolle Verbrauchseinschränkungen gezielt geplant werden oder Entnahme von Energien aus ohnehin vorhandenen Speicheranlagen möglich ist. Die Gesamt-Mindestverfügbarkeit an Leistung der verschiedenen Energien sowie an maximaler Mindest-Tagesenergie muß in jedem Falle gewährleistet sein.
3. Der *Herstellkostenaufwand* steigt überproportional mit der Entfernung zwischen Energieerzeuger und Energieverbraucher, mit der Anzahl der Einzelenergieverbraucher und der Wärmequellen, das heißt, die in einem Großobjekt gegebene Möglichkeit der Zentralisierung darf nicht beliebig gebrochen werden. Wegen des bei Wirtschaftswärme – ausgenommen Brauchwassererwärmung – erforderlichen hohen Temperaturniveaus erschließen sich hier noch keine Möglichkeiten, die Leistung aus Wärmerückgewinnungsprozessen oder Zweifach-Energieerzeugungsaggregaten zu verwenden.

**-132 Eigenwärmeerzeugung**

– soweit kein Fernheizanschluß mit hinreichend hohem Temperaturniveau vorhanden – ist in eigenen Heizzentralen unterzubringen, in denen auch gleichzeitig weitgehend die Aufteilung in die benötigten Einzel-Energieströme vorgenommen wird. Als Wärmeerzeuger sind geeignet Hochdruckdampf- oder Hochdruckheißwasser-Kessel in Flammrohr-Rauchrohr-Bauart mit Öl- oder Gasfeuerung oder Kombifeuerung, diese stetig leistungsregelbar im Regelverhältnis mindestens 1:5. Damit kann eine Leistungsaufteilung auf einige wenige Einheiten vorgenommen werden, bei denen dann auch die Kosten für den apparativen Aufwand eines Betriebes ohne Beaufsichtigung (nach TRD 402) aufgebracht werden können.

*Brennstoffe* je nach Lage und örtlichen Verhältnissen und unter Berücksichtigung der Energieversorgungssicherheit: Heizöl EL, Heizöl S, Erdgas, zukünftig ist auch wieder Kohle zu erwarten.

Feuerungsanlagen oft als kombinierte Feuerung Heizöl/Gas zweckmäßig. Kohlefeuerung nur für Grundlastkessel (Betrieb ohne ständige Beaufsichtigung nicht möglich).

*Wärmerückgewinnung* aus Abgasen bzw. Rauchgasen in Wärmetauschern, die den Wärmeerzeugern nachgeschaltet sind, ist im allgemeinen wirtschaftlich, soweit die Anzahl der gewählten Wärmeerzeuger beschränkt bleibt.

Die Endverbraucher-Energieformen sind im Abschnitt 255-11 genannt. Sie müssen aus der Wärmeenergiedarbietung der Wärmeerzeugungsanlage im Kesselhaus durch Umformung im weitesten Sinne gewonnen werden. Dabei sind 2 Extrem-Lösungen denkbar:

1. *Zentrale Umformung* auf sämtliche Einzel-Verbrauchsenergie-Endformen im Kesselhaus mit dem außerordentlich hoch zu bewertenden Vorteil, daß die apparative Konzentration optimale Wartung und optimalen Betrieb erwarten läßt. Anwendung in der Praxis nur möglich bei sehr kompakt gebauten Krankenhauskomplexen, die relativ kurze Rohrleitungssysteme für die einzelnen End-Energieformen ermöglichen.
2. *Örtliche Umformung* der ursprünglich in den Wärmeerzeugungsanlagen erzeugten Energieform auf die jeweils benötigten Endverbraucher-Energieformen, mit dem Nachteil, dezentral eine Vielzahl von Apparaten warten und betreiben sowie bei der Installation auf die örtliche Verfügbarkeit, gegebenenfalls mit Reserveaggregaten, Rücksicht nehmen zu müssen. Diese Anlagenart und Ausstattung kommt bereits in die Nähe einer Fernheizwerke-Versorgung. Sie ist demzufolge näherungsweise auszuführen, wenn eine starke örtliche flächenhafte Gebäudedifferenzierung vorliegt.

*Bei Hochdruckdampf-Wärmeerzeugungsanlagen*

werden zu den verschiedenen Wirtschaftswärmeverbrauchern eine Hochdruckdampfleitung und eine zugehörige Hochdruckkondensatleitung verlegt (Bild 255-2). Das jeweils

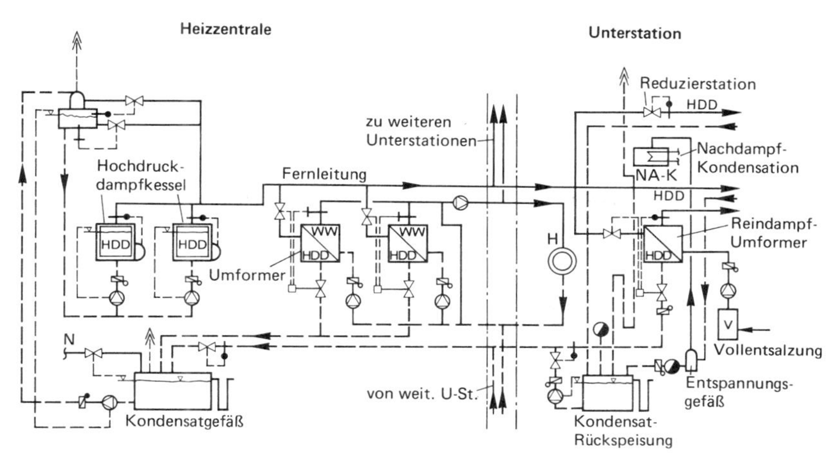


Bild 255-2. Wärmeversorgung eines großen Krankenhauses mit Hochdruckdampfkesseln und zentraler Umformung auf Heizwasser, beispielhaft: eine Unterstation.
HDD = Hochdruckdampf, N = Nachspeisung, H = Heizwärme-Verbraucher

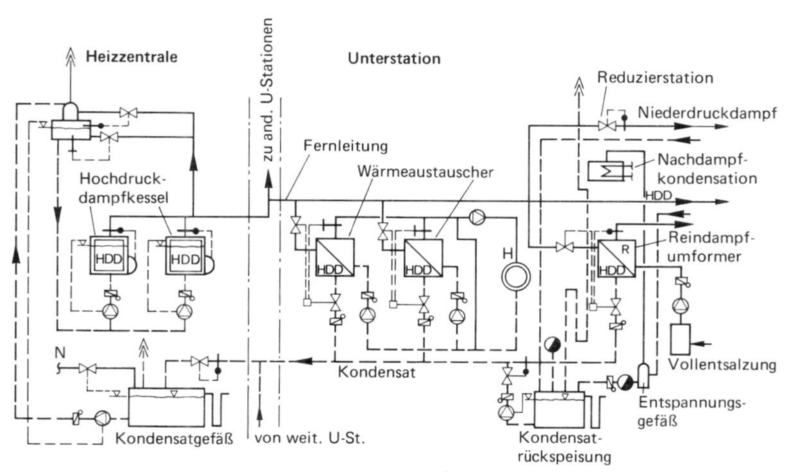


Bild 255-3. Wärmeversorgung mit Hochdruckdampfkesseln und dezentraler Umformung auf Heizwasser in den Unterstationen.
HDD = Hochdruckdampf, H = Heizwärme-Verbraucher, N = Nachspeisung

notwendige Verbraucher-Dampfdruckniveau wird in Verbrauchernähe in Dampfdruckreduzier- und Verteilerstationen hergestellt. Ebenfalls in Verbrauchernähe wird Reindampf für Sterilisation und Luftbefeuchtung in RLT-Anlagen wie bei mittelgroßen Krankenhäusern erzeugt. Kondensatsammlung und Rückspeisung erfolgt ebenfalls aus diesen Stationen. Das Niederdruckkondensat, das von Verbrauchern abgegeben wird, die mit aus Hochdruckdampf reduziertem Niederdruckdampf arbeiten, wird in einer eigenen Niederdruckdampf-Kondensatleitung in die Heizzentrale zurückgefördert oder mit Hilfe von Kunstschaltungen in die Hochdruck-Kondensatsysteme eingespeist.

Von der Heizzentrale selbst wird aus Hochdruckdampf in Wärmeaustauschern auf Warmwasser umgeformt. Ein Vorlauf-Rücklaufleitungspaar für Warmwasser wird zusätzlich verlegt zur Versorgung von örtlichen Heizkreisen, von Lufterhitzern in RLT-

Anlagen und von Warmwasserbereitungsanlagen. Dieses System wird im Winter mit gleitender Vorlauftemperatur und Mindest-Vorlauftemperatur-Vorhaltung in der Übergangszeit und im Sommer betrieben.

Mit der Systemtrennung wird bewirkt, daß der aufwendige Dampf/Kondensatbetrieb auf das unbedingt Notwendige beschränkt wird. Der Erzeugungsdruck der Hochdruckdampferzeugungsanlage ist nach der höchsten Verbraucher-Druckanforderung auszulegen (z.B. bei Anschluß von Wäschereien mit Wäschemangeln 10 bar Überdruck, ohne Wäschereien 4–6 bar Überdruck). Bild 255-3 zeigt ebenfalls eine Wärmeversorgung mit Hochdruckdampfkesseln und Dampffernleitungen, jedoch erfolgt hier die Umformung auf Heizwasser dezentral in den Unterstationen mit dem aufwendigen Dampf-Kondensationsbetrieb.

*Bei Heißwasser-Wärmeerzeugungsanlagen,*

deren Erzeugungstemperatur auf dem Vorlauftemperaturniveau von ca. 150–160 °C liegen muß, werden im *Zwei-Leiter-System* ab Heizzentrale Vorlaufleitung und Rücklaufleitung zu den Verbrauchern verlegt (Bild 255-6). In örtlichen Verteilerstationen wird die Vorlauftemperatur für Wärmeverbraucher für örtliche Heizkörper, RLT-Wärme und Warmwasserbereitung auf das verbrauchsnotwendige Temperaturniveau herabgesetzt. Dies kann geschehen mit regelungstechnischen Mischeinrichtungen bei hydraulischer Kopplung oder über Wärmetauscher bei hydraulischer Entkopplung. *Dampfverbraucher* erhalten den benötigten Dampf über Wärmetauscher Hochdruckheißwasser/Hochdruckdampf. Mit den angegebenen Vorlauftemperaturen lassen sich vernünftigerweise nur Dampfdrücke bis ca. 2,5–3 bar Überdruck erzeugen.

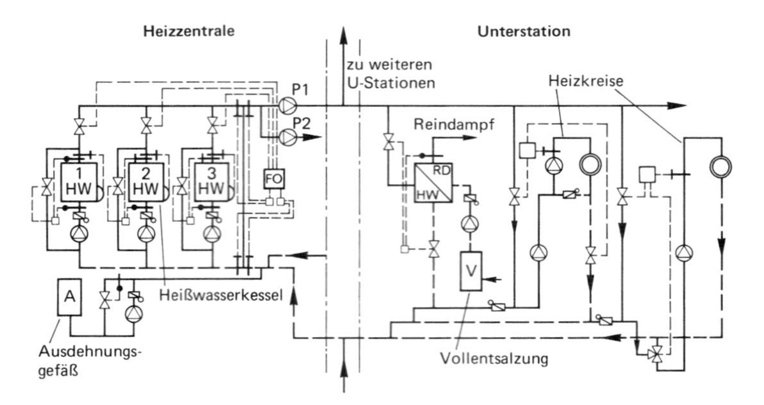


Bild 255-6. Wärmeversorgung mit Heißwasserkesseln sowie Unterstationen mit Reindampferzeugung und nachgeschalteten Heizkreisen für Heizwasser
FO = Folgeschaltung, P = Netzumwälzpumpen, HW = Heißwasser

Das bedeutet, daß Dampf für Heißmangeln in Wäschereien über dieses System nicht zur Verfügung gestellt werden kann (hierfür örtliche Dampferzeugung mit Produktkessel oder Schnelldampferzeuger notwendig).

Um die Durchmesser der Hochdruckheißwasserleitungen möglichst klein zu halten, ist es erforderlich, bei Unterstationen mit Dampfverbrauchern und Nicht-Dampfverbrauchern die Nicht-Dampfverbraucher auf der Hochdruckheißwasserseite den Dampferzeugern nachzuschalten. Ferner ist es aus gleichem Grunde zweckmäßig, den mit relativ hoher Betriebstemperatur arbeitenden örtlichen Heizkreisen solche Heizkreise mit niedrigerer Betriebstemperatur nachzuschalten, wie Heizkreise für Lufterhitzer in RLT-Anlagen und Warmwasserbereitung. Der Nachteil des Zweileitersystems besteht darin, daß ganzjährig mit Rücksicht auf die Wirtschaftswärme konstant hohe Hochdruckheißwasser-Heizmitteltemperatur anzubieten ist. Dem muß durch entsprechend hochwertige Wärmedämmung Rechnung getragen werden.

Das *Hochdruckheißwasser-Dreileiter-System* benutzt zwei getrennte Vorlaufleitungen und eine gemeinsame Rücklaufleitung. Die zumeist im Querschnitt größere erste Vorlaufleitung wird in gleitender Abhängigkeit der Außentemperatur betrieben. An diese sind Wärmeverbraucher anzuschließen, die keinen Sommerwärmebedarf haben, z. B. örtliche Heizkreise.

Die meist im Querschnitt kleinere zweite Vorlaufleitung wird ganzjährig mit *konstant* hoher Vorlauftemperatur betrieben. An sie sind die Wirtschaftswärmeverbraucher anzuschließen sowie die sonstigen Sommerwärmeverbraucher. Dem Nachteil des höheren Aufwandes beim Dreileitersystem steht der Vorteil entgegen, daß die Wärmeverluste der „Winter"-Vorlaufleitung im Sommer vermieden werden, ferner daß in einem Leitungsreparaturfalle bei entsprechend vorgesehenen hydraulischen Umschaltmöglichkeiten auch mit 2 Leitungen ein Betrieb aufrechterhalten werden kann.

Wegen des einfacheren, weniger wartungsintensiven und weniger reparaturanfälligen Betriebes sind Hochdruckheißwassersysteme den Dampfsystemen überlegen.

Die Anwendungsmöglichkeit von Hochdruckheißwassersystemen wird eingeschränkt, wenn geodätische Geländehöhenunterschiede vorliegen, die die oberen und unteren Druckgrenzen beeinflussen.

*Bei Niedertemperatur-Wärmeerzeugungsanlagen*

– darunter sind hier zu verstehen: Wärmeerzeugungen auf einem Temperaturniveau $<100\,°C$, wie zum Beispiel aus Wärmepumpen, aus Stromerzeugungsaggregaten mit Wärmenutzung – ist in jedem Falle ab Heizzentrale ein getrenntes Vorlauf-/Rücklaufleitungspaar zusätzlich zu verlegen, an welches Abnehmer angeschlossen werden, die von vornherein auf das entsprechend niedrige Heizmitteltemperaturniveau ausgelegt sind, z. B. Lufterhitzer in RLT-Anlagen, Warmwasserbereitung (gegebenenfalls nur Grundstufen von Warmwasserbereitungsanlagen), selten auch Heizkreise für örtliche Heizkörper. Für den speziellen Fall von Wärmepumpen-Aggregaten ist ein weiteres Vorlauf-Rücklauf-Leitungspaar zu erwarten, das für den Transport des Mediums aus der Wärmequelle benötigt wird.

Der Aufstellungsort der Niedertemperatur-Wärmeerzeugungsanlage ist – wenngleich zweckmäßig – nicht zwingend in einem Raume neben der Hochdruck-Wärmeerzeugungsanlage zu wählen. Als Standort kommen z. B. die Kältezentrale bzw. benachbarte Räume der Kältezentrale in Frage. In solchen Fällen ist jedoch dort eine Einspeisung mit Niedertemperatur-Energie aus der Heizzentrale notwendig, um auch bei Ausfall der Niedertemperatur-Wärmeerzeugungsanlage die Niedertemperatur-Verbrauchsleistungsanforderungen befriedigen zu können.

## -14 Die Heizungssysteme

### -141 Warmwasserheizung

mit Temperaturen von üblicherweise 90/70 °C oder auch geringer zur Versorgung von örtlichen Heizkörpern, von Lufterhitzern in RLT-Anlagen und zur Versorgung von Brauchwasserbereitungsanlagen. Aufteilung in Einzelheizkreise mit zugeordneter außentemperaturabhängiger Vorlauftemperatur-Steuerung, Einteilung der Heizkreise entsprechend Nutzungsart und Nutzungszeiten. Heizkreise für RLT-Anlagen und für Brauchwasserbereitung mit abgesenkten Vorlauftemperaturen von ca. 50–60 °C werden zweckmäßig oft in Hintereinanderschaltung zu den Heizkreisen der örtlichen Heizkörper installiert.

### -142 Niederdruckdampfheizung

wird wegen der außerordentlichen Vorteile von Warmwasserheizungen nicht mehr angewendet, auch nicht zur Versorgung von Lufterhitzern in raumlufttechnischen Anlagen.

### -143 Vakuum-Heizung

gestattet eine ebenso bequeme und wirtschaftliche Regulierung der Heizleistung wie die Warmwasserheizung, indem je nach der Außentemperatur das Vakuum und damit die Dampftemperatur geändert wird. Bei uns jedoch nicht gebräuchlich. Anwendung hauptsächlich in den USA.

**-144 Brauchwasserbereitung**

kann entweder zentral oder dezentral erfolgen. Die Erwärmung des Trink- und Betriebswassers sollte zur Verminderung von Kalkausscheidungen und zur Verminderung der Korrosionsgeschwindigkeit mit Heizwasser hinreichend hoher, jedoch möglichst niedriger Temperatur erfolgen. Niederdruckdampfbeheizung von Brauchwasserbereitungsanlagen ist auf Ausnahmefälle zu beschränken. Zu bevorzugen sind Anlagen mit Durchfluß-Wassererwärmern, Ladepumpe und parallel geschalteten Wasserspeichern, so daß ein nach Ladezeit und Ladeleistung definierter Ladebetrieb ermöglicht wird.

Die Solltemperatur der Wassererwärmungsanlage soll auf die Gebrauchstemperatur abgestimmt sein. Bei Wassererwärmungssystemen mit unterschiedlichen Gebrauchstemperaturen sollte jedem Temperaturniveau eine eigene Anlage zugeordnet werden bzw. einer Anlage mit höherem Temperaturniveau sollte die Anlage mit niedrigem Temperaturniveau nachgeschaltet werden. Die Befriedigung zweier Gebrauchstemperaturen mit nur einer Wassererwärmungsanlage und anschließendem Abmischen für die niedrigere Temperaturstufe sollte auf Ausnahmefälle beschränkt werden.

### -15 Heizkörper

*Radiatoren* unterschiedlicher Bauart, besonders sogenannte Röhrenradiatoren, sind die für die meisten Räume üblichen Heizkörper, oft in sogenannter Krankenhausausführung. Die Aufstellung erfolgt unter den Fenstern; Thermostatventile, Heizkörperverschraubungen mit Drossel-, Entleer- und Absperrfunktion. Keine Heizkörperverkleidung.

*Flächenheizung* in Form von Fußbodenheizungen, gelegentlich auch in Form von Deckenstrahlungsheizungen, sind für Krankenhäuser nicht ungeeignet, jedoch ihrer höheren Herstellkosten und ihrer relativ trägen Regelung wegen in den Hintergrund getreten.

*Flachheizkörper* sind wegen der unfallgefährlichen kantigen Ausführung nur in Teilbereichen zweckmäßig.

*Konvektoren* sind wegen der Verschmutzungsgefahr aus hygienischen Gründen in Krankenhäusern abzulehnen.

*Luftheizungen* im engeren Sinne sind auszuschließen. Innenliegende Räume oder Räume mit besonderen Anforderungen werden an raumlufttechnische Anlagen angeschlossen. Entweder sind in solchen Räumen zusätzliche örtliche Heizflächen installiert, oder der Wärmeverlust der Räume selbst wird von der Zuluft-Wärmeenergie mitgedeckt. *Induktionsgeräte* mit Konvektor-Wärmetauschern sind im Betten-, Untersuchungs- und Behandlungsbereich ungeeignet.

### -16 Wärmeverbrauch[1])

Der *Wärmeverbrauch* bzw. Energieverbrauch von Krankenhäusern hängt von vielen Faktoren ab, z. B. Standort, Bettenzahl, Art und Zahl der Fachabteilungen, Bauweise, Belastung, Betriebszeiten, Anteil der lufttechnischen Anlagen und deren Eigen-Wärmerückgewinnung usw. Zum Zweck der Energieersparnis ist die Aufstellung einer Energiebilanz und Verbrauchsanalyse erforderlich, was in der Praxis leider selten möglich ist. Die bekanntgewordenen Zahlenwerte sind unterschiedlich, zumal häufig verschiedene Bezugswerte zugrunde gelegt werden, so daß kein exakter Vergleich möglich ist.

Die Berechnung des Gesamt-Jahreswärmeverbrauches wird zweckmäßigerweise in 2 Gruppen aufgeteilt:

*Außentemperaturabhängige Wärmeverbraucher:* Statische Heizung, fühlbare Wärme für RLT-Anlagen, Befeuchtungswärme für RLT-Anlagen;

*Außentemperaturunabhängige Verbraucher:* Brauchwasserbereitung und Wirtschaftswärme (Küche, Desinfektion, Wäscherei).

---

[1]) Nehring, G.: Ges.-Ing. 6/77. S. 175/80.
Hiergeist, A.: HR 2/79. S. 94/7.
Feurich, H.: HR 7/8-80. S. 362/7.
Tepasse, D.: TAB 2/80. S. 115/20 und HR 3/81. S. 165.
Jensch, K.: Energie 9/80. S. 343/8.
Von Cube, H.-L.: HR 12/82. S. 564/8.
Rothmann, H.: HR 9/84. S. 466.

Zur Berechnung geht man am besten in der Weise vor, daß man zunächst die maximalen Bedarfswerte und daraus mit Hilfe der *Vollbetriebsstunden* den jährlichen Wärmeverbrauch feststellt. Diese Methode führt zwar häufig zu unbefriedigenden Ergebnissen, liefert jedoch Anhaltswerte.

*Statische Heizung.* Der hierfür erforderliche Wärmebedarf läßt sich verhältnismäßig einfach durch eine Transmissionsrechnung erfassen.

*Raumlufttechnische Anlagen*

Die Wärmeverbrauchswerte von raumlufttechnischen Anlagen sind stark abhängig vom angewendeten raumlufttechnischen Prinzip und der hierbei stattfindenden Luftaufbereitung. Da aus hygienischen Gründen fast 100%iger Außenluftbetrieb vorliegt, sind innerhalb der raumlufttechnischen Anlagen nach heute gesicherter Ansicht *Wärmerückgewinnungsanlagen* zwischen Abluft und Außenluft wirtschaftlich, so daß Außenluft-Vorwärmeenergien nicht mehr oder nur im beschränkten Umfange benötigt werden. Da die auf Nutzfläche bezogenen RLT-Nennvolumenströme sich zwischen 5–25 $m^3/h$ bewegen, ist für einen effektiv minimierten Wärmeverbrauch RLT-Wärmerückgewinnung notwendig. Außerdem sind solche RLT-Systeme erforderlich, die sich im Luftvolumenstrom und damit in der Leistung der momentanen Heiz- oder Kühllast anpassen.

*Brauchwasserbereitung.* Hier ist die Ermittlung des Verbrauchs weniger schwierig. Die Hauptverbraucher sind Bettenhaus, Küche und Wäscherei. Der Verbrauch je Bett beträgt in mittelgroßen Krankenhäusern 80···120 l/Tag, Temperatur 55 °C.

*Wirtschaftswärme.* Die Ermittlung des Verbrauchs ist schwierig, da Betriebszeiten und Belastung nur schwer vorbestimmt werden können. Hauptverbraucher sind Küche, Wäscherei, Sterilisation und Desinfektion.

Eine Übersicht über den Nutzwärmeverbrauch der verschiedenen Gruppen zeigt Tafel 255-1 (ohne Uni-Kliniken), worin mangels genauerer Unterlagen vielfach Schätzungen vorgenommen sind.

**Tafel 255-1. Wärmeverbrauch von Krankenhäusern**

| Verbraucher | Max. Leistung kW/Bett | Vollbetriebsstunden h/a | Jährlicher Verbrauch MWh/Bett | Täglicher Verbrauch kWh/Bett | Verbrauch % |
|---|---|---|---|---|---|
| Statische Heizung | 2,3···4 | 2000 | 5···8 | 14···22 | 30···34 |
| Lüftungs- und Klimaanlagen | 2···12 | 1200···3200 | 7···14 | 18···39 | 42···43 |
| Brauchwasser | 1···2 | 2000 | 2···4 | 5,5···11 | 9···12 |
| Wirtschafts- und Restwärme | 2,5···5 | 1000 | 2,5···5 | 7···14 | 14···16 |
| Summe | 7,8···23 | | 16,5···31 | 44,5···86 | 100 |

Außer Wärme wird in erheblichem Maß auch *elektrische Energie* zum Antrieb der Ventilatoren, Pumpen und Kompressoren benötigt. Hier werden ebenfalls sehr unterschiedliche Zahlen angegeben, etwa 4···7 MWh/Bett, a. Die größten Verbraucher sind meist die Klimaanlagen mit einem Anteil von 25···30%.

Die *Gesamt-Jahresbetriebskosten* für die Wärmeversorgung eines Krankenhauses setzen sich im wesentlichen zusammen aus:

a) verbrauchsgebundenen Kosten (Kosten für Energie, Hilfsenergie, Betriebsmittel),

b) kapitalgebundenen Kosten (Verzinsung und Abschreibung, Instandhaltung),

c) betriebsgebundenen Kosten (Bedienung, Wartung). Daher muß eine *Betriebskostenberechnung* im Rahmen der Wirtschaftlichkeitsberechnung erfolgen. Sehr häufig zeigt sich dabei, selbst bei dem hohen heutigen Energiepreisniveau, daß die Kapital-Mehrkosten die möglichen Energiekosteneinsparungen und die möglichen Ausschöpfungen von Energiepreisminderungen bei tarifierten Energien aufzehren oder sogar übersteigen. Da es sich um die Investition in langlebige technische Einrichtungen handelt, muß eine Prognose über die zeitliche Entwicklung der einzelnen Energiepreisarten angenommen werden (dynamische Wirtschaftlichkeitsrechnung).

Der Einsatz von hochwertigen *Regelungsanlagen* und der Einsatz von zentralen *Leittechniken* mit Optimierungsprogrammen und Freigabeprogrammen sowie die Messung der tatsächlichen Leistungen und Zählung der Energieverbräuche führt zur Minimierung des Energieaufwandes, weil andernfalls unnötig hoch vorgehaltene Leistungen zu entsprechenden Verlustleistungen führten.

Alles überlagernd hat jedoch für das Krankenhaus der Grundsatz zu gelten, daß *Betriebssicherheit* über Wirtschaftlichkeit geht.

*Primärenergie*

Rechnet man im Mittel für den jährlichen Nutzwärmeverbrauch mit 24 MWh/Bett und für den Stromverbrauch mit 5,5 MWh/Bett, so ist in diesem Fall der jährliche *Primärenergieverbrauch*

$$Q_{th} = \frac{24}{\eta_H} = \frac{24}{0,7} = 34,3 \text{ MWh/Bett für Wärme}$$

$$Q_{el} = \frac{5,5}{\eta_{kr}} = \frac{5,5}{0,3} = 18,3 \text{ MWh/Bett für el. Strom}$$

$\eta_H$ = Heizungsnutzungsgrad = 0,7
$\eta_{kr}$ = Kraftwerkwirkungsgrad = 0,3

Der Primärenergieverbrauch nur für Heizung entspricht etwa 34300/10 = 3430 l Öl/Bett, a. Das ist etwa so viel, wie ein Einfamilienhaus verbraucht.

## -17 Die verschiedenen Raumarten

### -171 Operationsraumgruppe

Die Operationsraumgruppe besteht normalerweise aus zwei Operationssälen, einem dazwischenliegenden Sterilisationsraum, ferner Vorbereitungs-, Wasch-, Frischoperierten- und Narkoseraum. Für die Operationsräume bestehen höchste Sterilitätsansprüche. Deshalb werden moderne Operationsräume als fensterlose Räume ausgeführt, die vollklimatisiert werden (s. Abschn. 365-14). Das Operationsteam wählt sich selbst die Soll-Raumlufttemperatur, die von der Klimaanlage sowohl im Heiz- als auch im Kühlfall gehalten werden muß. Örtliche Heizkörper oder die früher sehr übliche Deckenstrahlungsheizung in OP-Räumen werden heute nicht mehr angewendet.

Die im Sterilisationsraum befindlichen Sterilisatoren werden heute ausschließlich elektrisch betrieben. Die übrigen Räume des Operationstraktes erhalten normale Radiatorenheizung.

### -172 Geburtshilfetrakt

Hierzu gehören Kreißsaal, Vorbereitungsraum, Raum für kleine Operationen, Boxen für Frühgeburten, Räume für Säuglinge und Bettenräume. Da hier ein erhöhtes Raumtemperaturniveau ganztägig und ganzjährig gefordert ist – das heißt auch nach Beendigung der üblichen Heizperiode Wärmeabgabe in die Räume –, ist hier ein gesonderter Heizkreis erforderlich, wenn nicht die verlängerte Übergangszeit durch Zusatzheizung abgedeckt wird (ölgefüllte elektrisch betriebene Radiatoren). Oft werden die genannten Räume auch zusätzlich mit Zuluft und Abluft aus raumlufttechnischen Anlagen versorgt.

### -173 Bettenstation[1])

Die Beheizung der Räume wird im Regelfall durch Unfallgefahr begegnende Heizkörper (z. B. Röhrenradiatoren) vorgenommen. Für den Fall, daß zur Verhinderung von Geruchsbelästigungen die Bettenzimmer aus einer RLT-Anlage auf Unterdruck gehalten werden, müssen die Heizkörper zusätzlich für die Nachwärmeleistung der Zuluft dimensioniert werden. Damit ergibt sich eine verlängerte Heizperiode in der Übergangszeit.

Deshalb sind zweckmäßigerweise die Heizkörper für Bettenräume zu eigenen Heizkreisen zusammenzufassen.

[1]) Trümper, H.: TAB 10/78. S. 847/51.

Für den Fall, daß die Naßzellen der Bettenräume mit aus dem Bettenraum überströmender Zuluft versorgt werden und selbst nur Abluftabsaugung haben, empfiehlt sich die Installation von Heizkörpern auch in den Naßzellen.

In den Bettenräumen selbst sind die Heizkörper an der Fassade aufzustellen, um dem Kaltluftabfall zu begegnen.

**-174 Röntgenräume**

Hierzu gehören Untersuchungs- und Behandlungsräume, Umkleideräume, Dunkelkammern. Art und Ausführung der Beheizung wie in Bettenräumen. Zuluft und Abluft aus RLT-Anlagen ist erforderlich.

# 256 Hallen

## -1 SPORTHALLEN[1])

## -11 Allgemeines

Sporthallen werden in größeren Städten errichtet, einerseits um einzelne große Sportveranstaltungen durchzuführen, andererseits dienen sie Schulen und Vereinen als Übungsstätte. Auch werden sie häufig für andere Zwecke wie Versammlungen, Ausstellungen oder dergleichen verwendet. Die *Benutzungszeit* ist sehr unterschiedlich, so daß für die Heizung dauernde Betriebsbereitschaft und schnelle Aufheizzeit wichtig sind. Daher werden bei der Heizung von Sporthallen fast ausschließlich *Luftheizungen* verwendet, die diese Forderungen am besten erfüllen. Manchmal örtliche Grundheizung.

Alle Sporthallen haben eine mehr oder weniger große Anzahl von Nebenräumen, die ebenfalls zu beheizen sind, insbesondere Garderoben, Wasch- und Brauseräume, Regieräume, die Kassen- und Eingangshalle, Aborte, Geräteräume und eine Hauswartwohnung. Bei großen Sporthallen kommen dazu noch Restaurants oder Erfrischungsräume, Küchen, Übungsräume, Sitzungszimmer und andere Nebenräume.

## -12 Wärmequellen

**-121 Gasheizung**

Bei kleinen Sporthallen genügt es häufig, für die eigentliche Sporthalle *Öl- oder Gaslufterhitzer* zu verwenden. Die Nebenräume müssen in diesem Fall entweder örtliche Heizkörper erhalten, wie z.B. die Aborte und der Geräteraum, oder es ist für diese Räume eine besondere *öl- oder gasbeheizte Zentralheizung* mit eigenem Kessel aufzustellen. Die letztgenannte Heizart ist günstiger, da dann in allen zu beheizenden Räumen Radiatoren oder andere gegen Beschädigung oder Störung unempfindliche Heizkörper aufgestellt werden können. Die *Hauswartwohnung* erhält auf jeden Fall eine eigene getrennte Heizung (Etagenheizung oder dergleichen), da die Betriebszeit hier eine andere ist als bei der Sporthalle.

**-122 Dampf- oder Warmwasserheizung**

Bei allen größeren Hallen empfiehlt sich der Einbau von Warmwasser- oder Dampfkesseln, die das Heizmittel an alle angeschlossenen Räume liefern. Als Brennstoff wird meist Gas oder Öl, ganz selten noch Kohle oder Koks verwendet. Die eigentliche Halle erhält Lufterhitzer, Nebenräume örtliche Heizkörper.

## -13 Luftführung[2])

Bei der Festlegung der *Luftführung* ist darauf Rücksicht zu nehmen, daß in fast allen Sporthallen auch geraucht wird, so daß die Hallen auch gelüftet werden müssen. Da die Rauchabsaugung an der Decke erfolgen muß, ergibt sich hieraus, daß die Luftzuführung am besten über dem Fußboden erfolgt. Die Luftauslässe können dabei entweder unter den Sitzen, an den Seitengängen, an Pfeilern usw. angeordnet werden.

---

[1]) Merkle, E.: Sportstättenbau. 11 u. 12/1970. Heft 6.
Mattfeld, C.: Wkt 2/74. S. 1517.
DIN 18032 T. 1 (6.86): Sporthallen, Grundsätze für Planung und Bau.

[2]) Siehe auch Abschnitt 336-434.

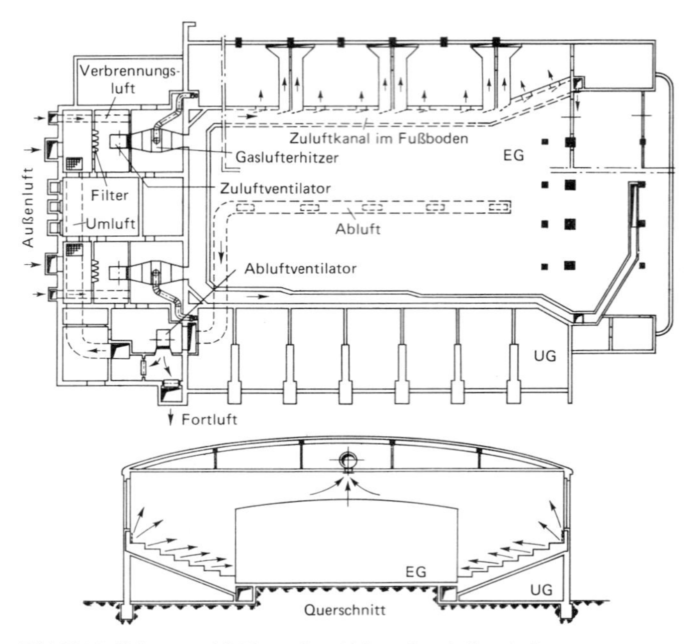


Bild 256-1. Heizung und Lüftung einer kleinen Sporthalle mit Gas.

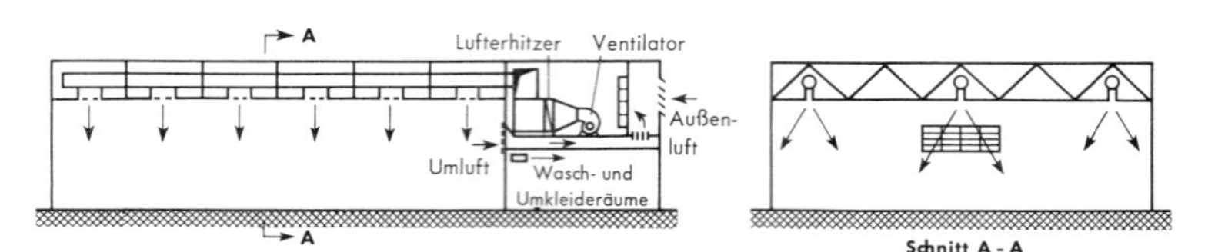


Bild 256-2. Luftheizung einer Übungshalle ohne Zuschauertribünen.

Alle Luftheizungen sind so einzurichten, daß die Halle vor Beginn des Sportbetriebes mit *Umluft* schnell aufgeheizt werden kann, während nach Beginn der Veranstaltung je nach der Zahl der Zuschauer mehr oder weniger Außenluft zugesetzt werden muß.

Bild 256-1 zeigt als Beispiel die Heizung einer kleinen Sporthalle. Heizung und Lüftung der eigentlichen Halle durch Gaslufterhitzer, der Nebenräume durch einen gasbeheizten Kessel. Zuluftführung unter den Sitzen, Abluft an der Decke. Der Außenluft-Anteil wird von der Schalttafel aus je nach Besucherzahl geändert.

Bild 256-2 zeigt die andersartige Luftführung einer *Übungshalle* ohne Zuschauertribünen. Hier wird die Luft aus Verteilrohren an der Decke senkrecht nach unten geblasen, wobei jedoch unter Umständen in Kopfhöhe Luftbewegungen fühlbar werden. Umluftansaugung an einer Querwand.

Im Bild 256-3 ist die Heizung einer großen Halle mit zahlreichen Nebenräumen dargestellt. Wärmeerzeuger sind gas- oder ölbeheizte Kessel. Die Halle wird durch zwei große Ventilatoren mit Dampflufterhitzern geheizt. Warmluftauslässe unter den Sitzen. Umluftrückführung durch große Gitter in der Halle, Abluftventilatoren auf dem Dach. Heizung der Nebenräume durch örtliche Heizkörper (Radiatoren oder Konvektoren).

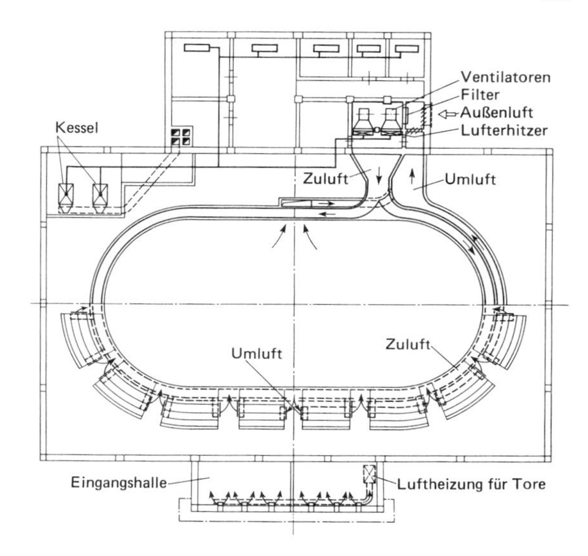


Bild 256-3. Heizung und Lüftung einer großen Sporthalle mit öl- oder gasbeheizten Kesseln.

## -14 Luftvolumenstrom

Außenluftrate je Person 30 bis 40 $m^3/h$. Luftwechsel in der Halle meist etwa 2- bis 3fach. Die Luftgeschwindigkeit bei den Luftauslässen unter den Sitzen $<0,5$ m/s, bei den Lufteinlässen an der Decke 3 bis 4 m/s. Antriebsmotore der Ventilatoren polumschaltbar oder mit Drehzahlregulierung.

## -15 Wärmebedarf

Für die Bestimmung der Kesselleistung ist eine Wärmetransmissionsrechnung aufzustellen. Dem so ermittelten Wärmebedarf ist noch der Wärmeaufwand für die Lüftung hinzuzufügen, wobei volle Außenluftmenge bis etwa 0 °C zu berücksichtigen ist. Wärmerückgewinnung ist bei kleinen jährlichen Betriebszeiten nur bedingt wirtschaftlich.

Raumlufttemperatur in der Halle 15…18 °C.

## -16 Eingangshalle

Die Eingangs- und Kassenhalle kann bei kleinen Anlagen an die Luftheizung der Halle mit angeschlossen werden. Bei großen Anlagen empfiehlt sich jedoch eine getrennte Luftheizung. Warmluftzufuhr unmittelbar an den Türen durch Luftschleier, um den Kaltlufteinfall durch die geöffneten Türen soweit wie möglich zu verringern, siehe Abschn. 369-1.

*Berichte über ausgeführte Anlagen* (Sport- und Kongreßhallen)

Sporthalle Prag, Maca: Ges.-Ing. 1964. S. 240/5.
Madison Square Garden, Adamson: ASHRAE 5/1967. S. 52/6.
Olympia-Sporthalle München: Brockmeyer, H.: Ges.-Ing. 1972. S. 161/70.
Olympiagelände München: R. Passau, VDI-Bericht 184, 1972.
Stadthalle Aachen: Moog, W., u.a.: HLH 11 u. 12/76.
Konzertsaal Vredenburg/Utrecht: Brockmeyer, H., u.a.: Ki 2/79. S. 61/6.
Internationales Kongreß-Centrum Berlin: TAB 7/79. S. 551/73.
Sporthallen Olimpyskij in Moskau: Ki 7/8-82. S. 269/74.
Sporthalle Stuttgart-Zuffenhausen: TAB 4/85. S. 289/98 (Gasmotoren).

## -2 HALLENSCHWIMMBÄDER[1]) (Siehe auch Abschn. 366-2)

### -21 Allgemeines

Die Zahl der Hallenschwimmbäder einschließlich der privaten Innenschwimmbäder hat sich in den letzten Jahren sehr vermehrt. Sie haben einen erheblichen Wärmebedarf, der allerdings wegen der verschiedenen Bauarten und Einrichtungen sehr unterschiedlich ist. Nachstehend wird eine Berechnung des Wärmebedarfs gebracht, bei der gewisse Annahmen vorausgesetzt sind. In speziellen Fällen kann jedoch leicht durch Änderungen dieser Zahlen eine Umrechnung erfolgen.

### -22 Maximaler Wärmeverbrauch

Der Verbrauch hängt von einer großen Zahl von Faktoren ab, besonders Bauart des Gebäudes, Zahl der Duschen, Besucher, Umkleideräume usw. In der nachstehenden Berechnung sind alle Zahlen auf 1 m² Beckenoberfläche bezogen. Weiterhin sind folgende, auf Erfahrungswerten beruhende Annahmen gemacht:

| | |
|---|---|
| Wassertemperatur | +28 °C |
| Lufttemperatur | 28···30 °C |
| maximale Luftfeuchte in der Schwimmhalle | 70% |
| minimale Außenluftmenge in der Schwimmhalle | 10 m³/h m² |
| Frischwasserbedarf | 50 kg/m² d |
| Grundfläche der Umkleideräume | 0,5 m²/m² |
| Grundfläche der Eingangshalle | 0,2 m²/m² |
| Grundfläche der Nebenräume | 0,1 m²/m² |
| Zahl der Duschen | 0,08/m² |
| Betriebstage | 300 |
| tägliche Betriebszeit | 12 Stunden |

Damit ergeben sich folgende maximale Verbrauchszahlen:

a) *Verdunstung*
Bei einer mittleren Feuchte der Raumluft von 60% beträgt nach Bild 366-2 die verdunstete Wassermenge etwa 0,1 kg/m² h, entsprechend einem Wärmeverlust von
$2500 \cdot 0{,}1 = 250$ kJ/m² h = 250/3600 = .......... 0,07 kW/m²

b) *Heizung*
Der Transmissionswärmeverlust des Gebäudes muß nach DIN 4701 berechnet und dann auf 1 m² Beckenfläche umgerechnet werden. Nach Untersuchung einiger Gebäude ergeben sich dabei Beträge von etwa 0,5···1,0 kW/m². Hier sei der Verlust angenommen zu .......... 0,80 kW/m²

c) *Lüftung*
Es werden folgende Außenluftmengen der Berechnung zugrunde gelegt:

| | |
|---|---|
| Becken | 10 m³/m² h |
| Umkleideräume 20 m³/m² h, das sind bezogen auf das Becken $20 \cdot 0{,}5 =$ | 10 m³/m² h |
| Duschen 220 m³/h bezogen auf das Becken $220 \cdot 0{,}08 =$ | 18 m³/m² h |
| Eingangshalle 20 m³/m² h bezogen auf das Becken $20 \cdot 0{,}2 =$ | 4 m³/m² h |
| Nebenräume 20 m³/m² h bezogen auf das Becken $20 \cdot 0{,}1 =$ | 2 m³/m² h |
| | Summe 44 m³/m² h |

[1]) Loch, E.: Klimatechn. 4/76. S. 77/81.
VDI-Richtlinie 2089 Hallenbäder. Bl. 1 (12/78): Brauchwasserbereitung in Hallenbädern.
Duggen, U.: Ki 1/78. S. 9/12.
Kremer, K.: Ki 10/76. S. 345/8.
KOK-Richtlinien für den Bäderbau (1977).
Tepasse, H.: TAB 1/82. S. 33/38.

Bei einer Außentemperatur von $-15\,°C$ und einer mittleren Zulufttemperatur von $28\,°C$ ist dann der maximale Wärmeverbrauch für die Lüftung

$44\,(28+15)\,°C \cdot 1{,}25/3600 =$ .................................. $0{,}66\ kW/m^2$

d) *Frischwassererwärmung*

$50/12\ kg/h\ (28-10)\,°C \cdot 4{,}25/3600 =$ .......................... $0{,}09\ kW/m^2$

e) *Duschen*
Bei einem mittleren Wasserverbrauch einer Dusche von 300 kg/h ist der Wärmebedarf

$300 \cdot 0{,}08\,(42-10)\,°C \cdot 4{,}25/3600 =$ ........................... $0{,}91\ kW/m^2$

Summe $2{,}53\ kW/m^2$

Alle übrigen Wärmeverbraucher können gegenüber den genannten Zahlen vernachlässigt werden, z. B. Transmission durch die Beckenwände, Konvektionsverluste, Wärmegewinn durch Besucher u. a. Mit einem Zuschlag von 15% für allgemeine Wärmeverluste ergibt sich demnach ein maximaler Wärmeverbrauch je m² Beckenfläche von

$1{,}15 \cdot 2{,}53 = \text{rd. } 3{,}0\ kW/m^2$.

Die Aufteilung des maximalen stündlichen Wärmeverbrauchs auf die verschiedenen Verbraucher hat folgendes Aussehen:

| | | |
|---|---|---|
| Verdunstung | 0,16 kW/m² = | 3% |
| Heizung | 0,92 kW/m² = | 31% |
| Lüftung | 0,76 kW/m² = | 26% |
| Frischwasser | 0,13 kW/m² = | 4% |
| Duschen | 1,03 kW/m² = | 36% |
| | 3,00 kW/m² = | 100% |

Bei der Heizung ist zu bemerken, daß ein wesentlicher Teil von der Lüftung übernommen wird, was auf den Gesamtverbrauch jedoch ohne Einfluß ist.

Nach diesen Zahlen sind die Wärmeerzeuger zu bemessen. Für ein öffentliches Schwimmbad von $25 \cdot 12{,}5 = 312\ m^2$ Grundfläche ist daher eine Kesselanlage von $312 \cdot 3{,}0 = 936\ kW$ erforderlich. Durch Vorrangschaltung zwischen den Heizgruppen sowie durch Brauchwasserspeicher läßt sich eventuell eine Verringerung erreichen.

Die Zeit für die erstmalige Erwärmung des Beckenwassers hängt von der Leistung der Wärmeaustauscher ab. Bemißt man sie mit 2 kW/m² Beckenfläche, so ist bei 2 m Wassertiefe die Aufheizzeit

$$\frac{2 \cdot 1000\,(28-10)K \cdot 4{,}25}{2\ kW \cdot 3600} = 21{,}2 \text{ Stunden.}$$

## -23 Der jährliche Wärmeverbrauch

ergibt sich je m² Beckenfläche wie folgt:

| | | |
|---|---|---|
| Verdunstung: 12 St. · 300 Tg. · 0,07 kW | = 252 kWh = | 5% |
| Heizung bei 2000 Vollbetriebsstunden 2000 · 0,80 kW | = 1600 kWh = | 33% |
| Lüftung bei einer mittleren Außentemperatur von 8 °C<br>44 m³/h (28 – 8) °C · 1,25 · 12 St. · 300 Tg./3600 | = 1100 kWh = | 22% |
| Frischwassererwärmung<br>50 kg/d · 300 Tg. (28 – 10) °C · 4,25/3600 | = 319 kWh = | 7% |
| Duschen bei 50% Belastung<br>0,91 kW/2 · 12 St. · 300 Tg. | = 1638 kWh = | 33% |
| | Summe 4909 kWh = | 100% |

Jährlicher Wärmeverbrauch also $\approx 5{,}0\ MWh/m^2$

Dies entspricht einer Vollbetriebsstundenzahl von $\frac{5000}{3} = 1667$ Stunden.

Der Wärmeverbrauch ist wegen der Abhängigkeit der Lüftung und Heizung von der Außentemperatur im Jahresverlauf unterschiedlich und hat etwa den Verlauf nach Bild

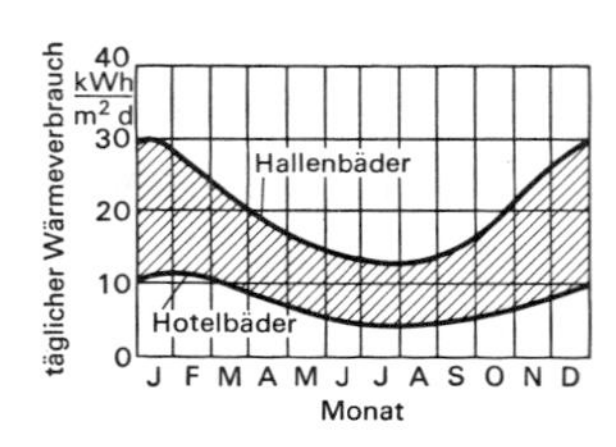


Bild 256-6. Mittlerer täglicher Wärmeverbrauch von Hallenbädern und angebauten Hotelbädern.

256-6. Stark frequentierte öffentliche Hallenbäder liegen mit ihrem Wärmeverbrauch in der Nähe der oberen Grenzlinie, Privatbäder mit geringerer Benutzung bei der unteren Grenzlinie. Für ein öffentliches Schwimmbad mit einer Beckenfläche von $25 \cdot 12{,}5 = 312$ m² kann man also unter den angegebenen Voraussetzungen mit einem jährlichen Wärmeverbrauch von $312 \cdot 5{,}0 = 1560$ MWh rechnen. Bei einer täglichen Besucherzahl von zwei Personen je m² Beckenfläche ist der jährliche Wärmeverbrauch je Besucher

$$\frac{5000}{2 \cdot 300\ \text{Tg.}} = 8{,}3\ \text{kWh}.$$

Wie schon einleitend gesagt, ist eine Umrechnung des Wärmeverbrauchs auf Anlagen mit zusätzlichen Einrichtungen wie Sauna, Restaurant, Zuschauertribüne, Gymnastikraum usw. leicht möglich. Überschläglich kann man den jährlichen Wärmebedarf wie folgt annehmen:

| | |
|---|---|
| Kellerbäder | 1,0···1,5 MWh/m² |
| Hotelbäder, eingebaut | 2,0···3,0 MWh/m² |
| Hotelbäder, angebaut | 3,0···4,0 MWh/m² |
| Hallenbäder, öffentlich | 6,0···8,0 MWh/m² |

Durch *Wärmerückgewinnung* aus der Fortluft lassen sich erhebliche Energieersparnisse erreichen, siehe Abschn. 225-1 (Wärmepumpen) und 339 (Wärmerückgewinnung).

## -24 Privatschwimmbäder

Bei mäßig benutzten Privatschwimmbädern kann ohne Berücksichtigung von Wärmetransmission und Duschen zugrunde gelegt werden:

Verdunstung 0,1 kg/(m²h)
Lüftung 10 m³/(m²h)

Alle übrigen Wärmeverluste oder Wärmegewinne können praktisch vernachlässigt werden. Die maximale Wärmeanforderung ist dann

| | | |
|---|---|---|
| Verdunstung: | $0{,}1\ \text{kg/(m}^2\text{h)} \cdot 0{,}7\ \text{kWh/kg}$ | $= 0{,}07\ \text{kW/m}^2$ |
| Lüftung: | $10\ \text{m}^3\text{/(m}^2\text{h)} \cdot (28 + 15)\ \text{K} \cdot 0{,}35\ \text{Wh/(m}^3\text{K)}$ | $= 0{,}15\ \text{kW/m}^2$ |
| | | $0{,}22\ \text{kW/m}^2$ |

Der *jährliche Wärmeverbrauch* ist

für Verdunstung:
$365\ \text{d/a} \cdot 24\ \text{h/d} \cdot 0{,}07\ \text{kW/m}^2 = 613\ \text{kWh/(m}^2\text{a)}$

für Lüftung
$365\ \text{d/a} \cdot 24\ \text{h/d} \cdot 10\ \text{m}^3\text{/(m}^2\text{h)} \cdot (28-8)\ \text{K} \cdot 0{,}35\ \text{Wh/(m}^3\text{K)} = 613\ \text{kWh/(m}^2\text{a)}$

$1226\ \text{kWh/(m}^2\text{a)}$

abgerundet $1{,}25\ \text{MWh/(m}^2\text{a)}$

Demnach hat ein Privatbad von 30 m² Wasseroberfläche einen jährlichen Wärmeverbrauch von

$30\ \text{m}^2 \cdot 1{,}25\ \text{MWh/(m}^2\text{a)} = 37{,}5\ \text{MWh/a}$

Dies entspricht etwa dem Wärmeverbrauch eines normalen Einfamilienhauses.

Wird in Nichtbenutzungszeiten die Wasseroberfläche abgedeckt und gleichzeitig der Luftvolumenstrom eingeschränkt, läßt sich der Jahreswärmeverbrauch erheblich senken.

## -25 Beheizungsarten

Für die Wärmeversorgung sind folgende Heizgruppen erforderlich: Beckenwassererwärmung, Heizung, Lüftung, Duschen.

### -251 Beckenwassererwärmung

*Gegenstromapparate* sind am meisten verbreitet (Bild 256-7). Der Wärmeaustauscher aus Edelstahl wird an den Kessel der Zentralheizung angeschlossen. Außer der üblichen Bauform gibt es noch viele Sondermodelle zur Vergrößerung der Wärmeübergangszahl und zur Verringerung der Abmessungen. Bei geringen Leistungen wird der Wärmeaustauscher auch in den Kessel verlegt (Schwimmbadwassererwärmer), Bild 256-8a. Billig, jedoch geringer Nutzungsgrad im Sommer. Regelung der Erwärmung durch Mischventile oder Ein-Aus-Schaltung der Umwälzpumpe. Maximaler Wärmebedarf für Verdunstung, Lüftung und Spritzwasser etwa $\dot{Q} = 0{,}18$ kW je m² Beckenfläche.

*Gasheizung*. Gasdurchlauferwärmer sind für kleine Anlagen sehr geeignet (Bild 256-8b); billig und wirtschaftlich. Durch das Gerät wird nur ein Teilstrom geführt, der sich um etwa 20···30 K erwärmt.

Auch Direktbeheizung mit Gas wird gelegentlich ausgeführt, hauptsächlich für Freibäder (Bild 256-8c). Dabei wird das Beckenwasser in direkte Berührung mit den Abgasen gebracht, die sich auf etwa 45 °C abkühlen. Hygienische Bedenken sollen nicht bestehen, jedoch Anreicherung des Wassers mit $CO_2$. Hoher Wirkungsgrad, etwa 95% bezogen auf den oberen Heizwert $H_o$ (Brennwert). Bei anderen Bauarten wird ein Wärmeaustauscher dazwischengeschaltet, so daß das Schwimmwasser indirekt erwärmt wird. Näheres in DVGW-Arbeitsblatt G 677 (8.80).

*Elektrische Heizung*. Es kommen sowohl Durchlauferhitzer als auch Elektrodenkessel zur Verwendung. Sie arbeiten mit Schwachlaststrom. Das Beckenwasser wird nur nachts aufgeheizt und dient dabei selbst als Speicher. Schema einer Anlage mit Elektrodenkessel im Bild 256-10.

Wärmepumpen im Abschn. 225-172.

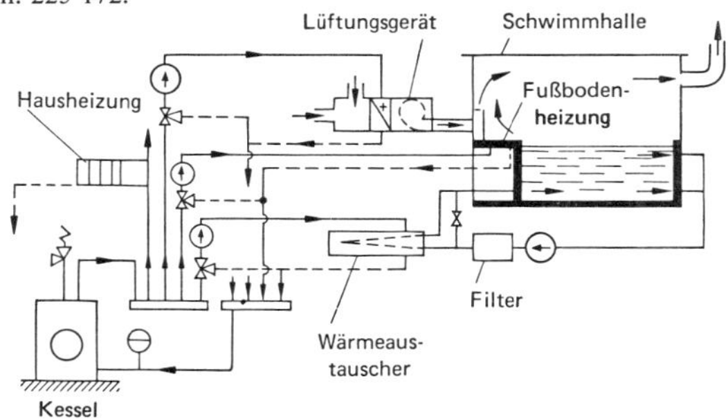


Bild 256-7. Heizung und Lüftung eines Hallenbades.

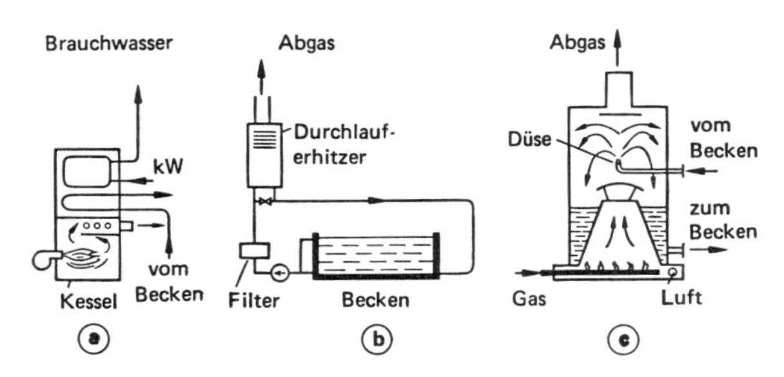


Bild 256-8. Beheizungsarten von Innenbädern.
a) Kessel und Schwimmwassererwärmer, b) Gasdurchlauferhitzer, c) Gas-Direktheizung

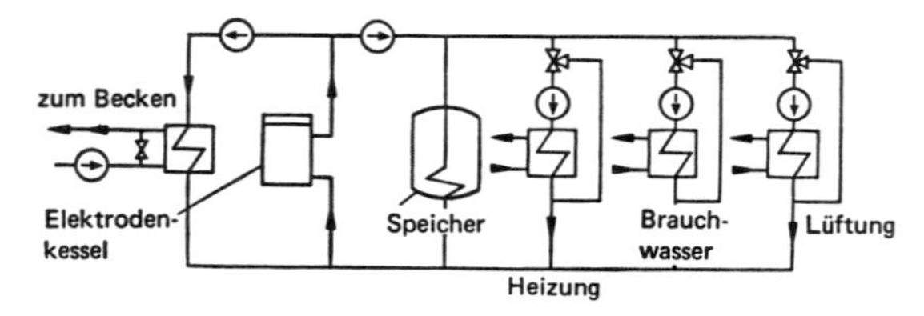


Bild 256-10. Heizung eines Schwimmbades mit Elektrodenkessel.

**-252 Heizung und Lüftung** (siehe Abschn. 366-2)

Die Heizung der Schwimmhalle wird meist zu etwa 50···60% durch statische Heizkörper, der Rest von der Luftheizung übernommen. Heizmittel fast immer Warmwasser.

*Statische Heizkörper* werden in der verschiedensten Form verwendet: Radiatoren und Plattenheizkörper, Konvektoren und Wärmebänke, vornehmlich Fußbodenheizungen mit Kupfer- oder Kunststoffrohren (Fußbodentemperatur maximal 30 °C), u. a. *Fenster* sollten einen Warmluftschleier erhalten, um die innere Oberflächentemperatur zu erhöhen. Steuerung der Vorlauftemperatur in Abhängigkeit von der Außentemperatur.

**-253 Einsparung von Energie ist auf folgende Weise möglich:**[1])

1. Verbesserte *Wärmedämmung* des Beckens und der Halle.
2. *Abdeckung* der Beckenoberfläche in der Zeit der Nichtbenutzung; dadurch erhebliche Verringerung der Verdunstungsverluste und des Lüftungswärmebedarfs bei geringem Kapitalaufwand.
3. *Wärmerückgewinnung* aus der Fortluft durch Einbau eines Regenerativ- oder Rekuperativ-Wärmeaustauschers; mittlerer Wirkungsgrad etwa $\eta = 0{,}5$ (siehe Abschn. 339). Lüftungswärmebedarf sinkt etwa auf die Hälfte. Ebenso kann eine elektrische oder Gaswärmepumpe verwendet werden.
4. Wärmerückgewinnung aus dem *Beckenabwasser* sowie Rückspül- und Duschwasser.
5. Ausnutzung der *Sonnenenergie* mit dem Beckenwasser als Speicher; nutzbare Sonnenwärme etwa 500 kWh/a je $m^2$ Kollektorfläche (siehe Abschn. 225-2). Evtl. *Absorberdach* mit elektrischer oder Gaswärmepumpe.
6. Einbau einer *Wärmepumpe* mit geeigneter Wärmequelle, z. B. Flußwasser oder Rohrschlangen im Erdreich; vollelektrischer Betrieb ohne Heizöl oder Gasmotoren, jedoch erheblicher Kapitalaufwand (siehe Abschn. 225-1).

Durch eine *Wirtschaftlichkeitsrechnung* ist zu prüfen, mit welchen Methoden die geringsten Kosten zu erwarten sind.

# 257 Unterrichtsgebäude

## -1 SCHULEN

### -11 Allgemeines

Hinweise für die Planung, den Bau und den Betrieb von Heizungs-, Lüftungs- und Brauchwasserbereitungsanlagen in Schulen. Hrsg. vom AMEV 1975 (s. Abschn. 74).

### -12 Heizungssysteme[2])

Bestes Heizungssystem zentrale Warmwasserpumpenheizung mit örtlichen Heizkörpern. Für gleichzeitig benutzte und gleich gelegene Räume eigene Umwälzpumpen

[1]) Dobler u. a.: BWK 7/79. S. 285/91.
[2]) Dittmann, K.: San. Hzg. Techn. 3/77. S. 268/72.

(Rohrpumpen) mit Mischwasserregelung. Falls Räume teilweise nicht benutzt sind, *Einzelraumtemperaturregelung* mit Fernsteuerung[1]).

*Einzelöfen* nur für kleine Schulen, besonders Ölöfen und Gasöfen. Gasöfen wirtschaftlich bei geringen Tarifen und kurzen Unterrichtszeiten. Bemessung der Gasöfen mit 60 bis 80% Zuschlag zur Wärmebedarfsrechnung. Vollautomatik und Fernzündung möglich.

Auch *elektrische Speicherheizung*[2]) bei günstigen Stromtarifen verwendbar. Für Klassenräume Speicheröfen von 2 bis 4 kW Leistung unter den Fenstern, für Großräume Luftheizung mit Blockspeichern. Wirtschaftlichkeitsberechnung erforderlich. Gute Wärmedämmung unerläßlich; spez. Wärmebedarf $<100$ W/m$^2$.

### -13 Heizkörper

In Einzelzimmern Radiatoren, Konvektoren, Sockelheizkörper, Flachheizkörper. Plattenheizkörper beanspruchen viel Wandfläche. Einbetonierte Deckenheizung wegen Trägheit nicht zweckmäßig. Untergehängte Heizdecken besser, jedoch teurer.

*Fußbodenheizung* ist möglich, meist jedoch nur für etwa 60···70% des Wärmebedarfs; Rest regelbare Zusatzheizung unter den Fenstern.

In Turnhallen auch *Strahlplattenheizung* und Luftheizung. Eingangsräume auch Fußbodenheizungen.

### -14 Kesselraum

Siehe Heizraumrichtlinien der Argebau (Abschnitt 74). Möglichst zentral gelegen, da dabei Rohrführung billiger. Keine Reserve erforderlich. Brennstoff Öl, Gas.

Bei *Koksfeuerung* Brennstofflager erforderlich, wegen großem Bedienungsaufwand heute nicht mehr verwendet.

Bei *Ölfeuerung* Heizöl *EL* für Wärmeleistung $< 5$ MW. Tank außerhalb des Gebäudes. (Heizölbehälter-Richtlinien der Argebau. 3.75.)

*Gasfeuerung* mit Stadt- oder Erdgas. Schornstein möglichst aus versottungsbeständigen Formstücken, wärmegedämmt. Turnhalle, falls auch abends in Benutzung, häufig mit eigenem Kessel.

# 258 Fabriken s. Abschn. 368

# 259 Sonstige Gebäude

## -1 GARAGEN

### -11 Allgemeines

Bei Garagen ist neben der Heizung das Lüftungsproblem von besonderer Bedeutung, da durch die CO-haltigen *Abgase* der Autos sowie explosionsgefährliche *Benzindämpfe* unter Umständen erhebliche Gefahren entstehen. Daher sind von den Bauaufsichtsbehörden der einzelnen Länder der BR Deutschland besondere Verordnungen erlassen worden, die im wesentlichen der „Garagenverordnung des Bundes" vom 22.1.1973 entsprechen. Auf eine Beheizung geschlossener Garagen kann in vielen Fällen verzichtet werden. Bezüglich Lüftung siehe Abschnitt 361-5.

---

[1]) Mayer, E.: Ges.-Ing. 1970. S. 5/17 u. HR 3/77. 13 S.
[2]) Jacobi, E.: Wärme-Techn. 1968. S. 7/15.
Merkle, E.: Ges.-Ing. 1969. S. 353/64.
Kühlmann, G.: XIX. Kongreß für HLK 1969.

### -12 Kleingaragen

Hierunter sind solche Garagen verstanden, die nur Platz für wenige Kraftfahrzeuge bieten. Sie sind häufig im Keller oder Erdgeschoß von Wohnhäusern eingebaut.

*Kachel- oder eiserne Öfen* müssen von außen mit Brennstoff beschickt werden. Warmlufteintritt in die Garage in mindestens 1,5 m Höhe.

*Gasheizkörper* müssen ebenfalls von außen bedienbar sein. Die Verbrennungsluft wird also diesen Öfen von außen zugeführt. Die Hersteller von Gasheizöfen haben für diesen Zweck Sonderbauarten, sogenannte „Garagenheizkörper" entwickelt.

*Elektro-Heizkörper* dürfen keine höhere Oberflächentemperatur als 200 °C besitzen. Öfen dieser Art gibt es in vielen Ausführungen, wobei die Oberflächentemperatur meist unter 100 °C liegt.

*Rohrheizkörper*, rund oder flach;

*Rippenheizkörper* derselben Bauart, jedoch mit durch Rippen vergrößerter Oberfläche;

*Heizrohre* größerer Länge, z.B. Protolith-Heizrohre, mit einen Durchmesser von 14 mm, die beliebig gebogen werden können;

*Elektro-Radiatoren* mit Wasser- oder Ölfüllung und mit Heizpatrone, fahrbar. Weniger günstig, da träge.

### -13 Großgaragen

Großgaragen sind für die Unterbringung einer großen Zahl von Kraftfahrzeugen bestimmt.

Die einzelnen Fahrzeugstellplätze befinden sich in Großräumen, d.h., Trennwände zwischen den Stellplätzen sind nicht vorhanden. Sofern eine hinreichend große, natürliche Außenluft-Fortluft-Durchlüftung nicht erzielbar ist, sind mechanische Lüftungsanlagen vorzusehen (Abschnitt 361-5).

Die Energie- und Anlagekosten lassen nur in Ausnahmefällen die Beheizung zu. Der Frostgefährdung anderer Installationen kann durch andere Maßnahmen begegnet werden, z.B. durch Begleitheizungen mit Warmwasser oder elektrische Begleitheizungen. Wird in Ausnahmefällen eine Temperierung verlangt, so ist eine Beheizungsart zu wählen, die einen möglichst hohen Strahlungsanteil hat, damit die Speicherfähigkeit der umgebenden Raumumschließungsflächen (Decken, Wände, Fußböden) genutzt werden kann. Eine andere energiesparende und wärmeleistungsspitzen-dämpfende Beheizungsart ist die intermittierende zyklisch vertauschte Wärmeabgabe durch Einzelgeräte, deren Leistungsabgabe während der Laufzeit der mechanischen Lüftungsanlage gesperrt bleibt.

Heizkörper mit hohem Strahlungsanteil sind Radiatoren, Plattenheizkörper und Strahlplatten. Sie werden an die bestehende Warmwasserheizung mit eigenem Heizkreis angeschlossen.

Der Einbau von Lufterhitzern in die mechanische Zuluftanlage kann nur dann empfohlen werden, wenn diese mit ohnehin vorhandener Abfallwärme versorgt werden können. Besondere Vorkehrungen zur Vermeidung von Einfriergefahr sind notwendig.

Häufig besteht die Möglichkeit, aus ohnehin vorhandenen raumlufttechnischen Anlagen des Gebäudes Wärme in Form von *Abluft* zur Beheizung und Lüftung der Garage heranzuziehen.

### -14 Nebenräume

*Wagenwaschräume* in großen Garagen erhalten Heizung durch örtliche Heizkörper oder Luftheizer. Temperatur etwa 10 °C.

*Reparaturwerkstätten.* Heizung wie bei Großgaragen, am besten durch örtliche Luftheizer oder zentrale Luftheizanlagen, die gleichzeitig zur Lüftung dienen.

*Öllager.* Hier gelten bezüglich Heizung und Lüftung die gleichen Bestimmungen wie bei den Garagen.

## -2 FREIFLÄCHENHEIZUNG[1])

### -21 Allgemeines

Beheizung von freien Flächen wie Straßen, Brücken, Sportplätzen, Flugplätzen, Parkplätzen usw. wird ausgeführt, um die Oberfläche eis-, schnee- und frostfrei zu halten. Die Beheizung erfolgt entweder durch im Boden verlegte Heizleitungen oder durch Bestrahlung. Nachstehende Angaben beziehen sich auf den ersten Fall.

### -22 Wärmebedarf im Beharrungszustand

Bei Verlegung der Heizleitungen unter der Oberfläche gemäß Bild 259-3 ist die von der Oberfläche abgeführte Wärme

$$\dot{q}_o = \alpha\,(t_o - t_L) \text{ in W/m}^2$$

$t_o$ = Oberflächentemperatur in °C
$t_L$ = Lufttemperatur °C
$\alpha$ = Wärmeübergangszahl W/m² K.

Mit $\alpha = 12$, $t_o = 3\,°C$ und $t_L = -15\,°C$ ist

$$\dot{q}_o = 12\,(3 + 15) = 215 \text{ W/m}^2.$$

Die Temperatur $t_m$ in der *Heizleiterebene* ergibt sich aus

$$\dot{q}_o = \frac{\lambda_E}{s}\,(t_m - 3) \text{ W/m}^2 \text{ (Bild 259-5).}$$

$s$ = Verlegungstiefe in m
$\lambda_E$ = Wärmeleitzahl des Erdreichs ≈ 1,2 W/m K.

Bei $s = 0{,}15$ m und $\lambda_E = 1{,}2$ ist $t_m = 30\,°C$.

Für *Schneefall* von 1 cm/h ist zum Schmelzen eine Wärmemenge von $\dot{q}_s = 0{,}01 \cdot 125 \cdot 335 = 420$ kJ/m²h ≈ 120 W/m² erforderlich.

125 = $\varrho$ = Dichte des Schnees kg/m³
335 = Schmelzwärme kJ/kg.

Schnee fällt meist nur bei Außentemperaturen von 0 bis −5 °C. Auch während des Schneeschmelzens muß natürlich Wärme von der Oberfläche abgeführt werden, also $\dot{q}_o + \dot{q}_s$.

Die nach unten abgeführte Wärme $\dot{q}_u$ hängt von der Temperaturleitzahl a des Bodens und anderen Faktoren ab. Nimmt man bei aufgeheiztem Boden eine gleichwertige Wärmedurchgangszahl $k'$ an, so ist

$$\dot{q}_u = k'\,(t_m - t_E) \text{ in W/m}^2$$

$t_E$ = Temperatur des Erdbodens in der Tiefe ≈ 10 °C.

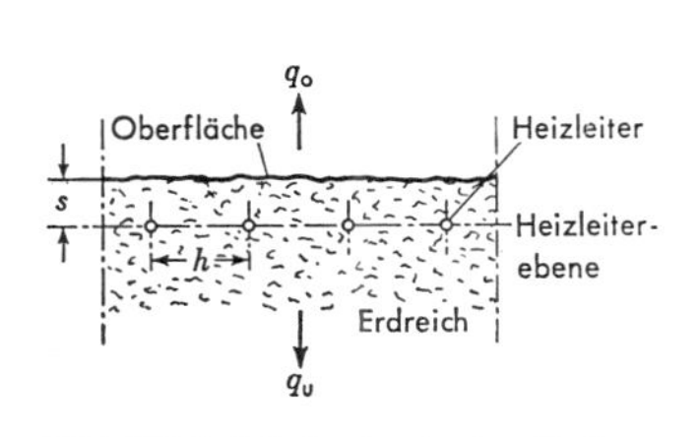


Bild 259-3. Schnitt durch eine Bodenfläche mit Freiflächenheizung.

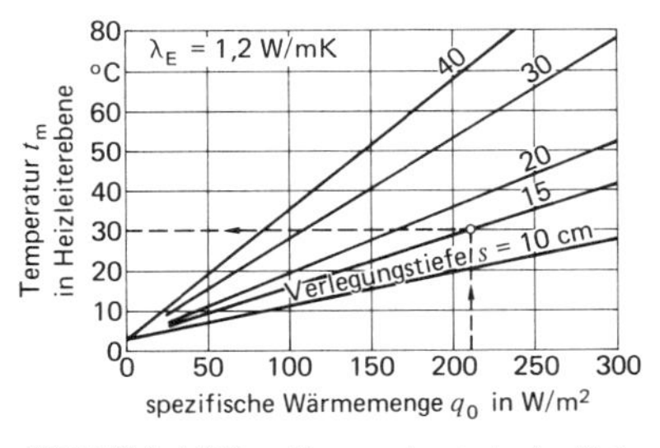


Bild 259-5. Mittlere Temperatur $t_m$ in der Heizleiterebene.

[1]) Zeise, D.: Ges.-Ing. 1971. S. 105/14.
VDI-Bericht Nr. 162 (1971) mit Arbeiten von W. Kast, U. Poppe, O. P. Braun und L.-E. Janson.
Weise, E.: Heizung 9/73. 6 S.
Keller, H. R.: SHT II/76. S. 710/13.

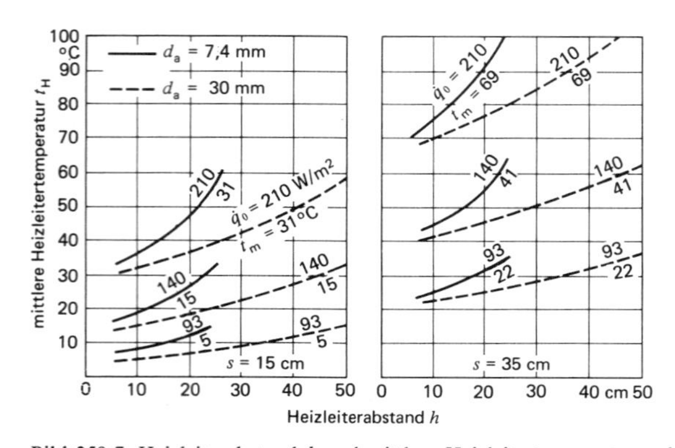


Bild 259-7. Heizleiterabstand $h$ und mittlere Heizleitertemperatur $t_H$ bei verschiedenen Heizleitern und Verlegungstiefen.
$t_m$ = mittlere Temperatur in der Heizleiterebene, $d_a$ = äußerer Durchmesser des Heizleiters.

Mit $k' = 1{,}2$ W/m² K und $t_m = 30\,°C$ wird

$$\dot{q}_u = 1{,}2\,(30-10) = 24\ \mathrm{W/m^2}.$$

Die erforderliche *Heizmitteltemperatur* $t_H$ ergibt sich für verschiedene Verlegungstiefen $s$ und Heizleiterabstände $h$ aus Bild 259-7.

## -23 Die Aufheizung

Bei Beginn des Heizprozesses ist die nach oben abgegebene Wärme $\dot{q}_o$ annähernd gleich der nach unten abfließenden Wärme $\dot{q}_u$. Infolge der allmählichen Aufheizung des Erdreichs wird mit der Zeit $\dot{q}_u$ immer geringer, um im Beharrungsfall sich einem Grenzwert zu nähern. Bild 259-9 zeigt das Verhältnis $\dot{q}_u/\dot{q}_o$ in Abhängigkeit von der Zeit sowie die Temperaturzunahme in der Heizleiterebene bezogen auf den Beharrungszustand. Die *Aufheizzeiten* sind also sehr lang und erstrecken sich je nach Verlegungstiefe auf mehrere Tage. Flächenheizung ist daher in der Regel eine *Dauerheizung*. Bei Fahrbahn- oder Gehwegheizung jedoch auch stundenweiser Betrieb mit entsprechendem größeren Wert von $\dot{q}_u$.

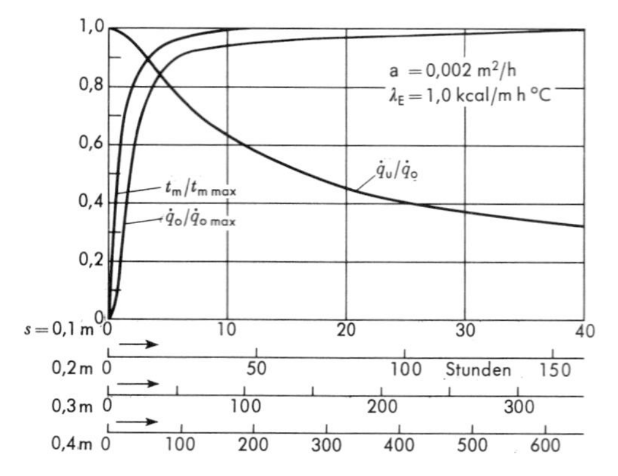


Bild 259-9. Zeitlicher Verlauf der Temperatur $t_m$ in der Heizleiterebene, des Wärmestroms $\dot{q}_o$ nach oben und des Verhältnisses $\dot{q}_u/\dot{q}_o$, jeweils bezogen auf den Beharrungszustand.
a = $\lambda_E/c\varrho$ = Temperaturleitzahl; $s$ = Verlegungstiefe

### -24 Ausführung

Bei elektrischer Heizung werden mechanisch widerstandsfähige und alterungsbeständige *Spezialkabel* verwendet, häufig Röhrenmantelkabel. Oberhalb der Kabel Drahtgeflecht. Anschluß an 220/380 V. Spez. Heizleistung 200···400 W/m². Automatische Einschaltung durch Thermostate in der Oberfläche sowie Feuchtefühler.

Bei Warmwasserheizung Stahlrohre mit Kunststoffmantel oder häufiger Kunststoffrohre, besonders Polyolefine (PE hart u.a.). Einfache Verlegung, Drücke und Temperaturen jedoch begrenzt.

Auch Luft ist als Wärmeträger möglich.

### -25 Kosten

*Anlagekosten* schwanken in sehr weiten Grenzen, etwa 80···100 DM/m².

*Betriebskosten* sind abhängig von mittleren Wintertemperaturen und Schneefallhöhe. Bei etwa 2000 Stunden Dauerbetrieb, einer mittleren Temperatur von 0 °C vom Dezember bis Februar/März und einer Schneehöhe von 0,5 m ergibt sich ein Wärmeverbrauch von etwa 0,14 MWh/m² Jahr. Dies entspricht bei einem Wärmepreis von 80 DM/MWh jährlichen Betriebskosten von 11,20 DM/m².

Bei elektrischen Heizkabeln hat man bei allerdings geringer Betriebsstundenzahl und Schneehöhe jährliche Betriebskosten von 9···12 DM/m² festgestellt (0,20 DM/kWh).

# 26 ARCHITEKT, BAUHERR UND HEIZUNG

## 261 Allgemeines

Mehr als 200 Tage im Jahr müssen in unseren Breiten die Räume geheizt werden. Ohne Heizung wären die Räume im Winter unbewohnbar. Dazu kommt, daß der Betrieb der Heizung wegen des erforderlichen Brennstoffverbrauches dauernd Kosten verursacht, die in Zeiten hoher Energiepreise einen erheblichen Teil der Gesamtkosten einer Wohnung ausmachen können.

Auch aus Gründen der *Energieersparnis* hat die Heizungstechnik große Bedeutung, da annähernd 40% des gesamten Energieverbrauchs in Deutschland zur Heizung von Gebäuden benötigt wird. Die Heizungsanlage ist also ein sehr wichtiger Bestandteil unserer Gebäude. Der Architekt oder Bauherr sollte daher bereits bei der Planung eines Baues diese Tatsache berücksichtigen und die Projektierung und Ausführung der wärme- und heizungstechnischen Einrichtungen nur fachkundigen Ingenieuren übertragen. Bei jedem Neubau sollte die Verbindung mit dem Heizungsfachmann so früh wie möglich aufgenommen werden, damit Forderungen aufgrund des Energiespargesetzes und des Umweltschutzes bereits im Projekt berücksichtigt werden. Dies betrifft besonders den Wärmeschutz des Gebäudes, das Heizsystem, Kesselbauart, Regelung.

Insbesondere bei größeren Projekten ist neben der Energieeinsparung der *Umweltschutz* von Bedeutung. Viele Möglichkeiten stehen hier zur Verfügung: Brennstoffart, Fernwärmeversorgung aus Heizwerken, Heizkraftwerken, Blockheizkraftwerken, industrielle Abwärme, Wärmerückgewinnung u. a.

Dies trifft um so mehr zu, wenn außer der Heizungsanlage auch Klimaanlagen, Speiseräume, Wäschereien, Laboratorien usw. im Gebäude vorhanden sind. Der Kostenanteil der *Haustechnik* an den Gebäudekosten ist erheblich.

Auch die Verwendung *alternativer Wärmequellen*, z. B. Elektro- oder Gasmotorwärmepumpen evtl. auch Sonnenenergie, ist in Erwägung zu ziehen.

## 262 Die Ausschreibung[1])

### -1 AUSSCHREIBUNGSARTEN

#### -11 Öffentliche Ausschreibung

Veröffentlicht in Zeitungen, Amtsblättern usw.

Jeder Unternehmer kann teilnehmen. Prüfung erst nach Submission.

#### -12 Beschränkte Ausschreibung

Nur eine beschränkte Anzahl von vorher geprüften geeigneten Bewerbern wird zur Angebotsabgabe aufgefordert. Bestes Verfahren.

#### -13 Freie Vergabe

Nur in besonderen Fällen zweckmäßig (Dringlichkeit, genaue Prüfmöglichkeit der Preise usw.).

---

[1]) VOB DIN 1960 Teil A, B (10. 79) und C. Bei öffentlichen Aufträgen „Heizungsbau 86“ des AMEV zu beachten, siehe Abschn. 74.

## -2 AUSSCHREIBUNGSPROGRAMME

### -21 Ausschreibung nach einem Leistungsverzeichnis (Blankettverfahren)

Das Leistungsverzeichnis mit eindeutiger Beschreibung aller Positionen (Positionelle Leistungsbeschreibung PLB) wird von der vergebenden Stelle oder von einem beratenden Ingenieur aufgestellt und den Bewerbern ausgehändigt. Zusätzlich werden meist Erläuterungsberichte und zusätzliche Vertragsbedingungen geliefert.

Textvorlagen im Bauleistungsbuch, das alle Bauleistungen durch gleiche Standardtexte normieren soll[1]). Nebenangebote zulässig.

Das *Standardleistungsbuch* 040 (Heizungs- und Brauchwasserversorgungsanlagen) enthält einheitliche kurze Texte für alle Bauelemente, besonders zum Gebrauch bei der automatisierten Datenverarbeitung. Jeder Text für ein Bauteil besteht aus 5 Textteilen:

Textteil T1 mit 3 Zahlen }
Textteil T2 mit 2 Zahlen } beschreibender Text
Textteil T3 mit 2 Zahlen }
Textteil T4 mit 2 Zahlen } Angaben über Abmessungen
Textteil T5 mit 2 Zahlen }

*Beispiel* für die Beschreibung eines Lufterhitzers im Standardleistungsbuch:

| T1 | T2 | T3 | T4 | T5 | Text | |
|---|---|---|---|---|---|---|
| 140 | | | | | Lufterhitzer mit Rahmen | |
| | | | | | Luftmenge ... | m³/h |
| | | | | | Lufteintrittstemperatur ... | °C |
| | | | | | Luftaustrittstemperatur ... | °C |
| | | | | | | usw. |
| | 1 | | | | als Vorerhitzer | |
| | 2 | | | | als Nacherhitzer | |
| | . | | | | | |
| | . 1 | | | | für Geräteeinbau | |
| | . 2 | | | | für Wandeinbau | |
| | . | | | | | |
| | . | 0 | | | mit glatten Stahlrohren | |
| | . | 1 | | | Stahlrippenrohre, feuerverzinkt | |
| | | 2 | | | Kupferrohre mit Al-Lamellen | |
| | | . | | | | |
| | | . 1 | | | Rahmen aus Stahl, gestrichen | |
| | | . 2 | | | Rahmen aus Stahl, verzinkt | |
| | | 3 | | | Rahmen aus nicht rostendem Stahl | |
| | | . | | | | |
| | | . | 1 | | einteilig | |
| | | . | 2 | | zweiteilig | |
| | | | . | | | |
| | | | . 1 | | Gewindeanschluß ND 6 | |
| | | | . 2 | | Gewindeanschluß ND 10 | |
| | | | . . | | | |
| | | | . | 01 | NW 15 | |
| | | | . | | | |
| | | | . | 02 | NW 20 | |

Durch Angabe von maximal 11 Ziffern ist jedes Bauelement eindeutig gekennzeichnet.

[1]) Standardleistungsbücher. Hsg. vom Deutschen Normenausschuß (DNV), bearbeitet durch „Gemeinsamen Ausschuß Elektronik im Bauwesen (GAEB)". Beuth-Verlag, Berlin
040 Zentralheizung und Brauchwasseranlagen (2.79)
042 Gas- und Wasserinstallation (8.80)
047 Wärmedämmarbeiten (6.76)
070 Regelung und Steuerung für heiz-, raumluft- und sanitärtechn. Anlagen (12.80)
074 Raumlufttechn. Zentralgeräte (9.81)
075 Raumlufttechn. Luftverteilsysteme (9.81)

Das Leistungsverzeichnis (Blankett) hat dann zum Beispiel folgendes Aussehen:

| Pos. | Text | Menge | A E | Preis je Einheit DM | Pf | Betrag DM | Pf |
|---|---|---|---|---|---|---|---|
| | 140 12 23 12 02<br>Lufterhitzer mit Rahmen<br>Luftmenge ... $m^3/h$<br>usw. | | | | | | |

Es handelt sich dabei also um einen Lufterhitzer mit den angegebenen Leistungsdaten und folgender Beschreibung:

Ein Lufterhitzer mit Rahmen
als Vorerhitzer für Wandeinbau
aus Kupferrohren mit Al-Lamellen und nichtrostendem Stahlrahmen einteilig PN 10, DN 20.

### -22 Ausschreibung nach einem Entwurfsprogramm (Wettbewerbsverfahren)

Das Programm wird von Fachfirmen oder beratenden Ingenieuren aufgestellt und zusammen mit der Wärmebedarfsberechnung und sonstigen Unterlagen den Bewerbern übergeben. In der Regel beschränkte Teilnehmerzahl. Gebührenerhebung. Mindestgebühren für das Angebot etwa

Angebotssumme bis 100000 DM .................... 1,25%
Angebotssumme von 100000 DM bis 200000 DM ....... 1,00%
Angebotssumme von 200000 DM bis 500000 DM ....... 0,75%
Angebotssumme über 500000 DM .................... 0,50%

## -3 AUSSCHREIBUNGSUNTERLAGEN

Zur Projektbearbeitung sind dem Bewerber im allgemeinen außer dem Entwurfsprogramm folgende Unterlagen zur Verfügung zu stellen:

### -31 Pläne, aus denen ersichtlich sein soll:

Lage des Gebäudes mit Himmelsrichtung und näherer Umgebung;
Grundriß und Höhen sämtlicher Räume;
Dicke und Art der Wände, Decken, Fensterbrüstungen;
Bauart der Fenster und Türen sowie Oberlichter;
Dicke und Bauart des Daches.
Benutzungsart der Räume.
Brennstoffart.
Art der Warmwasserbereitung.

Sämtliche Räume werden zweckmäßig fortlaufend numeriert.

### -32 Innentemperatur der Räume

soweit sie von den üblichen Werten nach DIN 4701 abweichen.

### -33 Vorgesehene Lage

des Kesselraumes, Brennstoffraumes und Schornsteins, Art des Brennstoffs.

### -34 Stromart und Spannung

In Deutschland wird in den meisten Fällen Drehstrom von 220/380 Volt zur Verfügung stehen. Dabei ist die Betriebsspannung anzugeben, entweder 3 × 220 Volt oder 3 × 380 Volt. Für manche Motoren, z. B. mit Stern-Dreieck-Schalter betätigte oder polumschaltbare Motoren, ist diese Angabe für die richtige Bestellung der Motoren unerläßlich.

#### -35 Lüftungs- oder Klimaanlagen

soweit gewünscht oder erforderlich.

#### -36 Bei Industrieanlagen

sind weitere Angaben darüber erforderlich, ob und wieviel Abdampf zur Verfügung steht, mit welchem Druck, welcher Brennstoff geliefert wird, wieviel Dampf zur Fabrikation benötigt wird usw.

### -4 PRÜFUNG DER ANGEBOTE

Beim *Blankettverfahren* einfacher Preisvergleich.

Beim *Wettbewerbsverfahren* Zusammenstellung der Ergebnisse und Auswahl desjenigen Angebotes, das unter Berücksichtigung der Anschaffungskosten, Betriebskosten, Vollständigkeit und sonstiger Gesichtspunkte das günstigste ist. Vergleich häufig sehr schwierig.

## 263 Wahl der Heizungsart[1])

Für die Wahl der Heizungsart ist eine große Anzahl von Faktoren maßgebend, besonders

Gebäudeart, z. B. Wohnhäuser, Geschäftshäuser, Fabriken;
verfügbare Geldmittel;
Brennstoffart und -kosten;
Benutzungsdauer der Räume;
hygienische Anforderungen usw.

Bei jedem Projekt sind sorgfältige Überlegungen erforderlich, wenn man die heiztechnisch, wirtschaftlich und hygienisch günstigste Lösung finden will. Im allgemeinen sind für ein Gebäude mehrere Heizarten möglich, z. B. für Wohnungen: Örtliche Heizung, Warmluftheizung, Warmwasserzentral- oder Stockwerksheizung. Manchmal werden auch in einem Gebäude mehrere Heizsysteme verwendet, z. B. Warmwasserzentralheizung für Büroräume und Luftheizung für Werkstätten. Auch die sog. *alternativen Energien* können evtl. in Erwägung gezogen werden, z. B. die Wärmepumpen und die Sonnenheizung.

Bei kleinen Anlagen ist das Heizproblem meist verhältnismäßig leicht zu lösen. Etwas schwieriger ist die Beheizung großer Gebäudeanlagen, z. B. Fabriken oder Krankenanstalten. In den meisten Fällen handelt es sich dabei nicht nur um die Heizung der Gebäude, sondern um die *gesamte Wärmeversorgung* aller angeschlossenen Verbraucher. Dazu gehören z. B. Brauchwasserbereitung für Koch- und Waschzwecke, Dampf für Kochkessel, Dampf für Fabrikation usw. Ferner sind die Fragen der Wärmerückgewinnung und Krafterzeugung sowie zahlreiche andere Probleme zu prüfen. Bei derartigen Bauvorhaben sollte daher der Architekt oder Bauherr möglichst *frühzeitig* mit den Fachingenieuren in Verbindung treten.

Besondere Beachtung verdient der *Wärmeschutz* des Gebäudes, da er großen Einfluß auf Anschaffungs- und Betriebskosten der Heizung hat. Die Bedingungen der *Wärmeschutzverordnung* und der *Heizungsanlagenverordnung* sowie des *Umweltschutzes* (Abschn. 19) sind zu beachten.

### -1 EINZELHEIZUNG

Siehe hierzu Abschn. 251-11.

[1]) Krummlinde, H. H.: TAB 6/78. S. 495/8.
Tepasse, H.: TAB 8/84. S. 583/9.

## -2 STOCKWERKSHEIZUNGEN

Den Übergang zur Zentralheizung bilden die *Stockwerksheizungen*, bei denen ein Kleinkessel in der Küche oder der Diele einer Wohnung aufgestellt wird, während sich in den einzelnen Räumen Radiatoren befinden. Die Küchenkessel werden häufig mit einem *Brauchwasserspeicher* ausgerüstet, der sich über oder neben dem Kessel befindet. Für die ganze Wohnung ist nur *eine* Feuerstelle vorhanden, und der Wohnungsinhaber kann nach Bedarf heizen.

Ähnliches gilt für *Kachelofen-Mehrzimmerheizungen*, die jedoch keine so gleichmäßige Wärme wie die Stockwerksheizungen erzeugen.

Zweckmäßig ist die Heizung mit *Gasumlaufheizern* (Thermen), besonders bei gleichzeitiger Brauchwasserbereitung.

## -3 ZENTRALHEIZUNGEN

Die Zentralheizungen für einzelne Gebäude werden nach den Wärmeträgern in Dampf-, Warmwasser- und Luftzentralheizung unterschieden.

### -31 Dampfheizungen

können als Niederdruck-, Hochdruck- und Vakuumdampfheizungen ausgeführt werden.

Die Hauptvorteile der *Niederdruckdampfheizung* sind etwas geringere Anlagekosten und schnelle Aufheizmöglichkeit, während ihre Nachteile namentlich die geringe Regelbarkeit der Heizung, die hohen Heizkörpertemperaturen und der bei Dauerheizung infolge Überheizung nicht vermeidbare Brennstoffmehrverbrauch sind. Hauptanwendungsgebiet sind Fabriken, Kasernen, Hallen, Ausstellungsräume. Dagegen kaum noch Anwendung bei Wohn- und Bürohäusern.

*Vakuumdampfheizungen* vermeiden die Nachteile der Niederdruckdampfheizungen, haben sich allerdings gegenüber den Warmwasserheizungen nicht durchsetzen können.

*Hochdruckdampfheizungen* werden im allgemeinen nur in Fabriken verwendet, wenn für Fabrikationszwecke ohnehin Dampf benötigt wird.

Statt der unwirtschaftlichen Verwendung von Frischdampf ist Heizung mit Maschinenabdampf oder Entnahmedampf zweckmäßig, falls vorhanden.

### -32 Wasserheizungen

mit ihren vielen verschiedenen Bauarten haben in Deutschland unter den Zentralheizungen die weiteste Verbreitung gefunden. Ihre Hauptvorteile sind die zentrale Regelbarkeit durch Änderung der Wassertemperatur und die dadurch ermöglichte Anpassung an die jeweiligen Außentemperaturen, ferner die hygienisch günstigen niederen Oberflächentemperaturen der Heizkörper, Einfachheit der Bedienung und große Betriebssicherheit. Sie werden vorzugsweise für solche Gebäude verwendet, in denen eine dauernde gleichmäßige, hygienisch einwandfreie, betriebssichere Heizung verlangt wird, namentlich bei Wohnhäusern, Krankenanstalten, Schulen, Bürohäusern usw. Alle Anlagen werden heute fast ausnahmslos mit Umwälzpumpen ausgerüstet.

*Heizkörper* gibt es in zahlreichen Bauarten wie Radiatoren, Plattenheizkörper, Konvektoren, ferner Strahlungsheizflächen in Decke oder Fußboden.

Für nachträglichen Einbau in Altbauten sind besonders Heizungsanlagen mit *waagerechter Rohrführung* geeignet, da weniger Durchbrüche erforderlich sind und die Montage weniger Zeit erfordert.

*Offene Heizungen* mit Temperaturen im Vorlauf und Rücklauf von 90/70 °C oder bei größeren Anlagen auch mit höheren Vorlauftemperaturen bis 110 °C haben ein Ausdehnungsgefäß an der höchsten Stelle des Gebäudes.

Bei den *geschlossenen Heizungen* unterscheidet man Anlagen mit Vorlauftemperaturen bis 120 °C und solche mit höheren Temperaturen. Die ersteren unterliegen bezüglich der Sicherheitseinrichtungen einfachen gesetzlichen Vorschriften; insbesondere kann bei öl- und gasbefeuerten Anlagen das Ausdehnungsgefäß auch im Kesselraum angeordnet werden. Die letzteren, die namentlich für Fernheizungen in Betracht kommen, unterliegen der Dampfkesselverordnung vom 1.8.1980 und DIN 4752 (1.67) – Für Anlagen bis 130 °C bestehen gewisse Erleichterungen.

Zur Ersparnis an Heizkosten wird neuerdings für Wohngebäude vorzugsweise die *Niedertemperaturheizung* angewendet, bei der geringere Heizmitteltemperaturen, jedoch größere Heizflächen erforderlich sind. Zusätzlich zur Nutzung fossiler Brennstoffe werden manchmal auch *Wärmepumpen* in bivalenter Betriebsweise verwendet. Sie sparen zwar kaum Primärenergie, verringern jedoch erheblich den Heizölverbrauch, sind aber als elektrische Wärmepumpen bei geringen Ölpreisen nicht wirtschaftlich.

### -33 Luftheizungen

werden nach Art der Warmlufterzeugung unterschieden in solche, die direkt mit Öl, Gas oder festen Brennstoffen betrieben werden, und solche, die als Zwischenmedium Dampf, Warm- oder Heißwasser verwenden.

Die *direkt befeuerten Warmluftheizungen,* deren Hauptbestandteil der mit Gas oder Öl beheizte Wärmeaustauscher ist, sind besonders für kurzzeitig benutzte Großräume geeignet, z.B. Kirchen, Ausstellungshallen, Säle, Turnhallen, namentlich dann, wenn für die Heizung von Büros und anderen kleinen Räumen keine Zentralheizung benötigt wird. Auch bei Werkstätten werden sie eingebaut. Weniger geeignet sind sie bei Gebäuden mit vielen Räumen, da es schwierig ist, ohne zeitliche und örtliche Überheizung die Heizluft gleichmäßig auf alle Räume zu verteilen. Eine Ausnahme hiervon ist die Luftheizung von *Einfamilienhäusern,* die im Ausland, namentlich in USA, sehr häufig mit Warmluftautomaten ausgerüstet werden, wobei die Wärmeaustauscher mit Gas oder Öl beheizt sind und dadurch eine gute Regelbarkeit erreicht wird. Bei uns gewinnt dieses Heizungssystem in Verbindung mit der Lüftung der Wohnung und *Wärmerückgewinnung* aus der Abluft an Interesse.

*Dampf- und Wasserluftheizungen* sind im allgemeinen nur Teile gewöhnlicher Zentralheizungen, indem sie in bestimmten Räumen die sonst verwendeten örtlichen Heizkörper ersetzen. Sie sind das bestgeeignete Heizverfahren für Großräume aller Art, z.B. Theater, Säle, Werkstätten, Montagehallen usw., während die zu diesen Räumen gehörenden Nebenräume: Büros, Aborte, Garderoben usw. besser durch Radiatoren oder andere Raumheizkörper geheizt werden. Zur Verwendung kommen je nach Örtlichkeit entweder *örtliche Luftheizgeräte* oder *zentrale Luftheizanlagen,* erstere namentlich in Fabriken und Hallen, letztere bei Sälen und Theatern. Ein besonderer Vorteil der Luftheizungsanlagen beruht darauf, daß mit ihnen gleichzeitig eine Lüftung der Räume und damit eine *Rückgewinnung* der Abluftwärme ermöglicht wird.

Für manche Bauten werden Luftheizungen mit *Nachtstromspeicherblock* verwendet, z.B. für Turnhallen, Aulen, Lagerhallen, auch größere Verkaufsräume.

Eine Sonderbauart ist die *Decken-Strahlungsheizung* mit in Rohren umlaufender aufgeheizter Luft. Geeignet für Werkstätten und Hallen.

## -4 FERNHEIZUNGEN

Größere *Gebäudeblocks,* wie z.B. einzelne Stadtteile, Krankenanstalten, Fabriken, Hochschulinstitute usw., können häufig eine Blockheizung oder Fernheizung erhalten, wobei das Heizwerk gleichzeitig die gesamte Wärmeversorgung der angeschlossenen Gebäude und evtl. auch die Kraftversorgung übernimmt. Die Fragen, die sich bei der Errichtung derartiger Werke ergeben, sind so vielseitig, daß jeder Einzelfall gesondert geprüft werden muß.

Auch bei der Errichtung von *Wohnblocks* und *Siedlungen* ist die Möglichkeit der Wärmelieferung durch ein Fernheizwerk in Erwägung zu ziehen *(Blockheizung).* Die Vorzüge sind sehr wesentlich: Fortfall der Kohleanlieferung und des Aschentransportes, Platzersparnis, Staubfreiheit, günstige Brennstoffausnutzung. Die Hauptschwierigkeiten liegen in der Verrechnung der Heizkosten mit den einzelnen Mietern und in den höheren Anlagekosten (Schwierigkeiten in der Finanzierung), namentlich bei geringer Wohndichte. Es besteht jedoch kein Zweifel, daß die Fernheizung, wenigstens in dicht bewohnten Stadtteilen, gegenüber der Zentralheizung einen wesentlichen Fortschritt bedeutet und daher mit der Zeit größere Bedeutung gewinnen wird, besonders im Hinblick auf die Ersparnis von Primärenergie.

Auch die Errichtung von *Blockheizkraftwerken,* die gleichzeitig Strom und Wärme liefern, wird mancherorts in Erwägung gezogen. Es sind kleine Heizkraftwerke, die hauptsächlich zur Deckung des Wärmebedarfs von Gebäudegruppen oder Industrieanlagen eingesetzt werden. Sie werden mit Verbrennungsmotoren oder Gasturbinen betrieben, deren Abwärme zur Heizung dient. Der erzeugte Strom wird in das öffentliche Netz eingespeist. Große Investitions- und Wartungskosten, jedoch wesentliche Energieersparnis.

Heizmittel in Europa vorzugsweise Heißwasser, in den USA Hochdruckdampf.

### -5 UNKONVENTIONELLE HEIZUNGEN

**-51 Elektrische Wärmepumpenheizung** siehe Abschn. 225-17

**-52 Absorptions-Wärmepumpen** siehe Abschn. 225-18

**-53 Gasmotor-Wärmepumpen** siehe Abschn. 225-19

**-54 Sonnenheizung** siehe Abschn. 225-2

## 264 Bautechnische Maßnahmen

Die nachstehenden Angaben sollen dem Architekten Hinweise auf die baulichen Maßnahmen geben, die beim Einbau heiztechnischer Anlagen zu berücksichtigen sind.

Für den Einbau aller, auch kleiner Zentralheizungen ist eine bauaufsichtliche Genehmigung erforderlich. Die *bauaufsichtlichen Vorschriften* sind in den Bauordnungen der einzelnen Bundesländer enthalten, weisen jedoch leider untereinander erhebliche Unterschiede auf. Dazu kommen auch noch unterschiedlich zuständige *Behörden,* Bauaufsichtsbeamte, Technische Überwachungsvereine, Ämter für Umweltschutz u. a.

Eine *Muster-Verordnung* über Feuerungsanlagen und Brennstofflagerung in Gebäuden ist inzwischen von den bauaufsichtlichen Behörden am 1. Jan. 1980 veröffentlicht worden. Sie wird im Laufe der Zeit von allen Bundesländern übernommen[1]). Damit würde eine gewisse Einheitlichkeit in der Bundesrepublik erreicht.

Hingewiesen sei weiter auf die früheren „Heizraum-Richtlinien" der Argebau (11.58) und die VDI-Richtlinie 2050 (10.63): Heizzentralen.

Alle Feuerungsanlagen unterliegen außerdem dem *Bundes-Immissions-Schutzgesetz* vom 15. 3. 1974 und 4. 3. 82 bzw. der Durchführungsverordnung über Feuerungsanlagen (28.8.74, 5.2.79 u. 24.7.85). Darin sind u. a. Grenzwerte für den Auswurf von Ruß, Staub und Kohlendioxyd angegeben sowie eine regelmäßige Überwachung vorgeschrieben. Ferner 1. Allgem. Verwaltungsvorschrift (TA-Luft) vom 27.2.86 beachten.

Für Feuerungsanlagen über 1 MW besteht darüber hinaus Genehmigungspflicht nach der 4. VO v. 24.7.85 (siehe hierzu Abschn. 19 u. 711).

### -1 HEIZRÄUME

### -11 Lage

Anordnung der Heizzentrale meist im *Keller* des Gebäudes, bedingt durch Lage des Schornsteins, Anfuhrmöglichkeit der Brennstoffe, Abfuhr der Rückstände (bei festen Brennstoffen), Lage der Ausdehnungsgefäße (bei Warmwasserheizungen).

Zentrale Anlage möglichst anzustreben, jedoch nicht immer durchführbar. Beispiele von Heizzentralen verschiedener Bauart und Leistung siehe Bilder 264-6 bis -18.

---

[1]) Mitteilungen des Instituts für Bautechnik, Berlin, 2.6.80.

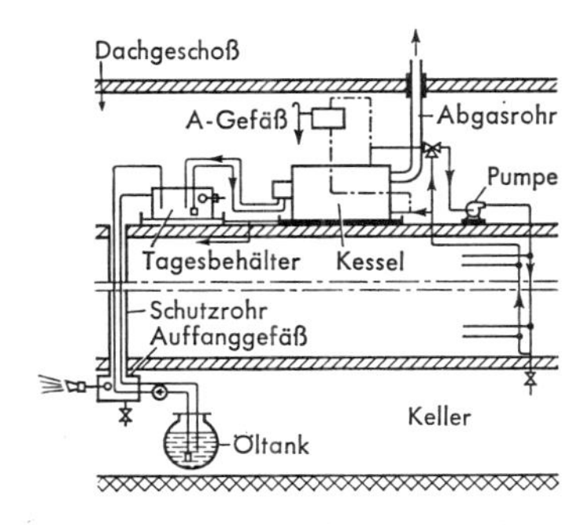


Bild 264-2. Gebäude mit Dachkesselhaus.

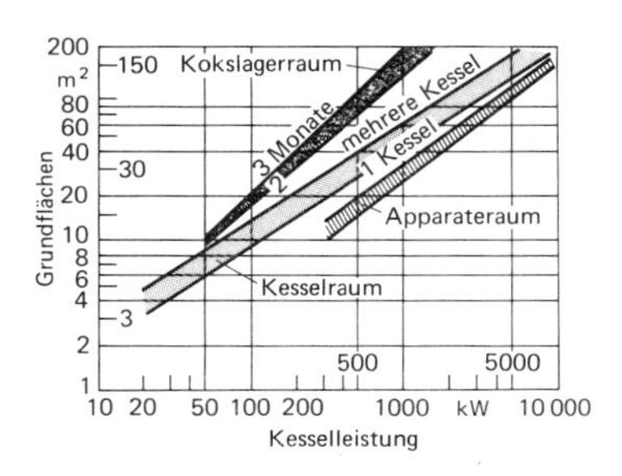


Bild 264-4. Ungefährer Grundflächenbedarf von Heizräumen, Apparateräumen und Kokslagerräumen.

*Dachheizzentralen*[1])

Gelegentlich, namentlich bei Hochhäusern, auch Anordnung der Heizzentrale auf dem Dach oder im *Dachgeschoß*. Nur für Öl- oder Gasfeuerung. Bild 264-2. Die zu beachtenden Richtlinien sind meist in den Bauordnungen oder Feuerungsverordnungen der Länder enthalten. Einzelgenehmigung der Bauaufsicht erforderlich. Windeinfluß beachten.

Ölkessel, meist als Überdruckkessel, aus Stahl oder Guß. *Öldichte Wanne* unter Kessel und Brenner. Ölleitungen in Schutzrohr verlegt, das unten in einem Sammelgefäß mit Schwimmer endet, damit bei Rohrbruch die Anlage abgeschaltet wird.

*Öltank* im Keller oder Erdreich üblich. Zusätzliche Ölförderpumpe mit Reserveaggregat fördert das Öl vom Tank zum Ölbrenner oder in einen Tagesbehälter.

*Gasbeheizte Kessel* sind besonders vorteilhaft, sowohl mit oder ohne Gebläse. Bei Gasbrennern ohne Gebläse ist jedoch der Windeinfluß besonders zu beachten.

Ausdehnungsgefäß offen oder geschlossen mit Wassermangelsicherung, um Trockenlaufen des Kessels zu verhindern.

Umwälzpumpe für Heizung muß entgegen dem Schwerkraftauftrieb arbeiten. Es ist auf genügenden Zulaufdruck zu achten, damit Pumpe nicht im Kavitationsbereich arbeitet. Evtl. Pumpen tiefer einbauen (s. auch Abschn. 236-1). Heizungsrohrnetz entweder mit unterer oder meist oberer Verteilung.

*Vorteile* der Dachheizzentrale:

Wegfall des Schornsteins mit seinen Nachteilen (Platzbedarf, Wärmeverluste, Versottungsgefahr, Zugschwierigkeiten, Wartungskosten);
Platzersparnis im Keller;
Druckentlastung des Kessels, keine Hochdruckausführung;
Fortfall der Sicherheitsvorlauf- und Rücklaufleitungen;
höherer Kesselwirkungsgrad durch geringere Abgastemperatur.

*Nachteile:*

Zusätzliche Dachbelastung;
erhöhte Sicherheitsanforderungen gegen auslaufendes Öl;
erhöhte Schallschutzmaßnahmen am Kessel und Brenner;
eventuelle Schwierigkeiten bei Kesselmontage und Kesselreparaturen;
Verlegung der Brennstoffleitungen bis zum Dach.

*Kosten.* Vergleichsrechnungen über die Gesamtkosten bei Kesselanlagen im Keller oder auf dem Dach sind von Fall zu Fall unterschiedlich. Sie können je nach den örtlichen Verhältnissen zugunsten der einen oder anderen Bauart ausfallen.

[1]) Philipps, M.: TAB 5/77. S. 493/7.
DVGW-Arbeitsblatt G 672 (12.73): Gasbefeuerte Dachheizzentralen.
Usemann, K. W.: TAB 8/9. 74. S. 575/82 u. Öl+Gasfg. 12/78. S. 686/90.

### -12 Grundfläche[1])

Schon bei Planung des Gebäudes ist möglichst ein Heizungsingenieur zur Festlegung der Zahl, Art und Größe der Kessel und der Abmessungen des Heizraumes hinzuzuziehen.

Die Größe des Kesselraumes ist von Zahl und Art der Kessel abhängig. Richtwerte für den Platzbedarf siehe Bild 264-4. Besser ist jedoch rechtzeitige Planung und Festlegung der Kesselbauart. Große Anlagen sind mit mehreren Kesseln auszurüsten, z. B. zwei Kessel zu 40% und 60% oder drei Kessel gleicher Größe.

Aufstellung der Kessel derart, daß Wartung und Bedienung von allen Seiten möglich ist.

Bei Kesseln mit festen Brennstoffen

Abstand zwischen Kesselvorderseite und Wand mindestens Kessellänge oder Rostlänge + 1 m.

Bei Spezialkesseln, Öl- und Gasfeuerung auch andere Abstände. Kessel auf Sockeln, um Verrosten zu vermeiden.

Unterteilung der Kesselanlage je nach Betriebssicherheit, Kleinstellbarkeit, Gleichzeitigkeitsfaktor der verschiedenen Wärmeverbraucher. Reservekessel nicht unbedingt erforderlich.

Schallschutzmaßnahmen evtl. vorsehen.

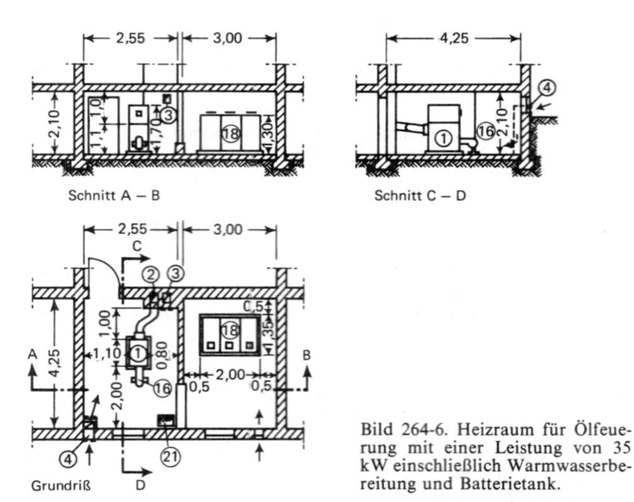


Bild 264-6. Heizraum für Ölfeuerung mit einer Leistung von 35 kW einschließlich Warmwasserbereitung und Batterietank.

Zahlenerklärung für Bild 264-6 bis 264-18:

| | | |
|---|---|---|
| 1 = Kessel | 9 = Kesselbühne | 20 = Tisch für Heizer bzw. Heizerraum |
| 1a = Kessel | 10 = Schalttafel | 21 = Schlammgrube bzw. Entwässerung |
| 2 = Schornstein | 11 = Montageöffnung | 22 = Werkraum |
| 3 = Abluft | 12a = Kokskarre | 24 = Reinigungsöffnung |
| 4 = Zuluft | 13 = Laufschiene | 25 = Müll- u. Aschetonnen |
| 5a = Notausstieg | 16 = Heizölbrenner | 26 = Kokseinwurf |
| 6 = Aschenaufzug | 17 = Heizöltagesbehälter | 30 = Rollschaufel |
| 7 = Verteiler- u. Pumpenraum | 18 = Öltank | |
| 8 = Rohrkeller | 19 = Heizölpumpe | |

[1]) VDI 3803 (11.86): Bauliche und techn. Anforderungen bei RLT-Anlagen.

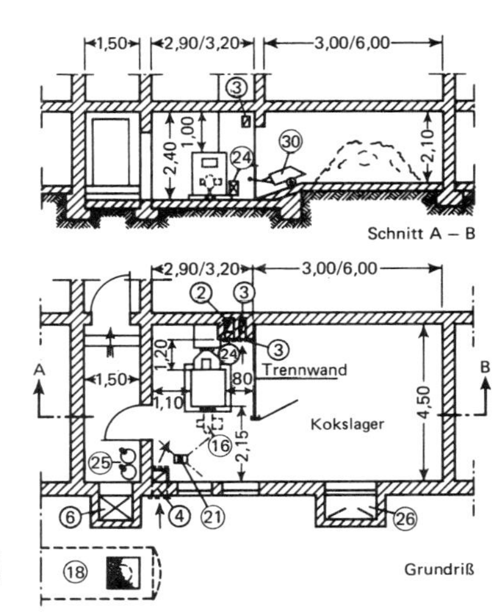


Bild 264-8. Heizraum für Koks- oder Ölfeuerung mit einer Leistung von 75···150 kW. (Legende s. Bild 264-6)

### -13 Höhe

Lichte Höhe des Kesselraumes mindstens 2 m. Lichte Höhe zwischen Kesseloberseite und Decke (oder Unterzug) bei von oben zu reinigenden Kesseln:

über 150 kW mindestens 1,50 m
über 350 kW mindestens 1,80 m

Lichte Höhe zwischen Kesselbühne und Decke (oder Unterzug) bei von oben beschickten Kesseln mindestens 2,0 m.

Kesselraumvertiefung hängt ab von der Höhe der Kessel. Bei Niederdruck-Dampfheizungen ist der mittlere Wasserstand maßgebend, im Mittel Kesselfußboden etwa 3,25 m unter dem tiefsten Heizkörper bei einer waagerechten Ausdehnung des Gebäudes von etwa 50 m bzw. 4,0 m bei einer Ausdehnung von etwa 100 m.

### -14 Wände, Decken, Fußböden

Wände und Decken müssen feuerbeständig sein und aus nicht brennbaren Baustoffen bestehen. Fußböden nicht brennbar.

Keine offene Verbindung mit Räumen zum dauernden Aufenthalt von Menschen.

### -15 Ausgänge, Türen und Fenster

Mindestens ein Fenster ins Freie, wenn die ständige Anwesenheit eines Heizers erforderlich ist. Tür, nach außen aufschlagend, zum Hausinnern immer mit Selbstschließer.

Über 350 kW zwei Ausgänge, davon einer ins Freie (evtl. Ausstieg durchs Fenster). Alle Türen feuerhemmend.

### -16 Lüftung

Heizräume müssen be- und entlüftet werden. Bei natürlichem Auftrieb Zuluftöffnung für Außenluft bei Leistungen bis 50 kW mindestens 300 cm², für jedes weitere kW je 2,5 cm². Abluftöffnung (Abluftschacht) neben dem Schornstein bei festen und flüssigen Brennstoffen mindestens 25% des Schornsteinquerschnittes (mindestens 200 cm²). Bei Entlüftung mittels Ventilatoren ist ein Volumenstrom von 0,5 m³/h je kW vorgeschrieben. Die Zuluft muß so bemessen sein, daß bei Leistungen bis 1000 kW der Unterdruck $< 0{,}03$ mbar, darüber $< 0{,}5$ mbar ist.

Abluftöffnung unter Decke, Zuluftöffnung über Fußboden.

Bei Gasfeuerungen Zuluft und Abluft an der Außenwand.

## -17 Beleuchtung

durch Tageslicht und elektrisches Licht. *Notschalter-Feuerung* außerhalb des Heizraumes.

## -18 Entwässerung

durch Anschluß an Kanalisation oder durch Entwässerungsgrube mit handbetätigter oder automatischer Pumpe.

## -19 Aschen- und Schlackenentfernung

Bei kleinen Anlagen Transport in Eimern zu den Mülltonnen (Bild 264-8 und -10). Bei größeren Anlagen Sammlung der Asche und Schlacke in Schlackenwagen und Transport der Wagen mittels elektrischen oder pneumatischen Aufzugs zum Hof oder zur Straße (Bild 264-12 und -16).

Bei sehr großen Anlagen Auffangen der Schlacke unterhalb der Kessel in einem besonderen Aschegang mit besonderen Behältern und Transport durch Aufzüge in Sammelgruben oder direkt in Lastwagen.

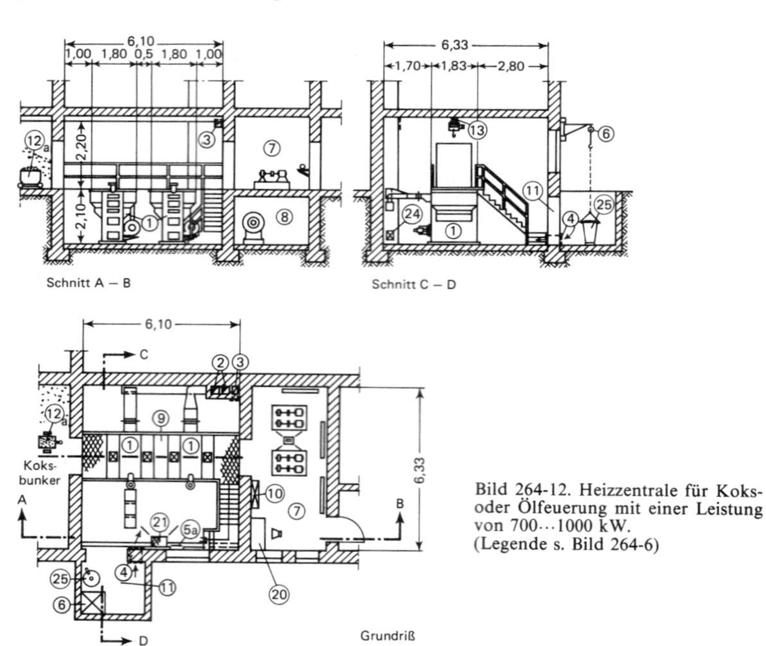


Bild 264-12. Heizzentrale für Koks- oder Ölfeuerung mit einer Leistung von 700···1000 kW.
(Legende s. Bild 264-6)

# -2 SCHORNSTEIN UND FUCHS

Siehe auch Abschn. 232.

Für jede Feuerstätte mit festen oder flüssigen Brennstoffen ein eigener Schornstein. Bei bestehenden Gebäuden kann auch ein gemeinsamer Schornstein für mehrere Feuerstätten zugelassen werden. Bei Gasfeuerungen können mehrere Feuerstätten an einen gemeinsamen Abgasschornstein angeschlossen werden.

*Schornsteine* sollen gut wärmedämmend sein. Wärmedurchlaßwiderstand mindestens 0,12 $m^2K/W$, bei ganzjährigem Betrieb 0,22 $m^2K/W$. Zweckmäßig besonders vom Bau gelöste Futterschornsteine (innen Formstein, z. B. Plewa-Vierkantrohr, außen Mantel,

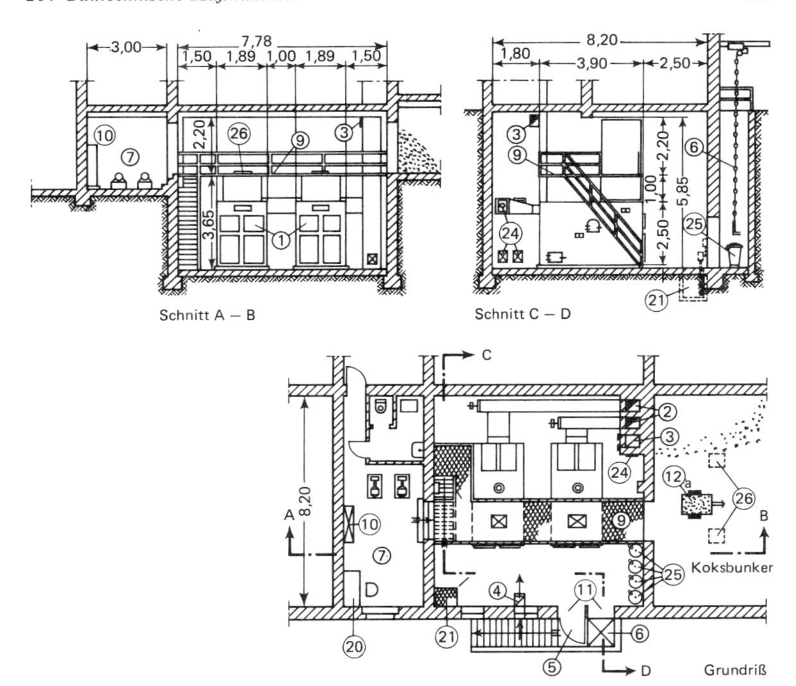


Bild 264-16. Heizzentrale für Koksfeuerung mit einer Leistung von ca. 2 MW. (Legende s. Bild 264-6)

dazwischen Wärmedämmung). Innenschornstein kann sich frei ausdehnen. Kein Reißen des Mauerwerks. Schleifen (Verziehen) vermeiden.

Lage möglichst im Innern des Gebäudes, nicht außen, immer im höchsten Gebäudeteil.

Querschnittsberechnung nach DIN 4705 (9.79).

Höhe mindestens 0,5 m über First, bei Flachdächern keine Stummelschornsteine.

Zum Schutz der Umwelt können von den Baubehörden auch größere Schornsteinhöhen verlangt werden (VDI 3781 Bl. 2. – 8.81 und Bl. 4 – 11.80). Dabei ist auf die mittlere Bebauung der Umgebung zu achten.

*Fuchs* (Verbindungsstück zwischen Kessel und Schornstein) nicht länger als ¼ der Schornsteinhöhe; gemauert, betoniert oder Stahlblech 3 bis 5 mm; leicht ansteigend, gegen Feuchte schützen. Strömungsgerechter Anschluß an Schornstein. Fuchsreinigungsöffnungen in genügender Zahl und bequem zugänglich. Unterirdische Verlegung vermeiden.

## -3 BRENNSTOFFRÄUME

### -31 Lage

Für Feuerstätten mit mehr als 150 kW Leistung ist bei *festen Brennstoffen* ein besonderer Brennstoffraum erforderlich. Er soll möglichst unmittelbar an den Heizraum angrenzen. Er wird bei vorderer Beschickung der Kessel zweckmäßig auf gleiche Höhe mit dem Heizraum gelegt. Bei oberer Beschickung soll die Brennstoffraumsohle nicht unter Kesselbühnenhöhe liegen. Anfahrweg befestigt. Anfuhr durch Lastwagen oder Spezialtransportwagen.

In *Wohnungen* darf Heizöl in ortsfesten Behältern bis 100 l, in Kanistern bis 40 l gelagert werden.

*Heizöl* kann bis zu einer Menge von 5000 l im Heizkesselraum gelagert werden.

Bei größeren Mengen besonderer Lagerraum erforderlich. Allseitig feuerbeständig. Fußboden ölundurchlässig. Auslaufendes Öl darf nicht in andere Räume gelangen können. Tanks im Gebäude, oberirdisch oder unterirdisch im Freien. Siehe auch Abschnitt 231-45.

Bei Anlagen mit einer Heizleistung bis 1 MW und auch darüber wird heute die Feuerung mit Heizöl EL oder Gas eindeutig vorgezogen.

## -32 Bemessung

Für die Bemessung des Festbrennstoff-Lagerraumes sind neben der Größe des Baues auch die Anforderungen an die Lagerhaltung maßgebend. (Entfernung vom Lieferer, Transportschwierigkeiten im Winter u. a.). Ferner ist die jährliche Häufigkeit der Anlieferung von Wichtigkeit. Kleine Anlagen erhalten den Jahresbedarf nur einmal angeliefert. Bei großen Anlagen Mindestvorrat für etwa zwei Monate zweckmäßig. Grundfläche dabei meist größer als Kesselraum; siehe Bild 264-4. Öltanks siehe Abschn. 231-45.

## -33 Ausführung

Bei Festbrennstoffen ist der Brennstoffraum vom Kesselraum durch eine feste Wand getrennt, um Verschmutzung des Kessels zu vermeiden.

Für große Anlagen mechanische oder automatische Beschickung der Kessel.

*Brennstoffbunker unterirdisch,* meist außerhalb des Gebäudes mit Einwurföffnungen (Bild 264-20). Decke muß Gefälle zum Gebäude haben, um Regenwasseransammlungen zu verhindern. Brennstofförderung zum Kessel mit Förderband, Förderschnecke, Greifer usw.

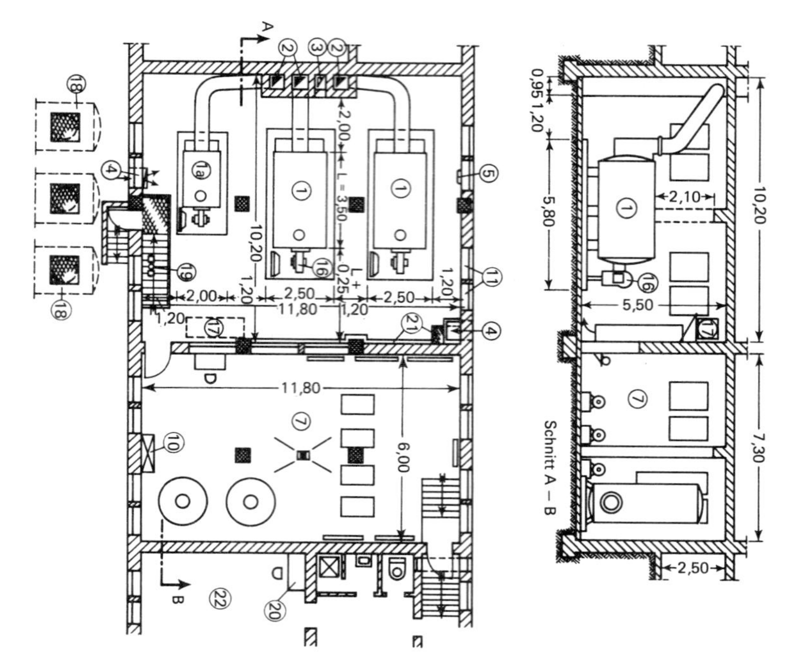


Bild 264-18. Heizzentrale für Ölfeuerung mit einer Leistung von 3500 kW. (Legende s. Bild 264-6)

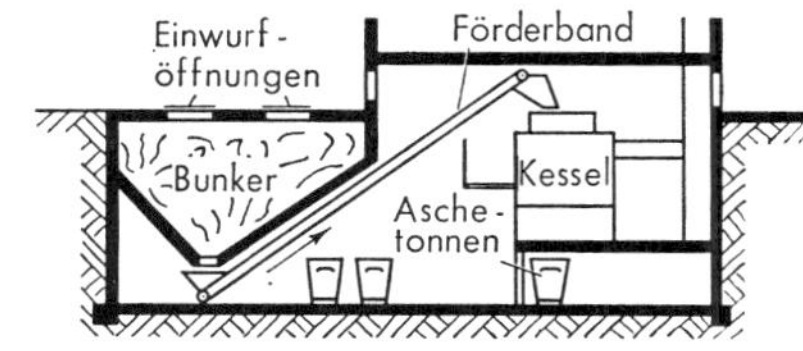


Bild 264-20. Unterirdischer Brennstoffbunker. Siehe auch Bild 231-18.

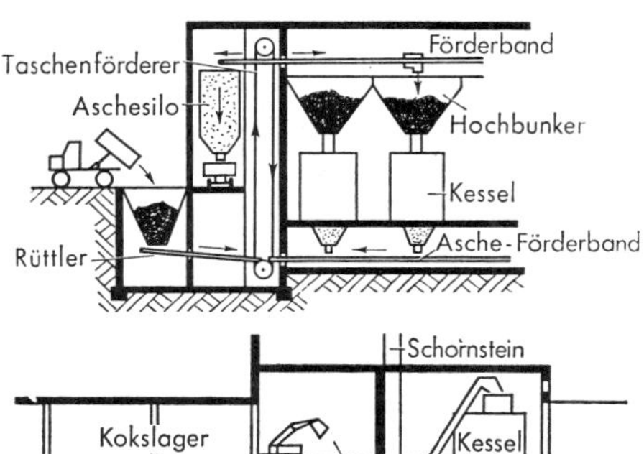


Bild 264-21. Brennstoffhochbunker über den Kesseln.

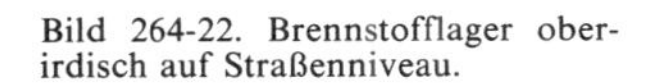


Bild 264-22. Brennstofflager oberirdisch auf Straßenniveau.

*Brennstoffhochbunker* direkt über den Kesseln. Beispiel Bild 264-21. Förderung des Brennstoffs vom Einfülltrichter mittels senkrechten Förderers in waagerechtes Förderband über den Kesseln. Unterhalb der Kessel Ascheförderband. Der senkrechte Förderer dient gleichzeitig auch für den Aschetransport zum Aschesilo. Füllmenge der Hochbunker beschränkt.

*Brennstofflager oberirdisch* überdacht am billigsten (Bild 264-22). Zwei oder mehr Lagerfelder. Transport der Kohle zu den Kesseln durch Schaufellader, Becherförderer, Förderband u. a.

## -4 VERTEILERRAUM

Bei großen Heizanlagen, etwa ab 600 kW, wird getrennt vom Heizraum ein Verteilerraum *(Apparateraum, Maschinenraum, Unterstation)* erforderlich. Darin befinden sich (Bild 264-12 bis -18):

Pumpen, Wärmeaustauscher, Vorlaufverteiler, Rücklaufsammler, Schalt- und Regelgeräte sowie andere Geräte.

Wichtig ist bequeme Zugänglichkeit aller Teile für Ein- und Ausbau bei Reparaturen. Rohrleitungen bei Platzmangel evtl. unterhalb des Raumes in einem Rohrkeller. Grundfläche etwa halb so groß wie die des Kesselraumes (Bild 264-4). Flächenbedarf und Raumhöhe siehe VDI 3803 (11.86).

Lüftung natürlich oder durch Ventilator, damit Raumtemperaturen nicht zu hoch werden.

Bei sehr großen Anlagen, etwa über 1,5 MW, auch besonderen Heizerraum mit Waschbecken, Duschen, Toiletten sowie evtl. Umkleideraum und Werkstattraum einplanen (Bild 264-18).

## -5 BESCHICKUNGSARTEN

Für die Förderung des festen Brennstoffs zu den Kesseln ist die Bunker- und die Kesselbauart maßgebend, insbesondere auch die freie Höhe oberhalb der Kessel. Grundsätz-

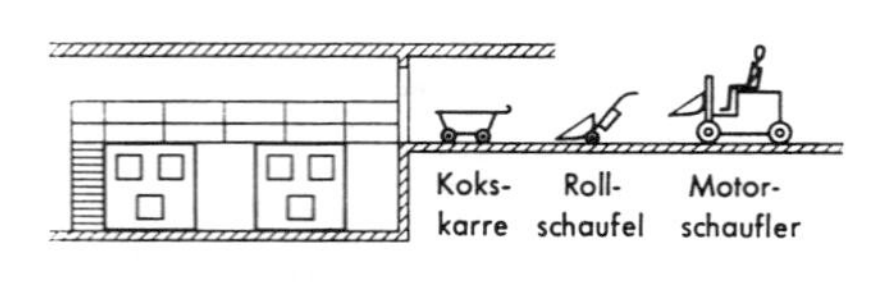


Bild 264-25. Kesselbeschickung mit Kokskarren, Rollschaufel oder Motorschaufler.

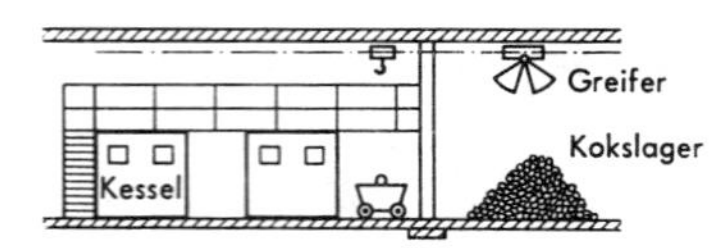


Bild 264-26. Kesselbeschickung mit Elektro-Hängebahn und Greifer.

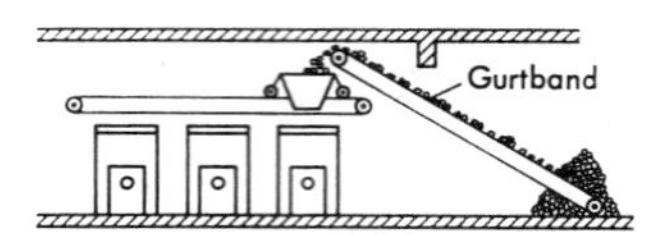


Bild 264-27. Kesselbeschickung mit Förderband.

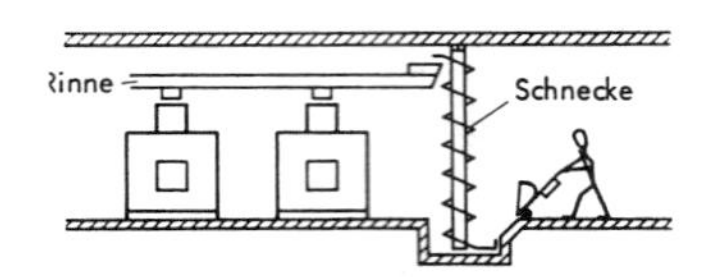


Bild 264-28. Kesselbeschickung mit Schnecke und Schüttelrinne.

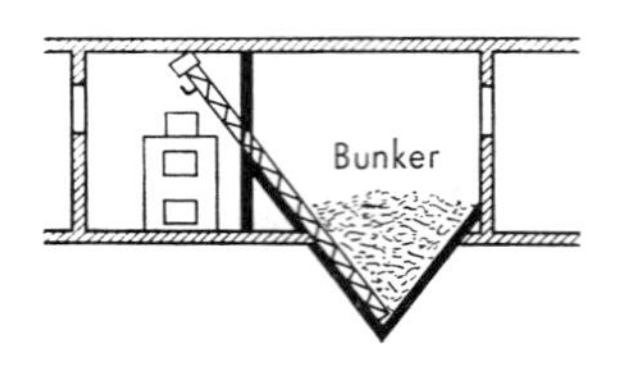


Bild 264-29. Schneckenförderer aus Bunker.

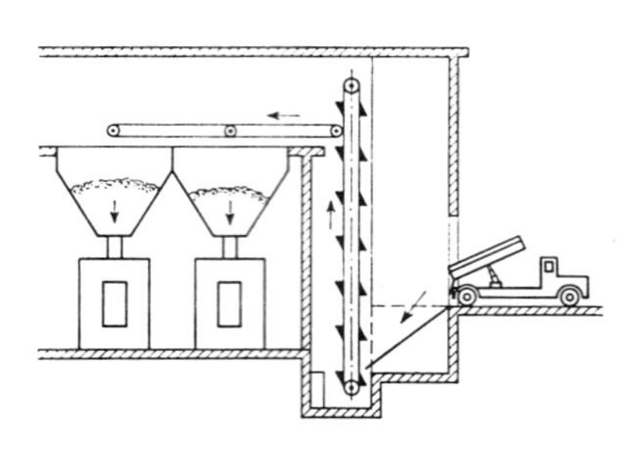

Bild 264-30. Kesselbeschickung mit Becherwerk und Hochbunker.

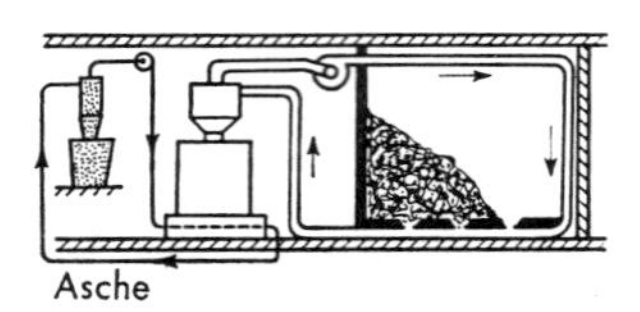


Bild 264-31. Pneumatische Kohlenbeschickung und Ascheförderung.

lich sollten die Beschickungseinrichtungen robust, verschleißfest und betriebssicher sein. (TA-Luft beachten.)

1. *Kokstransportkarren, Rollschaufeln mit Hand- oder elektrischem Antrieb.* Bild 264-25. Kesseldecke und Kokslager auf gleicher Höhe, Leistung etwa 2···5 $m^3$/h.
2. *Motorschaufler* Bild 264-25.
   Auch als Hubschaufler für Senkrechtförderung verwendbar, wenn Brennstofflager und Heizerstand auf gleicher Höhe. Leistung etwa 20 $m^3$/h.
3. *Hängebahn,* bestehend aus Laufschienen im Kesselraum und Kokslager mit Elektrozug, verwendbar auch bei Höhenunterschieden zwischen Kessel und Lager. Kokswagen oder Selbstgreifer. Leistung bis 100 $m^3$/h. Bild 264-26.
4. *Förderband* aus Gummigurten. Bild 264-27.
   Kokslager beliebig hoch. Band staubdicht gekapselt. Beschickung des Bandes von Hand oder vom Bunker. Für senkrechte Förderung von Kohle und Asche *Gurttaschenförderer.* Leistung bis 500 $m^3$/h. In ähnlicher Weise arbeiten die *Becherförderer,* waagerecht und ansteigend. Förderleistung bis 50 $m^3$/h.
5. *Schneckenförderer* und Schüttelrinnen. Bild 264-28. Bis 200 $m^3$/h.
6. *Schneckenförderer* aus Bunker (Bild 264-30).
7. *Becherwerk und Hochbunker* über den Kesseln (Bild 264-30). Nachfüllen automatisch in Abhängigkeit vom Füllstand des Kessels. Pneumatische Betätigung der Schieber. Bis 100 $m^3$/h.
8. *Pneumatische Förderung* mit Gebläse nur bei kleinen Korngrößen $< 40$ mm. Bild 264-31. Kesselleistung $> 1{,}5$ MW. Offene und geschlossene Systeme. Häufig mit pneumatischer Ascheförderung verbunden. Bis 25 $m^3$/h.
9. *Koksheizautomaten* enthalten Kessel, Beschickungseinrichtung und Ascheförderung in einer automatisch arbeitenden Einheit (Bild 231-18).

## -6 ASCHEBESEITIGUNG

Für kleine Anlagen bis etwa 200 kW wird die Asche in *Aschentonnen* gesammelt und mit handbetätigtem oder elektrischem Aufzug ins Freie gebracht.

*Mechanische Kessel* haben häufig fahrbare Auffangbehälter unter den Kesseln, wobei die Schlacke jedoch umgefüllt werden muß. Bei anderen Bauarten Aschentonnen unter den Kesseln.

Für Großanlagen *automatische Beseitigung* der Rückstände durch geeignete Fördermittel wie Gurtbänder, Becherwerke, Kippkübelaufzüge aus Wasserbehältern unterhalb der Kessel in den Aschehochsilo (Naßentschlackung). Entleerung durch Spezialfahrzeuge.

Bei *pneumatischer Entschlackung* Transport der durch Brechanlagen zerkleinerten Rückstände in 100 bis 150 mm dicken Rohrleitungen durch Druck- und Saugluft in den Silo.

## -7 HEIZKÖRPER siehe auch Abschnitt 233

### -71 Radiatoren

Für die meisten Heizungsanlagen werden heute neben Flachheizkörpern stählerne, seltener gußeiserne Radiatoren verwendet. Aufstellung am besten unter den Fenstern zum Ausgleich der Wärmeabstrahlung durch die kalten Außenwand- und Fensterflächen. *Innenwandaufstellung* ist billiger, jedoch platzraubend und heiztechnisch weniger günstig, da bei kaltem Wetter an den Fenstern Zugerscheinungen möglich sind. Zulässig nur bei sehr guter Wärmedämmung. Zur Ersparnis an Rohrleitungen ist die Lage der Heizkörper so zu wählen, daß möglichst mehrere Heizkörper an einen Steigestrang angeschlossen werden können. Die in den Normblättern oder Firmenkatalogen angegebenen Mindestabstände von Wand, Fußboden und Fensterbrett sind einzuhalten. Befestigung an Wandkonsolen statt auf Füßen ist günstiger, da Fußbodenreinigung leichter. Die Wandfläche hinter den Heizkörpern ist zur Verringerung des Wärmeverlustes mit Wärmedämmung zu versehen; Wärmedämmung darf nach WSVO hier nicht schlechter sein als bei den übrigen Außenwänden. Heizkörper vor Glasflächen sind auf der Rückseite abzudecken.

*Verkleidungen* von Heizkörpern verringern die Wärmeabgabe, erfordern also größere Heizflächen. Zur leichteren Reinigung der Heizkörper sollen die Verkleidungen leicht abnehmbar sein.

Außer den genormten Radiatoren gibt es auch eine große Zahl mit anderen Abmessungen, besonders solche mit geringer Höhe oder Tiefe, die in steigendem Maße verwendet werden.

### -72 Rohrheizkörper

in Form von glatten Rohren, Rohrregistern oder Rippenrohren werden im allgemeinen nur noch in untergeordneten Räumen, z. B. Garagen, Garderoben, Lagerräumen, manchmal auch in Werkstätten, angebracht.

Den Rohrheizkörpern ähnlich sind die plattgedrückten Rohren gleichenden *Plattenheizkörper* und ähnliche Bauarten, die sich durch ihre geringe Bautiefe auszeichnen.

### -73 Konvektoren (verkleidete Rippenrohre)

werden häufig verwendet, da sie wesentlich billiger als Radiatoren sind. Sie sind wegen der erschwerten Reinigungsmöglichkeit hygienisch weniger günstig als glatte Radiatoren, ermöglichen jedoch durch Verwendung geeigneter Verkleidungsplatten einen sehr gefälligen Einbau in den Fensterbrüstungen. Die den Konvektoren ähnlichen *Sockelheizkörper* werden gelegentlich verwendet, da gleichmäßige Heizwirkung z. B. an Außenwänden, platzsparend und optisch unauffällig.

### -74 Flachheizkörper

Diese meist aus Stahl hergestellten Heizkörper werden in vielen Bauformen geliefert. Geringe Bautiefe. Vorderseite glatt oder profiliert, manchmal bündig mit Wand verlegt. Aus architektonischen Gründen häufig bevorzugt.

### -75 Flächenheizungen

Hierzu zählen die Fußboden-, Wand- und Deckenheizungen. Diese Art der Heizung wird vorzugsweise dann verwendet, wenn aus architektonischen oder sonstigen Gründen in den beheizten Räumen keine Heizkörper sichtbar sein sollen, z. B. in Empfangszimmern, Kassenhallen, Festsälen oder in Bädern. In diesen Fällen muß der Architekt noch frühzeitiger als bei sonstigen Heizungen den Heizungsingenieur hinzuziehen, da die Heizrohre bereits während der Errichtung des Baues verlegt werden müssen. In Fabriken sind in den letzten Jahren häufig Bandstrahler eingebaut worden.

Flächenheizungen mit *Kunststoff- oder Kupferrohren* werden namentlich als Fußbodenheizungen verwendet, ebenso elektrische *Fußboden-Speicherheizungen* bei günstigem Nachtstromtarif. Deckenheizungen für Wohnungen und Büros werden nur noch selten ausgeführt.

### -76 Luftheizungen

Bei Luftheizungen für Großräume ist rechtzeitig ein geeigneter Raum für die Ventilatoren und Lufterhitzer anzugeben. Auch die Lage der Zuluft- und Umluftkanäle ist gemeinsam mit der Installationsfirma festzulegen. Bei Einfamilienhäusern findet die *Warmluftheizung* in Deutschland in Verbindung mit kontrollierter Lüftung langsam größere Anwendung.

## -8 ROHRLEITUNGEN siehe auch Abschnitt 234

Bei großen Heizungsanlagen bilden die Kessel und Heizkörper miteinander verbindenden Rohrleitungen häufig ein umfangreiches, weitverzweigtes Rohrnetz. Um Behinderungen und Überschneidungen durch andere Installationsleitungen zu verhindern, ist die Rohrführung *frühzeitig* in einem *Rohrplan* festzulegen, aus dem außer der Lage der Rohrleitungen alle erforderlichen Wand- und Deckendurchbrüche sowie Mauerschlitze und Dehnungsausgleicher ersichtlich sein sollen.

Neben Stahlrohren sind auch Kupferrohre weit verbreitet, seltener Präzisionsstahlrohre.

Bei Wohnungen, Büroräumen und ähnlichen Gebäuden werden die Rohrleitungen aus hygienischen und architektonischen Gründen meist in *Mauerschlitzen* verlegt. Vor dem Schließen der Schlitze sind die Rohre einer sorgfältigen Dichtigkeitsprobe zu unterwerfen.

Alle nicht zur Wärmeabgabe bestimmten Rohrleitungen sind mit Wärmeschutz zu versehen, deren Dicke vorgeschrieben ist (2. Heizungsanlagenverordnung vom 24.2.82). Wärmeschutz mit Mineralwolle, Kunststoffschaum o.ä.

Bei Verlegung von Rohren unterhalb des Estrichs ist wegen *Korrosionsgefahr* besondere Vorsicht geboten. Keine Verbindungsstellen, keine Beschädigungen der Rohre. Waagerechte Kupferrohrleitungen können auch hinter den Fußleisten der Räume verlegt werden. Auch diese Rohre sind nach Heiz.Anl.-VO zu isolieren, was entsprechende Estrichdicke erfordert.

Bei Hochhäusern sind für die Hauptsteige- und Falleitungen besteigbare *Rohrschächte* zweckmäßig, die auch zur Aufnahme anderer Hausleitungen verwendet werden können.

Bei der Durchführung von Rohren durch Wände und Decken sind Rohrhülsen mit Rosetten zu verwenden, damit sich die Rohre frei ausdehnen können, ohne den Putz zu beschädigen und Geräusche zu verursachen.

Die *Montagedauer* für eine Heizungsanlage hängt von vielen Umständen ab. Überschlägig kann sie bei Neuanlagen in Tagen ermittelt werden, wenn man die Zahl der Kessel und Heizkörper mit 1,5 multipliziert.

## 265 Investitionskosten

Die Anschaffungskosten einer Heizungsanlage sind von der Art der Heizung, ihrem Umfang und vielen Faktoren abhängig. Die für ausgeführte Anlagen angegebenen Kosten schwanken daher auch in starkem Maße.

*Anhaltszahlen* für eine überschlägliche Schätzung der Kosten für Öl- und Gasheizung sind in Bild 265-1 und 265-2 enthalten, Stand 1987.

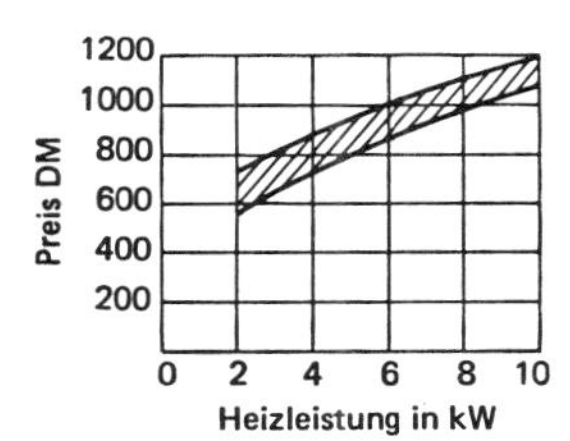


Bild 265-1. Durchschnittliche Verbraucherpreise von Einzel-Heizgeräten in Abhängigkeit von der Heizleistung.

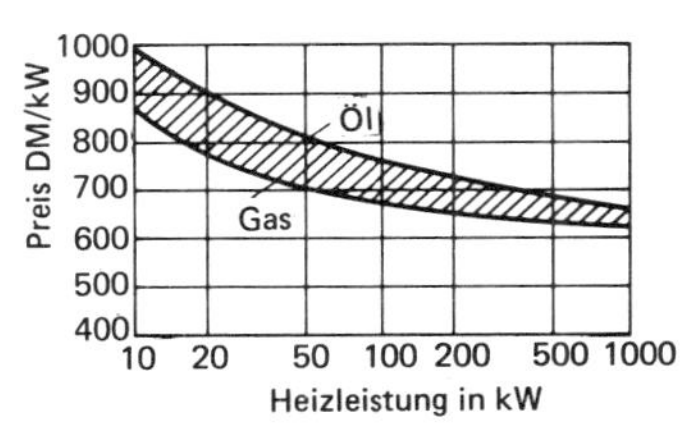


Bild 265-2. Ungefähre Investitionskosten von Zentralheizungsanlagen mit Radiatoren für Wohngebäude 1987 (ohne Baukosten).

Auch folgende Richtpreise für Heizungen in *Neubauten* ohne Nebenkosten sind für Schätzungen verwendbar (bezogen auf die installierte Leistung):

| | |
|---|---|
| Elektrische Heizgeräte | 50···70 DM/kW |
| Eiserne Öfen mit automatischer Regelung | 150···200 DM/kW |
| Gasheizöfen | 300···400 DM/kW |
| Öleinzelöfen | 200···250 DM/kW |
| Kachelgrundöfen | 300···400 DM/kW |
| Elektrische Fußbodenspeicherheizung | 700···800 DM/kW |
| Elektrische Speicheröfen mit Verdrahtung | 600···800 DM/kW |
| Umlaufgaswasserheizung mit Heizkörpern | 500···600 DM/kW |

Bei Sanierung von *Altbauten* sind die Kosten wesentlich höher.

Die zusätzlichen baulichen *Nebenkosten* (Maurer-, Maler-, Tischler-, Elektrikerarbeiten usw.) sind bei den einzelnen Heizungsarten sehr unterschiedlich und betragen etwa:

bei Zentralheizungen .......................................10···15%
bei Einzelöfen .......................................20···30%

Anteil der *gesamten Einrichtungskosten* der Heizung an den Baukosten von Geschoßbauten etwa:

bei Einzelöfen mit Kohle .......................................4··· 6%
bei Einzelöfen mit Öl .......................................5··· 7%
bei Einzelöfen mit Gas .......................................6··· 8%
bei Kachelöfen .......................................7··· 8%
bei Warmluftkachelöfen .......................................6··· 8%
bei Stockwerkheizungen .......................................8···10%
bei Zentralheizungen .......................................8···12%

Bei Warmwasserzentralheizungen mit Ölfeuerung sind die anteiligen Kosten etwa:

Kessel mit Brenner, Tank, Regelung und
sonstigem Zubehör ....................................... ≈ 55···35%
Rohrnetz mit Pumpen ....................................... ≈ 25···30%
Heizkörper ....................................... ≈ 30···35%

Bei den sog. *Niedertemperaturheizungen* mit max. Vorlauftemperaturen von ca. 55 °C sind die Kosten für Heizkörper und Kessel geringfügig höher. Kompensation durch Energieeinsparung.

Im Vergleich der Heizsysteme sind die Investitionskosten für die Heizung von *Ein- und Zweifamilienhäusern* etwa folgende:

Koksheizung ....................................... 700 DM/kW
Fernheizung ....................................... 800 DM/kW
Gasheizung ....................................... 900 DM/kW
Ölheizung ....................................... 1000 DM/kW
Nachtstromspeicher (Einzelofen) ....................................... 800 DM/kW
Bivalente Wärmepumpe mit Gas- oder Ölkessel ...... 1800 DM/kW
Bivalente Gasmotor-Wärmepumpe ....................................... 2500 DM/kW

# 266 Heizungskosten[1])

Überarbeitet von Dr.-Ing. D. Wolff

## -1 ALLGEMEINES

Die Heizungskosten setzen sich im wesentlichen aus 3 Teilen zusammen:

a) den *kapitalgebundenen Kosten* für Amortisation und Verzinsung des Kapitals, einschl. Instandsetzung und Erneuerung.

b) den *verbrauchsabhängigen Kosten* für Brennstoff bzw. Energie

c) den *Betriebskosten* (Wartung und Bedienung).

---

[1]) VDI 2067. 7 Blätter: Berechnung der Kosten von Wärmeversorgungsanlagen.
VDI 3808 (5.86): Energiewirtschaftliche Beurteilungskriterien für Heizungsanlagen.
Scheirle, N.: HLH 12/81. S. 463/8.
Dittrich, A.: HLH 1/82. S. 27/32 und Wärmetechnik 1/82. S. 5/8.
Müller, H.: HLH 5/82. S. 174/80.
Stiftung Warentest: Sparen beim Heizen. 2/85.

Der weitaus größte Teil der Gesamtkosten entfällt auf die Brennstoff- bzw. Energiekosten, die den Verbraucher am meisten interessieren.

Es gibt mehrere Methoden, um den voraussichtlichen Brennstoffverbrauch einer Heizungsanlage für eine kommende Heizzeit zu schätzen oder um den angemessenen Verbrauch in einer vergangenen Heizperiode zu kontrollieren. In erster Annäherung ist der Brennstoffverbrauch dem maximalen Wärmeverbrauch des zu beheizenden Gebäudes proportional. Genauer gesehen hängt er jedoch von einer großen Anzahl Faktoren ab, deren wichtigste folgende sind:

1. Güte des Wärmeschutzes und der Bauausführung, namentlich der Fenster;
2. Heizwert bzw. Brennwert der Brennstoffe;
3. Wirkungsgrad bzw. Nutzungsgrad des Kessels und der Verteilung;
4. Güte der Regelung;
5. Dauer der Betriebsunterbrechung bzw. des eingeschränkten Heizbetriebs;
6. Speicherfähigkeit des Gebäudes;
7. Komfortansprüche der Benutzer (höhere Raumtemperatur, Sommerheizung);
8. Sorgfalt der Bedienung.

Die verschiedenen in Benutzung befindlichen Brennstoffverbrauchsformeln unterscheiden sich dadurch, daß sie den Einfluß eines oder mehrerer dieser Faktoren berücksichtigen. Die bei ausgeführten Anlagen gemessenen Werte schwanken jedoch erheblich.

Die *Heizzeit* beginnt in Deutschland am 1. September und endet am 31. Mai (9 Monate). Der *Heizbetrieb* sollte aufgenommen werden, wenn die mittlere Außentemperatur an mehr als zwei Tagen unter 15 °C abgesunken ist. Das Heizen in den Sommermonaten Juni, Juli, August nennt man *Sommerheizung*.

Anteiliger Brennstoffverbrauch in den einzelnen Monaten etwa:

| | | | | | |
|---|---|---|---|---|---|
| Januar | 17,0% | Mai | 4,0% | September | 3,0% |
| Februar | 15,0% | Juni | 1,5% | Oktober | 8,0% |
| März | 13,0% | Juli | 1,5% | November | 12,0% |
| April | 8,0% | August | 1,0% | Dezember | 16,0% |

Wärmeverbrauch im ersten Heizwinter eines Neubaues infolge Bauaustrocknung ca. 15···20% größer.

Nachstehend wird zunächst dargestellt, wie der Jahreswärmebedarf und der Brennstoffverbrauch physikalisch richtig ermittelt werden. Daraus ergeben sich dann die Brennstoff- und Betriebskosten sowie die Heizungsgesamtkosten.

In Mehrfamilienhäusern erfolgt die Umlage der Kosten nach der Heizkosten-VO v. 23.2.81 (s. Abschn. 251-24).

## -2 JAHRESWÄRMEVERBRAUCH[1])

Grundlage zur Berechnung ist das Normblatt DIN 4701, nach dem der maximale Wärmebedarf $\dot{Q}_N$ *(Norm-Wärmebedarf)* eines Gebäudes zu ermitteln ist.

Nach der VDI 2067 Bl. 2 (E. 3.85) ist der jährliche Wärmeverbrauch in der Heizzeit bei Vorausberechnungen

$Q_a = b_v \cdot \dot{Q}_N$ in kWh/a.

$$b_v = \text{Vollbenutzungsstunden} = \frac{\text{Nutzwärme}}{\text{Normwärmebedarf } \dot{Q}_N}$$

Die *Vollbenutzungsstunden* $b_v$ werden berechnet durch die Gleichung

$b_v = f \cdot 24\ G_t/\Delta t_{\max}$ in h/a

$G_t$ = Gradtagszahl (Tafel 112-2)

$\Delta t_{\max}$ = maximale Temperaturdifferenz zwischen innen und außen in K

[1]) VDI-Richtlinie 3815 (E. 6.87): Bemessung der Leistung von Wärmeerzeugern.
VDI-Richtlinie 3808 (5.86): Energiewirtschaftliche Beurteilungskriterien bei Heizungsanlagen.
Wolff, D.: VDI-Bericht 508 (1984). S. 41/52.

Der Faktor $f$, der zahllose Einflüsse berücksichtigt, ist definiert durch

$$f = f_0 \cdot f_1 \cdot f_2 \cdot f_3 \cdot f_4 \cdot f_5 \cdot f_6 \cdot f_7 \cdot f_8 \cdot f_9$$

Die Bedeutung der einzelnen *Korrekturfaktoren* ist folgende.

| | | |
|---|---|---|
| $f_0$ | Korrekturfaktor für die | |
| | Wärmebedarfsrechnung nach DIN 4701 Ausg. 1959 | 1,00 |
| | Wärmebedarfsrechnung nach DIN 4701 Ausg. 1983 | 1,07 |
| $f_1$ | Ausgleichsfaktor: pauschale Berücksichtigung des Wärmeanfalles durch Sonneneinstrahlung und innere Wärmequellen | 0,78 |
| $f_2$ | Gleichzeitigkeit des Lüftungswärmebedarfs | |
| | DIN 4701 Ausg. 1959 | 0,75···0,95 |
| | DIN 4701 Ausg. 1983 | 1,00 |
| $f_3$ | Einfluß einer erhöhten Anheizleistung für Raumheizgeräte (z. B. Elektrospeichergeräte) | 0,85···1,00 |
| $f_4$ | Einfluß einer Teilbeheizung (z. B. unbeheizte Schlafzimmer) | 0,70···0,95 |
| $f_5$ | Abweichung der Raumtemperatur −3 K | 0,80 |
| | +3 K | 1,20 |
| $f_6$ | Einfluß der Wärmedämmung | 0,90···1,00 |
| $f_7$ | Regelbarkeit, Ausstattung mit Meß- und Regelgeräten | |
| | mäßig | 1,05···1,15 |
| | sehr gut | 0,80···0,85 |
| $f_8$ | Einfluß der Abrechnungsart | |
| | pauschal | 1,10 |
| | nach Verbrauch | 0,95 |
| $f_9$ | Kurzzeitfaktor | Tafel 266-2 u. 3 |

Überschlagszahlen für den maximalen Wärmebedarf $\dot{Q}_N$ von Gebäuden in Bild 266-1 und -2. Siehe auch Abschn. 238-6 und Tafel 364-8.

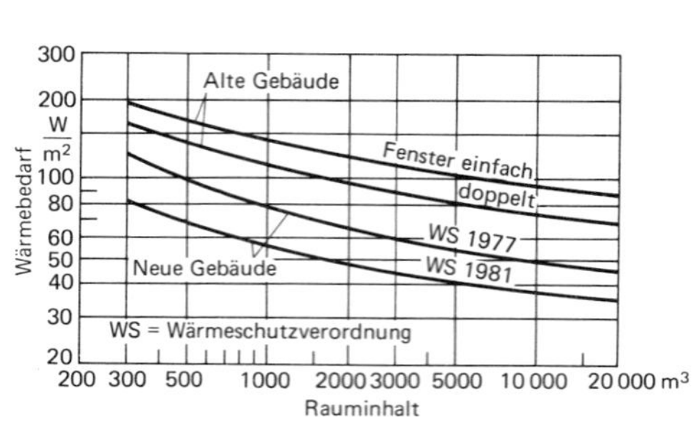


Bild 266-1. Durchschnittlicher maximaler Wärmebedarf von Wohn- und Bürogebäuden je m² Nutzfläche.

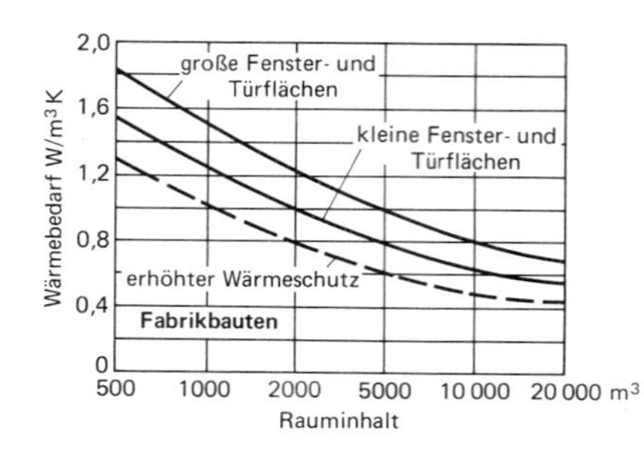


Bild 266-2. Durchschnittlicher maximaler Wärmebedarf von Fabrikbauten je m³ umbauter Raum.

**Tafel 266-2. Kurzzeitfaktor $f_9$ für verschiedene Gebäude mit typischen Benutzungsdauern**

| Gebäudeart | Raumbenutzungsdauer $b$ h/d | Kurzzeitfaktor $f_9$ ohne Wochenendabsenkung | Kurzzeitfaktor $f_9$ mit Wochenendabsenkung |
|---|---|---|---|
| Schule, einschichtig | 6 | 0,82 | 0,80 |
| Schule, zweischichtig | 12 | 0,91 | 0,87 |
| Schule, zweischichtig mit Abendnutzung | 14 | 0,93 | 0,88 |
| Bürohaus | 9 | 0,87 | 0,84 |
| Einfamilienhaus | 15 | 0,94 | – |
| Mehrfamilienhaus | 16 | 0,95 | – |
| Krankenhaus | 24 | 1,00 | – |

**Tafel 266-3. Kurzzeitfaktor $f_9$ für verschiedene tägliche Benutzungsdauern**

| Raumbenutzungsdauer | h/d | 4 | 6 | 8 | 12 | 16 |
|---|---|---|---|---|---|---|
| Kurzzeitfaktor | $f_9$ | 0,78 | 0,82 | 0,86 | 0,91 | 0,95 |

**Tafel 266-4. Mittlere Vollbenutzungsstunden $b_v$ für verschiedene Gebäudearten**

| Gebäude | Vollbenutzungsstunden $b_v$ im Winter | im Sommer | im Jahr |
|---|---|---|---|
| Einfamilienhaus, zentralgeregelt | 1491 | 62 | 1553 |
| Mehrfamilienhaus, zentralgeheizt | 1498 | 62 | 1560 |
| Mehrfamilienhaus, stockwerkgeheizt | 1409 | 59 | 1468 |
| Bürohaus | 1450 | 58 | 1508 |
| Krankenhaus | 1874 | 85 | 2018 |
| Schule, einschichtig (8.00 bis 13.00 Uhr) | 983 | 35 | 1018 |
| Schule, zweischichtiger Unterricht | 1091 | 39 | 1130 |

Anhaltswerte nach VDI 2067, Bl. 2 (E. 3.85). Zahlen gelten für Düsseldorf. Für andere Städte Umrechnung gemäß der Gradtagzahl Tafel 112-2.

Durch Annahme verschiedener Werte der Benutzungsdauer $b_v$ lassen sich für Überschlagsrechnungen periodische Betriebsunterbrechungen und andere Einflüsse berücksichtigen.

Bei vollbeheizten Gebäuden und durchgehendem Heizbetrieb ist die Benutzungsdauer für deutsche klimatische Verhältnisse etwa $b_v = 2000$ h. Für andere Verhältnisse siehe Tafel 266-4. Wohngebäude etwa 1500 ··· 1600 Stunden, bei hohen Ansprüchen auch mehr. Für Sommerheizungen ist mit einem Zuschlag von 50 ··· 100 Stunden, für Brauchwasserbereitung 200 ··· 300 Stunden zu rechnen.

Für genauere Berechnungen ist der Korrekturfaktor $f$ durch Multiplikation der einzelnen Einflußgrößen $f_0$ bis $f_9$ zu ermitteln. Für Wohn- und Bürogebäude normaler Betriebsart hat der Faktor $f$ Werte von etwa 0,50 ··· 0,60. Verfahren mit Korrekturfaktoren nach VDI 2067, Bl 2 ist z.T. umstritten[1]).

*Innere Wärmequellen*[2]) durch Personen, Geräte, Beleuchtung etwa 20 ··· 25 kWh/m²a, *Sonneneinstrahlung*[3]) durch Fenster und Außenwände etwa 30 ··· 50 kWh/m²a, jeweils bezogen auf die Wohnfläche.

[1]) Andreas, U., u. D. Wolff: HLH 2/84.
[2]) Rouvel, L.: Ges.-Ing. 3/84. S. 140/2.
[3]) Esdorn, H., u. G. Wentzlaff: HLH 9/81. S. 358/67.
Hauser, G.: TAB 6/84. S. 429/32.

## -3 JAHRESBRENNSTOFFBEDARF[1])

Der jährliche Energie- bzw. Brennstoffverbrauch ist wegen der Wärmeverluste des Kessels und der Rohrleitungen größer als der jährliche Wärmebedarf (Bild 266-5).

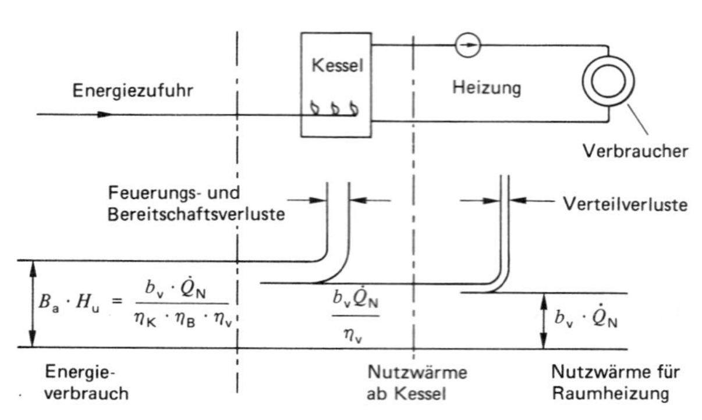


Bild 266-5. Nutzwärme und Verluste einer Heizanlage.

Der jährliche *Energieverbrauch* ist

$$Q_a = \frac{b_v \cdot \dot{Q}_N}{\eta_{ges}} = \frac{b_v \cdot \dot{Q}_N}{\eta_K \cdot \eta_v \cdot \eta_B} \text{ in kWh/a}$$

Der *Brennstoffverbrauch* ist

$$B_a = \frac{b_v \cdot \dot{Q}_N}{\eta_{ges} \cdot H_u} \text{ in kg/a bzw. m}^3\text{/a}$$

$H_u$ = Heizwert des Brennstoffes in kWh/kg bzw. kWh/m³
$\eta_{ges}$ = Gesamtwirkungsgrad des Kessels und der Verteilung
$\dot{Q}_N$ = Norm-Wärmebedarf in kW
$b_v$ = Vollbenutzungsstundenzahl bezogen auf $\dot{Q}_N$

Der *Gesamtwirkungsgrad* oder *Jahresnutzungsgrad* $\eta_{ges}$ über eine Heizperiode setzt sich näherungsweise wie folgt zusammen:

$$\eta_{ges} = \eta_K \cdot \eta_B \cdot \eta_v = \eta_a \cdot \eta_v$$

$\eta_K$ = Kesselwirkungsgrad
$\eta_v$ = Verteilungswirkungsgrad
$\eta_B$ = Bereitschaftswirkungsgrad
$\eta_a = \eta_K \cdot \eta_B$ = Kesselnutzungsgrad

Um den Brennstoffverbrauch zu senken, müssen alle drei Faktoren möglichst groß sein.

Der *Kesselwirkungsgrad* $\eta_K$, der von den Herstellern anzugeben ist, hat bei modernen automatisch geregelten und regelmäßig gewarteten Kesseln etwa Werte nach Tafel 266-6. Siehe auch Abschn. 231-8.

Der *Verteilungswirkungsgrad* $\eta_v$ kann je nach Wärmedämmung und Verlegung Werte von 0,94 bis 0,98 annehmen.

[1]) VDI 2067, Bl. 2 (E. 3.85): Berechnung der Kosten von Wärmeversorgungsanlagen, Raumheizung.
VDI 3808 (5.86): Energiewirtschaftl. Beurteilungskriterien bei Heizungasanlagen.
Dittrich, A.: Oel+Gasfg. 8/79. S. 450. Ferner 21. Kongreßbericht Berlin 1980. S. 41/4.
Böhm, G.: Ki 10/80. S. 405/8.
VDI-Bericht 388: Niedertemperatur-Heizsysteme (1980).
Dittrich, A.: HR 9/81. S. 536 und HLH 1/82. S. 27/32, ferner HLH 10/84. S. 492/4.
Idler, R.: WT 2/83. S. 34/7.
Plate, J., u. J. Tehumberg: HLH 1/83. S. 14/18.
Andreas, U., u. D. Wolff: HLH Heft 2 bis 5/1984.

**Tafel 266-6. Mittlere Kesselwirkungsgrade** $\eta_K$ (Baujahr ab 1980)

| Kesselleistung MW | Wirkungsgrad $\eta_K$ in % bei | |
|---|---|---|
| | Kohle und Koks | Öl und Gas |
| < 0,05 | 79…82 | 87…88 |
| 0,05… 0,12 | 82…85 | 89…90 |
| 0,12… 0,35 | 86 | 90 |
| 0,35… 1,2 | 86 | 90 |
| 1,2 … 4,6 | 86…87 | 90 |
| 4,6 …12 | 86…88 | 91 |
| >12 | 89…90 | 92 |

Wegen der Verteilungsverluste und der üblichen Überdimensionierung der Heizkessel ist es wichtig, zwischen den *Vollbetriebsstunden* bezogen auf den Wärmebedarf $\dot{Q}_N$, die Kesselleistung $\dot{Q}_K$ und die Feuerungsleistung $\dot{Q}_F = \dot{Q}_K/\eta_K$ zu unterscheiden.

Der *Bereitschaftswirkungsgrad* $\eta_B$ ist dadurch verursacht, daß auch bei Brennerstillstand Verluste $q$ durch Abstrahlung und Auskühlung des Kessels entstehen. Vorausberechnungen mit bekannter Vollbenutzungsstundenzahl $b_v$ näherungsweise:

$$\eta_B = \frac{b_K \cdot \dot{Q}_F}{b_K \cdot \dot{Q}_F + (b - b_K)\, q \cdot \dot{Q}_F} = \frac{1}{\left(\frac{b}{b_K} - 1\right) q + 1}$$

$b$ = Bereitschaftsdauer h/a

$q$ = spez. Betriebsbereitschaftsverlust bezogen auf $\dot{Q}_F$

$= \text{Verhältnis } \frac{\text{Wärmeabgabe bei Stillstand}}{\text{Kesselleistung bei Vollast}}$

$= \frac{\text{tägl. Brennerlaufzeit bei geschlossenem Ventil}}{24\ \text{h}}$

$\dot{Q}_F$ = Feuerungsleistung

$b_K$ = Vollbetriebsstunden für den Kessel

Der Wert von $q$ ist durch Versuche festzustellen, wobei der Kessel ohne Nutzleistung längere Zeit bei 80 °C in Betrieb gehalten und die Brennerlaufzeit gemessen wird. Er beträgt bei modernen großen Kesseln 0,003… 0,02; bei kleinen Kesseln 0,008…0,03; bei Kesseln mit Speicher 0,03…0,04, in ungünstigen Fällen bei sehr alten Kesseln bis 0,06 und 0,08. Die absoluten Verluste werden beeinflußt durch Kesselgröße, Wärmeschutz, Kesselwassertemperatur, Schornsteinzug, Heizraumtemp. und Dauer der Stillstandszeit. Überschläglich ist der Betriebsbereitschaftsverlust $q = \frac{3}{4} \cdot$ Strahlungsverlust bei Dauerbetrieb. Bei Kesseln mit Brauchwasserspeicher ist $q$ um 0,5…1% größer.

Die *Bereitschaftszeit b* ist die Zeit, während der der Kessel in Betrieb ist; bei reinen Heizungen ≈ 5000 bis 6500 h/a, bei Heizungen mit Brauchwassererwärmung 8760 h/a, ebenso bei Kesseln mit Schwimmbaderwärmung.

Der *Jahresnutzungsgrad* ist dann

$$\eta_{\text{ges}} = \eta_K \cdot \eta_v \cdot \eta_B = \eta_K \cdot \eta_v \frac{1}{\left(\frac{b}{b_K} - 1\right) q + 1}$$

Ist nicht die Vollbetriebstundenzahl $b_v$ bezogen auf $\dot{Q}_N$, sondern nur die *Feuerungsbetriebstundenzahl* $b_F$ des Betriebsstundenzählers bekannt, errechnet sich der Bereitschaftswirkungsgrad aus

$$\eta_B = \frac{1 - q\frac{b}{b_F}}{1 - q}$$

Der *Jahresnutzungsgrad* ist näherungsweise

$$\eta_{\text{ges}} = \eta_K \cdot \eta_v \cdot \eta_B = \eta_K \cdot \eta_v \cdot \frac{1 - q\frac{b}{b_F}}{1 - q}$$

Für den *Brennstoffverbrauch* läßt sich auch schreiben

$$B_a = \frac{1}{\eta_K \cdot H_u}\left[\underbrace{\frac{b_v \cdot \dot{Q}_N}{\eta_v}}_{\text{Nutzwärme ab Kessel}} + \underbrace{\dot{Q}_K \cdot q\,(b - b_K)}_{\text{Bereitschafts-wärme}}\right]$$

Eine Verbesserung des Bereitschaftswirkungsgrades $\eta_B$ läßt sich außer durch Abgasklappen, Zugbegrenzer, Wärmedämmung des Kessels auch durch folgende weitere Maßnahmen erreichen:

1. Verkleinerung des früher üblichen *Kesselzuschlags* bis auf Null, wodurch die Laufzeit $b_F$ der Feuerung verlängert und die Stillstandszeit verkürzt wird. Dies gilt allerdings nur bei alten Kesseln mit großen Bereitschaftsverlusten. Bei modernen Kesseln mit geringen Bereitschaftsverlusten ist der Einfluß der Kesselgröße gering; eine etwas größer gewählte Kesselleistung kann sogar positiv sein, wenn der vorhandene Schornstein in die Betrachtung einbezogen wird.
2. Heizbetrieb mit *gleitender Temperatur* bis herab auf 40 oder 35 °C, wodurch die Stillstandsverluste ebenfalls verringert werden. Der Verlustfaktor $q_{80}$ verringert sich bei 50 °C mittlerer Kesseltemperatur etwa auf die Hälfte (Niedertemperaturkessel).
3. Heizbetrieb mit *Nachtabsenkung* der Kesseltemperatur oder Nachtausschaltung für 8 Stunden. Die Bereitschaftszeit $b$ wird kleiner. Die Wärmeersparnis hängt von der Bauart des Gebäudes ab und beträgt etwa für Wohngebäude
   bei leichter Bauweise $\approx 10 \cdots 15\%$
   bei schwerer Bauweise $\approx 5 \cdots 10\%$.

*Beispiel:*

Einfamilienhaus mit Wärmebedarf $\dot{Q}_N = 20$ kW, Kesselleistung $\dot{Q}_K = 30$ kW, $q_{80} = 0{,}035$, $\eta_K = 0{,}86$, $\eta_v = 0{,}98$. Vollbenutzungsstunden bezogen auf $\dot{Q}_N$ errechnet zu $b_v = 1850$ Stunden, 250 Heiztage = 6000 Stunden, Nutzwärme $Q_N = b_v \cdot \dot{Q}_N = 1850 \cdot 20 = 37\,000$ kWh/a.

Vollbenutzungsstunden bezogen auf $\dot{Q}_K$: $b_K = \dfrac{b_v \cdot \dot{Q}_N}{\eta_v \cdot \dot{Q}_K} = \dfrac{1850 \cdot 20}{0{,}98 \cdot 30} = 1259$ h/a.

*Bereitschaftswirkungsgrad*

$$\eta_B = \frac{1}{\left(\dfrac{6000}{1259} - 1\right) 0{,}035 + 1} = \frac{1}{(4{,}76 \cdot 0{,}035) + 1} = \frac{1}{1{,}132} = 0{,}88$$

*Energieverbrauch*

$$Q_a = \frac{37\,000}{0{,}86 \cdot 0{,}98 \cdot 0{,}88} = \frac{37\,000}{0{,}74} = 50\,000 \text{ kWh/a.}$$

Bei *gleitender Betriebsweise,* Reduzierung der Kesselleistung auf 20 kW und bei 8 Stunden Nachtabschaltung mit 10% Ersparnis ergeben sich folgende Änderungen:

*Nutzwärme* für die Raumheizung: $Q_N = 37\,000 \cdot 0{,}9 = 33\,300$ kWh/a.

*Vollbenutzungsstunden* für den Kessel: $b_K = 1850 \cdot 0{,}9/0{,}98 = 1699$ h/a.

Mittlere Kesseltemperatur etwa 50 °C,

$q_{50} = 0{,}5 \cdot q_{80} = 0{,}0175$,

Betriebsbereitschaftszeit $b = 6000 - (8 \cdot 250) = 4000$ Stunden.

*Bereitschaftswirkungsgrad*

$$\eta_B = \frac{1}{\left(\dfrac{4000}{1699} - 1\right) 0{,}0175 + 1} = \frac{1}{1{,}35 \cdot 0{,}0175 + 1} = \frac{1}{1{,}024} = 0{,}98$$

*Energieverbrauch*

$$Q_a = \frac{33\,300}{0{,}86 \cdot 0{,}98 \cdot 0{,}98} = 40\,318 \text{ kWh/a}$$

*Energieersparnis:*

$$\frac{40\,318}{50\,000} = 0{,}81 \mathrel{\widehat{=}} 19\%.$$

[1]) VDI-Richtlinie 3808 (5.86).

**Tafel 266-7. Mittlere Jahresnutzungsgrade von Kesselanlagen $\eta_a$ in %** (Baujahr ab 1980)

| Kesselleistung in kW | feste Brennstoffe | Öl | Gas | |
|---|---|---|---|---|
| | | | ohne | mit |
| | | | Gebläse | |
| < 50 | 74···76 | 81···83 | 82···84 | 83···85 |
| 50··· 120 | 78···79 | 84···86 | 85···87 | 86···88 |
| 120··· 350 | 82 | 86 | 88 | – |
| 350···1200 | 83 | 86 | 88 | – |

Ältere Kessel haben um 5···15 Prozentpunkte geringere Nutzungsgrade.

**Tafel 266-8. Jährlicher Brennstoffverbrauch $B_a = \varphi \cdot \dot{Q}_N$ in Heizungsanlagen**

| Brennstoff | Heizwert $H_u$ | | Dimensionen | Brennstoffverbrauch $B_a$ | |
|---|---|---|---|---|---|
| | MJ/kg MJ/m$^3_n$ | kWh/kg kWh/m$^3_n$ | | allgemein | bei $b_v = 1600$ St |
| Braunkohle-Br. | 19,7 | 5,46 | kg/a | $0{,}261 \cdot b_v \cdot \dot{Q}_N$ | $418 \cdot \dot{Q}_N$ |
| Steinkohle | 31,0 | 8,60 | kg/a | $0{,}166 \cdot b_v \cdot \dot{Q}_N$ | $266 \cdot \dot{Q}_N$ |
| Koks | 27,0 | 7,50 | kg/a | $0{,}190 \cdot b_v \cdot \dot{Q}_N$ | $304 \cdot \dot{Q}_N$ |
| Heizöl EL | 42,7 | 11,86 | kg/a | $0{,}105 \cdot b_v \cdot \dot{Q}_N$ | $168 \cdot \dot{Q}_N$ |
| Heizöl S | 41,0 | 11,40 | kg/a | $0{,}110 \cdot b_v \cdot \dot{Q}_N$ | $176 \cdot \dot{Q}_N$ |
| Ferngas | 17,3 | 4,80 | m$^3$/a | $0{,}260 \cdot b_v \cdot \dot{Q}_N$ | $416 \cdot \dot{Q}_N$ |
| Erdgas H | 37,5 | 10,40 | m$^3$/a | $0{,}120 \cdot b_v \cdot \dot{Q}_N$ | $192 \cdot \dot{Q}_N$ |
| Erdgas L | 31,7 | 8,80 | m$^3$/a | $0{,}142 \cdot b_v \cdot \dot{Q}_N$ | $227 \cdot \dot{Q}_N$ |
| Elektrischer Strom ($\eta_{ges} = 0{,}95$) | 3,6 | 1,0 | kWh/a | $1{,}05 \cdot b_v \cdot \dot{Q}_N$ | $1680 \cdot Q_N$ |

**Tafel 266-10. Richtwerte des Brennstoffverbrauchsbeiwerts $\varphi$ je kW maximaler Wärmebedarf $\dot{Q}_N$ bei Wohngebäuden**

| Gebäudeart | Koks kg/a | Heizöl EL kg/a | Ferngas m$^3$/a | Erdgas H m$^3$/a |
|---|---|---|---|---|
| Wohnhäuser | 270···320 | 170···205 | 400···450 | 180···220 |
| Bürogebäude | 270···320 | 170···205 | 400···450 | 180···220 |
| Schulen, einschichtig | 215···250 | 120···150 | 300···350 | 140···180 |

**Tafel 266-12. Spezifische Brennstoffkosten je MWh Nutzwärme** (Stand 1987)

| Brennstoff | Einheit | Heizwert $H_u$ kWh/Einheit | Einheitspreis DM | Nutzungsgrad $\eta_{ges}$ | Kosten DM/MWh |
|---|---|---|---|---|---|
| Braunkohle-Br. | kg | 5,34 | 0,25 | 0,65 | 72,– |
| Steinkohle/Koks | kg | 8,60 | 0,36 | 0,70 | 60,– |
| Heizöl EL | l | 10,00 | 0,40 | 0,80 | 50,– |
| Heizöl S | kg | 11,40 | 0,40 | 0,80 | 44,– |
| Stadtgas | m$^3$ | 4,80 | 0,23 | 0,80 | 60,– |
| Erdgas H | m$^3$ | 10,40 | 0,50 | 0,80 | 60,– |
| Nachtstrom | kWh | 1,0 | 0,13 | 0,95 | 137,– |
| Tagstrom | kWh | 1,0 | 0,25 | 0,95 | 263,– |
| Luft-Wasser-Wärmepumpe | kWh | 1,0 | 0,18 | $\varepsilon = 2{,}50$ | 72,– |

Auch die durch *Abschaltung* der Heizenergiezufuhr gegenüber durchgehender Heizung erzielbare Wärmeersparnis läßt sich ausreichend genau vorausberechnen. Man benötigt hierfür u.a. eine Gebäudekonstante zur Kennzeichnung der Baukonstruktion und der Wärmedämmung[1]).

Mittlere Jahresnutzungsgrade $\eta_a = \eta_K \cdot \eta_B$ sind in Tafel 266-7 enthalten. Sie beziehen sich auf eine Heizperiode mit den üblichen Betriebsunterbrechungen. Bei Kesseln mit Brauchwasserspeicher sind die Nutzungsgrade um ca. 2 Punkte geringer.

*Überschlagsrechnungen*

Für Überschlagsrechnungen genügt es, bei mittelgroßen Kesseln mit einem mittleren Gesamtwirkungsgrad $\eta_{ges} = 0{,}80$ für Öl und Gas bzw. 0,70 bei festem Brennstoff zu rechnen und mittlere Heizwerte für die verschiedenen Brennstoffe anzunehmen. Dann erhält man den jährlichen Brennstoffverbrauch

$$B_a = \frac{b_v \cdot \dot{Q}_N}{H_u \cdot \eta_{ges}} = \frac{b_K \cdot \dot{Q}_K}{H_u \cdot \eta_{ges}} = \varphi \cdot \dot{Q}_N$$

aus Tafel 266-8 mit $\varphi$ = *Brennstoffverbrauchsfaktor.*

Will man genauer rechnen, so sind die Vollbenutzungsstundenzahl, der Heizwert $H_u$ des Brennstoffs und der Nutzungsgrad $\eta_a$ der Kesselanlage im jeweiligen Fall einzeln zu ermitteln.

Einige weitere Richtwerte für den Brennstoffverbrauchsbeiwert $\varphi$ sind in Tafel 266-10 enthalten. Sie gelten für Gebäude in bisher üblicher Bauart ohne erhöhten Wärmeschutz.

*Beispiel:*

Wie groß ist der spezifische jährliche Energieverbrauch einer ölbeheizten Wohnung, deren maximaler Wärmebedarf $\dot{q}_N = 120$ W/m² beträgt?

$B_a = 187 \cdot 0{,}12 = 22{,}4$ kg/m²a $\approx 26{,}0$ l/m²a (Tafel 266-10)

Der Beiwert $\varphi$ = 300 entspricht der Näherungsformel, die von *Recknagel* 1915 für Koksheizungen angegeben wurde:

$B_a = 300\ \dot{Q}_N$

($\dot{Q}_N$ = max. Wärmebedarf in kW)

Zur *Kontrolle* des Brennstoffverbrauchs von Heizungsanlagen ist die Ermittlung des *Gradtagsverbrauchs* $B_g$ zweckmäßig, d.i. der Brennstoffverbrauch je Tag und mittlerer Temperaturdifferenz zwischen außen und innen:

$$B_g = \frac{24 \cdot \dot{Q}_N}{\Delta t_{max} \cdot H_u \cdot \eta_{ges}} \text{ in kg/Gradtag oder m}^3\text{/Gradtag}$$

Unter sonst gleichen Bedingungen ist der Gradtagsverbrauch in allen Jahren konstant. Bei der Ermittlung der Gradtage $G_t$ ist die Temperaturabsenkung durch Betriebsunterbrechungen zu berücksichtigen (Tafel 112-2). Der Jahresverbrauch ist

$B_a = B_g \cdot G_t$.

Bisher üblicher jährlicher *Heizölverbrauch*
in Einfamilienhäusern 30···35 l/m²,
in Mietwohnungen 20···25 l/m².

Durch die Bestimmungen des *„Energieeinspargesetzes"* werden sich diese Zahlen in Zukunft stark verringern, in Einfamilienhäusern zunächst etwa auf 15···20 l/m², bei Energiesparhäusern auf 8···10 l/m² im Jahr[1]).

*Nachprüfung*

Für die Feststellung des wirklichen Brennstoffverbrauchs in einer Heizperiode sind Meßgeräte erforderlich. Bei Gasheizung genügen Gaszähler. Bei Ölheizung:

Ölmengenzähler
Tankinhaltsmesser
Betriebsstundenzähler, wobei die Düsenleistung bekannt sein muß.

[1]) Jahn, A.: Ges.-Ing. 5/84. S. 255/7.
TAB 10/84. S. 731/40.

## -4 DIE JAHRESBRENNSTOFFKOSTEN

Wenn der Jahreswärmeverbrauch $Q_a$ bekannt ist, ergeben sich die Jahresenergiekosten aus der Formel

$$K = \frac{Q_a \cdot P}{H_u \cdot \eta_{ges}} \text{ in DM/a}$$

$P$ = Energiepreis in DM/kg oder DM/m³

*Beispiel:*

Wieviel betragen die Jahresbrennstoffkosten je m² in einem Wohnhaus bei Zentralheizung mit Öl, wenn bekannt sind:

der max. Wärmeverbrauch $\dot{q}_N = 100 \text{ W/m}^2$
die Vollbenutzungsstunden $b_v = 1600 \text{ h/a}$
der Jahreswärmeverbrauch $Q_a = 1600 \cdot 0{,}1 = 160 \text{ kWh/a}$
der Jahresnutzungsgrad $\eta_{ges} = 0{,}8$
der Ölpreis $P = 0{,}50 \text{ DM/kg}$
Jährliche Brennstoffkosten $K = \frac{160 \cdot 0{,}50}{11{,}86 \cdot 0{,}8} = 8{,}40 \text{ DM/m}^2\text{a}.$

In Tafel 266-12 sind für bestimmte Brennstoffeinheitskosten und mittlere Jahresnutzungsgrade $\eta_{ges}$ der Heizanlage Brennstoffkosten je MWh Nutzwärme ausgerechnet. Bei anderen Einheitspreisen oder Brennstoffarten ist leicht eine Umrechnung möglich.

## -5 DIE BETRIEBSKOSTEN

Sie umfassen im wesentlichen: Bedienung, Wartung, Schornsteinreinigung, Kundendienst, Tankreinigung, Verrechnung u.ä. Sie lassen sich bei nicht ständig gewarteten Anlagen als Zuschläge zu den Brennstoffkosten etwa wie folgt bei mittelgroßen Anlagen angeben:

bei Koksheizung 10···15%
bei Gasheizung 7···10%
bei Ölheizung 8···12%
bei Elektroheizung 3··· 5%

Weitere *Anhaltswerte* für die jährlichen Nebenkosten sind bei öl- oder gasbefeuerten Anlagen

Kesselleistung 100 kW 8···10 DM/kW
Kesselleistung 1000 kW 4··· 5 DM/kW

Bei großen Anlagen sind sie am besten gesondert zu berechnen.

Zuschlag für Brauchwasserbereitung etwa 10···15%.

## -6 DIE HEIZUNGSGESAMTKOSTEN[1])

sind die Summe der Brennstoff-, Betriebs- und Kapitalkosten. Letztere erfassen die Tilgung (Abschreibung) und Verzinsung des Anschaffungskapitals. Die Höhe der Abschreibung ist von der *Nutzungsdauer* der Heizungsanlage abhängig und für die verschiedenen Teile unterschiedlich (Tafel 266-15). Gewöhnlich werden für Abschreibung und Verzinsung einschließlich Instandhaltung zusammen etwa 10···12% der Anschaffungskosten in Rechnung gestellt.

Der Anteil der Brennstoffkosten an den Gesamtkosten ist sehr unterschiedlich und kann je nach Brennstoff und Anlage bei Öl- und Gasheizungen zwischen 50% und 70% schwanken. Über die Höhe der Gesamtkosten von Heizungsanlagen werden von vielen Seiten Berechnungen aufgestellt, die jedoch oft ganz verschiedene Ergebnisse zeitigen. Ermöglicht werden die verschiedenen Methoden dadurch, daß einzelne Kostenfaktoren, wie z.B. die Baukosten für Schornstein und Heizkeller oder für die Wärmedämmung, ferner die Grundgebühren bei Gas und Strom u.a., nicht berücksichtigt werden.

---

[1]) Schierle, N.: HLH 12/81. S. 463/8.

**Tafel 266-15. Nutzungsdauer von Anlageteilen der Raumheizung[2])**

| | |
|---|---|
| Gußeiserne Gliederkessel | 20 Jahre |
| Stahlkessel | 15 Jahre |
| Gußradiatoren | 30 Jahre |
| Stahlradiatoren | 20 Jahre |
| Spezialkessel für Gas oder Öl | 20 Jahre |
| Elektrodenkessel | 25 Jahre |
| Umlaufgaswasserheizer | 18 Jahre |
| Gaskessel ohne Gebläse | 20 Jahre |
| Gasbrenner ohne Gebläse | 20 Jahre |
| Gas- und Ölbrenner mit Gebläse | 12 Jahre |
| Rohrpumpen | 10 Jahre |
| Membran-Ausdehnungsgefäße | 15 Jahre |
| Rohrleitungen für Warmwasser-Heizung | 40 Jahre |
| Kondensatleitungen | 8 Jahre |
| Stahltanks, doppelwandig | 15 Jahre |
| Schornstein im Gebäude | 50 Jahre |

Eine einwandfreie Vergleichsrechnung ist sehr schwierig durchzuführen, zumal auch noch gewisse *Imponderabilien*, wie Bequemlichkeit, Sauberkeit, Umweltschutz usw., eine Rolle spielen.

Seit der Energieverteuerung von 1973 ist eine Anzahl *alternativer Heizsysteme* auf den Markt gekommen, bei denen die Kostenverhältnisse ganz anders aussehen. Es sind dies[2])

elektrische Wärmepumpen
gasbetriebene Wärmepumpen (Absorptions- und Gasmotorwärmepumpen)
vollelektrische Heizungen
Solarheizungen u. a.

Es zeigte sich, daß sich die Energiekosten in manchen Fällen verringern lassen, die Kapitalkosten sich jedoch sehr erhöhen. Die Energiekosten können z. B. auf 30% gesenkt werden, während die übrigen Kosten, namentlich natürlich die Kapitalkosten, auf 70% der Gesamtkosten steigen. Evtl. individuelle Kostenverschiebung durch steuerliche Abschreibungsmöglichkeiten sind möglich.

*Beispiel:*

Wie hoch sind die Gesamtheizungskosten bei einer ölgefeuerten Heizungsanlage mit Sommerheizung für ein Wohngebäude mit 800 m² Wohnfläche und mit einem max. Wärmebedarf von $\dot{Q}_N = 100$ kW? Ölpreis $P = 0{,}50$ DM/kg. Annuität 12%.

| | | |
|---|---|---|
| Investitionskosten einschl. Baukosten | $I = 800 \times 100$ | = 80000,– DM (Bild 265-2) |
| Kapitalkosten | $K_1 = 0{,}12 \cdot I$ | = 9600,– DM/Jahr |
| Brennstoffkosten | $K_2 = 180 \cdot Q_N \cdot 0{,}50$ | = 9000,– DM/Jahr (Tafel 266-10) |
| Betriebskosten | $K_3$ (12%) | = 2160,– DM/Jahr |
| Gesamtkosten | $K_1 + K_2 + K_3$ | = 20760 DM/Jahr |
| | = 20760 : 800 = 25,95 DM/m² Jahr | |

oder bei 1600 h/a Gesamtkosten 130,– DM/MWh.

*Abrechnungsverfahren* zur Ermittlung der Heizungskosten für den Verbraucher in zentral- und ferngeheizten Gebäuden siehe Abschnitt 224-10 sowie VDI-Richtlinie 2067. Die *Verordnung über Heizkostenabrechnung* vom 23. 2. 81 regelt die verbrauchsgerechte Erfassung der Heizkosten und deren Berechnung im Wohnungsbau.

Einfamilienhäuser siehe Abschnitt 251, Einzelöfen 266-7.

---

[1]) Weitere Zahlen in VDI 2067 Bl. 1 (12. 83).
[2]) Siehe Abschn. 225: Sonderformen der Heizung.

## -7 OFENBEHEIZTE WOHNUNGEN

Der Brennstoffverbrauch bei Wohnräumen mit Einzelöfen läßt sich nicht ohne weiteres berechnen, da erfahrungsgemäß bei mehrräumigen Wohnungen nicht alle Zimmer geheizt werden. Die gemessenen Werte schwanken daher in sehr weiten Grenzen, je nach Ausnutzung der Heizung, Zahl der Kinder, Sparsamkeit der Bewohner, Beruf, Alter usw. Sie liegen wegen Teilbeheizung der Wohnung manchmal 40···50% unter den Zahlen zentralgeheizter Wohnungen. Überschlägliche Brennstoffverbrauchszahlen und Brennstoffkosten sind in Tafel 266-18 enthalten, bezogen auf Wohnungen mit einem spez. Wärmebedarf von 100 W/m² und 800 bzw. 1000 Vollbenutzungsstunden $b_V$. Bei den zum Teil teureren Brennstoffen Gas und el. Strom achtet der Benutzer besonders auf sparsamen Verbrauch, da sich hier die Kosten täglich genau kontrollieren lassen. Daher werden hier häufig sehr geringe Brennstoffkosten angegeben.

**Tafel 266-18. Brennstoffverbrauchsbeiwert $\varphi$ und Brennstoffkosten in DM/m²a bei Heizung mit Einzelöfen in Wohnungen bei einem spez. Wärmebedarf von $\dot{q}_N = 100$ W/m²**

| Ofenart | Dim | Brennstoff-Verbrauchsbeiwert $\varphi$ | | Jährl. Brennstoffverbrauch je m² | | Jährl. Brennstoffkosten DM je m² | |
|---|---|---|---|---|---|---|---|
| | | $b_V$ in h/a | | | | | |
| | | 800 | 1000 | 800 | 1000 | 800 | 1000 |
| Koksofen | kg | 152 | 190 | 15 | 19 | 6,10 | 7,60 |
| Kachelofen (Br.-Briketts) | kg | 209 | 261 | 21 | 26 | 5,20 | 6,50 |
| Ölofen | kg | 84 | 105 | 8,4 | 10,5 | 4,20 | 5,25 |
| Gasofen ($H_u$ = 8,80 kWh/m³) | m³ | 96 | 120 | 9,6 | 12 | 4,— | 5,05 |
| Elektrische Öfen | kWh | 840 | 1050 | 84 | 105 | 21,— | 25,— |

Einheitskosten: Koks 0,40 DM/kg. Br.-Briketts 0,25 DM/kg. Öl 0,50 DM/kg. Erdgas 0,42 DM/m³. El. Strom 0,25 DM/kWh.

*Beispiel:*

Wie groß ist der jährliche Gasverbrauch $B_a$ einer ofenbeheizten Wohnung von 100 m² Fläche bei einem spez. Wärmeverlust von $\dot{q}_N = 150$ W/m² und bei 800 Vollbenutzungsstunden?

$B_a = \varphi \cdot \dot{Q}_N = 96 \cdot 0{,}15 \cdot 100\ \text{m}^2 = 1440\ \text{m}^3/\text{a}$.

## -8 EINGESCHRÄNKTER HEIZBETRIEB, VERBESSERTE REGELUNG[1])

Der Heizkostenersparnis wird heute große Aufmerksamkeit geschenkt. Durch Verbesserung der regeltechnischen Ausstattung wird nicht nur eine bessere Behaglichkeit erreicht durch Raumtemperaturkonstanz, sondern auch Energie durch Vermeiden von Überheizen und *Nutzung von Fremdwärme* gespart. Außerdem läßt sich mit integrierten Uhren je nach Nutzung durch zeitlich *eingeschränkten Heizbetrieb* Energie sparen. Einsparpotential infolge Raumtemperaturkonstanz durch witterungsgeführte Vorlauftemperatur-Regelung zusammen mit dezentralen Einzelraumreglern (Thermostatventilen) 8···20%.

[1]) Fritsch, K., u. G. Schade: HLH 2/79. S. 63/8.
Holz, D., u. H. Künzel: Ges.-Ing. 3/80. S. 50/6.
Gilli, P. G.: Ges.-Ing. 5/81. S. 227/34.
BMFT-Bericht – FB T 80-072 (1982).
Andreas, U., u. D. Wolff: HLH 3/84. S. 100/9.

Bei eingeschränktem Heizbetrieb (abgesenkter oder unterbrochener Betrieb) ergeben sich Einsparungen durch die Verringerung der Transmissions- und Lüftungsverluste infolge der geringeren Temperaturdifferenz zwischen außen und innen. Die erreichbaren Ersparnisse hängen von mehreren Faktoren ab, besonders

von der *Dauer* der Heizungsunterbrechung nachts bzw. bei Bürogebäuden am Wochenende,

von der *Baukonstruktion,* bei schwerer Bauart ist in den Wandungen sehr viel Wärme gespeichert, die bei Unterbrechung der Heizung nur eine langsame Temperatursenkung bewirkt,

von der Wärmedämmung der Umschließungsflächen,

von dem Anteil der Fenster,

von der *Heizenergie* und dem Regelsystem.

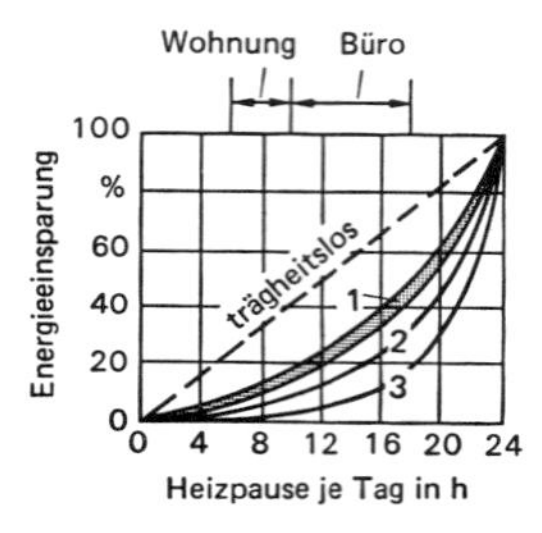


Bild 266-8. Heizenergieersparnis durch Nachtabsenkung.

1. Einfamilienhaus, 2. Bürogebäude mit großen Räumen, 3. Wohn- und Bürogebäude mit kleinen Räumen

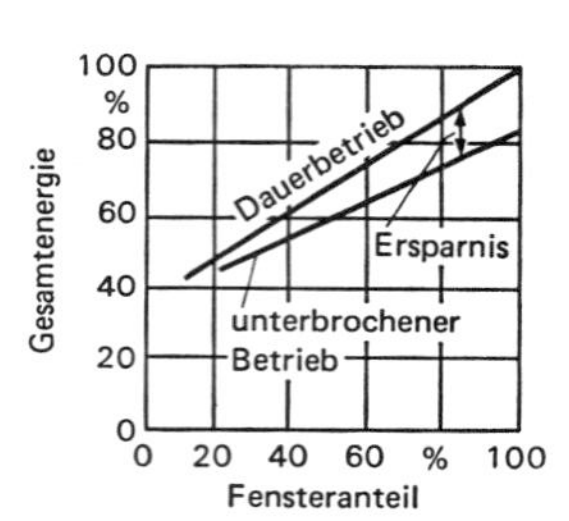


Bild 266-10. Ersparnis an Heizenergie je Heizperiode durch Nachtabschaltung und reduzierten Betrieb am Wochenende bei Bürohäusern.

**Tafel 266-20. Mittlere Energieeinsparung durch Nacht- bzw. Wochenend-Heizunterbrechung**

| Gebäudeart | Heizenergieeinsparung in % | |
|---|---|---|
| | schwere Bauart | leichte Bauart |
| Einfamilienhaus | 10 | 16 |
| Wohngebäude | 3 | – |
| Bürogebäude | | |
| kleine Räume | 8…13 | 15…20 |
| große Räume | 16…21 | 17…22 |

Bild 266-8 zeigt die bei verschiedenen Gebäuden möglichen, rechnerisch ermittelten *Ersparnisse* in Abhängigkeit von der Dauer der Heizpause. Mittlere Werte sind in Tafel 266-20 enthalten.

Die höhere Zahl bei Bürogebäuden beruht auf Wochenendabsenkung.

Bei Mehrfamilienhäusern kann der einzelne Mieter durch unterbrochenes Heizen u. U. sehr viel größere Ersparnisse (bis 40%) erreichen, allerdings auf Kosten der Nachbarn, die einen höheren Verbrauch haben *(Wärmediebstahl).*

Ein anderes Untersuchungsergebnis ist in Bild 266-10 dargestellt, das die durch optimal gesteuerte Nachtabschaltung erreichbare Energieersparnis für einen Büroraum zeigt[1]). Der Betrag ist auch hier theoretisch ermittelt und legt zugrunde: Doppelverglasung, –15 °C Außentemperatur, Nachtabsenkung von 18…7 Uhr sowie Sonnabend und Sonntag.

[1]) Profos, P.: Schweiz Bl. für Heizung und Lüftung 1/1974, S. 2.

Allgemein kann man sagen, daß bei 12stündiger Unterbrechung der Heizung bei konventioneller schwerer Bauart etwa 5···10%, bei leichter Bauart etwa 10···15% Heizenergie eingespart werden können, bei kürzerer Unterbrechung entsprechend weniger. Bei äußerer Wärmedämmung ist die Ersparnis sehr gering.

Bemerkenswert ist die mit steigendem Fensteranteil größer werdende prozentuale Ersparnis, Hauptersparnis am Wochenende.

Bild 266-11 zeigt die Verminderung des Wärmeverbrauchs durch *Heizungsoptimierung* (frühestmögliche Abschaltung – Überwachung der Stütztemperatur – spätestmögliches Einschalten) gegenüber konventioneller Absenkung unter Berücksichtigung der bisherigen Absenkdauer und der Bauweise.

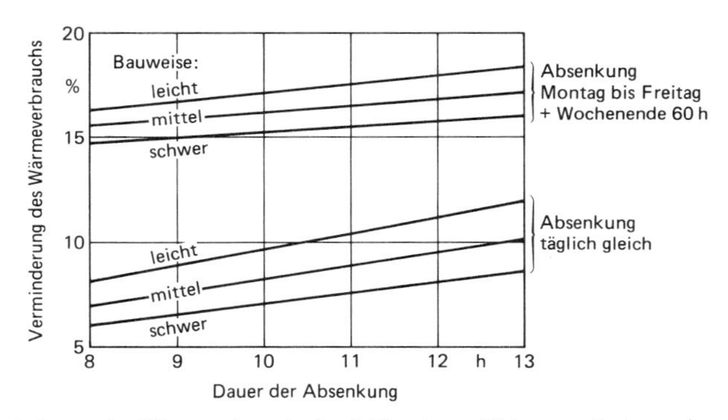


Bild 266-11. Verminderung des Wärmeverbrauchs durch Einsatz von Heizungsoptimierung im Vergleich zu konventioneller Absenkung.

## -9 MODERNISIERUNG

Hierzu gehören sowohl nachträglicher Einbau von Zentral- oder Etagenheizungen als auch technische Verbesserungen an bestehenden Zentralheizungen.

Für die Altbaumodernisierung eignen sich besonders die Gasheizung z. B. als Etagenheizung nach Bild 231-57 und -80 oder als Einzelheizung nach Bild 221-55.

Beim Umbau von älteren Heizkesseln auf moderne Niedertemperatur-Heizung ist das Zusammenwirken von Kessel und Schornstein zu beachten (Gefahr der Versottung).

Durch Modernisierungsmaßnahmen an Heizungsanlagen sind *Energieeinsparungen* möglich. Es gibt deshalb ab 1.1.86 für Anlagen, die älter als 10 Jahre sind, Steuervergünstigung durch auf 10 Jahre verkürzte Abschreibung (§ 82a der Ek.Steuer-Durchführungs-VO).

Für solche Anlagen lassen sich etwa folgende Ersparnisse erzielen:

| | |
|---|---|
| Einbau einer Nebenlufteinrichtung | 2% |
| Rohrleitungen im Keller dämmen | 4% |
| Austausch des Brenners | 5% |
| Einbau von Thermostatventilen | 10% |
| Witterungsgeführte Vorlaufregelung mit altem Mischer und Schaltuhr (Tag/Nacht) | 10% |
| Einbau von Thermostatventilen, witterungsgeführter Vorlaufregelung, Schaltuhr, ggf. mit Raumtemperaturaufschaltung | 17% |
| Einbau eines kleineren Kessels mit neuem Brenner und Heizkreisregelung | 20% |
| Einbau eines Niedertemperaturkessels mit neuem Brenner und witterungsgeführte Kessel- und Heizkreisregelung und Thermostatventile | 30% |

Die früher für die einzelnen Maßnahmen angegebenen Werte haben sich nicht bewährt, da die Addition der Einzelwerte auf falsche Ergebnisse führte.

Die Heizungsmodernisierung hat sich inzwischen als die wirkungsvollste Maßnahme zur Energieeinsparung erwiesen. Verbesserung der Dämmung an Außenwand, Fenstern, Dach und Kellerdecke hat geringere Wirtschaftlichkeit[1]).

## 267 Abnahme der Heizungsanlagen

Nach Fertigstellung der Montage, jedoch vor Vermauern der Wandschlitze und vor Isolierung der Rohrleitungen ist die Heizungsanlage einer *Druck- und Dichtigkeitsprobe* zu unterziehen. *Warmwasseranlagen* sind zu diesem Zweck nach Füllung mit Wasser aufzuheizen, auf Dichtheit zu prüfen und wieder erkalten zu lassen. Nach Beseitigung evtl. Undichtheiten ist das Verfahren zu wiederholen.

*Dampfheizungen* sind auf Druck zu bringen, bis Dampf durch das Standrohr abgeblasen wird, darauf abzukühlen und wieder aufzuheizen.

Im Anschluß an die Druckprobe ist in Gegenwart des Auftraggebers eine mehrtägige *Probeheizung* durchzuführen. Dabei ist insbesondere festzustellen,

ob alle Heizkörper warm werden,

ob alle Teile der Anlage, namentlich die Ventile, dicht sind,

ob die Sicherheitseinrichtungen (Sicherheitsstandrohr, Wassermangel- und Überdruckpfeife) und die Verbrennungsregler einwandfrei arbeiten,

ob der Schornstein gut zieht,

ob alle Instrumente (Thermometer, Manometer, Wasserstandsanzeiger, Hydrometer) richtig anzeigen.

Mit der Probeheizung geht die Heizungsanlage in den Besitz des Bauherrn über. Dieser bzw. ein von ihm Beauftragter ist dabei gleichzeitig über die Wirkungsweise und die Bedienung der Anlage zu unterrichten. Ferner ist ihm eine Bedienungsanweisung sowie eine Übersichtszeichnung der Heizungsanlage auszuhändigen.

Zu beachten ist noch, daß in Neubauten die Heizungsanlagen im ersten Winter einen größeren Wärmeverbrauch als später haben, da ein Teil der Heizwärme zum Austrocknen des Gebäudes verbraucht wird.

## 268 Bedienung der Heizungsanlagen

Regelmäßige *Wartung* von Heizkesselanlagen ist wichtig für Energieeinsparung, Nutzungsdauer, Sicherheit und Störungsfreiheit. Nach der *Betriebsverordnung* für Heizungsanlagen[2]) werden dem Betreiber Pflichten auferlegt:

Der Abgasverlust wird bei Heizöl und Gas je nach Kesselleistung auf 11···14% begrenzt (siehe Abschn. 231-8).

Die Wartung und Instandhaltung ist fachkundigen Personen vorbehalten.

Bei Anlagen $>50$ kW ist monatlich einmal eine Funktionskontrolle durchzuführen.

Überwachung erfolgt durch den Bezirksschornsteinfeger.

Eine „Bedienungsanweisung für Zentralheizungs- und Warmwasserbereitungsanlagen" sollte in jedem Heizraum aufgehängt sein.

VDI-Richtlinie 3810: Betrieb von heiztechnischen Anlagen (7.82) enthält ebenfalls eine Aufstellung über regelmäßig durchzuführende Wartungs- und Instandsetzungsarbeiten bei Öl- und Gasfeuerungen.

Weiter sei hingewiesen auf das Buch *Heizerkursus* (Lehrstoffsammlung für die Unterweisung der Niederdruckheizer und Anleitung zur Bedienung von Heizungsanlagen), herausgegeben vom VDI (4. Auflage 1974).

---

[1]) Ges.-Ing. 5/86. Supplement Okt. 86.
[2]) Rechtsverordnung zum Energieeinspargesetz. In Kraft ab 1.10.78.
Kapmeyer, E.: HLH 4/78. S. 153/6.

Eine Anweisung für den Betrieb der Heizungsanlagen in *öffentlichen Gebäuden* ist vom „Bundesminister für Raumordnung" veröffentlicht worden[1]). Sie enthält auch Anweisungen für die Erfassung des Energieverbrauchs.

Auch müssen Öl- und Gasfeuerungen jährlich einmal durch einen Beauftragten der Herstellerfirma oder einen Sachverständigen überprüft werden (DIN 4755 u. 4756; in Österreich ÖNorm M7510). Wichtigste Aufgaben sind:

Öl- bzw. Gasdurchsatz;
Zerstäubungs- bzw. Gasdruck;
Funktionsprüfung der Regel- und Steuergeräte;
Brennerreinigung, Prüfung und Neueinstellung;
Messung des $CO_2$- und CO-Gehaltes der Abgase;
Temperatur und Rußgehalt der Abgase;
Kesselreinigung.

Die gemessenen Werte sind in ein Meßprotokoll einzutragen.

Die Verwendung von *Checklisten* ist zu empfehlen, damit die Durchführung aller Arbeiten gesichert ist.[2])

Für *Hochdruckdampfkessel* siehe TRD 601 (Techn. Richtlinien für Dampfkessel) Bl. 2 – Betriebsvorschriften für Hochdruckdampfkessel.

Für wirtschaftlichen Betrieb von Heizungen ist die Verwendung von Meßgeräten unerläßlich, deren Art und Umfang von der Größe der Heizungsanlagen abhängt. Ohne geeignete Meßgeräte ist es nicht möglich, den Betrieb einer Heizung einwandfrei zu überwachen (VDI-Richtlinie 2068 – 11.74).

Bei allen Heizungsanlagen sind auch zur Verringerung der Brennstoffkosten und Erzeugung gleichmäßiger Temperaturen *automatische Temperaturregelanlagen* erforderlich, die von der Außentemperatur oder Witterung gesteuert werden.

Zur Überwachung der *Wirtschaftlichkeit* großer Heizungsanlagen ist vom Heizer ein Berichtsheft zu führen, aus dem neben sonstigen Zahlen auch der tägliche oder wöchentliche Brennstoffverbrauch zu ersehen sein muß. Die Auswertung der Verbrauchszahlen erfolgt nach dem *Gradtagverfahren.*

$$\text{Gradtagverbrauch} = \frac{\text{Brennstoffmenge}}{\text{Summe der Gradtagzahlen}} \text{ in kg/Gradtag}$$

ist für ein bestimmtes Gebäude bei einwandfreiem Heizbetrieb annähernd eine Konstante. Bei starken Abweichungen vom Mittelwert sind die Ursachen zu ermitteln. Geringe Schwankungen allerdings, namentlich im Herbst und Frühjahr, durch den Einfluß des Windes, der Sonnenstrahlung, Brennstoffänderungen, schnellen Witterungsumschlages usw.

Schema zur Ermittlung des Gradtagverbrauchs

| Tag (oder Monat oder Woche) | Mittlere Außentemperatur*) $t_a$°C | Zahl der Betriebstage $z$ | Brennstoffverbrauch $B$ kg | Heizgradtage**) $G_t$ | Gradtagverbrauch $B_o = B/G_t$ kg/Gradtag |
|---|---|---|---|---|---|
| ... | ... | ... | ... | ... | ... |

*) Aus Wetterbericht zu entnehmen; annähernd auch die Außentemperatur um 21 Uhr des Vortages.

**) $G_t = z\,(20 - t_a)$. Dieser Wert ist zu berechnen oder aus den Tafeln der Fachzeitschriften zu entnehmen. Siehe auch Tafel 112-2.

[1]) AMEV-Heizungsbetriebsanweisung. Druckerei Seidl. 53 Bonn 3, 1977.

[2]) Zu beziehen von Bundesverband Heizung-Klima-Sanitär (BHKS), Bonn.

# 3. Lüftungs- und Klimatechnik

## 31 ALLGEMEINES

Während die Aufgabe der Heizungsanlage im wesentlichen darauf beschränkt ist, Räume im Winter zu heizen, hat die Lüftungs- und Klimatechnik das weitaus größere Ziel, den *Zustand der Raumluft* hinsichtlich Reinheit, Temperatur, Feuchte und Bewegung innerhalb bestimmter Grenzen zu halten. Die Anforderungen, die an den Zustand der Raumluft gestellt werden, sind je nach Art des Raumes sehr verschieden voneinander. Bei Wohnräumen begnügt man sich in der Regel mit einer einfachen *Fensterlüftung*, während für manche industriellen Betriebe, wie Chip-, Textil-, Tabakfabriken usw., *vollautomatische Klimaanlagen* verlangt werden, die jeden gewünschten Luftzustand mit großer Genauigkeit innezuhalten in der Lage sind. Zwischen diesen beiden Extremen gibt es zahllose Zwischenstufen mit mehr oder weniger weitgehender Luftbehandlung für Versammlungsräume, Hörsäle, Theater, Krankenhäuser usw. Mit steigendem Lebensstandard und Energiebewußtsein werden mehr und mehr Raumlufttechnische Anlagen auch für *Wohnungen, Bürohäuser* und andere Aufenthaltsräume gebaut. Dieser Trend wird unterstützt durch die intensivere Nutzung der Räume (mehr Licht und Maschinen) und insbesondere durch die Verschlechterung des Umweltklimas (Lärm, Staub, Abgase).

*Energieverknappung und Umweltprobleme* zwingen jedoch bei jeder Anlage zu sorgfältiger energiebewußter Planung, besonders durch geeignete Grundrißformen, wärmedämmende Fenster, Wärme- und Sonnenschutz, günstiges Klimaanlagensystem, zweckmäßige Beleuchtung, Nutzung des Tageslichts, Wärmerückgewinnung, Abstimmung der Betriebszeiten u. a.[1]).

### 311 Geschichte der Lüftungs- und Klimatechnik[2])

*Steinofen-Luftheizungen* sind die ersten Lüftungsanlagen, Frischluftzufuhr verbunden mit Lufterwärmung (Bild 212-1). Später im 19. Jahrhundert gemauerte Öfen und Kalorifere. Ende des 19. Jahrhunderts Fortschritte durch Begründung der *wissenschaftlichen Hygiene* (Max von Pettenkofer 1819–1901). Untersuchungen über Luftwechsel, Luftfeuchte, Luftreinigung, Gasgehalt der Luft (Kohlensäuremaßstab). Mit Aufschwung der Elektrotechnik elektrisch getriebene Ventilatoren mit Gleichstrommotoren zur Lüftung und Luftheizung großer Gebäude. Lufterwärmung durch gußeiserne Rippenrohre, Radiatoren, Röhrenlufterwärmer. Reinigung der Luft durch Tuchfilter oder Koksschichten. Um 1890 Einführung der *Luftbefeuchtung* durch große dampfbeheizte Wasserwannen, etwas später Zerstäubung von Wasser mittels Düsen, Beginn der *Klimatechnik*.

In Deutschland Anlagen zur Luftaufbereitung mit gemauerten Kammern (Bild 311-1). In den USA Anfang des Jahrhunderts Klimaaggregate in Blechgehäuse mit Vorwärmer, Befeuchter und Nachwärmer. Vater der Klimatechnik W. H. Carrier, USA (1876–1950). Aufkommen der ersten *Temperatur- und Feuchteregelung* pneumatischer und elektrischer Art.

---

[1]) Daniels, K.: TAB 3/81. S. 239/45.
Hofmann, W. M.: Ges.-Ing. 4/81. S. 170/81.
Hönmann, W.: Staubjournal Nr. 100 (1983) und ETA 3/85, S. A 82/94.
Drews, G.: TAB 4/86. S. 247 ff.

[2]) Sprenger, E.: Kältetechn. 1960. S. 170/4.
Epperlein, H.: HR 2/83, S. 65/71.

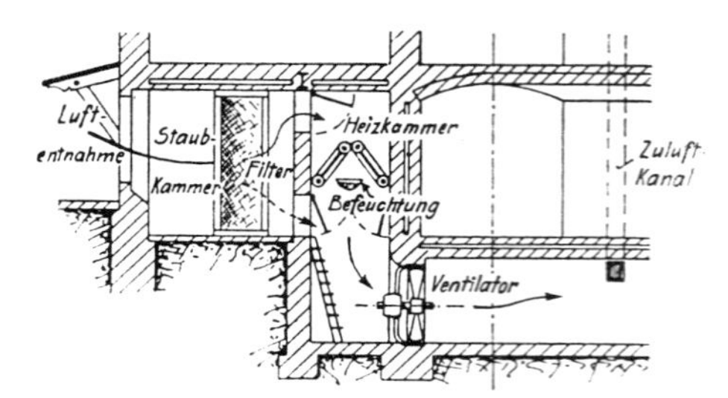


Bild 311-1. Deutsche Klimaanlage mit gemauerten Kammern, etwa 1905.
(Aus Dietz: Lehrbuch der Lüftungs- und Heizungstechnik 1920.)

Nach 1920 großer Aufschwung der Klimatechnik. Verwendung *zentraler Klimaanlagen* für Komfort (Theater, Kinos, Bürohäuser, Versammlungsräume) und Industrie, namentlich bei Verarbeitung hygroskopischer Stoffe (Tabak, Textilien, Papier). Erstmalig Verwendung von *Kältemaschinen* mit Ammoniak oder Kohlensäure als Kältemittel zur Kühlung und Entfeuchtung der Luft.

Ab 1930 Bau von *Klimageräten,* in denen alle zur Luftaufbereitung erforderlichen Teile, wie Kältemaschinen, Ventilatoren, Erhitzer, Filter usw., eingebaut sind. Neue ungiftige Kältemittel *(Freone),* hermetische Kältemaschinen. Klimageräte in Form von Truhen, Schränken und Kästen, ferner Fenster-Luftkühlgeräte.

Nach 1945 schnelle Weiterentwicklung der Klimatechnik. Einführung *neuer Bauarten:*

*Einkanal-Hochdruck-* (oder Hochgeschwindigkeits-)*Klimaanlagen* zur Verkleinerung der Kanalquerschnitte.

*Zweikanal-Klimaanlagen* mit Warmluft- und Kaltluftkanälen.

Ein- und Zweikanalanlagen mit *variablem Volumenstrom.*

*Induktions-Klimaanlagen* kombiniert aus örtlichen Wärmeaustauschern in jedem Raum und einer zentralen Klimaanlage zur Aufbereitung der Außenluft. Temperatur in jedem Raum individuell regelbar.

Umfangreiche *automatische Regelanlagen.* Zunehmende Verwendung großer *Turbo- und Absorptionskälteanlagen.*

*Lüftungs- und Klimageräte* sowie *Zubehörteile* wie Ventilatoren, Filter, Regler, Befeuchter, Luftauslässe usw. in ständig verbesserter Form.

Ab 1973 wegen Erhöhung der Energiepreise *Energieeinsparung* durch Wärmerückgewinnungsanlagen und ab 1980 digitale Regelungs- und Leittechnik.

## 312 Einteilung der Raumlufttechnik[1])

Die Raumlufttechnik ist ein Teilgebiet der *Lufttechnik,* die 2 Bereiche umfaßt:

| *Lufttechnik* | | |
|---|---|---|
| *Raumlufttechnik* | | *Prozeßlufttechnik* |
| Freie Lüftung | RLT-Anlagen | (z. B. Trockner, Abscheider, Späne- und Fadenabsaugung, pneumatische Förderanlagen) |

In der *Raumlufttechnik* wird demnach unterschieden zwischen *Raumlufttechnischen Anlagen* (RLT-Anlagen) und *freien Lüftungssystemen.* Diese beiden Bereiche gliedern sich weiter gemäß DIN 1946 Teil 1 wie folgt:

[1]) DIN 1946 Teil 1 – E.9.86. Raumlufttechnik, Terminologie und Symbole (VDI-Lüftungsregeln)

*Raumlufttechnische Anlagen (RLT-Anlagen)*

| *Anlagen mit Lüftungsfunktion* | *Anlagen ohne Lüftungsfunktion* |
|---|---|
| a) Abluftanlage | a) Umluftanlage |
| b) Lüftungsanlage | b) Teilklimaanlage |
| c) Teilklimaanlage | c) Klimaanlage |
| d) Klimaanlage | |

Die *Lüftungstechnischen Anlagen* arbeiten also *mit* Lüftungsfunktion (mit *Außenluft*), die Luftumwälzanlage dagegen *ohne* Lüftungsfunktion (nur *Umluft*).

*Freie Lüftungssysteme*

| Außenhaut- bzw. Fensterlüftung | Schachtlüftung | Dachaufsatzlüftung |
|---|---|---|

Die neuen *Begriffsbestimmungen, Klassifikation* und *Sinnbilder* nach DIN 1946 Teil 1 (E.9.86) weichen zum Teil von den bisher im Gebrauch befindlichen ab.

## -1 FREIE LÜFTUNG[1])

Luftförderung erfolgt nur durch Druckunterschiede infolge Wind und/oder Temperaturunterschied zwischen außen und innen. Luftwechsel daher nicht immer kontrollierbar.

1.1 *Fugenlüftung* bei Fenstern und Türen durch Undichtheiten.

1.2 *Fensterlüftung.* Luftwechsel durch Öffnen von Fenstern oder Schlitzen.

1.3 *Schachtlüftung.* Luftwechsel durch die Schornsteinwirkung eines Schachtes.

1.4 *Dachaufsatzlüftung.* Luftwechsel durch Auftriebs- und Windwirkung von Dachaufsätzen mit geeigneten Öffnungen.

## -2 RAUMLUFTTECHNISCHE ANLAGEN

RLT-Anlagen haben die *Aufgabe,* folgende Lasten aus Räumen abzuführen:

a) Luftverunreinigungen (Geruchs-, Schad-, Ballast-Stoffe)
b) Sensible Wärmelasten (Heiz-, Kühl-Lasten)
c) Stofflasten (latente Wärmelast beim Befeuchten, Entfeuchten).

Die *Klassifikation* erfolgt einerseits nach der Luftart bzw. Lüftungsfunktionen (also mit oder ohne Außenluft) oder andererseits nach der Anzahl der max. vier thermodynamischen Luftbehandlungsfunktionen:

FO = Fortluft
AU = Außenluft
UM = Umluft
MI = Mischluft
H = heizen
K = kühlen
B = befeuchten
E = entfeuchten

Die Benennungen nach DIN 1946 Teil 1 sind in Tafel 312-1 zusammengefaßt:

## -3 INDUSTRIELLE ABSAUGUNGSANLAGEN (siehe Abschnitt 5)

Absaugung von Gasen, Dämpfen, Staub, Rauch, Spänen in Industriegebieten.

## -4 LÜFTUNGSTECHNISCHE SONDERANLAGEN

*Lufttüren* zur Abschirmung des Kaltlufteinfalls bei offenen Türen.

*Reinluft-Anlagen, Klimaprüfräume, Entnebelungsanlagen.*

Letztere haben die Aufgabe, den Wasserdampfnebel, z. B. in Schlächtereien, Färbereien usw., zu beseitigen.

[1]) Wegner, J.: Ges.-Ing. 1/83. S. 1/5.

**Tafel 312-1. Klassifikation und Benennung von RLT-Anlagen**
entsprechend DIN 1946 Teil 1 (E.9.86)

| Thermodynamische Luftbehandlungsfunktionen | | Raumlufttechnische Anlagen | |
|---|---|---|---|
| Anzahl | Art | mit Lüftungsfunktion *Lüftungstechnische Anlage* | ohne Lüftungsfunktion *Luftumwälzanlage* |
| keine | | Abluftanlage FO | Umluftanlage UM |
| eine | H<br>K<br>B<br>E | Lüftungsanlage<br>AU oder MI | Umluftanlage<br>UM |
| zwei | HK<br>HB<br>HE<br>KB<br>KE<br>BE | Teilklimaanlage<br>AU oder MI | Umluft-Teilklimaanlage<br>UM |
| drei | HKB<br>HKE<br>KBE<br>HBE | Teilklimaanlage<br>AU oder MI | Umluft-Teilklimaanlage<br>UM |
| vier | HKBE | Klimaanlage<br>AU oder MI | Umluft-Klimaanlage<br>UM |

Beispiel: HKBE – MI = Klimaanlage mit Lüftungsfunktion zum Heizen, Kühlen, Be- und Entfeuchten mit Außen- und Umluft.

### -5 BAUEINHEITEN

Nach der *Bauart* unterscheidet man:

*Lüftungs- und Klimazentralen,* bei denen die einzelnen Bauelemente am Aufstellungsort in besonderen Räumen installiert werden (Kammerbauweise). Die Bauelemente zusammen sind nicht transportabel oder versetzbar.

*Lüftungs- und Klimageräte,* bei denen die einzelnen Bauelemente in einem gemeinsamen transportablen Gehäuse eingebaut sind (Blockbauweise).

## 313 Sinnbilder

Neben den Symbolen der Heizungstechnik werden in der Lüftungs- und Klimatechnik die in Tafel 313-1 angegebenen Zeichen für die verschiedenen Teile der Anlagen verwendet. Weitere Zeichen auch in der VDI-Richtlinie 2068 (11.74). Für das *Anlegen in Farben* empfiehlt DIN 1946 Teil 1 (E.9.86):

| | Kurzbezeichnung | Farbe |
|---|---|---|
| Zuluft je nach Luftaufbereitung | ZU, VZU*) | grün, rot, blau, violett |
| Außenluft | AU, VAU*) | grün |
| Abluft und Fortluft | AB, NAB*), FO | gelb |
| Umluft | UM | gelb |
| Mischluft | MI | orange |

*) N = nachbehandelte, V = vorbehandelte Luft

Fließbilder für kältetechnische Anlagen in DIN 8972 (6.80).

**Tafel 313-1. Sinnbilder der Lüftungs- und Klimatechnik**
siehe auch DIN 1946 Teil 1 (E. 9. 86)

| Luftleitung mit Abluftdurchlaß | Zuluft-durchlaß / Abluft-durchlaß | Mischregler mit Konstant-Volumenstrom | Variabel-Volumenstromregler mit Vordruckausgleich | Volumenstromsteller ohne Vordruckausgleich |
|---|---|---|---|---|
| gleichläuf. / gegenläuf. Jalousieklappe | K 90 Brand-schutz-klappe / Luft-dichte klappe | wassers. geregeltes Induktionsgerät Zweirohranschluß | luftseitig geregeltes Induktionsgerät Vierrohranschluß | Konstant-Volumenstromregler ohne Hilfsenergie |
| Radial- / Axial-Ventilator | Schalldämpfer | Ventilatorkonvektor mit Primärluftanschluß | Ventilatorkonvektor ohne Primarluft, 4-Rohr | VVS-Regler mit pneumatischer Hilfsenergie |
| Luft/Wasser / Luft/Dampf Lufterwärmer | Luft/Wasser / Luft/Dampf Luftkühler | Mischkammer mit 3 Ausgängen | Verteilkammer mit 2 Ausgängen | Schwebstoffilter Q |
| EU4 Luftfilter z.B. EU4 | EU2 Rollbandfilter EU2 | Elektrofilter | Tropfenabscheider | Gleichrichter |
| Sprühbefeuchter | Sprüh-/Riesel-Befeuchter | Rieselbefeuchter | Pumpe | Membran-Ausdehnungsgefäß |
| Platten-Wärmerückgewinner Luft/Luft | Rotierender Wärmerückgewinner Luft/Luft | Luft Wasser Lufterhitzer/-kühler für regen. Wärmerückgewinnung | Luft Dampf Lufterhitzer/-kühler für regen. Wärmerückgewinnung | Wärme-rohr |
| Heizkessel Wasser | Dampfkessel | Kompressions-Kühlmaschine | Absorptions-Kühlmaschine | Kältemittel-Verdichter |
| p Druck-messung / t Tempera-messung | PI Regler z.B. PI | pneumatischer Stellantrieb z.B. für Ventil | M elektrischer Stellantrieb z.B. für Klappe | Kühlturm mit Ventilator |

# 314 Bezeichnungen

Die Bezeichnungen der verschiedenen Teile von Lüftungs- und Klimaanlagen sind in Bild 314-1 eingetragen.

*Zuluft* ist die dem Raum zugeführte Luft.

*Abluft* ist die aus dem Raum abströmende Luft.

*Außenluft* ist die aus dem Freien angesaugte Luft. Der Ausdruck „Frischluft" sollte zur Vermeidung von Verwechslungen nicht gebraucht werden.

*Umluft* ist der Teil der Abluft, der dem Raum wieder zugeführt wird.

*Fortluft* ist die ins Freie geblasene Abluft.

*Mischluft* ist die Mischung von Außenluft und Umluft.

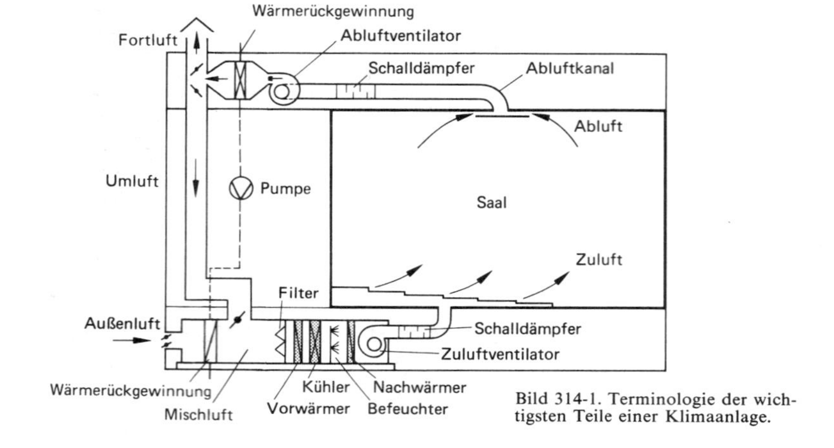


Bild 314-1. Terminologie der wichtigsten Teile einer Klimaanlage.

Das Indul-Luftauslaß-System
Sie sehen nichts.
Sie hören nichts.
Sie fühlen sich wohl.®
HALTERUNG
Vorschläge für Anordnung, Dimensionierung und Einbau gehören zu unserem kostenlosen Service. Bitte machen Sie Gebrauch davon.
Keine Montage- bzw. Einbauprobleme, da das Indul-Luftauslaß-System in Form von fix und fertigen Alu-Profilen aus einer Hand geliefert wird.
Energieeinsparung durch mögliche Luftmengenanpassung, hohe Temperaturdifferenz und vorgefertigte rundum Innenisolierung.
Auch einseitig asymmetrisch lieferbar. Für Randbereiche etwa. Oder in Kombination mit einer Leuchte.
Mit nur 15 mm ist der Luftauslaß im Deckenkörper so schmal, daß man ihn kaum sieht, daß er sich überall nahtlos integrieren läßt.
Eine Vielzahl feiner Einzeldüsen sorgt für eine angenehme, absolut zugfreie Luftzuführung.
PANEELDECKE
15 mm
Kiefer
Luft- und Klimatechnik
Gg. Kiefer GmbH, Postfach 30 07 49, 7000 Stuttgart 30, Tel.: 07 11/8109-1
Coupon
für ausführlichere Informationen über das Indul-Luftauslaß-System.
Bitte mit Namen und vollständiger Adresse senden an Kiefer

# 32 LUFTBEHANDLUNGSSYSTEME

Überarbeitet von Dr.-Ing. T. Rákóczy, Köln

## 321 Freie Lüftung[1])

Unter freier Lüftung versteht man im Gegensatz zu der durch Ventilatoren erzeugten mechanischen, kontrollierten Lüftung den Luftwechsel, der durch Ausnutzung des natürlichen Auftriebs der Luft bei Temperaturunterschieden oder durch Windkräfte hervorgerufen wird. Die Berechnung und Messung dieses Luftwechsels ist schwer durchführbar. Die meisten Meßverfahren beruhen darauf, der Luft Gase wie $CO_2$, He, $O_2$ u. a. beizumischen und aus der zeitlichen Konzentrationsabnahme den Luftwechsel zu errechnen[2]). Entscheidender Nachteil der freien Lüftung: Wärmerückgewinnung ist nicht möglich.

### -1 FUGENLÜFTUNG

Fugenlüftung eines Raumes ist dadurch verursacht, daß Luft durch Undichtheiten der Fenster und Türen und zu einem kleinen Teil auch der Wände in den Raum eindringt. Voraussetzung für diese Lüftung ist ein Druckunterschied zwischen innen und außen, der einerseits durch *Temperaturunterschiede,* andererseits durch *Windanfall* zwischen Luv- und Lee-Seite des Gebäudes hervorgerufen wird. Ist die Temperatur im Rauminnern höher als außen, wie es in geheizten Räumen im Winter der Fall ist, entsteht infolge der verschiedenen Dichte der warmen und kalten Luft eine Druckverteilung an der Außenwand nach Bild 321-1. Danach entsteht oben ein geringer Überdruck und unten ein geringer Unterdruck gegenüber der Außenluft.

Trotz der Bemühungen der Wärmeschutz-VO nach dichter Bauweise ist eine gewisse Zahl solcher Öffnungen in Form von Fugen und Spalten an Fenstern und Türen vorhanden, so daß im Winter bei Windstille durch die unteren Spalten kalte Luft einströmt und durch die oberen warme Luft austritt. Bei hohen Räumen, z. B. *Treppenhäusern,* Kirchen, ferner bei Fahrstuhlschächten ist der durch den Temperaturunterschied bewirkte Druckunterschied bereits sehr erheblich und kann bei ungehindertem Zu- und Abströmen der Luft einen großen *Luftwechsel* verursachen (Bild 321-2).

Der Lüftungswärmebedarf ist daher bei derartigen Gebäuden *(Schachttypen)* nicht nur im Treppenhaus, sondern auch in den unteren Geschossen immer größer als in den höheren Geschossen.

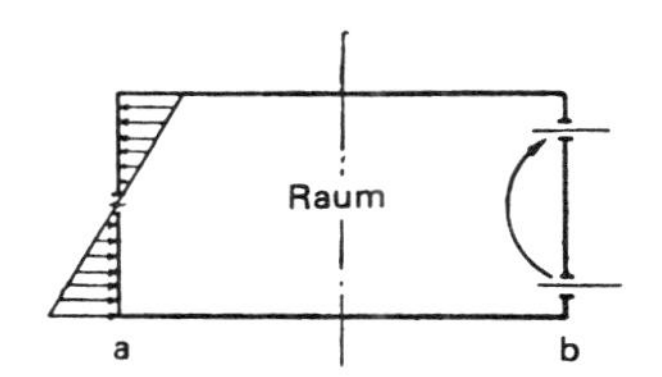


Bild 321-1. Druckverteilung in einem erwärmten Raum im Winter.
a) Druckverteilung über der Höhe der Wand
b) Strömung durch die Wandöffnung

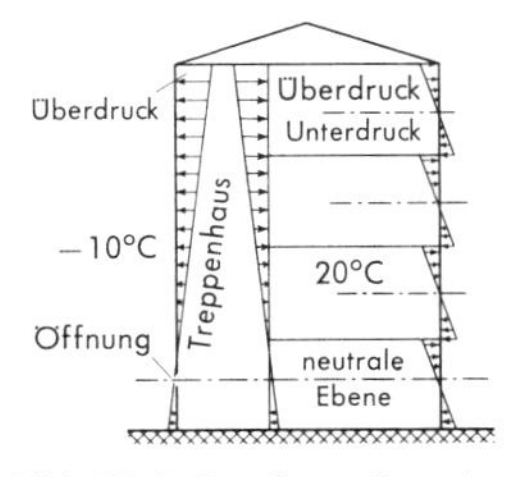


Bild 321-2. Druckverteilung in einem Hochhaus im Winter.

[1]) Krüger, W., u. G. Hausladen: HLH 11/79. S. 425/32.
DIN 18055: Fugendurchlässigkeit von Fenstern. 10.81.

[2]) Forschungsbericht T 266 der Fraunhofer Ges. 1977.
Esdorn, H.: Ges.-Ing. 6/7-78.
Hausladen, G.: HLH 1/78. S. 21/8.
Gertis, K., u. G. Hauser: HLH 3/79. S. 89/93.
Rákóczy, T.: Ki 2/82. S. 71/80.

Die Stärke des Luftwechsels ist natürlich sehr von der Größe der Fugenfläche in der Außenhaut abhängig. Die durch Versuche ermittelten Zahlenwerte schwanken daher in weiten Grenzen; größenordnungsmäßig ergibt sich bei Wohnräumen im Winter etwa ein stündlich 0,3- bis 0,8facher Luftwechsel[1]). Neue Fenster gemäß WSVO sind oft jedoch so dicht, daß sich durch Fugen nur 0,1 $h^{-1}$ ergibt, so daß Stoßlüftung durch Fensteröffnen erforderlich ist. Anderenfalls besteht die Gefahr zu hohen Schadstoffanteils ($CO_2$, Formaldehyd, Radon u.a.).

*Windanfall* erhöht den natürlichen Luftwechsel durch Fenster und Türen ganz erheblich, da auf der vom Wind getroffenen Seite ein Überdruck entsteht. Bei starkem Windanfall kann dabei der stündliche Luftwechsel auf das Vielfache ansteigen, so daß eine wesentliche *Auskühlung* der Räume erfolgt. Die durch Windanfall in die Räume eindringende Luftmenge läßt sich für die verschiedenen Fensterbauarten annähernd berechnen (siehe Abschn. 241-5). Bei Hochhäusern mit dichten Geschoßtrennflächen erhöht sich der Lüftungswärmebedarf in den oberen Geschossen auch dadurch, daß die Windgeschwindigkeit mit der Höhe zunimmt.

Für viele Räume, insbesondere Wohnräume, ist die durch die Fugenlüftung herbeigeführte Lufterneuerung ausreichend, um den Luftzustand in den Behaglichkeitsgrenzen zu halten, wenn zusätzlich bei Bedarf die Fensterlüftung benutzt wird. Bei der Heizkörperbemessung ist jedoch der durch die Lüftung verursachte Wärmeverlust zu berücksichtigen (DIN 4701 – 8.83). Er ist anteilig desto größer, je besser die Wärmedämmung des Hauses ist. Bei der seit 1977 durch die *Wärmeschutzverordnung* vorgeschriebenen verstärkten Wärmedämmung und dichteren Fenstern sollte die Lufterneuerung wenigstens bei Neubauten am besten durch kontrollierte Lüftungseinrichtungen erfolgen, z.B. durch Ventilatoren. Dabei besteht die Möglichkeit der Wärmerückgewinnung (s. Abschn. 339 und 364-3). Bei sehr dichten Fenstern und bei Feuerstätten (Gasthermen, Einzelöfen) in der Wohnung besteht Gefahr von *CO-Vergiftungen* infolge Luftmangels.

## -2 FENSTERLÜFTUNG[2])

Unter Fensterlüftung versteht man den durch Öffnen von Fenstern hervorgerufene Lufterneuerung. Man spricht dann von *Stoßlüftung*. Ist die Luft außen kälter als im Innern, strömt bei Windstille die Außenluft durch den unteren Teil der Öffnung ein und durch den oberen Teil ab. Dabei sind trotz unter dem Fenster befindlicher Radiatoren

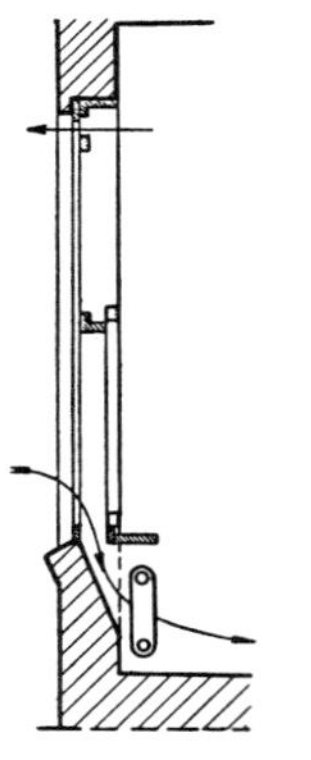

Bild 321-3. OS-Fenster (nach O. Schmidt).

Bild 321-4. Fenster mit Kippflügeln.

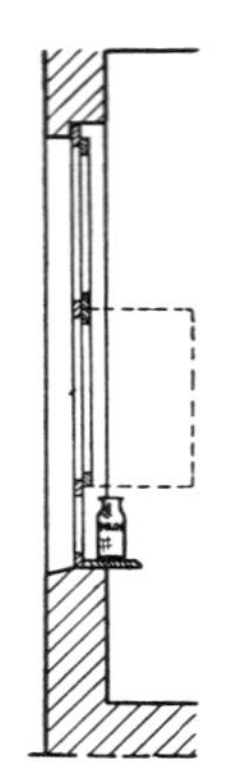

Bild 321-5. Küchenfenster mit feststehendem Unterteil.

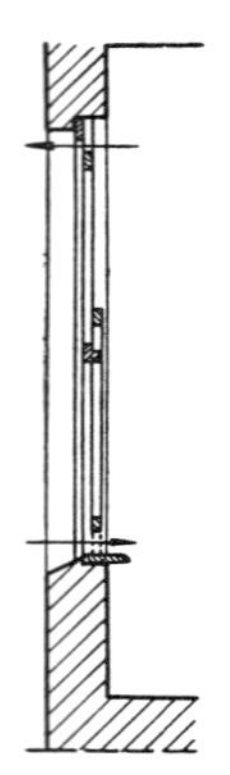

Bild 321-6. Schiebefenster.

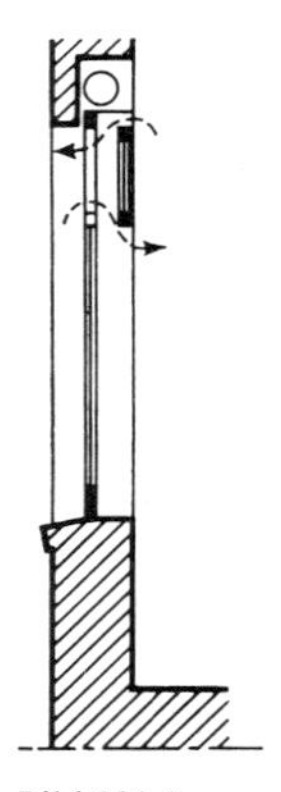

Bild 321-7. Parallel-Oberlichtfenster.

[1]) Wegner, J.: Ges.-Ing. 1/83. S. 1/5.
[2]) Brockmeyer, H.: Ki 5/83, S. 201/7.
Loewer, H.: Ki 5/83, S. 223/7.
Arbeitsstätten-Richtlinie ASR 5: Lüftung (8.79).

*Zugerscheinungen* unvermeidlich, so daß die Fensterlüftung, wenigstens im Winter, nur *vorübergehend* zur kurzzeitigen, schnellen Lufterneuerung geeignet ist. Im Sommer hängt die Stärke der Fensterlüftung im wesentlichen vom Windanfall ab, zu einem Teil jedoch auch von dem durch die Sonnenstrahlung bewirkten Temperaturunterschied zwischen den verschiedenen Seiten eines Hauses. Bei *Querlüftung*, d.h. bei zweiseitiger Fensteranordnung, ist die *Lufterneuerung* natürlich besonders groß.

Bei Stoßlüftung ist zwar eine schnelle, jedoch sehr unterschiedliche *Lufterneuerung* möglich. Sie sichert den hygienisch erforderlichen Mindestluftbedarf, jedoch ergibt sich selbst bei geringer Fensteröffnung häufig 5- bis 10facher Luftwechsel, der im Winter eine erhebliche Erhöhung des *Wärmebedarfs* bis 100% und mehr bewirkt. In Bürohäusern ist die Fensterlüftung in nur etwa 25 bis 30% der jährlichen Bürozeit wirtschaftlich und physiologisch zu vertreten. In der übrigen Jahreszeit sind raumlufttechnische Anlagen mit kontrolliertem Luftwechsel zu empfehlen.

Bei der Verwendung von Kippfenstern (Bild 321-4) strömt die Raumluft im Winter durch diese Fenster ab, während die nachströmende Luft ihren Weg durch die Undichtheiten der Fenster und Türen nimmt. Im Raum herrscht dabei, da die Ausgleichsöffnung im oberen Teil liegt, ein geringer Unterdruck, so daß diese Art der Fensterlüftung besonders für Aborte und kleine Küchen geeignet ist (Bild 321-5).

Die günstigste Lüftung erhält man mit *Schiebefenstern*, da sich bei ihnen je nach Lüftungsbedarf und Windanfall sowohl im oberen wie im unteren Teil des Fensters eine bequem einstellbare Öffnung herstellen läßt (Bild 321-6). Ähnliche Wirkung bei den Parallel-Oberlichtfenstern (Bild 321-7).

Ein *kontrollierter* Luftwechsel läßt sich jedoch auch bei dieser Art der Lüftung (Dauerlüftung) nicht erreichen.

Fensterlüftung ist auch bei solchen Gebäuden ausgeschlossen, in denen aufgrund ihrer Lage oder Höhe bei geöffneten Fenstern mit Lärm-, Wind- oder Staubbelästigungen zu rechnen ist.

## -3 SCHACHTLÜFTUNG

Einen stärkeren natürlichen Luftwechsel kann man, wenigstens im Winter, erhalten, wenn der zu lüftende Raum einen über Dach geführten Schacht erhält (Bild 321-8). Hierdurch wird der Auftrieb, der proportional mit der Höhe steigt, erhöht, so daß der ganze Raum unter höherem Unterdruck steht (Schornsteinwirkung). Sorgt man gleichzeitig für geeignete Zuluftöffnungen, so läßt sich bei genügendem Temperaturunterschied zwischen innen und außen ein erheblicher Luftwechsel erzielen. Es stellen sich in solchen Schächten bei verschiedenen Schachtquerschnitten und ungehinderter Strömung etwa die in Bild 321-9 dargestellten Luftgeschwindigkeiten ein.

Allerdings ist bei Temperaturgleichheit keine Luftbewegung möglich. Im Sommer, wenn es außen wärmer als innen ist, kehrt sich die Bewegungsrichtung der Luft sogar um, und durch den Schacht dringt warme Luft ein.

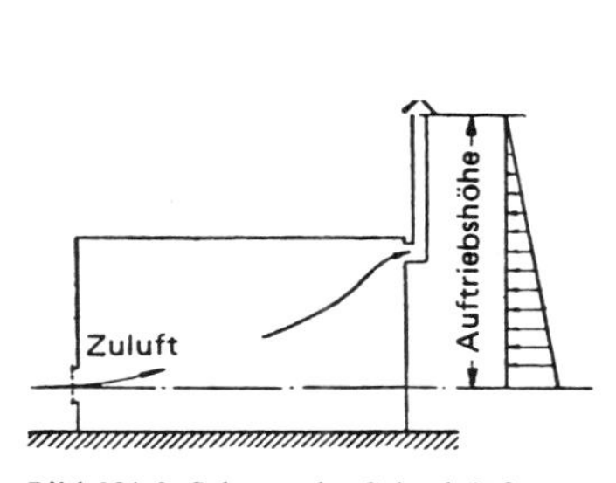


Bild 321-8. Schema der Schachtlüftung.

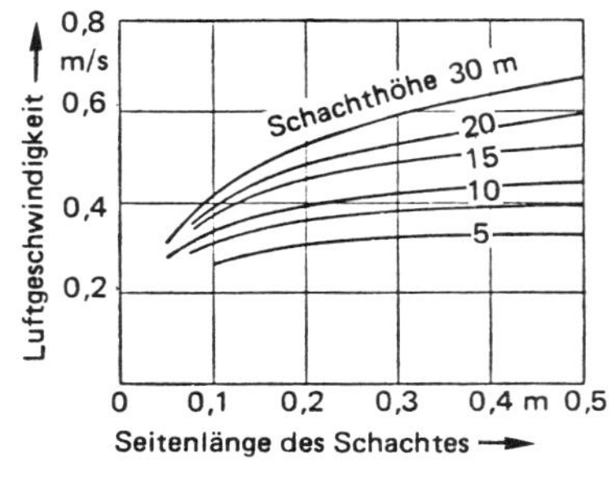


Bild 321-9. Auftriebsgeschwindigkeit in quadratischen Luftschächten bei $\vartheta = 1$ K Temperaturunterschied (bei anderen Temperaturunterschieden ist mit $\sqrt{\vartheta}$ zu multiplizieren).

Um auch im Sommer eine Entlüftung durch den Schacht zu erwirken, wurde früher am Fuße des Schachts eine Heizvorrichtung, z. B. ein elektrischer Heizkörper oder eine offene Gasflamme, angebracht. Heute ist es jedoch besser, wirksamer und billiger, den Schacht durch einen Ventilator zu ersetzen.

Eine weitere Verbesserung der Schachtlüftung wird ermöglicht durch *Lüftungsaufsätze* (Sauger), die bei Windanfall durch Erzeugung eines Unterdruckes den Auftrieb im Schacht erhöhen, bei Windstille sind sie jedoch wirkungslos. Bild 321-10 zeigt verschiedene Ausführungen von Dachaufsätzen. Die Leistungen dieser Aufsätze sind sehr unterschiedlich und von Windgeschwindigkeit und Windrichtung abhängig.

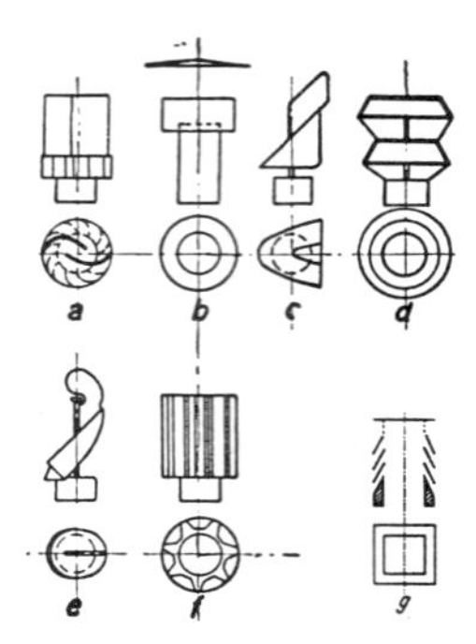


Bild 321-10. Lüftungsaufsätze (Sauger).
a) Rotor-Ventilator, b) Saughaube, c) Savonius-Saughaube, d) Fester Saugkopf (John, Erfurt), e) Beweglicher Saugkopf (John, Erfurt), f) Saugkopf (Charnard), g) Schwendilator

Ist die abzusaugende Luft erheblich wärmer als die Raumluft, wie z. B. über Öfen und Herden, so ist der Auftrieb natürlich wesentlich wirksamer. Deswegen sind Hauben *(Herdhauben, Dunsthauben)*, die die aufsteigende warme oder feuchte Luft sammeln und zum Abluftschacht führen, lüftungstechnisch auch durchaus zweckmäßig. Sie haben andererseits auch Nachteile, wie Sicht- und Lichtbehinderung, Staubansammlung auf den waagerechten und geneigten Flächen der Hauben, ferner Abstrahlung von Wärme, so daß es vorteilhafter ist, die Wärme zwangsweise mit Ventilatoren abzuführen. Der Volumenstrom läßt sich annähernd nach Bild 321-9 berechnen.

Auf jeden Fall ist die freie Schachtlüftung außerordentlich stark von der Temperaturdifferenz zwischen innen und außen und dem Windabfall abhängig. Sie versagt gerade dann, wenn eine Lüftung am meisten benötigt wird, nämlich an warmen Sommertagen. Ihre Anwendung beschränkt sich daher auf Sonderfälle, wie die Lüftung von Ställen, Aborten, kleinen Waschküchen und ähnlichen Räumen, wenn bei diesen Räumen ein gelegentliches Versagen der Lüftung nicht bedenklich ist.

## -4 DACHAUFSATZ-LÜFTUNG[1])

Unter Dachaufsatz-Lüftung versteht man die freie Lüftung, die sich durch Aufsätze, kurze Schächte oder ähnliche Entlüftungsöffnungen im Dach von Gebäuden einstellt. Die Funktion beruht hauptsächlich auf dem thermischen Auftrieb, der sich durch den Temperaturunterschied zwischen außen und innen ergibt. Häufige Lüftungsmethode in Hallenbauten der Industrie, besonders in Warmbetrieben wie Kraftwerken, Stahlwerken, Gießereien u. a. (Bild 321-11).

Bei Flachbauten Anwendung von Luftschächten mit Aufsätzen ähnlich den oben beschriebenen Formen. Um den Luftwechsel zu regulieren, müssen alle Schächte mit einer Stellklappe und Stellvorrichtung versehen sein (Bild 321-12). Die Zahl und Größe der Schächte richtet sich nach dem erforderlichen Luftwechsel. Bei guter Instandhaltung der Stellvorrichtungen stellen diese *Dachaufsätze* eine einfache und billige Lüftungsmethode dar.

Bei Hallenbauten ist die Verwendung von *Dachreitern* sehr verbreitet, namentlich in Warmbetrieben. Es sind dies rechteckige Aufsätze, die an den Seiten feste oder verstell-

[1]) Hansen, M.: VDI-Bericht 147. 1970. S. 83/90.
Dietze, L.: HLH 2/85. S. 73/5.

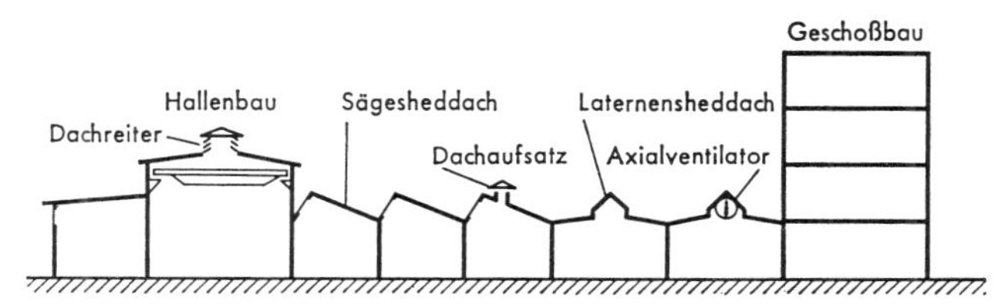


Bild 321-11. Industriebauten mit verschiedenen Dachkonstruktionen.

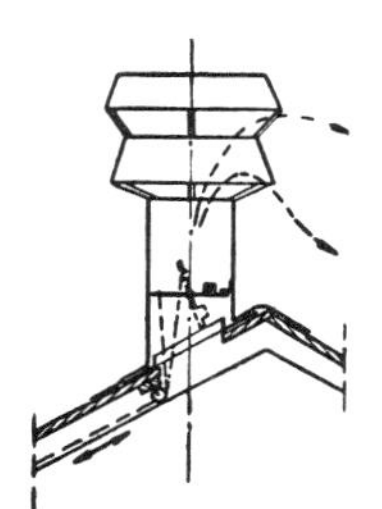

Bild 321-12. Dachaufsatz mit Sauger und Stellklappe.

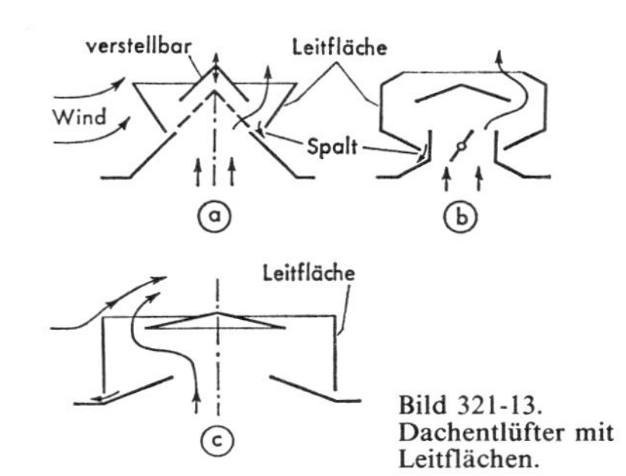


Bild 321-13. Dachentlüfter mit Leitflächen.

bare Jalousien tragen. Manchmal erstrecken sich diese Aufsätze auch gleichmäßig über eine größere Länge auf dem Dachfirst. Ihre Wirkung beruht bei Windstille in der Hauptsache nur auf dem Temperaturunterschied zwischen innen und außen. Bei Windanfall ist die Wirkung der Dachreiter manchmal unvollkommen, da je nach Windrichtung Luft durch den Schacht teils abgesaugt, teils eingeblasen wird. Die Stellvorrichtungen sind wartungsintensiv.

Verbesserte Ausführungen bemühen sich daher um einwandfreie Konstruktionen und einfache Bedienung sowie Einrichtungen zur Ausnutzung der Saugwirkung des Windes (Leitflächen u. dgl.), Bild 321-13.

Wichtig für einwandfreie Wirkung der Lüftung ist auch bei der Dachaufsatz-Lüftung die Zufuhr der nachströmenden Außenluft, die meist durch geöffnete Fenster oder Türen erfolgt. Da dabei Zugerscheinungen nicht zu vermeiden sind, sind Arbeitsplätze möglichst nicht in die Nähe dieser Zuluftöffnungen zu legen. Für den Winter empfiehlt sich die Verwendung von *Wandluftheizern* mit Außenluftanschluß o. ä., um die Außenluft erwärmt in die Halle einzuführen.

Die durch Dachaufsätze *erzielbare Lüftung* in einer Halle läßt sich (nach Hansen) angenähert nach folgender Gleichung ermitteln:

$$w_2 = \sqrt{\frac{gH\,\Delta t/T_1}{1 + A_2^2/A_1^2}} \text{ in m/s.}$$

$H$ = Hallenhöhe m
$\Delta t$ = Temperaturunterschied K
$T_1$ = Lufteintrittstemperatur K
$A_1$ = untere Öffnungen m²
$A_2$ = obere Öffnungen m²
$w_2$ = Luftgeschwindigkeit in der oberen Öffnung $A_2$ in m/s.

In Bild 321-15 ist diese Gleichung mit $A_1 = A_2$ dargestellt. Der ungünstigste Fall liegt natürlich im Sommer, namentlich bei Kaltbetrieben, da $\Delta t$ gering ist. Daher sind die Abluftöffnungen verstellbar einzurichten, um die Luftabströmung im Winter zu verringern.

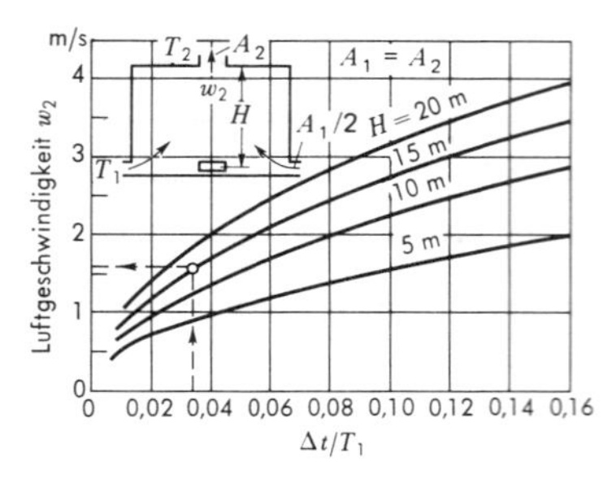


Bild 321-15. Luftaustrittsgeschwindigkeit bei der Dachaufsatzlüftung.

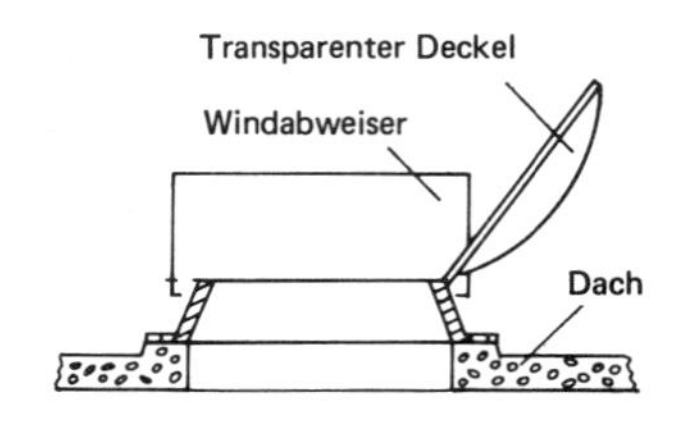


Bild 321-17. Rauchabzug.

*Beispiel Warmbetrieb:*

Kraftwerkshalle $60 \times 20 = 1200$ m², $H = 15$ m, Inhalt $I = 18\,000$ m³. Lufttemperatur $T_1$ = 298 K. Anfallender Wärmestrom im Sommer $\dot{Q}$ = 385 kW, zugelassen $\Delta t = 35 - 25 = 10$ K, ergibt Luftvolumenstrom:

$$\dot{V} = \dot{Q}/c_p \varrho \Delta t = \frac{385}{1 \cdot 1{,}2 \cdot 10} = 32 \text{ m}^3/\text{s}.$$

Nach Bild 321-15 ist ($A_1 = A_2$):

bei $\Delta t/T_1 = 10/298 = 0{,}034$

$w_2 = 1{,}6$ m/s.

Erforderliche Abluftfläche $A_2 = \dot{V}/w_2 = 32/1{,}6 = 20$ m².

## -5 RAUCH- UND WÄRMEABZUGSANLAGEN (RWA)[1]

Eine besondere Art der Dachaufsatz-Lüftung hat im Brandfall die Aufgabe, Rauch und Wärme abzuführen mit dem Ziel, eine rauchfreie Schicht über dem Boden für Rettungs- und Löschmannschaften zu schaffen. Ferner soll durch Wärmeabfuhr die Gefahr eines Feuerübersprungs *(flash-over)* vermindert werden.

Eine häufig verwendete Ausführung zeigt Bild 321-17, die gleichzeitig der Belichtung der Halle dient. Die Rauchabzüge müssen im Brandfalle automatisch öffnen. Dazu erhalten sie einen thermischen Auslöser für max. 72 °C, meist als Schmelzlot ausgeführt. Zusätzlich muß Fernauslösung möglich sein.

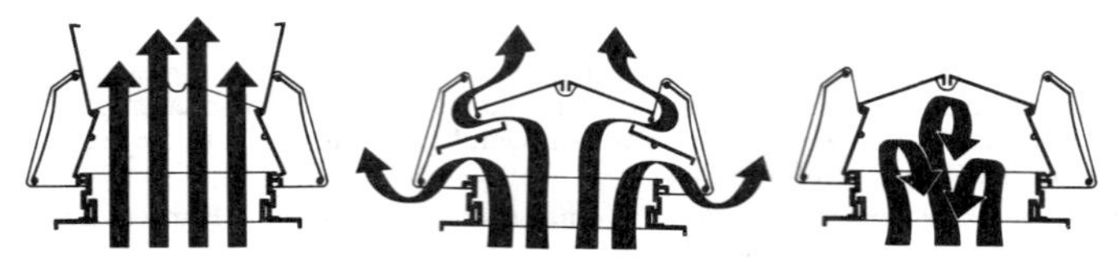

Bild 321-19. Lüftungs- und Rauchklappe (Colt International).

Eine kombinierte Rauch- und Lüftungsklappe für natürliche Lüftung zeigt Bild 321-19. Lüftung bei voller oder wettergeschützter Öffnung. Bei Rauchanfall automatische Öffnung durch Schmelzlot, Ionisationsmelder u. a. Lüftungsflügel aus Alu oder Glas.

Die Dimensionierung der Öffnungsfläche erfolgt nach Norm[1]). Maßgebend ist die aerodynamisch wirksame Öffnungsfläche $A_W$ des Abzugs in % der Dachgrundrißfläche des Rauchabschnitts.

---

[1]) DIN 18232 (9.81 bis 9.84): Baulicher Brandschutz im Industriebau, Rauch- und Wärmeabzugsanlagen, 3 Teile.
Strackerjahn, U.: TAB 4/86. S. 263/7.

$A_w$ wird durch eine genormte Strömungstechnische Prüfmethode[1]) aus der geometrischen Fläche ermittelt, wobei der Seitenwindeinfluß eingeht. In der Berechnung gehen ein

- die Brandentwicklungsdauer, das ist die Zeit zwischen Brandentstehung und Bekämpfung (5···25 min)
- die Brandausbreitungs-Geschwindigkeit, diese hängt ab von der Brennbarkeit der gelagerten Stoffe (3 Gruppen: gering, mittel, groß).

Die Dicke der rauchfreien Schicht soll i. a. die halbe Höhe *h* der Halle betragen, mindestens jedoch 2 m.

Für mittlere Brandausbreitungs-Geschwindigkeit und eine rauchfreie Zone von 0,5 h gibt Tafel 321-1 die erforderliche wirksame Öffnungsfläche im Dach in % der Grundrißfläche an.

**Tafel 321-1. Erforderliche wirksame Öffnungsfläche von Rauchabzügen[1]) in % der Hallen-Grundrißfläche**

| Erwartete Brandentwicklungsdauer min | Brandausbreitungsgeschwindigkeit | Rauchfreie Schicht in % der Hallenhöhe | Wirksame Abzugsfläche in % vom Hallengrundriß |
|---|---|---|---|
| 5 | mittel | 50 | 0,4 |
| 15 | mittel | 50 | 0,8 |
| 25 | mittel | 50 | 1,2 |

*Beispiel:*

Hallenfläche 1000 m², Brandentwicklungsdauer 15 min (5 min für Meldung + 10 min für Anfahrt der Feuerwehr).

*Erforderlich:*

$A_W = 0{,}8\%$ von $1000\ m^2 = 8\ m^2$. Gewählt 8 Abzüge mit je 1 m² wirksamer Öffnungsfläche.

Brandgasventilatoren für maschinelle RWA siehe Abschnitt 374-66.

# 322 Entlüftung (Sauglüftung, Absaugung)

Entlüftungsanlagen saugen die Luft mittels eines Ventilators aus einem Raum und blasen sie ins Freie, während Luft durch Öffnungen aus den benachbarten Räumen oder aus dem Freien nachströmt. Da die Anlagen in den zu entlüftenden Räumen einen *Unterdruck* erzeugen, sind sie besonders geeignet, die Ausbreitung schlechter Luft zu ver-

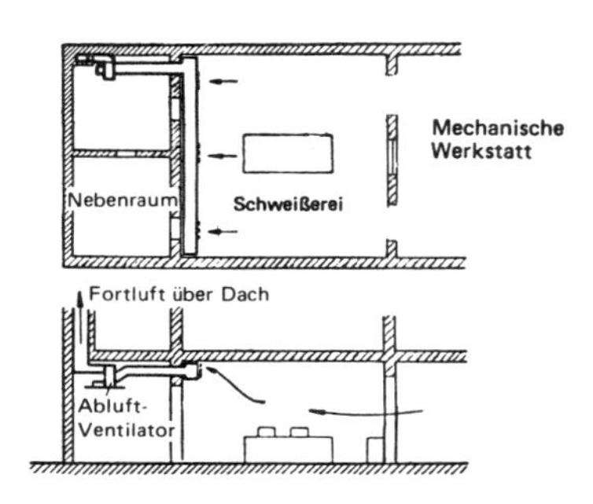


Bild 322-1. Entlüftungsanlage für eine Schweißerei.

[1]) DIN 18232 )9.81 bis 9.84): Baulicher Brandschutz im Industriebau, Rauch- und Wärmeabzugsanlagen, 3 Teile.

hindern. Sie finden daher hauptsächlich Anwendung bei *Räumen* mit starker Luftverschlechterung durch Gase, Dämpfe, Gerüche oder hohe Temperaturen, wie z. B. Küchen, Aborte, Garderoben, Laboratorien, Traforäume, Akkuräume, Bildwerferräume, Dunkelkammern, Tierställe usw.

Wird dafür gesorgt, daß die Luft auf geeigneten Wegen nachströmen kann, ohne Zug zu erzeugen, so sind die Entlüftungsanlagen das einfachste und wirksamste Mittel zur Luftverbesserung. Die Verwendung ist meist jedoch auf kleine Räume beschränkt.

Hauptbestandteile der Entlüftungsanlagen sind Abluftventilator mit Motor, Abluft- und Fortluftleitung. Bild 322-1 zeigt als Beispiel die Entlüftung einer Schweißerei, bei der die Luft durch Tür und Überströmöffnungen aus der benachbarten mechanischen Werkstatt nachströmt.

## 323 Belüftung

Die Belüftungsanlage saugt im Gegensatz zur Entlüftungsanlage Luft aus dem Freien an und fördert sie in die zu belüftenden Räume, wobei die überschüssige Luft durch Türen, Fenster, andere Öffnungen und Undichtheiten in die umgebenden Räume bzw. ins Freie abströmt. Die Anlagen erzeugen also im Raum einen *Überdruck,* so daß der Zustrom unerwünschter Luft verhindert wird. Im Winter ist es erforderlich, die Zuluft auf Raumtemperatur mittels eines *Lufterhitzers* zu erwärmen, der an ein Heizmittel, z. B. elektrischen Strom, Gas, Dampf oder Warmwasser, anzuschließen ist, um eine Auskühlung der Räume zu verhindern.

Die Verwendung von Belüftungsanlagen ist in der Hauptsache auf Räume beschränkt, bei denen keine starke Luftverschlechterung vorhanden ist und die eingeblasene Luft durch Fenster und Türen leicht in die Umgebung oder ins Freie entweichen kann, z. B. Büros, Werkstätten, Verkaufsräume, Ausstellungshallen.

*Hauptbestandteile:* Zuluftventilator mit Motor, Lufterhitzer, Staubfilter, luftführende Leitung. Bild 323-1 zeigt als Beispiel eine Verkaufsraumbelüftung, bei der die Belüftungsanlage über der Eingangsschleuse angebracht ist.

Verwendung eines Luftfilters ist zweckmäßig, um Verschmutzung des Erhitzers und im Raum zu vermeiden.

*Nachteil:* Wärmerückgewinnung praktisch nicht möglich.

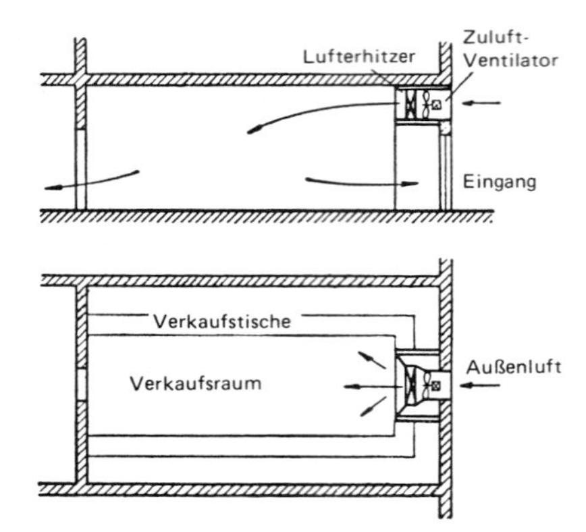


Bild 323-1. Belüftungsanlage für einen Verkaufsraum.

## 324 Be- und Entlüftung

Im allgemeinen, namentlich bei großen Räumen, ist es zweckmäßig, eine Belüftungs- *und* Entlüftungsanlage gleichzeitig zu verwenden. Durch geeignete Bemessung der Volumenströme für Außen- und Fortluft kann dabei nach Bedarf in den Räumen ein geringerer Über- oder Unterdruck erzeugt werden. Bestgeeignete Lüftung für fast alle namentlich größeren Räume, z. B. Säle aller Art, Theater, Lichtspielräume, Gaststätten,

Fabrikhallen usw. Insbesondere wird durch die gezielte Führung der Zu- und Abluft die *Wärmerückgewinnung* möglich.

Die Anordnungsmöglichkeiten der Zu- und Abluftventilatoren, der Kanäle, Luftdurchlässe usw. sind bei den verschiedenen Nutzungen sehr vielfältig. Die Ausführungen für verschiedene Zwecke werden in Abschnitt 36 behandelt.

Bild 324-1 zeigt als Beispiel die Be- und Entlüftung eines Saales oder Lichtspieltheaters.

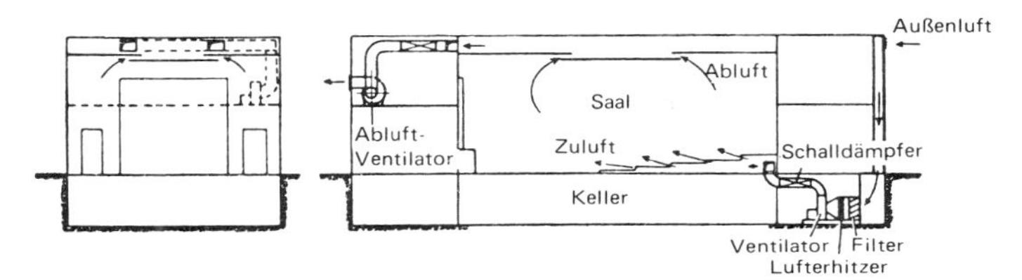


Bild 324-1. Be- und Entlüftungsanlage für einen Saal oder ein Lichtspieltheater.

Der Zuluftventilator befindet sich im Keller. Die Außenluft wird durch eine Saugleitung möglichst hoch über dem Straßenniveau angesaugt, in einem Staubfilter gereinigt, in einem Lufterhitzer auf Raumtemperatur angewärmt und dann von dem Ventilator in den Zuluftkanal gefördert, der in den Hohlraum unter den Sitzen mündet. Von hier tritt die Luft aus geeigneten Luftdurchlässen in den Raum ein. Die Abluft wird an der Decke abgesaugt und vom Abluftventilator ins Freie geblasen, wobei Wärmerückgewinnung heute zweckmäßig ist (s. Abschn. 339), wenn die Betriebszeiten nicht zu kurz sind.

# 325 Luftheizung (s. auch Abschnitt 223-3)

Die Luftheizungsanlage, auch *Warmluftheizung* genannt, fördert, entweder mit natürlichem Auftrieb oder mechanisch mit Ventilator, wie die Belüftungsanlage Luft in den zu beheizenden Raum, jedoch mit dem Unterschied, daß die Luft *über Raumtemperatur*, auf etwa 30 bis 50 °C, erwärmt wird. Die zusätzlich zugeführte Wärme dient dazu, den Wärmeverlust des Raumes zu decken, so daß sich die Luft im Raum allmählich auf Raumtemperatur abkühlt. Man unterscheidet:

*Außenluftheizungen,* bei denen die Zuluft ausschließlich aus dem Freien entnommen wird; unwirtschaftlich, da hoher Wärmeverbrauch;

*Umluftheizungen,* bei denen die Raumluft zurückgesaugt und wieder verwendet wird;

*Mischluftheizungen,* bei denen die Außenluft und Umluft gemischt wird (bestgeeignetes Verfahren, da Heizung und Lüftung durch *eine* Anlage möglich). Erwärmung der Luft durch *Wärmeaustauscher* oder direktbefeuerte *Lufterhitzer.* Der Außenluftanteil wird bei tiefen Außentemperaturen zur *Energieersparnis* zweckmäßig abgesenkt.

Bild 325-1 zeigt als Beispiel die Luftheizung einer Werkstatt. Das Luftheizaggregat ist auf einem Konsol an der Wand angebracht. Die Warmluft wird durch einen an der Decke liegenden Luftkanal verteilt, während die Umluft durch einen kurzen Saugschacht dicht über dem Fußboden entnommen wird. Der Lufterhitzer ist an die Dampf- oder Wasserheizung des Gebäudes anzuschließen. Weiteres über Luftheizungen siehe Abschnitt 341 und 352.

Bei den *Warmlufterzeugern* erwärmt sich die Luft an Heizflächen, die innen durch Verbrennung von festen Brennstoffen, Gas oder Öl beheizt werden. *Lufterhitzer* bestehen demgegenüber aus stählernen Rippenrohren, die innen von Dampf oder Warmwasser, außen von Luft durchströmt werden.

Verwendung der Luftheizungen besonders für Großräume aller Art, namentlich Theater und Kinos, Hallen, Versammlungsräume, Werkstätten. Meist bei Räumen, die mit größerer Unterbrechung genutzt werden.

Für Fabriken, Werkstätten, Montagehallen, Lagerräume usw. verwendet man zur Luftheizung häufig Wand- oder Deckenluftheizer. Diese Geräte bestehen aus einem Gehäuse, in dem alle für die Luftbehandlung erforderlichen Teile, wie Ventilatoren, Mo-

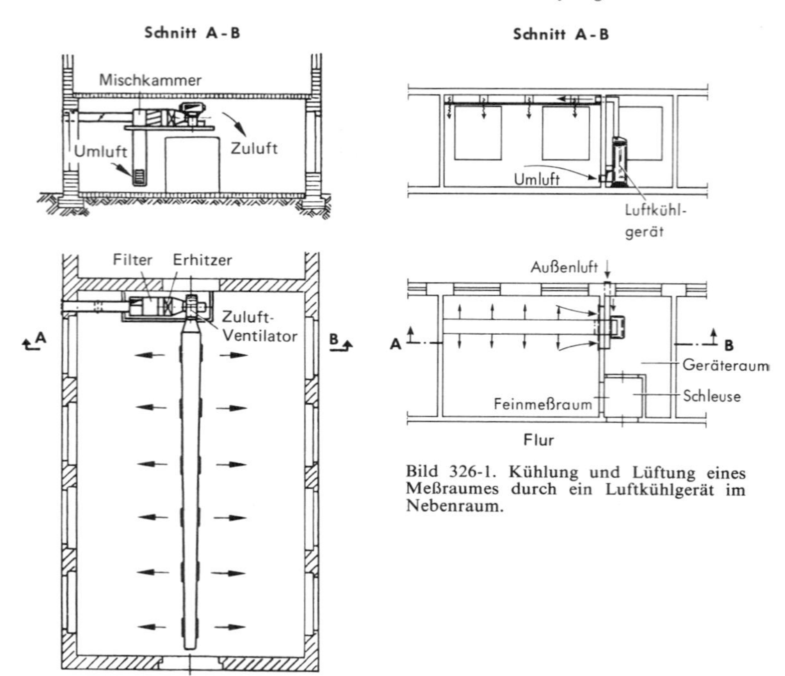


Bild 325-1. Luftheizungsanlage für eine Werkstatt.

Bild 326-1. Kühlung und Lüftung eines Meßraumes durch ein Luftkühlgerät im Nebenraum.

tor, Wärmeaustauscher, Klappen usw., enthalten sind. Als Heizmittel für derartige Lufterhitzer wird in der Regel Dampf oder Warmwasser verwendet (s. Abschn. 34). Es gibt jedoch auch Geräte für Öl-, Gas- oder Kohleheizung.

Bei hohen Hallen ist eine Temperaturschichtung gegeben. Diese ist bei Heizbedarf ungünstig, da die Wärme sich oberhalb der Aufenthaltszone staut. Abhilfe durch Blasstrahlen vom Deckenbereich. Andererseits ist bei Wärmeüberschuß die Schichtung erwünscht, und man führt die Luft im Bodenbereich zu. Die Luftführung muß also fallweise entschieden werden.

Warmluftheizungen mit öl- oder gasbefeuerten *Heizautomaten* sind u.a. für Einfamilienhäuser geeignet.

Gelegentlich werden auch *Hochdruckluftheizungen* gebaut, bei denen die Luft mit Temperaturen von 100···200 °C in die Räume eingeblasen wird. Kleine Rohrleitungen, hygienisch aber ungünstig.

## 326 Luftkühlung

Die Luftkühlanlage fördert Luft mit einer Temperatur *unterhalb der Raumtemperatur*, um den Raum zu kühlen. Durch Wärmeaufnahme im Innern des Raumes steigt dabei die Lufttemperatur infolge Mischung auf die verlangte Raumtemperatur an. Die Luftkühlung hat Bedeutung bei moderner Bauweise mit großen Fensterflächen, die im Winter einen passiven *Solarwärmegewinn* bringen. An Strahlungstagen können in die Räume sehr große Wärmemengen eindringen, die bei leichter Bauweise des Gebäudes ohne Kühlung und ohne zweckmäßigen Sonnenschutz im Sommer zu erheblichen Temperaturerhöhungen führen können. Wie bei der Luftheizung unterscheidet man:

*Außenluftkühlung* *Umluftkühlung* *Mischluftkühlung*

Hauptbestandteile der Luftkühlanlagen sind die Kühler, die in *Oberflächenkühler* und *Naßluftkühler* unterschieden werden. Oberflächenkühler entsprechen in der Bauart den Lufterhitzern mit dem Unterschied, daß sie innen von einem Kühlmittel statt einem Heizmittel durchflossen werden, während bei den allerdings in Komfortanlagen selten verwendeten Naßluftkühlern die Luft in direkte Berührung mit strömendem oder zerstäubtem Kaltwasser gebracht wird. Kühlmittel sind

*Leitungswasser* (teuer) oder *Brunnenwasser* (selten);
*maschinell durch Kältemaschinen gekühltes Wasser* oder Sole, selten auch Eis;
*Kältemittel* (Ammoniak, Frigen u. a.) in den Verdampfern der Kältemaschinen.

Sehr wesentlich ist bei allen Kühlanlagen die Temperatur des Kühlwassers. Mit städtischem Leitungswasser kann die Luft im allgemeinen nur wenig gekühlt werden, da es gelegentlich zu warm und sehr teuer ist. Günstiger ist die Verwendung von Brunnenwasser, das in Deutschland meist mit einer maximalen Temperatur von 8 bis 10 °C zur Verfügung steht. Bei maschineller Kühlung ist man natürlich in der Lage, die Kühlmitteltemperatur nach Bedarf festzulegen.

Verwendung der Luftkühlung in Komfortanlagen für Aufenthaltsräume sowie für zahlreiche industrielle Betriebe, namentlich in der Lebensmittel-, Süßwaren-, pharmazeutischen und mikroelektronische Industrie.

*Hauptbestandteile:* Ventilator mit Motor, Kühler, Luftfilter, Luftleitungen, Luftdurchlässe. Bauart der Luftkühlanlagen ähnlich den Luftheizungen. Die in Bild 325-1 dargestellte Luftheizung kann auch als Luftkühlung betrieben werden, wenn an die Stelle des Lufterhitzers ein Luftkühler tritt.

In vielen Fällen ist es zweckmäßig, statt der Luftkühlanlagen *Luftkühlgeräte* zu verwenden, bei denen alle für die Luftbehandlung erforderlichen Teile, wie Ventilator, Motor, Wärmeaustauscher usw., zu einem kompletten, transportablen Gehäuse zusammengebaut sind. Je nach der Größe und Bauart der Gehäuse unterscheidet man *Raumkühlgeräte, Schrank- und Kasten-Kühlgeräte,* die auch mit eingebauter Kältemaschine erhältlich sind.

Beispiel Bild 326-1.

# 327 Luftbefeuchtung

(siehe auch Abschn. 334, 335 u. 343)

Viele technische Prozesse können nur innerhalb bestimmter Luftfeuchte ablaufen.

Befeuchtungsanlagen erhöhen den absoluten Feuchtegehalt der Luft in einem Raum. Es gibt dezentrale und zentrale Anlagen, wobei folgende hauptsächliche Befeuchtungsverfahren unterschieden werden können:

1. Wassererwärmung und *Verdunstung* oder Verdampfung in Schalen; Verfahren nur für kleine Leistungen geeignet, außerdem meist unhygienisch, da Schalen leicht verschmutzen. Höhere Leistung bei Verwendung eines Ventilators.
2. Direktes *Dampfeinblasen* in die Raumluft oder den Zuluftkanal; Dampf durch Elektrogeräte oder eigenen Kessel erzeugt. Dabei Schwierigkeiten mit Kesselsteinbildung, falls Wasser nicht vollentsalzt wird. Teuer, jedoch hygienisch einwandfrei, wenn Kondensation durch Überfeuchten vermieden wird.
3. *Wasserzerstäubung* durch Düsen mit oder ohne Druckluft sowie durch motorgetriebene Pumpe oder Schleuderscheiben, in der Industrie meist verwendetes Verfahren. Anschluß an Wassernetz mit Schwimmerregler. Luft enthält jedoch Salze aus dem Wasser, die sich im Raum ablagern.
4. *Sprühbefeuchter (Luftwäscher),* für große Anlagen.

Verwendung der Befeuchtungseinrichtungen in zahlreichen Industriebetrieben, die hygroskopische Stoffe verarbeiten: Textil-, Film-, Tabak-, Holz-, Papierindustrie sowie Druckereien u. a. Bei zu geringer Luftfeuchte ergeben sich *elektrostatische Aufladungen* und damit schlechter Materialdurchlauf, Maschinenstörungen, verringerte Reißfestigkeit vieler Stoffe, Maß-, Gewichts- und Qualitätsschwankungen. Papier ändert bei Feuchteaufnahme seine Maße.

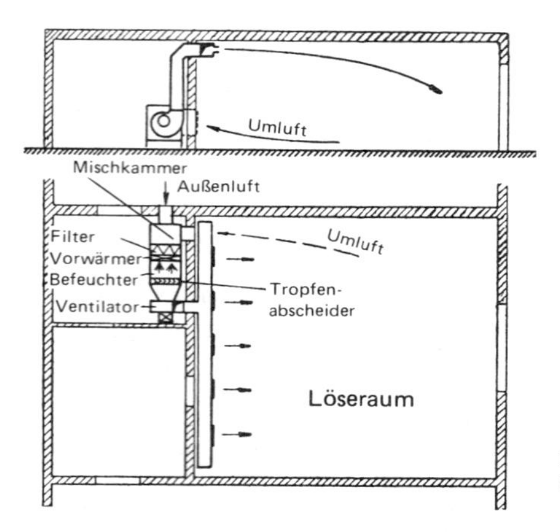


Bild 327-1. Befeuchtungsanlage für den Löseraum einer Tabakfabrik.

Bestimmter Feuchtegehalt der Luft wird auch für Büchereien, Museen, EDV-Anlagen, Kunstsammlungen verlangt, um Schaden wie Austrocknung, Verziehen, Schrumpfung u.a. zu verhindern. Viele *Musikinstrumente* wie Orgeln und Klaviere klingen bei zu trokkener Luft verstimmt. In Aufenthaltsräumen wie Wohnungen und Bürohäusern ist die Raumluft im Winter meist zu trocken. Klimaanlagen erhöhen hier die relative Luftfeuchte auf die hygienisch günstigen Werte von 35···50%.

Beispiel einer zentralen Befeuchtungsanlage Bild 327-1. Das Außenluft-Umluftgemisch wird in einem Filter gereinigt, im Vorwärmer erwärmt, im Luftwäscher befeuchtet und dann von dem Ventilator in den Raum gefördert.

Für kleine Räume verwendet man transportable *Luftbefeuchtungsgeräte* – kurz Luftbefeuchter genannt, die für geringe Befeuchtungsleistung ausreichen (Abschnitt 343).

## 328 Luftentfeuchtung[1])

Luftentfeuchtungsanlagen verringern den absoluten Feuchtegehalt der Luft. Die *Entziehung der Luftfeuchte* ist dabei auf zwei grundsätzlich verschiedenen Wegen möglich:

1. *Kühlung der Luft* durch ein genügend kaltes Kühlmittel mit einer Temperatur unterhalb des Taupunktes der Luft, dabei Ausscheidung von Wasser *(Kondensationsmethode).* Für eine wesentliche Wasserausscheidung ist im allgemeinen eine Kältemaschine erforderlich. Im übrigen sind die Anlagen ähnlich der Luftkühlanlagen gebaut.
2. *Absorption des Wasserdampfes* der Luft durch hygroskopische feste Stoffe, wie Kieselgel (Silicagel) oder hygroskopische Salzlösungen, wie Chlorkalzium u.a. *(Absorptionsmethode).*

Verwendung der Luftentfeuchtung in Klimaanlagen für Aufenthaltsräume, ferner für manche Spezialbetriebe in den chemischen, pharmazeutischen, Elektro- und anderen Industrien, wenn ein möglichst trockener Raumluftzustand benötigt wird.

Für geringe Entfeuchtungsleistungen gibt es auch transportable *Lufttrocknungsgeräte.* Auch bei diesen Geräten erfolgt die Entziehung der Luftfeuchte entweder durch Unterkühlung mittels Kältemaschine oder durch Absorptionsstoffe (Abschnitt 344).

---

[1]) Zu den Luftentfeuchtungsanlagen gehören nicht die sogenannten Trocknungsanlagen, in denen feuchtem Trockengut, wie Holz, Leder, Gemüse usw., durch Zuführung von Warmluft Wasser entzogen wird.

# 329 Klimaanlagen

## -1 ALLGEMEINES[1])

### -11 Begriffsbezeichnung

*Klimaanlagen* haben die Aufgabe, Temperatur und Feuchte der Luft innerhalb vorgeschriebener Grenzen konstant zu halten. Sie vereinigen in sich alle 4 thermodynamische Luftbehandlungsfunktionen: heizen, kühlen, befeuchten und entfeuchten. Dazu erhalten sie auch eine selbsttätige Temperatur- und Feuchte-Regelanlage. Sie sind das vollkommenste, wenn natürlich auch das aufwendigste Verfahren der technischen Luftbehandlung. Klimaanlagen erfüllen zweckmäßig auch die *Lüftungsfunktion* und werden heute zwecks Energieeinsparung meist mit größeren Temperatur- und Feuchte-Toleranzen und mit Wärmerückgewinnung ausgestaltet.

Etwas einfacher sind die sogenannten *Teilklimaanlagen*, die sich von den Klimaanlagen dadurch unterscheiden, daß sie nur 2 oder 3 thermische Luftbehandlungsfunktionen enthalten (z. B. heizen, kühlen, entfeuchten). Vielfach werden Teilklimaanlagen auch als Klimaanlagen bezeichnet, was jedoch im Interesse einer genauen Begriffsbezeichnung und eines einwandfreien Geschäftsverkehrs nicht zu empfehlen ist, ohne die Zahl der Luftbehandlungsfunktionen zu nennen.

### -12 Verwendung

Die Klimaanlagen finden hauptsächlich in zwei großen Gebieten Verwendung, nämlich als Komfort- oder als Industrie-Klimaanlagen.

*Komfortanlagen* dienen zur Erzeugung des günstigsten Luftzustandes für Aufenthaltsräume von Menschen aller Art, wie Bürogebäude, Theater, Kaufhäuser, Krankenhäuser usw. Sie heißen daher auch *Human-Klimaanlagen*. Sie sollen sowohl im Winter als auch im Sommer das günstigste Raumluftklima aufrechterhalten, d. h. also je nach Wetter oder persönlichen Wünschen eine Temperatur von 20 bis 26 °C und eine relative Luftfeuchte zwischen 35 und 65%. Bei diesem Raumluftzustand fühlen sich die Menschen im allgemeinen am behaglichsten und sie haben die größte Arbeitsfreude und Leistungsfähigkeit. Damit ist auch ein *wirtschaftlicher Nutzen* verbunden, da der Ausfall von Arbeitskräften infolge Krankheit oder Unfällen gemindert und Arbeitsergebnisse verbessert werden. Klimaanlagen ermöglichen auch die *Wärmerückgewinnung*, die dazu beiträgt, den Heizenergiebedarf für die Lüftungswärme drastisch zu senken[2]). Auch die Kühlleistung im Sommer wird dadurch reduziert.

Die Komfort-Klimatechnik wird trotz höherer Investitionskosten weiterhin Anwendung finden, da bei *integrierter Planung* zwischen Architekt und Haustechnik eine intensive Gebäudenutzung ermöglicht, wobei der Energiebedarf moderner Anlagen gering ist, und somit auf die Vorteile ganzjähriger Temperatur- und Feuchte-Kontrolle nicht verzichtet zu werden braucht[1]). In vielen Fällen kann durch Wärmerückgewinnung, Wärmeverschiebung im Gebäude und durch Anwendung der Kältemaschine auch als Wärmepumpe gegenüber nicht klimatisierten Gebäuden sogar Energie eingespart werden.

*Industrie-Klimaanlagen* haben im Gegensatz zu den Komfort-Klimaanlagen die Aufgabe, den für die Fabrikation günstigsten Luftzustand herzustellen. Viele Produkte lassen sich nur dann einwandfrei herstellen, wenn die Luft einen bestimmten Zustand hat. Beispielsweise ist es in der *Baumwollweberei* erforderlich, daß die Raumluft zur Vermeidung von Kettenfadenbrüchen eine Feuchtigkeit von 70 bis 80% besitzt. Bei diesem Luftzustand haben die Baumwollgarne die größte Festigkeit und Elastizität. Ähnliche Probleme bestehen bei der *Papierherstellung* und Verarbeitung. Es muß ein Gleichgewicht bestehen zwischen dem Wassergehalt des Papiers und dem der Luft, da sonst Schwierigkeiten beim Transport, Drucken, Falzen, Prägen und anderen Prozessen entstehen. Eine große Anzahl weiterer Industriezweige, vor allen Dingen solche, die hygroskopische Materialien verarbeiten, verlangen ebenfalls einen bestimmten Luftzustand, so z. B. die Tabakindustrie, Fotoindustrie, Süßwaren-, Lebensmittel- sowie Mikroelektronik-Fabriken usw. (Tafel 329-1).

---

[1]) Rákóczy, T.: TAB 4/84. S. 259/262.
[2]) Franzke, H. R.: TAB 11/81. S. 975/77.
Hönmann, W.: Staubjournal Nr. 100 (1983) und LTG Techn. Inf. 61/1986.

**Tafel 329-1. Temperatur- und Feuchtebereich in verschiedenen Betrieben*)**

| Nr. | Industriezweig | Art des Betriebes | Temperatur °C | relative Feuchte % |
|---|---|---|---|---|
| 1 | Bäckerei | Mehllager | 15···25 | 50···60 |
| | | Hefelager | 0··· 5 | 60···75 |
| | | Teigherstellung | 23···25 | 50···60 |
| | | Zuckerlager | 25 | 35 |
| 2 | Bibliotheken | Bücherlager | 21···25 | 40···50 |
| | | Lesesäle | 21···25 | 35···55 |
| 3 | Brauerei | Gärraum | 4··· 8 | 60···70 |
| | | Malztenne | 10···15 | 80···85 |
| 4 | Druckerei | Papier-Lagerung | 20···26 | 50···60 |
| | | Drucken | 22···26 | 45···60 |
| | | Mehrfarbendruck | 24···28 | 45···50 |
| | | Photodruck | 21···23 | 60 |
| | | alle weiteren Arbeiten | 21···23 | 50···60 |
| 5 | Elektro-Industrie | allgemeine Fabrikation | 21 | 50···55 |
| | | Fabrikation von Thermo- und Hygrostaten | 24 | 50···55 |
| | | Fabrikation mit kleinen Toleranzen | 22 | 40···45 |
| | | Fabrikation von Isolierungen | 24 | 65···70 |
| 6 | Gummi-Industrie | Lagerung | 16···24 | 40···50 |
| | | Fabrikation | 31···33 | – |
| | | Vulkanisation | 26···28 | 25···30 |
| | | chirurgisches Material | 24···33 | 25···30 |
| 7 | keramische Industrie | Lagerung | 16···26 | 35···65 |
| | | Herstellung | 26···28 | 60···70 |
| | | Verzierungen | 24···26 | 45···50 |
| 8 | Linoleum-Industrie | Oxydation des Leinöls | 32···38 | 20···28 |
| | | Bedrucken | 26···28 | 30···50 |
| 9 | mechanische Industrie | Büros, Zusammensetzung, Montage | 20···24 | 35···55 |
| | | Präzisions-Montage | 22···24 | 40···50 |
| 10 | Museen | Gemälde | 18···24 | 40···55 |
| 11 | Papierindustrie | Papiermaschinenraum | 22···30 | 50···60 |
| | | Papierlager | 20···24 | 50···60 |
| 12 | pharmazeutische Industrie | Lagerung der Vorprodukte | 21···27 | 30···40 |
| | | Fabrikation von Tabletten | 21···27 | 35···50 |
| 13 | photographische Industrie | Fabrikation normaler Filme | 20···24 | 40···65 |
| | | Fabrikation von Sicherheitsfilmen | 15···20 | 45···50 |
| | | Bearbeitung von Filmen | 20···24 | 40···60 |
| | | Lagerung von Filmen | 18···22 | 40···60 |

*) Carrier Handbook of Airconditioning System Design. McGraw-Hill, New York. ASHRAE-Handbook und andere Quellen.

Fortsetzung Tafel 329-1

| Nr. | Industriezweig | Art des Betriebes | Temperatur °C | relative Feuchte % |
|---|---|---|---|---|
| 14 | Pelze | Lagerung | 5···10 | 50···60 |
| 15 | Pilzplantage | Wachstumsperiode | 10···18 | – |
| | | Lagerung | 0··· 2 | 80···85 |
| 16 | Streichhölzer | Herstellung | 18···22 | 50 |
| | | Lagerung | 15 | 50 |
| 17 | Süßwaren-Industrie | Lagerung (trockene Früchte) | 10···13 | 50 |
| | | Weich-Bonbons | 21···24 | 45 |
| | | Herstellung von Hart-Bonbons | 24···26 | 30···40 |
| | | Verpackung von Hart-Bonbons | 24···26 | 40···45 |
| | | Herstellung von Schokolade | 15···18 | 50···55 |
| | | Umhüllen von Schokolade | 24···27 | 55···60 |
| | | Verpackung von Schokolade | 18 | 55 |
| | | Lagerung von Schokolade | 18···21 | 60···65 |
| | | Keks- und Waffelherstellung | 18···20 | 50 |
| 18 | Tabak-Industrie | Lagerung des Rohtabaks | 21···23 | 60···65 |
| | | Vorbereitung | 22···26 | 75···85 |
| | | Zigaretten-, Zigarren-Fabrikation | 21···24 | 55···65 |
| | | Verpackung | 23 | 65 |
| 19 | Textil-Industrie | Baumwolle: | | |
| | | Batteur | 22···25 | 40···50 |
| | | Carderie | 22···25 | 45···55 |
| | | Kämmerei | 22···25 | 55···65 |
| | | Strecke | 22···25 | 50···55 |
| | | Flyer | 22···25 | 50···55 |
| | | Ringspinnmaschine | 22···25 | 55···65 |
| | | Spulerei, Zwirnerei, Scheren und Aufziehen der Kette | 22···25 | 60···70 |
| | | Webraum | 22···25 | 65···80 |
| | | Konditionieren von Garn und Gewebe | 22···25 | 90···95 |
| | | Leinen: | | |
| | | Vorbereitung | 18···20 | 80 |
| | | Carderie | 20···25 | 50···60 |
| | | Spinnerei | 24···27 | 60···70 |
| | | Weberei | 27 | 80 |
| | | Wolle: | | |
| | | Vorbereitung | 27···29 | 60 |
| | | Carderie | 27···29 | 65···70 |
| | | Spinnerei | 27···29 | 50···60 |
| | | Weberei | 27···29 | 60···70 |
| | | Ausrüsten | 24 | 50···60 |
| | | Seide: | | |
| | | Vorbereitung | 27 | 60···65 |
| | | Spinnerei | 24···27 | 65···70 |
| | | Weberei | 24···27 | 60···75 |
| | | Kunstseide: | | |
| | | Carderie, Spinnerei | 21···25 | 65···75 |
| | | Weberei | 24···25 | 60···65 |

Ein weiteres großes Anwendungsgebiet ist die *chemische Industrie* bei der Herstellung von Medikamenten, die Klimatisierung von Prüfräumen und Laboratorien, die Fabrikation von Präzisionsbauteilen u.a. Bei manchen Produktionen, z.B. Halbleiter-Fertigung, ist eine annähernd 100%ige Staub-(Partikel-)Freiheit der Luft erforderlich.

In *Museen* und Bibliotheken dienen Klimaanlagen nicht nur zur Erhaltung von empfindlichen Wertobjekten, sondern gleichzeitig zur Schaffung eines behaglichen Raumluftzustandes. Ebenso haben Klimaanlagen in Operationsräumen, Kliniken und Krankenanstalten eine doppelte Aufgabe: Reinigung der Raumluft und Raumluftkonditionierung.

Einen anderen Anwendungsbereich hat die Klimatechnik bei der Produktion von *Kunstfasern*, in Meß- und Prüfräumen, die in fast allen Industriezweigen vorhanden sind, sowie bei Tierlabors in Pharma-Industrie und Universitäten.

## -13 Bauarten[1])

Die Klimaanlagen lassen sich je nach der gewählten Einteilungsmethode in verschiedene Gruppen einteilen. In den folgenden Kapiteln sind sie nach unterschiedlichen Gesichtspunkten wie folgt eingeteilt (Luftaufbereitung, Energietransport, Regelung):

1. *Nur-Luft-Klimaanlagen*
   - 11. Einkanal-Klimaanlagen mit konstantem Luftvolumenstrom
     - 121 Einzonen-Anlagen
     - 122 Mehrzonen-Anlagen
       - mit Nachwärmern
       - mit Wechselklappen
   - 12. Einkanal-Klimaanlagen mit variablem Luftvolumenstrom
   - 13. Zweikanal-Klimaanlagen
     - 131 mit konstantem Luftvolumenstrom
     - 132 mit variablem Luftvolumenstrom
2. *Luft-Wasser-Klimaanlagen*
   - 21. Anlagen mit terminalen Nachwärmern oder Kühlern
   - 22. Induktions-Klimaanlagen
     - 221 Zweirohr-System
       - mit Umschaltung (change over)
       - ohne Umschaltung (non change over)
     - 222 Dreirohr-System
     - 223 Vierrohr-System mit 1 oder 2 Wärmeaustauschern
       - mit Ventilsteuerung
       - mit Klappensteuerung
     - 224 Induktionsanlagen mit variablem Volumenstrom
   - 23. Ventilator-Konvektor-Anlagen
     - 231 mit örtlicher Außenluftversorgung
     - 232 mit getrennter Außenluftversorgung
     - 233 nur mit Umluftbetrieb
3. *Kleinwärmepumpen-Anlagen*
4. *Kombinierte Klimaanlagen* (für Häuserblocks, Krankenhäuser, Universitäten, Tierlabors usw.), das sind

   Primärluft-Zentralanlagen, in denen eine Vorbehandlung der angesaugten Luft erfolgt, mit nachgeschalteten Luftbehandlungsanlagen, in denen die endgültige Aufbereitung der Luft bewirkt wird.

Eine andere Übersicht zeigt Bild 329-1: Einteilung der Klimaanlagen.

Nach der Bauart unterscheidet man *Klimazentralen* und *Klimageräte*. Während Klimazentralen an der Baustelle aus einzelnen angelieferten Teilen zu einer Einheit zusammengebaut werden, enthalten die Klimageräte alle für die Aufbereitung der Luft erforderlichen Teile, wie Ventilator, Kühler, Kältemaschine usw., in einer fabrikmäßig zu-

[1]) Rákóczy, T.: VDI-Berichte Nr. 353 u. 356, 1980.

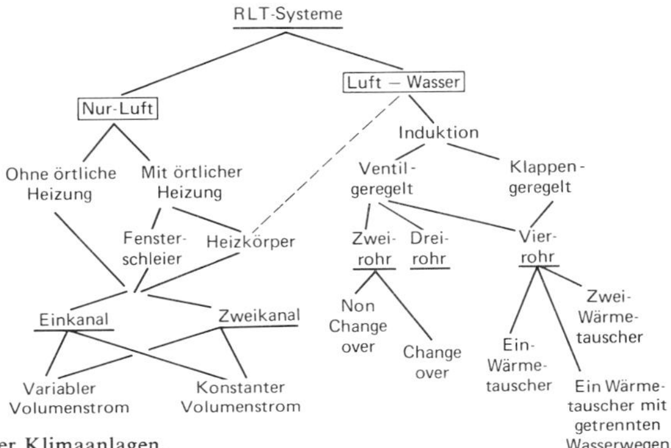


Bild 329-1. Einteilung der Klimaanlagen.

sammengebauten Einheit in Truhen-, Schrank- oder Kastenform. Ihre Wirkungsweise ist jedoch prinzipiell dieselbe wie bei den Zentralen. Naturgemäß sind die Klimageräte für kleinere Leistungen, die Zentralen für größere Leistungen bestimmt.

## -2 WIRKUNGSWEISE

Der Hauptteil jeder Klimaanlage ist das *Klimaaggregat,* in dem die Luftaufbereitung stattfindet. Bild 329-2 zeigt schematisch die Anordnung einer typischen Klimaanlage. Oben ist der zu klimatisierende Raum gezeichnet, darunter das Klimaaggregat, das wie folgt arbeitet:

*Außenluft* wird aus dem Freien angesaugt, wird durch Wärmerückgewinnung aus der Abluft vorbehandelt oder mischt sich in der Mischkammer mit einem Teil aus dem Raum zurückgesaugter Luft und wird dann in einem Filter gereinigt. Weitere Aufbereitung der Luft:

*Vorwärmung* durch einen dampf- oder warmwassergeheizten Vorwärmer,

*Kühlung* bzw. *Entfeuchtung* durch einen Kühler,

*Befeuchtung* durch einen Befeuchter mittels Sprühdüsen oder Dampf,

*Nachwärmung* durch einen dampf- oder warmwassergeheizten Nachwärmer.

Der *Ventilator* fördert dann die so behandelte Luft durch den Verteilerkanal in den Raum. Einen Teil der Raumluft fördert der Abluftventilator über einen Wärmerückgewinner ins Freie, der übrige Teil kehrt als Umluft zum Klimaaggregat zurück, wo der Kreislauf von neuem beginnt.

Jede Klimaanlage benötigt als Betriebsmittel sowohl ein *Heizmedium* als auch ein *Kühlmedium.* Zum Heizen wird entweder Dampf, Warmwasser oder Heißwasser aus einem Kessel geliefert, während zum Kühlen entweder eine Kältemaschine oder Brunnenwasser verwendet wird. Im Bild 329-2 gezeigten Fall steht Warmwasser aus einem Kessel und Kaltwasser aus einem Wasserkühlaggregat (Kältemaschine mit Verdampfer und Kondensator) zur Verfügung.

Die *Steuerung und Regelung* dieser verschiedenen Teile der Luftaufbereitung erfolgt dabei durch je einen im Raum befindlichen Raumlufttemperatur- und Raumfeuchtefühler.

Man unterscheidet pneumatische, elektrische, elektronische *Regelanlagen,* erstere mit Druckluft von ca. 1 bar Überdruck als Hilfskraft, letztere zusätzlich mit elektrischem Strom. Es werden auch Mikrocomputer zur Regelung und Steuerung eingesetzt. Jede Regelanlage besteht meistens aus mehreren Regeleinrichtungen, jede Regeleinrichtung wiederum aus

dem *Fühler* für Temperatur oder Feuchte (Thermostat oder Hygrostat),

dem *Regler,*

dem *Stellantrieb* für Klappe oder Ventil

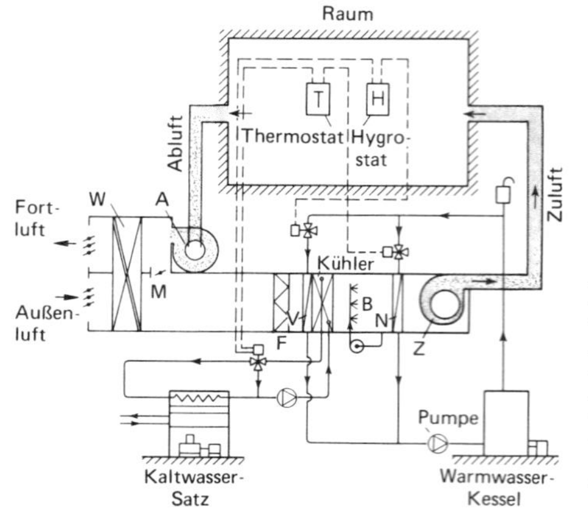


Bild 329-2. Schematischer Aufbau einer Zentralklimaanlage.
*A* = Abluftventilator
*B* = Befeuchter
*F* = Filter
*M* = Mischkammer
*N* = Nachwärmer
*V* = Vorwärmer
*Z* = Zuluftventilator
*W* = Wärmerückgewinnung

und gelegentlich einem geeigneten *Kraftschalter* (Stellungsrelais) zur Verstärkung der geringen am Regler auftretenden Kräfte.

Die Anzahl der möglichen Anordnungen dieser Elemente ist sehr groß (s. Abschn. 338). Wirkungsweise der Regelung Bild 329-2:

Der *Raumthermostat T* im Raum steuert das Heizmittel zum Lufterhitzer und das Kühlmittel zum Kühler. Bei fallender Raumtemperatur wird zunächst die Wärmerückgewinnung (WRG) in Betrieb genommen und anschließend das Heizmittelventil geöffnet, bei steigender Raumtemperatur das Heizventil geschlossen, die WRG gestoppt und bei noch weiter steigender Temperatur das Kaltwasser-3-Wege-Ventil geöffnet.

Der *Raumhygrostat H* öffnet bei fallender Feuchte das Vorwärmerventil und schaltet die Befeuchterpumpe ein, so daß die Luft befeuchtet wird. Bei zu hoher Raumluftfeuchte schließt sich das Vorwärmerventil und das Kaltwasser-3-Wege-Ventil öffnet sich, so daß die Luft gekühlt und entfeuchtet wird.

Moderne Regler kontrollieren auch die Enthalpie energieoptimierend.

## -3 NUR-LUFT-KLIMAANLAGEN[1])

Bei diesem Klimasystem wird die Luft in einer Zentrale aufbereitet und durch Kanäle in die zu klimatisierenden Räume gefördert, in denen keine weitere Nachbehandlung stattfindet. Es sind also für die angeschlossenen Räume keine Heiz- oder Kühlwasserinstallationen für die Luftnachbehandlung erforderlich, falls nicht zusätzlich statische Heizkörper installiert werden. Je nach der Geschwindigkeit der Luft in den Kanälen unterscheidet man *Niedergeschwindigkeitsanlagen* mit Geschwindigkeiten unter etwa 10 m/s und *Hochgeschwindigkeitsanlagen,* bei denen die Luftgeschwindigkeit früher bis zu 15···20 m/s erreicht und besondere Luftauslässe bzw. Entspannungsgeräte erforderlich sind. Heute überschreitet man i.a. aus Gründen der Energieersparnis (und der Geräusche) den Wert 15 m/s nicht mehr.

### -31 Einkanal-Klimaanlagen mit konstantem Luftvolumenstrom

#### -311 Einzonen-Klimaanlagen

Hierunter versteht man solche Anlagen, bei denen im Zentralgerät aufbereitete Luft durch einen Kanal einem oder mehreren Räumen zugeführt wird. Falls es sich um mehrere Räume handelt, erhalten also alle Räume Luft *desselben Zustandes.* Klimaanlagen dieser Art werden besonders für Großräume, wie Säle, Versammlungsräume, Theater, Kinos usw., verwendet, aber auch für Mehrraumgebäude, wie Bürohäuser, Kranken-

[1]) Rákóczy, T.: Ki 6/77. S. 207/10.

häuser usw. Alle Klimaanlagen können so ausgeführt werden, daß sie entweder die Heizung der klimatisierten Räume voll übernehmen oder nur zum Teil oder überhaupt nicht. Man unterscheidet daher in dieser Hinsicht folgende Klimaanlagen:

*Klimaanlagen mit Heizung*
*Klimaanlagen mit Teilheizung* (Teilheizung örtlich)
*Klimaanlage ohne Heizung* (Heizung örtlich)

Bei Gebäuden mit einzelnen Räumen, wie beispielsweise Theatern, Kinos, Hallen usw., werden die Klimaanlagen im allgemeinen so ausgebildet, daß sie gleichzeitig die Heizung übernehmen. Bei Vielraumgebäuden ist es zweckmäßiger, für die Heizung der Räume Heizkörper unter den Fenstern vorzusehen, so daß die Klimaanlage nicht für Heizung der Räume zu sorgen braucht. In einer dritten Gruppe von Räumen, insbesondere solchen, die nicht dauernd benutzt werden, beispielsweise Sitzungssälen, Hörsälen und ähnlichen Räumen, empfiehlt es sich, die örtliche Heizung nur für einen Teil des Wärmebedarfs zu bemessen, während die Klimaanlage den Rest der Heizung übernimmt. Bei Nichtbenutzung werden die Räume dabei durch die Grundheizung dauernd auf etwa 10 bis 15 °C erwärmt, während sie bei Benutzung durch die Klimaanlage schnell aufgeheizt werden können. Eine Überheizung wird dabei vermieden (Energieeinsparung).

Die *Einzonen-Klimaanlagen* entsprechen in ihrer Wirkungsweise dem Bild 329-2.

Die früher oft großen Kühllasten führten bei Nur-Luft-Systemen zu großem Volumenstrom, so daß der Platzbedarf für die Kanäle allmählich immer größer wurde. Um diesen Platzbedarf zu verringern, entwickelte man die sogenannten *Hochgeschwindigkeits-Klimaanlagen*. Hier wird die Luft mit höherer Luftgeschwindigkeit, nämlich mit etwa 15 bis 20 m/s durch die Rohrleitung gefördert. Außerdem wird die Temperaturdifferenz zwischen Raumluft und gekühlter Luft von bisher 6 bis 8 K auf bis zu 10 K erhöht. Dadurch verringern sich die Kanalquerschnitte etwa auf den dritten Teil. Der Ventilator muß dabei natürlich wesentlich größere Drücke erzeugen, etwa 1000···2000 Pa, daher auch der Name *Hochdruckanlage*. Wegen der gestiegenen Energiepreise hat man die Geschwindigkeit wieder (auf max. 15 m/s) gesenkt, wodurch auch die Gesamtdruckdifferenz auf 500···1500 Pa gesenkt wurde. Auch die Temperaturdifferenz kann mit Rücksicht auf die Zugfreiheit im Raum nur bei sehr guten Luftauslässen, die dann in der Decke angeordnet sein müssen, bei max. 10 bis 12 K gewählt werden.

Das *Klimaaggregat* selbst unterscheidet sich außer erhöhter Druckfestigkeit in seinem Aufbau nicht von den bei Niederdruckanlagen üblichen Ausführungen, so daß auch die Luftaufbereitung in genau derselben Weise erfolgt. Es werden jedoch sog. *Entspannungskästen* für die Luftauslässe erforderlich. In diesen Kästen wird der große in den Kanalnetzen herrschende statische und dynamische Druck verringert, damit die Zuluft in den angeschlossenen Luftauslässen mit der akustisch zulässigen geringen Geschwindigkeit austreten kann.

Das Entspannungsgerät besteht aus einem schallgedämmten Gehäuse, in dem eine Drosselvorrichtung – z. B. aus gelochtem Blech – eingebaut ist. Außerdem ist manchmal ein mechanisch wirkender Volumenstromregler vorhanden, der den Volumenstrom zwecks automatischem Kanaldruckabgleich auf einem einstellbaren Wert konstant hält. Schema einer Anlage in Bild 329-3.

In vielen Fällen ist zum Abbau der Luftgeräusche ein *Nachschalldämpfer* erforderlich.

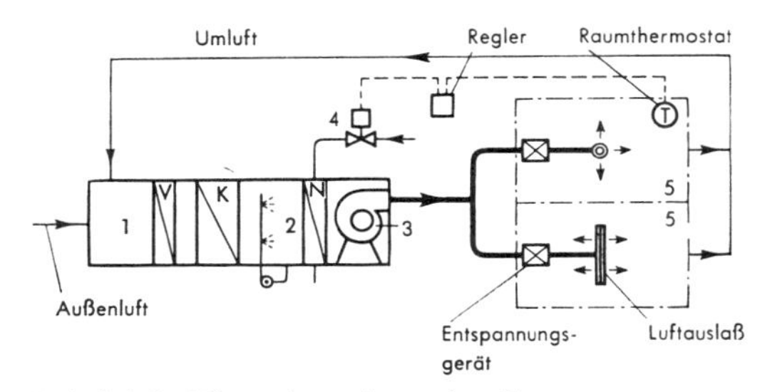


Bild 329-3. Einkanal-Hochgeschwindigkeits-Klimaanlage mit nur einer Zone.
1 = Mischkammer, 2 = Befeuchter, 3 = Zuluftventilator, 4 = Regelventil, 5 = Räume

## -312 Mehrzonen-Klimaanlagen

### -312-1 *Anlagen mit Nachwärmern*

Die zuvor beschriebenen Einkanal-Klimaanlagen haben den Nachteil, daß sie allen angeschlossenen Räumen Luft des gleichen Zustandes zuführen. Dies ist jedoch nur möglich, wenn das klimatisierte Gebäude auch annähernd gleiche Lasten zu einem bestimmten Zeitpunkt besitzt. Meist ist dies jedoch nicht der Fall. Dann muß die Klimaanlage als *Zonen-Klimaanlage* gebaut werden, so daß es möglich ist, jeder Zone Luft verschiedenen Zustandes zuzuführen und verschiedene Lasten abzuführen.

Für die Zonen-Klimaanlage sind verschiedene Bauarten möglich. Die Bilder 329-5 und -6 zeigen zwei verschiedene Ausführungen.

Bild 329-5 zeigt eine Anlage mit drei Nachwärmern für drei Zonen. Das angesaugte Außenluft-Umluft-Gemisch wird je nach seiner Temperatur vorgewärmt oder gekühlt. Die Regelung erfolgt dabei durch den Temperaturfühler 1 in der Druckkammer 2 des Zuluftventilators, der auf eine Temperatur von z. B. 15 °C eingestellt ist. Bei fallender Temperatur öffnet sich das Ventil des Vorwärmers, bei steigender Temperatur das Ventil des Kühlers.

Die Luft für die drei Zonen wird durch je einen Zonenthermostat bei Bedarf nachgewärmt, so daß damit unterschiedliche Lasten in den Zonen berücksichtigt werden. Nachteilig ist allerdings bei dieser Anordnung, daß die zentrale Kühlung für den ungünstigsten Raum bemessen sein muß, und daher bei einzelnen Zonen durch die Nachwärmung ein erhöhter Energieverbrauch eintritt. Die *Befeuchtung* 4 kann entweder zentral für alle Zonen gemeinsam vorgenommen werden (wie gezeichnet), jedoch auch für jede Zone getrennt, z. B. durch Dampfluftbefeuchter.

### -312-2 *Anlagen mit Wechselklappen*

Bild 329-6 zeigt eine Anordnung, bei der die unterschiedlichen Zulufttemperaturen der einzelnen Zonen durch Mischung von warmer und kalter Luft erzeugt werden. Das an-

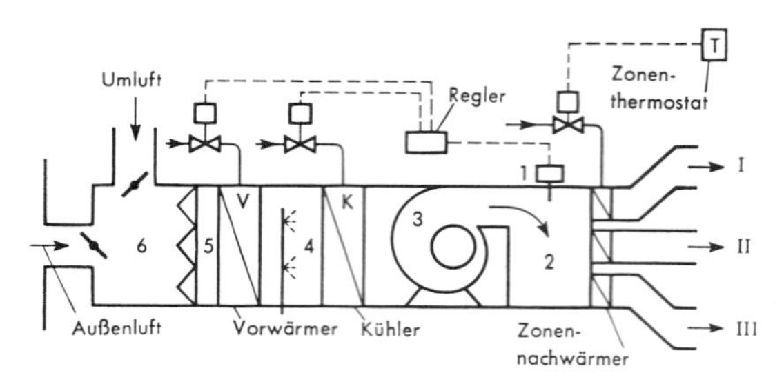


Bild 329-5. Einkanal-Klimaanlage mit Mehrzonen-Nachwärmern.
1 = Temperaturfühler, 2 = Druckkammer, 3 = Zuluftventilator, 4 = Befeuchter, 5 = Filter, 6 = Mischkammer

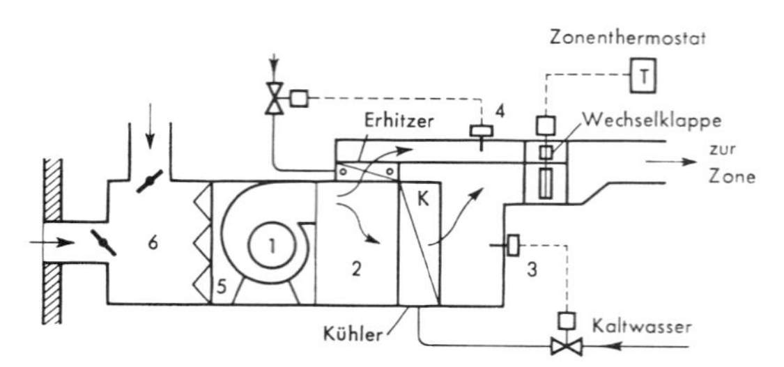


Bild 329-6. Mehrzonen-Klimaanlage mit Wechselklappen.
1 = Zuluftventilator, 2 = Druckkammer, 3 = Fühler für Kaltluft, 4 = Fühler für Warmluft, 5 = Filter, 6 = Mischkammer

gesaugte Außenluft-Umluft-Gemisch wird hier vom Zuluftventilator 1 in eine Druckkammer gefördert, in der sich ein Luftkühler und ein Lufterhitzer befinden. Der Lufterhitzer erwärmt die Luft auf eine bestimmte Temperatur, z. B. 25···30 °C, der Kühler kühlt sie auf 10···15 °C.

Zu jeder Zone wird ein Luftkanal verlegt, an dessen Anfang eine Wechselklappe angeordnet ist. Mittels dieser Klappen wird warme und kalte Luft so gemischt, wie es der die Klappe steuernde Raumthermostat verlangt. Es können 10···15 Wechselklappen nebeneinander angeordnet werden, so daß also ebensoviel Zonen angeschlossen werden können.

Anlagen dieser Art sind besonders für kleine Räume mit sehr unterschiedlicher Belastung geeignet, z. B. Schulen, Rundfunk- und Fernsehstudios, Innenräume von Bürogebäuden usw.

*Nachteilig* sind der große Raumbedarf der Kanäle sowie die Leckverluste bei den Klappen, aber vor allem der hohe *Energieverbrauch* durch Mischung von Kalt- und Warmluft sowie durch den großen vom Ventilator bei allen Lastzuständen zu fördernden Volumenstrom.

Bild 329-12 zeigt schematisch die Anordnung einer Anlage für 2 Zonen eines Gebäudes, z. B. die Nord- und die Südseite. Jede Zone hat einen Nachwärmer oder eine Wechselklappe in der Klimazentrale.

Das Klimaaggregat im rechten Gebäudeteil fördert die Luft in zwei an der Flurdecke liegende Kanäle, der eine für die Südzone, der andere für die Nordzone, um dem unterschiedlichen Einfluß der Himmelsrichtung Rechnung zu tragen. Luftauslässe verschiedener Bauart: Wandauslässe und Deckenauslässe, alle mit eingebautem Schalldämpfer. Heizung durch örtliche Heizkörper.

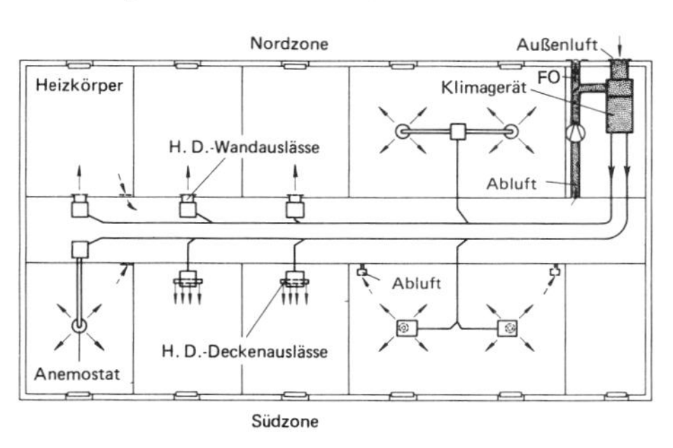


Bild 329-12. Einkanal-Klimaanlage für 2 Zonen mit verschiedenen Arten von Luftauslässen.

Wenn die Klimaanlage auch die Heizung übernimmt und statische Heizkörper entfallen, erfolgt der Luftaustritt in den einzelnen Raum zweckmäßig unter den Fenstern durch sogenannte Unterfenster-Auslässe. Alle Luftauslässe einer Zone führen Luft gleicher Temperatur, wodurch die Räume geheizt und gekühlt werden.

-312-3 *Anlagen mit Zusatzventilatoren*

Derartige Anlagen werden manchmal bei sehr großen Gebäuden verwendet. In jeder Zone befindet sich dabei ein besonderes *Nachbehandlungsgerät* mit Ventilator, Filter, Mischkammer und Wärmeaustauscher.

## -32 Einkanal-Klimaanlagen mit variablem Luftvolumenstrom (VVS-Anlagen)[1]

### -321 Allgemeines, Wirtschaftlichkeit

Bei den bisher beschriebenen Anlagen ist der Zuluftstrom konstant und die Temperatur der den Räumen zugeführten Luft variabel. Bei den typischen VVS-Anlagen ist der Zu-

[1]) Rákóczy, T.: VDI-Bericht 353 (1979). S. 15/22 u. Ges.-Ing. 2/82. S. 57/69.
Inhelder, P.: Ki 5/82. S. 183/6.

luftstrom variabel und die Temperatur konstant. Die unterschiedlichen Kühllasten der einzelnen Zonen werden durch Änderung der Zuluftströme mittels *Volumenstromregler* ausgeglichen. In der Hauptsache sind diese Anlagen für Räume mit veränderlichen Lasten bestimmt, z. B. für Bürogebäude, Kaufhäuser, Universitäten, Schulen, Banken u. a.

Die Zuluft wird mit einer konstanten Temperatur von z. B. 15 °C eingeblasen. Bei steigender Raumtemperatur, etwa durch Beleuchtung oder Personen, wird der Zuluftstrom vergrößert, bei fallender Temperatur auf einen Mindestwert verringert; anschließend wird meist mit örtlicher Heizung geheizt. Schema der Anlage siehe Bild 329-15.

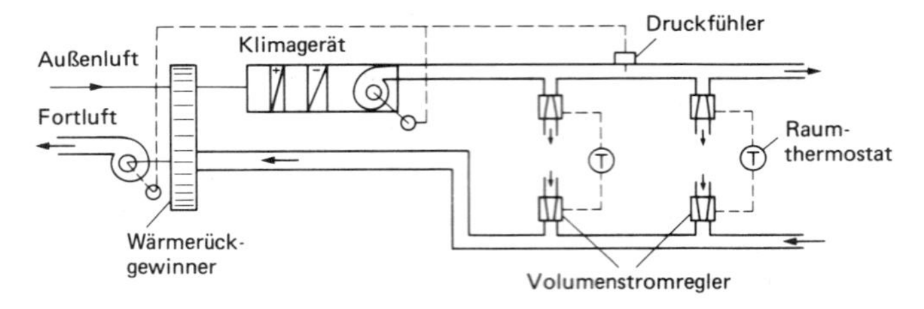


Bild 329-15. Schema der Einkanal-Klimaanlage mit variablem Volumenstrom (VVS-Anlage).

Das Zentralklimagerät fördert die Luft durch Kanäle in die zu klimatisierenden Räumen. In jedem Raum oder jeder Raumgruppe befindet sich ein Raumthermostat, der einen Volumenstromregler je nach Raumtemperatur öffnet oder schließt, wobei jedoch ein hygienisch erforderlicher Mindestluftstrom nicht unterschritten werden darf. Regelung des Volumenstroms am Ventilator durch *Druckfühler* im Kanalnetz.

Der besondere *Vorteil* der VVS-Anlagen ist darin zu sehen, daß der Energiebedarf für Kälte und Wärme sich mit fallender Luftmenge fast proportional derjenige für den Ventilator noch stärker verringert, so daß der Betrieb sehr wirtschaftlich ist. Bei der Bemessung des Zentralgerätes läßt sich oft ein *Gleichzeitigkeitsfaktor* von 0,8···0,7 berücksichtigen. Die Zuluft- und Abluftkanäle müssen jedoch in den Verzweigungen jeweils für 100% Volumenstrom ausgelegt werden.

Es muß aber beachtet werden, daß in der Zentrale evtl. *keine Umluft* möglich ist, wenn verschiedene Zonen stark unterschiedliche Lasten haben können, z. B. Nord- und Südseite. Wird bei hoher Last auf der Südseite zentral viel Umluft beigemischt, fällt der Außenluftanteil in der Nordzone stark ab, oft unter die Mindestaußenluftmenge. Daher sinnvoll nur Außenluftbetrieb bei VVS-Anlagen. Umluftbetrieb bei VVS-Anlagen ist also sorgfältig zu prüfen. Nachts und am Wochenende im Heizfall empfiehlt er sich allerdings, evtl. intermittierend.

Das VVS-System wird heute bei *kleinen Kühllasten* häufig angewandt, weil es dann wie das Induktions-System zu günstigen Energiekosten führt, aber nicht dessen Kaltwassersystem benötigt. Insbesondere ist das VVS-System sinnvoll, wenn die Kühllasten so klein sind, daß die Mindestluftmenge schon einen großen Teil davon deckt, so daß der Aufwand für sekundäre Kühlung bei Induktionsgeräte (Kaltwassersystem) nicht mehr lohnt. Das VVS-System reagiert im Energieverbrauch jedoch empfindlich auf höhere Kühllasten oder wenn höhere Einblastemperaturen als 15 °C gewählt werden müssen, wie bei unterer Einblasung.

### -322 Ventilator-Regelung

Der Gesamtvolumenstrom ist in weiten Grenzen veränderlich. Drosselung der Zuluft allein durch die Volumenstromregler wäre unwirtschaftlich (Bild 329-16) und führt zu hohen Druck- und Leckverlusten sowie Geräuschen. Der Zuluftventilator erhält daher eine Regelung derart, daß ein Druckfühler im Zuluftkanal bei steigendem Druck den Volumenstrom stufenlos verringert. Hierfür gibt es verschiedene Möglichkeiten, siehe Abschnitt 331-18 und -28.

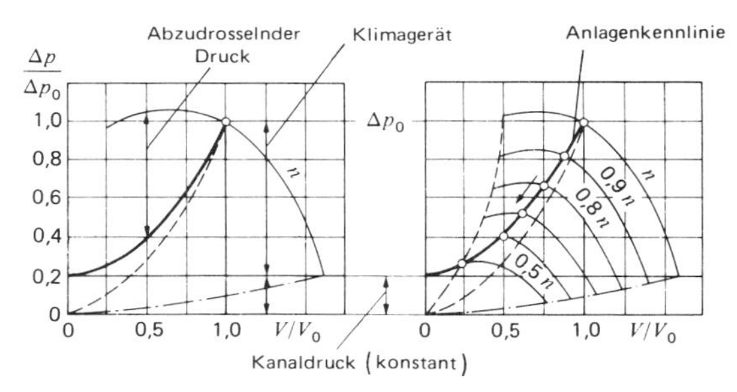


Bild 329-16. Anlagenkennlinien im Ventilator-Kennfeld.
Links: ohne Drehzahlregelung (Drosselregelung); rechts: mit Drehzahlregelung.

Im Ventilatorkennfeld liegt dabei der jeweilige Betriebspunkt auf einer Netz-Kennlinie, die für den Kanaldruck einen konstanten Wert hat und im Klimagerät quadratische Abhängigkeit besitzt (Bild 329-16).

Energetisch am günstigsten ist bei Radialventilatoren die Drehzahlregelung, bei Axialventilatoren die Schaufelverstellungsregelung, bei beiden Ventilatortypen oft auch Drallregelung in Verbindung mit polumschaltbaren Motoren.

Die zweckmäßigste Anordnung des Druckfühlers muß je nach Größe und Form des Netzes sorgfältig ermittelt werden. Manchmal können auch je nach Verzweigung und zu erwartender Unterschiedlichkeit der Belastung der Zweige des Netzes 2 oder 3 Druckfühler günstig sein[1]).

Auch der *Abluftvolumenstrom* muß geregelt werden. Bei kleinen Anlagen nur zentral, bei großen Anlagen auch dezentral. Dabei erhält jeder Raum oder jede Zone einen Volumenstromregler, der parallel zum Zuluftregler vom Raumthermostat betätigt wird (Bild 329-15).

### -323 Heizung

*Nachteilig* ist, falls keine örtliche Heizung vorgesehen ist, daß im Nachtbetrieb die Ventilatoren ebenfalls laufen müssen, allerdings mit stark verringerter Drehzahl oder intermittierend und zweckmäßig nachts nur mit Umluft. Da bei fallender Raumtemperatur die Volumenregler nur den minimalen Zuluftstrom einströmen lassen, muß durch eine besondere *Aufheizschaltung* dafür gesorgt werden, daß vor Betriebsbeginn die Volumenregler voll geöffnet werden. Höhere Kosten durch zusätzliche Regelkreise und regelbare Ventilatoren. Insbesondere ist die *Raumdurchspülung* bei Warmluftbetrieb ungenügend. Am Boden verbleibt bei Deckenauslässen meist ein Kaltluftsee. Erhöhung der Strahlwirkung bei Heizbetrieb zweckmäßig (Bild 336-40), aber teuer und physikalisch bedingt unvollkommen. Besser daher *statische Heizung*.

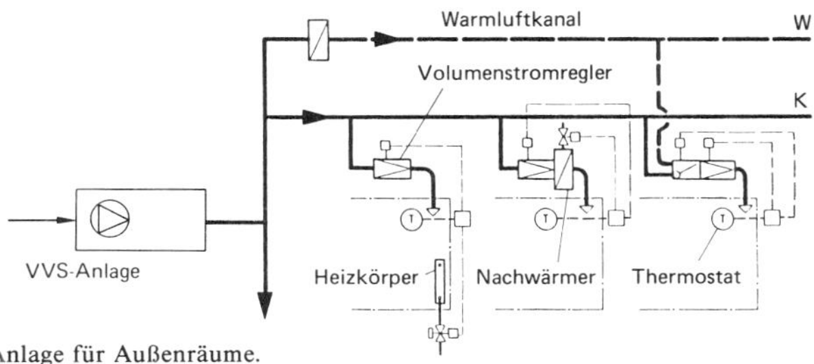


Bild 329-17. VVS-Anlage für Außenräume.

[1]) Rákóczy, T.: Ges.-Ing. 7/8/76. S. 157/163.

Wenn sich die Raumlasten ständig ändern, wie das in Außenzonen der Fall ist, muß das System für Zuluft unbedingt für den Heizfall ergänzt werden, z. B. (Bild 329-17) durch

örtliche Heizkörper, evtl. auch Fußbodenheizung
Nachwärmer unbedingt meist dezentral[1]), manchmal auch zentral
Warmluftkanal (Zweikanal-System).

Heizung ist in Sequenz zum VVS-Luftstrom zu regeln.

Örtliche Heizkörper zweckmäßig unter den Fenstern anordnen. Auch diese sind einwandfrei in Sequenz zu regeln. Thermostatische Ventile allein sind problematisch. Es ist stets dafür zu sorgen, daß die Heizung nur zuschaltet, wenn der Luftvolumenstrom bei $\dot{V}_{min}$ liegt. Anderenfalls Energieverschwendung und Zugbelästigung möglich. Wenn *Abluftfenster* verwendet werden, kann örtliche Heizung entfallen.

Bei dem System nach Bild 329-26 wird die Luft zentral geheizt. Der Volumenstrom wird auch im Heizbetrieb in jeder Regelzone variiert.

**-324 Volumenstromregler, Luftauslässe** *(Terminals)*

Die *Volumenstromregler* enthalten in einem Kasten eine geeignete Drosseleinrichtung, die von einem Stellmotor betätigt wird. Man unterscheidet zwei Prinzipien:

Der Raumthermostat verstellt über den Stellmotor den Sollwert eines mechanischen Konstant-Volumenregler (Selbstregelndes System).

Der Raumthermostat verstellt direkt eine Drosselklappe o. ä. Bei schwankendem Kanaldruck kann sich der Volumenstrom etwas ändern (System mit Fremdenergie).

Weiteres über Volumenstromregler s. Abschn. 336-5.

Zu beachten ist, daß die Luftmenge bei vielen Auslässen nicht zu stark reduziert werden darf, da dann durch zu geringe Geschwindigkeit der Kaltluft Zugerscheinungen verursacht werden können. Es sind daher nicht alle Luftauslässe geeignet. Günstig sind Luftauslässe mit hoher *Induktionswirkung*[2]).

Eine geeignete Bauart ist in Bild 329-20 dargestellt. Hier ist ein konstanter Stützstrahl mit hoher Geschwindigkeit vorhanden, der aus Düsen austritt, während der durch den Raumthermostat gesteuerte Hauptvolumenstrom variieren kann.

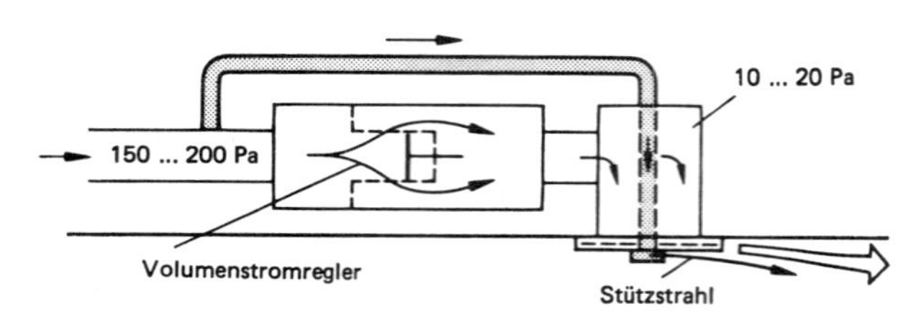


Bild 329-20. Deckenluftverteiler mit Stützstrahl (Paramix von Fläkt).

Beim Luftauslaß (Bild 336-40) bewegt der pneumatische Stellmotor in Sequenz sowohl den kugelförmigen Verteilkörper wie den Düsenteller. Beim Heizbetrieb (min. Luftstrom) Radialspalt nahezu geschlossen, Luftaustritt nach unten. Beim Kühlbetrieb Luftaustritt durch vergrößerten Radialspalt.

Einen VVS-Luftauslaß als Induktionsauslaß zum Einbau in der Brüstung unter dem Fenster zeigt Bild 336-100.

Bisher haben sich Luftauslässe mit verstellbarem Auslaßquerschnitt bei VVS-Anlagen nur in begrenztem Umfang durchsetzen können, da der apparative Aufwand recht groß ist und weil Auslässe ohne diesen Aufwand ebenfalls gute Ergebnisse in großem Volu-

---

[1]) Der Sprachgebrauch ist hier nicht konsequent. Wenn dezentrale Heizung mit statischen Heizkörpern unter dem Fenster oder als Fußbodenheizung erfolgt, spricht man noch von Nur-Luft-Systemen. Ein Nachwärmer gemäß Bild 329-17 wird aber schon Wasser-Luft-System genannt.

[2]) Hönmann, W.: Ki 1/75. S. 23/30 und TAB 6/74. S. 441/50.
Rákóczy, T.: Ki 5/1980. S. 225/32 u. TAB 4/84. S. 259/62.

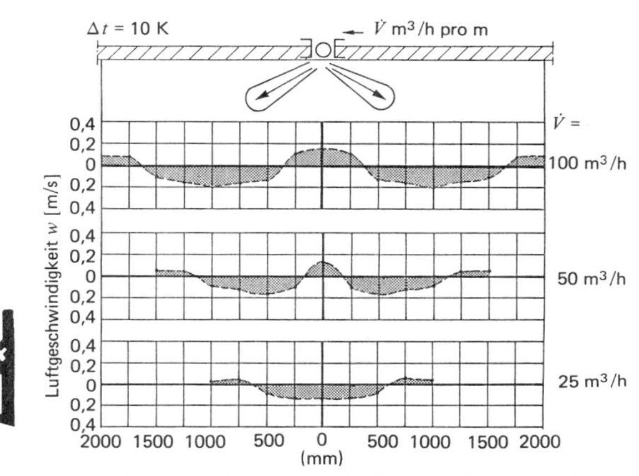


Bild 329-22. Richtungsverstellbarer Schlitzauslaß. Luftgeschwindigkeit in 1 m Abstand unter dem Auslaß bei 100% bis 25% Volumenstromvariation. (Coandatrol von LTG)

menstrom-Bereich ergeben: z. B. Volumenstrombereich von 100% bis 25% ohne Zugerscheinung gemäß Bild 329-22. Voraussetzung ist hohe Induktion am Auslaß bei Vermeidung des Coanda-Effekts an der Decke.

### -325 VVS-Anlagensysteme[1])

*Kombinationen*

Günstig ist die *Kombinationsmöglichkeit* mit anderen Systemen, z. B. einer Anlage mit Induktionsgeräten. Bild 329-23 zeigt eine Anordnung, bei der für 2 Räume jeweils ein Volumenregler vorgesehen ist, während der dritte Raum, in dem sich ein Induktionsgerät befindet, einen konstanten Primärluftstrom erhält. Der Konstantvolumen-Regler kann ein Druckregler sein, der in diesem Strang für konstanten Druck sorgt.

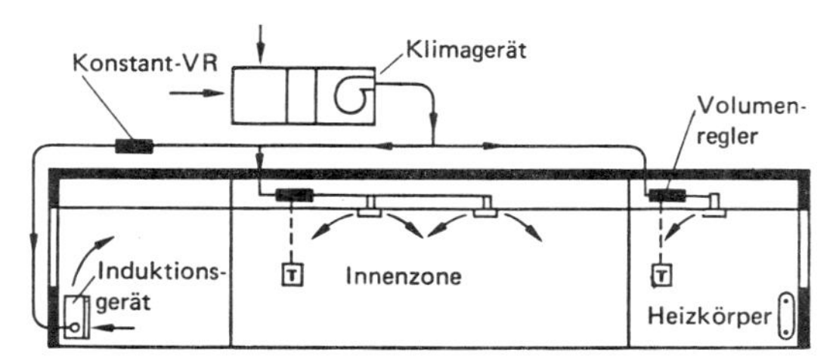


Bild 329-23. Einkanal-Klimaanlage mit Volumen- und Konstantvolumen-Regler.

Das Bild 329-24 zeigt eine Kombination einer Einkanal- und einer Zweikanalanlage. An das Einkanal-System können sowohl Räume mit konstantem wie mit variablem Volumenstrom angeschlossen werden, außerdem z. B. für Außenräume auch Induktionsgeräte.

*Zentrale Lufterwärmung*

Um auch noch das Wassersystem für dezentrale Nachheizung oder Heizkörper im Raum einzusparen, wurde die *zentrale* Lufterwärmung für den Heizbetrieb eingeführt. Die Raumlasten werden im Heiz- und im Kühlfall durch variablen Volumenstrom ausgeregelt[2]). Der Raumthermostat muß durch zentrales Umschalten von direkt auf indi-

---

[1]) Lechner, H.: Ki 11/86. S. 469 ff.
Hartmann, K.: Ki 12/86. S. 515/22.

[2]) Rákóczy, T.: TAB 4/84. S. 259/262.

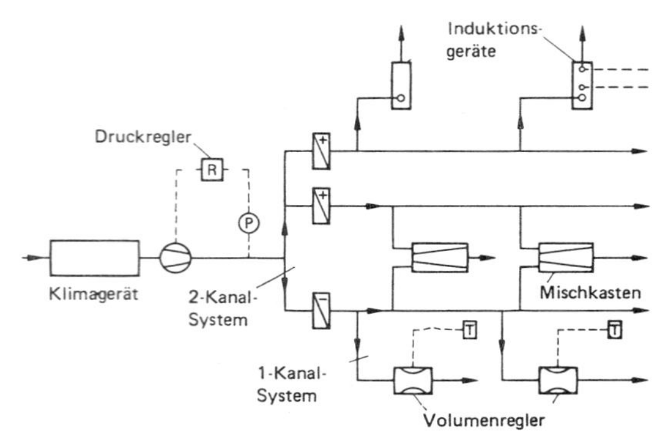


Bild 329-24. Kombination einer Einkanal-, Zweikanal- und Induktionsklimaanlage.

rekt wirkend umgeschaltet werden können. Die Umschaltung von Heizen auf Kühlen erfolgt abhängig von der Außentemperatur. Anlagenschema und Regelcharakteristik s. Bild 329-26a, Geräte arbeiten mit Induktion, um die Raumströmung zu stabilisieren (s. Bild 336-100).

Das Regelschema für die Induktionsgeräte im Raum zeigt Bild 329-26b, den Zentralen-Aufbau zeigt Bild 329-26c. Die Volumenstromregelung erfolgt an einer Düsenreihe gemäß Bild 336-100. Der Volumenstrom für Zuluft und Abluft wird durch Druckfühler $\Delta p$ in den entsprechenden Kanälen über Drallregler an den Ventilatoren variiert, so daß unabhängig vom Volumenstrom der Fenstergeräte in der Zuluft und der Regelklappen in der Abluft (Bild 329-26b) die Kanaldrücke konstant bleiben. Bei geöffnetem Fenster werden im Raum Zu- und Abluft über Fenster-Kontaktschalter abgesperrt.

Die Zulufttemperatur wird zentral entsprechend dem Diagramm in Bild 329-26a, wobei gemäß Bild 329-26c Kühler *K*, WRG, Vorwärmer *V* und Nachwärmer *N* in Sequenz arbeiten. Die WRG wird nach der Enthalpie gesteuert, der Befeuchter mit Spritzwasserregelung.

Die in Bild 329-26a gezeigte Heizkurve für die Zulufttemperatur kann mit einem DDC-Regler (Bild 338-130) nach oben verschoben werden, wenn der Kanaldruck sinkt. Bei angehobener Zulufttemperatur drosseln die Fenstergeräte den Volumenstrom, was zur Energieeinsparung führt.

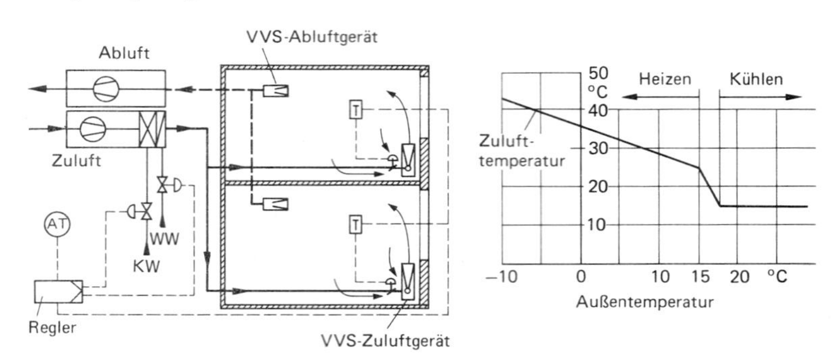


Bild 329-26a. VVS-System mit zentraler Luftheizung.
Links: Anlagenschema
Rechts: Regelcharakteristik

T = Change-over-Raumthermostat
AT = Außentemperatur-Fühler
KW = Kaltwasser
WW = Warmwasser

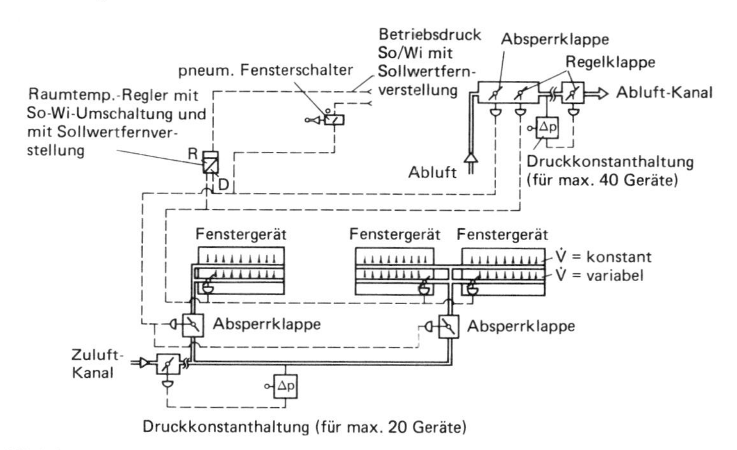


Bild 329-26b.
VVS-Regelschema für die Räume mit Kanaldruck-Regler
VVS-Fenstergeräte mit Volumenstromregler und Luftabsperrung bei Fensteröffnen

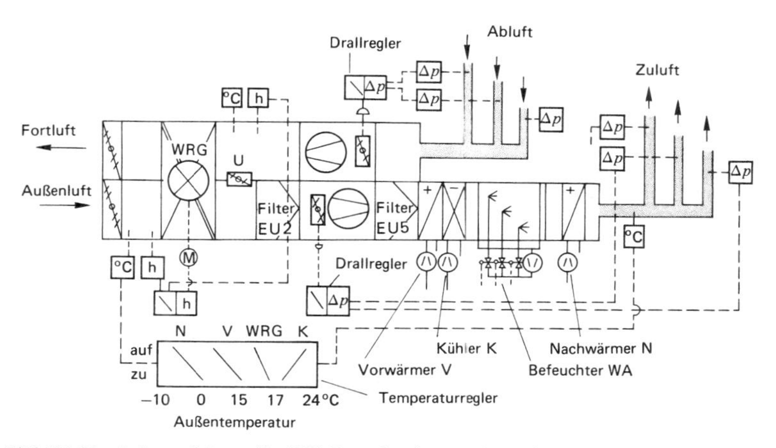


Bild 329-26c. Anlagen-Schema für VVS-Zentrale mit zentraler Luftheizung.
WRG = regenerative Wärmerückgewinnung mit Enthalpieregelung (h)
WA = Luftwäscher mit Spritzwasserregelung
U = Umluftklappe für Aufheizbetrieb

*Vorteil:*
Geringe Installationskosten, da nur Einkanal-Luftsystem und keine Wasserrohre im Gebäude zu verlegen sind.

*Nachteil:*
Begrenzte Regelfähigkeit, da nur ein Medium zur Verfügung steht. Bei Gebäuden mit stark unterschiedlichen Lasten schlecht geeignet. In der Übergangszeit ist Fensterlüftung durchzuführen.

## -33 Zweikanal-Klimaanlagen

### -331 Anlagen mit konstantem Volumenstrom

Einige der zuvor beschriebenen Einkanal- und Zonen-Klimaanlagen sind nicht für die Klimatisierung vielräumiger Gebäude, z. B. Wohnhäuser und Bürohäuser, geeignet, denn die Räume dieser Gebäude haben im allgemeinen voneinander unterschiedliche Wärme- und Kühllast, so daß sie Luft verschiedenen Eintrittszustandes erhalten müssen.

Für diesen Zweck ist auch die *Zweikanal-Klimaanlage* geeignet, deren Prinzip aus Bild 329-27 hervorgeht.

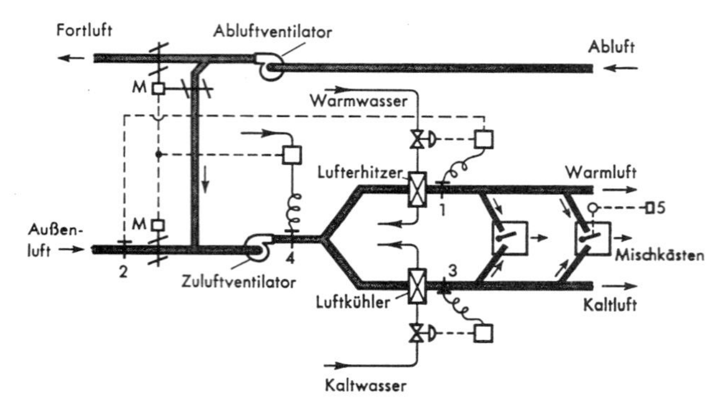


Bild 329-27. Schema der Luftführung und Regelung bei Zweikanal-Hochdruckklimaanlagen. 1 = Warmluftfühler, 2 = Außenluftfühler, 3 = Kaltluftfühler, 4 = Mischluftfühler, 5 = Raumthermostat

Außenluft wird aus dem Freien angesaugt und nach einer gewissen Grundaufbereitung von dem Zuluftventilator in zwei Kanäle gefördert, den Warmluftkanal und den Kaltluftkanal. Im Warmluftkanal befindet sich ein Lufterhitzer. In entsprechender Weise ist im Kaltluftkanal ein Oberflächenkühler angeordnet.

Jeder einzelne Luftauslaß erhält Anschluß an beide Kanäle, wofür besondere Mischkästen verwendet werden, in denen sich Warmluft und Kaltluft miteinander mischen. Eine besondere Mischvorrichtung, die in der Regel von einem pneumatischen Stellmotor gesteuert wird, regelt die Mischung der warmen und kalten Luft durch zwei Ventile, das Warmluft- und Kaltluft-Ventil. Wenn das Warmluftventil sich öffnet, schließt sich das Kaltluftventil und umgekehrt. Temperaturdiagramm Bild 329-28.

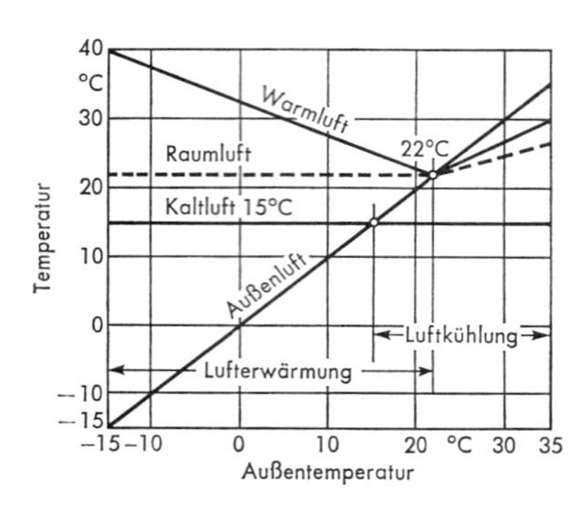


Bild 329-28. Temperaturdiagramm einer Zweikanalklimaanlage.

Räume mit maximaler Kühllast erhalten nur Kaltluft, Räume mit maximaler Heizlast nur Warmluft, Räume mit Teillast eine Mischung von Kalt- und Warmluft. Damit durch die Mischung kein allzu hoher Energieverbrauch stattfindet, ist besonderer Wert zu legen auf die *Temperaturregelung* der beiden Luftströme abhängig von der Außentemperatur. Durch variierte Spreizung der Temperaturen im Kalt- und Warmluftkanal erreicht man, daß die Luft in jedem Betriebszustand aus beiden Kanälen entnommen wird. Dies verbessert das Regelverhalten und beschränkt etwas den ohnehin großen Platzbedarf für die Kanäle beim Zweikanal-System, gibt aber zusätzliche Mischverluste.

*Prinzip der Regelung* (Bild 329-27): Der Temperaturregler 1 regelt die Zuluft des Warmluftkanals auf eine Temperatur, deren Sollwert durch den Außentemperaturregler 2 verschoben wird. Je kälter es ist, desto höher ist die Zulufttemperatur. Der Temperaturregler 3 regelt die Zulufttemperatur des Kaltluftkanals auf einen konstanten Wert. Der Temperaturregler 4 hinter dem Zuluftventilator hält hier die Zulufttemperatur im Winter auf etwa 15 °C konstant, indem durch die Klappenmotore M der Außenluft/Umluft-Anteil verändert wird. Zwischen 15 und 22 °C wird nur mit Außenluft gefahren. Über 22 °C wird durch einen zweiten (nicht gezeichneten) Außentemperaturregler der Außenluftanteil gleitend verringert, um an Betriebskosten zu sparen. Die Raumtemperatur schließlich wird durch die Raumthermostate 5 kontrolliert, von denen je einer für jeden Mischkasten erforderlich ist. Eine Regelung der *Luftfeuchte* ist nur in sehr beschränktem Maße möglich.

Die Anlagen dieser Art sind sowohl als Niederdruck- wie als Hochdruck-Anlage ausführbar; in der Regel werden sie jedoch als Hochdruckanlagen (Hochgeschwindigkeitsanlagen) ausgeführt, um kleine Rohrquerschnitte zu erhalten.

In der Anlage nach Bild 329-29 sind für die Außenluftansaugung zwei Klappen oder Kanäle vorgesehen, Kanal min. für den minimalen Luftstrom, der nicht unterschritten werden soll, und Kanal max. für den maximalen Außenluftstrom. Im ersten Kanal sind ein Vorwärmer und ein Luftkühler installiert. Außerdem ist im Warmluftkanal ein *Befeuchter* eingebaut. Mit dieser Anordnung ist es möglich, die relative Luftfeuchte in den angeschlossenen Räumen in gewissen Grenzen zu halten.

Bei der Anlage nach Bild 329-31 läßt sich die relative Luftfeuchte vollständig kontrollieren. Jedoch ist nun auch im Sommer eine *Nachwärmung* erforderlich. Für Komfortanlagen (Bürogebäude u.a.) daher nicht häufig angewandt, obwohl Energieverbrauch auch nicht mehr wesentlich höher als bei vorgenanntem System.

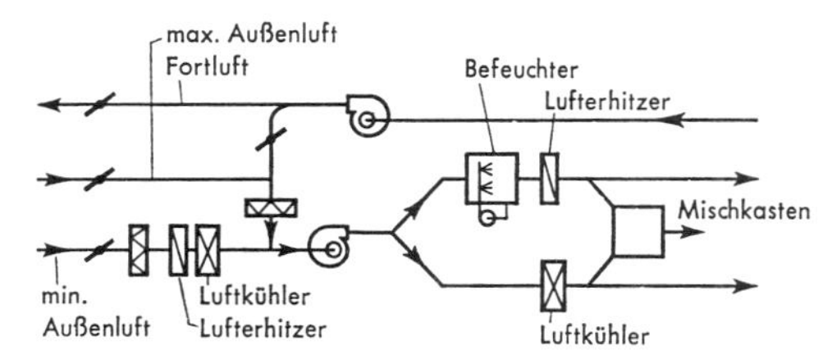


Bild 329-29. Schema einer Zweikanal-Klimaanlage mit zusätzlichem Lufterhitzer und Luftkühler im Minimal-Außenluftkanal.

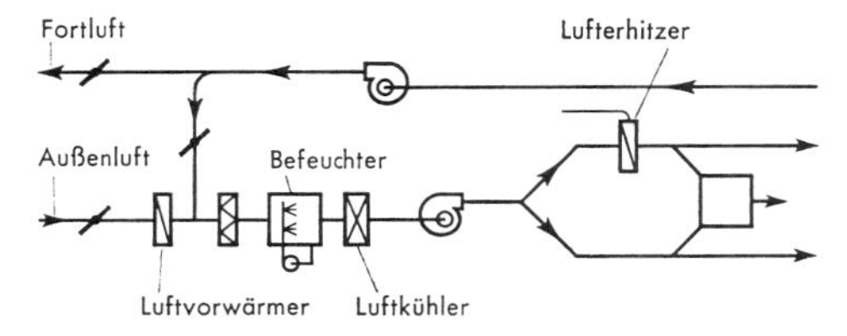


Bild 329-31. Schema einer Zweikanal-Klimaanlage mit saugseitigem Luftkühler und Befeuchter.

Besondere Schwierigkeiten beim Bau dieser Anlagen bereitet ebenso wie beim VVS-System die Beseitigung der *Geräusche,* die am Mischkasten und den Volumenstromreglern auftreten.

Wichtig ist die *Konstanthaltung des Luftvolumenstroms.* Dieser und der statische Druck ändern sich, wenn die Luftverteilung auf beide Kanäle geändert wird. Abhilfe durch Volumenstromregler in den Mischkästen. Ferner kann bei längeren Leitungen und vielen Terminals eine Druckdifferenz-Regelung zwischen Warm- und Kaltluftkanal zweckmäßig sein, die die Differenz möglichst klein hält.

Die *Mischkästen* (Bild 336-82) bestehen im wesentlichen aus Schalldämmkästen, die innen mit schalldämpfendem Material ausgekleidet sind und eine Luftmischeinrichtung – Luftventile – enthalten. Ferner enthalten sie einen meist mechanisch wirkenden *Volumenstromregler,* der den Zuluftvolumenstrom konstant hält. Diese Regler wirken in der Weise, daß sie bei steigender Luftmenge gegen einen Federdruck den Durchflußquerschnitt verringern. Es muß sowohl die bei der Luftdrosselung im Mengenregler entstehende Geräuschabstrahlung von dem Kasten gedämmt werden als auch das über die Niederdruckseite durch die Auslässe gehende Geräusch durch Schalldämpfer gedämpft werden. Die Luftauslässe selbst können in Form von Decken-, Wand- oder Unterfensterauslässen ausgeführt werden.

Übliche Zulufttemperaturen:

Warmlufttemperatur: 40···50 °C
Kaltlufttemperatur: 12···15 °C

Für die Temperatur- und Mengenregelung der Mischkästen gibt es im wesentlichen 2 Methoden:

a) Raumthermostat steuert Kaltluft- und Warmluftventil gegenläufig durch gemeinsamen Klappenmotor oder auch Warmluftventil allein. Luftmenge wird durch einen mechanischen federbetätigten Regler konstant gehalten (Bild 336-82). Meist verwendete Ausführung.

b) Raumthermostat steuert Kaltluft- und Warmluftventil wie bei a), während Druckregler über ein gekoppeltes Gestänge auf beide Ventile gleichzeitig einwirkt.

*Ausführungsbeispiel* von Zweikanal-Klimaanlagen siehe Bild 239-33.

Eine Anordnung der Luftauslässe unter den Fenstern verhindert Kaltluftabfall im Winter.

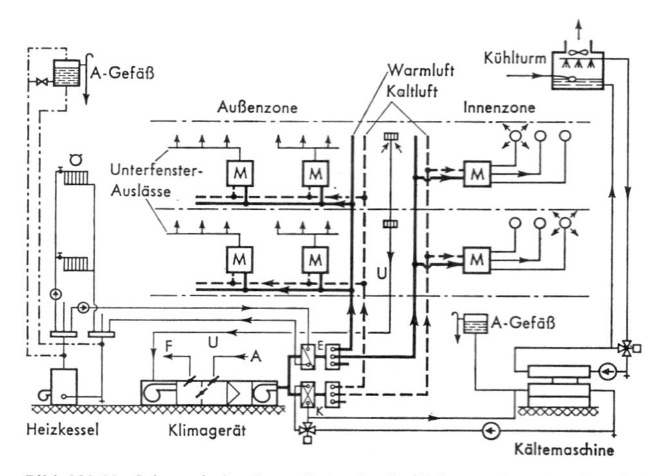


Bild 329-33. Schematische Darstellung der Luftführung einer Zweikanal-Hochdruckklimaanlage für ein mehrstöckiges Bürogebäude.

A = Außenluft, F = Fortluft, M = Mischkasten, Ö = örtlicher Heizkörper, U = Umluft, E = Lufterhitzer, K = Luftkühler

*Nachteilig* bei den Zweikanal-Klimaanlagen sind die großen Rohrquerschnitte, da sowohl der Warmluftkanal wie der Kaltluftkanal für fast den gesamten Luftstrom bemessen werden muß, denn die gesamte Heiz- und Kühllast der angeschlossenen Räume wird durch die Luft getragen. Auch die Klimazentrale ist entsprechend groß. Gesamtluft-Volumenstrom 2- bis 3mal größer als bei Primärluftanlagen eines Induktions-Systems, da ständig die für Maximal-Kühllast berechnete Luftmenge aller Zonen gleichzeitig gefördert werden muß; daher: sehr großer Kraftbedarf, ferner in der Übergangszeit gewisse Verluste. Die *Energiekosten* sind gegenüber Induktions- und VVS-Klimaanlagen in Außenzonen um etwa 30···60% höher. Daher wird das Zweikanal-System mit konstantem Volumenstrom heute in Bürogebäuden kaum noch angewendet.

*Vorteile:*

Keine Heizkörper in den Räumen, keine Wasserleitungen, keine Zonierung erforderlich, einfache und schnell wirksame individuelle Temperaturregelung, einfache Einregulierung.

Viele Luftzufuhrmöglichkeiten (unter Fenster, vom Flur, von Decke usw.), Kühlung in der Übergangszeit durch Außenluft,

Außen- und Innenzonen eines Gebäudes können von derselben Zentrale versorgt werden.

*Nachteile:*

Großer Energieverbrauch, besonders in Außenzonen. Großer Platzbedarf für Zentrale und Rohrnetz. Umluftbeimischung energetisch unerläßlich, daher Geruchsübertragung im Gebäude. Geräuschprobleme im Raum durch Mischkästen, daher aufwendige Schallschutzmaßnahmen.

#### -332 Zweikanal-Anlagen mit variablem Volumenstrom

Eine verbesserte Bauart der Zweikanal-Klimaanlagen arbeitet mit variablem Volumenstrom im Kühlbetrieb. Der Kaltluftstrom ist reine Außenluft und wird das ganze Jahr hindurch mit konstanter Temperatur von etwa 15 °C, aber variabler Luftmenge betrieben und dient zur Aufnahme der variablen Kühllasten wie Sonnenstrahlung, Beleuchtung, Maschinenwärme usw.

Erst wenn bei Mindest-Kaltluftmenge = Mindestaußenluftrate die Temperatur im Raum zu gering wird, öffnet der Warmluftregler und mischt die erforderliche Warmluftmenge bei.

Der *Vorteil* besteht darin, daß durch die variablen Luftvolumenströme Energiekosten gespart werden. Es sind jedoch Spezialluftauslässe wie bei den VVS-Anlagen erforderlich, damit bei veränderten Volumenströmen keine Zugerscheinungen auftreten. In den Außenzonen sind örtliche Heizkörper anzubringen, falls die Luftauslässe nicht unter den Fenstern angebracht sind, wie z.B. nach Bild 336-102.

### -34 Zusammenfassung der Nur-Luft-Systeme

Nachstehend werden alle Nur-Luft-Systeme nochmals gegenübergestellt, wobei die vielfältigen Varianten erkennbar werden. Wie schon erwähnt, gibt es grundsätzlich zwei Prinzipien für die *Terminals:*

System mit Fremdenergie regelbar (Bild 329-37)
System selbstregelnd (Bild 329-38)

In den Bildern 329-37 und -38 bedeuten die Funktionen:

| | |
|---|---|
| abgleichen | = Einregulieren des Kanalsystems auf gewünschte Verteilung |
| nachheizen | = dezentrales Nachheizen durch Nachheizkörper NHK |
| regeln | = Regeln der Raumtemperatur im VVS-Prinzip |
| mischen | = Regeln der Raumtemperatur nach Zwei-Kanal-Prinzip |
| absperren | = bei Nichtbenutzung oder Fensteröffnen Zu- und Abluft absperren |
| konstant halten | = Volumenstrom bei schwankendem Kanaldruck selbstregelnd konstant halten. |

Im ersten Fall wird der Volumenstrom durch pneumatische oder elektrische Stellmotoren – also mit *Fremdenergie* – meist über Klappen vom Raumluftthermostat verstellt. Es ist der für die automatischen Volumenregler des zweiten Systems erforderliche Mindestdruckabfall im Terminal (Ansprechdruck) nicht erforderlich. Daher ist ein kleinerer

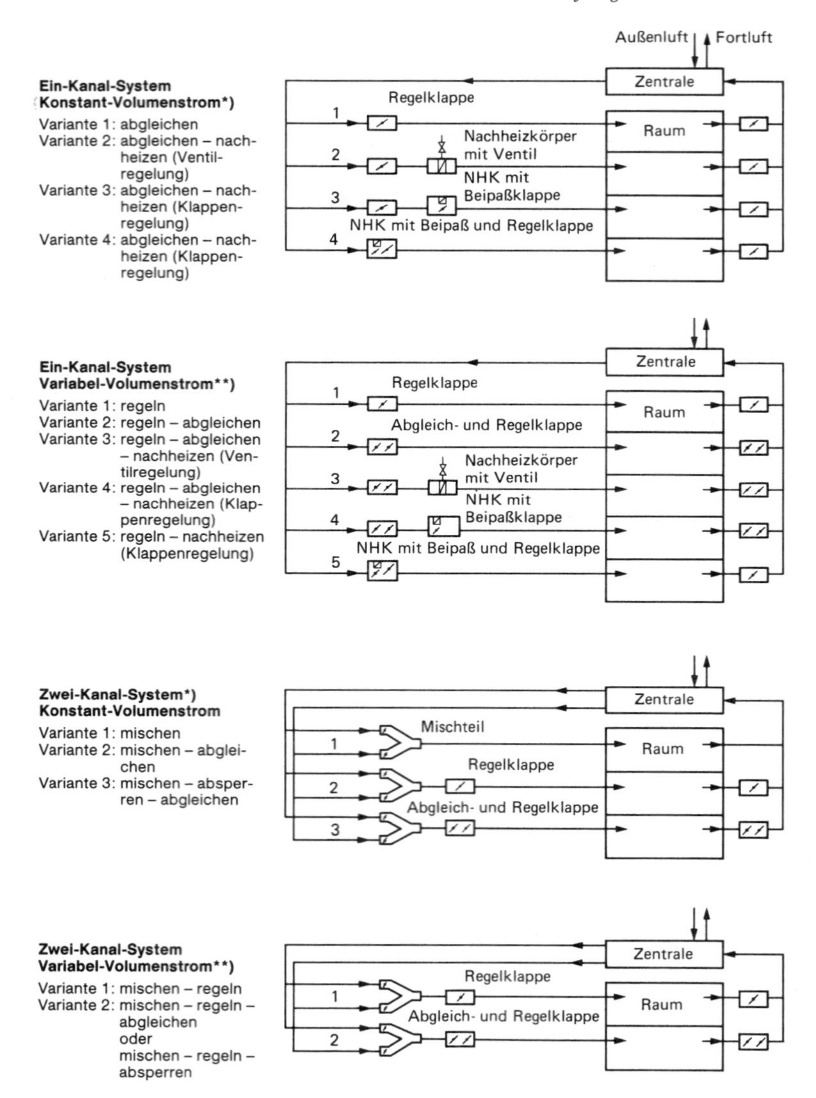


Bild 329-37. Nur-Luft-Systeme, Volumenstrom mit Fremdenergie regelbar.
*) Volumenstrom fest eingestellt; **) über Motor verstellbar.

Energieverbrauch gegeben. Auch der Investitionsaufwand ist geringer, da die automatischen Volumenstromregler entfallen. Es ist jedoch ein höherer Konstruktionsaufwand für das Rohrnetz erforderlich, der aber durch EDV-Rechenprogramme zu lösen ist. Dies führt zu konstruktiv gutem Druckabgleich des Netzes, so daß hohe örtliche Drosselung unterbleibt. Daher sind meist keine Schalldämpfer notwendig.

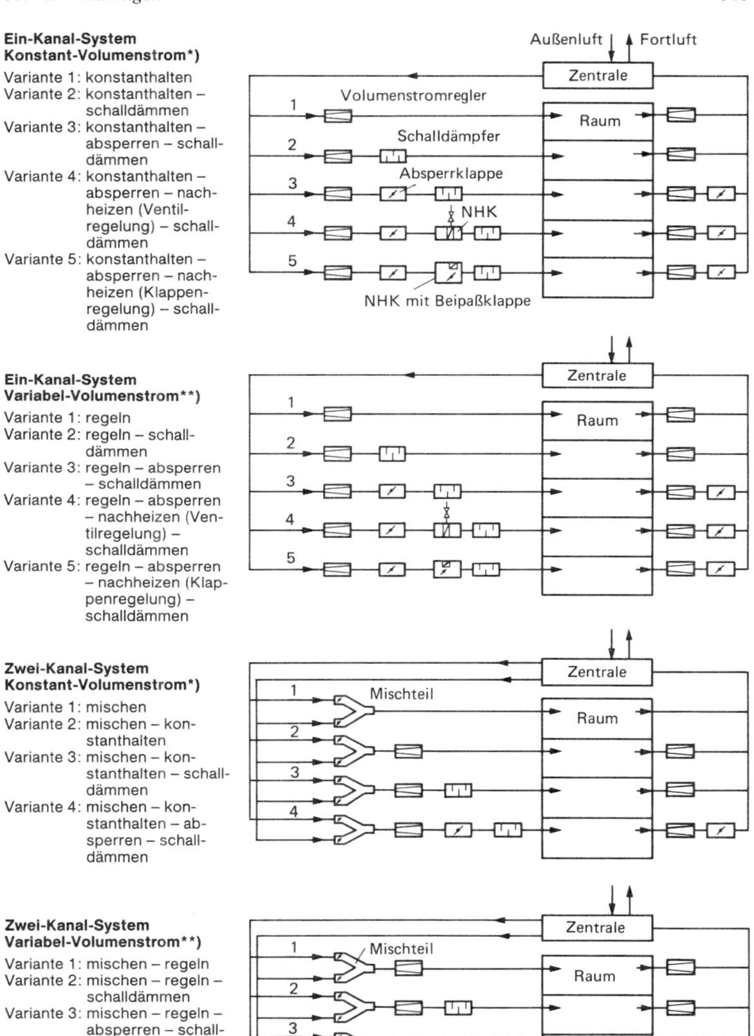


Bild 329-38. Nur-Luft-Systeme mit selbstregelnden Volumenstromreglern.
*) Volumenstrom fest eingestellt; **) über Motor verstellbar.

Beim *selbstregelnden* System werden die Volumenstromregler im Werk auf Soll-Volumenstrom (max. und min.) eingestellt, so daß die Inbetriebnahme einfacher ist. Das Rohrnetz kann mit geringerem Konstruktionsaufwand entstehen. Hohe mögliche Abdrosselung im Terminal macht i.a. einen Schalldämpfer erforderlich. Wegen des höheren Druckabfalls in den Terminals ist der Energieverbrauch der Ventilatoren höher.

## -4 LUFT-WASSER-KLIMAANLAGEN

### -41 Klimaanlagen mit terminalen Nachwärmern[1])

Die Nur-Luft-Klimaanlagen sind dadurch gekennzeichnet, daß die Aufbereitung der Luft nur in der Klimazentrale erfolgt, während in den klimatisierten Räumen – abgesehen von evtl. örtlicher Heizung – keinerlei Nachbehandlung vor sich geht. Bei den Klimaanlagen mit terminaler Nachwärmung wird die Luft in der Zentrale aufbereitet und auf eine gewisse eventuell von der Außenluft abhängige Temperatur gebracht. In jeder Regelzone befindet sich ein Warmwasser-Nachwärmer, der die Primärluft entsprechend der Raumlast nachwärmt.

Es ist also außer dem Luftkanalnetz auch die Installation eines Heizwassernetzes erforderlich: daher Luft-Wasser-System.

Eine schematische Darstellung zeigt Bild 329-40.

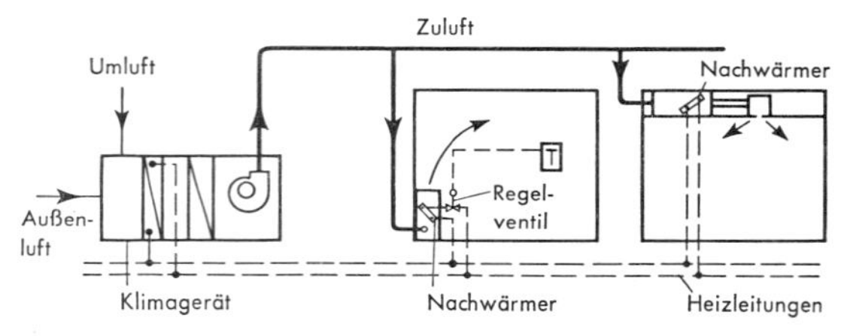


Bild 329-40. Schema des terminalen Nachwärmesystems.

Im *Winterbetrieb* wird die Luft im Zentralgerät auf etwa 15···17 °C vorgewärmt. Der Nachwärmer im Raum, der die Transmissionsverluste und die eventuelle Kühlleistung der Primärluft deckt, wird von einem Raumthermostat gesteuert.

Das *Nachwärmgerät* kann auch mit Induktion von Raumluft ausgeführt werden, wodurch sich eine bessere Luftverteilung ergibt; keine Fallströmung mit Zugerscheinungen. Auch elektrische Nachwärmung möglich. 3 verschiedene Nachwärmgeräte sind im Bild 329-41 dargestellt.

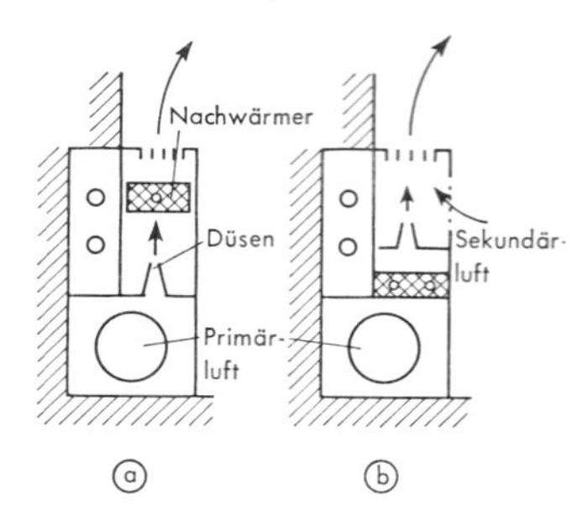


Bild 329-41. Verschiedene Nachwärmgeräte.
a) ohne Induktion
b) mit Induktion von Raumluft

Im *Sommerbetrieb* hat die Zuluft eine Temperatur von 12···15 °C. Sie hat die gesamte Kühllast des Raumes aufzunehmen, so daß die Kanäle ziemlich groß bemessen werden müssen. Um den Platzverbrauch geringer zu halten, wird daher meist das Hochgeschwindigkeitssystem verwendet. Die Nachwärmer müssen dabei in geeigneten Entspannungskästen angeordnet werden.

*Nachteilig* ist bei diesem System, daß der Volumenstrom für den ungünstigsten Kühllastfall bemessen sein muß, so daß durch die Nachwärmung Energieverluste auftreten. Betriebskosten daher hoch: 30 bis 60% höher als bei VVS- oder Induktions-Klimaanlagen.

[1]) S. auch Fußnote zu Abschn. 329-323.

Es ist jedoch eine individuelle Raumtemperaturregelung möglich. Eine Zonierung ist nicht nötig.

Anwendung besonders geeignet für Krankenhäuser und Laboratorien, da keine feuchten Wärmeaustauscherflächen in den Räumen mit der Möglichkeit von Bakterienbildung und Staubablagerung.

### -42 Induktions-Klimaanlagen[1])

Diese Anlagen unterscheiden sich von den bisher beschriebenen Klimaanlagen dadurch, daß bei jedem Luftauslaß noch ein besonderer *Wärmeaustauscher* für *Sekundärluft* vorhanden ist, der je nach Jahreszeit von Warmwasser oder Kaltwasser durchflossen wird. Es werden häufig auch zwei getrennte Wärmeaustauscher eingebaut. Auf diese Art wird erreicht, daß die Primärluft nur nach dem Außenluftbedarf dimensioniert wird, während die Sekundär-Wärmeaustauscher die verbleibende Heiz- oder Kühllast abführen.

Die Primärluft ist reine Außenluft. Umluft wird zur Zentrale nicht zurückgeführt; sie wird nur als Sekundärluft (Bild 329-42) im gleichen Raum ohne Kanäle umgewälzt. Die Primärluft ist auf die hygienisch erforderliche *Mindestaußenluftrate* beschränkt. Das ergibt eine kleine Klimazentrale und geringe Kanalabmessungen. Das Induktions-System hat bei gleicher Raumluftkondition den geringsten Energieverbrauch gegenüber anderen vergleichbaren Klimaanlagen-Systemen. Nur bei geringen Kühllasten wird es vom VVS-System erreicht. Die Induktions-Klimaanlage wird wieder in steigendem Maße verwendet, da die Kühllasten in Büroräumen infolge zunehmender dezentraler EDV-Rechnerterminals ansteigen.

Der in der Zentrale aufbereitete Primärvolumenstrom ist das ganze Jahr über konstant. Die Menge richtet sich nach der Zahl der Personen oder der Größe des Gebäudes. Bei Büroräumen wählt man heute mit Rücksicht auf sparsamen Energieverbrauch zwischen 25 und 50 $m^3/h$ pro Person oder auf den Rauminhalt bezogen einen 2- bis 3fachen stündlichen Luftwechsel. Das *Induktionsverhältnis* ist das Verhältnis zwischen *Sekundärluft-* und *Primärluft*-Volumenstrom und liegt meist zwischen 4 und 2.

Die Primärluft wird im Sommer entfeuchtet und im Winter befeuchtet und übernimmt somit die Kontrolle der Raumluftfeuchte. Die *Primärlufttemperatur* ist meist das ganze Jahr über nahezu konstant bei 13 bis 16 °C (Ausnahme Zweirohr-System nichtumschaltend mit Primärluftheizung), die relative Feuchte nahe am Taupunkt (85 bis 95% rel. Feuchte). Zur Energieeinsparung läßt man neuerdings im Winter einen niederen Taupunkt (z. B. entsprechend Feuchtgehalt x = 6 g/kg) und im Sommer einen höheren (z. B. x = 8,5 g/kg) zu, während man den Taupunkt früher das ganze Jahr über konstant hielt.

Die Primärluft wird in den Induktionsgeräten durch Düsen mit einem Düsendruckabfall von 150 bis 400 Pa mit hoher Geschwindigkeit (15 bis 25 m/s) ausgeblasen. Der Schalleistungspegel liegt heute bei akustisch günstig ausgebildeten Düsen bei 25 bis 35 dBA.

Verstaubung in den Düsen ist durch Feinfilterung der Primärluft in der Zentrale (Filterklasse EU 5···EU 7) zu begegnen.

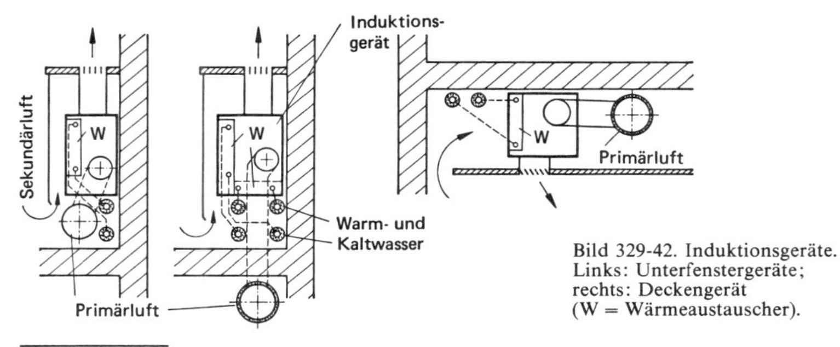


Bild 329-42. Induktionsgeräte. Links: Unterfenstergeräte; rechts: Deckengerät (W = Wärmeaustauscher).

[1]) Laux, H.: Ges.-Ing. 3/74. S. 63/75.
Fitzner, K., u. H. Laux: HLH 10/76. S. 366/72.
Hönmann, W.: LTG-Information Heft 20 (1977).

Durch *Induktion* wird Sekundärluft (Umluft) durch einen oder zwei Wärmeaustauscher gesaugt, wodurch die Raumlasten (Heizung oder Kühlung) abgeführt werden. Die Sekundärluft kontrolliert also die Raumlufttemperatur. Die Wärmetauscher werden von kaltem oder warmem Wasser durchströmt. Die Wärmetauscher werden gelegentlich durch Grobfilter gegen groben Staub geschützt (s. auch Abschn. 336-6).

Die Induktionsgeräte, auch *Klimakonvektoren* genannt, sind in der Regel unter den Fenstern angebracht. Sie gestatten eine individuelle Raumtemperatur-Regelung, so daß also jeder Raumbenutzer die Raumtemperatur nach seinem Wunsch einstellen kann. Von der Brüstung aus ist eine Raumtiefe bis zu 6 m lufttechnisch zu erfassen. Bei größerer Raumtiefe (Großraumbüros) wählt man in der Innenzone meist Nur-Luft-Systeme, gelegentlich aber auch Induktionsgeräte in der Decke (Bild 329-42), wobei jedoch besondere Luftauslässe erforderlich sind. Außerdem Gefahr von Schwitzwasserbildung und erschwerte Wartung[1]).

Die Induktions-Anlagen sind insbesondere für vielräumige Gebäude geeignet, wie Bürohäuser, Hotels usw. Sie gewähren bei geringem Energieverbrauch ein Höchstmaß an Komfort, wenn eine individuelle automatische Temperaturregelung vorhanden ist.

Nach der Bauart unterscheidet man Klimaanlagen mit Induktionsgeräten für Ventil- oder Klappenregelung. Beide Gruppen werden weiterhin gemäß Bild 329-43 unterteilt, in dem 2-Rohr-, 3-Rohr- und 4-Rohrsysteme unterschieden werden.

Den schematischen Aufbau einer Induktions-Klimaanlage zeigt Bild 329-44. Den Aufbau verschiedener Induktionsgeräte mit Ventilregelung zeigt Bild 329-45; Geräte mit Klappenregelung sind in Bild 329-46 gezeigt (s. auch Abschn. 336-6).

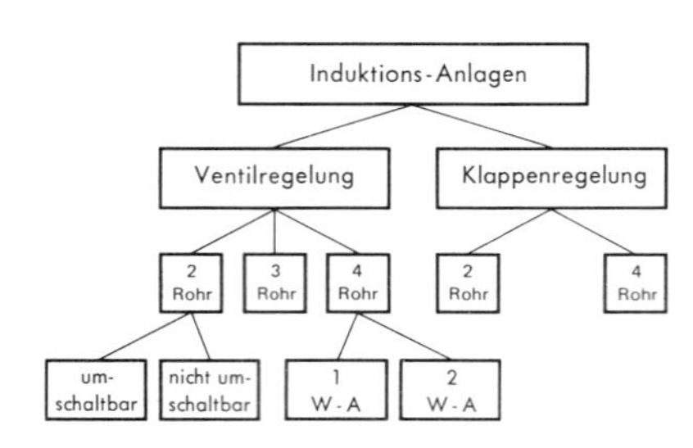


Bild 329-43. Einteilung der Klimaanlagen mit Induktionsgeräten (W-A = Wärmeaustauscher).

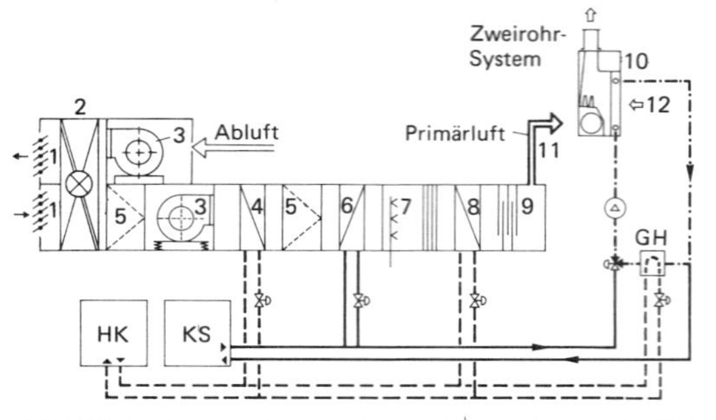


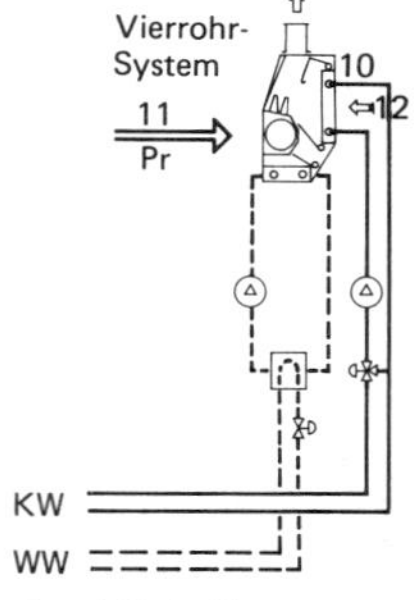


Bild 329-44. Schema einer Induktions-Klimaanlage; links 2-Rohr-, rechts 4-Rohr-System.

1 Jalousieklappe
2 Wärmerückgewinnung
3 Ventilator
4 Vorerhitzer
5 Filter
6 Kühler
7 Luftbefeuchter
8 Nacherhitzer
9 Schalldämpfer
10 Induktionsgerät
11 Primärluftkanal
12 Sekundärluft
GH Gegenstromwärmetauscher für Heizen
HK Heizkessel
KS Kaltwassersatz
WW Warmwassernetz
KW Kaltwassernetz

[1]) Wenger, P.: Klima-Kälte-Techn. 11/74. S. 155/9.
Fitzner, K., u. H. Laux: HLH 10/76. S. 366/72.
Fitzner, K.: HLH 1/80. S. 23/7.

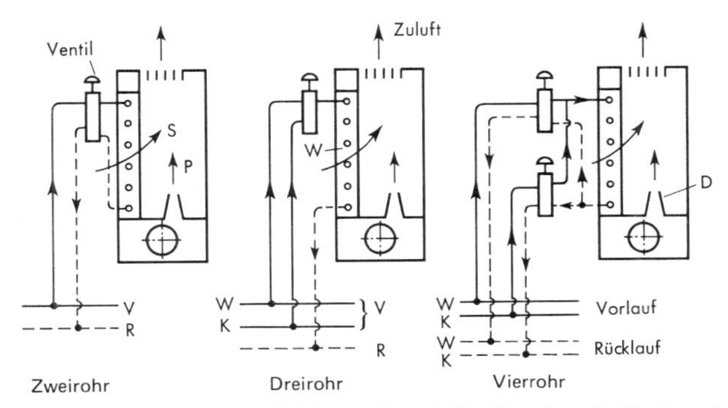


Bild 329-45. Schematische Darstellung der Induktionsgeräte mit Ventilregelung im 2-, 3- und 4-Rohr-System (s. auch Bild 329-65).
D = Düse, P = Primärluft, S = Sekundärluft, W = Wärmeaustauscher, W = warm, K = kalt

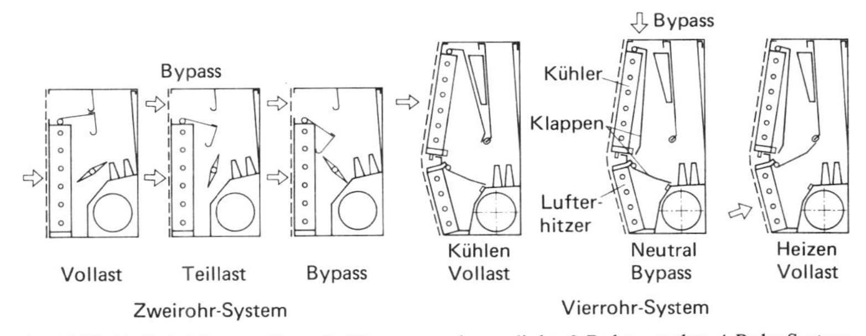


Bild 329-46. Induktionsgeräte mit Klappenregelung; links 2-Rohr-, rechts 4-Rohr-System.

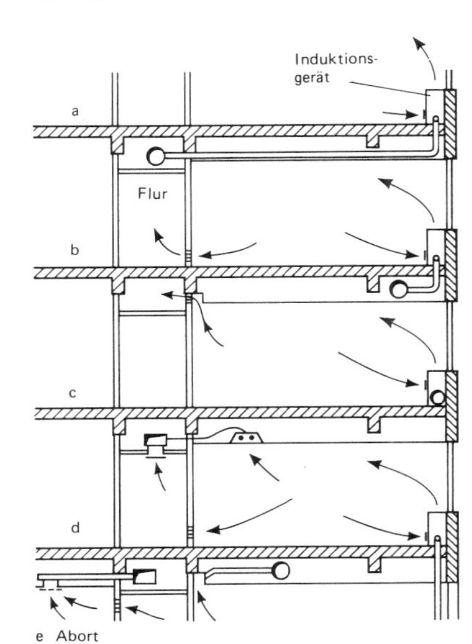


Bild 329-47. Primärluft- und Abluftführung bei Induktions-Klimaanlagen.

a) Zuluftrohr in Flurunterspannung,
b) Zuluftrohr in abgehängter Decke, Abluft durch Flur,
c) Zuluftrohr vor Brüstung, Abluft in Flutunterspannung,
d) Zuluftrohr senkrecht, Abluft durch Flur und Abluftleuchte zum Abluftkanal,
e) Abluft durch Flur zum Abort bzw. durch Rohrleitung in abgehängter Decke

Das Kanalsystem für die Primärluft wird wegen des hohen Drucks aus *Wickelfalzrohr* hergestellt und wärmeisoliert. Die Abluft wird meist über Leuchten abgesaugt. Für die *Kanalführung* gibt es viele Möglichkeiten (Bild 329-47). Man bevorzugt heute die waagerechte Rohrführung gemäß Bild 329-47c, bei der viele Deckendurchbrüche, die Feuerschutzklappen benötigen, vermieden werden.

Für die Abführung des *Schwitzwassers* vom Sekundärluftkühler wird eine Kondenswasserableitung verlegt. Nur wenn die Kühlwassertemperatur oberhalb des Raumtaupunkts gewählt wird (oder gleich ist) und wenn die Fenster nicht zu öffnen sind, kann auf dieses Rohrleitungssystem verzichtet werden. Meist werden aus Sicherheitsgründen jedoch die Leitungen verlegt. Wenn nur vorübergehend Kondensat erwartet wird, schließt man manchmal die Schwitzwasserrinne des Sekundärluftkühlers nur an einen Sammelbehälter (Plastikflasche) je Gerät an. Das angefallene Kondensat soll dann anschließend wieder im Raum verdunsten.

Bei *Betriebsruhe*, d.h. nachts und an Feiertagen bei Nichtbenutzung der Räume ist eine Lüftung und Feuchtekontrolle nicht nötig, so daß die Ventilatoren abgeschaltet werden können. Die Induktionsgeräte geben dann durch natürliche Konvektion Wärme ab, so daß die Räume nicht zu stark auskühlen. Die Heizwassertemperatur wird dabei jedoch zweckmäßig etwas erhöht, oder es werden spezielle Heizwärmetauscher für Niedertemperatur im Eigenkonvektionsbetrieb eingesetzt. Temperaturregelung des Warmwasservorlaufs wie bei statischer Heizung abhängig von der Außentemperatur. Die Einsparung des Ventilator-Stromverbrauchs in der Ruhezeit ist ein Vorteil gegenüber einem Nur-Luft-System.

**-421 Zweirohr-System**

421-1 *Zweirohr-Klimaanlagen* mit Umschaltung (Change over)

Die Arbeitsweise einer solchen Klimaanlage geht aus Bild 329-44 hervor.

Die *Wirkungsweise* der Induktionsgeräte mit Ventilregelung ist in Bild 329-45 und mit Klappenregelung in Bild 329-46 dargestellt.

Die Induktionsgeräte benötigen folgende *Installationsleitungen:*

1 Wasser-Vorlaufleitung,
1 Wasser-Rücklaufleitung,
1 Luftanschlußleitung und schließlich zur Abführung des Schwitzwassers im Sommer
1 Schwitzwasserableitung.

Das Umschalten von Heizen auf Kühlen und umgekehrt erfolgt zentral durch Ventile automatisch oder mit Hand *(Change-over-System)*. Der *Umschaltpunkt* liegt etwa da, wo die inneren Wärmequellen (Personen, Beleuchtung usw.) etwa ebenso groß sind wie die Wärmeverluste zuzüglich der Kühlleistung der Primärluft, etwa bei 15…18 °C Außentemperatur je nach den Belastungsverhältnissen (Bild 329-49).

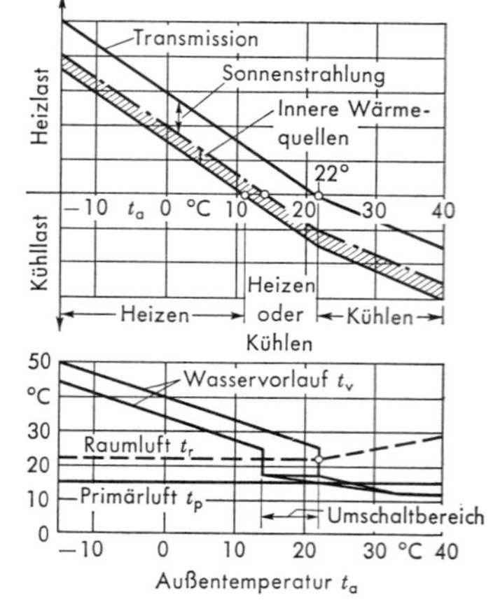


Bild 329-49. Belastungslinien eines Induktionsgerätes in Abhängigkeit von der Außentemperatur.
$t_r$ = Temp. der Raumluft, $t_p$ = Temp. der Primärluft

Beim Umschalten muß dafür gesorgt werden, daß sowohl Wärme- als auch Kälteenergie gleichzeitig verfügbar sind. Wenn z. B. Kaltwasser im Rohrleitungssystem fließt, muß die Zulufttemperatur angehoben werden, zumindest in der Übergangszeit. Dadurch entsteht entweder Energieverlust durch Mischung oder man kann nicht in allen Räumen die gewünschte Raumtemperatur einhalten. Dies ist entscheidender Nachteil des Zweirohr-Systems.

Temperaturregelung durch Ventil in der Wasservorlaufleitung, wobei Benutzer wissen muß, ob Kalt- oder Warmwasser im Kreislauf ist. Sofern Raumlufttemperatur über Thermostat geregelt wird, Umschaltthermostate nötig. Weitere Geräte siehe Abschnitt 336-6.

Das *Rohrleitungssystem*[1]) für das umlaufende Heiz- und Kühlwasser wird so wie bei zentralen Warmwasserheizungen verlegt. Neben dem Rohrleitungsnetz für die Sekundärwärmetauscher gibt es in der Zentrale den Primär-Kaltwasser- und den -Warmwasser-Kreislauf.

Alle Kreise haben je eine Zirkulationspumpe.

Die Kreise kann man voneinander trennen, wenn man einen Wärmeaustauscher verwendet gemäß Bild 329-44, und es findet keine Mischung von Wassermengen statt.

Bei dem *Mischsystem* (ohne Wärmeaustauscher) werden Umschaltventile verwendet, und es kann im Sekundärkreis sowohl Wasser aus dem Primär-Kaltwasserkreis wie aus dem Primär-Warmwasserkreis umlaufen (Bild 329-53). Da die Ventile $R_1$, $R_2$ und UV nicht immer ganz dicht sein müssen, kann eventuell Warmwasser in den Kaltwasserkreis oder umgekehrt übertreten. Um die hydraulische Trennung der beiden Kreise sicherzustellen, ist die Lösung nach Bild 329-44 mit nur einem Wärmeaustauscher ein guter Kompromiß für störungsfreien Betrieb.

*Regelung* der Wassertemperatur erfolgt zentral in Abhängigkeit von der Außentemperatur und gelegentlich auch der Sonnenstrahlung. Manchmal wird auch ein gewisser Einfluß (z. B. 50%) vom Raumthermostaten vorgesehen. Aufteilung der Geräte nach Zonen (Himmelsrichtungen) ist beim 2-Rohr-System meist notwendig, denn es kann durchaus möglich sein, daß auf der Nordseite geheizt und auf der Südseite gekühlt wird, wenn kein wirksamer Sonnenschutz vorliegt. Die Temperatur in den einzelnen Räumen selbst kann durch Drosselung der Wassermenge oder Verstellung der Beipaßklappe verändert werden.

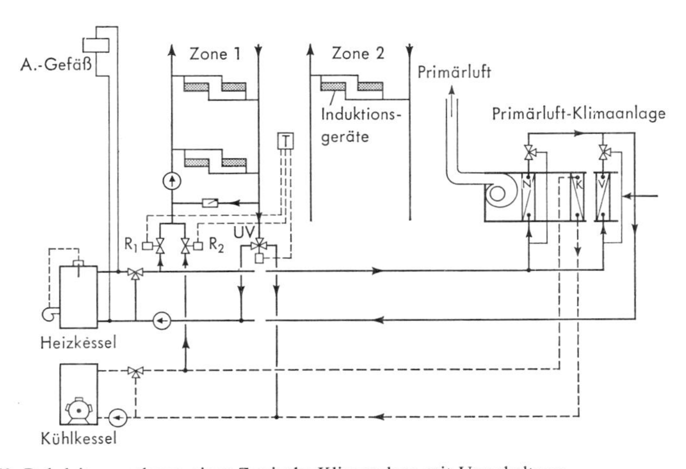


Bild 329-53. Rohrleitungsschema einer Zweirohr-Klimaanlage mit Umschaltung.
*$R_1$* = Regelventil für Heizung, *$R_2$* = Regelventil für Kühlung, *UV* = Umschaltventil, *T* = Außenthermostat

[1]) Nehring, G.: Ges.-Ing. 3/74. S. 76/82.

Erfahrung hat gezeigt, daß bei Außentemperaturen von 10 bis 17 °C wegen zu geringer Wassertemperatur die Heizleistung der Geräte nicht ausreichend ist: Dann zusätzliche Luftheizung durch Primärluft mit höheren Werten, etwa max. 30 °C, siehe Bild 364-4.

Manuelle Bedienung der Ventile oder Bypass-Klappen an den Induktionsgeräten durch Benutzer in der Übergangszeit erschwert, da nicht erkennbar, ob der Sekundärwärmetauscher heizt oder kühlt. Besser daher Raumthermostate, jedoch teurer, da sie mit einer automatischen Umschalteinrichtung für Heizung bzw. Kühlung versehen sein müssen (Umschaltthermostat).

Schwierigkeiten entstehen beim Zweirohr-System ferner bei unterschiedlicher Kühllast einzelner Räume durch Beleuchtung, Maschinen, Beschattung von angrenzenden Gebäuden, ungeeignetem oder falsch bedienten Sonnenschutz. Weiterer Nachteil ist die Trägheit des Wasser-Systems beim Wechsel zwischen Heizen und Kühlen. Umschaltzeit 15···30 min, mehrfach in der Übergangszeit erforderlich. Nur geeignet, falls das Gebäude nicht mehr als 2 Zonen (Himmelsrichtungen) hat.

421-2 *Zweirohr-Klimaanlagen ohne Umschaltung*

(*Non-change-over-System* oder Zweirohr-Kaltwasser-Klimaanlage)

Bei dieser Anlage wird den Induktionsgeräten nicht mehr abwechselnd Warm- oder Kaltwasser, sondern nur noch Kaltwasser zugeführt. Heizung erfolgt nur durch Primärluft, deren Temperatur witterungsabhängig geregelt wird. Kühlung durch das Sekundärkühlwasser, das dauernd, auch in der Heizperiode, zur Verfügung steht. Zeitweise gewisse Energieverluste. Konstante Wassertemperatur bei 14···16 °C, variable Primärlufttemperatur von etwa 14···50 °C. Individuelle Temperaturregelung dadurch, daß dem Wärmeaustauscher durch das Regelventil mehr oder weniger Kaltwasser zugeführt wird. Regelsinn des Ventils bleibt konstant. Beim Öffnen des Ventils wird gekühlt. Auch Beipaß-Klappenregelung möglich.

Im Winter also gelegentlich eine Wärmeabführung durch den Wärmeaustauscher. Wiedergewinnung dieser Wärme durch Vorwärmung der Primärluft mit Sekundärwasser (Freie Kühlung).

Beispiel Bild 329-54. Besonders geeignet bei mildem Winterklima. Voraussetzung ist, daß alle Räume einer Fassade, d.h. Zone, ungefähr gleiche Heiz- und Kühllast ohne wandernde Schatten haben.

*Vorteile:*

Keine Umschaltung von Heizen auf Kühlen. Einfache Temperaturregelung in jedem Raum. Weniger träge.

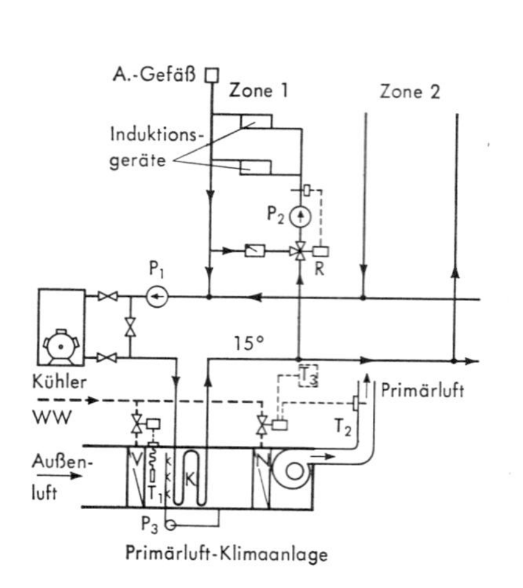


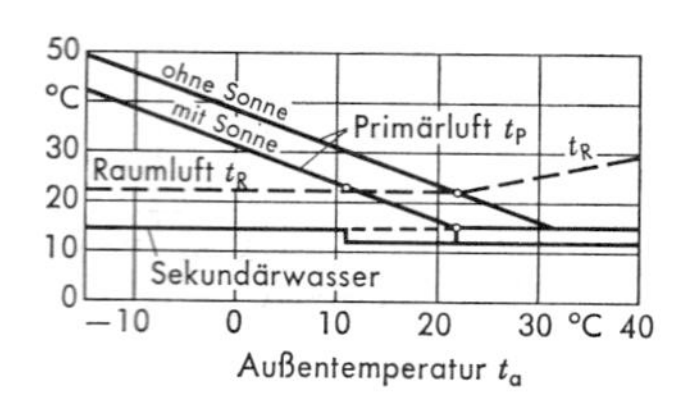


Bild 329-54. Zweirohr-Klimaanlage ohne Umschaltung.
Rechts: Temperaturdiagramm
Links: Anlagenschema

K = Kühler
N = Nachwärmer
$P_1$ = Primärwasserpumpe
$P_2$ = Sekundärwasserpumpe
$P_3$ = Befeuchterpumpe
$T_1$ = Vorwärmer-Thermostat (~7 °C)
$T_2$ = Kanalthermostat
$T_3$ = Außenthermostat
R = Regelventil
WW = Warmwasser

*Nachteile:*

Mehr Primärluft erforderlich, hohe Primärlufttemperatur im Winter. Isolierung der Primärluftleitungen,
Energieverluste,
Ventilator muß im Winter auch nachts laufen, wenn nicht change-over auf Warmwasserheizung.

**-422 Dreirohr-System**

Bei diesem System erhält jedes Induktionsgerät 2 Vorlaufanschlüsse für Warmwasser und Kaltwasser, aber nur eine gemeinsame Rücklaufleitung. Warmwasser und Kaltwasser stehen gleichzeitig zur Verfügung, so daß mit jedem Gerät entweder geheizt oder gekühlt werden kann. Daher auch für Gebäude mit wandernder Beschattung oder Fassaden nach mehreren Himmelsrichtungen geeignet.

*Keine Zoneneinteilung erforderlich,* höchstens für die Rücklaufleitung. Jeder Zonenrücklauf mit Umschaltventil, das das kältere Wasser dem Wasserkühler und das wärmere Wasser dem Wärmeüberträger zuführt. Keine Umschaltung von Sommer- auf Winterbetrieb. Individuelle Steuerung der Raumlufttemperatur durch ein *Sequenzventil* in Abhängigkeit von einem Raumthermostaten.

Sehr nachteilig ist der Energieverlust, der durch Mischung des kalten und warmen Wassers im Rücklauf eintritt. Verlust desto größer, je mehr die Wassertemperatur voneinander verschieden sind.

Höhere Rohrleitungskosten als 2-Rohr-System, durch Zonierung kaum billiger als 4-Rohr-System. Differenzdruckregelung erforderlich, da im Netz durch Öffnen und Schließen der Ventile starke Druckschwankungen auftreten (Geräusche, Mischverluste).

System wird daher seit Einführung des 4-Rohr-Systems (1966) aus Gründen der Energie- und Investitionskosten sowie Betriebssicherheit nicht mehr verwendet.

**423 Vierrohr-System[1])**

423-1 *Vierrohr-Klimaanlagen mit Ventilregelung*

Fortentwicklung des Dreirohr-Systems: Jedes Induktionsgerät (Schema s. Bild 329-44 rechts) wird in getrennten Kreisläufen sowohl an das Warmwasser- wie Kaltwassernetz angeschlossen. Benutzer kann also zu jeder Zeit heizen oder kühlen. Die beim Zweirohr- und Dreirohr-System auftretenden Mischverluste werden vermieden.

In Bild 329-63 zwei Sequenzventile, je eines im Warmwasser- und Kaltwasserkreislauf mit 4 Anschlüssen. Durch den Ventilkegel wird die Wassermenge zum Gerät geändert, jedoch bleibt durch den Beipaß im Ventil die vom Netz kommende Wassermenge konstant. Keine Druckregelung im Wassernetz erforderlich. Auch Sechs-Wege-Ventile wurden verwendet, die jedoch wegen ihrer Empfindlichkeit gegen Verunreinigungen des Wassers nicht genügend betriebssicher sind.

Die Ventilsteuerung hat heute an Bedeutung verloren, da die Ventile nicht genügend betriebssicher waren. Außerdem traten erhebliche Verluste auf:

durch Leitung im Ventilkörper
durch Konvektion an die umgebende Luft
durch Undichtheiten am Ventil.

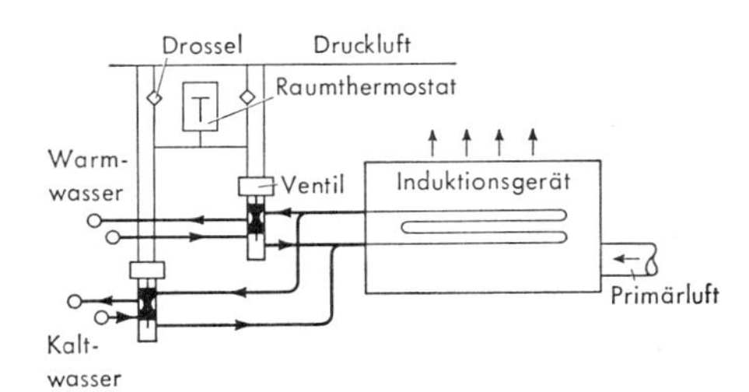


Bild 329-63. Schema eines Vierrohr-Induktionsgerätes mit zwei Beipaß-Ventilen.

[1]) Hönmann, W.: Ges.-Ing. 12/71. S. 361/6.

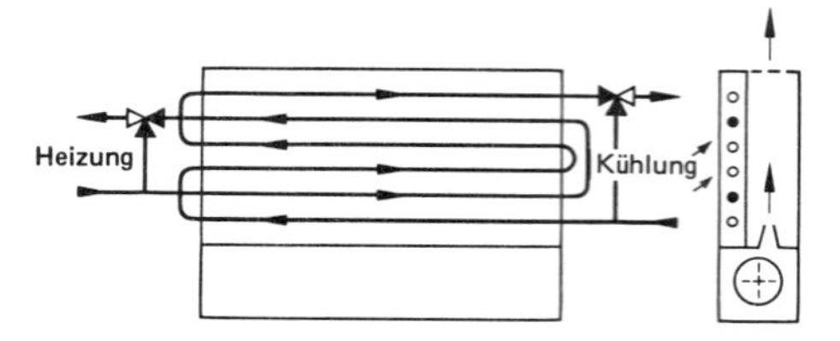


Bild 329-67. Ventilgeregeltes Induktionsgerät mit 2 wasserseitig getrennten Wegen.

Eine Verbesserung ergibt sich durch Verwendung zweier getrennter Wärmeaustauscher für Warmwasser und Kaltwasser im Gerät. Die beiden Wasserkreisläufe sind dabei voneinander vollkommen getrennt. Die Regelung erfolgt durch zwei 3-Wege-Ventile, die in Sequenz arbeiten (Bild 329-67 und 338-102).

Während das Wasser in dem einen Wärmeaustauscher durch das Ventil geregelt wird, fließt das Wasser des andern Wasserkreises durch den Beipaß. Die Verluste sind bei diesem System wesentlich geringer.

*Vorteile:*

Größtmögliche individuelle Temperaturregelung, verhältnismäßig einfaches Regelsystem und einfache Berechnung,
keine wasserseitige oder luftseitige Zoneneinteilung.

*Nachteile:*

Umfangreiches Rohrleitungssystem für Warmwasser, Kaltwasser und Entwässerung, meist teurer, nicht genügende Betriebssicherheit der Ventile (Festsitzen nach längerem Stillstand).

423-2 *Vierrohr-Klimaanlagen mit Klappenregelung*

Der letzte Schritt in der Entwicklung der Induktionsgeräte führte dahin, anstelle der Ventile *Klappen* zu verwenden, die je nach der Anforderung durch den Thermostaten entweder den einen oder den andern Wärmeaustauscher abdecken. Schema Bild 329-44 und 329-46.

Die *Wasserströme* fließen ohne Drosselung ununterbrochen durch beide Wärmeaustauscher. Die Temperaturregelung erfolgt sekundär luftseitig, indem der Raumthermostat mittels Stellmotor die Klappen betätigt. Beim Kühlen strömt die angesaugte Raumluft (Sekundärluft) nur durch den Kühler, beim Heizen nur durch den Lufterhitzer. Wird weder geheizt noch gekühlt, wird Raumluft durch den Beipaß angesaugt. In Zwischenstellungen strömt die Luft teils durch den einen der beiden Wärmeaustauscher, teils durch den Beipaß. Siehe Bild 329-46 und Abschnitt 336-6.

Klappen müssen möglichst dicht schließen, Warmwassertemp. tagsüber max. 40···50 °C wählen. Bei mehreren an einen Thermostat angeschlossenen Geräten muß wie bei mehreren Ventilen für unbedingten Gleichlauf gesorgt werden.

*Verluste* treten dadurch auf, daß einerseits Wärme bzw. Kälte durch Konvektion und Strahlung verlorengeht, andererseits durch Undichtheiten der Klappen Nebenströme entstehen. Jedoch sind bei gut ausgeführten und gut geregelten Anlagen die jährlichen Verlustkosten gering, unter 5% der sekundären Energiekosten.

Die Wasserkreisläufe sind bei diesem System besonders einfach und übersichtlich, siehe Bild 329-44, rechts. Der sekundäre Kühlwasserkreis ist mit dem primären Kühlwasserkreis durch ein Mischventil verbunden. Je nach der Außentemperatur wird durch dieses Ventil ein Teil Primärkühlwasser in den Sekundärkreis gefördert. Im Heizkreis trennt man dagegen über einen Wärmetauscher gerne Primär- und Sekundär-Heizwasserkreis wegen der stärker unterschiedlichen Temperaturanforderungen.

*Vorteile:*

Größtmögliche individuelle Temperaturregelung, einfaches Regelsystem, einfache Berechnung, keine Zonierung erforderlich
keine Verschmutzung, Korrosion oder Undichtheiten in den Ventilen
geringe Trägheit, schnelle Wirkung bei Temperaturverstellung
größte Betriebssicherheit
einfache nachträgliche Änderung der Raumaufteilung
vereinfachte Rohranschlüsse
billiger als Ventilregelung und geringere Energieverluste

*Nachteile:*

umfangreiches Rohrleitungssystem, größere Schwitzwassergefahr.

*Winterkühlung (freie Kühlung)*[1])

Wenn auch in der kalten Jahreszeit infolge starker innerer Wärmequellen oder Sonnenstrahlung in den Räumen eine Kühlung erforderlich ist, liegt es nahe, zur Einsparung an Energie die Kältemaschine abzuschalten und mit der kalten *Außenluft* zu kühlen. Dies kann in der Weise erfolgen, daß das Sekundärwasser der Induktionsgeräte durch einen Kühler der Primärluftklimaanlage gefördert wird. Der Kühler dient dabei also dazu, das umlaufende Sekundärwasser zu kühlen. Durch zusätzliche Wasserberieselung des Kühlers kann die Kühlleistung infolge Wasserverdunstung noch erhöht werden. Beginn der freien Kühlung bei Außentemperaturen unter etwa 8···10 °C. Erhebliche Betriebskostenersparnisse.

Mehrere Möglichkeiten für die freie Kühlung:

1. Separater Wärmeaustauscher für Sekundärwasserkühlung in der Primärluftanlage; einfache Anordnung.
   *Nachteil:* Ständiger Druckverlust für Primärluft.
2. Bei annähernd gleichen Wassermengen im Primär- und Sekundärkreislauf Schaltung nach Bild 329-72. Vorhandener Primärluftkühler wird zur Kühlung des Sekundärwassers verwendet. Bei Umschaltung auf „Freie Kühlung" wird die Kältemaschine durch ein Umschaltventil umgangen. Der Luftkühler in der Primärluft arbeitet jetzt als Lufterhitzer, die Stellwirkung des Regelventils ist durch Umkehrrelais umzukehren.
3. Bei unterschiedlichen Wassermengen Schaltung nach Bild 329-74. 3 Umschaltventile erforderlich. Bei Kältemaschinenbetrieb 2 getrennte Kaltwasserkreise für Primärluft und Sekundärwasser. Bei „Freier Kühlung" wird durch Umschaltventil UV 1 die Kälteanlage kurzgeschlossen und das Sekundärwasser durch die UV 2 und 3 über den Primärluftkühler geleitet.
4. Eine andere, sehr einfache Methode[2]) der freien Kühlung besteht in der Verwendung des durch den Kühlturm rückgekühlten Wassers zur Absenkung der Kaltwassertemperatur, Bild 329-73.

   Hier muß ein Wärmeaustauscher zwischen Kalt- und Kühlwasserkreislauf eingeschaltet werden, der beim Umschalten von Sommer- auf Winterbetrieb in Betrieb genommen wird. Es ergibt sich bei dieser Methode eine wesentliche Energieersparnis, allerdings sind größere Zusatzwassermengen beim Kühlturm erforderlich. Auch nachträglicher Einbau möglich.

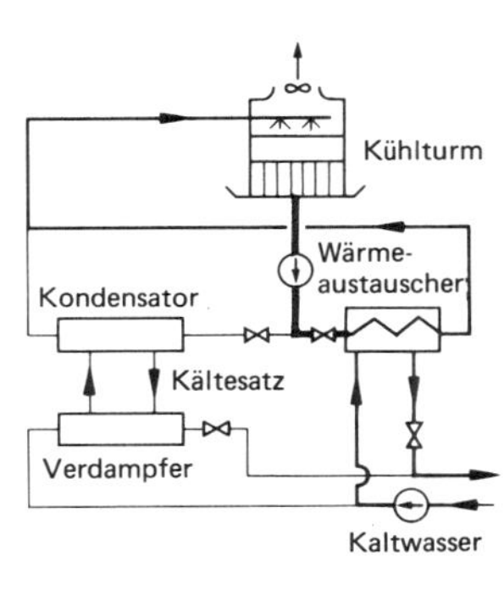


Bild 329-73. Freie Kühlung mit Kühlturm.

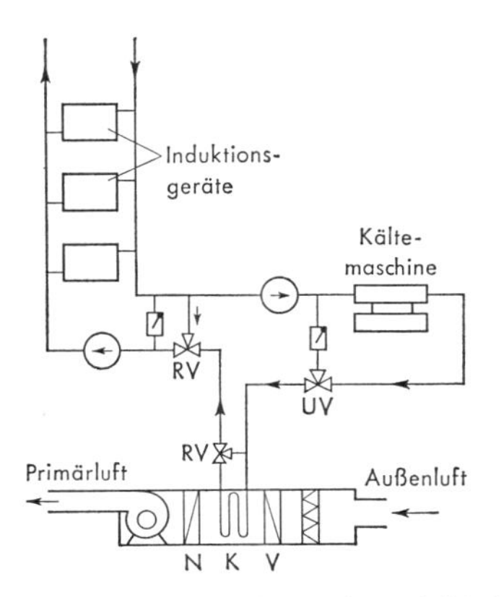


Bild 329-72. Rohrleitungsschema bei freier Kühlung mit einem Umschaltventil.
K = Kühler, N = Nachwärmer, RV = Regelventil, UV = Umschaltventil, V = Vorwärmer

[1]) Müller, K. G.: SHT 10/78. S. 725/34.
[2]) Vielsack, W.: HLH 7/79. S. 267/270.

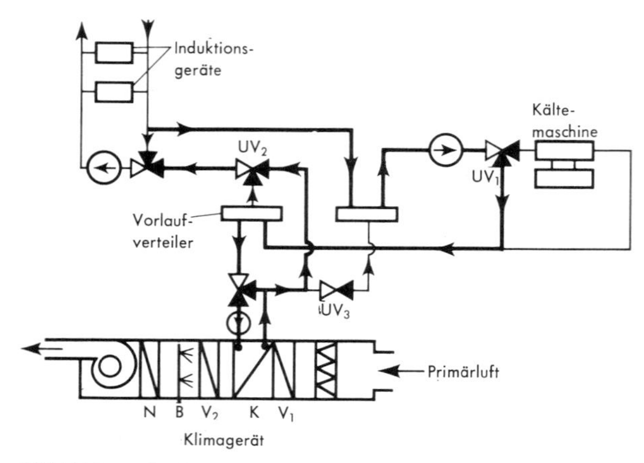


Bild 329-74. Rohrleitungsschema bei freier Kühlung mit Serienschaltung von Primärluftkühler und Sekundärkaltwassernetz.

Bei nicht allzu hohen örtlichen Kühllasten reicht bei Bürogebäuden im Winter die Primärluft ($t_{pr} = 14 \cdots 16\,°C$) allein aus. Das Sekundär-Kaltwasser-System kann dann ab Außentemperaturen unter ca. 15 °C stillgelegt werden.

*Wärmepumpenbetrieb* s. Abschn. 339-5.

*Vierrohr-Klimaanlagen* sind vorzuziehen, wenn die Gebäude komplizierte geometrische Formen haben, die Kühllasten unterschiedlich sind, z. B. durch wandernde Schatten, und vor allem, wenn individuelle Temperaturregelung gewünscht wird, was heute allgemein der Fall ist. Schattenwanderung verliert an Einfluß, wenn konsequenter Sonnenschutz vorhanden. Bei klappengeregelten Geräten besonders flexible Raumaufteilung möglich.

Alle Anlagen können im übrigen auch so gebaut werden, daß sie nur zur Heizung und Lüftung der Räume dienen, wobei die Kältemaschine zunächst fortfällt und evtl. später beschafft werden kann.

Die *Betriebskosten*[1]) für elektrischen Strom, Wärme und Kälte sind im Vergleich zu anderen Klimasystemen niedrig (siehe Abschnitt 364).

### -424 Induktions-Klimaanlagen mit variablem Volumenstrom

Bei kleinen Kühllasten, die durch guten (variablen) Sonnenschutz am Fenster und moderne Beleuchtungsanlagen heute überwiegend in Bürogebäuden geplant und realisiert werden, kann die zur Lüftung vorgesehene und zur Feuchteregulierung auf ca. 15 °C Taupunkt gekühlte Luft der RLT-Anlage einen beachtlichen Teil der Kühllast übernehmen, wenn Außen-Luftwechsel von 2 bis 3 pro h vorliegen. Die Sekundärkühlung eines Induktionsgeräts wird dann sehr klein und rechtfertigt kaum mehr ein Kaltwassersystem. Das in bezug auf Betriebs- und Investitions-Kosten wirtschaftlichste System ist dann ein VVS-System mit statischer Heizung, die in Sequenz zum VVS-System geregelt wird.

Nach diesem System arbeitet das Gerät nach Bild 329-78.

Das Induktionsgerät hat *zwei Düsenreihen,* von denen die eine stets geöffnet ist und dem Raum die hygienisch erforderliche Mindestvolumenstrom $\dot{V}_{min}$ zuführt, die zweite über Drosselklappen der Kühllast entsprechend nach dem VVS-System feingestuft zusätzliche Luft ausströmen läßt bis zu $\dot{V}_{max} \approx 5 \cdot \dot{V}_{min}$. Der Wärmetauscher für Heizung ist in diesem Regelbereich durch eine Klappe geschlossen. Die Heizung wird nur freigegeben, wenn die Drosselorgane im Primärluftstrom die Mindestluftmenge eingestellt haben. Dieses Gerät hat wasserseitig den Aufwand eines Zweirohrsystems, ermöglicht

[1]) Hönmann, W.: HLH 10/79. S. 388/399.

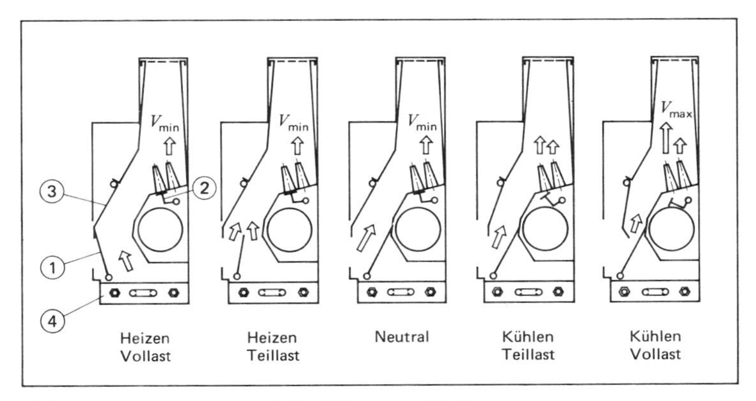


Bild 329-78. 2-Rohr-Induktionsgerät für VVS-System (LTG).

1 Klappe für Heiz-Wärmeaustauscher, Regelung in Sequenz zu VVS
2 Klappen für VVS-Regelung der Primärluftmenge
3 Klappe zur Regelung der Raumluftgeschwindigkeit im VVS-Regelbereich
4 Wärmeaustauscher

durch das VVS-Prinzip jedoch im Rahmen der maximalen Kühlleistung von $\dot{V}_{max}$ ähnlichen Komfort bezüglich individueller Temperaturregelung wie ein Vierrohr-System. Die Primärluftzentrale ist wie beim VVS-System (Abschn. 329-32) aufgebaut. Das Wassersystem wird im Normalfall nur zum Heizen als Non-change-over-System ausgeführt, kann aber bei höheren Kühllasten auch als Change-over-System konstruiert werden (Umschaltthermostat erforderlich). Dabei werden durch größere Kühlkapazität mittels VVS-Kühlung die Probleme der Umschaltung in der Übergangszeit gegenüber dem normalen Zweirohr-Induktionssystem weitgehend vermieden. – Zur Stabilisierung der Raumströmung enthält das Gerät nach Bild 329-78 noch eine Zusatzklappe, die die Beipaß-Luftmenge im VVS-Regelbereich mit zunehmender Primärluftmenge abdrosselt.

Das Gerät ist besonders geeignet, um alte Zweirohranlagen bezüglich Komfort und Energieverbrauch zu sanieren. Vorteil gegenüber anderen VVS-Systemen:

Energiesparende Sequenzregelung von Heizung und Luftkühlung apparativ zusammengefaßt und betriebssicher durch Klappenregelung des Lufterhitzers (Konvektors). Ferner Luftgeschwindigkeit bei allen Volumenströmen geregelt (Auslaßquerschnitt der Luftmenge angepaßt).

Nachteilig ist, daß raumströmungstechnische Anforderungen wie bei Induktionsgeräten (glattes Fenster, glatte Decken) gestellt werden müssen.

### -425 Zusammenfassung der Induktionsklima-Anlagen

*Nachteile:*

Bei allen Anlagen mit Induktionsgeräten ist ein gewisser Wartungsaufwand an den Induktionsgeräten notwendig (Wechsel des Sekundärluftfilters alle 1 bis 3 Jahre oder Staubsaugen der Wärmetauscher). Gelegentlich Schwierigkeiten mit der Raumströmung bei strukturierten Decken (z. B. Rasterdecken o. dgl.) und bei Vorhängen über den Luftauslässen. Dann Stabilisierung der Raumströmung durch Treibdüsen in der Decke. Wenn Regelbereich der Raumluftthermostaten zu groß ist, kann viel Energie für Heizen und Kühlen verbraucht werden.

*Vorteile:*

Dauernd vorhandene und regelmäßige Außenluftzufuhr, geringer Platzbedarf für Luftkanäle und Zentrale, gute individuelle Temperaturregelung in jedem Raum, besonders bei 4-Rohr-Systemen; keine Geruchsübertragung von Raum zu Raum, da keine Umluft; nachts volle Heizung durch die Induktionsgeräte auch ohne Ventilatorbetrieb. Energetisch günstigstes Klimatisierungssystem, vor allem bei höheren Kühllasten. Günstige Voraussetzung für Energieeinsparung durch Wärmeverschiebung.

## -43 Klimaanlagen mit Ventilator-Konvektoren

(Fan-Coil-Anlagen)

Die Ventilator-Konvektoren (Bild 329-81) bestehen im wesentlichen aus einem Gehäuse, in dem eingebaut sind:

1 Ventilator mit meist stufenweise geschaltetem Motor
1 Wärmeaustauscher für Warmwasser und Kaltwasser
1 Filter
1 Ansaug- und 1 Ausblasgitter

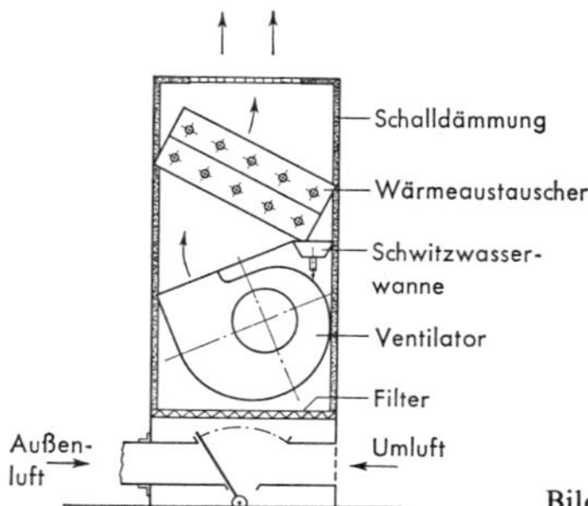


Bild 329-81. Schnitt durch einen Ventilatorkonvektor.

Der Wärmeaustauscher kann, wie bei den Induktionsanlagen, sowohl im Zwei-, Drei- oder Vierrohr-System an das Wassernetz des Gebäudes angeschlossen werden.

Rohrleitungsführung nach dem Zweirohr-System mit Umschaltung oder 4-Rohr-System wie bei Induktionsgeräten (Bild 329-44). Der Ventilator im Gerät saugt Raumluft und Primärluft an und fördert das Gemisch in den Raum. Die Geräte sind gruppenweise in einzelne Zonen aufgeteilt, z. B. Nord- und Südseite eines Gebäudes.

Die örtliche Regelung erfolgt meist durch Dreiwegeventile in den Geräten oder durch Klappen wie bei Induktionsgeräten.

Für die Zufuhr von *Außenluft* gibt es drei Methoden (Bild 329-84):

a) Außenluft wird durch eine Öffnung in der Außenwand angesaugt. Sehr ungünstig: Einfriergefahr, ungenügende Reinigung, Winddruckeinfluß u. a.

b) Außenluft wird wie bei den Induktionsgeräten durch eine Primärluftklimaanlage aufbereitet und durch ein Kanalsystem den einzelnen Geräten zugeführt. (Bei Gerät nach Bild 329-88 z. B. durch Primärluftdüsen.) Beste Methode.

c) Außenluft wird durch eine getrennte Primärluftklimaanlage den einzelnen Räumen unabhängig von den Geräten durch separate Leitungen zugeführt; Luftauslaß von der Decke oder Wand.

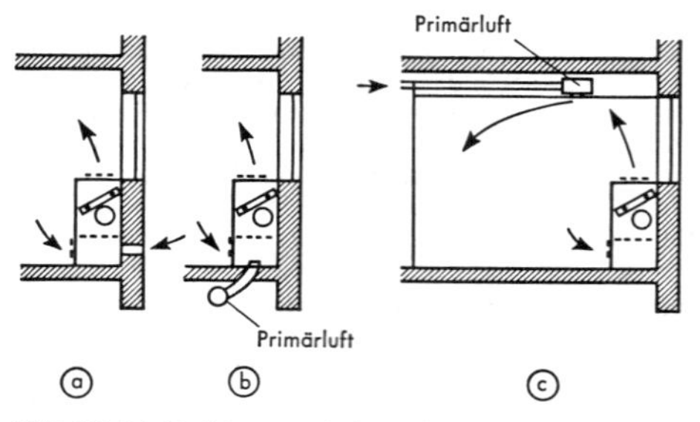


Bild 329-84. Zufuhr von Außenluft bei Ventilator-Konvektoren, a) Außenluft durch Außenwandöffnung, b) Außenluft durch Primärluft-Zufuhr zu den Geräten, c) Außenluft durch getrennte Zuluftanlage.

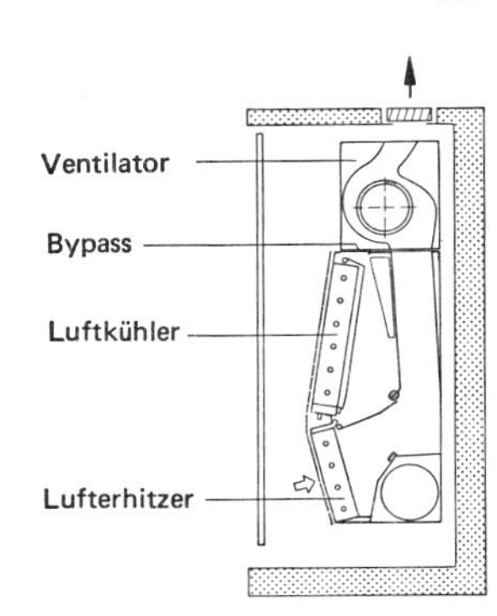


Bild 329-88. Ventilator-Konvektor kombiniert mit klappengeregeltem Induktionsgerät. (LTG)

Bei dem Gerät nach Bild 329-88 ist ein Querstromventilator mit einem Induktionsgerät kombiniert. Die Leistungsregelung erfolgt durch Verstellung der Beipaßklappen mittels Stellmotor. Verwendung in Vierrohr-Systemen, auch für Zweirohr-System klappen- oder ventilgeregelt am Markt.

Außer den in den Fensterbrüstungen aufgestellten Geräten gibt es auch *Deckeneinbaugeräte,* die z. B. für Hotelzimmer verwendet werden.

*Nachteilig* ist bei allen Systemen dieser Art, daß der Wartungsaufwand wegen der Ventilatoren und Motoren etwas größer ist als bei den Induktions-Klimaanlagen. Außerdem größerer Kraftbedarf (s. auch Bild 364-19).

*Vorteilhaft* ist: Geräte einzeln abstellbar bei Nichtbenutzung des Raumes (Hotelzimmer). Schnellaufheizung durch hohe Drehzahl des Ventilators, ebenso Schnellkühlung. Niedertemperatur-Heizung bei Fernwärme oder Wärmepumpe möglich.

## -5 KLEINWÄRMEPUMPEN-ANLAGEN

siehe Abschn. 364-127

# 33 BESTANDTEILE

## 331 Ventilatoren[1])

Ventilatoren sind Strömungsmaschinen zur Förderung von Luft und anderen Gasen bis zu einem Druck von 30000 N/m² (Pa).

Man unterscheidet *Radialventilatoren,* die Luft axial ansaugen und radial fördern (Bild 331-2 und -3), und *Axialventilatoren,* die Luft in axialer Richtung ansaugen und fördern (Bild 331-50 und -51). Übersicht in Bild 331-1.

Außerdem gibt es noch *Querstrom-Ventilatoren,* bei denen die Luft über einen Teil des Umfangs des Laufrades eintritt und über einen anderen Teil austritt[2]). (Bild 331-4 und -5.) Die Schaufeln werden also zweimal von der Luft durchströmt. Dabei entsteht ein *Luftwirbel,* der die Funktion eines Leitapparates übernimmt. Die Laufradlänge ist proportional dem Volumenstrom.

Dachventilatoren werden in Abschnitt 341-7 behandelt.

| | Bauart | Schema | Lieferzahl $\varphi$ | Druckzahl $\psi$ | Anwendung |
|---|---|---|---|---|---|
| Axialventilatoren | Wand-ventilator | | 0,1 ... 0,25 | 0,05 ... 0,1 | für Fenster- und Wandeinbau |
| | ohne Leitrad | | 0,15 ... 0,30 | 0,1 ... 0,3 | bei geringen Drücken |
| | mit Leitrad | | 0,3 ... 0,6 | 0,3 ... 0,6 | bei höheren Drücken |
| | Gegenläufer | | 0,2 ... 0,8 | 1,0 ... 3,0 | in Sonderfällen |
| Radialventilatoren | rückwärts gekrümmte Schaufeln | | 0,2 ... 0,4 | 0,6 ... 1,0 | bei hohen Drücken und Wirkungsgraden |
| | gerade Schaufeln | | 0,3 ... 0,6 | 1,0 ... 2,0 | für Sonderzwecke |
| | vorwärts gekrümmte Schaufeln | | 0,4 ... 1,0 | 2,0 ... 3,0 | bei geringen Drücken und Wirkungsgraden |
| Querstromventilatoren | | | 1,0 ... 2,0 | 2,5 ... 4,0 | hohe Drücke bei geringem Platzverbrauch |

Bild 331-1. Bauarten von Ventilatoren – Übersicht.

[1]) Bezüglich Begriffen, Zeichen, Benennungen, Nenndrücken usw. siehe:
VDMA – Arbeitsblätter 24161 bis 24169, Beuth-Vertrieb.
Prüfbestimmungen siehe Abschnitt 331-3.
Terminologie siehe Eurovent 1/1 (Juli 72).
Hönmann, W.: LTG-Inform. 11/12. Okt. 74.
Eck, B.: Ges.-Ing. 6/76. S. 125/31.
Moog, W., u. Jäger, W.: HLH 10/83. S. 427/42.

[2]) Lajos, T., u. L. Prezler: HLH 1973. S. 134/9.
TAB 2/80. S. 109/12: Querstromventilatoren.

Helios
RADAX®-VAR
Axial-Radial-
Kombination
setzt neue Maßstäbe
in der Ventilatoren-Technik.
NEU
Hohe Druck- und Volumenleistung
von 1000 m³/h – 85000 m³/h bei max. Druck bis
zu 2100 Pa.
platzsparend, da axiale Durchströmung
wirtschaftlich – energiesparend
durch Verbesserung des Wirkungsgrades der
Gesamtanlage
einfache und kostengünstige Installation in jeder
Lage
optimales Preis-/Leistungsverhältnis
Wir informieren Sie gern:
HELIOS-Ventilatoren
7730 VS-Schwenningen
Tel. 07720/606-0, Telex 794583
Garantie für Spitzentechnologie
Helios

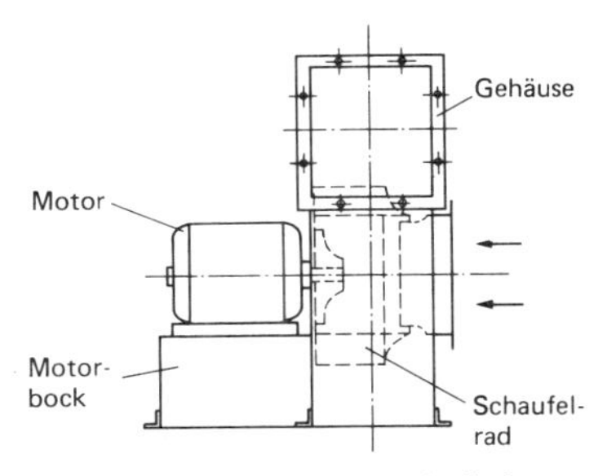


Bild 331-2. Radialventilator mit direkt angetriebenem Laufrad.

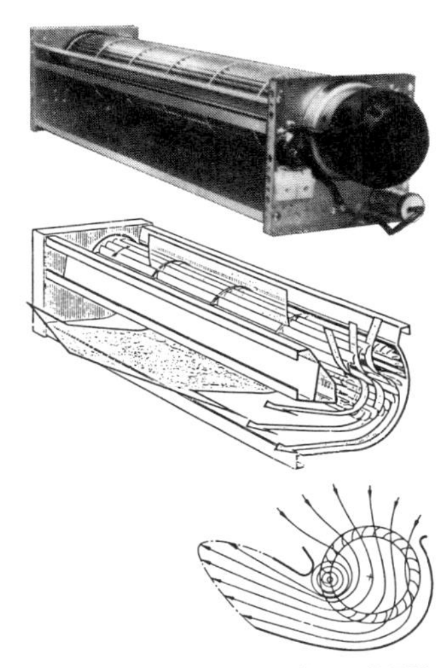

Bild 331-4. Querstromventilator (LTG).
Oben: Ansicht
Unten: Schema

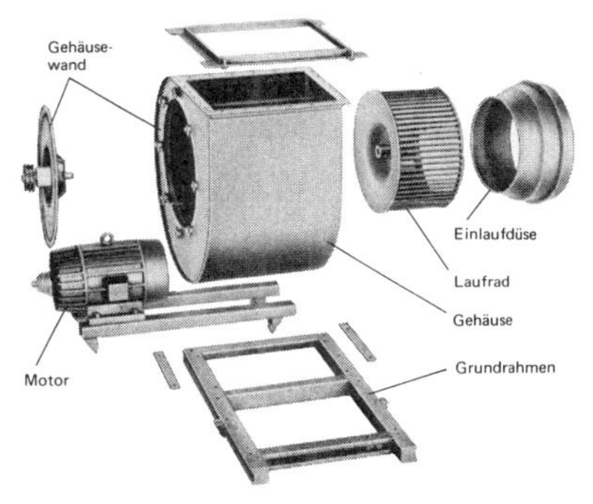


Bild 331-3. Bestandteile eines Radialventilators für Keilriemenantrieb, einseitig saugend (Pollrich).

## -1 RADIALVENTILATOREN[1])

### -11 Einteilung

nach dem Förderdruck:

*Niederdruckventilator,* etwa 0 bis 720 Pa Förderdruck
*Mitteldruckventilator,* etwa 720 bis 3600 Pa Förderdruck
*Hochdruckventilator* etwa 3600 bis 30000 Pa Förderdruck
und mehr;

nach der Schaufelanordnung:

*Trommelläufer* mit vielen Schaufeln (ca. 30···70) am Umfang des Laufrades wie auf einer Trommel (s. Bild 331-3),

*Schaufelräder* mit wenigen (ca. 5···12) Schaufeln, profiliert oder einfaches Blech (Skelettschaufel);

nach der Schaufelform (Bild 331-8):

*vorwärts gekrümmte Schaufeln* ($\sphericalangle \beta_2 > 90°$)
*rückwärts gekrümmte Schaufeln* ($\sphericalangle \beta_2 < 90°$)
*gerade endende Schaufeln* ($\sphericalangle \beta_2 = 90°$);

[1]) Bommes, L.: HLH 1963. S. 159/66, 106/9, 228/33 u. HLH 12/74. S. 420/5.
Leist, H., u. a.: HLH 11/79. S. 443/7.
Zierep u. a.: FLT-Bericht 3/1/65/79: Trommelläufer.
Mürmann, H.: KKT 9/81. S. 314/8.
Linke, W.: HLH 7/82, ferner 8/82 u. 11/82.

nach den Betriebsbedingungen:

Heißgasventilator, explosionsgeschützter Ventilator, Transportventilator, Dachventilator u. a.

Eine besondere Bauart sind die *Kapillargebläse* System de Fries, bei denen das Schaufelrad durch einen Rotor aus feinem Drahtgewirr oder ähnlicher Faserstruktur ersetzt ist. Dabei Filter- und Wärmeübertragungseffekte (siehe Abschn. 339-4).

Bestandteile eines Radialventilators siehe Bild 331-2 und -3. Weitere Bezeichnungen in Eurovent 1/1 (1972).

## -12 Geschwindigkeitsdreiecke und Umfangsgeschwindigkeiten

stellen graphisch die Luftgeschwindigkeiten am Ein- und Austritt der Schaufeln dar (Bild 331-8). Die *Eintrittsdreiecke* sind meist *rechtwinklig*, da die Luft im allgemeinen senkrecht zur Achse in die Schaufeln eintritt, und für alle drei Arten von Schaufelformen gleich. Die *Austrittsdreiecke* dagegen sind im allgemeinen schiefwinklig, indem die absolute Luftgeschwindigkeit durch die umlaufenden Schaufeln in Richtung der Umfangsgeschwindigkeit abgebogen wird.

## -13 Förderdruck

Theoretische Gesamtdruckdifferenz (Förderdruck) (s. auch Abschnitt 142-8):

$$\Delta p_{th} = \frac{\varrho}{2}[\underbrace{(u_2^2 - u_1^2) + (w_1^2 - w_2^2)}_{\text{statische Druckerhöhung}} + \underbrace{(c_2^2 - c_1^2)}_{\text{dynamische Druckerhöhung}}] \text{ in Pa} = \text{N/m}^2$$

(1. Form der Druckgleichung)

$$\Delta p_{th} = \varrho\ (u_2 c_{2u} - u_1 c_{1u}) \text{ in Pa} = \text{N/m}^2$$

(2. Form der Druckgleichung, Eulersche Grundgleichung)

oder bei $c_{1u} = 0$;

$$\Delta p_{th} = \varrho u_2\, c_{2u}$$

$u$ = Umfangsgeschwindigkeit m/s
$w$ = Relativgeschwindigkeit m/s
$c$ = absolute Geschwindigkeit m/s
$\varrho$ = Dichte in kg/m³
$c_u$ = Umfangskomponente der Geschwindigkeit $c$ m/s

Beide Gleichungen sind einander überführbar.

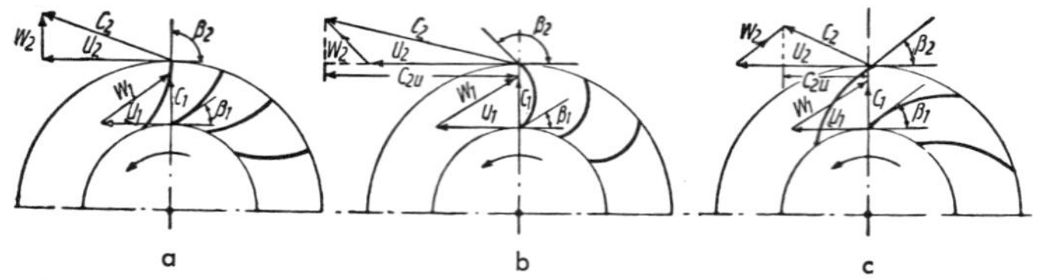


Bild 331-8. Geschwindigkeitsdreiecke bei verschiedenen Schaufelformen.
a) radial endende gekrümmte Schaufeln, b) vorwärts gekrümmte, c) rückwärts gekrümmte

Aus der letzten Gleichung geht hervor, daß die Gesamtdruckdifferenz bei gleicher Umfangsgeschwindigkeit $u_2$ für vorwärts gekrümmte Schaufeln am größten, bei rückwärts gekrümmten am kleinsten ist (Bild 331-10). Das Verhältnis statischer Druck $\Delta p_{st}$/Gesamtdruck $\Delta p_t$ heißt *Reaktionsgrad* (Bild 331-11). Bei Dralldrosselregulierung wird absichtlich ein Mitdrall $c_{1u}$ am Laufradeintritt erzeugt, wodurch $\Delta p_t$ reduziert wird.

$\frac{\varrho}{2}(u_2^2 - u_1^2)$ = Druckerhöhung durch die Zentrifugalkraft

$\frac{\varrho}{2}(w_1^2 - w_2^2)$ = Druckerhöhung durch verzögerte Strömung

$\frac{\varrho}{2}(c_2^2 - c_1^2)$ = Erhöhung der kinetischen Energie

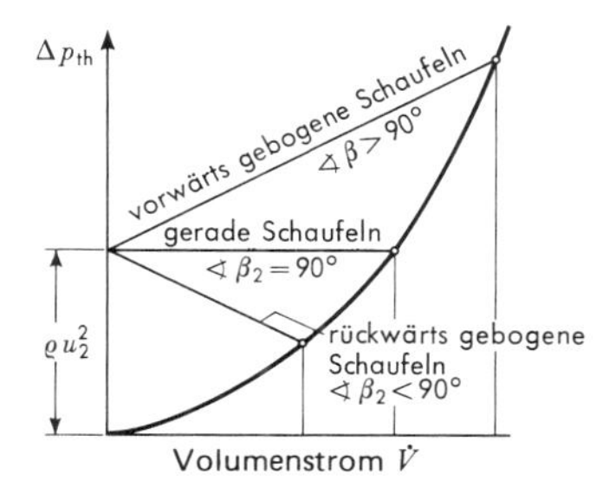


Bild 331-10. Theoretischer Förderdruck bei Radialventilatoren.

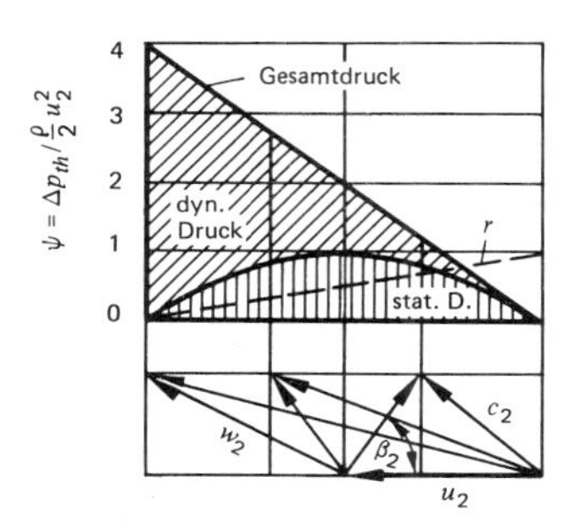


Bild 331-11. Aufteilung von Gesamtdruckerhöhung im Laufrad in statischem und dynamischem Druck abhängig vom Schaufelaustrittswinkel $\beta_2$ sowie Reaktionsgrad r.

*Beispiel:*

Wie groß ist der theoretische Förderdruck eines Ventilators mit radial endenden Schaufeln ($c_{2u} = 0$) bei einer Umfangsgeschwindigkeit $u_2 = 25$ m/s?

$\Delta p_{th} = \varrho\, u_2 \cdot c_{2u} = \varrho\, u_2^2 = 1{,}2 \cdot 25^2 = 750$ Pa.

## -14 Leistungsbedarf[1])

Infolge vieler Verluste werden die theoretische Druckdifferenz und der theoretische Volumenstrom real nicht erreicht.

Leistungsbedarf $P = P_{th}/\eta$.

Die wichtigsten *Verluste* sind (s. auch Bild 331-25):

1. Druckabfall $\Delta p_1$ infolge der endlichen Schaufelzahl. Dies ist kein Energieverlust, sondern nur eine geringere Umlenkung als bei unendlicher Schaufelzahl *(Minderleistung)*.
2. Gehäuseverlust $\Delta p_2$ bei der Umsetzung der höheren Luftaustrittsgeschwindigkeit $c_2$ in der Spirale in die geringere Geschwindigkeit $c_3$ am Luftaustrittsstutzen.
3. Druckverlust $\Delta p_3$ im Laufrad durch Reibung und Ablösung der Strömung von der Wand und der Schaufel.
4. Druckverlust $\Delta p_4$ (Stoßverlust) beim Eintritt der Luft in das Laufrad.
5. Spaltverlust an Luft $\dot{V}_{\text{verl}}$ durch den Spalt zwischen Laufrad und Gehäuse und an der Wellendurchführung.
6. Mechanischer Verlust $P_m$ durch Reibung des Laufrades an der Luft und der Welle in den Lagern.

Der Gesamtwirkungsgrad ist dann

$$\eta_t = \frac{\dot{V} \cdot \Delta p_t}{(\dot{V} + \dot{V}_{\text{verl}})\,(\Delta p_t + \Delta p_2 + \Delta p_3 + \Delta p_4) + P_m}$$

Leistungsbedarf $P = \dfrac{\dot{V} \cdot \Delta p_t}{\eta}$ in W (Nm/s)

$\dot{V}$ = Volumenstrom in m³/s; $\Delta p_t$ = Gesamtdruck Pa;
$\eta_t$ = Gesamtwirkungsgrad = 0,6···0,8 bei großen Ventilatoren,
= 0,5···0,6 bei mittleren Ventilatoren, = 0,3···0,5 bei kleinen Ventilatoren.

*Temperaturerhöhung* je 1000 Pa Druckerhöhung ungefähr 1 K.

[1]) Bommes, A.: HLH 1969. S. 47/55 u. 113/7.
Andritzky, H.: HLH 1970. S. 146/52.
DIN 24163 (1.85) – Ventilatoren, T. 1 Normkennlinie, T. 2 u. 3 Leistungsmessung.

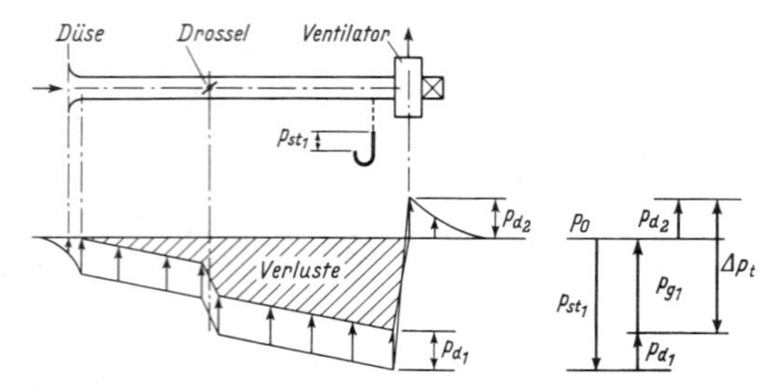


Bild 331-15. Druckverlauf bei frei ausblasendem Ventilator mit Saugleitung.

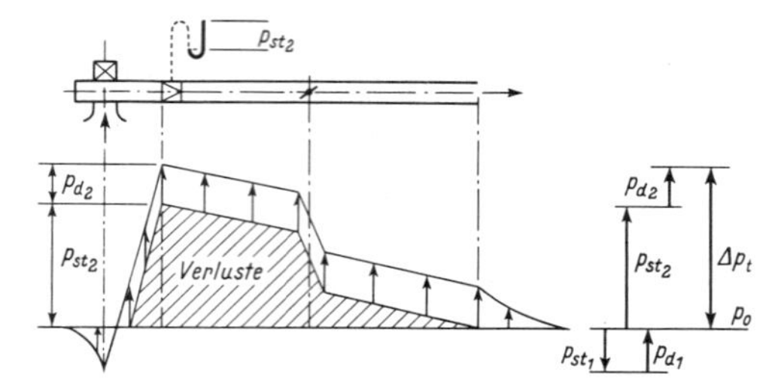


Bild 331-16. Druckverlauf bei frei ansaugendem Ventilator mit Druckleitung.

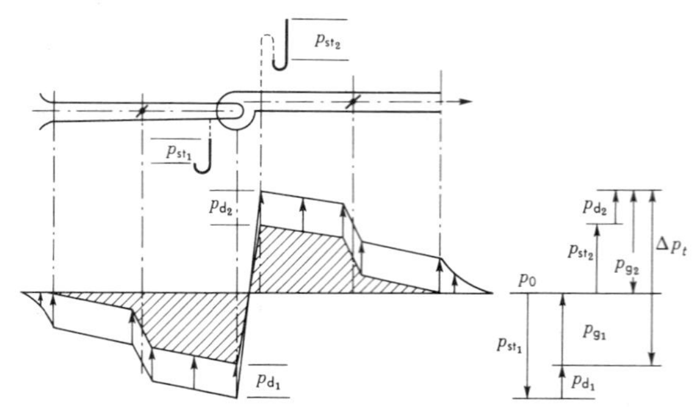

Bild 331-17. Druckverlauf bei einem Ventilator mit Saug- und Druckleitung.

Der *Wirkungsgrad* $\eta_t$ bezieht sich hier auf die Druckerhöhung zwischen Ventilator-Eintritt und Ventilator-Austritt, enthält also auch den dynamischen Druck in der Ausblasöffnung. Falls dieser, wie z. B. bei frei ausblasenden Ventilatoren, als Verlust anzusehen ist, ist der Wirkungsgrad natürlich geringer.

Bei der Berücksichtigung aller strömungstechnischen Erkenntnisse können mit Radialventilator-Wirkungsgrade von 85% und mehr erreicht werden *(Hochleistungs-Ventilatoren)*. Sie sind trotz hohen Preises häufig vorteilhaft, namentlich bei großen Leistungen und langen Betriebszeiten.

Ventilatoren mit vorwärts gekrümmten Schaufeln haben einen geringeren Wirkungsgrad als bei rückwärts gekrümmten Schaufeln, da die Umsetzung der hohen Luftgeschwindigkeit $c_2$ in statischen Druck mit größeren Verlusten verbunden ist. Prüfung von Leistungsdaten siehe Abschnitt 331-3.

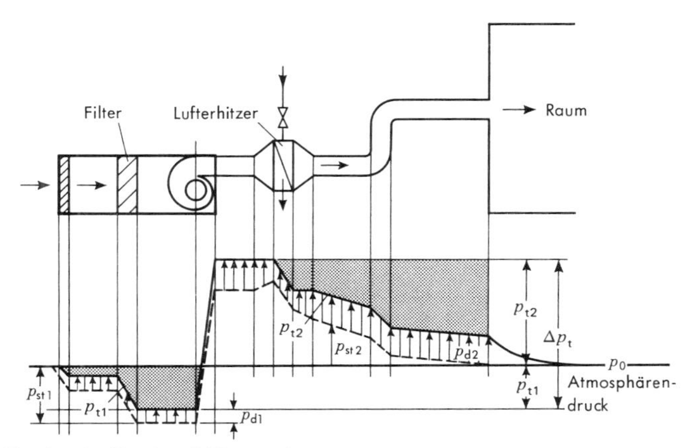


Bild 331-20. Druckverlauf in einer Lüftungsanlage.

Es bedeuten:

$p_{st}$ = statischer Druck in Pa,
$p_d$ = dynamischer Druck $= \varrho/2 \cdot w^2$ in Pa,
$p_t$ = Gesamtdruck $= p_{st} + p_d$ in Pa,
$\Delta p_{st}$ = statischer Druckunterschied in Pa,
$\Delta p_d$ = dynamischer Druckunterschied in Pa,
$\Delta p_t$ = Gesamtdruckunterschied in Pa.

Man unterscheidet zwischen Differenz der statischen Drücke und derjenigen der Gesamtdrücke (zwischen Ventilator-Austritt und Eintritt):

Differenz der statischen Drücke: $\Delta p_{st} = p_{st2} - p_{st1}$
Differenz der Gesamtdrücke: $\Delta p_t = p_{t2} - p_{t1}$

Falls der dynamische Druck wie in Bild 331-15 am Ventilator-Austritt verlorengeht, definiert man als freiausblasende Druckdifferenz (manchmal auch statischer Förderdruck genannt):

$\Delta p_f = \Delta p_t - p_{d2}$

Es gibt 4 Einbauarten:

1. *Saugseitiger Betrieb* (Bild 331-15). Der Ventilator hat nur auf der Saugseite Widerstand zu überwinden und bläst frei aus.

   Gesamtdruckerhöhung $\Delta p_t = p_{st1} + (p_{d2} - p_{d1})$.

   statische Druckerhöhung $\Delta p_f = \Delta p_t - p_{d2}$.

2. *Druckseitiger Betrieb* (Bild 331-16). Der Ventilator hat nur auf der Druckseite Widerstand zu überwinden und saugt frei durch eine Düse an.

   Gesamtdruckerhöhung $\Delta p_t = p_{st2} + p_{d2}$.

3. *Saug- und druckseitiger Betrieb* (Bild 331-17).

   Gesamtdruckerhöhung $\Delta p_t = p_{st1} + p_{st2} + (p_{d2} - p_{d1})$.

4. Frei saugend und blasend.

   Gesamtdruckerhöhung $\Delta p_t = p_{d2}$.

In DIN 24163 (1.85) sind einheitliche Bedingungen für die *Normkennlinien* und Leistungsmessungen vorgeschlagen, ebenso im Rahmen des ISO durch das Technische Comitee TC 117[1]), s. auch Abschn. 331-3.

Sind Ausblas- und Ansaugquerschnitt gleich, so ist

$p_{d1} = p_{d2}$ und $\Delta p_t = \Delta p_{stat}$.

Typischer Druckverlauf längs dem Luftweg in einer Lüftungsanlage siehe Bild 331-20[2]).

---

[1]) Vasilescu, D.: HLH 1/79. S. 34/6. 3/82. S. 112/20 u. 5/82. S. 186/91.
[2]) Hönmann, W.: LTG-Inform. 11/12 Okt. 74.

### -15 Proportionalitäts- und Affinitätsgesetze

*Proportionalitätsgesetze*

Aus der Betrachtung der Luftaustrittsdreiecke bei Änderung des Volumenstroms (Bild 331-22) ergeben sich für einen bestimmten Ventilator folgende Gesetze:

Der *Volumenstrom* ist proportional der Drehzahl.

Der *Druck* ist proportional dem Quadrat der Drehzahl.

Der *Leistungsbedarf* ist proportional der 3. Potenz der Drehzahl.

Diese Gesetze, die in weitem Bereich der Reynolds-Zahl gültig sind, können mit genügender Genauigkeit verwendet werden. Vorausgesetzt ist, daß die Anlagenkennlinie (Rohrnetzkennlinie, Bild 331-27) eine quadratische Parabel durch den Nullpunkt im $\dot{V}$, $\Delta p$-Diagramm ist.

*Beispiel:*

Ein Ventilator fördert $\dot{V}_1 = 10\,000$ m³/h Luft gegen einen Gesamtdruck $\Delta p_1$ von 200 Pa bei $n_1 = 950$ U/min, Leistungsbedarf $P_1 = 1{,}0$ kW.

Dann ist bei $n_2 = 1450$ U/min:

der Volumenstrom $\dot{V}_2 = \dot{V}_1 \dfrac{n_2}{n_1} = 10\,000 \cdot \dfrac{1450}{950} = 15\,300$ m³/h

der Förderdruck $\Delta p_2 = \Delta p_1 \left(\dfrac{n_2}{n_1}\right)^2 = 200 \left(\dfrac{1450}{950}\right)^2 = 470$ Pa

der Leistungsbedarf $P_2 = P_1 \left(\dfrac{n_2}{n_1}\right)^3 = 1{,}0 \left(\dfrac{1450}{950}\right)^3 = 3{,}6$ kW.

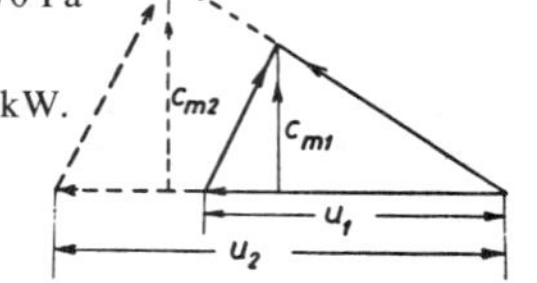


Bild 331-22. Änderung des Luftaustrittsdreiecks bei Änderung der Drehzahl.

*Affinitätsgesetze*

Bei geometrisch ähnlichen, aber verschieden großen Ventilatoren gilt bei gleicher Drehzahl:

Der *Volumenstrom* ist proportional der 3. Potenz der Durchmesser oder anderer geometrischer Vergleichsgrößen.

Der *Druck* ist proportional der 2. Potenz der Vergleichsgrößen.

Der *Leistungsbedarf* ist proportional der 5. Potenz der Vergleichsgrößen.

Zwei Ventilatoren sind ähnlich, wenn die Winkel gleich sind und die Längen-Abmessungen alle mit einem konstanten Faktor verändert werden.

*Beispiel:*

Ein Ventilator mit dem Saugdurchmesser $d_1 = 300$ mm fördert bei $n = 1000$ U/min einen Volumenstrom von $\dot{V}_1 = 1500$ m³/h. Wieviel fördert ein Ventilator von $d_2 = 400$ mm bei derselben Drehzahl?

$\dot{V}_2 = \dot{V}_1\,(d_2/d_1)^3 = 1500\,(400/300)^3 = 3550$ m³/h.

### -16 Kennlinien (auch Drossel-Kurven oder Charakteristiken genannt)[1]

Das betriebliche Verhalten von Ventilatoren wird durch Druck-Volumenkurven, die sogenannten Kennlinien, dargestellt. Auf der Abszisse ist der Volumenstrom, auf der Ordinate der Förderdruck dargestellt. Bei verlustloser Strömung sind die theoretischen Kennlinien im *Druck-Volumen-Schaubild* gerade Linien, d. h., der Förderdruck des Ventilators ändert sich geradlinig bei sich änderndem Volumenstrom. Die verschiedenen Verluste bewirken jedoch bei der wirklichen Strömung eine wesentliche Änderung der Geraden zu einer Kurve, die stetig fallend sein kann, aber auch einen Scheitel oder Wendepunkt haben kann (Bild 331-25 u. -27). Bei einem bestimmten Ventilator ergibt sich für jede Drehzahl $n$ eine Kurve, die versuchsmäßig festgestellt wird. Darstellung siehe Bild 331-26.

---

[1]) Kizaoui, J.: HLH 11/74. S. 371/80.
Vasilescu, D.: HLH 3/82. S. 112/20.
Vandevenne, J.: HLH 9/82. S. 343/6.

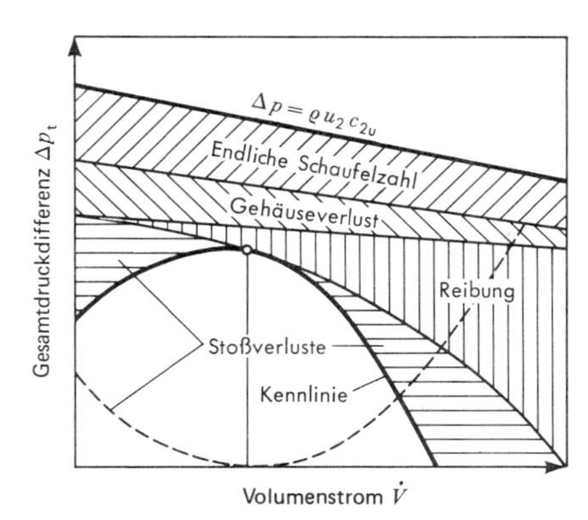


Bild 331-25. Änderung der Kennlinie des verlustlosen Ventilators durch Druckverluste.

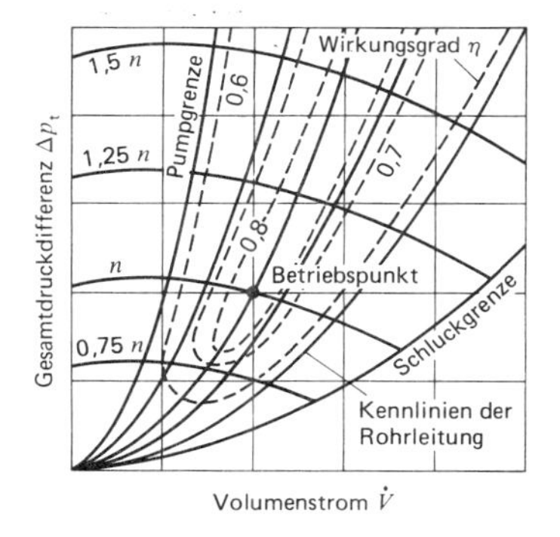


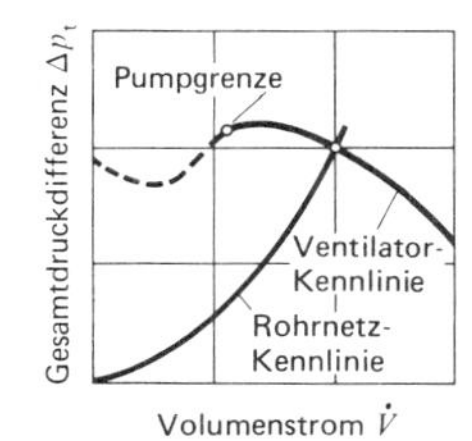


Bild 331-27. Ventilatorkennlinie und Rohrnetzkennlinie.

Bild 331-26. Kennfeld eines Radialventilators, linearer Maßstab.

Der Widerstand des Rohrnetzes einschließlich der darin eingebauten Apparate stellt sich in Form von durch den Nullpunkt gehenden quadratischen *Parabeln* dar. Dies ergibt sich daraus, daß der Förderdruck proportional dem Quadrat des geförderten Volumenstroms ist, also $\Delta p =$ konst. $\cdot\ \dot{V}^2$. Der jeweilige *Betriebspunkt* eines Ventilators liegt auf dem Schnittpunkt einer $n$-Linie und einer Rohrnetzkennlinie. Abweichungen von diesem quadratischen Zusammenhang liegen bei Filterwiderständen vor, die sich linear mit $\dot{V}$ ändern (laminare Strömung).

Der *Betriebspunkt* soll möglichst in der Nähe des höchsten Wirkungsgrades liegen. Er soll auf keinen Fall auf dem linken abfallenden Teil der Ventilatorkennlinie liegen, da dann ein unstabiles Arbeiten *(Pumpen)* erfolgen kann (Bild 331-27).

Die Wirkungsgrade zeigen sich in dem Druck-Volumenbild als Parabeln wie die Widerstände der Rohrleitung oder Anlage. Nur bei kleinen Drehzahlen ist das Proportionalitätsgesetz nicht mehr erfüllt.

Eine wesentlich übersichtlichere Darstellung ergibt die Auftragung der Kennlinien im *doppeltlogarithmischen* Diagramm, siehe Bild 331-30. Die Rohrleitungskennlinien sind Gerade, die mit der Steigung 2 :1 gegen die Abszisse geneigt sind. Da die Wirkungsgradkurven in den normalen Arbeitsbereichen ebenfalls parabelförmig verlaufen, sind sie im doppeltlogarithmischen System auch durch Gerade darstellbar. Alle wichtigen Daten wie Volumenstrom, Drehzahl, Umfangsgeschwindigkeit, statischer und dynamischer Druck, Sauggeschwindigkeit und Drehzahl können aus dem Diagramm abgelesen werden, manchmal auch die Lautstärke. Das Diagramm ist für alle Baugrößen einer bestimmten Typenreihe darstellbar.

*Beispiel:*

Gesucht: *Volumenstrom* $\dot{V}$=9500 m³/h, Gesamtdruck $\Delta p_t$=920 Pa.

Gewählt: Größe 450, Sauggeschwindigkeit $c_s$=16,8 m/s. Wirkungsgrad $\eta$=84%, Umfangsgeschwindigkeit $u$=47 m/s, Drehzahl $n$=1540 U/min, Kraftbedarf

$$P=\frac{9500\cdot 920}{3600\cdot 0{,}84}=2{,}89\text{ kW}$$

*Parallelbetrieb von Ventilatoren*

Hierbei arbeiten 2 oder mehrere gleiche oder ungleiche Ventilatoren auf ein gemeinsames oder teilweise gemeinsames Netz. Die *resultierende Kennlinie* ergibt sich aus der Addition der Volumenströme bei unveränderten Drücken.

Der jeweilige Arbeitspunkt ist der Schnittpunkt dieser Kennlinie mit der *Anlagenkennlinie.* Bild 331-33 zeigt links das Verhalten bei einer Anlage mit 2 gleichen Ventilatoren mit rückwärts gekrümmten Schaufeln. Wird ein Ventilator abgeschaltet, so erhöht sich sein Volumenstrom bei fallendem Totaldruck und Wirkungsgrad, so daß der Antriebsmotor entsprechend zu bemessen ist. Es ist darauf zu achten, daß der Schnittpunkt mit

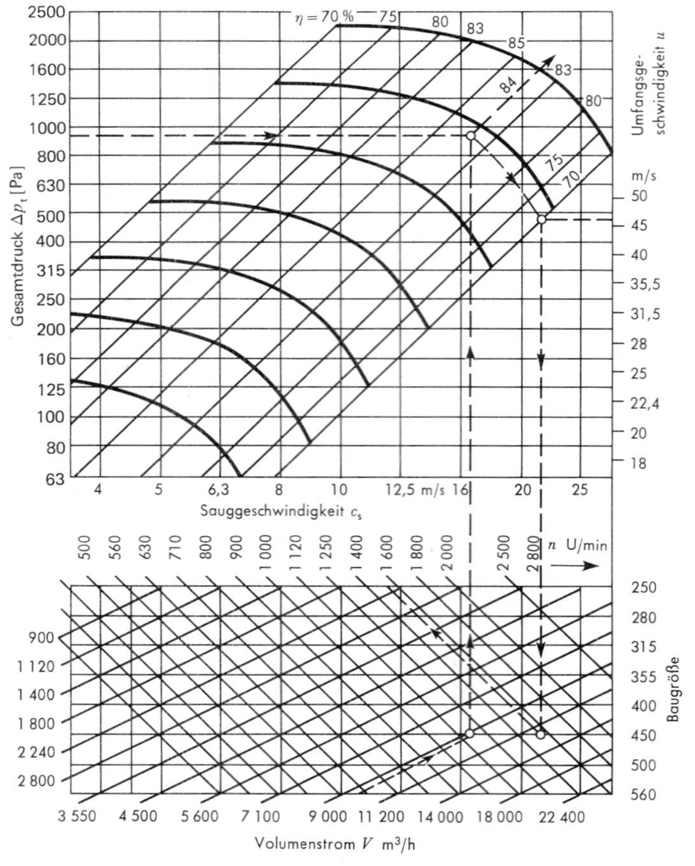


Bild 331-30. Typisches Kennfeld eines Radialventilators mit rückwärts gekrümmten Schaufeln im doppeltlogarithmischen Diagramm.

der Anlagenkennlinie auf dem fallenden Teil der resultierenden Ventilatorkennlinie liegt, da sonst nur geringe Volumenstromzunahmen durch den zweiten bzw. einen dritten Ventilator erfolgen.

Bei *Trommelläufern,* deren Kennlinien einen Scheitel- oder Wendepunkt haben, können in der Nähe des Scheitels 2 oder 3 verschiedene Volumenströme bei gleichen Drükken auftreten. Beim Abschalten eines Ventilators kann sich je nach Form der Kennlinie der Volumenstrom verringern oder vergrößern. In Bild 331-33 rechts erfolgt eine Vergrößerung mit erheblich größerer Antriebsleistung. Ein Ventilator erbringt hier also einen größeren Volumenstrom als beide zusammen. Diese Ventilatoren sind daher für Parallelbetrieb wenig geeignet.

Beim Parallelbetrieb mit 2 ungleichen Ventilatoren ergibt sich eine Erhöhung des Volumenstroms nur dann, wenn der kleinere Ventilator genügende Druckhöhe hat (Bild 331-35). Auf der Anlagenkennlinie ergeben sich dann 3 mögliche Betriebspunkte 1, 2 und 3 mit dem kleineren oder dem größeren oder beiden Ventilatoren.

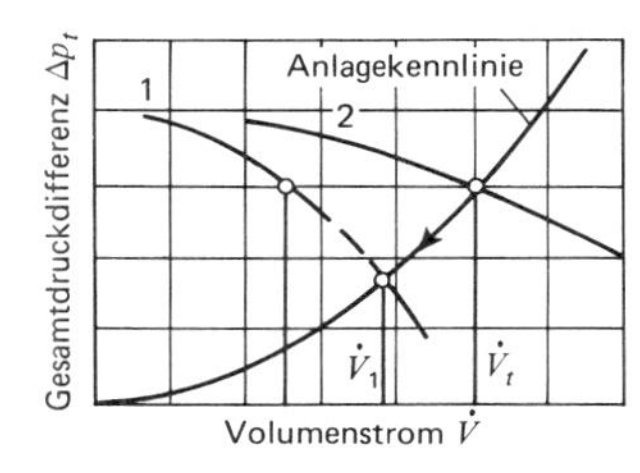


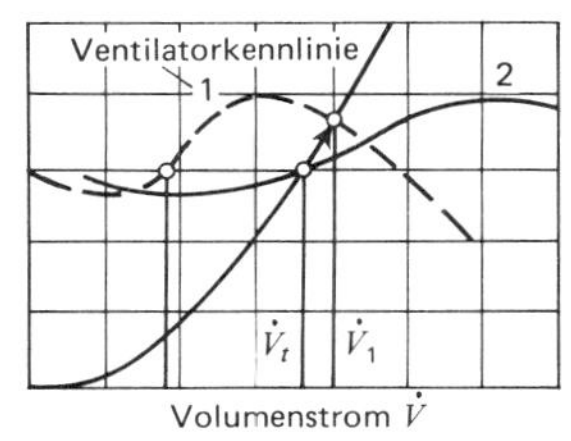


Bild 331-33. Parallelbetrieb mit 2 gleichen Ventilatoren.
Links: rückwärts gekrümmte Schaufeln; rechts: Trommelläufer.

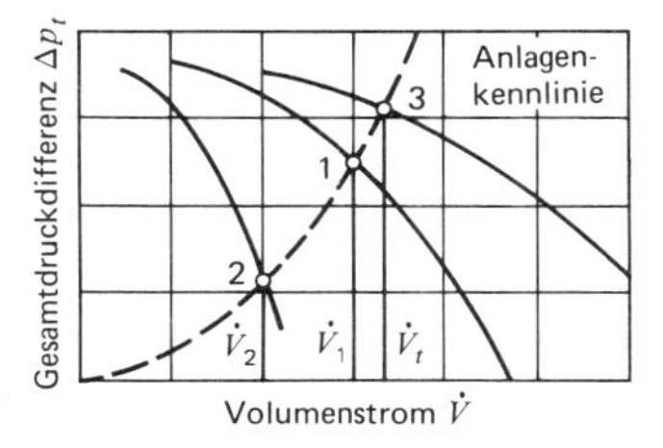


Bild 331-35. Parallelbetrieb von 2 ungleichen Ventilatoren.

*Einbauverluste*[1])

Die von den Herstellern angegebenen Kennlinien beziehen sich meist auf Laborversuche mit einem bestimmten Prüfstand, z. B. mit saugseitigem Kanalanschluß. Der Ventilator wird jedoch häufig anders eingebaut, so daß wegen der unterschiedlichen Einbauverhältnisse die Kennlinien nicht mehr übereinanderstimmen. Die beim Einbau in Anlagen entstehenden Verluste sind hauptsächlich folgende (Bild 331-36):

1. Drallverluste beim Eintritt oder durch Riemenscheibe, Ansauggitter ($\zeta_1$).
2. Ausblaskanal zu kurz für Geschwindigkeitsausgleich ($\zeta_2$).
3. Kammerverlust bei begrenztem Saugraum ($\zeta_3$).
4. Kammerverlust beim Ausblas ($\zeta_4$).
5. Verlust bei Saugtaschen ($\zeta_5$).
6. Krümmerverlust beim Ausblas ($\zeta_6$) usw.

Die Summe der Einbauverluste kann durchaus Beträge von $\Sigma\,\zeta = 2 \cdots 3$ erreichen, so daß die nutzbaren Druckunterschiede wesentlich verringert werden. Für einige der vorgenannten Verluste können die $\zeta$-Werte entnommen werden aus Bild 331-36. Vielfältigkeit der Einflüsse, insbesondere saugseitig, macht oft Prüfstandsmessung erforderlich.

Beim Einbau der Ventilatoren sind daher optimale Strömungsverhältnisse anzustreben, womit gleichzeitig Energie gespart wird.

---

[1]) Lexis, J.: Ki 10/84. S. 389/92.
Wieland, H.: HLH 4/84. S. 161/5 u. 6/84. S. 266/70 und Heizung, Lüftung, Klimatechnik 3/86. S. 194/200 u. 4/86.

Liegt stromab des Ventilators in der Druckkammer einer Klimazentrale ein Wärmeaustauscher, Filter, Luftwäscher o. dgl., so sind zu vollflächiger Luftbeaufschlagung Einbauten erforderlich (z. B. Lochblech, Prallplattendiffusor usw.)[1]). Zusatzwiderstände sind entsprechend zu beachten.

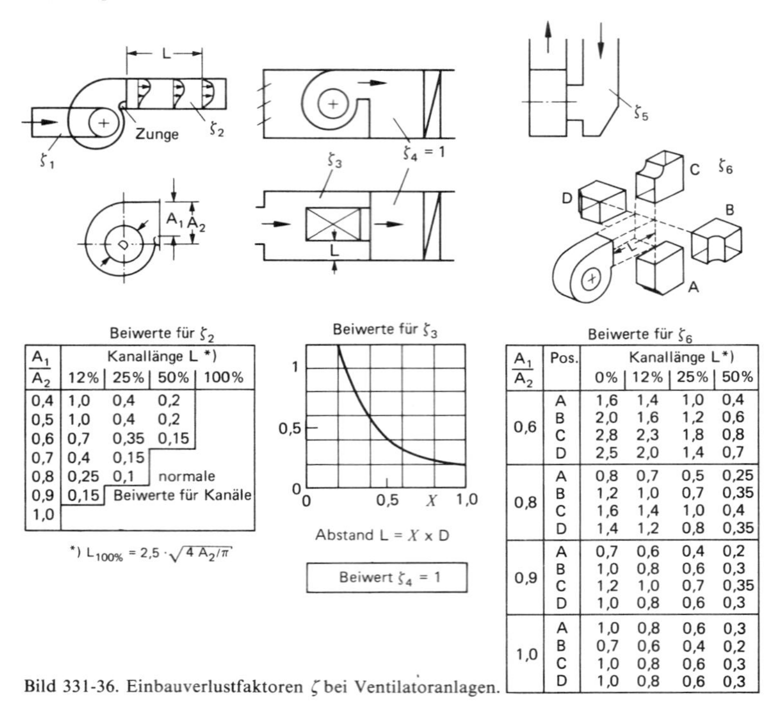


Beiwerte für $\zeta_2$

| $A_1/A_2$ | Kanallänge L *) 12% | 25% | 50% | 100% |
|---|---|---|---|---|
| 0,4 | 1,0 | 0,4 | 0,2 | |
| 0,5 | 1,0 | 0,4 | 0,2 | |
| 0,6 | 0,7 | 0,35 | 0,15 | |
| 0,7 | 0,4 | 0,15 | | |
| 0,8 | 0,25 | 0,1 | normale | |
| 0,9 | 0,15 | Beiwerte für Kanäle | | |
| 1,0 | | | | |

*) $L_{100\%} = 2{,}5 \cdot \sqrt{4 A_2/\pi}$

Beiwerte für $\zeta_6$

| $A_1/A_2$ | Pos. | Kanallänge L*) 0% | 12% | 25% | 50% |
|---|---|---|---|---|---|
| 0,6 | A | 1,6 | 1,4 | 1,0 | 0,4 |
| | B | 2,0 | 1,6 | 1,2 | 0,6 |
| | C | 2,8 | 2,3 | 1,8 | 0,8 |
| | D | 2,5 | 2,0 | 1,4 | 0,7 |
| 0,8 | A | 0,8 | 0,7 | 0,5 | 0,25 |
| | B | 1,2 | 1,0 | 0,7 | 0,35 |
| | C | 1,6 | 1,4 | 1,0 | 0,4 |
| | D | 1,4 | 1,2 | 0,8 | 0,35 |
| 0,9 | A | 0,7 | 0,6 | 0,4 | 0,2 |
| | B | 1,0 | 0,8 | 0,6 | 0,3 |
| | C | 1,2 | 1,0 | 0,7 | 0,35 |
| | D | 1,0 | 0,8 | 0,6 | 0,3 |
| 1,0 | A | 1,0 | 0,8 | 0,6 | 0,3 |
| | B | 0,7 | 0,6 | 0,4 | 0,2 |
| | C | 1,0 | 0,8 | 0,6 | 0,3 |
| | D | 1,0 | 0,8 | 0,6 | 0,3 |

Bild 331-36. Einbauverlustfaktoren $\zeta$ bei Ventilatoranlagen.

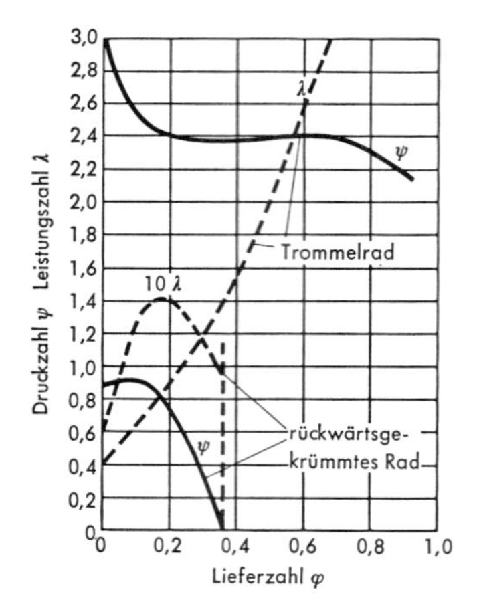


Bild 331-38. Typische dimensionslose Kennlinien von Radialventilatoren der Lüftungstechnik.

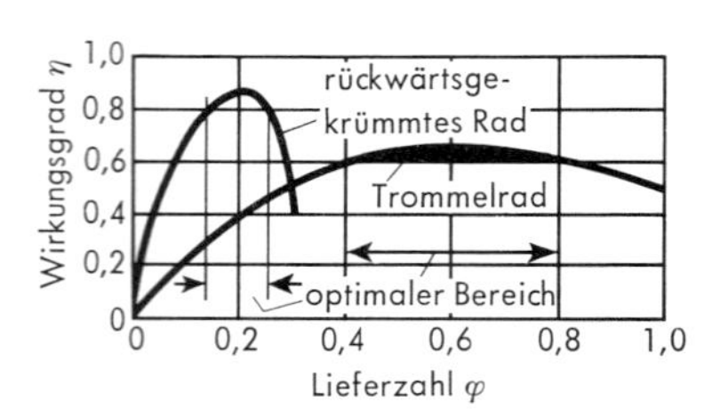


Bild 331-39. Wirkungsgrade von Ventilatoren.

[1]) Rákóczy, T.: HLH 3/71. S. 105/8.

## -17 Dimensionslose Kennlinien[1])

Volumenstrom und Druck werden dabei in Beziehung zu charakteristischen Konstruktionsgrößen des Ventilators gesetzt. Hierfür eignen sich der Außendurchmesser $d$ des Rades und seine Umfangsgeschwindigkeit $u$.

Auf der Ordinatenachse wird nicht mehr der Druck, sondern das Verhältnis des Druckes zum fiktiven Staudruck der Umfangsgeschwindigkeit, auf der Abszissenachse das Verhältnis der wirklichen Luftmenge zu einer hypothetischen Luftmenge aufgetragen.

Es wird definiert

$$\text{Lieferzahl } \varphi = \frac{\dot{V}}{\pi\, d^2/4 \cdot u} = \frac{\dot{V}}{A \cdot u} \quad \textit{(auch Durchflußzahl genannt)}$$

$A$ = Fläche des Außendurchmessers des Laufrades, hieraus $\dot{V} = A \cdot u \cdot \varphi$ in m³/s.

Man kann auch für $A$ die Saugfläche ansetzen und erhält dann

$\varphi = \frac{c_s}{u}$, was sinnfälliger ist.

$$\textit{Druckzahl } \psi = \frac{\Delta p_t}{\frac{\varrho}{2} u^2} = \frac{\text{Gesamtdruckdifferenz}}{\text{Staudruck der Umfangsgeschwindigkeit}},$$

hieraus $\Delta p_t = \psi \cdot \frac{\varrho}{2} u^2$ in Pa.

Ferner ist die

$$\textit{Leistungszahl } \lambda = \frac{\dot{V} \cdot \Delta p_t}{\eta \cdot A \cdot u \cdot \frac{\varrho}{2} u^2} = \frac{\varphi \cdot \psi}{\eta},$$

hieraus $P = \lambda \cdot A \cdot u \cdot \frac{\varrho}{2} u^2$ in W (kg m²/s³).

Bild 331-38 zeigt die dimensionslosen Kennlinien für verschiedene Bauarten von Radial-Ventilatoren der Lüftungstechnik. Aus dem Vergleich dieser Kurven ergeben sich folgende Schlüsse:

1. Bei gleicher Drehzahl haben vorwärts gekrümmte Räder eine *größere Förderleistung* als rückwärts gekrümmte, d.h., sie erzeugen bei gleicher Luftmenge einen größeren Druck oder fördern bei gleichem Druck eine größere Luftmenge.
2. Bei steigender Luftförderung nimmt der *Leistungsbedarf* (Kurve für $\lambda$) der rückwärts gekrümmten Räder nur wenig zu, während er bei vorwärts gekrümmten Rädern stark ansteigt, so daß hier die Widerstandsbestimmung sorgfältig vorzunehmen ist; andernfalls Motorüberlastung auftritt. Dieser Fehler kommt häufig bei kombinierten Zu- und Abluftgeräten im Umluftbetrieb vor.[2])
3. Der *Wirkungsgrad* ist bei rückwärts gekrümmten Schaufeln wesentlich höher als bei vorwärts gekrümmten.
4. Bei steigendem Widerstand der Anlage ändert sich der *Volumenstrom* beim Trommelläufer mehr als beim rückwärtsgekrümmten Rad.

Die dimensionslosen Kurven gelten genau nur für die Baugröße, mit der die Messung gemacht wurde. Bei kleineren und größeren Lüftern treten geringe Abweichungen auf, weil die Strömungen nicht mehr genau einander ähnlich sind. Bei Laufrädern von 200 bis 1000 mm Durchmesser halten sich die Abweichungen jedoch in geringen Grenzen. Voraussetzung für die Verwendbarkeit der Kurven ist natürlich, daß die verschiedenen Größen der Ventilatoren einer Typenreihe geometrisch ähnliche Maße haben. Werden, wie es häufig geschieht, bei größeren Rädern irgendwelche Maße geändert, z.B. die Schaufelzahl oder die Schaufeldicke, so ändern sich die Kennlinien. Mittlere Wirkungsgrade in Bild 331-39.

*Beispiel*

zur Verwendung der dimensionslosen Kurven, Bild 331-38.

---

[1]) Regenscheit, B.: HLH 1956. S. 82/87.
Muslow: HLH 1957. S. 298/300.
Laasko, H.: Wärmetechnik 1960. S. 51/53.

[2]) Lexis, J.: CCI 3/84. S. 50/51.

Wieviel leistet ein Ventilator der Bauart Trommelrad (Bild 331-8a), Größe 800 (Außendurchmesser $D = 800$ mm) bei $n = 400$ U/min?

$$D = 0{,}8 \text{ m} \qquad u = \frac{\pi \cdot D \cdot n}{60} = 16{,}6 \text{ m/s} \qquad A = \frac{\pi D^2}{4} = 0{,}5 \text{ m}^2$$

$$\text{Staudruck } \frac{\varrho}{2} u^2 = \frac{1{,}25}{2} \cdot 16{,}6^2 = 172 \text{ Pa}$$

Aus Bild 331-38 folgt bei

| | | |
|---|---|---|
| $\varphi =$ | 0,4 | 0,6 |
| $\dot{V} = A \cdot u \cdot \varphi = 0{,}5 \cdot 16{,}6 \cdot 0{,}4$ | $= 3{,}32$ m³/s | 4,98 m³/s |
| | $= 12000$ m³/h | 18000 m³/h |
| $\psi =$ | 2,4 | 2,4 |
| $\Delta p_t = \psi \cdot \frac{\varrho}{2} u^2 = 2{,}4 \cdot 172$ | $= 413$ Pa | 413 Pa |

### -18 Antrieb und Regelung[1])

Praktisch alle Ventilatoren werden durch Elektromotore angetrieben. Die verschiedenen Methoden siehe in Bild 331-40.

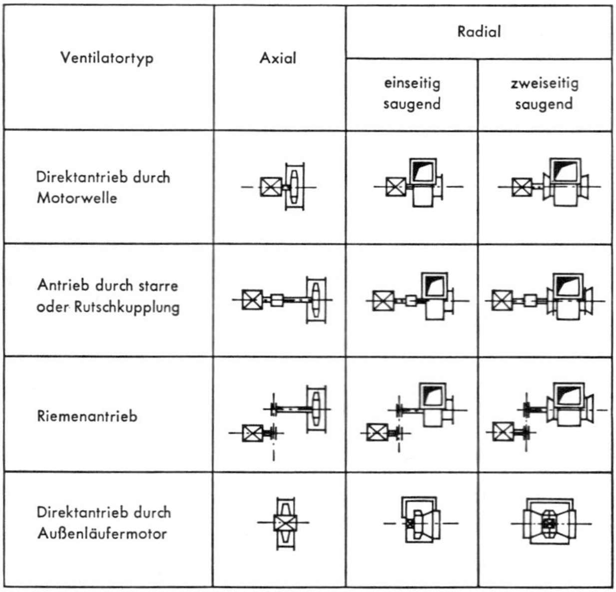

| Ventilatortyp | Axial | Radial | |
|---|---|---|---|
| | | einseitig saugend | zweiseitig saugend |
| Direktantrieb durch Motorwelle | | | |
| Antrieb durch starre oder Rutschkupplung | | | |
| Riemenantrieb | | | |
| Direktantrieb durch Außenläufermotor | | | |

Bild 331-40. Antriebsarten von Ventilatoren.

Die *Regelung* des Volumenstroms zur Anpassung an den Bedarf ist auf verschiedene Weise möglich:

a) *Drosselregelung* mit verstellbarer Klappe bei konstanter Drehzahl. Herstellung billig, aber Energieverluste. Regelbereich etwa 100 bis 50%. Nur für kleine Leistungen.

b) *Drallregelung* bei konstanter Drehzahl; dabei wird dem Volumenstrom vor Eintritt in das Laufrad durch verstellbare Schaufeln ein Vordrall in Laufrichtung erteilt; besonders für große Leistungen. Regelbereich etwa 100 bis 65%. Darunter Polumschaltung.

---

[1]) Rákóczy, T.: HLH 7/75. S. 244/8 u. Ges.-Ing. 7/8 – 76, S. 153/63.
Rasmussen, K. N., u. a.: Ges.-Ing. 12/77. S. 333/9.
Moser: TAB 6/80. S. 503/4.
Häussermann, G.: CCI 7/84. S. 22/3 u. HLH 8/85. S. 414/7.
Mürmann, H.: TAB 5/86. S. 361/4.

c) *Drehzahlregelung* durch verschiedene elektrische Antriebe wie
Schleifringläufer mit Regulierwiderstand (große Verluste);
Nebenschlußmotor (Kommutator);
Gleichstromnebenschlußmotor;
Frequenzgeregelter Drehstrommotor;
ferner mechanische Regelbetriebe (Simpla–Belt, Becker-Antriebe u. a.).

Für kleine Leistungen bis etwa 5 kW sind besonders Scheibenankermotore verwendbar, bei denen die Drehzahl durch Änderung der Klemmenspannung mittels Spannungstransformator von 0 bis 100% geregelt wird (Bild 331-43 und -44).

d) *Polumschaltbare Motore;* stufenweise Drehzahländerung, evtl. mit zusätzlicher Drosselregelung.

e) *Parallelbetrieb* mehrerer kleinerer Ventilatoren statt einer großen Maschine, wobei einer drosselgeregelt wird, während die anderen je nach Belastung ein- oder ausgeschaltet werden.

Die Drehzahlregelung ist im Betrieb in jedem Fall am günstigsten auch bezüglich Geräuschbildung, falls keine Druckkonstanthaltung im Netz verlangt wird.

Die relative Änderung des Leistungsbedarfs $P$ bei Verringerung des Volumenstroms $\dot{V}$ gegenüber dem optimalen Betriebszustand $\dot{V}_o$ ist aus Bild 331-41 ersichtlich. Der theoretisch günstigste Verlauf für $P$ ist gemäß den Proportionalgesetzen durch die Parabel

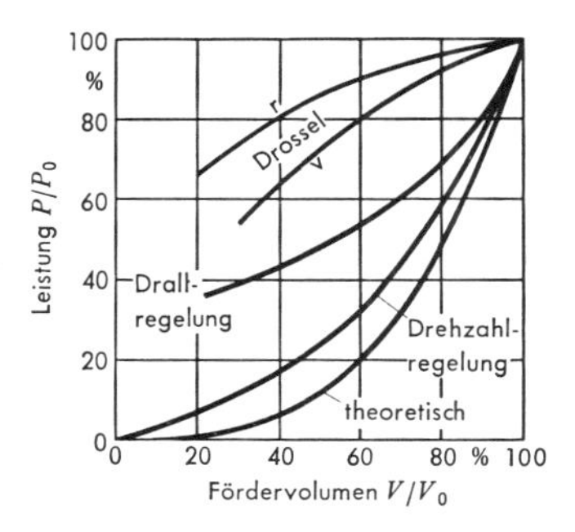


Bild 331-41. Relativer Leistungsbedarf von Radial-Ventilatoren bei verschiedenen Regelmethoden (ohne Verluste des Antriebsmotors). Die Kurve für die Drehzahlregelung gilt angenähert auch für die Laufschaufelregelung bei Axialventilatoren.
r = rückwärts gekrümmt,
v = vorwärts gekrümmt (Trommelrad)
theoretisch = Anlagenkennlinie mit $\Delta p_t \sim \dot{V}^2$

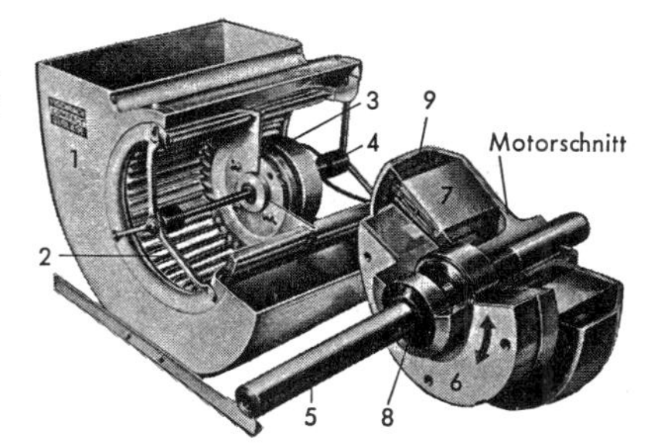


Bild 331-43. Doppelseitig saugender Radialventilator mit Scheibenankermotor (Fischbach-Gebläse).
1 = Gehäuse,
2 = Laufrad,
3 = Motor,
4 = Gummi-Metall-Verbindung,
5 = feststehende Welle,
6 = Rotor,
7 = Stator,
8 = 2 Kugellager,
9 = Wicklung

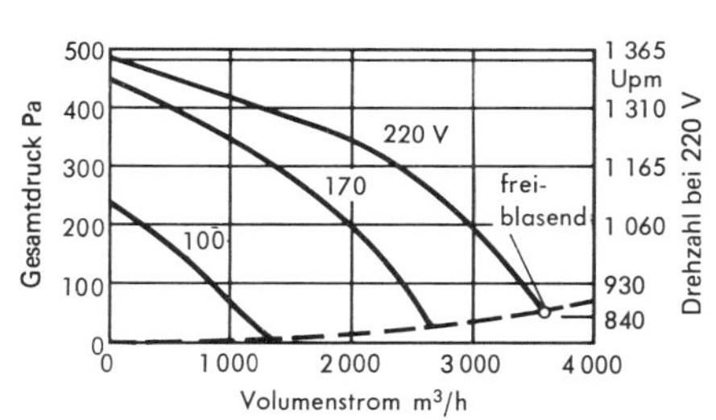


Bild 331-44.
Kennlinie eines Fischbach-Kompakt-Gebläses Größe D 670/E 350/4.

$(\dot{V}/\dot{V}_o)^3$ gegeben. Es wurde hier *kein* konstanter Druckanteil angenommen, wie er z.B. häufig bei VVS-Systemen vorkommt (s. Bild 329-16 und 331-69).

In allen Fällen sind auch die *Investitionskosten* für den Antrieb zu beachten, die manchmal sehr hoch sind, besonders bei der Drehzahlregelung.

Regelung bei konstantem Netzdruck siehe Abschn. 331-29.

## -19 Auswahl der Ventilatoren[1])

Für eine bestimmte Ventilatorleistung sind mehrere Größen möglich. Die Auswahl erfolgt nach Geräusch, Preis, Platzbedarf, Form der Kennlinie, Einbausituation, Betriebssicherheit, Wirkungsgrad. Praktisch werden zur Auswahl der geeigneten Größen von den Lieferanten Leistungs- und Maßtabellen geliefert.

Wesentlicher Gesichtspunkt ist bei RLT-Anlagen die *Geräuschfrage* (s. Abschnitt 337):

Geräusche steigen mit dem Förderdruck $\Delta p$.

Geringe Ausblasgeschwindigkeit ist nicht unbedingt gleichbedeutend mit geringen Geräuschen. Sie ist jedoch bei freiausblasenden Ventilatoren wichtig, um den Verlust des dynamischen Drucks am Ausblas klein zu halten.

Geringe Ausblasgeschwindigkeit $c_s = < 10$ m/s
Mittlere Ausblasgeschwindigkeit $c_s = 10$ bis 15 m/s
Hohe Ausblasgeschwindigkeit $c_s = > 15$ m/s

Um möglichst geräuscharme Ventilatoren zu erhalten, ist es wichtig, mit geringen Umfangsgeschwindigkeiten zu arbeiten, wodurch allerdings die Ventilatoren teurer werden. In manchen Fällen ist es zweckmäßiger, kleinere und schneller laufende billige Ventilatoren zu verwenden und die Geräusche durch nachgeschaltete *Schalldämpfer* zu verringern. Weiteres siehe Abschn. 337.

Die *Anschaffungskosten* sind im Bereich geringer Drücke bei Trommelläufern meist am geringsten, im Bereich hoher Drücke bei Ventilatoren mit rückwärts gekrümmten Schaufeln. Trommelläufer nur bis zu Drücken von etwa 600···650 Pa, da sonst die Biegebeanspruchung der Schaufeln zu groß. Flache Kennlinien.

Der *Wirkungsgrad* ist bei den Ventilatoren der Lüftungstechnik nicht immer vorrangig, nur bei großen Volumenströmen, hohem Druck und langer Laufzeit. Dann sind Hochleistungsventilatoren mit rückwärts gekrümmten Schaufeln zu wählen.

Üblicher Maximal-Wirkungsgrad bei rückwärts gekrümmten Schaufeln ≈80···85%, bei vorwärts gekrümmten ≈45···60%.

Eine geringe Druckänderung (z.B. Filterverschmutzung) bewirkt bei flachen Kennlinien (Trommelräder) eine große Volumenstromänderung, bei steilen Kennlinien (Hochleistungsventilatoren) dagegen nur eine geringe Volumenstromänderung.

Zu beachten ist auch, daß Trommelläufer bei steigendem Volumenstrom eine stark steigende Leistungsaufnahme haben, so daß die Antriebsmotoren leicht überlastet werden.

Ventilatoren in Klimazentralen blasen oft in eine Kammer aus, so daß der dynamische Druck am Austritt verloren ist. Trommelläufer dann besonders schlecht, da hoher dynamischer Austrittsdruck[1]). Hochleistungsventilatoren wesentlich besser. Ebenfalls noch gut Quadrovent-Ventilator mit kastenförmigem Gehäuse und geringstem $p_{d2}$ (Bild 331-45).

Typische *Wirkungsgrade* bei freiausblasendem Einbaufall:

| Ventilator | Wirkungsgrad $\eta_f$ freiausblasend, Kammer (ohne $p_{d2}$) | Wirkungsgrad $\eta_t$ druckseitig angeschlossen (mit $p_{d2}$) |
|---|---|---|
| Trommelläufer | 45% | 64% |
| Hochleistungsventilator | 78% | 87% |
| Quadrovent-Ventilator | 73% | 75% |

[1]) Andritzky, H.: HLH 5/70. S. 146/52.
Ossenkopp, Th.: HLH 7/74. S. 221/5.
Siegel, T., u. K.-O. Felsch: HLH 11/81. S. 441/6.
[2]) Hönmann, W.: LTG-Information 11/12 Okt. 74.

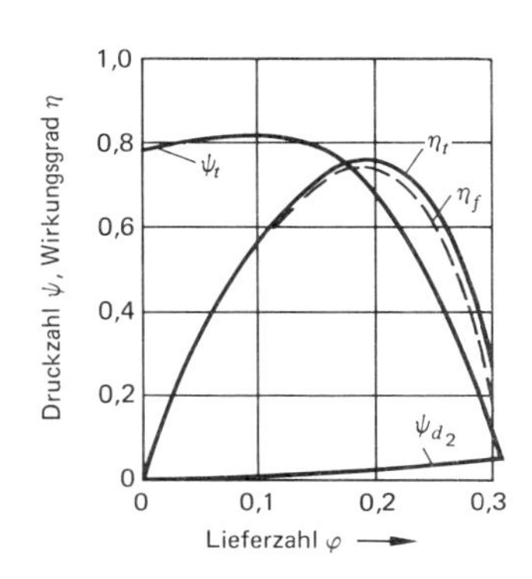


Bild 331-45. Radialventilator für Einbaufall: freiausblasend (LTG, Quadrovent). Links: Ansicht. Rechts: Kennlinie

Die Aufstellung zeigt, daß für den freiausblasenden Ventilator die Auslegung mit gutem Wirkungsgrad für $\eta_t$ nicht zu einem wirtschaftlichen Ventilator führt, wenn $p_{d2}$ groß ist (kleiner Reaktionsgrad bei Trommelläufer). Das Maximum für $\eta_f$ liegt stets bei kleinerem Volumenstrom als das für $\eta_t$, also links von max. $\eta_t$ im Kennfeld.

*Keilriemengetriebene Ventilatoren* sind in vielen Fällen auch bei kleinen Leistungen gegenüber direktem Antrieb vorzuziehen, da der Aus- und Einbau der Antriebsmotoren leichter und eine nachträgliche Änderung des Volumenstroms oder des Förderdruckes durch Änderung der Riemenübersetzung möglich ist.

Bei Förderung von aggressiven Gasen oder Dämpfen werden Ventilatoren aus *Kunststoff* oder Edelstahl verwendet. Bei ersterem Förderdruck begrenzt. Die hauptsächlich verwendeten Kunststoffe sind Polyvinylchlorid (PVC), Polyäthylen (PP), Polystyrol, Polyamid und glasfaserverstärktes Polyesterharz. Zulässige Temperatur in keinem Fall über 100 °C.

Prüfbestimmungen siehe Abschnitt 331-3.

## -2 AXIALVENTILATOREN[1])

Bei diesen Maschinen strömt die Luft in Richtung der Achse durch das Laufrad, Bild 331-50.

Hauptbestandteile aller Axialventilatoren:

Nabe mit Schaufeln, gleichmäßig am Umfang verteilt,
Gehäuse oder Wandring,
Antriebsmotor.

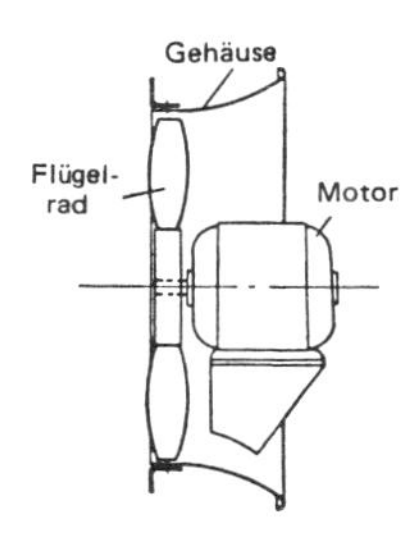


Bild 331-50. Axialventilator für Wandeinbau – Links: Schnitt. Rechts: Ansicht.

[1]) Bard, H.: Ki 11/83. S. 439/42.

Einrichtungen zur Verbesserung des Wirkungsgrads:

Einlaufdüse,
Leitrad vor oder nach dem Laufrad,
Diffusor bzw. Nabendiffusor am Ausblas,
Verstelleinrichtung für die Laufschaufeln,
Dralldrosselvorrichtung.

### -21 Einteilung nach Bauart

*Propellerventilatoren* (Umwälzventilatoren), nur mit Schaufeln, ohne Ring oder Gehäuse.

*Wand- und Fensterventilatoren* mit Wandring sowie Rohrventilatoren.

*Axialventilatoren ohne Leitrad* für geringe Drücke.

*Axialventilatoren mit Leitrad und mit oder ohne Diffusor* für höhere Drücke und besseren Wirkungsgrad.

*Gegenläufige Axialventilatoren* für sehr hohe Drücke (etwa dreimal so hoch wie bei Axialventilatoren ohne Leitrad), mit 2 Antriebsmotoren[1]).

*Axialventilatoren* mit im Lauf *verstellbarem* Schaufelwinkel oder mit *Dralldrossel* für VVS-Anlagen.

Weitere Einteilungsarten

nach der Form der Schaufeln: Skelettschaufeln aus Blech, profilierte Schaufeln;

nach dem Material der Schaufeln: Stahlblech, Gußeisen, Aluminium, Kunststoff, Holz;

nach dem Förderdruck:

Niederdruckventilatoren für Drücke bis etwa 300 Pa
Nabenverhältnis 0,3···0,4,

Mitteldruckventilatoren für Drücke bis etwa 1000 Pa
Nabenverhältnis 0,4···0,5,

Hochdruckventilatoren für Drücke über 1000 Pa
Nabenverhältnis 0,5···0,7;

Bild 331-53. Laufrad eines Axialventilators mit verstellbaren Schaufeln, Schaufelwinkel $\beta_1 = 0$ bis 45°. (Babcock-BSH)

nach der Befestigung der Laufschaufeln:

feststehende Schaufeln,

im Stillstand verstellbare Schaufeln, einzeln oder zentral verstellbar, hierbei lassen sich durch Änderung der Einstellwinkel der Laufschaufeln Volumenstrom und Druck in weiten Grenzen verändern (Bild 331-53 und -60),

im Lauf verstellbare Schaufeln (Bild 331-66 u. -67);

Ansicht eines Hochleistungs-Axialventilators mit eingebauten Leitschaufeln siehe Bild 331-55.

### -22 Geschwindigkeitsdreiecke

Strömung im Laufrad wird durch Eintritts- und Austrittsdreiecke der Geschwindigkeiten gekennzeichnet. Bei einem zylindrischen Schnitt durch den Axialventilator und Abwicklung auf eine Ebene erhält man das Schaufelgitter. Bei axialem Eintritt der Luft

[1]) Rákóczy, T.: HLH 69. S. 104/9 und Klimatechn. 5/70. S. 6/12.

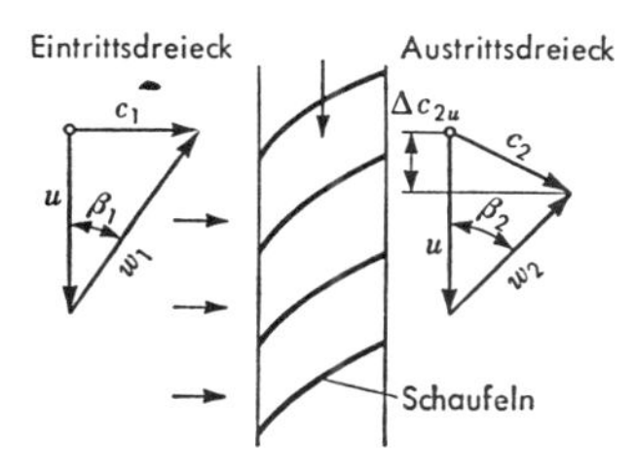


Bild 331-54. Geschwindigkeitsdreiecke bei axialem Lufteintritt.

Bild 331-55. Axialventilator mit Laufrad und vorgeschaltetem Leitrad. (DLK)

Eintrittsdreieck rechtwinklig, Austrittsdreieck schiefwinklig infolge Ablenkung der Luftströmung in Drehrichtung, Bild 331-54. Strömung erhält stets eine Dralländerung.

Bei vorgeschaltetem Leitrad wird gegenüber dem Laufrad ein Gegendrall erzeugt, der im Laufrad wieder aufgehoben wird, Bild 331-56.

Ähnliche Darstellung bei nachgeschaltetem Leitrad. Leitrad vermindert bei gleichzeitiger Umlenkung die hohe Luftaustrittsgeschwindigkeit und setzt die Umfangskomponente $c_{2u}$ in Druck um (Geschwindigkeitsverzögerung).

Gezeichnete Dreiecke beziehen sich auf den größten Durchmesser des Laufrades. Bei der Strömung weiter innen wird $\beta_1$ größer, daher Schaufeln verwunden, an der Nabe steiler als am Umfang.

## -23 Förderdruck, Druckdifferenz

Die Druckerhöhung erfolgt teils durch Vergrößerung der absoluten Eintrittsgeschwindigkeit von $c_1$ auf $c_2$, teils durch Verzögerung der Relativgeschwindigkeit $w_1$ auf $w_2$ und damit verbundene Druckerhöhung.

Theoretischer Förderdruck (Gesamtdruckdifferenz)

$$\Delta p_{th} = \underbrace{\frac{\varrho}{2}\,(w_1^2 - w_2^2)}_{\text{stat. Druckerhöhung}} + \underbrace{\frac{\varrho}{2}\,(c_2^2 - c_1^2)}_{\text{dyn. Druckerhöhung}} \text{ in N/m}^2 \text{ (Pa)}$$

oder

$\Delta p_{th} = \varrho\, u\,(c_{2u} - c_{1u})$ (Eulersche Turbinengleichung, siehe auch Abschnitt 141-8)

Förderdruck hängt also nur von der Größe der Ablenkung der absoluten Eintrittsgeschwindigkeit ab. Beide Gleichungen sind ineinander überführbar. Bei Dralldrosselregelung wird am Laufradeintritt ein Mitdrall $c_{1u}$ erzeugt, wodurch der Förderdruck $\Delta p_{th}$ reduziert wird.

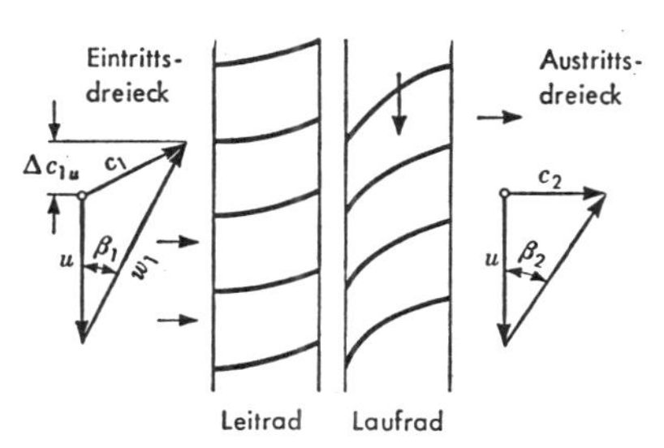


Bild 331-56. Geschwindigkeitsdreiecke bei vorgeschaltetem Leitrad.

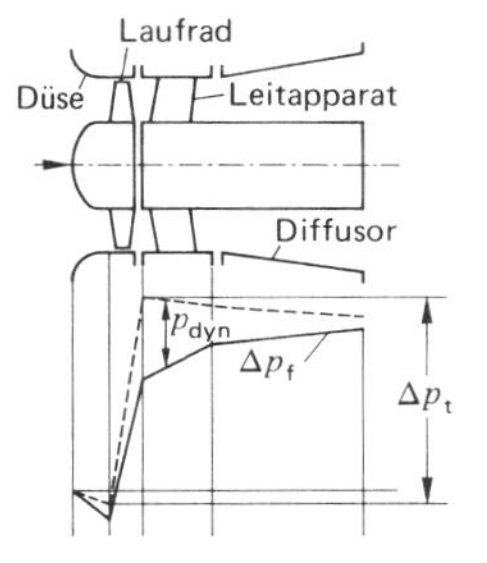


Bild 331-57. Druckverlauf im Axialventilator mit Nachleitrad.

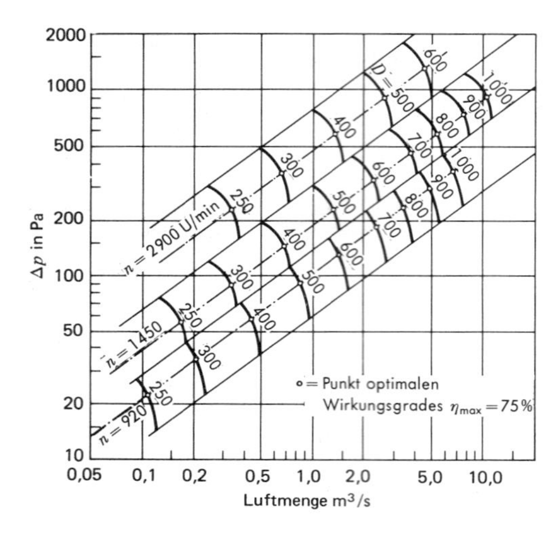


Bild 331-58. Kennfeld eines Axialventilators ohne Leitrad.

Aus dem Druckverlauf des Axialventilators in Bild 331-57 ist zu erkennen, wie sowohl im Nachleitapparat wie im Diffusor der *statische* Druck sich erhöht. Die im Bild angegebene Gesamtdruckdifferenz $\Delta p_t$ ist am Laufradaustritt am größten (Druck der Stufe) und fällt durch Verluste im Leitapparat und Diffusor etwas ab.

## -24 Leistungsbedarf

Durch die bei der Strömung entstehenden unvermeidlichen Verluste wird der theoretische Förderdruck nicht erreicht. Verluste entstehen durch Reibung, Stoß, Umlenkung, Ablösung, Spaltströmung usw. Der Leistungsbedarf ist

$$P = \frac{\dot{V} \cdot \Delta p_t}{\eta_t} \text{ in W } \left(\frac{\text{Nm}}{\text{s}}\right)$$

$\dot{V}$ = Volumenstrom in m³/s
$\Delta p_t$ = Gesamtdruckdifferenz in Pa
$\eta_t$ = Gesamtwirkungsgrad

Wirkungsgrad $\eta_t$ sehr unterschiedlich, im Bereich von 0,3 bis 0,9, je nach Ausführung, abhängig vom aerodynamischen Wirkungsgrad, Lagerwirkungsgrad, Spalt zwischen Laufrad und Schacht.

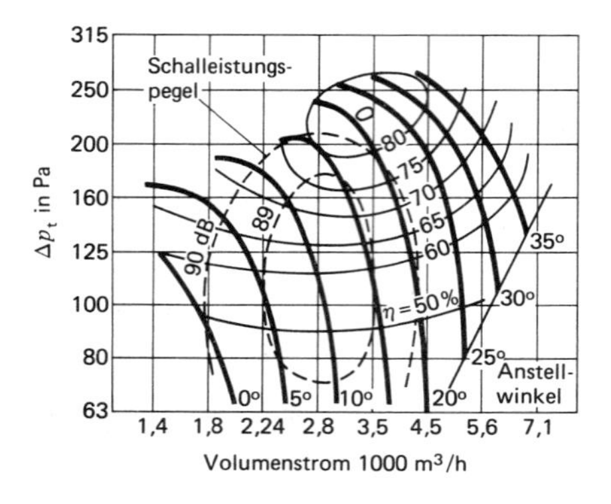


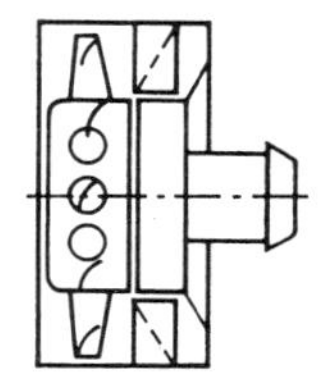

Bild 331-60. Kennfeld eines Hochdruck-Axialventilators mit Leitrad und verstellbaren Schaufeln BSH (400 mm Durchmesser, $n = 1400$ U/min).

Maximalwerte

| | |
|---|---|
| Wandventilator | 0,4···0,5 |
| Axialventilator ohne Leitrad | 0,6···0,7 |
| Axialventilator mit Leitrad | 0,7···0,9 |
| Gegenläufige Axialventilatoren | 0,8···0,9 |

Genauere Werte aus Kennbildern zu entnehmen, siehe Bild 331-60, -61 und -67.

Richtwert für Spalteinfluß:

1‰ Spaltveränderung (bezogen auf $d_a$) gibt 1···2% Wirkungsgradveränderung.

## -25 Proportionalitätsgesetze

Bei Axialventilatoren gelten dieselben Gesetze wie bei den Radialventilatoren, also

Volumenstrom $\dot{V}$ proportional $n$ (Drehzahl)
Förderdruck $\Delta p$ proportional $n^2$
Leistungsbedarf $P$ proportional $n^3$.

## -26 Kennlinien

Die Druck-Volumen-Kurve (Kennlinie) eines Axialventilators muß durch Versuche auf dem Prüfstand festgestellt werden. Auf Grund der Proportionalgesetze kann daraus ein Kennfeld hergestellt werden, aus dem man bei beliebigen Drehzahlen die Leistung des Ventilators ermitteln kann. Es ist darauf zu achten, daß die Kennlinien den entsprechenden Einbauarten entsprechen (siehe auch Bild 331-15 bis -17).

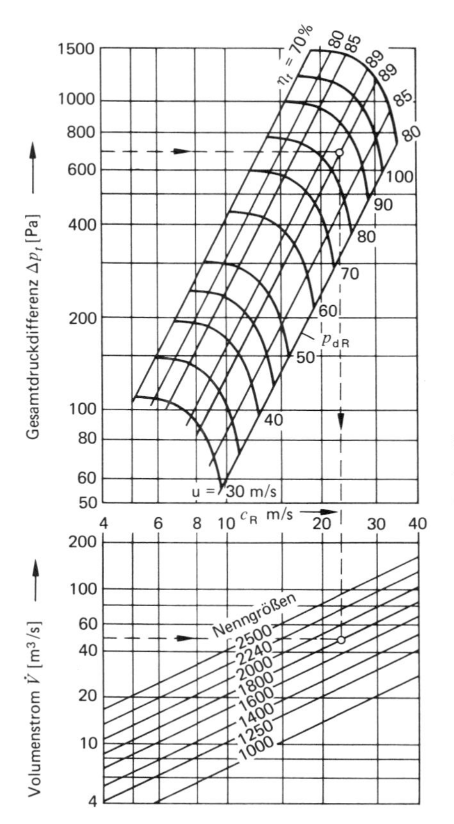


Bild 331-61. Typisches Kennfeld einer Axialventilatoren-Baureihe.

$c_R$ in m/s Geschwindigkeit im Ringquerschnitt
$p_{dR}$ in Pa dynamischer Druck im Ringquerschnitt
$u$ in m/s Umfangsgeschwindigkeit außen am Laufrad

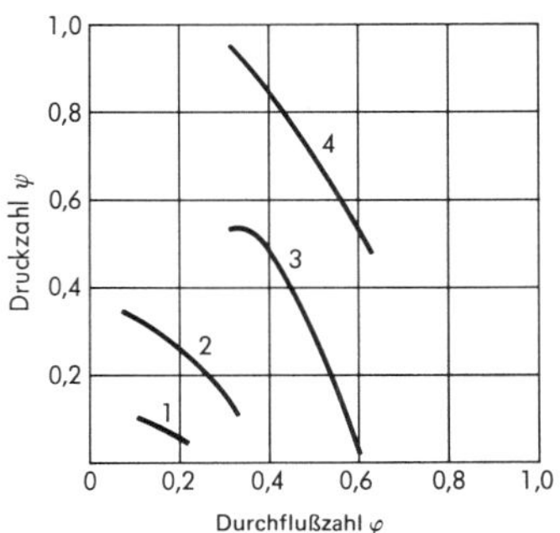


Bild 331-65. Dimensionsloses φψ-Diagramm für verschiedene Axialventilatoren.

1 = Fenster- oder Wandventilator
2 = Axialventilator mit Profilflügeln
3 = Axialventilator mit Leitrad
4 = Gegenläufer

Auch für Axialventilatoren empfiehlt sich die Darstellung im doppelt logarithmischen Koordinatensystem (Bild 331-58). Dabei sind alle Größen einer Ventilatorbauart erfaßt, während die Drehzahlen auf die normalen Drehstrommotor-Drehzahlen $n = 920$, 1450 und 2900 U/min beschränkt sind, da der Antrieb hier direkt durch Drehstrommotoren erfolgt.

Sind die Schaufeln verstellbar, muß man für jede Größe und jede Drehzahl ein Kennfeld aufstellen, wobei je nach Einstellwinkel der Schaufeln unterschiedliche Drücke und Volumenströme erreichbar sind. Beispiel Bild 331-60. Aus diesem Diagramm ist ersichtlich, in welch großem Umfang durch Drehung der Schaufeln die Leistung verändert werden kann. Auch die Kurven für Wirkungsgrad und Schalleistungspegel in dB werden im Kennfeld angegeben.

Sind die Schaufeln nicht verstellbar und ist die Drehzahl beliebig (z. B. durch Riementrieb), werden die Kennlinien wie in Bild 331-61 dargestellt.

*Beispiel:*

Volumenstrom $\dot{V} = 48\ \text{m}^3/\text{s}$
Gesamtdruck $\Delta p_t = 700$ Pa
Gewählt:
Nenngröße 1800: $d = 1{,}8$ m
$u = 85$ m/sec
$n = \dfrac{60 \cdot u}{\pi \cdot 1{,}8} = 900$ U/min
$\eta_t = 89\%$
$p_{dR} = 320$ Pa

*Abnahme- und Leistungsregeln* s. Abschn. 331-3.

## -27 Dimensionslose Kennlinien

Wie bei den Radialventilatoren ist, bezogen auf den Außendurchmesser des Flügelrades,

$$\text{Lieferzahl } \varphi = \frac{\dot{V}}{A \cdot u} = \frac{\dot{V}}{\pi \dfrac{d^2}{4} u}$$

$$\text{Druckzahl } \psi = \frac{\Delta p_t}{\dfrac{\varrho}{2} u^2}.$$

Für eine bestimmte Bauart mit geometrisch ähnlichen Rädern gibt es nur eine Kennlinie, gleichgültig, ob der Ventilator groß oder klein ist. Bei Darstellung in einem dimensionslosen $\varphi\psi$-Diagramm lassen sich verschiedene Bauarten miteinander vergleichen. Übersicht über verschiedene Räder siehe Bild 331-65 als Beispiel.

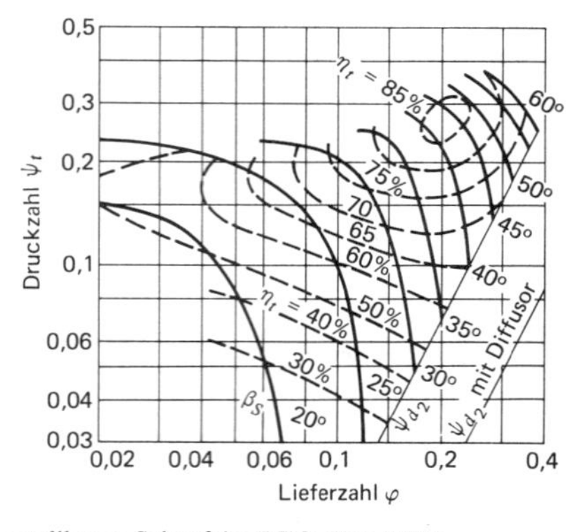


Bild 331-66. Axialventilator mit im Lauf verstellbaren Schaufeln (LTG, Typ VAS). Links: Schnittbild. Rechts: Dimensionsloses Kennfeld

Wandventilatoren haben sehr kleine Liefer- und Druckzahlen. Axialventilatoren mit strömungsgerecht ausgebildeten Schaufeln dagegen erreichen Druckzahlen etwa in der Größenordnung von Radialventilatoren mit rückwärts gekrümmten Schaufeln ($\psi \approx 0{,}6 \cdots 0{,}8$), Lieferzahl $\varphi$ noch wesentlich größer, etwa $\varphi \approx 0{,}4 \cdots 0{,}6$. (Zum Vergleich siehe Bild 331-38.)

Bei Axialventilatoren mit verstellbaren Schaufeln (Bild 331-66) ist zur Darstellung der Betriebsdaten ein *Kennfeld* erforderlich, worin die Einstellwinkel Parameter sind. Die dimensionslosen Typenkennfelder sind unabhängig von Laufradgröße und Drehzahl und typisch für eine bestimmte Bauart. Aus ihnen können leicht Diagramme entwickelt werden, mit denen Baugröße und Drehzahl für einen Bedarfsfall auszuwählen sind.

## -28 Antrieb und Regelung[1])

*Antrieb* erfolgt in der Regel direkt durch Motor mit oder ohne Kupplung, manchmal auch mit Keilriemenantrieb. Bild 331-68.

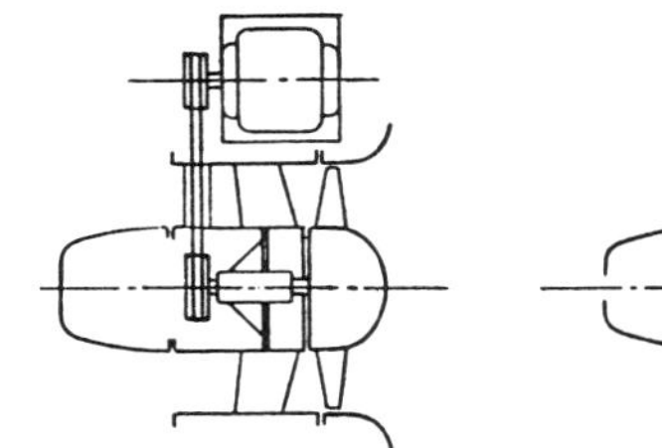

Bild 331-68. Antrieb von Axial-Ventilatoren.
Rechts: direkter Antrieb durch Elektromotor;
links: Keilriemenantrieb.

*Gegenläufige Axialventilatoren*[2])

haben 2 Laufräder mit 2 getrennten Motoren und entgegengesetztem Drehsinn. Geeignet für Luftmengen $> 80\,000$ m³/h. Geringe Baulänge, jedoch teuer.

*Regelung* des Volumenstromes

zur Anpassung an den Bedarf ist auf verschiedene Weise möglich (siehe auch Abschnitt 331-18):

a) *Drosselregelung* mit verstellbarer Klappe bei konstanter Drehzahl. Billig, aber unwirtschaftlich. Daher ist diese Regelung nicht zu empfehlen. Regelbereich etwa 100% bis 50%. Nur für kleine Leistungen.

b) *Drallregelung* bei konstanter Drehzahl. Durch vorgeschaltetes Leitrad wird ein Gegendrall erzeugt.

c) *Drehzahlregelung*. Theoretisch am günstigsten, jedoch zusätzliche Verluste bei den Elektromotoren und evtl. Wartung bei deren Bürsten (Kohlen).

d) *Laufschaufelregelung* während des Laufens bei konstanter Drehzahl. Der Ventilator arbeitet in einem großen Volumenbereich immer mit günstigem Wirkungsgrad.

Regelung bei VVS-Anlagen (s. Bild 329-16)

Der Verlauf der Volumenstromregelung auf einem Kennfeld bei einer Anlage mit Konstanthaltung des Druckes im Netz und Drehzahlregelung zeigt das Bild 331-69. Aus dem Bild ist zu erkennen, daß die Betriebspunkte auf der fiktiven Netzkennlinie nicht nach dem Affinitätsgesetz verlaufen. Infolgedessen verläßt die resultierende Netzkennlinie das brauchbare Gebiet des Ventilatorkennfeldes (Pumpgrenze).

Bei Drosselung des Luftvolumenstromes im Netz würde der Betriebspunkt ohne Drehzahlregelung in Richtung höheren Druckes wandern.

Im Falle stufenloser Regelung des Volumenstromes am Ventilator bei Konstanthaltung des Druckes im Kanal oder in der Druckkammer ergibt sich eine fiktive Anlagenkennlinie als Parabel, die beim Null-Volumenstrom den konstant geregelten Kanaldruck erreicht. So teilt sich der resultierende Anlagenwiderstand (fiktive Netzkennlinie) auf

[1]) Andritzky, H.: HLH 4/71. S. 126/31.
Hagenbruch, D.: TAB 1/78. S. 53/7.
Rasmussen, K. N., u.a.: Ges.-Ing. 12. 77. S. 333/9.

[2]) Berliner, A.: HLH 1970. S. 161/2.
Rákóczy, T.: HLH 1969. S. 104/9 und 380/2 und Klimatechnik 5/1970. S. 6/12.

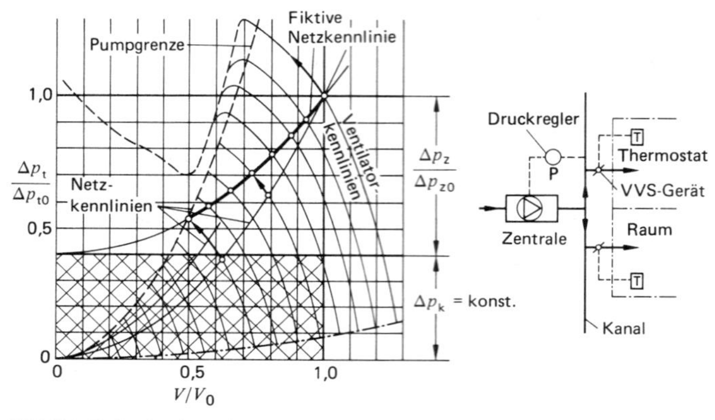


Bild 331-69. Drehzahlregelung mit Druck-Konstanthaltung im Luftkanal.
$\Delta p_z$ = Druckverlust in der Zentrale, $\Delta p_K$ = Druckverlust im Kanal

zwei Teilwiderstände auf. Der *Kanalwiderstand* $\Delta p_K$ entspricht dem Druckwert, der konstant gehalten wird. Der zweite Teilwiderstand $\Delta p_z$ ist veränderlich in Abhängigkeit vom Volumenstrom und entspricht dem Druckverlust in der Zentrale und im Kanalanteil bis vor dem Druckregler.

Es ist aus dem Bild 331-69 zu ersehen, daß die je nach Drosselstellung der VVS-Geräte resultierende Netz- bzw. Anlagenkennlinie das *brauchbare Kennfeld* eines Ventilators bei einer Drehzahlreduktion von ca. 50% verlassen kann *(Pumpgrenze)*. Das bedeutet, daß eine Drehzahlminderung des Ventilators bei Konstanthaltung des Druckes im Kanal meist unter ca. 50% nicht realisierbar ist, ohne daß die Gefahr des Pumpens des Ventilators besteht. Inwieweit eine Drehzahlregelung bei solchen Anlagensystemen vertretbar ist, muß in Abhängigkeit vom Kennlinienverlauf des Ventilators und des erforderlichen Volumen-Regelbereichs von Fall zu Fall geprüft werden.

Die Pumpgrenze kann bei Axialventilatoren durch einen Stabilisierungsring vor dem Laufrad vermieden werden. Bei Parallelbetrieb mehrerer Axialventilatoren ist der

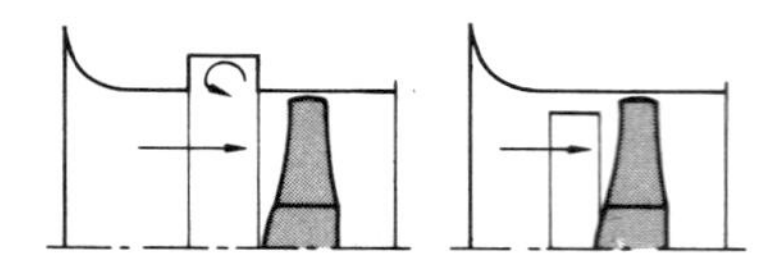

Bild 331-71. Stabilisierungsring bei Axialventilator zur Vermeidung der Pumpgrenze.
Links: mit ringförmiger Kammer (Flaekt)
Rechts: mit zylindrischem Ring

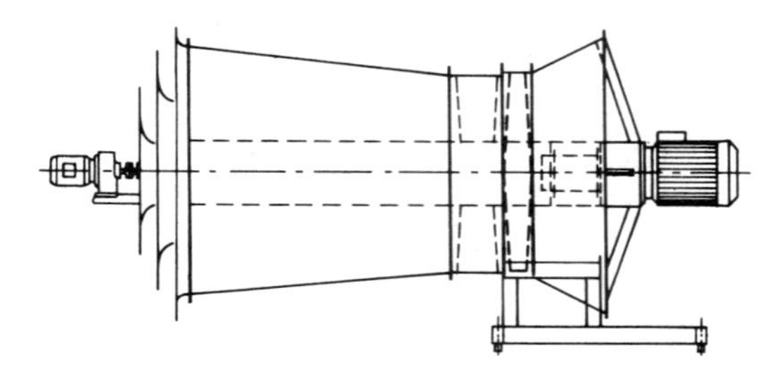

Bild 331-72. Axialventilator mit Prallplatten-Diffusor und Absperrorgan (NOVENCO).

Pumpgrenze besondere Aufmerksamkeit zu widmen. Es ist ein Stabilisierungsring vorzusehen[1]). Siehe Bild 331-71. Bei Verwendung von Radialventilatoren mit stabiler Kennlinie besteht ebenfalls keine Beschränkung. Gut geeignet für VVS-Systeme ist auch die Laufschaufelverstellung bei Axialventilatoren (Bild 331-67).

Zur Verbesserung der Zuströmung auf nachfolgende Bauteile und zur Verkürzung eines konischen Diffusors kann ein Prallplatten-Diffusor[2]) nachgeschaltet werden (Bild 331-72), der auch mit einem Stellmotor versehen als Absperrorgan dienen kann.

### -29 Auswahl[3])

Für richtige Auswahl sind mehrere Gesichtspunkte von Bedeutung, insbesondere

Anschaffungskosten,
Schallpegel,
Betriebskosten (Wirkungsgrad),
Platzbedarf.

Geeigneter Ventilator ist aus den Listen der Hersteller zu entnehmen, z. B. billige geräuschstarke Ventilatoren mit geringem $\eta \approx 0{,}50$ oder teure geräuscharme Ventilatoren mit großem $\eta \approx 0{,}85$. Letztere werden wegen der hohen Energiepreise zunehmend eingesetzt.

*Vorteile* der Axialventilatoren gegenüber Radialventilatoren:

Geringer Platzbedarf,
meist billiger,
Regelung durch Schaufelverstellung bei VVS-Anlagen.

*Nachteile:*

größere Abrißgebiete im Kennfeld, größere Geräusche,
schwierigere Motorauswechslung bei Direktantrieb, außer bei Flanschmotor,
schwierigere Leistungsänderung, falls nicht Riemenantrieb oder Schaufelverstellung,
genauere Berechnung der Widerstände und Auswahl des Ventilators.

## -3 PRÜFBESTIMMUNGEN[4])

Für die genaue Ermittlung des Förderdrucks und des Leistungsbedarfs von Ventilatoren sind im allgemeinen Versuche auf besonderen *Ventilatorprüfständen* erforderlich (Kammer- und Rohrprüfstand).

*Abnahme- und Leistungsversuche* erfolgen nach VDI 2044 (10.66)

Aufbau der *Prüfstände* für Normkennlinien siehe DIN 24163 (1.85).

Für den Leistungsbedarf an der Welle sind drei Meßverfahren üblich: Drehmomentermittlung mit Pendelmotor oder elektr. Meßaufnehmer und die elektrische Messung der Motorleistung nach VDE 0530.

Technische Lieferbedingungen nach DIN 24166 regeln die Toleranzen (Tafel 331-1) entsprechend vereinbarter Genauigkeitsklasse.

**Tafel 331-1. Zulässige Toleranz der Betriebswerte[5])**

| Toleranz für | Genauigkeitsklasse 0 | 1 | 2 | 3 |
|---|---|---|---|---|
| Volumenstrom $\Delta\dot{V}/\dot{V}$ | ±1% | ±2,5% | ±5% | ±10% |
| Druck $\Delta\Delta p/\Delta p$ | ±1% | ±2,5% | ±5% | ±10% |
| Antriebsleistung $\Delta P/P$ | +2% | +3% | +8% | +16% |
| Wirkungsgrad $\Delta\eta$ | −1% | −2% | −5% | − |
| Schallpegel $\Delta L_{WA}$ | +3 dB | +3 dB | +4 dB | +6 dB |

[1]) Bard, H.: Ki 11/83. S. 439/441.
[2]) Hagenbruch, D.: TAB 10/82. S. 785/6.
[3]) Siegel, Th., u. K.-O. Felsch: HLH 11/81. S. 441/6.
[4]) VDI 2044 – Abnahme- und Leistungsversuche an Ventilatoren (10.66).
DIN 24163, Leistungsmessung. T. 1 (1.85) Normkennlinien, T. 2 u. 3 (1.85) Normprüfstände.
[5]) DIN 24166 (E. 4. 87) Ventilatoren, Technische Lieferbedingungen.

# 332 Lufterhitzer und Luftkühler

Bearbeitet von Dr.-Ing. P. Paikert, Bochum

## -1 LUFTERHITZER FÜR DAMPF UND WASSER

### -11 Bauarten

Lufterhitzer dienen in RLT-Anlagen zur Lufterwärmung.

*Lamellenrohr-Lufterhitzer* (auch Rippenrohr-Lufterhitzer genannt) bestehen aus neben- und hintereinander befindlichen *berippten Rohren,* die an beiden Enden in gemeinsame *Sammelkammern* eingeschweißt sind (Bild 332-1). Die Luft strömt quer zu den Rohren zwischen den Rippen, das Heizmittel, Dampf- oder Warmwasser, innerhalb der Rohre. Rohre und Rippen gewöhnlich aus Stahl, im Vollbad verzinkt, aus Kupfer verzinnt, oder aus Kupfer mit Aluminiumrippen. Rippenabstand etwa 1,6 bis 6 mm, Rippenstärke 0,1 bis 0,4 mm. Rippen rund, quadratisch, rechteckig, sechseckig, dreieckig usw. Häufig sind zwei, drei oder mehr Rohre durch gemeinsame Rippen geführt. Die Rippenrohre können senkrecht wie in Bild 322-1 aber auch waagerecht liegen.

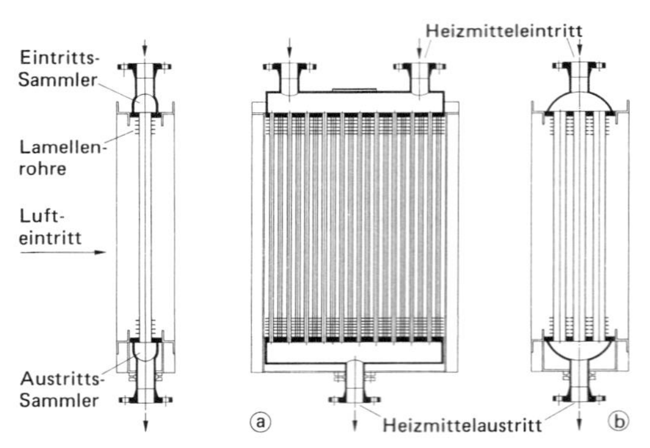


Bild 332-1. Schema eines Lamellenrohr-Lufterhitzers für Dampf.
a) Lufterhitzer mit einer Rohrreihe, b) Lufterhitzer mit drei Rohrreihen

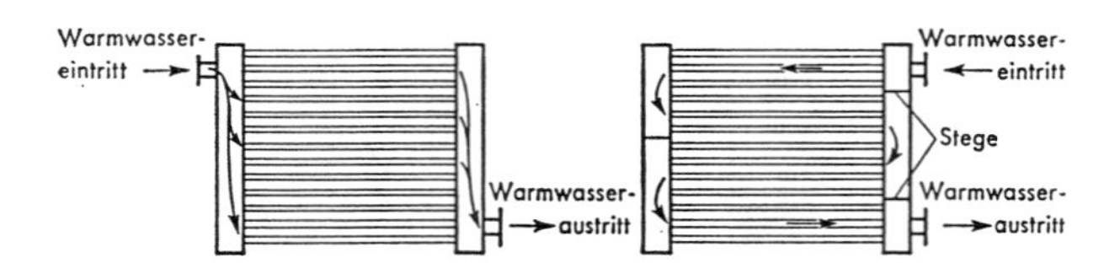


Bild 332-2. Strömung des Wassers in Lufterhitzern bei Schwerkraft- und Pumpenheizung. Links: Warmwasser-Schwerkraftheizung; rechts: Warmwasser-Pumpenheizung.

Einen Heizkörper, der nur aus einer Reihe nebeneinander befindlicher Rohre besteht, nennt man einen *einreihigen* Lufterhitzer. Ist die Heizleistung einer Rohrreihe nicht ausreichend, setzt man zwei, drei oder mehr Rohrreihen hintereinander, so daß auf diese Weise größere Heizleistungen erreichbar sind. Dann meist auch gemeinsame Verteiler und Sammler am Eintritt und Austritt des Heizmittels.

Temperaturverhältnisse bei Dampf- oder Wasserbetrieb vgl. Bild 332-8 und -9.

### -12 Wärmedurchgang[1])

Bei Lamellenrohr-Lufterhitzern ist die allgemeine Wärmedurchgangszahl

$$k = \frac{1}{\frac{1}{\alpha_i}\frac{A_a}{A_i} + \frac{\delta}{\lambda}\frac{A_a}{A_i} + \frac{1}{\alpha_a}} \text{ in W/m}^2\text{ K}$$

$A_a$ = äußere Oberfläche einschließlich Rippen $m^2$
$A_i$ = innere Oberfläche $m^2$
$\alpha_i$ = innere Wärmeübergangszahl $W/m^2$ K
$\alpha_a$ = scheinbare äußere Wärmeübergangszahl $W/m^2$ K
$\delta$ = Wanddicke m
$\lambda$ = Wärmeleitzahl des Wandmaterials W/m K

Bei *Dampfbetrieb* und $A_a/A_i < 10$ vereinfacht sich die Formel zu:

$$k \approx \alpha_a,$$

da $\frac{\delta}{\lambda}$ und $\frac{1}{\alpha_i}$ gegenüber $\frac{1}{\alpha_a}$ klein sind.

Bei *Wasserbetrieb:*

$$k \approx \frac{1}{\frac{1}{\alpha_i}\frac{A_a}{A_i} + \frac{1}{\alpha_a}}, \text{ wobei}$$

$$\alpha_i = 2040\,(1 + 0{,}015\; t_w)\; w^{0{,}87} \cdot d^{-0{,}13}$$

(Stendersche Formel, siehe Abschnitt 135-215).

Bei Rechnungen mit Rippenrohren wird häufig auch der Ausdruck *Rippenwirkungsgrad* $\eta_R$ gebraucht, es ist

$$\eta_R = \frac{t_L - t_{RM}}{t_L - t_{RO}} = \frac{\text{mittlere Übertemperatur der Rippen}}{\text{mittlere Übertemperatur der Rohroberfläche}}$$

Die $k$-Werte lassen sich theoretisch nur näherungsweise erfassen und müssen daher genauer durch Versuche ermittelt werden. Sie werden durch zahlreiche Faktoren beeinflußt, z. B. Turbulenzgrad der Luft, Rohranordnung, Verbindungsart zwischen Rippe und Rohr, Verschmutzung, Zahl der Rohrreihen usw. Alle Berechnungsverfahren haben daher beschränkte Genauigkeit. Bild 332-3 zeigt die versuchsmäßig ermittelten $k$-Werte bei Dampfbetrieb für 6 verschiedene Bauarten von Lufterhitzern, deren technische Daten in nachstehender Tafel aufgeführt sind.

| Bauart | I | II | III | IV | V | VI |
|---|---|---|---|---|---|---|
| Heizfläche je m Rohr in $m^2$ | 0,65 | 0,81 | 0,83 | 0,83 | 2,04 | 1,63 |
| Heizfläche je $m^2$ Ansichtsfläche | 18,6 | 12,0 | 14,5 | 23,0 | 25,5 | 27,0 |
| Innere Rohrdurchmesser in mm | 12 | 12 | 12 | 12 | 12 | 16 |
| $\frac{\text{Äußere Fläche}}{\text{Innere Fläche}} = \frac{A_a}{A_i}$ | 17,5 | 21,5 | 11,0 | 11,0 | 14,5 | 32,5 |

Sie folgen im allgemeinen dem Gesetz $k = c \cdot v^n$ mit $n = 0{,}4$ bis $0{,}6$ ($v$ = Luftgeschwindigkeit, $c$ = Konstante). Umrechnung auf Warmwasserbetrieb vermittels der oben angegebenen Gleichung und der Stenderschen Formel, Bild 332-4. Bei Warmwasser als Heizmittel ist ein Unterschied zwischen Schwerkraft- und Pumpenheizung zu machen. Bei Schwerkraftheizung sind nur geringe Wassergeschwindigkeiten zulässig, damit der Durchflußwiderstand gering bleibt, etwa 0,05 bis 0,25 m/s, während bei Pumpenheizung die Wassergeschwindigkeit erheblich größer gewählt werden kann, etwa 0,5 bis 2 m/s, je nach dem zulässigen Druckverlust. Praktisch wird die höhere Wassergeschwindigkeit dadurch erreicht, daß in den Sammelkammern Trennstege angebracht werden (Bild 332-2).

[1]) Schmidt, Th. E.: Kälte-Techn. 1963. S. 98/102 und 1966. S. 135/8.
Dreher, E.: HLH 1965. S. 228/32 u. 273/8.
Bayer, C., u. W. Koch-Emmery: Ges.-Ing. 1969. S. 87/93.
VDI-Wärmeatlas 4. Aufl. 1984.
Müller, K.: HLH 9/80. S. 331/6.

### -13 Luftwiderstand

Der *Luftwiderstand* $\Delta p$ muß ebenfalls durch Versuche ermittelt werden. Er ändert sich mit dem Quadrat der Luftgeschwindigkeit $v$, wobei $v$ auf die Ansichtsfläche bezogen ist:

$\Delta p = c \cdot v^2$ in N/m² (Pa)

$c$ = eine Konstante
$v$ = Luftgeschwindigkeit m/s.

Zahlenwerte für $\Delta p$ siehe Bild 332-3.

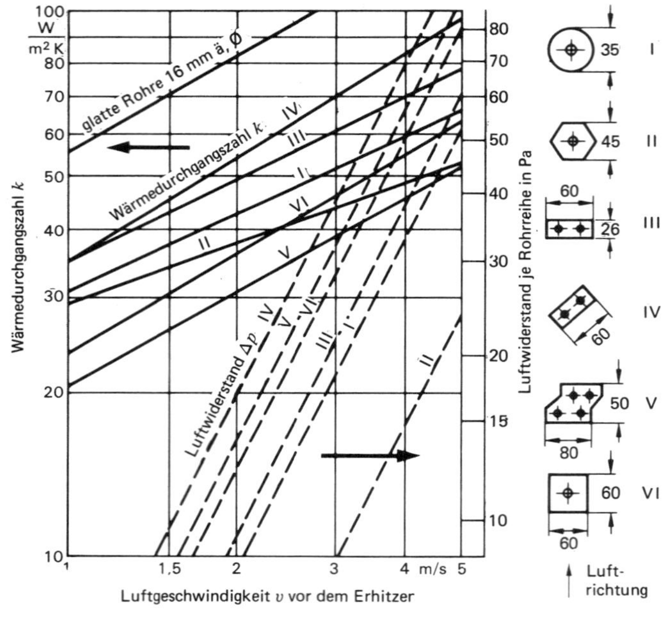


Bild 332-3. Wärmedurchgangszahl $k$ und Luftwiderstand $\Delta p$ von Lufterhitzern bei Dampfbetrieb in Abhängigkeit von der Luftgeschwindigkeit.

### -14 Wasserwiderstand

Der *Wasserwiderstand* bei Warmwasser-Lufterhitzern ist überschlägig je Umlenkung:

$\Delta p_w \approx k \cdot w^2 \cdot l$ in Pa

$k$ = 1500 ··· 2000 bei Kaltwasser
$k$ = 1000 ··· 1500 bei Wasser von 80 °C
$l$ = Rohrlänge in m
$w$ = Wassergeschwindigkeit in m/s

Dabei sind in dem angegebenen Wert die Umlenkungswiderstände in den Sammelkammern eingeschlossen. Genauere Rechnung nach Abschnitt 147 und 148.

### -15 Auswahl

Die *Auswahl* der Erhitzer erfolgt bei standardisierten Abmessungen meist aus Leistungs- und Maßlisten der Lieferanten. Beispiel siehe Tafel 332-1. Große Einheiten werden vom Lieferanten meist individuell mit EDV-Programmen ausgelegt. Eine wichtige Variante bei der Dimensionierung ist die Schaltung der Rohre.

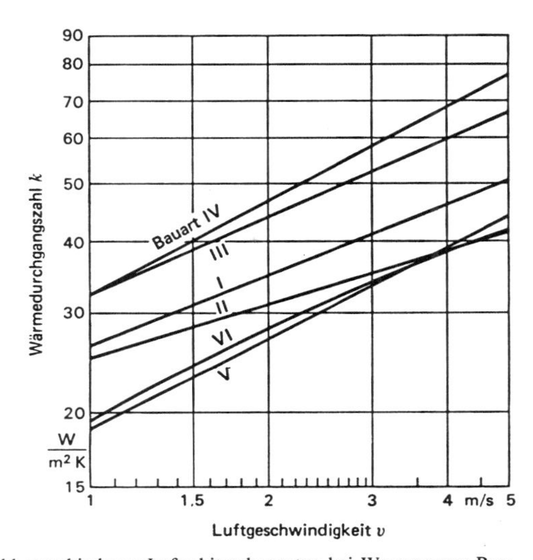


Bild 332-4. Wärmedurchgangszahl verschiedener Lufterhitzerbauarten bei Warmwasser-Pumpenheizung (Bauarten siehe Bild 332-3)
(Wassergeschwindigkeit ≈ 0,5 m/s, Wassertemperatur ≈ 80 °C).

**Tafel 332-1. Leistung von Lufterhitzern für Warmwasser und Dampf, Bauart III in Bild 332-3**

| Heizmittel | Lufteintrittstemp. | Warmluftaustrittstemperatur in °C bei nachstehenden Luftgeschwindigkeiten $v$ in m/s*) und verschiedenen Rohrreihen $n$ | | | | | | | | |
|---|---|---|---|---|---|---|---|---|---|---|
| | | $v = 2$ m/s | | | $v = 3$ m/s | | | $v = 4$ m/s | | |
| | °C | $n = 1$ | 2 | 4 | 1 | 2 | 4 | 1 | 2 | 4 |
| W.W.P. 90/70 | −20 | 4 | 22 | 45 | 0 | 16 | 37 | −3 | 12 | 32 |
| | −15 | 8 | 25 | 47 | 4 | 19 | 40 | 2 | 15 | 35 |
| | −10 | 12 | 28 | 49 | 8 | 22 | 43 | 6 | 19 | 38 |
| | − 5 | 16 | 32 | 52 | 12 | 26 | 46 | 10 | 23 | 41 |
| | 0 | 20 | 35 | 54 | 16 | 29 | 48 | 15 | 27 | 44 |
| | + 5 | 24 | 38 | 56 | 21 | 32 | 51 | 19 | 30 | 47 |
| Dampf 0,1 bar | −20 | 10 | 35 | 61 | 5 | 26 | 52 | 2 | 20 | 46 |
| | −15 | 14 | 38 | 64 | 9 | 29 | 55 | 6 | 24 | 49 |
| | −10 | 19 | 42 | 66 | 14 | 33 | 57 | 11 | 28 | 51 |
| | − 5 | 23 | 44 | 68 | 18 | 37 | 61 | 15 | 32 | 55 |
| | 0 | 27 | 47 | 71 | 22 | 41 | 63 | 20 | 35 | 57 |
| | + 5 | 31 | 52 | 73 | 26 | 45 | 66 | 24 | 39 | 60 |
| HWP 130/90 | −20 | 9 | 31 | 62 | 4 | 25 | 53 | −1 | 18 | 48 |
| | −15 | 13 | 35 | 66 | 8 | 29 | 57 | 4 | 23 | 51 |
| | −10 | 17 | 38 | 68 | 12 | 32 | 59 | 8 | 26 | 54 |
| | − 5 | 22 | 41 | 70 | 16 | 36 | 62 | 12 | 30 | 57 |
| | ± 0 | 26 | 45 | 73 | 21 | 40 | 65 | 17 | 34 | 60 |
| | + 5 | 29 | 48 | 74 | 24 | 43 | 66 | 21 | 37 | 62 |
| Luftwiderstand | Pa | 10 | 20 | 40 | 25 | 50 | 100 | 40 | 80 | 160 |
| Tiefe $T$ | mm | 60 | 60 | 120 | 60 | 60 | 120 | 60 | 60 | 120 |

*) Luftgeschwindigkeit auf Ansichtsfläche bezogen

*Beispiel:*

Es wird ein Lufterhitzer Bauart III zur Erwärmung von 10000 m³/h von 0 auf 60 °C mittels Dampf von 0,1 bar Überdruck gewünscht.

Max. Widerstand $\Delta p_{\max} = 100$ Pa
Gewählt aus Tafel 332-1

| | | |
|---|---|---|
| Luftgeschwindigkeit | $v$ | $= 3$ m/s |
| Zahl der Rohrreihen | | 4 |
| Luftaustrittstemperatur | $t_a$ | $= 63\,°C$ |
| Luftwiderstand (nach Bild 323-3) | $\Delta p$ | $= 22 \cdot 4 = 88$ Pa |
| Ansichtsfläche | $A$ | $= \frac{10000}{3600 \cdot 3} = 0{,}92\ m^2$ |

Die lichte Breite $B$ des Lufterhitzers ist wegen der Rippengröße ein Vielfaches von 60 mm. Demnach sind verschiedene Größen wählbar, z. B. Breite $B = 840$ mm; $H = 1100$ mm (14 Rohre nebeneinander, 1100 mm lang)

$B_1 = 920$ mm; $H_1 = 1100 + 2 \cdot 27 + 2 \cdot 54 = 1262$ mm

oder

Breite $B = 780$ mm; $H = 1200$ mm (13 Rohre nebeneinander, 1200 mm lang)
$B_1 = 860$ mm; $H_1 = 1362$ mm.

Tiefe $T = 108$ mm.

## -16 Kennbilder

Das Verhalten der Lufterhitzer im Betrieb bei wechselnden Temperaturen und Luftmengen läßt sich durch Kennbilder darstellen. Gut für die Praxis geeignet ist ein Diagramm, auf dessen Abszisse die Luftgeschwindigkeit $v$ und dessen Ordinate die *Betriebscharakteristik* (auch Aufwärm- oder Temperaturänderungszahl genannt) aufgetragen ist:

$$\Phi = \Delta t / \vartheta = \frac{t_a - t_e}{t_H - t_e}$$

$t_e$ = Lufteintrittstemperatur °C
$t_a$ = Luftaustrittstemperatur °C
$\Delta t$ = Lufterwärmung °C
$t_H$ = (mittlere) Heizmitteltemperatur °C
$\vartheta$ = Anfangstemperaturdifferenz °C

*Dampfbetrieb*

Nach der allgemeinen Berechnungsmethode für Wärmeaustausch (Abschn. 135-44) ist bei Dampf ($t_H$ = konst):

$$\Phi = 1 - e^{-\frac{k \cdot a}{v \cdot \varrho \cdot c}}$$

$a$ = äußere spezifische Rohroberfläche m²/m²
$v$ = Luftgeschwindigkeit m/s
$c$ = spez. Wärme der Luft J/kg K
$k$ = in W/m² K

Nach dieser Gleichung ist das Diagramm 332-6 für die *Aufwärmzahl* einer Rohrreihe bei 6 verschiedenen Bauarten aufgestellt.

*Beispiel 1:*

Wie hoch ist die Lufterwärmung bei einem Lufterhitzer der Bauart III, wenn die Luft eine Geschwindigkeit $v = 3{,}5$ m/s und eine Eintrittstemperatur von +5 °C hat? Heizmittel Dampf von 0,5 bar Überdruck ($t_H = 111\,°C$).

Aus Bild 332-6: $\Phi = \Delta t/\vartheta = 0{,}21$

$\Delta t = 0{,}21 \cdot \vartheta = 0{,}21\,(111\text{-}5) = 22\,°C$

Luftaustrittstemperatur $t_a = t_e + \Delta t = 5 + 22 = 27\,°C$

Hat man mehrere Rohrreihen hintereinander, lassen sich die Aufwärmzahlen leicht von Reihe zu Reihe errechnen. Man erhält Diagramme wie Bild 332-8, das jedoch nur für eine bestimmte Bauart, in diesem Fall III, gültig ist.

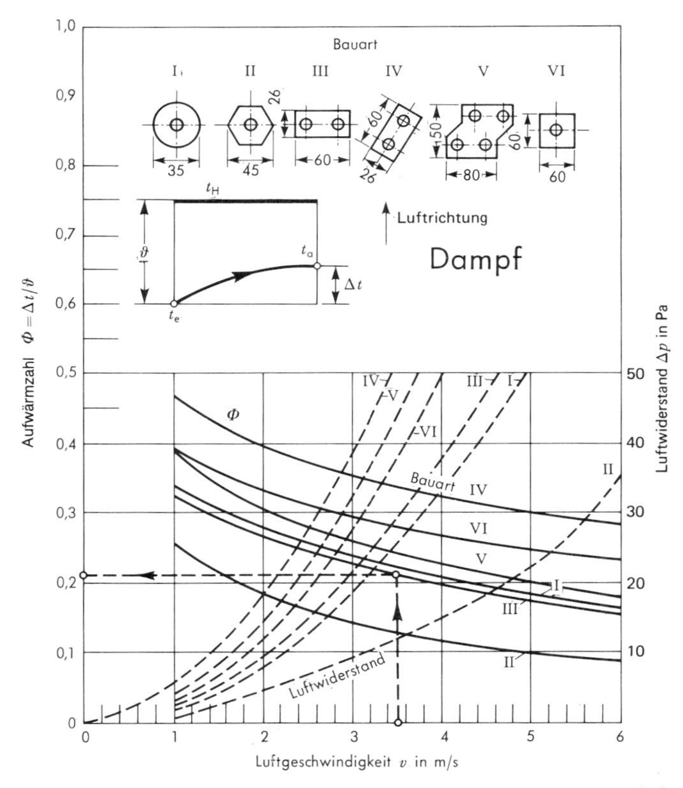


Bild 332-6. Lufterhitzer-Kennbild für Dampfbetrieb bei 6 verschiedenen Bauarten mit je 1 Rohrreihe.

*Beispiel 2:*

Wie groß ist die Lufterwärmung in dem Lufterhitzer nach Beispiel 1, wenn 3 Rohrreihen vorhanden sind?

Aus Bild 332-8: $\Phi = \Delta t / \vartheta = 0{,}51$
$\Delta t = 0{,}51 \cdot \vartheta = 0{,}51\ (111\text{-}5) = 54\,°\mathrm{C}$
Luftaustrittstemperatur $t_a = t_e + \Delta t = 5 + 54 = 59\,°\mathrm{C}$.
Luftwiderstand $\Delta p \approx 3 \cdot 30 = 90$ Pa.

*Warmwasser*

Bei Warmwasserheizung lassen sich ähnliche Diagramme aufstellen, wenn man für das Heizmittel die mittlere Temperatur $t_H$ zugrunde legt und außerdem *Kreuzstrombetrieb* annimmt, wie es bei den meisten Lufterhitzern vorausgesetzt werden kann. Bei mehrreihigen Lufterhitzern werden die Wassermengen meist so geschaltet, daß sich ein gemischter Kreuzstrom-Gegenstrom-Betrieb ergibt, wobei die Aufwärmzahl größer wird.

Beispiel für das Lufterhitzer-Kennbild eines bestimmten Fabrikates mit 1 bis 6 Rohrreihen siehe Bild 332-9.

Stellt man jeweils für eine bestimmte Bauform ein derartiges Diagramm auf, so lassen sich daraus bei wechselnder Temperatur und Luftmenge leicht alle gewünschten Daten entnehmen.

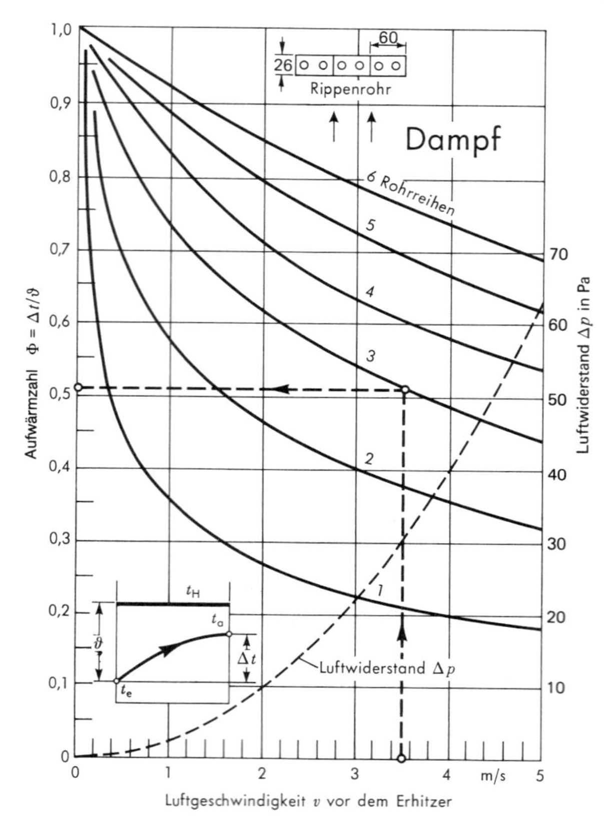


Bild 332-8. Kennbild eines Lufterhitzers Bauart III mit mehreren Rohrreihen bei Dampfbetrieb.

*Beispiel 3:*

Wie groß ist die Lufterwärmung bei einem Lufterhitzer der Bauart III mit 3 Rohrreihen im Kreuzstrombetrieb, wenn die Luft eine Geschwindigkeit $v = 3{,}5$ m/s und eine Anfangstemperatur von 5 °C hat? Heizmittel WWP von 120/90 °C.

Aus Bild 332-9: $\Phi = \Delta t/\vartheta = 0{,}43$

$\Delta t = 0{,}43 \cdot \vartheta = 0{,}43\,(105-5) = 43\,°C$

Luftaustrittstemperatur $t_a = t_e + \Delta t = 5 + 43 = 48\,°C$

Luftwiderstand $\Delta p = 3 \cdot 30 = 90$ Pa.

### -17 Umrechnung auf Garantiewerte[1])

Bei der Leistungsabnahme von Lufterhitzern entsprechen die Luft- und Heizmitteldaten meist nicht den der Garantie zugrunde gelegten Zahlenwerten. Es sind entweder die Temperaturen unterschiedlich oder die durchströmende Masse oder beides, so daß zur Prüfung eine Umrechnung erforderlich ist.

---

[1]) Bayer, C.: Ges.-Ing. 7/72. S. 193/202 und 6/74. S. 157/61.
Bayer, C., und W. Koch-Emmery: Ges.-Ing. 3/1969. S. 87/93.
Eurovent Dokument 7/1 (1972) und 7/2 (1974).
VDI-Richtlinie 2076 (8.69): Leistungsnachweis für Wärmeaustauscher.

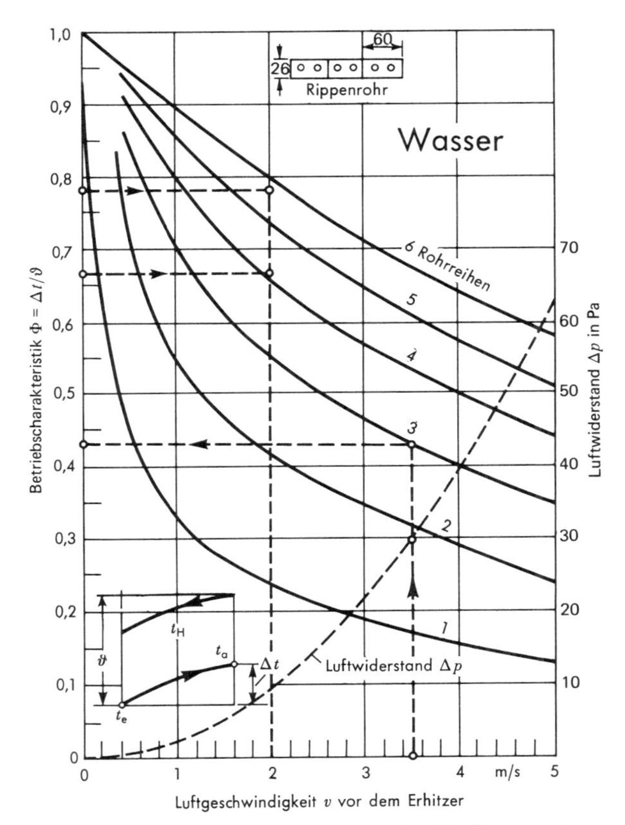


Bild 332-9. Kennbild eines Lufterhitzers Bauart III bei Warmwasserbetrieb (Kreuzstrom).

Bei der Untersuchung des Betriebsverhaltens von Wärmeaustauschern sind nach Abschn. 135-44 drei dimensionslose Kennzahlen zu unterscheiden (Bild 332-15 links oben):

Die Betriebscharakteristik (Aufwärmzahl) $\Phi = \Delta t_1/\vartheta$
das Wärmekapazitäts-Verhältnis $\tau = W_1/W_2 = \Delta t_2/\Delta t_1$
die Wärmeaustauscher- oder Leistungs-Kennzahl $\kappa = \Delta t_1/\Delta t_m = kA/W_1$.

Diese 3 Größen stehen in einer bestimmten Beziehung zueinander, die für die in der Lüftungstechnik üblichen Kreuzstrom-Wärmeaustauscher durch folgende Gleichung (von Bosnjakovic) dargestellt ist:

$$\Phi = \frac{1}{\tau}\left(1 - e^{-\tau(1-e^{-\kappa})}\right).$$

Die Gleichung ist in Bild 332-15 dargestellt (s. auch Abschnitt 135-44).

Bei Bekanntsein von 2 Größen ist also die dritte aus dem Bild entnehmbar.

Bei der Umrechnung von einem Betriebszustand in einen andern sind je nach den vorhandenen Änderungen mehrere Garantiefälle zu unterscheiden:

a) Die *Eintrittstemperaturen* ändern sich, die Massenströme (Luft und Wasser) bleiben unverändert. Wenn man die Wärmedurchgangszahl $k$ dabei als unveränderlich an-

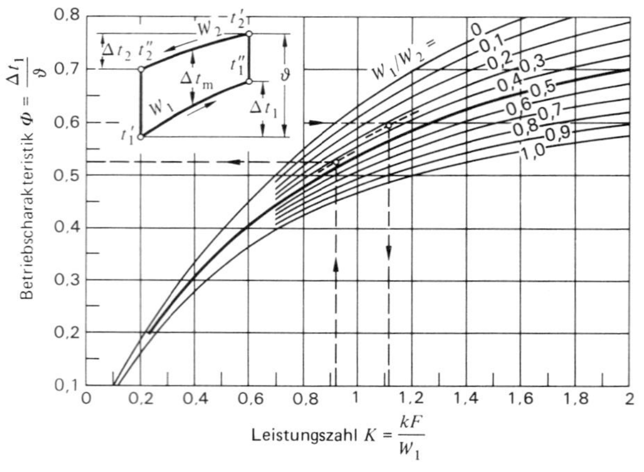


Bild 332-15. Betriebscharakteristik (Aufwärmzahl) bei Wärmeaustauschern, Kreuzstrom (einseitig gerührt).

nimmt, ändern sich weder $\tau$ noch $\kappa$, so daß auch $\Phi$ konstant bleibt und das Ergebnis unmittelbar aus Bild 332-15 abgelesen werden kann.

*Beispiel 1:*

Garantiert ist Lufterwärmung von $-10$ auf $+50\,°C$ ($\Delta t_1 = 60$ K) mit dem Heizmittel Wasser, das sich von 90 auf 70 °C abkühlt ($\Delta t_2 = 20$ K). Wie groß ist die Lufterwärmung $\Delta t_1'$, wenn bei der Abnahme die Lufteintrittstemperatur $t_1' = 0\,°C$ ist? ($\vartheta' = 90$ K). Im Garantiefall ist $\Phi = \Delta t_1/\vartheta = 60/100 = 0{,}60$. $\Phi$ bleibt unverändert; also ist

$\Delta t_1' = \Phi \cdot \vartheta' = 0{,}60 \cdot 90 = 54$ K.

Demnach Erwärmung von 0 auf 54 °C.

b) Es ändern sich die *Massenströme* von Luft oder Wasser oder beide, während die Temperaturen unverändert bleiben. In diesem Fall ändern sich sowohl die $\tau$-Werte wie die $\kappa$-Werte. Man muß daher wissen, wie sich die Wärmedurchgangszahlen $k$ bei sich verändernder Luft- und Wassergeschwindigkeit verhalten. In erster Näherung kann man für die in der Lüftungstechnik üblichen Rippenrohr-Wärmeaustauscher bei konstanten Temperaturen die Änderung der Leistungszahl $\kappa$ aus Bild 332-18 entnehmen. Mit bekannten Werten von $\kappa$ und $\tau$ findet man dann die Betriebscharakteristik $\Phi$ aus Bild 332-15.

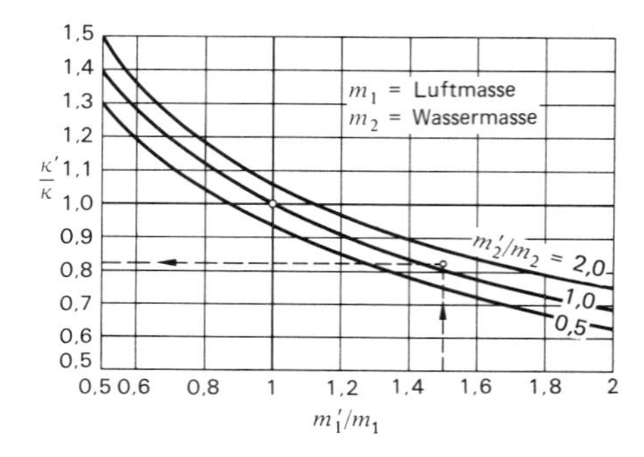


Bild 332-18. Änderung der Leistungszahl $\kappa'/\kappa$ in Abhängigkeit vom Luft- und Wasserstrom bei Lufterhitzern aus Kupfer oder Stahl.

*Beispiel 2:*

In dem Beispiel 1 erhöhen sich die Luftmenge $m_1$ um 50% und die Wassermenge $m_2$ um 15% also

$$\frac{m_1'}{m_1} = 1{,}50 \text{ und } \frac{m_2'}{m_2} = 1{,}15.$$

Wie groß ist dann die Lufterwärmung $\Delta t_1'$?

Im Beispiel 1 ist das Wärmestromverhältnis $\tau = W_1/W_2 = \Delta t_2/\Delta t_1 = 20/60 = 0{,}33$ und die Leistungszahl $\kappa = 1{,}13$ (aus Bild 332-15).

Bei der Abnahme ist

$$\tau' = W_1'/W_2' = \frac{1{,}50}{1{,}15} \cdot 0{,}33 = 0{,}43$$

und die Leistungskennzahl (Wärmeaustauscher-Kennzahl) aus Bild 332-18:

$\kappa' = 0{,}82 \cdot 1{,}13 = 0{,}93.$

Damit wird $\Phi' = 0{,}53$ und die Lufterwärmung

$\Delta t_1' = \Phi'\,(90 + 10) = 0{,}53 \cdot 100 = 53$ K.

Die Luftaustrittstemperatur muß also $53 - 10 = 43\,°C$ sein, damit die Garantie erfüllt ist.

c) Bei *Dampflufterhitzern* ist mit $\tau = W_1/W_2 = \Delta t_2/\Delta t_1 = 0$ zu rechnen.

d) Die erwähnten Beziehungen gelten genügend genau, wenn die Temperaturen beider Massen sich in begrenztem Maßstab ändern, etwa ± 20 K. Bei größeren Differenzen sind Berichtigungsdiagramme zu berücksichtigen, da die *k*-Werte auch von der Temperatur abhängen.

## -2 GAS- UND ÖL-LUFTERHITZER

Siehe Abschnitt 231-62 und -63.

## -3 ELEKTRISCHE LUFTERHITZER

*Elektrische Lufterhitzer* werden häufig bei kleinen Heizleistungen und in solchen Fällen verwendet, wenn die Heizung mittels Dampf oder Wasser schwierig ist. Sie bestehen aus einem Gehäuse aus Stahlblech, in dessen Innerem sich die elektrischen Heizelemente befinden, die die durchströmende Luft erwärmen (Bild 332-25). Der Klemmenkasten ist berührungssicher abgedeckt.

Heizelemente sind:

*Blanke Widerstandsdrähte* oder *-bänder* aus Nickel- und Chromlegierungen, die frei ausgespannt und von keramischen Haltern getragen werden, oder

*Heizstäbe* aus Kupfer oder Stahl, die mit einer Isoliermasse, z.B. Magnesia oder Quarzsand, gefüllt sind, in der die Heizdrähte wendelförmig gelagert sind. Solche Heizrohre sind unter verschiedenen Namen wie Backer-Heizrohre (Voigt und Häffner), Istra-Heizrohre (AEG), Protolith-Heizrohre (SSW) u.a. bekannt. Sie sind entweder rund, oval oder flach, lassen sich biegen und werden in verschiedenen Längen hergestellt, auch in Form von *Rippenrohrheizkörpern*. Aus diesen Stäben können die elektrischen Lufterhitzer in beliebiger Größe zusammengesetzt werden.

Die *Anschlüsse* bleiben außerhalb des Gehäuses. Die Zahl der einzelnen Heizkörper hängt von der erforderlichen Leistung, der Stromart und Spannung ab. Bei sehr kleinen Leistungen wird man nur einstufige Heizkörper verwenden; große Heizkörper erfordern jedoch fast immer eine Unterteilung der Heizleistung in 3 oder mehr Stufen. Spannung meist 220 V.

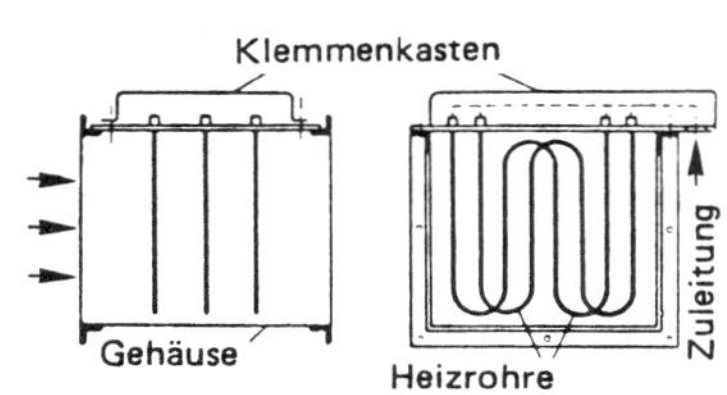


Bild 332-25. Elektrischer Lufterhitzer mit Gehäuse und eingebauten Heizrohren.

Bei Anschluß an Drehstrom ist darauf zu achten, daß Heizkörper von mehr als 3 kW Leistung auf alle 3 Phasen verteilt werden. Luftgeschwindigkeit möglichst hoch.

Der *Feuersgefahr* ist bei allen elektrischen Lufterhitzern besondere Aufmerksamkeit zu widmen. Oberflächentemperatur ≈400···600 °C. Bei Ausfall der Luftströmung nehmen die Heizdrähte oder Heizstäbe sehr hohe Temperaturen an und können im ungünstigsten Falle einen Brand verursachen. *Sicherheitsvorrichtungen* dagegen sind:

Kupplung des Motorschalters mit dem Schütz der Heizkörper,

Einbau eines sogenannten Windfahnenrelais, das bei Versagen des Ventilators das Schütz des Heizkörpers ausschaltet,

Einbau eines Übertemperatur-Thermostaten, der bei Erreichung einer gewissen Temperatur den Lufterhitzer ausschaltet.

Bei großen Leistungen (> 15 kW) Nachlaufzeit für Ventilator vorsehen.

Schaltung eines elektrischen Lufterhitzers mit einer Stufe, Motorschutzschalter und Windfahnenrelais siehe Bild 332-28. Nach Einschalten des Ventilator-Motors wird die Fahne des Windfahnenrelais (Strömungswächters) durch den Luftstrom aus der Ruhelage abgelenkt und schließt dadurch den Steuerstromkreis für das Schütz des Lufterhitzers, so daß also der elektrische Lufterhitzer nur bei wirklich vorhandener Luftströmung Spannung erhält.

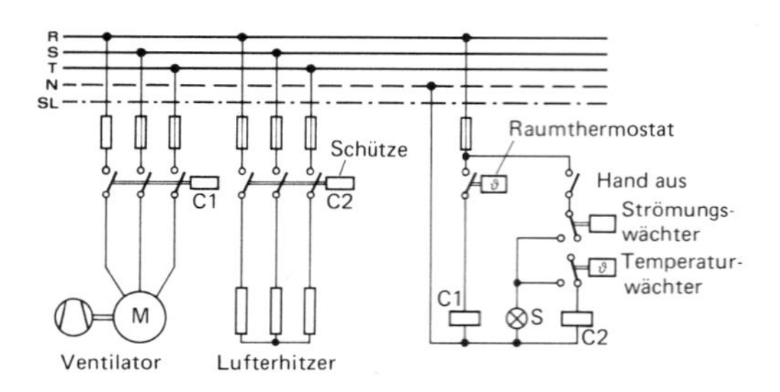


Bild 332-28. Schaltbild eines einstufigen elektrischen Lufterhitzers mit Strömungswächter (Windfahnenrelais), Temperaturwächter, Motorschütz $C_1$, Erhitzerschütz $C_2$, Störlampe S.

*Regelungsmethoden*

Bei kleinen Leistungen Ein- und Aus-Schaltung des Heizkörpers mittels Thermostat; sehr ungenau.

Bei größeren Leistungen mehrstufiger Lufterhitzer, wobei eine oder zwei Stufen durch Thermostate, die andern durch Hand geschaltet werden.

Proportionalthermostat schaltet Stufenschalter für Heizkörper.

Thyristoren (Silicium-Gleichrichter) werden den Heizkörpern vorgeschaltet und lassen ähnlich wie Ventile nur soviel elektrische Energie zum Heizkörper, wie der Regler (Fühler) erfordert. Gepulste stufenlose Regelung von 0···100%.

## -4 LUFTKÜHLER

### -41 Bauarten

Die Luftkühler entsprechen in ihrer Bauart genau den Lufterhitzern für Warmwasserpumpenbetrieb. Man kann grundsätzlich einen für Lufterwärmung in einer Pumpenwarmwasserheizung vorgesehenen Wärmeaustauscher auch zur Kühlung der Luft verwenden, indem man statt warmen Wassers kaltes Wasser durch die Rohre fördert. Wegen der geringen Temperaturdifferenz zwischen Luft und Wasser wird die Wassergeschwindigkeit in den Rohren noch etwas höher gewählt als bei der Pumpenheizung, falls ein genügender Förderdruck zur Verfügung steht. Ferner müssen meist mehrere Elemente hintereinandergeschaltet werden. Das Kaltwasser fließt dabei in der Regel im *Kreuz-Gegenstrom* zur Luft von einem Element ins andere, wobei die Wasserkammern der einzelnen Elemente miteinander verbunden sind (Bild 332-31 und -32).

Wichtig ist die richtige Anordnung der Entlüftungs- und Entleerungshähne, damit einerseits der Kühler in allen Rohren von Wasser durchflossen wird, andererseits eine leichte Entleerung möglich ist.

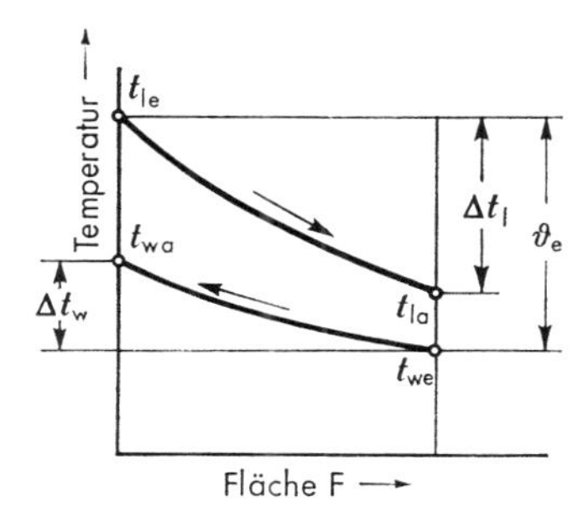


Bild 332-31. Temperaturdiagramm von Oberflächenkühlern bei Gegenstrombetrieb.

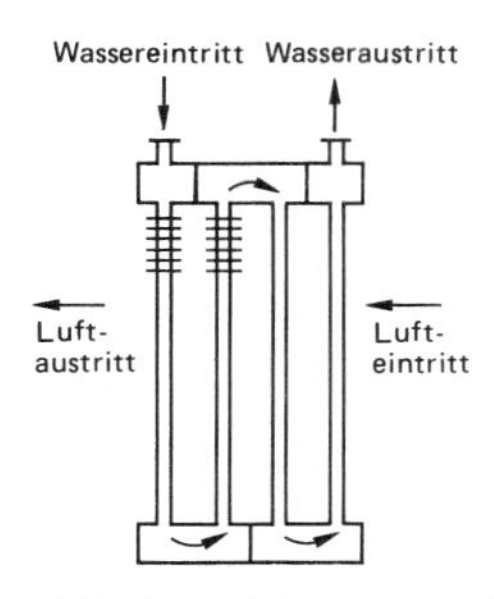


Bild 332-32. Schema eines Oberflächenkühlers.

## -42 Wärmedurchgang

Bei der Ermittlung der Wärmedurchgangszahl sind zwei Fälle zu unterscheiden, je nachdem, ob bei der Kühlung Wasser aus der Luft ausgeschieden wird oder nicht.

*a) Kühler ohne Wasserausscheidung*

Für den Wärmedurchgang gilt auch hier die bereits bei den Warmwasserlufterhitzern benutzte Formel (Abschnitt 332-12)

$$\dot{Q} = k \cdot A \cdot \Delta t_m, \text{ worin } k = \frac{1}{\frac{1}{\alpha_i}\frac{A_a}{A_i} + \frac{1}{\alpha_a}} \text{ in W/m}^2\text{ K.}$$

$\alpha_i$ ergibt sich aus der Stenderschen Formel (s. Abschn. 135-215) für den Wärmeübergang bei Strömung von Wasser in Rohren zu

$$\alpha_i = 2040\,(1+0{,}015\ t_w)\ w^{0{,}87}\ d^{-0{,}13} \text{ in W/m}^2\text{ K}$$

oder mit den am meisten verwendeten Durchmessern $d = 0{,}012$ bis $0{,}015$ m:

$$\alpha_i = 3500\,(1+0{,}015\ t_w)\ w^{0{,}87} \text{ in W/m}^2\text{ K.}$$

Die *Wassergeschwindigkeit* $w$ in den Rohren wird je nach dem zur Verfügung stehenden Druck zwischen 0,5 bis 2 m/s gewählt. Nach Möglichkeit sollte eine Wassergeschwindigkeit von $w = 1$ m/s nicht unterschritten werden, da bei geringeren Werten der Wärmedurchgang erheblich geringer wird. Die meist auftretenden Wassertemperaturen liegen zwischen 0 und 20 °C. Überschlägig kann man mit $w = 1{,}0$ m/s und $t_w = 10$ °C rechnen und erhält dann $\alpha_i = 4000$ W/m² K. Die sich ergebenden Wärmedurchgangszahlen stimmen praktisch überein mit den Werten für Warmwasserlufterhitzer in Bild 332-4. Die Kurven sind aber nur gültig bei Wassergeschwindigkeiten von $w \approx 1$ m/s. Bei kleineren Wassergeschwindigkeiten ändern sich die Werte, bei größeren Geschwindigkeiten jedoch nur wenig.

*b) Kühler mit Wasserausscheidung*[1])

Wasserausscheidung aus der Luft findet immer dann statt, wenn die *Rohroberflächentemperatur unterhalb der Taupunkttemperatur* der Luft liegt. Im $h,x$-Diagramm liegt die Zustandsänderung der Luft auf der geraden Verbindungslinie vom Zustandspunkt der Luft zum Zustandspunkt gesättigter Luft von der Temperatur der *Rohroberfläche* (nicht etwa des Wassers!), wobei die Temperatur der Rohroberfläche als konstant angenommen ist. Man stellt sich den Vorgang als *Mischungsprozeß* zwischen zuströmender Luft und Luft aus der Grenzschicht des Rohres dar.

Da sich jedoch die Wassertemperatur und damit die Rohroberflächentemperatur von Rohrreihe zu Rohrreihe ändert, verläuft die Zustandsänderung der Luft auf einer mehr

[1]) Paikert, P.: Kältetechn. Klimat. 1971. S. 8/14.
Thiel, G.: Diss. Aachen 1971.
Urbach, D.: Ges.-Ing. 1972. S. 11/15.
Uhlig, H.: Diss. Aachen 1978.
Ober, C.: HLH 9/80. S. 337/43.

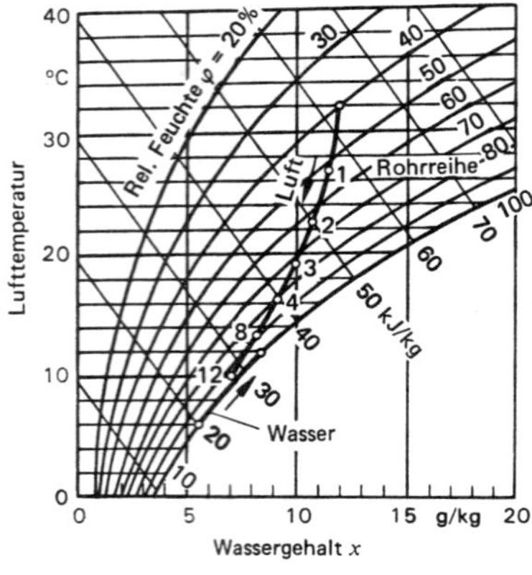


Bild 332-34. Zustandsänderung der Luft bei Kühlern mit Wasserausscheidung und mit verschiedenen Rohrreihen, dargestellt im $h, x$-Diagramm, Kaltwasser 6/12 °C.

oder weniger gekrümmten Kurve, wie in Bild 332-34 dargestellt. Dies ist besonders bei gerippten Rohren zu beachten, wo die Rippen teils naß, teils trocken sein können.

Die Wärme wird von der Luft auf das Wasser in doppelter Weise übertragen. Einmal in Form der *trockenen fühlbaren Wärme,* wie eben beschrieben wurde, und dann in Form der *feuchten latenten Wärme,* indem Wasserdampf aus der Luft an den kalten Flächen des Kühlers niedergeschlagen wird, wobei die Verdampfungswärme des Wassers frei wird und auf das Kühlwasser in den Rohren übergeht. Das Kühlwasser erwärmt sich also unter sonst gleichen Verhältnissen mehr, wenn Wasser niedergeschlagen wird, als wenn dies nicht der Fall ist.

Für die Übertragung der Gesamtwärme von der Luft an die feuchte Oberfläche des Rohres gilt

$$\begin{aligned}\dot{Q} &= \dot{Q}_{tr} + \dot{Q}_f = \alpha_{tr} A\,(t_L - t_G) + \sigma\, A\, r\,(x_L - x_G)\\ &= \alpha_{tr} A\left[(t_L - t_G) + \frac{r\,(x_L - x_G)}{c}\right]\\ &= \alpha_{tr}\cdot A\,(t_L - t_G)\left(1 + \frac{r\,\Delta x_G}{c\,\Delta t_G}\right)\\ &= \alpha_{tr} A\,(t_L - t_G)\cdot\frac{\Delta h}{c\cdot\Delta t_G} = \alpha_{tr}\cdot A\cdot\Delta h = \sigma\cdot A\cdot\Delta h\end{aligned}$$

$\alpha_{tr}$ = Wärmeübergangszahl für die fühlbare Wärme W/m$^2$ K
$\sigma$ = $\alpha_{tr}/c$ = Verdunstungszahl kg/m$^2$s
$t_L$ = Lufttemperatur °C
$t_G$ = Oberflächentemperatur (Grenzschichttemperatur) °C
$x_L$ = Wassergehalt der Luft kg/kg
$x_G$ = Wassergehalt der Luft in der Grenzschicht am Rohr kg/kg
$c$ = spez. Wärmekapazität der trockenen Luft in J/kg K $\approx 1000$.

In dieser Gleichung bedeutet $\Delta h/\Delta t$ die Richtung der Zustandsänderung der Luft im $h, x$-Diagramm. Der Gesamtwärmeübergang ist um den Faktor $\Delta h/c\Delta t$ größer als bei trockener Kühlung. Einzige Unbekannte ist in der Gleichung die Grenzschichttemperatur $t_G$, die sich mit der Belastung ändert.

Man kann nach dieser Gleichung den Wärmeübergang durch eine schrittweise (iterative) Rechnung ermitteln, indem man $\Delta h/\Delta t$ zunächst schätzt und später korrigiert, was jedoch sehr zeitraubend ist, falls nicht ein Digitalrechner zur Verfügung steht. Ein Näherungsverfahren ist im nächsten Abschnitt angegeben.

## -43 Luftkühler-Kennbild

Meist handelt es sich bei der Berechnung der Kühler um die Fragen:

a) Wie groß wird der Kühler zur Erreichung einer bestimmten Luftabkühlung $\Delta t$?

b) Wie groß ist die Abkühlung der Luft $\Delta t$ bei einem bestimmten Kühler?

Beide Fragen lassen sich mit Hilfe von Kennbildern schnell beantworten.

*a) Trockener Kühler*

Für den trockenen Luftkühler empfiehlt sich (wie bei den Warmwasser-Lufterhitzern) die Einführung der Betriebscharakteristik $\Phi$ (auch Abkühlzahl genannt) nach der Gleichung für konstante mittlere Kühlmitteltemperatur

$$\Phi = \Delta t/\vartheta = \frac{t_e - t_a}{t_e - t_w} = 1 - e^{-\frac{k \cdot a}{v \cdot \varrho \cdot c}}$$

$a$ = äußere spez. Kühleroberfläche $m^2/m^2$
$v$ = Luftgeschwindigkeit m/s
$t_e$ = Lufteintrittstemperatur °C
$t_a$ = Luftaustrittstemperatur °C
$t_w$ = mittlere Kaltwassertemperatur °C
$\Delta t$ = Luftabkühlung K
$c$ = spezifische Wärmekapazität der Luft J/kg K

Für jede Luftkühlerbauart (Rippenart) läßt sich ein Diagramm ähnlich Bild 332-9 aufstellen, aus dem alle gewünschten Daten leicht zu entnehmen sind. Bild 332-9 kann sowohl bei der Lufterwärmung wie Luftabkühlung verwendet werden. Das Diagramm bezieht sich auf Kreuzstrom mit mittlerer Wassertemperatur; bei Gegenstrom kann es näherungsweise auch benutzt werden mit der mittleren Wassertemperatur, wenn die Spreizung nicht zu groß ist.

*Beispiel:*

In einem Oberflächenkühler der Bauart III soll im Kreuzstrom Luft von 32 °C auf 18 °C mittels Wasser von 12/16 °C gekühlt werden. Luftgeschwindigkeit $v = 2$ m/s. Wieviel Rohrreihen sind erforderlich?

Betriebscharakteristik $\Phi = \Delta t/\vartheta = \dfrac{32-18}{32-14} = 0{,}78.$

Aus Bild 332-9: 6 Rohrreihen.

*b) Feuchter Kühler*

Beim feuchten Kühler geht man zunächst in derselben Weise vor wie beim trockenen Kühler, indem man die Betriebscharakteristik (Abkühlungszahl) $\Phi$ ermittelt. Zusätzlich ist jedoch der *Entfeuchtungszahl* $\Phi_x$ der Luft zu ermitteln. Hierzu wird angenommen, daß der Mischungsprozeß zwischen zuströmender Luft und der Luft in der Grenzschicht der Rohre bezüglich Temperatur und Wasserdampf in gleicher Weise erfolgt. Anstatt mit der mittleren Wassertemperatur $t_w$ wie im Fall a) wird mit der Kühleroberflächentemperatur $t_o$ gerechnet. Dann ist gemäß Bild 332-37:

$$\Phi_x = \frac{x_1 - x_2}{x_1 - x_0} = \frac{\Delta x}{x_1 - x_0}$$

$x_1$: Feuchtegehalt der eintretenden Luft
$x_2$: Feuchtegehalt der austretenden Luft
$x_0$: Feuchtegehalt der Luft an der Rippenrohroberfläche.

Die Entfeuchtungszahl $\Phi_x$ ist als ähnlich der Abkühlzahl definiert.

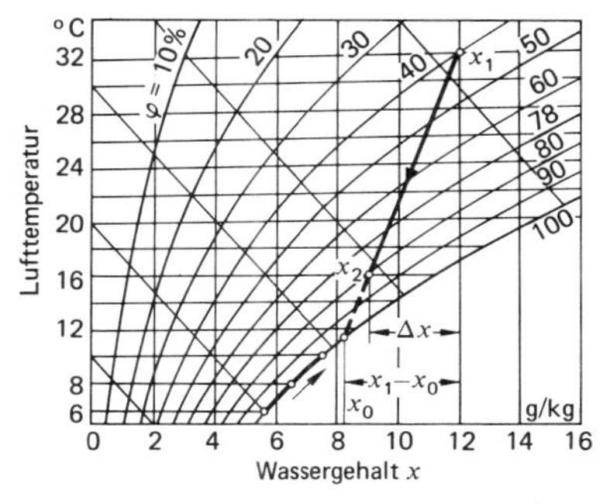


Bild 332-37. Zustandsänderung der Luft bei Kühlung und Entfeuchtung.

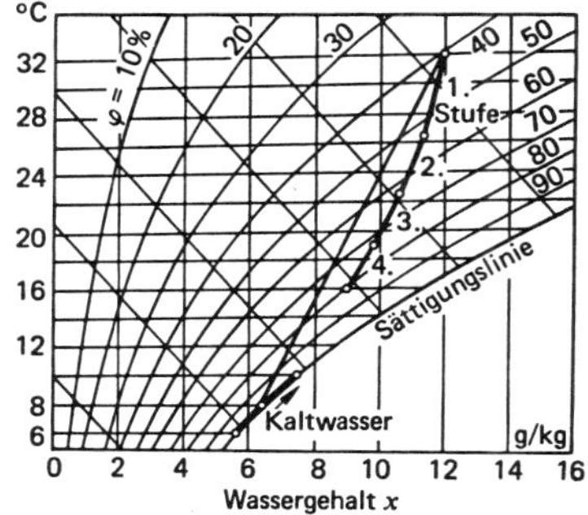


Bild 332-38. Kühl- und Entfeuchtungsverlauf im $h, x$-Diagramm.

Mit großer Annäherung kann man für die in der Klimatechnik verwendeten Luftkühler den *Rippenwirkungsgrad* $\eta_R = 0{,}85$ setzen, d. h. $x_0$ wird festgelegt durch die Temperatur, die um $0{,}15 \cdot \vartheta$ höher liegt als die mittlere Wassertemperatur. Damit läßt sich in einfacher Weise der Luftaustrittszustand ermitteln.

*Beispiel* (Bild 332-37):

In einem Luftkühler der Bauart III (Bild 332-9) soll Luft im Kreuzstrombetrieb von 32 °C/40% r. F. auf 16 °C mittels Wasser von 6/10 °C gekühlt werden; Luftgeschwindigkeit $v = 2$ m/s.

$\Phi = \frac{\Delta t}{\vartheta} = \frac{16}{32-8} = 0{,}67$

Zahl der Rohrreihen $n$ (Bild 332-9) $= 4$

$x_1 = 12{,}1$ g/kg

$x_0$ = (bei $8 + 0{,}15\,(32-8) = 11{,}6\,°C$) $= 8{,}6$ g/kg

$\Phi' = \frac{\Delta t}{\vartheta'} = \frac{16}{32-11{,}6} = 0{,}78$

$\Delta x = 0{,}78\,(x_1 - x_0) = 0{,}78\,(12{,}1 - 8{,}6) = 2{,}7$ g/kg

$x_2 = x_1 - \Delta x = 12{,}1 - 2{,}7 = 9{,}4$ g/kg

Dem entspricht eine relative Feuchte $\varphi = 82\%$

Die gezeichnete Gerade gibt jedoch den Kühlverlauf nicht genau an.

Will man genauer rechnen, so zerlege man den Kühl- und Entfeuchtungsprozeß in mehrere *Stufen,* wobei die mittlere Oberflächentemperatur jeweils um 15···20% (je nach Luftgeschwindigkeit) der Temperaturdifferenz Wasser/Luft oberhalb der jeweils mittleren Wassertemperatur angenommen wird. Man erhält dann für den Kühlverlauf eine Kurve wie in Bild 332-38, wo 4 Stufen angesetzt sind.

Die eingezeichnete Gerade in Bild 332-38 deutet den Fehler an, wenn man mit der mittleren Kaltwasser-Temperatur rechnen würde, was früher verschiedentlich empfohlen wurde. Bei einem Lamellenabstand unter etwa 3 mm kann bei Wasserausscheidung das Wasser nicht mehr als Film ablaufen. Die Querschnitte können blockiert werden, und es sind deutliche Abweichungen von den vorgenannten Gesetzmäßigkeiten möglich. Eine Vorausberechnung wird dann fast unmöglich.

Der *Luftwiderstand* ist bei den feuchten Kühlern infolge der Verengung des Querschnitts durch das niedergeschlagene Wasser größer als bei den trockenen Kühlern. Den Vergrößerungsfaktor $\varphi$ für den Luftwiderstand, der von der Rippenzahl und der Luftgeschwindigkeit abhängig ist, zeigt Bild 332-39. Abhilfe gegen zu große Widerstände durch Unterteilung in der Höhe und Abführen des Wassers durch Fangrinnen.

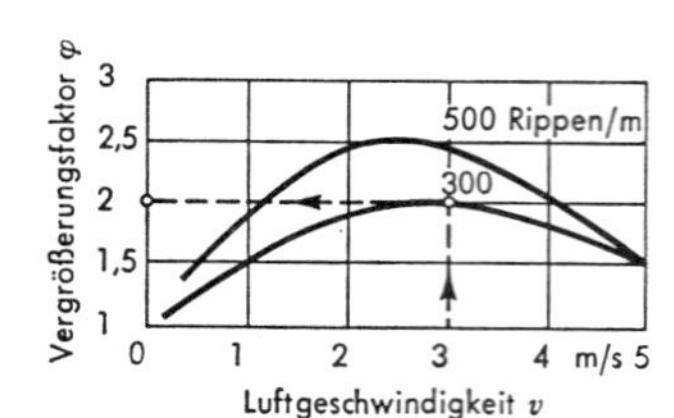


Bild 332-39. Vergrößerungsfaktor $\varphi$ des Luftwiderstandes beim feuchten Kühler gegenüber dem trokkenen Kühler.

## -44 Kühler mit Sole

(s. auch Abschnitt 634)

Wenn dem Wasser Frostschutzmittel beigegeben wird, erhöht sich die Dichte und Zähigkeit, und es verringert sich die spezifische Wärmekapazität abhängig von der Konzentration (Bild 634-1 und 332-41). Dies hat Einfluß auf die Druckverluste und den Wärmeübergang. Bei Luftkühlern wird der Wärmedurchgangskoeffizient (k-Wert) hauptsächlich durch die niedrige Wärmeübergangszahl auf der Luftseite bestimmt, so daß der Einfluß der Wasserseite auf den k-Wert gering ist. Bei Wärmetauschern, die Wärme von einer Wasser/Frostschutz-Lösung auf eine andere Flüssigkeit übertragen, müssen dagegen die Wärmetauscherflächen entsprechend dem verringerten k-Wert vergrößert werden. Richtweite hierzu s. Bild 332-42.

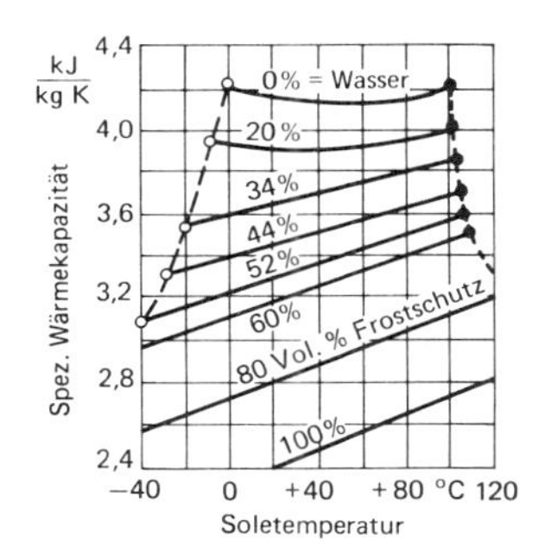


Bild 332-41. Spezifische Wärmekapazität von Wasser-Frostschutz-Lösungen (Antifrogen N, Hoechst).

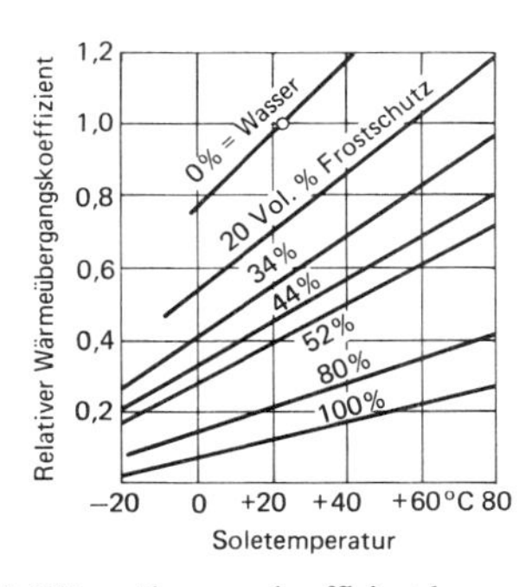


Bild 332-42. Wärmeübergangskoeffizient k von Wasser-Antifrogen N-Lösung im Vergleich zu reinem Wasser (20 °C), bei turbulenter Strömung.

### -45 Umrechnung auf Garantiewerte[1])

Ebenso wie bei den Lufterhitzern tritt auch bei der Abnahme von Luftkühlern meist, man kann ohne weiteres auch sagen fast immer, der Fall ein, daß die bei der Garantieleistung zugrunde gelegten Größen nicht vorhanden sind, sondern andere. Ist z. B. bei einem Kühler die Kühlung von 30 °C auf 20 °C garantiert, ist aber die bei der Abnahme herrschende Lufttemperatur nur 25 °C, so muß der Kühler auf die Garantiewerte umgerechnet werden. Auch hierfür ist das Kennbild sehr geeignet. Haben sich nur die Temperaturwerte, nicht jedoch die Wasser- und Luftmenge geändert, so bleibt das *Verhältnis* $\Delta t/\vartheta$ unverändert.

Aber auch bei beliebigen Änderungen irgendwelcher Größen, z. B. Luft-, Wasser-Volumenstrom, Wassereintrittstemperatur usw., läßt sich aus dem Bild 332-9 leicht entnehmen, wie sich dabei die davon abhängigen Temperaturen ändern. Gerade diese bequeme Übersicht ist es, die der Vorteil der graphischen Darstellung gegenüber der Rechnung ist.

*Beispiel:* Trockener Kühler

Ein Kühler soll nach Garantie Luft von 30 auf 20 °C mittels Wasser von 15 °C mittlerer Wassertemperatur kühlen. Beim Versuch ist die Lufteintrittstemperatur 25 °C und die mittlere Wassertemperatur 12 °C. Wie groß muß die Abkühlung $\Delta t_v$ der Luft sein, damit die Garantie erfüllt wird?

$\Delta t_v/\vartheta_v = \Delta t/\vartheta = 10/15 = 0{,}67$ bleibt unverändert.

Daher $\Delta t_v = 0{,}67 \cdot \vartheta_v = 0{,}67\,(25-12) = 8{,}7\,°C$.

Luftaustrittstemperatur $t_a = 25 - 8{,}7 = 16{,}3\,°C$.

Für genauere Leistungsnachweise siehe [1]), Meßgenauigkeit siehe [2]).

## 333 Luftfilter[3])

Luftfilter sind Geräte und Apparate, mit denen teilchen- und gasförmige Verunreinigungen aus der Luft gefiltert und abgeschieden werden. Die atmosphärische Luft ist durch verschiedene Stoffe unterschiedlicher Teilchengröße und unterschiedlichen Ma-

[1]) Bayer, C.: Ges.-Ing. 1972. S. 192/202.
VDI-Richtlinie 2076 (8. 69) und Eurovent Dokument 7/2 (1971).

[2]) VDI 2080 (10. 84): Meßverfahren und Meßgeräte für RLT-Anlagen.

[3]) Siehe auch Abschnitt 111 und 169-7.
Strauss, H.-J.: Werkstattblatt 671. Hanser-Verl.
Mürmann, H.: HR 12/78. S. 577/81 u. 1/79. S. 25/31 u. KKT 9/85. S. 46.
Rabbel, R.: TAB 11/79. S. 955/8.
Ochs, H.-J.: TAB 2/81. S. 117/8, TAB 10/86. S. 697 ff. u. TAB 6/87. S. 489 ff.
Lorenz, W.: TAB 7/83. S. 573/4.
VDMA: Luftfilter-Information 1/85.

terials verunreinigt; die Teilchen bilden ein disperses Gemisch, der Durchmesser liegt in der Größe zwischen 0,001 und ca. 500 Mikrometer. Für dieses große Teilchenspektrum kommen für die Abscheidung verschiedene physikalische Effekte zum Tragen; gasförmige Verunreinigungen werden durch chemische und/oder physikalische Sorptionsvorgänge abgeschieden; die Schadstoffe werden damit an das Sorptionsmaterial gebunden. Die natürliche Luft weist Verunreinigungen auf in der Konzentration zwischen 0,05 und 3,0 mg/m³; industriell werden Luftfilter wirtschaftlich eingesetzt für Konzentrationen bis ca. 20 mg/m³.

Die Abgrenzung zur Entstaubungstechnik ist fließend; als Richtwert kann gelten, daß bei der Entstaubungstechnik die Verunreinigungen in Konzentrationen von > 100 mg/m³ bis zu einigen g/m³ auftreten.

## -1 FILTERTHEORIE

Die Abscheidung der Teilchen in dem Filter beruht auf verschiedenen physikalischen Effekten, wobei der *Diffusions*-Effekt, der *Trägheits*-Effekt und der *Sperr*-Effekt die wichtigsten Abscheideeffekte darstellen (Bild 333-1 bis -3).

Die Abscheidemechanismen in einer Filterschicht können exemplarisch dargestellt werden für eine Einzelfaser; der Abscheidegrad einer Filterschicht läßt sich für den Anfangszustand theoretisch daraus ableiten.

Der wirksame Abscheidemechanismus an einer Einzelfaser ist abhängig von

- Faserdurchmesser
- Teilchendurchmesser
- Strömungsgeschwindigkeit
- Partikelverteilung vor der Faser

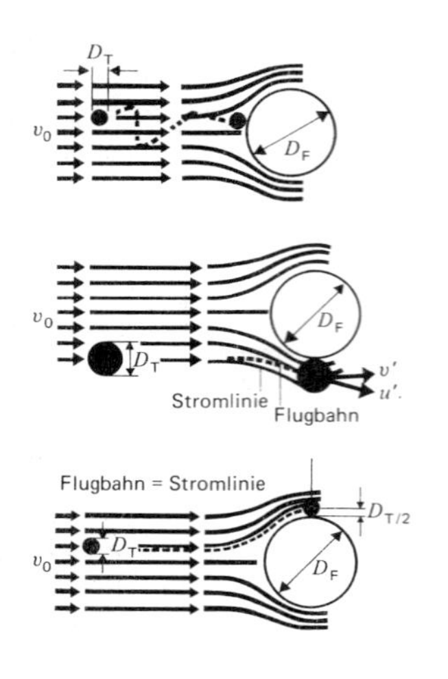


Bild 333-1. Abscheidung durch *Diffusions*-Effekt an der Einzelfaser.
$v_O$ = Anströmgeschwindigkeit
$D_T$ = Teilchendurchmesser
$D_F$ = Faserdurchmesser

Bild 333-2. Abscheidung durch *Trägheits*-Effekt an der Einzelfaser.

Bild 333-3. Abscheidung durch *Sperr*-Effekt an der Einzelfaser. Masse vernachlässigbar klein.

Der *Diffusions*-Effekt ist eine Folge der Brownschen Molekularbewegung und ist deshalb nur für sehr kleine Teilchen wirksam. Die Brownsche Molekularbewegung bewirkt eine diffuse Bewegung des Teilchens um eine gedachte Stromlinie; es wird an der Faser abgeschieden, wenn es genügend nah und lange in der Nähe der Faser verweilt.

Der *Trägheits*-Effekt bewirkt dann eine Abscheidung an der Faser, wenn zum einen das Teilchen eine bestimmte Größe aufweist und somit dem Verlauf der Stromlinie nicht folgen kann und wenn es zum anderen innerhalb eines kritischen Abstandes von der Mittellinie liegt.

Der *Sperr*-Effekt tritt immer dann auf, wenn ein Teilchen auf einer Stromlinie liegt, deren Abstand von der Faser bei der Umströmung kleiner als der halbe Teilchendurchmesser.

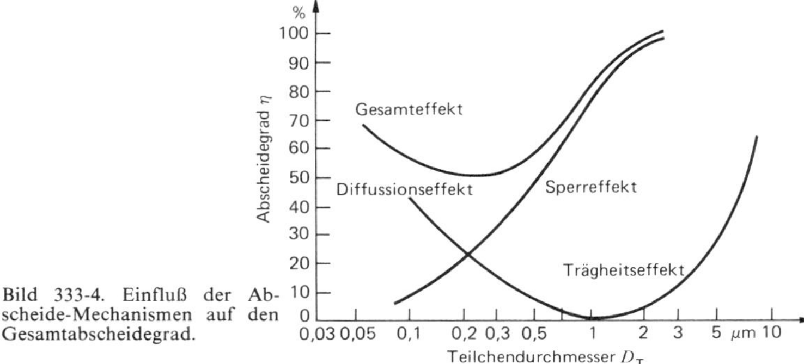


Bild 333-4. Einfluß der Abscheide-Mechanismen auf den Gesamtabscheidegrad.

Für alle drei oben genannten Effekte läßt sich ein Diagramm aufstellen, aus dem die qualitative Wirkung der Abscheidemechanismen und deren Überlagerung ersichtlich ist (Bild 333-4).

Für das Haften der Teilchen auf der Faseroberfläche sind *elektrostatische Kräfte* (van der Waalsche Kräfte) verantwortlich. Der Abscheidegrad einer Einzelfaser und einer Faserschicht wird beeinflußt von dem Material des Partikels und der Faser sowie vom Oberflächenzustand der Faser.

Man unterteilt in Filter für Grob- und Feinstäube (meist auch als *Vorfilter* bezeichnet) und in Filter für Feinst- oder Schwebestäube (auch bezeichnet als *Schwebstoff-Filter*), wobei die Unterteilung aufgrund von genormten Prüfverfahren vorgenommen wird.

Die Abscheidung wird bestimmt durch das Verhältnis

$$\frac{\text{abgeschiedene Staubmasse}}{\text{angebotene Staubmasse}}$$

Die Messung erfolgt über die Staubkonzentration von Roh- und Reinluft ($g_{roh}$ und $g_{rein}$). Damit wird der Abscheidegrad

$$\eta = \frac{g_{roh} - g_{rein}}{g_{roh}} \cdot 100 \text{ in } \%.$$

Der *Durchlaßgrad* ist dann $Dg = 100 - \eta$.

Kontrolle durch Wägung des Prüflings.

Bei allen Filtern ist zu bedenken, daß der Abscheidegrad nicht konstant ist, sondern veränderlich. Er steigt bei mechanischen Filtern mit zunehmender Verschmutzung infolge der zusätzlichen Filtration durch den eingespeicherten Staub. Der in der Praxis vorhandene Abscheidegrad weicht meist von dem auf dem Prüfstand gemessenen Wert etwas ab, weil der Staub der Außenluft sehr verschiedenartig ist.

## -2 FILTERPRÜFUNG[1])

Zur Ermittlung der Leistungsfähigkeit eines Luftfilters muß dieses einem Testverfahren unterzogen werden, welches die Bedingungen der Praxis möglichst gut nachbildet.

Für Filter zur Abscheidung von Teilchen sind diese Testverfahren in Deutschland beschrieben in den Normen DIN 24185 (für *Grob- und Feinstaubfilter*) und DIN 24184 (für *Schwebstoff-Filter*). Das Testverfahren für Grob- und Feinstaubfilter hat sich international durchgesetzt; die Norm DIN 24185 ist wortgleich mit der Europäischen Norm EUROVENT 4/5 und der amerikanischen Richtlinie ASHRAE 52-76, welche auch die Basis für die anderen Normen bildete. Für die Schwebstoff-Filter konkurrieren heute noch mehrere Verfahren; eine internationale Einigung ist noch nicht erfolgt (England BS 3928, Frankreich NF-X44011, USA Federal Standard 209b, Deutschland DIN 24184).

[1]) DIN 24184 (E. 9.85): Typprüfung von Schwebstoff-Filtern. 2 Teile.
DIN 24185 T. 1 und 2 (10.80): Prüfung von Luftfiltern.

Nach der Norm DIN 24185 werden zur Beurteilung der Leistungsfähigkeit eines Grob- und Feinstaubfilters folgende Parameter ermittelt:

- Volumenstrom
- Anfangs- und Enddruckdifferenz
- Abscheidegrad
- Wirkungsgrad
- Staubspeicherfähigkeit.

Das Testverfahren arbeitet zur Bestimmung des Abscheidegrades und der Staubspeicherfähigkeit mit einem *synthetischen Prüfstaub*, welcher aus einer Mischung von

72% Gesteinsmehl
25% Ruß
3% Baumwoll-Linters

besteht.

Der *Abscheidegrad* für eine beliebige Staubaufgabe-Periode wird bestimmt durch die Beziehung

$$A = 100 \left[1 - \frac{W_2}{W_1}\right] \dots \%,$$

wobei

$W_2$ die Masse des durch den Prüfling nicht abgeschiedenen synthetischen Staubes,

$W_1$ die Masse des aufgegebenen synthetischen Staubes

bedeuten; das Ergebnis wir durch Wägung ermittelt. Der mit diesem Verfahren erzielte Abscheidegrad wurde auch als gravimetrischer Abscheidegrad bezeichnet[1]).

Im Gegensatz zu dem gravimetrisch ermittelten *Abscheidegrad* wird für die Ermittlung des *Wirkungsgrades* die natürliche Luftverunreinigung benutzt. Vor und hinter dem Testfilter wird durch Sonden eine bestimmte Luftmenge isokinetisch abgesaugt, welche jeweils mit hochwertigen Filterpapieren gefiltert wird; das Ergebnis der Messung erhält man aus dem Vergleich der Absaugzeiten. Zur Erzielung einer bestimmten Schwärzung dieser Filterpapiere müssen die Absaugzeiten so gewählt werden, daß sich die Schwärzungsgrade nur um einen bestimmten Prozentsatz voneinander unterscheiden (Bild 333-5).

Das Ergebnis der Prüfung sind also 2 Meßgrößen: der gravimetrisch gemessene *Abscheidegrad* und der *Verfärbungsgrad* mit atmosphärischem (natürlichem) Staub.

Die Ergebnisse einer derartigen Untersuchung werden in einem Kombinationsdiagramm zusammengefaßt, in dem die Größen:

- Druckdifferenz
- Staubspeicherfähigkeit
- Abscheidegrad
- Wirkungsgrad

in Abhängigkeit des Volumenstromes dargestellt sind (Bild 333-6).

Durch das *Testverfahren* ist es möglich, Filter unterschiedlicher Bauart miteinander zu vergleichen. Für Filter mit einem mittleren Wirkungsgrad unter 40% wird als vergleichendes Kriterium zur Klassifizierung nur der Abscheidegrad angegeben. Für Filter mit mehr als 90% Abscheidegrad verwendet man zur Klassifizierung nur den Wirkungsgrad, da ein Abscheidegrad von über 90% kein eindeutiges Unterscheidungsmerkmal mehr liefert. Ein Zusammenhang zwischen Abscheidegrad und Wirkungsgrad konnte bisher nicht festgestellt werden (Bild 333-9).

Aufbauend auf der Prüfmethode DIN 24185 wurde von der EUROVENT-Arbeitsgruppe 4b eine Einteilung in neun Filterklassen eingeführt, siehe Tafel 333-2.

Die *Filterklassen-Einteilung* berücksichtigt die vom Arbeitskreis „Luftfilter" der Fachgemeinschaft „Allgemeine Lufttechnik" im VDMA herausgegebene Empfehlung, wonach eine Unterteilung der untersten Filterklassen A vom technischen Fortschritt als überholt gelten kann, eine feinere Unterteilung der Filterklasse C dagegen sinnvoll ist.

Die Unterscheidungsmethode *Abscheidegrad* und *Wirkungsgrad* sind Größen, welche fast ausschließlich vom Filtermedium abhängen, während die Staubspeicherfähigkeit vom Filtermedium und von der vorhandenen Filterfläche beeinflußt wird; die Druck-

[1]) Mürmann, H.: KKT 3/81. S. 77.

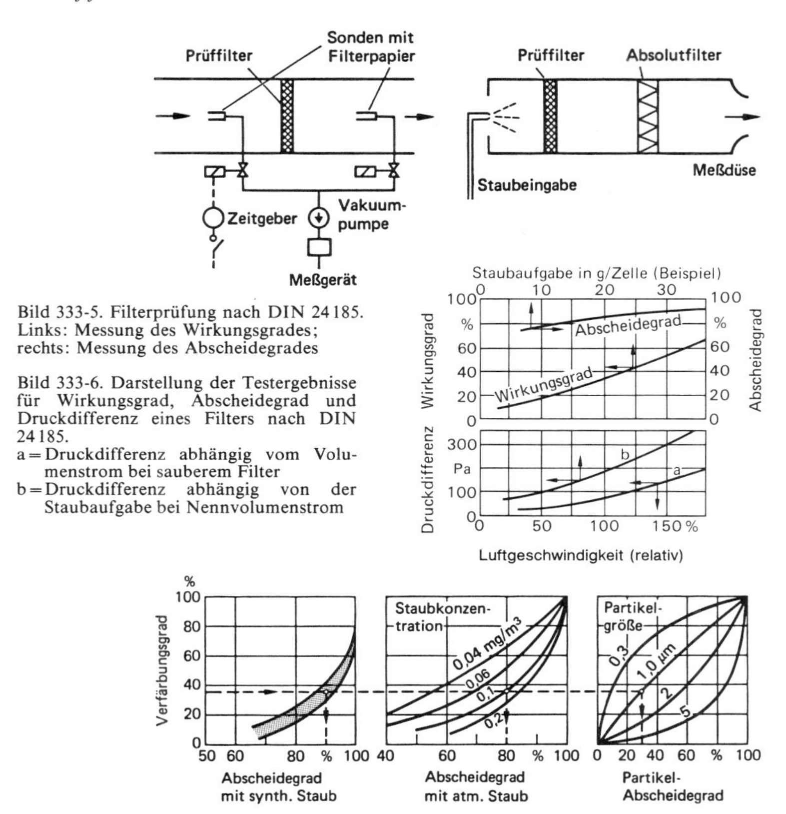


Bild 333-5. Filterprüfung nach DIN 24185. Links: Messung des Wirkungsgrades; rechts: Messung des Abscheidegrades

Bild 333-6. Darstellung der Testergebnisse für Wirkungsgrad, Abscheidegrad und Druckdifferenz eines Filters nach DIN 24185.
a = Druckdifferenz abhängig vom Volumenstrom bei sauberem Filter
b = Druckdifferenz abhängig von der Staubaufgabe bei Nennvolumenstrom

Bild 333-9. Ungefähre Beziehung zwischen Abscheidegrad und Verfärbungsgrad (nach Camfil).

differenz hängt bei einem vorgegebenen Volumenstrom von der Filterfläche, von der geometrischen Anordnung des Filtermediums und von der Masse des eingespeicherten Staubes ab.

## -3 DRUCKDIFFERENZEN, STANDZEITEN

Typische *Anfangsdruckdifferenzen* liegen bei

Grobstaub-Filtern im Bereich von 30 bis 50 Pa,
Feinstaub-Filtern im Bereich von 50 bis 150 Pa,
Schwebstoff-Filtern im Bereich von 100 bis 250 Pa.

Durch die Einspeicherung von Staub steigt die Druckdifferenz der Filter an, bei Grobstaub-Filtern etwa quadratisch und bei Schwebstoff-Filtern etwa linear. Die heute erreichbaren und empfohlenen Enddruckdifferenzen liegen bei

Grobstaub-Filtern im Bereich von 200 bis 300 Pa,
Feinstaub-Filtern im Bereich von 300 bis 500 Pa,
Schwebstoff-Filtern im Bereich von 1000 bis 1500 Pa.

Der unterschiedliche Verlauf des Druckanstieges der Filter läßt Variationen bei der Auslegung von Filteranlagen zu. Ausgehend vom Nennvolumenstrom können besonders Grob- und Feinstaub-Filter unter- oder überbeaufschlagt werden, was im ersteren Fall zu einer überproportionalen Verlängerung der Betriebszeit bis zum Erreichen der zulässigen Enddruckdifferenz führt; im zweiten Fall kann damit durch Verkleinerung

**Tafel 333-2. Luftfilter-Klasseneinteilung nach DIN 24185, Teil 2 – 10.80 (entspricht Eurovent-Klasseneinteilung)**

| Filterklassen nach DIN 24185 Teil 2[1] | | | Filterklassen nach DIN 24185 Teil 100, Entwurf Februar 1978 | | | Einteilung der Güteklassen nach StF[2] | |
|---|---|---|---|---|---|---|---|
| Filterklasse | Mittlerer Abscheidegrad gegenüber synthetischem Staub in % | Mittlerer Wirkungsgrad gegenüber atmosphärischem Staub in % | Filterklasse | Mittlerer Abscheidegrad gegenüber synthetischem Staub in % | Mittlerer Wirkungsgrad gegenüber atmosphärischem Staub in % | Güteklasse | Bezeichnung |
| EU 1 | $A_m < 65$ | – | A | $A_m < 65$ | – | A | Grobstaub- oder Vorfilter |
| EU 2 | $65 \leqq A_m < 80$ | – | $B_1$ | $65 \leqq A_m < 80$ | – | B | Feinstaubfilter |
| EU 3 | $80 \leqq A_m < 90$ | – | $B_2$ | $80 \leqq A_m < 95$ | $30 \leqq E_m < 45$ | | |
| EU 4 | $90 \leqq A_m$ | – | | | | | |
| EU 5 | – | $40 \leqq E_m < 60$ | $C_1$ | – | $45 \leqq E_m < 75$ | C | Hochwertige Feinstaubfilter |
| EU 6 | – | $60 \leqq E_m < 80$ | | | | | |
| EU 7 | – | $80 \leqq E_m < 90$ | $C_2$ | – | $75 \leqq E_m < 90$ | | |
| EU 8 | – | $90 \leqq E_m < 95$ | $C_3$ | – | $90 \leqq E_m$ | | |
| EU 9[3] | – | $95 \leqq E_m$ | – | – | – | | |

[1]) Die Luftfilter-Klasseneinteilung nach DIN 24185 Teil 2 entspricht der vom EUROVENT beschlossenen europäischen Klasseneinteilung, die zur weiteren Beratung an die ISO weitergeleitet wird (EUROVENT – Europäisches Komitee der Hersteller von lufttechnischen und Trocknungsanlagen, Lyoner Straße 18, 6000 Frankfurt/Main 71).

[2]) Die Einteilung der Güteklassen nach den „Richtlinien zur Prüfung von Filtern für die Lüftungs- und Klimatechnik", herausgegeben vom Staubforschungsinstitut des Hauptverbandes der gewerblichen Berufsgenossenschaften e.V., Bonn (StF), wurde durch die Luftfilter-Klasseneinteilung nach DIN 24185 Teil 100, Entwurf Februar 1978, ersetzt.

[3]) Luftfilter mit einem hohen mittleren Wirkungsgrad können bereits einer Schwebstoffilter-Klasse nach DIN 24184 „Typprüfung von Schwebstoffiltern" entsprechen.

der Anlage eine Verringerung des Investitionsumfanges erreicht werden. In beiden Fällen sind jedoch die *Gesamtkosten* der Anlage, bestehend aus Investitionen, Energiekosten, Kosten für Ersatzfiltermedien usw. zu beachten.

Bei einer Beaufschlagung der Luftfilter mit Nennvolumenstrom und einer normalen atmosphärischen Staubkonzentration kann bei achtstündiger Betriebsweise etwa mit folgenden *Betriebszeiten* bis zur Erreichung der zulässigen *Enddruckdifferenz* gerechnet werden:

| | |
|---|---|
| Grobstaub-Filter | ¼ bis ½ Jahr, |
| Feinstaub-Filter | ½ bis ¾ Jahr (Grobstaub-Filter vorgeschaltet), |
| Schwebstoff-Filter | bis 1 Jahr (Grob- und Feinstaub-Filter vorgeschaltet). |

## -4 FILTERBAUARTEN

Die auf dem Markt befindliche Zahl von Luftfiltern ist sehr groß, die Bauarten sind vielfältig. Die folgende Übersicht enthält verschiedene Begriffe, welche für Luftfilter benutzt werden und mit dem Material, der Einbauart, der Benutzung, der Filterklasse und der Betriebsart in Verbindung zu bringen sind.

| | |
|---|---|
| Material | Metallfilter<br>Faserfilter<br>Aktivkohlefilter<br>Ölbadfilter<br>Elektrofaserfilter |
| Einbauart | Vertikalfilter<br>Kanalfilter<br>Wandfilter<br>Deckenfilter |
| Benutzung | Wegwerffilter (Einmalfilter)<br>Dauerfilter (regenerierbar) |
| Filterklasse | Grobfilter (Grobstaubfilter)<br>Feinfilter (Feinstaubfilter)<br>Feinstfilter (Schwebstoffilter)<br>Schwebstoffilter |
| Betriebsart | stationäres Filter<br>Umlauffilter<br>Bandfilter/Rollbandfilter<br>Elektrofilter<br>automatisches Filter |
| Bauart | Schrägstromfilter<br>Rundluftfilter<br>Trommelfilter<br>Kesselfilter<br>Umlauffilter<br>Taschenfilter/V-Form-Filter |

### -41 Metallfilter

Die als Zellen oder Platten aufgebauten Filter werden vollständig aus Metall hergestellt. Das Filtermedium besteht aus Stahlwolle, Metallgestricken, Formkörpern, Streckmetall und gelochten Blechen. Die Zellen werden in Aufnahmerahmen eingesetzt, welche zu beliebig großen Anlagen zusammengestellt werden können (Bild 333-10).

Einsatzzwecke sind die Abscheidung von Öl- und Fettnebeln, Grobstaubabscheidung, Farbnebelabscheidung. Die Benetzung der Metalloberflächen erfolgt mit einem Benetzungsöl; die Reinigung der Filter von Staub und Benetzungsmitteln erfolgt durch Auswaschung in Öl oder Lösungsmitteln.

Die Filterwirkung beruht darauf, daß der Luftstrom beim Durchströmen der Filterschicht in eine große Zahl von Teilströmen zerlegt wird, welche vielfachen Richtungsänderungen unterworfen werden. Der Abscheidungsmechanismus basiert hier auf dem Sperreffekt und Trägheitseffekt.

Bei benetzten Filterschichten tritt zusätzlich eine Staubeinspeicherung auf, die darauf beruht, daß die Staubteilchen an den benetzten Flächen kleben bleiben. Die Reinigung der verschmutzten Filterschichten kann durch Abklopfen oder durch Ausblasen mit Druckluft erfolgen; eine Reinigung im Reinigungsbad ist ebenfalls möglich.

*Nachteilig* ist besonders die unbequeme schmutzige Reinigungsarbeit und der nicht ausreichende Entstaubungsgrad. Verwendung daher heute nur noch selten, manchmal in Wüstengegenden, besonders im Ansaug von Kolbenmaschinen.

## -42 Faserfilter

Das Filtermedium dieser in verschiedenen Formen hergestellten Filter ist ein Vlies, welches aus Fasern unterschiedlicher Werkstoffe, wie Glas, Kunststoff, Naturprodukten oder Metallen, hergestellt wird.

Die angebotenen Formen der Filter sind auf den Werkstoff und auf das Einsatzgebiet abgestimmt; als generelle Grundforderungen sind lange Betriebszeit und niedrige Druckdifferenz zu sehen. Dies wird dadurch realisiert, daß möglichst viel Filterfläche in einem konfektionierten Filter untergebracht wird. Vliese für Grob- und Feinfilter weisen eine größere Dicke und niedrigere Druckdifferenz auf als Vliese für Feinst- oder Schwebestäube.

Typische Bauformen für diese Filter sind ebene Filterzellen, bei denen das Filtermedium mit einer Gesamtdicke von ca. 50 mm innerhalb eines Kartonrahmens von gelochten Blechen oder Pappen abgestützt wird. Eine weitere Ausführungsform weist ein zickzackförmig gefaltetes Medium auf, welche mit Abstandshaltern aus Pappe, Kunststoff oder anderen Werkstoffen auf Abstand gehalten wird. Die bei diesen Filtern wohl am meisten verbreitete Bauform ist das *Taschenfilter,* wobei Einrichtungen wie keilförmig ausgeführte Naht, einzelne Heftfäden, eingeklebte oder genähte keilförmige Vliesstreifen oder geschweißte Nähte ein Aufblähen der Taschen verhindern. Das Filter besteht aus 6 bis 12 Taschen, welche in einem gemeinsamen Rahmen untergebracht sind.

*Taschenfilter* haben besonders hohe Staubspeicherfähigkeit und geringe Einbaumaße (Bild 333-11). Material: Kunststoff- oder Glasfasern für alle Güteklassen. Das *Flächenverhältnis* Filterfläche : Ansichtsfläche beträgt dabei etwa 20:1 bis 25:1. Anströmgeschwindigkeit $\approx 2{,}5$ m/s bezogen auf die Ansichtsfläche und $\approx 0{,}1$ m/s bezogen auf die Filterfläche. Sie sind nicht reinigungsfähig, haben jedoch eine lange Standzeit.

Eine besondere Ausführung dieser Filter sind Filtermatten, die durch entsprechende Materialauswahl (Kunststoffasern) mit Wasser gereinigt werden können. Die Ausführungsformen dieser Filtermatten sind eigensteife Matten oder in Rahmen eingespannte Matten.

Bild 333-10. Metallfilter, hier Farbnebelabscheideplatten.

Bild 333-11. Taschenfilter.

Unter den *Faserfiltern* nehmen die Filter zur Abscheidung von Feinst- oder Schwebstäuben einen besonderen Platz ein. Das verwendete Filtermedium, ein Vlies aus mikrofeinen Fasern aus Glas, Kunststoff, Zellulose, Mineralien, Metalloxid oder Metall ist zickzackförmig gefaltet in einem Rahmen untergebracht. Die einzelnen Falten werden mit Abstandshaltern aus Metall, Papier oder Kunststoff auseinandergehalten. Der Verbund zum Rahmen wird durch eine Vergußmasse hergestellt (Ein- und Zweikomponenten-Kunststoffmaterial).

Diese Filter werden dort als letzte Filterstufe eingesetzt, wo es auf besonders hohe Abscheidegrade für kleine und kleinste Partikel ankommt. Einsatzgebiete sind Laboratorien, Operationsräume in Krankenhäusern, Reine Räume für den industriellen Bereich (Elektrotechnik, Pharmazie) sowie Abluftanlagen von Kernkraftwerken. Zur optimalen Nutzung der Filter sind hier Grob- und Feinstaubfilter vorzuschalten.

Die Anfangsdruckdifferenz bei Nennvolumenstrom liegt bei 250 Pa und steigt während des Betriebes stark an; empfohlene Enddruckdifferenz 1000 Pa.

*Schwebstoffilter*

Für besonders hohe Abscheidegrade dienen hochwertige *Schwebstoffilter-Elemente,* die auch für Stäube und Schwebstoffe unter 0,5 μm geeignet sind, namentlich für radioaktive Schwebstoffe, ferner Bakterien, Viren, Aerosole u. a. Sie werden meist als Endstufe eines mehrstufigen Filters verwendet.

Herstellung in einzelnen Rahmen mit zickzackförmig angeordnetem Filtermaterial, bestehend aus Glasfasern, Zellulose, Papier und Gemischen davon. Flächenverhältnis etwa 1:50 und mehr. Bei Anströmgeschwindigkeiten von 1,5 m/s Luftgeschwindigkeit im Medium nur ≈2,5 cm/s. Nicht regenerierbar (Bild 333-16, -17 u. -18).

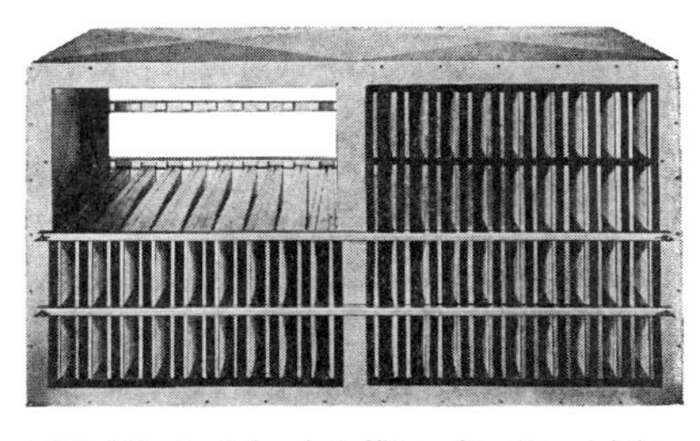

Bild 333-17. Schwebstoffilter für Kanaleinbau (Luwa-Ultrafilter).

Bild 333-16. Schwebstoffilter für Kanaleinbau in kerntechnischen Anlagen (DELBAG).

Dichtschließender Einbau erforderlich. Verwendung für industrielle Zwecke bei hochempfindlichen Erzeugnissen, in Laboratorien, Operationsräumen sowie in Kernkraftwerken, Isotopenlaboratorien und Reaktorräumen, pharmazeutischen Betrieben.

Vorfilter unbedingt erforderlich, um Grob- und Feinstaub zurückzuhalten.

Anfangsdruckdifferenz etwa 200 Pa, später stark steigend, bis etwa 1000 Pa.

Diese Filtermedien weisen einen gravimetrischen Abscheidegrad von praktisch 100% auf. Sie müssen daher auf eine andere Weise beurteilt werden.

Für die Prüfung von Schwebstoff-Filtern gilt in Deutschland die Norm DIN 24184 „Typprüfung von Schwebstoffiltern". Die Prüfung erfolgt mit drei unterschiedlichen Prüfaerosolen 1, 2 und 3 (Bild 333-19).

Die Testschritte sind im einzelnen:

1. Bestimmung des Durchlaßgrades gegen einen heiß erzeugten Ölnebel (Aerosol 1), dessen Tröpfchen-Durchmesser < 1 μm ist bei einem Häufigkeitsmaximum zwischen 0,3 und 0,5 μm.
2. Bestimmung des Durchlaßgrades gegen radioaktiv markierte Teilchen der atmosphärischen Luft (Aerosol 2) mit einem Teilchen-Durchmesser < 0,3 μm und einem Häufigkeitsmaximum zwischen 0,05 und 0,08 μm.
3. Bestimmung des Durchlaßgrades gegen Quarzstaub (Aerosol 3) mit einem Teilchendurchmesser < 5 μm und einem Häufigkeitsmaximum zwischen 1 und 2 μm. Diese Messung dient zusätzlich der Überprüfung der Widerstandsfähigkeit des Filters bei Staubeinspeicherung.

Bild 333-18. Schwebstoff-Filter.

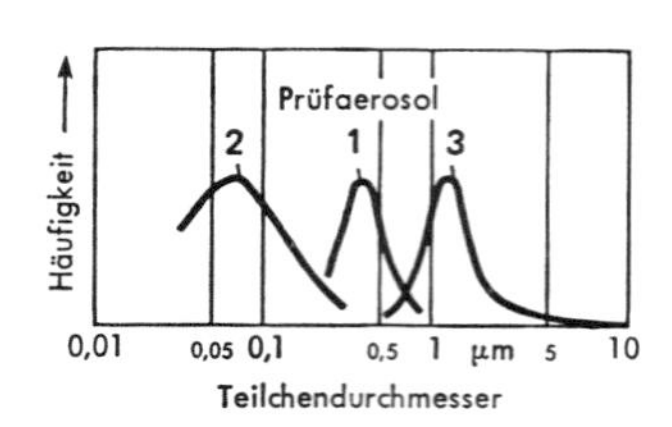


Bild 333-19. Verteilung der Teilchenhäufigkeit der Prüfaerosole für Schwebstoffilter (nach DIN 24184).

Der Durchlaßgrad wird bei den Aerosolen 1 und 3 indirekt durch Messung der Streulichtintensität vor und hinter dem Filter ermittelt; bei Aerosol 2 wird dieser über die Radioaktivität ermittelt.

Entsprechend dem Durchlaßgrad werden die Schwebstoff-Filter in die Klassen Q, R und S eingeteilt (Tafel 333-4).

**Tafel 333-4. Klasseneinordnung von Schwebstoffilter-Elementen (nach DIN 24184)**

| Schwebstoff-filterklassen | Grenzwerte der Durchlaßgrade gegenüber Prüfaerosol in % | | | | Nachweis der Leckfreiheit an Schwebstoffilter-Elementen |
|---|---|---|---|---|---|
| | | 1 | 2 | 3 | |
| Q | $D_g$ | 15 | 30 | 5 | nicht erforderlich |
| R | $D_g$ | 2 | 10 | 1 | nicht erforderlich |
| S | $D_g$ | 0,03 | 0,03 | 1 | visuell erkennbare Ölfäden dürfen nicht vorhanden sein |

International wurde im europäischen Raum von EUROVENT für die Prüfung von Schwebstoff-Filtern die Prüfmethode „Flammenphotometrische Prüfung von Luftfiltern mit einem Natriumchlorid-Aerosol“ eingeführt; die Prüfmethode ist in EUROVENT-Dokument 4/4[1]) ausführlich beschrieben.

Für diesen Test wird ein künstlich erzeugtes, festes Aerosol verwendet, welches aus einer wäßrigen Natriumchlorid-Lösung gewonnen wird. Die Teilchen-Durchmesser liegen hier zwischen 0,02 und 2 μm. Der mittlere Massendurchmesser beträgt 0,6 μm. Vor und hinter dem Filter werden Teilluftströme entnommen und über eine Flamme geleitet, wobei das Natrium mit der typisch gelben Flamme verbrennt. Die Intensität der Flamme für die Teilströme ist ein Maß für den Durchlaßgrad.

Schwebstoffilter, die nach dieser Methode geprüft sind, gelten als *typgeprüft* und erhalten eine Prüfzeugnis-Nummer der Prüfstelle.

Die Schwebstoffilter haben besondere Bedeutung bei der Lüftung der sogenannten *„Reinen Räume“* (nach VDI-Richtlinie 2083), wie sie heute in manchen Industrien und Krankenhäusern eingerichtet werden (siehe Abschn. 369-2).

Dichtschließender Einbau ist erforderlich. Nachprüfung z. B. mit Prüfrille.

Ferner werden sie häufig als letzte Stufe vor den zu lüftenden Räumen in Kombination mit Luftauslässen verwendet, z. B. in Operationsräumen, Säuglingsstationen u. a.

## -43 Aktivkohlefilter[2])

Filter mit Aktivkohle dienen zur *Adsorption* von schädlichen oder unerwünschten gas- und dampfförmigen Verunreinigungen der Luft. Zu diesen Verunreinigungen zählen

[1]) entspricht DIN 24184, Teil 2 (E. 9.85).
[2]) Schütz, H.: Klimatechn. 4/74. S. 62/6.
Mürmann, H.: TAB 9/82. S. 707/8.
Brauer, H.: Ceag-Journal 6/83. S. 39/41.

Gerüche aus Küchen, Toiletten, Versammlungsräumen, Dämpfe und Gase aus industriellen Prozessen sowie radioaktive Gase. Die Wirkung der Aktivkohle beruht je nach Schadstoff- und Kohlezustand auf der physikalischen und/oder chemischen Adsorption.

Das Basismaterial für Aktivkohle ist Steinkohle, Kokosschalen oder auch Holz; in einem speziellen Prozeß wird das Grundmaterial so aufbereitet, daß ein Körper mit zahlreichen Poren entsteht. Porendurchmesser zwischen 1 nm und 1 $\mu$m. Dadurch erhält der Grundwerkstoff eine sehr große Oberfläche, an der sich die Schadstoffmoleküle anlagern können. Im Gegensatz zu der sichtbaren makroskopischen Gestalt und Oberfläche spricht man bei der durch die Poren gebildeten Oberfläche von der „inneren" oder spezifischen Oberfläche der Aktivkohle; diese Oberfläche wird mit einem bestimmten Verfahren ermittelt[1]).

Als Anhaltspunkt kann gelten, daß 1 g Aktivkohle einem Volumen von ca. 2 $cm^3$ entspricht und eine „innere" oder spezifische Oberfläche von 900 bis 1200 $m^2$ besitzt.

Ein optimales Adsorptionsverhalten läßt sich nur erzielen, wenn die Aktivkohle, die Imprägnierung und der zu adsorbierende Stoff aufeinander abgestimmt sind. Gase wie $N_2$, $O_2$, $CO_2$ können mit Aktivkohle nicht adsorbiert werden, da sie ständig vorhanden sind und die Aktivkohle bereits mit diesen Molekülen belegt ist; ein Konzentrationsgefälle baut sich nicht auf.

Der Einbau der Aktivkohleschichten als lose Schüttung, als Patrone oder Platte hat so zu erfolgen, daß Bypaßströmungen vermieden werden; sonst ist starkes Absinken des Abscheidegrades zu erwarten. In der Raumlufttechnik ist dies keine unabdingbare Forderung; in der Gasreinigungstechnik und bei Kernkraftwerken eine unumstößliche Forderung.

Für Verwendung in Lüftungsanlagen Herstellung in einzelnen Zellen oder Patronen. *Außenluftreinigung,* wenn atmosphärische Luft verunreinigt ist. Zur *Fortluftreinigung,* um schädliche Gase oder Dämpfe zurückzuhalten, sind derartige Zellen nur in Sonderfällen einsetzbar; im Regelfall verfahrenstechnische Auslegung und entsprechende Apparate. *Umluftreinigung* zur Ersparnis an Heiz- und Kühlenergie.

*Aktivkohleplatten* für geringe Geruchsstoffkonzentration zickzackförmig in Zellen- oder Kanalfiltern angeordnet, um große Filterflächen bei kleiner Anströmstirnfläche zu erhalten. *Kontaktzeit* dabei 0,08···0,1 s. Keine vollkommene Abdichtung erreichbar. Wegwerffilter.

Für höhere Ansprüche werden *Aktivkohlepatronen* verwendet, die auf Einbaurahmen gasdicht aufgeschraubt werden. Unterschiedliche Schichtdicken. Auch kombiniert mit Vorfilter. Ausführung als Wand- oder Kanalfilter. *Vorfilter* sind in allen Fällen erforderlich, um die Wirksamkeit der Aktivkohle nicht durch Staubverschmutzung zu beeinträchtigen. *Luftdichter Einbau* zu beachten. Standzeit etwa 1 Jahr.

Dicke der Schicht je nach Art der zu adsorbierenden Dämpfe verschieden.

Max. Temperatur etwa 35 bis 40 °C, darüber nimmt die Wirkung schnell ab. Luftgeschwindigkeit 1···3 m/s bezogen auf Ansichtsfläche. Dichte 0,45···0,52 g/$cm^3$. Druckdifferenz dabei etwa 10···100 Pa. Benutzungsdauer etwa 3 bis 12 Monate.

## -44 Elektrofilter[2])

Von den heute angewendeten Elektrofiltersystemen (Cotrell, Penney) werden in der Lüftungs- und Klimatechnik fast ausschließlich Filter eingesetzt, die nach dem Penney-System arbeiten. Sie bestehen aus einem Ionisierungsteil mit positiv geladenen Wolframdrähten, in dem die mit der Luft ankommenden Staubteilchen durch Anlagerung von Ionen elektrisch aufgeladen werden, und einem Staubabscheidungsteil in Form eines Plattenkondensators aus Aluminium mit abwechselnd positiv gepolten und auf Erdpotential liegenden Platten. Die vorwiegend positiv geladenen Partikel werden beim Durchgang durch das elektrische Feld der Abscheidezone von den auf Erdpotential liegenden Platten angezogen und kommen so zur Abscheidung (Bild 333-24). Staubplatten manchmal mit wasserlöslichem mineralölfreiem Staubbindemittel benetzt. (Abwasserproblem!) Reinigung durch Abspritzen mit Wasser von etwa 30···40 °C. Ölsprüh- und Wasserwaschvorrichtung können auch automatisch ausgebildet werden. Herstellung

[1]) DIN 66131 (10.73): Bestimmung der Oberfläche.
[2]) Ochs, H. J.: Wärme-Techn. 1968. S. 15/20.
Nachtigäller, E.: Ges.-Ing. 6/80. S. 169/72.

der Filter in Zellen von etwa 600 × 600 mm Größe, die zu beliebig großen Einheiten zusammengesetzt werden können.

Guter Entstaubungsgrad auch bei kleinsten Staubteilchen bis 0,1 $\mu$m und darunter (Tabakrauch, Nebel, Pollen, Bakterien). Obere Grenze etwa 40 $\mu$m. Geringer Luftwiderstand, etwa 40···60 Pa, konstant bleibend. Hochspannungsanlage mit 12 bis 16 kV für Ionisationszone und 6 bis 8 kV für die Abscheidezone erforderlich. Stromaufnahme einer Standardzelle etwa 2 bis 5 mA, d.h. Leistungsaufnahme ca. 24···80 Watt. Luftgeschwindigkeit bezogen auf die Ansichtsfläche je nach dem gewünschten Abscheidegrad 1,0···3,0 m/s. Normalwert ca. 2,0 m/s mit etwa 90% Wirkungsgrad nach ASHRAE 52. Hohe Abscheidewirkung nur bei geringen Luftgeschwindigkeiten. Hauptnachteil der hohe Preis, da sie gegenwärtig wesentlich teurer als mechanische Filter sind. Sie können trotz des hohen Preises wirtschaftlich sein, wenn große Luftströme mit hohem Staubgehalt zu reinigen sind oder rund um die Uhr aufbereitet werden müssen. Vorteilhaft die geringen Bedienungskosten und der geringe Strömungswiderstand. Ansicht eines Gerätes Bild 333-25.

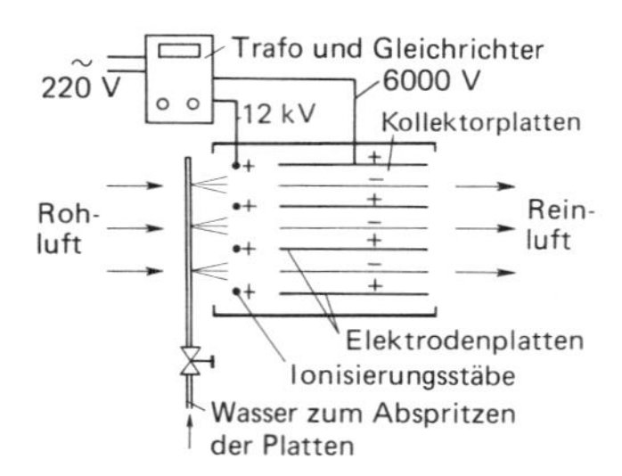


Bild 333-24. Schematischer Aufbau eines Elektrofilters für Lüftungs- und Klimaanlagen.

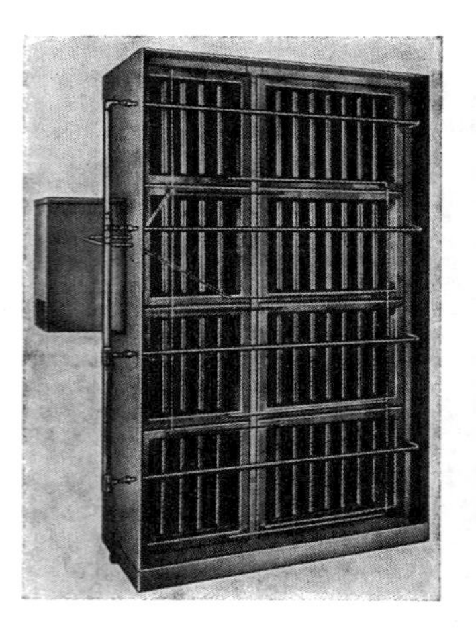

Bild 333-25. Ansicht eines Elektroluftfilters.

Nur geringe Ozon-Erzeugung, etwa 15 $\mu g/m^3$.

Zweckmäßig ist die Kombination eines Elektrofilters mit davor und/oder dahinter befindlichem Faserstoff- oder Rollbandfilter. Dadurch gleichmäßige Beaufschlagung des Elektrofilters und Abscheidung größerer Partikel, die im Elektrofilter nicht abgeschieden oder wieder abgerissen worden sind.

Elektrofilter werden in Sonderfällen, z. B. bei Ölnebeln, auch zur Abluftreinigung verwendet.

Eine weitere Bauart von Elektroluftfiltern sind die *elektrostatischen Filter,* welche keinen Ionisierungsteil besitzen. Die Filtermedien sind hier keine Platten, sondern bestehen aus faserigen Stoffen, welche entweder durch ein spezielles Verfahren mit elektrischen Dipolen versehen sind oder welche in einem von außen aufgeprägten elektrostatischen Feld angeordnet sind. Je nach angelegter Spannung und Struktur des Filtermediums werden mit bzw. ohne elektrisches Feld Abscheidegrade von 15% bzw. 90% erzielt.

## -45 Automatische Filter

Unter diesem Begriff sind die Filterbauarten zusammengefaßt, bei denen das Filtermedium oder die Filterschicht während des Betriebes intermittierend oder permanent erneuert oder gereinigt wird. Man unterscheidet im wesentlichen die *Bandluftfilter* und die *ölbenetzten Umlauffilter.*

Bei dem Bandluftfilter wird das saubere Filtermedium (Faserfilter) von einer Rolle abgespult und bei zunehmender Verschmutzung auf eine zweite Rolle aufgewickelt. Der Bandtransport erfolgt durch einen Elektromotor (Bild 333-27 u. -28).

Ausgelöst wird der Bandtransport meist durch ein Kontaktmanometer, welches bei Erreichen einer eingestellten maximalen Druckdifferenz den Elektromotor einschaltet. Der Bandtransport wird unterbrochen, wenn eine bestimmte minimale Druckdifferenz unterschritten wird. Andere Steuerungsarten sind ebenfalls in Benutzung, wie Zeitsteuerung (druckunabhängig, löst Bandtransport nach einer bestimmten Zeit aus). Bandende wird durch Abtasten des Bandvorrates angezeigt.

Die Filter arbeiten mit nahezu konstanter Betriebsdruckdifferenz; sie weisen eine höhenabhängige Luftverteilung auf. Im oberen Teil tritt eine höhere Geschwindigkeit auf als im unteren Teil, verursacht dadurch, daß im oberen Teil jeweils das unbestaubte Filter am Filterprozeß teilnimmt, während im unteren Teil die höchste Verschmutzung (längste Betriebszeit) vorliegt.

Der Abscheidegrad je nach Filtermaterial 80···90%; mittlere Anströmgeschwindigkeit ≈2,0···3,0 m/s, Betriebsdruckdifferenz 120···180 Pa.

Die Bandluftfilter haben wegen ihrer Automatik und dadurch bedingten geringen Wartung große Verbreitung erlangt. Sie werden auch für Kanal- oder Geräteeinbau hergestellt. Sie sind für VVS-Anlagen nicht geeignet, da bei kleiner Anströmungsgeschwindigkeit der Abscheidegrad abnimmt.

*Nachteile:* Ungleichmäßige Geschwindigkeitsverteilung, kein Schutz gegen Insekten.

Die *ölbenetzten* Umlauffilter arbeiten nicht mit einem endlichen Filterband, sondern mit einem endlos umlaufenden Band aus Zellen oder Platten. Der Umlauf des Bandes erfolgt derart, daß die gereinigten Schichten der Lufteintrittsseite zugewandt sind; die Reinigung der Schichten erfolgt in dem Ölbehälter mit einem Waschvorgang durch bewegtes Öl. Der ausgewaschene Staub sammelt sich am Boden des Ölbehälters; Entfernung des Staubes durch Ablassen des Öles, Auskratzen des Schlammes und Neubefüllung mit Öl. Manuell angetriebener Schlammräumer (Ölverlust ausgleichen) oder ein ständiger Ölkreislauf mit Reinigung des Öles gehören zu den marktgängigen Reinigungssystemen (Bild 333-29).

Die Betriebsdruckdifferenz ist nahezu konstant; gleichmäßige Geschwindigkeitsverteilung, da Luft durch zwei Schichten strömen muß, deren Einzeldruckdifferenzen nahezu die gleiche Summe ergeben. Erreichbare Abscheidegrade 70% bis 80%.

Eine Bauvariante der Umlauffilter sind die *Trommelfilter;* hier läuft das Filtermedium nicht in der Art eines Paternosters um, sondern ist in Form einer Trommel angeordnet. Die Filter arbeiten je nach Medium als trockene oder als ölbenetzte Filter; das Filtermedium ist endlos (Umlauffilterprinzip) oder endlich (Bandfilterprinzip). Bild 333-30 zeigt

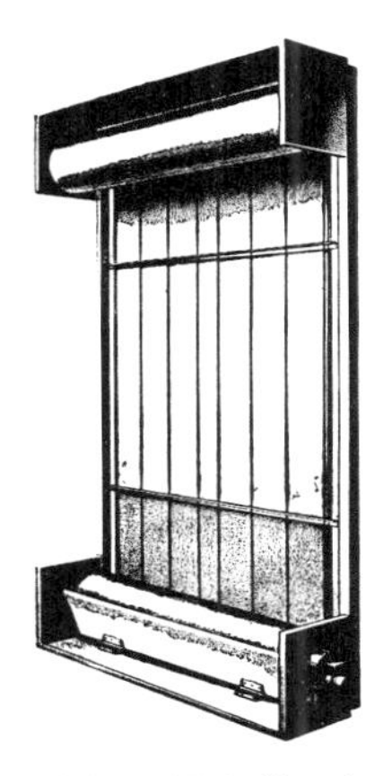

Bild 333-27. Rollbandfilter (Camfil).

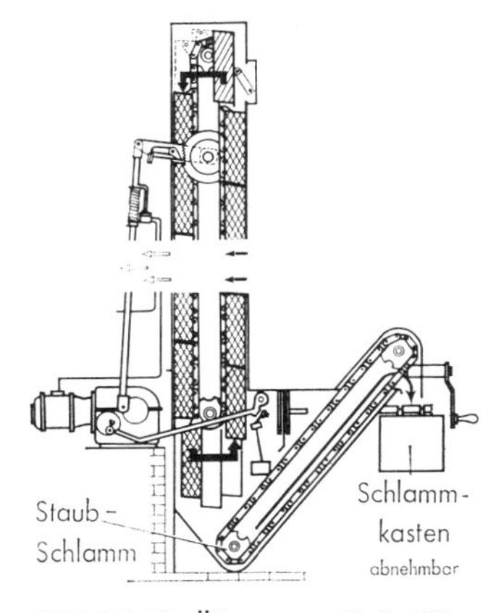


Bild 333-29. Ölbenetztes Umlauffilter mit Motorantrieb (DELBAG).

Bild 333-30. Trommelfilter für Klimaanlagen der Textilindustrie (LTG).

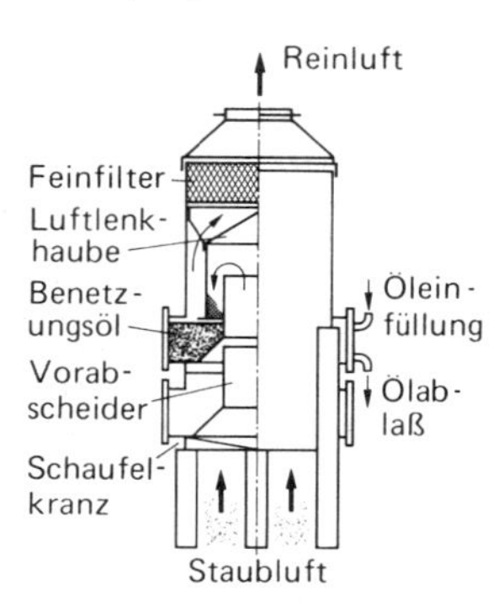


Bild 333-31. Ölbadfilter (DELBAG).

ein trockenes Filter, belegt mit Kunststoff-Filter und mit Absaugung zur Anwendung in der Textiltechnik[1]). Auch als feststehende Trommel mit umlaufender Absaugdüse ausgeführt.

Für die Reinigung der Verbrennungsluft von stationären Dieselanlagen haben sich für aride Zonen die *Ölbadfilter* als zuverlässige Filterbauart erwiesen. Sie lassen sich zu den automatischen Filtern rechnen, da durch die Strömungsverhältnisse im Filter das Öl in Umlauf gesetzt wird. Die Wirkung der Filter beruht darauf, daß der mit Staub beladene Luftstrom ganz oder teilweise durch ein Ölbad geleitet und das Öl durch entsprechende Strömungsführung zu feinen Tröpfchen zerteilt wird; die Tröpfchen lagern sich an den Staubteilchen ab. Das Gemisch aus Luft, Staub und Öltröpfchen wird durch eine Filterschicht aus Metallfasern geleitet; an den Metallfasern scheiden sich die Öltröpfchen und der Staub ab; der Ölstrom, der sich in diesen Filtern im Umlauf befindet, reinigt die Filterschicht und verhindert so ein Verstopfen und einen Druckanstieg in der Filterschicht. Der im Ölsumpf sich ablagernde Staub muß von Zeit zu Zeit entfernt werden (Bild 333-31).

## -46 Mehrstufige Filter[2])

sind Kombinationen der oben beschriebenen Filterbauarten, um durch geeignete Staffelung der Filtermedien und Abscheidegrade ein Optimum an Staubspeicherfähigkeit, Abscheidegrad und Betriebszeit zu erzielen (Bild 333-32).

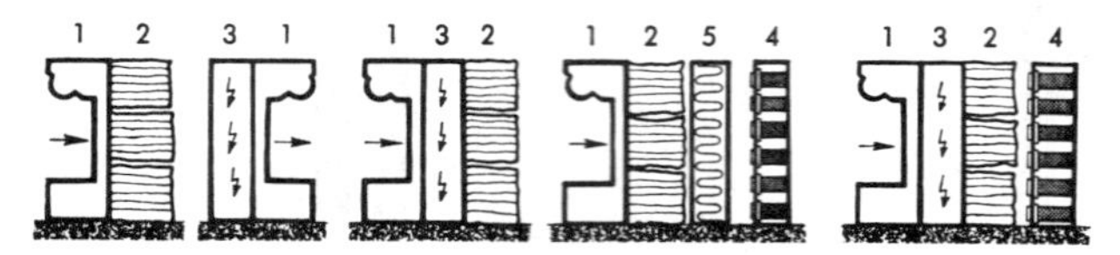


Bild 333-32. Zwei-, drei- und vierstufige Kombinationsfilter.
1 = Rollbandfilter, 2 = Taschenfilter, 3 = Elektrofilter, 4 = Aktivkohlefilter, 5 = Schwebstoffilter

Verschiedene Kombinationen haben sich in der Praxis bewährt; einige Beispiele seien im folgenden dargestellt:

Klimazentralen, Klimageräte, einfache Filteranlagen:

Kombination von Grob- und Feinfilter.

Klimazentralen mit besonderen Anforderungen an die Luftreinheit (Krankenhäuser, Reine Räume):

---

[1]) Stüble, H.: LTG-Information 24, Dez. 79. S. 7/12.
[2]) Ochs, H. J.: TAB 2/81. S. 117/8.

Kombination von Grob-, Fein- und Feinstfilter.
Das Feinstfilter (Schwebstoff-Filter) wird zur Vermeidung von Verschmutzung und Staubablagerungen im Kanalsystem oft direkt am Luftaustritt in den Raum angeordnet.

Klimazentralen für Flughäfen:

Kombination von Grob-, Fein- und Aktivkohlefiltern.
Als Feinfilterstufe kommen zum Einsatz Elektroluftfilter oder Faserfilter (Bandluftfilter, Taschenfilter). Die anschließend angeordnete Aktivkohlefilterstufe dient zur Abscheidung von Schadgasen und Geruchsstoffen, welche durch die Abgase der Triebwerke hier unvermeidlich sind.

Zuluft- und Abluftanlagen von Kernkraftwerken:

Die Zuluft wird über Grob- und Feinfilter geleitet (die Klimatisierung ist hiervon unberührt), die Abluft wird, sofern sie aus dem Kontrollbereich herrührt, über eine Kombination von Feinst-(Schwebstoff-)Filter, speziell imprägnierter Aktivkohle und eine weitere Feinst-(Schwebstoff-)Filterstufe geleitet[1]). Diese Kombination gewährleistet, daß die aus einem Kraftwerk geleitete Abluft in jeder Hinsicht sauberer ist als die Zuluft, sowohl auf die Teilchenzahl als auch auf die Radioaktivität bezogen (die natürliche Radioaktivität ist etwa 100mal größer als die von einem Kernkraftwerk abgegebene).

## -47 Sonstige und Spezialfilter

Für bestimmte Anwendungsfälle sind Spezialfilter entwickelt worden. Bauart und Wirkungsweise werden vom praktischen Einsatz bestimmt. Die Auslegung der Filter erfolgt nach empirisch ermittelten Daten oder anhand von Versuchen.

Zu diesen Fällen zählen

Automobilfilter für Verbrennungsluft
Staubsauger-Filtertüten
Abreinigbare Filter für Gasturbinenanlagen
Atemschutzfilter
Filter für Schutzbauten

*Fettfilter* werden bei Küchenlüftungsanlagen verwendet, um Fett- und Kochdünste zurückzuhalten und dadurch eine Verschmutzung der Absaugkanäle und des Ventilators zu verhindern. Bauart ähnlich den Staubfiltern. Füllung der Filterplatten mit Metallgeweben, synthetischen Fasern u. a. Reinigung durch Auswaschen mit heißem Wasser mit Lösungsmittel (P3 o. ä.). Für vollständige Geruchsbeseitigung Aktivkohlefilter, jedoch nur nach leistungsfähigen mechanischen Filtern. Siehe auch Abschn. 361-1.

*Säurenebelabscheider* zur Abscheidung von Schwefelsäure in Akkuräumen, bestehend aus durchlöcherten Bleiplatten, an denen sich die Schwefelsäuretröpfchen durch Prallwirkung abscheiden (s. auch Abschn. 361-3).

*Siebe* mit mehr oder weniger feinen Maschen gegen grobe Verunreinigungen und Insekten an Luftansaugstellen anbringen.

*Farbnebel-Abscheider* werden in Spritzereien zur Abscheidung von Farb- und Lacknebeln verwendet, um Explosionen und Verschmutzungen von Rohrleitungen und Ventilatoren zu verhindern. Sie bestehen aus mehreren hintereinander angeordneten gelochten Blechen oder Sprühdüsen bzw. Wasserschleier (s. auch Abschn. 369-5).

*Luftschönung*

Geruchsbeseitigung durch Verdunstung von ätherischen und anderen Ölen, die Gerüche neutralisieren, ohne selbst zu riechen (Air fresh). Verfahren unschädlich, jedoch nur Behelfsmittel.

*Elektrische Luftreiniger*[2]) für Wohnungen, die in vielen unterschiedlichen Bauarten angeboten werden, enthalten außer einem Ventilator meist ein oder mehrere Filter zur Luftreinigung von Staub, Gerüchen, Keimen. Ihre Leistungsfähigkeit ist jedoch begrenzt und nicht mit der kurzfristigen Fensterlüftung vergleichbar, die wesentlich wirkungsvoller ist.

---

[1]) Wilhelm, I. G.: Ceag-Journal 6/83. S. 53/8 (Jodfilter).
[2]) Warentest 10/85. S. 38/41.

*Luftwäscher,* gemäß Abschnitt 334 ermöglichen eine direkte Berührung der Luft mit der Waschflüssigkeit, wobei die Reinigungswirkung aber nur für grobe Staubpartikel stattfindet; Fein- und Feinststäube müssen mit anderen Systemen abgeschieden werden. Jedoch Abscheidung von Gasen (z.B. $SO_2$) möglich.

*UV-Strahler,* eingebaut in Luftkanälen oder direkt im Raum, töten Keime, Mikroorganismen (Desinfektion, Sterilisation).

# 334 Luftwäscher

## -1 ALLGEMEINES[1])

In Sprühbefeuchtern, auch Luftwäscher oder Düsenkammer genannt, sowie in Riesel-Befeuchtern wird die Luft in ***direkte Berührung*** mit strömendem oder zerstäubtem Wasser gebracht, daher nicht nur Wärme-, sondern auch Stoffübertragung. Je nach der Temperatur des Wassers sind dabei beliebige Luftzustandsänderungen möglich: Erwärmung, Kühlung, Befeuchtung und Trocknung. Die Verhältnisse lassen sich am besten im $h,x$-Diagramm verfolgen. Dabei ist zu beachten, daß die jeweilige Zustandsänderung der Luft in Richtung nach dem Zustandspunkt gesättigter Luft von Wassertemperatur erfolgt. Ist der Luftzustand durch den Punkt $A$ (Bild 334-1) dargestellt, so verlaufen die Zustandsänderungen der Luft (bei großen Wassermengen) je nach der Wassertemperatur wie folgt:

Richtung $AB$ Erwärmung und Befeuchtung
Richtung $AC$ Abkühlung und Befeuchtung
Richtung $AD$ Abkühlung ohne Feuchteänderung
Richtung $AE$ Abkühlung und Entfeuchtung
Richtung $AF$ Adiabatische Zustandsänderung.

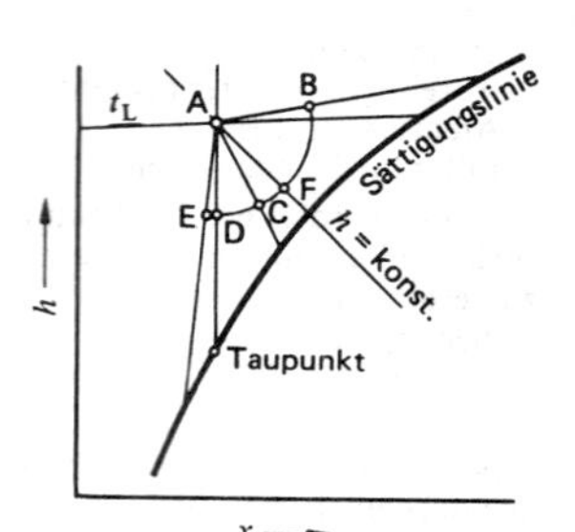


Bild 334-1. Zustandsänderungen der Luft im Luftwäscher bei verschiedenen Wassertemperaturen, dargestellt im $h,x$-Diagramm.

Auf diesen vielseitigen Möglichkeiten der Luftzustandsänderung beruht in der Hauptsache die häufige Verwendung von Luftwäschern in Klimaanlagen, wobei allerdings die adiabate Zustandsänderung (Befeuchtung und Abkühlung) der Luft die größte Bedeutung hat. Eine Waschung oder Reinigung der Luft, wie man aus dem Namen schließen könnte, findet dagegen in den Luftwäschern nur für grobe Staubteilchen und einige Gase statt, z.B. $SO_2$ (siehe unter Filter, Abschnitt 333), so daß die Bezeichnung Luftwäscher nur teilweise zutrifft.

Eine Nebenwirkung wird beim Luftwäscher noch durch eine gewisse elektrische Aufladung der Luft erreicht *(Lenard-Effekt).*

Hauptbauarten der Luftwäscher sind die Düsenbefeuchter und die Rieselbefeuchter. Geräte, die nur der Befeuchtung dienen, werden in Abschnitt 335-1 behandelt.

[1]) Ohlmeyer, H.: Klimatechn. 3/69. S. 16/22.
Rasch, H.: Klimatechn. 9, 10, 11, 12, 1970 und 1, 2, 3, 1971.
Hofmann, W. M.: HLH 1973. S. 41/6 und Kongreßbericht 1974.
Hartmann, P.: Diss. Zürich 1974.
Masuch, J.: LTG-Information 22 (12.78). S. 34/37 und 23 (5.79). S. 29/33.
Schartmann, H.: TAB 10/83. S. 825/30.
Fitzner, K.: Ki 11/84. S. 467/71.

## -2 BAUARTEN

### -21 Düsenbefeuchter (Bild 335-13)

In den Düsenbefeuchtern wird das Wasser durch Zerstäubungsdüsen zu einem dichten Nebel von Wassertröpfchen zerstäubt, durch den die Luft hindurchgefördert wird. Die Düsenkammern bestehen aus *Tank* und *Gehäuse*, beide meist aus sendzimierverzinktem Stahlblech, Edelstahl oder aus Kunststoff hergestellt, sowie mindestens einem Düsenstock und einer Pumpe. Bei sehr großen Anlagen werden Tank und Gehäuse auch gelegentlich aus Beton und Mauerwerk hergestellt. Der Tank hat eine Höhe von 300 bis 500 mm und ist mit Überlauf, Entleerung und Schwimmerhahn für den Wasserzufluß sowie Flößleitung zum Abschlämmen versehen. Das Gehäuse, das auf den Tank aufgesetzt wird, hat zwei Seiten- und eine Deckenfläche und wird von der Luft waagerecht bei 2 bis 3 m/s, in Sonderfällen (Hochgeschwindigkeitswäscher) bis 7 m/s Geschwindigkeit durchströmt. Die Pumpe, die das Wasser aus dem Tank ansaugt, ist meist neben dem Wäscher auf einem Sockel oder Konsol angebracht. Oft auch Flanschpumpe am Gehäuse, gelegentlich auch Tauchpumpe im Wassertank. Im Innern sind in einer oder zwei Ebenen die *Düsen* angebracht, denen das Wasser durch Sammel- und Verteilrohre zugeführt wird. Die Düsenrohre werden vorwiegend aus Kunststoff gefertigt und mit Bohrungen versehen, an denen die Düsen mit Montageschellen montiert werden.

Länge des Wäschers meist 1,5···3 m. Einbau oft saugseitig (bezogen auf den Ventilator), um Wasseraustritt bei eventuellen Undichtheiten des Gebäudes zu vermeiden, bei Industrieanlagen meist druckseitig. Wegen nachverdampfender feiner Wassertröpfchen hinter dem Tropfenabscheider Korrosionsschutz erforderlich.

Ansicht einer Düse Bild 334-6, mit Zerstäubungsspektrum in Bild 334-7. Die mittlere *Tropfengröße* beträgt hier bei 2,5 bar etwa 120···260 $\mu$m und die mittlere Tropfenoberfläche 230···350 cm²/cm³. Der Düsendurchmesser am Wasseraustritt beträgt hier 3 mm. Düsen auch mit Durchmesser bis 10 mm üblich, um Wartungsintervalle zu vergrößern. Für gleiche Befeuchtungswirkung jedoch wesentlich höherer Leistungsbedarf der Pumpe.

Die aus Messing, Kunststoff oder Edelstahl bestehenden Düsen sprühen entweder entgegen oder mit der Luft oder in beiden Richtungen. Abstand der Düsen voneinander etwa 150 bis 350 mm. Je nach Düsendurchmesser (3···10 mm ∅) pro m² 30···6 Düsen am Düsenstock. Die Düsen, von denen es viele Konstruktionen gibt, zerstäuben das mit einem Druck von 1,5 bis 2,5 bar Überdruck zugeführte Wasser aus 2 bis 10 mm großen Öffnungen zu einem mehr oder weniger dichten Regen oder Nebel von kleinen und kleinsten Wassertröpfchen. Am besten haben sich Exzenterdüsen bewährt. Wassermenge je Düse 0,15 bis 0,8 m³/h bei Düsendurchmessern 3 bis 8 mm und bei 2,5 bis 4,5 bar Wasserdruck. Die zerstäubte Wassermenge ändert sich mit der Wurzel des Wasserdrucks. Zu kleine Öffnungen verstopfen leichter. Wasserluftzahl etwa 0,3 bis 1,5 kg Wasser je kg Luft. Bei größeren Wassermengen sind zwei Düsenreihen zu verwenden.

Kleine Wasserluftzahl für Stoffaustausch (adiabate Befeuchtung), große Zahlen für Wärmeaustausch (Kühlwäscher) notwendig. Damit von der Luft keine Wassertröpfchen mitgerissen werden, wird am Ende des Wäschers ein Tropfenabscheider vorgesehen (Bild 334-2).

Dieser besteht meist aus zickzackförmig angebrachten Blechen mit überstehenden Kanten, die die Tröpfchen aus der Luft durch Prallwirkung abscheiden. Eine Konstruktion aus Kunststoff zeigt Bild 334-8. Tropfen unter 20···60 $\mu$m folgen jedoch der Luft. Sie verdunsten im Luftstrom sehr schnell, wenn der Salzgehalt des Wassers nicht zu hoch ist (Bild 334-9).

Auf der Lufteintrittsseite sind meist ebenfalls Tropfenabscheider (Gleichrichter) angebracht, um Tropfenaustritt bei ungleichmäßiger Luftströmung zu vermeiden.

Weitere Bestandteile des Wäschers sind eine dichtschließende Inspektionstür mit Beobachtungsfenster und eine wasserdichte Beleuchtung an der Decke, ferner ein Schwimmerventil zum automatischen Zusatz von Frischwasser.

Dient der Wäscher nur als *Naßluftkühler* (Kühlwäscher), so wird gekühltes Wasser benutzt (Kaltwassersatz, Brunnenwasser, Leitungswasser). Arbeitet dagegen der Wäscher als adiabater *Befeuchter*, so kann umlaufendes Wasser verwendet werden. Die Pumpe saugt das Wasser aus dem Tank an und fördert es durch die Verteilrohre zu den Düsen. An der Saugstelle ist ein geeignetes, gut wirkendes Siebfilter zur Reinigung des Wassers

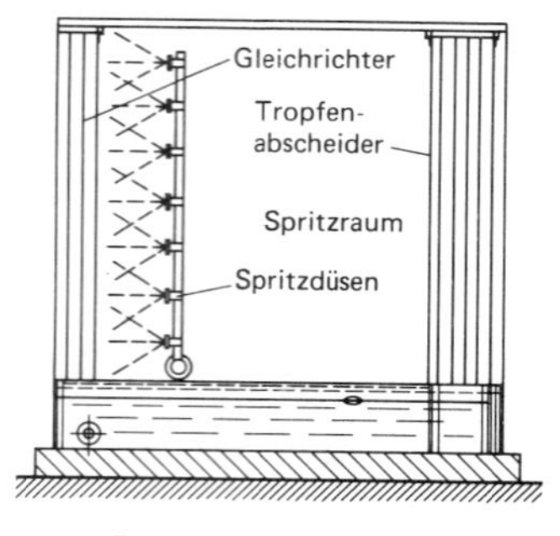


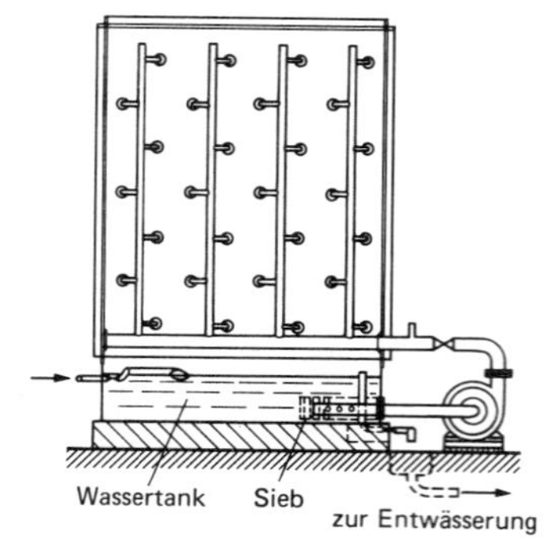


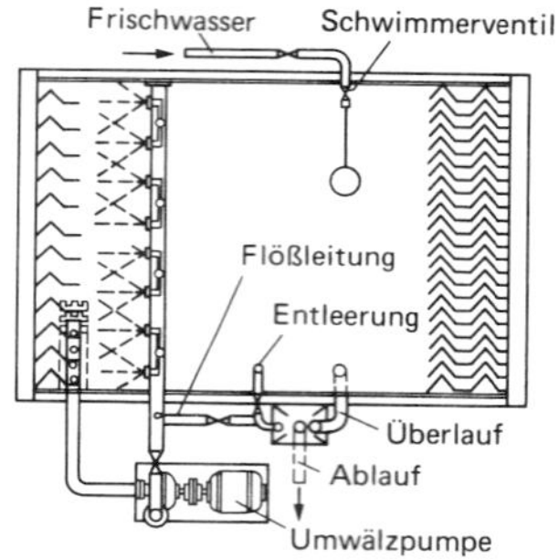


Bild 334-2. Düsenbefeuchter mit einer Düsenreihe.

Luftrichtung

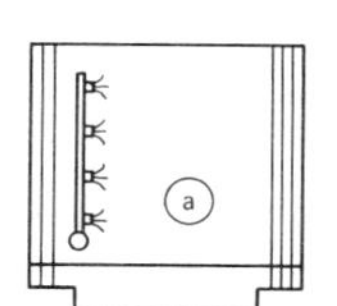


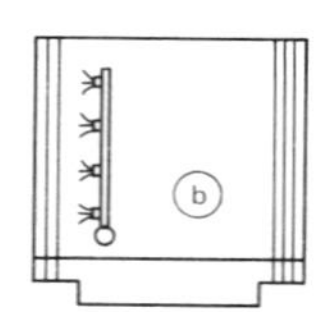


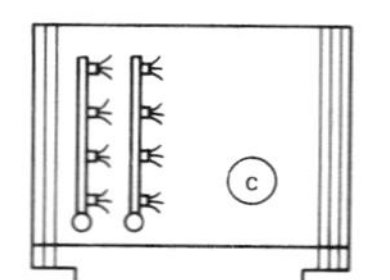


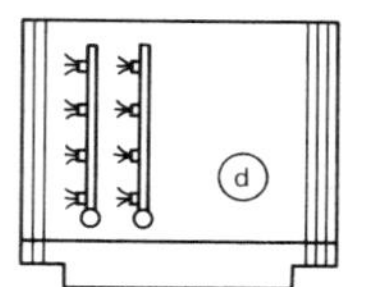


Bild 334-3. Bauarten von Düsenbefeuchtern.

a) eine Düsenreihe in Luftrichtung spritzend
b) eine Düsenreihe gegen Luftrichtung spritzend
c) zwei Düsenreihen in Luftrichtung spritzend
d) zwei Düsenreihen gegen Luftrichtung spritzend

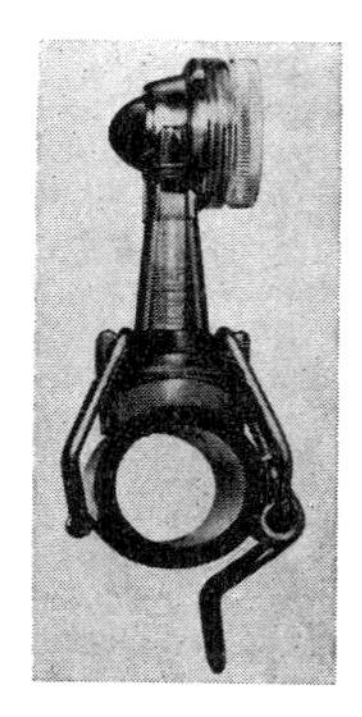

Bild 334-6. Zerstäubungsdüse für Luftwäscher (LTG).

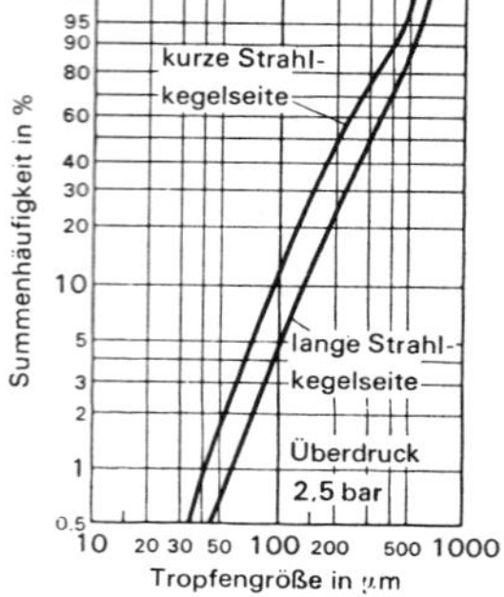


Bild 334-7. Zerstäubungsspektrum einer Düse (LTG, Düse SDA, 2,5 bar).

vorzusehen, da die Düsen empfindlich gegen Fremdkörper sind und leicht zur Verstopfung neigen. Für *Algen- und Bakterienbekämpfung* sind Spezialmittel im Handel (Acitol, Exal, Benzalkon u.a.). Dosierung beachten.

Der *Salzgehalt* des umlaufenden Wassers wird infolge der Verdunstung mit der Zeit immer größer und führt zu Steinbildung und Korrosion[1]). Daher muß mehr Frischwasser zugeführt werden als Wasser verdunstet, z.B. durch ein Schwimmerventil in der Frischwasserleitung und ständig offenem Abfluß auf der Pumpendruckseite (Flöß-Leitung) oder durch *Leitfähigkeitsmesser* im Kreislaufwasser, die bei Überschreiten einer max. Leitfähigkeit das Abschlämmventil öffnen. Berechnung der Abschlammwassermenge s. Abschnitt 335-18.

Auch chemische Verfahren sind üblich, z.B. Zusatz von Polyphosphaten mit geeigneten Dosiergeräten, wodurch die Steinbildung aufgehalten wird (Härtestabilisierung).

Ferner ist zu beachten, daß die im Wasser enthaltenen Salze bei der Zerstäubung in der Luft bleiben und sich in den klimatisierten Räumen als Staub niederschlagen. Abhilfe dagegen durch *Vollentsalzung* des Wassers. Dabei allerdings Korrosionsgefahr. Bei *Enthärtung* nach dem Ionenaustauschverfahren keine wesentliche Verbesserung, da Salze im Wasser bleiben. Bei staubempfindlichen Räumen Schwebstoffilter nach Düsenkammer zweckmäßig. Bei hoher Luftfeuchtigkeit über 90% jedoch Gefahr der Kapillarkondensation im Filtermedium beachten.

Schließlich hat der Salzgehalt auch einen Einfluß auf die Tropfenabscheidung, da er den Dampfdruck des Tropfens erniedrigt.

Die in der Luft mitgetragenen kleinen Tropfen, die den Tropfenabscheider passieren, benötigen dadurch mehr Zeit zum Verdampfen. Die Folge sind dann nasse Kanäle hinter dem Wäscher. Übliche Tropfenabscheider sind je nach Luftfeuchte hinter dem Wäscher bei 1000···1500 μS/cm dicht[2]) (Bild 334-9).

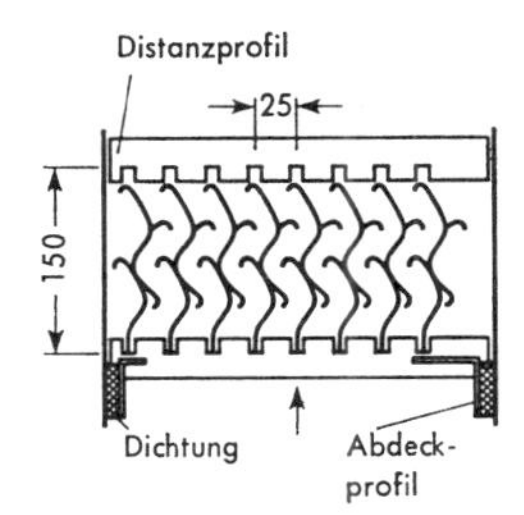


Bild 334-8. Tropfenabscheider aus Kunststoff (Euroform T200).

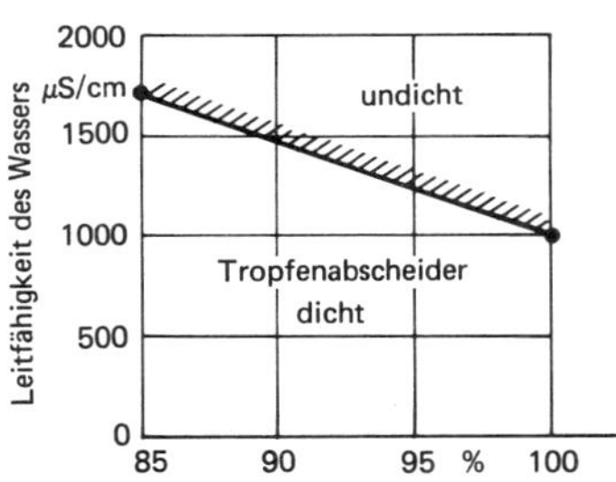


Bild 334-9. Anforderungen an den Salzgehalt des Wassers in Bezug auf die Tropfenabscheider nach [2]).

Empfohlene Grenzwerte für die Beschaffenheit des Sprühwassers in VDI-Richtlinie 3803 (11.86). Für die hier geforderte Keimzahl von max. 1000 Keimen/ml Wasser genügt i.a. ein 0,5···1facher stündlicher Wechsel des Wäscherwassers mit Trinkwasser.

Hygienisch bedenklich ist auch die mögliche Versprühung von *Keimen,* da der Wassertank eine Brutstätte für Mikroorganismen ist. Gemessene Werte 10000···1000000 Keime je ml. Daher ist regelmäßige Reinigung und Desinfektion des Wäschers wichtig.

Es gibt chemische Desinfektion[3]) oder UV-Entkeimung[4]). Durch automatische *Intervalldosierung* von Desinfektionsmitteln ist eine dauerhafte Keimfreiheit des Wäschers zu erreichen, ebenso mit *UV-Strahlen* vorzugsweise im Wassertank.

---

[1]) Kunze, H. J.: Kälte- und Klima-Prakt. 1971. S. 242/7.
Hofmann, W.-M.: Ki 1/77. S. 19/22.
Herre, E.: HLH 2/78. S. 75/6.
Scharmann, R.: Ki 12/78. S. 465/9.

[2]) Fitzner, K.: Ki 11/84. S. 467/71.

[3]) Grün, L., u. N. Pitz: Wkt 8/74. 4 S.
Scharmann, R.: Ki 4/79. S. 187/9.

[4]) Zwimpfer, W.: CCI 3/84. S. 48/9.

Gelegentlich werden auch *Heizwäscher* verwendet, bei denen den Düsen erwärmtes Wasser zugeführt wird.

Der *Luftwiderstand* eines normalen Wäschers hängt von der zerstäubten Wassermenge, der Luftgeschwindigkeit und insbesondere der Bauart der Tropfenabscheider ab und beträgt ca. 100···200 Pa bei 2,5···3,5 m/s Luftgeschwindigkeit.

In Komfortanlagen ist die Luftbefeuchtung durch Sprühbefeuchter energetisch günstiger als Dampfbefeuchtung. Daher wieder zunehmende Verwendung der adiabaten Sprühbefeuchter.

### -22 Rieselbefeuchter[1]) (s. auch Abschn. 335-12)

Hier wird die zu befeuchtende Luft mit einer möglichst großen und feuchten Oberfläche in Berührung gebracht, auf der das Wasser verdunstet. Im Gehäuse ist eine senkrecht, waagerecht oder schrägliegende Schicht von Füllkörpern, Raschigringen, Berlschen Sattelkörpern, Kunststoffröhren u. a. eingebaut, die von oben mit Wasser berieselt wird (Bild 334-10). Vollkegeldüsen berieseln schon bei geringen Drücken auch größere Flächen sehr gleichmäßig. Die Luft strömt durch den Luftwäscher mit einer Geschwindigkeit von 0,5···1,0 m/s. Ebenso wie bei den Düsenwäschern ist auch hier eine regelmäßige *Abschlämmung* bei Umlaufwasserbetrieb erforderlich, da sonst Kalkniederschlag an den Rieselflächen auftritt. Vorteilhaft ist der geringe Energieverbrauch der Pumpe. Pumpendrücke 0,2···0,5 bar (Wasser/Luftzahl ≈ 0,07). Kalkhaltige Wassertröpfchen werden nicht mit der Luft mitgeführt.

Eine andere Bauart zeigt Bild 334-11. Hier sind senkrechte, aus Glasfiber oder hygroskopischem Aluminiumblech oder Kunststoff bestehende Wandflächen vorhanden, die von oben mit Wasser berieselt werden. Kein Tropfenabscheider erforderlich. Erreichbarer Befeuchtungswirkungsgrad etwa 85···90% bei 2,5 m Luftgeschwindigkeit, bezogen auf die Ansichtsfläche. Umgewälzte Wassermenge etwa das 5- bis 10fache des Bedarfs. Geringe Baulängen, schnelles Ansprechen bei Ein- und Ausschaltung, geringer Pumpendruck (etwa 0,5 bar). Bei stark staubhaltiger Luft ist die Vorschaltung eines Staubfilters zweckmäßig.

Die Luftzustandsänderung im Rieselbefeuchter entspricht der des Sprühbefeuchters.

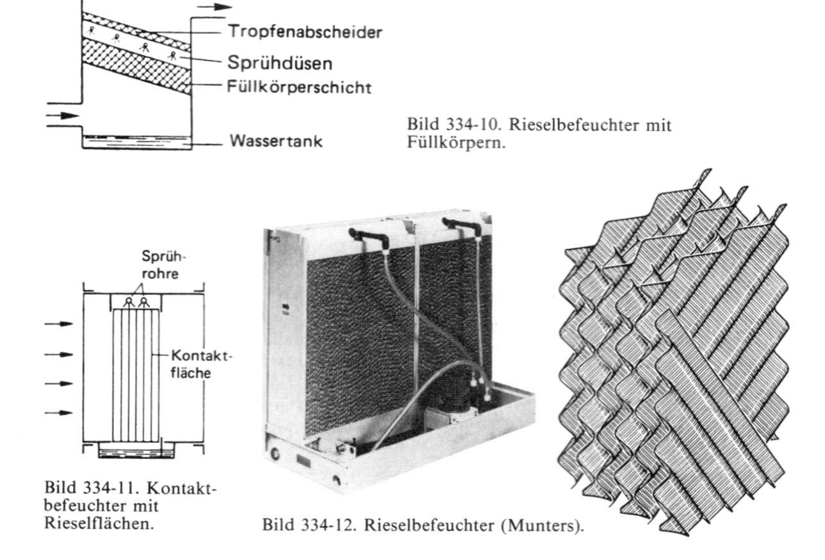


Bild 334-10. Rieselbefeuchter mit Füllkörpern.

Bild 334-11. Kontaktbefeuchter mit Rieselflächen.

Bild 334-12. Rieselbefeuchter (Munters).

[1]) Gruber, G.-H.: 5. Fachtagung Krankenhaustechnik, Hannover 1978. S. 289/202.
Holmberg, R., u. I. Josefsson: TAB 1/83. S. 47/9.

Neuerdings kombiniert man Filter und Befeuchtung zu *Luftbefeuchtungsfiltern*[1]). Aufbau entspricht Düsenbefeuchter; Tropfenabscheider werden jedoch durch Filterkassetten ersetzt. Baulänge 1,7 m. Ausströmgeschwindigkeit 2···3 m/s, Druckverlust 70···150 Pa. Befeuchtungsgrad je nach Düsenbestückung 65···90%, $SO_2$-Abscheidegrad 70···95%. Filterklasse EV5 (trocken) ··· E6 (naß). Auch als Kühlwäscher geeignet.

*Vorteile:*

Salze aus dem verdunsteten Wasser werden nicht mit dem Luftstrom fortgetragen, ebenso kein Durchgang von Grenztropfen, wie bei Abscheidern. Filterwiderstand wächst langsamer durch Staubauswaschung (Bild 334-13).

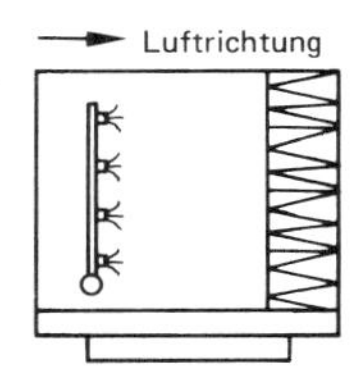


Bild 334-13. Luftbefeuchtungsfilter (Delbag).

## -3 WÄRME- UND STOFFÜBERGANG[2])

Die genaue Untersuchung des Wärme- und Stoffübergangs zwischen Luft und Wasser hängt von zahlreichen Faktoren ab, z.B. Zahl und Bauart der Düsen, Länge des Wäschers, Luftgeschwindigkeit, Wassermenge u.a. Eine Berechnung ist daher praktisch nicht möglich, so daß die nachstehend gegebenen Darstellungen nur für die jeweiligen Versuchsbedingungen zutreffen.

### -31 Düsenbefeuchter[3])

#### -311 Tropfenbewegung

Die Wassertröpfchen im Luftwäscher, die durchaus keine Kugelform zu haben brauchen, sind je nach Düsenart und Wasserdruck sehr unterschiedlich groß, etwa 0,05 bis 0,5 mm. Ebenso ist ihre Verweilzeit im Luftwäscher sehr verschieden und auch ihre Temperaturänderung.

Die *Bahnkurven* bei *Gleichstrom* gehen aus Bild 334-14 hervor. Große Tropfen folgen mehr oder weniger den Fallgesetzen, ehe sie auf die Wände auftreffen, während kleine Tropfen mit der Luft mitgeführt werden.

Beim *Gegenstrom* ist die Bewegung großer und kleiner Tröpfchen ebenfalls sehr verschieden. Die kleinen Tröpfchen kehren ihre Flugrichtung bereits nach kurzer Wegstrecke um, während die großen einen längeren Weg gegen die Luftrichtung zurücklegen.

#### -312 Zustandsänderung im *h, x*-Diagramm

Bild 334-15 zeigt die Zustandsänderung für einen adiabaten sowie mehrere Kühl- und Heizwäscher im Gleichstrombetrieb. Beim *adiabaten Wäscher* ändert sich der Luftzustand annähernd längs den *h*-Linien bei konstanter Temperatur des Wassers. Beim *Kühl- und Heizwäscher* ist die Zustandsänderung der Luft anfangs auf den Schnittpunkt der Wassereintrittstemperatur mit der Sättigungslinie gerichtet und ändert sich anschließend in Richtung auf die Kühlgrenztemperatur, so daß eine gekrümmte Kurve entsteht.

---

[1]) Soethout, F.: Ki 6/86. S. 240/4.
[2]) Fekete, I.: HLH 1968. S. 142/4.
Schreiber, R.: Luft- und Kältetechn. 1968. Nr. 3. S. 99/104.
[3]) Wittorf, H. N.: Diss. Aachen 1968 u. Kältetechn. 1970. S. 153/61.
Hoffmann, H. J.: Wkt 1970. S. 165/7.
Seng, G.: HLH 1972. S. 143/6.
Susmanowitsch, L. M.: Luft- u. Kältetechnik 18 (1972). S. 59/64.
Hoffmann, H.-J., u. R. Ulbrich: Ki 11/73. S. 39/42.
Moog, W.: HLH 7. u. 8./76.
Amonn, W.: Diss. Aachen 1977.
Amer, A. A.: Ki 10/77. S. 337/40.
Kaludjercic u. Demirdzic: Ges.-Ing. 9/78. 9 S. u. HLH 12/84. S. 575/85.
LTG-Lufttechn. Informationen Nr. 22. 12/78. S. 34/7. und 23. 5/79. S. 29/33.

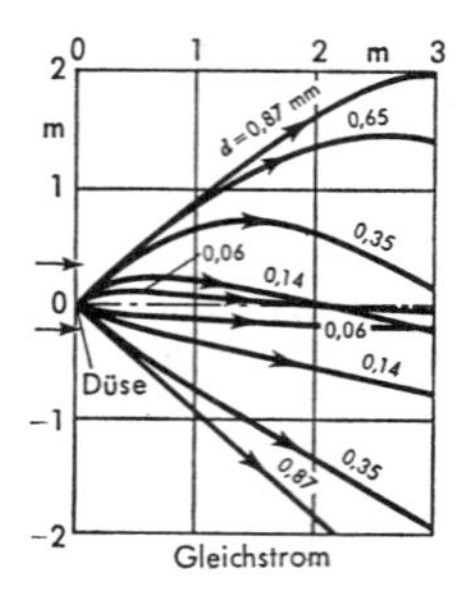


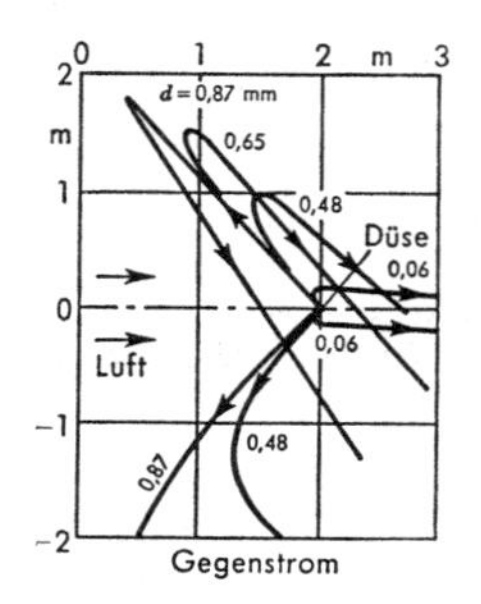


Bild 334-14. Berechnete Tropfenbahnkurven (nach Wittorf) bei Gleichstrom- und Gegenstrombetrieb; Luftgeschwindigkeit 2,5 m/s ($d$ = Tröpfchendurchmesser). Senkrechter Wäscherschnitt.

Luftrichtung

Bild 334-13. Luftbefeuchtungsfilter (Delbag).

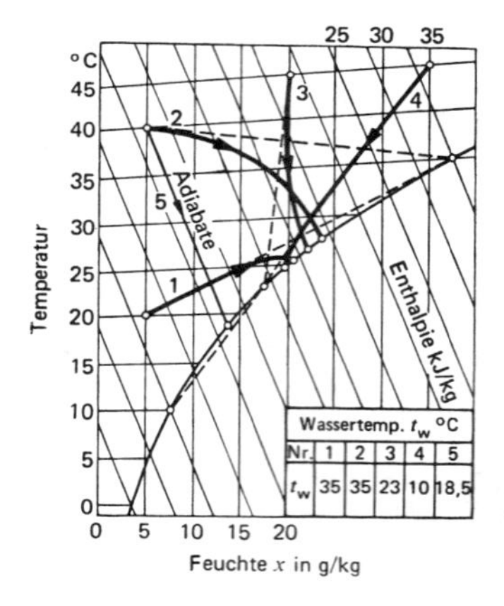


Bild 334-15. Zustandsänderung der Luft im $h, x$-Diagramm beim adiabaten, Kühl- und Heizwäscher bei verschiedenen Anfangswerten der Luft.

Die *Enthalpieänderung* der Luft erfolgt sehr schnell bereits innerhalb einer Strecke von ca. 0,5 m nach den Düsen, während die Feuchteänderung wesentlich längere Wäscherstrecken erfordert. Kühl- und Heizwäscher können daher kürzer als Befeuchtungswäscher gebaut werden.

Im adiabaten *Gegenstrombetrieb* kommt die Luft am Anfang mit bereits etwas erwärmten Tropfen in Berührung. Daher ist ihre Zustandsänderung auf eine höhere Temperatur als die Wassereintrittstemperatur gerichtet.

### -313 Enthalpieänderung der Luft

Die Enthalpieänderung der Luft beim Austauschvorgang ist genauso groß wie die Enthalpieänderung des Wassers. Die allgemeine Gleichung für den Enthalpieaustausch lautet (nach Merkel):

$$L \cdot dh = \sigma \cdot dA \cdot (h - h'') = \dot{m} \cdot c \cdot d\vartheta$$

$L$ = Luftmassenstrom kg/h
$\dot{m}$ = Wassermassenstrom kg/h
$dh$ = Enthalpieänderung der Luft kJ/kg
$\sigma$ = $\alpha/c$ = Verdunstungszahl kg/m²h
$A$ = Oberfläche m²
$h$ = Enthalpie der Luft kJ/kg
$h''$ = Enthalpie gesättigter Luft mit Wassertemperatur kJ/kg
$d\vartheta$ = Temperaturänderung des Wassers K

Für einen kleinen Temperaturbereich kann man die Sättigungslinie linearisieren und die Temperaturänderung des Wassers durch die Enthalpieänderung gesättigter Luft mit Wassertemperatur ersetzen: $dh'' = b \cdot d\vartheta$. Zwischen 5 und 15 °C ändert sich z. B. $b$ (Steigung der Sättigungslinie) von 200 auf 290.

Durch Integration der Gleichung für $L \cdot dh$ erhält man theoretisch Formeln zur Errechnung des Endzustandes der Luft, die jedoch für praktische Verwendung unzweckmäßig sind.

Anschließend wird für adiabate Wäscher ein vereinfachtes Verfahren gebracht, das in Anbetracht der zahllosen Veränderlichen im Rahmen der Meßgenauigkeit für die heute gebräuchlichen Wäscher genügend genaue Ergebnisse zeigt. Vorausgesetzt ist dabei eine Luftgeschwindigkeit von 2,5 m/s, eine Düsenreihe, ein Wasserdruck vor den Düsen von ≈2 bar Überdruck und eine Wäscherlänge von ≈2 m.

### -314 Der adiabate Wäscher

Da die Wassertemperatur hierbei konstant ist, kann man entsprechend den allgemeinen Gleichungen für Wärmeaustauscher den Befeuchtungsgrad der Luft wie folgt darstellen:

$$\eta = \Delta x/\Delta x_a = 1 - e^{-\mu k}$$

$\Delta x_a$ = Feuchtedifferenz bis zur Kühlgrenze g/kg
$\mu$ = Wasserluftzahl = kg Wasser/kg Luft
$k$ = Konstante ($= \sigma^{A/L}$)

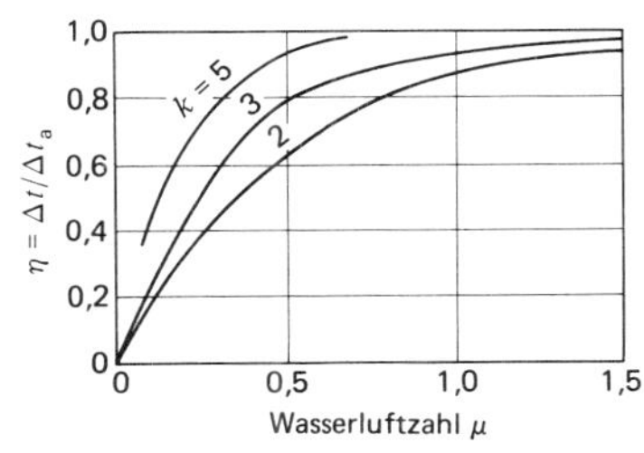


Bild 334-17. Temperaturänderung der Luft im Luftwäscher als Funktion der Wasserluftzahl bei adiabater Befeuchtung und Gleichstrom (nach Wittorf).

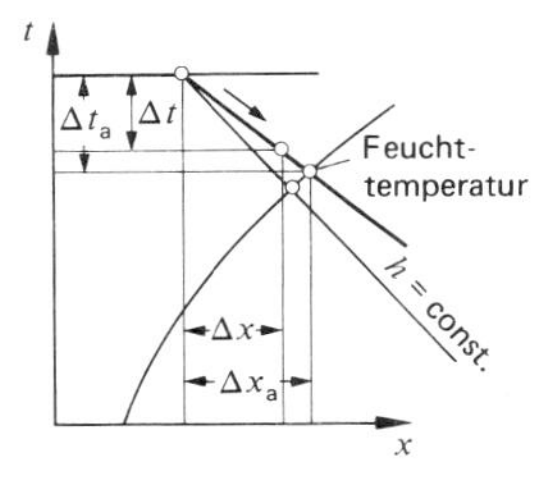


Bild 334-18. Zustandsänderung der Luft bei adiabater Befeuchtung im $h,x$-Diagramm.

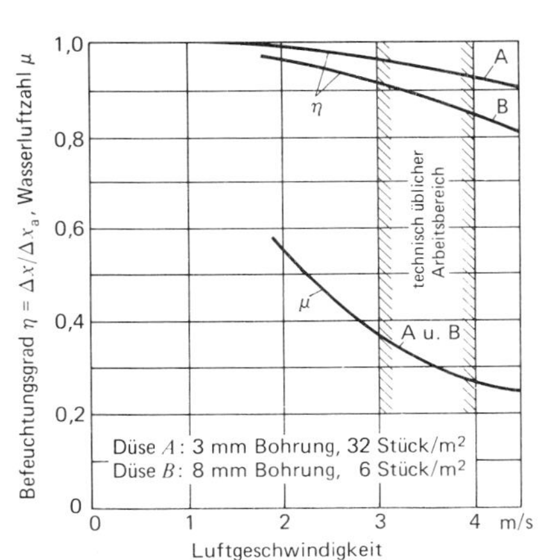


Bild 334-19. Befeuchtungswirkungsgrad von handelsüblichem Sprühbefeuchter, bei verschiedener Düsenbohrung und gleicher Wasserluftzahl. Wäscherlänge 3 m, Düsenüberdruck 2,5 bar, ein Düsenstock gegen Luftrichtung spritzend.

Auch der Ausdruck *Befeuchtungswirkungsgrad* ist für $\Delta x/\Delta x_a$ gebräuchlich. Der Betrag von $k$ muß für einen bestimmten Wäscher durch Versuche ermittelt werden. Er ist ziemlich unabhängig von den Eintrittsbedingungen von Wasser und Luft sowie von der Wasser-Luftzahl und hat für $\mu < 0{,}2$ etwa Werte von 2 bis 8. Im übrigen jedoch hängt er von mehreren Parametern ab, z. B. Luftgeschwindigkeit, Wäscherlänge, Düsenbauart u. a. Annähernd kann man für $\Delta x/\Delta x_a$ auch das Verhältnis $\Delta t/\Delta t_a$ setzen, wobei $\Delta t_a$ die Temperaturdifferenz bis zur Kühlgrenze ist. Der Unterschied zwischen beiden Werten ist gering und kann praktisch vernachlässigt werden. Der Wert von $\Delta t/\Delta t_a$ ist im Bild 334-17 und -18 dargestellt.

Der Befeuchtungsgrad $\eta$ ist für handelsübliche Sprühbefeuchter in Bild 334-19 angegeben. Es haben sich in der Praxis sowohl Düsen mit großer Bohrung (8 mm ∅) als auch mit kleiner Bohrung (3 mm ∅) durchgesetzt. Bei adiabater Befeuchtung in *Komfortanlagen* bevorzugt man die große Bohrung wegen geringer Wartung. Der geringere Befeuchtungsgrad wird in Kauf genommen ($\eta = 87\%$ bei $\mu = 0{,}3$). Bei *Industrie-Klima-Anlagen* mit adiabater Kühlung wird die kleine Bohrung wegen kleinerer Luftmenge und damit kleineren Ventilatorenergieverbrauchs gewählt ($\eta = 95\%$ bei $\mu = 0{,}3$). In beiden Fällen sind Wasserluftzahlen von $\mu \approx 0{,}3$ üblich. Nur bei Kühl- und Heizwaschern werden zwei Düsenstöcke und höhere Werte $\mu = 1 \cdots 2$ benötigt.

## -4 ANWENDUNG

Gemäß Bild 334-1 ist im Sprühbefeuchter sowohl Stoff- als auch Wärmeaustausch möglich. Der Luftwäscher ist daher bei gleichzeitiger Erwärmung oder Abkühlung der Luft je nach Wassertemperatur sowohl als *Befeuchter* wie auch *Entfeuchter* verwendbar.

### -41 Luftwäscher als Befeuchter

Ist die Temperatur des Wassers *höher* als der Taupunkt der Luft, wird die Luft beim Durchgang durch den Wäscher befeuchtet. Befeuchter arbeiten im allgemeinen mit umlaufendem Wasser, wobei das Wasser die Naßkugeltemperatur der Luft annimmt. Der Grad der Befeuchtung läßt sich auf verschiedene Weise beeinflussen. Siehe auch Abschnitt 335-1.

#### -411 Spritzwasserregelung

Durch ein auf der Druck- oder Saugseite der Umwälzpumpe befindliches Drosselventil wird die zerstäubte Wassermenge entsprechend dem gewünschten Befeuchtungsgrad verändert (Bild 334-21a). Der Befeuchtungsgrad kann dabei bis auf etwa 30% gesenkt werden. Darunter hört die Befeuchtung fast ganz auf, weil die Spritzgrenze der Düsen unterschritten wird. Daher oft Aufteilung der Düsen in zwei Düsenstöcke mit je einem Ventil. Drehzahlregelung der Pumpe wird manchmal auch eingesetzt. Energieersparnis gegenüber Drosselregelung.

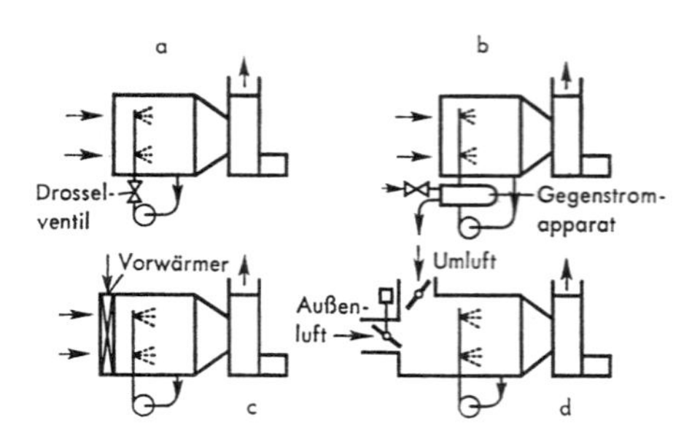


Bild 334-21. Verschiedene Luftwäscherschaltungen zur Regelung der Luftbefeuchtung (Winterbetrieb).

#### -412 Erwärmung des Wassers

Im Wassertank wird eine Heizrohrleitung eingebaut oder besser, da schneller wirksam und weniger träge, wird in die Druckrohrleitung der Umwälzpumpe ein Gegenstromapparat eingeschaltet, der an die Heizmittelleitung angeschlossen wird (Bild 334-21b).

**-413 Vorwärmung der Luft**

Vor dem Wäscher wird ein Lufterhitzer eingebaut, durch den die Luft vor dem Eintritt in den Wäscher mehr oder weniger stark erwärmt wird. Im Wäscher folgt dann adiabate Zustandsänderung der Luft (Bild 334-21c). Wird häufig angewandt, aber ungünstiger Energieverbrauch.

**-414 Mischung von Außenluft und Umluft**

Die aus dem Freien angesaugte, kalte, trockene und die warme, bereits befeuchtete Raumluft werden derart miteinander gemischt, daß durch die adiabate Abkühlung des Gemisches im Wäscher die gewünschte Befeuchtung erzielt wird (Bild 334-21d).

## -42 Luftwäscher als Entfeuchter und Kühler

Liegt die Wassertemperatur *unterhalb* des Taupunktes des gewünschten Luftzustandes, wird die Luft im Wäscher entfeuchtet und gekühlt, wobei der Entfeuchtungs- und der Kühlgrad auf verschiedene Weise beeinflußt werden können.

**-421 Drosselung der Kühlwassermenge**

Das den Zerstäubungsdüsen zuzuführende Kühlwasser wird auf der Saugseite der Wäscherpumpe durch ein Dreiwegeventil angesaugt, durch das Kühlwasser und Umlaufwasser gemischt werden. Je nach der gewünschten Kühlwirkung wird mehr oder weniger Kühlwasser angesaugt (Bild 334-22a).

**-422 Kühlung des Umlaufwassers**

In den Pumpenkreislauf wird ein Gegenstromkühler eingeschaltet, der das Zerstäubungswasser nach Bedarf kühlt (Bild wie 334-21b).

**-423 Vorkühlung der Luft**

Vor dem Luftwäscher wird ein Oberflächenkühler eingebaut, durch den die Luft zunächst vorgekühlt wird, worauf anschließend im Wäscher bei umlaufendem Wasser die adiabate Zustandsänderung erfolgt (Bild 334-22b).

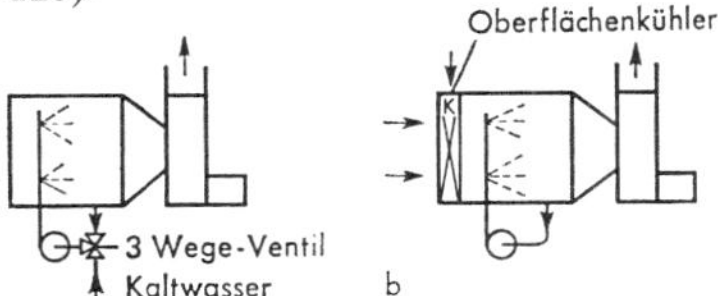


Bild 334-22. Verschiedene Luftwäscherschaltungen zur Regelung der Luftentfeuchtung und Kühlung (Sommerbetrieb).

## -43 Luftwäscher als Be- und Entfeuchter

Im allgemeinen sind die Luftwäscher das ganze Jahr über in Betrieb und sollen je nach den Außenluftverhältnissen die Luft teils befeuchten, teils entfeuchten und kühlen. In diesem Fall kommen dann Kombinationen der oben aufgeführten Anordnungen zur Verwendung, wovon zwei Beispiele angegeben seien:

**-431 Luftwäscher mit Vorwärmer und Kühlwasser-Dreiwegeventil**

Beim Winterbetrieb wird die angesaugte Luft im Vorwärmer je nach Stärke der Befeuchtung vorgewärmt, beim Sommerbetrieb tritt durch das Dreiwegeventil Kühlwasser in die Umwälzpumpe ein (Bild 334-23a). Häufige Anwendung.

**-432 Luftwäscher mit Außenluft-Umluft-Klappe und Vorkühler**

Der Befeuchtungsgrad im Winter wird durch Mischung von Außen- und Umluft gesteuert, während die Kühlung im Sommer durch einen Oberflächenkühler erfolgt (Bild 334-23b).

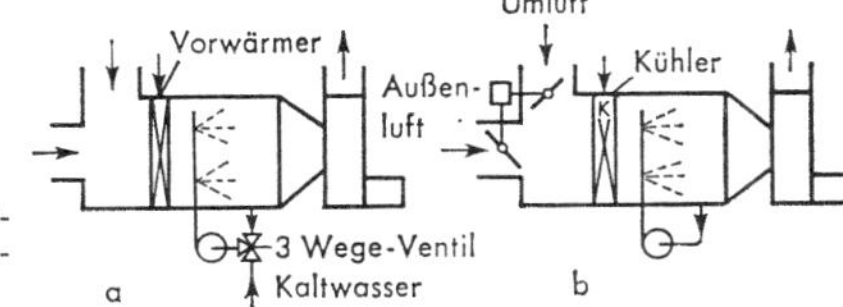


Bild 334-23. Verschiedene Luftwäscherschaltungen für Sommer- und Winterbetrieb.

### -44 Nachteile und Vorteile

*Nachteile* des Luftwäschers:

Erheblicher Platzbedarf, namentlich bei Sprühbefeuchtern;
Eindickung des Wassers mit Salzen;
mögliche Anreicherung von Bakterien, Algen, und damit Geruchsbelästigung;
individuelle Wasseraufbereitung erforderlich, evtl. mit Zudosierung eines Desinfektionsmittels;
daher sorgfältige Wartung wichtig.

*Vorteile:*

Billige Kühlung durch Verdunstung.
Bei Anlagen mit Wärmerückgewinnung energetisch günstigere Befeuchtung als mit Dampf.

## 335 Be- und Entfeuchtung

### -1 BEFEUCHTUNG[1])

Die Befeuchtungsvorrichtungen haben die Aufgabe, der Raumluft Feuchtigkeit zuzuführen und damit deren absoluten Wassergehalt zu erhöhen. Sie werden sowohl in Industrieanlagen, namentlich der Textil- und Tabakindustrie, als auch in Komfortanlagen benutzt und haben je nach Verwendungszweck sehr verschiedene Ausführungsformen. Siehe auch Abschnitt 334 (Sprühbefeuchter) und Abschnitt 343 (Befeuchtungsgeräte).

### -11 Verdampfung[2])

Die einfachste Vorrichtung besteht darin, der Luft die gewünschte Feuchtigkeit in Form von *Dampf* zuzufügen. Die Zustandsänderung erfolgt bei der Darstellung im $h,x$-Diagramm in Richtung $dh/dx = h_D$ ($h_D$ = Wärmeinhalt des Dampfes) (Bild 335-1), also z. B.

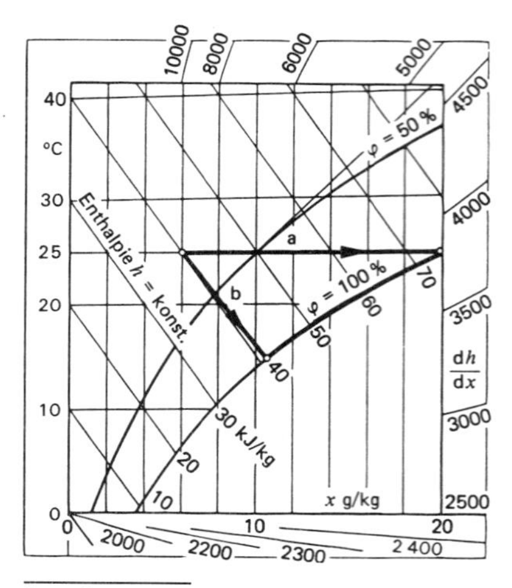


Bild 335-1. Zustandsänderung der Luft bei Befeuchtung, dargestellt im $h,x$-Diagramm.
a) Zusatz von Dampf,
b) Verdunstung von Wasser

[1]) Hofmann, W.-M.: Kongreßbericht 1974. Siehe auch Abschnitt 343.
Siehe auch Abschn. 334: Sprühbefeuchter.
Socher, H.-J.: TAB 12/82. S. 939/43.
Schartmann, H.: TAB 10/83. S. 825/30.
[2]) Hofmann, W.-M.: Ki 6/74. S. 235/8.
Iselt, P.: Ki 6/79. S. 275/80.

bei Dampf von 1 bar mit einer geringen Temperaturerhöhung. Der Dampf kann direkt aus der Dampfleitung einer Heizung entnommen werden oder besser in besonderen Verdampfern erzeugt werden. Im ersten Fall besteht manchmal die Gefahr, daß die Luft nicht vollkommen geruchsfrei ist. Der Dampf muß insbesondere frei von *Hydrazin* sein. Ferner ist darauf zu achten, daß die Dampfleitung einwandfrei entwässert ist, am besten durch mechanische Glocken- oder Kugelschwimmer. Die Befeuchtungsstrecke muß genügend lang sein oder die Verteilung über dem Luftkanal genügend fein sein, damit der Dampf in der Luft homogen verteilt wird. Anderenfalls Kondensatanfall. Geräte siehe Abschnitt 343.

### -12 Verdunstung (s. Abschnitt 334-22)

Verdunstung liegt vor, wenn Wasserdampf bei Temperaturen $<100\,°C$ aus der Wasseroberfläche oder aus befeuchteten Flächen in die Luft diffundiert *(Kontakt- oder Riesel-Befeuchter)*. Die Verdunstung ist desto größer, je höher die Wasser- und Lufttemperatur sowie die Luftgeschwindigkeit sind (siehe auch Abschnitt 135-25).

Als Befeuchtungselemente werden meist *Kunststoffmatten* verwendet, die entweder schräg wie bei Filtern angeordnet oder auf eine Trommel aufgezogen werden. Befeuchtungswasser muß aufbereitet werden, da sonst die Matten verkalken (Bild 335-2). Erreichbare Wirkungsgrade etwa 50···80%. Hoher Wartungsaufwand, da begrenzte Lebensdauer der Matten.

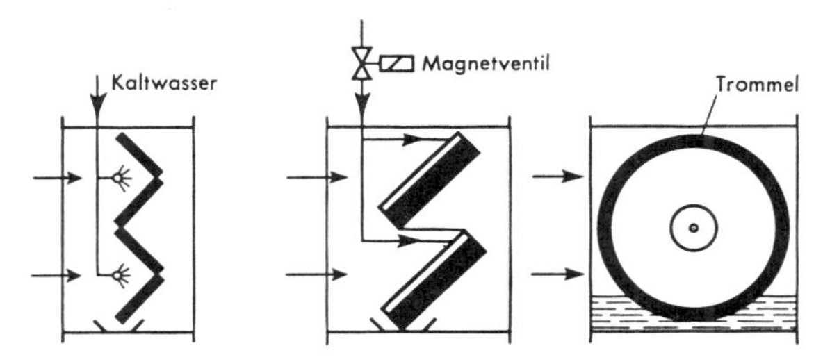


Bild 335-2. Befeuchtung mit Kunststoffmatten.

### -13 Wasserzerstäubungsdüsen (s. Abschnitt 334-21)

Eine sehr einfache Ausführungsart der Befeuchtung besteht darin, Wasser mit Düsen zu zerstäuben. Je nach Druck und Düsenbauart zerstäubt das Wasser in kleine und kleinste Tröpfchen, die in der Luft verdampfen. Die zur Verdampfung erforderliche Wärme wird der Luft entzogen, die sich dabei also abkühlt. Kleine Düsen erzielen bei hohen Drücken einen großen Nebelanteil (2···10 l/h je Düse bei 10 bar); größere Düsen und geringere Drücke führen zu größerer Zerstäubung (10 bis 100 l/h je Düse bei 2 bar Überdruck). Nur ein geringer Teil des Wassers wird zu sehr kleinen Tropfen zerstäubt (Bild 334-7). Es ist daher Vorsorge zu treffen, daß das überschüssige Wasser ablaufen oder bei Anwendung einer Pumpe wieder verwendet werden kann.

### -14 Druckluft-Wasserzerstäubungsdüsen[1])

Bei Verwendung von Druckluft dagegen läßt sich Wasser fast *tropfenfrei* zerstäuben, indem die zerstäubten feinsten Tröpfchen schnell in der Luft verdunsten. Druck der Luft 0,5 bis 1,5 bar Überdruck bei 300 bis 500 m/s Luftgeschwindigkeit. Das vorher filtrierte Wasser wird durch den Druckluftstrom angesaugt. Dadurch kein Nachtropfen beim Abstellen der Anlage. Anbringung der Düsen direkt im Raum, der dabei von einem Rohrnetz für Druckluft und Wasser durchzogen ist. Leistung der Düsen 0,01 bis 0,5 l/min. Luftverbrauch je nach Feinheit der Zerstäubung 3 bis 6 $m^3$/h. Bequeme Regelmöglichkeit durch An- und Abstellen der Druckluft mittels Feuchteregler. Beispiel einer Druckluft-Wasserzerstäubungsanlage Bild 335-3 sowie einer Düse Bild 335-4. Gefahr der Tropfenbildung durch Verstauben oder Verkalken der Düse. Hoher Energieaufwand.

[1]) Socher, H.-J.: TAB 6/87. S. 495/8.

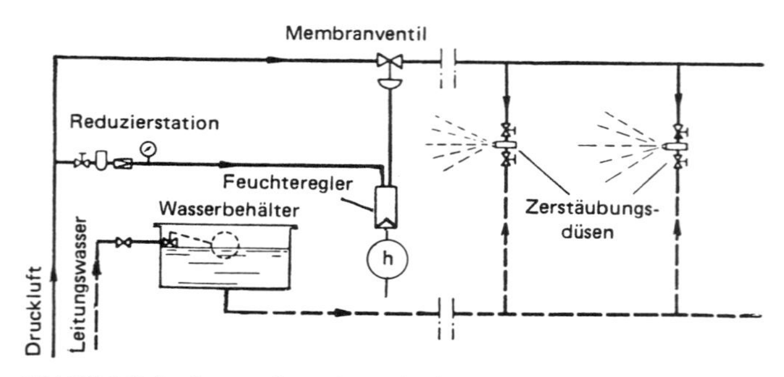


Bild 335-3. Befeuchtungsanlage mit Druckluft-Zerstäubungsdüsen.

## -15 Mechanische Zerstäuber – Scheibenzerstäuber

Sie verwenden eine horizontal oder vertikal mit hoher Geschwindigkeit umlaufende Scheibe, von der das Wasser als möglichst feiner Film abgeschleudert wird. Keine Druckluft erforderlich und kein Wasser von hohem Druck, jedoch Ablaufwasseranschluß. Meist in Textilindustrie (hauptsächlich Weberei) verwendet, häufig mit Übersättigung (Bild 343-18 u. -20 sowie 335-9).

## -16 Ultraschallzerstäuber

Tropft Wasser auf eine mit Ultraschall (> 20 kHz) schwingende Membran, wird ein feines Tropfenspektrum erzeugt. Energieaufwand bei größerer Leistung gering. Investitionskosten jedoch hoch, bezogen auf zerstäubte Wassermenge. Bisher nur für kleine Einheiten in Praxis eingeführt *(Wohnraumluftbefeuchter)*. Bild 335-5 zeigt eine neue Entwicklung für größere Wassermengen bis 150 kg/h bei 20 kHz Arbeitsfrequenz und 40 $\mu$m häufigster Tropfengröße.

Energieverbrauch pro kg/h zerstäubte Wassermenge:

Ultraschall, kleine Menge 0,4 kg/h (Mitsubishi) .................. 100 W pro kg/h
Ultraschall, große Menge, 150 kg/h (Batelle)....................... 1 W pro kg/h
zum Vergleich: Sprühbefeuchter (Bild 334-19).................... 10 W pro kg/h

*Tropfengröße* variiert mit der Schwingfrequenz (Bild 335-6)

## -17 Übersättigung

Eine etwas vergrößerte Kühlleistung der Luft erreicht man, wenn man die Luft *übersättigt* in den zu kühlenden Raum eintreten läßt. Die Luft ist dabei zu 100% gesättigt und enthält außerdem Wasser in Form fein verteilter Tröpfchen (Nebel). Vorgang im $h,x$-Diagramm siehe Bild 335-8.

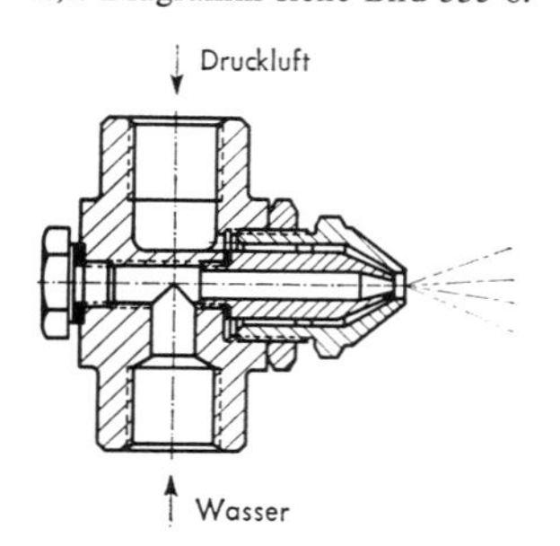


Bild 335-4. Mit Druckluft betriebene Wasserzerstäubungsdüse (Lechler).

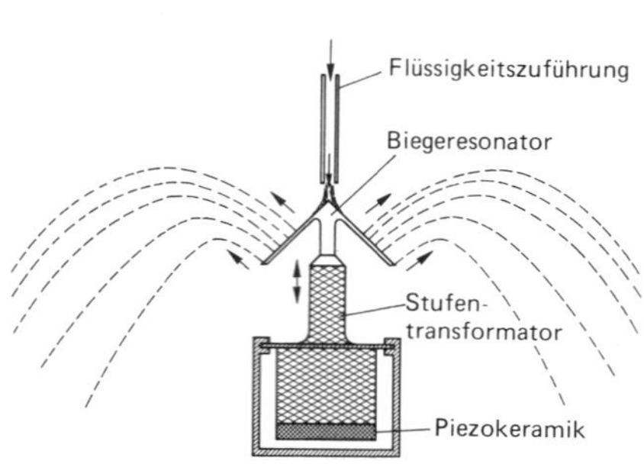


Bild 335-5. Ultraschall-Kapillarwellen-Zerstäuber mit konischem Biegeresonator (Lechler).

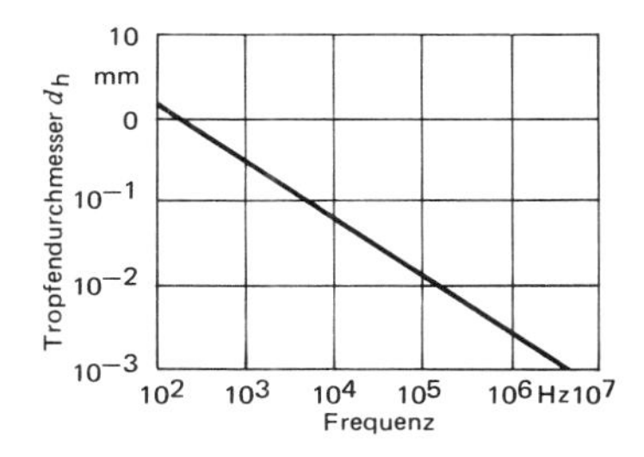


Bild 335-6. Frequenzabhängigkeit des häufigsten Tropfendurchmessers $d_h$ bei Wasserzerstäubung durch Ultraschall.

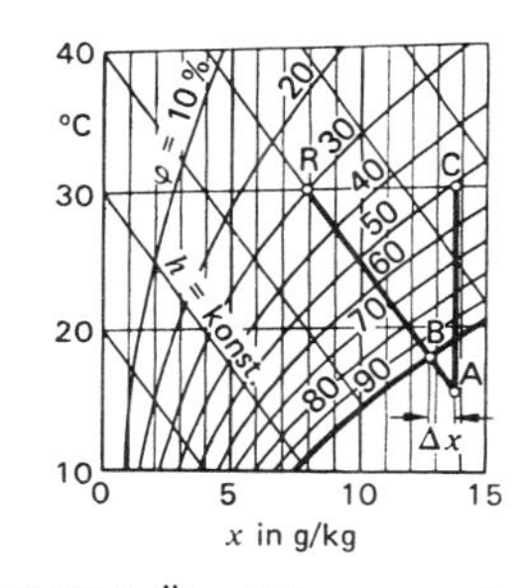


Bild 335-8. Übersättigungsprozeß im $h, x$-Diagramm.

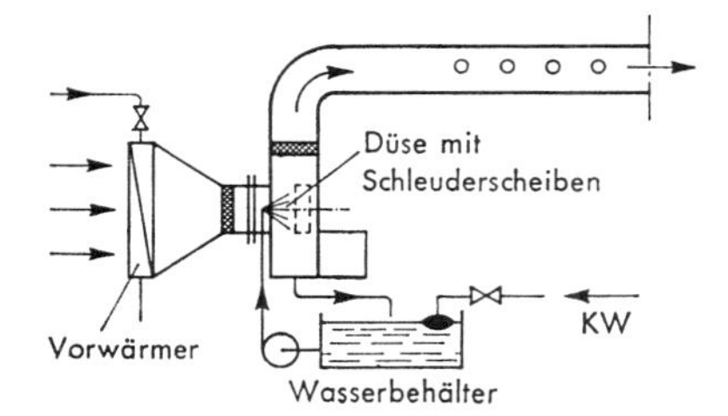


Bild 335-9. Schema einer Übersättigungsanlage.

Die Wassermenge $\Delta x = x_A - x_B$ verdunstet erst, wenn mehr Wärme zur Verfügung steht, d. h. wenn sie mit der warmen Raumluft in Berührung kommt.

Praktisch erreicht man die Übersättigung vorzugsweise bei den mechanischen Zerstäubern, aber auch bei Sprühbefeuchtern dadurch, daß man keine Tropfenabscheider hinter dem Zerstäuber vorsieht (Bild 335-9). Dabei sehr kleine Tröpfchengrößen, die im Raum schnell verdampfen. Luftkanäle müssen wasserdicht sein und mit Gefälle verlegt werden, Auslässe mit Tropfenabscheidern ausgerüstet sein. Maximal ca. $\Delta x = 1$ g/kg erreichbar. Anwendung nur bei Industrieklimaanlagen.

## -18 Wasseraufbereitung[1])

Bei *Verdampfungs- und Verdunstungsanlagen* erfolgt durch die ständige Wasserabgabe eine allmähliche Erhöhung des Salzgehaltes des Zulaufwassers (Eindickung). Durch die Carbonatsalze ergibt sich Steinbildung, durch die Chloride Korrosion.

*Abhilfe:* Bei Carbonathärten unter 10 d Phosphatimpfung des Zusatzwassers, wodurch Carbonate länger in Lösung gehalten werden. Bei höheren Carbonathärten vorherige Enthärtung. Außerdem Abführung einer bestimmten Wassermenge aus dem Kreislauf (Absalzung), etwa nach der Gleichung:

$$\frac{\text{Absalzwassermenge } W_a}{\text{Verdunstete Wassermenge } W_d} = \frac{s}{S - s}$$

s = Härte des Zusatzwassers
S = Härte des Umlaufwassers

*Beispiel:*

s = 15 *d*
S = 20 *d* bei Phosphatzugabe

$$\frac{W_a}{W_d} = \frac{15}{20 - 15} = 3{,}0.$$

Bei *Zerstäubungsanlagen* werden die Salze des Wassers mit der Luft fortgetragen und im Raum abgesetzt. Abhilfe nur durch volle Entsalzung des Wassers z. B. nach dem Ionenaustauschverfahren möglich, wenn staubfreie Luft verlangt wird.

[1]) Ohlmeyer, M.: Klimatechn. 11/1971. S. 10/21.

## -2 ENTFEUCHTUNG[1]) (siehe auch Abschn. 344)

Für die Entziehung von Feuchtigkeit aus der Luft bestehen zwei grundsätzlich verschiedene Methoden:

*Kühlung* der Luft mit Wasserausscheidung.

*Absorption* des Wassers durch Absorptionsstoffe.

### -21 Kühlung

Bei dieser Art der Lufttrocknung wird die Luft mit einem genügend kalten Kühlmittel so stark gekühlt, daß sich das Wasser aus der Luft ausscheidet. Der Luftentfeuchtungsprozeß ist also gleichzeitig ein Luftkühlprozeß und daher bereits bei dem Oberflächenkühler (Abschn. 332-4) und Luftwäscher (Naßluftkühler, Abschn. 334) behandelt worden.

Im *h, x*-Diagramm läßt sich die Zustandsänderung der Luft leicht verfolgen, da sie jeweils in Richtung nach dem Zustandspunkt gesättigter Luft von der Temperatur der *Kühloberfläche* erfolgt (Gerätetaupunkt). Sinnbildlich kann man sich die Luftzustandsänderung durch *Mischung* der zu trocknenden Luft mit der Luft in der Grenzschicht der Kühloberfläche entstanden denken. Bemerkenswert ist, daß es zur Wasserausscheidung nicht erforderlich ist, die Luft bis zur Erreichung des Taupunktes zu kühlen, wie man oft annimmt. Wesentlich ist nur, daß die Temperatur der Kühloberfläche, gleichgültig ob diese fest oder flüssig ist, *unterhalb der Taupunkttemperatur* der Luft liegt.

Es ist auch nicht erforderlich, daß der Kühler sehr groß sein muß. Denn auch bereits bei einer sehr geringen Abkühlung der Luft findet Wasserausscheidung statt. Beispielsweise kann man bei Betrieb einer Umluftentfeuchtungsanlage die Luft durch Abkühlung und Wiedererwärmung nach und nach immer weiter entfeuchten, bis sie nahezu einen Taupunkt entsprechend der Kühloberflächentemperatur erreicht hat. Die Zustandsänderung der Luft erfolgt dabei in zickzackförmigen Kurven (Bild 335-15), wobei vorausgesetzt ist, daß nach jeder Kühlung eine Nachwärmung der Luft bis auf Anfangstemperatur erfolgt.

Zur Entfeuchtung können alle Kühlmittel verwendet werden, die auch bei der Kühlung von Luft üblich sind, also Leitungswasser, Brunnenwasser, künstlich gekühltes Wasser, Sole sowie bei der direkten Kühlung die verschiedenen Kältemittel wie Ammoniak, Freon usw.

Ein Beispiel einer Luftentfeuchtungsanlage nach der Kühlmethode mit direktem Verdampfer zeigt Bild 335-16. Der im Raum befindliche Hygrostat *H* steuert die Kältemaschine, während der Thermostat *T* die Heizmittelzufuhr am Erhitzer regelt.

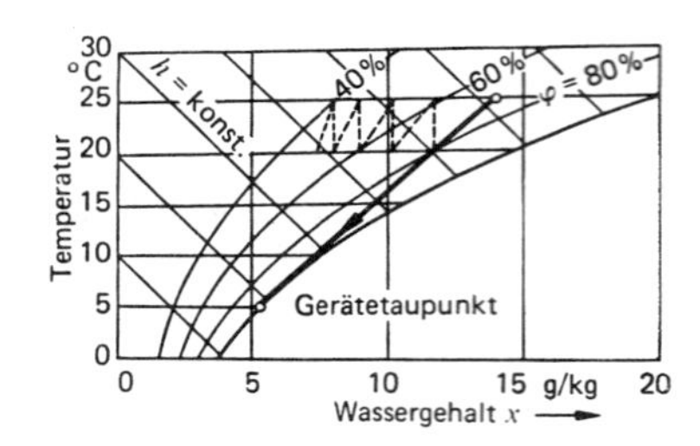


Bild 335-15. Luftentfeuchtungsprozeß im *h, x*-Diagramm.

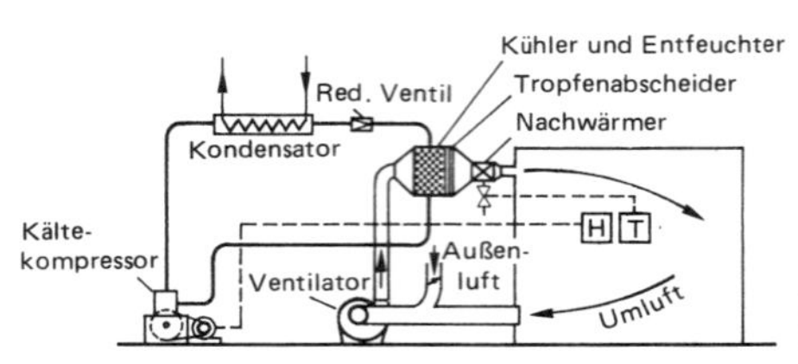


Bild 335-16. Luftentfeuchtung durch Kühlung mit Kältemaschine.

[1]) Socher, H.-J.: TAB 6/82. S. 481/6.

## -22 Absorption und Adsorption

Bei dieser Methode wird die Luft mit Sorptionsstoffen in Berührung gebracht, die die Eigenschaft haben, Wasserdampf aus der Luft zu absorbieren.

### -221 Kieselgel

Der am meisten für diese Zwecke verwendete Absorptionsstoff ist Kieselgel, auch Silicagel genannt, chemisch reiner *Quarz* ($SiO_2$), der durch bestimmte Methoden so vorbehandelt ist, daß er eine außerordentlich große Oberfläche hat. 1 g Kieselgel hat eine Oberfläche von etwa 300 bis 500 m² hat. Der Wasserdampf haftet durch Absorption oder *Adsorption* an der Oberfläche und wird kondensiert. Kieselgel absorbiert neben Wasserdampf auch andere Dämpfe. Die absorbierte Wassermenge hängt von dem Druck des Wasserdampfes ab und ist desto größer, je größer der Wasserdampfdruck ist. Sie läßt sich aus einem *Absorptionsdiagramm* für jeden Druck feststellen (Bild 335-18). Bei der Absorption findet infolge der Kondensation des Wasserdampfes eine Temperaturerhöhung der Luft statt, so daß die Luft anschließend gekühlt werden muß.

Wenn das Kieselgel die aus dem Diagramm ersichtliche Menge absorbiert hat, ist es gesättigt. Um es wieder absorptionsfähig zu machen, muß es *regeneriert* werden, was durch Erhitzen auf etwa 150 bis 200 °C mittels heißer Luft oder überhitzten Dampfes erfolgt. Nach erfolgter Abkühlung ist das Gel wieder verwendungsfähig. Infolge dieser Tatsache arbeiten Luftentfeuchtungsanlagen mit Gel als Absorptionsstoff nur *periodisch,* oder sie müssen, wenn sie dauernd in Betrieb sein sollen, mit zwei Kieselgelschichten arbeiten, von denen die eine absorbiert, während die andere regeneriert wird. Ein Beispiel einer Trocknungsanlage siehe Bild 335-20.

Eine andere kontinuierlich wirkende Bauart ist in Bild 335-25 gezeigt. Hier sind mehrere sich langsam drehende *Trockenbetten* übereinander angeordnet. In einem Teil wird die Luft kontinuierlich getrocknet, in dem andern durch Dichtungen getrennten Teil mit Warmluft getrocknet. Leistung bis 50000 m³/h. Entfeuchtungsdiagramm Bild 335-26.

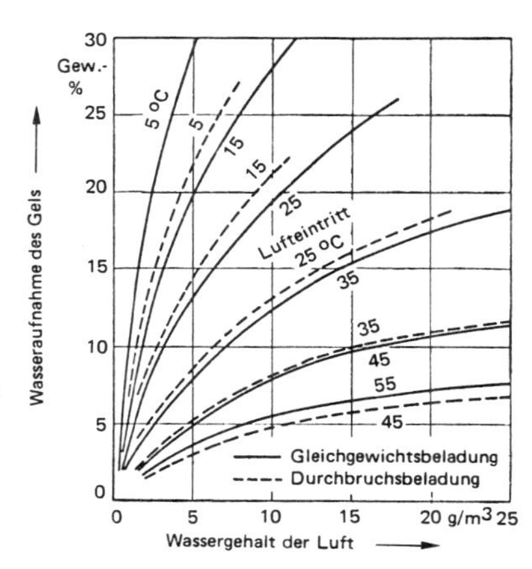


Bild 335-18. Absorption von Wasserdampf durch Kieselgel.
Körnung 2–4 mm,
$v = 0{,}2$ m/s,
Schichthöhe = 0,5 m)

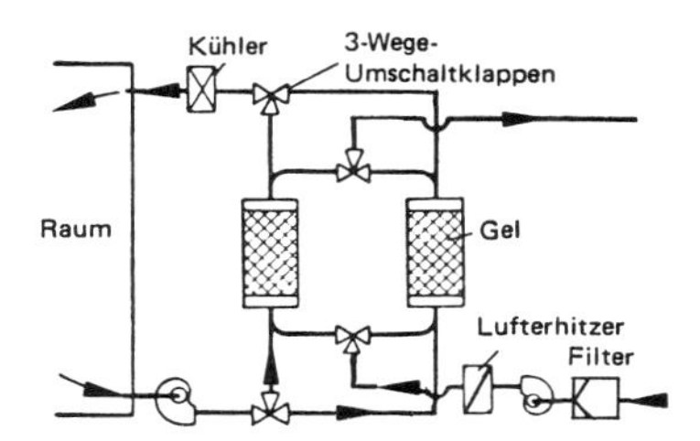


Bild 335-20. Kieselgel-Lufttrocknungsanlage.

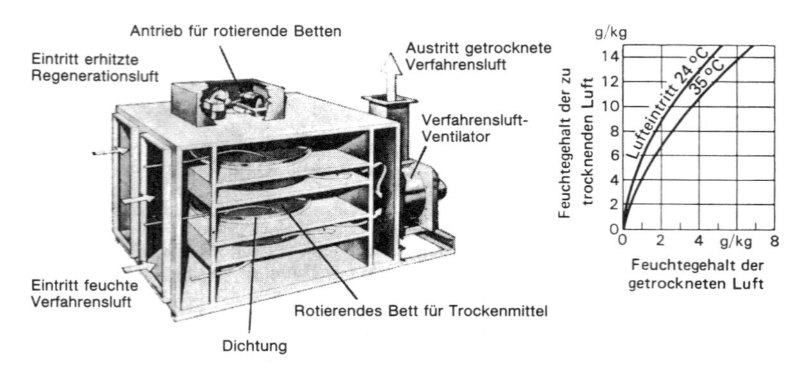


Bild 335-25. Rotierender Lufttrockner (Bry-Air). Links: Schema. Rechts: Entfeuchtungsdiagramm

Bild 335-26. Entfeuchtungsdiagramm des Lufttrockners Bild 335-25.

**-222 Andere Sorptionsstoffe,**

die gelegentlich verwendet werden, sind *Aluminiumoxyd* und *Chlorkalzium* sowie Lösungen von Lithiumsalzen, insbesondere Lithiumchlorid und Lithiumbromid. Schema einer mit Lithiumchlorid arbeitenden Anlage siehe Bild 335-30. Ein Teil der umlaufenden Lösung wird im Regenerator eingedickt. Die mit diesen Stoffen betriebenen Anlagen haben jedoch bisher keine große Verwendung gefunden. Ein in USA entwickeltes System ist das *„Kathabar-Gerät"*, das mit Lithiumchloridlösung arbeitet.

Ein Trockenluftventilator saugt über ein Filter die feuchte Luft durch den *Trockner*, in dem sie durch Berührung mit der zerstäubten Lösung getrocknet wird. Ein Kühler entfernt die Kondensationswärme. Die jetzt weniger konzentrierte Lösung wird durch eine Pumpe in den *Regenerator* gefördert, wo sie ebenfalls zerstäubt wird und wo eine Heizschlange zur Ausdampfung von Wasser aus der Lösung dient. Ein Feuchtluftventilator fördert die feuchte Luft ins Freie. Regelung der Mischkonzentration im Pumpenbehälter und damit des Wasserentzugs aus der Luft pneumatisch oder elektrisch.

Ähnlich wie rotierende regenerative Wärmerückgewinner arbeiten Entfeuchter mit *rotierendem Sorptionskörper* (Bild 335-31). Die vom Sorptionskörper in einem Segment aufgenommene Feuchte wird in einem zweiten Segment mit erhitzter Regenerationsluft wieder getrocknet. Der aus gewelltem, hygroskopisch beschichtetem Material aufgebaute Rotor hat eine sehr große spezifische Oberfläche von 3000 $m^2$ pro $m^3$ Rotorvolumen.

Diese Geräte werden gebaut für 100…45 000 $m^3/h$ Trockenluft.

Regenerationsluft entsprechend 30…15 000 $m^3/h$.

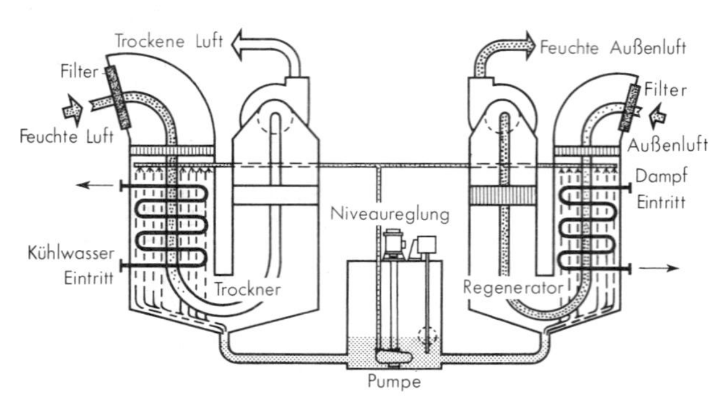


Bild 335-30. Lithiumchlorid-Absorptionsanlage (Kathabar).

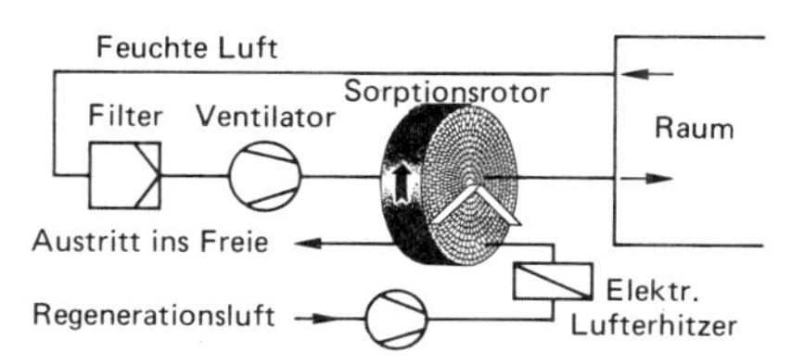


Drehzahl des Rotors ca. 7 U/min. Elektr. Lufterhitzer mit ca. 10 kW für 1000 $m^3/h$ Trockenluft. Wasserentzug ca. 5···7 kg/h pro 1000 $m^3/h$ Trockenluft bei 10···20 °C Eintrittstemperatur und 70% rel. Feuchte.

Die Regenerationsluft kann auch mit Dampf geheizt werden, ferner bei geschlossenem Kreislauf mit einem Kühler getrocknet werden.

# 336 Luftverteilung[1])

Unter Luftverteilung versteht man den Transport der Luft zu den behandelten Räumen, wobei Luftleitungen mit Formstücken und Klappen sowie Terminals benötigt werden, wie Luftdurchlässe, Einkanal-, Zweikanal-, Nachheiz- und Induktionsgeräte usw.

## -1 LUFTLEITUNGEN[2])

Kanäle und Rohre dienen zur Förderung der Luft in die Räume oder zur Abführung aus den Räumen. Sie stellen einen wesentlichen Bestandteil der Anlagen sowohl hinsichtlich der Kosten wie der Bedeutung dar und sollten daher sorgfältig geplant und ausgeführt werden. Da Luftleitungen leicht verschmutzen, sind an geeigneten Stellen *Reinigungsöffnungen* vorzusehen.

*Anforderungen* an das Material: Innen glatt, nicht staubansammelnd und leicht zu reinigen, ferner dauerhaft, nicht hygroskopisch, nicht brennbar, korrosionsbeständig, leicht und luftdicht.

Die *Baubehörden* verlangen, daß alle Luftleitungen nicht brennbar sind[3]). Siehe Abschnitt 374-6.

### -11 Material

#### -111 Stahlblech und Al-Blech

*Stahlblech* ist das geeignetste Material. Meist verzinkt, gelegentlich *Schwarzblech* mit Anstrich. Querschnitte rechteckig oder rund. Längsnähte gefalzt, Quernähte (Stöße) gebördelt, mit Winkeleisenverbindung, mit losen Flanschen, mit punktgeschweißten profilierten Flanschen, mit Sickenschellen oder Schiebern. Runde Rohre auch mit spiralförmig um das Rohr laufenden Falz *(Wickelfalzrohre)*. Diese Rohre gelegentlich auch mit flachovalem Querschnitt. Verbindung durch Muffen oder Steckverbindungen. Dichtung durch Klebebänder oder Gummi. Krümmer bei kleinen Durchmessern gepreßt, bei größeren gefalzt und gebördelt. Aufhängung mittels Rohrschellen oder Flacheisen- und Winkeleisenkonstruktionen. Blechdicken siehe Tafel 336-1. Für Sonderausführungen Kanäle aus verbleitem Blech (bei säurehaltigen Gasen), Aluminium- oder Kupferblech.

---

[1]) Terminologie der Luftverteilung siehe Eurovent-Dokument Nr. 2/1. 1971.
[2]) Mürmann, H.: San. Heizg. Techn. 3/73. S. 305/13.
Mürmann, H.: HR Heft 11/79 u. 1/80.
Wagner, W.: HLH 6/84. S. 263/5.
[3]) DIN 4102, Teil 6: Brandverhalten von Lüftungsleitungen (9.77).

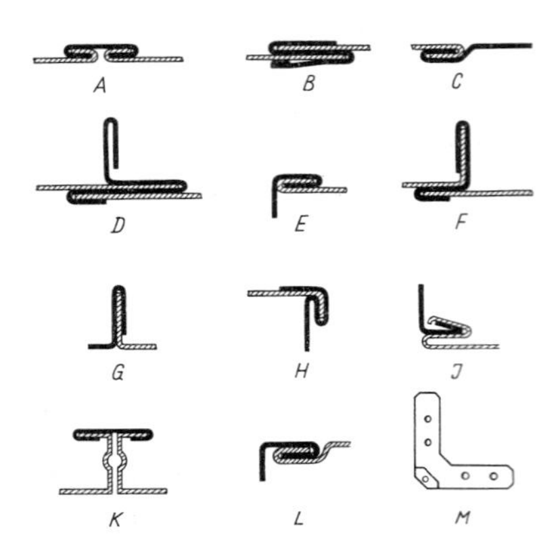


Bild 336-1. Verschiedene Arten von Stoßverbindungen bei Blechkanälen.
*A* = Treibschieber
*B* = S-Schieber
*C* = Längsfalz
*D* = S-Schieber mit Stehfalz
*E* = Eckfalz
*F* = Taschenschieber
*G* = Stehfalz
*H* = Pittsburghfalz
*I* = Schnappfalz
*K* = S-Schieber mit Steg
*L* = Maschinen-Eckfalz
*M* = Einsteckwinkel

**Tafel 336-1. Wanddicken für Blechkanäle nach DIN 24190 u. 24191 (11.85)**
Maße in mm

| Nennweite mm | Form F (gefalzt) Über-/Unterdruck 1000 Pa | 2500 Pa | Form S (geschweißt) Über-/Unterdruck 2500 Pa | 6300 Pa |
|---|---|---|---|---|
| 100 ··· 250 | 0,6 | 0,7 | 1,5 | 1,5 |
| 265 ··· 530 | 0,6 | 0,7 | 1,5 | 2,0 |
| 560 ··· 1000 | 0,8 | 0,9 | 1,5 | 2,0 |
| 1060 ··· 2000 | 1,0 | 1,1 | 2,0 | 3,0 |
| 2120 ··· 4000 | 1,1 | 1,2 | 3,0 | 4,0 |
| 4250 ··· 8000 | – | – | 4,0 | 5,0 |

**Tafel 336-2. Wanddicken für Rohre nach DIN-Norm 24151/3 (7.66)**
Maße in mm

| Nennweite | DIN 24151 | | | DIN 24152 | | DIN 24153 | | | |
|---|---|---|---|---|---|---|---|---|---|
| | Anschweißrohre | | | Falzrohre | | Bördelrohre | | | |
| | Reihe | | | Reihe | | Reihe | | | |
| NW | 2 | 3 | 4 | 0 | 1 | 1 | 2 | 3 | 4 |
| 63 ··· 125 | 0,88 | 1 | 2 | 0,63 | 0,75 | 0,75 | 0,88 | 1 | 2 |
| 140 ··· 250 | 1 | 1,25 | 2,5 | 0,75 | 0,88 | 0,88 | 1 | 1,25 | 2,5 |
| 280 ··· 500 | 1,13 | 1,5 | 3 | 0,88 | 1 | 1 | 1,13 | 1,5 | 3 |
| 560 ··· 1000 | 1,25 | 2 | 4 | 1 | 1,13 | 1,13 | 1,25 | 2 | 4 |
| 1120 ··· 2000 | 1,5 | 2,5 | 4 | 1,13 | 1,25 | 1,25 | 1,5 | 2,5 | 4 |

Reihe 0, 1 und 2 vorwiegend für Lüftung.
Reihe 3 für Absaugung und Entstaubung.
Reihe 4 für staub- und gasdichte Leitungen.

Verschiedene Arten von Verbindungen siehe Bild 336-1.

| Normung: | | |
|---|---|---|
| | Rohre, Flansche, Winkelflansche | DIN 24154/5 (7.66) |
| | Blechdicke für Rohre (Tafel 336-2) | DIN 24151/3 (7.66) |
| | Blechkanäle, Formstücke, Flansche | DIN 24190/3 (11.85) |
| | Blechdicken für Kanäle (Tafel 336-1) | DIN 24190/1 (11.85) |
| | Wickelfalzrohre | DIN 24145 (10.75) |
| | Blechkanäle, diverse Formstücke, 13 Teile | DIN 24147 (5.82) |

Normung der Dichtheitsprüfung für Blechkanäle nach DIN 24194 (10.85) in 4 Klassen[1]). S. auch Abschnitt 164-106.

Die für die Abrechnung erforderlichen *Aufmaßregeln* sind in DIN 18379 (10. 79) festgesetzt.

*Aluminiumblech*

wird in ähnlicher Weise wie Stahlblech verwendet. Leicht, korrosionsbeständig gegen viele Stoffe, funkenfrei. Verwendung häufig in chemischen Betrieben, in der Lebensmittelindustrie u. a.

**-112 Asbest-Zement**

Kanäle aus Asbest-Zement werden in allen Größen und Formen hergestellt. Wanddicke 7 bis 12 mm je nach Kanalgröße. Stoßverbindung durch Muffen oder Manschetten mit Dichtungsmasse. Auch Formstücke der verschiedensten Art lieferbar. Korrosionsfest, wasserabweisend. Asbest jedoch gesundheitsschädlich (Krebsgefahr) und wird daher praktisch nicht mehr verwendet.

**-113 Rabitz**

Rabitzkanäle werden hergestellt, indem auf ein Netz aus Rundeisen mit Drahtgeflecht Gips aufgetragen wird. Jede Form herstellbar. Kanäle müssen innen glatt sein, also absatzweise Herstellung, daher teuer.

**-114 Mauerwerk und Beton**

Mauerwerkkanäle insbesondere für große Kanäle und senkrechte Schächte. Innen verputzt oder sauber gefugt. Große Wärmespeicherung.

**-115 Tonrohre und Steinzeugrohre**

sind schwer, zerbrechlich, selten verwendet, nur für Sonderzwecke, z. B. Absaugung von Digestorien in chemischen Instituten.

**-116 Kunststoffe**

werden ebenfalls zur Herstellung von Kanälen verwendet, insbesondere PVC (Vinidur, Trovidur u. a.) und Polyäthylen (Hostalen u. a.). Anfertigung aus Platten, die geklebt oder mit Heißluftbrenner zu beliebigen Formen zusammengeschweißt werden können. Verbindungen durch Schiebemuffen. Runde und vierkantige Rohre mit kleinen Abmessungen werden fertig ab Fabrik geliefert. Korrosionsfest gegen fast alle aggressiven Gase und Dämpfe. Temperaturbeständigkeit jedoch nur je nach Grundstoff 60 ··· 80 °C. Sehr teuer. Bei Kälte leicht zerbrechlich.

**-117 Plattenkanäle**

Kanäle werden gelegentlich aus Platten hergestellt.

An den Längsstößen erfolgt die Verbindung in der Regel durch Blechwinkel, an den Querstößen durch Winkeleisen oder geeignete Blechschieber.

Innen lassen sich die Kanäle mit verschiedenen Stoffen auskleiden, so daß gleichzeitig ein gewisser Wärme- oder Schallschutz erreicht werden kann. Man unterscheidet mehrere Hauptgruppen von Platten:

*Platten auf Asbest-Zement-Basis,* erhältlich unter verschiedenen Firmennamen wie Internit, Lignat u. a.

*Platten auf Kalzium-Silikat-Basis,* wie Ästulan u. a.

*Platten auf Gips-Basis,* wie Rigips-Platten u. a.

*Platten auf Kunststoff-Basis,* wie Hartschaum mit Aluminiumfolie, z. B. Kapa-Platten u. a.

*Platten aus Mineralfasern,* Innen- und Außenflächen beschichtet mit Zement, Glasseidengewebe u. a. Vorteilhaft ist die große Schallabsorption und die Wärmedämmung, jedoch geringe Festigkeit.

Alle Platten lassen sich in der Regel leicht durch Sägen, Bohren und Nageln verarbeiten. Daher leicht anpaßbar an der Baustelle. Nicht brennbar, glatt, korrosionsbeständig.

*Feuergeschützte* Lüftungsleitungen siehe Abschn. 374-6.

[1]) Wagner, W.: KKT 2/83. S. 38, Ges.-Ing. 1/83. S. 25/8 und TAB 9/83. S. 739/40.
VDI-Richtlinie 3803 (11.86): Bauliche u. technische Anforderungen bei RLT-Anlagen.

**-118 Flexible Rohre, Schläuche**

die schon seit langem bei Absaugkanälen verwendet werden, finden bei Lüftungs- und Klimaanlagen in großem Umfang Verwendung. Wesentliche Erleichterung der Montage. Durchmesser bis etwa 400 mm. Auch in ovaler Form erhältlich. Besonders geeignet bei Abzweigen von Hauptkanälen und zum Anschluß von Geräten an Rohrleitungen. Viele verschiedene Konstruktionen, die sich unterscheiden bez. Material, Flexibilität, Wärmedämmung u. a.:

*Metallschläuche* aus spiralig gewickelten und verrillten Bändern, z. B. Aluminium, Spezialpapier, Kunststoff; auch mehrschichtig, z. B. Papier-Kunststoff-Papier.

*Gummi-Spiralschläuche,* bestehend aus einer Drahtspirale, die vollkommen in Gummi gelegt ist, Kanäle innen glatt, schwer.

*Kunststoffrohre* ähnlich den Metallschläuchen, jedoch aus Kunststoffbändern spiralig gewickelt.

*Glasfaserrohre,* bestehend aus einer Drahtspirale mit Kunststoffolie und Glasfaserummantelung. Sehr leicht.

Lieferung in Längen bis 30 m oder in gestauchter Form zum Ausziehen bei der Montage. Schnelle Montage. Verbindung untereinander oder mit Geräten durch Rohr- oder Schlauchschellen auf Steckmanschette aus Blech. Dichtung durch Umwickeln mit selbstklebendem Band oder Schrumpfmanschette (flexible Kunststoffmanschette, die durch Erwärmen mit Brennerflamme schrumpft), letztere besonders dicht, auch bei Wickelrohren verwendet. Normung in DIN 24146 (2. 79). Darin sind *Güteanforderungen* für 3 Ausführungsarten festgesetzt:

A – halbflexibel
B – mittelflexibel
C – vollflexibel

Die Anforderungen betreffen Druckfestigkeit, Biegeradius, Durchhang, Leckverlust u. a. Da Lüftungsleitungen aus unbrennbarem Material bestehen sollen, überwiegend aus Aluminiumfolie hergestellt.

## -12 Hochdruck-Luftverteilung[1])

Bei großen Lüftungs- und Klimaanlagen beanspruchen die Luftkanäle häufig viel Raum, so daß die Unterbringung, insbesondere in den abgehängten Decken, Schwierigkeiten bereitet. Zu deren Behebung dient die *Hochdruck-Luftverteilung.*

Die Luft wird mit hohen Anfangsgeschwindigkeiten, etwa 15···25 m/s, in das Verteilnetz gefördert. Dafür ist ein entsprechend höherer Förderdruck der Ventilatoren erforderlich, mit Rücksicht auf den Energieverbrauch jedoch begrenzt auf maximal 1000 bis 2000 Pa je nach Ausdehnung des Netzes. Prinzipiell ist diese Art der Luftverteilung nicht anders als bei der üblichen Niederdruck-Luftverteilung, sie erfordert jedoch eine Reihe besonderer Maßnahmen.

Die Luftkanäle werden meist in runder Form aus verzinktem Stahlblech oder Aluminiumblech hergestellt.

Längs- und Querstöße (gefalzt) müssen besonders luftdicht sein. Besonders geeignet Wickelrohre. Verwendung von geeigneten Dichtungsmitteln. Querstöße mit Dichtungsband umwickelt oder Verwendung von Schrumpf-Manschetten. Auf strömungstechnisch beste Formgebung in den Hauptleitungen ist größter Wert zu legen. Abzweige unter 30° oder 45°, Bogen mit großem Krümmungsradius. Rechteckige Kanäle sind natürlich auch verwendbar, wenn sie namentlich an den Stößen genügend dicht sind. Bei großen Anlagen Abdrücken mit Hilfsventilator zweckmäßig, um Undichtheiten festzustellen. Zulässiger Leckluftstrom siehe Abschn. 164-106.

Die Druckverlust-Berechnung erfolgt nach Abschnitt 336-8 mit Werten für die Rohrreibung und Einzelwiderstände nach Abschn. 336-2. Man beachte den Temperaturanstieg durch die Ventilatorleistung sowie die Wärmeverluste in den Rohrleitungen (Abschn. 336-3). Bei großen Anlagen im Kühlbetrieb etwa 2 °C *Temperaturanstieg* zwischen Klimagerät und Luftauslaß. *Isolierung* (Wärmedämmung) der Luftleitungen zweckmäßig. Akustische Berechnung siehe Abschn. 337-12.

[1]) Laux, H.: Ges.-Ing. 1967. S. 1/13 und 3/74. S. 63/75.

Hinter dem Ventilator ist in der Regel ein wirksamer *Schalldämpfer* zur Beseitigung der tiefen Frequenzen des Ventilatorgeräusches anzubringen. Weitere Schalldämpfung an den Luftauslässen (Abschn. 337-42).

### -13 Kanallose Luftführung

Zur Verteilung der Zuluft dienen nicht mehr Kanäle, sondern *Luftstrahlen* aus einem getrennten Luftsystem mit verstellbaren Düsen. Die zentral aufbereitete Luft wird dabei über weite Flächen verteilt und durch die Induktionswirkung der Luftstrahlen dahin gelenkt, wo sie gebraucht wird. Keine Störung durch Pfeiler oder Unterzüge. Besonders günstig ist es, daß warme Luft unter der Decke nach unten verbracht wird. Verwendung namentlich in großen Fabrikhallen (Bild 336-3).

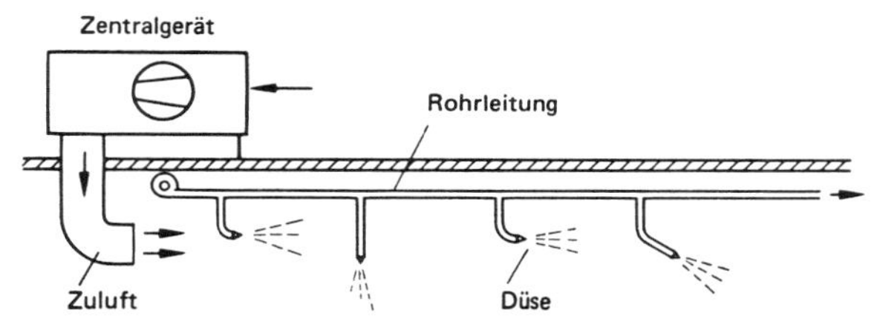


Bild 336-3. Kanallose Luftverteilung (Dirivent von Fläkt).

## -2 DRUCKVERLUSTE[1])

Der *Rohrreibungsverlust* errechnet sich aus der Gleichung (s. auch Abschn. 147)

$$\Delta p = \lambda \frac{l}{d} \frac{\varrho}{2} w^2 \text{ in N/m}^2 \text{ (Pa)}.$$

$\lambda$ = Reibungszahl (siehe Bild 147-5).

$\varrho$ = Dichte der Luft kg/m³.

Bild 336-4 enthält die Druckverluste $R_0$ je m Rohr für Strömung von Luft mit $\varrho = 1{,}2$ kg/m³ in geraden, runden Blechleitungen, für die mit genügender Genauigkeit die Rauhigkeit $\varepsilon = 0$ gesetzt werden kann (glattes Rohr). Bei rechteckigen Kanälen mit den Kantenlängen $a$ und $b$ ist der gleichwertige Durchmesser $d_{gl} = \frac{2\,a\,b}{a+b}$ zu verwenden, wobei dann das Druckgefälle bei gleicher Geschwindigkeit unverändert bleibt.

*Beispiel:*

Wie groß ist das Druckgefälle $R_0$ in einem glatten Rohr von $d = 150$ mm Durchmesser bei einer Luftgeschwindigkeit $w = 12$ m/s?

*Lösung:*

Druckgefälle $R_0$ = 10,3 Pa/m.
Luftvolumenstrom = 760 m³/h

Für Rohre und Kanäle bestimmter Rauhigkeit sind die Reibungswerte $R_0$ aus Bild 336-4 mit Korrekturzahlen zu multiplizieren, die von der Rauhigkeit $\varepsilon$ abhängen. Die Korrekturzahlen sind nicht konstant, sondern desto größer, je höher die Geschwindigkeit ist (Bild 147-5).

Rauhigkeiten $\varepsilon$ siehe Tafel 147-5.

---

[1]) Rákóczy, T.: HLH 1965. S. 467/72 u. 1966. S. 175/8.
Idel'chik, J. E.: Handbook of Hydraulic Resistance 1966.
Laux, H.: Ges.-Ing. 1967. S. 1/13.
Rötscher, H.: Wärme-Techn. 1966. S. 2/11.
Usemann, K. W.: HR 1971. S. 271/72.
ASHRAE Handbook-Fundamentals 1985.
FLT-Veröffentl.: Widerstandsbeiwerte von Formstücken, 1982, und Kennwerte von Diffusoren, 1982.

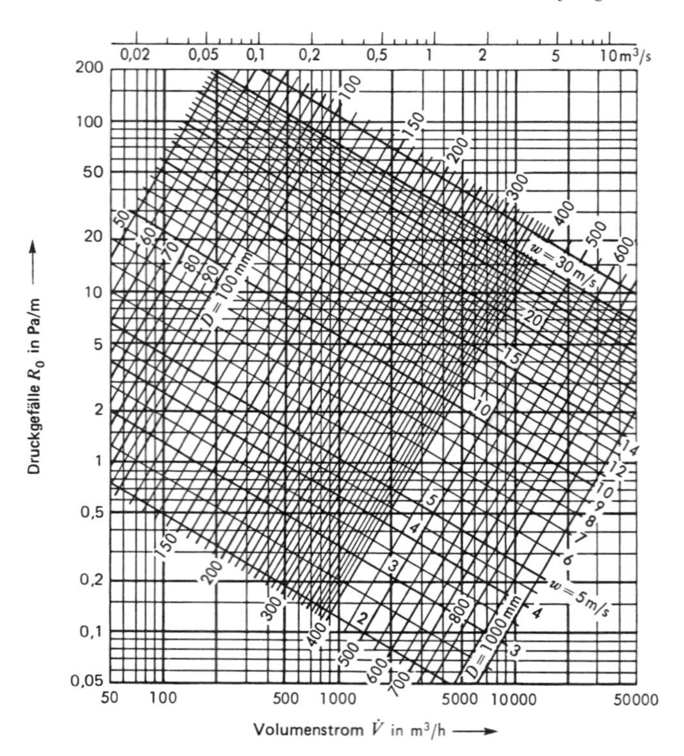


Bild 336-4. Grundrohrreibungsdiagramm für glatte Rohre, Rauhigkeit $\varepsilon = 0$ (nach Rötscher)[1]).

Für die wichtigsten *Lüftungsleitungen* gelten folgende $\varepsilon$-Werte:

| | |
|---|---|
| PVC-Rohre | $\varepsilon = 0{,}01$ mm |
| Blechkanäle, gefalzt | $\varepsilon = 0{,}15$ mm |
| Asbestzementkanäle | $\varepsilon = 0{,}15$ mm |
| Betonkanäle, glatt | $\varepsilon = 0{,}5$ mm |
| Rabitz, geglättet | $\varepsilon = 1{,}5 \cdots 2{,}0$ mm |
| Betonkanäle, rauh | $\varepsilon = 1{,}0 \cdots 3{,}0$ mm |
| gemauerte Kanäle, rauh | $\varepsilon = 3 \cdots 5$ mm |
| flexible Rohre je nach Bauart | $\varepsilon = 0{,}2 \cdots 3{,}0$ mm |

Aus der Einschlagtafel am Ende des Buches können die Reibungsverluste $R$ bei verschiedenen Rauhigkeiten $\varepsilon$ näherungsweise direkt abgelesen werden. (Abhängigkeit der Korrektur für $\varepsilon$ von Geschwindigkeit im turbulenten, rauhen Bereich vernachlässigt.) Genaue Rechnung nach Bild 147-5.

*Beispiel:*

Wie groß ist das Druckgefälle in einem flexiblen Schlauch von

$d = 100$ mm ∅ bei $w = 15$ m/s?

$\varepsilon = 0{,}8$ mm

$R_0 = 24$ Pa/m (Einschlagtafel)

Druckgefälle $R = 50$ Pa/m (Einschlagtafel)

[1]) Rötscher, H.: Ges.-Ing. 1964. S. 107/12 u. 335/8 und Wkt 1970. S. 114/124.
Rötscher, H.: Druckverluste biegsamer Schläuche. Ges.-Ing. 8/1970. Arbeitsblatt 79.

*Einzelverluste* entstehen durch Richtungs- und Querschnittsänderungen und werden durch folgende Gleichung bestimmt:

$$Z = \zeta \cdot \frac{\varrho}{2} w^2 \text{ in N/m}^2 \text{ (Pa)}$$

$\zeta$ = Widerstandsbeiwert

Die $\zeta$-Werte sind durch Versuche zu ermitteln. Zahlenwerte in Bild 336-5 bis -10. Zahlenwerte verschiedener Autoren zeigen häufig infolge unterschiedlicher Versuchsbedingungen wesentliche Abweichungen voneinander. Siehe auch Tafel 148-1.

Zum Druckabgleich in Kanalnetzen werden oft *Lochbleche* oder Düsen in den Luftkanal eingesetzt. Druckabfall für Lochblech mit 10 mm ∅ bei verschiedenen prozentualen freien Flächen $A_0$ zeigt Bild 336-5. Drosseln erzeugt Geräusch (s. auch Bild 336-7).

Bei *Bogen* gelten folgende Grundsätze:

geringster Verlust bei vielen Umlenkschaufeln,
einzelne Leitbleche möglichst nahe der inneren Rundung,
Ausrundung der äußeren Wandung wenig wirksam.

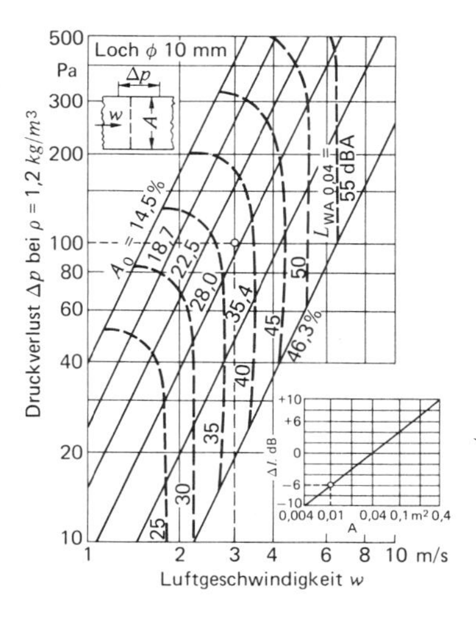


Bild 336-5. Druckverlust und Geräusch beim Drosseln mit Lochblech. Lochdurchmesser 10 mm, Stanzgrat in Strömungsrichtung. $L_{WA0,04}$ = Schalleistungspegel bei Kanalquerschnittsfläche $A = 0{,}04$ m² und bei gleichmäßiger Anströmung. $A_0$ = freie Lochfläche in % von $A$.

*Beispiel:*

$w = 3$ m/s, $A = 0{,}01$ m², $A_0 = 27\%$
$\Delta p = 100$ Pa
$\Delta L = 37 - 6 = 31$ dB.

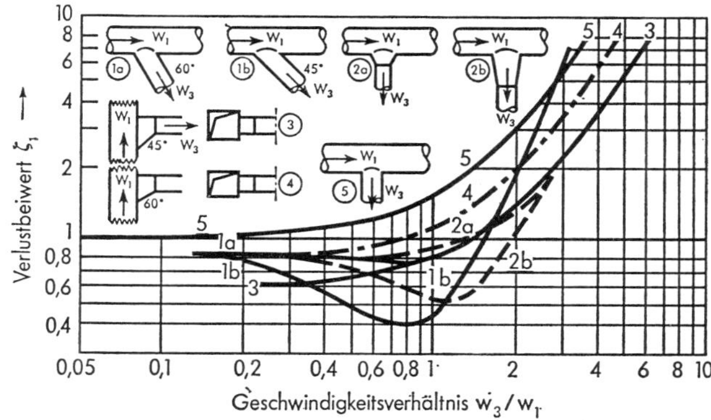


Bild 336-6. Widerstandsbeiwerte $\zeta_1$ von verschiedenen Abzweigen, bezogen auf $w_1$ (nach Laux, Ges.-Ing. 1967).

Bei Bogen aus gerilltem Metall oder Kunststoff liegen die $\zeta$-Werte etwa um 25% höher als bei glattem Material.

*Beispiel:*

Wie groß ist der Druckverlust bei der Einströmung von Luft in ein scharfkantiges rundes Rohr, wenn die Luftgeschwindigkeit $w = 10$ m/s ist? (Teilbild 13 in Bild 336-7)

$$Z = \zeta \cdot \varrho/2 \cdot w^2 = 0{,}9 \cdot 1{,}2/2 \cdot 10^2 = 54 \text{ Pa}$$

*Stromtrennungen*

Die Verluste in Abzweigleitungen (Trennverluste) sind besonders bei Hochdruckanlagen von Bedeutung. Einen Überblick über die *Widerstandsbeiwerte* verschiedener Abzweige gibt Bild 336-6. Sie hängen stark vom Geschwindigkeitsverhältnis zwischen Haupt- und Abzweigstrom ab.

Der $\zeta_1$-Wert in diesem Bild ist der Widerstandsbeiwert des Abzweigs für den *Gesamtdruckverlust* bezogen auf die Geschwindigkeit $w_1$ im Hauptkanal:

$$\Delta p_{ges} = \zeta_1 \cdot \varrho/2 \cdot w_1^2$$

Bezogen auf die Geschwindigkeit $w_3$ im Abzweigkanal ist

$$\Delta p_{ges} = \zeta_3 \cdot \varrho/2 \cdot w_3^2$$

wobei

$$\zeta_1/\zeta_3 = (w_3/w_1)^2.$$

Für den häufig verwendeten *stumpfen 90°-Abzweig* ist nach Versuchen

$$\zeta_1 = 1 + 0{,}5\ (w_3/w_1)^2.$$

Bei den stumpf angesetzten 60°-Abzweigen ist

$$\zeta_1 = 0{,}8 + 0{,}33\ (w_3/w_1)^2$$

und bei 45°-Abzweigen

$$\zeta_1 = 0{,}6 + 0{,}2\ (w_3/w_1)^2.$$

Auf $\zeta_3$ umgerechnete Widerstandsbeiwerte siehe Bild 336-9.

*Beispiel:*

Rechtwinkliger stumpfer Abzweig mit $w_1 = 10$ m/s und $w_3 = 8$ m/s.

Gesamtdruckverlust des Abzweigs (mit Bild 336-6):

$$\Delta p_{ges} = \zeta_1 \cdot \varrho/2 \cdot w_1^2 = 1{,}32 \cdot 1{,}20/2 \cdot 10^2 = 79 \text{ Pa}$$

oder bezogen auf $w_3$:

$$\Delta p_{ges} = \zeta_3 \cdot \varrho/2 \cdot w_3^2 = 2{,}1 \cdot 1{,}20/2 \cdot 8^2 = 79 \text{ Pa.}$$

Der $\zeta_3$-Wert ist auch aus Bild 336-9 entnehmbar ($\zeta_3 = 2{,}1$).

Der *statische Druckverlust* $\Delta p_{st}$ des Abzweigs errechnet sich aus dem Gesamtdruckverlust zu

$$\Delta p_{st} = \Delta p_{ges} - \Delta p_{dyn}$$
$$= \Delta p_{ges} - \varrho/2 \cdot (w_1^3 - w_3^2)$$

Bei dem stumpfen 90°-Abzweig ist demnach der statische Druckverlust

$$\Delta p_{st} = \varrho/2 \cdot w_1^2\ (1 + 0{,}5\ (w_3/w_1)^2) - \varrho/2 \cdot (w_1^2 - w_3^2)$$
$$= 1{,}5\ \varrho/2 \cdot w_3^2.$$

In diesem Fall ist also der statische Druckverlust des Abzweigs unabhängig von der Geschwindigkeit im Hauptkanal. Bei konstantem statischen Druck im Hauptkanal und gleichen Abzweigen fließt also durch alle Abzweige die gleiche Luftmenge (siehe auch Bild 336-118).

Bei den übrigen Abzweigen lassen sich derartige einfache Beziehungen nicht aufstellen. Bemerkenswert ist, daß der Widerstandsbeiwert $\zeta_1$ bei den stumpfen 45°-Abzweigen einen Minimalwert von 0,4 bei einem Geschwindigkeitsverhältnis $w_2/w_1 = 0{,}8$ erreicht. Davor und dahinter ist der Widerstand höher (Bild 336-6. Kurve 1b). Ähnliches gilt für den konischen 90°-Abzweig 2b in Bild 336-6.

Auch im durchgehenden *Hauptstrom* entstehen beim Abgang von Teilströmen Druckverluste. Bei gleichbleibendem Querschnitt verringert sich die Geschwindigkeit $w_1$ auf $w_2$ und setzt sich dabei zum größten Teil in Druck um. Hinter dem Abzweig ist also der statische Druck größer als davor *(statischer Druckrückgewinn)*.

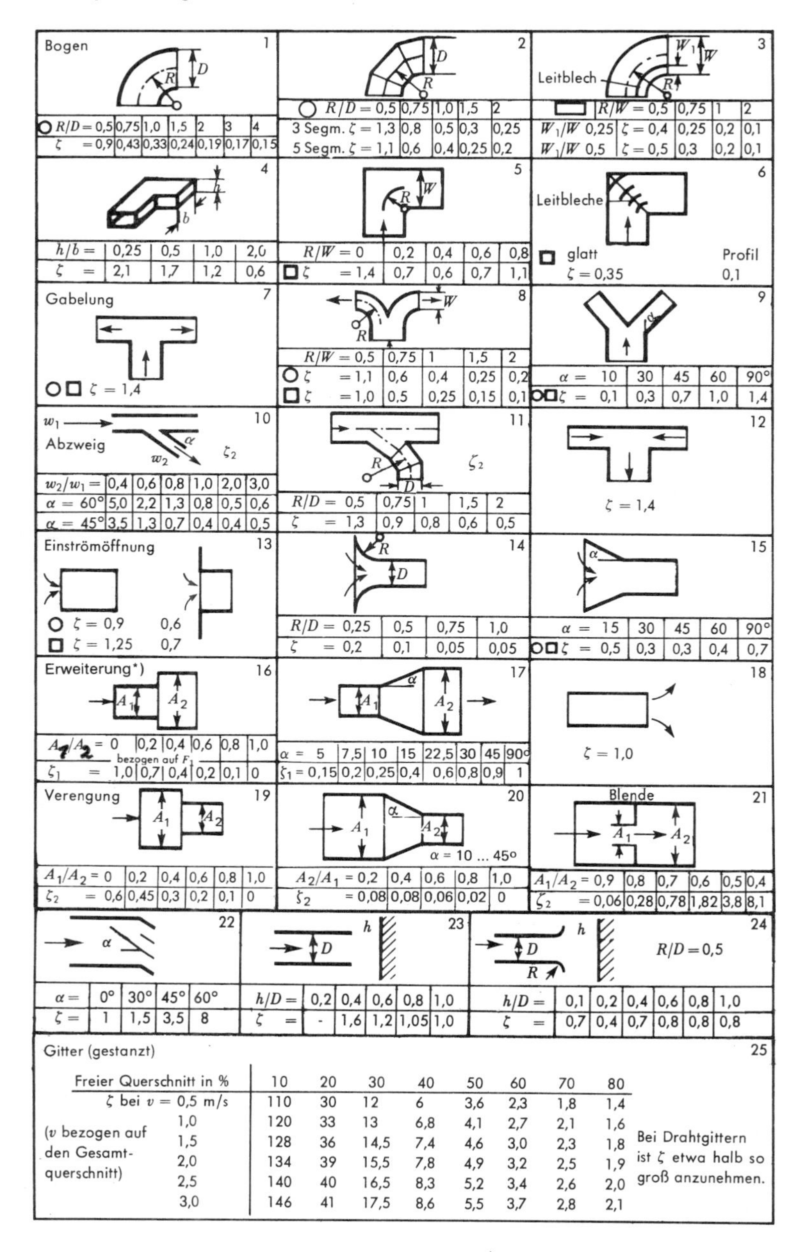


Bild 336-7. Widerstandsbeiwerte $\zeta$ von Einzelwiderständen bei turbulenter Strömung von Luft. Siehe auch Abschn. 148.
*) Anmerkung zu Teilbild 16: Länge nach Erweiterung $L \approx 10\,(\sqrt{A_2} - \sqrt{A_1})$.

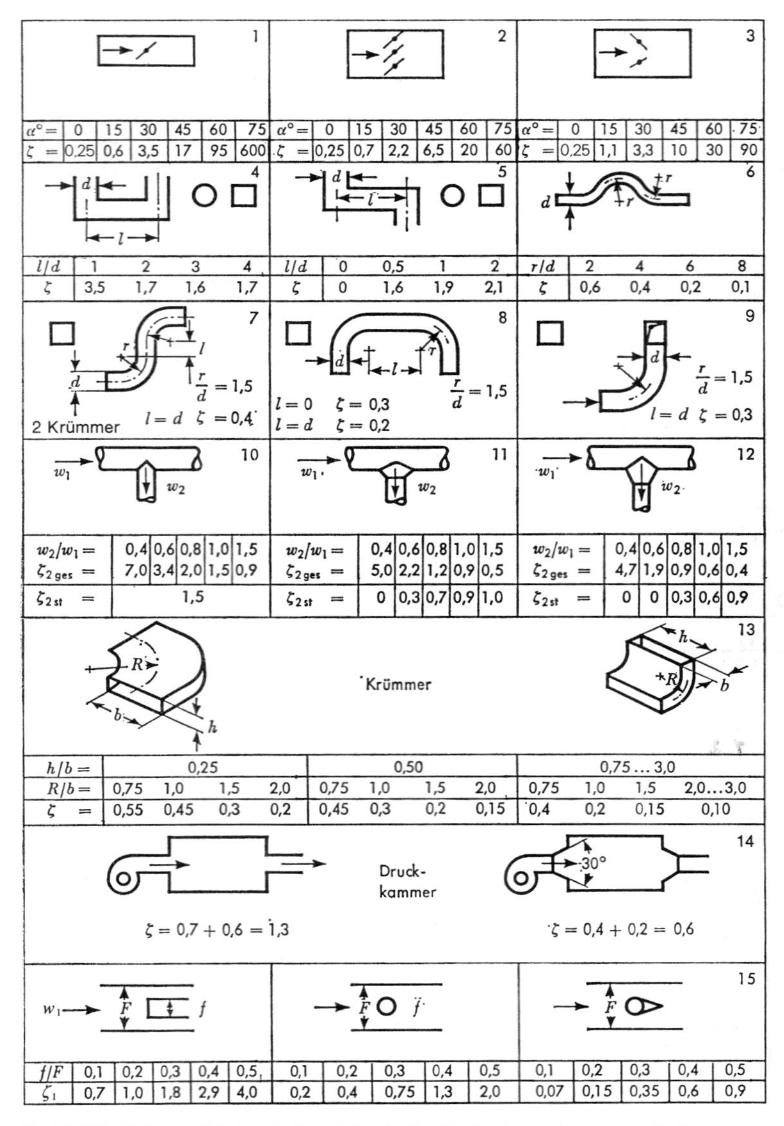


**1, 2, 3**

| $\alpha°$ = | 0 | 15 | 30 | 45 | 60 | 75 |
|---|---|---|---|---|---|---|
| 1: $\zeta$ = | 0,25 | 0,6 | 3,5 | 17 | 95 | 600 |
| 2: $\zeta$ = | 0,25 | 0,7 | 2,2 | 6,5 | 20 | 60 |
| 3: $\zeta$ = | 0,25 | 1,1 | 3,3 | 10 | 30 | 90 |

**4**

| $l/d$ | 1 | 2 | 3 | 4 |
|---|---|---|---|---|
| $\zeta$ | 3,5 | 1,7 | 1,6 | 1,7 |

**5**

| $l/d$ | 0 | 0,5 | 1 | 2 |
|---|---|---|---|---|
| $\zeta$ | 0 | 1,6 | 1,9 | 2,1 |

**6**

| $r/d$ | 2 | 4 | 6 | 8 |
|---|---|---|---|---|
| $\zeta$ | 0,6 | 0,4 | 0,2 | 0,1 |

**7** 2 Krümmer: $\frac{r}{d} = 1{,}5$; $l = d$, $\zeta = 0{,}4$

**8** $\frac{r}{d} = 1{,}5$; $l = 0$, $\zeta = 0{,}3$; $l = d$, $\zeta = 0{,}2$

**9** $\frac{r}{d} = 1{,}5$; $l = d$, $\zeta = 0{,}3$

**10**

| $w_2/w_1$ = | 0,4 | 0,6 | 0,8 | 1,0 | 1,5 |
|---|---|---|---|---|---|
| $\zeta_{2\,ges}$ = | 7,0 | 3,4 | 2,0 | 1,5 | 0,9 |
| $\zeta_{2\,st}$ = | 1,5 | | | | |

**11**

| $w_2/w_1$ = | 0,4 | 0,6 | 0,8 | 1,0 | 1,5 |
|---|---|---|---|---|---|
| $\zeta_{2\,ges}$ = | 5,0 | 2,2 | 1,2 | 0,9 | 0,5 |
| $\zeta_{2\,st}$ = | 0 | 0,3 | 0,7 | 0,9 | 1,0 |

**12**

| $w_2/w_1$ = | 0,4 | 0,6 | 0,8 | 1,0 | 1,5 |
|---|---|---|---|---|---|
| $\zeta_{2\,ges}$ = | 4,7 | 1,9 | 0,9 | 0,6 | 0,4 |
| $\zeta_{2\,st}$ = | 0 | 0 | 0,3 | 0,6 | 0,9 |

**13** Krümmer

| $h/b$ = | 0,25 | | | | 0,50 | | | | 0,75 … 3,0 | | | |
|---|---|---|---|---|---|---|---|---|---|---|---|---|
| $R/b$ = | 0,75 | 1,0 | 1,5 | 2,0 | 0,75 | 1,0 | 1,5 | 2,0 | 0,75 | 1,0 | 1,5 | 2,0 … 3,0 |
| $\zeta$ = | 0,55 | 0,45 | 0,3 | 0,2 | 0,45 | 0,3 | 0,2 | 0,15 | 0,4 | 0,2 | 0,15 | 0,10 |

**14** Druckkammer: $\zeta = 0{,}7 + 0{,}6 = 1{,}3$; mit 30°-Übergängen: $\zeta = 0{,}4 + 0{,}2 = 0{,}6$

**15**

| $f/F$ | 0,1 | 0,2 | 0,3 | 0,4 | 0,5 | 0,1 | 0,2 | 0,3 | 0,4 | 0,5 | 0,1 | 0,2 | 0,3 | 0,4 | 0,5 |
|---|---|---|---|---|---|---|---|---|---|---|---|---|---|---|---|
| $\zeta_1$ | 0,7 | 1,0 | 1,8 | 2,9 | 4,0 | 0,2 | 0,4 | 0,75 | 1,3 | 2,0 | 0,07 | 0,15 | 0,35 | 0,6 | 0,9 |

Bild 336-8. Widerstandsbeiwerte $\zeta$ von Einzelwiderständen bei Strömung von Luft.

Der *Druckverlust* ist bezogen auf die Anfangsgeschwindigkeit $w_1$:

$$\Delta p_{ges} = \zeta_1 \cdot \varrho/2 \cdot w_1^2$$

Widerstandsbeiwerte $\zeta_1$ bei stumpfen 90°-Abzweigen siehe Bild 336-9.

*Stromvereinigungen*

Bild 336-9 zeigt die Widerstandsbeiwerte $\zeta$ bei Stromvereinigungen sowohl für den Zweigstrom wie für den Hauptstrom.

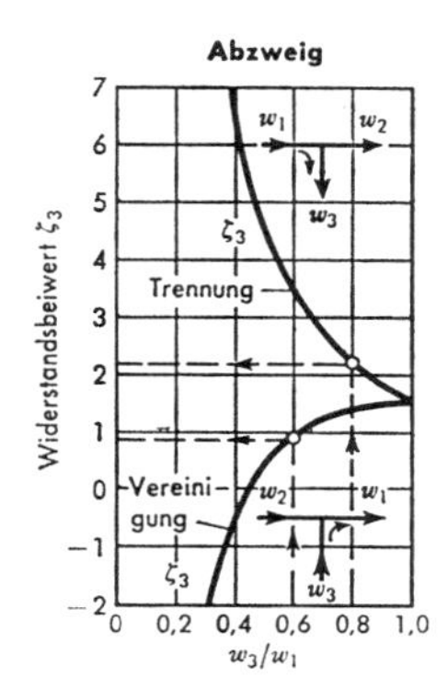


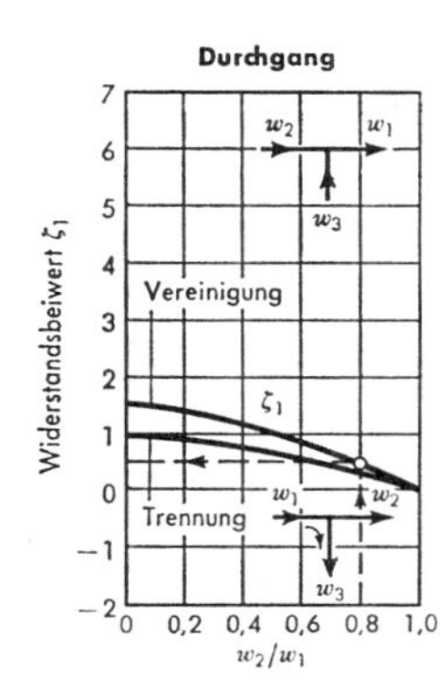


Bild 336-9.
Links: Widerstandsbeiwerte $\zeta_3$ für Abzweigstrom bei Trennung und Vereinigung von rechtwinkligen stumpfen Abzweigen bezogen auf $w_3$.

Rechts: Widerstandsbeiwert $\zeta_1$ für Durchgangsstrom bei Trennung und Vereinigung von rechtwinkligen stumpfen Abzweigen bezogen auf $w_1$.

Zu beachten ist dabei, daß die $\zeta$-Werte z. T. negativ werden (Treibwirkung).

Verlust des geraden Stroms:

$\Delta p_{\text{ges}\,1} = \zeta_1 \cdot \varrho/2 \cdot w_1^2$

Verlust des Zweigstroms:

$\Delta p_{\text{ges}\,3} = \zeta_3 \cdot \varrho/2 \cdot w_3^2$.

Die angegebenen Zahlen in Bild 336-9 sind nur Richtwerte, da auch die Querschnittsverhältnisse und andere Umstände von Einfluß sind.

*Beispiel:*

Wie groß sind die Druckverluste bei einer rechtwinkligen Stromvereinigung, wenn $w_1 = 10$ m/s, $w_2 = 8$ m/s, $w_3 = 6$ m/s sind?

$w_3/w_1 = 0{,}6 \qquad w_2/w_1 = 0{,}8$

Abzweig (aus Bild 336-9):

$\Delta p_{\text{ges}\,3} = \zeta_3 \cdot \varrho/2 \cdot w_3^2 = 0{,}9 \cdot 1{,}2/2 \cdot 36 = 20$ Pa

Hauptstrom (aus Bild 336-10):

$\Delta p_{\text{ges}\,1} = \zeta_1 \cdot \varrho/2 \cdot w_1^2 = 0{,}5 \cdot 1{,}2/2 \cdot 100 = 30$ Pa.

## -3 WÄRMEVERLUSTE

Der Wärmeverlust oder Kälteverlust eines warme oder kalte Luft führenden Kanals ermittelt sich aus der Gleichung

$\dot{Q} = k \cdot A \cdot \vartheta_m = L \cdot c \cdot \Delta t$ in W

$L$ = Luftvolumenstrom in kg/s
$c$ = spez. Wärmekapazität = 1000 J/kg K
$k$ = Wärmedurchgangszahl in W/m² K
$A$ = Kanaloberfläche in m²

Hieraus die Abkühlung oder Erwärmung der Luft:

$$\Delta t = \frac{k \cdot A \cdot \vartheta_m}{L \cdot c} \text{ in K}$$

$$k = \frac{1}{\dfrac{1}{\alpha_i} + \dfrac{\delta}{\lambda} + \dfrac{1}{\alpha_a}} \text{ W/m}^2\text{ K}$$

$$\alpha_i = 4{,}2\,\frac{w_0^{0,75}}{d^{0,25}} \text{ W/m}^2\text{ K (Abschnitt 135-211).}$$

$\vartheta_m$ = mittlerer Temperaturunterschied zwischen Luft im Kanal und umgebendem Raum ist zunächst zu schätzen. Bei unrichtiger Schätzung ist die Rechnung zu wiederholen.

*Beispiel:*

Um wieviel kühlt sich Luft von 40 °C in einem Blechrohr von 300 mm l.W. ab, wenn das Rohr 15 m weit durch einen Raum von 20 °C Raumtemperatur führt? Luftgeschwindigkeit $w = 6$ m/s.

$$w_0 = w \cdot \frac{273}{313} = 5{,}2 \text{ m/s (bezogen auf 0 °C)}$$

$$\alpha_i = \frac{4{,}2 \cdot 5{,}2^{0,75}}{0{,}3^{0,25}} = 4{,}2 \cdot 4{,}65 = 20 \text{ W/m}^2 \text{ K}$$

$$\vartheta_m = \text{geschätzt auf 18 K}$$

$$\alpha_a = \alpha_{ges} = 8 \text{ W/m}^2 \text{ K (Bild 135-27)}$$

$$k = \frac{1}{\frac{1}{20} + \frac{1}{8}} = 5{,}7 \text{ W/m}^2 \text{ K}$$

$$\text{Luftmenge } L = \frac{\pi d^2}{4} \cdot w \cdot \varrho = \frac{\pi \cdot 0{,}3^2}{4} \cdot 6 \cdot 1{,}14 = 0{,}49 \text{ kg/s}$$

$$\text{Abkühlung } \Delta t = \frac{5{,}7 \cdot 15 \cdot \pi \cdot 0{,}3 \cdot 18}{0{,}49 \cdot 1000} = 3{,}0 \text{ K}$$

$$\text{Kontrolle: } \vartheta_m = \frac{40 + 37}{2} - 20 = 18{,}5 \text{ K}$$

## -4 LUFTAUSLÄSSE (ZULUFT-DURCHLÄSSE)[1]

Überarbeitet von B. Regenscheit, Aachen

### -41 Allgemeines

Luftauslässe gehören zu den wichtigsten Bestandteilen jeder Lüftungsanlage, die mit größter Sorgfalt bemessen und ausgeführt werden sollten, um Zugerscheinungen oder Temperaturschichtungen in den gelüfteten Räumen zu vermeiden. Die Formen der verwendeten Luftauslässe sind sehr vielseitig. Herstellung aus Stahl, Aluminium, Kunststoff. Einige der am häufigsten verwendeten Luftauslässe siehe Bild 336-14 und -39.

*Bezeichnungen:*

| | |
|---|---|
| Luftdurchlaß | = Öffnung, durch die Luft in den Raum eintritt oder aus dem Raum abströmt; |
| Zuluftdurchlaß | = Öffnung, durch den Zuluft in einen Raum eintritt (Luftauslaß); |
| Abluftdurchlaß | = Öffnung, durch die Abluft aus einem Raum abgesaugt wird (Lufteinlaß); |
| Deckendurchlaß | = Öffnung in Decke für Zuluft oder Abluft; |
| Wanddurchlaß | = Öffnung in Wand für Zuluft oder Abluft; |
| Gitter | = Vorrichtung zur Luftverteilung und Luftlenkung in einer Öffnung, auch für Abluft verwendet; |
| Freier Querschnitt | = derjenige Querschnitt, durch den Luft strömt, häufig in % des Gesamtquerschnitts angegeben; |
| Gesamtquerschnitt | = Querschnitt der Öffnung; |
| Wurfweite | = Entfernung, bei der die mittlere Geschwindigkeit des Luftstrahls auf einen bestimmten Wert, meist 0,15 m/s, abgesunken ist; |
| Streubreite | = quer zur Hauptströmungsrichtung gemessene Ausdehnung am Ende des Luftstrahls; |
| Primärluft | = aus der Öffnung austretende Luftmenge; |
| Sekundärluft | = durch den Luftstrahl mitgerissene (induzierte) Raumluft. |

[1]) Regenscheit, B.: Ges.-Ing. 1971. S. 193/201.
Hönmann, W.: TAB 6/74. S. 441/50.
Moog, W., u. W. Jäger: HLH 9/84. S. 451/67.
Sodec, F.: Expoclima, Kongreß Nov. 1986, Brüssel. Tagungsbericht.

Die Luftauslässe haben maßgebenden Einfluß auf die Form der Raumströmung und den Energieaustausch zwischen Zuluft und Raumluft.

Man unterscheidet bezüglich der Luftführung[1]):

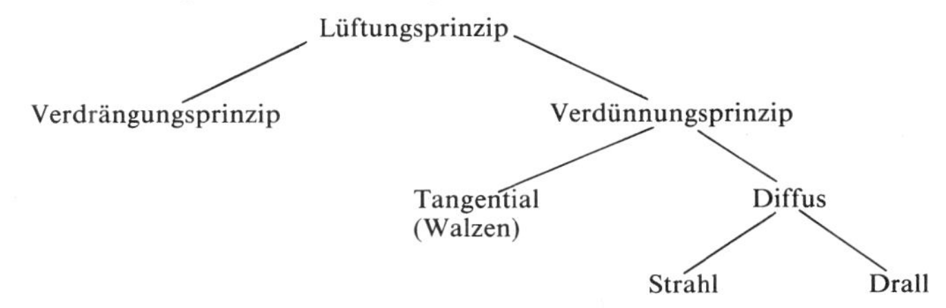


Das *Verdrängungsprinzip* wird angewandt bei Reinräumen, Operationsräumen, Labors, Farbspritzständen u. a. Das Ziel ist es, Querbewegungen zur gewollten Hauptströmungsrichtung klein zu halten. Übliche Luftauslässe hierfür sind:

Lochdecken, Filterdecken oder -wände, Fußboden-Gitterroste (Bild 336-10).

In Räumen mit ausschließlich Kühllast wird im Aufenthaltsbereich turbulenzarm Luft mit geringer Untertemperatur (2···3 K) eingeführt *(Quellüftung)*. Wärmequellen geben die Wärme durch Auftrieb nach oben ab.[2])

Beim *Verdünnungsprinzip* wird mehr Induktion angestrebt. Folgt die Luft zunächst tangential einer Wand oder Decke, so bilden sich Strömungswalzen aus. Dies geschieht meist bei Induktionsgeräten oder Auslässen mit *Coanda-Effekt* (s. Bild 336-11). Bei diffuser Raumströmung wird der Coanda-Effekt bewußt vermieden. Die Induktion ist dabei noch größer; Geschwindigkeit und Temperaturdifferenz werden schnellstmöglich abgebaut. Realisierung durch Strahldüsen, Drallauslässe und einige Schlitzauslässe (s. auch Abschn. 336-433 und 336-9).

### -411 Coanda-Effekt und Wirbelgrenzflächeneffekt[3])

Werden ebene Strahlen aus Schlitzen nicht unmittelbar unter der Decke ausgeblasen, sondern in einem gewissen Abstand a, so legt sich der Strahl, infolge des induzierten Wirbels und einseitig höheren Unterdrucks an die Fläche an; er „klebt" gewissermaßen daran, solange a einen Wert von etwa 30 ··· 50 · b (b = Strahldicke) nicht überschreitet.

Bild 336-10: Verschiedene Formen der Raumströmung.

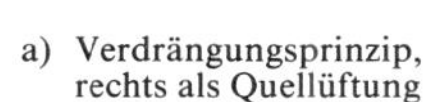
a) Verdrängungsprinzip, rechts als Quellüftung

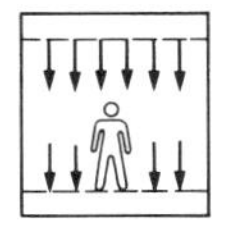
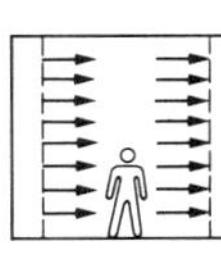
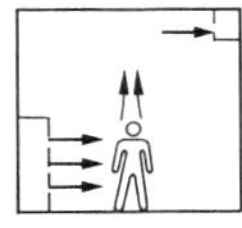

b₁) Verdünnungsprinzip, tangential

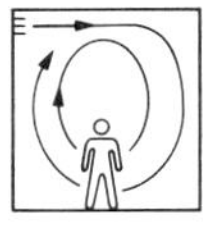
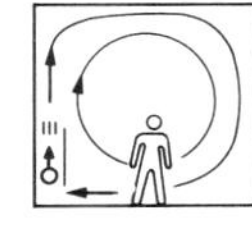

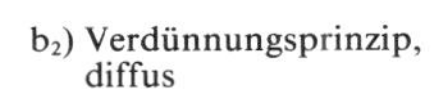
b₂) Verdünnungsprinzip, diffus

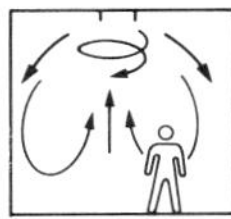

---

[1]) Rákóczy, T.: Ki 5/80. S. 225/32.

[2]) Fitzner, K.: FLT-Forschungsbericht Heft 16 (1986). S. 121/34.
Socher, H.-J.: TAB 4/85. S. 279 ff.

[3]) Hönmann, W.: Ki 1/75. S. 23/30.
Moog, W.: Ki 11/78. S. 405/12.

Dieser Betrag ist geringfügig von Volumenstrom und Geschwindigkeit abhängig. Man nennt diese Erscheinung Wirbelgrenzflächen-Effekt.

Dasselbe geschieht, wenn der Strahl unter einem gewissen Winkel $\alpha$ aus einer Fläche austritt. Bei einem ebenen Strahl erfolgt die Umlenkung, solange $\alpha$ kleiner oder gleich 45° ist. Bei *Einzelstrahlen* oder kurzen Schlitzen $b < 25 \cdot$ Länge kann $\alpha$ auch kleiner sein, ohne daß der Strahl anliegt. Die Verwendung einzelner Strahlen ist daher günstiger als ein durchlaufender langer Strahl, da die Induktion größer ist und die Geschwindigkeit schneller abnimmt (Bild 336-11). Siehe auch Bild 336-52 o. -53).

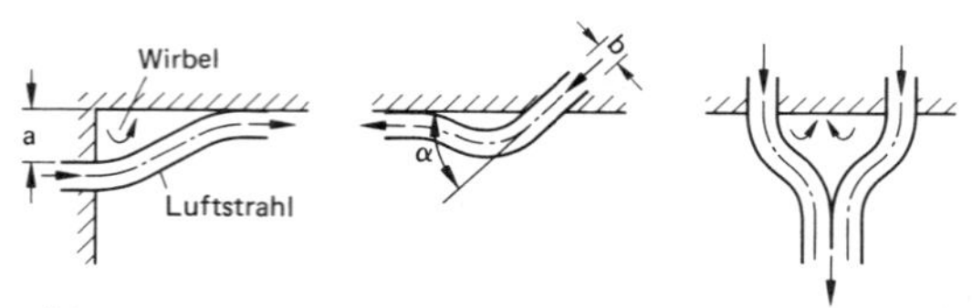


Bild 336-11. Coanda-Effekt bei Luftstrahlen.

Ähnlich sind die Strömungsvorgänge bei zwei benachbarten Strahlen. Sie legen sich aneinander, wenn der Abstand einen gewissen Wert unterschreitet (Bild 336-11, rechts).

Wenn das Wirbelgebiet durch eine gekrümmte Fläche ersetzt wird, spricht man vom *Coanda-Effekt.*

Maßgebend für das Auftreten der beiden Effekte ist das Unterdruckgebiet im Bereich der vom Strahl injizierten Sekundärluft. Kann diese nicht frei nachströmen, zieht sich der Strahl selbst in dieses Gebiet hinein.

### -412 Archimedes-Zahl[1])

Beim Heizen oder Kühlen hat die zuströmende Luft eine Temperaturdifferenz und somit einen Dichteunterschied zur Raumluft, der eine Schwerkraft auslöst. Für die Raumströmungsform und -geschwindigkeit ist das Verhältnis der *Schwerkraft* zu der im Strahl enthaltenen *Trägheitskraft* von Bedeutung. Es kommt sowohl auf die Größe als auch die Richtung der Kräfte an.

Man unterscheidet zwei Fälle:

Trägheits- und Schwerkraft sind gleich gerichtet, wenn kalte Luft aus der Decke oder warme Luft aus dem Fußboden strömt.

Trägheits- und Schwerkraft sind entgegengerichtet, wenn warme Luft aus der Decke oder kalte Luft aus dem Fußboden strömt.

In letzterem Fall kann die Strahlgeschwindigkeit durch Schwerkräfte zu Null werden und die Strömungsrichtung wird umgekehrt. Beispiele: Kalte Luft aus dem Fußboden gelangt nicht in den Deckenbereich, sondern bildet einen „Kaltluftsee" über dem Boden. Oder warme Luft aus der Decke gelangt nicht in die Aufenthaltszone; es bildet sich am Boden ebenfalls ein „Kaltluftsee" (s. auch Abschn. 4-422).

Das Verhältnis der beiden erwähnten Kräfte wird beschrieben durch die

$$\textit{Archimedes-Zahl} \quad Ar = \frac{\text{Schwerkraft}}{\text{Trägheitskraft}}$$

*Herleitung der Ar-Zahl* (Bild 336-12).

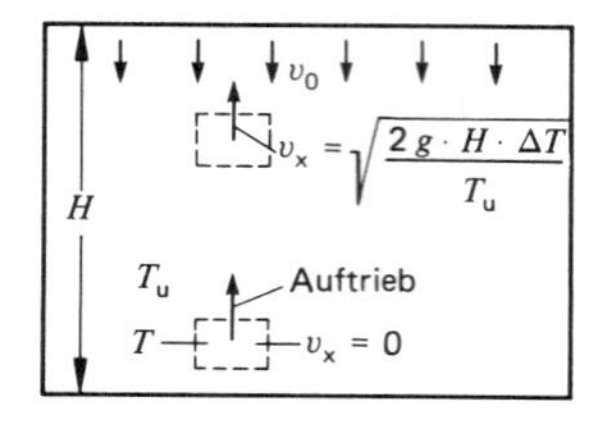


Bild 336-12. Herleitung der Archimedes-Zahl.

$v_x$ = thermische Auftriebsgeschwindigkeit in m/s
$v_0$ = Verdrängungsgeschwindigkeit im Raum, m/s
$g$ = 9,81 $m^2/s$ = Erdbeschleunigung
$H$ = Raumhöhe in m
$T$ = abs. Temperatur des Volumenelements in K
$T_u$ = abs. Temperatur der Umgebung in K
$\Delta T = T - T_u$

[1]) Regenscheit, B.: Ges.-Ing. 6/70. S. 172/77 und Ki Extra Nr. 12 (1981).

Die durch Schwerkraft (Thermik) ausgelöste Luftgeschwindigkeit ist

$$v_x^2 = 2 \cdot g \cdot H \cdot \Delta T / T_u$$

Die Trägheitskraft ist proportional dem Quadrat der Einblasgeschwindigkeit. Wählt man z.B. gem. Bild 336-12 die auf die Grundrißfläche des Raumes bezogene Verdrängungsgeschwindigkeit $u_0 = \dot{V}/A$, so ist

$$Ar^* = \frac{v_x^2}{v_0^2} = \frac{2 \cdot g \cdot H \cdot \Delta T}{v_0^2 \cdot T_u}$$

Es ist üblich, den Faktor 2 wegzulassen und manchmal anstatt der Raumhöhe $H$ eine beliebige charakteristische Länge zu wählen.

Somit definiert man folgende Archimedes-Zahlen:

für durchströmte Räume (Verdrängungsströmung):

$$Ar = \frac{g}{T_u} \cdot \frac{\Delta T_o}{H} \cdot \left(\frac{3600}{n}\right)^2 (1-\varepsilon)^2 = \frac{g \cdot \Delta T_o \cdot H}{T_u \cdot v_0^2} (1-\varepsilon)^2$$

für runde Einzel-Strahlen:

$$Ar = \frac{g \cdot \Delta T_o \cdot d}{T_u \cdot v_0^2}$$

für ebene Einzel-Strahlen:

$$Ar = \frac{g \cdot \Delta T_o \cdot h}{T_u \cdot v_0^2}$$

Dabei bedeuten

$\Delta T_o$ = Temperaturdifferenz Raum–Zuluft in K
$v_0$ = Verdrängungs- bzw. Strahlaustrittsgeschwindigkeit in m/s
$n$ = Luftwechselzahl in $h^{-1}$
$d$ = Strahldurchmesser bei rundem Strahl in m
$h$ = Strahldicke bei ebenem Strahl in m.

Weitere Bezeichnungen s. Legende zu Bild 336-12.

$\varepsilon$ ist das Verhältnis von freier zur Gesamtbodenfläche, wenn bei Verdrängungsströmung von unten nach oben durch Möbel oder Maschinen die freie Strömungsfläche verengt ist.

Für $T_u = 293$ K (20 °C) ist

$$\underbrace{Ar = 0{,}0335\, d \cdot \Delta T_o / v_0^2}_{\text{runder Stahl}} \quad \text{oder} \quad \underbrace{Ar = 0{,}0335 \cdot s \cdot \Delta T_o \cdot v_0^2}_{\text{ebener Stahl}}$$

Diese Gleichung ist für $\Delta T_o = 1$ K im Bild 336-13 dargestellt.

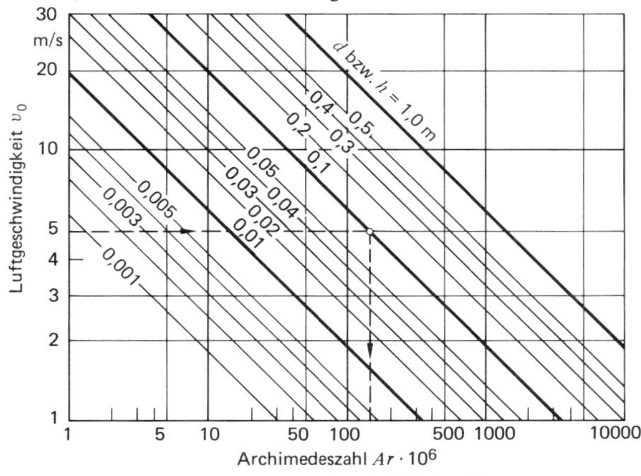


Bild 336-13. Die Archimedeszahl $Ar$ bei $\Delta T_o = 1$ K und $T_u = 293$ °K (20 °C).
$s$ = Spaltweite bei ebenem Strahl
$d$ = Durchmesser bei rundem Strahl

Anwendung der $Ar$-Zahl bei Strahllüftung siehe Abschnitt 336-433 und -434.

Bei *Verdrängungsströmung* erhält man nach Regenscheit und Linke im Heizfall gerade noch stabile Strömung ohne Strömungsumkehr, wenn bei

Strömung von oben nach unten $Ar < 46$
Strömung von unten nach oben $Ar < 360$

eingehalten wird. Als Temperaturdifferenz $\Delta T$ ist hier die Differenz zwischen Abluft- und Zuluft und als $T_u$ die Raumtemperatur einzusetzen.

*Beispiel:*

| | | |
|---|---|---|
| Strömung von oben nach unten | $\varepsilon$ | $= 0$ |
| Heizen: Temperaturdifferenz Zuluft–Abluft | $\Delta T_o$ | $= 5$ K |
| Raumtemperatur | $T_u$ | $= 20\,°C = 293$ K |
| Raumhöhe | $H$ | $= 3$ m |
| Verdrängungsgeschwindigkeit | $v_0$ | $= H \cdot n/3600$ in m/s |

Aus $Ar = \frac{g \cdot \Delta T_o}{T_u \cdot H}\left(\frac{3600}{n}\right)^2 < 46$

folgt Luftwechsel $n > 3600 \sqrt{\frac{g \cdot \Delta T_o}{46 \cdot T_u \cdot H}} = 125\ \mathrm{h}^{-1}$

Das entspricht einer Verdrängungsgeschwindigkeit $v_0 > H \cdot n/3600 = 0{,}105$ m/s

Will man diese Luftgeschwindigkeit nicht überschreiten (Zuggefahr), muß man den recht großen Luftwechsel von $n > 125\ \mathrm{h}^{-1}$ einhalten. Man bevorzugt daher bei Heizung die Luftführung von unten nach oben. Da hier $Ar < 360$ sein kann, reicht im vorstehenden Beispiel (bei $\varepsilon = 1$) ein Luftwechsel von $n = 45\ \mathrm{h}^{-1}$.

Da man aus baulichen Gründen die Luft oft nicht von unten nach oben führen kann, wählt man statt der *Verdrängungsströmung* meist die *Strahllüftung* von oben nach unten (s. Abschn. 336-42) oder von der Seite (Abschn. 336-43).

Die Archimedeszahl ist eine wichtige Kennzahl bei Modellversuchen zur Ermittlung der *Raumluftgeschwindigkeit*. Die *Ar-Zahl* gibt bei Modellversuchen mit von 1:1 abweichendem Größenmaßstab Richtwerte für den Versuch.

*Beispiel:*

Ist der Modellversuch nur ein Viertel der Großausführung ($H_m = \frac{1}{4} \cdot H$) so ist, um die $Ar$-Zahl konstant zu halten, entweder

die Temperaturdifferenz $\Delta T$ viermal größer oder
die Raumtemperatur viermal größer oder
die Geschwindigkeit $v_0$ zweimal größer zu wählen.

## -42 Wandauslässe (Wand-Zuluftdurchlässe)[1]

Hierunter werden waagerecht in den Raum eintretende Strahlen verstanden. Auslässe mit Einblasung von der Decke s. Abschn. 336-43, vom Fußboden s. Abschn. -45. Wenn die Luftstrahlen gleiche Temperatur wie die Raumluft hat, spielt die Strahlrichtung im Verhältnis zur Schwerkraft keine Rolle *(isotherme Strahlen)*. Die nachstehend angegebenen Strahlgesetze gelten dann auch für senkrechte Strahlen.

### -421 Freie isotherme runde und ebene Strahlen (Freistrahlen)

Tritt ein Luftstrahl z.B. mittels einer Düse aus einer *runden freien Öffnung* aus, so breitet er sich im Raum allseitig aus, wobei der gesamte Ausbreitungswinkel unabhängig von der Geschwindigkeit 23 bis 25° ist (Bild 336-15).

Die Anfangsgeschwindigkeit bleibt nur in einem kegelförmigen Teil der Strömung, dem Kern, erhalten. Länge $x_0$ der Kernzone abhängig vom Turbulenzgrad des Strahles. Bei kleiner Turbulenz ist die Kernzone länger als bei großer Turbulenz. Vom Ende des

[1]) Fitzner, K.: Ges.-Ing. 12/76. S. 293/300.
Rákóczy, T.: HLH 5/77. S. 173/5 u. Ki 5/80. S. 924/31.
Detzer, R.: KI 4 (1973). S. 47/53 und Diss. Stuttgart 1972.
Regenscheit, B.: KI 1/74. S. 9/16 und Klima-Kälte-Tech. 6/7/8, 1975, ferner HLH 4/76. S. 122/6, DKV-Bericht Nov. 1975 und Ki Extra Nr. 12 (1981).
Gersten, G., u.a.: Wärme- und Stoffübertragung 1980. S. 145/62.

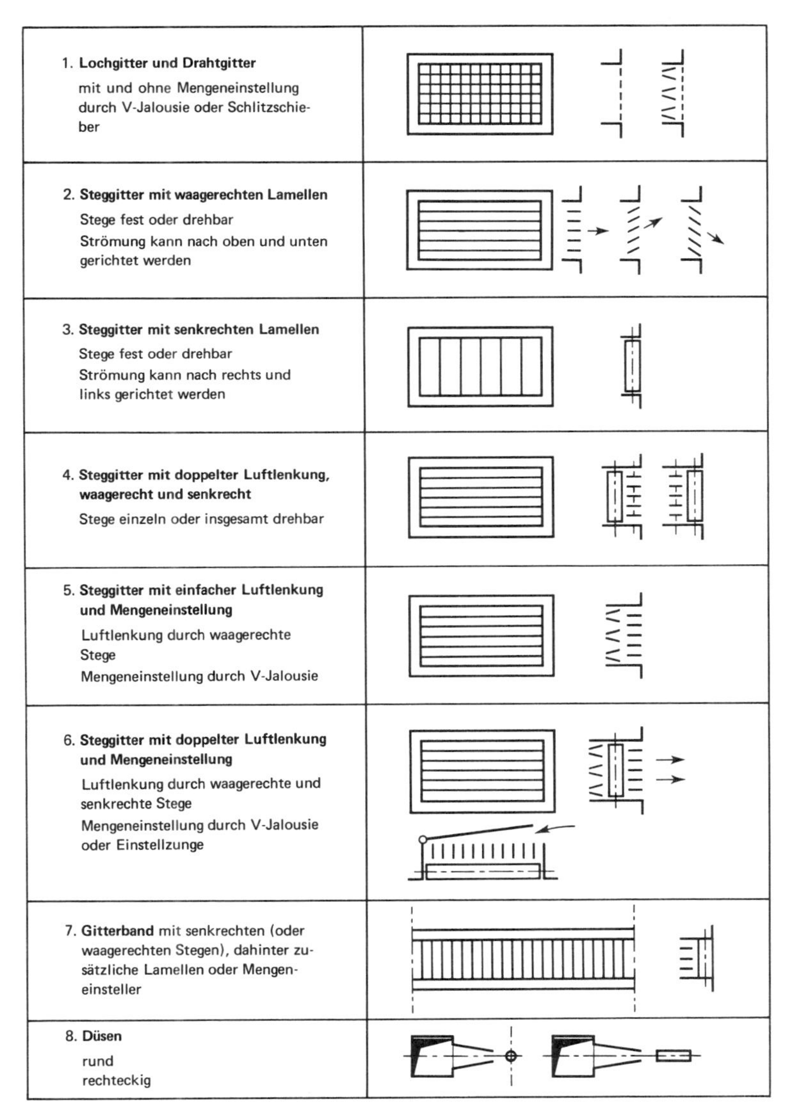


Bild 336-14. Verschiedene Arten von Wand-Luftdurchlässen.

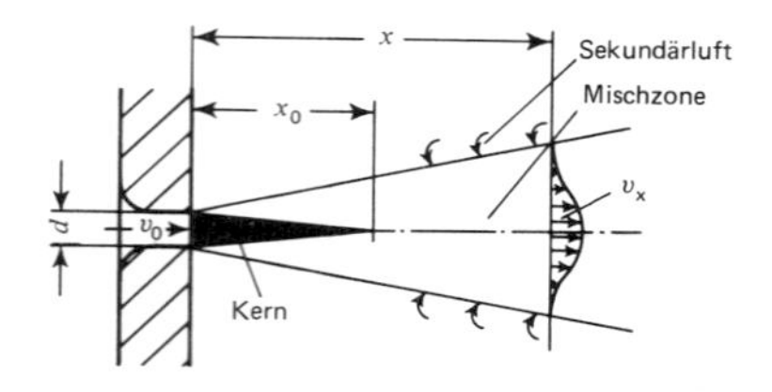


Bild 336-15. Ausbreitung eines isothermen Luftstrahls aus einer Düse in freier Luft (Schema).

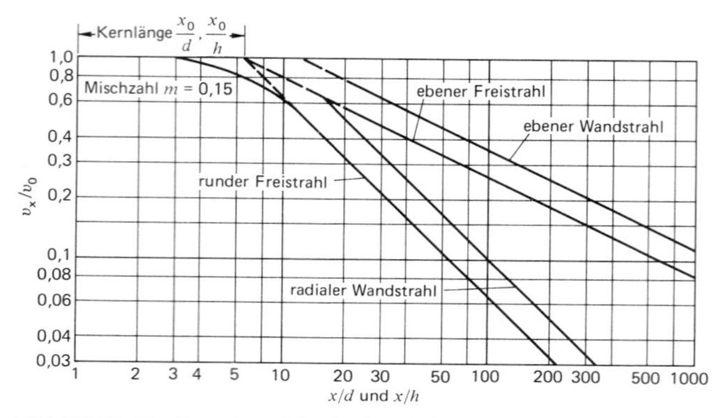


Bild 336-16. Abnahme der axialen Luftgeschwindigkeit $v_x$ mit der Entfernung $x$ bei rundem und ebenen isothermen Freistrahl und bei einseitig anliegendem Wandstrahl ($m = 0{,}15$). $h$ = Dicke eines ebenen Strahls, $d$ = Durchmesser eines runden Strahls.

Kerns an vermindert sich die axiale Luftgeschwindigkeit $v_0$ nach einem kurzen *Übergangsgebiet* umgekehrt proportional der Entfernung vom Auslaß: $v_x/v_0 \approx 1/x$. Um den Kern herum liegt die *Mischzone,* in der sich in stark wirbelnden Bewegungen die Raumluft mit der ausgeblasenen Luft mischt. Die gesamte vom Luftstrahl in Bewegung gesetzte Luftmenge wird durch die induzierte Raumluft *(Sekundärluft)* immer größer, während die Geschwindigkeit immer geringer wird.

Bei einer *runden Düse* lassen sich die axialen Geschwindigkeiten des Luftstrahls durch folgende einfache Gleichung darstellen:

$$\frac{v_x}{v_0} = \frac{x_0}{x} = \frac{1}{m} \cdot \frac{d}{x} \qquad \text{worin } x_0 = \frac{d}{m} \text{ ist.}$$

$v_0$ = Anfangsgeschwindigkeit im Auslaßquerschnitt in m/s
$v_x$ = axiale Geschwindigkeit in der Entfernung $x$ in m/s
$m$ = Mischzahl
$x$ = Entfernung vom Luftauslaß in m
$d$ = Durchmesser in m
$x_0$ = Kernlänge in m

Diese Gleichung ist in dem doppelt-logarithmischen Diagramm 336-16 dargestellt. Der Faktor $m$, die sogenannte *Mischzahl,* hängt vom Turbulenzgrad, den der Auslaß erzeugt, ab und hat bei geringer Turbulenz Werte von etwa 0,1 ⋯ 0,2, bei großer Turbulenz 0,2 ⋯ 0,5 (Tafel 336-7). Je geringer die Turbulenz, desto größer ist die *fiktive Kernlänge* $x_0 = d/m$. Für $m = 0{,}15$ ist $x_0 = 6{,}7\ d$.

Bei kleinen Austrittsöffnungen und kleinen Geschwindigkeiten (d.h. kleinen Re-Zahlen, also laminarem Anlauf) folgt nach neueren Untersuchungen die Mittengeschwindigkeit nicht mehr dem Gesetz $v_x/v_0 = (x_0/x)^n$ mit $n = 1$, sondern sie verringert sich schneller mit $n = 1 \cdots 2$[1]).

[1]) Gräff, B.: DKV-Bericht 2 (1975). S. 477.

**Tafel 336-5. Grundgleichungen für Luftstrahlen (nach Regenscheit)**

| | Runder Freistrahl | Ebener Freistrahl | Ebener Wandstrahl | Rechteckiger Freistrahl |
|---|---|---|---|---|
| | | | | gültig ab $\frac{x}{h} = \frac{1}{m} \cdot \frac{b}{h}$ |
| Kernlänge $x_0$ | $x_0 = d/m$ | $x_0 = h/m$ | $x_0 = 2\,h/m$ | $x_0 = h/m$ |
| Mittengeschwindigkeit $v_x$ | | | | |
| isotherm | $\frac{v_x}{v_0} = \frac{x_0}{x} = \frac{d}{mx}$ | $\frac{v_x}{v_0} = \sqrt{\frac{x_0}{x}} = \sqrt{\frac{h}{mx}}$ | $\frac{v_x}{v_0} = \sqrt{\frac{x_0}{x}} = \sqrt{\frac{2\,h}{mx}}$ | $\frac{v_x}{v_0} = \frac{x_0}{x}\sqrt{\frac{b}{h}} = \frac{h}{mx}\sqrt{\frac{b}{h}}$ |
| nicht isotherm | $\frac{v_x}{v_0} = \frac{x_0}{x} \pm \sqrt{\frac{Ar}{m}\left(1 + \ln\frac{2x}{x_0}\right)}$ | $\frac{v_x}{v_0} = \sqrt{\frac{x_0}{x}} \pm \sqrt{\frac{Ar}{m}\left(2{,}83 \cdot \sqrt{\frac{x}{x_0}} - 1\right)}$ | | |
| Ausbreitungswinkel α (isotherm) | ≈ 24° | ≈ 33° | ≈ 16,5° | ≈ 24° |
| Im Strahl bewegtes Luftvolumen $\dot{V}_x$ | $\frac{\dot{V}_x}{\dot{V}} = 2\frac{x}{x_0} = 2\,m\frac{x}{d}$ | $\frac{\dot{V}_x}{\dot{V}} = \sqrt{\frac{2\,x}{x_0}} = \sqrt{\frac{2\,mx}{h}}$ | $\frac{\dot{V}_x}{\dot{V}} = \sqrt{2}\sqrt{\frac{x}{2\,x_0}}$ | $\frac{\dot{V}_x}{\dot{V}} = 2 \cdot \frac{x}{x_0}\sqrt{\frac{h}{b}} = 2\frac{m \cdot x}{h}\sqrt{\frac{h}{b}}$ |
| Temperaturabnahme im nichtisothermen Strahl | $\frac{\Delta T_x}{\Delta T_0} = \frac{3}{4}\frac{x_0}{x} = \frac{3}{4}\frac{d}{mx}$ | $\frac{\Delta T_x}{\Delta T_0} = \sqrt{\frac{3}{4}\frac{x_0}{x}}$ | $\frac{\Delta T_x}{\Delta T_0} = \sqrt{\frac{3}{4}}\sqrt{\frac{x_0}{x}}$ | $\frac{\Delta T_x}{\Delta T_0} = \frac{3}{4}\frac{x_0}{x}\sqrt{\frac{b}{h}} = \frac{3}{4}\frac{h}{m \cdot x}\sqrt{\frac{b}{h}}$ |

$d$ = Durchmesser; $b$ = Auslaßbreite; $h$ = Schlitzhöhe; $m$ = Mischzahl, bei kleiner Turbulenz (Düsen) $m \approx 0{,}15$, bei großer Turbulenz $m \approx 0{,}25$; $x$ = Entfernung von Öffnung; $v_0$ = Geschwindigkeit in Öffnung; $v_x$ = Geschwindigkeit in der axialen Entfernung $x$; $Ar$ = Archimedeszahl; $\dot{V}$ = Luftvolumen in der Öffnung; $\dot{V}_x$ = Luftvolumen in der Entfernung $x$; $\Delta T_0$ = Temperaturdifferenz zwischen Strahl und Umgebung in der Öffnung; $\Delta T_x$ = Temperaturdifferenz in der Entfernung $x$

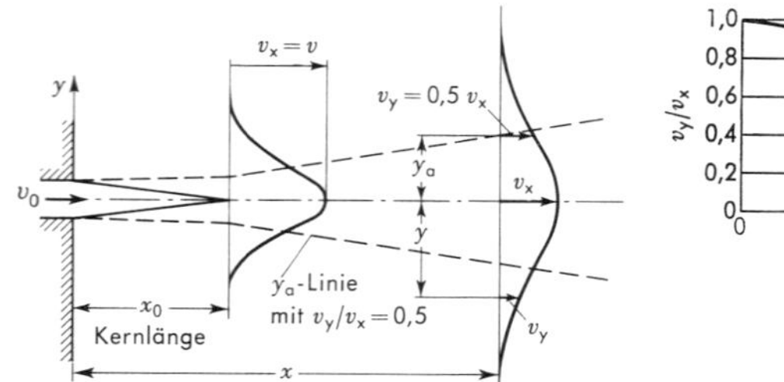


Bild 336-17. Strahlprofil beim runden Freistrahl.

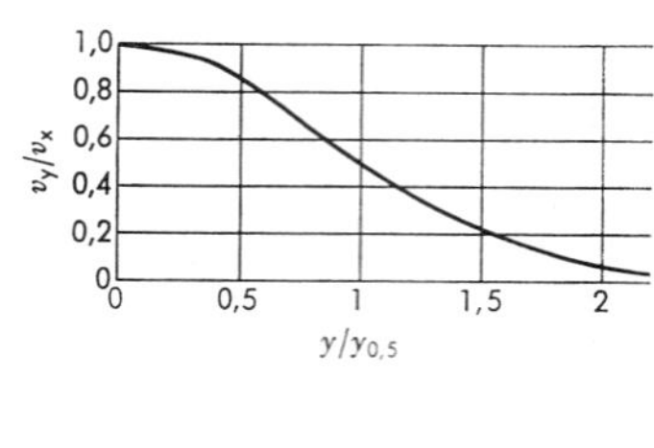


Bild 336-18. Dimensionslose Strahlprofilkurve beim runden Freistrahl.

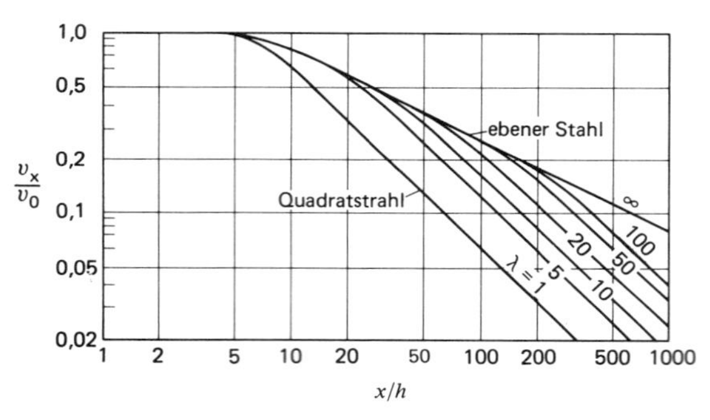


Bild 336-19. Geschwindigkeitsabnahme bei Rechteckstrahlen. $\lambda$ = Seitenverhältnis = $b/h$. Mischzahl $m = 0,2$.

Bei *Strahlenbündeln*, bestehend aus mehreren benachbarten Luftstrahlen (Lochdecken, Düsenpaketen u.a.) verringert sich die Geschwindigkeit ebenfalls langsamer.[1])

*Geschwindigkeitsprofil des Strahls*

Die Geschwindigkeit $v_y$ der Luft außerhalb der Achse eines runden Freistrahls ändert sich nach dem Gesetz (Bild 336-17 und -18):

$$\frac{v_y}{v_x} = e^{-2\,(y/mx)^2} = e^{-0,69\,(y/y_a)^2}$$

$y$ = Entfernung von der Achse
$y_a$ = Entfernung $y$, wo $v_y = 0,5\ v_x$ ist.

Alle Profile sind für $x > x_0$ einander ähnlich und lassen sich durch eine einzige Kurve darstellen, wenn man die Geschwindigkeiten $v_y$ auf die Entfernung $y_a$ bezieht.

Bei *rechteckigen Luftdüsen* ist die Luftverteilung ähnlich derjenigen der runden Auslässe, so daß man bei einer größeren Entfernung vom Auslaß keinen Unterschied mehr feststellen kann, ob die Luft aus einem runden oder rechteckigen Auslaß ausströmt.

Je größer das Seitenverhältnis $\lambda = b/h$ der Öffnung ist, desto mehr nähert sich die Geschwindigkeitsabnahme derjenigen eines ebenen Strahles (Schlitzes), siehe Bild 336-19[2]).

Bei *ebenen Schlitzen* (Bild 336-19) verringert sich infolge der fehlenden seitlichen Ausdehnung die axiale Geschwindigkeit $v_x$ erheblich weniger als bei runden Auslässen, so daß die Wurfweite größer wird. Allerdings ist auch der Volumenstrom entsprechend größer. Bei gleichem Volumenstrom und gleicher Anfangsgeschwindigkeit $v_0$ sind die Wurfweiten für langen ebenen und rechteckigen Strahl ungefähr gleich.

[1]) Frings, P., u. J. Pfeifer: HLH 2/81. S. 49/61.
[2]) Regenscheit, B.: Ki extra 12 (1981).

Die Abnahme der Geschwindigkeit ist umgekehrt proportional der Wurzel aus der Entfernung $x$ vom Auslaß (siehe Tafel 336-5):

$$\frac{v_x}{v_0} = \sqrt{\frac{x_0}{x}} = \sqrt{\frac{h}{m \cdot x}} \qquad h = \text{Schlitzhöhe, in m}$$

Mit $m = 0{,}15$ wird

$$\frac{v_x}{v_0} = 2{,}6 \sqrt{\frac{h}{x}} \text{ (Bild 336-16)}$$

Die Wurfweite wird mit $v_x = 0{,}5$ m/s: $L \approx 26{,}7\ v_0^2\ h$ in m

Bei durch Gitter oder auf andere Weise verengten Auslässen sind die nachstehend erwähnten Faktoren $\mu$ und $r$ zu berücksichtigen; statt $h$ ist also $h/\mu r$ einzusetzen.

Die Kernlänge $x_0 = h/m$ ist von der Mischzahl $m$ abhängig (Tafel 336-7). Der Ausbreitungswinkel ist größer als beim runden Strahl und beträgt etwa 33°.

Bei *scharfkantigen* und durch Jalousien, Lochgitter oder andere Gitter verengten *Auslässen* ist die Lufteinschnürung zu berücksichtigen. Für die Geschwindigkeitsverteilung bei diesen Auslässen gilt die Gleichung:

$$\frac{v_x}{v_0} = \frac{1}{m} \frac{\sqrt{A}}{x\sqrt{\mu r}}$$

$\mu$ = Kontraktionszahl
$r$ = Verhältnis freie Fläche/Gesamtfläche $A$

**Tafel 336-7. Richtwerte für Mischzahl *m* verschiedener Auslässe**

| Auslaß | $m$ | Auslaß | $m$ |
|---|---|---|---|
| Düsen | 0,14···0,17 | Lochgitter, $r = 0{,}1$ ···0,2 | 0,22···0,28 |
| Rechteckige freie Auslässe | 0,17···0,2 | „ $r = 0{,}01$···0,1 | 0,28···0,4 |
| Schlitze | | Steggitter, gerade | 0,18···0,25 |
| Seitenverhältnis | 0,2 ···0,25 | „ divergierend 40° | 0,28 |
| $s = 20$···25 | | 60° | 0,4 |
| | | 90° | 0,5 |

Die Mischzahl $m$ ist ein Maß für die Höhe der Turbulenz. Sie hängt von der Bauart des Auslasses ab. Einige durch Versuche ermittelte Werte für $m$ zeigt Tafel 336-7.

*Mischungsverhältnis*

Das Verhältnis des gesamten bewegten Luftstroms $\dot{V}_x$ zum eingeblasenen Luftstrom $\dot{V}$ nennt man Mischungs- oder Induktionsverhältnis. Es läßt sich nach Tafel 336-5 berechnen. Vergleicht man danach den runden mit dem rechteckigen Freistrahl, so gilt:

runder Strahl $\frac{\dot{V}_x}{\dot{V}} = 2\ m \sqrt{\frac{\pi}{4}} \cdot \frac{x}{\sqrt{A}}$ mit $A = \frac{\pi}{4} \alpha^2$

eckiger Strahl $\frac{\dot{V}_x}{\dot{V}} = 2\ m \cdot \frac{x}{\sqrt{A}}$ mit $A = b \cdot h$

Der eckige Strahl hat demnach bei gleichem relativen Abstand $x/\sqrt{A}$ und gleicher Austrittsfläche ein um ca. 13% ($\sqrt{\pi/4} = 1{,}13$) höheres Induktionsverhältnis (Bild 336-20).

Beim Rechteckstrahl ist nach vorstehender Formel das Induktionsverhältnis nur von der Größe der Fläche $A$ abhängig, dagegen nicht von $b/h$.

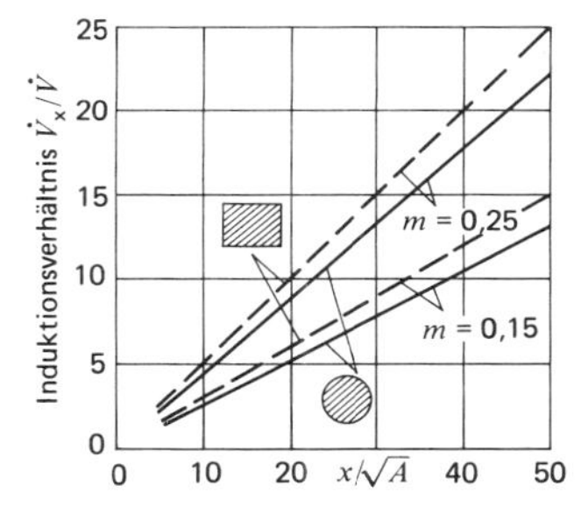


Bild 336-20. Mischungsverhältnis $\dot{V}_x/\dot{V}$ bei runden und rechteckigen Luftstrahlen ($m$ = Mischzahl).

*Wurfweite*

Für manche Anwendungen ist die *Wurfweite* des Luftstrahls interessant, d. h. diejenige Entfernung vom Luftauslaß, bei der die axiale Geschwindigkeit der Luft auf einen gewissen Betrag, z. B. 0,5 m/s, gesunken ist. Die mittlere Geschwindigkeit der Luft ist dabei nur etwa ein Drittel dieses Wertes, liegt also etwa im Bereich derjenigen Geschwindigkeiten, die als Grenze für Zugerscheinungen angegeben werden. Dabei ergibt sich aus der obigen Gleichung für die Wurfweite $L$ des runden bzw. rechteckigen Freistrahls

$$L_{\bigcirc} = \frac{v_0}{v_x} \cdot \frac{d}{m} = \frac{v_0}{v_x}\sqrt{\frac{4}{\pi}}\,\frac{\sqrt{A}}{m} \quad \text{bzw.} \quad L_{\square} = \frac{v_0}{v_x}\,\frac{\sqrt{A}}{m} \text{ in m}$$

Bei gleichen Ausgangswerten für $A$ und $v$ und gleicher Endgeschwindigkeit $v_x$ ist die Wurfweite des runden Strahls also ca. 13% größer.

Es ist jedoch zu beachten, daß der Begriff der Wurfweite nur für freie Strömungen einen Sinn hat. Bei *Raumströmungen* gelten andere Gesetze.

Eine Näherungsformel für wenig verengte Luftauslässe ist mit $v_x = 0{,}5$ m/s und $m = 0{,}2$:

$$L_{\bigcirc} = 10 \cdot v_0 \cdot d = 11{,}3 \cdot v_0 \cdot \sqrt{A} \quad \text{bzw.} \quad L_{\square} = 10 \cdot v_0 \cdot \sqrt{A} \text{ in m.}$$

*1. Beispiel:*

Wie groß ist die Wurfweite eines aus einer 20 × 40 cm großen Düse austretenden Luftstrahls bei einem Volumenstrom von $\dot{V} = 0{,}3$ m³/s?

$A = 20 \cdot 40 = 800\ \text{cm}^2 = 0{,}08\ \text{m}^2$; $v_0 = 0{,}3/0{,}08 = 3{,}75$ m/s; $m = 1/6{,}5$;

$$\text{Wurfweite } L = \frac{2\, v_0 \sqrt{A}}{m} = 6{,}5 \cdot 2 \cdot 3{,}75 \sqrt{0{,}08} = 13{,}8 \text{ m}$$

*2. Beispiel:*

Wie groß ist die Wurfweite $L$ bei derselben Luftmenge, wenn der Düsenauslaß durch ein Lochgitter mit $r = 50\%$ freiem Querschnitt ersetzt wird?

$A = 0{,}08\ \text{m}^2$; $\mu = 0{,}8$; $r = 0{,}5$; $A \cdot \mu \cdot r = 0{,}08 \cdot 0{,}8 \cdot 0{,}5 = 0{,}032\ \text{m}^2$; $m = 1/4$

$$\text{Wurfweite } L = \frac{2\, v_0 \sqrt{A}}{m \sqrt{\mu r}} = \frac{4 \cdot 2 \cdot 3{,}75 \sqrt{0{,}08}}{\sqrt{0{,}8 \cdot 0{,}5}} = 13{,}4 \text{ m}$$

Durch Verwendung von *divergierenden Stegen* im Auslaßquerschnitt läßt sich, wie man aus Tafel 336-7 für die Mischzahl $m$ entnehmen kann, die Wurfweite wesentlich verringern, wobei die Streubreite zunimmt. Bei Stegen mit einem maximalen Winkel von 90° erhält der Luftstrahl etwa einen Ausbreitungswinkel von 60° bei einer auf rund ein Drittel verringerten Wurfweite.

### -422 Ebene isotherme Strahlen an Decke (Halbstrahlen, Wandstrahlen)

Befindet sich der Schlitz unmittelbar unter der Decke, so kann sich der Luftstrahl nur einseitig durch Induktion ausdehnen. Das Geschwindigkeitsbild erhält man dabei angenähert in der Art, daß man sich einen spiegelbildlichen Strahl oberhalb der Decke vorstellt und dann nach der obigen Gleichung, aber mit doppelter Höhe $h$, rechnet. Die Kernlänge ist $x_0 = 2\, h/m$.

Die Abnahme der Geschwindigkeit in Strahlmitte (unterhalb der Grenzschicht) ist $v_x/v_0 \approx 1/x^{0,5}$ (Tafel 336-5). Es gilt also angenähert (Bild 336-22):

$$\frac{v_x}{v_0} = \sqrt{\frac{2\,h}{m \cdot x}}$$

und mit $m = 0{,}15$:

$$\frac{v_x}{v_0} = 2{,}6 \sqrt{\frac{2\,h}{x}} = 3{,}6 \sqrt{\frac{h}{x}}.$$

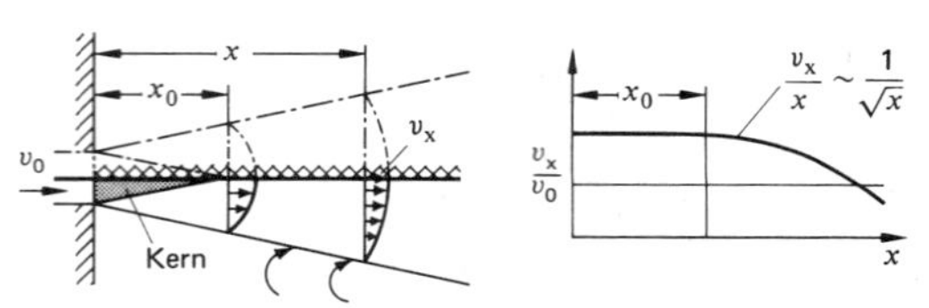


Bild 336-22. Geschwindigkeiten bei einem ebenen Wandstrahl.

Die Wurfweite $L$ wird mit $v_x = 0{,}5$ m/s

$L \approx 50\, v_0^2\, h$ in m.

*Beispiel:*

Ein waagerechter Luftstrahl von 2 cm Höhe tritt unter der Decke mit einer Geschwindigkeit von $v_0 = 2$ m/s aus. Die axiale Geschwindigkeit $v_x$ in einer Entfernung von $x = 1$ m ist

$$v_x = 2{,}6 \cdot 2 \sqrt{\frac{2 \cdot 0{,}02}{1{,}0}} = 1{,}04 \text{ m/s}$$

Die Wurfweite ($v_x = 0{,}5$ m/s) ist

$L = 50 \cdot 2^2 \cdot 0{,}02 = 4$ m.

### -423 Nichtisothermer waagerechter Luftstrahl (Freistrahl)

Besteht zwischen Raumtemperatur und Luftstrahltemperatur eine Differenz, so fällt oder steigt der Luftstrahl zusätzlich zu der durch die Ausbreitung bedingten *Höhenänderung,* je nachdem, ob seine Temperatur niedriger oder höher als die der Raumluft ist. Eine entsprechende Formel[1]) bei einem Freistrahl für den zusätzlichen Höhenunterschied lautet:

$$H = 0{,}0057 \frac{\Delta t}{v_0^2} \left(\frac{L}{d}\right)^2$$

$H$ = Fall oder Steigung der Achse des Luftstrahls in m
$\Delta t$ = Temperaturunterschied in K
$d$ = gleichwertiger Durchmesser in m
$v_0$ = Geschwindigkeit im Luftauslaß in m/s
$L$ = Entfernung vom Luftauslaß in m.

Die Wurfweite eines freien Strahls ändert sich nicht wesentlich. Die Meßergebnisse verschiedener Untersuchungen sind allerdings etwas unterschiedlich. Bei Raumströmungen siehe Bild 336-36.

Nach der Formel von Katz-Wittekindt[2]) ist bei 20 °C Umgebungstemperatur

$$\frac{H}{d} = \pm\, 0{,}002 \cdot \frac{\Delta t \cdot d}{v_0^2} \cdot \left(\frac{L}{d}\right)^3$$

*Beispiel:*

Um wieviel hat sich in 10 m Entfernung die Geschwindigkeitsachse eines Luftstrahls gesenkt, der mit einer Geschwindigkeit von 6 m/s und einer Untertemperatur von 10 K austritt?

$d = 0{,}2$ m; $\Delta t = 10$ K; $L = 10$ m; $v_0 = 6$ m/s

$$\frac{H}{d} = 0{,}002 \cdot \frac{10 \cdot 0{,}2}{6^2} \cdot \left(\frac{10}{0{,}2}\right)^3 = 0{,}002 \cdot 0{,}055 \cdot 125\,000 = 13{,}8.$$

Demnach ist der Fall der Achse

$H = 13{,}8 \cdot d = 13{,}8 \cdot 0{,}2 = 2{,}75$ m.

Genauere Formeln zur Berechnung des Strahlweges und der Geschwindigkeit hat Regenscheit[3]) aufgestellt für aus einer Wand austretende anisotherme Freistrahlen. Der Winkel $\alpha$ zur Wand kann beliebig sein.

Für die *Strahlbahn* gilt die Gleichung (Bild 336-26)

$$Y = X \cdot \operatorname{tg}\alpha + B \left(\frac{X}{\cos\alpha}\right)^{2+n}$$

$$\text{wobei } B = \frac{1}{2}\left(\frac{3}{4}\right)^n \left(\frac{1}{n+1}\right)^2 \left(\frac{Ar}{m}\right) \left(\frac{m}{K}\right)^{n+1}$$

[1]) Koestel, A.: Heat Pip. Air Cond. 27 (1955), Heft 1. S. 221.
[2]) Regenscheit, B.: Kältetechn. 11./59., Ges.-Ing. 6/70, Ki 1/74. S. 9/16 u. KT 6. u. 7./75.
[3]) Regenscheit, B.: Ki-Extra Nr. 12 (1981).

Dabei bedeuten

$X$ = waagerechte Koordinate der Strahlbahn
$Y$ = senkrechte Koordinate der Strahlbahn
$\alpha$ = Strahlwinkel zur Horizontalen (positiv nach oben, negativ nach unten)
$Ar$ = Archimedes Zahl (positiv wenn Strahl wärmer, negativ wenn kälter als Umgebungsluft)
Definition der $Ar$-Zahl gem. Abschn. 336-412
$K$ = $s\,(m)$ Strahldicke bei ebenem Strahl
= $d\,(m)$ Strahldurchmesser bei rundem Strahl
$n$ = 0,5 bei ebenem Strahl bzw. 1,0 bei rundem Strahl
$m$ = Mischzahl = 0,12···0,2 bei rundem Strahl
= 0,15···0,22 bei ebenem Strahl (s. auch Tafel 336-7)
niedriger Wert für $m$ bei kaltem, hoher bei warmem Strahl.

Ergebnisse für ein Beispiel mit ebenem Strahl zeigt Bild 336-25. Man erkennt den Fall des kalten Luftstrahls sowie die Steigung des warmen Strahls.

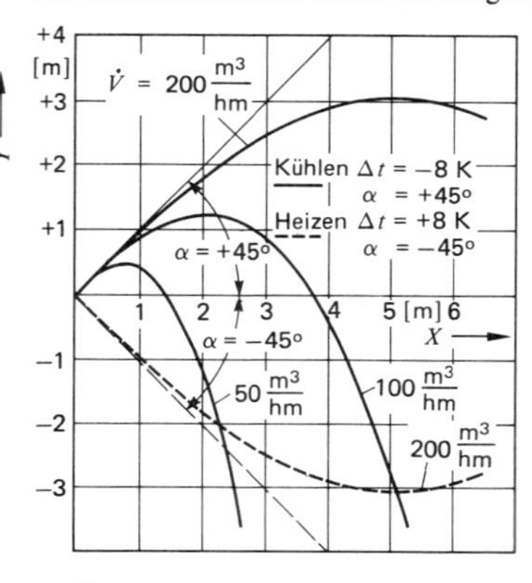


Bild 336-25. Einfluß des Volumenstroms auf die Strahlbahn. Kühlen mit $\Delta t = -8$ K und $\alpha = 45°$ nach oben. Heizen mit $\Delta t = +8$ K und $\alpha = -45°$ nach unten ist spiegelbildlich. Schlitzhöhe $s = 2$ cm.

*Beispiel:*

$\Delta T_0 = \Delta t = \pm 8$ K

für $\dot V = 200$ m³/h $\quad v_0 = \dfrac{200}{3600 \cdot 0{,}02} = 2{,}78$ m/s

$$Ar = \frac{g \cdot \Delta T_0 \cdot s}{T_u \cdot v_0^2} = \pm \frac{9{,}81 \cdot 8 \cdot 0{,}02}{298 \cdot 2{,}78^2} = \pm 6{,}8 \cdot 10^{-4}$$

### -424 Nichtisotherme Strahlen in begrenzten Räumen[1])

Bei allen bisher betrachteten Strömungen waren die geometrischen Abmessungen der Räume nicht berücksichtigt worden. In geschlossenen Räumen ergeben sich jedoch wesentliche Abweichungen von den Gesetzen für Freistrahlen. Während bei einem Freistrahl die mitgerissene Luft aus der Umgebung frei zuströmen kann, ist dies in geschlossenen Räumen nur am Anfang des Strahles der Fall.

Tritt in einem Raum durch eine Wandöffnung ein Luftstrom aus, so kehrt der Luftstrahl bei genügend tiefen Räumen in einer gewissen Entfernung um und bildet einen Wirbel (Primärwirbel). Die *Eindringtiefe* ist nach Katz[2]) in der Hauptsache von der Raumhöhe $H$ abhängig und liegt zwischen 3 und 4,5 $H$.

An den Primärwirbel schließen sich in der Tiefe des Raumes ein oder mehrere Sekundärwirbel an (Bild 336-35).

Dieses Strömungsbild ist nahezu unabhängig davon, ob es sich um runde, rechteckige oder schlitzförmige Öffnungen handelt. Einigen Einfluß hat der Abstand $s$ der Zuluft-Öffnung von der Decke. Mit zunehmendem Wert $s$ geht die Eindringtiefe zurück, da der Strahl auch von oben her induzieren kann. Es soll jedoch $s < 0{,}25 \cdot H$ sein, sonst können Instabilitäten auftreten.

Die *Eindringtiefe* hängt von der Mischzahl $m$ und dem Verhältnis $h/H$ ab (Bild 336-36)[2]). Der Wert $X_{max}$ ist ein Rechenwert, der bei isothermer Strömung unabhängig ist von der Einblasgeschwindigkeit. Eindringtiefe $X_E \approx X_{max} + H/2$. Mit steigender Mischzahl nimmt die Eindringtiefe ab. Die Lage der Abluftöffnung ist ohne Bedeutung.

[1]) Nielsen, P. V.: Ki 11/75. S. 351/8.
Wenger, P.: LTG-Information Nr. 5.–7/72.
Finkelstein, Fitzner, Moog: HLH 1973. S. 37/40.
[2]) Katz, Ph.: HLH 3/74. S. 91/5.
Regenscheit, B.: Ki 1/74. S. 9/16 und Klima-Kälte-Techn. 6. u. 7/75.

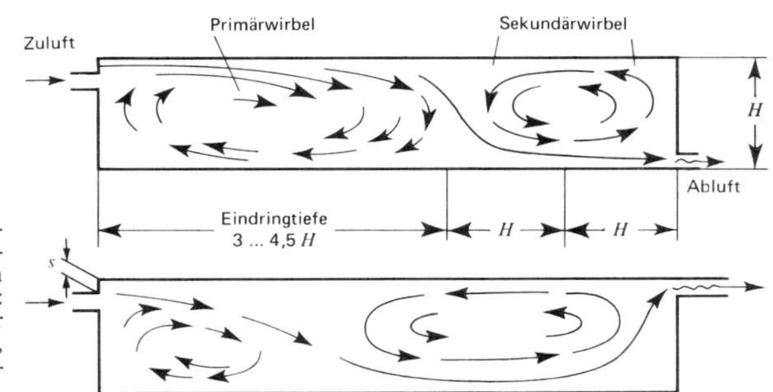


Bild 336-35. Strömungsbild bei Zuluftstrahlen in Räumen; oben: isothermer oder warmer Luftstrahl, unten: kalter Luftstrahl.

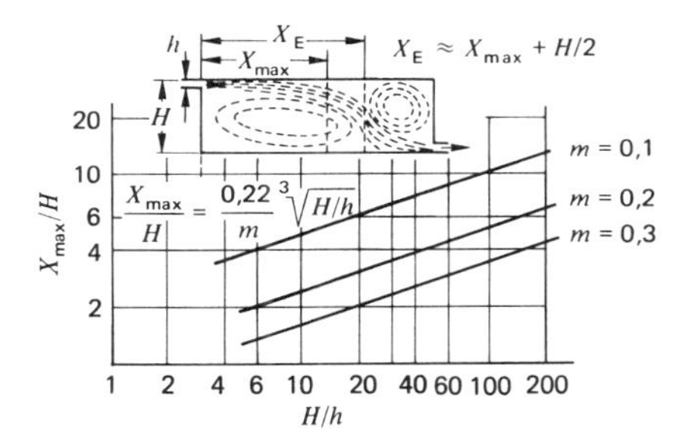


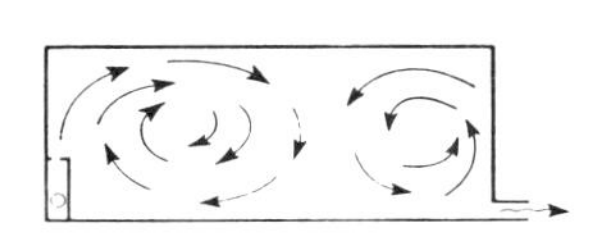

Bild 336-37. Strömungsbild in Räumen bei senkrecht nach oben blasendem Luftstrahl.

Bild 336-36. Eindringtiefe des isothermen Strahls

$X_E \approx X_{max} + \frac{H}{2}$ abhängig von Spalthöhe $h$ und Mischzahl $m$.

*Beispiel:*

Gegeben: Schlitzhöhe $h = 0{,}15$ m
Raumhöhe $H = 3{,}0$ m
Mischzahl $m = 0{,}2$

Lösung: $X_{max} = H \cdot \frac{0{,}22}{m} \sqrt[3]{\frac{H}{h}} = 3{,}0 \cdot \frac{0{,}22}{0{,}2} \sqrt[3]{20} = 9$ m

Eindringtiefe $X_E = X_{max} + H/2 = 10{,}5$ m

Auch senkrecht vor den Fenstern wie bei Induktionsgeräten eingeblasene Luftstrahlen zeigen dieselbe Erscheinung (Bild 336-37). Die Eindringtiefe ist jedoch je nach Einblastemperatur und Anfangsimpuls geringer, etwa 1,5 ··· 2 $H$. Die Lage der Abluftöffnung ist meist ohne Bedeutung.

Es ist einleuchtend, daß die Untersuchung derartiger Strömungen in klimatisierten Räumen außerordentlich wichtig ist, um das Entstehen von Zugerscheinungen zu verhindern. Die wirklichen Strömungsverhältnisse sind sehr kompliziert, da sich ja in den Räumen Möbel, Personen und evtl. auch wärmeabgebende Geräte befinden. In schwierigen Fällen sollten daher *Modellversuche* durchgeführt werden.

Die Strömung mit walzenförmiger Luftbewegung in Bild 336-35 bis -37 nennt man *tangentiale* Strömungsform. Die Strömung bei verteilt angeordneten Decken-Schlitzauslässen oder Drallauslässen, wie in Bild 336-48 und -53 gezeigt, heißt *diffuse* Raumströmung (s. auch Bild 336-10).

### -425 Luftauslaßkanäle mit seitlichen Schlitzen[1])

*1. Konische Kanäle mit Luftauslaßschlitzen* (Bild 336-38a) ergeben bei allen Geschwindigkeiten fast gleichmäßigen Luftaustritt über die ganze Länge des Schlitzes.

Austrittswinkel $\cot \alpha = \mu f / F_0 = v_0 / u_0$

$\mu$ = Kontraktionszahl ≈ 0,60 bei scharfkantigem Schlitz
≈ 1,00 bei abgerundetem Schlitz

Senkrechter Luftaustritt durch Umlenkbleche.

[1]) Regenscheit, B.: VDI-Berichte, Bd. 34 (1959). S. 21/34.

*2. Gerader Kanal mit Schlitzen konstanter Höhe* (Bild 336-38b). Ausblasluftmenge annähernd nur dann einigermaßen gleichmäßig, wenn $\mu f/F_0 \leqq 0{,}30$. Dabei hoher Druck im Kanal, große Ausblasgeschwindigkeiten. $\sphericalangle\ \alpha$ steigend von etwa 74° bis 90° am Ende des Kanals. Statischer Druck im Kanal ebenfalls steigend, daher am Kanalende meist höhere Ausblasluftmenge.

$w_0 = v_0/\cos\alpha_0 \approx 3{,}6\ v_0$ am Anfang. Senkrechter Ausblas durch Umlenkbleche. Ausblasgeschwindigkeit evtl. durch Diffusoren verringern. Gesamtdruck am Anfang des Kanals: $\Delta p_{ges} \approx 13 \cdot \varrho/2 \cdot v_0^2 \approx 0{,}8\ v_0^2$.

*3. Gerader Kanal mit konischem Schlitz* (Bild 336-38c), Luftaustrittsmenge annähernd gleichmäßig, wenn $\mu f/F_0 \leqq 0{,}6$ und $h_e/h_0 \approx 0{,}85$. $\alpha$ steigend von etwa 60° bis 90° am Ende des Kanals, im Mittel 75°. Statischer Druck im Kanal steigend, $w_0 = v_0/\cos\alpha_0 \approx 2\ v_0$ am Anfang.

Senkrechter Luftaustritt durch Umlenkbleche. Gesamtdruck am Anfang des Kanals $p_{ges} \approx 4 \cdot \varrho/2 \cdot v_0^2 \approx 0{,}24\ v_0^2$.

Saugschlitze siehe Abschnitt 336-81.

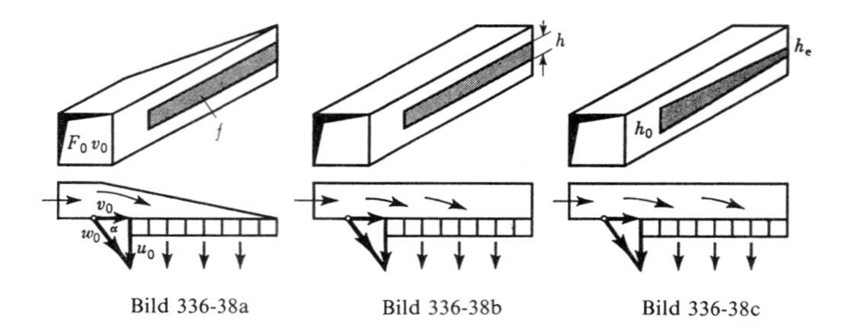


Bild 336-38a Bild 336-38b Bild 336-38c

## -43 Deckenluftauslässe (Zuluftdurchlässe)[1]

*Allgemeines*

Die Deckenauslässe (Bild 336-39) sind meist dadurch gekennzeichnet, daß durch Lenkbleche, Düsen oder Dralleinsätze die Luft in mehr oder weniger waagerechter Richtung abgelenkt wird. Ein senkrechter Luftaustritt eines örtlich konzentrierten großen Volumenstroms nach unten ist – außer im Heizfall – meist nicht möglich, da er zu Zugerscheinungen führt. Oft sind die Lenkbleche konisch angeordnet (*Anemostate,* Fächerauslässe, Diffusoren). Viele Deckenauslässe sind auch verstellbar eingerichtet, so daß sowohl die Luftmenge als auch die Luftrichtung geändert werden können.

Deckenluftauslässe werden zweckmäßig über Rohre oder Schläuche an die Luftkanäle angeschlossen. Als Druckraum benutzte abgehängte Decken mit eingebauten Luftauslässen haben den Nachteil, daß die Luft oft auf unkontrollierten Wegen ausströmt.

Einige weitere Deckenluftauslässe zeigen die Bilder 336-40 bis -42 und 336-50 bis -52. Der Luftauslaß Bild 336-40 ist rund und hat einen verstellbaren horizontalen und vertikalen Ausblas. Er ist erhältlich für konstanten Volumenstrom und für variable Volumenströme mit eingebautem pneumatischen oder elektrischen Motor.

Der Deckenluftauslaß in Bild 336-41 besteht aus einer Frontplatte mit werkseitig einstellbaren Lamellen. Je nach Einstellung der Lamellen kann jede gewünschte Drallstärke erreicht werden.

Einen schlitzförmigen Deckenluftauslaß zeigt Bild 336-42. Der Schlitz ist verstellbar, ebenso die Lamellen, um eine Auffächerung der Strömung in zwei Ebenen zu erhalten.

Bei isothermen Freistrahlen gelten die Strahlgesetze wie bei Wandstrahlen (Abschnitt 336-42). Bei nichtisothermen Strahlen treten jedoch erhebliche Abweichungen gegenüber den Gesetzen isotherme Strahlen auf.

[1]) Waschke, G.: Diss. Aachen 1974 u. Ki 7–8/76. S. 277/84.
Regenscheit, B.: KI extra 12 (1981).
Fitzner, K.: KKT 11/85. S. 530ff.

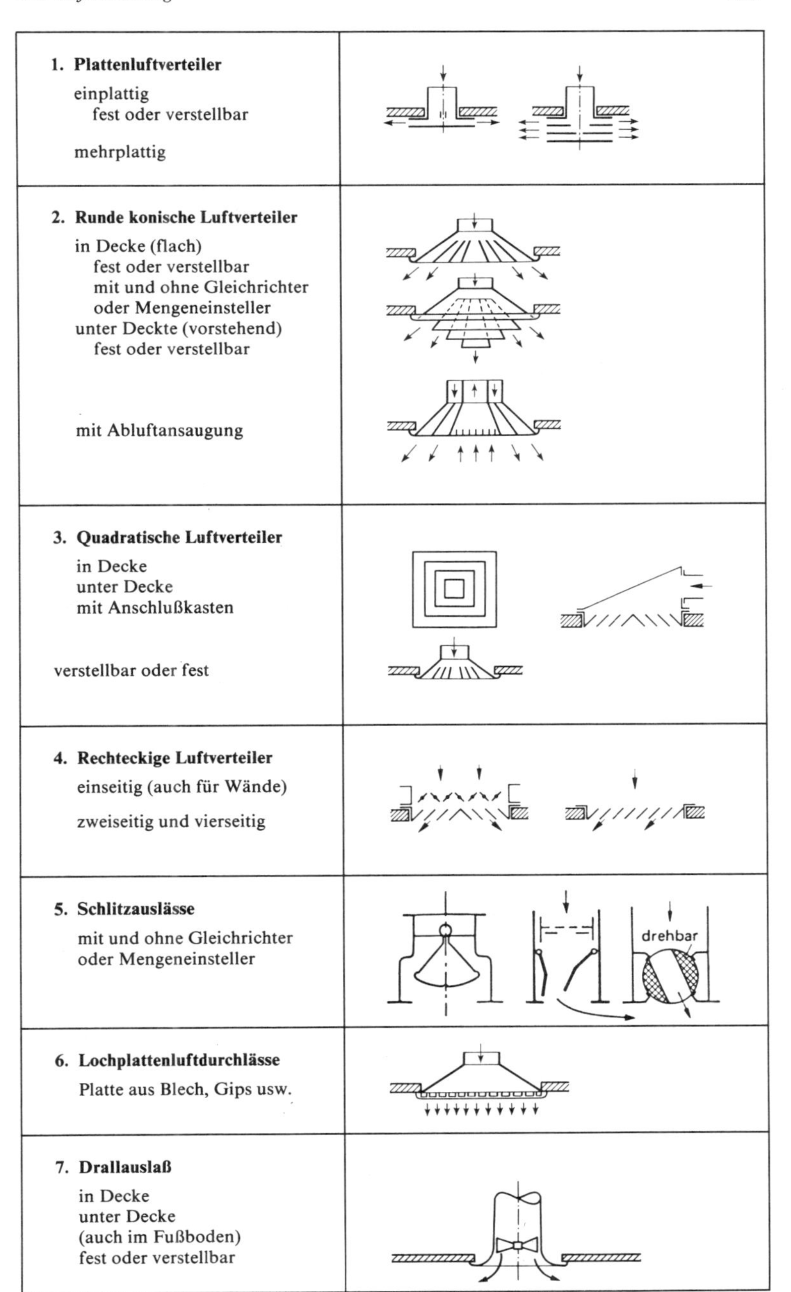


Bild 336-39. Verschiedene Arten von Deckenluftauslässen.

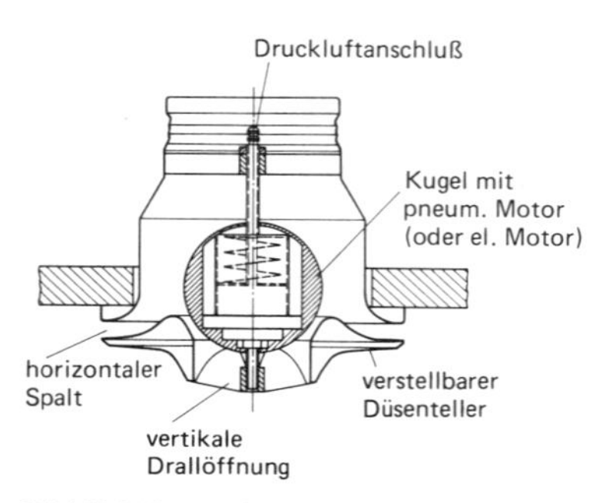


Bild 336-40. Runder Deckenluftauslaß Varidrall (LTG, KuK).

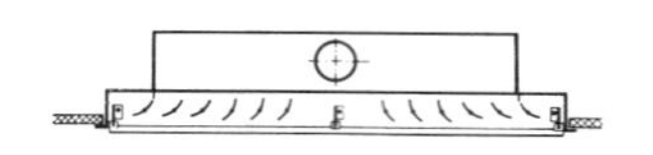

Bild 336-42. Schlitzförmiger Deckenluftauslaß mit verstellbaren Lamellen (Rox).

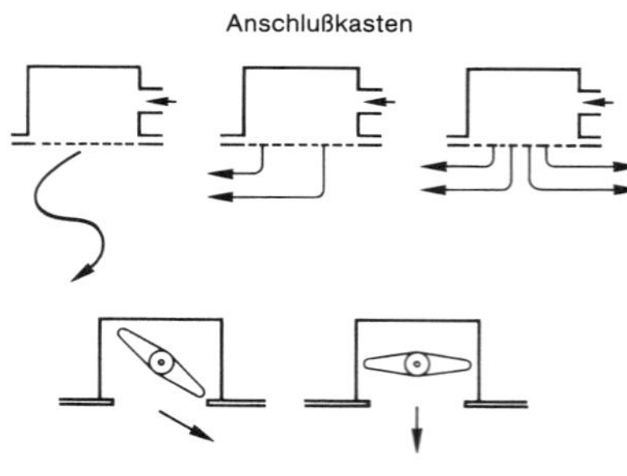

Bild 336-41. Deckenluftauslaß mit kreisförmig angeordneten Lamellen (Schako).

## -431 Frei isotherme ebene und runde Strahlen

Bei senkrecht nach unten austretenden *isothermen*, ebenen Luftstrahlen (Bild 336-44) folgt die axiale Geschwindigkeit dem Gesetz für *ebenen Freistrahl* (Tafel 336-5)

$$v_x/v_0 = \sqrt{x_0/x}$$

Da Induktion von Raumluft nur auf zwei Seiten möglich ist, verringert sich die Geschwindigkeit langsamer als bei runden Strahlen, wie Bild 336-16 und 336-45 zeigt.

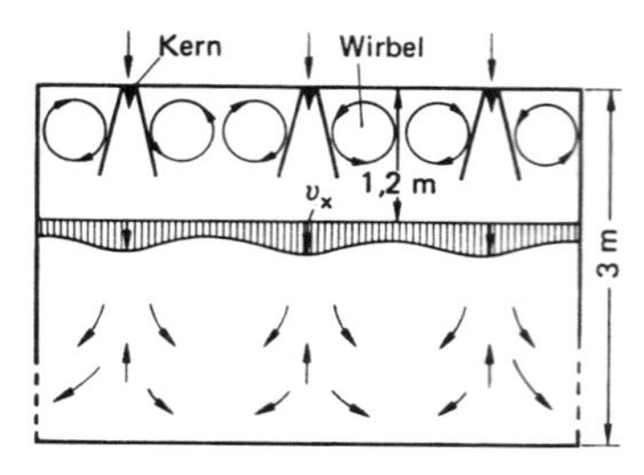


Bild 336-44. Strömungsbild unter Decke bei durchlaufenden Luftschlitzen.

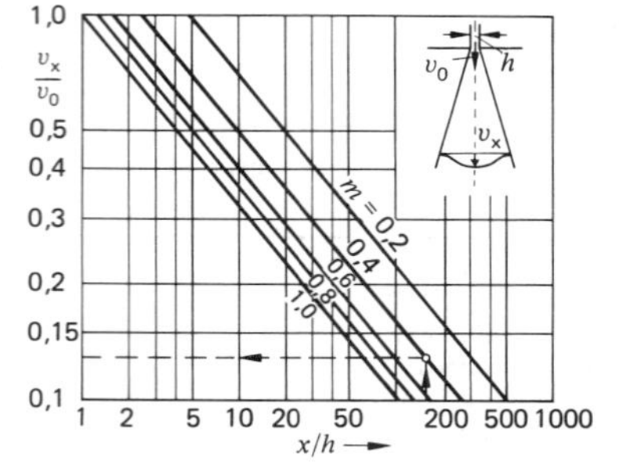


Bild 336-45. Abnahme der axialen Luftgeschwindigkeit bei isothermen Strahlen aus durchlaufenden Schlitzen.

### -432 Radialer Wandstrahl (unter der Decke)[1]

Bei Luftverteilern mit waagrecht unter der Decke austretenden Luftstrahlen nach Bild 336-46 *(radiale Wandstrahlen)* folgt die Luftgeschwindigkeit angenähert dem Gesetz (nach Becker)

$$\frac{v_x}{v_0} = 3{,}1 \sqrt{\frac{r \cdot h}{x(x-r)}}$$

oder in größerer Entfernung

$$\frac{v_x}{v_0} = 3{,}1 \sqrt{\frac{r \cdot h}{x^2}} \quad \text{oder} \quad v_x = 3{,}1 \sqrt{\frac{v_0 \cdot \dot{V}}{2\pi x^2}} = \frac{1{,}23}{x}\sqrt{\dot{V} \cdot v_0}$$

$\dot{V}$ = Volumenstrom in $m^3/s$

Diese Gesetze gelten angenähert auch für Diffusoren (Anemostate) verschiedener Art.

*Beispiel:*

Bei einem Diffusor mit den Abmessungen $r/h = 250/25$ mm = 10 tritt Luft radial mit einer Geschwindigkeit $v_0 = 10$ m/s aus. Wie groß ist die Luftgeschwindigkeit $v_x$ in einer Entfernung von $x = 3$ m?

$x = 3{,}0$ m; $h = 0{,}025$ m; $x/h = 120$.

Aus Bild 336-47:

$v_x/v_0 = 0{,}08$ und $v_x = 0{,}08 \cdot v_0 = 0{,}08 \cdot 10 = 0{,}8$ m/s.

Für ebene isotherme Strahlen an der Decke gelten die Angaben für Wandstrahlen gem. Abschn. 336-22.

### -433 Freie nichtisotherme senkrechte Strahlen (Freistrahlen)

Bei *anisothermen* Strahlen wirkt die *Schwerkraft* je nach dem Temperaturunterschied $\Delta t$ zwischen Raumluft und Zuluft und Strahlrichtung – abwärts oder aufwärts gerichtet – verzögernd oder beschleunigend auf den Luftstrahl. Die sich dadurch ergebende Geschwindigkeit kann man zur Geschwindigkeit des isothermen Strahles addieren bzw. von ihr subtrahieren (s. auch Abschn. 336-412).

Wenn Trägheitskraft und Schwerkraft gleichgerichtet sind, erhöht sich die Geschwindigkeit, wenn Trägheitskraft und Schwerkraft entgegengerichtet sind, reduziert sich die Geschwindigkeit gegenüber dem isothermen Fall.

Bei einem *ebenen* Strahl gilt für den Geschwindigkeitsverlauf[1])

$$\frac{v_x}{v_0} = \underbrace{\sqrt{\frac{x_0}{x}}}_{\text{isothermer}} \pm \underbrace{\sqrt{\frac{Ar}{m}\left(2{,}83\sqrt{\frac{x}{x_0}} - 1\right)}}_{\text{Schwerkraft-Anteil}}$$

Beim *runden* Strahl gilt[1])

$$\frac{v_x}{v_0} = \underbrace{\frac{x_0}{x}}_{\text{isothermer}} \pm \underbrace{\sqrt{\frac{Ar}{m}\left(1 + \ln 2\frac{x}{x_0}\right)}}_{\text{Schwerkraft-Anteil}}$$

Dabei bedeuten

$Ar$ = Archimedes-Zahl gemäß Abschnitt 336-412, für ebenen Strahl gebildet mit Spaltweite $h$, für runden Strahl mit Durchmesser $d$

$x_0$ = Kernlänge = $d/m$ bei rundem bzw. $h/m$ bei ebenem Strahl (s. auch Tafel 336-5)

$v_0$ = Anfangsgeschwindigkeit in der Öffnung

$m$ = Mischzahl (Tafel 336-7)

Beide Gleichungen gelten für den Fall, daß kein Temperaturgradient im Raum existiert.

[1]) Reinartz, A., u. U. Renz: Ki 6/84. S. 237/41.

[2]) Regenscheit, B.: Ges.-Ing. 6/70. S. 172/7.
Dittes, W., u. Mangelsdorf, R.: HLH 7/81. S. 265/71.

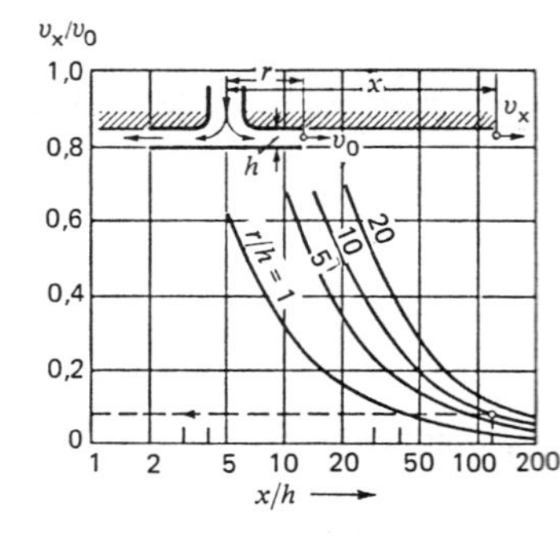


Bild 336-46. Abnahme der Radialgeschwindigkeit bei radialen Deckenluftauslässen.

Die Geschwindigkeitsabnahme für den runden Strahl abhängig vom Strahlweg $x$ ist in Bild 336-47 dargestellt, wobei $Ar/m$ Parameter ist.

Im Bereich A vergrößert die Schwerkraft, im Bereich B verringert sie die Geschwindigkeiten des isothermen Strahls.

*Beispiel 1:* Kühlfall

Wie groß ist die Geschwindigkeit $v_x$ eines senkrechten Kaltluftstrahls von der Decke bei einer Düse $d = 0{,}1$ m ∅ bei Luftaustrittsgeschwindigkeit $v_0 = 5$ m/s bei einer Entfernung von $x = 10$ m und $\Delta t_0 = -8$ K, Mischzahl $m = 0{,}15$?

Nach Bild 336-13 für $\Delta T_0 = 1$ K: Archimedeszahl $Ar = 135 \cdot 10^{-6}$.

Für $\Delta t_0 = -8$ K: $Ar = 135 \cdot 10^{-6} \cdot 8 = 1{,}08 \cdot 10^{-3}$.

$x_0 = d/\mathrm{m} = 0{,}1/0{,}15 = 0{,}667$ m.

$$\frac{v_x}{v_0} = \frac{x_0}{x} + \sqrt{\frac{Ar}{m}\left(1 + \ln 2\,\frac{x}{x_0}\right)} = 0{,}0667 + \sqrt{7{,}2 \cdot 10^{-3}\,(1 + \ln 30)}$$

$$= 0{,}0667 + 0{,}178 = 0{,}244$$

$$v_x = 0{,}244 \cdot v_0 = 0{,}244 \cdot 5 = 1{,}22 \text{ m/s}$$

*Beispiel 2:* wie vor, jedoch Mischzahl $m = 0{,}6$

$x_0 = d/\mathrm{m} = 0{,}1/0{,}6 = 0{,}167$ m

$$\frac{v_x}{v_0} = 0{,}0167 + \sqrt{1{,}8 \cdot 10^{-3}\,(1 + \ln 120)}$$

$$= 0{,}0167 + 0{,}102 = 0{,}119$$

$$v_x = 0{,}119 \cdot v_0 = 0{,}119 \cdot 5 = 0{,}59 \text{ m/s.}$$

Eine Erhöhung von $m$ z. B. mittels Drall verringert also die Geschwindigkeit.

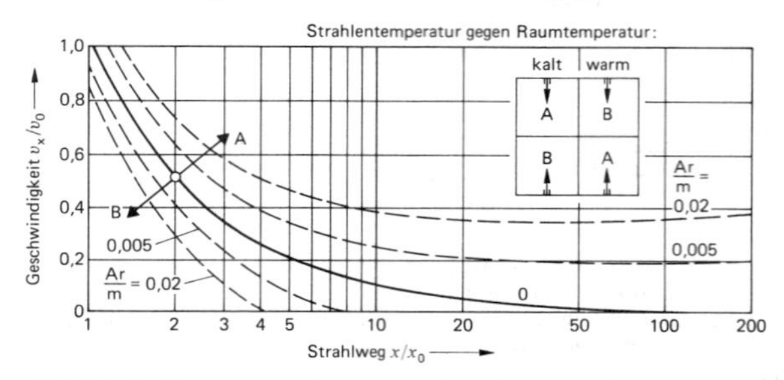


Bild 336-47. Abnahme der Strahlgeschwindigkeit bei anisothermen runden senkrecht strömenden Strahlen nach Regenscheit[1]).
($Ar/m = 0$ bedeutet isothermer Strahl).

[1]) Regenscheit, B.: Ges.-Ing. 6/70. S. 172/7.
Dittes, W., u. Mangelsdorf, R.: HLH 7/81. S. 265/71.

*Beispiel 3:* Heizfall

Wie Beispiel 1, jedoch $\Delta t_0 = +2$ K

$Ar = 135 \cdot 10^{-6} \cdot 2 = 0{,}27 \cdot 10^{-3}$

$x_0 = d/\mathrm{m} = 0{,}1/0{,}15 = 0{,}667$ m

$$\frac{v_x}{v_0} = 0{,}0667 - \sqrt{1{,}8 \cdot 10^{-3}\,(1 + \ln 30)}$$

$$= 0{,}0667 - 0{,}0890 = -0{,}022$$

Der negative Wert zeigt, daß der Luftstrahl im Heizfall nicht mehr 10 m tief in den Raum dringt. Man sieht dies direkt auch am Bild 336-47, da für $Ar = 0{,}27 \cdot 10^{-3}$ und $m = 0{,}15$, d.h. $Ar/m = 0{,}0018$ bei $x/x_0 = 10$, d.h. bei $x = 10 \cdot 0{,}667 = 6{,}67$ m die Geschwindigkeit $v_x = 0$ wird. Abhilfe durch Erhöhung der Anfangsgeschwindigkeit $v_0$.

Für einen *ebenen* Strahl ist in Bild 336-48 ein Beispiel für die Schlitzweite $h = 0{,}01$ m und eine Mischzahl $m = 0{,}2$ dargestellt für zwei verschiedene Anfangsgeschwindigkeiten $v_0 = 1$ bzw. 5 m/s, wobei die Temperaturdifferenz $\Delta T_0$ Parameter ist.

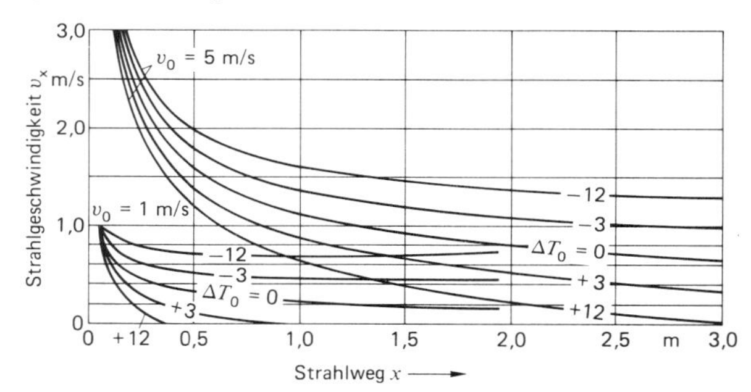


Bild 336-48. Abnahme der Strahlgeschwindigkeit eines ebenen senkrechten Strahls von der Decke mit Spaltweite $h = 10$ mm, Mischzahl $m = 0{,}2$. Anfangsgeschwindigkeiten $v_0 = 1$ bzw. 5 m/s, Raumlufttemperatur 293 K = 20 °C.

$\Delta T_0$ = Temperaturdifferenz Zuluft–Raum.

Man erkennt, daß z.B. ein warmer, senkrecht von der Decke mit $v_0 = 1$ m/s ausgeblasener Strahl bei einer Temperaturdifferenz von $\Delta T_0 = +12$ K nur bis $x = 0{,}4$ m in den Raum eindringt und dann umkehrt. Will man 3 m weit eindringen, muß man die Geschwindigkeit auf $v_0 = 5$ m/s erhöhen.

Für den Fall, daß die Schwerkraft entgegengesetzt zur Blasrichtung wirkt, gibt es also eine *Reichweite* $x_{max}$, bei der die Geschwindigkeit $v_x$ zu Null wird (s. auch Bereich B in Bild 336-47). Andererseits erreicht der Auslaß beim Kühlen mit nur $\Delta T_0 = -3$ K selbst bei $v_0 = 1$ m/s keine zugfreie Raumströmung bei z.B. 3 m Raumhöhe. Abhilfe: Auffächern in Einzelstrahlen ergibt höhere Mischzahl und größere Strahlwege oberhalb der Aufenthaltszone.

Die Darstellungen zeigen, daß es sehr schwierig ist, mit *einem* Auslaß von der Decke sowohl warme als auch kalte Luft auszublasen, wenn man im Heizfall Eindringen in die Aufenthaltszone und im Kühlfall Zugfreiheit erreichen will.

Warme Luft mit $\Delta T_0 > 5$ K nur von der Decke in den Raum einzuspeisen und einen *„Kaltluftsee"* im Bodenbereich zu vermeiden, wurde praktisch bisher nicht ermöglicht, wenn gleichzeitig in Kopfhöhe die maximal nach DIN 1946, Teil 2 zulässigen Geschwindigkeiten (Bild 123-18) nicht überschritten werden sollen. Auch für Warm-/Kaltluft-Betrieb umstellbare Auslässe (z.B. nach Bild 336-40) lösen dieses physikalische Problem nicht vollständig. Man nimmt die bei Stellung „Heizen" auftretende Übergeschwindigkeit entweder vorübergehend in Kauf oder legt die Zeit vor Betriebsbeginn, wenn der Raum nach der Nachtabsenkung der Raumtemperatur hochgeheizt wird.

Bei *großen Raumhöhen* (Fabriken) ist der Geschwindigkeitsunterschied zwischen Kopf und Fuß im Aufenthaltsbereich geringer. Man bemüht sich bei Aufenthaltsräumen, wie z.B. Büros, die Heizlast gleich durch eine Heizung unter dem Fenster abzufangen, damit der „Kaltluftsee" gar nicht erst entsteht. In hohen Hallen versucht man durch ab-

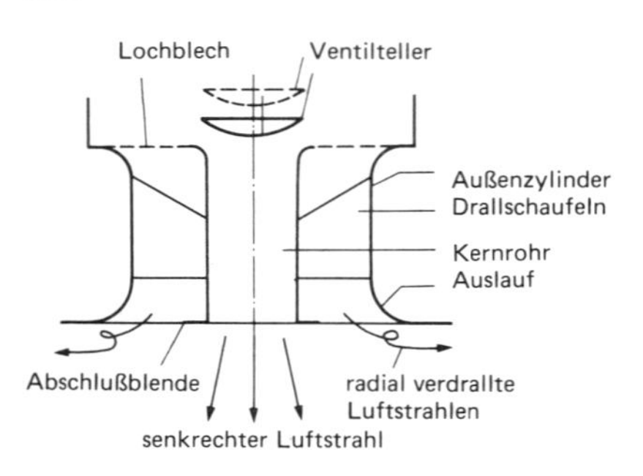


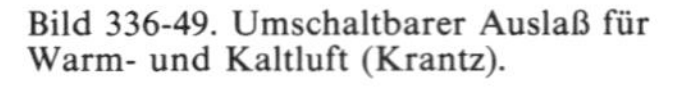
Bild 336-49. Umschaltbarer Auslaß für Warm- und Kaltluft (Krantz).

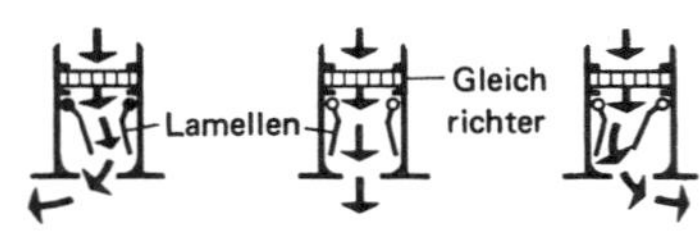


Bild 336-50. Durchlaufender verstellbarer Luftschlitz.

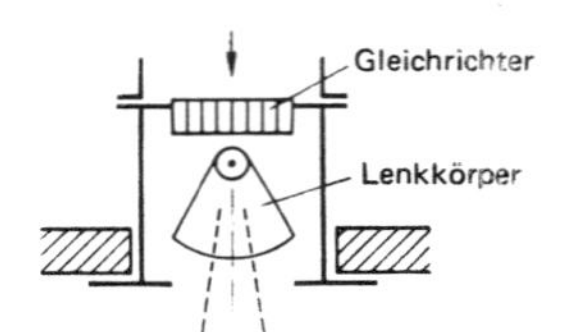


Bild 336-51. Durchlaufender Schlitz mit Lenkkörper.

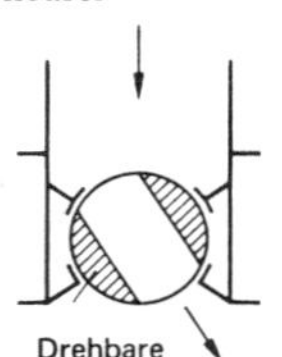


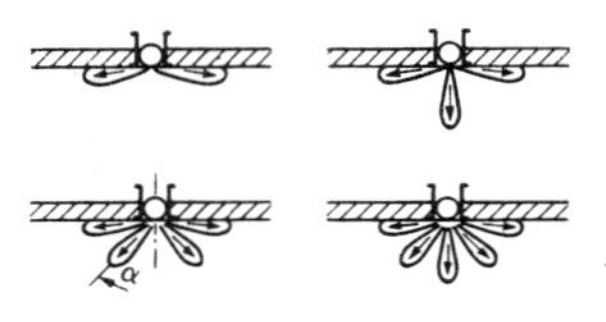


Bild 336-52. Schlitzauslaß mit drehbaren Walzen (LTG, Coandatrol).

wärtsgerichtete Strahlen die sonst hohen Temperaturunterschiede zwischen oben und unten zu vermeiden. Man ist bestrebt, die Warmluft durch umschaltbare Auslässe gleich in den Aufenthaltsbereich zu blasen (Bild 336-49).

Bei üblicher Büroraumhöhe umgeht man das Problem in der Praxis meist dadurch, daß man die Heizung nicht von der Decke aus vornimmt, sondern durch z. B. Heizkörper unter den Fenstern. Es wird von der Decke her nur gekühlt, und die Auslässe werden hierfür optimiert (Zugfreiheit).

Es werden dann vorzugsweise Schlitzauslässe angewandt, weil diese im Vergleich zu punktförmigen Auslässen bereits außerhalb des Raumes eine Verteilung der Luft über der Nutzfläche vornehmen. Dies führt i. a. zu kleinerer Raumluftgeschwindigkeit.

Übliche Volumenstrom-Belastung bei normal hohen Räumen (ca. 3 m) etwa 50 ··· 70 $m^3/m$ h. Abstand der Schlitzreihen etwa = halbe Raumhöhe. Zwischen den Schlitzen bilden sich gegenläufige Wirbel (Bild 336-44).

Eine flexible Anpassungsmöglichkeit an Raumformen oder individuelle Wünsche ergibt sich, wenn man in den durchlaufenden Schlitzen verstellbare Elemente, z. B. Lamellen, Zungen, Walzen u. a., anbringt, durch die die Richtung des Luftstrahles geändert werden kann (Bild 336-50 u. -51). Bei einschlitzigen Strahlen kann der Austrittwinkel $\alpha$ zur Senkrechten von 0 bis 45° verändert werden, kann also senkrecht oder schräg in den Raum blasen. Bei größeren Winkeln legt er sich aufgrund des Coanda-Effektes an die Decke an.

Zusätzlich können an jedem Auslaß Mengeneinsteller und Gleichrichter angebracht werden, damit die Luft gleichmäßiger austritt.

Alle beliebigen Winkel von 0 bis 90° sind dann möglich, wenn runde oder rechteckige verstellbare Luftstrahlen abwechselnd nach beiden Seiten austreten können. Die *Einzelstrahlen* saugen durch Induktion eine größere Menge Umluft an und haben den entscheidenden Vorteil, daß sie den Coanda-Effekt vermeiden. Auf diese Weise sind viele verschiedene Strömungsformen möglich (Bild 336-52). Die Belastung kann bei 2,5 ··· 3 m Raumhöhe auf 100 $m^3/h$ m und mehr gesteigert werden.

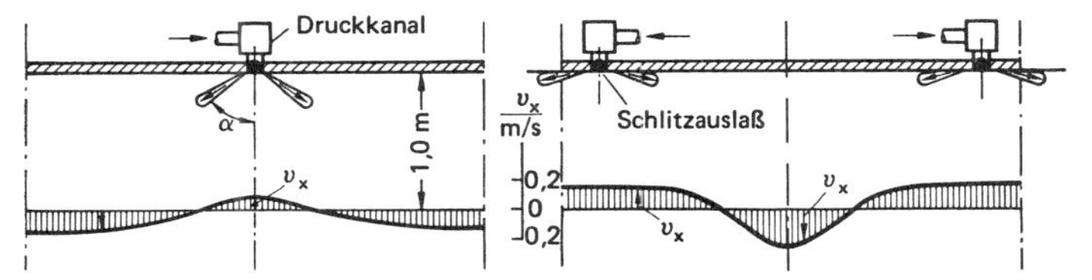


Bild 336-53. Geschwindigkeitsfelder bei verstellbaren Luftauslässen (LTG, Coandatrol). Links: ohne Coanda-Effekt; rechts: mit Coanda-Effekt

Bild 336-53 zeigt Geschwindigkeitsfelder bei verschiedenen Ausströmungsformen der Luftauslässe.

Die vorgenannten Auslässe werden meist nur einmal bei der Montage oder bei Umnutzung des Raums eingestellt. Eine automatische oder manuelle Verstellung abhängig von der Raumlast wird i. a. nicht vorgenommen, da zu teuer und nicht unbedingt notwendig (Bild 329-22).

### -434 Strahllüftung von Sälen

Zur Kühlung von Theater- oder Festsälen bevorzugt man Luftauslässe im Boden gem. Abschnitt -45, da dann eine stabile Raumströmungsform vorliegt. Bei flexibler Nutzung der Säle ist diese Form jedoch nicht durchführbar. Man muß dann kalte Luft von oben einblasen. Diese instabile Strömungsform beherrscht man nur durch *Raumströmungsversuche,* die die Geometrie des Raumes und die Verteilung der Kühllast berücksichtigen. Bewährt hat sich Strahllüftung durch Düsen von der Decke und seitlich aus der Wand[1]).

Der Austrittsimpuls aus den Düsen ist durch Versuche zu optimieren. Bei zu kleiner Geschwindigkeit entsteht durch die Thermik eine Walzenströmung (Bild 336-54b). Diese führt oft zu erheblicher Zugbelästigung. Bei optimalem Strömungsimpuls ergibt sich eine stabile Raumströmung (Bild 336-54a): Bei über der Grundfläche gleichmäßig verteilter Last (z. B. Theaterbestuhlung) Richtwert für *Archimedes-Zahl* (s. Bild 336-12)

$$Ar = \frac{g \cdot \Delta T_o \cdot d}{T_u \cdot v_0^2} \approx 0{,}7 \cdot 10^{-3}$$

Bei geänderter Kühllast ist $Ar$ möglichst konstant zu halten, damit Raumströmung stabil bleibt. Daher für Klimaanlage Volumenstrom $\dot{V}$ und Zulufttemperatur aufeinander abgestimmt regeln, d. h. Temperaturdifferenz $\Delta T_0$ proportional Ausblasgeschwindigkeit $v_0^2$ ändern.

*Beispiel:*

Wird bei Teillast die Temperaturdifferenz $\Delta T_o$ auf 90% des Wertes bei Maximallast zurückgenommen, ist der Volumenstrom, d. h. die Ausblasgeschwindigkeit $v_0$ auf $\sqrt{0{,}9} = 95\%$ zurückzunehmen.

Die Kühlleistung ist dann $\dot{Q} = 0{,}9 \cdot 0{,}95 \cdot \dot{Q}_{max} = 0{,}85 \cdot \dot{Q}_{max}$

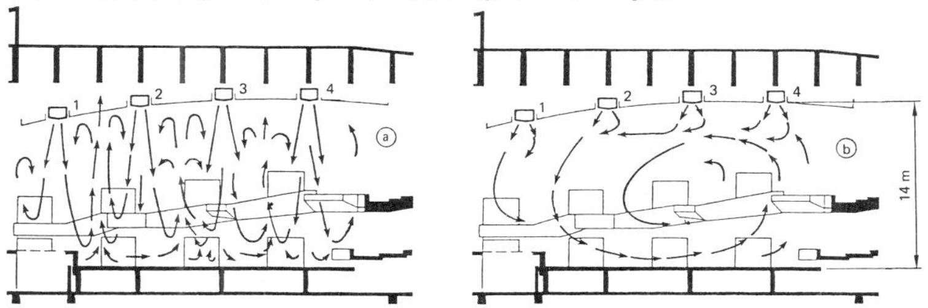


Bild 336-54. Strahllüftung für Kühlung eines Theatersaals von der Decke.
1…4 Düsenkästen für Zuluft
a) Strömung mit stabilen Luftstrahlen, b) Strömung instabil

[1]) Masuch, J.: HLH 8/83. S. 331/5.
Sodec, F.: HLH 7/86. S. 342/6.

Anstatt durch die Ausblasgeschwindigkeit kann man die Eindringtiefe auch durch Veränderung der Mischzahl ändern, z.B. mit verstellbaren Drallauslässen (Bild 336-49). In jedem Fall muß zur ausreichenden Durchspülung der Aufenthaltszone mindestens 50% der Abluft im Bodenbereich liegen.

Nachteile der Strahlluft von der Decke sind:

Die Zuluftstrahlen müssen das Warmluftpolster unter der Decke durchstoßen, was die vorgenannten Stabilitätsprobleme der Raumströmung aufwirft. Ferner wird die verbrauchte Warmluft teilweise durch Induktion wieder in den Aufenthaltsbereich transportiert. Der hohe Austrittsimpuls bedeutet höheres Geräusch, welches aber durch strömungsgünstige Düsen beherrschbar ist.

Etwas besser ist die Raumströmung zu beherrschen, wenn Düsenauslässe in der Wand oder Empore mit angenähert waagerechter Strahlrichtung verwendet werden. Das Warmluftpolster unter der Decke wird umgangen.

Wurfweiten bei Sälen meist 10···30 m, Austrittsgeschwindigkeit 5···12 m/s, Düsendurchmesser 80···150 mm. Wegen der hohen Austrittsgeschwindigkeit ist akustisch optimierte Düsenform notwendig. Hohe Induktion erfordert Ausblashöhe > 3,5 m über Boden, um Zugerscheinungen zu vermeiden. Auslässe sollen schwenkbar sein, um Strahlrichtung/Neigungswinkel bei Inbetriebnahme korrigieren zu können.

Beispiel für Strahllüftung von der Seite siehe Bild 336-55.

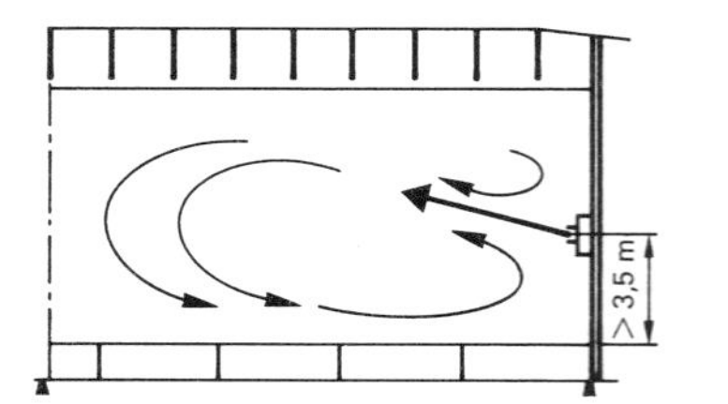


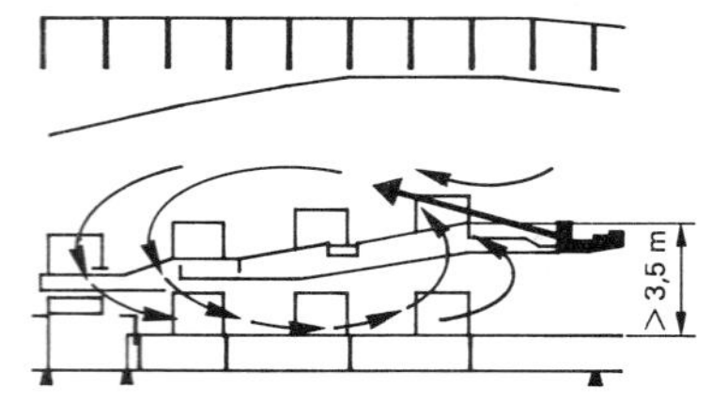


Bild 336-55. Saal-Klimatisierung durch Weitwurfdüsen in der Wand oder Empore.

## -44 Lüftungsdecken[1])

Bei dieser Art der Lüftung, die vorzugsweise bei Büroräumen angewandt wird, ist die unter der Tragdecke befindliche Lüftungsdecke mit Luftdurchlässen versehen, durch die die Luft nach unten austritt. Die Abluft wird meist über die Leuchten, die in die Lüftungsdecke integriert sind, abgesaugt.

Es gibt viele verschiedene Ausführungen sowohl für das Deckenmaterial wie für die Anordnung und Größe der Luftaustrittsöffnungen. Bei Verlegung von schallschluckenden Stoffen oberhalb der Decke wird gleichzeitig eine akustische Wirkung erzielt.

### -441 Lochdecken

Hierunter versteht man Decken, bei denen die ganze Fläche oder wenigstens ein großer Teil davon durch *perforierte Platten* gebildet wird (Bild 336-55). Die Zuluft tritt in einen Druckraum oberhalb der Decke ein und strömt durch die Löcher senkrecht nach unten aus. Im Druckraum, der absolut dicht sein muß, herrscht dabei ein Überdruck von 10···40 Pa. Die freie Lochfläche beträgt etwa 1···3% der Gesamtfläche.

Bei dieser Strömung stellt sich jedoch nicht etwa eine Verdrängungsströmung mit sehr kleiner mittlerer Strömungsgeschwindigkeit ein, sondern es bilden sich erfahrungsgemäß infolge fehlender Durchmischung sehr labile Strömungen aus, die nicht kontrollierbar sind und bei Kühlung leicht Zugerscheinungen verursachen. Daher kaum noch verwendet.

[1]) Johannis, G.: Ges.-Ing. 1968. S. 193/202 u. 226/37.
Regenscheit, B.: Ges.-Ing. 1972. S. 211/15.
Gräff, B.: DKV-Bericht 2/1975. S. 477/92.
Müller, K. G.: SHT 3/79. S. 298/304.

### -442 Partielle Lochdecken

Hier sind einzelne perforierte Platten *(Kassetten)* in einer sonst glatten Decke in gewissem Abstand voneinander angebracht. Die einzelnen Primärstrahlen schließen sich in einiger Entfernung von der Decke zu einem Strahlenbündel zusammen, das einen Sekundärstrahl bildet.

Die mittlere Geschwindigkeit $v_x$ im Sekundärstrahl läßt sich annähernd aus folgender Gleichung ermitteln (Bild 336-55):

$$\frac{v_x}{v_0} = \frac{a}{x/l}\sqrt{i}$$

$x$ = Entfernung von der Lochdecke
$l$ = Kantenlänge der Lochdecke
$i$ = Lochflächenverhältnis
$a \approx 1 \cdots 2$ (dünne ··· dicke Lochplatten)

*Beispiel:*

Dicke Lochplatte 625 · 625 mm, Lochflächenverhältnis $i = 0{,}01$, Austrittsgeschwindigkeit $v_0 = 5$ m/s.

Im Abstand $x = 1{,}25$ von der Decke (Kopfhöhe) ist $x/l = 1{,}25/0{,}625 = 2{,}0$; $v_x/v_0 = 0{,}1$; $v_x = 0{,}1 \cdot 5 = 0{,}5$ m/s (Bild 336-56).

Je nach der Lufttemperatur ist jedoch die *Eindringtiefe* der Luftstrahlen unterschiedlich, bei Kaltluft größer, bei Warmluft kleiner.

Bei der praktischen Ausführung verwendet man einzelne Lochplatten aus z. B. Gips.

Bei dünnen Lochdecken, z. B. aus Blech, besteht die Möglichkeit, daß die Luft nicht senkrecht austritt. Dies läßt sich durch größeren Druckraum vermeiden.

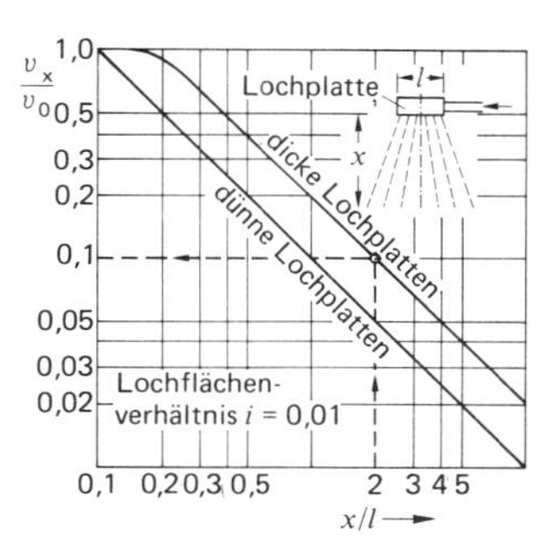


Bild 336-56. Geschwindigkeit bei isothermer Strömung aus Lochplatten. Lochdurchmesser 5 mm.

### -443 Raster-Decken[1])

Häufig werden von Architekten sogenannte Rasterdecken, besonders für Großraumbüros, vorgesehen, um die Blendwirkung der Beleuchtung zu vermindern und auch aus akustischen Gründen. Für die *Luftverteilung* gibt es dabei mehrere Möglichkeiten, von denen zwei erwähnt seien:

1. Luftauslaß über der Rasterdecke in teils waagerechter, teils senkrechter Richtung (Bild 336-57). Abluftabsaugung über den Leuchten durch Öffnungen in der Rasterdecke. Luftverteilung verhältnismäßig günstig, jedoch möglicher Kurzschluß zwischen Zu- und Abluft. Deckenhohlraum wird sehr warm, Zuluftrohre müssen isoliert werden.

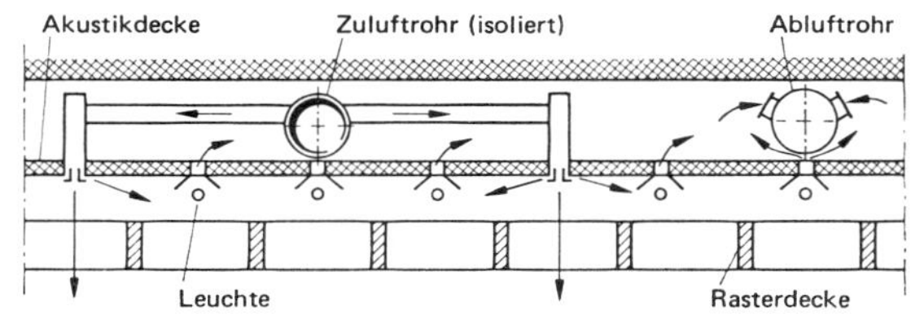


Bild 336-57. Rasterdecke mit Luftauslaß oberhalb der Decke.

[1]) Schröder, D.: TAB 2/87. S. 107 ff.

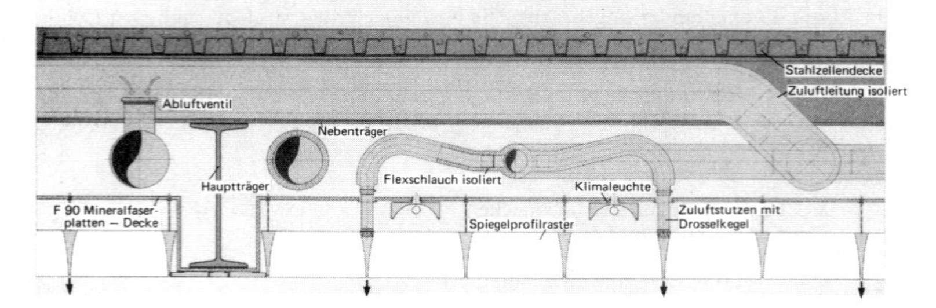


Bild 336-58. Spiegelprofildecke mit Luftauslaß aus den Rasterlamellen (Kiefer).

2. Bei der Rasterdecke in Bild 336-58 tritt die Zuluft aus Düsen an der Unterkante der Lamellen mit großer Induktionswirkung aus. Verwendung daher auch in VVS-Anlagen. Lamellen aus Aluminium mit Reflexionswirkung zur Verbesserung der Raumausleuchtung. Zuluftleitungen wärmegedämmt; Abluftleitungen ungedämmt.

In allen Fällen ist es von Wichtigkeit, daß die Leuchtenwärme möglichst so abgeführt wird, daß keine Zuluft im Kurzschluß in die Abluftleuchten gelangt.

## -45 Fußboden-, Stuhl-, Pult- und Tisch-Auslässe

Bei dieser Gruppe von Auslässen hat man die Luftführungsform „von unten nach oben" (s. Abschn. 336-47). Die Abluft liegt in der Decke. Beim Kühlen treten keine Stabilitätsprobleme bei Raumströmung auf. Strahlgeschwindigkeit und -Richtung sind sorgfältig auszulegen.

Lochbleche in Treppenstufen von Theatern, Hörsälen usw. führen bei zu kalter Luft leicht zu Zugerscheinungen, wenn Luftauslaßtemperatur < 18 ··· 19 °C. Günstig ist eine Anordnung mit Ablenkblech vor dem Gitter, wobei die Beine vor direktem Kaltluftstrom geschützt sind. Gelochte Stuhlbeine lassen verhältnismäßig große Luftmengen ohne Zugerscheinungen zu, bis etwa 60 m³/h je Sitz, normal 20···40 m³/h. Minimale Zulufttemperatur 18 °C (Bild 336-60)[1]).

Lochung muß sorgfältig bemessen werden. Mittlere Ausblasgeschwindigkeit

$$v_m = 0{,}2 \cdots 0{,}5 \text{ m/s}.$$

Die sog. *Pultlüftung* ist eine Sonderausführung für Hörsäle, wobei die Zuluft als Mischung von Primär- und Umluft aus der Vorderkante des Pultes austritt (Bild 336-61)[2]).

Ein ähnliches System besteht darin, die Luft aus irgendwelchen andern Möbeln, z. B. Schreibtischen, von unten nach oben austreten zu lassen oder auch durch im Raum freistehende Zuluftelemente (Bild 336-62). Dafür ist allerdings ein doppelter Fußboden erforderlich, in dem das Rohrsystem für die Zuluft verlegt wird (*Klimadrant*-System u. a.)[3]). Vorteilhaft ist die dabei mögliche Verringerung der Kühlleistung. Die thermische Belastung in der Aufenthaltszone ist gegenüber Deckenluftauslässen etwa 20% geringer, wenn die Lasten in Tischhöhe und Deckennähe sind. Die Zulufttemperatur muß jedoch gegenüber Deckenluftauslässen aus Gründen der thermischen Behaglichkeit um ca. 3 K höher liegen, so daß Luftvolumenstrom und Energieverbrauch bei diesem System größer sind als bei Deckenauslässen. Der Vorteil des Klimadrant-Systems liegt allein im Großraumbüro, wo es dem Benutzer eine gewisse *individuelle* Klimatisierung ermöglicht.

---

[1]) Schmidt, D., u. R. Wille: Ges.-Ing. 1960. S. 193/6.
[2]) Laakso, H.: VDI-Bericht 162. 1971. S. 61/7 und KI 6/73. S. 49/53.
Sodec, F.: HLH 7/86. S. 342/6.
[3]) Brockmeyer, H.: Ki 10/74. S. 431/8.
Detzer, R., u. a.: HLH 7/81. S. 256/64.
Radtke, W.: HLH 8/81. S. 327/37.
Masuch, J.: Ges.-Ing. 1 u. 2/79. S. 36/41.

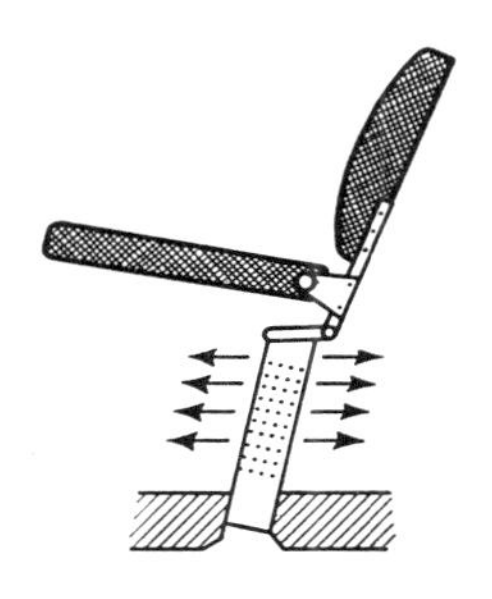

Bild 336-60. Gelochter Stuhlfuß.

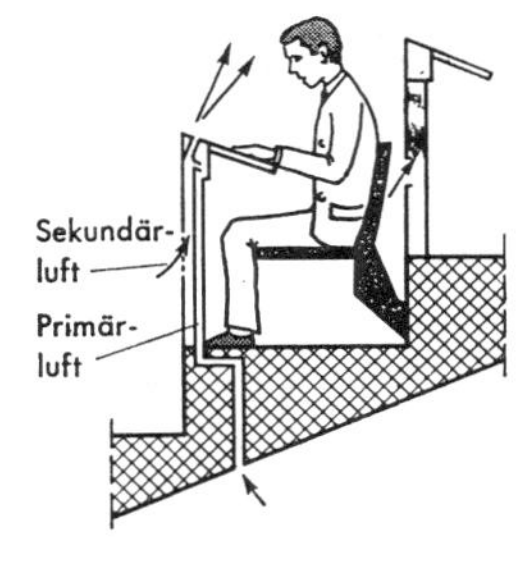


Bild 336-61. Schema der Pultlüftung.

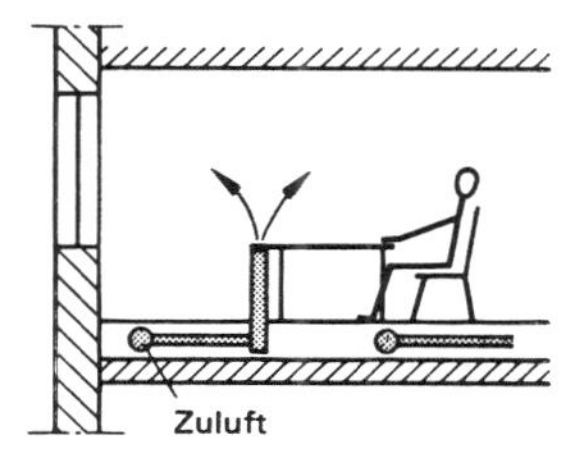


Bild 336-62. Luftauslässe aus dem Arbeitstisch.

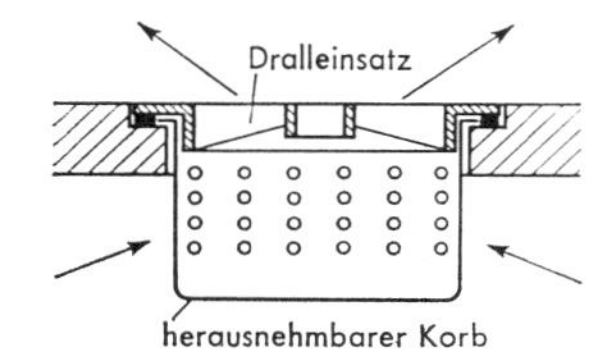


Bild 336-63. Fußboden-Drallauslaß.

Die Auslässe nach Bild 336-60 bis -62 versorgen vornehmlich einen kleinen Raumbereich in der Aufenthaltszone, weswegen man auch von *Mikroklima* spricht.

In manchen Räumen mit sehr großemWärmeanfall, z. B. EDV-Anlagen, sind Luftauslässe im Fußboden zweckmäßig *(Fußbodenauslässe),* um den thermischen Auftrieb für die schnelle Abführung der Wärme auszunutzen. Es muß jedoch dabei Vorsorge getroffen werden, daß der Schmutzanfall auf dem Fußboden aufgefangen werden kann. Beispiel Bild 336-63[1]).

Auch *Schlitzplatten* im Fußboden mit darüber befindlichem luftdurchlässigem Textilbelag werden gelegentlich verwendet, ohne daß hygienische Bedenken dagegen erhoben werden[1]).

Wiederentdeckt hat man Luftauslässe mit laminarem Luftaustritt im Bereich der Aufenthaltszone, wobei diese seitlich in der Wand angebracht sind oder als Säule im Raum stehen. Bei dieser *Quellüftung* strömt die Luft aus großflächigen Auslässen turbulenzarm aus (s. Bild 336-10a). Austrittsgeschwindigkeit ca. 0,3···0,6 m/s. Max. Untertemperatur gegenüber Aufenthaltszone 2···6 K. Die Zulufttemperatur soll min. 17 °C betragen und muß immer unter der Raumtemperatur liegen, da anderenfalls die Zuluft nach oben ausweicht, ohne die Aufenthaltszone auszufüllen. Anwendung also nur zum Kühlen oder Lüften möglich[2]).

Evtl. Heizen durch statische Heizkörper.

Anwendung der Quellüftung vorzugsweise bei hohen Räumen und punktförmig verteilten Kühllasten, z. B. Fabrik-, Sport-, Versammlungshallen. Maximale Höhe der Auslässe ca. 2 m in Hallen oder ⅔ der Raumhöhe bei niedrigen Räumen, z. B. Büros.

Übliche Luftwechselzahlen 1···4 $h^{-1}$.

Beispiel siehe Bild 336-64.

Einen Induktions-Unterfenster-Auslaß für VVS-Systeme zeigt Bild 336-100 u. -101.

[1]) Zeller, E.: HLH 11/76. S. 401/4 und 5/79. S. 187/9.
[2]) Socher, H.-J.: Ki 4/85. S. 279 ff.

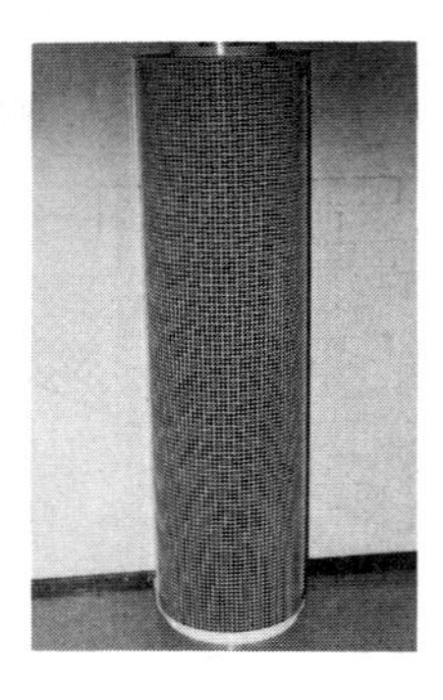

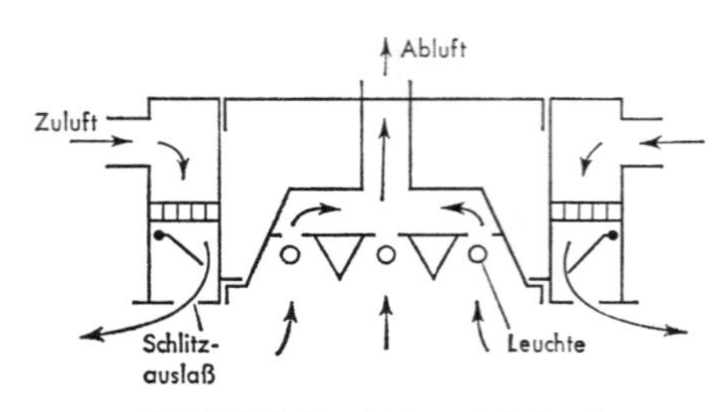


Bild 336-65. Kombinierte Luft-Leuchte.

Bild 336-64. Auslaß für Quellüftung. (Floormaster, BAHCO)

### -46 Kombinierte Luft-Leuchten[1])

Häufig werden von den Architekten *Kombinationen* von Leuchten und Luftauslässen verlangt, um der Decke ein besseres Aussehen zu geben *(Klimaleuchten)*. Für diese Zwecke gibt es eine Anzahl von Konstruktionen. Sie bestehen in der Regel aus zwei- oder mehrteiligen Stahlblechkästen, von denen ein Teil zur Aufnahme der Leuchte mit Abluftabsaugung, der andere zum Ausblasen der Luft dient. Beispiel Bild 336-65. Hier tritt die Luft aus Schlitzen in waagerechter Richtung horizontal unter der Decke aus, während die Raumluft über die Leuchten abgesaugt wird.

Je nach Konstruktion der Leuchten kann man erreichen, daß bis 80% der installierten elektr. Leistung mit der Abluft abgeführt wird und nicht in den Raum übergeht. Die Absaugung der Leuchtenwärme kann stark von der Zuluftführung beeinflußt werden. Daher ist es besser, Zuluftauslaß und Leuchte möglichst weit voneinander in der Decke zu trennen: Luftauslaß in der Mitte zwischen zwei benachbarten Leuchten. Der Luftauslaß soll nicht mit Coanda-Effekt arbeiten, um Kurzschluß zwischen Zu- und Abluft zu vermeiden.

Der Deckenhohlraum erhält bei dieser Art der Lüftung ein ausgedehntes Rohrleitungssystem. Das Zuluft-Rohrsystem wird fast immer isoliert, das Abluftkanalsystem dagegen aus Kostengründen selten. Oft wird der Abluftdom der Leuchte aus Kostengründen nicht direkt an das Abluftrohr angeschlossen. Die Abluft strömt dann durch Schlitze in den Deckenhohlraum. Einfluß auf den Restwärmefaktor je nach Anschluß und Leuchtenart s. Abschn. 353-5.

### -47 Auswahl des Luftauslasses[2])

Die Führung der Luft in den zu lüftenden Räumen, d.h. Anordnung und Auswahl der Luftaus- und -einlässe, ist eine der schwierigsten Aufgaben der gesamten Lüftungstechnik, deren Lösung große Erfahrung erfordert. Bestimmte Vorschriften über die günstigste Art der Luftführung lassen sich nicht immer aufstellen. Deshalb ist man häufig auf *Modellversuche* angewiesen, besonders in Räumen mit hoher thermischer Belastung

[1]) Hilbert, G. S.: Lichttechnik 8 u. 9/76.
TAB 10/83. S. 835/8.
Hentschel, H.-J., u. K. Schmoll: TAB 2/85. S. 103/8.

[2]) Detzer, R.: Ki 4/77. S. 135/8.
Moog, W., u. F. Sodek: HLH 1 u. 2/78.
Damler, K.: TAB 3/78. S. 221/5.
Scholz, R., u. B. Hanel: Ges.-Ing. 10/78. 9 S.
Masuch, J.: Ges.-Ing. 1/2–79. S. 36/41.
Moog, W.: KI 1/81. S. 13/21.
Fitzner, K.: KI 1/81. S. 23/28.
Detzer, R., u. E. Jungbäck: HLH 7/81. S. 256/64.
Dittes, W., u. R. Mangelsdorf: HLH 7/81. S. 265/71.
Fitzner, K.: HLH 8/81. S. 316/26.
Radtke, W.: HLH 8/81. S. 327/37.
Sodec, F., u. W. Veldboer: TAB 2/82. S. 123/7.
Moog, W., u. W. Jäger: HLH 9/84. S. 451/67.

oder komplizierten geometrischen Abmessungen. Viele Firmen haben hierfür Prüfstände errichtet. Dazu kommt, daß sich die lufttechnisch beste Anordnung durchaus nicht immer ausführen läßt, da ihr entweder die Wünsche des Architekten oder bauliche Schwierigkeiten entgegenstehen. Immerhin liegen aber inzwischen einige Erfahrungen vor und so kann man folgende Regeln bei der Luftführung beachten:

a) Es ist sowohl eine Lüftung mit Luftströmung von unten nach oben wie umgekehrt möglich, wie auch von oben nach oben (s. Bild 336-66).

b) Untere Wandauslässe geben leicht Anlaß zu Zugerscheinungen. Wenn sie nicht vermeidbar sind, sind sie für sehr geringe Luftauslaßgeschwindigkeiten ($< 0{,}5$ m/s), namentlich in der Nähe von Personen, zu bemessen. Bei Fußbodenauslässen ist zu beachten, daß sich in ihnen Schmutz ansammeln kann (Anwendung bei Sälen, Fabriken, EDV-Räume). *Tischauslässe* ermöglichen individuelle Einstellbarkeit. Anwendung setzt Doppelboden voraus.

c) Obere Wandauslässe oder Deckenauslässe (Schlitz- oder Drall-Auslaß) sind hinsichtlich Luftmenge, Eindringtiefe, Streubreite, Fall oder Steigung genau zu bemessen. Es ist darauf zu achten, daß durch Bauteile (Pfeiler, Unterzüge) die Ausbreitung des Luftstrahls nicht behindert wird.

d) Lochgitter sind als Luftauslässe (Zuluftdurchlässe) nur bedingt geeignet, meist nur als Abluftdurchlässe.

e) Falls die Zuluft in Höhe der Fensterbrüstung senkrecht nach oben ausgeblasen wird, erhält man eine günstige Luftbewegung im Raum, wenn Decke und Fenster glatt ausgebildet sind. Eindringtiefe in den Raum jedoch nur ca. 6 m.

f) Alle Luftauslässe in Niederdruckanlagen sollten regulierbar sein, worauf nur dann verzichtet werden kann, wenn die Luftverteilung nicht wichtig ist oder genau vorher berechnet werden kann (Hochdruckanlage).

g) Die Lage der Lufteinlässe (Umluft- oder Abluftgitter) ist für die Luftverteilung zwar von geringerer Bedeutung als die der Luftauslässe, jedoch nicht ganz zu vernachlässigen. In Räumen, in denen geraucht wird, sollte immer oben abgesaugt werden.

h) In geruch-, hitze- oder feuchteentwickelnden Räumen (Aborten, Küchen, Beizereien usw.) sind die Abluftöffnungen möglichst nahe den Quellen der schlechten Luft anzubringen.

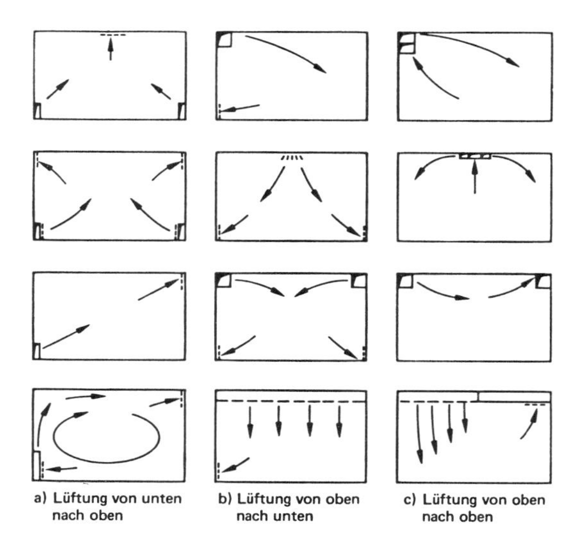


Bild 336-66. Verschiedene Beispiele zur Luftführung in Räumen (s. a. Bild 336-10).

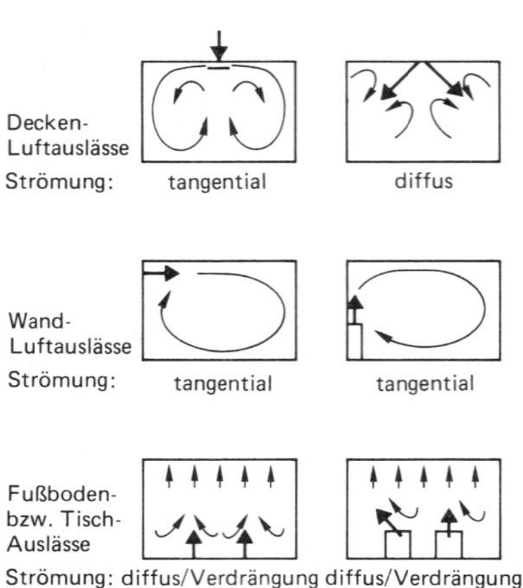


Bild 336-67. Luftströmung im Raum bei verschiedenen Luftverteilungssystemen.

Bild 336-67 zeigt schematisch eine Anzahl von Möglichkeiten für die Luftführung in Räumen, bei verschiedenen Luftauslässen und deren Anordnung. Welche zu bevorzugen ist, hängt von nachstehend ausgeführten Kriterien ab. Bei *großen Kühllasten* (z. B. EDV-Räume) oder hohen Räumen mit Kühllast (z. B. Theater) ist eine Luftführung von unten nach oben thermisch stabil und daher zu bevorzugen. Falls aus baulichen Gründen dieses nicht möglich ist, sind sorgfältige Auswahl hochinduktiver Auslässe und eventuelle Raumströmungsversuche erforderlich. Luftführung im Heizfall meist weniger problematisch, jedoch für Eindringen der Warmluft in Aufenthaltszone Sorge tragen: *Temperaturschichtung* vermeiden am besten durch Einbringen der Warmluft unter dem Fenster, sonst verstellbare Luftauslässe.

Schließlich muß auch beachtet werden, daß die Luft in die Aufenthaltszone gelangt und nicht im Kurzschluß zur Abluftöffnung gelangt. Man diskutiert hier neuerdings einen Gütegrad der Raumdurchströmung *(ventilation efficency)*[1]).

Wenn die Kühllast bei der Auswahl der Auslässe im Vordergrund steht, kann man je nach Raumhöhe die Luftführung nach Bild 336-68 auswählen.

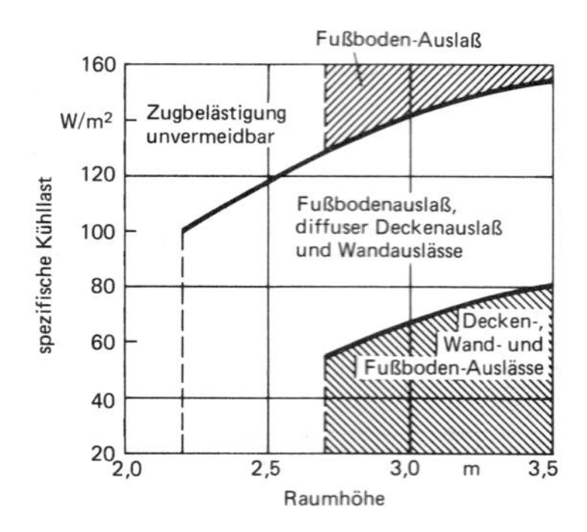


Bild 336-68. Empfehlung für Auswahl von Luftauslässen abhängig von der spezifischen Kühllast und der Raumhöhe (nach Sodec)[2]).

[1]) CCI 3/87, i-Thema. S. 47/50.

[2]) Sodec, F.: Expoclima, Kongress Nov. 1986, Brüssel, Tagungsbericht.

Die untere Kurve stellt ungefähr das Limit für tangentiale Lüftungssysteme dar. Zwischen beiden Kurven sind Auslässe für diffuse Raumströmung zu bevorzugen, d.h. Düsen- oder Drallauslässe. Bei Fußbodenauslässen ist zu beachten, daß stellenweise über den Auslässen keine Zugfreiheit herrscht.

Anstatt der Kühllast kann auch der stündliche Luftwechsel und die Temperaturdifferenz zwischen Raum- und Zuluft als Kriterium zur Auswahl von Luftauslässen gewählt werden (Bild 336-69).

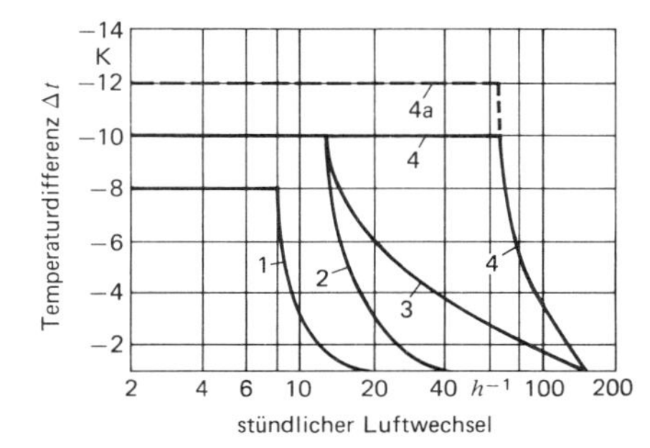


Legende:
1 tangentiale Wand- und Deckenauslässe
2 diffuse Wand- und Deckenauslässe
3 Drallauslässe in Decke
4 Drallauslässe im Fußboden
4a wie vor in EDV-Räumen und dgl.

Bild 336-69. Auswahl von Luftauslässen abhängig vom stündlichen Luftwechsel und der Temperaturdifferenz $\Delta t$ = Zuluft − Raumluft (nach Sodec[1])).

Ein weiteres Kriterium ist die Höhe, in der der Auslaß ausbläst. Kritisch sind Raumhöhen unter 2,2 m. Hier empfehlen sich diffuse Wandauslässe mit horizontalen Strahlen oder Fußbodenauslässe. Ebenfalls kritisch sind Ausblashöhen oberhalb 4 m. Hier empfehlen sich in der Strahlrichtung verstellbare Auslässe, um sich schwankenden Lasten anpassen zu können.

## -5 VARIABLE VOLUMENSTROM-(VVS-), EINKANAL- UND ZWEIKANAL-GERÄTE (TERMINALS)

### -51 Volumenstromregler

Diese Geräte werden in *Einkanal-* oder *Zweikanal*-Klimaanlagen verwendet. Sie haben die Aufgabe, den Volumenstrom bei schwankenden Kanaldrücken konstant zu halten: *Volumenstromregler mit Vordruckausgleich*. Manchmal sollen sie den hohen Druck und die hohe Geschwindigkeit in den Rohrleitungen vor den Luftauslässen reduzieren, damit die Luft im anschließenden Niederdruckkanal geräuscharm in den Raum gelangt. Sie heißen daher auch *Entspannungskästen*. Sie bestehen dann aus einem Blechgehäuse mit schallgedämmter Wand und enthalten stromab des Volumenstromreglers meist schalldämpfende Auskleidung.

Der *Volumenstromregler* soll bei Zweikanal-Anlagen mit konstantem Volumenstrom diesen ständig konstant halten. Bei VVS-Anlagen dagegen kann der Sollwert des Volumenstromreglers über einen Stellmotor vom Raumthermostat verändert werden.

Der Volumenstrom wird durch Drosselung konstant gehalten. Die Drosselung kann auf verschiedene Weise erfolgen:

Abdecken von Lochblechflächen (Bild 336-70 und -74)
Verstellen von Drosselklappen (Bild 336-75 und -79)
Querschnittsverengung durch Gummimembranen (Bild 336-71 bis -73)
Querschnittsverengung durch Verdrängungskörper (Bild 336-76 und -83)

[1]) Sodec, F.: Expoclima, Kongress Nov. 1986, Brüssel, Tagungsbericht.

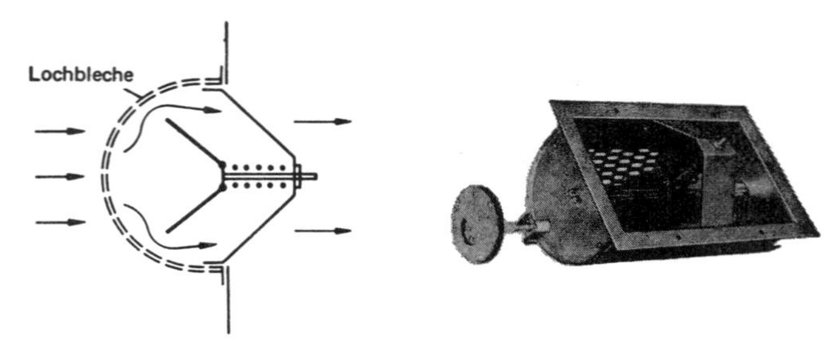


Bild 336-70. Selbsttätiger Volumenstromregler mit Schwingflügeln und Mengeneinstellung.

Bild 336-71. Volumenstromregler mit pneumatisch betätigten Lufttaschen (Pneumavalve, Connor/Waddell). Gerät benötigt Fremdenergie.
Links: Ansicht; rechts: Kennbild.

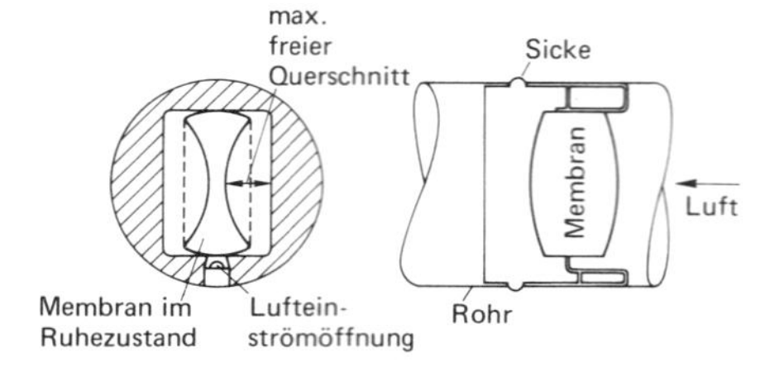


Bild 336-72. Selbsttätiger Volumenstromregler für kleine Luftmengen (Schrag-Aldes).

Die Regelung des Volumenstroms erfolgt wahlweise

*ohne Fremdenergie*, d. h. selbsttätig mit Hilfe des Kanaldrucks,
*mit Fremdenergie*, d. h. mit pneumatischem oder elektrischem Stellmotor.

**-511 Volumenstromregler mit Fremdenergie**

Bei diesen Geräten wird durch einen getrennten Fühler gemessen und über Regler und Stellmotor der Volumenstrom konstant gehalten. Das Regelsystem kann elektrisch, pneumatisch oder neuerdings auch mikroelektronisch (DDC) sein. Entweder wird ein Druck als Staudruck der Kanalgeschwindigkeit oder als Druckabfall an einer Referenzstelle gemessen. Oder elektrische Fühler messen die Kanalgeschwindigkeit als Maß für den Volumenstrom.

*Beispiele:*

a) In einem *Lochzylinder* wird ein Kolben bewegt (Bild 336-74) oder eine Regelwalze verengt den Querschnitt (Bild 336-74a). Diese Geräte benötigen einen Regler und Stellmotor, der über die Stellstange den Kolben so verstellt, daß der Volumenstrom konstant bleibt.

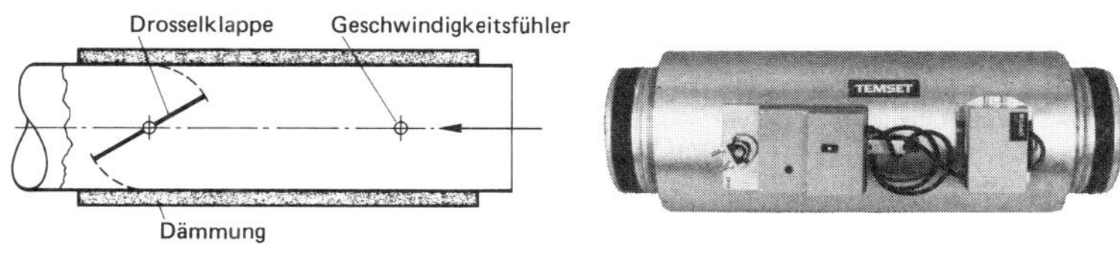


Bild 336-73. Volumenstromregler mit Drosselklappe und elektr. Motorantrieb (Temset). Links: Schnitt. Rechts: Ansicht.

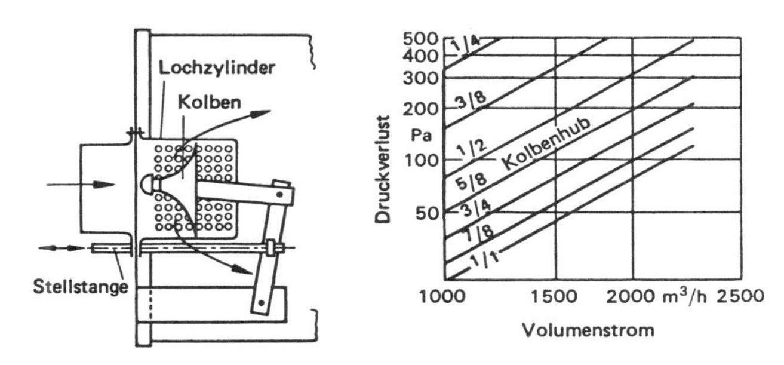


Bild 336-74. Entspannungskasten mit Lochzylinder und Kolben. Rechts: Druckverlust und Volumenstrom abhängig von Kolbenstellung (Temset). Verstellung mit Fremdenergie.

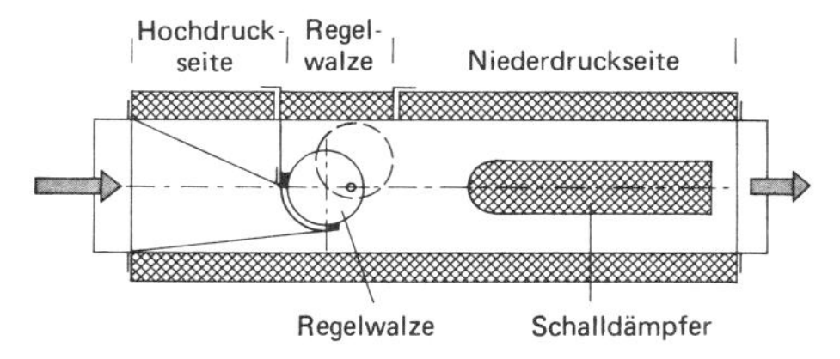


Bild 336-74a. Volumenstromregler mit Drosselkörper, Antrieb mit Stellmotor (Klima + Kälte).

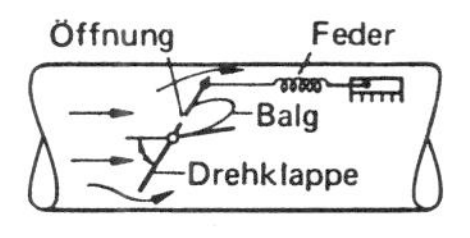

Bild 336-75. Volumenstromregler mit Drehklappe (Trox).
Links: Schema; rechts: Ansicht

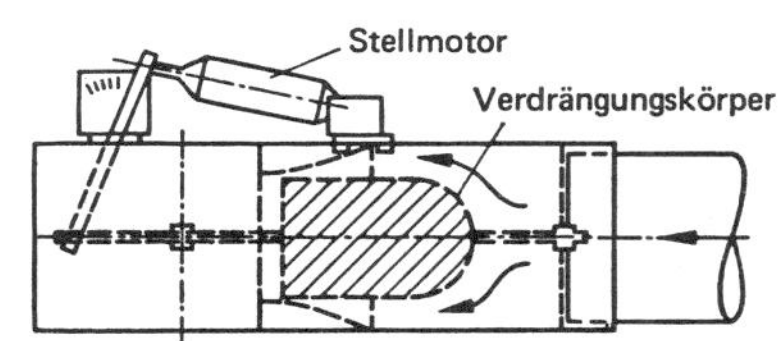


Bild 336-76. Volumenstromregler mit Verdrängungskörper (Luwa, LTG Typ VRV).

b) *Pneumatische Gummiklappen,* deren einzelne Glieder aus durch Druckluft aufblähbaren Aluminium-Taschen mit eingelegtem Gummi bestehen. Die Taschen werden an die Druckluftleitung der pneumatischen Regelung angeschlossen und vergrößern bzw. verkleinern den Querschnitt je nach Luftdruck (Bild 336-71).

c) Es wird eine einfache Drosselklappe, z. B. nach Bild 336-73, -79 und -80, von einem Stellmotor verstellt.

**-512 Selbsttätige Volumenstromregler (ohne Fremdenergie)**

Bei diesen Geräten erfolgt die Regelung *selbsttätig* vom Kanaldruck her. Die Genauigkeit des Volumenstromreglers liegt meist bei etwa 10%. Der gewünschte Volumenstrom läßt sich in allen Fällen werkseitig vorher fest einstellen; in Bild 336-70 z. B. durch seitliche Verschiebung zweier halbkreisförmiger Lochplatten. In allen Fällen ist ein bestimmter minimaler Vordruck von etwa 200···300 Pa erforderlich, damit die Regelung wirksam wird. Dadurch entstehen allerdings entsprechende Stromkosten beim Ventilator. Lediglich der selbsttätige Regler mit Verstärkungs-Balg nach Bild 336-75 benötigt kleineren Druck (etwa ein Viertel) und natürlich die Geräte, die mit Fremdenergie (Stellmotor und Druckregler) arbeiten.

*Beispiele:*

a) *2 Schwingflügel* werden durch den Luftstrom derartig bewegt, daß sie sich bei steigender Luftgeschwindigkeit auseinander bewegen und die gelochte Austrittsfläche verkleinern (Bild 336-70).

b) Einen für kleine Luftmengen geeigneten Volumenstromregler zeigt Bild 336-72. Eine *Membran* aus weichem Chloropren mit Lufteinströmöffnung wird bei steigendem Druckunterschied zwischen Vorder- und Rückseite aufgeblasen und verringert dabei den Querschnitt. Volumenstrom 30···300 $m^3/h$, Rohrdurchmesser 125 bis 200 mm.

Bei ähnlichen Bauarten wird statt der Feder ein Gegengewicht verwendet.

c) Eine *Drehklappe* mit dahinter befindlichem aufblasbarem Balg zeigt Bild 336-75. Dem durch die Luftströmung verursachten Schließdrehmoment wirkt eine verstellbare Zugfeder entgegen. Auch für Niederdruckanlagen geeignet. Einstellbereich 1:4.

d) Ein *Verdrängungskörper* wird auf einer Achse gegen Federdruck derartig bewegt, daß bei steigendem Druck der Durchgangsquerschnitt verengt wird. Bild 336-83 zeigt ein Beispiel für ein 2-Kanal-Gerät, Bild 336-76 für ein VVS-Gerät. Dabei kann mit dem angebauten Stellmotor der Sollwert für den Volumenstrom verändert werden. Das Konstanthalten des Volumenstroms bei neuem Sollwert erfolgt dann wieder selbsttätig durch den Verdrängungskörper.

## -52 Variable Volumenstrom-(VVS-)Geräte[1])

Werden die Geräte in Klimaanlagen mit variablem Volumenstrom verwendet, so wird zusätzlich ein *Stellmotor* am Volumenregler eingebaut, der in Abhängigkeit von einem Raumthermostat den Sollwert des Volumenstromreglers meist durch Veränderung der Federvorspannung verändert. Bei steigender Raumtemperatur wird der Querschnitt und damit der Volumenstrom vergrößert, bei fallender Raumtemperatur verkleinert (Bild 336-75 und -76). Bei Geräten mit Stellungsrelais am Stellmotor können maximaler und minimaler Volumenstrom im Werk fest eingestellt werden. Bei Anwendung einer pneumatischen oder elektrischen Messung des Volumenstroms können $\dot{V}_{max}$ und $\dot{V}_{min}$ am Regler eingestellt werden. Die Geräte können sowohl für die Zuluft wie Abluft verwendet werden. Volumenstrom von etwa 150 bis 8000 $m^3/h$.

Sind außer Kühllasten auch Heizlasten zu regeln, können die Entspannungskästen zusätzlich einen *Luftnachwärmer* mit automatischer Ventil- oder Klappenregelung enthalten, dessen Heizmittelzufuhr in Sequenz zum Volumenregler vom Raumthermostat gesteuert wird (Bild 336-77 rechts und -80).

---

[1]) Baur, N., u. a.: CCI 7/84. S. 40/41.

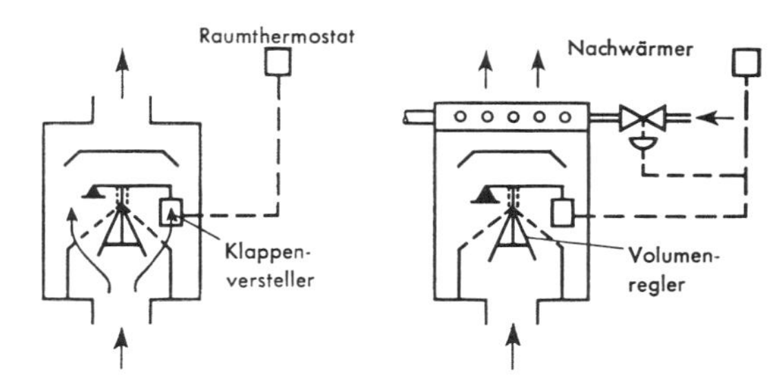


Bild 336-77. Entspannungskästen für variablen Volumenstrom. Links: mit Schwingflügelverstellung für Volumenregelung; rechts: mit zusätzlichem Nachwärmer.

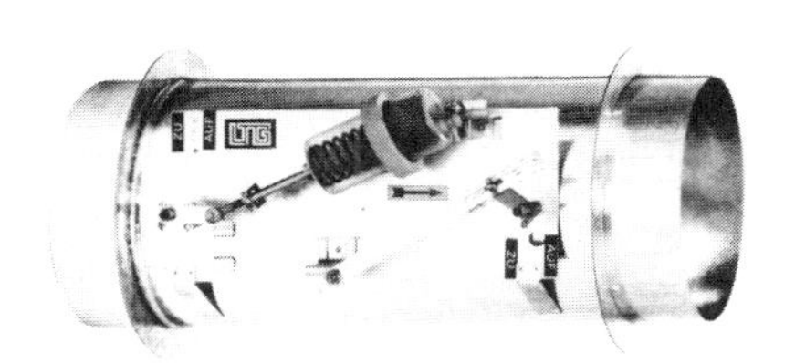

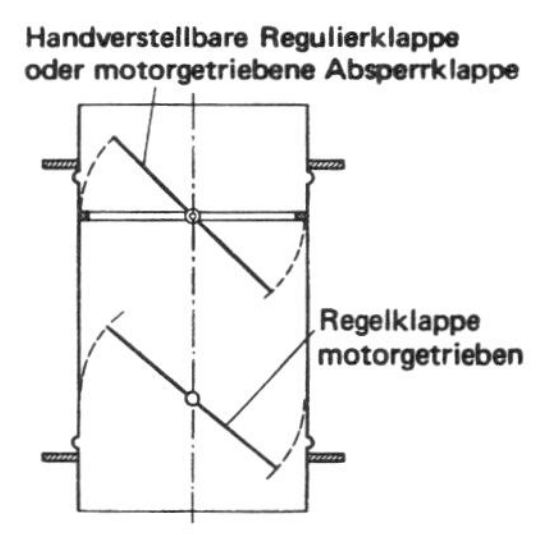


Bild 336-79. VVS-Gerät mit Drosselklappe und pneumatischem Stellmotor (LTG Typ ARA).

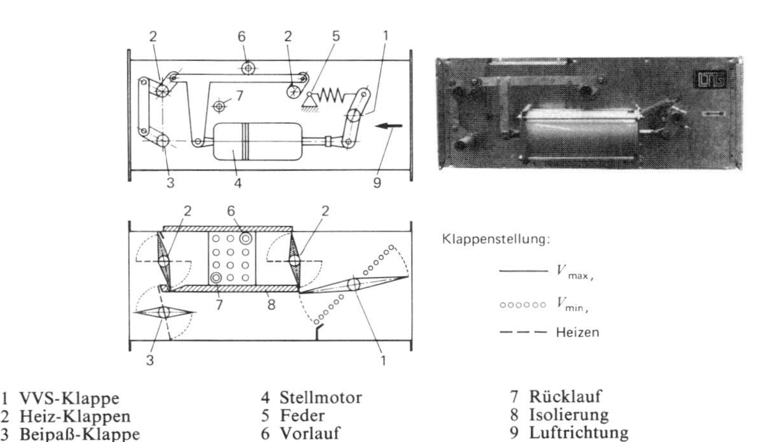


1 VVS-Klappe
2 Heiz-Klappen
3 Beipaß-Klappe
4 Stellmotor
5 Feder
6 Vorlauf
7 Rücklauf
8 Isolierung
9 Luftrichtung

Bild 336-80. VVS-Gerät mit in Sequenz klappengeregelter Heizung (LTG Typ NKV).

Um Ventilatorenergie zu sparen, verzichtet man immer mehr auf die Entspannung (Drosselung) im Gerät und auch auf den selbsttätigen Volumenstromregler. Statt dessen verwendet man Regler mit Fremdenergie oder man verzichtet auf den Volumenstromregler ganz.

Die Geräte sind dann einfacher im Aufbau und energiesparend (Druckverlust ca. 100 Pa). Es gibt z. B. *Drosselklappen* mit asymmetrischer Hebelkinematik, so daß sich ein nahezu lineares Regelverhältnis zwischen Steuerdruck und Volumenstrom ergibt (Bild 336-79 u. -80).

Die Regelklappe wird vom Raumluft-Thermostaten gesteuert und verändert den Volumenstrom *(Volumenstromsteller ohne Vordruckausgleich)*. Das Gerät hat also keinen Volumenstromregler, der die Luftmenge bei verändertem Kanaldruck konstant hält; die Regulierklappe ist meist nur handverstellbar, um das Kanalnetz einmal einzuregeln. Ein Konstant-Volumenstromregler in einem VVS-System ist – obwohl häufig angewandt – nicht nötig, da der Thermostat bei veränderter Leistung des Systems genauso reagiert wie bei veränderter Last. Es muß allerdings eine sorgfältige Druckverlustberechnung des Luftkanalsystems der verschiedenen Raumlasten erfolgen.

Bei VVS-Geräten mit Fremdenergie wird der Volumenstrom durch eine pneumatische Sonde gemessen (Velocitrol von Honeywell) oder es wird durch einen Thermistor elektrisch gemessen (Bild 338-69). Bei den Sonden ist zu beachten, daß möglichst nicht nur an einem Punkt im Rohr gemessen wird, da bei ungleichmäßiger Zuströmung die werksseitige Sollwerteinstellung sonst nicht stimmt (s. Abschn. 164).

*Zusammenfassend* ist festzustellen: VVS-Geräte *mit* selbsttätigem Volumenstromregler brauchen meist 200–300 Pa Druckverlust, was erhebliche Ventilatorenergie verbraucht. Der Volumenstromregler vereinfacht jedoch die Kanalnetzberechnung. Regler mit Fremdenergie sind im Energieverbrauch günstiger, haben aber höhere Anschaffungskosten. VVS-Geräte *ohne* Volumenstromregler (weder selbsttätig noch durch Fremdenergie) sind billig in Anschaffung und Energieverbrauch, benötigen jedoch eine gute Kanaldruckberechnung. Man setzt hier auch Druckregler in den einzelnen Strängen ein, um das Kanalsystem bei allen Lasten automatisch abzugleichen.

Ferner ist es sehr wichtig, daß auch die Abluft pro Regelzone gleichmäßig zur Zuluft mitgeregelt wird, da sonst Druckunterschiede im Gebäude auftreten (s. Bild 329-37 u. -38).

Die Auswahl der Luftauslässe erfolgt aus den Listen der Hersteller, wobei die Luftmenge, der Druckverlust und das Geräuschniveau zu beachten sind. Die in den Raum oder in das angeschlossene Kanalnetz abgegebene Schalleistung ist natürlich desto größer, je größer der Volumenstrom ist. Bei der Wahl der Luftauslässe ist darauf zu achten, daß für alle Volumenströme eine zugfreie Raumströmung besteht. Siehe hierzu Abschn. 336-4.

VVS-Geräte zum Einbau in die Fensterbrüstung siehe Bild 336-99 bis -101.

## -53 Zwei-Kanal-Geräte (Mischluftgeräte)

Die Mischluftgeräte werden in 2-Kanal-Hochdruckklimaanlagen verwendet, um warme und kalte Luft miteinander zu mischen und gleichzeitig die Luftmenge konstant zu halten. Sie enthalten im wesentlichen folgende Teile (siehe Bild 336-82):

Ein Gehäuse aus Stahlblech mit Auskleidung zur Geräuschdämmung, ein Mischventil oder eine Mischklappe,

einen pneumatischen oder elektrischen Stellmotor zur Betätigung des Mischventils in Abhängigkeit von der Raumtemperatur,

einen Volumenstromregler, um den Zuluftstrom des Gerätes konstant zu halten, Regelung durch den statischen Druck der Mischluft meist selbsttätig oder über Fremdenergie mit Stellmotor,

einen eingebauten oder nachgeschalteten Schalldämpfer.

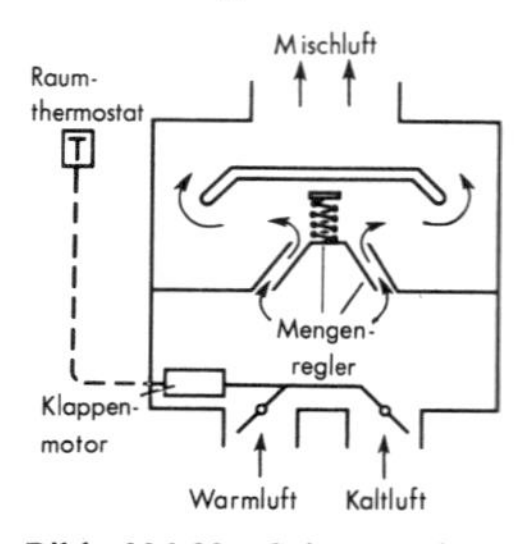


Bild 336-82. Schema eines Mischgerätes für eine 2-Kanal-Hochdruckklimaanlage.

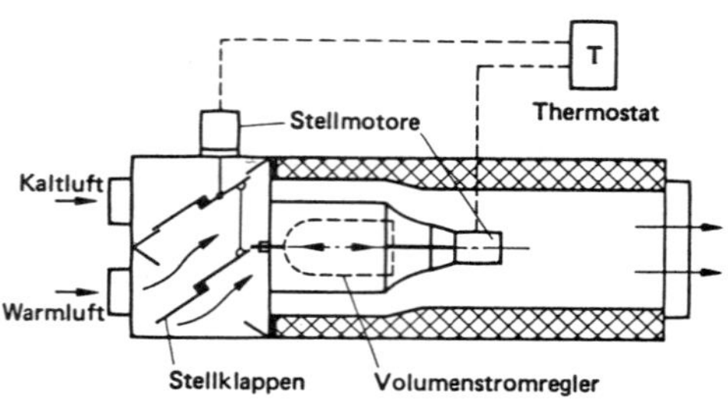


Bild 336-83. Mischkasten für 2-Kanal-System mit variablem Luftdurchsatz (Rox Mixair).

Durch die beiden Eintrittstutzen gelangt Warm- bzw. Kaltluft in den Mischkasten. Die Klappen werden durch einen Stellmotor betätigt, der von einem Raumthermostaten gesteuert wird. Die Mischlufttemperatur entspricht dann der vom Thermostaten geforderten Einblastemperatur.

Bei Zweikanalanlagen mit *variablem Volumenstrom* werden 2 Klappenversteller verwendet, der eine für die Mischklappe, der andere für den Volumenregler. Bei maximaler Kühlleistung ist die Kaltluftklappe und der Durchflußregler voll geöffnet. Bei fallender Temperatur wird zunächst durch den Volumenregler der kalte Volumenstrom bis auf ein Minimum verringert und bei weiter fallendem Kühlbedarf die Warmluftklappe geöffnet. Dadurch Einsparung an Energiekosten bei dem sonst energetisch ungünstigen Zweikanalsystem (Bild 336-83 und 336-102).

Die Volumenströme der Geräte sind aus den Listen der Lieferanten zu entnehmen. Dabei sind die Geräusche bei den verschiedenen Drosseldrücken und die Minderansprechdrücke für selbsttätige Volumenregler zu beachten.

## -6 INDUKTIONS-GERÄTE[1])

### -61 Allgemeines

Induktionsgeräte sind Teile der Hochdruck-Klimaanlagen, siehe Abschn. 329-42. Aufstellung in der Regel unter den Fenstern (Unterfenster-Geräte), aber auch an der Decke.

Hauptbestandteile:

1. Ein Verteilerrohr mit Anschluß an die Primärluftleitung.
2. Eine Anzahl von Düsen.
3. Ein Wärmeaustauscher, der im Winter von warmem Wasser, im Sommer von kaltem Wasser durchströmt wird, oder zwei Wärmeaustauscher, je einer für Heizen und Kühlen, einschließlich Tropfwanne für Schwitzwasser.
4. Ein Gehäuse mit Gitter für Raumluft und Zuluft.
5. Ein Regelorgan (Handventil, automatisches Ventil, Beipaßklappe mit Stellmotor).

### -62 Wirkungsweise

Die Geräte sind an ein Primärluft-Verteilnetz angeschlossen. Primärluft tritt mit hoher Geschwindigkeit aus Düsen im Gerät aus. Durch Injektion wird Raumluft über Wärmeaustauscher angesaugt und je nach Bauart nach oben oder unten ausgeblasen. Die Raumluft wird i. a. im Wärmeaustauscher im Winter erwärmt, im Sommer gekühlt.

Je nach Anordnung der einzelnen Bauelemente, besonders von Verteilrohr und Wärmeaustauscher, lassen sich verschiedene Einbaumöglichkeiten erreichen (Bild 336-95).

### -63 Einteilung

nach der Art der Temperaturregelung:

*Induktionsgeräte mit Regelventilen,*
*Induktionsgeräte mit Regelklappen;*

nach der Bauart des Wärmeaustauschers:

*Induktionsgeräte mit Rippenrohr-Wärmeaustauschern* (Klimakonvektor),
*Induktionsgeräte mit radiatorähnlichen Wärmeaustauschern* (Klimaradiator);

nach der Zahl der Wärmeaustauscher:

*Induktionsgeräte mit 1 Wärmeaustauscher,*
*Induktionsgeräte mit 2 Wärmeaustauschern,*
*Induktionsgeräte ohne Wärmetauscher;*

nach der Einbauart:

*Unterfenstergeräte,*
*Unterflurgeräte,*
*Deckengeräte;*

nach der Größe der Heiz- oder Kühlleistung.

[1]) Laux, H.: Ges.-Ing. 3/74. S. 63/75.
Hönmann, W.: LTG Lufttechn. Information 20. Dez. 77.

## -64 Bauarten

### -641 Geräte mit Regelventilen

Bei den Geräten Bild 336-90 wird die Raumluft durch Injektion über den Wärmeaustauscher angesaugt. Regelung der Temperatur durch Regelventil in der Wasservorlaufleitung. Ventilkennlinie soll proportional der Wärmeleistung sein (s. Bild 222-30 und -31). Induktionsverhältnis Sekundärluftmenge/Primärluftmenge sehr verschieden, etwa 2- bis 6fach. Luftdruck vor den Düsen 100 bis etwa 400 Pa. Luftaustrittsgeschwindigkeit demnach $1{,}25\sqrt{\Delta p} = 12 \cdots 25$ m/s. Geräusche hängen von der Luftmenge, vom Düsendruck und von der Düsenform ab. Geräte werden mit oder ohne Filter für die Sekundärluft eingesetzt. Es können nur Filter mit geringem Luftwiderstand oder Siebe verwendet werden. Eine Sonderstellung nimmt das Gerät Bild 336-93 ein. Wärmeaustauscher ist eine senkrecht beiderseits gerippte Stahlplatte, Primärluft tritt aus Düsen unten vor der Platte aus. Heizelemente wirken als Strahlungsheizkörper. Leichte und schnelle Reinigung. Induktionsverhältnis $3 \cdots 3{,}5$.

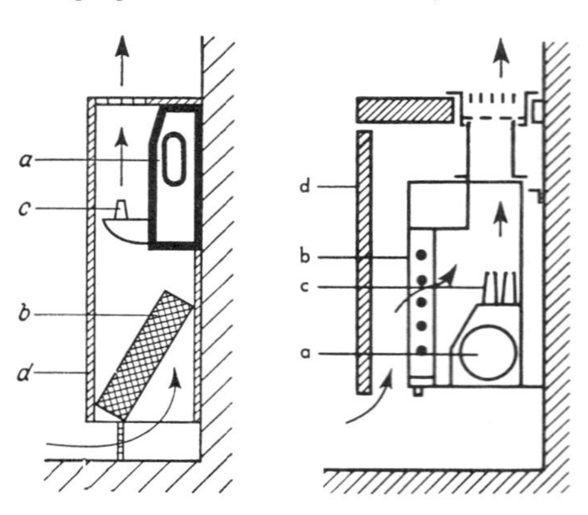


Bild 336-90. Wasserseitig geregelte Induktions-Klimageräte.
links: Carrier
rechts: LTG
a = Primärluft,
b = Wärmeaustauscher,
c = Düsen,
d = Gehäuse oder Verkleidung

Bild 336-93. Ansicht eines Induktions-Klimagerätes mit plattenförmigem Wärmeaustauscher (ROX-Radiair).

### -642 Geräte mit Regelklappen

Am Wärmeaustauscher wird eine *Beipaßklappe* angebracht, wodurch ein Teil der Raumluft ohne Erwärmung bzw. Kühlung angesaugt wird. Betätigung seltener durch Handgriff, meist automatisch. Schnellere Regelung als bei Ventilen (Bild 336-96).

### -643 Geräte mit 2 Wärmeaustauschern

Die Geräte mit getrennten Wärmeaustauschern für Heizung und Kühlung werden gewöhnlich durch Klappen geregelt. Für einwandfreien Betrieb sind 2 oder 3 Klappen erforderlich, die durch einen pneumatischen Stellmotor in Sequenz bewegt werden (Bild 336-97). Dabei ergeben sich je nach Stellung der Klappen folgende

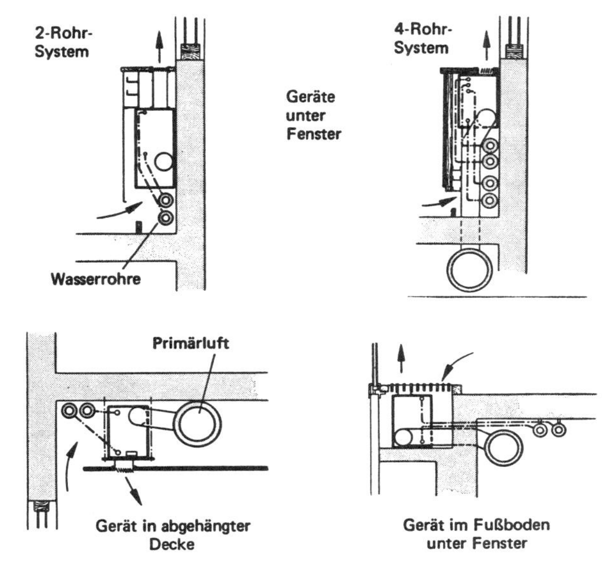


Bild 336-95. Installationsbeispiele von Induktionsgeräten (Fläkt).

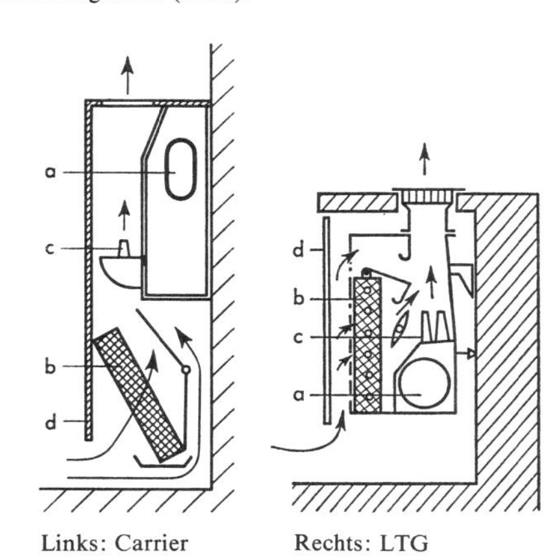


Bild 336-96. Luftseitig geregelte Induktions-Klimageräte.

Links: Carrier Rechts: LTG

*Betriebsstufen:*

Heizung mit Vollast
Heizung mit Teillast
Neutral (weder Heizung noch Kühlung)
Kühlung mit Teillast
Kühlung mit Vollast.

Bei wasserseitig geregelten Geräten mit 2 Wärmeaustauschern können die Austauscher auch zu einem Element zusammengefaßt werden, jedoch mit 2 getrennten Wasserwegen für Warm- und Kaltwasser. 2 Rohre für Heizung, 4 Rohre für Kühlung. Regelung durch 2 Sequenzventile[1]). Vorteile: wenig Mischverluste, weniger Schwitzwasseranfälligkeit (Bild 336-98).

[1]) Hönmann, W.: Ges.-Ing. 1971. S. 361/6.

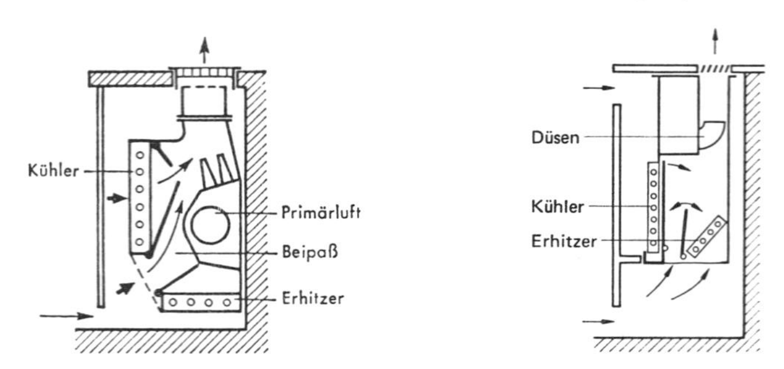


Bild 336-97. Induktionsgeräte mit 2 Wärmeaustauschern und Sequenzklappenregelung.
Links: LTG (Typ HFH). Klappen in Stellung Kühlung–Teillast.
Rechts: Rox (Typ KEK). Klappen in Stellung Heizung–Teillast.

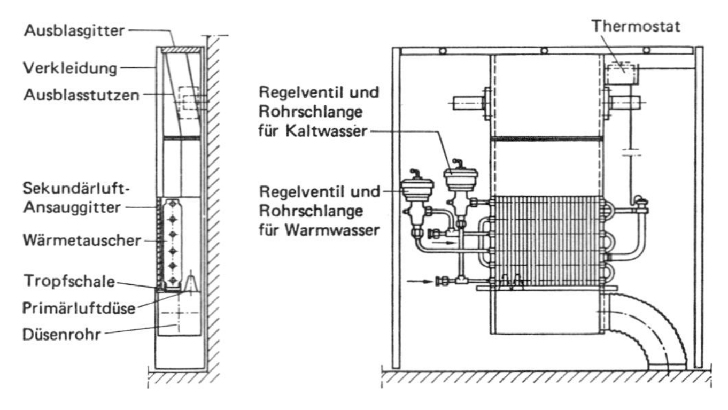


Bild 336-98. Induktionsgerät mit einem Wärmeaustauscher und getrennten Wasserwegen für Heizung und Kühlung.

Die Geräte werden meist in mehreren Baugrößen hergestellt. Innerhalb jeder Größe sind durch geeignete Wahl der Düsen verschieden große *Sekundärluftmengen* und damit Heiz- und Kühlleistungen erreichbar. Das Induktionsverhältnis von Sekundär- zu Primärluft ist sehr unterschiedlich und auch von der Klappenstellung abhängig. Düsen werden oft von der Brandschutzbehörde in nicht brennbarer Ausführung vorgeschrieben (Metall, Keramik).

**-644 Induktionsgeräte für VVS-Systeme**

Für Variable-Volumenstrom-Systeme werden zunehmend auch Induktionsgeräte hergestellt. Die zur Kühlung verwendete Primärluftmenge wird dabei verändert. Bild 336-99 zeigt ein Gerät mit Lufterhitzer und Kühlung durch variablen Primärluft-Volumenstrom (s. auch Bild 329-78). Dieses Gerät hat gute Regelkapazität für Heizen und Kühlen. Außer der Beipaß-Klappe 5 existiert eine Klappe 6, die bei variierendem Volumenstrom das Induktionsverhältnis so steuert, daß die für die Raumströmung maßgebende *Archimedes*-Kennzahl angenähert konstant bleibt.

*Ohne Wärmetauscher* arbeiten die Geräte nach Bild 336-100 bis -102.

Bei Gerät 336-100 wurden zwei Düsenreihen eingebaut, von denen eine durch Klappen kontinuierlich abgedeckt wird. Dadurch bei allen Volumenströmen konstante Düsenaustrittsgeschwindigkeit. Beim Gerät nach Bild 336-101 werden zwei Düsenrohre eingebaut: Ein Rohr für konstanten Mindest-Volumenstrom, das andere Rohr ist für den variierenden Luftstrom. Beide Geräte sind bestimmt für ein Einkanal-VVS-System. Eine

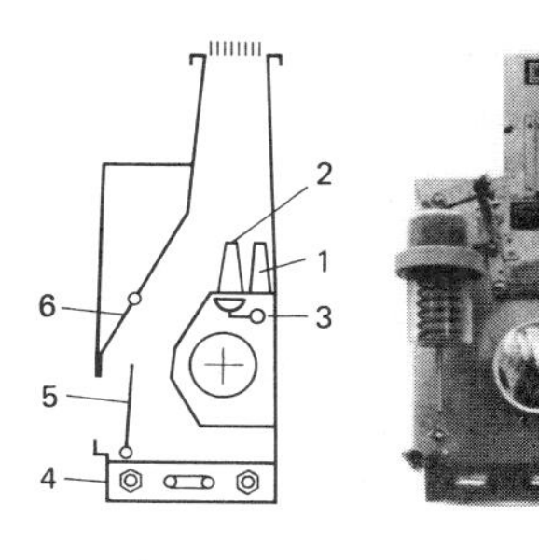


Bild 336-99. Induktionsgerät für VVS mit in Sequenz über Klappen geregelten Lufterhitzer (LTG).

1 Düsen für Mindestluftmenge
2 Düsen für Zusatzluftmenge
3 Klappen für VVS-Regelung
4 Lufterhitzer
5 Beipaß-Klappe
6 Archimedes-Klappe

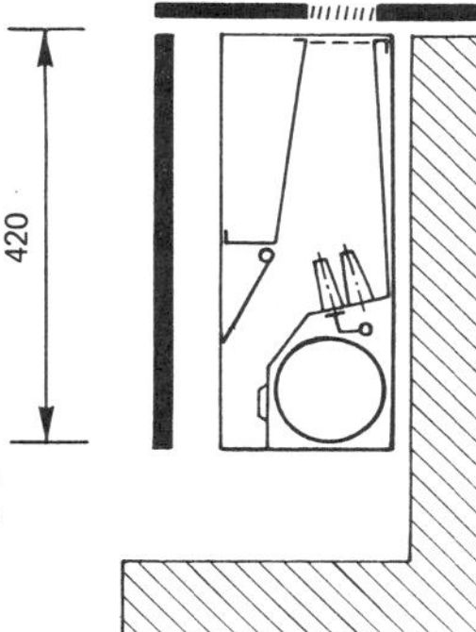

Bild 336-100. Induktions-Luftauslaß ohne Wärmeaustauscher für VVS für Brüstungseinbau (LTG). Siehe auch Legende Bild 336-99.

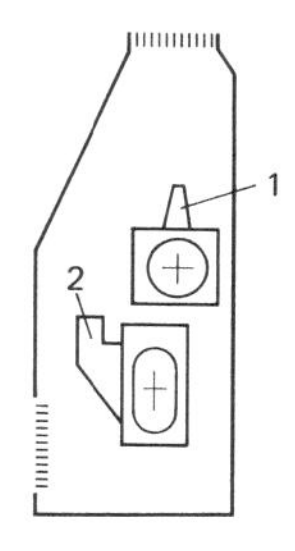


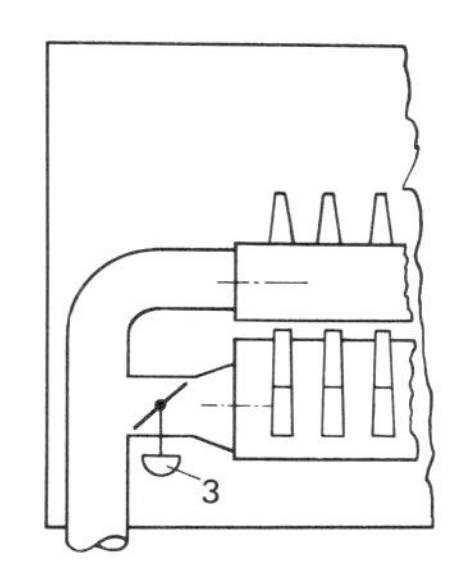


Bild 336-101. Induktionsgerät ohne Wärmeaustauscher für VVS-System, 1-Kanal (Schako).

1 Düsen für Mindestluftmenge
2 Düsen für Zusatzluftmenge
3 VVS-Regler

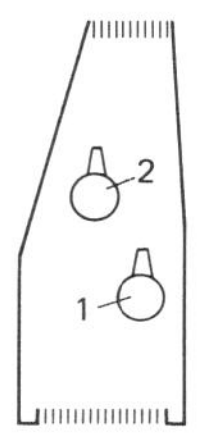


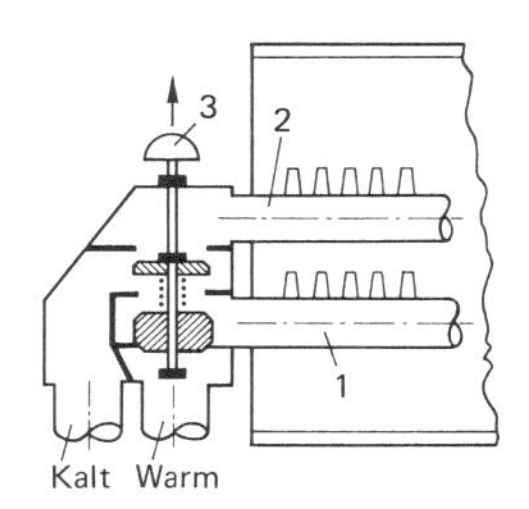


Bild 336-102. Induktionsgerät für 2-Kanal-System mit VVS (System Bivario, Pollrich).

1 Düsen für Mindestluftmenge
2 Düsen für Zusatzluftmenge
3 VVS- und Warm/Kalt-Regler

getrennte statische Heizung ist nötig, oder es wird die Primärlufttemperatur abhängig von der Außentemperatur angehoben. Dies gibt jedoch begrenzte Regelkapazität. Die Temperatur der Primärluft muß dem kältesten Raum angepaßt werden, was Übertemperatur in den anderen Räumen ergeben kann, dem man mit extrem kleinem $\dot{V}_{min}$ und Fensteröffnen begegnet.

Das Gerät nach Bild 336-102 ist für Zwei-Kanal-Anlagen mit VVS-Betrieb vorgesehen. Die Warmluft wird in Sequenz zur Kaltluft aus einem zweiten Düsenrohr ausgeblasen. Bei Vollast-Kühlen wird aus beiden Düsenrohren nur Kaltluft ausgeblasen.

## -65 Berechnung[1])

Die *Auswahl* der Induktionsgeräte erfolgt aus den Leistungstabellen oder Diagrammen der Hersteller. Daraus sind für verschiedene vorgegebene Daten der Primärluftvolumenstrom, die Heiz- und Kühlleistung, der Düsendruck und der Schallpegel zu entnehmen. Maximaler Primärluftvolumenstrom ≈ 250 $m^3$/h.

Meist stehen 4 bis 6 verschiedene Baugrößen zur Verfügung (Baulängen etwa 500 bis 1500 mm). Für jede Baugröße können Düsen verschiedener Durchmesser und Anzahl gewählt werden. Für eine bestimmte Primärluftmenge und sekundäre Kühl- bzw. Heizleistung können z. B. kleine Düsen mit hohem Druck und großer Induktion verwendet werden oder große Düsen mit geringem Druck und kleiner Induktion. In beiden Fällen ergeben sich unterschiedliche Baugrößen und Geräusche.

Bei mittleren Drücken von 250 bis 300 Pa kann das *Induktionsverhältnis* Sekundärluft : Primärluft zwischen 2 und 5 liegen.

Gegeben sind in den meisten Fällen folgende Daten:

Primärluftmenge und -temperatur
Raumtemperatur Winter und Sommer
Gesamte Kühl- und Heizleistung
Kaltwassertemperatur (zweckmäßig ohne Schwitzwasserbildung).

Maßgebend für die Dimensionierung ist meist die Kühlleistung im Sommer, oft auch in der Übergangszeit, wenn gleitende Raumtemperaturen gefahren werden. Der Düsendruck wird für alle Geräte einer Anlage meist gleich hoch gewählt.

Die Vorlauftemperatur des Kaltwassers soll so gewählt werden, daß am Wärmeaustauscher kein Schwitzwasser durch Unterschreitung des Taupunktes auftritt; bei Ventilregelung etwa 2 ··· 3 K, bei Klappenregelung etwa 1 K unterhalb des Taupunktes der Raumluft. Taupunkt der Raumluft gleich dem der Primärluft, wenn keine Feuchtequellen im Raum sind. Üblicher Kaltwasservorlauf 12 ··· 14 °C.

Das *Leistungsdiagramm* eines Induktionsgerätes von 1000 mm Länge des Wärmeaustauschers mit verschiedenen Düsen A, B und C ist in Bild 336-110 dargestellt. Die spezifische Kühl- und Heizleistung $\dot{Q}_s/(t_R - t_{We}) = \dot{Q}_s/\Delta t$ ist auf die Temperaturdifferenz zwischen Raumluft $t_R$ und Wassereintritt $t_{We}$ bezogen. Übliche Werte bis etwa 100 W/K. Die sekundäre Kühl- bzw. Heizleistung ergibt sich daraus durch Multiplikation mit dem Faktor $(t_R - t_{We})$.

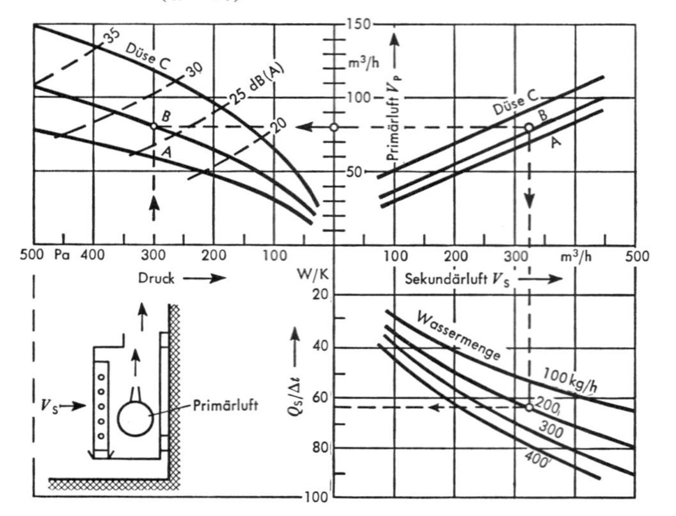


Bild 336-110. Auswahldiagramm für ein Induktionsgerät mit einem Wärmeaustauscher; Baulänge 1000 mm.

[1]) Esdorn, H., u. H. Protz: Ki 1/78. S. 13/18.

*Beispiel:*

Für ein Induktionsgerät in einer Zweileiter-Anlage sind gegeben:

| | Sommer | Winter |
|---|---|---|
| Primärluftmenge 80 $m^3/h = (m^3/s)$ | 0,022 | 0,022 |
| Raumtemperatur $t_R$ (°C) | 26 | 22 |
| Primärlufttemperatur $t_p$ (°C) | 16 | 16 |
| Wassereintrittstemperatur $t_{We}$ (°C) | 14 | – |
| Gesamtleistung $\dot{Q}$ (W) | 1000 | 1500 |
| *Lösung:* | | |
| Kühlleistung der Primärluft | | |
| $\dot{Q}_p = 0{,}022 \cdot 1000 \cdot 1{,}25\,(t_R - t_p) = $ (W) | 275 | 165 |
| Leistung der Sekundärluft | | |
| $\dot{Q}_s = \dot{Q} - \dot{Q}_p = $ (W) | 725 | 1665 |
| Spez. Kühlleistung der Sekundärluft | | |
| $\dot{Q}_s/(t_R - t_{We}) = 725 : 12 = $ (W/K) | 60 | – |
| Aus Bild 336-110 wird gewählt: | | |
| Düse B mit einem Druck von | 300 Pa | |
| und $\dot{Q}_s/(t_R - t_{We}) =$ | 63 W/K | |
| Wassermenge | 200 kg/h | |
| Beim Heizen erforderliches $\Delta t = \dot{Q}_s : \dot{Q}_s/\Delta t =$ | $1665/63 = 26$ K | |
| Wassereintrittstemperatur $t_{We}$ | $22 + 26 = 48$ °C | |
| Induktionsverhältnis $\dot{V}_s/\dot{V}_p =$ | $325/80 = 4{,}1$ | |
| Schalleistungspegel | 27 dB (A). | |

Aus weiteren Tabellen der Hersteller sind noch zu prüfen:

der wasserseitige Druckverlust,
die Heizleistung des Gerätes bei Eigenkonvektion (ohne Primärluft),
die Schwitzwasserbildung,
der Einfluß eines Filters und einer evtl. Verkleidung.

Bei Induktionsgeräten mit 2 getrennten Wärmeaustauschern sind die Leistungen für Kühlung und Heizung getrennt zu ermitteln.

Weitere Möglichkeiten zur Anpassung an beliebige Verhältnisse sind:

Unterschiedliche Größen der Wärmeaustauscher und Gerätegrößen
Unterschiedliche Zahl oder Kombinationen von Düsen
Unterschiedliche Wassermengen.

## -7 SONSTIGES ZUBEHÖR (Bild 336-112)

| | | |
|---|---|---|
| Drosselklappen | Jalousieklappen | Schieber |
| Feuerschutzklappen | Abzweig-Regulierklappen | Regenhauben u. a. |

Bei *Drossel- und Jalousieklappen*[1]) ist zu beachten, daß eine gute Drosselwirkung nur dann eintritt, wenn der Widerstand der geöffneten Klappe einen gewissen Teil $\varphi$ des Gesamtwiderstandes des betreffenden Kanalsystems ausmacht. Siehe Abschnitt 338-5.

*Feuerschutzklappen* (Bild 336-112e) (auch Brandschutzklappen genannt) werden von den Bauaufsichtsbehörden verlangt, wenn Luftkanäle durch 2 oder mehr *Brandabschnitte* führen. Sie sollen die Ausbreitung von Feuer und Rauch verhindern. Ihre Konstruktion beruht darauf, daß eine Schmelzlamelle, eine Glasperle oder ein Ausdehnungskörper bei etwa 70 °C Lufttemperatur anspricht und den Luftkanal durch die Klappe schließt. Manche Klappen sind mit elektrischen *Endschaltern* ausgerüstet. Sie können auch mit Magneten oder pneumatischen Stellzylindern bestückt werden, um einzeln oder in Gruppen von einer Zentrale betätigt zu werden.

[1]) Koch-Emmery, W.: HLH 1965. S. 193/5.
Jung, R.: BWK 1968. S. 478/84.
Ober, A.: Kältetechn. 1968. S. 30/7.
Müller, K. G.: Ki 9/78. S. 319/28.

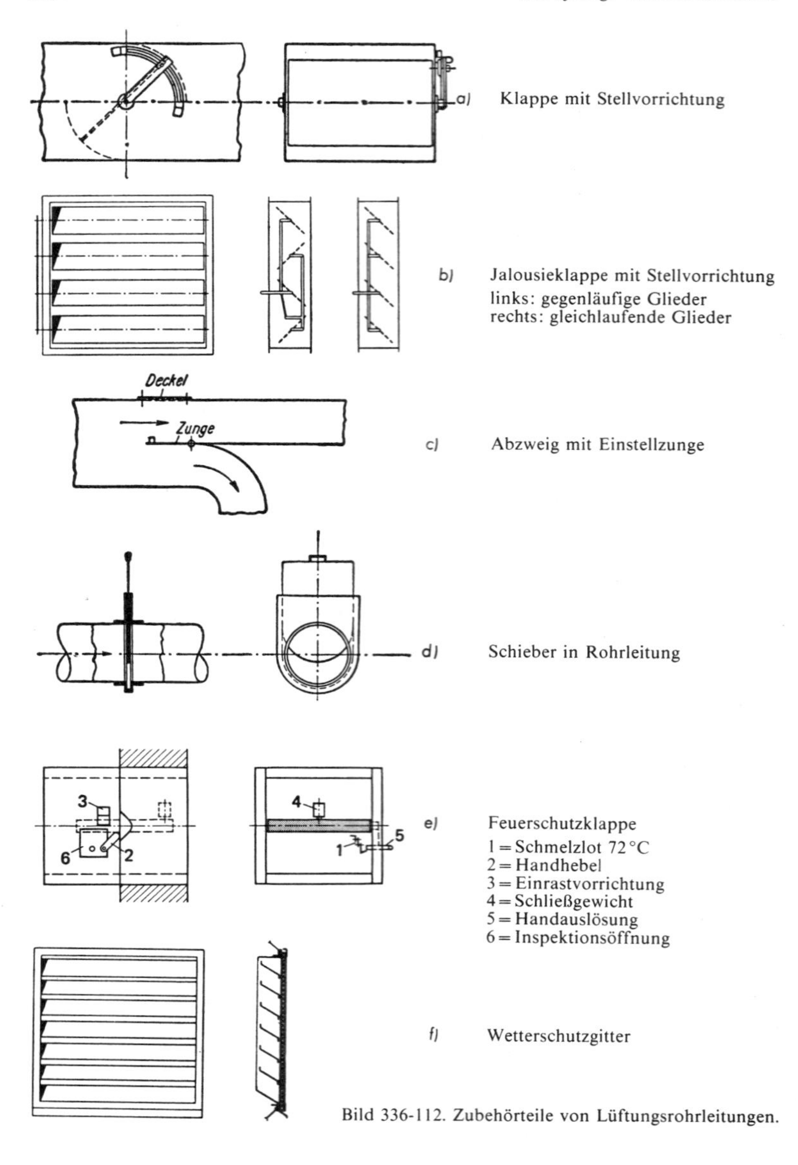


Bild 336-112. Zubehörteile von Lüftungsrohrleitungen.

Ab 1. Jan. 75 ist für alle Feuerschutzklappen eine Bauartzulassung erforderlich[1]). *Rauchschutzklappen* wirken in ähnlicher Weise. Sie werden meist durch Ionisationsmelder betätigt.

[1]) Das Prüfzeichen wird durch das Institut für Bautechnik, Berlin, erteilt.

## -8 BERECHNUNG VON LUFTLEITUNGEN (s. auch Abschn. 336-2)

### -81 Zuluft- und Abluftkanäle[1])

Bei einem geraden *Zuluftkanal* von konstantem Querschnitt mit vielen gleichgroßen Luftaustrittsöffnungen tritt die Luft durchaus nicht gleichmäßig aus allen Öffnungen aus, sondern die einzelnen Volumenströme werden zum Ende des Kanals hin größer. Das ist darauf zurückzuführen, daß sich hinter einem Luftauslaß im Hauptkanal die Geschwindigkeit verringert, wodurch nach dem Gesetz von Bernoulli der statische Druck ansteigt. Wenn dieser errechenbare Druckanstieg größer ist als der Strömungsverlust, erhöht sich der statische Druck zum Kanalende, und damit wachsen auch die Abzweigvolumina (Bild 336-113).

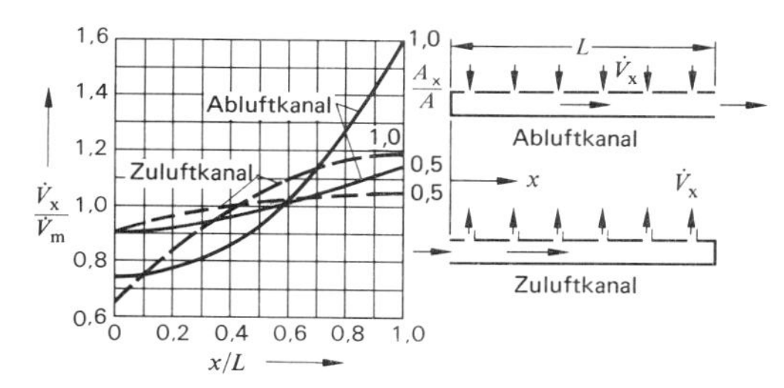


Bild 336-113. Relative Verteilung der Teilvolumenströme $\dot{V}_x$ bei Zu- und Abluftkanälen ($\dot{V}_m$ = mittlerer Volumenstrom, $A_x$ = Summe der Öffnungen, $A$ = Kanalquerschnitt).

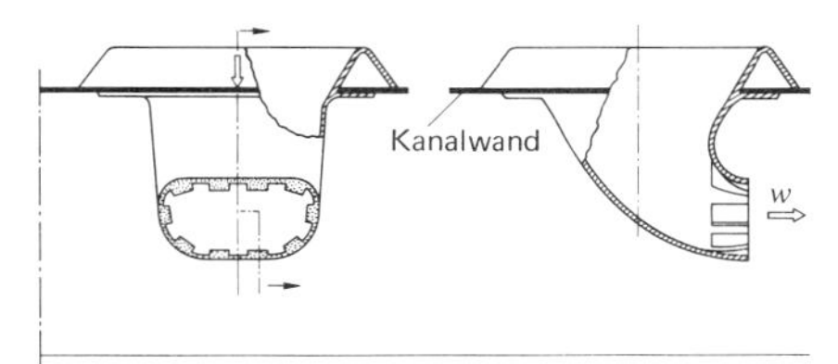


Bild 336-114. Treibdüse für Abluftkanal (LTG), $w = 14$ m/s bei $\dot{V} = 80$ m³/h.

Durch geeignete Dimensionierung des Querschnitts der einzelnen Kanalabschnitte oder durch kleinere Werte für $A_x/A$ (Drosseln der Austrittsöffnung) läßt sich jedoch erreichen, daß aus den einzelnen Öffnungen die gewünschten Volumina austreten. Diese Methode wird besonders bei Hochgeschwindigkeitsanlagen verwendet, siehe Abschn. 336-83.

Bei *Abluftkanälen* mit konstantem Querschnitt wird durch die seitlich zuströmenden Luftvolumina die Geschwindigkeit im Hauptkanal erhöht. Dadurch und durch die Reibungsverluste sinkt der statische Druck im Kanal in Strömungsrichtung. Am Kanalende (beim Ventilator) ist der Druck am geringsten (Bild 336-113). Eine gleichmäßige Absaugung kann man gewöhnlich nur durch Drosselung an den Abluftöffnungen erreichen: kleinerer Wert für $A_x/A$. Eine andere Methode besteht darin, die Abluftöffnung düsenartig und unter einem Winkel an den Hauptkanal anzuschließen[2]). Dabei wird durch die dynamische Energie des Teilstrahls der statische Druck im Hauptkanal erhöht und kann bei richtiger Berechnung sogar annähernd konstant gehalten werden.

Eine Düse aus Gummi, die sich runden und eckigen Kanälen anpaßt, zeigt Bild 336-114.

---

[1]) Rákóczy, T.: Ki 6/77. S. 207/10.
[2]) Fitzner, K.: Ki 7–8/75. S. 245/52.
Rákóczy, T.: HLH 3/76. S. 88/92.
Presser, K. H.: Ges.-Ing. Heft 4, 10 u. 12/79.

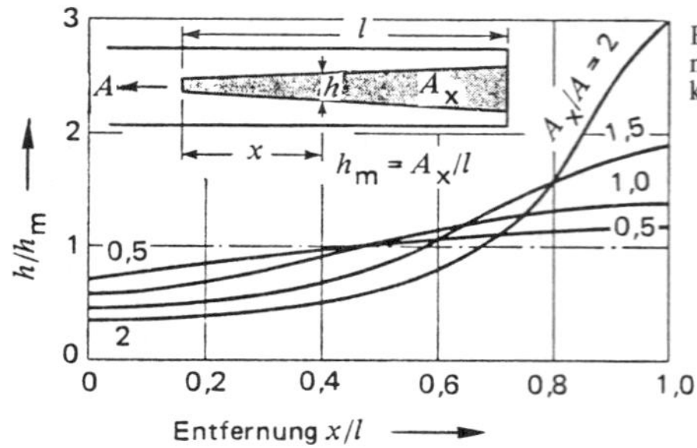


Bild 336-115. Schlitzhöhen bei gleichmäßiger Absaugung in einem Schlitzkanal.

Statt einzelner Öffnungen im Abluftkanal gem. Bild 336-113 kann auch ein durchgehender konischer Schlitz gewählt werden. Bei Saugkanälen mit Schlitzen wird an der näher zum Ventilator gelegenen Seite natürlich wesentlich mehr abgesaugt als an den weiter entfernt liegenden Teilen. Verteilung abhängig vom Flächenverhältnis $A_x/A$. Je kleiner $A_x/A$, desto gleichmäßiger die Absaugung[1]). Für gleichmäßige Absaugung auf ganzer Länge des Schlitzes muß die Schlitzhöhe $h$ nach einer kurvenartigen Kontur konisch sein (Bild 336-115).

Im allgemeinen begnügt man sich bei Niederdruckanlagen mit einfachen Rechnungen, bei Hochdruckanlagen verwendet man jedoch genauere Methoden, häufig mittels EDV[2]).

## -82 Niederdruckanlagen

Die Geschwindigkeiten der *Zuluft* in den verschiedenen Kanalabschnitten werden nach Erfahrungszahlen gewählt und mit diesen Werten die Druckverluste nach den in Abschnitt 336-2 gemachten Angaben für den Kanal mit dem größten Widerstand, im allgemeinen den längsten Kanal, berechnet. Richtwerte für die Wahl der Geschwindigkeiten siehe Tafel 336-8. Maßgebend ist der zulässige Geräuschpegel und der Druckverlust.

**Tafel 336-8. Wahl der Geschwindigkeiten**

| Teil | Ungefähre Luftgeschwindigkeit in m/s bei | |
|---|---|---|
| | Komfortanlagen | Industrieanlagen |
| Außenluftjalousien | 3…4 | 4… 6 |
| Hauptkanäle | 4…8 | 8…12 |
| Abzweigkanäle | 3…5 | 5… 8 |
| Abluft- oder Umluftgitter | 2…3 | 3… 4 |

Höchste Geschwindigkeit am Ventilatorausblas, im Kanal allmählich abnehmende Geschwindigkeit. Zur Berechnung empfehlenswert ein Vordruck gemäß Tafel 336-9.

Bei den *abzweigenden Kanälen* kann man dieselbe Methode der Geschwindigkeitswahl anwenden. Ist der ermittelte Druckverlust geringer als der an der Abzweigstelle zur Verfügung stehende Druck, muß der überschüssige Druck durch eine Drosselklappe oder Lochblech beseitigt werden. Man kann, um dies zu vermeiden, auch den Kanal durch Wahl geringerer Dimensionen so bemessen, daß der zur Verfügung stehende Druck gerade aufgebraucht wird. Dabei jedoch eventuell zu hohe Geschwindigkeit, die Geräusche verursachen.

Um ein gewisses System in der Wahl der Geschwindigkeiten zu erhalten, kann man die Querschnitte an den verschiedenen Stellen auch so bestimmen, daß das *Druckgefälle* im längsten Kanal konstant bleibt. Man nennt dies die Methode des „*gleichen Druckgefälles*".

[1]) Drkal, Fr.: HLH 1971. S. 167/22.
Regenscheit, B.: VDI-Berichte, Bd. 34 (1959). S. 21/34.
[2]) Fitzner, K.: LTG Lufttechn. Inform. Nr. 1, 7/71.

**Tafel 336-9. Beispiel einer Kanalwiderstandsberechnung mit Geschwindigkeitsannahmen** (Kanalplan s. Bild 336-116)

| Nr. | $l$ | $\dot{V}$ | $A$ | $w$ | $R$ | $\Sigma\zeta$ | $Z$ | $R \cdot l$ | Bemerkungen |
|---|---|---|---|---|---|---|---|---|---|
| | m | m³/s | m² | m/s | Pa/m | – | Pa | Pa | |
| a | b | c | d | e | f | g | h | i | |
| 1 | 1 | 1,67 | 0,6 | 2,8 | – | 1,0 | 5 | – | Wetterschutz |
| 2 | – | 1,67 | 0,6/0,8 | 2,8/2,1 | – | 0,06 | 1 | – | $\zeta = (1 - A_1/A_2)^2$ |
| 3 | – | 1,67 | 0,8 | 2,1 | – | – | – | – | Apparate |
| 4 | – | 1,67 | 0,8/0,2 | 2,1/8,3 | – | 0 | – | – | Verengung $\zeta = 0$ |
| 5 | – | 1,67 | 0,2/0,3 | 8,3/5,6 | – | 0,11 | 5 | – | $\zeta = (1 - A_1/A_2)^2$ |
| 6 | 30 | 1,67 | 0,3 | 5,6 | 0,75 | 0,55 | 11 | 23 | Bogen $\zeta = 0,25$, Knie $\zeta = 0,3$ |
| 7 | 4 | 1,11 | 0,24 | 4,6 | 0,60 | 0 | – | 2 | $R$ aus Bild 336-4 zuzügl. 25%, da rauh |
| 8 | 6 | 0,56 | 0,18 | 3,1 | 0,40 | 1,4 | 8 | 2 | Knie 45°, $\zeta = 2 \times 0,7 = 1,4$ |
| | Kanalwiderstand Summe $(Z + Rl) =$ | | | | | | 30 + 27 | | = 57 Pa |

| Apparatewiderstände: | | |
|---|---|---|
| | Filter | 60 Pa |
| | Erhitzer | 50 Pa |
| | Schalldämpfer | 30 Pa |
| | Zuluftdurchlaß | 10 Pa |
| | Gesamtwiderstand $\Delta p_{st}$ | 207 Pa |

Um den Förderdruck des Ventilators zu bestimmen, sind zusätzlich zu den Kanalwiderständen noch die Widerstände der verschiedenen Apparate, wie Filter, Erhitzer, Kühler usw., festzustellen. Diese Werte sind den Katalogen der Hersteller zu entnehmen. Bläst der Ventilator in eine Kammer, z.B. in der Zentrale, so ist der Verlust des dynamischen Drucks am Ventilator zu beachten.

*Beispiel:*

Es ist das Kanalnetz einer Lüftungsanlage für einen Saal zu berechnen. Luftmenge 6000 m³/h. Lageplan siehe Bild 336-116. Die Berechnung ist in Tafel 336-9 enthalten.

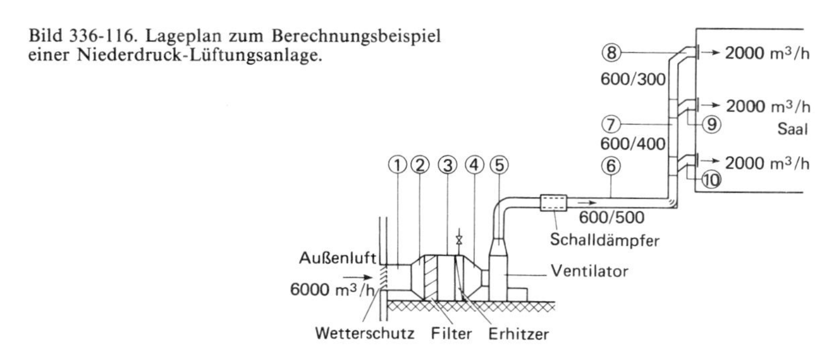


Bild 336-116. Lageplan zum Berechnungsbeispiel einer Niederdruck-Lüftungsanlage.

## -83 Hochdruckanlagen[1])

Die Methode der Berechnung ist im Prinzip dieselbe wie bei Niederdruckanlagen, jedoch ist wegen der höheren Druckverluste und Geräusche das Verfahren im einzelnen mit größerer Sorgfalt und Genauigkeit durchzuführen. Daher werden diese Anlagen zunehmend auf dem Computer berechnet[2]).

[1]) Laux, H.: Ges.-Ing. 1967. S. 1/13.
Rákóczy, T.: HLH 1972. S. 355/8.

[2]) Fitzner, K.: HLH 5/1971. S. 173/6.

Auch hier beginnt man nach *Aufstellung des Rohrnetzes* und der Luftmengen mit der Wahl der Geschwindigkeiten:

| | |
|---|---|
| Hauptleitung | $w \approx 15 \cdots 25$ m/s |
| Zweigleitung | $w \approx 15 \cdots 20$ m/s |
| Anschlußleitungen zu den Luftauslässen | $w < 10$ m/s |

Bei den Abzweigen ist zu beachten, daß durch die Verringerung der Geschwindigkeit im Hauptkanal von $w_1$ auf $w_2$ nach dem Gesetz von *Bernoulli* eine Umwandlung von Geschwindigkeit in Druck erfolgt. Bei verlustloser Umwandlung wäre die statische Druckerhöhung

$$\Delta p_W = \frac{\varrho}{2} (w_1^2 - w_2^2) \text{ in Pa.}$$

Praktisch ist der Vorgang jedoch mit einem Verlust verbunden, so daß die wirkliche statische Druckerhöhung, die man auch *statischen Druckrückgewinn*[1]) nennt, sich ergibt aus

$$\Delta p_W = k \cdot \varrho/2 \cdot (w_1^2 - w_2^2) \text{ in Pa.}$$

Der Faktor $k$ schwankt im allgemeinen zwischen 0,70 und 0,90. In Bild 336-117 ist $k$ mit 0,9 angenommen.

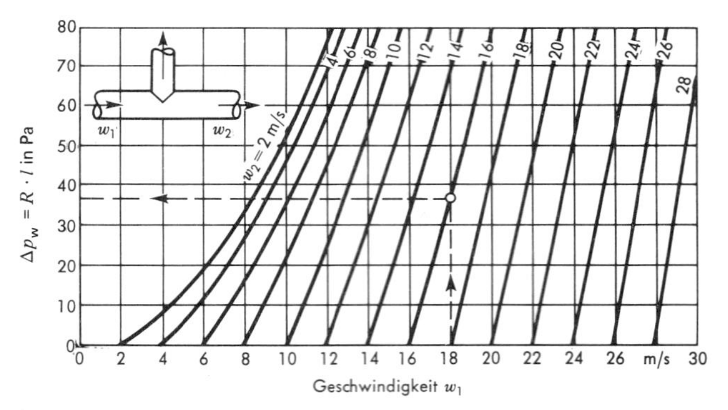


Bild 336-117. Druckrückgewinn bei Geschwindigkeitsabnahme ($\varrho = 1{,}2$ kg/m³).
*Beispiel:* $w_1 = 18$ m/s, $w_2 = 16$ m/s, $\Delta p_w = 37$ Pa.

Bei Hochdruckanlagen mit Induktionsgeräten ist für die Berechnung die Verwendung *stumpfer Abzweige* am einfachsten, da hierbei der statische Druckverlust in den Abzweigen von der Geschwindigkeit im Hauptkanal unabhängig ist, siehe Abschnitt 336-2.

Der *statische Druckverlust* der Abzweige ist recht hoch. Er beträgt (Bild 336-118)

$$\Delta p_{st} = 1{,}5 \; \varrho/2 \cdot w_3^2$$

Wenn in allen Abzweigen die gleiche Geschwindigkeit herrscht, sind also auch die Druckabfälle alle gleich groß. Hat der Hauptkanal konstanten Druck, sind die Volumenströme in den Abzweigen bei gleichem Durchmesser untereinander gleich.

Den *konstanten Druck* im Hauptkanal erreicht man dadurch, daß man die Teilstrecke hinter einem Abzweig so dimensioniert, daß der Druckrückgewinn durch die Geschwindigkeitsabnahme gerade so groß wird, daß die Reibungsverluste der Teilstrecke gedeckt werden.

Es muß also gelten

$$\Delta p_W = k \cdot \varrho/2 \, (w_1^2 - w_2^2) = \lambda \cdot l/d \cdot \varrho/2 \cdot w_2^2 = R \cdot l$$

Durch alle Abzweige strömt dann bei gleichen Querschnitten und Widerständen die gleiche Luftmenge. Im allgemeinen ergibt sich bei der Berechnung, daß der Anfangsquerschnitt der Rohrleitung zunächst konstant bleibt, um erst bei den letzten Abzweigen kleiner zu werden.

---

[1]) Fischer, H.: Ges.-Ing. 12/74. S. 332/9.

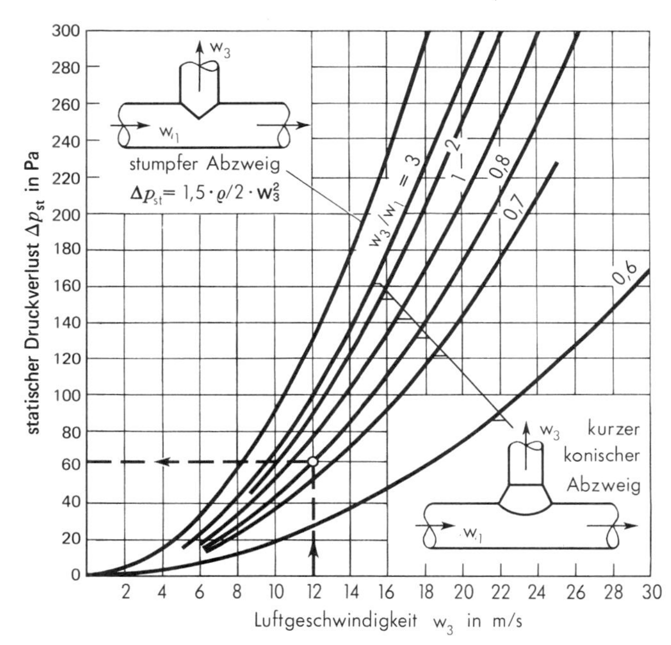


Bild 336-118. Statische Druckverluste bei stumpfen und kurzen konischen Rohrabzweigen. $\varrho = 1{,}2$ kg/m³
*Beispiel:* $w_1 = 15$ m/s, $w_3 = 12$ m/s, $w_3/w_1 = 12/15 = 0{,}8$. Statischer Druckverlust $\Delta p = 60$ Pa.

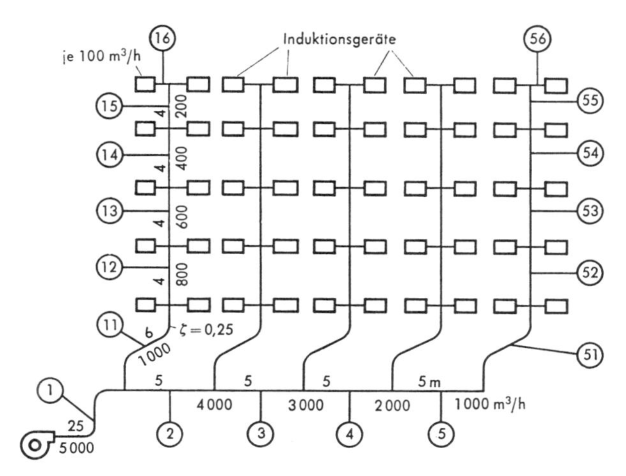


Bild 336-119. Rohrnetz zur Berechnung einer Hochdruckklimaanlage mit Induktionsgeräten.

**Tafel 336-10. Kanalwiderstandsberechnung für eine Hochdruckklimaanlage nach Bild 336-119**

| Teil-Str. | $\dot{V}$ m³/h | Ø mm | $w$ m/s | $l$ m | $R$ Pa/m | $Rl$ Pa | $\Sigma\zeta$ | $Z$ | $Z+Rl$ | $\Delta p_w$ | $\Delta p_{st}$ |
|---|---|---|---|---|---|---|---|---|---|---|---|
| a | b | c | d | e | f | g | h | i | k | l | Pa |
| 1 | 5000 | 300 | 19,6 | 25 | 14 | 350 | 0,5 | 115 | 465 | – | 465 |
| 2 | 4000 | 300 | 15,8 | 5 | 9 | 45 | | | 45 | 72 | 438 |
| 3 | 3000 | 275 | 14,0 | 5 | 8 | 40 | | | 40 | 29 | 449 |
| 4 | 2000 | 250 | 11,3 | 5 | 6 | 30 | | | 30 | 37 | 442 |
| 5 | 1000 | 200 | 8,9 | 5 | 5 | 25 | | | 25 | 26 | 441 |
| | Hauptkanal statische Druckdifferenz | | | | | | | | | | 465 |
| 51 | 1000 | 150 | 15,7 | 6 | 22 | 132 | 2,0 | 298 | 430 | – | 430 |
| 52 | 800 | 150 | 12,6 | 4 | 14 | 56 | – | – | 56 | 47 | 449 |
| 53 | 600 | 150 | 9,4 | 4 | 8 | 32 | – | – | 32 | 38 | 435 |
| 54 | 400 | 150 | 6,3 | 4 | 4 | 16 | – | – | 16 | 26 | 425 |
| 55 | 200 | 125 | 4,6 | 4 | 3 | 12 | – | – | 12 | 10 | 427 |
| | Zweigkanal statische Druckdifferenz | | | | | | | | | | 430 |
| | Zweigleitung zum Induktionsgerät | | | | | | | | | | |
| 56 | 100 | 80 | 5,5 | 1 | 6 | 6 | 1,5 | 27 | 33 | – | 33 |
| | Druckverlust des Induktionsgerätes | | | | | | | | | | 150 |
| | Apparatewiderstand auf der Saugseite des Ventilators | | | | | | | | | | 300 |
| | Statische Druckdifferenz insgesamt | | | | | | | | | | 1378 |

Zulässiger Leckluftstrom von Luftkanälen s. Abschn. 164-107.

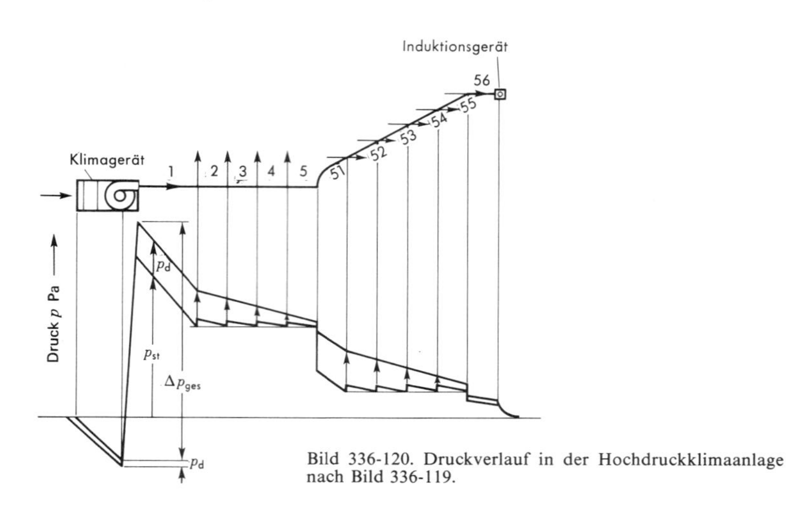


Bild 336-120. Druckverlauf in der Hochdruckklimaanlage nach Bild 336-119.

Bei schiefwinkligen und konischen Abzweigen treffen obige Annahmen nicht mehr zu, da nach Bild 336-6 die Druckverluste der Abzweige einen anderen Verlauf haben. Berechnung dann genauer mit Gesamtdruckverlust und zweckmäßig mit EDV-Programm[1]).

*Berechnungsbeispiel:*

Gegeben in Bild 336-119 eine Hochdruckanlage mit 50 Induktionsgeräten. Gesamtluftmenge 5000 $m^3/h$, 5 Steigleitungen mit je 1000 $m^3/h$ Volumenstrom und mit je 10 Induktionsgeräten für je 100 $m^3/h$. Widerstand eines Induktionsgerätes 150 Pa. Gewählte Anfangsgeschwindigkeit in der Hauptleitung $w \approx 20$ m/s.

Man berechnet zunächst den Druckverlust der Teilstrecke 1 nach der bekannten Gleichung

$$\Delta p = Rl + \Sigma(\zeta \cdot \varrho/2\ w^2) = Rl + Z,$$

anschließend die Druckverluste der Teilstrecken 2 bis 5, wobei die Durchmesser entsprechend den vorhandenen Normen zunächst geschätzt werden. Der Reibungsverlust $Rl$ muß jeweils etwa so groß sein wie der Druckwiedergewinn $\Delta p_w = 0{,}9 \cdot \varrho/2(w_1^2 - w_2^2)$, andernfalls der Durchmesser geändert werden muß.

Dadurch wird erreicht, daß im Hauptkanal annähernd *konstanter statischer Druck* herrscht (Tafel 336-10).

Darauf wird nach Wahl des Durchmessers der statische Trennverlust des letzten Abzweigkanals Teilstrecke 51 berechnet, wobei der Trennverlustfaktor $\zeta_a = 1{,}5$ ist. Hierzu kommt noch der Widerstandsfaktor der beiden Bogen mit je $\zeta = 0{,}25$. Die anschließenden Rohrleitungsteile 52 bis 55 werden wie 2 bis 5 berechnet, so daß auch in der Steigleitung konstanter statischer Druck herrscht.

Schließlich muß noch der Druckverlust der Zweigleitung 56 zu dem Induktionsgerät ermittelt werden, wobei wieder mit dem Trennverlustfaktor $\zeta_a = 1{,}5$ zu rechnen ist.

Die *statische Druckdifferenz* ergibt sich insgesamt zu 1378 Pa. Mit der Ausblasgeschwindigkeit des Ventilators von 19,6 m/s entsprechend einem dynamischen Druck von 230 Pa ist die *Gesamtdruckdifferenz* für den Ventilator

$$\Delta p_{ges} = 1378 + 230 = 1608 \text{ Pa}$$

Der *Druckverlustverlauf* ist in Bild 336-120 dargestellt.

## -84 Optimierung

Kanäle mit kleinem Querschnitt haben hohe Luftgeschwindigkeit und damit hohen Druckverlust und Energieverbrauch. Die Investitionskosten sind dagegen geringer als bei großem Querschnitt. Berechnungsschema zur Kostenoptimierung s. [2]). Das Optimum hängt nicht nur vom Kanal- und Strompreis ab, sondern auch vom Formstückanteil und der jährlichen Betriebsstundenzahl.

[1]) Schedwill, H.: HLH 1972. S. 107/11.
[2]) VDI 3803 (11.86): Technische Grundforderungen bei RLT-Anlagen.

# 337 Geräuschminderung[1])

Die vom Ventilator erzeugten Geräusche werden in den angeschlossenen Kanal stromauf und stromab und damit auch in die gelüfteten Räume übertragen. Ein Teil wird in den umgebenden Raum abgestrahlt, ein weiterer Teil durch Körperschall auf den Boden übertragen.

Grundsätzlich gilt die Regel, die Geräusche am Ort ihrer Entstehung so gering wie möglich zu halten, also geräuscharme Ventilatoren und Motoren zu wählen. Wo dies nicht möglich ist, sind geeignete Maßnahmen zur Schalldämmung und -Dämpfung zu treffen, um die Ausbreitung des Schalles zu verhindern.

## -1 GERÄUSCHENTSTEHUNG

### -11 Ventilatorgeräusche[2])

Sie hängen von einer großen Anzahl von Faktoren ab, insbesondere Schaufelzahl, Schaufelform, Volumenstrom, Druckdifferenz, Umfangsgeschwindigkeit u.a. Größen. Hauptquellen sind die breitbandigen Wirbelgeräusche infolge der turbulenten Luftbewegung an den Schaufeln und der einem Ton entsprechende Drehklang. Letzterer ergibt sich aus dem Produkt von Drehzahl $n$ (Umdrehung je min) und Schaufelzahl $z$ zu

$f = z \cdot n/60$ in Hz

Er liegt bei den in Lüftungs- und Klimaanlagen verwendeten Ventilatoren meist im Bereich von 200 bis 800 Hz je nach Größe und Bauart. Hauptgeräusche also in niedrigem Frequenzbereich. Zum Vergleich verschiedener Ventilatorgeräusche verwendet man den Begriff des

*Schalleistungspegels:*

$$L_W = 10 \lg \frac{W}{W_0}$$

$W$ = Schalleistung in Watt
$W_0$ = Bezugsschalleistung = $10^{-12}$ Watt

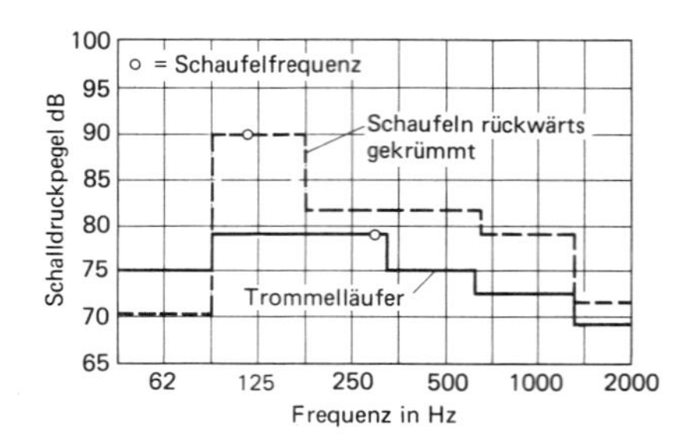


Bild 337-1. Schalldruckpegel an zwei Ventilatoren gleicher Luftleistung.

[1]) Siehe auch Abschnitt 15.
VDI 2081 (3.83): Geräuscherzeugung und Lärmminderung in RLT-Anlagen.
DIN 45635: Geräuschmessung an Maschinen. Mehrere Teile, u.a.:
Teil 38 (4.86): Ventilatoren; Hüllflächen-, Hallraum- und Kanal-Verfahren,
Teil 56 (10.86): Luftbehandlungsgeräte; Hüllflächen- und Kanal-Verfahren.
Brockmeyer, H.: HLH 1969. S. 97/103 u. 317/8 und KI 1973. S. 19/22.
Bommes, L.: HLH 1969. S. 113/7.
Sonderheft Akustik HLH Heft 7/72 mit Beiträgen von H. Kopp, W. Finkelstein, H. Brockmeyer.
LTG – Techn. Information Nr. 20 (1972/3), Nr. 22/1975 u. Nr. 29/1975.
Neise, W.: HLH 7 u. 8/76.
Moll, W.: Ges.-Ing. 1/2 – 77. S. 7/11.

[2]) Hönmann, W.: LTG Lufttechn. Inf. 11/12 (1974).
Bommes, L.: Ki 7/8-1984. S. 307/13 u. HLH 8/85. S. 407/13.

Der Schalleistungspegel ist im Gegensatz zum Schalldruck eine eindeutige Kennzahl zur akustischen Beschreibung einer Geräuschquelle. Er läßt sich aus den gemessenen Schalldrücken errechnen, wenn die Absorptionseigenschaften des Meßraumes bekannt sind.

Gemessene Werte an 2 Ventilatoren gleicher Luftleistung, aber mit verschiedenen Laufrädern (vorwärts und rückwärts gekrümmt) zeigen Bild und Tafel 337-1.

**Tafel 337-1. Akustischer Vergleich verschiedener Ventilatoren frei ausblasend, Volumenstrom 2,89 m³/s. Förderdruck $\Delta p_f = 377$ Pa**

| | Axial-ventilator | Axial-ventilator | Trommel-läufer | Radial-ventilator | Radial-ventilator |
|---|---|---|---|---|---|
| Ventilatortyp und ∅ | Ax 12/560 | VAH/710 | TLE/710 | VRN/800 | VRK/800 |
| Schaufelzahl | 12 | 12 | 42 | 8 | 8 |
| Drehzahl $min^{-1}$ | 1480 | 1380 | 460 | 710 | 730 |
| Umfanggeschw. m/s | 43,5 | 51 | 17 | 35 | 36 |
| Schaufelfrequenz $f$ | 296 | 276 | 322 | 95 | 98 |
| Schalleistungspegel | | | | | |
| unbewertet dB | 93 | 95 | 86 | 88 | 84 |
| A-bewertet dB(A) | 90 | 90 | 78 | 82 | 79 |
| Leistungsbedarf kW | 1,92 | 1,50 | 2,06 | 1,38 | 1,50 |

Genaue systematische Messungen über den Schalleistungspegel verschiedener Ventilatorbauarten[1]) zeigen, daß trotz erheblicher Unterschiede in Bauart und Wirkungsweise verhältnismäßig einfache Formeln anwendbar sind. Angenähert kann man (nach Madison-Graham oder nach Allen) für alle Ventilatoren im optimalen Betriebspunkt bei ungestörter Zu- und Abströmung den Schalleistungspegel am Saug- oder Druckstutzen setzen (Bild 337-2):

*Schalleistung:*

$$L_W = L_{WS} + 10 \lg \dot{V} + 20 \lg \Delta p_t \text{ in dB}$$
$$= L_{WS} + 10 \lg P + 10 \lg \Delta p_t \text{ in dB}$$

$\dot{V}$ = Volumenstrom in m³/h bzw. m³/s
$\Delta p_t$ = Gesamtdruckdifferenz in Pa
$P$ = Luftleistung in kW

Dabei gilt für die *spezifische Schalleistung* für alle Ventilatoren ungefähr:

$L_{WS} = 1 \pm 4$ dB wenn $\dot{V}$ in m³/h
oder
$L_{WS} = 37 \pm 4$ dB wenn $\dot{V}$ in m³/s

in die Gleichung für $L_W$ eingesetzt wird.

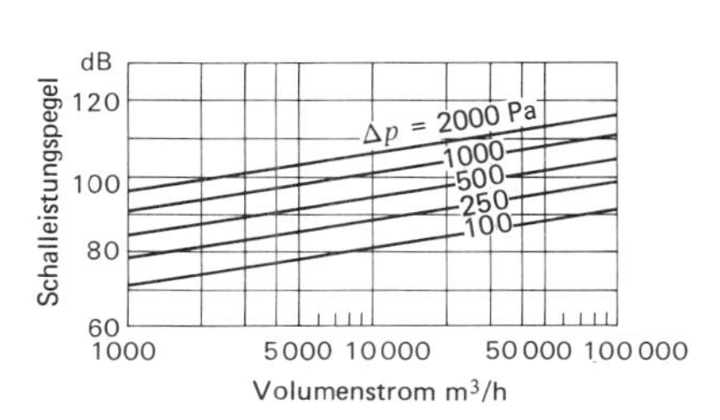


Bild 337-2. Schalleistungspegel von Ventilatoren.

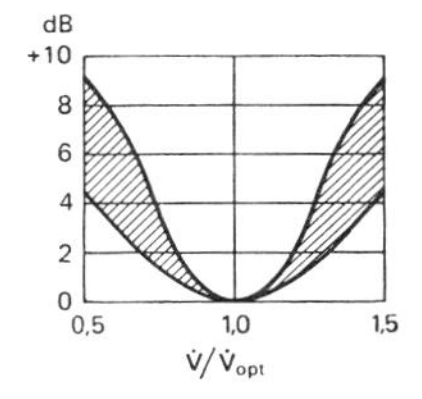


Bild 337-3. Geräuschpegeländerung bei Axial- und Radialventilatoren mit rückwärts gekrümmten Schaufeln, wenn der Betriebspunkt vom Bestpunkt abweicht.

[1]) Gikadi, T., u. M. Bartenwerfer: Ki 10/77. S. 331/6.
Bommes, L.: HLH 5/80. S. 173/80 u. 6/80. S. 210/18 und HLH 7/82. S. 245/57.
Siegel, Th., u. K.-O. Felsch: HLH 11/81. S. 441/6.
Lexis, J.: KKT Heft 3 u. 4/82.
Bommes, L.: HLH 7/82. S. 245/57 u. FLT-Bericht 3/1/3/84, 1/84.

Die spezifische Lautstärke $L_{Ws}$ kann genauer durch Versuche für jeden Ventilatorentyp auch abhängig vom Kennlinienpunkt ermittelt werden.

Demnach hat ein Radialventilator von 10 kW Leistung eine um 10 dB größere Schallleistung als ein Ventilator mit 1 kW Leistung. Arbeitet der Ventilator nicht im günstigsten Betriebspunkt, kann die Schalleistung durchaus um 5 dB höher liegen (Bild 337-3). Bei Störungen im Zu- und Abfluß können oktavweise Pegelspitzen von 10 bis 15 dB auftreten.

Nach Tafel 337-1 sind bei gegebener Luftleistung Radialventilatoren mit vorwärts gekrümmten Schaufeln (Trommelläufer) am leisesten, sie haben jedoch einen hohen Leistungsbedarf. Etwas lauter sind Ventilatoren mit rückwärts gekrümmten Schaufeln. Axialventilatoren sind am lautesten.

Die Ventilatoren haben ein akustisches Minimum in der Nähe des höchsten Wirkungsgrades (Bild 337-3), ausgenommen Trommelläufer, bei denen das Geräusch links vom Wirkungsgradmaximum weiter abnimmt.

*Umrechnung* auf andere Drehzahlen bei allen Ventilatoren:

$$L_{W2} = L_{W1} + 50 \lg n_2/n_1$$

Die Schalleistung steigt also mit der fünften Potenz der Drehzahl; bei Drehzahlverdoppelung also um $50 \lg 2 = 15$ dB.

Umrechnung auf einen anderen Durchmesser:

$$L_{W2} = L_{W1} + 20 \lg D_2/D_1.$$

Die relative Änderung des Schalleistungspegel von Axial- und Radialventilatoren in den verschiedenen Frequenzbereichen bezogen auf den Gesamtpegel, d. h. die spektrale Schallverteilung, zeigt Bild 337-4 (Differenz zwischen Gesamtschalleistungspegel und Oktavleistungspegel). Man ermittelt die Schalleistung in jeder Oktave durch Subtraktion des Relativpegels vom Gesamtpegel. Bei Radialventilatoren je Oktave 5 dB Geräuschpegelabnahme. Axialventilatoren haben einen größeren Anteil höherer Frequenz als Radialventilatoren.

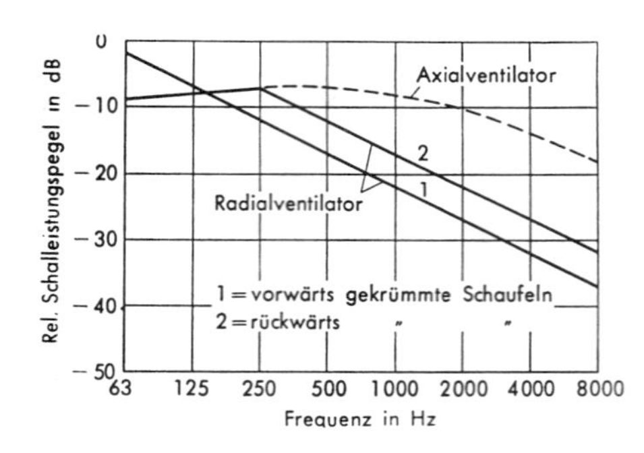


Bild 337-4. Relativer Frequenzgang des Schalleistungspegels von Ventilatoren.

Mit diesem Frequenzverlauf läßt sich entsprechend der Bewertungskurve für dB(A) und nach ausgeführten Messungen der Schalleistungspegel $L_{WA}$ in dB(A) abschätzen:

| | |
|---|---|
| Axialventilatoren: | $L_{WA} = L_W - 3 \cdots 5$ dB |
| Radialventilatoren mit rückwärts gekrümmten Schaufeln: | $L_{WA} = L_W - 5 \cdots 6$ dB |
| Radialventilatoren mit vorwärts gekrümmten Schaufeln: | $L_{WA} = L_W - 8 \cdots 10$ dB. |

Bei hohen akustischen Anforderungen empfiehlt sich, die Berechnung mit vom Hersteller gemessenem Pegel in den einzelnen Frequenzbereichen vorzunehmen, da die gemessenen Werte gemäß Bild 337-1 doch teilweise von dem theoretischen Verlauf nach dem Bild 337-4 abweichen. Aber auch bei gemessenen Werten ist bei der Umrechnung immer mit einer Toleranz von ± 4 dB zu rechnen, da das akustische Zusammenwirken von Ventilator und Anlage sehr komplex und noch nicht vorausberechenbar ist[1]).

Um geringe Geräusche zu erhalten, ist es besonders wichtig, den Förderdruck möglichst gering zu halten, also die Widerstände in Apparaten und Rohrleitungen klein zu halten.

[1]) FLT-Bericht 3/1/21/71 u. 3/1/4/84, FLT Frankfurt/M.

Falls dies nicht möglich ist, müssen Schalldämpfer verwendet werden. Weitere Bedingungen für geräuscharmen Lauf:

Statisch und dynamisch gut ausgewuchtete Laufräder.
Betrieb beim günstigsten Wirkungsgrad.
Vermeidung von Resonanz z. B. bei der Gehäusewand.

Die Geräuschabstrahlung von in Geräten eingebauten Ventilatoren ist abhängig von der Wandmasse, der Auskleidung und der Anordnung der Segeltuchstutzen[1]). Minderung etwa 20 ··· 30 dB(A).

*Beispiel:*

Trommelläufer

Luftmenge: $V_{opt} = 35\,000$ m³/h, $\Delta p_{ges} = 400$ Pa
Schalleistungspegel: $L_W = 100$ dB aus Bild 337-2

Frequenzgang mit Bild 337-4:

| Frequenz in Hz: | 63 | 125 | 250 | 500 | 1000 | 2000 | 4000 |
|---|---|---|---|---|---|---|---|
| Oktavpegel dB: | 98 | 93 | 88 | 83 | 78 | 73 | 68 |

## -12 Kanal- und Gittergeräusche

entstehen in den Luftkanälen durch Geschwindigkeitsschwankungen und Wirbelbildung an scharfen Ecken und Kanten, Umlenkungen, T-Stücken, Gittern usw., wenn die Luft zu hohe Geschwindigkeit hat (> 7 m/s), und durch Anregung der Kanalwände zu Eigenschwingungen. Derartige Geräusche sind durch strömungstechnisch günstige Ausbildung des Luftverteilsystems zu reduzieren.

Eine Näherungsformel für den durch Luftturbulenz im geraden Kanal erzeugten Schallleistungspegel[2]) ist

$$L_W = 10 + 50 \lg v + 10 \lg A \text{ (dB)}$$

$v$ = Luftgeschwindigkeit m/s
$A$ = Querschnitt m²

Bei $v = 10$ m/s und $A = 0{,}1$ m² ist also der Pegel 50 dB. Bild 337-8.

Die Aufteilung auf die verschiedenen Frequenzbereiche in Bild 337-7.

Erhebliche Abweichungen sind allerdings möglich.

*Abzweigungen* (T-Stücke, Kreuzstücke usw.), die in einen Raum münden, lassen sich in ihrem Schalleistungsspektrum berechnen; nach Brockmeyer[3]) gilt für die Schalleistung eines Abzweigs

$$L_W = L_W^* + 10 \lg \Delta f + 30 \lg D_a + 50 \lg c_a \text{ in dB}$$

$L_W^*$ = normierte Schalleistung dB
$\Delta f$ = Frequenzbandbreite Hz
$D_a$ = Abzweigdurchmesser m
$c_a$ = Abzweiggeschwindigkeit m/s

Die normierte Schalleistung $L_W^*$ hängt vom Verhältnis zwischen Haupt- und Abzweig-Kanalgeschwindigkeit sowie von der dimensionslosen Frequenz, der Strouhalzahl $Str = f \cdot D_a/c_a$ ab. Die Zusammenhänge sind in Bild 337-6 dargestellt. Für die Bestimmung des Abzweiggeräusches im Kanal ist die Mündungsreflexion nach Bild 337-37 zu addieren.

*Beispiel:*

Ein Abzweig mit einem Durchmesser von $D_a = 0{,}20$ m wird mit einer Geschwindigkeit $c_a = 10$ m/s angeströmt; das Verhältnis zwischen Geschwindigkeit vor und in der Abzweigung beträgt 3. Wie groß ist der Schalleistungspegel im Oktav-Frequenzband 1000 Hz? Aus Bild 337-6 folgt $L_W = 65$ dB.

*Luftauslässe* üblicher Bauart (Lamellengitter, Steggitter, Luftverteiler) geben bei An-

---

[1]) Laux, H.: Ki 2/74. S. 59/62.
Kipp, E. E.: Ki 2/74. S. 55/8.
[2]) Ingard, U., u. a.: ASHRAE Transactions Teil I 1968. V. 1.1.–1.8.
[3]) Brockmeyer, H.: Ges.-Ing. 10/70. S. 278/286.

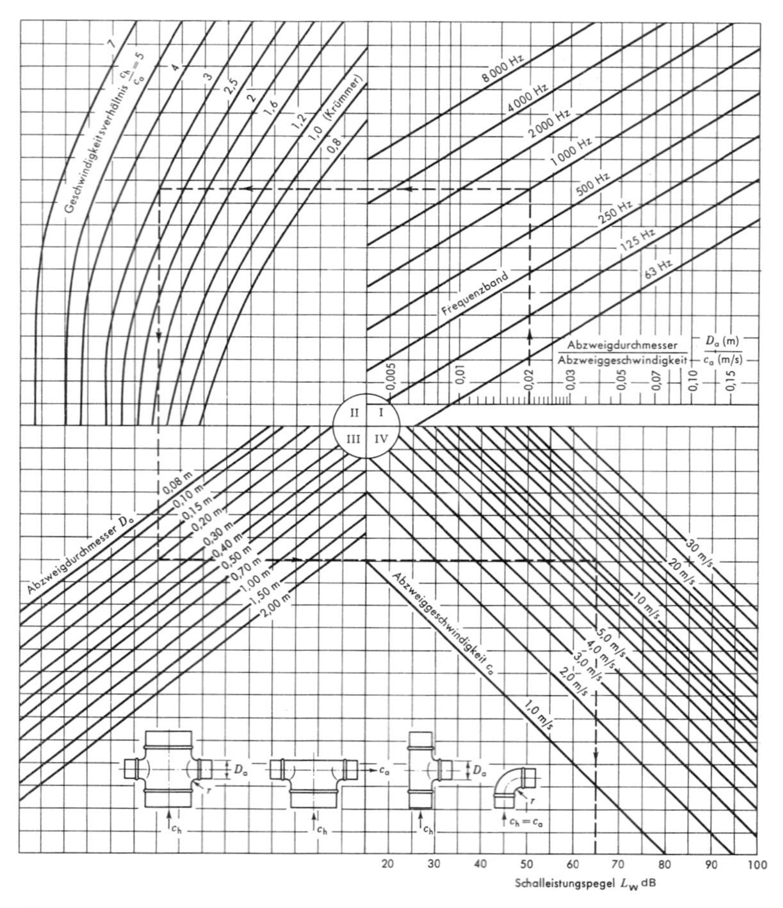


Bild 337-6. Schalleistungspegel von Abzweigungen mit abgerundeten Ecken. Bei scharfkantigen Abzweigen: +4 dB.

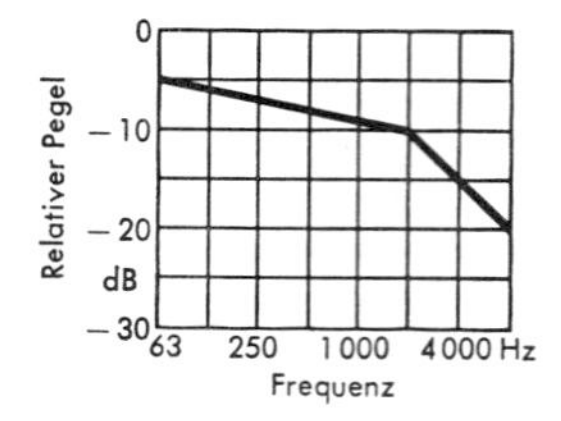


Bild 337-7. Relatives Frequenzspektrum bei Strömungsrauschen in Kanälen.

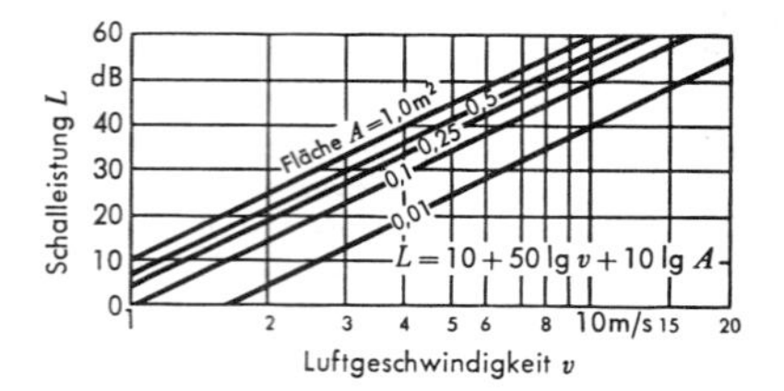


Bild 337-8. Schalleistungspegel von Strömungsgeräuschen in geraden Kanälen.

strömung eine Schalleistung ab, die abhängig ist von der Größe, Luftgeschwindigkeit und dem Strömungswiderstand. Angenähert ist nach Hubert[1]) der Schalleistungspegel

$$L_W = 10 + 10 \lg A + 30 \lg \zeta + 60 \lg v \text{ in dB}$$

$A$ = Fläche in $m^2$
$\zeta$ = Widerstandsbeiwert $= 2\, \Delta p/\varrho v^2$
$v$ = Anströmgeschwindigkeit in m/s

oder

$$L_W = 17 + 30 \lg \Delta p + 10 \lg A.$$

$\Delta p$ = Gesamtwiderstand in Pa

Diese Gleichung ist im Bild 337-12 dargestellt. Das Maximum des Schallpegels hängt von der Anströmgeschwindigkeit $v$ und dem $\zeta$-Wert ab. Bild 337-13 zeigt das Spektrum, wobei $f_m$ = Oktav-Mittenfrequenz.

*Beispiel:*

Ein Luftverteiler von 0,02 $m^2$ Fläche und dem Widerstandsbeiwert $\zeta = 5$ wird mit 6 m/s angeströmt. Wie groß ist der Schalleistungspegel $L_W$?

Aus Bild 337-12 folgt $L_W = 59$ dB.

Das Frequenzspektrum kann aus Bild 337-13 ermittelt werden.

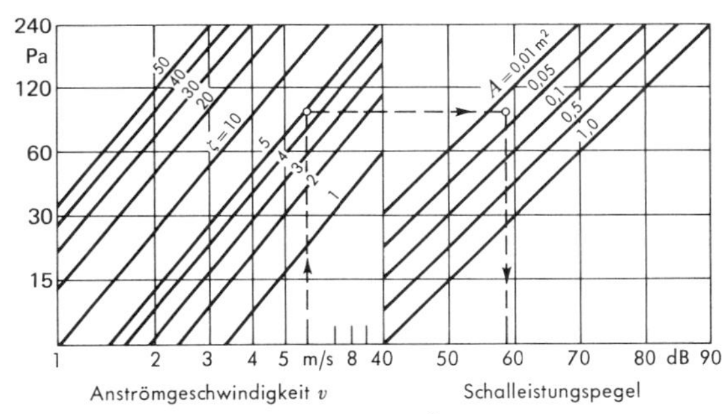


Bild 337-12. Schalleistungspegel von Luftauslässen üblicher Bauart.

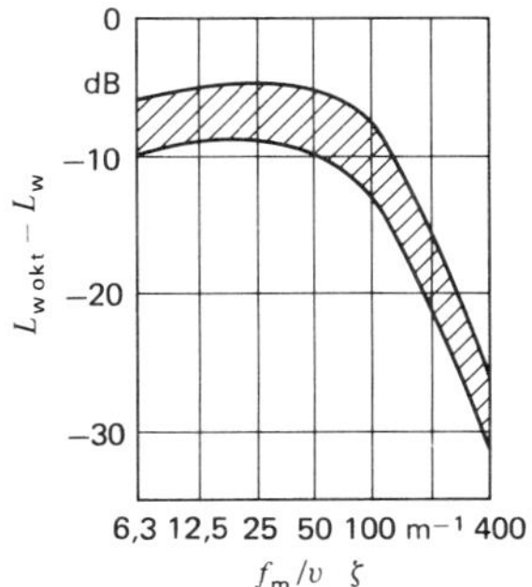


Bild 337-13. Frequenzspektrum von Luftauslässen.
$v$ = Luftgeschwindigkeit in m/s
$f_m$ = Oktav-Mittenfrequenz in Hz $= s^{-1}$

*Beispiel:*

$L_W$ = 59 dB nach Bild 337-12.
$f_m$ = 1000 Hz
$v$ = 6 m/s
$\zeta$ = 5
$f_m/(v \cdot \zeta)$ = 33
$L_{W\text{Okt}} - L_W$ = −8 dB
$L_{W\text{Okt}}$ = 59 − 8 = 51 dB

## -13 Motorgeräusche

werden im Motor insbesondere durch die Kugellager, Kühlluftströmung sowie die wechselnde Magnetisierung erzeugt. Für geräuscharme Anlagen sind Spezialausführungen von Motoren für ruhigen Lauf zu verwenden, die mit Gleitlagern oder gummigelagerten Kugellagern versehen sind und einen größeren Luftspalt haben. Viele Motorfabriken stellen außer den gewöhnlichen mit Kugellagern ausgerüsteten Motoren je nach Anforderungen an den Geräuschgrad mehrere Ausführungen her, teilweise bereits mit Angabe der Geräuschpegel.

[1]) Hubert, M.: Forschungsbericht FLT Heft 7. 1970.

### -14 Drosselklappen

und ähnliche Einrichtungen können erhebliche Geräusche verursachen, namentlich in geschlossenem Zustand, ebenso Entspannungs- und Mischgeräte.

## -2 GERÄUSCHFORTPFLANZUNG

Die in einem Ventilator oder Motor erzeugten Geräusche pflanzen sich als *Körperschall* oder *Luftschall* fort (Bild 337-14).

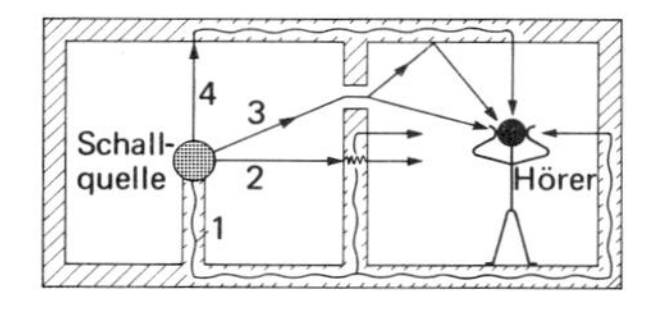


Bild 337-14. Schallwege von der Quelle zum Empfänger.

1 Körperschall–Luftschall
2 Luftschall–Körperschall–Luftschall
3 Luftschall
4 Luftschall–Körperschall–Luftschall

### -21 Körperschall

wird in festen Körpern, also Fundamenten, Wänden, Fußböden sowie in den Wandungen der Luftkanäle fortgeleitet. Er wird durch Abstrahlung von den Begrenzungsflächen in Luftschall umgewandelt und dadurch hörbar. Weiteres siehe Abschn. 337-6.

### -22 Luftschall

breitet sich in den geräuscherzeugenden Quellen unmittelbar in der Luft aus, insbesondere durch die Kanäle der Luftverteilung und gelangt so in den gelüfteten Raum. Ist der Kanal kurz oder ist seine natürliche Schalldämpfung gering, sind zusätzliche Schalldämmaßnahmen erforderlich.

Bei der kugelförmigen Ausbreitung von *Schall im Freien*[1]) gilt (nach Abschnitt 155) für die Differenz zwischen Schalldruck $L_p$ und Schalleistung $L_W$ (s. auch Bild 337-50):

$$\Delta L_S = L_W - L_p = 10 \lg 4\pi r_2^2/r_1^2$$

Abstandsverdoppelung senkt den Pegel also um 6 dB.

Bei großen Schallquellen, z. B. Dachventilatoren, muß man berücksichtigen, daß das Schallfeld erst in einer gewissen Entfernung $r_1$ von der Schallquelle voll ausgebildet ist. So erhält man mit dem Bezugsradius $r_1 = 1$ m und Berücksichtigung von Reflexionen und Richtwirkung des Bodens ($Q = 2$) die Schallpegelsenkung angenähert aus der Gleichung

$$\Delta L_S = 20 \lg r_2 + 14 \text{ dB(A)}$$

*Beispiel:*

Bild 337-15.

Schalleistung des Dachventilators $L_W = 85$ dB(A)
Entfernung $r_2 = 50$ m
*Schallpegelsenkung* $\Delta L_S = 20 \lg 50 + 14 = 34 + 14 = 48$ dB(A)
Schalldruck bei $r_2$: $L_p = 85 - 48 = 37$ dB(A).
Genauere Rechnung nach[1]) unter Berücksichtigung von Absorption der Luft, Bodeneinfluß, Bewuchs oder Bebauung, Abschirmung, Reflexionen.

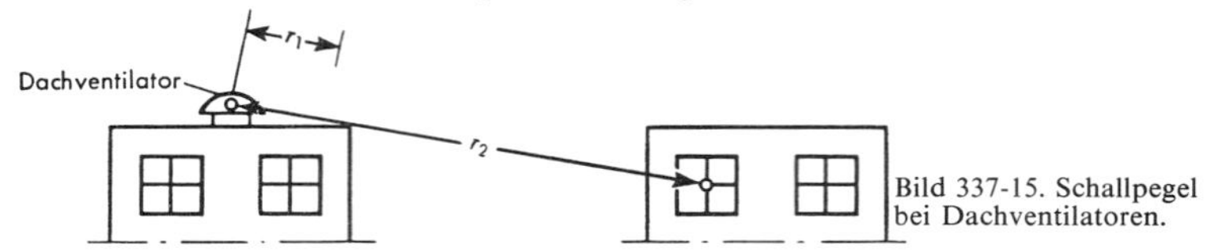


Bild 337-15. Schallpegel bei Dachventilatoren.

Zu beachten ist auch die *Schallabstrahlung* von Kanälen auf den angrenzenden Raum. Die Schallpegelminderung durch die Kanalwand wird in Bild 337-58 angegeben.

[1]) VDI-Richtlinie 2714 (7.86): Schallausbreitung im Freien.

## -3 GERÄUSCHNIVEAU

nennt man den Schalldruckpegel, der in einem Raum vorhanden ist. Die Tafel 154-4 gibt ungefähre Werte.

Tafel 337-2 und -3 enthalten den zulässigen Schallpegel in gelüfteten Räumen. Er wird mittels Schallpegelmesser ermittelt. In manchen Fällen kann zusätzlich die Einhaltung von *Grenzkurven* gefordert werden, siehe Bild 154-8. Dabei ist dann der Schalldruck oktavweise zu messen. Weitere Werte sind in [1]) gegeben.

**Tafel 337-2. Richtwerte für den Schalldruckpegel und die Nachhallzeit in Räumen*)**

| Raumart | Schalldruckpegel dB(A) | Nachhallzeit s |
|---|---|---|
| Wohn-/Schlafräume | 35/30 | 0,5 |
| Krankenhaus: Bettenzimmer, tags/nachts | 35/30 | 1 |
| Untersuchungsräume, Hallen, Korridore | 40 | 2 |
| Op-Räume | 40 | 3 |
| Auditorien: Rundfunkstudio/Fernsehstudio | 15/25 | 1/1,5 |
| Theater/Opernhaus | 30/25 | 1/1,5 |
| Konzertsaal | 25 | 2 |
| Kino, Hörsaal, Lesesaal | 35 | 1 |
| Kirche | 35 | 3 |
| Büros: Besprechungsraum | 35 | 1 |
| Kleiner Büroraum | 40 | 0,5 |
| Großraumbüro | 45 | 0,5 |
| Gaststätten | 40···55 | 1 |
| Museum | 40 | 1,5 |
| Lesesaal/Klassenraum | 35/40 | 1 |
| Turnhallen/Schwimmbäder | 45/50 | 1,5/2 |

*) VDI-Richtlinie 2081 (3.83) s. auch DIN 4109, T. 5 (E. 10.84).

**Tafel 337-3. Zulässiger Schalldruck am Arbeitsplatz nach ASR*)**

| | |
|---|---|
| 1. Überwiegend geistige Tätigkeit | 55 dB(A) |
| 2. einfache und überwiegend mechanisierte Bürotätigkeit | 70 dB(A) |
| 3. bei allen sonstigen Tätigkeiten mit maximal 5 dBA Überschreitung; bei höheren Werten ist Gehörschutz zu tragen. | 85 dB(A) |
| 4. Pausen-, Sanitäts-, Bereitschafts-, Liege-Räume | 55 dB(A) |

*) Arbeitsstättenverordnung § 15, Schutz gegen Lärm

Der auf die Nachbarschaft wirkende Lärm wird durch Immissionswerte begrenzt, die in Tafel 337-4 aufgeführt sind.

In allen Fällen ist der *Störschallpegel* zu beachten, d.h. die Geräusche bei abgeschalteten Lüftungsanlagen. *Addition* von Schallpegelwerten siehe Bild 154-1.

## -4 LUFTSCHALLDÄMPFUNG

Der am Ausblas eines Ventilators vorhandene Schalleistungspegel $L_{W1}$ verringert sich in der Regel im Kanalsystem bis zu den Luftauslässen auf $L_{W2}$ und bewirkt im Raum am nächstgelegenen Sitzplatz einen vom menschlichen Ohr empfundenen Schalldruck. Nennt man diesen Schalldruckpegel $L_{p1}$ und den nach Tafel 337-2 zulässigen geringeren Pegel $L_{p2}$, so ist der Mindestwert der erforderlichen Schallpegelsenkung

$$D = L_{p1} - L_{p2} \text{ in dB}$$

Hierfür ist normalerweise ein Schalldämpfer erforderlich, der im Luftkanal eingebaut wird, wenn die natürliche Dämpfung des Kanalsystems nicht ausreicht. Die gesamte Dämpfung (Schallpegelsenkung) läßt sich in zwei Teile gliedern: Die *natürliche* und die *künstliche Dämpfung*.

[1]) DIN 4109 Teil 5 (E. 10.84): „Schallschutz gegenüber Geräuschen aus haustechnischen Anlagen und aus Betrieben".
DIN 1946 Teil 2 (1.83): RLT; Gesundheitstechnische Anforderungen.

**Tafel 337-4. Zulässige Schallimmission auf Nachbarschaft*)**

| | dB(A) | |
|---|---|---|
| | tags | nachts |
| *Immissionswerte „Außen"* | | |
| Einwirkort: | | |
| gewerbliche Anlagen | 70 | 70 |
| vorwiegend gewerbliche Anlagen | 65 | 50 |
| gewerbliche Anlagen und Wohnungen gemischt | 60 | 45 |
| vorwiegend Wohnungen | 55 | 40 |
| ausschließlich Wohnungen | 50 | 35 |
| Kurgebiete, Krankenhäuser | 45 | 35 |
| *Immissionswerte „Innen"* | | |
| Einwirkort: | | |
| Innerhalb von Wohnungen | 35 | 25 |

Die Immissionswerte sollen außen *kurzzeitig* um nicht mehr als 30 dB(A) (nachts 20 dB(A)) und innen um nicht mehr als 10 dB(A) überschritten werden.

*) VDI-Richtlinie 2058 (6.73)

## -41 Natürliche Schalldämpfung

Die vom Ventilator erzeugte Schalleistung nimmt auf dem Weg über den Lüftungskanal in den zu belüftenden Raum auch ohne zusätzliche Schalldämpfer ab.

### -411 In geraden Kanälen

wird das dünnwandige Blech in Schwingungen versetzt, was in Strömungsrichtung eine *Längsdämpfung* ergibt. Die Kanaloberfläche strahlt allerdings diese Schallenergie entsprechend seiner Dämmwirkung teilweise in den umgebenden Raum ab. Die *Längsdämpfung* hängt von der Steifigkeit des Kanals ab. Bei tiefen Frequenzen wird mehr gedämpft als bei hohen, entsprechend umgekehrt ist die Dämmung. Rechteckkanäle haben daher höhere Längsdämpfung als runde Kanäle. Die Dämmwirkung ist entsprechend umgekehrt: Rechteckkanäle strahlen mehr Geräusch an die Umgebung ab als runde Kanäle (s. Bild 337-20).

Das *Dämpfungsmaß* $D_1$ wird für verschiedene Frequenzen in dB pro m Kanallänge angegeben (Bild 337-20). Bei Rechteckkanälen mit äußerer Wärmeisolation ist die Längsdämpfung ungefähr doppelt so hoch. Die Längsdämpfung sehr steifer Kanäle (z.B. Beton) ist vernachlässigbar[1]).

### -412 Kanalumlenkungen

(Bogen, Knie) bewirken eine frequenzabhängige Dämpfung $D_2$. Bild 337-23 und -25 geben abgerundete Meßwerte nach [1]) an. Bemerkenswert ist, daß die Schalldämpfung bei desto tieferen Frequenzen beginnt, je breiter der Kanal ist. Eingebaute Leitflächen haben geringen Einfluß auf die Dämpfung, wenn sie kurz sind. Sonst ist Mittelwert zwischen Bogen und Knie zu wählen. Bei runden Umlenkungen (Bögen und Rohrkrümmern) ist die Dämpfung gering, maximal bei 1000 mm Durchmesser etwa 2…3 dB (Bild 337-23).

### -413 Kanalverzweigungen

Die durch *Kanalverzweigungen* erzeugte Schallpegelabnahme $D_3$ läßt sich aus dem Bild 337-28 entnehmen. Die Gleichung für die Verringerung des Schalleistungspegels lautet:

$$D_3 = 10 \lg A_1 / \Sigma A_{1,2,3}$$

$A_1$ = Fläche des Abzweigs

$\Sigma A_{1,2,3}$ = Summe der Flächen aller Abzweige

Die Dämpfung ist frequenzunabhängig.

[1]) VDI-Richtlinie 2081 (3.83): Geräuscherzeugung und Lärmminderung in RLT-Anlagen.

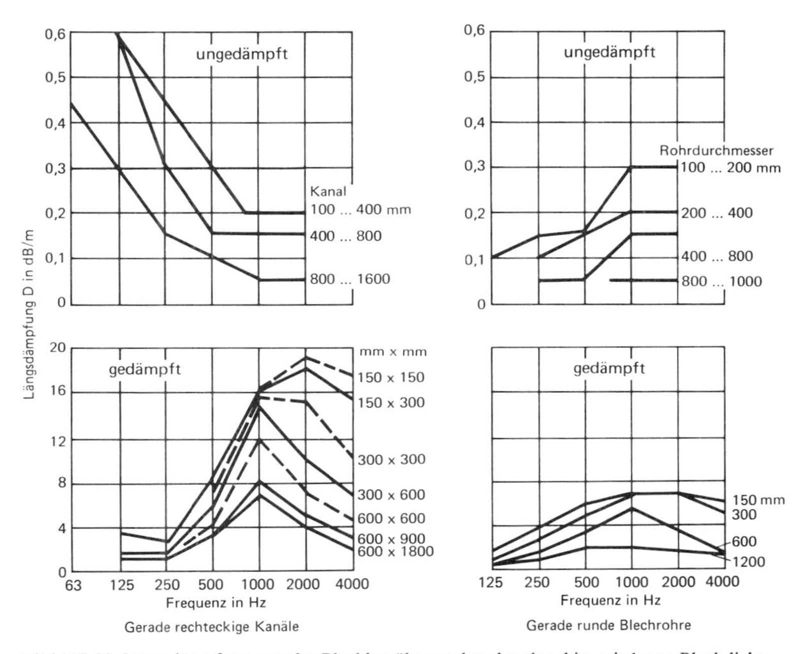


Bild 337-20. Längsdämpfung gerader Blechkanäle, rund und rechteckig, mit 1 mm Blechdicke, ungedämpft und innen gedämpft mit 25 mm Mineralwolle und mit Lochblech abgedeckt nach [1]).

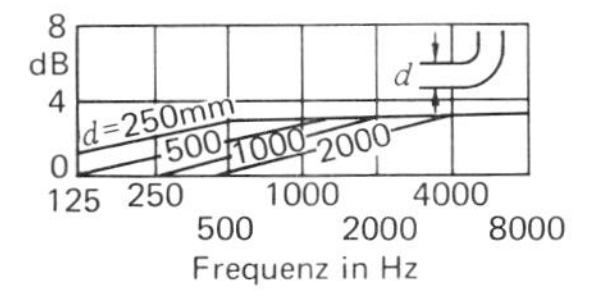


Bild 337-23. Schalleistungsabnahme für Bögen oder Rohrkrümmer ohne Auskleidung[1]).

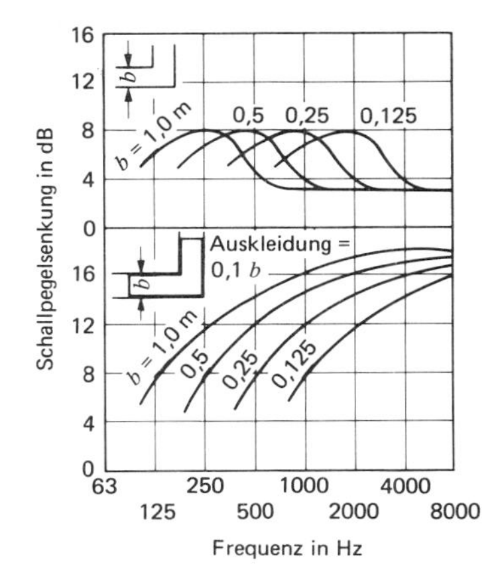


Bild 337-25. Schalleistungsabnahme bei rechtwinklig umgelenkten Kanälen ohne und mit Auskleidung[1]).

[1]) VDI-Richtlinie 2081 (3.83).

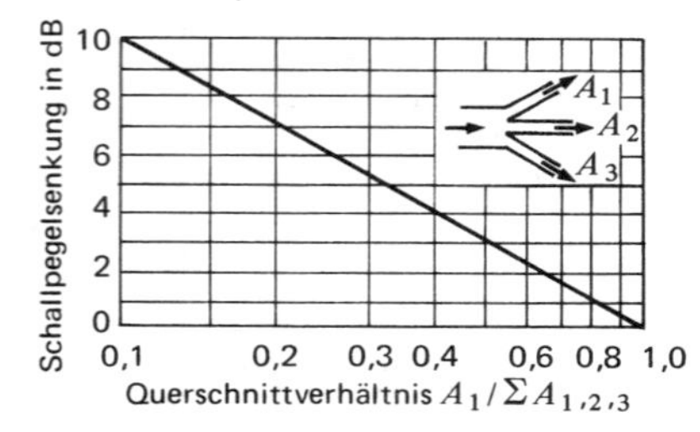


Bild 337-28. Schalleistungsabnahme $D_3$ bei Kanalverzweigungen.

Ist die Verzweigung mit einer Umlenkung verbunden, kann die Dämpfung $D_1$ nach vorangegangenen Abschnitt -412 addiert werden. Ist auch noch ein Querschnittssprung vorhanden, kommt noch die Pegelabnahme nach folgendem Abschnitt -414 dazu.

### -414 Querschnittserweiterungen

bewirken eine Schalleistungsabnahme nach der Gleichung

$$D_4 = 10 \lg \frac{(m+1)^2}{4\,m}$$

$m = A_1/A_2$
$A_1$ = Querschnitt vor Erweiterung
$A_2$ = Querschnitt nach Erweiterung

Anwendbar nur bei tiefen Frequenzen (Kanalabmessungen klein gegen Wellenlänge oder $\lambda >$ Kanalhöhe) und bei unstetigem Querschnittssprung (Bild 337-30).

Bei konischen Erweiterungen ist die Schalleistungsabnahme sehr viel geringer und muß vernachlässigt werden.

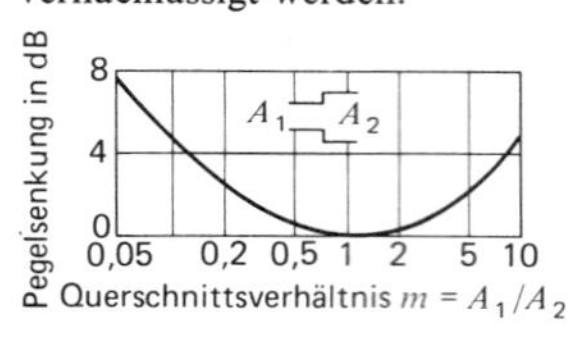


Bild 337-30. Schalleistungspegelsenkung bei Querschnittssprung[1]).

### -415 Luftdurchlässe

bewirken oft eine sehr wesentliche Schalleistungsverringerung $D_5$. Diese Wirkung ist darauf zurückzuführen, daß die Luftauslässe meist kleine Abmessungen im Verhältnis zur Wellenlänge des Schalles haben, so daß ein Teil des Schalles in den Kanal zurückreflektiert wird *(Mündungsreflexion)*.

Die Schalleistungspegeldifferenz ist abhängig vom Produkt aus Frequenz und der Wurzel aus der Auslaßfläche, ferner auch von der Lage des Auslasses im Raum (Richtungsfaktor $Q$). Zahlenwerte siehe Bild 337-33 u. -37[1]). Größte Reflexion bei kleinsten Frequenzen. Manchmal erfolgt aber auch Geräuscherzeugung durch Turbulenz im Gitter.

### -416 Sonstige Schallpegelabnahmen

Die Größe der Eigendämpfung sonstiger Glieder zwischen Ventilator und Raum ist sehr unterschiedlich und sollte jeweils experimentell ermittelt werden. Jedes Glied hat jedoch immer einen gewissen typischen Verlauf des Geräuschspektrums. Z. B. ist bei der Mündungsreflexion die Dämpfung bei tiefen Frequenzen am größten, bei Krümmern und Entspannungskästen dagegen bei hohen Frequenzen. Einige weitere Beispiele siehe Bild 337-38[2]).

Schallpegelabnahmen etwa zwischen 125 und 500 Hz:

| | |
|---|---|
| Erhitzer, Kühler je nach Zahl der Rohrreihen | 3 ··· 7 dB |
| Düsenbefeuchter (Luftwäscher) | 7 ··· 8 dB |
| Umlauffilter | 3 ··· 5 dB |
| Wetterschutzgitter | 3 dB |

[1]) VDI-Richtlinie 2081 (3.83).
[2]) Finkelstein, W.: Klima-Techn. 5/76. 5 S.

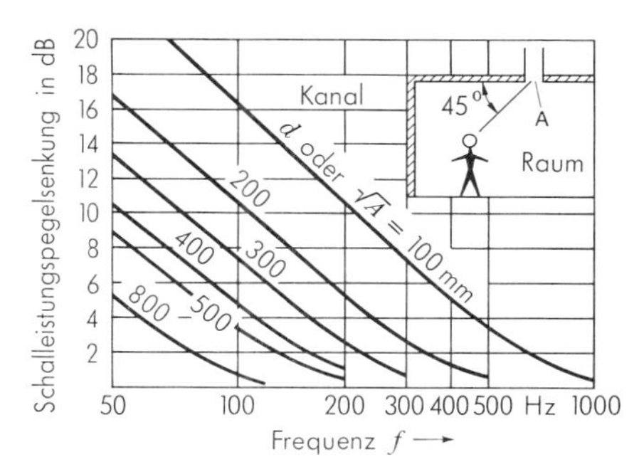


Bild 337-33. Schalleistungspegelabnahme $D_5$ bei runden oder annähernd quadratischen Luftauslässen in einer Wand ($Q=2$).

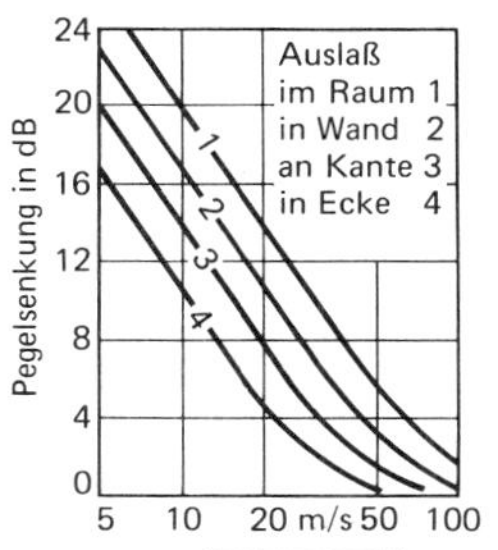


Bild 337-37. Pegelsenkung $D_5$ durch Mündungsreflexion bei verschiedenen Richtungsfaktoren $Q$ abhängig von $f \cdot \sqrt{A}$. $A$ in m².

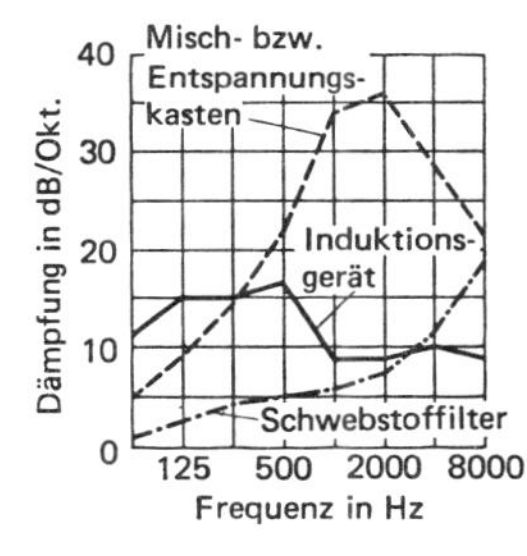


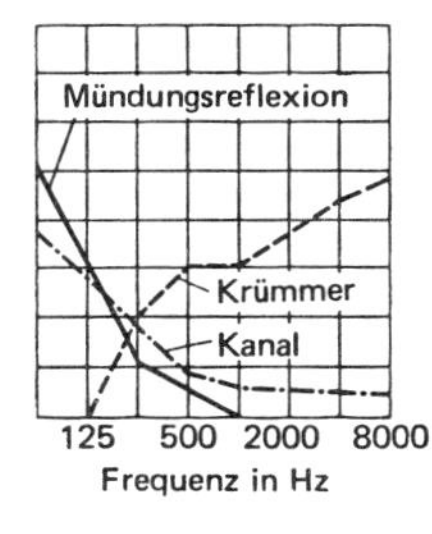


Bild 337-38. Typische Eigendämpfung verschiedener Bauelemente.

## -42 Künstliche Schalldämpfung[1])

Wenn die natürliche Schalldämpfung nicht ausreicht, sind künstlich Maßnahmen zu treffen. Soweit dabei Schalldämpfer benutzt werden, sind folgende Richtlinien zu beachten:

Alle Schalldämpfer sind möglichst nahe hinter dem Ventilator anzubringen. Bei der Berechnung sind vor allem die Frequenzen 125 und 250 Hz von Bedeutung. Bei höheren Frequenzen ist die Dämpfung meist größer als nötig. Bei hohem Schallpegel in der Umgebung ist hinter dem Schalldämpfer der anschließende Kanal schalldämmend mit Gipsmantel oder dergl. zu ummanteln, damit keine Geräusche eingestrahlt werden.

Falls zusätzliche Geräusche in Verzweigungen, Umlenkungen usw. entstehen, sind gegebenenfalls vor den Luftauslässen *Sekundär-Schalldämpfer* anzubringen.

Nach der Bauart unterscheidet man zwischen *Absorptions-Dämpfern* (dazu zählen auch *Relaxations*-Dämpfer), *Drossel-* und *Reflexions*-Dämpfer. Zu letzteren zählen auch die *Interferenz*-Dämpfer (Bild 337-40).

Beim *Absorptionsschalldämpfer* dringt die Schallenergie in den Schluckstoff ein und wird durch Reibung in Wärme umgewandelt. Dieser Schalldämpfertyp wird hauptsächlich in der Lüftungstechnik verwendet, da er geringe Druckverluste hat. Beim *Drossel*dämpfer strömt die Luft durch poröses Material mit hohem Widerstand. Die Schallenergie wird ebenfalls durch Reibung in Wärme verwandelt. Dieser Typ wird vorwiegend für Dämpfung ausströmender Druckluft oder Dampf verwendet. Gefahr des Zusetzens durch Schmutz oder Vereisung. Der *Reflexions*dämpfer arbeitet mit Rückwurf zur Schallquelle; Anwendung bei Verbrennungsmaschinen.

[1]) VDI-Richtlinie 2081 (3.83).
VDI-Richtlinie 2567 (9.71): Schallschutz durch Schalldämpfer.
Finkelstein, W.: HLH 1972. S. 226/8.
Brockmeyer, Finkelstein u. Kopp: HLH 1972. S. 234/7.
Dierl, R.: HLH 11/73. S. 365/7.
Mürmann, H.: HR 1977, Heft 6 bis 11.

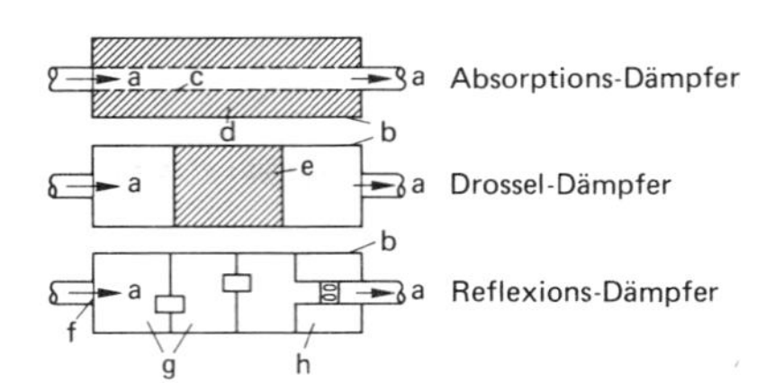


Bild 337-40. Arbeitsprinzip von Schalldämpfern.

a) Strömungskanal
b) Außenmantel
c) Lochblechabdeckung
d) Schallschluckstoff
e) poröser Stoff
f) Querschnittssprung
g) Reihenresonator
h) Abzweigresonator

**-421 Absorptionsschalldämpfer,**

fertig zusammengebaut, sind die am häufigsten verwendeten Mittel zur Schalldämpfung in lufttechnischen Anlagen. Sie werden von mehreren Herstellern in verschiedenen Bauarten angeboten. Sie bestehen im allgemeinen aus einem Gehäuse aus Stahlblech mit im Innern eingebauten Absorptionswänden (Kulissen) aus porösen Stoffen, insbesondere Glas- oder Mineralwolle, die die Schallenergie durch Absorption verringern. Beispiel Bild 337-41 und -42. Die durch die Schalldämpfer erreichte Schallpegelminderung nennt man *Einfügungsdämmung*. Die Schalldämpfung bei verschiedenen Frequenzen ist aus Schalldämpfungskurven abzulesen (Bild 337-45). Bei der Auswahl ist auch der Luftwiderstand zu berücksichtigen, der hauptsächlich durch die Ein- und Austrittsverluste verursacht wird. Von wesentlicher Bedeutung ist die *Dicke der Kulissen* und der Zwischenraum für den Durchgang der Luft. Die Absorption steigt mit der Frequenz und mit der Dicke der Kulissen (bis $\lambda/4$). Die Spaltweite $s$ zwischen den Kulissen muß kleiner sein als die Wellenlänge des zu absorbierenden Schalls, sonst laufen die Schallwellen ungedämpft durch den Schalldämpfer.

**Tafel 337-5. Schallschluckgrade $\alpha$ verschiedener Materialien*)**

| Stoff | Frequenz | |
|---|---|---|
| | 250 Hz | 1000 Hz |
| Kalkputz | 0,03 | 0,04 |
| Glättputz auf Mauerwerk | 0,02 | 0,03 |
| Marmor, Blech, Klinker | 0,01 | 0,02 |
| Holz | 0,03 | 0,04 |
| Beton, Rabitz | 0,10 | 0,05 |
| Asbestputz, 1,2 cm dick | 0,30 | – |
| Glasfaserputz, 1 cm dick | 0,15 | – |
| Holzwolleplatte, 2,5 cm dick | 0,25 | 0,50 |
| 5,0 cm dick | 0,35 | 0,75 |
| 2,5 cm dick mit 3 cm Wandabstand | 0,30 | 0,75 |
| 2,5 cm dick mit 3 cm Mineralwolle auf harter Wand | 0,80 | 0,80 |
| Holzfaserdämmplatte, gelocht oder geschlitzt, 1,3 cm dick | 0,20 | 0,40 |
| 1,3 cm dick mit 5 cm Wandabstand | 0,30 | 0,40 |
| Mineralfaserplatte, 1,0 cm dick | 0,15 | 0,50 |
| 2,0 cm dick | 0,20 | 0,70 |
| 3,0 cm dick | 0,40 | 0,80 |
| 5,0 cm dick | 0,60 | 0,90 |
| Mineralfaserplatten, 2,5 cm mit Wandabstand | 0,40 | 0,80 |
| 5,0 cm mit Wandabstand | 0,65 | 0,95 |
| Mineralfaserplatten, 2 cm dick, vor 3 cm Luftraum abgedeckt mit gelochten Platten, Lochflächenanteil 10% | 0,40 | 0,80 |
| 20% | 0,50 | 0,90 |
| Holzpaneel, 5 cm, direkt auf Wand | 0,07 | 0,05 |
| Sperrholz, 8 mm, auf 5 cm dicken Riegeln | 0,22 | 0,09 |
| Weicher Teppich, 1 cm, auf Beton | 0,08 | 0,26 |
| Gardinen, schwer, 9 cm Wandabstand | 0,10 | 0,63 |
| Fensterglas | 0,30 | 0,17 |

*) Weitere Angaben in der Schallabsorptionsgrad-Tabelle des „Deutschen Normenausschuß", Berlin, Beuth-Vertrieb. 1968.

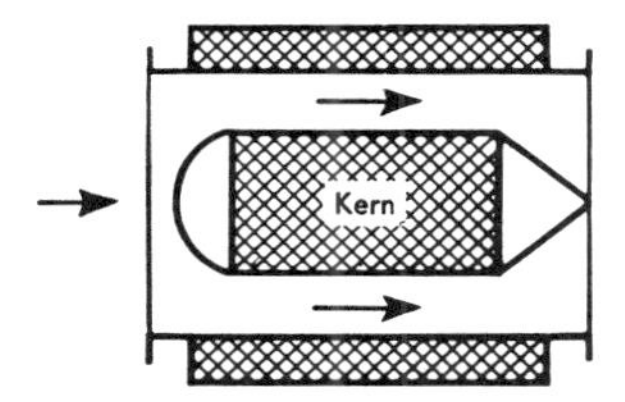


Bild 337-41. Absorptionsschalldämpfer mit Kern für runde Rohre.

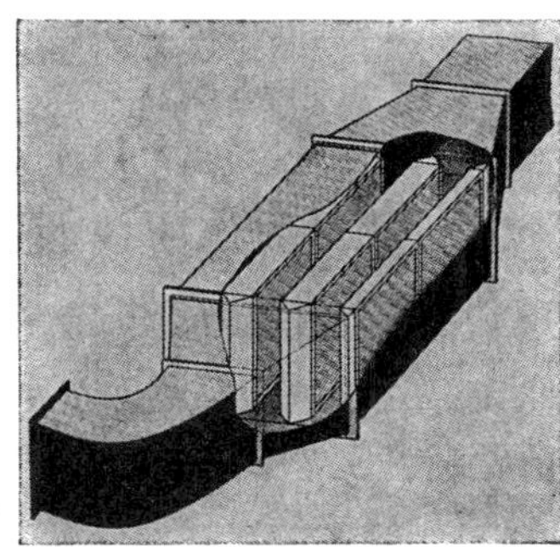

Bild 337-42. Absorptionsschalldämpfer für rechteckige Kanäle (Kulissenschalldämpfer).

Das *Dämpfungsmaß* $D$ eines Absorptionsschalldämpfers ist:

$$D = 1{,}5\ \alpha\ \frac{U}{A} = 1{,}5\ \alpha\ \frac{2}{s} \text{ in dB/m}$$

$\alpha$ = Schallschluckgrad des Schluckstoffes (s. Tafel 337-5)
$U$ = schallabsorbierender Umfang in m
$A$ = freier Querschnitt in $m^2$
$s$ = Spaltweite bei Kulissenschalldämpfer in m

Die Gleichung zeigt, daß die Dämpfung groß wird, wenn im freien Querschnitt $A$ ein möglichst großer Umfang von Schallschluckstoff untergebracht wird, was durch *Kulissendämpfer* verwirklicht wird. Für die Dämpfung tiefer Frequenzen müssen die Kulissen dick sein, für die der hohen Frequenzen muß die Spaltweite $s$ klein sein. Übliche Werte für $s = 100 \cdots 200$ mm. Die Schalldämpfung ist der Dämpferlänge annähernd proportional und umgekehrt proportional zum Kulissenabstand $s$.

Erreichbare Dämpfungswerte bei 250 Hz je nach Spaltbreite etwa $10 \cdots 20$ dB/m.

Die Luftgeschwindigkeit darf nicht zu groß gewählt werden, da sonst ein zusätzliches *Strömungsrauschen* entsteht, das durch Luftwirbel entsteht und mit zunehmender Geschwindigkeit wächst. Die *Schalleistung* des Strömungsrauschens ist angenähert

$$L_W = 50 \lg v \cdot A/A_0 + 10 \lg A_0 + 7 \text{ in dB}$$

$v$ = Geschwindigkeit im Dämpfer in m/s
$A_0$ = Anströmquerschnitt in $m^2$
$A$ = freier Querschnitt in $m^2$

Richtwerte in Bild 337-47. Normale Werte für die Luftgeschwindigkeit bezogen auf den Ansichtsquerschnitt $v \approx 3 \cdots 5$ m/s.

*Abriebfestigkeit* wird durch Abdeckung der Kulissenoberfläche mittels Lochbleche, Glasvliese oder dergl. erreicht. Der Schallschluckstoff soll nicht brennbar und nicht hygroskopisch sein, geruchlos, genügend stabil und glatt sein und außerdem einen hohen

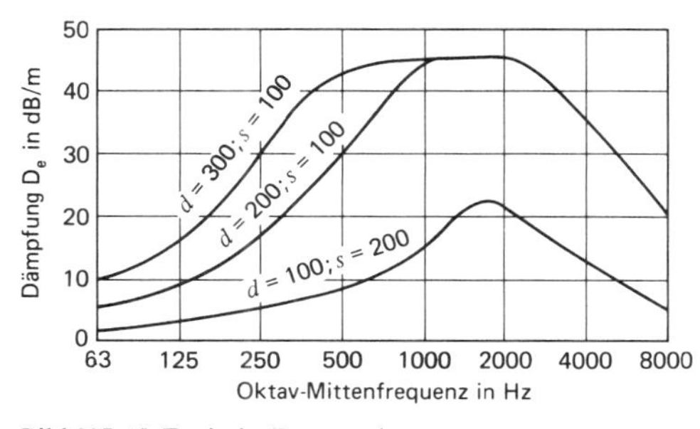


Bild 337-45. Typische Frequenzkurven von Schalldämpfern mit verschieden dicken Kulissen.

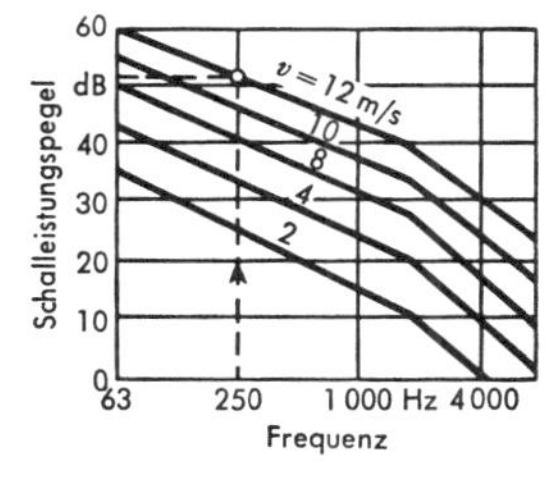


Bild 337-47. Strömungsrauschen bei Absorptionsschalldämpfern.
$v$ = Durchtrittsgeschwindigkeit im Schalldämpfer

Absorptionsfaktor besitzen. Am meisten verwendet werden gegenwärtig Schichten von Glas- oder Mineralwolle, wobei die Oberflächen durch Gewebe, gelochte Bleche, Folien oder dergl. abgedeckt sind.

Das Dämpfungsspektrum gemäß Bild 337-45 hat bei konstanter Kulissendicke hohe Dämpfung nur bei etwa 2000 Hz: *nicht abgestimmter* Absorptionsdämpfer. Durch unterschiedliche Kulissendicke ergibt sich *abgestimmter* Schalldämpfer mit breiterem Dämpfungsspektrum.

Die Dämpfung in einer Kanalstrecke durch einen Schalldämpfer kann entweder als *Einfügungsdämpfungsmaß* $D_e$ oder als *Durchgangsdämpfungsmaß* $D_d$ für die verschiedenen Frequenzen angegeben werden. $D_e$ ergibt sich aus der Differenz der Messungen an einem System mit und ohne eingebautem Schalldämpfer. Bei der Messung ohne Schalldämpfer ist dieser durch ein schallhartes Rohr zu ersetzen. Das Durchgangsdämpfungsmaß ergibt sich aus der Messung vor und hinter dem eingebauten Schalldämpfer, wobei die Meßwerte um eventuelle Reflexionen durch Querschnittssprünge zu korrigieren sind.

*Resonanzschalldämpfer* sind dadurch gekennzeichnet, daß Membranen vor einem Hohlraum durch Mitschwingen Schallenergie vernichten (Bild 337-48). Beim *Lochresonator* (Helmholtz-Resonator) wird die Dämpfung durch Luftpfropfen übernommen. Besonders für tiefe Frequenzen geeignet, aber schmalbandige Wirkung.

*Relaxationsschalldämpfer* enthalten luftdurchlässige Absorptionsschichten mit zusätzlichen Hohlräumen, die senkrecht zur Schallrichtung durch Zwischenwände in Kammern unterteilt sind. Zusammenbau beliebig großer Schalldämpfer aus einzelnen Kulissen (Bild 337-48).

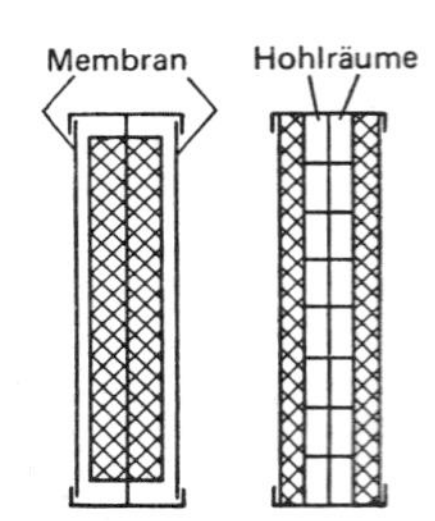


Bild 337-48.
Links Resonanzschalldämpfer,
rechts Relaxationsschalldämpfer.

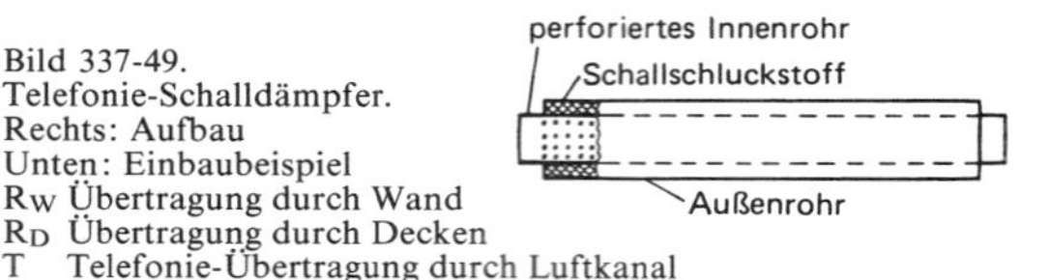


Bild 337-49.
Telefonie-Schalldämpfer.
Rechts: Aufbau
Unten: Einbaubeispiel
$R_W$ Übertragung durch Wand
$R_D$ Übertragung durch Decken
T Telefonie-Übertragung durch Luftkanal

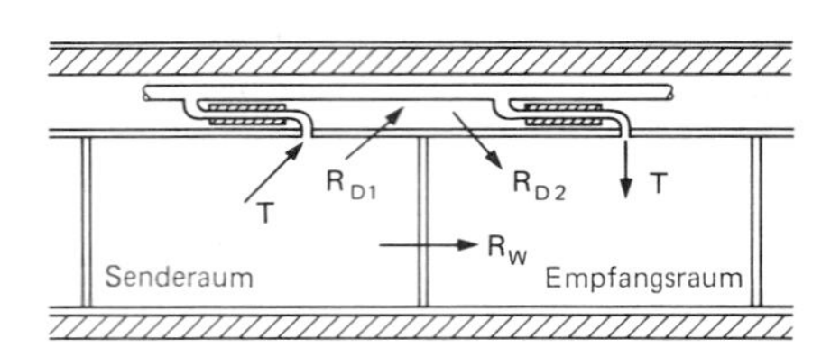


*Telefonieschalldämpfer*[1]). Bei Lüftungskanälen, an die viele nebeneinander liegende Räume angeschlossen sind, besteht häufig die Gefahr, daß Luft- und Körperschall durch die Kanäle übertragen werden. Das Schalldämmaß der Wände zwischen den Räumen oder der Decken wird dadurch unter Umständen stark verringert. Zur Vermeidung dieser Schallnebenwegübertragung werden in die Abzweige der Luftkanäle jeweils Schalldämpfer eingebaut, sog. *Telefonieschalldämpfer,* deren Bauart jedoch den oben beschriebenen Konstruktionen entspricht. Ausführung meist als biegsame *Rohrschalldämpfer* (Bild 337-49).

### -422 Plötzliche Querschnittsvergrößerung

mit Schalldämpferkammer ergibt bedeutende Schalldämpfungen insbesondere, wenn der vergrößerte Querschnitt mit Absorptionsstoffen ausgekleidet wird. Die Dämpfung ist angenähert

$$D = 10 \lg \frac{\alpha A_2}{A_1}$$

$A_2$ = Kammerfläche
$A_1$ = Eintrittsfläche

[1]) Sälzer, E.: Ges.-Ing. 3/84. S. 148/52.

## -43 Schallpegel im Raum

Die bisherigen Angaben bezogen sich auf die Schalleistung des Ventilators und die Schalleistungspegelsenkungen, die auf natürliche oder künstliche Weise bis zu den Luftauslässen im Raum erreicht werden können. Der Schalleistungspegel am Luftauslaß muß jetzt auf den Schalldruck umgerechnet werden, der sich im Raum an beliebiger Stelle einstellt; denn das menschliche Ohr ist ja nur für Schalldrücke empfindlich. Hierzu dient die Gleichung

$$L_p - L_W = 10 \lg \left( \frac{Q}{4\pi a^2} + \frac{4}{A} \right) \text{ in dB}$$

$L_W$ = Schalleistungspegel nach dem Auslaß in dB
$L_p$ = Schalldruck am nächstgelegenen Sitzplatz in dB
$Q$ = Richtungsfaktor
$A$ = Absorptionsvermögen des Raumes in $m^2$
$a$ = Abstand des Sitzplatzes vom Luftauslaß in m

Die Pegeldifferenz $L_W - L_p$ ist in Bild 337-50 dargestellt. $L_p$ ist abhängig vom Absorptionsvermögen $A$ des Raumes, der Entfernung $a$ des Kopfes vom Gitter und dem Winkelverhältnis Kopf zu Gitter. Der *Richtfaktor* ist das Verhältnis der Schallstärke in einer bestimmten Richtung zur Schallstärke an derselben Stelle bei einer kugelförmigen Schallquelle gleicher Leistung. Für den Kugelstrahler ist $Q = 1$.

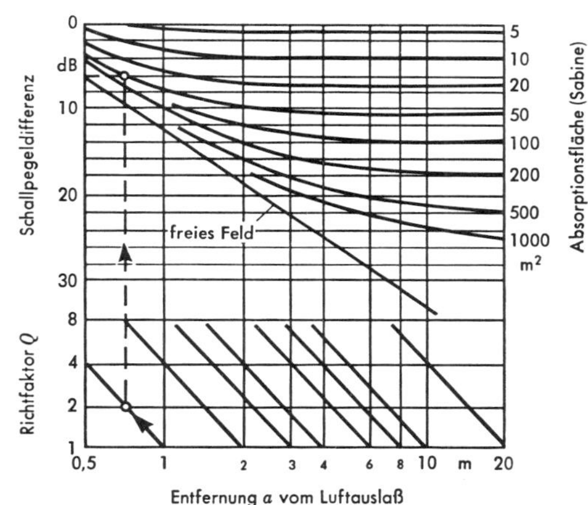


Bild 337-50. Differenz zwischen Schalleistungspegel und Schalldruckpegel im Raum.

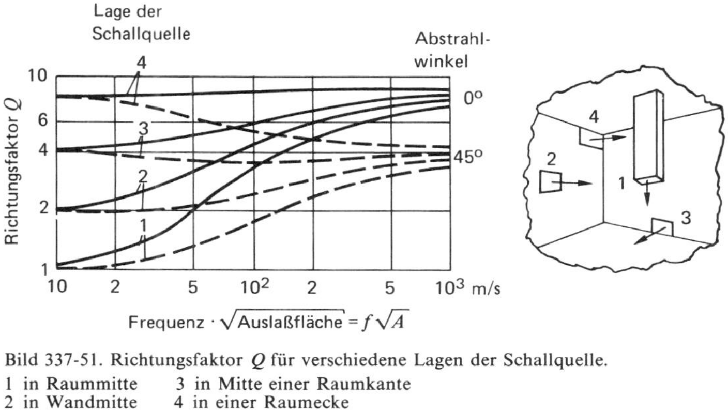

Bild 337-51. Richtungsfaktor $Q$ für verschiedene Lagen der Schallquelle.
1 in Raummitte 3 in Mitte einer Raumkante
2 in Wandmitte 4 in einer Raumecke

Mit dieser Gleichung kann man jetzt also den Schalldruckpegel und damit die Lautstärke an jeder beliebigen Stelle des gelüfteten Raumes ermitteln. Bei großen Werten von $a$ vereinfacht sich die Gleichung zu

$$L_p - L_W = 10 \lg A/4$$

oder mit der Nachhallzeit $t = 0{,}16\ V/A$

$$L_p - L_W = 14 - 10 \lg V/t \text{ (Raumdämpfungsmaß).}$$

Das Absorptionsvermögen $A$ verschiedener Räume ist sehr unterschiedlich und hängt außer von dem Absorptionsgrad $\alpha$ der Flächen auch von Größe, Benutzungsart des Raumes und anderen Faktoren ab. Mittlere Werte Bild 337-52 und Tafel 337-2 und -5.

*Beispiel:*

Bei 50 m² Sabine, Entfernung $a = 1$ m und Richtungsfaktor $Q = 2$ ist die Schallpegeldifferenz $L_W - L_p = 6$ dB, bei $a = 10$ m jedoch 11 dB. Derselbe Wert ungefähr im ganzen Raum (Nachhallfeld).

Werte des Richtungsfaktors $Q$ siehe Bild 337-51. Er ist abhängig von Größe und Lage des Luftauslasses und Frequenz.

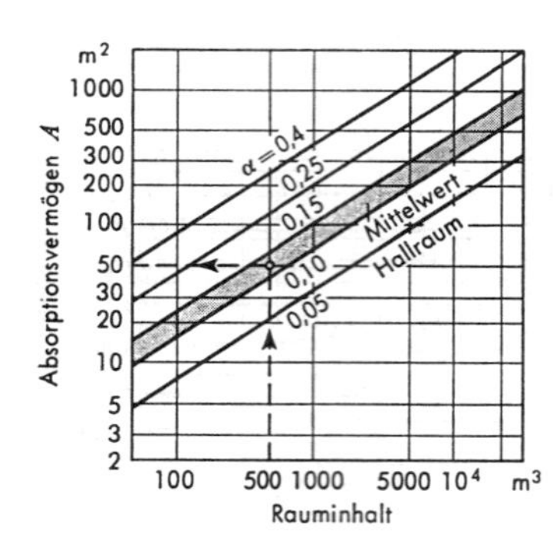


| | |
|---|---|
| Rundfunkstudios | $\alpha = 0{,}30 \cdots 0{,}40$ |
| Kaufhäuser | $\alpha = 0{,}15 \cdots 0{,}25$ |
| Büroräume | $\alpha = 0{,}12 \cdots 0{,}15$ |
| Theater | $\alpha = 0{,}10 \cdots 0{,}12$ |
| Schulzimmer | $\alpha = 0{,}07 \cdots 0{,}10$ |
| Kirchen | $\alpha = 0{,}03 \cdots 0{,}08$ |
| Fabriken | $\alpha = 0{,}02 \cdots 0{,}06$ |

Bild 337-52. Absorptionsvermögen verschiedener Räume. Schraffierter Bereich = normale Aufenthaltsräume.

## -44 Berechnungsbeispiel

Für die Lüftungsanlage eines Saales nach Bild 337-54 soll die erforderliche Schalldämpfung errechnet werden.

Gegeben:

| | |
|---|---|
| Rauminhalt des Saales | 500 m³ |
| Volumenstrom $\dot{V}$ | 5000 m³/h |
| Gesamtdruckdifferenz $\Delta p$ | 400 Pa |
| Zulässiger Schalldruckpegel nach Grenzkurve NR 35: | 44 dB (A) |
| Absorptionsvermögen $A$ nach Bild 337-52 | 50 m² |
| Schaufelkrümmung (Trommelläufer) | vorwärts |
| Entfernung des ersten Luftauslasses bis Sitzplatz $a =$ | 1,0 m (Winkel 45°) |

*Schalleistungspegel* des Ventilators nach Abschnitt 337-1 (oder Bild 337-2):

$$L_W = 5 + 10 \lg \dot{V} + 20 \lg \Delta p = 5 + 10 \cdot 3{,}7 + 20 \cdot 2{,}6 = 94 \text{ dB.}$$

Die weitere Berechnung siehe Tafel 337-8. Da fast alle Schallpegelsenkungen frequenzabhängig sind, müssen die Berechnungen auch für die einzelnen Oktavbereiche getrennt durchgeführt werden. Der zu wählende Schalldämpfer muß die in der letzten Zeile angegebenen Schalldruckpegelsenkungen bewirken. Bild 337-55.

Die Geschwindigkeit zwischen den Kulissen des Schalldämpfers wird durch das *Strömungsrauschen* begrenzt (Bild 337-47). Der Schalleistungspegel des Strömungsrauschens muß in jeder Oktave mindestens um 10 dB unterhalb des Pegels hinter dem Schalldämpfer liegen, damit durch Addition der Pegel keine Geräuschsteigerung eintritt.

**Tafel 337-8. Zahlentafel zur Berechnung der Schalldämpfung einer Lüftungsanlage nach Bild 337-54**

| Lfd. Nr. | Mitte des Oktavbereichs (Hz) | 63 | 125 | 250 | 500 | 1000 | 2000 | 4000 |
|---|---|---|---|---|---|---|---|---|
| 1 | Schalleistungspegel des Ventilators (dB) nach Bild 337-4 | 92 | 87 | 82 | 77 | 72 | 67 | 62 |
| 2 | Schalleistungspegelsenkung (dB) für 2 Bogen nach Bild 337-25 (dB) | – | – | −8 | −12 | −14 | −16 | −18 |
| 3 | Verzweigung nach Bild 337-28 (dB) | −1 | | −1 | −1 | −1 | | −1 |
| 4 | Auslaßdämpfung nach Bild 337-33 (dB) | −10 | −3 | −1 | – | – | – | – |
| 5 | Gesamte Schalleistungspegelsenkung (dB) | −11 | −4 | −10 | −13 | −15 | −17 | −19 |
| 6 | Schalleistungspegel am Kanalende (dB) | 81 | 83 | 72 | 64 | 57 | 50 | 43 |
| 7 | $Q$ nach Bild 337-51 | 2 | 2 | 2,5 | 3 | 3,4 | 3,7 | 3,9 |
| 8 | Schalldruckpegel am Sitzplatz nach Bild 337-50 (dB) | −6 | −6 | −6 | −5 | −5 | −4 | −4 |
| 9 | Schalldruckpegel am Sitzplatz (dB) | 75 | 77 | 66 | 59 | 52 | 46 | 39 |
| 10 | Zulässiger Schalldruckpegel nach Bild 154-8 (NR 35) | 63 | 52 | 45 | 39 | 35 | 32 | 30 |
| 11 | Erforderliche Schalldruckpegelsenkung des Schalldämpfers (dB) | 12 | 25 | 21 | 20 | 17 | 14 | 9 |

Oft wird nicht der NR-Wert vorgeschrieben, sondern der maximale A-bewertete Gesamt-Schalldruckpegel $L_{pa}$ in dBA. Dazu werden die zulässigen Schalldruckpegel in dB der Zeile 10 mit den Abzügen nach Bild 169-8 bewertet (siehe nachstehende Tafel) und in A-bewertete Oktavpegel umgerechnet (Zeile 13).

Der Gesamtpegel ergibt sich aus der Addition gemäß Abschnitt 154-1 zu

$$L_{pa} = 10 \cdot \lg (10^{0,1 \cdot L_1} + 10^{0,1 \cdot L_2} + \ldots) = 43,7 \text{ dBA}$$

| | | | | | | | | |
|---|---|---|---|---|---|---|---|---|
| 12 | Abzug für A-Bewertung nach Bild 169-8 (dB) | −26,2 | −16,1 | −8,6 | −3,2 | 0,0 | 1,2 | 1,0 |
| 13 | 10 − 12 = A-bewerteter Oktavpegel $L_i$ (dBA) | 36,8 | 35,9 | 36,4 | 35,8 | 35,0 | 33,2 | 31,0 |
| 14 | $10^{0,1 \cdot L_i}$ | 4786 | 3890 | 4365 | 3802 | 3162 | 2089 | 1259 |
| 15 | $\sum 10^{0,1 \cdot L_i}$ | 23355 | | | | | | |
| 16 | Gesamtschalldruckpegel (dBA) $L_{pa} = 10 \cdot \lg \sum 10^{0,1 \cdot L_i}$ | 43,7 | | | | | | |

Liegt dieser Wert noch über dem zulässigen, sind die NR-Werte in Zeile 10 um die entsprechende Differenz zu verringern, was zu entsprechend höheren Werten in Zeile 11 für den Schalldämpfer führt. Wird z.B. $L_{pa} = 40$ dBA verlangt, sind alle Werte in Zeile 11 um 3,7 dB zu erhöhen. In diesem Beispiel entspricht $L_{pa} = 40$ dBA einem Wert NR 35 − 3,7 = 31,3. Die Differenz zwischen $L_{pa}$ und NR beträgt also 8···9 dB. Hiermit kann man also bei vorgegebenem $L_{pa}$-Wert die Berechnung in Tafel 337-8 mit einem entsprechenden NR-Wert in Zeile 10 durchführen und das Ergebnis in Zeile 16 prüfen.

Schalleistungspegel hinter dem Schalldämpfer bei 250 Hz (Tafel 337-8):

82 − 21 = 61 dB

Zulässiger Pegel für Strömungsrauschen im Schalldämpfer:

61 − 10 = 51 dB

Zulässige Geschwindigkeit im Schalldämpfer nach Bild 337-47:

$v = 12$ m/s.

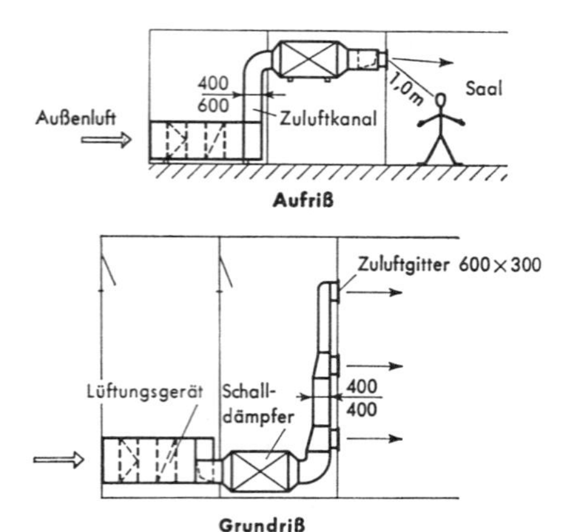


Bild 337-54. Lüftungsanlage eines Saales (zum Berechnungsbeispiel).

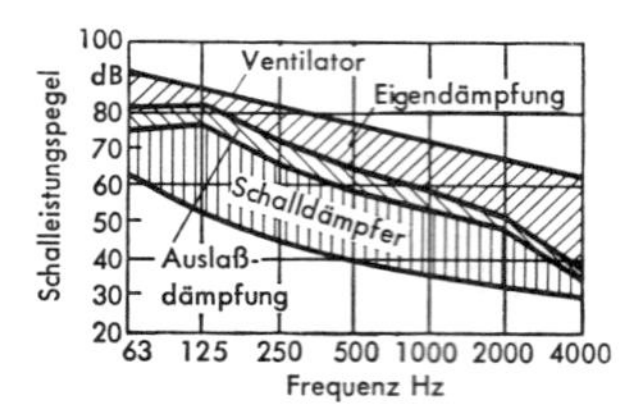


Bild 337-55. Schalldämpfungsspektrum zum Berechnungsbeispiel.

In ähnlicher Weise muß geprüft werden, ob an den Abzweigen oder Auslässen Geräusche entstehen, die eine Schallpegelerhöhung im Raum bewirken.

## -45 Vereinfachtes Verfahren zur Schalldämpferberechnung

Für die meisten Aufgaben ist es ausreichend, die Schalldämpfer für Dämpfungswerte bei etwa 250 Hz zu bemessen, wodurch sich die Rechnung sehr vereinfacht. Bezogen auf das Beispiel im vorigen Abschnitt ergibt sich folgende Rechnung:

| | |
|---|---|
| Gesamt-Schalleistungspegel des Ventilators nach Bild 337-2 | 94 dB |
| Schalleistungspegel bei 250 Hz (nach Bild 337-4) | 94 – 12 = 82 dB |
| Pegelsenkung durch zwei Bogen (nach Bild 337-25) | – 8 dB |
| Pegelsenkung durch Auslaß (nach Bild 337-33) | – 1 dB |
| Schallpegel am Auslaß | 73 dB |
| Schalldruck am Sitz (nach Bild 337-50) | 73 – 6 = 67 dB |
| Sollwert nach Bild 154-8 | 45 dB |
| Erforderliche Dämpfung | 22 dB |

Hierfür ist ein Schalldämpfer nach Bild 337-45 mit einer Kulissendicke von 200 mm und einer Länge von etwa 1,50 m ausreichend.

## -5 LUFTSCHALLDÄMMUNG (s. auch Abschnitt 156)

Die *Luftschalldämmung* eines Bauteils, z. B. eines Luftkanales oder einer Wand einer Klimazentrale, wird als *Schalldämm-Maß R* gemessen:

$$R = D + 10 \lg \frac{F}{A} \text{ in dB}$$

$D$ = Schallpegeldifferenz in dB
$F$ = Prüffläche des Bauteils in m²
$A$ = äquivalente Schallschluckfläche des Empfangsraumes in m²

Zahlenwerte für $R$ sind in [1]) für verschiedene Bauteile gegeben. Wichtig in der RLT-Anlage ist die Schallabstrahlung von Lüftungskanälen[2]) oder die Schallübertragung zwischen zwei Räumen durch einen geschlossenen Kanal (Bild 337-56 und -57).

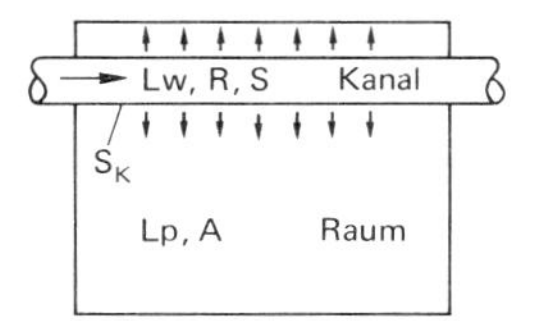


Bild 337-56. Schallabstrahlung von einem geschlossenen Kanal in einem Raum.

$L_W$ Schalleistungspegel im Kanal in dB
$L_p$ Schallpegel im Raum in dB
$R$ Schalldämm-Maß der Kanalwand in dB
$S$ Kanalquerschnitt in $m^2$
$S_K$ Kanaloberfläche in $m^2$
$A$ Absorptionsfläche des Raumes in $m^2$

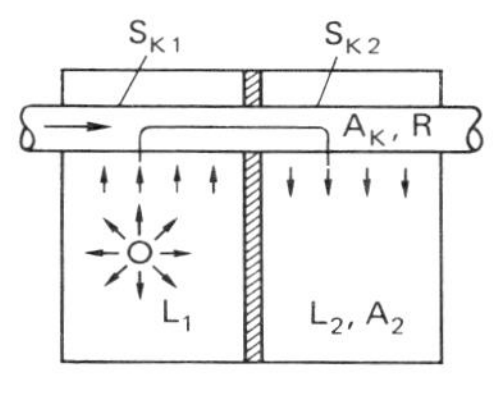


Bild 337-57. Schallübertragung zwischen zwei Räumen durch einen geschlossenen Kanal.

$L_1, L_2$ Schalldruckpegel in den Räumen in dB
$R$ Schalldämm-Maß der Kanalwand in dB
$S_{K1}, S_{K2}$ Kanaloberfläche in $m^2$
$A_2$ Absorptionsfläche des Empfangsraumes in $m^2$
$A_k$ Absorptionsfläche im Kanal in $m^2$

Die *Schallabstrahlung* von einem Kanal in einem Raum (Bild 337-56) ergibt im Raum einen Schalldruckpegel:

$$L_p = L_W - R - 10 \lg \frac{S \cdot A}{S_K} + 6 \text{ in dB.}$$

Die Schallübertragung durch einen geschlossenen Kanal von einem Raum in einen anderen ergibt dort den Schalldruckpegel (Bild 337-57):

$$L_2 = L_1 - 2\ R - 10 \lg \frac{A_2}{S_{K1} \cdot S_{K2}} - 3 \text{ in dB.}$$

Das Schalldämm-Maß $R$ verschiedener Luftkanäle ist durch Messungen[3]) ermittelt worden; Richtwerte zeigt Bild 337-58. Das Schalldämm-Maß ist abhängig von der Transmissionsrichtung (von innen nach außen $R_{ia}$, umgekehrte Richtung $R_{ai}$). Runde Rohre dämmen bei tiefen Frequenzen besser als ebene Wandflächen. Dickere Wandflächen geben nach dem „Massegesetz" bessere Dämmung. Die Messungen verschiedener Autoren streuen ziemlich stark.

Bei der *Kapselung*[4]) einer Schallquelle versucht man nicht nur durch Dämmung der umhüllenden Wand die Schallausbreitung zu vermeiden, sondern man belegt die Wand auf der Seite der Schallquelle auch mit schallschluckendem Material, um den Schalldruckpegel in der Kapsel zu senken. Deshalb werden Klimageräte manchmal innen mit schallschluckendem Material ausgekleidet. Die Differenz der Schalleistung ist:

$$L_{W1} - L_{W2} = R + 10 \lg \alpha$$

$\alpha$ = Absorptionsgrad der inneren Auskleidung.

Wenn der Schallempfänger nur teilweise mit einer Wand von der Schallquelle getrennt ist, spricht man von *Abschirmung*[5]). Wenn Ansaug- oder Ausblas-Öffnung von RTL-Anlagen die Nachbarschaft belästigen, versucht man manchmal durch Abschirmung einen Schallschutz zu erzielen. Im Freien meist nur für höhere Frequenzen wirksam, da Schall kleiner Frequenz durch Beugung in Schallschatten wieder eindringt.

---

[1]) VDI 2571 (8. 76) sowie VDI 2081 (3.83).
[2]) Kopp, H.: HLH 1/78. S. 15/20.
FLT-Veröffentl. 3/1/34/83, FLT, Frankfurt/M.
[3]) Kopp, H.: HLH 1/78. S. 15/20.
FLT-Veröffentl. 3/1/34/83, FLT, Frankfurt/M.
[4]) VDI 2711 (6.78): Schallschutz durch Kapselung.
[5]) VDI 2720, Bl. 1 (E.6.81): Abschirmung im Freien; Bl. 2 (4.83) – in Räumen; Bl. 3 (E.2.83) – im Nahfeld.

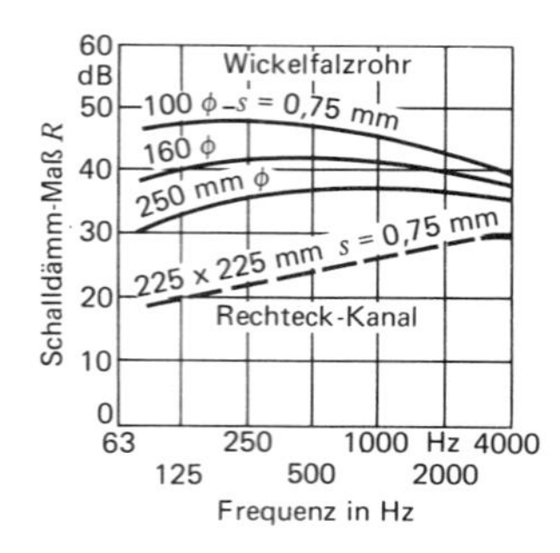


Bild 337-58. Richtwerte für Schalldämm-Maß $R$ von Stahlblechkanälen und Wickelfalzrohr.

Alu-Flexrohr: −5···10 dB
Alu-Wickelfalzrohr: −5 dB

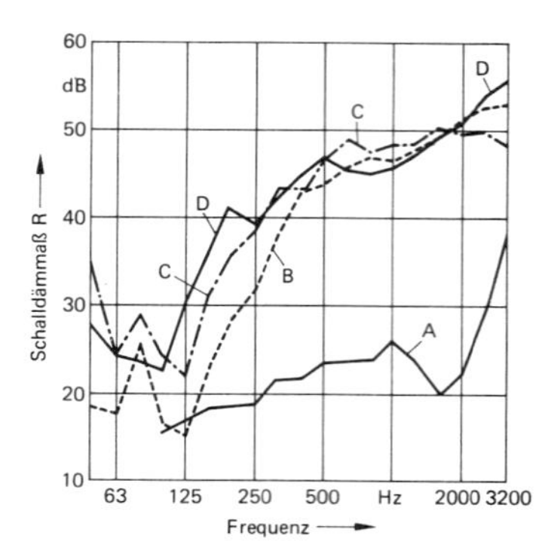


Bild 337-59. Schalldämm-Maß $R$ für Wände von Klimazentralen (LTG).
A: 2×1 mm Aluminium und 50 mm PU-Schaum, 8 kg/m².
B: 2×0,88 mm Stahlblech und 50 mm Mineralwolle, 20 kg/m².
C: 2×0,88 mm Stahlblech, 40 mm Mineralwolle + 10 mm Gipskarton, 41 kg/m².
D: 2×0,88 mm Stahlblech, 90 mm Mineralwolle + 10 mm Gipskarton, 48 kg/m².

## -6 KÖRPERSCHALLDÄMMUNG UND SCHWINGUNGSISOLIERUNG[1])

### -61 Grundsätzliche Zusammenhänge

Eine Lüftungszentrale stellt eine allgemeine Geräusch- und Erschütterungsquelle dar, welche nicht nur auf dem Luftwege, sondern auch auf den verschiedensten Wegen durch die bzw. entlang der angrenzenden Bauteile Schall und Schwingungen weitergibt (s. Bild 337-14). Daher sind sämtliche unmittelbar angeregten Elemente (Ventilatorgehäuse, Fundament, unter Umständen die umhüllende Kammerwandung) elastisch von der Umgebung zu trennen.

Die Begriffe *Körperschall* und *Schwingungen* unterscheiden sich physikalisch nur durch die Frequenz. Körperschalldämmung erfordert, das Augenmerk auf die besonders kritischen Frequenzbereiche von im allgemeinen 63–250 Hz zu legen, wobei Ventilatorkammern vor allem im Drehklang des Ventilators angeregt werden.

$f_0 = z_s \cdot n/60$ in Hz

$z_s$ = Laufschaufelzahl
$n$ = Drehzahl in $\text{min}^{-1}$

Bei Schwingungen infolge Unwucht des Laufrades ist die Erregerfrequenz

$f_s = n/60$ in Hz.

Tieffrequente Schwingungen *unterhalb* des hörbaren Breichs dagegen werden insbesondere durch die sich mit der Drehzahl $n$ selbst auswirkende Restunwucht des Ventilators ausgelöst. Hauptfrequenzbereich: 10 bis 25 Hz.

Dieser Bereich heißt auch *Infraschall,* d.h. Schall unterhalb der Hörbarkeit (< 20 Hz), dessen Auswirkungen auf den Menschen seit einigen Jahren von Medizinern genauer untersucht werden[2]).

[1]) Dierl, R.: KI 4/74. S. 137/42.
LTG – Lufttechn. Informationen Heft 14 (9.75) und 15 (12.75).
DIN 4150 (9.75 bis 5.86), 3 Teile Erschütterungsschutz im Hochbau.
VDI 2057, Bl. 1 (E. 4.86), Bl. 2 (E. 4.86), Bl. 3 (E. 4.86), Bl. 4.2 u. 4.3 (E. 6.83): Einwirkung auf Menschen.
[2]) Hönmann, W.: Ges.-Ing. 4/86. S. 209/212.

Die Trennung der Begriffe Körperschalldämmung und Schwingungsisolierung ist noch aus einem weiteren Grunde erforderlich: Es müssen unterschiedliche Gegenmaßnahmen getroffen werden.

*Beispiel:*

1. Schwingungsisolatoren (Stahlfedern) können Körperschall durchlassen.
2. Körperschalldämmelemente (Gummimatten) können Eigenfrequenzen im Bereich der anfallenden Grundschwingungen besitzen und damit die Schwingungsisolierung verschlechtern.

Dies führt zu einer *mehrstufigen* Isolierung schwingender Elemente. Schwingungen werden möglichst dicht am Entstehungsort bekämpft. Ventilator und Motor werden auf einen Grundrahmen – eventuell mit Betonausguß – starr befestigt. Darunter stehen Schwingungsisolatoren und in der Regel zusätzliche körperschalldämpfende Elemente. Auf Ansaug- und Ausblasseite müssen etwaige Kanal- oder Kammeranschlüsse flexibel ausgeführt werden *(Segeltuchstutzen)*. Damit ist eine Fortleitung von Schwingungen auf die Umgebung weitestgehend unterbunden.

Grundsätzlich falsch ist es, Ventilator und Motor fest mit weiteren schwingungsfähigen Bauteilen zu verbinden, z. B. starr auf einem Kammerboden zu befestigen.

Ein starres Anbringen von Ventilatoren in Gebäuden ist nur in Industrieanlagen ohne besondere Anforderungen zu vertreten.

Maßnahmen zur Körperschalldämmung können meist nicht auf dem Niveau der Schwingungsisolierung enden, da die den Ventilator umschließende Kammer besonders im Drehklangfrequenzbereich auch auf dem Luftwege angeregt wird und diesen Schall erneut als „Körperschall" weiterleitet. Man trennt daher bei Kammerbauweisen die Kammer nochmals vom Gebäude, z. B. durch Gummiplatten. Unter den Fundamenten wird häufig zusätzlich eine *Weichfaserdämmschicht* angeordnet, die verhindern soll, daß eingedrungener Luftschall ins Gebäude weitergeleitet wird. Der Gesamtaufwand für die Maßnahmen hängt von den speziellen Aufstellungsbedingungen ab und wird nachfolgend präzisiert.

## -62 Bauelemente zur Körperschalldämmung

In Frage kommen biegeweiche Matten oder Platten mit ausreichend niedrigen Eigenfrequenzen, um den Körperschall zu sperren, d. h. unter etwa 50 Hz. Analog zur Eigenfrequenz $f_0$ des eindimensionalen Schwingers

$$f_0 = \frac{1}{2\pi} \cdot \sqrt{\frac{c}{m}}$$

$f_0$ = Eigenfrequenz in Hz
$c$ = Federkonstante in $N/m$
$m$ = Masse, die auf der Feder lastet in kg bzw. $N\,\text{sec}^2/m$

hat sich in der Bauakustik eine Beziehung

$$f_0 = K\sqrt{\frac{s'}{m'}} \text{ in Hz}$$

$K$ = Proportionalitätsfaktor = 160, wenn $s'$ in N/cm³ und $m'$ in kg/m²
$s'$ = dynamische Steifigkeit in N/cm pro cm²
$m'$ = Flächengewicht der aufliegenden Masse in kg/m² bzw. $N\,\text{sec}^2/m$ pro m²

eingebürgert.

Die dynamische Steifigkeit ist definiert als

$$s' = \frac{P_0}{X} \text{ in N/cm}^3$$

$P_0$ = auf die Flächeneinheit bezogene Wechselkraft in N/cm²
$X$ = Dickenänderung der Dämmschicht infolge $P_0$ in cm.

Korrespondierend zur dynamischen Steifigkeit wird ein dynamischer Elastizitätsmodul definiert durch

$$E_{dyn} = s' \cdot d \text{ in N/cm}^2$$

$d$ = Dämmschichtdicke im eingebauten Zustand in cm.

Tafel 337-10 zeigt die dynamischen Kenndaten einiger Dämmstoffe.

**Tafel 337-10. Dynamische Kenndaten einiger Dämmstoffe**

| Material | $E_{dyn}$ [N/cm²] | $d$ [cm] | $s' = E_{dyn}/d$ [N/cm³] |
|---|---|---|---|
| Sandschüttung | 780 | 2,6 | 300 |
| Holzwolleleichtbauplatten | 520 | 2,5 | 210 |
| Korkplatten | 1000···1500 | 4,0 | 250···380 |
| Korkschrotmatten | 120 | 0,8 | 150 |
| Polystyrol-Hartschaumplatten | 60···170 | 1,0 | 60···170 |
| dto., durch Walzen gewalkt | 17 | 1,3 | 13 |
| Kokosfasermatten | 25 | 0,7 | 36 |
| Mineralwolleplatten | 20 | 1,0 | 20 |
| Mineralwolle-Rollfilz | 23 | 1,2 | 19 |
| Gummiplatten, extrem weich (Regum-Dämmplatten) | 22,2 | 3 | 7,4 |
| | 23 | 5 | 4,6 |

Mit *Abstimmung* bezeichnet man das Frequenzverhältnis

$$\eta = \frac{f_s}{f_0} = \frac{\text{Erregerfrequenz}}{\text{Eigenfrequenz}}$$

Der Bereich

$\eta < 1$ heißt *unterkritische* Erregung
$\eta > 1$ heißt *überkritische* Erregung
$\eta = 1$ bedeutet *Resonanz.*

Wichtig ist das Verhältnis von durchgeleiteter Restkraft $F_0$ zur Erregerkraft $P_0$; man nennt diesen Wert *Durchlässigkeit* oder Vergrößerungsfunktion:

$$V_D = F_0/P_0.$$

Es gilt

$$|V_D| = \sqrt{\frac{1+4\,D^2\eta^2}{(1-\eta^2)^2+4\,D^2\eta^2}},$$

wobei

$D =$ innere Materialdämpfung (Lehrsches Dämpfungsmaß, Tafel 337-11)

Für reibungsfreie Schwingungsisolatoren ohne innere Dämpfung ist $D=0$.

Den Zusammenhang zwischen Durchlässigkeit $V_D$ und der Abstimmung $\eta$ zeigt Bild 337-61 mit dem Parameter $D$ für die Dämpfung infolge Reibung.

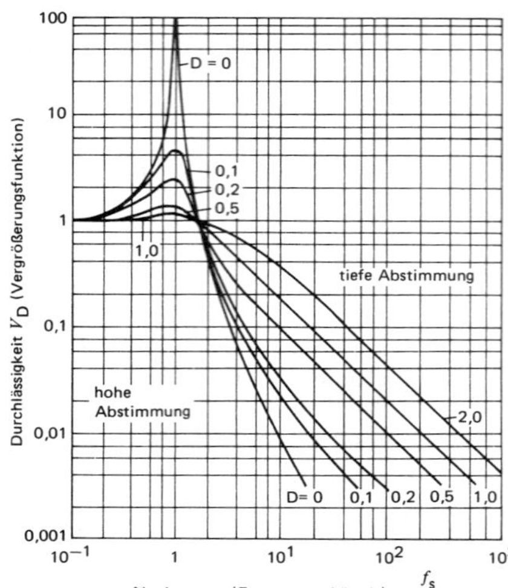


Bild 337-61. Schwingungsdämpfung für die dynamischen Kräfte, Durchlässigkeit $V_D$ abhängig von Abstimmung $\eta$ und innerer Materialdämpfung $D$.

In der Praxis wird häufig der *Isolierfaktor* angegeben, auch Isoliergrad genannt:

Isolierfaktor $I = 1 - V_D$

Nach Bild 337-61 ist nur bei einer Abstimmung

$\eta > \sqrt{2}$

eine Reduzierung der Restkraft $F_0$ gegenüber der Erregerkraft $P_0$ zu erreichen. Es wird also die Durchlässigkeit $V_D < 1$: tiefe Abstimmung, überkritischer Betrieb.

Bei stärkerer Dämpfung $D$ wird die Isolierwirkung bei tiefer Abstimmung schlechter. Federisolatoren aus Stahlfedern haben kleine Dämpfung (Tafel 337-11).

**Tafel 337-11. Dämpfungsgrad verschiedener Federwerkstoffe nach VDI 2062, Bl. 2 (1.76)**

| Werkstoff | Innere Dämpfung D |
|---|---|
| Stahl | 0,0002 |
| Gummi | 0,025···0,15 |
| Kork | 0,05···0,1 |
| Filz, organisch mineralisch | 0,10···0,15 |

Grundsätzlich sind alle *biegeweichen* Stoffe zur Körperschalldämmung geeignet, wobei sich jedoch zum Teil erhebliche Unterschiede in den Eigenfrequenzen ergeben.

*Beispiel:*

Eine Ventilatorkammer soll durch eine $d = 5$ cm dicke Dämmschicht akustisch vom Gebäude getrennt werden. Untersucht werden die Wirksamkeit von *Kork* und *Mineralwolleplatten* ($E_{dyn}$ nach Tafel 337-10). Die Massenbelastung beträgt $m' = 350$ kg/m². Ventilatordrehzahl $n = 3000$ min⁻¹.

Erregerfrequenz $f_s = n/60 = 50$ Hz.

| | | Korkplatte | Mineralwolle |
|---|---|---|---|
| Dynamische Steifigkeit | $s' = E_{dyn}/d$ | 250 N/cm³ | 4 N/cm³ |
| Eigenfrequenz | $f_0 = 160 \cdot \sqrt{s'/m'}$ | 135 Hz | 17 Hz |
| Abstimmung | $\eta = f_s/f_0$ | 0,37 | 2,9 |
| Durchlässigkeit $V_D$ (Bild 337-61 bei $D = 0$) | | 1,5 | 0,13 |

Daraus folgt: *Kork* ist für Ventilatorfundamente *unbrauchbar*, da häufig der Ventilatordrehklang im Bereich der Eigenfrequenz der Korkplatte liegt.

Die Mineralwolle führt auf eine gute Körperschalldämmung im Bereich von Frequenzen ab 100 Hz. Zu beachten ist, daß möglicherweise Resonanz mit der Ventilatordrehzahl besteht. Schwingungen müssen also bereits oberhalb dieser Körperschalldämmschicht abgeschirmt werden.

Noch günstiger liegen die Verhältnisse, wenn die Eigenfrequenz des Dämmaterials noch tiefer liegt. Dann kann in der Regel keine vollflächige Verlegung mehr vorgenommen werden, sondern es muß ein Dämmelement punktweise verlegt werden.

*Beispiel:*

Weiche Gummidämmplatte, $d = 5$ cm, so dimensioniert, daß *Flächengewicht* $m' = 0{,}8$ kg/cm² $= 8000$ kg/m².

Dann erhält man für die *Eigenfrequenz*

$$f_0 = 160\sqrt{\frac{4{,}6}{8000}} = 3{,}8 \text{ Hz}.$$

In diesem Falle ist die Körperschalldämmung entsprechend der noch tieferen *Abstimmung*

$\eta = f_s/f_0 = 50/3{,}8 = 13$

gemäß Bild 337-61 noch besser:

bei $D = 0$ $\quad V_D = 0{,}006$

oder

bei $D = 0{,}2$ $\quad V_D = 0{,}03$.

a) Rillengummiplatte

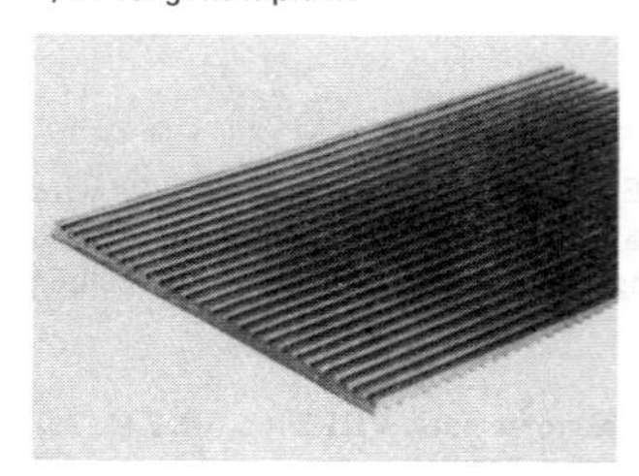

b) Warzengummiplatte

Bild 337-63. Unterlegelemente zur Körperschalldämmung von Kastengeräten (Hersteller: G + H und Glasfaser AG).

*Gummiplatten* und auf Gummibasis hergestellte Kunststoffplatten eignen sich gut zur Herstellung unregelmäßiger Konturen, z. B. an der Oberfläche gerillt oder mit Noppen versehen (Bild 337-63), womit die dynamische Steifigkeit des profilierten Elementes gegenüber der des Grundmaterials herabgesetzt wird.

*Zusammenfassung:* Zur Körperschalldämmung ist es günstig, möglichst weiches Material (von Natur oder durch Formgebung weich) einzusetzen, das um so besser wirksam ist, je tiefer seine Eigenfrequenz ist. Häufig ist es ausreichend, Materialien einzusetzen, welche – wie Mineralwolle – Eigenfrequenzen im Bereich von 20 bis 30 Hz haben. Die Eigenfrequenz des Materials sollte auf die kritischen Erregerfrequenzen abgestimmt sein.

Kork ist für Ventilatorfundamente *ungeeignet.*

## -63 Bauelemente zur Schwingungsisolierung

Je nach Frequenzverhältnis ist mit den Körperschalldämmplatten grundsätzlich auch eine Schwingungsisolierung erreichbar, wenn

$$\frac{f_s}{f_0} = \eta > \sqrt{2}.$$

Nennenswert wird der Isoliergrad erst, wenn $\eta > 3$.

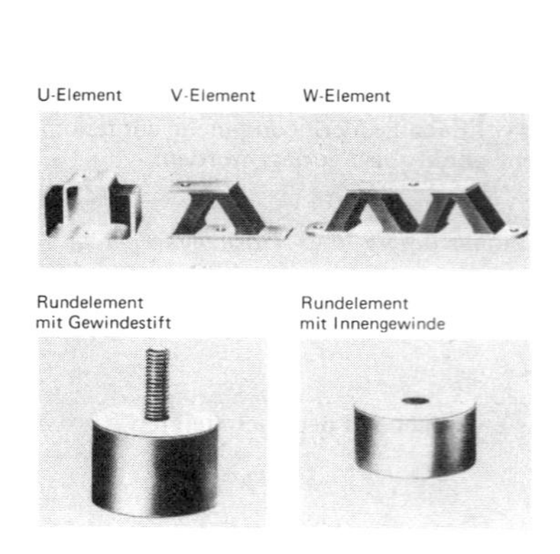


Bild 337-64. Elasto-Sonderelemente und Rundelemente (Grünzweig + Hartmann und Glasfaser AG).

a) Grundausführung

b) mit Befestitungsplatte

c) mit Höheneinstellung und Befestigungsplatte

d) mit verdeckter Feder

Bild 337-65. Verschiedene Ausführungsformen von Federisolatoren mit freiliegender oder verdeckter Feder (Grünzweig + Hartmann und Glasfaser AG).

Für den Fall ohne Materialdämpfung ($D=0$) wird der *Isolierfaktor* (Isoliergrad):

$$I=1-V_D=1-\frac{1}{\eta^2-1}.$$

Bei $\eta=3$ ist $I=0{,}875$,
bei $\eta=5$ ist $I=0{,}96$.

Das bedeutet: 87,5% bzw. 96% der von der Maschine auf das Fundament einwirkenden Restkräfte werden zurückgehalten.

Für die Schwingungsdämpfung wurden besondere Formen von Gummi- oder Elastoelementen entwickelt, die zur besseren Kraftübertragung häufig anvulkanisierte Metallteile enthalten. Bild 337-64 zeigt einige Beispiele. Es ist zu beachten, daß Gummielemente bei Schubbeanspruchung erheblich weicher sind als bei Druckbeanspruchung.

Da Gummielemente bei extrem tiefen Frequenzen vielfach nicht mehr ausreichend wirksam sind, wurden Stahlfedern entwickelt, bei denen stärkere Einfederungen und damit tiefere Eigenfrequenzen erreicht werden können.

Während man mit dem Einsatz von Gummielementen als Schwingungsdämpfer gleichzeitig die Körperschalldämmaufgabe löst, lassen Federisolatoren auch bei extrem tiefer Eigenfrequenz höherfrequente Schwingungen im Körperschallbereich hindurch, wobei die Ursache in der Längsleitung der Federn liegt. Diese Schallbrücken sind zwar auf recht enge Frequenzbänder beschränkt, dürfen aber nicht vernachlässigt werden.

*Federisolatoren erfordern eine zusätzliche Körperschalldämmung!*

**Tafel 337-13. Eigenschwingzahlen und statische Einfederung verschiedener Schwingungsdämpfertypen**

| Schwingungsdämpfer | Eigenschwingzahl [$min^{-1}$] | statische Einfederung [mm] |
|---|---|---|
| Federisolatoren (weich) | 120– 150 | 75–40 |
| Federisolatoren (normal) | 200– 250 | 22–14 |
| Elasto-Rundelemente auf Schub beansprucht, weich (ca. 40 Shore) | 250– 750 | 20– 2 |
| normal (ca. 55 Shore) | 350–1000 | 10– 1,5 |
| Elasto-Rundelemente auf Druck beansprucht, weich | 400–1000 | 6– 1 |
| normal | 500–1200 | 6– 1 |

Tafel 337-13 zeigt den Zusammenhang zwischen Eigenfrequenz (Eigenschwingzahl) und statischer Einfederung verschiedener Schwingungsdämpfertypen.

Aus den Gleichungen

$$f_0=\frac{1}{2\pi}\sqrt{\frac{c}{m}} \quad \text{und} \quad m\cdot g=c\cdot x$$

$g=$ Erdbeschleunigung in $cm/sec^2$
$x=$ Einfederung in cm

folgt für die Eigenschwingungszahl

$$n_0\approx\frac{300}{\sqrt{x}}\text{ in } min^{-1}.$$

Aus der Forderung nach ausreichend hohem Frequenzverhältnis folgen die Angaben für den Anwendungsbereich der verschiedenen Schwingungsdämpfer (Tafel 337-15).

**Tafel 337-15. Einsatzbereich von Schwingungsdämpfern**

| Schwingungsdämpfer | Niedrigste Betriebsdrehzahl [$min^{-1}$] |
|---|---|
| Federisolatoren (weich) | 250– 600 |
| Federisolatoren (normal) | 600– 800 |
| Gummiisolatoren (Schub) | 800–1600 |
| Gummiisolatoren (Druck) | 1600 |

Genaue Angaben sind jeweils den Herstellerkatalogen zu entnehmen.

Zur Dimensionierung von Schwingungsdämpfern ist neben dem Gewicht des Geräts oder des Ventilators die dynamische Belastung durch Luftkräfte, statische Drücke usw. zu berücksichtigen (siehe Bild 337-68). Die Anordnung hat symmetrisch zum Schwerpunkt zu erfolgen oder bei unterschiedlicher Gewichtsbelastung entsprechend unterschiedliche Schwingungsdämpfer anwenden. Zu beachten sind Horizontalkräfte (bei horizontalem Ausblas), die Belastung gegenüber dem Ruhezustand erheblich verändern können.

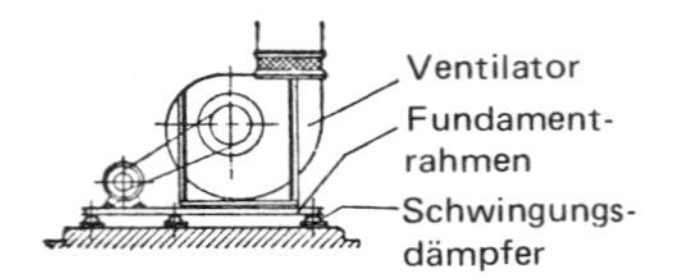


Bild 337-68. Erschütterungsdämmung eines riemengetriebenen Ventilators durch Schwingungsdämpfer.

Anforderungen an die Schwingungsisolierung sind in DIN 4150 von der Bauseite und in VDI 2057 von der Maschinenbauseite festgelegt, wobei in beiden Richtlinien Maßstäbe für die zulässige Einwirkung auf den Menschen genannt werden. Beurteilungsmaßstäbe für Maschinenschwingungen sind in VDI 2056 festgelegt[1]).

Aus Bild 337-70 ist der Zusammenhang zwischen Federung, Drehzahl und *Isoliergrad I* ersichtlich. Außerdem sind noch *Grenzlinien* für den Wirkungsgrad bei verschiedenem Untergrund eingetragen.

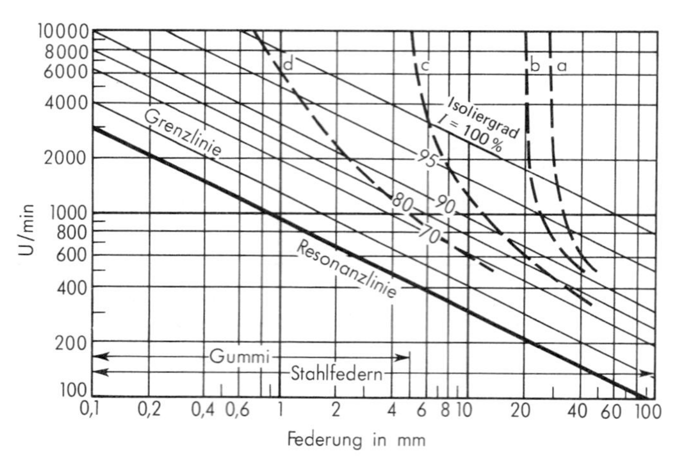


Bild 337-70. Schwingungsdämpfer-Diagramm: Isoliergrad *I*.

a = Holzdecke c = normale Betondecke
b = leichte Betondecke d = Betondecke auf Baugrund

## -7 ENTDRÖHNUNG

Die Schwingungen, die zum Beispiel ein Ventilator erzeugt, werden zum Teil von den Oberflächen als Luftschall an die Umgebung übertragen. Besonders groß ist die Abstrahlung bei großen, dünnen Flächen, wie zum Beispiel Kanälen, die dabei als Membranen wirken und sogar dröhnen können.

[1]) DIN 4150 (9.75 bis 5.86). 3 Teile: Erschütterungsschutz im Hochbau.
VDI 2057, Blatt 1 (E. 4.86), Blatt 2 (E. 4.86), Blatt 3 (E. 4.86), Bl. 4.2 u. 4.3 (E. 6.83).
VDI 2056 (10.64): Beurteilungsmaßstäbe für mechanische Schwingungen.

Verminderung der *Schallabstrahlung* ist durch Anbringen eines schwingungsdämpfenden Belages möglich. Er wird in der Regel durch Spritzgeräte oder Handkellen als fugenlose Masse aufgebracht. Die Schallenergie der Schwingungen wird durch einen solchen Überzug absorbiert.

Wichtig ist die richtige Wahl der Dicke des *Entdröhnungsmittels*. Die Dämpfung steigt mit der relativen Belagsdicke, d.h. dem Verhältnis der Belagsdicke zur Blechdicke, zunächst stark an und erreicht schließlich einen Grenzwert, der auch bei noch stärkerer Dicke nicht überschritten wird. Normale Belagstärke etwa 1- bis 3fache Blechstärke.

## -8 BAUAKUSTISCHE MASSNAHMEN

Um Geräuschübertragungen aus der Lüftungszentrale in anliegende Räume zu verhindern, sind außer den bereits erwähnten Maßnahmen auch in baulicher Hinsicht Vorkehrungen zu treffen. Dies betrifft insbesondere folgende Maßnahmen:

1. Wände und Decke der Lüftungszentrale müssen genügende Schalldämmung besitzen (siehe Abschn. 156 und [1]), um Luftschallübertragung zu verhindern, z.B. 2- oder 3schalige Wände. Zur Verringerung des Geräusches im Raum selbst Anbringung von schalldämpfenden Akustikplatten.
2. Für den Fußboden gilt ähnliches. Zusätzlich sind zur Verhinderung der Körperschallübertragung die Maschinen auf Federn zu lagern mit höherer oder meist tieferer Abstimmung. In vielen Fällen schwebender Estrich zweckmäßig.
3. Bei Luftkanälen und Rohrleitungen ist außer der Verwendung von elastischen Zwischengliedern darauf zu achten, daß die Durchführungen durch Wände gegen Körperschall isoliert werden, z.B. Mantelrohre mit Dämmstoffen zwischen Rohr und Mantel oder auch nur Dämmstoffe zwischen Kanal und Mauer.
4. Ansaug- oder Ausblasöffnungen von Ventilatoren sind so anzuordnen, daß Nachbarn nicht gestört werden, evtl. zusätzliche Schalldämpfer an den Kanalenden.

Bild 337-75 zeigt als Beispiel eine Lüftungszentrale mit einer Anzahl von Schalldämm-Maßnahmen.

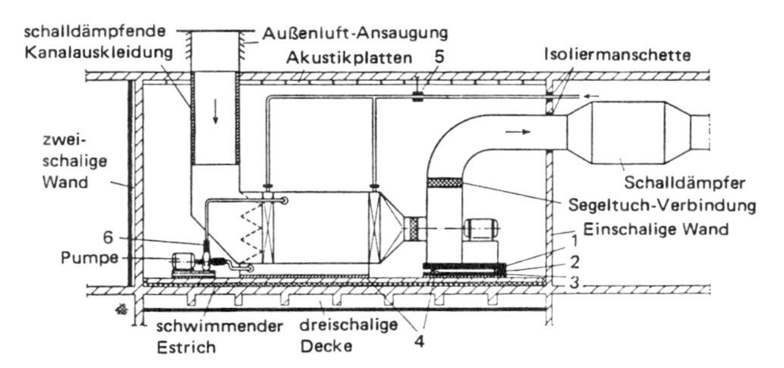


Bild 337-75. Schalldämm-Maßnahmen bei einer Lüftungszentrale.

1 = Betonplatte unter Ventilator
2 = Schwingungsdämpfer
3 = Fundament mit Weichfaserplatte
4 = Weichfaserplatte
5 = Rohraufhängung mit Dämmstreifen in Hülse
6 = Federrohre oder Gummirohre

[1]) DIN 4109 Bl. 1 bis 7 (E. 10.84) Schallschutz im Hochbau.

# 338 Regelung

Überarbeitet von Dipl.-Ing. E. Prochaska, Vaihingen

Die theoretischen Grundlagen der Regelungstechnik werden in Abschnitt 17 behandelt. Der folgende Abschnitt befaßt sich mit der Beschreibung der verschiedenen Teile des Regelkreises und ihrer Anwendung in der Klimatechnik.

## -1 REGLER (Regelgeräte)[1])

Unter einem Regler versteht man ein Gerät, welches vollautomatisch einen physikalischen Zustand an bestimmter Stelle, entsprechend den Vorgaben, enthält. In dieser einfachsten Form werden der Meßfühler und Regler zu einem Thermostat, Hygrostat oder Pressostat zusammengebaut. Moderne Systeme bestehen aus pneumatischen, elektrischen oder mikroelektronischen Reglern, die mit getrennten Meßfühlern und Stellgliedern (Peripheriegeräten) zusammengeschaltet werden.

## -11 Regler ohne Hilfsenergie

Diese Regler arbeiten ohne von außen zugeführte Hilfsenergie. Ihre Arbeitsweise beruht auf mechanischen Gesetzen.

### -111 Unmittelbare Regler

Diese Regler arbeiten ohne Hilfsenergie mit einem Ausdehnungssystem. In der Lüftungstechnik werden hauptsächlich Regler für Temperatur, in kleinem Umfang auch für Drücke und Volumenströme verwendet. Sie gehören zu der Gruppe der stetigen Regler.

*Temperaturregler* (Bild 338-1 u. -2) bestehen aus Fühler, Kapillarleitung und Ventil. Bei Temperaturerhöhung dehnt sich die im System enthaltene Flüssigkeit aus und bewegt den Steuerkolben des Ventils (Heizventil oder Kühlventil). Der Fühler zur Messung der Temperatur wird für Wasser als Stab, für Luft dagegen als Spirale ausgeführt, um schnellere Reaktionen zu erhalten. Er kann auch getrennt vom Ventil als Sollwerteinsteller ausgeführt werden.

Anwendung meist nur bei kleinen Anlagen. Temperatur wird nicht genau eingehalten, da es sich um Proportionalregler handelt, Proportionalbereich etwa 3···6 K, Hub 2···3 mm.

Das Ventil wird bei geringen Drücken als nichtentlastetes *Einsitzventil* ausgeführt, das durch eine Feder geöffnet wird. Bei größeren Drücken muß man entlastete Ventile verwenden, z. B. *Doppelsitzventile* oder Einsitzventile mit besonderer äußerer Entlastungsleitung. Auch Dreiwegeventile sind in Benutzung, wobei der eine Sitz geschlossen wird, während der andere öffnet.

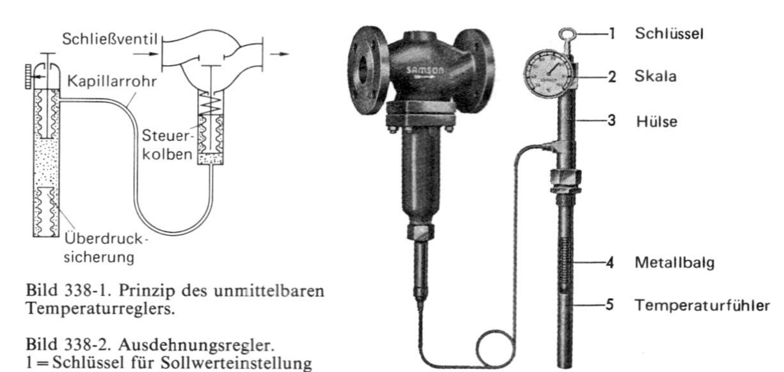


Bild 338-1. Prinzip des unmittelbaren Temperaturreglers.

Bild 338-2. Ausdehnungsregler.
1 = Schlüssel für Sollwerteinstellung

[1]) Benennungen und Begriffe der Regelungstechnik siehe DIN 19226 T. 1 (E. 3. 84).
San. u. Heizungstechn. 8/74 ff.
VDI/VDE-Richtlinie 3525 (12.82): Regelung von raumlufttechn. Anlagen – Grundlagen.

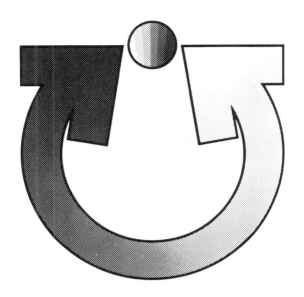

Beim Einbau ist zu beachten, daß der Fühler die Temperatur richtig erfaßt und daß das Ventil einen genügend großen Druckabfall hat ($k_v$-Wert).

Weitere Beispiele von Reglern dieser Art sind thermostatische *Heizkörperventile,* Rücklauf-Temperaturbegrenzer, Druckregler, Mengenbegrenzer u.a. Nachteilig ist bei allen Bauarten, daß der Proportionalbereich nicht einstellbar ist und daher keine Anpassung an die Regelstrecke vorgenommen werden kann.

**-112 Mechanisch-elektrische Regler**

Bei diesen Reglern handelt es sich um *unstetige* Regler. Sie werden in der Regel als *Zweipunktregler* eingesetzt. Ihr Ausgangssignal kann nur 2 Zustände einnehmen, z.B. Auf–Zu. Sie werden vielfältig eingesetzt als Temperatur-, Feuchte- und Druckregler. Zur Messung der Temperatur kommen *Bimetalle* (Materialien verschiedener Ausdehnungswerte) oder auch Flüssigkeitsausdehnungsfühler zur Anwendung. Feuchtemessung erfolgt über hygroskopische Harfen aus Baumwolle oder Kunststoffbänder. Beim Druckregler wird über einen federbelasteten Metallbalg oder eine Membran gemessen. Das Stellglied hat nur 2 Endstellungen mit Minimalkontakt (Heizungsregler), Maximalkontakt (Kühlungsregler) oder Umschaltkontakt (siehe auch Abschn. 174-1). Zur Vermeidung schleichender Kontakte Magnetschnappschalter, Microschalter oder Quecksilberschalter.

Die Temperatur schwankt bei einer Heizungsregelung in einer sägeartigen Kurve um einen Mittelwert. Schwingungszeit und Schwingungsbreite $X_{max}$ lassen sich bei gegebenen Kennwerten (Totzeit, $T_t$, Zeitkonstante $T$, Schaltdifferenz $X_d$, Stellwirkung $X_h$) aus Bild 338-3 entnehmen.

Totzeit $T_t$ und *Zeitkonstante* $T$ müssen durch Versuche ermittelt werden. Die Schaltdifferenz $X_d$ des Reglers ist meist bekannt, die Stellwirkung $X_h$ läßt sich leicht ermitteln.

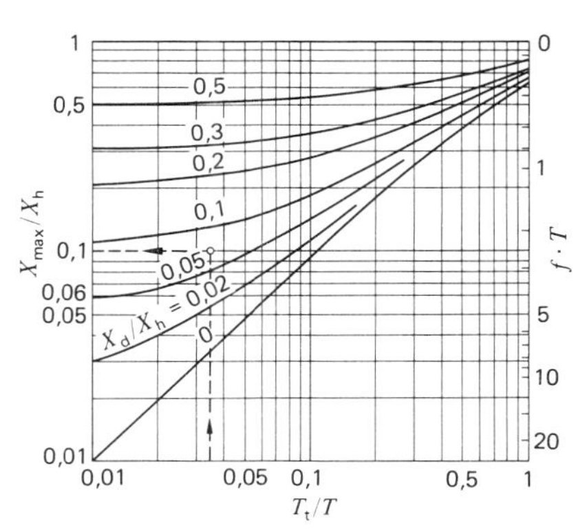


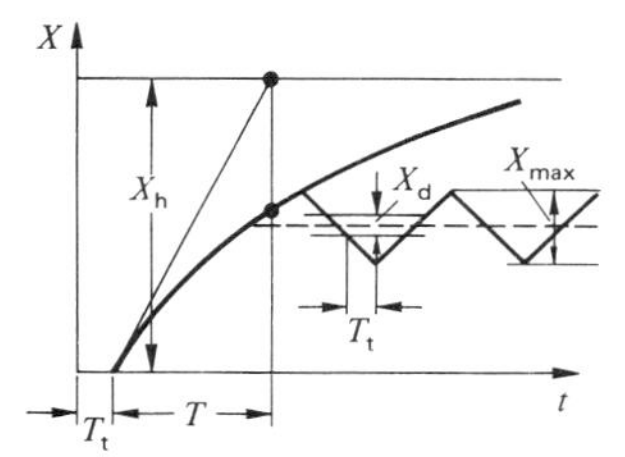


Bild 338-3. Schwingungsbreite $X_{max}$ und Schwingungsfrequenz $f$ bei Zweipunktregelungen.
$T_t$ = Totzeit der Anlage,
$T$ = Zeitkonstante,
$X_d$ = Schaltdifferenz des Reglers,
$X_h$ = Stellwirkung

*Beispiel:*

Ventilator mit elektrischem Lufterhitzer von $\dot{Q} = 5$ kW, Volumenstrom $\dot{V} = 1000$ m³/h $= 0{,}278$ m³/s.

Außenlufttemperatur $t_a = 0\,°C$. Totzeit $T_t = 0{,}1$ min, Zeitkonstante $T = 3$ min.

Stellwirkung $X_h = \dfrac{\dot{Q}}{\dot{V} \cdot \varrho \cdot c} - t_a = \dfrac{5}{0{,}278 \cdot 1{,}25 \cdot 1} - 0 = 14{,}4$ K

Schaltdifferenz $X_d = 1$ K.
$X_d/X_h = 1/14{,}4 = 0{,}07$.
$T_t/T = 0{,}1/3 = 0{,}033$.
Aus Bild 338-3 folgt $X_{max}/X_h = 0{,}1$.

Demnach ist die Schwingungsbreite
$X_{max} = 0{,}1 \cdot X_h = 0{,}1 \cdot 14{,}4 \approx 1{,}5$ K und
$f \cdot T = 2{,}5$.
$f$ = Zahl der Temperatur-Schwingungen $= 2{,}5/T = 2{,}5/3 = 0{,}83$ min$^{-1}$
Dauer einer Temperaturschwingung $T_0 = 1/f = 1/0{,}83 = 1{,}2$ min.

*Näherungswerte* für $T_t/T < 0{,}3$ und $X_d/X_h < 0{,}04$: Schaltperiode

$$T_0 \approx 4\left(T_t + \frac{T \cdot X_d}{X_h}\right).$$

Schwingungsbreite $X_{max} \approx (T_t/T)\ X_h + X_d$.

Alle Zweipunkt-Regler erzeugen bei großer Speichermasse (Warmwasserkessel, Warmwasser-Lufterhitzer), da die Totzeit $T_t$ groß wird, starke Schwingungen, bei kleiner Speichermasse ($T_t$ klein) große Schaltfrequenz, was beides unerwünscht ist. Verbesserung durch thermische Rückführung im Thermostat (Heizwiderstand), dabei jedoch Sollwertverschiebung und häufigeres Schalten.

*Dreipunktregler* sind eine Variante dieser Reglerart. Sie arbeiten ähnlich wie die Zweipunktregler, jedoch sind Zwischenstellungen des Stellgliedes möglich (Bild 338-5). Bei Änderung der Regelgröße, z. B. der Temperatur oder des Kammerdruckes, läuft das Stellglied nach der einen oder anderen Richtung. Je ein Endausschalter in den beiden Endlagen des Stellmotors stoppen diesen bei Erreichen der Endlage. Ist am Regler der Sollwert = Istwert erreicht, bleibt der Stellmotor in seiner momentanen Lage stehen. Bei Verwendung solcher Regler in kleinen Klimageräten kann auch die Folgeschaltung Heizen–Neutral–Kühlen verwirklicht werden (Bild 338-6).

In der Regel ist für solche Regelungen die Laufzeit der Stellmotore zwischen den beiden Endlagern zu kurz, so daß kein befriedigendes Regelergebnis ohne Überschwingen erreicht werden kann. Man schaltet dann noch ein Schrittschaltrelais (mechanisch oder elektronisch) zwischen Reglerausgang und Stellmotor, welches den Strom zum Stellmotor in einem wählbaren Rhythmus unterbricht und damit die Laufzeit des Motors verlängert. Damit kann ein stabiles Regelverhalten erreicht werden.

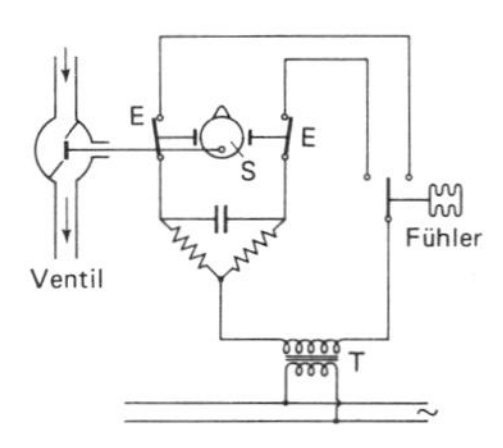


Bild 338-5. Schwebende Regelung.
E = Endausschalter
S = Stellmotor
T = Transformator

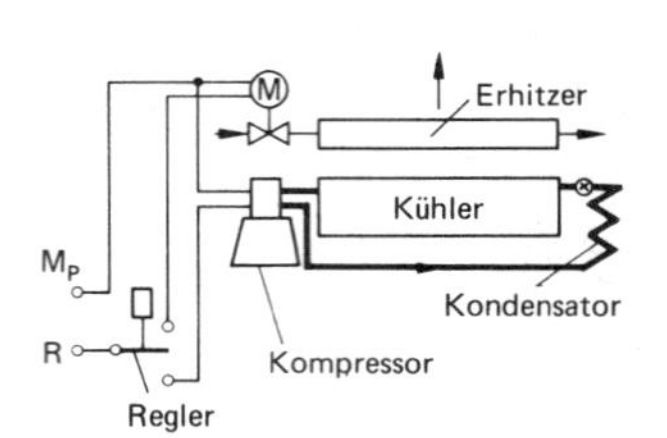


Bild 338-6. Dreipunktregelung eines Klimagerätes mit Kältemaschine.

Zu diesen Reglern gehören auch die sogenannten *Uhrenthermostate,* an welchen man zeitabhängig oder von Hand zwei verschiedene Sollwerte, z. B. für Tag/Nacht, einstellen kann (Bild 338-7).

Bild 338-7. Uhrenthermostat: Zweipunktregler mit schaltendem Ausgang für 2 Sollwerte.

## -12 Elektrische Regler[1])

Elektrische Regler verwenden den elektrischen Strom als Hilfskraft. Da heute in diesen Reglern fast ausschließlich elektronische Bauteile eingesetzt werden, nennt man sie häufig auch *elektronische Regler*. Die zu regelnde physikalische Größe – meist Temperatur, Feuchte und Druck – wird im Meßfühler in ein analoges elektrisches Signal umgesetzt. Im Regler wird dieses Signal als Ist-Wert verarbeitet. Der Regler selber arbeitet mit elektronischen Bauteilen und gibt wiederum ein elektrisches Signal an das angeschlossene Stellglied. Im wesentlichen arbeiten alle diese Regler mit den Regelalgorithmen (Übergangsfunktionen) *Proportional* (P-Regler), *Proportional-Integral* (PI-Regler) und *Proportional-Integral-Differential* (PID-Regler) sowie Kombinationen dieser 3 Verfahren (Bild 338-15).

Bild 338-15. Regelübergangsfunktionen.

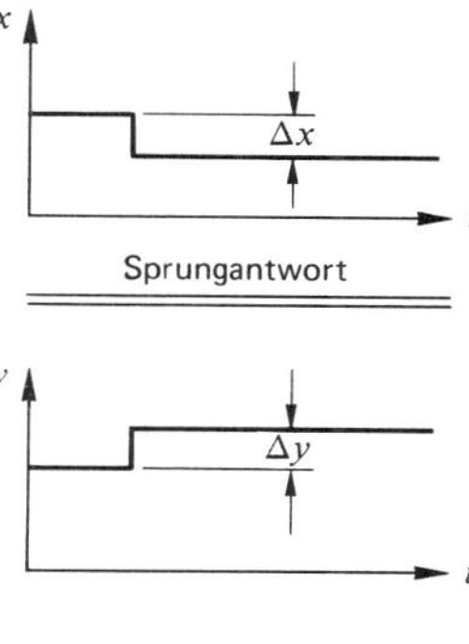


P-Regler: Die Änderung der Stellgröße $y$ ist proportional der Änderung der Regelgröße $x$.

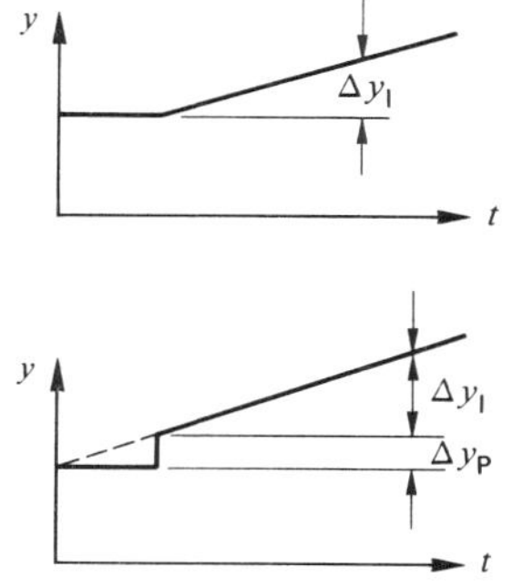


I-Regler: Die Stellgröße $y$ ändert sich mit einer Geschwindigkeit proportional zur Regelabweichung $x$.

PI-Regler: Die Stellgröße $y$ ändert sich mit einem P- und I-Anteil.

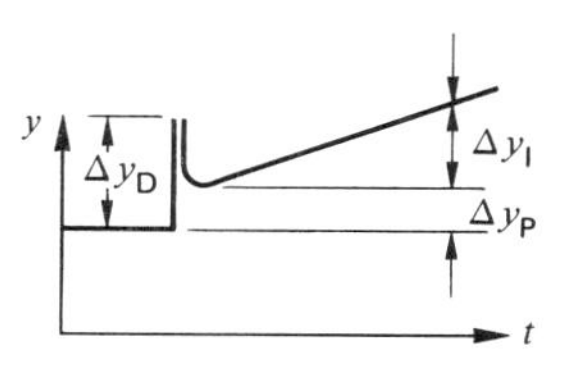


PID-Regler: Die Stellgröße $y$ wird zusätzlich zur PI-Wirkung durch eine Vorhaltzeit $T_v$, die der Regelabweichung entgegenwirkt, beeinflußt.

Ferner gibt es noch Zusatzschaltungen wie *Hilfsgrößen-* oder *Störgrößen-Aufschaltung, Strukturumschaltung, Kaskadenschaltung* usw. Die Ausstattungsvielfalt ist sehr groß und reicht vom einfachen Regler ohne Anzeige bis zum Regler mit digitaler Istwertanzeige, digitaler Sollwerteingabe sowie kompletten Leitgeräten, über welche das angeschlossene Stellglied bei Umschaltung auf Handbetrieb in jede beliebige Stellung gefahren werden kann.

---

[1]) Dollfus, A., u. J. Kriz: Ki 3/85. S. 121/3.

Diese Regler sind heute meistens sogenannte *Einheitsregler*, welche je nach dem verwendeten Fühler für die Regelung von Temperatur, Feuchte oder Druck eingesetzt werden können. Werden sogenannte *aktive Fühler* verwendet, welche ein einheitliches Ausgangssignal unabhängig von der Art der Meßgrößen herausgeben, kann der Regler ohne Änderung (außer der Skala) für alle Regelaufgben verwendet werden.

Werden *passive Fühler* verwendet (in der Regel Widerstandsfühler), dann muß die Eingangsschaltung des Reglers für diesen speziellen Fall geeignet sein.

Auf der Ausgangsseite der Regler gibt es Unterschiede, je nachdem welche Stellglieder betätigt werden sollen. Als Ausgänge stehen zur Verfügung 2-Punkt-, 3-Punkt- sowie Analogausgänge mit den üblichen Ausgangssignalen 0···10 V oder 0 (4)···20 mA.

In Bild 338-17 ist der prinzipielle Aufbau eines solchen Reglers dargestellt.

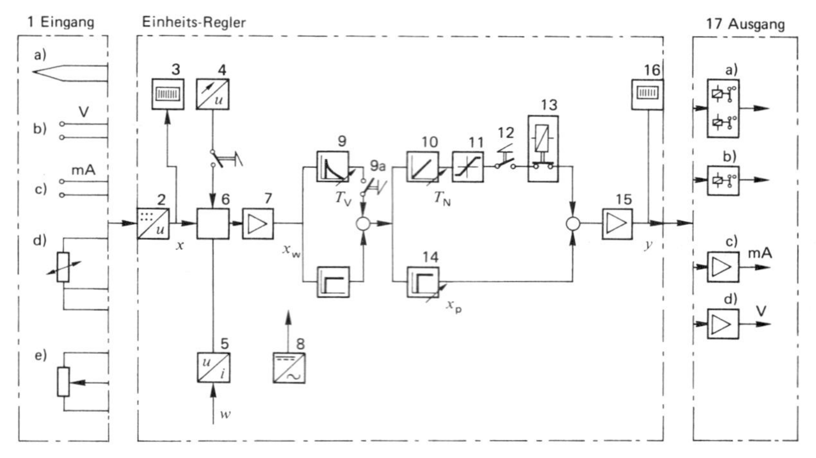


Bild 338-17. Blockschaltbild eines elektrischen Reglers.

1 Eingang (wahlweise):
 a) Thermoelement
 b) Gleichspannung 0–10 V
 c) Gleichstrom 0–20 mA
 d) Widerstandsthermometer
 e) Widerstandsferngeber

Einheitsregler:
 2 Meßumformer für Istwert $x$
 3 Istwertanzeiger
 4 Sollwertgeber intern
 5 Meßumformer für Sollwert $w$ extern
 6 Vergleichsstelle
 7 Vorverstärker für Regelabweichung $x_w$
 8 Stabilisiertes Netzteil
 9 Differenzierglied
 10 Integrierglied
 11 Störungseinfluß-Begrenzer für I-Glied
 12 Schalter für I-Anteile
 13 Strukturumschaltung
 14 P-Bereich Einsteller
 15 Ausgangsverstärker für Stellgröße $y$
 16 Anzeige Ausgangssignal
 17 Ausgang (wahlweise):
 a) 3-Punkt-Ausgang
 b) 2-Punkt-Ausgang
 c) Stetiger Ausgang (Strom)
 d) Stetiger Ausgang (Spannung)

Die Arbeitsweise dieser Regler beruht darauf, daß das eingehende Meßsignal des Fühlers mit dem Signal des Sollwertgebers verglichen wird. Dies erfolgte früher fast ausschließlich in einer Brückenschaltung (Wheatstonsche Brücke), Bild 338-20. Neuerdings wird sowohl das Istwert- wie das Sollwertsignal in ein einheitliches Gleichspannungssignal umgewandelt, welches dann in einem Gleichspannungsverstärker mit Differenzeingang verglichen und daraus abgeleitet als Regelabweichung zur Verarbeitung an den Regelteil weitergegeben wird. Dort erfolgt je nach vorgegebenem Regelalgorithmus die Bildung des Ausgangssignals.

Bild 338-23 zeigt einen modernen *elektronischen Universalregler*. Durch Einsetzen verschiedener Steckmodule kann er an die unterschiedlichsten Fühler 1 a···d angepaßt werden. Ebenso stehen Steckmodule für verschiedene Ausgangsarten 17 a···d zur Verfügung.

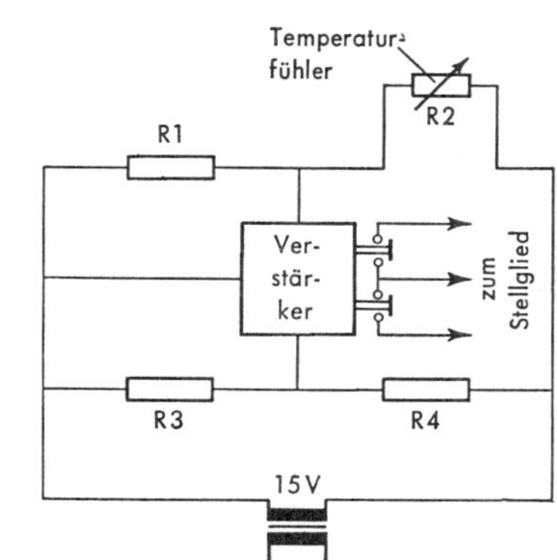


Bild 338-20. Prinzipschaltbild der elektronischen Regelung (Wheatstonesche Brücke). $R_3$ = Sollwertgeber

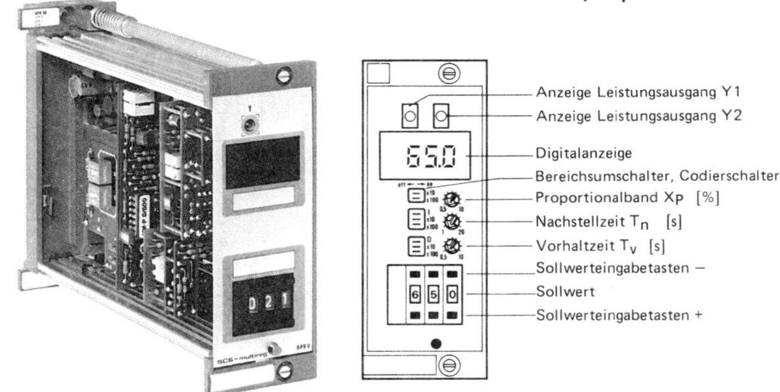


Bild 338-23. Elektronischer Universalregler mit digitaler Istwertanzeige und digitaler Sollwerteingabe (Stäfa).
Links: Ansicht; rechts: Einstell-Vorrichtungen hinter Frontplatte

Das Eingangssignal wird im Meßumformer 2 dem Einheitsregler als Regelgröße $x$ (Istwert) eingegeben und bei 3 angezeigt. In 6 wird der Istwert $x$ mit dem Sollwert $w$ verglichen, der entweder intern in 4 eingestellt ist oder extern über 5 eingeht. Über den Verstärker 7 wird die Regelabweichung $x_w = x - w$ ausgegeben.

Falls erwünscht, wird in 9 bei geschlossenem Schalter 9a ein D-Anteil, d.h. eine Vorhaltzeit $T_v$ eingegeben. In 14 wird der P-Bereich eingestellt, in 10 der I-Anteil, d.h. die Nachstellzeit $T_n$, falls die nachfolgenden Schalter 12 und 13 geschlossen sind. Bei starker Regelabweichung $x_w$ muß der I-Anteil durch einen Begrenzer 11 eingeschränkt werden oder durch den Strukturumschalter 13 von PI auf P völlig herausgenommen werden. Die resultierende Stellgröße $y$ wird in 15 verstärkt und bei 16 angezeigt; Ausgabe an das Stellglied bei 17 wahlweise über a···d.

Um das Regelverhalten von Regelkreisen mit großer Totzeit (z.B. Raumtemperaturregelung) zu verbessern, wählt man häufig die

*Kaskadenregelung*[1]).

Hierbei ist die Ausgangsgröße eines Reglers, des Hauptreglers, die Eingangsgröße für den Hilfsregler (Folgeregler). Es sind also zwei Regler vorhanden, meist in einer Baueinheit. Beispiel ist die Abluft-Zuluft-Kaskadenregelung bei einer Luftheizungsanlage oder Klimaanlage (Bild 338-27).

[1]) Schrowang, H.: IKZ 13/73. 6 S.

Bei Abweichung der Raumtemperatur vom Sollwert wird nicht das Ventil verstellt, sondern der Sollwert des Hilfsreglers. Der momentane *Istwert* des Hauptreglers gibt also den momentanen *Sollwert* des Hilfsreglers vor. Der P-Bereich des Hauptreglers ist z. B. 2 K, der des Hilfsreglers 20 K. Dann ergibt sich eine Zuordnung der Zuluft- und Ablufttemperatur gemäß Bild 338-27 rechts.

Der Übertragungsbeiwert des Reglers ist hier $20/2=10$, d.h., die Zulufttemperatur ändert sich um 10 K, wenn sich die Raumtemperatur um 1 K ändert.

Es ist leicht einzusehen, daß bei dieser Kaskadenregelung die Raumtemperaturschwankung sehr viel geringer ist, als wenn man, wie sonst üblich, in der Zuluft einen Maximal- und Minimalregler anordnet.

Kaskadenregelungen, die elektrisch, elektronisch oder pneumatisch ausgeführt werden, sind besonders dann geeignet, wenn auf eine verzugsarme Strecke (z. B. Zuluft) eine verzögerungsreiche Strecke, wie Luftheizung oder Luftkühlung, folgt. Der Hauptregler wird üblicherweise als reiner P-Regler ausgeführt, der Hilfsregler als PI-Regler.

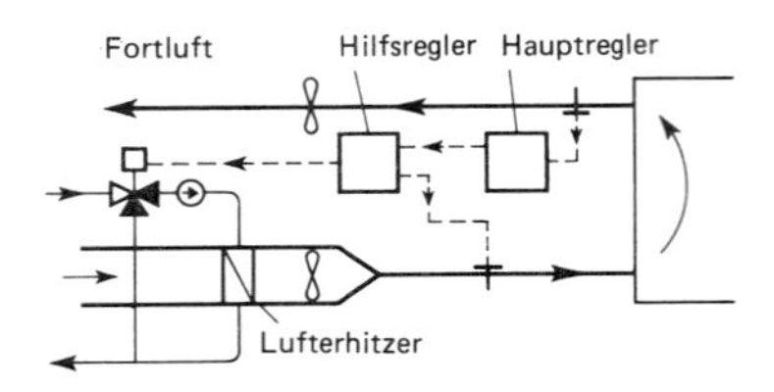


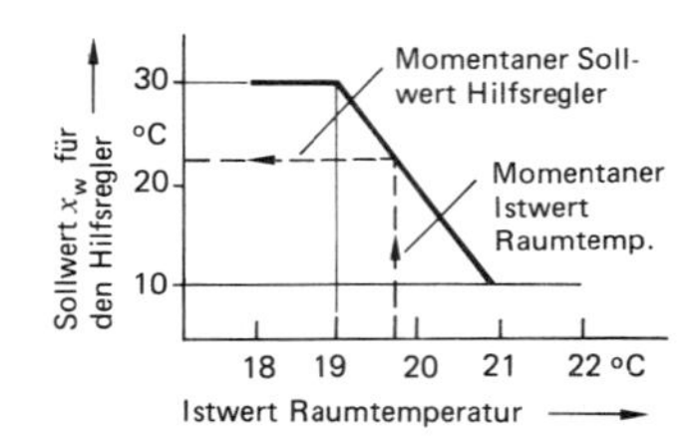


Bild 338-27. Abluft-Zuluft-Kaskadenregelung bei einer Luftheizungsanlage.
Links: Schema; rechts: Diagramm der Sollwertverschiebung

Weitere Anwendungsmöglichkeiten bei der Raumtemperatur-Vorlauf-Kaskadenregelung.

Eine andere Möglichkeit, die Regelung an den Bedarf besser anzupassen, ist die *Störgrößenaufschaltung*.

Will man einen Fühler durch einen oder mehrere andere beeinflussen, verwendet man außer der Hauptbrücke eine oder mehrere weitere Meßbrücken, wobei sich die Signale der einzelnen Brücken addieren (Bild 338-29). Der Einfluß der zusätzlichen Fühler kann dabei durch besondere *Einflußpotentiometer* von 0 bis 100% geändert werden. Verwendung etwa bei außentemperaturabhängigen Regelungen.

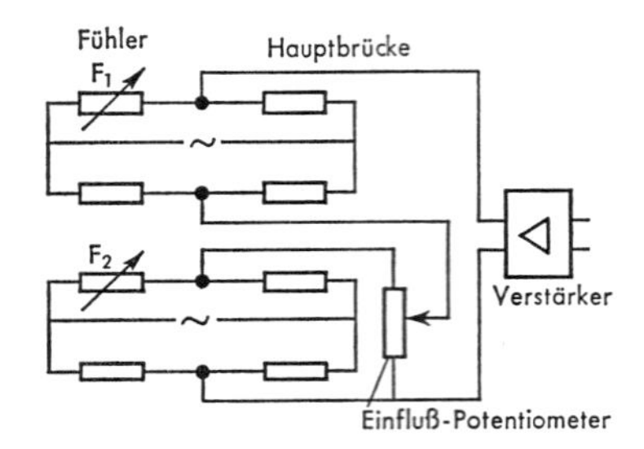


Bild 338-29. Elektronische Regelung mit Hauptbrücke und zusätzlicher Brücke für Regeleinfluß.
$F_1$ = Hauptfühler,
$F_2$ = Nebenfühler

*Beispiel:*

Soll die Zulufttemperatur bei einer Luftheizung von 20 auf 30 °C steigen, wenn die Außentemperatur von 20 auf 0 °C fällt, dann ist der Einfluß des Außentemperaturfühlers

$$\varphi = \frac{30-20}{20-0} = 0,5 \triangleq 50\%.$$

Eine sehr flexible *elektronische Regelung* mit 2 Meßumformern und zusätzlichen Führungsgrößen, Aufschaltungen, Halbleiter-Temperaturfühlern, Strukturumschaltung P/PI zeigt Bild 338-30. Über die Meßumformer 1 und 2 wird der von den Fühlern $F_1$ und $F_2$ gemessene Temperaturwert in ein analoges 0 ··· 10-Volt-Signal umgeformt und in dem Differentialverstärker verarbeitet, auf welchen noch weitere Führungsgrößen E aufgeschaltet werden können. Über die Ausgangsstufe mit Relais wird das Stellglied angesteuert.

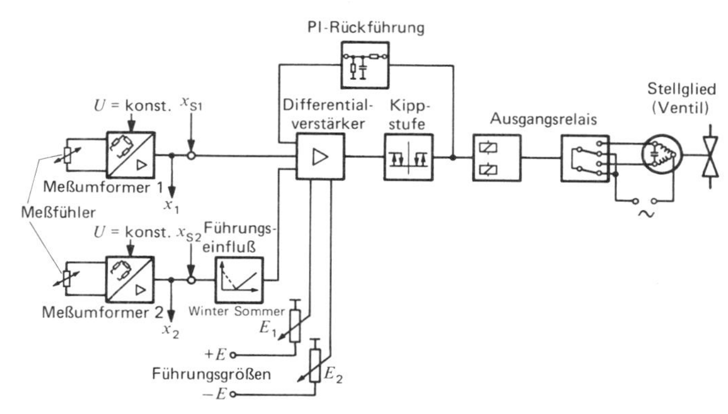


Bild 338-30. Elektronische Regelung mit Meßumformern, Verstärkern, Führungsgrößenaufschaltung mit P- oder PI-Verhalten.

$x_{s1}, x_{s2}$ = Sollwertvorgabe;
$x_1, x_2$ = Ausgang für Istwertanzeige,
$+E, -E$ = Eingang für Führungsgrößen,
$E_1, E_2$ = Einflußvorgabe für $E$

Bild 338-31. Elektronischer Regler gemäß Bild 338-30 (JCI-Regler, System Deperm $H_3$).

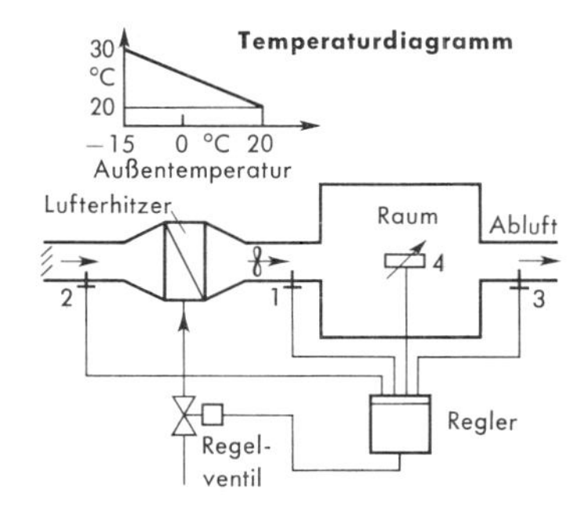


Bild 338-32. Regelung für Luftheizungsanlage mit Anhebung der Zulufttemperatur 1 im Winter durch Außenfühler 2 sowie Aufschaltung der Ablufttemperatur 3 auf Zulufttemperatur, 4 = Sollwertfernverstellung

Abmessungen der Geräte wegen der elektronischen Bauelemente sehr gering. Beispiel siehe Bild 338-31.

Anwendungsbeispiel Bild 338-32.

Ein weiteres Mittel, um die Regelgeräte bei schwierigen Regelkreisen zu verbessern, ist die

*Strukturumschaltung.*

Diese Regler können ihren Regelalgorithmus selbsttätig von P auf PI und umgekehrt umschalten. Ist die Regelabweichung sehr groß, arbeitet er als reiner P-Regler, welcher die Regelabweichung schnell ausregelt, aber leicht zum Pendeln neigt. Ist die Regelabweichung auf einen wählbaren Wert zurückgegangen, wird automatisch der PI-Algorithmus eingeschaltet. Damit vermeidet man das langsame Einschwingen des reinen PI-Reglers bei großen Sollwertabweichungen und erreicht ein schwingungsfreies Arbeiten bei kleinen Sollwertabweichungen.

Zur Erweiterung der Einsatzmöglichkeit stehen eine ganze Reihe von Zusatzgeräten zu den Reglern zur Verfügung. Sie sind meist, wie die Regler selber, als Steck-Einheit ausgebildet und lassen sich in 19"-Rahmen zu einer funktionsfähigen Regelanlage zusammenbauen.

Die wichtigsten Geräte dieser Art sind:

*Spannungs- bzw. Stromrelais*

Erfassen den Ausgang des Reglers und schalten bei einem wählbaren Wert einen oder mehrere Relaisausgänge (z. B. Ein-Ausschalten von Pumpen, Kältemaschinen usw.).

*Rechenrelais*

Die Ausgangssignale mehrerer Regler werden nach mathematischen Formeln zu einem neuen Ausgangssignal umgebildet. Im wesentlichen verwendet man Addierer zur Mittelwertbildung sowie Maximal- und Minimalauswahlrelais, welche jeweils das Größte oder Kleinste mehrerer Signale weitergeben.

*I/U- oder U/I-Umformer*

Das analoge Ausgangssignal eines Reglers wird vom Stromsignal in ein Spannungssignal oder umgekehrt umgeformt, um verschiedene Systeme einander anpassen zu können.

*Elektrische Stellungsrelais*

Um mit einem analogen Ausgang eines Reglers einen motorbetriebenen Stellantrieb zu betreiben, werden diese Relais eingesetzt. Sie sind am Stellantrieb montiert und steuern den Stellmotor durch links-rechts Laufsignale so, daß das Stellglied eine dem Ausgangssignal analoge Stellung einnimmt. Die hierzu notwendige Rückführung erfolgt entweder über Potentiometer oder aber über eine im Relais eingebaute PID-Schaltung.

*Elektro-pneumatische Umformer*

Das analoge elektrische Ausgangssignal eines Reglers wird in ein analoges pneumatisches Einheitssignal umgewandelt, um in elektro-pneumatischen Regelanlagen die elektronischen Regler auf pneumatische Stellglieder wirken zu lassen. Diese Geräte können auch neben dem Einsatz im Schaltschrank als Feldgeräte direkt auf die pneumatische Stellglieder angebaut werden.

*Elektronische Schaltuhren*

Da in modernen Regelungen neben der eigentlichen Regelung auch noch zeitabhängige Schaltungen bzw. Umschaltungen nötig sind, werden diese meist programmierbaren Uhren eingesetzt. Siehe Bild 338-33. Diese Arbeiten mit einem Microprocessor.

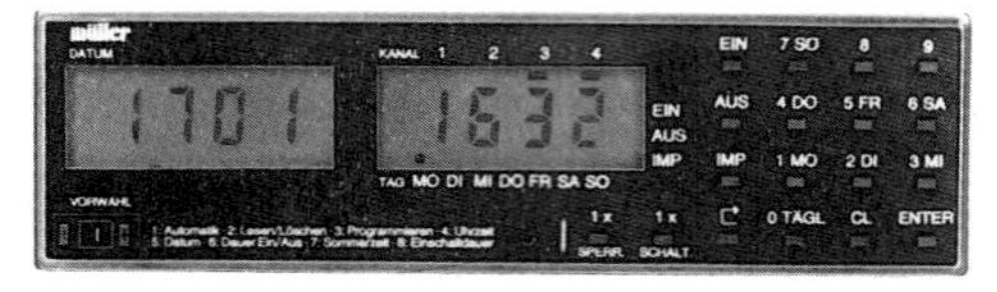


Bild 338-33. Elektronische Digitaluhr mit 4 Ausgangskanälen. Volljahresprogrammierbar mit bis zu 123 Befehlen, automatische Sommerzeitumschaltung (Müller).

## -13 Pneumatische Regler (Druckluftregler)[1]

### -131 Allgemeines

Pneumatische Regelanlagen benutzen Druckluft als Hilfsenergie zur Kraftverstärkung. Sie bestehen in der Hauptsache aus folgenden Teilen:

*Druckluftkompressor* einschl. Motor und Druckluftbehälter,
den *Fühlern* für Temperatur, Feuchte, Druck usw.,
den *Membranmotoren* für Ventile und Klappen (Membranventile, Membranklappen),
den *Verbindungsleitungen* zwischen Kompressor, Fühlern und Membranmotoren aus Kupfer- oder Kunststoffrohr.

Alle Druckluftregler arbeiten mit Proportionalwirkung, d.h., daß zu jedem Wert für Temperatur, Druck oder Feuchte eine ganz bestimmte Stellung des Stellorgans gehört. P-Bereich meist einstellbar. Damit zusammenhängende Regelabweichung wird durch eine Rückführung ganz beseitigt (PI-Regler).

Man unterscheidet bei den Reglern:

d.w.-Regler (direkt wirkend),
steigender Steuerdruck bei steigendem Istwert (Temperatur, Feuchte usw.),
u.w.-Regler (umgekehrt wirkend),

bei den Stellgliedern:
d.a. = drucklos auf
d.z. = drucklos zu.

*Vorteile:*

Einfache Bauart, betriebssicher, stufenlose weiche Regelung.

*Nachteile:*

Nur bei großen Anlagen billiger als elektr. Regler. Betriebsdruckluft muß sauber, trocken und ölfrei sein.

### -132 Pneumatische Durchflußregelung (abblasendes System)

Die grundsätzliche Wirkungsweise dieser Regelung geht aus Bild 338-35 hervor.

Die vom Kompressor gelieferte Druckluft wird in einer Reduzierstation zunächst auf den Betriebsdruck von 1,2 bar Überdruck verringert und dann über eine Drossel zum Temperaturfühler und zum Membranmotor geführt. Im Fühler tritt die Luft aus einer Düse aus und bläst gegen eine Prallplatte, deren Lage durch das temperaturempfindliche Glied (z.B. Federbalg mit Fühler) verändert wird (Kraftschalter). Dadurch ändert sich der Überdruck in der Rohrleitung in den Grenzen von 0,2 bis 1,0 bar. Dieser Druck wird auf die Membran des Ventils übertragen, wodurch das Ventil mehr oder weniger geöffnet wird. Denselben Druck erhält auch Rückführfederbalg *R*, der die Prallplatte in entgegengesetzter Richtung dreht und somit dafür sorgt, daß sich ein neues Gleichgewicht zwischen beiden Drehmomenten einstellt, wobei der Druck proportional der Temperaturänderung ist.

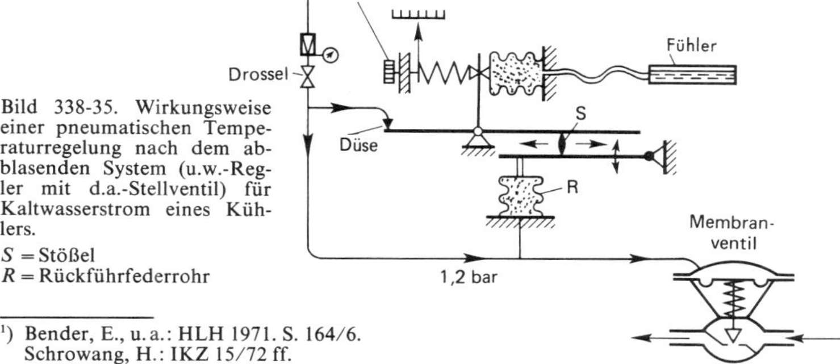


Bild 338-35. Wirkungsweise einer pneumatischen Temperaturregelung nach dem abblasenden System (u.w.-Regler mit d.a.-Stellventil) für Kaltwasserstrom eines Kühlers.
*S* = Stößel
*R* = Rückführfederrohr

[1]) Bender, E., u.a.: HLH 1971. S. 164/6.
Schrowang, H.: IKZ 15/72 ff.

Im Bild ist gezeichnet ein u.w.-Regler mit Ventil d.a., statt dessen könnte auch ein d.w.-Regler mit d.z.-Ventil gewählt werden.

Es ist ein dauernder Luftverbrauch vorhanden (abblasendes System), etwa 40 l/h je Regler. Düsendurchmesser ≈ 0,3 mm, max. Weg der Prallplatte ≈ 0,1 mm.

Regler arbeitet mit *Proportionalwirkung;* d.h., die Stellgrößenänderung ist proportional der Temperaturänderung. Der Proportionalbereich wird durch den Stößel *S* am Hebelsystem verändert. Verschiebung nach rechts ergibt größeren *P*-Bereich, nach links kleineren.

Der Federrohrbalg *R* wirkt als starre (zeitlich nicht veränderliche) Rückführung, die die Stellgliedänderung an den Regler zurückmeldet, ohne ihre Wirkung abzuwarten.

Da die durch die Drossel strömende Luftmenge gering ist, kann es namentlich bei großen Ventilen mehrere Minuten dauern, bis ein ganzer Ventilhub erfolgt. Kürzere Laufzeiten erhält man durch *Verstärkerrelais*. Prinzipschaltbild siehe Bild 338-38. Bei steigendem Druck in der Steuerleitung *D* vom Thermostat öffnet sich das Einlaßventil *A* und erhöht den Druck in Kammer und Steuerleitung *E* zum Stellglied so lange, bis Gleichgewicht herrscht. Bei fallendem Druck Entlüftung durch Ventil *B* und Öffnung *C*. Durch den direkten Anschluß an die ungedrosselte Betriebsluft also schnellere Bewegungen des Stellgliedes.

Die Verstärker werden als separate Bauteile geliefert oder auch direkt im Regler eingebaut.

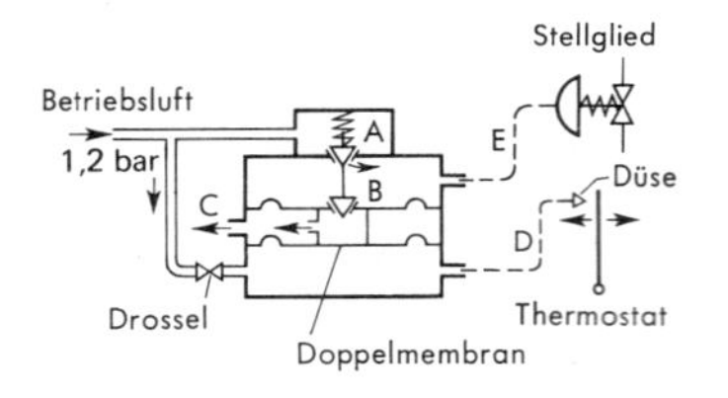


Bild 338-38. Pneumatische Durchflußregelung mit Verstärker.

*A* = Einlaßventil,
*B* = Auslaßventil,
*C* = Entlüftung,
*D* = Steuerleitung vom Thermostat,
*E* = Steuerleitung zum Stellglied

**-133 Pneumatische Regelung mit Steuerrelais** (nicht abblasendes System)

Statt der Düsen wird bei diesem System ein *Steuerrelais* im Regler verwendet, das 2 kleine Steuerventile enthält. Luft wird nur verbraucht, wenn der Steuerdruck steigt. Prinzipbild 338-40 und 338-43.

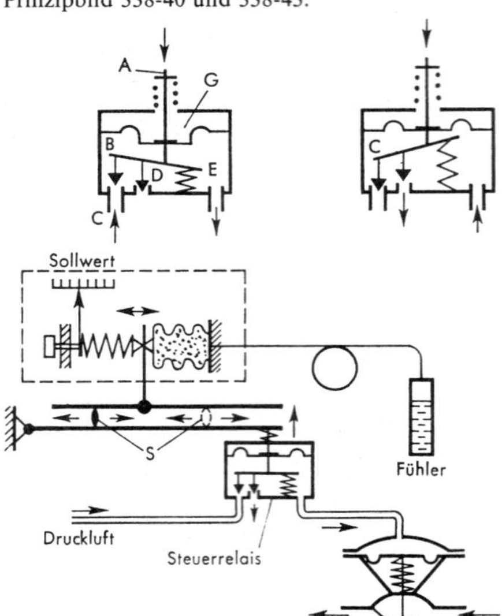


Bild 338-40. Schema eines Steuerrelais.

*A* = Stößel
*BE* = Hebel
*C* = Einlaßventil
*D* = Auslaßventil
*G* = Membran

Bild 338-43. Wirkungsweise einer pneumatischen Temperaturregelung nach dem nichtabblasenden System.

*S* = Stößel

Bei steigender Temperatur Druck auf den Stößel *A*, Hebel *BE* dreht sich um *D*, Betriebsluft tritt bei *C* ein und erhöht Druck in Druckkammer und Steuerleitung zum Stellmotor. Durch den höheren Druck wird die Membran *G* wieder auf die ursprüngliche Lage zurückgedrückt. Bei fallender Temperatur ähnlicher Vorgang, Drehung des Hebels *BE* um *C*. Abblasen über *D*.

Stößel *S* in Bild 338-43 dient zur Einstellung des Proportionalbereiches. In der gezeichneten Stellung ist der Thermostat *direkt wirkend*, d.h. steigender Druck bei steigender Temperatur, in der gestrichelten Stellung *umgekehrt wirkend*. Das Ventil ist d.z. (drucklos zu). Regler dieses Systems weniger sensibel als beim abblasenden System.

### -134 Pneumatische PI-Regler

Bei diesen Reglern besteht die Stellgrößenänderung aus 2 Teilen, der P-Verstellung und der I-Verstellung (Integralverstellung). Prinzip der Regelung siehe Bild 338-44.

Der PI-Regler besitzt außer dem Rückführbalg *R* einen weiteren Balg, der als *Gegenkopplung* durch Rechtsdrehung der Prallplatte den Steuerdruck wieder langsam erhöht, bis Gleichgewicht herrscht. Die Geschwindigkeit der Änderung kann an der Drossel eingestellt werden, wodurch die *Nachstellzeit* festgelegt ist. Man nennt diese Art der Regelung auch nachgebende Rückführung.

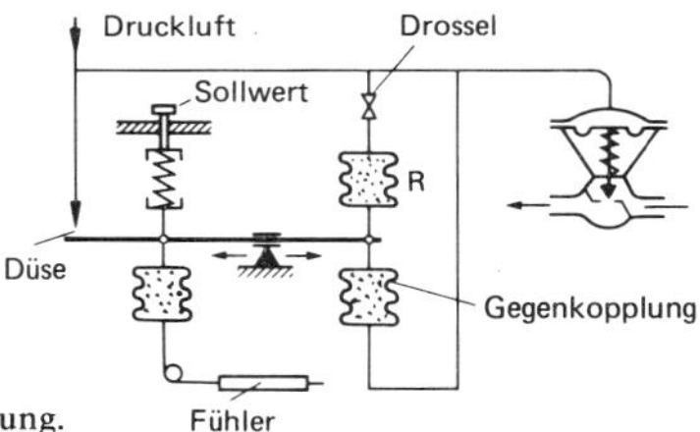


Bild 338-44. Prinzip der pneumatischen PI-Regelung.

### -135 Stellungsrelais

Sowohl beim abblasenden wie nicht abblasenden System ist dem Steuerdruck des Gebers nicht ein bestimmter Hub im Stellmotor zugehörig, da die Reibung in der Stopfbüchse oder z.B. der Dampfdruck im Ventil den Hub beeinflussen. Dies wird durch Stellungsrelais vermieden. Prinzipbild 338-45.

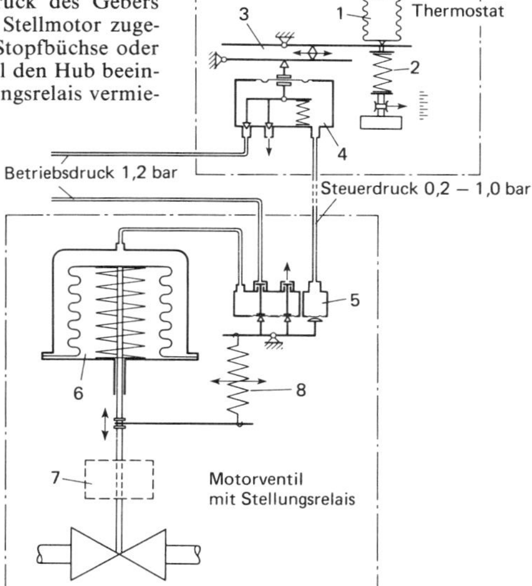


Bild 338-45. Wirkungsweise einer pneumatischen, nicht abblasenden Regelungsanlage mit Stellungsrelais.

1 = Federbalg,
2 = Sollwertfeder,
3 = Hebelanordnung,
4 = Steuerrelais,
5 = Stellungsrelais,
6 = Federbalg im Stellmotor,
7 = Hebelgetriebe,
8 = Kopplungsfeder

Steuerdruck wirkt nicht mehr direkt auf die Membran des Stellmotors, sondern auf die Membran im Stellungsrelais 5. Bei steigendem Steuerdruck wird so lange Betriebsluft in die Druckkammer und die Steuerleitung zum Stellmotor geblasen, bis durch die Bewegung der Ventilspindel und der Kopplungsfeder 8 ein Gleichgewicht erreicht ist.

Der Druck auf die Membran des Stellmotors steigt so lange, bis der Hub dem Steuerdruck entspricht. Der Stellmotor kann hierbei also auch bei geringen Temperaturänderungen bereits den vollen Steuerdruck erhalten. Kein Einfluß durch Reibung, genaue Positionierung der Spindel oder des Stellhebels. Ein weiterer Vorteil ist die Möglichkeit zur Folgeschaltung von 2 oder 3 Stellmotoren durch Änderung des Angriffspunktes der Kopplungsfeder.

**-136 Schaltkombinationen**

1. *Folgeschaltung* (Bild 338-46). Ventil 1 spricht bei 0,2 bar Überdruck an und ist bei 0,5 bar voll geöffnet. Ventil 2 spricht bei 0,7 bar an und ist bei 1,0 bar geöffnet. Der Bereich von 0,5 bis 0,7 bar ist neutrale Zone. Anwendung z. B. bei der Folgeschaltung Heizen/Kühlen.

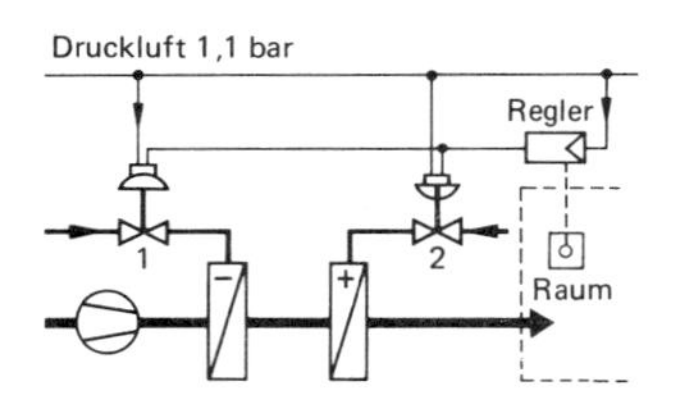


Bild 338-46. Pneumatische Regelung mit Folgeschaltung.

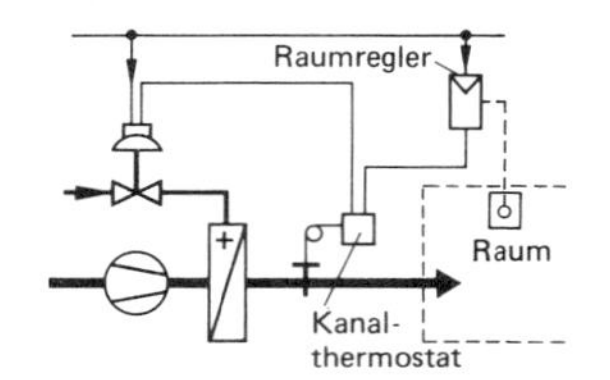


Bild 338-47. Pneumatische Regelung mit Minimalbegrenzung.

2. *Minimalbegrenzung* (Bild 338-47). Der Raumthermostat regelt die Raumtemperatur. Bei Unterschreitung einer einstellbaren Minimaltemperatur im Zuluftkanal übernimmt zur Verhinderung von Zugerscheinungen der Kanalthermostat (Begrenzungsthermostat) die Regelung und läßt die Zulufttemperatur nicht unter den eingestelltn Wert absinken.

3. *Sollwertverschiebung* (Bild 338-48). Der Steuerthermostat in der Außenluft wirkt auf den Hauptregler so ein, daß er den Sollwert je nach der Außentemperatur verändert. Der Hauptregler hat dabei einen zusätzlichen Druckluftanschluß mit einem Verschiebebalg zur Änderung des Sollwerts.

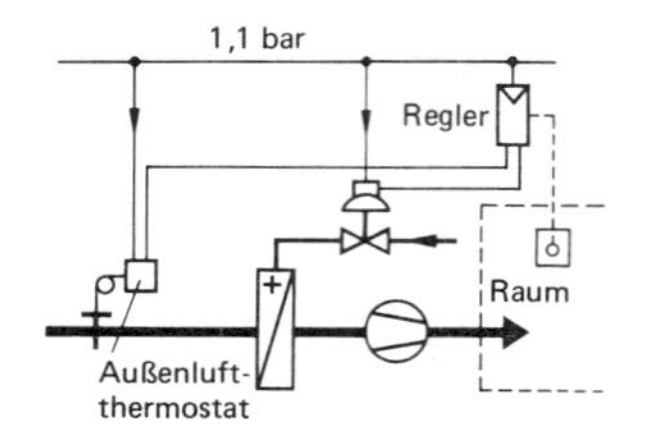


Bild 338-48. Sollwert-Verschiebung.

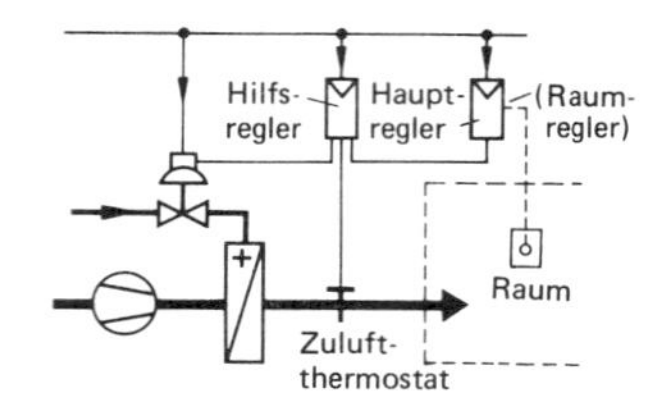


Bild 338-49. Kaskadenregelung.

4. *Kaskadenregelung* (s. Abschn. 338-124). Hauptregler im Raum mit geringem P-Bereich steuert Hilfsregler mit großem P-Bereich (Bild 338-49).

**-137 Pneumatische Einheitsregler**

Die Weiterentwicklung der pneumatischen Regelung führte zu dem *„pneumatischen Einheitsregler"*. Hierbei werden beliebig zu regelnde Größen wie Temperatur, Feuchte, Druck, Menge usw. durch sogenannte *Meßumformer* (Meßwandler, Transmitter) in ein genormtes pneumatisches Einheitssignal von 0,2 bis 1,0 bar umgewandelt (US-Norm 3 bis 15 psi entsprechend 0,21 bis 1,05 bar), welches als Einheitssignal für den Regler dient. Dieser vergleicht den Istwert mit dem eingestellten Sollwert und betätigt bei Regelabweichung über einen Kraftschalter das Stellglied (Ventil oder Klappe).

Es besteht Analogie zu den elektrischen Einheitsreglern mit ihren Normsignalen 0…10 V oder 0…20 mA (s. Abschn. 338-12). Das genannte pneumatische Eingangssignal kann auch als Eingang für pneumatische Anzeige- oder Registriergeräte verwendet werden. Der Regler kann je nach Aufbau mit P-, PI- oder PID-Wirkung arbeiten. Schema Bild 338-52.

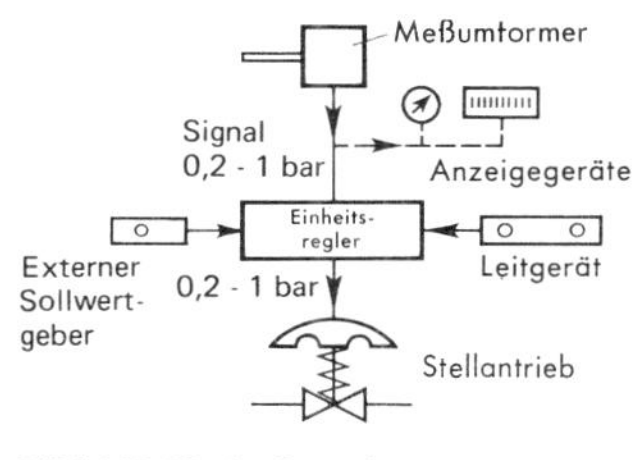


Bild 338-52. Aufbau eines pneumatischen Einheitsregelsystems.

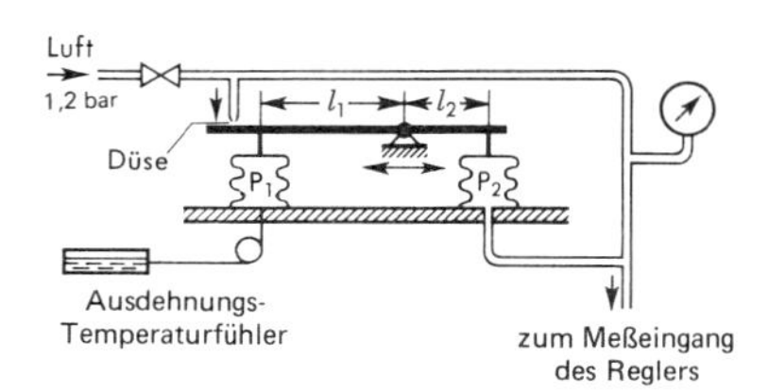


Bild 338-53. Prinzip eines pneumatischen Meßumformers für Temperatur.

Prinzip eines pneumatischen Meßumformers für Temperatur s. Bild 338-53.

Der Aufbau ist einem pneumatischen P-Regler (Bild 338-35) ähnlich, es fehlt jedoch ein Sollwerteinsteller. Es ist lediglich eine Justiervorrichtung zum Verschieben des Unterstützungspunktes des Hebels vorhanden, um die Längen $l_1$ und $l_2$ zu verändern.

Auf das linke Meßfederrohr wirkt der Dampf- oder Gasdruck des Temperatur-Ausdehnungsfühlers, auf das Kompensationsfederrohr rechts der durch die Stellung der Düse erzeugte pneumatische Gegendruck. Bei Gleichgewicht ist $P_1 l_1 = P_2 l_2$.

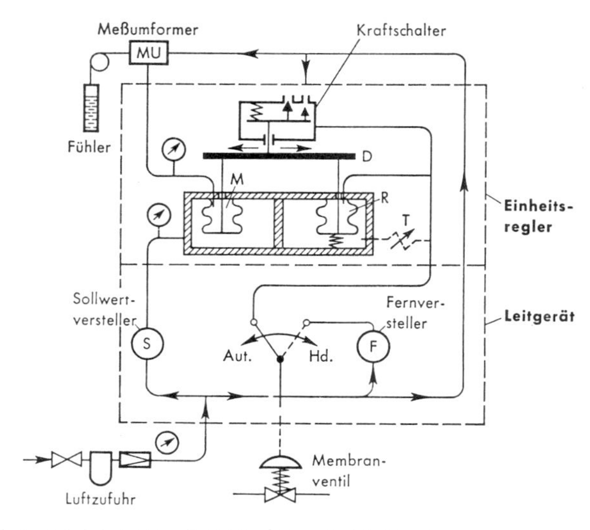


Bild 338-54. Pneumatischer Einheitsregler mit Meßumformer und Leitgerät.
$D$ = Differentialhebel, $M$ = Meßwertfederrohr, $R$ = Rückführfederrohr, $T$ = Nachstelldrossel für Integralwirkung

Prinzip des pneumatischen Einheitsreglers in Bild 338-54.

Auf das linke Meßfederrohr des Reglers wirkt von innen der Meßdruck des Meßumformers, von außen der Solldruck, der durch den Sollwertversteller festgelegt wird. Das rechte Federrohr *R* erhält von innen den ausgehenden Steuerdruck. Bei Regelabweichung, z. B. fallender Temperatur, öffnet sich durch Bewegung des Differentialhebels *D* der *Kraftschalter* und der Steuerdruck zum Ventil erhöht sich. Gleichzeitig Druck auf Rückführfederrohr *R*, bis Gleichgewicht herrscht. Steuerdruck proportional Regelabweichung. *Proportionalbereich* wird durch Verschiebung des Kraftschalters bewirkt. Bei Integralwirkung zusätzlicher Druck auf Außenseite des Federrohrs *R* mit einstellbarer Drossel *T*.

Durch zusätzliche Geräte wie *Fernversteller* für Membrane, weitere Fühler, *Hand-Automatik-Umschalter*, die häufig in einem besonderen *Leitgerät* untergebracht werden, vielseitige Anordnungsmöglichkeiten. Alle Einstellungen erfolgen am Regler auf der Schalttafel. Fühler kann weit entfernt am Meßort angebracht sein.

Ansicht eines modernen pneumatischen Einheitsreglers Bild 338-55. Der eigentliche Regler ist aus dem Gehäuse herausnehmbar angeordnet, so daß er gegen verschiedene Typen (P, PI, PID, Kaskade) leicht ausgetauscht werden kann. Die pneumatischen Anschlüsse sind Stecker, welche bei Trennung automatisch schließen. Die Anzeige-Geräte haben Skalen mit physikalischen Größen und sind leicht auswechselbar je nach Anwendung des Reglers für Temperatur, Feuchte, Druck usw.

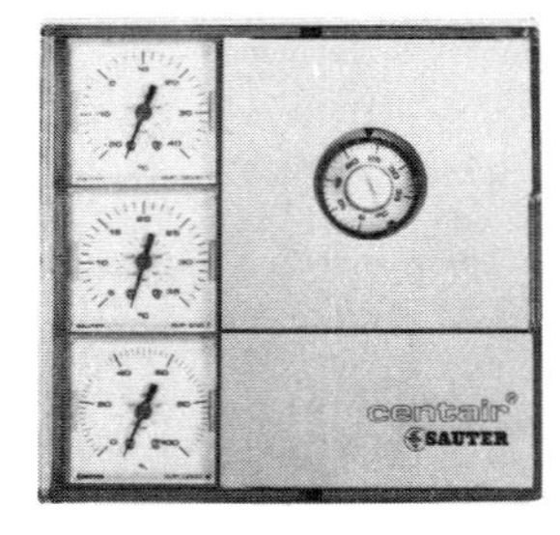


Bild 338-55. Ansicht eines pneumatischen Einheitsreglers (Centair von Sauter).

Die moderneren *Einheitsregler-Systeme* verwenden an Stelle von Hebelsystemen (z. B. Bild 338-54 u. 338-35) *hebellose Membransysteme*, welche nach dem Kraftvergleichsprinzip arbeiten (z. B. Bild 338-38). Das ergibt eine fast völlige Hysterese-Freiheit. Präzise Folge-, Kaskaden-, Führungs-Regelungen sowie Sollwertfernverstellungen sind dadurch möglich geworden.

Zur Erweiterung der Einsatzmöglichkeit von pneumatischen Reglern steht eine ganze Reihe von Zusatzgeräten zur Verfügung.

*Pneumatische Rechenrelais*

bilden Mittelwert, Max-Min-Auswahl aus mehreren Eingängen. Über einen einstellbaren Multiplikationsfaktor wird der Ausgang gegenüber dem Eingang verändert. Die Wirkungsrichtung des Ausgangssignals wird umgekehrt.

*Elektro-pneumatische und pneumatisch-elektrische Relais*

(Kurz E-P und P-E-Relais genannt) dienen zur Freigabe der Regelung, zum Schließen oder Öffnen von Stellgliedern und ähnlichen Operationen über elektrische Schaltkontakte (E-P Relais). Elektrische Geräte werden über die Pneumatik ein- und ausgeschaltet (P-E Relais).

## -2 FÜHLER

Ein wesentlicher Bestandteil einer Regelanlage ist der *Fühler*, welcher die Erfassung der Regelgröße $x$ zur Aufgabe hat. Er formt die zu messende Größe in eine für den Regler verarbeitbare physikalische Größe um. Die Eingangsgröße des Fühlers ist die zu messende Regelgröße, in der Raumlufttechnik im wesentlichen Temperatur, Feuchte und Druck. Die Ausgangsgröße kann je nach Fühlerart eine mechanische Bewegung (Ausdehnungsfühler), ein ohmscher Widerstand (Widerstandsfühler, Potentiometergeber) oder bei sogenannten aktiven Fühlern ein Einheitssignal (0–10 V, 0(4)–20 mA, 0,2–1 bar) sein.

## -21 Temperaturfühler

Temperaturfühler bestehen aus einem temperaturempfindlichen Element, welches bei Temperaturänderung (Eingang) seinen Ausgang verändert.

In der einfachsten Form ist der Fühler mit dem Regler zu einer Einheit *(Thermostat)* zusammengebaut. Dafür werden Ausdehnungsfühler verschiedener Art verwendet (siehe Bild 338-60 und 338-61).

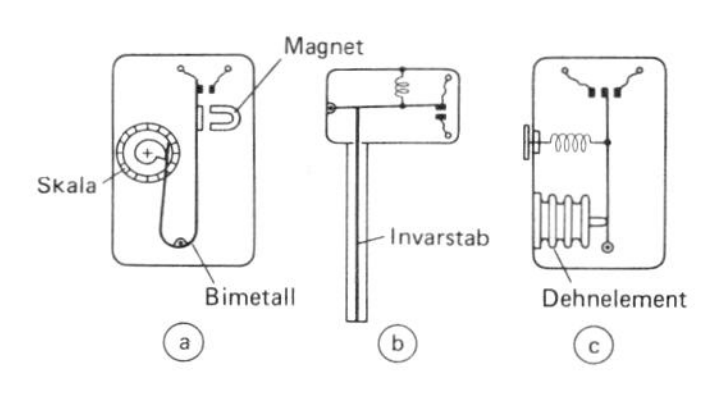


Bild 338-60. Verschiedene elektrische Thermostate (Schema).

*a* = Bimetallthermostat
*b* = Stabthermostat
*c* = Membranthermostat

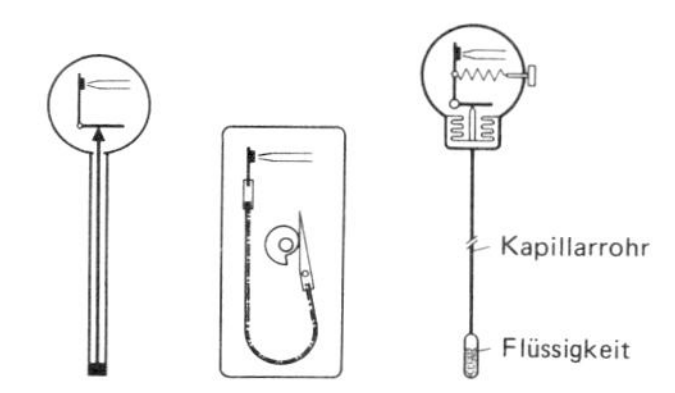


Bild 338-61. Verschiedene pneumatische Thermostate (Schema).

links: Stabthermostat
Mitte: Bimetallthermostat
rechts: Membranthermostat mit Kapillarrohr

Bei der *Bimetallfeder* sind 2 Metallstreifen von unterschiedlichem Temperaturausdehnungskoeffizient zusammengewickelt.

Beim *Stabfühler* ist ein Stab aus sich mit der Temperatur stark dehnenden Material mit einem Invarstab verbunden, welcher kaum temperaturabhängige Dehnung aufweist. Beim *Membran- und Kapillarrohrfühler* wird die temperaturabhängige Dehnung von Flüssigkeiten (z. B. Petroleum) oder Gasen (Butan, Frigene) ausgenutzt.

Für die sogenannten Einheitsregler werden heute ausschließlich Meßelemente benutzt, welche ihren elektrischen Widerstand mit der Temperatur ändern. Im wesentlichen sind es Draht- oder Schichtwiderstände aus Platin oder Nickel sowie spezielle Halbleiterelemente. Letztere verändern ihren elektrischen Widerstand wesentlich stärker als die Platin- und Nickelfühler. Dafür ist die Linearität schlechter, und es muß beim Austausch auf die Kennlinie geachtet werden. Diese Fühler werden je nach Regler direkt in den Meßkreis des Reglers geschaltet (passive Fühler). Sie können aber auch mit einem Meßwertwandler zusammengebaut sein, welcher die temperaturbedingte Ohm-Wert-Änderung direkt in ein elektrisches (pneumatisches) Einheitssignal 0–10 V, 0(4)–20 mA, (0,2–1 bar) umwandelt. Der Vorteil dieser Methode liegt vor allem in der Unabhängigkeit von der Entfernung zwischen Meßort und Regler.

Daneben werden noch Thermoelemente verwendet, welche aus 2 zusammengelöteten Metallpaaren bestehen (z. B. Kupfer-Konstantan). Bei Erwärmung entsteht eine sogenannte Thermospannung, welche als Eingang für den Regler dient.

## -22 Feuchtefühler

Feuchtefühler benutzen als feuchteempfindliches Element hygroskopische Körper, die sich bei Änderung der relativen Feuchte ausdehnen oder zusammenziehen, z. B. Haarbündel, Seide, Baumwolle oder Kunststoffe. Zusammengebaut mit einem Schaltelement ergeben sich sogenannte *Hygrostate* (Bild 338-63 und -65a).

Wird statt des Schaltelementes ein Potentiometer betätigt, kann der Feuchtefühler als Meßeingang für einen Regler dienen.

Moderne Feuchtefühler für Regelungen verwenden elektrische Meßverfahren, welche auf Veränderung des elektrischen Widerstandes oder der elektrischen Kapazität bestimmter Stoffe bei Feuchteänderung basieren (Bild 338-65).

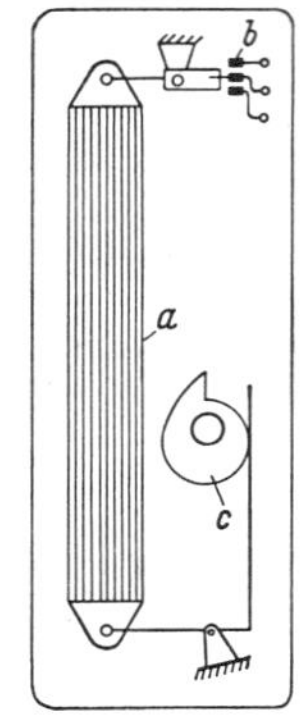


Bild 338-63. Haarhygrostat (Sauter).
rechts: Schema a = Haarharfe
links: Ansicht b = Schaltkontakte
c = Sollwerteinstellung

Bild 338-65b zeigt einen Feuchtefühler, der aus einer Metallspirale mit feuchteempfindlicher *Kunststoffauflage* besteht; bei Feuchteänderung wird ein elektrischer Schwingkreis verstimmt und die veränderliche Frequenz durch Frequenz-Strom-Wandler in einen der Feuchte proportionalen Strom umgewandelt.

Ähnlich wirkt der Feuchtefühler in Bild 338-65c.

Das Meßelement ist hier ein feuchteempfindliches *Dielektrikum* eines Kondensators, dessen Kapazität sich mit der Luftfeuchte ändert und durch einem Frequenz-Spannungs-Wandler in eine der Feuchte proportionale Spannung umgewandelt wird.

Alle diese Verfahren haben den Nachteil, daß sie relativ oft nachgeeicht werden müssen.

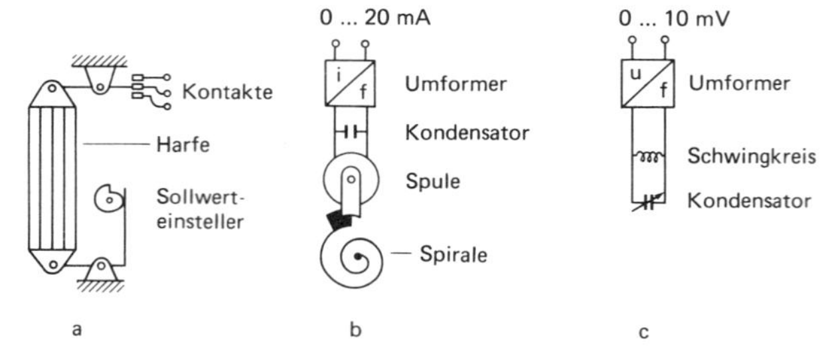


Bild 338-65. Verschiedene Feuchtefühler
a) mit Haarharfe
b) mit Kunststoffspirale
c) mit Kondensator

Ein exakter Fühler für Feuchte ist der *Taupunktspiegel*. Dieses Gerät liefert physikalisch einwandfreie Meßergebnisse, ohne daß laufend Nacheichungen notwendig sind. Diese Geräte sind aber sehr teuer und wurden daher nur eingesetzt, wenn sehr genaue Regelergebnisse erforderlich sind.

Das Gerät arbeitet wie folgt (Bild 338-66): Eine vergoldete Kupferplatte wird durch ein Peltierelement abgekühlt. Unterhalb der Taupunkttemperatur beschlägt dieser Spiegel, an welchem die zu messende Luft vorbeigeführt wird, mit Tautröpfchen. Dadurch wird der zunächst gebündelte Lichtstrahl der Lampe diffus gestreut. Über den Photowiderstand und einen Regler wird die Kühl- oder Heizleistung des Peltierelements so geregelt, daß der Spiegel immer an der Grenze des Beschlagens bleibt. In diesem Zustand hat die Spiegeloberfläche definitionsgemäß Taupunkttemperatur. Diese wird durch einen Pt 100 Temperaturfühler erfaßt und in ein Spannungssignal umgesetzt. Ein Anzeigeinstrument zeigt den gemessenen Wert an; über eine Buchse kann ein Regelgerät angeschlossen werden. Bild 338-67 zeigt ein Taupunktspiegelgerät. Meßgenauigkeit bis ± 0,1 °C möglich.

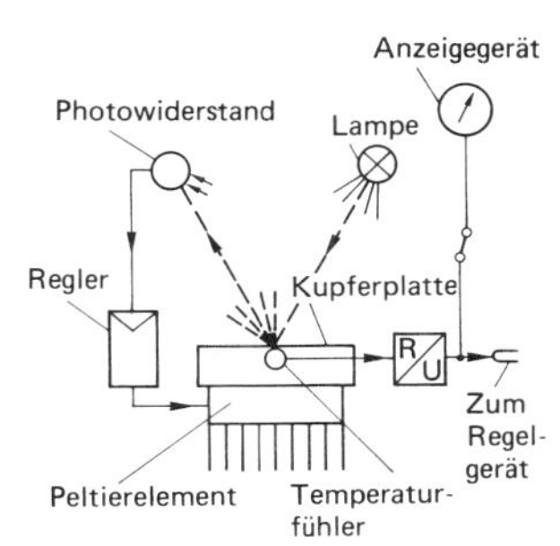


Bild 338-66. Taupunktspiegel, Prinzipbild.

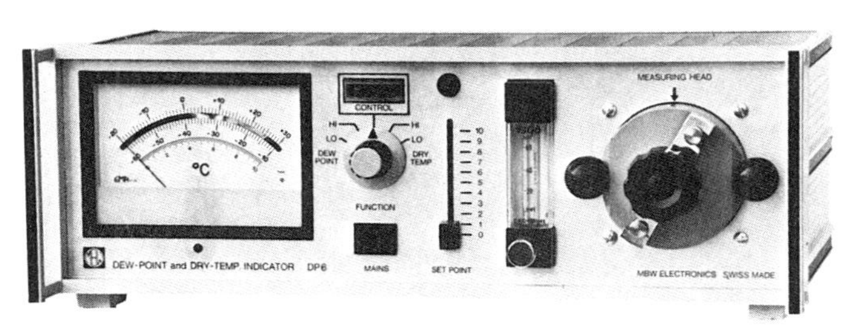


Bild 338-67. Feuchteregler nach dem Prinzip des Taupunktspiegels (MBW).

### -23 Sonstige Fühler

sind Druckfühler, Niveaufühler u.a.

## -3 STELLANTRIEBE

Bei den *elektrischen Stellmotoren* dient zum Antrieb im allgemeinen ein Kondensatormotor mit 2 Wicklungen und konstanter Drehzahl, der je nach dem Steuerimpuls rechts- oder linksherum läuft und dabei über ein Rädergetriebe oder eine Hebelübersetzung das Stellglied (Ventil oder Klappe) in Bewegung setzt.

Der Hub kann bei den meisten Fabrikaten verstellt werden. Die jeweilige Lage des Stellarmes soll außen sichtbar sein.

Für kleine Leistungen werden auch federbelastete Stellmotoren verwendet, die bei Stromausfall in eine Endlage zurücklaufen oder *Magnetantriebe* für Auf- und Zubewegung (Magnetventile und magnetbetätigte Klappen).

*Elektrothermische Antriebe* wirken durch einen Dehnstoff, der bei Erwärmung einen Hub erzeugt.

Bei Auswahl der Motoren für Klappen ist die Größe zu berücksichtigen. Große Klappen erfordern stärkere Motoren.

Ausführungsbeispiele Bild 338-69 bis -73.

Eine Sonderbauart ist das stufenlos arbeitende *Magnetventil,* Bild 338-74. Es wird mittels einer elektronischen Schaltung durch einen mit Phasenanschnitt geänderten Gleichstrom betätigt. Der reibungsarm gelagerte Anker überträgt seine Bewegung bei jeder Spannungsänderung auf den Ventilkegel.

Bei den *pneumatischen Stellmotoren* dient zum Antrieb im allgemeinen eine Membran oder ein Federkörper (Faltenbalg), deren durch den Steuerdruck bewirkte Bewegung direkt oder durch eine Hebelübersetzung auf die Klappe bzw. das Ventil übertragen wird. Ihre Antriebskraft ist meistens größer als die der elektrischen Motore (Bild 338-75). Bei der Schaltung der Ventile ist zu beachten, ob sie bei Druckabfall öffnen oder schließen.

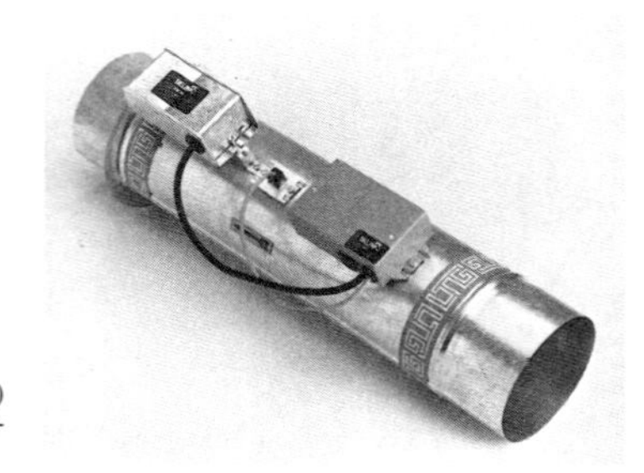

Bild 338-69. Elektrischer Stellmotor (links) zum Antrieb einer Klappe mit Volumenstromregler (Belimo).

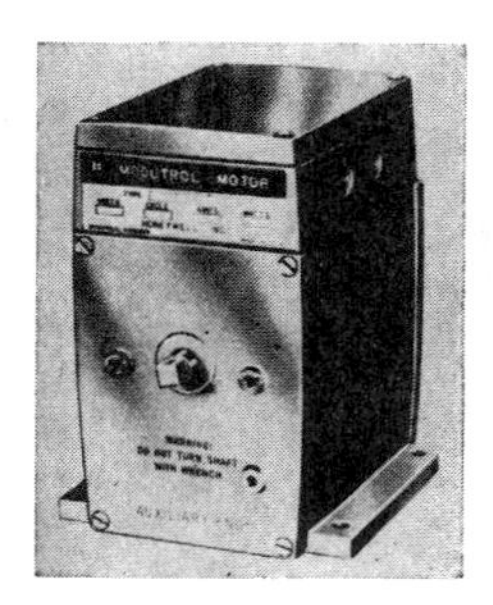


Bild 338-70. Elektrischer Stellmotor zum Antrieb von Ventilen und Klappen (Modutrolmotor Honeywell).

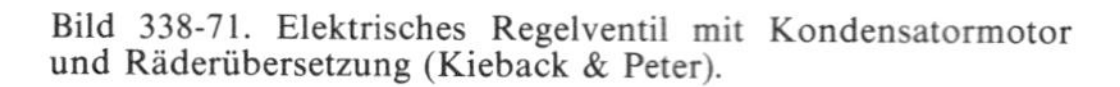

Bild 338-71. Elektrisches Regelventil mit Kondensatormotor und Räderübersetzung (Kieback & Peter).

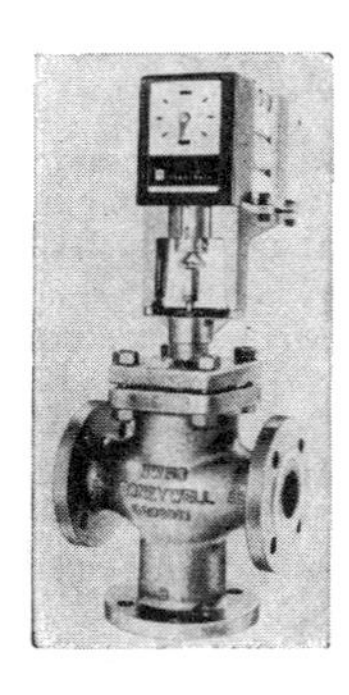

Bild 338-72. Elektrisches Regelventil mit Kondensatormotor und Gestänge für die Ventilspindel (Honeywell).

Bild 338-73. Elektr. Stellmotor mit Gestänge an Klappe angebaut.

Bild 338-76 zeigt als Beispiel einen Stellmotor zum Antrieb einer Klappe. Im Druckgehäuse befindet sich der Federkörper, der durch eine Hebelübersetzung das Gestänge für die Klappe betätigt. Die Übersetzung zwischen Hebel und Klappe kann verstellt werden. Beim Sinken des Steuerdruckes Rückholung durch Feder. Je nach Lage des Motors ist Klappe drucklos auf oder zu. Für genaue Regelung und zum Ausgleich der Lagerreibung Stellungsrelais, wodurch Stellgrößenbewegung proportional dem Steuerdruck wird.

Bild 338-78 zeigt Stellmotor für Ventilantrieb. Antriebselement ist eine Membran, die über Membranteller direkt die Spindel betätigt. Rückholung der Spindel durch Feder. Außen Stellungsanzeiger. Ventil mit Schlitzkegel.

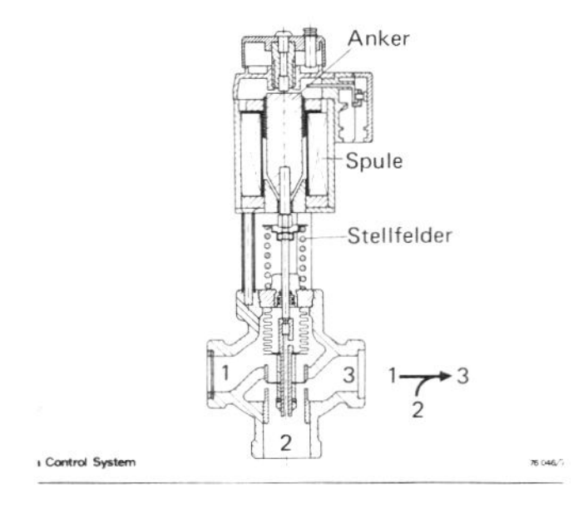


Bild 338-74. Ventil mit stufenlos regelbarem Magnet als Antrieb (Stäfa).

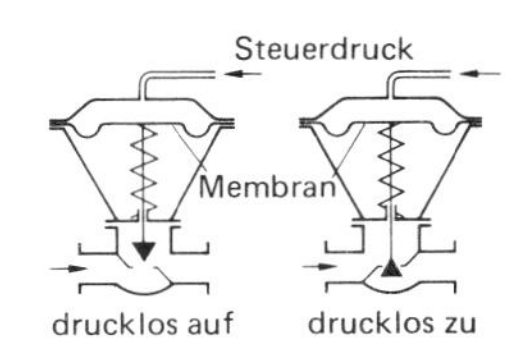


Bild 338-75. Durchgangsventile mit pneumatischem Antrieb.

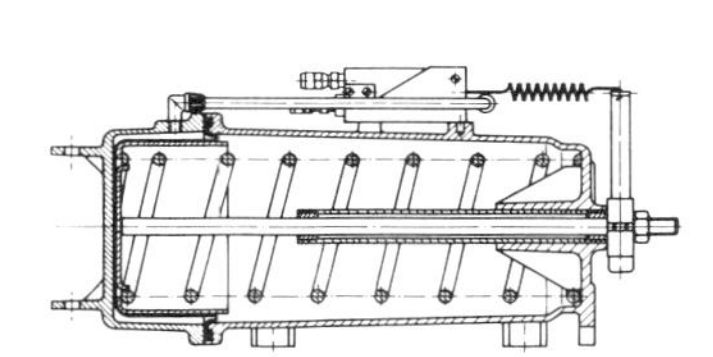

Bild 338-76. Pneumatischer Stellmotor für Klappen mit Rollmembrane und angebautem Stellungsrelais (JCI).
Links: Schema; rechts: Ansicht

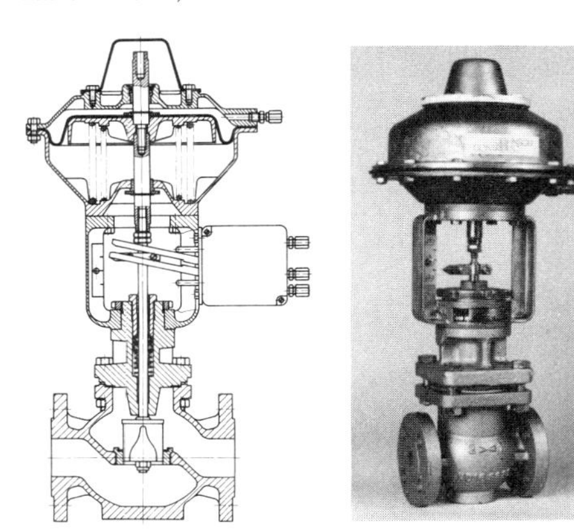

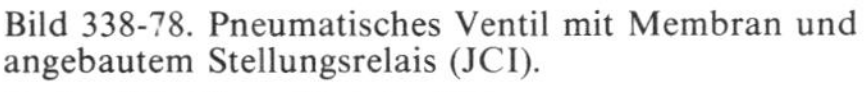

Bild 338-78. Pneumatisches Ventil mit Membran und angebautem Stellungsrelais (JCI).
Links: Schnitt; rechts: Ansicht

Bild 338-79. Pneumatischer Stellmotor für VVS- und Induktionsgeräte (LTG).

Für Induktions- und Mischgeräte verwendet man pneumatische, proportional wirkende Stellantriebe, die nach dem Kolbenprinzip mit Rollmembran aus Gummi und einer Druckfeder arbeiten. Druckkraft 50···100 N. Beispiel Bild 338-79.

## -4 STELLVENTILE[1])

*Allgemeines* (siehe auch Abschn. 236-43)

Stellventile sind diejenigen Teile im Regelkreis, die auf Grund eines Signals vom Regler den Energiestrom (Wasser oder Dampf) verändern. Fast in jeder Regelung von Klimaanlagen sind Stellventile vorhanden. Ihre richtige Auswahl ist von großer Bedeutung. Das Stellventil soll dem Vollastfall genügen und einen möglichst linearen Zusammenhang zwischen Stellgröße und Regelgröße herstellen.

Man unterscheidet außer nach Nennweite *DN* und Nenndruck *PN* folgende Grundformen:

nach dem Material des Gehäuses
  Gehäuse aus Grauguß, Rotguß, selten Stahlguß, Sitz und Kegel aus Rotguß, rostfreiem Stahl

nach der Verbindungsart
  Flanschenventile, Muffenventile (DN 6, 10, 16)

nach der Bauform
  Durchgangsventile, Dreiwegeventile als Misch- oder Verteilventile, Vierwegeventile, Einsitz- und Doppelsitzventile

nach der Antriebsart
  Elektrische und pneumatische Ventile, Magnetventile, Thermostatventile

nach der Ventilöffnung
  siehe Bild 338-81

nach der Arbeitsweise
  bei pneumatischen Ventilen: „drucklos auf" und „drucklos zu"
  bei elektrischen Ventilen je nach Schaltung „auf" oder „zu".

Außerdem gibt es noch eine Anzahl *Spezialausführungen* wie Kleinventile für Heizkörper, Sequenzventile, Expansionsventile u. a.

Bei der Bemessung aller Ventile sind zu beachten: Nenndruck, zulässige Druckdifferenz über dem Ventil, der $k_V$-Wert und die Ventilkennlinie (s. Abschn. 236-43).

$k_V$-Werte

Der $k_V$-Wert dient zur Angabe der Durchflußkapazität eines Ventils. Er bezeichnet den Durchfluß in $m^3/h$ von Wasser bei einem Druckabfall von 1 bar und ist durch Messungen festzustellen. (In den USA ist der $C_V$-Wert üblich, entsprechend dem Durchfluß in gal/min bei einem Druckabfall von 1 lb/sq in. $k_V = 0{,}86\ C_V$, $C_V = 1{,}17\ k_V$.)

Man berechnet bei Wasser $k_V$ nach der Formel:

$$k_V = \frac{\dot{V}}{\sqrt{\Delta p_V}}$$

Zusammenhang zwischen $k_V$ und $\zeta$:

$$k_V = 0{,}05\,A\sqrt{1/\zeta} \qquad A \text{ in mm}^2$$

$$\zeta = \left(\frac{0{,}05\,A}{k_V}\right)^2$$

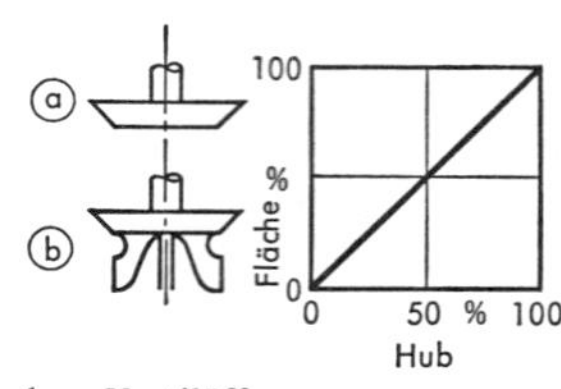


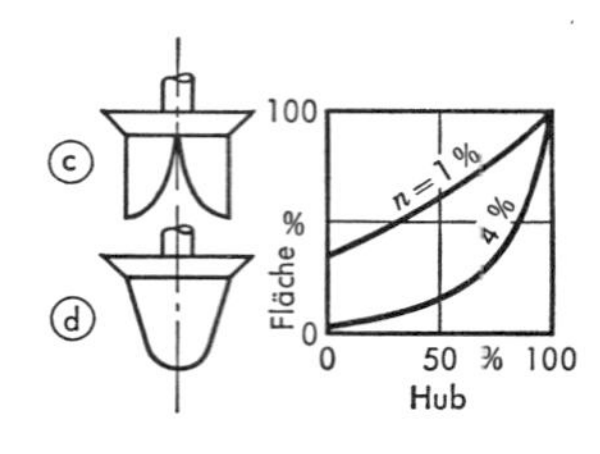


Bild 338-81. Verschiedene Ventilöffnungen.

$a$ = Tellerventil, $b$ = Tellerventil mit Führungsrippen, $c$ = Ventil mit logarithmischen Toren, $d$ = Vollkegel mit logarithmischer Profilierung

[1]) VDI/VDE-Richtlinie 2173 (9.62): Strömungstechn. Kenngrößen von Stellventilen.
Scheurer, E.: HLH 1971. S. 279/84 u. 346/54.
Schrowang, H.: IKZ Heft 23/73 und 5/74, 7/74 und 9/74.

Umrechnung bei anderen Flüssigkeiten und Druckverlusten

$$k_v = \dot{V}\sqrt{\frac{\varrho}{\Delta p}} \text{ in m}^3/\text{h}$$

$\dot{V}$ = Durchfluß in m³/h
$\Delta p$ = Druckverlust in bar
$\varrho$ = Dichte in kg/dm³

Mit $k_{vs}$ wird der vorgesehene $k_v$-Wert beim Hub $H = 100\%$ bezeichnet, mit $k_{vo}$ der extrapolierte $k_v$-Wert beim Hub $H = 0$. Die $k_{vs}$-Werte werden durch Versuche ermittelt und vom Hersteller in seinen Listen angegeben.

Regelventile der Hersteller werden für jede Nennweite mit verschiedenen $k_v$-Werten geliefert. Übliche Werte von $k_v = 0{,}25$ bis 500. Bild 338-82.

Ventile schließen gegen die Strömungsrichtung.

*Beispiel:*

Wie groß ist bei einem Stellventil mit $k_{vs} = 3$ (in m³/h) und einem Druckabfall von 0,01 bar (10 mbar) der Durchfluß $\dot{V}$?

$\dot{V} = k_{vs} \cdot \sqrt{\Delta p_v} = 3\sqrt{0{,}01} = 0{,}3 \text{ m}^3/\text{h}$

Für *Stellklappen* in Rohrleitungen gelten ähnliche Kenngrößen, siehe VDI/VDE-Richtlinie 2176 Bl. 1 (2. 71).

*Grundformen der Kennlinien*

Unter der Ventilkennlinie versteht man die Abhängigkeit des $k_v$-Wertes vom Hub. Die $k_v$-Werte werden in Prozent von $k_{vs}$ angegeben.

Bei der *linearen Kennlinie* gehören zu gleichen Änderungen des Hubes $H$ gleiche Änderungen des $k_v$-Wertes (Bild 338-83). Bezeichnung z.B. Ventil lin 25.

Bei der *gleichprozentigen* Kennlinie gehören zu gleichen Änderungen des Hubes gleiche prozentuale Änderungen des jeweiligen $k_v$-Wertes bzw. des Durchflußvolumens bei konstantem Druck (Bild 338-84). Gerade Linie bei logarithmischer Ordinatenachse. Verschiedene Neigungen (Schnittpunkt mit der Ordinatenachse) möglich. Neigungskennlinie $n = \ln k_{vs}/k_{vo}$. Bezeichnung z.B. Ventil gl 100/4 = gl 25 mit der Neigung $n = \ln 25 = 3{,}2$.

*Beispiel:*

Vergrößert man den Hub um 1%, so erhöht sich $k_v/k_{vs}$ bei der linearen Kennlinie ebenfalls um 1%;

bei der gleichprozentigen Kennlinie gl 25 dagegen ist

$k_v/k_{vs} = k_{vo}/k_{vs} \cdot e^{n \cdot H/H_{100}} = 0{,}04 \cdot e^{3{,}2 \cdot 0{,}01} = 0{,}04 \cdot 1{,}032,$

so daß sich $k_v/k_{vs}$ an jeder beliebigen Stelle um 3,2% erhöht, wenn der Hub $H$ um 1% vergrößert wird.

Die wirklichen Kennlinien der Ventile haben gewisse Abweichungen gegenüber den Grundformen, namentlich in der Nähe des Schließpunktes. Unter Hub $H = 10\%$ braucht die Neigung der Kurven wegen der Forderung nach dichtem Schließen nicht mehr eingehalten zu werden.

Der kleinste $k_v$-Wert, bei dem die normale Neigung der Kennlinie noch vorhanden ist, wird mit $k_{vr}$ bezeichnet. Das Verhältnis $k_{vs}/k_{vr}$ heißt *Stellverhältnis*. Unterhalb $k_{vr}$ wird Regelung (aus konstruktiven Gründen) unstabil. Übliche Werte für das Stellverhältnis $\approx 20 \cdots 30$, bei guten Ventilen $\approx 50$. Wichtig für Regelung bei Schwachlast. Bei Regelung im unteren Temperaturbereich sollten nur gleichprozentige Ventile mit großem Stellverhältnis verwendet werden oder auch 2 Ventile.

*Kennlinien bei Dreiwegeventilen* siehe Abschn. 236-43.

*Regelventil und Rohrnetz*

Beim Einbau von Regelventilen in einen Strömungskreis muß das Ventil einen gewissen Druckverlustanteil $\Delta p_v$ am gesamten Druckabfall $\Delta p$ des Kreises haben, damit es wirksam ist.

Bild 338-86 zeigt Durchflußkennlinien sowohl von Ventilen mit linearen wie gleichprozentigen Kennlinien bei verschiedenen Druckanteilen der Ventile im Netz. Man sieht, daß bei linearer Kennlinie die Abweichung von der Grundlinie Bild 338-83 desto größer ist, je kleiner das Druckverhältnis *(Autorität)* $P_v = \Delta p_v/\Delta p$ ist. Will man die Durch-

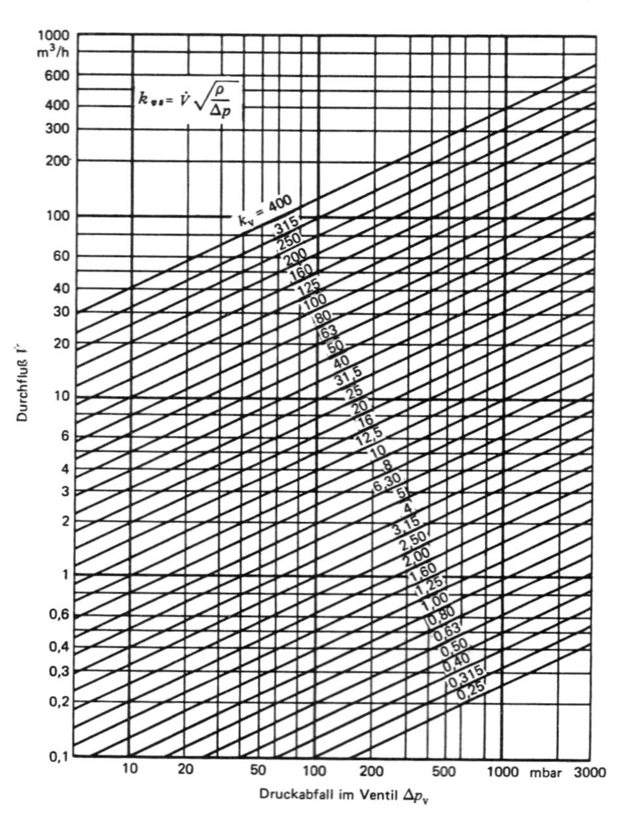


Bild 338-82. Diagramm zur Bestimmung der $k_V$-Werte von Ventilen.

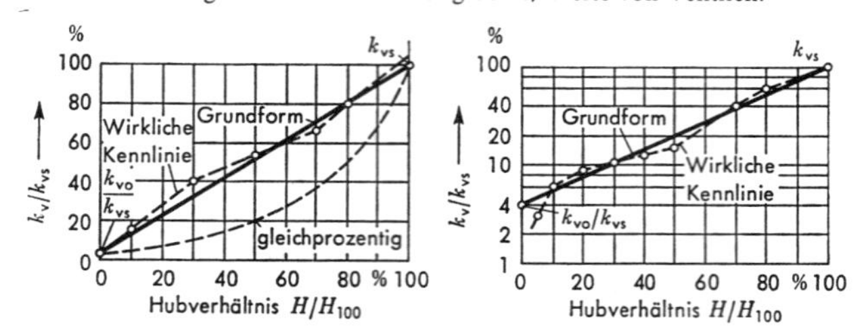


Bild 338-83. Beispiel einer linearen Ventilkennlinie mit $k_{VO}/k_{VS} = 4\%$ bzw. $k_{VS}/k_{VO} = 25$, gestrichelt die gleichprozentige Kennlinie.

Bild 338-84. Beispiel einer gleichprozentigen Ventilkennlinie mit $k_{VO}/k_{VS} = 4\%$ ($k_{VS}/k_{VO} = 25$) in logarithmischer Darstellung.

flußmenge annähernd proportional dem Hub regeln, so kann man entweder ein lineares Ventil mit großem Druckabfall oder ein logarithmisches Ventil mit sehr kleinem Druckabfall wählen. Für die Berechnung des Volumenstroms gilt die Beziehung

$$\dot{V}/\dot{V}_{100} = \frac{1}{\sqrt{1 + P_V\left[\left(\frac{k_{VS}}{k_V}\right)^2 - 1\right]}}$$

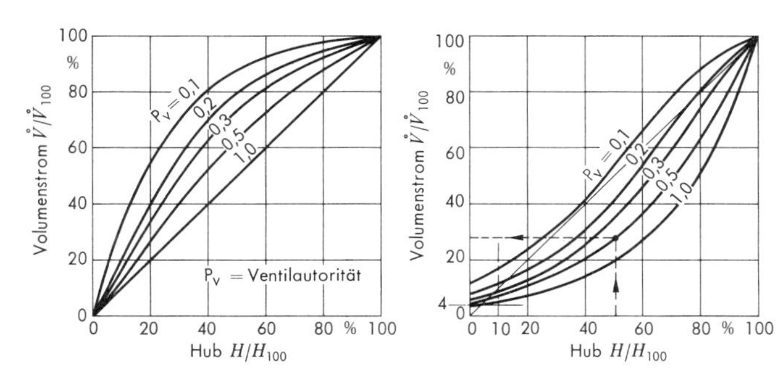


Bild 338-86. Durchflußkennlinie von Regelventilen mit linearer und gleichprozentiger Kennlinie bei verschiedenen Autoritäten $P_V$.
Links: lineare Kennlinie; rechts: logarithmische Kennlinie

*Beispiel:*

Wie groß ist der Volumenstrom $\dot{V}$ bei einem gl 25-Ventil mit $k_{VS} = 10$, Autorität $P_V = 0,5$, Druckabfall im Ventil $\Delta p_V = 0,2$ bar, Hub = 50%?

$\dot{V}/\dot{V}_{100} = 0,28$ aus Bild 338-86 rechts

$\dot{V}_{100} = k_{VS}\sqrt{\Delta p_V} = 10\sqrt{0,2} = 4,47\ \mathrm{m^3/h}$

$\dot{V} = 0,28 \cdot 4,47 = 1,25\ \mathrm{m^3/h}$.

*Regelventil und Wärmeaustauscher*[1])

Bei allen Wärmeübertragern ist die übertragene Wärme nicht der durchfließenden Wassermenge proportional. Sie ist von vielen Faktoren abhängig, z.B. Art der Durchströmung (Gegenstrom, Kreuzstrom), Temperaturunterschied, Art der Schaltung usw. Die aufgestellten Kennlinien, die das Verhältnis der Wärmeleistung zur Wassermenge angeben, sind daher sehr unterschiedlich. Bei geringer Durchflußmenge wird bereits eine relativ große Wärmeleistung erreicht.

Angenähert läßt sich der Verlauf der Kennlinie (nach Würstlin) durch folgende Formel angeben:

$$\frac{Q}{Q_{100}} = \frac{1}{1 + a\,\dfrac{1 - \dot{V}/\dot{V}_{100}}{\dot{V}/\dot{V}_{100}}}$$

$a$ = Auslegungskennwert

Diese Gleichung ist in Bild 338-88 dargestellt. Der *Wärmeübertrager-Kennwert a* ist darin für Kreuzstromwärmeaustauscher (Temperaturen bei $V = 100\%$)

bei Wasserstromregelung

Vorwärmer $a = 0,6\,\dfrac{\Delta tw}{t_{we} - t_{La}}$

Nachwärmer $a = 0,6\,\dfrac{\Delta tw}{t_{we} - t_{Le}}$

bei Mischregelung wie vor ohne den Faktor 0,6,
bei Dampf $a = 1,0$.

Je kleiner $a$ ist, desto stärker ist die Krümmung der Kennlinie.
Übliche Wärmeleistungs-Kennlinien in Bild 338-89.

[1]) Scheurer, E.: HLH 1971. S. 279/84 u. 341/6.
VDI/VDE-Richtlinie 3525, Bl. 1 (12. 82): Regelung von RLT-Anlagen; Grundlagen.
Junker, B.: Ki 3/77. S. 89/94.
Rasch, H.: HLH 9/79. S. 325/9.
Paikert, P.: HLH 8/80. S. 285/8.

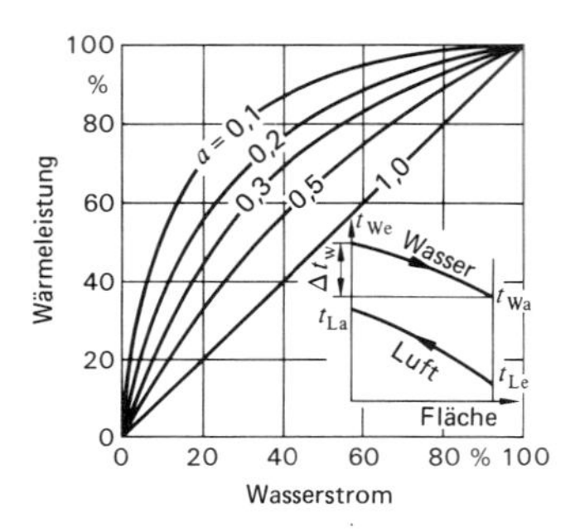


Bild 338-88. Betriebskennlinien von Wärmeaustauschern in Abhängigkeit vom Auslegungswert *a*.

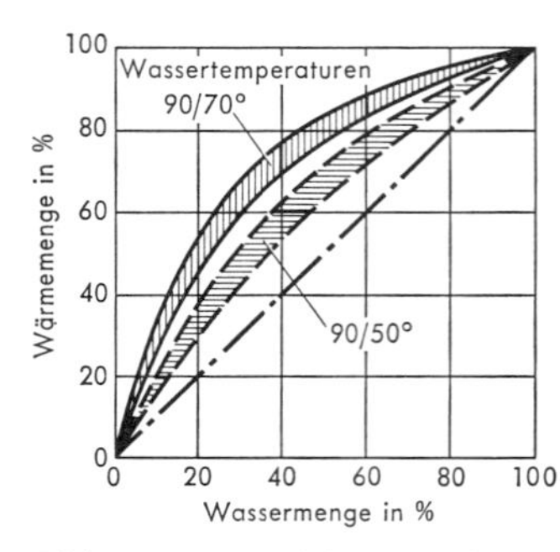


Bild 338-89. Kennlinie von Lufterhitzern bei mittleren Wärmeübertrager-Kennwerten *a*.

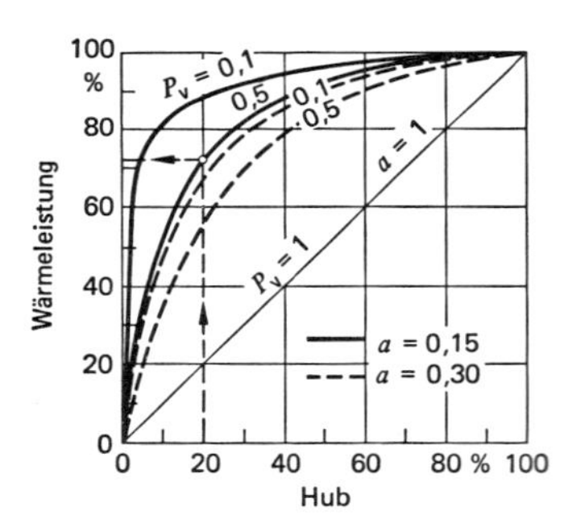


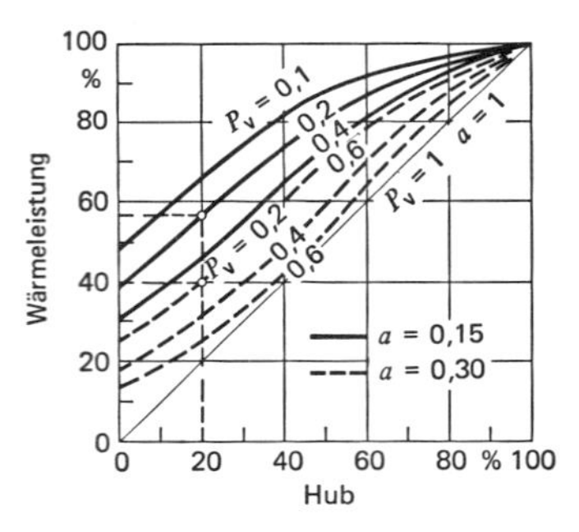


Bild 338-90. Leistungskennlinien von Lufterhitzern in Abhängigkeit vom Ventilhub und von der Ventilautorität $P_V$.
Links: lineare Ventile; rechts: gleichprozentige Ventile

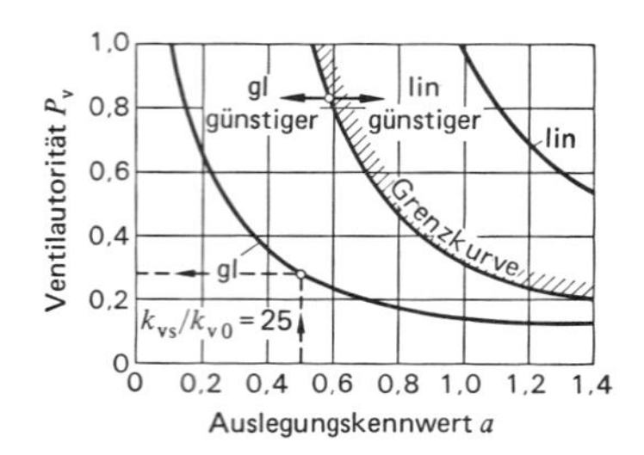


Bild 338-91. Diagramm zur Auswahl der günstigsten Ventilautorität.

*Beispiel:*

Heizwasser 90/70 °C, Vorwärmung von −15 auf +20° ergibt bei Wasserstromregelung $a = 0{,}6 \cdot 20/(90-20) = 0{,}17$
bei Mischregelung $a = 0{,}28$.

Übliche *a*-Werte bei Lufterhitzern 0,15…0,30.

Große *Temperaturspreizung* auf der Wasserseite ist regeltechnisch sehr wichtig und bringt die Kennlinie der geradlinigen Idealform näher, wie deutlich aus Bild 338-89 ersichtlich ist.

Durch Verbindung der Diagramme 338-88 und -89 erhält man das Diagramm 338-90, aus dem die *Wärmeabgabe* des Austauschers bei verschiedenen Druckabfallanteilen des Ventils und verschiedenen $a$-Werten ersichtlich ist. Man nennt die Darstellung *Betriebskennlinie* oder *Leistungskennlinie*. Man erkennt sofort, daß auch hier Ventile mit linearen Kennlinien sehr ungünstig sind. Bei einem Hub von 20% und einem Druckverhältnis $\Delta p_v/\Delta p = 0{,}1$ ergibt sich bei $a = 0{,}15$ bereits eine Wärmeabgabe von 88%. Daher für Drosselregelung von Wärmeaustauschern nur Ventile mit gleichprozentiger Kennlinie verwenden; $\Delta p_v/\Delta p \approx 0{,}20 \cdots 0{,}50$.

Man erkennt auch, daß bei größerer Temperaturspreizung und damit größerem $a$-Wert die Kennlinien günstiger werden.

Ähnliches gilt für Beimischregelung mit Dreiwegeventilen. Auch hier ist auf genügenden Druckabfall im Ventil zu achten.

*Beispiel:*

Ein WW-Lufterhitzer habe einen Regelbereich von 40 K und das dazugehörige gleichprozentige Ventil eine Autorität von $P_v = 0{,}2$. Dann ist gemäß Bild 338-90 rechts bei einem Hub von 20% die Temperaturänderung $\Delta t$ beim Wärmeübertrager-Kennwert

$a = 0{,}15 \quad \Delta t_L = 0{,}57 \cdot 40 = 23$ K
$a = 0{,}30 \quad \Delta t_L = 0{,}40 \cdot 40 = 16$ K

Die günstigste *Ventilautorität* läßt sich bei bekanntem Auslegungskennwert $a$ angenähert aus Bild 338-91 entnehmen. Auf der *Grenzlinie* sind die linearen und gleichprozentigen Kennlinien einander gleichwertig. Links davon liegt das Optimum für gleichprozentige, rechts für lineare Stellglieder. Bei den beiden ausgezogenen Kurven ist die *Schwankungsbreite* des Übertragungswertes am geringsten.

*Übertragungsbeiwerte*

Eine anschauliche Darstellung des Verhältnisses beim System Ventil-Wärmeaustauscher erhält man, wenn man den Übertragungsbeiwert $K_s$ verwendet. Darunter versteht man

$$K_s = \frac{\text{Änderung der Lufttemperatur in \% der maximalen Temperaturdifferenz}}{\text{Änderung des Hubs in \%}}$$

$K_s$ ist mit anderen Worten die Neigung der Betriebskennlinie Bild 338-90 und wird durch die Tangente an diese dargestellt. Der Idealfall $K_s = 1$ bedeutet, daß bei einer Hubänderung von 1% sich auch die Luftaustrittstemperatur um 1% verändert.

In Wirklichkeit hängt jedoch $K_s$ sowohl von der Ventilautorität $P_v$ wie von dem Auslegungsbeiwert $a$ ab. Bild 338-93 zeigt einige Übertragungsbeiwerte für lineare und gleichprozentige Ventile. Man ersieht, daß lineare Ventile wegen der großen Unterschiede von $K_s$ in jedem Falle unzweckmäßig sind, während gl-Ventile eine wesentlich günstigere Konstanz der $K_s$-Werte haben.

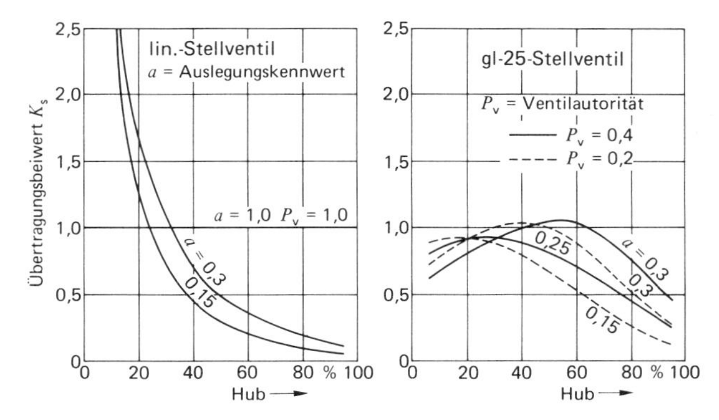


Bild 338-93. Übertragungsbeiwerte beim System Ventil-Lufterhitzer.

*Der Schließpunkt*

In der Nähe des Schließpunktes haben alle Ventile einen wesentlich größeren Übertragungsbeiwert, da die Kennlinien der Ventile aus konstruktiven Gründen hier nicht mehr eingehalten werden können. $K_s$ kann dabei Werte von 10 bis 20 und mehr annehmen, d.h., eine Regelung ist in diesem Bereich nicht mehr möglich. Die kleinste noch regelbare Lufttemperaturänderung hängt sowohl von $P_v$ als auch von $a$ ab (Bild 338-94).

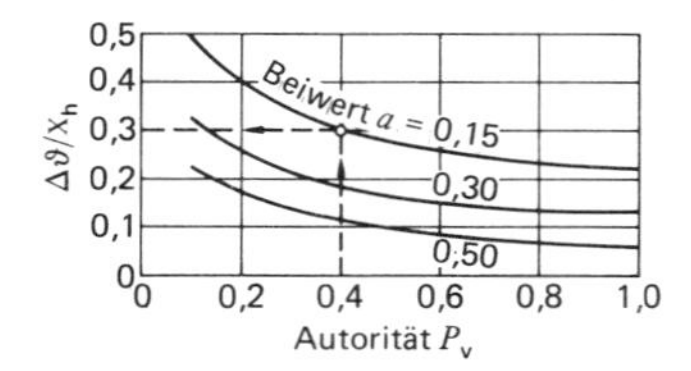


Bild 338-94. Kleinste regelbare Lufttemperaturänderung $\Delta\vartheta/X_h$ in Abhängigkeit von $a$ und $P_v$ bei gl-Ventilen (Schrowang).

*Beispiel:*

Bei einem gl 25-Ventil mit $P_v = 0{,}4$ und $a = 0{,}15$ ist die kleinste noch regelbare Temperaturdifferenz $\Delta\vartheta = 0{,}3 \cdot X_h$.

Bei $X_h = 40$ K ist also $\Delta\vartheta = 0{,}30 \cdot 40 = 12$ K.

Für gute Regelung auch in der Nähe des Schließpunktes ist also wichtig:

1. $P_v$ und $a$ möglichst groß ($P_v \approx 0{,}5$), große Wärmespreizung, Mischregelung.
2. Keine Überdimensionierung des Wärmeaustauschers und des Ventils.
3. Stellventil gl 50 statt gl 25.
4. Eventuelle Verwendung von zwei Stellventilen in Parallelschaltung.

Bei der *Schaltung der Ventile* ist zu beachten, ob konstante oder gleitende Temp. des Heizwassers vorliegt. Bei konstanter Vorlauftemp. von z.B. 90 °C ist eine Mengenregelung wie im Bild 338-95a und -95b unzweckmäßig, da die Ventile häufig in der Nähe des Schließpunktes arbeiten und große Temperaturunterschiede im Lufterhitzer auftreten. Regelung unstabil, Einfriergefahr.

In diesem Fall sind Anordnungen nach Bild 338-95c und -95d günstiger, wobei besondere interne Umwälzpumpen für die Lufterhitzer verwendet werden. Konstante Umlaufwassermenge im Lufterhitzer, gleichmäßige Temperatur.

Bei mehreren Regelkreisen empfiehlt sich eine zentrale außentemperaturabhängige Vorlaufregelung nach Bild 338-96, wobei in jedem Kreislauf eine Mengenregelung mittels Mischventil im Rücklauf erfolgt.

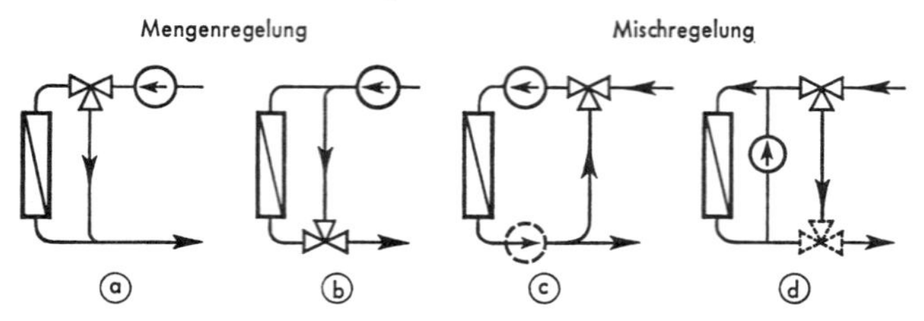


Bild 338-95. Schaltung von Dreiwegeventilen bei Lufterhitzern.

$a$ = Verteilventil im Vorlauf, $b$ = Mischventil im Rücklauf, $c$ = Mischventil im Vorlauf mit Lufterhitzer-Umwälzpumpe, $d$ = Verteilventil im Vorlauf mit Lufterhitzer-Internpumpe (Einspritzschaltung)

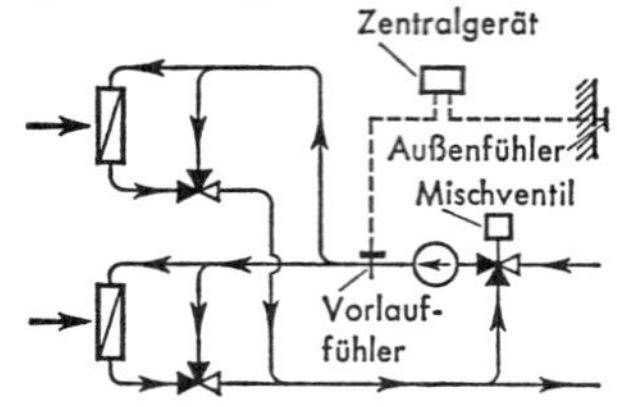


Bild 338-96. Zentrale Vorlauftemperaturregelung bei mehreren Lufterhitzern.

*Regelventile für Induktionsgeräte*[1])

Beim *Zweirohrsystem* befindet sich in der Wasserleitung nur ein Durchgangs- oder 3-Wege-Ventil, das im change-over-Betrieb bei Heizbetrieb umgekehrt als bei Kühlbetrieb arbeiten muß. Die Umschaltung erfolgt bei pneumatischen Regelanlagen durch zentrale Änderung des Betriebsdrucks am Regler, der mit einem Sommer-Winter-Umschaltrelais ausgerüstet wird. Im Nicht-change-over-Betrieb bleibt der Regelsinn unverändert. Um möglichst konstante Druckverhältnisse im Wasserkreislauf zu erhalten, werden Ventile mit eingebautem Beipaß verwendet.

Beim *Dreirohrsystem* steht am Induktionsgerät immer warmes und kaltes Wasser mit gemeinsamem Rücklauf zur Verfügung. In der Zuleitung Sequenzventil oder zwei einzelne Ventile, die vom Raumthermostaten gesteuert werden. Steuerdruck beim Kühlbetrieb 0,2···0,55, beim Heizbetrieb 0,7···1,05 bar Überdruck. Heute nicht mehr verwendet.

Beim *Vierrohrsystem* mit einem gemeinsamen Wärmeaustauscher sind Kaltwasser- und Warmwasserkreislauf auch im Rücklauf getrennt.

Verschiedene Möglichkeiten der Regelung (Bild 338-99):

a) 1 Sequenzventil im Vorlauf, 1 Umschalt-3-Wege-Ventil im Rücklauf; Druckschwankungen, da kein Beipaß

b) 1 Umschaltventil im Vorlauf, 2 Sequenzventile im Rücklauf: konstanter Wasserumlauf, aber teuer.

c) 2 Sequenz-Ventile mit Beipaß im Vorlauf. Konstanter Wasserumlauf.

d) 1 Vierleiter-Sequenzventil mit 6 Anschlüssen und innerem sowie äußerem Beipaß für konstanten Wasserumlauf. Heute nicht mehr hergestellt wegen zu großer Verluste durch Wärmeleitung und Undichtigkeit.

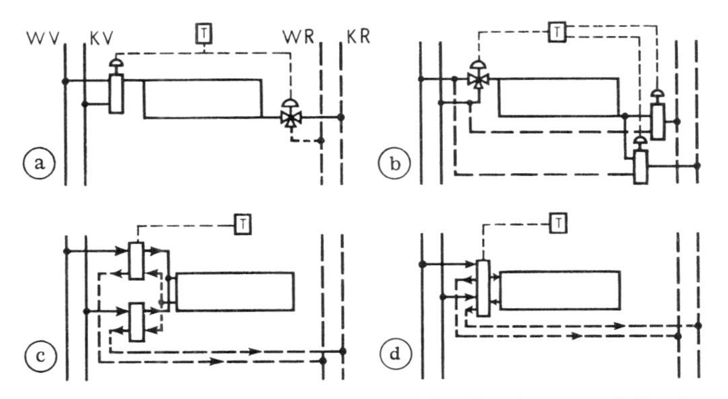


Bild 338-99. Regelung der Induktionsgeräte beim Vierrohrsystem mit Ventilsteuerung und einem gemeinsamen Wärmeaustauscher.

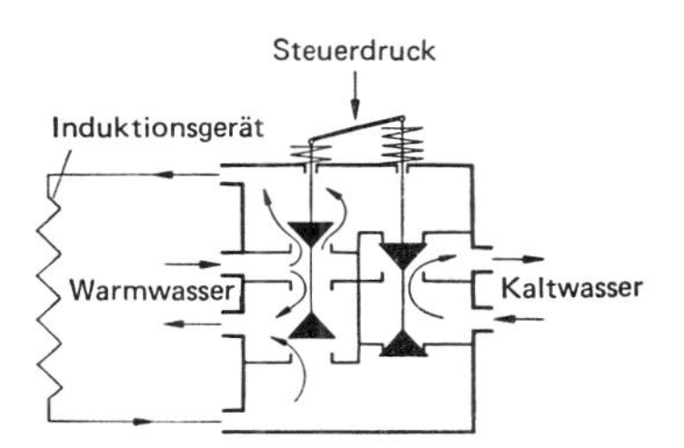


Bild 338-100. Pneumatisches Vierrohrsequenzventil mit Kegelsitz (Sauter).

[1]) Hönmann, W.: LTG – Lufttechn. Inform. Heft 2 (9.71).
Laux, H.: Ges.-Ing. 3/1974. S. 63/75.

Ein Doppelventil mit 3 Anschlüssen zeigt Bild 338-100. Bei einem Steuerdruck von 0,2⋯0,5 bar regelt das eine Ventil den Warmwasserdurchfluß, bei 0,5⋯0,7 bar neutrale Mittelstellung, bei 0,7⋯1,0 bar regelt das andere Ventil den Kaltwasserdurchfluß.

Vierrohr-Systeme mit *einem* Wärmeaustauscher werden jedoch heute nicht mehr verwendet, da sich bei ihnen erhebliche Nachteile durch Verschmutzung, Leck- und Wärmeverluste zeigten. Statt dessen werden in neuen Anlagen mit Vierrohr-System 2 *Wärmeaustauscher* für Heizung und Kühlung bevorzugt. Regelung durch 2 getrennte 3-Wege-Ventile mit Kegelsitz. *Getrennte Wasserläufe.* Anordnung dabei in verschiedener Weise möglich, siehe Bild 338-102.

Beide Wärmeaustauscher übereinander; unerwünschter Beipaß für Sekundärluft.
Beide Wärmeaustauscher hintereinander; größerer Widerstand, geringere Leistung.
Beide Wärmeaustauscher ineinander mit gemeinsamem Rippensystem; günstigste Ausführung.

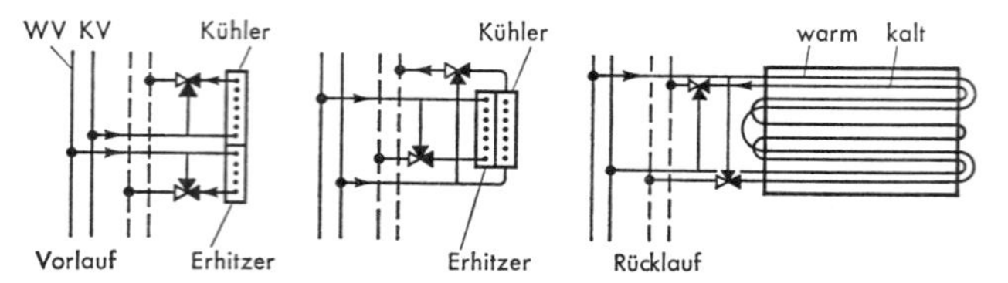


Bild 338-102. Regelung der Induktionsgeräte beim Vierrohrsystem mit zwei Wärmeaustauschern.

a) Wärmeaustauscher übereinander
b) Wärmeaustauscher hintereinander
c) Wärmeaustauscher ineinander

Außer den pneumatischen Regelventilen gibt es auch *thermostatische Ventile,* bei denen die Steuerung in Abhängigkeit von der Raumtemperatur ohne Fremdenergie erfolgt (Sulzer, Danfoss). Heute jedoch bei Induktionsgeräten kaum noch in Anwendung.

## -5 STELLKLAPPEN[1])

Regelklappen oder Stellklappen werden in lufttechnischen Anlagen verwendet, um Luftmengen oder Luftdrücke in Abhängigkeit von gegebenen Größen, z. B. der Temperatur, zu verändern.

Sie werden ausgeführt: einteilig oder mehrteilig, diese ihrerseits als Jalousieklappen mit gleichlaufenden oder gegenläufigen Lamellen (siehe Abschnitt 336-7).

Wie bei den Ventilen unterscheidet man auch hier verschiedene Kennlinien:

*Öffnungskennlinien* enthalten in Abhängigkeit vom Stellwinkel das Verhältnis des freien Querschnitts zum Querschnitt bei voll geöffneter Klappe (Bild 338-105). Stellwinkel $\alpha = 0$ bei geschlossener Klappe.

Die *Widerstandskennlinien* von Klappen sind sehr unterschiedlich. Die Beiwerte $\zeta$ für geöffnete Klappen schwanken von etwa 0,2⋯0,5 je nach Konstruktion, Lamellenzahl usw. Die ungefähre Abhängigkeit vom Stellwinkel ist aus Bild 338-106 ersichtlich. Gegenläufige Klappen haben einen größeren Widerstand als gleichlaufende. Außerdem besteht eine Abhängigkeit von der Einbauart, z. B. im Kanal, am Ende eines Kanals usw. Der Leckverlust bei geschlossener Klappe ist oft erheblich, 5⋯20% von $\dot{V}_{max}$.

Das *Drehmoment* zur Betätigung der Klappen hängt von der Luftgeschwindigkeit und den Lager- und Klappenreibungskräften ab. Es ist etwa $M = 10 \cdots 20\ A$ in Nm ($A$ = Ansichtsfläche in m²).

*Durchflußkennlinien.* Wie bei den Ventilen ist auch bei Klappen eine wesentliche Änderung der Luftmenge nur dann möglich, wenn die Klappe einen gewissen anteiligen Widerstand am Gesamtwiderstand des Kanalnetzes hat. Das geht aus der Durchflußkennlinie Bild 338-107 hervor.

[1]) Gräff, B., u. F. Steimle: Kältetechn. 1971. S. 301/5.
Müller, K. G.: Ki 9/78. S. 319/28.
Schaal, G.: Ki 3/86. S. 99 ff.

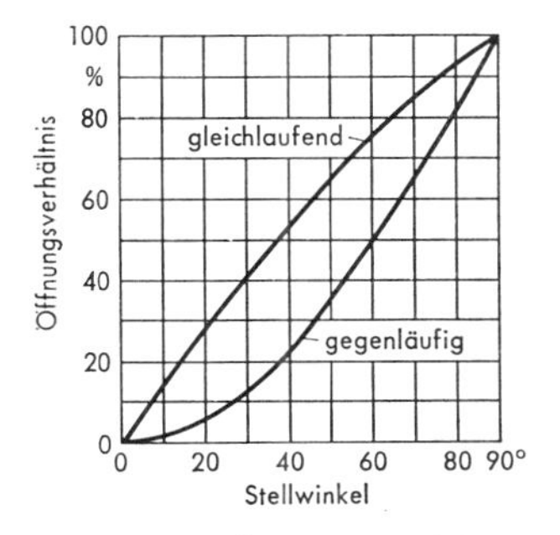


Bild 338-105. Öffnungskennlinie von Klappen.

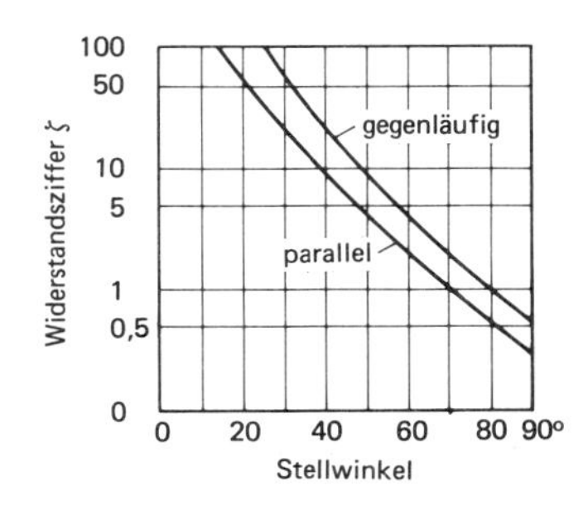


Bild 338-106. Widerstandskennlinie von Klappen.

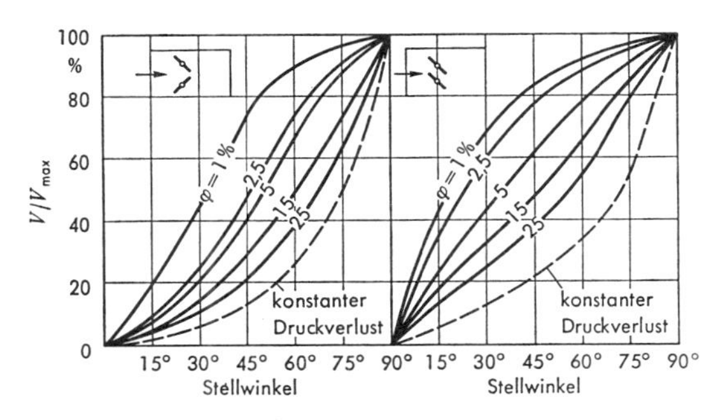


Bild 338-107. Durchflußkennlinie von Jalousieklappen.

Durchflußkennlinien zeigen die durchfließenden Luftmengen von Klappen in Abhängigkeit vom Stellwinkel bei verschiedenem anteiligen Widerstand

$$\varphi = \frac{\Delta p_k}{\Delta p} = \frac{\text{Widerstand der Klappe}}{\text{Widerstand der Anlage}}$$

Damit die Luftmenge sich in etwa proportional zum Stellwinkel ändert, muß $\varphi$ bei gleichlaufenden Klappen etwa 5···15%, bei gegenläufigen 2,5···5% betragen.

*Anwendung der Klappen:*

Außenluft- und Fortluftjalousien am Anfang und Ende lufttechnischer Anlagen dienen häufig nur zum Abschluß und haben daher nur eine Auf-Zu-Stellung.

*Drosselklappen* zur Änderung von Luftmengen sollen, damit sie wirksam sind, in der Regel mit gegenläufigen Lamellen ausgeführt werden.

*Mischklappen* werden in Klimaanlagen zur Mischung von Umluft und Außenluft verwendet (Bild 338-109). Klappen sind meist miteinander und auch zusätzlich mit der Fortluftklappe gekuppelt. Die Gesamtluftmenge verändert sich in der Mittelstellung, wenn Luft durch beide Klappen strömt. Bei langen Fortluft- und Außenluftkanälen sind gegenläufige Klappen günstiger, sonst gleichlaufende Klappen. Die Umluftklappe in Bild 338-109 rechts darf nicht zu groß bemessen werden, da sonst keine einwandfreie Mischung.

Bei *Beipaßklappen* (Bild 338-110) ist darauf zu achten, daß der Widerstand der geöffneten Klappe ungefähr so groß ist, wie der des Wärmeaustauschers, damit die Luftmenge annähernd konstant bleibt (Verengung, hohe Geschwindigkeit).

Definitionen von Kenngrößen für Stellklappen in Rohrleitungen s. [1]).

[1]) VDI/VDE-Richtlinie 2176 Bl. 1 (2. 71): Strömungstechn. Kenngrößen von Stellklappen.

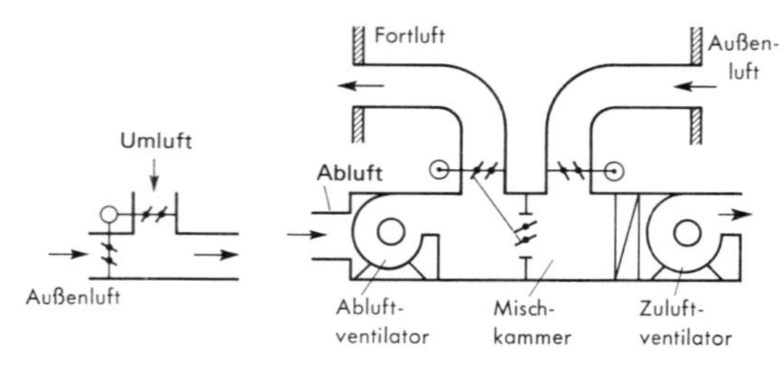


Bild 338-109. Anordnung von Mischklappen.
Links: Umluft-Außenluftklappen.
Rechts: Umluft-Außenluft-Fortluftklappen

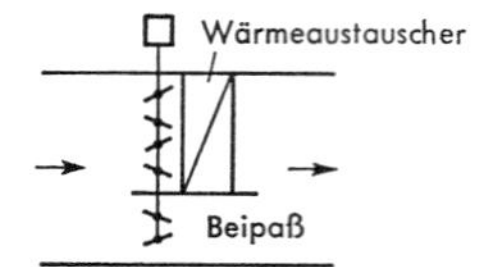


Bild 338-110. Beipaßklappe für einen Wärmeaustauscher.

## -6 SONSTIGES ZUBEHÖR

a) *Rückführungen* sind mechanische oder elektrische Vorrichtungen, durch die nach einer Verstellung des Regelorgans bei Abweichung vom Sollwert die Meßeinrichtung des Fühlers, z. B. beim Fallbügelregler der Zeiger, vorübergehend auf den Sollwert zurückgeführt wird, bis die durch die Verstellung des Regelorgans bewirkte Änderung sich ausgewirkt hat. Es wird also dem Regler die Erreichung des Sollwertes vorgetäuscht. Man unterscheidet *starre* und *elastische* Rückführungen.

b) *Mehrwegeschalter* sind handbetätigte Schalter, um unabhängig von der Regelung bestimmte Schaltfunktionen auszuüben, z. B. ein Ventil zu öffnen, eine Klappe zu schließen usw. Pneumatische und elektrische 2-Wege-, 3-Wege- und 4-Wege-Schalter.

c) *Stellungsschalter* für stufenlose oder mehrstufige Fernverstellung einer Klappe oder eines Ventils, elektrisch oder pneumatisch.

d) *Elektro-pneumatische Relais* sind elektrisch betätigte Druckluftventile, wodurch z. B. pneumatische Stellmotoren Klappen oder Ventile öffnen oder schließen.

e) *Pneumatisch-elektrische Relais* öffnen oder schließen durch Druckluft einen elektrischen Kontakt wodurch elektrische Geräte, z. B. ein Ventilator-Motor mit einem pneumatischen Regelsystem verbunden sind.

f) *Elektropneumatische Umformer* siehe Abschn. 338-12.

## -7 REGELANLAGEN[1])

Sie dienen in der Lüftungs- und Klimatechnik dazu, die Lufttemperatur und Feuchte selbsttätig auf den vorgeschriebenen Werten zu halten. Jede Regelanlage besteht aus einem oder mehreren Reglern, jeder Regler wiederum aus Fühlorgan, Regelorgan, Kraftschalter und Zubehör.

Die Zahl der möglichen Anordnungen dieser Elemente ist groß. Bilder 338-112 bis -119 zeigen eine Auswahl der am meisten verwendeten Regelanlagen in Schaltbildern.

[1]) Odendahl, D.: Ges.-Ing. 1973. S. 82/90.
Schrowang, H.: Regelungstechnik für Heizungs- und Lüftungsbauer. 1976.
Heck, E.: Regelungstechn. Praxis 8/80. S. 273/9.
Reeker, J. B.: HR 3/84. S. 141.

Bezeichnungen:

*A* = Außenluft (AU)
*Ab* = Abluft (AB)
*AV* = Abluftventilator
*B* = Befeuchter
*F* = Fortluft (FO)
*FT* = Frostschutzthermostat
*H* = Hygrostat
*K* = Klappenmotor
*KM* = Kältemaschine
*M* = Mischkammer
*P* = Pumpe
*T* = Thermostat
*U* = Umluft (UM)
*V* = Ventil
*Z* = Zuluft
*ZV* = Zuluftventilator

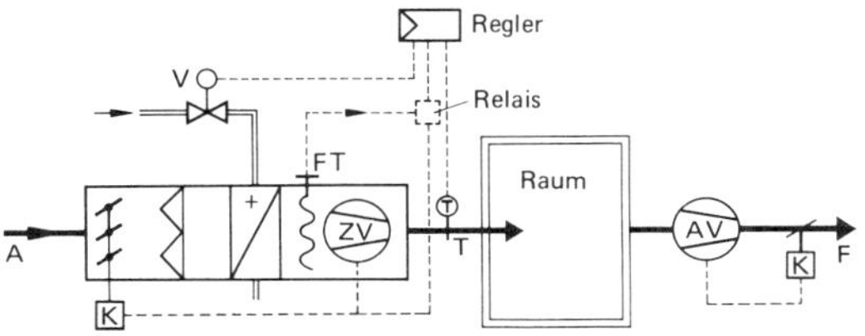

Bild 338-112. Regelung bei einer Lüftungsanlage.

Bei Inbetriebnahme öffnen die Klappenmotore *K* Außenluft- und Fortluftklappe. Ein Temperaturfühler *T* im Zuluftkanal vergleicht die gemessene mit der am Regler eingestellten Temperatur. Bei Abweichung verstellt der Regler das Ventil *V* des Lufterhitzers. Der Frostschutzthermostat *FT* schaltet bei Einfriergefahr über Schütze den Ventilator ab, schließt die Außenluftklappe und öffnet durch Ausschaltung des Reglers das Erhitzerventil *V*.

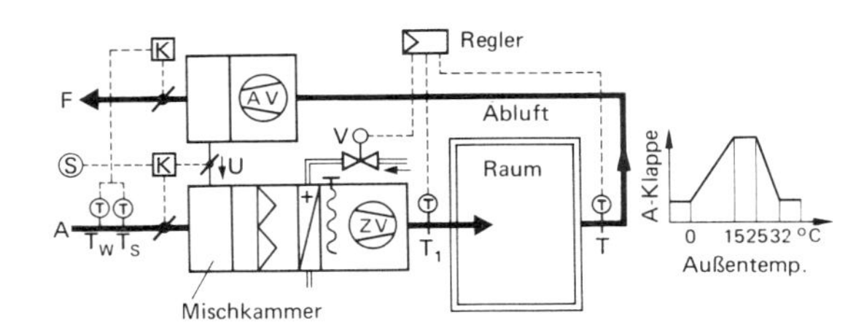


Bild 338-113. Regelung einer Luftheizungsanlage mit Lüftung.

Ein Temperaturfühler *T* in der Abluft (oder im Raum) vergleicht die gemessene mit der am Regler eingestellten Temperatur. Bei Abweichung verstellt der Regler das Ventil *V* des Lufterhitzers. Ein Minimalregler $T_1$ im Zuluftkanal verhindert zu kaltes Einblasen (Zugerscheinung).

Der Winterthermostat $T_W$ im Außenluftkanal schließt stetig bei fallender Außenlufttemperatur z. B. zwischen 15 und 0 °C die Außenluft/Fortluftklappe und öffnet die Umluftklappe.

Der Sommerthermostat $T_s$ wirkt ebenso bei Außentemperaturen von z. B. 25 bis 32 °C. Zwischen 15 und 25 °C besteht voller Außenluftbetrieb.

Frostschutz wie im Bild 338-112.

Der minimale Außenluftanteil kann an einem Sollwertgeber *S* eingestellt werden.

Falls örtliche *Heizkörper* vorhanden sind, ist die Wärmezufuhr außentemperaturabhängig zu steuern, möglichst als Grundlastheizung.

Bezeichnungen:

*A* = Außenluft (AU)
*Ab* = Abluft
*AV* = Abluftventilator
*B* = Befeuchter
*F* = Fortluft (FO)
*H* = Hygrostat
*K* = Klappenmotor
*KM* = Kältemaschine
*M* = Mischkammer
*P* = Pumpe
*T* = Thermostat
*U* = Umluft (UM)
*V* = Ventil
*WRG* = Wärmerückgewinnung
*Z* = Zuluft
*ZV* = Zuluftventilator

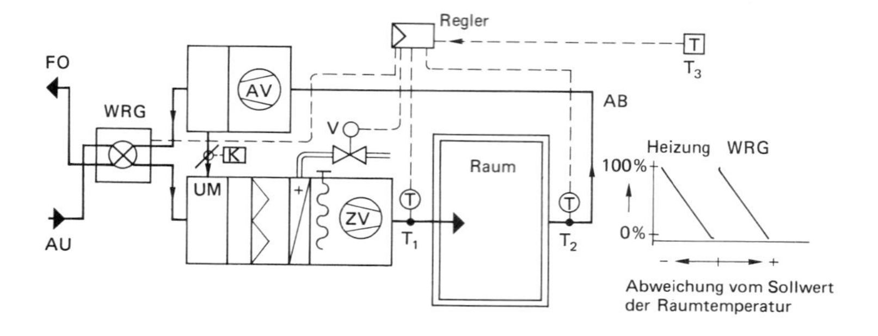


Bild 338-113a. Regelung einer Luftheizanlage mit Lüftung und regenerativem Wärmerückgewinner.

Ein Temperaturfühler $T_2$ in der Abluft oder im Raum vergleicht die gemessene mit der am Regler eingestellten Temperatur. Bei Abweichungen verstellt der Regler die Drehzahl des Wärmerückgewinners und in Folge das Ventil *V* des Lufterhitzers. Ein Temperaturfühler $T_1$ im Zuluftkanal verhindert über den Regler zu kaltes Einblasen. Die Anlage fährt immer mit Außenluft. Nur zum Anheizen und Stützbetrieb in der Nacht wird mit offener Umluftklappe und geschlossener Außen- und Fortluftklappe gefahren.

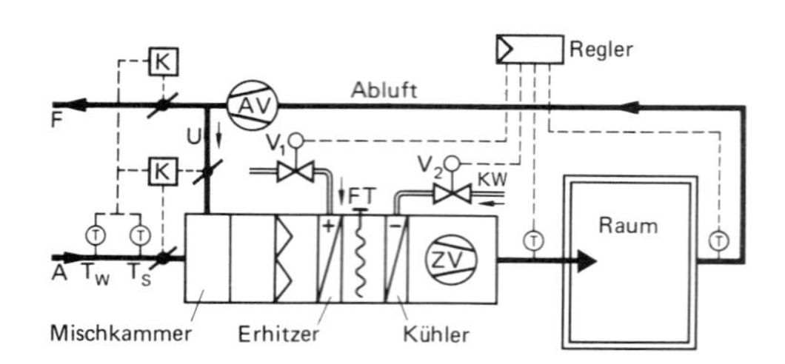


Bild 338-114. Regelung bei Lüftungsanlagen mit Heizung und Kühlung.

Thermostat *T* im Abluftkanal (oder im Raum) steuert in Sequenz Erhitzerventil $V_1$ und Kühlerventil $V_2$. Zwischen Erwärmer und Kühler Totzone. Minimalbegrenzer $T_1$ öffnet bei Unterschreiten einer bestimmten Zulufttemperatur (z.B. 16 °C) das Lufterhitzerventil $V_1$.

Außenluftthermostat $T_s$ schließt im Sommer bei hohen Temperaturen Außenluftklappe und Fortluftklappe, während sich die Umluftklappe öffnet. Außenluftthermostat $T_w$ wirkt ebenso im Winter bei tiefen Temperaturen, *FT* = Frostschutzthermostat. Beim Ausschalten der Anlage schließen sich Außenluft- und Fortluftklappe.

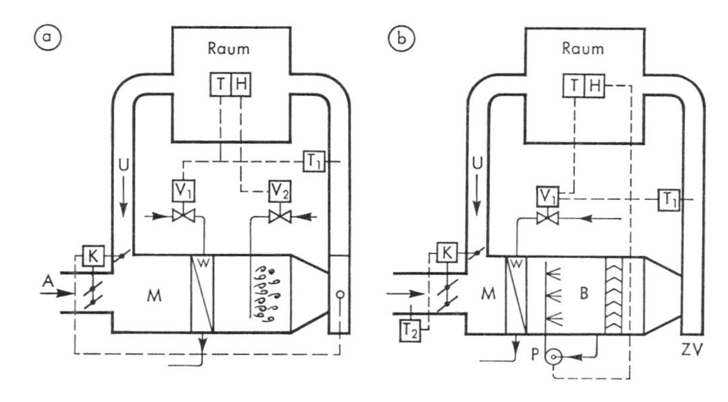


Bild 338-115. Regelung bei Lüftungsanlagen mit Befeuchtung.

a) Befeuchtung durch Dampf. Thermostat $T$ im Raum (Abluftkanal oder Zuluftkanal) steuert Ventil $V_1$ des Lufterwärmers. $T_1$ = Minimalbegrenzer. Hygrostat $H$ wirkt auf Dampfventil $V_2$; Außenluftklappe $K$ schließt sich beim Abschalten.

b) Befeuchtung durch Düsenkammer mit Umwälzpumpe. Thermostat $T$ und $T_1$ wie in 338-115a. Hygrostat $H$ schaltet Wäscherpumpe $P$ ein und aus.

Außenthermostat $T_2$ schließt Außenluftklappe mit fallender Temperatur.

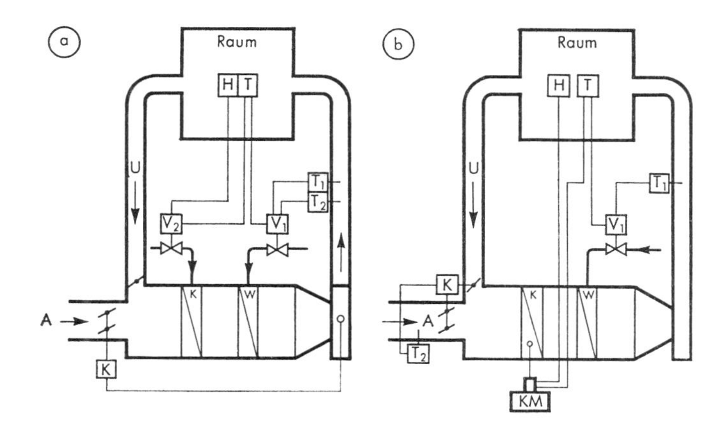


Bild 338-116. Regelung bei Lüftungsanlagen mit Entfeuchtung.

a) Entfeuchtung durch Oberflächenkühler. Thermostat $T$ im Raum steuert Ventil $V_1$ des Lufterwärmers und in Sequenz das Ventil $V_2$ des Oberflächenkühlers. $T_1$ = Minimalbegrenzer, $T_2$ = Maximalbegrenzer. Hygrostat $H$ wirkt ebenfalls auf das Kühlerventil $V_2$ ein, falls Feuchte zu hoch. Außenthermostat $T_2$ wie in 338-115b.

b) Entfeuchtung durch Verdampfer. Thermostat $T$ im Raum steuert Ventil $V_1$ des Lufterwärmers und schaltet in Sequenz über ein Relais die Kältemaschine $KM$ ein. $T_1$ = Minimalbegrenzer. Hygrostat $H$ schaltet ebenfalls über ein Relais die Kältemaschine ein, sobald die rel. Luftfeuchte den eingestellten Wert überschreitet. Außenthermostat $T_2$ wie in 338-115b.

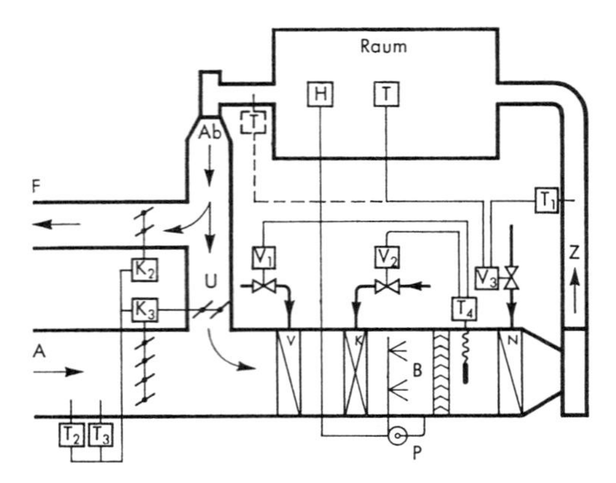


Bild 338-117. Regelung einer Klimaanlage mit Taupunktfühler.

Taupunktfühler $T_4$ steuert in Sequenz das Ventil $V_1$ für den Vorwärmer und das Ventil $V_2$ für den Oberflächenkühler und hält damit den Taupunkt konstant. Raumtemperaturfühler $T$ steuert das Nachwärmerventil $V_3$. $T_1$ = Minimalbegrenzer; Außentemperaturfühler $T_2$ und $T_3$ wie in 338-114. Hygrostat $H$ schaltet bei zu hoher Feuchte die Wäscherpumpe ab.

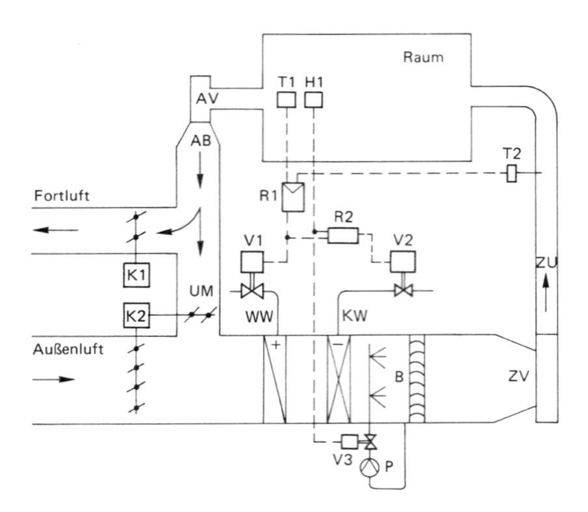


Bild 338-117a. Regelung einer Klimaanlage mit Spritzwasserregelung.

Kaskadenregler $R_1$ vergleicht gemessene Ist-Temperaturen an Raumtemperaturfühler $T_1$ und Zulufttemperaturfühler $T_2$ mit eingestellten Sollwerten. Bei steigender Raum- oder Zulufttemperatur schließt Regler $R_1$ zunächst Heizkörper über Ventil $V_1$, öffnet dann Außenluft- und Fortluftklappe bei parallel schließender Umluftklappe über Klappenmotore $K_1$ und $K_2$. Bei weiterem Anstieg der Temperatur öffnet Kühlerventil $V_2$.

Bei steigender Raumfeuchte (über Raumhygrostat $H_1$ gemessen) wird Spritzwasserventil $V_3$ geschlossen. Steigt Raumfeuchte weiter an, wird über Auswahlrelais $R_2$ Kühlerventil $V_2$ zum Entfeuchter geöffnet. Dadurch eventuell fallende Raumtemperatur wird durch Öffnen der Umluftklappe und des Heizkörperventils korrigiert.

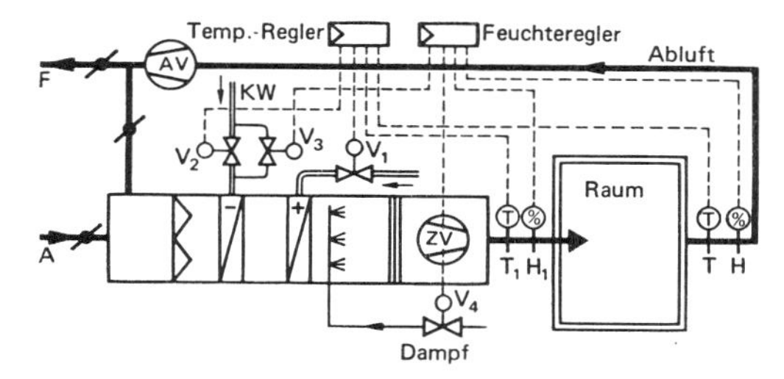


Bild 338-118. Regelung einer Klimaanlage mit Dampfbefeuchtung.

Thermostat $T$ im Abluftkanal (oder im Raum) steuert in Sequenz das Erhitzerventil $V_1$ und das Kühlerventil $V_2$ und hält damit die am Regler eingestellte Raumtemperatur konstant. $T_1$ = Minimalbegrenzer.

Hygrostat $H$ im Abluftkanal (oder im Raum) regelt die relative Luftfeuchte. Bei fallender Feuchte öffnet er das Dampfventil $V_4$, bei steigender Feuchte schließt er zunächst das Dampfventil und öffnet das Kaltwasserventil $V_2$, so daß die Luft entfeuchtet wird. $H_1$ = Maximalbegrenzer der Feuchte.

Außenluft/Umluft-Steuerung wie in Bild 338-113 oder -114.

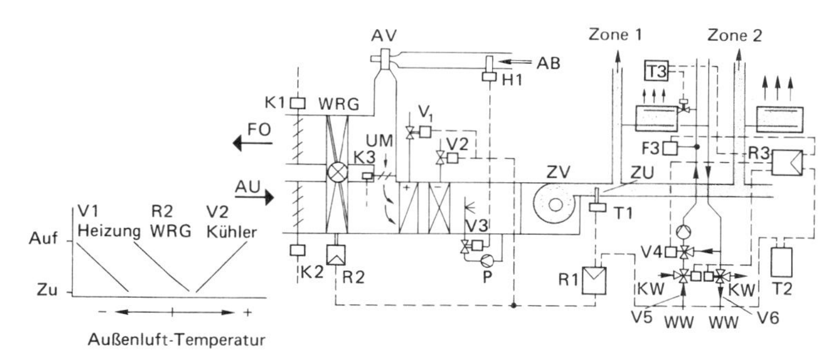


Bild 338-119. Regelung einer Zweirohr-Induktionsklimaanlage mit Sommer-Winter-Umschaltung und Wärmerückgewinnung.

Regler $R_1$ regelt in Abhängigkeit der Außentemperatur (Fühler $T_2$) über Fühler $T_1$ die Zuluft-Temperatur (Diagramm in Bild 338-119). Bei fallender Außentemperatur schließt zunächst Kühlventil $V_2$, danach wird der Wärmerückgewinner hochgeregelt ($R_2$) und schließlich öffnet Heizkörperventil $V_1$. Umluftklappe öffnet nur zum Anheizen und für Nacht-Stützbetrieb ($K_3$). Bei Normalbetrieb Außen- und Fortluftklappe $K_1$, $K_2$ voll offen, Umluftklappe $K_3$ zu.

Regler $R_3$ schaltet Wasserkreislauf der Induktionsgeräte von Sommer- auf Winterbetrieb durch Umschaltventile $V_5$ und $V_6$ und regelt außentemperaturabhängig ($T_2$) Wasservorlauftemperatur über Ventil $V_4$. Regelung der Raumtemperatur über Raumthermostat $T_3$, welcher von Regler $R_3$ auf Heiz- oder Kühlbetrieb umgeschaltet wird. (Umschaltung kann auch örtlich über Anlegefühler auf Wasserrohr erfolgen.)

Ein Ablufthygrostat $H_1$ regelt Feuchte über Spritzwasserventil $V_3$ des Umlaufsprühbefeuchters.

## -8 FROSTSCHUTZ[1])

Bei Außenlufttemperaturen unter 0 °C besteht für Lufterhitzer häufig *Einfriergefahr* mit sehr nachteiligen Folgen: Platzen der Rohre, Undichtheiten, Zerstörung des Lufterhitzers. Ursache ist darin zu suchen, daß infolge unrichtiger Dimensionierung des Lufterhitzers, ungünstiger Ventile, Ausfalls der Heizungspumpe oder aus sonstigen Gründen

[1]) SBZ 18/78. S. 1481/3 u. 21/78. S. 1804/5.

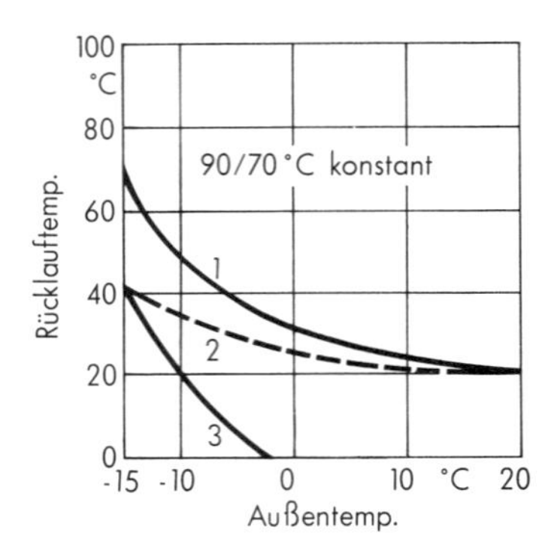


Bild 338-121. Warmwasserrücklauftemperatur bei Lufterhitzern.

Kurve 1: Richtig dimensionierter Lufterhitzer −15/20 °C

Kurve 2: Überdimensionierter Lufterhitzer −15/20 °C

Kurve 3: Lufterhitzer überdimensioniert und geringe Lufterwärmung −15/5 °C

das Wasser in den Rohren sich unter 0 °C abkühlt und gefriert. Die Gefahr ist besonders groß bei großer Temperaturspreizung, z. B. 90/40 °C und bei Lufterwärmung auf Temperaturen von 10 °C oder weniger (Luftvorwärmer in Klimaanlagen). Bild 338-121. Man kann dem Wasser *Frostschutzmittel* (Glykol, Antifrogen) beimischen. Dadurch erhöht sich die Zähigkeit des Wassers mit der Folge, daß die Förderhöhe der Pumpe abnimmt und der Widerstand des Rohrnetzes zunimmt[1]). Siehe hierzu auch Bild 634-3 und 332-42.

Anlagentechnisch gibt es folgende Frostschutz-Maßnahmen:

a) Keine Überdimensionierung des Lufterhitzers, da die Wassermenge dabei stark verringert wird und das Wasser tiefere Temperaturen annimmt.

b) Gleichprozentige Ventile sind günstiger als lineare.

c) Temperaturschichtung vor und hinter Lufterhitzer vermeiden; Warmwassereintritt unten; hohen Wasserwiderstand vorsehen (≈ 5000 Pa).

d) Frostschutzthermostat hinter Lufterhitzer an kältester Stelle einbauen; schaltet bei ≈ 5 °C Ventilator ab und schließt Außenluftklappe, öffnet Heizventil. Am günstigsten Kapillarrohr-Temperaturfühler mit langem Kapillarrohr, der bei Unterschreitung der Temp. von 5 °C an irgendeiner Stelle sofort Kontakt gibt.

e) Umgehungsleitung am Lufterhitzerregelventil mit Ventil für ≈ 5% der Wassermenge vorsehen, damit keine Unterbrechung des Heizmittelkreislaufes eintreten kann. Im Winter bleibt Umgehungsleitung immer geöffnet, evtl. mit thermostatisch gesteuertem Ventil.

f) Beim Ausschalten der Anlage Lufterhitzerventil öffnen lassen, falls Einfriergefahr im Ventilatorraum.

g) Bei Luftvorwärmern Frostschutzpumpe vorsehen, siehe Bild 338-122. Dadurch immer volle Wassermenge im Lufterhitzer, große Wassergeschwindigkeit, gleichmäßigere Wassertemperatur.

h) Bei mehreren Geräten zentrale Luftvorwärmung vorsehen.

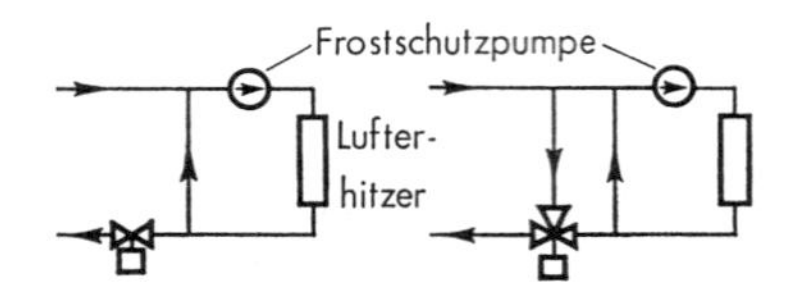


Bild 338-122. Frostschutzpumpen für Lufterhitzer.

Links: Durchgangsventil
rechts: Dreiwegeventil

[1]) Gautner, M.: HLH 9/83. S. 376/9.

## -9 MIKROELEKTRONIK (DDC)

Siehe auch Abschn. 174-6.

Die moderne digitale Elektronik mit ihren *Mikroprozessoren* und *Mikrocomputern* wird seit 1979/80 allgemein in der Haustechnik und speziell auch in der Klimatechnik angewandt. Dabei werden Verbesserungen in der Steuerung und Regelung erreicht. Der Einsatz erfolgt in folgenden Bereichen:

- *Regelung und Steuerung*
- *Optimierung*
- *Zentrale Leittechnik (ZLT)*

### -91 DDC-Regelung[1])

*DDC-Regler* (Direct Digital Control) sind auf Basis eines *Microcomputers* aufgebaute Geräte, bei welchen die Regelaufgabe nicht mehr mechanisch (Hebel, Membranen, Federn) oder elektrisch (Potentiometer, Verstärker, Vergleicher) verarbeitet wird. Hier werden die in Form von mathematischen Gleichungen dargestellten Regelalgorithmen in einem Rechner abgearbeitet. Dazu werden dem DDC-Regler über *Analog-Digitalwandler* (A/D-Wandler) die Meßwerte der Fühler in digitaler Form eingegeben. Bei passiven Fühlern (z.B. für Temperatur Pt 100, Pt 1000, Ni 1000) wird dazu von der DDC über den Fühler stoßweise ein konstanter Strom von etwa 1…4 mA geleitet und der Spannungsabfall über den Meßwiderstand erfaßt. Durch den niedrigen Strom und die stoßweise Belastung entfällt der bei konventionellem System (Wheatstone-Brücke) unerwünschte Eigenerwärmungs-Effekt durch den Meßstrom. Das analoge Eingangssignal wird in der Regel durch einen 12-bit-D/A-Wandler in 4096 Schritte aufgelöst und dem Rechner als Eingang zugeführt.

Um die relativ teuren A/D-Wandler kostengünstig zu halten, wird in der Regel mit Meßstellenumschaltung *(Multiplexer)* gearbeitet. Bis zu 16 Meßeingänge haben nur einen A/D-Wandler, welcher die Fühler zyklisch abfragt. Die hohe Arbeitsgeschwindig-

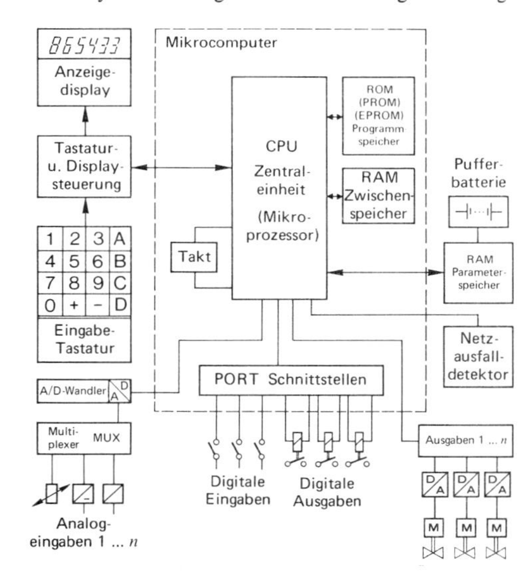


Bild 338-125. Blockschaltbild eines DDC-Reglers.

[1]) Würstlin, D.: Regeltechn. Praxis, 8.80. S. 268/73.
Gilch, H.: IKZ, 6.81. S. 122.
Grosche, R.: Ki 11/81. S. 495/99 u. Ki 5/86. S. 219/21.
Herbst, D.: Ges.-Ing. 8.81, 10.81, 12.81, 4/82 u. HR 3/85. S. 141/9.
Blodau, A.: Feuerungstechn. 1/84. S. 14/17.
Prochaska, E.: Ki 2/84. S. 61/66.
Brichmann, U., u. Hönmann, W.: ETA 9/86. S. 161/5.

keit des Mikroprozessors sowie die Verwendung von Mehrprozessor-Systemen erlaubt diese Technik, wobei Zyklus-Zeiten von 0,5···120 s möglich sind. Für schnelle Regelstrecken, wie Druckregelung bei VVS-Anlagen, wählt man 0,5 s, während die großen Zyklen-Zeiten z. B. beim Erfassen der Außentemperatur ausreichen. Nach Verarbeitung der Meßwerte wird im Microcomputer nach den vorgegebenen Regelalgorithmen die notwendige Reaktion errechnet und über Digital-Analogwandler zu den einzelnen Stellgliedern weitergegeben (Bild 338-125). Ein DDC-Regler regelt also eine Vielzahl von Regelkreisen. Durch einen *Taktgeber* (Frequenz 1 bis 10 MHz) wird die Arbeitsgeschwindigkeit des Mikroprozessors bestimmt.

Für jeden Regelkreis sind im Programmspeicher vom Anwender die Regelparameter frei programmierbar vorgegeben.

Angewandt werden bisher P-, PI-, PID-Regelalgorithmen, die bereits vom Hersteller als Betriebs-Software fest einprogrammiert sind. Der Computer berechnet entsprechend dem gemessenen Eingangssignal (Ist-Wert) unter Vergleich mit dem vom Anwender frei programmierbar eingegebenen Sollwert die Ausgangsgröße für das Stellglied. Über einen *Digital/Analog-Wandler* (meist 8-bit) wird für jedes Stellglied das Ausgangssignal vorher noch in analoge Form, z. B. in einen stetigen Stromausgang von 0···20 mA umgeformt. Jedes Stellglied hat einen eigenen D/A-Wandler, da das Analogsignal ständig am Stellglied anstehen muß (Spannungshalter). Es sind aber auch Systeme bekannt, die auch auf der Ausgangsseite mit Multiplexern arbeiten, wobei dann pro Ausgang auch eine Spannungshaltung (hold-Schaltung) vorhanden sein muß. Neuerdings gibt es aber auch Stellglieder, die digitale Signale empfangen können, so daß der D/A-Wandler nicht nötig ist (Siemens). Die Zuordnung der Fühler zu den Stellgliedern ist ebenfalls frei programmierbar, d. h., sie kann jederzeit geändert werden. Für gleitende Sollwerte können dem Regelkreis Führungsgrößen aufgeschaltet werden.

Das *Programmieren* der Mikrocomputer-Regelsysteme erfolgt meist vom Hersteller als festes Programm, so daß beim Anwender eine Programmiersprache *nicht* erlernt werden muß. Es bleiben im Programm jedoch sogenannte „Eingabefenster" offen, in die der Installateur oder auch der Betreiber der Klimaanlage die für den Betrieb notwendigen Eingaben über eine alpha-numerische oder nur numerische Tastatur eingibt.

Für den DDC-Regler nach Bild 338-126 werden z. B. vom Anwender folgende *Parameter* eingegeben:

Für den Fühler:

a) Fühlerkennlinie (Meßbereich), Eichung.
b) Zuordnung des Fühlers als Führungsgröße oder als Fühler zum Regelkreis.

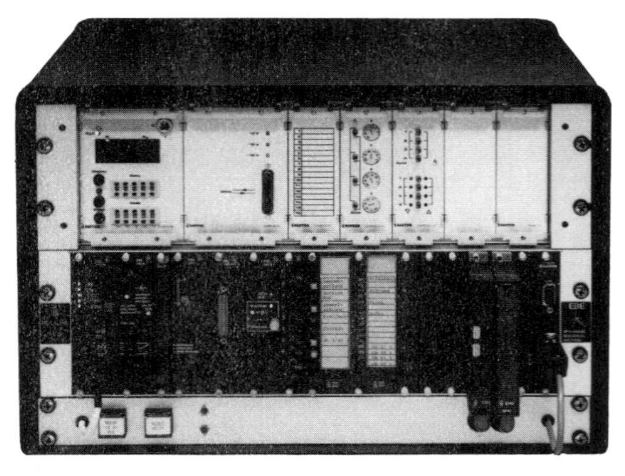

Bild 338-126. DDC-Regler für max. 48 Regelkreise (Sauter, Micos 4000 SR). Kombiniert mit frei programmierbarer Steuerung mit 1024 Ein-/Ausgängen.

Für den Regler:

a) Sollwert 1, Sollwert 2, Grenzwert.
b) Regelparameter: Proportional-Bereich P,
I-Anteil (Nachstellzeit)
D-Anteil (Vorhaltzeit)
sowie Zyklus-Zeit.
c) Evtl. Zuordnung zu einem Zeitkanal.
d) Zuordnung des Ausgangskanals zum Stellglied.

Für den Stellmotor:

a) Ausgangscharakteristik: Zweipunkt,
Dreipunkt,
stetig.

Die Eingabe kann sowohl am Gerät über die Tastatur erfolgen als auch „im Büro“ auf einen Datenträger gegeben werden und auf der Baustelle in den Speicher elektrisch übertragen werden.

Nach Bild 338-125 enthält der DDC-Regler noch folgende weitere notwendige Komponenten:

Die *Zentraleinheit* (CPU) fragt vom Taktgeber gesteuert die Eingangssignale im Zyklus ab, versteht die im Programmspeicher formulierten Befehle und steuert als Mikroprozessor den Systemablauf.

Der *Programmspeicher* enthält die Betriebs-Software des Systems, die den Ablauf des Mikrocomputersystems vorgibt, aber auch z. B. Regelalgorithmen enthält. Dieser Speicher behält seine Informationen auch bei Stromausfall.

Der *Zwischenspeicher* wird zur vorübergehenden Speicherung von Informationen benötigt. Die Zwischenergebnisse dürfen bei Stromausfall verlorengehen.

Der *Parameterspeicher* enthält vom Anwender eingegebene, freiprogrammierbare Werte, z. B. Sollwerte, Regelparameter usw. Die Werte dürfen bei Stromausfall nicht verlorengehen, weshalb eine Pufferbatterie notwendig ist.

Die *Schnittstelle* (PORT) ist für Eingangsinformationen binärer Form, z. B. Schalterstellungen und für entsprechende Ausgangssignale, z. B. für Kontrollampe oder Relais, vorgesehen. Die Ausgänge können auch an Drucker zur Betriebsprotokollführung, an übergeordnete Rechner für Optimierungsaufgaben oder an zentrale Leitwarten angeschlossen werden.

Der *Netzausfall-Detektor* (Watch-Dog) sorgt bei einem Stromausfall dafür, daß keine unkontrollierten Daten in die Speicher geschrieben werden und daß danach der Prozeß-Zyklus wieder richtig einsetzt. Weitere Bezeichnungen s. Abschn. 174-6.

Einen DDC-Regler für maximal 64 Meßwert-Eingänge und 48 Stellausgänge zeigt Bild 338-126. Zusätzlich können in einer *speicherprogrammierbaren* Steuerung maximal je 1024 digitale Ein- und Ausgänge verarbeitet werden. Über je eine Koppeleinheit können Regel- und Steuerteil verbunden werden und das Datum austauschen.

Neben den bekannten Regelalgorithmen mit P-, PI- oder PID-Verhalten werden neue Algorithmen entwickelt (Dead Beat oder Minimal-Varianz)[1]) mit dem Ziel, eine *selbstadaptierende* Regelung zu erhalten. Mit Hilfe dieser *parameteradaptiven* Regelalgorithmen beabsichtigt man einerseits das Einregulieren bei der Inbetriebnahme abzukürzen, andererseits für verschiedene Belastungsfälle (z. B. VVS-Systeme) eine stabile Regelung in allen Betriebspunkten zu erhalten.

Die mathematische Formel für die heute meist noch verwendeten Regelarten P, PI, PID lautet für das Stellsignal

$$y = y_0 + K_p \left( x_d + \frac{1}{T_n} \int x_d \, dt + T_v \frac{dx_d}{dt} \right)$$

Dabei bedeuten (s. auch Abschn. 174)

$x_d$ = Istwert
$K_p$ = Proportionalbeiwert
$T_n$ = Nachstellzeit (I-Anteil)
$T_v$ = Vorhaltezeit (D-Anteil)

---

[1]) Bergmann, S., u. Schumann, R.: Regelungstechn. Praxis 8/80. S. 280/6.
Junker, B.: Regelungstechn. Praxis 8/80. S. 257/8.

Für die optimale Strukturierung und Parametrierung dieser Regler können die bisherigen Einstellkriterien (Tot-, Verzugs-, Ausgleichszeit usw.) verwendet werden. Es muß aber zusätzlich die Zykluszeit berücksichtigt werden. Im allgemeinen muß der P-Bereich etwas höher gewählt werden, insbesondere bei großer Zykluszeit.

Da DDC-Regler in keiner Weise mechanisch begrenzt sind, ist eine automatisch arbeitende Strukturumschaltung notwendig, welche bei großer Abweichung zwischen Soll- und Ist-Wert auf reinen P-Regler umschaltet.

Oft werden die mikroelektronischen Steuer- und Regelgeräte auch zur *Optimierung* benutzt, um haustechnische Anlagensysteme jeweils zum kostenmäßig günstigsten Zeitpunkt ein- oder abzuschalten. Im einfachsten Fall genügt eine freiprogrammierbare Mikrocomputer-Steuerung[1]) kombiniert mit einer Uhr. Die Mikroprozessoren erlauben eine längerfristige Programmierung der Belegungszeiten (z.B. Jahreskalender) und ermöglichen so bemerkenswerte Energieeinsparungen. Es werden Geräte mit *selbstoptimierenden* Ein- und Abschaltzeiten für Heizungsanlagen angeboten. Ein solcher Mikrocomputer enthält einen *lernfähigen* (selbstoptimierenden) *Algorithmus,* der bei periodisch genutzten Gebäuden und bei eingegebenen Betriebszeiten und Raumtemperaturwerten die günstigsten *Ein- und Ausschaltzeiten* berechnet[2]). Bild 338-127 zeigt ein *Optimierungsgerät* für max. 4 Heizungsregler mit Tastenfeld für Eingabe des Tages-, Wochen- und Jahreszeitprogramms und der Sollwerte für Raumtemperatur im Normalbetrieb sowie reduzierter Sollwert und Stütztemperatur. Der Verlauf der Raumtemperatur über der Zeit während der Nutzungspause für selbstoptimierende und konventionelle Regelung mit festen Aus- und Einschaltzeiten zeigt Bild 338-128.

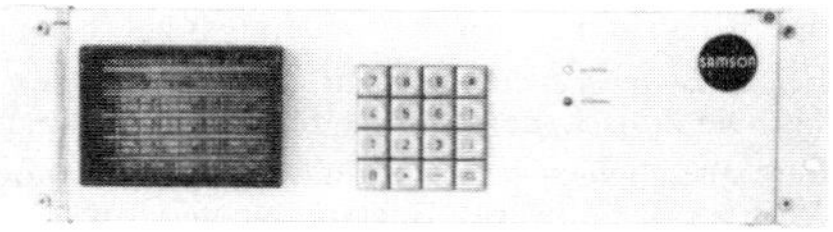

Bild 338-127. Selbstoptimierender Heizungsregler für periodisch genutzte Gebäude (Samson, Typ T 5500).

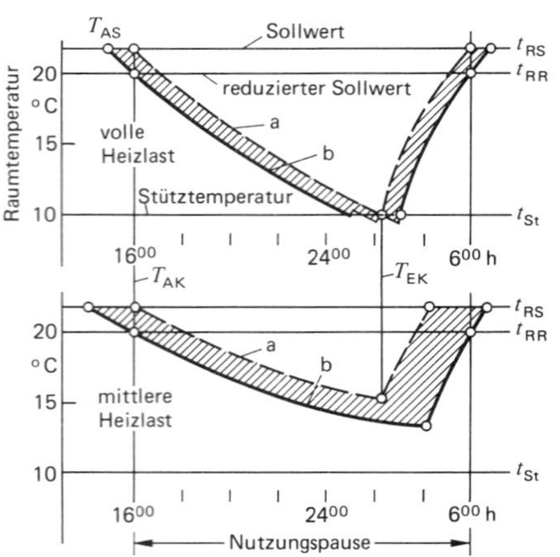


Bild 338-128. Temperaturverlauf für konventionelle Regelung mit selbstoptimierender Aus- und Einschaltung (Samson).

Kurve a: mit konventioneller Schaltuhr

Kurve b: mit selbstoptimierendem Regler

$T_{AK}$, $T_{EK}$ feste Schaltzeiten bei konventioneller Schaltuhr

$T_{AS}$, $T_{ES}$ lastabhängige Schaltzeiten bei selbstoptimierendem Regler

$t_{RS}$ Sollwert der Raumtemperatur

$t_{RR}$ Reduzierter Sollwert der Raumtemperatur

$t_{St}$ Stütztemperatur während der Nutzungspause

Durch frühes Abschalten und insbesonders späteres Einschalten bei durchschnittlicher Heizlast wird über längere Zeit eine niedere Raumtemperatur und damit eine größere Heizenergieersparnis erzielt gegenüber konventionellem Regler mit festem Ein- und Ausschaltpunkt.

Andere Optimierungsprogramme führen zu Energiekostenersparnis durch zeitweises Abschalten elektrischer Verbraucher[3]).

---

[1]) Prochaska, E.: LTG – Lufttechn. Inform. Heft 27, 12.80.
[2]) Schaffrath, G.: Ki 11/81. S. 491/4.
Hartmann, R.: TAB 9/83. S. 693/6.
[3]) Fischer, A.: Ges.-Ing. 12.80. S. 361/70.
Brendel, Th., u.a.: Ki 11/81. S. 507/15.

Es werden Abschaltprogramme über Mikrocomputer eingegeben, die innerhalb eines Gebäudes oder Werkes nach wählbaren Prioritäten einzelne zeitweise entbehrliche Lasten abschalten (Maximum-Überwachung), um den mit dem Elektrizitäts-Versorgungs-Unternehmen (EVU) vereinbarten Spitzentarifwert nicht zu überschreiten. Die Programmierung muß sich nach den Notwendigkeiten des Betriebs der Verbraucher und nach dem Tarif des EVU richten. Da häufig nur kurzzeitig Verbrauchsspitzen auftreten und in dieser Zeit wegen der großen Zeitkonstanten von Heizungs- und Klimaanlagen deren Abschalten keine erheblichen Auswirkungen bringt, kann durch vorübergehendes Abwerfen tarifschädlicher Spitzlasten häufig eine schnelle Amortisation der Investition trotz der oft nicht unerheblichen Verkabelung erreicht werden. Auch das Verlegen von Speicheraufheizung in tarifgünstige Zeiten ist in diesem Zusammenhang zu erwähnen.

Klimaanlagen mit DDC-Regelung können leicht über Telefon (MODEM) überwacht werden. Dadurch kann eine Fachfirma von einer Zentrale aus mehrere Anlagen ständig überwachen hinsichtlich Wartung, Energieverbrauch sowie bei der Inbetriebnahme.

Moderne DDC-Regelsysteme ermöglichen alle vorgenannten Funktionen, nämlich freiprogrammierbare Steuerung und Regelung mit Jahresuhr, Selbstoptimierung, Selbstadaptieren, Maximumüberwachung, MODEM-Anschluß. Das Gerät nach Bild 338-129 hat z. B. folgende Kapazität:

je 128 analoge Ein- und Ausgänge,  
je 640 digitale Ein- und Ausgänge für Steuerung,  
32 Impulseingänge für z. B. Energieverbrauchsmessung,  
20 Anlagenschemata auf Farbbildschirm mit dynamischer Anzeige aktueller Daten.

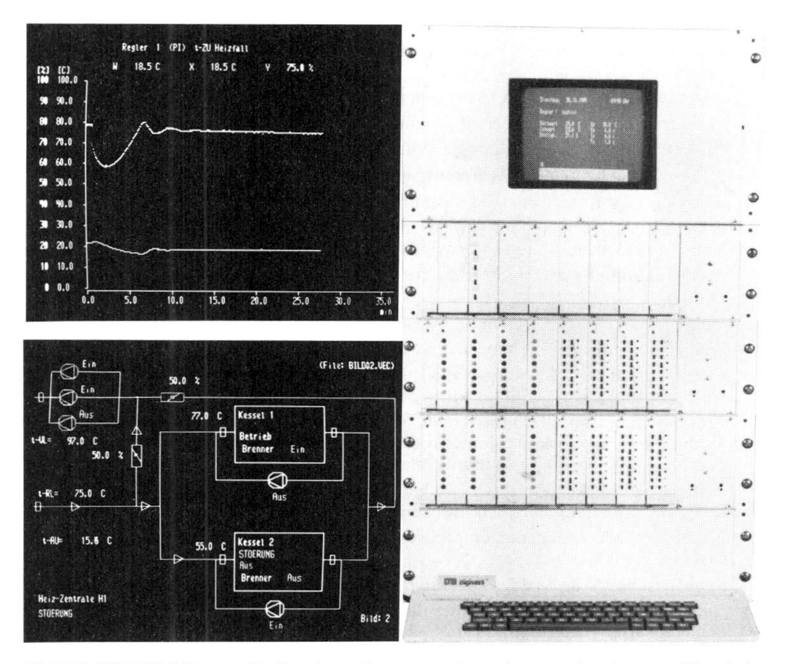


Bild 338-129. DDC-System für Regelung, Steuerung, Optimierung mit Jahresuhr. Verarbeitet zusätzlich ca. 70% aller möglicher ZLT-Aufgaben (LTG, Digivent).

Links: Bildschirmanzeige für Einschwingvorgang eines Regelkreises (oben) und Anlagenschema mit aktuellen Meß- und Zustandswerten (unten).

Bei umfangreichen Anlagen arbeiten mehrere (bis zu 8) Geräte parallel. Es kann auch zusätzlich ein *Personal-Computer* (PC-AT) als parallele Bedienstation eingesetzt werden, über welche zentral alle angeschlossenen DDC-Unterstationen zusätzlich überwacht und bedient werden können.

Die DDC-Regelung wird bisher für die Regelung von Heiz-, Klima- und Kältezentralen verwendet. Die Regelung des Einzelraums war bisher ausschließlich analog. Neuere Entwicklungen ermöglichen jetzt auch hier die DDC-Regelung. Dadurch wird eine adernsparende Vernetzung und Kommunikation von allen Räumen zur Zentrale wirtschaftlich möglich. Dadurch ergeben sich weitreichende Möglichkeiten für Energiemanagement, Überwachung, Sicherheitstechnik etc.

## -92 Zentrale Leittechnik[1])

Die *Zentrale Leittechnik* für betriebstechnische Anlagen in Gebäuden[1]) (ZLT-G) benötigt bei der konventionellen, analogen Regelung meist eine doppelte Installation von Leitungen und manchmal auch von Fühlern für die Leittechnik einerseits und die Regelung andererseits. Die DDC-Regelung ermöglicht dagegen die *direkte* digitale Verbindung zwischen intelligenten *DDC-Unterstationen* und Leitzentrale. Die Unterstationen verdichten die Daten bereits. Die Abfrage der Unterstationen erfolgt *seriell,* d.h. im Takt nacheinander, so daß das Datenübertragungsnetz zur *Leitzentrale* ebenfalls einfacher wird. Damit wird der Einsatz der Leittechnik schon bei kleineren Anlagensystemen als bisher wirtschaftlich. Bei der Anwendung der Mikroelektronik steigt der Lieferanteil von Software, deren Kostenzuordnung VDMA-Einheitsblatt 24191 regelt. Es ist zu erwarten, daß die mikroprozessor-gesteuerte Leittechnik die konventionelle Leittechnik verdrängen wird, da sich durch freie Programmierbarkeit mehr Flexibilität und damit mehr Erfolg insbesondere beim Energiemanagement ergibt.

Typische *Energiemanagementfunktionen* der *ZLT* u.a. sind:

- Begrenzung der Außenluftrate bei tiefen und hohen Außentemperaturen,
- Gleitenlassen der Raum-Temperaturen und -Feuchten abhängig von der Außentemperatur,
- Optimieren von Nacht- und Wochenendabsenkungen,
- Enthalpiegesteuerte Wärmerückgewinnung,
- Ausnutzen von freier Kühlung bei Nur-Luft- und Wasser-Luft-Systemen,
- Steuerung bei bivalentem Wärmepumpenbetrieb,
- Kopplung der Brauchwassererwärmung mit Kältemaschinenrückkühlung,
- Wärme-Kälte-Verschiebung zwischen verschiedenen Zonen mit gleichzeitigem Kälte- und Wärme-Bedarf (Nord-/Süd-Zone),
- Anlagenkopplung zwecks Verbesserung der Jahresnutzungsgrade von z.B. Heizkesseln,
- Überwachung von $CO_2$-Gehalt und Rauchgastemperatur bei Kesselanlagen,
- Helligkeits- oder Zeit-gesteuerte Beleuchtungsschaltung oder Zonierung,
- Intelligente Jalousiebedienung zur Ersparnis von Kühl- und Beleuchtungs-Energie einerseits und passivem Solarwärmegewinn andererseits,
- Einschaltdauer parallel arbeitender Maschinen (Kompressoren, Ventilatoren) bei Teillast zwecks Wirkungsgradoptimierung, aber auch zwecks Laufzeitausgleich (Verschleißminimierung, Wartungsplan),
- Zeitlich auf Lücke gesetztes Betreiben mehrerer intermittierend arbeitender Anlagen zur Vermeidung von Stromspitzen,
- Lastabwurf von Anlagen nach programmierter Priorität bei Überschreiten des elektrischen Tarif-Maximalwerts,
- Speichern von Wärme oder Kälte in tarifgünstigen Zeiten,
- Entspeichern von Gebäudewärme durch mechanische Lüftung in Sommernächten abhängig vom Witterungstrend.

---

[1]) VDI 3814, Bl. 1 bis 4, 6.78 bis 6.86: Zentrale Leittechnik für betriebstechn. Anlagen.
VDMA 24191 (3.87): Dienstleistungen für MSR-Einrichtungen.
Möhl, U.: HLH 12/84. S. 569/74.
Schlägel, F.: VDI-Bericht 446. S. 35/45 (1982).
Lezius, A.: HLH 1/87. S. 15/7.

Die übrigen Aufgaben der Leittechnik wie Betriebsführung der Anlagen, Systemüberwachung mit Druckern oder Bildschirmen sind ebenfalls wie bisher möglich und leicht in verschiedenen nachträglichen Ausbaustufen zu realisieren.

Aufrüstung zur vollständigen Gebäudeautomation möglich. Diese schließt dann ein: Fahrstuhlsteuerung, Zugangskontrolle, Brandschutz, Sicherheitssystem u.a.

Den *prinzipiellen Aufbau* eines Zentralen Leitsystems, geeignet für vorzugsweise größere Gebäudekomplexe, zeigt Bild 338-135; Ansicht einer Unterzentrale zeigt Bild 338-136.

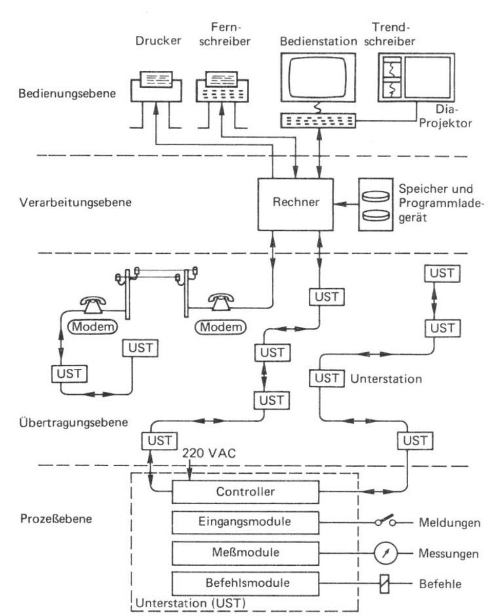


Bild 338-135. Systemaufbau einer Zentralen Leittechnik mit DDC-Reglern in den Unterstationen (Landys & Gyr, System Visonik 4000).

Ebene 1: DDC-Unterstation für Erfassen der Prozeßdaten (Messung, Meldung, Stell- und Schalt-Befehl).

Ebene 2: Ringkabel für serielle Datenübertragung mehrerer Unterstationen, auch per Telefon (Modem) möglich.

Ebene 3: Zentrale Datenerfassung, Verarbeitung, Speicherung.

Ebene 4: Bedienung, Kontrolle.

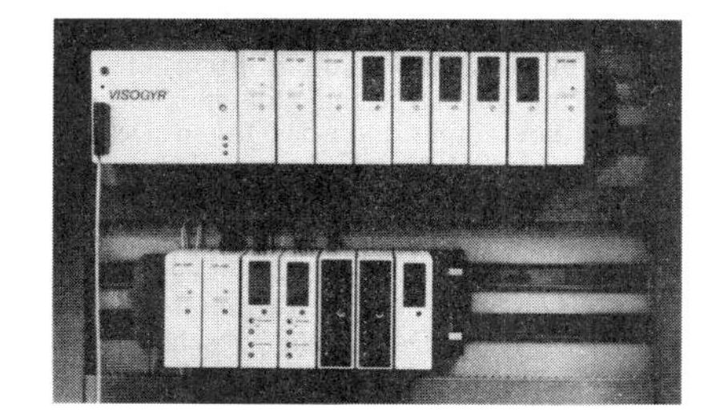


Bild 338-136. Ansicht einer Unterstation für DDC-Regelung (Landys & Gyr, Visogyr 04).

Die dezentrale Automatisierung in autarken Unterstationen ergibt erhöhte Betriebssicherheit: Bei Ausfall einer Station sind die anderen Unterstationen und die Leitzentrale ebenso funktionstüchtig wie umgekehrt beim Ausfall der Leitzentrale die Unterstationen funktionstüchtig bleiben. Eine Risikoerhöhung bezüglich der Betriebssicherheit ist lediglich darin zu sehen, daß *ein* DDC-Regler meist mehrere Regelkreise bedient, so daß bei dessen Ausfall alle diese Regelkreise der Unterstation betroffen sind. Bei konventioneller analoger Regelung hat dagegen jeder Regelkreis seinen eigenen Regler.

## -93 Netzwerke für die Kommunikation[1])

Bei der Anwendung der DDC- und Leittechnik kommt bei größeren Anlagen und Liegenschaften den digitalen Datenübertragungs-Systemen (Netzwerken) besondere Bedeutung zu. Dabei wird zukünftig auch eine Integration mit den Netzen für Telefon, Telex, EDV, Video etc. angestrebt, um Verkabelungsaufwand zu sparen. Hierzu wird die Deutsche Bundespost ab 1986 schrittweise *ISDN* (Integrated Services Digital Network) einführen.

Wenn das Netzwerk das Grundstück nicht überschreitet, spricht man von *LAN* (Local Area Network), anderenfalls von *WAN* (Wide Area Network). Sogenannte *Gateways* haben die Aufgabe, die Schnittstelle LAN und WAN zu überbrücken.

Die LAN lassen sich nach drei Gesichtspunkten unterscheiden:

nach der Topologie des Netzes (Bild 338-140),
nach dem Medium, von dem das verfügbare Frequenzspektrum abhängt (Bild 338-141),
nach dem Zugriffsprotokoll (Bild 338-142).

Die verschiedenen *Topologien* (Bild 338-140) zeigen drei Basisformen:

Sternstruktur
Ringstruktur
Bus-/Baumstruktur

Die Sternstruktur ist die konventionelle Form, wie sie bei herkömmlichen Telefonnetzen üblich ist. Die Ringstruktur ist aufwendig, da zu jedem Teilnehmer zwei Leitungen gelegt werden müssen (eine kommende und eine gehende). Langfristig die günstigste Verkabelung ist die Baumstruktur, da Erweiterungen durch Äste und Zweige möglich sind.

Das verwendete *Medium* ist die Art der *Verkabelung*. Man verwendet verdrillte Kupferleitungen (Twisted Pair) oder Koaxialkabel, zunehmend auch Glasfaserkabel (siehe Bild 338-140). Dabei steigt die Kapazität der Informationsübertragung (Datenübertragungsrate) gemessen in Mega Bits pro Sekunde (MBps) bedingt durch den verwendbaren Frequenzbereich in der genannten Reihenfolge. Entsprechend spricht man beim Telefonkabel von schmalbandiger, bei Koaxialkabeln von breitbandiger Übertragung:

| | |
|---|---|
| Verdrillte Kupferkabel (Schmalband bis 1 MHz) | bis 10 MBps |
| Koaxialkabel (Breitband bis 300 MHz) | bis 300 MBps |
| Glasfaserkabel (Breitband, Frequenz unbegrenzt) | bis über 1000 MBps. |

Für die DDC-Technik reicht verdrilltes Kabel aus. Bei voll integrierter Kommunikation wird aber Breitband-Kabel benötigt.

Zwei wichtige *Zugriffsverfahren* entsprechend Norm IEEE 802 sind

CSMA (Carrier Sense Multiple Access) und
Token-Passing (als Token-Bus oder Token-Ring)

Beim Token-Passing wird ein Bitmuster *(Token)* von Station zu Station in einem logischen Ring weitergereicht. Will eine Station senden, muß sie auf ein freies Token warten und übernimmt dann das Token wie den Stab beim Staffellauf. Die zu sendenden Daten werden an das nun *besetzte* Token angehängt und an die gewünschte Adresse gesendet, von dort quittiert, und an der Ausgangsstation wird das Token wieder *frei* gesetzt zur Benutzung durch eine andere Station. Zum An- und Abschalten der Stationen ist ein Controller notwendig (Bild 338-142).

Jede Station hat bei diesem Verfahren eine maximale Wartezeit, die sich aus Datenübertragungsrate und Datenmenge abschätzen läßt. Diese kann relativ lange sein, was bei einer Prozeßsteuerung Probleme bringt. Dafür ist aber sichergestellt, daß jede Station innerhalb dieser Zeit Zugriff findet.

Beim CSMA-Verfahren herrscht dagegen spontaner Zugriff. Jede Station „hört", ob die Leitung frei ist. Will sie senden, setzt sie ihre Nachricht mit Ziel- und Herkunftsadresse ab. Dabei kann es aber zu Kollisionen kommen, wenn zwei Stationen zur gleichen Zeit auf die freie Leitung zugreifen. Ein Kollisionskontroller (CD = Collision Detection) bringt die Nachrichten dann in eine Warteschleife. Die Zugriffswahrscheinlichkeit innerhalb kurzer Zeit ist bei diesem Verfahren größer, weil bei freier Leitung unmittelbar

---

[1]) Fehse, M.: Ki 4/86. S. 144/6.
Gulle, A.: ATP 11/86. S. 517/23.

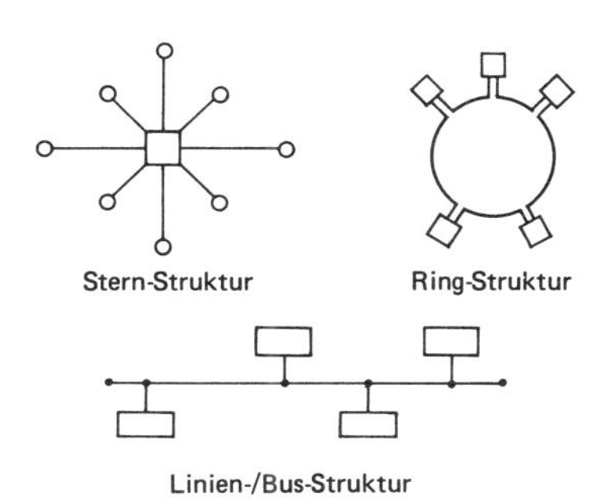


Bild 338-140. Topologien für Netzwerke.

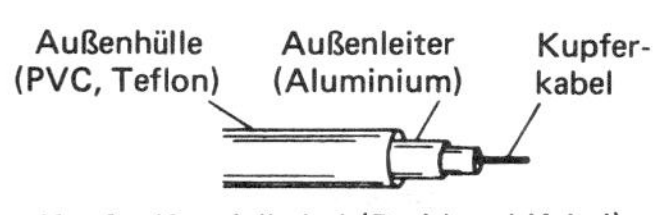


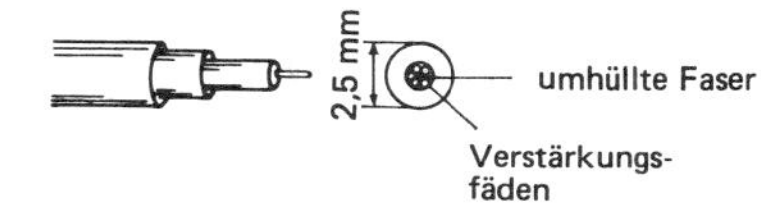


Bild 338-141. Übertragungsmedien für Netzwerke.

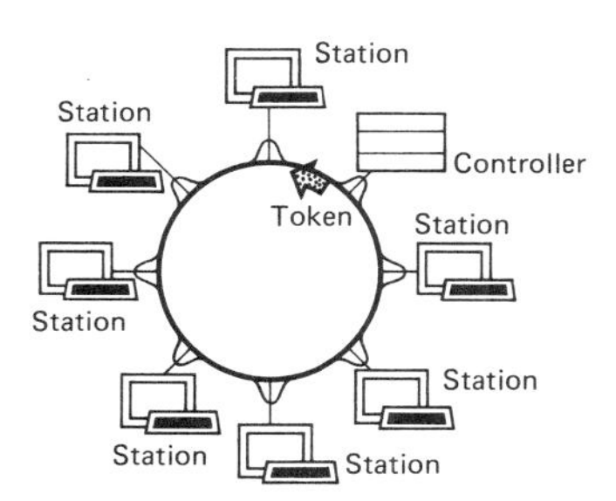


Bild 338-142. Zugriffsverfahren am Beispiel des Token-Ring.

gesendet werden kann. Allerdings können bei zu starkem Nachrichten-Verkehr die Wartezeiten sehr lang werden.

Bei Echtzeitproblemen (Prozeßsteuerung) ist also das Token-Passing-Verfahren vorteilhaft, wobei allerdings hohe Datenübertragungsraten (Breitbandtechnologie) notwendig ist, z. B. Industrial LAN, MAP. Das CSMA-Verfahren ist dagegen z. Zt. preisgünstiger.

In *firmen-eigenen* Netzen können meist nur Geräte des gleichen Herstellers miteinander kommunizieren. Um den Wettbewerb offenzuhalten, sind die Bauherren aber daran interessiert, Geräte *verschiedener* Hersteller an ein einmal gewählte System (z. B. mit Leitrechner) anschließen zu können[1]). Man spricht dann von *offenen Netzen*. Im AMEV wurde daher ein firmen-neutrales Netzkonzept (FND 87) entwickelt.

Eine Normung der Nachrichtentechnik ist durch ISO vorgesehen. Das sogenannte 7-Schichten-Modell heißt *OSI* (Open Systems Interconnection), ist aber bisher nur teilweise realisiert. Es wurden inzwischen verschiedene lokale Netzwerke realisiert, z. B. LAN/1, Ethernet, Lisby etc.

[1]) Nadolph, U., u. Ziller, J.: HLH 2/87. S. 87/9.

# 339 Wärmerückgewinnung[1])

Überarbeitet von Dr.-Ing. H. Jüttemann, Karlsruhe

Siehe auch Abschn. 18 und 341-1.

## -1 ALLGEMEINES

Lüftungs- und Klimaanlagen benötigen erhebliche Wärme- und Kältemengen zur Aufbereitung der Außenluft. Eine wesentliche Verringerung des Energieverbrauchs läßt sich durch Rückgewinnung des Wärmeinhalts der Fortluft erreichen. Hierfür gibt es verschiedene Möglichkeiten (Bild 339-1). *Umluftbetrieb* ist auch eine Form der Wärmerückgewinnung, gilt jedoch nach VDI 2071 nicht als solche.

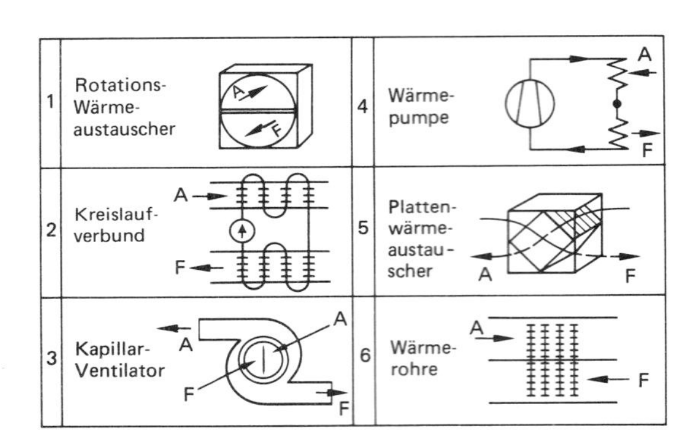


Bild 339-1. Übersicht verschiedener Wärmerückgewinnungsmethoden.
A = Außenluft
F = Fortluft

Die *Rückwärmzahl* ist bei Übertragung von nur sensibler Wärme und gleichen Massenströmen (Bild 339-2)

$$\Phi = \frac{t_1'' - t_1'}{t_2' - t_1'}$$

Darstellung im $h,x$-Diagramm siehe Bild 339-3.

Man kann $\Phi$ hier auch als *Temperaturänderungsgrad* bezeichnen. Grundsätzlich ist zu unterscheiden zwischen *Temperatur-Rückgewinnern*, die nur Temperatur übertragen, und *Enthalpie-Rückgewinnern*, die neben der Temperatur auch Feuchte austauschen. Bei zusätzlicher Übertragung von Feuchte ist der Feuchte-Rückgewinn durch die *Rückfeuchtezahl* bestimmt:

$$\Psi = \frac{x_1'' - x_1'}{x_2' - x_1'}$$

*Jährlicher Wärmerückgewinn*

Die Werte für $\Phi$ sind für die Luftzustandsänderungen ohne Feuchteübertragung definiert. Bei niedrigen Außentemperaturen tritt jedoch auf der Fortluftseite Kondensation ein, wodurch sich die Rückwärmzahl etwas erhöht. Zur Ermittlung der *jährlichen Rückgewinnung* lassen sich z.B. die Häufigkeitskurven für Temperatur bzw. Enthalpie der Außenluft verwenden.

---

[1]) Jahrbücher der Wärmerückgewinnung 1977/85 (1. bis 5. Ausgabe).
Brockmeyer, H.: VDI-Bericht 353 (1980). S. 73/8 u. Ki 6/80. S. 267/72.
Amberg, H.-U., u. G. Kössler: HLH 10/81. S. 389/93.
Beck, E.: KKT 11/81. 5 S.
Eurovent 10/1 u. 2 (1982): Wärmerückgewinner.
VDI-Richtlinie 2071. Bl. 1 (12.81) u. Bl. 2 (3.83): Wärmerückgewinnung in RLT-Anlagen.
FTA-Fachberichte Bd. 3 – 1980 und Bd. 4 – 1983, Resch-Verlag, Gräfelfing/München.
VDI-Bericht 435, Tagung München 1982.
Ihle, C.: CCI 5/83.
Schaal, E.: LTG – Lufttechn. Inform. Heft 33 (12.83).

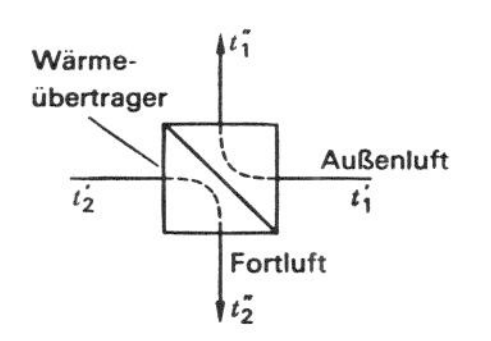


Bild 339-2. Schema eines Wärmeübertragers.

Bild 339-3. Zustandsänderung der Luft im $h,x$-Diagramm bei einem Temperatur-Wärmerückgewinner.

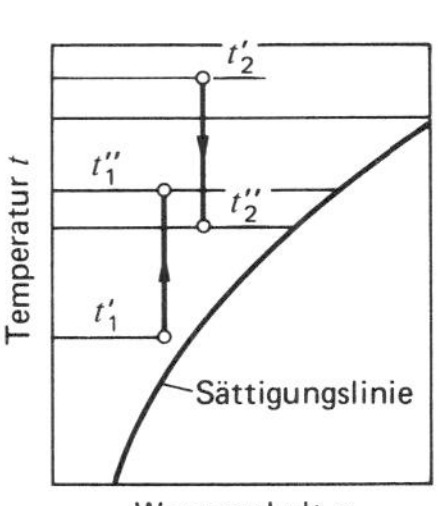


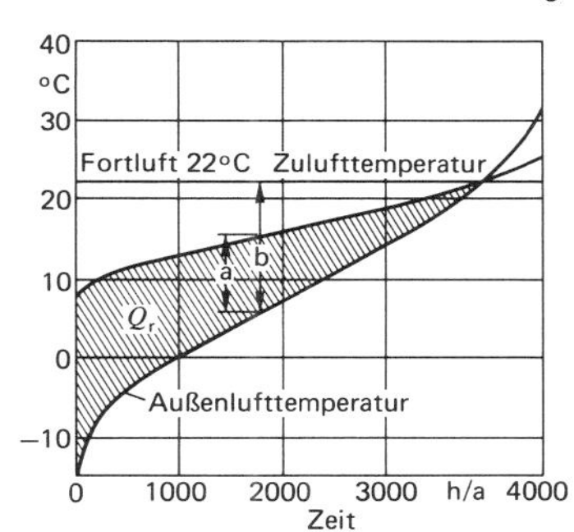


Bild 339-4. Jährlicher Wärmerückgewinn bei gleicher Fortluft- und Zulufttemperatur.

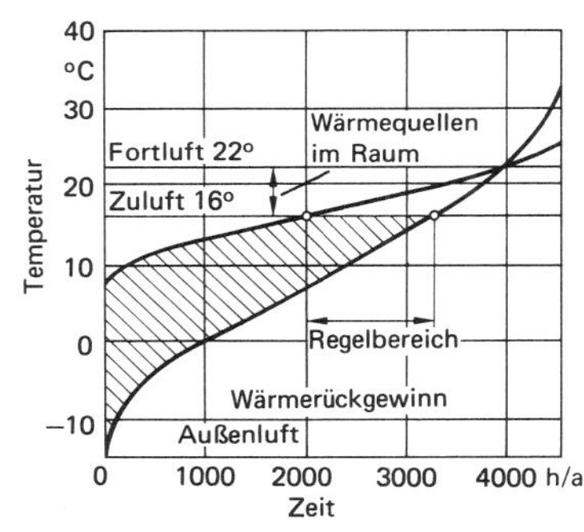


Bild 339-5. Jährlicher Wärmerückgewinn bei einer Klimaanlage.

Ist die Fortlufttemperatur gleich der Zulufttemperatur, dann ist das Verhältnis zurückgewonnene jährliche Wärmemenge $Q_r$ zur zugeführten Wärmemenge $Q$ gleich der Rückwärmzahl $\Phi = Q_r/Q$. In Bild 339-4 ist die rückgewonnene Wärme schraffiert dargestellt. Die Rückwärmzahl ist das Verhältnis der Strecken $a$ und $b$.

Ähnliche Diagramme wie für die Rückgewinnung fühlbarer Wärme lassen sich auch für die Feuchte und die Enthalpie aufstellen.

Ganz allgemein läßt sich für den Jahreswärmerückgewinn setzen (nach VDI-Richtlinie 2071, Teil 2):

$$Q_r = f_a \cdot f_z \cdot f_{zo} \cdot \dot{m}_a \cdot q_r \text{ in MWh/a}$$

Darin ist $f_a$ = Wochenendeinschränkungsfaktor = Anzahl der Arbeitstage des Jahres dividiert durch 365 Tage. Bleibt die raumlufttechnische Anlage an Samstagen, Sonn- und Feiertagen außer Betrieb, ist $f_a = 0{,}67$.

$f_z$ = Betriebszeitfaktor

| Betriebszeit | $f_z$ | Betriebszeit | $f_z$ | Betriebszeit | $f_z$ |
|---|---|---|---|---|---|
| $6\cdots17^h$ | 0,41 | $7\cdots17^h$ | 0,37 | $8\cdots19^h$ | 0,40 |
| $6\cdots18^h$ | 0,45 | $7\cdots18^h$ | 0,40 | $14\cdots23^h$ | 0,35 |
| $6\cdots19^h$ | 0,49 | $7\cdots19^h$ | 0,44 | $0\cdots24^h$ | 1,00 |

$f_{zo}$ = Klimazonenfaktor

Klimazone 1 (Orte mit weniger als 3800 Gradtagen) ··· $f_{zo} = 0{,}9$
Klimazone 2 (Orte mit 3800 bis 4200 Gradtagen) ··· $= 1{,}0$
Klimazone 3 (Orte mit mehr als 4200 Gradtagen) ··· $= 1{,}1$

$\dot{m}_a$ = Außenluftdurchsatz in kg/s.

$q_r$ = Wärmerückgewinn bei verschiedenen Rückwärmezahlen $\Phi$ in MWh/a je kg/s (Bild 339-7 bis -9).

Für die komplementären Betriebszeiten in der Nacht gelten die zum Wert 1 ergänzten Betriebszeitfaktoren, z. B. Betriebszeit 17 bis $6^h$: $f_z = 1 - 0{,}41 = 0{,}59$.

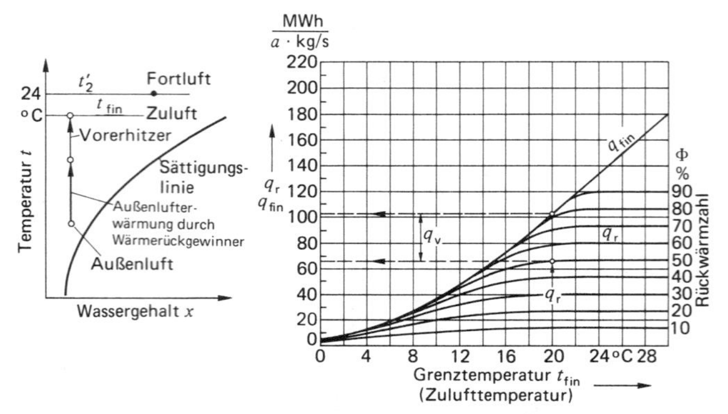


Bild 339-7. Diagramm zur Bestimmung des jährlichen Wärmerückgewinnes $q_r$ mit Temperatur-Rückgewinner (nach Schaal).
Links: Zustandsänderung im $h, x$-Diagramm.
Rechts: Bestimmungsdiagramm für $q_r$.

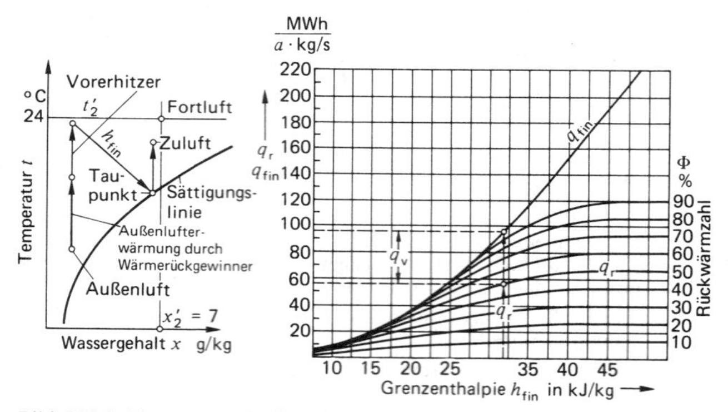


Bild 339-8. Temperatur-Rückgewinn für Anlage mit Wäscherbefeuchtung und Taupunktregelung.
Links: Zustandsänderung im $h, x$-Diagramm.
Rechts: Bestimmungsdiagramm für $q_r$.

Die Kurven in den Bildern 339-7 bis 9 beziehen sich auf eine Fortlufttemperatur $t_2'$ von 24 °C und eine Fortluftfeuchte von $x_2' = 7$ g/kg. Außerdem ist vorausgesetzt, daß der Außenluftdurchsatz = Fortluftdurchsatz ist. $q_{fin}$ ist die spez. Jahresenergie, die man ohne Wärmerückgewinn aufwenden muß, um den Grenzwert $t_{fin}$ bzw. $h_{fin}$ der Zuluft zu erreichen. Der spez. Vorerhitzerbedarf ist $q_v = q_{fin} - q_r$.

*Beispiel 1:*

Eine raumlufttechnische Anlage mit einem Temperaturrückgewinner in Hamburg habe eine Betriebszeit von 7…18^h, die Zulufttemperatur $t_{fin}$ wird angenommen mit 20 °C, $\Phi = 0{,}5$, $f_{zo} = 1{,}0$, $\dot{m}_a = 100\,000$ kg/h (27,78 kg/s) und $f_a = 0{,}7$. Gesucht ist der Jahreswärmerückgewinn $Q_r$ und der jährliche Vorerhitzerwärmebedarf $Q_v$.

Lösung: Für Betriebszeit 7…18^h ist $f_z = 0{,}40$. Nach Bild 339-7 ist $q_r = 63$ MWh/a je kg/s. Damit ist

$Q_r = f_a \cdot f_z \cdot f_{zo} \cdot \dot{m}_a \cdot q_r = 0{,}7 \cdot 0{,}4 \cdot 1{,}0 \cdot 27{,}78 \cdot 63 = 490$ MWh/a

Spez. Vorerhitzer-Restwärmebedarf $q_v = q_{fin} - q_r = 102 - 63 = 39$ MWh/a je kg/s.
Jährlicher Vorerhitzer-Restwärmebedarf $Q_v = 0{,}7 \cdot 0{,}4 \cdot 1{,}0 \cdot 27{,}78 \cdot 39 =$ 303 MWh/a.

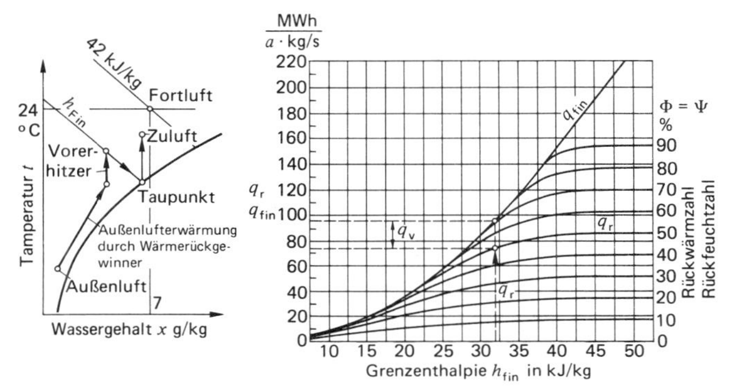


Bild 339-9. Enthalpie-Rückgewinn bei Anlagen mit Luftwäscher und Taupunktregelung.
Links: Zustandsänderung im $h,x$-Diagramm.
Rechts: Bestimmungsdiagramm für $q_r$.

*Beispiel 2:*

Eine raumlufttechnische Anlage mit einem Enthalpierückgewinner und Wäscherbefeuchtung mit Taupunktregelung in Berlin habe eine Betriebszeit von 6 bis 18 h; die Zuluftenthalpie wird mit 32 kJ/kg angenommen; die Rückwärmzahl sei gleich der Rückfeuchtzahl und betrage 0,5; der Luftmassenstrom sei $\dot{m}_a = \dot{m}_f = 25$ kg/s und der Wochenendeinschränkungsfaktor $f_a = 0{,}8$.

Lösung: Für Betriebszeit 8 bis 18$^h$ ist $f_z = 0{,}45$.

Nach Bild 339-9 ist $q_r = 73$ MWh/a je kg/s.

Damit ist

$$Q_r = f_a \cdot f_z \cdot f_{zo} \cdot \dot{m}_a \cdot q_r$$
$$= 0{,}8 \cdot 0{,}45 \cdot 1 \cdot 25 \cdot 73 = 657 \text{ MWh/a}$$

Spez. Vorerhitzer-Restwärmebedarf:

$$q_v = q_{\text{fin}} - q_r = 95 - 73 = 22 \text{ MWh/a je kg/s}$$

Jährlicher Vorerhitzer-Restwärmebedarf:

$$Q_v = 0{,}8 \cdot 0{,}45 \cdot 1 \cdot 25 \cdot 22 = 198 \text{ MWh/a.}$$

*Systeme der Wärmerückgewinnung*

Grundsätzlich unterscheidet man 3 Systeme:

Beim *Regenerativ-Verfahren* werden Speichermassen verwendet, die Wärme oder Feuchte oder beides aufnehmen und wieder abgeben. Beim Rotationswärmeaustauscher ist die Speichermasse fest, beim kreislaufverbundenen Wärmeaustauscher dagegen flüssig.

Beim *Rekuperativ-Verfahren* werden feste Austauschflächen verwendet, wobei gewöhnlich nur sensible Wärme übertragen wird (Trennflächen-Wärmeaustauscher).

Beim *Wärmepumpen-Verfahren* wird ein Kältemittel verwendet, das unter Energiezufuhr Wärme überträgt.

Alle Wärmerückgewinnungssysteme sparen zwar erhebliche Mengen von Energie, verursachen jedoch andererseits mehr oder weniger große Investitionskosten, so daß Wirtschaftlichkeitsrechnungen zweckmäßig sind. Übersicht Bild und Tafel 339-1.

## -2 REGENERATIV-WÄRMEAUSTAUSCHER MIT UMLAUFENDER SPEICHERMASSE (ROTATIONSWÄRMEAUSTAUSCHER)[1])

Ein langsam rotierender Speicher (5···15 U/min) wird in der einen Richtung von Fortluft, in der anderen Richtung von Außenluft durchströmt (Bild 339-20 u. -21). Die Speichermasse wird abwechselnd von einem warmen und kalten Luftstrom durchströmt. Speicher besteht aus wellenförmiger Aluminium-Folie mit nicht hygroskopischer oder hygroskopischer Oberfläche. Hydraulischer Durchmesser der Röhren ≈ 1,5 mm. Sowohl fühlbare Wärme wie Feuchte werden ausgetauscht. Stoffaustausch durch Ab- und Desorption. Rückwärm- und Rückfeuchtzahlen je nach Luftgeschwindigkeit und Druckverlust 70···90%. Dadurch erhebliche Verringerung sowohl der Anlagekosten für Heizungs- und Kühlanlage als auch der Betriebskosten für Erwärmung, Befeuchtung und Kühlung der Außenluft. Leistung 1000···150000 m³/h bei Druckverlusten von 50···350 Pa und Durchmessern von 950···5000 mm. Luftzustandsänderung Bild 339-22. Zur Verhinderung von Luftmischung dient eine *Spülzone,* in der der Fortluftinhalt durch Außenluft ausgeblasen wird. Ventilatoren saugen möglichst durch den Wärmeaustauscher (Bild 339-24).

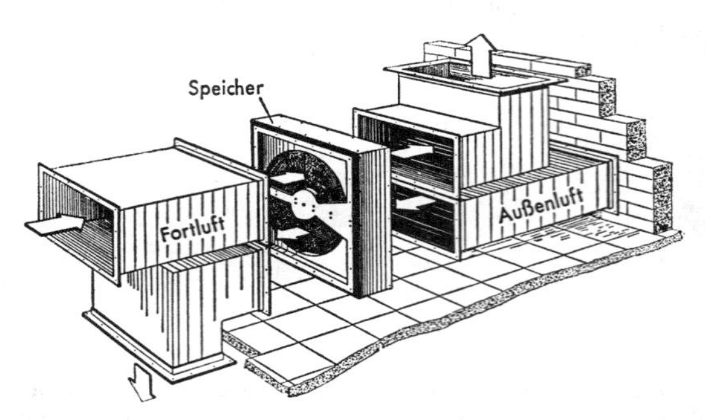


Bild 339-20. Regenerativ-Wärmeaustauscher für Zuluft- und Fortluft (Rototherm, KAH).

Bild 339-21. Regenerativ-Wärmeaustauscher (Accuvent, LTG).

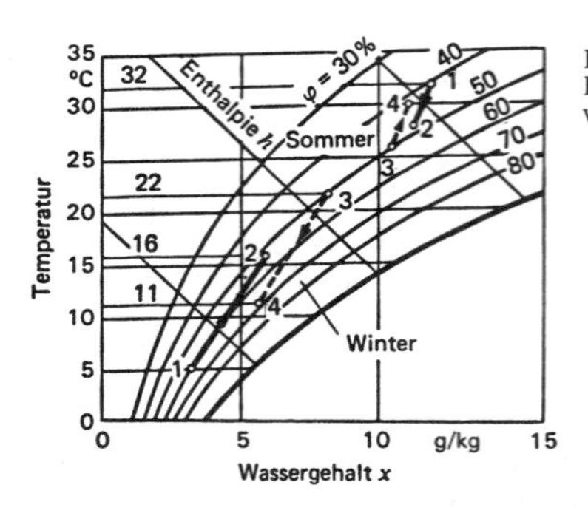


Bild 339-22. Zustandsänderung der Zuluft und Fortluft bei Durchgang durch den Wärmewechsler, dargestellt im $h, x$-Diagramm.

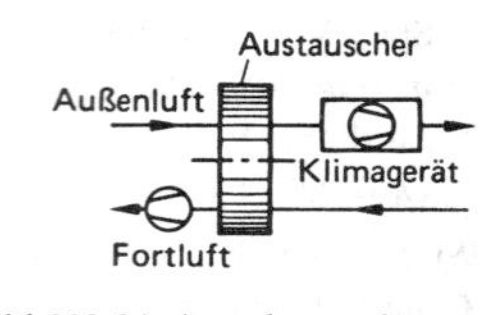


Bild 339-24. Anordnung des Regenerativwärmeaustauschers.

Andere Bauarten verwenden als Füllung Drahtgeflechte oder Folie aus Kunststoff, rostfreiem Stahl u.a. mit oder ohne Beschichtung. Dabei wird dann meist nur sensible Wärme oder Feuchte durch Kondensation übertragen. Mit der Feuchte erfolgt evtl. auch eine Übertragung von Gerüchen und Keimen, wodurch die Anwendung eingeschränkt sein kann.

[1]) Dreher, E.: Ki 2/78. S. 63/9.
Vauth, R., u. H. Kruse: HLH 4/80. S. 130/4.
Jüttemann, H., u. G. Schaal: HLH 10/82. S. 355/60.

Kosten mit Montage ohne bauliche Aufwendungen etwa 0,8···1,5 DM je m³/h Volumenstrom.

Bei der Planung der lufttechnischen Anlagen ist von vornherein darauf Rücksicht zu nehmen, daß die Fortluft- und Außenluftkanäle in der Zentrale zusammengeführt werden müssen (Bild 339-29).

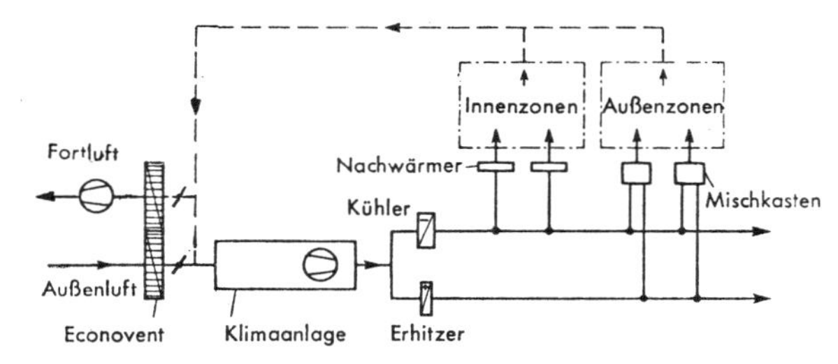


Bild 339-29. Schaltbild für Luftkanäle bei Anlagen mit Rotations-Wärmeaustauscher.

Der *Austauschgrad* der Wärmeübertragung (Rückwärmzahl und Rückfeuchtzahl) ist aus Diagrammen der Hersteller zu entnehmen. Beispiel Bild 339-31, worin auch der Druckverlust angegeben ist. Austauschgrad und damit Zulufttemperatur kann über Drehzahl geändert werden.

Zur Verhinderung von *Eisbildung* geringe Vorwärmung der Außenluft oder Verringerung der Rotordrehzahl. Rotierende Speichermassen, insbesondere solche mit hygroskopischer Rotormasse, sind gegen Eisbildung unempfindlicher als statische Wärmeaustauscher[1]).

Bild 339-31. Diagramm zur Auswahl von Rotationswärmeaustauschern (Beispiel).

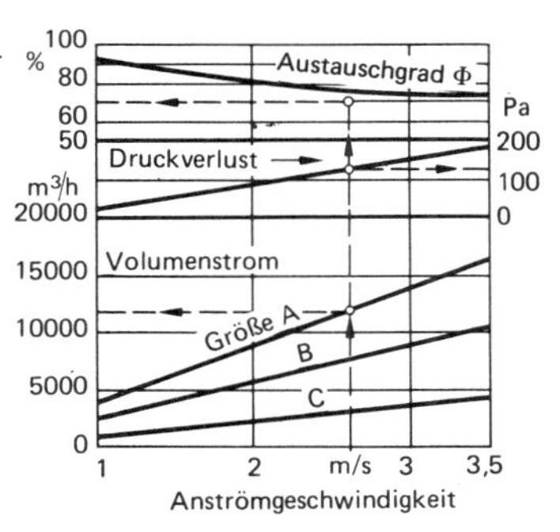


Ist bei RLT-Anlagen mit Luftaufwärmung der Sollwert für die Zulufttemperatur wesentlich geringer als die Fortlufttemperatur, ist die Drehzahl des Rotors in Abhängigkeit von einem Zulufttemperatur-Regler in einem bestimmten Bereich zu verringern, so daß der Sollwert nicht überschritten wird (siehe Bild 339-5).

In heißen, trockenen Regionen kann man mit der Kombination aus Rotationswärmetauscher und Sprühbefeuchter (Luftwäscher) Luft ohne Kältemaschine kühlen[2]). Der regenerative Rotationswärmetauscher soll dabei keine latente, sondern nur sensible Wärme übertragen. Der Sprühbefeuchter arbeitet adiabat (Bild 339-33).

Wenn gemäß Bild 339-33a in der Zu- und Abluft je ein Sprühbefeuchter adiabat kühlt, ist für dieses Beispiel die zur Abführung der Raum-Kühllast verfügbare Temperaturdifferenz $\Delta t = t_4 - t_3 = 28 - 18\,°\mathrm{C} = 10$ K und die relative Feuchte im Raum 50%.

Ablagerungen von Salz aus dem Sprühbefeuchter in der Abluft können jedoch die Rotormasse hygroskopisch machen. Dann sinkt die Kühlleistung.

Daher verwendet man nach Bild 339-33b nur einen Wäscher in der Zuluft. Dann relative Feuchte höher als im Fall a). Für eine gegebene Kühllast muß im Fall b) der Volumenstrom also 125% des Volumenstroms für den Fall a) sein.

In Europa liegen noch keine Betriebserfahrungen mit diesen Anordnungen vor.

[1]) Holmberg, R.: HLH 6/83. S. 242/6.
[2]) Bilić, F.: HLH 3/84. S. 124/131.

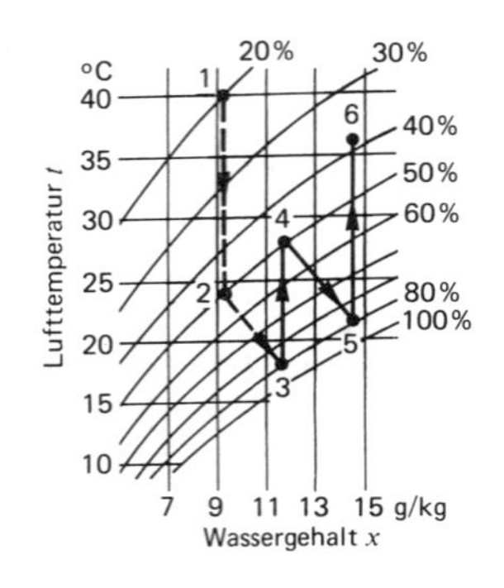


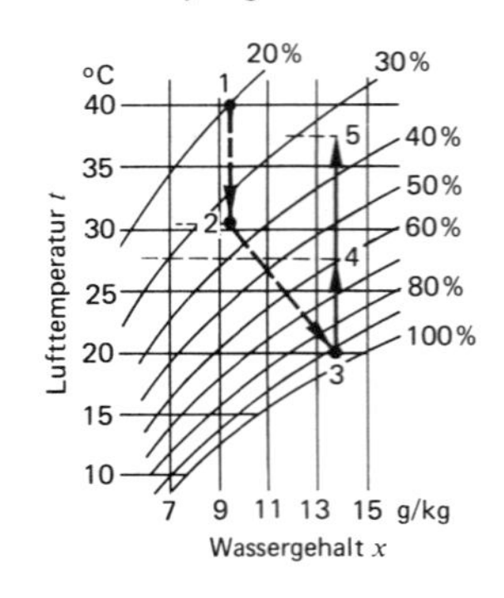


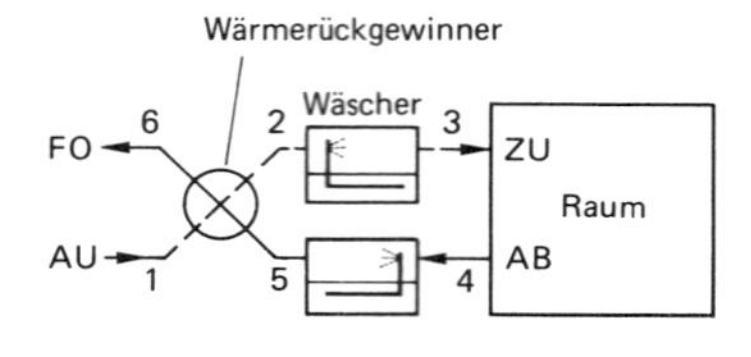


a) Sprühbefeuchter (Wäscher) in Außen- und Abluft

Wärmerückgewinner
Wäscher
FO 5
AU 1
2 3
ZU
AB 4
Raum

b) Sprühbefeuchter (Wäscher) nur in Zuluft

Bild 339-33. Adiabate Kühlung mit regenerativer Wärmerückgewinnung (WRG).
a) Sprühbefeuchter in Außenluft und Abluft: Kühlung $\Delta t = t_4 - t_3$
b) Sprühbefeuchter nur in Zuluft: Nutzbare Kühlung $\Delta t = t_4 - t_3$
AU = Außenluft; FO = Fortluft; ZU = Zuluft; AB = Abluft. Sollwert Raum: $t_4 = 28$ °C.

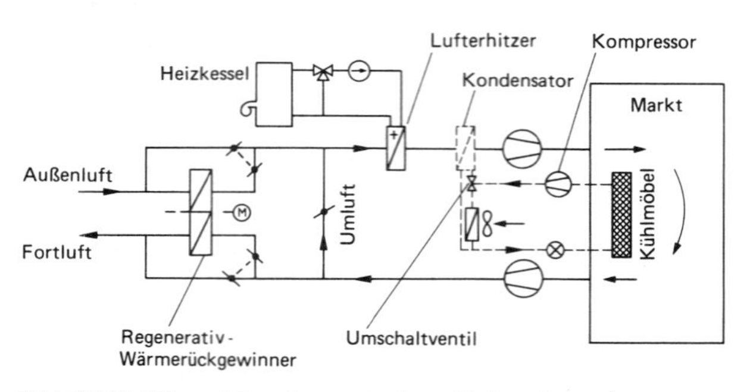


Bild 339-34. Wärmerückgewinnung in einem Verbrauchermarkt.

Anwendung eines Regenerativ-Wärmeaustauscher für den Heizbetrieb eines *Verbrauchermarktes* (Supermarktes) zeigt Bild 339-34. Im Winter wird durch den Wärmeaustauscher ein großer Anteil (60 bis 70%) der in der Fortluft enthaltenen sensiblen und latenten Wärme zurückgewonnen und auf die Außenluft übertragen. Regelung durch Drehzahländerung des Wärmeaustauschers. Nachwärmung auf Solltemperatur durch Lufterhitzer. Im Sommer wird der Regenerativ-Wärmeaustauscher mit Beipaß umgangen. Nachts Umluftbetrieb. Ersparnis an Heizenergie ca. 50%.

Weitere Ersparnis durch Wärmerückgewinnung aus dem *Sammelkondensator* der Kühlmöbel. Bei tiefen Außentemperaturen dient die Abwärme des Kondensators zur Nachwärmung der Zuluft, im Sommer wird sie ins Freie abgegeben.

*Dachwärmerückgewinner* werden besonders da eingesetzt, wo eine Lüftung vom Dach her möglich ist, z. B. bei Werkshallen, Supermärkten, Lagerhallen usw. Die zur Heizung und Lüftung verwendbaren Geräte bestehen aus einem Zuluftventilator, einem Abluftventilator, einem rotierenden Wärmeaustauscher und manchmal einem Lufterhitzer zur Nachwärmung der Zuluft. Für Umluftbetrieb nachts und an Wochenenden läßt sich auch ein Mischkasten anbringen (Bild 339-38 und 341-16 und -17).

Einen Dachventilator mit rotierendem Regenerator-Wärmeaustauscher zeigt Bild 339-39. Rückwärmzahl $\Phi = 0{,}7$. Das Gerät ist geeignet für Austausch von alten Dachventilatoren ohne WRG, wobei die Montage nur oberhalb des Daches erfolgt (keine Betriebsstörung). Der Zuluftventilator kann im Sommer – wenn keine WRG benötigt wird – ebenfalls als Abluftventilator umgestellt werden, so daß sich im Sommer die Luftwechselzahl mehr als verdoppelt. Umstellung erfolgt automatisch durch Außenluft-Thermostat mit Stellmotor.

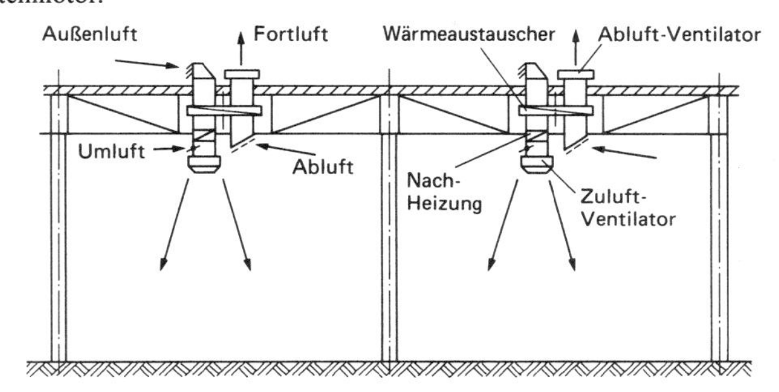


Bild 339-38. Dachwärmerückgewinner für eine Industriehalle (BSH).

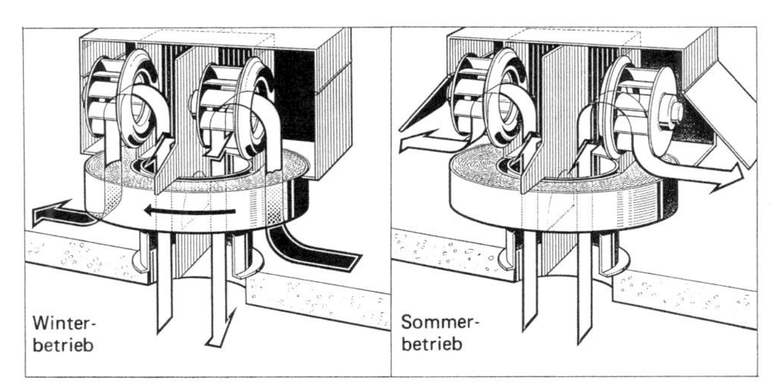


Bild 339-39. Dachwärmerückgewinner mit rotierendem Wärmetauscher mit schwenkbarem Ventilator und Beipaß-Klappen (LTG).

Links: Winterbetrieb, Luftwechsel 100%; rechts: Sommerbetrieb, Luftwechsel 230%

## -3 KREISLAUFVERBUNDSYSTEM[1])

Ein anderes regeneratives System der *Wärmerückgewinnung* mit umlaufendem flüssigen Wärmeträger zeigen Bilder 339-40 u. -41. In der Fortluftleitung ist hier ein Rippenrohr-Wärmeübertrager eingeschaltet, der die Fortluftwärme auf umlaufendes Wasser über-

[1]) Bach, H.: Ki 5/75. S. 157/60.
Paikert, P.: Ki 4/75. S. 123/8 und „Jahrbuch" der WRG 1977/78.
Richarts, F.: HLH 11/75. S. 397/404.
Hausmann, H.: HLH 5/79. S. 183/6.
Jüttemann, H.: HLH 11/75. S. 405/8 u. 12/75. S. 446/51.
Dreher, E.: VDI-Bericht 446. S. 1/8 (1982).
Junker, B.: VDI-Bericht 446. S. 9/19 (1982).

trägt. Diese Wärme dient dann in einem Lufterhitzer zur Erwärmung von Außenluft. Besonders geeignet für Anlagen mit Außenluftbetrieb, z. B. Krankenhäuser. Nur Übertragung sensibler Wärme.

Außenluft- und Fortluftströme können räumlich getrennt voneinander sein. Dem Umlaufwasser ist ein Frostschutzmittel zuzusetzen (Glykol).

Ein Beipaß mit einem Dreiwegeventil dient zur Begrenzung der rückgeführten Wärme. In den Übergangszeiten werden auf diese Weise zu hohe Raumtemperaturen vermieden. Ferner vermeidet man mit dem Beipaß eine *Eisbildung* im Fortluftwärmeaustauscher (Bild 339-46). Die Fortluft darf nie so weit abgekühlt werden, daß sich Eis an den Rippenrohren bildet.

*Beispiel:*

Luftvolumenstrom 1 kg/s, Außenluft −10 °C, Fortluft 22 °C, Rückwärmzahl der Anlage $\Phi = 0{,}48$ beim Luft/Wasserverhältnis $\tau = 1$.
Gesucht: Erwärmung der Außenluft.
Der Wasserstrom ist $1/4{,}2 = 0{,}24$ kg/s.
Lufterwärmung der Außenluft: $0{,}48\,(22 + 10) = 15{,}3$ K, also auf 5,3 °C.

Eine Verbesserung der Rückwärmzahl im Sommerbetrieb läßt sich durch adiabate Befeuchtung der Fortluft vor dem Wärmeaustauscher erreichen[1]). Einsparung an Betriebs- und Investitionskosten ca. 10···15%.

Bei der *Betriebskostenrechnung* ist zu beachten, daß wegen der Druckverluste der Wärmeaustauscher und wegen der Umwälzpumpe ein zusätzlicher Energiebedarf entsteht. Hierdurch und durch die Kapitalkosten für die Investition verringern sich die Ersparnisse. Jedoch amortisieren sich die Anschaffungskosten bei Neubauten meist in wenigen Jahren. Höchste Austauschgrade bedeuten nicht größte Ersparnis. Eine *Energiekostenberechnung* sollte immer gemacht werden.

Anschaffungskosten etwa 2,– DM je m³/h einschließlich Installation.

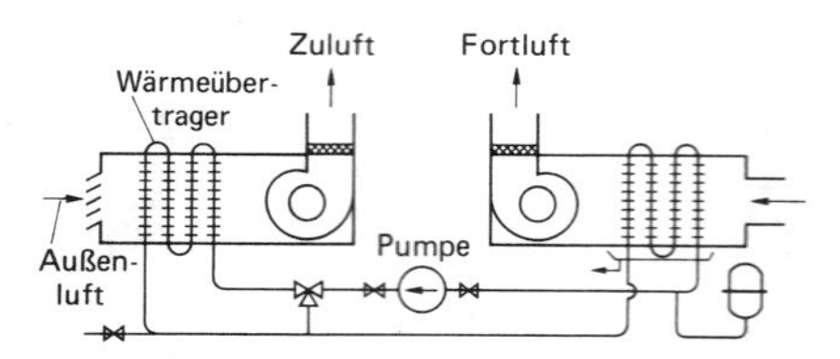


Bild 339-40. Wärmerückgewinn bei Lüftungsanlagen durch Wasserumlaufsystem.

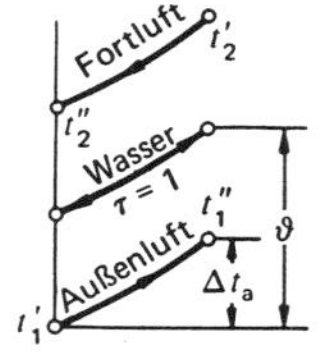


Bild 339-41. Temperaturverlauf beim Wasserumlaufsystem. Wasserwertverhältnis Luft/Wasser $\tau = 1$.

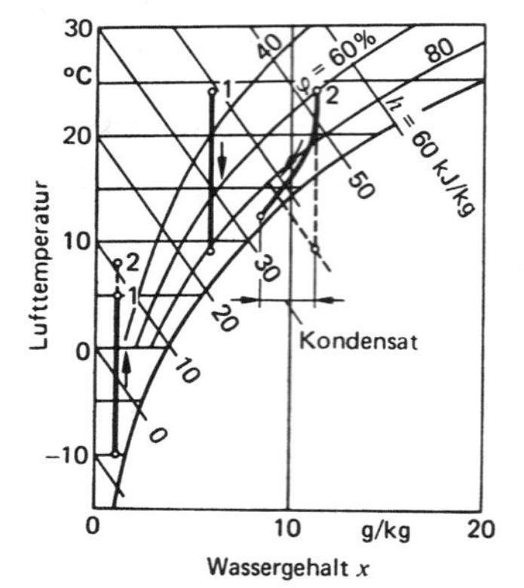


Bild 339-46. Zustandsverlauf der Luft beim Wasserumlaufsystem.

Kreislauf 1 ohne, Kreislauf 2 mit Kondensation der Fortluft.

[1]) Hofmann, W.-M.: Ki 5/77. S. 179/82.

## -4 KAPILLARVENTILATOREN[1])

Der bereits in Abschn. 331-1 erwähnte Kapillarventilator kann bei Ausführung mit 2 Spiralen und 2 Ansaugöffnungen als Wärmewechsler gemäß Bild 339-1 verwendet werden. Die poröse Masse des aus Polyurethan bestehenden Rotors dient gleichzeitig als Ventilator und Speicher. Dadurch Ausnützung der Abwärme von Klimaanlagen. Auch Feuchteaustausch. Enthalpieaustauschgrad etwa 40···50%. Der Austauscherring muß von Zeit zu Zeit gereinigt werden. Ein gewisser Mischungseffekt ist zu beachten. Volumenstrom bis etwa 20000 m³/h. Die Geräte werden kaum noch verwendet.

## -5 WÄRMEPUMPEN[2])

Bei den Wärmepumpen wird vermittels eines Kältemittelkompressors Wärme aus einem Medium, z. B. Luft oder Wasser, abgeführt und mit höherer Temperatur an anderer Stelle wieder abgegeben (siehe Abschnitt 225-1). Bei Lüftungsanlagen mit Abluftventilator können die Wärmepumpen so geschaltet werden, daß die in der Abluft enthaltene Wärme zurückgewonnen wird, so daß keine äußere Wärmequelle benötigt wird. Die Wirkungsweise geht aus dem Schema Bild 339-50 hervor.

Im *Winterbetrieb* wird die angesaugte Außenluft im Kondensator erwärmt, die Fortluft im Verdampfer gekühlt. Die Heizleistung ist wegen der Kompressorleistung etwa 30% größer als die Kühlleistung.

Im *Sommerbetrieb* werden entweder die Kältemittelwege oder die Luftwege umgepolt.

Bei größeren Anlagen werden *Wasserkreisläufe* zwischengeschaltet, wodurch die Regelung verbessert wird. In Bild 339-51 ist schematisch eine Anlage zur Wärmerückgewinnung aus Fortluft mit Umschaltventilen für Winter- und Sommerbetrieb dargestellt. In ähnlicher Weise kann Wärme aus anderen Quellen, z. B. Abwasser, Kühlwasser, chemischen Bädern usw. rückgewonnen werden.

Der Einsatz von Wärmepumpen zur WRG aus Fortluft hat sich als nachteilig herausgestellt, da hohe Stromkosten für den Kompressor anfallen. WRG mit Wärmeaustauschern ist daher – wenn möglich – vorzuziehen.

Es kommt dem Einsatz von Wärmepumen entgegen, wenn Wärme- und Kältebedarf etwa in gleicher Größe vorliegen. Dies trifft für manche Gebäude im Winter zu, wenn große innere Wärmequellen wie Beleuchtung, Maschinen usw. vorhanden sind. Im allgemeinen ist es jedoch nicht der Fall, so daß für zusätzliche Wärmezufuhr und -abfuhr gesorgt werden muß. Auch Kalt- und Warmwasserspeicher können zwecks gleichmäßiger Belastung der Kältemaschinen verwendet werden.

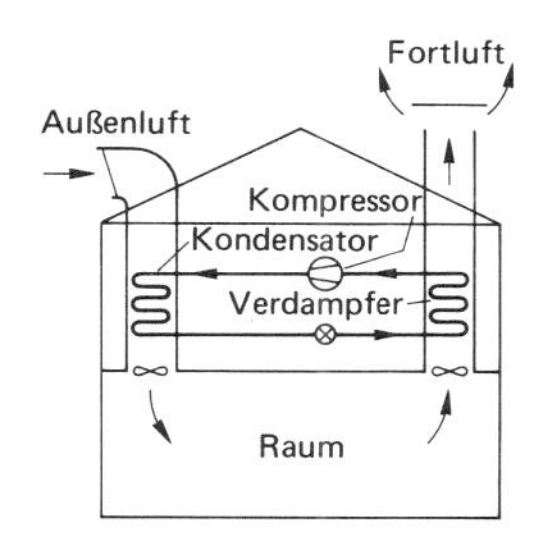


Bild 339-50. Lüftung mit Wärmepumpe zur Rückgewinnung von Wärme aus der Fortluft.

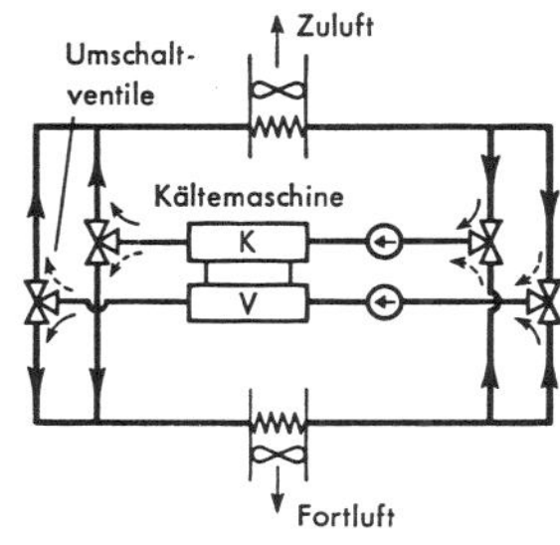


Bild 339-51. Wärmepumpe mit Wasserkreislauf zur Rückgewinnung von Wärme aus der Fortluft.

V = Verdampfer, K = Kondensator

[1]) Ledwon, E.: Elektrowärme Int. 11. 75. S. A279/83.
[2]) Siehe auch Abschnitt 225-1.
Paul, J.: Haus der Technik Essen 412/1980. S. 101/5.
Amberg, H.-U.: Ki 9/84. S. 337/44.
FTA-Fachbericht Nr. 4 (1983).
Richarts, F., u. a.: HLH 11/84. S. 537/42.

Möglich ist auch die *Wärmeverschiebung* innerhalb eines Gebäudes (von Innen- zur Außenzone oder von der Süd- zur Nordfassade) sind 4-Rohr-Systeme mit Ventilatorkonvektoren oder Induktionsgeräten. Es erfolgt Wärmerückgewinnung im *Wärmepumpenbetrieb,* wobei die für den Sommerbetrieb vorgesehene Kältemaschine benutzt wird und die Niedertemperatur-Heizung durch die Induktionsgeräte erfolgt.

Dieses System der Wärmerückgewinnung eignet sich auch für nachträglichen Einbau in bestehende Induktions-Anlagen. Ein Beispiel zeigt Bild 339-53. Als Wärmequelle dient die Fortluft, der durch einen Luftkühler Wärme entzogen wird, der mittels Ventil $V_3$ in der Übergangszeit oder auch im Winter zugeschaltet wird. Gleichzeitig wird das Warmwasser vom Kessel über $UV_1$ weggeschaltet und das Sekundärwasser über $UV_2$ durch den Kondensator geleitet und dort aufgeheizt. Der Kühlturm wird über das Umschaltventil $UV_4$ abgeschaltet. Der Kühlturm wird im Schema mit geschlossenem Wasserkreis angenommen. Bei offenem Kühlturmkreis muß man aus Gründen der Wasserverschmutzung das Sekundärwasser trennen, was einen zweiten Kondensator ergibt. Wenn es die Leitungsführung des Kältemittels erlaubt, ist direkte Kühlung der Abluft mit einem zweiten Verdampfer zweckmäßig.

Im Bild 339-54 sind Kondensator und Verdampfer als *Doppelgeräte* ausgebildet. Die überschüssige Wärme wird im Sommer durch den Kühlturm abgeführt, der Wärmebedarf im Winter aus dem Grundwasser oder der Fortluft entnommen. Auch hier sind Speicher im Warmwasserkreislauf zweckmäßig. Zwecks guter Regelung Aufteilung der Leistung in mehrere Stufen.

Die Rückgewinnung von Wärme mittels Wärmepumpen ist in bezug auf Anschaffungs- und Energiekosten recht teuer. Sie wird meist nur gewählt, wenn eine Wärmerückgewinnung mit Wärmeaustauschern nicht möglich ist.

Es läßt sich allerdings mit der Wärmepumpe noch Restwärme (Anergie) nutzen, die mit anderen WRG-Systemen (Wärmeaustauschern) nicht mehr erfaßt werden kann.

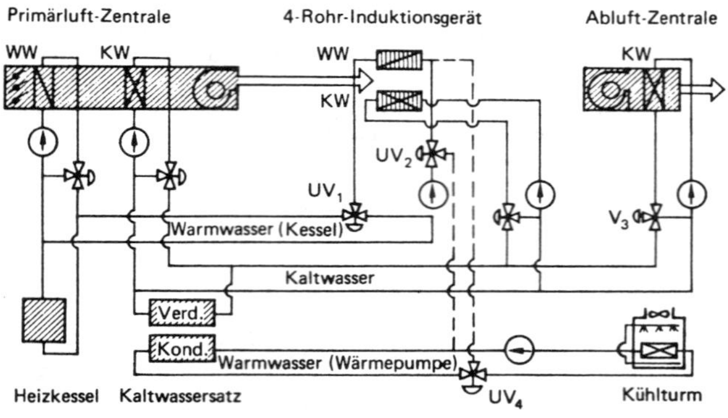


Bild 339-53. Induktionsanlage mit Wärmepumpenbetrieb für Sekundärheizung.
WW = Warmwasser, KW = Kaltwasser, UV = Umschaltventil

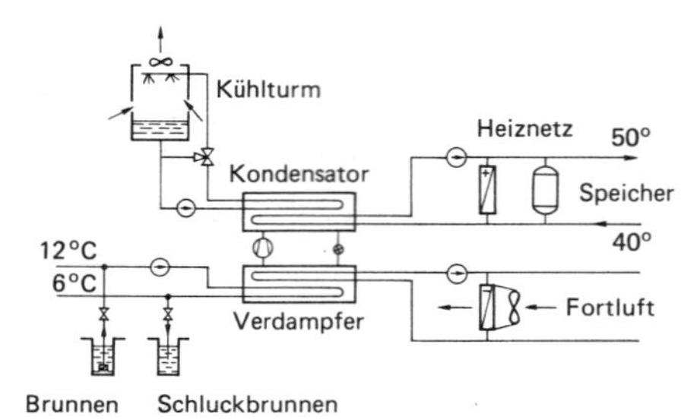


Bild 339-54. Wärmepumpe mit Doppelkondensator für das Heiznetz und mit zusätzlicher Wärmerückgewinnung aus der Fortluft.

Ein Rotationswärmerückgewinner ist zu regeln, damit er insbesondere in den Übergangszeiten zwischen Sommer und Winter nicht zuviel Wärme wieder ins Gebäude zurückführt. Auf diese Regelung läßt sich aber verzichten und die Überschußwärme nach Bild 339-55 dem Kühler a des Klimagerätes über die Wärmepumpe entnehmen. Es bietet sich aber noch eine weitere Möglichkeit der Wärmeentnahme an. So ist die aus dem Wärmerückgewinner austretende Fortluft noch um einige Grad wärmer als die Außenluft. Daher kann man zur weiteren Nutzung der Fortluftwärme dem Wärmerückgewinner noch einen Kühler b nachschalten.

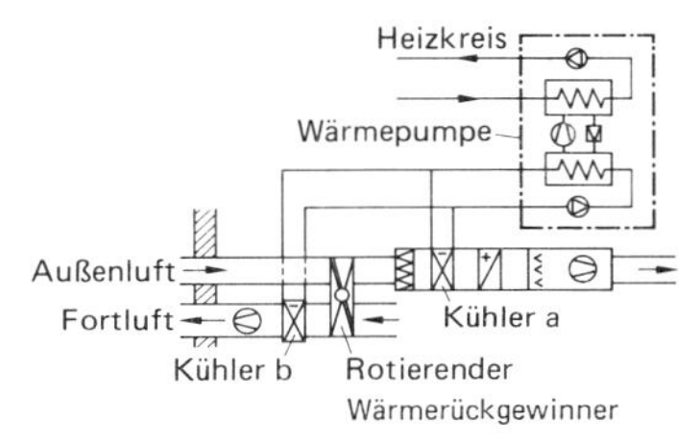


Bild 339-55. Wärmeentnahme der Wärmepumpe aus der Außenluft und der Fortluft jeweils nach dem Wärmerückgewinner.

Für jeden Fall ist eine *Wirtschaftlichkeitsrechnung* aufzustellen. Dabei ist der Verlauf der Heiz- und Kühllast im Jahresverlauf zu ermitteln, ferner die Temperaturdifferenz zwischen Vorlauf und Rücklauf und die Leistungszahl der Kältemaschinen, die bei ausgeführten Anlagen etwa zwischen 4 und 5 liegt.

Wirtschaftlichkeit liegt vor bei
- günstigen Stromtarifen, kein Leistungspreis
- hohen Brennstoffkosten
- hohen jährlichen Betriebsstundenzahlen
- gleichzeitigem Bedarf an Heizung und Kühlung
- Verwendung einer ohnehin vorhandenen Kältemaschine auch als Wärmepumpe.

Mit Vorrang setzt man bei der Wärmeübertragung vom Fortluft- zum Außenluftstrom einen rekuperativen oder regenerativen Wärmerückgewinner ein, da hier für den Wärmetransport nur geringe Energie benötigt wird. Bei der Wärmepumpe ist zum Aufrechterhalten des Wärmetransports elektrische Arbeit nötig.

Kleinwärmepumpen siehe Abschnitt 225-2 und 364-127.

## -6 PLATTEN-WÄRMEAUSTAUSCHER[1])

Hierbei handelt es sich um einen sogenannten *rekuperativen Austauscher,* bei dem die Luftströme durch dünne Platten, z.B. aus Al, Kunststoff u.a. voneinander getrennt sind. Die Scheiben sind in geringem Abstand parallel eingebaut. Die beiden Luftströme werden zwischen den Platten im Kreuzstrom durchgeführt. Keine Luftmischung, keine Feuchteübertragung (Bild 339-60). Leichte Reinigung durch Abspritzen mit Wasser. Ausführung in kubischer oder diagonaler Bauform und auch in verschiedenen Breiten.

Durch veränderliche Plattenmaße, Spaltbreiten und Zahl der Platten sind verschiedene Ausführungen möglich. Spaltbreite ≈ 5···10 mm. Luftwiderstand 100 bis 250 Pa.

Einbaubeispiel Bild 339-61. Kosten mit Montage etwa 1,0···1,5 DM je $m^3$/h.

Eine *Lüftungstruhe* mit langgestrecktem Plattenwärmeaustauscher zeigt Bild 339-63. Rückwärmzahl ca. 60%. Eine Umschaltklappe ermöglicht auch Umluftbetrieb. Eine ähnliche Ausführung für Industrie und Gewerbe in Bild 339-64.

Ein für Werkstätten geeignetes Gerät zeigt Bild 341-16. Durch Einbau eines Nachwärmers kann es auch zur Heizung verwendet werden.

Die *Rückwärmzahl* hängt ab von der Leistungskennzahl $\kappa = kA/W_A$ des Gerätes und dem Verhältnis der Luftströme $\dot{V}_F/\dot{V}_A$. $W_A$ = Wärmewert des Außenluftstromes. (Siehe Abschn. 135-4.)

[1]) Allemann, R.: HLH 2/75. S. 56/9.

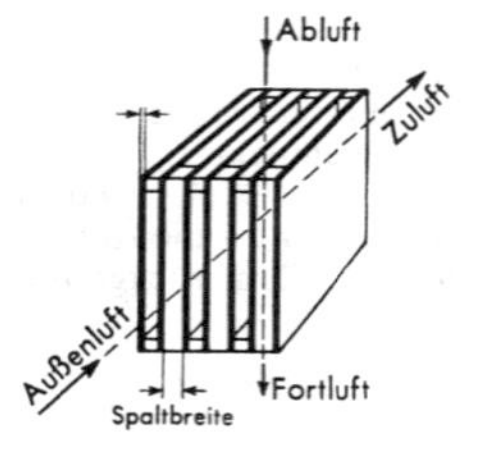


Bild 339-60. Plattenwärmeaustauscher.

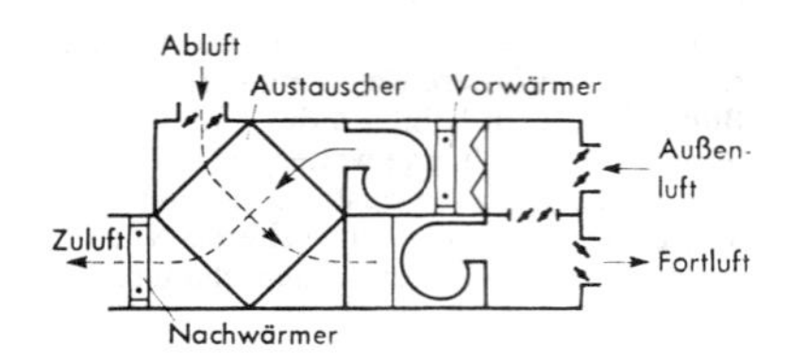


Bild 339-61. Lüftungsgerät mit Platten-Wärmeaustauscher.

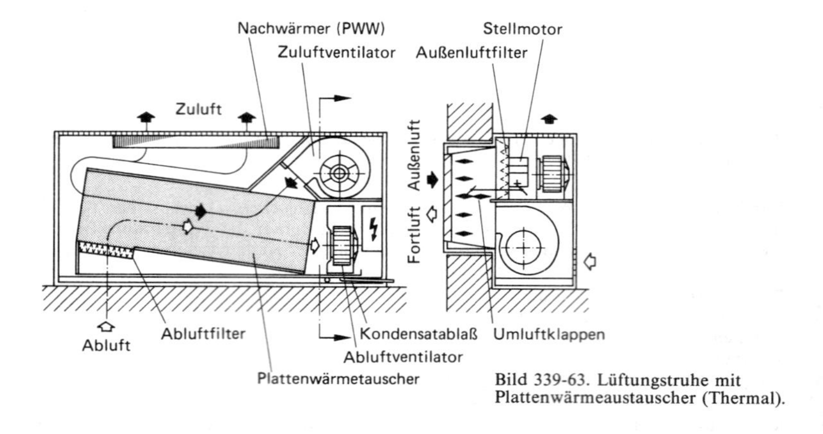


Bild 339-63. Lüftungstruhe mit Plattenwärmeaustauscher (Thermal).

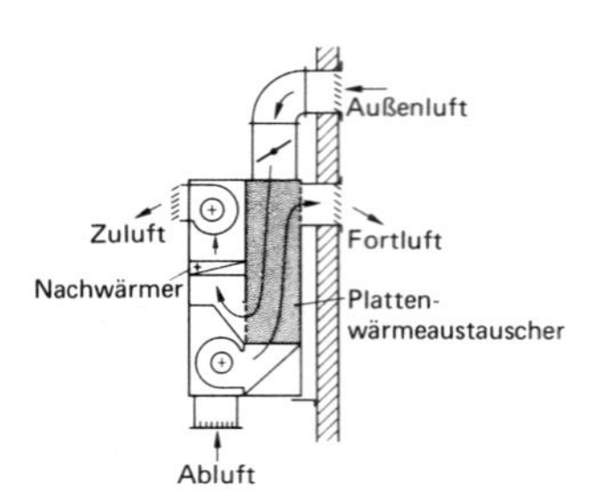


Bild 339-64. Wandluftheizer mit Plattenwärmeaustauscher.

Für den praktischen Gebrauch werden von den Herstellern Diagramme herausgegeben, aus denen man die Rückwärmzahl $\Phi$ bei verschiedenen Verhältnissen entnehmen kann. Beispiel Bild 339-67, das sich auf trockene Luft bezieht.

Enthält die Fortluft mehr Wasserdampf als die Außenluft, setzt bei genügend kalten Flächen Kondensation der Fortluft ein (Bild 333-68). Dabei vergrößert sich die Rückwärmzahl, weil die Kondensationswärme von der Außenluft aufgenommen und der Temperaturunterschied zwischen Außenluft und Fortluft größer wird. Die Vergrößerung der Rückwärmzahl läßt sich aus Angaben der Hersteller entnehmen. Bei sehr geringen Außentemperaturen kann das Kondensat gefrieren, wobei der Luftwiderstand erheblich steigt und Schäden entstehen können.

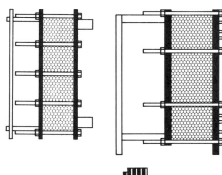

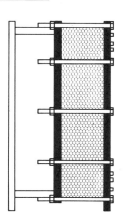

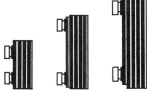

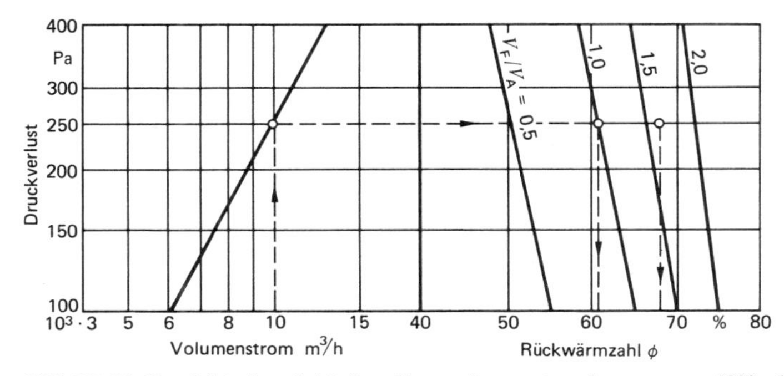


Bild 339-67. Kennbild eines kubischen Plattenwärmeaustauschers von ca. 1000 × 1000 mm Größe (Beispiel).
$\dot{V}_F$ = Fortluft-, $\dot{V}_A$ = Außenluft-Volumenstrom

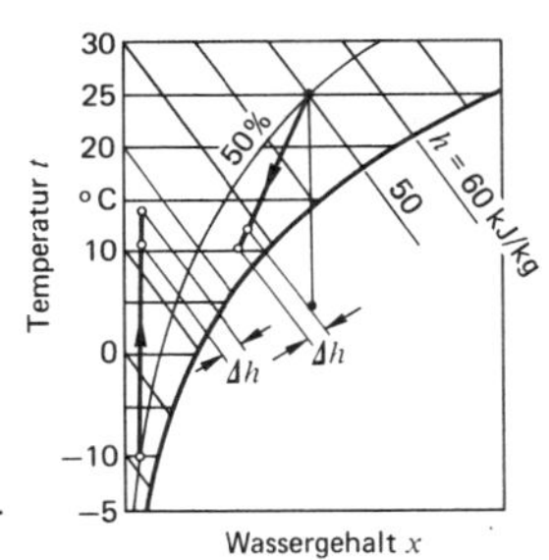


Bild 339-68. Zustandsänderung im $h,x$-Diagramm bei Kondensatbildung mit zusätzlicher Wärmeübertragung $\Delta h$.

Abhilfe durch Vorwärmung der Außenluft oder Beimischung von Umluft. Die *Einfriergrenzen* sind aus Tafeln der Hersteller zu entnehmen. Sie liegen desto tiefer, je trockener die Luft ist.

*Beispiel:*

Außenluft $\dot{V}_A = 10\,000$ m³/h, −10 °C
Fortluft $\dot{V}_F = 10\,000$ m³/h, 25 °C u. 50% rel. Feuchte
Aus Bild 339-67: Druckverlust $\Delta p = 250$ Pa
Rückwärmzahl $\Phi = 61\%$
Rückwärmzahl bei Auftreten von Kondensation siehe besondere Angaben der Hersteller.

Anstelle von Platten werden auch *Rohre* aus Kunststoff oder Glas als Wärmeaustauscher verwendet. Glasrohrwärmeaustauscher sind besonders für aggressive Gase (Prozeßwärme) geeignet.

## -7 WÄRMEROHRE (HEAT PIPES)[1]

Bei diesem System werden handelsübliche *evakuierte Rippenrohre* verwendet, in denen eine Flüssigkeit (meist Kältemittel) bei konstanter Temperatur verdampft und sich verflüssigt.

[1]) Groll, M.: Ki 7/74. S. 281/4.
Bader, E.: Ges.-Ing. 7/8-76. S. 164/7.
Richter, W.: San. Hzg. Techn. 10/76. S. 632/5.
Ziemer, W.: HR 7/8-79. 3 S.
Unk, J.: Ki 10/79. S. 399/405.
Paikert, P.: Haus der Technik 412/1980. S. 77/81.

Die Arbeitsweise geht aus Bild 339-70 hervor. Die warme Fortluft läßt das Kältemittel in der unteren Rohrhälfte verdampfen, während es in der oberen Rohrhälfte durch die kalte Außenluft kondensiert und infolge der Schwerkraft wieder nach unten fällt. Die Fortluft kühlt sich ab, die Außenluft wird erwärmt. Bei waagerechter Ausführung sind zum Rücktransport des Kältemittels die Rohre auf der Innenseite mit einer porösen, durch Kapillarkraft wirkenden Auskleidung versehen (Bild 339-70). Die Leistung ist dabei geringer. Durch schwaches Neigen der horizontalen Rohre läßt sich der rückfließende Wärmestrom regeln.

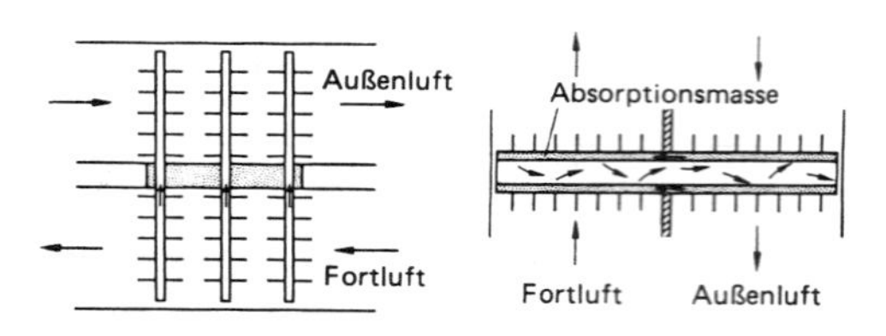


Bild 339-70. Wärmerückgewinnung mit Wärmerohren.
Links: senkrechte Anordnung
Rechts: waagerechte Anordnung

Flüssigkeit und Dampf stehen bei jeder Temperatur miteinander im Gleichgewicht. Jedes einzelne Rohr oder jede Rohrschlange ist eine selbständige Einheit. Mehrere Rohre oder Rohrschlangen werden zu einem Wärmeaustauscher zusammengeschaltet, wobei jedes hintereinandergeschaltete Rohrsystem auf einem anderen Temperaturniveau arbeitet.

Besonders geeignet zur Verwendung in Kastenlüftungsgeräten mit Zuluft- und Fortluftteil (Bild 339-72). Ein weiteres Beispiel in Bild 339-73, wo in einem Lüftungsgerät die Fortluftenergie an die Zuluft übertragen wird.

Verwendung auch bei industriellen Wärmeprozessen wie Brennöfen, Trockenanlagen, Gießereien u. a. (Bild 339-75).

Optimaler Austauschgrad etwa 50···60%.

Vorteile: Geringes Gewicht, keine bewegten Teile, wartungsarm, platzsparend.

Die Rückwärmzahl $\Phi$ ist aus den Tabellen oder Diagrammen der Hersteller zu entnehmen. Beispiel Bild 339-77.

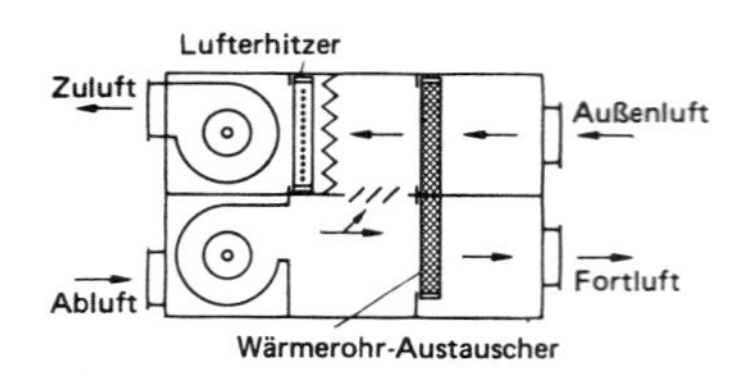


Bild 339-72. Klimagerät mit Wärmerohr-Austauscher zur Wärmerückgewinnung.

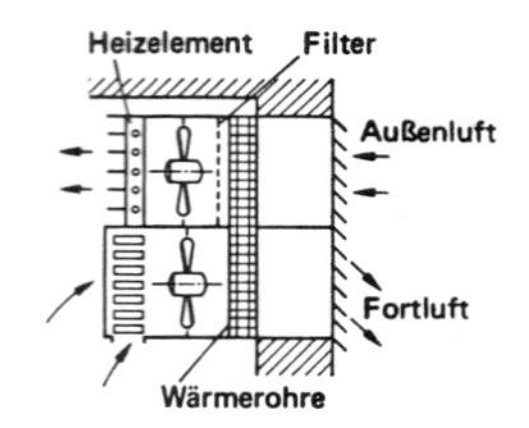


Bild 339-73. Lüftungsgerät mit Wärmerohr-Austauscher.

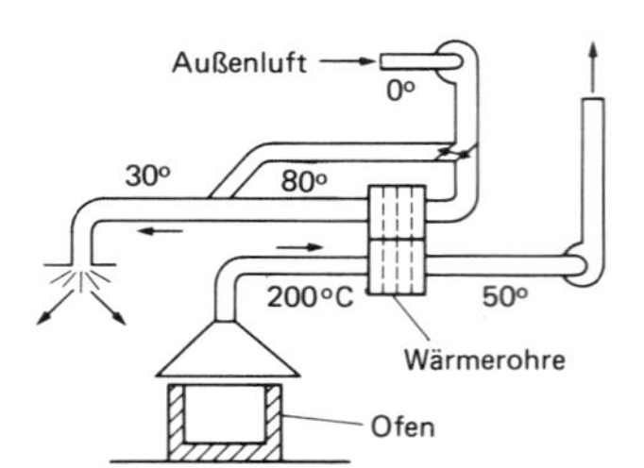


Bild 339-75. Wärmerückgewinnung mittels Wärmerohren bei Öfen.

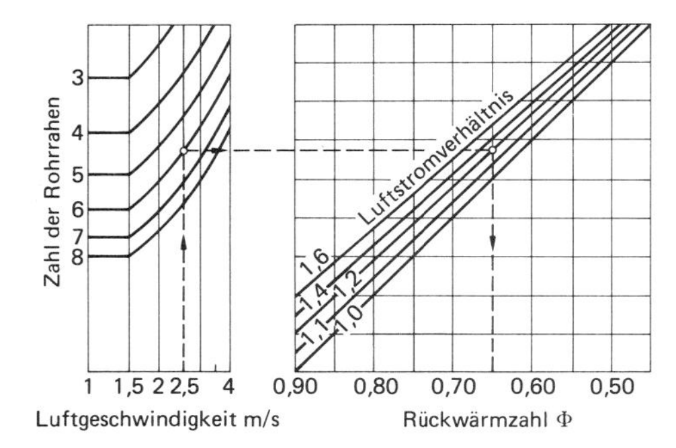


Bild 339-77. Wärmerückgewinnung bei Wärmerohren (Weiß-Technik).

*Beispiel:*

Außenluftstrom 2 $m^3/s$, Fortluftstrom 2,4 $m^3/s$, Luftstromverhältnis 1,2. Mittlere Luftgeschwindigkeit 2,5 m/s.

Bei 6 Rohrreihen ergibt sich eine Rückwärmzahl für die Außenluft von $\Phi = 0{,}65$.

Bei Wirtschaftlichkeitsrechnungen ist zu beachten, daß durch den erhöhten Förderdruck des Ventilators zusätzliche Energiekosten entstehen.

Investitionskosten der Wärmerohraustauscher einschl. Montage etwa 1,00 bis 1,60 DM je $m^3/h$ Luftdurchsatz.

## -8 WIRTSCHAFTLICHKEIT[1])

Jede Wärmerückgewinnungsanlage bringt eine Energieersparnis und bewirkt eine Verkleinerung der zu installierenden Heiz- und Kühlanlage. Aus wirtschaftlichen Gründen lohnt sich jedoch eine derartige Anlage nur, wenn die aufgewendeten Kosten sich in einer möglichst kurzen Zeit amortisieren. Daher ist für jeden Bedarfsfall eine *Vergleichskosten-* oder *Ersparniskostenrechnung* aufzustellen, an der die zu erwartenden Kosten mit oder ohne Wärmerückgewinnung ersichtlich werden. Nachstehend ein Beispiel mit vereinfachten Annahmen.

Vergleichskostenrechnung

| Kostenart | | Ölheizung ohne Wärmerückgewinnung | Ölheizung mit Wärmerückgewinnung |
|---|---|---|---|
| Anlagekosten | | | |
| Heizung | DM | 24600,– | 18000,– |
| Wärmerückgewinnung | DM | | 16000,– |
| Summe | DM | 24600,– | 34000,– |
| Investitionsmehraufwand | DM | | 9400,– |
| Jährl. Kapitalkosten 10% | DM | 2460,– | 3400,– |
| Jährl. Wärmekosten | | | |
| (82 × 50) | DM | 4100,– | |
| (82 × 50) · (1 – 0,6) | DM | | 1640,– |
| Zusätzl. Kosten für | | | |
| Wartung, Strom usw. 20% | DM | | 760,– |
| Jährliche Gesamtkosten | DM | 6560,– | 5800,– |
| Jährliche Energieersparnis | DM | 4100 – (1640 + 760) = 1700,– | |

[1]) Siehe auch VDI-Richtlinie 2071, Bl. 2 (3.83): WRG in RLT-Anlagen; Wirtschaftlichkeitsberechnung.

*Beispiel:*

Bei einer Lüftungsanlage mit 10000 $m^3/h$ Volumenstrom, die 10 Stunden von 8 bis 18 Uhr mit Außenluft in Betrieb ist, ergeben sich folgende Kosten:

| | |
|---|---|
| Max. Wärmeverbrauch 10000 · 1,2 · 1,0 (22+15) K/3600 = 123 kW | |
| Jährlicher Wärmeverbrauch (siehe Abschn. 375-25) | 82 MWh/a |
| Wärmepreis bei Ölheizung | 50 DM/MWh |
| Anlagekosten für Ölfeuerung (Kessel, Rohrleitungen, Lufterhitzer) | 200 DM/kW |
| Kapitalwertfaktor | 0,10 |
| Anlagekosten Wärmerückgewinnung einschl. Zubehör | 1,60 DM/$m^3$h |
| Rückwärmzahl $\Phi$ | 0,60 |

Die Investition ist in diesem Fall also rentabel, da sich eine wesentliche Ersparnis ergibt.

Die *Kapitalrückflußdauer,* d.h. die Zeit, in der die jährlichen Betriebskostenersparnisse den Wert des Kapitalmehraufwandes erreichen, ist

$$\frac{34000-24600}{4100-(1640+760)} = \frac{9400}{1700} = 5{,}5 \text{ Jahre.}$$

Für schnelle Bestimmung der maximalen Investitionssumme bei vorgegebener Kapitalrückflußdauer dient Bild 339-80. Das Bild gilt für Rückgewinn sensibler Wärme bei 220 Arbeitstagen pro Jahr, einer Zulufttemperatur von 20 °C und einer Ablufttemperatur von 24 °C. Die tägliche Betriebszeit ist 12 h.

*Beispiel:*

| | |
|---|---|
| Rückwärmzahl | $\Phi$ = 70% |
| Luftmassenstrom | $\dot{m}$ = 1 kg/s ≙ 3000 $m^3/h$ |
| Heizkosten | 100 DM/MWh |
| Jährliche Energieeinsparung | 2370 DM/a |
| Gewünschte Kapitalrückflußdauer | 3 Jahre |
| Zulässige Investitionssumme | |
| bei 12 h täglicher Betriebszeit | 7100 DM |
| bei 18 h täglicher Betriebszeit | 10800 DM |

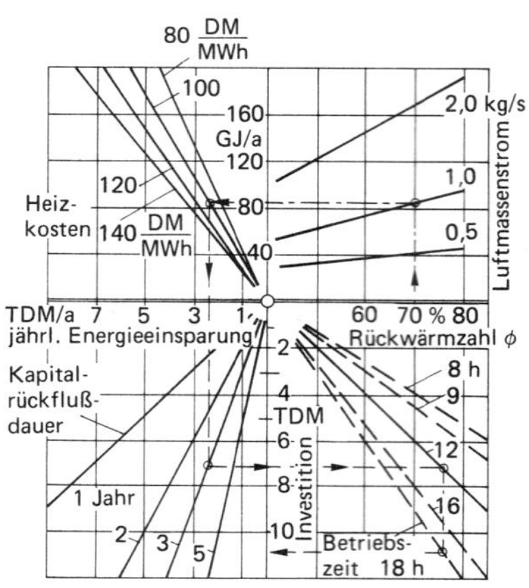

Zone 2, entsprechend VDI 2076, Bl. 2

Bild 339-80. Bestimmung der Wirtschaftlichkeit bei Wärmerückgewinnern.

Berücksichtigt man zukünftige Preissteigerungen für Energie und andere Kostenarten, so wird das Ergebnis wieder günstiger. Genauere Zahlen lassen sich wieder im Rahmen einer *dynamischen Wirtschaftlichkeitsrechnung* ermitteln. Siehe Abschn. 18.

Zu beachten ist noch, daß der größte Wärmeaustauschgrad nicht immer der günstigste ist. Je höher der Austauschgrad ist, desto größer sind auch die Kapitalkosten und die Betriebskosten. Letztere erhöhen sich um so mehr, je größer der Energiebedarf für Ventilatoren, Pumpen oder Kompressoren ist.

Für große Anlagen ist es daher zweckmäßig, durch eine *Optimierungsrechnung* festzustellen, bei welchem Rückgewinnungsgrad die geringsten Betriebskosten entstehen. Von besonderem Einfluß ist dabei die jährliche Betriebsstundenzahl, die möglichst hoch sein sollte. Je größer diese ist, um so höher kann auch der Wärmerückgewinnungsgrad sein. Gewöhnlich liegt das Optimum zwischen 0,5 und 0,7.

Eine Zusammenfassung der technischen und wirtschaftlichen Gesichtspunkte der verschiedenen Wärmerückgewinnungs-Systeme zeigt Tafel 339-1.

**Tafel 339-1. Übersicht verschiedener Systeme zur Wärmerückgewinnung**

| Eigenschaft | Zu- und Abluft müssen zusammengeführt sein | Stoffaustausch ist möglich | Bewegte mech. Teile sind vorhanden | Rückwärmzahl (ohne Kondensation) | Gerätekosten in DM pro $m^3$/h Luftdurchsatz | Gesamtkosten einschl. Installation in DM pro $m^3$/h | Spezifisches Bauvolumen in $m^3$ pro 10000 $m^3$/h |
|---|---|---|---|---|---|---|---|
| Plattenwärmetauscher | ja | nein | nein | 50–60% | 0,60–0,90 | 1,00–1,60 | 2–3 |
| Kreislaufverbundenes System | nein | nein | ja | 40–50% | 0,60–1,20 | 1,20–2,50 | 0,80–1,40 |
| Wärmerohr | ja | nein | nein | 50–60% | 0,60–1,20 | 1,00–1,60 | 0,80–1,40 |
| Rotationswärmetauscher (ohne hygrosk. Beschichtung) | ja | ja (gering) | ja | 65–80% | 0,50–1,50 | 0,80–1,30 | 1,00–1,60 |
| Rotationswärmetauscher (mit hygrosk. Beschichtung) | ja | ja (gut) | ja | 65–80% | 0,90–1,50 | 0,90–1,50 | 1,10–1,80 |

# 34 LÜFTUNGSTECHNISCHE GERÄTE

Überarbeitet von Dr.-Ing. H. Brockmeyer, München

Lüftungstechnische Geräte sind Baueinheiten raumlufttechnischer Anlagen. *Baueinheiten* sind Zentraleinheiten im Sinne der VOB, Teil C, DIN 18379 „Lüftungstechnische Anlagen", sofern diese mit dem Baukörper fest verbunden sind. Sie beinhalten eine Kombination von Bauelementen zur Luftbehandlung in Form der thermodynamischen Zuluftbehandlungsfunktionen „Heizen", „Kühlen", „Befeuchten", „Entfeuchten" sowie der nicht-thermodynamischen Luftbehandlungsfunktionen „Filtern" und „Fördern".

Zur Erwärmung der Luft muß ein Heizmittel zur Verfügung stehen, z. B. Dampf, Warmwasser oder elektrischer Strom, zur Kühlung ein Kühlmittel wie Kaltwasser oder eine Kältemaschine. Eine Sondergruppe sind die Warmlufterzeuger, in denen die Luft durch Verbrennung von Öl, Gas oder festen Brennstoffen erwärmt wird.

Eine Klassifikation der Geräte mit Begriffsbestimmungen ist in [1]) enthalten (s. auch Abschn. 312). Danach werden die Baueinheiten raumlufttechnischer Anlagen unterschieden nach der Bauweise als *Kammerzentrale,* eine Kombination von Bauelementen in Kammerbauweise, bei der die Bauelemente in am Aufstellungsort aufgebaute Kammern eingesetzt werden, deren gemeinsames Transportieren und Versetzen aufgrund ihres konstruktiven Aufbaues nicht vorgesehen ist, sowie als Aggregate und Geräte in *Blockbauweise,* wobei die Bauelemente in einem gemeinsamen Gehäuse montiert und zusammen transportabel und versetzbar sind. Weitere Unterscheidungsmöglichkeiten sind die nach den Luftbehandlungsfunktionen analog der Klassifikation raumlufttechnischer Anlagen, nach der Luftverbindung zum Raum sowie nach dem Aufstellungsort als Außengerät, Zentralgerät, Raumgerät usw.

Nachstehend ist entsprechend der Funktion der Geräte folgende *Einteilung* gewählt:

Lüftungs- und Luftheizgeräte
Luftkühl- und Klimageräte
Luftbefeuchtungsgeräte
Luftentfeuchtungsgeräte
Sondergeräte (Ozongeräte)

Die Gehäuse der Geräte sollen weitgehend dicht sein. Einteilung der Gruppen gemäß Tafel 34-1 abhängig vom Volumenstrom.

Nach [2]) wird Leckluftstrom auf die Gebläseoberfläche abhängig von den Anforderungen (Volumenstrom, Druckstufe, jährliche Betriebszeit, Luftbehandlungsfunktionen) bezogen. Platzbedarf (s. Tafel 374-1), Gehäusequerschnitte, Abnahmebedingungen siehe [2]).

**Tafel 34-1. Zulässiger Leckluftstrom für Lüftungszentralen als Funktion des Volumenstroms der Anlage nach [3])**

| Gruppe | Volumenstrom der Anlage $\dot{V}$ m³/s | maximaler Leckluftstrom |
|---|---|---|
| A | 0,25 bis 0,50 | 0,025 m³/s |
| B | 0,5 bis 6 | $0{,}05 \cdot \dot{V}$ |
| C | 6 bis 10 | 0,3 m³/s |
| D | > 10 | $0{,}03 \cdot \dot{V}$ |

[1]) DIN 1946, T. 1. E. 9.86. Raumlufttechnik, Terminologie und Symbole (VDI-Lüftungsregeln).
[2]) VDI 3803 (11.86): RLT-Anlagen; Bauliche und techn. Anforderungen.
[3]) Eurovent 2/2 (1981).

# 341 Lüftungs- und Luftheizgeräte

## -1 LUFTHEIZER FÜR WASSER UND DAMPF

### -11 Wandluftheizer

werden üblicherweise nach Bild 341-1 gebaut. Kennzeichnend ist der im Gehäuse eingebaute Lufterhitzer, der an das Dampf-, Warmwasser- oder Heißwasserleitungsnetz anzuschließen ist. Je nach der Stellung der Luftklappe kann sowohl Umluft, Außenluft als auch Mischluft angesaugt werden. Oft werden diese Geräte auch ohne Außenluftanschluß nur mir Umluft betrieben. Meistens wird der Apparat mit oberem Ausblas an der Wand befestigt. Er kann jedoch auch um 180° gedreht werden und dann unten ausblasen; ebenso kann er waagerecht unter der Decke angeordnet werden. Sowohl auf der Saug- wie Druckseite können Luftleitungen angeschlossen werden (Bild 341-2). Ansaugen der kalten Luft in Fußbodenhöhe und Ausblas der warmen Luft nach unten verringert Temperaturschichtung im Raum.

Herstellung in mehreren Größen. Maximaler Volumenstrom etwa 10000 m³/h, maximale Heizleistung etwa 150 kW. Ansicht eines Gerätes in Bild 341-2a.

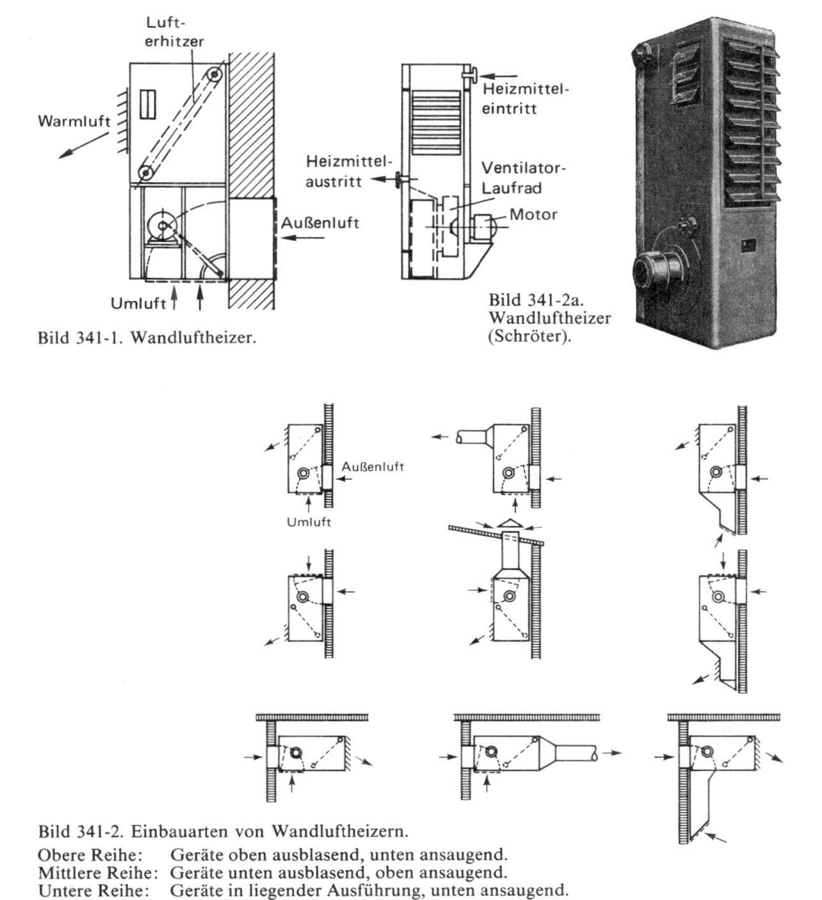


Bild 341-1. Wandluftheizer.

Bild 341-2a. Wandluftheizer (Schröter).

Bild 341-2. Einbauarten von Wandluftheizern.

Obere Reihe: Geräte oben ausblasend, unten ansaugend.
Mittlere Reihe: Geräte unten ausblasend, oben ansaugend.
Untere Reihe: Geräte in liegender Ausführung, unten ansaugend.

## -12 Deckenluftheizer

*Deckenluftheizer* werden vorwiegend unter der Decke angeordnet, wobei sie entweder direkt an der Decke, oder falls Stützen im Raum vorhanden sind, an diesen befestigt werden. Sie sind meist auch für Wandmontage eingerichtet. Sie bestehen wie die Wandluftheizer aus einem Gehäuse mit eingebautem Ventilator, Motor und Lufterhitzer. Grundsätzlich kann man 2 Arten dieser Luftheizer unterscheiden:

*Luftheizer mit einseitigem waagerechtem Ausblas* verwenden einen *Axialventilator*, der die angesaugte Luft über einen senkrecht stehenden Lufterhitzer bläst. Die erwärmte Luft kann durch eine verstellbare Gliederklappe auch nach unten abgelenkt werden. Sie sind zur Heizung kleinerer Räume, wie Garagen, Werkstätten, Lager usw., gedacht. Bei Verwendung eines Umschaltkastens können sie auch Außenluft ansaugen und somit zur Lüftung dienen.

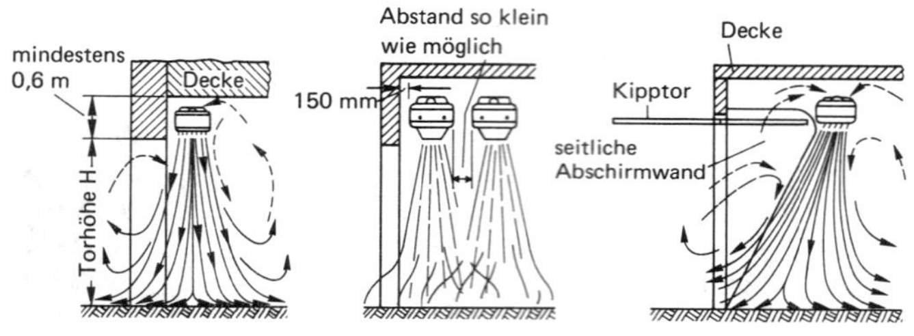


Bild 341-4. Luftschleier vor Toröffnungen (Gea).

Bild 341-5. Deckenluftheizer mit Luftaustritt nach unten und mit Mischkasten.

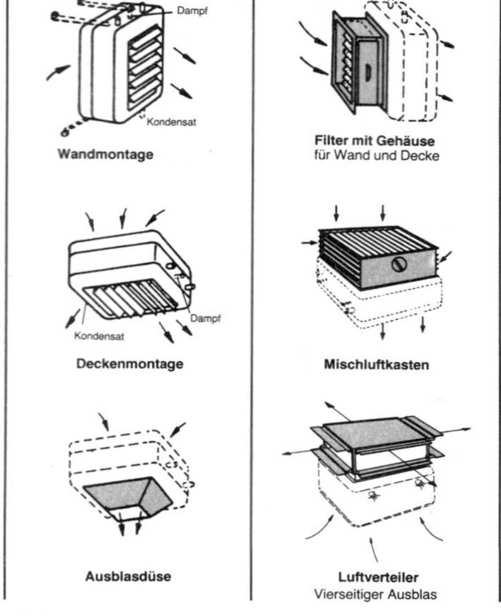


Bild 341-6.
Anordnungsarten von Deckenluftheizern (Gea-Happel).

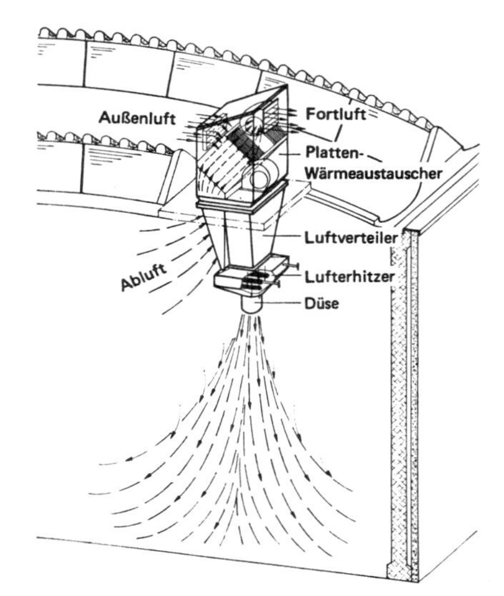


Bild 341-16. Luftheizer mit Platten-Wärmerückgewinnung (Hoval).

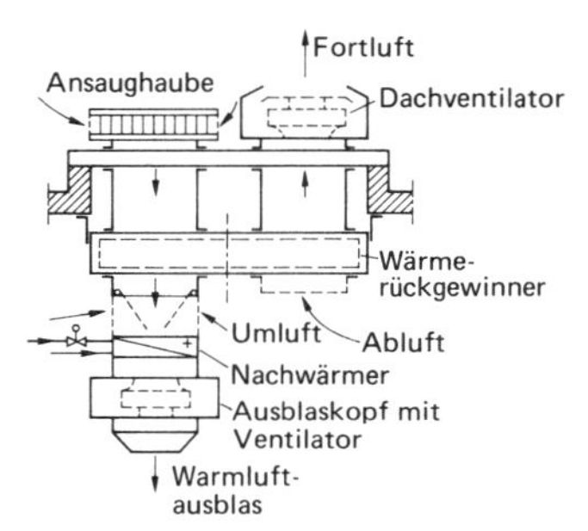


Bild 341-17. Luftheizer mit rotierendem Regenerativ-Wärmerückgewinner (Babcock-BSH).

*Luftheizer mit senkrechtem Ausblas nach unten.* Bei diesen Geräten ist der Lufterhitzer waagerecht angeordnet, während sich der Ventilator darüber befindet und die angesaugte Luft durch den Lufterhitzer senkrecht nach unten bläst. Bei dieser Ausführung besteht die Gefahr von Zugerscheinungen in der Aufenthaltszone, namentlich wenn in der Übergangszeit die Luft nicht genügend warm ist. Im Heizfall wird aber die Temperaturschichtung im Raum vermieden. Bei Verwendung einer Ausblasdüse sind sie für die Erzeugung von Luftschleiern (Türheizungen) geeignet. Bild 341-4.

Um Zugerscheinungen zu vermeiden, verwendet man an der Ausblasseite besondere *Ausblaskästen* mit Lenkklappen, Lamellen, Luftverteilern u. a., wodurch der austretenden Luft nach Bedarf eine andere Strömungsrichtung gegeben wird. Auch diese Geräte lassen sich für Außenluft-, Umluft- oder Mischluftbetrieb einrichten. Bild 341-5 zeigt ein derartiges Gerät mit Mischluftkasten und Luftverteiler am Ausblas.

Die meisten Bauarten der Deckenluftheizer sind so konstruiert, daß sie mit geringen Änderungen sowohl für waagerechten wie senkrechten Ausblas verwendet werden können. Ferner ist der Einbau von Mischklappen möglich sowie der Anbau von Staubfiltern, Luftkanälen, Klappenmotoren und elektrischen Lufterhitzern. Ein Beispiel für die auf diese Weise sehr vielseitig verwendbaren Geräte zeigt Bild 341-6.

Einsatzbereich hauptsächlich zur Beheizung und Lüftung industriell genutzter Räume.

Eine zur *Energieeinsparung* entwickelte Bauart ist der Luftheizer mit Wärmerückgewinnung nach Bild 341-16. In einer kompakten Einheit sind hier Zuluftventilator, Abluftventilator, Lufterhitzer und Plattenwärmeaustauscher zusammengebaut.

Eine andere Konstruktion mit rotierendem Regenerativ-Wärmeaustauscher ist in Bild 341-17 und 339-38 u. -39 dargestellt. Es kann auch latente Wärme zurückgewonnen werden.

Der Wandluftheizer in Bild 341-18 hat einen Wärmerückgewinner nach dem *Kreislaufverbundsystem* mit flüssiger Wasser/Glykol-Mischung. Reifbildung bei tiefen Außentemperaturen wird durch kurzzeitige Abschaltung des Zuluftventilators bei unverändertem Fortluftstrom verhindert. Dabei taut der Reif in kurzer Zeit ab.

Weitere Geräte mit WRG s. Abschnitt 339.

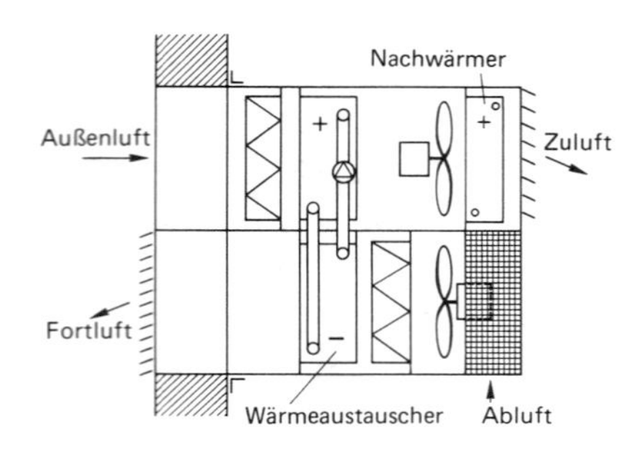


Bild 341-18. Wandluftheizer mit Wärmerückgewinnung nach dem Kreislaufverbundsystem (Wolf). Links: Ansicht; rechts: Funktionsschema.

### -13 Standluftheizer

hauptsächlich in USA und England verwendet, enthalten im unteren Teil des Gehäuses den Lufterhitzer, im oberen Teil auf gemeinsamer Welle ein, zwei oder mehr zweiseitig saugende Ventilatoren mit Ausblashauben. Verwendung sowohl als stehende als auch Wand- und Deckengeräte. Volumenstrom bis 25000 m³/h, Heizleistung bis 500 kW (Bild 341-20).

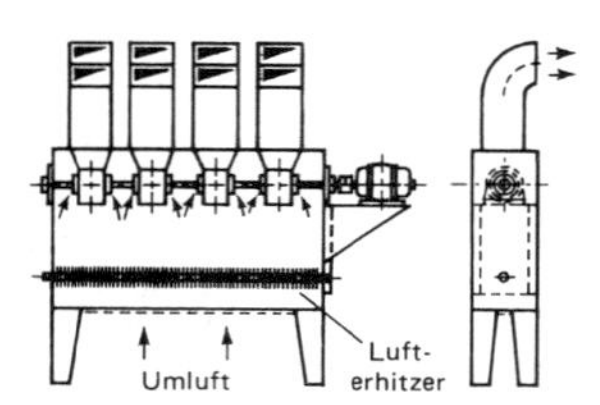


Bild 341-20. Stehendes Luftheizgerät (Standluftheizer).

### -14 Heizungs- und Lüftungstruhen

Diese Geräte, die auch *Ventilator-* oder *Gebläse-Konvektor* oder *Raumluftheizer* oder *Heizungstruhen* genannt werden, dienen zur Heizung und Lüftung kleiner Räume, wie Wohnzimmer und Büros, Schulräume, Sitzungszimmer. Sie sind jedoch auch für größere Räume, wie Säle, Küchen, Restaurants usw., geeignet. Der Hauptvorteil gegenüber statischen Heizkörpern besteht darin, daß sie ein sehr schnelles Aufheizen gestatten und außer der Heizung bei Außenluftanschluß auch die Lüftung der Räume besorgen.

Die Truhen (siehe Bild 341-23) bestehen aus einem Gehäuse aus Stahlblech, in dem Ventilator, Motor, Filter, Lufterhitzer und alle übrigen Teile zu einem kompletten transportablen *Gerät,* häufig mit eloxierten Aluminiumgittern, zusammengebaut sind. Die Raumluft wird über dem Fußboden, die Außenluft durch eine Öffnung in der Außenwand angesaugt, während der Warmluftaustritt senkrecht nach oben erfolgt. Mit einer *Umschaltklappe* kann man den jeweils angesaugten Außenluftanteil regulieren, so daß ein Betrieb mit Umluft, Außenluft oder beliebig gemischter Mischluft möglich ist. Der Lufterhitzer ist entweder ober- oder unterhalb des Ventilators angeordnet. Evtl. zusätzlicher elektrischer Heizkörper. Der Ventilator selbst kann mit Axial-, Radial- oder Querstrom-Ventilatorrad ausgerüstet sein. Drehzahl oft regelbar. Wichtig ist, daß die Geräte möglichst geräuscharm laufen. Auch sollte ein *Frostschutzthermostat* vorhanden sein, der die Außenluftklappe bei Einfriergefahr schließt.

An der Einbaustelle, gewöhnlich unter dem Fenster, ist das Gerät an die Heizleitungen (Dampf oder Warmwasser) und an das elektrische Stromnetz anzuschließen. Auf bequeme und gute Zugänglichkeit des Innern der Geräte zwecks Reinigung und Wartung ist zu achten.

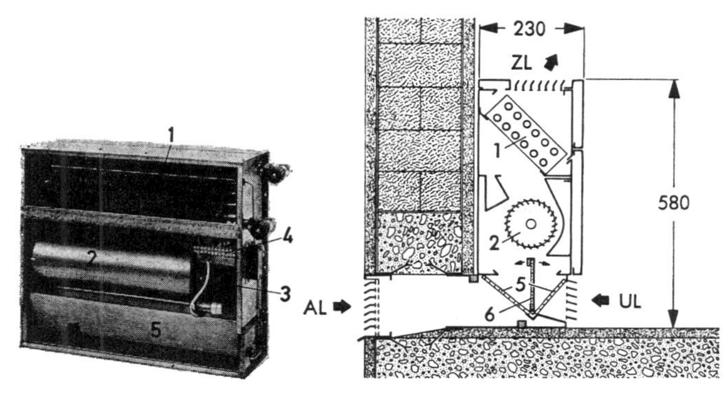


Bild 341-23. Raumluftheizgerät (Heizungstruhe) mit Querstromventilator für Einbau unter Fenster (Viessmann).

1 = Wärmeaustauscher
2 = Querstromventilator
3 = Außenläufermotor
4 = Schaltplatte
5 = Filter
6 = Mischluftklappe
*AL* = Außenluft
*ZL* = Zuluft
*UL* = Umluft

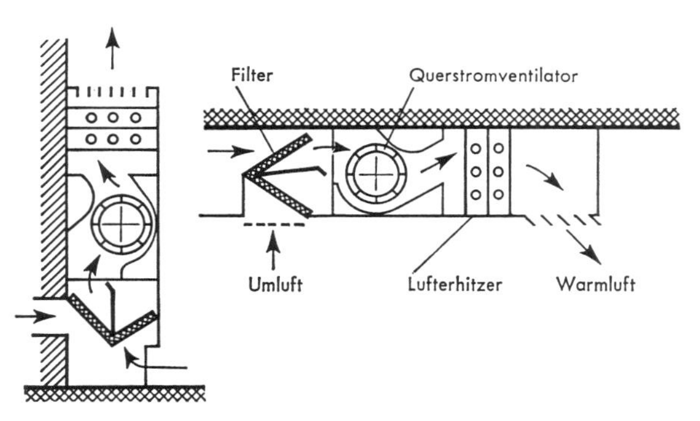


Bild 341-24. Ventilatorkonvektor.
Links: Stehendes Normalgerät; rechts: Gerät an Decke (Gea).

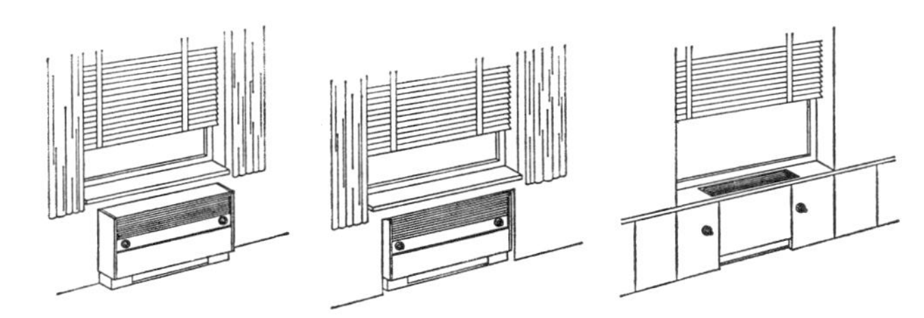

Bild 341-25. Einbaumöglichkeiten von Heizungstruhen.

Die Geräte nach Bild 341-24 sind sowohl in normaler Standausführung wie auch in Deckenanordnung lieferbar. Das Gehäuse kann in Stahl-, Alu- oder Edelstahl-Blech ausgeführt werden.

Verschiedene Einbaumöglichkeiten unterhalb von Fenstern zeigt Bild 341-25.

Die erforderliche *Heizleistung* eines Gerätes berechnet sich aus dem Transmissionsverlust $\dot{Q}_1$ des Raumes und dem Lüftungswärmebedarf $\dot{Q}_2$ zur Erwärmung der angesaugten Außenluft, so daß der gesamte Wärmebedarf $\dot{Q} = \dot{Q}_1 + \dot{Q}_2$ ist. Sind im Raum andere Heizkörper vorhanden, so ist die Geräte-Heizleistung entsprechend geringer.

Der *Außenluftanteil* hängt von der Art des Raumes ab (s. hierzu Abschnitt 351). Im allgemeinen fährt man bei Wohnräumen und Büros bis zu einer Außentemperatur von 15 °C nur mit Außenluft, während bei tieferen Temperaturen auch aus Gründen der Energieeinsparung ein entsprechender Umluftzusatz zweckmäßig ist.

Meist wird für alle Geräte eine geeignete *Temperaturregelung* verwendet, wofür es mehrere Methoden gibt:

1. Der Außenluftanteil wird mittels der Umschaltklappe auf einen bestimmten Wert nach Bedarf eingestellt. Der Raumthermostat steuert mittels eines *Regelventils* die Heizmittelzufuhr zum Lufterhitzer oder eine Wechselklappe am Lufterhitzer. Ein Begrenzungsthermostat im Luftstrom des Ventilators verhindert das Einblasen kalter Luft.
2. Der Raumthermostat steuert mittels eines *Klappenmotors* die Mischluftklappe derart, daß bei zu geringer Raumtemperatur nur mit Umluft, bei steigender Raumtemperatur dagegen mit größerem Außenluftanteil gefahren wird. Begrenzungsregler wie oben.
3. Raumthermostat steuert in Sequenz Mischluftklappe und Heizventil. Begrenzungsregler wie oben (siehe Bild 341-26).
4. Frostschutzthermostat schließt die Außenluftklappe bei einer Temperatur von etwa 5 °C hinter Lufterhitzer und schaltet evtl. den Ventilator aus.
5. Der Außenluftanteil wird abhängig von der Außentemperatur mit Klappenmotor und Mischluftklappe geregelt. Raumtemperaturregelung wie unter 1.

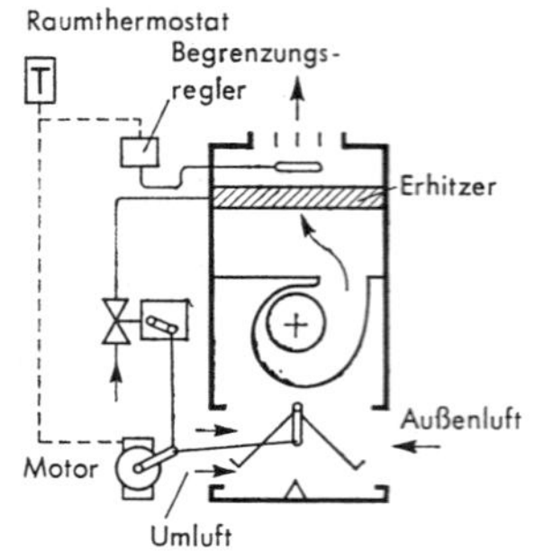


Bild 341-26. Regelschema bei einer Luftheiztruhe.

## -2 GASBEFEUERTE WARMLUFTERZEUGER[1])

Gasbefeuerte Warmlufterzeuger bestehen aus einem Gehäuse, in dem Ventilator, Motor, Wärmeaustauscher und Gasbrenner zu einer vollständigen Einheit zusammengebaut sind. Aufstellung an der Wand oder Decke oder bei größeren Leistungen auch frei im Raum. Der *Vorteil* dieser Geräte besteht darin, daß sie unabhängig von einer Heizzentrale und einem Zwischenmedium schnell Wärme erzeugen und dem zu beheizenden Raum unmittelbar zuführen. Anschluß von Wasser- oder Dampfleitung entfällt, dafür Gaszufuhr und Abgaskamin notwendig.

Der *Wärmeaustauscher* selbst besteht in der Regel aus einer Brennkammer mit Heizrohren oder Heiztaschen, durch die innen die Heizgase strömen, während die zu erwärmende Luft im Kreuzstrom quer zu den Rohren geblasen wird (Bild 341-31). Andere Konstruktionen haben z. B. gußeiserne Elemente mit außen und innen durch Rippen oder Nadeln vergrößerter Oberfläche.

[1]) DIN 4794 Teil 1 u. 3 (12.80), Teil 5 (6.80) und Teil 7 (1.80): Ortsfeste Warmlufterzeuger.
DIN 4756 (2.86): Gasfeuerungen in Heizanlagen; Sicherheitstechn. Anforderungen.
Uechtrik, V., u. Steinkirch: IKZ 18/83. S. 64.

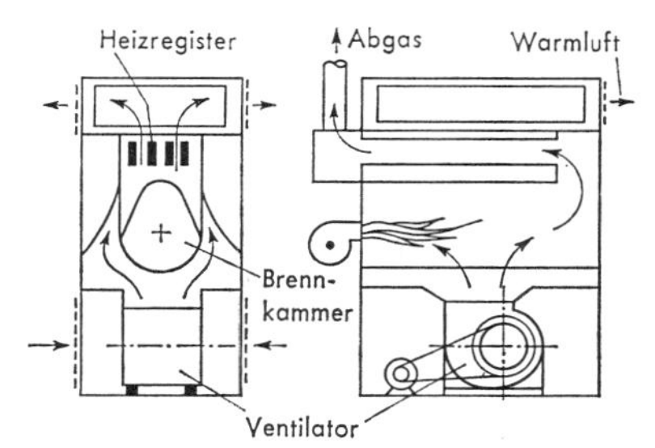


Bild 341-31. Gasbefeuerter Warmlufterzeuger mit Brennkammer aus Spezialstahl und mit taschenförmigem Heizregister.

Die *Brenner* werden für kleine Leistungen als atmosphärische Brenner, für große Leistungen als *Gasgebläsebrenner* ausgeführt. Die *Zündung* erfolgt bei kleinen Brennern ohne Gebläse durch eine von Hand betätigte Zündflamme in Verbindung mit einer thermoelektrischen Zündsicherung. Bei halb- und vollautomatischen Brennern mit Gebläse werden *Gasfeuerungsautomaten* verwendet, die aus einem Flammenwächter und einem Steuergerät bestehen. Das Steuergerät schaltet den Brenner aufgrund von Reglersignalen ein bzw. aus und überwacht den Betrieb nach einem vorgegebenen Programm. Je nach Leistung dürfen beim Anlauf und Betrieb bestimmte Sicherheitszeiten, in denen Gas ohne Zündung austreten kann, nicht überschritten werden. Bei Gas-, Strom- oder Luftmangel erfolgt sofortige Abschaltung (siehe Abschn. 221-73 u. -74).

Ein für Lagerhallen und Werkstätten geeignetes Gerät zeigt Bild 341-32.

*Wand- und Deckenluftheizer* siehe Bild 341-33 u. -34. Dabei werden sowohl Gasgebläse- wie atmosphärische Brenner verwendet.

Bild 341-32. Warmlufterzeuger mit 3-Zug-Abgasführung (Robatherm).

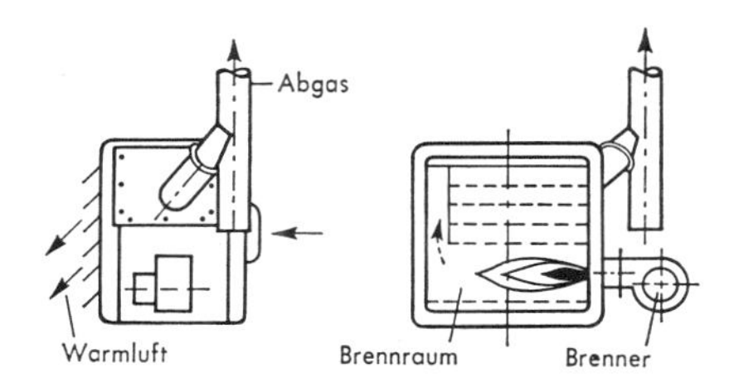


Bild 341-33. Warmlufterzeuger mit Öl- oder Gasgebläsebrenner (Gea).

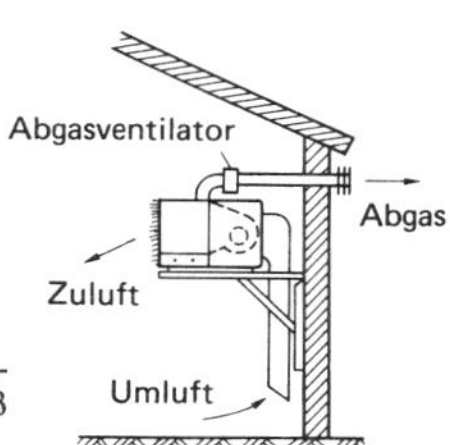


Bild 341-34. Warmlufterzeuger für Wandmontage mit atmosphärischen Gasbrenner und Radialventilator; Luftleitungsanschluß möglich (ITT-Reznor).

Die *Abgase* müssen in der Regel durch einen Schornstein abgeführt werden. In der Abgasleitung ist (außer bei Gebläsebrennern) ein Zugunterbrecher vorgesehen, der meist von den Herstellern der Geräte mitgeliefert wird und der den Einfluß der Außenluft (Rückstrom, Stau) von den Brennern fernhalten soll. Es gibt jedoch auch Warmlufterzeuger mit eingebautem Abgasventilator sowie Außenwand-Warmlufterzeuger, die keinen Schornstein benötigen.

Den Aufbau eines Warmlufterzeugers mit *atmosphärischem* Brenner zeigt Bild 341-35. Ein Axialventilator bläst die zu erwärmende Luft über den Wärmeaustauscher aus Edelstahl. Die Heizgase strömen senkrecht nach oben und geben dabei ihre Wärme an die Luft ab.

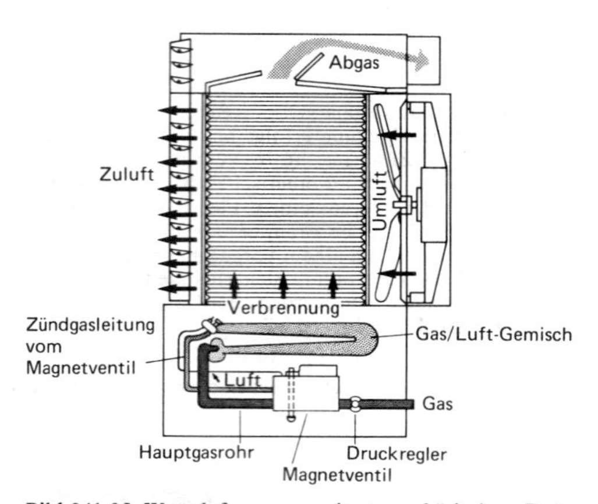


Bild 341-35. Warmlufterzeuger mit atmosphärischem Brenner u. Axialventilator (Heylo).

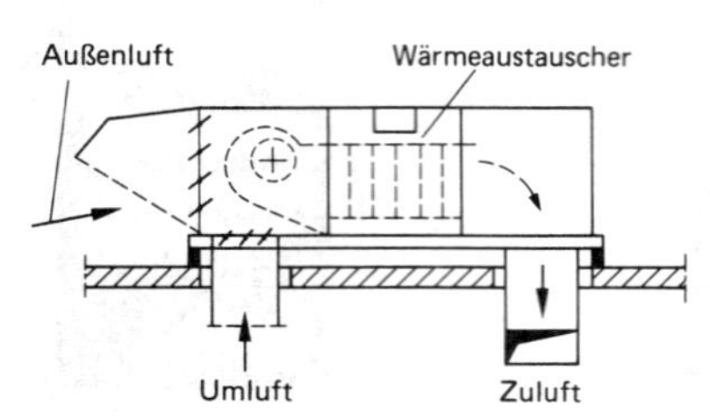


Bild 341-35a. Warmlufterzeuger für Außenmontage auf Dächern (ITT-Reznor).

Die Geräte werden vorzugsweise für die Heizung in Hallen, Sälen, Schlachthöfen, Großmärkten, Werkstätten und ähnlichen Großräumen verwendet, gewöhnlich im Umluftbetrieb. Sie können auch auf Dächern montiert werden, wobei Zuluft- und Umluftkanäle angeschlossen werden können (Bild 341-35a).

Zum sparsamen Verbrauch des Heizgases empfiehlt sich immer der Einbau eines *Temperaturreglers* (Abschnitt 231-3), damit nicht mehr Gas verbraucht wird als unbedingt nötig ist.

Die Regelung der Heizleistung erfolgt dabei durch einfache Ein- und Ausschaltung mittels Magnetventil (Zweipunkt-Regelung) in Abhängigkeit von einem Raumtemperaturfühler. Auch *Abgastemperaturregler* werden manchmal verwendet, die die Temperatur der Abgase auf einem bestimmten Wert, z. B. 180 °C, konstant halten und damit einen gleichmäßigen Wirkungsgrad von 80···85% dauernd gewährleisten.

Für die *Sicherheit* sorgen 3 Thermostate: Ein Regler verhindert das Kaltblasen beim Anfahren, ein Wächter schaltet den Brenner bei einer festeingestellten Temperatur von z. B. 90 °C ein und aus, ein Sicherheitsbegrenzer schaltet den Brenner bei Übertemperatur aus.

Um gleichmäßige *Zulufttemperatur* zu erhalten, werden auch Beipaß-Klappen am Wärmeaustauscher verwendet.

Die Warmlufterzeuger können auch mit Umschaltkasten versehen werden, so daß sie sowohl mit Außenluft als auch mit Umluft oder Mischluft betrieben werden können.

Abgasverluste nach Heizungsanlagen-VO maximal 14…11% je nach Leistung. Abgastemperaturen 160 °C…300 °C. Die *Jahreswirkungsgrade* (Nutzungsgrade) derartiger direkt befeuerter Warmlufterzeuger sind wesentlich größer als bei Luftheizern mit Dampf oder Wasser, da die Verteilungs- und weitestgehend auch die Stillstandsverluste entfallen.

*Stand-Warmlufterzeuger*

Für große Leistungen gibt es besondere Bauarten, die frei auf dem Boden aufgestellt werden. Geeignet für große Hallen, Werkstätten, Lagerräume usw. Außer Gas kann in der Regel auch Öl als Brennstoff verwendet werden. Beispiel Bild 341-36.

Unten im Gerät sind die Ventilatoren angeordnet, die die angesaugte Raumluft über die aus legiertem Stahl bestehenden Heizflächen fördern, wobei die Heizgase im Kreuzstrom zur Luft strömen. Angebauter Abgasventilator. Luftausblashauben drehbar. Heizleistung bis 900 kW.

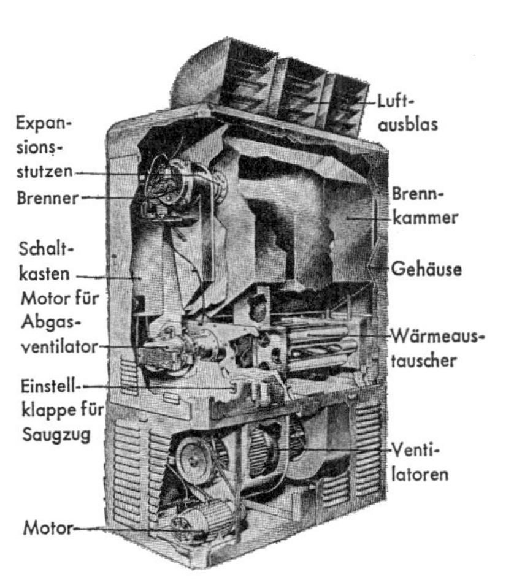


Bild 341-36. Gasbefeuerter Warmlufterzeuger in stehender Ausführung für große Leistungen (Dravo-Covrad).

## -3 ÖLBEFEUERTE WARMLUFTERZEUGER[1])

Diese Geräte, die in ähnlicher Weise wie die gasbefeuerten eingesetzt werden, verwenden Öl als Heizmittel zur Erwärmung der Luft, wobei die Verbrennungswärme des Öls direkt auf die Luft übertragen wird. Bestandteile der Ölluftheizer sind

der *Brenner*, der den sonst üblichen Ausführungen mit Steuer- und Sicherheitsgeräten entspricht; meistens ist er ein Öldruckbrenner für Betrieb mit leichtflüssigem Öl;

die *Brennkammer*, meist aus Spezialguß oder Edelstahl;

der *Wärmeaustauscher*, ein im Rauchgasweg liegender Röhren- oder Taschen-Wärmeaustauscher, meist aus hitzebeständigem Chromnickelstahl;

der *Ventilator* (Axial- oder Radialventilator), der Luft durch den Wärmeaustauscher fördert;

das *Abgasrohr* aus Stahlblech zur Abführung der Verbrennungsgase.

---

[1]) DIN 4794 Teil 1 u. 2 (12.80), T. 5 (6.80): Ortsfeste Warmlufterzeuger.
DIN 4755, T. 1 (9.81): Ölfeuerungen in Heizanlagen: Sicherheitstechn. Anforderungen.
Bauaufsichtliche Richtlinien siehe Mitteilungen des Instituts für Bautechnik Nr. 6 – 1975.

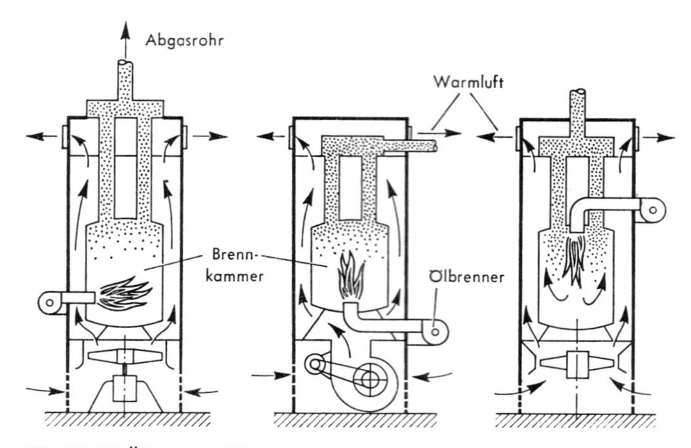


Bild 341-37. Ölbefeuerte Warmlufterzeuger verschiedener Bauart
a) mit Axialventilator und waagerechter Flammenachse,
b) mit Radialventilator und senkrechter Flammenachse,
c) mit Axialventilator (Außenläufer) und Sturzbrenner

Verschiedene Bauarten: Flammenachse waagerecht oder senkrecht, symmetrisch oder unsymmetrisch, auch Umkehr- und Sturzflammen (Bild 341-37). Der Ventilator und Warmluftaustritt teils oben, teils unten im Gerät angeordnet. Bei den meisten Ausführungen ist es auch möglich, Luftleitungen anzubringen, so daß die Warmluft besser verteilt werden kann. Maximale Abgasverluste gem. Heizungsanlagen-VO 11···14%. Abgastemperatur > 180 °C.

Für die Aufstellung Genehmigung der Bauaufsichtsbehörden einholen. Aus Umweltschutzgründen werden mehrere kleinere Schornsteine heute auf einem Werksgelände nicht mehr zugelassen (TA-Luft). Zwang zum Zusammenführen der Abgase in großen Schornstein führt dann zu zentraler Heizkesselanlage.

Allgemeine und lufttechnische Anforderungen sowie Prüfmethoden sind in DIN 4794 Teil 1 u. 2 (12.80) enthalten.

Die *Temperaturdifferenz* zwischen eintretender und austretender Luft soll zwischen 30 und 60 K liegen. Der Nennluftvolumenstrom und der Wirkungsgrad werden auf die Normal-Temperaturdifferenz von 45 K bezogen, ebenso die Nenn-Wärmeleistung. Es wird empfohlen, die Geräte mit folgenden Leistungen und Drücken herzustellen:

Nennleistung: 12···120 kW
Volumenstrom: 800···820 m³/h
Ventilatordruck: 30··· 90 Pa

## -31 Stand-Warmlufterzeuger

Die Geräte werden frei im Raum, z. B. in einer Werkhalle, aufgestellt. Dabei sind jedoch sicherheitstechnische Gesichtspunkte zu beachten[1]).

Bild 341-38 zeigt ein Standgerät. Unten über dem Fußboden befindet sich ein Radialventilator, der Luft aus dem Raum ansaugt und nach oben über den Wärmeaustauscher fördert. Warmluftaustritt nach allen Seiten. Abgasabführung seitlich. Auch Luftleitungsanschluß möglich.

Wärmeaustauscher aus Stahl, Gußeisen oder Edelstahl, manchmal mit durch Rippen vergrößerter Oberfläche.

Ein weiteres Beispiel für kleinere Heizleistungen siehe Bild 341-39.

---

[1]) ARGEBAU: Richtlinien für die Aufstellung von Feuerstätten > 50 kW in anderen Räumen als Heizräumen (5. 78).

Bei großen Hallen werden mehrere Geräte aufgestellt, wobei das Heizöl aus einem gemeinsamen Vorratsbehälter geliefert wird (Bild 341-40). An diesen Behälter kann auch ein ölbeheizter Warmwasserkessel angeschlossen werden, falls eine Zentralheizung, z. B. für Büroräume, gewünscht wird (Bild 341-41).

Leistung und Abmessungen von Standgeräten siehe Tafel 341-1.

Die Innenseiten der Gehäuse mit einer Dämmschicht von Glaswatte, Asbest oder ähnlichem Material ausgefüttert. Weiteres über diese Geräte siehe Abschn. 223-3.

Anforderungen an die Geräte und ihre Prüfung sind in DIN 4794 Bl. 1 (12.80) enthalten. Für Geräte bis 50 kW sollen 3 Drehzahlen mit den Temperaturerhöhungen 35, 45 und 55 K möglich sein (Stufe 1, 2 und 3). Für Geräte bis 120 kW genügen 2 Drehzahlen. Für jedes Gerät ist ein Kennfeld aufzustellen, aus dem Luftstrom, Förderdruck und Lufterwärmung entnommen werden können (Bild 341-45).

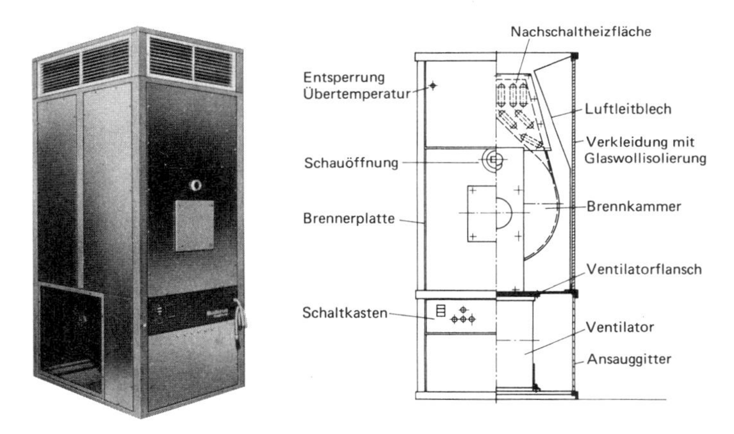


Bild 341-38. Ölbefeuerter Warmlufterzeuger mit Radialventilator (Buderus). Leistung von 46 bis 465 kW. Links: Äußere Ansicht; rechts: Schnitt durch Vorderseite.

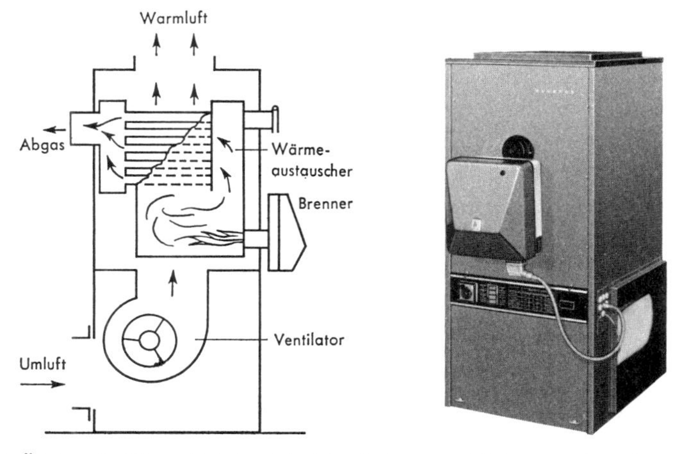


Bild 341-39. Ölbefeuerter Warmluft-Automat in stehender Bauart mit Rohren als Wärmeübertrager für 20⋯50 kW Heizleistung (Buderus). Links: Schnitt; rechts: Ansicht.

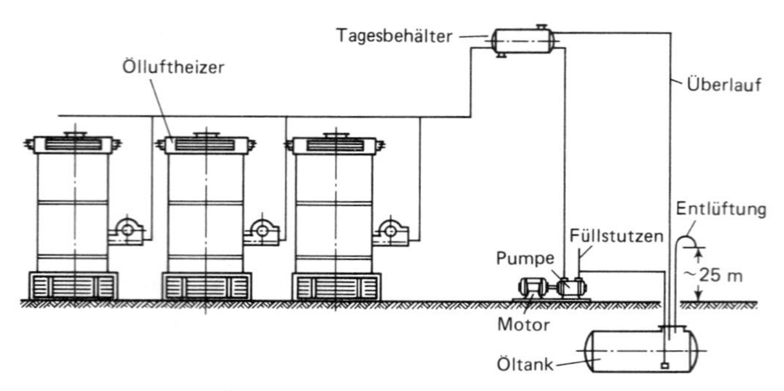


Bild 341-40. Zentrale Ölversorgung für mehrere Warmlufterzeuger in einer Werkhalle.

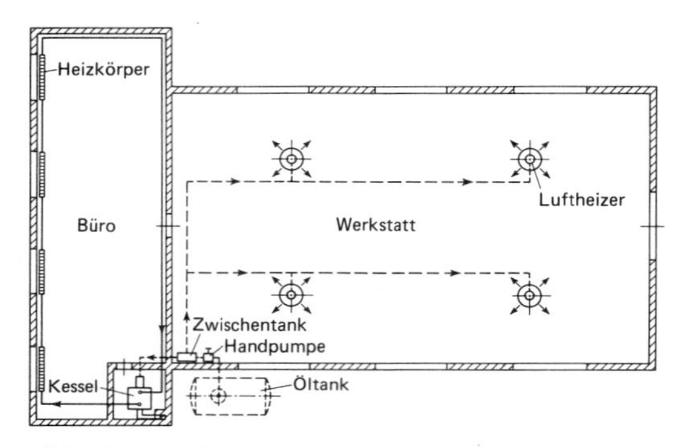


Bild 341-41. Werkhalle mit mehreren Warmlufterzeugern, ölbeheiztem Warmwasserkessel für die Büroräume und gemeinsamem Öltank.

**Tafel 341-1. Leistungen und Abmessungen stehender ölbeheizter Warmlufterzeuger (Auswahl)**

| Typ | Heizleistung kW | Höhe mm | Breite/Tiefe mm | Volumenstrom m³/h |
|---|---|---|---|---|
| 25 | 29 | 1460 | 870 | 2200 |
| 50 | 58 | 1620 | 1080 | 4000 |
| 100 | 116 | 1830 | 1300 | 7500 |
| 150 | 175 | 2120 | 1400 | 11400 |
| 300 | 350 | 2610 | 2040 | 25700 |
| 525 | 610 | 3010 | 2700 | 41000 |
| 1000 | 1160 | 4040 | 3300 | 73500 |

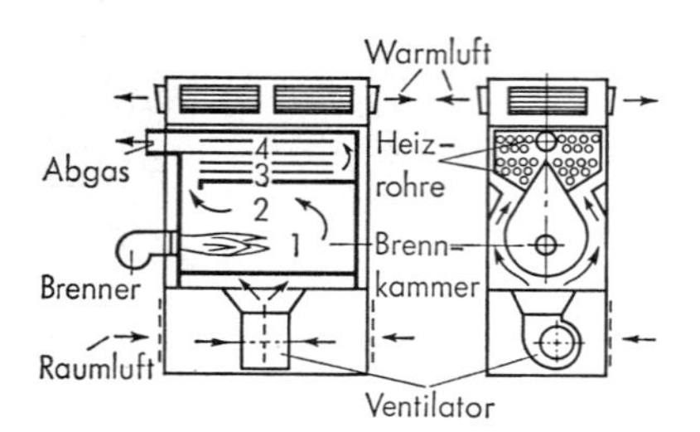


Bild 341-42. Ölbeheizter Warmlufterzeuger für Wandmontage mit Umkehrflamme (1) und Rohren als Wärmeaustauscher – 3 Züge (2···4).

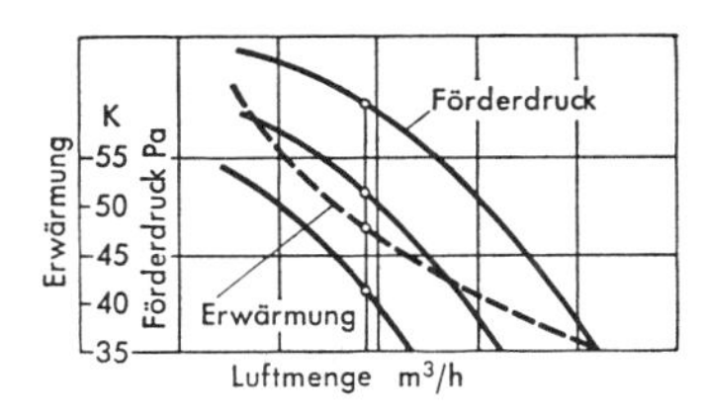


Bild 341-45. Kennfeld eines Warmlufterzeugers mit 3 Drehzahlen bei konstanter Brennstoffzufuhr.

## -32 Warmluftheizer für Wandmontage

Außer den Standgeräten gibt es auch *ölbeheizte* Warmluftheizer für Wandmontage, die wie die gewöhnlichen Luftheizer an der Wand befestigt werden (Bild 341-42). Abgesehen vom Strom- und Ölanschluß benötigen diese Geräte natürlich auch eine Abgasleitung, was ihre Verwendung häufig beeinträchtigt. Im übrigen werden sie jedoch ähnlich wie die dampf- und wassergeheizten Wandluftheizer namentlich für Werkhallen, Lagerräume usw. verwendet. Anordnung sowohl stehend wie liegend. Beispiel einer Hallenheizung siehe Bild 341-46. Absaugung kalter Luft in Fußbodenhöhe reduziert Temperaturschichtung in Halle (rechte Bildseite). Ölversorgung ähnlich Bild 341-40 und -41.

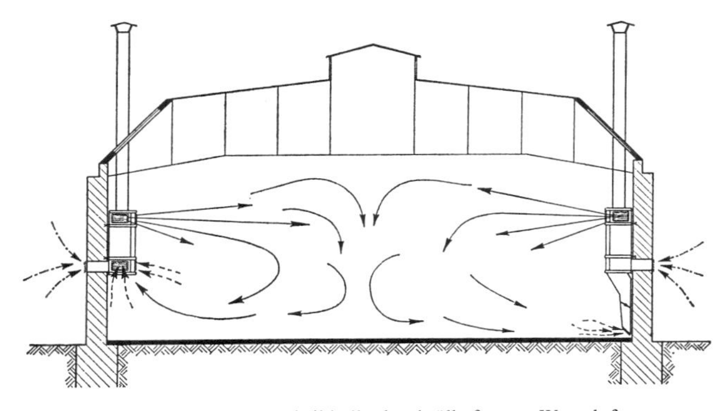

Bild 341-46. Beheizung und Lüftung einer Fabrikhalle durch ölbefeuerte Warmlufterzeuger.

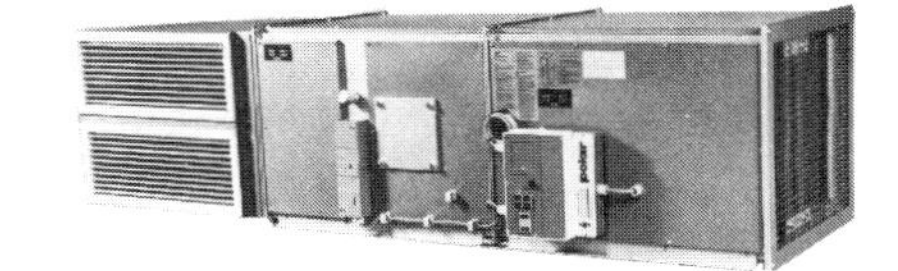

Bild 341-47. Öl- (oder gas)befeuerter Warmlufterzeuger in liegender Ausführung (Alko-polar).

Ein für Wand- oder Deckenmontage bestimmtes Gerät zeigt Bild 341-47. Es kann mit Außenluft, Umluft oder Frischluft betrieben werden.

Sonderausführungen für Garagen und Kraftfahrzeugwerkstätten mit luft- und gasdichtem Verbrennungsraum. Für die Verfahrenstechnik und für Luftstrahlheizungen auch Geräte mit hohen Ausblastemperaturen, z. B. 300 °C.

## -33 Fahrbare Warmlufterzeuger

werden für Trocknungszwecke, z. B. zum Austrocknen von Neubauten, verwendet. Abgase werden direkt mit Luft gemischt und in den Raum geblasen. In geschlossenen Räumen wegen CO-Gehalt der Abgase gefährlich. Ansicht eines Gerätes Bild 341-48. Andere Geräte auch mit Wärmeübertrager und Schornsteinanschluß.

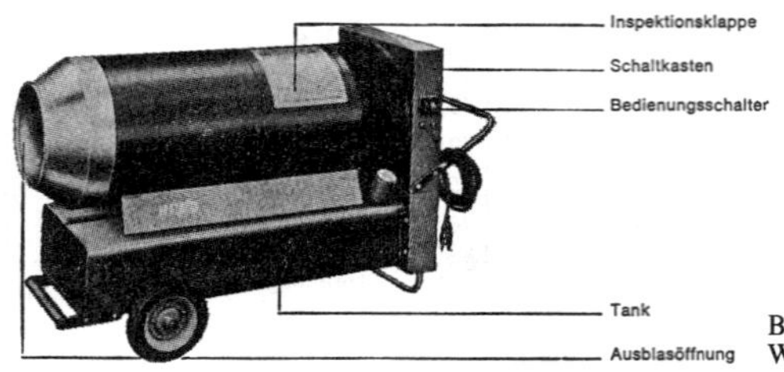


Bild 341-48. Fahrbarer ölbefeuerter Warmlufterzeuger (Heylo).

## -4 WOHNHAUS-WARMLUFTERZEUGER

Eine besondere Gruppe stellen die *Wohnhaus-Warmlufterzeuger* (Warmluftautomaten) dar, die für Warmluftheizung mit Gas oder Heizöl von Einzelhäusern, kleinen Büros und ähnlichen Gebäuden geeignet sind. (Siehe auch Abschn. 222-3 u. 364-3.)

Das Gerät besteht aus einem Gehäuse, in dem Ventilator, Motor, Filter, Wärmeaustauscher und alle übrigen Teile zu einer kompletten Einheit zusammengebaut sind (Bild 341-48). Techn. Richtlinien des HKI siehe Abschn. 74.

Wirkungsweise:

Die Umluft wird zunächst in einem Filter, das nach Verschmutzung durch ein neues ersetzt wird, gereinigt, dann folgt der meist zweiseitig saugende keilriemengetriebene Ventilator, der die Luft über die Heizflächen bläst. Lufterwärmung im Austauscher etwa auf 55 bis 75 °C. Die sich anschließende Warmluftleitung verteilt die Warmluft auf die verschiedenen Räume.

Je nach der Art des Zusammenbaues der Heizkörper und der übrigen Teile unterscheidet man folgende Bauarten:

a) *Stehende Luftheizgeräte,* Ausführung wie in Bild 341-49, wobei Ventilator und Lufterhitzer übereinander liegen. Besonders geeignet für nichtunterkellerte Räume, wobei das Gerät in einer Kammer, in der Diele oder einer sonst geeigneten Stelle im Erdgeschoß Aufstellung findet. Natürlich kann es auch im Keller oder Dachboden stehen und die Warmluft durch Luftleitungen auf die verschiedenen Räume verteilen.

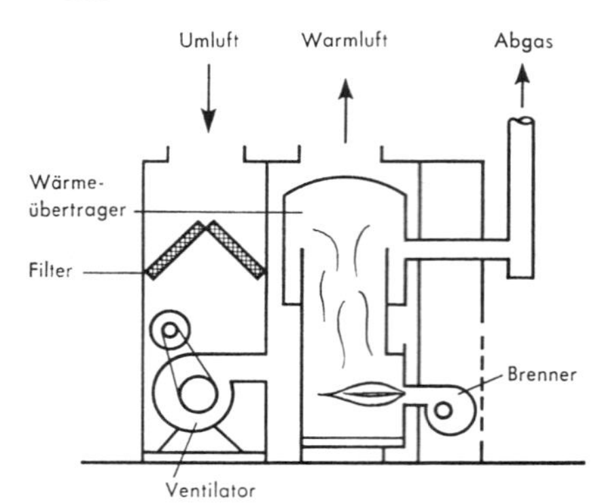


Bild 341-49. Amerikanischer ölbefeuerter Warmlufterzeuger für Wohnungen.

b) *Horizontale Luftheizgeräte* zur Befestigung unter der Decke, im Dachhohlraum oder im Hohlraum unter dem Fußboden eines nichtunterkellerten Gebäudes (hängende Bauart oder Kastenbauart) wie Bild 341-47.

Die Heizfläche, der wichtigste Teil der Geräte, besteht entweder aus Gußeisen oder häufiger aus Stahlblech. Ausführung in Form zylindrischer oder taschenförmiger Heizkörper (Bild 341-39 u. -42). Zur Korrosionsverhinderung Bleche oberflächenbehandelt, z. B. aluminiert oder glasiert, oder es wird rostfreier Stahl verwendet.

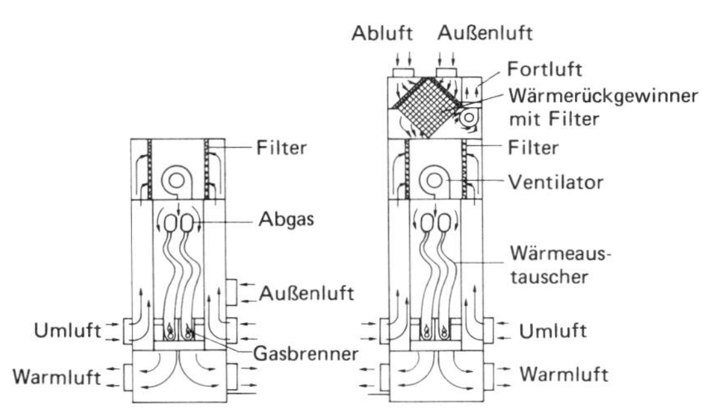


Bild 341-50. Warmlufterzeuger mit atmosphärischem Gasbrenner und modularem Aufbau (Brink).
Links: ohne Wärmerückgewinnung; rechts: mit Wärmerückgewinnung

Die Innenseiten der Gehäuse wird mit einer Dämmschicht von Glaswatte oder ähnlichem Material ausgefüttert.

Moderne Warmluftheizgeräte sind zusätzlich mit einem Wärmeaustauscher zur *Rückgewinnung* der Lüftungswärme ausgerüstet (Bild 341-50 u. 364-40).

Geeignet für kontrollierte Wohnungslüftung mit ca. 60% Wärmerückgewinn aus Küchen- und WC-Abluft.[1])

Weiteres über diese Geräte siehe Abschn. 222-3 u. 364-3.

## -5 LÜFTUNGSGERÄTE

Diese Geräte werden in Blockbauweise im Werk fertig montiert. Werden die einzelnen Bauelemente in Kammern untergebracht und auf der Baustelle montiert, spricht man von *Kammerzentralen*. Sie enthalten in einem Stahlblechgehäuse alle für die lufttechnische Behandlung erforderlichen Teile wie: Ventilator mit Motor, Lufterhitzer, Filter, Regler, Schaltgeräte und sonstiges Zubehör. Sie werden für Volumenströme bis etwa 100000 m$^3$/h hergestellt. Zugänglichkeit aller Teile in der Regel durch Türen. Je nach Bauform unterscheidet man zwischen Schrank-, Kasten- oder Truhen-Geräten.

### -51 Schrankgeräte

Die Anordnung der verschiedenen Teile innerhalb des Gehäuses ist auf verschiedene Weise möglich, siehe Bild 341-60.

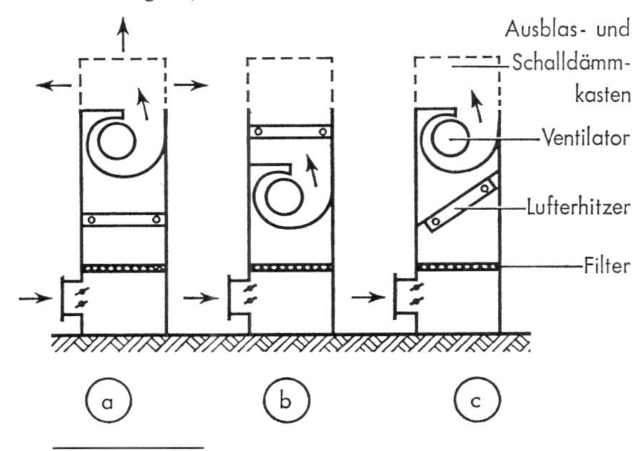


Bild 341-60. Schema von Schrankgeräten.
a) Lufterhitzer waagerecht auf Saugseite
b) Lufterhitzer waagerecht auf Druckseite
c) Lufterhitzer schräg auf Saugseite

[1]) Wacker, H.-U.: Ki 4/85. S. 151/5.

Luftansaug meist unten, Luftausblas oben. Auch mit Kanalanschluß. Türen meist an der Vorderseite. Volumenströme bis ca. 20000 m³/h.

*Anwendungsmöglichkeiten* sehr vielseitig:

Aufstellung in dem zu lüftenden Raum selbst mit einem oder mehreren Ausblasgittern am Ausblaskasten.

Aufstellung in einem Nebenraum, wobei an dem Ausblaskasten an beliebiger Stelle eine Luftleitung anzuschließen ist.

Luftansaugung der Außenluft am Ansaugkasten von allen Seiten möglich: seitlich, hinten, unten oder vorn.

Mischluftverwendung leicht durch Klappen zu erreichen.

Spätere Erweiterung für Luftkühlung durch Einbau von Oberflächenkühlern häufig möglich.

Der besondere Vorteil der Geräte gegenüber den auf der Baustelle montierten Anlagen besteht im geringen Platzbedarf und schneller Montage.

Ausführungsbeispiel Bild 341-61 u. -62.

Bild 341-61. Schranklüftungsgerät (MAH).

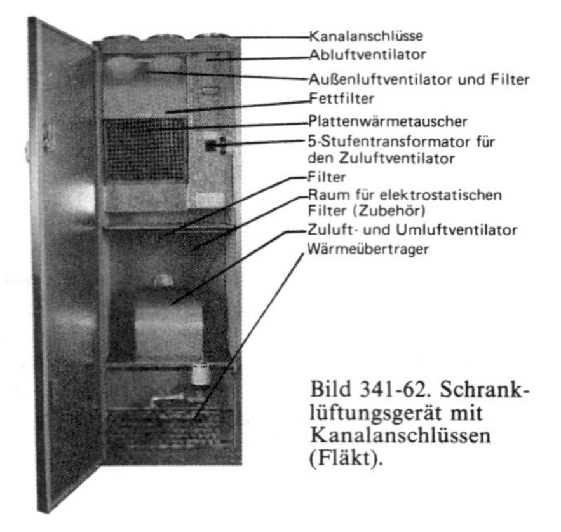


Bild 341-62. Schranklüftungsgerät mit Kanalanschlüssen (Fläkt).

## -52 Kastenlüftungsgeräte

Sie enthalten prinzipiell dieselben Teile wie die Schrankgeräte, jedoch in einem kastenförmigen Gehäuse nebeneinander oder übereinander liegend. Befestigung gewöhnlich an der Decke oder bei größeren Einheiten auf dem Fußboden. Beispiel Bild 341-63 bis -65.

Volumenströme bis etwa 100000 m³/h.

In Luftrichtung gesehen folgen nacheinander folgende Bestandteile:

Mischkammer, falls eine Mischung von Außen- und Umluft gewünscht wird,

Filter,

Wärmerückgewinner,

Lufterhitzer zum Anschluß an eine Zentralheizung,

Luftkühler zum Anschluß an ein Kaltwassernetz (oder auch Verdampfer zum Anschluß an Kühlmaschinen),

Ventilator mit Motor.

Vorteilhaft ist insbesondere, daß das Gerät weitgehend im Werk montiert wird und im Bauwerk wenig Nutzfläche benötigt. Bei Aufstellung im Nutzraum sind kurze Kanäle möglich.

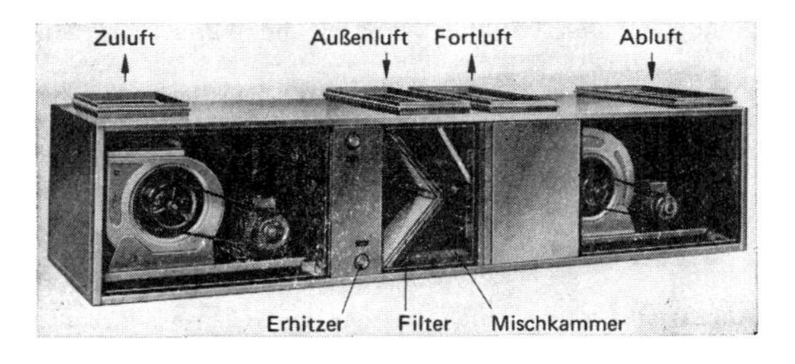


Bild 341-63. Kastenlüftungsgerät (Schobel).

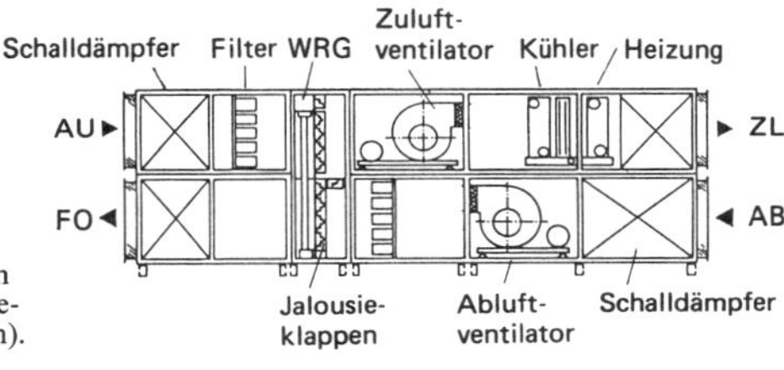


Bild 341-64. Kastenlüftungsgerät in zweistöckiger Bauweise mit Wärmerückgewinner und Kühler (Pollrich).

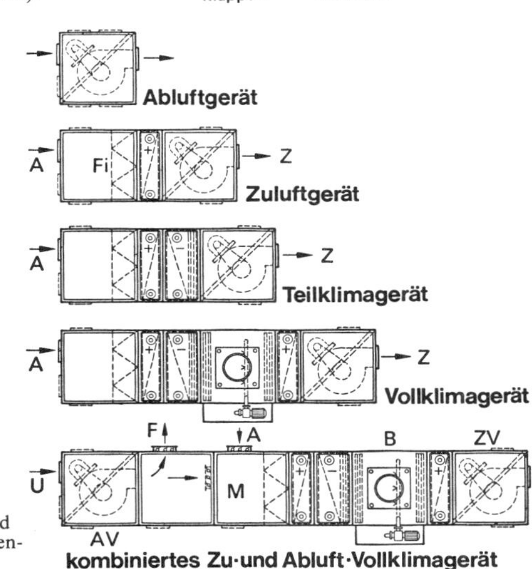


*A* = Außenluft
*AV* = Abluftventilator
*B* = Befeuchter
*F* = Fortluft
*Fi* = Filter-Bauteil
*M* = Mischkammer-Bauteil
*U* = Umluft
*Z* = Zuluft
*ZV* = Zuluftventilator-Bauteil

Bild 341-65. Kastenlüftungs- und Klimageräte nach dem Baukastensystem.

## -53 Kombinations-Lüftungsgeräte

Von vielen Firmen werden *Kombinationsgeräte* hergestellt, bei denen die verschiedenen Bauteile ähnlich einem Baukastensystem in verschiedenen Gruppierungen zusammengesetzt werden können. Zusätzlich zu dem Zuluftgerät wird häufig auch noch der Ablüfter in Kastenform angebaut. Die Abluft kann dabei als Fortluft ins Freie geblasen werden oder auch als Umluft in eine zwischen Zuluft- und Abluftteil installierte Mischkammer. Der Vorteil für die Hersteller besteht darin, daß verhältnismäßig wenig Grundbauteile zu sehr vielen Anordnungen kombiniert werden können. Beispiel 341-65.

## -54 Kompaktgeräte

Für die Be- und Entlüftung von Wohnungen, Häusern, Gaststätten und anderen zu belüftenden Räumen wurden Kompakt-Geräte entwickelt, in denen auch wieder Zu- und

Abluftventilator, Luftfilter, -erhitzer und Wärmerückgewinnungseinrichtungen werksseitig komplett montiert sind.

Durch eine Vorverdrahtung der elektrischen Verbraucher und teilweise integrierte Regel- und Steuerausrüstung wird der Montageaufwand bei den Kompakt-Lüftungsgeräten auf ein Minimum reduziert. Es sind lediglich noch die Kanalverbindungen für Zu- und Abluft, elektr. und Heizmittel-Anschlüsse zu erstellen.

## -6 ABLUFTGERÄTE

Abluftventilatoren werden häufig in ein Gehäuse eingebaut, teils um besseres Aussehen zu erhalten, teils um bequemere Saug- und Druckanschlüsse zu haben. Man nennt diese Einheiten *Abluftgeräte*. Volumenströme bis 100000 $m^3/h$.

Die Gehäuse sind quadratisch oder rechteckig und durch Türen oder Klappen zugänglich. Die Anschlußmöglichkeiten für die Saug- und Druckleitung sind in vielen Variationen möglich.

## -7 DACHVENTILATOREN

bilden die einfachste Art der mechanischen Lüftung und werden häufig in Fabriken, namentlich Wärmebetrieben wie Gießereien, Stahlwerken usw., verwendet. Ferner auch für Abort- und Küchenlüftung. Montage auf dem Dach. Die nachströmende Luft kommt im Sommer durch Türen und Fenster aus dem Freien oder wird namentlich im Winter besser durch Lüftungsgeräte bzw. Lüftungsanlagen dem Raum zwangsweise zugeführt. Geräusche beachten, insbesondere auch die Auswirkung auf die Nachbarschaft.

Bestandteile sind:

Blechgehäuse mit Regenhaube, korrosionsfest, auch Kunststoffgehäuse.

Axial- oder Radialventilator mit Motor.

Verschlußklappe automatisch durch den Luftstrom geöffnet oder mit Klappenmotor.

Nachteilig ist es, daß der Volumenstrom infolge des meist direkten Motorantriebs nachträglich nicht geändert werden kann. Häufig Geräuschbelästigung. Günstiger sind in dieser Hinsicht Ausführungen mit keilriemenangetriebenen Radialventilatoren. Bei Scheibenankermotoren ist eine stufenlose Regelung von 100 bis 0% möglich.

Ausführungsbeispiele Bild 341-67 und -68.

Manche Bauarten mit Axialventilator sind in der Drehrichtung umschaltbar, so daß sie sowohl zur Belüftung wie auch Entlüftung verwendet werden können.

Dachventilatoren mit WRG s. Abschn. 339, für Brandgase s. Abschn. 374-6.

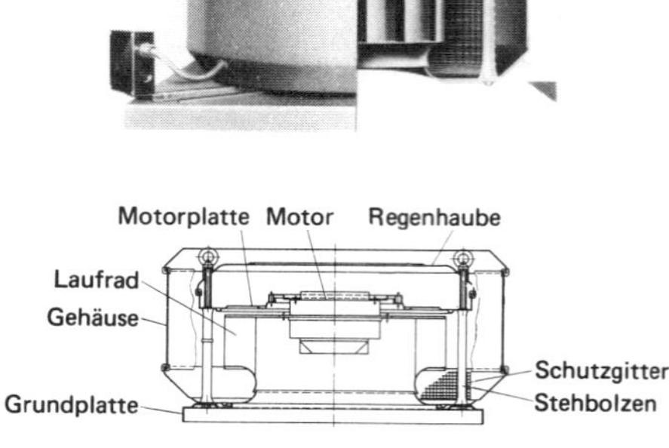


Bild 341-67. Dach-Radialventilator (Babcock-BSH). Oben: Ansicht. Unten: Schnitt

Bild 341-68. Dachventilator mit Scheibenankermotor (Fischbach).

# 342 Luftkühlgeräte und Klimageräte

## -1 ALLGEMEINES

*Luftkühlgeräte* dienen zur Kühlung der Luft in einem oder mehreren Räumen. Sie bestehen aus einem Gehäuse mit eingebautem Ventilator, Motor, Kühler und sonstigem Zubehör. Häufig ist außer dem Kühler auch noch ein Lufterhitzer vorhanden. Eine Feuchteregelung ist mit den Kühlgeräten meist nur beschränkt möglich, jedoch wird bei stärkerer Unterkühlung die Luft entfeuchtet, namentlich wenn das Kühlmittel sehr kalt ist.

Aus diesem Grunde nennt man die Geräte auch häufig „*Klimageräte*", obwohl zum Begriff des Klimagerätes auch eine geregelte Beeinflussung der Luftfeuchte im Sommer und Winter gehört. Normgerecht[1]) wäre die Bezeichnung „*Teilklimageräte*".

Geräte werden in Block- oder Kammerbauweise hergestellt.

Nachstehend sind die Luftkühl- und Klimageräte gemeinsam behandelt, zumal die Ergänzung eines Luftkühlgerätes zum Klimagerät verhältnismäßig einfach durch Hinzufügung fehlender Teile durchführbar ist.

Anwendung der Luftkühlgeräte erfolgt in warmen Gegenden oder bei inneren Wärmelasten, und zwar zur Kühlung von Aufenthaltsräumen aller Art, wie Wohnungen, Büroräume, Verkaufsräume, Sitzungszimmer, Hotelzimmer, Gaststätten, sowie zur Kühlung von industriell benutzten Räumen, wie z. B. bei der Herstellung und dem Verkauf von Süßwaren, Lebensmitteln, Textilien, ferner in Laboratorien, feinmechanischen Betrieben, Lagerräumen aller Art.[2])

*Hauptvorteile* der Geräte in Blockbauweise gegenüber den Klimaanlagen sind folgende:

Verhältnismäßig billige Anschaffungskosten, da fabrikmäßig in mehreren Größen und in großen Stückzahlen hergestellt.

Geringe Installationskosten, da nur elektrischer Strom sowie Wasser- und Abwasseranschluß erforderlich sind.

Bei Schrank-, Truhen-, Fenster-Geräten gefälliges Aussehen, so daß sie auch in gut möblierten Räumen ohne weiteres aufgestellt werden können; allerdings sind die Geräusche zu beachten.

Einfache Transportmöglichkeit, so daß sie beim Wegzug eines Mieters in ein anderes Gebäude evtl. mitgenommen werden können.

Fortfall oder wenigstens Verkleinerung von Luftkanälen.

Im allgemeinen unterscheidet man folgende Bauarten:

nach der Art der Kühlung

*Klimageräte mit eingebauter Kältemaschine,*
*Klimageräte mit getrennt aufgestellter Kältemaschine* (Split-System);

nach der Art der Luftaufbereitung

*Ganzjahr-Klimageräte mit selbsttätiger Regelung der Temperatur und Feuchte im Sommer und Winter,*
*Winter-Klimageräte mit Regelung der Temperatur und Feuchte im Winter,*
*Sommer-Klimageräte mit Regelung der Temperatur und Feuchte im Sommer;*

nach der Art des Luftanschlusses

*Klimageräte mit freiem Luftauslaß,*
*Klimageräte mit Kanälen;*

nach der Anwendung

*Komfort-Klimageräte,* die dauernd ein gewisses Raumklima aufrechterhalten sollen, das innerhalb der Behaglichkeitszone liegt, also etwa zwischen 20 bis 25 °C bei 40 bis 50% relativer Feuchte.

---

[1]) DIN 1946, T. 1. E. 9.86. Raumlufttechnik, Terminologie und Symbole (VDI-Lüftungsregel). Nach DIN 8957 T. 1 (9.73) ist ein Raumklimagerät mindestens mit einer Kältemaschine und einem Ventilator ausgerüstet.
Prüfbedingungen in DIN 8957. T. 2 (10.73) und T. 3 (8.75). T. 4 (10.75).
Eurovent-Dokument 6/6-1983.

[2]) Veith, H.: HR 9 u. 11/76.

*Industrie-Klimageräte,* die je nach den Produktionsverhältnissen ein besonderes Klima erzeugen;

nach der Größe und Bauart

*Fenster-Klimageräte,*
*Klimatruhen* oder *Raumklimageräte,*
*Klimaschränke,*
*Kasten-Klimageräte,*
*Kammer-Klimazentralen,*
*Dachklimazentralen.*
*Wohnhaus-Klimageräte;*

nach der Energieart

*Elektrisch betriebene Geräte,*
*gasbeheizte Geräte* (diese s. Abschn. 643),
*ölbeheizte Geräte.*

## -2 FENSTER-KLIMAGERÄTE

Kleinste Geräte mit *eingebauter Kältemaschine* zur Lüftung und Kühlung einzelner Räume (Büroräume, Wohnzimmer). Kastenförmige Geräte, die in der Regel auf das Fensterbrett gestellt werden (daher der Name). Anordnung jedoch auch in einer Wand möglich. Geräte enthalten im Innern einen hermetisch geschlossenen *Frigen-Kompressor,* einen luftgekühlten Kondensator, den Verdampfer, ein oder zwei Ventilatoren, eventuell einen elektrischen Lufterhitzer sowie die erforderlichen Regelorgane. Außer elektrischem Strom kein weiterer Installationsanschluß erforderlich. Alle Teile sind in einem geschmackvollen Gehäuse aus Stahlblech, Holz oder Kunststoff untergebracht. Bei vielen Geräten ist durch Umschaltung eine Luftförderung mit Außenluft, Mischluft und Umluft möglich. *Kältemittel-Kreislauf* siehe Bild 342-1.

*Vorteile* der Geräte:

leichte Montage, billig, einfach zu bedienen, nur Stromanschluß erforderlich.

*Nachteile:*

geräuschvoll, Zugerscheinungen, häufig unschöner Einbau.

Ein gefälliger Einbau läßt sich erreichen, wenn außen Fassadenbleche und innen geeignete Brüstungen vorgesehen werden (Bild 342-2).

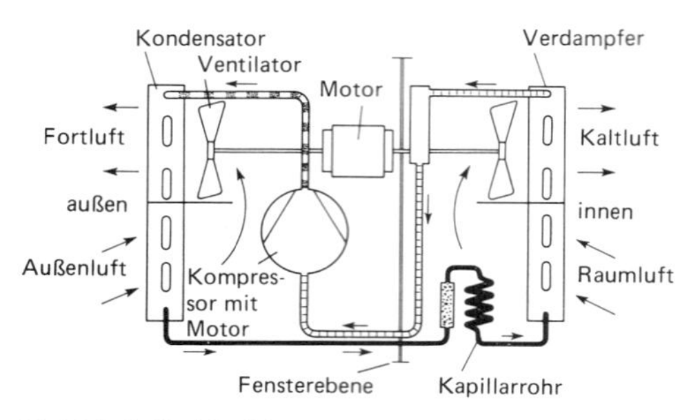


Bild 342-1. Kreislauf für Kältemittel und Luft bei Fenster-Klimageräten.

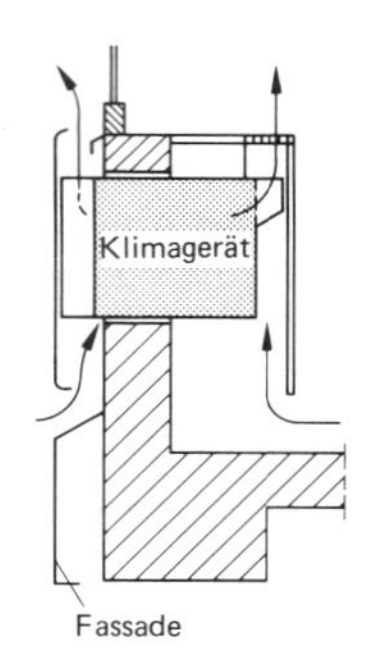


Bild 342-2. Fenster-Klimagerät mit Fassaden-Verkleidung.

Herstellung der Geräte in verschiedenen Größen mit Antriebsleistungen von 0,5 bis 3 kW Motorstärke. Je kW ist eine Kühlleistung von etwa 2,5 kW erreichbar, wobei eine Raumlufttemperatur von 26 °, 40% r. F. und ein Außenluftzustand von 32 °, 40% r. F. zugrunde gelegt sind. Gewicht etwa 50 bis 100 kg je nach Größe. Volumenstrom 300···800 $m^3/h$, davon etwa ¼ Außenluft.

Es gibt auch *trag-* oder *fahrbare* Geräte. Fensteröffnung ebenfalls nötig.

Das *Schwitzwasser,* das im Kühler anfällt, wird entweder durch ein Rohr ins Freie geleitet oder auf den Kondensator, wo es verdunstet. Luftauslaß durch verstellbare Gitter.

Einige Geräte sind auch so gebaut, daß sie bei kaltem Wetter als *Wärmepumpen* arbeiten. Je kW Motorleistung etwa 1,5···2,0 kW Wärme erreichbar. Benutzung jedoch nur bis zu einer Außentemperatur über +5 °C möglich, da andernfalls Vereisung des Wärmeaustauschers. Bei manchen Geräten auch automatische Abtaueinrichtung.

## -3 RAUMKLIMAGERÄTE

auch *Klimatruhen* genannt, sind in derselben Art wie die Heizungstruhen gebaut. Aufstellung gewöhnlich unter den Fenstern manchmal auch an Innenwänden. Verwendung für Bürogebäude, Hotels, Sitzungszimmer usw. Kühlleistung bis etwa 5···6 kW, Volumenstrom bis ≈2000 m³/h. Je nach dem Kühlmittel unterscheidet man:

*Klimageräte mit Wasserbetrieb.* Hier ist der im Gerät befindliche Kühler ein Rippenrohrsystem, das an ein Leitungsnetz für maschinell gekühltes Wasser angeschlossen ist.

Geräte ohne Außenluft nennt man „Sensible Cooler".[1])

Außer dem Kühler ist in unseren Breitengraden auch noch meist ein Lufterhitzer für Warmwasser oder elektrischen Strom vorhanden, damit die Geräte auch im Winter und an kühlen Sommertagen zur Lüftung verwendet werden können.

Manchmal wird auch nur *ein* Wärmeaustauscher verwendet, wenn nur ein Wassernetz (2-Rohr-System) verlegt ist. Im Sommer wird dabei die Luft durch Kühlwasser gekühlt, im Winter durch das Heizwasser erwärmt.

Die Geräte können auch waagerecht unter der Decke installiert werden.

Umschaltung von Außenluft- auf Umluftbetrieb mittels Stellklappe. Bild 342-5.

*Klimageräte mit eingebauter Kältemaschine* enthalten eine *Klein-Kältemaschine,* deren Verdampfer als Rippenrohrsystem ausgebildet und im Luftstrom eingebaut ist. Der Kondensator der Kältemaschine kann für Luft- oder Wasserkühlung eingerichtet sein. Günstiger ist die Installation mit *Luftkühlung des Kondensators,* da in diesem Fall das Gerät überhaupt nur einen elektrischen Anschluß benötigt. Die Luft für die Kondensatorkühlung wird durch eine Öffnung in der Wand aus dem Freien entnommen und wieder ins Freie geblasen. Dabei allerdings größere Geräusche als bei Wasserkühlung; auch sind die Wandöffnungen nicht immer möglich. Bild 342-7.

Erforderliche Anschlüsse für

elektrischen Strom,
das Heizmittel,
Kaltwasser bei wassergekühlten Kondensatoren,
die Schwitzwasserabführung.

Volumenstrom der Geräte 1000···3000 m³/h,
Kühlleistung 2···10 kW,
Heizleistung 2···20 kW.

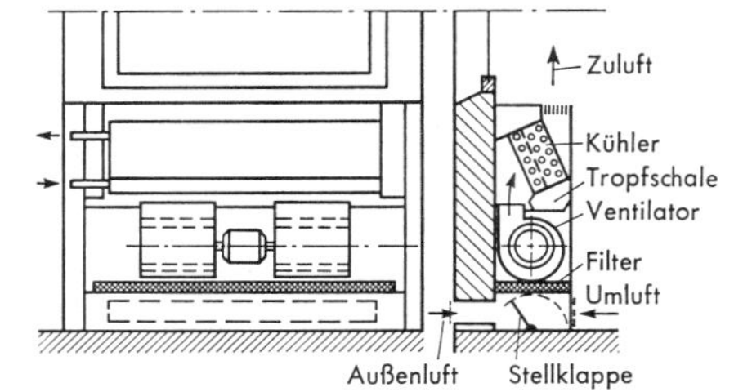


Bild 342-5. Raumklimagerät mit Oberflächenkühler zum Einbau in der Fensterbrüstung.

[1]) Rákóczy, T.: Ki 3/85. S. 105/9.

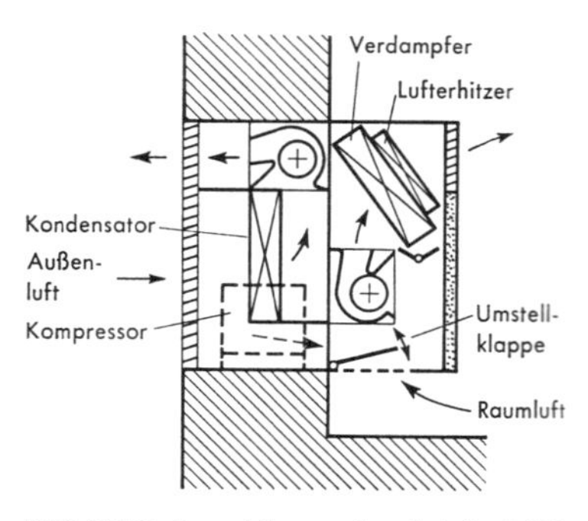


Bild 342-7. Raumklimagerät mit luftgekühlter Kältemaschine.

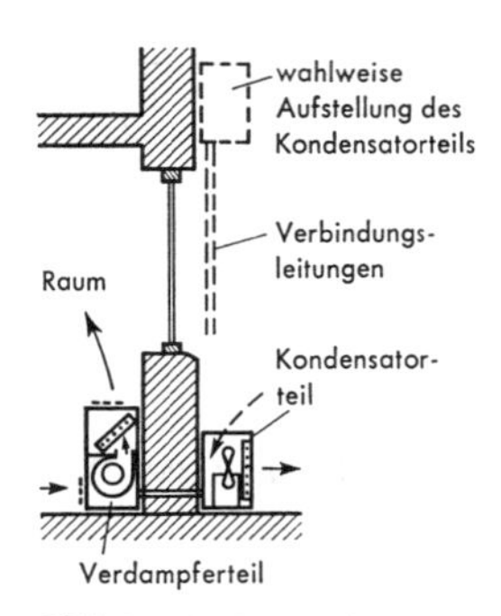


Bild 342-8. Raumklimagerät in Split-Bauweise.

Manche Geräte arbeiten bei kalten Temperaturen als *Wärmepumpe,* so daß sie die Raumluft erwärmen. Falls zusätzlich ein Warmwasserlufterhitzer eingebaut wird, kann eine automatische Umschaltung von Wärmepumpenbetrieb auf Warmwasserheizung vorgesehen werden. Auf diese Weise läßt sich die Raumtemperatur im Winter und Sommer konstant halten.

Die Öffnung in der Wand kann man vermeiden, wenn man die Klimatruhen in der *Split-Bauweise* verwendet. Dabei ist eine Aufteilung in 2 getrennte Bauelemente vorgenommen (Bild 342-8 u. 342-27):

1 Kondensatorteil mit Kompressor im Freien aufzustellen,
1 Verdampferteil mit Ventilator im Raum.

Die beiden Teile werden durch die Kältemittelleitungen miteinander verbunden (Schnellschlußkupplungen). Die Splitgeräte und die Verbindungsleitungen sind mit Kältemittel vorgefüllt. *Spezialkupplungen* (Schneidringkupplungen) sind vor Benutzung in beiden Hälften durch federbelastete Plattenventile oder durch Membranen verschlossen, die bei der Verbindung durch eingebaute Messer aufgeschnitten werden (Aeroquip).

Ansicht eines Klimaschranks siehe Bild 342-10.

Klimatruhen mit getrennt aufgestellter Kältemaschine sind dann zweckmäßig, wenn mehrere nahe zusammenliegende Räume durch eine *gemeinsame Kälteanlage* mit Kühlmitteln versorgt werden sollen, wie z. B. in Hotels, Bürogebäuden usw. In diesem Fall wird die Kältemaschine im Keller oder einem Nebenraum aufgestellt und das Kältemit-

Bild 342-10. Ansicht eines Klimagerätes mit Kältemaschine und mit wassergekühltem Kondensator (ATE).

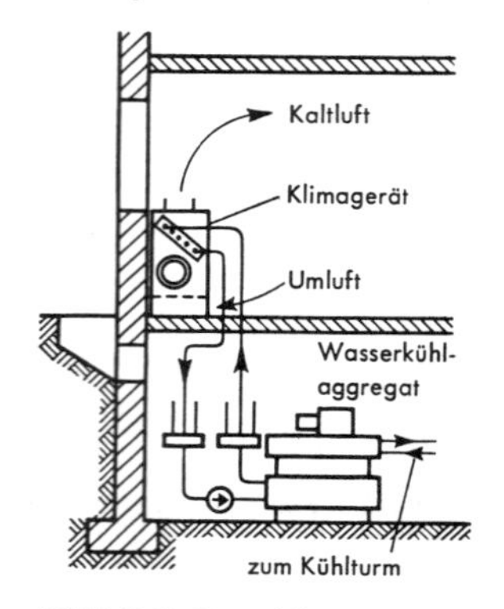


Bild 342-11. Raumklimageräte mit getrennt aufgestellter wassergekühlter Kältemaschine.

tel zu den Kühlern der einzelnen Geräte gefördert. Bei größeren Anlagen ist es zweckmäßiger, ein Wasserkühlaggregat zu verwenden und den Geräten gekühltes Wasser zuzuführen. Wassertemperatur 5 bis 10 °C. Dabei ist jedoch aus wirtschaftlichen Gründen ein Rückkühlwerk für das Kondensatorwasser zweckmäßig. Kühlung mit Trinkwasser sehr teuer (Bild 342-11).

Manche Geräte sind mit einem Lufterhitzer ausgerüstet, der im Winter nicht nur die Außenluft auf Raumlufttemperatur erwärmt, sondern die volle *Raumheizung* übernimmt. Diese Geräte sind also ganzjährig in Betrieb und halten die Raumlufttemperatur auf einstellbaren Werten konstant.

Bild 342-12 zeigt eine derartige Anlage in einem Warm- und Kaltwassernetz. Das Warmwassernetz wird von einem Heizkessel versorgt, das Kaltwassernetz von einem Kaltwassersatz. Die Klimageräte sind mittels Ventilen an beide Netze angeschlossen. Regelung der Raumtemperatur durch Raumthermostate, die auf die Sequenzventile oder Klappen (s. Bild 329-88) wirken. Untergeordnete Räume, wie z. B. Aborte, werden nur an das Warmwassernetz angeschlossen.

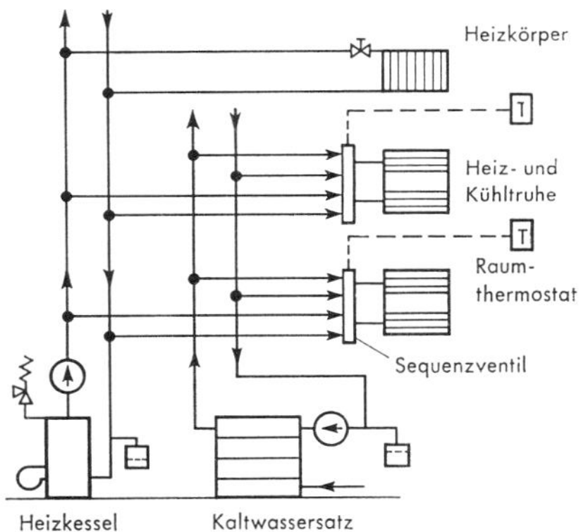


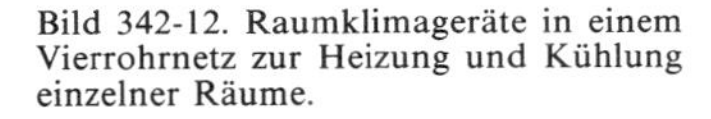
Bild 342-12. Raumklimageräte in einem Vierrohrnetz zur Heizung und Kühlung einzelner Räume.

## -4 SCHRANK-KLIMAGERÄTE

*Schrank-Klimageräte* enthalten in einem schrankähnlichen Stahlblechgehäuse alle für die Klimatisierung der Luft erforderlichen Teile, ähnlich wie die Klimatruhen, jedoch für größere Leistungen. Volumenstrom bis etwa 20 000 $m^3/h$.

Auch hier unterscheidet man

*Klimaschränke mit eingebauter Kältemaschine,*
*Kondensator wassergekühlt,*
*Kondensator luftgekühlt,*

*Klimaschränke ohne Kältemaschine mit Oberflächen-Wärmeaustauschern.*

Die zuletzt genannten Geräte entsprechen in ihrer Bauart den in Abschnitt 341-51 beschriebenen Lüftungsgeräten; sie enthalten jedoch zusätzlich zu dem Lufterhitzer einen Oberflächenkühler, der von Kaltwasser durchflossen wird. Nachstehend sind nur die Geräte mit Kältemaschine behandelt.

*Aufstellung* entweder frei in dem zu klimatisierenden Raum, oder auch Anschluß von Luftleitungen. Grundsätzlicher Aufbau eines Schrankes mit Kältemaschine siehe Bild 342-16 und -17. Die Geräte werden hauptsächlich mit Umluft betrieben; der Außenluftanteil beträgt maximal 15···20%. Die Umluft wird in der Regel frei angesaugt.

Im unteren Teil der hermetisch geschlossene Kältekompressor mit wassergekühltem Kondensator. Darüber die Luftansaugkammer, das Staubfilter zur Reinigung der Luft, der Erhitzer zur Erwärmung der Luft, der Verdampfer mit 3···4 Rohrreihen (Kühler) und schließlich ein oder mehrere keilriemengetriebene Ventilatoren. Befeuchtung, falls verlangt, durch Dampf. Front- und Seitenwände leicht abnehmbar, die Innenwand mit Schallschluckstoffen ausgekleidet.

*Bestandteile:*

Die Kältemaschine meist in voll- oder halbhermetischer Bauart, wobei der Motor im Gehäuse des Kompressors eingebaut ist, manchmal 2 oder mehr Verdichter, was für Teillastbetrieb günstig ist.

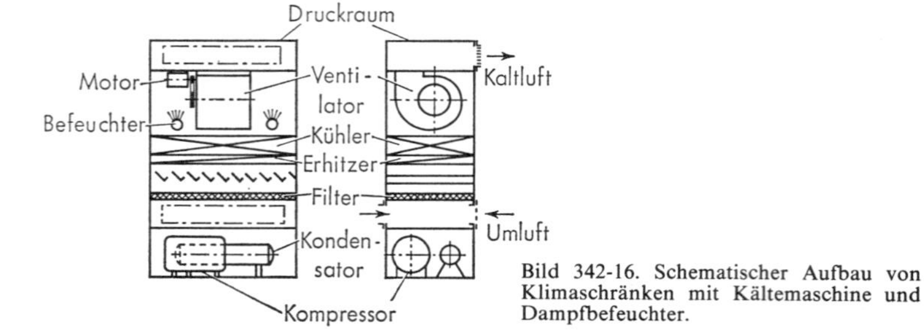


Bild 342-16. Schematischer Aufbau von Klimaschränken mit Kältemaschine und Dampfbefeuchter.

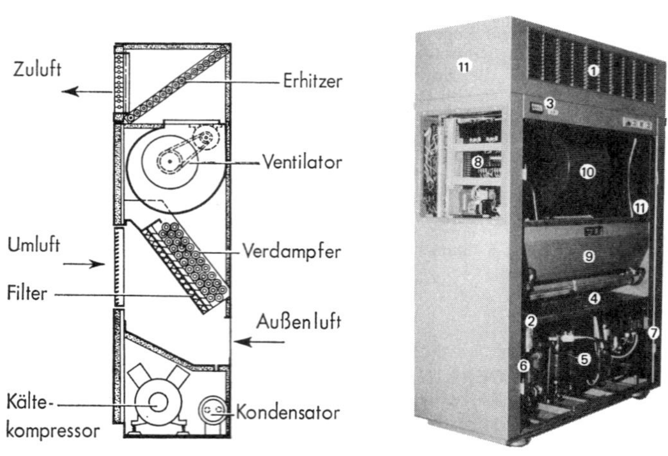


Bild 342-17. Ansicht und Schnitt eines Schrank-Klimagerätes mit eingebauter Kältemaschine.

| | | |
|---|---|---|
| 1 = Erhitzer | 5 = Kompressor | 9 = Kühler |
| 2 = Thermostat | 6 = Kondensator | 10 = Ventilator |
| 3 = Schalter | 7 = Pressostat | 11 = Auskleidung der Wände |
| 4 = Filter | 8 = Schaltkasten | |

Die *Ventilatoren,* meist Trommelläufer, durch Keilriemen angetrieben, häufig verstellbare Keilriemenscheiben. Volumenstrom $\approx 150 \cdots 250$ m³/h je kW Kälteleistung; Enthalpiedifferenz der Luft $\approx 12 \cdots 20$ kJ/kg.

Der *Kühler* für Direktverdampfung mit Kupferrohren und Aluminiumrippen. Anströmgeschwindigkeit $2 \cdots 3$ m/s, meist schräg im Gerät eingebaut. Unterhalb des Kühlers die Tropfwanne mit Entwässerungsanschluß.

Die *Kondensatoren* sind meist wassergekühlt. Sie werden als Rohrschlangen- oder Koaxialverflüssiger ausgeführt. Das umlaufende erwärmte Kühlwasser wird in einem Rückkühlwerk wieder abgekühlt (Bild 342-24). Bei Wassermangel luftgekühlter Kondensator (Bild 342-23).

*Filter* in den meisten Fällen Glaswolle-Wegwerffilter.

*Befeuchtung* direkt durch Dampf, beheizte Wassergefäße oder Wasserzerstäubung.

Die *Luftauslässe* mit verstellbaren waagerechten und senkrechten Steggittern. Die Steuertafel mit wenigen Schaltknöpfen und Signallampen.

Kältekreislauf in Bild 342-20.

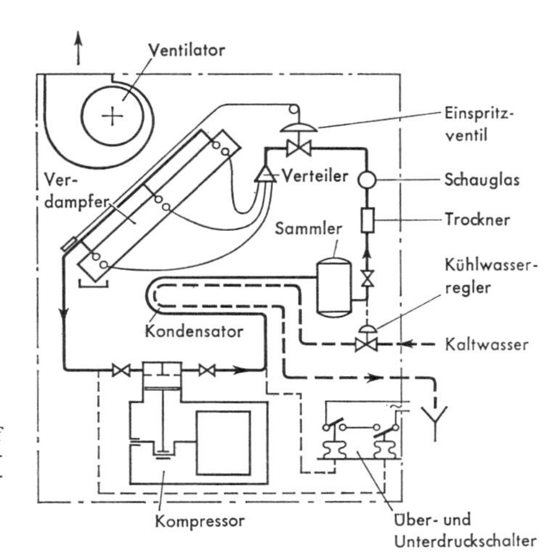


Bild 342-20. Kältemittelkreislauf von Klimageräten in Schrankform mit wassergekühltem Kondensator.

*Kälteleistung*

Begriffe und Prüfbedingungen sind in [1]) genormt. Für die Nennleistung gelten folgende Prüfbedingungen:

Raumluft: 27 °C/19 °C (46% rel. F.)
Außenluft: 35 °C/24 °C (40% rel. F.)
Wassereintritt bei Kühlturmbetrieb 30 °C
Wasseraustritt bei Kühlturmbetrieb 35 °C

Dies entspricht einer Kondensationstemperatur von ca. 40 °C. Bei anderen Bedingungen ändert sich die Kälteleistung wesentlich, siehe Bild 342-22.

Die Kälteleistung $\dot{Q}$ steigt mit zunehmender Feuchtkugeltemp. $t_f$
Die Kälteleistung $\dot{Q}$ steigt mit abnehmender Kondensationstemp. $t_k$
Die Kälteleistung $\dot{Q}$ steigt mit zunehmendem Luftvolumenstrom $\dot{V}$.

Die *Gesamt-Kälteleistung* $\dot{Q}$ unterteilt sich in einem sensiblen (fühlbaren) Teil und einen latenten Teil. Das Verhältnis sensibler Wärmestrom/gesamte Kühlleistung beträgt bei der Nennleistung etwa 0,75···0,85. Der Faktor wird desto geringer, je feuchter die Luft ist (Bild 342-22c). Bei trockener Kühlung ist er = 1,0. Bei der Auswahl von Klimageräten ist dieser Faktor zu berücksichtigen.

*Beispiel:*

Wie groß ist die Kälteleistung eines Klimagerätes mit einer Nennleistung von $\dot{Q}$ = 20 kW und $\dot{V}_0$ = 4000 m³/h, wenn sich der Volumenstrom auf $\dot{V}$ = 3000 m³/h verringert, die Feuchtkugeltemperatur $t_f$ auf 22 °C steigt und die Kondensationstemperatur $t_k$ auf 50 °C?

Lösung: Die Leistung ist gemäß Bild 342-22a und b

$\dot{Q} = 20 \cdot 0{,}92 \cdot 1{,}02 = 18{,}8$ kW.

Alle Geräte enthalten als *Sicherheitseinrichtungen:*

einen kombinierten Hoch/Niederdruck-Pressostat im Kältekreislauf zum Schutz gegen zu hohen oder zu geringen Kältemitteldruck;

einen in der Wicklung des Kompressormotors eingebauten Thermostat zum Schutz gegen Überhitzung;

einen Frostschutzthermostat zum Schutz gegen Einfrieren des Lufterhitzers.

---

[1]) DIN 8957 Teil 1 bis 4 (9.73 bis 10.75): Raumklimageräte.

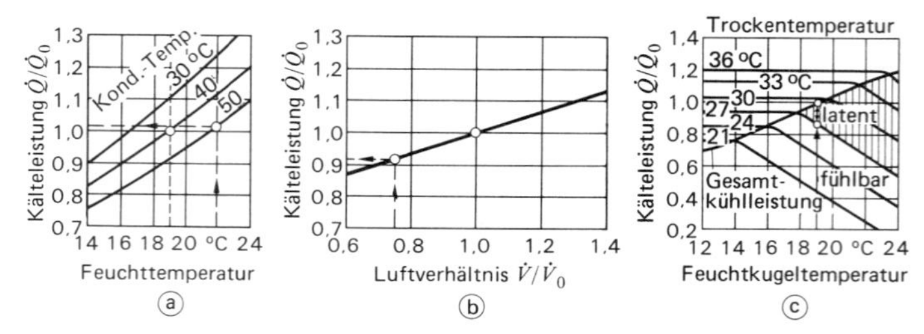


Bild 342-22. Änderung der Kälteleistung bei wassergekühlten Klimaschränken
a) abhängig von Feuchtkugel- und Kondensationstemperatur
b) abhängig von dem Luftvolumenstrom
c) abhängig von Feuchtkugel- und Trockentemperatur der Raumluft

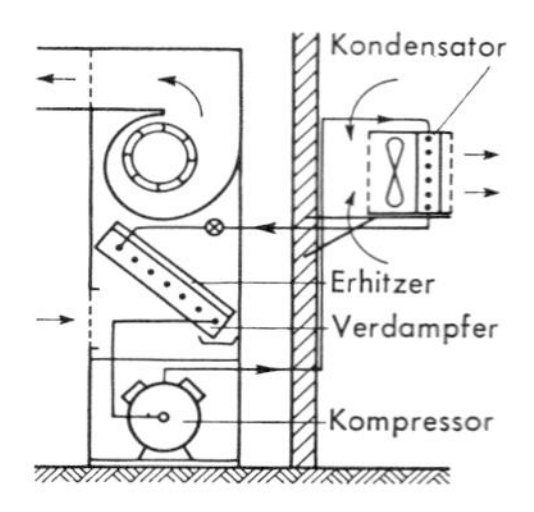


Bild 342-23. Klimaschrank mit luftgekühltem Kondensator.

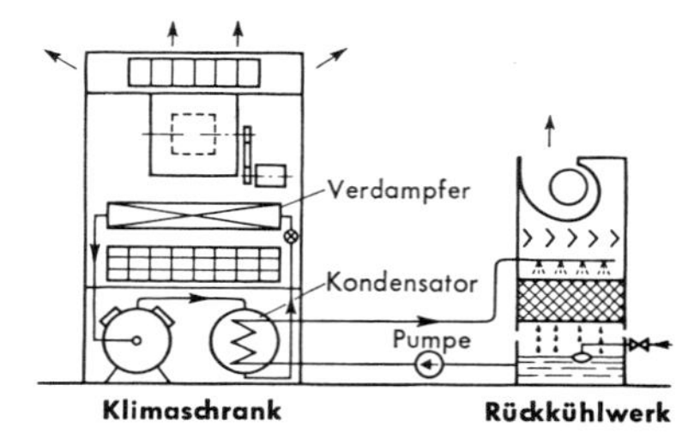


Bild 342-24. Klimaschrank mit Rückkühlung für das Kühlwasser der Kältemaschine.

*Temperaturregelung*

Bei kleinen Geräten wird meist eine *Zweipunktregelung* verwendet. Ein im Raum oder in der Umluftöffnung des Gerätes montierter Thermostat schaltet den Kompressor mit Verzögerungsrelais ein und aus. Zur besseren Anpassung an den Kühlbedarf kann zusätzlich ein „*Leistungsregler*“ im Kältekreislauf angebracht werden (siehe Abschn. 67). Eine noch bessere Anpassung erhält man bei Verwendung von 2 oder mehr Kompressoren, die durch einen Stufenthermostat in Sequenz eingeschaltet werden.

Ist bei Winterbetrieb ein Warmwasserlufterhitzer oder elektr. Lufterhitzer vorhanden, so läßt man einen proportional arbeitenden Raumthermostat auf einen Stellmotor mit *Stufenschaltwerk* wirken, der in Sequenz zunächst das Heizventil, dann die Kältekompressoren ein- und ausschaltet. Kühlleistung bis etwa 50 kW.

Ein weiteres Beispiel eines Klimaschrankes Bild 342-25. Zur Befeuchtung der Luft dient eine *Sprühkammer mit Umwälzpumpe* für das Wasser. Die Luft strömt bei ihrer Aufbereitung nacheinander durch folgende Bauteile: Filter, Vorwärmer, Kühler oder Verdampfer, Befeuchter, Tropfenabscheider, Nachwärmer, Ventilator. Volumenstrom 1000···9000 m³/h.

*Klimaschrankgeräte mit getrennt aufgestellter Kältemaschine*

Hierbei befindet sich das Schrankgerät in dem zu kühlenden Raum, die Kältemaschine an anderer Stelle. Man nennt diese Bauarten auch *Splitgeräte*, weil sie in einen Außen- und einen Innenteil aufgeteilt sind. Der im Freien aufgestellte Teil enthält den Kompressor und luftgekühlten Kondensator, während im Innenteil Verdampfer und Ventilator enthalten sind. Beide Teile sind durch die Kältemittelleitungen miteinander verbunden, die häufig bereits mit Kältemittel gefüllt vom Hersteller geliefert werden. Bild 342-27.

Ein großer Vorteil dieser Geräte besteht darin, daß die Geräusche des Kompressors und Kondensatorlüfters außerhalb des Raumes liegen.

Bild 342-25. Klimaschrank in stehender Bauart mit Befeuchter (Rox).

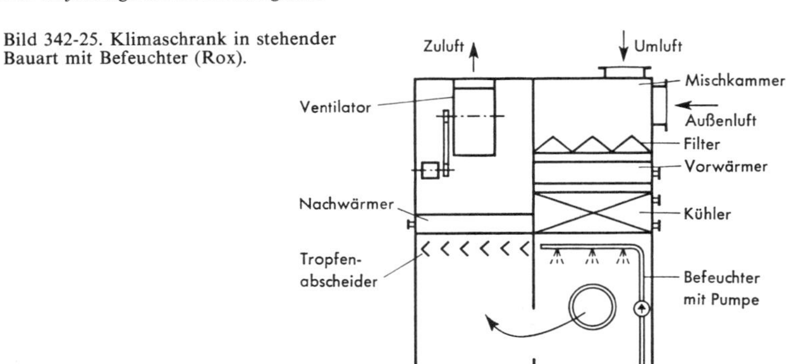


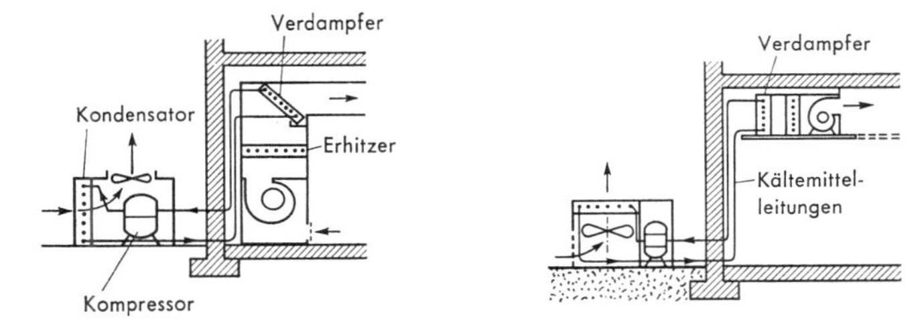


Bild 342-27. Luftkühlung durch Splitgeräte.
Links: Verdampfer in Schrankgerät; rechts: Verdampfer in Deckengerät

Die Geräte werden hauptsächlich für gewerbliche Zwecke verwendet, z. B. in Verkaufsräumen, Lagerräumen, Werkstätten usw. Kühlleistung bis etwa 60 kW, Volumenstrom bis etwa 10000 m³/h.

## -5 KASTEN-KLIMAGERÄTE

enthalten prinzipiell dieselben Teile wie die Schrankgeräte, jedoch in waagerechter Richtung nebeneinander angeordnet.

Die Geräte bestehen in ihrer einfachsten Bauart aus einem Ventilator und einem Oberflächenkühler. Sie werden in dieser Form häufig für Hotels, Geschäfte usw. in abgehängten Decken montiert *(Deckenklimageräte)*. Der Wärmeaustauscher kann meist wahlweise mit dem Kaltwasser eines Wasserkühlaggregats oder auch mit *Warmwasser* betrieben werden. Es sind also kombinierte Lüftungsgeräte für Kühlung und Heizung. Der Kühler soll mit einer Kondenswasserwanne versehen sein.

Kastengeräte werden nach dem *Baukastenprinzip* hergestellt, d. h., die einzelnen Teilkammern wie Ventilatorkammer, Wärmeübertragerkammer usw. werden je nach Erfordernis zu kompletten Aggregaten zusammengesetzt. Auf diese Weise ist es möglich, mit verhältnismäßig wenig Einzelteilen sehr verschiedene Kombinationen aufzubauen (Bild 342-30, s. auch Bild 341-65). Ansicht eines Gerätes, dessen Elemente mit wenigen Änderungen teilweise auch übereinander aufgestellt werden können, in Bild 342-31 u. 341-64.

Jede Kammer besteht aus einem Profileisenrahmen mit eingesetzten Deckblechen, die auf der Innenseite schall- und wärmeisolierend ausgekleidet sind. Die Deckbleche sind zum Teil abnehmbar, um das Innere zugänglich zu machen.

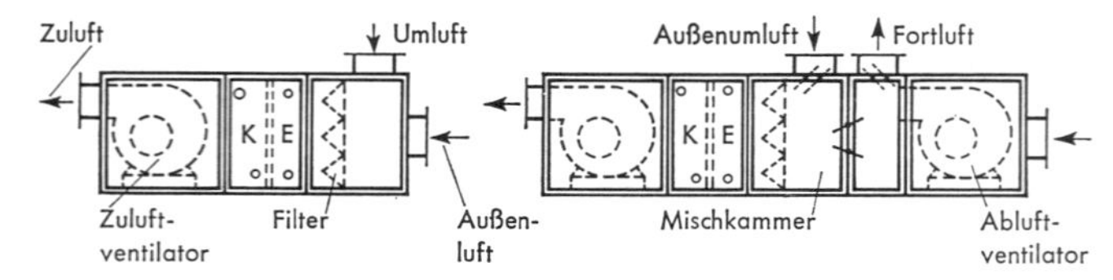


Bild 342-30. Kasten-Klimageräte.
Links: mit Lufterhitzer E und Kühler K; rechts: zusätzlich mit Abluftventilator

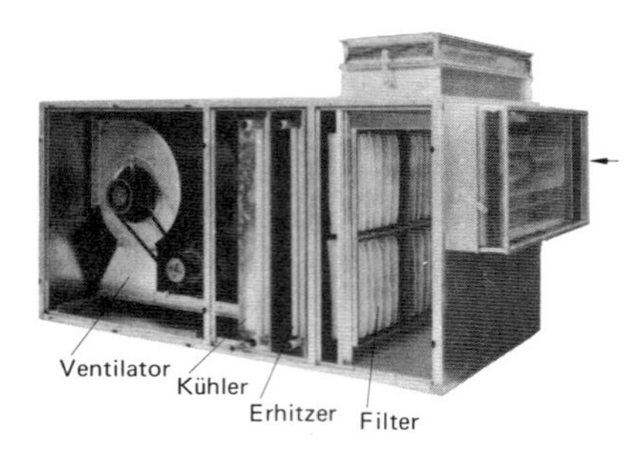


Bild 342-31. Kasten-Klimagerät (WEISS TECHNIK, Typ KW).

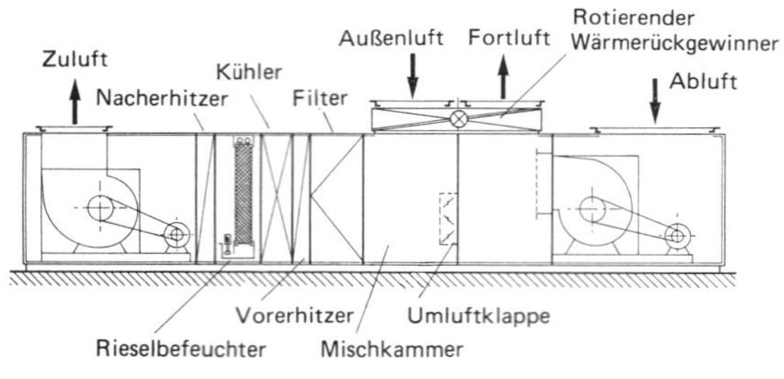


Bild 342-32. Vollständiges Zentral-Klimagerät mit Rieselbefeuchter und Wärmerückgewinn (Fläkt).

Ein größeres, aus einzelnen Bauelementen zusammengesetztes, komplettes Zentral-Klimagerät zeigt Bild 342-32. In Luftrichtung gesehen gibt es hier folgende Baueinheiten:

Abluftventilator, zweiseitig saugend, der Luft aus dem Raum zurücksaugt,
Fortluftkammer mit Umluftklappe und Wärmerückgewinner,
Mischkammer mit Außenluftklappe,
Filter,
Vorerhitzer,
Oberflächenkühler,
Rieselbefeuchter,
Nacherhitzer,
Zuluftventilator.

Die genannten Baueinheiten können auch in anderer Anordnung miteinander kombiniert werden. Daher der Name *Baukastensystem*.

Hergestellt mit Leistungen bis etwa 100000 m³/h.

Siehe auch Bild 341-65.

Ansicht eines Zentralklimagerätes mit Befeuchter in sog. *Hygiene-Ausführung* in Bild 342-34. Diese Geräte unterscheiden sich von den normalen Bauarten dadurch, daß alle Innenflächen glatt sind und die Einbauteile leicht herausgenommen, gereinigt und evtl.

desinfiziert werden können. Besonders geeignet für Krankenhäuser und pharmazeutische Betriebe. Das Hauptproblem ist der Kühler, an dessen feuchter Oberfläche leicht *Bakterienherde* entstehen können. Regelmäßige Wartung daher hier besonders wichtig, ebenso beim Tropfenabscheider.

Bild 342-34. Ansicht eines Zentral-Klimagerätes in Blockbauweise (Rox).

## -6 KAMMER-KLIMAZENTRALEN

Für noch größere Leistungen besteht die Möglichkeit, vorgefertigte Wandteile zu verwenden, die auf der Baustelle zu Kammern zusammengesetzt werden. In diesen Kammern befinden sich dann die verschiedenen Bestandteile der Klimaanlagen wie Ventilator, Lufterhitzer usw. (Bild 342-36 u. -37).

Die Wände bestehen im allgemeinen aus einer Rahmenkonstruktion aus Profilstahl, die für die erforderliche Festigkeit sorgt. Zur Verkleidung werden *Wandplatten* verwendet, die aus einer Außen- und Innenhaut mit dazwischen befindlichen Wärmedämmstoffen bestehen (sog. *Sandwichbauweise*). Als Haut wird in den meisten Stahl- oder Aluminiumblech verwendet. Für die Füllung kommen Steinwolle, Glaswolle, Kunststoffschäume und andere Materialien in Frage, so daß sich günstige Wärmedämmwerte ergeben, etwa 0,3 bis 0,8 W/m² K je nach Wanddicke. Masse ≈30…40 kg/m². Schalldämm-Maß bis 40 dB (s. auch Bild 337-59).

Die Verbindung der einzelnen Platten miteinander und mit der Rahmenkonstruktion ist bei den einzelnen Fabrikaten unterschiedlich, ebenso die Verbindung mit den Zwischenwänden. Es werden Steck-, Klemm- oder Schraubverbindungen verwendet. Beispiel s. Bild 342-36.

Die einzelnen Teile der Einbauten wie Klappen usw. werden in der Regel mittels Schrauben an Profilen befestigt. Türen kann man in Druckrichtung anschlagen lassen, dadurch bessere Abdichtung. Ferner schlagen die Türen beim Öffnen nicht der Person entgegen, wenn der Ventilator läuft. Allerdings verlangt man manchmal auch umgekehrte Anschlagvorrichtung, damit die Personen nicht in der Klimazentrale eingesperrt werden, da bei höheren Drücken manuelles Öffnen schwierig bis unmöglich ist.

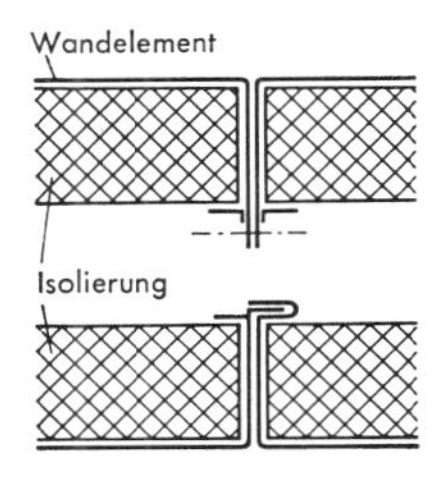


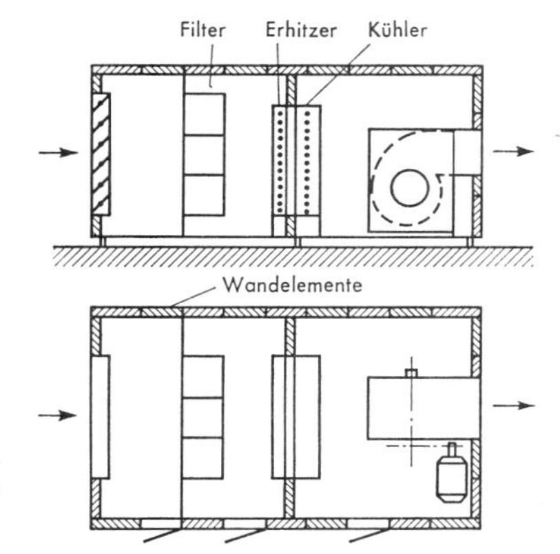


Bild 342-36. Aggregatraum einer Klimaanlage aus vorgefertigten Wand- und Deckenelementen.
Links: Details der Wandkonstruktion

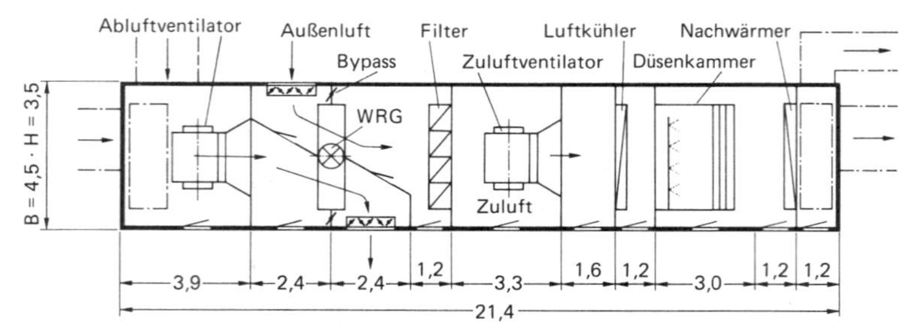


Bild 342-37. Klimazentrale in Elementbauweise (LTG).
Beispiel für Volumenstrom 110 000 $m^3/h$; WRG = Wärmerückgewinnung

Diese Methode der Klimakammerherstellung, die man auch Fertigkammerbauweise oder *Elementbauweise* nennt, ersetzt gewissermaßen die früher üblichen betonierten oder gemauerten Kammern, die fest mit dem Gebäude verbunden sind. Diese Bauweise hat sich bei großen Klimazentralen durchgesetzt. (Bild 342-38).

*Vorteile:*

Gute Wärme- und Schalldämmung bei geringem Gewicht, geringer Transport- und erträglicher Montageaufwand.

Bild 342-38. Klimazentrale mit Axialventilatoren während der Montage.

## -7 DACHKLIMAZENTRALEN

Diese Klimaanlagen werden als betriebsfertige Einheit in Block- oder Kammerbauweise auf dem Dach eines Gebäudes montiert. Die aufbereitete Luft wird durch Luftleitungen oder Kanäle den verschiedenen zu klimatisierenden Räumen zugeführt[1]).

Die *Zentrale* selbst enthält alle erforderlichen Bestandteile in einem korrosionsfesten, wärme- und schallgedämmten und selbsttragenden Gehäuse mit wasserdichtem Dach.

Kältemaschine mit meist luftgekühltem Kondensator
Verdampfer zur Kühlung der Luft
Lufterhitzer, der an das Heiznetz des Gebäudes anzuschließen ist
Ventilator mit Motor für Zuluft, evtl. auch für Abluft
Mischkammer mit Außenluft-Umluftklappen
Luftbefeuchter, falls gewünscht, meist mit Dampf
Schaltschrank
Wärmerückgewinnung zwischen Abluft u. Zuluft.

[1]) Bockwyt, H.: Kälte- u. Klimatechn. 10/78. 6 S.
VDMA-Einheitsblatt 24175 (2. 80): Dachzentralen; Anforderungen an das Gehäuse.

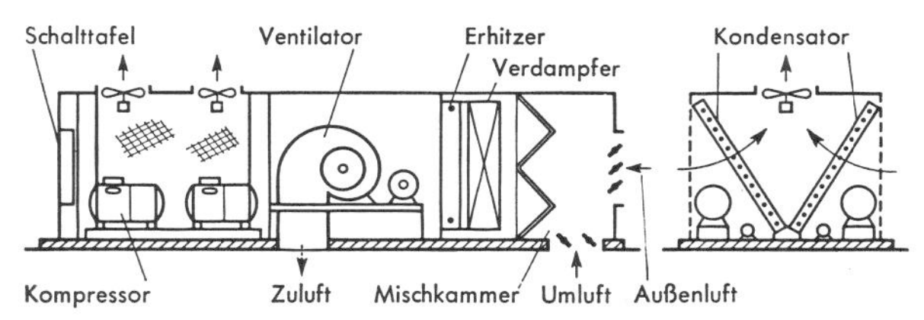


Bild 342-40. Dachklimazentrale mit Warmwasser-Lufterhitzer (Traue).

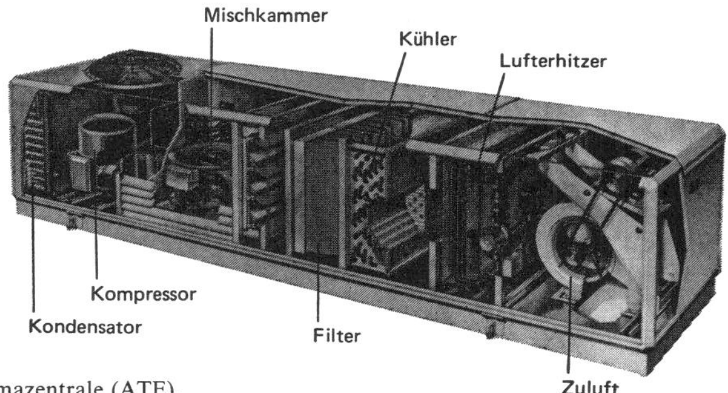


Bild 342-41. Dachklimazentrale (ATE).

Schema einer derartigen Anlage siehe Bild 342-40. Ansicht einer anderen Bauart Bild 342-41.

*Vorteile:*

Geringe Montagekosten und Platzersparnis im Gebäude.
Bei Anordnung auf dem Dach über den Räumen einfaches Luftleitungssystem.
Gute Möglichkeit der Wärmerückgewinnung, da Zuluft und Abluft leicht zusammengeführt werden können.

Die *Kältemaschinen* müssen ihre Leistung dem Kühlbedarf anpassen, wofür verschiedene Möglichkeiten bestehen:

Verwendung mehrerer Kältemaschinen mit je einem Verdampfer
Heißgasbypaß oder Saugdruckregelung
Abschaltung von Zylindern.

Bei großen Abmessungen sind besondere Vorkehrungen für den Transport erforderlich. Korrosionsfeste Ausführung. Bauaufsichtliche Vorschriften beachten.

Statische Berechnung nach einschlägigen Normen ist häufig durchzuführen. Es sind auch Dachzentralen mit *Typenprüfung* lieferbar, so daß der statische Nachweis für die Standsicherheit nicht mehr in jedem Bedarfsfall einzeln berechnet werden muß (Beispiel Bild 342-37).

Diese Zentralen entsprechen folgenden Vorschriften und Richtlinien:

Für die Lastannahmen: DIN 1055 Teil 1 (7.78)
Für den Stahl: DIN 4114, 4115, 59410, 55928.

Die austretende Luft hat bei den *Einzonen-Geräten* einen bestimmten Zustand, so daß diese Anordnung nur für gewisse Anwendungsgebiete geeignet ist, z.B. Großräume, Ausstellungshallen, Kaufhäuser, Werkhallen.

Bei einzelnen Großräumen kann auch statt des Warmwasserlufterhitzers ein öl- oder gasbefeuerter *Warmlufterzeuger* eingebaut werden (Bild 342-43), so daß evtl. keine weitere Heizzentrale benötigt wird. Auch für vielräumige Gebäude sind die Dachzentralen verwendbar, wenn, wie bei den *Multizonengeräten*, Wechselklappen verwendet werden,

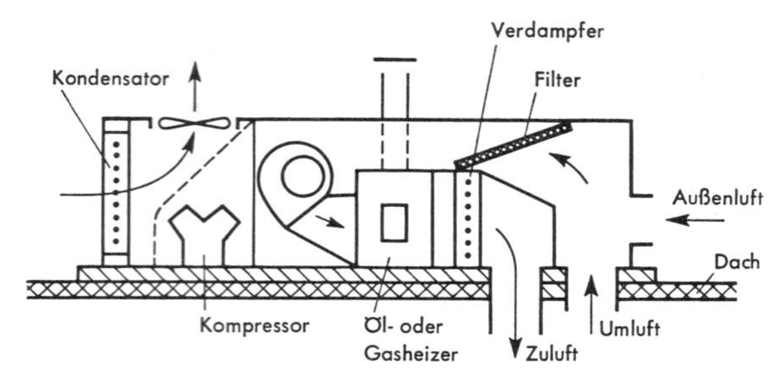


Bild 342-43. Dachklimazentrale mit Gas- oder Öllufterhitzer.

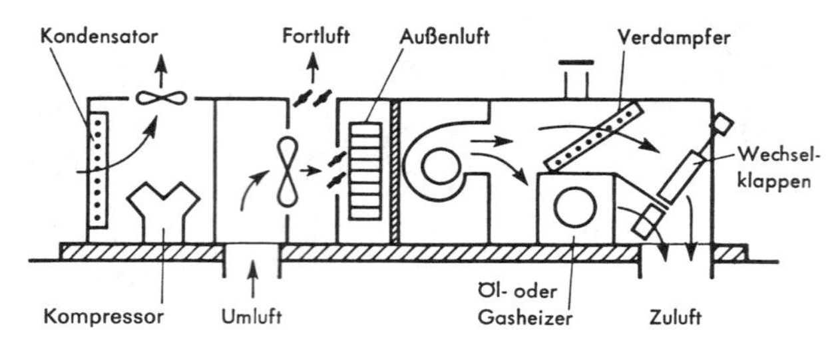


Bild 342-44. Dachklimazentrale mit Gas- oder Ölluftheizer in Multizonenausführung.

die für jede Zone Warm- oder Kaltluft in Abhängigkeit von der Raumtemperatur mischen. Ein derartiges Gerät ist in Bild 342-44 dargestellt. Die Warmluft- und Kaltlufttemperatur muß entsprechend der Außentemperatur geregelt werden, damit die Mischungsverluste gering bleiben.

Bei Warmwasserbetrieb der Lufterhitzer besteht Einfriergefahr. Frostschutz evtl. durch elektrische Beheizung.

*Wärmerückgewinnung.* Manche Geräte sind für Wärmerückgewinnung nach dem Wasserumlaufsystem eingerichtet. Dabei sind je ein Wärmeaustauscher im Fortluft- und Außenluftstrom erforderlich, die durch eine Umwälzpumpe miteinander verbunden sind. Andere Geräte verwenden zur Wärmerückgewinnung rotierende *regenerative Wärmeaustauscher* oder auch *Wärmepumpen* (Bild 342-46 u. -47).

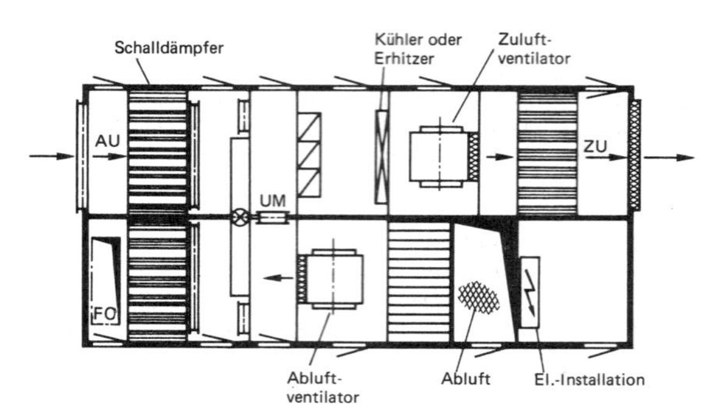


Bild 342-46. Dachlüftungszentrale mit regenerativer Wärmerückgewinnung für eine Industriehalle. AU = Außenluft FO = Fortluft ZU = Zuluft UM = Umluft

Bild 342-47. Ansicht einer Dachklimazentrale für 90000 m³/h.

## -8 WOHNHAUS-KLIMAGERÄTE

Diese Geräte sind für die Klimatisierung von Einfamilienhäusern bestimmt. Sie enthalten in einem Stahlblechgehäuse folgende Teile:

1 öl- oder gasbeheizten Warmlufterzeuger zur Erwärmung der Luft,
1 Freon-Kältemaschine mit Kondensator und Verdampfer zur Kühlung der Luft,
1 oder 2 Ventilatoren,
1 Staubfilter,
1 Befeuchtungsvorrichtung,
1 automatische Regelanlage.

Zwei Hauptbauarten siehe Schema Bild 342-50:

*1-Ventilator-Bauart*
Ventilator bläst Luft entweder über Kühler oder über Heizkörper, Umschaltung durch Wechselklappe.

*2-Ventilator-Bauart*
Ein Ventilator für den Kühler, ein zweiter für die Heizung.

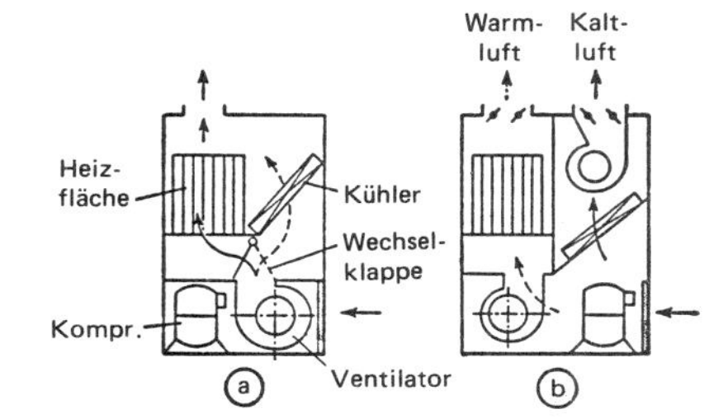


Bild 342-50. Schematischer Aufbau von Wohnhaus-Klimageräten.
*a* = Gerät mit einem Ventilator
*b* = Gerät mit zwei Ventilatoren

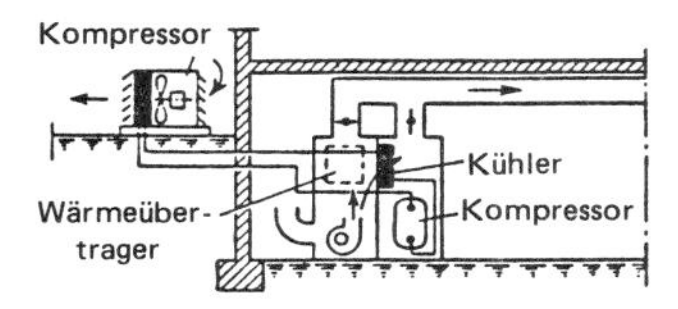


Bild 342-53. Wohnraumklimagerät bestehend aus Heiz- und Kühlteil mit gemeinsamem Ventilator. Der luftgekühlte Kondensator ist außen untergebracht.

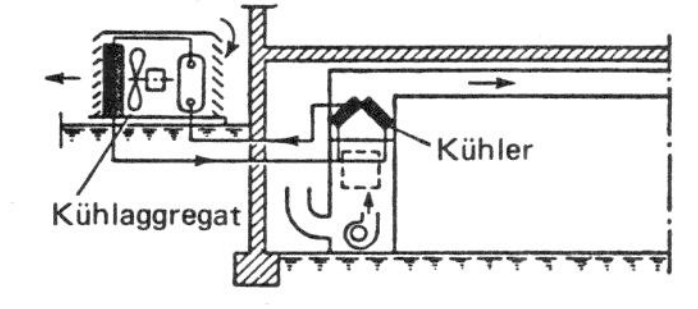


Bild 342-54. In dem Luftweg ist hier nur der Kühler eingebaut, während sich das Kühlaggregat mit dem luftgekühlten Kondensator außen im Hof befindet. Der Kühler besteht aus zwei schräggestellten Teilen. Eine Saug- und Druckleitung verbindet Kühler und Kühlaggregat untereinander (Split-System).

*Aufstellung* der Geräte je nach Bauart des Hauses im Keller, Dachraum oder in einer Kammer des Erdgeschosses. Verteilung der Luft auf die einzelnen Räume durch Luftkanäle. Die Kältemaschine ist fast ausschließlich eine hermetisch gekapselte Kompressormaschine. Zur Abführung der Kompressorwärme verschiedene Möglichkeiten (siehe Bilder 342-53 u. -54).

### -9 MEHRZONEN-KLIMAGERÄTE

Diese Geräte werden verwendet, wenn mehrere Zonen mit verschiedenen Heiz- und Kühllasten an ein gemeinsames Gerät angeschlossen werden sollen. Beispiel Bild 329-5 u. 342-44. Ventilator fördert die angesaugte Luft in einen Druckraum mit Lufterhitzer und Kühler. In jede Zone führt ein Luftkanal mit Wechselklappe, die Warm- und Kaltluft mischt. Regelung durch Thermostat. Jede Zone kann Luft verschiedener Temperatur enthalten. Ausführung bis zu 14 Zonen und Luftmengen bis etwa 150000 m$^3$/h. Siehe auch Abschn. 329-312.

## 343 Luftbefeuchtungsgeräte[1])

Siehe auch Abschn. 333-4 (Sprühbefeuchter), 334-22 (Rieselbefeuchter) und 335-1 (Befeuchtung).

Sie haben die Aufgabe, die Luft in einem Raum zu befeuchten. Befeuchtung ist sowohl aus hygienischen Gründen manchmal in Aufenthaltsräumen als auch aus technischen Gründen bei der Verarbeitung gewisser hygroskopischer Stoffe wie Textilien, Tabak, Papier usw. erforderlich.

### -1 VERDUNSTUNGSGERÄTE

in der einfachsten Form sind wassergefüllte *Schalen* oder *Tongefäße,* die auf Heizkörper gestellt werden. Das Wasser verdunstet durch Wärmeaufnahme. Leistung gering, hygienisch wegen Schmutzansammlung zu verwerfen. Höhere Leistung erhält man bei Vergrößerung der Verdunstungsfläche durch nebeneinandergestellte in Wasser eintauchende Platten und Verwendung eines Ventilators. Befeuchtungsleistung kann dabei je nach Größe des Gerätes bei mittlerer Luftfeuchte auf ca. 1 l/h, teilweise auch mehr, gesteigert werden (Bild 343-2).

Bei einer anderen Ausführung Verwendung eines umlaufenden Schaumstoffbandes (Bild 343-4). Dieses Gerät enthält auch ein Staubfilter und einen elektrischen Heizkörper.

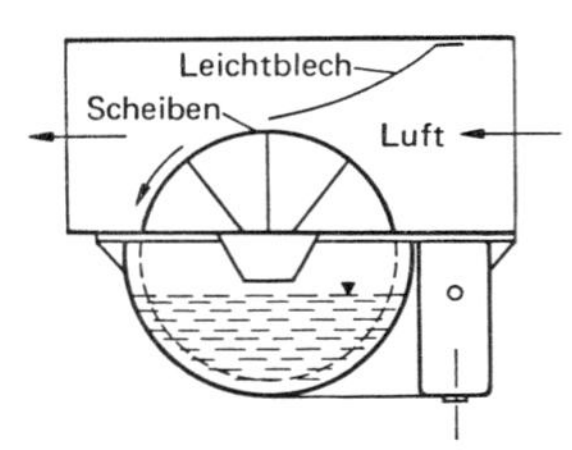


Bild 343-2. Verdunstungsluftbefeuchter mit umlaufenden Scheiben (Defensor, Zürich).

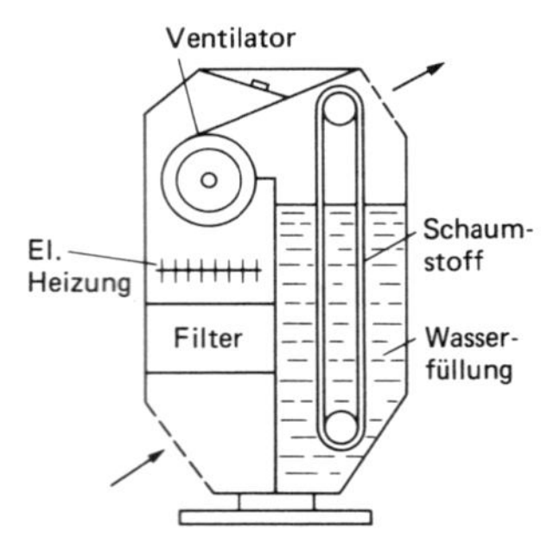


Bild 343-4. Verdunstungsluftbefeuchter mit umlaufendem Schaumstoffband und Ventilator (Barth und Stöcklein).

[1]) Draabe, J.: Ki 4/80. S. 153/6.
Socher, H.-J.: TAB 12/82. S. 939/40.
Schartmann, H.: TAB 10/83. S. 825/30.

Ein weiteres Gerät zeigt Bild 343-6. Ein Axialventilator bläst Luft nach unten über die Oberfläche eines geheizten Wasserbades, reichert sich dabei mit Feuchte an und wird dem Raum wieder zugeführt. Befeuchtungsleistung bis 10 l/h.

Eine *Wasseraufbereitung* ist bei diesen Geräten nicht nötig. Die befeuchtete Luft ist kalkfrei, jedoch steigt der Salzgehalt im Wasserbehälter. Verwendung in Wohnungen zur Erhöhung der Luftfeuchte.

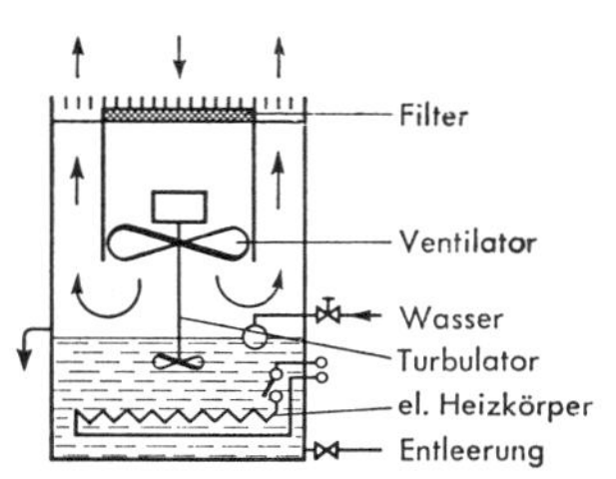


Bild 343-6. Verdunstungsluftbefeuchter mit geheiztem Wasserbad (WEISS TECHNIK).

## -2 ZERSTÄUBUNGSGERÄTE[1])

Wasser wird entweder durch *Düsen* oder durch mit hoher Geschwindigkeit *umlaufende Scheiben* in *Aerosole,* d.h. kleinste Wassertröpfchen von ca. 5 μm Durchmesser, zerstäubt. Neuerdings auch Zerstäubung durch Ultraschall (s. Abschn. 335-16).

Das zerstäubte Wasser verdunstet in der Luft, die sich dabei abkühlt. Je kg/h Wasser wird eine Wärmemenge von 0,67 kW benötigt. Derartige Geräte werden häufig in der Textilindustrie verwendet. Tropfenfreie Zerstäubung außer bei Ultraschall nicht möglich, daher Ablaufvorrichtung für überschüssiges Wasser. In den meisten Fällen wird zur besseren Verteilung der befeuchteten Luft und zur Leistungserhöhung ein Ventilator verwendet.

Ein für kleine Räume geeignetes transportables Gerät mit umlaufenden Scheiben zeigt Bild 343-12. Das zu zerstäubende Wasser wird hier aus einem Behälter angesaugt, in den auch das überschüssige Wasser wieder zurückfließt. Befeuchtungsleistung etwa 2 l/h. Für automatische Nachfüllung Schwimmerventil.

Nach demselben Prinzip arbeitet das Gerät Bild 343-16, das für Einbau in einen Luftkanal geeignet ist. Leistung bei 25 °C bis etwa 15 l/h.

Ein größeres Gerät für Verwendung in Industrien mit hygroskopischen Materialien wie Textilfabriken, Druckereien usw. zeigt Bild 343-18. Der Motor treibt gleichzeitig einen Axialventilator und den Zerstäuber. Nicht zerstäubtes Wasser fließt ab. Wasser wird direkt über Magnetventil zugeführt oder über Zwischenbehälter und Pumpe. Das Gerät kann frei im Raum aufgehängt oder auch in einen Kanal eingebaut werden. Befeuchtungsleistung bis 60 l/h. Auch Verwendung zur Befeuchtung in der Klimazentrale an Stelle eines Luftwäschers. Direkter Anschluß an Wasserleitung. In großen Räumen können mehrere Geräte aufgestellt werden. Regelung durch Hygrostate.

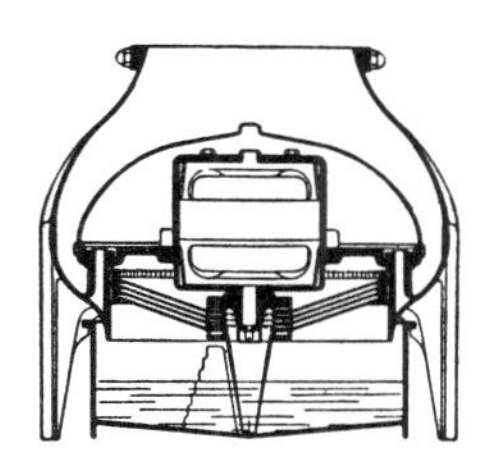

Bild 343-12. Transportables Befeuchtungsgerät mit Zerstäubung der Luft durch umlaufende Scheiben (Aerosol-Apparat von Barth u. Stöcklein).

[1]) Hofmann, W. M.: HLH 1/74. S. 6/8.

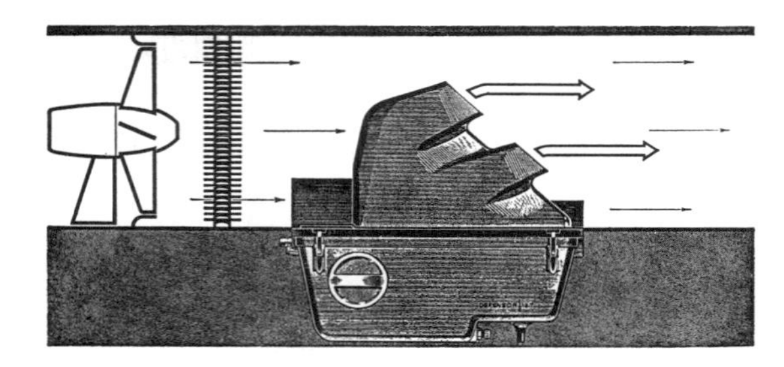

Bild 343-16. Luftbefeuchter in einem Luftkanal (Defensor Typ 12-T).

Bild 343-18. Luftbefeuchtungsgerät mit Axialventilator, Schleuderscheibe und Wasserablauf (Barth und Stöcklein).

Für größere Volumenströme (bis 60000 $m^3/h$) Prallzerstäuber. Axialventilator schleudert Wasserfilm auf Prallkranz und Laufradschaufeln. Bei Wasser/Luft-Zahl = 0,1 gleichmäßige Zerstäubung im Luftquerschnitt. Mit anschließendem Tropfenabscheider bei 5 bis 7 m/s Luftgeschwindigkeit Befeuchtungswirkungsgrad 92 bis 100% bei trockenen Zuluftkanälen. Ohne Tropfenabscheider nasse Kanäle: Verwendung für Übersättigungsanlagen, in denen die Luft bis zu 1 g/kg übersättigt werden kann. Dann Befeuchtungswirkungsgrad >100%. Ansicht eines Gerätes und Regelschema dazu siehe Bild 343-20.

Bei allen Zerstäubungsgeräten ist zu beachten, daß bei der Verdunstung der Wassertröpfchen die darin gelösten Salze sich absetzen, was bei empfindlichen Verbrauchern (Uhrenfabriken, Laboratorien, EDV-Anlagen u.a.) häufig nicht zulässig ist. In solchen Fällen sind *Entsalzungsanlagen* vorzusehen (siehe Abschn. 237-5) oder geeignete Filter hinter dem Befeuchter.

Für nahezu tropfenfreie Zerstäubung sind mit Druckluft arbeitende Düsen zu verwenden. Beispiel siehe Abschnitt 335-14.

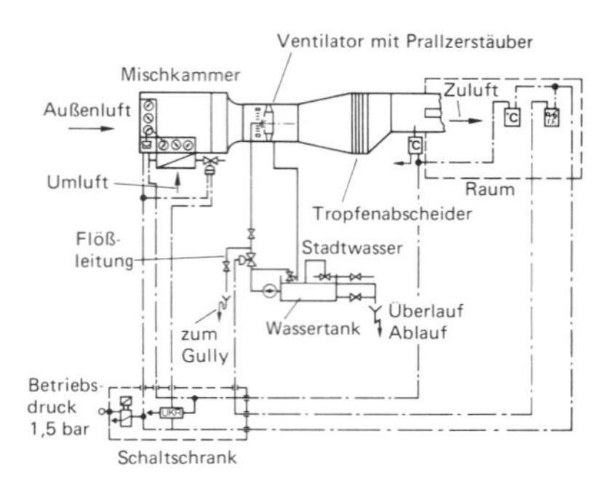


Bild 343-20. Prallzerstäuber mit Axialventilator für 60000 $m^3/h$ (LTG).
Links: Ansicht;
rechts: Regelschema für pneumatische Regelung

## -3 VERDAMPFUNGSGERÄTE[1])

Bei diesem Prozeß wird direkt Dampf in den Luftkanal oder den Raum eingeblasen. Wichtig ist dabei, daß der Dampf trocken ist, damit keine Tropfenbildung eintritt. Reiner Dampf ist geruchlos. Gerüche entstehen nur bei durch Öl und andere Bestandteile verunreinigtem Dampf. Dampferzeugung durch Elektroden oder elektrische Heizkörper oder Niederdruckdampfkessel mit Öl- oder Gasfeuerung, falls kein Dampf aus anderen Quellen zur Verfügung steht. Hygienisch günstiger als Befeuchtung mit Luftwäscher. Dampf muß jedoch hydrazinfrei sein. Zustandsverlauf im $h,x$-Diagramm nahezu ohne Temperaturänderung. Energetisch ungünstiger als Zerstäuber.

Bei dem Dampfbefeuchter Bild 343-22 wird in einem Dampfzylinder mit 2 oder mehr gitterförmigen *Elektroden* Wasser verdampft, wobei organische und anorganische Stoffe ausgeschieden werden, so daß annähernd mineralfreie Befeuchtung erfolgt. Selbsttätige Entleerung des mit Salzen angereicherten Wassers, Gitter von Zeit zu Zeit auszuwechseln. Anschluß an Kaltwasserleitung und Entwässerung. Leistungsbereich bis 80 kg Dampf/h bei Anschlußwerten von 3 bis 64 kW. Kleineres Gerät mit Leistung von 0,1 bis 2 l/h für kleine Räume. Betriebskosten allerdings hoch. Regelung durch Hygrostat einstufig, mehrstufig oder stetig.

Ein Gerät mit elektr. *Widerstands-Rohrheizelementen* zeigt Bild 343-23. Die im Wasser gelösten Salze lagern sich an die Heizkörper, werden von Zeit zu Zeit durch die Rohrausdehnung abgesprengt und fallen in einen Auffangsack aus Folie.

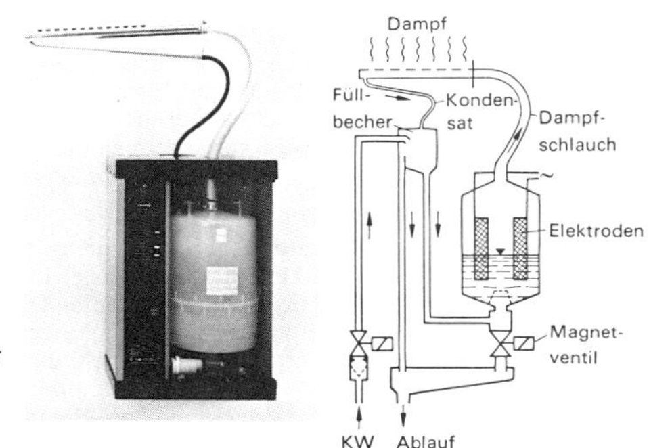


Bild 343-22. Dampfluftbefeuchter (Condair AG, Basel).
Links: Ansicht; rechts: Schema

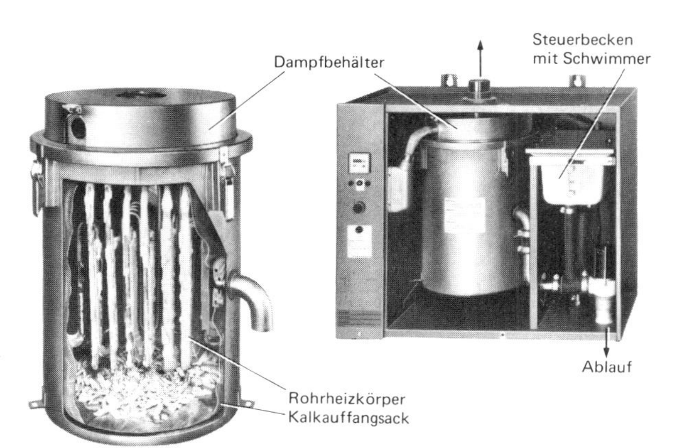


Bild 343-23. Elektrischer Dampfbefeuchter mit Widerstandsheizelementen (Defensor).

[1]) Hofmann, W. M.: Ki 6/74. S. 235/8.
Iselt, P.: Ki 6/79. S. 275/80 u. TAB 6/87. S. 501 ff.

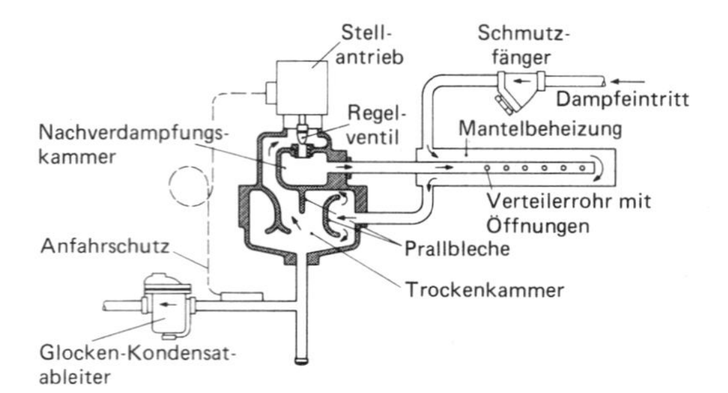


Bild 343-25. Dampfluftbefeuchtungsgerät für Einbau in einen Luftkanal (Armstrong).

Beispiel eines anderen Dampfbefeuchters zum Anschluß an eine vorhandene Dampfleitung siehe Bild 343-25. Trockener, tropfenfreier Dampf durch Mantelheizrohr und besondere Dampftrockenkammer. Dampfventil kann elektrisch oder pneumatisch angetrieben werden. Stetige Regelung. Anfahrschutz für automatischen Kaltstart als Zubehör.

Bei allen Geräten dieser Art ist die Beseitigung der mineralischen *Rückstände* wichtig, die beim Verdampfen entstehen. Bei einigen Bauarten wie in Bild 343-23 erfolgt dies in der Weise, daß die festen Ablagerungen durch Erhitzung mit nachfolgender Abkühlung sich ablösen und durch einen automatischen *Spülvorgang* von Zeit zu Zeit ausgespült werden. Bei andern regelmäßige automatische durch Zeitschalter gesteuerte Abschlämmung. Der Dampf selbst ist anders als bei den Zerstäubern kalkfrei.

Bei großer Wasserhärte ist eine Wasserenthärtungsanlage zweckmäßig.

Wichtig ist auch eine genügend lange *Befeuchtungsstrecke* im Luftkanal sowie gute Verteilung, damit vollkommene Dampfaufnahme der Luft erfolgt[1]). Günstige Dampfverteilung über dem Luftquerschnitt bei fein verteilter Dampfzufuhr mit mehreren Dampflanzen und Düsen nach Bild 343-28. Damit kürzere Befeuchtungsstrecken möglich: $\geqq 0{,}8$ m. Häufig Maximalbegrenzer erforderlich, um Kondensatbildung zu verhindern. Jede feuchte Stelle im Kanalnetz ist Brutstätte für Keime. Bei Anlagen für *Reinräume* ist Vollentsalzung des Wassers sowie als Kesselmaterial rostfreier Stahl zu empfehlen (Bild 343-27).

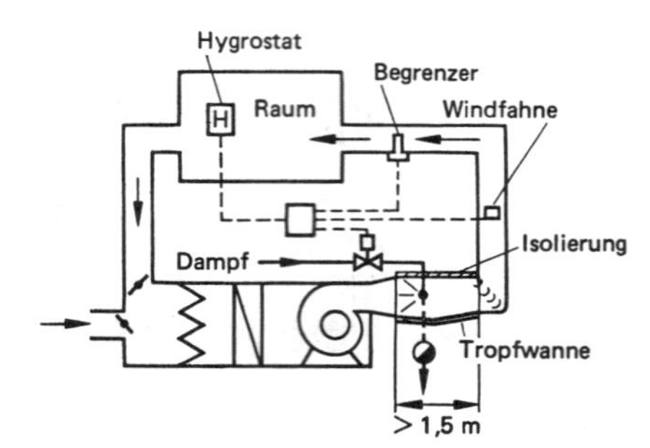


Bild 343-27. Schema einer Dampfbefeuchtungsstrecke.

Bild 343-28. Dampfluftbefeuchter für Kanaleinbau mit gleichmäßiger Dampfverteilung (Esco/Rox).

[1]) Hofmann, W. M.: HLH 1/76. S. 17/18.
Schartmann, H.: TAB 10/83. S. 830.

# 344 Luftentfeuchtungsgeräte

Siehe auch Abschnitt 335-2 (Entfeuchtung).

Die Geräte sollen den absoluten Feuchtegehalt der Luft in einem Raum verringern. So benötigt man z. B. in der Fotochemie und anderen chemischen Betrieben, in Laboratorien, Warenlagern, feinmechanischen Betrieben, manchmal auch in Kellern, Räumen, in denen die relative Luftfeuchte bei gewöhnlichen Raumtemperaturen einen bestimmten Wert, z. B. 40 oder 50%, nicht überschreiten soll. Im Winter ist dies zwar leicht möglich, nicht jedoch im Sommer. Korrosionen oder andere Schäden treten bei empfindlichen Gütern bereits auf, wenn die relative Luftfeuchte einen gewissen Wert überschreitet, z. B. Rostbildung bei Metallen, Schimmelbildung bei Lebensmitteln und Arzneien, Muffigwerden bei Textilien u. a.

Die Lufttrocknung erfolgt grundsätzlich nach zwei Methoden:

1. *Kühlung der Luft* mit Wasserausscheidung und nachfolgender Erwärmung. Derartige manchmal fahrbare Geräte (Bild 344-1) bestehen aus einem Gehäuse mit einer darin befindlichen *Kältemaschine.* Die aus dem Raum angesaugte Luft wird in dem Verdampfer (Kühler) gekühlt und zum Teil entfeuchtet und darauf in dem Kondensator wieder nachgewärmt. Unter dem Gehäuse ist ein Wasserbehälter angebracht, in dem sich das abgeschiedene Wasser sammelt. Da die Kondensatleistung größer ist als die Kühlerleistung, tritt eine gewisse Raumerwärmung ein. Entfeuchtungsleistung der Geräte je nach Größe und je nach Höhe der Luftfeuchte etwa 0,2 bis 3 l/h Wasserabscheidung, bei großen Geräten auch mehr.

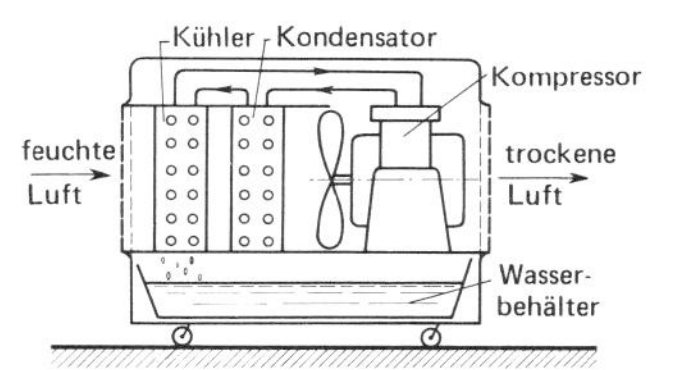


Bild 344-1. Transportables Lufttrocknungsgerät mit eingebauter Kältemaschine.

2. *Absorption oder Adsorption* des Wasserdampfes in der Luft durch hygroskopische Stoffe, insbesondere *Kieselgel.*

Ein kontinuierliches Verfahren nach Bild 344-5 u. -6 arbeitet mit einem rotierendem *Sorptionskörper,* der aus einer Vielzahl axialer Kapillaren besteht, deren Wandungen mit Lithiumchlorid in fein verteilter Form durchsetzt sind. Beim Durchströmen des Sorptionskörpers wird die Luftfeuchte vom Lithiumchlorid gebunden und nach Drehung in den Regenerationssektor durch erhitzte Luft wieder ausgetrieben.

Die Trockenluft tritt infolge der frei werdenden Adsorptionswärme mit erhöhter Temperatur aus.

Bild 344-5. Luftentfeuchtungsgerät mit rotierendem Sorptionskörper, System Munters, für 120 $m^3/h$ (Berner International, Hamburg).

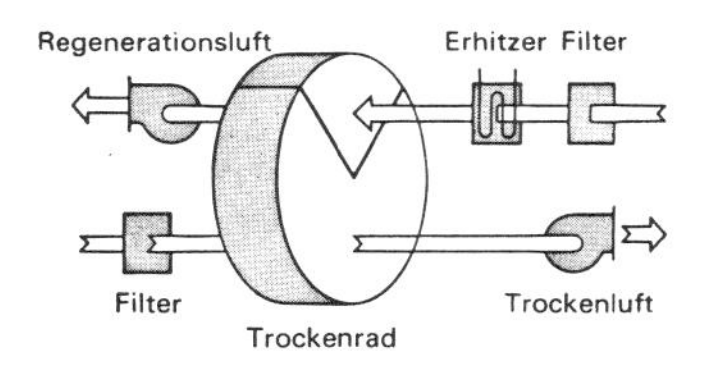


Bild 344-6. Trocknungsgerät mit rotierender Trommel – Schema der Wirkungsweise (Munters).

Das zu trocknende und das regenerierende Gas sind durch Dichtungen voneinander getrennt und durchströmen die Kanäle in dem jeweils dargebotenen Sektor der rotierenden Trommel. Die Wasserentzugsleistung kann durch Wahl des Luftstroms den jeweiligen Anforderungen bis zu tiefen Taupunkten angepaßt werden. Luftvolumenstrom bis zu 100 000 $m^3/h$. Drehzahl $\approx 7$ U/min.

## 345 Ozongeräte

*Verwendung* von Ozon (3-atomiger Sauerstoff $O_3$) zur Geruchsverminderung oder -beseitigung durch Beimischung in der Zuluft von Lüftungsanlagen und in gewerblichen Räumen mit starker Geruchsentwicklung, zum Beispiel Kühlräume für Lebensmittel, Fischlager, Leichenräume, Toiletten usw. Wirkung beruht auf der starken Oxydationsfreudigkeit des Ozons, das nicht beständig ist und beim Zerfall in 2-atomige Moleküle oxydierende Verbindungen mit zahlreichen Stoffen (Geruchs- und Ekelstoffen, Tabakrauch, Küchengerüchen usw.) eingeht. Ferner evtl. auf Menschen stimulierende Wirkung wie etwa Coffein oder Nikotin.

*Erzeugung* durch elektrische Aufladung (Blitz) und UV-Bestrahlung. Für gewerbliche Zwecke kleine handliche Geräte erhältlich, die im Innern eine gasgefüllte Ozonröhre enthalten. Spannung 2000···3000 V. Lebensdauer 2500···3000 Stunden. Stromverbrauch je nach Größe 3···50 Wh. Für große Anlagen Ozon-Einbaugeräte.

*Zulässige Konzentration* in Aufenthaltsräumen 0,1···0,2 $mg/m^3$ (0,05···0,1 ppm), keine Schädigung für Lagergut oder Menschen. Darüber Reizung von Schleimhäuten und Augen (MAK-Wert 0,1 ppm). Gewöhnliche Raumgerüche werden bereits bei einer Konzentration von 0,01 bis 0,02 $mg/m^3$ beseitigt. Große Konzentrationen giftig. Nachteilig ist die ungenügende Kontrollmöglichkeit. Kontrolle nur durch Geruchssinn, der jedoch durch Ozon zum Teil abgestumpft wird. Daher Verwendung in Aufenthaltsräumen und in Lüftungsanlagen zwecks Verringerung der normalen Zuluftrate bedenklich[1]).

[1]) Malter, R.: Klima-Techn. 10/1966. S. 12/14.
Seifert, B. u. A.: Ges.-Ing. 9/76. S. 225/8.
Wanner, H.-U.: CCI 1/86. S. 8.

# 35 BERECHNUNG DER LÜFTUNGS- UND KLIMAANLAGEN

## 351 Lüftungsanlagen

### -1 LUFTMENGE (LUFTVOLUMENSTROM)

Die Bemessung des Volumenstroms[1]) erfolgt je nach Art der Anlage von verschiedenen Gesichtspunkten.

#### -11 Bestimmung nach dem stündlichen Außenluftwechsel

des Raumes, bei einfachen Lüftungsanlagen am meisten gebräuchlich. Stärke der erforderlichen Lüftung hängt jedoch nicht nur vom Rauminhalt, sondern auch von der Höhe des Raumes, seiner Lage, dem Grad der Luftverschlechterung usw. ab. Auch die Art der Luftführung („von oben nach oben" oder von „unten nach oben" u. a.) ist von Einfluß. Erfahrungszahlen schwanken daher in weiten Grenzen (Tafel 351-1). Tafelwerte sind mit Überlegung zu benutzen.

#### -12 Bestimmung nach der Luftrate,

d. h. nach der je Person erforderlichen Luftmenge. Auch hierfür lassen sich nicht unbedingt feste Zahlen angeben, da die Luftmenge auch von anderen Umständen abhängt. Verfahren am besten geeignet für Versammlungsräume (Theater, Kinos, Säle). In DIN 1946 Teil 2 (1.83) sind folgende Außenluftraten angegeben:

Theater, Konzertsäle, Kinos, Lesesäle, Messehallen, Verkaufsräume,
Museen, Turn- und Sporthallen .................................. 20 m³/h, Pers.
Einzelbüros, Ruheräume, Kantinen, Konferenzräume, Klassenräume,
Hörsäle, Pausenräume .................................. 30 m³/h, Pers.
Gaststätten .................................. 40 m³/h, Pers.
Großraumbüros .................................. 50 m³/h, Pers.

Immerhin sollte man sich nicht unbedingt an diese Zahlen halten. Unter besonderen Umständen ist es durchaus zu verantworten, auch 15 oder sogar 10 m³/h je Person der Berechnung zugrunde zu legen, z. B. in Luftschutzräumen.

In anderen Ländern werden andere Werte für die Luftrate angegeben, z. B. in

| | |
|---|---|
| USA (ASHRAE 62/Entwurf 1987) | 35 m³/h |
| Schweden | 9,0 m³/h |
| England | 25,0 m³/h |

Die geringen Werte in den USA aus 1981 mit 8,5 m³/h hatten jedoch zu Unzufriedenheit („Gebäude-Krankheit") geführt und werden jetzt wieder erhöht.

Bei Außentemperaturen unter 0 °C und über 20 °C kann die Luftrate wegen der Energieeinsparung auf 50% verringert werden. Bei belästigenden Geruchsquellen (z. B. Tabakrauch) sollen die Werte um 20 m³/h Pers. erhöht werden.

#### -13 Bestimmung nach der Kühllast

Oft ist die Temperatur der Zuluft nicht beliebig abzusenken (Zugerscheinung, Luft zu trocken). Je nach der Art des Luftauslasses werden gegenüber der Raumtemperatur nur Untertemperaturen von $\Delta t = 5 \cdots 10$ K zugelassen. Dann ergibt sich aus der Kühllast $\dot{Q}_K$ (in kW) der Volumenstrom $\dot{V}$ nach der Gleichung

$$\dot{V} = \frac{\dot{Q}_k}{c \cdot \varrho \cdot \Delta t} \text{ in m}^3/\text{s}$$

$c$ = spezifische Wärmekapazität der Luft = 1,0 kJ/kg K
$\varrho$ = Dichte ≈ 1,2 kg/m³

Ist der Volumenstrom kleiner als nach DIN 1946, ist nach -11 oder -12 zu dimensionieren.

---

[1]) Brockmeyer, H.: Ki 1/81. S. 29/34.
Leiner, W.: TAB 1/81. S. 43/7.
Wanner, H. U.: Kongreßbericht Berlin 1980. S. 115/8 u. Ges.-Ing. 4/82. S. 207/10.
Loewer, H.: TAB 6/85. S. 423/30 u. 9. 85. S. 581/90.

**Tafel 351-1. Erfahrungszahlen für den stündlichen Luftwechsel bei verschiedenen Raumarten**

| Raumart | Stündlicher Luftwechsel etwa |
|---|---|
| Aborte | siehe 361-2 |
| Akkuräume | siehe 361-3 |
| Baderäume | 4··· 6fach |
| Beizereien | 5···15fach |
| Bibliotheken | 3··· 5fach |
| Brauseräume | 20···30fach |
| Büroräume | 3··· 6fach |
| Färbereien | 5···15fach |
| Farbspritzräume | 20···50fach |
| Garagen (siehe Abschn. 259-1 und 361-5) | 4··· 5fach |
| Garderoben | 3··· 6fach |
| Gasträume | 5···10fach |
| Hörsäle | 8···10fach |
| Kantinen | 6··· 8fach |
| Kaufhäuser | 4··· 6fach |
| Kinos und Theater mit Rauchverbot | 4··· 6fach |
| ohne Rauchverbot | 5··· 8fach |
| Krankenhäuser | siehe 365 |
| Küchen | siehe 361-1 |
| Laboratorien (siehe auch 361-4) | 8···15fach |
| Lackierräume | siehe 369-6 |
| Läden | 6··· 8fach |
| Operationsräume (siehe auch 365-1) | 15···20fach |
| Plättereien | 8···10fach |
| Schulen | siehe 367-1 |
| Schwimmhallen | 3··· 4fach |
| Sitzungszimmer | 6··· 8fach |
| Speiseräume | 6··· 8fach |
| Toiletten | 4··· 6fach |
| Tresore | 3··· 6fach |
| Umkleideräume in Schwimmhallen | 6··· 8fach |
| Verkaufsräume | 4··· 8fach |
| Versammlungsräume | 5···10fach |
| Wäschereien | 10···15fach |
| Warenhäuser | 4··· 6fach |
| Werkstätten ohne besondere Luftverschlechterung (siehe auch Abschn. 368) | 3··· 6fach |

### -14 Bestimmung nach der Luftverschlechterung

Sind die Quellen der Luftverschlechterung bekannt, so läßt sich die zur Erreichung einer bestimmten Luftreinheit erforderliche Luftmenge berechnen. Eine solche Rechnung läßt sich z. B. durchführen, wenn die in einem Raum aus Apparaten stündlich entweichende Menge an schädlichen Gasen oder Dämpfen bekannt ist und der zulässige Gehalt der Luft an diesen Gasen angenommen wird. Oft ist dieses Verfahren zur Bestimmung der Luftmenge das richtigste, jedoch sind meist die zahlenmäßigen Unterlagen nicht genügend bekannt, so daß die Anwendung des Verfahrens auf bestimmte Sonderfälle beschränkt bleibt, z. B. Lüftung von Transformatorenräumen, Garagen, Waschräumen, Färbereien und ähnliche Anlagen.

Der erforderliche Volumenstrom $\dot{V}$ errechnet sich aus der Gleichung:

$$\dot{V} = \frac{K}{k_i - k_a} \text{ in m}^3/\text{h}$$

$K$ = stündlich anfallende Gas- oder Dampfmenge $m^3/h$;
$k_i$ = MAK-Wert (Tafel 123-9) in $m^3$ Gas/$m^3$ Luft;
$k_a$ = Gasmenge in der Zuluft $m^3/m^3$.

Dabei ist zu beachten, daß das Schadgas und das Gas in der Außenluft dieselben MAK-Werte haben müssen, andernfalls Umrechnung erforderlich. Grenzwerte der maximalen Schadstoff-Konzentration in der Außenluft enthalten die VDI-Richtlinien 2306 (3.66) und 2310 (9.74 bis 3.84): *Maximale Immissions-Konzentrationen* (MIK-Werte)[1]).

*Beispiel 1:*

Ein Auto erzeugt bei Leerlauf in einer Garage 0,5 $m^3/h$ CO.

Erforderlicher Volumenstrom: $\dot{V} = \frac{0{,}5}{50 \cdot 10^{-6} - 0} = 10\,000\ m^3/h$.

*Beispiel 2:*

In einem Raum von $J = 4000\ m^3$ Inhalt strömt $K = 1$ kg/h Ammoniak $NH_3$ aus. Welcher Luftwechsel $l$ ist erforderlich, damit der MAK-Wert 50 ppm (Tafel 123-9) nicht überschritten wird?

$$1\ kg/h = \frac{24\ (\text{mol. Volumen})}{17\ (\text{mol. Masse})} = 1{,}41\ m^3/h\ (\text{Ammoniak-Strom})$$

$$\dot{V} = \frac{1{,}41}{50 \cdot 10^{-6}} = 28\,200\ m^3/h\ (\text{Luft-Volumenstrom})$$

$$\text{Luftwechsel } l = \frac{28\,200}{4000} = 7{,}05\text{fach}$$

Die in einem Raum bei konstantem Schadstoffanfall $K$ sich einstellende *Konzentration* $k$ errechnet sich aus

$$k = \frac{K}{l \cdot J} \cdot (1 - e^{-l \cdot z})\ \text{in}\ cm^3/m^3$$

$J$ = Rauminhalt
$z$ = Zeit
$l$ = Außenluftwechsel

*Beispiel:*

Schadstoffanfall $K = 1{,}41 \cdot 10^6\ cm^3/h$, Luftwechsel $l = 1\ h^{-1}$, Zeit $z = 2$ h ergibt

$$k = \frac{1{,}41 \cdot 10^6}{1 \cdot 4000}(1 - e^{-2 \cdot 1}) = 352 \cdot 0{,}83 = 292\ cm^3/m^3.$$

Im allgemeinen ist es zweckmäßig, den Volumenstrom, soweit möglich, nach allen Verfahren zu bestimmen und dann einen geeigneten Mittelwert unter Berücksichtigung der besonderen Umstände zu wählen. Zulässige Konzentration von Gasen und Dämpfen in der Luft siehe Tafel 123-9.

Im allgemeinen ändert sich die Belastung der Raumluft durch Schadstoffe und Gerüche, so daß der Außenluftanteil angepaßt werden sollte. Eine *bedarfsgeführte* Regelung des Außenluftanteils nach der Luftqualität ist mit Geruchsfühlern[2]) oder über die *$CO_2$-Konzentration* der Raumluft möglich[3]).

In USA wird für Aufenthaltsräume nach ASHRAE 62 (Entw. 1987) eine max. $CO_2$-Konzentration von 0,1% zugelassen.

In Reinräumen und Operationssälen bestimmt sich der Volumenstrom aus der Forderung nach Staub- oder Keimfreiheit im Arbeitsbereich. Es kann bei entsprechender Filterung teilweise auch Umluft verwendet werden (Abschn. 369-2 u. 365-14).

## -2 LUFTERHITZER

Nachdem der Luftvolumenstrom $\dot{V}$ ermittelt ist, bestimmt man die erforderliche Heizleistung $\dot{Q}_L$ des Lufterhitzers zur Erwärmung der Luft im Winter aus der Gleichung:

$$\dot{Q}_L = \dot{V} \cdot c \cdot \varrho \cdot (t_a - t_e)\ \text{in kW (kJ/s)}$$

$\dot{V}$ = Volumenstrom $m^3/s$
$t_e$ = Lufttemperatur vor Erhitzer °C
$t_a$ = Lufttemperatur nach Erhitzer °C

[1]) Wegner, J.: Ges.-Ing. 3/84. S. 117.
[2]) Specker, C.: Ki 9/83. S. 355/7.
Halter, F.: CCI 10/83. S. 40.
Geerts, J.: HLH 7/85. S. 354/8.
[3]) Makulla, D., u.a.: HLH 12/85. S. 588/90.

Die Lufteintrittstemperatur $t_e$ ist bei Außenluftbetrieb gleich der Außenlufttemperatur. Da bei kaltem Wetter das Lüftungsbedürfnis im allgemeinen geringer ist, begnügt man sich bei Komfortanlagen meist damit, die volle Luftmenge bis zu einer Außentemperatur von 0 °C oder −5 °C zu fördern und bei geringerer Außentemperatur die Außenluftmenge zu drosseln und möglichst Umluft zuzusetzen. Die Luftaustrittstemperatur $t_a$ ist gleich der Raumtemperatur, wenn keine Heizlast zu übernehmen ist. Bei bekanntem Volumenstrom $\dot{V}$ und bekannten Lufttemperaturen $t_e$ und $t_a$ wird die Größe des Lufterhitzers aus den Leistungslisten der Hersteller entnommen, wobei der zulässige Luftwiderstand zu berücksichtigen ist.

## -3 LUFTKANÄLE

Die Bemessung der Luftkanäle erfolgt im allgemeinen unter Annahme gewisser *Erfahrungszahlen* für die Luftgeschwindigkeit $v$ (Tafel 336-8). Nach Wahl der Geschwindigkeiten berechnet man den Luftwiderstand des längsten Kanalteils nach der Gleichung

$$Z_1 + Z_2 = Rl + \Sigma \zeta \frac{\varrho}{2} v^2 \text{ in Pa (N/m}^2\text{)}.$$

Die Bemessung der Luftauslässe (Gitter, Düsen usw.) hängt von der Bauart derselben ab und ist an Hand von Tafeln oder Diagrammen vorzunehmen, aus denen die Leistung der Auslässe, insbesondere Eindringtiefe und Streubreite, ersichtlich ist (siehe Abschnitt 336-4). Auch die Geräuschentwicklung ist zu beachten (Abschn. 337).

## -4 VENTILATOREN

Für die Bemessung des Ventilators ist außer dem Volumenstrom $\dot{V}$ noch die Gesamt*druckerhöhung* $\Delta p_t$ zu bestimmen, die sich aus der Differenz der statischen Drücke $\Delta p_s$ und der dynamischen Drücke $\Delta p_d$ zusammensetzt:

$$\Delta p_t = \Delta p_s + \Delta p_d.$$

Die *Widerstände* in einer Anlage, für die die Druckerhöhung erforderlich ist, sind im wesentlichen:

$$\begin{aligned} Z_1 &= \text{Kanalreibung} &&= R \cdot l && \text{Pa} \\ + Z_2 &= \text{Kanaleinzelwiderstände} &&= \Sigma \zeta \frac{\varrho}{2} v^2 && \text{Pa} \\ + Z_3 &= \text{Apparatewiderstände} && && \text{Pa} \end{aligned}$$

Die Kanalreibung $Z_1$ ist häufig, namentlich bei kurzen, innen glatten Leitungen, gering und kann oft vernachlässigt werden. $Z_2$ dagegen ist meist größer und daher genauer zu bestimmen. Am größten ist meist der Summand $Z_3$, der die Widerstände der einzelnen Bauteile, wie Filter und Erhitzer, erhält. Die Widerstände dieser Teile hängen von ihrer Größe ab und können in einem gewissen Rahmen frei gewählt werden. Bei geringen Widerständen erhält man zwar einen ruhig laufenden Ventilator, jedoch teure Apparate, bei großen Widerständen geräuschvolle Ventilatoren mit größerem Energieverbrauch, aber billigere Apparate. Normale Widerstände siehe Tafel 351-3.

**Tafel 351-3. Mittlere Apparatewiderstände**

| Teil | Mittlerer Widerstand Pa |
|---|---|
| Filter, normal | 40 ··· 80 |
| Filter, Hochleistung | 80 ··· 150 |
| Lufterhitzer für Dampf und Heißwasser | 20 ··· 80 |
| Lufterhitzer für Warmwasser | 40 ··· 100 |
| Luftkühler für Brunnenwasser | 80 ··· 120 |
| Luftkühler für Leitungswasser | 80 ··· 150 |
| Luftkühler für gekühltes Wasser | 50 ··· 100 |
| Außenluftklappen | 10 ··· 30 |
| Sprühbefeuchter mit Düsen | 80 ··· 250 |
| Befeuchter mit Matten oder Füllkörper | 80 ··· 150 |

Durch Volumenstrom $\dot{V}$ und gesamte (totale) Druckerhöhung $\Delta p_t$ ist die Leistung des Ventilators festgelegt. Seine Auswahl erfolgt unter Berücksichtigung der zulässigen Geräusche und des Wirkungsgrades aus den Leistungs- und Preislisten der Hersteller. Zu beachten ist dabei auch der Verlust des dynamischen Druckes bei Ausströmen in den freien Raum oder eine große Kammer[1]).

# 352 Luftheizanlagen

## -1 LUFTVOLUMENSTROM

Bei Umluftheizanlagen wird der sekundliche Volumenstrom $\dot{V}$ aus dem Wärmeverlust $\dot{Q}_h$ (in kW) des zu heizenden Raumes und der Übertemperatur $\Delta t$, mit der die Heizluft in den Raum eintritt, ermittelt.

$$\dot{V} = \frac{\dot{Q}_h}{\Delta t \cdot \varrho \cdot c} \text{ in m}^3/\text{s}.$$

Dabei wird $\Delta t$ bzw. die Lufteintrittstemperatur $t_{Le} = t_r + \Delta t$ etwa wie folgt gewählt:

Industrieanlagen $t_{Le} = 40$ bis 60 °C,
Komfortanlagen $t_{Le} = 30$ bis 45 °C,
Raumtemperatur $t_r = 20$ bis 22 °C.

Soweit Luftheizanlagen auch gleichzeitig zur Belüftung von Räumen dienen, empfiehlt es sich, die errechnete Luftmenge auch nach den für Lüftungsanlagen gemachten Angaben zu kontrollieren (Abschn. 351-1).

## -2 LUFTERHITZER

Die Heizleistung $\dot{Q}$ des Lufterhitzers ist bei Umluftheizanlagen gleich dem Wärmeverlust des Raumes: $\dot{Q} = \dot{Q}_h$, zuzüglich eventueller Wärmeverluste der Kanäle. Bei Lüftungs- und Luftheizanlagen ist hierzu noch der Wärmebedarf $\dot{Q}_L$ für die Erwärmung der Außenluft $\dot{V}$ von der Außentemperatur $t_a$ auf Raumtemperatur $t_r$ zu addieren:

$$\dot{Q} = \dot{Q}_h + \dot{Q}_L = \dot{Q}_h + \dot{V}_a \cdot \varrho \cdot c\,(t_r - t_a) = \dot{V} \cdot \varrho \cdot c\,(t_{Le} - t_m) \text{ in kW}$$

$\dot{V}_a$ = Außenluftvolumenstrom m³/s
$\dot{V}$ = Summe aus $\dot{V}_a$ und Umluftvolumenstrom
$t_m$ = Mischtemperatur von Außenluft und Umluft in °C

Ermittlung von $t_m$ nach Abschn. 134-71.

Auswahl der Größe des Lufterhitzers aus den Leistungslisten der Lieferanten. Bei langen Kanälen ist zu beachten, daß auch die Wärmeverluste durch die Kanalwandungen berücksichtigt werden.

## -3 LUFTKANÄLE

wie bei Lüftungsanlagen (Abschn. 351).

## -4 VENTILATOREN

wie bei Lüftungsanlagen (Abschn. 351).

[1]) DIN 24163, 3 Teile (1.85): Ventilatoren; Normprüfstände.
Hönmann, W.: LTG-Lufttechn. Inform. Nr. 11/12 (1974).

# 353 Luftkühlanlagen[1])

Bei Luftkühlanlagen wird der Volumenstrom $\dot{V}$ (m³/s) des Ventilators aus der *Kühllast* $\dot{Q}_K$ (kW) des Raumes und der Erwärmung der Luft $\Delta t$ im Raum errechnet:

$$\dot{V} = \frac{\dot{Q}_K}{c \cdot \varrho \cdot \Delta t} = \frac{\dot{Q}_K}{1 \cdot 1{,}2 \cdot \Delta t} \quad \text{in m}^3/\text{s}$$

bzw. stündlicher Luftwechsel

$$l = \frac{3{,}6\,\dot{q}_K}{c \cdot \varrho \cdot \Delta t} = \frac{3{,}6\,\dot{q}_K}{1 \cdot 1{,}2\,\Delta t} = 3\,\frac{\dot{q}_K}{\Delta t} \text{ je Stunde}$$

$\dot{Q}_K$ = Kühllast des Raumes kW
$\dot{q}_K$ = Kühllast je m³ Rauminhalt W/m³ (spezifische Kühllast)

Die Kühllast $\dot{Q}_K$ setzt sich im allgemeinen gemäß nachfolgenden Abschnitten aus einer großen Anzahl einzelner Quellen zusammen, die sorgfältig zu berechnen sind. Verfahren zur Berechnung mit EDV-Programmen sind häufig in Benutzung[2]).

## -1 VON MENSCHEN ABGEGEBENE WÄRME $\dot{Q}_M$

Diese Beträge sind aus der Tafel 122-3 zu entnehmen, wobei fühlbare und latente Wärme (Feuchteabgabe) zu unterscheiden sind.

## -2 VON MASCHINEN ABGEGEBENE WÄRME $\dot{Q}_P$

Hierunter fallen die von Elektromotoren, Heizungs- und Kocheinrichtungen sowie sonstigen Wärmequellen abgegebenen Wärmemengen. Bei der Wärmeabgabe der Elektromotoren ist zu beachten, daß im allgemeinen nicht die auf dem Leistungsschild des Motors angegebene Leistung nach der Gleichung voll in Rechnung zu setzen ist, sondern nur die wirklich abgegebene Wärme, die von Fall zu Fall zu ermitteln ist, wobei der Wirkungsgrad der Motoren und ihre durchschnittliche Belastung zu berücksichtigen sind (Tafel 353-1). Manchmal wird ein Teil der Motorleistung auch im Kühlwasser abgeführt, z. B. bei Drahtziehmaschinen u. a.

**Tafel 353-1. Durchschnittliche Wirkungsgrade von Elektromotoren bei Vollast**

| Nennleistung kW | Wirkungsgrad $\eta$ für Drehstrom-Asynchronmotoren mit | |
|---|---|---|
| | Kurzschlußläufer % | Schleifringläufer % |
| 0,2 | 63 | – |
| 0,5 | 70 | – |
| 0,8 | 73 | – |
| 1,1 | 77 | – |
| 1,5 | 79 | 77 |
| 2,2 | 80 | 80 |
| 3,0 | 81 | 82 |
| 5,5 | 85 | 85 |
| 7,5 | 86 | 87 |
| 15 | 89 | 89 |
| 22 | 91 | 90 |
| 40 | 92 | 91 |

[1]) ASHRAE, Fundamentals 1985.
VDI-Kühllast-Regeln – VDI 2078 – 8.77. Neue Fassung i. V.
Masuch, J.: HLH 9/78. S. 338/40.

[2]) Rákóczy, T., u. K. Irion: HLH 1972. S. 52/6.
Steinbach, W.: LTG Lufttechn. Inform. Heft 4, 4.72.
Brendel, T. H., u. G. Güttler: Ges.-Ing. 1973. S. 1/7.

**Tafel 353-2. Wärmeabgabe verschiedener elektrischer Geräte**

| Gerät | Anschl.-Wert Watt | Benutz.-dauer min | Wasser g/h | Wärmeabgabe fühlb. Wärme W | Gesamt W |
|---|---|---|---|---|---|
| Elektroherd | 3000 | 60 | 2100 | 1450 | 3000 |
| | 5000 | 60 | 3600 | 2500 | 5000 |
| Staubsauger | 200 | 15 | – | 50 | 50 |
| Waschmaschine | 3000 | 60 | 2100 | 1450 | 3000 |
| | 6000 | 60 | 4200 | 2900 | 6000 |
| Wäscheschleuder | 100 | 10 | – | 15 | 15 |
| Kühlschrank | | | | | |
| (Kompressor) 100 l | 100 | 60 | – | 300 | 300 |
| 200 l | 175 | 60 | – | 500 | 500 |
| Bügeleisen | 500 | 60 | 400 | 230 | 500 |
| Radiogerät, Super | 40 | 60 | – | 40 | 40 |
| Heizsonne | 1000 | 60 | – | 1000 | 1000 |
| Fernsehgerät | 175 | 60 | – | 175 | 175 |
| Kaffeemaschine | 500 | 30 | 100 | 180 | 250 |
| | 3000 | 30 | 500 | 1200 | 1500 |
| Toaster | 500 | 30 | 70 | 200 | 250 |
| | 2000 | 30 | 300 | 800 | 1000 |
| Haartrockner | 500 | 30 | 120 | 175 | 250 |
| | 1000 | 30 | 240 | 350 | 500 |
| Kochplatte | 500 | 30 | 200 | 120 | 250 |
| | 1000 | 30 | 400 | 250 | 500 |
| Grill für Fleisch | 3000 | 30 | 500 | 1200 | 1500 |
| Dauerwellengerät | 1500 | 15 | 120 | 300 | 375 |
| Neon-Beleuchtung | 30 | 60 | – | 30 | 30 |
| Sterilisierapparat | 1000 | 30 | 500 | 175 | 500 |

Die von Heiz- und Kocheinrichtungen, z. B. Herden, Öfen, Warmwasserbehältern usw., abgegebenen Wärmemengen müssen einzeln berechnet werden. Auch hier ist die fühlbare und latente Wärme zu unterscheiden. Mittelwerte siehe Tafel 353-2.

Bei mehreren Maschinen oder sonstigen wärmeabgebenden Einrichtungen ist auch der *Gleichzeitigkeitsfaktor* zu beachten.

*Beispiel:*

Wieviel Wärme geben 10 Kurzschlußmotore von je 5 kW Leistung ab, wenn sie durchschnittlich zu 80% belastet sind und der Gleichzeitigkeitsfaktor 0,7 ist?

$$\dot{Q}_P = \frac{10 \cdot 5 \cdot 0{,}7 \cdot 0{,}8}{0{,}85} = 32{,}9 \text{ kW}.$$

## -3 TRANSMISSIONSWÄRME DURCH WÄNDE $\dot{Q}_w$

Hierunter werden die Wärmemengen verstanden, die durch Wände und Dächer von außen nach innen dringen.

Grundsätzlich gilt für den Wärmedurchgang ebenfalls die allgemeine Gleichung

$$\dot{Q}_w = k \cdot A \cdot (t_a - t_i) \text{ in W}$$

Hiernach läßt sich der Wärmedurchgang der inneren Raumumfassungen berechnen, wobei für angrenzende Räume und das Erdreich Temperaturen nach Tafel 353-3 angenommen werden können. Bei *Außenwänden* ist jedoch die Ermittlung des Wärmestromes wesentlich schwieriger.[1])

[1]) Nehring, G.: Ges.-Ing. 1962. S. 185/9, 230/42 u. 253/69.
Masuch, J.: Ges.-Ing. 1966. S. 315/25.
Berichte aus der Bauforschung. Heft 66. 1970.
Koch, H. A., u. U. Pechinger: Ges.-Ing. 10/77, 11 S.
Kieper, G.: Ges.-Ing. 3/78. S. 49/57.

**Tafel 353-3. Temperaturen angrenzender, nicht klimatisierter Räume und des Erdreichs im Sommer nach VDI 2078 (8.77)**

| | °C |
|---|---|
| Nicht ausgebaute Dachräume, je nach Konstruktion und Durchlüftung | 40 bis 50 |
| Ausgebaute Dachräume | 35 |
| Sonstige Nachbarräume | 30 |
| Erdreich | 20 |
| Raum zwischen Schaufenster und Innenfenster, je nach Sonnenschutz | 35 bis 45 |

Die Schwierigkeit der Berechnung besteht darin, daß

a) die Außenluft-Temperatur $t_a$ periodisch schwankt,

b) der Einfluß der ebenfalls periodisch schwankenden Sonnenstrahlung den Wärmedurchgang wesentlich erhöht.

Die *Sonnenlufttemperatur*

Um den Einfluß der Sonnenstrahlung zu berücksichtigen, wird als neue Rechengröße die *Sonnenlufttemperatur $t_s$* eingeführt. Unter Sonnenlufttemperatur ist diejenige hypothetische Außenlufttemperatur verstanden, bei der die Wand ohne Bestrahlung denselben Wärmedurchgang hätte wie unter dem Einfluß der Bestrahlung bei der wirklichen Außentemperatur. Wäre die Sonnenstrahlung konstant (stationär), so wäre der Wärmedurchgang

$$\dot{q}_{st} = a \cdot I + \alpha_a (t_a - t_o) \text{ in W/m}^2$$

$a$ = Absorptionszahl ≈ 0,7
$I$ = Intensität der Sonnenstrahlung W/m²
$t_a$ = Außenlufttemperatur °C
$t_o$ = Oberflächentemperatur der Außenwand °C
$\alpha_a$ = äußere Wärmeübergangszahl W/m² K

Setzt man die Sonnenlufttemperatur

$$t_s = t_a + \frac{aI}{\alpha_a},$$

so wird

$$\dot{q}_{st} = \alpha_a (t_s - t_o).$$

Mit $a = 0{,}7$, $\alpha_a = 17{,}5$ W/m² K und den Strahlungsintensitätswerten (Bild 114-15) ergeben sich die in Tafel 353-4 angegebenen Sonnenlufttemperaturen für die verschiedenen Tageszeiten und Himmelsrichtungen (s. auch Bild 353-1).

**Tafel 353-4. Außenlufttemperaturen und Sonnenlufttemperaturen an heißen Tagen mit maximaler Lufttemperatur $t_{max} = 32$ °C in Berlin**

| Zeit h | Außenlufttemperatur $t_a$ °C | Sonnenlufttemperatur $t_s$ in °C | | | | |
|---|---|---|---|---|---|---|
| | | Flachdach | N | S | O | W |
| 0 | 21 | 21 | 21 | 21 | 21 | 21 |
| 2 | 16 | 21 | 16 | 16 | 16 | 16 |
| 4 | 15 | 21 | 15 | 15 | 15 | 15 |
| 6 | 16 | 23 | 23 | 19 | 38 | 16 |
| 8 | 21 | 40 | 21 | 24 | 47 | 21 |
| 10 | 27 | 58 | 27 | 41 | 44 | 27 |
| 12 | 31 | 67 | 31 | 49 | 31 | 31 |
| 14 | 32 | 63 | 32 | 46 | 32 | 49 |
| 16 | 31 | 50 | 31 | 34 | 31 | 57 |
| 18 | 29 | 36 | 36 | 29 | 29 | 51 |
| 20 | 26 | 26 | 26 | 26 | 26 | 26 |
| 22 | 23 | 23 | 23 | 23 | 23 | 23 |
| Mittelwert | 24 | 38 | 25 | 29 | 30 | 30 |

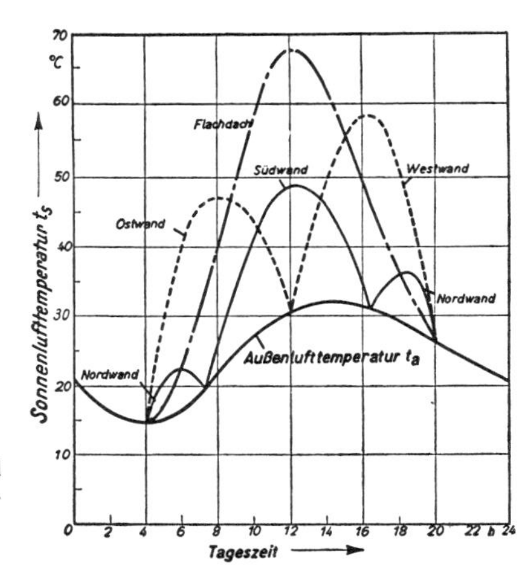


Bild 353-1. Sonnenlufttemperaturen und Außenlufttemperaturen an Tagen mit max. Temperatur $t_{max} = 32\,°C$ in Berlin.

Bei periodisch veränderlicher Sonnenstrahlung schwankt die Oberflächentemperatur der Außenwand mit einer gewissen Amplitude $\vartheta$ annähernd um einen Mittelwert. Diese periodische Änderung setzt sich in das Innere der Wand fort, jedoch mit einer gewissen zeitlichen *Phasenverschiebung* $\varphi$, d. h., das Temperaturmaximum tritt immer um eine gewisse Zeit $\varphi$ später auf und mit einer geringeren Amplitude $f \cdot \vartheta$ (Bild 353-5). Die Werte der Phasenverschiebung $\varphi$ und des Verkleinerungsfaktors $f$ hängen von der Wärmedurchgangszahl $k$ der Wand und der Wärmeeindringzahl $b = \sqrt{\lambda c \varrho}$ der Baustoffe ab.

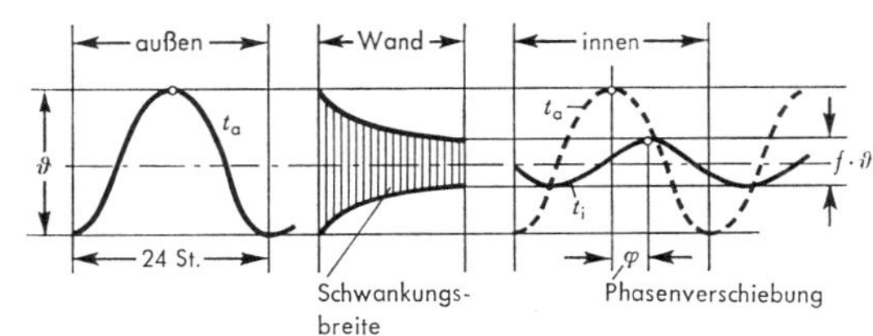


Bild 353-5. Temperaturverlauf in einer Wand bei periodisch veränderlicher äußerer Oberflächentemperatur.

Annähernde Werte für einschichtige Wände sind aus Bild 353-8 und -10 zu entnehmen (nach Nehring).

Bei *mehrschichtigen Wänden* ist die Berechnung der Faktoren wesentlich schwieriger. Sie hängen nicht nur vom Wandgewicht, sondern auch von der Dicke der einzelnen Schichten und deren Anordnung ab[1]).

Für praktische Zwecke hat man den Begriff der „äquivalenten Temperaturdifferenz" eingeführt.

*Die äquivalente Temperaturdifferenz*

Der augenblickliche Wärmedurchgang zu einer beliebigen Zeit wird wie folgt gesetzt:

$$\dot{q}_w = k\,(t_{s_m} - t_i) + f \cdot k\,(t_s - t_{s_m}) = k \cdot \Delta t_{äq} \text{ in W/m}^2$$

$t_s$ = Sonnenlufttemperatur zu einer um die Phasenverschiebung früheren Zeit °C
$t_{s_m}$ = mittlere Sonnenlufttemperatur °C
$f$ = Verkleinerungsfaktor der Amplitude
$\Delta t_{äq} = (t_{s_m} - t_i) + f\,(t_s - t_{s_m})$ = äquivalente Temperaturdifferenz

[1]) Raiss, W., u. J. Masuch: Ges.-Ing. 1969. S. 67/71.
Ges.-Ing. Arbeitsblätter HL 1 bis 8. 1968/9.
Raiss, W., u. J. Masuch: Äquivalente Temperaturdifferenzen 1970.
Masuch, J.: HLH 3/1980. S. 107/12.

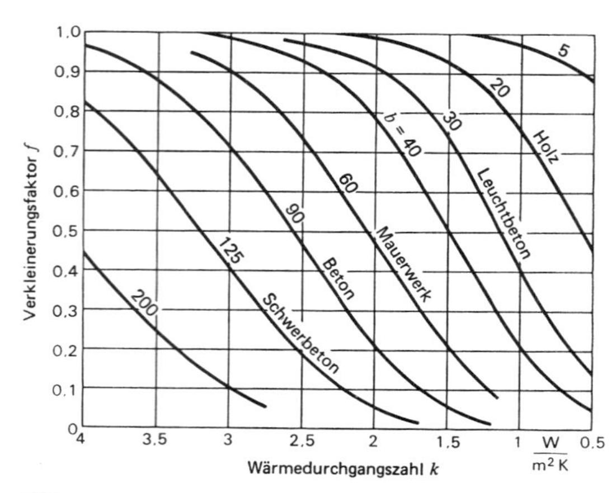


Bild 353-8. Phasenverschiebung des Maximums der Oberflächentemperatur für einschichtige Wände bei periodischem Wärmedurchgang.
$b$ = Wärmeeindringzahl in kJ/m² K h$^{0,5}$ = $\frac{1}{60}$ kJ/m² K s$^{0,5}$.

Die *äquivalente Temperaturdifferenz* $\Delta t_{äq}$ berücksichtigt die Stärke der Sonnenstrahlung zu den verschiedenen Tageszeiten und die Phasenverschiebung bei verschiedenen Bauarten. Weiter ist vorausgesetzt:

| | |
|---|---|
| Max. Außentemperatur | 32 °C |
| Min. Außentemperatur | 18 °C (in der Nacht) |
| Tägliche Temperaturschwankung also | 14 K |
| Nördliche Breite | 50 ° |
| Max. Raumtemperatur | 26 °C |
| Mittl. Außentemperatur | $t_{a_m}$ = 24,5 °C |
| Zeit | Juli |
| Trübung | Großstadttrübung |
| Absorptionsfaktor der Baustoffe | $a$ = 0,7···0,9 |
| Äußere Wärmeübergangszahl | $\alpha_a$ = 17,5 W/m² K |
| Innere Wärmeübergangszahl | $\alpha_i$ = 6···8 W/m² K |

Es läßt sich leider keine einfache Abhängigkeit der äquivalenten Temperaturdifferenz vom Wandgewicht oder vom $k$-Wert der Wände feststellen. Daher müssen die $\Delta t_{äq}$-Werte für jede Wandkonstruktion gesondert berechnet werden. Für eine Anzahl neuzeitlicher Wand- und Dachkonstruktionen liegen in VDI 2078 Tabellenwerte vor. Da jedoch der Wärmedurchgang bei den Außenwänden zahlenmäßig verhältnismäßig gering ist, genügt es meist, die Zahlenwerte der Tafeln 353-7 und -8 zu benutzen, die auf das spezifische Flächengewicht bezogen sind.

Die *Berechnung* des Wärmedurchgangs bei sonnenbestrahlten *Wand-* oder Dachflächen ist damit außerordentlich vereinfacht.

Für andere als die angegebenen Verhältnisse sind folgende *Korrekturen* zu berücksichtigen:

1. Bei andern Werten der Raumtemperatur als 26 °C oder der mittleren Außentemperatur $t_{am}$ = 24,5 °C ist die korrigierte äquivalente Temperaturdifferenz zu verwenden:

$$\Delta t_{äq}^* = \Delta t_{äq} + (t_{am} - 24{,}5) + (26 - t_r) + a_T$$

$t_r$ = geforderte Raumtemperatur
$a_T$ = Trübungskorrektur = + 1,5 K für reine Atmosphäre
− 1,5 K für Industrie-Atmosphäre

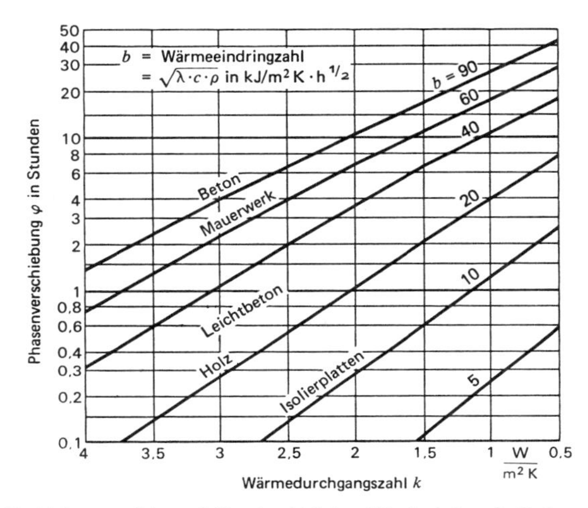


Bild 353-10. Amplituden-Verkleinerungsfaktor $f$ für einschichtige Wände bei periodischer Sonnenbestrahlung.
$b$ = Wärmeeindringzahl in kJ/m² K $h^{0,5}$ (siehe Tafel 135-14)

2. Bei hellfarbigen Wänden und Dächern kann die äquivalente Temperaturdifferenz wesentlich geringer werden, etwa um 20 bis 40%, bei sehr dunklen entsprechend höher.
3. Für isolierte Wände sind dieselben Zahlenwerte wie für unisolierte Wände gültig.
4. Äußere Isolierung gibt kleineren Wärmegewinn als innere.

Man beachte, daß auch die Nordseite und beschattete Wände und Dächer infolge der *diffusen Sonnenstrahlung* (Strahlung der Atmosphäre, Reflexion von der Umgebung, Häusern, Bäumen usw.) einem Wärmedurchgang unterliegen.

1. *Beispiel:*

Wie groß ist im Sommer der Wärmedurchgang bei einer 24 cm dicken nach Süden gelegenen Vollziegelwand (450 kg/m²) um 20 Uhr? Raumtemperatur = 26 °C.

Wärmedurchgangszahl aus Tafel 241-1 und -35: $k \approx 2$ W/m² K
Äquivalenter Temperaturunterschied aus Tafel 353-7: $\Delta t_{äq} = 5{,}9$ °C
Wärmedurchgang $\dot{q} = k \cdot \Delta t_{äq} = 2 \cdot 5{,}9 = 11{,}8$ W/m²

2. *Beispiel:*

Wie groß ist der maximale Durchgang bei einer nach Osten gelegenen 15 cm dicken Gasbetonwand (100 kg/m², $\lambda = 0{,}26$ W/mK), und um wieviel Uhr tritt er auf? Raumtemperatur 22 °C.

Wärmedurchgangszahl aus Tafel 241-1 und -35: $k = 1{,}32$ W/m² K
Max. äquivalente Temperaturdifferenz: $\Delta t_{äq} = 12{,}4$ °C
Zeit (aus Tafel 353-7): 12 Uhr
Wärmedurchgang $\dot{q} = k \cdot \Delta t_{äq}^* = 1{,}32\,(12{,}4 + 4) = 21{,}6$ W/m².

3. *Beispiel:*

Wie groß ist der Wärmedurchgang bei einem mit Kork isolierten Stahlbetonwarmdach um 16.00 Uhr? Raumtemperatur 24 °C, Masse 300 kg/m².

$k = 0{,}93$ W/m² K
$\Delta t_{äq} = 18$ K (aus Tafel 353-8)
$\Delta t_{äq}^* = 18 + 2 = 20$ K
Wärmedurchgang $\dot{q} = k \cdot \Delta t_{äq}^* = 0{,}93 \cdot 20 = 18{,}6$ W/m².

**Tafel 353-7. Äquivalente Temperaturdifferenzen $\Delta t_{äq}$ in K für sonnenbestrahlte und beschattete Wände**

| exponierte Richtung | Masse der Wand kg/m² | Zeit | | | | | | | | | | | | | | |
|---|---|---|---|---|---|---|---|---|---|---|---|---|---|---|---|---|
| | | 6 | 7 | 8 | 9 | 10 | 11 | 12 | 13 | 14 | 15 | 16 | 17 | 18 | 19 | 20 |
| NO | 100 | −7,3 | −5,4 | −1,5 | 1,7 | 3,4 | 4,6 | 5,2 | 5,6 | 5,9 | 6,0 | 5,9 | 5,7 | 5,5 | 5,1 | 4,7 |
| | 300 | −3,7 | −3,1 | −2,5 | −1,7 | −0,9 | 0 | 0,9 | 1,9 | 2,8 | 3,6 | 4,1 | 4,4 | 4,3 | 4,0 | 3,6 |
| | 500 | −0,5 | −0,9 | −1,1 | −1,2 | −1,2 | −1,1 | −1,0 | −0,7 | −0,5 | −0,1 | 0,3 | 0,7 | 1,3 | 1,9 | 2,5 |
| O | 100 | −7,2 | −6,0 | −0,9 | 6,0 | 9,6 | 11,8 | 12,4 | 11,7 | 10,6 | 9,5 | 8,8 | 8,0 | 7,3 | 6,7 | 6,2 |
| | 300 | −2,0 | −1,7 | −0,9 | 0,8 | 2,9 | 6,0 | 7,2 | 7,6 | 7,7 | 7,5 | 7,2 | 6,8 | 6,5 | 6,2 | 6,0 |
| | 500 | 1,3 | 0,7 | 0,3 | 0,2 | 0,4 | 0,8 | 1,5 | 2,2 | 2,9 | 3,5 | 4,0 | 4,5 | 4,8 | 5,0 | 5,1 |
| SO | 100 | −7,8 | −7,9 | −6,0 | 1,1 | 5,8 | 9,8 | 13,3 | 14,8 | 15,1 | 14,6 | 13,3 | 11,7 | 10,0 | 8,8 | 7,6 |
| | 300 | −2,7 | −2,3 | −1,7 | −0,7 | 0,9 | 3,8 | 7,7 | 9,4 | 10,0 | 10,0 | 9,7 | 8,9 | 8,0 | 7,5 | 7,2 |
| | 500 | 1,4 | 0,7 | 0,3 | 0,1 | 0,1 | 0,4 | 0,8 | 1,5 | 2,2 | 3,2 | 4,4 | 5,2 | 5,7 | 5,9 | 6,0 |
| S | 100 | −7,5 | −8,3 | −8,5 | −8,1 | −5,4 | 1,8 | 6,7 | 11,4 | 14,8 | 16,7 | 16,8 | 16,0 | 14,4 | 12,5 | 10,7 |
| | 300 | −2,6 | −3,5 | −4,0 | −4,0 | −3,4 | −2,0 | 0 | 3,0 | 7,8 | 10,2 | 11,1 | 11,1 | 10,5 | 9,2 | 8,0 |
| | 500 | 1,4 | 0,9 | 0,4 | −0,3 | −1,0 | −1,3 | −1,2 | −0,8 | −0,2 | 0,7 | 1,8 | 3,3 | 4,5 | 5,4 | 5,9 |
| SW | 100 | −7,0 | −8,0 | −8,4 | −8,2 | −7,3 | −5,1 | −1,5 | 3,5 | 8,6 | 16,4 | 19,7 | 20,9 | 20,8 | 20,0 | 18,0 |
| | 300 | −0,9 | −2,1 | −2,9 | −3,3 | −3,2 | −2,8 | −2,0 | −0,5 | 2,7 | 7,9 | 11,5 | 13,5 | 14,2 | 13,9 | 12,6 |
| | 500 | 2,7 | 1,9 | 1,3 | 0,7 | 0,3 | 0 | −0,2 | −0,2 | 0,1 | 0,5 | 1,1 | 2,0 | 3,3 | 4,9 | 6,8 |
| W | 100 | −6,1 | −7,5 | −7,9 | −7,8 | −7,1 | −5,5 | −2,6 | 0,9 | 4,0 | 8,2 | 11,5 | 14,8 | 17,4 | 19,8 | 21,7 |
| | 300 | −0,3 | −2,1 | −2,8 | −3,1 | −3,1 | −2,8 | −2,2 | −1,2 | 0,4 | 3,0 | 7,1 | 9,6 | 11,7 | 13,2 | 14,4 |
| | 500 | 2,9 | 2,0 | 1,4 | 0,7 | 0,2 | −0,2 | −0,5 | −0,5 | −0,4 | 0 | 0,4 | 1,2 | 2,3 | 3,6 | 5,4 |
| NW | 100 | −6,8 | −7,6 | −7,9 | −7,7 | −6,8 | −5,0 | −2,9 | −0,5 | 1,7 | 4,4 | 7,1 | 10,7 | 14,0 | 14,8 | 13,6 |
| | 300 | −2,0 | −3,0 | −3,7 | −4,1 | −4,3 | −4,0 | −3,2 | −2,0 | −0,7 | 0,9 | 2,9 | 6,0 | 8,3 | 9,4 | 9,7 |
| | 500 | 0,7 | 0,2 | −0,3 | −0,8 | −1,2 | −1,5 | −1,8 | −1,9 | −1,8 | −1,5 | −1,0 | −0,3 | 0,3 | 1,1 | 1,9 |
| N (Schatten) | 100 | −7,6 | −7,8 | −7,6 | −7,0 | −5,9 | −4,2 | −2,4 | 0,4 | 2,5 | 3,9 | 4,7 | 5,1 | 5,3 | 5,3 | 5,0 |
| | 300 | −4,0 | −4,5 | −4,7 | −4,7 | −4,6 | −4,3 | −3,5 | −2,2 | −0,4 | 1,0 | 1,9 | 2,6 | 3,0 | 3,2 | 3,3 |
| | 500 | −1,7 | −2,2 | −2,7 | −3,0 | −3,1 | −3,2 | −3,1 | −3,0 | −2,8 | −2,6 | −2,2 | −1,8 | −1,3 | −0,8 | −0,3 |

**Tafel 353-8. Äquivalente Temperaturdifferenzen $\Delta t_{äq}$ in K für sonnenbestrahlte und beschattete Dächer**

| Art | Dachmasse kg/m² | Zeit | | | | | | | | | | | | | | |
|---|---|---|---|---|---|---|---|---|---|---|---|---|---|---|---|---|
| | | 6 | 7 | 8 | 9 | 10 | 11 | 12 | 13 | 14 | 15 | 16 | 17 | 18 | 19 | 20 |
| Warmdach, bestrahlt | 50 | −8,8 | −3,0 | 4,4 | 13,7 | 23,7 | 32,0 | 40,8 | 42,8 | 42,7 | 41,2 | 37,2 | 33,3 | 28,0 | 21,2 | 14,2 |
| | 100 | −1,4 | −3,0 | −3,3 | −2,2 | 2,0 | 9,2 | 16,0 | 23,0 | 30,0 | 33,0 | 33,6 | 32,7 | 30,2 | 26,7 | 23,0 |
| | 200 | −1,9 | −2,0 | −1,6 | −0,4 | 1,8 | 5,2 | 11,0 | 15,8 | 20,0 | 23,2 | 24,7 | 25,1 | 24,3 | 22,3 | 19,2 |
| | 300 | 3,6 | 1,9 | 1,4 | 1,6 | 2,5 | 4,5 | 7,2 | 10,8 | 13,7 | 16,3 | 18,0 | 19,0 | 19,2 | 18,9 | 17,6 |
| | 500 | 8,7 | 7,7 | 6,9 | 6,2 | 5,7 | 5,5 | 5,7 | 6,5 | 7,8 | 9,3 | 10,6 | 11,7 | 12,7 | 13,3 | 13,6 |
| Warmdach, beschattet | 50 | −11,0 | −9,6 | −8,1 | −5,8 | −3,2 | 0 | 2,9 | 4,5 | 5,4 | 5,7 | 5,5 | 4,9 | 4,0 | 2,9 | 1,7 |
| | 100 | −6,9 | −7,6 | −8,0 | −8,1 | −7,7 | −6,4 | −4,2 | −1,7 | 0,2 | 1,7 | 2,7 | 3,3 | 3,4 | 3,0 | 2,3 |
| | 200 | −7,3 | −7,6 | −7,7 | −7,5 | −7,1 | −6,5 | −5,5 | −4,0 | −2,6 | −1,4 | −0,4 | 0,4 | 0,8 | 1,0 | 0,7 |
| | 300 | −5,3 | −5,8 | −6,2 | −6,5 | −6,5 | −6,2 | −5,7 | −4,9 | −4,0 | −3,1 | −2,3 | −1,7 | −1,2 | −0,8 | −0,6 |
| | 500 | −3,6 | −4,1 | −4,5 | −4,8 | −5,0 | −5,2 | −5,2 | −5,1 | −5,0 | −4,7 | −4,5 | −4,1 | −3,6 | −3,1 | −2,5 |
| Kaltdach, bestrahlt | 50 | −6,3 | −5,8 | −4,9 | −2,6 | 1,0 | 7,0 | 13,0 | 17,8 | 22,0 | 25,3 | 27,1 | 27,3 | 26,0 | 23,6 | 19,8 |
| | 100 | 0,4 | −0,5 | −0,6 | −0,2 | 0,9 | 3,4 | 7,6 | 12,6 | 18,0 | 22,4 | 26,4 | 28,8 | 29,2 | 28,2 | 25,3 |
| | 200 | 7,3 | 5,2 | 4,0 | 3,4 | 4,0 | 5,9 | 7,8 | 10,0 | 11,8 | 13,5 | 15,0 | 16,3 | 17,5 | 18,6 | 19,5 |
| | 300 | 5,8 | 5,4 | 5,1 | 5,2 | 5,6 | 6,4 | 7,4 | 8,7 | 10,2 | 11,9 | 13,6 | 15,1 | 16,2 | 16,9 | 17,2 |
| | 500 | 8,6 | 7,9 | 7,5 | 7,3 | 7,2 | 7,3 | 7,5 | 7,9 | 8,4 | 9,1 | 10,0 | 11,0 | 12,3 | 13,7 | 14,8 |
| Kaltdach, beschattet | 50 | −9,1 | −9,4 | −9,2 | −8,7 | −7,8 | −6,5 | −5,1 | −3,4 | −2,0 | −0,7 | 0,4 | 1,1 | 1,6 | 1,7 | 1,4 |
| | 100 | −6,2 | −6,9 | −7,2 | −7,2 | −7,0 | −6,5 | −5,8 | −4,6 | −3,2 | −1,7 | −0,5 | 0,6 | 1,5 | 2,1 | 2,4 |
| | 200 | −3,6 | −4,4 | −4,9 | −5,4 | −5,7 | −5,7 | −5,3 | −4,6 | −4,0 | −3,4 | −2,9 | −2,4 | −2,1 | −1,7 | −1,4 |
| | 300 | −4,8 | −5,0 | −5,2 | −5,3 | −5,3 | −5,2 | −5,0 | −4,7 | −4,3 | −3,8 | −3,4 | −2,9 | −2,5 | −2,1 | −1,7 |
| | 500 | −3,7 | −4,0 | −4,1 | −4,3 | −4,5 | −4,5 | −4,5 | −4,5 | −4,5 | −4,4 | −4,2 | −4,0 | −3,7 | −3,2 | −2,8 |

## -4 WÄRMEDURCHGANG DURCH FENSTER $\dot{Q}_S$ [1]

### -41 Fensterglas

Treffen Sonnenstrahlen der Intensität $I$ auf Fensterglas, so wird ein Teil der Strahlung ungehindert hindurchgelassen: $I_\varepsilon = \varepsilon I$; ($\varepsilon$ = Durchlaßfaktor); ein Teil reflektiert: $I_r = rI$ ($r$ = Reflexionsfaktor); ein weiterer Teil vom Glas absorbiert und dann durch Konvektion an die Luft teils nach innen, teils nach außen als sekundäre Wärme abgegeben: $I_a = aI$ ($a$ = Absorptionsfaktor) $= a_1 \cdot I + a_2 \cdot I$ (s. Bild 353-1).

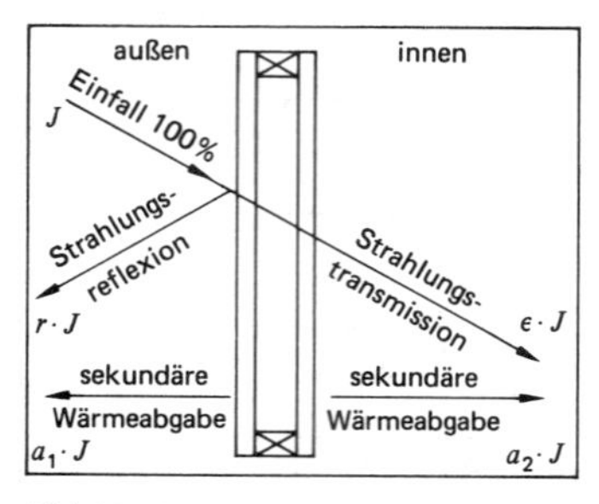


Bild 353-11. Schematische Darstellung der strahlungstechnischen Eigenschaften am Beispiel Zweifachisolierglas.

Insgesamt ist $I = \varepsilon I + rI + aI$.

In den Raum herein gelangt

$$\varepsilon \cdot I + a_2 \cdot I = g \cdot I$$

Darin ist $g$ der *Gesamtenergie-Durchlaßgrad.*

Der Anteil der durchgelassenen Sonnenstrahlung ist von der Wellenlänge der Strahlung, dem Einfallswinkel und der Zusammensetzung des Glases abhängig. Bei Einfachverglasung mit gewöhnlichem Fensterglas (Klarglas) ist für Wellenlängen von 0,29 $\mu$m bis etwa 3 $\mu$m ist $g \approx 0{,}87$, so daß also der weitaus größte Teil der Strahlungwärme in das Rauminnere gelangt, wo sie von den Wandungen und Möbeln absorbiert wird.

Sie wird dabei z.T. in langwellige Strahlung umgewandelt, die nicht entweichen kann und den Raum aufheizt *(Treibhauseffekt).* Bei Wellenlängen größer als 3 $\mu$m ist das Verhältnis etwa umgekehrt, ungefähr 90 bis 95% der Strahlung werden vom Glas absorbiert. Versuchsergebnisse für verschiedene Glassorten siehe Tafel 353-10. Die absorbierte Wärme wird durch Konvektion und langwellige Strahlung teils nach außen, teils nach innen abgegeben (Bild 353-12).

**Tafel 353-10. Strahlungsdurchlässigkeit von Glasarten bei senkrechtem Strahlungseinfall**

| Glasarten | Scheiben-dicke mm | Gesamtenergie-Durchlaßgrad $g$ in % | Mittl. Temperatur-erhöhung über Luft in °C |
|---|---|---|---|
| Klarglas, einfach | 2,8 | 87 | 11 |
| Absorptionsglas | 5,6 | 52 | 36 |
| Isolierverglasung, 2fach | 11,4 | 79 | 19 |
| Isolierverglasung, 3fach | 17,9 | 70 | 21 |

[1]) Snatzke, C., u. H. Künzel: Ki 5/74. S. 207/16.
Kalt, A.: Ki 6/74. S. 239/42.
Zimmermann, K.: TAB 7/76. S. 663/8.
Heindl, W., u. H. A. Koch: Ges.-Ing. 12/76. 9 S.
Aydinli, S., u. J. Krochmann: Ki 5/80. S. 219/23, Forsch. Ber. VDI-Z R. 6, Nr. 79 (1981).
Fahrenkrog, H.-H.: Dt. Architektenblatt 7/86. S. 859/862.

Diffuse Sonnenstrahlung ist vom Einfallswinkel unabhängig. Sie ist auch auf beschatteten Flächen und auf der Nordseite von Gebäuden wirksam.

Verteilung der *Strahlungsenergie* im Sonnenspektrum etwa

| | |
|---|---|
| $\lambda < 0{,}4\ \mu m$ (UV-Bereich) | 6% |
| $\lambda = 0{,}4$ bis $0{,}75\ \mu m$ (sichtbar) | 50% |
| $\lambda > 0{,}75\ \mu m$ (infrarot) | 44% |

Energiemaximum bei 0,5 $\mu m$ (Bild 114-1).

Allgemein gilt für die momentan durch Einfachglas eingestrahlte Wärmeenergie $\dot{Q}_s$ die Gleichung:

$$\dot{Q}_s = A_1 \cdot I + (A - A_1)\ I_{diff} \text{ in W}$$

$A_1$ = besonnte Glasfläche $m^2$
$A$ = gesamte Glasfläche $m^2$
$I$ = Gesamtstrahlung in $W/m^2$ nach Tafel 353-11
$I_{diff}$ = Diffusstrahlung in $W/m^2$ nach Tafel 353-11 (Nordseite)

Zur praktischen schnellen Berechnung dient die Tafel 353-11. Sie enthält für jeden Monat des Jahres und für jede Stunde des Tages den *direkten momentanen Wärmedurchgang* infolge der Sonnenstrahlung bei *Einfach*fenstern verschiedener Himmelsrichtung. Hierbei ist auch die diffuse Sonnenstrahlung berücksichtigt sowie der Teil der *Absorptionswärme,* der in den Raum übergeht.

Die Zahlenwerte beziehen sich auf die *einfach* verglaste Fläche *ohne* Sonnenschutz. Falls die Glasfläche bei der Projektierung nicht bekannt ist, kann sie nach der Maueröffnung mittels der Hilfstafel 353-12 in Abhängigkeit von der Fensterkonstruktion geschätzt werden.

Nach der *Wärmeschutzverordnung* sind jedoch seit 1977 bei normal beheizten Gebäuden Isolier-(2fach-)Verglasungen vorgeschrieben. Die Werte der Tafel 353-11 sind daher gemäß Tafel 353-14 (oder Tafel 353-10) mit dem Faktor 0,9 zu reduzieren[1]).

Nicht enthalten ist in Tafel 353-11 die Transmissionswärme, die infolge des Temperaturunterschiedes zwischen außen und innen in den Raum eindringt. Sie wird nach der allgemeinen Transmissionsgleichung

$$\dot{Q} = k \cdot A\,(t_a - t_i) \text{ in W}$$

berechnet.

---

[1]) Bei der für 1987 vorgesehenen Neubearbeitung der VDI 2078 (Kühllastregeln) werden die im Raum wirksam werdenden Strahlungswerte auf Doppel-Klarglas-Verglasung bezogen sein. Entsprechend werden die Sonnendurchlaßfaktoren $b$ der Tafel 353-13 um ca. 10% nominell größer werden, weil für Doppelglas $b = 1$ definiert ist.

Die Werte der alten VDI 2078 (8.77) harmonieren nicht mit den Strahlungsdaten der DIN 4710 (11.82), weil andere Berechnungen verwendet wurden. Die neue VDI 2078 (1987) wird nun aber auch nicht völlig mit DIN 4710 harmonieren, weil inzwischen neue meteorologische Erkenntnisse vorliegen.

Man wird keine regional unterschiedliche Trübung mehr wie bisher (Industrie-, Großstadt-, Reine Atmosphäre) aufzeigen. Dies ist einerseits eine Folge der breiteren Verteilung von Schadstoffen infolge höherer Schornsteine, andererseits der Reduzierung von Emissionen in Industriegebieten.

Die Mittelwerte der Trübung werden allerdings relativ hoch liegen. Beispiel im Juli:

bisher: DIN 4710 (11.82) und VDI 2078 (8.77), Großstadt $T = 4$
neu: VDI 2078 (1985), überall $T = 6$.

Ferner wurde festgestellt, daß innerhalb z.B. eines Monats große Schwankungen in der Trübung auftreten, z.B. bei Wetterlage Föhn $T = 2$, bei Smog $T = 10$. Daher enthält die überarbeitete VDI 2078 (1985) jeweils zwei Tabellen für die Trübung:

a) Trübungsmittelwert (z.B. $T = 6$)
b) Trübungsmittelwert-Standardabweichung (z.B. $T = 4$)

Je nach Art des Sonnenschutzes ergibt sich die maximale Raumlast entweder nach a) oder b):

Für festen Sonnenschutz (z.B. Reflexionsglas) tritt die Lastspitze bei direkter Bestrahlung bei kleiner Trübung, also nach den Werten zu b), auf.

Für wirksamen beweglichen Sonnenschutz dagegen ist der Fall a) kritisch. Zu Zeiten ohne Direktstrahlung wird die Jalousie geöffnet sein, und die Last bei Diffusstrahlung ohne Sonnenschutz ist höher als die Last bei Direktstrahlung und geschlossenem Sonnenschutz.

Ferner unterscheidet VDI 2078 (1987) in mindestens 4 statt bisher 2 Sommerklimazonen, wobei die heißen Zonen im Rhein-Neckar-Mosel-Gebiet besonders ausgewiesen sind. Dies wirkt sich auf die nachstehend behandelte Transmissionswärme aus.

**Tafel 353-11. Gesamtstrahlung durch einfach verglaste Flächen in W/m² (aus VDI 2078 – 8.77)**
T = Trübungsfaktor

| Jahreszeit | Richtung | Sonnenzeit/h | | | | | | | | | | | | |
|---|---|---|---|---|---|---|---|---|---|---|---|---|---|---|
| | | 6 | 7 | 8 | 9 | 10 | 11 | 12 | 13 | 14 | 15 | 16 | 17 | 18 |
| | NO | | 33 | *85* | 52 | 65 | 72 | 77 | 72 | 65 | 51 | 29 | 2 | |
| | O | | 76 | 341 | *414* | 348 | 185 | 77 | 72 | 65 | 51 | 29 | 2 | |
| | SO | | 72 | 377 | 572 | **654** | 607 | 494 | 352 | 134 | 51 | 29 | 2 | |
| | S | | 21 | 198 | 398 | 561 | 662 | **694** | 662 | 561 | 398 | 198 | 21 | |
| 20. Februar | SW | | 2 | 29 | 51 | 134 | 352 | 494 | 607 | *654* | 572 | 377 | 72 | |
| | W | | 2 | 29 | 51 | 65 | 72 | 77 | 185 | 348 | *414* | 341 | 76 | |
| | NW | | 2 | 29 | 51 | 65 | 72 | 77 | 72 | 65 | 52 | *85* | 33 | |
| T = 3,0 | N | | 2 | 29 | 51 | 65 | 72 | 77 | 72 | 65 | 51 | 29 | 2 | |
| | HORIZ | | 3 | 62 | 172 | 279 | 350 | *378* | 350 | 279 | 172 | 62 | 3 | |
| | NO | | *209* | 193 | 102 | 87 | 95 | 98 | 95 | 87 | 73 | 56 | 33 | |
| | O | | 363 | 516 | *520* | 409 | 221 | 98 | 95 | 87 | 73 | 56 | 33 | |
| | SO | | 311 | 523 | 641 | **669** | 612 | 483 | 278 | 117 | 73 | 56 | 33 | |
| | S | | 65 | 223 | 399 | 545 | 636 | *666* | 636 | 545 | 399 | 223 | 65 | |
| 22. März | SW | | 33 | 56 | 73 | 117 | 278 | 483 | 612 | **669** | 641 | 523 | 311 | |
| | W | | 33 | 56 | 73 | 87 | 95 | 98 | 221 | 409 | *520* | 516 | 363 | |
| | NW | | 33 | 56 | 75 | 87 | 95 | 98 | 95 | 87 | 102 | 193 | *209* | |
| T = 3,3 | N | | 33 | 56 | 75 | 87 | 95 | *98* | 95 | 87 | 73 | 56 | 33 | |
| | HORIZ | | 74 | 194 | 334 | 459 | 543 | *556* | 543 | 459 | 334 | 194 | 74 | |
| | NO | 243 | *335* | 297 | 172 | 104 | 110 | 114 | 110 | 104 | 92 | 76 | 53 | 30 |
| | O | 298 | 497 | *591* | 558 | 427 | 235 | 114 | 110 | 104 | 92 | 76 | 53 | 30 |
| | SO | 188 | 381 | 538 | 618 | *619* | 551 | 408 | 226 | 105 | 92 | 76 | 53 | 30 |
| | S | 30 | 60 | 166 | 324 | 463 | 545 | *580* | 545 | 463 | 324 | 166 | 60 | 30 |
| 20. April | SW | 30 | 53 | 76 | 92 | 105 | 226 | 408 | 551 | *619* | 618 | 538 | 381 | 188 |
| | W | 30 | 53 | 76 | 92 | 105 | 110 | 114 | 235 | 427 | 558 | *591* | 497 | 298 |
| | NW | 30 | 53 | 76 | 92 | 105 | 110 | 114 | 110 | 104 | 172 | 297 | *335* | 243 |
| T = 3,6 | N | 42 | 53 | 76 | 92 | 105 | 110 | *114* | 110 | 104 | 92 | 76 | 53 | 42 |
| | HORIZ | 63 | 171 | 335 | 487 | 593 | 664 | *695* | 664 | 593 | 487 | 335 | 171 | 63 |
| | NO | 336 | *420* | 351 | 220 | 122 | 127 | 128 | 127 | 119 | 107 | 90 | 70 | 47 |
| | O | 379 | 564 | *590* | 541 | 413 | 252 | 128 | 127 | 119 | 107 | 90 | 70 | 47 |
| | SO | 209 | 392 | 497 | *555* | 541 | 469 | 337 | 178 | 119 | 107 | 90 | 70 | 47 |
| | S | 47 | 70 | 126 | 245 | 362 | 435 | *471* | 435 | 362 | 245 | 126 | 70 | 47 |
| 21. Mai und 23. Juli | SW | 47 | 70 | 90 | 107 | 119 | 178 | 337 | 469 | 541 | *555* | 497 | 392 | 209 |
| | W | 47 | 70 | 90 | 107 | 119 | 127 | 128 | 252 | 413 | 541 | *590* | 564 | 379 |
| | NW | 47 | 70 | 90 | 107 | 119 | 127 | 128 | 127 | 122 | 220 | 351 | *420* | 336 |
| T = 4,0 | N | 92 | 72 | 90 | 107 | 119 | 127 | *128* | 127 | 119 | 107 | 90 | 72 | 92 |
| | HORIZ | 123 | 279 | 421 | 570 | 682 | 745 | *766* | 745 | 682 | 570 | 421 | 279 | 123 |

| | | | | | | | | | | | | | | |
|---|---|---|---|---|---|---|---|---|---|---|---|---|---|---|
| 21. Juni | NO | 380 | **436** | 374 | 247 | 134 | 127 | 129 | 127 | 121 | 108 | 93 | 74 | 55 |
| | O | 415 | 556 | **594** | 544 | 415 | 235 | 129 | 127 | 121 | 108 | 93 | 74 | 55 |
| | SO | 215 | 368 | 480 | *528* | 514 | 437 | 307 | 171 | 121 | 108 | 93 | 74 | 55 |
| | S | 55 | 74 | 112 | 209 | 322 | 398 | *429* | 398 | 322 | 209 | 112 | 74 | 55 |
| | SW | 55 | 74 | 93 | 108 | 121 | 171 | 307 | 437 | 514 | *528* | 480 | 368 | 215 |
| | W | 55 | 74 | 93 | 108 | 121 | 127 | 129 | 235 | 415 | 544 | **594** | 556 | 415 |
| | NW | 55 | 74 | 93 | 108 | 121 | 127 | 129 | 127 | 134 | 247 | 374 | **436** | 380 |
| T = 4,0 | N | 122 | 86 | 93 | 108 | 121 | 127 | **129** | 127 | 121 | 108 | 93 | 86 | 122 |
| | HORIZ | 160 | 302 | 463 | 592 | 709 | 769 | **787** | 769 | 709 | 592 | 463 | 302 | 160 |
| 24. August | NO | 216 | *313* | 284 | 169 | 105 | 112 | 115 | 112 | 105 | 93 | 76 | 55 | 30 |
| | O | 265 | 534 | *559* | 534 | 412 | 230 | 115 | 112 | 105 | 93 | 76 | 55 | 30 |
| | SO | 169 | 355 | 509 | 602 | 594 | 531 | 397 | 221 | 115 | 93 | 76 | 55 | 30 |
| | S | 30 | 60 | 162 | 313 | 447 | 530 | *561* | 530 | 447 | 313 | 162 | 60 | 30 |
| | SW | 30 | 55 | 76 | 93 | 115 | 221 | 397 | 531 | 594 | *602* | 509 | 355 | 169 |
| | W | 30 | 55 | 76 | 93 | 105 | 112 | 15 | 230 | 412 | 534 | *559* | 459 | 265 |
| | NW | 30 | 55 | 76 | 93 | 105 | 112 | 115 | 112 | 105 | 169 | 284 | *313* | 216 |
| T = 3,9 | N | 41 | 55 | 76 | 93 | 105 | 112 | *115* | 112 | 105 | 93 | 76 | 55 | 41 |
| | HORIZ | 60 | 165 | 323 | 471 | 226 | 644 | *675* | 644 | 575 | 471 | 323 | 165 | 60 |
| 22. September | NO | | *184* | 174 | 101 | 88 | 97 | 99 | 97 | 88 | 74 | 57 | 33 | |
| | O | | 313 | *485* | 484 | 387 | 214 | 99 | 97 | 88 | 74 | 57 | 33 | |
| | SO | | 269 | 455 | 594 | *628* | 578 | 457 | 266 | 116 | 74 | 57 | 33 | |
| | S | | 60 | 200 | 372 | 513 | 600 | *630* | 600 | 513 | 372 | 200 | 60 | |
| | SW | | 33 | 57 | 74 | 116 | 266 | 457 | 578 | *628* | 594 | 455 | 269 | |
| | W | | 33 | 57 | 74 | 88 | 97 | 99 | 214 | 387 | 484 | *485* | 313 | |
| | NW | | 33 | 57 | 74 | 88 | 97 | 99 | 97 | 88 | 101 | 174 | *184* | |
| T = 3,7 | N | | 33 | 57 | 74 | 88 | 97 | *99* | 97 | 88 | 74 | 57 | 33 | |
| | HORIZ | | 72 | 183 | 317 | 438 | 519 | *531* | 519 | 438 | 317 | 183 | 72 | |
| 23. Oktober | NO | | 22 | 32 | 53 | 66 | 76 | *78* | 76 | 66 | 52 | 30 | 2 | |
| | O | | 52 | 294 | *376* | 324 | 179 | 78 | 76 | 66 | 52 | 30 | 2 | |
| | SO | | 50 | 326 | 518 | *592* | 569 | 464 | 334 | 128 | 52 | 30 | 2 | |
| | S | | 15 | 173 | 362 | 518 | 619 | *648* | 619 | 518 | 362 | 173 | 15 | |
| | SW | | 2 | 30 | 52 | 128 | 334 | 464 | 569 | *592* | 518 | 326 | 50 | |
| | W | | 2 | 30 | 52 | 66 | 76 | 78 | 179 | 324 | *376* | 294 | 52 | |
| | NW | | 2 | 30 | 52 | 66 | 76 | *78* | 76 | 66 | 53 | 78 | 22 | |
| T = 3,4 | N | | 2 | 30 | 52 | 66 | 76 | *78* | 76 | 66 | 52 | 30 | 2 | |
| | HORIZ | | 3 | 60 | 165 | 266 | 335 | *362* | 335 | 266 | 165 | 60 | 3 | |

Korrekturfaktor *a* für verschiedene atmosphärische Verunreinigungen:

| Typ der Atmosphäre | Nord, unbesonnt | Alle and. Richt. |
|---|---|---|
| Reine | 1,00 | 1,15 |
| Großstadt- | | 1,00 |
| Industrie | | 0,87 |

*Kursiv:* Monatsmaxima; **Fettdruck:** Jahresmaxima, bezogen auf die jeweiligen Himmelsrichtungen.

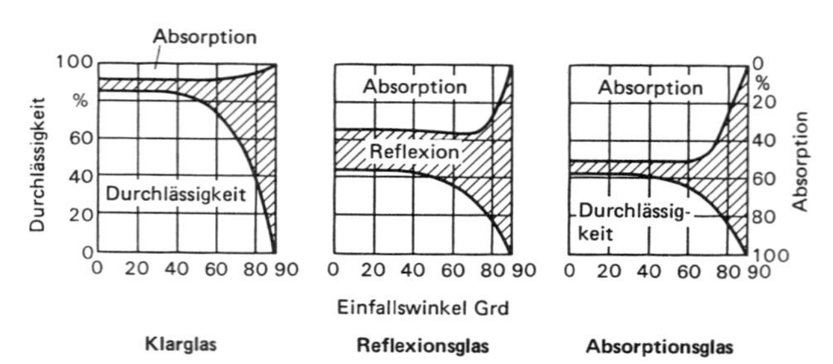


Bild 353-12. Strahlungsdurchlässigkeit, Absorption und Reflexion verschiedener Glasscheiben.

Für den winterlichen Wärmeschutz gibt es etwa seit 1985 *Wärmeschutzgläser*[1]), die bei weitestgehend farbneutralem Zweifachglas und einem Scheibenabstand von 12···16 mm $k$-Werte von 2,0···1,3 W/m²K erreichen. Der Zwischenraum ist mit Argon gefüllt und innen einseitig mit sehr dünner Metallschicht (Gold, Kupfer und vorzugsweise Silber) bedampft. Die Metallschicht bewirkt eine hohe Infrarot-Reflexion und somit eine geringe Emission. Die Lichtdurchlässigkeit bleibt mit $\tau = 0{,}7 \cdots 0{,}75$ verhältnismäßig groß.

*Beispiel:*

Wieviel Wärme dringt infolge Sonnenstrahlung durch ein nach Süden gelegenes, nicht beschattetes, einfach verglastes Holzfenster ohne Kämpfer und Mittelstück um 14 Uhr im Juli auf 50° nördlicher Breite? Maueröffnung $A_m = 4$ m²; Glasflächenanteil nach Tafel 353-12: $g = 0{,}72$.

Außentemperatur $t_a = 32$ °C, Innentemperatur $t_i = 26$ °C.

Direkter Wärmedurchgang

| | | |
|---|---|---|
| aus Tafel 353-11: | $I \cdot A_m \cdot g = 362 \cdot 4 \cdot 0{,}72 =$ | 1043 W |
| Konvektion: | $k \cdot A\,(t_a - t_i) = 5{,}2 \cdot 4\,(32-26) =$ | 125 W |
| ($k$ nach Tafel 241-18) | | Summe 1168 W |

Bei *Überschlagsrechnungen* kann man im Juli/August etwa mit folgenden Zahlenwerten für den maximalen Wärmeeinfall durch Sonnenstrahlung bei *nicht* oder wenig beschatteten Fenstern ohne Sonnenschutz rechnen:

| | | |
|---|---|---|
| Einfachfenster | Ost oder West | 500 W/m² |
| Einfachfenster | Süd | 400 W/m² |
| Doppelfenster | Ost oder West | 450 W/m² |
| Doppelfenster | Süd | 350 W/m² |

Zu bemerken ist auch, daß die Sonneneinstrahlung durch die Fenster sich nicht sofort in Raumluftwärme umsetzt, sondern daß infolge Erwärmung des Fußbodens, der Wände, des Mobilars usw. immer eine gewisse Verzögerung eintritt. Aus diesem Grund und wegen der höheren Außentemperatur sind Räume auf der Ostseite eines Gebäudes trotz gleicher einfallender Sonnenwärme kühler als auf der Westseite. Weiteres siehe Abschn. 353-6.

## -42 Sonnenschutz

Die Sonneneinstrahlung durch die Fenster kann durch Sonnenschutzvorrichtungen reduziert werden. Dadurch kann die erforderliche max. Kühlleistung *(Kühllastspitze)* bei großem Fensteranteil an der Fassade je nach verwendetem Sonnenschutz verringert werden. Der *Durchlaßfaktor* nach VDI 2078 (von 1977) gibt die durch das Glas eingestrahlten Sonnenenergie $\dot{Q}_s$ der Verglasung (mit oder ohne Sonnenschutz) im Verhältnis zur Energie $\dot{Q}_1$ einer *einfach* verglasten besonnten Glasscheibe (nach Tafel 353-11) an:

$$\dot{Q}_s = b \cdot \dot{Q}_1$$

Werte für $b$ nach VDI 2078 s. Tafel 353-13.

Im Bauwesen und nach DIN 4108 Teil 2 (Aug. 81) bezieht man sich nicht auf die Strahlungsdaten $Q_1$ hinter Einfach-Klarglas, sondern auf das unverglaste Fenster, also auf

[1]) Fahrenkrug, H.: DAB 7/86. S. 859ff.

**Tafel 353-12. Glasflächenanteil $g$ bei verschiedenen Fensterkonstruktionen**

| Fensterbauart | Innere Leibung der Maueröffnung in $m^2$ | | | | | | | | | |
|---|---|---|---|---|---|---|---|---|---|---|
| | 0,5 | 1,0 | 1,5 | 2,0 | 2,5 | 3 | 4 | 5 | 6 | 8 |
| Holzfenster, einfach oder doppelt verglast, Verbundfenster | 0,47 | 0,58 | 0,63 | 0,67 | 0,69 | 0,71 | 0,72 | 0,73 | 0,74 | 0,75 |
| Holzdoppelfenster | 0,36 | 0,48 | 0,55 | 0,60 | 0,62 | 0,65 | 0,68 | 0,69 | 0,70 | 0,71 |
| Stahlfenster | 0,56 | 0,77 | 0,83 | 0,86 | 0,87 | 0,88 | 0,90 | 0,90 | 0,90 | 0,90 |
| Schaufenster, Oberlichte | 0,90 | | | | | | | | | |
| Balkontür mit Glasfüllung | 0,50 | | | | | | | | | |

| Abschläge | | |
|---|---|---|
| Abschläge | für Fenster mit Kämpfer | −0,05 |
| | für Fenster mit Mittelstück | −0,05 |
| | für Fenster mit Sprossen | −0,03 |

**Tafel 353-13. Sonnendurchlaßfaktor $b$ bei verschiedenen Gläsern und Sonnenschutzeinrichtungen (nach VDI 2078 – 8.77)**

| *Gläser* | $b$ |
|---|---|
| *Fensterglas nach DIN 1249 Teil 1 (8.81)* | |
| Einfachverglasung | 1,0 |
| Doppelverglasung | 0,9 |
| *Absorptionsglas* | |
| Einfachverglasung | 0,7 |
| Doppelverglasung (außen Absorptionsglas, innen Tafelglas) | 0,6 |
| Vorgehängte Absorptionsscheibe (mind. 5 cm freier Luftspalt) | 0,5 |
| *Reflexionsglas* | |
| Einfachverglasung (Metalloxidbelag außen) | 0,6 |
| Doppelverglasung (meist Reflexionsschicht auf der Innenseite der Außenscheibe, innen Tafelglas) | |
| Belag aus Metalloxid | 0,5 |
| Belag aus Edelmetall (z. B. Gold) | 0,4 |
| *Glashohlsteine (100 mm), farblos* | |
| glatte Oberflächen | |
| ohne Glasvlieseinlage | 0,6 |
| mit Glasvlieseinlage | 0,4 |
| strukturierte Oberflächen (Rippen, Kreuzmuster) | |
| ohne Glasvlieseinlage | 0,4 |
| mit Glasvlieseinlage | 0,3 |

| *Zusätzliche Sonnenschutzvorrichtungen* | $b$ |
|---|---|
| *Außen* | |
| Jalousie, Öffnungswinkel 45° | 0,15 |
| Stoffmarkise, oben und seitlich ventiliert | 0,3[1] |
| Stoffmarkise, oben und seitlich anliegend | 0,4[1] |
| *Zwischen den Scheiben* | |
| Jalousie, Öffnungswinkel 45° mit unbelüftetem Zwischenraum | 0,5 |
| Jalousie, Öffnungswinkel 45° mit belüftetem Zwischenraum | 0,15 |
| *Innen* | |
| Jalousie, Öffnungswinkel 45° | 0,7 |
| Vorhänge, hell[2]), Gewebe aus Baumwolle, Nessel, Kunststoff | 0,5 |
| Kunststoffolien | 0,7 |

*Kombinationen, Beispiel:*

1. Reflexionsglas, Doppelverglasung, Metalloxidbelag ($b_1 = 0,5$)
2. Nesselvorhang ($b_2 = 0,5$)

Daraus wird für die Kombination $b = b_1 \cdot b_2 = 0,5 \cdot 0,5 = 0,25$.

[1]) Vorausgesetzt ist die völlige Beschattung der Glasfläche durch die Markise.
[2]) Bei dunklen Vorhängen sind die Werte um 0,2 zu erhöhen.

Strahlungsdaten $\dot{Q}_0$, wie sie Tafel 114-8 angibt. Man definiert hierfür einen Gesamtenergiedurchlaßgrad $g = 1$. Allgemein gilt

$$\dot{Q}_s = g \cdot z \cdot \dot{Q}_0 = g_F \cdot \dot{Q}_0$$

wobei $g$ = Gesamtenergiedurchlaßgrad der Verglasung
$g_F = g \cdot z$ = Gesamtenergiedurchlaßgrad
$z$ = Abminderungsfaktor von Sonnenschutzvorrichtungen

Werte für $g$ und $z$ nach DIN 4108 s. Tafel 353-14. Angenähert gilt

$$g \text{ (nach DIN 4108)} \approx 0{,}87 \cdot b \text{ (nach VDI 2078)}.$$

Im Zusammenhang mit dem *Gesamtenergieverbrauch* eines Gebäudes ist jedoch bei der Wahl des Sonnenschutzes und der Fenstergröße nicht nur die Kühllastspitze und der Kühlenergieverbrauch zu beachten, sondern auch die Beleuchtung und der Solarwärmegewinn im Winter durch Fenster. Im Winter soll der neuerdings als erheblich erkannte Wärmegewinn[1]) genutzt werden, um Heizenergie zu sparen. Am energiegünstigsten sind daher *bewegliche* Sonnenschutzvorrichtungen mit z. B. drehbaren Lamellen, die im Sommer einen hohen $b$- oder $z$-Wert haben, aber noch ausreichend Licht durchlassen, um bei Besonnung nicht die elektrische Beleuchtung zu benötigen.

Nach Bild 353-15 ist

$g$ = Gesamtenergiedurchlaßgrad für $\lambda = 0 \cdots \infty$
$\tau$ = Lichttransmissionsgrad[2]) *(Lichtdurchlässigkeit)* für $\lambda = 0{,}38 \cdots 0{,}78\ \mu$m.

Das energetisch optimale Fenster hat also

- einen beweglichen, vorzugsweise außenliegenden Sonnenschutz (Jalousie) für den Sommer
- Klarglas mit guter Wärmedämmung (vorzugsweise Wärmeschutzglas oder evtl. 3fach) und guter Belichtung
- einen innenliegenden Blendschutz für winterlichen Wärmegewinn, ohne elektrische Beleuchtung zu benötigen
- einen eher großen Fensterflächenanteil an der Fassade (40···60%), um als Solarkollektor im Winter zu wirken und Tageslicht zu gewinnen.

Nach [3]) ist überschlägig für eine Doppelverglasung aus Klarglas ohne Beschattung bei der Berechnung des Jahres-Heizenergieverbrauchs die effektive Wärmedurchgangszahl

$$k_{\text{eff}} \approx k - g$$

Dieser Wert wurde ermittelt für den diffusen Anteil der Strahlung, gilt also für Fenster nach *allen* Himmelsrichtungen.

*Beispiel:*

| | |
|---|---|
| Isolierverglasung, 3fach | $k = 2{,}0$ W/m² K |
| dafür nach Tafel 353-14 | $g = 0{,}8$ |
| für Heizenergieverbrauch maßgebend | $k_{\text{eff}} = 2{,}0 - 0{,}8 = 1{,}2$ W/m² K |

Der tatsächliche Wärmegewinn bei direkter Bestrahlung ist noch größer.

Mit dem Ziel des sommerlichen Wärmeschutzes von klimatisierten Gebäuden ist in der novellierten *Wärmeschutz-Verordnung* (WSVO – 2.82), gültig ab 1.1.84 abhängig vom Fensterflächenanteil vorgeschrieben:

$$g \cdot z \cdot f = g_F \cdot f \leqq 0{,}25,$$

wobei $f$ = Fensterflächenanteil (Maueröffnungsmaß) an der Fassade.

Für nicht mit RLT-Anlagen versehene Gebäude war ein noch kleinerer $g_F \cdot f$-Wert nach DIN 4108 Teil 2 (8.81) vorgesehen:

$$g_F \cdot f = 0{,}12 \cdots 0{,}14.$$

---

[1]) Esdorn, H., u. G. Wentzlaff: HLH 9/81. S. 358/6.
Hönmann, W.: LTG Techn. Inf. 61 (1983).

[2]) DIN 67 507 (6.80). Licht-, Strahlungs-Transmissionsgrad und Gesamtenergiedurchlaßgrad von Verglasungen.

[3]) Hauser, G.: Bauphysik I, Heft 1, 1979. S. 12/17 u. HLH 34 (1983), Nr. 4, 5, 6.

**Tafel 353-14. Gesamtenergiedurchlaßgrad $g$ von Verglasungen und Abminderungsfaktoren $z$ von Sonnenschutzvorrichtung nach DIN 4108 Teil 2 (8.81)**

| Verglasung | $g$ | Sonnenschutzvorrichtung | $z$ |
|---|---|---|---|
| Doppelverglasung aus Klarglas | 0,8 | Innen oder zwischen den Scheiben: | |
| Dreifachverglasung aus Klarglas | 0,7 | Gewebe oder Folie*) | 0,4···0,7 |
| | | Jalousie | 0,5 |
| Glasbausteine | 0,6 | Außenliegend: | |
| Wärmeschutz-, Sonnenschutz-Glas*) | 0,2···0,8 | Jalousie, hinterlüftet | 0,25 |
| | | Rolläden, Fensterläden | 0,3 |
| | | Markisen | 0,4···0,5 |

*) Nachweis ist gemäß DIN 67507 (6.80) zu führen, anderenfalls ist ungünstiger Wert zu wählen.

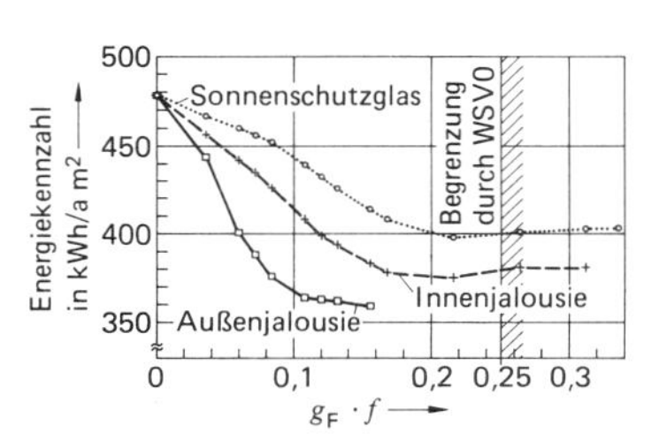


Bild 353-14. Jährlicher Energieverbrauch eines klimatisierten Büros abhängig vom Wert $g_F \cdot f$ bei verschiedenem sommerlichem Wärmeschutz (Legende siehe Bild 364-16).

Der kleinere Wert gilt bei leichter, der große bei schwerer Innenbauart. Bei Wohngebäuden mit der Möglichkeit intensiver Nachtlüftung können höhere Werte zugelassen werden (bis 0,25 bei schwerer Bauart).

Die Festschreibung des $g_F \cdot f$-Wertes für klimatisierte Gebäude durch die WSVO ist einseitig auf Kühlenergie ausgerichtet und läßt keine Minimierung des Gesamtenergieverbrauchs (also einschließlich Heizung und Beleuchtung) erwarten. Für moderne Klimaanlagensysteme (Induktion oder VVS) steigt der Gesamtenergieverbrauch bei kleinen Werten für $g_F \cdot f$ stark an, während er oberhalb $g_F \cdot f = 0{,}25$ kaum mehr ansteigt[1]) (s. Bild 353-14 und auch Bild 364-16).

**-421 Sonnenschutzgläser[2])**

verringern den Wärmeeinfall durch Absorption oder Reflexion der Strahlen (Bild 353-15).

*Absorptionsgläser* haben einen gewissen Gehalt von Metalloxyden, der bewirkt, daß sie die Sonnenstrahlen im Langwellenbereich > 0,7 μm stärker absorbieren, siehe Bild 353-15. Durchlaßfaktor $b$ nach Tafel 353-13 bei verschiedenen Fabrikaten stark schwan-

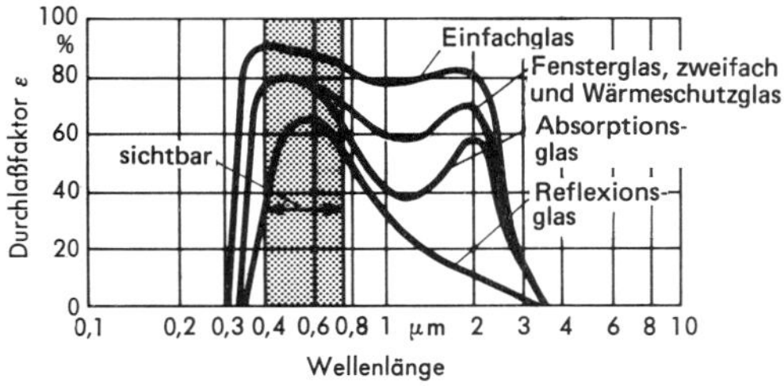

Bild 353-15. Durchlässigkeit von Gläsern bei Sonnenstrahlung.

[1]) Steinbach, W.: FLT-Bericht 3/1/70/86.
[2]) Schröder, H.: HLH 1968. S. 37/41.
Künzel u. Snatzke: Ges.-Ing. 1969. S. 3/10.

kend, im Mittel etwa 0,6 bis 0,7. Temperatur dabei stark steigend (Bild 353-25) auf 40 bis 50 °C, so daß die Scheiben wesentlich mehr Wärme durch Konvektion und Strahlung (von anderer Wellenlänge) abgeben; daher Kühlung der Scheiben durch Lüftung ratsam. Das Glas ist immer leicht gefärbt, meist grünlich oder grau.

*Reflexionsgläser* sind dadurch gekennzeichnet, daß sie mittels einer lichtdurchlässigen Beschichtung die Sonnenstrahlung z.T. reflektieren. Verwendet werden folgende Substanzen:

*Metallaufdampfung*, insbesondere Gold, Schichtdicke $\approx 0{,}015\ \mu m$ (Bild 353-16), nicht abriebfest, daher in Doppelscheiben anzubringen, leicht gefärbt, teuer, Spiegelung an der Außenseite.

*Folien und Filme* aus Polyester mit Metallen bedampft, auf der Innenseite der Fensterscheiben anzubringen, nicht abriebfest.

*Dielektrische Schichten* bewirken durch optische Interferenz eine erhöhte Reflexion. Besonders Metalloxide, die als Film auf den Scheiben gebildet werden. Ebenfalls nicht abriebfest.

Die Reflexionsgläser haben einen sehr unterschiedlichen Durchlaßfaktor, etwa 0,30 bis 0,65 (Tafel 353-13), bezogen auf die durchgehende Strahlung einschl. Konvektionswärmeabgabe der Scheiben.

Bei allen derartigen Zahlenangaben ist zu beachten, daß die Lichtdurchlässigkeit nicht zu stark reduziert wird, da es sonst hinter diesen Gläsern erheblich dunkler ist als hinter normalem Glas. Am günstigsten sind solche Scheiben, bei denen die Lichtdurchlaßzahl möglichst groß, die Sonnenstrahlungsdurchlaßzahl jedoch möglichst klein ist, siehe Bild 353-16[1]). In bezug auf den Jahresenergieverbrauch einschließlich Beleuchtung sind Sonnenschutzgläser *ungünstig* (Bild 364-16).

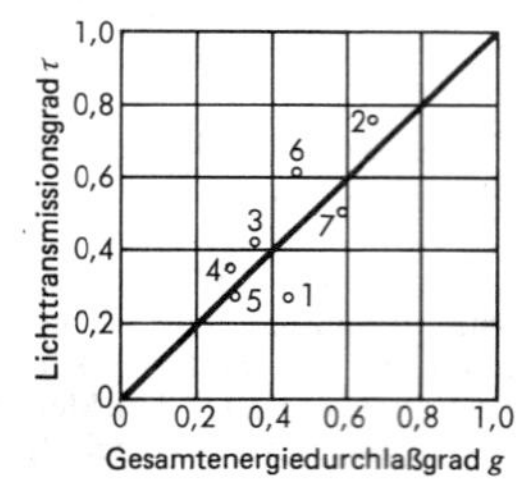


Bild 353-16. Lichttransmissions- und Gesamtenergiedurchlaßgrad von 7 verschiedenen Reflexionsgläsern. (Am günstigsten sind Glas Nr. 6 und 2.)

*Isolierverglasungen*, bestehend aus 2 oder 3 im Abstand von 6 oder 12 mm voneinander luftdicht verbundenen Fensterscheiben, und ähnliche Konstruktionen sind zwar kein Sonnenschutzglas. Zusätzlicher vorzugsweise beweglicher Sonnenschutz ist hier zweckmäßig. Dann aber ist diese Verglasung energieoptimal.

### -422 Sonnenschutzeinrichtungen

Ersparnisse an Kühlleistung lassen sich auch durch Verwendung von *Sonnenschutzeinrichtungen*[2]) erreichen, die den direkten Strahlendurchgang durch Beschattung verhindern. Am günstigsten sind Jalousien außen, vor den Fenstern, jedoch eingeschränkte Betriebssicherheit, ferner geräuschvoll, teuer, reparaturanfällig. Diese Nachteile vermeidbar durch Jalousien zwischen den Scheiben mit belüftetem Zwischenraum. Heute dann oft als 3fach-Verglasung. Teuer, aber für Sommer und Winter energetisch optimal. Senkrechte Jalousien günstiger als waagerechte. Bei Fenstern mit Vorhängen oder Jalousien auf der Innenseite ist die Wirkung desto besser, je größer der Reflexionsgrad des Materials ist. Meßwerte für den Reflexionsgrad $r$ bei Metalljalousien

Aluminium, weiß ...................... $r = 77\%$
Nesselgewebe, weiß ...................... $r = 75\%$
Aluminium, elfenbein ...................... $r = 69\%$
Aluminium, naturell ...................... $r = 56\%$
Aluminium, grau ...................... $r = 44\%$

---

[1]) FLT-Bericht 3/1/5/71 u. 3/1/70/86.
[2]) Caemmerer, C.: Ges.-Ing. 1962. S. 349/57 und XIX. Kongreß 1969.
Kalt, A.: Ki 6/74. S. 239/42.

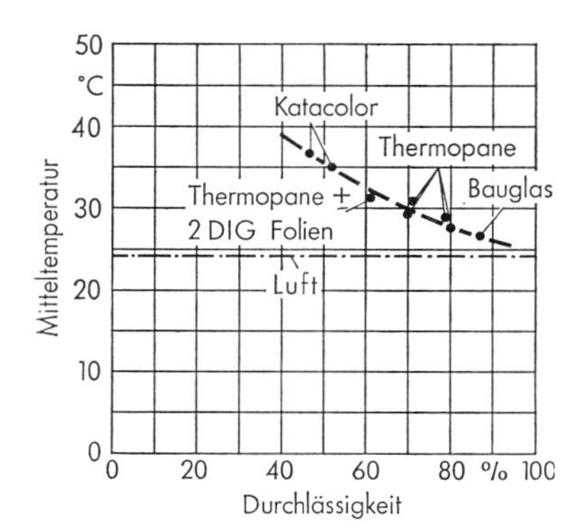


Bild 353-25. Erhöhung der mittleren Scheibentemperatur bei verschiedenen Fensterglasarten (nach Caemmerer).

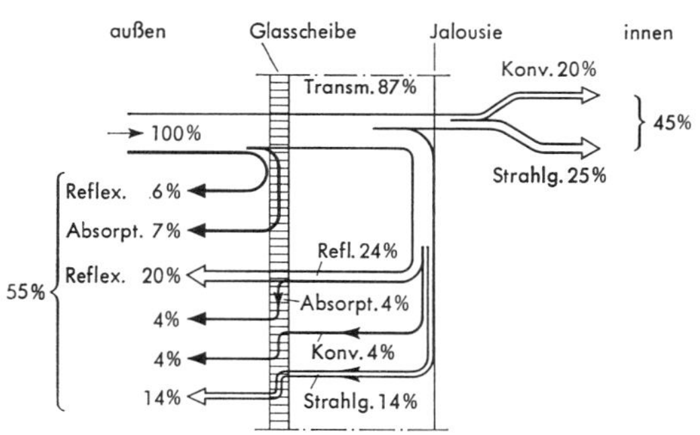


Bild 353-30. Wärmebilanz einer sonnenbestrahlten Scheibe mit vollkommen geschlossener Metall-Innenjalousie (nach Caemmerer).

Bei Absorptionsglas keine Innenjalousien, da sonst Scheiben sehr warm werden.

*Glasbausteine* haben wie Wände erhebliche Wärmespeicherung.

Mittelwerte für den Sonnendurchlaßfaktor *b* bei verschiedenen Gläsern und Sonnenschutzeinrichtungen siehe Tafel 353-13.

Kombinationen verschiedener Sonnenschutzanordnungen werden näherungsweise durch Produktbildung der entsprechenden Faktoren erfaßt.

Die genaue Ermittlung des Wärmeschutzes ist dadurch sehr erschwert, daß zwischen Scheibe und Sonnenschutzvorrichtung Wechselwirkungen auftreten, die von vielen Randbedingungen abhängen, z. B. Außentemp., Einfallswinkel, Raumtemp. u. a. Man begnügt sich daher meist mit Richtwerten (s. auch Tafel 353-15). Beispiel der Wärmebilanz einer Scheibe mit im Innern angeordneter Metalljalousie, siehe Bild 353-30.

### -423 Beschattung

Eine gewisse Verringerung der direkten Sonnenstrahlung läßt sich durch zurückgesetzte Scheiben oder durch *Sonnenblenden* über und neben den Fenstern erreichen. Für die Berechnung der dadurch bewirkten Beschattung müssen folgende Größen bekannt sein (Bild 353-32):

1. Die Himmelsrichtung der Wandnormale, bezogen auf die Südrichtung, das sog. *Wandazimuth* $a_W$,
2. die *Sonnenhöhe* $h$ aus Tafel 353-15,
3. das *Sonnenazimuth* $a_0$ aus Tafel 353-15.

Azimuthwinkel $\beta = a_0 \pm a_W$.

Mit diesen Werten kann aus Bild 353-33 die beschattete Fläche entnommen werden. Siehe hierzu auch Bild 114-7.

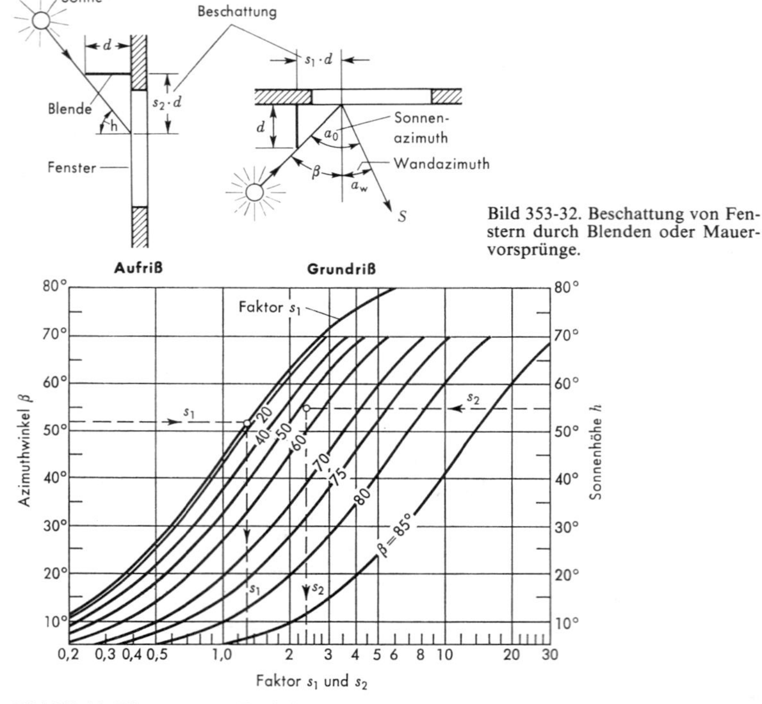


Bild 353-32. Beschattung von Fenstern durch Blenden oder Mauervorsprünge.

Bild 353-33. Diagramm zur Ermittlung der Beschattungsfaktoren $s_1$ für seitliche Blenden und $s_2$ für obere Blenden (Beschattungsdiagramm).

*Beispiel:*

Um wieviel wird ein nach Süden gelegenes Fenster am 21.6. um 14 Uhr beschattet, wenn über und neben dem Fenster ein Vorsprung von $d = 0{,}2$ m angebracht wird?

$a_0 = 52°$, $h = 55°$, $a_w = 0°$ (aus Tafel 353-15)

$\beta = a_0 \pm a_w = 52°$

Aus Bild 353-33: $s_1 = 1{,}3$ und $s_2 = 2{,}4$

Demnach ist die *Beschattungslänge*

auf der Seite $s_1 \cdot d = 1{,}3 \cdot 0{,}2 = 0{,}26$ m

oben $s_2 \cdot d = 2{,}4 \cdot 0{,}2 = 0{,}48$ m

**Tafel 353-15. Sonnenhöhe *h* und Sonnenazimuth $a_0$**

| Sonnenzeit | 22. 2. und 23. 10. | | 23. 3. und 24. 9. | | 20. 4. und 24. 8. | | 21. 5. und 23. 7. | | 21. 6. | | Sonnenzeit |
|---|---|---|---|---|---|---|---|---|---|---|---|
| | $h$ | $a_0$ | $h$ | $a_0$ | $h$ | $a_0$ | $h$ | $a_0$ | $h$ | $a_0$ | |
| 6 | – | – | – | – | 9 | 97 | 15 | 103 | 18 | 106 | 18 |
| 7 | 1 | 71 | 10 | 78 | 18 | 86 | 25 | 92 | 27 | 95 | 17 |
| 8 | 9 | 59 | 19 | 66 | 28 | 74 | 34 | 80 | 37 | 83 | 16 |
| 9 | 17 | 46 | 27 | 53 | 37 | 60 | 44 | 66 | 46 | 70 | 15 |
| 10 | 23 | 32 | 34 | 37 | 44 | 43 | 52 | 49 | 55 | 52 | 14 |
| 11 | 27 | 17 | 38 | 19 | 50 | 23 | 58 | 27 | 61 | 29 | 13 |
| 12 | 29 | 0 | 40 | 0 | 51 | 0 | 60 | 0 | 63 | 0 | 12 |

## -5 BELEUCHTUNGSWÄRME $\dot{Q}_B$[1])

Die Leistung der elektrischen Beleuchtungskörper setzt sich fast vollkommen in Wärme um und wird als Kühllast $\dot{Q}_B$ des Raumes oder Gebäudes wirksam. Allgemein gilt für die spezifische Beleuchtungswärme, bezogen auf die Bodenfläche $A$

$$\dot{q}_B = \dot{Q}_B/A = P/A \cdot l_1 \cdot \mu_B \cdot s_B \text{ in W/m}^2$$

$P$ = gesamte Anschlußleistung der Leuchten einschließlich Vorschaltleistung in W
$l_1$ = Gleichzeitigkeitsfaktor
$\mu_B$ = Raumbelastungsgrad
$s_B$ = Speicherfaktor (siehe Abschn. 353-63 und Tafel 353-22)

Der Anteil der verschiedenen *Energiearten* an der Gesamtwärmeabgabe ist bei ruhender Luft etwa:

| Energieart | Standard-Leuchtstofflampen ohne Vorschaltgerät 65 W | Glühlampen 100 W |
|---|---|---|
| sichtbare Strahlen | 20% | 10% |
| infrarote Strahlen | 40% | 80% |
| Leitung und Konvektion | 40% | 10% |

Bei den Standard-*Leuchtstofflampen* wird also nur ⅕ der el. Leistungsaufnahme in Licht umgesetzt. Moderne 3-Banden-Leuchtstofflampen mit 26 mm ∅ erreichen etwa ⅓. Ein Teil der sichtbaren und der unsichtbaren infraroten Strahlung wird innerhalb der Leuchte absorbiert, erhöht die Temperatur der Leuchtenbauteile, die nun ihrerseits wieder infrarote Strahlen aussenden. In erster Näherung kann man annehmen, daß eine Leuchtstofflampe etwa 50% der eingeführten Energie in Strahlung umsetzt.

Einheit des *Lichtstromes* ist das Lumen (lm), Einheit der *Beleuchtungsstärke* E das Lux (lx) = 1 lm/m².

Grundlage für die Bemessung der Beleuchtungsstärke ist DIN 5035, Teil 2 (10.79): Innenraumbeleuchtung mit künstlichem Licht. Wenn eine genaue Ermittlung der installierten Beleuchtung nicht möglich ist, können bei normalhohen Räumen die Zahlen in Tafel 353-17 für die Wärmeabgabe benutzt werden. Bei Angabe der Beleuchtungsstärke in Lux ist je Kilolux und je m² Bodenfläche mit einer Glühlampenleistung von etwa 240···200 W/m²klx zu rechnen. Bei modernen Leuchtstofflampen ist der Energiebedarf wesentlich geringer, etwa 40···20 W/m²klx. Neuere Entwicklung (s. Bild 353-34) mit elektronischen Vorschaltgeräten sogar nur ca. 15 W/m² klx.

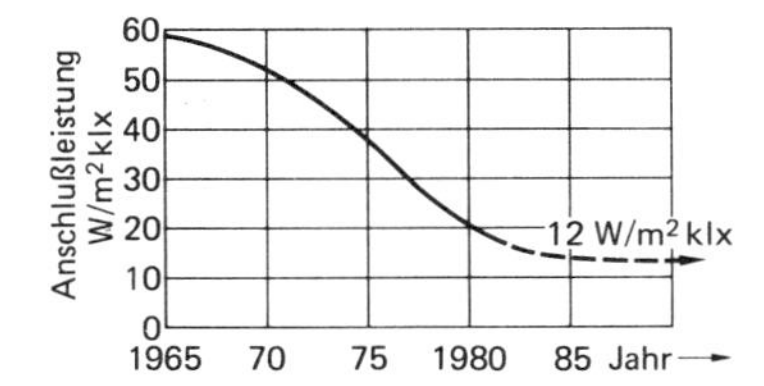


Bild 353-34. Entwicklung der Beleuchtungsanschlußleistung im Großraum (nach Hentschel).

Bei einer Beleuchtungsstärke von 1000 lx muß man also bei Leuchtstofflampen mit 20···40 Watt je m² Bodenfläche rechnen. (Die Sonne gibt eine Beleuchtungsstärke von 80000 bis 100000 lx, Tageslicht bei bedecktem Himmel 5000 lx, Vollmondnacht 0,25 lx).

Die *Lichtausbeute* einer Leuchte ist kein fester Wert, sondern abhängig von der gewünschten Farbwiedergabe, der Temperatur in der Leuchte, Alterung und Verschmutzung.

---

[1]) Bodmann, H. W.: Kältetechnik 1970. S. 142/9.
Steck, B.: HR 1972. S. 55/60 und Ges.-Ing. 5/79. S. 142 (9 S.)
Schröder, G.: Ki 7/73. S. 33/44.
Hentschel, H., u. Klein, G.: TAB 4/81, S. 11/16.

**Tafel 353-17. Nennbeleuchtungsstärke nach DIN 5035 und Anschlußleistung bei verschiedenartiger Raumnutzung*) (aus VDI 2078 – i. V.)**

| Raumzweck bzw. Art der Tätigkeit | Nenn-beleuchtungs-stärke $E_n$ [lx] | Anschlußleistung $P/A$ [W/m²] | |
|---|---|---|---|
| | | Allgebrauchs-Glühlampen | Leuchtstoff-lampen**) |
| Lagerräume, Wohnräume, Treppen, Theater | 100 | 20···25 | 4··· 8 |
| Büroarbeiten (Einzelbüro), allgemeine Unterrichtsräume, Schalter- und Kassenhallen, mittelfeine Montagearbeiten | 300 | 60···75 | 10···20 |
| Büroräume (Gruppenräume), EDV, Hörsäle mit Fenster, Forschungslaboratorien, Schaltwarten, Kaufhäuser, Ausstellungs- und Messehallen, feine Montagearbeiten | 500 | 100···120 | 12···24 |
| Großraumbüros, Technisches Zeichnen, Farbprüfungen, Supermärkte, Feinmontage, Färben, Gravieren, Hörsäle ohne Fenster | 750 | – | 15···30 |
| Montage feiner Geräte in der Elektroindustrie, feinmech. Arbeiten, Retuschier-, feine Gravierarbeiten | 1000 | – | 20···40 |
| Montage feinster Teile, Farbkontrolle bei sehr hohen Qualitätsansprüchen | 1500 | – | 30···60 |
| Elektronische Subminiaturteile, Uhrmacherei, Stahl- und Kupfersticharbeiten | 2000 | – | 40···80 |

*) Näherungswerte für eine überschlägige Vorplanung. Bei bekannter Leistung der Beleuchtungsanlage muß dieser Wert der Kühllastberechnung zugrunde gelegt werden.
**) Moderne 3-Banden-Leuchtstofflampen L65/58 W, 26 mm ∅ mit Drossel entsprechen den kleineren Werten. Die großen Werte gelten für Standard-Leuchtstofflampen alter Bauart mit 38 mm ∅.

**Tafel 353-18. Nennbeleuchtungsstärken $E_n$ nach DIN 5035, Teil 2 (10.79), Richtwerte für Arbeitsstätten**

| $E_n$ = 100···200 lux | 300···500 lux | 500···1000 lux |
|---|---|---|
| Lagerräume, Treppen, Flure, Tankstellen, Kantinen, Arbeitsplätze in Verfahrenstechnik, Schmieden, Grobmontage, Walzwerk | Büroplätze an Fenstern, Sitzungszimmer, Labors, mittelfeine bis feine Montage, Modellbau, Zuschneiden, Küchen | Büroräume ohne Tageslicht, Sanitätsräume, Großraumbüro, Technisches Zeichnen, Anreißen, Farbkontrolle, Retusche |

Weitere Richtwerte s. auch Arbeitsstättenrichtlinie 7/1: Künstliche Beleuchtung, 1979.

Lichtausbeute $\eta$ verschiedener Lichtquellen:

| | |
|---|---|
| Glühlampen 220 V | $\eta = 14$ lm/W |
| Standard-Leuchtstofflampen, 38 mm ∅ mit Drossel | $\eta = 52$ lm/W |
| 3-Banden-Leuchtstofflampe, 26 mm ∅ mit Drossel | $\eta = 76$ lm/W |
| dito mit elektronischem Vorschaltgerät | $\eta = 95$ lm/W |
| Quecksilberdampf-Hochdrucklampen | $\eta = 50\cdots60$ lm/W |
| Natriumdampf-Lampen | $\eta = 60\cdots70$ lm/W |

Der *Beleuchtungswirkungsgrad* $\eta_B$ ist das Verhältnis des für die Beleuchtung wirksamen Lichtstromes zum gesamten Lichtstrom und berücksichtigt die geometrischen Verhältnisse des Raumes, Anordnung der Leuchten, Reflexion der Flächen, direkte und indirekte Beleuchtung usw. Er kann Werte zwischen 0,3 (sehr ungünstig) und 0,9 (sehr gut) annehmen.

Die auf die Bodenfläche bezogene elektrische Anschlußleistung ist

$$\frac{P}{A} = E_n \cdot p \cdot \frac{1{,}25}{\eta \cdot \eta_B} \text{ in W/m}^2$$

$E_n$ = Nennbeleuchtungsstärke in klx
$p$ = spezifische Anschlußleistung in W/m² klx
$\eta_B$ = Beleuchtungswirkungsgrad
$\eta$ = Lichtausbeute der Lampe

Nennbeleuchtungsstärken nach Tafel 353-17 u. -18, ebenda Werte für P/A.

Der Faktor 1,25 berücksichtigt Alterung und Verschmutzung.

*Gleichzeitigkeitsfaktor* $l_1$. Dieser ist fallweise zusätzlich zu berücksichtigen. Z.B. wird man in einem Großraumbüro annehmen können, daß an sonnigen Tagen in den Außenzonen $l_1 \approx 0$ und in den Innenzonen $l_1 \approx 1$ ist.

*Abluftleuchten*

Um die durch die Beleuchtungswärme vergrößerte Kühllast zu verringern, verwendet man Abluftleuchten, d.h., man saugt die Raumluft über die Leuchten ab. So wird die Konvektionswärme und ein Teil der Strahlungsenergie an die Abluft übertragen. Dabei unterscheidet man gemäß Bild 353-35 und -36 drei *Hauptarten* von Abluftleuchten:

mit Spiegelraster
mit Rastervarianten
mit gelochter Prismenscheibe

und zwei Arten der *Abluftführung:*

Absaugung über Deckenhohlraum
Absaugung über Kanäle (isolierte oder nicht isolierte)

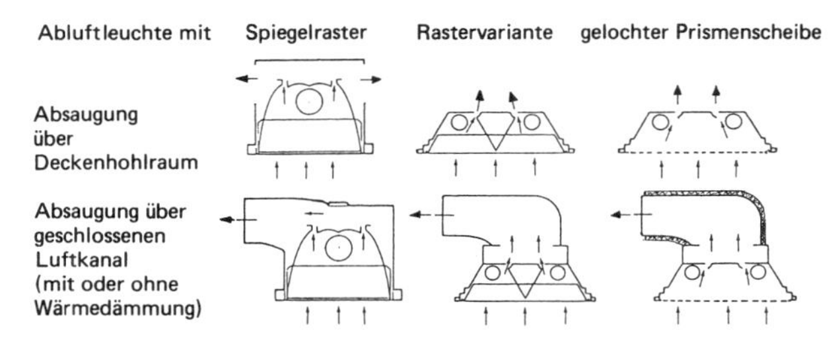


Bild 353-35. Leuchten für Leuchtstofflampen mit Absaugung.
oben: über Deckenhohlraum; unten: über geschlossenen Luftkanal

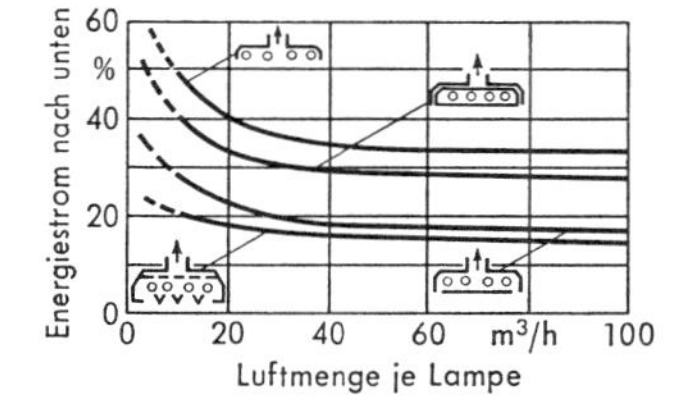


Bild 353-36. Nach unten dringender Energiestrom verschiedener Abluftleuchten von 200 Watt in Abhängigkeit vom Abluftvolumenstrom (nach Söllner).

**Tafel 353-19. Raumbelastungsgrad $\mu_B$ bei Abluftleuchten mit Leuchtstofflampen*) (nach VDI 2078, i. V.)**

| | Abluftvolumenstrom in m³/h | | | |
|---|---|---|---|---|
| Luftdurchsatz je 100 W Lampenleistung | 20 | 30 | 50 | 100 |
| Absaugung über Deckenhohlraum**) | 0,80 | 0,70 | 0,55 | 0,45 |
| Absaugung durch nicht isolierte Kanäle | 0,45 | 0,40 | 0,35 | 0,30 |
| Absaugung durch isolierte Kanäle | 0,40 | 0,35 | 0,30 | 0,25 |

*) Bei Einblasung von Zuluft im Deckenbereich sind die Tafelwerte u. U. etwas zu erhöhen. Bei unbelüfteten Leuchten ist $\mu_B = 1$.

**) Diese Werte gelten für Zwischengeschosse und Obergeschoß. Befindet sich im Geschoß unterhalb des zu berechnenden Raumes keine gleichartige Anlage, so sind die Tabellenwerte mit einem Faktor 0,9 zu multiplizieren.

Tafel 353-19 gibt für jeden dieser Fälle den *Raumbelastungsgrad* $\mu_B$ (früher Restwärmefaktor) an, der bei der Kühllastberechnung zu berücksichtigen ist. Bei günstiger Konstruktion der Leuchten und Abluftführung kann bis zu 75% der Lampenleistung mit der Luft abgeführt werden. In manchen Fällen kann diese Luft auch als *Umluft zur Heizung* verwendet werden, in Wärmerückgewinnungsanlagen ihre Wärme an die Außenluft abgeben oder über Wärmepumpenbetrieb der Warmwasserheizung zugeführt werden (Wärmeverschiebung).

Auch Bild 353-36 zeigt den Einfluß des Abluftvolumenstroms auf den nach unten dringenden Wärmestrom. Schon ein geringer Luftstrom führt einen beträchtlichen Teil der Leuchtenwärme ab. Gleichzeitig erhöht sich die temperaturabhängige Lichtausbeute.

Bei starker Beleuchtung ist es zur Verminderung der Kühllast immer zweckmäßig, die Konvektionswärme der Leuchtkörper gesondert abzuführen, z. B. durch die Raumabluft. Es sind auch Leuchten bekannt, die im *Heizfall* dem Raum die Wärme dann durch Umschalten des Luftstroms zuführen. Regelung durch Raumthermostat und Klappen in der Leuchte. Sie haben jedoch praktisch noch keine Bedeutung. Wassergekühlte Leuchten haben sich auch nicht durchsetzen können.

Das austretende Licht wird im Raum in Wärme umgewandelt. Bei manchen Luftführungssystemen interessiert die Frage, wo diese Wärme anfällt. Hier kann man angenähert die Wärme auf die Raumumschließungswände entsprechend den lichttechnischen Absorptionswerten verteilen.

## -6 WÄRMESPEICHERUNG[1])

### -61 Allgemeines

Bei den bisherigen Betrachtungen war angenommen, daß die Wärme, die durch die verschiedenen Wärmequellen, z. B. die Sonnenstrahlung, in die Räume eindringt, sofort von der Luft aufgenommen und abgeführt werden muß. Bei vielen Wärmequellen wird jedoch ein Teil der anfallenden Wärme zunächst durch Strahlung an die Raumumfassungswände übertragen, die sich dadurch erwärmen. Fällt z. B. Sonnenstrahlung durch Fenster auf den Fußboden, so erwärmt sich dieser zuerst schnell, dann langsamer. Die Wärme wird also im Fußboden gespeichert und braucht nicht sofort als Kühllast der Klimaanlage berücksichtigt zu werden.

[1]) Masuch, J.: HLH 1970. S. 430/48 und 448/53.
Masuch, J.: Ges.-Ing. 1971. S. 317/31 u. 349/61.
Engelbrekt, I.: Ki 10/73. 4 S.
Masuch, J.: HLH 8/76. S. 278/82 u. LTG Lufttechn. Inf. Heft 15 (12. 75).
Jahn, A.: HLH 9/77. S. 319/30.

Durch diesen Vorgang der *Wärmespeicherung* wird die Kühllast der Anlage unter Umständen erheblich vermindert. Dasselbe trifft auch auf die Beleuchtungswärme zu, da die Leuchtkörper einen erheblichen Teil ihrer Energie in Form von Strahlung abgeben, z. B. geben Leuchtstofflampen etwa 60% ihrer Leistung als Strahlung und 40% als Konvektionswärme ab.

Auch die von Menschen abgegebene fühlbare Wärme ist etwa je zur Hälfte Strahlungs- und Konvektionswärme.

## -62 Speicherung der Sonnenwärme

Der momentane Wärmedurchgang infolge direkter und diffuser Sonnenstrahlung durch ungeschützte Einfachfenster auf der Westseite eines Gebäudes ist gemäß Tafel 353-11 in Bild 353-40 dargestellt. Infolge der Speicherung durch die Umfassungswände einschließlich Fußboden wird die *Kühllastspitze* wesentlich verringert, so daß eine kleinere Kältemaschine möglich ist.

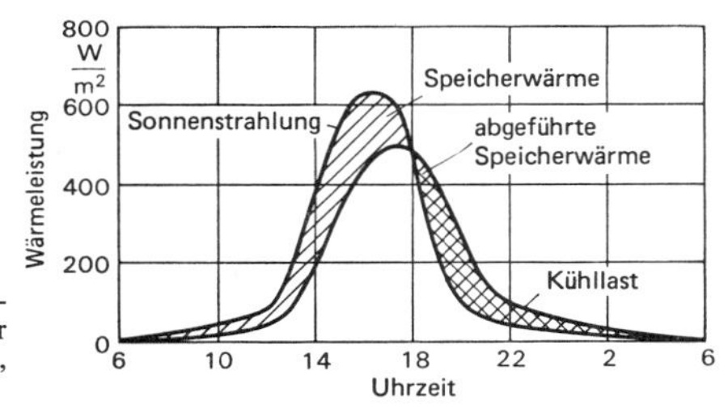


Bild 353-40. Speicherung von Sonnenstrahlungswärme bei Fenstern auf der Westseite, mittelschwere Bauweise, 24stündiger Betrieb.

Die *Gesamtkühlenergie* der Klimaanlage bleibt natürlich unverändert, da die zugeführte Gesamtwärme auch wieder abgeführt werden muß. Die schraffierten Flächen sind einander gleich. Die *zeitliche Verschiebung* des Kühllastmaximums ist hier etwa eine Stunde.

Die Speicherung ist desto größer, je größer die *Wärmekapazität* des Bauwerks ist. Da die spez. Wärmekapazität für alle Baustoffe annähernd gleich groß ist, nämlich $\approx 0{,}9$ kJ/kg K, kann man auch sagen, daß die Wärmespeicherung mit dem Gewicht der Umfassungsflächen zunimmt. Je schwerer der Bau ist, desto größer die Speicherung.

Bild 353-41 zeigt deutlich den Unterschied der Speicherwärme bei leichter und schwerer Bauweise, bezogen auf nach Süden gelegene Fenster. Bei leichter Bauweise (150 kg Masse sämtlicher Umfassungswände einschl. Fußboden je 1 $m^2$ Bodenfläche) beträgt das Maximum der Kühllast um 13.30 Uhr etwa 400 W/$m^2$, bei schwerer Bauweise (750 kg/$m^2$) um 14.30 Uhr rund 220 W/$m^2$. Im letzteren Fall hat sich also durch die Berücksichtigung der Speicherung die Kühllast auf fast die Hälfte vermindert.

Teppiche, Holzmöbel, Holzverkleidungen der Wände vermindern die Wärmespeicherung, ebenso Deckenunterspannungen und schwimmende Estriche.

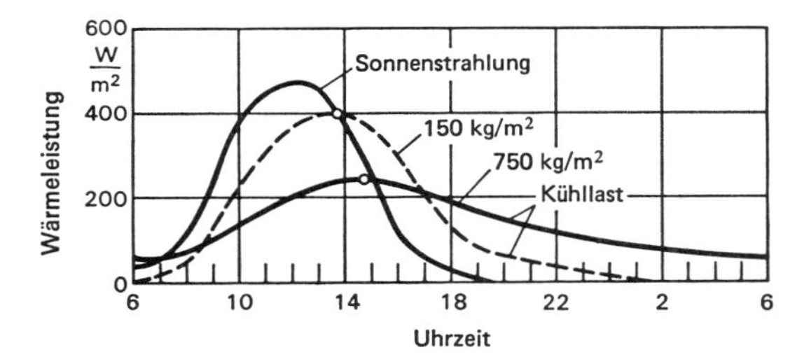


Bild 353-41. Speicherung von Sonnenstrahlungswärme bei Fenstern auf Südseite für leichte und schwere Bauweise, 24stündiger Betrieb.

Der die Kühllast verkleinernde Faktor $s$ ist abhängig von der *Wärmespeicherfähigkeit* des Raumes und der Art des Sonnenschutzes[1]). Bei dicken nicht isolierten Raumumfassungen ist $s$ klein (die Speicherung groß), bei dünnen, leichten Wänden oder bei gut isolierten Raumumfassungen dagegen ist $s$ groß, die Speicherung gering. Der Unterschied des Faktors $s$ bei äußerem bzw. innerem Sonnenschutz ist darauf zurückzuführen, daß der Konvektionsanteil, der die Klimaanlage direkt belastet, im ersten Fall wesentlich kleiner ist als im zweiten Fall.

---

[1]) Die überarbeitete VDI 2078 (i. V.) enthält zwei verschiedene Berechnungsverfahren für $s$:

a) *Kurzverfahren* für manuelle Berechnung wie bisher mit äquivalenter Temperaturdifferenz und Speicherfaktor $s$. Die äquivalente Temperaturdifferenz für die Berechnung des Wärmedurchgangs $\dot{Q}_w$ durch Wände ist jedoch straffer dargestellt als bisher. Man unterscheidet nur noch 6 prinzipiell verschiedene Bauarten, für die die Temperaturverläufe angegeben sind. Eine Vielzahl technischer Ausführungen verschiedener Wände und Dächern ist aufgelistet und einer dieser 6 Bauarten zugeordnet.
Die Berechnung der Sonnen- und Beleuchtungswärme erfolgt weiterhin mit Speicherfaktoren $s$. Dabei ist die Strahlungsbelastung weiterhin als stetige Kurve vorgegeben. Schlagschatten oder plötzlich geänderter Sonnenschutz sind in bezug auf die Wärmespeicherung damit nicht korrekt berechenbar. Dies ist aber möglich bei dem

b) EDV-Verfahren, d. h. *Methode der Gewichtsfaktoren**).
Das Lastprofil über der Zeit kann beliebig, z. B. auch unstetig vorgegeben werden. Es wird aus einzelnen zeitlich aufeinanderfolgenden Lastimpulsen (Laststößen) zusammengesetzt.
Je nach Speicherfähigkeit des Raumes gibt es eine *Gewichtsfunktion* $G$ über der Zeit. Diese ist die zeitliche Ableitung der Übergangsfunktion $\ddot{U}$, die als Antwort auf einen Sprung folgt (Bild 353-42):

$$G = \frac{d\ddot{U}}{dt}.$$

Die Funktion $G$ zeigt das Abklingverhalten des Lastimpulses zur Zeit $t = 0$. Durch Addition der verschiedenen zeitlich versetzten Impulse und ihrer Auswirkungen in Form zugehörigen Abklingens erhält man die Gesamtreaktion der Raumtemperatur über der Zeit. Man beachte, daß die Übergangsfunktion $\ddot{U}$ auch eine Verzugszeit $T_u$ haben kann und somit die maximale Raumreaktion bei $t > 0$ auftritt.
Die Gewichtsfunktion nach Bild 353-42a stellt sich ein, wenn Strahlungswärme durch Fenster im Raum wirksam wird; die Kurvenform gem. Bild 353-42b liegt vor, wenn die Wärme durch Wände eindringt (mit Speicherung).

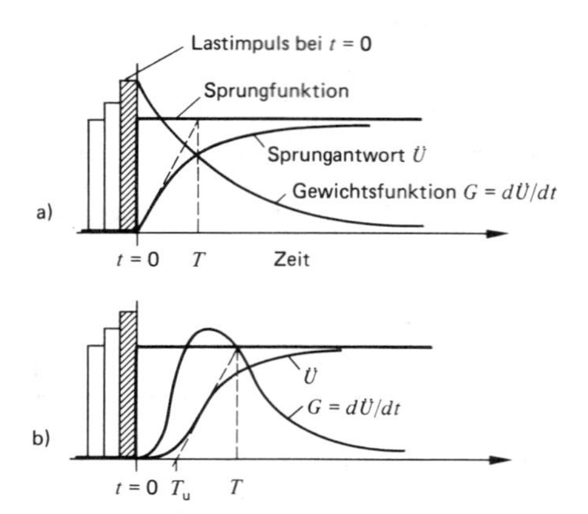


Bild 353-42. Gewichtsfunktion $G$ zur Berechnung der Raumreaktion auf einen Lastimpuls:
a) ohne Totzeit
b) mit Verzugszeit

---

*) Masuch, J.: VDI-Forschungsheft 557 (1973). VDI-Verlag
Jahn, A.: Diss. TU Berlin, 1978, und Ges.-Ing. 10/77. S. 253/88.

In Bild 353-43 ist der *Speicherfaktor s* angegeben, der sich jeweils bei der *maximalen Sonnenstrahlung* auf die verschiedenen Flächen ergibt. Beispielsweise beträgt im Juli auf der Westseite nach Tafel 353-11 der maximale Strahlungsanfall 590 W/m². Der dazugehörige Speicherfaktor hat bei wenig speichernden Wänden und innerem Sonnenschutz nach Bild 353-43 den Wert $s = 0{,}83$.

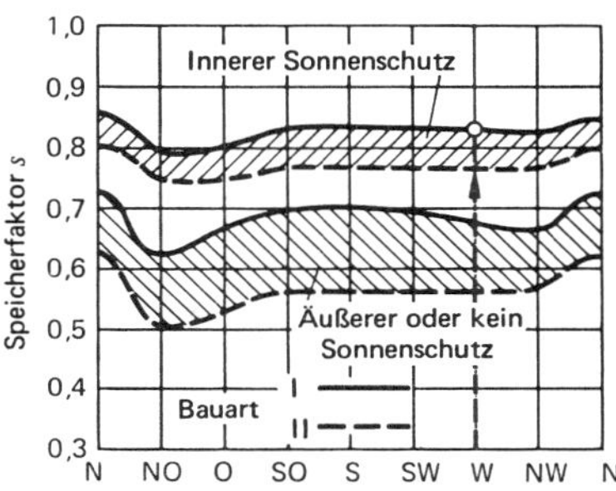


Bild 353-43. Speicherfaktor $s$ bei Sonnenstrahlung durch Fenster bezogen auf jeweils maximale Werte der Sonnenstrahlung.

Bauart I: schwimmender Estrich, Teppiche, keine oder leichte Zwischenwände.

Bauart II: Massivfußboden ohne Teppiche, dicke Zwischenwände.

Nicht speichernde Flächen: wie vor, zusätzlich abgehängte Decke ($s = 1{,}0$).

In den *Kühllastregeln* VDI 2078 (8.77) ist der Speicherfaktor $s$ in Form einer Tabelle für verschiedene Monate und alle Tagesstunden von 5 bis 22 Uhr angegeben (Tafel 353-20). Zur Berechnung der durch die Speicherwirkung verringerten Kühllast $\dot{Q}_s$ ist jeweils das tägliche Maximum der Strahlungsenergie $I_{max}$ bzw. $I_{diff\ max}$ mit dem Speicherfaktor $s$ zu multiplizieren:

$$\dot{Q}_s = A_1 \cdot I_{max} \cdot b \cdot s \text{ in W}$$

bzw. bei beschatteten Flächen

$$\dot{Q}_s = (A_1 \cdot I_{max} + (A - A_1)\, I_{diff\,max}) \cdot b \cdot s \text{ in W}$$

$A_1$ = besonnte Glasfläche
$A$ = gesamte Glasfläche

Dabei sind wenig und stärker speichernde Bauarten unterschieden.

Wenig speichernd (Bauart I) $G < 350$ kg/m²
Stärker speichernd (Bauart II) $G > 350$ kg/m²

$G$ = spezifische Baumasse

$$= \frac{\Sigma \text{ Masse Außenwände} + 0{,}5\ \Sigma \text{ Masse Innenwände, Decke, Fußboden}}{\text{Fußbodenfläche}}$$

*1. Beispiel:*

Wie groß ist bei einem Büroraum mit Einfachfenster im Juli auf der Westseite um 16 Uhr die max. Kühllast $\dot{q}_s$? Schwimmender Estrich, leichte Zwischenwände (Bauart I, wenig speichernd), Innenvorhang mit Sonnendurchlaßfaktor $b = 0{,}6$.

$I_{max}$ = 590 W/m² (aus Tafel 353-11)

$s$ = 0,83 (aus Bild 353-43 u. Tafel 353-20)

Kühllast $\dot{q}_s = I_{max} \cdot b \cdot s = 590 \cdot 0{,}6 \cdot 0{,}83 = 294$ W/m² je m² Fensterfläche

*2. Beispiel:*

Wie groß ist die durch Sonnenstrahlung eindringende Wärme bei einem Südfenster ohne Sonnenschutz und Beschattung um 10 Uhr im Juli? Bauart I.

$\dot{q}_s = I_{max} \cdot s$
$I_{max}$ = 471 W/m² (Tafel 353-11 bei 12 Uhr)
$s = 0{,}43$ (Tafel 353-20)

$\dot{q}_s = 471 \cdot 0{,}43 = 202$ W/m².

Bei teilweise beschatteter Glasfläche ändert sich der Flächenanteil ständig mit dem Sonnengang. Dies hängt von der geometrischen Form eines Mauervorsprungs ab. Die oben angegebene Formel für $\dot{Q}_s$ kann daher nur eine Näherung sein, wenn man sich auf die Flächen $A$ und $A_1$ bezieht, die zum Zeitpunkt bei $I_{max}$ vorliegen. Je nach geometrischer Lage des Sonnenschutzes kann man genauere Speicherfaktoren berechnen[1]).

[1]) Todorović, B., u.a.: ASHRAE Transactions 1984. S. B2–662.

**Tafel 353-20. Speicherfaktor *s* für Strahlungsenergie durch Fenster für Auslegungsmonat Juli und Mai (aus VDI 2078 – 8.77)** **Fettdruck:** Maxima

| Wahre Ortszeit (Sonnenzeit) | | | 5 | 6 | 7 | 8 | 9 | 10 | 11 | 12 | 13 | 14 | 15 | 16 | 17 | 18 | 19 | 20 | 21 | 22 h |
|---|---|---|---|---|---|---|---|---|---|---|---|---|---|---|---|---|---|---|---|---|
| Bauart I*) (wenig speichernd) | Äußerer bzw. kein Sonnenschutz | NO | 0,19 | 0,45 | 0,61 | **0,62** | 0,49 | 0,38 | 0,34 | 0,32 | 0,31 | 0,30 | 0,28 | 0,24 | 0,21 | 0,16 | 0,11 | 0,06 | 0,04 | 0,03 |
| | | O | 0,09 | 0,32 | 0,51 | 0,64 | **0,67** | 0,59 | 0,43 | 0,31 | 0,27 | 0,24 | 0,21 | 0,18 | 0,16 | 0,12 | 0,09 | 0,05 | 0,04 | 0,03 |
| | | SO | 0,03 | 0,17 | 0,35 | 0,53 | 0,65 | **0,71** | 0,67 | 0,55 | 0,39 | 0,31 | 0,26 | 0,22 | 0,18 | 0,14 | 0,10 | 0,06 | 0,04 | 0,03 |
| | | S | 0,03 | 0,07 | 0,10 | 0,15 | 0,26 | 0,43 | 0,57 | 0,68 | **0,69** | 0,63 | 0,49 | 0,35 | 0,25 | 0,19 | 0,13 | 0,08 | 0,05 | 0,04 |
| | | SW | 0,03 | 0,06 | 0,09 | 0,12 | 0,15 | 0,18 | 0,21 | 0,33 | 0,50 | 0,64 | **0,70** | 0,70 | 0,60 | 0,45 | 0,25 | 0,14 | 0,09 | 0,07 |
| | | W | 0,03 | 0,06 | 0,09 | 0,12 | 0,14 | 0,16 | 0,18 | 0,19 | 0,23 | 0,40 | 0,56 | 0,67 | **0,68** | 0,58 | 0,38 | 0,18 | 0,12 | 0,08 |
| | | NW | 0,03 | 0,08 | 0,12 | 0,16 | 0,20 | 0,24 | 0,26 | 0,27 | 0,28 | 0,28 | 0,34 | 0,52 | **0,66** | 0,66 | 0,49 | 0,24 | 0,14 | 0,09 |
| | | N | 0,22 | 0,32 | 0,34 | 0,44 | 0,53 | 0,62 | 0,67 | 0,71 | 0,73 | 0,72 | 0,67 | 0,61 | 0,51 | 0,46 | 0,46 | 0,22 | 0,12 | 0,07 |
| | Innerer Sonnenschutz | NO | 0,31 | 0,64 | **0,79** | 0,72 | 0,50 | 0,36 | 0,35 | 0,34 | 0,34 | 0,32 | 0,29 | 0,25 | 0,20 | 0,15 | 0,08 | 0,03 | 0,02 | 0,02 |
| | | O | 0,16 | 0,47 | 0,69 | **0,81** | 0,78 | 0,62 | 0,39 | 0,28 | 0,25 | 0,23 | 0,21 | 0,18 | 0,14 | 0,11 | 0,06 | 0,03 | 0,02 | 0,01 |
| | | SO | 0,04 | 0,26 | 0,49 | 0,69 | 0,80 | **0,83** | 0,74 | 0,54 | 0,34 | 0,28 | 0,24 | 0,20 | 0,16 | 0,12 | 0,07 | 0,03 | 0,02 | 0,02 |
| | | S | 0,04 | 0,09 | 0,13 | 0,20 | 0,35 | 0,57 | 0,73 | **0,83** | 0,79 | 0,68 | 0,48 | 0,30 | 0,22 | 0,15 | 0,09 | 0,04 | 0,03 | 0,02 |
| | | SW | 0,04 | 0,08 | 0,12 | 0,15 | 0,18 | 0,21 | 0,25 | 0,43 | 0,65 | 0,80 | **0,83** | 0,78 | 0,62 | 0,41 | 0,15 | 0,08 | 0,05 | 0,04 |
| | | W | 0,03 | 0,07 | 0,11 | 0,14 | 0,17 | 0,19 | 0,21 | 0,21 | 0,29 | 0,52 | 0,72 | **0,83** | 0,78 | 0,61 | 0,31 | 0,10 | 0,06 | 0,04 |
| | | NW | 0,04 | 0,10 | 0,16 | 0,21 | 0,25 | 0,29 | 0,31 | 0,32 | 0,32 | 0,31 | 0,42 | 0,67 | **0,82** | 0,76 | 0,47 | 0,13 | 0,07 | 0,05 |
| | | N | 0,36 | 0,41 | 0,44 | 0,56 | 0,67 | 0,77 | 0,83 | **0,85** | 0,85 | 0,82 | 0,75 | 0,65 | 0,53 | 0,49 | 0,50 | 0,13 | 0,07 | 0,03 |
| Bauart II**) (stärker speichernd) | Äußerer bzw. kein Sonnenschutz | NO | 0,20 | 0,40 | **0,50** | 0,49 | 0,38 | 0,31 | 0,31 | 0,31 | 0,31 | 0,30 | 0,28 | 0,26 | 0,23 | 0,20 | 0,16 | 0,12 | 0,11 | 0,09 |
| | | O | 0,12 | 0,30 | 0,43 | 0,52 | **0,53** | 0,46 | 0,35 | 0,29 | 0,27 | 0,26 | 0,24 | 0,22 | 0,20 | 0,17 | 0,14 | 0,12 | 0,10 | 0,09 |
| | | SO | 0,06 | 0,18 | 0,31 | 0,44 | 0,52 | **0,56** | 0,53 | 0,44 | 0,34 | 0,30 | 0,28 | 0,26 | 0,23 | 0,20 | 0,16 | 0,13 | 0,12 | 0,11 |
| | | S | 0,07 | 0,09 | 0,12 | 0,15 | 0,24 | 0,37 | 0,47 | **0,55** | 0,55 | 0,51 | 0,41 | 0,32 | 0,27 | 0,23 | 0,19 | 0,15 | 0,14 | 0,12 |
| | | SW | 0,08 | 0,10 | 0,12 | 0,14 | 0,15 | 0,17 | 0,19 | 0,29 | 0,43 | 0,53 | **0,57** | 0,56 | 0,49 | 0,39 | 0,25 | 0,20 | 0,17 | 0,16 |
| | | W | 0,08 | 0,10 | 0,11 | 0,13 | 0,15 | 0,16 | 0,17 | 0,17 | 0,22 | 0,35 | 0,48 | **0,55** | 0,55 | 0,47 | 0,32 | 0,20 | 0,18 | 0,16 |
| | | NW | 0,09 | 0,11 | 0,14 | 0,17 | 0,19 | 0,21 | 0,23 | 0,24 | 0,25 | 0,25 | 0,31 | 0,46 | **0,56** | 0,54 | 0,40 | 0,22 | 0,18 | 0,16 |
| | | N | 0,27 | 0,30 | 0,32 | 0,39 | 0,46 | 0,53 | 0,57 | 0,60 | **0,62** | 0,62 | 0,60 | 0,56 | 0,49 | 0,47 | 0,49 | 0,27 | 0,22 | 0,19 |
| | Innerer Sonnenschutz | NO | 0,32 | 0,62 | **0,74** | 0,65 | 0,44 | 0,33 | 0,34 | 0,34 | 0,34 | 0,32 | 0,30 | 0,26 | 0,22 | 0,17 | 0,11 | 0,06 | 0,06 | 0,05 |
| | | O | 0,17 | 0,46 | 0,64 | **0,74** | 0,71 | 0,56 | 0,35 | 0,27 | 0,26 | 0,24 | 0,23 | 0,20 | 0,17 | 0,13 | 0,09 | 0,06 | 0,06 | 0,05 |
| | | SO | 0,06 | 0,27 | 0,47 | 0,65 | 0,74 | **0,76** | 0,67 | 0,49 | 0,32 | 0,27 | 0,25 | 0,22 | 0,19 | 0,15 | 0,10 | 0,07 | 0,06 | 0,06 |
| | | S | 0,06 | 0,10 | 0,14 | 0,20 | 0,34 | 0,54 | 0,67 | **0,76** | 0,72 | 0,61 | 0,43 | 0,29 | 0,22 | 0,18 | 0,12 | 0,08 | 0,07 | 0,06 |
| | | SW | 0,06 | 0,10 | 0,13 | 0,16 | 0,18 | 0,20 | 0,24 | 0,41 | 0,61 | 0,74 | **0,76** | 0,71 | 0,57 | 0,38 | 0,15 | 0,11 | 0,09 | 0,08 |
| | | W | 0,06 | 0,10 | 0,12 | 0,15 | 0,17 | 0,19 | 0,20 | 0,21 | 0,28 | 0,50 | 0,68 | **0,76** | 0,71 | 0,55 | 0,28 | 0,12 | 0,09 | 0,00 |
| | | NW | 0,07 | 0,12 | 0,17 | 0,21 | 0,25 | 0,27 | 0,29 | 0,30 | 0,30 | 0,29 | 0,40 | 0,64 | **0,76** | 0,69 | 0,42 | 0,13 | 0,10 | 0,08 |
| | | N | 0,40 | 0,39 | 0,43 | 0,53 | 0,63 | 0,72 | 0,77 | 0,79 | **0,80** | 0,77 | 0,71 | 0,62 | 0,52 | 0,49 | 0,51 | 0,16 | 0,12 | 0,10 |

*) Bauart I: Spezifische Baumasse zwischen $G = 100$ und 350 kg je m² Fußbodenfläche. Bei $G > 350$, wenn Fußboden und Decke isoliert sind (z. B. schwimmender Estrich, Teppich, untergehängte Decke).

**) Bauart II: Baumasse $G > 350$ kg je m² Fußbodenfläche, wenn Fußboden und/oder Decke unisoliert sind.

**Tafel 353-22. Speicherfaktor $s_B$ für Beleuchtungswärme (aus VDI 2078 – 8.77)**

| | Gebäudetyp | Leuchten-anordnung | Zeitraum nach dem Einschalten der Beleuchtung | | | | Zeitraum nach dem Abschalten der Beleuchtung | | |
|---|---|---|---|---|---|---|---|---|---|
| Unbelüftete Leuchten | Bauart I (wenig speichernd) | | bis 2 h | 2 bis 8 h | > 8 h | | bis 2 h | 2 bis 6 h | > 6 h |
| | | frei hängend | 0,8 | 0,9 | 1,0 | | 0,1 | 0 | |
| | | In Decke eingebaut oder angebaut | 0,75 | | | | 0,2 | 0,1 | 0 |
| | Bauart II (stärker speichernd) | | bis 2 h | 2 bis 8 h | 8 bis 16 h | > 16 h | bis 6 h | > 6 h | |
| | | frei hängend | 0,85 | 0,9 | 0,95 | 1,0 | 0,1 | 0 | |
| | | In Decke eingebaut oder angebaut | 0,7 | 0,8 | 0,9 | | 0,15 | 0,1 | |
| Absaugleuchten*) | | | bis 2 h | 2 bis 8 h | 8 bis 16 h | > 16 h | bis 6 h | > 6 h | |
| | | | 0,6 | 0,75 | 0,9 | 1,0 | 0,15 | 0,1 | |

Bei Beleuchtungszeiten von 20 h je Tag und mehr ist für jede Stunde $s_B = 1$ zu setzen.
*) Bei Leuchten mit reiner Zuluftkühlung ist $s_B = 1$.

### -63 Speicherung der Beleuchtungswärme

Ähnliche Bedingungen gelten für die *Beleuchtungswärme*. Beim Einschalten der Beleuchtungskörper entsteht sofort Wärme – Licht, infrarote Strahlung und Konvektionswärme –, die zu einem Teil gespeichert wird. Beim Ausschalten entfällt sofort die primäre Wärmequelle, jedoch muß jetzt bei konstanter Raumtemperatur die gespeicherte Wärme durch die Luftkühlung abgeführt werden.

In Bild 353-44 ist angenommen, daß frei hängende Leuchtstofflampen mit einer Leistung von 30 Watt/m² in einem fensterlosen Raum von 8 bis 18 Uhr in Betrieb sind, wobei mittleres Wandgewicht und 24stündiger Betrieb vorausgesetzt sind. Die schraffierten Flächen sind wieder einander gleich.

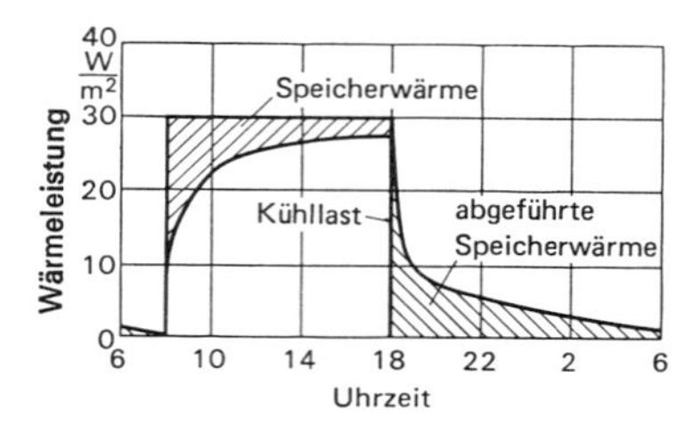


Bild 353-44. Speicherung der Wärme von Leuchtstofflampen 30 Watt/m², mittlere Wandmasse ≈ 500 kg/m², 24stündiger Betrieb.

*Speicherfaktor $s_B$ bei Beleuchtung*

Dieser Faktor wird dann in der Kühllastberechnung benutzt, wenn die Leuchten nicht dauernd im Betrieb sind, wie es wohl meist der Fall ist. Je kürzer die Betriebszeit, desto geringer der Faktor. Bei Dauerbeleuchtung ist $s_B = 1$.

Nach Tafel 353-22 unterscheidet man

2 Bauarten:
wenig speichernd
stärker speichernd

2 Leuchtenanordnungen: frei hängend und eingebaut

2 Zeiträume: vor und nach Einschalten der Beleuchtung.

Die Größe des Faktors $s_B$ kann für jeden Bedarfsfall aus der Tafel entnommen werden. Beispielsweise wird man in einem Großraumbüro für die Innenzone mit dauernder Beleuchtung $s_B = 1$ annehmen, für die Außenzone wesentlich geringer.

Die Kühllastregel VDI 2078 (8.77) befindet sich derzeit in Überarbeitung. Die Speicherfaktoren sollen durch *Gewichtsfunktionen* ersetzt werden (Bild 353-42).

### -64 Die Abkühlwärme

Wird die Luftkühlung nach Schluß der Arbeitszeit abgestellt, so verbleibt namentlich auf der Westseite von Gebäuden innerhalb der Räume noch eine erhebliche Speicherwärme, die am nächsten Morgen bei Inbetriebnahme der Klimaanlage abgeführt werden muß. Dadurch ergibt sich am Morgen eine verhältnismäßig große Kühllast oder die Notwendigkeit, einige Zeit vor Nutzungsbeginn die Klimaanlage einzuschalten.

In Bild 353-46 ist für nach Süden gelegene Fenster die Kühllast bei 12- und bei 24stündigem Betrieb dargestellt. Man sieht, daß bei dem kurzzeitigen Betrieb am Morgen eine

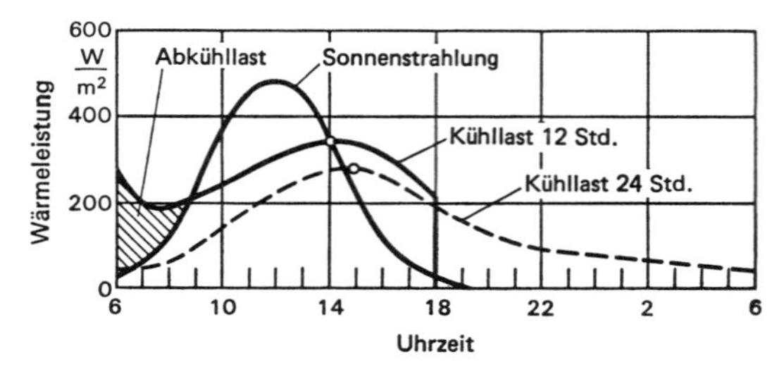


Bild 353-46. Speicherung von Sonnenwärme durch Fenster auf Südseite bei 12- und 24stündigem Betrieb, mittlere Wandmasse 500 kg/m².

große Kühllast für die Beseitigung der Speicherwärme erforderlich ist. Man nennt diese Wärmemenge die *Abkühllast*. Sie ist desto kleiner, je länger die Kältemaschine läuft.

Die maximale Kühllast verringert sich durch die Verlängerung der Betriebszeit von 325 W/m² bei 12stündigem Betrieb auf 275 W/m² bei 24stündigem Betrieb.

Eine Verringerung der Kühlleistung und des Energieverbrauchs ist möglich, wenn man in der Nacht die tagsüber eingebrachte Wärme durch *Kühlung mit Außenluft* zum Teil abführt. Dies ist besonders bei schwerer Bauweise zweckmäßig. Tags werden die Räume mit minimalem Außenluftanteil versorgt, nachts ist der Außenluftstrom 2- bis 4mal so groß. Der *Umschaltbetrieb* liegt zweckmäßig etwa zwischen 23 und 8 Uhr. Die dabei erreichbare Reduzierung der Spitzenlast ist allerdings schwer zu errechnen, da sehr viele Faktoren zu berücksichtigen sind, wie Speichermasse, Dämmung, Möblierung, Teppiche u. a. Am besten wählt man die Umschaltzeiten durch Versuche am ausgeführten Gebäude. Dies ist auch ein zweckmäßiges Anwendungsgebiet selbstoptimierender DDC-Regler, wobei diese vielleicht zukünftig auch den Witterungstrend beachten.

## -7 LUFTWECHSEL

Nachdem $\dot{q}_K = \dot{q}_M + \dot{q}_s \cdots$ ermittelt ist, ergibt sich der stündliche Luftwechsel aus der bereits am Anfang von Abschn. 353 erwähnten Gleichung

$$l = \frac{3{,}6 \cdot \dot{q}_K}{c \cdot \varrho \cdot \Delta t} = \frac{3{,}6\, \dot{q}_K}{1 \cdot 1{,}2 \cdot \Delta t} = \frac{3\, \dot{q}_K}{\Delta t} \text{ je h} \qquad (\dot{q}_K \text{ in W/m}^3)$$

bzw. die sekundliche Luftmenge

$$\dot{V}_s = \frac{\dot{Q}_K}{c \cdot \varrho \cdot \Delta t} = \frac{\dot{Q}_K}{1 \cdot 1{,}2 \cdot \Delta t} \text{ in m}^3\text{/s.} \qquad (\dot{Q}_K \text{ in kW})$$

In dieser Gleichung ist entweder der *Luftwechsel* $l$ oder die *Untertemperatur* $\Delta t$ frei wählbar. Die Wahl der Untertemperatur $\Delta t$ der eintretenden Luft gegenüber der Raumluft hängt von dem zur Verfügung stehenden Kühlmittel ab. Um Zugerscheinungen zu vermeiden, soll $\Delta t$ bei normalen Luftkühl- oder Klimaanlagen etwa 6 bis 8 K betragen. Bei Anlagen mit starker Induktionswirkung kann $\Delta t$ auch größer sein: 10 bis 12 K. Bei Luftauslässen am Boden soll $\Delta t < 5$ bis 6 K sein. Der Luftwechsel $l$ bestimmt sich nach den bei Lüftungsanlagen gemachten Angaben (Tafel 351-1).

## -8 Beispiel einer Kühllastberechnung

Für den in Bild 353-48 gezeichneten Raum soll eine *Kühllastberechnung* durchgeführt werden. Die Rechnung wird am besten mittels eines Formblattes Tafel 353-23 vorgenommen, zu dem noch folgendes ergänzt wird:

Die maximale Kühllast wird wegen der großen Fenster auf der Westseite im Juli um 16 Uhr erwartet.

Die Wärmedurchgangszahlen $k$ für die verschiedenen Bauteile werden aus Abschnitt 241 entnommen.

Die Temperaturunterschiede $\Delta t_{äq}$ für sonnenbestrahlte Flächen sind in Tafel 353-7 und -8 enthalten.

Die durch Fenster eindringende Sonnenstrahlung $\dot{q}_s$ siehe Tafel 353-11.

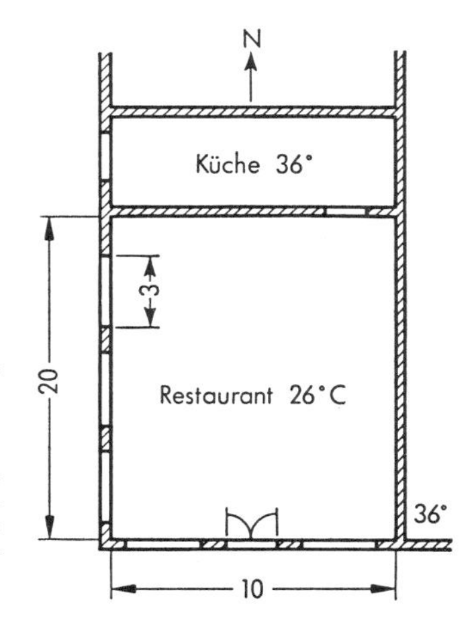


Bild 353-48. Raumgrundriß zur Kühllastberechnung nach Tafel 353-23.

Raumhöhe 3 m
Fensterhöhe 2 m, Breite 3 m
Zweifachfenster aus Kunststoff $k = 3{,}0$ W/m² K
Außenwände (300 kg/m²) $k = 0{,}74$ W/m² K
Innenwände $k = 1{,}16$ W/m² K
Warmdach (200 kg/m²) $k = 0{,}52$ W/m² K
Innenvorhänge
Glastür 2 · 2 m

Sonnendurchlaßfaktor $b$ in Tafel 353-13.
Speicherfaktor $s$ in Tafel 353-20.
Beleuchtung ohne Absaugung dauernd in Betrieb.
Kühlwasser 8/12 °C.

### -81 Kühllastberechnung (siehe Tafel 353-23)

Raum Nr. . . . . . . . . . . . . . . . . . . . . . . . .
Rauminhalt . . . . . . . . . . . . . . . . . . . . . . . 600 m³
Temperatur außen . . . . . . . . . . . . . . . . . . $t_a = 32\,°C/40\%$ r. F ($h = 63{,}0$ kJ/kg)
Temperatur innen . . . . . . . . . . . . . . . . . . $t_r = 26\,°C/50\%$ r. F ($h = 53{,}0$ kJ/kg)
Sonnendurchlaßfaktor . . . . . . . . . . . . . . $b = 0{,}5 \cdot 0{,}9 = 0{,}45$
Beleuchtung . . . . . . . . . . . . . . . . . . . . . . . 20 W/m²
Anzahl der Personen . . . . . . . . . . . . . . . 20
Außenluftrate je Person . . . . . . . . . . . . . 30 m³/h
Außenluftmenge . . . . . . . . . . . . . . . . . . . $\dot{V}_a = 20 \cdot 30 = 600$ m³/h $= 0{,}167$ m³/s
Glasanteil (Tafel 353-12) . . . . . . . . . . . . $g = 0{,}9$
Bauart (wenig speichernd) . . . . . . . . . . . I
Luftzustandsänderung im $h, x$-Diagramm Bild 353-50.

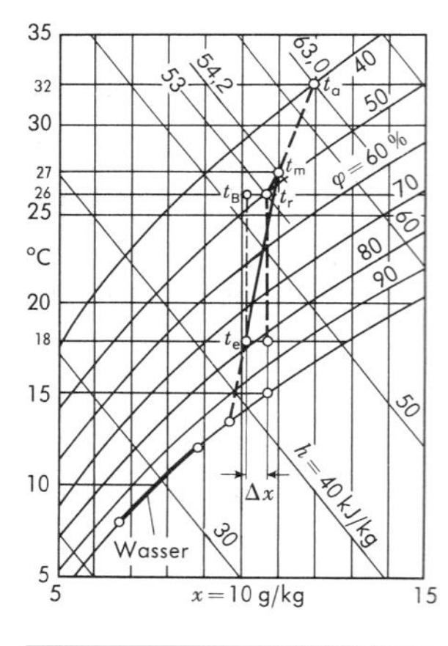


Bild 353-50. Zustandsänderung im $h, x$-Diagramm (zum Beispiel Bild 353-48).
$t_a$ = Außenluft
$t_r$ = Raumluft
$t_e$ = Eintrittsluft (Zuluft)
$t_m$ = Mischluft

| Luftzustand | Zustands-punkt im $h, x$-Diagramm | Temp. °C | Rel. F. % | Wasser-gehalt g/kg tr. L. | Wärme-inhalt kJ/kg |
|---|---|---|---|---|---|
| Raumluft | $R$ | $t_r$ | $\varphi_r$ | $x_r$ | $h_r$ |
| Raumluft abzüglich Wasserdampfaufnahme | $B$ | $t_b$ | $\varphi_b$ | $x_b$ | $h_b$ |
| Außenluft | $A$ | $t_a$ | $\varphi_a$ | $x_a$ | $h_a$ |
| Mischluft | $M$ | $t_m$ | $\varphi_m$ | $h_m$ | $h_m$ |
| Eintrittsluft | $E$ | $t_e$ | $\varphi_e$ | $x_e$ | $h_e$ |

## -82 LUFTKÜHLER

Die Kühlleistung $\dot{Q}_{Kü}$ des Luftkühlers ist nur dann gleich der oben errechneten Kühllast $\dot{Q}_K$, wenn die Raumluft keinen Wasserdampf aufnimmt und keine Außenluft zugesetzt wird. Im allgemeinen ist jedoch beides der Fall, so daß die Kühlleistung des Luftkühlers wird:

$\dot{Q}_{Kü} = \dot{Q}_{Ktr}$ (trockene Kühllast)

$+ \dot{Q}_{Kf}$ (feuchte Kühllast)

$+ \dot{Q}_A$ (Außenluftkühlung und Entfeuchtung) $= \dot{V}_A \cdot \varrho\,(h_a - h_r)$

Zur Berechnung des Kühlers stelle man die verschiedenen Luftzustandsdaten wie folgt fest (Bild 353-50):

Entsprechend dem Außenluftvolumenstrom $\dot{V}_A = 600\ m^3/h$ und dem
Gesamt-Volumenstrom $\dot{V} = 4680\ m^3/h = 1{,}3\ m^3/s$

ergibt sich für den Mischpunkt

$$h_m = \frac{(\dot{V} - \dot{V}_A) \cdot h_r + \dot{V}_A\, h_a}{\dot{V}} = \frac{4080 \cdot 53 + 600 \cdot 63}{4680} = 54{,}2\ kJ/kg$$

und nach Bild 353-50 ist $t_m = 27\,°C$.

Dann folgt aus der Gleichung für die Kühlleistung

$\dot{Q}_{Kü} = \dot{V} \cdot \varrho\,(h_m - h_e)$ in kW (kJ/s)

die Enthalpie der Zuluft

$$h_e = h_m - \frac{\dot{Q}_{Kü}}{\varrho \cdot \dot{V}} = 54{,}2 - \frac{16{,}39}{1{,}2 \cdot 1{,}3} = 43{,}7\ kJ/kg$$

Die spezifische Kühlleistung ist

$$\dot{q}_{Kü} = \frac{l \cdot \varrho \cdot (h_m - h_e)}{3{,}6} = \frac{7{,}8 \cdot 1{,}2\,(54{,}2 - 43{,}7)}{3{,}6} = 27{,}3\ W/m^3$$

Bei *Brunnenwasser und Leitungswasser* ist die Kühlmitteltemperatur meist festgelegt. Man muß in diesem Fall untersuchen, ob die gewünschte Eintrittstemperatur $t_e$ überhaupt erreicht werden kann. Ist das nicht der Fall, muß der Luftwechsel vergrößert oder eine tiefere Kühlung und Nachwärmung oder ein Beipaß vorgesehen werden. Bei *künstlich gekühltem Wasser* kann die Wassereintrittstemperatur nach Wunsch festgelegt werden. Die sich im Raum bei gegebener Wasserdampfaufnahme und gegebenem Außenluftanteil einstellende Luftfeuchte läßt sich am besten graphisch im $h,x$-Diagramm ermitteln.

Berechnung eines Luftkühlers s. Abschn. 332-4.

## -9 LUFTKANÄLE UND VENTILATOREN

werden wie bei den Lüftungsanlagen berechnet (Abschn. 351).

Bei der Widerstandsberechnung ist zu beachten, daß bei *Kondensatbildung* der Luftwiderstand des Kühlers erheblich größer wird, je nach Luftgeschwindigkeit bis zu 150% mehr als beim trockenen Betrieb (s. Bild 332-39).

Bei der Bemessung des Kühlers ist auch zu beachten, daß bei der Verdichtung der Luft im Ventilator Wärme erzeugt wird.

Die Leistung des Ventilators, die durch die Gleichung $P = \frac{\dot{V} \cdot \Delta p_t}{\eta}$ in W ausgedrückt ist, setzt sich letzten Endes durch Reibung ebenfalls in Wärme um, die die Lufttemperatur erhöht, soweit nicht ein Teil durch Transmission in den Kanälen und Apparaten verlorengeht. Bei vollkommener Umsetzung ist

$$\dot{Q}_{Lü} = \frac{\dot{V} \cdot \Delta p_t}{\eta} \text{ in W}$$

Bezogen auf den Rauminhalt ist

$$\dot{q}_{Lü} = \frac{l \cdot \Delta p_t}{3600 \cdot \eta} \text{ in W/m}^3 \text{ oder mit } \eta \approx 0{,}75$$

$\dot{q}_{Lü} = 0{,}00037 \cdot l \cdot \Delta p$ in W je $m^3$ Rauminhalt

$\Delta p_t$ = Gesamtdruck Pa ($N/m^2$)
$l$ = Luftwechsel je Stunde

*Beispiel:*

Bei einem Druck von $\Delta p_t = 300$ Pa und 5fachem Luftwechsel ist die Wärmeerzeugung durch die Ventilatorarbeit:

$\dot{q}_{Lü} = 0{,}00037 \cdot 5 \cdot 300 = 0{,}55$ W je $m^3$ Rauminhalt.

**Tafel 353-23. Kühllastberechnung**

| Zeichen | Hi.-richtg. | Fläche $A$ | $k$ | $\Delta t$ $\Delta t_{äq}$ | $q_s$ | $b$ | $s$ | fühlbare Wärme $\dot{Q}_f$ | latente Wärme $\dot{Q}_l$ |
|---|---|---|---|---|---|---|---|---|---|
| Wand Tür Dach | | $m^2$ | $\frac{W}{m^2}$ | K | $\frac{W}{m^2}$ | – | – | W | W |
| Transmissionswärme | | | | | | | | | |
| AW | S | 14 | 0,74 | 11,5 | | | | 119 | |
| F+T | S | 16 | 3,0 | 6,0 | | | | 288 | |
| AW | W | 42 | 0,74 | 7,1 | | | | 220 | |
| F | W | 18 | 3,0 | 6,0 | | | | 324 | |
| IW | N | 30 | 1,16 | 10 | | | | 348 | |
| IW | O | 60 | 1,16 | 10 | | | | 696 | |
| D | – | 200 | 0,52 | 24,7 | | | | 2569 | |
| Summe | | | | | | | | 4564 | |
| Sonnenstrahlung durch Fenster und Türen | | | | | | | | | |
| F | S | 16 · 0,9 | – | – | 126 | 0,45 | 0,30 | 245 | |
| F | W | 18 · 0,9 | – | – | 590 | 0,45 | 0,83 | 3570 | |
| Sonstige Wärmequellen | | | | | | | | | |
| 20 Personen à 70 bzw. 46 W | | | | | | | | 1400 | 920 |
| Beleuchtung 200 m² · 20 W/m² | | | | | | | | 4000 | |
| El. Geräte 2 kW, davon 50% latent | | | | | | | | 1000 | 1000 |
| Kühllast trocken $\dot{Q}_{k_{tr}}$ | | | | | | | | 14779 | |
| Kühllast feucht $\dot{Q}_{k_f}$ | | | | | | | | | 1920 |
| Gesamte Raumkühllast $\dot{Q}_k$ | | | | | | | | 16699 | |
| | | | | | | | | | |
| Außenluftkühlung: $\dot{V}_a \cdot \varrho \cdot \Delta h = 0{,}167 \cdot 1{,}2\,(63{,}0-53{,}0) \cdot 1000$ | | | | | | | | 2003 | |
| Kühlleistung des Kühlers $\dot{Q}_{kü}$ | | | | | | | | 18702 | |

Lufteintrittstemperatur $t_e = 18\,°C$ (gewählt)

Luftmenge $\dot{V} = \frac{\dot{Q}_{k_{tr}}}{\varrho \cdot c \cdot \Delta t} = \frac{14{,}779}{1{,}2 \cdot 1 \cdot 8} = 1{,}54\ m^3/s = 5540\ m^3/h$

Luftwechsel $l = \frac{5540}{600} = 9{,}23$fach

Feuchtezunahme $\Delta x = \frac{\dot{Q}_{kf}}{\dot{V} \cdot \varrho \cdot r} = \frac{1920}{1{,}3 \cdot 1{,}2 \cdot 2500} = 0{,}5\ g/kg$

# 354 Luftbefeuchtungsanlagen mit Luftwäscher

Ist $w$ = im Raum durch Waren und dgl. aufgenommene Wassermenge kg/h
$x_r$ = Feuchtegehalt der Raumluft kg/kg
$x_a$ = Feuchtegehalt der Außenluft kg/kg
$L_a$ = Außenluftstrom kg/h,

so ist die stündlich dem Raum zuzuführende Wassermenge:

$$W = L_a(x_r - x_a) + w \text{ in kg/h.}$$

Je nach Aufbau der Klimazentrale ist die Berechnung des Luftwäschers (Abschnitt 334) verschieden ($w$ ist vernachlässigt):

## -1 MISCHUNG VON AUSSENLUFT UND UMLUFT

derart, daß durch adiabate Abkühlung des Gemisches im Luftwäscher mit umlaufendem Wasser gerade der verlangte Feuchtegehalt erreicht wird, gegebenenfalls Nachwärmung (Bild 354-1).

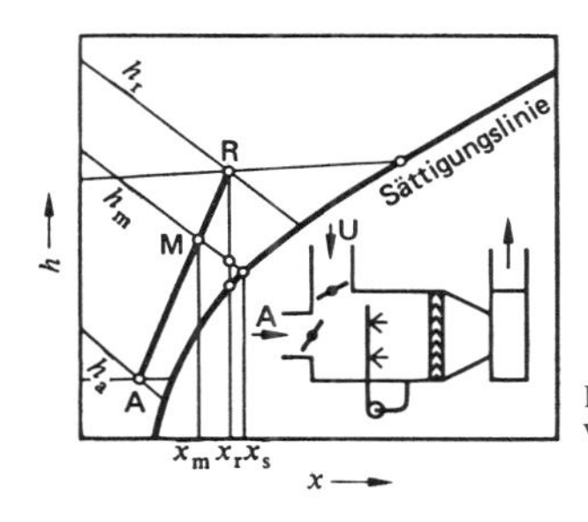


Bild 354-1. Befeuchtung im Luftwäscher bei Mischung von Außenluft und Umluft.

Verdunstete Wassermenge:

$$W = L(x_r - x_m) = (L_a + L_u)(x_r - x_m) \text{ in kg/h}$$

Außenluftanteil:

$$L_a = \frac{h_r - h_m}{h_r - h_a} \cdot L$$

Umluftanteil:

$$L_u = \frac{h_m - h_a}{h_r - h_a} \cdot L$$

Wirkungsgrad der Befeuchtung:

$$\eta_b = \frac{x_r - x_m}{x_s - x_m}$$

## -2 VORWÄRMUNG DER AUSSENLUFT

oder des Außenluft-Umluft-Gemisches $L$ in kg/h ($L_s$ in kg/s), annähernd adiabate Abkühlung im Luftwäscher mit umlaufendem Wasser, gegebenenfalls Nachwärmung (Bild 354-2).

Verdunstete Wassermenge: $W = L(x_r - x_m)$ in kg/h

Heizleistung des Vorwärmers: $\dot{Q} = L_s \cdot (h_v - h_m)$ in kW (kJ/s)

Lufteintrittstemperatur vor Vorwärmer: $t_m$ in °C

Luftaustrittstemperatur nach Vorwärmer:

$$t_v = t_m + \frac{\dot{Q}}{L \cdot c} \text{ in °C}$$

$$= t_m + \frac{h_v - h_m}{c}$$

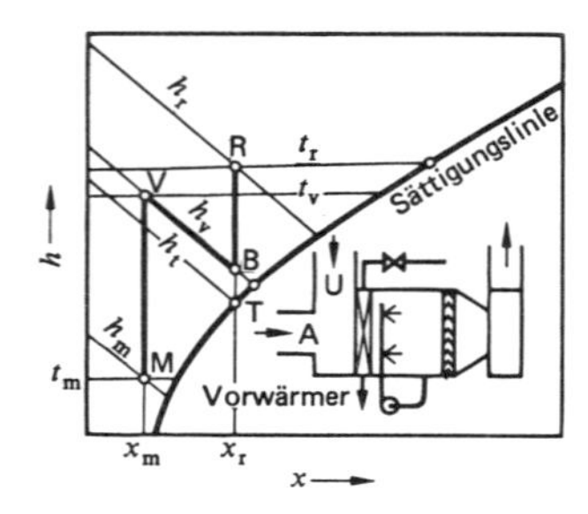


Bild 354-2. Befeuchtung im Luftwäscher durch Vorwärmung und adiabate Kühlung.

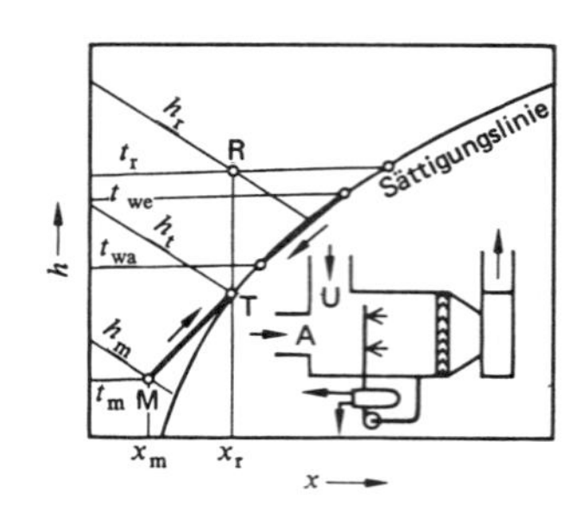


Bild 354-3. Befeuchtung im Luftwäscher durch Wassererwärmung.

## -3 WASSERERWÄRMUNG DURCH GEGENSTROMAPPARAT

Erwärmung und Befeuchtung des Außenluft-Umluft-Gemisches auf den Taupunkt der Raumluft durch das erwärmte umlaufende Wasser (Bild 354-3).

Verdunstete Wassermenge:

$W = L\,(x_r - x_m)$ in kg/h

Heizleistung des Gegenstromapparates:

$\dot{Q} = L_s\,(h_t - h_m) = W_u \cdot c\,(t_{we} - t_{wa})$ in kW (kJ/s)

$t_{we}$ = Wassereintrittstemperatur
$t_{wa}$ = Wasseraustrittstemperatur
$W_u$ = umlaufende Wassermenge in kg/s

Häufig werden auch zwei Methoden der Befeuchtung gleichzeitig angewendet, z. B. Methode 1 und 2 oder 1 und 3.

*Beispiel:*

Ein Raum von 10 000 m³ Inhalt soll im Winter dauernd auf 22 °C bei 60% rel. Feuchte gehalten werden. Volumenstrom gewählt zu $\dot{V} = 50\,000$ m³/h ($L = 60\,000$ kg/h, $L_s = 16{,}67$ kg/s) (bezogen auf 22 °C bei 60%). Außenluftanteil 25%. Wärmetransmission $\dot{q}_{tr} = 29$ W/m³. Wasseraufnahme durch Waren $w = 0$. Es ist der Befeuchter zu berechnen.

Gewählt ein Befeuchter mit zwei Düsenreihen, Vorwärmer und Nachwärmer, Befeuchtungswirkungsgrad $\eta_b = 80\%$. Zustandsänderung im $h,x$-Diagramm siehe Bild 354-4.

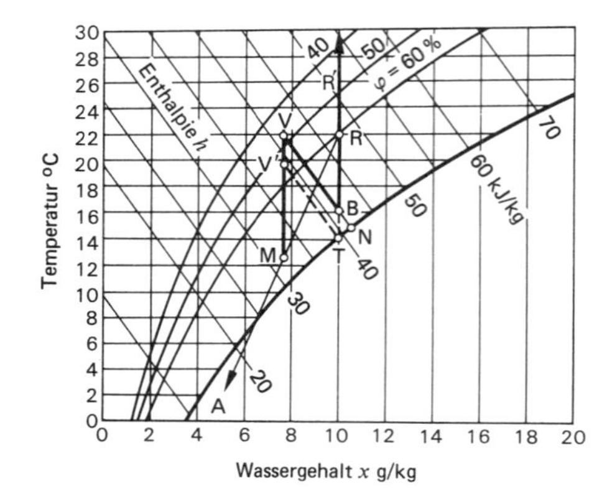


Bild 354-4. $h, x$-Diagramm zum Berechnungsbeispiel einer Befeuchtung.

**Luftzustandsdaten**

| Luftzustand | Zustandspunkt im $h,x$-Diagramm | Temp. $t$ °C | Rel. F. % | Wärmeinhalt $h$ kJ/kg | Wassergehalt $x$ g/kg tr. Luft |
|---|---|---|---|---|---|
| Raumluft | $R$ | 22 | 60 | 47,7 | 10,1 |
| Taupunkt | $T$ | 14 | 100 | 39,5 | 10,1 |
| Außenluft | $A$ | −15 | 100 | −12,5 | 1,0 |
| Mischluft | $M$ | 12,8 | 82 | 32,7 | 7,8 |
| Befeuchtereintritt | $V$ | 22 | – | 41,9 | 7,8 |
| Naßkugeltemperatur nach Vorwärmer | $N$ | 14,9 | 100 | 41,9 | 10,7 |
| Befeuchteraustritt | $B$ | 16,3 | – | 41,9 | 10,1 |

Verdunstete Wassermenge: $L \cdot (x_r - x_m) = 60\,000 \cdot (10{,}1 - 7{,}8) = 138\,000 \text{ g/h} = 138 \text{ kg/h}$

Vorwärmer:

Lufteintrittstemperatur $t_m = 12{,}8\,°\text{C}$ (aus obiger Tafel)

Luftaustrittstemperatur bei $\eta_b = 100\%$

$$t_v' = 12{,}8 + \frac{h_t - h_m}{1{,}0} = 12{,}8 + \frac{39{,}5 - 32{,}7}{1{,}0}$$
$$= 12{,}8 + 6{,}8 = 19{,}6\,°\text{C (Punkt } V')$$

Luftaustrittstemperatur bei $\eta_b = 80\%$

$t_v = 22\,°\text{C}$ (aus $h,x$-Diagramm) durch Probieren ermittelt derart, daß der Befeuchtungswirkungsgrad $\eta_b = \dfrac{VB}{VN} = 0{,}80$ wird

Heizleistung des Vorwärmers $\dot{Q}_v = L_s\,(h_v - h_m) = 16{,}67\,(41{,}9 - 32{,}7) = 153{,}4 \text{ kW}$

Befeuchter:

Lufteintritt $t_v = 22\,°\text{C}$

Feuchtkugeltemperatur $t_f = 14{,}9\,°\text{C}$ (aus $h,x$-Diagramm)

Luftaustritt $t_b = 16{,}3\,°\text{C}$ (aus $h,x$-Diagramm)

Wirkungsgrad
$$\eta_b = \frac{22 - 16{,}3}{22 - 14{,}9} \approx 0{,}80 \text{ (zur Kontrolle)}$$

ebenso
$$\eta_b = \frac{x_r - x_m}{x_n - x_m} = \frac{10{,}1 - 7{,}8}{10{,}7 - 7{,}8} \approx 0{,}80$$

Nachwärmer:

Lufteintritt $t_b = 16{,}3\,°\text{C}$

Heizleistung für Luftnachwärmung von B nach R $\dot{Q}_{n1} = L_s \cdot c \cdot (t_r - t_b) = 16{,}67 \cdot 1 \cdot (22 - 16{,}3) = 95 \text{ kW}$

für Transmissionsverlust $\dot{Q}_{n2} = 10\,000 \cdot 29 \cdot 10^{-3} = 290 \text{ kW}$

Gesamt für Nachwärmer $\dot{Q}_n = \dot{Q}_{n1} + \dot{Q}_{n2} = 385 \text{ kW}$

Luftaustritt
$$t_r' = t_b + \frac{\dot{Q}_n}{c \cdot L_s} = 16{,}3 + \frac{385}{1 \cdot 16{,}67} =$$
$$= 16{,}3 + 23{,}1 = 39{,}4\,°\text{C}$$

# 355 Luftentfeuchtung

## -1 KÜHLMETHODE

Die Luft wird in Naßluft- oder Oberflächenkühlern durch Kühlwasser von genügend tiefer Temperatur gekühlt, wobei sich Wasser ausscheidet, und wieder nachgewärmt. Die verschiedenen Luftzustandsarten werden wie folgt zusammengestellt (Bild 355-1):

| Luftzustand | Zustands-punkt im *h, x*-Diagramm | Temp. °C | Rel. F. % | Wärme-inhalt *h* kJ/kg | Wasser-gehalt *x* g/kg tr. Luft |
|---|---|---|---|---|---|
| Raumluft | *R* | $t_r$ | $\varphi_r$ | $h_r$ | $x_r$ |
| Außenluft | *A* | $t_a$ | $\varphi_a$ | $h_a$ | $x_a$ |
| Mischluft | *M* | $t_m$ | $\varphi_m$ | $h_m$ | $x_m$ |
| Lufteintritt (Kühleraustritt) | *E* | $t_e$ | $\varphi_e$ | $h_e$ | $x_e$ |

Ist ferner:

$\dot{V}$ = gesamter Luftvolumenstrom m³/h

$\dot{V}_a$ = Außenluftvolumenstrom m³/h

$w = \dot{V} \cdot \varrho \cdot \Delta x$ = Wasseraufnahme der Luft im Raum kg/h,

so ist die stündlich abzuführende Wassermenge

$$W = \dot{V}_a \cdot \varrho (x_a - x_r) + w = \dot{V} \cdot \varrho (x_m - x_e) \text{ in kg/h}$$

und die Kühlleistung

$$\dot{Q} = \dot{V}_s \cdot \varrho (h_m - h_e) \text{ in kW (kJ/s)}$$

Der Luftvolumenstrom $\dot{V}$ ist im allgemeinen frei wählbar. Je größer $\dot{V}$, desto kleiner $\Delta x$ und desto höher die zulässige Wassertemperatur. Die erforderlichen Wasserein- und -austrittstemperaturen ergeben sich aus der Kühlerberechnung. Die Temperatur des Kühlwassers muß tiefer sein als der Taupunkt der in den Raum eintretenden Luft mit dem Wassergehalt $x_e = x_r - \Delta x$. Bei geringer Wassererwärmung, z. B. Naßluftkühlern ($\Delta t_w = 2$ bis 3 K), erhält man die erforderliche Lufteintrittstemperatur $t_e$ (Kühleraustrittstemperatur) annähernd als Schnittpunkt *E* der $x_e$-Linie mit der Verbindungslinie von *M* zum Zustandspunkt gesättigter Luft von Wasseraustrittstemperatur (Punkt *W*); bei größerer Wassererwärmung, wie sie bei Oberflächenkühlern meist angewandt wird, ist eine genaue Kühlerberechnung vorzunehmen (siehe Abschnitt 332-43).

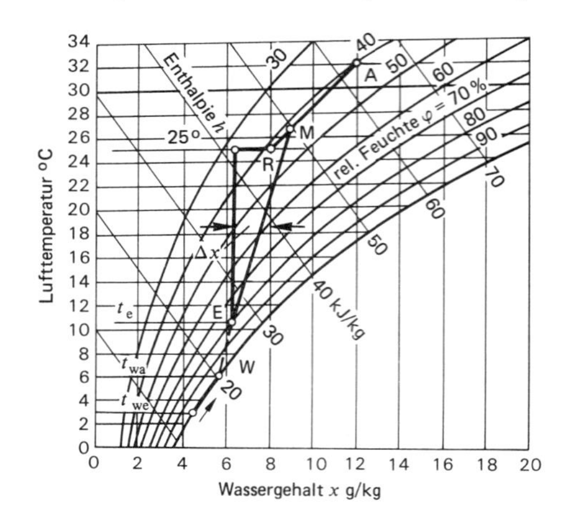


Bild 355-1. *h, x*-Diagramm zum Berechnungsbeispiel einer Kühlung.

Eine Abkühlung der Luft bis unterhalb des Taupunktes ist bei den Oberflächenkühlern zur Trocknung nicht unbedingt erforderlich (siehe Abschnitt 335-2).

*Beispiel:*

In einem Raum von 100 $m^3$ Inhalt soll ein Luftzustand von 25 °C/40% aufrechterhalten werden. Stündlich abgegebene Wassermenge $w = 1{,}5$ kg/h, Außenluftanteil 20%, keine Wärmequellen. Man berechne die Kühlerdaten, die erforderlichen Wassertemperaturen und die Nachwärmerleistung. Außenluft 32 °C/40% rel. Feuchte.

Luftvolumenstrom gewählt: $\dot{V} = 850\ m^3/h\ (V_s = 0{,}236\ m^3/s)$

Wasseraufnahme im Raum: $\Delta x = \dfrac{w \cdot 1000}{\dot{V} \cdot \varrho} = \dfrac{1500}{850 \cdot 1{,}20} \approx 1{,}5$ g/kg

Dabei erforderlicher Wassergehalt der in den Raum eintretenden Luft $x_e = 8{,}0 - 1{,}5 = 6{,}5$ g/kg.

| Luftzustand | Zustands-punkt im Diagr. 355-1 | Temp. $t$ °C | Rel. F. $\varphi$ % | Wärme-inhalt $h$ kJ/kg | Wasser-gehalt $x$ g/kg tr. Luft |
|---|---|---|---|---|---|
| Raumluft | $R$ | 25 | 40 | 45,4 | 8,0 |
| Außenluft | $A$ | 32 | 40 | 63,0 | 12,1 |
| Mischluft | $M$ | 26,4 | – | 48,9 | 8,8 |
| Lufteintritt (Kühleraustritt) | $E$ | 10,9 | – | 27,4 | 6,5 |

Wasseraustrittstemperatur $t_{wa}$ gewählt zu 6 °C (Punkt $W$).

Die Verbindungslinie $MW$ schneidet die Linie $x_e = 6{,}5$ in Punkt $E$ mit dem Wärmeinhalt $h_e = 27{,}4$ kJ/kg und der Temperatur

$t_e = 10{,}9$ °C.

Kühlleistung: $\dot{Q} = V_s \cdot \varrho\,(h_m - h_e) = 0{,}236 \cdot 1{,}2\,(48{,}9 - 27{,}4) = 6{,}1$ kW.

Wassereintritt: $t_{we} = 3$ °C (angenommen)

Wasseraustritt $t_{wa} = 6$ °C

Wasserverbrauch $W = \dfrac{\dot{Q}}{(t_{wa} - t_{we}) \cdot c} = \dfrac{6{,}1}{3 \cdot 4{,}2} = 0{,}5$ kg/s $= 1{,}8\ m^3/h$

Nachwärmer:

Lufteintritt $t_e = 10{,}9$ °C

Luftaustritt $t_a = 25$ °C

Heizleistung $\dot{Q} = 0{,}236 \cdot 1{,}2 \cdot 1{,}0\,(25 - 10{,}9) = 4{,}0$ kW.

## -2 ADSORPTIONSMETHODE

Bei der Adsorption mittels Kieselgel wird die zu trocknende Luft durch eine Schicht Kieselgel gefördert, die den Wasserdampf zum größten Teil adsorbiert. Die adsorbierte Wasserdampfmenge hängt von einer großen Zahl von Faktoren ab, insbesondere Lufttemperatur und Dampfdruck. Mittlere Werte siehe Bild 335-18. Die Luft erwärmt sich adiabat beim Durchgang durch das Gel infolge Aufnahme der Kondensationswärme. Mittlere Erwärmung etwa 2,5 K je g/kg Luft. Ist $w = \dot{V} \cdot \varrho \cdot \Delta x$ die Wasserdampfaufnahme der Luft im Raum, so ist die gesamte Trocknungsleistung des Adsorbers

$W = \dot{V}_a \cdot \varrho \cdot (x_a - x_r) + w = L \cdot (x_m - x_{aa})$

$x_{aa}$ = Wasserdampfgehalt der Luft beim Adsorberaustritt in g/kg ($\approx 1$ bis 3 g/kg).

Die Kühlleistung, die zur Abkühlung der aus dem Adsorber austretenden Luft erforderlich ist, beträgt, wenn keine Wärmequellen im Raum vorhanden sind:

$\dot{Q} = V_s \cdot \varrho \cdot c\,(t_{aa} - t_r)$ in kW.

$t_{aa}$ = Temperatur der Luft beim Adsorberaustritt °C.

*Beispiel:*

Daten wie unter -1. Gefragt ist nach dem erforderlichen Luftvolumenstrom und der Kühlerleistung bei Umluftbetrieb.

| Luftzustand | $t$ °C | $\varphi$ % | $h$ kJ/kg | $x$ g/kg tr. Luft |
|---|---|---|---|---|
| Raumluft | 25 | 40 | 45,4 | 8,0 |
| Adsorber Austritt | 38,7 | – | – | 2,5 |

Zu adsorbierende Wassermenge $w = 1,5$ kg/h

Erforderliche Luftmenge bei $x_{aa} = 2,5$ g/kg $\quad \dot{V} \cdot \varrho = \frac{w}{\Delta x} = \frac{w}{x_r - x_{aa}} = \frac{1500}{8,0-2,5} = 273\,\text{kg/h} = 0,076\,\text{kg/s}$

Lufterwärmung im Gel $\quad \Delta t = \frac{1,5 \cdot r}{273} = \frac{1,5 \cdot 2500}{273} = 13,7$ K

Lufttemp. Adsorberaustritt $\quad t_{aa} = 13,7 + 25 = 38,7$ °C

Kühlerleistung $\quad \dot{Q} = \dot{V} \cdot \varrho \cdot c\,(t_{aa} - t_r) = 0,076 \cdot 1,2 \cdot 1,0 \cdot 13,7 = 1,25$ kW.

# 356 Klimaanlagen

In den Klimaanlagen treten im allgemeinen alle vorgenannten Luftzustandsänderungen ein, sowohl Erwärmung wie Kühlung als Befeuchtung und Entfeuchtung der Luft. Daher gelangen bei der Berechnung der Klimaanlagen auch alle zuvor beschriebenen Berechnungsmethoden in verschiedenen Kombinationen zur Verwendung. Es empfiehlt sich, die Rechnung getrennt für Sommer- und Winterbetrieb durchzuführen, wobei die verschiedenen Luftzustandsdaten zweckmäßigerweise in je einer Tafel zusammengestellt werden.

## -1 SOMMERBETRIEB

*Luftzustandsbezeichnungen beim Sommerbetrieb* (Bild 356-1)

| Luftzustand | Luftzustandspunkt im $h,x$-Diagramm | Temp. $t$ °C | Rel. F. $\varphi$ % | Wärmeinhalt $h$ kJ/kg | Wassergehalt $x$ g/kg tr. Luft |
|---|---|---|---|---|---|
| Raumluft | $R$ | $t_r$ | $\varphi_r$ | $h_r$ | $x_r$ |
| Taupunkt | $T$ | $t_t$ | $\varphi_t$ | $h_t$ | $x_t$ |
| Außenluft | $A_s$ | $t_{a_s}$ | $\varphi_{a_s}$ | $h_{a_s}$ | $x_{a_s}$ |
| Mischluft | $M_s$ | $t_{m_s}$ | $\varphi_{m_s}$ | $h_{m_s}$ | $x_{m_s}$ |
| Lufteintritt Raum | $E_s$ | $t_{e_s}$ | $\varphi_{e_s}$ | $h_{e_s}$ | $x_{e_s}$ |
| Kühleraustritt | $K$ | $t_{Ka}$ | $\varphi_{Ka}$ | $h_{Ka}$ | $x_{Ka}$ |

### -11 Kühllast

Man berechne zunächst die trockene Kühllast des Raumes, bezogen auf 1 m³ des Rauminhalts $I_R$.

Kühllast $\dot{q}_K = \Sigma \dot{q}$ in W/m³

$\dot{q}_M$ = von Menschen abgegebene fühlbare Wärme
$\dot{q}_N$ = von Maschinen abgegebene fühlbare Wärme
$\dot{q}_W$ = Sommertransmissionswärme durch Wände und Dächer
$\dot{q}_s$ = Sonnenwärme durch Fenster
$\dot{q}_B$ = Beleuchtungswärme
$\dot{q}_R$ = sonstige Wärmequellen

### -12 Trockungslast

$\dot{q}_x$ = die im Raum von der Luft aufgenommene Wassermenge $g/m^3h$
$\dot{q}_{xM}$ = von Menschen abgegebene Wasserdampfmenge
$\dot{q}_{xN}$ = von Wasserbehältern, Maschinen usw. abgegebene Wasserdampfmenge.

### -13 Luftvolumenstrom

Der im Sommerbetrieb erforderliche Volumenstrom $\dot{V}_s$ ($m^3/s$) ergibt sich aus der Beziehung

Volumenstrom $\dot{V}_s = \dfrac{\dot{Q}_K}{c \cdot \varrho \cdot \Delta t_s}$ in $m^3/s$ ($\dot{Q}_K$ in kW)

Luftwechsel $l = \dfrac{3{,}6 \cdot \dot{q}_K}{c \cdot \varrho \cdot \Delta t_s}$ in $h^{-1}$ ($\dot{q}_K$ in $W/m^3$)

Dabei ist entweder der Luftwechsel $l$ oder die Untertemperatur $\Delta t_s$ der in den Raum eintretenden Luft zu wählen.

### -14 Lufteintrittszustand

Der Lufteintrittszustand für den Raum ist durch die Untertemperatur $\Delta t_s$ und die Unterfeuchte $\Delta x = \Sigma \dot{q}_x / \varrho l$ festgelegt (Punkt $E_s$ in Bild 356-1).

### -15 Kühlleistung

Der Lufteintrittszustand des Kühlers ergibt sich aus der Mischung von Außenluft und Umluft, während der Luftaustrittszustand durch Abschn. -14 berechnet war. Die erforderliche Kühlleistung des Kühlers ist daher

$\dot{Q}_{Kü} = \dot{V}_s \cdot \varrho \, (h_{m_s} - h_{e_s})$ in kW (kJ/s).

Diese Rechnung ist jedoch nur richtig, wenn der Lufteintrittszustand $E_s$ durch den Kühler tatsächlich erreichbar ist. In vielen Fällen, namentlich bei geringer Raumluftfeuchte oder hoher Kühlwassertemperatur, wird dies jedoch nicht möglich sein. Dann ist es erforderlich, die Luft stärker zu kühlen und den Lufteintrittszustand entweder durch Nachwärmung der Luft oder Beimischung ungekühlter Luft zu erreichen. Auch die Wahl eines anderen Luftwechsels ist manchmal angebracht. Im Diagramm, Bild 356-1, ist Nachwärmung angenommen, wobei die Kühlleistung $\dot{Q}_{Kü} = \dot{V}_s \cdot \varrho \, (h_{m_s} - h_{Ka})$ in kW ist.

### -16 Wasserverbrauch

Die Wassertemperatur und der Wasserverbrauch des Kühlers sind wie folgt zu bestimmen:

Bei *Naßluftkühlern* ist die erforderliche Wasseraustrittstemperatur des Kühlers annähernd durch den Punkt gegeben, in dem die verlängerte $(M_s - K)$-Gerade die Sättigungslinie schneidet. Daraus ergeben sich Wassereintrittstemperatur und Wasserverbrauch gemäß den Angaben in Abschnitt 334-3.

Bei *Oberflächenkühlern* und *Verdampfern* muß die erforderliche Wassereintrittstemperatur mindestens 2 bis 3 K unterhalb des Taupunktes der Luftaustrittstemperatur liegen. Berechnung der Abmessungen des Kühlers siehe Abschnitt 332-4.

### -17 Nachwärmung

Heizleistung $\dot{Q}_N = \dot{V}_s \cdot \varrho \cdot (h_{e_s} - h_{Ka}) = \dot{V}_s \cdot \varrho \cdot c \, (t_{e_s} - t_{Ka})$ in kW.

## -2 WINTERBETRIEB

*Luftzustandsbezeichnungen beim Winterbetrieb* (Bild 356-1)

| Luftzustand | Luftzustands-punkt im $h, x$-Diagramm | Temp. $t$ °C | Rel. F. $\varphi$ % | Wärme-inhalt $h$ kJ/kg | Wasser-gehalt $x$ g/kg tr. Luft |
|---|---|---|---|---|---|
| Raumluft | $R$ | $t_r$ | $\varphi_r$ | $h_r$ | $x_r$ |
| Taupunkt | $T$ | $t_t$ | $\varphi_t$ | $h_t$ | $x_t$ |
| Außenluft | $A_w$ | $t_{a_w}$ | $\varphi_{a_w}$ | $h_a$ | $x_{a_w}$ |
| Mischluft | $M_w$ | $t_{m_w}$ | $\varphi_{m_w}$ | $h_{m_w}$ | $x_{m_w}$ |
| Naßkugeltemperatur der Mischluft | $O$ | $t_o$ | $\varphi_o$ | $h_o$ | $x_o$ |
| Vorwärmeraustritt | $V$ | $t_v$ | $\varphi_v$ | $h_v$ | $x_v$ |
| Naßkugeltemperatur hinter Vorwärmer | $N$ | $t_n$ | $\varphi_n$ | $h_n$ | $x_n$ |
| Befeuchteraustritt | $B$ | $t_b$ | $\varphi_b$ | $h_b$ | $x_b$ |
| Lufteintritt Raum | $E_w$ | $t_{e_w}$ | $\varphi_{e_w}$ | $h_{e_w}$ | $x_{e_w}$ |

### -21 Heizlast $\dot{q}_H$

Man berechne zunächst die Heizlast $\dot{q}_H$, die im allgemeinen gleich der Winterwärmetransmission $\dot{q}_{tr}$ ist. Die Wärmequellen im Raum sind dabei gleich Null angenommen, da der Raum auch ohne Wärmequellen die vorgeschriebene Temperatur haben soll. Damit ergibt sich die Übertemperatur der in den Raum eintretenden Luft

$$\Delta t_w = \frac{3{,}6 \cdot \dot{q}_{tr}}{l \cdot c \cdot \varrho} \text{ in K.}$$

### -22 Befeuchtungslast $\dot{q}_x$

Diese ist im allgemeinen gleich Null zu setzen. Nur bei Räumen, in denen stark hygroskopische Ware verarbeitet wird, ist $\dot{q}_x$ aus der Wasseraufnahme der Ware zu berechnen.

### -23 Lufteintritt

Die Lufteintrittstemperatur für den Raum ist durch die Übertemperatur $\Delta t_w$ bei $\Delta_x = 0$ festgelegt (Punkt $E_w$ im $h, x$-Diagramm):

Lufteintrittstemperatur $t_{e_w} = t_r + \Delta t_w$.

### -24 Befeuchtung

Die im Befeuchter zu verdunstende Wassermenge ist $W = \dot{V} \cdot \varrho\,(x_t - x_{m_w})$. Je nach der Größe von $x_{m_w}$ und dem Befeuchtungswirkungsgrad $\eta_b$ ist jetzt festzustellen, um wieviel die Luft vor Eintritt in den Befeuchter vorzuwärmen ist.

Befeuchtungswirkungsgrad $\eta_b = \dfrac{x_t - x_v}{x_n - x_v} = \dfrac{VB}{VN}$.

Bei gegebenen $\eta_b$ ermittelt sich hieraus entweder durch Probieren oder einfacher graphisch im $h, x$-Diagramm die erforderliche Vorwärmung von $h_{m_w}$ auf $h_v$.

Vorwärmer-Heizleistung $\dot{Q}_o = \dot{V}_s \cdot \varrho\,(h_v - h_{m_w}) = \dot{V}_s \cdot \varrho \cdot c\,(t_v - t_{m_w})$ in kW. Statt des Luftgemisches kann auch die Außenluft allein vorgewärmt werden.

### -25 Nachwärmung

Die Lufteintrittstemperatur des Nachwärmers ist durch den Schnittpunkt der $VN$-Geraden mit der Senkrechten durch den Raumluftzustand gegeben (Punkt $B$).

Heizleistung $\dot{Q}_N = \dot{V}_s \cdot \varrho \cdot c\,(t_{e_w} - t_b)$ in kW.

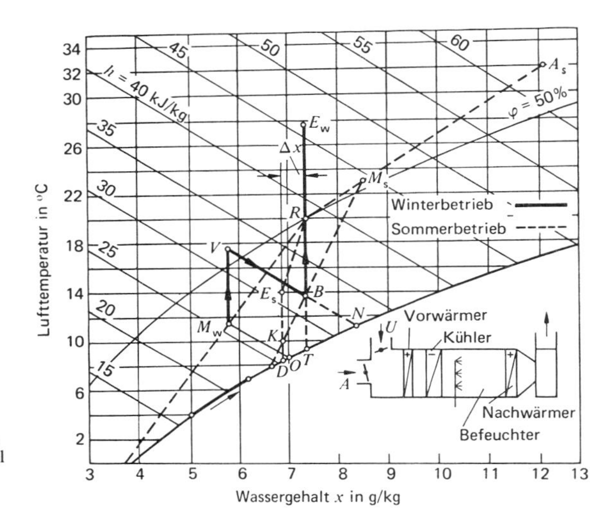


Bild 356-1.
*h, x*-Diagramm zum Berechnungsbeispiel einer Klimaanlage.

*Beispiel:*

Es soll die Klimaanlage für einen fensterlosen Prüfraum von $I_R = 300$ m³ Rauminhalt berechnet werden, in dem Winter und Sommer dauernd eine Lufttemperatur von 20 °C bei 50% rel. Feuchte aufrechterhalten werden soll.

Gegeben:

| | |
|---|---|
| Zahl der Personen | 10 |
| Maschinenleistung | 3 kW (Motorwirkungsgrad $\eta_m = 0{,}8$; Gleichzeitigkeitsfaktor 0,64) |
| Transmissionswärme im Winter | $\dot{q}_{tr_W} = 23{,}3$ W/m³ |
| im Sommer | $\dot{q}_{tr_S} = 4{,}5$ W/m³ |
| Wasserdampfabgabe im Raum | $w = 1{,}2$ kg/h |
| Außenluftanteil | 25% |

Bauart der Klimaanlage nach Bild 356-1, bestehend aus Mischkammer, Vorwärmer, Oberflächenkühler, Befeuchter, Nachwärmer, Ventilator, Regelung.

**Sommerbetrieb**

*1. Trockene Kühllast* $\dot{q}_K$

Menschliche Wärme $\dot{q}_M = \frac{10 \cdot 93}{300} = 3{,}1$ W/m³

Maschinenwärme $\dot{q}_N = \frac{3000 \cdot 0{,}64}{0{,}8 \cdot 300} = 8$ W/m³

Transmissionswärme $\dot{q}_{tr_S} = 4{,}5$ W/m³

Ventilatorleistung $\dot{q}_{Lü} = \frac{l \cdot \Delta p_t}{3600 \cdot \eta} = \frac{10 \cdot 600}{3600 \cdot 0{,}75} = 2{,}2$ W/m³
($\Delta p_t$ und $l$ geschätzt, ebenso $\eta$.)

---

Kühllast $\dot{q}_K = 17{,}8$ W/m³

*2. Trockungslast* $\dot{q}_x$

Feuchteabgabe der Menschen $\dot{q}_{xM} = \frac{10 \cdot 40}{300} = 1{,}33$ g/m³h

Feuchtequellen im Raum $\dot{q}_{xN} = \frac{1200}{300} = 4{,}0$ g/m³h

---

*Feuchte Kühllast* $\dot{q}_x = 5{,}33$ g/m³h

*3. Volumenstrom*

Bei einer Untertemperatur der eintretenden Luft von $\Delta t_s = 6$ K ist der erforderliche Luftwechsel

$$= \frac{3{,}6 \cdot \dot{q}_K}{c \cdot \varrho \cdot \Delta t_s} = \frac{3{,}6 \cdot 17{,}8}{1 \cdot 1{,}2 \cdot 6} = 9\text{fach je Stunde}$$

Luftmenge $\dot{V} = 9 \cdot 300 = 2700\ \text{m}^3/\text{h} = 0{,}75\ \text{m}^3/\text{s}$.

*4. Lufteintritt*

$\Delta t_s = 6$ K

$$\Delta x = \frac{\dot{q}_x}{1{,}20 \cdot l} = \frac{5{,}33}{1{,}20 \cdot 9} = 0{,}5\ \text{g/kg}.$$

Daraus ergibt sich der Lufteintrittszustand Punkt $E_s$:

Lufteintrittstemperatur $t_{es} = 20 - 6 = 14\,°\text{C}$
Lufteintrittsfeuchte $x_{es} = 7{,}4 - 0{,}5 = 6{,}9$ g/kg.

*5. Kühler*

Da dieser Luftzustand nicht durch Kühlung der Luft erreicht werden kann (siehe $h,x$-Diagramm 356-1), muß die Luft tiefer gekühlt und nachgewärmt werden. Kühlung auf $t_{Ka} = 10\,°\text{C}$ angenommen, wobei der Wärmeinhalt $h_{Ka} = 27{,}4$ kJ/kg.

Kühlleistung

$$\dot{Q}_{Kü} = \dot{V}_s \cdot \varrho\,(h_{m_s} - h_{Ka}) =$$
$$= 0{,}75 \cdot 1{,}2\,(44{,}8 - 27{,}4)$$
$$= 15{,}7\ \text{kW}.$$

*6. Wasserverbrauch*

Die Wassereintrittstemperatur wird mit 4,3° unterhalb des Taupunktes der Kühleraustrittstemperatur zu $8{,}3 - 4{,}3 = 4{,}0\,°\text{C}$ gewählt. Bei einer Wassererwärmung um 3 K ist der Wasserverbrauch

$$W = \frac{\dot{Q}_{Kü}}{c_w \cdot \Delta t} = \frac{15{,}7}{4{,}2 \cdot 3}\ \frac{\text{kJ} \cdot \text{kg} \cdot \text{K}}{\text{s} \cdot \text{kJ} \cdot \text{K}} = 1{,}25\ \text{kg/s} = 4500\ \text{kg/h}.$$

Der Kühler selbst ist nach den Angaben in Abschnitt 332-4 zu berechnen. Bei Kühlung und Entfeuchtung mittels *Kältemaschine* mit direkter Verdampfung müßte die Oberflächentemperatur des Verdampfers bei 7 °C liegen.

*7. Nachwärmung*

Lufteintrittstemperatur = Kühleraustrittstemperatur = $t_{Ka} = 10\,°\text{C}$
Luftaustrittstemperatur = Raumeintrittstemperatur = $t_{e_s} = 14\,°\text{C}$
Heizleistung $\dot{Q}_N = \dot{V}_s \cdot \varrho \cdot c \cdot \Delta t = 0{,}75 \cdot 1{,}2 \cdot 1 \cdot (14 - 10) = 3{,}60$ kW.

*Luftzustandsdaten beim Sommerbetrieb*

| Luftzustand | Luftzustandspunkt im $h,x$-Diagramm | Temp. $t$ °C | Rel. F. $\varphi$ % | Wärmeinhalt $h$ kJ/kg | Wassergehalt $x$ g/kg tr. Luft |
|---|---|---|---|---|---|
| Raumluft | $R$ | 20 | 50 | 38,7 | 7,4 |
| Taupunkt | $T$ | 9,3 | 100 | 27,9 | 7,4 |
| Außenluft*) | $A_s$ | 32 | 40 | 63,0 | 12,1 |
| Mischluft | $M_s$ | 23 | – | 44,8 | 8,5 |
| Lufteintritt Raum | $E_s$ | 14 | – | 31,3 | 6,9 |
| Kühleraustritt | $K$ | 10 | – | 27,4 | 6,9 |
| Taupunkt hierzu | $D$ | 8,3 | 100 | 25,7 | 6,9 |

*) Werte entsprechen VDI 2078. Aber gemäß AMEV-Richtlinie *RLT-Anlagen-Bau*, 1983 dimensioniert man bei Bürobauten heute auch für $t_{aS} = 26\,°\text{C}$, $\varphi_{aS} = 50\%$ (Außenluftenthalpie 52,5 kJ/kg). Bei höheren Außentemperaturen steigt dann die Raumlufttemperatur *(abgebrochene Kühlung)*.

**Winterbetrieb**

*1. Heizlast* ist nur die Wärmetransmission $\dot{q}_{tr_w}$.

Hieraus die Übertemperatur $\Delta t_w$ der in den Raum eintretenden Luft:

$$\Delta t_w = \frac{3{,}6\ \dot{q}_{tr_w}}{l \cdot \varrho \cdot c} = \frac{3{,}6 \cdot 23{,}3}{9 \cdot 1{,}2 \cdot 1} = 7{,}8\ \mathrm{K}$$

*2. Befeuchtungslast* $\dot{q}_x = 0$.

*3. Lufteintritt* $\Delta t_w = 7{,}8\ °\mathrm{C}$

$\Delta x = 0.$

Daraus ergibt sich der Lufteintrittszustand

$t_{e_w} = t_r + \Delta t_w = 20 + 7{,}8 = 27{,}8\ °\mathrm{C}.$

*4. Befeuchtung.* Zu verdunstende Wassermenge

$W = \dot{V} \cdot \varrho\ (x_t - x_{m_w}) = 2700 \cdot 1{,}2\ (7{,}4 - 5{,}8) = 5200\ \mathrm{g/h}.$

Befeuchtungswirkungsgrad eines Luftwäschers mit einer Düsenreihe in Luftrichtung spritzend, angenommen zu $\eta_b = 65\%$.

Vorwärmung von $t_{m_w} = 11{,}2$ auf $17{,}5\ °\mathrm{C}$ (durch Probieren zu ermitteln oder graphisch aus $h,x$-Diagramm in Bild 356-1).

Nachrechnung des Befeuchtungswirkungsgrades:

$$\eta_b = \frac{x_t - x_v}{x_n - x_v} = \frac{7{,}4 - 5{,}8}{8{,}4 - 5{,}8} \approx 0{,}65.$$

Vorwärmer-Heizleistung

$$\dot{Q}_v = \dot{V}_s \cdot \varrho \cdot c\ (t_v - t_m)$$
$$= 0{,}75 \cdot 1{,}2 \cdot 1\ (17{,}5 - 11{,}2)$$
$$= 5{,}70\ \mathrm{kW}$$

*5. Nachwärmer*

Lufteintrittstemperatur $t_{ne} = t_b = 13{,}5\ °\mathrm{C}$

Luftaustrittstemperatur $t_{na} = t_{ew} = 27{,}8\ °\mathrm{C}$

Heizleistung $\dot{Q}_n = 0{,}75 \cdot 1{,}2 \cdot 1\ (27{,}8 - 13{,}5) = 12{,}8\ \mathrm{kW}.$

*Luftzustandsdaten beim Winterbetrieb*

| Luftzustand | Luftzustandspunkt im $h,x$-Diagramm | Temp. $t$ °C | Rel. F. $\varphi$ % | Wärmeinhalt $h$ kJ/kg | Wassergehalt $x$ g/kg tr. Luft |
|---|---|---|---|---|---|
| Raumluft | $R$ | 20 | 50 | 38,7 | 7,4 |
| Taupunkt | $T$ | 9,3 | 100 | 27,9 | 7,4 |
| Außenluft | $A_w$ | −15 | 100 | −12,5 | 1,0 |
| Mischluft | $M_w$ | 11,2 | – | 25,9 | 5,8 |
| Naßkugeltemperatur der Mischluft | $O$ | 8,4 | 100 | 25,9 | 6,9 |
| Vorwärmeraustritt | $V$ | 17,5 | – | 32,2 | 5,8 |
| Naßkugeltemperatur hinter Vorwärmer | $N$ | 11,3 | 100 | 32,2 | 8,4 |
| Befeuchteraustritt | $B$ | 13,5 | – | 32,2 | 7,4 |
| Lufteintritt Raum | $E_w$ | 27,8 | – | 46,7 | 7,4 |

*Regelung*

Thermostat $T$ im Raum steuert bei fallender Temperatur den Nachwärmer, bei steigender Temperatur den Oberflächenkühler, Hygrostat $H$ im Raum steuert bei fallender Feuchte gleichzeitig oder nacheinander den Befeuchter und Vorwärmer, bei steigender Feuchte den Oberflächenkühler bzw. die Kältemaschine.

# 36 AUSFÜHRUNG DER LÜFTUNG IN DEN VERSCHIEDENEN RAUM- UND GEBÄUDEARTEN

Überarbeitet von Dr.-Ing. T. Rákóczy, Köln

## 361 Räume mit Luftverunreinigung

### -1 KÜCHEN[1])

#### -11 Allgemeines

Küchen benötigen eine Lüftung, weil die Luft in dreifacher Weise verschlechtert wird, nämlich durch hohe Temperatur der Raumluft und der Kochgeräte, durch hohe Luftfeuchte (Wrasen), die auch baulich durch Kondensatbildung an kalten Wänden und Decken Schäden verursacht, und durch Fettdünste sowie unangenehme Gerüche. Der Grad der Luftverschlechterung ist natürlich bei verschiedenen Küchen je nach Bauart und Benutzung verschieden, jedoch ist stets eine Lüftung erforderlich, auch um zu verhindern, daß sich Küchengerüche in anliegende Räume ausbreiten. Vom lüftungstechnischen Standpunkt aus sind nachstehend die Küchen nach ihrer Größe in drei Gruppen unterteilt: Kleinküchen, mittelgroße Küchen und Großküchen.

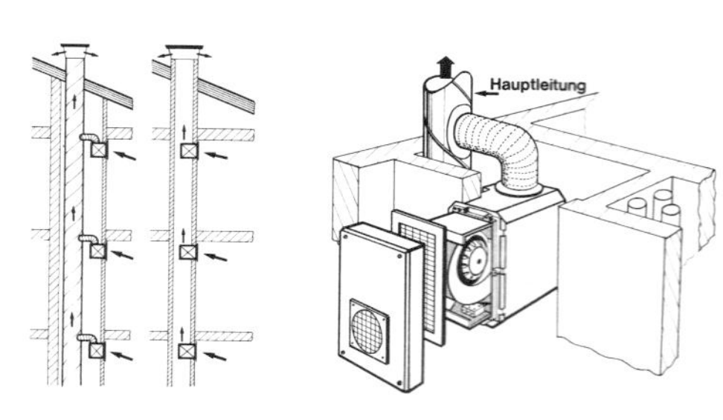


Bild 361-1. Einzelentlüftung mit Radialventilatoren (Lunos).

#### -12 Kleinküchen[2])

insbesondere Küchen für Wohnungen sowie kleine Restaurants und Hotels. Wasserdampfanfall etwa 0,5···1,0 kg/h während 2 Stunden. Fensterlüftung am einfachsten, aber nicht immer ausreichend. Am günstigsten *Schiebefenster,* bei denen die Luft über dem Fensterbrett eintritt und die schlechte Luft oben entweicht. Die natürliche Be- und Entlüftung funktioniert nur zeitweise bei entsprechender Außenwitterung.

*Schachtlüftung* mit einem 14 × 14 oder 14 × 20 cm großen Lüftungsschacht ergibt nur einen mäßigen Luftwechsel in der Küche, der meist nicht ausreichend ist, um Gerüche und Feuchte abzuführen, besonders im Sommer.

Für Einfamilienhäuser ist *maschinelle Entlüftung* durch Ventilatoren in der Außenwand bzw. Fenster oder einen Ventilator am oberen Ende eines Lüftungsschachtes die beste und sicherste Lüftung. Der Luftwechsel ist je nach der Art der Küche reichlich zu wählen, etwa 20- bis 30fach, möglichst regulierbar. Wichtig ist der richtige Weg für die nachströmende Luft, am besten durch Öffnungen unten in der Tür.

In Hochhäusern werden häufig fensterlose Kochnischen (und Bäder) verwendet. Hier empfiehlt sich zur Lüftung eine *Sammelschachtanlage* mit Abluftventilator im obersten Geschoß oder auf dem Dach. Je Wohnung ein Schacht oder, wie in Bild 361-20, ein ge-

---

[1]) Siehe auch VDI-Richtlinien 2052, Raumlufttechn. Anlagen für Küchen (3.84)
VDI 2088: Raumlufttechnische Anlagen für Wohnungen (12.76).
Doering, E., u.a.: HLH 1971. S. 341/6.
Fischer, H.: HLH 2/74. S. 55/9.
Schütz, H.: IKZ 22/76. S. K 40/4.
Stenns, H.: Beratende Ing. 3/86. S. 28ff.
Korneli, E.: Luft- und Kältetechnik 86/2. S. 92/94.
[2]) Klippe, J.: IKZ 3/80. 4 S.

meinsamer Schacht mit venturiartigen Anschlüssen. Besser ist eine *Einzelentlüftung* mit gemeinsamer Sammelleitung ähnlich Bild 361-1. Hier ist je Küche (bzw. Abort und Bad) ein Radialventilator vorhanden, der mit 1 oder 2 Drehzahlen oder stufenlos betrieben werden kann. Damit ist ein definierter Luftwechsel gewährleistet. Auch mit Brandschutzklappe lieferbar.

*Wrasenhauben* über dem Herd mit eingebautem Ventilator werden häufig verwendet. Nicht erfaßte Kochdämpfe unter der Decke evtl. separat absaugen. Fettfilter erforderlich, häufige Reinigung (Bild 361-2).

Für natürliche Lüftung von *Speiseschränken* sind eine untere und obere Öffnung von je etwa 100 cm² erforderlich.

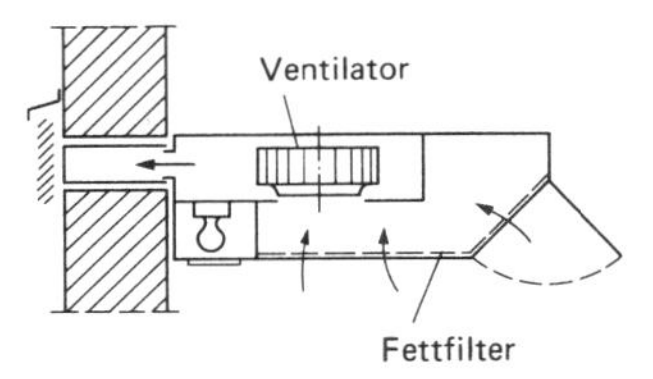


Bild 361-2. Wrasenhaube über Herd.

## -13 Mittelgroße Küchen

für Gaststätten, Restaurants, Hotels und Kantinen.

Hauptküchengeräte sind der Herd, Kippkessel, Kippbratpfannen und die Spüle. Bei diesen Küchen genügt es im allgemeinen nicht, die Küchenluft nur abzusaugen, sondern es ist auch zwangsweise Außenluft einzuführen, um Zuströmen von Nachbarräumen (Verunreinigung) oder von außen (Zugerscheinung) zu verhindern. Nach der Gewerbeordnung darf verunreinigte Luft aus dem Speisesaal nicht in die Küche überströmen. Die Zuluft ist im Winter durch einen Lufterhitzer auf etwa 20 °C anzuwärmen, im Sommer bei der Sonnenstrahlung ausgesetzten Küchen möglichst auch zu kühlen. Ferner Sonnenschutzvorrichtung vorsehen. Gutes Staubfilter zweckmäßig (Filterklasse EU 3). Kanäle am besten aus verzinktem Stahlblech mit im Vollbade verzinkten Rahmen. Keine gemauerten oder Rabitzkanäle.

Die *Abluftkanäle* müssen in der unteren Hälfte der Stöße gut gedichtet oder verlötet sein, damit kein Fett oder Dampfkondensat austreten kann. Waagerechte Kanäle möglichst kurz und mit Gefälle und Kondensatstutzen. Fettabluftkanäle sind gemäß Abzugsanlagen-Richtlinie der Länder mit feuerbeständiger Ummantelung wie bei Rauchabzugsanlagen zu versehen. Feuerschutzklappen dann nicht nötig, jedoch Reinigungsöffnungen vorsehen. Fettfilter an den Absaugöffnungen.

*Herdhauben* (Bild 361-4) sind lüftungstechnisch gut, da sie die Küchendämpfe und die Wärme örtlich konzentriert erfassen. Sie werden mit rechteckigem oder trapezförmigem Querschnitt mit Fettfangrinne hergestellt. Material Chromnickelstahl, Al oder Kupfer. Beleuchtung meist integriert. Ausführung mit Wärmerückgewinn für Wohnungslüftung s. Bild 364-38.

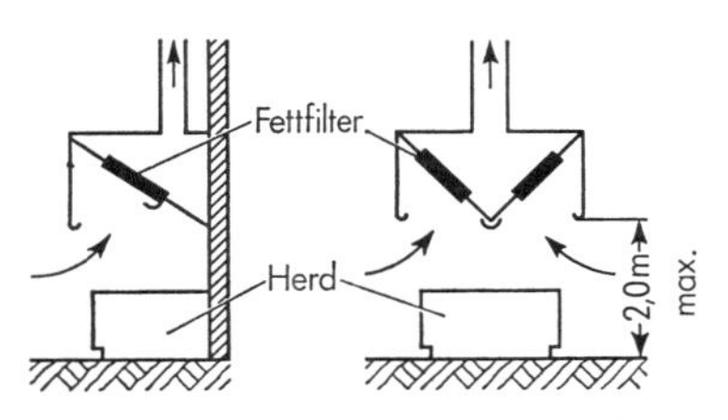


Bild 361-3. Herdhauben mit Fettabscheidern.

Bild 361-4. Absaughaube an Haushaltsherd.

Ständige Reinigung erforderlich, da sie schnell verschmutzen. Außerdem verdunkeln sie die Räume. Beispiele von Hauben mit Fettfiltern siehe Bild 361-3. Kanäle sind kurz zu halten, was jedoch aus baulichen Gründen nicht immer möglich ist. Die Abluft ist an der höchsten Stelle über Dach senkrecht nach oben mit 10···13 m/s auszublasen, um anliegende Wohnungen nicht durch Gerüche zu belästigen. Windrichtung beachten und mit höherer Luftgeschwindigkeit ausblasen. Abluftleitungen in kalten Dachböden sind zur Verhinderung von Kondensatbildung zu isolieren. Abluftschornsteine gegen Durchfeuchtung durch geeignete Schutzanstriche schützen.

*Abluftventilator* je nach Bauart mit Reinigungsöffnung und Kondensatstutzen. Motoren außerhalb des Luftstroms. In besonders ungünstigen Fällen kann ein *Aktivkohlefilter* in dem Abluftkanal zur Adsorption von Küchengerüchen vorgesehen werden.

Für die Kanalführung gibt es je nach Küchenbauart verschiedene Möglichkeiten. Beispiel siehe Bild 361-6.

Architektonisch ansprechend sind Anordnungen, bei denen die Ablufthauben in die abgehängte Decke eingebaut sind. Auch die Zuluftkanäle können dabei integriert werden. Herstellung aus eloxiertem Aluminium oder Edelstahl (Bild 361-10).

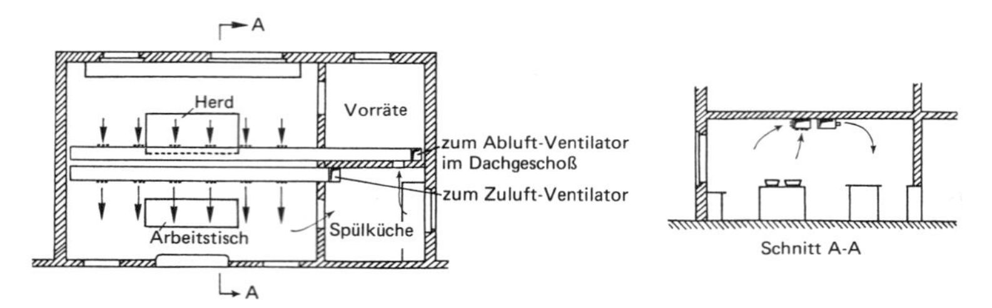


Bild 361-6. Zuluft- und Abluftkanäle bei einer großen Gaststättenküche.

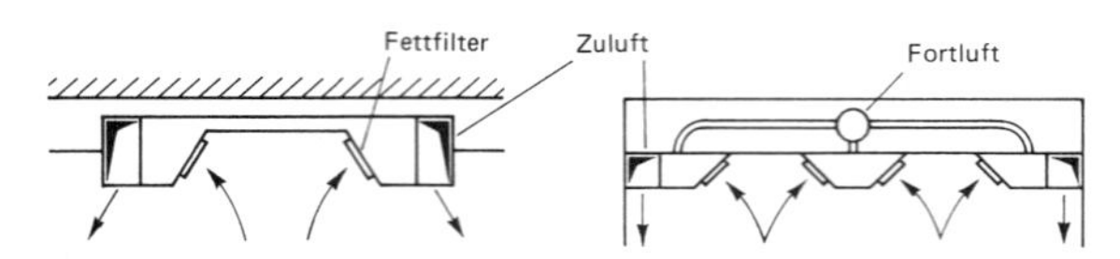


Bild 361-10. Lüftungsdecke in Küche für Zuluft und Abluft.

## -14 Großküchen[1])

für Kasernen, Krankenhäuser, Fabrikbetriebe usw. erfordern immer eine Be- und Entlüftung. Hauptbestandteil der Küchen sind neben den sonstigen Geräten die *Kochkessel*, die beim Öffnen der Deckel große Wasserdampfmengen austreten lassen. Außer der Hauptküche sind noch eine Anzahl Nebenräume vorhanden, die zum Teil ebenfalls eine Lüftung benötigen, insbesondere die Spülküche und die Diätküche. Luftführung ist wieder in vielen Ausführungen möglich. Zwei Beispiele zeigen Bild 361-13 und -14.

Im übrigen gelten auch hier die für mittelgroße Küchen gemachten Angaben.

Die Küchenabluft unbedingt mit Hilfe eines Kamins über die Dachebene der Nachbargebäude leiten (Umweltschutz). Luftführung und Abluftkamin siehe Bild 361-14. Der Kamin soll mindestens 5 m über dem Höchstpunkt des Gebäudes oder des Nachbargebäudes enden, um anliegende Bewohner nicht zu belästigen.

Die neueste Entwicklung sind geschlossene *Lüftungsdecken*, die fugenlos von Wand zu Wand verlegt werden und auch die Beleuchtung enthalten (Bild 361-15). Die Abluftgitter mit Fettfiltern sind dabei verlegbar. Teuer. Reinigung durch Spezialfirmen.

---

[1]) Oetjen, H.: KKT 4/81. S. 146/9.
Wimböck, G.: TAB 2/82. S. 133/4.
Kittler, H.: KKT 9/84. S. 406.

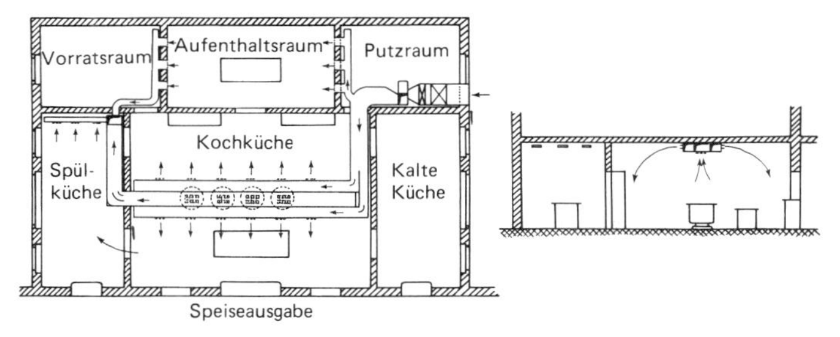


Bild 361-13. Großküchenentlüftung mit Zu- und Abluftkanälen über den Kochkesseln.

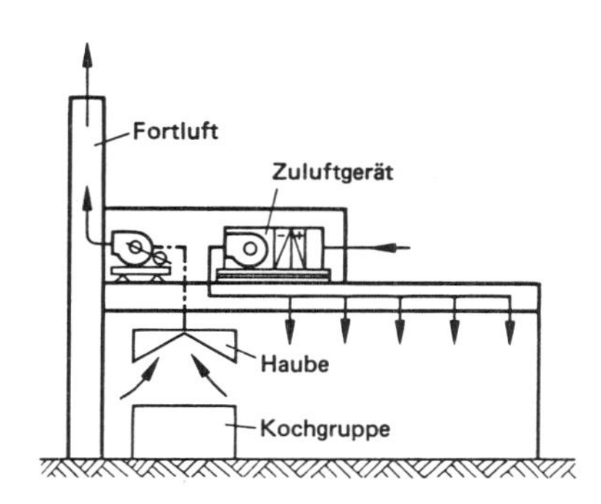


Bild 361-14. Lüftungsanlage für Großküchen mit Abluftkamin.

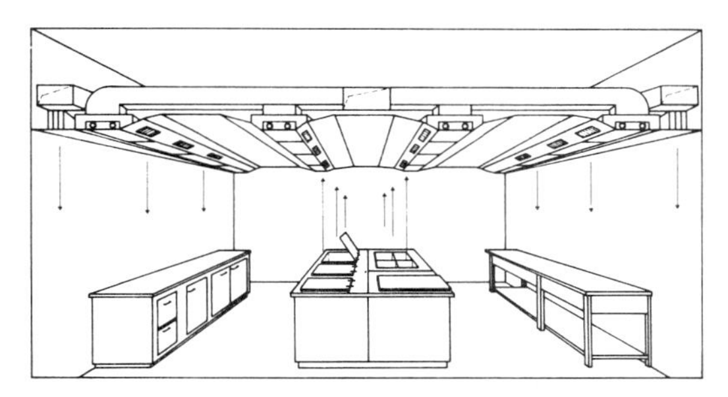

Bild 361-15. Geschlossene integrierte Decke für Zu- und Abluft und Beleuchtung für Großküche (Alcan, Nürnberg).

## -15 Volumenströme

Der *Luftvolumenstrom* der Zuluft- und Abluftventilatoren wird meist nach der Luftrate im $m^3/h$ pro $m^2$ Bodenfläche bemessen, Richtwerte siehe Tafel 361-1 (VDI-Richtlinie 2052 – 3.84).

Besser als das Luftratenverfahren ist zweifellos die Bestimmung des Luftvolumenstroms nach der *Zahl der Küchengeräte* und nach deren Anschlußwerten. Zahlenwerte siehe Tafel 361-2. Ein Gleichzeitigkeitsfaktor (0,5···0,8 bzw. bei Kleinküchen 0,8···1) kann mitberücksichtigt werden.

Die Zahlen der Tafel 361-1 geben die Luftwechselzahlen an, wenn man die Raumhöhe der Küche kennt. Früher hat man die Zuluftmenge etwas geringer gehalten als die Ab-

**Tafel 361-1. Richtwerte für Lufterneuerung*) in m³/h pro m² Grundfläche**

| Küchenart | Im gesamten Bereich | Bei räumlich getrennten Küchenbereichen: Koch- und Gar-bereich | Brat-, Grill-, Back-bereich | Spül-bereich | Neben-räume |
|---|---|---|---|---|---|
| | m³/h m² | m³/h m² | m³/h m² | m³/h m² | m³/h m² |
| Imbißstube | 80 | – | 120 | – | – |
| Gaststätte, Cafeteria | 60 | 105 | 120 | 120 | 45 |
| Kantine, Kasino, Mensa | 90 | 105 | 120 | 120 | 45 |
| Krankenhäuser: | | | | | |
| Hauptküche | 90 | 105 | 120 | 150 | 45 |
| Stations- und Verteilküche | 60 | – | – | – | – |
| Alten-, Ferienheim | 60 | 105 | 120 | 120 | 45 |
| Aufbereitungsküche | 80 | 105 | 120 | 120 | 60 |
| Fern-, Froster-Küche, Bord-, Zentraldienst-Küche | 90 | 120 | 120 | – | 60 |

*) Den Luftwechsel je h erhält man, indem man die Tabellenwerte durch die Raumhöhe dividiert. Beispiel: Gaststätte, Raumhöhe 3 m, Luftwechsel: $60/3 = 20\ h^{-1}$.

luftmenge, um Unterdruck zu halten. VDI 2052 (3.84) empfiehlt jedoch jetzt ausgeglichenen Lufthaushalt und Schleusen in den Zugängen. Unterdruck nur noch bei Kleinküchen, gelegentlich bei Mittelküchen. Ferner im hygienisch kritischen Bereich (Kalte Küche, Fleischzubereitung) Zuluftüberschuß gegenüber Kartoffel- und Gemüsebereich. Umluftbetrieb ist in Küchen nicht gestattet. Um Volumenstrom und Energieverbrauch der RLT-Anlage zu begrenzen, empfiehlt sich wärmedämmende Isolierung an Küchengeräten. In Schwachlastzeiten Volumenstrom durch z. B. Drehzahlregelung der Zu- und Abluftventilatoren verringern.

Zur Reduzierung der Heizkosten wird bei einer Haube nach Bild 361-17 der größte Teil der Luft nicht durch den Raum geführt, sondern mit Induktionswirkung aus einem Schlitz am Haubenrand ausgeblasen. Bei stabiler Walzenströmung werden dabei etwa 30% aus dem Raum eingezogen. Nur dieser Volumenstrom muß im Winter erwärmt werden.

Schalldruckpegel in der Küche 50···60 dB(A).

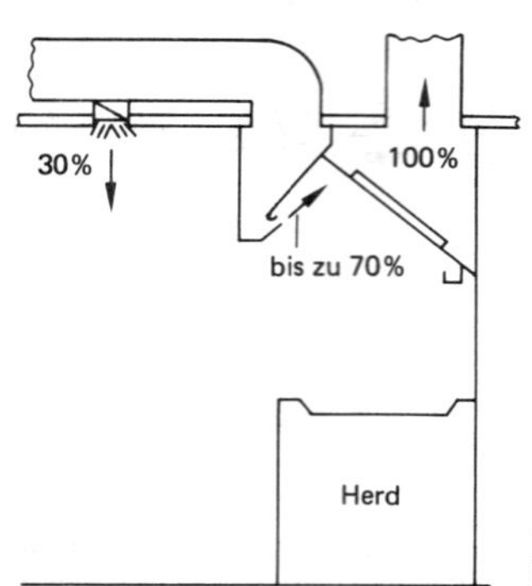


Bild 361-17. Haube mit Induktion von ca. 30% Raumluft. Nur 30% der Zuluft werden erwärmt.

## -16 Lufterwärmung, Wärmerückgewinnung[1]), Luftkühlung

Lufterwärmung soll möglichst von der mittleren tiefsten Außentemperatur bis auf 25 °C möglich sein. Kühlung der Zuluft auf ca. 20 °C wird bei Großküchen meist von der Ge-

[1]) Schwebel, W.: ETA 4/84. S. A 110/116.

**Tafel 361-2. Sensible und latente Wärmeabgabe, Feuchteabgabe von Küchengeräten sowie Luftvolumenstrom zur Abführung der Wärme bei $\Delta t = 8$ K Temperaturdifferenz bzw. $\Delta x = 5$ g/kg zwischen Raum und Zuluft.** (VDI 2052 – 3.84)

| Küchenbereich/Küchengerät | Elektrobeheizte Geräte*) | | | | | |
|---|---|---|---|---|---|---|
| | Gesamt-Wärme-abgabe W/kW | sensible Wärme-abgabe W/kW | latente Wärme-abgabe W/kW | Dampf-abgabe g/h kW | Volumenstrom**) in m³/h kW bei $\Delta t = 8$ K | $\Delta x =$ 5 g/kg |
| Koch- und Garbereich: | | | | | | |
| Kochkessel (Deckel lose) | 111 | 41 | 70 | 102 | 15 | 17 |
| Druckkochkessel | 87 | 58 | 29 | 43 | 22 | 7 |
| Kochautomaten | 81 | 29 | 52 | 77 | 11 | 13 |
| Hochdruckdämpfer | 116 | 46 | 70 | 102 | 17 | 17 |
| Luftkochschränke | 325 | 58 | 267 | 395 | 22 | 66 |
| Dampfschränke | 407 | 105 | 302 | 446 | 39 | 74 |
| Brat-, Grill- und Backbereich: | | | | | | |
| Kippbratpfannen sowie Brat- und Grillplatten | 714 | 377 | 337 | 497 | 141 | 83 |
| Grill- und Salamandergeräte | 906 | 732 | 174 | 257 | 273 | 43 |
| Brat- und Backöfen | 540 | 383 | 157 | 231 | 143 | 39 |
| Heißluftgeräte | 407 | 105 | 302 | 446 | 39 | 74 |
| Brat- und Grillautomaten | | | | | | |
| für Kurzbratstücke | 488 | 256 | 232 | 343 | 96 | 57 |
| für Großbratstücke | 233 | 198 | 35 | 51 | 74 | 9 |
| Soßenautomaten | 343 | 180 | 163 | 240 | 67 | 40 |
| Friteusen | 803 | 93 | 715 | 1054 | 35 | 176 |
| Fritierautomaten | 564 | 41 | 523 | 770 | 15 | 128 |
| Verschiedene Bereiche: | | | | | | |
| Herde und Hockerkocher | 499 | 418 | 81 | 120 | 156 | 20 |
| Mikrowellengeräte | 291 | 279 | 12 | 17 | 104 | 3 |
| Wasserbäder | 419 | 105 | 314 | 463 | 39 | 77 |
| Wärmeanrichten | 552 | 552 | – | – | 206 | – |
| Wärmeschränke | 349 | 349 | – | – | 130 | – |
| Kühlschränke | 726 | 726 | – | – | 271 | – |
| Küchenmaschinen | 174 | 174 | – | – | 65 | – |
| Fördereinrichtungen | 1000 | 1000 | | | 374 | – |
| Speisenverteilung: | | | | | | |
| Cafeteria- | | | | | | 53 |
| Warmausgabegerät | 290 | 75 | 215 | 317 | 28 | – |
| Kaltausgabegerät | 726 | 726 | – | – | 271 | – |
| Geschirrspender | 296 | 296 | – | – | 111 | 24 |
| Getränkebrühanlage | 198 | 99 | 99 | 145 | 37 | |

*) Gasbeheizte sowie dampf- und heißwasserbeheizte Geräte s. VDI 2052 (3.84) ebenso Geschirrspülmaschinen.

**) Werte für Geräte ohne Haube. Mit Haube: bei $\Delta t = 8$ K minus 20%; bei $\Delta x = 5$ g/kg minus 30%.

werbeaufsicht verlangt. Wärmetauscher in der Abluft zur *Wärmerückgewinnung* durch Filter schützen und für Reinigung zugänglich halten. Keine Rotations-Wärmetauscher wegen Gefahr der Geruchsübertragung. Schutzeinrichtung gegen Vereisen erforderlich. Bei wenigen jährlichen Betriebsstunden ist Wirtschaftlichkeit der WRG zu prüfen.

Raumtemperatur im Winter 22···24 °C, im Sommer max. 28 °C; dazu manchmal Luftkühlung erforderlich.

In unmittelbarer Nähe von wärmeabgebenden Geräten ist infolge der nicht vermeidbaren Strahlungswärme die Behaglichkeit trotz Strahlungsisolation oder örtlich höherer Luftrate nach Tafel 361-1 nicht mehr gewährleistet. Kritische Grenze etwa bei Luftwechsel über 40 $h^{-1}$.

### -17 Zubehör

Zu jeder Lüftungsanlage soll eine *automatische Temperaturregelung* gehören, um gleichmäßige Raumtemperatur zu gewährleisten. Alle Schalt- und Regelgeräte sind auf einer *Schalttafel* anzuordnen. Die Zulufttemperatur soll leicht kontrollierbar und möglichst auf der Schalttafel angezeigt sein.

### -18 Bauliche Bemerkungen

Die Zahl der wärmeabgebenden Küchengeräte muß der vorhandenen Fläche angepaßt werden. Bei zu starker Belegung ist eine befriedigende Lüftung nur schwierig durchzuführen. Maximale Wärmeabgabe etwa 80···100 $W/m^2$. Wenn möglich, sollte für möglichst viele Küchengeräte *direkte Absaugung* vorgesehen werden, besonders für Geschirrspülmaschinen.

Wände und Decken sind mit gut feuchteaufsaugendem Putz zu versehen, damit Feuchtigkeit aus der Raumluft aufgenommen werden kann. Kein Ölanstrich. Fenster möglichst als Doppelfenster ausbilden und nicht zu groß, um Niederschlag von Wasserdampf zu vermeiden. Aborte möglichst weit entfernt von der Hauptküche (Geruchschleusen).

Luftkanäle möglichst aus verzinktem Stahlblech. Abluftkanäle in kalten Räumen isolieren, um Schwitzwasserbildung zu verhindern und im unteren Teil verlöten.

### -19 Brandsicherheit

Verfettete Abluftkanäle können leicht in Band geraten. Daher Reinigungsöffnungen an Kanalknickstellen und Fettfiltern nötig. Um eine Brandausbreitung zu verhindern, sind Luftkanäle außerhalb der Küche in L 30 und *Feuerschutzklappen* notwendig (s. bauaufsichtliche Richtlinien, Musterentwurf 1.84). Siehe auch Abschn. 374-6.

## -2 ABORTE

Die *Aborte* gehören zu der Gruppe von Räumen, bei denen die Aufgabe der Lüftung darin besteht, die Ausbreitung von Gerüchen zu verhindern. Sie sind daher unter Unterdruck zu halten.

Die einfachste Ausführung, abgesehen von der *Fensterlüftung*, besteht in der Anordnung eines *Axialventilators* im Fenster oder in der Fensterwand. Störung allerdings durch Winddruck.

Besser ist die Verwendung eines Schachtes mit einem *Ventilator* im obersten Geschoß oder im Dachboden. An den Schacht werden dabei alle im Gebäude übereinander liegenden Aborte angeschlossen. Die Fenster müssen in den mechanisch gelüfteten Räumen geschlossen bleiben.

Für die nachströmende Luft ist im allgemeinen keine besondere Öffnung vorzusehen, höchstens einige kleine Öffnungen in der nach dem Vorraum des Abortes führenden Tür (etwa 150 $cm^2$), oder ein Schlitz von 1 bis 2 cm Höhe zwischen Fußboden und Unterkante Tür. Meist sind jedoch Tür und Fenster genügend undicht und lassen genügend Luft nachströmen. Auflagen des Brandschutzes evtl. zu beachten.

Luftwechsel

| | |
|---|---|
| bei öffentlichen Aborten auf Straßen und Plätzen | l = 10···15fach |
| bei Aborten in Fabriken | l = 8···10fach |
| in Bürogebäuden | l = 5··· 8fach |
| in Wohnungen | l = 4··· 5fach |

Eine besondere Erwähnung verdienen die *Innenaborte* und Innenbäder, die vermehrt gebaut werden. Über die freie Lüftung dieser Räume gibt das DIN-Blatt 18017 Teil 1 (E. 2.87) Richtlinien, die sich auf Neubauten mit dichten Fenstern beziehen. Für jeden zu lüftenden Raum ist darin ein eigener Schacht vorgesehen, dessen oberer Teil von der Abluftöffnung über Dach führt und dessen unterer Teil ins Freie führt.

Lüftung durch natürlichen Auftrieb in Schächten ist jedoch unzureichend, besonders im Sommer. Besser und auf jeden Fall wirksamer ist die *mechanische Lüftung* mit Luftschacht und Ventilator im obersten Geschoß, die daher auch in den Bauordnungen der Länder meist verlangt wird. Geräusch- und Geruchübertragung von einem Geschoß

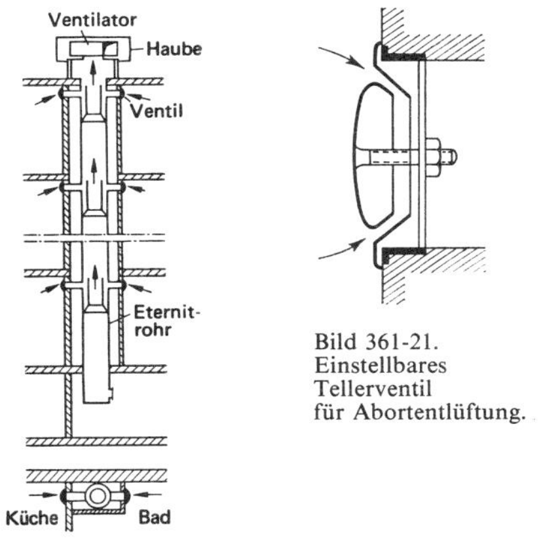


Bild 361-21. Einstellbares Tellerventil für Abortentlüftung.

Bild 361-20. Innenabortentlüftung mit Ventilator für ein mehrgeschossiges Gebäude (Eternit).

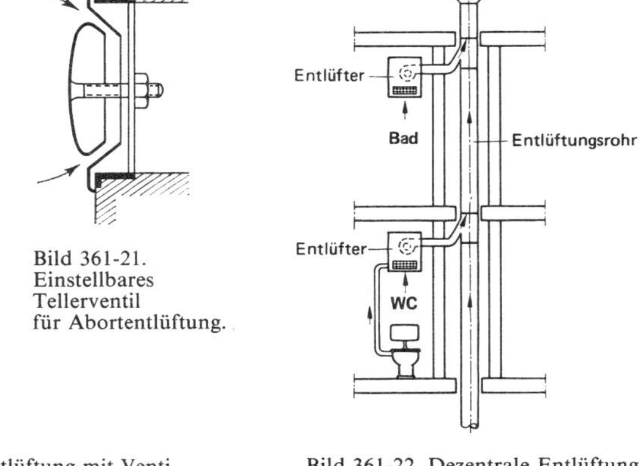


Bild 361-22. Dezentrale Entlüftung (System Limodor).

zum anderen werden dabei dadurch vermieden, daß entweder getrennte Rohre von etwa 50 bis 60 mm Durchmesser für jeweils einen Innenabort verlegt werden oder gemeinsame Rohre mit Injektionswirkung und Schalldämpfer an den Abzweigen (Bild 361-20). Wichtig ist richtige Auswahl der Abluftgitter, die einen gewissen einstellbaren Widerstand bis etwa 100 Pa haben sollen, damit die Absaugung nicht durch Störungen wie Windanfall, Fensteröffnen u.a. beeinflußt wird (Beispiel Bild 361-21). Der Ventilator soll eine steile Kennlinie haben, wodurch bei Widerstandsänderungen nur geringe Volumenstromänderungen auftreten.

Eine weitere Anordnung zeigt Bild 361-22 mit dezentralen Entlüftern (Energieersparnis).

In der neuen DIN 18017 Teil 3 (E. 11.84) ist folgendes vorgeschlagen:

| | |
|---|---|
| Mindestvolumenstrom für Bad, auch mit Abortsitz | 40 $m^3/h$ |
| Mindestvolumenstrom für Abortsitz | 20 $m^3/h$ |

Maximaler Volumenstrom doppelt so groß.

Bei den Absaugungsanlagen sind folgende Systeme unterschieden:

*Einzelentlüftungsanlagen*

mit eigener Abluftleitung
mit gemeinsamer Abluftleitung

*Zentralentlüftungsanlagen*

mit fest eingestellten Abluftventilen
mit einstellbaren Abluftventilen
mit Abluftventilen für konstanten Volumenstrom

Bei allen Anordnungen ist zu beachten, daß bei Offenstehen aller Ventile gegenüber dem Betrieb mit nur einen offenen Ventil der Mindestvolumenstrom am untersten Ventil nicht unterschritten wird. Toleranz ±15%. Daher müssen bei der Bemessung der Anlagen die Kennlinien der Ventile und der Ventilatoren sorgfältig ausgewählt werden.

Für die Betriebszeit des Ventilators gibt es verschiedene Möglichkeiten:

1. Ventilator wird von jedem angeschlossenen Raum eingeschaltet und durch ein Schaltwerk nach einer gewissen Zeit ausgeschaltet.
2. Der Ventilator wird durch eine Zeitschaltuhr nur zu gewissen Zeiten in Betrieb genommen, z.B. morgens, mittags und abends jeweils 2 oder 3 Stunden oder auch längere Zeit.
3. Ventilator läuft dauernd, evtl. nachts mit reduzierter Leistung.

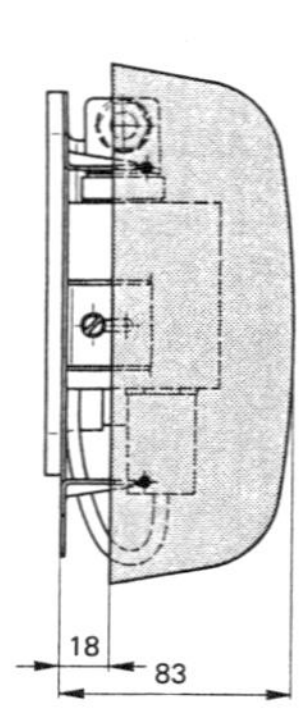


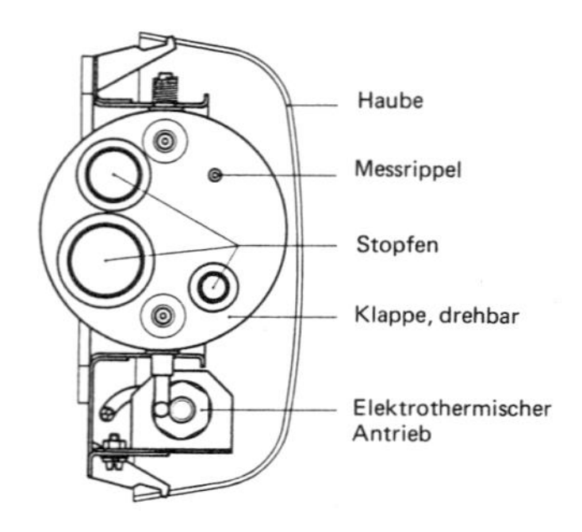


Bild 361-23. Fortluftautomat für Grund- und Betriebsvolumenstrom mit elektrothermischem Antrieb mit Nachlauf (Temset).

Für *Mehrfamilienhäuser* ist am zweckmäßigsten *zentrale Entlüftung* mit einstellbaren Abluftventilen und mit stufenloser Volumenstromregelung des Abluftventilators.

Einfaches energiesparendes Abschaltsystem nach Bild 361-23 durch Klappe mit zwei Stellungen: *Grundvolumenstrom* bei geschlossener Klappe je nach Größe des Lochs im Klappenflügel z.B. 15 $m^3/h$. Bei geöffneter Klappe ca. 100 $m^3/h$. Klappe öffnet über Lichtschalter oder dgl. mittels elektrothermischen Antriebs, der nach Abschalten durch thermische Trägheit die Klappe zum Nachlüften noch 5 bis 10 Minuten offen hält. Dadurch Drosselung des zentralen Abluftventilators und Reduzierung der jährlichen Luftaufbereitungsenergie.

Für einzelne Aborte gibt es auch Geräte mit Sitz- oder Türschaltung, die die Luft direkt aus dem Abortbecken absaugen und ins Freie oder über Aktivkohlefilter wieder in den Raum blasen (Euosmon, Exodor u.a.).

Nachdem durch die *Wärmeschutzverordnung* eine wärmedichte Bauweise mit dichten Fenstern gefordert wird, erlangt die mechanische Lüftung mit Abluft und Zuluft sowie mit *Wärmerückgewinnung* größere Bedeutung, s. Abschn. 364-3.

## -3 AKKUMULATORENRÄUME (Batterieräume)

### -31 Allgemeines

In Akkumulatoren- und Batterie-Räumen entstehen beim Laden der Zellen, sobald die Spannung eine bestimmte Größe erreicht hat, durch Zerlegung des Wassers Sauerstoff und Wasserstoff, deren Gemisch explosionsgefährlich ist *(Knallgas)*. Außerdem bilden sich in Bleibatterien *Schwefelsäurenebel* am Ende der Ladeperiode, wenn, wie man sagt, die Zellen kochen, wodurch die Schleimhäute gereizt werden und Korrosionsschäden entstehen. Eine ausreichende Lüftung dieser Räume ist daher unerläßlich.

### -32 Entlüftung

Wasserstoff ist leicht und sammelt sich an der Decke der Räume an, während die Schwefelsäuredämpfe schwer sind und sich am Boden lagern. Bei kleinen Akkumulatoren-Räumen genügt Fensterlüftung. Die Fenster werden beim Laden der Akkumulatoren geöffnet, so daß die Gase und Dämpfe abziehen können.

Bei größeren Akkumulatoren-Räumen ist die natürliche Lüftung nicht mehr möglich, so daß man die Räume mittels Ventilatoren zwangsweise entlüften muß (Bild 361-30).

Der explosionsgeschützte *Abluftventilator* wird außerhalb des Raumes aufgestellt. Die Ansaugöffnung im Raum soll so eingerichtet sein, daß sowohl an der Decke wie am Fußboden abgesaugt werden kann. Dies läßt sich leicht durch einen vor der Saugöffnung angebrachten oben und unten offenen abnehmbaren Vorbau aus Asbestzement oder anderem korrosionsgeschützten Material erreichen. Bei großen Räumen ist ein Abluftkanal vorzusehen, der mehrere untere und obere Absaugöffnungen hat.

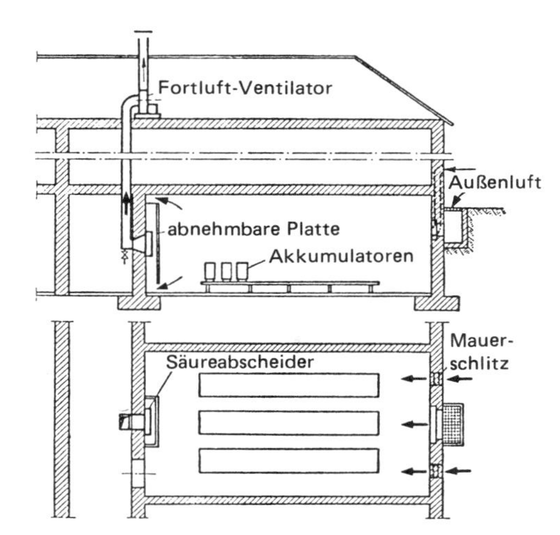


Bild 361-30. Entlüftung eines Akku-Raumes.

Für die nachströmende Luft genügt es in der Regel, in der der Abluft gegenüberliegenden Wand Öffnungen anzubringen bzw. Jalousieklappen in den Fenstern zu öffnen, so daß Außenluft aus dem Freien angesaugt wird. Im Winter kühlen die Akkumulatoren-Räume dabei zwar stark aus, was jedoch ohne Bedenken ist. Eine Heizung ist jedenfalls nicht erforderlich, jedoch soll der Raum frostfrei sein. Ist die Umgebung sehr staubig oder liegen die Akkumulatoren-Räume an belebten Straßen, ist es zweckmäßig, die Zuluft durch einen besonderen Zuluftventilator mit Staubfilter zuzuführen. Auch bei sehr großen Akkumulatoren-Räumen ist dies zu empfehlen. Zuluftmenge etwa 20% geringer als Abluftmenge.

## -33 Volumenstrom

Eine theoretisch einwandfreie Berechnung des erforderlichen Volumenstroms ist auf Grund der stündlich entstehenden Wasserstoffmenge und der zulässigen Wasserstoffkonzentration möglich.

Wasserstofferzeugung je Ampere Ladestrom $w = 0{,}42$ l/h bei einer Zelle.

Untere Explosionsgrenze 3,8 Vol.-%.

Erforderlicher Zuluft-Volumenstrom:

$\dot{V} = v \cdot w \cdot s \cdot n \cdot I$ in l/h

$v$ = Verdünnungsfaktor = 100/3,8 = 26
$s$ = Sicherheitsfaktor = 5
$n$ = Zahl der Zellen
$I$ = Ladestrom

$\dot{V} = 26 \cdot 0{,}42 \cdot 5 \cdot n \cdot I$ l/h $= 0{,}055\, n \cdot I$ m³/h

*Beispiel:*

Rauminhalt 100 m³, Zahl der Zellen 120,
Ladestrom 60 Ampere,
erforderlicher Volumenstrom $\dot{V} = 0{,}055 \cdot 60 \cdot 120 = 400$ m³/h.
Dies entspricht einem stündlich 4fachen Luftwechsel.

Der Ladestrom ist je nach Art der Batterie und des Ladeverfahrens unterschiedlich.

Im allgemeinen begnügt man sich damit, den stündlichen Luftwechsel nach Erfahrung festzusetzen und rechnet bei dicht belegten niederen Räumen: Luftwechsel $l = 4 \cdots 6$fach, bei hohen Räumen 3···4fach.

Die abgesaugte Luft soll möglichst über Dach geblasen werden, damit anliegende Räume nicht durch die Säurenebel enthaltende Luft belästigt werden oder Beschädigungen eintreten.

### -34 Material

Ventilator und Rohrleitungen dürfen durch die in der abgesaugten Luft entwickelte Schwefelsäure nicht angegriffen werden. Daher Herstellung aus verbleitem und innen mit Chlorkautschuk gestrichenem Blech, aus innen gummiertem Blech, oder noch besser aus Kunststoff, die Rohrleitung auch aus Asbest-Zement.

### -35 Säureabscheider

Um die Säuredämpfe nicht ins Freie auszublasen, Verwendung sogenannter *Säureabscheider* in den Akkumulatoren-Räumen. Sie bestehen aus mehreren hintereinander angeordneten durchlochten Bleiplatten. Empfindlich gegen Verschmutzung. Häufige Reinigung erforderlich.

### -36 Stahl-Akkumulatoren

enthalten als Flüssigkeit nicht Schwefelsäure, sondern *Kalilauge*. Die positiven Elektroden enthalten Nickeloxide, die negativen Cadmium oder Eisen. Auch diese Akkumulatoren entwickeln *Knallgas*, so daß eine Entlüftung erforderlich ist. Da die Nennspannung einer Stahlzelle jedoch nur 1,2 V – statt 2 V bei der Bleizelle – beträgt, ist die erforderliche Luftmenge ca. 60% kleiner.

## -4 LABORATORIEN[1])

### -41 Allgemeines

In den Laboratorien der Industrie, Lehranstalten und Institute entstehen schädliche Gase oder Dämpfe, ferner auch Bakterien, Viren, radioaktive Aerosole, die wegen Gesundheitsgefährdung abgesaugt und ins Freie geblasen werden müssen. Für die nachströmende Luft ist in der Regel, abgesehen von sehr kleinen Anlagen, eine Zuluftanlage erforderlich.

### -42 Volumenstrom

Bei *Abzügen* (Digestorien) wird der Abluftstrom nach der Gefährlichkeit der Arbeitsstoffe abgestuft (s. BG-Chemie und DIN 12924). Näherungsweise beträgt er je m Frontlänge mindestens:

| | |
|---|---|
| Tischabzüge | 400 $m^3/m$ h |
| Tiefabzüge | 600 $m^3/m$ h |
| Begehbare Abzüge | 700 $m^3/m$ h |

(Bild 361-31).

Bei *Abkochabzügen* (geheizten Bädern) 50% mehr.

Bei *Kurssälen* in Hochschulen zusätzlich zu der Absaugung durch Abzüge Raumentlüftung erforderlich. Luftwechsel etwa:

bei kleinen Sälen (ungefähr 30 Personen) ··· $l$ = 8- bis 12fach,
bei großen Sälen (ungefähr 100 Personen) ··· $l$ = 6- bis 8fach.

In *Isotopenlabors* Abluftmenge wesentlich höher, etwa 1000 $m^3/h$, manchmal auch zusätzlicher Schnellauf der Ventilatoren mit Luftmengen bis 1500 $m^3/h$ je lfd. m. *Handschuhkästen* (Glove boxes) müssen dauernd unter starkem Unterdruck gehalten werden, etwa 500 Pa.

In jedem Labor soll auch eine *Bodenabsaugung* vorhanden sein, Mindestleistung 2,5 $m^3/m^2$ h.

Zuluft-Volumenstrom mindestens 25 $m^3/h$ pro $m^2$ Nutzfläche des Raumes oder etwa 10% geringer als Abluftvolumenstrom. Nur Außenluft bis zu tiefster Außentemperatur. Bei Anlagen mit geringer Luftverschlechterung auch Umluft zulässig (z. B. physikalische Arbeiten, Hörsäle), nicht jedoch in Laboratorien und bei Digestorien.

---

[1]) VDI-Richtlinie 2051: Raumlufttechnik in Laboratorien. 6.86.
Eser, L.: Klimatechn. 12/73. S. 244/9.
Bunse, F., u. B. Gräff: Ki 7–8/85. S. 283/8.
Gräff, B., u. a.: Ki 1/87. S. 41/6.
DIN 12923/4 (E. 10.87) Laboreinrichtungen; Abzüge.

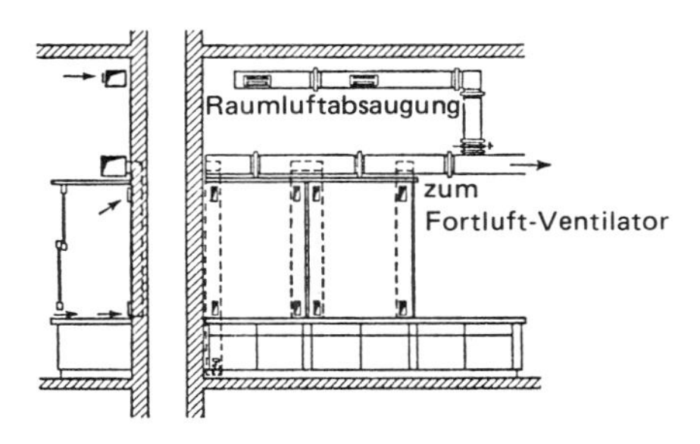


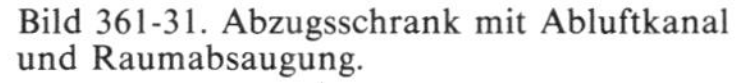
Bild 361-31. Abzugsschrank mit Abluftkanal und Raumabsaugung.

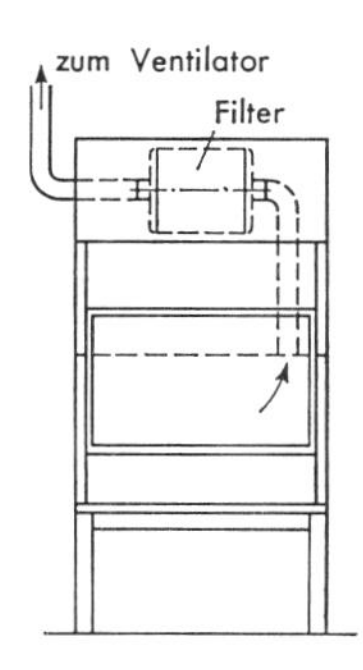


Bild 361-32. Isotopen-Abzug mit eingebautem Schwebstoffilter.

Bei kurzzeitig benutzten Digestorien (z. B. Schulen) kann auf eine besondere Zuluftanlage verzichtet werden, wenn Abluftmenge nicht größer als 9 $m^3/h$ pro $m^2$ Nutzfläche.

*Lösungsmittelschränke* sind an eine Abluftanlage anzuschließen. Leistung 60 $m^3/m^2$ h.

*Schnüffelleitungen* 1 bis 1½″, Luftgeschwindigkeit 15···18 m/s. Unterdruck ≈ 200 Pa.

*Ventilatoren* aus Kunststoff, Edelstahl, kunststoffbeschichtetem Stahl oder Sonderwerkstoffen. Am Saugstutzen Fanggitter zur Zurückhaltung größerer Teile. Bei Kunststoffventilatoren Maßnahmen vorsehen zur Unterbindung elektrostatischer Aufladung, da Explosionsgefahr.

## -43 Filter

Reinigung der Zuluft bei normalen Anlagen durch einstufige Filter der Stufe EU6 (Feinstaubfilter), siehe Abschn. 333. Bei besonderen Ansprüchen (Bakteriologische Laboratorien, Isotopen-Labors usw.) 2- oder 3stufige Reinigung mit Hochleistungsfiltern, z. B.

1. Stufe: Glasfaser-Umlauffilter für Staub > 5 $\mu$m, Stufe EU3 oder 4
2. Stufe: Trockenschichtfilter für Staub von 1 bis 5 $\mu$m, Stufe EU5···7
3. Stufe: Hochwertige Feinststaubfilter Klasse EU9 (Q, R oder S)

Die *Fortluft* wird in der Regel nicht gefiltert, falls nicht besondere Anforderungen vorliegen. Bei Absaugung von Dämpfen und Gerüchen können Aktivkohlefilter verwendet werden; dann Vorfilter erforderlich, damit die Aktivkohle sich nicht verstopft.

Bei Isotopen-Labors auch Reinigung der Abluft in der Regel derart, daß am Digestorium selbst ein Vorfilter und beim Ventilator ein Nachfilter (Schwebstoffilter) angebracht wird. Bild 361-32 zeigt eine Ausführung, bei der das Schwebstoffilter unmittelbar über dem Digestorium angebracht ist. Nach Erschöpfung Auswechslung des ganzen Filters. Bild 361-33 größeres Filter für mehrere Abzüge. Da der Widerstand des Filters mit der Verschmutzung erheblich steigt, ist automatische *Druckregelung* des Ventilators nötig: Differenzdruckmessung an Meßblende mit Schaufelverstellung, Dralldrossel- oder Drehzahlregelung.

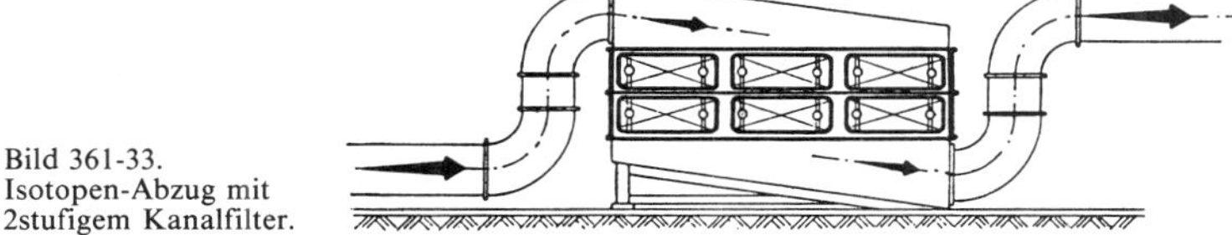
Bild 361-33. Isotopen-Abzug mit 2stufigem Kanalfilter.

## -44 Raumluftzustand

Lufttemperatur im Labor 20 bis 22 °C, Grundheizung zweckmäßig vollständig durch örtliche Heizkörper, weil dann die Lüftungsanlage mit einheitlicher Zulufttemperatur gefahren werden kann und volles Heizen auch bei Abschalten der Lufttechnik erfolgt.

Thermostatventile an den Heizkörpern vorsehen (Überhitzung). Kühlung der Zuluft im Sommer zu empfehlen, bei besonderen Ansprüchen auch Klimaanlagen. Zugfreiheit nach DIN 1946 Blatt 2, siehe Abschn. 123-4. Geräusche der RLT-Anlage im Arbeitsraum max. 52 dB(A).

## -45 Luftführung

Verdrängungsströmung anstreben, denn Strahllüftung ist nicht unproblematisch, da schnell eine gleichmäßige Verteilung der Schadstoffe im Raum bewirkt wird. Spezielle Laborauslässe wurden für hohe Luftwechselzahlen mit geringer Induktionswirkung entwickelt.

Bei dem Auslaß nach Bild 361-36 wird ein Treibluftstrom $\dot{V}_p$ an der Decke entlanggeblasen. Die unvermeidbare Induktionswirkung führt überwiegend Zuluft $\dot{V}_s$ in den Strahl, die aus einem Schlitzbrückenlochblech mit kleinerer Geschwindigkeit ausströmt. Somit wird weniger schädliches Gas umgewälzt. Luftwechselzahlen bis 10···15 $h^{-1}$ sind zugfrei möglich[1]).

Abschirmung von Labortischen durch Luftschleier von unten nach oben gerichtet und aus der Tischkante austretend sind wegen der Induktionswirkung problematisch[2]).

Einzelabsperrung von Laborräumen ist aus wirtschaftlichen Gründen vorzuziehen. Die Absperr- und Regelgeräte können drei Betriebsarten sicherstellen

- Lüftung mit Laborschrank ($l$ = 10···20 l/h)
- Lüftung ohne Laborschrank, sogenannte Grundlüftung ($l$ = 5···10 l/h)
- keine Lüftung

Schema einer Lüftung mit Einzelabsperrung siehe Bild 361-34.

Zentrale Anlagen mit Drehzahlregelung sind zu empfehlen. Die Wartungs- und Energiekosten sind hier geringer. Bei einem direkt belüfteten Laborschrank (siehe Bild 361-35) können die Raumluftströmung entlastet und Nachwärmeenergien eingespart werden. Höhere Anlagenkosten durch zusätzliches Kanalsystem.

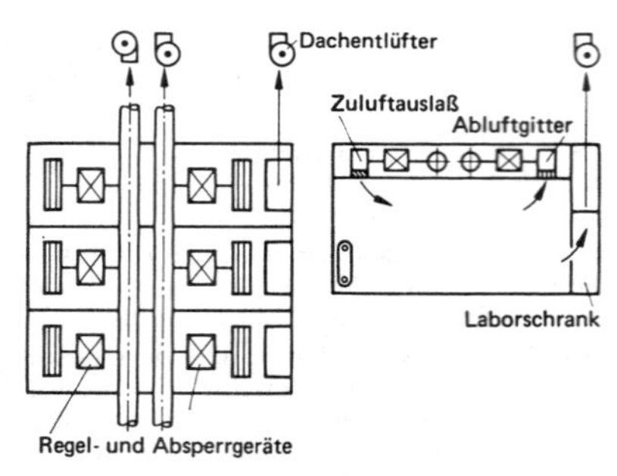


Bild 361-34. Lüftungsanlage für Laborräume mit Regel- und Absperrgeräten.

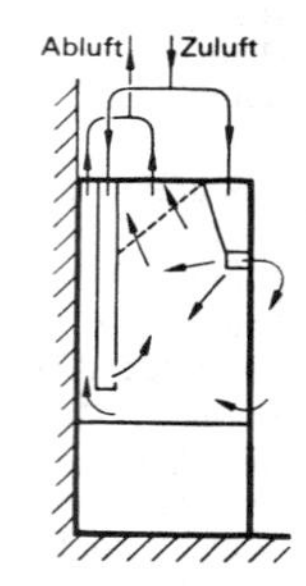


Bild 361-35. Laborschrank mit Belüftung (Fläkt).

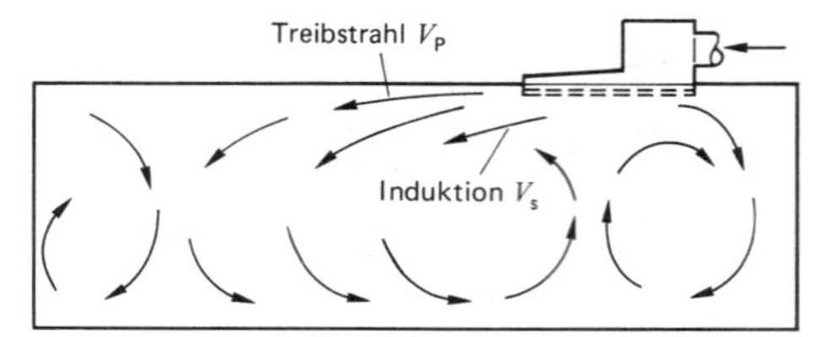


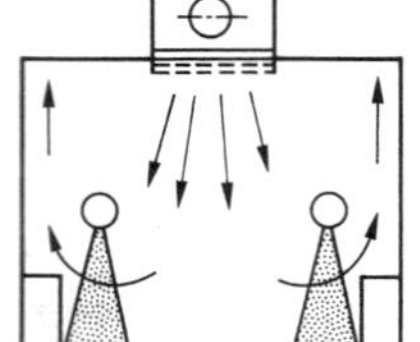

Bild 361-36. Laborauslaß für hohe Luftwechselzahl und geringe Umluftinduktion mit Treibstrahl $\dot{V}_p$ und Zuluftinduktion $\dot{V}_s$.

[1]) Eser, L.: LTG-Luftt. Inform. Nr. 3, 12/71 S. 19/24, u. Nr. 4, 4/72 S. 23/4.
[2]) Hilbers, H.: TAB 2/83. S. 109/112.

### -46 Kanäle

Abluftkanäle möglichst senkrecht, reichlich Reinigungsöffnungen, schwer entflammbar, Entwässerungsstutzen, Luftgeschwindigkeit 3 bis 10 m/s.

Zur Energieeinsparung bereichsweise Absperrung durch Klappen, wenn keine Nutzung. Material:

*Kunststoff* (PVC, PE, Teflon und Polypropylen) für fast alle Medien beständig, außer Lösemitteldämpfen wie Benzol, maximale Temperatur 60 bis 70 °C, teilweise auch bis 100 °C. Mindestens schwer entflammbar. Wanddicke und Beständigkeit gegen chemische Agenzien siehe VDI 2051 (6.86). Rohre, Formstücke und Rechteckkanäle aus PVC siehe auch DIN 4740, aus PP s. DIN 4741.

*Kupfer und Edelstahl* nicht für alle Stoffe beständig.

*Steinzeug,* wenig besser, besonders geeignet bei Lösungsmitteldämpfen, aber großer Raumbedarf und teilweise undicht, außerdem schwer und unhandlich zu montieren.

*Gemauerte Kanäle* nur für schwache chemische Angriffe.

*Schwarzblech, plastopheniert,* für stark aggressive Medien.

## -5 GARAGEN[1])

### -51 Allgemeines

Die Lüftung von Garagen ist von ganz besonderer Wichtigkeit, weil in den Abgasen der Verbrennungsmotoren giftige Stoffe enthalten sind, neben Kohlenwasserstoffen aller Art Schwefel- und Bleiverbindungen, Ruß, Ölnebel, insbesondere *Kohlenmonoxid* (CO). Dieses Gas ist auch in geringer Konzentration je nach der Zeit der Einwirkung bereits lebensgefährlich, siehe Tafel 123-9. Aufgabe der Lüftung ist es, die Abgase möglichst schnell ins Freie abzuführen bzw. sie zu verdünnen.

Allgemeine Richtlinien über die Lüftung von Garagen sind in den „*Garagenverordnungen*" der Bundesländer enthalten, die im wesentlichen der neuen Garagenverordnung des Bundes vom 22.1.73 und Ausführungsanweisungen dazu entsprechen. Berechnungsunterlagen siehe VDI-Richtlinie 2053, Blatt 1: RLT-Anlagen für Garagen (E.4.87). Prüfung gemäß VSR 201 (Mai 86)[2]). Der Größe nach unterscheidet man:

Kleingaragen mit einer Fläche bis 100 $m^2$
Mittelgaragen mit einer Fläche bis 1000 $m^2$
Großgaragen mit einer Fläche über 1000 $m^2$

Flächenbedarf ≈ 25 $m^2$ je Personenwagen-Stellplatz.

### -52 Abgasmengen

Die Abgasmengen und der CO-Gehalt der Abgase sind je nach Fahrzeugart, Größe, Zustand, Geschwindigkeit sehr unterschiedlich.

*Richtwerte* siehe Tafel 361-2.

Bei Dieselmotoren enthalten die Gase auch noch andere Reiz- und Giftstoffe, besonders auch Ruß.

### -53 Freie Lüftung

Die Garagen können durch freie (natürliche) Lüftung gelüftet werden oder durch mechanische Lüftungsanlagen.

Für die *freie Lüftung* sind an entgegengesetzten Seiten der Garage zur Erreichung einer Querlüftung gleichmäßig verteilte Öffnungen mit max. 35 m Entfernung in oberirdi-

---

[1]) VDI-Richtlinie 2053 Bl. 1 (E.4.87): RLT-Anlagen für Garagen.
Haerter, A.: VDI-Bericht 147. 1970. S. 69/75.
Schumm, H. P.: HLH 4/75. S. 143/4.
Greif, K.-G.: HR 12/79. S. 576/81 u. 5/80. 8 S.
Gottfried, E.: Ki 10/85. S. 395/9.

[2]) VSR 201 (5.86): Prüfung von Luftt. Anlagen in Garagen, Verein selbst. Revisionsing. e.V.

**Tafel 361-2. Richtwerte für Schadstoffemission von Kraftfahrzeugen (nach VDI 2053 Bl. 1 E. 4. 87)**

| | Verbrauch | Abgasvolumen | | CO-Gehalt | CO-Volumen |
|---|---|---|---|---|---|
| | | $m_n^3$/ 100 km | $m_n^3$/h je Kfz | | $m_n^3$/h je Kfz |
| | l/h | | | Vol.-% | |
| A) Pkw mit Otto- oder Dieselmotor | | | | | |
| Leerlauf (Motor kalt) | 1,34 | – | 11,0 | 5 | 0,55 |
| Leerlauf (Motor warm) | 1,24 | – | 10,5 | 4,5 | 0,47 |
| Stockende Fahrt (10 km/h) | 2,16 | 175 | 17,5 | 2,9 | 0,60 |
| Freie Fahrt in der Ebene | 4,74 | 64 | 38,4 | 2,7 | 1,04 |
| B) Lkw *) mit Dieselmotor | | | | | |
| Stockende Fahrt (10 km/h) | – | 750 | 75 | 0,2 | 0,15 |
| Freie Fahrt in der Ebene | – | 420 | 250 | 0,2 | 0,5 |

*) je 10 t Fahrzeuggewicht, anderenfalls proportional umzurechnen

schen bzw. max. 20 m in unterirdischen Garagen anzubringen. Der gesamte Querschnitt soll betragen:

In Mittel- und Großgaragen 0,06 m² je Stellplatz

Für Garagen bis 100 m² Fläche genügen Öffnungen in den Außentüren von 150 cm² freier Fläche je Stellplatz.

## -54 Mechanische Lüftung

Wenn freie Lüftung nicht zulässig ist, sind mechanische Lüftungsanlagen einzubauen. Abluftmenge bei geringem Verkehr (Wohnhausgaragen) 6 m³/h, bei anderen Garagen gemäß Garagenverordnung 12 m³/h je m² Garagennutzfläche. Bei einer Grundfläche von 25 m² je Kraftfahrzeug entspricht dies im zweiten Fall $25 \times 12 = 300$ m³/h je Kfz oder bei einer Raumhöhe von 2,4 m einem stündlichen Luftwechsel von $l = 12:2{,}4 = 5$fach.

Außerdem wird verlangt, daß die Abluftanlage aus 2 gleich großen Ventilatoren besteht, die zusammen den genannten Volumenstrom erbringen.

## -55 Volumenstrom

In vielen Fällen empfiehlt sich wegen der erheblichen Anschaffungs- und Betriebskosten, die eine Garagenlüftung verursacht, eine genaue Berechnung des erforderlichen Volumenstroms auf Grund der *MAK-Werte* des in den Abgasen enthaltenen Kohlenoxyds. Daher ergeben sich meist kleinere Volumenströme (s. Beispiel 1 und 2).

Die maximal zulässige *Konzentration* von CO, der sogenannte MAK-Wert, beträgt für Garagen mit Stoßbetrieb über 1 Stunde gemessen nach der Garagenverordnung:

$CO_{zul} = 100 \text{ ppm} = 100 \cdot 10^{-6}\ m_n^3\ CO/m_n$ Luft.

Der erforderliche Außenluftvolumenstrom pro Kraftfahrzeug (Kfz) ist

$$\dot{V}_A = \frac{q_{CO}}{CO_{zul} - CO_A}$$

Daher bedeuten

$q_{CO}$ = CO-Emission je Kfz in $m_n^3$/h nach Tafel 361-2, Dauer des Startvorgangs und mittlere Weglänge in der Garage s. Beispiele.

$CO_A$ = CO-Gehalt der Außenluft (Vorbelastung) in $m_n^3\ CO/m_n$ Luft
= $10 \cdots 20 \cdot 10^{-6}$ an Straßen mit durchschnittlichem Verkehr
= $30 \cdot 10^{-6}$ an Straßen mit starkem Autoverkehr
= $0 \cdots 5 \cdot 10^{-6}$ in Wohnbereichen.

Man unterscheidet noch zwischen Garagen
- mit geringem Zu- und Abgangsverkehr und
- öffentlichen Parkgaragen.

In beiden Fällen ist die zulässige CO-Belastung $CO_{zul} = 100$ ppm. Es gibt jedoch unterschiedliche Bewegungshäufigkeit (Auslastungsfaktor $f_A$). Im ersten Fall werden 60% der

Kfz je Stunde bewegt ($f_A = 0{,}6$), im zweiten Fall können die Werte schwanken zwischen 75 und 40 min ($f_A = 0{,}8 \cdots 1{,}5$), je nach Gebäudenutzung.

Zur Ermittlung des Volumenstroms $\dot{V}_A$ muß man noch die Zahl der stündlich startenden Wagen und ihre Leerlaufzeit bzw. Fahrzeit in der Garage kennen. Die Zahlen hierfür sind jedoch sehr schwankend.

*Beispiel 1:* Wohnhausgarage

16 Stellplätze, Mittel zwischen kürzestem und längstem Fahrweg in der Garage 29 m, Fahrgeschwindigkeit 10 km/h. Dauer des Startvorgangs: 20 Sekunden. CO-Emission je Kfz demnach

$$q_{CO} = \Bigl(\underbrace{0{,}55\ \mathrm{m_n^3/h} \cdot \frac{20\ \mathrm{s}}{3600\ \mathrm{s/h}}}_{\text{Leerlauf}} + \underbrace{0{,}60\ \mathrm{m_n^3/h} \cdot \frac{29\ \mathrm{m}}{10\,000\ \mathrm{m/h}}}_{\text{stockende Fahrt}}\Bigr) \cdot 0{,}6\ \mathrm{h^{-1}}$$

$$= (0{,}0031 + 0{,}0017) \cdot 0{,}6 = 0{,}0029\ \mathrm{m^3/h}\ \text{CO je Kfz}$$

Volumenstrom je Fahrzeug:

$$\dot{V}_A = \frac{q_{CO}}{CO_{zul} - CO_A} = \frac{0{,}0029}{(100-5)\cdot 10^{-6}} = 50{,}5\ \mathrm{m^3/h}\ \text{je Kfz}$$

Bei 16 Stellplätzen ist der erforderliche Außenluftvolumenstrom

$$\dot{V}_A = 16 \cdot 50{,}5 = 808\ \mathrm{m^3/h}$$

*Beispiel 2:* Tiefgarage Warenhaus

196 Stellplätze, Fahrweg von Eingang bis Ausgang 80 m. CO-Emission je Fahrzeug mit 0,55 $\mathrm{m_n^3/h}$ bein Startvorgang (Dauer 20 s) und 60 $\mathrm{m_n^3/h}$ bei stockender Fahrt (10 km/h) und $f_A = 0{,}8$ (Parkdauer 75 min, d. h., alle 14,7 s fährt ein Kfz ein und aus)

$$q_{CO} = \Bigl(0{,}55 \cdot \frac{20}{3600} + 0{,}60 \cdot \frac{80}{10\,000}\Bigr) \cdot 0{,}8 = 0{,}0063\ \mathrm{m^3/h}\ \text{je Kfz}$$

Außenluftvolumenstrom mit $CO_A = 30 \cdot 10^{-6}\ \mathrm{m_n^3}\ CO/\mathrm{m_n^3}$ Luft (starker Verkehr)

$$\dot{V}_A \ \frac{0{,}0063}{(100-30)\cdot 10^{-6}} \cdot 196 = 90 \cdot 196 = 17\,640\ \mathrm{m^3/h}.$$

In einigen Ländern, z. B. USA, ist die *Entgiftung* der Abgase von Kraftwagen verordnet. Maximalwerte bei CO sollen 1 bis 2% betragen. In Deutschland Vorschrift: max. 3,5 Vol.-% im Leerlauf.

## -56 CO-Warnanlagen

Geschlossene Großgaragen mit nicht nur geringem Verkehr müssen nach der Garagenverordnung CO-Anlagen zur Messung, Regelung und Warnung haben. Diese Anlagen arbeiten derart, daß sie über Rohrleitungen Garagenluft an verschiedenen Stellen ansaugen und dem Meßgerät zuführen. Bei Überschreiten einer Grenze von 100 $\mathrm{cm^3/m^3}$ (ppm) als Halbstundenmittelwert erfolgt Signalabgabe (Bild 361-40). Bei 40% des Grenzwertes muß bei 2stufiger Lüftung die 1. Stufe einschalten, bei 80% die 2. Stufe.

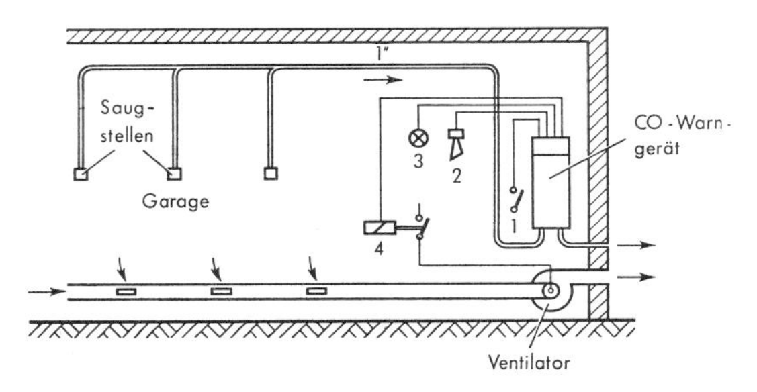


Bild 361-40. Schema einer CO-Warnanlage.
1 = Hauptschalter, 2 = Signalhorn, 3 = Leuchttransparent, 4 = Schütz für Ventilatormotor

Die Geräte arbeiten entweder nach dem Wärmetönungs- oder dem Infrarot-System (siehe Abschn. 167). Jährliche Prüfungen und ¼jährliche Funktionskontrolle mit Prüfprotokoll erforderlich.

### -57 Nebenräume

*Arbeitsgruben* sollten am Boden eine Ablufteinrichtung haben, um die Ansammlung von Gasen zu verhindern.

*Prüfstände und Reparaturplätze,* bei denen Motore längere Zeit laufen, sollen mit örtlicher Absaugung der Abgase versehen sein; Leistung etwa 400 m³/h je Wagen. Bild 361-41.

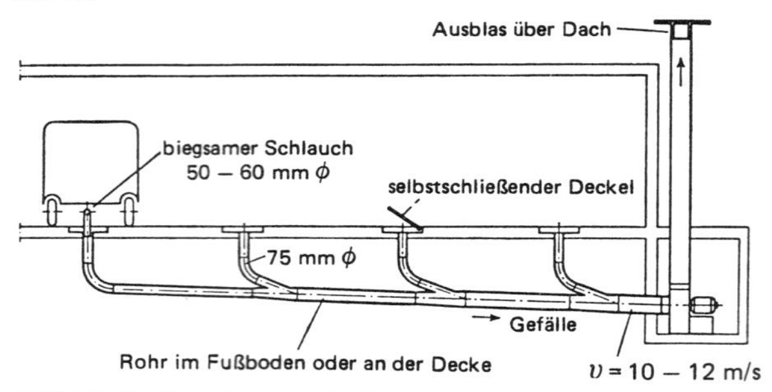


Bild 361-41. Abgasabsaugung in Garagen.

## -6 TUNNEL[1])

### -61 CO-Anfall

In Tunnels (Großstadt- und Gebirgstunnels) verschlechtert sich ähnlich wie in Garagen die Luft hauptsächlich durch CO-Abgase der Benzinmotore und durch den Ruß von Dieselfahrzeugen. Die stündlich erzeugte CO-Menge beträgt für Pkw mit etwa 50 km/h Geschwindigkeit

$V_{CO} = 0{,}025$ m³/km je Kfz

für Lastwagen

$V_{CO} = 0{,}070$ m³/km je Kfz (Benzin- oder Dieselmotor)

Bei 30% Anteil der Lastwagen ist im Mittel der CO-Anfall

$V_{CO} = 0{,}038$ m³/km je Kfz

Wesentliche Erhöhungen ergeben sich durch die Höhenlage, die Geschwindigkeit und die Steigung der Fahrbahn. Bei zähflüssigem Verkehr, z. B. 10 km/h, vergrößert sich der CO-Anfall auf das Dreifache. Genauere Werte siehe VDI 2053, Bl. 2.

### -62 Außenluftmenge

Der zur Verdünnung der Luft auf den zulässigen CO-Wert $CO_{zul}$ erforderliche Volumenstrom ist

$$\dot{V}_{CO} = \frac{V_{CO} \cdot M \cdot L}{CO_{zul}} \text{ in m}^3\text{/h}$$

$M$ = Zahl der Kfz je Stunde
$L$ = Länge des Tunnels in km
$CO_{zul}$ nach Tafel 361-4

[1]) VDI-Richtlinie 2053: RLT-Anlagen für Garagen und Tunnel, Bl. 2 (E. 6. 86) Tunnel.
Haerter, A.: VDI-Bericht 147 (1970) S. 69/75.
Fett, W.: Ges.-Ing. 1972. S. 129/37 (Natürliche Lüftung).
Olmos-Bartual u. Richarts: HLH 8/78 u. 9/78.
Baum, F.: Ges.-Ing. 12/78. S. 353/60.
Herzke, K.: VDI Bericht Nr. 486 (1983). S. 31/40.

**Tafel 361-4. Zulässige CO-Grenzwerte (nach VDI 2053)**

| Verkehrszustand | $CO_{zul}$ in ppm = $10^{-6}$ m³/m³ |
|---|---|
| flüssiger Maximalverkehr | 150 |
| täglich auftretender Stau | 150 |
| gelegentlicher Stau oder Stillstand | 250 |

Außerdem ist auch die *Sichttrübung* durch den Rußgehalt der Dieselabgase zu berücksichtigen. Grenzwerte für die Sichttrübung $K_{zul} = 5 \cdots 9$ km$^{-1}$. Typische mittlere Rauchemission pro 20-t-Lkw $Q_T = 1000$ m²/h. Erforderlicher Volumenstrom

$$\dot{V}_T = \frac{Q_T \cdot M \cdot L}{K_{zul}} \text{ in m}^3/\text{h}.$$

*Beispiel:*

Bei einem Tunnel von $L = 3$ km Länge und einem Verkehrsstrom von $M = 2000$ Kfz/h in jeder Richtung ist die erforderliche Außenluftmenge

$$\dot{V}_{CO} = \frac{0{,}038 \cdot 4000 \cdot 3}{150 \cdot 10^{-6}} = 3\,040\,000 \text{ m}^3/\text{h} = 844 \text{ m}^3/\text{s}$$

$$\triangleq 280 \text{ m}^3/\text{s je km}.$$

Richtwerte für Straßentunnels: 0,2···0,3 m³/s je m Tunnellänge.

## -63 Bauarten (Bild 361-42)

*Natürliche Lüftung* durch Windeinfluß und Kolbenwirkung der Fahrzeuge nur bei kurzen Tunnels, etwa 200 m bei Gegenverkehr, 400 m bei Richtungsverkehr.

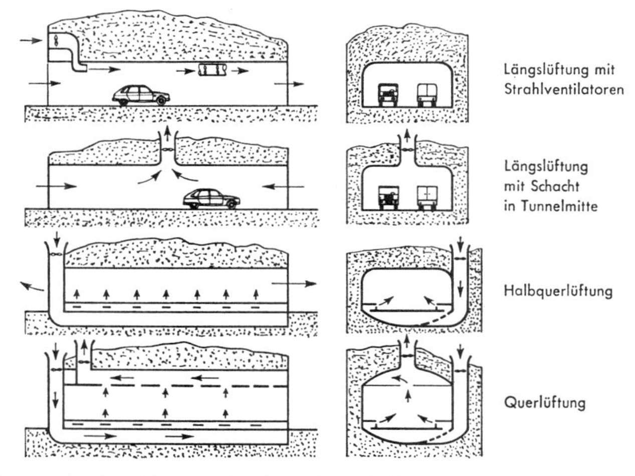


Bild 361-42. Schematische Darstellung verschiedener Tunnel-Lüftungssysteme.

*Längslüftung* wird erzeugt durch Einblasen oder Absaugen von Luft an den Enden oder an Tunnelmitte, auch *Treibstrahlventilatoren* an Tunneldecke; für Tunnels bis 1,5 km, besonders mit Richtungsverkehr. Starker Zug, Gefahr bei Bränden durch Rauch.

*Halbquerlüftung* wird erzeugt durch Einblasen von Luft mittels Luftkanal auf der ganzen Länge; Luftausblas unten, Abluft durch die Tunnelenden. Nachteile wie vor.

*Querlüftung* verwendet je einen Kanal für Zuluft und Abluft, Zuluft unten, Abluft oben; beste Methode, aber auch teuer. Wird bei langen Gebirgstunnels angewandt.

## -7 SCHUTZRÄUME[1])

RLT-Anlagen für Schutzräume des zivilen Bevölkerungsschutzes müssen erträgliche raumklimatische Aufenthaltsbedingungen der Schutzrauminsassen gewährleisten.

Es müssen sichergestellt werden:

ein ausreichender Luftwechsel, um den Kohlensäurespiegel $CO_2 \leqq 2\%$ und den Sauerstoffspiegel $O_2 \geqq 19\%$ zu halten.

eine Effektivtemperatur von 29 °C in den Grenzen zwischen

29 °C bei 100% rel. Feuchte.
34 °C bei 50% rel. Feuchte

darf nicht überschritten werden.

ein Überdruck von mindestens 50 Pa gegenüber der Außenluft, um ein Eindringen von radioaktiven, biologischen und chemischen Stäuben und Partikeln zu verhindern.

Es sind RLT-Anlagen vorzusehen, bei der die Luftvolumenströme *nicht* erwärmt, *nicht* gekühlt und *nicht* befeuchtet werden. Die spezifischen Außenluftraten je Schutzplatz sowie der Anlagenaufbau sind in den jeweiligen bautechn. Grundsätzen festgelegt, die nachfolgend aufgeführt werden:

- Bautechn. Grundsätze für Hausschutzräume des Grundschutzes
- Bautechn. Grundsätze für Grundschutzräume mittlerer Größe (51 bis 299 Plätze)
- Bautechn. Grundsätze für Großschutzräume des Grundschutzes in Verbindung mit Tiefgaragen als Mehrzweckbauten
- Bautechn. Grundsätze für Großschutzräume des Grundschutzes in Verbindung mit unterirdischen Bahnen als Mehrzweckbauten
- Baufachliche Richtlinien für die Nutzbarmachung vorhandener öffentlicher Schutzbunker
- Baufachliche Richtlinien für die Nutzbarmachung vorhandener öffentlicher Schutzstollen

Die Bauelemente der RLT-Anlage benötigen eine Typenprüfung.

Erträgliche Raumluftzustände sind bei atembarer Außenluft durch *Normal*-Lüftung, bei kontaminierter Außenluft durch *Schutz*-Lüftung zu schaffen. Die RLT-Anlage der Schutzräume kann mit der für Friedensnutzung vorgesehenen RLT-Anlage (z. B. Garagenlüftung) kombiniert werden.

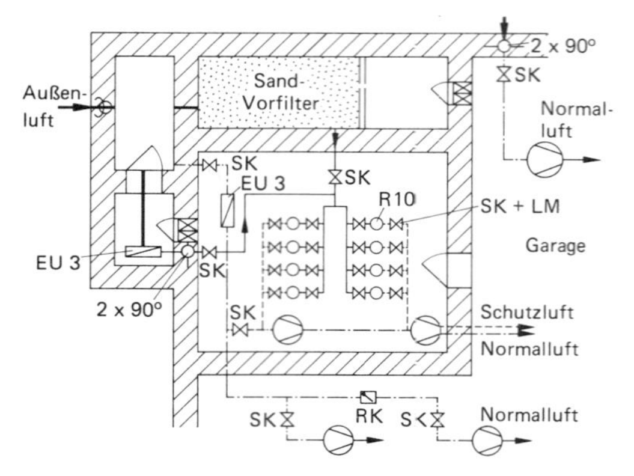


Bild 361-45. RLT-Anlage für Schutzraum mit mehr als 1000 Personen und erhöhter Brandgefährdung. Friedensnutzung: Garage.

SK = Schnellschlußventil, RK = Rückschlagklappe, LM = Luftmengenmesser,
R 10 = Raumfilter, EU 3 = Staubfilter

[1]) Bekanntmachung der bautechnischen Grundsätze für Grundschutzräume für mittlere Größe (Juli 1986), BM für Raumordnung, Bauwesen und Städtebau.
Bong, H.: HR 9/84 und 1/85.

Die Mindest-Volumenströme betragen sowohl für Normal- wie für Schutzlüftung

3 $m^3/h$ pro Platz bei 51 bis 150 Plätzen,
4,5 $m^3/h$ pro Platz bei 151 bis 299 Plätzen.

Die Außenluft ist über Filter zu führen. Zum Umschalten von Normal- auf Schutzluft sind im Aufenthaltsraum Armaturen (Klappen, Ventile) vorzusehen. In Gebieten mit Brandgefährdung sind Sandvorfilter erforderlich. Normalluft ist nicht über das Sandfilter zu leiten, sondern über Staubfilter EU 3. Größe des Sandfilters 1…2 $m^3$ je $m^3/min$ Außenluftvolumenstrom.

Der Schutzraumbau wird staatlich finanziell gefördert.

# 362 Verkehrsgebäude

## -1 LICHTSPIELTHEATER, SÄLE

Der Zuschauerraum in Lichtspiel- und anderen Theatern oder ähnlich genutzten Sälen wird fast ausnahmslos mit *Luftheizungsanlagen* geheizt, die gleichzeitig auch zur Lüftung dienen, häufig auch mit Klima- oder wenigstens *Teilklimaanlagen*. Örtliche Heizkörper sind dabei nicht zweckmäßig, da sie zu träge sind und den sich schnell ändernden Schwankungen der Heizlast nicht folgen können.

### -11 Heizmittel

Soweit das Theater in einem größeren Gebäude eingebaut wird, empfiehlt es sich, die Hausheizung auch für die Theaterheizung zu verwenden. Der Wärmeverbrauch läßt sich meßtechnisch leicht erfassen, wenn dies bei der Planung bereits berücksichtigt wird.

*Warmwasser* zur Heizung ist die Normalausführung, namentlich wenn das Gebäude eine Warmwasser-Zentralheizung hat. Das Aufheizen dauert jedoch dabei etwas länger. Einfriergefahr bei Betriebsunterbrechung.

### -12 Kühlmittel

Soweit Teil- und Vollklimaanlagen zur Verwendung gelangen, ist für ein geeignetes Kühlmittel zu sorgen. Hierfür kommen in der Regel nur *Kältemaschinen* in Frage, bei kleinen Anlagen mit direkter, bei großen Anlagen mit indirekter Kühlung der Luft.

Für die Abführung der *Kondensatorwärme* gibt es 2 Möglichkeiten:

1. Luftgekühlte Kondensatoren, die im Freien aufgestellt werden;
2. wassergekühlte Kondensatoren mit einem Wasserrückkühlwerk, das im Freien untergebracht werden kann oder auch mit zusätzlichen Luftkanälen im Innern des Gebäudes.

Näheres über Kältemaschinen siehe Abschnitt 6.

Zweckmäßig erhalten Kassenraum, Vorraum oder Foyer sowie Aborte *örtliche Heizkörper* in einem gesonderten Heizkreis. Ist ein Büro mit dem Theater verbunden, so erhält dieses am besten eine gesonderte Heizung durch Gasheizkörper oder eine getrennte Warmwasserheizung, da Theater und Büros verschiedene Benutzungszeiten haben.

*Gasheizungen* mit Gaslufterhitzer sind für Theater sehr günstig, wenn täglich nur zwei Vorstellungen gegeben werden. Vorteilhaft ist die geringe Bedienungsarbeit (kein Heizer, keine Kohle), die gute Temperaturregelung und die Sauberkeit. Zu beachten ist das Arbeitsblatt G 600 (5.72 u. 2.81) des DVGW.

### -13 Luftführung[1])

Für die Art der Luftführung in Theatern gibt es verschiedene Möglichkeiten. Grundsätzlich kann man die Luft an verschiedenen Stellen einblasen und jedesmal eine *gute Luftverteilung* erhalten, wobei die Luftströmung und die Luftauslässe sehr sorgfältig ausgebildet werden müssen. Siehe hierzu Abschnitt 363-4.

[1]) Fitzner, K.: Ki 3/86. S. 93/8.

Es sind ein Zuluft- und Abluftventilator erforderlich. Aufstellung möglichst gemeinsam, damit die Bedienung vereinfacht ist und *Wärmerückgewinnung* angewendet werden kann. Auf die Beseitigung der unvermeidlichen Ventilatorgeräusche ist größter Wert zu legen. In den Zu- und Abluftkanälen sind *Schalldämpfer* erforderlich.

Die *Luftführung* muß so eingerichtet sein, daß Betrieb sowohl mit Außenluft wie Umluft oder Mischluft möglich ist (siehe Bild 362-1). Zum Anheizen des Theaters vor Beginn der Vorstellung wird nur mit Umluft gefahren, während nach Beginn der Vorstellung je nach der Zahl der Besucher mehr oder weniger Außenluft zugegeben wird. *Wärmerückgewinnung* nur vorsehen, wenn längere Betriebszeiten vorliegen.

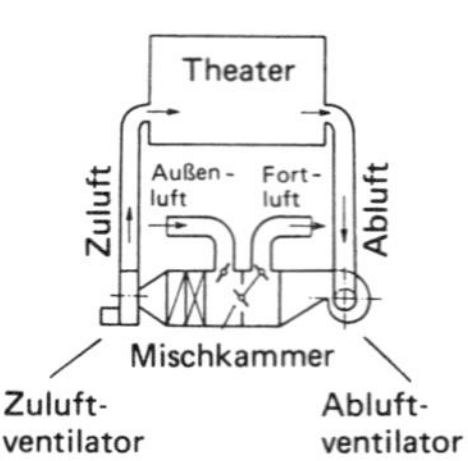


Bild 362-1. Schema der Heizung und Lüftung für den Zuschauerraum eines Kinos.

*Teil- oder Vollklimaanlagen* unterscheiden sich bezüglich der Kanalführung nicht grundsätzlich von den einfachen Lüftungsanlagen.

Die Bilder 362-2 bis -6 und 324-1 zeigen verschiedene Arten der Luftführung, die bei sorgfältiger Ausbildung der Luftaus- und -einlässe einen einwandfreien Betrieb ergeben. Siehe auch Abschnitt 336-4.

In Sälen, in denen geraucht wird, ist nur eine Luftführung von unten nach oben zu empfehlen, da andernfalls der Tabakrauch nicht einwandfrei abgesaugt werden kann. Dem können die Anforderungen der Nutzung mit variabler Bestuhlung entgegenstehen. Dann sind Wand- oder Decken-Auslässe notwendig mit Abluftöffnungen möglichst im Aufenthaltsbereich.

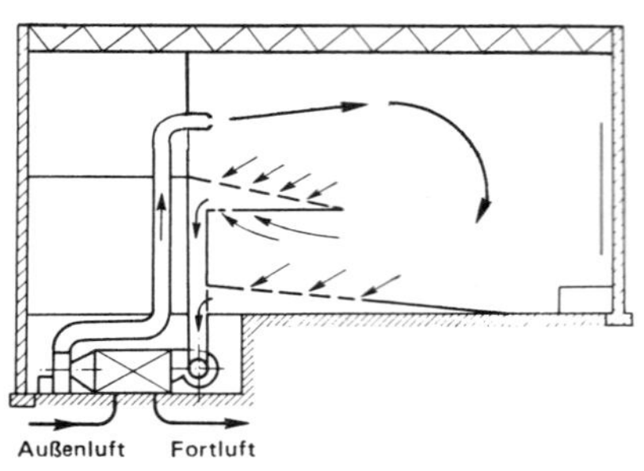


Bild 362-2. Lüftungs- oder Klimaanlage für ein Kino mit Düsen-Wandauslaß über dem Rang und Luftabsaugung unter den Sitzen im Rang und Parkett. Zur Verhinderung von Wärmestau wird außerdem Luft unterhalb des Ranges abgesaugt (Strahllüftung). Siehe auch Bild 336-59.

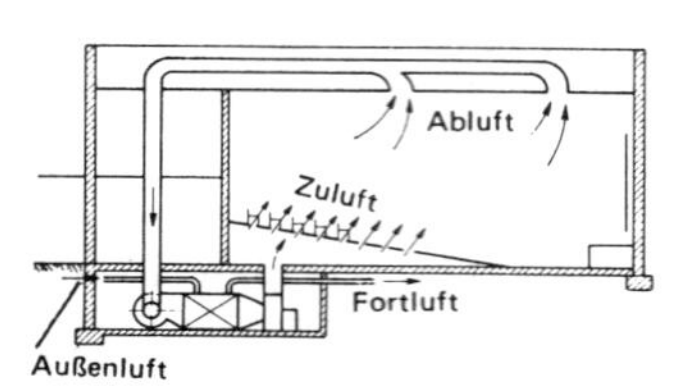


Bild 362-3. Lüftungs- oder Klimaanlage für ein Kino mit Luftauslaß unter den Sitzen, Luftabsaugung an der Decke.

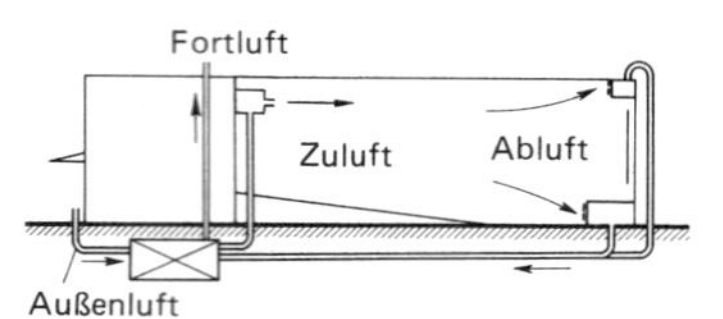


Bild 362-4. Lüftungs- oder Klimaanlage für ein Kino mit Längslüftung, Luftauslaß an der Eingangsseite, Lufteinlaß an der Bühne.

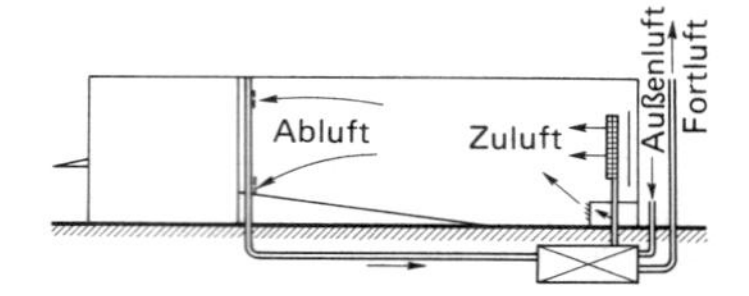


Bild 362-5. Lüftungs- oder Klimaanlage für ein Kino mit Längslüftung, Luftauslaß neben der Bühne, Lufteinlaß an der Eingangsseite.

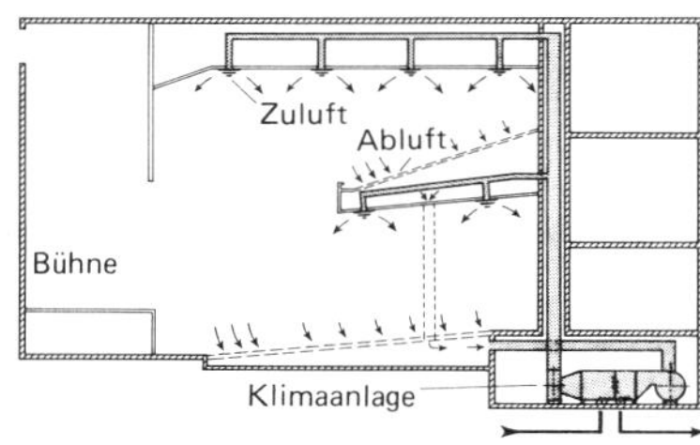


Bild 362-6. Klimaanlage für ein Kino mit Luftauslaß durch Deckenauslässe.

## -14 Luftvolumenstrom

Der für die Heizung und Lüftung erforderliche Volumenstrom wird meist auf Grund der *Luftrate,* das ist der Außenluft-Volumenstrom je Person und Stunde, ermittelt. Normale Werte für die Luftrate sind 20 bis 40 $m^3/h$. Der Abluftventilator ist etwa 15 bis 20% kleiner als der Zuluftventilator zu wählen.

Der stündliche *Luftwechsel n,* der sich dabei ergibt, hängt von dem Luftraum je Zuschauer ab, der etwa 4 bis 6 $m^3$ beträgt. Rechnet man im Mittel mit 5 $m^3$, so ist der Luftwechsel

$n$ = 4- bis 8fach.

## -15 Wärmebedarf

Der gesamte Wärmebedarf $\dot{Q}$ für den Theaterraum setzt sich aus zwei Teilen zusammen:

$\dot{Q}_1$ = Wärmebedarf für die *Heizung* des Raumes, durch Transmissionsrechnung nach DIN 4701 zu ermitteln. Dieser Betrag ist meistens gegenüber dem Wärmebedarf der Lüftung gering. Überschläglich ist der auf die Raumeinheit bezogene Betrag $\dot{q}_1 \approx 10 \cdots 15$ W/$m^3$. Bei vollbesetztem Raum ist die Wärmeabgabe der Zuschauer meist ausreichend, die Transmissionsverluste zu decken.

$\dot{Q}_2$ = Wärmebedarf für die *Lüftung.*
Dieser Betrag ergibt sich, soweit keine Wärmerückgewinnung vorgesehen ist, aus der Erwärmung der angesaugten Außenluftmenge $\dot{V}_a$ von der Außentemperatur $t_a$ auf die Raumtemperatur $t_i$ zu

$Q_2 = \dot{V}_a \cdot C \cdot (t_i - t_a)$ in kW.
$C$ = spez. Wärmekapazität der Luft ≈ 1,25 kJ/$m^3$ K.
$\dot{V}_a$ = Außenluftmenge in $m^3/s$

Die tiefste Außentemperatur ist im allgemeinen mit 0 °C anzunehmen. Bei tieferen Außentemperaturen ist entsprechend mehr Umluft zuzusetzen. Die Raumtemperatur beträgt meist 22 °C.

Eine *Überschlagszahl* für den maximalen Gesamtwärmeverbrauch des Zuschauerraumes erhält man aus der Beziehung

$\dot{Q} = \dot{V} \cdot C \cdot (t_z - t_a) = \dot{V} \cdot 1{,}25 \cdot (30 - 0) = 37{,}5\ \dot{V}$ in kW.
$\dot{V}$ = Luftvolumenstrom $m^3/s$
$t_z$ = Zulufttemperatur °C.

Der Wärmebedarf für Foyer, Aborte und sonstige Nebenräume ist nach den Vorschriften von DIN 4701 zu ermitteln.

## -16 Kältebedarf

Die Lufttemperatur in einem gekühlten Theater soll im Sommer nicht konstant = 22 °C sein, sondern mit der Außentemperatur steigen, da bei zu großen Differenzen zwischen Außen- und Raumluft die Besucher an heißen Tagen sich leicht erkälten können (siehe Bild 123-1). Außerdem geringerer Energieverbrauch.

Die drei *Hauptwärmequellen,* die den Aufenthalt im ungekühlten Theater im Sommer unangenehm machen, sind:

Die Wärmeabgabe der Menschen, ungefähr 60 bis 80 W je Person, je nach Raumtemperatur, siehe Abschnitt 12,
der Wärmeeinfall durch Wände und Decken,
die Wärmezufuhr durch die an heißen Tagen eingeblasene Außenluft,
die Beleuchtung.

Eine genaue Berechnung der Temperaturverhältnisse im Zuschauerraum ist ziemlich schwierig, da der Einfluß der Umfassungswände durch Speicherung und Strahlung von Wärme nicht genau berechenbar ist. Man erhält jedoch genügend genaue Zahlen, wenn man im ungünstigsten Fall die Luft mit etwa $t_z = 16$ bis 18 °C zuführt. Die sich dabei im Zuschauerraum einstellenden Lufttemperaturen liegen dann etwa im Bereich der hygienisch günstigsten Werte. Der max. Kühlbedarf beträgt bei 32 °C max. Außentemperatur und 26 °C Raumtemperatur etwa 200···250 W je Person.

### -17 Regelung

Jede RLT-Anlage soll eine *automatische Temperaturregelung* erhalten sowie eine *Schalttafel,* von der die Ventilatoren eingeschaltet und die Temperatur der Zuluft und des Zuschauerraumes kontrolliert werden können. Ferner soll von der Schalttafel aus der Außenluftanteil der Lüftung nach Bedarf geändert und an einem Anzeigegerät abgelesen werden können.

## -2 WARENHÄUSER[1])

1) *Allgemeines*

Warenhäuser sind Großbetriebe des Einzelhandels mit etwa 2000 bis 30000 m² Verkaufsfläche. Man unterscheidet:

*Verkaufsräume,* die den Kunden zugänglich sind, und

*Nebenräume* mit einer Fläche von ca. 50···100% der Verkaufsfläche (Verwaltung, Läger, Küchen, Werkstätten, Sozialräume u. a.).

Die Verkaufsräume erfordern in den meisten Fällen wegen der großen Raumtiefe sowie wegen der erheblichen Wärmebelastung durch Personen und Beleuchtung raumlufttechnische Anlagen mit Kühlung.

2) *Vorschriften, Richtlinien*

Zu beachten sind im besonderen:

Die jeweiligen Bauordnungen und Geschäftshausverordnungen der Länder einschließlich Ausführungsanweisungen,

die Arbeitsstättenverordnung mit den Arbeitsstätten-Richtlinien (ASR),

die Mustergeschäftshausverordnung einschl. Ausführungsanweisung der ARGEBAU[2]),

VDI-Richtlinie 2082 (E. 7. 87): Lüftung von Geschäftshäusern und Verkaufsstätten.

3) *Luftvolumenströme*

In den Arbeitsstätten-Richtlinien sind die Außenluftvolumenströme festgelegt. Da Waren in *Verkaufsräumen* in der Regel die Luft nicht verunreinigen (Ausnahme: z. B. Frischfisch-Abteilung), genügt demnach ein Außenluftvolumenstrom von 40 m³/h Person. *Andere Räume:* 30···45 m³/h je Person (Tafel 362-1). Früher auch: 20 m³/h je Person nach DIN 1946 T. 2 (1. 83).

Die Geschäftshausordnung verlangt bei Verkaufsflächen > 2000 m² ohne/mit Geruchsverschlechterung 12/18 m³/h m².

Der sich aus der Wärmebilanz der Räume ergebende *Zuluftvolumenstrom* ist

$$\dot{V} = \frac{\dot{Q}_i + \dot{Q}_a + \dot{Q}_{HK}}{\varrho \cdot c_p \cdot \Delta t} \text{ in m}^3/\text{s}$$

| | | |
|---|---|---|
| $\dot{Q}_i$ | = innere Wärmelast | kW |
| $\dot{Q}_a$ | = äußere Wärmelast | kW |
| $\dot{Q}_{HK}$ | = örtliche Heiz- bzw. Kühlanlagen | kW |
| $\varrho$ | = Dichte der Luft | kg/m³ |
| $c_p$ | = spez. Wärme der Luft | kJ/kg K |
| $\Delta t$ | = Temperaturdifferenz | max. 10···12 K |

[1]) Lehmann, J.: HLH (1971) S. 14/18.
Schramek, E. R.: DKV-Bericht 1977 (Hannover) S. 559/91.
Schramek, E. R.: HLH 26 (1975) S. 264/273.
Rast, F.: HLH (1977), S. 403/6.

[2]) Arbeitsgemeinschaft der für die Bauaufsicht zuständigen Ministerien.

**Tafel 362-1. Außenluftvolumenströme in Warenhäusern nach VDI 2082 (7.87)**

| Raum | Besetzung | Geruchsverschlechterung | | | |
|---|---|---|---|---|---|
| | | ohne | | mit | |
| | Pers./$m^2$ | $m^3/h$ Pers. | $m^3/h$ $m^2$ | $m^3/h$ Pers. | $m^3/h$ $m^2$ |
| Verkaufsräume*) | 0,1 bis 0,15 | – | 6 | – | 9 |
| Verkaufsräume mit geringer Besetzung, z. B. Möbel, Hausrat*) | 0,05 | – | 2 | – | – |
| Dienstleistungsräume mit Publikumsverkehr*) | nach Personenzahl | 30 | 6 | 45 | 12 |
| Personal-Aufenthaltsräume*) | nach Personenzahl | 30 | – | 40 | – |
| Personal-Umkleideräume | – | – | – | – | 18 |
| Lebensmittelverarbeitungs- und -vorbereitungsräume | nach Personenzahl | – | – | 45 | 12 |
| Werkstätten und Ateliers*) | nach Personenzahl | 30 | 6 | 45 | 12 |
| Läger ohne Kühleinrichtung | nach Personenzahl | 30 | 3 | 45 | 9 |

*) Bei Außenlufttemperaturen zwischen 0 und −12 °C bzw. 26 und 32 °C kann der Volumenstrom bis auf 50% vermindert werden, ebenso in verkaufsschwachen Zeiten. Siehe auch ASR 5 (10.79).

Der *Hauptwärmeanfall* wird verursacht durch Allgemein-, Effekt-Beleuchtung und Personen. Die Außenlasten sind dagegen gering, was zur Folge hat, daß die Räume auch im Winter gekühlt werden müssen (ausgenommen Inbetriebnahme nach längeren Stillstandszeiten).

In Tafel 362-2 sind abteilungsbezogene Kenndaten und Empfehlungen aufgeführt. Für die Verkaufsräume genügt z. B. demnach im allgemeinen ein Zuluftvolumenstrom von 16 $m^3/m^2$ h. Die Wärmelasten können je nach Beleuchtungssystem (Beleuchtungsstärke, Glühlampen- oder Entladungslampenlicht) variieren. Für die Nebenräume sind die Berechnungen sinngemäß durchzuführen.

4) *Reinigung der Luft*

Für Außenluft und Umluft nach ASR 5 Filter der Klasse EU 2, nach VDI 2082 mindestens Filterklasse EU 3…4.

5) *Geräusche*

Zulässige Geräusche siehe Tafel 362-3. Messungen in Kopfhöhe, Raum unbesetzt.

6) *Zugfreiheit*

In VDI 2082 ist die zulässige *Luftgeschwindigkeit* in ähnlicher Form wie DIN 1946, Teil 2 (Bild 129-18) angegeben. In Bereichen ohne ständig besetzte Arbeitsplätze ist auch eine Erhöhung der oberen Grenzkurve um 0,1 m/s vertretbar. Bei stärkerer Verkaufstätigkeit dürfen die Werte kurzzeitig um bis zu 20% überschritten werden.

**Tafel 362-3. Zulässiger Schalldruckpegel nach VDI 2082 (E. 7.87)**

| Raumart | Schallpegel $L_{pA}$ in dB (A) |
|---|---|
| Büro, Schulungsräume | 45 |
| Vorbereitungsräume, Ateliers, Warenannahme, Expedition | 55 |
| Verarbeitungsräume, Küchen, Werkstätten, Kantine, Garderoben | 60 |
| Verkaufs-, Dienstleistungsräume, Restaurants | 60 |
| Verkaufsräume mit erhöhter Luftförderung, Selbstbedienungsläden | 65 |
| Luftschleierbereich | 70 |

**Tafel 362-2. Kenndaten für RLT-Anlagen in Warenhäusern** (s. auch VDI 2082 – E. 7. 87)

| Raumgruppe: Verkauf, Dienstleistung | Raum-temperatur | | Raum-feuchte | Luft-wechsel | Personen-dichte | Beleuch-tungs-wärme | Kühllast: Personen*) + Licht | Zuluft-temperatur | | Zuluft-volumen-strom**) |
|---|---|---|---|---|---|---|---|---|---|---|
| | Wi °C | So °C | So % | $h^{-1}$ | P/10 $m^2$ | W/$m^2$ | W/$m^2$ | Wi °C | So °C | $m^3$/h $m^2$ |
| | 1 | 2 | 3 | 4 | 5 | 6 | 7 | 8 | 9 | 10 |
| Allg. Verkauf (Textilien, Schuhe, Schmuck etc.) | 19–22 | 22–26 | 65–50 | 2–6 | 1–2 | 15–30 | 25–50 | 12 | 12–16 | 7,5–15 |
| Geringe Kundenfrequenz, z. B. Möbel, Hausrat | 19–22 | 22–26 | 65–50 | 2–8 | 0,1–0,5 | 15–30 | 15–35 | 12 | 12–16 | 4,5–10,5 |
| Lampen, Funk, Fernsehen, Frisiersalon | 20–24 | 22–28 | 64–40 | 6–20 | 0,5–1 | 50–200 | 55–210 | 12 | 12–16 | 16,5–63 |
| Lebensmittel, z. B. Fleisch, Fisch, Käse, Obst | 18–22 | 18–24 | 75–65 | 4–8 | 1–2 | 15–30 | 25–50 | 12 | 12–16 | 7,5–15 |
| Gastronomie, z. B. Erfrischung, Café, Schnellimbiß | 20–23 | 22–26 | 65–40 | 6–15 | 2–6 | 10–30 | 30–90 | 12 | 12–16 | 9–27 |
| Verkauf geruchsintensiv, z. B. Schnellreinigung | 19–22 | 22–26 | 65–50 | 4–8 | 0,5–1 | 15–30 | 20–40 | 12 | 12–16 | 6–12 |

*) Annahme für sensible Wärme: 105 W pro Person.
Außenlast: Sommer nach VDI 2078, Winter nach DIN 4701.

**) $\dot{V} = \{\text{Kühllast nach Spalte 7}\} : \{\varrho \cdot c\,(t_{Raum} - t_{Zuluft})\}$.
Wenn der nach Kühllast berechnete Volumenstrom kleiner ist als nach Tabelle 362-1, gilt letztere.

7) *Brandschutz*

Luftführende Leitungen müssen aus nicht brennbaren Baustoffen bestehen; soweit sie *Brandabschnitte* überbrücken, müssen sie feuerbeständig sein oder (z. B. Feuerschutzklappen) so ausgebildet sein, daß eine Brandübertragung verhindert wird.

In jedem Fall ist eine Abklärung der brandschutztechnischen Maßnahmen mit der zuständigen Behörde bei der Planung der lüftungstechnischen Anlage erforderlich.

8) *Luftschleier an den Eingängen*

Aus werbetechnischen Gründen werden häufig türlose Eingänge mit Luftschleiern (Lufttüren) verwendet. Luftstrom 15 000 m³/h je m Breite, Ausblasgeschwindigkeit 8···12 m/s, Ausblastemperatur 25···30 °C. Sie haben einen erheblichen Energieverbrauch. Siehe Abschn. 369-1. Wirtschaftlicher ist Windfang mit Doppeltür (mind. 3 m tief) mit 3000···5000 m³/h m, 4···6 m/s und 30 °C.

9) *Wärmerückgewinnung und Wärmepumpe*[1])

Die Wirtschaftlichkeit von Wärmerückgewinnungsanlagen ist unter Berücksichtigung besonderer Betriebseigenschaften des Warenhauses zu überprüfen:

Große innere Wärmelasten, daher relativ geringer Wärmebedarf. S. auch Abschn. 339.

10) *RLT-Anlagensysteme*

Unterscheidung nach

- Lage und Art der Lüftungsgeräte:

  Zentrale Anordnung: Zu- und Abluftgeräte auf Dach oder in Keller

  Dezentrale Anordnung: Zu- und Abluftgeräte jeweils in der Nähe der belüfteten Zonen

  Halbzentrale Anordnung: Zuluftgeräte zentral, Abluftgeräte dezentral (siehe Beispiel in Bild 362-12, -13 sowie -14)

- Luftqualität:

  Außenluft- oder Umluftanlage

- Regelung der Anlage:

  Konstante Luftvolumenströme mit Regelung der Zulufttemperatur oder variable Luftvolumenströme mit konstanter Zulufttemperatur; personenabhängiger Volumenstrom kann durch Temperaturanstieg oder durch Anstieg des $CO_2$-Gehalts in der Fortluft oder auch durch Personenzähler geregelt werden.

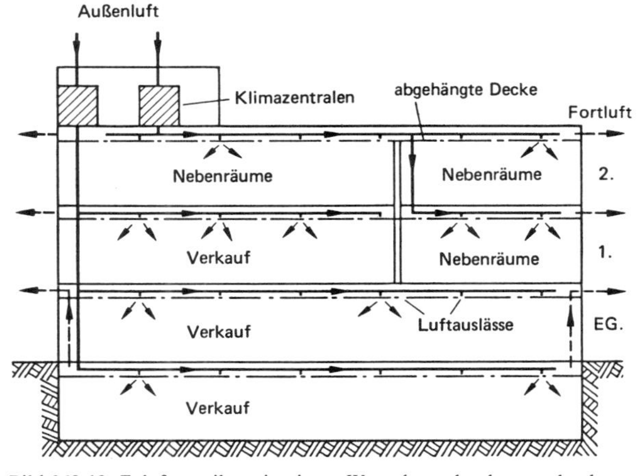


Bild 362-12. Zuluftverteilung in einem Warenhaus durch zentral gelegene Klimageräte, Fortluft dezentral.

[1]) Schramek, E. R.: HLH 29 (1978) Heft 7, S. 269/75, und Jahrbuch der Wärmerückgewinnung. 4. Ausg. 1981/82. Vulkan-Verl. Essen.

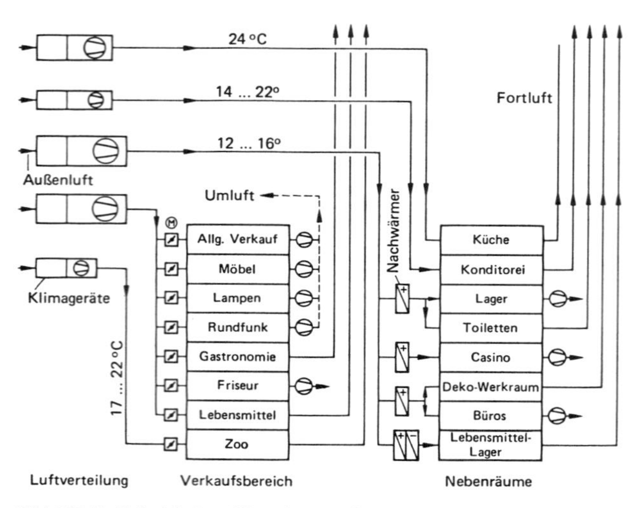


Bild 362-13. Beispiel eines Warenhaus-Luftverteilsystems.

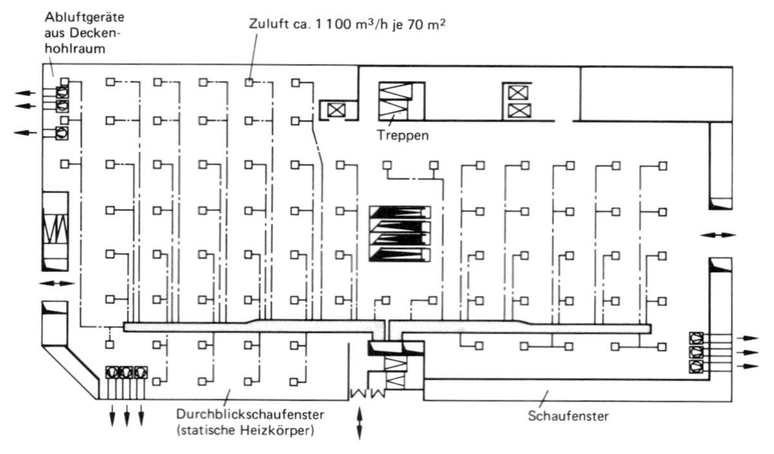


Bild 362-14. Grundriß eines Verkaufsgeschosses mit Lüftungsleitungen (Verkaufsfläche ca. 5000 m$^2$).

- Art der Änderung des Luftvolumenstroms:

  Drehzahlveränderung (polumschaltbar oder drehzahlgeregelte Antriebe) der Ventilatoren oder Drosselung
- Art evtl. Wärmerückgewinnung:

  Wärmetauscher, Wärmepumpe

Komfortansprüche sowie Wirtschaftlichkeitsüberlegungen entscheiden über die Wahl des jeweiligen Lüftungssystems.

11) *Sonstige Planungshinweise*

*Maximale Druckdifferenz* der Zuluftanlage (Begrenzung der Antriebsleistung) 1000 Pa.

*Wärmegedämmtes Zuluftverteilsystem. Abluft* über eigenes Kanalsystem oder lediglich über den Deckenhohlraum.

*Geruchsintensive Abluft* (Küchen, Fischabteilung, Grill, Konditorei u.ä.) über Dach (Immissionsschutz).

*Fettfilter bei Koch- und Grillanlagen.*

Bereiche mit *24-Stunden-Betrieb* (z.B. Zooabteilung) oder unnormale Betriebszeiten (z.B. Konditorei) erhalten eigene Lüftungsanlagen.

Bereiche mit *hohen Kühllasten* (Lampenabteilung, Rundfunk- und Fernsehabteilung) erhalten gesonderte Ablufteinrichtungen.

*Örtliche Heizung* meist nur an Fenstern erforderlich, um dort Wärmeverluste zu kompensieren. Auskühlen des Gebäudes außerhalb der Betriebszeit wird ebenfalls durch örtliche Heizung begrenzt.

In der Lebensmittelabteilung sind die Auswirkungen der *Kühlmöbel* zu berücksichtigen.

Eine *Befeuchtung der Luft* ist gewöhnlich nicht erforderlich. Störende *elektrostatische Aufladungserscheinungen* sollten durch andere Maßnahmen als Befeuchtungseinrichtungen (sehr hohe Energiekosten, wenn keine latente Wärmerückgewinnung) vermindert werden: antistatische Materialien, Behandlung mit antistatisch wirkenden Mitteln. Der Feuchtegehalt der Luft soll nach ASR 5 einen Betrag von 11,5 g/kg trockene Luft nicht überschreiten.

12) *Betrieb der Anlagen*

Die dezentrale Anordnung der Ver- und Entsorgung ist zu empfehlen, weil sich in solchem Fall der Betrieb an die Nutzung wirtschaftlich anpassen läßt. So kann die Anlage z.B. für die Lebensmittelabteilung und für die Fisch- und Fleischabteilungen je nach Bedarf auch nachts mit verminderter Leistung durchlaufen.

Die Anlage für die Verkaufsräume soll in jedem Fall stufenlos geregelt werden.

13) *Freie Lüftung*

Auf RLT-Anlagen kann verzichtet werden, wenn die Außenluft nicht zu sehr verunreinigt ist, eindringender Schall die zulässige Lautstärke nicht überschreitet und die inneren Lasten nicht zu einer Überschreitung der Raumtemperaturen um mehr als 3 K gegenüber der Außentemperatur führt. Bei inneren Lasten über 20 W/m$^2$ ist dies meist der Fall.

# 363 Kirchen, Museen, Bibliotheken

## -1 **KIRCHEN** siehe Abschn. 253-1

## -2 **MUSEEN**[1])

## -3 **BIBLIOTHEKEN**

[1]) Hilbert, G. S.: HLH 8/73. S. 240/4.

# 364 Vielraumgebäude[1])

## -1 BÜROHÄUSER

### -11 Allgemeines

Unter diese Gruppe fallen besonders Büro- und Verwaltungsgebäude, in beschränktem Maße auch Wohngebäude, Schulen und die Bettenhäuser von Krankenanstalten. Unterscheidungsmerkmale gegenüber Versammlungsräumen wie Theater, Säle u. a.:

Fast alle Räume haben mehr oder weniger große, manchmal fest verglaste Fenster, daher stark wechselnde Heiz- und Kühllast, auch von Raum zu Raum. Möglichkeit der individuellen Temperaturregelung (keine Durchschnittstemperatur wie z. B. im Theater); Hauptbestimmungsfaktor: Sonnenstrahlung durch Fenster, elektrische Büromaschinen und Beleuchtung.

Die meisten Büro-Hochhäuser wurden bis zur Ölkrise 1973 mit Klimaanlagen ausgerüstet, die z. T. erhebliche Energiekosten verursachen. Heute werden moderne Klimaanlagen mit *Energieverbrauchszahlen* realisiert, die nur noch die Hälfte oder ein Drittel der früheren Werte ausmachen[2]). Die steigenden Energiepreise machen erforderlich:

energieoptimiertes Klimasystem
optimalen Wärmeschutz bei Außenwänden und Dächern
Isolierverglasung
wirksamen außenliegenden Sonnenschutz
wirtschaftliche Klimatisierung mit Wärmerückgewinnung, abgebrochener Kühlung und Feuchteregelung mit gespreiztem Sommer- und Wintertaupunkt (tote Zone)
nächtliche Sommer-Kühlung mit Außenluft.

Der durchschnittliche jährliche *Energieverbrauch* betrug früher 500 kWh/m$^2$ (davon etwa 170 kWh/m$^2$a für Strom und 330 kWh/m$^2$a für Wärme). Heute sind bei *Neuanlagen* 250 bis 150 kWh/m$^2$a zu erwarten (50 kWh/m$^2$a Strom, Rest für Wärme). Alle Werte gelten für Vollklimaanlagen (Wärme und Strom für Kälte und Luftförderung).

*Klimaanlagen* in Büro- und Verwaltungsgebäuden bewirken behaglichen Luftzustand zu jeder Tages- und Jahreszeit, sie verhindern Zugerscheinungen an den Fenstern, das Eindringen von Staub, andern Schadstoffen und Lärm, sie erhöhen die Arbeitseffizienz.

Die hohen Investitionskosten und Energiekosten haben in letzter Zeit z. T. dazu geführt, daß manchmal in Bürogebäuden statt Klimaanlagen nur *Lüftungsanlagen* ohne Kühlung, jedoch mit zu öffnenden Fenstern gebaut werden. Zur Kühlung des Gebäudes wird die Lüftung in der Nacht mit erhöhtem Fördervolumen in Betrieb gesetzt (Nachtkühlung). Dadurch werden die in den Räumen auftretenden sommerlichen Maximaltemperaturen gedämpft, besonders in Gebäuden mit großer Speicherkapazität[3]). Behaglichkeitsgrenzen werden jedoch bei steigender Wärmelast überschritten.

### -12 Klimasysteme[4]) (siehe auch Abschn. 329)

#### -121 Induktions-Klimaanlagen (Bild 364-3)

Diese seit langem stark verbreiteten Anlagen haben unter den Fenstern oder seltener in der Zwischendecke eingebaute Induktionsgeräte mit Wärmeaustauschern, die von Kalt- oder Warmwasser durchflossen werden. *Primärluft* (Ventilationsluft) wird durch eine zentrale Hochdruckklimaanlage zugeführt, meist 100% Außenluft. Kühlung des umlaufenden Kaltwassers durch Kältemaschine, Heizung durch Heizkessel (oder Fernwärme). Die Primärluft tritt durch Düsen in die Induktionsgeräte ein und bewirkt durch Injektion Ansaugung von zirkulierender Raumluft.

---

[1]) Hofmann, W. M.: Ges.-Ing. 4.81. S. 170/8.
Daniels, K.: TAB 3/82. S. 195/202.
Fitzner, K.: KKT 4/83. S. 158.
Rákóczy, T.: TAB 4/84. S. 259/62.
Fitzner, K.: KK Heft 10, 11, 12/85.
[2]) Hönmann, W.: ETA 3/85. S. A 82/94.
[3]) Thiel, D.: HLH 10/84. S. 505/9.
[4]) Hönmann, W.: LTG, Lufttechn. Inform. Nr. 20 (12.77).
Rákóczy, T.: Ki 2/82. S. 1147/56 u. 3/85. S. 105/9.

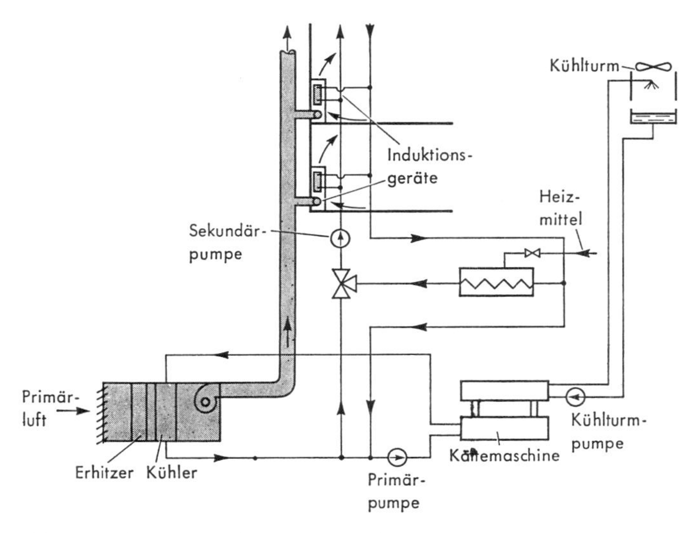


Bild 364-3. Schema der Induktions-Klimaanlage – Zweirohrsystem.

Zentrale Regelung der Wassertemperatur in Abhängigkeit von der Außentemperatur. Schwitzwasserabführung nur bei niedrigen Kaltwassertemperaturen. Einwirktiefe etwa 5···6 m. Bei *Großraumbüros* zusätzliche Klimaanlage für die Innenzone erforderlich.

Der Aufbau der verschiedenen Ausführungsformen ist ausführlich in Abschn. 329-44 beschrieben. Dieses Klimasystem ergibt die geringsten Energieverbräuche im Vergleich zu anderen Systemen. Die Kühllast wird überwiegend durch Wasser in den Wärmetauschern abgeführt. Bei Gebäuden mit sehr geringen Kühllasten reicht die Kühlleistung der Primärluft, die sich nach der Personenbelegung richtet, aus. Dann bevorzugt man heute *Nur-Luft-Systeme,* meist als VVS-System mit variablem Volumenstrom ausgebildet.

Die sekundären Wärmetauscher für Heizung arbeiten meist im Niedertemperaturbereich, so daß sich beim Induktions-System die Heizung mit *Wärmepumpen* besonders anbietet. Insbesondere zur Energiesanierung bestehender Induktions-Klimaanlagen bietet sich diese Maßnahme an (Wärmeverschiebung), (s. Bild 339-53).

Beim *Zweirohrsystem* hat jedes Gerät einen Wasserzufluß und einen Wasserabfluß.

In den Übergangszeiten Umschaltung von Sommer- auf Winterbetrieb und umgekehrt *(Change-over-System oder Umschaltsystem).*

Temperaturverlauf von Wasser und Luft in Bild 364-4.

Beim *„Nicht-Umschaltsystem"* (Non-Change-over) zirkuliert dauernd, auch im Winter, nur kaltes Wasser im Rohrsystem. Heizung durch Primärluft. Hauptsächlich geeignet für Gebiete mit mildem Winterklima, und bei Klimafassaden mit Abluftfenster, keine Umschaltung erforderlich. Energieverluste durch Nachkühlung im Heizfall vor allem bei Sonnenstrahlung. Sonnenabhängige Regelung erforderlich.

Aufbau einer Klimafassade siehe Bild 364-6 (Abluftfenster).

Beim *Vierrohrsystem* hat jedes Gerät zwei Wasserzuflüsse und zwei Wasserabflüsse, getrennt für Heizung und Kühlung mit einem gemeinsamen oder meist zwei Wärmeaustauschern. Noch bessere individuelle Regelung durch Ventile oder Klappen. Keine Zoneneinteilung. Heute häufig verwendet, jedoch höhere Investitionskosten.

Besonders geeignet bei hohen Anforderungen, verschiedenartig geformten Gebäuden (sternförmig, rund), bei wandernder Beschattung, flexible Raumaufteilung leicht möglich.

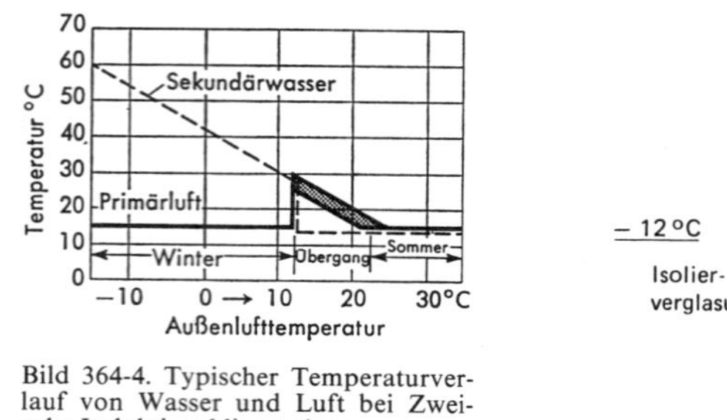


Bild 364-4. Typischer Temperaturverlauf von Wasser und Luft bei Zweirohr-Induktionsklimaanlagen.

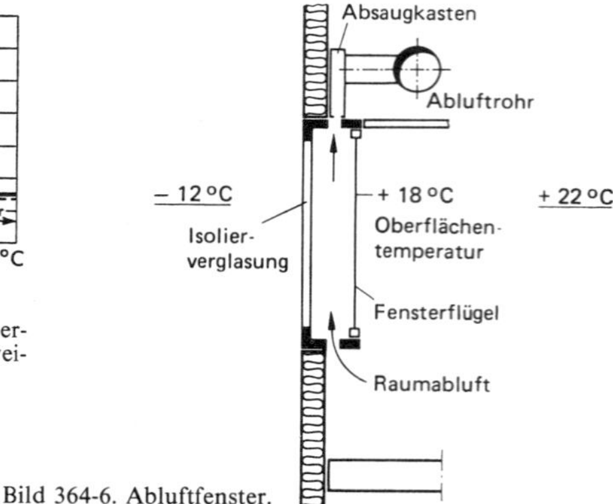


Bild 364-6. Abluftfenster.

*Vorteile* der Induktions-Klimaanlagen:

Geringer Raumbedarf für Zentrale und Luftkanäle.
Gute individuelle Temperaturregelung, namentlich beim Vierrohrsystem. Geringe Energiekosten.
Wenig Wartung an den Fenstergeräten.
Zentrale Aufbereitung der Primärluft.
Grundheizung im Nachtbetrieb.
Energieoptimierung durch Wärmeverschiebung gut möglich.

*Nachteile:*

Investition teuer durch aufwendige Wasseranschlüsse, Regelung, Brüstungsverkleidung und Raumverlust im Fensterbereich.
Ungünstige Raumdurchspülung bei Rasterdecken und geringer Raumtiefe.

**-122 VVS-Anlagen** (siehe auch Abschnitt 329-32)[1])

Hierunter sind Anlagen mit *variablem Volumenstrom* (VVS) verstanden. Sie sind dadurch gekennzeichnet, daß die Luft mit konstanter Temperatur, aber mit verschiedenem Volumenstrom in die Räume eintritt. In jedem Raum befinden sich geeignete Volumenregler für Zuluft und Abluft, die von einem Raumthermostaten gesteuert werden. Bei zunehmender Raumtemperatur mehr Luft, bei abnehmender Temperatur weniger Luft. Nur für *Kühllasten* geeignet. Zusätzliche *statische Heizung* ist meistens erforderlich.

Die VVS-Anlagen sind besonders für Innenräume mit veränderlicher Kühllast geeignet, aber auch für Außenräume. Da aber das VVS-System in üblicher Ausführungsform keine Heizlasten abdecken kann, muß es in der Außenzone durch andere Heizsysteme unterstützt werden, z. B.: Heizkörper, Fußbodenheizung, Fensterblasanlage, mit Nacherhitzer im Zuluftstrom oder Warmluftkanal, dann Prinzip der 2-Kanal-Anlage. Oder im Winter zentrale Anhebung der Zulufttemperatur (1-Kanal-System nach Bild 329-26).

Vorteilhaft ist die Reduzierung der *Energiekosten* für Luftförderung, Wärme und Kälte mit abnehmendem Volumenstrom. Nachteilig ist die bei sinkender Zuluftmenge sich ändernde Luftströmung, die unter Umständen Zugerscheinungen verursachen kann. Daher sind solche Zuluftauslässe zweckmäßig, deren Auslaßquerschnitt sich mit dem Volumenstrom ändert oder die mit großer Induktion arbeiten.

Auf die Einhaltung des Mindestaußenluftwechsels ca. $l = 2$- bis 3fach je h bzw. der Mindestluftrate je Person ist zu achten, da sonst eine ausreichende Außenluftversorgung nicht gewährleistet ist. Zur Vermeidung von Mischungsverlusten statische Heizung und Volumenregelung in Sequenz regeln.

Beispiel für die Außenräume eines Gebäudes Bild 364-7.

---

[1]) Rákóczy, T.: Ges.-Ing. 2/82. S. 57/69.

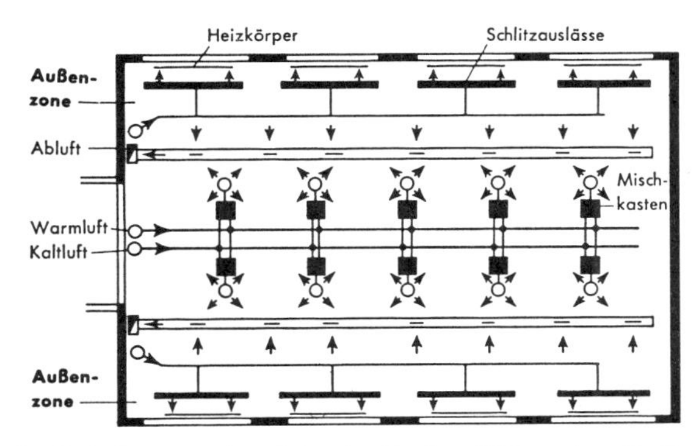


Bild 364-7. VVS-Anlage für die Außenräume eines Gebäudes, Zweikanal-Klimaanlage für die Innenräume.

**-123 Zweikanal-Klimaanlagen** (Bild 364-8, s. auch Abschn. 329-33)

Eine oder mehrere Zentral-Klimaaggregate fördern warme und gleichzeitig kalte Luft in zwei Kanäle. Unter jedem Fenster oder in der Decke befinden sich Mischgeräte, die durch die zwei parallel laufenden Luftkanäle mit warmer und kalter Luft gespeist werden. Mischventile oder Mischklappen und Volumenstromregler in den Geräten, durch Thermostate gesteuert, individuelle Temperaturregelung. Manchmal wird auch bei längeren Kanalstrecken die Druckdifferenz zwischen Warm- und Kaltluftkanal durch Klappen am Kanalanfang auf möglichst gleichen Wert („auf Null") geregelt, um Überströmen in nicht ganz dichten Mischboxen zu verringern. Oder man kann die Tempera-

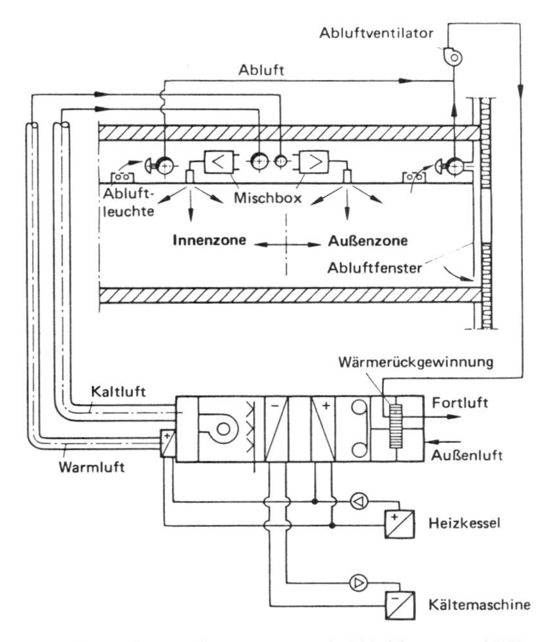


Bild 364-8. Zweikanal-Klimaanlage für Außen- und Innenzonen mit Abluftfenster und Wärmerückgewinnung.

turen der Warm- und Kaltluft abhängig vom Druck im jeweiligen Kanal regeln, was auch zu einem Druckausgleich führen kann. Kaltluftleitung wird für 70···100% der Gesamtluft, Warmluftleitung für 50···30% bemessen. Nur-Luft-System, keine Wasserleitungen in den Räumen. Bauart von Mischgeräten siehe Abschn. 336-53.

Weiteres s. Abschn. 329-33.

Wegen hoher Energiekosten und des großen Platzbedarfs[1]) heute kaum noch verwendet; nur noch als variables Volumenstrom-2-Kanal-System (Abschn. 329-332).

**-124 Ventilator-Konvektor-Klimaanlagen mit zentraler Außenluftbereitung** (Bild 364-9)

Unter jedem Fenster Geräte mit Filter, Ventilator, Motor, Wärmeaustauscher für Umluftbetrieb (Bild 364-10). Beim *Zweirohrsystem* Warmwasser- bzw. Kaltwasseranschluß am Wärmeaustauscher je nach Jahreszeit. Ventilationsluft wird durch ein getrenntes Lüftungs- oder Klimaaggregat geliefert. Luftanschluß bei jedem Gerät unten. Temperaturregelung in jedem Raum von Hand oder durch Thermostat mit Regelventil im Wasserkreislauf.

Die Ventilatorgeräte können auch an anderer Stelle des Raumes angeordnet werden, z. B. an Flurdecke, wobei allerdings an den Fenstern Heizkörper erforderlich sind. In Gegenden mit mildem Klima eventuell auch ohne diese. Zoneneinteilung erforderlich, wenn nicht 4-Rohr-System (Abschn. 329-43).

Bessere individuelle Temperaturregelung durch *Vierrohrsystem*, wobei jedes Gerät Anschluß an Warmwasser und Kaltwasser hat (Bild 329-88). Regelung durch Klappen oder Ventile mit zwei getrennten Sekundärwasserkreisläufen.

*Vorteile:*

Kleines Luftrohrsystem (nur für Primärluft).
Gute individuelle Temperaturregelung.
Abschaltbar, wenn Raum nicht benutzt wird.

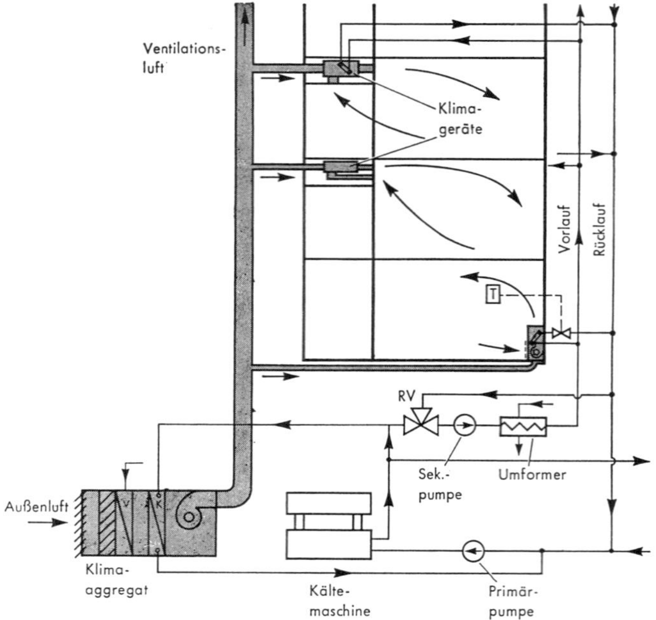


Bild 364-9. Ventilator-Konvektor-Klimaanlage mit zentraler Luftförderung für die Ventilationsluft.

[1]) VDI 3803 (11.86).

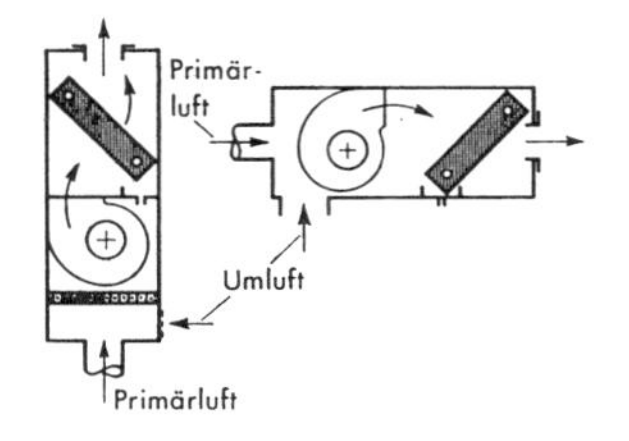

Bild 364-10. Ventilator-Konvektoren.
Links: Unterfenstergerät
Rechts: Liegendes Gerät

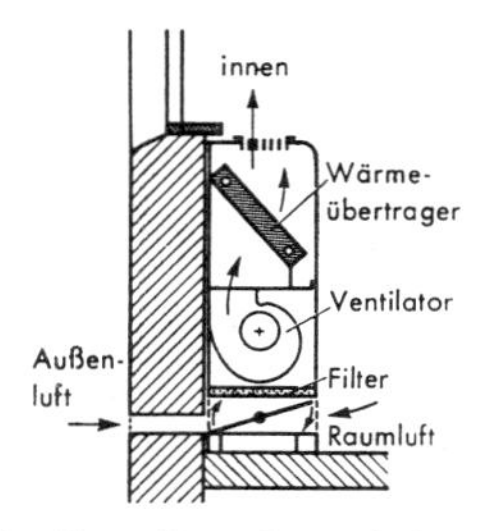


Bild 364-11. Ventilator-Konvektor mit örtlicher Außenluftansaugung.

*Nachteile:*

Ventilator mit Motor in jedem Gerät, daher wartungsintensiv.
Teurer als Induktionsanlagen.
Geräuschbelästigungen.

**-125 Ventilator-Konvektor-Klimaanlagen mit örtlicher Außenluftansaugung**

Unter jedem Fenster sind Geräte mit Filter, Ventilator, Motor, Wärmeaustauscher angeordnet (Bild 364-11). Außenluft wird anteilig durch Öffnung in Außenwand angesaugt. Kein Luftkanalsystem erforderlich. Motor häufig regulierbar. Wärmeaustauscher je nach Jahreszeit mit Warmwasser oder Kaltwasser gespeist; Zoneneinteilung.

Ausführung auch möglich im Vierrohrsystem.

Außenluftöffnung häufig aus architektonischen Gründen nicht durchführbar, daher Anlagen nicht häufig gebaut.

*Vorteile:*

Anlage erweiterungsfähig; es können je nach Bedarf mehr Räume klimatisiert werden.

*Nachteile:*

Teuer bei einer größeren Anzahl von Geräten (z. B. 1 Gerät pro Fensterachse).
Wartungsintensiv.
Einfriergefahr.
Windeinfluß durch Außenluftöffnung.
Geräuschbelästigung.

**-126 Ventilator-Konvektoren ohne Außenluft[1])**

Um hohe Kühllasten aus den Räumen zu transportieren, können Umluftkühlgeräte, genannt *„Sensible Cooler“*, vor Ort eingesetzt werden. Die Umluftgeräte bestehen aus Ventilator, Luftkühler und Schalldämpfer. Die Kühler werden mit zentralem Kaltwassersystem, das innerhalb des Gebäudes geführt wird, versorgt. Die Vorlauftemperatur soll nicht niedriger als + 14 °C gewählt werden, damit keine Schwitzwasserbildung zustande kommen kann.

Anwendung meist in Räumen ohne Heizlast, z. B. EDV-Räumen in Zusammenhang mit Einkanal-Klimaanlage, die für die erforderliche Außenluftzufuhr sorgt.

*Vorteile:*

Flexible Anpassung an der Raumnutzung, auch nachträglicher Geräteeinbau nach Bedarf möglich, wenn Kaltwassernetz vorhanden.
Individuelle Ein- und Ausschaltung am Ort.
Niedrige Anschaffungs- und Energiekosten.
Kein großer Raumbedarf in Schächten und Zwischendecken.

*Nachteile:*

Raumbedarf im Nutzbereich am Aufstellungsort.
Größerer Wartungsaufwand.

[1]) Rákóczy, T.: Ki 3/85. S. 105/9.

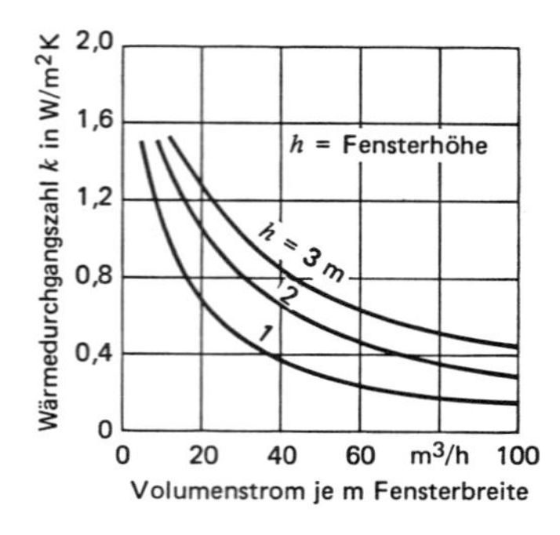


Bild 364-12. Wärmedurchgangszahlen $k$ von Abluftfenstern.

**-127 Abluftfenster**[1]

Der Energieverbrauch der Klimaanlagen kann etwas verbessert werden, wenn ein *Abluftfenster* vorgesehen wird, siehe Bild 364-6.

*Vorteile* des Abluftfensters:

Heizlast um ca. 50···60%, Raumkühllast um ca. 10···20% (mit Jalousie zwischen den Scheiben 90%) geringer, damit reduzieren sich die Betriebskosten und Anlagenkosten.

Optimale Behaglichkeit im Fensterbereich; innere Scheibentemperatur im Winter ca. 18 °C, im Sommer ca. 28 °C.

Wirksamer, betriebssicherer variabler Sonnenschutz zwischen den Scheiben auch bei windgefährdeten Hochhäusern. Im geschlossenen Zustand ist der Sonnenschutzfaktor $b \approx 0{,}1 \cdots 0{,}2$, ermöglicht winterlichen *Solarwärmegewinn.*

Heizkörper unter Fenstern können entfallen, dadurch größere Nutzfläche, kein Kaltluftfall am Fenster.

Unproblematische Raumluftströmung, geringe Lastunterschiede zwischen Außen- und Innenzonen.

*Nachteile* des Abluftfensters:

Fensteröffnen meist nicht möglich.
Nachtheizung mit Luft evtl. teuer, wenn keine Heizkörper vorgesehen sind.
Höherer Wärmeverlust der Abluft nach außen verringert WRG-Kapazität.
Investition und Pflege, Reinigung sehr teuer.

Die Wärmedurchgangszahl $k$ des Abluftfensters (Dreifachfensters) ist desto geringer, je größer der Volumenstrom ist. Übliche Werte bei 2 m Fensterhöhe etwa 0,5···0,8 W/m²K. Bei Stillstand der Klimaanlage $k \approx 2{,}0$ W/m²K (Bild 364-12). Abluftvolumenstrom ca. 20···50 m³/h je m² Fensterfläche; Scheibenabstand 10···20 mm.

Bei zu großer Raumluftfeuchte *Schwitzwassergefahr.* Heute nur noch selten angewendet, insbesondere nachdem es seit etwa 1985 Wärmeschutzgläser (2fach) mit $k = 1{,}3 \cdots 2{,}0$ W/m² K gibt (s. Abschn. 353-41).

**-128 Kleinwärmepumpen-Klimaanlagen** siehe Abschn. 225-174

## -13 Kühllast (s.a. Abschn. 353)

Die wesentlichen *Wärmequellen* für die Kühllast sind:

1. *Sonnenstrahlung* durch die Fenster einschl. Transmission bringt, begünstigt durch die moderne Architektur mit ihren großen Fensterfassaden, den bei weitem größten Anteil des Wärmeeinfalls. Verringerung durch geeigneten vorzugsweise beweglichen Sonnenschutz soweit als möglich (Außenjalousien, Reflexionsgläser, wärmeabsorbierendes Glas usw.). Max. Wärmeinfall meist auf Westseite um 16 Uhr.

[1]) Raczek, H.: SHT 6/77. S. 485/8.
Müller, H., u.a.: HLH 10/83. S. 412/7.

2. *Fühlbare Personenwärme* 70 W je Person bei 25 °C.
3. *Beleuchtung in normalen Räumen*
   bei Glühlampen 50···100 Watt/m²
   bei Leuchtröhren 10··· 30 Watt/m²
   mit Leuchten-Absaugung nur 5··· 20 Watt/m² berücksichtigen.
4. *Bürogeräte* aller Art, Warmwasserbereiter usw.
5. *Außenluftkühlung* und -entfeuchtung,
   Außenluftanteil etwa 20···50 m³/h je Person
   oder entsprechend einem 1,5···2,5fachen Außenluftwechsel
   ≙ 20···25 W/m² ($\Delta h = 10$ kJ/kg).

Welchen Einfluß die Sonnenstrahlung bei gutem Sonnenschutz ($b = 0{,}15$) auf die maximale Kühllast hat, ist aus Tafel 364-1 ersichtlich. Dabei ist angenommen:

Raumhöhe = 3 m, Raumtiefe = 6 m, Raumbreite = 1 m, 1 Person je 10 m², Beleuchtung oder elektrische Geräte 10 Watt/m², Außenluft entsprechend 2,1fachem Luftwechsel, Sonnenschutz $b = 0{,}15$, West- oder Ostfassade.

Ungefähre Werte der bei Bürohäusern erforderlichen maximalen Kälteleistung siehe Bild 364-15.

Das Bild zeigt, wie durch verbesserte Fensterisolierung, Abluftfenster, Sonnenschutzvorrichtungen, Beleuchtungswirkungsgrade, Wärmerückgewinnung und auch Betriebsweise (z. B. Nachtlüftung) eine deutliche Verringerung der Kühllastspitze (max. Kühllast) erreicht wurde.

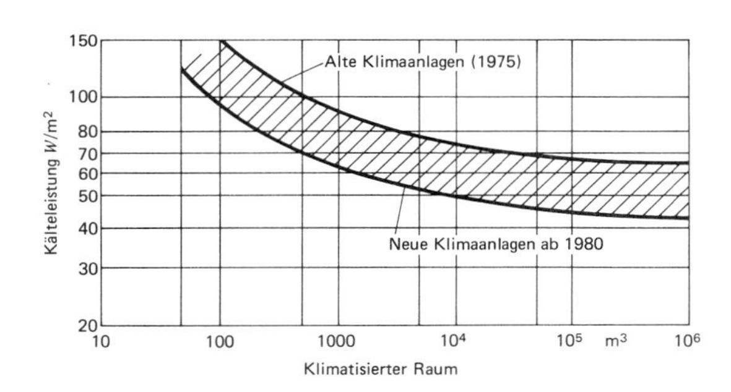


Bild 364-15. Spezifische Kälteleistung der Klimaanlagen von Bürogebäuden.

## -14 Jahresenergieverbrauch

Man gewinnt jedoch auch im Winter Solarwärme und Tageslicht durch das Fenster, so daß der *Gesamtenergie-Verbrauch* über ein Jahr bei großen Fenstern günstiger sein kann. Insbesondere soll der Sonnenschutz beweglich sein, um die Spitzenkühllast zu brechen, aber Sonne und Licht nicht durch festen Sonnenschutz fernhalten (s. auch Abschn. 353-42). Den Gesamtenergieverbrauch für verschiedene Fenstergrößen zeigt Bild 364-16. Das Bild gilt für ein Induktionssystem mit Wärmerückgewinnung ($\Phi = \Psi = 75\%$), Luftwechsel 2,5fach pro Stunde, Beleuchtungslast entspr. 500 lx 6,1 W/m² (installiert 12,5 W/m²), Personenlast 9 W/m², Raumhöhe 3 m, Isolierverglasung Klarglas wahlweise mit beweglichem Sonnenschutz (Außenjalousie) $b = 0{,}22$, Innenjalousie $b = 0{,}45$ oder ohne jeden Sonnenschutz ($b = 0{,}9$) und schließlich mit festem Sonnenschutz (Reflexionsglas, $b = 0{,}48$). Mittlerer Wärmedurchgangskoeffizient für Wand und Fenster $k_{m\,(W+F)} = 1{,}55$ W/m² K. Summenmittel aus 4 Räumen in Außenzonen nach allen vier Himmelsrichtungen[1]). Zum Vergleich ist auch ein Gebäude behandelt, dessen Nutzfläche zu ⅓ in Innenzonen liegt. Betriebszeit 12 h.

[1]) Schaal, G.: Diss. TU Stuttgart 1983.
Hönmann, W.: LTG Techn. Inf. 61 (1983) und Dt. Architektenblatt 2/86. S. 155/8.
Steinbach, W.: FLT-Bericht 3/1/70/86. Nov. 86.

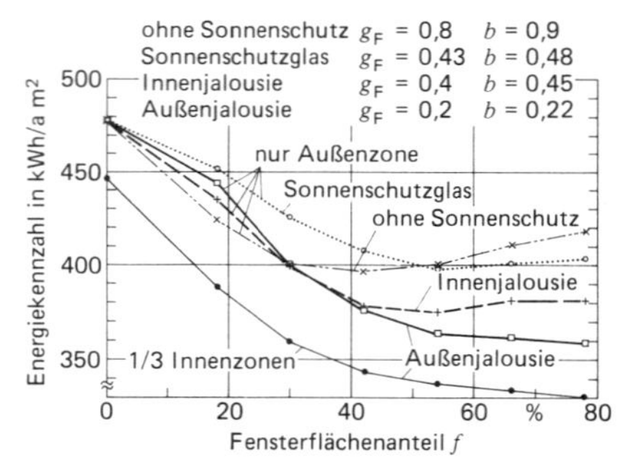


Bild 364-16. Energiekennzahl eines klimatisierten Bürogebäudes abhängig vom Fensterflächenanteil bei verschiedenem Sonnenschutz.

$g_F$ = Gesamtenergiedurchlaßgrad (Tafel 353-14)
$b$ = Sonnendurchlaßfaktor (Tafel 353-13)

**Tafel 364-1. Aufteilung der max. Kühllast für einen Büroraum bei verschieden großen Fenstern**

| Fensterfläche je m² Fassade | 0,25% | | 50% | | 75% | |
|---|---|---|---|---|---|---|
| Kühllast je m² Raum | W/m² | % | W/m² | % | W/m² | % |
| Personen | 7 | 13 | 7 | 11 | 7 | 9 |
| Beleuchtung, Maschinenwärme | 10 | 18 | 10 | 15 | 10 | 13 |
| Außenwand | 6 | 11 | 6 | 9 | 6 | 8 |
| Sonnenstrahlung | 11 | 20 | 22 | 33 | 33 | 43 |
| Außenluftkühlung | 21 | 38 | 21 | 32 | 21 | 27 |
| Summe | 55 | 100 | 66 | 100 | 77 | 100 |

Bei großem Fensterflächenanteil an der Fassadenfläche im Bereich 60···70% ist für Fenster mit Sonnenschutz die *Energiekennzahl E* (s. Abschn. 185-5) am geringsten, obwohl die Kälteenergie bei großem Fenster und mittlerem (festen) Sonnenschutz ansteigt. Dieser Anstieg wird aber durch gegenläufige Tendenz bei Beleuchtung und Wärme überkompensiert. Fester Sonnenschutz mit $b = 0{,}56$ ergibt auch bei großem Fensterflächenanteil sogar höhere Energiekennzahlen als gar kein Sonnenschutz ($b = 0{,}9$).

## -15 Zoneneinteilung

Infolge der durch die Sonnenwanderung bedingten, wechselnden Kühllast ist es bei Zweirohr-Klimaanlagen immer erforderlich, das Gebäude in mehrere *Zonen* aufzuteilen, in der Regel 4 Zonen: Nord, Süd, Ost, West. Bei langgestreckten, schmalen Gebäuden auch 2 Zonen. Falls Innenräume vorhanden, eine weitere Zone, da hier die Belastung abweichend ist (annähernd konstant).

Im Sommer muß in der Regel in jeder Zone das Kühlmittel, im Winter das Heizmittel zur Verfügung stehen. In Übergangszeiten beide Quellen gleichzeitig, da ein Teil der Räume Kühlung, ein anderer Teil Heizung verlangen können. Primärlufttemperatur konstant. Bei Vierrohr-Klimaanlagen sowie bei Zweikanalanlagen keine Zoneneinteilung. Maximale Kühllast muß von Zone zu Zone errechnet werden.

## -16 Wärme- und Kälteversorgung

Die für die Klimaanlage benötigte *Wärme* wird in der Regel von Heizkesseln oder als Fernwärme geliefert, gelegentlich auch durch Wärmepumpen.

Für die Lieferung von *Kälte* sind Kältemaschinen (Kaltwassersätze) erforderlich, sofern nicht kaltes Brunnenwasser zur Verfügung steht. Bis etwa 300 kW Kolbenkompressoren, darüber häufig Turbokompressoren (siehe Abschn. 641). Kältespeicher können Lastspitzen brechen.

*Absorptionskältemaschinen* dann, wenn genügend Heizwärme im Sommer zur Verfügung steht. Sehr geräuscharm; teurer.

Für Abführung der Kondensationswärme ist fast immer ein *Kühlturm* erforderlich, der meist auf dem Dach des Gebäudes aufgestellt wird.

### -17 Wärmerückgewinnung

Diese ist bei modernen Neuplanungen fast immer wirtschaftlich. Es wird nicht nur die Luftaufbereitungsenergie für das Erwärmen der Luft im Winter während der Betriebszeit der Klimaanlage weitestgehend eingespart. Es wird auch im Sommer die Spitze der *Kühllast* deutlich reduziert, was zu einer kleineren Kältemaschine führt und den Tarif für den Leistungspreis des elektrischen Stroms meistens verbessert. Die Entfeuchtungsenergie im Sommer und die Befeuchtungsenergie im Winter werden bei *regenerativer Wärmerückgewinnung* mit rotierenden Wärmetauschern mit Feuchterückgewinn weitestgehend zurückgewonnen (Abschn. 339).

Wärmerückgewinnung ist um so wirtschaftlicher, je größer die täglichen Betriebszeiten einer Klimaanlage sind (z. B. 24-Stunden-Betrieb bei Krankenhäusern).

### -18 Kosten der Klimaanlage[1])

*Baukosten.* Diese schwanken je nach Art des Gebäudes, schwerer oder leichter Bauweise, Fensteranteil, Sonnenschutz, Beleuchtung usw. naturgemäß in weiten Grenzen. Auf alle Fälle sind sie verhältnismäßig hoch im Vergleich zu Zentralheizungsanlagen. Tafel 364-2 gibt ungefähre Werte bezogen auf die *klimatisierten Räume*. Die angegebenen Zahlenwerte beziehen sich auf eine Vollklimaanlage für Außenzonen.

**Tafel 364-2. Ungefähre Anlagekosten von heizungstechnischen und raumlufttechnischen Anlagen für Außenzonen (1987)**

| Art | DM je m³ Nutzraum | DM je m² Nutzfläche | Gesamt-luftwechsel $h^{-1}$ | DM je m³/h Zuluft-Volumenstrom |
|---|---|---|---|---|
| Heizungsanlage | | | | |
| Zentralheizung mit Radiatoren | 20···28 | 55···80 | | – |
| Zentralheizung mit Lüftung | 45···55 | 140···170 | 2 | 20···30 |
| RLT-Anlagen*) einschl. Heizung und Kälteanlage | | | | |
| Induktionsanlage | 100···130 | 275···400 | 3 | 35···45 |
| Zweikanalanlage | 130···170 | 380···480 | 5 | 30···35 |
| Einkanalanlage mit variablem Volumenstrom (VVS) | 100···140 | 275···400 | 4 | 25···35 |

*) Lichte Höhe 2,75 m

Für vollständige Induktions-Klimaanlagen einschl. Heizung und Kühlung wird auch folgender Wert genannt:

4000···5000 DM je Arbeitsplatz (12 m²).

*Betriebskosten* entstehen durch Verbrauch an elektrischen Strom, Wärme, Kälte und Wasser. *Richtwerte* in Tafel 364-3, wesentliche Abweichungen möglich, bei älteren Anlagen nach oben, bei neuen Anlagen mit geringerem Außenluftwechsel auch nach unten.

Für *Innenzonen* sind die Energiekosten wegen des geringeren Wärmebedarfs wesentlich geringer, etwa 50%.

Bei anderen Einheitspreisen für die Energieträger lassen sich die angegebenen Zahlen leicht umrechnen.

Für *Wartung und Reparaturen* sind noch etwa 2,5···4% der Investitionskosten hinzuzufügen.

Der *Kapitaldienst* (Verzinsung und Abschreibung des Anlagekapitals) erfordert wegen der hohen Baukosten der Anlage ziemlich hohe Beträge, etwa 40···45 DM/m². Die Ge-

[1]) Jacoby, E.: VDI-Bericht 184 (1972). S. 43/54.
Lenz, H., u. T. Rákóczy: HLH 11/75. S. 384/92.
LTG-Lufttechn. Informationen Heft 17 (1976) u. 18 (1977).
Siehe auch Abschn. 375.
Hönmann, W.: HLH 7/79. S. 249/55 u. 8/79. S. 295/301.
Rákóczy, T.: VDI-Bericht 353 (1980). S. 15/22 und TAB 1/84. S. 15.

samtkosten (Wirtschaftskosten) einschl. Wartung, Reparaturen und Kapitaldienst erreichen daher für die angegebene Anlage bei ca. 400 DM/m² Investitionskosten, 20 Jahre Abschreibung und 10% Zins Beträge von etwa

| | |
|---|---|
| Energiekosten | 20 DM/m²a |
| Wartung und Instandhaltung | 10 DM/m²a |
| Kapitaldienst | 50 DM/m²a |
| | Summe 80 DM/m²a |

Die jährlichen *Gesamtkosten* pro Arbeitsplatz (ca. 12 m²) betragen also ca. 1000 DM/a. Der Investor einer Klimaanlage sollte diesen Betrag ins Verhältnis zu den Lohn- oder Gehaltskosten des Mitarbeiters setzen (durchschnittlich ca. 50000,– DM/a). Die Kosten einer besseren Leistungsfähigkeit und Gesunderhaltung sind also vergleichsweise gering.
Eine weitere Energiekostenberechnung für eine *Zweikanalanlage* ist ebenfalls in Tafel 364-3 enthalten.

**Tafel 364-3. Ungefährer Netto-Energiebedarf und Energiekosten je m² Nutzfläche einer modernen Induktions- und Einkanalanlage mit variablem Volumenstrom sowie einer Zweikanalanlage mit konstantem Volumenstrom mit Wärmerückgewinnung, für Außenzonen bei ca. 3000 Betriebsstunden je Jahr. Zum Vergleich: Heizung mit Radiatoren oder mit Lüftungsanlage (1987).**

| Energieart | Induktions-Anlage | | VVS-Anlage | |
|---|---|---|---|---|
| | kWh/m²a | DM/m²a*) | kWh/m²a | DM/m²a*) |
| Wärme für Transmission (tags und nachts) | 100···110 | 5,00···5,50 | 100···110 | 5,00···5,50 |
| Wärme für Lüftung (tags) | 50···60 | 2,50···3,00 | 55···65 | 2,75···3,25 |
| Kälte | 45···30 | 3,80···2,55 | 43···28 | 3,65···2,40 |
| el. Strom für Lufttransport | 32···25 | 8,00···6,25 | 40···28 | 10,00···7,00 |
| el. Strom für Pumpen | 8···5 | 2,00···0,75 | 7···4 | 1,75···1,00 |
| Summe | 235···230 | 21,30···18,05 | 245···235 | 23,15···19,15 |
| | Heizungsanlage mit Radiatoren | | Heizungsanlage mit Lüftung und WRG | |
| | kWh/m²a | DM/m²a*) | kWh/m²a | DM/m²a*) |
| Wärme für Transmission (tags und nachts) | 80···100 | 4,00···5,00 | 80···100 | 4,00···5,00 |
| Wärme für Lüftung (tags) | 90···110 | 4,50···5,50 | 15···20 | 0,75···1,00 |
| Kälte | – | – | – | – |
| el. Strom für Lufttransport | – | – | 15···20 | 3,75···5,00 |
| el. Strom für Pumpen | 3···5 | 0,75···1,25 | 3···5 | 0,75···1,25 |
| Summe | 173···225 | 9,25···11,75 | 113···135 | 9,25···12,25 |
| | Zweikanalanlage mit konst. Volumenstrom | | | |
| | kWh/m²a | DM/m²a*) | | |
| Wärme für Transmission | 100···110 | 5,00···5,50 | | |
| Wärme für Lüftung | 70···140 | 3,50···7,00 | | |
| Kälte | 90···60 | 7,65···5,10 | | |
| el. Strom für Lufttransport | 90···60 | 22,50···15,00 | | |
| el. Strom für Pumpen | 10···5 | 2,50···1,25 | | |
| Summe | 360···375 | 41,15···33,85 | | |

*) Wärme: 0,05 DM/kWh
Kälte: 0,085 DM/kWh
el. Strom: 0,25 DM/kWh

Luftwechsel und lichte Höhe nach Tafel 364-2

*Voraussetzung ist:*

Optimale Wärmedämmung $k_{max}$ < 1,6 W/m² K im Mittel
Isolierverglasung
Fensteranteil 50%
Beweglicher Sonnenschutz, Durchlaßfaktor ca. 0,15
Beleuchtungsanschluß ca. 20 Watt für 750 lux mit 50% Wärmeabfuhr.

Grundsätzlich läßt sich sagen, daß *Induktionsklimaanlagen* und Anlagen mit *variablem Volumenstrom* energetisch günstiger sind als Zweikanalanlagen und Anlagen mit konstantem Volumenstrom. Dies ist in der Hauptsache auf den geringeren Energiebedarf der Ventilatoren und die geringere Luftaufbereitungsenergie in den beiden erstgenannten System zurückzuführen.

Zusätzlich muß beim Zweikanal-System und in gewissem Umfang auch beim VVS-System wegen der größeren Luftmengen (gem. Tafel 364-2) gegenüber dem Induktions-System mit sekundären Anlagekosten wegen größeren Platzbedarfs für Klimazentralen und Luftkanäle (Geschoßhöhe) gerechnet werden. Unterschied um so größer, je größer die Kühllasten sind.

Heizungsanlagen mit *Lüftung und Wärmerückgewinnung* sind zwar teurer als normale Heizungsanlagen mit öffenbaren Fenstern. Ihr Energieverbrauch ist jedoch wegen der kontrollierten Lüftung mit WRG geringer. Allerdings sind bei den derzeit günstigen Ölpreisen die Energiekosten insgesamt nicht mehr niedriger, wie dies noch 1980 bis 1984 der Fall war, als die Kostenrelation Öl/Gas zu Strom größer war.

Gemessene Werte für den jährlichen Energieverbrauch eines modernen klimatisierten Bürogebäudes zeigt 364-17. Zum Vergleich sind die Anschlußleistungen mit angegeben. Das Büro hat einen Außenluftwechsel von 2,2 $h^{-1}$ sowie eine Kühlung und Befeuchtung, die nur die Spitzen abdecken (VVS-Anlage).

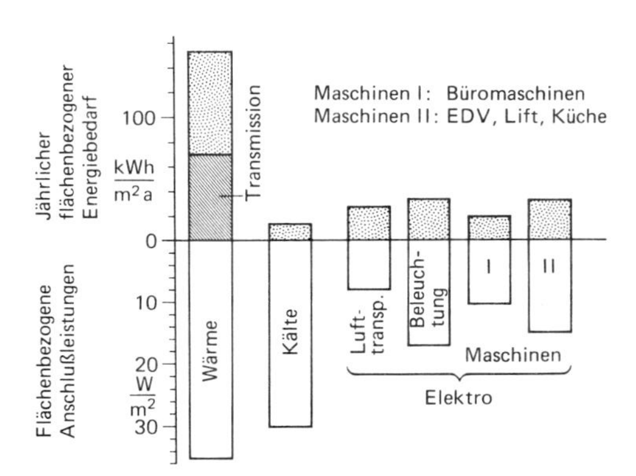


Bild 364-17. Meßwerte für moderne Büroklimaanlage.
Oben: Jährlicher flächenbezogener Energieverbrauch
Unten: Anschlußleistungen

## -19 Lüftung einzelner Räume

### -191 Sitzungszimmer

Diese Räume benötigen immer eine Lüftungs- oder Klimaanlage, da die Luftverschlechterung durch Personenwärme und Tabakrauch erheblich ist. *Grundheizung* durch Radiatoren mit thermostatischen Regelventilen auf etwa 12···15 °C, Restheizung durch Luft.

Das Lüftungsgerät wird in einem Nebenraum, im Keller oder Dach aufgestellt. Luftverteilung wie bei Büroräumen. Zahllose Möglichkeiten: einige Beispiele siehe Bild 364-18. Außer dem Gerät für die Zuluft sollte auch immer ein *Fortluftgerät* vorhanden sein, um die verbrauchte Luft ins Freie zu blasen. Im Winter sollte *Umluftbetrieb* für schnelle Aufheizung und Reduzierung des Außenluftanteils möglich sein.

*Schaltgerät* im Raum selbst oder im Vorraum mit Signallampe und Temperaturanzeiger. Luftrate je Person etwa 30···50 m³/h, stündlicher Luftwechsel 8···10fach.

### -192 Einzelne Büroräume

Häufig ist es erwünscht, nur einzelne Räume eines Bürogebäudes zu klimatisieren, z. B. Direktionsräume, Warteräume usw. Hierfür sind die *Klimatruhen* am besten geeignet, die in einem Gehäuse Ventilator, Motor, Lufterhitzer, Luftkühler und alle sonst erforderlichen Teile enthalten.

Zwei Aufstellungsmöglichkeiten:

a) An *Außenwand* unter Fenster; zur Ansaugung von Außenluft ist dabei in der Regel eine Öffnung in der Wand erforderlich, was nicht immer durchführbar ist (Bild 364-18 a).

Heizkörper zur Deckung des Wärmeverlustes des Raumes muß außerdem vorhanden sein.

b) An *Innenwand* oder im Nebenraum. Die Außenluft muß durch einen Kanal von geeigneter Stelle angesaugt werden.

c) *Im Deckenzwischenraum* bei abgehängter Decke.

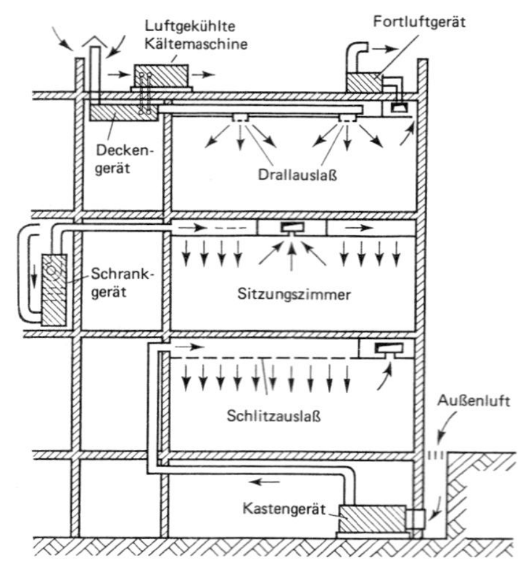


Bild 364-18. Verschiedene Möglichkeiten der Anordnung von Lüftungs- oder Klimageräten für Sitzungszimmer.

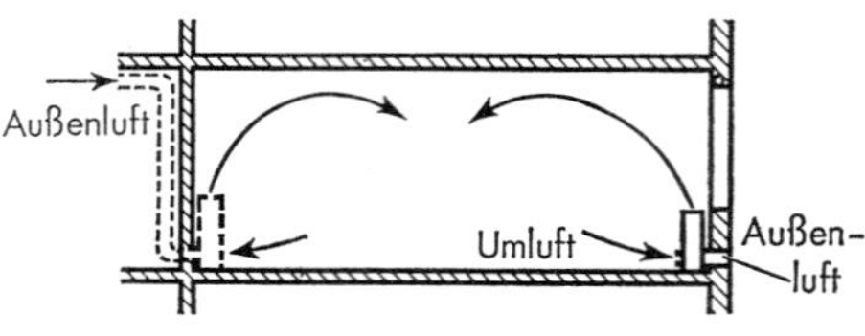


Bild 364-18 a. Klimatruhen in einem Büroraum.
Links: Gerät an Innenwand
Rechts: Gerät an Außenwand

## -2 HOTELS[1])

### -21 Allgemeines

Klimaanlagen für Hotelzimmer unterscheiden sich gegenüber Anlagen für Bürohäuser im wesentlichen durch die *Betriebsweise*. Während beim Büro in der Regel das ganze Gebäude überwiegend zur gleichen Zeit benutzt wird, ist bei Hotelzimmern oft ein gewisser Teil der Zimmer unbenutzt. Die durchschnittliche Belegung beträgt häufig nur 60%. Aus Gründen der Betriebskosten wird somit dezentrales Abschalten der Heizung/Kühlung erwünscht. Ferner unterscheiden sich Hotel und Büro voneinander durch die

[1]) Hönmann, W.: LTG-Information Nr. 22 (12. 78).

jährliche Betriebsdauer der Klimazentrale. Beim Büro ist nachts und an Wochenenden die Klimaanlage abgeschaltet (jährlich ca. 3000 Betriebsstunden). Bei der Hotelklimaanlage ist dagegen die zentrale Luftaufbereitung für die Hotelzimmer permanent in Betrieb (8760 jährliche Betriebsstunden).

Daher haben sich für Büro und Hotel unterschiedliche *Systeme* entwickelt:

Im Büro vorwiegend die Induktionsgeräte wegen günstiger Energiekosten und geringem Platzbedarf; im Hotel überwiegt wegen der Möglichkeit der dezentralen Abschaltung das Ventilatorkonvektorgerät oder Raumklimagerät.

Klimaanlagen für Hotels bestehen im Prinzip aus zwei Komponenten:

a) *Zentrale Luftaufbereitungsanlage,* die über ein Luft-Kanalsystem jedem Zimmer aufbereitete Zuluft zuführt. Die Bauart dieser Zentralanlagen unterscheidet sich in nichts von den normalen Ausführungen mit Filter, Lufterhitzer, Kühler, evtl. Befeuchter, Ventilator. Abluft wird zwecks Geruchsbeseitigung über das Bad abgeführt.

b) *Dezentrales Raumgerät* mit Wärmetauschern in jedem Hotelzimmer.

## -22 Örtliche Heizung mit zentraler Lüftung

Dabei ist im einfachsten Fall nach Bild 364-19a nur ein Heizkörper (meist unter dem Fenster) angebracht, dessen Vorlauftemperatur witterungsabhängig geregelt wird. Die Zentralanlage führt jedem Raum Zuluft zu, die je nach der Außentemperatur erwärmt bzw. gekühlt wird.

## -23 Ventilatorkonvektoren

Eine bewährte Anordnung nach Bild 364-19b ist der Ventilatorkonvektor im Zimmer entweder unter dem Fenster, häufiger jedoch in der Decke im Flurbereich eingebaut (Zweileiter- oder Vierleiter-Geräte mit getrennten Wärmeaustauschern für Kühlen und Heizen). Der Ventilator hat in der Regel eine Vier-Stufen-Schaltung:

0 = Ventilator steht, Zimmer nicht benutzt,
1 = kleine Drehzahl, geringes Geräusch für Nachtbetrieb,
2 = mittlere Drehzahl für Dauerbetrieb tags bei größerer Kühlleistung, mittleres Geräusch,
3 = hohe Drehzahl, hohes Geräusch, zum schnellen Aufheizen bzw. Abkühlen nach vorausgegangenem längeren Stillstand wegen Nichtbelegung des Zimmers.

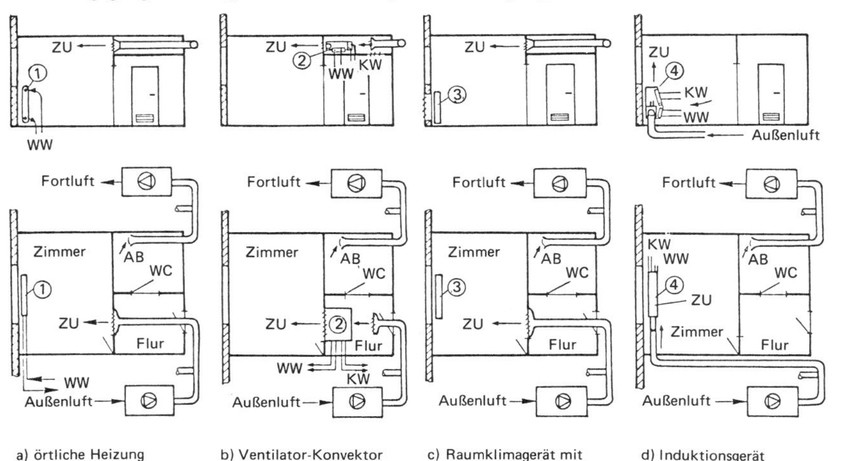


Bild 364-19. Klimatisierungssysteme von Hotelzimmern.
AB = Abluft, ZU = Zuluft, WW = Warmwasser, KW = Kühlwasser,
1 = Heizkörper, 2 = Ventilatorkonvektor, 3 = Fensterklimagerät mit eingebauter Kältemaschine (und elektrischer Heizung), 4 = Induktionsgerät

Außer dem Stufenschalter für den Ventilator ist ein Thermostat vorgesehen, der die gewählte Raumtemperatur bei eingeschaltetem Ventilator durch Ventil- oder Klappenregulierung der Wärmetauscher des Ventilatorkonvektors konstant hält.

### -24 Raumklimageräte

In warmen Ländern wird häufig auf das Warm- und Kaltwassersystem verzichtet und gemäß Bild 364-19c ein Raumklimagerät oder Fensterklimagerät mit Kältemaschine unter oder neben dem Fenster eingebaut. Zur Luftkühlung des Kondensators ist dabei ein *Durchbruch* nach außen notwendig, wodurch die Anwendung sehr beeinträchtigt wird. Zusätzlich ist eine elektrische Heizung vorhanden.

Der Ventilator des Fensterklimagerätes hat, wie im Fall des Ventilatorkonvektors, einen Stufenschalter, mit dem Leistung und Geräusch variiert werden können. Die Temperatur wird über einen zusätzlichen Thermostaten konstant gehalten, der elektrisch den Kältekompressor oder die Heizung schaltet.

### -25 Induktionsgeräte unter Fenstern

In Bild 364-19d ist die gelegentlich in Hotels angewandte Technik des Induktionsgerätes gezeigt. Die dem Raum ohnehin zugeführte Zuluft wird im Induktionsgerät aus Düsen ausgeblasen. Da die Zuluft aber aus Belüftungsgründen stets läuft, wird auch die Sekundärluft stets durch die Wärmetauscher geführt. Ein direktes Abschalten der Heiz- und Kühlleistung bei nicht benutztem Zimmer ist nicht möglich, so daß diese Bauart nur bei dauernd vollbelegten Hotelbauten zweckmäßig ist.

### -26 Induktionsgeräte mit variablem Volumenstrom

Die Kombination eines Induktionsgerätes mit Regel- und Absperreinheiten in Zuluft und Abluft ergeben für das Hotelzimmer ein Klimatisierungssystem, das die Nachteile der erwähnten herkömmlichen Systeme, nämlich den dauernd vollen Luftbetrieb, vermeidet. Gemäß Bild 364-20 ist ein Induktionsgerät für Zwei- oder Vierleiteranschluß in der Decke über dem Flur eingebaut. Die dem Raum zugeführte Luft wird im Gerät über Düsen ausgeblasen, wodurch Sekundärluft im Flurbereich angesaugt und je nach thermischer Last erwärmt oder gekühlt wird. Regelung elektrisch oder pneumatisch.

Primärluft-Volumenstrom maximal 40 bis 80 $m^3/h$.

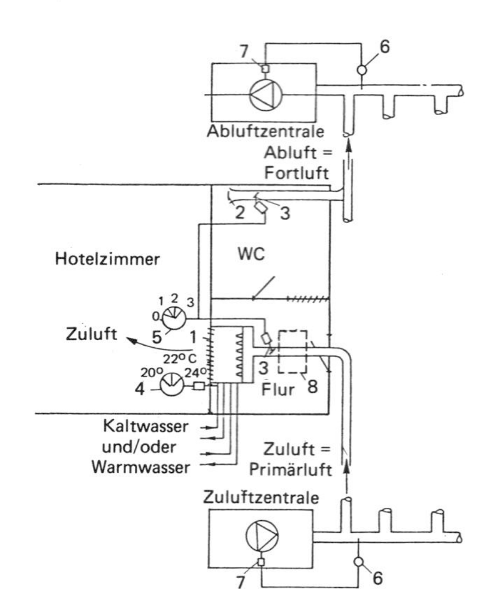


Bild 364-20. Hotelklimatisierung mit Induktionsgerät und abschaltbarer Primär- und Abluft.

1 = Induktionsgerät in Decke,
2 = Abluftventil,
3 = Absperr- und Regeleinheit in Zu- und Abluft,
4 = Thermostat,
5 = Schalter für Klima (ein–aus),
6 = Regler für konstanten Kanalluftdruck,
7 = zentrale Volumenstromregelung am Ventilator, z. B. Dralldrossel,
8 = Sekundärluftgitter mit Filter an Flurdecke oder über Fußboden

In der Zu- und Abluftleitung eines jeden Zimmers befinden sich je eine Absperr- und Regeleinheit *(Drosselvorrichtung)*, die über einen angebauten Stellmotor mittels eines von Hand zu bedienenden Schalters 5 betätigt werden.

Damit können Zuluft und Abluft bis auf ca. 15% heruntergedrosselt werden. Entsprechend der Zahl der abgeschalteten Zimmer wird über einen Druckfühler im Kanalsystem wie bei den üblichen VVS-Systemen der *Volumenstrom* des Zuluft- und Abluftventilators reduziert (Dralldrossel oder Drehzahlregelung). Während der Zeit reduzierter Luftmenge werden die für Zuluftaufbereitung und Luftförderung erforderlichen Energien eingespart.

Gegenüber konventionellen Systemen nach Bild 364-19a–d werden ca. 20–30% Energiekosten eingespart. In den Zimmern keine drehenden Teile (Motor, Ventilator, Kompressor). Je nach angenommener Gleichzeitigkeit des Bedarfs kann die Klimazentrale für Zuluft und Abluft außerdem um zum Beispiel 20% kleiner ausgelegt werden als sonst üblich (geringere Investitionskosten).

## -3 WOHNUNGEN[1])

Im Gegensatz zu Skandinavien, Holland, Frankreich überwiegt in Deutschland auch 10 Jahre nach der Ölpreiskrise noch die natürliche Lüftung durch undichte Fensterfugen oder Fensteröffnen (Stoßlüftung). Wohnungslüftung ist nötig aus hygienischen und bauphysikalischen Gründen sowie evtl. zur Bereitstellung von Verbrennungsluft.

Nachdem durch die *Wärmeschutzverordnungen* (WSVO) von 1977 und 82/84 der Transmissionswärmebedarf neuer Wohnungen durch bessere Wärmedämmung gesenkt werden soll, versucht man jetzt auch, den Lüftungswärmebedarf zu kontrollieren, weil die WSVO 77 auch zu sehr dichten Fenstern führte. Zusammen mit sparsamer Heizgewohnheit der Wohnungsnützer ist die Gefahr der *Schwärzepilzbildung* sehr groß. Ferner gab es bei Einzelfeuerstätten (z. B. atmosphärische Gasbrenner) gelegentlich Todesfälle infolge Luftmangel (Luftbedarf pro Einzelfeuerstätte ca. 10 $m^3/h$).

Hinzu kommt *Luftverschlechterung* in Wohnungen hauptsächlich durch Körperausdünstungen, Tabakrauch, Wasserdampf, Abort- und Küchengerüche, Gerüche von Möbeln, Baustoffen und Textilien, s. auch Abschn. 111-21 u. 123-62. Es ist daher eine dauernde Zufuhr von Außenluft erforderlich.

Untersuchungen von Hygienikern[2]) führen etwa auf stündliche Luftwechsel von $n = 0{,}5 \cdots 1{,}0\ h^{-1}$. Die größeren Werte sind bei Rauchern zu wählen oder wenn das Raumvolumen pro Person gering ist, z. B. nur 15 $m^3$.

In der Vergangenheit reichte meist die *natürliche Lüftung* durch die Fugen von Fenstern und Türen sowie durch mehr oder weniger häufiges Öffnen der Fenster. Der sich hierbei ergebende Luftwechsel ist in der Heizperiode je nach Lage der Wohnungen, Wind, Auftrieb, Gebäudehöhe, Dichtheit sehr unterschiedlich, etwa 0,3···0,7fach, und in dieser Höhe früher ausreichend. Durch neuerdings sehr dichte Fenster infolge WSVO 77 wird der Luftwechsel auf etwa ein Zehntel davon reduziert.

*Fensterlüftung.* Die hierdurch bewirkte Lufterneuerung ist praktisch nicht zu erfassen. Sie wird individuell gehandhabt, teils als Dauerlüftung (z. B. nachts in Schlafräumen), teils durch kurzzeitiges Vollöffnen der Fenster *(Stoßlüftung)*, und führt daher zu ganz unterschiedlichen unkontrollierbaren Luftwechselzahlen[3]). Bauphysiker geben je nach Fensterstellung Werte zwischen $0{,}5 \cdots 40\ h^{-1}$ an.

---

[1]) VDI-Richtlinie 2088 (12.76): Wohnungslüftung.
Trümper, H.: ETA 3/78. S. A92/100, HR 11/78. S. 506/10 und TAB 8/76, S. 793/6.
Hausladen, G.: HLH 1/78, S. 21/28 u. Diss. München 1980.
Krüger, W., u. Hausladen, G.: HLH 11/79. S. 425/32.
Esdorn, H., u. Feustel, H.: 21. Kongreßbericht Berlin 1980. S. 135/8.
Mayer, E.: HR 4/80. 7 S.
Rákóczy, T.: Ki 2/82. S. 71/80.
Gertis, K.: Bundesbaublatt 7/81. S. 461/74.
Henseler, H.-J., u. L. Trepte: Ki 7/8-82. S. 275/8.
BMFT-Tagungsbericht: Lüftung im Wohnungsbau, München 4.84, Verlag TÜV Rheinland.
Heinz, E., und S. Sawert: Ki 11/86. S. 419 ff.
Trepke, L.: Ki 12/86. S. 501 ff.

[2]) Huber, G., und Wanner: Ges.-Ing. 4/82. S. 207/210; s. auch TAB 8/83. S. 645/8.

[3]) Hartmann, P., u. a.: Ki 3/78, S. 233/37.
Wegner, J.: Ges.-Ing. 1/83. S. 1/5.

**Tafel 364-8. Richtwerte für Anschlußleistung der Heizung $\dot{q}$ und spezifischen jährlichen Energieverbrauch $q_{ges}$ pro m² Wohnfläche (bei 1700 Vollbenutzungsstunden).**

| | Einfamilienhaus | | | | Mehrfamilienhaus | | | |
|---|---|---|---|---|---|---|---|---|
| Baujahr entsprechend | 1970 DIN 4108 | 1980 WSVO 77 | 1985 WSVO 82/84 | | 1970 DIN 4108 | 1980 WSVO 77 | 1985 WSVO 82/84 | |
| Wärmerückgewinn $\Phi$ | ohne | ohne | ohne | 0,6 | ohne | ohne | ohne | 0,6 |
| $\dot{q}$ in W/m² | 150 | 85 | 65 | 45 | 95 | 60 | 48 | 26 |
| $q$ in kWh/m²a | 255 | 145 | 110 | 75 | 160 | 100 | 80 | 45 |
| davon | | | | | | | | |
| $q_L$*) kWh/m²a | 75 | 58 | 58 | 23 | 75 | 58 | 58 | 23 |
| $q_t$*) kWh/m²a | 180 | 87 | 52 | 52 | 85 | 27 | 22 | 22 |
| Jährliche Heizkosten DM/100 m² | 1275,–**) | 725,– | 550,– | 375,– | 800,– | 500,– | 400,– | 225,– |

*) $q_t$ = Wärmeverbrauch für Transmission
$q_L$ = Wärmeverbrauch für Lüftungswärme ($n = 1,0\ h^{-1}$ für alte DIN 4108, 8.69 und $n = 0,75\ h^{-1}$ ab WSVO 77)
**) Preis für Wärme: 0,05 DM/kWh

*Energiebedarf.* Rechnet man für die natürliche Lüftung (Fugenlüftung und Stoßlüftung) mit einem durchschnittlichen stündlichen Luftwechsel von $n = 0,75$fach, so ergibt sich bei 2,5 m Raumhöhe $H$ ein jährlicher Energiebedarf je m² Wohnfläche von

$$\underset{n}{0,75} \cdot \underset{H}{2,5} \cdot \underset{\text{Std}}{24} \cdot \underset{\text{Tg}}{250} \cdot \underset{c \cdot \varrho}{1,2} \cdot \underset{(t_i - t_a)}{(20-5)}/3600 = 56\ \text{kWh/m}^2\text{a}$$

Dieser Betrag ist bemerkenswert hoch im Verhältnis zum Heizbedarf für Transmissionsverluste, besonders bei Mehrfamilienhäusern (siehe Abschn. 185-5). Zum Vergleich: Wärmebedarf für die Transmission je m² Wohnfläche früher 85···150 kWh/m²a, durch WSVO 82/84 heute auf 25···60 kWh/m²a reduziert (Tafel 364-8).

Der Heizenergiebedarf wurde innerhalb der dargestellten 15 Jahre durch Wärmeschutzmaßnahmen also drastisch reduziert. Der Lüftungsbedarf bleibt aus hygienischen Gründen aber konstant, sofern er durch undichte Fenster früher nicht sogar größer war. Die Lüftungswärme ist jetzt gleich groß oder sogar größer als der Transmissionsverlust, läßt sich aber durch Wärmerückgewinnung erfolgreich senken. Dazu ist die mechanische Lüftung notwendig[1]).

*Maschinelle Lüftung.* Hierbei wird den Wohn- und Schlafräumen mittels Ventilator kontrolliert gefilterte und im Winter erwärmte Außenluft zugeführt und die verbrauchte Luft über Küche und Abort abgesaugt.

Wenn man außerdem ein *Wärmerückgewinnungsgerät* mit einer Rückwärmezahl von $\Phi = 0,5 \cdots 0,7$ einsetzt, um die Zuluft durch Wärme aus der Fortluft zu erwärmen, sinkt der Lüftungswärmeverbrauch unter die Hälfte, so daß sich eine erhebliche Energieersparnis ergibt (siehe Abschn. 339).

Die Wärmerückgewinnung wird meist mit Plattenwärmetauschern vorgenommen. Rotierende Wärmeaustauscher sind wegen der Geruchsübertragung nicht im Einsatz.

Aus Tafel 364-8 kann man entnehmen, daß insbesondere im Mehrfamilienhaus die spezifische Anschlußleistung mit 30···50 W/m² bei einer 80 m² großen Wohnung zu einer maximalen Heizleistung von nur 2,5···4,0 kW führt. Für diese geringe Spitzenlast empfiehlt sich *Elektroheizung*, wodurch sich die *Heizkostenabrechnung* sehr vereinfacht.

*Ausführung.* Für Einfamilienhäuser läßt sich die Be- und Entlüftung mit Wärmerückgewinnungsgeräten verhältnismäßig einfach installieren, siehe Bild 364-30. Je nach den Bedürfnissen oder dem Sparwillen der Bewohner kann die Lüftung stärker oder schwächer eingestellt werden, zeitweise reduziert oder z. B. nachts auf die Schlafräume umgeschaltet werden.

Eine Anlage für mechanische Lüftung mit Wärmerückgewinnung in *Mehrfamilienhäusern* zeigt Bild 364-32. Zwei senkrechte Schächte führen zu einem Abluft- und einem Zuluftventilator im Dachgeschoß. Jede Wohnung erhält Anschluß an beide Schächte

[1]) Trümper, H.: VDI-Bericht 508. S. 67/74.

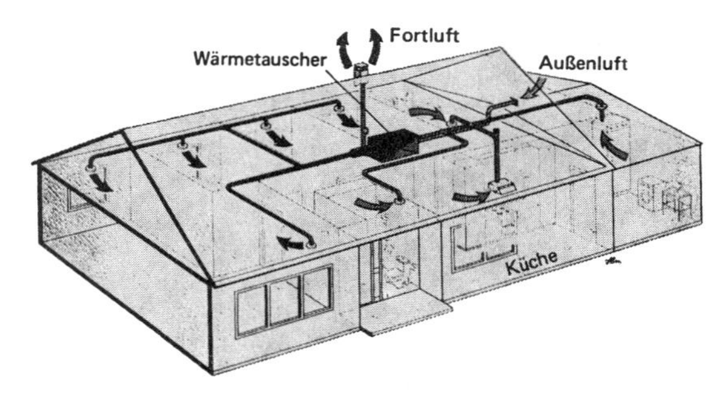


Bild 364-30. Zentrale Absaugung und Zuluftzufuhr mit Wärmerückgewinnung in einem Einfamilienhaus (Fläkt).

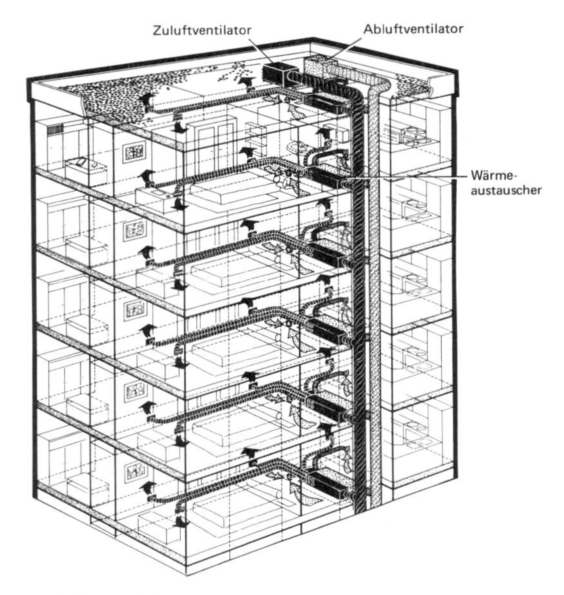


Bild 364-32. Zentrale Lüftung mit Wärmerückgewinnung in einem Mehrfamilienhaus (Schrag-Aldes).

mit einem Platten-Wärmeaustauscher von ca. 70% Rückwärmzahl. Alle Abzweige zu den Zimmern haben selbstregulierende Zuluft- bzw. Abluftventile (s. Bild 336-75).

Die Freiheit des *Fensteröffnens* muß mit Rücksicht auf den Sommer erhalten bleiben. Bei unzweckmäßigem Benutzerverhalten im Winter ist die Wärmeenergieersparnis problematisch; dies berücksichtigt jedoch die Verordnung über *Heizkostenabrechnung* (Febr. 1981) durch verbrauchsgerechte Kostenabrechnung.

Bei den *Plattenwärmeaustauschern* (s. Abschn. 339-6 und Bild 364-33 bis -35) erfolgt der Wärmeaustausch im Kreuzstrom über Austauschflächen aus z. B. Al-Folie von der Fortluft zur Außenluft. Sie können bei 35···40% rel. Raumluftfeuchte nur bis zu Außentemperaturen von etwa $-4\,°C$ verwendet werden. Bei tieferen Außentemperaturen erfolgt Eisbildung auf der Abluftseite und Verstopfung. Bei einem trockenen Wirkungsgrad von 0,50 und einer Außentemperatur von $-4\,°C$ läßt sich also die Fortluft von $20\,°C$ um $0{,}5\,(20+4)=12$ K abkühlen, d. h. auf $20-12=8\,°C$.

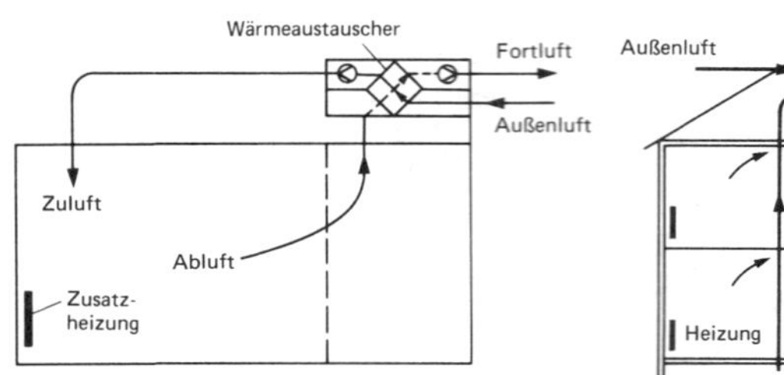


Bild 364-33. Wärmerückgewinnung mit Plattenwärmeaustauscher.

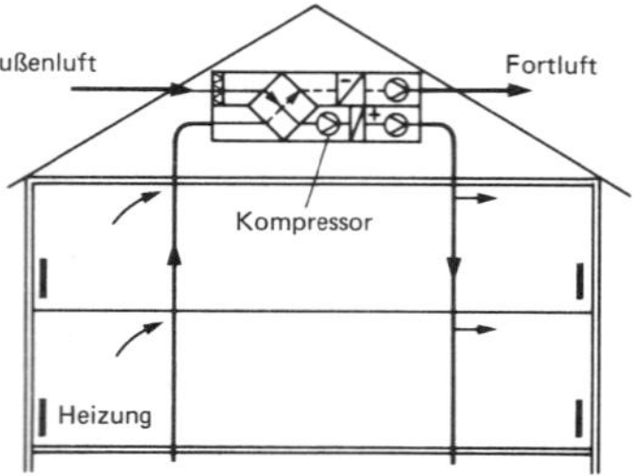


Bild 364-34. Wärmerückgewinnung mit Plattenwärmeaustauscher und Wärmepumpe.

Bild 364-35. Gerät zur Wohnungslüftung mit Plattenwärmeaustauscher und Wärmepumpe zur Wärmerückgewinnung ($\dot{V} = 180\ m^3/h$; Genvex).

Bei höherer Raumluftfeuchte verbessert sich durch die Kondensatbildung der Wärmeübergang.

Der *jährliche Wärmebedarf* für Lüftung errechnet sich bei 0,75fachem Luftwechsel beispielsweise wie folgt:

| | |
|---|---|
| Transmissionswärme angenommen | $\dot{q}_t = 30{,}5\ W/m^2$ |
| Vollbenutzungsstunden | 1700 h/a |
| Jährlicher Transmissionswärmebedarf | $q_t = 30{,}5 \times \frac{1700}{1000} = 52\ kWh/m^2a$ |
| Jährlicher Lüftungswärmebedarf ohne WRG (siehe Tafel 364-8, Einfamilienhaus) | $= 58\ kWh/m^2a$ |
| Jährlicher Wärmebedarf insgesamt | $q = 110\ kWh/m^2a$ |
| Theoretischer Wärmerückgewinn | $0{,}5 \times 58 = 29\ kWh/m^2a$ |
| abzgl. 20 Tage mit Einfriergefahr unter $t_a = -4\,°C \cdots -12\,°C$ (Durchschnitt ca. $-8\,°C$) | |
| $q_{(-)} = \underset{n}{0{,}75} \cdot \underset{H}{2{,}5} \cdot \underset{Std}{24} \cdot \underset{Tg}{20} \cdot \underset{c \cdot \varrho(t_i - t_a)}{1{,}2 \cdot (20+8)/3600} =$ | $8{,}4\ kWh/m^2a$ |
| abzgl. Ventilatorarbeit | $\approx 2\ kWh/m^2a$ |
| Wärmerückgewinn | $29 - 8{,}4 - 2 = 18{,}6\ kWh/m^2a$ |
| *Wärmeersparnis* | $18{,}6/110 = 0{,}17 \mathrel{\hat{=}} 17\%$. |

*Wärmepumpen* zur Rückgewinnung von Wärme (s. Abschn. 339-5) sind besonders geeignet bei zentraler Be- und Entlüftung von Mehrfamilienhäusern, wobei der Zuluft- und Abluftventilator mit der Wärmepumpe im Dachgeschoß installiert sind. Im Verdampfer wird die Fortluft abgekühlt und im Kondensator die Zuluft erwärmt. Bei einer Leistungszahl von $\varepsilon = 3$ kann z. B. die Fortluft um 5 K gekühlt werden, während sich die Zuluft um 10 K erwärmt. Die Ventilatorarbeit liefert einen Beitrag zur Raumheizung.

Der *jährliche Wärmerückgewinn* errechnet sich beispielsweise wie folgt:

| | |
|---|---|
| Leistungszahl der Wärmepumpe | $\varepsilon = 3$ |
| Abkühlung der Fortluft um $\Delta\vartheta = 5$ K von | 20 auf 15 °C |
| Erwärmung der Zuluft um $2 \cdot \Delta\vartheta$ von | 5 auf 15 °C |
| Theoretischer Wärmerückgewinn | |
| $0{,}75 \cdot 2{,}5 \cdot 24 \cdot 250 \cdot 1{,}2 \cdot 10/3600$ | $= 37{,}5$ kWh/m²a |
| $n$ $H$ Std Tg $c \cdot \varrho$ $\Delta\vartheta$ | |
| abzüglich Ventilatorarbeit | $\approx 2$ kWh/m²a |
| Wärmerückgewinn | 35,5 kWh/m²a |
| *Wärmeersparnis* | $35{,}5/110 = 0{,}32 \mathrel{\hat=} 32\%$ |

Eine weitere Möglichkeit besteht darin, die Fortluft nach Durchgang durch den Plattenwärmeaustauscher mittels der Wärmepumpe noch weiter abzukühlen (Bild 364-34). Die Zuluft wird dabei auf ein Niveau oberhalb der Raumtemp. gebracht und kann einen wesentlichen Teil der Raumheizung übernehmen *(Warmluftheizung)*. Bei guter Wärmedämmung der Räume ist bis hinab zu Außentemperaturen von etwa 5 °C keine Zusatzheizung erforderlich.

Die Investitionskosten sind allerdings erheblich, und es ergeben sich Amortisationszeiten von 8 bis 10 Jahren. Eine Ansicht eines nach diesem Prinzip arbeitenden Gerätes zeigt Bild 364-35.

Geräte zur Wohnungslüftung mit WRG durch Plattenwärmetauscher werden auch mit der Absaughaube über dem Küchenherd kombiniert. Bild 364-38 zeigt das Schema für die Lüftung und den Geräteaufbau. Durch gegenläufige Klappen kann während des Kochens die Luftmenge der Herdhaube erhöht werden. Bei tiefen Außentemperaturen Vermeiden von Eisbildung durch Umluftbeimischung aus Wohnungsabluft. Kondensatablauf ist anzuschließen. Wartung erforderlich an Fettfang- und Zuluftfilter sowie Wärmeaustauscher und Abluftventilator.

Die Geräte zur Wohnungslüftung mit WRG können auch mit einem Warmlufterzeuger, z. B. mit einem atmosphärischen Gasbrenner, kombiniert werden (z. B. Bild 341-50). Das aus Holland stammende Gerät nach Bild 364-40 enthält zusätzlich auch noch einen Durchfluß-Gaswassererwärmer. Die Zuluft wird in drei Zonen zugeführt:

Zone 1 ist für die Schlafzimmer und erhält reine Außenluft. Zonen 2 und 3 sind für die Wohnbereiche mit 2 getrennten Thermostaten, um die Heizleistung zwischen besonnter und nichtbesonnter Seite modifizieren zu können. Im Sommer läuft nur Abluft. Die 3 Zonen können über 3 getrennte Gasbrenner und 3 entsprechende Raumthermostaten unterschiedlich geheizt werden. Die Heizleistung wird mit Zweipunktregelung über den Volumenstrom des Umluftventilators geregelt: $\dot V_{klein}/\dot V_{groß} = 150/300$ m³/h. Außenluft wird bei Winterbetrieb 150/225 m³/h zugeführt, je nachdem, ob für „Kochen“ die Abluft ebenfalls von 150 auf 225 m³/h über Handschalter umgestellt wurde.

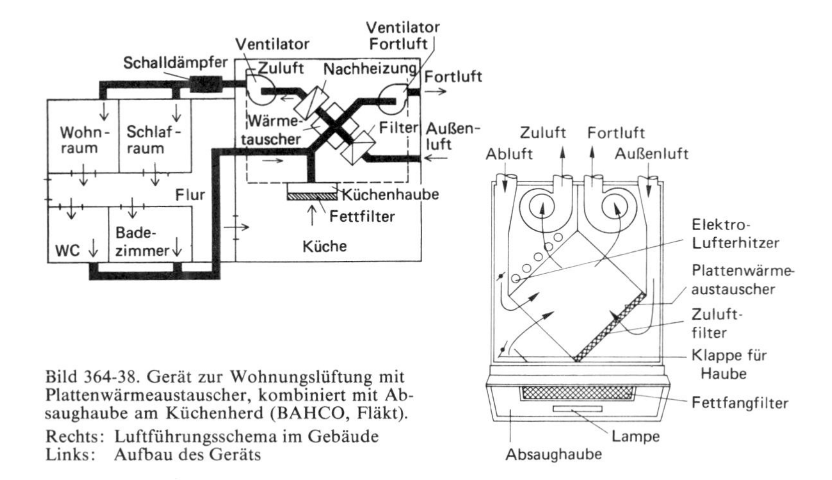


Bild 364-38. Gerät zur Wohnungslüftung mit Plattenwärmeaustauscher, kombiniert mit Absaughaube am Küchenherd (BAHCO, Fläkt).
Rechts: Luftführungsschema im Gebäude
Links: Aufbau des Geräts

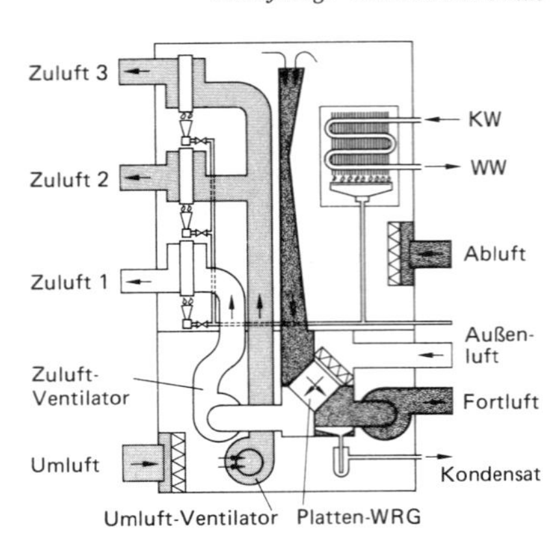


Bild 364-40. Warmluft- und Warmwasser-Erzeuger mit vier atmosphärischen Gasbrennern für kontrollierte Lüftung mit WRG.
Rechts: Funktionsschema
Links: Ansicht bei geöffneter Wand
(MULTIDUCT, Stork)

Die Heizleistung der 3 Brenner zusammen beträgt 7,3 kW; der Warmwassererwärmer hat 18,2 kW. Abmessung: 54 × 77 × 164 cm. Aufstellung in Küche, Diele, Dachboden oder Keller. Es wird kein Schornstein benötigt, da die Abgase aller 4 Brenner mit der Fortluft abgeführt werden, wobei vorher noch im Platten-WRG die Abgasenergie zurückgewonnen wird.

Das Gerät ist für gut wärmegedämmte Einfamilienhäuser oder als Etagenheizung geeignet und vereinigt folgende Energiesparfakten:

kontrollierte Lüftung mit WRG,
bedarfsgerechte Lüftung durch Umschalten beim Kochen,
WRG aus Verbrennungsabgasen für Heizung und Warmwasser, passiver Solarwärmegewinn durch Zonenregelung,
Nachtabsenkung.

Trotz des günstigen Energieverbrauchs hat sich die Wohnungslüftung noch nicht in breitem Maße durchsetzen können. Hemmnisse sind z. B. die Geräuschentwicklung der Ventilatoren (und Wärmepumpen) sowie die Geräuschübertragung durch Kanäle; beide Probleme sind aber heute beherrschbar. Vor allem aber die Unterbringung der Luftkanäle im Bauwerk bereitet dem Architekten i. a. noch Probleme, da Kanäle voluminöser sind als z. B. die Rohre der Warmwasserheizung. In Fertighäusern (z. B. Bild 364-30) leichter lösbar. Andere Lösung: flache ca. 5 cm hohe Blechkanäle zwischen Estrich und Trittschallisolierung mit Leichtbetonauffüllung. Fußbodenaufbauhöhe oberhalb Trittschalldämmung min. 10 cm (System Schrag).

# 365 Krankenhäuser, Kliniken

## -1 KRANKENHÄUSER[1])

### -11 Allgemeines

(siehe auch Abschn. 255)

Die technischen Einrichtungen in Krankenhäusern sind in den letzten Jahren durch höhere Anforderungen immer umfangreicher geworden. Dazu gehören auch die Lüftungs- und Klimaanlagen, deren Notwendigkeit wie folgt begründet wird:

*Fensterlüftung* ist namentlich in Großstadtgebieten wegen Luftverunreinigung und Geräuschbelästigung nicht immer möglich, führt außerdem zu Zugerscheinungen und unkontrollierte Luftführung im Gebäude (Keimübertragung). RLT-Anlagen sind ebenfalls notwendig bei größeren Gebäudehöhen, starkem Windanfall, hohen äußeren Wärmelasten (schlechter Sonnenschutz, hohe Außentemperatur).

*Betriebs- und Behandlungsräume* werden häufig zur Platzersparnis oder zur Vermeidung von Sonnenstrahlung fensterlos im Innern des Gebäudes untergebracht oder es liegen hohe innere Wärmelasten vor. In manchen Bereichen wird die Luft durch Gase, Geruchsstoffe etc. verschlechtert. Es können auch die Anforderungen durch medizinisch-technische Geräte die RLT-Anlage notwendig machen.

Die *Ansteckungsmöglichkeit*, die infolge räumlicher Verdichtung des gesamten Kranken-, Personal- und Wirtschaftsverkehrs gestiegen ist, soll verringert werden (Tropfeninfektion).

Viele Abteilungen im Krankenhaus benötigen aus *hygienischen und betrieblichen Gründen* eine Lüftung oder Klimatisierung, z. B. Infektionsabteilungen, Operationstrakte, Isotopenstationen, Schwerverbranntenstationen u. a. In diesen besonderen Fällen muß die RLT-Anlage neben der Aufrechterhaltung des Raumklimas für Einhaltung des geforderten Schadstoffpegels bez. Mikroorganismen, Staub, Narkosegase u. a. sorgen und ist daher für einige Räume gem. Tafel 365-1 unentbehrlich.

Krankenhäuser stellen an die einwandfreie Wirkung der lüftungstechnischen Anlagen ganz besonders hohe Anforderungen bezüglich Luftreinheit, Zugfreiheit, Temperatur und Feuchte, Geräuscharmut. Anteil der Investitionskosten an den Baukosten etwa 8···10%. Betriebskosten ebenfalls hoch. *Wärmerückgewinnung* aus der Fortluft sollte wegen der hohen Betriebszeiten (24 h-Betrieb) weitgehend vorgesehen werden[2]). Die Anlagen sollten daher nur erfahrenen Firmen in Auftrag gegeben werden.

Richtlinien für die Lüftung in Krankenanstalten siehe DIN 1946 Teil 4 bzw. Tafel 365-1. Der neue Entwurf Mai 1987 enthält folgende Änderungen:

Zusammenfassung der bisherigen Raumklassen I und II zur neuen Klasse I und der alten Klassen III und IV zur neuen Klasse II.

Verwendung von *Umluft* im OP-Bereich ist jetzt zulässig.

Einführung eines Kontaminationsgrades im OP-Feld als Maß für die Wirksamkeit der Luftführung mit dem Ziel, den Zuluftvolumenstrom senken zu können.

Weitgehende Reduzierung der Außenluftvolumenströme und Anforderung an die Raumluftzustände, um die Wirtschaftlichkeit im Rahmen neuer Erkenntnisse zu verbessern, soweit unbedenklich.

Weiterhin Zulassung von rotierenden Wärmerückgewinnern, wenn Übertragungsrate von Partikeln und Gasen $< 1:10^3$ (bisher $1:10^4$) nachgewiesen ist.

---

[1]) DIN 1946 – Teil 4 – E. 5.87: Lüftung in Krankenanstalten.
Esdorn, H.: Ges.-Ing. 6/77. S. 153/9.
Fachverlag Krankenhaustechnik Hannover: Klimaanlagen im Krankenhaus 1978.
Dittmann, K.: SHT 9/78. S. 645/7, SHT 10/80. S. 806/17 u. CCI 4/85. S. 18 ff.
Gössl, N.: TAB 2/79. S. 111/18.
Küchler, J.: TAB 6/79. S. 507/12.
Rákóczy, T.: TAB 8/79. S. 653/7 u. Ki 11/83. S. 459/62 u. 1/84. S. 39/41.
Tepasse, H.: TAB 2/80. S. 115/20.
Fachverlag Krankenhaustechnik Hannover: Betriebstechnik u. Bautechnik 1984.

[2]) von Cube, H. L., u. E. Denker: TAB 5/84. S. 357/66. (Klinikum Aachen).

Stärkere Reduzierung der Volumenströme für OP-Abteilungen außerhalb der Nutzungszeit: Nur noch Aufrechterhaltung der passiven Durchströmung nach den Vorschriften für die Strömungsrichtung im OP-Bereich.

Erhöhte Anforderungen für regelmäßige Wartung, Reinigung und Desinfektion, um einwandfreie technische und hygienische Bedingungen zu gewährleisten.

*Zulässige Schallpegel* für einzelne Raumarten werden angegeben (Tafel 365-1).

*Filterung* wird 2stufig für die Raumklasse II gefordert und 3stufig für die Klasse I (= Räume mit besonders hoher Anforderung an die Keimarmut). Siehe Tafel 365-1.

Folgende Filter-Klassen sind vorzusehen:
1. Filterstufe mindestens EU 4
2. Filterstufe mindestens EU 7
3. Filterstufe mindestens S.

Bezüglich der Anforderung der Filter wird gefordert:
1. Filterstufe nahe der Außenluftansaugung, um die Luftbehandlungselemente zu schützen.
2. Filterstufe am Anfang der Luftleitung zur Reinhaltung der Kanäle.
3. Filterstufe möglichst nahe am zu versorgenden Raum.

*Volumenströme* für die einzelnen Raumarten siehe Tafel 365-1.

*Luftströmung zwischen den Räumen* darf aus hygienischen Gründen nur stattfinden in Richtung von Räumen mit höherer Anforderung an die Keimarmut nach solchen mit geringerer Anforderung. Es sind daher unterschiedliche Volumenströme für Zu- und Abluft vorzusehen entsprechend vorbestimmter Undichtigkeiten der Trennwände. Wenn Türen häufig geöffnet werden, müssen bei manchen Raumarten Luftschleusen eingebaut werden.

*Abnahmeprüfung* für die technische Funktion ist u. a. erforderlich für
Raumluft-Temperatur, -Feuchte, -Geschwindigkeit
Volumenströme, Strömungsrichtung und Schallpegel
Dichtigkeit aller Bauelemente der RLT-Anlage
Bei Luftfilter Dichtsitz und max. Luftfeuchte (90 bis 95%)
Funktion von Absperrklappen

Weitere technische und hygienische Prüfungen siehe DIN 1946, Teil 4.

## -12 Verwaltungsräume

*Verwaltungsräume* wie Kassen, Registratur, Warteräume, Aufnahmeabteilung usw. unterscheiden sich nicht allzuviel von den entsprechenden Räumen bei Behörden und Industriefirmen. Bei kleinen Krankenhäusern einige Räume, bei großen Krankenhäusern selbständige Gebäude oder Stockwerke. RLT-Anlage nur bei entsprechend ungünstigen äußeren Gegebenheiten oder bei stark benutzten Warteräumen, Sitzungszimmern und ähnlichen Räumen erforderlich.

## -13 Bettenstationen[1])

### -131 Bettenräume

*Allgemeines*

Die Lüftung von Bettenräumen wird häufig nicht für notwendig gehalten, namentlich wegen ihrer zusätzlichen Kosten für Bau und Betrieb. RLT-Anlagen daher nur bei ungünstigen äußeren Gegebenheiten und bei Hochhäusern in Städten, wo sich die Fenster meist nicht öffnen lassen. Ferner bei innen liegenden Sanitär- und anderen Räumen.

Manche Raumarten stellen auch besondere Forderungen an das Raumklima, z.B.

*Verbrennungskranke* 22···24 °C, 20···30% r. F.
*Asthmakranke* 22···24 °C, 60···80% r. F.

Grundriß einer normalen *Bettenstation* siehe Bild 365-1. Bettenräume mit je 2 oder 3 Betten. Größe etwa 25 m², Rauminhalt etwa 75 m³. Spez. Wärmebedarf ≈ 50···100 W/m², spez. Kühlbedarf etwa ebenso hoch. Waschnischen im Krankenzimmer oder in besonderer Naßzelle. Toiletten zwischen Bettenräumen und Flur. Einflur- oder Doppelfluranordnung. Heizkörper unter den Fenstern.

[1]) Maus, D.: HLH 1971. S. 22/7.
Trümper, H.: TAB 10/78. S. 847/50.

*Niederdruckanlage* (Bild 365-1)

Einfachste und billigste Ausführungsform. Ein Zuluftaggregat fördert die aufbereitete Luft in einen Zuluftkanal an der Flurdecke. Austritt der Luft aus Gittern in Richtung Fenster. Absaugung der Raumluft in Naßzelle. Gesonderte Abluft für Betriebsräume, Toiletten, Schmutzräume, Waschräume, Teeküche usw. Gemeinsame zentrale Station für mehrere Stockwerke oder dezentralisiertes System mit Zentrale für jede Bettenabteilung (letzteres günstiger, aber teurer). Flure am besten mit eigener Zuluftanlage.

*Hochdruckanlage* (Bild 365-2)

Der Wunsch nach weniger Platzbedarf, besserer Regulierung führte zur Verwendung von Hochdruckanlagen, die jedoch gegenüber den sonst für Bürogebäude üblichen Anlagen Änderungen aufweisen. Zentrale Aufbereitung mit Kühlung und Befeuchtung der Primärluft, Verteilung der Luft durch Rohrleitungen, Luftaustritt unter den Fenstern aus Geräten, die nur für Außenluftbetrieb bemessen sind, keine Sekundärluft wie bei Induktionsgeräten. Konvektoren wegen Verschmutzungsgefahr nicht zweckmäßig. Zwei Ausführungen siehe Bild 365-3. Links Luftauslaß mit eingebautem Wärmeaustauscher, rechts radiatorähnlicher Plattenwärmeaustauscher. Individuelle Temperaturregelung in beiden Fällen durch Regulierventil, pneumatisch, elektrisch oder mit Thermostat.

Absaugung der Luft an Flurwand oder in Naßzelle. Gesonderte Abluftanlage für Aborte, Naßräume, Toiletten.

*Volumenstrom* heute 10 (normales Bettenzimmer) bis 30 $m^3/h\ m^2$ (z. B. Intensivstation), was pro Bett etwa 80···240 $m^3/h$ ausmacht und einem 3,5···10fachen stündl. Luftwechsel entspricht. In Normalpflege-Zimmern kann nachts der Volumenstrom auf 50 $m^3/h$ pro Person gesenkt werden.

*Geräuschpegel* max. 35 dB(A), nachts bei Volumenstromabsenkung 30 dB(A).

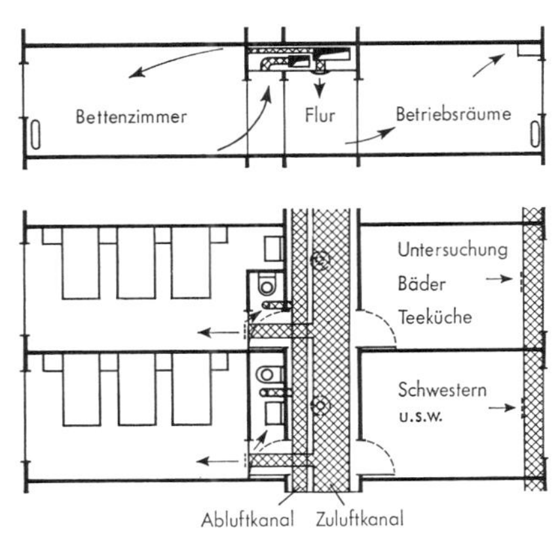


Bild 365-1. Niederdruck-Lüftungsanlage für eine Normalbettenstation.

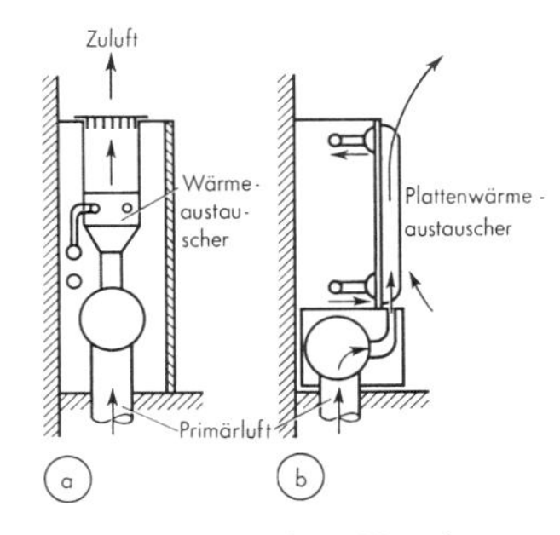


Bild 365-3. Krankenhaus-Unterfenster-Luftauslässe.

Links: Mit eingebautem Nachwärmer

Rechts: Mit Plattenwärmeaustauscher für Heizung und Kühlung (ROX-Radiair)

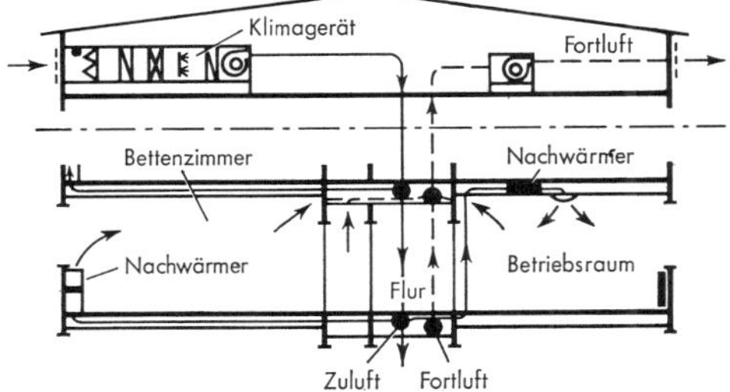


Bild 365-2. Hochdruck-Lüftungsanlage für eine Normalbettenstation.

Links: Luftaustritt unter Fenster; rechts: Luftaustritt an Decke

**Tafel 365-1. Anforderungen an die Lüftung in Krankenhäusern (Auswahl aus DIN 1946, Teil 4, E. 5.87)**

| 1 | 2 | 3 | 4 | 5 | 6 | 7 | 8 | 9 | 10 |
|---|---|---|---|---|---|---|---|---|---|
| Nr. | Krankenhausbereich<br>Raumgruppe<br>Raumart | Raumklasse | RLT-Anlagen unentbehrlich[1])<br>Klimaphysiologisch | <br>Infektionsprophylaxe | Hygienischer Mindest-Außenluftvolumenstrom[2]) $m^3/(m^2 \cdot h)$ | Raumluftzustände[3])<br>Temperaturen min. °C | <br>max. °C | <br>Feuchte[5]) | Richtwerte für den maximalen Schallpegel[6]) dB(A) |
| 1 | Untersuchungs- und Behandlungsbereiche | | | | | | | | |
| 1.1 | Op.-Abteilung | | | | | | | | |
| 1.1.1 | Op.-Räume | | | | | | | | |
| | – mit besonders hohen Anforderungen an die Keimarmut[7]) | I | + | + | [15]) | 22[8])[9]) | 26[8])[9]) | + | 40[8]) |
| | – mit hohen Anforderungen an die Keimarmut | I | + | + | [15]) | 22[8])[9]) | 26[8])[9]) | + | 40[8]) |
| 1.1.2 | Dem Op.-Raum direkt zugehörige Räume | | | | | | | | |
| | – Waschräume, Ein- und Ausleitungsraum | I | + | + | 30[10]) | [11]) | [11]) | + | 40 |
| | – Versorgungsflur/-lager für Sterilgut | I | + | + | 15 | [11]) | [11]) | + | 40 |
| 1.1.3 | Sonstige Räume, Flure | I | + | | 15 | [11]) | [11]) | + | 40 |
| 1.1.4 | Aufwachraum[12]) | I | + | + | 30 | 22[8])[9]) | 26[8])[9]) | + | 35 |
| 1.2 | Entbindung | | | | | | | | |
| 1.2.1 | Kreissaal | II | | | 15 | 24 | | | 40 |
| 1.2.2 | Sonstige Räume, Flure[4]) | II | | | 10 | | | | 40 |
| 1.2.3 | Op.-Raum | I | + | + | [15]) | 22[8])[9]) | 26[8])[9]) | + | 40[8]) |
| 1.2.4 | Dem Op.-Raum direkt zugehörige Räume | | | | | | | | |
| | – Waschräume, Ein- und Ausleitungsraum | I | + | + | 30[10]) | [11]) | [11]) | + | 40 |
| | – Versorgungsflur/-lager für Sterilgut | I | + | + | 15 | [11]) | [11]) | + | 40 |
| 1.3 | Endoskopie | | | | | | | | |
| 1.3.1 | Eingriffsraum | | | | | | | | |
| | – aseptisch (z. B. Laparaskopie) | II | | + | 30 | | | | 40 |
| | – septisch (z. B. Rektoskopie) | II | | | 30 | | | | 40 |
| 1.4 | Physikalische Therapie | | | | | | | | |
| 1.4.1 | Wannenbäder | II | + | | | [13]) | [13]) | | 50 |
| 1.4.2 | Bewegungsbäder, Schwimmbäder | II | + | | | [13]) | [13]) | | 50 |

| | | | | | | | | | |
|---|---|---|---|---|---|---|---|---|---|
| 1.5 | Sonstige Bereiche | | | | | | | | |
| 1.5.1 | Unfall-Op.-Raum | I | + | + | [15]) | 22[8])[9]) | 26[8])[9]) | + | 40 |
| 1.5.2 | Dem Unfall-Op.-Raum zugehörige Räume | | | | | | | | |
| | – Waschräume, Ein- und Ausleitungsraum | I | + | + | 30[15]) | [11]) | [11]) | + | 40 |
| | – Versorgungsflur/-lager für Sterilgut | I | + | + | 15 | [11]) | [11]) | + | 40 |
| 1.5.3 | Räume für kleine Eingriffe | II | | | 15 | | | | 40 |
| 1.5.4 | Aufwachräume außerhalb der Op.-Abteilung | II | + | | 30 | | 26 | + | 35 |
| 1.5.5 | Sonstige Räume und Flure[4]), z. B. | | | | | | | | |
| | – Röntgendiagnostik | II | [14]) | | 15 | | | [14]) | 40 |
| | – Untersuchungsräume | II | | | 15 | | | | 40 |
| 2 | Pflegebereiche | | | | | | | | |
| 2.1 | Intensivmedizin | | | | | | | | |
| 2.1.1 | Bettenzimmer, ggf. einschl. Vorraum | | | | | | | | |
| | – für infektionsgefährd. Patienten | I | + | + | 30 | | 24 | + | 30 |
| | – für übrige Patienten | II | + | | 15 | 24 | 26 | + | 30 |
| 2.1.2 | Notfallraum | I | + | + | 30[20]) | 24 | 26 | + | 40 |
| 2.1.3 | Sonstige Räume, Flure | II | | | 15 | [11]) | [11]) | | 40 |
| 2.2 | Spezialpflege (abwehrgeschwächte Patienten) | | | | | | | | |
| 2.2.1 | Bettenzimmer | I | + | + | 30 | 24 | 26 | + | 30 |
| 2.2.2 | Notfallraum | I | + | + | 30[20]) | 24 | 26 | + | 40 |
| 2.2.3 | Sonstige Räume, Flure | II | | | 15 | [11]) | [11]) | | 40 |
| 2.3 | Infektionskrankenpflege | | | | | | | | |
| 2.3.1 | Bettenzimmer, einschl. Vorraum | II | | [22]) | 10 | | | | 35[21]) |
| 2.4 | Frühgeborenenpflege | | | | | | | | |
| 2.4.1 | Bettenzimmer | I | + | | 15 | 24 | 26 | + >45% | 35[21]) |
| 2.4.2 | Sonstige Räume, Flure[4]) | II | | | 10 | [11]) | [11]) | | 40 |
| 2.5 | Neugeborenenpflege | | | | | | | | |
| 2.5.1 | Bettenzimmer | II | | | 10 | | | | 35[21]) |
| 2.6 | Säuglingspflege | | | | | | | | |
| 2.6.1 | Bettenzimmer | II | | | 10 | | | | 35[21]) |
| 2.7 | Normalpflege | | | | | | | | |
| 2.7.1 | Bettenzimmer | II | | | 10 | | | | 35[21]) |
| 2.8 | Sonstige Bereiche | II | | | 10 | | | | |

**Tafel 365-1. Fortsetzung**

| 1 | 2 | 3 | 4 | 5 | 6 | 7 | 8 | 9 | 10 |
|---|---|---|---|---|---|---|---|---|---|
| Nr. | Krankenhausbereich<br>Raumgruppe<br>Raumart | Raumklasse | RLT-Anlagen unentbehrlich[1]) Klima-physiologisch | Infektions-prophylaxe | Hygienischer Mindest-Außenluftvolumenstrom[2]) m³/(m²·h) | Raumluftzustände[3]) Temperaturen min. °C | max. °C | Feuchte[5]) | Richtwerte für den maximalen Schallpegel[6]) dB(A) |
| 3<br>3.1<br>3.1.1 | Ver- und Entsorgungsbereiche<br>Apotheke<br>Sterilräume | I | | + | 10 | | | | 45 |
| 3.2 | Sterilisation[26]) | II | [27]) | + | [28]) | | | | 50 |
| 3.3 | Bettenaufbereitung | II | [27]) | [29]) | [28]) | | | | 50 |
| 3.4 | Wäscheaufbereitung, Wäscherei | II | [27]) | [29]) | [28]) | | | | 50 |
| 3.5 | Pathologie/Prosektur | II | | | | | 22[30]) | | 50 |
| 3.6 | Labors, Histologie | II | | | [31]) | | | | 45 |
| 3.7 | Umkleideräume<br>Naßzelle, WC, Stationsbad | II<br>II | | | [32])<br>[33]) | | | | 50 |
| 3.8 | Sonstige Bereiche | II | | | 10 | | | | |

Fußnoten zu Tafel 365-1 auf folgender Seite.

*Kosten.*

Die Baukosten von Klimaanlagen in starkem Maß schwankend.

Für Niederdruckanlagen Richtpreis (ohne Heizung):

2000···2500 DM je Bett.

Auf die gesamten Baukosten (Bettenhaus und Behandlungsbau) bezogen etwa 5%. Bei Hochdruckanlagen mit Kältemaschinen:

2500···3000 DM je Bett bei gutem Sonnenschutz,
3000···3500 DM je Bett bei schlechtem Sonnenschutz.

Die *Energiekosten* ausschließlich Wartung und Reparaturen ohne Abschreibung und Verzinsung etwa 300···350 DM je Bett und Jahr. Größter Teil davon die Stromkosten, etwa 40···50%. Der geringere Wert bezieht sich auf Anlagen mit gutem Sonnenschutz und Luftraten von 50···75 $m^3/h$, der größere Wert auf Anlagen mit schlechtem Sonnenschutz und Luftraten von 75···100 $m^3/h$. Für Wartung und Reparaturen sind zusätzliche Kosten von etwa 30···40% in Rechnung zu stellen.

*Wärmerückgewinnung* aus der Fortluft sollte in jedem Fall zur Anwendung kommen.

Fußnoten zu Tafel 365-1:

[1]) + bedeutet, daß RLT-Anlage erforderlich.
[2]) Es können im Einzelfall auch höhere Luftvolumenströme erforderlich werden.
[3]) Soweit hier keine Angaben enthalten sind, gelten die Werte nach DIN 1946 Teil 2.
[4]) Gilt auch für Raumart nach 1.3, 1.4, 2.3, 2.5, 2.6, 2.7 und 3.1.
[5]) + bedeutet, daß die in DIN 1946 Teil 2 genannten Grenzwerte einzuhalten sind.
[6]) Diese Werte gelten nur für Räume, die dem ständigen Aufenthalt von Personen dienen.
[7]) Z.B. für Transplantationen, Herzoperationen, Gelenkprothetik, Alloplastik.
[8]) Abweichungen nach medizinischen Erfordernissen und danach angewandter Raumlufttechnik möglich.
[9]) Ganzjährig von min. bis max. frei wählbar. Für die Bemessung der Kälteanlage kann eine Außentemperatur zugrunde gelegt werden, die um 4 K niedriger liegt als in VDI 2078 angegeben.
[10]) Bei den zu aseptischen Op.-Räumen gehörigen Räumen darf davon bis zu 50% durch Überströmluft aus dem Op.-Raum gedeckt werden.
[11]) Gleiche Zulufttemperatur und Zuluftfeuchte wie für Op.-Räume bzw. Bettenzimmer.
[12]) Wenn in Op.-Abteilung integriert.
[13]) Raumtemperatur 2 bis 4 K über Wassertemperatur bis zu einer Raumtemperatur von 28 °C. Bei Wassertemperatur ab 28 °C sollten beide Temperaturen gleich sein.
[14]) In Einzelfällen können medizinisch-technische Geräte den Einsatz von RLT-Anlagen und die Einhaltung bestimmter Feuchtewerte erforderlich machen.
[15]) Berechnung abhängig vom Luftführungssystem über Kontaminationsgrad.
[20]) In Bereitschaftszeit nur 15 $m^3/(m^2 \cdot h)$.
[21]) Nachtwerte etw 5 dB(A) niedriger in Verbindung mit Senkung des Luftvolumenstromes, jedoch nicht unter 50 $m^3/(h \cdot \text{Person})$.
[22]) Es ist vom Hygieniker zu entscheiden, ob für bestimmte aerogen übertragbare Krankheiten aus infektionsprophylaktischen Gründen eine RLT-Anlage unentbehrlich ist.
[26]) Luftspeisung des Sterilisators mit keimfreier Luft.
[27]) Bei chemischer Desinfektion oder Sterilisation ist für eine Schadstoffabfuhr Sorge zu tragen; siehe hierzu DIN 58948 Teil 7.
[28]) Außenluftvolumenstrom nach Schadstoffbilanz.
[29]) Es ist durch geeignete bauliche Maßnahmen Sorge zu tragen, daß ein Luftaustausch zwischen reiner und unreiner Seite weitgehend vermieden wird.
[30]) Gilt nur für Obduktionsräume, sonst gilt auch hier DIN 1946 Teil 2.
[31]) Nach VDI 2051.
[32]) Nur Abluft 100 $m^3/(\text{Kabine} \cdot h)$.
[33]) Naßzelle, nur Abluft 100 $m^3/(\text{Zelle} \cdot h)$
WC, nur Abluft 60 $m^3/(\text{Objekt} \cdot h)$
Stationsbad, nur Abluft 150 $m^3/(\text{Raum} \cdot h)$
Dabei muß eine sichere und zugfreie Zuluftnachströmung, erforderlichenfalls durch RLT-Anlagen, sichergestellt werden.

#### -132 Nebenräume (Betriebsräume)

Für *Aborte* und innenliegende Naßräume ist immer eine Entlüftung erforderlich. Am besten senkrechter Schacht mit Abluftgitter unter der Decke in einer Ecke des Naßraumes. Fortluft über Dach. Zuluft durch Öffnungen im unteren Teil der Türen. Fenster sind geschlossen zu halten. Übereinander liegende Räume in einem mehrgeschossigen Gebäude können an einem gemeinsamen Schacht angeschlossen werden. Abluftvolumenstrom 60 $m^3/h$ je WC und 100 $m^3/h$ je Naßzelle.

Im *Baderaum* Abluft 150 $m^3/h$.

Für sicheren und zugfreien Betrieb ist evtl. die Zuluft eine RLT-Anlage einzuführen.

Für die *Teeküche* mit Geschirrspüle, die zur Verteilung der von der Hauptküche gelieferten Speisen, eventuell auch zur Zubereitung von Kaffee, Tee und Diätspeisen dient, ist Fensterlüftung meist ausreichend. Manchmal jedoch auch Entlüftung mit Abluftventilator auf dem Dach, Inbetriebnahme bei Bedarf zur Verhinderung der Ausbreitung von Küchengerüchen.

*Labors* erhalten im allgemeinen ein Digestorium, das mit einem Absaugventilator versehen wird.

*Fäkalienräume* für Urinflaschen, schmutzige Wäsche und andere unreine Gegenstände sollen, ebenso wie die Aborte, eine Entlüftung erhalten. Beseitigung der Schmutzwäsche bei mehrstöckigen Gebäuden am besten durch einen Wäscheabwurfschacht mit automatischer Klappe. Abluftwechsel 10···20fach.

Zuluft für alle entlüfteten Räume vom Flur, der belüftet wird.

Beispiele für Entlüftungsanlagen siehe Bild 365-1 und -2.

### -14 Allgemeine Betriebsräume

#### -141 Operationsräume[1])

*1. Allgemeines*

Operationsräume erfordern heute immer den Einbau von Klimaanlagen. Die Temperatur, die in normalen OP-Räumen aufrechtzuerhalten ist, geht aus Tafel 365-1 hervor. Die Hauptaufgaben der Klimaanlage sind folgende:

1. die anstrengende Arbeit der Ärzte und Schwestern zu erleichtern,
2. die Konzentration von Stäuben und Keimen so gering wie möglich zu halten,
3. Narkosedämpfe und andere explosionsfähige Gemische zu entfernen,
4. Sicherstellung der geforderten Strömungsrichtung zu Nachbarräumen.

Die *Verringerung der Keimzahl* im Bereich des Operationsfeldes und der Instrumententische ist von ganz besonderer Bedeutung, um Wundinfektionen durch pathogene Keime zu verhindern. Der Keimgehalt der Luft in verkehrsreichen Städten und in Räumen beträgt mehr als $1000/m^3$, wovon allerdings nur ein kleiner Teil krankheitserregend ist. Man erstrebt in normalen OP-Räumen eine Verringerung der Konzentration auf etwa 35···75 Keime/$m^3$.

Die Keime werden bei gut gewarteten und richtig gebauten Anlagen nicht mit der Außenluft eingebracht, sondern im OP-Raum selbst fast nur infolge Kontamination durch das Operationspersonal ausgestreut. Sie haften fast immer an Staubteilchen oder Wassertröpfchen.

Die schematische Anordnung der Klimaanlage für einen einzelnen OP-Raum geht aus Bild 365-5 hervor. Bild 365-6 zeigt die Anordnung der Klimaanlagen für einen großen OP-Trakt mit mehreren OP-Räumen. Hier befinden sich die Klimageräte im darüber liegenden Geschoß. Die Außenluft aller Anlagen wird nach Vorreinigung und Vorwärmung von einem Ventilator in einen Druckraum geblasen, aus dem alle Geräte ihre Luft ansaugen und nach Weiterbehandlung in die geschlossenen Räume fördern.

Gegenüber konventionellen Anlagen ist mit Rücksicht auf hygienische Aspekte eine Anzahl Besonderheiten zu beachten.

---

[1]) Pfaar, H.: Ges.-Ing. 1/2 (78). S. 12/20.
Laabs, K. D.: TAB 12/79. S. 1043/5.
Steffen, K.: Ki 1/80. S. 33/8.
Maus, D.: HLH 11/83, S. 465/8.

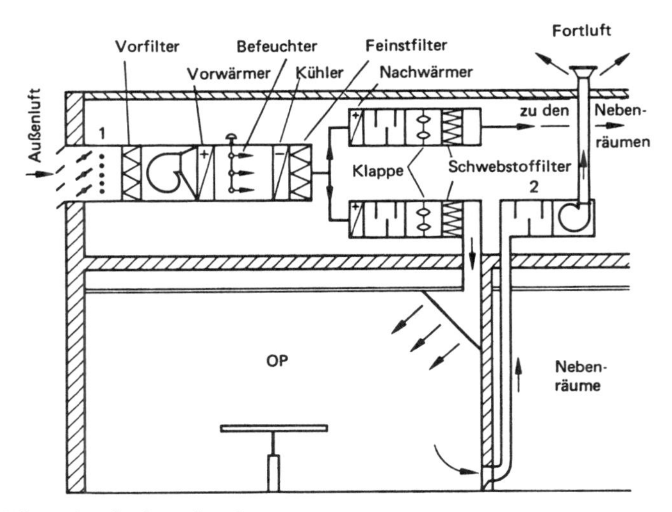


Bild 365-5. Klimaanlage für Operationsräume.
1 = Glattrohrvorwärmer, 2 = Schalldämpfer

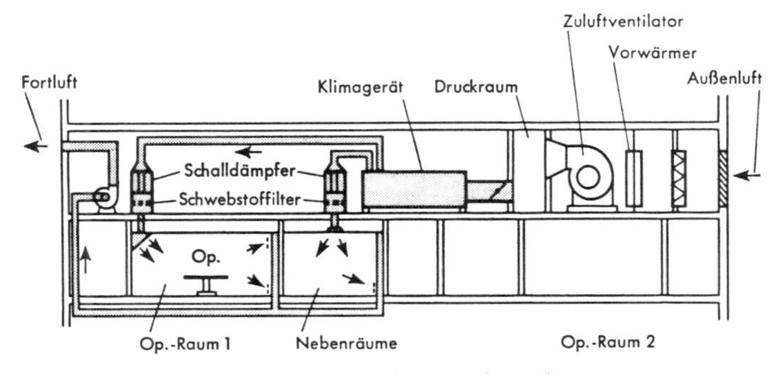


Bild 365-6. Installationsschema von Klimaanlagen für Operationstrakte.

*2. Klimageräte*

Die Klimageräte für OP-Räume selbst unterscheiden sich nicht grundsätzlich von anderen Geräten, müssen jedoch bezüglich Reinigung, Wartung und Dichtheit hohen Anforderungen entsprechen (*Hygiene-Ausführung* mit ausbaubaren Bauteilen). Sie enthalten die üblichen Bestandteile, wie Filter, Vorwärmer, Kühler, Befeuchter, Ventilator usw., wobei es jedoch wichtig ist, den Zuluftventilator an den Anfang zu setzen, um das ganze Gerät auf Überdruck zu halten. Die Filterung der Luft erfolgt 3stufig. Häufig werden 2-Zonengeräte mit je einem Nachwärmer gewählt; Zone 1 für den OP-Raum, Zone 2 für die Nebenräume. Für jeden Raum eigene Regelung.

*Befeuchtung* meist mit Dampf, seltener mit Wasserzerstäubern oder Luftwäschern, da bei diesen das Wachstum von Mikroorganismen sehr erleichtert wird und Infektionsgefahr besteht[1]).

*Lage* des Klimagerätes in der Nähe des OP-Raumes, möglichst darunter oder darüber. Keine Auskleidung mit Schallschutz. Einwandfreie Reinigungs- und Wartungsmöglichkeit muß gewährleistet sein.

---

[1]) Reckzeh, G., u. W. Dontenwill: HLH 12/74. S. 441/3.
Hofmann, W.-M.: Ges.-Ing. 6/77. 5 S.

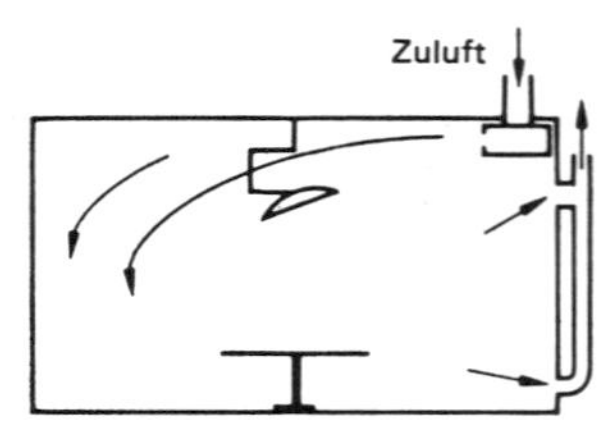


Bild 365-7. Zuluftzufuhr durch Zuluftkanal an Flurwand.

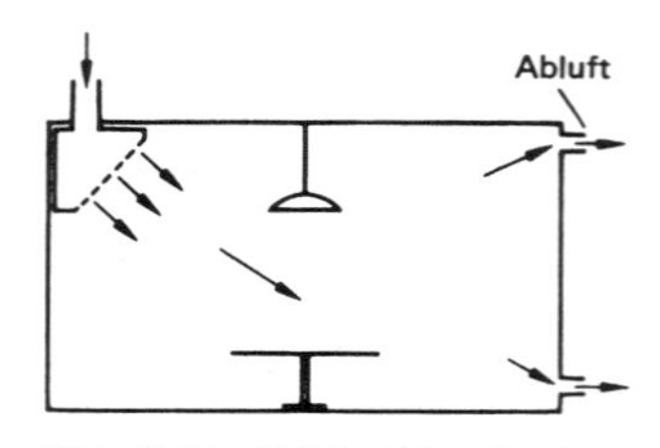


Bild 365-8. Zuluftzufuhr durch Schrägschirm.

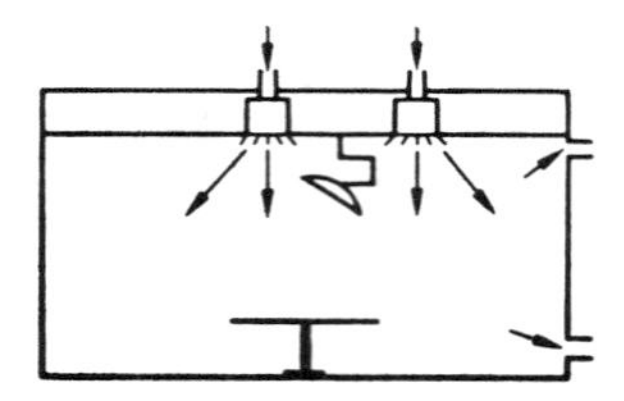

Bild 365-9. Zuluftzufuhr durch Luftverteiler an Decke.

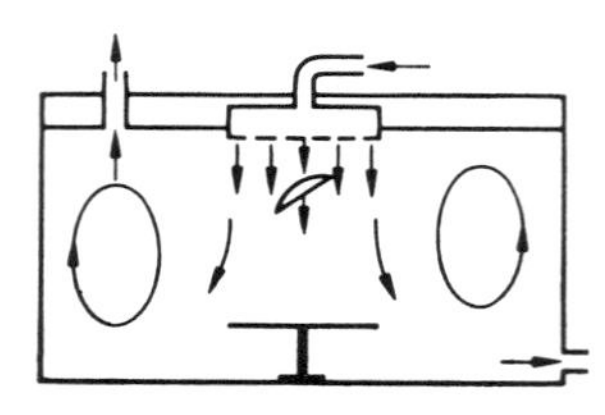

Bild 365-10. Zuluftzufuhr durch Lochdecke über OP-Tisch.

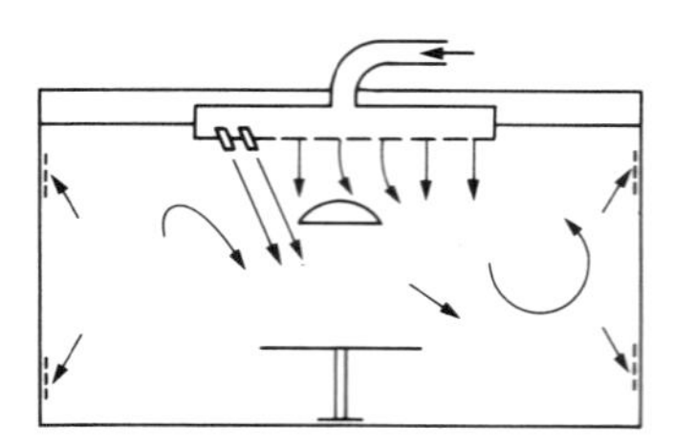

Bild 365-11. Lochdeckenfeld mit Stützstrahlen.

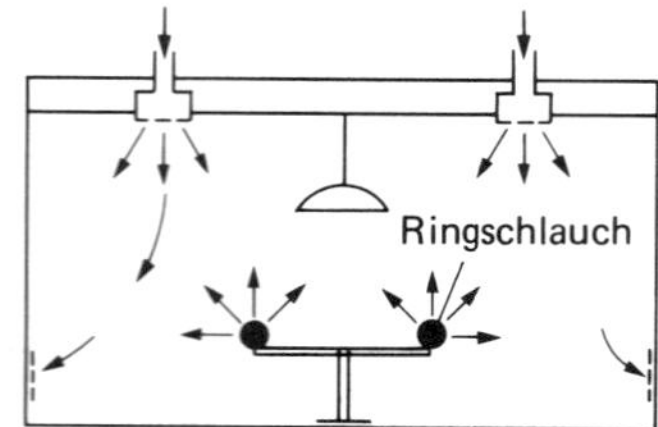


Bild 365-12. Zuluftaustritt aus Ringschlauch.

*Ansaugung der Außenluft* möglichst hoch über Erdreich, mindestens 3 m, nicht aus Kellerhälsen, über Grasflächen und in der Nähe von Fortluftöffnungen. Fortluft möglichst über Dach. Eventuell je ein Reservemotor für die Ventilatoren.

*3. Luftführung*[1])

Durch geeignete Luftführung soll die Aufwirbelung von Keimen möglichst verhindert werden. Einige Ausführungsformen sind in Bild 365-7 bis -12 dargestellt. Der Luftauslaß erfolgt von der Decke durch abnehmbare Luftverteiler, Schlitze, Lochbleche in Druckkästen mit oder ohne zusätzliche Düsen oder sog. *Stützstrahlen,* die die Luftströmung stabilisieren u.a. Die Mischung von Primärluft mit Sekundärluft (Induktion) soll möglichst gering sein. Den höchsten Reinheitsgrad der Luft erreicht man durch laminare Luftströmung (s. Reinraumtechnik Abschn. 369-2), jedoch teuer. Mittlere Luftgeschwindigkeit am Deckenaustritt 0,25···0,35 m/sec. Zulufttemperatur soll mit 0,5···1 K Untertemperatur gegenüber Raum austreten, damit Abwärtsströmung und nicht zu große Strahlkontraktion gewährleistet sind. Nach einem englischen System wird in der Mitte des Deckenfeldes eine höher Austrittsgeschwindigkeit als am Rand gewählt.

[1]) Esdorn, H., u. Z. Nouri: HLH 12/77. S. 427/37.
Rákóczy, T.: TAB 7/76, S. 679/84 u. 8/79, S. 653/57.
Laabs, K.-D.: TAB 12/79. S. 1041/5.
Nouri, Z.: Ges.-Ing. 3/82. S. 110/16. u.a.

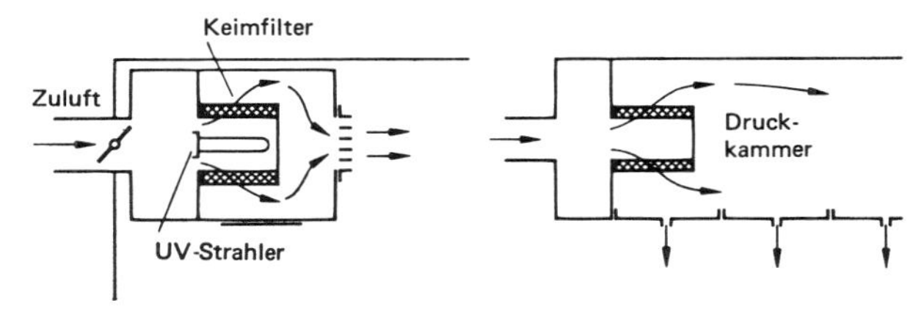


Bild 365-13. Keimfilter in Luftauslässen.
Links: Keimfilter im Luftverteilkanal Rechts: Keimfilter vor Druckkammer

Durch Vergleichmäßigung des Geschwindigkeitsprofils bei der Abwärtsströmung entstehen radial nach außen gerichtete Geschwindigkeitskomponenten, die Keimeindringung verhindern.

Fläche des Laminar-Auslasses 1,2 × 2,4 bis 4 × 4 m.

Eine neue Lösung zeigt Bild 365-12. Die in einem besonderen Gerät aufbereitete Luft wird hier aus einem mit Löchern versehenen flexiblen *Ringschlauch* ausgeblasen, der direkt um das Operationsfeld gelegt ist. Eine Verdrängungsströmung von der Decke zeigt Bild 365-14.

Die *Abluft* wird über dem Fußboden abgesaugt, dort mind. 1200 $m^3/h$, um Narkosegase abzuführen. Restliche Abluft unter der Decke. Wichtig ist, daß alle Luftauslässe reinigungs- und desinfektionsfähig sind.

*Umluftbetrieb* ist nach neuer DIN 1946, Teil 4 (E. 5.87) jetzt zulässig.

Dadurch sind erhebliche Einsparungen an Energie- und Investitionskosten möglich. Auch der Einsatz von Umluftkühlern *(sensible cooler)* wird erwogen[1]).

*4. Kanäle*

Kanäle aus verzinktem Stahlblech möglichst kurz, luftdicht, am besten in runder Ausführung, reinigungs- und desinfektionsfähig. In Zuluft- und Abluftleitung automatische luftdichte Klappen, die beim Stillstand der Klimaanlage sich schließen, um Rückströmungen und Keimübertragung zu verhindern (DIN 1946, Teil 4).

*Reinigungsklappen* müssen besonders dicht sein. Der letzte Kanalteil nach dem Schwebstoffilter möglichst aus Edelstahl oder dergleichen, um gegen Desinfektionsmittel beständig zu sein.

*Kondensation* von Wasserdampf oder die Bildung von feuchten Oberflächen sind zu verhindern, da sie die Vermehrung von evtl. vorhandenen Mikroorganismen begünstigen. Der Luftkühler, bei dem feuchte Oberflächen nicht zu vermeiden sind, muß besonders oft geprüft werden.

*5. Reinigung*[2])

der Zuluft durch mehrere Filter:

Vorfilter EU 4 an der Außenluftansaugstelle mit bei Stillstand schließender Klappe,

Feinstfilter EU 7 im Klimagerät als letztes Bauelement; druckseitig, zum Schutz des Leitungsnetzes. *Schwebstoffilter* Klasse S möglichst nahe am oder im OP-Raum vor den Luftauslässen. Dies ist besonders bei Operationen mit sehr hohen Keimfreiheitsanforderungen wichtig, z. B. bei Gelenkoperationen, Transplantationen u. a. Typprüfung erforderlich. Nach Einbau Prüfung durch *Ölfadentest.*

Durchfeuchtung der Filter bei hoher Luftfeuchte (> 90%, *Kapillarkondensation*) muß vermieden werden, da sich sonst Bakterien- oder Pilznester bilden können, die bis zur Reinluftseite durchwachsen können.

---

[1]) Martiny, Rüden u. a.: Ges.-Ing. 3/83. S. 109/15.
Rákóczy, T.: Ki 11/83. S. 459/30 u. 1/84. S. 39/41.
Ki-Forum 11/83. S. 447/52.
Renger, P.: HLH 11/84. S. 532/6.

[2]) Stiehl, H.-H.: Ges.-Ing. 6/77. S. 161/5.
Ochs, H. J.: Kälte- u. Klima-Fachmann 10/79. 7 S.

Auch eine Reinigung der Abluft ist manches Mal zweckmäßig, besonders bei septischen OP-Räumen und Seuchenräumen, um die Ausbreitung von Keimen zu verhindern.

Bei besonders hohen Ansprüchen werden die Schwebstoffilter manchmal auch direkt in den Luftauslässen angebracht. Bild 365-13 zeigt 2 Beispiele mit zylinderförmigen Keimfiltern aus sternförmig gefaltetem Glasfaservlies. In der Mitte UV-Strahler zur Bestrahlung der Filter. Ungünstig ist die dabei nötige Wartung innerhalb der OP-Räume.

Bei allen Filtern ist unbedingter Wert auf einwandfreie *Dichtung* zwischen Filterelement und Rahmen oder Gehäuse zu legen.

*6. Volumenstrom*

Er ergibt sich gewöhnlich aus der Kühllastberechnung (Beleuchtung, elektrische Geräte, Personen, Transmission u.a.) und entspricht meist einem etwa 15···20fachen Luftwechsel. Wegen des mit der Zeit steigenden Luftwiderstandes von Feinfiltern und Schwebstoffiltern ist Luftmengenregulierung erforderlich (Drallregler, Drehzahländerung, Axialventilatoren mit Schaufelverstellung). Für Nebenräume genügt ein ca. 5facher Luftwechsel. (Siehe auch Tafel 365-1.)

Vor allem muß der Zuluft-Volumenstrom für einen geringen Luftkeimpegel im Raum sorgen. Maßgebliche Keimquelle ist das Operationspersonal. Nach DIN 1946, Teil 4 (E. 5.87) wird zum Erreichen eines zulässigen Luftkeimpegels im OP-Bereich für ein Luftführungssystem mit *vollständiger* Durchmischung des Raumes als Mindest-Zuluftvolumenstrom angegeben:

Bezugs-Zuluftvolumenstrom $\dot{V}^*_{ZU} = 2400 \text{ m}^3/\text{h}$.

Bei Luftführungssystemen[1]) mit *Verdrängungscharakteristik* werden im Schutzbereich günstigere Verhältnisse erreicht, so daß der Mindest-Zuluftvolumenstrom reduziert werden kann

$$\text{Mindest-Zuluftvolumenstrom } \dot{V}_{ZUmin} = \dot{V}^*_{ZU} \cdot \frac{\mu_{LS}}{\mu_{LSmax}}.$$

Darin bedeuten

$\mu_{LS}$ = Kontaminationsgrad
$\mu_{LSmax}$ = max. zulässiger Kontaminationsgrad

Der *Kontaminationsgrad* (Raumbelastungsgrad) für Luftkeime im Schutzbereich ist definiert zu

$$\mu_{LS} = \frac{\bar{n}_{LS}}{\bar{n}_{LR}} = \frac{\text{mittlerer Luftkeimpegel im Schutzbereich}}{\text{mittlerer Luftkeimpegel im gesamten Raum}}$$

Der *max. zulässige Kontaminationsgrad* beträgt für OP-Räume

mit hohen Anforderungen (Raumklasse II) $\mu_{LSmax} = 1$,
mit besonders hohen Anforderungen (Raumklasse I) $\mu_{LSmax} = 2/3$.

Für alle Luftführungssysteme kann ohne Nachweis $\mu_{LS} = 1$ angenommen werden.

Luftführungssysteme mit Verdrängungseffekt erreichen Werte $\mu_{LS} < 1$. Diese müssen jedoch durch Prüfung[2]) nachgewiesen werden.

Der Zuluftvolumenstrom kann auch Umluft enthalten, da die Filterung zu fast vollständiger Keimabscheidung führt. Nicht abgeschieden werden jedoch *Narkosegase,* so daß nach neuer Norm ein *Mindest-Außenluftvolumenstrom* von 1200 m³/h verlangt wird. Abweichungen hiervon bedürfen eines speziellen Nachweises durch einen Hygieniker.

Die RLT-Anlagen dienen auch dazu, *Druckunterschiede* zwischen den verschiedenen Räumen eines OP-Traktes zu halten. Aseptische Räume sollen immer auf Überdruck gegenüber der Umgebung gehalten werden, septische Räume dagegen auf Unterdruck, um die Ausbreitung von Keimen zu verhindern. Luftströmung immer in Richtung möglichst keimfreier Räume → weniger anspruchsvolle Räume. Vorschrift für Strömungsrichtung im OP-Bereich siehe DIN 1946, T. 4. Druckunterschiede lassen sich jedoch nur dann erhalten, wenn alle Türen geschlossen sind oder *Schleusen* verwendet werden[3]). Bei richtiger Raumdichtheit pro m Fugenlänge 20 m³/h erfahrungsgemäß ausreichend. Fenster, falls vorhanden, sollten feststehend sein.

---

[1]) Schmidt, P.: HLH 3/87. S. 145ff.
[2]) Nachweis kann durch neutrales anerkanntes Fachinstitut erbracht werden.
[3]) Esdorn, H.: Ges.-Ing. 10/73. S. 289/99.
Schlösser, P.: HLH 12/86. S. 595ff.

Bei alten OP-Räumen ohne RLT-Anlage versucht man die Narkosedämpfe durch eine Absauganlage z. B. durch Absaugkissen an der Narkosemaske mit vergleichsweise kleinem Volumenstrom zu entfernen[1]).

*7. Wärmerückgewinnung*

Da viele der RLT-Anlagen im Dauerbetrieb laufen, ist Wärmerückgewinnung aus der Fortluft meist wirtschaftlich.

Hierfür sind die in Abschn. 339 erwähnten Methoden anwendbar, sowohl das Regenerativ- wie das Rekuperativ-Verfahren. Beim regenerativen Verfahren mit rotierenden Kontaktflächen ist allerdings zu beachten, daß Zuluft und Fortluft nacheinander durch dasselbe Gerät zum Enthalpieaustausch geführt werden, so daß *Keimübertragung* möglich ist. Für diese Geräte ist daher eine Baumusterprüfung über hygienische Unbedenklichkeit erforderlich. Die Übertragungsrate von Partikeln zwischen Fortluft und Außenluft muß kleiner als $1:10^3$ sein (DIN 1946 Teil 4). In diesem Fall daher Reinigung der Fortluft durch Schwebstoffilter.

*8. Reinraumtechnik*[2])

Für sehr schwere Operationen (Knochen-, Herz-, Transplantations-Chirurgie) sind höchste Luftreinheiten erwünscht. Dafür sind in der letzten Zeit einige OP-Räume mit sogenannter *turbulenzarmer Verdrängungsströmung* ausgerüstet worden (siehe Abschnitt 369-2). Die im Raum entstehenden Unreinigkeiten werden dabei auf schnellste Weise abgeführt. Im Operationsbereich selbst herrscht allerdings eine *turbulente Strömung*, wodurch Keime übertragen werden können. Der stündliche Luftwechsel erreicht dabei Werte von 300···400fach. Luftführung meist von oben nach unten mit Geschwindigkeiten von 0,35···0,55 m/s. Wegen der großen Luftmengen wird meist nur ein Teil des OP-Raumes mit dieser Einrichtung versehen (Vorhänge, demontierbare Wände u. a.). Der Kontaminationsgrad wird dadurch verringert (Bild 365-14). Infolgedessen ist Verringerung des Zuluftvolumenstroms möglich.

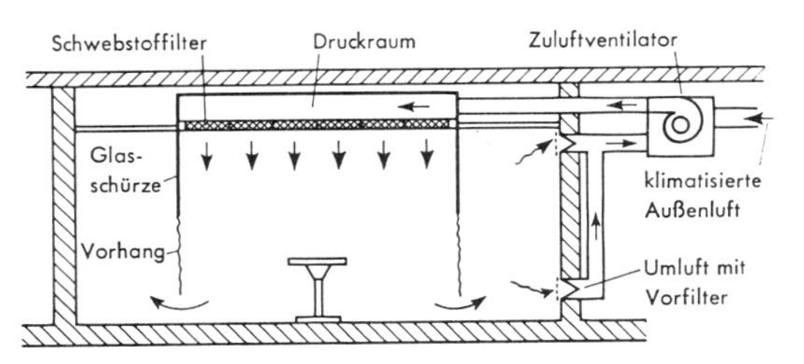


Bild 365-14. „Reiner Operationsraum" mit Verdrängungsströmung.

*9. Wartung*

Die Wartung der Klimaanlage ist ganz besonders häufig und sorgfältig durchzuführen. Insbesondere gilt dies für die Reinigung und Desinfektion der Zentrale und der Kanäle, die Druckhaltung sowie die Auswechselung der Filter.

Bei Luftwäschern, soweit vorhanden, evtl. Zusatz von Chemikalien oder UV-Bestrahlung.

Regelmäßig sollte auch eine bakteriologische *Prüfung der Anlage* und der Zuluft durchgeführt werden, um evtl. Keimnester festzustellen. Die Anlagen sind 24stündlich zu betreiben, in den operationsfreien Zeiten mit verringertem Volumenstrom. Das Wartungspersonal sollte gründlich geschult werden. Vorschriften nach DIN 1946, T. 4 beachten.

*10. Nebenräume*

Zu den OP-Räumen gehören mehrere Nebenräume:

Schwesternraum, Geräteraum, Vorbereitungsraum, Waschraum, Sterilisationsraum u. a.

[1]) Schäfer, B., u. a.: Luft- und Kältetechnik 2/83. S. 87/91.
[2]) Skiba, H.: San. Hzgs. Techn. 1/75. S. 19/24.
Ki-Forum 3/79 u. 4/79.

Falls sie ebenfalls von der Klimaanlage des OP-Raumes mit Luft versorgt werden, müssen entsprechend den unterschiedlichen hygienischen Anforderungen luftdichte Klappen in Zuluft und Abluft installiert werden.

Sterilisationsräume, falls vorhanden, benötigen wegen der Wärmeabgabe der Geräte einen wesentlich größeren Luftwechsel, 20···25fach. Große Sterilisationsräume sollten eine eigene Klimaanlage erhalten.

**-142 Röntgen- und Strahlenabteilung**

Die Röntgen-Therapie benutzt die Röntgenstrahlen als Heilmittel, die Röntgen-Diagnostik als Untersuchungsmittel.

Kleine Krankenhäuser haben einzelne Räume für die Röntgenabteilung eingerichtet, meist im Erdgeschoß, bei größeren Häusern eigene Gebäude.

Alle Röntgenräume erfordern eine gute *Lüftung* oder *Klimatisierung*, da die Untersuchungsräume verdunkelt sind, so daß die Fenster nicht geöffnet werden können. Die Lüftungsanlage selbst wird am besten im Keller des Gebäudes oder in einem Nebenraum untergebracht. An die Anlagen werden außer den Behandlungs-, Schalt- und Apparateräumen auch die Umkleidekabinen und die Warteräume mit angeschlossen. Eine *Kühlung* der Luft ist immer erforderlich, da andernfalls im Sommer zu hohe Temperaturen in den Räumen auftreten (Teilklimaanlage). Bei der Kanalführung Strahlenschutzverordnung beachten.

Einsatz von Umluftkühlgeräten *(sensible cooler)* ist möglich.

Volumenströme siehe Tafel 365-1.

**-143 Die Pathologische Abteilung**

Hauptraum der Pathologie ist der meist im Erdgeschoß gelegene *Sezierraum*, der wegen der hier auftretenden starken Verwesungsgerüche immer eine kräftige Lüftung und Luftkühlung benötigt, die sich jedoch in der Ausführung von anderen Anlagen ähnlicher Art nicht unterscheidet.

Der *Aufbewahrungsraum* für die Leichen ist ebenso wie der Aufenthaltsraum für die Leidtragenden an die Lüftungs- und Luftkühlanlage anzuschließen. Zweckmäßigerweise werden auch der *Präparateraum*, der Mazerationsraum und die Labors angeschlossen, damit die Geruchsausbreitung auf ein Minimum beschränkt wird.

Der *Leichenraum* ist mit Luftkühlung zu versehen. Raumtemperatur etwa 5 bis 10°C, daher immer Kältemaschine erforderlich.

**-144 Die Geburtshilfe-Raumgruppe**

Hierin gehören der Kreißsaal mit Vorbereitungsraum, ein Operationsraum, Räume und Boxen für Säuglinge sowie zahlreiche Nebenräume. Im allgemeinen werden die lüftungstechnischen Einrichtungen wie bei der Operationsraumgruppe ausgeführt.

Für Frühgeburten häufig Boxen mit eigenem Klimagerät.

**-145 Infektionsstationen**

In diesen Räumen ist zur Verhinderung von Keimverschleppungen immer ein Unterdruck gegenüber den Nachbarräumen aufrechtzuhalten. Zugang über Schleusen. Abluft muß gefiltert werden.

**-146 Isotopenbehandlungsräume**

Hier gelten dieselben Gesichtspunkte wie bei Infektionsabteilungen. Zuluft und Abluft erfordern manchmal Schwebstoffilter (Strahlenschutzverordnung).

**-147 Sonstige Abteilungen**

Außer den genannten gibt es in großen Krankenhäusern weitere Abteilungen, die in der Regel ebenfalls Klimaanlagen erhalten, u.a.:

Schwerverbranntenstationen mit besonders hohen Anforderungen an die Keimfreiheit der Luft.

Hals-Nasen-Ohren-Stationen mit teils trockenem, teils feuchtem Klima bis 90%; hier muß Taupunktunterschreitung vermieden werden.

Physikalische Therapie.

Strahlendiagnostik und Strahlentherapie.
Urologie und andere.

**-148 Wirtschaftsräume**

Hierzu gehören insbesondere die Küche und die Wäscherei, deren lufttechnische Einrichtung sich jedoch nicht prinzipiell von den Einrichtungen anderer großer Institute unterscheidet.

# 366 Hallen

## -1 SPORTHALLEN siehe Abschn. 256-1

## -2 HALLENSCHWIMMBÄDER[1]) (siehe auch Abschn. 256-2)

### -21 Allgemeines

Lüftungsanlagen haben folgende zusätzliche Aufgaben:

1. Aufnahme und Abführung des Wasserdampfes, der aus dem Schwimmbecken verdunstet,
2. Verhinderung von Schwitzwasserbildung an kalten Flächen (Bauschäden).

Die Lüftung übernimmt meist auch etwa 50 bis 70% der Heizung; die restlichen Wärmeverluste werden durch örtliche Heizflächen gedeckt (Radiatoren, Flächenheizungen, Konvektoren u. a.).

| | |
|---|---|
| Raumtemperatur | 28···30 °C |
| Wassertemperatur | 2···3 K tiefer |
| Maximale relative Luftfeuchte im Winter | 50···60% |
| im Sommer | 60···70%. |

### -22 Luftführung

Moderne Schwimmbäder werden meist mit großen Fensterflächen gebaut. *Warmluftausblas* möglichst unter den Fenstern nach oben oder auch zwischen den Fenstern sowie unter Sitzbänken (Bild 366-1); an Außenwänden über Kopfhöhe; bei Tribünen aus

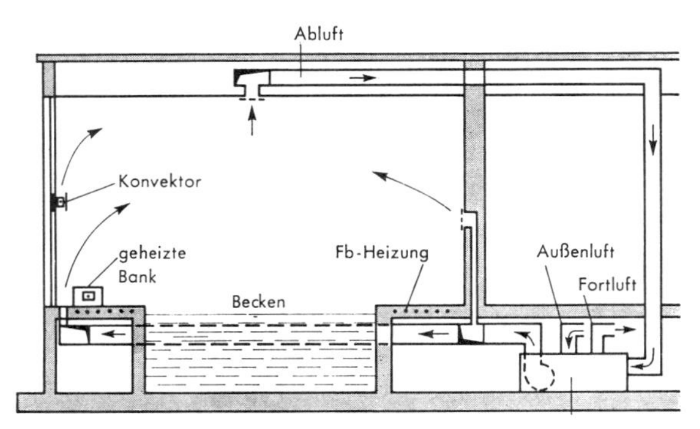


Bild 366-1. Luftführung bei Hallenbadlüftungen.

[1]) Krinninger, H.: HLH 1/76. S. 10/16 u. 2/76. S. 61/4.
VDI-Richtlinie 2089. Hallenbäder. Bl. 1 (12/78).
Bunse, F.: LTG Lufttechn. Inform. Nr. 20. 12/77.
Reeker, J.: Ki 1/78. S. 29/33.
Rolles, W.: Jahrbuch der Wärmerückgewinnung 77/78. S. 203/8.
Doering, E.: HLH 6/79. S. 211/16.
Schmitz, R. M. Diss. 1985 und Ahl, J. P. Diss. 1987, TH Aachen.

Treppenstufen. *Zulufttemperatur* maximal 40···45 °C. Luftabsaugung an Hallendecke über Schwimmbecken, evtl. auch zum Teil über Boden am Beckenrand, um Gerüche schneller zu entfernen. Alle Kanäle und Luftdurchlässe korrosionsfest (Asbestzement, Kunststoffe, beschichtetes Stahlblech). Abluftkanäle isoliert, um Wasserkondensation zu vermeiden. Zur Vermeidung von Nebelbildung in der Mischkammer Außenluft vorwärmen, heute vorzugsweise durch rekuperative Wärmerückgewinner oder Wärmepumpen.

## -23 Verdunstung

Die genaue Berechnung der verdunsteten Wassermenge ist mit viel unsicheren Faktoren behaftet, wie benetzte Fläche, Zahl der Personen, Größe des Verdunstungsfaktors u.a. Angenähert ist die verdunstete Wassermenge bei ruhender Wasserfläche und darüber strömende Luft

$W = \sigma(x'' - x)$ in kg/m²h

$\sigma$ = Verdunstungszahl (s. Abschn. 135-25)

In Hallenbädern fand man folgende Richtwerte:

| | |
|---|---|
| bei ruhendem Wasser | $\sigma = 10$ kg/m²h |
| bei mäßig bewegtem Wasser | $\sigma = 20$ kg/m²h |
| bei stark bewegtem Wasser | $\sigma = 30$ kg/m²h |

Die Verdunstungsmengen nach dieser Berechnung sind im Bild 366-2 dargestellt, wobei die Lufttemperatur jeweils um ca. 3 K höher angenommen ist als die Wassertemperatur. Bei Wassertemperatur = Lufttemperatur ist die Verdunstung wesentlich größer (Bild 366-2). Bei Messungen in Hallenbädern hat man während der Benutzungszeit bei schwach bewegter Wasseroberfläche 0,1 kg/m²h und bei stark bewegter Oberfläche 0,2 kg/m²h verdunstete Wassermenge gefunden. Das ergibt Verdunstungs-Wärmeverluste von 65···130 W/m². Während der Nichtbenutzung ist die Verdunstungsmenge 0,08 kg/m²h entsprechend 54 W/m², bei guter Abdeckung nur 5···10 W/m². Vorgenannte Werte gelten bei Wassertemperatur 26 °C, Raum 28 °C und 60% relativer Feuchte.

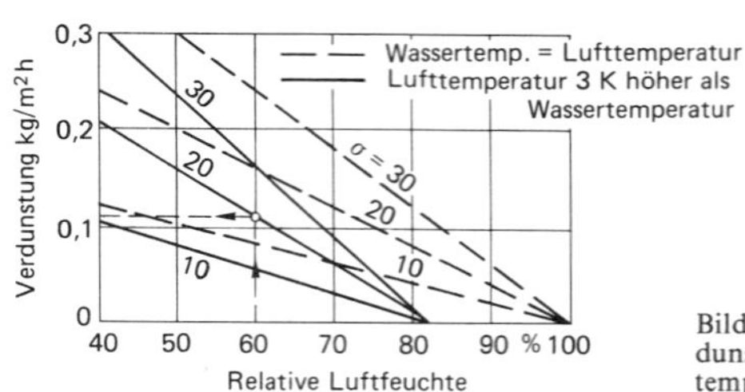


Bild 366-2. Richtwerte der Wasserverdunstung $w$ in Hallenbädern. Wassertemperatur 24···26 °C.

## -24 Volumenstrom

Im *Beharrungsfall* ist die verdunstete Wassermenge $W$ gleich der von der Luft aufgenommenen Wassermenge:

$W = \sigma \cdot (x'' - x_R) = m_a\, \varrho\, (x_R - x_a)$ in kg/h m²

$x_R$ = Wassergehalt der Raumluft (Abluft) kg/kg

$x_a$ = Wassergehalt der Außenluft kg/kg

$m_a$ = Außenluftvolumenstrom je m² Wasserfläche in m³/h m²

Demnach ist der bei reinem Außenluftbetrieb erforderliche Volumenstrom

$$m_a = \frac{\sigma(x'' - x_R)}{\varrho\,(x_R - x_a)} \text{ in m}^3/\text{h m}^2$$

Setzt man als maximale Schwülegrenze für unbekleidete Personen $x_R = 14{,}5$ g/kg entsprechend 28 °C und 60% relative Feuchte und nimmt man eine Wassertemperatur von

28 °C mit $x'' = 24{,}4$ g/kg (nach Tafel 134-2) an, so wird die Auslegungs-Luftmenge im Sommer für $x_a = 9$ g/kg

$$m_a = \frac{\sigma(24{,}4 - 14{,}5)}{\varrho(14{,}5 - 9)} = \frac{\sigma \cdot 9{,}9}{1{,}16 \cdot 5{,}5} = 1{,}55\,\sigma \text{ in m}^3/\text{h m}^2$$

im Winter für $x_a = 2$ g/kg

$$m_a = \frac{\sigma(24{,}4 - 14{,}5)}{\varrho(14{,}5 - 2)} = \frac{\sigma \cdot 9{,}9}{1{,}25 \cdot 12{,}5} = 0{,}63\,\sigma \text{ in m}^3/\text{h m}^2.$$

Im Winter sind die Volumenströme geringer, da $x_a$ dann gegen Null geht. Die errechneten Werte zeigt Tafel 366-1. Nach VDI 2089 (12.78) ergeben sich höhere Werte, die jedoch erfahrungsgemäß zu hoch sind.

**Tafel 366-1. Außenluftvolumenstrom bei Schwimmbädern in m³/h m²**

| Schwimmbadtyp | Privatbad | Hallenbad | Wellenbad |
|---|---|---|---|
| Verdunstungszahl $\sigma$ in kg/m²h | 10 | 20 | 30 |
| Außenluftvolumenstrom | | | |
| im Sommer | 15 | 31 | 46 |
| im Winter | 6,3 | 13 | 20 |

Im Sommer wird die Anlage nur mit Außenluft betrieben, wobei die sich einstellende Raumluftfeuchte desto geringer wird, je geringer die Außenluftfeuchte ist. Bei feuchtwarmer Witterung ist es natürlich auch im Schwimmbad schwüler.

Im Winter wird zur Ersparung von Wärmekosten zum Teil mit Umluft gefahren. Zusätzlich ist zur Wärmeersparnis eine *Wärmerückgewinnung* vorzusehen, z. B. wie in Bild 366-3 durch ein Wasserumlaufsystem. Dabei wird die Außenluft durch Wärmeentzug aus der Fortluft vorgewärmt. (Siehe auch Abschn. 339.) Statt dessen kann auch ein Platten-Wärmeaustauscher oder ein Rotationswärmeaustauscher verwendet werden. In beiden Fällen müssen jedoch Zuluft- und Abluftventilator örtlich nebeneinander installiert werden[1]).

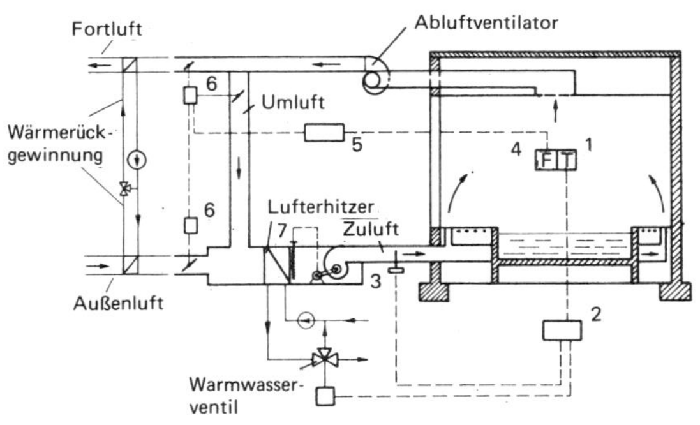


Bild 366-3. Regelung bei Hallenbadlüftungen.
1 = Raumluftthermostat, 2 = Temperaturregler, 3 = Zuluftthermostat, 4 = Feuchtefühler, 5 = Feuchteregler, 6 = Klappenstellmotor, 7 = Lufterhitzer

Als Grundfläche ist bei der Berechnung die Wasserfläche angenommen. Die Vergrößerung der nassen Oberfläche in der Umgebung des Bassins ist durch die Luftgeschwindigkeit berücksichtigt. Aus Gründen der Geruchsfreiheit ist ein minimaler *Außenluftanteil* von 20 m³/h je Person erforderlich oder 10 m³/m²h, bezogen auf die Beckenfläche (½ Person je m² Beckenfläche). Bei Thermal- oder Mineralbädern ist evtl. der MAK-Wert zu berechnen (Tafel 123-9).

[1]) Lautner, R.: HLH 5/84. S. 193/8.

### -25 Schwitzwasserbildung

Im Winter ist Schwitzwasserbildung das Kriterium für die zulässige Luftfeuchte und damit Luftmenge. Damit Schwitzwasser vermieden wird, dürfen bestimmte Wärmedurchgangszahlen $k$ der Außenflächen nicht unterschritten werden, siehe Bild 366-4. Um beispielsweise bei 70% rel. F. kein Schwitzwasser zu erhalten, ist erforderlich:

$k < 0{,}9$ W/m²K bei $\alpha_i = 6$ W/m²K
$k < 1{,}7$ W/m²K bei $\alpha_i = 12$ W/m²K.

Die einzusetzenden $\alpha_i$-Werte hängen von der jeweiligen Luftgeschwindigkeit ab; in toten Ecken $\alpha_i \approx 6$, an belüfteten Fenster $\alpha_i \approx 12$. Isolierverglasung ist immer erforderlich. Bei ihr läßt sich Schwitzwasserbildung durch Wärmeluftschleier vollkommen verhindern. Nach VDI-Richtlinie 2089 Bl. 1 (12.78): Wände $k < 0{,}7$; Decken $k < 0{,}45$; Fenster $k < 3{,}50$ W/m²K. (Ab 1984 $\leqq 3{,}1$ W/m²K gemäß Wärmeschutzverordnung.)

Bei Außenwänden und an die Außenluft grenzenden Decken *Dampfsperrschichten* vorsehen, damit eventuelle Feuchte nicht in die Wände oder Decken eindringen kann. *Wärmedämmung* außen.

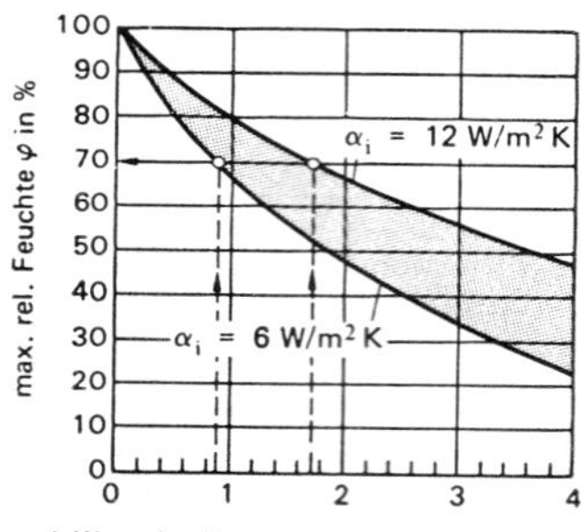


Bild 366-4. Maximale rel. Feuchte zur Verhinderung von Schwitzwasserbildung.
Hallenlufttemperatur 26···28 °C
Außenlufttemperatur −12···−15 °C

### -26 Regelung[1])

Schaltung siehe Bild 366-3. Raumluftthermostat 1 wirkt auf Warmwasserregelventil, Feuchtefühler F erhöht die Außenluftmenge bei steigender Feuchte durch Betätigung der Mischklappen (oder durch Vergrößerung der Gesamtluftmenge). Besser ist die Verwendung eines Oberflächenfühlers am Fenster, der die Feuchte im Raum so steuert, daß der Taupunkt nicht unterschritten wird. Taupunkt der Raumluft ca. 1 K unter innerer Fenstertemperatur.

### -27 Privatschwimmbäder

Hier gelten prinzipiell dieselben Bedingungen wie bei Hallenbädern, jedoch mit vereinfachter Ausführung. Bei sehr kleinen Bädern (z.B. Kellerbädern) genügt wegen der kurzen Betriebszeit eine Lüftungstruhe mit einem Volumenstrom von 10···15 m³/h m², die vom Hygrostaten gleichzeitig mit der Lüftungsanlage eingeschaltet wird. Der Lüftungswärmebedarf wird also nur durch die Verdunstung des Beckenwassers verursacht. Heizung örtlich. Bild 366-5. Bei größeren Schwimmbädern ein Zuluft- und Abluftgerät mit

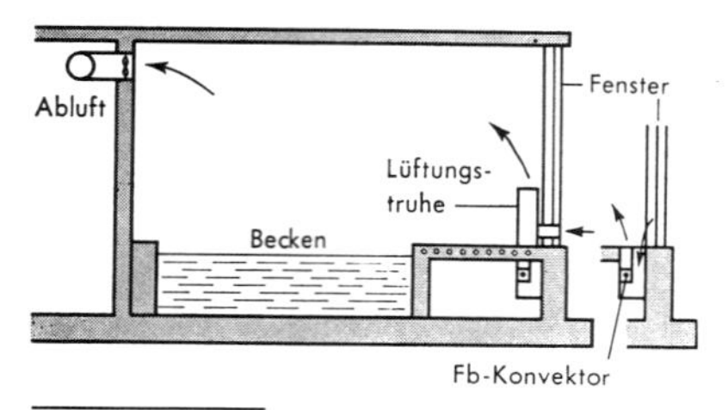


Bild 366-5. Lüftung eines Privatschwimmbades mit Lüftungstruhe.

[1]) Wild, E.: Die Kälte 1972. S. 175/7.

automatischer Temperaturregelung der Zuluft (Hotelbäder u.ä.). *Wärmepumpen* zur Schwimmbadheizung und -entfeuchtung siehe Abschnitt 225-172.

### -28 Duschräume

Zur Abführung des Wasserdampfes ist eine Zuluft- und Abluftanlage erforderlich. Größte Luftmenge im Sommer erforderlich, da dann die Feuchte der Außenluft am größten ist. Berechnung der Luftmenge theoretisch schwer möglich.

*Erfahrungswerte:*

| | |
|---|---|
| Raumtemperatur | 25 °C |
| Luftmenge je Dusche im Sommer | 220 $m^3/h$ |
| Luftmenge je Dusche im Winter | 75···100 $m^3/h$ |
| Luftwechsel maximal | 25···30fach |
| Zulufttemperatur | 40···45 °C. |

Heizung örtlich durch statische Heizflächen.

### -29 Umkleideräume

Erforderlich sind Zuluft- und Abluftanlage. Örtliche Heizkörper. Luftwechsel 8···10fach (nach VDI 2089: 15···20 $m^3/h\,m^2$). Temperatur 22···24 °C. Günstig ist Zuluftaustritt unter Sitzen oder Schränken. Abluftabführung an Decke.

Haben Umkleide- und Duschräume eine gemeinsame Zuluftanlage, sind 2 getrennte Nachwärmer vorzusehen, um den unterschiedlichen Raumtemperaturen Rechnung zu tragen.

### -30 Betriebskosten (siehe auch Abschn. 256-2)

Hauptbetriebskosten bei der Lüftung entstehen durch die Verdunstungswärme und durch die Lüftungswärme, die zur Abführung der Luftfeuchte erforderlich ist. Der Energiebedarf läßt sich annähernd wie folgt verringern (s. Abschn. 256-2):

1. durch Abdecken der Wasseroberfläche mit geeigneten Folien bei Nichtbenutzung, dadurch Energieersparnis von etwa 80% und mehr
2. durch höhere Luftfeuchte, z. B. 80%, dabei jedoch Kondensationsgefahr
3. durch niedere Wassertemperatur, so daß die Verdunstung geringer wird
4. durch Wärmerückgewinnung mit z. B. Platten-Wärmeaustauschern oder Wärmepumpen. Dabei allerdings zusätzliche Investitionskosten (s. Abschn. 225-172).

## 367 Unterrichtsgebäude

### -1 SCHULEN[1])

*Klassenzimmer* der konventionellen Schulgebäude werden in Deutschland aus Kostengründen meist auf natürliche Weise gelüftet: Fensterlüftung und Schachtlüftung. Technisch nicht zweckmäßig. Besser und hygienisch einwandfreier ist mechanische Lüftung durch zentrale oder örtliche Geräte.

Bei *zentraler Lüftung* (Bild 367-1) gemeinsame Anlage für mehrere Klassen. Zoneneinteilung zweckmäßig. Zuluft vom Flur oder aus Fensterbrüstung oder aus Lochdecke. Abluft durch Überdruck zum Flur. Bei *örtlicher Lüftung* eine oder mehrere Lüftungstruhen je Klasse. Wesentlich teurer, aber wirksamer. Mindestaußenluftstrom je Person 30 $m^3/h$ (DIN 1946, Teil 2, 1982) oder 4···5facher Luftwechsel.

[1]) DIN 1946 Teil 5 (8.67), Lüftung von Schulen.
Eser, K.: Klimatechn. 12/73. S. 244/9.
Schulbauinstitut der Länder: Lufttechn. Anlagen in Schulen. Berlin 1975, (K. H. Lillich).
Dittmann, K.: San. Hzg. Techn. 3/77. S. 268/72.
Hall, M.: DKV-Bericht 1977 (Hannover) S. 539/57.

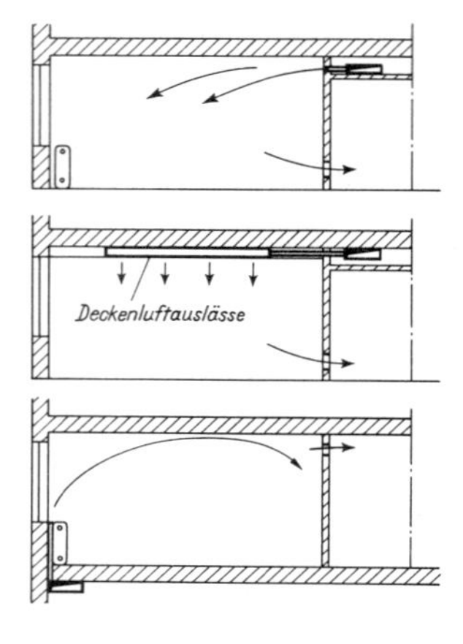


a) Zuluft von Flurdecke

b) Zuluft durch Deckenluftauslässe.

c) Zuluft unter Fenster

Bild 367-1. Verschiedene Luftführungsarten bei der Lüftung von Schulzimmern.

*Chemieraum*

Abzugsschrank mit Ventilator. Nachströmende Luft vom Flur.

*Physik- und Biologieraum.*

Wegen Verdunklung Lüftung erforderlich. Lüftungstruhe an Außenwand. Abluft zum Flur (schalldicht). Luftwechsel 4···5fach.

*Aula*

benötigt in der Regel Lüftungs- und Luftheizungsanlage oder Klimaanlage wie bei Versammlungsräumen. Örtliche Heizkörper für etwa 50% bis 75% der Transmission. Luftrate 30 $m^3$/h je Person. Umluftbetrieb soll möglich sein.

*Aborte*

Fensterlüftung oder bei ungünstiger Lage besser Absaugung mit Ventilator. Nachströmende Luft vom Flur. Siehe Abschnitt 361-2. Luftwechsel 5- bis 8fach.

*Turnhallen*

benötigen wegen des großen spezifischen Luftraumes je Person meist keine Lüftung, falls nicht stark belegt. Bei Zuschauerplätzen Lüftungsanlagen erforderlich; ebenso in der Regel Gymnastikräume. Häufig Lüftung mit Luftheizung.

Richtlinien für den Bau von Turnhallen in DIN 18032, 6 Teile (9.78 bis 6.86).

*Lehrschwimmbäder*

Wegen hoher Luftfeuchte immer Lüftungsanlagen mit teilweiser Luftheizung. Temperatur 26···28 °C. Siehe Abschnitt 366-2.

*Brauseräume*

Bei mehr als 8 Duschen Be- und Entlüftung. Luftwechsel 8- bis 10fach oder 220 $m^3$/h je Dusche. Vorwärmung der Außenluft auf 30 °C.

*Lehrküchen*

Siehe Küchenlüftung Abschnitt 361-1.

## -2 GESAMTSCHULEN

Die zunehmende Technisierung zusammen mit der Durchsetzung neuer pädagogischer Grundsätze hat zum Bau von *Gesamtschulen* oder „Integrierten Schulen" geführt, die völlig andere Grundrisse besitzen als bisher: veränderbare Raumaufteilung, viele fensterlose Räume, große Raumtiefen, geringere Raumhöhen, leichte Bauweisen mit wenig Speicherkapazität, hohe Beleuchtungsstärken u.a.

Dies hat zur Folge, daß Lüftungs- und Klimaanlagen in großem Maßstab erforderlich werden, um ein gutes Raumklima zu gewährleisten. Dabei kommen viele verschiedene Arten von Klimaanlagen, ähnlich wie bei Hochschulen oder Bürohäusern zur Verwendung, z.B. Nur-Luft-Klimaanlagen, Anlagen mit thermischer Nachwärmung, Induktionsklimaanlagen u.a. Diese Anlagen können nicht nur hohe Investitionskosten verursachen, sondern auch erhebliche Betriebskosten, so daß sorgfältige Planung erforderlich ist.

Als besonders zweckmäßig sind *zentrale Anlagen* mit örtlich angeordneten Regel- und Absperrgeräten für die Zu- und Abluft. Eine Teilklimatisierung mit einer Zulufttemperatur von 18···20 °C ist wirtschaftlich. Die Raumtemperatur schwankt dabei zwischen 21···28 °C je nach Sonnenstrahlung und Belegungsdichte. Raumtemperaturen über 24 °C kommen nur selten vor.

## -3 HÖRSÄLE[1])

Hörsäle sind wichtige Räumen, vornehmlich in Hochschulen und Universitäten, jedoch finden sie sich auch in großen Industriebetrieben, Bibliotheken, Instituten und anderen Gebäuden.

Alle Hörsäle benötigen eine *Lüftungs- oder Klimaanlage,* da durch die anwesenden Personen sonst eine Luftverschlechterung eintritt, die die Aufmerksamkeit beeinträchtigt. Fensterlüftung ist im allgemeinen nicht möglich, da Straßengeräusche eindringen würden und die Räume auch bei Lichtbildvorträgen verdunkelt werden müssen.

Temperatur 22···25 °C, Feuchte 40···60%.

### -31 Heizung

Alle Hörsäle mit Fenstern sollten örtliche Heizkörper mit eigenem Heizungskreis in Form von Radiatoren, Konvektoren oder Heizplatten unter den Fenstern erhalten, um eine dauernde Grundheizung auf etwa 10 bis 15 °C zu gewährleisten. Die Lüftung übernimmt dann die zusätzliche Heizung auf 22 °C. Auf diese Weise wird am besten eine Überheizung der Räume vermieden. Bei Hörsälen ohne Fenster sind örtliche Heizkörper nicht unbedingt erforderlich.

### -32 Volumenstrom

Die Besonderheit der Hörsaallüftung besteht darin, daß bei Beginn der Vorlesung eine *plötzliche Wärmebelastung* durch die ankommenden Hörer auftritt, etwa 100 W je Person. Diese Wärme wird auf dreifache Weise abgeführt:

durch den Luftstrom,
durch Transmission der Umschließungsflächen,
durch Speicherung in Wänden und Möbeln.

Die Anteile dieser drei Verlustquellen sind unterschiedlich. Von der Luft werden größenordnungsmäßig etwa 50% der Gesamtwärme aufgenommen. Daraus ergeben sich je nach der zulässigen Differenz $\Delta t$ zwischen Zulufttemperatur und Raumtemperatur folgende *Luftraten* $l$ (Gesamtluft) je Person:

$$l = \frac{0{,}5 \cdot 0{,}1\ \text{kW}}{\varrho \cdot c_p \cdot \Delta t} = \frac{0{,}05}{1{,}2 \cdot \Delta t}\ \text{m}^3/\text{s} = \frac{180}{1{,}2 \cdot \Delta t}\ \text{m}^3/\text{h}$$

z.B. $\Delta t = 5$ K ··· $l = 30$ m³/h
$\Delta t = 10$ K ··· $l = 15$ m³/h

Da man die Zulufttemperatur nicht beliebig tief wählen kann und der Luftstrom aus wirtschaftlichen Gründen begrenzt ist, wird die Raumtemperatur in der Regel vom Beginn der Vorlesung bis zum Ende steigen, etwa 1···3 °C.

Nach DIN 1946 – Bl. 2 (1982) beträgt die erforderliche Mindestluftrate (Außenluft) je Person 30 m³/h; falls geraucht wird 50 m³/h. Der sich hieraus ergebende Luftwechsel ist meist etwa 6- bis 8fach je Stunde, bei niederen Räumen auch höher. Bei sehr tiefen oder hohen Außentemperaturen Verringerung der Außenluftmenge um 50%.

[1]) Nemecek, Wanner u. Grandjean: Ges.-Ing. 1971. S. 232/7.
Laakso, H.: Ki 6/73. S. 49/53.

## -33 Luftführung[1])

Siehe auch Abschnitt 336-4.

Für die Führung der Zuluft und Abluft gibt es je nach Lage der Räume und innerer Ausgestaltung sehr viele Möglichkeiten, die bei richtiger Ausbildung zu guten Ergebnissen führen, nämlich zugfreier und geräuschloser Lüftung. Bei Räumen, in denen die Kühllast groß oder viel geraucht wird, empfiehlt sich die Lüftung von unten nach oben, um die Last leichter zu beseitigen.

Jede Person gibt an die umgebende Luft etwa 50 Watt Wärme und 40 g/h Wasserdampf. Dadurch entsteht eine Konvektionsströmung nach oben mit einer Temperaturzunahme von 1···2 °C und einer Geschwindigkeit von 0,1···0,2 m/s.

Grundsätzlich läßt sich etwa folgendes sagen:

*Lüftung von unten nach oben.* Luftaustritt aus Treppenstufen, Stuhlfüßen, Luftauslaßpilzen, am Pultvorderkanten u. a. Absaugung oben. Luft strömt ziemlich gleichmäßig nach oben. In Aufenthaltszone zunehmende Lufttemperatur von Fuß bis Kopf (Bild 367-2). In waagerechter Richtung kaum Temperaturunterschiede. Besonders geeignet bei ansteigendem Boden, Galerien, geometrisch komplizierten Formen. Im allgemeinen die günstigste Lösung, die beim Betrieb die geringsten Beanstandungen verursacht, da hierbei die Lüftung die natürliche Konvektion unterstützt.

*Lüftung von oben nach unten.* Luftaustritt aus Düsen, Luftverteilern, Schlitzen u. a. Luftabsaugung unter Sitzen, an Wänden über Fußboden. Raumluft über Aufenthaltszone bei teilweiser Besetzung mit instabilen Zirkulationen verschiedener Ausdehnung. In Aufenthaltszone gleichmäßige Temperatur von Kopf bis Fuß (Bild 367-2). In waagerechter Richtung bei instabiler Strömung häufig wesentliche Temperaturunterschiede. Stärkere Luftbewegung, leichter Zugerscheinungen.

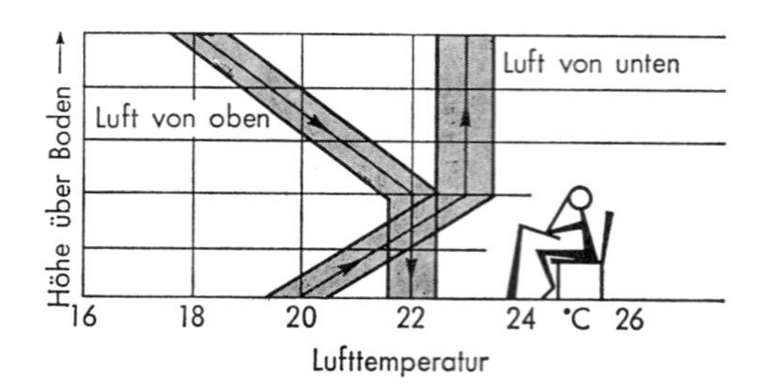


Bild 367-2. Vertikale Temperaturänderung bei der Lüftung von oben nach unten und umgekehrt (nach Linke).

*Lüftung waagerecht.* Luftauslässe waagerecht in der Wand möglichst mit etwas Abstand zur Decke (Strahllüftung) in Richtung auf Podium. Luftabsaugung unter Sitzen oder unten an den Seitenwänden. Genaue Berechnung der Strahlausbreitung erforderlich, besser Raumströmungsversuche. Ähnliche Verhältnisse wie bei der Lüftung von oben nach unten.

*Pultlüftung und Lochfußlüftung* siehe Abschnitt 336-45.

Alle Anlagen sollten zur Ersparnis an Heiz- und Kühlkosten für *Umluftbetrieb* eingerichtet sein, d. h., die abgesaugte Luft wird zu einem mehr oder weniger großen Teil wieder der Zuluft zugeführt. Vor Beginn der Benutzung des Hörsaales wird nur mit Umluft gefahren, während nach Beginn, je nach der Zahl der Hörer und je nach Außentemperatur, ein größerer oder kleinerer Teil Außenluft zugesetzt wird. Bei voller Besetzung soll die Anlage in der Regel mit reiner Außenluft betrieben werden.

Die Umschließungswände sollten möglichst eine Temperatur von ~ 20 °C haben.

Die Bilder 367-3 bis -5 zeigen drei verschiedene Ausführungen von Hörsaal-Lüftungen, die bei richtiger Bemessung der einzelnen Teile wie Luftauslässe, Lufteinlässe, Kanäle usw. alle einwandfrei arbeiten.

*Projektionsräume* und *Filmkabinen* erfordern gesonderte Lüftung.

[1]) Laakso, H.: VDI-Bericht 162 (1971) S. 61/7.
Sprenger, H.: Ges.-Ing. 1971. S. 225/31.

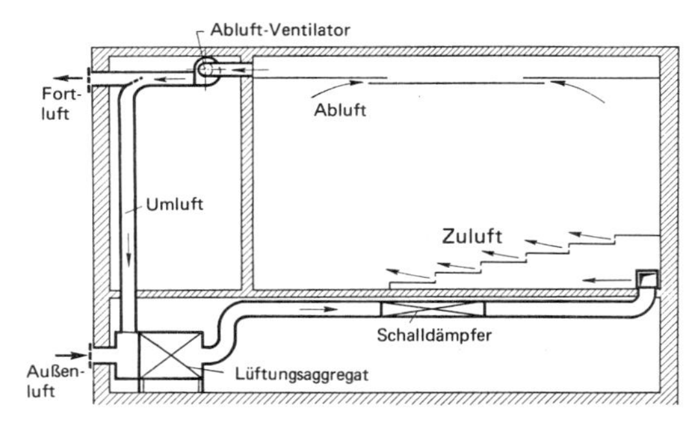


Bild 367-3. Lüftung eines Hörsaales von unten nach oben. Zuluftaustritt unter den Sitzen, Luftgeschwindigkeit $v \leqq 0{,}5$ m/s. Abluft in Decke. Umluft wird durch einen besonderen Kanal zur Zuluftanlage zurückgeführt. Abluftgitter abnehmbar zur Reinigung. Abluftschlitze oft unsichtbar.

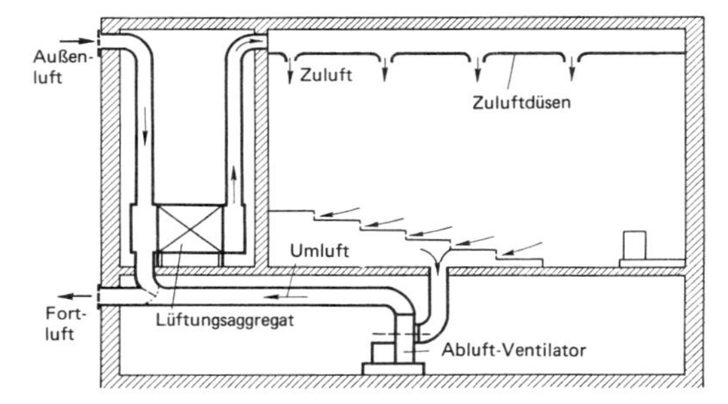


Bild 367-5. Lüftung eines Hörsaales durch Düsen von oben nach unten. Wurfweite nach Angabe Abschnitt 336 wählen. Abluft unter den Sitzen, an Wand oder Decke des Saales. Abluftgeschwindigkeit $v \approx 1$ m/s unter den Sitzen, an Decken- oder Wandeinlässen $v \approx 2$ m/s. S. auch Abschn. 336-424.

## -34 Luftkühlung

Luftkühlung mittels Kältemaschine ist bei allen Hörsälen erforderlich, da an warmen Tagen im Sommer die eingeblasene Außenluft die Raumtemperatur zu stark erhöht. Die erforderliche *Kühlleistung* ist nach den Angaben Abschnitt 353 zu berechnen. *Überschlagswerte* erhält man bei Annahme einer Abkühlung der Außenluft von 32 °C/40% rel. Feuchte auf etwa 18 °C/80% rel. Feuchte. Bei einer Luftrate von 30 m³/h ergibt sich dann die erforderliche Kühlleistung je Person zu

$$\dot{q} = 30 \cdot 1{,}2\,(63{,}0 - 44{,}3) = 673 \text{ kJ/h} = 187 \text{ W je Person}$$

Ein Hörsaal für 400 Personen benötigt demnach eine Kühlleistung von

$$\dot{Q} = 400 \cdot 187 = 75\,000 \text{ W} = 75 \text{ kW}.$$

Handelt es sich um die Kühlung eines kleinen Hörsaales, so wird der Kühler auch als *direkter Verdampfer* einer Freon-Kältemaschine ausgebildet. Bei mehreren Hörsälen wird man eine gemeinsame Kältemaschine aufstellen, die *Wasser* auf etwa 5 bis 8 °C kühlt, das dann durch Pumpen den verschiedenen Kühlern der Klimaanlage zugeführt wird. Bei Wärmerückgewinnung ergeben sich kleinere Kühlleistungen.

## -35 Temperaturregelung

Alle Lüftungs- und Klimaanlagen sollten mit einer selbsttätigen Temperaturregelanlage mit Proportional- oder PI-Reglern ausgerüstet werden. Die Raumtemperatur wird von einem Fühler im Hörsaal oder in der Abluft mit dem Sollwert verglichen. Bei Abweichung verstellt der Regler die in Folge geschalteten Dreiwegeventile des Lufterhitzers und Kühlers. Ein Minimalregler verhindert das Einblasen von zu kalter Luft.

### -36 Schaltung

Alle erforderlichen Schalt- und Kontrollgeräte sind auf einer *Schalttafel* anzubringen, auf der auch die Raumtemperatur und die Zulufttemperatur abgelesen werden können. Von der Schalttafel aus erfolgt auch die Einstellung des Außenluftanteiles bei der Lüftung.

Das Ein- und Ausschalten der Anlage ist auf verschiedene Weise möglich. Ist nur ein Hörsaal vorhanden, kann die Schalttafel im Hörsaal selbst oder in einem Nebenraum angeordnet werden. Bei mehreren Hörsälen, wie es bei Hochschulen und Universitäten die Regel ist, ist dies jedoch nicht zweckmäßig, da eine richtige Bedienung der Schalttafel nicht gewährleistet ist. In diesem Fall ist es besser, im Hörsaal nur einen Druckknopf mit Signallampe anzubringen, bei dessen Betätigung die Lüftung in Betrieb gesetzt wird. Die *Überwachung* der einzelnen Anlagen erfolgt dann von einer zentralen Schalttafel durch den Hausmeister oder noch besser durch zentrale Leittechnik.

# 368 Fabriken

## -1 ALLGEMEINES

Die Nutzung von Fabriken ist sehr vielfältig. Es gibt Lager- und Fertigungshallen für das weite Gebiet vom Maschinenbau, der Eisen- und Stahl-Industrie (z. B. Gießerei), der chemischen Lebensmittel-, Glas-, Holz-, Leder-, Tabak-, Textil-, Papier-Industrie bis zur Feinwerk- und Elektronik-Industrie u. a. Entsprechend vielfältig sind auch die Anforderungen an die RLT-Anlagen.

In allen *Fertigungsstätten*[1]) besteht die Forderung, für das Produkt oder den Produktionsprozeß optimale Raumluftzustände herzustellen, unter größtmöglicher Beachtung der für die Menschen erträglichen Bedingungen. Ferner soll ein wirtschaftlicher Betrieb durch rationelle Energieverwendung gewährleistet sein.[2])

Die Planung von Fabriken richtet sich primär nach der Arbeitsplatz-, Anlagen- und Materialflußplanung, aber auch nach den Anforderungen an die RLT-Anlagen. Diese können u. a. lauten: Außenluftanteil, Druckhaltung, Temperatur, Luftfeuchte, elektrostatische Aufladungen, Luftverunreinigung (MAK-, MIK-Werte), Raumluftgeschwindigkeit (sowohl im Bereich der Personen als auch des Produktes), Geräusche, Schwingungen, Energieverwendung.

Häufig reichen Be- und Entlüftungsanlagen aus, oft auch nur Entlüftung. *Klima-Anlagen* mit höheren produktbedingten Anforderungen an Temperatur, Luftfeuchte, Luftreinheit u. a. finden sich z. B. in der Chemiefaser-, Tabak-, Textil-, Papier- und Elektronik-Industrie.

Wenn nur wenige Arbeitsplätze in großen Hallen vorliegen, kann aus wirtschaftlichen Gründen nicht immer die Behaglichkeit für die Personen hergestellt werden, z. B. in *Hitzebetrieben* (Gießereien, Stahlwerke, Glashütten), in denen auch erhebliche Strahlungswärme freigesetzt wird. Dann muß durch eingeschränkte Arbeitszeit, Schutzkleidung, große Raumhöhe oder örtliche Luftduschen Abhilfe geschaffen werden.

## -2 LUFTFÜHRUNG

Bei *Schadstoffanfall* soll die Luftführung vom Menschen in Richtung Produkt erfolgen. Schadstoffe sind möglichst an der Entstehungsstelle abzusaugen (s. Abschnitt 5). Dadurch kann der Belastungsgrad des Arbeitsbereichs durch Wärme und Schadstoffe ge-

---

[1]) VDI 3802 (E. 12.79): RLT-Anlagen für Fertigungswerkstätten.
Keppler, P.: Ges.-Ing. 6/81. S. 281/6 u. 327/9.

[2]) FTA-Fachbericht 3, 1980, Resch-Verlag, Gräfelfing/München.
VDI-Bericht 435, Tagung München 1982, VDI-Verlag, Düsseldorf.

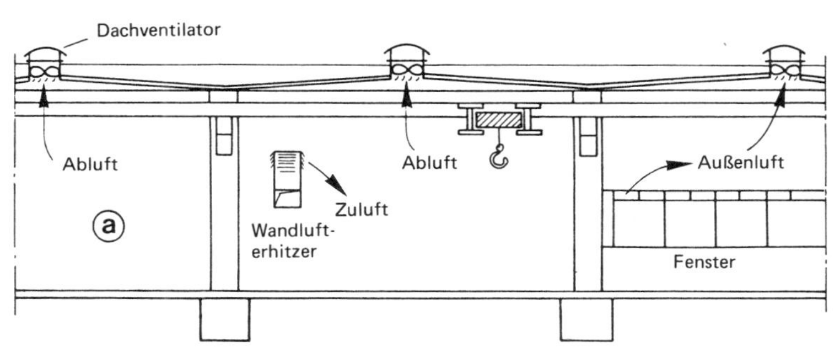


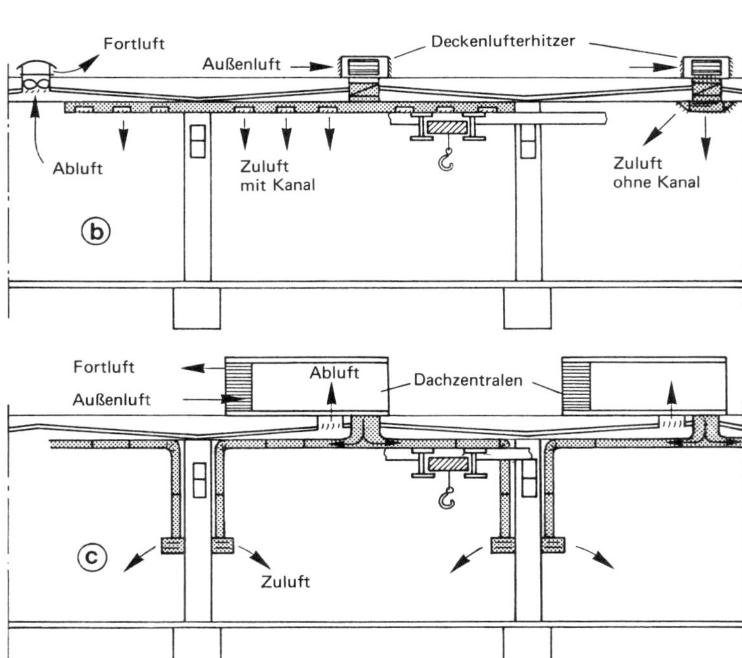


Bild 368-1. Luftführung in Fertigungshallen.

a) Nur Abluft durch Dachventilatoren, Zuluft durch Fenster oder Wandlufterhitzer
b) Abluft durch Dachventilatoren, Zuluft durch Dach- oder Deckengerät mit Kanal
c) Dachluftzentralen für Zuluft und Abluft, mit Wärmerückgewinnung, Zuluft in Aufenthaltsbereich.

ring gehalten werden. Der *Belastungsgrad* ist das Verhältnis des im Arbeitsbereich wirkenden zum in der Halle freigesetzten Laststroms für Wärme oder Schadstoffe. Bei besonderen Reinheitsforderungen im Produktbereich (weiße Räume s. Abschnitt 369-2) ist Luftführung vom Produkt weg zum Menschen gerichtet, wenn keine schädlichen Emissionen vorliegen.

Im Raum erfolgt die Luftführung unter Berücksichtigung von Thermik, Luftschichtung. Bei meist großer Raumhöhe in Fertigungshallen (z. B. 6 bis 10 m) erfolgt die Luftzufuhr zweckmäßig direkt in den Aufenthaltsbereich[1]) (s. Bild 368-1c). Dabei ist Rücksicht auf Krananlagen zu nehmen: senkrechte Kanalführung an Stützen oder Wänden. Hallenabluft fast immer unter Dach; meist aus Kosten- und Platzgründen ohne Kanalsystem (s. auch Bild 341-46).

## -3 VOLUMENSTROM

Der Volumenstrom bestimmt sich entweder aus den Erfordernissen der Kühllast (s. Abschn. 353), der Luftverunreinigung (s. Abschn. 351-1) oder nach Erfahrungswerten für den stündlichen Luftwechsel: Siehe Tafeln 368-1 und 351-1.

Bei niedrigen Außentemperaturen wird der Außenluftanteil meist reduziert: üblich bis auf 50%.

## -4 LUFTFEUCHTE UND RAUMTEMPERATUR

Siehe hierzu Tafel 329-1.

Die Raumtemperaturen sollen nach § 6 der Arbeitsstättenverordnung (ASR) 26 °C nicht überschreiten. Ausgenommen sind Warmbetriebe, in denen eine Wärmemenge > 70 W/m² freigesetzt wird, oder Hitzebetriebe, in denen viel Strahlungswärme freigesetzt wird. Für Warm- und Hitzebetriebe[2]) werden Raumtemperaturen nach Tafel 368-2 empfohlen.

**Tafel 368-1. Richtwerte für den Luftwechsel je h in Fertigungsstätten**

| | |
|---|---|
| Werkstätten allgemein | 3···6 |
| spanabhebende Fertigung | 3···6 |
| Schweißereien | 5···8 |
| Feinmechanik | 8···12 |
| Lackiererei | 10···30 |
| Lagerhalle Maschinenbau | 1···2 |
| Obst, Gemüse | 4···8 |
| Lagerhalle Lebensmittel | 4···10 |
| Tabakindustrie | 8···25 |
| Papier- und Druckindustrie | 6···15 |
| Textilindustrie: | |
| Natur- und Kunstfaser | 4···25 |
| Chemiefaser | 4···100 |
| Konfektion | 4···20 |

**Tafel 368-2. Raumlufttemperaturen in Warm- und Hitzebetrieben**)**

| Außentemperatur °C | Max.-Temperatur in °C | | empfohlene Temperatur °C | |
|---|---|---|---|---|
| | Warmbetrieb | Hitzebetrieb | Warmbetrieb | Hitzebetrieb |
| −18 bis +10 | 23±3 | 26±3 | 18±3 | 23±3 |
| +10 bis +26 | 28±3 | 32±3 | 26±3*) | 29±3*) |
| +26 bis +32 | 31±1*) | 35±1 | 29±1*) | 32±1*) |

*) meist nur durch Kühlung erreichbar
**) nach VDI 3802 (E. 12.79)

[1]) Schäfer, E.: TAB 9/78. S. 751/5.
Ossadnik, H.: VDI Bericht Nr. 425 (1981) S. 39/46.
Bach, H., u. Dittes, W.: HLH 8/86. S. 411/8.
Lorenz, W.: Ges.-Ing. 6/85. S. 259/73.
[2]) DIN 33403 Teil 1 bis 3 (E. 4.84 bis 12.84). Klima am Arbeitsplatz.

### -5 WÄRMERÜCKGEWINNUNG[1])

Siehe auch Abschnitt 339.

Die Wärmerückgewinnung bei RLT-Anlagen in Fertigungsstätten hat sich in den letzten Jahren stark verbreitet. Ausführungsbeispiele s. Bild 368-1c und 342-37. Wegen der hohen Luftwechselzahlen gemäß Tafel 368-1 und bei 2- oder 3schichtigem Betrieb ist der Anteil der Lüftungswärme am Gesamtwärmebedarf sehr hoch. Daher liegt in der Wärmerückgewinnung aus der *Abluft* ein relativ hohes Energiesparpotential: Im Beispiel einer typischen Fertigungshalle mit guter Wärmedämmung in Bild 368-2 macht der Heizleistungsbedarf für die Lüftungswärme 80% des Gesamtwärmebedarfs aus. Bei Wärmerückgewinnung mit einer Rückwärmezahl $\Phi$ = 69% können etwa 55% des Gesamtwärmebedarfs eingespart werden.

Entsprechende Wärmerückgewinnungsanlagen, ausgeführt z. B. als regenerative rotierende Wärmetauscher, kosten heute pro eingespartes kW Heizleistung 150···200 DM/kW. Die Investition für Wärmerückgewinnung ist damit billiger als die Investition einer Heizkesselanlage, deren Kosten bei 200···250 DM/kW einschl. Nebenanlagen liegt. Dieser Vorteil kommt bei Neuanlagen oder bei Werkserweiterungen zum Tragen. Zusätzlich werden natürlich Energiekosten eingespart.

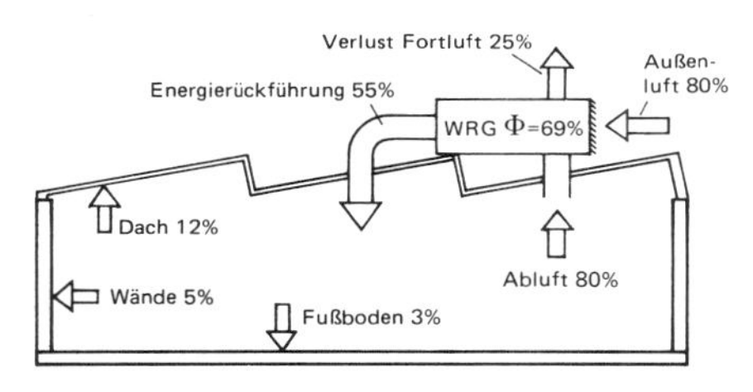


Bild 368-2. Heizleistungs-Bilanz einer modernen Fabrikhalle bei 6fachem Luftwechsel und 50% Außenluftanteil.

WRG = Wärmerückgewinnung $\Phi$ = Rückwärmezahl

# 369 Sonstige Räume

### -1 LUFTSCHLEIER (LUFTTÜREN)[2])

### -11 Verwendung

in Geschäften, namentlich Warenhäusern, für ungehinderten Eingang aus werbetechnischen Gründen. Türhöhe möglichst gering, etwa 2 bis 2,20 m. Ferner in Fabriken zur Verhinderung von Zugerscheinungen bei dauernd oder zeitweise geöffneten Türen und Toren. Häufig automatisches Einschalten der Anlage bei Öffnung der Tür. Heizkostenersparnis durch Luftschleier an Fabriktoren bis 80%[3]).

[1]) FTA-Bericht 3: Wärmerückgewinnung bei Be- und Entlüftung in Industriehallen 1980, Resch Verlag, München.
VDI-Bericht 435, Tagung München 1982.

[2]) Danielsson, P. P.: Ki 5/1973. S. 41/5.
Lajos, T., u. L. Prezler: HLH 5/75. S. 171/6 und 6/75. S. 226/35.
Mürmann, H.: Klima-Kälte-Techn. 11/75. S. 238/44 u. HR 4/77 u. 5.77.
Detzer, R., u. D. Gersch: Ki 6/84. S. 255/9.

[3]) Mürmann, H.: Kälte- u. Klimatechn. 9/79. S. 414. 4 S.

### -12 Luftführung

in verschiedener Weise möglich (Bild 369-1):

a) Luftaustritt oben, Luftabsaugung unten über Fußboden, meist ausgeführtes System, namentlich bei Kaufhäusern.

b) Luftaustritt oben, Absaugung seitlich, weniger günstig, da Kaltluft nicht abgesaugt wird.

c) Luftaustritt unten, Absaugung oben, wärmetechnisch günstig, Luftströmung behindert jedoch das Betreten des Eingangs, Staubaufwirbelung.

d) Luftaustritt an einer Seite, Luftabsaugung auf der anderen Seite.

e) Luftaustritt von beiden Seiten, Luftabsaugung unten oder oben.

f) Luftaustritt seitlich oben, Luftabsaugung seitlich unten (oder umgekehrt).

g) Sonstige Luftführungen, auch gegenläufig (Luftaustritt und Luftabsaugung auf derselben Seite unten oder oben).

Bei Fabriktoren häufig auch Luftschleier ohne Luftabsaugung in Gebrauch (Bild 369-4 und -6).

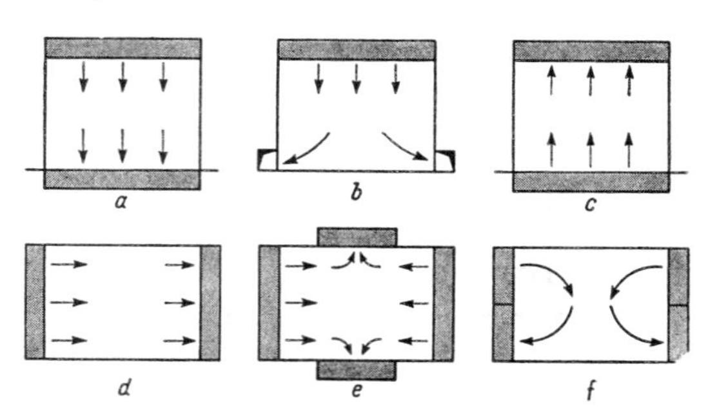


Bild 369-1. Verschiedene Möglichkeiten der Luftführung bei Luftschleiern.

### -13 Lufttemperatur

desto höher, je geringer Luftmenge.

Richtwerte:

bei kleinen Anlagen 25···30 °C
bei großen Anlagen 20···25 °C.

Manchmal auch Zulufttemperatur in Abhängigkeit von Außentemperatur geregelt. Ansaugtemperatur etwa 5···15 °C.

Für Fabriktore, die nur zeitweise geöffnet werden, werden auch *Kaltluftschleier* außen vor den Toren verwendet, um die Wärmeverluste durch einströmende Kaltluft zu verringern. Sie können einseitig oder zweiseitig blasend ausgeführt werden. Ihre Wirkungsweise ist ähnlich den Warmluftschleiern (Bild 369-4 und -6). Nicht geeignet für Tore mit häufigem Personenverkehr. Aber geringerer Heizenergiebedarf.

### -14 Luftgeschwindigkeit

im Luftauslaß je nach Türhöhe oder Türbreite

| | |
|---|---|
| bei Strömung von oben | 10···15 m/s |
| bei Strömung von unten | 2··· 4 m/s |
| bei Strömung von der Seite | 10···15 m/s. |

### -15 Volumenstrom

Genaue Berechnung nicht möglich, da von vielen Faktoren abhängig. Günstig ist es, Luftmenge so groß wie möglich zu wählen, dabei jedoch erheblicher Wärme- und

Kraftaufwand. Bei geringem Windanfall Reduzierung des Volumenstroms durch Drehzahländerung in Abhängigkeit von Thermostaten in der Absaugfläche.

*Richtwerte* 2000···5000 $m^3/h\,m^2$, bei ungünstigen Verhältnissen (ungeschützte Lage) auch mehr, bis 10000 $m^3/h\,m^2$.

*Schepelew*[1]) gibt die für den Luftstrahl erforderliche Luftmenge $\dot{V}$ in Abhängigkeit von der ohne Luftschleier infolge Thermik oder Winddruck eindringenden Luftmenge $\dot{V}_o$ an, Luftstrahlen unter 45° nach außen gerichtet:

Erforderlicher Volumenstrom

bei einseitigem Strahl $\dot{V} = 0{,}4 \cdots 0{,}45\ V_o$
bei zweiseitigem Strahl $\dot{V} = 0{,}8 \cdots 1{,}0\ V_o$.

Der einseitige Strahl ergibt also bessere Verhältnisse. Bei vorgenanntem Luftschleier-Volumenstrom $\dot{V}$ ist die in den Raum eindringende Luftmenge gleich Null. Die Luftmenge $\dot{V}_o$ ohne Schleier bestimmt man durch Messung oder aus dem Wirkdruck auf die Torfläche infolge Wind oder Thermik. Mittlere Geschwindigkeit im Tor ohne Luftschleier infolge Thermik bei $\Delta t = 10$ K und Torhöhe 2,8···3,8 m:

$v_o = 2{,}6$ m/s

Luftgeschwindigkeit ohne Torschleier infolge Winddruck $\Delta p$ (in Pa)

$v_o = \sqrt{2\Delta p/\varrho}$ in m/s

Luftgeschwindigkeit im Strahlanfang ca. 10 m/s.

*Beispiel:*

Torbreite 4 m, Torhöhe 2 m, Windgeschwindigkeit der Außenluft 2 m/s, ohne Luftschleier eindringende Luftmenge $\dot{V}_o = 4 \cdot 2 \cdot 2 = 16\ m^3/s$.

Erforderliche Luftmenge bei einseitigem Strahl:

$\dot{V} = 0{,}45 \cdot 16 = 7{,}2\ m^3/s = 26\,000\ m^3/h$.

Schlitzbreite $b = 7{,}2/(2 \cdot 10) = 0{,}36$ m.

### -16 Ausführungsbeispiel

Lufttür in Warenhaus (Bild 369-2). Ventilator und Lufterhitzer im Keller aufgestellt. Unter Rost ein Beruhigungsraum, in dem sich grober Staub, Papier usw. ablagern. Türbreite 4 m, Türhöhe 2,2 m. Luftmenge $\dot{V}$ gewählt $4{,}0 \cdot 2{,}2 \cdot 5000 = 44\,000\ m^3/h$. Luftgeschwindigkeit $v = 5$ m/s. Tiefe der Luftwand 0,60 m, Luftströmung schräg nach vorn (außen).

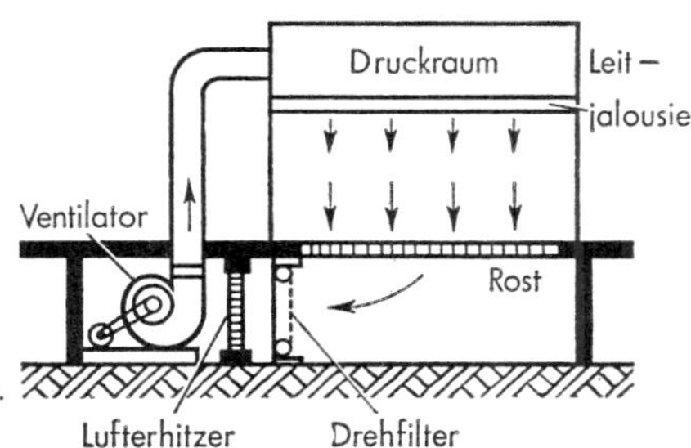


Bild 369-2. Lufttür in einem Warenhaus.

Rostfläche bei $v = 2$ m/s Sauggeschwindigkeit rd. 6 $m^2$.

Lufterwärmung von 10 auf 25 °C.

Heizleistung $\dot{Q} = \dot{V}_s \cdot \varrho \cdot c \cdot \Delta t = \frac{44\,000}{3600}\ 1{,}2 \cdot 1 \cdot 15 = 220$ kW.

Ein weiteres Beispiel Bild 369-4 mit der Darstellung eines Lufttores für eine Fabrik. Ventilator und Lufterhitzer oberhalb des Tores auf einem Konsol, Lufteinblasung von beiden Seiten. Auch Öl- und Gasluftheizer verwendbar. Ebenfalls für Fabriktore geeig-

[1]) Baturin, W. W.: Lüftungsanlagen für Industriebauten. VEB-Verlag Berlin 1959. S. 397.

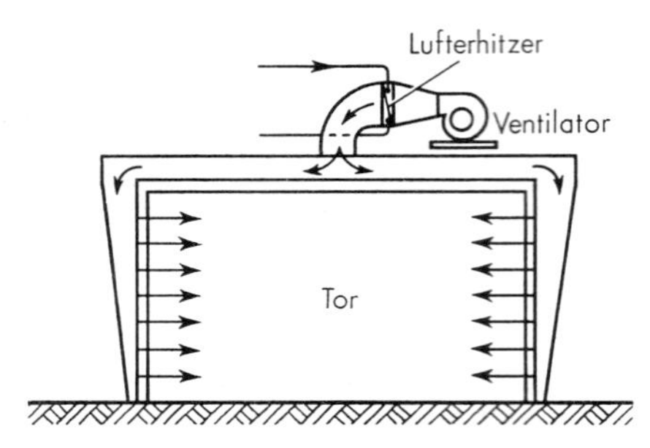


Bild 369-4. Luftschleier bei einem Fabriktor.

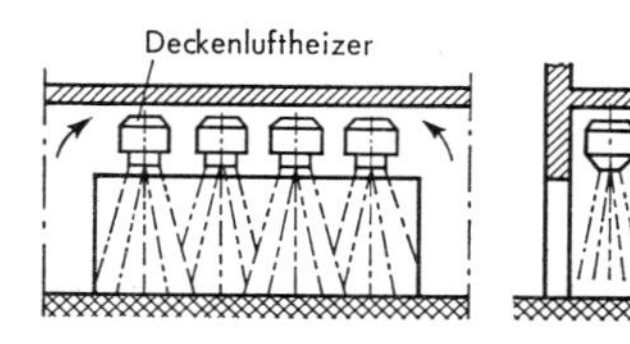


Bild 369-6. Luftschleier bestehend aus vier Deckenluftheizern.

net ist die Ausführung nach Bild 369-6, wo mehrere Deckenluftheizer nebeneinander den Warmluftschleier erzeugen. Bei nur gelegentlich geöffneten Fabriktoren ist Kaltluftschleier energiesparender als Warmluftschleier.

Grundsätzlich haben Lufttüren mit Heizung hohen Energieverbrauch, wie vorstehendes Beispiel zeigt. Daher werden heute oft Schleusen[1]) oder einfache automatische Schiebetüren bevorzugt.

## -2 REINRAUMTECHNIK[2])

Bei manchen neuen Arbeitsvorgängen, besonders in der elektronischen, optischen und pharmazeutischen Industrie, wird eine ganz besonders staubfreie Luft verlangt. Staubteilchen von 0,3 bis 1,0 $\mu$m Größe können hier bereits Schäden verursachen. Ebenso wichtig ist häufig die Entfernung von Mikroorganismen, z. B. bei der Zubereitung steriler Präparate oder in der Chirurgie. Für diese Aufgaben ist die *Reinraumtechnik* entwickelt worden (Weiße Räume).

Staubbildung erfolgt:

1. durch die zugeführte Außenluft, die je $m^3$ etwa 10···50 Mill. Partikel $>0{,}5$ $\mu$m enthält;
2. durch Personen; Partikelabgabe $>0{,}3$ $\mu$m bei einer Person je nach Beschäftigung etwa 5···10 Mill./h; Keimabgabe $\approx$ 50000/h;
3. durch Arbeitsprozesse, etwa in ähnlicher Größenordnung.

Räume mit RLT-Anlagen haben zwar i. a. geringeren Staubgehalt in der Raumluft als solche ohne mechanische Lüftung; es ist jedoch bei üblicher Luftführung infolge Wirbelbildung der Luft der Staub im ganzen Raum verteilt. Man erreicht eine große Ver-

[1]) Schmidt, M.: Funktion und Berechnung von Luftschleusen, Fortschr. Ber. VDI-Z. R6, Nr. 99, 1982, VDI-Verlag Ddf.

[2]) VDI-Richtlinie 2083: Reinraumtechnik. Bl. 1 (12.76) Bl. 2 (12.77) Bl. 3 (2.83).
Schütz, H.: TAB 7/77. S. 721/5.
VDI-Bericht 386: Reinraumtechnik, Tagung München 1980.
Apelt, J., u. W. Keidel: Ki 6/83. S. 269/74 u. Ki 11/83. S. 453/8.
CCI 2/84, i-Thema, S. 22/30.
Müller, K. G.: Ki 10/85. S. 415/9.
8. Intern. Symposium On Contamination Controll, Sept. 86, Mailand, ASCCA.
Reinraumtechnik VIII. SRRT. Mai 1986, Zürich.
Gail, L.: Chem. Ing. Techn. 3/86. S. 204/9.

besserung bei Anwendung der *turbulenzarmen Kolbenströmung oder Verdrängungsströmung* (nicht korrekt manchmal auch als *Laminarströmung* bezeichnet) durch den Raum. Dabei dann höherwertige Reinigung der Luft durch *Hochleistungs-Schwebstoffilter* (HOSCH-Filter oder HEPA-Filter). Hierbei bewegt sich die Luft auf parallelen Strombahnen mit gleichförmiger Geschwindigkeit, wobei der im Raum freigesetzte Staub sofort erfaßt und abgeführt wird, ohne sich erst im Raum auszubreiten. Luftgeschwindigkeit 0,35···0,5 m/s. Dabei ergeben sich je nach Anforderungen sehr hohe Luftwechselzahlen bis zu 500···600fach, was zu hohen Energiekosten führt (jährlich 1000···2000 DM pro $m^2$ Reinraum). Zwei Ausführungen (Bild 369-20):

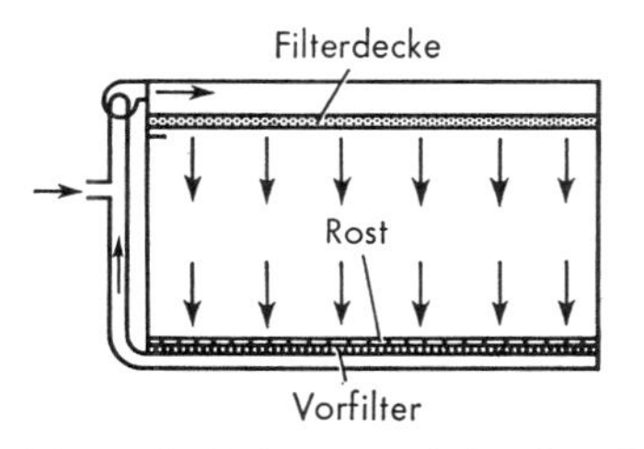


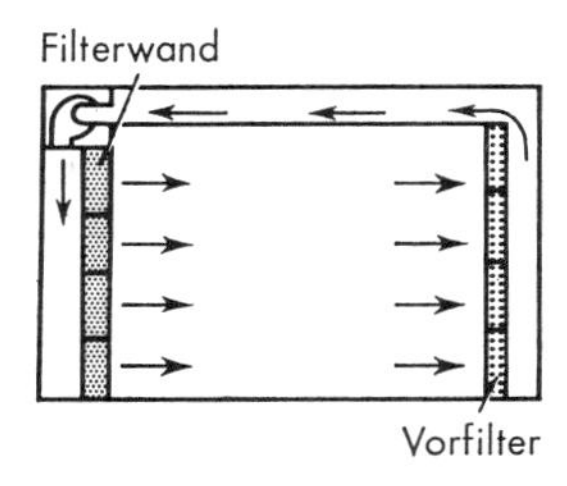


Bild 369-20. Schema der Luftströmung bei „reinen Räumen". Links: Vertikale Strömung; rechts: Horizontale Strömung.

*Vertikale Luftführung* von oben nach unten durch Filterdecke; Absaugung unten über Vorfilter. Staub wird gleich nach der Entstehung nach unten abgeführt. Mindestluftgeschwindigkeit $v = 0{,}35$ m/s.

*Horizontale Luftführung;* eine ganze Wand als Filterwand ausgebildet, bestehend aus mehreren Baueinheiten. Stromaufwärts dürfen hier keine Staubquellen vorhanden sein. Billiger, da weniger Filter. Wartung einfacher. Mindestluftgeschwindigkeit $v = 0{,}45$ m/s.

Schema der Luftführung in Bild 369-22. Die Anlage arbeitet im wesentlichen mit *Umluft*. Zur Erneuerung der Raumluft und Abführung von Wärmelasten wird nur ein geringer Teil, etwa 2···3% Außenluft, zugesetzt. Diese Primärluft wird wie in einer normalen Klimaanlage aufbereitet.

Trotz der großen Luftgeschwindigkeit liegt der Raumluftzustand noch im Rahmen der *Behaglichkeit*. Dies ist offenbar auf die Gleichmäßigkeit der Temperatur und der Strömung zurückzuführen, wie auch auf die Kleidung (Kopfbedeckung).

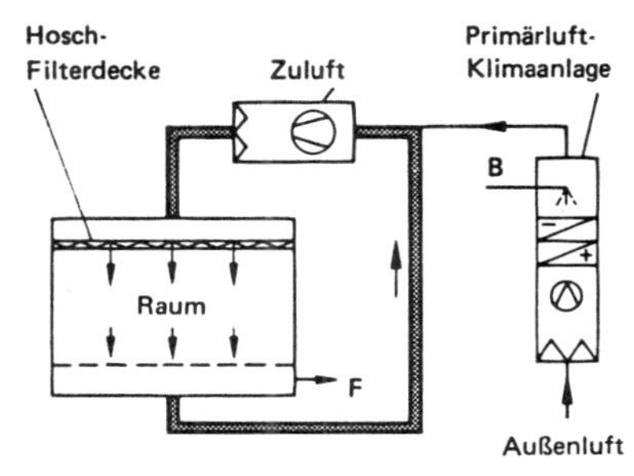


Bild 369-22. Luftaufbereitung und Luftführung für „Reine Räume"
B = Befeuchtung, F = Fortluft

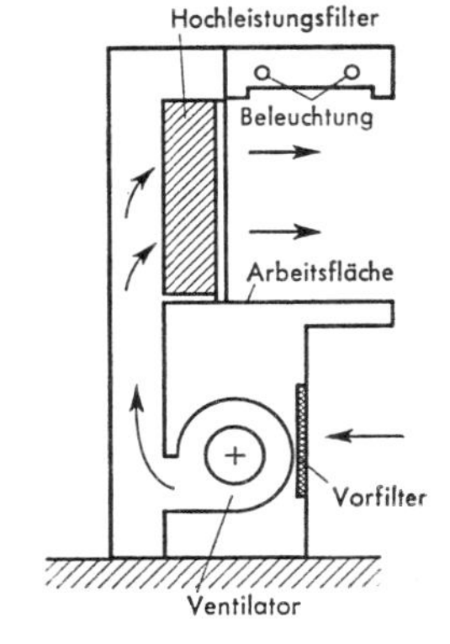


Bild 369-24. Reine Werkbank.

Die eingesetzten Filter werden nach DIN 24184 (10.74) typgeprüft. Dabei wird der Durchlaßgrad des Filters gegenüber einem Prüfaerosol (Paraffinölnebel) gemessen (s. Abschn. 333-42). Der Einbau muß sorgfältig überwacht werden, ebenso die Wartung.

Für kleine Arbeitsvorgänge *„Reine Werkbänke"* nach Bild 369-24. Luft wird unten über Vorfilter von einem Ventilator angesaugt und über ein Hochleistungs-Schwebstoffilter über die Arbeitsfläche geblasen. Etwas größere Bauarten sind *„Reine Kabinen"*, die begehbar sind. Beide Bauarten sind flexibel und können in vorhandenen Werkräumen aufgestellt werden.

Je nach Anspruch an die Staubfreiheit der Luft Einteilung der Räume mit verschiedenen Partikelzahlen für die zugeführte Luft.

Nach den deutschen Richtlinien werden die reinen Räume in *Reinheitsklassen* eingeteilt gemäß VDI-Richtlinie 2083 (12.76):

| Reinheitsklasse VDI 2083 | Teilchenkonzentration je m³ bei einer Bezugsgröße von μm | | | entspricht ungefähr US-Klasse |
|---|---|---|---|---|
| | 0,5 | 1 | 5 | |
| 3 | $4 \cdot 10^3$ | $1 \cdot 10^3$ | – | 100 |
| 4 | $4 \cdot 10^4$ | $1 \cdot 10^4$ | $0{,}03 \cdot 10^4$ | 1000 |
| 5 | $4 \cdot 10^5$ | $1 \cdot 10^5$ | $0{,}03 \cdot 10^5$ | 10000 |
| 6 | $4 \cdot 10^6$ | $1 \cdot 10^6$ | $0{,}03 \cdot 10^6$ | 100000 |

Siehe auch Bild 369-28.

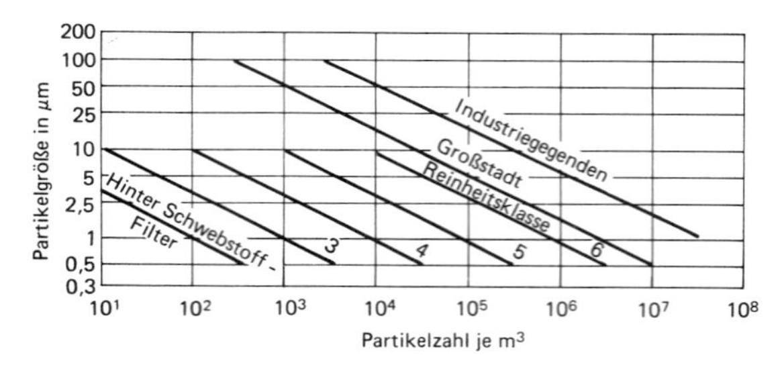


Bild 369-28. Partikelzahl je m³ Luft abhängig von der Partikelgröße.

Meist erfolgt Anwendung der amerik. Norm (Federal Standard Nr. 209 B, Mai 76) mit vier Klassen: 100, 1000, 10000, 100000. Damit ist die maximale Zahl der Partikel je cft bei 0,5 μm angegeben. Umrechnung: 100 Partikel je cft = 3500 Partikel je m³. Inzwischen werden auch Räume der Klasse 10 und 1 gebaut.

Bei Reinheitsklasse mit geringerer Anforderung werden die Filterflächen und Auslässe schachbrettartig in der Decke angeordnet, um Volumenstrom und damit Energie zu sparen (turbulente Durchströmung)[1].

*Richtwerte für Luftwechselzahlen und Geschwindigkeit:*

| | | | |
|---|---|---|---|
| US-Klasse | 10 | $Lw = 500 \cdots 600\ h^{-1}$ | $v = 0{,}45$ m/s |
| US-Klasse | 100 | $Lw = 500 \cdots 600\ h^{-1}$ | $v = 0{,}45$ m/s |
| US-Klasse | 1000 | $Lw = 40 \cdots 100\ h^{-1}$ | $v = 0{,}2$ m/s |
| US-Klasse | 10000 | $Lw = 15 \cdots 25\ h^{-1}$ | turbulent |

[1]) Palm, U.: VDI-Berichte 542 (1984). S. 89/97.

## -3 DATENVERARBEITUNGSANLAGEN (EDV-ANLAGEN)[1])

Für die Maschinen in diesen Räumen, die häufig erhebliche Wärmemengen abgeben, ihre Hilfseinrichtungen sowie das Material (Lochkarten, Magnetbänder) werden von den Herstellern *bestimmte Bedingungen* bezüglich Temperatur, Feuchte und Reinheit der Luft gestellt, so daß immer Klimaanlagen erforderlich sind. Für den *Eintritt* der Luft in die Maschinen wird in der Regel verlangt

Temperatur 18···20 °C
rel. Luftfeuchte 80···70%

*Im Raum selbst* und in den Nebenräumen sollen die Temperaturen 22···26 °C bei einer rel. Luftfeuchte von 50···60% betragen. Dies entspricht den normalen Komfortbedingungen.

Der erforderliche Volumenstrom der Klimaanlage errechnet sich aus der Kühllast des Raumes (Transmission, Personen, Beleuchtung usw.) und insbesondere der von den Maschinen abgegebenen Wärme. Wärmeanfall sehr hoch, etwa 200···700 W/m² ohne Transmission und Sonnenstrahlung durch Fenster. Außenluftanteil gering, häufig konstant, etwa 10···15%, im Winter zur Ersparnis an Kühlenergie höher. Abluftabsaugung über den Maschinen. Bei großen Anlagen Abluftventilator. Luftwechsel manchmal sehr groß, 50fach und mehr.

Reinheit der Luft wichtig, besonders für Magnetbänder mit Filterklasse EU 7···8.

Für die Luftführung im Raum zwei Systeme.

*Einkreissystem:*

Luft wird nur dem Raum zugeführt, gelegentlich durch Lochdecke, häufiger durch Doppelfußboden. Maschinen saugen Luft mittels eingebautem Ventilator aus dem Raum (Bild 369-30). Luft- und wärmetechnisch am günstigsten sind verlegbare Luftdurchlässe vorzugsweise im Fußboden oder auch abgehängter Decke, da hierbei Anpassung an veränderte Maschinenaufstellung möglich ist (Bild 360-31).

*Zweikreissystem:*

Luft wird aus dem Raum und getrennt davon den Maschinen zugeführt (Bild 336-32). Statt eines Klimagerätes können auch zwei verwendet werden, das eine für die Raumklimatisierung, das andere für die Maschinen.

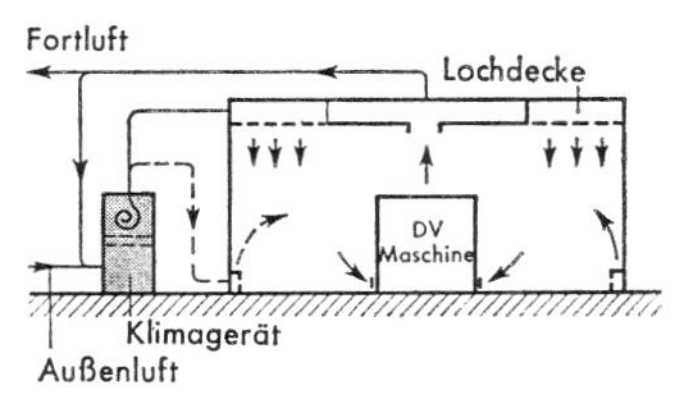


Bild 369-30. Einkreis-Luftführung mit Deckenluftauslässen (z. B. Lochdecke) bei einer EDV-Anlage.
Gestrichelt: wahlweise Zuführung der Zuluft

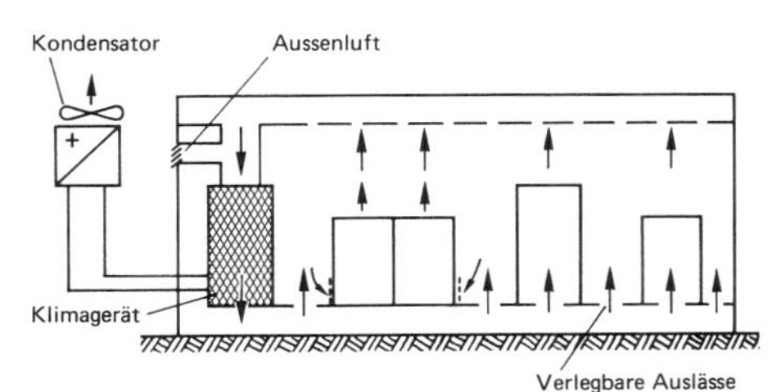


Bild 369-31. Einkreis-Luftführung mit Zuluft aus Doppelboden und Abluft über Maschinen.

[1]) Bundesministerium des Innern: Klimatisierung von DV-Räumen. 8.76.
Simon, H.: TAB 1/77. S. 55/9.
Daniels, K.: Ki 8/73. S. 27/32 u. Kälte- u. Klima-Fachmann 2/3-78. S. 7/12.
Henne, P.: Ki 10/78. S. 349/52.
Glagowski, H.: Kälte- u. Klimatechn. SBZ 5/79. 3 S. u. KKT 3/82. S. 76/8.
Rákóczy, T.: TAB 1/84. S. 15/9.

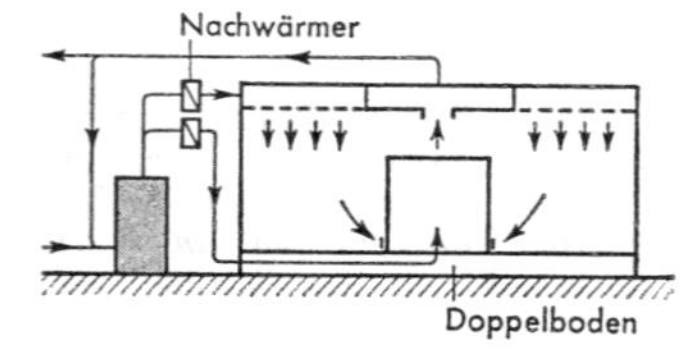


Bild 369-32. Zweikreis-Luftführung bei einer EDV-Anlage.

In den meisten Fällen ist es zweckmäßig, die Luft im Einkreissystem durch einen Doppelboden zuzuführen und unmittelbar über den Maschinen abzusaugen. Luftaustritt dabei durch versetzbare Drallauslässe, geschlitzte Bodenplatten u.a. Einblastemperatur ≈ 18 °C, Ablufttemperatur ≈ 30···35 °C. Geschwindigkeit in den Schlitzen ≈ 1 m/s. Volumenstrom an den geschlitzten oder gelochten Bodenplatten ≈ 350···400 $m^3/hm^2$.

Für die Kühlung der Luft sind fast immer *Kältemaschinen* erforderlich, die auch im Winter in Betrieb bleiben. Der Kühler ist dabei für Direktverdampfung oder bei großen Anlagen für indirekten Betrieb mit Zwischenschaltung eines Solekreislaufs vorzusehen. Im letzten Fall kann für den Winterbetrieb ein Solekühler verwendet werden, wobei mit Außenluft gekühlt wird (Bild 369-34).

*Befeuchtung* am besten mit Dampf oder Verdunstungsgeräten (kein Kalk), um Schäden in EDV-Anlage zu vermeiden. Akustische oder optische *Warnanlagen* zweckmäßig, die bei Über- oder Unterschreiten der Temperatur- und Feuchtegrenze ansprechen. Bei wichtigen Anlagen Reserveteile vorsehen oder noch besser komplette Ersatzgeräte. Auf Brand- und Wasserschadenschutz acht geben. In den Luftkanälen Feuerschutzklappen, die von Rauchmeldern betätigt werden.

Infolge der zunehmenden Verbreitung der EDV-Anlagen sind in letzter Zeit *Spezial-Klimageräte* mit eingebauter Kältemaschine und Direktverdampfer für diese Räume entwickelt worden, die oben ansaugen und nach unten ausblasen. Diese kompakten Geräte sind sehr zweckmäßig, wenn Umbauten erforderlich werden. Aufstellung direkt im EDV-Raum. Es werden auch Ventilatorkonvektoren eingesetzt, die nur Umluft kühlen *(Sensible Cooler).*

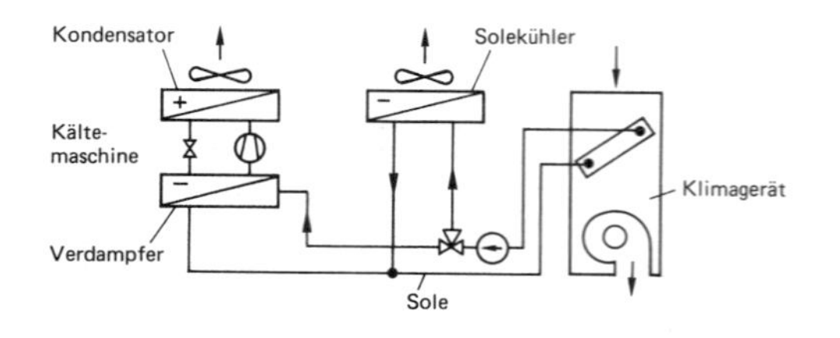


Bild 369-34. Klimagerät mit Solewärmeaustauscher mit luftgekühltem Kaltwassersatz.

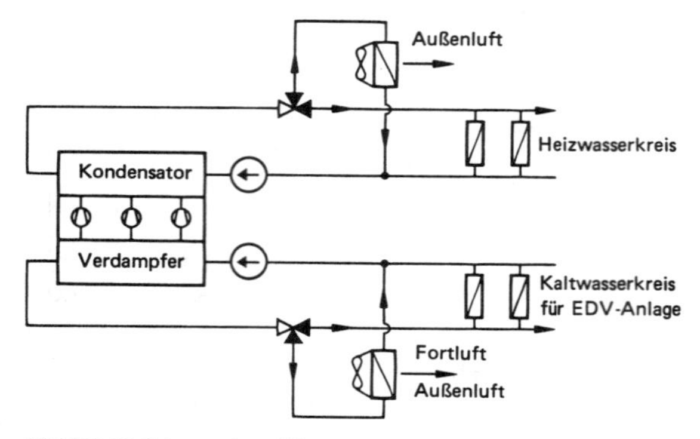


Bild 369-36. Schema einer Wärmepumpenanlage mit Heizwasser- und Kaltwasserkreislauf und Wärmeübertragern für Außenluft und Fortluft.

Bei dem großen Anfall von Wärme im EDV-Raum liegt es nahe, diese Wärme zur Energieersparnis für die Heizung und Lüftung oder Brauchwasserbereitung anliegender Räume mittels *Wärmepumpe* auszunutzen. Die Kondensatorwärme der Kältemaschine wird dabei an die Wärmeaustauscher der Heizungs- und Lüftungsanlage übertragen. Bei kleinen Anlagen werden zur Kühlung Direktverdampfer verwendet, bei großen Anlagen Wasserkreisläufe zwischengeschaltet. Schema der letztgenannten Bauart in Bild 369-36. Bei Kondensationstemperaturen von 40···50 °C sind dabei Heizwassertemperaturen von 30···40 °C erreichbar.

Überschüssige Wärme des Heizkreises muß im Sommer durch einen luft- oder wassergekühlten Kondensator abgeführt werden. (Wärmeübertrager Außenluft in Bild 369-36.) Im Winter wird die Heizwärme dem Kaltwasserkreis der EDV-Anlage und einem Wärmeübertrager in der Fortluft der Lüftungsanlage entzogen. Bei stillstehender EDV-Anlage kann der Fortluft-Wärmeübertrager in der Übergangszeit auch mit Außenluft als Wärmequelle für den Wärmepumpenbetrieb durchströmt werden. Im Winterbetrieb kann *freie Kühlung* mit geschlossenen Kühltürmen angewandt werden.

## -4 KLIMAPRÜFKAMMERN[1])

In zahlreichen Bereichen der Industrie und Forschung werden Klimaprüfschränke oder, für große Teile, Prüfkammern benötigt, um Geräte, Bauteile, Pflanzen, Tiere u.a. bei unterschiedlichen Klimaverhältnissen zu prüfen. Die dabei verlangten Temperaturen und Feuchten schwanken in weiten Grenzen. Häufig wird auch ein *Wechselklima* gewünscht, bei dem sich Temperatur und Feuchte in einem bestimmten Rhythmus ändern. Je nach Art der Prüflinge und Aufgabenstellung gibt es zahlreiche Bauarten, von denen einige erwähnt seien:

1. *Prüfsystem mit direkter Verdampfung* (Bild 369-40)

Hierbei wird zur Kühlung und Entfeuchtung der umgewälzten Luft der *Verdampfer* einer Kältemaschine verwendet, während für die Befeuchtung Dampf oder ein kleiner Teil gesättigter Luft von Taupunkttemperatur eingeblasen wird. Zur Erwärmung dient ein elektrischer Lufterhitzer. Infolge der stoßweisen Arbeitsweise der Kältemaschine ergeben sich große Differenzen sowohl bei der Temperatur als auch bei der Feuchte. Verwendung daher nur für solche Zwecke, wo keine große Genauigkeit verlangt wird.

2. *Prüfsystem mit indirekter Kühlung* (Bild 369-42)

Als Kühlmittel ist hier *Sole* zwischengeschaltet, die durch eine Kältemaschine gekühlt wird und in einem Wärmeübertrager die umgewälzte Luft kühlt bzw. entfeuchtet. Dadurch ist stetige Temperatureinstellung möglich. Zur Erwärmung der Luft wird ein Warmwasserlufterhitzer mit ebenso stetiger Einstellung verwendet.

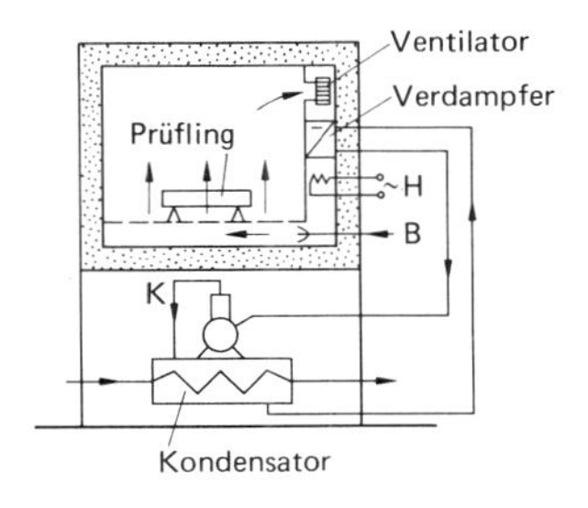


Bild 369-40. Klimaprüfgerät mit direkter Kühlung.

H = elektrische Heizung
B = Befeuchtung
K = Kältemaschine

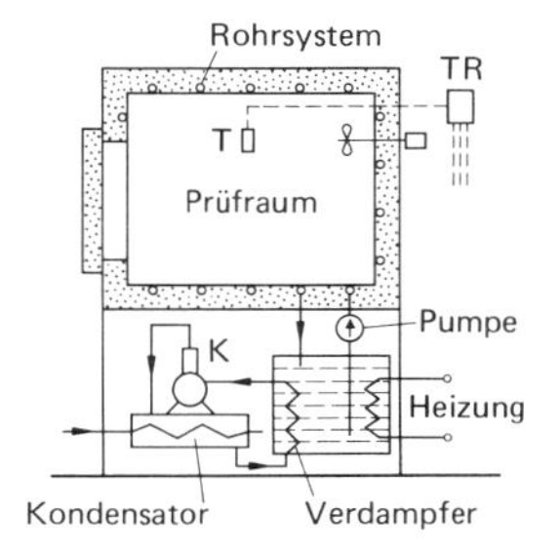


Bild 369-44. Klimaprüfgerät mit Rohrwänden.

T = Thermostat
TR = Temperaturregler
K = Kältemaschine

[1]) Bach, Zitzelsberger: Ki 3/75. S. 79/82.

3. *Prüfsystem mit Rohrwänden* (Bild 369-44)

In den Wänden des Prüfraumes ist hier ein *Rohrsystem* verlegt, durch das warme bzw. kalte Sole fließt. Der Solebehälter enthält den Verdampfer der Kältemaschine zur Kühlung des Wassers, während zur Erwärmung elektrische Heizpatronen dienen. Trotz der Ein-Aus-Schaltung der Kältemaschine und der elektrischen Heizung läßt sich hierbei infolge der Trägheit des Wassersystems eine stetige räumlich und zeitlich günstige Temperaturkonstanz erreichen. Falls zusätzlich noch Umluft zur Kühlung benötigt wird, so kann deren Leistung gering sein. Feuchteregelung wie vor.

Außer den angegebenen Bedingungen können noch weitere Klimafaktoren berücksichtigt werden, z.B. Luftdruck (Überdruck und Unterdruck), Luftzusammensetzung ($SO_2$, $CO_2$ u.a.), Luftgeschwindigkeit, Beleuchtung usw.

Richtlinien für klimatechnische Untersuchungen:

DIN 40046 (diverse Teile) Umweltprüfung für die Elektronik

DIN 50010/19 (10.77 ff.): Klimate und ihre technischen Anwendungen. Betrifft Werkstoffprüfung bei Konstantklimaten, Wechsel- und Schwitzwasserklimaten u.a.

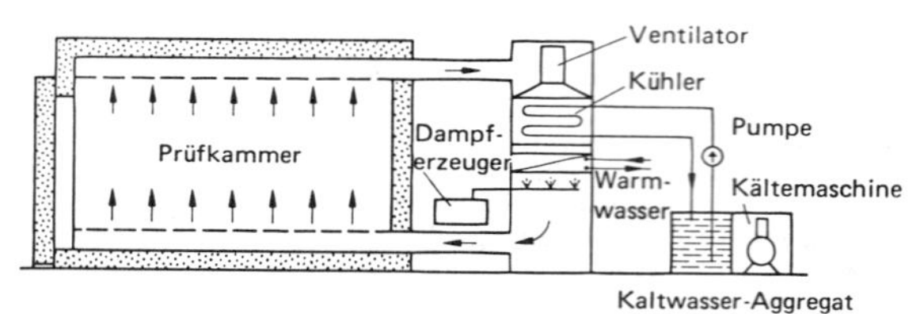


Bild 369-42. Klimaprüfkammer mit Sole als Zwischenkreis.

## -5 TIERSTÄLLE

*Tierställe* werden gelüftet oder klimatisiert, um den Wasserdampf- und Kohlendioxid-Haushalt der Raumluft sowie deren Temperatur zu kontrollieren. Daneben haben Luftgeschwindigkeit, Licht und Akustik einen Einfluß auf die Tierhaltung. In landwirtschaftlichen *Ställen* bestimmen die Gesichtspunkte einer intensiven Produktion, in *Tierlabors* die Reproduzierbarkeit der Versuche die Anforderungen an die RLT-Anlagen. In der Landwirtschaft kommt hierzu die Frage der Belüftung von *Heustöcken*[1]) sowie die Nutzung der Wärmequellen im Tierstall zur Heizung und Brauchwassererwärmung.

### -51 Landwirtschaftliche Tierställe[2])

*Das Stallklima*

Leistungsfähigkeit und Gesundheit der Tiere können durch kontrolliertes Stallklima beeinflußt werden. Wasserdampf und Gasanfall können dem Gebäude und den Menschen schaden.

*Wasserdampf* wird von den Tieren direkt abgegeben, aber auch durch Verdunstung von Harn, Kot und Reinigungswasser. *Kohlendioxid* entsteht durch die Tiere direkt oder durch Zersetzung von Kot und Harn. Ferner entstehen Ammoniak $NH_3$ und Schwefelwasserstoff $H_2S$, wodurch Korrosion ausgelöst werden kann.

Der *Wärmeanfall* hängt vom Gewicht und der Aktivität der Tiere ab. Er kann erheblich sein und ist durch Lüftung, manchmal auch durch Kühlung abzuführen. Nach ASHRAE ist die Abgabe sensibler Wärme je Tier im Ruhestand

$$\dot{Q}_o = 3{,}6 \cdot m^{0{,}75} \text{ in W/Tier,}$$

bei normaler Aktivität etwa

$$\dot{Q} = 2{,}0 \cdot \dot{Q}_o \text{ in W/Tier}$$

mit

$m$ = Tiergewicht in kg.

[1]) Blätter für Landtechnik. Eidg. Forschungsanstalt für Betriebswirtschaft und Landtechnik, CH-8355 Tänikon, Nr. 216 (12.82) und Nr. 205 (7.82).

[2]) DIN 18910 (10.74): Klima in geschlossenen Ställen.

In Tafel 369-10 sind für verschiedene Tierarten angegeben: Sensible Wärme-, Wasserdampf- und $CO_2$-Abgabe bezogen auf angegebene Raumtemperatur und -feuchte im Winter, ferner Optimalwerte für das Stallklima. Bei den angegebenen Temperaturen gelten die höheren Werte für Jungtiere, die niederen Werte bei älteren Tieren.

Die Lüftung hat außerdem die Aufgabe, den Wärmehaushalt des Stalles so zu kontrollieren, daß ein Gleichgewicht besteht einerseits zwischen der von den Tieren abgegebenen Wärme und andererseits der Transmissionswärme des Gebäudes und der mit der Luft abgeführten sog. Lüftungswärme. Diese Forderungen können nur durch eine ausreichende und geeignete Lüftung der Tierställe erfüllt werden.

In baulicher Hinsicht muß wegen der hohen Luftfeuchte im Stall der *Wärmeschutz* so ausgebildet sein, daß sich an den Wänden kein Schwitzwasser bildet (s. Abschn. 238-6).

*Lüftungssysteme*

Früher erfolgte der Luftaustausch in den Viehställen zur Entfernung des Wasserdampfs und Kohlendioxids durch Schwerkraftlüftung, wobei die Abluft in der Regel durch Schächte über Dach abgeführt wurde, während die Zuluft durch geeignete Öffnungen nachströmte (Bild 369-51).

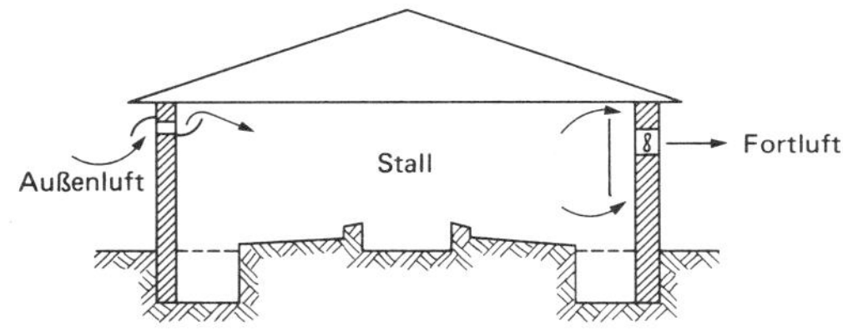


Bild 369-51. Unterdrucklüftung eines Schweinestalles.

Heute werden jedoch zur Förderung der Luft Ventilatoren, hauptsächlich Axialventilatoren verwendet, die Luft aus den Ställen absaugen (Unterdrucklüftung) oder Außenluft in die Ställe einblasen (Überdrucklüftung) oder beides bewirken (Gleichdrucklüftung). Bei der Zuluftführung kann die Außenluft erwärmt werden und dient dann zur Heizung des Stalles (Warmluftheizung).

Der *Luftvolumenstrom*

Der Volumenstrom im *Sommer* (Tafel 369-10) gilt als Richtwert bei Außentemperaturen unter 26 °C, wodurch die Übertemperatur im Stall auf 4 bis 2 K beschränkt werden soll. Bei höheren Außentemperaturen soll der Volumenstrom erhöht werden, um die Übertemperatur gegenüber außen in vorgenannter Grenze zu halten.

Im *Winter* richtet sich der Luftvolumenstrom nach der Wasserdampf- und $CO_2$-Abgabe der Tiere. Es müssen aber auch die MAK-Werte für $NH_3$ und $H_2S$ eingehalten werden (Geruchsverschluß zur Jauchegrube). Der zulässige Wasserdampfgehalt entspricht den Rechenwerten für $t_i$ und $\varphi$ im Winter nach Tafel 369-10. Der MAK-Wert für $CO_2$ im Tierstall lautet

$$K_i \leqq 3500 \text{ cm}^3/\text{m}^3 \text{ (ppm)} = 0{,}35 \text{ Vol.-\%}.$$

Außerdem muß die Wärmeabgabe der Tiere und der Transmissionswärmeverlust des Stalles berücksichtigt werden, damit die gewünschte Lufttemperatur eingehalten werden kann.

*Beispiel:*

Gesucht Mindestluftvolumenstrom im Winter: Rechnung erfolgt mit den Grenzwerten nach Tafel 369-10 für Wasserdampf, $CO_2$ und Wärme.
Gegeben: 20 Kühe je 500 kg, Außenlufttemperatur $-12$ °C, Transmission 8 KW.
Wassergehalt der Außenluft: $x_a = 1$ g/kg

a) Zulässiger Wasserdampfgehalt der Raumluft entsprechend $t_i = 10$ °C, $\varphi = 80\%$ nach Tafel 134-2 $x_i \approx 6$ g/kg
Wasserdampfabgabe von 20 Kühen $W = 20 \cdot 322 = 6400$ g/h
Erforderlicher Luftvolumenstrom

$$\dot{V}_W = \frac{W}{(x_i - x_a)} = \frac{6400}{1{,}2\,(6-1)} = 1067 \text{ m}^3/\text{h}$$

**Tafel 369-10. Stallklima und Abgabe von sensibler Wärme, Wasserdampf und Kohlendioxid sowie sommerlicher Mindestvolumenstrom je Tier in geschlossenen Tierställen*)**

| Tierart | Stallklima | | | | Tier-gewicht | sensible Wärme | Wasser-dampf | $CO_2$**) | Volumen-strom***) |
|---|---|---|---|---|---|---|---|---|---|
| | Optimum | Sommer | Rechenwert Winter | | | | | | Sommer |
| | $t_i$ in °C | $\varphi$ in % | $t_i$ in °C | $\varphi$ in % | kg | W/Tier | g/h | l/h | m³/h |
| Milchkühe, Kälber, Bullen, Jungvieh-aufzucht | 0…20 | 60…80 | 10 | 80 | 60 | 180 | 77 | 28 | 50 |
| | | | | | 200 | 452 | 172 | 70 | 120 |
| | | | | | 500 | 887 | 322 | 133 | 240 |
| | | | | | 800 | 1114 | 400 | 160 | 300 |
| Jungviehmast, Mastbullen | 20…12 | 60…80 | 16 | 80 | 200 | 452 | 193 | 70 | 120 |
| | | | | | 500 | 887 | 361 | 133 | 240 |
| Mastkälber | 20…16 | 60…80 | 18 | 70 | 60 | 180 | 115 | 28 | 50 |
| | | | | | 200 | 452 | 258 | 70 | 120 |
| Jungsauen, Sauen, Eber | 5…15 | 60…80 | 12 | 80 | 30 | 87 | 39 | 13 | 30 |
| | | | | | 60 | 139 | 54 | 22 | 50 |
| | | | | | 100 | 197 | 75 | 33 | 70 |
| | | | | | 300 | 487 | 182 | 90 | 175 |
| Sauen mit Ferkeln | 12…16 | 60…80 | 18 | 70 | 10 | 46 | 31 | 7 | 17 |
| | | | | | 200 | 341 | 145 | 62 | 120 |
| | | | | | 300 | 487 | 206 | 90 | 175 |
| Mastschweine | 18…15 | 60…80 | 16 | 80 | 30 | 87 | 42 | 13 | 30 |
| | | | | | 100 | 197 | 83 | 33 | 70 |
| | | | | | 150 | 269 | 113 | 47 | 100 |
| Ferkel in Käfig-haltung | 26…22 | 40…60 | 26 | 60 | 5 | 36 | 32 | 5 | 10 |
| | | | | | 20 | 68 | 43 | 10 | 25 |

| | | | | | | | | | |
|---|---|---|---|---|---|---|---|---|---|
| Hühnerküken | 32…18 | 60…70 | 26 | 60 | 0,055<br>0,52 | 0,7<br>4,8 | 0,6<br>2,8 | 0,1<br>0,7 | 0,4<br>2,5 |
| Jung- und Lege-hennen | 15…20 | 60…80 | 18 | 70 | 0,7<br>2,2 | 5,9<br>11,8 | 2,9<br>5,5 | 0,9<br>1,5 | 3,2<br>6,4 |
| Putenküken | 36…18 | 60…70 | 22 | 60 | 0,055<br>0,52 | 0,7<br>4,8 | 0,5<br>2,6 | 0,1<br>0,7 | 0,4<br>2,5 |
| Mastputen | 18…10 | 60…80 | 16 | 80 | 0,7<br>2,2 | 5,9<br>11,8 | 2,8<br>5,3 | 0,9<br>1,5 | 3,2<br>6,4 |
| Zuchtschafe | 6…14 | 60…80 | 10 | 80 | 10<br>50<br>100 | 46<br>122<br>197 | 28<br>47<br>72 | 7<br>19<br>33 | –<br>–<br>– |
| Mastschafe | 16…14 | 60…80 | 16 | 80 | 10<br>60 | 46<br>139 | 30<br>59 | 7<br>22 | –<br>– |
| Arbeitspferde | 10…15 | 60…80 | 12 | 80 | 100<br>500<br>800 | 261<br>887<br>1114 | 110<br>335<br>416 | 41<br>133<br>160 | –<br>–<br>– |
| Reit- und Renn-pferde | 15…17 | 60…80 | 16 | 80 | 100<br>300<br>600 | 261<br>621<br>986 | 119<br>258<br>399 | 41<br>95<br>146 | –<br>–<br>– |

*) nach DIN 18910 (10.74)

**) MAK-Wert nach *) für $CO_2$: 3500 cm³/m³

***) Werte für Außentemperatur $t_a \leqq 26\,°C$. Bei $t_a \geqq 26\,°C$ Werte bis 50%, bei Geflügel bis 100% erhöhen

b) Zulässiger $CO_2$-Gehalt der Stalluft $K_i \leqq 3500$ cm³/m³
$CO_2$-Gehalt der Außenluft $K_a = 300$ cm³/m³
$CO_2$-Abgabe von 20 Kühen $K = 20 \cdot 133 \cdot 1000 = 2{,}66 \cdot 10^6$ cm³/h
Erforderlicher Luftvolumenstrom

$$\dot{V}_K = \frac{K}{K_i - K_a} = \frac{2{,}66 \cdot 10^6}{3500 - 300} = 831 \text{ m}^3/\text{h}$$

c) Wärmeabgabe der Kühe $20 \cdot 887 = 17740$ W
Wärmetransmission 8000 W
Erforderliche Lüftungswärme $17740 - 8000 = 9740$ W
Erforderlicher Volumenstrom $\dot{V} = \dfrac{9740 \text{ W}}{22 \text{ K} \cdot 0{,}36 \text{ Wh/m}^3\text{K}} = 1229 \text{ m}^3/\text{h}$

Dies entspricht bei einem Stallraum von 25 m³ je Kuh einem Luftwechsel von $\dfrac{1229}{20 \cdot 25} = 2{,}5$fach.

Der Volumenstrom wird also durch die Wärmeabgabe der Kühe bestimmt.

Wenn die Heizung direkt mit Abgasen von Lufterhitzern, z. B. Flüssiggas-Gasstrahlern, erfolgt, ist die zusätzliche Erzeugung von $CO_2$ und $H_2O$ zu beachten (s. Tafel 369-11 oder Abschn. 137).

**Tafel 369-11. Richtwerte für Wasserdampf- und $CO_2$-Anfall aus Abgas bezogen auf den Energieeinsatz**

| Brennstoff | $H_2O$ in g/kWh | $CO_2$ in l/kWh |
|---|---|---|
| Heizöl EL | 95 | 140 |
| Butan | 120 | 110 |
| Propan | 120 | 110 |
| Erdgas | 120…150 | 100 |

Der Volumenstrom im Sommer ergibt sich aus Tafel 369-10.

Bei Außentemperatur $t_a \leqq 26\,°C$ $\dot{V} = 20 \cdot 300 = 6000$ m³/h
$t_a > 26\,°C$ $\dot{V} = 9000$ m³/h

Die zulässige Raumluftgeschwindigkeit beträgt im Winter 0,2 m/s, im Sommer bis 0,6 m/s.

*Luftentfeuchtung*

Um Lüftungswärme zu sparen, trocknet man manchmal Umluft durch eine Kälteanlage mit anschließendem Wiederaufheizen im Kondensator, jedoch müssen die Grenzwerte für $CO_2$ und Schadstoffe eingehalten werden. Der Außenluftvolumenstrom kann dann verringert werden (s. Abschn. 225-172).

Korrosionsprobleme bei den Wärmeaustauschern sind zu beachten.

*Wärmerückgewinnung*[1])

Meistens reicht die Wärmeabgabe der Tiere aus, um die Transmissionswärme zu dekken. Nur bei Jungtieren oder bei nicht voller Belegung des Stalles liegt im Winter ein Heizbedarf vor, der mit einer Luft- oder Strahlungsheizung gedeckt wird. Zur Wärmerückgewinnung aus der Abluft können auch Glasrohrwärmetauscher eingesetzt werden (Bild 369-52). Reinigungsmöglichkeit wegen Staubablagerung ist vorzusehen.

Das Wärmeflußschema bei einem Stall mit 220 Schweinen zeigt Bild 369-53 gemäß nachfolgendem Beispiel.

---

[1]) Goll, W.: HLH 8/80. S. 295/302 und TAB 12/81. S. 1035/41.
Kellermann, D.: HLH 2/81. S. 71/5.
I-Thema: CCI 10/81.
Pauls, J., u. a.: CCI 2/86. S. 34/5.

*Beispiel:*

Tierstall mit 220 Schweinen von je 30 kg.
Außenluft $-10\,°C$, Transmission 7000 W (bei $t_i = 12\,°C$).
Wärmeabgabe der Tiere (Tafel 369-10) $\dot{Q} = 220 \cdot 87 = 19\,000$ W.
Volumenstrom für Stalltemperatur $t_{io} = +12\,°C$ (Tafel 369-107)

$$\dot{V} = \frac{19\,000 - 7000}{22\text{ K} \cdot 0{,}36\text{ Wh/m}^3\text{K}} = 1515\text{ m}^3/\text{h}.$$

Dem entspricht bei $t_a = -10\,°C$; $t_{io} = 12\,°C$ eine Lüftungswärme $\dot{Q}_{L1} = 12\,000$ W.

Mit Wärmerückgewinnung ist eine höhere Stalltemperatur möglich, z. B. $t_{im} = 20\,°C$. Dann muß der Wärmeaustauscher die Zuluft um $\Delta t = 8$ K aufwärmen entsprechend einer

| | | |
|---|---|---|
| Wärmemenge | $\dot{Q}_{L2} = 1515 \cdot 8 \cdot 0{,}34 =$ | 4100 W |
| zuzüglich erhöhter Transmission | $\dot{Q}_T = 7000 \cdot \left(1 - \frac{30}{22}\right) =$ | 2500 W |
| Erforderlicher Wärmerückgewinn | $\dot{Q}_{WRG} =$ | 6600 W |
| Die Abluft enthält die Wärmemenge | $\dot{Q}_{AB} =$ | 16 100 W |
| Demnach erforderlicher Wirkungsgrad | $\eta = \frac{6600}{16\,100} = 41\%$ | |

*Wärmepumpe*

Die Tierställe haben meist Wärmeüberschuß, der über *Wärmepumpen* benachbarte Räume heizen kann. Die Stallabluft dient als Wärmequelle. Der Kühler der Wärmepumpe muß abreinigbar und korrosionsgeschützt sein (Metall lackiert oder aus Kunststoff). Den schematischen Aufbau eines Wärmepumpenbetriebs zur Wohnhausheizung und eventuelle Brauchwassererwärmung zeigt Bild 369-54 mit Energieflußbild 369-55. Im Beispiel wird bei 12 °C Temperatur der Stalluft die Abluft um ca. 5 K abgekühlt, womit bei $-10\,°C$ Außentemperatur etwa 36% der Lüftungswärme entsprechend 5 kW bei einer Leistungszahl der Wärmepumpe von 3,5 zurückgewonnen werden, die dem Wohnhaus zugeführt werden. Das sind im Beispiel etwa 42% des Bedarfs.

*Beispiel:*

20 Kühe je 650 kg, Stalluft 12 °C/80% rel. Feuchte, Außenluft $-10\,°C$.
Luftvolumenstrom gewählt $20 \cdot 90$ m³/h je Kuh = 1800 m³/h
Sensible Wärmeerzeugung (Tafel 369-10) $= 20 \cdot 1000 = 20\,000$ W
Lüftungswärme $= 1800 \cdot 22\text{ K} \cdot 0{,}36\text{ Wh/m}^3\text{K} = 14\,000$ W
Abkühlung der Abluft auf 7 °C/90% rel. Feuchte

| | | |
|---|---|---|
| Enthalpieabnahme je kg (Tafel 134-2) | $\Delta h = 29{,}8 - 21{,}2$ | $= 8{,}6$ kJ/kg |
| | $= 8{,}6 \cdot 1{,}2$ | $= 10{,}3$ kJ/m³ |
| | $= \frac{10{,}3}{3{,}6}$ | $= 2{,}8$ Wh/m³ |
| Gesamte Enthalpieabnahme | $\Delta h = 1800 \cdot 2{,}8$ | $= 5000$ W |
| Leistungszahl | | $\varepsilon = 3{,}5$ |
| Heizleistung | $5000 \cdot \frac{\varepsilon}{\varepsilon - 1} = 5000 \cdot 3{,}5/2{,}5$ | $= 7000$ W |
| Rückgewinnanteil | $5000/14\,000 = 0{,}36$ | ≙ 36% |

Brauchwasser wird häufig auch im Wärmepumpenbetrieb einer Milchkühlanlage erwärmt.

### -52 Tierlabors[1])

Bei der Versuchstierhaltung werden reproduzierbare Verhältnisse in der physikalischen Umwelt der Tiere durch Klimatisierung der Tierräume geschaffen. Lufttemperatur, Feuchte, Luftgeschwindigkeit sind für den Energiehaushalt der Tiere von Bedeutung. Zur Dimensionierung der Klimaanlagen ist die sensible und latente Wärmeabgabe[2]) einerseits maßgebend, andererseits ein ausreichender Luftwechsel zur Verdünnung der Geruchsstoffe. Üblicher Luftwechsel: 10…20 $h^{-1}$.

[1]) Weihe, W. H.: Zeitschrift Versuchstierkunde Bd. 7 (1965). S. 116/127.
Mixdorf, E.: ebenda, S. 128/143.
[2]) Sodec, F., u. a.: Ki 12/81. S. 551/64.

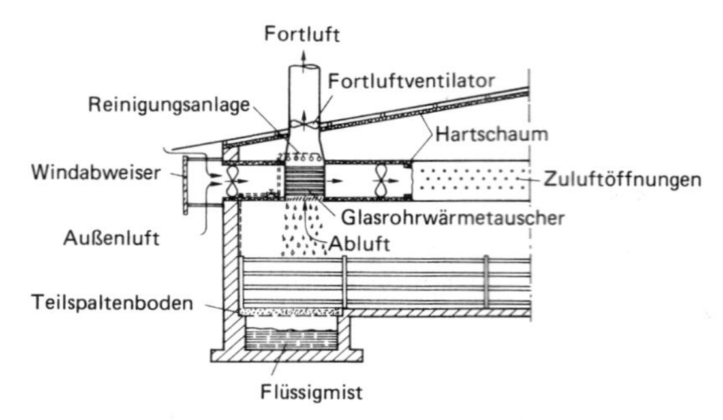


Bild 369-52. Wärmerückgewinnung mit Glasrohrwärmetauscher in einem Vormaststall für Schweine.

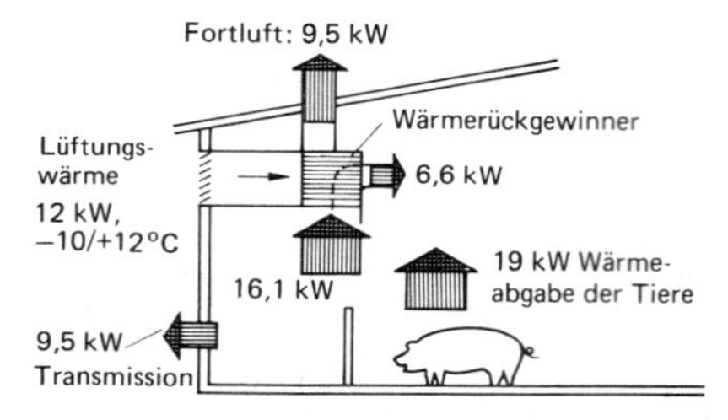


Bild 369-53. Wärmebilanz für Anlage nach Bild 369-52 bei 220 Schweinen.

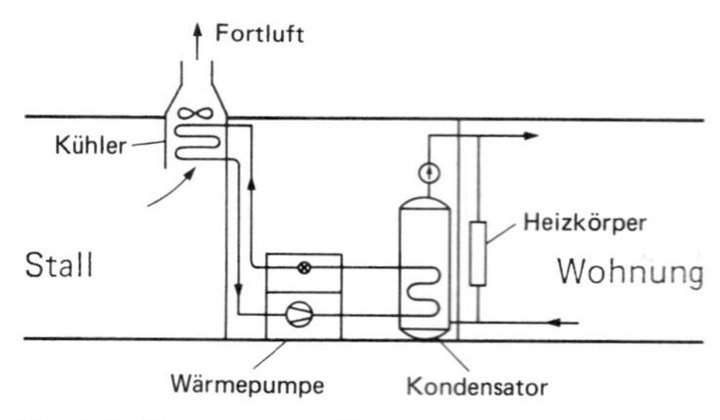


Bild 369-54. Luft/Wasser-Wärmepumpe zur Wohnhaus-Heizung.

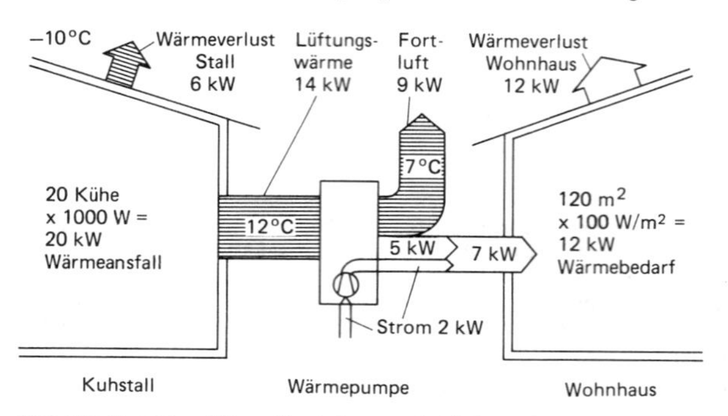


Bild 369-55. Wärmebilanz für Anlage nach Bild 369-54.

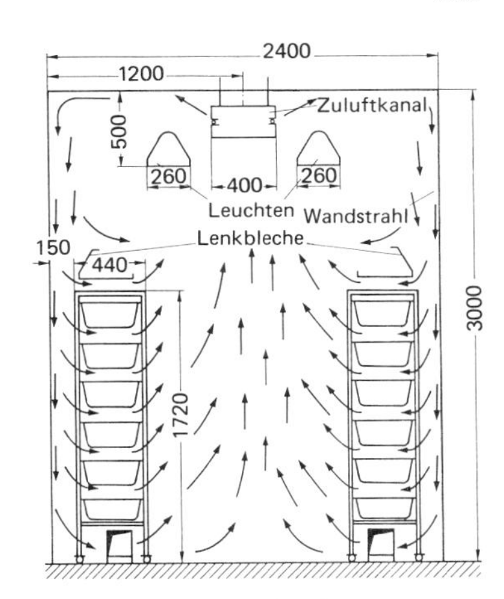


Bild 369-59. Raumströmung in einem Tierlabor mit induktiven Schlitzluftauslässen.

Die Temperatur in den Käfigen für Kleintiere liegt meist etwas höher als im Raum (bis 3 K). Zur Vergleichsmäßigung der Temperatur werden induktive Luftauslässe benutzt (Bild 369-59).

Bei Verwendung von Umluft sind Feinstfilter vorzusehen, um die Übertragung von Mikroorganismen zu vermeiden.

Bei patogenfreier (SPF-)Tierhaltung müssen Zu- und Abluft mit HOSCH-(Hochleistungs-Schwebstoff-)Filtern gefiltert werden. Umluft ist nur innerhalb eines Raumes möglich; Überdruck gegenüber Umgebung ist notwendig. Luftaustausch zwischen den Tierräumen muß unterbunden werden.

## -6 LACKIERANLAGEN[1])

### -61 Allgemeines

Der Farbanstrich für industrielle Produkte erfolgt heute fast ausschließlich in Lackierräumen durch Farbspritzanlagen, wobei die in einem Lösungsmittel gelöste Farbe mittels Druckluft fein zerstäubt und aufgespritzt wird. Das Lösungsmittel ist jedoch gesundheitsschädlich und zum Teil auch explosiv, so daß alle Farbspritzereien Absaugungsanlagen zum Entfernen der Farbnebel benötigen. Zu beachten: Unfallverhütungsvorschriften VBG 23: Verarbeiten von Anstrichstoffen (4.79).

Grundsätzlich sollen bei Neubauten alle Lackierarbeiten in besonderen Räumen vorgenommen werden, für die bestimmte Vorschriften bestehen. Wo dies nicht möglich ist, dürfen nach Genehmigung des Gewerbeaufsichtsamtes auch einzelne Lackierplätze in anderen Arbeitsräumen eingerichtet werden.

*Lufttechnische* Anlagen werden für alle drei Bereiche der Lackieranlagen benötigt:

a) *Vorbehandlung* (chemisch-wäßrige oder Lösemittel-Dampf-Reinigung und Entfettung sowie Passivieren/Phosphatieren mit anschließendem Wassertrockner)

b) *Beschichten* (Lackieren, naß oder trocken mit Pulver. Entweder Spritzen oder Tauchen)

c) *Trocknen und Einbrennen* (mit vorgeschalteter Abdunstzone bei Naßlackieren und heute meist mit nachgeschalteter Abluftverbrennung zur Luftreinhaltung).

---

[1]) Unfallverhütungsvorschrift VBG 23 (10.80).
Van der Bruggen: Klima-Techn. 10/68. S. 20/33.
Mürmann, H.: IKZ 7/74. 9 S. u. HR 12/76, 1 bis 3/77.

### -62 Spritzstände (Spritztische)

dienen zum Farbspritzen kleiner Teile. Sie werden von vielen Firmen als komplette Einheiten mit Gehäuse, Farbfilter und Ventilator geliefert.

Als *Farbfilter* (Farbnebelabscheider) zur Abscheidung überflüssiger Farbe dienen Filterplatten mit auswechselbaren Füllungen, wie Glaswatte, Stahlwolle oder mehrere gelochte Bleche, die hintereinander mit versetzten Lochungen angeordnet sind und die gereinigt und wieder verwendet werden können. Farbfilter dürfen nicht brennbar sein. Oft auch Wasserschleier zur Farbnebelabscheidung. *Sauggeschwindigkeit* an der Vorderseite des Spritztisches 0,6···0,75 m/s. Motor geschlossen und explosionsgeschützt. Ventilator aus Aluminium oder funkengeschützt. Abführung der abgesaugten Luft ins Freie. Zur Ersparnis an Wärme für die Erwärmung der nachströmenden Luft kann auch ein Teil der abgesaugten Luft oder Außenluft an der Einströmseite wieder zugeführt werden, etwa 50···25% (Bild 369-60). Zur Verringerung der abgesaugten Luftmenge ist elektrische Abschaltung des Ventilators durch Kontakt am Ablegehaken der Spritzpistole zweckmäßig.

### -63 Spritzkabinen (Spritzkammern)

für das Farbspritzen größerer Teile sind ähnlich den Spritzständen gebaut, jedoch haben sie größere Abmessungen und sind an der Vorderseite ganz offen, so daß die Farbspritzer darin stehen können. Der Abluftventilator wird meist hinter dem Spritzstand oder oberhalb desselben aufgestellt. Farbfilter wie bei den Farbspritzkabinen.

In manchen Spritzständen und Spritzkabinen werden zur Farbabscheidung auch wasserberieselte Wände verwendet, namentlich bei Dauerbetrieb. Die farbnebelhaltige Abluft strömt hinter der Kabine gegen wasserberieselte Prallbleche oder Kaskaden, wobei die Lackteilchen im Wasser abgeschieden werden und sich im Wasserbecken ansammeln (Bild 369-64). Dem durch eine Pumpe umgewälzten und zeitweise erneuerten Wasser wird dabei zur Lackrückgewinnung evtl. ein Zusatz beigemischt. Vorteile der Wasserfilter sind gleichmäßige Wirkung, keine Feuergefährlichkeit, geringere Wartung, nachteilig ist der höhere Preis und ein gewisser Wasserverbrauch.

Sauggeschwindigkeit an der Vorderseite etwa 0,5···0,6 m/s.

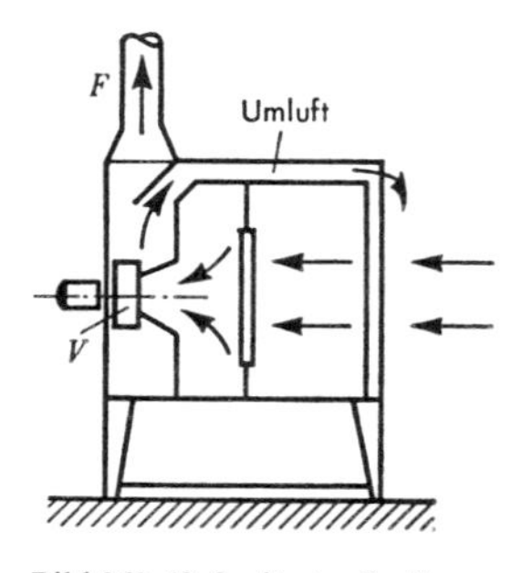


Bild 369-60. Spritzstand mit Absaugventilator und Farbfilter.
$F$ = Fortluft, $V$ = Ventilator

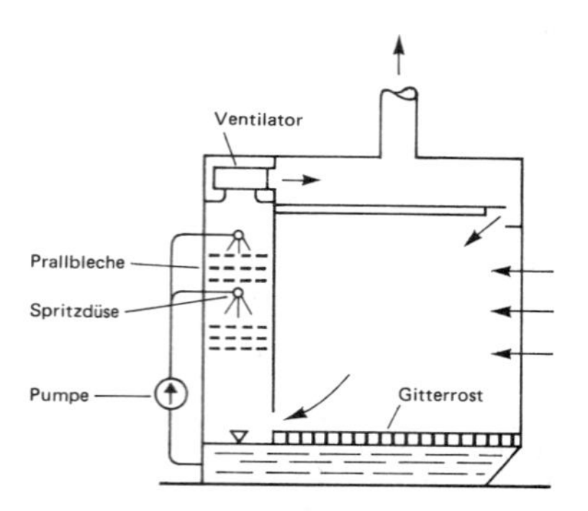


Bild 369-64. Farbspritzkabine mit Naßabscheidung der Farbnebel.

### -64 Spritzräume

haben noch größere Abmessungen als die Spritzstände. Es sind geschlossene Räume als Mauerwerk oder Stahlkonstruktion ausgeführt, in denen namentlich Karosserien von Autos (PKW u. LKW), Omnibussen sowie Straßenbahnwagen und Eisenbahnwagen gespritzt werden. Diese Räume haben außer der Absaugungsanlage auch eine besondere *Zuluftanlage*. Die Zuführung der Frischluft erfolgt meistens von der Decke, wobei besonders Lochdecken sowie Luftfilterdecken, bei denen die Decke die Filterplatten enthält, geeignet sind. Dadurch gleichmäßige staubfreie Luftverteilung über der ganzen Fläche.

Die Absaugung der Farbnebeldämpfe wird entweder durch Fußbodenkanäle oder seitliche Öffnungen über dem Fußboden vorgenommen, da die Farbnebel schwerer als Luft sind. Fußbodenkanäle sind mit befahrbaren Gitterrosten abgedeckt, darunter Grobfilter. Der Luftwechsel ist je nach der Zahl der gleichzeitig benutzten Spritzpistolen ziemlich hoch, etwa 100…250fach und mehr in der Stunde, so daß die Ventilatoren sowohl wie Staubfilter, Erhitzer, Farbfilter und Motoren verhältnismäßig viel Platz beanspruchen. Anordnung der Ventilatoren entweder oberhalb des Spritzraumes oder daneben.

Soll nach dem Farbspritzen auch gleich getrocknet werden, so lassen sich die Lüftungsanlagen auch auf Umluftbetrieb einstellen, wobei gleichzeitig eine höhere Raumtemperatur entsteht, etwa 80…100 °C. Auch Öllufterhitzer zur Lufterwärmung sind verwendbar. Bei kontinuierlichem Lackierbetrieb sind jedoch Spritz- und Trockenräume voneinander getrennt.

Zur Vermeidung häufigen Wechsels der Filter in der Filterdecke empfiehlt sich mehrstufige Reinigung der Zuluft wie in Bild 369-67.

Unfallverhütungsvorschriften beachten, siehe Abschn. 74.

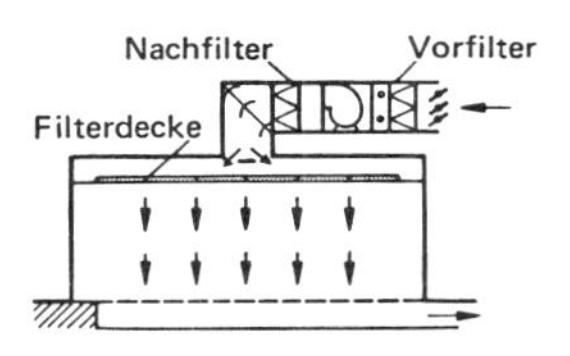


Bild 369-67. Zuluftgerät für Farbspritzraum mit Filterdecke.

## -65 Automatische Spritzkabinen

sind zur Vermeidung von Gesundheitsschäden die beste Lösung des Farbspritzproblems bei Massenfabrikation. Bei diesen Anlagen läuft ein *Förderband* durch die Kabine. Die Spritzpistole wird durch eine *Fotozelle* oder einen Roboter gesteuert und ist nur in Tätigkeit, wenn sich ein Werkstück auf dem Band befindet. Luftgeschwindigkeit an den seitlichen Öffnungen für die nachströmende Luft etwa 0,75…1,0 m/s (Bild 369-68).

Automatische Spritzkabinen benötigen geringere Luftmengen, da Lösemittelgehalt der Luft höher sein kann (max. 0,8 Vol.-%). Dagegen bei Personen in Kabinen Luftgeschwindigkeit nach VBG 23 einzuhalten.

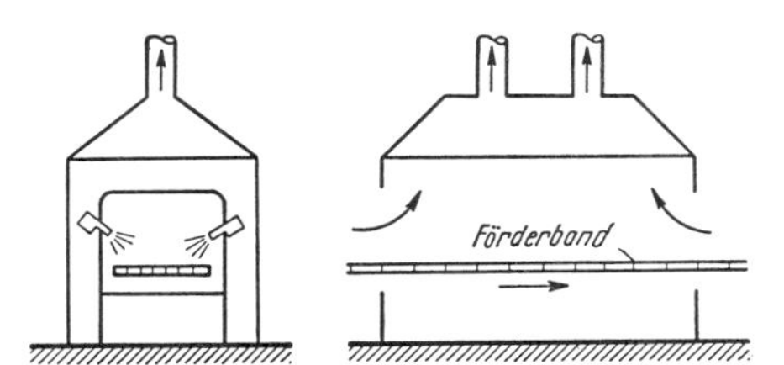


Bild 369-68. Entlüftung bei einer automatischen Spritzkabine.

## -66 Die Zuluft

Die abgesaugte Luft muß in allen Fällen durch nachströmende Raum- oder Außenluft ersetzt werden. Je nach den Ansprüchen an die Güte des Farbspritzens ist die Zuluft besonders gut durch *Staubfilter* zu reinigen (z. B. bei Kühlschränken, Radiogehäusen usw.). Zweckmäßig ein Vorfilter für groben Staub und ein Nachfilter (Feinfilter oder Feinstfilter) für feinen Staub. Außerdem ist die Zuluft im Winter auf etwa 22…25 °C vorzuwärmen, wofür erhebliche Wärmemengen erforderlich sind. Wärmerückgewinnung aus der Abluft ist problematisch wegen der Verschmutzung der Wärmetauscher durch Farbnebelreste in der Abluft. Türen und Fenster sind möglichst dicht auszuführen. Die *Zuluftmenge* soll um etwa 5···10% größer gewählt werden als die Abluftmenge.

### -67 Die Abluft

Abluftreinigung ist unter Umständen notwendig *(TA-Luft)*, s. Tafel 369-8. Abscheidung von Farbteilchen durch Filter. Abscheidung bzw. Vernichtung von Lösemitteln aus Vorbehandlung durch Lösemittel-Rückgewinnungsanlagen bzw. bei Abluft aus Trocknern meist durch thermische, seltener katalytische Nachverbrennung.

*Thermische Nachverbrennung* der Lösemittel hinter Trocknern bei 750···800 °C, nach TA-Luft max. Kohlenstoff-Gehalt im Abgas 50 mg C/$m_n^3$, max. Staubgehalt (Lackpartikel) 3 mg/$m^3$. Bei Automobil-Serienlackierung dürfen die organischen Lösemittel im Abgas der Gesamtanlage bei Uni-Lackierung 60 g, bei Metalleffekt-Lackierung 120 g je $m^2$ Rohkarosse nicht überschreiten. Durch Wärmerückgewinn aus thermischer Nachverbrennung und Lösemittelverbrennung Brennstoffersparnis möglich. Dazu meist Abgas/Luftwärmetauscher verwendet für Aufheizung der Abluft bzw. Umluft und der Frischluft des Trockners. Gelegentlich auch Abwärme zur Raumheizung oder Brauchwassererwärmung benutzt.

Bei kleinen Lösemittel-Konzentrationen auch *katalytische* Abluftreinigung.

Feuerungsanlagen für Trockner, deren Abgase die Güter direkt berühren, müssen nach TA-Luft mit Gas, Heizöl EL oder Kohle mit weniger als 1% Schwefelgehalt beheizt werden.

**Tafel 369-8. Max. zulässige Emissionswerte von organischen Stoffen in mg/$m_n^3$ Abluft bzw. Abgas gemäß TA-Luft vom 28. 2. 86. Siehe auch [1]).**

| Organische Verbindungen | Bei einem Massenstrom von | Maximale Emission*) |
|---|---|---|
| Klasse I**) | ≧ 0,1 kg/h | 20 mg/$m^3$ |
| Klasse II | ≧ 2 kg/h | 100 mg/$m^3$ |
| Klasse III | ≧ 3 kg/h | 150 mg/$m^3$ |

*) Bei Lacktrocknern unabhängig von Klasseneinteilung 50 mg C/$m_n^3$
**) Klasseneinteilung der Lösemittel je nach Giftigkeit s. TA-Luft.

[1]) VDI 2280 (E. 3. 85): Emissionsminderung Lösemittel.

# 37 ARCHITEKT, BAUHERR UND LÜFTUNG

## 371 Allgemeines

Lüftung von Räumen ist erforderlich, um für die sich dort aufhaltenden Menschen angenehme Verhältnisse zu schaffen. Wenn in den Räumen keine übermäßige Verschlechterung der Luft eintritt, kann eine freie Lüftung ausreichend sein. Voraussetzung ist dabei, daß die äußeren Umweltbedingungen – Verschmutzung, Lärm, Windverhältnisse, u.ä. – dem nicht entgegenstehen.

Mechanische Lüftung wird erforderlich, wenn das Ergebnis der Prüfung vorgenannter Bedingungen negativ ist oder sich in den zu lüftenden Räumen eine große Zahl von Menschen aufhält, wie z.B. in Versammlungsstätten, oder sonstige luftverschlechternde Faktoren vorhanden sind. Zur Lösung der Lüftungsfrage sollte der Architekt *rechtzeitig* den Fachingenieur zu Rate ziehen. Nachträglich eingebaute Lüftungsanlagen sind nicht nur häufig weniger wirksam, sondern *immer* erheblich teurer. Die Lüftungsanlagen sind mit Einrichtungen der Wärmerückgewinnung und Energiemehrfachverwendung auszurüsten.

Infolge höherer Ansprüche an die Raumluftqualität, Einsatz von wärmeabgebenden Büromaschinen und zwecks Schallschutz gegenüber Verkehrslärm sind *Klimaanlagen* notwendig. Deren Luftaufbereitungszentralen und Luftverteilungssysteme haben wesentlichen Einfluß auf die Gebäudekonstruktion und auf den gesamten Energiehaushalt, so daß hier eine besonders frühzeitige Hinzuziehung des Fachingenieurs erforderlich ist[1]). Noch mehr trifft dies zu bei Klimaanlagen für verfahrenstechnische Zwecke (Industrie).

Der *Anteil* raumlufttechnischer Anlagen (RLT-Anlagen) einschl. Heizung und Kälteversorgung sowie baulicher Nebenarbeiten an den Baukosten ist je nach Gebäudeart und Installationsgrad sehr unterschiedlich:

bei Verwaltungsgebäuden .......................... etwa 8···12%
bei Fachhochschulen .......................................... 10···15%
bei physikalischen und chemischen Instituten ........ etwa 15···20%
bei Kliniken und Krankenhäusern.................. etwa 20···25%

Die jährlichen *Betriebskosten* sind daher auch sehr verschieden, zumal hier noch die Wartungs- und Bedienungskosten hinzukommen. Letztere betragen jährlich je nach dem technischen Ausbau 1 bis 3% der Baukosten.

Zur Vermeidung hoher Herstellungs- und Betriebskosten von Klimaanlagen ist besonders auch die Wirtschaftlichkeit zu prüfen, wobei folgende Gesichtspunkte zu beachten sind:

gute Wärmedämmung;
Optimierung der Fensterflächen, guter beweglicher Sonnenschutz;
Wärmerückgewinnung;
gute Regelung, Betriebsführung und Wartung.

Der Einfluß eines hohen *Wärmespeichervermögens* ist nicht eindeutig[2]). Hohe Wärmespeicherung verringert zwar die Kühllast, verringert aber auch die Energieeinsparung bei Nachtabsenkung der Raumtemperatur im Winter.

Die Fenster sollen nach neuen Erkenntnissen groß sein, einen kleinen $k$-Wert (Wärmedurchgangskoeffizient) und großen $g$-Wert (Gesamtenergiedurchlaßgrad) haben mit beweglichem Sonnenschutz[3]). Siehe auch Bild 364-16.

Gelegentlich sind Architekt und Klimaingenieur unterschiedlicher Ansicht, so daß anerkannte Richtlinien zu Rate zu ziehen sind. Bei großen und besonders wichtigen Gebäuden sollten systemvergleichende *Betriebskostenrechnungen* durchgeführt werden.

Allgemeine Richtlinien über Lüftungsanlagen geben die „VDI-Lüftungsregeln“ DIN 1946, die laufend erweitert werden. Dabei Aufteilung der Lüftungsregeln in „Grund-

---

[1]) KREV-Studie, Forschungsvorhaben des BMFT, 1976.
Masuch, J.: HLH 7/86. S. 339/41.
[2]) Wilkes, K. E., u.a.: ASHRAE-Journal 2/82. S. 21/23.
[3]) Hauser, G.: Bauphysik I, Heft 1, 1979. S. 12/17 u. HLH 34 (1983), Nr. 4, 5, 6.
Gertis, K.: HLH 5.82. S. 169/173.
Hönmann, W.: FTA-Energiekongreß 82, Tagungsbericht, u. LTG Techn. Inform. 61 (1986).
Steinbach, W.: FLT-Bericht 3/1/70/86. Nov. 86.

regeln", die für alle Anlagen gültig sind, „Allgemeine Richtlinien" (Berechnungen, Geräuschminderung u.a.) und „Sonderregeln" für Versammlungsräume, Fahrzeuge, Krankenhäuser, Schulen u.a. Räume.

Besonders hingewiesen sei auf:

1. DIN 1946 Teil 1 (E. 9.86), das die Grundlagen der Raumtechnik enthält, wie Begriffe, Aufgaben, Systeme, Bauelemente, Symbole usw.
2. DIN 1946 Teil 2 (1.83). Dieses Blatt bezieht sich sowohl auf hygienische Anforderungen wie Temperatur, Feuchte, Geräusche als auch auf allgemeine technische Anforderungen an Geräte, Ventilatoren, Filter, Kühler usw.

Eine größere Anzahl weiterer Regeln sind in Bearbeitung, sie werden jedoch zunächst nicht als DIN-Blätter veröffentlicht, sondern als VDI-Richtlinien (Küchen, Laboratorien, Garagen und Tunnels, Schweißräume, Druckereien, Datenverarbeitungsanlagen, Geschäftshäuser, Wohnungen u.a.).

Ferner ist die *Arbeitsstättenverordnung* mit Richtlinie ASR 5 von 1979 zu beachten, sofern es sich um gewerblich genutzte Gebäude handelt.

## 372 Ausschreibung

### -1 LEISTUNGSVERZEICHNIS

Überwiegend werden heute RLT-Anlagen (raumlufttechnische Anlagen) nach einem Leistungsverzeichnis ausgeschrieben *(Blankett-Verfahren)*. Dabei ist aber Voraussetzung, daß eine Planung durchgeführt wurde und die Ausführung genau festgelegt ist. Die Planung kann von einem beratenden Ingenieur oder einer besonderen Fachabteilung des Auftraggebers oder eines Anlageninstallateurs durchgeführt werden. Von der ausführenden Firma sind dann keine Planungsleistungen mehr zu fordern.

Die Leistungsverzeichnisse sind bei größeren Anlagen zwecks leichter Vergleichbarkeit nach einer bestimmten Gliederung aufzustellen, z.B.:

1. Ventilatoren, Motoren, Schwingungsdämpfer;
2. Staubfilter;
3. Lufterhitzer, Luftkühler, Befeuchter;
4. Kanäle, Klappen, Paßstücke, Türen, Schalldämpfer;
5. Luftdurchlässe;
6. Kältemaschinen;
7. Meß- und Regelanlagen, Schalttafeln.

Für behördliche Aufträge ist in der „Heizungsbaurichtlinie" ein Formblatt für die Kostenzusammenstellung angegeben (siehe Abschnitt 74). Das *Standardleistungsbuch* enthält für den Leistungsbereich „Lüftungs- und Klimaanlagen" Textvorlagen, namentlich bei Anwendung von EDV-gestützter Ausschreibung (siehe auch Abschnitt 262)[1]).

### -2 LEISTUNGSPROGRAMM (Ideenwettbewerb)

Will man die Erfahrungen der Firmen im freien Wettbewerb nutzen, besteht die Möglichkeit, mit Hilfe eines vom Auftraggeber aufgestellten Leistungsprogramms unterschiedliche Ausführungen zu erhalten. Die Wertung der Angebote ist dann allerdings schwierig und muß von Sachkundigen durchgeführt werden. Es sind dabei nicht nur die Investitionskosten, sondern auch die Lösungen hinsichtlich technischer Qualität und Energieverbrauch zu bewerten.

---

[1]) Standard Leistungsbuch, Hrsg. vom Deutschen Normenausschuß (DNV)
LB 070 Regelung und Steuerung (12.80)
LB 074 Zentralgeräte (9.81)
LB 075 Luftverteilsysteme (9.81)
LB 077 RLT-Anlagen; Schutzräume (2.81)
Leistungsbücher für Heizung s. Abschn. 262-2.
Zu beziehen vom Beuth-Verlag, Berlin.
Bearbeitung durch den gemeinsamen Ausschuß für Elektronik im Bauwesen (GAEB).

Das Leistungsverzeichnis muß folgende Unterlagen enthalten:

1. Pläne mit allen erforderlichen Grundrissen und Schnitten sowie Angabe der zu belüftenden Räume; bei großen Anlagen ist eine technische Baubeschreibung beizufügen;
2. Personenzahl;
3. Art des Heizmittels (Dampf, Warmwasser, elektrischer Strom);
4. Art der Heizung, ob durch örtliche Heizkörper, Luftheizung oder Teilluftheizung;
5. Stromart und Spannung (3 × 220 oder 220/380 Volt); Frequenz;
6. Kanalausführung, ob bauseits oder nicht;
7. Vorgesehene Lage der Klimazentralen.

Bei Klimaanlagen sind folgende weitere Angaben erforderlich:

8. Gewünschte Raumtemperatur und Feuchte sowie Geräuschstärken, soweit sie von den „Lüftungsregeln“ abweichen;
9. Art der Kühlung bzw. Temperatur des Kühlwassers (Brunnenwasser, künstlich gekühltes Wasser); Platz für den Kühlturm;
10. Wärmequellen im Raum (Beleuchtung, Motoren und ihre gleichzeitig auftretende Belastung, wärmeabgebende Apparate).
11. Richtlinien für die Kostenaufstellung.

# 373 Wahl der Lüftungsart

## -1 FREIE LÜFTUNG (s. Abschn. 321)

## -2 LÜFTUNGSANLAGEN einfacher Art

werden in Entlüftungs-, Belüftungs- und Ent- und Belüftungsanlagen unterschieden (s. auch Abschn. 32 und 35). Wohnungslüftung s. Abschn. 364-3.

## -3 LÜFTUNGSANLAGEN MIT ZUSÄTZLICHER LUFTBEHANDLUNG[1])

Einfache Belüftungsanlagen enthalten im allgemeinen neben einem Luftfilter nur einen Lufterhitzer zur Erwärmung der Luft im Winter auf Raumtemperatur. Für bestimmte Zwecke sind folgende zusätzliche Luftbehandlungen möglich:

*Luftheizung* läßt sich sehr häufig mit der Lüftung verbinden. Die Lufterwärmung erfolgt dabei auf höhere Werte als Raumtemperatur, um auch die Transmissionsverluste zu decken. Wenn sonst keine Einwendungen gegen die Wahl einer Luftheizung bestehen, sind kombinierte Lüftungs- und Luftheizungsanlagen zweckmäßig. Die Beschaffungskosten der Heizung sind dabei gering, da die Mehrkosten einer Luftheizung gegenüber einer Lüftung unbedeutend sind. Alle Luftheizungsanlagen arbeiten mit Umluft oder Mischluft. Wärmerückgewinnung aus Abluft ist anzustreben.

Für einzelne Räume sind *Heizungstruhen* (Ventilatorkonvektoren) zweckmäßig, bei denen auch gleichzeitig eine Raumkühlung möglich ist, wenn Kaltwasser zur Verfügung steht.

*Luftkühlung* im Sommer in Komfortanlagen und gewissen Industrieanlagen, z. B. Süßwarenbetrieben, Laboratorien, Lebensmittelfabriken usw. Hierfür ist fast immer eine Kältemaschine erforderlich, wobei die Abführung der Kondensatorwärme zu beachten ist (Kühlturm).

Für Einzelräume gibt es viele Ausführungen von *Luftkühlgeräten* (Luftkühltruhen und Luftkühlschrankgeräte) mit oder ohne Kältemaschine.

---

[1]) Begriffserklärungen sind in DIN 1946 Teil 1 gegeben.

*Luftbefeuchtung* wird namentlich in solchen Betrieben benötigt, die hygroskopische Stoffe verarbeiten, z. B. Textil-, Tabak- und Papierfabriken. Auch in OP-Räumen, Laboratorien und Museen ist Luftbefeuchtung vorzusehen. Der Wasserverbrauch ist gering. Zahlreiche Ausführungen von *Befeuchtungsgeräten* sind auf dem Markt (s. a. Abschn. 343).

*Luftentfeuchtung* ist häufig bereits mit der Kühlung verbunden. Stärkere Entfeuchtung ist nur in wenigen Spezialfällen (chemische Industrie, graphisches Gewerbe) erforderlich. Für kleine Räume gibt es bewegliche Luftentfeuchtungsgeräte mit eingebauter Kältemaschine (s. a. Abschn. 344).

### -4 KLIMAANLAGEN (s. a. Abschn. 329)

*Komfort-Klimaanlagen*

Für die verschiedenen Arten von Räumen und Gebäuden gibt es eine große Anzahl unterschiedlicher Klimasysteme. Welches System für den jeweiligen Bedarfsfall wirtschaftlich und baulich am günstigsten ist, muß von Fall zu Fall untersucht werden.

*Industrie-Klimaanlagen* (s. Abschn. 368)

Hierbei ist im Gegensatz zu den Komfortanlagen der Produktionsprozeß für den Raumluftzustand maßgebend.

Um die *Herstellungs- und Betriebskosten* in wirtschaftlichen Grenzen zu halten, sollen schon bei der Planung rechtzeitig Bauherr, Architekt und Klimafachmann oder erfahrene Klimafirmen gemeinsam die beste Lösung suchen. Dabei sind bezüglich der Anlagentechnik u. a. folgende Gesichtspunkte zu beachten:

Auswahl eines günstigen Anlagen- und Regelungssystems,
Energieersparnis durch Wärmerückgewinnung oder Mehrfachverwendung,
Lage und Größe der Klimazentrale sowie deren Zugänglichkeit,
Lage und Größe des Kältemaschinenraumes und des Kühlturms,
Günstige Außenluftansaugung und Fortluftausblasung,
Platz für Kanäle und Steigeschächte,
Konstruktionshöhen für abgehängte Decken,
Energiesparende Beleuchtung (und Fenstergröße),
Sonnenschutz und Geräuschübertragung sowie Brandschutz,
Genügend Zeit für Einregulierung und Unterrichtung des Wartungspersonals,
Wartungsverträge mit den Herstellerfirmen.

## 374 Bautechnische Maßnahmen[1])

### -1 BETRIEBSMITTEL

Alle Klimaanlagen benötigen für ihren Betrieb ein Heiz- und Kühlmittel und elektrischen Strom. Bei pneumatischer Regelung muß auch Druckluft zur Verfügung stehen. Hierfür sind rechtzeitig von dem planenden Ingenieur bzw. den Heizungs-, Kälte-, Sanitär- und Elektrofirmen der erforderliche Platzbedarf sowie die Leistungs- und Größenangaben bekanntzugeben.

### -2 RAUMLUFTTECHNISCHE ZENTRALEN

Kleine Ventilatoren (Volumenstrom $< 5000$ m$^3$/h) können in einem Nebenraum u. U. auf einem Konsol untergebracht werden. Innerhalb von Gebäuden mit mehr als zwei Vollgeschossen dürfen Ventilatoren und Luftaufbereitungsanlagen nur in besonderen Räumen *(RLT-Zentralen)* aufgestellt werden, wenn die anschließenden Leitungen in mehrere Geschosse oder Brandabschnitte führen.

---

[1]) Siehe auch VDI-Lüftungsregeln, DIN 1946 T. 1 u. 2.
Rákóczy, T.: Ges.-Ing. 6/79. S. 185/91.

Der ungefähre *Flächenbedarf* ist aus Tafel 374-1 zu entnehmen. Eine RLT-Zentrale mit bauseitigen Wänden zeigt Bild 374-1. Vorgefertigte Wandelemente s. Abschn. 342-6. Weitere Beispiele s. Abschnitt 34.

Platzbedarf für heiztechnische Versorgung s. Abschnitt 264, für Kälteversorgung s. Abschnitt 693.

Von Bedeutung für die Anordnung der Zentrale im Gebäude ist die günstigste Lage der Außenluftansaugung, die möglichst auf der Schattenseite des Gebäudes erfolgen soll. Abluft und Zuluft sollen zweckmäßig in einem zentralen Raum zusammengeführt werden, um die Wärmerückgewinnung optimal durchführen zu können. Bei allen Ventilatoren, Kältemaschinen und Pumpen ist die Übertragung von Luft- und Körperschall durch geeignete Maßnahmen zu verhindern. Ein *Entwässerungsanschluß* ist in solchen RLT-Zentralen notwendig, die mit Wasser als Heiz-, Befeuchtungs- oder Kühlmittel betrieben werden, oder wo Wasser als Kondensat anfällt. Fußbodenentwässerungen sind so anzuordnen, daß bei ausgetrocknetem Geruchsverschluß keine Kanalgase von der RLT-Anlage angesaugt werden können. Der Fußboden muß wasserdicht sein. Sind mehrere Anlagen in einer Zentrale untergebracht, muß für jede dieser Anlagen der Raumbedarf ermittelt werden. Bei mehreren Geräten in einem zentralen Raum gelten die kleineren Werte in Tafel 374-1.

*Beispiel:*

Gemeinsame Zentrale für Zu- und Abluft mehrerer RLT-Anlagen:

1 Anlage HKB $\dot{V} = 50\,000$ m³/h ........................ 120 m²
2 Anlagen HK $\dot{V} = 2 \times 10\,000$ m³/h .............. $2 \times 50 = 100$ m²

Gesamter Flächenbedarf: ................................ 220 m²

Raumhöhe: 4 m

**Tafel 374-1. Ungefährer Platzbedarf für RLT-Anlagen*)**

| Volumenstrom m³/h | Raumhöhe m | Zuluft- und Abluftanlage HKB**) m² | HK m² | H m² | Abluft Z m² |
|---|---|---|---|---|---|
| 10000 | 2,5 | 70··· 60 | 60··· 50 | 30 | 20 |
| 25000 | 3,2 | 100··· 85 | 80··· 65 | 40··· 35 | 25 |
| 50000 | 4,0 | 140···120 | 110··· 90 | 60··· 50 | 40···35 |
| 75000 | 4,5 | 180···155 | 145···120 | 80··· 65 | 55···40 |
| 100000 | 5,0 | 220···190 | 180···150 | 100··· 80 | 70···50 |
| 150000 | 6,0 | 300···260 | 250···200 | 140···110 | 100···70 |

Anmerkung: Die großen Zahlen gelten, wenn nur ein Gerät im Raum steht. Bei mehreren Geräten in einem gemeinsamen Raum gelten die kleineren Zahlen für den Flächenbedarf.

*) nach VDI 3803 (11.86)
**) Bedeutung der Buchstaben s. Abschn. 312

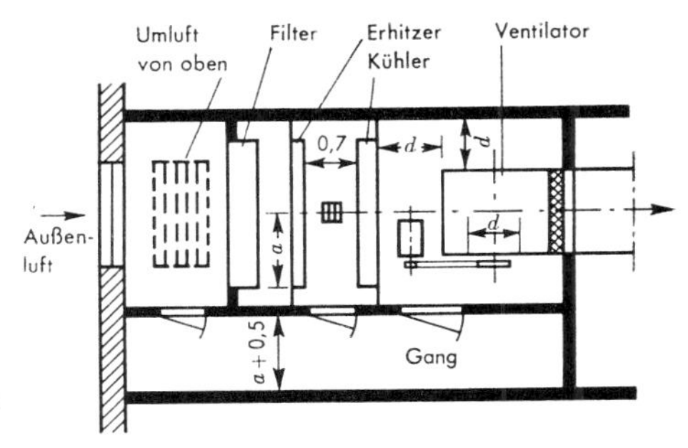


Bild 374-1. Lüftungszentrale mit bauseitigen Wänden.

## -3 KANÄLE

zur Verteilung der Luft sind grundsätzlich so kurz wie möglich zu halten, ohne die Wirksamkeit der Anlage dabei zu beeinträchtigen. Die Kanäle müssen luftdicht und innen glatt sein, um Staubablagerung zu verhindern, und aus nichtbrennbaren Baustoffen bestehen. Das geeignetste Material ist *verzinktes Stahlblech.* In Industrieanlagen können Kanäle aus diesem Material frei in dem Raum verlegt werden. Bei Komfortanlagen ist dagegen aus architektonischen Gründen im allgemeinen eine Verkleidung erforderlich. Rabitzkanäle sind absatzweise herzustellen, damit sie innen geglättet werden können. Bei den Kanälen sind an geeigneten Stellen dichtschließende Reinigungsklappen vorzusehen. Bei bauseitiger Herstellung der Kanäle ist rechtzeitig zu klären, ob Lüftungsfirma oder Bauleiter die Überwachung auf richtige Bauausführung übernehmen soll. Ungefährer Platzbedarf von Luftkanälen in Schächten s. Tafel 374-2.

**Tafel 374-2. Platzbedarf von Luftkanälen in Schächten und Trassen*)**

| Volumenstrom $m^3/h$ | Einkanal-Anlagen Hochgeschwindigkeit $m^2$ | Einkanal-Anlagen Niedergeschwindigkeit $m^2$ | Zweikanal-Anlagen Hochgeschwindigkeit $m^2$ |
|---|---|---|---|
| 10000 | 0,9 | 1,1 | 1,4 |
| 25000 | 1,6 | 2,0 | 2,5 |
| 50000 | 2,9 | 3,7 | 4,5 |
| 75000 | 4,1 | 5,4 | 6,5 |
| 100000 | 5,3 | 7,0 | 8,4 |
| 150000 | 7,8 | 10,4 | 12,3 |

*) nach VDI 3803 (11.86)

## -4 LUFTDURCHLÄSSE

sind meist die einzigen Teile einer Lüftungsanlage, an denen im Raum das Vorhandensein einer Lüftung erkennbar ist. Ihre richtige Anordnung und Ausführung ist für die Wirksamkeit der Lüftung von größter Wichtigkeit, weswegen der Architekt die Vorschläge des Lüftungsingenieurs genau beachten sollte. Es gibt zahllose verschiedene Bauarten für Zuluft und Abluft wie Steggitter, Düsen, Schlitze, Luftverteiler, Gitterbänder. Lochdecken werden nur noch selten verwendet. Die richtige Wahl des Luftverteilungssystems und der Luftauslässe erfordert große Erfahrung.

## -5 STEUERUNG, REGELUNG, SCHALTTAFELN

Die Elektromotoren jeder RLT-Anlage müssen mit Hilfe einer elektrischen Steuerung betätigt werden, z.B. Motorschutzschalter, Schütz mit Drucktasten. Jede Zuluftanlage soll eine automatische Temperaturregelung haben. Schalter, Taster, Signallampen sollen auf einer Schalttafel untergebracht werden. Zweckmäßig sind ferner Fernthermometer, die die Lufttemperaturen an verschiedenen Stellen anzeigen.

Bei größeren Anlagen enthalten die Schalttafeln auch alle sonst zum Betrieb und zur Überwachung der Lüftung erforderlichen Instrumente, wie Amperemeter, Klappenstellungsanzeiger, Temperatur- und Feuchteregler, Fernmeß- und Schreibgeräte usw. Bei umfangreichen Anlagen werden zunehmend freiprogrammierbare Steuerung und Regelung über Mikroprozessoren *(DDC-Regelung)* angewandt. Manchmal erfolgt der Ausbau bis zur *zentralen Leittechnik* (ZLT), wodurch einwandfreie Betriebsführung, -überwachung oder Energiemanagement möglich werden.

Kein Motor sollte ohne Überstrom- und Kurzschlußsicherung laufen. In ihrer unmittelbaren Nähe sind *Reparaturschalter* vorzusehen (Maschinenschutzgesetz).

## -6 BRANDSCHUTZ[1])

Besondere Beachtung muß beim Einbau raumlufttechnischer Anlagen dem vorbeugenden Brandschutz geschenkt werden, da bei einem Brand durch Lüftungsleitungen Feuer und Rauch in andere Räume übertragen werden können. Dies gilt besonders für innenliegende Aufenthaltsräume, wo die Flucht- und Rettungswege im Brandfall begehbar sein müssen. Die Vielfalt raumlufttechnischer Anlagen hat im Laufe der Zeit zu umfangreichen Anforderungen seitens der Baubehörden geführt.

Um eine einheitliche Behandlung aller Brandschutzfragen zu gewährleisten, ist vom *Institut für Bautechnik*[2]) ein Musterentwurf:

„Bauaufsichtliche Richtlinien über die brandschutztechnischen Anforderungen an Lüftungsanlagen in Gebäuden"

(Fassung Januar 84) ausgearbeitet worden. Er soll von den Baubehörden der Bundesländer übernommen werden und dient dann als Grundlage für die Baugenehmigung. Bezug genommen wird darin auf DIN 4102 – Brandverhalten von Baustoffen und Bauteilen – besonders Teil 4 und Teil 6.

Außerdem besteht DIN 18232: Baulicher Brandschutz – Rauch- und Wärmeabzug (Teil 1 bis 3, E. 9.81).

### -61 Baustoffe und Bauteile

Sie werden nach ihren Brandverhalten in mehrere Klassen unterteilt, siehe Tafel 373-4.

**Tafel 374-4. Baustoffklassen (DIN 4102, Teil 1, 5.81)**

| Klasse | Benennung | Beispiel gemäß DIN 4102, Teil 4 |
|---|---|---|
| A | nicht brennbare Baustoffe | z. B. |
| $A_1$ | | Beton, Glas, Gips, Stahl, Ziegel. |
| $A_2$ | | Nur nach besonderem Nachweis. |
| B | brennbare Stoffe | |
| $B_1$ | schwer entflammbar | Holzwolle-Leichtbauplatten, Gipskarton |
| $B_2$ | normal entflammbar | Holz > 2 mm Dachpappen, PVC Fußboden |
| $B_3$ | leicht entflammbar | Holz < 2 mm Papier, Heu |

Das *Brandverhalten* der Bauteile wird durch die *Feuerwiderstandsdauer* F gekennzeichnet, die die Zeit in Minuten, während der ein Bauteil bei der Prüfung in den Brandräumen bestimmte Anforderungen erfüllt. In Brandräumen wird entsprechend einer Einheitszeitkurve eine Temperatur von ca. 1000 °C erzeugt. Brandwände haben die Feuerwiderstandsklasse F90, ebenso die Wände und Decken von Heizräumen und Lüftungszentralen.

### -62 Lüftungsleitungen

Sie bestehen grundsätzlich aus nicht brennbaren Baustoffen (Klasse A). Schwer entflammbare Baustoffe (Klasse B1) sind nur innerhalb eines Brandabschnittes zulässig.

Lüftungsleitungen müssen so hergestellt sein, daß Feuer und Rauch nicht in andere Geschosse oder Brandabschnitte übertragen werden können. Je nach Zahl der Geschosse und Gebäude werden bei größeren Anlagen verschiedene Feuerwiderstandsklassen ver-

---

[1]) Zitzelsberger, J.: Ki 11/79. S. 463/74.
Quenzel, K.-H.: Feuerungstechn. 10/78. S. 63/5 u. TAB 11/80. S. 973/5.
Bornschlegl, A.: Ges.-Ing. 5/79. S. 157/9.
Ki 11/79 mit 5 Beiträgen zum Brandschutz.
Krüger, W., u. J. Zitzelsberger: Kongreßbericht Berlin 1980. S. 198/203.
DIN 18230 Teil 1 u. 2 (V. 11.82) Baulicher Brandschutz im Industriebau.
DIN 18232 Teil 1 bis 3 (9. 81 bis 9.84): Baulicher Brandschutz, Rauch- und Wärmeabsauganlagen.
Mürmann, H.: KKT 6/83. S. 250.
Eurovent-Dokument 6/8-1982.
Zitzelsberger, J., u.a.: HLH 7/86. S. 373 ff.

[2]) Institut für Bautechnik, Reichpietschufer 72, 1000 Berlin 30.

**Tafel 374-6. Feuerwiderstandsklassen L für Lüftungsleitungen in Minuten**

| Gebäudehöhe | Überbrückung von<br>Decken | Brandwänden | Flur- oder Trennwänden F 30 o. F. 90 |
|---|---|---|---|
| bis 2 Geschosse | – | L 90 | L 30 |
| 3 bis 5 Geschosse | L 30 | L 90 | L 30 |
| über 5 Geschosse | L 60 | L 90 | L 30 |
| Hochhäuser | L 90 | L 90 | L 30 |

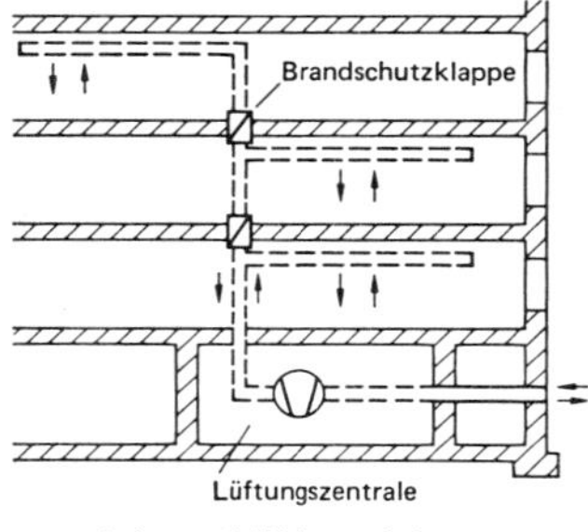


Bild 374-8. Lüftungsanlage mit gemeinsamer Hauptleitung und vertikalen Brandschutzklappen in den Decken.

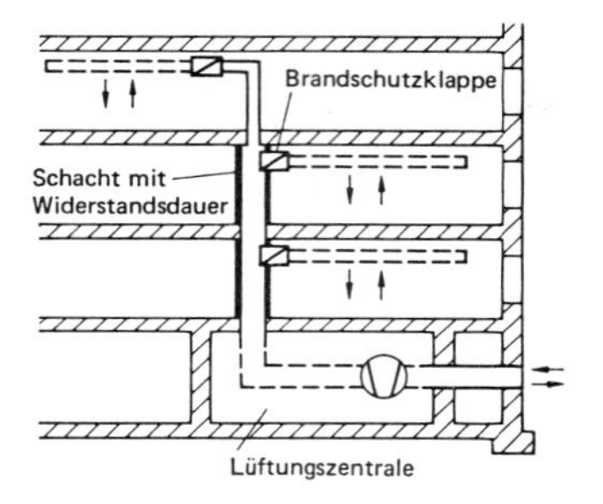


Bild 374-10. Lüftungsanlage mit gemeinsamem feuerwiderstandsfähigem Schacht und waagerechten Brandschutzklappen am Schacht.

langt. Sie werden mit dem Buchstaben L gekennzeichnet, siehe Tafel 374-6 und die Bilder 374-8 und -10, die schematisch 2 häufig ausgeführte Lüftungssysteme zeigen.

Prüfung der Rohrleitung nach ISO 6944 (12.85).

Es gibt folgende Ausführungen:

Lüftungsleitungen aus *Stahlblech* sind unbrennbar, sie gehören jedoch keiner Feuerwiderstandsklasse an.

Lüftungsleitungen aus Stahlblech mit einer *Dämmschicht* aus Mineralfasern oder Silikatplatten (Bild 374-12) erfüllen die Anforderungen der Feuerwiderstandsklassen L 30–L 90 je nach Dicke der Dämmschicht. Außerdem bestehen noch weitere Forderungen bezüglich Verbindungen, Falze, Aufhängung an Decke oder Wand (Spannung < 6 N/mm$^2$), Dübel (Belastung < 500 N), Leitungsdehnung mit evtl. erforderlichen Kompensatoren, Wand und Deckendurchführungen, Versteifung u. a.

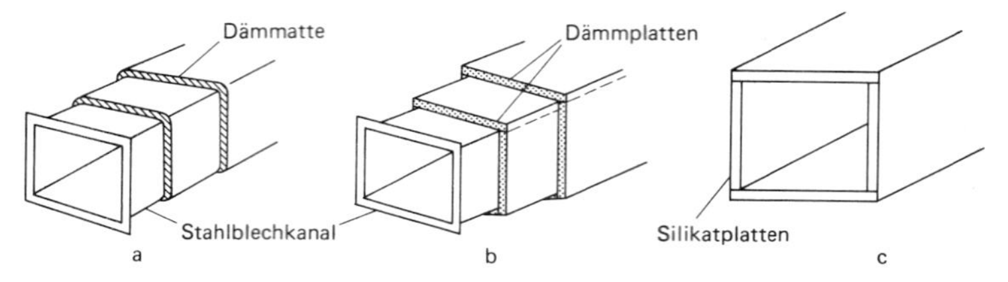


Bild 374-12. Lüftungsleitungen mit Feuerwiderstand.

a) Blechkanal mit Dämm-Matten
b) Blechkanal mit Dämm-Platten
c) Lüftungsleitungen aus selbsttragenden Dämmplatten

Lüftungsleitungen aus *Silikatplatten* (Bild 374-12), selbsttragend mit unterschiedlichen Wanddicken für Feuerwiderstandsklassen L30–L90; nur rechteckige Ausführung möglich; größerer Luftwiderstand und weniger dicht als Blechleitungen.

Lüftungskanäle aus *Leichtbeton,* Mindestwandstärke 50 mm.

Lüftungsschächte aus Wänden der Feuerwiderstandsklasse F30–F180 oder aus *Formstücken* für Schornsteine.

### -63 Brandschutzklappen (Feuerschutzklappen) (Bild 374-14)

Sie sollen die Übertragung von Feuer und Rauch durch Lüftungsleitungen, die Brandabschnitte überschreiten, verhindern. Sie verschließen die Leitungen im Brandfall automatisch, wobei die Auslösung in der Regel durch ein Schmelzlot bei 72 °C erfolgt. Die je nach Gebäudehöhe erforderlichen Feuerwiderstandsklassen sind aus Tafel 374-6 zu entnehmen. Die Klappen werden auch geliefert mit magnetischer Auslösungsvorrichtung für externen Verschluß und mit elektrischen Endschaltern für zentrale Anzeige der Klappenstellung, ferner mit elektr. oder pneumatischen Klappenantrieb. Alle Brandschutzklappen unterliegen einer Prüfpflicht durch das Institut für Bautechnik in Berlin.

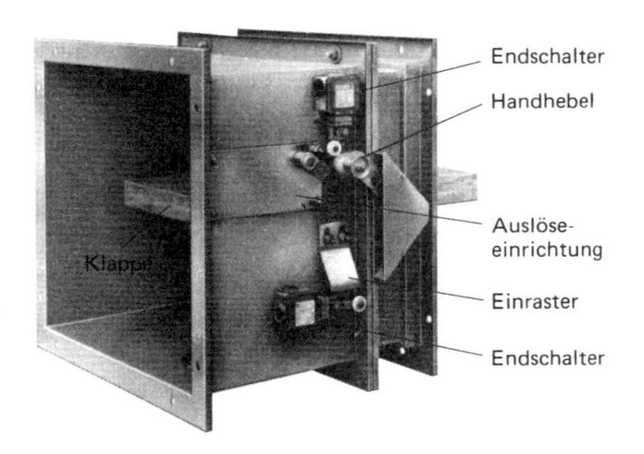


Bild 374-14. Feuerschutzklappe.

### -64 Rauchschutzklappen

Sie verhindern in der Lüftungsanlage die Übertragung von Rauch durch Außenluft oder Umluft. Betätigung durch Rauchmelder (Ionisationsmelder, optische Melder u. a.), die über elektrischen oder pneumatischen Antrieb die Klappen in den Lüftungsleitungen schließen.

Es gibt auch Absperrklappen, die sowohl mit thermostatischer als auch mit elektropneumatischer Auslösevorrichtung versehen sind.

### -65 Lüftungszentralen

In Gebäuden mit mehr als 2 Geschossen dürfen Luftaufbereitungsgeräte nur in besonderen Räumen aufgestellt werden, wenn Leitungen in mehrere Geschosse oder Brandabschnitte führen. Für Wände und Decken ist die Feuerwiderstandsklasse F90 erforderlich. Von den Zentralen geht keine Brandgefahr aus. Ausgang zu Rettungswegen oder ins Freie.

### -66 Brandgasventilatoren[1])

*Ventilatoren* für Rauch- und Wärmeabzug (RWA) sollen im Brandfall Rauch und Wärme abführen. Siehe hierzu auch Abschnitt 321-5. Bei hohen Brandlasten bevorzugt man RWA mit natürlicher Wirkung gem. Abschnitt 321-5.

Die Ventilatoren werden durch Heißgasversuche auf ihre Eignung geprüft werden, wobei Prüftemperaturen von 250···800 °C vorgesehen sind. Prüfung und Abnahme erfolgt

[1]) Quenzel, K.-H.: TAB 7/86. S. 487/491.
FLT-Bericht 3/1/64/86: Bemessung maschineller Rauchabzüge.
DIN 18230 T. 1 u. 2 (V. 11. 82), Baulicher Brandschutz im Industriebau.

durch den TÜV. Häufig fordern die Zustimmungsbehörden eine Temperaturbeständigkeit des Ventilators von 600 °C bei einer Standzeit von 90 min. Oft aber auch andere Werte, z. B. 400 °C/120 min.

Die Bestimmung des Volumenstroms erfolgt manchmal über die Forderung nach einem Luftwechsel von 10 $h^{-1}$. Genauer ist die Berechnung über die Brandlast nach DIN 18230

$$\text{Brandlast } q_r = \frac{M \cdot H_u \cdot m}{A_R} \quad \text{in kWh/m}^2$$

Dabei bedeuten

$M$ = Masse des brennbaren Stoffes in kg
$H_u$ = Heizwert des Stoffes in kWh/kg
$A_R$ = Lagergrundfläche des Rauchabschnitts in m
$m$ = Abbrandfaktor.

Der Abbrandfaktor berücksichtigt die Form, Art und Verteilung sowie das Brandverhalten pro Zeiteinheit des Stoffes. Der Faktor liegt zwischen $m = 0{,}2$ und 1,7. Tafel 374-8 gibt einige Kennwerte für die Berechnung der Brandlast an.

Mit der Brandlast $q_r$ läßt sich abhängig von einer äquivalenten Branddauer $t_ä$ eine Einheitstemperaturkurve (nach DIN 4102) darstellen (Bild 374-15).

Die äquivalente Branddauer berechnet sich nach der Formel

$$t_ä = c \cdot q_r \cdot w \quad \text{in min}$$

Dabei bedeuten:

$w$ = Wärmeabzugsfaktor, der die Ventilationsbedingungen berücksichtigt; bei maschineller RWA ist $w = 2{,}2 \cdots 3{,}2$
$c$ = Faktor, der das Wärmeeindringverhalten des Bauwerks berücksichtigt; es ist $c = 0{,}15 \cdots 0{,}25$ min m²/kWh. Der hohe $c$-Wert entspricht kleiner Wärmeeindringzahl.

Bei gegebener Brandlast $q_r$ kann also die Branddauer $t_ä$ berechnet werden.

*Beispiel:*

$q_r = 150$ kWh/m²

mit $c = 0{,}2$ min m²/kWh, und $w = 2{,}2$

ergibt sich $t_ä = 0{,}2 \cdot 150 \cdot 2{,}2 = 66$ min.

**Tafel 374-8. Kennwerte brennbarer Stoffe zur Ermittlung der Brandlast (nach DIN 18230, Auswahl)**

| Material | Lagerungsdichte*) | $m$-Faktor – | Heizwert $H_u$ kWh/kg |
|---|---|---|---|
| Fichtenholz, Bretter | 50···70 | 1,0···0,8 | 4,8 |
| Kantholz 100 × 100 | 50···90 | 0,5···0,7 | 4,8 |
| Holzwolle | 8 | 1,0 | 4,7 |
| Spanplatten | 99 | 0,2 | 4,8 |
| Schreib- und Druckpapier | 100 | 0,2 | 3,8 |
| Karton | 90···100 | 0,2 | 3,8 |
| Baumwolle, Gewebeballen | – | 0,4 | 4,3 |
| Faserballen | – | 0,2 | 4,3 |
| Polyamidfasern, Ballen | – | 0,7 | 7,9 |
| Kunststoffgranulat, in Säcken | – | 0,8 | 12,2 |
| Polystyrol (DIN 4102-B2) | 100 | 0,8 | 11,0 |
| PUR-Hartschaum (4102-B2) | 100 | 0,3 | 6,7 |
| Braunkohlenbriketts | 60 | 0,3 | 5,8 |
| Glycol | – | 1,3 | 4,6 |
| Heizöl EL | – | 0,4 | 11,7 |
| Terpentin | – | 0,6 | 11,5 |

*) Lagerungsdichte = Schüttdichte/Rohdichte = Materialvolumen/Gesamtvolumen

Nach Bild 374-15 ergibt sich die Einheitstemperatur im Brandraum

$\vartheta_{BA} = 940\,°C$

Die tatsächlichen Temperaturen bei Lüftung mit einer RWA liegen tiefer und können berechnet werden nach der Formel

$$\vartheta_m = 20 + 250 \log \left(4 \cdot t_ä^2 \cdot \frac{q_r}{n \cdot I}\right) \text{ in °C}$$

Dabei bedeuten

$\vartheta_m$ = mittlere tatsächliche Brandgastemperatur in °C
$t_ä$ = Branddauer in min
$q_r$ = Brandlast in kWh/m²
$n$ = Luftwechselzahl in $h^{-1}$
$I$ = Rauminhalt der Halle in m³

Statt der vorstehenden Formel kann einfacher Bild 374-16 benutzt werden.

*Beispiel:*

| | |
|---|---|
| Brandlast | $q_r = 150$ kWh/m² |
| Hallengröße | $I = 750$ m³ |
| Zunächst geschätzt Luftwechsel | $n = 15\,h^{-1}$ |
| ergibt | $q_r/(I \cdot n) = 0{,}0133$ |

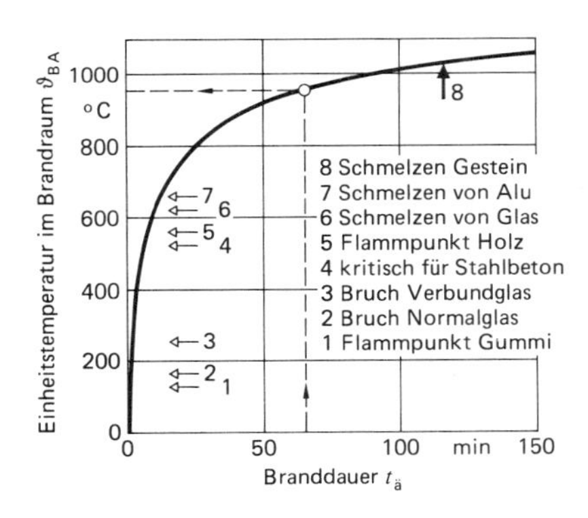


Bild 374-15. Einheitstemperatur im Brandraum und kritische Temperaturen.

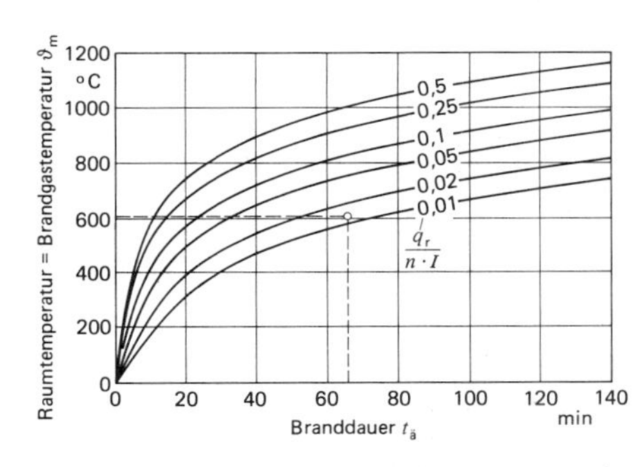


Bild 374-16. Brandgastemperatur abhängig von der Branddauer bei verschiedenen Werten für Brandlast $q_r$, Luftwechsel $n$ und Hallenvolumen I.

Nach Bild 374-16 beträgt für $t_ä = 66$ min die tatsächliche Brandgastemperatur

$\vartheta_m = 610\,°C$

Wenn der verfügbare Brandgasventilator nur eine Prüftemperatur von 600 °C/90 min hat, ist die Luftwechselzahl im vorliegenden Beispiel etwas zu erhöhen, um den Wert $q_r/(I \cdot n)$ zu reduzieren.

Brandgas-Ventilatoren werden in radialer und axialer Bauart hergestellt bis 250 000 $m^3/h$. Der Motor liegt außerhalb des Brandgasstroms. Bei Axialventilatoren wird der Motor über einen Fremdluftschacht gekühlt (Bild 374-18). Auch Radialventilatoren, deren Motor im Brandraum liegt, benötigen Motorfremdlüftung (Bild 374-19).

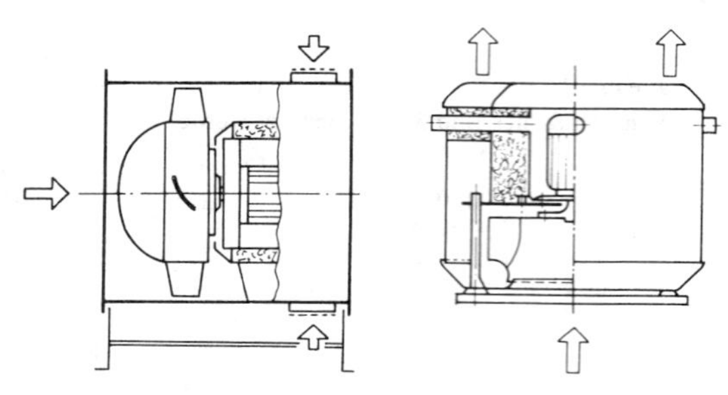

Bild 374-18. Axiale Brandgasventilatoren (BSH).
Links: Schachtausführung für Kanalanschluß
Rechts: Dachventilator

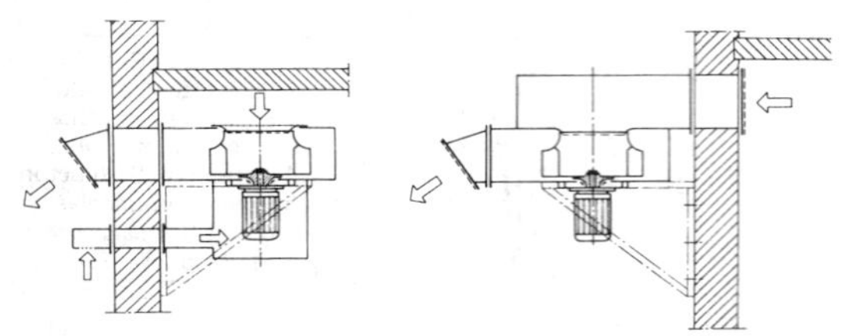

Bild 374-19. Radiale Brandgasventilatoren für Wandanbau (BSH).
Links: Anordnung im Raum, Motorkühlung mit Fremdluft
Rechts: Anordnung außerhalb des Gebäudes

*Lüftungsanlagen* in Gebäuden oder Dachventilatoren in Fabrikhallen können unter Umständen auch zur Entrauchung im Brandfall von der Bauaufsicht zugelassen werden, wobei jedoch zusätzliche Forderungen zu erfüllen sind.

## -67 Sondervorschriften

*Induktionsgeräte* einschl. Düsen müssen unbrennbar sein. Anschlußstutzen an den Geräten max. 100 mm ∅, senkrechte Leitungen max. 200 mm ∅ mit Dämm-Matten, anderenfalls L 30–L 90 (Bild 374-20).

*Küchenabluftkanäle* am besten aus Stahlblech geschweißt. Brandgefahr durch Fettablagerung. Außerhalb der Küche L 90. Reinigungsöffnungen erforderlich.

*Abort-Entlüftungen* nach DIN 18 017.
Hier werden für Schachteinbau besondere Klappen verwendet, die mit K 30-18017, K 60-18017 und K 90-18017 bezeichnet werden. Beispiel Bild 374-22. Schachtquerschnitt max. 1000 $cm^2$.

*Labor-Abluftrohre.*
Zentrale im oberen Geschoß mit Rauchmelder und Rauchabzugsvorrichtung.

Weitere Anforderungen seitens der Bauaufsicht sind möglich bei Krankenhäusern, Versammlungsräumen u. a.

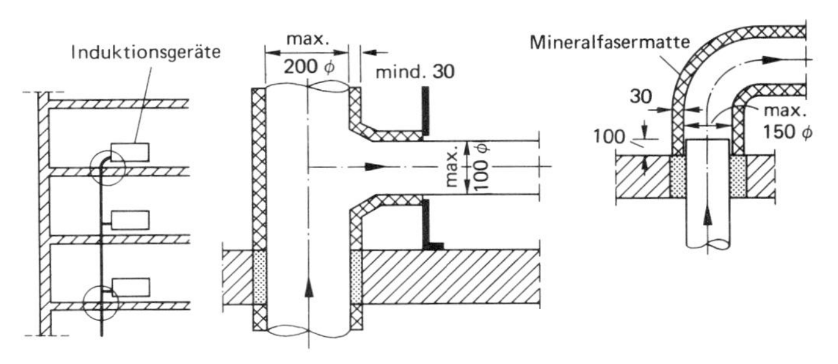


Bild 374-20. Verbindungsleitungen für Induktionsgeräte.

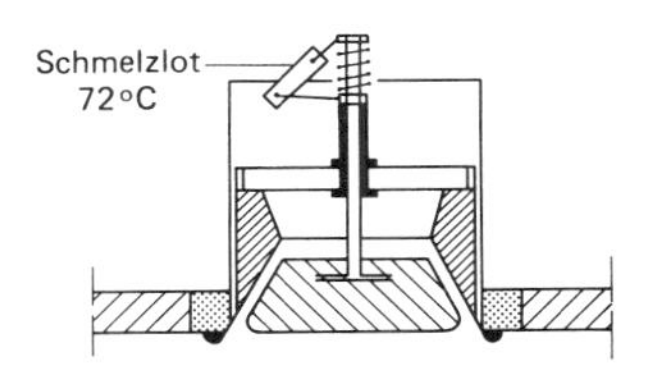


Bild 374-22. Feuerschutzklappe für Schachtanlagen K 90-18017.

### -7 MONTAGE

Hierbei ist es wichtig, daß der *Montageablauf* von der Bauleitung laufend überprüft wird, damit kein Leerlauf und keine Störungen bei der Tätigkeit der verschiedenen Gewerke entstehen. Ein *Terminplan* für alle Gewerke am Bau ist notwendig, um die Arbeiten aufeinander abzustimmen.

Nach Fertigstellung aller Teile ist der Fachfirma genügend Zeit zur Einregulierung der lufttechnischen Anlagen zu lassen, wofür bei größeren Anlagen meist mehrere Wochen erforderlich sind.

## 375 Kosten der Lüftungs- und Klimaanlagen

### -1 INVESTITIONSKOSTEN[1])

Bei der großen Zahl der Ausführungsmöglichkeiten von RLT-Anlagen ist es außerordentlich schwer, annähernd zutreffende Angaben über die Beschaffungskosten einer Anlage zu machen. Bild 375-1 und Tafel 375-1 sollen daher nur in ganz grobem Maßstab die ungefähr zu erwartenden Kosten angeben. Die angegebenen Zahlen beziehen sich auf fertig montierte Anlagen einschließlich Lüftungskanälen mittlerer Ausdehnung und Kältemaschine, jedoch ohne den auf die Heizung und Kaltwasserverrohrung des Gebäudes anfallenden Kostenanteil, der bei Klimaanlagen etwa 20···30% beträgt und ohne die baulichen Nebenarbeiten wie elektrische Anschlüsse, Maurer- und Verputzarbeiten usw. Wesentliche Abweichungen nach oben und unten sind durchaus möglich.

[1]) Merkle, E.: Ges.-Ing. 6/79. S. 173/6 u. 7/79. S. 219/25.

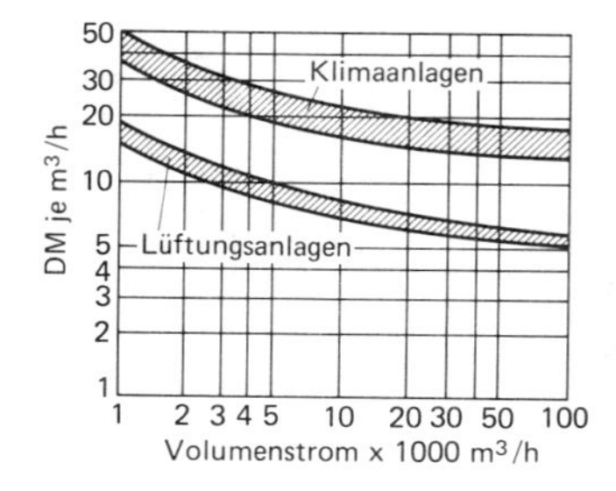


Bild 375-1. Ungefähre Anschaffungskosten von zentralen Lüftungs- und Klimaanlagen je m³/h Volumenstrom, mit Wärmerückgewinnung und mit Kälteanlage, jedoch ohne Heizung und ohne bauliche Nebenarbeiten (Preise 1987).

**Tafel 375-1. Ungefähre Volumenströme in m³/h pro m² Nutzfläche bei verschiedener Raumnutzung*)**

| Nutzung | Volumenstrom m³/h pro m² |
|---|---|
| Verwaltungsgebäude | 8···15 |
| Innenflure | 4··· 6 |
| Versammlungsstätten | 18···26 |
| Kantinen/Cafeteria | 20···24 |
| Küchen | 60···90 |
| Toiletten | 14···18**) |
| Lager | 4··· 8 |
| Garagen | 8···12**) |

*) nach VDI 3803 (11.86)
**) nur Abluft

*Beispiel:*

Verwaltungsgebäude mit 1000 m² Büro und 100 m² Sitzungsraum (Versammlungsraum) mit Klimaanlage. Dazu 150 m² Flure und Treppenhäuser sowie Garage mit 500 m², ausgeführt als Lüftungsanlage.

Berechnung der Anschaffungskosten:

| Nutzung | Fläche $A$ m² | spez. Vol. Strom $\dot{V}$ nach Tafel 375-1 m³/h je m² | Volumenstrom $A \cdot \dot{V}$ m³/h | spez. Kosten nach Bild 375-1 DM je m³/h | Kosten der RLT-Anlage DM |
|---|---|---|---|---|---|
| Büro | 1000 | 12 | 12000 | 20,– | 240000,– |
| Sitzungsraum | 100 | 20 | 2000 | 28,– | 56000,– |
| Garagen | 500 | 10 | 5000 | 7,– | 35000,– |
| Flure | 150 | 5 | 750 | 16,– | 12000,– |
| Gesamtkosten für die RLT-Anlagen (ohne Heizung) | | | | | 343000,– |
| Gesamtanschaffungskosten einschließlich Heizung | | | | ca. | 450000,– |

Das Verwaltungsgebäude entspricht ungefähr einer Besetzung mit 100 Mitarbeitern, so daß pro Arbeitsplatz etwa DM 4000,– für Klima- und Heizungsanlage zu investieren sind.

Prozentuale Aufteilung der Kosten einer Klimaanlage etwa:

| | |
|---|---|
| Lufttechnische Bauteile | 20···25% |
| Luftkanäle, Gitter | 25···30% |
| Kältemaschinen, Kühlturm | 20···30% |
| Rohrleitungen, Pumpen | 10···15% |
| Regelung, Schalttafel | 10···15% |

Kosten von Hochdruckklimaanlagen:

für Bürogebäude siehe auch Abschn. 364-18.
für Krankenhäuser siehe Abschn. 365-13.

Kosten für Heizungsanlagen siehe Abschn. 265.

Kosten für Kälteanlagen siehe Abschn. 68.

## -2 BETRIEBSKOSTEN[1])

Eine genaue Berechnung der Betriebskosten einer Klimaanlage ist sehr umfangreich, da für jeden Einzelfall eine große Anzahl von Daten bekannt sein muß, z.B. das Klimasystem, die Klimadaten, Betriebszeit, eventuelle Betriebspausen, Lichtschaltung, Jalousiebedienung, Wärme- und Kältequellen u.a. Alle diese Angaben müssen Stunde für Stunde über ein ganzes Jahr vollständig vorhanden sein. Die Wetterdaten sind in DIN 4710 (11.82) stündlich für je einen Tag im Monat für heitere, bewölkte und gemischt bewölkte Tage angegeben. Der Energieverbrauch einer Klimaanlage setzt sich aus zwei Komponenten zusammen:

*Luftaufbereitungsenergie;* sie fällt an, um die Außenluft vom jeweiligen Zustand auf den gewünschten Zuluftzustand zu bringen (Heizen, Kühlen, Be- oder Entfeuchten).

*Thermische Raumlasten;* sie fallen an durch Transmission, Strahlung, innere Lasten (Heizung oder Kühlung).

Beide Anteile ändern sich von Stunde zu Stunde und natürlich auch von Monat zu Monat. Wegen der Vielzahl der erforderlichen Rechengänge sind sinnvolle Ergebnisse nur mit EDV-Rechenprogrammen zu erzielen. Es haben sich zwei *dynamische Rechenverfahren* durchgesetzt:

*Tagesgangverfahren;* für jeden Monat werden stündlich – also 24mal pro Tag – zwei (oder drei) Tage gerechnet. Bei zwei Tagen pro Monat werden heitere und bewölkte Tage entsprechend ihrer Häufigkeit gewichtet. Bei dem Rechenverfahren mit drei Tagen je Monat wird zusätzlich auch noch ein gemischt bewölkter Tag berücksichtigt. Die meterologischen Daten stehen bei diesen Verfahren aus DIN 4710 für 13 deutsche Städte zur Verfügung. Pro Jahr fällt folgende Zahl von Berechnungen an:

2 (3) Tage je Monat × 24 h/d × 12 Monate = 576 (864) Rechnungen.

*Referenzjahrverfahren;* hier wird für *jeden* Tag des Jahres jede Stunde gerechnet. Es fallen also an:

24 h/d × 365 d/a = 8760 Rechnungen.

Der Rechenaufwand ist hier auch bei EDV-Anwendung als erheblich zu betrachten. Das Verfahren wird daher vorzugsweise für wissenschaftliche Untersuchungen angewendet.

Durch eine IEA-Studie konnte die Gleichwertigkeit beider Verfahren festgestellt werden.[2]) Inzwischen auch durch Messung bestätigt[3]). Richtwerte für den Energieverbrauch von klimatisierten Bürogebäuden siehe auch Abschnitt 185-55 und 364-14.

---

[1]) VDI-Richtlinie 2067, Bl. 3 (12.83): Berechnung der Kosten von Wärmeversorgungsanlagen; RLT-Anlagen.
DIN 4710 (11.82) Meteorologische Daten.
Brendel, T., u. G. Güttner: Ges.-Ing. 1, 2 u. 4/77.
Masuch, J.: HLH 5/77. S. 165/72 u. HLH 11/82. S. 387/393.
Steinbach, W.: HLH 6/77. S. 207/13 u. 7/77. S. 266/70.
Rákóczy, T.: TAB 5/78. S. 417/21 u. VDI-Bericht 353 (1980). S. 15/22.
Rouvel, L.: Raumkonditionierung, Berlin, Springer-Verlag, 1978.
Jahn, A.: HLH 1978. Heft 6 bis 8 und Ges.-Ing. 4/82. S. 201/3.
Daniels, D.: TAB 12/78. S. 985/7.
Esdorn, H., u. A. Jahn: VDI-Bericht 353 (1980) S. 23/32.
Hall, M.: VDI-Bericht 353 (1980) S. 53/64.
Fitzner, K.: KK 9/82. 7 S.
Hönmann, W.: HLH 10/79. S. 388/99 u. LTG, Techn. Inform. 61 (1986).
Usemann, K.: TAB 8/86. S. 541 ff.

[2]) Internationale Energie-Agentur (IEA), Brüssel. Abschlußbericht ET 5238 (1980).

[3]) Fox, Hönmann, Steinbach: Ges.-Ing. 2/87. S. 61/66.

Die derzeit von Hand durchführbaren Energieverbrauchsberechnungen nach VDI 2067 Bl. 3 (12.83) ermitteln Luftaufbereitungsenergien mit Jahres-Luftgrad-, -Enthalpie-, -Feuchte-Stunden und mit Summenhäufigkeiten für Luft-Enthalpie und -Feuchte. Für etwas genauere Berechnungen gibt es jetzt auch entsprechende Monatsstunden in VDI 2067. *Statische Berechnungsverfahren* versagen insbesondere bei VVS-Systemen, wo ständig eine Veränderung der Luftmenge mit der Last stattfindet. Man korrigiert diesen Mangel an der VDI-Richtlinie jetzt durch Faktoren. Ferner fehlt hier eine dynamische Rechnung für die thermischen Raumlasten.

Nachstehende Rechnungen, die auf den Gradtagen und Gradstunden für Erwärmung, Kühlung, Be- und Entfeuchtung beruhen, sind daher nur als Näherung zu betrachten, da sie den dynamischen Verlauf des Energiebedarfs nicht berücksichtigen. Richtwerte aus dynamischen EDV-Berechnungen siehe Abschnitt 185-5 und 364-18; Beispiel nach VDI 2067 Bl. 3 (12.83) s. Abschn. 113.

Es sind folgende Kostengruppen zu unterscheiden:

1) Energiekosten für Strom, Wärme, Kälte und Wasser
2) Wartung und Bedienung
3) Instandhaltung (Reparaturen)
4) Kapitalkosten für Verzinsung und Abschreibung.

## -21 Energiekosten

*Elektrische Energie*

Der jährliche Verbrauch der Ventilatoren an elektrischer Energie $E$ ist bei konstantem Volumenstrom leicht zu errechnen:

$$E = 365 \cdot z \cdot N \text{ in kWh/Jahr}$$

$z$ = Zahl der täglichen Betriebstunden
$N$ = Leistungsverbrauch der Ventilatoren [kW]

Bei regulierbaren Antrieben ist der zeitweise verringerte Energiebedarf zu beachten.

*Wärmeenergie*

Bei der Ermittlung des jährlichen Wärmebedarfs $Q_w$ zur Erwärmung der Außenluft benutzt man am besten die Lüftungsgradstunden $G_L$, bezogen auf die verschiedenen Tageszeiten nach Tafel 112-14.

$$Q_w = G_L \cdot \dot{V} \cdot c \cdot \varrho \cdot 10^{-6} \text{ GJ/a}$$

$\dot{V}$ = Volumenstrom m³/h
$c$ = spez. Wärme der Luft = 1,0 kJ/kgK
$G_L$ = Lüftungsgradstunden in hK/a nach Tafel 112-14

*Befeuchtung*

Wird die Luft auch befeuchtet, so ist der dazu erforderliche zusätzliche Wärmebedarf $Q_f$:

$$Q_f = G_f \cdot r \cdot \dot{V} \cdot \varrho \cdot 10^{-6} \text{ GJ/a}$$

$G_f$ = Befeuchtungsgrammstunden in h/a · g/kg nach Bild 113-4
$\varrho$ = Dichte der Luft = 1,2 kg/m³
$r$ = Verdampfungswärme = 2,5 kJ/g

*Kälteenergie zur trockenen Luftkühlung*

Hier errechnet man den jährlichen Kältebedarf $Q_K$ mittels der Kühlgradstunden nach Tafel 112-18:

$$Q_K = G_K \cdot \dot{V} \cdot c \cdot \varrho \cdot 10^{-6} \text{ GJ/a}$$

$G_K$ = Kühlgradstunden in hK/a nach Tafel 112-18

*Entfeuchtung* (Trocknung)

Sinngemäß ist die hierfür erforderliche zusätzliche Kühlleistung

$$Q_{tr} = G_{tr} \cdot r \cdot \dot{V} \cdot \varrho \cdot 10^{-6} \text{ GJ/a}$$

$G_{tr}$ = Entfeuchtungsgrammstunden in h/a · g/kg nach Bild 113-4.

Nicht enthalten sind in den obigen Zahlen die thermischen Raumlasten *(Heizlast)* für die Heizung im Winter (siehe Abschn. 265) sowie der Kühlbedarf *(die Kühllast)* für die Raumkühlung im Sommer (Abschn. 353).

### -22 Wartungs- und Bedienungskosten

haben je nach Größe der Anlage und ihrer Kompliziertheit einen großen Streubereich. Richtwerte für jährlichen Aufwand in % der Herstellungskosten

| | |
|---|---|
| bei einfachen Anlagen | 2···3% |
| bei komplizierten Anlagen | 3···5%. |

### -23 Sonstige Instandhaltungskosten

Die Instandsetzungskosten sind ebenfalls unterschiedlich. Sie betragen jährlich im Durchschnitt in % der Herstellungskosten angenähert

| | |
|---|---|
| bei einfachen Anlagen | 1···2% |
| bei komplizierten Anlagen | 2···3%. |

Sie steigen je nach Qualität des Materials im Laufe der Nutzungsdauer.

### -24 Kapitalkosten

Sie werden aufgrund der Herstellungskosten, eines zu bestimmenden Zinssatzes und der Nutzungsdauer der Anlage ermittelt.

Einige Zahlenwerte für die Nutzungsdauer (genauere Werte sind in [1]) angegeben):

| | |
|---|---|
| Klimazentralen | 10···20 Jahre |
| Kältemaschinen | 15 Jahre |
| Kühltürme | 10···15 Jahre |
| Kanäle, Gitter u.ä. | 30···40 Jahre |
| Regelanlagen | 12 Jahre |

Bei einem Zinssatz von $p$ % und einer Nutzungsdauer von $n$ Jahren betragen die jährlichen Kapitalkosten (Annuitäten)

$$a = \frac{p\,(1+p)^n}{(1+p)^n - 1} \text{ in \% vom Kapital (Tafel 185-1).}$$

### -25 Beispiel einer Betriebskostenberechnung[1])

Wie groß ist der jährliche Verbrauch an elektrischer Energie, Wärme und Kälte bei einer Klimaanlage in Berlin, die werktäglich (Mo. bis Fr. = 5 Tage) von 8 bis 18 Uhr in Betrieb ist und $\dot{V} = 10\,000$ m³/h ($\dot{V}_s = 2{,}8$ m/s) Luft fördert? Förderdruck der Ventilatoren $\Delta p = 1500$ Pa. Wirkungsgrad der Ventilatoren $\eta = 0{,}80$. Raumluft 22 °C/50% rel. Feuchte ($x \approx 8$ g/kg), Rauminhalt $I = 1000$ m² · 3 m ≈ 3000 m³, Investitionskosten $K = 350\,000$,– DM.

#### 251 Energiekosten

*Elektrische Energie E* der Ventilatoren bei Vollbetrieb:

$$P = \frac{\dot{V}_s \cdot \Delta p}{\eta} = \frac{2{,}8 \cdot 1500}{0{,}8 \cdot 1000} = 5{,}25 \text{ kW}$$

$$E = 365 \cdot 5/7 \cdot 10 \cdot 5{,}25 = 13\,700 \text{ kWh/a}$$

*Wärmeenergie zur Lufterwärmung:*

$$Q_w = G_L \cdot \dot{V} \cdot c \cdot \varrho \cdot 10^{-6} \text{ GJ/a}$$
$$= 34\,236 \cdot 5/7 \cdot 10\,000 \cdot 1{,}2 \cdot 10^{-6} = 293 \text{ GJ/a} = 82 \text{ MWh/a}$$

1 GJ/a = 1/3,6 MWh/a

$G_L = 71\,915 - 37\,679 = 34\,236$ Lüftungsgradstunden von 8 bis 18 Uhr aus Tafel 112-14 (Zulufttemperatur = 20 °C).

*Wärmeenergie zur Befeuchtung:*

$$Q_f = G_f \cdot f \cdot r \cdot \dot{V} \cdot \varrho \cdot \tau_w \cdot 10^{-6} \text{ GJ/a}$$

$G_f$ = 23 000 h/a · g/kg Befeuchtungsgrammstunden pro Jahr aus Bild 113-4

$f$ = Korrekturfaktor Betriebsstunden/Jahresgesamtstunden

$r$ = Verdampfungswärme Wasser = 2,5 kJ/g

$\tau_w$ = 0,87 Korrekturfaktor für Lage der Betriebszeit (Tafel 375-3)

$$Q_f = 23\,000 \cdot 5/7 \cdot 10/24 \cdot 2{,}5 \cdot 10\,000 \cdot 1{,}2 \cdot 0{,}87 = 178{,}4 \text{ GJ/a} = 50 \text{ MWh/a.}$$

---

[1]) VDI 2067, Bl. 3 (12.83). Berechnung der Kosten von RLT-Anlagen.

*Kälteenergie zur trockenen Luftkühlung:*

$Q_K = G_K \cdot \dot{V} \cdot c \cdot \varrho \cdot 10^{-6}$ GJ/a

$G_K = 2673 - 13 = 2660$ Kühlgradstunden von 8 bis 18 Uhr aus Tafel 112-18 (Zuluft = 18 °C)

$Q_K = 2660 \cdot 5/7 \cdot 10000 \cdot 1{,}2 \cdot 10^{-6} = 22{,}8$ GJ/a = 6,3 MWh/a.

*Kälteenergie zur Entfeuchtung:*

$Q_{tr} = G_{tr} \cdot f \cdot r \cdot \dot{V} \cdot \varrho \cdot \tau_k \cdot 10^{-6}$ GJ/a

$G_{tr}$ = 2900 h/a · g/kg Entfeuchtungsgrammstunden aus Bild 113-4

$\tau_k$ = 1,1 Korrekturfaktor für Lage der Betriebszeit (Tafel 375-3)

$Q_{tr} = 2900 \cdot 5/7 \cdot 10/24 \cdot 2{,}5 \cdot 10000 \cdot 1{,}2 \cdot 1{,}1 \cdot 10^{-6} = 28{,}6$ GJ/a = 7,9 MWh/a.

Die Wärme- und Kälteenergien zur Luftaufbereitung kann auch nach Bild 113-11 ermittelt werden.

Die zusätzlichen thermischen Raumlasten für Heizen und Kühlen seien wie folgt angenommen (s. Abschn. 266-2 u. 364-13):

Heizenergie $Q_h$ = 1000 m² · 0,10 kW/m² · 1500 Vollbetriebstunden = 150 MWh/a
Kühlenergie $Q_k$ = 1000 m² · 0,06 kW/m² · 600 Vollbetriebstunden = 36 MWh/a

Die *Wasserkosten* für die Befeuchtung der Luft sind bei Dampfbefeuchtung zu vernachlässigen. Bei Befeuchtung durch Düsenkammern dagegen erreichen sie einen nennenswerten Betrag. Sie lassen sich nach Abschnitt 13 annähernd berechnen. Der praktisch auftretende Wasserverbrauch ist etwa das 3- bis 4fache des theoretisch errechneten Betrages $G_f \cdot \varrho \cdot \dot{V} \cdot 10^{-6}$ kg/Jahr. Richtwert bei durchlaufendem Betrieb etwa 100 kg/Jahr je m³/h Luft.

Durch Multiplikation mit den Einheitspreisen für elektrischen Strom, Wärme und Kälte erhält man die jährlichen Energiekosten. Rechnet man mit nachstehenden Einheitspreisen:

| | |
|---|---|
| elektrischer Strom | 0,25 DM/kWh |
| Wärme nach Abschn. 266 | 50 DM/MWh |
| Kälte nach Abschn. 682 | 85 DM/MWh, |

so ergeben sich die gesamten jährlichen *Energiekosten* wie folgt:

| | | |
|---|---|---|
| Elektr. Strom für Ventilatoren | 13,7 MWh/a · 250 | = 3425,– DM/a |
| Wärme für Lüftung | 82 MWh/a · 50 | = 4100,– DM/a |
| Wärme für Befeuchtung | 50 MWh/a · 50 | = 2500,– DM/a |
| Wärme für Heizung | 150 MWh/a · 50 | = 7500,– DM/a |
| Kälte für Außenluftkühlung | 6,3 MWh/a · 85 | = 535,– DM/a |
| Kälte für Entfeuchtung | 7,9 MWh/a · 85 | = 670,– DM/a |
| Kälte für Kühllast | 36 MWh/a · 85 | = 3060,– DM/a |
| *Summe der Energiekosten* | 345,9 MWh/a | = 21790,– DM/a |
| **252 Wartung und Bedienung** | 2% von 350000,– DM | = 7500,– DM/a |
| **253 Instandhaltung** | 2% von 350000,– DM | = 7500,– DM/a |
| **254 Kapitalkosten** bei 20 Jahren Nutzungsdauer und 10% Zinsen | 11,75% von 350000,– DM | = 41125,– DM/a |
| *Gesamte Betriebskosten* | | = 77915,– DM/a |
| | ≙ 90300 : 1000 | = 78,– DM/m²a |

Der spezifische Energieverbrauch beträgt im Beispiel 346 kWh/m²a.

Bei Ausnutzung aller Energieeinsparmöglichkeiten (Wärmerückgewinnung, Sonnenschutz, kontrollierte Lüftung usw.) können die Energiekosten wesentlich verringert werden, allerdings bei steigenden Kapitalkosten (siehe Abschn. 185-5).

Für derartige *moderne Komfort-Klimaanlagen* gelten 1987 folgende Richtwerte bei Büronutzung (siehe auch Abschn. 364-18):

Investitionskosten für Klima und Heizung 300…400 DM/m²

| | | |
|---|---|---|
| Kapitalkosten | 45…50 DM/m²a | ≙ ca. 55% |
| Wartungskosten | 7…10 DM/m²a | ≙ ca. 10% |
| Instandsetzungskosten | 6…9 DM/m²a | ≙ ca. 9% |
| Energiekosten | 20…25 DM/m²a | ≙ ca. 26% |
| Gesamtbetriebskosten | 78…94 DM/m²a | ≙ 100% |

Die Gesamtbetriebskosten pro Arbeitsplatz von 12 $m^2$ im Büro liegen also bei 900···1100 DM/a. Dieser Betrag muß im Verhältnis gesehen werden zu den Personalkosten von ca. 50000 DM/a. Der Aufwand für Vollklimatisierung ist im Verhältnis zum Nutzen einer besseren Leistungsfähigkeit und Gesunderhaltung des Mitarbeiters also recht gering. Ohne RLT-Anlage verbleibt der Aufwand für die Heizung und es entfällt die Möglichkeit der Wärmerückgewinnung für die Lüftungswärme.[1])

**Tafel 375-3. Korrekturfaktoren der Enthalpie für die Lage der Betriebszeit (VDI 2067, Bl. 3, 12.83).**
$\tau_k$ = Korrektur bei Kühlung, $\tau_w$ = Korrektur bei Erwärmung.

| Betriebsstunden | Uhrzeit | Beispiel | $\tau_k$ | $\tau_w$ |
|---|---|---|---|---|
| 24 | 0···24 | – | 1 | 1 |
| 9···10 | 7···17 | Büro | 1,1 | 0,87 |
| 9 | 14···23 | Theater | 1,05 | 0,94 |
| 6 | 18···24 | Festsaal | 0,9 | 1,04 |

# 376 Abnahme und Leistungsmessungen[2])

Man unterscheidet die *Abnahme*, die normalerweise nach Fertigstellung jeder Anlage und Abnahmebereitschaft zu erfolgen hat, und *Leistungsmessungen* an der Gesamtanlage oder Teilen der Anlage.

*1. Abnahme*

Es sind in der Regel die Vollständigkeit der Anlage und die Funktion der wichtigsten Teile zu prüfen.

11. Die *Vollständigkeitsprüfung* umfaßt den Vergleich der gelieferten Teile mit dem Auftragsumfang einschließlich

    Bedienungsanweisungen,
    Sicherheitseinrichtungen, wie Überlastschutz der Motoren, Frostschutz, Brandschutzklappen usw.,
    Bestandszeichnungen,
    Ersatzteile, soweit erforderlich,
    bei Kälteanlagen die nach der UVV 20 erforderlichen Vorschriften.

12. Die *Funktionsprüfung* umfaßt bei einem mehrstündigen Probebetrieb in der Regel folgende Prüfungen:
    121. Volumenstrommessung (siehe Abschn. 164-10 und -11),
    122. Wirksamkeit der Luftdurchlässe, eventuell mit Rauchproben und Messung der Raumluftgeschwindigkeit (siehe Abschn. 164-12),
    123. Leistung der Motoren,
    124. Temperatur und Feuchte der Luft,
    125. Geräuschmessungen, soweit gefordert (s. Abschn. 169-6).
    126. Regelungsanlage, Schaltschränke[3])

[1]) Franzke, H. R.: TAB 11/81. S. 975/7.
[2]) VDI-Richtlinie 2079 (3.83): Abnahmeprüfung von RLT-Anlagen.
VDI 2080 (10.84): Meßverfahren und -geräte für RLT-Anlagen.
Bornschlegl, A.: HLH 2/77. S. 53/6.
Ki-Forum 6/82. S. 241/3.
[3]) VDMA-Einheitsblatt 24191 (3.87): Dienstleistungen für MSR-Einrichtungen.

*2. Leistungsmessungen*

Sie werden dann vorgenommen, wenn sie z. B. bei wichtigen Anlagen vorher vereinbart worden sind oder wenn begründete Beanstandungen an einzelnen Teilen der Anlage vorgebracht werden.

21. *Ventilatoren.* Außer dem Volumenstrom ist die Gesamtdruckdifferenz, die Drehzahl und die Leistungsaufnahme zu messen. Vergleich mit der vom Hersteller gelieferten Kennlinie (Bild 376-1).

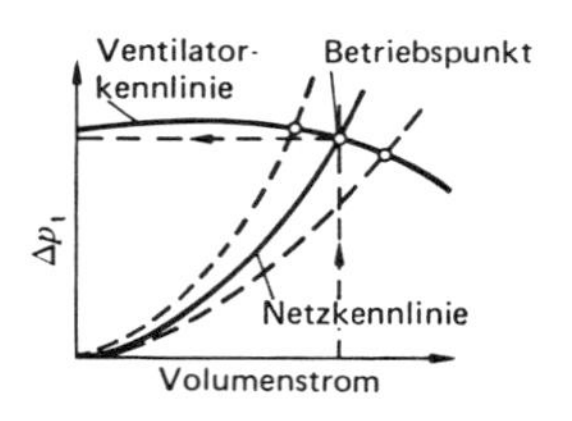


Bild 376-1. Kennlinie eines Ventilators.

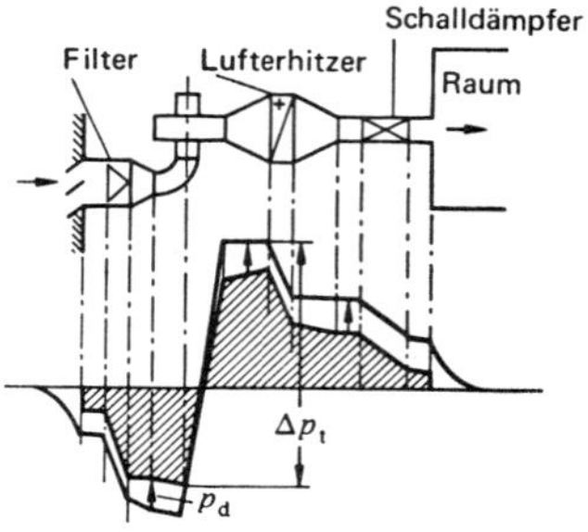

Bild 376-2. Druckverlauf in einer Zuluftanlage.

22. *Kanäle und Rohrleitungen.* Es werden Volumenstrom- und Druckmessungen an verschiedenen Stellen des Kanalnetzes vorgenommen. Dabei lassen sich Fehler in der Druckverlustberechnung feststellen. Der Betriebspunkt verschiebt sich auf der Ventilatorkennlinie nach rechts oder links (Bild 376-1 und -2). Bei wichtigen Anlagen kann der *Leckluftstrom* gemessen werden. Dies erfolgt in der Weise, daß bei geschlossenen Durchlässen ein Hilfsventilator im Kanalnetz einen Über- oder Unterdruck erzeugt. Der Aufwand des luftdichten Abschließens aller Auslässe ist jedoch ganz erheblich, daher besser Stichproben beim Hersteller machen (s. Abschn. 164-106).
23. *Luftdurchlässe.* Falls Rauchversuche nicht ausreichen, sind Messungen durchzuführen (siehe Abschn. 164-11).
24. *Filter.* Verwendung nur typengeprüfter Filter. Überprüfung kann bei wichtigen Anlagen (Reinräume) durch einen Ölnebeltest oder durch eine Teilchenzählung auf der Filterreinseite vorgenommen werden.
25. *Wärmeaustauscher.* Der Lieferant hat *Garantiekurven* zu liefern, aus denen die Leistungen bei variablen Verhältnissen ersichtlich sind. Beispiel für einen Lufterhitzer Bild 376-4. Bei Kühlern ist sinngemäß zu verfahren. In erster Annäherung lassen sich auch bei geringen Abweichungen vom Garantiewert die Aufwärm- oder Abkühlzahlen verwenden, die konstant sein müssen (siehe Abschn. 332-17 und -44).
26. *Luftbe- und -entfeuchtung.* Temperatur und Feuchte der Luft werden hinter und vor dem Gerät gemessen. Bei Luftwäschern kann auch der Wirkungsgrad ermittelt und mit der vom Hersteller gelieferten Garantiekurve verglichen werden (Bild 376-5). Tropfenfreiheit hinter dem Wäscher ist zu prüfen.

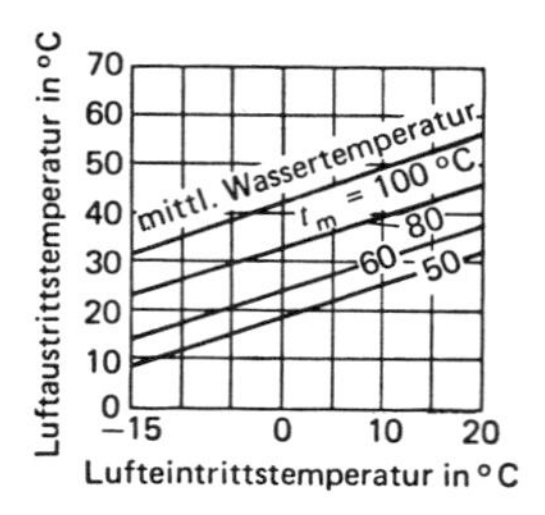


Bild 376-4. Garantiekurven eines Lufterhitzers.

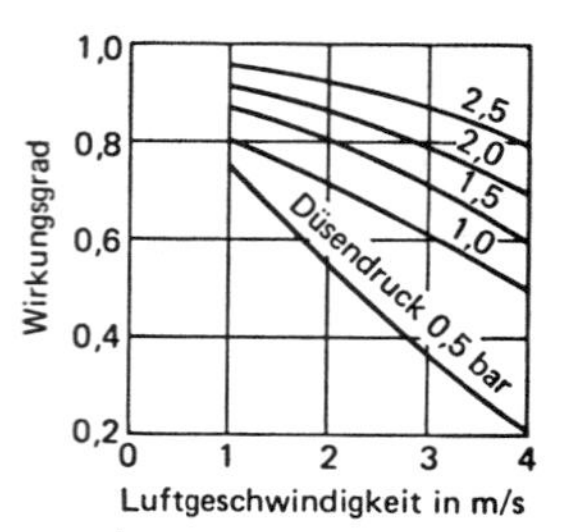


Bild 376-5. Garantiekurven eines Luftwäschers.

27. *Wärmerückgewinnung.* Bei diesen Geräten sind ebenfalls von dem Hersteller Garantiekurven zu liefern, aus denen die Leistung bei variablen Verhältnissen ersichtlich ist (siehe Abschn. 339).
28. *Regelung.* Die Prüfung erfolgt in der Weise, daß in den klimatisierten Räumen Temperatur- und Feuchteschreiber aufgestellt werden, die mehrere Tage in Betrieb bleiben. Bei Abweichungen von den Sollwerten sind durch geeignete Fachleute die verschiedenen Bestandteile, wie Fühler und deren Lage, Stellglieder, Leitungen usw., zu untersuchen.

    Bei Lüftungs- und Luftheizanlagen sollen in einer Meßebene zeitlich und örtlich höchstens *Temperaturunterschiede* von ± 2,0 K auftreten, bei Anlagen mit Kühlung ± 1,5 K (DIN 1946 Teil 2 – 1.83).
29. *Zugfreiheit.* Die Messungen, die aufgrund von Zugerscheinungen gewünscht werden, sind wegen der geringen Luftgeschwindigkeit von 0,1···0,3 m/s und wegen der unregelmäßigen Schwankungen der Luftgeschwindigkeit mit Frequenzen < 1 Hz sehr schwierig durchzuführen. Man benötigt dazu thermische Meßgeräte (siehe Abschn. 164-12). Zur Kennzeichnung des zeitlichen Verhaltens der Raumluftgeschwindigkeit kann man angeben:

    den arithmetischen Mittelwert der Geschwindigkeit,
    die mittlere Abweichung (Streuung) vom Mittelwert,
    die max. Geschwindigkeit, die z.B. in 90% der Meßzeit nicht überschritten wird.

    Zulässige Richtwerte hierfür sind in DIN 1946 Teil 2 (1.83) festgelegt (Bild 123-18) sowie in ISO 7730.
30. *Kälteanlage.* Soweit Zweifel an der ausreichenden Leistung der Kälteanlage bestehen, kann durch *Simulation* der Maximallast, z.B. mittels elektrischer Heizkörper, festgestellt werden, ob die gewünschte Temperatur und Feuchtigkeit innegehalten werden. Die Abnahme kann eventuell auch auf warme Sommertage verschoben werden.
31. *Geräusche.* Die Messungen des Schalldruckpegels sind im Betriebszustand durchzuführen. Wenn eine Grenzkurve vorgeschrieben ist, ist eine Frequenzanalyse des Geräusches aufzunehmen. Präzisions-Schallmesser (siehe Abschn. 169-6) DIN 45633 jetzt IEC 651 (12.81). Zulässige Geräusche siehe Abschn. 337-3.

## 377 Betrieb der Lüftungsanlagen[1])

Viele Beanstandungen an raumlufttechnischen Anlagen haben ihre Ursache in der mangelhaften Bedienung und Wartung der Anlage. Um die Funktion und Leistung dauerhaft sicherzustellen, ist eine regelmäßige *Wartung* und Inspektion durch Fachleute erforderlich. Das Bedienungspersonal muß entsprechend qualifiziert und ausreichend eingewiesen sein. In einem *Betriebstagebuch* sollten die wesentlichen Vorkommnisse des Betriebsablaufes vermerkt sein. In einer Betriebsanweisung ist die Betriebsweise der Anlage während und außerhalb der Nutzungszeit der Räume festzulegen. Bei großen Zentralen sollen Übersichtspläne und Schaltbilder sichtbar an den Wänden aufgehängt werden oder auf dem Bildschirm einer Leitwarte. Zentrale Leittechnik ermöglicht automatische Hinweise auf vorbeugende Wartung und Fehlerdiagnose.

Folgende Arten der *Instandhaltung* können unterschieden werden:

1. Wartung der kompletten Anlage mit allen lufttechnischen, regelungs- und kältetechnischen Komponenten.
2. Inspektion der Anlage mit den erforderlichen Zustands- und Funktionsprüfungen und den dazugehörigen Messungen.
3. Instandsetzung erneuerungsbedürftiger Anlagenteile.

[1]) Lenz, H.: XX. Kongreß 1974. S. 143/57. Düsseldorf, Klepzig-Verlag.
VDMA-Einheitsblatt 24186 (4.86): Leistungsprogramm für die Wartung.
VDMA-Einheitsblatt 24176 (9.80): Leistungsprogramm für die Inspektion.
Günther, F.: HLH 9/76. S. 322/6.
VDI-Richtlinie 3801 – 7.82: Betreiben von RLT-Anlagen.
Lorenz, W.: CCI 11 u. 12/76. Instandhaltung Klimaanlagen.
Heydron, U.: VDI-Bericht 353 (1980) S. 65/71.

*Staubfilter* sind in bestimmten Zeitabständen, die durch den zulässigen Druckabfall bestimmt werden, gemäß der Bedienungsvorschrift zu reinigen bzw. auszutauschen. Bei ölbenetzten Filtern ist für einen dauernden Vorrat an Filteröl und Reservefilterzellen sowie für geeignete Reinigungs- und Benetzungswannen zu sorgen. Druckmeßgeräte müssen in einwandfreiem Zustand gehalten werden.

*Lufterhitzer* sollen bei Lüftungsanlagen die Luft gleichmäßig etwa bis auf die Raumtemperatur erwärmen. Bei geringeren Zulufttemperaturen entstehen im Winter sonst möglicherweise Zugerscheinungen. Die Zulufttemperatur ist daher an einem Thermometer zu überwachen, soweit nicht eine selbsttätige Temperaturregelung vorhanden ist. Besonders schwierig ist die Temperaturhaltung bei Dampflufterhitzern, bei denen leicht eine Über- oder Untererwärmung möglich ist. Wichtig ist auch richtiges Zusammenwirken zwischen statischer Heizung und Lüftung, namentlich bei Versammlungsräumen. In allen vollbesetzten Räumen ist die Wärmeabgabe der Menschen selbst bei geringer Außentemperatur ausreichend, um die Räume voll zu heizen. Bei steigender Raumtemperatur ist daher die statische Heizung zu drosseln, die Lüftung dagegen voll in Betrieb zu halten. *Frostschutzsicherung* muß bei Temperaturen von etwa 3···5 °C am Lufterhitzer Ventilator ausschalten und Außenluftklappe schließen.

Verschmutzte Lufterhitzer sind mittels Bürste oder Preßluft zu reinigen.

*Ventilatoren* sollen besonders in folgenden Punkten gewartet werden: richtige Drehrichtung, richtige Riemenspannung, Verschmutzung des Laufrades und Gehäuses (Unwucht), Dichtheit der Segeltuchstutzen, Schmierung der Lager.

*Oberflächenkühler* sind von Zeit zu Zeit auf Verschmutzung (innen und außen) zu überprüfen. Schwitzwasserwanne bezüglich Ablauf kontrollieren. Im Winter auf Einfriergefahr achten; evtl. entleeren.

*Motoren* und *Pumpen* erfordern im allgemeinen keine besondere Wartung außer der regelmäßigen Prüfung und gegebenenfalls Ölung der Lager. Die Schutzschalter der Motoren sind von Zeit zu Zeit auf richtiges Ansprechen nachzuprüfen. Bei Gleichstrom- oder Kommutatormotoren sind Bürsten zu kontrollieren und zu wechseln.

*Regler* für Temperatur und Feuchte müssen in regelmäßigen Zeitabständen auf genaues Arbeiten geprüft und gegebenenfalls nachgestellt werden, da sie sich im Laufe der Zeit verstellen. Prüfung möglichst durch Herstellerfirma.

*Kanäle* sind regelmäßig zu reinigen. Da diese schmutzige Arbeit jedoch ungern und daher selten ausgeführt wird, ist es besser, bei der Planung der Lüftungsanlagen möglichst kurze Kanäle vorzusehen und ein Material, am besten verzinktes Stahlblech, zu verwenden, das dem Staub kaum Gelegenheit zum Absetzen gibt. Runde Rohrleitungen sind besonders günstig.

*Luftwäscher* sind regelmäßig zu reinigen. Spritzdüsen und Wassersieb säubern. Wasser entleeren, Tank neu füllen. Kalk- und Algenbildung durch Lösemittel beseitigen, Schwimmerventil kontrollieren, Anschlämmwassermenge einstellen. Wasseraufbereitungsanlage gegebenenfalls auf Funktion überprüfen.

*Gliederklappen,* Feuerschutzeinrichtungen, Fettabscheider, Luftein- und -auslässe, Gitter, Drosselklappen, Schrauben usw. regelmäßig auf ordnungsgemäßen Zustand prüfen.

*Brandschutzklappen* entsprechend den Vorschriften überprüfen.

*Kältemaschinen* regelmäßig auf richtige Funktion, Füllung, Schmierung der Lager usw. prüfen. Spezialmonteur erforderlich.

*Unfallverhütungsvorschriften* (Riemenschutz, Notschalter usw.) beachten.

Bei großen Lüftungs- oder Klimaanlagen empfiehlt es sich, die Wartung durch die Herstellerfirma ausführen zu lassen.

Die verschiedenen Arbeiten sollten in einer Liste erfaßt und ihre Durchführung überwacht werden. Nach jeder Durchsicht ist ein Bericht anzufertigen, in dem Störungen und Reparaturen vermerkt werden.

*Beispiel:*

**Wartungsarbeiten Gebäude ...**

| Anlage | Standort | Gegenstand | Wartung |
|---|---|---|---|
| Küche | 2. Gesch. | Zuluftventilator | Reinigung<br>Segeltuchstutzen prüfen<br>Schwingungsdämpfer prüfen<br>Lager<br>Riemenantrieb<br>Drehsinn<br>Motor |
| | | Lufterhitzer | Reinigung |
| | | Filter | Verschmutzung prüfen<br>Reinigung |
| usw. | | | Dichtheit prüfen |

Die Verwendung von *Checklisten* ist zweckmäßig. Ein derartiges Blatt, das die jeweils erforderlichen Wartungsarbeiten enthält, ist vom VDMA herausgegeben[1]).

[1]) VDMA-Arbeitsblatt 24 186 (4.86), zu beziehen vom Beuth-Verlag, Berlin.

# 4. Brauchwasserversorgung

Überarbeitet von Dipl.-Ing. H. Schmitz, Braunfels

## 41 ALLGEMEINES

### 411 Aufgabe der Brauchwasserversorgung (BWV)

Brauchwasser[1]) ist in Wassererwärmern bis auf max. etwa 90 °C erwärmbares Trinkwasser. Es wird in der modernen Wirtschaft in großem Umfang gebraucht. Der Haushalt benötigt verhältnismäßig kleine Mengen zur Bereitung von Speisen und Getränken, zum Waschen, Reinigen und zum Baden. Gaststätten, Hotels, Betriebsküchen und Krankenhäuser verbrauchen wesentlich größere Mengen zum gleichen Zweck. In noch größerem Umfang wird es schließlich in gewerblichen und industriellen Betrieben wie Wäschereien, Färbereien, Schlächtereien, Badeanstalten, Hütten und Bergbaubetrieben verlangt.

*Aufgabe* der sich mit der BWV befassenden Ingenieure ist es, das für den jeweiligen Zweck geeignete Verfahren der BWV zu erkennen und die BWV-Anlagen so zu bauen, daß sie den Ansprüchen der Verbraucher in technischer, wirtschaftlicher und hygienischer Hinsicht am besten entsprechen.

### 412 Anforderungen an die BWV

1. Das BW soll mit der gewünschten Temperatur und Menge *gleichmäßig* und ohne Verzögerung zur Verfügung stehen.
2. Die BW-Temperatur soll *regelbar* sein.
3. Das BW soll hygienisch *einwandfrei* sein.
4. Die BW-Anlagen sollen *betriebssicher* und leicht zu bedienen sein.
5. Der Betrieb soll *kostengünstig* sein.

### 413 Einteilung der BWV-Anlagen

1. nach der Art der Wärmequelle, die zur Erwärmung des BW verwendet wird:
   *Kohle-Wassererwärmer*
   *Öl-Wassererwärmer*
   *Gas-Wassererwärmer*
   *Elektro-Wassererwärmer*
   *Abgasbeheizte Brauchwassererwärmer*
   *Dampfbeheizte Brauchwassererwärmer*
   *Wasserbeheizte Brauchwassererwärmer*
   *Sonnenbeheizte Brauchwassererwärmer* (siehe Abschn. 225-22).

[1]) Die Bezeichnung „Brauchwasser“ gilt für erwärmtes Trinkwasser zum Unterschied gegenüber dem „Warmwasser“ der Heizungsanlagen. In den Normen werden beide Bezeichnungen verwendet.

2. nach der Art der Wärmeaustauscher:

   *direkt (unmittelbar) beheizte BW-Erwärmer:* hierzu gehören die Kohle-, Öl-, Gas- und Elektro-Wassererwärmer,
   *indirekt (mittelbar) beheizte BW-Erwärmer,* bei denen durch eine Heizquelle Warmwasser oder Dampf erzeugt werden, die ihrerseits eines besonderen Wärmeaustauschers das Brauchwasser erwärmen.

3. nach der Zahl der BW-Entnahmestellen:

   *Einzelversorgung* mit einer Zapfstelle,
   *Gruppenversorgung* mit mindestens zwei nahe beieinanderliegenden Zapfstellen,
   *Zentralversorgung* mit Rohrleitungsnetz für viele Zapfstellen.

4. nach dem Wasserdruck im Warmwasser-Erzeuger:

   *Offene Anlagen,* die in Verbindung mit der Atmosphäre stehen und daher nur geringen Druck haben,
   *geschlossene Anlagen,* die unter Wasserleitungsdruck stehen.

5. nach dem BW-Erwärmungssystem:

   *Speichersysteme,* bei denen durch die Wärmequelle eine große Wassermenge auf Vorrat erwärmt wird,
   *Durchflußsysteme,* bei denen nur so viel Wasser erwärmt wird, wie verbraucht wird,
   *kombinierte Systeme,* die nach beiden Methoden arbeiten.

6. nach der Größe der Anlage (DIN 4753 T. 1 – E. 2. 86):

   *Gruppe I,* das Produkt $p \cdot V =$ Druck · Inhalt (bar · Liter) ist $< 300$ und die Wärmeleistung $P < 10$ kW (Speichersystem) bzw. $V < 15$ Liter und $P < 50$ kW (Durchflußsystem),
   *Gruppe II,* alle übrigen Anlagen. Diese benötigen eine Prüfung durch Sachverständige (mit Ausnahme der mittelbar mit $< 110\,°C$ beheizten Behälter).

Eine andere Einteilung der BWV zeigt Bild 413-1.

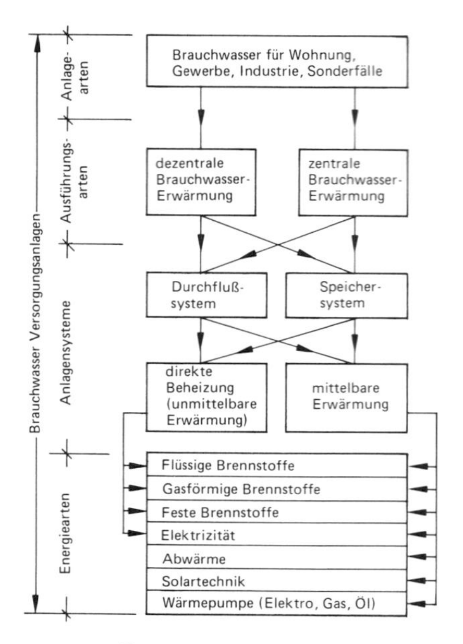


Bild 413-1. Übersicht über die Arten von Brauchwassererwärmungsanlagen.

# 414 Sinnbilder

Zur Darstellung von Wasserleitungen in Zeichnungen werden in Deutschland die Sinnbilder nach Tafel 414-1 verwendet (DIN 1988, Januar 1962, daraus Bild 414-1).
Weitere Zeichen in DIN 1986 und DVGW-TRGI 1986 (Techn. Regeln für Gas-Installationen).

**Tafel 414-1. Sinnbilder für Wasserversorgungsanlagen (DIN 1988, 1.62)**

| Gegenstand | Sinnbild |
|---|---|
| Rohrleitung | 1 |
| Verdeckt liegende Rohrleitung | 2 ----- |
| Isolierte Rohrleitung | 3 |
| Querschnittsänderung der Rohrleitung | 4 25/20 (1")/(3/4") |
| Rohrleitungsflanschverbindung | 5 |
| Rohrleitungsmuffenverbindung | 6 |
| Rohrleitungsgewindemuffe | 7 |
| Einfache Anbohrschelle | 8 |
| Ventilanbohrschelle mit Schlüsselstange | 9 |
| Sieb (Sandfang) | 10 |
| Wasserzähler | 11 W |
| Durchgang-Absperrventil | 12 |
| Durchgang-Absperrventil mit Entleerungsventil | 13 |
| Absperrschieber | 14 |
| Durchgang-Schwimmerventil | 15 |
| Wechselventil | 16 |
| Durchganghahn | 17 |
| Rückflußverhinderer mit Prüfeinrichtung und Entleerung (zum Einbau in Leitungen) | 18 |
| Absperrventil kombiniert mit Rückflußverhinderer mit Prüfeinrichtung und Entleerung | 19 |
| Rückflußverhinderer bei Geräten | 20 |
| Druckminderer (Druckminderventil) (kleines Dreieck = höherer Druck) | 21 |
| Sicherheitsventil mit Gewichtsbelastung | 22 |

| Gegenstand | Sinnbild |
|---|---|
| Membran-Sicherheitsventil mit Federbelastung | 23 |
| Überlauf, thermisch gesteuert | 24 |
| Manometer | 25 a |
| Manometeranschlußstutzen | 25 b |
| Auslaufventil (Zapfventil, Entleerungsventil, Prüfventil) | 26 |
| Auslaufventil mit Schlauchverschraubung | 27 |
| Auslaufventil mit Schlauchverschraubung und angebautem Rohrbelüfter | 28 |
| Auslaufventil mit Schwenkarm | 29 |
| Auslauf-Schwimmerventil | 30 |
| Rohrbelüfter (Einzelbelüfter) | 31 |
| Rohrbe- und -entlüfter | 32 |
| Abortdruckspüler | 33 |
| Brause | 34 |
| Schlauchbrause | 35 |
| Mischbatterie für Kalt- und Warmwasser | 36 |
| Warmwasserbereiter (Dampf) für zentrale Versorgung | 37 D |
| Warmwasserbereiter mit unmittelbarem Auslauf (Gas) | 38 G |
| Offener Behälter | 39 |
| Druckkessel | 40 |
| Wasserstrahlpumpe | 41 |
| Erdung | 42 |
| Unterflurhydrant | 43 |
| Überflurhydrant | 44 |
| Gartenhydrant | 45 |

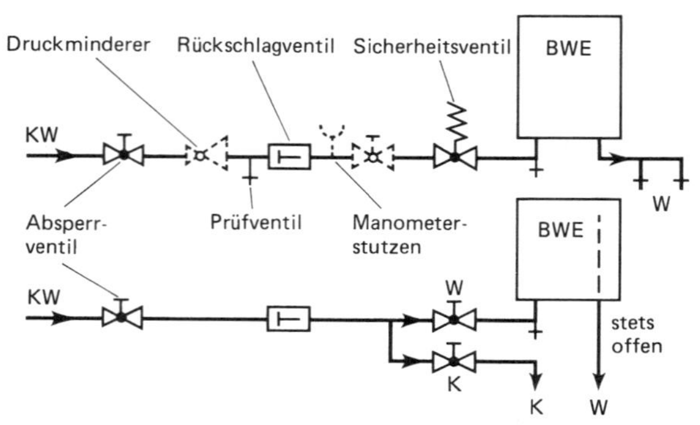


Bild 414-1. Anschluß von Brauchwassererwärmern an die Kaltwasserleitung.
Oben: Geschlossene BW-Erwärmer (mit Druck) über 10 l
Unten: Offene BW-Erwärmer (drucklos) über 10 l
KW = Kaltwasser, BWE = Brauchwassererwärmer, K = kalt, W = warm

## 415 Bestimmungen zur Sicherheit und Energieeinsparung

Für offene und geschlossene Brauchwasser-Erwärmungsanlagen gilt die zur bauaufsichtlichen Einführung empfohlene Norm:

DIN 4753 T. 1 (E. 2. 86): Wassererwärmer und -Anlagen für Trink- und Betriebswasser; Anforderungen, Kennzeichnung, Ausrüstung und Prüfung.

Außerdem sind zu beachten:

DIN 4708: Zentrale Brauchwasser-Erwärmungsanlagen. 3 Teile.

TRD 721, *Sicherheitsventile* (5. 82): Sicherheitstechnische Richtlinien für Sicherheitseinrichtungen gegen Drucküberschreitung für Heizungsanlagen.

DIN 1988: Techn. Regeln für Trinkwasserinstallationen (TRWI). Teil 1 bis 8.

Zur *Energieeinsparung* sind zu beachten (s. auch Abschnitt 422-3):

- 2. Heizungsanlagen-VO (24. 2. 82) bezüglich Dämmschichtdicke von Rohrleitungen (Abschn. 238-4). Ferner ist die BW-Temperatur auf 60 °C zu begrenzen, sofern Rohrlänge > 5 m und Verbraucher nicht zwingend höhere Temperatur benötigen. Zirkulationspumpen müssen über Zeitschaltuhr abstellbar sein.
- VO über Heizkostenabrechnung (23. 2. 81), regelt verbrauchsgerechte BW-Erfassung
- Heizungsbetriebsverordnung (22. 9. 78), regelt Abgasverluste.

# 42 BRAUCHWASSER-ERWÄRMUNGSSYSTEME

## 421 Einzel-BW-Anlagen

### -1 KOHLE- UND ÖLBEHEIZTE SPEICHER-BW-ERWÄRMER

#### -11 Kohlebeheizte BW-Erwärmer

Der in Deutschland früher weit verbreitete *Kohlebadeofen* ist inzwischen durch andere BW-Erwärmer verdrängt worden.

Der *Niederdruck-Kohlewassererwärmer* oder offene Kohlenwassererwärmer (Bild 421-1) besteht aus einem die Feuerung enthaltenden Unterbau aus Gußeisen oder Stahl, auf dem der zylindrische Speicherbehälter aufgebaut ist. Die Feuerung erfolgt auf gußeisernen Rost. Die Wärme der Heizgase wird an das Warmwasser durch das im Innern des Behälters verlaufende Flammrohr aus Kupfer übertragen. Der Wasserbehälter ist drucklos. Beim Öffnen des Kaltwasserabsperrventils wird das Warmwasser aus dem Speicher verdrängt, der daher auch *Verdrängungsspeicher* genannt wird. Aufheizzeit für den Gesamtinhalt bis 40 °C etwa 45 min. Im allgemeinen nur eine Zapfstelle möglich.

Ausführung gewöhnlich als Standofen. Armaturen mit Auslauf und Brausekopf. Entleerung durch Stopfen oder Ventil. Kaltwasseranschluß ¾" oder ½" mit Drosselscheibe gegen Überdruck (2,5···3,5 mm) und Rückflußverhinderer. Wasserinhalt 90 bis 120 Liter, auch 200 Liter. Oberfläche brüniert, lackiert oder emailliert. Ausführung mit und ohne Isoliermantel oder mit Umschaltung für Raumheizung. Wirkungsgrad je nach der Zahl der Bäder 30···40% für das erste Bad, 40···50% für das zweite Bad. Gesamtwirkungsgrad einschließlich Raumheizung ≈ 65···70%. Normung in DIN 18889 (Nov. 1956). Armaturen für den Kaltwasseranschluß: Absperrventil und Rückflußverhinderer.

*Hochdruck-Kohlewassererwärmer* oder geschlossene Kohlewassererwärmer stehen unter Wasserleitungsdruck. Armaturen nach DIN 1988 und DIN 4753 beachten. Mehrere Zapfstellen möglich. Daher Verwendung außer im Haushalt auch im Gewerbe.

Erforderliche Sicherheitsarmaturen beim Hochdrucksystem:

| | |
|---|---|
| 1 Absperrventil | 1 Absperrventil (über 120 Liter) |
| 1 Prüfventil | 1 Membran-Sicherheitsventil |
| 1 Rückflußverhinderer | 1 thermisch gesteuerter Überlauf |
| 1 Manometerstutzen | (1 Druckminderer) |

Es dürfen nur baumustergeprüfte druckfeste Kohlebadeöfen eingebaut werden.

Besonders in ländlichen Gegenden gibt es noch Brauchwassererwärmer und Heizungsanlagen in Verbindung mit dem holz- oder kohlegefeuerten *Küchenherd*[1]).

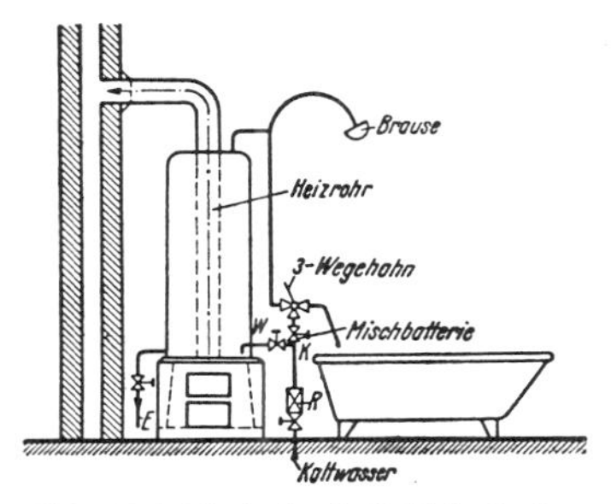


Bild 421-1. Niederdruck-Kohlebadeofen (Standbadeofen am Fußende der Badewanne)

*E* = Entleerung, *R* = Rückflußverhinderer, *K* = Kaltwasser, *W* = Warmwasser

Bild 421-2. Untergestell eines Ölbadeofens mit Zuluftregler, Anlegethermostat und Tank in der Tür (Walmü).

[1]) Hoisl, A.: Ki 1/84. S. 13/15.

### -12 Ölwassererwärmer

Aufbau und Funktion *des Ölbadeofens* wie Kohlebadeofen, jedoch Unterbau nach Bild 421-2 mit Ölbrenner, in der Regel ein Verdampfungsbrenner:

Unterofen mit Brenner und Ölregler,
Wasserbehälter mit einem oder mehreren Rauchrohren, meist nicht isoliert,
Tankfüllung mit 10···20 Liter Inhalt.

Richtlinien für Bau und Prüfung enthält DIN 4733 (4.74) – Öl-Speicher-Wasserheizer mit Verdampfungsbrennern.

Herstellung in *druckloser* und in *druckfester Bauart.*

Sicherheitsthermostat mit Fühler im Wasserraum schaltet bei zu hoher Wassertemperatur Ölzufuhr ab. Ölverbrauch für ein Bad etwa 0,8···1,0 kg Öl. Tankfüllung daher ausreichend für 10 bis 20 Bäder. Zündung manuell oder mit Automatik. Bei größeren Geräten auch Druckölbrenner. Temperaturbegrenzer erforderlich, um Überheizen zu vermeiden.

Bei starkem Zug Nebenluftzugregler.

Unterofen für feste Brennstoffe kann gegen Öl-Unterofen ausgetauscht werden.

Gerätewirkungsgrad ≈ 60···70%,
Betriebswirkungsrad ≈ 40···50%.

In Neubauten kaum noch angewandt.

## -2 ELEKTROWASSERERWÄRMER[1])

### -21 Tauchsieder

sind transportable Geräte in Form von *Ring- oder Rohrheizkörpern* sowie Elektrokocher. Sie dienen zur Erwärmung kleiner Wassermengen für Speisen und Getränke. In zahlreichen Größen erhältlich. Wichtig ist, daß eine Sicherung gegen Trockengehen durch Schmelzsicherungen, Bimetallschalter oder dergleichen vorhanden ist, da sonst häufig Reparaturen. Zu beachten sind DIN 57720-VDE 0720: Vorschriften für Elektrowärmegeräte für Haushalt und Gewerbe.

### -22 Elektrobrauchwasserspeicher

sind wärmegedämmte oder nicht wärmegedämmte Behälter mit eingebautem elektrischen Heizkörper. Man unterscheidet offene und geschlossene Speicher oder Niederdruck- und Hochdruckspeicher.

#### -221 Offene Speicher (Niederdruckspeicher)

Offene, direkt elektrisch beheizte Speicher werden im wesentlichen in drei Baugrößen nach DIN 44902 hergestellt:

| Nenninhalt in l | 5 | 15 | 80 | |
|---|---|---|---|---|
| Nennaufnahme in kW | 2 | 4 | 4 | 6 |

Darüber hinaus werden industriell auch Geräte mit einem Inhalt von 10 l gefertigt.

Für Bedarfsfälle mit größeren Entnahmemengen wie bei Bädern und Duschen werden auch größere Speicherinhalte mit 80 bzw. 120 l angewandt (Bild 421-6). Teilweise besitzen diese Geräte auch Anschlußmöglichkeiten zur Aufheizung in der Niedertarifzeit. Die Aufheizung des Speicherinhalts erfolgt nach dem Tauchsiederprinzip durch einen Rohrheizkörper.

Die Speicherbehälter bestehen bei diesen Geräten aus Kupfer, Stahlblech innen verzinkt oder mit Emaille beschichtet.

[1]) Feurich, H.: IKZ 4/78. 5 S.
Kohnke, H.-J.: ETA Nov. 6/81. S. A 3/3/8.
Hadenfeldt, A.: ETA 4/5-82. S. A 194/203.
Feurich, H.: IKZ 20/82. S. 98.
DIN 68902 (3. 76) u. DIN 44532 (T. 1 – 3. 77): Elektr. Heißwasserbereiter.
RWE Bauhandbuch 1985/86.
ETA 6/84: Warmwasserbereitung.

Auswahl der Geräte unter Berücksichtigung der Zapfmenge kann nach Tafel 421-2 erfolgen.

Kleine Geräte werden unmittelbar in der Nähe der Entnahmestelle angebracht, z. B. in der Küche oder überall dort, wo geringe Mengen benötigt werden. Sie besitzen einen aufgesetzten Glas- bzw. Kunststoffbehälter mit Inhaltsmarkierung. Sie haben eine angebaute Mischarmatur mit Schwenkauslauf und ermöglichen eine Wassererwärmung bis zum Siedepunkt; geeignet für Kaffee- oder Teewasser. Geräte für 5 l Inhalt s. Bild 421-3 und -4.

Für Waschtische, Spülen und andere Zapfstellen gibt es Geräte mit 10 bzw. 15 l in über- oder Untertischmontage (Bild 421-5).

**Tafel 421-2. Entnahmemengen bei elektrischen Speicherbrauchwassererwärmern für dezentrale Brauchwasserversorgung bei verschiedenen Mischwassertemperaturen**

| Speicherinhalt l | Speicher-temperatur-einstellung °C | Durchschnittliche Zapfmenge in l bei Mischwassertemperatur °C | | | |
|---|---|---|---|---|---|
| | | 35 | 38 | 40 | 55 |
| 5 | 60 | 10 | 9 | 8 | 5 |
| | 80 | 14 | 13 | 12 | 8 |
| 10 | 60 | 20 | 17 | 16 | 10 |
| | 80 | 28 | 25 | 23 | 15 |
| 15 | 60 | 30 | 26 | 25 | 15 |
| | 80 | 42 | 37 | 35 | 23 |
| 80 | 60 | 160 | 140 | 130 | 80 |
| | 80 | 240 | 210 | 200 | 110 |

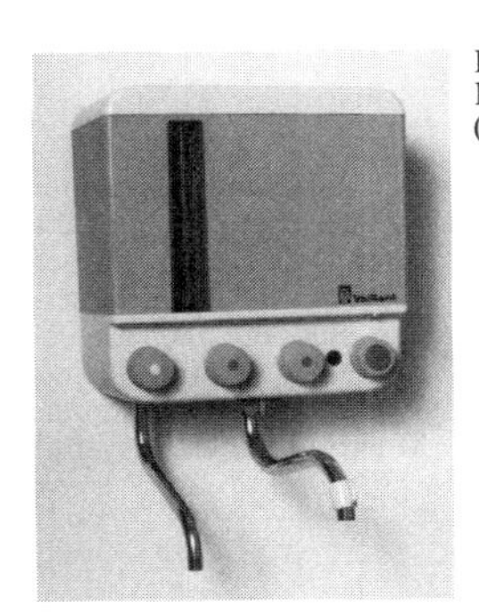

Bild 421-3. Ansicht eines Entleerungsspeichers (Vaillant).

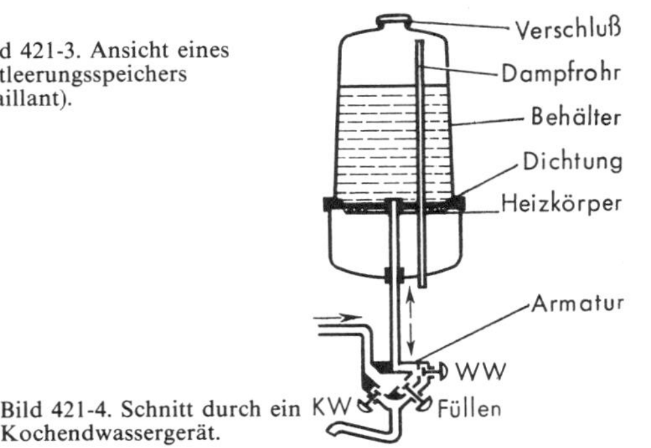


Bild 421-4. Schnitt durch ein Kochendwassergerät.

Es handelt sich um offene Speicher, deren Wasserinhalt auch bei geschlossenem Warmwasserzapfventil mit der Atmosphäre in Verbindung steht. Der Netzdruck wirkt also nicht auf den Speicherbehälter. Beim Öffnen des Warmwasserzapfventils strömt kaltes Wasser durch das Zulaufrohr in den Speicher ein und drückt das erwärmte Wasser durch den offenen Überlauf-Auslaufschwenkhahn zur Entnahme. Ein Prallblech verteilt den eintretenden Kaltwasserstrom. Beim Aufheizvorgang dehnt sich das Wasser im Speicher aus und kann durch den Überlauf am Schwenkauslauf der Mischbatterie entweichen.

Die Temperaturregelung erfolgt über einen Regler mit Kapillarrohr, der ein mechanisches Schaltwerk betätigt und den Stromkreis in Abhängigkeit von dem am Temperaturwähler eingestellten Sollwert ein- oder ausschaltet. Einstellbereich 10…80 °C.

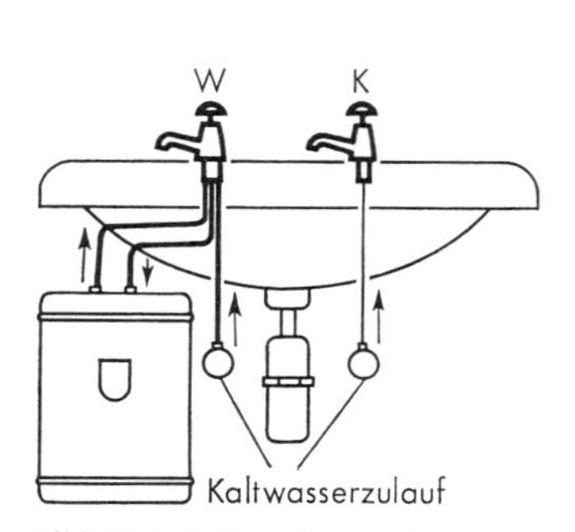


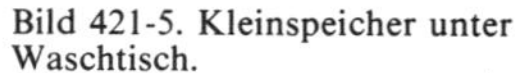

Bild 421-5. Kleinspeicher unter Waschtisch.

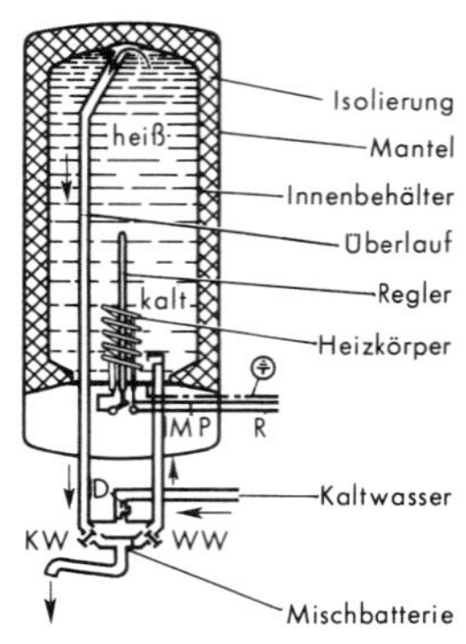


Bild 421-6. Elektro-Brauchwasser-Speicher. D = Drosselstück, R–MP = elektrischer Anschluß

Die Speicher sind mit Sicherheitstemperaturbegrenzern ausgestattet, die bei Defekt des Temperaturreglers den Rohrheizkörper automatisch abschalten, z. B. über eine Schmelzlotsicherung *(Trockengehschutz)*. Anforderungen siehe DIN 44537.

Da häufig über einen längeren Zeitraum keine Entnahme erfolgt, muß durch eine gute Wärmedämmung die Auskühlung verhindert werden. Um Einfrieren des Gerätes in unbeheizten Räumen zu verhindern, darf das Gerät nicht vom Stromnetz getrennt werden.

Eine Sonderform der offenen Speicher-BW-Erwärmer sind sogenannte *Kochendwasserautomaten*. Diese finden Anwendung in Betrieben, Büros und Kantinen und Teeküchen und liefern kochendes Wasser zur Getränkebereitung. Sie können mit Großkaffee- oder Kaffee-Filtermaschinen kombiniert werden. Kochendwassergeräte werden je nach Bedarfsmengen in den Größen 8, 10, 20, 30 oder 60 l Inhalt mit Anschlußleistungen von 2···9 kW hergestellt. Sie besitzen einen von außen ablesbaren Wasserstandsanzeiger (Bild 421-4).

### -222 Geschlossene Speicher (Hochdruckspeicher)[1]

*Hochdruckspeicher* sind solche Speicher, die unter Wasserleitungsdruck stehen und gewöhnlich für *mehrere Zapfstellen* verwendet werden, z. B. für Küche und Bad oder Wasch- und Brauseanlagen in Betrieben (Friseure, Bäckereien, Fleischereien u. a.). Es gibt jedoch auch Brauchwasserspeicher, die einen Inhalt von nur 2 bis 5 Liter Wasser haben und z. B. unter einem Waschbecken montiert werden. Konstante Brauchwassertemperatur, meist 60 °C. Zur Verhinderung von Druckschäden sind die Sicherheitsvorschriften zu beachten (siehe Abschn. 415). Bis 10 Liter Inhalt Absperr- und Sicherheitsventil, bei größeren Geräten: 1 Absperrventil, 1 Prüfventil, 1 Rückflußverhinderer, 1 Manometerstutzen, 1 Absperrventil (über 120 Liter), 1 Membransicherheitsventil (Bild 421-9).

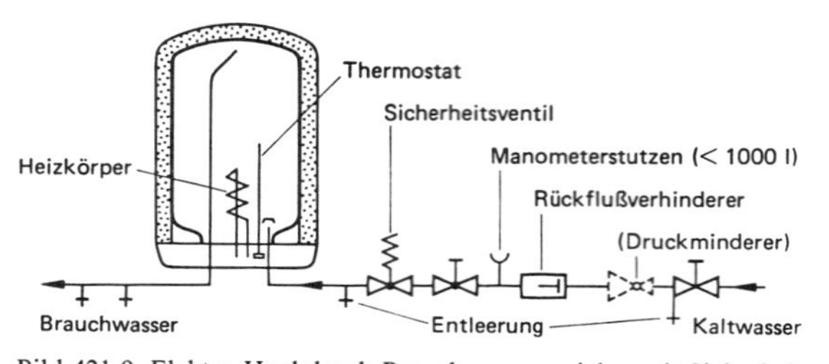


Bild 421-9. Elektro-Hochdruck-Brauchwasserspeicher mit Sicherheitsarmatur.

[1]) Mölle, G.: TAB 5/76. S. 485/6.
Test 11/84. S. 91/4.

Zur Ausnutzung des preisgünstigen Nachtstroms sind diese Geräte geeignet. Dafür ist dann ein besonderer Zähler erforderlich *(Nachtspeicher)*. Nach Entnahme des Speicherinhalts steht dann allerdings kein Warmwasser mehr zur Verfügung. Eine Abhilfe hiergegen besteht darin, zwei elektrische Heizkörper zu verwenden, einen Tag- und einen Nachtheizkörper *(Zweikreisspeicher)*. Der Tagheizkörper kann am Tage nach Bedarf zugeschaltet werden, so daß dann beliebige Wassermengen, allerdings zu einem höheren Strompreis, entnommen werden können. Speicherwassertemperatur möglichst nicht über 60 °C. Senkrechter Einbau zweckmäßig.

Für große Anlagen stehen Elektrospeicher bis 5000 Liter Inhalt zur Verfügung. Für einen Vier-Personen-Haushalt genügt meist ein 300-Liter-Speicher. Gehäuse aus thermoglasiertem Stahlblech sowie aus Kupfer oder Edelstahl (Bild 421-11). Häufig Schutzanode aus Magnesium.

Als Heizkörper dienen meist elektrische Rohrheizkörper. Gerätewirkungsgrade ≈ 98%, Nutzungsgrad ≈ 70···75%. Bei großem Bedarf Reihenschaltung (Bild 421-12). Normung in DIN 44901 und 44902: Heizwasserspeicher.

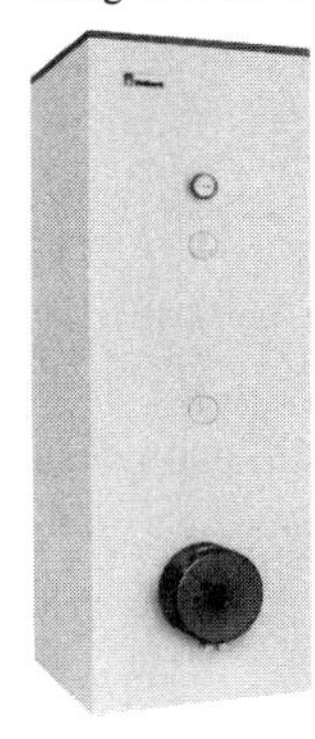

Bild 421-11. Ansicht eines Elektro-Standspeichers für Nachtstrombetrieb (Vaillant).

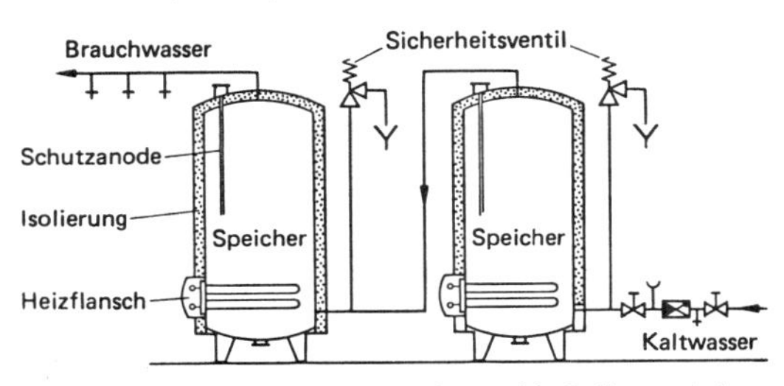


Bild 421-12. Installationsschema für zwei in Reihe geschaltete Speicher.

## -23 Elektrodurchflußwassererwärmer

heizen das durchfließende Wasser sofort auf. Geräte sind zwar billig, benötigen jedoch einen hohen *Stromanschluß*. Beispielsweise sind zur Erzeugung von nur 1 l/min Brauchwasser von 10/40 °C erforderlich:

$$P = \frac{1 \cdot 4{,}2 \cdot (40 - 10)}{60} = 2{,}1 \text{ kW}$$

Wassererwärmung durch Widerstandsdrähte oder Rohrheizkörper. Übliche Anschlußleistungen 12···24 kW. Zum Anschluß ist Zustimmung des zuständigen EVU erforderlich.

Beispiel einer zentralen Brauchwassererwärmung mit Durchflußwasserheizer Bild 421-15.

Innerer Aufbau Bild 421-16. Das zu erwärmende Wasser fließt meist mit großer Geschwindigkeit an Rohrheizkörpern entlang. Manchmal auch blanke Heizleiter für direkte Wassererwärmung in einzelnen Heizblocks aus Keramik.

Ein- und Ausschalten des Stromes meist hydraulisch durch *Wasserschalter*. Dabei wird der beim Durchfluß durch eine Venturidüse entstehende *Differenzdruck* über eine Membran in *Abhängigkeit von der durchfließenden Wassermenge* zur Schaltung verwendet. Temperatur des auslaufenden Wassers ist durch Volumenstrom und Heizleistung festgelegt. Mindestfließdruck erforderlich, Wasserinhalt meist < 1 l. Je mehr Wasser fließt, desto niedriger ist die Temperatur, falls nicht ein Wasserdruckregler eingebaut ist. Bei den *thermischen Durchlauferwärmern*, die einen kleinen Speicher von 3···10 l Wasser enthalten, wird die Heizleistung mittels Thermostat in einzelnen Stufen eingeschaltet. Sofort heißes Wasser verfügbar. Auslauftemperatur nahezu gleichbleibend. Wärmeübertrager aus Plexiglas mit Heizwendeln in keramischen Rohren. Zusätzliches Sicherheitsventil für zu hohen Druck oder zu hohe Temperatur meist nicht erforderlich, da Wasserinhalt gering.

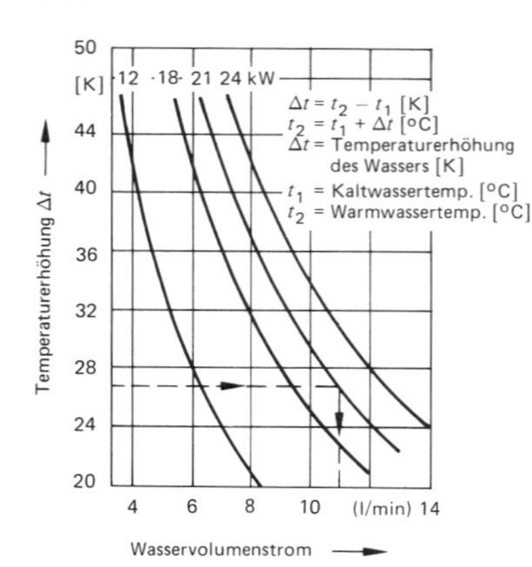


Bild 421-14. Durchflußleistung elektrischer Durchlauferhitzer.

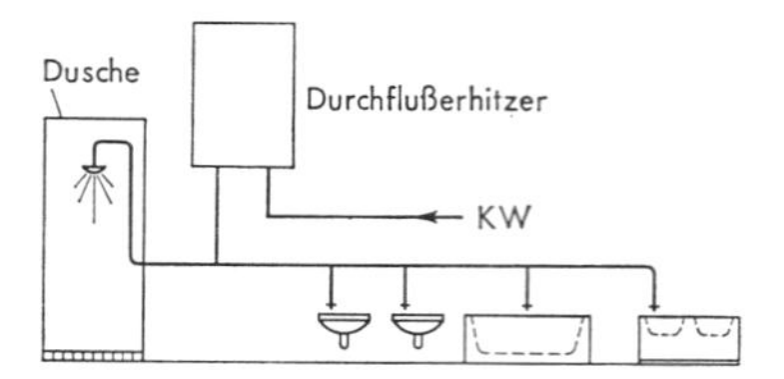


Bild 421-15. Zentrale Brauchwasserversorgung einer Wohnung mittels Durchlaufwasserheizers.

Warmes Wasser kann sowohl am Gerät selbst wie an entfernt liegenden Zapfstellen entnommen werden.

Der *Gleichzeitigkeitsfaktor* ist in großen Wohnblocks sehr gering, etwa 5···10%.

Wasservolumenstrom (Durchflußleistung) üblicher Durchlauferhitzer siehe Bild 421-14.

*Beispiel:*

Durchlauferhitzer mit 21 kW soll für ein Wannenbad 150 l mit $t_2 = 39\,°C$ bereitstellen.
Kaltwasser $t_{w1} = 12\,°C$

Mit $\Delta t = 39 - 12 = 27$ K

nach Diagramm 421-14

Durchflußleistung $\dot{W} = 11$ l/min

Zeit zum Füllen der Wanne mit 150 l

$t = 150/11 = 13{,}6$ min.

## -24 Elektrodurchlaufspeicher[1])

sind solche Geräte, die teils als Speicher, teils als Durchflußerwärmer arbeiten. Entnahme kleiner Wassermengen z. B. für Spüle oder Waschtisch vom Speicher, der einen Inhalt von meist 20···100 Liter hat. Die Temperatur kann dabei stufenlos von etwa 35···80 °C eingestellt werden. Bei größerem Bedarf, z. B. für die Badewannenfüllung, automatische Umschaltung auf höhere Heizleistung z. B. von 3,5 auf 21 kW. Netzbelastung dabei günstiger.

## -25 Kombinierte Geräte

sind solche Brauchwasserspeicher, die außer einem elektrischen Heizkörper auch noch andere Wärmequellen benutzen, z. B. Kohlebadeöfen mit elektrischem Einsatzheizkörper, ferner Brauchwasserbereiter (Boiler), die im Winter durch den Heizkessel betrieben werden und im Sommer mit einer elektrischen Heizbatterie u. a.

## -26 Zentrale WW-Heizung, kombiniert mit Elektrowassererwärmern

Ist in einem Gebäude eine zentrale BW-Erwärmung vorhanden, z. B. ein Kessel mit eingebautem Speicher-BW-Erwärmer, so ergibt sich häufig die Frage, ob der Heizkessel auch im Sommer in Betrieb zu halten ist oder ob auf andere Weise – z. B. durch einen

[1]) Pflaumer, F.: ETA Nov. 6/81. S. A 322/4.
Test 12/86. S. 102/5.

elektr. BWE Brauchwasser erwärmt werden soll. Der Nutzungsgrad des Heizkessels ist im Sommer zwar im Regelfall geringer als im Winter, aber meist ist eine zusätzliche alternative elektrische Beheizung bei heutigen Energiepreisen nicht kostengünstiger.

**-27 Brauchwasser-Wärmepumpen** siehe Abschn. 423

## -3 GAS-BRAUCHWASSERERWÄRMER[1])

### -31 Allgemeines

Die *Gaswassererwärmer*, die Wasser durch Stadtgas, Ferngas, Erdgas oder Flüssiggas erwärmen, sind wegen ihrer großen Bequemlichkeit und hohen Wirtschaftlichkeit in Haushalt, Gewerbe und Industrie verbreitet. Ausführung in zahlreichen Bauarten. Sie werden als Durchlauf- und als Speichergeräte (Vorrats-Wasserheizer) hergestellt; ferner für Schornstein- und Außenwandanschluß, wenn kein Schornstein verfügbar..

Die *atmosphärischen* Brenner lassen sich in der Regel auf verschiedene Gasarten mit geringem Aufwand umstellen.

Die Gaswasserheizer mit *offenen Verbrennungskammern* müssen an einen Schornstein angeschlossen werden, um die Abgase abzuführen.

Je nach Größe der Räume und Leistung der Geräte bestehen außerdem Vorschriften über Lüftungseinrichtungen der Räume, damit auf jeden Fall die Zufuhr der Verbrennungsluft gesichert ist. In Aufstellräumen ohne besondere *Fensterdichtung* ist ein Rauminhalt von 2 $m^3$ je kW erforderlich, bei besonderer Fensterdichtung 4 $m^3$ je kW Heizleistung. Der Rauminhalt benachbarter Räume wird dabei angerechnet, wenn in den Wänden oder Türen Öffnungen von 150 bzw. 300 $cm^2$ vorgesehen werden. Statt dessen kann auch die Luftzufuhr durch Kürzung der Türblätter oder ähnliche Maßnahmen gesichert werden. Näheres siehe TRGI 1986.

In der Abgasleitung muß eine Strömungssicherung vorhanden sein, die *bei gestörtem Auftrieb* eine einwandfreie Verbrennung gewährleistet. Sicherheitsvorrichtungen müssen das Ausströmen unverbrannten Gases sowie bei Gas- oder Wassermangel Beschädigung der Geräte verhindern.

Bei Gaswasserheizern mit *geschlossenen Verbrennungskammern* können die Abgase durch eine Außenwand ins Freie geführt werden. Die Raumgröße ist dabei unwesentlich.

Anschluß der Abgasleitung an einen Entlüftungsschacht für Küchen und Aborte nach DIN 18017 Blatt 3 (mechanische Entlüftung) ist möglich, wenn sogenannte *Abgas-Überwachungssicherheitseinrichtungen* des atmosphärischen Brenners verwendet werden. Hierfür ist ein Temperaturfühler in der Strömungssicherung erforderlich, der bei Abgasaustritt den Wasserheizer abschaltet.

Gaswasserheizer, die als sogenannte *Umlaufgaswasserheizer* auch zur Raumheizung dienen, siehe Abschn. 231-334.

Bei Montage aller Gasgeräte ist TRGI 1986 sowie die jeweilige Landesbauordnung zu beachten.

### -32 Durchflußgaswassererwärmer

*Durchflußgaswassererwärmer* geben erwärmtes Wasser kontinuierlich ab, indem das das Rohrsystem durchfließende Wasser durch die Heizgase unmittelbar erwärmt wird (Bild 421-30 und -31). Das Kaltwasser wird zunächst in einer Rohrschlange um den kupfernen Heizschacht zur Kühlung desselben und zur Wasservorwärmung und anschließend in einem Lamellenblock erwärmt. Die Geräte werden mit Zapfleistungen von 5, 10, 13 und 16 l/min hergestellt, wobei eine Wassererwärmung von 10 auf 35 °C angenommen ist. Die entsprechenden Wärmeleistungen (Nennleistungen) sind dann 8,7, 17,5, 22,7, 28 kW. Zur Inbetriebnahme wird meist ein *Piezozünder* verwendet, der durch einen Zündfunken die Zündflamme zündet. Die Zündflamme hält mittels Thermostrom das Zündgasventil geöffnet (Thermoelektrische Zündsicherung, siehe Abschn. 221-73).

---

[1]) Stosiek, J.: VDI-Bericht 398. S. 49/54 (1981).
Reitzenstein, W.: Gas 2/81. S. 87.
Test 12/84. S. 94/7.

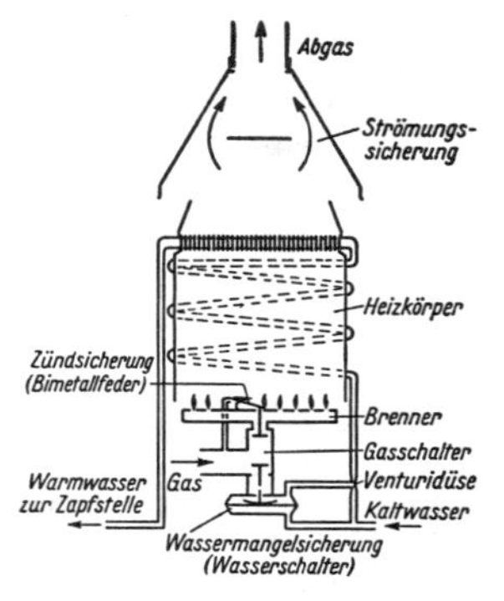


Bild 421-30. Durchfluß-Gaswasserheizer mit offener Verbrennungskammer.

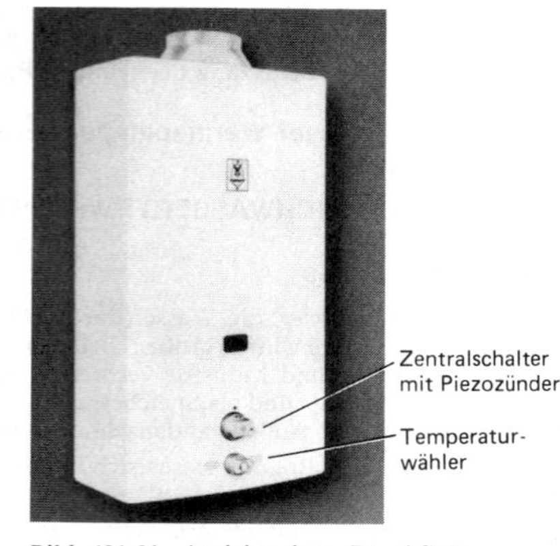


Bild 421-31. Ansicht eines Durchfluß-Gaswasserheizers (Vaillant).

Beim Zapfen wird durch das strömende Wasser mittels Venturidüse in der oberen Membrankammer des Wasserschalters ein Unterdruck erzeugt, durch den die Membran nach oben bewegt und das Gasventil geöffnet wird.

Um gleichmäßige Wasserauslauftemperatur zu erhalten, sind neuzeitliche Geräte mit *Leistungsregelung* ausgerüstet. Dabei wird durch einen Temperaturfühler im Auslauf oder auf andere Weise der Gasstrom kontinuierlich mit dem Wasserstrom geändert.

Mit einem *Temperaturwähler* kann die gewünschte Auslauftemperatur eingestellt werden.

DIN 3368 und EN 26 enthält Bestimmungen über Begriffe, Bau, Belastung, Leistung, Güte und Prüfung der Geräte mit offener Verbrennungskammer für Stadtgas und Erdgas.

Gaswasserheizer mit geschlossener Verbrennungskammer (Bild 421-33) werden als 10- und 13-Liter-Geräte gebaut. Sie benötigen keinen Abgasschornstein. Frischluftzufuhr und Abgasabführung erfolgt wie bei den Außenwand-Gasheizöfen durch die Außenwand. Brenner vom Raum nicht zugänglich. Zündung durch Magnetfunken. Bei großer Kälte Einfriergefahr. Entleerung bei Außentemperaturen unter 0 °C erforderlich.

Die Bauart der Gaswasserheizer ist heute so, daß immer das Rohrschlangensystem (Heizkörper) unter Wasserdruck steht und den Anschluß mehrerer Zapfventile gestattet *(Mehrzapfgeräte)*. Wird irgendein Zapfventil geöffnet, setzt sich der Wassererwärmer durch den Wasserschalter automatisch in Betrieb. Gerätewirkungsgrad ≈ 85% bei Nennbelastung bezogen auf $H_u$. Jahreswirkungsgrade siehe Bild 421-37.

## -33 Gas-Vorratswasserheizer

*Gas-Vorratswasserheizer,* auch *Speichergaswassererwärmer* genannt (Bild 421-34), erwärmen eine gewisse Wassermenge mittels atmosphärischer Gasbrenner auf eine bestimmte Temperatur und halten sie mittels Temperaturregler bei dieser Temperatur konstant. Sie gestatten also nur die Entnahme einer begrenzten Wassermenge. Sie werden als Niederdruck-(Überlauf-) und Hochdruckspeicher gebaut. Ausführung in Größen von 5 bis 300 Liter Inhalt, ferner als Umlaufspeicher. Der Anschlußwert der Geräte ist geringer als derjenige der Durchflußgeräte. Inbetriebnahme mit Piezozünder.

*Hauptbestandteile* sind: atmosphärischer Brenner mit Regeleinrichtung und thermoelektrischer Zündsicherung, Brennkammer, Wasserraum mit einem oder mehreren Heizrohren mit Turbulatoren, Schutzanode aus Magnesium, Abgasrohr mit Strömungssicherung. Im oberen Teil Temperaturregler, der bei Erreichen des eingestellten Wertes die Gaszufuhr sperrt. Außerdem Temperaturbegrenzer. Für große Leistungen Parallelschaltung mehrerer Geräte oder Verbindung mit Standspeicher (Bild 421-35).

Um *Stillstandsverluste* zu verringern, ist der Einbau einer thermisch oder elektrisch gesteuerten Abgasklappe hinter der Strömungssicherung zweckmäßig.

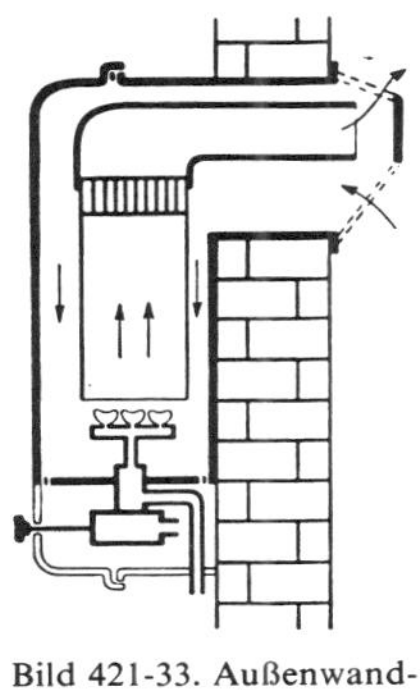

Bild 421-33. Außenwand-Gaswassererwärmer.

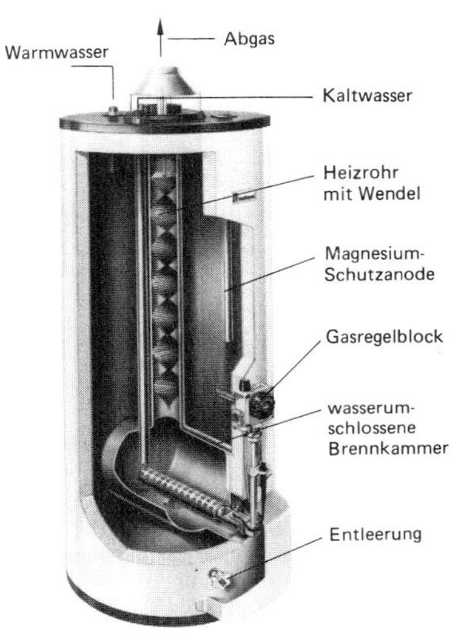


Bild 421-34. Vorrats-Gaswassererwärmer (Vaillant).

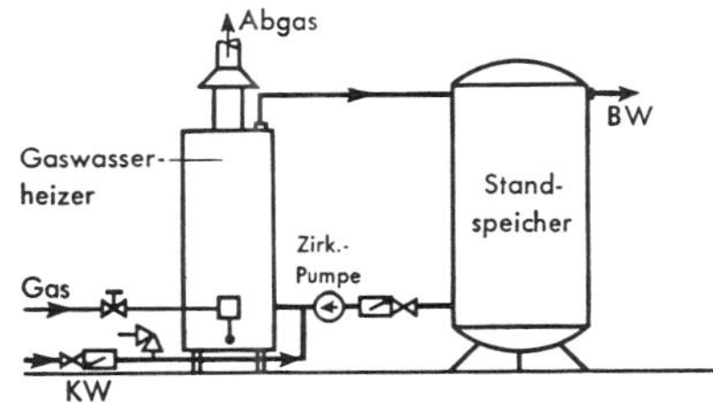


Bild 421-35. Vorrats-Gaswassererwärmer mit Standspeicher und Zirkulationspumpe.
KW = Kaltwasser; BW = Brauchwasser

Verwendung vorwiegend in Hochdruckausführung für das städtische Versorgungsnetz. Innen und außen meist emailliert. Gute Wärmedämmung erforderlich. Zusätzlich häufig Magnesium-Anode. Bei großen Anlagen Zirkulationsleitungsanschluß.

Wirkungsgrad bei Nennleistung ≈ 83%, Jahreswirkungsgrad (Nutzungsgrad) stark abhängig von der Brauchwasserentnahme, siehe Bild 421-37. Für einen 4-Personen-Haushalt genügt ein Speicherinhalt von 100···150 l.

Zu beachten DIN 3377: Vorratswasserheizer; Gasverbrauchseinrichtungen, sicherheitstechnische Vorschriften und Prüfung (2.80).

*Kochendwassererwärmer* sind eine besondere Bauform der Vorratswassererwärmer, die siedendes Wasser liefern, z.B. zur Kaffeebereitung.

### -34 Regel- und Sicherheitseinrichtungen (Bild 421-38)

Handbetätigte Armaturen sind so verriegelt, daß falsche Bedienung nicht möglich ist. Erst wenn das Zündflammenventil geöffnet ist, läßt sich das Hauptgasventil öffnen.

Bei der *Inbetriebnahme* wird zunächst mittels Zentralschalter das Zündgasventil geöffnet. Dadurch strömt Zündgas zum Zündbrenner, wo es durch den gleichzeitig betätigten Piezozünder gezündet wird. Die dauernd brennende Zündflamme erwärmt ein Thermoelement, das bei Erwärmung das Gas-Sicherheitsventil öffnet, beim Abkühlen aber schließt. Bei Gasmangel erlischt die Zündflamme, so daß das Gasventil geschlossen wird. Siehe auch Abschn. 221-7 (Gasöfen).

*Neue Geräte* benötigen keine Zündflamme mehr. Der Hauptbrenner wird direkt durch Hochspannungsfunken gezündet. Durch den von der Flamme erzeugten Ionisations-

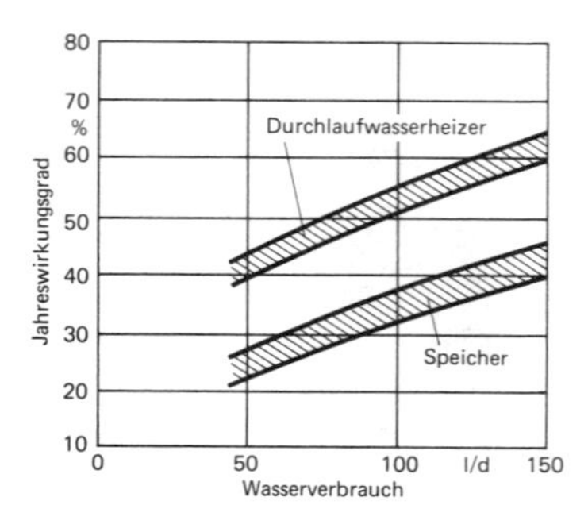


Bild 421-37.
Jahreswirkungsgrade von Gaswasserheizern.

strom zwischen 2 Elektroden erfolgt die Rückmeldung der Zündung an ein Überwachungsrelais. Einsparung von ca. 60 m³ Gas jährlich. Jedoch Stromanschluß erforderlich.

Der *Wasserschalter* ermöglicht die Inbetriebnahme des Brenners durch Öffnen eines Warmwasserzapfventils. Beim Öffnen des Brauchwasserzapfventils verringert sich, unterstützt durch die Wirkung der Venturi-Düse in der Kaltwasserleitung, der Druck oberhalb der Membrane, so daß sich das Wassermangelventil öffnet. Bei zu geringem Wasserdruck wird das Wassermangelventil geschlossen.

Das *Hauptgasventil* (Bild 421-38) hält unabhängig vom Wasserdruck die durchfließende Gasmenge konstant, um Belastungsänderungen durch Druckschwankungen im Netz zu verhindern. Im Reglergehäuse befindet sich ein Schwimmer, der bei steigendem Gasdruck den Durchgangsquerschnitt verengt.

Der *Wassermengenregler* hält unabhängig vom Wasserdruck die durchfließende Wassermenge und damit die Brauchwassertemperatur konstant. Hierzu dient der Regelbolzen unterhalb der Membrane, der den Durchgangsquerschnitt für das Kaltwasser je nach Lage der Membrane vergrößert oder verkleinert (Bild 421-38).

Der *Temperaturwähler* ist ein kleines Ventil, bei dessen Öffnung mehr Wasser um die Venturi-Düse herum durch das Gerät fließt, so daß die Tempratur sinkt. Einstellbereich

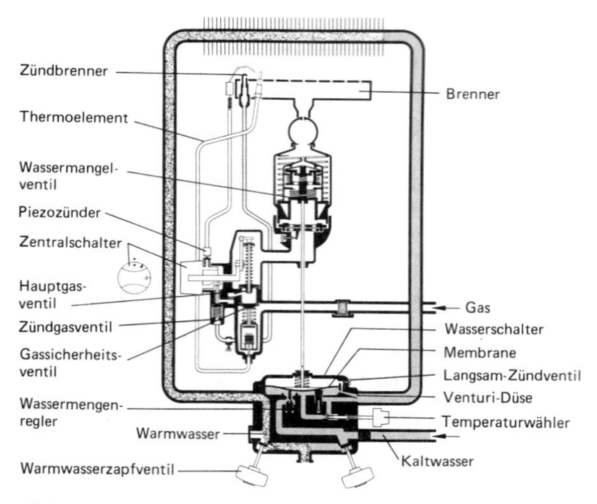


Bild 421-38. Schema der Gas- und Wassermengenregelung in einem Durchfluß-Gaswasserheizer (Vaillant).

der Wassertemperatur zwischen etwa 25 und 65 °C. Bei manchen Geräten wird die Gasmenge auch durch einen im Brauchwasserkreis liegenden Fühler modulierend geregelt.

Das *Langsamzündventil* soll das Herausschlagen der Flammen und Rußbildung beim Zünden verhindern. Wird bewirkt durch ein Kugelventil in dem Verbindungskanal zwischen Membrankammer und Venturi-Düse.

Temperatur-*Abschaltung* wird nur bei Speicherwasserheizern verwendet. Ein Ausdehnungskörper (Metallstab, Membran oder dergleichen) schließt das Gasventil, wenn die verlangte Wassertemperatur erreicht ist (Bild 421-34). Die tägliche Betriebszeit des Brenners ist gering, etwa 1···2 Stunden. Daher sind die Stillstandsverluste hoch.

*Thermisch gesteuerte Abgasklappen* nach der Strömungssicherung, die sich selbsttätig öffnen und schließen, bewirken je nach Zugstärke und Brauchwasserverbrauch eine wesentliche Verringerung der Stillstandsverluste. Bezogen auf den Jahresgasverbrauch sind Einsparungen von 5···15% möglich. Außerdem Verhinderung der Raumauskühlung in Bädern.

Bei der *Aufstellung* von allen Gasfeuerstätten ist darauf zu achten, daß Verbrennungsluft nachströmen kann. Mindestrauminhalt 4 $m^3$ je kW Heizleistung sowie Fenster oder Tür ins Freie. Wo Bedenken hinsichtlich ausreichender Versorgung mit Verbrennungsluft bestehen, müssen Gasgeräte mit einer Abgasüberwachung ausgestaltet werden.

## -35 Kombinierte Geräte für Brauchwassererwärmung und Heizung[1])

Viele Geräte werden für Brauchwasserbereitung und Etagenheizung gebaut, sog. *Kombi-Wasserheizer.* Diese Ausführung ist deswegen möglich, weil der Wärmebedarf für die Brauchwassererwärmung nur in einer kurzen Zeit auftritt, während der die Heizung unbedenklich abgeschaltet werden kann. Allerdings ist der augenblickliche Wärmebedarf für die Brauchwassererwärmung sehr hoch. Z. B. benötigt eine Wannenbadfüllung rd. 20000 kJ (5,5 kWh) in ca. 10···15 min, so daß Geräte unter $20000/(15 \cdot 60) = 22$ kJ/s = 22 kW unzweckmäßig sind.

Begriffe, Anforderungen und Prüfung in DIN 3368 Teil 2 (E. 4. 86).

Grundsätzlich kann man zwei Typen unterscheiden:

1. *Direkte Brauchwassererwärmung* (Bild 421-39 links).

   Hierbei erhält der Wärmeaustauscher mehrere Rohre, von denen die einen zur Brauchwassererwärmung, die anderen zur Heizwassererwärmung dienen. Beim Zapfen von Brauchwasser wird durch einen *Vorrang-Wasserschalter* W die Heizungspumpe P abgeschaltet und das Gasventil M geöffnet. Pumpe läuft nur beim Heizbetrieb.

2. *Indirekte Wassererwärmung* (Bild 421-39 rechts).

   Für die Brauchwassererwärmung ist ein *Sekundär-Wärmeaustauscher* S vorhanden, in dem das Brauchwasser durch Heizwasser erwärmt wird. Beim Zapfen von Brauchwasser wird durch einen Wasserschalter das elektrische Drei-Wege-Ventil D betätigt und das Umlaufwasser über den Sekundär-Wärmeaustauscher geleitet. Gleichzeitig wird das Gasventil voll geöffnet. Längere Anheizzeiten.

Eine wesentliche Verbesserung dieses Systems ist die Anordnung nach Bild 421-40. Hier ist getrennt vom Gaswassererwärmer ein *Speicher mit Heizregister* vorhanden. Heizung und Brauchwassererwärmung sind unabhängig voneinander und können getrennt oder gemeinsam betrieben werden, wobei im letzten Fall die Brauchwassererwärmung stets Vorrang hat.

Eine ähnliche Anlage mit indirekter Brauchwassererwärmung zeigt Bild 421-41. Hier ist ein besonderer *Heizungsregler* vorhanden, der in Abhängigkeit von der Außentemperatur unterschiedlich lange Impulse auf den Gasbrenner gibt. Fordert der Brauchwasser-Regler Wärme an, so wird das Dreiwegeventil von Heiz- auf Brauchwasserbetrieb umgeschaltet. Im Sommerbetrieb ist die Heizung ausgeschaltet, und der Gaswassererwärmer geht nur in Betrieb, wenn die Brauchwassertemperatur sinkt. So ergeben sich geringe Stillstandsverluste.

Die Speicher sind in Hänge- und Standbauart lieferbar, werden jedoch in der Regel unterhalb des Heizgerätes angebracht. Wirkungsgrad ≈ 85%, Jahresnutzungsgrad ≈ 70%.

---

[1]) Siehe auch Abschnitt 231-334.

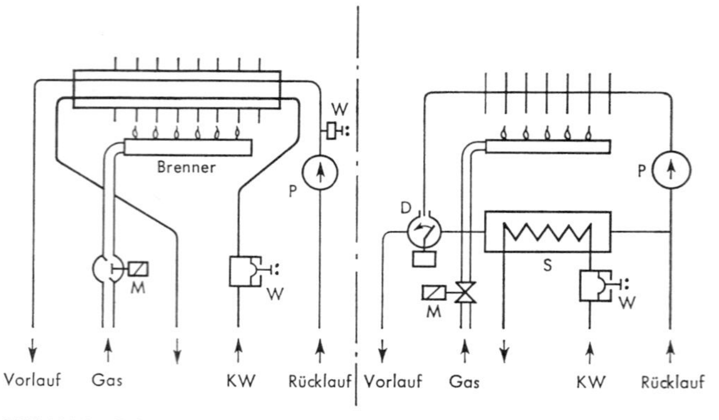


Bild 421-39. Schema der Kombi-Wassererwärmer.
Links: direkte Brauchwassererwärmung
Rechts: indirekte Brauchwassererwärmung
D = Dreiwege-Ventil, M = Magnetventil, P = Pumpe, S = Sekundär-Wärmeaustauscher, W = Wasserschalter

In den Geräten ist noch eine große Anzahl zusätzlicher Schalter und Regler vorhanden, die für den Betrieb erforderlich sind, z. B. Temperaturbegrenzer, Wassermangelsicherung, Gasdruckregler, ferner Membran-Ausdehnungsgefäß für das Heizsystem, Luftabscheider u. a.

Das System nach Bild 421-41 wird auch als *Gaswärmezentrum* bezeichnet. Es besteht aus einem Umlauf-Gaswasserheizer und einem indirekt beheizten Speicher-BW-Erwärmer von ca. 100 Liter Inhalt, der die Zapfstellen in Küche und Bad sowie gegebenenfalls Waschmaschine und Geschirrspüler mit Brauchwasser versorgt. Dadurch wesentliche Energieersparnis im Haushaltsbereich. Besonders geeignet für Eigentumswohnungen. Wärmeverbrauch meßbar durch Gaszähler.

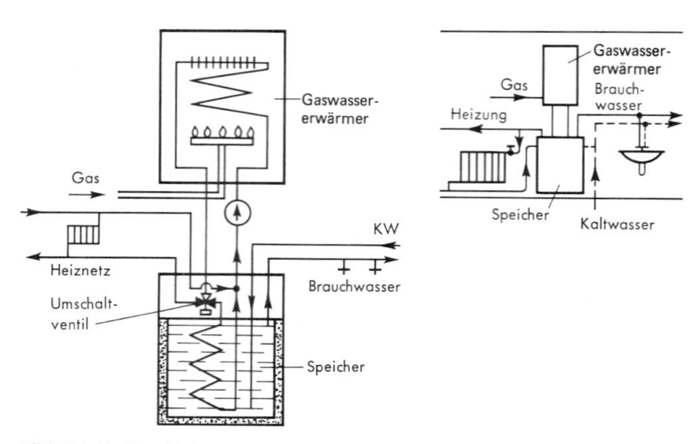


Bild 421-40. Kombi-Gaswassererwärmer mit getrennt installiertem Druckspeicher für Brauchwasser (Junkers SW 60).

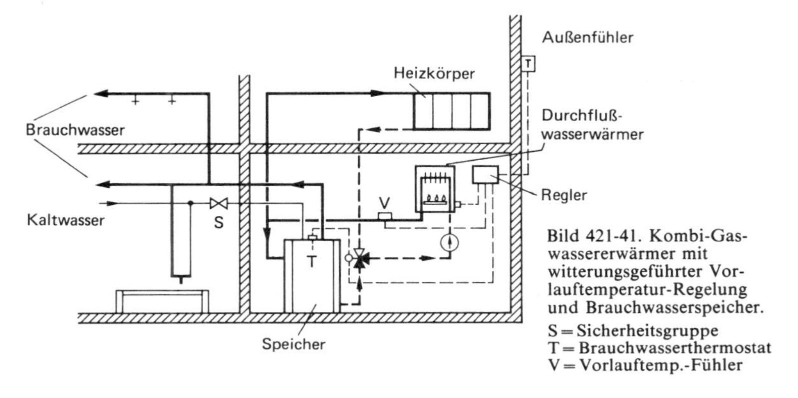


Bild 421-41. Kombi-Gaswassererwärmer mit witterungsgeführter Vorlauftemperatur-Regelung und Brauchwasserspeicher.
S = Sicherheitsgruppe
T = Brauchwasserthermostat
V = Vorlauftemp.-Fühler

### -36 Gasverbrauch

Der *Gasverbrauch* eines Gaswasserheizers ermittelt sich aus der Gleichung

$$G = \frac{W(t_a - t_e) \cdot c}{H_u \cdot \eta} \text{ in m}^3$$

$G$ = Gasverbrauch in m³
$W$ = Wassermenge in l
$c$ = spez. Wärme in kJ/l K, ($c = 4{,}2$ für Wasser)
$t_a$ = Wasseraustrittstemperatur in °C
$t_e$ = Wassereintrittstemperatur in °C
$H_u$ = unterer Heizwert des Erdgases in kJ/m³
$\eta$ = Wirkungsgrad

*Beispiel:*

Wieviel Erdgas wird für ein Brausebad verbraucht, wenn die Wassermenge 50 Liter beträgt?

$W = 50$ l, $t_a = 35\,°C$, $t_e = 10\,°C$, $c = 4{,}2$ kJ/l K, $H_u = 32\,000$ kJ/m³, $\eta = 80\%$

$$G = \frac{50 \cdot (35 - 10) \cdot 4{,}2}{32\,000 \cdot 0{,}80} = 0{,}205 \text{ m}^3.$$

# 422 Zentrale Brauchwasser-Erwärmungsanlagen (BWE)[1])

Die zentralen Brauchwasser-Erwärmungsanlagen werden heute ausschließlich als geschlossene Anlagen in unmittelbarer Verbindung mit der Trinkwasserleitung ausgeführt. Je nach der Art der Wassererwärmung teilt man sie grundsätzlich in drei große Gruppen:

a) BW-Anlagen nach dem *Speichersystem* (Brauchwasser wird gespeichert):
   Speicher getrennt vom Kessel,
   Speicher im Kessel (Speicherkessel).

b) BW-Anlagen nach dem *Durchflußsystem* (Heizwasser wird gespeichert):
   Durchflußbatterie im Brauchwasserspeicher,
   Durchflußbatterie außerhalb des Brauchwasserspeichers,
   Durchflußbatterie im Kessel (Speicherkessel).

c) Kombinierte BW-Anlagen mit *Speicher- und Durchflußbetrieb.*

[1]) Kittel, C.: HLH 4/77. S. 152/6.
DIN 4708 (10.79): Zentrale Brauchwasser-Erwärmungsanlagen – 3 Teile.
Marx, E.: Wärme-Technik 12/81. S. 575/80.
Schmitz, H.: Die Technik der Brauchwassererwärmung. Marhold-Verlag. 1983.

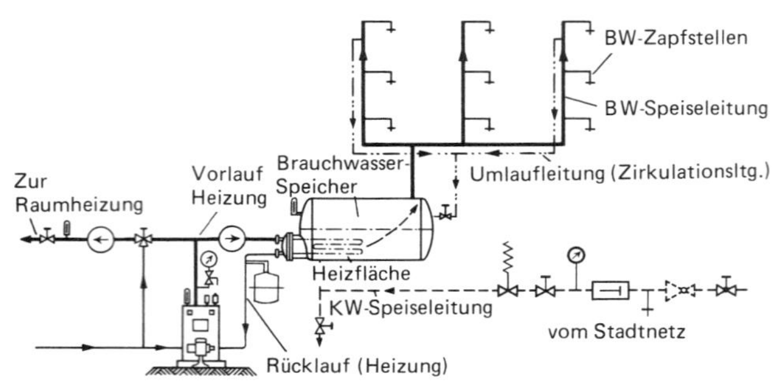


Bild 422-3. Geschlossene Brauchwasser-Erwärmungsanlage mit Heizkessel und Brauchwassererwärmung durch eine im Speicher liegende Heizfläche (Schlange oder Register).

## -1 BWE-ANLAGEN NACH DEM SPEICHERSYSTEM

Diese Anlagen sind dadurch gekennzeichnet, daß durch das Heizwasser eine mehr oder weniger große Brauchwassermenge in einem Speicher erwärmt wird und damit zum Verbrauch zur Verfügung steht. Das Kaltwasser tritt am tiefsten Punkt in den BWE ein, erwärmt sich darin und wird an der höchsten Stelle entnommen und den Zapfstellen zugeführt.

Bei den heute üblichen *geschlossenen Anlagen* ist der BW-Erwärmer ein geschlossenes gut wärmegedämmtes Gefäß, das unmittelbar an die Kaltwasserleitung angeschlossen wird. Es sind also druckfeste Anlagen, die je nach den örtlichen Verhältnissen mit Drücken bis 10 bar Betriebsdruck betrieben werden.

Das Brauchwasser wird indirekt durch eine innenliegende Heizfläche oder einen Doppelmantel erwärmt (Bild 422-3, -4 und -6). Diese Bauart ist die fast ausschließlich gebräuchliche. Die Speicher werden dabei in folgenden Formen gebaut:

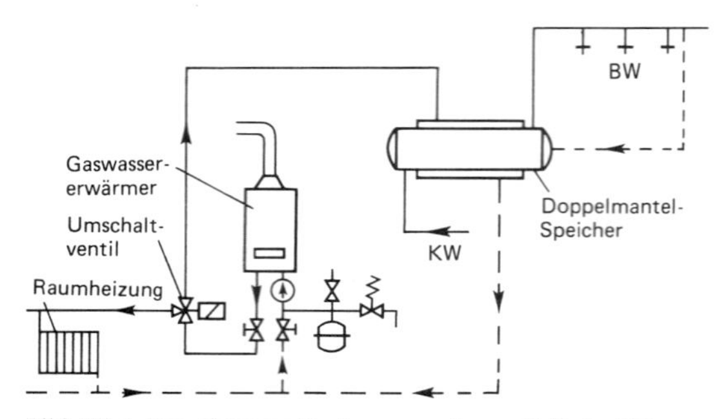


Bild 422-4. Brauchwasser-Erwärmungsanlage mit Umlauf-Gaswasserheizer und Doppelmantelspeicher.

Für die in Bild 422-5 gezeigten Anwendungen gelten folgende Hinweise:

a) Einwandige zylindrische Behälter nach DIN 4801/2 mit eingebauter Heizfläche (Bild 422-5a). Heizwasser muß immer auf ca. 70 °C gehalten werden, daher hoher Betriebsbereitschafts-Aufwand.

b) Doppelwandige zylindrische Behälter nach DIN 4803/4 und 4800; das Heizmittel fließt im äußeren Mantel (Bild 422-5b), Nachteile wie vor.

c) Stehende Behälter mit im unteren Teil eingebauter Heizfläche (Bild 422-5c); günstiger, da Schichtung im Speicher möglich. Heute vielfach als Kessel-Speicher-Kombination ausgeführt mit seitlich angeordnetem Speicher-BWE.

d) Bei den in Bild 422-5d gezeigten kombinierten Heizkesseln handelt es sich um das Doppelmantelprinzip. Da der Heizkessel zur Sicherstellung der Brauchwasserleistung permanent auf hoher Temperatur gehalten werden muß, liegen Betriebsbereitschaftsverluste vor, die sich negativ auf dieses System auswirken. Es besteht eine werksseitig feste Zuordnung von Speichergröße zur Heizkesselgröße.

e) Kessel-Speicher-Kombination, wobei der Speicher in seiner Größe frei wählbar wird. Auch für Heizkessel im Niedertemperaturbereich geeignet.

f) Kessel-Speicher-Kombination für Niedertemperatur-Heizkessel, siehe auch Bild 422-8.

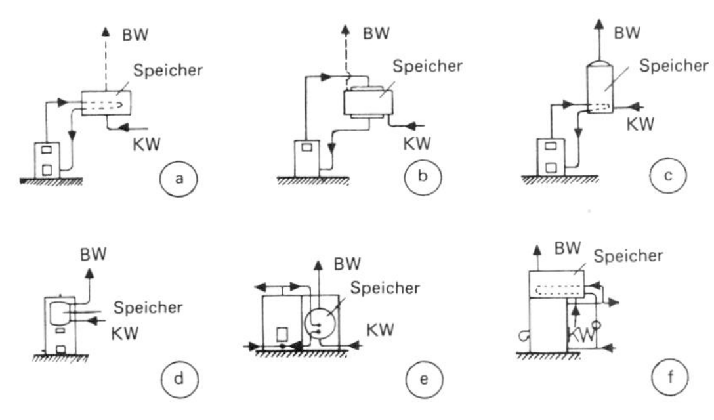


Bild 422-5. Verschiedene Anordnungsmöglichkeiten von Speicher-Brauchwassererwärmern bei indirekter Erwärmung.

a) liegender einwandiger Speicher-Brauchwassererwärmer mit Heizschlange
b) liegender doppelwandiger Speicher-BWE
c) stehender einwandiger Speicher-BWE mit Heizschlange
d) stehender oder liegender in einem Stahlheizkessel fest eingeschweißter Speicher-BWE (Doppelmantel)
e) stehend oder liegend neben einem Heizkessel angeordnete Heizschlangen- oder Doppelmantel-Speicher-BWE
f) stehend oder liegend auf oder unter einem Heizkessel angeordnete Heizschlangen-Speicher-BWE

*KW* = Kaltwasser, *BW* = Brauchwasser

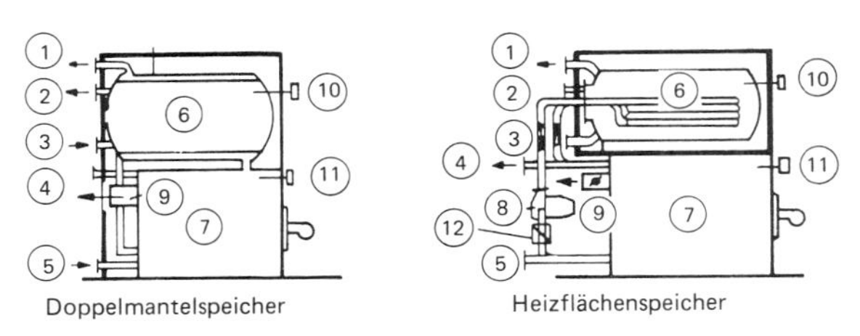


Bild 422-6. Prinzipaufbau von Heizkesseln mit aufgesetztem Speicher-BWE.
Links: Doppelmantelspeicher
Rechts: Heizflächenspeicher

1 = Brauchwasser
2 = Zirkulation
3 = Kaltwasser
4 = Heizungsvorlauf
5 = Heizungsrücklauf
6 = Speicher
7 = Heizkessel
8 = Speicherladepumpe
9 = Abgasanschluß
10 = Brauchwassertemperaturregler
11 = Kesselwassertemperaturregler, -Wächter bzw. -Begrenzer
12 = Rückschlagventil

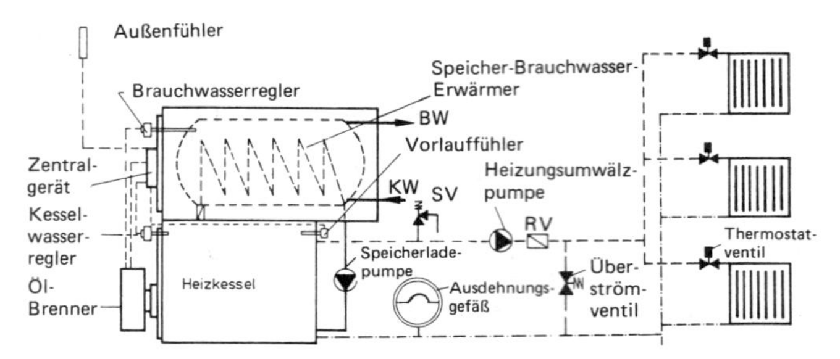


Bild 422-8. Niedertemperatur-Heizkessel mit aufgesetztem Speicher-Brauchwasser-Erwärmer und BW-Vorrangschaltung.

Bei allen BW-Anlagen dieser Art sind die Sicherheitsbestimmungen (siehe Abschn. 415) zu beachten.

*Vorteile* des Speichersystems:

Belastungsspitzen werden durch den Speicher ausgeglichen,
Lieferung großer Wassermengen in kurzer Zeit,
Brauchwasser-Temperatur regelbar,
große Brauchwasserleistung, auch bei kleinen Kesseln.

*Nachteile:*

Korrosionsgefahr im Speicher sowie Steinansatz,
höhere Investitionskosten gegenüber Durchlauferhitzern,
geringe Wärmedurchgangszahlen.

## -2 BWE-ANLAGEN NACH DEM DURCHFLUSS-SYSTEM[1])

Diese Systeme sind dadurch gekennzeichnet, daß nicht das Brauchwasser, sondern das vom Kessel erwärmte Warmwasser gespeichert wird, während das zu erwärmende Brauchwasser erst unmittelbar vor Gebrauch in einer *Durchflußbatterie* erwärmt wird. Schema der Rohrführung siehe Bild 422-10.

Die Durchflußbatterie wird in verschiedenen Formen hergestellt und heute meist in einem besonderen Speicher angeordnet, früher auch im Kessel selbst.

*Durchflußbatterie in Speicher*

Bei Verwendung eines Speichers kann die Batterie sowohl innerhalb als auch außerhalb des Speichers angeordnet werden (Bild 422-11). Die verschiedenen Konstruktionen unterscheiden sich in der Form der meist aus Kupfer hergestellten Rohre, der Anordnung von *Leitblechen* zur besseren Wasserzirkulation im Speicher und in anderen Einzelheiten. Der Speicher selbst wird wie ein Heizkörper an die Vorlaufleitung des Kessels angeschlossen und steht durch das Ausdehnungsgefäß mit der Atmosphäre in Verbindung. An die Stelle von außen liegenden BW-Batterien oder -Schlangen treten neuerdings Platten-Wärmeaustauscher.

*Durchflußbatterie im Kessel*

Bei Verwendung von Kesseln mit einem genügend großen Wasserraum kann man die Durchflußbatterie auch in diesem Speicherraum unterbringen (Bild 422-13).

Die Schaltung der Wärmeerzeugung ist dabei im Winter so eingerichtet, daß beim Zapfen größerer Wassermengen die volle Kesselleistung auf das Brauchwasser übertragen wird *(Brauchwasser-Vorrangschaltung)*. Ein Differenzdruckschalter in der Kalt- und Brauchwasserleitung spricht beim Zapfen an, das Mischventil für die Heizung schließt und der Gas- oder Ölbrenner wird eingeschaltet. Beispiel Bild 422-15. Hier ergibt sich bei Brauchwasserentnahme eine Druckdifferenz und der Schalter im Gerät reagiert.

Wegen der Auskühlverluste im Sommer heute meist nicht mehr üblich.

[1]) Buck, H.: HLH 4/77. S. 145/51.

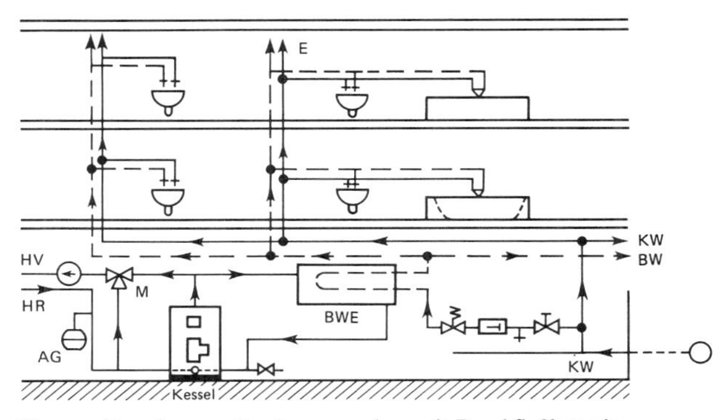


Bild 422-10. Geschlossene Brauchwasser-Erwärmungsanlage mit Durchflußbatterie.
*AG* = Ausdehnungsgefäß, *E* = Be- und Entlüfter, *HV* = Heizungsvorlauf, *HR* = Heizungsrücklauf, *KW* = Kaltwasser, *BW* = Brauchwasser, *BWE* = Brauchwassererwärmer, *M* = Mischventil

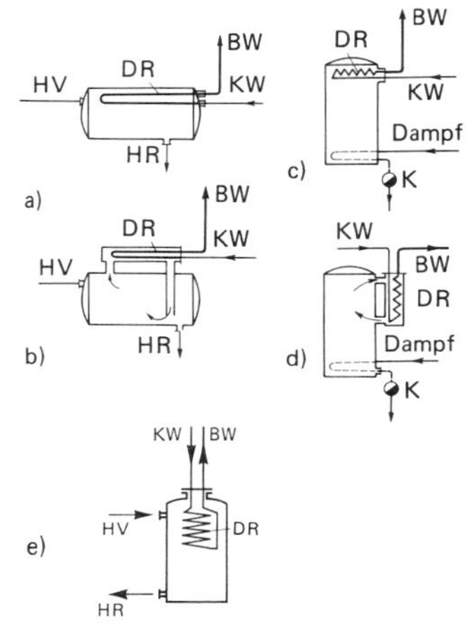


Bild 422-11. Verschiedene Anordnungen der Durchflußbatterien in Brauchwasserspeichern.

a) Durchflußschlange im oberen Teil eines liegenden Speichers
b) Durchflußschlange in einem besonderen Behälter oberhalb des Speichers
c) Durchflußschlange im oberen Teil eines stehenden Speichers
d) Durchflußschlange in einem besonderen Behälter oder Plattenwärmetauscher neben einem stehenden Speicher
e) Senkrechte Durchflußschlange in einem stehenden Speicher

*DR* = Durchflußschlange
*HV* = Heizungsvorlauf
*HR* = Heizungsrücklauf
*K* = Kondensat
*KW* = Kaltwasser
*BW* = Brauchwasser

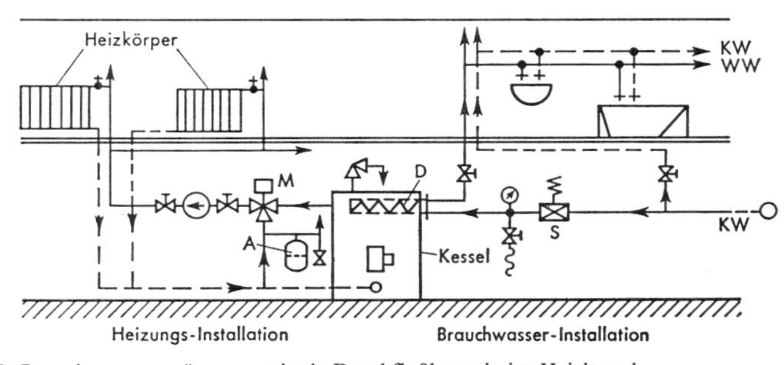


Bild 422-13. Brauchwassererwärmung mittels Durchflußbatterie im Heizkessel.
*A* = Ausdehnungsgefäß, *M* = Mischventil, *S* = Sicherheitsgruppe, *D* = Durchflußbatterie

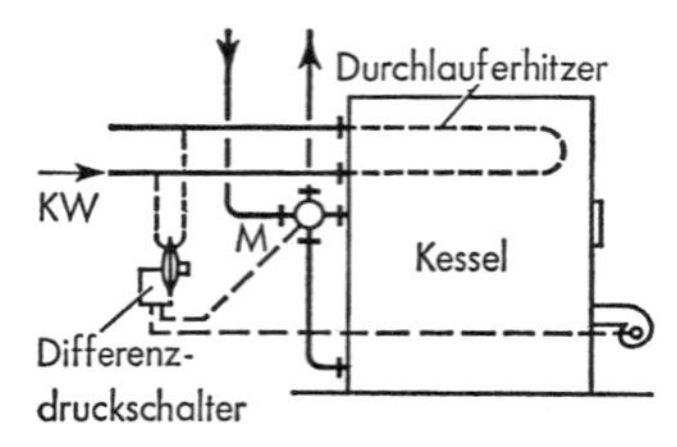


Bild 422-15. Differenzdruckschalter für Brauchwasser-Vorrangschaltung.

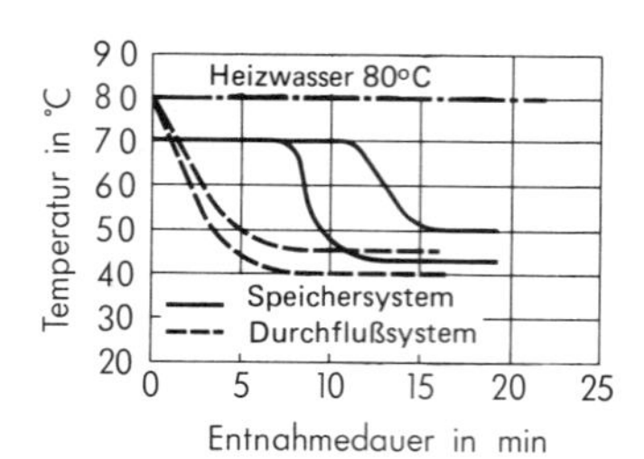


Bild 422-16. Charakteristik von Brauchwassererwärmern.

Im allgemeinen sind Durchflußbatterien nur geeignet für verhältnismäßig geringen gleichmäßigen Brauchwasserverbrauch, nicht geeignet, wenn Stoßbetrieb vorhanden wie bei Hotels, Fabriken, Schulen usw. Zapftemperatur ist abhängig von der Zapfmenge, bei Zapfbeginn am höchsten, dann schnell fallend. Unterschied beider Systeme siehe Bild 422-16.

*Nachteilig* ist bei allen Durchflußbatterien die Schwierigkeit beim Entfernen von Kesselstein. Bei hartem Wasser nicht geeignet. Schutzmaßnahmen gegen Kesselsteinbildung zu empfehlen (z. B. Phosphat-Impfung).

*Vorteile* des Durchflußsystems:

Kein abgestandenes Brauchwasser, hohe Wärmedurchgangszahlen.

*Nachteile:*

Gefahr der Inkrustierung des Wärmeerzeugers, Schwanken der Brauchwassertemperaturen abhängig von der zugeführten Heizleistung. Durchflußsysteme sind wegen ihrer dadurch eingeschränkten Einsatzmöglichkeiten stark zurückgegangen.

## -3 BRAUCHWASSER-TEMPERATURBEGRENZUNG

Der Begrenzung der Betriebstemperatur in zentralen Brauchwasser-Versorgungsanlagen kommt erhöhte Bedeutung zu, da durch die Temperaturbegrenzung eine *Energieeinsparung* erzielt und zusätzlich die Gesamtanlage bezüglich Korrosion und Steinbildung verbessert wird.

Die *Heizungsanlagen-VO* fordert: Die Brauchwassertemperatur im Rohrnetz ist durch selbsttätig wirkende Einrichtungen auf max. 60 °C zu begrenzen. Dies gilt nicht für Brauchwasseranlagen, für die höhere Temperaturen zwingend erforderlich sind oder die eine Leitungslänge von weniger als 5 m benötigen.

Es gibt 2 technische Möglichkeiten zur Durchführung einer Temperaturbegrenzung:

*innere* Brauchwasser-Temperaturbegrenzung,
*äußere* Brauchwasser-Temperaturbegrenzung.

### -31 *Innere* Brauchwasser-Temperaturbegrenzung

Hierbei wird durch die Regelung der Wärmezufuhr zum Brauchwassererwärmer sichergestellt, daß die Betriebstemperatur des Brauchwassers 60···65 °C nicht übersteigen kann. Die innere BWE-Temperaturbegrenzung ist nicht bei allen BWE konstruktiv zu verwirklichen. Sie ist nicht möglich bei direkt brennstoffbefeuerten BWE und bei Durchfluß-BWE mit indirekter Erwärmung. Bei letzteren werden zwar bei den maximalen Zapfwassermengen im Dauerbetrieb Temperaturen über 45 °C nicht auftreten, jedoch entstehen bei gedrosselten Zapfmengen höhere Temperaturen als 60···65 °C. Das liegt daran, daß der BWE meist mit Heizwasser von 80···90 °C erwärmt wird.

Gleiches gilt für Speicher-BWE, die fest im Heizkessel eingebaut sind – in der Vergangenheit übliche Bauart von Stahlheizkesseln –, und zwar im Winterbetrieb, wenn das Brauchwasser die Temperatur des wärmeren Heizwassers annimmt. Voraussetzung für die BWE-Temperaturbegrenzung ist – wenn es sich nicht um einen Niedertemperaturkessel mit $t < 60$ °C handelt – die konstruktive Trennung von Wärmeerzeuger und

BWE. Die innere BWE-Temperaturbegrenzung ist nur bei solchen Brauchwasser-Speicher-Kombinationen möglich, bei denen es innerhalb des Speichers *nicht* zu einer Schichtbildung kommt. Dies sind i.a. Speicher-BWE mit *im* Brauchwasser liegenden Heizflächen.

Ein im BW-Speicher angeordneter Temperaturregler, der auf die Lage der Heizfläche innerhalb des BW-Speichers abgestimmt ist, schaltet je nach Bedarf die *Speicher-Ladepumpe* ein bzw. aus. Bei Stillstand der Speicher-Ladepumpe verhindert ein Rückschlagventil den Wärmetransport im Schwerkraftbetrieb.

*Vorteile* der inneren Brauchwasser-Temperaturbegrenzung:

Das gesamte Brauchwassersystem ist temperaturbegrenzt, und somit werden Wärmeverlust, Korrosion und Steinablagerung in der Gesamtanlage gemindert. Es wird damit auch der Wartungsaufwand für den Speicher-BWE verringert; ferner Verminderung der Verbrühungsgefahr.

*Nachteile:*

Die Speicherkapazität wird herabgesetzt, d.h., es werden spezifisch größere Speicherinhalte erforderlich. Der höhere apparative Aufwand gegenüber einem nicht temperaturgesteuerten System ergibt höhere Investitionskosten.

Bei innenliegenden und auf den Speicherinhalt abgestimmten Heizflächen findet eine *Temperaturschichtung* im Gegensatz zu Doppelmantelheizflächen praktisch nicht statt, so daß eine exakte Temperaturregelung oder -begrenzung möglich ist.

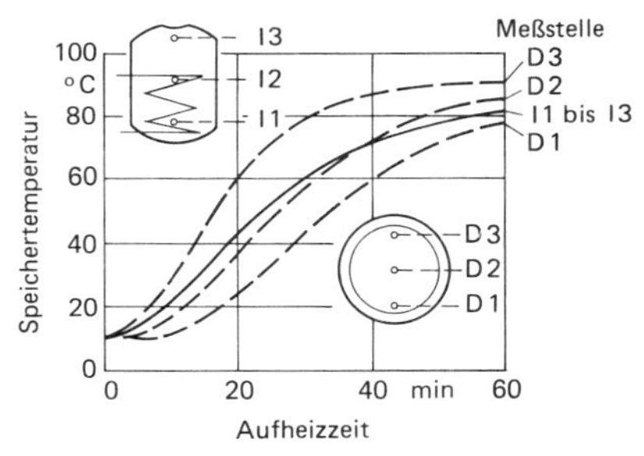


Bild 422-17. Temperaturverlauf über der Höhe des Speichers beim Aufladen.
I = innenliegende Heizfläche
D= Doppelmantelspeicher

## -31 *Äußere* Brauchwasser-Temperaturbegrenzung

Diese wird bei über 60···65 °C Heizwassertemperatur beim Durchfluß- oder Speichersystem angewandt. Sie wird dem BWE nachgeschaltet. Deshalb kann diese Art der Temperaturbegrenzung auch nur das angeschlossene BWE-Rohrnetz vor temperaturbedingter Korrosion und Steinablagerung schützen. Die äußere BWE-Temperaturbegrenzung bedingt daher einen korrosionsbeständigen BWE. Sie läßt sich oft auch für den nachträglichen Einbau verwenden.

Die äußere BW-Temperaturbegrenzung besteht aus einem Brauchwasser-Mischer, der unmittelbar am Speicherausgang installiert wird und der Brauchwasser höherer Temperatur aus dem BWE mit Kaltwasser oder aus der Zirkulation zurückfließendem Wasser automatisch auf Temperaturen von max. 60···65 °C mischt (Bild 422-19). Der BW-Mischer besitzt meist einen eingebauten Regler ohne Hilfsenergie (Thermostat) (Bild 436-8).

*Vorteile:*

Es wird die maximal mögliche Kapazität des BW-Speichers genutzt. Dadurch ergeben sich spezifische kleinere Speicherinhalte. Geringe Investitionskosten. Verminderung der Verbrühungsgefahr.

*Nachteile:*

Es werden nur die Zirkulationsverluste im Rohrsystem gemindert. Bezüglich der Energieeinsparung, Korrosion und Steinbildung wird nur ein Teileffekt erzielt.

# -4 ANSCHLUSS DES BRAUCHWASSERERWÄRMERS

## -41 Allgemeines

Beim Anschluß des BWE an die Kaltwasserleitung gelten die Bestimmungen der DIN 1988 und DIN 4753, Teil 1, für die Kennzeichnung, Ausführung und Prüfung der BWE. Die Anschlußdurchmesser der Sicherheitsventile in der Kaltwasserzuleitung zeigt Tafel 422-1.

**Tafel 422-1. Anschlußdurchmesser von Sicherheitsventilen**

| Inhalt des Brauchwasserraumes in l | Anschluß-Durchmesser min. | Max. Beheizungsleistung kW |
|---|---|---|
| bis 200 | DN 15 | 75 |
| über 200 bis 1000 | DN 20 | 150 |
| über 1000 bis 5000 | DN 25 | 250 |

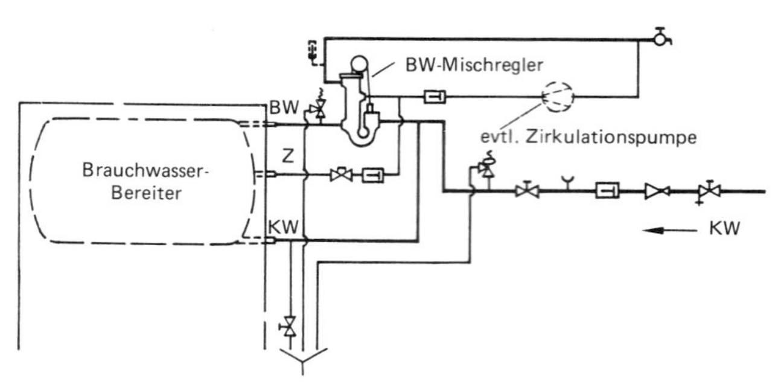


Bild 422-19. Schema einer äußeren Brauchwasserbegrenzung.
BW = Brauchwasser KW = Kaltwasser Z = Zirkulation

## -42 Zentralheizungen mit einem Kessel

In vielen Fällen ist es zweckmäßig, die Brauchwassererwärmung an den *Wärmeerzeuger der Zentralheizung* anzuschließen. Das Brauchwarmwasser wird auf diese Weise sehr kostengünstig erwärmt, da ja der Kessel wegen der Heizung sowieso in Betrieb sein muß. In den Übergangszeiten ist das Heizwasser bei Niedertemperaturkesseln, die meist ohne Mischventil arbeiten, allerdings oft nicht warm genug. Hier wird wie folgt verfahren:

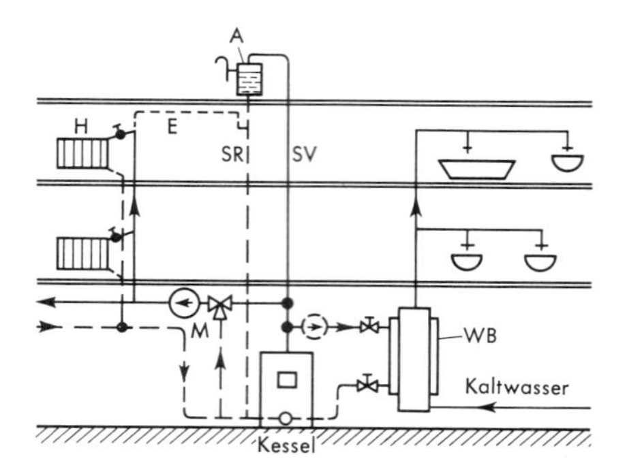


Bild 422-20. Heizung und Brauchwassererwärmung im Winter durch einen gemeinsamen Winterkessel mit Mischventil *M*.

A = Ausdehnungsgefäß
*E* = Entlüftung
*H* = Heizkörper
*WB* = Brauchwassererwärmer
*M* = Mischventil

1. Der dauernd in Betrieb befindliche Kessel wird mit einem Mischventil *M* ausgestaltet: Dabei wird der Kessel im Niedertemperaturbetrieb oder mit konstanter Kesselwassertemperatur gefahren. Fällt die BW-Temperatur ab, wird der Mischer geschlossen und die Speicherladepumpe geht in Betrieb. In dieser Zeit erhält die Raumheizung keine Wärme. Die Brennerschaltung bestimmt der BW-Bedarf. Bild 422-20. Thermostat in Brauchwasserspeicher schaltet mit Vorrangschaltung den Mischer auf/zu.
2. Bei *Niedertemperaturkesseln* ist Kesseltemperatur oberhalb Grenzwert gleich der Vorlauftemperatur der Heizung. Bei BW-Anforderung schaltet der Vorrangthermostat die Heizungspumpe aus und nimmt die Speicherladepumpe in Betrieb. Gleichzeitig wird die Feuerung eingeschaltet. Bei Stillstand der Heizungspumpe mit Rückschlagventil wird während der Speicherladung der Heizkreis nicht versorgt.

## -43 Sommer- und Winterkessel

Bei großen Anlagen ist es zweckmäßig, für die Brauchwassererwärmung im Sommer einen besonderen Kessel zu verwenden, während im Winter die Brauchwassererwärmung entweder an den *Sommerkessel* oder den *Zentralheizungskessel* angeschlossen ist. *Optimale Aufteilung* der Leistungen der Kessel abhängig von geographischer Lage, Brauchwasserverbrauch, Betriebsbereitschaftsverlust u.a.[1]) Die Kessel können bei Zentralheizung entweder mit gesonderter Sicherheitsvorlauf- und Sicherheitsrücklaufleitung versehen werden wie in Bild 422-21 oder bei mehreren Kesseln natürlich auch mit Wechselventilen eingerichtet werden, wenn nur ein offenes Ausdehnungsgefäß verwendet wird. Ausstattung bei geschlossenem A-Gefäß sinngemäß.

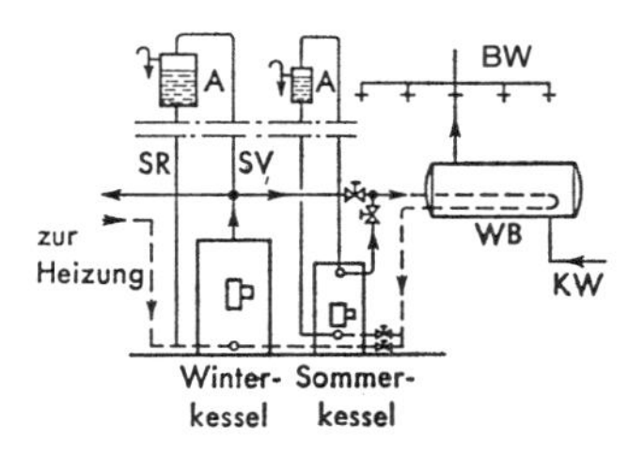


Bild 422-21. Heizung und Brauchwassererwärmung mit Winter- und Sommerkessel.
*A* = Ausdehnungsgefäß
*BW* = Brauchwasser
*SR* = Sicherheitsrücklauf
*SV* = Sicherheitsvorlauf
*WB* = Brauchwassererwärmer
*KW* = Kaltwasser

## -44 Fernheizungen[2])

Überarbeitet von Dipl.-Ing. R.-D. Paulmann, Alzenau

Fernwärmenetze werden mit erheblich höheren Temperaturen und Drücken betrieben. Die Temperaturdifferenz zwischen Vorlauf und Rücklauf muß aus wirtschaftlichen Gründen möglichst groß sein.

Die Brauchwassererwärmer können sowohl für eine Wohnung wie für ein Haus oder eine Hausgruppe vorgesehen werden. Welche Ausführungsform gewählt wird, ist von Fall zu Fall festzulegen. Siehe auch Abschn. 223-18.

Anschluß aber nur möglich, wenn das Fernwärmenetz *ganzjährig* eine Netzvorlauftemperatur von mindestens 60 °C hat.

Im Hinblick auf Auslegung und Korrosionsbeständigkeit werden beim Anschluß an Fernwärmenetze besondere Anforderungen gestellt[3]). Diese sind im wesentlichen in der DIN 1988 (insbesondere Teil 4), DIN 4753 und im AGFW-Merkblatt 5/17 beschrieben.

---

[1]) Dittrich, A.: VDI-Fortschrittbericht Reihe 67 Band 87 (1981).
[2]) Kremer, R.: San.- u. Heizungstechn. 1971. S. 200/2.
Burghardt, W.: HLH 1972. S. 316/22.
Hollander, W.: Techn. Mitteilungen, Essen, Heft 5, 1974, S. 197/200.
Schmitter, W.: TAB 2/82. S. 107/8.
Paulmann, R.-D.: HLH 10/86. S. 519/521.
[3]) DIN 1988, Teil 4 (E. 2. 85). Techn. Regeln für Trinkwasserinstallationen.
DIN 4753, Teil 1 bis 5. Brauchwassererwärmungsanlagen.
AGFW-Merkblatt 5/17.

Die Brauchwassererwärmer werden in den Hauszentralen an die Übergabestationen angeschlossen, wobei direkter oder indirekter Anschluß möglich ist (Bild 422-22 und -23).

Brauchwasseranlagen sind mit einer *Temperaturregelung* zu versehen. Die Brauchwassertemperatur soll 50 °C betragen und darf gem. Heizungsanlagen-VO nur in Ausnahmefällen 60 °C überschreiten.

Bei Fernheiznetzen, in denen die Vorlauftemperatur zeitweise 120 °C überschreiten kann, ist ein typgeprüfter *Sicherheitstemperaturbegrenzer* (STB) nach DIN 4747 erforderlich. Dieser unterbricht die Wärmezufuhr beim Überschreiten der Grenztemperatur, und es kann nur mit einem Werkzeug wieder entriegelt werden. Siehe Bild 422-23 bis -28. Weitere Bestimmungen sind in DIN 4747 T. 1 (E. 9. 86) und DIN 4753, Teil 1, enthalten.

Anforderungen an Armaturen zum Absperren, Regeln und Absichern siehe auch Abschnitt 223.

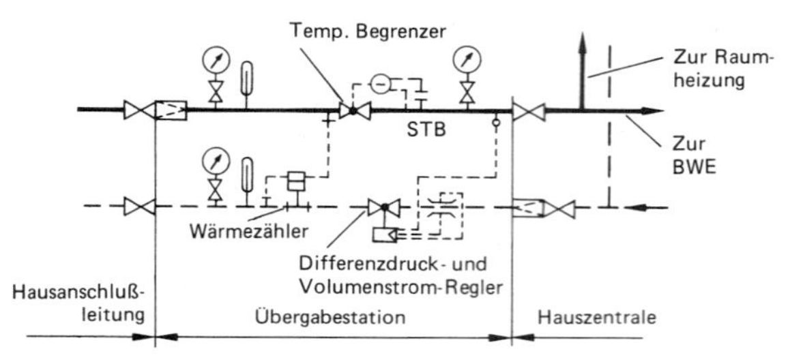


Bild 422-22. Fernwärmeübergabestation bei direktem Anschluß für Hausheizung. BWE-System nach Bild -23, -26 oder -28.

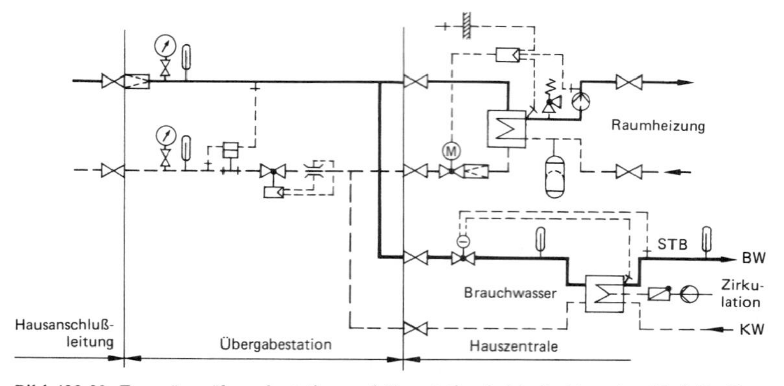


Bild 422-23. Fernwärmeübergabestation und Hausstation bei indirektem Anschluß für Hausheizung. BWE mit Durchfluß-System.
STB = Sicherheitstemperaturbegrenzer.

In der Fernwärme werden zur Brauchwassererwärmung *folgende* Systeme verwendet:

- Durchflußwassererwärmer,
- Speicherwassererwärmer,
- Speicherladesystem.

*1. Durchflußwassererwärmer* (Bild 422-23 und 434-6)

Diese werden heute als Plattenwärmeaustauscher (gelötet) oder Koaxialwarmaustauscher ausgeführt.

Vorteile des Durchflußwassererwärmers sind: kleine Abmessungen, Kompaktheit, gute Auskühlung des Fernheizwassers und niedriger Preis. Dem stehen einige technische Nachteile, wie Regelgenauigkeit der Brauchwassertemperatur (Überschwingen) und evtl. längerfristige Verkalkung auf der Trinkwasserseite gegenüber. Inzwischen gibt es auch technische Lösungen, die diesen Nachteil weitgehend vermeiden. Ein weiterer Nachteil ist ggf. je nach Art der Wärmeabrechnung durch die sehr hohen Volumenströme gegeben. Dabei ist zu beachten, daß die zulässigen Volumenströme kleiner Wärmezähler nicht überschritten werden. Fragen der Wärmeabrechnung siehe auch weiter unten.

*2. Speicherwassererwärmer* (Bild 422-26)

Der Vorteil des Brauchwasserspeichers liegt auf der Netzseite, weil stoßartige Belastungen bez. des Volumenstromes im Fernwärmenetz vermieden werden. Nachteilig ist die relativ niedrige Auskühlung des Fernheizwassers, vor allem in der Endaufladephase. Der Zweikreisspeicher kann unter Verwendung des Heizungsrücklaufwassers aus dem Gebäude zur Aufwärmung in einer ersten Aufwärmstufe eine geringfügige Verbesserung der Fernheizwasserauskühlung herbeiführen.

Der zunehmende Einsatz von thermostatischen Heizkörperventilen führt jedoch zu niedrigen Heizungsrücklauftemperaturen im Gebäude, so daß die Bedeutung der ersten Aufwärmstufe des Zweikreisspeichers in Zukunft eingeschränkt sein wird.

*3. Speicherladesystem* (Bild 422-28)

Die Vorteile des Durchfluß- und des Speicher-Wassererwärmers werden im Speicherladesystem vereint, wobei die Nachteile der beiden Einzelsysteme vermieden werden. Das Speicherladesystem besteht aus der Zusammenschaltung von Durchflußwassererwärmer und Speicher über eine Regelschaltung und Speicherladepumpe. Allerdings sind die Investitionskosten erheblich höher als bei den obengenannten Einzelsystemen.

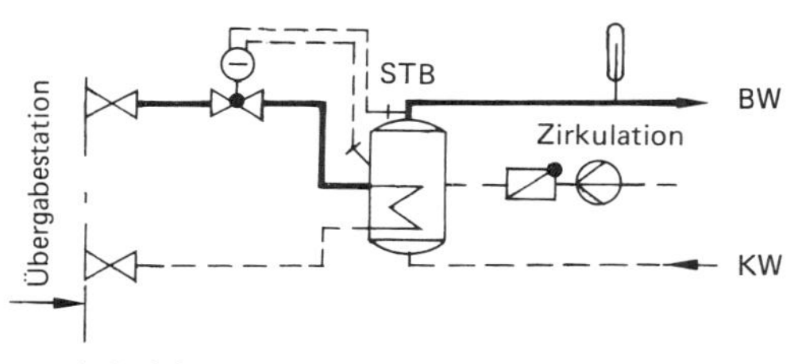


Bild 422-26. Fernheizung für BWE mit Speichersystem.
STB = Sicherheitstemperaturbegrenzer

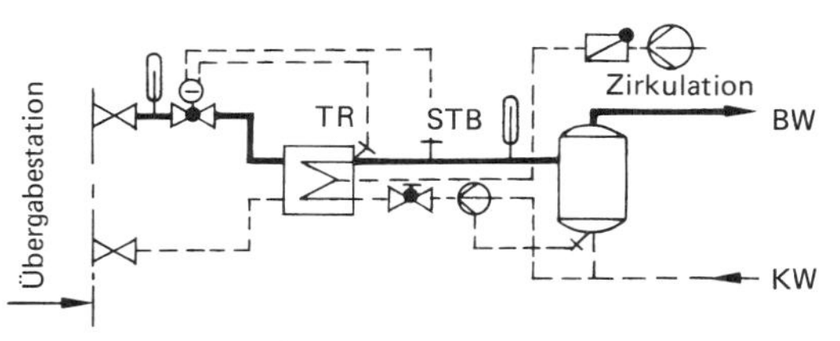


Bild 422-28. Fernheizung für BWE mit Speicherladesystem.
STB = Sicherheitstemperaturbegrenzer
TR = Temperaturregler

*4. Tertiärwassererwärmer*

Tertiärwassererwärmer sind Brauchwassererwärmer für mittelbare Beheizung mit einem Zwischenmedium. Dieses steht über ein Sicherheitsventil mit der Atmosphäre in Verbindung, so daß ein Übertritt des Wärmeträgers in das Trinkwasser vermieden wird.

Eine solche Ausführung ist im Sinne der DIN 1988, Teil 4, und des AGFW-Merkblattes 5/15.1 und 15.2 nur dann erforderlich, wenn dem Heizwasser gesundheitsschädigende Zusatzstoffe (z. B. Hydrazin) beigesetzt werden.

*Heizkostenermittlung, Wärmezähler.* Es besteht die Forderung, den Wärmeverbrauch für die Trinkwassererwärmung gemäß diesen gesetzlichen Bestimmungen zu erfassen (Heizkosten-VO). AGFW-Richtlinie „Anforderungen an Wärmemeßgeräte" ist zu beachten.

Beim *Durchflußwassererwärmer* werden – wie schon oben erwähnt – ggf. sehr große Volumenströme für die volle Leistungsabgabe erforderlich. Insbesondere bei kleineren Temperaturspreizungen im Fernwärmenetz – z. B. im Sommer bei geringer Vorlauftemperatur – können die erforderlichen Fernheizwasser-Volumenströme sehr groß werden und über dem zulässigen Grenzwert kleinerer Wärmezähler liegen (Einfamilienhaus). In solchen Fällen kann der Wärmeverbrauch für den Durchflußwassererwärmer nicht über den für die Heizung vorhandenen Wärmezähler ermittelt werden. Eine gemeinsame Erfassung des Wärmeverbrauchs für Heizung und Brauchwasser bei Verwendung eines Durchflußwassererwärmers mit hohen Volumenströmen ist nur dann möglich, wenn hierfür geeignete Wasserzähler mit hohen Grenzvolumenströmen verfügbar sind, die ein Durchflußverhältnis 1:100 erfüllen. Als Ersatzverfahren ist die getrennte Messung des Kalt- bzw. Brauchwasservolumens zulässig.

Beim *Speicherwassererwärmer* besteht aufgrund der relativ niedrigen Volumenströme die Möglichkeit, den Wärmebedarf für Brauchwassererwärmung und Heizung mit einem gemeinsamen Wärmezähler zu ermitteln. Diese Messungen haben erheblich größere Genauigkeit als Verdunstungsgeräte an Heizkörpern. Der anteilige Wärmeverbrauch für das Brauchwasser einer einzelnen Wohnung in einem Mehrfamilienhaus kann z. B. über dezentrale Wärmezähler ermittelt werden.

Beim *Speicherladesystem* sind infolge der Verwendung eines Speichers ebenfalls niedrige Volumenströme für die Brauchwassererwärmung möglich. Die Verbrauchserfassung kann daher wie beim Speicher-BWE erfolgen.

*Vorrangschaltung*

Neuere Schaltungen, insbesondere bei *Fernwärme-Kompaktstationen* (Bild 223-59), machen von der Möglichkeit der Vorrangschaltung Gebrauch: Es wird bei Bedarf für die Trinkwassererwärmung der Heizwasservolumenstrom für die Beheizung des Gebäudes zeitweise zurückgefahren. Solche Schaltungen, die sowohl beim direkten als auch beim indirekten Fernwärmeanschluß möglich sind, gestatten es, daß der Verbraucher mit relativ niedrigem maximalen Heizwasservolumenstrom auskommt. Damit können Wärmezähler für die gemeinsame Messung der Wärmemenge für Heizung und Brauchwasser mit niedrigem Nenndurchfluß und somit mit geringen Anlaufvolumenströmen verwendet werden.

Die Anordnung nach Bild 422-35 ist für *Unterstationen* bei großen Mietshäusern, Schulen usw. gedacht. Die Brauchwassererwärmung mittels Umformer ist der Heizung vorgeschaltet. Dadurch ist es möglich, die gesamte Heißwasserleistung für die relativ kurz-

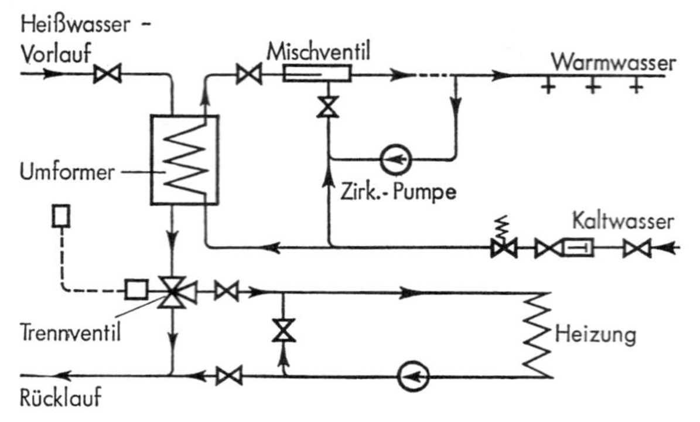


Bild 422-35. Zentrale Brauchwassererwärmung bei Fernheizungen mit Umformer und nachgeschalteter Heizung.

fristige Belastungsspitze des Brauchwasserverbrauchs voll auszunutzen. Die Raumheizung, die hier direkt angeschlossen ist, wird dadurch automatisch nachrangig versorgt.

Gesamter Wärmeaufwand je nach Güte der Zirkulation und Isolierung etwa 0,1 $MWh/m^3$ Wasser. Bei einer Brauchwasserentnahme je Normalwohnung von 40 $m^3$ jährlich ergibt sich ein Wärmeverbrauch von 4 MWh/a. Demgegenüber ist der Wärmeverbrauch der Heizung bei 10 kW Heizleistung und 1600 Vollbetriebsstunden 16 MWh/a.

## -5 ZIRKULATIONSLEITUNG, BEGLEITHEIZUNG

Wenn das Wasser im Rohrnetz stagniert, kühlt es sich ab und durch das Brauchwasserventil fließen bei zentraler BWE erst große Mengen abgekühlten Wassers, ehe warmes Wasser gezapft werden kann. Dieses Problem vermeidet die dezentrale BWE[1]). Bei zentraler BWE erwärmt man das stagnierende Wasser durch eine *elektr. Begleitheizung* des Rohrnetzes oder man vermeidet die Stagnation durch eine *Zirkulationsleitung*.

Anwendung letzterer ist nur bei Entnahmestellen mit großem Brauchwasserbedarf und bei Speicherentnahme wirtschaftlich. Bei kleinen Anlagen sollte wegen hoher Wärmeverluste auf eine Zirkulationsleitung verzichtet werden.

Die Zirkulation kann auf natürliche Weise oder mit Zirkulationspumpe erfolgen. Bei *natürlichem Umlauf* müssen alle Leitungen so wie bei Schwerkraftheizungen mit Gefälle verlegt sein. Bei zwangsweisem Umlauf mit *Umlaufpumpe* (Bild 422-38) kann die Pumpe dauernd in Betrieb sein, sie kann jedoch auch automatisch anlaufen, wenn die Temperaturen am Rücklauf einen bestimmten Wert, z. B. 35 oder 40 °C, unterschreitet. Gemäß *2. Heizungsanlagenverordnung* vom 24. 2. 82 müssen die Zirkulationseinrichtungen mit einer zeitgesteuerten Einrichtung versehen sein, deren Unterbrechungszeiten die Benutzer bestimmen (Zeitschaltuhren). Ferner sind die Rohre gegen Wärmeverluste zu dämmen (Abschn. 238-4).

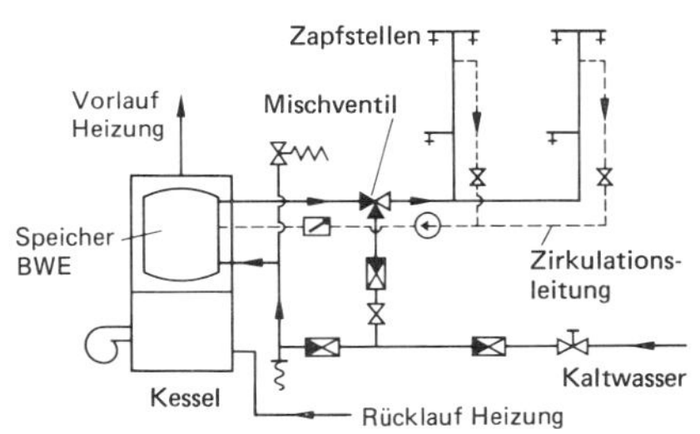


Bild 422-38. Warmwasserverteilnetz mit Speicherkessel und Zirkulationsleitung.

Anschluß der Zirkulationsleitung im oberen Speicherdrittel, damit Verbraucher auch bei Rückwärtszapfen Brauchwasser erhält. Die Zirkulationsleitungen sind ebenso wie die Brauchwasserleitungen mit Wärmedämmung auszuführen. Bei natürlichem Umlauf ergeben unisolierte Leitungen in den Geschossen einen höheren Auftriebsdruck. Um das rückläufige Anzapfen von Wasser durch die Zirkulationsleitung zu verhindern, gibt es *Doppelrückschlagventile,* die beim Öffnen von Zapfstellen sofort die Zirkulationsleitung schließen.

Zirkulationsleitung und Pumpe können entfallen, wenn das Rohrnetz mit elektr. Heizband – auch *Begleitheizung* genannt – auf ca. 50 °C temperiert wird. Kupferleiter für 220 V heizen Kunststoffader, deren Widerstand selbstregelnd mit zunehmender Temperatur ansteigt (PTC). Energieeinsparung durch Wegfall der Pumpe, ca. halbe Wärmeverluste des Rohrsystems, da keine Rücklaufleitung. Ferner wirkt sich Wegfall des kalten Zirkulationsrücklaufs günstig auf die Temperaturschichtung im Speicher aus, und es ist eine einfache Zeitabschaltung möglich. Die Begleitheizung verdrängt daher zunehmend die Zirkulationsleitung. Energieeinsparung insgesamt ca. 50%. Aufbau des Heizbandes siehe Bild 422-39. Das Heizband wird unter der Rohrisolierung gestreckt verlegt und mit Klebeband befestigt. Daher Heizbandlänge = Rohrlänge. Pro T-Abzweig wird ca. 1 m, pro Armatur ca. 0,5 m Heizband gebraucht. Bei Rohraufhängungen ist das Kabel außen über die Schelle zu führen. Kosten ca. 40…50 DM/m.

[1]) N. N.: HLH 9/86. S. 469/78: VDI-Symposium, Warmwasserversorgung zentral – dezentral.

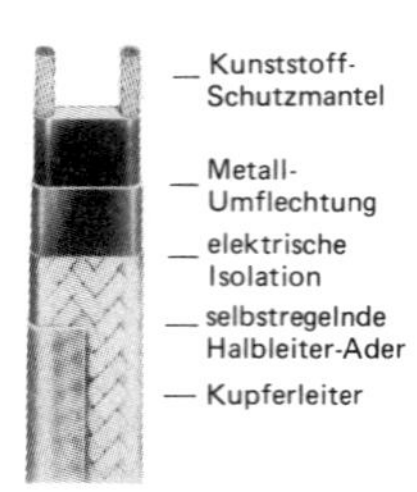


Bild 422-39. Selbstregelndes elektrisches Heizband für Begleitheizung. Aufbau des Kabels (Raychem).

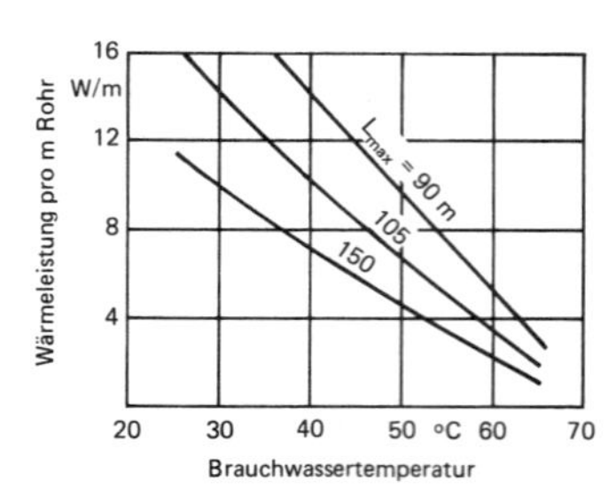


Bild 422-40. Wärmeleistung der elektr. Begleitheizung je m Rohrnetzlänge $L_{max}$ = max. Heizkreislänge bei 220 V/16 A.

## -6 DAS ROHRNETZ

Das *Brauchwassernetz* dient zur Verteilung des Brauchwassers auf die verschiedenen Entnahmestellen. Die Rohrleitungen können entweder mit oberer oder unterer Verteilung verlegt werden.

Normal ist die *untere Verteilung,* wobei die Hauptleitung mit Abzweigen und Strangabsperrventil an der Decke des Kellergeschosses liegt. Nachteilig ist die Kellererwärmung bei Altanlagen ohne Wärmedämmung (Bild 422-40 rechts).

Bei *oberer Verteilung* liegen die Hauptleitungen im Dachgeschoß. An der höchsten Stelle Entlüftungsgefäße. Größere Wärmeverluste. (Bild 422-42 links).

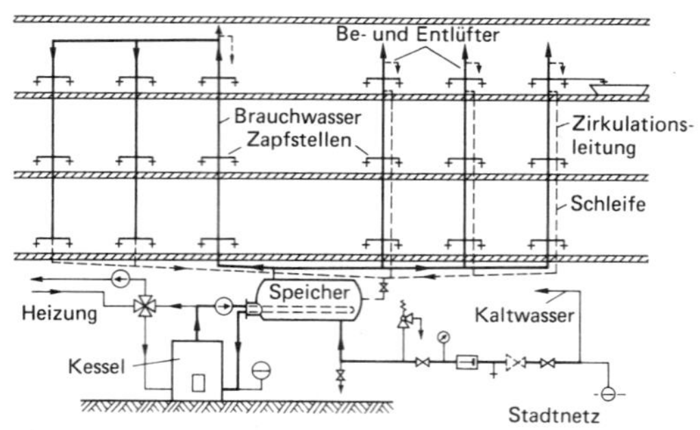


Bild 422-42. Brauchwasser-Erwärmungsanlage mit Speicher und Verteilleitungen. Links: obere Verteilung, rechts: untere Verteilung.

*Armaturen:* Thermometer, Manometer, Rückflußverhinderer und Sicherheitsventil in der Kaltwasserleitung, Rohrbe- und -entlüfter in den Steigleitungen, Druckminderventil bei hohem Kaltwasserdruck, Entleerungseinrichtung, Ventile, Mischventile, Geräteschild.

*Material* der Rohre: Stahlrohre nach DIN 2440, 2441 und 2449, verzinkt oder vorwiegend Kupferrohre. Letztere teurer, jedoch korrosionsfest. Alle Brauchwasserleitungen sind mit *Wärmeschutz* (siehe Abschn. 447-2) auszuführen.

Feste Verbindungen durch Schweißen und Hartlöten. Lösbare Verbindungen durch Muffen mit Langgewinde, Verschraubungen; bei Kupfer auch Spezialfittings für kapillare Weichlötung sowie Klemmverbindungen der verschiedensten Art.

Für Lagerung, Aufhängung und Befestigung sind dieselben Regeln wie bei Heizungsleitungen zu beachten, ebenso für die Rohrausdehnung.

# 423 Wärmepumpen[1])

Siehe hierzu auch Abschnitt 225-1.

Wärmepumpen können zur Erwärmung von Brauchwasser verwendet werden. Sie haben zwar höhere Anschaffungskosten als Elektrogeräte, jedoch geringeren Stromverbrauch. Das Wärmepumpen-Aggregat zur Brauchwassererwärmung besteht aus den üblichen Elementen eines Kältekreislaufs: Kompressor, Kondensator, Drosselorgan, Verdampfer, Steuer- und Regelgeräten, Bild 423-1. Kältemittel ist meist R22.

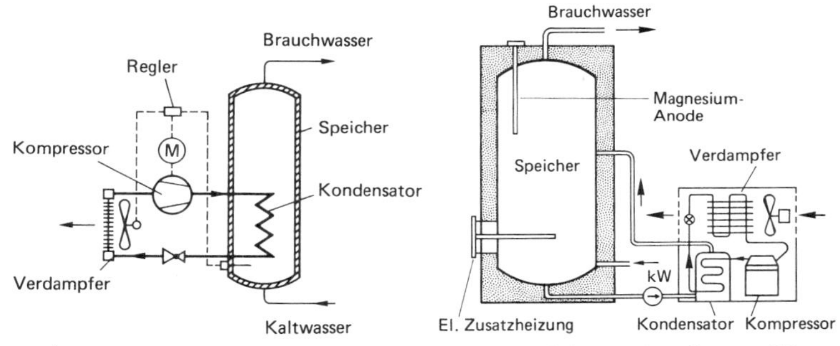


Bild 423-1. Funktionsschema der Brauchwasser-Wärmepumpe.

Bild 423-3. Brauchwasser-Wärmepumpe in Splitausführung. $kW$ = Kaltwasser

*Funktion:*

Die oberhalb oder unterhalb des Speichers oder daneben befindliche Wärmepumpe nimmt durch den Verdampfer Wärme aus der Umgebung auf und gibt sie bei erhöhter Temperatur durch den Kondensator wieder an das Speicherwasser ab. Die Wassererwärmung erfolgt dabei entweder direkt oder zwecks Trennung des Kältemittel- und Brauchwasserkreislaufs indirekt über ein Zwischenmedium, z. B. Wasser.

Der Kondensator besteht in der einfachsten Form aus einer Rohrschlange oder einem Koaxialrohr direkt im Brauchwasser. Der Verdampfer ist fast ausschließlich ein Rippenrohrluftkühler mit Axialventilator. Bild 423-1. Splitausführung mit getrennt aufgestellter Wärmepumpe in Bild 423-3.

Speicherinhalt für Wohnungen meist 300 l, Anschlußwert ca. 0,35 kW, Brauchwassertemperatur 50···55 °C.

Leistungszahl $\varepsilon$ beim Aufheizen 2···3. Bezogen auf die gesamte Anlage einschl. Wärmeverlust kann die mittlere Leistungszahl *(Arbeitszahl $\zeta$)* jedoch auch niedriger liegen, z. B. bei 1,5 bis 2,5 je nach dem täglichen Brauchwasserverbrauch (Bild 423-10). Besonders günstig bei Anwendung des Nachstromtarifes. Kosten derartiger Geräte einschl. Installation ca. 4000···5000 DM.

Bei der Aufstellung der Wärmepumpe ist zu beachten, daß auch genügend Wärmequellen zur Verfügung stehen, z. B. warme Kellerräume, Abwärme von Geräten, z. B. Gefriertruhen u. a. Falls dies nicht möglich ist, muß dem Verdampfer Außenluft zugeführt werden, z. B. durch geöffnete Fenster. Aufstellung im Heizraum vergrößert Bereitschaftsverlust des Heizkessels.

---

[1]) Schwindt, H.-J.: TAB 5/80. S. 419/21 u. VDI-Bericht 343 (1979). S. 11/20.
DIN 8900, 4 Teile und DIN 8947 (1.86).
Lotz, H., u. H. Knappen: ETA Nov. 6/81. S. A 331/5.
ETA-A Nr. 1/2–1983 mit 9 Beiträgen.
Hadj-Obid, G., u. P. Zoller: HLH 4/83. S. 171/82.
Wölfle, W.: HLH 5/84. S. 227/31.
Reichelt, J. u. a.: Ki 5/85. S. 215/8.
Kirn, H.: ETA 1/86. S. A 32/40.
Bamberger, D.: Feuerungstechnik 10/86. S. 24/6.
Jakobs, R.: Ki 7/8-86. S. 287/90.

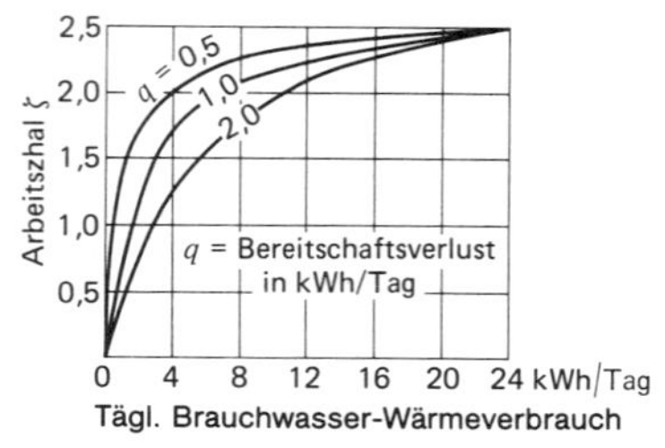


Bild 423-10. Arbeitszahl $\zeta$ in Abhängigkeit vom täglichen Brauchwasserwärmeverbrauch.

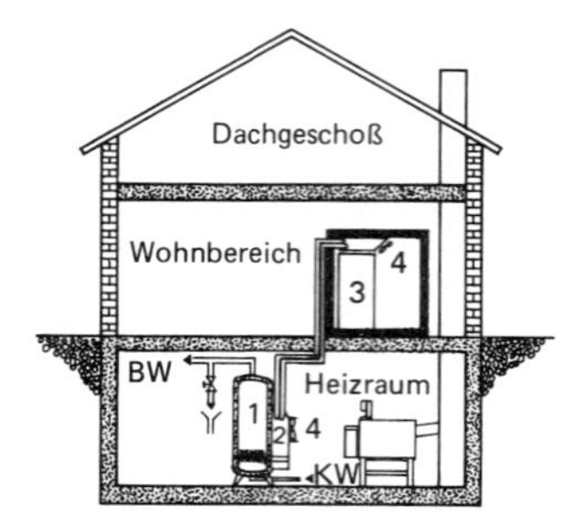


Bild 423-12. Brauchwasser-Wärmepumpe mit zusätzlichem Verdampfer für Frischhaltezelle. Installationsschema.

1 Speicher BWE
2 Wärmepumpe
3 Frischhalte-Zelle
4 Verdampfer

Der Primärenergieverbrauch ist bei der Wärmepumpe gegenüber anderen Systemen am geringsten. Ungünstig sind die hohen Anschaffungskosten. Siehe hierzu Tafel 452-5. In der BRD wurden von 1979 bis 1986 ca. 175000 Geräte installiert.

*Gewerbliche Betriebe* mit Kältemaschinen, z. B. Bäckereien, Brauereien, Molkereien u. a., können auf diese energiesparende Weise Brauchwasser erzeugen. Der Raum mit der Brauchwasser-Wärmepumpe wird dabei gleichzeitig gekühlt. Es sollte jedoch jeweils geprüft werden, ob der Wärmeentzug aus dem Aufstellungsraum auch möglich ist.

Statt die Wärme aus der Umgebung aufzunehmen, kann der Verdampfer auch nutzbringend zur Kühlung verwendet werden, z. B. für Frischhaltezellen (Bild 423-12).

In den meisten Wärmepumpen befindet sich eine elektrische *Zusatzheizung* von z. B. 2 kW, die sich automatisch einschaltet, wenn die Umgebungstemperatur zu gering ist oder bei Schnellaufheizung. Bei Anschluß einer Heizschlange im Speicher an die Hausheizung kann in der Heizperiode die BWE von der Öl- oder Gasheizung erfolgen.

Prüfung der Geräte erfolgt nach DIN 8947 (1.86).

## 424 Sonnenkollektoren

Siehe hierzu Abschnitt 225-242.

# 43 BESTANDTEILE DER BRAUCHWASSER-ERWÄRMUNGSANLAGEN

## 431 Wärmeerzeuger[1])

Für die Brauchwasser-Erwärmungsanlagen stehen Wärmeerzeuger in einer großen Variantenzahl zur Verfügung. Je nach Bauart unterscheidet man direkte oder indirekte Erwärmung.

*Direkt beheizte Speicher*

Diese haben einen großen, meist stehenden Wasserraum mit eingebauter Brennkammer. Sie sind zur Vermeidung von Wärmeverlusten allseitig wärmegedämmt. Derartige Speicher werden in verschiedenen Bauformen sowohl für feste als auch flüssige und gasförmige Brennstoffe hergestellt.

Einen druckfesten *gasbefeuerten* Speicher stehender Bauart zeigt Bild 431-1. Innenbehälter beidseitig emailliert, mit Magnesium-Schutzelektrode, atmosphärischer Brenner für Allgas, thermoelektrische Zündsicherung, elektrische Temperaturregelung mit Thermostat und Magnetventil, Inhalt 200 bis 1000 l.

Alle gasbeheizten Speicher ermöglichen schnelle Betriebsbereitschaft, geringe Bedienungsarbeit, sauberen Betrieb, gute Regelbarkeit. Nachteilig sind die Verluste durch die dauernd brennende Zündflamme, falls vorhanden, und Auskühlung durch Kaminzug. (Abhilfe: thermische oder elektrisch gesteuerte Abgasklappe.)

Ein *ölbeheizter Speicher* ist in Bild 431-2 dargestellt. Senkrechte Rauchrohre mit Wirbelflächen; außen Isolierung mit Blechmantel. Die hier vorhandenen Ölbrenner sind dieselben, wie sie für Heizungskessel verwendet werden und in Abschnitt 236-8 beschrieben sind. Das Brauchwasser wird direkt aus dem Kessel entnommen. Vorteile der Ölheizung ähnlich denjenigen der Gasheizung. Anschaffungskosten jedoch wegen der Ausgaben für Brenner und Öltank wesentlich höher.

Zum Schutz gegen Korrosion und Kesselstein bei allen Kesseln Wasseraufbereitung sowie regelmäßige Reinigung erforderlich.

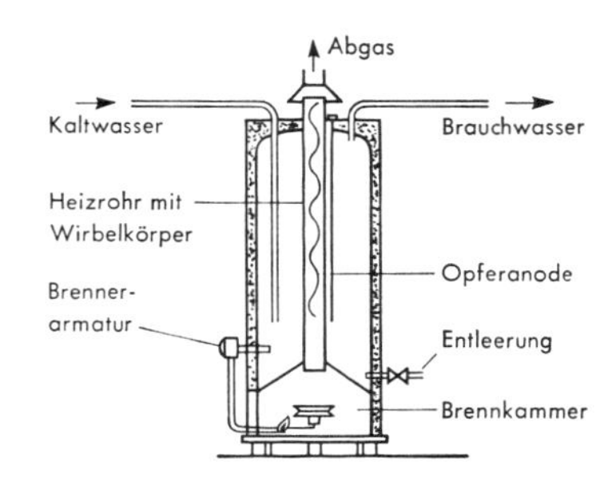


Bild 431-1. Gasbeheizter, stehender Brauchwasserspeicher; Schema.

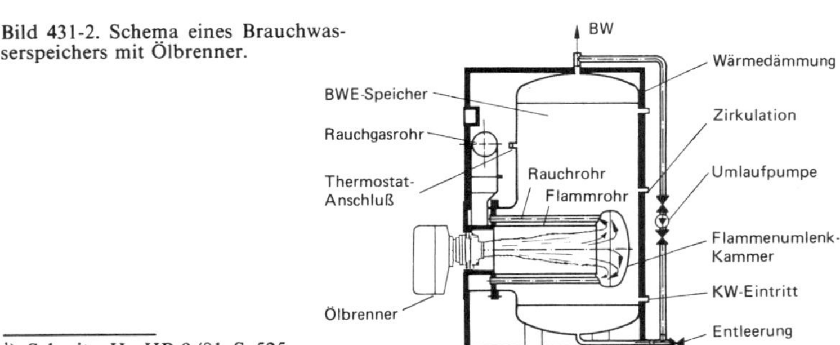


Bild 431-2. Schema eines Brauchwasserspeichers mit Ölbrenner.

[1]) Schmitz, H.: HR 9/81. S. 525.

*Heizkessel mit Durchflußbatterie* im Heizwasserraum *(indirekte Erwärmung)*

Das in die Batterie eintretende Kaltwasser erwärmt sich während des Durchfließens je nach Temperatur des Heizwassers und Menge des durchfließenden Kaltwassers. Die Durchlauferhitzer sind im allgemeinen kupferne Rohrsysteme, durch die das zu erwärmende Wasser hindurchströmt.

Bild 431-3 zeigt einen derartigen Zentralheizungskessel mit Durchlauferhitzer.

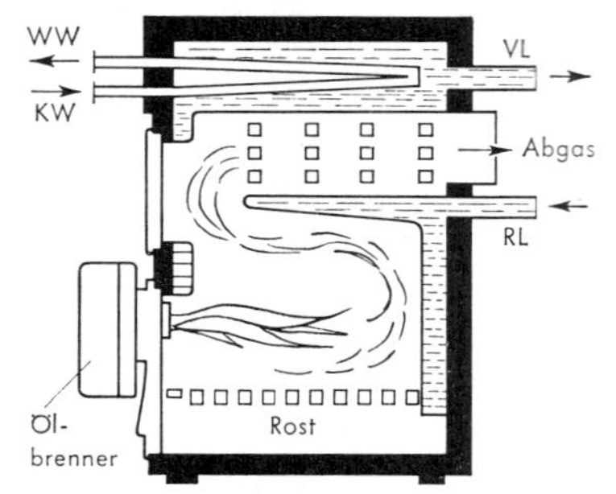


Bild 431-3. Wechselbrandkessel mit Durchlauferhitzer.
KW = Kaltwasser
WW = Brauchwasser
VL = Vorlauf Heizung
RL = Rücklauf

Alle Durchflußerwärmer haben zwar den Vorteil, nicht abgestandenes Brauchwasser zu liefern, jedoch ist die Leistung begrenzt, namentlich, wenn die Kesselleistung gering ist. Damit längere Zeit Brauchwasser gezapft werden kann, ist eine sog. *Brauchwasservorrangschaltung* erforderlich. Dabei wird der Brenner des Kessels unabhängig vom Heizungsbedarf sofort eingeschaltet, sobald eine gewisse Brauchwassermenge entnommen ist (siehe Abschn. 422-2).

Bei Kesseltemperaturen unter 70 °C ist keine genügende Brauchwassererwärmung mehr möglich, deshalb sind Niedertemperatur-Heizkessel für dieses System nicht geeignet. Das Heizwasser im Kessel muß also durch den Kesselthermostaten immer auf mindestens 70 °C gehalten werden. Die Vorlauftemperatur der Heizung, die ja einen großen Teil des Jahres geringer ist, wird dabei immer durch ein Mischventil dem Wärmebedarf angepaßt.

Nachteilig ist auch bei allen Durchflußerwärmern, daß sich bei hartem Leitungswasser die Rohre schnell mit *Wasserstein* zusetzen, so daß von Zeit zu Zeit eine Reinigung mit Entkalkungsgeräten erforderlich wird. Bei Wasser über etwa 2 mol/m³ (11,2 °d) sollten daher keine Durchflußerwärmer verwendet werden.

*Heizkessel mit ein- oder angebautem BWE*

Sie sind dadurch gekennzeichnet, daß mit dem Kessel ein Brauchwasserspeicher verbunden ist. Das Kesselwasser dient gleichzeitig zur Heizung des Hauses wie zur Erwärmung des Speicherwassers.

Die Speicherkessel, auch *Kombinationskessel* genannt, haben in den letzten Jahren mit steigendem Brauchwasserbedarf große Bedeutung gewonnen. Die Mehrzahl aller Kessel wird in dieser Bauart hergestellt. Diese Heizkessel entsprechen denen, die auch in Abschn. 231-4 beschrieben sind.

In der einfachsten Ausführung ist der Speicher im *oberen Teil* des Kessels eingebaut, wobei das Brauchwasser praktisch die Heizwassertemperatur annimmt. Dies hat den Nachteil, daß das Brauchwasser im Winter z. T. sehr hohe Temperaturen erhält, was zu Kalkausscheidung führt (Bild 431-6). Außerdem besteht im Speicher Temperaturschichtung. Diese Bauform ist durch die Niedertemperaturkessel abgelöst worden.

Vorteilhafter ist die Ausführung in der Art, daß der Speicher vom Kessel getrennt wird und nur durch kurze Verbindungsrohre mit besonderer *Speicherladepumpe* mit Schwerkraftbremse Heizwasser vom Kessel erhält. Dabei läßt sich die Brauchwassertemperatur über einen Speicherwasser-Temperaturregler beliebig begrenzen (Bild 431-8).

Lösungen dieser Art haben auf-, unter- oder nebengestellen Speicher-BWE.

Der Speicherwasser-Temperaturregler hat *Vorrangstellung* gegenüber dem Raum- oder Vorlaufthermostat. Beispiel einer Vorrangschaltung siehe Bild 431-9:

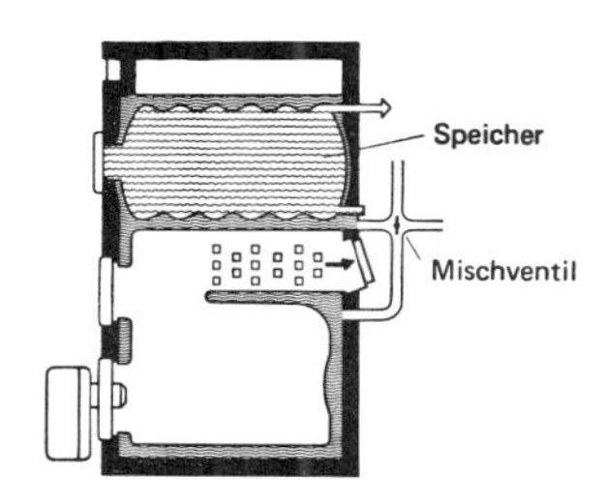


Bild 431-6. Stählerner Speicherkessel mit ungesteuertem Hochspeicher.

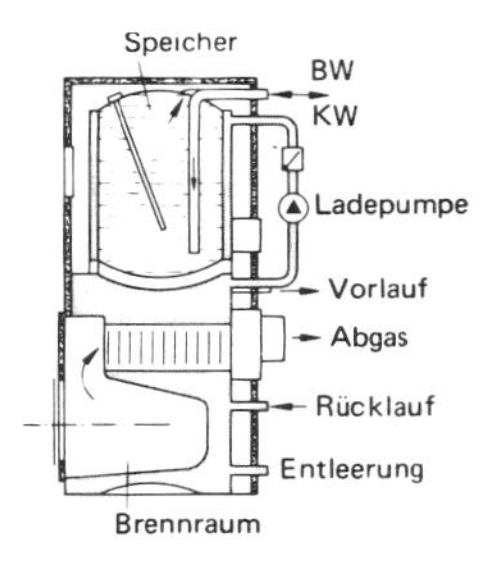


Bild 431-8. Kombinationskessel mit gesteuertem Doppelmantel-Brauchwasserspeicher.

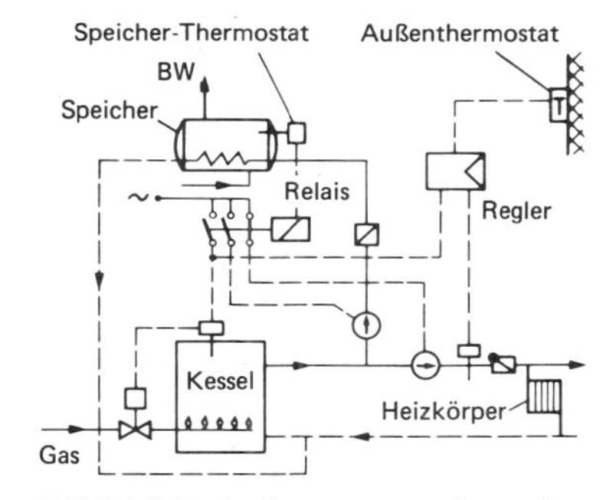


Bild 431-9. Vorlauftemperaturregelung mit Brauchwasser-Vorrangschaltung.

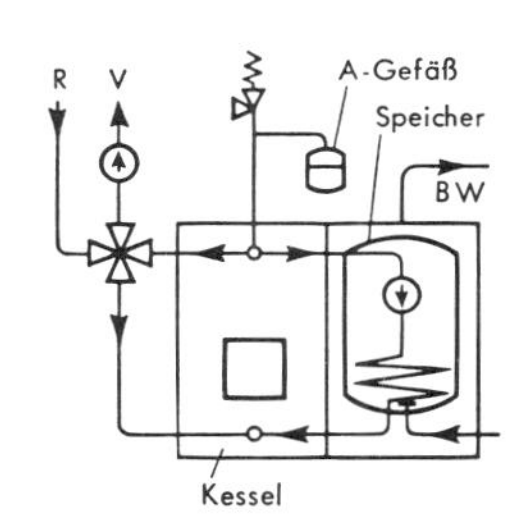


Bild 431-11. Heizkessel mit nebenstehendem Heizschlangenspeicher; Schema.

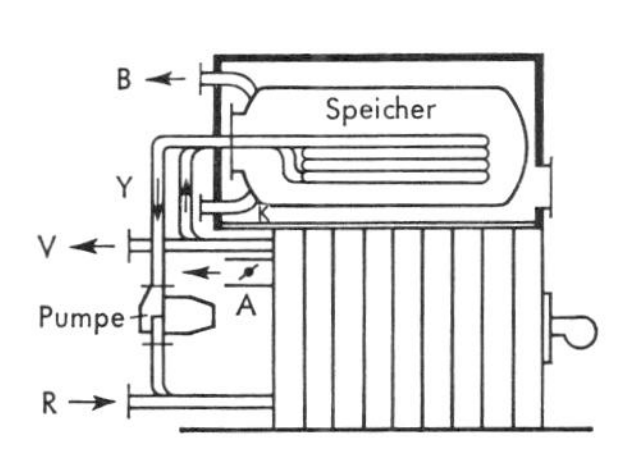


Bild 431-13. Heizkessel mit darüber befindlichem temperaturgesteuertem Heizschlangenspeicher; Schema.

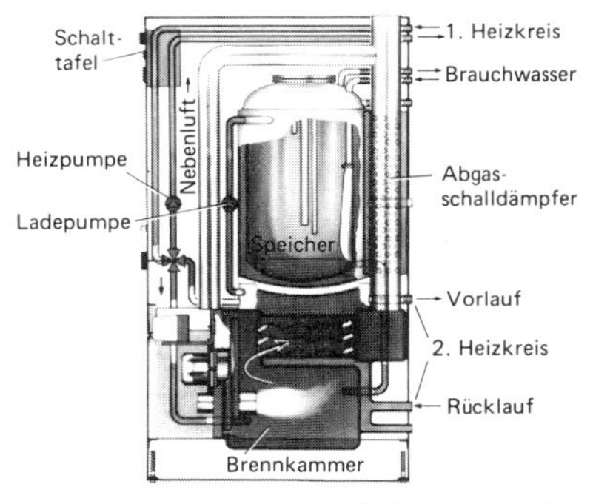


Bild 431-16. Stählerner Heizkessel mit horizontalem Feuerraum und darüber liegendem Speicher (Brötje Energiesparblock ESB).

Bei Wärmeanforderung durch den Speicherthermostat wird ein Relais betätigt, das den Brenner und die Speicherpumpe einschaltet, während die Heizungspumpe ausgeschaltet wird. Der Regler ist dabei abgekuppelt.

Der Kessel in Bild 431-16 hat eine Umkehrbrennkammer für Öl- oder Gasfeuerung mit Gebläse. Darüber der temperaturgeregelte Speicher mit Ladepumpe und Vorrangschaltung. Auskühlung der Brennkammer durch zu starken Zug wird durch einen eingebauten Zugbegrenzer verhindert. Anschluß von zwei Heizkreisen ist möglich. Leistung 13 bis 41 kW.

Die Schaltung der Wärmeerzeuger ist allgemein wie folgt eingerichtet:

*Sommerbetrieb:*

Heizungsanlage ist ausgeschaltet, Speicherwasser-Temperaturregler schaltet Ölbrenner und Speicherladepumpe.

*Winterbetrieb:*

Kesselwasser-Temperaturregler bzw. bei NT-Kesseln witterungsgeführte Regelung schaltet Ölbrenner, Speicherwasser-Temperaturregler gleichberechtigt ebenfalls Ölbrenner und Pumpe.

Bei *Niedertemperaturkesseln* braucht die Kesselwassertemperatur im Sommer und in den Übergangszeiten nur so hoch gefahren werden, wie es entsprechend der Außentemperatur erforderlich ist. Es werden also je nach Außentemperatur auch Kesselwassertemperaturen von 50 oder 40 °C gefahren. Die Stillstandsverluste werden dadurch erheblich verringert. Speicherthermostat hat Vorrang (Bild 431-20). Wird Wärme über diesen Regler angefordert, so werden Brenner und Ladepumpe ein- und die Heizungspumpe ausgeschaltet.

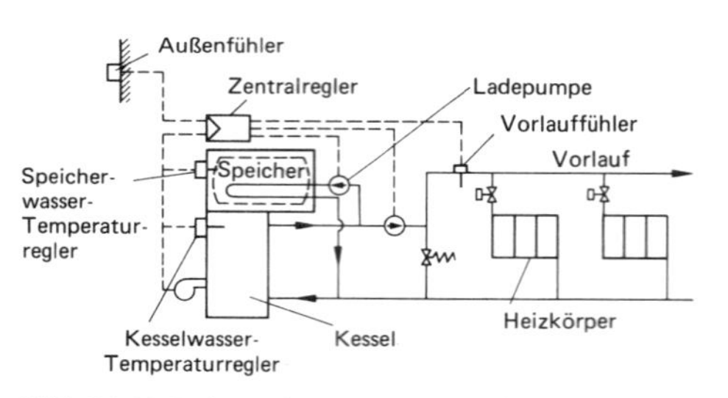


Bild 431-20. Heiz- und Brauchwasserbetrieb bei gleitender Kesselwassertemperatur.

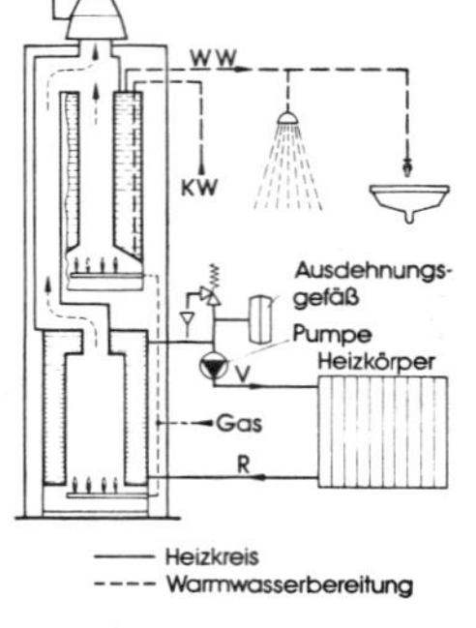


Bild 431-23. Gasbeheizter Kessel für Kücheneinbau mit aufgesetztem gasbeheiztem Speicher-BWE.

V = Vorlauf Heizung
R = Rücklauf Heizung
WW = Brauchwasser

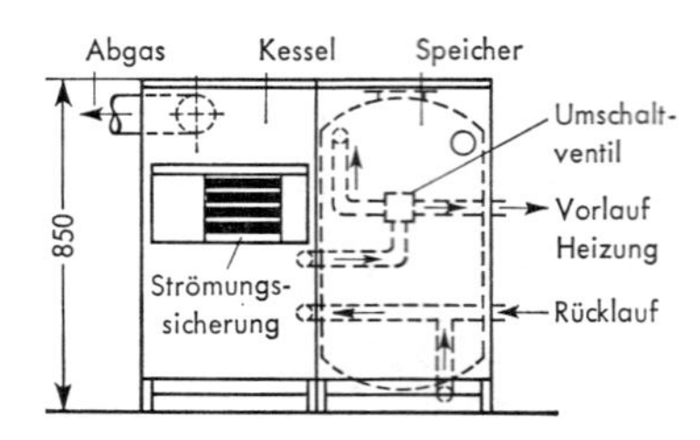


Bild 431-26. Gasbeheizter Küchenkessel mit nebenstehendem Speicher-BWE. Schematischer Aufbau.

Alle Meß-, Regel- und Schaltelemente sind in einem *Schaltkasten* untergebracht, der zu jedem Kessel gehört.

In vielen Fällen werden die Heizkessel in der Küche aufgestellt. Sie haben dabei übliche *Küchenmöbelmaße* nach DIN 18022: Tiefe 60 cm und Höhe 85 cm, während die Breite veränderlich ist. Der Speicher wird in diesem Fall entweder oberhalb des Kessels oder daneben angeordnet.

Eine besonders gedrängte Ausführung eines kleinen gußeisernen Gasspezialkessels mit darüber befindlichem Speicher zeigt Bild 431-23. Unterteil enthält den Kessel mit Pumpe, atmosphärischem Brenner und allem sonstigen Zubehör, Oberteil den thermoglasierten Speicher mit 115 l Wasserinhalt. Piezozündung, Allgasbrenner, Handmischventil. Geschlossene Heizung mit Membran-Ausdehnungsgefäß. Gemeinsame Abgasführung.

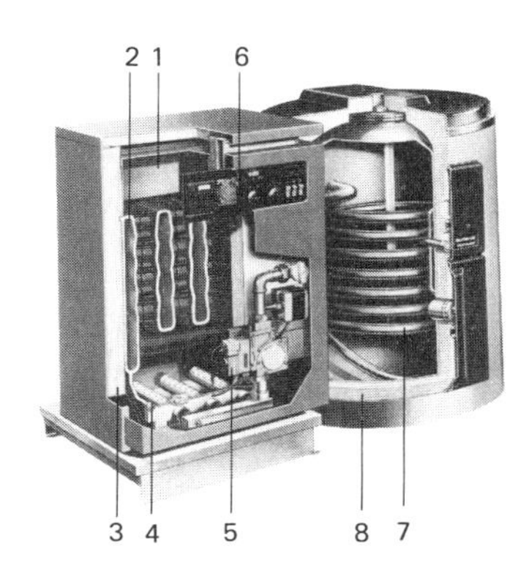


Bild 431-27. Gußeiserner Kessel mit Gasbrenner ohne Gebläse und nebenstehendem Speicher (Buderus Loganagas GE124ST150).

1 = Abgassammler
2 = Kesselglieder
3 = Wärmeschutz
4 = Gasbrenner
5 = Gasarmatur
6 = Schaltkasten für Heizkreis, Kesselkreis und Speicher
7 = Speicher
8 = Wärmeschutz

Bild 431-29. Niedertemperaturkessel mit zweischaliger Guß/Stahl-Heizfläche mit nebenstehendem Speicher (Vitola-biferral, Viessmann).

Links: Kessel mit Speicher; rechts: Schnitt durch Kessel

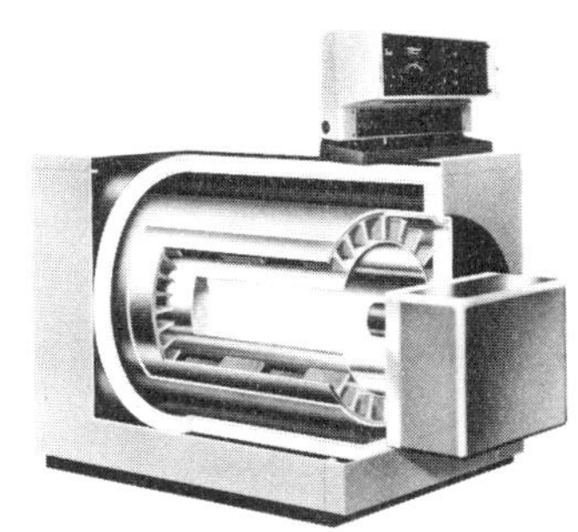

Die Anordnung mit neben dem Kessel stehenden Speicher setzt sich mehr und mehr durch, da bei immer kleiner werdenden Kesseln die Speichergröße dann beliebig wählbar ist. Beispiel siehe Bild 431-27.

Einen Niedertemperaturkessel aus Guß/Stahl für Leistungen von 14 bis 67 kW zeigt Bild 431-29. Der konzentrisch angeordnete Brennraum aus Spezialstahl ist für Flammenumkehr eingerichtet und nicht wassergekühlt. Der Brauchwasserspeicher mit Ladepumpe kann entweder mittels Schlauchverbindungen neben dem Kessel aufgestellt werden (wie gezeigt) oder über dem Kessel eingebaut werden. Der Brenner kann auch für längere Zeit abgeschaltet werden, wenn keine Wärme benötigt wird.

## 432 Speicher-Brauchwassererwärmer

Die in DIN 4800 bis 4804 (10.80) genormten *Brauchwasserspeicher* aus Stahl sind auf fünf Typen beschränkt (Bild 432-1):

Einwandige BWS mit abschraubbarem Deckel nach DIN 4801,
Einwandige BWS mit Halsstutzen nach DIN 4802,
Doppelwandige BWS mit abschraubbarem Deckel nach DIN 4803,
Doppelwandige BWS mit Halsstutzen nach DIN 4804,
Doppelwandige BWS mit zwei festen Böden nach DIN 4800 für stehende oder liegende Anordnung, sonst ähnlich DIN 4803.

Bau, Ausrüstung und Prüfung siehe DIN 4753, T. 1 (E. 2. 86).

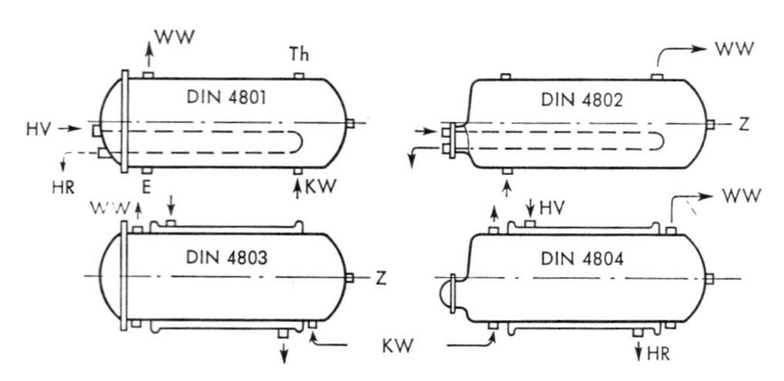


Bild 432-1. Brauchwasserspeicher nach DIN 4801 bis 4804.
*HV* = Heizwasservorlauf, *HR* = Heizwasserrücklauf, *KW* = Kaltwasser, *WW* = Brauchwasser, *Z* = Zirkulation, *Th* = Thermometer, *E* = Entleerung

**Tafel 432-1. Hauptabmessungen der Brauchwasserspeicher nach DIN 4801/4**

| | Inhalt l | Gesamtlänge mm | Innendurchmesser mm | Heizmantel 4803/4 Durchmesser mm | Heizfläche $m^2$ |
|---|---|---|---|---|---|
| DIN 4801 und DIN 4803 | 150 | 1700 | 350 | 400 | 1,20 |
| | 200 | 1760 | 400 | 450 | 1,45 |
| | 300 | 2045 | 450 | 500 | 2,0 |
| | 500 | 1995 | 600 | 650 | 2,4 |
| DIN 4802 und DIN 4804 | 800 | 2460 | 700 | 750 | 3,4 |
| | 1000 | 2615 | 750 | 800 | 4,1 |
| | 1500 | 2790 | 900 | 960 | 5,1 |
| | 2000 | 3020 | 1000 | 1060 | 6,0 |
| | 2500 | 3635 | 1000 | 1060 | 8,0 |
| | 3000 | 4290 | 1000 | 1060 | 9,9 |
| | 4000 | 4660 | 1100 | 1170 | 12,0 |
| | 5000 | 4895 | 1200 | 1270 | 13,7 |

Die weit größere Anzahl von Speichern wird jedoch nach Werksnormen hergestellt.

Alle BW-Speicher – oft auch Boiler genannt – stark korrosionsanfällig. Wassertemperatur möglichst nicht über 60 °C. Korrosionsschutz (siehe Abschnitt 437): Emaillierung, Kunststoffbeschichtung, Verzinkung, Kupferplattierung; Legierungen wie Nickelbronze, rostfreier legierter Stahl u. a.

Bei den einwandigen DIN-Speichern werden zur Wärmeübertragung vom Heizmittel auf das Brauchwasser Heizschlangen oder Heizregister im unteren Teil des Speichers eingebaut (Bild 432-8). Material Stahlrohr verzinkt oder Kupfer. Zur Reinigung des Speicherinnenraums sollen die Register herausziehbar sein. Stahlrohrregister in Deckel eingeschweißt, Kupferrohrregister mit lösbarer Stopfbuchse.

Bei den doppelwandigen Geräten dient der äußere Heizmantel zur Wärmeübertragung. Vorteilhaft ist die bequeme Reinigungsmöglichkeit des Innenteils. Die Speicherbehälter sind mit wirksamem Wärmeschutz zu versehen.

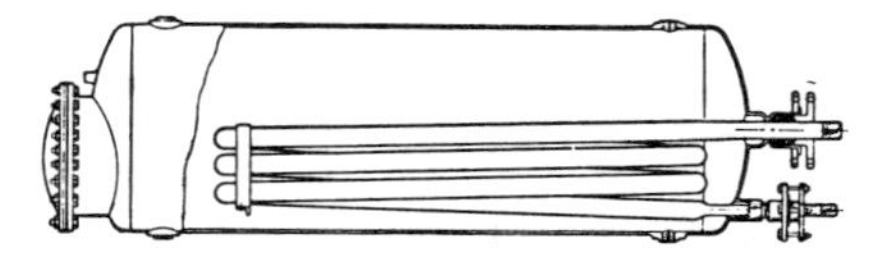

Bild 432-8. Einwandiger BW-Speicher mit Halsstutzen und Heizschlange.

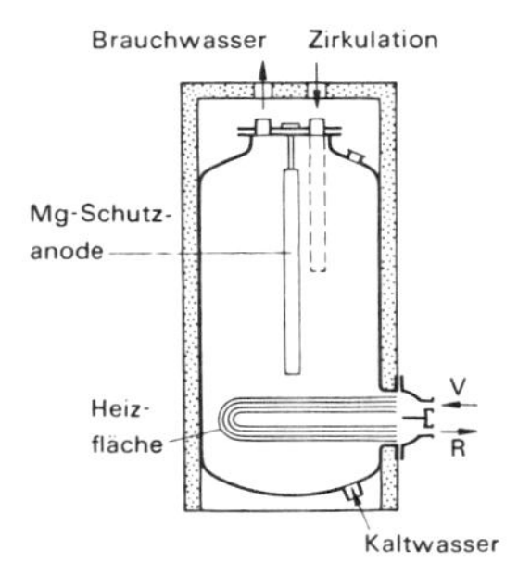


Bild 432-9. Stehender Brauchwasserspeicher.
$V$ = Vorlauf, $R$ = Rücklauf

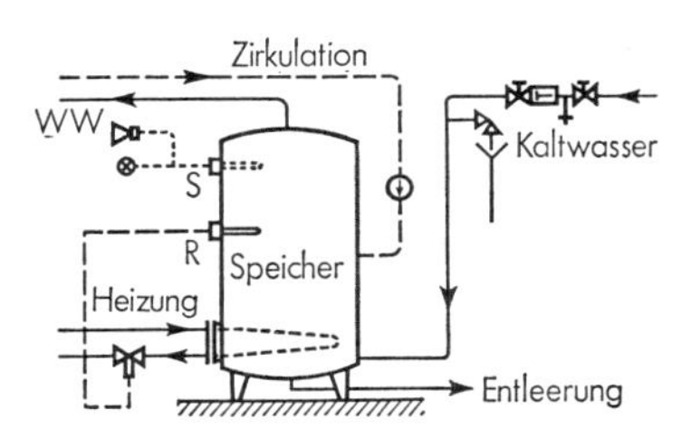


Bild 432-10. Rohranschlüsse bei einem stehenden Brauchwasserspeicher.
$R$ = Regulierthermostat, $S$ = Sicherheitsthermostat (bei Dampf und Heißwasser)

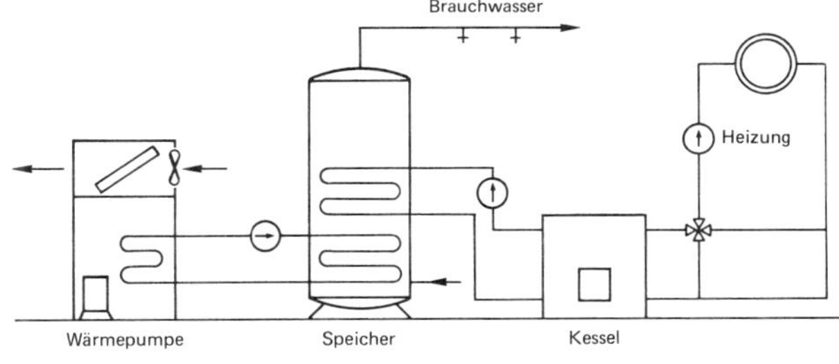


Bild 432-12. Brauchwassererwärmung mit zwei Heizregistern.

Es werden auch Speicher aus glasfaserverstärktem Kunststoff (GFK), allerdings nur bis 4 bar und 80 °C, hergestellt.

Anschlüsse für elektrische Heizeinsätze der BWS sind in DIN 4805 (10.80) genormt.

*Stehende Speicher* erhalten die Heizflächen möglichst weit im unteren Teil eingebaut. Sie sind wärmetechnisch günstiger als die liegenden Speicher, da sie eine bessere Schichtung des erwärmten Wassers gestatten und daher eine höhere Warmwasserkapazität haben. Bild 432-9 und -10.

Die Leistung der Brauchwassererwärmer für den Wohnungsbau wird durch die Leistungskennzahl angegeben (siehe Abschn. 442-2).

Für manche Zwecke erhalten die Speicher auch zwei Heizregister, z. B. bei zusätzlicher Brauchwassererwärmung mittels Wärmepumpe oder Sonnenkollektor (Bild 432-12).

*Elektrospeicher* siehe Abschn. 421-2.

Alle Speicher sollten mit einer *Wärmedämmung* versehen sein. Der Wärmeverlust über 24 Stunden sollte sein

$$Q \leqq 0{,}142 \sqrt{V} \quad \text{in kWh}$$

mit $V$ = Speicherinhalt in l.

Dies erfordert meist 50···80 mm Dämmschicht-Dicke (DIN 4753 Teil 8)[1].

[1]) Schlapmann, D.: HR 9/86. S. 438/41.

## 433 Ladespeicher

Eine sehr wirtschaftliche Brauchwassererwärmung erhält man durch das *Ladesystem,* wobei das Aufheizen des Speichers von oben nach unten mittels einer Ladepumpe erfolgt. Heizfläche innerhalb oder außerhalb des Speichers.

1. *Heizelement im Speicher*

   Beispiel Bild 433-2. Kaltwasser wird unten zugeführt. Im oberen Teil Heizelement. Bei Erreichen der oberen Grenztemperatur, z.B. 90 °C, setzt Temperaturregler $T_1$ Umwälzpumpe in Betrieb, die Wasser aus dem unteren Teil des Speichers nach oben fördert. Gute Mischung erforderlich. Aufheizung von oben nach unten. Beim unteren Grenzwert, z.B. 85 °C, Abschaltung der Pumpe. Regler $T_2$ schaltet Heizung aus, wenn Speicher voll aufgeheizt ist. Auch mehrere Speicher hintereinander schaltbar.

2. *Heizelement getrennt vom Speicher*

   Bild 433-3 zeigt das Prinzip. Das *Ladegerät* (Durchflußerwärmer oder Plattenwärmetauscher) ist oberhalb des Speichers angeordnet. Thermostat im Speicher steuert die Pumpe im Vorlauf und die Ladepumpe.

In Bild 433-4 ebenfalls Erwärmung des Wassers in einem Durchflußapparat außerhalb des Speichers. Die Aufheizung des Speichers erfolgt bei Zapfruhe über den Wärmeaustauscher mittels der Ladepumpe, die bei vollständiger Aufheizung des Speichers abgeschaltet werden kann. Geringe Zapfungen über den Austauscher, Spitzenzapfungen über den Speicher.

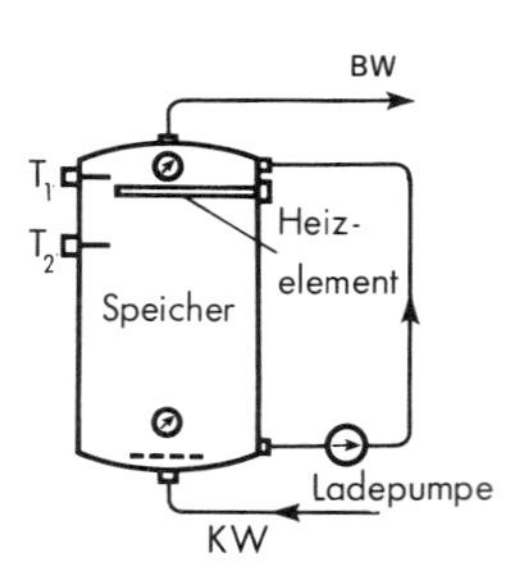


Bild 433-2. Elektrisch beheizter Ladespeicher – System Magro-Eisenmann.

*KW* = Kaltwasser
*BW* = Warmwasser

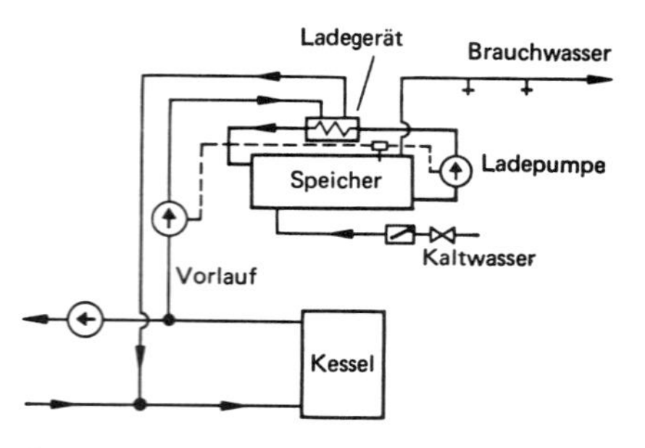


Bild 433-3. Speicher mit getrenntem Durchflußerwärmer.

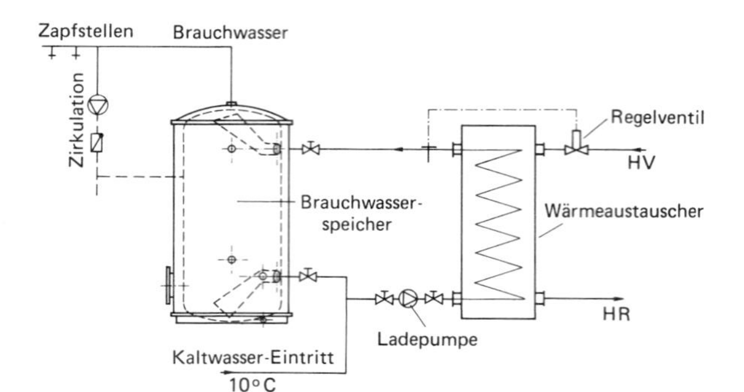


Bild 433-4. Ladespeicher mit getrenntem Durchflußwassererwärmer – CTC-System D.

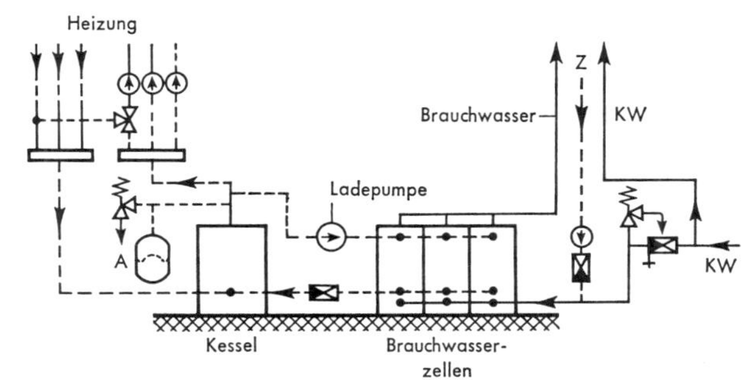


Bild 433-5. Kessel mit Brauchwasserzellen und Ladepumpe.

Eine herstellerspezifische Bauart der Speicher sind die sog. *Brauchwasserzellen* oder *Zellenspeicher,* die besonders in Verbindung mit Großkesseln verwendet werden (Bild 433-5). Das Kesselwasser wird durch Ladepumpen in die Heizflächen der Speicher gefördert.

Die Behälter sind für die Wärmeübertragung entweder mit Doppelmänteln oder besser mit Rohrschlangen ausgerüstet. Korrosionsschutz durch Emaillierung mit Anode oder Verwendung legierter Stähle. Für großen Bedarf Mehrzellenbauweise und Aufheizung durch einen besonderen Kessel kleiner Leistung, aber mit langer Laufzeit, um einen guten Wirkungsgrad zu erhalten. Dadurch Speicherung von großen Brauchwassermengen bei optimaler Raumausnutzung.

*Vorteile:*

leichter Transport;
Anpassung an räumliche Verhältnisse;
vielfache Kombination mit dem Kessel (rechts, links, separat);
einfache Erweiterung durch zusätzliche Zellen.

Berechnung des Speichers siehe Abschn. 442.

# 434 Durchfluß-Brauchwassererwärmer

*Durchfluß-Brauchwassererwärmer* enthalten in der Regel Röhrenbündel *(Durchflußbatterien),* die im Kessel oder im oberen wärmsten Teil des Heizwasserspeichers oder auch außerhalb desselben angeordnet sind, während der Speicher selbst wie ein Heizkörper mit den Heizleitungen verbunden wird. Ausführungsbeispiele Bild 434-1 und -5 sowie 422-11.

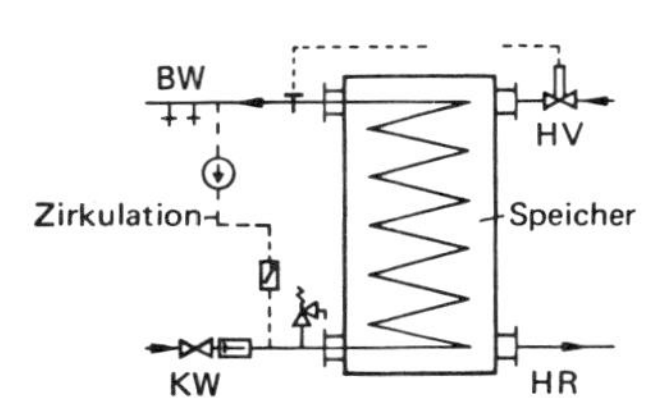


Bild 434-1. Durchflußbatterie in einem stehenden Brauchwassererwärmer.

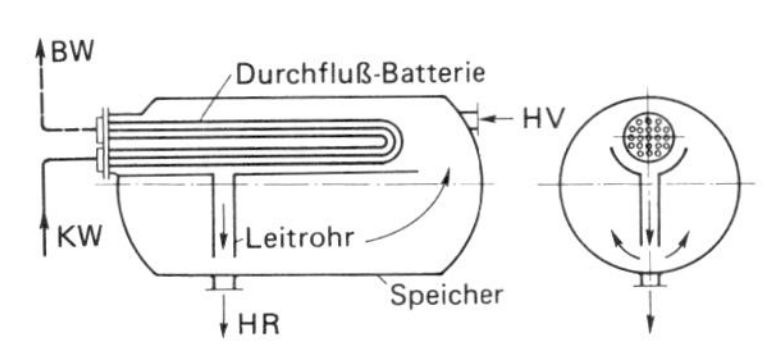


Bild 434-5. Waagerechter Durchfluß-BWE in einem liegenden Warmwasserbereiter.

*HR* = Heizwasserrücklauf
*HV* = Heizwasservorlauf
*KW* = Kaltwasser
*BW* = Brauchwasser

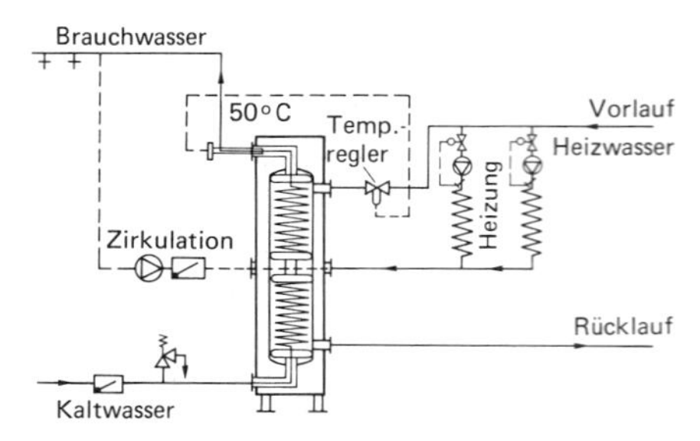


Bild 434-6. Brauchwassererwärmung mit Durchflußbatterie und Rücklauf-Grundlastschaltung in einer Fernheiz-Unterstation (CTC-Typ SKR).

Die Durchflußbatterie besteht meist aus kupfernen Spiralrohren (Locken), rund oder flach, glatt oder meist gerippt. Wassergeschwindigkeit $v = 1{,}5 \cdots 2{,}5$ m/s. Durch Leitrohre wird dem Speicherwasser ein bestimmter Kreislauf aufgezwungen. Außer Kupfer werden aus korrosionstechnischen Gründen auch Edelstahl sowie Kupfer-Nickel-Legierungen für die Batterien verwendet. Regelmäßige mechanische oder chemische Entfernung von Kesselstein erforderlich. Für hartes Wasser (2 mol/m$^3$ $\approx$ 12 °d) nicht geeignet.

Eine besonders für *Fernheizanlagen* verwendbare Ausführung ist in Bild 434-6 dargestellt. Behälter aus Stahl mit Durchflußbatterie aus außen geripptem Kupferrohr. Rücklaufwasser aus Heizung wird von der Mitte aus in den unteren Teil des Behälters geleitet, wo es zusätzlich ausgekühlt wird. Bei großen Zapfungen direkte Nachwärmung durch Heizwasser (Zweikreissystem). Siehe auch Abschn. 422-2.

Eine weitere Anordnung zeigt Bild 434-7. Zwangsweiser Umlauf des Heizwassers von oben nach unten ohne Mischung durch eingebautes, oben erweitertes Rohr.

Besonders für *Solarheizungen* geeignet sind drucklose Wärmespeicher aus Kunststoff (PP) mit je einem Durchlauferhitzer für das Kollektor- und das Kaltwasser. Korrosionsfest, geringes Leergewicht (Bild 434-8).

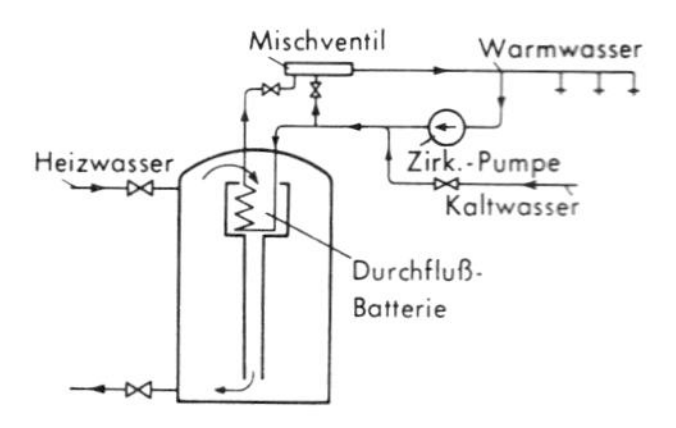


Bild 434-7. Brauchwassererwärmer Trufo (CTC).

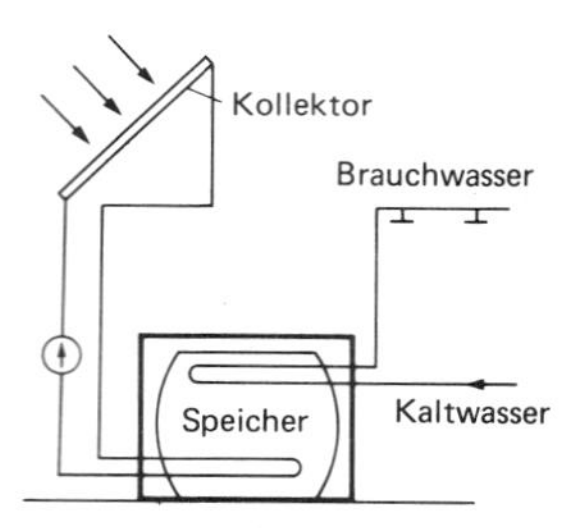


Bild 434-8. Brauchwassermischer mit Regler (Buderus).

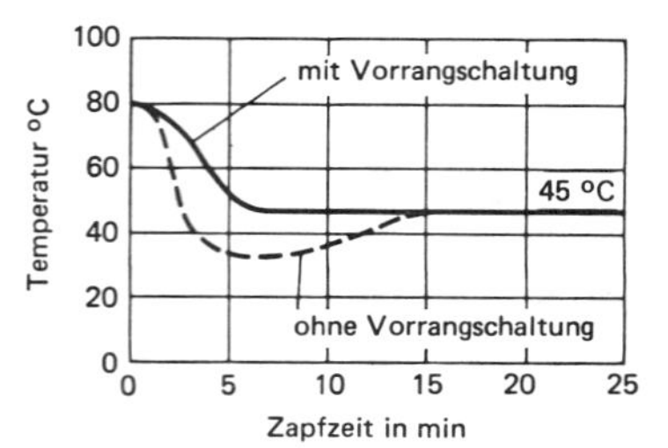


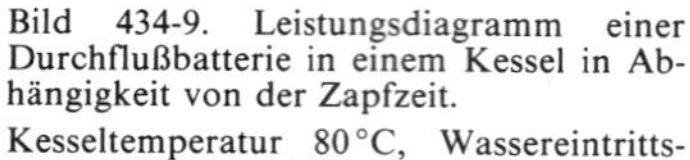
Bild 434-9. Leistungsdiagramm einer Durchflußbatterie in einem Kessel in Abhängigkeit von der Zapfzeit.

Kesseltemperatur 80 °C, Wassereintrittstemperatur $t_e = 10$ °C

Bei allen Durchflußbatterien ohne Speicherung ist zu beachten, daß die zuzuführende Energie im Heizwasser der an das Brauchwasser abgegebenen Energie entsprechen muß. Es ist sonst keine konstante Brauchwassertemperatur gewährleistet.

Temperatur kann auch bei konstanter Kesselwassertemperatur erheblich schwanken. Wesentliche Verbesserung durch *Brauchwasservorrangschaltung*, siehe Abschn. 422-2. Typisches Temperaturdiagramm siehe Bild 434-9.

# 435 Brauchwasserspeicher kombiniert mit Durchflußbatterie

Solche Systeme werden verwendet, wenn z.B. große Brauchwassermengen für technische Zwecke (Waschen, Spülen usw.) und kleinere Mengen für Genußzwecke benötigt werden. Bauart Bild 435-1.

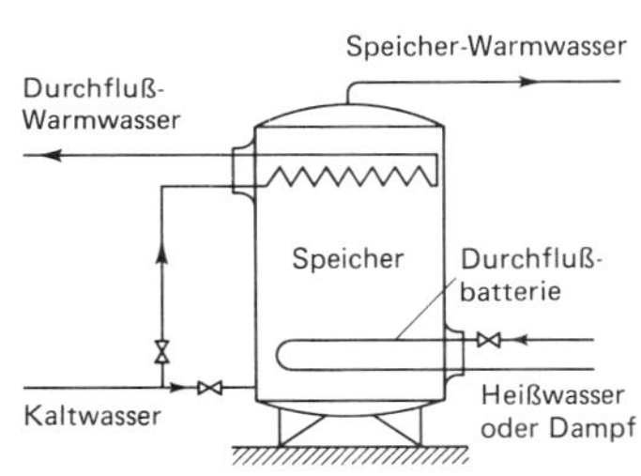


Bild 435-1. Brauchwasserspeicher kombiniert mit Durchflußbatterie.

# 436 Mischapparate

Sofern die Verbraucher nicht höhere Temperaturen benötigen, soll das Brauchwasser schon im Erzeuger bzw. im Rohrnetz 60 °C nicht überschreiten. Das fordert auch die 2. Heizungsanlagen-VO. Ferner werden dadurch Korrosion, Steinablagerung und Verbrühungsgefahr im gesamten System vermindert. Siehe hierzu auch Abschn. 422-3.

Für die Mischung unterschiedlicher Bedarfstemperaturen an den Entnahmestellen kommen nachstehend aufgeführte Apparate zum Einsatz.

## -1 ZWEIGRIFF-MISCHBATTERIEN

für Wasch- und Spültische, Badewannen, Duschen usw. zur Mischung von Brauch- und Kaltwasser. Doppelventile für Warmwasser und Kaltwasser mit Zwischenstück und gemeinsamem Auslaß (Bild 436-1). Bei Badewannen Umleghebel für Wanne und Dusche.

## -2 EINGRIFF-MISCHBATTERIEN

enthalten nur ein Ventil. Mischwassertemperatur zwischen kalt und warm stufenlos einstellbar, oder Mischung durch besonderen vorher eingestellten Knebel (Bild 436-2). Für Waschtische gibt es auch *Einhebel-Mischbatterien*, bei denen mit dem Hebel sowohl Wassermenge wie Wassertemperatur eingestellt werden können.

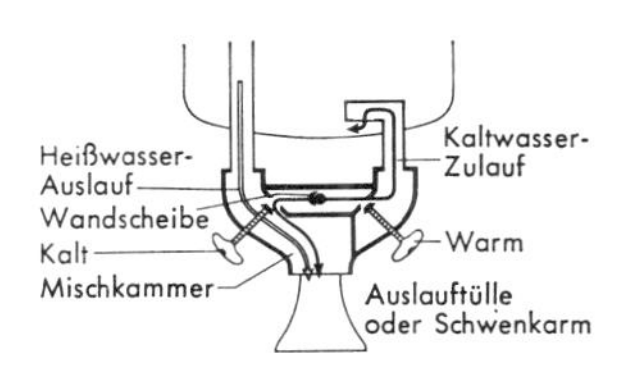


Bild 436-1. Zweigriff-Mischbatterie für Elektrowasserheizer.

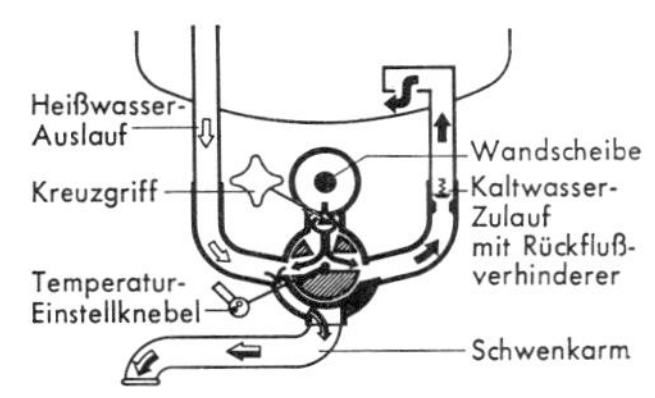


Bild 436-2. Eingriff-Mischbatterien für Elektrowasserheizer.

### -3 THERMOSTATISCHE MISCHVENTILE

mischen automatisch kaltes und warmes Wasser. Temperaturempfindliche Fühlorgane sind dabei Bimetallspiralen oder Faltenbalge. Beispiel Bild 436-6. Temperatur ist einstellbar. Viele verschiedene Handelsnamen wie Eurotherm, Grohmix, Kuglostat u.a.

Einen mehr für betriebliche Zwecke geeigneten Brauchwassermischer zeigt Bild 436-8. Er enthält einen eingebauten Regler ohne Hilfsenergie, der sich stufenlos einstellen läßt. Installationschema in Bild 422-19.

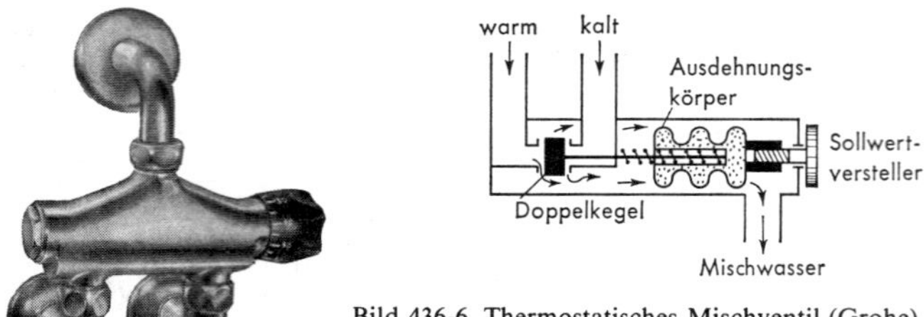


Bild 436-6. Thermostatisches Mischventil (Grohe).
Links: Ansicht; rechts: Schema

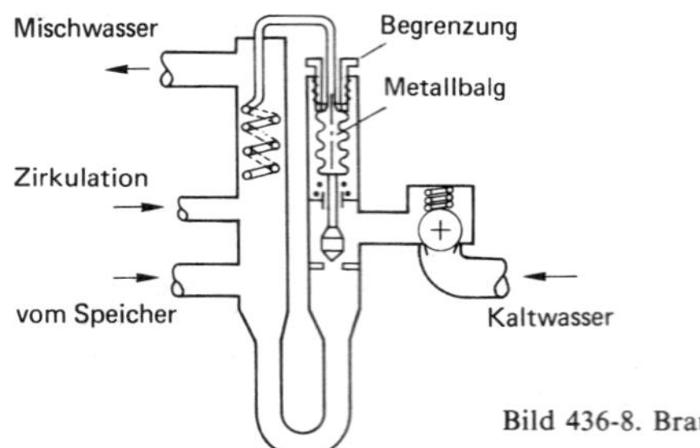


Bild 436-8. Brauchwassermischer mit Regler (Buderus).

# 437 Korrosions- und Versteinungsschutz[1])

Siehe auch Abschnitt 237.

Alle Brauchwarmwasser führenden Teile sind stark durch Korrosion (chemische Anfressung) und Wassersteinbildung gefährdet, besonders bei Temperaturen über 60 °C und bei aggressivem Wasser. Brauchwassertemperatur daher möglichst unter 60 °C halten. Kennzeichen der *Korrosion* ist ein mehr oder weniger gleichmäßiger Flächenfraß oder auch stellenweise auftretender Lochfraß. *Wasserstein* tritt bei Störung des Gleichgewichtes zwischen Calcium-Hydrogencarbonat und Kohlensäure auf. Es führt zu Querschnittsverringerungen der Rohrleitungen und Erschwerung des Wärmedurchgangs. Elektrische Heizelemente können durchbrennen.

Trinkwasserqualität darf nicht beeinträchtigt werden. Korrosionsschutz für BWE definiert DIN 4753, T.3 bis 6[2]).

*Kupferrohre* sind stets, in Fließrichtung gesehen, nach Stahlrohren einzubauen. Andernfalls wird Kupfer durch Wasser gelöst und bildet bei Niederschlag auf Stahl Lokalelemente, die zu Lochfraß führen.

---

[1]) Kruse, C.-L.: HR 4/83. S. 232/4.
[2]) DIN 4753: T. 1 (E. 2. 86) Wassererwärmungsanlagen, T. 3 bis 9: Korrosionsschutz.

*Korrosionsschutz-Maßnahmen:*

1. Verwendung von korrosionsfestem Material wie nichtrostender Stahl, Chrom- und Chrom-Nickel-Stähle, Kupfer, Kupfer-Nickel-Legierungen, Kunststoff u. a.
2. Metallische Überzüge wie Verzinkung, Verkupferung u. a. Verzinkung nur bei Temperaturen bis 60 °C.
3. Einbrennlackierung. Sorgfältige Ausführung ohne Fehlstellen wichtig.
4. Kunststoffbeschichtung oder Gummierung.
5. Emaillierung oder Glasur bei $t \approx 800\,°C$ (Thermoglasur), sehr wirksam, aber teuer, heute am meisten verwendet.
6. Kathodischer Schutz mit Opferanoden aus Magnesium (Bild 432-9) ohne Fremdstrom oder für große Behälter Fremdstrom-Anoden. Beim Guldager-Verfahren Aluminiumanode mit Fremdstrom (Bild 437-3).

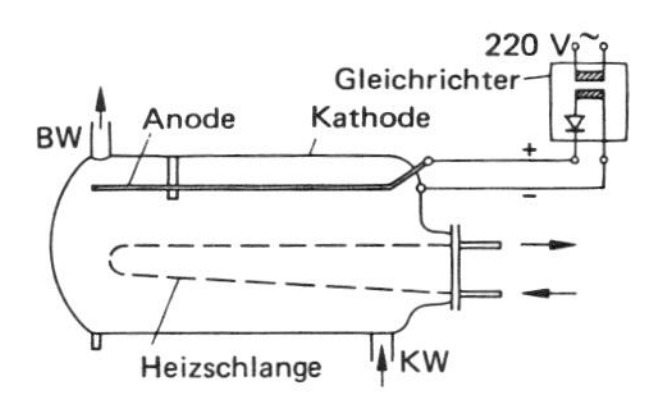


Bild 437-3. Elektrolyse-Schutzanlage für einen Brauchwasserspeicher.

7. Zugabe von Inhibitoren zum Wasser, z. B. Phosphate oder Silikate durch Dosierapparate oder Dosierpumpen. Phosphatzusatz etwa 2···4 g/m³ Wasser.
8. Kombinierte Verfahren wie Emaillierung mit kathodischem Schutz, sehr wirksam.

Die *Wirksamkeit* der verschiedenen Verfahren ist sehr unterschiedlich und nur durch erfahrene Fachleute zu beurteilen. Am meisten verwendet: Edelstahl und Emaillierung.

Korrosion bei kalten Wässern DIN 50930 (12.80).

*Versteinungsschutz*

Bei Carbonathärten unter etwa 10 °d und Temperaturen unter 60 °C ist eine wesentliche Steinbildung nicht zu erwarten.

Bei größerer Härte:

Zugabe von Polyphosphaten mittels Dosierpumpe, wodurch der Niederschlag von festem Carbonat teilweise oder ganz verhindert wird (Stabilisierung der Carbonathärte).

Wenn für bestimmte Zwecke, z. B. Geschirrspülmaschinen, besonders salzarmes Wasser verlangt wird, ist eine Enthärtung vorzusehen. Diese erfolgt durch einen Ionenaustauscher, der mit Kochsalz regeneriert wird (siehe Abschn. 237).

Die Verwendung *physikalischer Apparate* ist nicht empfehlenswert, da Wirkung noch nicht nachgewiesen ist.

# 44 BERECHNUNG DER BRAUCHWASSER-ERWÄRMUNGSANLAGEN

## 441 Brauchwasserbedarf und Temperaturen[1])

Die für die verschiedenen Zwecke benötigten Brauchwassermengen sind außerordentlich stark schwankend. Bei *Wohnungen* hängt der Bedarf nicht nur von der Größe der Wohnung und der Zahl der Personen, sondern auch vom Lebensstandard, Alter der Personen, Einbau von Brauchwasserzählern, Beruf der Bewohner, Jahreszeit und anderen Umständen ab. Außerdem ist er großen zeitlichen Schwankungen unterworfen. Der Sonnabend, evtl. auch der Freitag allein kann wegen der an diesem Tag üblichen Badbenutzung etwa 30% des gesamten Wochenbedarfs an Brauchwasser haben.

In Hotels ist der Brauchwasserverbrauch abhängig von der Zahl der Wannen oder Duschen sowie der Güteklasse. Luxushotels verbrauchen wesentlich mehr Brauchwasser als einfache Hotels. Spitzenverbrauch morgens und abends.

In Fabriken, Sporthallen usw. werden nach Schluß der Betriebszeit in kurzer Zeit – etwa 10···30 Minuten – sehr erhebliche Brauchwassermengen benötigt, wenn alle Waschbecken oder Duschen gleichzeitig benutzt werden. Hoher Spitzenverbrauch, der aus dem Speicher gedeckt werden muß.

Bei *Zweckbauten* für Gewerbe und Industrie wird Brauchwasser außer für hygienische Zwecke auch für technische Zwecke benötigt, z. B. in Wäschereien, Färbereien usw.

Die Tafeln 441-1 bis -5 sowie Bild 441-2 und -4 geben mittlere Verbrauchszahlen an.

Der *BW-Verbrauch* an einem Tage verteilt sich ungleichmäßig auf die einzelnen Stunden (siehe Bild 441-6). Hier ist die tägliche Verbrauchskurve eines Wohnblocks an Wochenenden und einer Schwimmhalle aufgezeichnet.

Die Neigung der Summenkurven gibt den jeweiligen stündlichen (oder 10 min-) Verbrauch an. Die Diagonale gibt den mittleren Verbrauch je Zeiteinheit an.

Zum Ausgleich des unterschiedlichen Bedarfs sind BW-Speicher erforderlich. Deren Größe kann aus dem Bild 441-7 entnommen werden. (Weiteres hierzu siehe Abschn. 443.)

Die *Kaltwasser-Temperatur* wird im Durchschnitt mit 10 °C angenommen, obwohl sie im Einzelfall in den Grenzen von 5···15 °C schwanken kann.

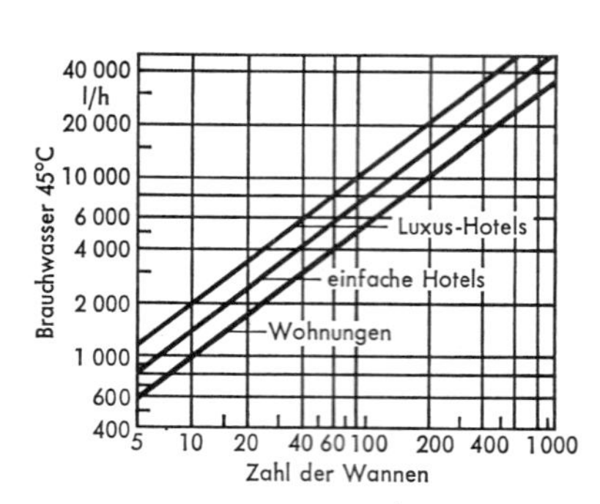


Bild 441-2. Brauchwasserverbrauch bei Wohnungen und Hotels in Abhängigkeit von der Zahl der Badewannen. Bei Duschen ist der Verbrauch etwa 25% davon.

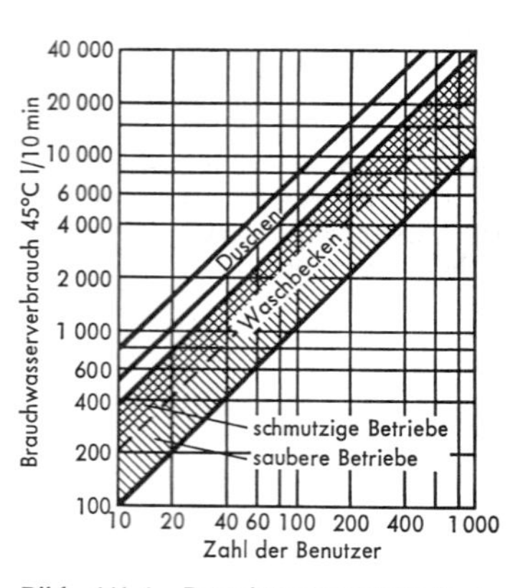


Bild 441-4. Brauchwasserverbrauch in Wasch- und Duschräumen.

[1]) Sander, H.: Warmwasserbereitungsanlagen 2. Aufl. 1963.
Bösch, K.: Krupp-Handbuch der Warmwasserversorgung 1977.
Feurich-Bösch: Sanitärtechnik 1979.
Schmitz, H.: Technik der Brauchwassererwärmung. 1983.

**Tafel 441-1. Brauchwasserbedarf und Temperaturen für Gebäude und gewerbliche Zwecke**

| Bedarfsfall | Bedarf | Temperatur |
|---|---|---|
| Krankenhäuser | 100…300 l/Tag, Bett | 60 °C |
| Kasernen | 30… 50 l/Tag, Person | 45 °C |
| Bürogebäude | 10… 40 l/Tag, Person | 45 °C |
| Medizinische Bäder | 200…400 l/Tag, Patient | 45 °C |
| Kaufhäuser | 10… 40 l/Tag, Beschäftigte | 45 °C |
| Schulen (bei 250 Tagen/a) | | |
| ohne Duschanlagen | 5… 15 l/Tag, Schüler | 45 °C |
| mit Duschanlagen | 30… 50 l/Tag, Schüler | 45 °C |
| Sportanlagen mit Duschanlage | 50… 70 l/Tag, Sportler | 45 °C |
| Bäckereien | 105…150 l/Tag, Beschäftigter | 45 °C |
| | 10… 15 l/Tag, für Reinigung | 45 °C |
| für Produktion | 40… 50 l/100 kg Mehl | 70 °C |
| Friseure (einschl. Kunden) | 150…200 l/Tag, Beschäftigter | 45 °C |
| Brauereien einschl. Produktion | 250…300 l/100 l Bier | 60 °C |
| Wäschereien | 250…300 l/100 kg Wäsche | 75 °C |
| Molkereien | 1… 1,5 l/l Milch | 75 °C |
| | i. M. 4000…5000 l/Tag | |
| Fleischereien | | |
| ohne Produktion | 150…200 l/Tag Beschäftigter | 45 °C |
| mit Produktion | 400…500 l/Tag | |

**Tafel 441-2. Brauchwasserbedarf von Wohnungen**

| Verbrauchsstelle | Einmalige Entnahme Liter | Temperatur $t_w$ °C | Dauer in Minuten |
|---|---|---|---|
| Auslaßventile | | | |
| DN 10, halb geöffnet | 5 | 40 | 1 |
| voll geöffnet | 10 | 40 | 1 |
| DN 15, halb geöffnet | 10 | 40 | 1 |
| voll geöffnet | 18 | 40 | 1 |
| DN 20, halb geöffnet | 25 | 40 | 1 |
| voll geöffnet | 45 | 40 | 1 |
| Spültische | | | |
| einteilig | 30 | 55 | 5 |
| zweiteilig | 50 | 55 | 5 |
| Waschbecken | | | |
| Handwaschbecken | 5 | 35 | 1,5 |
| Waschbecken | 10 | 35 | 2 |
| Waschtisch, einteilig | 15 | 40 | 3 |
| Waschtisch, zweiteilig | 25 | 40 | 3 |
| Badewannen | | | |
| klein (Größe 100) | 100 | 40 | 15 |
| mittel (Größe 160) | 150 | 40 | 15 |
| groß (Größe 180) | 250 | 40 | 20 |
| Dusche | 50 | 40 | 6 |
| Sitzbad | 50 | 40 | 4 |
| Bidet | 25 | 40 | 8 |
| Gesamtverbrauch (60 °C) | | | |
| einfache Ansprüche | 10…20 l/Tag und Person | | |
| höhere Ansprüche | 20…40 l/Tag und Person | | |
| höchste Ansprüche | 40…80 l/Tag und Person | | |

**Tafel 441-3. Brauchwasserverbrauch in Gaststätten und Hotels**

| Verbrauchsstelle | Liter je Tag und Person | | Nutzwärme je Tag und Person |
|---|---|---|---|
| | 60 °C | 45 °C | Wh |
| Gaststätten | | | |
| je Menü | 4… 8 | 6… 12 | 250… 500 |
| je Gast | 8… 20 | 12… 30 | 500…1200 |
| Hotels | | | |
| Zimmer mit Bad | 100…150 | 140…220 | 6000…9000 |
| Zimmer mit Dusche | 50…100 | 70…120 | 3000…6000 |
| Zimmer mit Waschbecken | 10… 15 | 15… 20 | 600… 900 |
| Heime, Pensionen | 25… 50 | 35… 70 | 1500…3000 |

**Tafel 441-4. Brauchwasserverbrauch in Hallenbädern**

| Verbrauchsstelle | Brauchwasserverbrauch einmalig Liter | l/h | Füll-dauer in min | BW-Temperatur $t_w$ °C | Wärme-verbrauch in kWh |
|---|---|---|---|---|---|
| Wannenbad | | | | | |
| ohne Dusche | 200…300 | 500 | 10 | 40 | 18 |
| mit Dusche | 250…350 | 600 | 10 | 40 | 21 |
| medizinisches | 300…400 | 300…400 | 10 | 40 | 10…14 |
| Dusche, ohne Zelle | 50 | 500 | 6 | 40 | 18 |
| Dusche, mit Zelle | 80 | 320 | 6 | 40 | 11 |
| Dusche in Schulen und Kasernen | 50 | 300…400 | 5 | 35 | 9…12 |
| Dusche, Regen | 10 | 600 | 1 | 40 | 21 |
| Sitzbad | 50 | 100 | 5 | 35 | 3 |
| Fußbad | 30 | 120 | 6 | 30 | 3 |
| Reinigungsbecken mit Fußbrause | 30 | 600 | 3 | 35 | 18 |
| Mantel-, Sitz- und Vollstrahlduschen | 200 | 800…1000 | 5 | 35 | 23…29 |

**Tafel 441-5. Brauchwasserverbrauch für Wasch- und Duschanlagen in Industriebetrieben**

| Verbrauchsstelle | Wassermenge l/min | Dauer in min | Liter je Benutzung | BW-Temperatur $t_w$ °C | Wärmeverbrauch je Benutzung kWh |
|---|---|---|---|---|---|
| Einzelwaschbecken | 10 | 3 | 30 | 35 | 0,9 |
| Reihenwaschbecken | | | | | |
| mit Auslaufventil | 5…10 | 3 | 15…30 | 35 | 0,5 …0,9 |
| mit Auslaufbrause | 3… 5 | 3 | 9…15 | 35 | 0,25…0,50 |
| Waschbrunnen | | | | | |
| für 10 Personen | 25 | 3 | 75 | 35 | 2,2 |
| für 6 Personen | 20 | 3 | 60 | 35 | 1,8 |
| Dusche ohne Zelle | 10 | 5 | 50 | 35 | 1,5 |
| Dusche mit Zelle | 10 | 15 | 80 | 35 | 2,3 |
| Wannenbad | 25 | 30 | 250 | 35 | 7,3 |
| Mittelwert, einschl. Küchenbedarf | 50 l/Tag und Kopf | | | 40 | 1,75 kWh/Tag und Kopf |

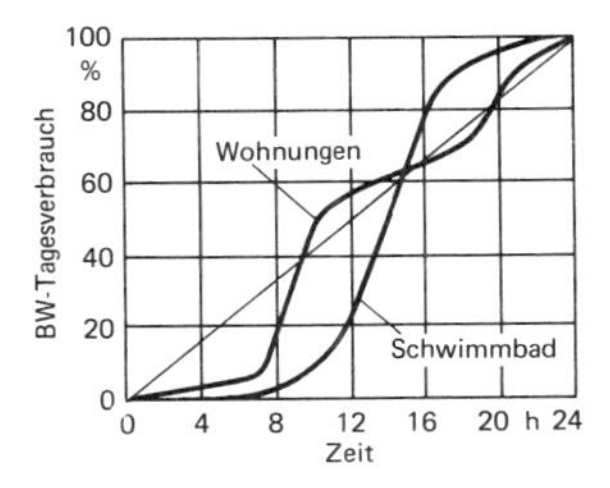


Bild 441-6. Brauchwasser-Verbrauchsdiagramm (Summenlinien), für Wohnblocks und Schwimmhallen.

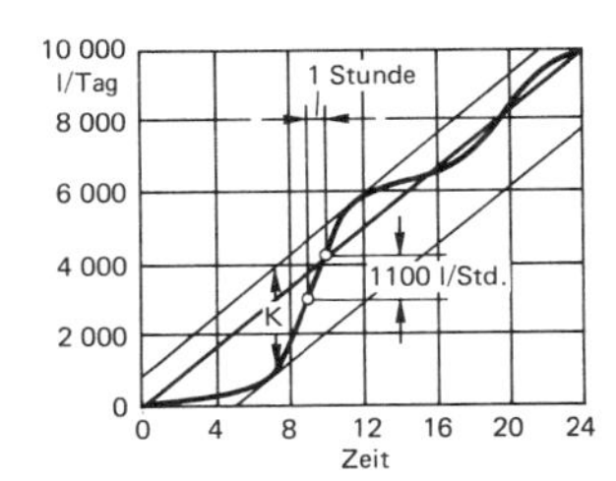


Bild 441-7. Ermittlung der stündlichen BW-Verbrauchsspitze in Wohnblocks.

$K$ = Speicherkapazität = 3000 l (ohne Zuschläge)

Die *Brauchwassertemperaturen* werden im allgemeinen wie folgt angenommen:

Für Waschbecken, Brause und Baderaum 35 bis 45 °C,
für Küchenzwecke 55 bis 60 °C,
für gewerbliche Zwecke bis 100 °C.

Die *Zapftemperaturen* liegen immer einige Grade höher als die Brauchwassertemperaturen, da sich das Wasser in den Wannen oder Becken abkühlt. Eine Temperatur von 60 °C für das Brauchwasser soll zur Verringerung von *Korrosionsschäden* und *Energieverlusten* möglichst nicht überschritten werden.

Der *Endenergieverbrauch* für Brauchwasser in der BRD beträgt etwa 12 Mill. t SKE ≙ 5% des Gesamtverbrauchs. ⅔ davon werden in Haushalten verbraucht.

# 442 Der Wärmebedarf

## -1 BERECHNUNG MIT DEM GLEICHZEITIGKEITSFAKTOR

(nach Sander)

Bei der Berechnung des stündlichen Wärmebedarfs ist es von ausschlaggebender Bedeutung, zu wissen, wieviel Brauchwasserzapfstellen gleichzeitig benutzt werden, oder anders ausgedrückt, wie der *Gleichzeitigkeitsfaktor* ist. Sind beispielsweise in einem Mietshaus 30 Bäder vorhanden, so werden sie natürlich nicht alle zur gleichen Zeit benutzt, sondern nur ein Teil von ihnen. Der Gleichzeitigkeitsfaktor $\varphi$, der nur aus Erfahrung ermittelt werden kann, hat bei Wohnungen etwa die in Tafel 442-1 und -2 angegebenen Werte.

Für *Wohnungen* ist der maximale Wärmebedarf im wesentlichen durch die Zahl der Badewannen oder Brausen bestimmt, während der übrige Brauchwasserbedarf für Küchenzwecke, Waschbecken usw. demgegenüber vernachlässigt werden kann. Außerdem ist die Art der Brauchwassererwärmung (Speicher- oder Durchflußsystem) zu berücksichtigen.

Rechnet man für ein normales Vollbad von 200 l mit einer Füllzeit von 12 min, so ist die *augenblickliche Wärmeleistung*

$$\frac{200\,(40-10)\cdot 4{,}2}{12\cdot 60} = 35\ \text{kW},$$

also sehr hoch, ein Vielfaches der Raumheizwärme. Der jährliche Gesamtwärmeverbrauch für das Brauchwasser ist jedoch gering, etwa 15…20% des Verbrauchs an Heizungswärme. Die hohen Spitzenleistungen der Brauchwassererwärmung werden durch *Speicherung* des Brauch- oder Heizungswassers aufgefangen.

Zur Berechnung des Wärmebedarfs in Wohnungen mit Bad wird angenommen, daß sich der tägliche Brauchwasserverbrauch auf $z_B = 2$ Betriebsstunden beschränkt, z. B. von 20 bis 22 Uhr. In der Anheizzeit $z_A$ wird soviel Wärme erzeugt, daß bei Betriebsbeginn der Speicher voll aufgeladen ist (Bild 443-1). Am Ende der Betriebszeit ist der Speicher entleert und die Brauchwasserentnahme beginnt.

### -11 Speichersystem

Der maximale stündliche *Brauchwasserbedarf* $\dot{V}$ ist für $n$ Normalwohnungen bei 200 l Einzelbedarf eines Vollbades

$\dot{V} = 200 \cdot n \cdot \varphi$ in l/h.

Bei einer Betriebsdauer $z_B = 2$ h ist der tägliche Brauchwasserbedarf

$\dot{V}_{ges} = 2 \cdot \dot{V} = 400 \cdot n \cdot \varphi$ l/d.

Der max. *Wärmebedarf* ist bei 40 °C

$\dot{Q} = 200 \cdot n \cdot \varphi \cdot (40-10) \cdot 1{,}16 \cdot 10^{-3} = 7 \cdot \varphi \cdot n$ in kW

$\varphi$ = Gleichzeitigkeitsfaktor (oder Benutzungsfaktor) (Tafel 442-1)
$n$ = Zahl der Wannen

Bei Wohnungen mit nur Brausebädern ist bei 50 l Wasserverbrauch je Brause und 2 Brausen je Stunde

$\dot{Q} = 100 \cdot n \cdot \varphi \cdot (40-10) \cdot 1{,}16 \cdot 10^{-3} = 3{,}5 \cdot \varphi \cdot n$ in kW.

*Beispiel:*

Bei $n = 28$ Wohnungen mit Bad ist der maximale Wärmebedarf:

$\dot{Q} = 7 \cdot \varphi \cdot n = 7 \cdot 0{,}37 \cdot 28 = 72$ kW.

**Tafel 442-1. Zentrale Brauchwasser-Erwärmungsanlagen nach dem Speichersystem für Mietshäuser mit 3 bis 4 Zimmern, 3 bis 4 Personen und Wannenvollbad je Wohnung**[1]

$z_A$ = Anheizdauer, Betriebsdauer (Spitzenbedarf) $z_B$ = 2 h, $\Delta t$ = 35 K

| Zahl der Wohnungen | Gleich-zeitigkeits-faktor | Max. Wärmebedarf in kW | Kesselleistung $\dot{Q}_K$ in kW bei $z_A$ in h | | | | Speichergröße $V_S$ in l bei $z_A$ in h | | | |
|---|---|---|---|---|---|---|---|---|---|---|
| $n$ | $\varphi$ | $\dot{Q}$ | 0,5 | 1 | 2 | 3 | 0,5 | 1 | 2 | 3 |
| 1 | 1,15 | 8 | 7 | 6 | 4 | 3 | 90 | 150 | 200 | 220 |
| 2 | 0,86 | 12 | 10 | 8 | 6 | 5 | 130 | 200 | 300 | 370 |
| 4 | 0,65 | 18 | 15 | 12 | 9 | 7 | 190 | 300 | 450 | 520 |
| 6 | 0,56 | 24 | 19 | 16 | 12 | 10 | 230 | 400 | 600 | 740 |
| 8 | 0,5 | 28 | 24 | 19 | 14 | 12 | 300 | 470 | 690 | 890 |
| 10 | 0,47 | 33 | 27 | 22 | 17 | 13 | 330 | 540 | 835 | 960 |
| 12 | 0,47 | 39 | 32 | 26 | 20 | 16 | 395 | 640 | 985 | 1 180 |
| 15 | 0,44 | 46 | 37 | 31 | 23 | 18 | 455 | 765 | 1130 | 1 330 |
| 18 | 0,42 | 53 | 42 | 35 | 27 | 21 | 520 | 860 | 1130 | 1 550 |
| 20 | 0,4 | 56 | 45 | 37 | 28 | 22 | 555 | 910 | 1380 | 1 620 |
| 25 | 0,38 | 67 | 54 | 45 | 34 | 27 | 665 | 1110 | 1670 | 2 000 |
| 30 | 0,36 | 76 | 61 | 51 | 38 | 30 | 750 | 1250 | 1870 | 2 220 |
| 40 | 0,33 | 93 | 74 | 62 | 46 | 37 | 910 | 1525 | 2260 | 2 730 |
| 50 | 0,32 | 112 | 90 | 75 | 56 | 45 | 1110 | 1850 | 2750 | 3 320 |
| 60 | 0,31 | 130 | 104 | 87 | 65 | 52 | 1280 | 2140 | 3200 | 3 840 |
| 80 | 0,29 | 162 | 130 | 108 | 81 | 65 | 1600 | 2660 | 3990 | 4 800 |
| 100 | 0,28 | 195 | 157 | 130 | 98 | 78 | 1930 | 3200 | 4820 | 5 760 |
| 120 | 0,27 | 230 | 185 | 155 | 115 | 92 | 2280 | 3815 | 5660 | 6 790 |
| 150 | 0,26 | 275 | 220 | 185 | 138 | 110 | 2700 | 4550 | 6790 | 8 120 |
| 200 | 0,25 | 350 | 280 | 235 | 175 | 140 | 3450 | 5780 | 8610 | 10 330 |

[1]) Sander, H.: Warmwasserbereitungsanlagen. 2. Aufl. Berlin. Haenchen und Jäh 1963.
Rulla, P.: HR 4/80. 7 S.

### -12 Durchflußsystem

Infolge der höheren Beanspruchung ist der Wärmebedarf beim Durchflußsystem größer. Die entsprechenden Gleichungen lauten:

Bei Wannenbädern: $\dot{Q} = 15 \cdot \varphi \cdot n$ in kW
bei Brausebädern: $\dot{Q} = 6 \cdot \varphi \cdot n$ in kW

Werte für $n$ siehe Tafel 442-2.

Für *Industriebetriebe* mit großen Brauchwasserentnahmen für technische Zwecke und großen Wasch- und Brauseanlagen empfiehlt sich die Aufstellung eines *Wärmediagramms,* das den Brauchwasserverbrauch in Abhängigkeit von der Zeit angibt.

**Tafel 442-2. Zentrale Brauchwasser-Erwärmungsanlagen nach dem Durchflußsystem für Mietshäuser mit 3 bis 4 Zimmern, 3 bis 4 Personen und Wannenvollbad je Wohnung**
$z_A$ = Anheizdauer, $z_B$ = Betriebsdauer = 2 h

| Zahl der Wohnungen | Gleichzeitigkeitsfaktor | Kesselleistung $\dot{Q}_K$ in kW bei $z_A$ in h | | | Speichergröße $V_S$ in l (m³) bei $z_A$ in h | | | | | |
|---|---|---|---|---|---|---|---|---|---|---|
| | | | | | 0,5 | | 1 | | 2,5 | |
| | | | | | ($t_o - t_u$) in K | | | | | |
| $n$ | $\varphi$ | 0,5 | 1 | 2,5 | 30 | 50 | 30 | 50 | 30 | 50 |
| 1 | 1,15 | 14 | 12 | 8 | 200 | 150 | 350 | 200 | 600 | 350 |
| 2 | 0,86 | 21 | 17 | 12 | 300 | 200 | 500 | 300 | 900 | 500 |
| 4 | 0,65 | 31 | 26 | 17 | 450 | 300 | 750 | 450 | 1200 | 750 |
| 6 | 0,56 | 40 | 34 | 22 | 600 | 400 | 1000 | 600 | 1600 | 950 |
| 8 | 0,5 | 48 | 40 | 27 | 700 | 450 | 1150 | 700 | 2000 | 1200 |
| 10 | 0,47 | 56 | 47 | 31 | 800 | 500 | 1350 | 800 | 2200 | 1400 |
| 12 | 0,47 | 68 | 57 | 38 | 1000 | 600 | 1650 | 1000 | 2700 | 1600 |
| 15 | 0,44 | 79 | 66 | 44 | 1150 | 700 | 1900 | 1150 | 3200 | 1900 |
| 18 | 0,42 | 91 | 78 | 50 | 1300 | 800 | 2300 | 1350 | 3600 | 2200 |
| 20 | 0,4 | 96 | 80 | 53 | 1400 | 850 | 2400 | 1400 | 3800 | 2300 |
| 25 | 0,38 | 114 | 95 | 63 | 1600 | 1000 | 2700 | 1700 | 4500 | 2700 |
| 30 | 0,36 | 130 | 108 | 72 | 1900 | 1200 | 3100 | 1900 | 5200 | 3100 |
| 36 | 0,35 | 151 | 127 | 84 | 2200 | 1300 | 3600 | 2200 | 6000 | 3600 |
| 50 | 0,32 | 192 | 161 | 106 | 2800 | 1700 | 4600 | 2800 | 7600 | 4600 |
| 60 | 0,31 | 223 | 187 | 124 | 3200 | 2000 | 5400 | 3200 | 8900 | 5300 |
| 80 | 0,29 | 278 | 233 | 155 | 4000 | 2400 | 6700 | 4000 | 11,1 | 6700 |
| 100 | 0,28 | 336 | 281 | 186 | 4800 | 2900 | 8100 | 4800 | 13,3 | 8000 |
| 120 | 0,27 | 389 | 326 | 215 | 5600 | 3400 | 9400 | 5600 | 15,4 | 9300 |
| 150 | 0,26 | 468 | 392 | 260 | 6700 | 4100 | 11,3 | 6700 | 18,6 | 11,2 |
| 200 | 0,25 | 600 | 502 | 333 | 8600 | 5200 | 14,4 | 8600 | 23,9 | 14,3 |

$t_o$ = mittlere obere Speichertemperatur
$t_u$ = mittlere untere Speichertemperatur

### -13 Fernwärmeversorgung [1])

Der *Wärmebedarf* ist stark abhängig von der Zahl der Wohnungen und dem System (Durchfluß oder Speicher). Für eine Wohnung ist der Brauchwasserbedarf

beim Speichersystem:

1 Bad stündlich $\triangleq 200/3600 \cdot (40-10) \cdot 4{,}2 = 7$ kW

beim Durchflußsystem mit 20 l/min Augenblicksleistung:

$20/60 \cdot (50-10) \cdot 4{,}2 = 56$ kW.

Der *Gleichzeitigkeitsfaktor* $\varphi$ beträgt für 1000 Wohnungen

beim Speichersystem: $\varphi = 0{,}20$
beim Durchflußsystem: $\varphi = 0{,}03 \cdots 0{,}05$

---

[1]) Kopp, W.: San. Hzgs. Techn. 1968. S. 531/5.
Schreiber, G.: WT 5/86. S. 241 ff.

Er ist im letzten Fall infolge der kurzzeitigen Beanspruchung sehr viel geringer. Demnach sind bei $n = 1000$ Wohnungen die Wärmeverbrauchszahlen $7 \cdot 0{,}20 = 1{,}4$ kW bzw. $56 \cdot 0{,}04 = 2{,}24$ kW. Für andere Wohnungszahlen siehe Bild 442-2.

*Heizwasserbedarf beim 2-Leiter-System* 110/60 °C

Die Heizwassertemperaturen ändern sich mit der Außentemperatur gem. Bild 442-5, oberer Teil. Vorlauftemperatur nicht unter 70 °C, Abkühlung im Brauchwasserbereiter auf 45 °C. Setzt man die oben angegebenen Wärmeverbrauchszahlen von 7 bzw. 56 kW voraus, dann erhält man die Wasserbedarfszahlen gem. Bild 442-5, untere Hälfte. Bei sehr großen Wohnungszahlen nähern sich also die Wasserverbrauchszahlen und damit die Auswirkungen auf das Heiznetz.

Der Wasserbedarf für die *Heizung* allein beträgt demgegenüber wesentlich mehr, bei einer Transmission von 12 kW je Wohnung $12 \cdot 3600/(4{,}2 \cdot 50) \approx 200$ l/h. Bei anderen Wärmeverbrauchszahlen sind die Kurven entsprechend zu korrigieren.

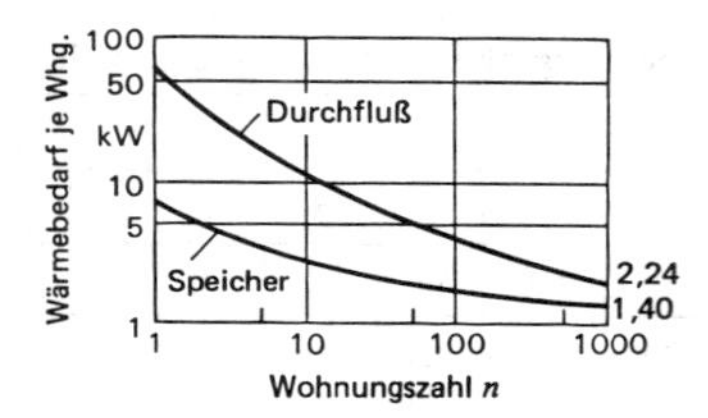


Bild 442-2. Wärmebedarf für Brauchwassererwärmung beim Durchfluß- und Speichersystem.

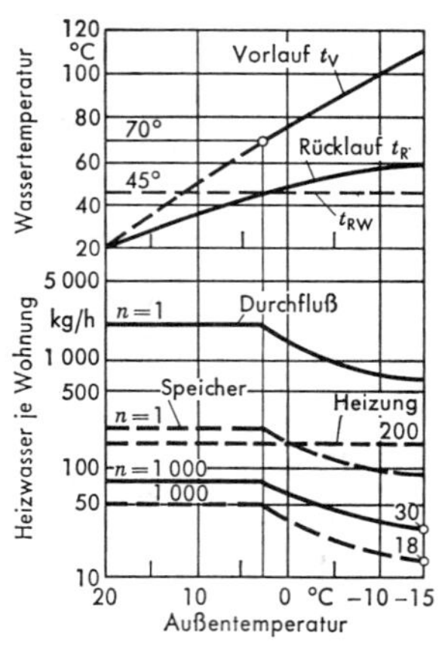


Bild 442-5. Heizwasserbedarf für Brauchwassererwärmung und Raumheizung bei einer 2-Leiter-Fernheizung 110/60 °C.

$n$ = Zahl der Wohnungen, $t_R$ = Rücklauftemperatur, $t_V$ = Vorlauftemperatur, $t_{RW}$ = Rücklauftemperatur des Heizwassers für die Brauchwassererwärmung

*Beispiel:*

Wie groß ist der Heizwasserbedarf je Wohnung für die Brauchwassererwärmung im Winter bei −15 °C bei 1000 Wohnungen? Heizwasser 110/60 °C, Auskühlung auf 45 °C, Wärmebedarf je Wohnung beim Speichersystem: 7 kW, beim Durchflußsystem: 56 kW.

*Speichersystem:*

$$\text{Heizwasserbedarf } W = \frac{7 \cdot 3600 \cdot \varphi}{(110-45) \cdot c} = \frac{7 \cdot 3600 \cdot 0{,}20}{65 \cdot 4{,}2} = 18 \text{ kg/h}$$

*Durchflußsystem:*

$$\text{Heizwasserbedarf } W = \frac{56 \cdot 3600 \cdot \varphi}{65 \cdot c} = \frac{56 \cdot 3600 \cdot 0{,}04}{65 \cdot 4{,}2} = 30 \text{ l/h}$$

## -2 BERECHNUNG NACH DER LEISTUNGSKENNZAHL

*Die Leistungskennzahl von Brauchwassererwärmern*[1])

Sowohl bei den Speicher- als auch bei den Durchflußerwärmern werden häufig für die Menge und Temperatur sowie Entnahmezeit des Brauchwassers Angaben gemacht, die

[1]) Dittrich, A., u. a.: HLH 1972. S. 44/51 und 78/84.
Franzke, A.: Sanitär- und Heizungstechnik 3/73. S. 298/303 und 4/73. S. 371/7.
Dittrich, A.: TAB 8/75. S. 641/2 u. HLH 3/77. S. 101/8.

zu Irrtümern führen können. Meist blieb es jedem nach seiner Erfahrung überlassen, die Wassererwärmer zu bemessen. Als Grundlage zur einheitlichen Berechnung des Wärmebedarfs und Bemessung des Wassererwärmers dient DIN 4708 (10.79).

Das Verfahren beruht darauf, daß man den Brauchwasserbedarf eines Gebäudes durch eine Kennzahl $N$ bezeichnet, die von der Zahl der Einheitswohnungen abhängt. Die nach anderen Methoden zu prüfenden Brauchwassererwärmer müssen dieser Zahl entsprechen.

### -21 Die Einheitswohnung

Die Einheitswohnung mit (statistisch) $p = 3{,}5$ Personen und $r = 4$ Räumen ist mit einer Badewanne von 150 l und zwei Zapfstellen ausgestattet. Der Wärmebedarf hierfür wird mit $w = 5{,}82$ kWh (100 l · 50 K · 1,163) angegeben, die Füllzeit der Badewanne mit 10 Minuten. Die Bedarfskennzahl für diese Wohnung ist $N = 1$. Jede andere Wohnung kann entsprechend ihrer sanitären Ausstattung auf diese Einheitswohnung umgerechnet werden. Hierzu dient die Tafel 442-5, die den Wärmebedarf verschiedener Zapfstellen angibt.

**Tafel 442-5. Zapfstellen – Wärmebedarf $w_v$ (Auswahl nach DIN 4708)**

| Zapfstelle | Kurzzeichen | Entnahmemenge Liter | Wärmebedarf $w_v$ kWh |
|---|---|---|---|
| Badewanne 1600 | NB 1 | 140 | 5,82 |
| Kleinraumwanne | KB | 120 | 4,89 |
| Großraumwanne | GB | 200 | 8,72 |
| Brausekabine, normal | BRN | 40 | 1,63 |
| Brausekabine, groß | BRK | 100 | 4,07 |
| Waschtisch | WT | 17 | 0,70 |
| Bidet | BD | 20 | 0,81 |
| Spüle | SP | 33 | 1,16 |

**Tafel 442-6. Berechnungsvordruck für Brauchwasserbedarf**

| 1 | 2 | 3 | 4 | 5 | 6 | 7 | 8 | 9 | 10 | 11 |
|---|---|---|---|---|---|---|---|---|---|---|
| Lfd. Nr. | Raumzahl | Wohnungszahl | Belegungszahl | Wohnungszahl × Belegungszahl | Zapfstellen (je Wohnung) | | | Zapfstellenzahl× Zapfstellenbedarf Wh | Wohnungsgruppenbedarf Wh | Bemerkungen |
| | | | | | Anzahl | Kurzbezeichnung | Bedarf Wh | | | |
| | $r$ | $n$ | $p$ | $n \cdot p$ | $v$ | | $w_v$ | $v \cdot w_v$ | $\Sigma (n \cdot p \cdot v \cdot w_v)$ | |
| 1 | 1,5 | 4 | 2,0 | 8,0 | 1 | BRN | 1630 | 1630 | 13 040 | |
| 2 | 3,0 | 10 | 2,7 | 27,0 | 1 | NB 1 | 5820 | 5820 | 157 140 | |
| 3 | 4,0 | 2 | 3,5 | 7,0 | 2 | BRK | 4070 | 8140 | 56 980 | |
| | | | | | 1 | NB 2 | 6510 | 6510 | 91 140 | |
| 4 | 4,0 | 4 | 3,5 | 14,0 | 1 | BRK | 4070 | 4070 | 56 980 | |
| | | | | | 1 | BD | 810 | 810 | 11 340 | |
| | | | | | 1 | NB 1 | 5820 | 5820 | 125 130 | |
| 5 | 5,0 | 5 | 4,3 | 21,5 | 1 | NB 1 | 5820 | 2910 | 62 565 | 50% |
| | | | | | 1 | BD | 810 | 810 | 17 415 | |

$\Sigma n_i = 25$ $\qquad \Sigma(n \cdot p \cdot v \cdot w_v) = 591\,730$ Wh

$$N = \frac{\Sigma(n \cdot p \cdot v \cdot w_v)}{3{,}5 \cdot 5820} = \frac{591\,730}{20\,370} = 29{,}0$$

Für ein Bauvorhaben mit *n* Wohnungen ist die Kennzahl

$$N = \frac{\Sigma(n \cdot p \cdot v \cdot w_v)}{p \cdot w_v} = \frac{\Sigma(n \cdot p \cdot v \cdot w_v)}{3{,}5 \cdot 5{,}820}$$

$p$ = Zahl der Personen
$v$ = Zahl der Zapfstellen
$w_v$ = Wärmebedarf einer Normalwohnung

Zur Berechnung wird ein Formblatt verwendet (siehe Tafel 442-6).

## -22 Brauchwasserbedarf

Der Bedarf an Brauchwasser unterliegt im Laufe eines Tages oder einer anderen Periode erheblichen Schwankungen. Durch mathematische Überlegungen nach der Wahrscheinlichkeitsmethode hat man den *Verlauf des Wärmebedarfs* in Abhängigkeit von der Kennzahl *N* erfaßt und graphisch dargestellt (siehe Bild 442-10). Die Kurven dieses Bildes zeigen den Verlauf des Wärmebedarfs in Abhängigkeit von der Zeit. Für z. B. $N = 100$ Normalwohnungen sind die Bedarfszahlen folgende:

| | |
|---|---|
| in 10 Minuten | 65 kWh |
| in 30 Minuten | 150 kWh |
| in 1 Stunde | 230 kWh |
| in 7 Stunden | 680 kWh |

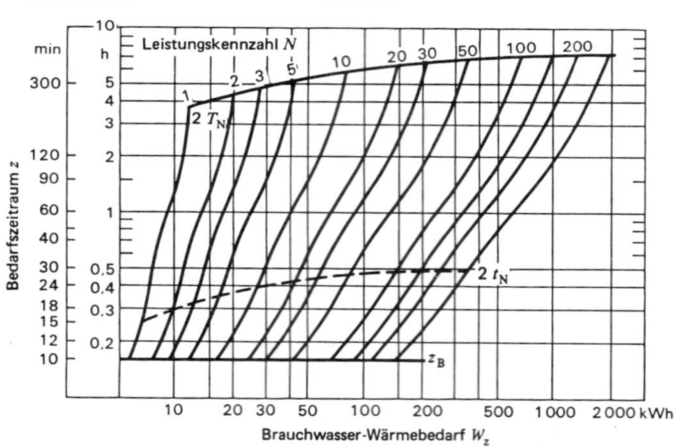


Bild 442-10. Der Brauchwasser-Wärmebedarf von Wohnungen.
$2\,T_N$ = Bedarfsperiode, $2\,t_N$ = Spitzenverteilungszeit, $z_B$ = Wannenfüllzeit

## -23 Die Leistungskennzahl des Brauchwassererwärmers

Die Leistung des Brauchwassererwärmers muß der Bedarfskurve entsprechen. Für praktische Zwecke erfolgt die Prüfung in der Weise, daß beim Versuch *fünf Zapfzeiten* abwechselnd mit *vier Pausenzeiten* durchgeführt werden. Die mittlere Zapfrate entspricht der Bedarfsspitze und ist zeitlich durch die Wannenfüllzeit von 10 Minuten festgelegt. Die einzelnen Daten sind in DIN 4708 T. 3 (10.79) festgelegt. Z. B. ist bei $N = 20$ Wohnungen und bei Temperaturerhöhung um 35 K vorgeschrieben:

| | |
|---|---|
| 1. und 5. Zapfrate | 24 l/min über 31 min |
| 2. und 4. Zapfrate | 45 l/min über 15 min |
| Spitzenzapfung | 60 l/min über 10 min |

Für die Wartezeiten gelten entsprechende Zahlen.

Ein nach dieser Methode geprüfter Brauchwassererwärmer hat die Leistungskennzahl *N* und ist damit in seiner Leistung genau festgelegt. In den Katalogen der Hersteller wird für die verschiedenen Speicher jeweils die Leistungskennzahl *N* in Abhängigkeit von der Speichertemperatur angegeben.

Bei *Durchflußerwärmern* braucht man zur Feststellung der Leistungszahl $N$ nur den 10-Min.-Wert aus Bild 442-10 abzulesen. Für $N = 1$ muß er die Leistung $5{,}82 \cdot 6 = 34{,}92$ kW haben.

Bei *großen Speichern* mit geringer Heizfläche (Nachtstromspeicher) kann die Leistungskennzahl aus der oberen Grenzlinie abgelesen werden. Für $N = 1$ ist ein Wärmespeicher von 11,6 kWh erforderlich; z.B. 200 l Wasser von 10/60 K $(200\ (60-10) \cdot 4{,}2/3600 = 11{,}6$ kWh).

Die Größe des Speichers ist bei dieser Berechnungsmethode (nach DIN 4708) wesentlich geringer als bei der Berechnung nach *Sander* (Abschnitt 442-11). Dies ist darauf zurückzuführen, daß hier eine *Verbrauchsspitze* zu irgendeinem Zeitpunkt vorausgesetzt ist, während nach der Methode Sander die Brauchwasserentnahme auf einen festen Zeitraum bei verhältnismäßig großem Gleichzeitigkeitsfaktor beschränkt ist. Es sind hier also überflüssige Reserven vermieden.

Ein weiterer Teil für gewerbliche Anwendung der Leistungskennzahl ist in Vorbereitung.

## -3 BERECHNUNG NACH DER VERBRAUCHSKURVE[1])

Wenn die Verbrauchskurve bekannt ist, wird eine Tangente an den Bereich des größten Verbrauchs gelegt. Aus der Neigung der Tangente ergibt sich die erforderliche Leistung des Wassererwärmers. Die Leistungskurve muß immer über der Verbrauchskurve liegen. Das Ausschalten des Erwärmers erfolgt bei voller Erwärmung des Speichers, das Einschalten bei ⅓ oder ½ Erwärmung.

*Beispiel* (Bild 442-12):

10 Wohnungen mit je 4 Personen haben einen Brauchwasserbedarf von z.B. $10 \cdot 4 \cdot 50 = 200$ l/d. Maximaler Brauchwasserbedarf 250 l/h.

Erforderliche Erwärmerleistung bei 60 °C Wassertemperatur:

$250 \cdot 1{,}16 \cdot (60-10) = 14{,}5$ kW

Die Kesselleistung muß wegen der Wärmeverluste um ca. 20…30% größer gewählt werden, also etwa 18 kW. Volumen des Speichers gewählt mit $V_S = 400$ l, wobei sich 4 Schaltungen je Tag ergeben. Bei kleinerem Volumen ist eine größere Leistung bei gleichzeitig mehr Schaltungen täglich erforderlich.

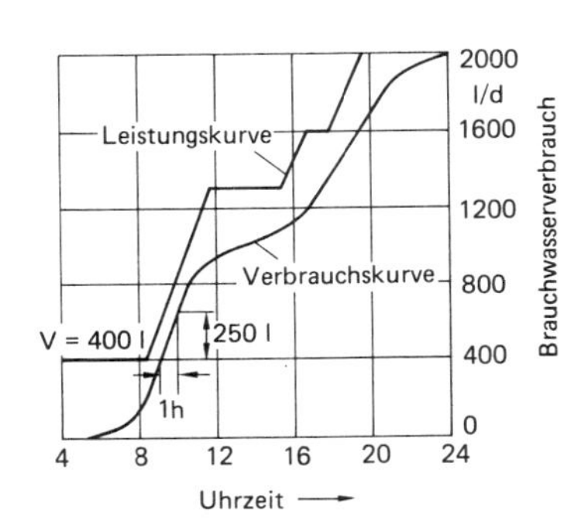


Bild 442-12. Diagramm zur Berechnung des Brauchwassererwärmers nach der Verbrauchskurve.

[1]) Nach Bösch-Fux: Warmwasserversorgungen heute. AT-Verl. Aarau 1984.

## 443 Kesselleistung[1])

Die Kesselleistung $\dot{Q}_K$ ermittelt sich bei Brauchwassererwärmung allgemein aus

$$\dot{Q}_K = \frac{\dot{Q} \cdot z_B}{z_A + z_B} \text{ in kW}$$

$z_A$ = Zahl der Anheizstunden bis zur vollständigen Erwärmung des Speicherinhalts
$z_B$ = Zahl der Betriebsstunden
$\dot{Q}$ = Wärmebedarf kW

Je größer $z_A$, desto kleiner der Kessel, desto größer aber der Speicher.

Bei $z_A = z_B = 2$ wird

$$\dot{Q}_K = \dot{Q}/2 \text{ in kW.}$$

Grundsätzlich hat man die Wahl, entweder einen kleinen Kessel mit großem Speicher oder einen großen Kessel mit kleinem Speicher zur Deckung des Brauchwasserbedarfs zu wählen. Am günstigsten sind die Größen, bei denen die Summe der Kosten für Speicher und Kessel am geringsten ist. Man stellt die Verhältnisse am besten im *Wärmeschaubild* (nach Faltin) dar, wie an zwei Beispielen für einen Wohnungs- und einen Industriebau erläutert wird.

Zur schnellen überschläglichen Berechnung der Kessel- und Speichergröße dienen die Tafeln 442-1 und 442-2.

*1. Beispiel: Wohnungen*

Bei Wohnungen tritt der maximale Wärmeverbrauch an den Freitag- und Sonnabend-Abenden auf. Der vielen Einflüsse wegen sei zur Vereinfachung angenommen, daß der stündliche maximale Wärmebedarf von 20 bis 22 Uhr vorhanden sei. Im Wärmeschaubild (Bild 443-1) wird vorausgesetzt, daß der maximale stündliche Wärmebedarf nach der Gleichung

$$\dot{Q} = 7 \cdot \varphi \cdot n \text{ in kW}$$

ermittelt sei und z. B. bei 30 Wohnungen

$$\dot{Q} = 7 \cdot 0{,}36 \cdot 28 = 70 \text{ kW}$$

betrage.

Der *gesamte Wärmebedarf* ist dann $2\,\dot{Q} = 2 \cdot 70 = 140$ kWh. Die Wärmebedarfskurve beginnt bei 20 h und endet um 22 h bei der Ordinate $2\,\dot{Q} = 140$ kWh. Für den Kessel wird zunächst eine Anheizzeit von 2 Stunden vorausgesetzt. Die von dem Kessel gelieferte Wärme wird dann durch die gerade Verbindungslinie $C$–$B$ gekennzeich-

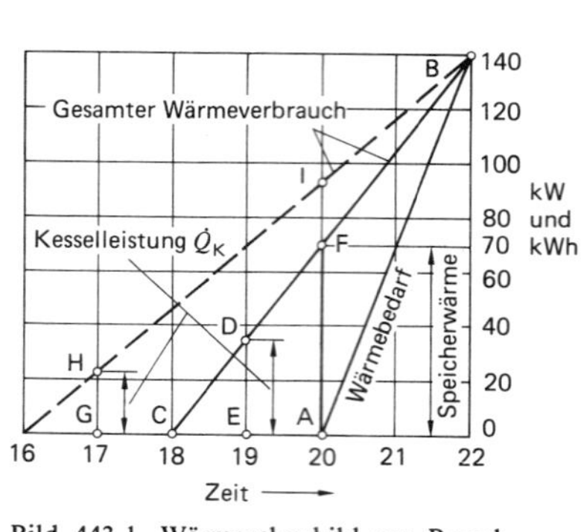


Bild 443-1. Wärmeschaubild zur Berechnung der Kesselleistung der Brauchwasser-Erwärmungsanlage eines Wohnhauses.

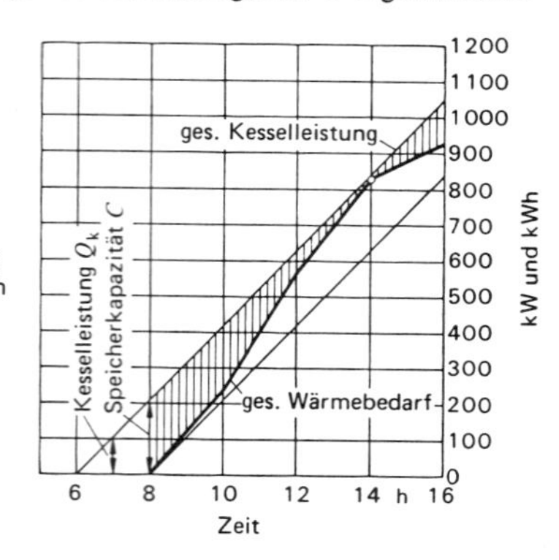


Bild 443-2. Wärmeschaubild zur Berechnung der Kesselleistung der Brauchwassererwärmungsanlage eines Industriebetriebes.

[1]) VDI-Richtlinie 3815 (E. 7.83): Bemessung der Leistung von Wärmeerzeugern.

net. Die Ordinate *DE* stellt die stündliche *Kesselleistung* dar, die im vorliegenden Falle $\dot{Q}_K = 35$ kW ist, die Ordinate *AF* die zu speichernde Wärmemenge, d. h. die *Kapazität* $C = 70$ kWh. Der Speicher deckt also gerade den Wärmebedarf einer Stunde. Dies ist auch der übliche Wert für Überschlagsrechnungen, wenn man zweistündige Anheizzeit und zweistündige Badezeit annimmt.

Bei vierstündiger Aufheizzeit wären die entsprechenden Werte für die Kesselleistung

$\dot{Q}_K = 23$ kW (Linie *G–H*)

und für den Speicher $C = 93$ kWh (Linie *A–J*).

Allgemein gilt für die Kapazität

$C = z_A \cdot \dot{Q}_K$ in kWh

*2. Beispiel: Gewerbebetrieb*

In einem *Fabrikbetrieb* werden folgende Wärmemengen von der Brauchwasser-Erwärmungsanlage verlangt:

| Zeit h | Wassermenge l/h | Temperatur °C | Wärmeleistung kW | Gesamtwärme kWh |
|---|---|---|---|---|
| 8···10 | 2500 | 50 | 116 | 232 |
| 10···12 | 2000 | 85 | 174 | 348 |
| 12···14 | 2500 | 50 | 116 | 232 |
| 14···16 | 1000 | 60 | 58 | 116 |
| | | | | 928 |

Im Wärmeschaubild 443-2 ist die *Wärmebedarfskurve* als Summenlinie stark ausgezogen. Für den Kessel ist eine Anheizzeit von 2 Stunden, also ab 6 h angenommen, und dieser Zeitpunkt mit dem höchsten Punkt der Wärmebedarfslinie durch eine Gerade verbunden. Alle Punkte der Wärmebedarfskurve liegen unterhalb der Heizleistungslinie. Die *Kesselleistung* ist dann

$\dot{Q}_K = 105$ kW

und die *Speicherkapazität*

$C = 210$ kWh.

Am Ende der Betriebszeit hat der Speicher noch eine Wärmemenge von $(10 \cdot 105) - 928 = 122$ kWh gespeichert.

Im Fall eines speicherlosen Brauchwassersystems wäre ein Durchflußerwärmer mit der maximalen Leistung von 174 kW zu wählen.

# 444 Der Speicherinhalt

## -1 SPEICHERSYSTEM

Der *Inhalt des Speichers* beim Speichersystem errechnet sich für beliebige zu speichernde Wärmemengen aus der Gleichung

$$V_s = \frac{C}{c \cdot (t_o - t_u)} \cdot b = \frac{C}{c\,\Delta t}\,b = \frac{\dot{Q}_K \cdot z_A}{c \cdot \Delta t} \text{ in l}$$

$C$ = Kapazität (gespeicherte Wärmemenge) des Speichers in kWh
$V_s$ = Inhalt des Speichers in l
$c$ = spez. Wärmekapazität des Wassers = 1,16 Wh/l K
$t_o$ = mittlere obere Temperatur des Speicherwassers in °C
$t_u$ = zulässige untere Temperatur des Speicherwassers in °C
$b$ = Zuschlagfaktor für toten Raum unterhalb der Speicherheizfläche $\approx 1{,}1 \cdots 1{,}2$

Der Wert der Kapazität $C$ ist im allgemeinen aus einem Wärmeschaubild analog Bild 443-2 zu ermitteln. Wenn der Speicher den Wärmebedarf $\dot{Q}$ einer Stunde aufnehmen soll, ist $C = 1000\ \dot{Q}$ und die Formel lautet:

$$V_s = \frac{1000\ \dot{Q}}{c \cdot \Delta t} \cdot b \text{ in l} \quad (\dot{Q} \text{ in kW})$$

Die Höhe der unteren Wassertemperatur $t_u$ hängt von der Bauart des Speichers ab.

Bei *guter Schichtlagerung*, z. B. stehenden Warmwassergefäßen, kann man annehmen

$$\Delta t = 60 - 10 = 50 \text{ K}$$

Bei *teilweiser Mischung*, wie sie in den Speichern nach DIN 4800 bis 4804 üblich ist, ist etwa

$$\Delta t = 60 - 25 = 35 \text{ K}.$$

Damit wäre der *Speicherinhalt* bei diesen Speichern

$$V_s = \frac{1000 \cdot \dot{Q}}{c \cdot 35} b = \frac{1000\ \dot{Q}}{1{,}16 \cdot 35} b = 24{,}5 \cdot \dot{Q} \cdot b \text{ in l}$$

Bei guter Schichtung sind die Speicher am kleinsten, die Kapazitäten am größten.

Für Wärmeverluste des Speichers und der Rohrleitungen sowie wegen evtl. Verkalkung sind Zuschläge erforderlich, bei zylindrischen Bauarten
in liegender Bauart etwa 20···30%
in stehender Bauart etwa 10···20%.

Für Überschlagsrechnungen siehe Tafel 442-1, bei der zur Ermittlung der Speichergröße mit $\Delta t = 35$ K gerechnet ist.

*Bestimmung nach der Leistungskennzahl N.*

Bei der Brauchwasserversorgung von Wohnungen bestimmt man zunächst die Leistungskennzahl $N$ (nach Abschn. 422-22) und wählt dann aus den Katalogen der Hersteller die Speichergröße aus. Für jede Speichergröße gibt es je nach Speichertemperatur und Heizmitteltemperatur eine bestimmte Leistungskennzahl $N$ und Dauerleistung $\dot{Q}$.

*Beispiel:*

$N = 28$, Speichertemperatur $t_{sp} = 45\,°C$, Vorlauftemperatur der Heizung $t_v = 60\,°C$. Aus Katalog Buderus Speicher TBS-LN mit 150 l Inhalt und Dauerleistung $\dot{Q} = 100$ kW.

## -2 DURCHFLUSS-SYSTEM

Für die nach dem Durchflußsystem gebauten Anlagen gelten dieselben Gleichungen wie für die Speichersysteme, also

im allgemeinen Fall

$$V_s = \frac{C}{c\,\Delta t} b \text{ in l},$$

bei Speicherung einer einstündig benötigten Wärmemenge $\dot{Q}$ in kW

$$V_s = \frac{1000\ \dot{Q}}{c \cdot \Delta t} b \text{ in l}.$$

Die obere Wassertemperatur $t_o$ kann hier höher als beim Speichersystem angenommen werden, da ja das Speicherwasser nicht Brauchwasser ist.

Mit $t_o = 75\,°C$ und $t_u = 45\,°C$ ist der Speicherinhalt

$$V_s = \frac{1000\ \dot{Q}}{1{,}16 \cdot 30} \cdot b = 28{,}6 \cdot \dot{Q} \cdot b \text{ in l}.$$

Für Überschlagsrechnungen siehe Tafel 442-2.

## -3 ERFAHRUNGSFORMELN

Allgemein anerkannte Verfahren zur Berechnung von Speichern gibt es noch nicht. *Erfahrungswerte* für den Speicherinhalt beim Durchfluß- und Speichersystem sind in Bild 444-1 enthalten.

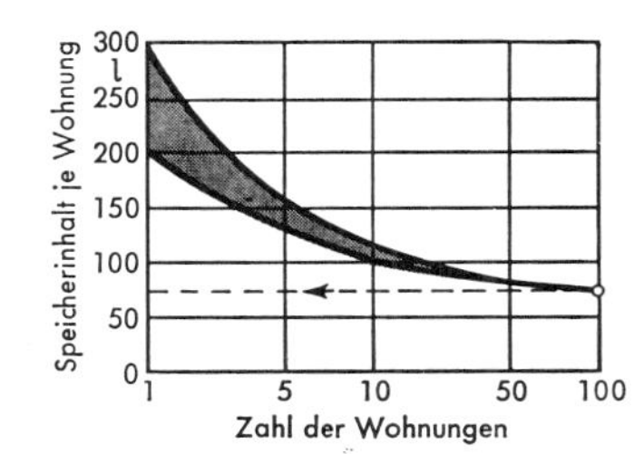


Bild 444-1. Inhalt der Brauchwasserspeicher bei Wohnbauten.

*Beispiel:*

100 Wohnungen mit je einem Vollbad haben beim Speichersystem einen maximalen Wärmebedarf von

$\dot{Q} = 7 \cdot n \cdot \varphi = 7 \cdot 100 \cdot 0{,}28 = 196\,\text{kW}$

Wie groß muß der Speicher sein?

Speicherkapazität bei Speicherung des Wärmebedarfs einer Stunde

$C = 1000\,\dot{Q}$

Speicherinhalt

$V_s = \frac{1000 \cdot \dot{Q}}{c \cdot \Delta t} = \frac{1000 \cdot 280}{1{,}16 \cdot 35} \cdot 1{,}1 = 7500\,\text{l}$ (ebenso aus Bild 444-1).

Die verschiedenen Berechnungsverfahren ergeben gegenüber DIN 4708 zum Teil erhebliche Unterschiede. Im Regelfall ergibt DIN 4708 kleinere Werte als z. B. Sander.

# 445 Speicherheizfläche

Die allgemeine Gleichung zur Errechnung der *Speicherheizfläche* lautet:

$$A_s = \frac{\dot{Q}_K}{k \cdot \Delta t_m} \text{ in m}^2$$

$A_s$ = Speicherheizfläche in $m^2$
$\dot{Q}_K$ = Kesselleistung in W
$k$ = Wärmedurchgangszahl in $W/m^2K$
$\Delta t_m$ = mittlerer Temperaturunterschied zwischen Heizmedium und Speicherwasser in K

Dabei ist angenommen, daß die volle Kesselleistung im Speicher übertragen wird.

a) *Speichersystem*. Die Wärmedurchgangszahlen lassen sich nach den Formeln der Wärmeübertragung (siehe Abschn. 135) berechnen. Die Wärmewiderstandszahl ist angenähert ($\lambda/s$ groß gegenüber $\alpha_i$ und $\alpha_a$)

$$\frac{1}{k} = \frac{1}{\alpha_i} + \frac{1}{\alpha_a} \text{ in m}^2\text{K/W}$$

Darin ist beim Wärmeübergang Wasser/Wasser

$$\alpha_i = 3370 \cdot w^{0,85} (1 + 0{,}014\, t_w) \qquad \text{(Bild 135-18)}$$

$$\alpha_a = \frac{116 + 2{,}6\, t_R}{\sqrt[4]{d}}$$

$t_R$ = Rohrtemperatur °C

Beim Wärmeübergang Dampf/Wasser genügt es, nur die Formel für $\alpha_a$ zu benutzen.

In Bild 445-1 sind die Wärmedurchgangszahlen $k$ ausgerechnet für eine mittlere Heizwassertemperatur von $t_w = 80\,°C$ bei verschiedenen Wassergeschwindigkeiten.

Bild 445-3 enthält die entsprechenden Werte für Niederdruckdampf.

Bei Verschmutzung oder Kesselsteinablagerung sind geringere Werte zu verwenden.

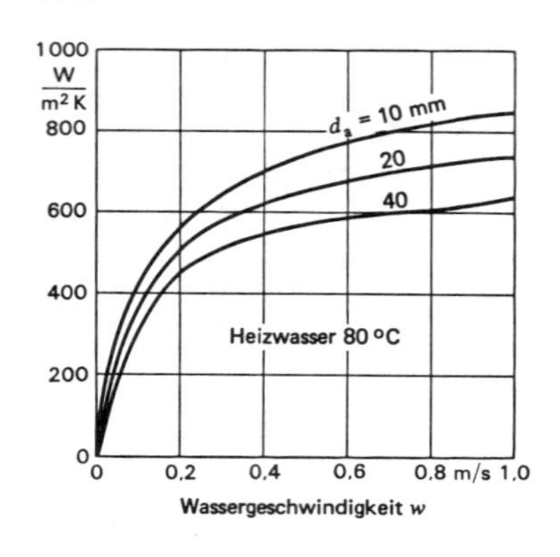


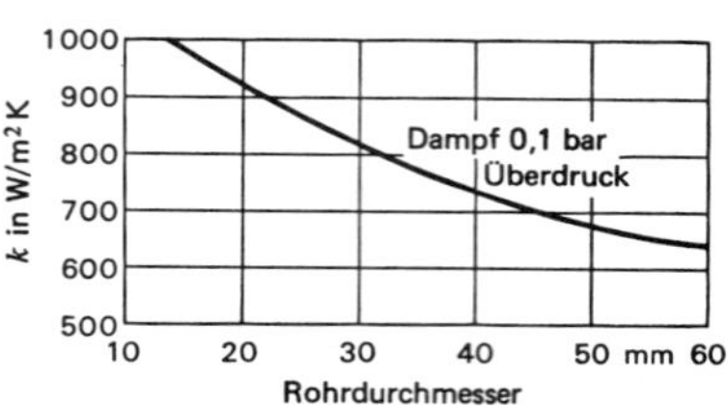


Bild 445-3. Wärmedurchgang bei dampfgeheizten Brauchwasserspeichern.

Bild 445-1. Wärmedurchgang bei wassergeheizten Brauchwasserspeichern mit Heizregistern.

*Erfahrungswerte* für $k \cdot \Delta t_m = K$:

Wasser 90/70 °C an Wasser 10/60 °C:

$K = 11\,000 \cdots 17\,000$ W/m² $= 11 \cdots 17$ kW/m²

Dampf 0,1 bar an Wasser 10/60 °C:

$K = 45\,000$ W/m² $= 45$ kW/m².

b) *Durchflußbatterie:* Bei diesem System ist die minutliche BW-Bedarfsspitze der Berechnung zugrunde zu legen. Für Wohnbauten beträgt diese bei 60 °C Zapftemperatur je Entnahmestelle

$L \approx a\sqrt{P \cdot n}$ in l/min

$P$ = Zahl der Personen je Haushalt
$n$ = Zahl der Haushalte
$a$ = 8⋯12 je nach Ausstattung

Daraus ergibt sich dann wieder die Heizfläche der Batterie nach der Gleichung

$$A_s = \frac{\dot{Q}}{k \cdot \Delta t_m} = \frac{L \cdot 4{,}2\,(60-10)}{60 \cdot k \cdot \Delta t_m} = \frac{3500\,L}{k \cdot \Delta t_m}$$

Erfahrungswerte sind:

$k = 1100 \cdots 1700$ W/m²K $= 1{,}1 \cdots 1{,}7$ kW/m²K
$\Delta t_m = 20 \cdots 25$ K bei Heizwasser von 90/70 °C
$K = k \cdot \Delta t_m = 25\,000 \cdots 35\,000$ W/m² $= 25 \cdots 35$ kW/m².

Die Batterien, die meist außen berippt sind, werden jedoch im allgemeinen aus den versuchsmäßig festgestellten Leistungstafeln der Hersteller ermittelt. Dabei ist besonders auch auf den Druckverlust der Batterie zu achten. Das Oberflächenverhältnis $A_a/A_i$ ist etwa 4⋯6. Normale Druckverluste 0,3⋯0,5 bar.

## 446 Ausdehnungsgefäß

Das *Ausdehnungsgefäß* hat die Aufgabe, das sich bei Erwärmung ausdehnende Wasser aufzunehmen. Bei einer Temperaturzunahme von 0 auf 100 °C dehnt sich Wasser um 4,3% aus. Aus Sicherheitsgründen erhält das Ausdehnungsgefäß meist einen Rauminhalt, der um 50⋯100% größer ist als der sich rechnerisch ergebende Betrag.

*Überschlagszahlen* für die Größe $V_a$ des Ausdehnungsgefäßes für Brauchwasser-Erwärmungsanlagen mit Kesseln, die nur zur Brauchwassererwärmung, nicht zur Heizung dienen, sind folgende:

*Speichersystem:* $V_a \approx 1$ Liter je kW Kesselleistung.

*Durchflußsystem:* $V_a = 0{,}06 \cdot$ Speicherinhalt in Liter

Wegen des relativ großen Speicherinhalts ist hier nur dieser in Rechnung gestellt.

# 447 Das Rohrnetz

Die Ausführung der Rohrleitungen erfolgt grundsätzlich nach DIN 1988: Techn. Regeln für Trinkwasserinstallationen, TRWI.

Als *Material* bei Korrosionsgefahr werden in DIN 1988 Rohre aus Kupfer empfohlen. Dabei ist allerdings noch nicht die Frage geklärt, ob und wann bei Rohren und Geräten aus Stahl Korrosionen auftreten. Bei großem Eisen- und Mangangehalt des Wassers können auch Kupferleitungen korrodieren, ebenso bei großer Verschmutzung durch Sand, Rost u. a. Die Erfahrung hat gezeigt, daß der Einbau von Armaturen aus Kupfer, Messing oder Rotguß in Stahlrohrnetzen unbedenklich ist (keine *Kontaktkorrosion*). Auf alle Fälle soll jedoch kein Stahlrohr *nach* Kupferrohr – in Fließrichtung gesehen – verwendet werden.

Bei aggressivem Wasser besondere Maßnahmen: Kupferionenfilter, korrosionsfeste Werkstoffe, Wasserbehandlung mit Silikaten, Phosphaten u. a., kathodischer Korrosionsschutz (Opferanoden oder Fremdstromanoden). pH-Wert < 10.

*Kesselsteinbildung* tritt natürlich bei hohen Wassertemperaturen und hartem Wasser auch in Kupferrohren auf.

## -1 KALTWASSER- UND BRAUCHWASSERLEITUNGEN[1])

Die Berechnung der *Trinkwasserleitungen* beruht auf der Ermittlung des *Druckverlustes,* den das Wasser auf dem Wege von der Versorgungsleitung bis zur Verbrauchsstelle erfährt. Dieser Druckverlust ist bei einem bestimmten Rohrdurchmesser abhängig von der *Durchflußmenge.* Diese wurde bisher nach den DVGW-Richtlinien W 308 (März 1962) ermittelt, nunmehr nach DIN 1988, Teil 3 (E. 2. 85)[2]), Technische Regel des DVGW.

*Durchflußmengen*

Kaltwasser- und Brauchwasserrohrleitungen werden in derselben Weise berechnet. Für jede Wasserentnahmestelle gibt es einen Mindestfließdruck und einen bestimmten Wasserdurchfluß, den sog. *Berechnungsdurchfluß* $Q_R$ (Tafel 447-1). Die gesamte durch einen Leitungsabschnitt fließende Wassermenge ist jedoch nicht gleich der Summe der Berechnungsdurchflüsse $Q_R$, da nicht alle Entnahmestellen gleichzeitig benutzt werden. Der Rechenwert für den maximalen Durchfluß ist der *Spitzendurchfluß* $Q_S$. Für seine Ermittlung gilt bei Wohnbauten die Gleichung

$$Q_S = 0{,}682\,(\sum Q_R)^{0{,}45} - 0{,}14 \quad \text{in l/s}$$

$$Q_R = 0{,}07 \text{ bis } 20 \text{ l/s}$$

Bei anderen Gebäuden gelten andere Gleichungen, z. B. für Bürogebäude, Krankenhäuser u. a. Bildliche Darstellung in Bild 447-1. Zahlenwerte in DIN 1988, Teil 3.

In vielen Fällen, besonders bei gewerblichen Anlagen, ist jedoch nicht nach diesen Angaben, sondern nach der wirklich ausfließenden Durchflußmenge zu rechnen. Beispielsweise werden bei Brausebädern, Reihenwaschanlagen und Waschbecken in Fabriken, Schulen, Sporthallen usw. häufig alle Zapfstellen gleichzeitig benutzt, so daß hier die *wirkliche Durchflußmenge* in Rechnung zu stellen ist.

*Druckverluste*[3])

Der Gesamtdruckverlust bei Strömung von Wasser in Rohren ist (nach Abschn. 149):

$$\sum (l \cdot R) + \sum \zeta \cdot \varrho/_2 \cdot w^2$$

Rohrreibung Einzelwiderstände

Für das *Druckgefälle* $R = \Delta p/l$ bei verschiedenen Geschwindigkeiten und Rohrarten stehen Tabellen und Diagramme zur Verfügung, z. B. Bild 149-1 sowie 244-13 und -14.

---

[1]) Knoblauch, H.-J.: HR 8/77. 11 S. u. 5/79. 9 S.

[2]) DIN 1988 T. 3. Techn. Regeln für Trinkwasser-Installationen (TRWI), E. 2. 85.
Pfeil: TAB 10/85. S. 653/6.

[3]) Deutsches Kupferinstitut: Kupferrohrnetzberechnung. Berlin 1974.
Feurich, H.: Rohrnetzberechnung 1973.

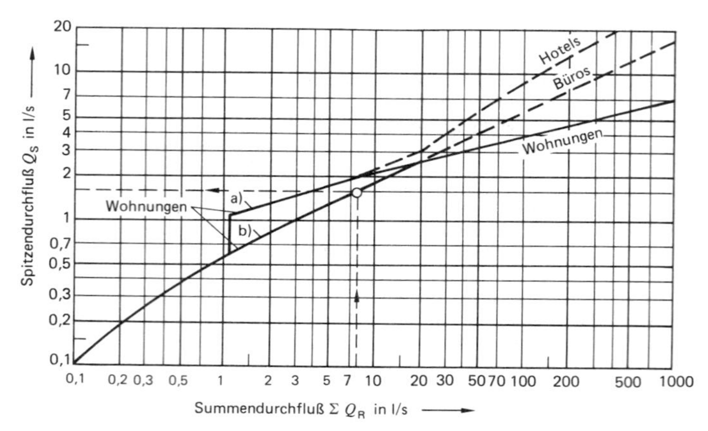


Bild 447-1. Spitzendurchfluß $Q_S$ in Abhängigkeit vom Berechnungsdurchfluß $\sum Q_R$. Kurve a) bei Wohnungen gilt, falls Einzelabnahme mit mehr als 0,5 l/s.

**Tafel 447-1. Berechnungsdurchflüsse $Q_R$ und Mindestfließdruck von Armaturen und Apparate.**

| Entnahmestelle | Anschluß | $Q_R$ in l/s | $P_{min\,Fl}$ in bar |
|---|---|---|---|
| Auslaufventil | | | |
| ohne Luftsprudler | DN 15 | 0,30 | 0,5 |
| mit Luftsprudler | DN 15 | 0,15 | 1,0 |
| Geschirrspülmaschine | DN 15 | 0,15 | 1,0 |
| Waschmaschine | DN 15 | 0,25 | 1,0 |
| Mischbatterie | | | |
| Badewanne | DN 15 | 0,15 | 1,0 |
| Waschtisch | DN 15 | 0,07 | 1,0 |
| Druckspüler | DN 20/25 | 1,00 | 1,2 |
| El. Durchflußwassererwärmer 24 kW | – | 0,10 | 2,4 |
| Gas-Durchlauf-Wasserheizer 8···28 kW | – | 0,13 | 1,0 |

Grundlage der Berechnung ist dabei die Gleichung von *Colebrooke*[1]) mit der Rohrrauhigkeit $\varepsilon$ z. B.:

$\varepsilon = 0{,}15$ mm für Stahlrohre
$\varepsilon = 0{,}0015$ mm für Kupferrohre.

Bei Kupferrohren ist das Druckgefälle wesentlich geringer als bei Stahlrohren, ca. 25%.

Ebenso gibt es für die *Widerstandsbeiwerte* $\zeta$ von Einzelwiderständen Tabellen, z. B. Tafel 148-1 und -2, sowie für Apparate Angaben der Hersteller.

Bei ungünstiger Wasserbeschaffenheit und infolge zunehmender *Verkrustung* der Rohre ist der Druckverlust größer. Bei einer mittleren Verkrustung mit der Rauhigkeit $\varepsilon = 1{,}5$ mm ergibt sich für Stahlrohre das Druckgefälle $R$ nach Bild 447-3.

Werte für Kaltwasser und geringere Verkrustung siehe auch Abschnitt 149. Für Kupferleitungen mit Wasser von $t = 80\,°C$ siehe Bild 244-14.

[1]) $\frac{1}{\sqrt{\lambda}} = -2{,}0 \lg \left(\frac{\varepsilon/d}{3{,}71} + \frac{2{,}51}{Re\sqrt{\lambda}}\right)$. S. auch Abschnitt 147.

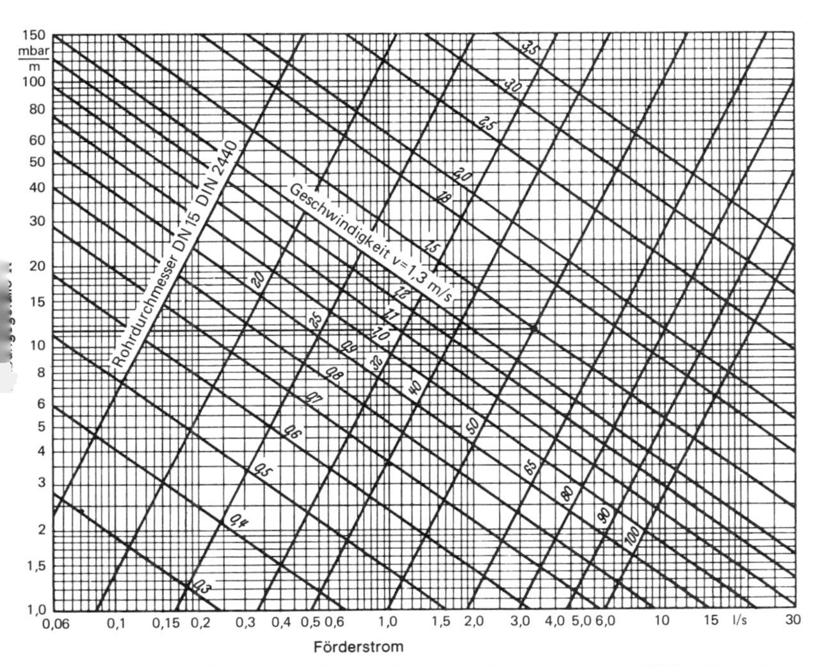


Bild 447-3. Das Reibungsgefälle $R$ bei Strömung von Brauchwasser von 50 °C in Stahlrohren nach der Gleichung von Colebrook (Rauhigkeit $\varepsilon = 1{,}5$ mm, d.h. mit mittlerer Verkrustung).

*Beispiel:*

Wie hoch ist der Druckverlust des Brauchwassers in einer 20 m langen etwas verkrusteten Stahlrohrleitung DN 50 bei $v = 1{,}5$ m/s?

Aus Bild 447-3 folgt:

Druckverlust $\Delta p = 20 \cdot R = 20 \cdot 11{,}5 = 230$ mbar.

Volumenstrom 3,3 l/s = 11,9 m³/h.

Bei neuen Leitungen ohne Verkrustung ist nach Bild 244-13
$R = 4{,}5$ mbar/m und $\Delta p = 20 \cdot 4{,}5 = 90$ mbar.
Bei Kupferrohren: $\Delta p = 20 \cdot 3{,}7 = 74$ mbar.

*Verfügbare Druckdifferenz*

In den Verbrauchsleitungen vom Hausanschluß bis zu den Entnahmestellen entstehen vielfältige Druckverluste. An der hydraulisch ungünstigsten Stelle darf ein bestimmter Druck, der Mindestfließdruck $P_{min\,Fl}$ nicht unterschritten werden.

Es bedeuten:

$P_v$ = Versorgungsdruck am Hausanschluß
$P_{min\,Fl}$ = Mindestfließdruck an der Entnahmestelle
$\Delta P_{WZ}$ = Druckverlust durch Wasserzähler
$\Delta P_{geo}$ = Druckverlust durch geodätischen Höhenunterschied
$\Delta P_{App}$ = Druckverlust durch Apparate wie Filter, Dosiergerät u.a.
$\Delta P_v$ = $\sum (R \cdot l + Z)$ = Druckverluste durch Rohrreibung und Einzelwiderstände

Die für Rohrreibung und Einzelwiderstände zur Verfügung stehende Druckdifferenz $\Delta P_v$ errechnet sich also aus der Gleichung

$$\Delta P_v = P_v - P_{min\,Fl} - \Delta P_{WZ} - \Delta P_{App} - \Delta P_{geo} = \sum (R \cdot l + Z)$$

Das verfügbare Druckgefälle $R$ ist bei einer Gesamtlänge $l$ der Rohrleitung

$R_v = \Delta P_v / l$ in mbar/m

*Berechnung der Rohrdurchmesser*

Für den hydraulisch ungünstigsten Rohrstrang werden die Teilstrecken entgegen der Fließrichtung numeriert, die Werte für den Berechnungsdurchfluß $Q_R$ und Spitzendurchfluß $Q_S$ eingetragen und die *vorläufigen Durchmesser* in Abhängigkeit von der Geschwindigkeit oder vom zulässigen Druckgefälle $R_v$ angegeben. Daraus ergeben sich die Druckverluste $l \cdot R + Z$, deren Summe den zulässigen Druckverlust $\Delta P_v$ nicht überschreiten darf, andernfalls der eine oder andere Durchmesser zu ändern ist. Die Wassergeschwindigkeit soll im allgemeinen 1…2 m/s, maximal in Sammelleitungen 3 m/s nicht überschreiten.

*Vereinfachte Berechnung*

In den meisten Fällen, besonders bei Wohngebäuden, kann die Berechnung in vereinfachter Form durchgeführt werden. Dabei sind folgende *Pauschalwerte* für Druckverluste zulässig:

Wasserzähler $\Delta P_{WZ} = 400 \cdots 700$ mbar
Filter $\Delta P_{Fi} = 300$ mbar

Außerdem kann der Anteil des Druckverlustes durch die Einzelwiderstände mit 50% des Gesamtdruckverlustes angenommen werden. Dann ist das verfügbare Druckgefälle

$R_v = 2 \cdot \sum (l \cdot R)$ in mbar

*Beispiel:* Wasserinstallation mit Kupferrohren nach Bild 447-5.

| | | |
|---|---|---|
| Versorgungsdruck am Hausanschluß | 40 mWS[1]) $\approx P_v$ = | 4000 mbar |
| Druckverlust durch geodätische Höhe | 8 mWS $\approx \Delta P_{geo}$ = | 800 mbar |
| Druckverlust durch Wasserzähler | $\Delta P_{WZ}$ = | 700 mbar |
| Druckverlust durch Apparate | $\Delta P_{App}$ = | 300 mbar |
| Mindestfließdruck | $P_{min\,Fl}$ = | 1000 mbar |
| Verfügbare Druckdifferenz | $\sum(l \cdot R + Z)$ = | 1200 mbar |
| Davon 50% verfügbar für Rohrreibung | 50% = | 600 mbar |

Die Berechnung der Rohrdurchmesser erfolgt in Tafel 447-5. Dabei wird das Rohrreibungsgefälle $R$ aus Bild 244-14 entnommen, welches – wie auch die Angaben in DIN 1988, T. 3 (E. 2. 85) – *ohne* Verkrustung gilt.

**Tafel 447-5. Druckverlustberechnung zur Anlage nach Bild 447-5**

| TS | $\sum Q_R$ l/s | $Q_S$*) l/s | $l$ m | DN mm | $v$*) m/s | $R$*) mbar/m | $R \cdot l$ mbar |
|---|---|---|---|---|---|---|---|
| 1 | 0,15 | 0,15 | 2 | 12 | 1,9 | 45 | 90 |
| 2 | 0,29 | 0,25 | 1,5 | 15 | 1,9 | 30 | 45 |
| 3 | 0,29 | 0,25 | 3 | 15 | 1,9 | 30 | 90 |
| 4 | 0,58 | 0,40 | 12 | 22 | 1,35 | 10 | 120 |
| 5 | 1,16 | 0,60 | 3 | 22 | 2,0 | 20 | 60 |
| 6 | 1,74 | 0,75 | 5 | 28 | 1,4 | 6,4 | 32 |
| 7 | 1,74 | 0,75 | 10 | 28 | 1,4 | 6,4 | 64 |
| 8 | 7,74 | 1,6 | 7 | 35 | 1,9 | 10 | 70 |
| | | | $\sum l = 43,5$ | | | | $\sum (R \cdot l) = 571$ < 600 mbar |

*) nach Bild 447-1
**) nach Bild 244-14 (1 kPA = 10 mbar)

Für *Überschlagsrechnungen* genügt es auch, bei den Stockwerksleitungen von Wohnungen *Pauschalwerte* für den Druckverlust anzunehmen. Nach DIN 1988, Teil 3 betragen die Druckverluste je nach Anschlußdurchmesser, Länge der Leitung, Berechnungsdurchfluß und Absperrorgan 450 bis 1700 mbar, und die Rohrdurchmesser DN 15 bis 20 ($Q_R < 0,5$) bzw. DN 20 bis 25 ($Q_R > 0,5$ l/s). Für größere Anlagen, insbesondere Industriebetriebe sind die Berechnungen natürlich nach den genauen Verfahren durchzuführen.

[1]) 1 mWS = 98,1 mbar.

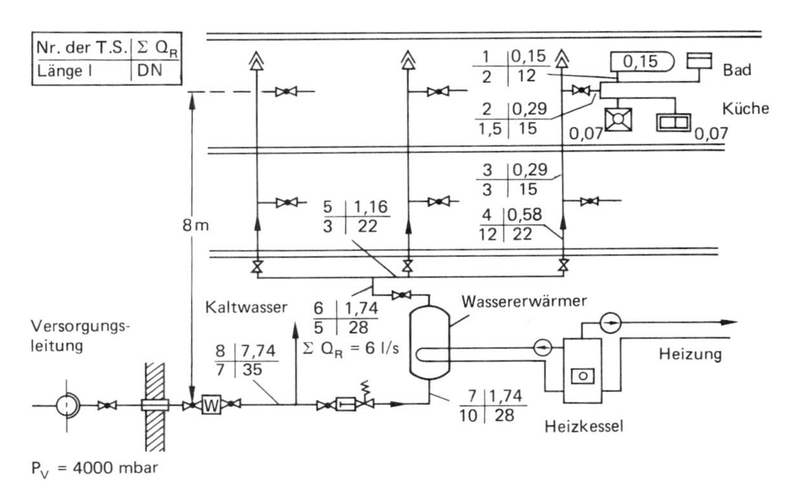


Bild 447-5. Strangschema einer Wasserinstallation.

Ausreichende *Wärmedämmung* der Rohrleitungen ist zur Verringerung der Wärmeverluste unbedingt erforderlich. Nach der 1. Heizungsanlagen-VO vom 22.9.78 beträgt die Dämmstoffdicke ⅔ DN bezogen auf $\lambda = 0{,}035$ W/mK. Dabei ist dann die Wärmedurchgangszahl $k \approx 0{,}20 \cdots 0{,}26$ W/mK.

Nach der *2. Heizungsanlagen-VO* vom 24.2.81 ist die Dicke der Wärmedämmschicht bezogen auf $\lambda = 0{,}035$ W/mK:

| | |
|---|---|
| bis DN 20 | 20 mm |
| ab DN 20 bis DN 35 | 30 mm |
| ab DN 40 bis DN 100 | DN |
| über DN 100 | 100 mm |

Die Wärmedurchgangszahl $k$ beträgt dann etwa $0{,}15 \cdots 0{,}20$ W/mK.

## -3 DIE ZIRKULATIONSLEITUNG[1])

Die Zirkulationsleitung kann entweder

für natürlichen Umlauf bei kleinen Anlagen oder

für zwangsweisen Umlauf mit Umwälzpumpe bei großen Anlagen

berechnet werden.

Bei *natürlichem Umlauf* ist der Kreislauf, solange kein Brauchwasser entnommen wird, ähnlich demjenigen einer Warmwasserschwerkraftheizung, wobei der Temperaturunterschied zwischen Vorlauf und Rücklauf etwa 5···10 K beträgt. Für den *Umtriebsdruck* sind nur die vertikalen Strecken maßgebend. Eine genaue Berechnung der Zirkulationsleitung derart, daß im Ruhezustand sich ein gleichmäßiger Wasserkreislauf ergibt, ist sehr umständlich und im allgemeinen auch nicht erforderlich. Richtwerte für die Bemessung der Rohrdurchmesser enthält Tafel 447-3. Die Zirkulationsleitungen müssen ebenso wie die Brauchwasserleitungen nach der 2. Heizungsanlagen-VO vom 24.2.82 wärmegedämmt sein (s. Abschn. 238-4).

Bei *Pumpenumlauf* wird die Wassergeschwindigkeit in der Zirkulationsleitung mit etwa 0,3···0,5 m/s gewählt. Mittlere Werte für die stündliche Leistung der Umwälzpumpe er-

[1]) Koch, M.: Öl-Gasfeuerung 4/76. S. 233/6.
Bösch, K.: IKZ 1977. Heft 20, 21 u. 22.
Ihle, C.: SBZ 6/78. S. 485/7.
Lehr, K., u. A. Langhans: HLH 6/79. S. 220/3.

**Tafel 447-3. Bemessung von Zirkulationsleitungen (nach DIN 1988, Teil 3. – E. 2. 85)**

| Brauchwasserleitung | | Zirkulationsleitung | |
|---|---|---|---|
| Nennweite DN | Innen∅ min. mm | Nennweite DN | Innen∅ min. mm |
| 20···32 | 20···32 | 15 | 13 |
| 40···50 | 40···50 | 20 | 20 |
| 65···80 | 65···80 | 25 | 25 |
| 100 | 100 | 32 | 32 |

hält man, wenn man einen etwa 5fachen stündlichen Umlauf des Wasserinhalts der Vorlauf- und Umlaufleitungen zugrunde legt. Die *Förderhöhe* muß entsprechend dem Rohrleitungswiderstand berechnet werden. Temperaturdifferenz ≈ 2···5 K. Zweckmäßige Förderhöhe bei einer Länge des Kreislaufs von 50···100 m etwa 0,5···1,0 mWS.

Die Umwälzpumpen sind Sonderkonstruktionen aus rostfreiem Material, z. B. Rotguß oder Edelstahl, bei denen die wasserführenden Teile vollständig vom Motor und Lager getrennt sind, um Störungen durch Kesselstein zu vermeiden. Zur Verringerung der Auskühlverluste muß die Pumpe durch eine Zeitschaltuhr gesteuert werden, so daß eine Zirkulation nur in bestimmten Zeiten erfolgt (Bild 447-5). Dies ist nach der 2. Heizungsanlagen-VO bei mehr als 2 Wohnungen gefordert. Einschaltung der Pumpe kann durch Thermostat an der letzten Zapfstelle erfolgen.

Ersatz der Zirkulationsleistung durch elektr. Begleitheizung s. Abschn. 422-5.

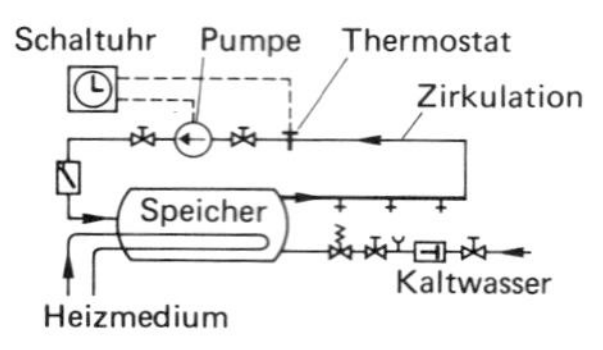


Bild 447-▪. Schaltschema für zeit- und temperaturabhängig gesteuerte Brauchwasseranlage.

## -4 DIE HEIZLEITUNGEN

Die Heizleitung vom Kessel zum Brauchwassererwärmer wird in derselben Weise berechnet wie bei den Heizkörpern von Zentralheizungen.

## -5 ÜBERSCHLAGSWERTE

für die schnelle Ermittlung der Rohrweiten erhält man aus dem Diagramm 447-8.

Hier sind auf der Abszissenachse der Spitzendurchfluß $Q_S$ aufgetragen, während auf der Ordinate die Rohrweiten für die Wasserleitungen abgelesen werden können. Dabei sind die Wassergeschwindigkeiten nach den vorher gemachten Angaben zu wählen.

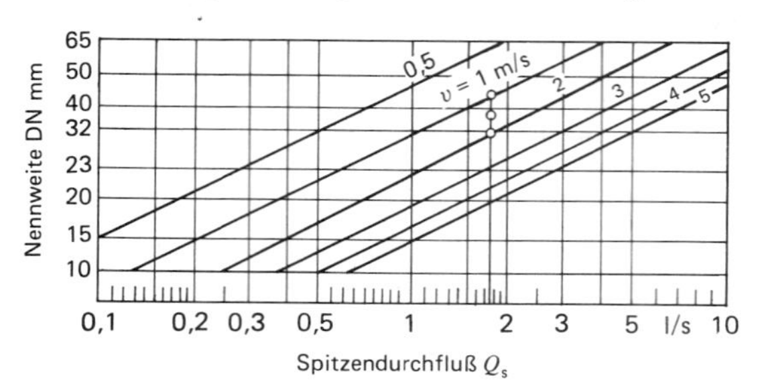


Bild 447-8. Diagramm zur überschläglichen Bemessung der Rohrleitungsanschlüsse bei Brauchwasser-Erwärmungsanlagen nach dem Spitzendurchfluß $Q_S$.

*Beispiel:*

Ein Wohnhaus mit 20 Wohnungen hat je Wohnung

| | |
|---|---|
| 1 Wanne mit Anschluß ............................ | $Q_R = 0{,}15$ |
| 1 Spüle mit Anschluß ............................ | 0,07 |
| 1 Waschbecken mit Anschluß ...................... | 0,07 |
| | Summe = 0,29 |

Summendurchfluß $\sum Q_R = 20 \cdot 0{,}29 = 5{,}8$ l/s
Spitzendurchfluß aus Bild 447-1 (Wohnungen) $Q_S = 1{,}75$ l/s

Bei Wassergeschwindigkeiten $v = 1{,}5$ m/s für die Brauchwasserleitung und $v = 2{,}0$ m/s für die Kaltwasserleitung ergeben sich dann folgende Rohrweiten:

| | |
|---|---|
| Kaltwasserzuleitung ...................................... | DN 32 |
| Brauchwasseranschluß am Speicher ......................... | DN 40 |
| Zirkulationsleitung ...................................... | DN 20 |

## 448 Beispiele

*1. Beispiel:*

Für ein Mietshaus mit $n = 18$ Wohnungen soll eine *zentrale Brauchwasser-Erwärmungsanlage* nach dem Speichersystem mit Warmwasserkessel berechnet werden. Je Wohnung 3 Personen, ein Vollbad, ein Waschbecken, eine Spüle. Wasserdruck im Keller 4 bar, Rohrlängen nach Bild 448-1.

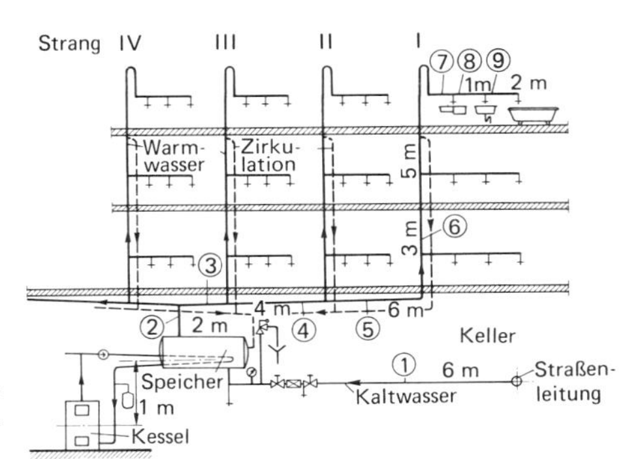


Bild 448-1. Rohrleitungsplan für die Brauchwasser-Erwärmungsanlage des Beispiels 1.

1. *Maximale stündliche Wassermenge* bei einer Betriebszeit von 2 Stunden:

$W = 220 \cdot n \cdot \varphi = 220 \cdot 18 \cdot 0{,}42 = 1512$ l/h
$\varphi$ = Gleichzeitigkeitsfaktor = 0,42 (Tafel 442-1)

Wassertemperatur $t_w = 40\,°C$ am Zapfhahn, 60 °C am Speicheraustritt.

2. *Wärmebedarf* $\dot{Q} = 7 \cdot n \cdot \varphi = 7 \cdot 18 \cdot 0{,}42 = 53$ kW

3. *Kesselleistung* $\dot{Q}_K$ bei zweistündiger Anheizzeit

$$\dot{Q}_K = \frac{\dot{Q}}{2} = \frac{53}{2} = 26{,}5 \text{ kW}$$

4. *Speicherinhalt*

$$V_s = \frac{1000\,\dot{Q}}{c\,(t_o - t_u)} \cdot b = \frac{1000 \cdot 53}{1{,}16 \cdot 35} \cdot 1{,}10 = 1300 \text{ l.}$$

Oder Bild 444-1: $V_s = 100 \cdot 18 = 1800$ l.

Gewählt ein Speicher nach DIN 4801 mit $V_s = 2000$ l.

5. *Speicherheizfläche* nach Abschn. 455 bei einer stählernen Heizschlange und bei Berücksichtigung einer Kesselüberlastung von 30%:

$$A_s = \frac{\dot{Q}_K \cdot 1{,}3}{K} = \frac{26\,500 \cdot 1{,}3}{12\,000} = 2{,}9 \text{ m}^2.$$

6. *Ausdehnungsgefäß des Kessels*

Inhalt $V_a = 27$ l (1 Liter je kW).

7. *Rohrnetz*

1. *Kalt- und Brauchwasserleitungen*

Belastungswerte je Wohnung:

| | |
|---|---|
| 1 Vollbad (Mischbatterie) | $Q_R = 0{,}15$ |
| 1 Handwaschbecken | 0,07 |
| 1 Spüle | 0,07 |
| | Summe 0,29 |

Druckgefälle

| | | Strang I | | Strang II |
|---|---|---|---|---|
| Druck in Straßenleitung $P_v$ | bar | | 4,0 | |
| abzüglich geodätische Druckhöhe $\Delta P_{geo}$ | bar | 0,9 | | |
| abzüglich Druckverlust Wasserzähler $\Delta P_{WZ}$ | bar | 0,5 | | |
| abzüglich erforderlicher Mindestfließdruck $P_{min\,Fl}$ | bar | 1,0 | | |
| | | 2,4 | | |
| verfügbarer Druck (4,0 – 2,4) | bar | | 1,6 | |
| Leitungslänge | m | | 30 | |
| zulässiges Druckgefälle 1,6/30 | bar/m | | 0,053 | |

Druckverlust Strang I

| Teilstrecke Nr. | Durchfluß $Q_R$ l/s | Durchfluß $Q_S$*) l/s | Rohrlänge m | Nennweite DN | $v$**) m/s | $R$**) mbar/m | $R \cdot l$ mbar |
|---|---|---|---|---|---|---|---|
| 9...7 | 0,29 | 0,25 | 8 | 15 | 1,2 | 40 | 320 |
| 6 | 0,58 | 0,4 | 3 | 20 | 1,05 | 22 | 66 |
| 5 | 0,87 | 0,5 | 6 | 20 | 1,3 | 32 | 192 |
| 4 | 1,74 | 0,72 | 4 | 25 | 1,2 | 20 | 80 |
| 3 | 2,61 | 0,91 | 2 | 25 | 1,5 | 31 | 62 |
| 2 | 3,48 | 1,05 | 1 | 32 | 1,0 | 9 | 9 |
| 1 | 3,48 | 1,05 | 6 | 32 | 1,0 | 9 | 54 |
| | | | 30 | | | | $\sum R \cdot l = 783$ |

*) nach Bild 447-1
**) nach Bild 447-3. Stahlrohr mit mittlerer Verkrustung

Druckverluste durch Rohrreibung also 0,783 bar. Für Einzelverluste $Z$ ist ein Zuschlag von 100% zu machen, so daß der Gesamt-Druckverlust ca. 1,57 bar beträgt.

Da der errechnete Druckverlust von 1,57 bar geringer ist als der verfügbare Druck dieses Stranges in Höhe von 1,6 bar, so ist die Dimensionierung ausreichend. Die übrigen Stränge sind in derselben Weise zu berechnen.

2. *Zirkulationsleitung*. Gewählt nach Tafel 447-3:

| | |
|---|---|
| Strang I | DN 15 |
| Strang II | DN 15 |
| Strang III | DN 15 usw. |

3. *Heizwasserleitung* 90/70 °C (ohne Pumpe)

Verfügbarer Druck $\Delta p = H \cdot g\,(\varrho_r - \varrho_v) = 1{,}0 \cdot 9{,}81 \cdot 12{,}5 = 125$ Pa (s. Tafel. 244-1)

Heizrohrlänge $l = 12$ m

Reibungsgefälle $R = \frac{0{,}4\,\Delta p}{l} = \frac{0{,}4 \cdot 125}{12} = 4{,}2$ Pa/m

(dabei Anteil des Rohrwiderstandes am Gesamtwiderstand ist mit 40% angenommen)

Heizwasserstrom bei einer Kesselleistung von $\dot{Q}_K = 26{,}5$ kW zuzüglich 30% Überlastung, also bei $\dot{Q}_K = 26{,}5 \cdot 1{,}3 = 35$ kW:

$$\dot{m}_h = \frac{\dot{Q}_K \cdot 1000}{1{,}16 \cdot 20} = 1140 \text{ kg/h}$$

Rohrweite gewählt nach Bild 244-5: DN 65.

*2. Beispiel:*

In einem industriellen Betrieb mit Niederdruckdampfkesselanlage soll die *Brauchwasserbereitungsanlage* berechnet werden. Reihenwaschstellen mit Auslaufbrause für 500 Arbeiter und Brausebäder für 100 Arbeiter. Die gesamte Waschzeit soll 30 Minuten betragen.

1. *Zahl der Brauchwasserentnahmestellen:*

Waschbeckenbenutzung 3 min, Wasserverbrauch 3 l/min
Brausebenutzung 5 min, Wasserverbrauch 10 l/min

Zahl der Waschbecken: $\frac{500}{30/3} = 50$ Stück

Zahl der Brausen: $\frac{100}{30/5} = 17$ Stück

2. ***Brauchwassertemperatur*** an den Entnahmestellen 40 °C; im Speicher, der als stehender Schichtspeicher ausgebildet ist, 60 °C.

3. *Brauchwasserverbrauch:*

Waschbecken: $50 \cdot 3 \cdot 30 = 4500$ l/30 min,
Brausen: $17 \cdot 10 \cdot 30 = 5100$ l/30 min.
Gesamter Wärmeverbrauch bei 10% Zuschlag für Wärmeverluste:

$$Q = 9600\,(40-10) \cdot 1{,}16 \cdot 10^{-3} \cdot 1{,}10 = 370 \text{ kWh}.$$

4. *Kessel:*

Der Speicher soll eine Aufheizzeit von 2 Stunden erhalten (Bild 448-2).

Kesselleistung

$\dot{Q}_K = 148$ kW

5. *Speicher:*

Kapazität des Speichers aus Bild 448-2: $C = 296$ kWh $\approx 300$ kWh. Speicherinhalt bei 10% Zuschlag für den toten Raum

$$V_s = \frac{3600 \cdot 300 \cdot 1{,}1}{4{,}2\,(60-10)} = 5660 \text{ l} \quad \text{(siehe Abschn. 444).}$$

6. *Speicherheizfläche* bei 30% Überlastung des Kessels:

$$A_s = \frac{\dot{Q}_K \cdot 1{,}3}{K} = \frac{148 \cdot 1{,}3}{45} = 4{,}28 \text{ m}^2 \text{ (siehe Abschn. 445).}$$

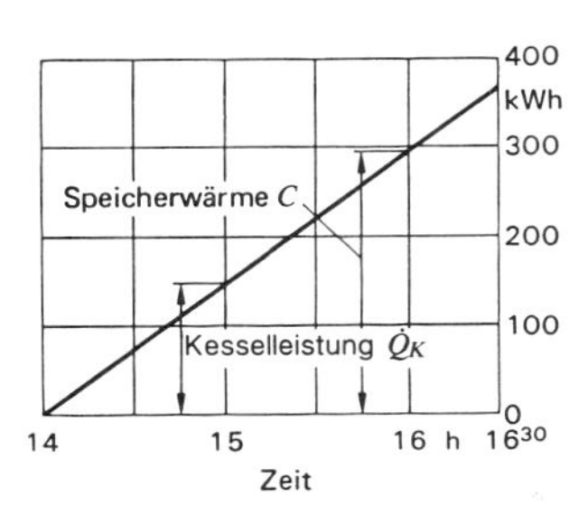


Bild 448-2. Diagramm zur Berechnung der Kesselleistung im Beispiel 2.

# 45 KOSTEN DER BRAUCHWASSERVERSORGUNGS-ANLAGEN[1])

Der bei einer Anlage zu erwartende *Brauchwasserpreis* je $m^3$ Wasser ist schwer zu ermitteln, da er von vielen Faktoren abhängig ist, u.a.:

Anschaffungspreis der Geräte, Leitungen und Zubehör,
zentrale oder dezentrale Versorgung,
Amortisationszeit (Nutzungsdauer),
Energiekosten,
Wartungs-, Reparatur- und Verwaltungskosten.

Während diese Faktoren noch in etwa zu ermitteln sind, sind nachstehende Kostenbestandteile schwieriger zu erfassen:

Verbrauchsmengen von Brauchwasser,
Wärmeverluste der Geräte und Leitungen,
Betriebswirkungsgrade über eine längere Periode.

Schließlich ist noch zu beachten, daß auch subjektive *Bewertungsurteile* eine Rolle spielen wie Bequemlichkeit, Betriebsbereitschaft, Sauberkeit, Leistungsfähigkeit u.a., sowie auch *bauliche Erfordernisse* wie Platzbedarf, Schornstein u.a.

*Verbrauchsermittlung* ist möglich, durch

Kaltwasserzähler; abgegebene Wärme wird nicht genau erfaßt, da die Konvektionsverluste nicht berücksichtigt werden, die 20···70% ausmachen können.

Brauchwasserzähler; stoßweise entnommene kleine Mengen werden nicht erfaßt.

Vorteile der dezentralen Versorgung[2]) sind:

Geringe Energiekosten,
Trennung von Heizung und Brauchwasser,
keine Abgase, Geräusche, Gerüche,
keine Brennstofflagerung,
schnelle verbrauchsnahe BW-Versorgung,
einfache Verbrauchsabrechnung.

Gemäß der „Verordnung über Heizkostenabrechnung" ist seit 1984 ist zwecks *Energieersparnis* bei zentralgeheizten Wohnungen und gewerblich benutzten Räumen der Brennstoffverbrauch für die Brauchwasserversorgung zu messen oder zu berechnen. (Siehe Abschn. 452-9.) Von den Kosten des Betriebes sind 50 bis 70% nach dem erfaßten Brauchwasserverbrauch auf die Nutzer zu verteilen, der Rest nach der Wohn- oder Nutzfläche.

## 451 Investitionskosten

Ungefähre *Anlagekosten* für die verschiedenen Systeme der Brauchwasser-Erwärmungsanlage sind nachstehend aufgeführt. Dabei ist ein Einfamilienhaus mit 4 bis 5 Zimmern, Küche und Bad zugrunde gelegt. Die Preise verstehen sich einschließlich Installation der Rohrleitungen, Armaturen, Wärmedämmung usw., bei den Öl- und Gaskesseln anteilig. Sie sind natürlich großen Unterschieden unterworfen.

---

[1]) Dittrich, A.: HLH 6/76. S. 186/99 u. 3/77. S. 101/8.
Hadenfeldt, A.: San. Heizg. Techn. 3/75. S. 178/85.
Tietze, K. A.: San. Heizg. Techn. 11/76. S. 715/18 und TAB 8/77. S. 815/6.
Seibt, S.: TAB 2/77. S. 147/9.
Dreizler, W. u. U.: HR 3/77. 9 S.
Buck, H.: HLH 4/77. S. 145/51.
VDI 3811 (10.81): Energiekosten bei Heizung und Brauchwassererwärmung.
Dittrich, A.: HLH 1/80. S. 15/22 u. 2/80. S. 63/71 u. 10/80. S. 382/8.
Goettling, D., u. F. Koppler: Ki 10/80. S. 409/13.
Marx, E.: Wärmetechnik 12/81. S. 575/80.
VDI 2067 Blatt 4 (2.82): Berechnung der Kosten: Warmwasserversorgung.
Stiftung Warentest Heft 7/86. S. 93/7.

[2]) HLH 9/86. S. 469/78.

El. Durchflußerwärmer (21 kW) .................. 1500···2500 DM
El. Speicher 400 l ............................... 2000···3000 DM
Gasbeheizter Speicher .......................... 2000···2500 DM
Gasdurchflußerwärmer .......................... 1000···2000 DM
Durchflußerwärmer im Öl- oder Gaskessel ........ 1500···2000 DM
Speicher im Öl- oder Gaskessel .................. 3500···4000 DM
Wärmepumpenspeicher ........................... 4000···4500 DM
Fernwärme einschl. Übergabestation .............. 1500···2500 DM

Bei Mehrfamilienhäusern mit zentraler Wärmeversorgung reduzieren sich die Preise wesentlich.

Weitere Richtwerte in Tafel 452-1

# 452 Energiekosten

## -1 BRAUCHWASSERBEDARF

Bedarfszahlen für Wohnungen, Hotels, gewerbliche Betriebe usw. sind in den Abschnitten 441 und 442 angegeben. Für Wohnungen enthält Tafel 452-1 noch einmal den täglichen Brauchwasserbedarf je Person und Tag und zusätzlich den Wärmebedarf. Die im Brauchwasser enthaltene Wärme ist die Nutzwärme

$Q_N = W \cdot c \cdot \Delta t$ in Wh

$W$ = Wassermenge kg
$c$ = spez. Wärmekapazität des Wassers = 1,16 Wh/kgK
$\Delta t$ = Wassererwärmung = 35 oder 50 K.

**Tafel 452-1. Brauchwasserbedarf in Wohnungen (aus VDI 2067 – Bl. 4 – 2.82)**

| | Brauchwasser in l/Tag und Person | | Nutzwärme in Wh/Tag und Person |
|---|---|---|---|
| | 60 °C | 45 °C | |
| geringer Bedarf | 10···20 | 15··· 30 | 600···1200 |
| mittlerer Bedarf | 20···40 | 30··· 60 | 1200···2400 |
| hoher Bedarf | 40···80 | 60···120 | 2400···4800 |

*Erfahrungszahlen* für den Brauchwasserbedarf bei mittleren Ansprüchen (45 °C):

3··· 6 m³/Monat und Wohnung
35···70 m³/Jahr und Wohnung.

Bei *Messung* des Brauchwassers in Mietwohnungen verringern sich die Zahlen. Messung durch Brauchwasserzähler in den Zuleitungen zu den Wohnungen.

## -2 VERLUSTE

Die bei der Brauchwassererwärmung entstehenden Verluste $Q_{verl}$ sind sehr unterschiedlich, abhängig von der Art des Wärmeerzeugers, der Menge der Wasserentnahme, Größe der Anlage, Energieart u. a. Für genaue Berechnung siehe VDI-Richtlinie 2067 – Bl. 4 (2. 82). Die hauptsächlichen Verluste sind folgende:

*Leitungs- und Geräteaufheizverluste* $Q_A$ entstehen bei unterbrochener Brauchwasserentnahme durch Abkühlung und Wiederaufheizung von Geräten und Leitungen mit ihrem Inhalt.

*Bereitschaftsverluste* $Q_B$ entstehen dadurch, daß Geräte dauernd betriebsbereit gehalten werden müssen. Bei Brauchwasserspeichern z. B. ist der Verlust hauptsächlich durch die Wärmeabgabe infolge Konvektion und Strahlung von der Oberfläche bedingt.

*Zirkulationsverluste* $Q_Z$. Sie entstehen durch Wärmeabgabe der Zirkulationsleitungen nach der Gleichung

$$Q_Z = k \cdot l \cdot b \cdot \Delta t \text{ in Wh/d}$$

$l$ = Länge der Leitungen m
$b$ = Betriebszeit der Zirkulationspumpe in h/d
$\Delta t$ = Temperaturdifferenz K
$k$ = Wärmedurchgangszahl in W/mK.

Nach der 2. Heizungsanlagen-VO soll $k$ etwa 0,20 bis 0,25 W/mK je nach Durchmesser betragen. Die Zirkulationsverluste können bei großen Anlagen erhebliche Beträge erreichen. Sie betragen bei 24stündigem Betrieb etwa 70 kWh/ma. Durch zeitweises Abschalten auf 16-h-Betrieb sinkt der Wert auf ca. 50 kWh/ma. Weitere Reduzierung ist möglich, wenn statt der Zirkulationsleitung eine elektr. Begleitheizung gewählt wird.

*Feuerungsverluste* $Q_F$. Sie entstehen bei direkt befeuerten Wärmeerzeugern durch den Wärmeinhalt der Abgase. Bei Kombigeräten ist ihre Ermittlung schwierig, da sie teils der Heizung, teils der Brauchwassererwärmung anzulasten sind.

## -3 WÄRMEAUFWAND

Der jährliche Gesamtwärmeaufwand zur Erwärmung des Brauchwassers ist

$$Q_W = \frac{365}{1000}(Q_N + \Sigma Q_{\text{Verl}}) \text{ in kWh/a.}$$

## -4 WIRKUNGSGRAD UND NUTZUNGSGRAD[1])

Der Kessel- oder Gerätewirkungsgrad $\eta_K$ bezieht sich auf Nennleistung im Beharrungszustand (Tafel 452-3). Der geringere Jahreswirkungsgrad $\eta_a$ dagegen ist der gemittelte Wirkungsgrad einschl. Verluste während eines Jahres.

Der Jahreswirkungsgrad (oder *Nutzungsgrad*) ist

$$\eta_a = \frac{365 \cdot Q_N}{Q_W} = \frac{\text{Nutzwärme}}{\text{Wärmeaufwand}}.$$

Die Werte $\eta_a$ für den Nutzungsgrad schwanken je nach Art, Energieträger und Zapfmenge der Brauchwasseranlage in weitem Umfang. Den höchsten Nutzungsgrad bezogen auf Endenergie haben mit etwa $\eta_a = 0{,}95$ elektr. Durchlauferwärmer, während bei ausgedehnten zentralen Anlagen mit langen Zirkulationsleitungen auch Nutzungsgrade von 25···35% möglich sind. Hieraus wird erkennbar, wie sehr die Verluste den Nutzen beeinflussen.

In Tafel 452-5 sind einige Richtwerte für den Nutzungsgrad angegeben. Sie beziehen sich auf ein Einfamilienhaus mit einem Brauchwasserbedarf von 200 l/Tag bei 45 °C. Jährliche Nutzwärme

$$Q_N = 200 \cdot 365 \cdot 1{,}16 \cdot 10^{-3} \cdot (45 - 10) \approx 3000 \text{ kWh/a.}$$

Bei kleinerem Brauchwasserverbrauch verringern sich die Nutzungsgrade. Siehe auch Bild 231-270.

**Tafel 452-3. Geräte-Wirkungsgrade $\eta_K$ bei der Nennleistung**

| Elektro-speicher | Elektrischer Durchlauf-erhitzer | Gas-durchlauf-erwärmer | Umlauf-Gaswasser-heizer | Vorrats-Gaswasser-heizer | Heizkessel mit Speicher |
|---|---|---|---|---|---|
| 0,99 | 0,99 | 0,84 | 0,86 | 0,86 | 0,90 |

[1]) Tenhumberg, J., u. a.: HLH 8/84. S. 407/10.
Schäfer, H.: IKZ 6/85. S. 116.

*Erfahrungszahlen* für den Energieverbrauch bei mittleren Ansprüchen, bezogen auf die Wohnungsgrundfläche in Miethäusern:

bei Koksfeuerung .................................. $q = 8 \cdots 12$ kg/m²a
bei Ölfeuerung .................................. $q = 4 \cdots 6$ l/m²a
bei Stadtgasfeuerung .................................. $q = 10 \cdots 14$ m³/m²a
bei Erdgasfeuerung .................................. $q = 5 \cdots 7$ m³/m²a
bei Elektrospeichern .................................. $q = 30 \cdots 40$ kWh/m²a.

## -5 HEIZUNGSGEWINN

Wenn Geräte und Leitungen der Brauchwasserversorgung in geheizten Räumen aufgestellt werden, kommen deren Verluste im Winter der Raumheizung zugute. In Tafel 452-5 ist jedoch der dadurch entstehende Heizungsgewinn, der manchmal 30% und mehr des Wärmeaufwandes für das Brauchwasser betragen kann, nicht berücksichtigt. Er muß durch die Regelung der Heizung kompensiert werden, ist aber von dieser abzuziehen.

## -6 ENERGIEKOSTEN

Durch Multiplikation mit den Einheitspreisen der Energie ergeben sich die Energiekosten je MWh Nutzwärme oder je m³ Brauchwasser (siehe Tafel 452-5). Sie betragen (ohne Solarwärme):

je MWh Nutzwärme .................................. 75,— bis 263,— DM,
je l Brauchwasser von 45 °C .................................. 3,10 bis 10,80 DM.

Am preisgünstigsten ist die Versorgung, wenn man von den Solarwärmeanlagen absieht, mit Gasdurchlauferwärmern, gefolgt von Ölkessel mit Durchfluß-BWE, Fernheizung und Umlaufgaswasserheizer. Die günstigen Preise für Öl und Gas im Jahr 86/87 ergeben, daß die Energiekosten der elektr. Wärmepumpe vergleichsweise hoch liegen. Ähnlich liegt die Reihenfolge auch bei Einbezug der Anlagekosten. Die Gasdurchlauferwärmer haben allerdings gegenüber den Speicheranlagen den Nachteil, daß sie in ihrer Leistung beschränkt sind und insbesondere eine lange Wannenfüllzeit von über 15 min benötigen.

Die spezifischen Kosten sind sehr von der Menge des Wasserverbrauchs abhängig. Je geringer der Wasserverbrauch, desto teurer die Kosten je m³ Brauchwasser.

## -7 BEISPIEL:

Ölbeheiztes Mehrfamilienhaus mit Brauchwasserspeicher, 50 Wohnungen à 3 Personen mit 20 l/Tag bei 60 °C.

Brauchwasserbedarf ...3 · 20 l · 365 Tage · 50 ........... = 1095 m³/a
Nutzwärme $Q_N = 1095 \cdot (60-10)\,1{,}16$ .................. = 63,5 MWh/a
Jährlicher Nutzungsgrad (aus Tafel 452-5) $\eta_a$ ............ = 0,45
Endenergiebedarf $Q_W = 63{,}5/0{,}45$ .................... = 141 MWh/a
Ölbedarf (1 l Öl = 10 kWh) .......................... = 14100 l/a
Energiekosten bei 0,50 DM/l: 14100 · 0,5 .............. = 7050,– DM/a
Energiekosten je Wohnung: 7050/50 .................... = 141,– DM/a.

## -8 ENERGIEERSPARNIS[1])

Etwa 10% des Energieverbrauchs von privaten Haushaltungen entfallen auf die Brauchwassererwärmung. Für Energieersparnis sind wichtig:

[1]) 2. Heizungsanlagen-Verordnung vom 24. 2. 82.
Verordnung über Heizkostenabrechnung vom 23. 2. 81.
Heizungsbetriebsverordnung vom 22. 9. 78.

**Tafel 452-5. Energieverbrauch und Energiekosten bei verschiedenen Brauchwassersystemen für ein Einfamilienhaus**
Brauchwasserverbrauch 200 l/Tag von 45 °C = 73 000 l/a ≙ 3000 kWh/a = 3 MWh/a Nutzenergie

Preise: 1986/87

| Brauchwassersystem/ Endenergieträger | Nutzungsgrad $\eta_a$ in % | Energiepreis DM/kWh | Endenergieverbrauch | | Energiekosten | | | Anlagekosten DM[3] | Annuität 10% DM/a | Gesamtkosten | | |
|---|---|---|---|---|---|---|---|---|---|---|---|---|
| | | | MWh/a | Menge/a | DM/a | DPf/l | DM/MWh | | | DM/a | DPf/l | DM/MWh |
| Ölkessel mit Speicher | 45 | 0,05 | 6,67 | 571 kg/a | 333 | 0,46 | 111 | 2000 | 200 | 533 | 0,73 | 178 |
| Ölkessel mit Durchfluß-BWE | 60 | 0,05 | 5,00 | 428 kg/a | 250 | 0,34 | 83 | 1000 | 100 | 350 | 0,48 | 117 |
| Erdgaskessel mit Speicher | 45 | 0,06 | 6,67 | 750 m³/a | 400 | 0,55 | 133 | 2000 | 200 | 600 | 0,82 | 200 |
| Erdgaskessel mit Durchfluß-BWE | 60 | 0,06 | 5,00 | 562 m³/a | 300 | 0,41 | 100 | 1000 | 100 | 400 | 0,55 | 133 |
| Elektrospeicher, Nachtstrom | 70 | 0,13 | 4,29 | 4286 kWh/a | 557 | 0,76 | 186 | 3000 | 300 | 857 | 1,17 | 286 |
| Elektr. Durchlauferwärmer | 95 | 0,25 | 3,16 | 3158 kWh/a | 789 | 1,08 | 263 | 1500 | 150 | 939 | 1,29 | 313 |
| Erdgasbeheizter Speicher | 50 | 0,06 | 6,00 | 675 m³/a | 360 | 0,49 | 120 | 1500 | 150 | 510 | 0,70 | 170 |
| Ölbeheizter Speicher | 50 | 0,05 | 6,00 | 514 kg/a | 300 | 0,41 | 100 | 2000 | 200 | 500 | 0,68 | 167 |
| Gasdurchflußerwärmer mit Zündflamme | 60 | 0,06 | 5,00 | 562 m³/a | 300 | 0,41 | 100 | 1000 | 100 | 400 | 0,55 | 133 |
| Gasdurchflußerwärmer ohne Zündflamme | 80 | 0,06 | 3,75 | 422 m³/a | 225 | 0,31 | 75 | 1000 | 100 | 325 | 0,45 | 108 |
| Koksbeheizter Kessel mit getrenntem Speicher | 30 | 0,07 | 10,00 | 1241 kg/a | 700 | 0,96 | 233 | 3000 | 300 | 1000 | 1,37 | 333 |
| Wärmepumpenspeicher | 150[1] | 0,18 | 2,00 | 2000 kWh/a | 360 | 0,49 | 120 | 4500 | 450[2] | 810 | 1,11 | 270 |
| Umlauf-Gaswasserheizer | 70 | 0,06 | 4,29 | 482 m³/a | 257 | 0,35 | 86 | 1000 | 100 | 357 | 0,49 | 119 |
| Sonnenkollektor mit 50% elektr. Zusatzheizung | 150 | 0,18 | 1,00 | 1000 kWh/a | 180 | 0,25 | 60 | 15 000 | 1500[2] | 1680 | 2,30 | 560 |
| Fernheizung, Speichersystem | 95 | 0,08 | 3,16 | 3158 kWh/a | 253 | 0,35 | 84 | 1500 | 150 | 403 | 0,55 | 134 |
| Fernheizung, Durchflußsystem | 95 | 0,08 | 3,16 | 3158 kWh/a | 253 | 0,35 | 84 | 1000 | 100 | 353 | 0,48 | 118 |

[1]) Arbeitszahl [2]) ohne staatliche Zuschüsse [3]) ohne Investitionskosten für Bauwerk und Leitungsnetz

Gute Wärmedämmung des Brauchwassererwärmers und der Rohrleitungen;
kurze Stichleitungen zu den Entnahmestellen;
Brauchwassertemperatur nicht über 60 °C;
Heizkessel mit gleitender Temperatur, Niedertemperaturkessel;
Zeitschaltuhr für Zirkulationspumpe;
Begleitheizung anstatt Zirkulationsleitung;
Brauchwasserzähler bei Mietwohnungen;
für weiter entfernte Waschbecken evtl. elektr. Kleinspeicher oder Durchlauferhitzer;
Duschen statt Badewannen;
Einbau von Sonnenkollektoren und Wärmepumpen bei allerdings hohen Investitionskosten.

## -9 BRAUCHWASSER UND HEIZUNG

In vielen Wohngebäuden wird die Heiz- und Brauchwasserwärme gemeinsam zentral erzeugt, so daß nur die *Gesamtenergiekosten* ermittelt werden können. Will man die anteiligen Kosten für das Brauchwasser wissen, kann man bei bekanntem jährlichen Brauchwasser- und Brennstoffverbrauch sowie bekanntem Brauchwassernetz wie folgt vorgehen.

1. Man ermittelt in den heizfreien Sommermonaten (ca. 100 Tage) den täglichen Energieverbrauch für Brauchwasser durch Ablesen des Öl- oder Gaszählers in kWh/d.
2. Man korrigiert diesen Wert für die Wintermonate durch Berücksichtigung des besseren Kesselwirkungsgrades $\eta_K$ und des Wärmeanteils $a$ des Brauchwassersystems, der nicht zur Raumheizung beiträgt. Der Wert von $a$ ist annähernd

$$a = \frac{\text{Leitungslänge im Keller}}{\text{gesamte Leitungslänge}}$$

$$\approx 0{,}2 \cdots 0{,}4.$$

*Beispiel:*

Täglicher Endenergieaufwand einer Mietwohnung im Sommer für BW: 10 kWh/d (= 1 Liter Öl/Tag).

Jährlicher Endenergieverbrauch 15000 kWh/a.

Kesselwirkungsgrad im Sommer $\eta_{KS} = 0{,}50$, im Winter $\eta_{KW} = 0{,}80$.
Leitungsfaktor $a = 0{,}4$.

Damit ist der Energieverbrauch für Brauchwasser jährlich

$$= 100 \cdot 10 + 265 \cdot 10 \cdot \eta_{KS}/\eta_{KW} \cdot (1-a)$$
$$= 1000 + 2650 \cdot 0{,}5/0{,}8 \cdot (1-0{,}40)$$
$$= 1000 + 994$$
$$= 1994 \text{ kWh/a}$$

Dies entspricht einem Anteil von 1994/15000 ≈ 13,2%.

Nach der *Heizkosten-Verordnung* von 23.2.81 ist mangels genauerer Unterlagen auch folgende Formel für den Brennstoffverbrauch $B$ der Brauchwasserbereitung in bestehenden Gebäuden zulässig:

$$B = \frac{V \cdot 4200 \cdot \Delta t}{3600 \cdot H_u \cdot \eta_a (= 0{,}47)} = \frac{2{,}5 \cdot V \cdot \Delta t}{H_u} \text{ in kg oder m}^3$$

$V$ = Wasserverbrauch m³
$\Delta t$ = Wassererwärmung K
$H_u$ = Heizwert kWh/Einheit.

Für genauere Berechnung siehe VDI-Richtlinie 3811 (10.81)

## 453 Gesamtkosten (siehe auch Abschn. 266)

Sie bestehen aus

Kapitalkosten einschl. Instandhaltung
Energiekosten
Betriebskosten (Wartung, Reinigung, Personalkosten u. a.)
Sonstige Kosten (Steuern, Versicherung u. a.).

In dem Beispiel der Tafel 452-5 sind für das Einfamilienhaus außer den Energiekosten auch die Kapitalkosten ohne die für alle Systeme gleich hohen Rohrnetzkosten angegeben, wobei eine Annuität von 10% zugrunde gelegt ist.

Die betriebsgebundenen Kosten für Wartung usw. betragen in etwa 1 bis 2,5% der Investitionskosten oder

bei kleinen Anlagen 10% der Energiekosten
bei großen Anlagen 5% der Energiekosten

die sonstigen Kosten etwa 3% der Energiekosten.

# 5. Industrielle Absaugungen

## 51 ALLGEMEINES[1])

Bei zahlreichen industriellen Prozessen entstehen Verunreinigungen der Luft wie Staube, Gase oder Dämpfe, die aus der Luft entfernt werden müssen, weil sie beim Arbeitsprozeß stören oder für die Bedienung gesundheitsschädlich sind. Bei geringen Staubkonzentrationen werden die Schadstoffe durch Be- und Entlüftungsanlagen aus dem Raum entfernt. Bei größeren Staubmengen geschieht dies in der Weise, daß am Ort der Entstehung der Luftverunreinigung die Luft durch einen Ventilator abgesaugt und mittels einer Rohrleitung ins Freie geblasen wird. Erhöht die abgesaugte Luft die Staubbelastung der Umwelt, so ist vor dem Austritt ins Freie ein Abscheider vorzusehen. Derartige Anlagen nennt man *industrielle Absaugungsanlagen*. Ihre Verbreitung steigt mit den zunehmenden Anforderungen an den Arbeits- und Umweltschutz. Rationelle Energieverwendung durch Wärmerückgewinn aus der Abluft ist anzustreben, wobei die Verschmutzungsgefahr des Wärmeaustauschers zu beachten ist[2]). Die Berechnung dieser Anlagen erfolgt häufig unter weitgehender Anwendung von Erfahrungsformeln. In den nachstehenden Abschnitten werden die Grundlagen für Berechnung und Ausführung solcher Anlagen gebracht.

Partikelgrößen einiger Staubarten siehe Bild 111-8.

## 52 DIE SAUGVORRICHTUNGEN

Eine *industrielle Absaugungsanlage* (Bild 521-1) besteht im allgemeinen aus folgenden Teilen:

a) einer *Saugvorrichtung* an der Staubquelle,
b) einer *Saug- und Druckleitung,*
c) einem *Saugventilator,*
d) gegebenenfalls einem *Abscheider* zur Sammlung oder Rückgewinnung der mit der Luft abgesaugten Verunreinigungen.

Die *Saugvorrichtungen* sind in ihrer Bauweise sehr vielartig, da sie sich der jeweiligen Maschine und der Bedienungsart anpassen müssen. Grundsätzlich ist es am besten, die Staubquelle vollständig einzukapseln, was jedoch in den meisten Fällen nicht möglich

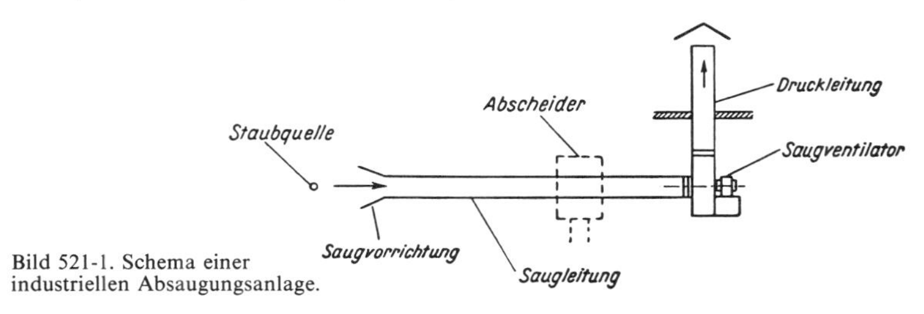


Bild 521-1. Schema einer industriellen Absaugungsanlage.

[1]) Siehe auch VDI-Richtlinie 2262 (12.73): Staubbekämpfung am Arbeitsplatz.
[2]) Bach, H., u. Dittes: HLH 8/86. S. 411/18.

ist, da dadurch die Bedienung erschwert oder unmöglich würde. Man muß sich daher damit begnügen, die Saugvorrichtung möglichst nahe an den Ort der Staubentstehung heranzubringen und dabei die Vorrichtung selbst möglichst günstig zu konstruieren, damit ein Minimum an Luftmenge zur Absaugung ausreicht. Je geringer die abgesaugte Luftmenge ist, desto kleiner ist der Leistungsbedarf des Ventilators, desto weniger ist an nachströmender Zuluft erforderlich und desto geringer die Kosten für die Erwärmung der Zuluft. Die verschiedenen Saugvorrichtungen mit ihren Bezeichnungen und Geschwindigkeitsverhältnissen sind folgende:

## 521 Freie Saugöffnungen

(Bild 521-1) sind die einfachste Form von Saugvorrichtungen. Bei ihnen ist lediglich ein Rohr an die Staubquelle herangeführt, und die Luft strömt *von allen Seiten* in das Rohr hinein. Mit der Entfernung von der Saugöffnung nimmt die Luftgeschwindigkeit sehr schnell ab, so daß die Saugwirkung verhältnismäßig gering ist.

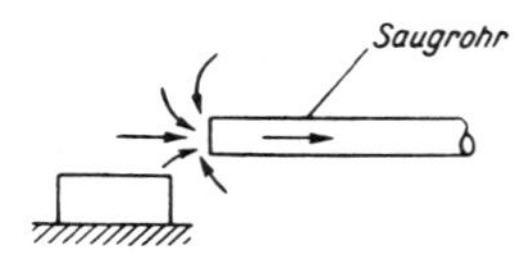


Bild 521-1. Absaugung bei freier Saugöffnung.

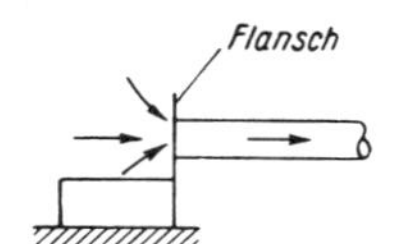


Bild 522-2. Absaugung bei freier Saugöffnung mit Flansch.

## 522 Freie Saugöffnungen mit Flansch

(Bild 522-2) erfordern bei gleicher Saugwirkung eine geringere Luftmenge, da die Luft zum größten Teil nur *von einer Seite* in die Öffnung strömt. Wenn irgendwie möglich, sollten Saugöffnung daher immer mit Flanschen versehen werden. Die Flanschbreite braucht dabei nicht mehr als 150 mm zu betragen.

## 523 Saughauben

(Bild 523-1) erhält man, wenn man die Staubquelle an zwei, drei oder allen vier Seiten mit Leitblechen versieht. Je nachdem, in welcher Richtung die Absaugung erfolgt, unterscheidet man:

*Oberhauben* mit Absaugung der Luft nach oben (Bild 523-1a),
*Unterhauben* mit Absaugung der Luft nach unten (Bild 523-1b),
*Seitenhauben* mit Absaugung der Luft nach der Seite (Bild 523-1c).

Liegen die Oberhauben mit einer Seite an einer Wand, so heißen sie *Wandoberhauben* (Bild 523-1d).

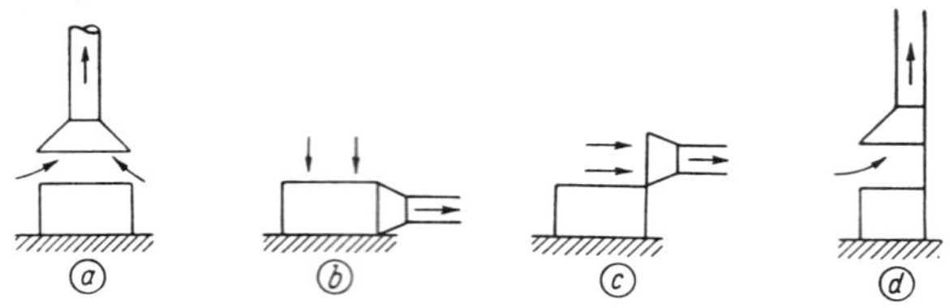


Bild 523-1. Absaugungshauben verschiedener Ausführung.
a) Oberhaube, b) Unterhaube, c) Seitenhaube, d) Wandoberhaube

*Saugtrichter* sind den Saughauben ähnlich, jedoch haben sie eine runde Saugfläche. Die Oberhauben erfordern zur Erzielung einer bestimmten Saugwirkung verhältnismäßig große Luftmengen. Auch wird die Saugwirkung durch Querströmungen (Zugerscheinungen) leicht gestört.

Verbesserungen der Oberhauben erhält man durch die sogenannte *Randabsaugung*, die dadurch erzeugt wird, daß in der unteren Fläche der Haube eine Platte angebracht wird, so daß die Absaugung bei sonst unveränderter Gesamtluftmenge nur am Rand der Haube mit großer Geschwindigkeit erfolgt (Bild 523-2). Auch Prallplatten oder ein zweiter innerer Trichter sind zweckmäßig, um eine bessere Saugwirkung insbesondere am Rand der Haube zu erhalten.

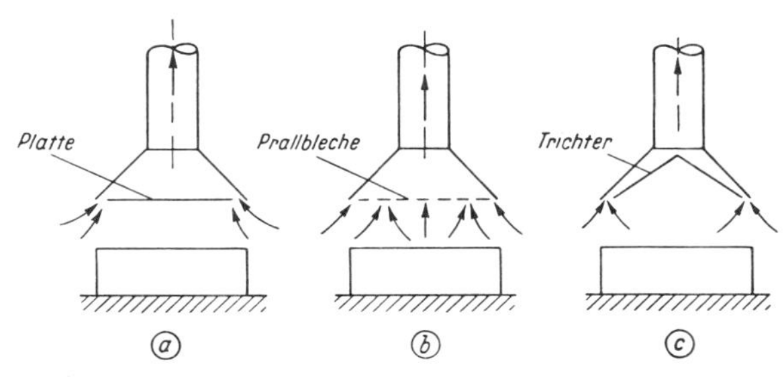


Bild 523-2. Oberhauben mit Einsatzblechen.
a) Randsaugoberhaube, b) Oberhaube mit Prallplatten, c) Oberhaube mit innerem Trichter

## 524 Saugschlitze

nennt man rechteckige Saugöffnungen, bei denen das Verhältnis von Länge zur Breite der Öffnung größer als 10:1 ist (Bild 524-1). Sie können auch mit Flanschen versehen werden und heißen dann Saugschlitze mit Flansch (Bild 535-1).

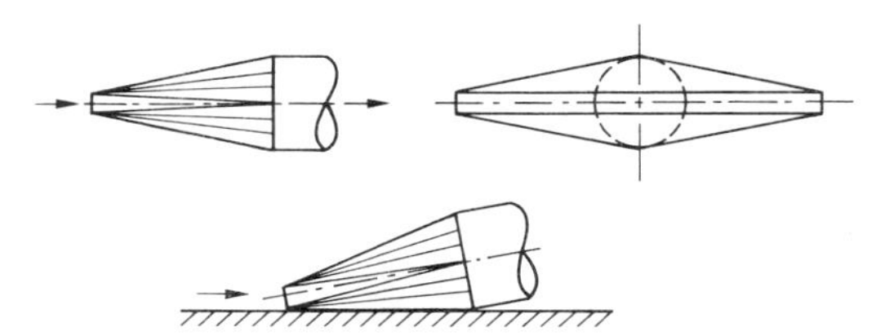

Bild 524-1. Saugschlitze.

## 525 Ventilatoren

Die Absaugung der Verunreinigungen in der Luft bedingt oft spezielle *Ventilatoren*. Für staubhaltige Luft wählt man z. B. Radialventilatoren mit etwa radial endenden Schaufeln, um Unwucht durch Staubanlagerung zu vermeiden. Beim Transport größerer Feststoffe in der Luft, z. B. Holzspäne, Textilien, wählt man offene Radialräder ohne Deckscheibe am Laufrad. Ein Verstopfen des Schaufelkanals soll dadurch vermieden werden.

Bei explosionsgefährdeten Gemischen werden an die Ventilatoren besondere Anforderungen gestellt. Eventuelle Berührungsflächen zwischen Gehäuse und Rotor dürfen keine Funken bilden. Daher besondere Werkstoffpaarungen:

Kunststoff mit Kunststoff
Stahl oder Gußeisen mit Bronze, Messing, Kupfer
Edelstahl mit Edelstahl

Leichtmetall mit Stahl ist nicht verwendbar. Wellendichtungen sind erforderlich. Motoren zweckmäßig außerhalb des Luftstroms. *Explosionsgeschützte Ventilatoren*[1]) werden ferner gegen elektrostatische Aufladung geerdet. Schließlich werden erhöhte Anforderungen an das Schwingungsverhalten gestellt (Auswuchten und Schwingungsisolation).

[1]) VDMA-Richtlinie 24169 (12.83).

# 53 GESCHWINDIGKEITSFELDER BEI SAUGÖFFNUNGEN

## 531 Allgemeines

Zur Verdeutlichung des Rechnungsweges bei der Ermittlung des erforderlichen Volumenstromes betrachten wir eine freie Saugöffnung, vor der sich in der Entfernung $x$ eine Staubquelle befindet (Bild 531-1). Wir bezeichnen außerdem

$d$ = Durchmesser der Saugöffnung,
$v_s$ = Eigengeschwindigkeit des Staubes.

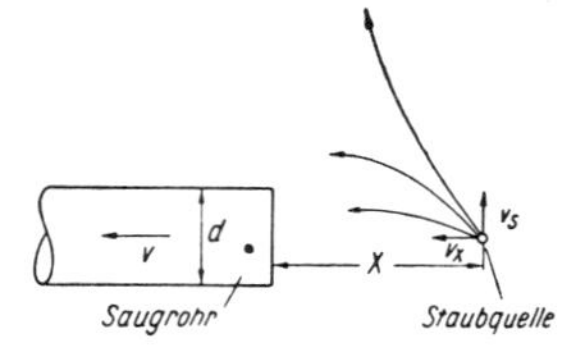


Bild 531-1. Schematische Darstellung der Saugwirkung vor einer Saugöffnung.

Je nach der Größe der *Eigengeschwindigkeit* $v_s$ des Staubes wird nun das Staubteilchen auf einer mehr oder weniger gebogenen Kurve in die Saugöffnung eingesaugt. Wenn die Eigengeschwindigkeit $v_s$ im Verhältnis zu der Luftgeschwindigkeit in der Saugöffnung $v$ groß ist, kann es jedoch möglich sein, daß das Staubteilchen nicht angesaugt wird. Man muß daher, wenn man eine Saugöffnung richtig berechnen will, die erforderliche Luftgeschwindigkeit $v_x$ in der Entfernung $x$ von der Öffnungsfläche richtig wählen. Diese Geschwindigkeit nennt man die *Erfassungsgeschwindigkeit* $v_x$[1]). Sie ist die wichtigste Größe bei der Berechnung aller Absaugungsanlagen und maßgebend für die Saugluftmenge. Zur Errechnung der Erfassungsgeschwindigkeit $v_x$ muß man das *Geschwindigkeitsfeld* kennen, das sich vor den verschiedenen Saugvorrichtungen bildet.

*Richtwerte* für die Erfassungsgeschwindigkeit

bei geringer Eigengeschwindigkeit
(Bäder, Tanks) $v_x = 0{,}25 \cdots 0{,}5$ m/s

bei größerer Eigengeschwindigkeit
(Spritzkabinen, Schweißen) $v_x = 0{,}5 \cdots 1{,}0$ m/s

bei großer Eigengeschwindigkeit
(Schleifen, Sandstrahlen) $v_x = 1{,}0 \cdots 2{,}0$ m/s

## 532 Freie Saugöffnungen

Bild 532-1 zeigt nach experimentellen Untersuchungen die Geschwindigkeitsverteilung vor einer runden Saugöffnung. In einer Entfernung von einem Durchmesser vor der Saugfläche ist die *axiale Geschwindigkeit* bereits auf etwa 7% des Wertes in der Öffnung zurückgegangen. Die Geschwindigkeitsverteilung bei einer quadratischen Saugöffnung ist im Bild 532-2, bei einer rechteckigen Saugöffnung im Bild 532-3 dargestellt. Für die mathematische Darstellung der Geschwindigkeitsverteilung vor den Saugöffnungen gibt es leider noch keine genügend einfachen Gleichungen, so daß man zunächst auf empirische Werte angewiesen ist.

Nach *Dalla Valle* ist die Geschwindigkeitsverteilung längs der Achse der Saugöffnung für beliebige runde, quadratische oder rechteckige Saugöffnungen (s. auch Bild 543-1):

$$\frac{v_x}{v} = \frac{A}{10\,x^2 + A}$$

$v$ = Luftgeschwindigkeit in der Saugöffnung in m/s
$x$ = axiale Entfernung vor der Saugöffnung in m
$v_x$ = Luftgeschwindigkeit in der axialen Entfernung $x$ vor der Öffnung in m/s
$A$ = Fläche der Saugöffnung in $m^2$

---

[1]) Bach, H., u. Dittes: HLH 8/86. S. 411/18.

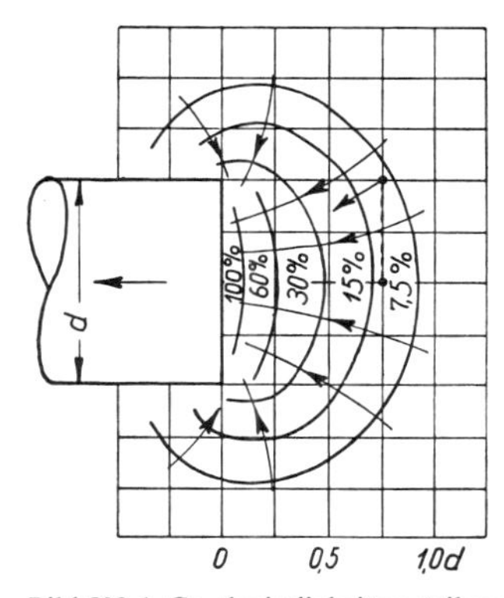


Bild 532-1. Geschwindigkeitsverteilung vor einer runden freien Saugöffnung mit Durchmesser *d*. Luftgeschwindigkeit in % der Geschwindigkeit in der Saugöffnung.

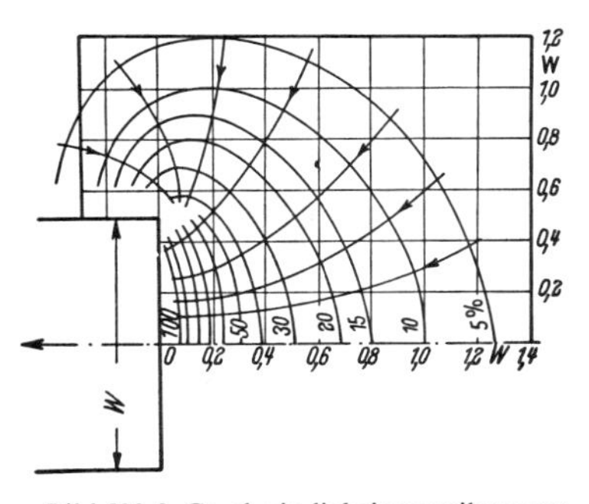


Bild 532-2. Geschwindigkeitsverteilung vor einer quadratischen freien Saugöffnung mit der Seitenlänge *W*.

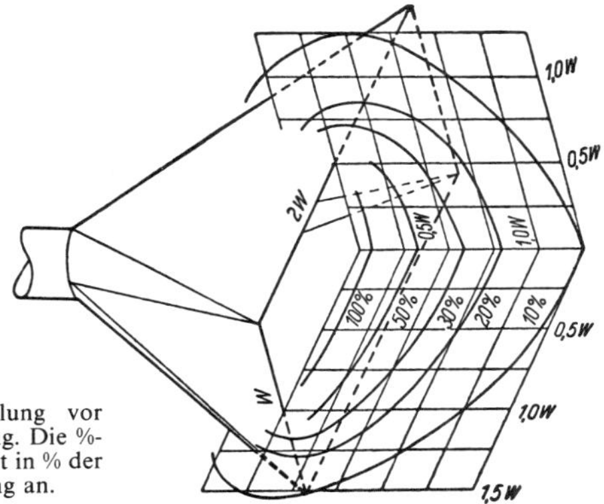


Bild 532-3. Geschwindigkeitsverteilung vor einer rechteckigen freien Saugöffnung. Die %-Zahlen geben die Luftgeschwindigkeit in % der Geschwindigkeit $v$ in der Saugöffnung an.

*Beispiel:*

Wie groß ist die Sauggeschwindigkeit $v_x$ vor einer runden Saugöffnung mit dem Durchmesser $d = 0{,}20$ m bei der Abszisse $x = 0{,}15$ m $\triangleq 0{,}75$ d und der Ordinate $y = 0{,}1$ m $\triangleq 0{,}1$ d, wenn die Luftgeschwindigkeit in der Saugfläche $v = 10$ m/s ist?

Aus Bild 532-1 ergibt sich $v_x = 0{,}10 \cdot v = 0{,}10 \cdot 10 = 1{,}0$ m/s.

## 533 Saugöffnung mit Flansch

Nach Bild 533-1 beträgt hier die Sauggeschwindigkeit in der Entfernung von einem Durchmesser vor einer runden Saugöffnung noch etwa 10% der Geschwindigkeit in der Öffnung selbst. Die allgemeine Gleichung ist, ebenfalls nach Dalla Valle, für alle Saugöffnungen mit Flansch (s. auch Bild 543-1):

$$\frac{v_x}{v} = 1{,}33\,\frac{A}{10\,x^2 + A}$$

Die Geschwindigkeit $v_x$ ist also gegenüber den Öffnungen ohne Flansch um $\frac{1}{3}$ größer.

Für unendlich großen Flansch ist nach Drkal[1]):

$$\frac{v_x}{v} = 1 - \frac{x/d}{\sqrt{(x/d)^2 + 0{,}25}}$$

## 534 Saughauben

Bei den frei ansaugenden Hauben gelten an sich dieselben Gleichungen wie bei den Saugöffnungen. Die Berechnung wird jedoch dadurch kompliziert, daß diese Hauben meist an Arbeitstischen, Tanks, Behältern oder dergleichen angebracht werden, wodurch das Geschwindigkeitsbild sich vollkommen ändert.

### -1 OBERHAUBEN

Bei freihängenden Oberhauben nach Bild 534-1 ist es wichtig, die Geschwindigkeit $v_x$ zu kennen, die an der äußersten Kante des darunter befindlichen Arbeitstisches herrscht. Hierfür gilt die Näherungsformel:

$$\frac{v_x}{v} = \frac{0{,}5A}{x \cdot U}$$

$v$ = Geschwindigkeit in der Haubenfläche in m/s
$x$ = senkrechter Abstand von Haubenfläche bis Arbeitstisch in m
$U$ = Umfang der Haubenfläche in m
$A$ = Querschnitt der Haubenfläche in $m^2$

### -2 SEITENHAUBEN

Hier denke man sich die auf einem Tisch liegende Haube durch ihr *Spiegelbild* nach unten ergänzt (Bild 534-2) und benutze dann dieselben Gleichungen wie bei den freien Saugöffnungen. Es gilt also bei seitlichen Hauben ohne Flansch (s. auch Bild 543-1):

$$\frac{v_x}{v} = \frac{2\,A}{10\,x^2 + 2\,A} = \frac{A}{5\,x^2 + A}$$

Bei Seitenhauben mit Flansch ist

$$\frac{v_x}{v} = 1{,}33\,\frac{A}{5\,x^2 + A}$$

### -3 UNTERHAUBEN

Hier gelten ebenfalls die Gleichungen der freien Saugöffnungen.

---

[1]) Drkal, Fr.: HLH 1970. S. 271/3.

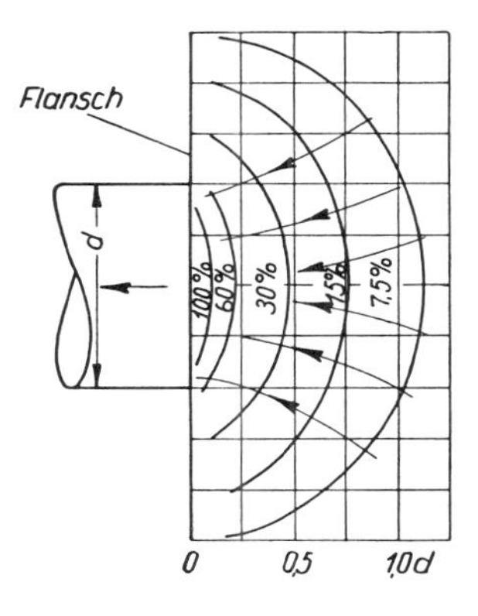


Bild 533-1. Geschwindigkeitsverteilung vor einer runden Saugöffnung mit Flansch.

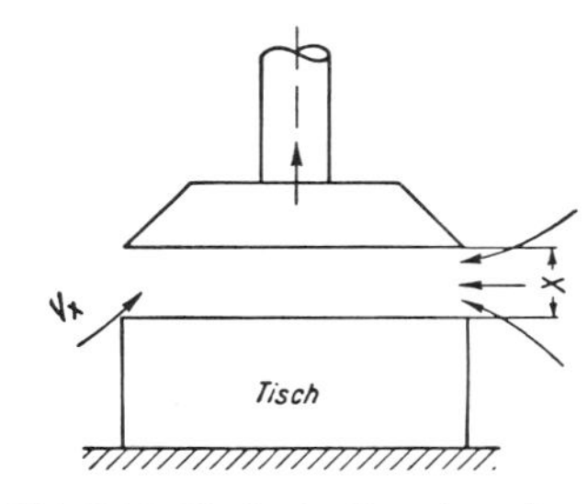


Bild 534-1. Oberhaube über einem Arbeitstisch oder einem Tank.

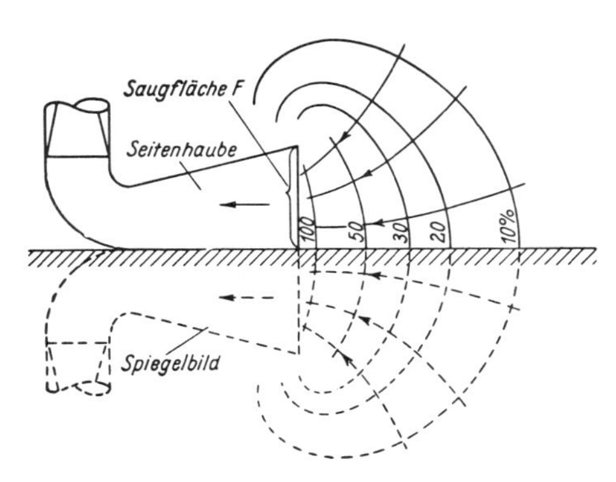


Bild 534-2. Geschwindigkeitsverteilung bei einer Seitenhaube.

# 535 Saugschlitze

Für frei ansaugende, *unendlich lange Saugschlitze* gilt angenähert

$$\frac{v_x}{v} = 0{,}25\,\frac{h}{x} \quad \text{(Bild 535-1a)}$$

Für Saugschlitze mit einseitigem Flansch, wobei der Flansch durch die Fläche des Arbeitstisches gebildet sein kann,

$$\frac{v_x}{v} = 0{,}33\,\frac{h}{x} \quad \text{(Bild 535-1b)}$$

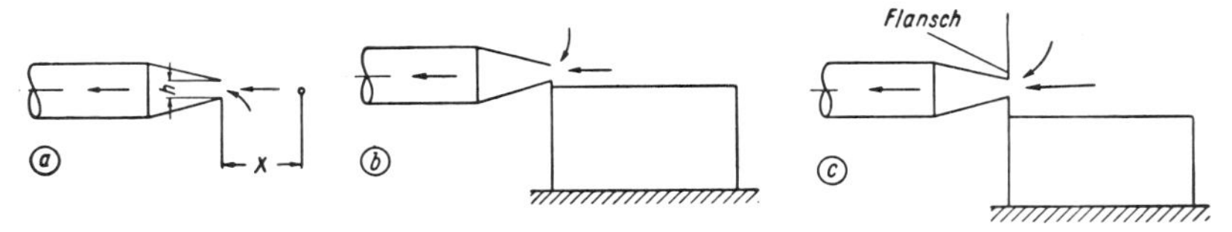


Bild 535-1. Saugschlitze verschiedener Anordnung.

a) Freier Saugschlitz, b) Saugschlitz mit einseitigem Flansch, der durch die Tischoberfläche gebildet ist, c) Saugschlitz mit zweiseitigem Flansch

Für Saugschlitze mit zweiseitigem Flansch

$$\frac{v_x}{v} = 0{,}5\,\frac{h}{x} \quad \text{(Bild 535-1c)}$$

$h$ = Höhe des Schlitzes in m.

Eine mathematisch errechnete Geschwindigkeitsverteilung bei einem Saugschlitz mit beiderseitigem unendlich großen Flansch zeigt Bild 535-3 (nach Drkal)[1].

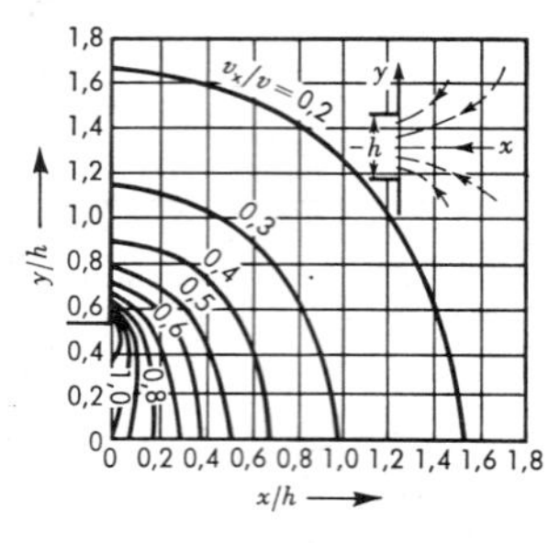


Bild 535-3. Geschwindigkeitsfeld bei einem Saugschlitz mit beiderseitigem Flansch.

[1]) Drkal, Fr.: HLH 1971. S. 167/72.

# 54 BERECHNUNGSGRUNDLAGEN

Auf Grund der oben angegebenen Gleichungen ist es nun möglich, bei einer großen Anzahl von Arbeitsprozessen mit Absaugungsvorrichtungen die erforderlichen Luftvolumenströme einigermaßen sicher zu errechnen. Viele andere Saugvorrichtungen entziehen sich allerdings noch der Berechnung, so daß man hier noch auf Erfahrungszahlen angewiesen ist. Nachstehend werden für eine Anzahl häufig gebrauchter Saugvorrichtungen die Berechnungsgrundlagen gebracht.

## 541 Oberhauben über Tischen, Behältern, Bädern

Die allgemeine Gleichung für die Absaugungsgeschwindigkeit lautet:

$$\frac{v_x}{v} = \frac{0{,}5\,A}{x \cdot U}$$

$$v = \frac{2\,x\,U}{A}\,v_x \text{ in m/s.}$$

Hieraus folgt der erforderliche Volumenstrom

$$\dot{V} = vA = 2\,x\,U\,v_x \text{ in m}^3\text{/s.}$$

Für frei hängende Oberhauben sind die Luftmengen nach dieser Formel in Tafel 541-1 berechnet.

**Tafel 541-1. Saugluftvolumenstrom $\dot{V}$ für freihängende Oberhauben je m Haubenumfang bei verschiedener Erfassungsgeschwindigkeit $v_x$ und Abständen $x$ (Bild 534-1)**

| Erfassungsgeschwindigkeit $v_x$ | Saugluftvolumenstrom $\dot{V}$ in m³/h je m Haubenumfang bei $x = \cdots$ m | | | | | |
|---|---|---|---|---|---|---|
| m/s | 0,1 | 0,2 | 0,4 | 0,6 | 0,8 | 1,0 |
| 0,1 | 72 | 144 | 288 | 432 | 576 | 720 |
| 0,2 | 144 | 288 | 576 | 864 | 1152 | 1440 |
| 0,3 | 215 | 430 | 860 | 1290 | 1720 | 2150 |
| 0,4 | 290 | 580 | 1160 | 1740 | 2320 | 2900 |
| 0,5 | 360 | 720 | 1440 | 2160 | 2880 | 3600 |

Eine weitere Formel nach Dalla Valle[1]) lautet:

$$\dot{V} = 1{,}4 \cdot U \cdot x \cdot v_m \text{ in m}^3\text{/s}$$

$U$ = Umfang der Haube in m

$v_m$ = mittlere Geschwindigkeit zwischen Haube und Tisch in m/s

Der Faktor 1,4 in dieser Formel ist darauf zurückzuführen, daß an der Tischkante noch eine genügend hohe Geschwindigkeit herrschen soll.

## 542 Seitenhauben auf Arbeitstischen

(Bild 523-1c)

Für die Geschwindigkeitsverteilung bei Hauben ohne Flansch gilt hier die Gleichung

$$\frac{v_x}{v} = \frac{\text{A}}{5x^2 + A}$$

Daraus folgt der erforderliche Luftvolumenstrom

$$V = vA = (5\,x^2 + A)\,v_x \text{ in m}^3\text{/s.}$$

Bei Hauben mit Flansch ist die entsprechende Gleichung

$$V = vA = 0{,}75\,(5\,x^2 + A)\,v_x \text{ in m}^3\text{/s.}$$

[1]) Dalla Valle, J. M.: Exhaust hoods. Industrial Press, New York 1952.

## 543 Unterhauben

Bei diesen Hauben gelten die allgemeinen Gleichungen für die Geschwindigkeitsverteilung bei frei ansaugenden Öffnungen. Für den Saugfall nach Bild 523-1b ist also die erforderliche Luftmenge

$$\dot{V} = vA = (10\,x^2 + A)\,v_x \text{ in m}^3/\text{s}.$$

Die Zahlenwerte für $a = \frac{10\,x^2 + A}{A}$ können aus Bild 543-1 entnommen werden.

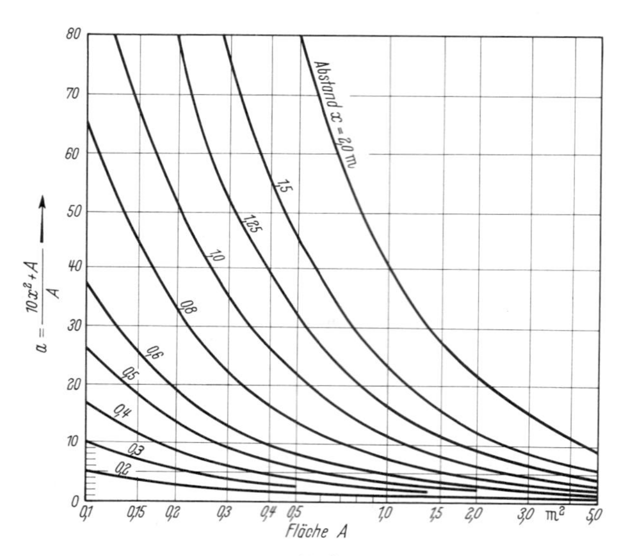


Bild 543-1. Der Zahlenfaktor $a = \frac{10\,x^2 + A}{A}$

## 544 Saugschlitze bei Bädern

Je nach Anordnung der Saugschlitze sind verschiedene Fälle zu unterscheiden:

1. Saugschlitze mit Flansch *auf einer Seite* des Bades (Bild 544-1), wobei der Flansch auch durch eine Wandfläche gebildet sein kann.

Nennt man die Badlänge $L$ und setzt man die Badweite $x = W$, so folgt aus den Gleichungen Abschnitt 535:

Volumenstrom $\dot{V} = L \cdot h \cdot v = 2v_x \cdot L \cdot W$ in m³/s.

Berücksichtigt man weiter bei endlichen Schlitzen den *Randeinfluß* durch den Faktor $(W/L)^{0,2}$, so erhält man

$$\dot{V} = 2\,v_x L W \left(\frac{W}{L}\right)^{0,2} \text{ in m}^3/\text{s}$$

oder bezogen auf 1 m² Badfläche

$$\dot{V} = 2\,v_x \left(\frac{W}{L}\right)^{0,2} \text{ in m}^3/\text{s je m}^2 \text{ Badfläche.}$$

In Tafel 544-1 sind die sich nach dieser Gleichung ergebenden Luftvolumenströme für verschiedene Werte der Erfassungsgeschwindigkeit $v_x$ und Seitenverhältnisse $W/L$ ausgerechnet.

Geschwindigkeit $v$ im Schlitz $\approx$ 10 m/s.

Bei Saugschlitzen ohne Flansch ist der erforderliche Volumenstrom um 50% größer also

$$\dot{V} = 3\, v_x \left(\frac{W}{L}\right)^{0,2}$$

**Tafel 544-1. Saugluftvolumenstrom $\dot{V}$ bei Absaugungsanlagen mit einseitigen Saugschlitzen nach der Gleichung $\dot{V} = 2\, v_x\, (W/L)^{0,2} \cdot 3600$ in m³/h und m² Fläche**

| Erfassungs-geschwin-digkeit $v_x$ | Saugluftvolumenstrom in m³/h und m² bei $W/L =$ | | | | |
|---|---|---|---|---|---|
| m/s | 0,2 | 0,4 | 0,6 | 0,8 | 1,0 |
| 0,1 | 520 | 600 | 650 | 700 | 720 |
| 0,2 | 1040 | 1200 | 1300 | 1400 | 1450 |
| 0,3 | 1550 | 1800 | 1950 | 2050 | 2150 |
| 0,4 | 2000 | 2400 | 2600 | 2750 | 2900 |
| 0,5 | 2600 | 3000 | 3250 | 3450 | 3600 |
| 0,6 | 3100 | 3600 | 3900 | 4200 | 4300 |
| 0,7 | 3650 | 4200 | 4500 | 4900 | 5000 |
| 0,8 | 4200 | 4800 | 5200 | 5500 | 5700 |

2. Saugschlitze mit Flanschen *auf den zwei gegenüberliegenden Längsseiten* des Bades:

Luftvolumenstrom $\dot{V} = 2\, v_x \left(\frac{W}{2L}\right)^{0,2}$ in m³/s je m² Badfläche.

Der Volumenstrom verringert sich also in diesem Fall entsprechend dem Faktor $0{,}5^{0,2}$ um rund 15% gegenüber der nur auf einer Seite erfolgenden Absaugung.

Bei Schlitzen ohne Flansch (Bild 544-2) ist der erforderliche Saugluftvolumenstrom wieder um 50% größer, also

$$\dot{V} = 3\, v_x \left(\frac{W}{2L}\right)^{0,2} \text{ in m}^3\text{/s je m}^2 \text{ Badfläche.}$$

Bei Schlitzen mit Flansch (bzw. Wand) auf der einen Seite und Schlitzen ohne Flansch auf der andern Seite rechne man

$$\dot{V} = 2{,}5\, v_x \left(\frac{W}{2L}\right)^{0,2} \text{ in m}^3\text{/s je m}^2 \text{ Badfläche.}$$

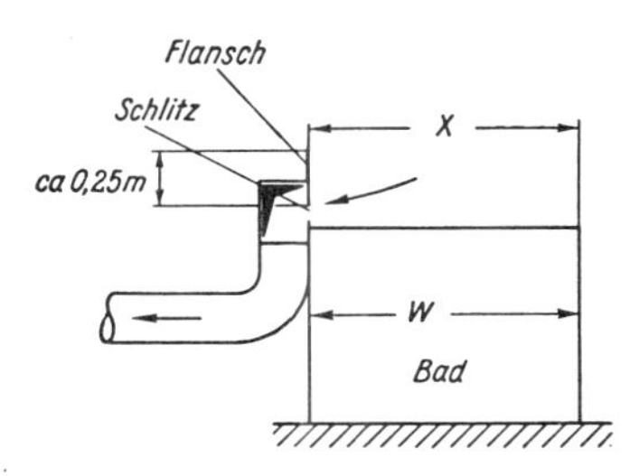


Bild 544-1. Saugschlitz mit Flansch auf einer Seite eines Bades.

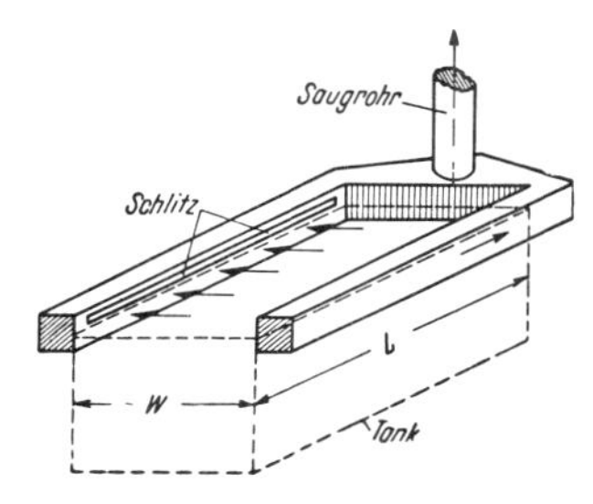


Bild 544-2. Saugschlitz ohne Flanschen auf zwei gegenüberliegenden Seiten eines Bades.

# 55 AUSFÜHRUNG DER SAUGVORRICHTUNGEN[1])

## 551 Absaugen mittels Hauben

### -1 OBERHAUBEN FÜR BÄDER, KÜCHENHERDE, SCHMIEDEFEUER

*Oberhauben* werden in allen solchen Fällen verwendet, wo die bei einem Arbeitsprozeß aufsteigenden Gase, Dämpfe oder Rauche erfaßt werden sollen und wo die Hauben die Bedienung nicht stören.

Lufttechnisch sind sie zweifellos sehr wirksam. Sie erfordern jedoch verhältnismäßig große Volumenströme, bieten große Flächen für Staubablagerung und behindern die Beleuchtung. Querströmungen beeinträchtigen die Saugwirkung sehr wesentlich. Verwendung vornehmlich über Behältern in galvanischen Anstalten und Beizereien, bei Schmiedefeuern, Schmelzöfen, Küchenherden.

*Zur Verkleinerung des Volumenstroms* ist es grundsätzlich wichtig, die Haube so tief wie möglich anzubringen und sie seitlich, soweit die Bedienung dadurch nicht behindert wird, durch *Blechwände,* Vorhänge oder Türen zu schließen, so daß sich auf diese Weise vier-, drei-, zwei- oder einseitig offene Hauben ergeben. Die Haubenfläche soll größer sein als die darunter befindliche Tisch- oder Badfläche, so daß die Haubenränder die Tischkanten überragen (Bild 551-1). Lange Hauben erfordern mehrere Anschlüsse an die Saugleitung oder Randabsaugung gemäß Bild 523-2.

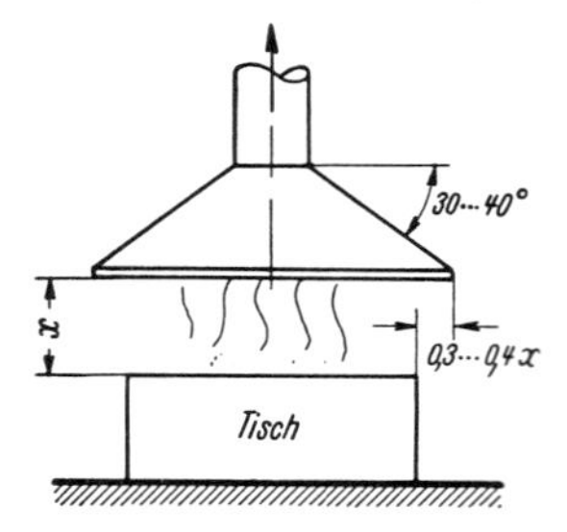


Bild 551-1. Oberhaube über einem Arbeitstisch.

*Berechnung* des erforderlichen Luftvolumenstroms $\dot{V}$ nach Formel in Abschnitt 541:

$\dot{V} = 2\,x\,U\,v_x$ in m³/s.

*Zahlenwerte* für die Erfassungsgeschwindigkeit $v_x$:

| | |
|---|---|
| bei ruhiger Luft | $v_x = 0{,}1$ bis 0,15 m/s |
| bei schwachen Querströmungen | $v_x = 0{,}15$ bis 0,30 m/s |
| bei starken Querströmungen | $v_x = 0{,}20$ bis 0,40 m/s |

*Erfahrungszahlen* für die Sauggeschwindigkeit $v_F$ in der Haubenfläche je nach Stärke der Querströmungen im Raum und der Geschwindigkeit der aufsteigenden Gase oder Dämpfe:

| | |
|---|---|
| bei vierseitig offenen Hauben | $v_F = 0{,}9$ bis 1,2 m/s |
| bei dreiseitig offenen Hauben | $v_F = 0{,}8$ bis 1,1 m/s |
| bei zweiseitig offenen Hauben | $v_F = 0{,}7$ bis 0,9 m/s |
| bei einseitig offenen Hauben | $v_F = 0{,}5$ bis 0,8 m/s |

*Doppelhauben* mit Randabsaugung verlangen infolge ihrer etwas größeren Wirksamkeit nur etwa 80% des Volumenstroms nach Tafel 541-1. Geschwindigkeit $v_s$ im Saugschlitz etwa 10 m/s.

Bei Verwendung der *Formel von Dalla Valle* (Abschnitt 541):

Volumenstrom $\dot{V} = 1{,}4 \cdot U \cdot x \cdot v_m$ setzt man

| | |
|---|---|
| bei ruhiger Luft | $v_m = 0{,}2$ bis 0,3 m/s |
| bei schwachen Querströmungen | $v_m = 0{,}3$ bis 0,4 m/s |
| bei starken Querströmungen | $v_m = 0{,}4$ bis 0,5 m/s |

[1]) Mürmann, H.: HR 7/8–76. 4 S.

*Beispiel:*

Ein Zinnschmelzbad hat eine Fläche von $1 \times 1$ m² mit einer darüber hängenden vierseitig offenen Haube von $1{,}64 \times 1{,}64$ m² Haubenfläche. Schwache Querströmungen. Höhe $x = 0{,}8$ m. Wie groß ist der erforderliche Volumenstrom $\dot{V}$?

Nach Tafel 541-1 wird gewählt $v_x = 0{,}30$ m/s, demnach

$\dot{V} = 4 \cdot 1{,}64 \cdot 1720 = 10\,300$ m³/h.

Nach den vorstehenden Erfahrungszahlen wird gewählt $v_F = 1{,}1$ m/s, demnach

$\dot{V} = 1{,}64 \cdot 1{,}64 \cdot 1{,}1 \cdot 3600 = 10\,700$ m³/h.

Nach Dalla Valle mit $v_m = 0{,}4$ m/s ist

$\dot{V} = 1{,}4\ U \cdot x \cdot v_m =$

$\dot{V} = 1{,}4 \cdot 4 \cdot 1{,}64 \cdot 0{,}8 \cdot 0{,}4 \cdot 3600 = 10\,600$ m³/h.

Alle drei Berechnungsarten ergeben also größenordnungsmäßig gleiche Werte.

Bei Verwendung von Doppelhauben mit Schlitz am Umfang und einem Volumenstrom von $0{,}80 \cdot 10\,600 = 8600$ m³/h wäre die erforderliche Schlitzbreite $b$ bei $v_s = 10$ m/s

$$b = \frac{\dot{V}}{3600 \cdot U \cdot v_s} = \frac{8600}{3600 \cdot 4 \cdot 1{,}64 \cdot 10} = 0{,}036 \text{ m} = 36 \text{ mm}.$$

## -2 SCHLITZABSAUGUNG BEI BÄDERN

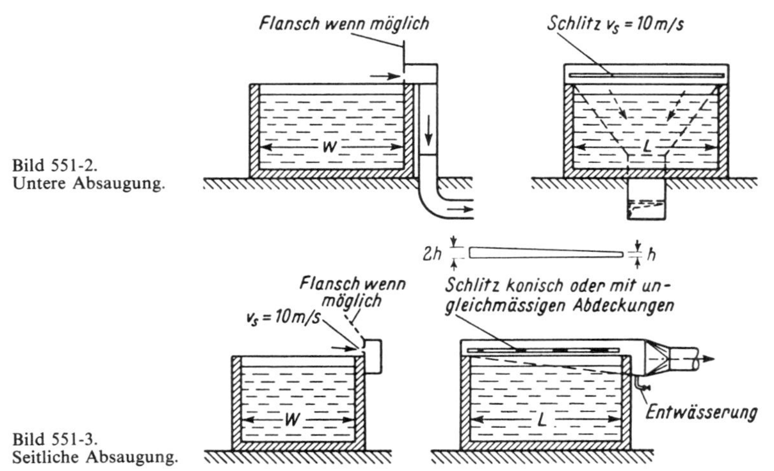


Bild 551-2. Untere Absaugung.

Bild 551-3. Seitliche Absaugung.

**Tafel 551-2. Saugluftvolumenstrom bei Bädern**

| Bad | | Saugluftvolumenstrom in m³/h je m² Badfläche bei $W/L=$ | | | | |
|---|---|---|---|---|---|---|
| | | 0,2 | 0,4 | 0,6 | 0,8 | 1,0 |
| Abschreckbad | | 2000 | 2400 | 2600 | 2750 | 2900 |
| Beizbad | kalt | 1550 | 1800 | 1950 | 2050 | 2150 |
| | heiß | 2600 | 3000 | 3250 | 3450 | 3600 |
| Entfettungsbad | | 1300 | 1500 | 1600 | 1700 | 1800 |
| Galvanisches Bad | | 2000 | 2400 | 2600 | 2750 | 2900 |
| Wasserbad | nicht kochend | 1000 | 1200 | 1300 | 1400 | 1450 |
| | kochend | 2000 | 2400 | 2600 | 2750 | 2900 |
| Salzbad | | 1000 | 1200 | 1300 | 1400 | 1450 |
| Salzlösungsbad | nicht kochend | 1550 | 1800 | 1950 | 2050 | 2150 |
| | kochend | 2000 | 2400 | 2600 | 2750 | 2900 |

## -3 BADABSAUGUNG MIT LUFTSCHLEIER

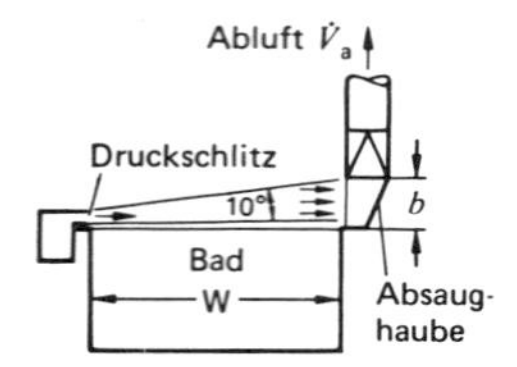


Bild 551-4.
Abluftstrom $\dot{V}_a$ = 1800···2700 m³/m²h
Zuluftstrom $\dot{V}_z$ = 0,25···0,50 $V_a$
Luftgeschwindigkeit $v$ im Druckschlitz 5···10 m/s
Haubenhöhe $b = W \cdot \tan 10°$

## -4 TROCKENÖFEN, BACKÖFEN, VERBRENNUNGSÖFEN

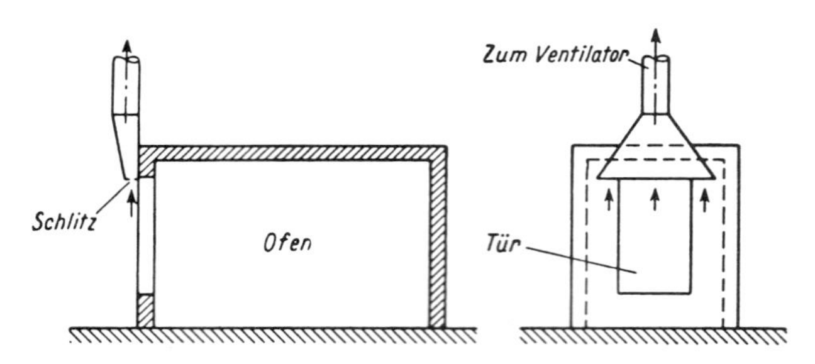


Bild 551-5. Ausführung mit oberer Schlitzabsaugung.

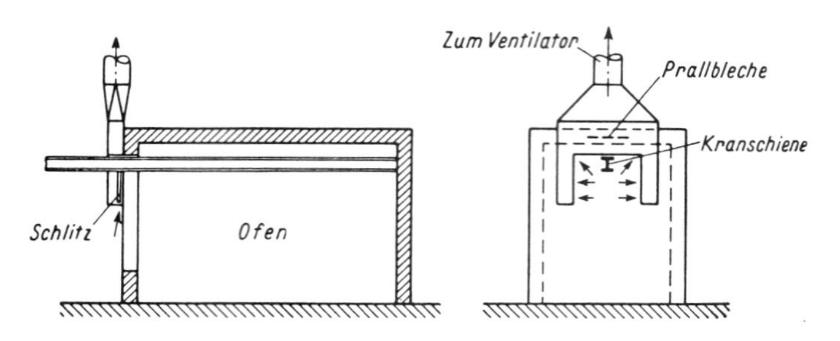


Saugluftstrom $\dot{V}$ = 2000···3000 m³/h je m² Türfläche
Schlitzgeschwindigkeit $v_s \approx 5$ m/s

Bild 551-6. Ausführung mit oberer und seitlicher Schlitzabsaugung.

## -5 PUTZ- UND SCHLEIFTISCHE

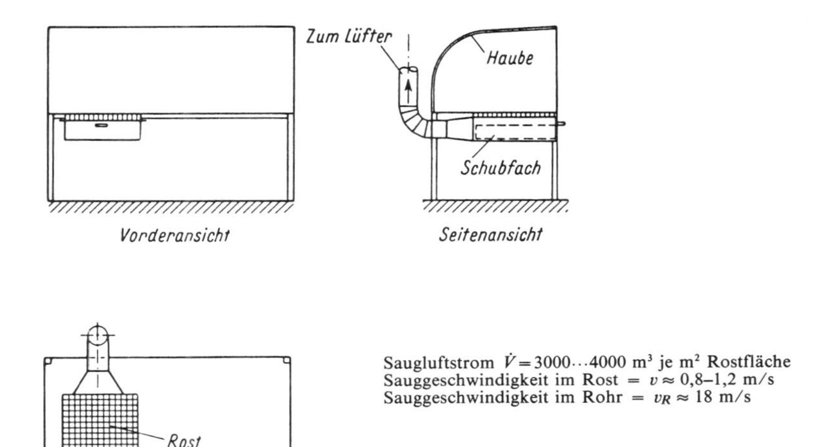


Saugluftstrom $\dot{V} = 3000 \cdots 4000$ m³ je m² Rostfläche
Sauggeschwindigkeit im Rost = $v \approx 0{,}8$–$1{,}2$ m/s
Sauggeschwindigkeit im Rohr = $v_R \approx 18$ m/s

Draufsicht

Bild 551-7. Putz- und Schleiftisch mit unterer Absaugung.

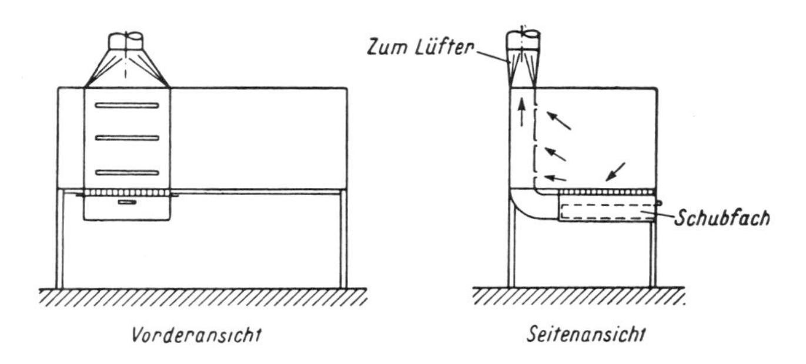


Bild 551-8. Putz- und Schleiftisch mit zusätzlicher rückseitiger Schlitzabsaugung.

# 552 Schweißereien[1])

Bei jedem Schweißvorgang entstehen Luftverunreinigungen, die zum Teil gesundheitsschädlich sind und daher verdünnt oder abgesaugt werden müssen. Bei Autogen-Schweißung hauptsächlich Gase und Dämpfe, namentlich die giftigen nitrosen Gase NO und $NO_2$, bei Elektro-Schweißung je nach Elektrodenart besonders Rauche (FeO, $Fe_2O_2$, $SiO_3$, MnO, $CaF_2$ u. a.).

[1]) Müller, K. G.: Heizg. Lüftg. Haustechn. 1961. S. 257/60 und 287/91 und Klima-Techn. 4 u. 5/1966.
Mürmann, H.: HR 10 und 11/1976.

Stündlicher Rauchanfall je Schweißstelle
bei 5-mm-Elektroden und bei 50% Einschaltdauer ≈ 20 g/h

Stündliche Menge an nitrosen Gasen
bei E-Schweißen je nach Blechstärke 1…20 l/h

1. *Raumlüftung*

Sind in einer Werkstatt keine örtlichen Absaugungen möglich, so muß der ganze Raum gelüftet werden. Der erforderliche Luftvolumenstrom errechnet sich auf Grund der zulässigen MAK-Werte (für nitrose Gase: 5 $cm^3/m^3$, für Rauche ≈ 20 $mg/m^3$). Ergebnisse siehe Bilder 552-1 und -2.

2. *Schweißkammern*

Hier errechnet sich der erforderliche Volumenstrom in derselben Weise, wenn keine örtliche Absaugung erfolgt. Unter Schweißkammer ist dabei ein einseitig offener Raum verstanden.

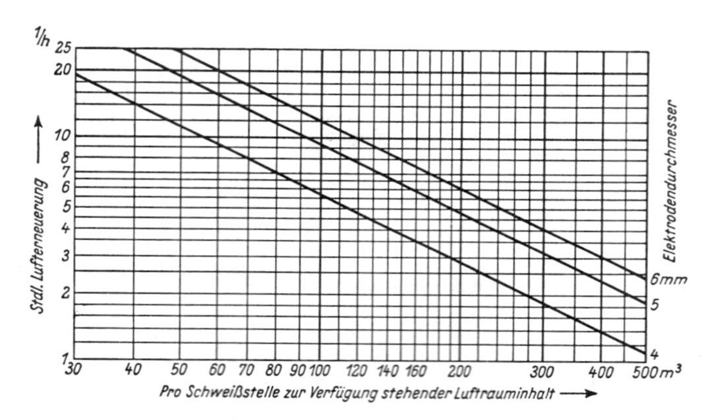


Bild 552-1. Stündlicher Luftwechsel beim Lichtbogenschweißen.

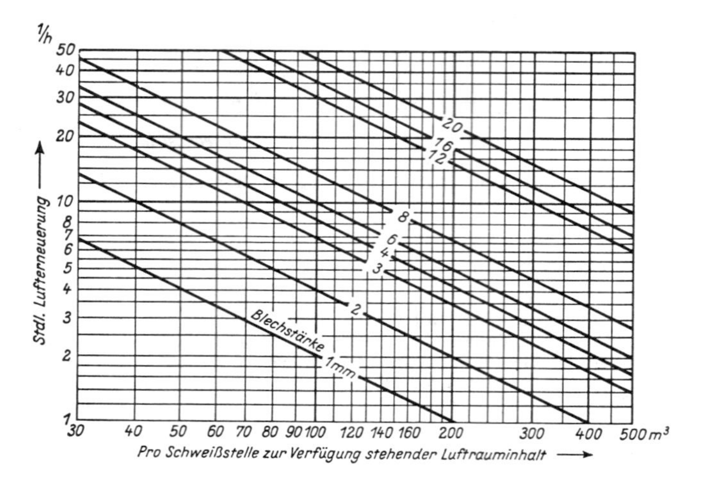


Bild 552-2. Stündliche Lufterneuerung beim Autogenschweißen.

3. *Schweißtische*

Sie ermöglichen einen wesentlich geringeren Absaugvolumenstrom, wobei die Anordnung der Saugöffnung von Wichtigkeit ist. Grundsätzlich soll die Saugöffnung so nahe wie möglich an der Schweißstelle sein.

Bei *Seitenhauben* (s. Bild 552-3) mit Flansch oder Saugrüsseln errechnet sich der Luftvolumenstrom aus Gleichung Abschnitt 533

$$\frac{v_x}{v} = 0{,}75 \cdot \frac{A}{10\,x^2 + A}$$

Setzt man zur Vereinfachung die Entfernung der Schweißstelle von der Saugöffnung $x = \sqrt{A}$, so erhält man die besonders einfache Bezeichnung

$$v = 0{,}75\,\frac{10\,A + A}{A}\,v_x \approx 8 v_x$$

Mit $v_x = 1$ m/s ergibt sich $v = 8$ m/s. Die Sauggeschwindigkeit in der Haubenfläche muß also in diesem Fall $v = 8$ m/s sein.

Bei *unterer Absaugung* ist wegen des thermischen Auftriebs die erforderliche Erfassungsgeschwindigkeit erheblich größer. Nach Abschnitt 543 ist

$$v = \frac{10\,x^2 + A}{A}\,v_x\text{, jedoch mit } v_x \approx 2\text{ m/s.}$$

Bei *oberer Absaugung* ist der erforderliche Volumenstrom am geringsten.

Volumenstrom nach Abschnitt 541 aus der Gleichung

$$v = 2\,x\,\frac{U}{A}\,v_x \quad \text{mit } v_x \approx 0{,}5\text{ m/s.}$$

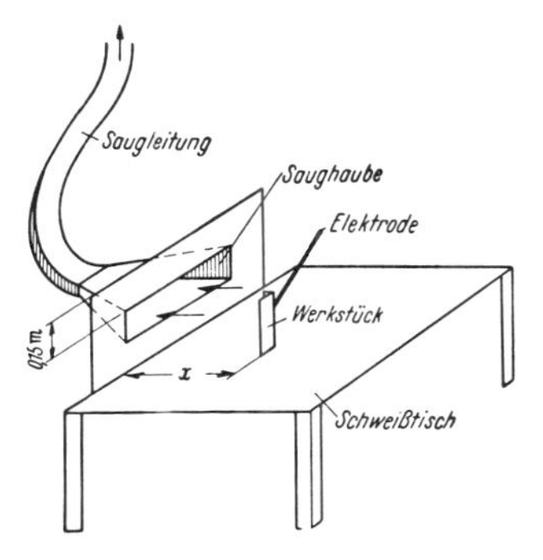


Bild 552-3. Schweißtisch mit seitlicher Absaugung.

Bild 552-4. Schweißtisch mit Drehrost und wahlweise verstellbarer Absaugung nach oben oder unten (Winterfeld).

Beispiel eines *Schweißtisches* mit oberer und unterer Absaugung siehe Bild 552-4. Luftgeschwindigkeit $v$ an Tischoberfläche etwa 1 m/s. Abführung der abgesaugten verunreinigten Luft in der Regel ins Freie. Es gibt jedoch auch neuerdings Elektrofilter zur Reinigung der Luft, wobei die gereinigte Luft dann in den Raum zurückgeführt werden kann (Bild 553-5)[1]).

Bei sehr kleinen Schweißräumen muß der erforderliche Volumenstrom genauer errechnet werden, wofür in der VDI-Richtlinie 2084 eine Methode angegeben ist.

[1]) Ochs, H.-J.: Wärme-Techn. 1965. S. 110/7.

# 553 Maschinenabsaugung

## -1 SCHLEIF-, POLIER- UND SCHWABBELSCHEIBEN

Die Bemessung des Volumenstroms für diese Scheiben entzieht sich gegenwärtig noch der Berechnung, so daß man auf *Erfahrungszahlen* angewiesen ist. Grundsätzlich ist zur Erzielung eines möglichst kleinen Absaugluftstroms darauf zu achten, daß die Scheiben durch die Hauben soweit wie irgend möglich umschlossen sind und daß bei eventueller Abnutzung der Scheiben ein Nachstellen an den Hauben zur Verkleinerung der Luftschlitze möglich ist.

Ausführung einer guten Saughaube für *Schleifenscheiben* siehe Bild 553-1. Saugluftvolumenströme siehe Tafel 553-1.

**Tafel 553-1. Saugluftvolumenstrom bei Schleifscheiben**

| Scheiben-durchmesser mm | Scheibenbreite mm | Saugluftvolumenstrom je nach Güte der Einkapselung m³/h | Rohranschluß-durchmesser mm |
|---|---|---|---|
| bis 200 | 30…40 | 350… 500 | 90 |
| 200…300 | 50 | 500… 800 | 110 |
| 300…400 | 60 | 800…1100 | 130 |
| 400…500 | 75 | 1100…1300 | 145 |
| 500…600 | 100 | 1300…1600 | 160 |
| 600…700 | 125 | 1600…2000 | 175 |
| 700…800 | 150 | 2000…2300 | 190 |

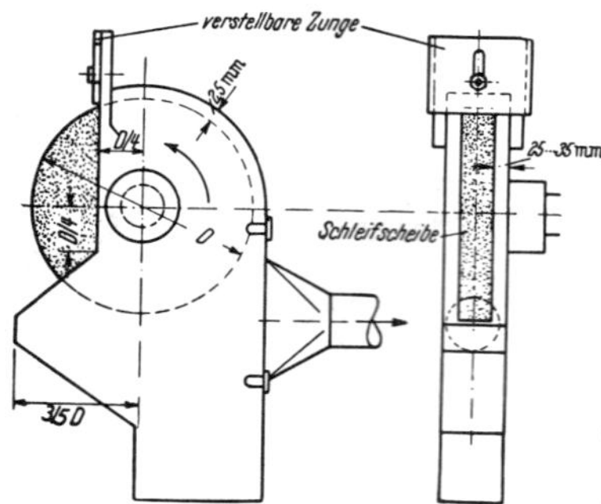


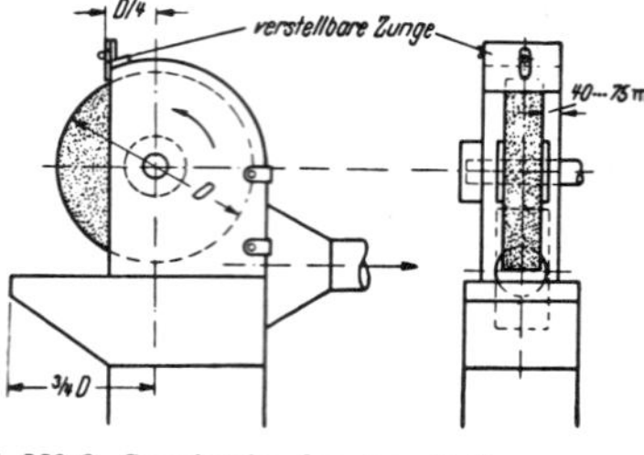


Bild 553-2. Saughaube für eine Polier- oder Schwabbelscheibe.

Bild 553-1. Saughaube für eine Schleifscheibe.

Ausführung einer guten Saughaube für *Polier- und Schwabbelscheiben* siehe Bild 553-2. Saugluftvolumenstrom Tafel 553-2.

**Tafel 553-2. Saugluftvolumenstrom bei Polier- und Schwabbelscheiben**

| Scheiben-durchmesser mm | Scheibenbreite mm | Saugluftvolumenstrom je nach Güte der Einkapselung m³/h | Rohranschluß-durchmesser mm |
|---|---|---|---|
| bis 200 | 50 | 450… 600 | 95 |
| 200…300 | 60 | 600… 900 | 120 |
| 300…400 | 75 | 900…1200 | 135 |
| 400…500 | 100 | 1200…1500 | 150 |
| 500…600 | 125 | 1500…1800 | 170 |
| 600…700 | 150 | 1800…2100 | 180 |
| 700…800 | 150 | 2100…2400 | 200 |

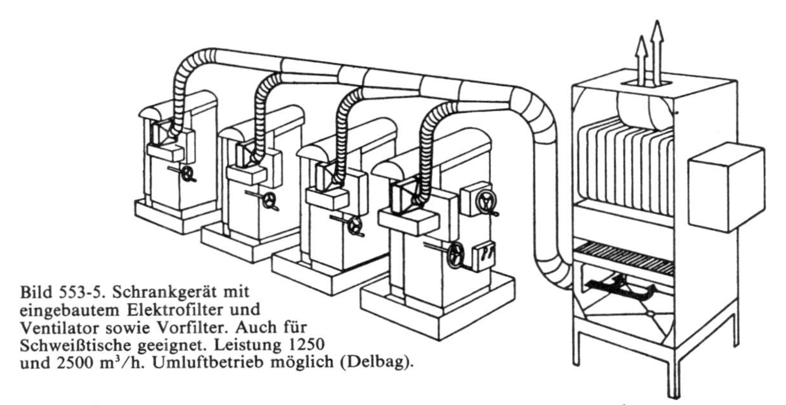

Bild 553-5. Schrankgerät mit eingebautem Elektrofilter und Ventilator sowie Vorfilter. Auch für Schweißtische geeignet. Leistung 1250 und 2500 m³/h. Umluftbetrieb möglich (Delbag).

## -2 ÖLNEBELABSAUGUNG BEI WERKZEUGMASCHINEN[1])

Ölnebel-, Rauch- und Dunstteilchen lassen sich durch Elektrofilter mit Vorfilter abscheiden, so daß die gereinigte Luft dem Raum wieder zugeführt werden kann. Bei der Auslegung der Geräte sollte der maximal zulässige Absaugstrom nicht überschritten werden, da der Abscheidegrad des Elektrofilters mit zunehmender Durchschnittsgeschwindigkeit abnimmt.

Beispiel Bild 553-5. Hohe Anschaffungs-, jedoch geringe Betriebskosten.

## -3 HOLZBEARBEITUNGSMASCHINEN[2])

Den Aufbau einer Späneabsauganlage zeigt Bild 553-18. Wenn nur Späne anfallen, reicht als Abscheider ein Zyklon. Bei Schleifmaschinen fällt Feinstaub an. Hierfür werden *Gewebefilter* eingesetzt, meist mit Zyklon als Vorabscheider.

| Bandbreite | Volumenstrom m³/h | | |
|---|---|---|---|
| mm | oben | unten | Summe |
| 30 | 500 | 500 | 1000 |
| 50 | 500 | 900 | 1400 |
| 100 | 800 | 1200 | 2000 |

| Durchmesser mm | Volumenstrom m³/h |
|---|---|
| 400 | 600 |
| 500 | 750 |
| 600 | 900 |

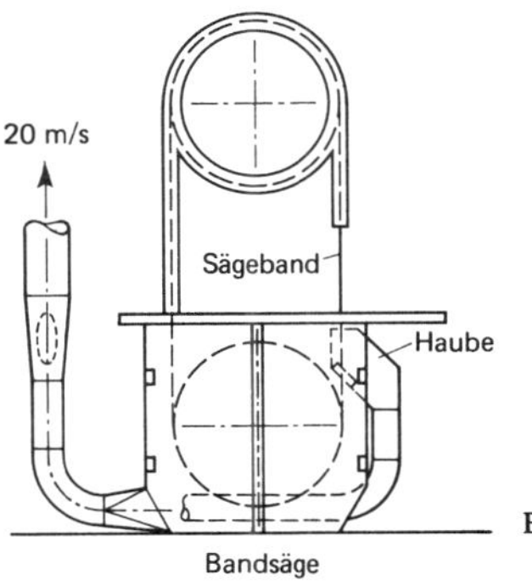


Bild 553-11.

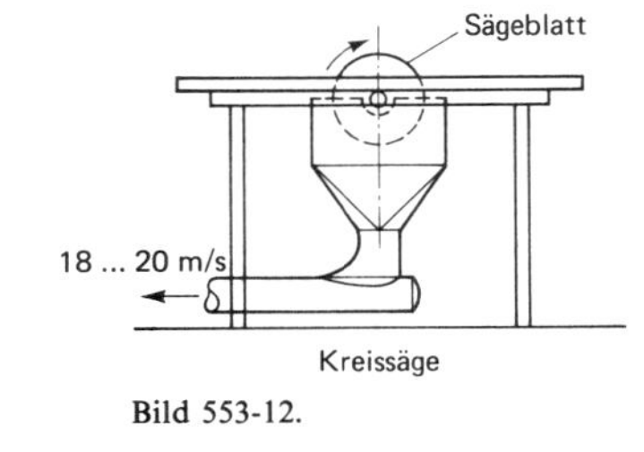


Bild 553-12.

[1]) Ochs, H.-J.: WKT 1971. S. 14/17.

[2]) VDMA-Einheitsblatt 24179, T. 1: Wartung von Absauganlagen für Holzstaub u. -Späne (4. 85).

| Bandbreite mm | Volumenstrom $m^3/h$ | | |
|---|---|---|---|
| | Eintritt | Austritt | Summe |
| bis 125 | 700 | 600 | 1300 |
| 125···200 | 800 | 700 | 1500 |
| 200···300 | 900 | 800 | 1700 |

| Durchmesser mm | Volumenstrom $m^3/h$ |
|---|---|
| 300 | 600 |
| 450 | 750 |
| 650 | 2 × 600 = 1200 |
| 850 | 2 × 750 = 1500 |

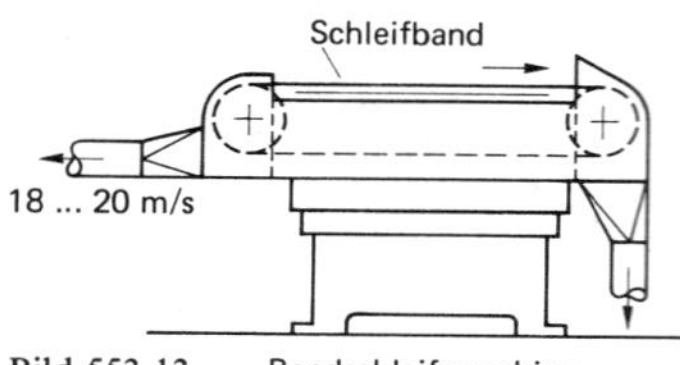

Bild 553-13. Bandschleifmaschine

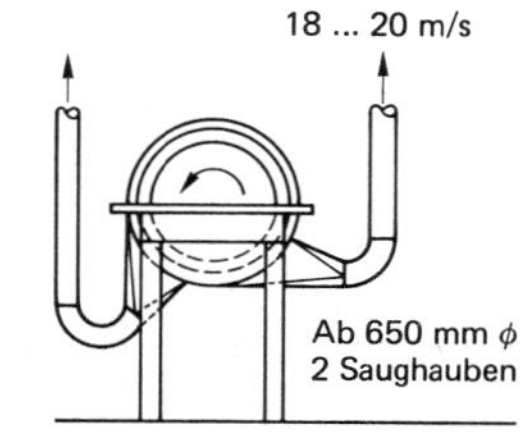

Bild 553-14. Tellerschleifmaschine

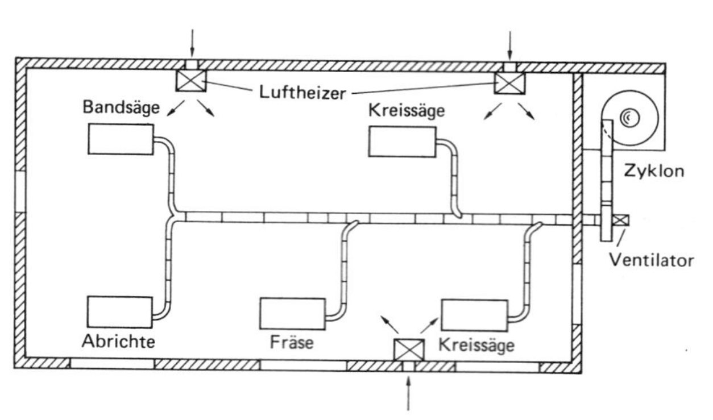

Bild 553-18. Schema einer Staubabsaugungsanlage.

# 554 Sack- und Faßfüllung

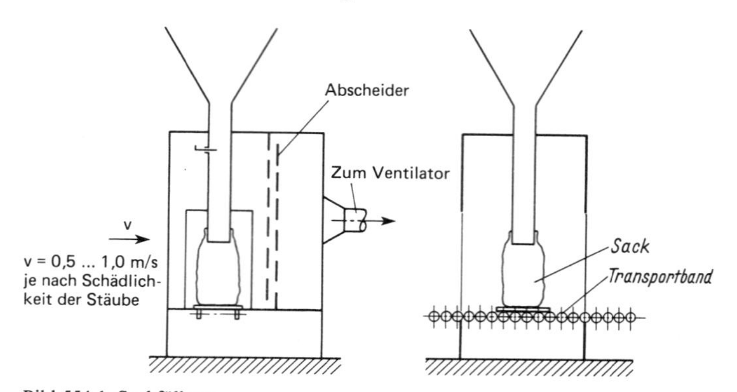

Bild 554-1. Sackfüllung.

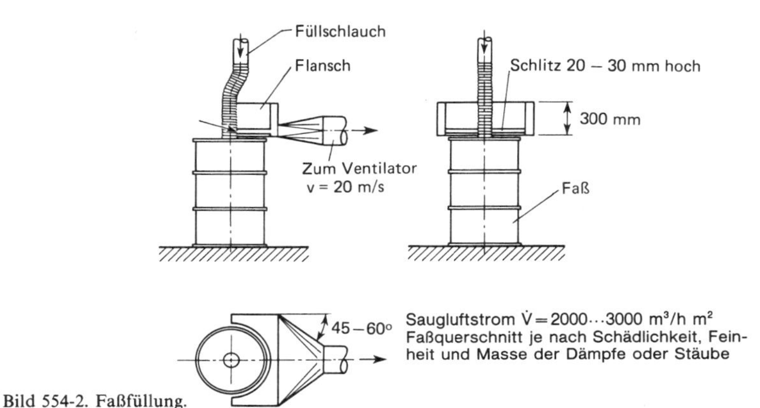


Bild 554-2. Faßfüllung.

# 555 Zentrale Staubsauganlage[1])

Anlagen zur Rationalisierung der Reinigungsarbeiten in Bürogebäuden, Kaufhäusern, aber auch in Wohnungen. Ferner in Kraftwerks- oder Hochofenanlagen. Prinzipieller Aufbau Bild 555-1.

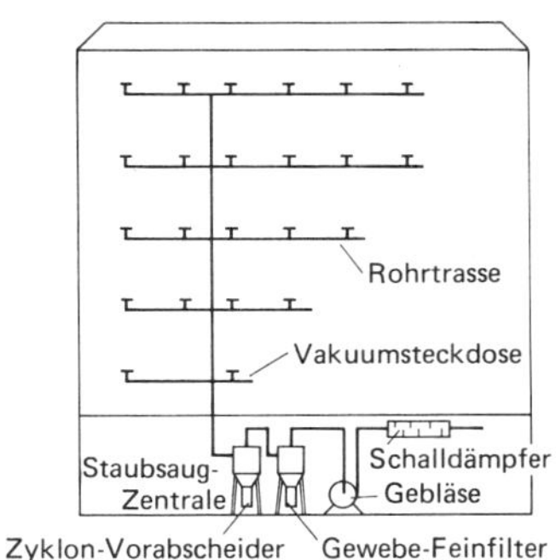


Bild 555-1. Zentrale Staubsauganlage für große Büro- oder Industriegebäude.

Das *Rohrsystem* besteht aus Kunststoff (PVC) oder Stahl und muß besonders dicht sein. Besondere *Vakuumsteckdosen* für Wand- oder Bodeneinbau sorgen für luftdichten Abschluß der nicht benutzten Saugstellen. Tragbare *Schläuche,* 8···12 m lang, mit verschiedenen Saugdüsen werden an diese Steckdosen je nach Bedarf angeschlossen. Durchmesser dieser Steckdosen 35···40 mm, Luftgeschwindigkeit in Steckdose 45···60 m/s, im dahinterliegenden Rohr ca. 40 m/s, Volumenstrom 150···250 m³/h. Gelegentlich an der Steckdose Schwachstromkontakt, der bei Schlauchanschluß zentrales Gebläse einschaltet.

Bei größeren Anlagen besteht die Zentrale aus einem *Zyklonabscheider, Gewebefilter mit automatischer Abreinigung,* Mehrstufengebläse (Förderdruck 25···30 kPa), Schalldämpfer. Austragung des Staubes aus den Abscheidern mit vakuumdichten Absperrklappen. Bei kleineren Anlagen für Ein- oder Zweifamilienhäuser ($\dot{V}$ = 200 m³/h) integrierte Geräte ähnlich Haushaltsstaubsauger.

Für die *Müllentsorgung* ganzer Stadtteile existieren ebenfalls zentrale Absauganlagen, die auch die teilweise Wiederverwertung des Mülls besorgen (Fläkt).

[1]) TAB 12/79, S. 1003/6.
Mürmann, H.: TAB 9/85. 595/8.

# 6. Kältetechnik

Überarbeitet von Dipl.-Ing. G. Trenkowitz, Mannheim

## 61 ALLGEMEINES

Fast alle Klimaanlagen benötigen außer einem Heizmittel zur Erwärmung der Luft im Winter auch ein Kühlmittel zur Kühlung und Entfeuchtung der Luft im Sommer.

Während hierfür früher häufig Eis, Leitungs- oder Brunnenwasser verwendet wurden, sind heute fast ausschließlich *Kältemaschinen* in Benutzung. Die Wirkungsweise dieser Maschinen besteht darin, daß in einem thermodynamischen Kreisprozeß durch Zufuhr von *Energie* der zu kühlenden Luft Wärme entzogen wird, und zwar entweder direkt durch die Kältemaschine *(direkte Kühlung),* oder durch Zwischenschaltung eines durch die Kältemaschine gekühlten Kaltwasserkreislaufs *(indirekte Kühlung).*

Die Summe aus entzogener Wärme und dafür erforderlicher Antriebsenergie muß von der Kältemaschine an Kühlwasser oder Kühlluft abgegeben werden können. Sie kann jedoch u. U. auch gleichzeitig als Nutzwärme Verwendung finden (Wärmepumpe).

Zahlreiche Bauarten von Kältemaschinen von den kleinsten bis zu den größten Leistungen sind speziell für die Klimatechnik entwickelt worden. Die starke Ausbreitung der Klimatechnik in den letzten Jahrzehnten hat sogar dazu geführt, daß bei großen Gebäudekomplexen, wie Krankenhäusern, Universitäten, Einkaufszentren usw., zentrale Kälteanlagen mit *Kaltwasser-Fernversorgung* gebaut werden. Wie bei der Fernheizung ist dies jedoch nur unter gewissen Voraussetzungen wirtschaftlich möglich.

Der Klima-Techniker baut die Kältemaschine im allgemeinen nicht selbst, sondern bezieht sie von Kältemaschinenfirmen.

Er muß aber die spezifischen Eigenschaften der verschiedenen Bauarten kennen, um die für ein Objekt günstigste auswählen zu können. Er muß ebenso die Größe der Bauteile und die Sicherheitsvorschriften kennen, um die Anlage im Gebäude richtig einplanen zu können.

Außerdem muß er Kenntnisse über das Betriebsverhalten und die Regelmöglichkeiten der Kälteanlage haben, da die Regelung der Klimaanlage mit der Regelung der Kälteanlage richtig abgestimmt werden muß zur Erzielung wirtschaftlicher und störungsfreier Funktion. Letztlich sollte er auch über die Funktion der einzelnen Bauteile soweit Bescheid wissen, daß er im Störungsfall die richtigen Maßnahmen zur Abhilfe einleiten kann.

Bei dem Einbau von Kälteanlagen ist die Unfallverhütungsvorschrift VBG 20 (10. 84) sowie DIN 8975 Teil 1 bis 9 (1979/86) zu beachten, die sicherheitstechnische Grundsätze für Gestaltung, Ausrüstung, Aufstellung und Betreiben enthalten.

Fließbilder und graphische Symbole siehe DIN 8972 (6. 80).

Formelzeichen, Einheiten und Indizes in DIN 8941 (1. 82).

Nachstehend sind die Grundlagen der Kältetechnik, soweit sie für den Klima-Techniker von Wichtigkeit sind, zusammengestellt.

# 62 THEORETISCHE GRUNDLAGEN

Der Begriff Kältemaschine ist eigentlich falsch, denn keine Maschine kann Kälte erzeugen, da es physikalisch gesehen keine Kälte gibt. Die Physik definiert Wärme als einen molekularen Bewegungszustand der Materie, der erst am absoluten Nullpunkt – bei $T = 0$ K bzw. $t = -273{,}15\,°C$ – aufhört. Am *absoluten Nullpunkt* wird alle Materie zum festen Körper, bei allen darüberliegenden Temperaturen ist bereits Wärme vorhanden. Um zu kühlen, muß man also vorhandene Wärmeenergie dort wegnehmen, wo man es kälter haben will. Da aber Energie nicht verschwinden kann, muß diese entzogene Wärmemenge bei entsprechend höherer Temperatur wieder an ein verfügbares Kühlmedium abgegeben werden. Die Wärmemenge muß also vom niedrigen Temperaturniveau des gewünschten Wärmeentzugs auf ein höheres Temperaturniveau für die Wärmeabgabe „hochgepumpt" werden. Dies geht nach dem zweiten Hauptsatz der Wärmelehre (siehe Abschn. 131-9) niemals von selbst, sondern nur mit einem *Energieaufwand* für die „Pumpe" – genau wie Wasser niemals von allein bergaufwärts fließt.

Eine Maschine oder Anlage, die einen derartigen thermodynamischen Kreisprozeß durchführt, nennt man, je nach dem gewünschten Nutzeffekt:

*Kältemaschine* (Kälteanlage), wenn die bei der niedrigen Temperatur entzogene Wärmemenge, die Kälteleistung $Q_0$, der gewünschte Nutzen ist.

*Wärmepumpe,* wenn die bei der höheren Temperatur abgegebene Wärmemenge, die Wärmeabgabe $Q_c$, der gewünschte Nutzen ist, bzw. auch, wenn beide Wärmemengen ganz oder teilweise Nutzleistung sind.

Zur Realisierung eines derartigen thermodynamischen Kreisprozesses gibt es verschiedene Verfahren, die auf unterschiedlichen physikalischen Vorgängen beruhen. Die gebräuchlichsten sind:

*Kompressions-Kälteprozeß,* unter Zufuhr mechanischer Energie:

*Kaltdampf-Kälteprozeß* mit Kältemitteln, die bei den Arbeitstemperaturen eine Aggregatzustandsänderung erlauben zwischen Dampfphase und Flüssigkeitsphase.

*Kaltluft-Kälteprozeß* mit Luft als Kältemittel, ohne Aggregatzustandsänderung.

*Dampfstrahl-Kälteprozeß* mit Wasserdampf als Treibmittel und Wasser als Kältemittel.

*Absorptions-Kälteprozeß,* wobei das Kältemittel mittels eines Lösemittelkreislaufs im Absorber absorbiert und unter Zufuhr von Wärme im Generator (Austreiber) wieder ausgetrieben wird.

*Thermoelektrischer Kälteprozeß,* unter Zufuhr elektrischer Energie
(auch als Peltier-Kälteprozeß bezeichnet).

Da sich Kältemaschine und Wärmepumpe in ihrem prinzipiellen Aufbau nicht voneinander unterscheiden, werden im folgenden die Grundlagen für beide Varianten gemeinsam behandelt.

## 621 Kaltdampf-Kompressions-Kälteprozeß

### -1 FUNKTION

Der Kaltdampf-Kompressions-Kälteprozeß hat mit über 90% aller installierten Anlagen z. Z. die größte Bedeutung in der Kälte- und Klimatechnik. Wesentliches Merkmal dieses Prozesses ist die Verwendung von Kältemitteln (siehe Abschn. 63), die bei der Arbeitstemperatur $t_0$ der kalten Seite aus dem flüssigen Zustand unter Aufnahme einer möglichst großen Verdampfungswärme verdampfen, und die bei der Arbeitstemperatur $t_c$ der warmen Seite unter beherrschbaren Drücken wieder verflüssigt werden können. Hierbei wird das physikalische Gesetz der Abhängigkeit der Verdampfungs-/Verflüssigungs-Temperatur vom Druck ausgenutzt.

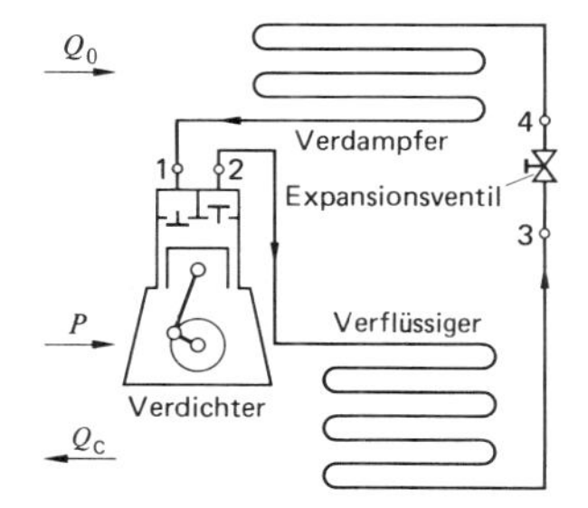


Bild 621-1. Schematischer Aufbau einer Kaltdampf-Kompressions-Kälteanlage.

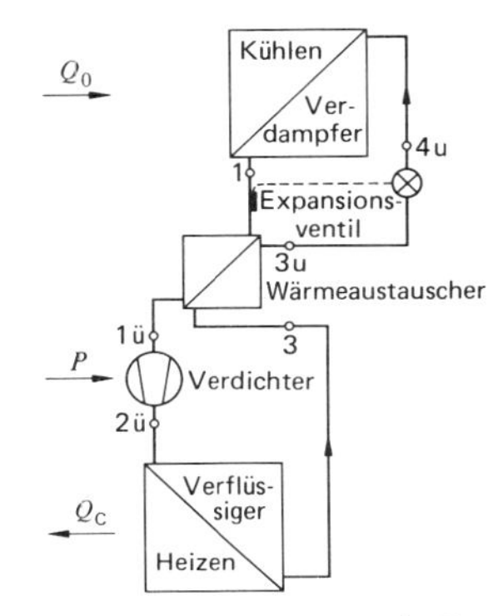


Bild 621-2. Normsymbol – Darstellung einer Kaltdampf-Kompressions-Kälteanlage mit Wärmeaustauscher und Expansionsventil.

Eine Kaltdampf-Kompressions-Kälteanlage besteht im wesentlichen aus dem Verdichter (Kompressor) mit Motor zur Energiezufuhr, dem Verflüssiger (Kondensator) zur Wärmeabgabe, der Entspannungs-(Expansions-, Drossel-)Einrichtung zur Reduzierung des Druckes und dem Verdampfer (Evaporator) zur Wärmeaufnahme (Kühlung). Diese Bauelemente sind in einem geschlossenen Rohrkreislauf miteinander verbunden, in dem das Kältemittel zirkuliert (Bild 621-1 und 621-2).

## -2 ENERGIEBILANZ, TEMPERATURDIFFERENZEN

In jedem Energieumformungsprozeß, also auch hier bei einem thermodynamischen Kreisprozeß, muß die Summe der zugeführten Energie gleich der Summe der abgeführten Energie sein. Damit gilt für die Kältemaschine wie für die Wärmepumpe nach dem Kaltdampf-Kompressionsprozeß, unter Vernachlässigung von Verlusten und Nebenantrieben:

$$\dot{Q}_0 + P = \dot{Q}_c$$

$\dot{Q}_0$ = Kälteleistung in kW
$P$ = Energiezufuhr in kW
$\dot{Q}_c$ = Wärmeabgabe in kW

Infolge von Wärmeverlusten des Verdichters geht allerdings nicht die gesamte Energiezufuhr $P$ in die Verflüssigerleistung $\dot{Q}_c$ ein, sondern nur ein um den Faktor $a$ verringerter Wert, so daß

$$\dot{Q}_c = \dot{Q}_0 + a \cdot P$$

Der Faktor $a$ ist abhängig von Verdichter-Bauart, Betriebstemperaturen und Wärmedämmung der warmen Bauteile der Anlage. Für überschlagsmäßige Berechnungen kann angesetzt werden:

$a = 1{,}0$ für den verlustlosen Idealfall

$a = 0{,}9$ bezogen auf die mechanische Wellenleistung $P_m$ des Verdichters

$a = 0{,}9$ bezogen auf die elektrische Leistungsaufnahme $P_{el}$ hermetischer Verdichter, Motorkühlung durch Kältemittelkreislauf

$a = 0{,}8$ bezogen auf die elektrische Leistungsaufnahme $P_{el}$ offener Verdichter, Motorkühlung getrennt vom Kältemittelkreislauf

Das *Betriebsverhalten* einer Kältemaschinen- oder Wärmepumpenanlage ist jedoch nicht nur abhängig von der vorgenannten Grundgleichung für den thermodynamischen Kreisprozeß. Ebenso wichtig sind die Energiebilanzen für die Massenströme auf der kalten und der warmen Seite mit den sich daraus ergebenden Temperaturdifferenzen, wie auch die Temperaturdifferenzen, die sich ergeben aus den installierten Wärmeaustauschflächen und den erreichbaren Wärmedurchgangszahlen. Eine Gesamtbilanz der

Energieumsetzungen und der sich daraus ergebenden Temperaturdifferenzen ist dargestellt in Bild 621-3.

$$\dot{Q}_0 = \dot{m}_K \cdot c_K \cdot (t_{KE} - t_{KA}) \text{ bzw.}$$
$$= \dot{m}_K (h_{KE} - h_{KA})$$
$$= A_K \cdot k_K \cdot \Delta t_{mK}$$
$$\dot{Q}_0 = f\,(t_c, t_0, \dot{V}_h)$$
$$P \;= f\,(t_c, t_0, \dot{V}_h)$$
$$\dot{Q}_c = Q_0 + a \cdot P$$
$$= A_W \cdot k_W \cdot \Delta t_{mW}$$
$$= \dot{m}_W \cdot c_W \cdot (t_{WA} - t_{WE})$$

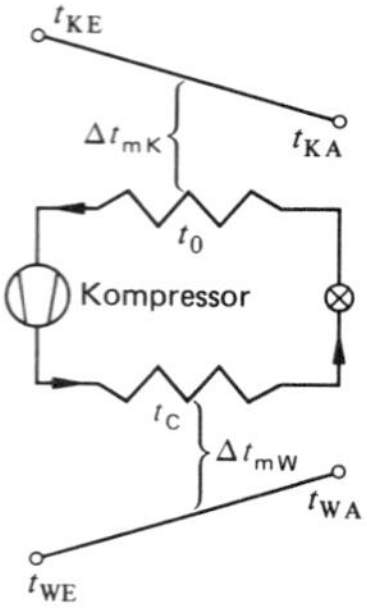

Bild 621-3. Energiebilanz und Temperaturdifferenzen beim Kälteprozeß.

In den Formeln zu Bild 621-3 bezieht sich der Index $K$ auf die kalte Seite, der Index $W$ auf die warme Seite des Prozesses. Der zweite Index kennzeichnet mit $E$ den Eintritt, mit $A$ den Austritt des wärmeabgebenden bzw. wärmeaufnehmenden Mediums. Neben den bereits bekannten Größen $\dot{Q}_c$, $\dot{Q}_0$ und $P$ haben die Bezeichnungen folgende Bedeutung:

$\dot{m}$ = Massenstrom kg/s
$h$ = Enthalpie kJ/kg
$t_0$ = Verdampfungstemperatur °C
$t_c$ = Verflüssigungstemperatur °C
$\dot{V}_h$ = geometrisches Fördervolumen des Verdichters $m^3/h$
$k$ = Wärmedurchgangszahl $W/m^2K$
$c$ = spez. Wärmekapazität kJ/kgK
$A$ = Fläche $m^2$
$\Delta t_m$ = logarithmische Temperaturdifferenz K

Bezogen auf den thermodynamischen Kreisprozeß der Kältemaschine bzw. Wärmepumpe ist $t_0$ die Arbeitstemperatur auf der kalten, $t_c$ die Arbeitstemperatur auf der warmen Seite.

Die Kälteleistung $\dot{Q}_0$ und der Energieverbrauch $P$ sind nicht nur abhängig von der Größe des installierten Verdichters – *Fördervolumen* $\dot{V}_h$ –, sondern auch von der Lage der Arbeitstemperaturen $t_0$ und $t_c$ (vgl. z. B. Bild 641-12 u. -13). Diese Abhängigkeiten führen zusammen mit der Grundgleichung $\dot{Q}_0 + a \cdot P = \dot{Q}_c$ dazu, daß sich jede Kälte- bzw. Wärmepumpenanlage auf einen Betriebspunkt einstellt, bei welchem alle in Bild 621-3 aufgeführten Gleichungen und Abhängigkeiten gleichzeitig erfüllt sind. Dieser *Betriebs- oder Gleichgewichtspunkt* wird üblicherweise für die verlangten Nennbedingungen einer Anlage errechnet und die Wärmeaustauschflächen und Verdichtergrößen danach festgelegt. Weichen die Betriebsbedingungen von diesen Nennbedingungen ab, z. B. durch Veränderung der Massenströme (polumschaltbare Ventilatormotoren, drosselnde Regelorgane etc.) oder der Eintrittstemperaturen auf der kalten und/oder der warmen Seite, so stellen sich neue Gleichgewichtsbedingungen ein, bei denen die Prozeßtemperaturen $t_0$ und $t_c$ sehr leicht unzulässige Werte erreichen können. Die Kältemaschine würde dabei über ihre *Sicherheitseinrichtungen* abschalten, wenn nicht durch geeignete regelungstechnische Eingriffe neue, funktionsfähige Betriebszustände hergestellt werden würden. Gerade dieses Problem führt oft zu Mißverständnissen zwischen dem Klimaingenieur und dem Lieferanten der Kältemaschine, deshalb sollten neben der Nennauslegung auch die extremen Grenzbedingungen von vornherein klargestellt werden.

Bild 621-3 zeigt weiterhin, daß die Prozeßtemperatur $t_0$ der kalten Seite des Kältemaschinenprozesses stets erheblich niedriger liegt als die Eintrittstemperatur $t_{KE}$ des abzukühlenden Mediums, z. B. der verfügbaren Wärmequelle für eine Wärmepumpe.

Ebenso liegt die Prozeßtemperatur $t_c$ auf der warmen Seite höher als die Eintrittstemperatur $t_{WE}$ des verfügbaren Kühlmediums. Als Richtwert für diese Temperaturdifferenzen kann angesetzt werden, abhängig von der Bauart der Anlage, bei Wasser als Übertragungsmedium:

$$t_{KE} - t_0 = t_c - t_{WE} = 5 \cdots 15 \text{ K}$$

bei Luft als Übertragungsmedium:

$$t_{KE} - t_0 = t_c - t_{WE} = 10 \cdots 20 \text{ K}$$

Hierbei bedingen die jeweils unteren Werte große Massenströme und große Wärmeaustauschflächen, also hohe Investitionskosten. Mit den oberen Werten werden kostengünstige Anlagen erreicht, jedoch zu Lasten eines höheren Energieverbrauches, da die zu überwindende Temperaturdifferenz größer wird. Die richtige Auswahl muß erfolgen nach der jeweiligen Priorität niedriger Investitionskosten oder niedrigen Energieverbrauchs.

## -3 WIRTSCHAFTLICHKEIT, LEISTUNGSZAHL

Für die Wirtschaftlichkeit jeder Maschine ist maßgebend das Verhältnis von Nutzen zu Aufwand, das allgemein als *Wirkungsgrad* bezeichnet wird, der stets kleiner als 1 ist. Infolge der Wärmezufuhr auf der kalten Seite ist dieses Verhältnis von Nutzen zu Aufwand jedoch bei der Wärmepumpe stets, bei der Kältemaschine meistens, größer als 1 und wird deshalb nicht Wirkungsgrad genannt, sondern *Leistungszahl* (früher Leistungsziffer[1]). Die Leistungszahl wird mit $\varepsilon$ (Epsilon) bezeichnet und ist wie folgt definiert:

Für die Kältemaschine:

$$\varepsilon_K = \frac{\dot{Q}_0}{P}$$

Für die Wärmepumpe:

$$\varepsilon_W = \frac{\dot{Q}_c}{P}$$

Werden bei einer Wärmepumpenanlage sowohl die Kälteleistung, als auch die Wärmeabgabe zum Teil gleichzeitig genutzt, so ergeben sich nach der Definition Nutzen durch Aufwand noch höhere Leistungszahlen, nämlich:

im Kühlbetrieb:

$$\varepsilon = \frac{\dot{Q}_0 + \dot{Q}_{c\,NUTZ}}{P}$$

im Heizbetrieb:

$$\varepsilon = \frac{\dot{Q}_c + \dot{Q}_{0\,NUTZ}}{P}$$

Unter Berücksichtigung der Grundgleichung $\dot{Q}_c = \dot{Q}_0 + a \cdot P$ ergibt sich aus den erstgenannten Beziehungen ferner:

*maximale Wärmeabgabe* der Kältemaschine

$$\dot{Q}_c = \dot{Q}_0 \cdot \left(1 + \frac{a}{\varepsilon_K}\right)$$

*maximale Leistungszahl* der Wärmepumpe

$$\varepsilon_W = \varepsilon_K + a$$

erforderliche Kälteleistung für die Wärmepumpe

$$\dot{Q}_0 = \dot{Q}_c \left(1 - \frac{a}{\varepsilon_W}\right)$$

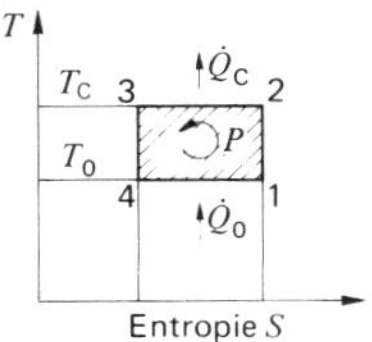


Bild 621-4. Der Carnot-Prozeß im $T, s$-Diagramm.

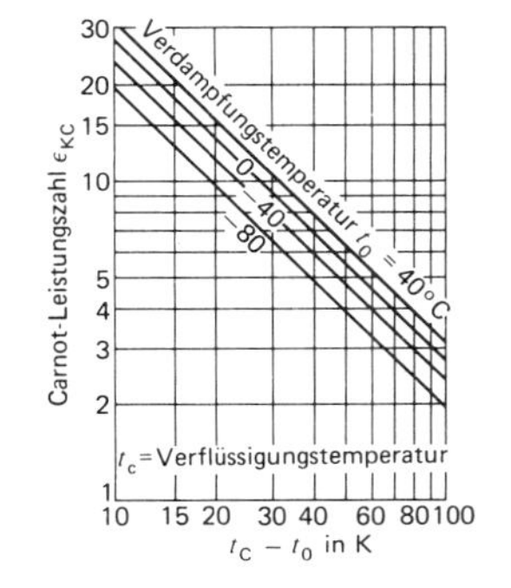


Bild 621-5. Ideale Carnot-Leistungszahl $\varepsilon_{KC}$ von Kompressions-Kältemaschinen.

[1]) Vauth, R.: HLH 1/81. S. 25/9.

Der ideale Vergleichsprozeß für die Kältemaschinen und Wärmepumpen ist der *Carnot-Kreisprozeß* (siehe Abschn. 132-9). Bei der Darstellung dieses Prozesses im $T, s$-Diagramm entsprechen die sich ergebenden Rechtecke den umgesetzten Energiemengen (Bild 621-4). Da die Entropiedifferenzen dieser Energierechtecke gleich sind, ergibt sich aus der Quotientenbildung die

*Ideale Leistungszahl* des Carnot-Prozesses für die

Kältemaschine

$$\varepsilon_{KC} = \frac{T_0}{T_c - T_0}$$

Wärmepumpe

$$\varepsilon_{WC} = \frac{T_c}{T_c - T_0} = \varepsilon_{KC} + 1$$

$T_0$ in $K$ (= 273,15 + $t_0$ in °C) =
die absolute Arbeitstemperatur auf der kalten Seite des thermodynamischen Kreisprozesses

$T_c$ in $K$ (= 273,15 + $t_c$ in °C) =
die absolute Arbeitstemperatur auf der warmen Seite des thermodynamischen Kreisprozesses.

*Gütegrade*

Die einfach zu berechnenden idealen Leistungszahlen des Carnot-Prozesses sind in der Praxis nicht zu erreichen. Zur Beurteilung der Qualität realer Prozesse dient das Verhältnis zwischen realer und idealer Leistungszahl, das als *Carnot'scher Gütegrad* bezeichnet wird:

$$\text{Carnot'scher Gütegrad } \eta_{CK} = \frac{\varepsilon_K}{\varepsilon_{KC}} \text{ bzw. } \eta_{CW} = \frac{\varepsilon_W}{\varepsilon_{WC}}$$

Größere Kaltdampf-Kompressionsanlagen erreichen Gütegrade von 0,5 ... 0,6.

Bei *Beurteilung und Vergleich* von Leistungszahlen ist zu beachten, ob sie bezogen sind auf die mechanische Leistung an der Welle (üblich bei offenen Verdichtern) oder auf die Leistungsaufnahme des Antriebsmotors (üblich bei hermetischen Verdichtern).

Eine auf die Wellenleistung bezogene Leistungszahl ist mit dem Wirkungsgrad $\eta_A$ des Antriebsmotors zu multiplizieren, wenn sie auf die zugeführte Energie bezogen werden soll. Im Falle eines elektromotorischen Antriebes ist das Ergebnis dann mit den Werten für hermetische Verdichter vergleichbar.

Alle bisher genannten Formeln für die Leistungszahl beziehen sich in ihrer Definition lediglich auf den thermodynamischen Kreisprozeß selbst. Für die reale Leistungszahl der gesamten Anlage sind jedoch außerdem die Energieaufwendungen zu berücksichtigen für die Förderung der Wärmeübertragungsmedien auf der kalten und der warmen Seite des Kreisprozesses, und zwar sowohl hinsichtlich des Energieverbrauchs, als auch im Hinblick auf die aus diesem resultierende Wärmeabgabe.

In den USA hat man dementsprechend definiert:

$$\text{Energy Efficiency Ratio}^{1)}\ \text{EER} = \frac{\text{Kälteleistung in BTU/h}}{\text{Leistungsaufnahme Motor in W}}$$

## -4 KREISPROZESS DER KALTDAMPFMASCHINE

Zur Darstellung des Prozeßablaufs und zur Berechnung benutzt die Kältetechnik das *h*, log *p-Diagramm* des jeweiligen Kältemittels, in dem *Enthalpiedifferenzen* als Strecken dargestellt und leicht abgelesen werden können. Das Diagramm enthält als wesentli-

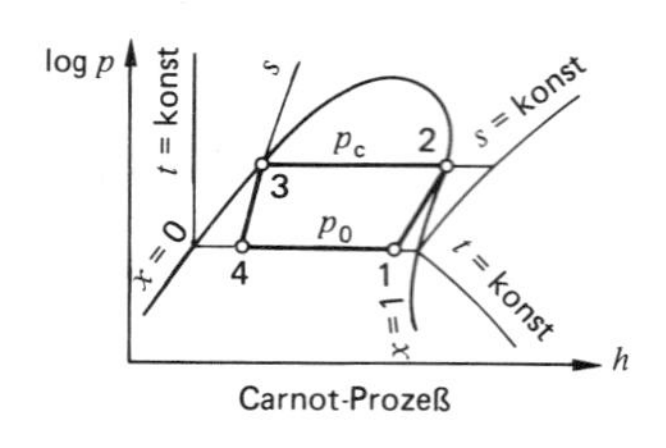


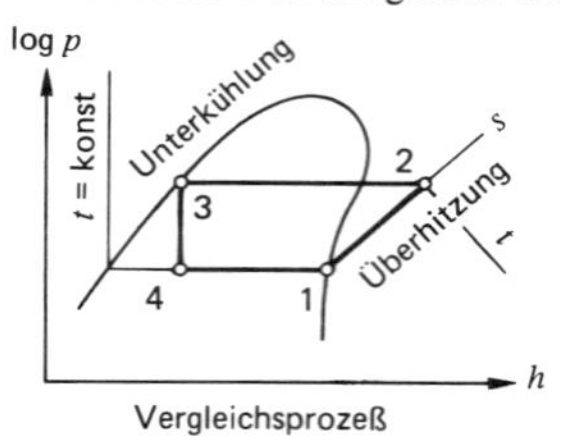


Bild 621-8. Carnot-Prozeß und Vergleichsprozeß im *h*, log *p*-Diagramm.

[1]) CCI 11/86. S. 4/5.

chen Bestandteil die beiden Grenzkurven des Naßdampfbereiches, zwischen denen bei Verdampfung und Verflüssigung die Isothermen horizontal verlaufen. Links von der Grenzkurve mit Dampfgehalt $x=0$ ist der Bereich reiner Flüssigkeit, in dem die Isothermen senkrecht verlaufen (Bereich der Unterkühlung). Rechts von der Grenzkurve mit Dampfgehalt $x=1$ (100%) beginnt der Bereich des überhitzten Dampfes. In Bild 621-8 ist sowohl der Verlauf des Carnot-Prozesses im $h$, log $p$-Diagramm dargestellt wie auch der *theoretische Vergleichsprozeß*, der der wirklichen Arbeitsweise einer Verdichter-Kältemaschine nahekommt.

Bild 621-10 erklärt genauer den Verlauf des Kreisprozesses im *Enthalpie-Druck-Diagramm*, wobei die Bezeichnung der Zustandspunkte identisch ist mit der Lage der Meßpunkte in den Bildern 621-1 und 621-2.

Der theoretische Kaltdampf-Kälteprozeß, der als Vergleichsprozeß zur Beurteilung des realen technischen Prozesses (Gütegrad $\eta_t$) dient, durchläuft folgende Zustandsänderungen:

1 – 2: Isentrope Verdichtung des trocken gesättigten Dampfes von $p_0$ auf $p_c$ mit der Verdichtungsendtemperatur $t_h$. Die Endtemperatur $t_h$ ist dabei höher als die Verflüssigungstemperatur $t_c$ (Isentrope: $s=$ konstant).

2 – 3: Isobare Abgabe der Überhitzungswärme, der Verflüssigungswärme bei der Temperatur $t_c$ und der Unterkühlungswärme (Isobare: $p=$ konstant).

3 – 4: Isenthalpe Entspannung von $p_c$ auf $p_0$ im Expansionsventil, dabei bereits teilweise Verdampfung (Isenthalpe: $h=$ konstant).

4 – 1: Isobare Verdampfung des Kältemittels bei der Temperatur $t_0$. Die hierfür erforderliche Verdampfungswärme wird dem zu kühlenden Medium entzogen.

Dabei ist

$h_1-h_4$ in kJ/kg die spezifische theoretische Kälteleistung,
$h_2-h_1$ in kJ/kg die spezifische theoretische Antriebsleistung.

Bei einem zirkulierenden *Kältemittelmassenstrom* von $\dot{m}$ kg/s ergibt sich damit

*Theoretische Kälteleistung* $\dot{Q}_{0\,\text{theor}} = \dot{m}\,(h_1-h_4)$ in kW
*Theoretische Antriebsleistung* $P_{\text{theor}} = \dot{m}\,(h_2-h_1)$ in kW

Die wichtigsten Abweichungen des realen technischen Prozesses von diesem theoretischen Vergleichsprozeß sind nachstehend aufgeführt und ebenfalls in Bild 621-10 eingetragen.

Zunächst muß der Verdichter bei allen Betriebsbedingungen davor geschützt werden, daß er unverdampftes, flüssiges Kältemittel ansaugt, denn die dabei entstehenden *Flüssigkeitsschläge* führen leicht zu Schäden am Verdichter. Man betreibt deshalb die Verdichter nicht mit Sattdampf, sondern mit ausreichender *Überhitzung* im Ansaugstutzen. Diese Überhitzung kann durch entsprechende Einstellung des Expansionsventils bereits im Verdampfer erfolgen und ist dann noch *Nutzkälteleistung*. Sie kann auch erfolgen durch einen Wärmeaustauscher bei gleichzeitiger weiterer Unterkühlung der Flüssigkeit (siehe Bild 621-2), wobei die Nutzkälteleistung um die ausgetauschte Wärmemenge $h_3-h_{3u}$ vergrößert wird.

Eine Überhitzung erfolgt jedoch auch durch Wärmeeinfall in die kalten Saugleitungen sowie bei sauggasgekühlten Motorverdichtern durch die Verlustwärme des Verdichter-Antriebsmotors. Da außerdem der Strömungswiderstand in der Saugleitung noch einen Druckabfall verursacht, liegt der echte Ansaugzustand des Verdichters im Punkt 1*ü*.

Die Verdichtung erfolgt *polytropisch*, mit einem meistens höheren Energieaufwand gegenüber der idealen, nicht erreichbaren Isentrope, auf Punkt 2*ü* mit einem infolge des Strömungswiderstandes in der Druckleitung erhöhten Enddruck. Die reale Verdichtungsendtemperatur $t_{hü}$ soll bei ölgeschmierten Verdichtern 130 °C nicht überschreiten und setzt damit ein Maß für die zulässige Gesamtüberhitzung im Punkt 1*ü*.

Der Einfluß der Saugdampfüberhitzung auf die Kälteleistung kann beachtlich sein. Er ist abhängig von Verdichterbauart, Größe und Kältemittel und ist durch Messungen zu ermitteln[1]).

Je nach Verdichterbauart kann mit einem einstufigen Verdichtungsprozeß nach Bild 621-10 nur eine begrenzte Temperaturdifferenz überwunden werden, da entweder das effektive Fördervolumen gegen Null geht (Hubkolbenverdichter) oder die Druckdifferenz nicht erreichbar ist (Rotations- und Turboverdichter).

[1]) Stenzel, A.: Ki 5/86. S. 201/5.

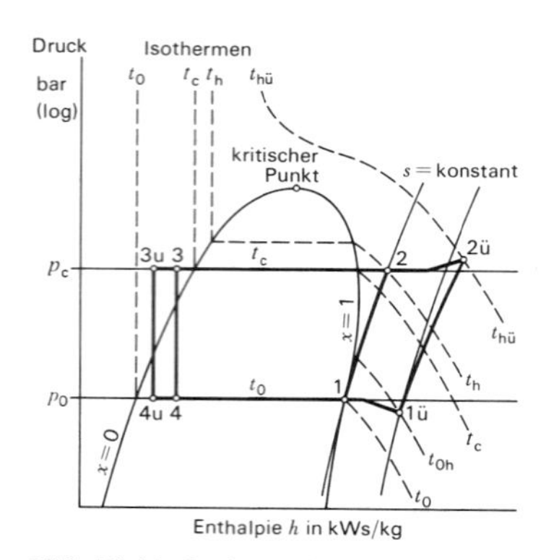


Bild 621-10. Realer Kaltdampf-Kompressionsprozeß im $h, \log p$-Diagramm.

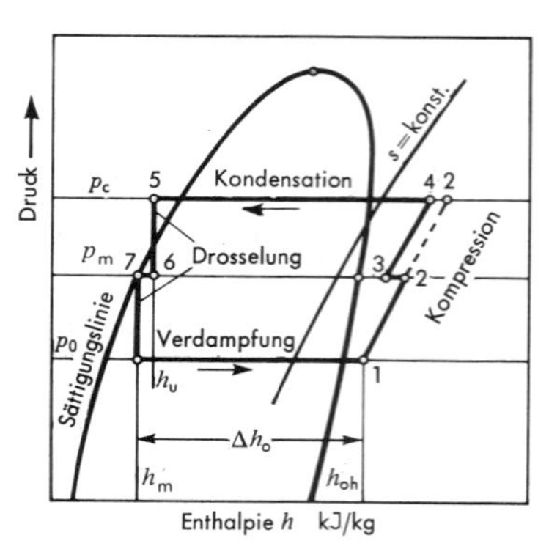


Bild 621-11. Zweistufige Verdichtung und Entspannung im $h, \log p$-Diagramm.

Wenn *größere Temperaturdifferenzen* erforderlich sind, erfolgt die Verdichtung in 2 Stufen: Vom Verdampfungsdruck $p_0$ zunächst auf einen Mitteldruck $p_m$ und anschließend in einem anderen Zylinder bzw. Laufrad vom Mitteldruck $p_m$ auf den Verflüssigungsdruck $p_c$. Dabei sollte der Mitteldruck etwa liegen bei $p_m = \sqrt{p_c \cdot p_0}$ (absolute Drücke).

Die 2stufige Verdichtung führt bei den meisten Kältemitteln zu unzulässig hohen *Verdichtungsendtemperaturen*. Es ist deshalb eine Kühlung des Druckgases vor Eintritt in die 2. Stufe erforderlich. Am gebräuchlichsten ist die Kühlung mittels eines Kältemittel-Teilstromes, der bei dem Mitteldruck $p_m$ verdampft. Diesen Prozeß zeigt Bild 621-11 im $h, \log p$-Diagramm.

Das im Verflüssiger bis zum Punkt 5 unterkühlte flüssige Kältemittel wird über ein erstes Expansionsorgan in einem Zwischenbehälter auf den Mitteldruck $p_m$ entspannt. Hierbei kühlt sich die Flüssigkeit bis an die linke Grenzkurve (Punkt 7) ab, was zu höherer spezifischer Kälteleistung führt. Der durch diese Abkühlung entstehende Kältemitteldampf wird dem Austrittsgas der 1. Verdichtungsstufe (Punkt 2) beigemischt, wodurch sich die Ansaugtemperatur für die 2. Stufe vom Punkt 2 reduziert auf den Punkt 3 entsprechend den Anteilen der beiden Teilströme. Die abgekühlte Flüssigkeit von Punkt 7 wird in einem zweiten Expansionsorgan auf den Verdampfungsdruck $p_0$ für die Kälteleistung des Prozesses entspannt.

## 622 Kaltluft-Kompressions-Kälteprozeß

Der Kaltluft- oder Kaltgas-Prozeß verwendet als Kältemittel Gase, vorzugsweise Luft, die sich bei den gewünschten Arbeitstemperaturen nicht mehr verflüssigen lassen. Der anlagentechnische Aufbau ist praktisch der gleiche wie beim Kaltdampfprozeß, nur muß statt des Drosselorgans eine Expansionsmaschine eingesetzt werden.

Diese setzt die Druckdifferenz bei der Entspannung und Abkühlung wieder in nutzbare Arbeit um und reduziert damit die Verdichterantriebsleistung. Da Wärmeaufnahme und Wärmeabgabe mit Erwärmung bzw. Abkühlung der Luft verbunden sind, also nicht isotherm verlaufen, ist die Abweichung vom Carnot-Prozeß so groß, daß die Leistungszahl deutlich niedriger ist als bei einer Kaltdampfmaschine unter gleichen Temperaturbedingungen. Außerdem ist die je kg umgewälzter Luft gewinnbare Kälteleistung relativ gering.

Die *Kaltluftmaschine* hat deshalb im Bereich der Klimatechnik nur Bedeutung in Sonderfällen, in denen die Luft nicht nur als Kältemittel dient, sondern auch in voller Menge als Außenluftzufuhr erforderlich ist. In diesem Fall kann auf den Wärmeaustauscher auf der kalten Seite verzichtet werden, man spricht von einem offenen Kreisprozeß. Weitere Voraussetzung für die Wirtschaftlichkeit ist, daß für die Zuluftförderung hohe Druckabfälle zu überwinden sind, die sowieso einen Verdichter statt eines Ventilators erfordern. Anwendungsbeispiel ist die Bergwerks-Bewetterung.

*Leistungszahlen und Gütegrade* sind definiert wie beim Kaltdampf-Prozeß. Der Gütegrad $\eta_t$ der technischen Ausführung wird dabei bezogen auf den Joule-Prozeß (2 Isentropen, 2 Isobaren).

# 623 Absorptions-Kälteprozeß

## -1 FUNKTION (Bild 623-1 und -2)

Der im Verdampfer entstehende Kältemitteldampf wird hierbei nicht mechanisch verdichtet, sondern beim niedrigen Verdampfungsdruck von einem Lösungsmittel aufgenommen, „absorbiert". Die mit Kältemittel angereicherte Lösung wird durch eine Pumpe auf den höheren Verflüssigungsdruck gebracht und in den Austreiber (Generator, Kocher) gefördert. Durch Wärmezufuhr, z. B. Dampf- oder Abgasbeheizung, Verfeuerung flüssiger und gasförmiger Brennstoffe, wird hier das Kältemittel wieder ausgetrieben. Übrig bleibt eine arme Lösung, die über ein Drosselorgan zum Absorber zurückströmt. Sie wird dort über Rohre verrieselt, um dem zu absorbierenden Kältemitteldampf eine große Oberfläche darzubieten und die frei werdende Lösungswärme an das Kühlwasser abzugeben, das die Rohre durchströmt.

Das ausgetriebene Kältemittel wird im Verflüssiger beim Druck $p_c$ durch Wärmeabgabe an Kühlwasser oder Kühlluft verflüssigt. Nach der Drosselung im Expansionsorgan kann es im Verdampfer beim Druck $p_0$ und der zugehörigen Verdampfungstemperatur $t_0$ Wärme aus dem zu kühlenden Medium aufnehmen. Der dabei entstehende Kältemitteldampf strömt zum Absorber, wo er vom Lösungsmittel wieder absorbiert wird.

Die beiden Stoffströme der armen und reichen Lösung werden in einen Gegenstrom-Wärmeaustauscher, den *Temperaturwechsler,* geführt, damit die kalte reiche Lösung durch warme arme Lösung vorgewärmt wird und gleichzeitig diese abkühlt. Bei diesem Prozeß wird der Verdichter somit durch das System Absorber – Temperaturwechsler – Austreiber plus eigenem Lösungskreislauf mit Lösungspumpe ersetzt. Die Lösungspumpe, die von Verdampfungs- auf Verflüssigungsdruck zu fördern hat, ist das einzige bewegte Teil des Kältekreislaufs.

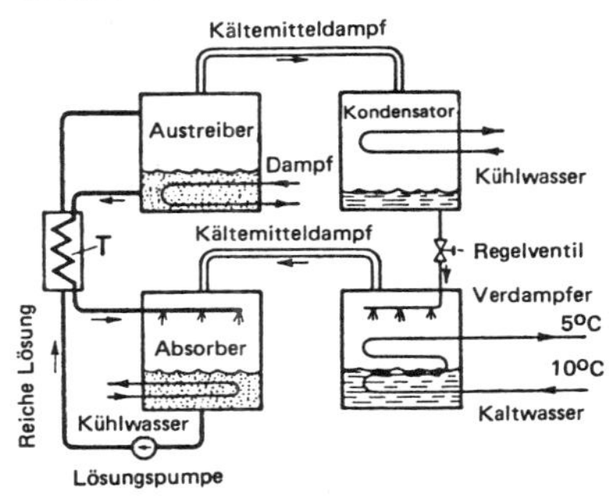


Bild 623-1. Schematische Wirkungsweise einer Absorptions-Kälteanlage.
$T$ = Temperaturwechsler

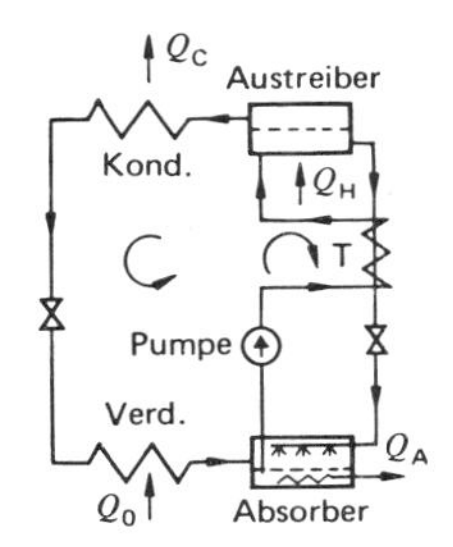


Bild 623-2. Fließbild einer Absorptions-Kälteanlage.

## -2 ENERGIEBILANZ, TEMPERATURDIFFERENZEN

Die Energiebilanz lautet

$$\dot{Q}_0 + \dot{Q}_H + P = \dot{Q}_C + \dot{Q}_A + \dot{Q}_V$$

$\dot{Q}_0$ = Kälteleistung in kW
$\dot{Q}_H$ = Wärmezufuhr im Austreiber in kW
$P$ = Antriebsleistung der Pumpe in kW
$\dot{Q}_C$ = Wärmeabgabe am Verflüssiger in kW
$\dot{Q}_A$ = Wärmeabgabe am Absorber in kW
$\dot{Q}_V$ = Wärmeverluste in kW.

Die *Antriebsleistung* der Pumpe ist im Verhältnis zu $\dot{Q}_H$ so gering, daß sie für die folgenden thermodynamischen Betrachtungen vernachlässigt werden kann. Bei der Energiekostenberechnung ist sie jedoch zusammen mit den Kosten für die übrigen Zirkulationspumpen zu erfassen. Für den Wärmepumpenprozeß ist eine gute Wärmedämmung aller warmen Bauteile erforderlich. Die Verlustleistung $\dot{Q}_V$ kann dann bei Heizleistungen oberhalb 500 kW vernachlässigt werden.

Dadurch vereinfacht sich die *Energiebilanz* auf die Form

$$\dot{Q}_0 + \dot{Q}_H = \dot{Q}_C + \dot{Q}_A.$$

Zusätzlich zu den schon im Bild 621-3 erläuterten Temperaturdifferenzen, Massenströmen und Austauschflächen am Verflüssiger und Verdampfer treten bei der Absorptionsmaschine weitere Temperaturdifferenzen auf, einmal für den Massenstrom des Heizmediums an der Austauschfläche des Austreibers, sowie für den Massenstrom des Kühlmediums an den Austauschflächen des Absorbers. Die Gleichgewichtsbedingungen ergeben sich analog zu denen für Verflüssiger und Verdampfer. Dabei ist jedoch zu beachten, daß Austreibung und Absorption nicht bei konstanter Temperatur erfolgen. Es muß deshalb auf das Gegenstromprinzip geachtet werden.

## -3 WIRTSCHAFTLICHKEIT, WÄRMEVERHÄLTNIS

Das Verhältnis von Nutzen zu Aufwand wird hier, zur Unterscheidung von der auf mechanische Antriebsenergie bezogenen Leistungszahl der Kompressionsmaschine, *Wärmeverhältnis* genannt (DIN 8941 – 1. 82), da es auf Wärmezufuhr als Antriebsenergie bezogen ist. Das Wärmeverhältnis wird mit $\zeta$ (Zeta) bezeichnet und ist wie folgt definiert:

Für die Kältemaschine

$$\zeta_K = \frac{\dot{Q}_0}{\dot{Q}_H}$$

Für die Wärmepumpe

$$\zeta_W = \frac{\dot{Q}_C + \dot{Q}_A}{\dot{Q}_H} = \zeta_K + 1$$

Werden Kälteleistung und Wärmeabgabe gleichzeitig genutzt, ergeben sich noch höhere Werte (vgl. Abschn. 621-3). Ferner ergibt sich, wie beim Kompressionsprozeß:

maximale Wärmeabgabe der Kältemaschine

$$(\dot{Q}_C + \dot{Q}_A) = \dot{Q}_0 \left(1 + \frac{1}{\zeta_K}\right)$$

erforderliche Kälteleistung für die Wärmepumpe

$$\dot{Q}_0 = (\dot{Q}_C + \dot{Q}_A) \cdot \left(1 - \frac{1}{\zeta_W}\right)$$

Der *ideale Vergleichsprozeß* nach Carnot besteht aus einem linkslaufenden und einem rechtslaufenden Prozeß (Bild 623-3). Dabei ist die im rechtslaufenden Prozeß erzeugte Antriebsenergie $(T_H - T_A) \cdot \Delta s_2$ gleichgroß wie die für den linkslaufenden Kühlprozeß

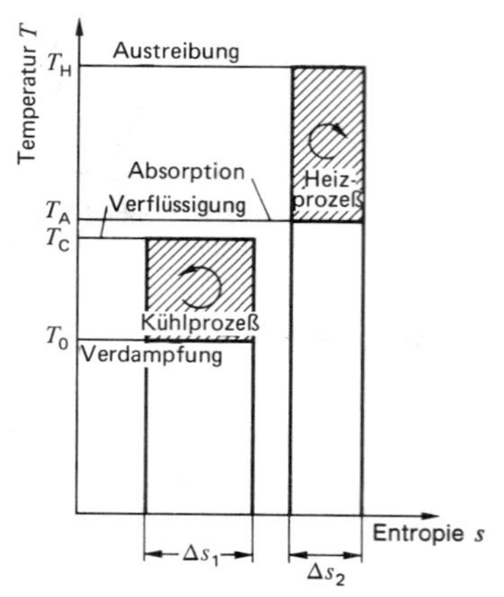


Bild 623-3. Zweifacher Carnot-Prozeß der Absorptionsmaschine im $T, s$-Diagramm.

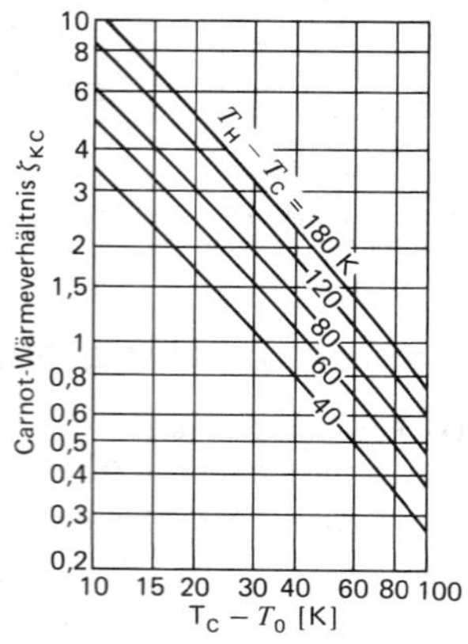


Bild 623-4. Ideales Carnot-Wärmeverhältnis $\zeta_{KC}$ von Absorptions-Kältemaschinen.

erforderliche Antriebsenergie $(T_c - T_0) \cdot \Delta s_1$. Damit ergibt sich das ideale Wärmeverhältnis des Carnot-Prozesses für die

Kältemaschine

$$\zeta_{KC} = \frac{T_0}{T_c - T_0} \cdot \frac{T_H - T_A}{T_H}$$

Wärmepumpe

$$\zeta_{WC} = \frac{T_c \cdot T_H - T_A \cdot T_0}{(T_c - T_0) \cdot T_H}.$$

Das *Kühlmedium* für Verflüssiger und Absorber ist fast stets das gleiche. Bei Parallelschaltung beider Apparate ist $T_A$ praktisch gleich $T_c$, bei Hintereinanderschaltung ist $T_A$ etwas höher als $T_c$. Setzt man in erster Näherung $T_A = T_c$, wird das Wärmeverhältnis nach Carnot

für die Kältemaschine

$$\zeta_{KC} = \frac{T_0}{T_c - T_0} \cdot \frac{T_H - T_c}{T_H}$$

für die Wärmepumpe

$$\zeta_{WC} = \frac{T_c}{T_c - T_0} \cdot \frac{T_H - T_0}{T_H}$$

Wählt man als Parameter die Temperaturdifferenz $T_H - T_c$, ergibt sich der in Bild 623-4 dargestellte Verlauf des idealen Carnot-Wärmeverhältnisses $\zeta_{KC}$ für die Absorptions-Kältemaschine. Bei der Anwendung dieses Diagrammes sind die durch das jeweilige Arbeitsstoffpaar bedingten Temperaturgrenzen zu beachten.

Der Carnot'sche Gütegrad ist definiert zu

$$\eta_{CK} = \frac{\zeta_K}{\zeta_{KC}} \text{ bzw. } \eta_{CW} = \frac{\zeta_W}{\zeta_{WC}}$$

Große Absorptionskälteanlagen erreichen, je nach Arbeitsstoffpaar und apparatetechnischem Aufwand, Carnot'sche *Gütegrade* von 0,5 ⋯ 0,8.

## -4 KREISPROZESS DER ABSORPTIONSMASCHINE

Im *Kreisprozeß* der Absorptionsmaschine ist neben dem Kältemittel das Lösungsmittel im Umlauf, es handelt sich also um ein Arbeitsstoffpaar. Damit ist die Konzentration $\xi$ des Kältemittels im Gemisch eine wesentliche Kenngröße des jeweiligen Betriebszustandes. Man benutzt deshalb für die Prozeßdarstellung ein $\log p, 1/T$-Diagramm des jeweiligen Arbeitsstoffpaares, in dem sich die Linien gleicher Konzentration $\xi$ als nahezu Gerade darstellen.

Bild 623-5 zeigt schematisch den *Verlauf des einfachen Prozesses* (ohne Temperaturwechsler) in einem derartigen Diagramm. Die an Kältemittel reiche Lösung, Konzentration $\xi_R$, tritt im Punkt 1 in den Austreiber ein. Durch Beheizung wird sie erwärmt bis zum Punkt 2 mit der Prozeßtemperatur $t_H$, wobei das Kältemittel ausgetrieben wird und die Konzentration der Lösung sich auf $\xi_A$, arm an Kältemittel, verringert. Das ausgetriebene Kältemittel erreicht, gegebenenfalls durch entsprechende Rektifikation, die

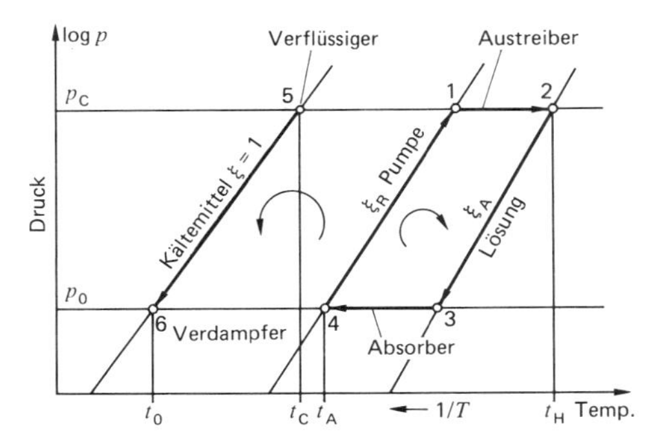


Bild 623-5. Einstufiger Absorptions-Kälteprozeß im $\log p, 1/T$-Diagramm.

$t_A$ = Absorptionstemperatur
$t_H$ = Austreibertemperatur
$\xi$ = Konzentration
$t_c$ = Verflüssigungstemperatur
$t_0$ = Verdampfungstemperatur

Konzentration von praktisch $\xi = 1$ und wird bei der Prozeßtemperatur $t_c$ verflüssigt, Punkt 5. Der Schnittpunkt von $t_c$ mit der Linie $\xi = 1$ bestimmt den Druck $p_c$ auf der warmen Seite des Prozesses. Von diesem Druck wird das Kältemittel über ein Expansionsorgan entspannt auf den Druck $p_0$, der bestimmt ist durch die gewünschte Prozeßtemperatur $t_0$ auf der kalten Seite, Punkt 6. Die arme Lösung wird ebenfalls auf den Druck $p_0$ entspannt und tritt bei Punkt 3 in den Absorber ein. Durch Kühlung bis zur Prozeßtemperatur $t_A$, Punkt 4, wird die Aufnahmefähigkeit der Lösung bis zur Konzentration $\xi_R$ erhöht, so daß der aus dem Verdampfer, Punkt 6, kommende Kältemitteldampf wieder voll absorbiert werden kann. Durch die Pumpe wird die mit Kältemittel angereicherte Lösung wieder auf den Druck $p_c$ im Punkt 1 hochgepumpt.

Die Differenz $\xi_R - \xi_A$, die *Entgasungsbreite*, ist festgelegt durch die verfügbare oder zulässige Austreibertemperatur $t_H$ und die, je nach Kühlmedium, erreichbare Absorptionsendtemperatur $t_A$. Je kleiner die Entgasungsbreite, desto größer ist der für 1 kg reinen Kältemittels erforderliche Lösungsumlauf.

Wie Bild 623-5 weiterhin zeigt, wird die Entgasungsbreite um so kleiner, je größer die Differenz $t_c - t_0$ bei gegebener Differenz $t_H - t_A$ wird. Für größere Temperaturdifferenzen $t_c - t_0$ sind deshalb auch hier, wie bei den Kompressionsanlagen, zwei- oder mehrstufige Prozesse erforderlich.

Zur wärmetechnischen Berechnung der Absorptionsmaschinen dient das $h,\xi$-Diagramm des entsprechenden Arbeitsstoffpaares. Übliche Stoffpaare s. Abschn. 632.

## 624 Dampfstrahl-Kälteprozeß

Bei diesem Prozeß wird Wasser, im einfachsten Fall der Kaltwasserkreislauf selbst, als Kältemittel verwendet und Wasserdampf als Antriebsenergie.

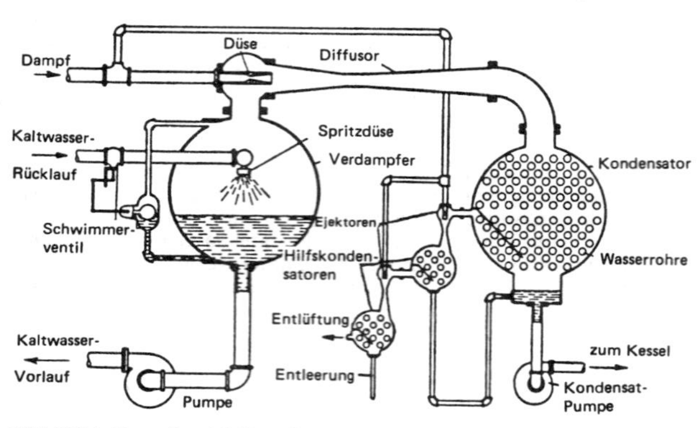


Bild 624-1. Dampfstrahlkälteanlage.

*Die Wirkungsweise* geht aus Bild 624-1 hervor:

*Treibdampf* tritt aus einer oder mehreren Düsen aus und saugt Dampf aus dem Verdampfer an. In dem anschließenden Diffusor wird die Geschwindigkeit des Mischdampfs verzögert und in eine Druckhöhe umgesetzt, die dem Kondensationsdruck von 40 ··· 50 mbar entspricht. Das im Kondensator anfallende Kondensat wird teils dem Kessel, teils dem Verdampfer zugeführt. Im Verdampfer wird das aus dem Kaltwasserkreislauf zurückströmende Wasser versprüht und durch Verdampfung einer Teilmenge auf die Austrittstemperatur zurückgekühlt. Da der Prozeß bei hohem Vakuum abläuft, sind mehrstufige Ejektoren zur Entlüftung des Kreislaufs unumgänglich.

Im *Dampfstrahlapparat* (Dampfejektor) erfolgt eine mechanische Verdichtung, es handelt sich vom Prozeß her um eine Kompressionsanlage. Da jedoch als Antriebsenergie Wärme verwendet wird, ist der ideale Vergleichsprozeß der zweifache Carnot-Prozeß wie bei der Absorptionsmaschine (vgl. Bild 623-3) mit $T_A = T_c$. Das Verhältnis von Nutzen zu Aufwand ist ein Wärmeverhältnis, für die Kältemaschine

$$\zeta_K = \frac{\dot{Q}_0}{\dot{Q}_H}$$

für die Wärmepumpe

$$\zeta_W = \frac{\dot{Q}_c}{\dot{Q}_H} = \zeta_K + a$$

$\dot{Q}_0$ = Kälteleistung in kW
$\dot{Q}_H$ = Wärmezufuhr durch Treibdampf in kW
$\dot{Q}_c = \dot{Q}_0 + a \cdot \dot{Q}_H$ = Wärmeabgabe in kW
$a$ = Faktor zur Berücksichtigung der Wärmeverluste, Richtwert 0,95.

Der *Carnotsche Gütegrad* ist im allgemeinen geringer als bei der Absorptionsmaschine, dafür aber auch der technische Aufwand (Investitionskosten).

Bei größeren Temperaturdifferenzen erfolgt die Verdichtung mehrstufig, wie bei Kompressionsanlagen. Hauptanwendungsbereich der Dampfstrahlmaschinen ist die industrielle *Verfahrenstechnik*.

## 625 Thermoelektrische Kälteerzeugung[1])

Es ist bekannt, daß bei zwei miteinander verlöteten Drähten aus verschiedenem Material eine *Thermospannung* zwischen den beiden Lötstellen entsteht, wenn diese auf unterschiedlichen Temperaturen gehalten werden. Dieser Vorgang läßt sich auch umkehren, ein Effekt, den *Peltier* 1834 entdeckte: Wird eine Gleichspannung an einen Stromkreis gelegt, der aus zwei unterschiedlichen metallischen Leitern besteht, so kühlt sich die eine Kontaktstelle ab, die andere erwärmt sich. Bei Umpolung vertauschen auch die Kontaktstellen ihr Temperaturverhalten. Metalle als Leiter entwickeln eine geringe *Thermokraft*.

Die Anwendung dieses Effekts zur Kälteerzeugung unterblieb daher, bis es in den letzten Jahren gelang, *Halbleiter* einzusetzen. Solches *p*- und *n*-leitende Halbleitermaterial wird durch Kupferbrücken miteinander zu einem Peltierelement verbunden (Bild 625-1). Durch Reihenschaltung solcher Elemente entsteht eine *Peltierbatterie* in Blockform. Sie ist so aufgebaut, daß alle kalten Kupferbrücken die wärmeaufnehmende und alle warmen Brücken die wärmeabgebende Seite des Blocks bilden.

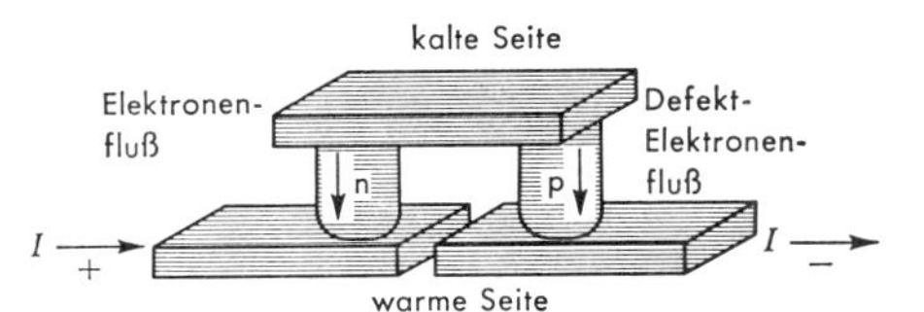


Bild 625-1. Schematische Darstellung eines Peltierelementes.

Die aus diesen Blöcken hergestellten Kühl- bzw. Wärmepumpengeräte mit einer Leistungsaufnahme von ca. 1 kW sind in ihren Betriebskosten den traditionellen Kompressions- oder Absorptionsgeräten vorerst noch unterlegen, Carnotscher Gütegrad etwa 10 bis 20%. Vorteilhaft ist das Fehlen beweglicher Teile und von Flüssigkeiten, wie Kältemittel, Absorptionsmittel usw. Wird die Gleichspannung aus einer Wechselspannung mittels steuerbarer Trockengleichrichter, z. B. Siliziumzellen, erzeugt, so kann die Kühlleistung – im Wärmepumpenbetrieb die Heizleistung – stufenlos geregelt werden.

Anwendung nur in Sonderfällen, z. B. in Atom-U-Booten.

## 626 Primärenergie-Nutzungszahl

Den Vergleich verschiedener Systeme bezieht man seit einigen Jahren häufig auf den *Primärenergieverbrauch*. Dabei ist im allgemeinen die im verwendeten Brennstoff enthaltene Energie gemeint. Es müßte also statt des mehrdeutigen Begriffes Primärenergie besser heißen Brennstoff-Nutzungszahl. Für diese Größe ist noch keine Bezeichnung genormt. Zur Bestimmung dienen folgende Ansätze:

[1]) Caminada, P.: HR 8/72. S. 192/4.

Bei *elektrisch* angetriebenen Kompressionsanlagen ist $\varepsilon_K$ bzw. $\varepsilon_W$ mit dem Gesamtwirkungsgrad der Erzeugung und Zuleitung der elektrischen Energie zu multiplizieren.

Bei Kompressionsanlagen mit Antrieb durch *Brennkraftmaschinen* oder *Gasturbinen* ist $\varepsilon_K$ bzw. $\varepsilon_W$ mit dem Wirkungsgrad der Antriebsmaschine zu multiplizieren. Bei $\varepsilon_W$ ist eine Nutzung der Abwärme der Antriebsmaschine zusätzlich zu berücksichtigen.

Bei Kompressionsanlagen mit Antrieb durch *Dampfturbinen* (oder andere thermische Maschinen) ist $\varepsilon_K$ bzw. $\varepsilon_W$ zu multiplizieren mit dem Wirkungsgrad der Antriebsmaschine und mit dem Wirkungsgrad der Dampferzeugung und Zuleitung.

Bei Absorptions- und Dampfstrahlanlagen ist $\zeta_K$ bzw. $\zeta_W$ zu multiplizieren mit dem Wirkungsgrad der Wärmeerzeugung (Feuerungs- und Kesselwirkungsgrad) und dem Wirkungsgrad der Wärmezuleitung (Leitungs- und Verteilungsverluste).

Die Primärenergie-Nutzungszahl wird bei Wärmepumpen mit Antrieb durch Wärmeenergie auch *Heizzahl* $\zeta$ genannt.

Der Bezug der elektrischen Energie auf Brennstoff ist natürlich nur dann sinnvoll, wenn Brennstoff die verwendete Primärenergie ist. Bei Stromerzeugung aus anderen Primärenergieträgern, z. B. Wasserkraft oder Kernenergie, die nicht alternativ direkt am Verbrauchsort einsetzbar sind, ergeben sich entsprechend andere Betrachtungsweisen.

# 63 BETRIEBSMITTEL FÜR KÄLTEANLAGEN

## 631 Kältemittel

Als Kältemittel bezeichnet man den in Kaltdampf-Kälteanlagen umlaufenden Arbeitsstoff, dessen Zustandsänderungen den Kreisprozeß bestimmen. Es sollte folgende Forderungen erfüllen:

1. Absolute chemische *Stabilität* bei allen, auch im Grenzfall, auftretenden Temperaturen und in bezug auf alle im Kreislauf vorhandenen Materialien.
2. Nicht explosiv, *nicht brennbar,* nicht toxisch.
3. Günstiger Verlauf der *Dampfdruckkurve:*
   a) noch Überdruck bei Verdampfungstemperatur, um bei Undichtigkeiten Eindringen von Luft zu verhindern,
   b) möglichst niedriger Druck bei Verflüssigungstemperatur, um dünne Wanddicke und damit leichte Bauweise des Verflüssigers, der Armaturen, Rohrleitungen usw. zu gestatten. Dampfdruckkurven verschiedener Kältemittel siehe Bild 631-1.
4. Große *volumetrische Kälteleistung* $q_{0vt}$, um den umlaufenden Kältemittelvolumenstrom und damit die Bauteile klein halten zu können. Volumetrische Kälteleistung verschiedener Kältemittel zeigt Bild 631-2.

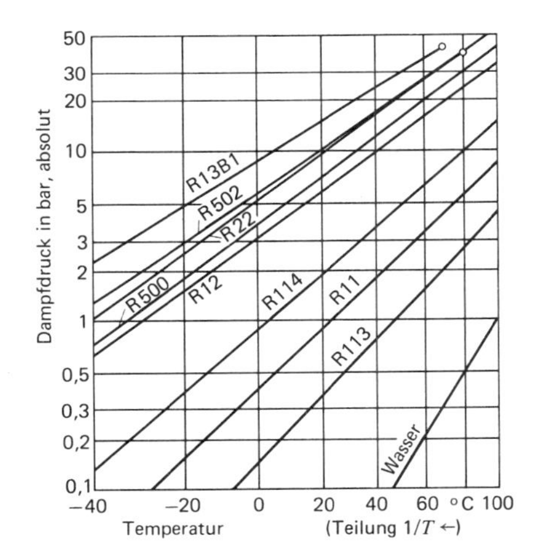


Bild 631-1. Dampfdruckkurven verschiedener Kältemittel.

Besonders zu beachten sind die hohen Anforderungen hinsichtlich chemischer und physikalischer Reinheit. Insbesondere der Wassergehalt muß praktisch Null sein, da vorhandenes Wasser nicht nur durch Eisbildung das Expansionsorgan verstopft, sondern auch die chemische Stabilität des Kältemittels gefährdet.

Weitere chemische und physiologische Anforderungen in DIN 8960 (7.77). Begriffe und Kurzzeichen in DIN 8962 (8.68).

Wegen seiner günstigen thermodynamischen Eigenschaften ist Ammoniak ($NH_3$) ein wichtiges Kältemittel. Seine Verwendung in Klimaanlagen ist unter Einschränkungen möglich, aber heute nicht mehr üblich. Statt dessen werden fluorierte Chlorkohlenwasserstoffe, sog. *FKW- oder Halogenkältemittel,* verwendet. Es sind farblose Flüssigkeiten, ungiftig, ohne Geruch, die durch ein vorgestelltes „R“ (Refrigerant) und eine Zahlenkombination gekennzeichnet werden, die sich auf die Zahl der Kohlenstoff-, Wasserstoff- und Chlor-Atome bezieht. Die letzte Ziffer entspricht der Zahl der Fluoratome. Wenn in den Verbindungen auch Brom enthalten ist, erscheint der Buchstabe B mit der

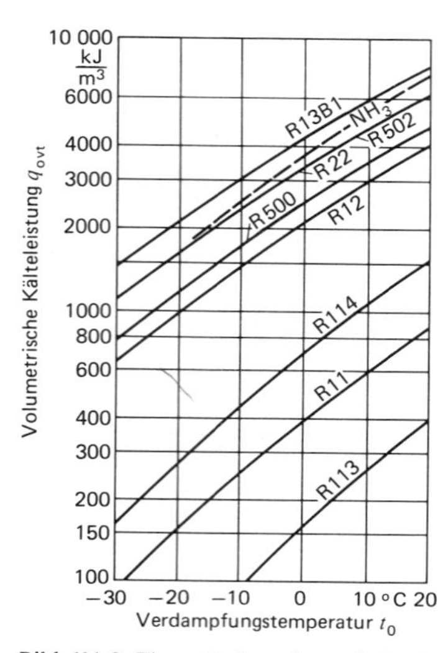


Bild 631-2. Theoretische volumetrische Kälteleistung $q_{0vt}$ verschiedener Kältemittel bei 35 °C vor dem Expansionsventil.

Zahl der Atome, z. B. R 13 B 1. In der Reihenfolge ihrer Bedeutung geordnet, unterscheidet man die für die Klimatechnik wichtigen Kältemittel in Tafel 631-1.

**Tafel 631-1. Kältemittel für die Klimatechnik**

| | 1 | 2 | 3 | 4 | 5 | 6 |
|---|---|---|---|---|---|---|
| Bezeichnung | $V_{eff}$ Relation | Preis Relation | Verwendung | Bereich $t_0$ °C | Grenze $t_c$ °C | Überdruck $p_c$ bar |
| R 22 | 1,0 | 1,9 | V, (T) | − 80/+10 | 60 | 23,0 |
| R 12 | 1,6 | 1,0 | V, T | − 40/+20 | 70 | 17,9 |
| R 11 | 9,0 | 0,9 | T | − 10/+30 | 80 | 4,3 |
| R 502 | 1,0 | 2,8 | V | − 80/+10 | 55 | 22,4 |
| R 500 | 1,4 | 3,0 | V | − 40/+20 | 65 | 19,0 |
| R 113 | 22,5 | 2,0 | T | − 10/+30 | 80 | 1,7 |
| R 114 | 4,8 | 2,5 | V, T | − 10/+30 | 100 | 13,2 |
| R 13 B 1 | 0,8 | 5,0 | V | −100/−40 | 30 | 17,2 |
| $NH_3$ | 1,0 | 0,5 | V, (T), A | − 60/+10 | 40 | 14,5 |
| $H_2O$ | 300 | 0,1 | (T), A | + 1/+30 | 100 | 0 |

In obiger Tafel enthält

Spalte 1 die Relation des für eine gegebene Kälteleistung unter gegebenen Bedingungen erforderlichen effektiven Volumenstromes, bezogen auf R 22 = 1,

Spalte 2 die Relation des Preises je kg, bezogen auf R 12 = 1,

Spalte 3 die Verwendung für V = Verdrängungsverdichter, T = Turboverdichter, A = Absorptionsanlage,

Spalte 4 den Bereich der Verdampfungstemperatur, in dem dieses Kältemittel üblicherweise eingesetzt wird,

Spalte 5 die höchste betriebsmäßige Verflüssigungstemperatur, die für dieses Kältemittel üblicherweise zugelassen wird,

Spalte 6 den zu Spalte 5 korrespondierenden Überdruck im Verflüssiger.

Ammoniak $NH_3$ wird bei Verwendung als Kältemittel auch mit R 717 bezeichnet.

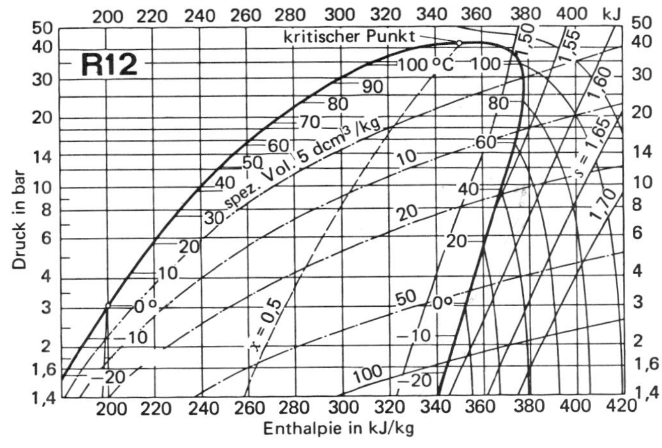


Bild 631-3. $h, \log p$-Diagramm für R 12 $h = 200$ kJ/kg bei 0 °C

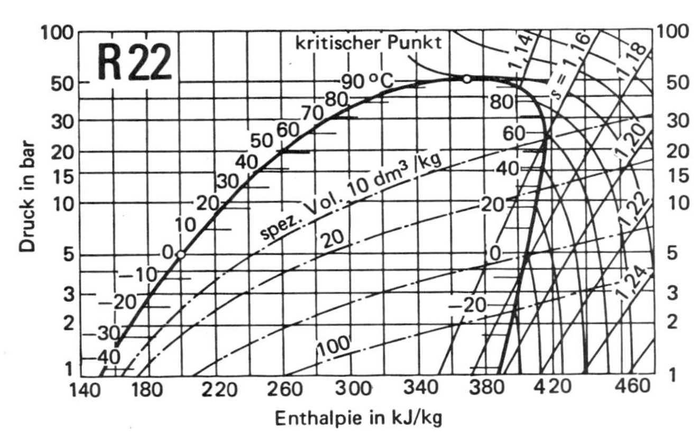


Bild 631-4. $h, \log p$-Diagramm für R 22 $h = 200$ kJ/kg bei 0 °C

Kältemittel aus der Gruppe 500 sind *azeotrope Gemische* aus verschiedenen Kältemitteln, z. B. R 500 = 74% R 12 + 26% R 152, R 502 = 49% R 22 + 51% R 115. Azeotrope Gemische verhalten sich in der Flüssigkeits- wie in der Dampfphase wie reine Kältemittel.

Bei nichtazeotropen Gemischen verdampft zunächst das Kältemittel mit der niedrigeren Verdampfungstemperatur, die Verdampfungstemperatur steigt bei gleichem $p_0$, bis zuletzt der Rest des anderen Kältemittels mit der höheren Verdampfungstemperatur verdampft. Die Verflüssigung beim Druck $p_c$ erfolgt ebenfalls mit entsprechend gleitender Verflüssigungstemperatur. Man erreicht hiermit eine Annäherung an den *Lorenz-Prozeß,* wonach derjenige Prozeß der günstigste ist, der sich der jeweiligen Temperatur des Kühlgutes anpaßt. Er bringt bei großen Spreizungen des Kaltwasser- (Kaltluft-) und Warmwasser- (Warmluft-)Stromes energetisch Vorteile. Praktische Anwendung haben diese Überlegungen bisher noch nicht gefunden.

**Tafel 631-3. Physikalische Daten von Kältemitteln*)**

| Größe | Dim. | Ammoniak | R 11 | R 12 | R 13 B 1 | R 22 | R 113 | R 114 | R 500 | R 502 |
|---|---|---|---|---|---|---|---|---|---|---|
| Chemische Formel | – | $NH_3$ | $CFCl_3$ | $CF_2Cl_2$ | $CF_3Br$ | $CHF_2Cl$ | $C_2Cl_3F_3$ | $C_2Cl_2F_4$ | R 12/R 152 | R 22/R 115 |
| Molmasse | | 17,032 | 137,38 | 120,92 | 148,92 | 86,48 | 187,39 | 170,93 | 99,31 | 111,6 |
| Siedepunkt bei 1,013 bar | °C | –33,3 | 23,7 | –29,80 | –57,8 | –40,80 | 47,5 | 4,1 | –33,5 | –45,6 |
| Erstarrungspunkt | °C | –77,9 | –111 | –158 | –16,8 | –160 | –36,5 | –94 | –159 | 160 |
| Kritische Temperatur | °C | 132 | 198 | 112 | 67,0 | 96 | 214,1 | 145 | 105,5 | 82,7 |
| Kritischer Druck | bar | 113 | 43,7 | 40,1 | 40,6 | 49,3 | 34,1 | 31,5 | 44,3 | 41,2 |
| Spez. Wärme der Flüssigkeit bei 1,013 bar | kJ/kgK | 4,44 | 0,88 | 0,85 | 0,68 | 1,09 | 0,95 | 0,97 | 1,21 | 1,28 |
| Dichte der Flüssigkeit bei 0 °C | kg/l | 0,682 | 1,49 | 1,329 | 1,574 | 1,215 | 1,582 | 1,473 | 1,173 | 0,559 |
| Spez. Wärme des Gases bei 0 °C | kJ/kgK | 2,68 | 0,56 | 0,65 | 0,494 | 0,72 | 0,62 | 0,69 | 0,790 | 0,69 |
| Löslichkeit von Wasser in flüssigem Kältemittel bei 30° | g/100 g | | 0,013 | 0,012 | 0,012 | 0,15 | 0,013 | 0,011 | – | 0,062 |
| Exponent der Adiabate | $c_p/c_v$ | 1,31 | 1,13 | 1,15 | 1,12 | 1,19 | 1,075 | 1,106 | 1,14 | 1,135 |
| Verdampfungswärme bei 1,013 bar | kJ/kg | 1368 | 182 | 166 | 118 | 235 | 146 | 137 | 201 | 170 |

*) Aus „Kältemaschinenregeln" 1981 und „Frigen-Fibel" der Farbwerke Hoechst.

**Tafel 631-4. Zustandsdaten verschiedener Kältemittel unter Klimakälte-Bedingungen,** $t_0 = \pm 0\,°C$, $t_c = 40\,°C$, $t_u = 35\,°C$ (s. auch Bild 621-10)

| Kältemittel | $p_0$ bar | $p_c$ bar | $p_c/p_0$ | $p_c - p_0$ bar | $h_0'' - h_u$ kJ/kg | $v_0''$ m³/kg | $q_{0vt}$ kJ/m³ | $\Delta h_{is}$ kJ/kg | $\varepsilon_{Kt}$ | $t_{ht}$ °C |
|---|---|---|---|---|---|---|---|---|---|---|
| Ammoniak | 4,3 | 15,5 | 3,6 | 11,2 | 1098,4 | 0,289 | 3800 | 185,2 | 5,93 | 93 |
| R 11 | 0,4 | 1,7 | 4,4 | 1,3 | 159,9 | 0,404 | 395 | 25,7 | 6,22 | 49 |
| R 12 | 3,1 | 9,6 | 3,1 | 6,5 | 118,9 | 0,056 | 2136 | 20,3 | 5,86 | 46 |
| R 13 B 1 | 8,5 | 22,8 | 2,7 | 14,3 | 65,1 | 0,015 | 4343 | 9,6 | 6,78 | 49 |
| R 22 | 5,0 | 15,3 | 3,1 | 10,3 | 162,0 | 0,047 | 3435 | 28,1 | 5,76 | 60 |
| R 113 | 0,15 | 0,78 | 5,3 | 0,63 | 127,0 | 0,811 | 157 | 22,2 | 5,73 | 40 |
| R 114 | 0,88 | 3,4 | 3,9 | 3,0 | 101,7 | 0,146 | 697 | 17,8 | 5,72 | 40 |
| R 500 | 3,6 | 11,3 | 3,1 | 7,7 | 142,4 | 0,057 | 2510 | 24,4 | 5,83 | 48 |
| R 502 | 5,7 | 16,8 | 2,9 | 11,1 | 106,2 | 0,031 | 3395 | 19,3 | 5,52 | 47 |

**Tafel 631-6. Dampftafel von R 12 (Difluordichlormethan)**

| Temperatur | Druck | Spez. Volumen der Flüssigkeit | Spez. Volumen des Dampfes | Enthalpie der Flüssigkeit | Enthalpie des Dampfes | Verdampfungswärme |
|---|---|---|---|---|---|---|
| $t$ | $p$ | $v'$ | $v''$ | $h'$ | $h''$ | $r$ |
| °C | bar | l/kg | l/kg | kJ/kg | kJ/kg | kJ/kg |
| −50 | 0,392 | 0,647 | 384,11 | 155,06 | 329,30 | 174,24 |
| −45 | 0,505 | 0,653 | 303,59 | 159,45 | 331,69 | 172,24 |
| −40 | 0,642 | 0,659 | 242,72 | 163,58 | 334,07 | 170,22 |
| −35 | 0,807 | 0,665 | 196,12 | 168,27 | 336,44 | 168,17 |
| −30 | 1,005 | 0,672 | 160,01 | 172,72 | 338,80 | 166,08 |
| −25 | 1,237 | 0,678 | 131,73 | 177,20 | 341,15 | 163,95 |
| −20 | 1,510 | 0,685 | 109,34 | 181,70 | 343,48 | 161,78 |
| −15 | 1,827 | 0,693 | 91,45 | 186,23 | 345,78 | 159,55 |
| −10 | 2,193 | 0,700 | 77,03 | 190,78 | 348,06 | 157,28 |
| −5 | 2,612 | 0,708 | 65,29 | 195,38 | 350,52 | 154,94 |
| 0 | 3,089 | 0,716 | 55,68 | 200,00 | 352,54 | 152,54 |
| 5 | 3,629 | 0,725 | 47,74 | 204,66 | 354,72 | 150,06 |
| 10 | 4,238 | 0,734 | 41,13 | 209,35 | 356,68 | 147,51 |
| 15 | 4,921 | 0,743 | 35,60 | 214,10 | 358,96 | 144,86 |
| 20 | 5,682 | 0,753 | 30,94 | 218,88 | 361,01 | 142,13 |
| 25 | 6,529 | 0,764 | 26,99 | 223,72 | 363,00 | 139,28 |
| 30 | 7,465 | 0,775 | 23,63 | 228,62 | 364,94 | 136,32 |
| 35 | 8,498 | 0,786 | 20,75 | 233,58 | 366,80 | 133,22 |
| 40 | 9,634 | 0,799 | 18,26 | 238,62 | 368,60 | 129,98 |
| 45 | 10,878 | 0,812 | 16,11 | 243,75 | 370,31 | 126,56 |
| 50 | 12,236 | 0,827 | 14,24 | 248,96 | 371,92 | 122,96 |
| 55 | 13,717 | 0,842 | 12,60 | 254,29 | 373,43 | 119,14 |
| 60 | 15,326 | 0,859 | 11,17 | 259,75 | 374,82 | 115,07 |
| 65 | 17,070 | 0,877 | 9,90 | 265,35 | 376,07 | 110,72 |
| 70 | 18,957 | 0,897 | 8,78 | 271,13 | 377,16 | 106,03 |
| 75 | 20,995 | 0,920 | 7,77 | 277,10 | 378,05 | 100,95 |
| 80 | 23,191 | 0,946 | 6,87 | 283,32 | 378,71 | 95,39 |
| 85 | 25,554 | 0,975 | 6,06 | 289,84 | 379,08 | 89,24 |
| 90 | 28,092 | 1,010 | 5,32 | 296,74 | 379,08 | 82,34 |
| 95 | 30,814 | 1,053 | 4,64 | 304,14 | 378,57 | 74,43 |
| 100 | 33,799 | 0,000 | 0,00 | 000,00 | 000,00 | 000,00 |

Auszug aus den „Hoechst-Dampftafeln" für R 12

Die Halogenkältemittel tragen je nach Hersteller verschiedene *Handelsnamen,* z. B. für R 12:

| | | |
|---|---|---|
| Frigen 12 | Farbwerke Hoechst | BRD |
| Kaltron 12 | Kali-Chemie | BRD |
| Fridohna 12 | VEB Fluorwerk Dohna | DDR |
| Freon 12 | Du Pont | USA |
| Genetron 12 | Allied Chemical | USA |

Für die gebräuchlichsten Kältemittel zeigt Tafel 631-3 eine Zusammenstellung der wichtigsten *physikalischen Daten.* Der SI-Begriff Molmasse ersetzt bei gleichem Zahlenwert den alten Begriff Molekulargewicht. Bei der kritischen Temperatur geht die Flüssigkeit sofort in die Dampfphase über, und umgekehrt, d. h. es gibt keinen Naßdampfbereich mehr. Oberhalb der kritischen Temperatur ist eine Verflüssigung auch bei unendlich hohem Druck nicht mehr möglich.

Tafel 631-4 gibt einen Vergleich der verschiedenen Kältemittel unter den üblichen Betriebsbedingungen der Klimakälte, also bei $t_0 = \pm 0\,°C$, $t_c = +40\,°C$, $t_u = +35\,°C$, d. h. mit einer Unterkühlung von $t_c$ auf $t_u$ um 5 K.

Bei den Druckangaben ist zu beachten, daß alle thermodynamischen Berechnungen sowie Diagramme und Tabellen auf *absoluten Druck* bezogen sind. Manometerablesungen

**Tafel 631-7. Dampftafel von R 22 (Difluormonochlormethan)**

| Temperatur | Druck | Spez. Volumen | | Enthalpie | | Verdampfungswärme |
|---|---|---|---|---|---|---|
| | | der Flüssigkeit | des Dampfes | der Flüssigkeit | des Dampfes | |
| $t$ | $p$ | $v'$ | $v''$ | $h'$ | $h''$ | $r$ |
| °C | bar | l/kg | l/kg | kJ/kg | kJ/kg | kJ/kg |
| −20 | 2,455 | 0,740 | 92,93 | 176,33 | 397,07 | 220,74 |
| −18 | 2,650 | 0,744 | 86,44 | 178,66 | 397,92 | 219,26 |
| −16 | 2,856 | 0,747 | 80,49 | 180,99 | 398,75 | 217,76 |
| −14 | 3,057 | 0,751 | 75,03 | 183,34 | 399,58 | 216,24 |
| −12 | 3,306 | 0,754 | 70,01 | 185,69 | 400,38 | 214,69 |
| −10 | 3,550 | 0,758 | 65,40 | 188,06 | 401,18 | 213,12 |
| −8 | 3,807 | 0,762 | 61,15 | 190,43 | 401,96 | 211,53 |
| −6 | 4,078 | 0,766 | 57,24 | 192,81 | 402,73 | 209,92 |
| −4 | 4,364 | 0,770 | 53,62 | 195,20 | 403,48 | 208,28 |
| −2 | 4,664 | 0,774 | 50,28 | 197,59 | 404,21 | 206,62 |
| 0 | 4,980 | 0,778 | 47,18 | 200,00 | 404,93 | 204,93 |
| 2 | 5,311 | 0,782 | 44,32 | 202,41 | 405,63 | 203,22 |
| 4 | 5,659 | 0,786 | 41,66 | 204,83 | 406,32 | 201,49 |
| 6 | 6,023 | 0,790 | 39,19 | 207,25 | 406,99 | 199,74 |
| 8 | 6,404 | 0,795 | 36,89 | 209,67 | 407,64 | 197,97 |
| 10 | 6,803 | 0,799 | 34,75 | 212,10 | 408,27 | 196,17 |
| 12 | 7,220 | 0,804 | 32,76 | 214,54 | 408,88 | 194,34 |
| 14 | 7,656 | 0,809 | 30,91 | 216,98 | 409,48 | 192,50 |
| 16 | 8,112 | 0,814 | 29,17 | 219,44 | 410,06 | 190,62 |
| 18 | 8,586 | 0,819 | 27,56 | 221,88 | 410,61 | 188,73 |
| 20 | 9,081 | 0,824 | 26,04 | 224,34 | 411,15 | 186,81 |
| 25 | 10,411 | 0,837 | 22,66 | 230,50 | 412,39 | 181,89 |
| 30 | 11,880 | 0,852 | 19,78 | 236,70 | 413,49 | 176,79 |
| 35 | 13,496 | 0,867 | 17,31 | 242,93 | 414,43 | 171,50 |
| 40 | 15,269 | 0,884 | 15,17 | 249,21 | 415,19 | 165,98 |
| 45 | 17,209 | 0,902 | 13,32 | 255,57 | 415,76 | 160,19 |
| 50 | 19,327 | 0,923 | 11,70 | 262,03 | 416,11 | 154,08 |
| 55 | 21,635 | 0,945 | 10,29 | 268,62 | 416,20 | 147,58 |
| 60 | 24,146 | 0,970 | 9,03 | 275,40 | 415,99 | 140,59 |
| 65 | 26,873 | 0,999 | 7,92 | 282,44 | 415,40 | 132,96 |

Auszug aus den „Hoechst-Dampftafeln“ für R 22

geben dagegen den Überdruck über Umgebung an, der auch für die Festigkeitsberechnungen maßgebend ist. Damit gilt der Zusammenhang

$$p_{\text{absolut}} = p_{\text{überdruck}} + \text{Barometerstand}.$$

Manometerablesungen im Vakuum und unter 1 bar Überdruck müssen mit dem gleichzeitig gemessenen Barometerstand umgerechnet werden, bei höheren Werten genügt meistens die Addition von 1 bar (1013 mbar = 760 mm Quecksilbersäule) zur Manometerablesung.

Die theoretische *volumetrische Kälteleistung* ist definiert zu

$$q_{0vt} = \frac{h_0'' - h_u}{v_0''} \quad \text{kJ/m}^3 \text{ bzw. kWs/m}^3$$

Dabei entspricht $h_u$ dem aus den Tabellen ablesbaren Wert $h'$ bei der Temperatur $t_u$ der unterkühlten Flüssigkeit. Werte mit einem hochgesetzten Strich, z. B. $h'$, liegen grundsätzlich auf der linken Grenzkurve, Dampfgehalt $x = 0$. Werte mit zwei hochgesetzten Strichen, z. B. $v_0''$, liegen grundsätzlich auf der rechten Grenzkurve, Dampfgehalt $x = 1 = 100\%$ (vgl. Bild 621-10).

Die *theoretische Leistungszahl* (vgl. Abschn. 621-4) ist definiert zu

$$\varepsilon_{Kt} = \frac{h_0'' - h_u}{\Delta h_{is}},$$

worin $\Delta h_{is}$ die ideale, isentrope Verdichtungsarbeit, ausgehend vom Punkt $h_0''$. Die dabei entstehende theoretische Verdichtungsendtemperatur $t_{ht}$ ist in der letzten Spalte der Tafel 631-4 angegeben.

Die Werte der letzten 3 Spalten sind reine Vergleichswerte für die verschiedenen Kältemittel. In der Praxis erfolgt die Verdichtung nicht isentrop, wird $\varepsilon_K$ kleiner durch den Einfluß von unvermeidbaren Verlusten und wird $t_h$ höher infolge Überhitzung im Ansaugzustand.

Für die gebräuchlichsten Kältemittel R 12 und R 22 geben die Tafeln 631-6, 631-7 die Zustandswerte im Sättigungsbereich, die Bilder 631-3, 631-4 einen Ausschnitt der $h, \log p$-Diagramme.

Bei R 22 bestand vorübergehend Verdacht auf krebserregendes Potential (MAK-Liste 1985). Einige Kältemittel haben narkotische Wirkung. Bei thermischer Zersetzung z. B. infolge Schweiß- und Lötarbeiten können ätzende Gase entstehen[1]). Aber auch schon durch Zigarettenglut entwickeln alle FKW-Kältemittel giftige Gase, insbesondere Phosgen. Deshalb gilt bei Verdacht auf Undichtigkeiten im Kältemaschinenraum *Rauchverbot.*

## 632 Arbeitsstoffpaare für Absorptionsanlagen

Neben die schon für die reinen Kältemittel genannten Forderungen treten hier noch die Forderungen nach möglichst hoher zulässiger Austreibertemperatur $t_H$ und möglichst großer Entgasungsbreite.

*Arbeitsstoffpaare,* die alle Anforderungen erfüllen, sind bis heute nicht bekannt. Praktisch verwendet werden lediglich die Stoffpaare

Ammoniak/Wasser, mit Ammoniak als Kältemittel,
Wasser/Lithiumbromid, mit Wasser als Kältemittel.

Für das Stoffpaar *Ammoniak/Wasser* zeigt Bild 632-1 das $\log p, 1/T$-Diagramm mit den Linien verschiedener Konzentration $\xi$. Die thermodynamischen Eigenschaften sind recht günstig, die maximale Austreibertemperatur $t_H$ beträgt etwa 200 °C, darüber besteht Gefahr chemischer Zersetzung. Von Nachteil ist, daß das Kältemittel Ammoniak stark toxisch ist, allerdings mit guter Warnwirkung durch seinen intensiven Geruch, und daß es mit Luft explosible Gemische bilden kann.

Für das Stoffpaar *Wasser/Lithiumbromid* zeigt Bild 632-2 das $\log p, 1/T$-Diagramm. Durch das Kältemittel Wasser sind Verdampfungstemperaturen unter 0 °C nicht möglich. Der gesamte Prozeß läuft im Vakuum, die maximale Austreibertemperatur beträgt etwa 160 °C.

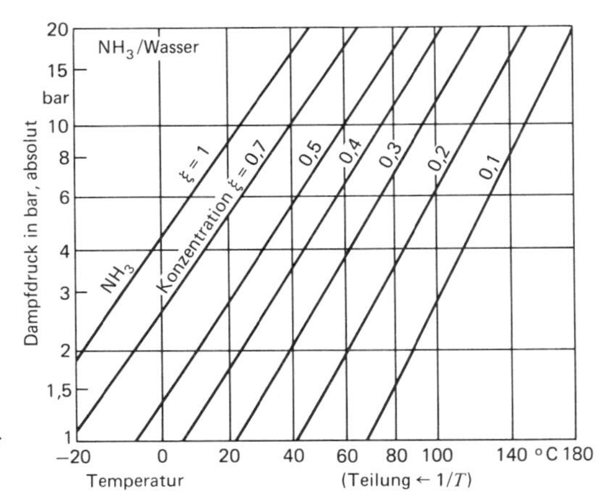


Bild 632-1. Arbeitsstoffpaar Ammoniak/Wasser im $\log p, 1/T$-Diagramm.

[1]) Sturzenegger, E.: CCI 5/86. S. 4/5.

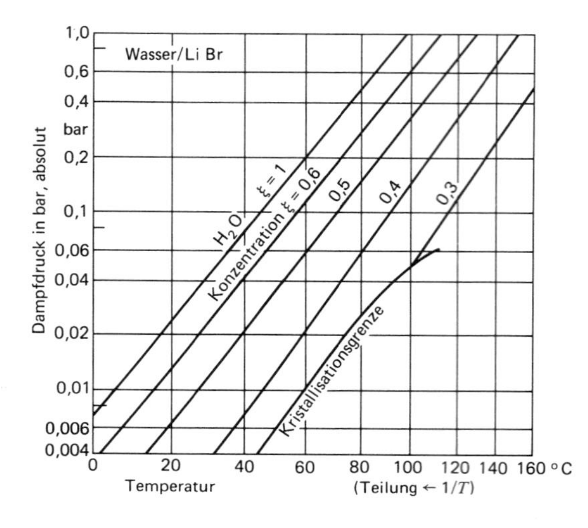


Bild 632-2. Arbeitsstoffpaar Wasser/Lithiumbromid im $\log p, 1/T$-Diagramm.

## 633 Kältemaschinenöl[1])

In Kompressions-Kälteanlagen muß für die Verdichter ein geeignetes Öl zur Schmierung verwendet werden.

Dieses Öl gelangt, mit Ausnahme der selten verwendeten Bauart Trockenlaufverdichter, mit in den Kältekreislauf und ist zusammen mit dem Kältemittel den dort auftretenden Temperaturen ausgesetzt. Es darf bei der niedrigen Verdampfungstemperatur nicht zu Ausfällungen kommen, weshalb paraffinbasische Öle (Paraffinausscheidung) wenig geeignet und naphtenbasische oder synthetische zu bevorzugen sind. Alle Mineralöle reagieren mit den Kältemitteln bei etwa 140 °C unter Bildung von Ölkohle. Die zulässigen *Druckrohrtemperaturen* (als Maß für die höheren Verdichtungsendtemperaturen) werden deshalb je nach Fabrikat auf 115 ··· 135 °C begrenzt, bei Überschreitung dieser Grenze sind Schäden unvermeidlich.

Das in den Kältekreislauf abwandernde Öl fehlt im Verdichter als Schmiermittel, es muß also in den Verdichter zurückgeführt oder nachgefüllt werden. Da die FKW-Kältemittel im Temperaturbereich der normalen Klimatechnik mit den meisten verwendeten Ölen voll mischbar sind, genügt die Aufrechterhaltung von *Mindest-Strömungsgeschwindigkeiten* in den Rohrleitungen (auch bei kleinster Teillast) und richtige Leitungsführung zur automatischen Rückführung des Öles zum Verdichter.

Bei *Ammoniak,* das mit Öl nicht mischbar ist, bereitet eine automatische Ölrückführung erhebliche Probleme. Es ist deshalb bei Ammoniakanlagen heute noch üblich, daß der Maschinenmeister von Hand Öl in den Verdichter nachfüllt und das überschüssige Öl aus dem Verdampfer abläßt.

Bei *FKW-Kältemitteln* müssen bei Anwendung der überfluteten Verdampfung und bei Betrieb im tiefen Temperaturbereich, in dem einige FKW-Kältemittel mit Öl nicht mehr voll mischbar sind, spezielle Maßnahmen zur Ölrückführung vorgesehen werden.

Die *Mischbarkeit* der FKW-Kältemittel mit dem Schmieröl führt dazu, daß sich auch das Schmieröl im Verdichter mit Kältemittel anreichert, wodurch die Viskosität und damit die Schmierfähigkeit abnimmt. Das Schmieröl kann um so mehr Kältemittel aufnehmen, je höher der Druck und je niedriger die Temperatur ist.

Dadurch kommt es zur *Kältemittelanreicherung* in der Standzeit des Verdichters. Beim Anlaufen des Verdichters führt die Druckabsenkung und Erwärmung sofort zum Ausgasen des Kältemittels, wodurch das Schmieröl aufschäumt, seine Schmierfähigkeit verliert und im Extremfall von der Schmierölpumpe nicht mehr gefördert werden kann.

[1]) Mang, Th.: KK 2/82, S. 48 u. 3/82, S. 80.
Beck, R. H.: Feuerungstechnik 12/83, S. 31/4.

Um diese Erscheinung zu vermeiden, wird der Schmierölvorrat in der Stillstandszeit, oder genügend lange vor einem Start nach längerer Stillstandszeit, vorgeheizt, um die Kältemittelanreicherung zu verringern.

Die *Anforderungen* an Kältemaschinenöle sind festgelegt in DIN 51 503 (5.80). Zu verwenden ist stets nur das vom Kältemaschinenhersteller vorgeschriebene oder genehmigte Öl. Die Verwendung anderer Öle, oder gar die Ergänzung der Ölfüllung durch falsches Öl, kann zu ernsthaften Betriebsstörungen und zur Zerstörung des Verdichters führen.

## 634 Sole

Wenn Temperaturen unter +4 °C auftreten, müssen dem Wasser *Frostschutzmittel* zugesetzt werden. Hierfür wurden früher Salze verwendet, heute wegen der geringeren Korrosionsprobleme vorwiegend *Glykole*, das sind Mischungen von Wasser und höher siedenden Alkoholen. In beiden Fällen spricht man von Sole, obgleich dieser Begriff eigentlich nur für Salzlösungen zutreffend ist. Die Absenkung des Gefrierpunktes ist abhängig von der Art des Frostschutzmittels und von der Konzentration. Je größer der Anteil des Frostschutzmittels, desto niedriger liegt der Gefrierpunkt. Mit höherer Konzentration nimmt die Zähigkeit der Sole erheblich zu, was zu deutlicher Verringerung der Wärmeübergangszahlen (s. Abschn. 332-44) und zu erhöhten Strömungswiderständen – und damit höherer Pumpenleistung – führt (Bild 634-3).

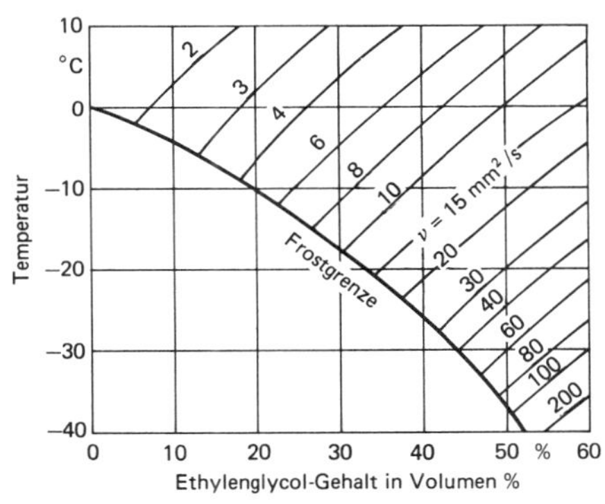


Bild 634-1. Ethylenglycol/Wasser-Gemische, Frostgrenze und kinematische Zähigkeit $\nu$ (Antifrogen, Hoechst AG).

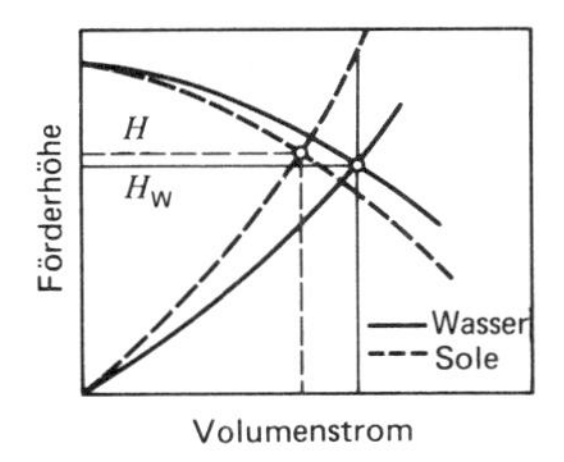


Bild 634-3. Pumpenkennbild bei Wasser und Sole.

Angenähert ändert sich nach[1]) die Förderhöhe $H$ gegenüber der Förderhöhe $H_w$ bei Wasser in Abhängigkeit von der Viskosität $\nu$:

$$\frac{H}{H_w} = 1{,}4 - 0{,}4 \left(\frac{\nu}{\nu_w}\right)^{0,1}$$

Für den Durchflußwiderstand $H_A$ der Anlage gilt

$$\frac{H_A}{H_w} = \sqrt[4]{\frac{\nu}{\nu_w}}.$$

Bild 634-1 zeigt für das häufig verwendete Antifrogen die Frostgrenze abhängig von der Konzentration, ferner die Linien gleicher kinematischer Zähigkeit, die deutlich die erhebliche Zunahme mit steigender Konzentration zeigen. Die spezifische Wärmekapazität verringert sich bei steigendem Glykolgehalt (Bild 332-41).

Wenn die Sole im Falle einer Undichtigkeit in Trinkwasser oder Grundwasser eindringen kann, darf Ethylenglykol nicht verwendet werden, da es gesundheitsschädlich ist. In diesem Fall muß entweder Propylenglycol verwendet werden (mit noch größerer Zähigkeit) oder eine Kaliumkarbonat-Sole, z.B. Pa 9 rot der Akzo-Chemie.

[1]) Ganter, M.: HLH 9/83. S. 376/9.

# 64 BAUELEMENTE FÜR KÄLTEANLAGEN

## 641 Verdrängungsverdichter (Verdrängungskompressoren)[1]

Hierunter versteht man Maschinen, bei denen die Verdichtung durch das Zusammendrücken eines angesaugten Volumens entsteht. Man unterscheidet zwischen Hubkolbenverdichtern mit hin- und hergehenden Kolben und Rotationskolbenverdichtern, bei denen die Volumenverringerung durch reine Drehbewegungen erfolgt, z. B. Schraubenverdichter, Zellenradverdichter, Wankelverdichter.

Alle Verdrängungsverdichter passen sich an Veränderungen der Betriebsbedingungen ($t_0$ und $t_c$) problemlos an, unter entsprechender Änderung von Kälteleistung und Energieverbrauch, bis zum Erreichen der Einsatzgrenzen.

Die *Einsatzgrenzen* ergeben sich aus folgenden Bedingungen:

maximaler *Ansaugdruck* $p_0$: begrenzt durch Druckfestigkeit des Verdichtergehäuses, bei Hubkolbenverdichtern zusätzlich durch Belastung der Arbeitsventile.

maximaler *Verflüssigungsdruck* $p_c$: begrenzt durch Druckfestigkeit der Verdichterbauteile, die diesem Druck ausgesetzt sind.

maximale *Druckdifferenz* $p_c - p_0$: begrenzt durch die Belastbarkeit der Triebwerksteile und Lager.

maximales *Druckverhältnis* $p_c/p_0$: begrenzt durch bei der Verdichtung entstehende Erwärmung und die daraus resultierende Verdichtungsendtemperatur.

maximale *Ansaugtemperatur* $t_{0h}$: begrenzt durch Verdichtungsendtemperatur.

### -1 HUBKOLBENVERDICHTER

Verdichtung erfolgt durch in Zylindern hin- und hergehende Kolben in Verbindung mit Öffnungs- und Schließventilen (Bild 641-10). Kennzeichnende Größe ist das *geometrische Fördervolumen*

$$\dot{V}_h = z \cdot d^2 \frac{\pi}{4} \cdot s \cdot n \cdot 60 \text{ m}^3/\text{h}$$

mit

$z$ = Zylinderzahl
$d$ = Zylinder-Innendurchmesser in m
$s$ = Kolbenhub in m
$n$ = Drehzahl in 1/min.

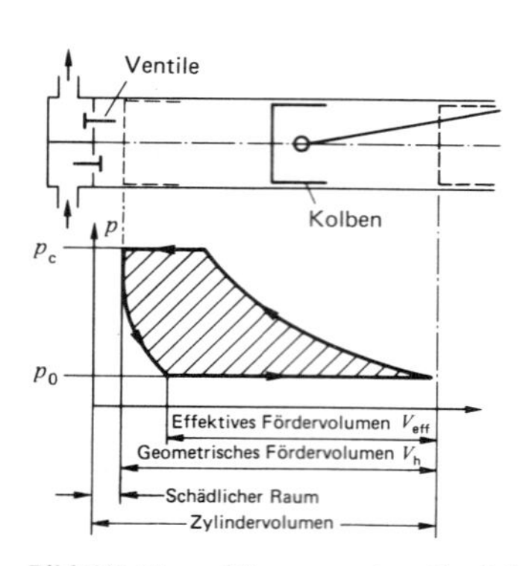


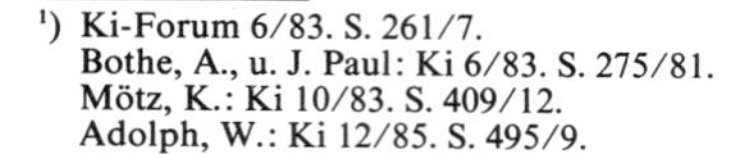


Bild 641-10. $p, v$-Diagramm eines Verdichters.

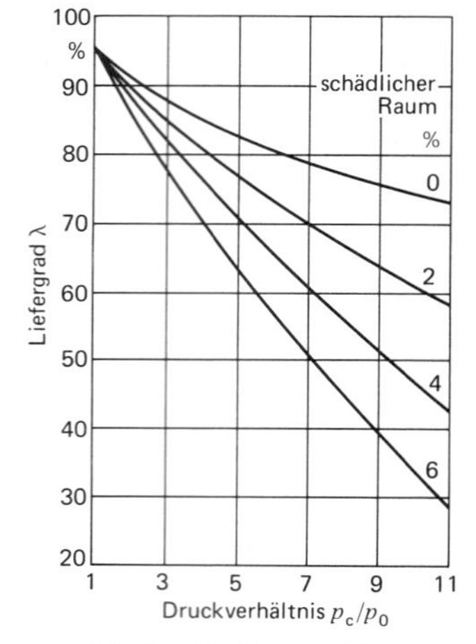


Bild 641-11. Liefergrad $\lambda$ von Hubkolbenverdichtern.

$p_c$ = Verdichtungsdruck
$p_0$ = Verdampfungsdruck

[1]) Ki-Forum 6/83. S. 261/7.
Bothe, A., u. J. Paul: Ki 6/83. S. 275/81.
Mötz, K.: Ki 10/83. S. 409/12.
Adolph, W.: Ki 12/85. S. 495/9.

Da der Kolben nicht am Zylinderdeckel anstoßen darf, verbleibt ein technisch bedingter schädlicher Raum, dessen Inhalt beim Verdichtungshub nicht über die Druckarbeitsventile ausgeschoben wird. Bei Beginn des Saughubes expandiert zunächst im schädlichen Raum enthaltener Restdampf, bis Druck der Saugseite erreicht ist und durch Öffnen der Saugarbeitsventile der Ansaugvorgang beginnt. Das effektive Fördervolumen ist deshalb, sowie wegen Rückwirkung der warmen Zylinderwände auf das kalte Sauggas und wegen Undichtigkeiten zwischen Kolben und Zylinder, um den Liefergrad $\lambda$ geringer als das geometrische:

$$\dot{V}_{\text{eff}} = \lambda \cdot \dot{V}_h$$

Der *Liefergrad* $\lambda$ ist einmal abhängig von der konstruktionsbedingten Größe des schädlichen Raumes (in %, bezogen auf $\dot{V}_h$), zum anderen vom betriebsbedingten Druckverhältnis $p_c/p_0$ (vgl. Bild 641-11). Er muß durch Versuche ermittelt werden.

Bei modernen Verdichtern liegt der *schädliche Raum* um 4%, dabei wird einstufige Verdichtung unwirtschaftlich bei $p_c/p_0 > 9$.

Reale Betriebsdaten von Hubkolbenverdichtern, bezogen auf $\dot{V}_h = 1\ \text{m}^3/\text{h}$, die Liefergrad und alle Wirkungsgrade einschließen, zeigen Bild 641-12 für Kältemittel R 22, Bild 641-13 für R 12. Die Werte sind Mittelwerte aus Angaben zahlreicher Hersteller, Streubreite etwa $\pm 10\%$, und gelten für halbhermetische Verdichter, $P$ und $\varepsilon_K$ bezogen auf elektrische Leistungsaufnahme.

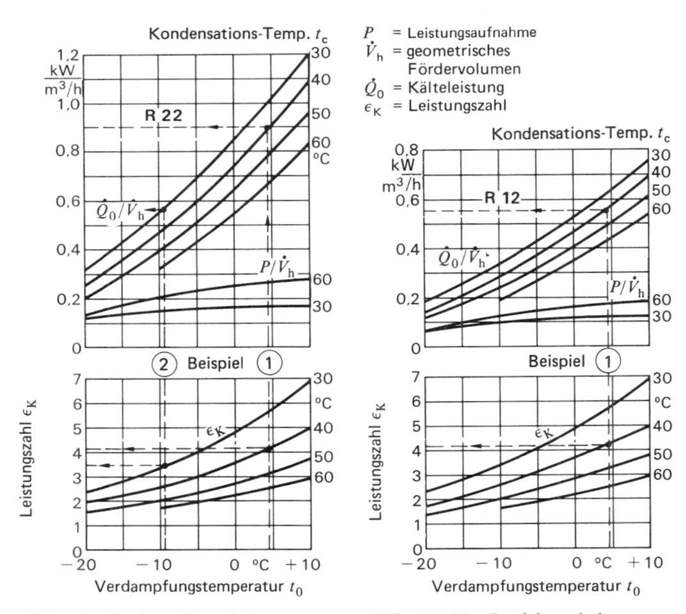


Bild 641-12. Betriebsverhalten von Kaltdampf-Hubkolbenverdichtern mit Kältemittel R 22.

Bild 641-13. Betriebsverhalten von Kaltdampf-Hubkolbenverdichtern mit Kältemittel R 12.

*Beispiel 1:*

Ein Verdichter mit einer Kälteleistung von $\dot{Q}_0 = 630$ kW hat bei 4 °C Verdampfungstemperatur und $t_c = 40\,°\text{C}$ Verflüssigungstemperatur einen elektrischen Energieverbrauch von $\dot{Q}_0/\varepsilon_K = 630/4{,}1 = 153$ kW.

Das geometrische Fördervolumen ist

für R 12: $\dot{V}_h = \dot{Q}_0/0{,}55 = 630/0{,}55 = 1146\ \text{m}^3/\text{h}$
für R 22: $\dot{V}_h = \dot{Q}_0/0{,}90 = 630/0{,}90 = 700\ \text{m}^3/\text{h}$.

*Beispiel 2* s. Abschnitt 658-3.

*Bauarten*

*Offene Verdichter* haben ein geschlossenes, unter Kältemitteldruck stehendes Gehäuse; der Antrieb erfolgt außerhalb des Gehäuses an der Welle; Wellenabdichtung mittels Gleitringdichtung erforderlich; Antrieb durch Elektromotor oder andere Kraftmaschinen direkt oder mittels Keilriemen.

Baugröße $\dot{V}_h$ von 5 m³/h für Pkw-Klimatisierung, bis zu über 2000 m³/h bei großen, ölfreien Trockenlaufverdichtern.

*Halbhermetische Verdichter* (Motorverdichter). Der Elektromotor ist zusammen mit dem Verdichter in einem gemeinsamen zusammengeschraubten Gehäuse untergebracht (Bild 641-16). Der Motor ist mit Spezialisolierung für den Betrieb in der Kältemittelatmosphäre versehen und wird meist durch den Kältemittel-Saugdampf gekühlt. Da hierbei mit zunehmender Belastung auch Kühlwirkung besser wird, können Motoren klein dimensioniert werden. Dadurch geringerer Anlaufstrom und höherer $\cos\varphi$ als bei Normalmotoren für offene Verdichter. Baugrößen $\dot{V}_h = 3 \cdots 500$ m³/h, entsprechend im Klimabereich bei R22 etwa $3 \cdots 500$ kW.

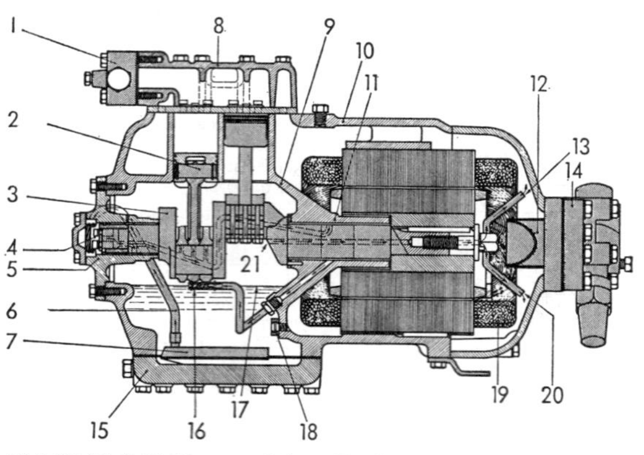


Bild 641-16. R-22-Motorverdichter (Carrier).

1 = Druckabsperrventil
2 = Kolben
3 = Kurbelwelle
4 = Ölpumpe
5 = Lager
6 = Ölsaugleitung
7 = Ölfilter
8 = Zylinderkopf
9 = Kurbelgehäuse
10 = Motorgehäuse
11 = Hauptlager
12 = Ansaugfilter
13 = Gasdruckausgleich
14 = Saugabsperrventil
15 = Ölwannen-Abschluß
16 = Öldruckregulierventil
17 = Ölstand
18 = Öldruck-Rückflußventil
19 = Motor
20 = Druckausgleichrohr
21 = Gaseintritt

*Hermetische Verdichter.* Motor und Verdichter sind in einem verschweißten, dicht geschlossenen Gehäuse untergebracht (Kapselverdichter, Bild 641-17). Welle meist senkrecht, Motor meistens oben. Kühlung durch Kältemittel, vorwiegend Saugdampf. Bei Defekten keine Reparatur möglich, sondern Austausch.

Verwendung hauptsächlich in Raumklimageräten, Klimaschränken, Kühlschränken usw.

Baugröße $\dot{V}_h$ von $0{,}5 \cdots 50$ m³/h.

*Arbeitsventile.* Früher Gleichstrom-Gasführung mit Saugventil im Kolben, Dampfstrom durch Kolben nach oben. Heute werden die Ventile im Oberteil des Zylinders untergebracht; Saugdampf strömt von oben in den Zylinder und wird nach oben wieder ausgeblasen (Wechselstrom-Gasführung). Die Saug- und Druck-Arbeitsventile arbeiten selbsttätig in der Art wie Rückschlagventile.

*Mehrzylinderbauart*

Zylinder werden in V-, W- oder VV-Form angeordnet, dadurch guter Massenausgleich möglich.

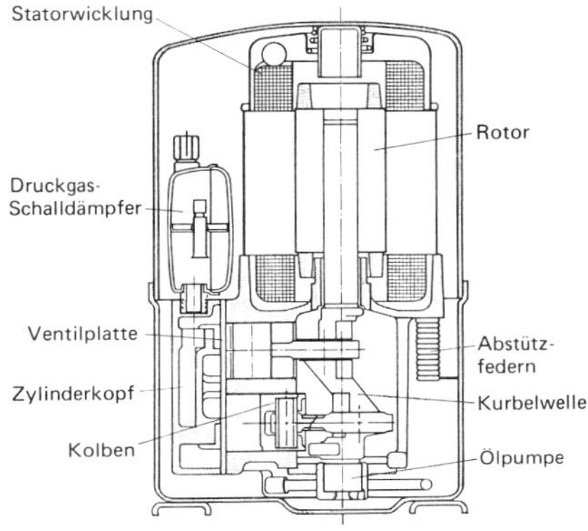


Bild 641-17. Kapselverdichter-Schnittbild (DWM-Copeland).

*Leistungsregelung*[1]) von Kolbenverdichtern bedeutet Volumenstromregelung bei unverändertem Druckverhältnis. Folgende Möglichkeiten haben Bedeutung:

1. Verdichterabschaltung bei Aufteilung der Kälteleistung auf mehrere Verdichter.
2. Änderung der *Drehzahl* durch Verwendung polumschaltbarer oder regulierbarer Motoren.
3. Veränderung des *schädlichen Raumes* durch Zuschaltung zusätzlicher Räume in den Zylindern, nur bei Großkälteanlagen.
4. *Beipaß-Regelung:* Druckdampf strömt zur Saugseite über; nicht wirtschaftlich, aber als einfache Lösung gern angewandt; siehe Bild 671-2.
5. *Abschalten von Zylindern* durch Offen- oder Geschlossenhalten der Saugventile mittels Servokölbchen oder Greifern, die mit Öldruck oder Druckdampf als Steuermedium beaufschlagt werden. Magnetventile dienen als Schaltorgane für das Steuermedium, wenn elektrisch oder elektronisch Temperatur geregelt werden soll, z. B. Kaltwasservorlauf. Ein hydraulisches Relais wird zum Schalten verwendet, wenn der Saugdruck geregelt werden soll. Ein bzw. zwei Zylinder bleiben ungeregelt. Übliche Stufeneinteilung:

| Zylinderzahl | Stufen in % des Fördervolumens |
|---|---|
| 3 | 100 – 67 – 33 |
| 4 und 8 | 100 – 75 – 50 – 25 |
| 5 | 100 – 80 – 60 – 40 |
| 6 | 100 – 67 – 50 – 33 |

Die eingebaute Leistungsregelung dient gleichzeitig der Anfahrentlastung bei Stern-Dreieck-Anlauf oder Teilwindungsstart.

## -2 SCHRAUBENVERDICHTER[2])

Man unterscheidet zwei verschiedene Bauarten:

1. *Schraubenverdichter mit 2 Rotoren*

Verdichtung erfolgt durch ineinanderkämmende Walzen, von denen die Antriebsseite schraubenförmig angeordnete Vorsprünge, die andere schraubenförmig angeordnete Nuten hat (Bild 641-21). Durch unterschiedliche Gangzahl (meistens Antrieb 4, Nuten 6) entstehen in axialer Richtung wandernde Verdichtungsräume. Nutenwalze wird durch Antriebswalze mitgedreht.

[1]) Hagenlocher, T.: Ki 12/83. S. 469/71.
[2]) Paul, J.: KK 12/81. 5 S.
Ki-Forum 6/83. S. 261/7.
Stenzel, B.: Ki 10/83. S. 417/21.
Mötz, K.: Ki 10/83. S. 409/12.

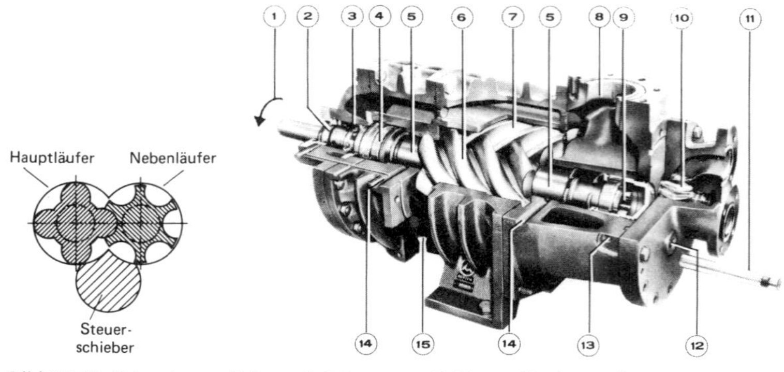


Bild 641-21. Schraubenverdichter mit 2 Rotoren – Gehäuse teilweise geöffnet (Sabroe).

1 = Drehrichtung des Antriebsrotors
2 = Gleitringdichtung
3 = Ölkammer der Gleitringdichtung
4 = Axial-Drucklager
5 = Lager des Antriebsrotors
6 = Antriebsrotor mit 4 Schraubengängen
7 = Laufrotor mit 6 Nutengängen
8 = Sauggaseintritt
9 = Ausgleichskolben
10 = Ölpumpe
11 = Stellungsanzeiger für Leistungsregelungsschieber
12 = Öleintritt für Rotorabdichtungsöl
13 = Öleintritt zum Ausgleichskolben
14 = Öleintritt für Lagerschmierung
15 = Druckgasaustritt

2. *Schraubenverdichter mit einem Rotor*

Angetrieben wird eine mit Nuten versehene Walze. Verdichtung erfolgt durch eine (oder mehrere) in die Nuten eingreifende Zahnscheibe, die entsprechend der axialen Wanderung der Nuten mitrotiert (Bild 641-22).

Zur Schmierung und Abdichtung großer Öldurchsatz erforderlich, hinter Druckstutzen großer Ölabscheider sowie Ölkühler, der aber auch durch Kältemitteleinspritzung ins Öl eingespart werden kann[1]). Durch Ölkühlung geringere Erwärmung bei der Verdichtung, niedrige Verdichtungsendtemperatur. Da kein schädlicher Raum, flacherer Verlauf des Liefergrades über Druckverhältnis $p_c/p_0$ gegenüber Hubkolbenverdichtern.

*Vorteile* gegenüber Kolbenverdichtern:

Nur drehende Bewegung, daher fast stetige Förderung und Laufruhe;
keine Ventile;
unempfindlich gegen Flüssigkeitsanfall;
stufenlose Regelung bis auf ca. 20%.

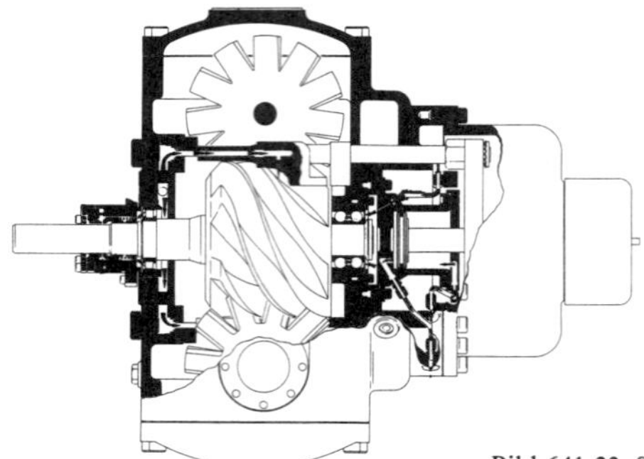

Bild 641-22. Schraubenverdichter mit einem Rotor.

[1]) de Vries, H.: TAB 7/86. S. 483/4.

*Volumenverhältnis* Ansaug zu Ausblas ist durch Schraubengeometrie festgelegt, verschiedene Verhältnisse möglich. Größere Abweichung vom Auslegungsverhältnis verschlechtert Wirkungsgrad. Reale *Betriebsdaten*, bezogen auf Fördervolumen $\dot{V}_h = 1$ m³/h, zeigt Bild 641-23 am Beispiel eines Verdichters mit 3000 UpM, $\dot{V}_h = 816$ m³/h, Volumenverhältnis 2,6, Kältemittel R 22. Leistung $\dot{P}$ und Leistungszahl $\varepsilon_K$ bezogen auf mechanische Leistungsaufnahme an der Verdichterantriebswelle. Halbhermetische Bauart noch selten. Stufenlose Leistungsregelung bis etwa 10% durch Steuerschieber möglich, der die wirksame Rotorlänge verändert. Betätigung des Steuerschiebers über Dreipunktregler mit Zeitglied oder stetigen Regler, Meßwertgeber im Rücklauf oder Vorlauf, je nach Genauigkeitsanforderungen.

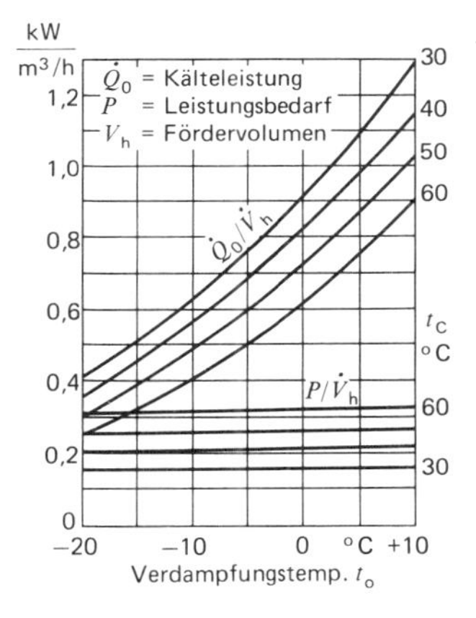


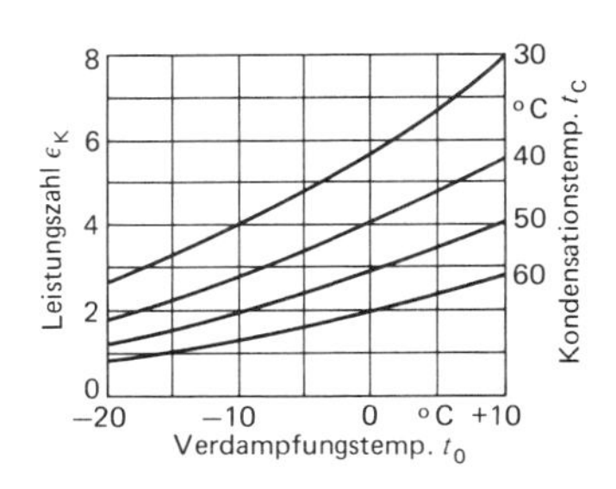


Bild 641-23. Betriebsverhalten eines Schraubenverdichters mit Kältemittel R 22.

*Größere Schraubenverdichter* mit zwei Rotoren haben oft zusätzlichen Saugstutzen in Mitte Verdichtungsvorgang. Dieser erlaubt Absaugung eines Kältemittel-Teilstromes bei Mitteldruck, durch den in einem Wärmeaustauscher – *Economizer* – eine zusätzliche Unterkühlung des Kältemittels und damit mehr Kälteleistung gewonnen werden kann. Vorgang ähnlich Bild 621-11. Baugrößen $\dot{V}_h = 100 \cdots 15000$ m³/h (80 ⋯ 12000 kW Kälteleistung).

## -3 ROLLKOLBENVERDICHTER

Verdichtung erfolgt durch an der Innenwand eines *Kreiszylinders* abrollenden, auf der Welle exzentrisch gelagerten Kolbens. Trennung von Saug- und Druckseite durch einen oder mehrere Schieber im Zylinder (Bild 641-24). Anwendung nur in hermetischen (Kapsel-)Verdichtern. Baugrößen $\dot{V}_h = 10 \cdots 40$ m³/h.

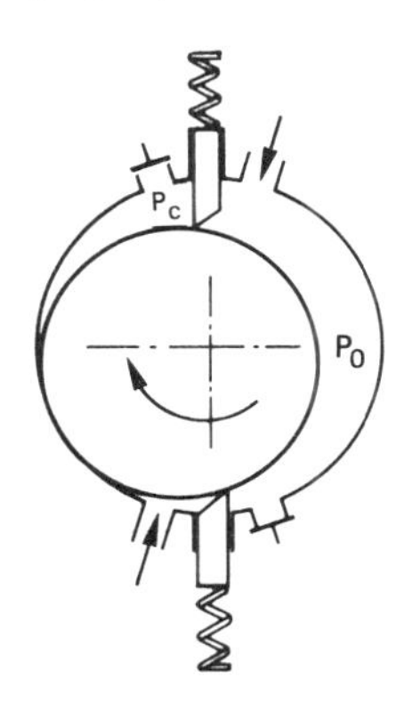


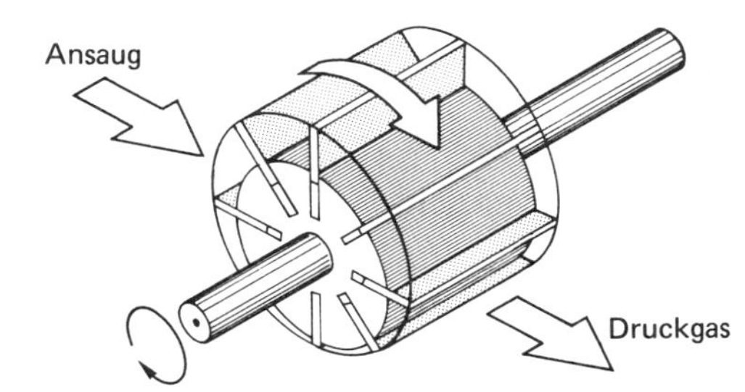


Bild 641-25. Funktionsprinzip eines Vielzellenverdichters.

Bild 641-24. Funktionsprinzip eines Rollkolbenverdichters mit 2 Trennschiebern.

### -4 DREHKOLBENVERDICHTER

Verdichtung erfolgt durch in einem Kreiszylinder exzentrisch angeordneten *rotierenden Kolben,* in dem sich mehrere Schieber befinden, die durch Fliehkraft an die Zylinderwand angedrückt werden. Hierdurch werden einzelne Verdichtungszellen gebildet, deshalb auch Bezeichnung Vielzellenverdichter (Bild 641-25). Gut geeignet für große Fördervolumen bei kleiner Druckdifferenz, deshalb vorwiegend als Niederdruckstufe bei zweistufiger Verdichtung.

Baugrößen $\dot{V}_h = 300 \cdots 6000$ m³/h.

### -5 SPIRAL-(SCROLL)-VERDICHTER

Die Verdichtung erfolgt zwischen zwei Spiralen, von denen eine feststeht und die andere kreisförmig exzentrisch oszilliert (Bild 641-26). Anwendung nur in hermetischen Verdichtern (Kapseln), Baugröße $\dot{V}_n = 5 \cdots 20$ m³/h.

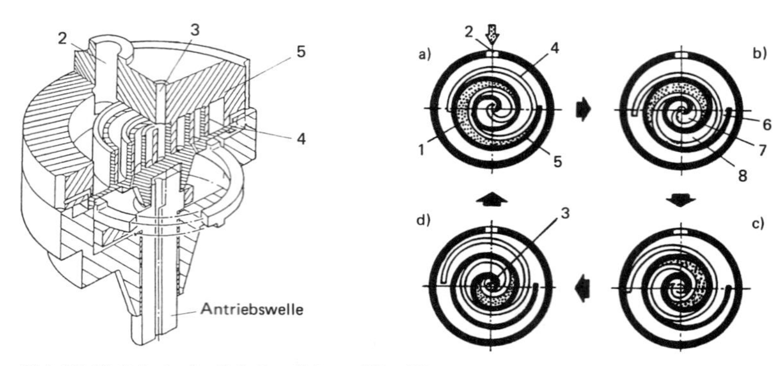


Bild 641-26. Prinzip des Spiralverdichters (Hitachi).
Links: Schnittbild.
Rechts: Arbeitsweise.
a...b...c...d Umlaufsinn.

1 Gasraum
2 Ansaugöffnung
3 Ausschuböffnung
4 oszillierende Spirale
5 feste Spirale
6 Ansaugen
7 Ausschieben
8 Verdichten

## 642 Turboverdichter (Turbokompressoren)[1]

Verdichtung erfolgt durch Beschleunigung des Gasstromes im Laufrad und anschließende Umsetzung der kinetischen Strömungsenergie in Druckerhöhung im Diffusor. Für Kältetechnik bisher nur *Radialverdichter,* Aufbau und Betriebsverhalten vergleichbar mit Kreiselpumpe bzw. Radialventilator. Schnitt durch einstufigen Verdichter mit Getriebe zeigt Bild 642-1.

[1]) Steimle, F.: Kältetechnik – Klimatisierung 1970. S. 73/4.
Hartmann, K.: HLH 7/75. S. 249/52.
Hess, H.: Ki 2/85. S. 61/4.

*Grundlagen für Berechnung:*

$$\Delta h_{is} = u_a^2 \cdot \mu \cdot \eta_{pol}$$

$$\dot{V} = u_a \cdot d_a^2 \cdot \frac{1}{4} \cdot \delta$$

$$u_a = \frac{\pi}{60} \cdot d_a \cdot n$$

$\Delta h_{is}$ = isentrope Verdichtungsarbeit in $\frac{J}{kg} \left( = \frac{m^2}{s^2} \cdot \frac{kg}{kg} \right)$

$\dot{V}$ = Kältemittel-Volumenstrom in $\frac{m^3}{s}$

$u_a$ = Umfangsgeschwindigkeit bei $d_a$ in $\frac{m}{s}$

$d_a$ = Laufrad-Außendurchmesser in m

$n$ = Drehzahl in $\frac{1}{min}$

$\mu$ = Kennzahl, abhängig von Laufradform

$\eta_{pol}$ = polytoper Wirkungsgrad der Energieumwandlung

$\delta$ = Kennzahl für Laufrad-Schluckfähigkeit.

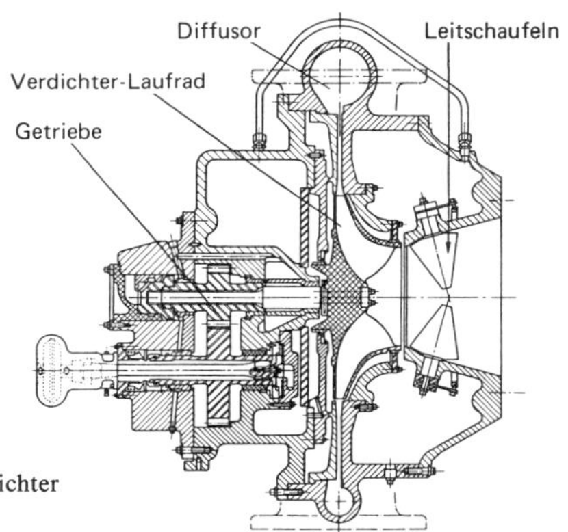


Bild 642-1. Einstufiger offener Turboverdichter mit Getriebe (BBC-YORK).

Bei gegebener Umfangsgeschwindigkeit ist $\dot{V}$ direkt abhängig von $\Delta h_{is}$ gemäß Vollast-Kennlinie des jeweiligen Verdichters, Beispiel zeigt Bild 642-2.

Bei gegebenem Verdampfungsdruck $p_0$ ergibt $\Delta h_{is}$ über das $h, \log p$-Diagramm des betreffenden Kältemittels (oder über Dampftafeln für den überhitzten Bereich) den erreichbaren Verflüssigungsdruck $p_c$.

Die *Kälteleistung* ergibt sich zu

$$\dot{Q}_0 = \dot{V} \cdot q_{0vt} \text{ kW}$$

mit $q_{0vt}$ = theoretische volumetrische Kälteleistung. Die *Antriebsleistung* an der Welle ergibt sich zu

$$P = \frac{\Delta h_{is} \cdot \dot{V}}{\eta_{is} \cdot v_0''} \cdot \eta_m \text{ kW}$$

mit $\eta_m$ = mechanischer Wirkungsgrad einschließlich Getriebe.

Maximale *Umfangsgeschwindigkeit* $u_a$ etwa 250 m/s, da sonst Schallgeschwindigkeit am Laufradeintritt überschritten wird. Damit maximal erreichbar $\Delta h_{is}$ von etwa 35 kJ/kg. Klimabedingungen $t_0 = 0$ °C, $t_c = 40$ °C, können also mit einstufiger Verdichtung erreicht werden (vgl. Tab. 631-4).

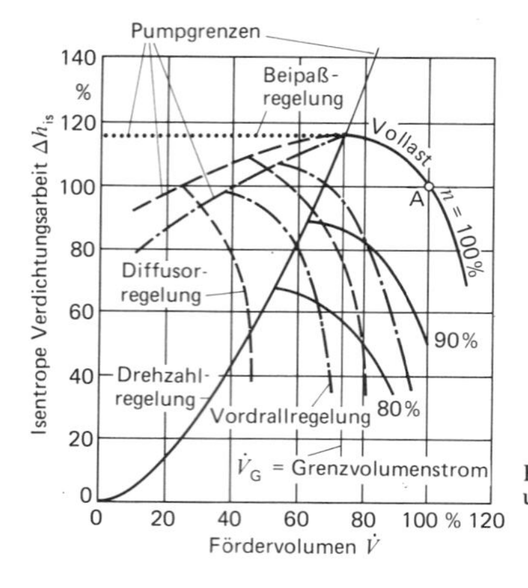


Bild 642-2. Prinzipdarstellung der Kennlinien und Pumpgrenzen von Turboverdichtern.

Direktantrieb mit 2poligen Elektromotoren, 3000 UpM, erfordert für nötige Umfangsgeschwindigkeit sehr große Laufraddurchmesser, die wiederum sehr großen Volumenstrom bringen. Deshalb Erhöhung der Drehzahl durch *Getriebe*, Bild 642-1, oder durch Frequenzwandler und Mittelfrequenzmotor, bis etwa 15000 UpM möglich. Anderenfalls, mit Direktantrieb 3000 UpM, zweistufige Verdichtung, Bild 642-3. Beide Bauarten sowohl offen, mit Gleitring-Wellenabdichtung bei der niedrigen Drehzahl, wie auch hermetisch mit Motor (bis zu 3300 Volt) im Kältemittelraum, meistens auch durch Kältemittel gekühlt.

*Leistungsbereich* bei Klimabedingungen etwa

Kältemittel R 11 Kälteleistung 300 ··· 2500 kW
Kältemittel R 12 Kälteleistung 1000 ··· 30000 kW.

Stetige *Leistungsregelung* möglich durch

1. Drehzahlregelung (bei Antrieb über Frequenzwandler oder durch Dampfturbine).
2. Vordrallregelung (verstellbare Leitschaufeln vor Laufradeintritt, Bild 642-1).
3. Diffusorregelung mit verstellbaren Schaufeln im Diffusor, Kurven ähnlich der Vordrallregelung.
4. Heißgas-Bypass-Regelung, Überströmventil zwischen Druck- und Saugseite.

*Kennlinie* der Turboverdichter hat einen Gipfelpunkt beim maximal erreichbaren $\Delta h_{is}$ und zugehörigem Grenzvolumenstrom $\dot{V}_G$. Wird dieser unterschritten, ohne daß sich $\Delta h_{is}$ ausreichend verringert, erfolgt Rückströmung durch den Verdichter, bis der Druck

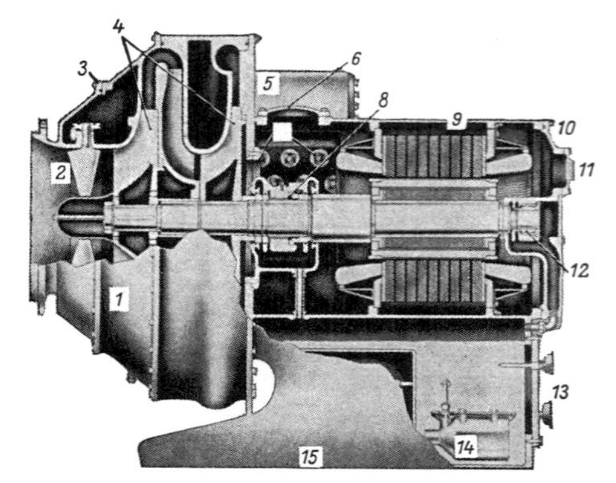


Bild 642-3. Zweistufiger R 11-Turboverdichter mit Einbaumotor (halbhermetische Bauart Carrier).

1 = Verdichter
2 = Leitschaufeln
3 = Gehäuse
4 = Laufräder
5 = Kompensator
6 = Deckel
7 = Klemmen für Motor
8 = Hauptlager
9 = Motor
10 = Stator
11 = Klappe
12 = Lager
13 = Ölsumpf
14 = Zahnradpumpe
15 = Sockel

soweit absinkt, daß der Verdichter wieder fördern kann. Der Verdichter pendelt ständig zwischen Förderung und Rückströmung. Dieser Betriebszustand, „Pumpen" genannt, muß unbedingt vermieden werden, da er zu Schäden am Verdichter führt. Verlauf der „*Pumpgrenze*" bei den verschiedenen Regelungsarten ist in Bild 642-2 eingetragen.

*Betriebsverhalten* (vgl. Bild 642-2):

Auslegungs-Betriebspunkt A muß genügend weit von Pumpgrenze entfernt sein. Verschmutzung von Verflüssiger und Verdampfer führen zu Erhöhung von $\Delta h_{is}$, damit wandert Betriebspunkt auf Kennlinie in Richtung Pumpgrenze zu kleinerem Volumenstrom $\dot{V}$.

Bei *Teillastbetrieb* unterhalb $\dot{V}_G$ muß die Anlagencharakteristik so sein, daß mit kleiner werdendem $\dot{V}$ auch das erforderliche $\Delta h_{is}$ mindestens so viel geringer wird, daß der Betriebspunkt unterhalb der Pumpgrenze liegt. Übliche Auslegung bei Dralldrossel-Regelung nach ARI-Standard[1]) 550-72: Je 10% Verringerung der Kälteleistung, Absenkung der Kühlwassereintrittstemperatur in den Verflüssiger um 0,6 K.

Bei kritischer oder unsicherer Anlagencharakteristik Pumpgrenze automatisch überwachen und rechtzeitig abschalten oder Bypass-Ventil öffnen. Deshalb Regelung oft Kombination mehrerer möglicher Verfahren.

# 643 Verflüssiger (Kondensatoren)[1])

## -1 GRUNDLAGEN

Die beim Kälteprozeß aufgenommene Wärme wird im Verflüssiger an Kühlmedium abgegeben; Summe aus Überhitzungs-, Verflüssigungs- und Unterkühlungswärme. *Verflüssigerleistung* $\dot{Q}_c = \dot{Q}_0 + a \cdot P$. (vgl. Abschnitt 621-2). Verhältnis $\dot{Q}_c/\dot{Q}_0$ zeigt Bild 643-1, abhängig von Leistungszahl $\varepsilon_K$. Für sauggasgekühlte Motorverdichter $\varepsilon_K$ bezogen auf elektrische Leistungsaufnahme, für offene Verdichter auf Wellenleistung.

Temperaturverlauf im Verflüssiger siehe Bild 643-1a.

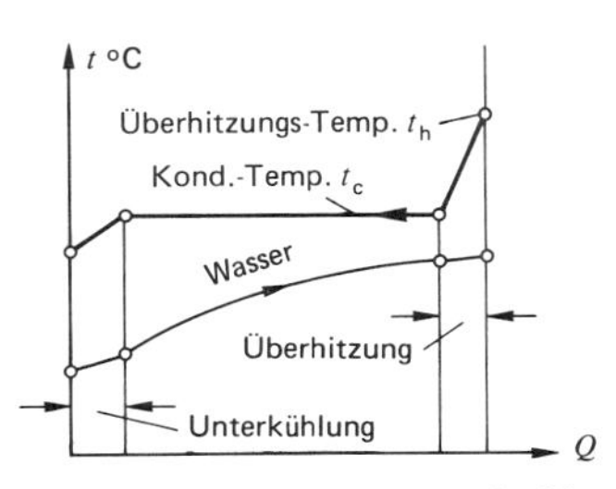


Bild 643-1a. Temperaturverlauf im Gegenstrom-Verflüssiger.

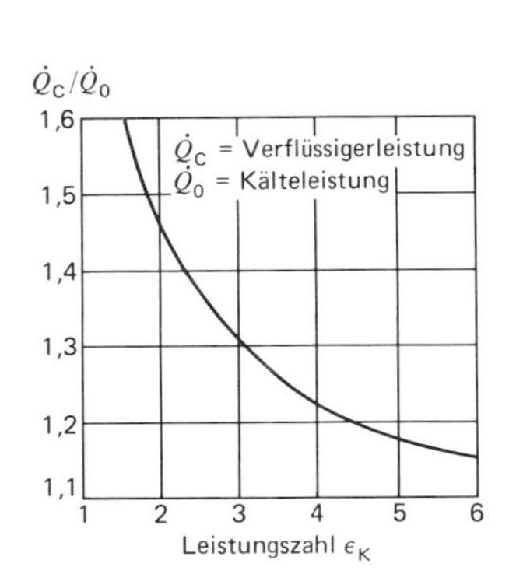


Bild 643-1. Verhältnis von Verflüssigerleistung $\dot{Q}_c$ zu Kälteleistung $\dot{Q}_0$.

[1]) Schnell, H. u. W. D.: TAB 11/86. S. 751/7.

Erforderlicher *Volumenstrom* $\dot{V}_W$ *des Kühlmediums* warme Seite (Verflüssiger) ermittelt sich zu

$$\dot{V}_W = W \cdot \frac{\dot{Q}_c}{t_{WA} - t_{WE}} \text{ in m}^3\text{/h}$$

$t_{WA}$ = Austrittstemperatur Kühlmedium
$t_{WE}$ = Eintrittstemperatur Kühlmedium
$W$ = Kenngröße Kühlmedium (bei 30 °C):

$$W = \frac{3600}{\varrho \cdot c_p} \quad \frac{\text{m}^3 \cdot \text{K}}{\text{kWh}}$$

Wasser $W = 0{,}865 \quad \frac{\text{m}^3 \cdot \text{K}}{\text{kWh}}$

Luft $W = 3090 \quad \frac{\text{m}^3 \cdot \text{K}}{\text{kWh}}$

Übliche *Auslegungsdaten* im Sommerextrem:

Wasser aus Rückkühlwerk, Erwärmung von 27 °C auf 32 °C, $t_c$ ca. 37 °C, $\varepsilon_K$ ca. 4,0

Brunnen- oder Oberflächenwasser: $t_c$ ca. 37 °C, $\varepsilon_K$ ca. 4,0

Außenluft, Erwärmung von 32 °C auf 42 °C, $t_c$ ca. 50 °C, $\varepsilon_K$ ca. 3,0.

*Luftkühlung* erfordert also für gleiche Spitzenlast-Kälteleistung größere Verdichter und höheren Energieverbrauch der Verdichter. Für Wahl des Kühlmediums Wirtschaftlichkeitsrechnung erforderlich, Ergebnis u. a. abhängig von im Bauwerk installierter Kälteleistung, Anzahl der Kälteanlagen und Lage derselben im Gebäude. Wenn kein Brunnen- oder Oberflächenwasser verfügbar, bei wenigen Anlagen kleinerer Leistung meistens Luftkühlung günstiger. Bei größerer Leistung und/oder größerer Zahl von Anlagen meistens Wasserkühlung mit Rückkühlwerk wirtschaftlicher, da Luftvolumenströme im Bauwerk nicht unterzubringen oder weite Wege, insbesondere Steighöhen, für Kältemittelleitungen problematisch sind.

Neben unterschiedlichen Investitionskosten gehen in Wirtschaftlichkeitsberechnung ein:

Bei *Wasserkühlung* Energiekosten für Pumpen und Rückkühlwerke, Wasserverbrauch einschließlich Abschlämmen, gegebenenfalls Wasseraufbereitungskosten, Reinigungskosten.

Bei *Luftkühlung* Energiekosten der Ventilatoren und höherer Energieverbrauch der Verdichter (Jahresmittel, abhängig von Regelung), Reinigungskosten.

Im Rahmen von *Wärmerückgewinnungsmaßnahmen* zunehmend Installation zusätzlicher Verflüssiger, z. B. wassergekühlt für Erwärmung von Brauchwasser und/oder Heizungswasser. Hauptverflüssiger dient dann zur Abführung der nicht mehr nutzbaren Wärme an Luft oder Kühlturmwasser.

Für einwandfreie Funktion des Expansionsorgans sowie für sinnvolle Wärmerückgewinnung darf Verflüssigungsdruck einen vorgegebenen Mindestwert nicht unterschreiten, entsprechende Regelung erforderlich.

Verflüssiger unterliegen der Druckbehälterverordnung vom 1. 3. 1980, ein Überschreiten des maximal zulässigen Betriebsüberdruckes muß durch Sicherheitseinrichtungen verhindert werden.

## -2 WASSERGEKÜHLTE VERFLÜSSIGER[1])

Häufigste Bauart sind *Röhrenkessel-Verflüssiger* (Shell and Tube Type) Bild 643-2. Sie bestehen aus einem Mantelrohr mit beiderseits angeschweißten Rohrplatten, in die die Innenrohre eingeschweißt oder eingewalzt sind. Wasser fließt in den Rohren, Kältemittel kondensiert im Mantelraum. Wasserumlenkdeckel beiderseits, mit Wasserein- und -austrittsstutzen, sind abnehmbar. Bei dieser Bauart kann dadurch wasserseitig mechanisch – z. B. mit Bürsten – gereinigt werden.

---

[1]) Paikert, P.: Wärmepumpentechnologie VI 1980. S. 83/53.

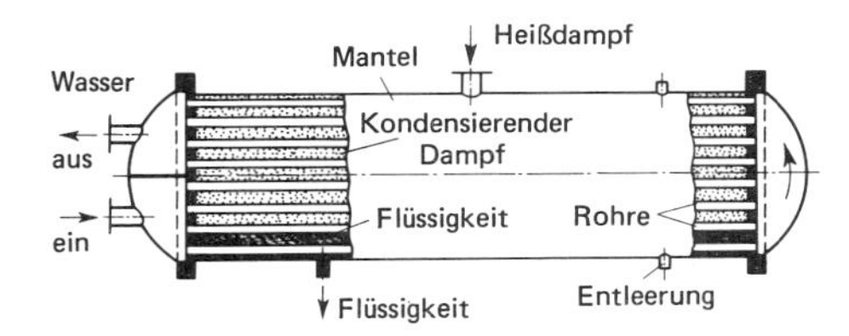


Bild 643-2. Röhrenkessel-Verflüssiger.

Durch Einbauten in Wasserumlenkdeckeln kann Zahl der Wasserwege verändert und damit optimale Strömungsgeschwindigkeit in den Rohren erreicht werden.

Bei FKW-Kältemitteln werden meistens außen gerillte Kupfer- oder Messingrohre verwendet, weil die Wärmeübergangszahl dieser Kältemittel im Vergleich zu wasserseitigen Werten relativ niedrig ist. Die äußere Fläche dieser Rohre ist etwa 3- bis 5mal größer als die Innenfläche. Dadurch gewinnt die Wassergeschwindigkeit einen größeren Einfluß auf den Wärmedurchgang.

Für kleinere Leistungen werden oft *Koaxial-Verflüssiger* verwendet (Aufbau wie Bild 644-4). Sie bestehen aus einem oder mehreren wasserführenden Kernrohren, meistens außen berippt, und mit einem darüber geschobenen Mantelrohr gemeinsam schraubenförmig gewickelt. Im Ringraum fließt das Kältemittel.

Diese Bauart ersetzt zunehmend die Verflüssiger mit eingebauter Rohrschlange *(Shell and Coil Type)*. Beide Bauarten sind preisgünstiger als die Röhrenkessel-Verflüssiger, können jedoch nur noch chemisch gereinigt werden.

Kühlwasserregelung bei Frischwasserbetrieb siehe Abschn. 646-4, bei Kühlturmbetrieb Abschn. 647-3.

*Berechnung*

Die Wärmedurchgangszahl $k_0$ für das saubere Rohr errechnet sich aus

$$\frac{1}{k_0} = \frac{1}{\alpha_a} + \frac{A_a}{A_i}\,\frac{1}{\alpha_i} \text{ in m}^2\text{K/W},$$

wobei der Wärmeleitwiderstand der Rohrwände vernachlässigt ist. Der $k_0$-Wert ist auf die Außenfläche $A_a$ der Rohre bezogen.

Zur Berücksichtigung der *Verschmutzung* sind zusätzlich Widerstände $R_i$ auf der Innenseite der Rohre und $R_a$ auf der Außenseite der Rohre zu berücksichtigen. Die Gleichung für den Wärmedurchgang lautet dann

$$\frac{1}{k} = \frac{1}{\alpha_a} + R_a + \frac{A_a}{A_i}\left(\frac{1}{\alpha_i} + R_i\right)$$

Der Wärmeübergang auf der *Wasserseite* (Rohrinnenseite) kann nach den bekannten Gleichungen berechnet werden (siehe Abschn. 135-2).

Die *Wärmeübergangszahl* auf der Kältemittelseite ist abhängig von Art des Kältemittels, Temperaturdifferenz und Konstruktionsgeometrie, sowie nebst $R_a$ vom Ölgehalt des Kältemittels. Richtwerte für die Wärmedurchgangszahl, abhängig von Wassergeschwindigkeit und Verschmutzungszuschlag, zeigt Bild 643-8, gültig für Cu- und MS-Rillenrohre mit $A_a/A_i = 3{,}6$ in größeren Röhrenkessel-Verflüssigern.

Empfohlene Werte für $R_i$ bei Cu- und Messingrohren:

| | $R_i$ in $\frac{\text{m}^2\text{K}}{\text{W}}$ |
|---|---|
| Seewasser | $1 \cdot 10^{-4}$ |
| Brackwasser | $3 \cdot 10^{-4}$ |
| Flußwasser | $3 \cdot 10^{-4}$ |
| Stadt- und Brunnenwasser | $1 \cdot 10^{-4}$ |
| Kühlturmwasser unaufbereitet | $4 \cdot 10^{-4}$ |
| Kühlturmwasser; Zusatzwasser behandelt | $2 \cdot 10^{-4}$ |

Bei Stahlrohren etwa die doppelten Werte.

Bild 643-8 zeigt, wie stark die *Wärmedurchgangszahl* bei zunehmender Verschmutzung zurückgeht. Mit kleiner werdendem $k$-Wert steigt bei gleicher zu übertragender Leistung die erforderliche Temperaturdifferenz und damit die Verflüssigungstemperatur. *Folge:* kleinere Kälteleistung, höherer Energieverbrauch und bei hohen Kühlwassertemperaturen im Sommerextrem Abschaltung durch Druckbegrenzer.

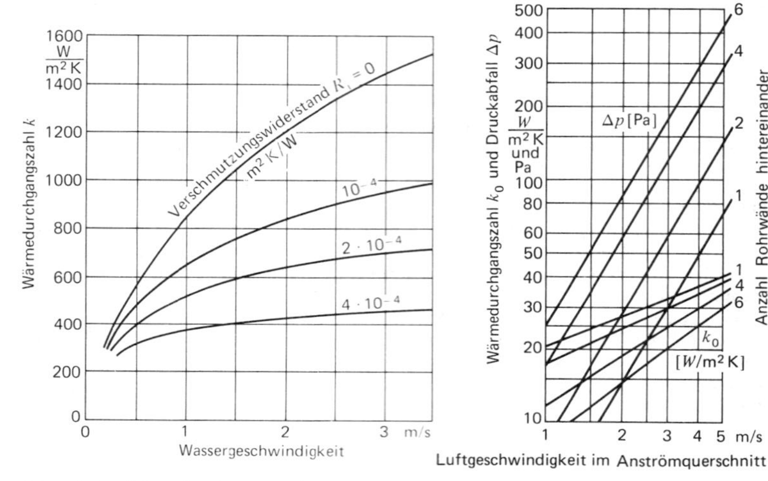


Bild 643-8. Wärmedurchgangszahl eines Röhrenkessel-Verflüssigers.

Bild 643-10. Wärmedurchgangszahl $k_0$ und Druckabfall $\Delta p$ eines Rippenrohrsystems für luftgekühlte Verflüssiger.

Überwachung des Kühlwassers, Behandlung des Zusatzfrischwassers, hinreichende Abschlämmung (siehe Abschnitt 647-3) sowie auch regelmäßige Reinigung des Verflüssigers, gegebenenfalls durch automatische Rohrreinigungsanlagen, ist also wichtig. Verschmutzung der Verflüssiger ist die häufigste *Störquelle* bei Kälteanlagen.

Auch die Einhaltung des der Berechnung zugrundegelegten Wassermassenstromes ist wichtig. Zu niedrige Werte ergeben Verringerung der Wärmedurchgangszahl, Überschreitung der zulässigen Grenzen führt zu Erosions- und/oder Kavitationsschäden.

## -3 LUFTGEKÜHLTE VERFLÜSSIGER[1])

Ausführung grundsätzlich als *Rippenrohrsystem*, vorwiegend mit Cu-Rohren in Paket aus durchgehenden Aluminium-Lamellen. Wegen niedriger Wärmeübergangszahl Luft an Rippen, Flächenverhältnis $A_a/A_i = 10 \cdots 30$. Abhängigkeit der Wärmedurchgangszahl $k_0$ und des luftseitigen Druckabfalles von der Luftgeschwindigkeit im Anströmquerschnitt und der Anzahl der luftseitig hintereinandergeschalteten Rohrwände zeigt Bild 643-10 am Beispiel eines sauberen Verflüssigers mit Cu-Rohr 13 mm ∅, Rohrteilung 32 × 27 mm versetzt, Lamellenabstand 2,1 mm. Hoher Druckabfall verursacht höheren Energieverbrauch und größere Lautstärke der Ventilatoren, deshalb Anströmungsgeschwindigkeit 2 ··· 4 m/s üblich.

Anordnung der Wärmeaustauscher meist horizontal, seltener vertikal; mit Axialventilatoren vorwiegend für Aufstellung im Freien (Bild 643-15), mit Radialventilatoren auch zusätzlicher Förderdruck für Anschluß von Luftkanälen bei Aufstellung im Gebäude.

[1]) Löffler, R.: KI 2/74. S. 51/4.
Pöschl, J.: Ki 9/83. S. 363/8.

*Verflüssigerdruckregelung* durch Zu- und Abschaltung einzelner Ventilatoren, durch Drehzahlregelung über polumschaltbare Motoren oder stufenlos durch Phasenanschnittsteuerung, durch luftseitige Drosselklappen (vorwiegend bei Radialventilatoren). Ergänzend zu luftseitiger Regelung, bei kleineren Leistungen auch anstatt, Regelung durch Anstauen von Kältemittel im Verflüssiger (Verringerung der Wärmeaustauschfläche) über spezielle Verflüssigungsdruckregler (Bild 643-20).

Elektrischer Anschlußwert pro 1 kW Verflüssigerleistung ca. 60 W.

Die Kälteleistung des Verdichters $\dot{Q}_0$ fällt mit steigender Kondensationstemperatur im Verflüssiger, also mit steigender Außenlufttemperatur. Dem kann man durch *Vorkühlung* der Luft z. B. durch einen Düsen- oder Rieselbefeuchter entgegenwirken[1]). Höhere Investitionskosten, Verwendung deshalb selten.

Bild 643-15. Luftgekühlter stehender Verflüssiger mit 4 Axialventilatoren.

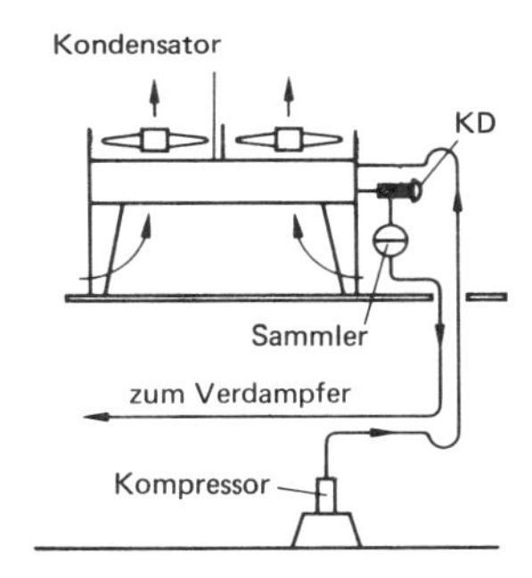


Bild 643-20. Luftgekühlter Verflüssiger mit Kondensator-Druckregler KD.

Ein Beispiel zeigt Bild 643-22:

Bei $t_a = 37{,}5\,°C$
ohne Vorkühlung Leistungszahl $\varepsilon = \dot{Q}_0/P = 20/7{,}6 = 2{,}63$
mit Vorkühlung Leistungszahl $\varepsilon = \dot{Q}_0/P = 22{,}4/6{,}5 = 3{,}45$.

Energieeinsparung also ca. 24%. Besonders wirksam in heißer Gegend.

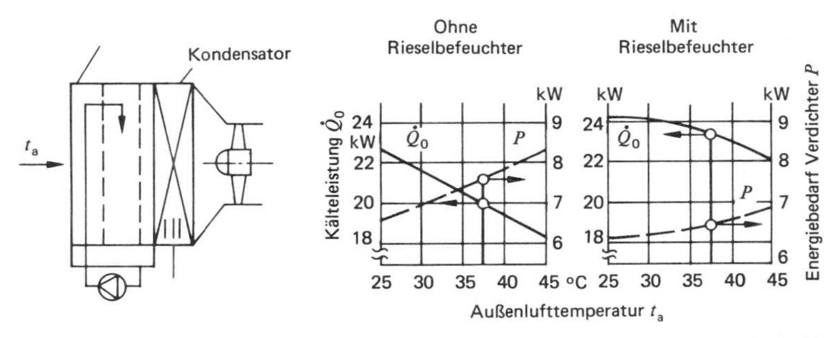


Bild 643-22. Verbesserung der Kälteleistung durch Vorkühlung der Außenluft am luftgekühlten Verflüssiger durch Rieselbefeuchter.

[1]) N. N.: Temperaturtechnik 5/86. S. 14/5.

### -4 VERDUNSTUNGSVERFLÜSSIGER[1])

Wird das Rohrsystem eines luftgekühlten Verflüssigers zusätzlich mit Wasser besprüht, so erhöht sich die Kühlleistung durch die Verdunstung des Wassers erheblich. Dieses Verfahren wird manchmal benutzt, um die Leistung luftgekühlter Verflüssiger an den wenigen sehr warmen Tagen kurzfristig zu vergrößern.

Der eigentliche Verdunstungsverflüssiger arbeitet mit *Wasserumwälzung* und ausreichendem Wasserüberschuß. Der konstruktive Aufbau entspricht dem von Rückkühlwerken mit geschlossenem Wasserkreislauf, nur mit dem Unterschied, daß in den Rohren direkt das Kältemittel verflüssigt wird (Bild 643-25).

Bezogen auf 1 kW Verflüssigerleistung ist üblich ein *Luftdurchsatz* von etwa 100 $\frac{m^3}{h\,kW}$, eine *Wasserumwälzung* von etwa 1 $\frac{m^3}{h\,kW}$ und ein elektr. Anschlußwert von etwa 40 W (ohne Verdunstung ca. 60 W).

Mit dieser Auslegung wird bei einer Außenluft-Feuchttemperatur von 21 °C eine Verflüssigungstemperatur von etwa 35 °C erreicht. Wasserverbrauch etwa 5 $\frac{kg}{h\,kW}$.

Entscheidender *Nachteil* sind die Korrosions- und Verschmutzungsprobleme infolge der Wasserversprühung im offenen Luftstrom. Kleinste Korrosionsundichtigkeiten, die bei Rückkühlung von Wasser noch ungefährlich sind, führen zu Kältemittelverlusten und damit zu Störungen. Verwendung deshalb relativ selten.

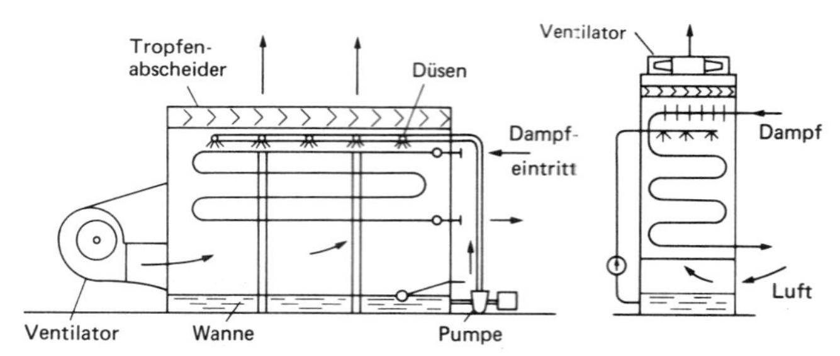


Bild 643-25. Verdunstungsverflüssiger.
Links: Ventilator drückend; rechts: Ventilator saugend

## 644 Verdampfer (Kühler)

### -1 GRUNDLAGEN

Im Verdampfer wird dem zu kühlenden Medium Wärme entzogen; die dadurch bewirkte Abkühlung ist der Zweck der ganzen kältetechnischen Anlage. Die verschiedenen Verdampferbauarten werden unterteilt

nach dem *Medium:*
Verdampfer zur Kühlung von Wasser, von Luft, von Produkten aller Art,

nach dem *Kühlverfahren:*
Durchflußkühlung, Behälter-(Raum-)Kühlung, Eiserzeugung etc.,

nach der *Bauart:*
Röhrenkessel, Rippenrohr, Rohrbündel, Platten, Steilrohr etc.,

nach der *Art der Verdampfung:*
trocken oder überflutet.

[1]) DKV-Arbeitsblatt 3-02.

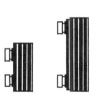

*Trockene Verdampfung*

Die Verdampfung erfolgt im Zwangsdurchlauf durch einen oder mehrere Rohrstränge. Es wird nur soviel flüssiges Kältemittel zugeführt, wie im Durchlauf verdampfen kann. *Überhitzung* des austretenden Dampfes ist die Regelgröße, die der Fühler des thermostatischen Expansionsventiles mißt und in Stellbewegungen umsetzt, Bild 644-1. Bei richtiger Bauweise, Bemessung und Regelung ist Überhitzung genügend groß, um den Verdichter vor Flüssigkeitsschlägen zu schützen. Das Öl wird bei richtiger Leitungsführung und ausreichenden Geschwindigkeiten automatisch zum Verdichter zurückgeführt.

Schematische Temperaturverläufe im Verdampfer siehe Bild 644-1a.

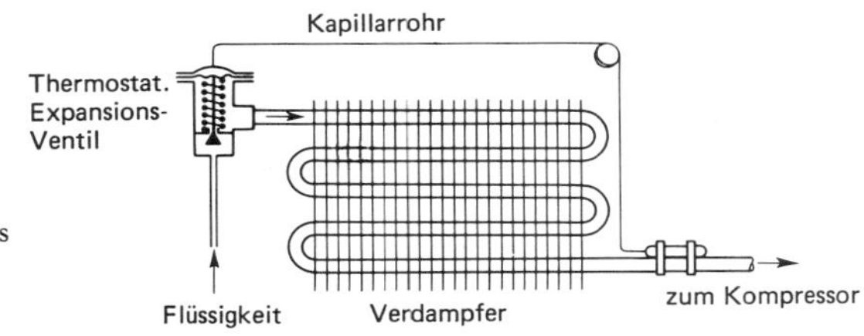


Bild 644-1. Schema eines trockenen Verdampfers mit thermostatischem Einspritzventil.

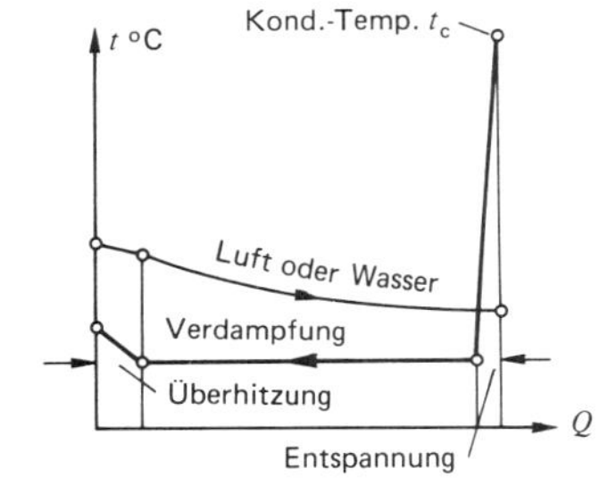


Bild 644-1a. Temperaturverlauf von Kältemittel und Kühlmedium im Verdampfer und Expansionsventil.

*Überflutete Verdampfung*

Bei überfluteter Verdampfung ist soviel Kältemittel im Verdampfer, daß die kältemittelseitigen Austauschflächen stets mit *flüssigem Kältemittel* beaufschlagt sind. Dadurch werden gegenüber der trockenen Verdampfung bessere Wärmeübergangszahlen erreicht. Die Regelung ist jedoch oft problematisch, der Verdichter muß durch Abscheider oder Überhitzer vor Flüssigkeitsschlägen geschützt werden, für die Rückführung des Öls zum Verdichter sind besondere Maßnahmen erforderlich.

Bild 644-2 zeigt als Beispiel einen *Steilrohrverdampfer*, wie er für die Kühlung von Flüssigkeiten in Behältern verwendet wird. Ein Niederdruck-Schwimmerregler hält durch Zufuhr flüssigen Kältemittels aus dem Verflüssiger den Füllstand in den Verdampferrohren und dem Sammler konstant. Der Sammler muß gegen Wärmeeinfall gut isoliert sein, damit sich ein ruhiger Flüssigkeitsspiegel ausbilden kann als Regelgröße für den Schwimmer. Der Sammler dient gleichzeitig als Abscheider für die aus den Verdampferrohren mitgerissenen Öl- und Flüssigkeitsteilchen.

Nach dem gleichen Prinzip kann man auch aus einem derartigen Niederdrucksammler über eine *Kältemittel-Zirkulationspumpe* eine größere Zahl von Kühlstellen mit verschiedenen Verdampfern betreiben (Kältemittel-Pumpenbetrieb).

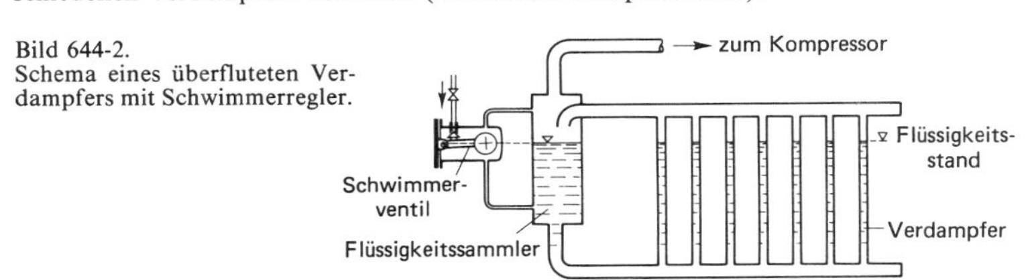


Bild 644-2.
Schema eines überfluteten Verdampfers mit Schwimmerregler.

Der übliche Rechengang mit der Wärmedurchgangszahl $k$ ist hier nicht mehr möglich, da die Wärmeübergangszahlen auf der Innen- und Außenseite verschiedenen Gesetzmäßigkeiten unterliegen. Der Wärmeübergang auf der Luft- oder Wasserseite ist nach den bekannten Gleichungen, vgl. Abschnitt 135-2, im wesentlichen abhängig von der Strömungsgeschwindigkeit. Der Wärmeübergang bei Verdampfung auf der Kältemittelseite hingegen ist im wesentlichen abhängig von der Flächenbelastung $\dot{Q}_0/A$. Außerdem bewirkt der Druckabfall des strömenden Kältemittels im Rohr eine Absenkung der Verdampfungstemperatur.

Die Berechnung erfolgt in zwei Schritten. Zunächst wird in üblicher Weise über Wärmeübergangszahl, Flächenverhältnis und gegebenenfalls Rippenwirkungsgrad die Rohroberflächentemperatur auf der Kältemittelseite errechnet. Aus dieser ergibt sich dann über Flächenbelastung und Druckabfall die Differenz $\Delta t_R$ (Kältemittelseite) zwischen Rohroberflächentemperatur und Verdampfungstemperatur am Verdampferaustritt. Diese wird zusätzlich beeinflußt durch die erforderliche Überhitzung des Kältemittels, die mit der sehr schlechten Wärmeübergangszahl des dampfförmigen Kältemittels erreicht werden muß.

*Kennzeichnende Größe* für die Qualität eines Verdampfers ist damit nicht mehr der Wert $k \cdot A$, sondern die erreichbare Austrittsdifferenz $\Delta t_{AK}$, also die Differenz zwischen Austrittstemperatur des Mediums auf der kalten Seite und der manometrischen Verdampfungstemperatur am Austritt des Verdampfers.

Verdampfer unterliegen der Druckbehälterverordnung vom 1.3.1980, ein Überschreiten des maximal zulässigen Betriebsüberdruckes muß durch Sicherheitseinrichtungen verhindert werden.

## -2 VERDAMPFER ZUR KÜHLUNG VON WASSER[1])

Vorwiegend *Durchflußkühlung* in Rohrbündel- und Röhrenkesselverdampfern, meistens als Bestandteil von Kaltwassersätzen.

### -21 Rohrbündelverdampfer mit trockener Verdampfung

Kältemittel verdampft in den Rohren. Diese sind meistens als *Glattrohre* kleinen Durchmessers aus Kupfer, Messing oder Stahl ausgeführt und in beiderseitige Rohrböden eingewalzt (Bild 644-3). Um kompakte Bauweise zu erzielen, werden auch innen berippte Rohre (Längsrippen) verwendet.

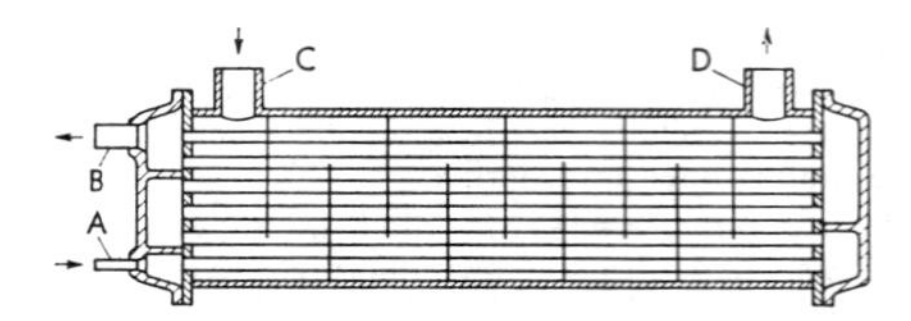


Bild 644-3. Rohrbündelverdampfer für trockene Verdampfung.
*A* und *B* = Kältemittelanschlüsse, *C* und *D* = Kaltwasseranschlüsse

Das im Expansionsventil entspannte Kältemittel wird dem vorderen Umlenkdeckel meistens unten zugeführt und durchströmt die Rohre als Dampf-Flüssigkeits-Gemisch in mehreren Wegen und in jeweils steigender Rohrzahl. Im letzten Weg Verdampfung der letzten Flüssigkeit und Überhitzung des Dampfes. Zahl der pro Weg parallelgeschalteten Rohre wird so gewählt, daß Druckverlust gering bleibt. Das Kaltwasser wird im Mantelraum durch Leitbleche so geführt, daß eine günstige Strömungsgeschwindigkeit erzielt wird.

*Vorteile* dieser Bauart:

1. Das im Kreislauf mitgeführte Öl wird bei richtiger Ausführung zwangsläufig in die Saugleitung und damit zum Verdichter zurückgefördert.
2. Relativ kleine Kältemittelfüllung.
3. Kältemittelseitig kann die Rohraufteilung auf mehrere unabhängige Kältekreise erfolgen.

[1]) Paikert, P.: Wärmepumpentechnologie VI. 1980. S. 38/53.

*Nachteile:*

Eine wasserseitige Reinigung ist nur auf chemischem Wege möglich. Verwendung deshalb nur in geschlossenen Wasserkreisläufen.

Unter Einbeziehung des dafür üblichen Verschmutzungswiderstandes von $R_a = 1 \cdot 10^{-4}$ ($m^2K/W$) liegen die üblichen Austrittstemperaturdifferenzen zwischen 5 und 8 K.

Für kleinere Leistungen werden auch *Koaxialverdampfer* verwendet, die aus einem oder mehreren Innenrohren und einem Mantelrohr bestehen, meistens gemeinsam spiralförmig gewickelt (Bild 644-4). In den berippten Innenrohren verdampft das Kältemittel, während das Wasser im Gegenstrom durch das Mantelrohr fließt. Die Leistungen der Verdampfer sind den Tafeln oder Diagrammen der Hersteller zu entnehmen. Dabei beachten, ob ausreichende Überhitzung eingeschlossen oder zusätzlich zu berücksichtigen ist.

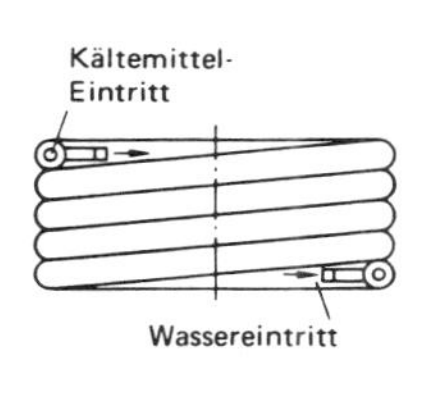


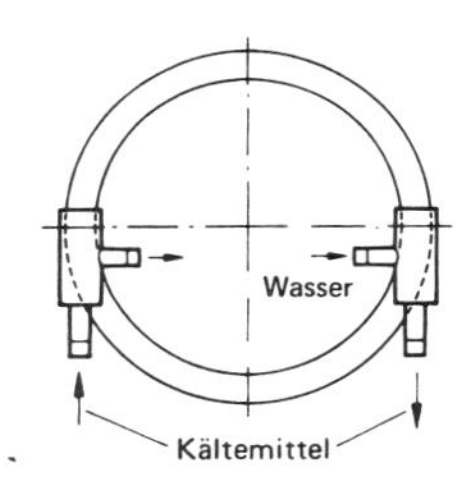

Bild 644-4. Koaxialverdampfer oder -verflüssiger (Wieland).

## -22 Röhrenkesselverdampfer für überfluteten Betrieb

Kältemittel verdampft im Mantelraum, Wasser fließt in den Rohren. Bild 644-5 zeigt die in der industriellen Kältetechnik übliche Bauart. Da die Wärmeübergangswerte verdampfender FKW-Kältemittel relativ niedrig sind, werden – wie im Verflüssiger – berippte Kupferrohre verwendet, bei denen das Flächenverhältnis $A_a/A_i = 2{,}5 \cdots 5{,}0$ ist. Sie sind ebenfalls beiderseits in Rohrböden eingewalzt. *Wassergeschwindigkeit* $1 \cdots 3$ m/s. Durch Einbauten in den Wasserdeckeln kann Zahl der Wasserwege verändert und damit geeignete Geschwindigkeit erreicht werden.

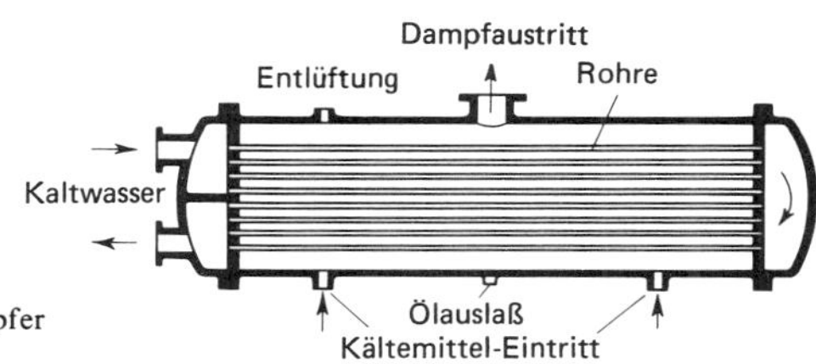


Bild 644-5. Röhrenkesselverdampfer für überfluteten Betrieb.

*Vorteile* dieser Bauart:

Hohe Wärmedurchgangswerte, da kältemittelseitig guter Wärmeübergang bei geringem Druckabfall. Kaltwasserseite kann nach Abnehmen der Wasserumlenkdeckel mechanisch gereinigt werden.

*Nachteile:*

Über dem Rohrbündel muß ein relativ großer Raum frei bleiben zur Abscheidung der Flüssigkeitstropfen (oder separater Abscheider), dadurch teuer. Ebenfalls nachteilig, daß Ölrückführung nicht zwangsläufig, sondern nur durch besondere Maßnahmen.

Mit Verschmutzungswiderstand von $R_i = 10 \cdot 10^{-4}$ $m^2K/W$ liegen die üblichen Austrittstemperaturdifferenzen zwischen 3 und 6 K.

## -3 LUFTKÜHLER FÜR DIREKTE VERDAMPFUNG[1])

Diese Verdampfer ähneln in ihrem Aufbau den mit Kaltwasser betriebenen Luftkühlern. Sie bestehen meistens aus einem *Rippenrohrsystem* von Kupferrohren, 10···18 mm ∅, und Aluminiumrippen oder -lamellen mit einem Rippenabstand von 2···7 mm (Bild 644-6). Das Kältemittel verdampft in den Rohren, während die zu kühlende Luft das Rippenrohrsystem quer durchströmt.

Bei kleineren Leistungen auch preisgünstige Ganzaluminium-Ausführung (Probleme beim Anschluß der Cu-Kältemittelleitungen). In korrosiver Atmosphäre auch Rohre und Rippen aus Kupfer, mit Lack beschichtet, oder auch Edelstahl; letztere seltener, wegen schlechter Wärmeleitung des Edelstahls.

Auslegung in seltenen Fällen für überflutete Verdampfung mit Kältemittel-Pumpenbetrieb, überwiegend jedoch für trockene Verdampfung.

Kältemittelseitig müssen jeweils so viele *Kühlrohre* parallel geschaltet werden, daß der Kältemitteldampf eine Geschwindigkeit von etwa 8···12 m/s im Austritt nicht überschreitet. Die *gleichmäßige Verteilung* des Kältemittels auf die Kühlrohre übernimmt ein Kältemittelverteiler, der dem in der Regel verwendeten *thermostatischen Expansionsventil* nachgeschaltet wird *(Mehrfacheinspritzung)*. Er verteilt das aus diesem Drosselorgan austretende Flüssigkeits-Dampf-Gemisch mittels Kupferrohren kleineren Durchmessers gleichmäßig auf die Kühlrohre. Diese Rohre müssen wegen eines einheitlichen Strömungswiderstandes exakt gleichen Durchmesser und gleiche Länge haben.

Die Kühlrohre müssen so hintereinander geschaltet werden, daß das Kältemittel im Gegenstrom oder auch Gleichstrom zur Luft strömt. *Kreuzstrom* ist zu *vermeiden*, da die Rohre dadurch ungleichmäßig belastet werden und die Kälteleistung des Verdampfers verringert wird (s. Bild 646-16).

Die *Berechnung* der Kühlleistung bzw. der erforderlichen Kühlfläche ist bei den Direktverdampfern ähnlich derjenigen von wasserdurchflossenen Kühlern mit Wasserausscheidung, siehe Abschnitt 332-4. Der Luftzustand ändert sich bei der Darstellung im *h, x*-Diagramm von L (Eintritt) auf A (Austritt) in Richtung auf die mittlere Oberflächentemperatur *O* des Verdampfers (Bild 644-7).

Die *Temperaturdifferenz* zwischen Oberflächentemperatur *O* und manometrischer Verdampfungstemperatur *K* am Verdampferaustritt ist bei den üblichen Flächenverhältnissen $A_a/A_i \approx 20$ etwa so groß wie die mittlere logarithmische Temperaturdifferenz zwischen Lufteintritt, Luftaustritt und Oberflächentemperatur.

Die *Übertragungsleistung* eines Luftkühlers nimmt mit fallender Verdampfungstemperatur zu. Umgekehrt fällt dabei die Leistung der Kältemaschine. Für einen bestimmten Verdichter und einen Luftkühler gegebener Fläche kann man ein Diagramm ähnlich Bild 644-8 entwickeln und den Betriebspunkt als Schnittpunkt zweier Kurven finden.

Bild 644-6. Ansicht eines Direkt-Luftkühlers mit Einspritzventil und Verteilerrohren.

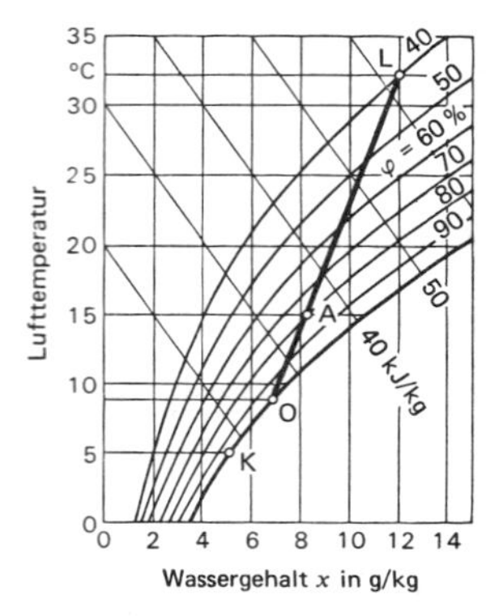


Bild 644-7. Ermittlung des Luftaustritts-Zustandpunktes im *h, x*-Diagramm.

[1]) DIN 8955 – 4.76. Ventilator-Luftkühler.

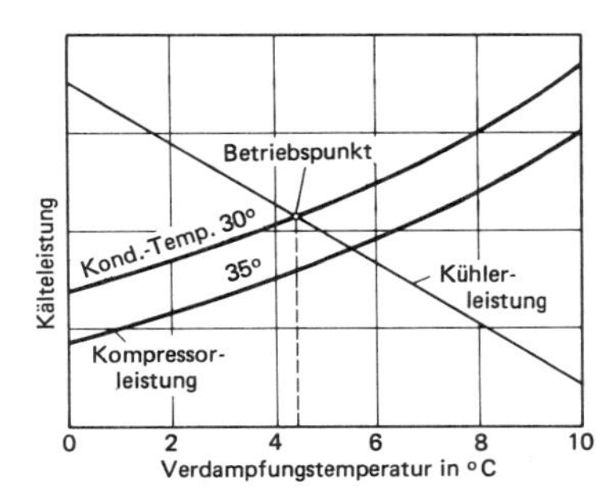


Bild 644-8. Verdichter-Kühler-Diagramm.

Bei der Dimensionierung gilt auch hier: Reichliche Austauschfläche sichert hohe Verdampfungstemperatur $t_0$, damit größere Leistungszahl $\varepsilon_K$, kleinen Energiebedarf und geringeres erforderliches Fördervolumen des Verdichters.

Sinkt die Oberflächentemperatur des Luftkühlers unter ± 0 °C, so ist anstelle von Wasserabscheidung mit Reifbildung zu rechnen. Reif verengt den freien Querschnitt, bewirkt dadurch höheren Luftwiderstand und verschlechtert die Wärmeübertragung durch seinen hohen Wärmeleitwiderstand. Regelmäßiges Abtauen erforderlich; z.B. mittels Kältemittel-Heißgas, wobei Dampf in den Rohren kondensiert; Abtauung auch mittels Elektro-Heizstäben, die in die Lamellen eingeschoben sind.

# 645 Sonstige Bauteile im Kältemittelkreislauf

## -1 KÄLTEMITTELTROCKNER

*Wasser im Kältekreislauf* kann große Schäden verursachen, insbesondere Korrosion und eventuell Verstopfungen durch Eisbildung in Regelorganen, falls die Verdampfungstemperatur unter ± 0 °C fällt. Obgleich die Kältemittel von den Herstellern mit nur 0,003···0,005% Wassergehalt geliefert werden und die Anlagen vor der Füllung gründlich getrocknet werden (Warmluft, Stickstoff, Evakuieren im Wechsel), ist der Einbau eines *Kältemitteltrockners* in die Flüssigkeitsleitung bei FKW-Kältemitteln erforderlich.

Die *Trockenmittel,* die in beiderseits mit Sieben versehenen Zylindern enthalten sind, binden das Wasser adsorptiv durch physikalische Kräfte. Verwendung finden besonders Kieselgele (Silicagel) und sog. Molekularsiebe (synthetisches Metall-Al-Silikat).

## -2 KÄLTEMITTELSCHAUGLÄSER

Einbau vor dem Expansionsventil zur Betriebskontrolle. Blasen im Schauglas zeigen Kältemittelmangel beim herrschenden Betriebszustand. Blasen beim Nenn-Betriebszustand bedeuten Kältemittelverlust (Undichtigkeit suchen, beseitigen, nachfüllen), Drosselstelle in Flüssigkeitsleitung (z.B. Trockner verstopft, auswechseln), oder unzureichende Unterkühlung (bei langen Leitungen). Moderne Schaugläser enthalten Farb-Indikator, ob Kältemittel trocken oder Wasser im Kreislauf.

## -3 KÄLTEMITTELSAMMLER

Druckbehälter, vorwiegend auf der Hochdruckseite, zur Aufnahme der Kältemittelfüllung. Bei größeren luftgekühlten Verflüssigern fast immer, bei wassergekühlten Verflüssigern nur dann, wenn Füllmenge Rohre im Verflüssiger überfluten und damit Austauschfläche unter Auslegungswert verringern würde. Sammler auch überdimensioniert, damit im Reparaturfall gesamte Füllung in Sammler gedrückt werden kann.

Kältemittelsammler unterliegen der Druckbehälterverordnung und müssen nach VBG 20 mit einer Füllstandsanzeige ausgestattet sein. Außerdem müssen sie, wenn sie beidseitig absperrbar sind, ein abblasendes Sicherheitsventil erhalten.

### -4 ÖLABSCHEIDER

Ölabscheider scheiden das in die Druckleitung mitgerissene Öl zu einem hohen Prozentsatz ab. Meistens als *Zentrifugalabscheider* ausgeführt und mit automatischer Ölrückführung in das Kurbelgehäuse durch ein Ventil mit Schwimmersteuerung. Bei trockener Verdampfung praktisch nur bei Schraubenverdichtern, bei überfluteter Verdampfung und Verdrängungsverdichtern fast stets erforderlich.

### -5 ÜBERHITZER (Wärmeaustauscher)

Im Überhitzer erfolgt ein *Wärmeaustausch* zwischen der warmen Flüssigkeitsleitung (vom Verflüssiger zum Expansionsventil) und der kalten Saugleitung. Das Sauggas wird dadurch überhitzt (erforderlich, wenn Überhitzung im Verdampfer nicht ausreichend) und die Flüssigkeit unterkühlt. Größere Unterkühlung ist notwendig bei langen, insbesondere steigenden Flüssigkeitsleitungen, damit nach Druckabfall immer noch unterkühltes Kältemittel am Expansionsventil ankommt. Außerdem steigert größere Unterkühlung die Kälteleistung mehr oder weniger, je nach Kältemittel.

## 646 Regel- und Steuergeräte

### -1 KÄLTEMITTELMENGENREGELUNG

Die dem Verdampfer zuzuführende Menge flüssigen Kältemittels muß entsprechend der jeweiligen Kälteleistung unter gleichzeitiger Entspannung geregelt werden.

#### -11 Kapillarrohre

Es ist das einfachste Drossel- und Regelorgan. Meistens als Kupferrohr ausgeführt, Innendurchmesser 0,4 bis 2 mm, Länge bis zu 2 m und mehr. Rohrlänge muß in jedem einzelnen Fall experimentell festgelegt werden. Sie bestimmt den maximalen Kältemittelstrom. Nur verwendbar bei Geräten kleinerer Leistung, deren Kältemittelfüllung exakt abgestimmt werden muß; so z. B. in Kühlschränken, Truhen, Klimageräten bis etwa 10 kW Antriebsleistung.

Kein Kältemittelsammler auf der Hochdruckseite.

#### -12 Thermostatisches Expansionsventil[1])

Es ist das inbesondere in Kälteanlagen und -sätzen mit Kolbenverdichtern am häufigsten verwendete Regelorgan (Bild 646-1). Es besteht aus einem thermisch gesteuerten und einem druckgesteuerten Teil.

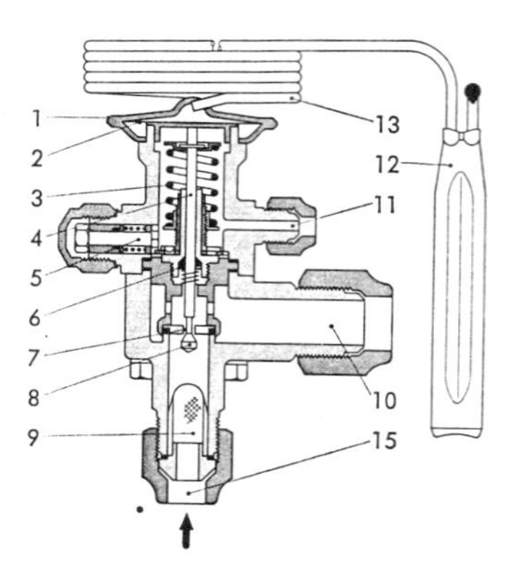


Bild 646-1. Thermostatisches Einspritzventil (Danfoss Typ TVS).
1 = Membrankapsel,
2 = Membran,
3 = Regelfeder,
4 = Druckstift,
5 = Regelspindel,
6 = Wellenstopfbuchse,
7 = Düse,
8 = Ventilkegel,
9 = Filter,
10 = Austritt,
11 = Äußerer Druckausgleich,
12 = Fühler,
13 = Kapillarrohr,
15 = Eintritt

[1]) Lettner, J., u. R. Siegismund: Ki 2/77. S. 53/60.

*Wirkungsweise* (siehe Bild 646-2 und -3 sowie auch -4):

Der Fühler, mit einer geeigneten Gas- oder Flüssigkeitsfüllung, ist an der Saugleitung hinter dem Verdampfer befestigt. Ein Kapillarrohr überträgt Temperaturänderungen auf ein Membransystem, das als Antrieb des Ventilkegels dient. Auf die Unterseite der Membran wirkt der Druck am Anfang des Verdampfers *(Innerer Druckausgleich).* Steigende Überhitzung in der Saugleitung erhöht den Temperaturfühlerdruck auf die Membran und öffnet das Ventil: Regelgröße ist also die Überhitzungstemperatur.

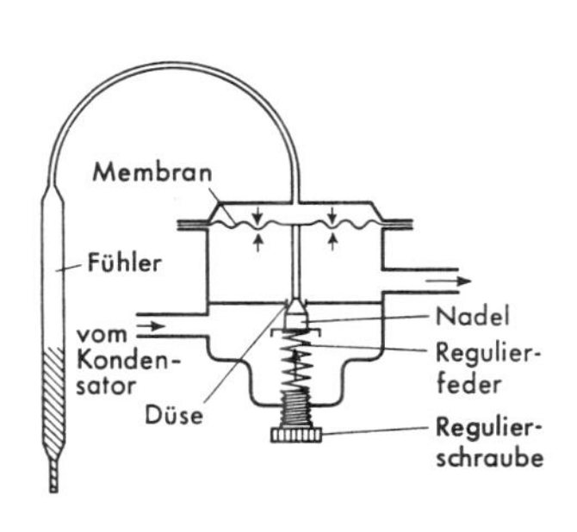


Bild 646-2. Schema eines thermostatischen Einspritzventils mit innerem Druckausgleich.

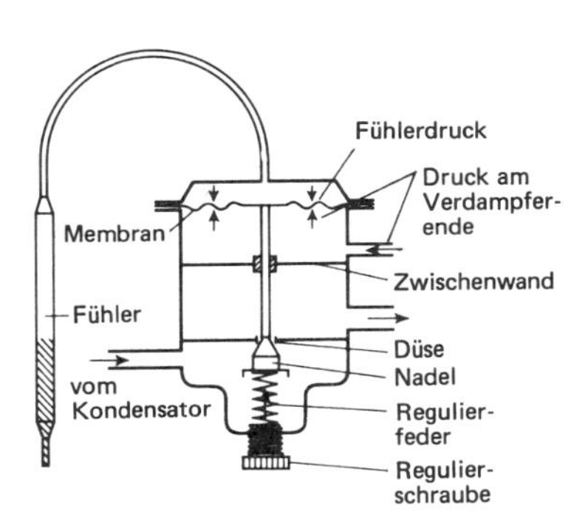


Bild 646-3. Thermostatisches Einspritzventil mit äußerer Ausgleichsleitung.

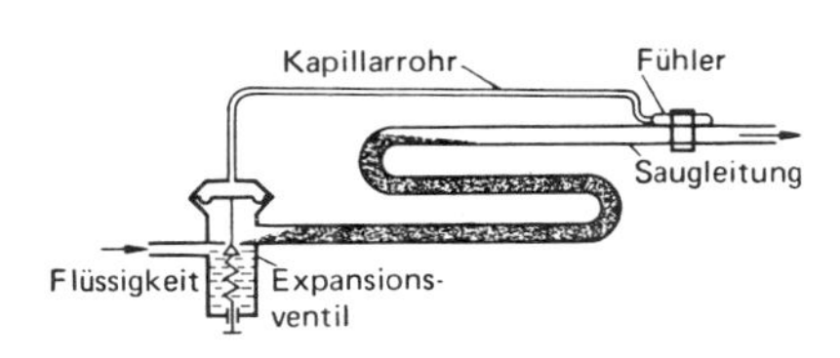


Bild 646-4. Wirkungsweise des thermostatischen Expansionsventils.

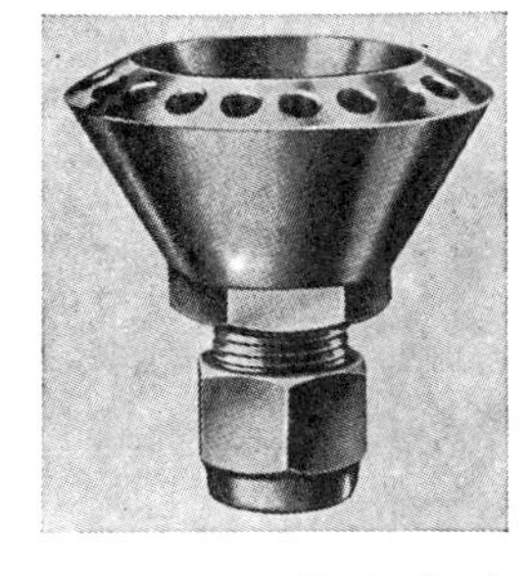

Bild 646-5. Verteiler für flüssiges Kältemittel.

Bei sinkender Kühlerleistung würde am kältemittelseitigen Austritt noch unverdampftes Kältemittel vorhanden sein, infolgedessen keine Überhitzung, wenn das Thermoventil nicht sofort die Kältemittelzufuhr verringern würde.

Normaleinstellung: 5…7 K Überhitzung ($t_{0h} - t_0$ in Bild 621-6). Bei größerem Druckverlust im Verdampfer verwendet man Ventile mit *äußerem Druckausgleich,* weil sonst die Überhitzung zu hoch würde (Bild 646-3).

Dabei wird der Raum unter der Membran durch die Ausgleichleitung mit dem Verdampferende verbunden, so daß einwandfreie Zuordnung von $t_0$ und $t_{0h}$, also gleichbleibende Überhitzung und damit trockenes Ansaugen des Verdichters gesichert sind, auch wenn der Verdampfer einen Druckabfall erzeugt.

Verdampfer und Expansionsventil bilden einen *Regelkreis,* dessen stabiles Verhalten bei jedem Betriebszustand gewährleistet sein muß.

Bei Stillstand des Verdichters ist ein sogenanntes „*Nachspritzen*“ nicht ausgeschlossen, sobald sich der Druck ausgeglichen hat. Daher ist es üblich, in der Flüssigkeitsleitung vor dem Thermoventil ein *Magnetventil* anzuordnen.

### -13 Elektronisches Expansionsventil[1])

Verbesserung der Funktionsweise des Expansionsventils erfolgt durch elektronische Regler mit Mikroprozessor *(elektronisches Expansionsventil).*

Diese Ventile schließen absolut dicht; dadurch kein separates Magnetventil in der Flüssigkeitsleitung mehr nötig. Insbesondere wird aber die Regelung des Kreisprozesses wesentlich verbessert:

Die Überhitzungs- und die Sättigungstemperatur werden durch je einen Temperatursensor gemessen. Die Differenz beider Temperaturen ist die Regelgröße. Statt der Sättigungstemperatur kann auch der Druck gemessen werden und im Rechner des Mikroprozessors auf Temperatur umgerechnet werden.

Im Vergleich zum thermostatischen Expansionsventil kann die für trockene Verdampfung erforderliche Überhitzung des Kältemittels am Austritt des Verdampfers dadurch etwa auf die Hälfte verringert werden. Ferner kann der erforderliche Druckabfall im Expansionsventil stark verringert werden (z. B. bei R 22 von 700 auf 100 kPa). Dadurch sind nach Bild 646-7 eine kleinere Druckdifferenz zwischen Verflüssiger und Verdampfer sowie geringere Unterkühlung bei der Entspannung möglich. Dies führt zu weniger Verdichterarbeit, insbesondere im Teillastbereich, und damit zu geringeren Jahresbetriebskosten.

Weitere *Vorteile:*

Kleinere Sollwertabweichung im Flüssigkeitskühler, Funktionsdiagnose der Kältemaschine durch Mikroprozessor möglich.

*Nachteil:*

Höherer Preis.

Die Entwicklung geht zur DDC, die auch andere Schaltfunktionen der Kälteanlage integriert, z. B. Temperaturregelung des Kühlmediums, Steuerung der Ventilatoren bei luftgekühlten Verflüssigern, Störmeldung. Hierdurch Einsparung konventioneller Schalt- und Regelgeräte, so daß teilweiser Kostenausgleich erreicht wird.

Schnittbild eines elektronischen Expansionsventils siehe Bild 646-8.

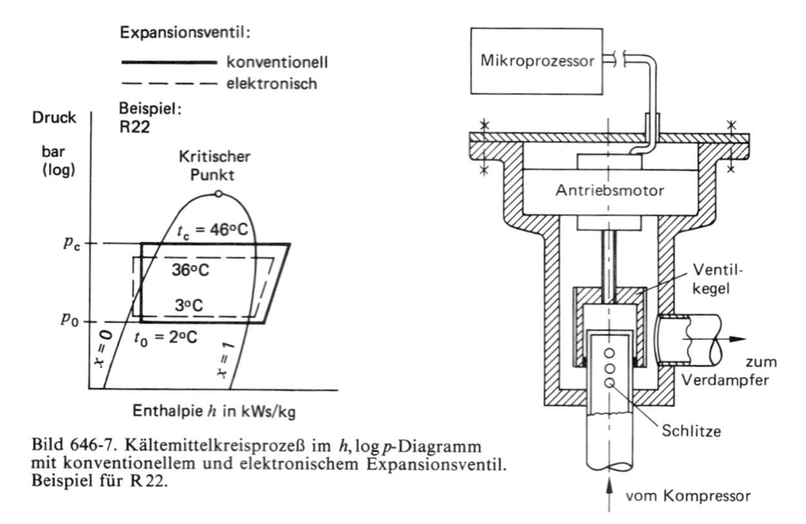


Bild 646-7. Kältemittelkreisprozeß im $h, \log p$-Diagramm mit konventionellem und elektronischem Expansionsventil. Beispiel für R 22.

Bild 646-8. Elektronisches Expansionsventil, Schnittbild (Carrier, System Flotron).

[1]) Lenz, H.: Ki 10/85. S. 411/4.
Hartmann, K.: Ki 11/85. S. 443/7 und KK 1/86. S. 6/10.
Klein, A.: Ki 1/87. S. 25/30.

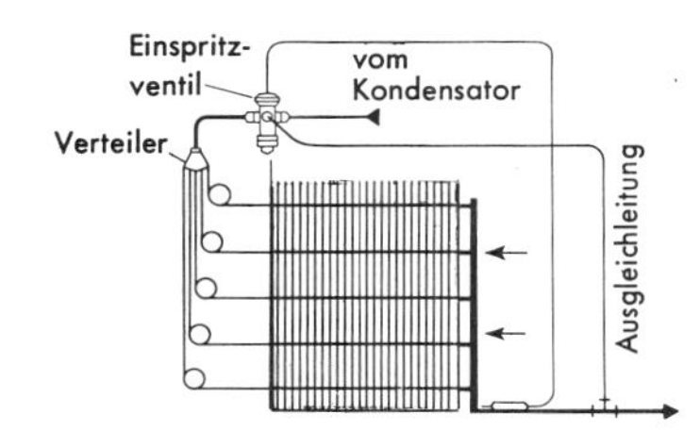


Bild 646-9. Mehrfacheinspritzung bei einem Luftkühler.

### -14 Mehrfacheinspritzung

Wie unter 644-3 ausgeführt, müssen parallelgeschaltete Rohre beispielsweise in Luftkühlern mit gleichen Kältemittelmengen beaufschlagt werden. Diese Aufgabe wird durch einen *Kältemittelverteiler,* Bild 646-5, gelöst (siehe auch Bild 644-9). Je nach Zahl der parallelgeschalteten Kältemittelwege sind Kupferrohre $d_i = 3 \cdots 10$ mm mit gleicher Länge eingelötet. Wichtig ist, daß die einzelnen Kältemittelwege gleichmäßig belastet sind. Luftströmung daher wie in Bild 646-9 angedeutet oder auch umgekehrt, nicht aber etwa von oben oder von unten, weil die dargestellten fünf parallelen Kältemittelwege dann jeweils von Luft unterschiedlicher Temperatur angeströmt und mit unterschiedlichem $\Delta t$ betrieben würden: der letzte kälteste Weg würde infolge kleinster Übertragungsleistung noch unverdampftes Kältemittel in die Saugleitung leiten und das Thermoventil zum Schließen bringen. Verteiler vertikal anordnen.

Das Expansionsventil muß unbedingt mit äußerem Druckausgleich versehen werden, weil ein Teil des Druckgefälles in den Verteilrohren abgebaut wird.

### -15 Schwimmerregelung

Darunter werden Mengenregelungen verstanden, bei denen ein Kältemittel-Flüssigkeitsstand die Regelgröße bildet. *Hochdruckschwimmer* ist hinter dem Verflüssiger angeordnet und wirkt wie ein Kondenstopf: Flüssigkeit geht hindurch, Dampf nicht. Der Verdampfer muß die gesamte Kältemittelfüllung der Anlage aufnehmen. Dieses Prinzip ist nur dann verwendbar, wenn nur *ein* überflutet betriebener Verdampfer zu versorgen ist, z. B. bei Turbo-Kaltwassersätzen. Sind mehrere überflutet betriebene Verdampfer mit flüssigem Kältemittel zu versorgen, so wird die *Niederdruck-Schwimmerregelung* verwendet (Bild 644-2). Damit wird der Stand entspannten, flüssigen Kältemittels im Verdampfer, Abscheider und dergleichen auf der Verdampfer-, also auf der Niederdruckseite geregelt.

## -2 SCHALTENDE REGLER

Schaltende Regler dienen zur Ein- und Aus-Schaltung des Verdichters, auch mehrerer Verdichter oder Leistungsregelstufen in Folgeschaltung (vgl. Abschn. 338). Ebenso zur Zu- und Abschaltung von Verdampfern oder Verdampfer-Teilflächen über Magnetventile sowie für andere Schaltaufgaben. Bei Schaltung von Verdichtern beachten, daß Laufzeit wenigstens so lang sein muß, bis das beim Anlauf ausgeworfene Öl zum Verdichter zurückgelangt ist.

### -21 Temperaturschalter (Thermostate)

Meßgröße ist die *Temperatur,* vorwiegend von Luft oder Wasser. Schaltvorgang direkt durch Temperaturausdehnung des Fühlers, zunehmend auch indirekt mit temperaturempfindlichem Halbleiter (Thermistor) und elektronischem Verstärker/Schalter.

*Mehrstufige Temperaturregelung* für Folgeschaltung mehrerer Verdichter oder mehrerer Leistungsregelstufen eines Verdichters vorwiegend elektronisch und quasi-proportional.

### -22 Druckschalter (Pressostate)

Meßgröße ist der *Druck des Kältemittels,* der direkt über einen Wellrohr-Federbalg den Schalter betätigt. Anwendung außer für Sicherheitsgeräte zur Schaltung der Ventilatoren von luftgekühlten Verflüssigern, hierfür auch zwangsweise Folgeschaltung über Stufenschaltwerke.

## -3 REGLER IM KÄLTEMITTELKREISLAUF

Hierunter versteht man stetig arbeitende Regelventile im Kältemittelkreislauf. Bei kleineren Leistungen vorwiegend unmittelbare Regler (vgl. Abschn. 338). Bei größeren Leistungen steuern diese als *Pilotventil* ein Hauptventil (Bild 646-11). Als Servokraft zur Betätigung des Steuerkolbens im Hauptventil dient der Druckabfall des Kältemittels beim Durchgang durch den Ventilsitz. Seltener Ventile mit elektrischer oder pneumatischer Hilfsenergie und entsprechenden Reglern.

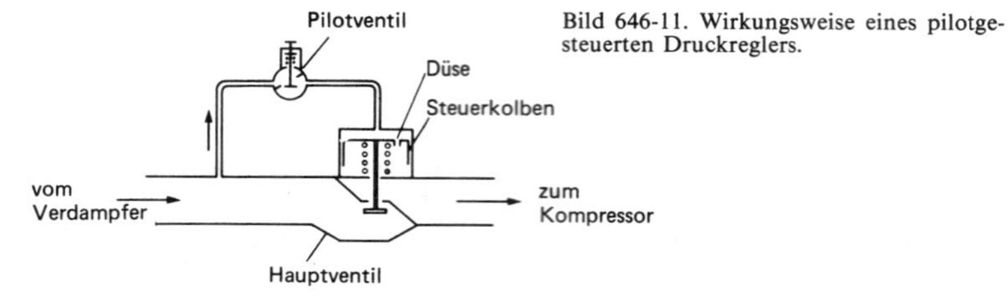


Bild 646-11. Wirkungsweise eines pilotgesteuerten Druckreglers.

### -31 Konstantdruckregler (Bild 646-12)

Einbau in der Saugleitung zwischen Verdampfer und Verdichter (Kompressor). Regelgröße ist der *Kältemittel-Überdruck* am Austritt des Verdampfers. Unterschreitet dieser den eingestellten Wert, so wird der Durchtrittsquerschnitt stetig gedrosselt. Dadurch sinkt die Verdampfungstemperatur am Verdichter so weit, bis Verdichterleistung und Verdampferleistung wieder im Gleichgewicht sind. Anwendung vorwiegend zur Vermeidung von Eisbildung in Luft- und Wasserkühlern.

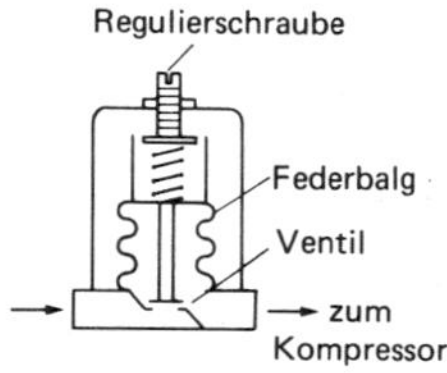


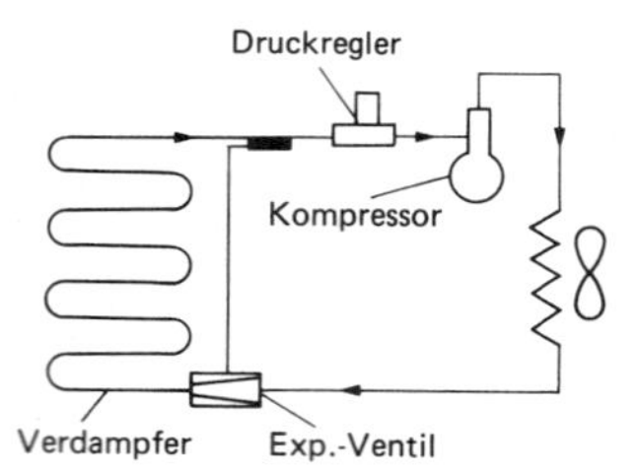


Bild 646-12. Konstantdruckregler für Kälteanlagen.
links: Schema; rechts: Anordnung

### -32 Temperaturregler (Bild 646-13)

Einbau in der Saugleitung zwischen Verdampfer und Verdichter. Regelgröße ist die *Temperatur* des aus dem Verdampfer austretenden Mediums (Luft, Wasser, Sole), die über einen Ausdehnungsfühler auf das Stellglied übertragen wird. Durch stetige Drosselung bei Unterschreiten der eingestellten Temperatur steigt Verdampfungstemperatur im Verdampfer und sinkt Verdampfungstemperatur am Verdichter. Anwendung bei kleineren Leistungen (bei größeren Leistungen Einsatz leistungsgeregelter Verdichter wirtschaftlicher).

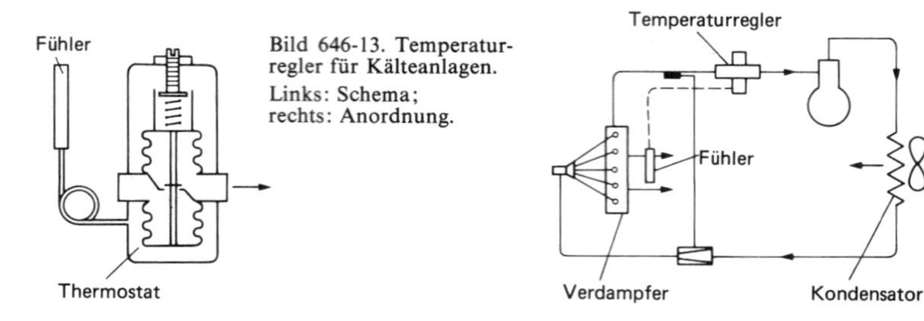


Bild 646-13. Temperaturregler für Kälteanlagen.
Links: Schema;
rechts: Anordnung.

### -33 Startregler

Einbau in der Saugleitung zwischen Verdampfer und Verdichter. Regelgröße ist der *Kältemittel-Überdruck* am Eintritt in den Verdichter. Überschreitet dieser den eingestellten Wert, so wird der Durchtrittsquerschnitt stetig gedrosselt. Hierdurch wird eine mögliche Überlastung des Verdichter-Antriebsmotors vermieden, die beim Herunterkühlen eines warmen Mediums nach längerer Stillstandszeit auftreten kann.

### -34 Leistungsregler (Heißgasbeipaßregler)

Einbau in einer Überströmleitung zwischen Druck- und Saugleitung des Verdichters. Regelgröße ist der *Kältemittel-Überdruck* am Eintritt in den Verdichter. Unterschreitet dieser den eingestellten Wert, so wird die Überströmleitung stetig geöffnet. Es fließt ein Teil des vom Verdichter geförderten Kältemittels direkt zum Verdichter zurück, ohne am Kälteprozeß teilzunehmen. Die Verdampferleistung geht entsprechend zurück (vgl. Bild 671-2). Die Zufuhr heißen Druckgases in die Saugleitung läßt die Verdichtungstemperatur rasch ansteigen, deshalb Kühlung durch Einspritzen flüssigen Kältemittels in die Saugleitung über eigenes thermostatisches Expansionsventil erforderlich.

## -4 KÜHLWASSERREGELUNG

Die Kühlung des Verflüssigers mit Wasser aus einem Stadt- oder Werkswassernetz ist bei hohen Wasserpreisen kostspielig. Daher ist eine möglichst große Wassererwärmung anzustreben, z.B. von $t_{WE} = 15\,°C$ auf $t_{WA} = 30\,°C$. Um diesen Wert auch bei Teillast einzuhalten, ist ein *Kühlwasser-Regelventil* erforderlich (Bild 646-15 und -16). Es wird vom Kältemittel-Verflüssigungsdruck verstellt: Öffnend bei steigendem Druck – schließend bei fallendem Druck. Bei Stillstand sperrt es die Wasserzufuhr. Bei Rückkühlung des Kühlwassers im Kreislauf werden *Kühlwasserregler* meist nicht verwendet.

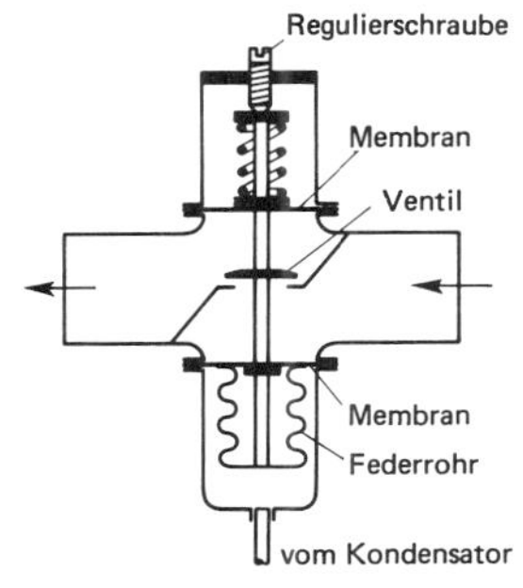

Bild 646-15. Kühlwasserregler – Schema.

Bild 646-16. Kühlwasserregler – (Danfoss).

## -5 SICHERHEITSEINRICHTUNGEN[1])

### -51 Sicherheit gegen Überdruck

Die Sicherheitseinrichtungen gegen unzulässigen Überdruck sind in der *Unfallverhütungsvorschrift* „Kälteanlagen", VBG 20 vom März 1974, genau festgelegt. Die wichtigsten Vorschriften (§ 7 der UVV mit Durchführungsregeln und Erläuterungen) sind kurzgefaßt folgende:

Eine Überschreitung des zulässigen Betriebsdruckes um mehr als 10% muß in allen Teilen der Anlage mit Sicherheit verhindert werden.

[1]) AD-Merkblatt A2, Carl Heymanns Verlag KG, Köln/Berlin.
Schweiz: SVDB 602, Schweizer. Verein für Druckbehälter-VO, Zürich.

Anlagen mit Kolbenverdichtern müssen wie folgt ausgerüstet werden:

A. Kleinkälteanlagen benötigen eine Füllung mit Sicherheits-FKW-Kältemittel bis maximal 10 kg und müssen so gebaut (Kapillarrohr-Expansion) und bemessen sein, daß kein höherer als der zulässige Druck auftreten kann. Sie benötigen keine Überdrucksicherheitseinrichtungen (z. B. Kleinklimageräte). Schon bei Einsatz thermostatischer Expansionsventile benötigen auch kleine Anlagen bereits einen bauteilgeprüften Druckwächter.

B. Bei Verdichtern mit einem geometrischen Fördervolumen bis zu $\dot{V}_h = 50$ m³/h und einer Füllung der Anlage mit Sicherheits-FKW-Kältemittel bis maximal 100 kg genügt ein bauteilgeprüfter Druckwächter.

C. Bei größeren Verdichtern, größerer Füllmenge oder anderen Kältemitteln, z. B. Ammoniak, sind drei Alternativen zugelassen:

C 1. Überströmeinrichtung von Druck- auf Saugseite (meistens schon im Verdichter eingebaut) *und* Druckbegrenzer *und* Sicherheits-Druckbegrenzer
oder

C 2. Gegendruckunabhängiges Überströmventil von Druck- auf Saugseite *und* Sicherheits-Druckbegrenzer
oder

C 3. Sicherheitsventil oder Berstsicherung zum Abblasen der vollen Verdichterförderleistung ins Freie.

Für Anlagen mit Turboverdichtern wird verlangt:

D 1. Druckbegrenzer *und* Sicherheits-Druckbegrenzer
oder

D 2. Sicherheitsventil oder Berstsicherung wie C 3.

Für Absorptionsanlagen wird verlangt für den Austreiber (Generator, Kocher):

E 1. Sicherheitsventil oder Berstsicherung
oder

E 2. bei Heizleistung unter 5 kW nur ein bauteilgeprüfter Temperaturwächter.

Zusätzlich zu diesen Sicherheitseinrichtungen für den Druckerzeuger wird ein Sicherheitsventil oder eine Berstsicherung vorgeschrieben:

F 1. für alle absperrbaren Bauteile und Leitungsabschnitte, in denen Überdruck durch Flüssigkeitsausdehnung auftreten kann;

F 2. für alle Bauteile, in denen durch Temperatureinwirkung (außer Schadenfeuer) eine Überschreitung des zulässigen Betriebsdruckes auftreten kann, z. B. durch – auch unbeabsichtigtes – Einströmen von Warmwasser aus dem Heizungskreislauf.

### -511 Überdruckschalter

Über eine nicht absperrbare Rohrleitung, oft ein Kapillarrohr, wird der Kältemitteldruck auf einen Wellrohrbalg gegeben, dessen druckabhängige Bewegung einen Schaltkontakt betätigt. Man unterscheidet dabei:

*Druckwächter,* die nach Absinken des Druckes um die eingestellte Schaltdifferenz von selbst wieder einschalten;

*Druckbegrenzer,* die sich nach Abschalten infolge Überdruck mechanisch verriegeln und erst durch Betätigung einer Rückstellvorrichtung wieder einschaltbar sind;

*Sicherheits-Druckbegrenzer,* bei denen die mechanische Verriegelung nur zurückgestellt werden kann unter Zuhilfenahme eines Werkzeuges. Die Rückstellung ist nur durch Fachkundige gestattet, deshalb oft zusätzliche Sicherung durch Plombe.

Alle Überdruckschalter gemäß der VBG 20 müssen vom TÜV bauteilgeprüft sein. Ein Ersatz der mechanischen Verriegelung durch elektrische Verriegelungen ist nicht zulässig.

### -512 Überdruckventile[1])

Gegendruckunabhängige Überströmventile, abblasende Sicherheitsventile und Berstscheiben müssen vom TÜV bauteilgeprüft sein und benötigen außerdem eine TÜV-Bescheinigung über den eingestellten Abblasedruck. Da jedes Ansprechen einer abblasenden Sicherheitseinrichtung zu erheblichen Kältemittelverlusten führt, sollte deren Einsatz möglichst vermieden werden. Wo er nicht zu umgehen ist, muß der Ansprechdruck weit genug über dem Ansprechdruck der Druckschalter liegen, um ein Abblasen tun-

[1]) Sturzenegger, E.: Ki 5/86. S. 197/200.

lichst zu vermeiden. Verbindungen zwischen der Kälteanlage bzw. Wärmepumpe mit Heizungsanlagen höherer Temperatur sind besonders sorgfältig zu planen, um Kältemittelverluste durch Heißwassereinbruch zu vermeiden.

Überdruckventile bzw. Berstscheiben gemäß den Absätzen 51-C1, C2, C3 und D2 müssen so dimensioniert sein, daß das volle Verdichterfördervolumen abgeblasen werden kann.

Überdruckventile bzw. Berstscheiben gemäß den Absätzen 51-F1 und F2 können sehr viel kleiner bemessen werden, da der Druckanstieg relativ langsam erfolgt.

### -52 Unterdruckschalter

Bauart wie Überdruckschalter, schaltet ab bei Unterschreiten des eingestellten Druckes. Der Unterdruckschalter schützt vor zu tiefem Absinken der Verdampfungstemperatur, z. B. infolge Kältemittelverlust oder versperrter Leitungen, und damit vor zu hoher Verdichtungsendtemperatur. Bei Motorverdichtern auch zum Schutz vor unzureichender Motorkühlung. Die Kombination von Unterdruckschalter und bauteilgeprüftem Druckwächter oder Druckbegrenzer in einem Gerät vereinfacht die Installation.

### -53 Öldifferenzdruckschalter

Damit sind Verdichter ausgerüstet, deren Ölkreislauf nicht durch einfache Schleuderschmierung, sondern durch Ölpumpe aufrecht gehalten wird. Das eingebaute Balgsystem ist einerseits mit dem Verdichtergehäuse, andererseits mit der Druckseite der Ölpumpe verbunden. Bei Unterschreitung einer eingestellten Druckdifferenz schaltet dieses Gerät den Verdichter ab. Während des Anlaufvorganges wird es elektrisch für 15 bis 45 s überbrückt. Übermäßiges Lagerspiel, Pumpenschäden oder starker Kältemittelgehalt des Öls können die Ursache für Ausbleiben eines ausreichenden Öldifferenzdrucks sein.

### -54 Überstromauslöser

Die Verdichterantriebsmotoren sind gegen *Kurzschluß* und Überstrom zu schützen, entweder durch kombinierte Motorschutzschalter oder durch thermische Überstromrelais und vorgeschaltete Sicherungen entsprechender Stärke. Das thermische Überstromrelais muß – besonders bei Motorverdichtern – so gebaut sein, daß es bei Ausfall einer Phase des Drehstromnetzes umgehend abschaltet.

### -55 Wicklungsthermostate

Die Antriebsmotoren, besonders bei Motorverdichtern, werden häufig mit *Bimetall-Thermostaten* in den Wicklungen ausgerüstet, die bei unzulässiger Erwärmung abschalten. Derartige Wicklungsthermostate sind meistens für normale Netzspannung (220 V) ausgelegt. Sie schützen wegen der Trägheit im Ansprechen nicht bei Ausfall einer Drehstromphase, so daß zusätzlich ein thermisches Überstromrelais verwendet werden muß.

### -56 Motorvollschutz

Bei dieser modernsten Motorschutzart werden Temperaturfühler auf Halbleiterbasis – *Thermistoren* – in den Motorwicklungen angeordnet. Die Spannungen und Ströme im Meßkreis dieser Thermistoren sind sehr klein und erfordern den Einsatz eines Verstärkerrelais. Achtung: Anlegen von Netzspannung an den Meßkreis zerstört die Thermistoren und verursacht kostenspielige Reparatur! Die meisten Thermistor-Motorvollschutzeinrichtungen reagieren so schnell, daß sie auch bei Ausfall einer Drehstromphase früh genug abschalten. Wenn vom Hersteller des Motors oder des Motorverdichters zugelassen, kann also auf ein thermisches Überstromrelais verzichtet werden.

### -57 Druckrohrthermostat

Die Temperatur am Druckrohr oder am Zylinderkopf ist ein Maß für die *Verdichtungsendtemperatur,* die bei ölgeschmierten Verdichtern 140 °C nicht überschreiten darf (siehe Abschnitt 633). Bei Anlagen, die betriebsmäßig bereits hohe Verdichtungsendtemperaturen erreichen, empfiehlt sich deshalb die Überwachung und Abschaltung durch einen Thermostaten am Druckrohr, nahe am Verdichter, oder am Zylinderkopf, um Schäden durch Zersetzung des Öls zu vermeiden.

### -58 Frostschutzthermostat

Viele Verdampfer zur Kaltwasserkühlung sind mit einem Thermostaten ausgerüstet, der auf einen Wert von etwa +1 °C eingestellt und mittels Tauchrohr so eingebaut ist, daß er bei einer Eisbildung rechtzeitig auslöst. Allerdings sichert er meist nicht gegen Ausbleiben des Kaltwasserstroms. Ein *Strömungswächter* ist zusätzlich vorzusehen.

### -59 Strömungswächter

Ein Strömungswächter schaltet ab, wenn die Durchflußgeschwindigkeit in der Rohrleitung einen eingestellten Wert unterschreitet. Häufigste Ausführung mit einem in die Strömung hineinragenden *Paddel,* das direkt einen Schalter betätigt. Strömungswächter reagieren auf Luftblasen im Flüssigkeitsstrom mit Flatterschaltungen, die zu Schäden an Motor, Verdichter und Schaltgeräten führen können. Sie sollten deshalb stets mit einem Zeitrelais gekoppelt werden, so daß Abschaltung erst erfolgt nach einer Strömungsunterbrechung von einigen Sekunden Dauer.

## 647 Wasserrückkühlung

### -1 ALLGEMEINES[1])

Die früher übliche Kühlung der Verflüssiger der Kälteanlagen mit Wasser aus dem kommunalen Leitungsnetz, aus Brunnen oder offenen Gewässern ist heute aus ökologischen und wirtschaftlichen Gründen kaum mehr möglich. Trotzdem werden auch heute noch die meisten Anlagen mit wassergekühlten Verflüssigern ausgerüstet, wobei jedoch das Wasser im Kreislauf zirkuliert und die Wärme über ein Wasserrückkühlwerk letztlich an die Umgebungsluft abgegeben wird.

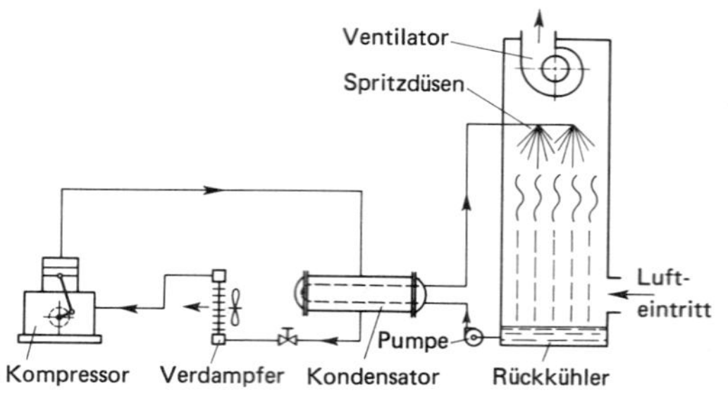


Bild 647-1. Schema eines Wasserrückkühlers in Kälteanlagen.

[1]) VDI-Kühlturmregeln DIN 1947 (6.59).
Klenke, W.: BWK 5/77. S. 198/206.
Pielke, R.: SBZ 17/78. 3 S.
Schnell, H.: TAB 11/78. S. 935/6.

Die *Wasserrückkühlwerke* (Bild 647-1) arbeiten grundsätzlich in der Weise, daß das aus dem Verflüssiger kommende warme Wasser, über Füllkörper rieselnd, mit Luft in Berührung gebracht wird, wodurch es je nach Temperatur und Feuchte der Luft mehr oder weniger gekühlt wird. Danach kehrt das Wasser wieder zum Verflüssiger zurück, und der Kreislauf beginnt von neuem. Zum kleineren Teil erfolgt die Abkühlung durch Abgabe fühlbarer Wärme aus der kühlen Luft, zum größeren Teil jedoch durch Verdunstung eines geringen Teiles des Wassers.

Den *Vorgang der Wasserrückkühlung* im $h, x$-Diagramm stellt Bild 647-2 dar. Das Wasser kühlt sich von der Eintrittstemperatur $t_{W1}$ auf die Wasseraustrittstemperatur $t_{W2}$ ab, während sich der Wärmeinhalt der Luft von $h_1$ auf $h_2$ erhöht. Dabei gilt die Gleichung

$$\dot{W} \cdot c \cdot (t_{W1} - t_{W2}) = \dot{L} \cdot (h_2 - h_1) \text{ in W}$$

oder

$$\dot{W} \cdot c \cdot \Delta t_W = \dot{L} \cdot \Delta h$$

$\dot{W}$ = Wassermenge kg/s
$\dot{L}$ = Luftmenge kg/s
$t_{W1}$ = Wassereintrittstemperatur °C
$t_{W2}$ = Wasseraustrittstemperatur °C
$h_1$ = Wärmeinhalt der eintretenden Luft kJ/kg
$h_2$ = Wärmeinhalt der austretenden Luft kJ/kg
$\Delta t_W$ = Temperaturänderung des Wassers K
$\Delta h$ = Wärmeinhaltsänderung der Luft kJ/kg

Eine andere Darstellung des Prozeßverlaufs läßt sich durch das $h, t$-Diagramm erreichen (Bild 647-3). Projiziert man in diesem Diagramm den Zustandsverlauf der Luft nach rechts unter den Zustandsverlauf des Wassers, so erhält man die Gerade A-B. Der senkrechte Unterschied zwischen dieser Geraden und der Sättigungslinie ist die treibende Kraft der Verdunstung. Tang $\gamma = \dot{W}/\dot{L}$. Die Gerade A-B ist desto steiler, je geringer der Luftstrom $\dot{L}$ ist.

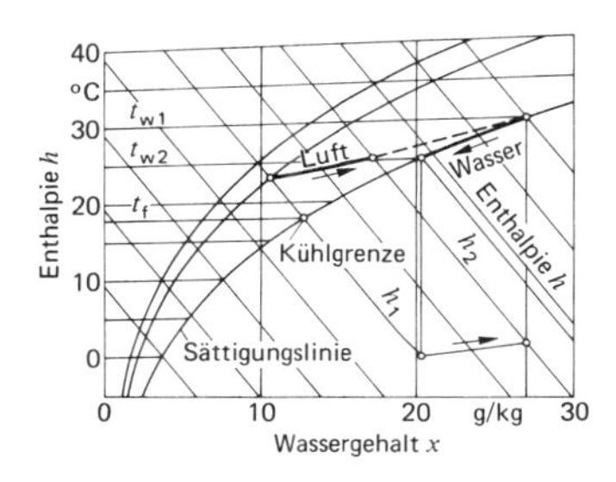


Bild 647-2. Luftzustandsänderung im Wasserrückkühler, dargestellt im $h, x$-Diagramm.

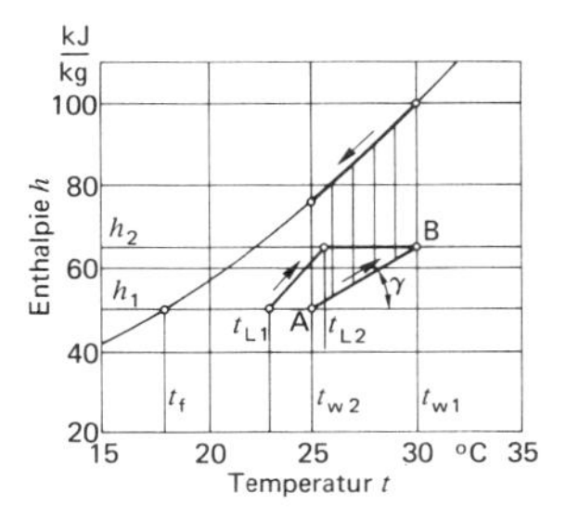


Bild 647-3. Luftzustandsänderung im Wasserrückkühler, dargestellt im $h, t$-Diagramm.

Bei unendlich großer Berührungsfläche zwischen Wasser und Luft könnte sich das Wasser theoretisch bis auf die *Kühlgrenze* der Luft abkühlen (idealer Kühlturm). Praktisch wird jedoch dieser Wert nicht erreicht.

Das Verhältnis

$$\eta = \frac{t_{W1} - t_{W2}}{t_{W1} - t_f}$$

worin $t_f$ = Feuchtkugeltemperatur oder Kühlgrenze der Luft in °C

nennt man *Abkühlungsgrad des Rückkühlers* ($t_f$ = 21 °C, bei Außenluft 32 °C, 40% rel. Feuchte).

Beim idealen Kühlturm ist die zur Abkühlung einer bestimmten Wassermenge $\dot{W}$ von $t_{W1}$ auf $t_f$ mindestens erforderliche *relative Luftmenge* $l_{min}$:

$$l_{min} = \frac{\dot{L}_{min}}{\dot{W}},$$

wobei jeweils $\dot{L}$ und $\dot{W}$ in kg/s.

Werte für $l_{min}$ können dem Bild 647-4 entnommen werden[1]). Im Bereich üblicher Kühlwasser- und Feuchtkugeltemperaturen ist $l_{min} \approx 0{,}8 \cdots 1{,}2$.

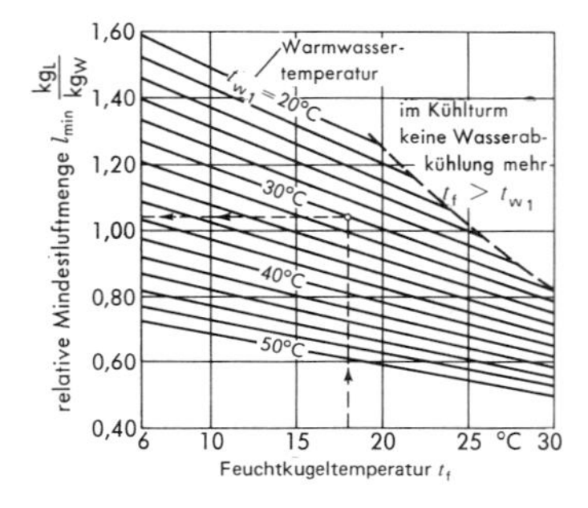


Bild 647-4. Relative Mindestluftmenge $l_{min}$ des Kühlturms.

Die *effektiv* erforderliche relative Luftmenge wird mit

$$l_0 = \frac{\dot{L}}{\dot{W}}$$

bezeichnet. Das Verhältnis beider relativer Luftmengen stellt eine wichtige Kenngröße dar; es wird bezeichnet als

$$\text{Luftverhältnis } \lambda = \frac{l_0}{l_{min}}$$

Zwischen dem Abkühlungsgrad und diesem Luftverhältnis besteht ein eindeutiger Zusammenhang, der in Kurvenform dargestellt und als *Kühlturmkennlinie* bezeichnet wird (Bild 647-5). Damit erhält man eine einfache Darstellung des Leistungsverhaltens von Kühltürmen. Der Verlauf der Kennlinie wird durch die Gleichung

$$\eta = C_k\,(1 - e^{-\lambda})$$

wiedergegeben, worin $C_k$ eine Konstante darstellt, die für jede Kühlturmbauart durch Versuche festzustellen ist. Sie kann gegebenenfalls aus den Herstellerangaben errechnet werden:

$$C_k = \frac{\eta}{1 - e^{-\lambda}}$$

Bei den heute üblichen Kühltürmen mit Kunststoff-Füllkörpern ist die *Kühlturmkonstante* etwa

| Einbauhöhe m | Konstante $C_k$ |
|---|---|
| 0,3 | 0,65 |
| 0,5 | 0,81 |
| 0,7 | 0,93 |
| 0,9 | 1,0 |

[1]) Klenke, W.: KK 10/70. S. 322/30.

Mit Hilfe des Diagramms Bild 647-5 läßt sich das Betriebsverhalten bei wechselnden Bedingungen errechnen, wenn $C_k$ bekannt ist.

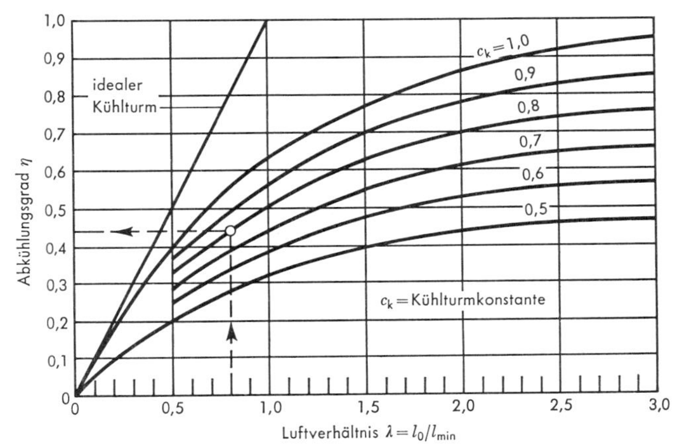


Bild 647-5. Kühlturmkennlinien.

*Beispiel:*

Gegeben Luftmenge $\dot{L} = 20\,000$ kg/h $= 5{,}56$ kg/s
Wassermenge $\dot{W} = 24\,000$ kg/h $= 6{,}67$ kg/s
Wassereintrittstemperatur $t_{W1} = 30\,°C$
Feuchtkugeltemperatur $t_f = 18\,°C$
Kühlturmkonstante $C_k = 0{,}8$

Welche Wasseraustrittstemperatur ist erzielbar?

Lösung:

Aus Bild 647-4 entnimmt man die relative Mindestluftmenge $l_{min} = 1{,}04$.

Die effektive relative Luftmenge beträgt

$$l_0 = \frac{20\,000}{24\,000} = 0{,}83$$

Damit wird das Luftverhältnis

$$\lambda = \frac{0{,}83}{1{,}04} = 0{,}8$$

Mit diesem Wert und $C_k = 0{,}8$ findet man im Diagramm 647-5 den Abkühlungsgrad $\eta = 0{,}44$ und somit die Abkühlung

$$t_{W1} - t_{W2} = 0{,}44\,(t_{W1} - t_f)$$
$$= 0{,}44\,(30 - 18)$$
$$= 5{,}3\text{ K}.$$

Wasseraustrittstemperatur also

$$t_{W2} = 30 - 5{,}3 = 24{,}7\,°C$$

Die Enthalpiezunahme der Luft ist:

$$\Delta h = c \cdot \dot{W}/\dot{L} \cdot (t_{W1} - t_{W2}) = 24/20 \cdot 4{,}2 \cdot 5{,}3 = 26{,}7\text{ kJ/kg}.$$

Dies entspricht einer Feuchtkugeltemperatur von 25,3 °C (aus $h,x$-Diagramm oder Tafel 134-1).

Das Diagramm läßt sich für Abnahmeversuche hervorragend verwenden. Die *Leistungsgarantie* kann als erfüllt gelten, wenn die Werte für $\eta$ und für $\lambda$ aus Messungen auf der Kühlturmkennlinie liegen, die sich aus der Gleichung der Kennlinie mit Hilfe der garantierten Auslegungswerte errechnen läßt.

## -2 AUSFÜHRUNG OFFENER RÜCKKÜHLWERKE[1])

Früher waren Kühl- und Spritzteiche, Gradierwerke und atmosphärische Kühltürme die typischen Rückkühlwerke. Heute sind sie durch den *zwangsbelüfteten Kühlturm* verdrängt worden, der besser *Rückkühlwerk* genannt wird und häufig aus Kunststoff besteht. Bei diesen kann man nach der Art der Luftführung unterscheiden: Gegenstrom-, Querstrom- und Quer-Gegenstrom-Luftführung, jeweils mit saugend oder drückend angeordneten Ventilatoren. Die notwendige, möglichst große Austauschfläche wird durch Einbauten erzielt, über die das Wasser in dünnem Film rieselt und tropft. Diese werden vorwiegend aus Holz, Asbestzement, Kunststoff hergestellt. Rinnen, Düsen oder gelochte Schalen verteilen das abzukühlende Wasser über die Einbauten. Häufig sind Tropfenabscheider eingebaut, um die Spritzverluste klein zu halten. Bei großen Leistungen werden meist Axialventilatoren verwendet, bei kleinen Leistungen Radialventilatoren, namentlich bei Aufstellung innerhalb von Gebäuden.

Für Kühltürme nach Bild 647-6 – Gegenstromluftführung mit saugendem Axialventilator – gelten etwa folgende Werte:

Luftgeschwindigkeit, bezogen auf den freien Querschnitt: 2···3,4 m/s

Regendichte, Wasserdurchsatz pro $m^2$ beregnete Grundfläche: 4···25 $t/m^2h$

Luftvolumenstrom ca. 130···170 $m^3/h$ je 1 kW Verflüssigerleistung.

Elektrische Antriebsenergie bei Axialventilatoren: 6···10 W je kW Verflüssigerleistung, bei Radialventilatoren: 10···20 W je kW Verflüssigerleistung.

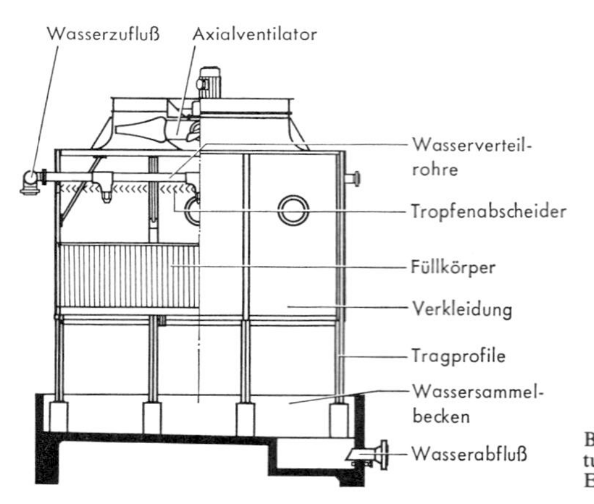


Bild 647-6. Rechteckiger Kühlturm mit Axialventilator (Sulzer Escher Wyss).

Da die höchste Feuchtkugeltemperatur von 18···20 °C nur an wenigen Tagen im Jahr auftritt, ist es zur *Energieersparnis* zweckmäßig, die Ventilatordrehzahl in Abhängigkeit von der Feuchtkugeltemperatur zu regeln (stufenlos oder polumschaltbar). Dabei erheblich geringerer Energieverbrauch.

Besonders niedrige Bauhöhen, aus architektonischen Gründen oft bevorzugt, ergeben sich bei *Querstrombelüftung* gemäß Bild 647-7.

Für den Einbau in Gebäude, z. B. in einen Raum neben der Kältemaschine, eignen sich besonders die Kühlwerke in Stahlkonstruktion mit Flanschen für Kanalanschluß gemäß dem Bild 647-8.

[1]) Berliner, P.: Kälte- u. Klimatechn. 5/77. 7 S.
Dirkse, R. J. A.: Kälte- u. Klimatechn. 8/79. 4 S.

Bild 647-7. Kühlturm mit Querstrombelüftung (Luwa KTR).

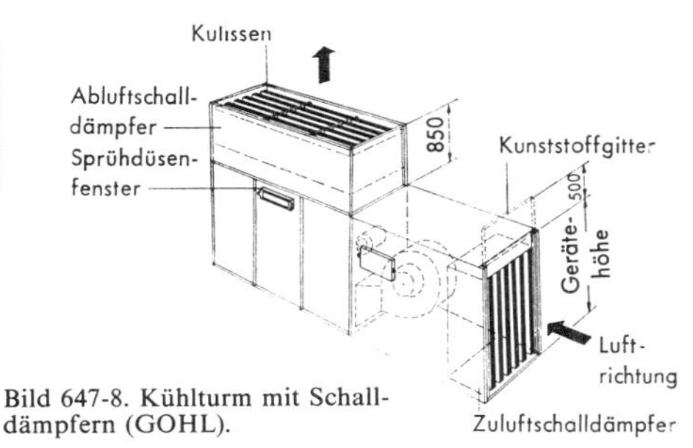


Bild 647-8. Kühlturm mit Schalldämpfern (GOHL).

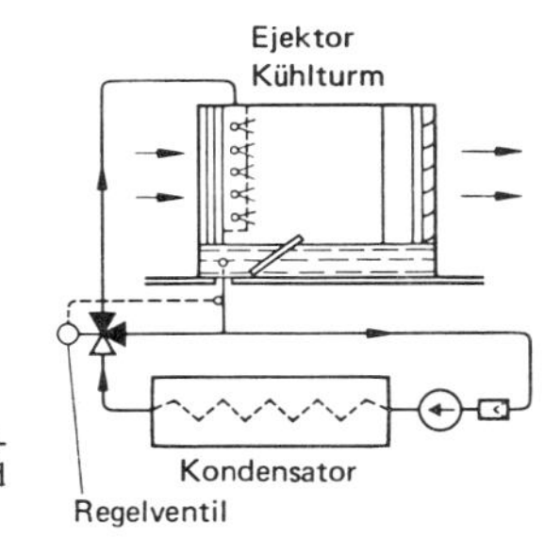


Bild 647-10. Schema einer Installation mit Ejektor-Kühlturm und Bypass-Regelventil.

Eine Sonderbauart ohne Ventilator ist der *Ejektor-Kühlturm*, bei dem die Luft infolge der Induktionswirkung der Sprühdüsen durch das Gehäuse gefördert wird[1]). Wegen der intensiven Mischung von Luft und Wasser sind auch keine Füllkörper erforderlich, jedoch höherer Düsenvordruck (1···4 bar). Je höher der Druck, desto größer Luftdurchsatz und Kühlleistung (Bild 647-10). Aufstellung nur im Freien möglich.

Schaltungsbeispiele von Kühltürmen zeigen die Bilder 647-11 und -12.

## -3 BETRIEB OFFENER RÜCKKÜHLWERKE

Die Größe eines Rückkühlwerkes wird wesentlich durch den Abkühlungsgrad, insbesondere die Temperaturdifferenz zwischen Kühlwasseraustritts- und Feuchtkugeltemperatur bestimmt; je kleiner diese, desto größer der Kühlturm. Übliche Auslegungswerte für die Wasserrückkühlung in Kälteanlagen sind:

Abkühlung von $t_{W1}$ auf $t_{W2}$ um ca. 5 K,
(Kühlzonenbreite $\Delta t_W = 5$ K) und
Kühlgrenzabstand $(t_{W2} - t_f) = 5\cdots6$ K;

so z. B. bei Komfortklimaanlagen Kühlung des Wassers von 32 auf 27 °C bei $t_f = 22$ °C. Diese Temperatur wird an wenigen Tagen – und dort nur für Stunden – erreicht und überschritten (siehe hierzu Abschnitt 113). Für Wirtschaftlichkeitsbetrachtungen müssen statistische Mittelwerte[2]) herangezogen werden.

Für alle Rückkühlwerke ist eine *Wasseraufbereitung* erforderlich, da sonst Störungen durch Korrosion und Wassersteinablagerungen entstehen.

[1]) Träger, W.: Ki 5/77. S. 187/90.
[2]) DKV-Arbeitsblatt 0-20 und 0-21; Verlag C. F. Müller, Karlsruhe.

Stündlicher maximaler Frischwasserzusatz pro kW Kälteleistung

| | |
|---|---|
| zur Ergänzung des verdunsteten Wassers: | etwa 2 kg/h |
| zur Ergänzung der Spritzverluste: | etwa 1 kg/h |
| zur Verhinderung von Salzanreicherung: | etwa 3 kg/h |
| zusammen: | etwa 6 kg/h |

Der letzte Betrag berücksichtigt den Salzanreicherungseffekt, der auftritt, wenn normales, salzhaltiges Wasser ständig eingespeist wird, um das verdunstende reine Wasser zu ersetzen[1]). Bei Salzanreicherung und Verdickung des Wassers entstehen Ablagerungen (Kesselstein) in Rohren und Wärmeaustauschern, die die Leistung beeinträchtigen, so daß von Zeit zu Zeit eine *Absalzung* erfolgen muß.

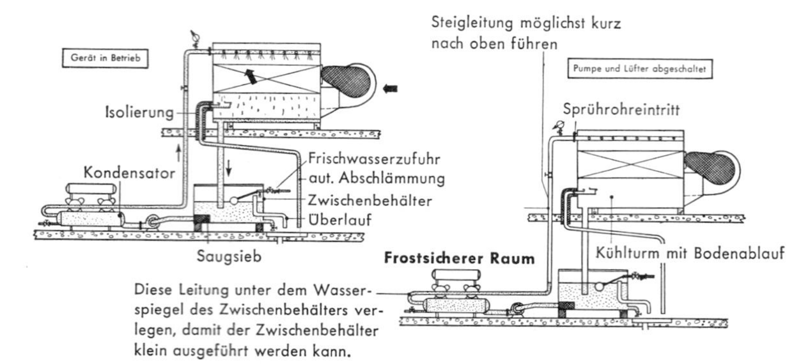


Bild 647-11. Empfehlenswerte Kühlturmaufstellung bei Winterbetrieb – Sammelbecken läuft beim Abschalten leer (Gohl).

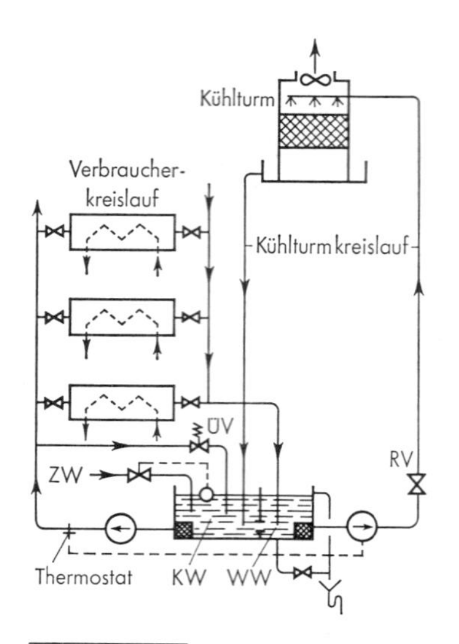


Bild 647-12. Temperaturregelung des Kühlwassers mit Einschaltung eines Zwischenbehälters.

*KW* = Kaltwasserbecken
*RV* = Regulierventil
*ZW* = Zusatzwasser
*WW* = Warmwasserbecken
*ÜV* = Überströmventil

[1]) Scharmann, R.: HR 7/75 u. 8/75. 4 S.
Kruse, C.-L., u. D. Kuron: Ki 4/79. S. 181/6.
Eurich, G.: TAB 12/79. S. 1009/13.
Nowack, J.-F.: TAB 1/82. S. 29/31.

Außerdem müssen zur Verhinderung von *Korrosionsschäden* durch das sauerstoffreiche Umlaufwasser geeignete Maßnahmen ergriffen werden, wie korrosionsfeste Werkstoffe, Zusatz von Inhibitoren u.a.

Genauere Errechnung der notwendigen *Frischwasser-Zusatzmenge* $Z$:

$$Z = \dot{M} + \frac{\dot{M}}{E-1} \text{ in kg/s,}$$

wobei bedeuten:

$E$ = Eindickverhältnis $d_z/d$

$d_z$: die zulässige Härte des Umlaufwassers in °dH

$d$: die Härte des Frischwassers (1° d = 0,18 mol/m³)

$\dot{M} = \frac{\dot{Q}_c}{2500}$ = die zur Ergänzung der Verdunstungsverluste notwendige maximale Frischwassermenge in kg/s.

Die Frischwassermenge ist also abhängig von der Wasserhärte und der jahreszeitlich sehr veränderlichen Verdunstungsmenge $\dot{M}$.

*Beispiel:*

Kälteanlage mit einer Leistung von 175 kW bei Nenntemperaturen gibt im Verflüssiger $\dot{Q} = 1{,}23 \cdot 175 = 215$ kW an das Kühlwasser ab (siehe Abschnitt 643-1). Mit durchlaufendem Frischwasser von $t_{WE} = 15°$ und $t_{WA} = 30°$ ist der Wasserverbrauch

$$\dot{W} = \frac{215}{4{,}2 \cdot 15} = 3{,}41 \text{ kg/s} = 12300 \text{ kg/h, jedoch bei Kühlturmbetrieb nur}$$

$$\dot{W}_F = 175 \cdot 6 = 1050 \text{ kg/h, also nur noch ca. } 8{,}5\%.$$

Genauere Berechnung:

$$\dot{M} = \frac{215}{2500} = 0{,}086 \text{ kg/s}$$

Mit einer zulässigen *Endhärte* von beispielsweise 24 °dH bei etwa 15 °dH des zulaufenden Frischwassers wird $E = d_z/d = 24/15 = 1{,}6$ und

$$Z = 0{,}086 + \frac{0{,}086}{1{,}6-1} = 0{,}229 \text{ kg/s} \mathrel{\hat{=}} 825 \text{ kg/h.}$$

Hinzu kommen eventuell noch Sprühverluste, je nach Bauart bis zu 1 kg/h pro kW. Hier also etwa 215 kg/h. Damit gesamte Zusatzwassermenge 825···1040 kg/h.

Üblich ist bei den Rückkühlwerken von Klimaanlagen die Behandlung des Zusatzwassers in *automatischen Einrichtungen* (siehe Bild 647-13). Durch Zusatz von Chemikalien (Polyphosphate, Chromate, Biocide u.a.) wird die Lösungsfähigkeit des Wassers für Salze erhöht, die Korrosion und Algenbildung verringert und gleichzeitig der pH-Wert reguliert.

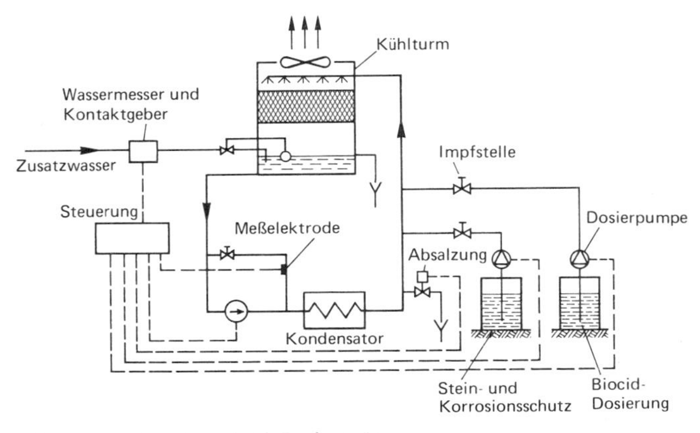


Bild 647-13. Kühlwasseraufbereitung durch Dosiergeräte.

Die *Absalzmenge* kann proportional zu dem durch Wasserzähler gemessenen Zusatzwasser mittels Magnetventil abgelassen werden. Besser ist jedoch eine Absalzungsautomatik mit Leitfähigkeitsmesser und Absalzventil nach Bild 647-13 rechts. Eindickung des Umlaufwassers auf 20···25 °dH (3,4···4,3 mol/m³).

Empfohlene Grenzwerte für die Beschaffenheit des Umlaufwassers in VDI-Richtlinie 3803 (11. 86).

Bei Freiluftaufstellung von Rückkühlwerken in Wohngegenden muß *Geräuschbildung* der Ventilatoren beachtet werden. Geräuschpegel $L$ in 1 m Abstand – je nach Antriebsleistung $P$ (kW) – etwa

bei Radialventilatoren $L = 73 + 10 \lg P$ in dB(A)
bei Axialventilatoren $L = 80 + 10 \lg P$ in dB(A)

Durch Vor- und Nachschalten von *Schalldämpfern,* Bild 647-8, kann die Geräuschbelästigung der Umgebung verringert werden. Zulässige Werte s. Abschnitt 337-3.

Besonders zu beachten ist die *Einfriergefahr* des im Freien stehenden Rückkühlwerkes im Winter. Die elektrische Beheizung des Wassersammelbeckens und der Wasserleitungen ist nur in Ausnahmefällen zweckmäßig. Am sichersten ist die selbständige Entleerung des Rückkühlwerkes im Stillstand in einen Zwischenbehälter hinein, der gemäß Bild 647-11 in einem frostsicheren Raum aufgestellt ist. Allerdings geht dabei eventuell ein größerer Anteil an geodätischer Zulaufhöhe verloren, so daß die Kühlwasserumwälzpumpe für eine vergleichsweise größere Förderhöhe ausgewählt werden muß.

Zur Vermeidung zu geringer Wassertemperatur Regelung durch Bypassventil in Abhängigkeit von der Wassertemperatur.

Besondere Beachtung ist auch der Vermeidung von *Rezirkulationen* zu schenken, d.h. der Wiederansaugung erwärmter Abluft, da hierdurch die verlangte Kaltwassertemperatur eventuell nicht erreicht wird. In dieser Hinsicht ist Ausblas nach oben am günstigsten, eventuell mit zusätzlicher Ablufthaube.

## -4 GESCHLOSSENE RÜCKKÜHLWERKE[1])

An die Stelle der Füllkörpereinbauten bei den offenen Rückkühlwerken treten hier *Wärmeaustauschersysteme* aus berippten oder unberippten, korrosionsgeschützten Rohren. Das rückzukühlende Wasser fließt in den Rohren, das über das Rohrsystem rieselnde Sprühwasser zirkuliert in einem eigenen Kreislauf. Verschiedene Anordnung der Ventilatoren wie bei offener Bauart.

*Vorteil* ist, daß das Kühlwasser im geschlossenen Kreislauf zirkuliert und nicht mit der Kühlluft in Berührung kommt. Es wird also nicht verschmutzt und wird nicht durch Luftsauerstoff- und Salzanreicherung aggressiv.

*Nachteil* sind die bei gleichem Kühlgrenzabstand wesentlich höheren Investitionskosten gegenüber einem offenen Rückkühlwerk. Diese sind nicht nur bedingt durch den größeren technischen Aufwand, sondern auch durch die in jeder Hinsicht größere Dimensionierung, da ein Teil der verfügbaren Temperaturdifferenz für den Wärmedurchgang am Wärmeaustauscher benötigt wird.

Ein betriebstechnischer Vorteil ist, daß bei Teillast und niedrigerer Außenlufttemperatur der Sprühwasserkreislauf stillgelegt werden kann, wenn die trockene Kühlung allein ausreichend ist.

[1]) Klenke, W.: KK 10/70. S. 322/30.

# 65 AUSFÜHRUNG VON KÄLTEANLAGEN

## 651 Allgemeines

Nach der Art des Wärmeentzuges unterscheidet man zwischen zwei Verfahren:

*Direkte Kühlung* – Der Kältemittelverdampfer liegt direkt im abzukühlenden Stoffstrom, in der Klimatechnik also im Luftstrom. Die Kälteanlage ist eine Luftkühlanlage.

*Indirekte Kühlung* – Im Kältemittelverdampfer wird eine als Kälteträger geeignete Flüssigkeit, Wasser oder Sole (vgl. Abschn. 634) abgekühlt. Der zirkulierende Kälteträger dient über weitere Wärmeaustauscher zur Abkühlung der eigentlich abzukühlenden Stoffströme. Die Kälteanlage ist eine Wasser- (oder Sole-)Kühlanlage.

Für eine funktionsfähige Kälteanlage müssen alle erforderlichen Bauelemente durch Rohrleitungen miteinander verbunden werden, in denen das Kältemittel zirkulieren kann (Bild 651-1). Die richtige Auslegung der Bauelemente für eine gestellte Aufgabe, die Planung und die Erstellung einer Kälteanlage erfordern kältetechnische Spezialkenntnisse, sind also stets Aufgabe eines Unternehmens der Kältetechnik. Um den Aufwand zu verringern, wurde seitens der Kältetechnik schon weitgehend standardisiert und auch die Erstellung des Kältekreislaufes weitgehend in das Herstellerwerk übernommen.

Je nach Grad der Vorfertigung unterscheidet man

*Kältesätze:* In Standard-Baugrößen im Herstellerwerk vollständig zusammengebaute Kältesysteme, betriebsfertig mit Kältemittel gefüllt. Auswahl durch Klimatechniker nach Leistungs-Diagrammen oder -Tabellen des Herstellers. Installation vor Ort erfordert keine kältetechnischen Kenntnisse. Lediglich zur ersten Inbetriebnahme ist Hinzuziehung eines Kältetechnikers der Lieferfirma zu empfehlen.

*Kälteanlagen:* Planung nach gestellter Aufgabe. Montage der einzeln angelieferten Bauteile und des Rohrleitungssystems auf der Baustelle. Ausführung nur durch Spezialfirmen der Kältetechnik.

Zwischen diesen beiden Extremen liegen Ausführungen mit nur *teilweiser Vorfertigung*. So werden z. B. Hubkolbenverdichter für den Kälteanlagenbau überwiegend mit dem Verflüssiger nebst Trockner, gegebenenfalls Sammler, sowie meistens mit Sicherheits- und Schaltgeräten zusammengebaut. Diese vorgefertigte Einheit wird als *Verflüssigungssatz* bezeichnet. Ebenso werden Verdampfer und Verdichter als vorgefertigter Verdampfer-Verdichter-Satz geliefert.

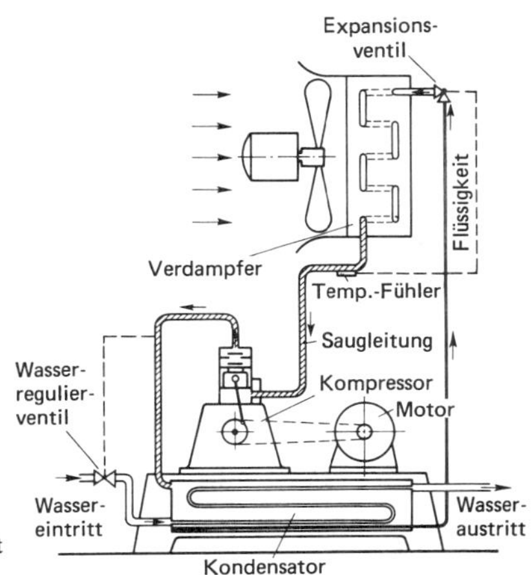


Bild 651-1. Kompressionskälteanlage mit Verdampfer zur direkten Luftkühlung.

Bei Systemen mit nur teilweiser Vorfertigung ist zu unterscheiden zwischen

*Standardisierten Systemen*, bei denen vom Hersteller für bestimmte Kombinationen Leistungsdaten angegeben werden. Diese Teile können ohne kältetechnische Leistungsberechnung installiert werden. Lediglich die Kältemittel-Rohrleitungen müssen nach Angabe des Lieferers und Stand der Technik von einem Kältemonteur verlegt werden. Es handelt sich hier praktisch um Kältesätze, die in zwei Teilen angeliefert werden, wofür die amerikanische Bezeichnung Split-System auch bei uns benutzt wird.

*Nicht standardisierte Systeme:* Hierbei ist z. B. für einen oder mehrere Verdampfer ein passender Verflüssigungssatz, oder für einen Verdichter-Verdampfer-Satz ein passender Verflüssiger zu wählen. Dies ist wieder eine speziell kältetechnische Aufgabe, es handelt sich hier praktisch um eine Kälteanlage, bei der die Vorteile vorgefertigter Einheiten genutzt werden.

# 652 Direkte Kühlung – Luftkühlanlagen

## -1 ALLGEMEINES

Die *direkte Kühlung*, bei der die Luft direkt im Verdampfer gekühlt wird, ist grundsätzlich wirtschaftlicher als die indirekte Kühlung, da bei indirekter Kühlung zusätzlich Energie benötigt wird für die Zirkulationspumpe des Kälteträgers, und da außerdem infolge der zusätzlich erforderlichen Temperaturdifferenz (Kältemittel an Kälteträger *und* Kälteträger an Luft) die Verdampfungstemperatur niedriger liegen muß, mit entsprechend geringerer Leistungszahl. Die Kühlflächentemperatur zur Entfeuchtung kann niedriger sein als es mit Kaltwasser-Zwischenkreislauf möglich ist. Daß trotzdem in großer Zahl Anlagen mit indirekter Kühlung erstellt werden, liegt an folgenden Problemen der Luftkühlanlagen mit direkter Verdampfung:

1. Die *klimatechnische Regelung* muß direkt in den Kältekreislauf eingreifen. Zur einwandfreien Koordinierung muß also entweder der Klimatechniker ausreichende kältetechnische Kenntnisse haben, oder der Kältetechniker muß die Regelungstechnik der Klimaanlage beherrschen. Da die wirtschaftlichen Regelungsmöglichkeiten der Kältemaschinen begrenzt sind, ist sorgfältige Planung und Koordinierung erforderlich (vgl. Abschnitt 671), insbesondere, wenn für Entfeuchtungsaufgaben eine bestimmte Kühlflächentemperatur erforderlich ist.
2. *Weitverzweigte Kälteleitungssysteme* und/oder große Leitungslängen, insbesondere bei größeren Niveauunterschieden, können zu betriebstechnischen Schwierigkeiten führen. Derartige Anlagen sind deshalb nur üblich in Produktionsbetrieben, die über entsprechendes Fachpersonal verfügen.
3. *Undichtigkeiten* an Kältemittelleitungen sind sehr viel schwerer zu finden und zu beseitigen als an Wasser- oder Soleleitungen. Kältemittelverluste sind sehr viel teurer als Verluste an Wasser oder Sole, und führen außerdem sehr rasch zu Störungen an der Kälteanlage.
4. Das zulässige *Füllgewicht* der Kälteanlage ist bei direkter Kühlung begrenzt durch die Größe der gekühlten Räume und den von der Art des Kältemittels abhängigen Faktor C (vgl. Abschn. 693-3).

Die direkte Kühlung wird deshalb vorwiegend für kleinere Leistungen und/oder bei nur einer (oder wenigen) Kühlstellen eingesetzt. Zur Verwendung kommen fast ausschließlich Hubkolbenverdichter, das Prinzip der trockenen Verdampfung und die Kältemittel R 12 und R 22.

## -2 KÄLTESÄTZE FÜR LUFTKÜHLUNG

Werksseitig mit allem erforderlichen Zubehör betriebsfertig montierte Kältesysteme finden sich in den *Fenster-, Raum- und Schrank-Klimageräten* (eingehäusige Geräte) mit eingebautem Verdichter (Kompressor) und Verflüssiger (Kondensator), vgl. Abschn. 342-2, -3 und -4. Bei eingebautem luftgekühlten Verflüssiger sind Verbindungen ins Freie (Mauerdurchbrüche) für Luft-Ein- und -Austritt erforderlich.

*Beim Split-System* (mehrgehäusige Geräte) besteht die werksseitige Lieferung aus zwei Teilen, entweder

Klimateil und luftgekühlter Verflüssigungssatz für Aufstellung im Freien oder
Klimateil mit Verdichter und getrenntem luftgekühlten Verflüssiger zur Aufstellung im Freien (Bild 652-1 und -2).

Aufstellung und Leitungsverlegung nach Vorschriften des Herstellers, häufig werden Kältemittelleitungen mitgeliefert, teilweise schon mit Kältemittel gefüllt und mit Schnellkupplungen an beiden Enden für problemlose Installation durch Nicht-Kältetechniker.

Kältemittelentspanner häufig durch Kapillare, bei größeren Leistungen thermostatische Expansionsventile.

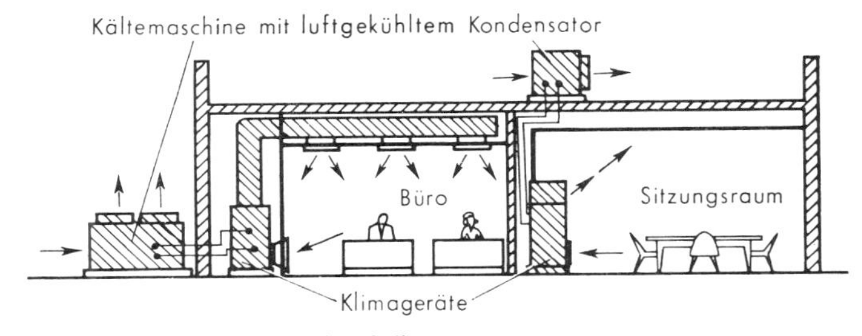


Bild 652-1. Kühlung von Räumen nach dem Splitsystem.

*Leistungsangaben* für ein- und mehrgehäusige Geräte sind bezogen auf Bedingungen des klimatisierten Raumes und Außenluft- bzw. Kühlwassertemperatur. *Prüfbedingungen* DIN 8957, Blatt 1 bis 4. Zugehörige Verdampfungs- und Verflüssigungstemperaturen werden meistens nicht angegeben. Damit ist eine kältetechnische Nachrechnung nicht möglich, bei diesen Geräten aber auch nicht erforderlich (Herstellerverantwortung).

Verwendete Verdichter fast ausschließlich hermetische Bauart (Kapselverdichter), Hubkolben oder, seltener, Rollkolben. Einphasiger (Wechselstrom-)Betrieb nur bis 1,4 kW Motor-Nennaufnahme zulässig, darüber Drehstrom (3phasig) erforderlich gemäß Technischen Anschlußbedingungen (TAB) der Energieversorgungsunternehmen (EVU).

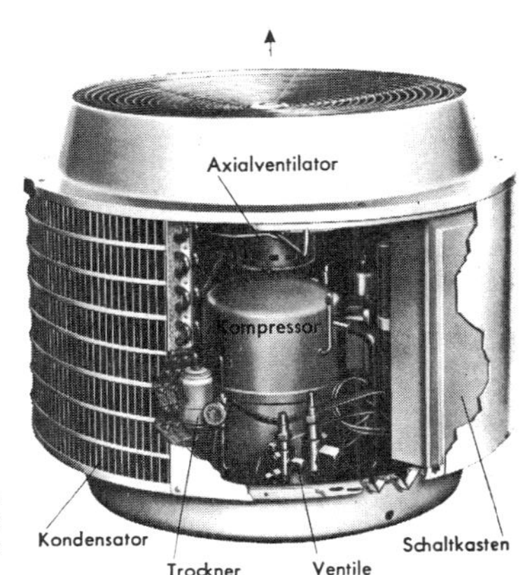


Bild 652-2. Verflüssigungssatz mit luftgekühltem Kondensator (Carrier). Der Kompressor ist innerhalb des zylindrischen Verflüssigers montiert, der Ventilator bläst nach oben.

## -3 KÄLTEANLAGEN FÜR LUFTKÜHLUNG

Für Kühlung (Klimatisierung) einzelner Räume können eine oder mehrere Klimatruhen (Ventilatorkonvektoren) mit eingebautem Luftkühlverdampfer an einen Verflüssigungssatz angeschlossen werden (Bild 652-3). Im einfachsten Falle (gewerblicher Produktionsbereich) auch Verwendung einfacher Kühlraumverdampfer (Bild 652-4).

*Verflüssigungssätze* luft- oder wassergekühlt aus dem normalen Programm der Kältetechnik, vorwiegend halbhermetische Hubkolbenverdichter. Beispiel mit offenem Verdichter zeigt Bild 651-1. Leistungsangaben über Verdampfungs- und Verflüssigungstemperatur, wie in der Kältetechnik üblich. Berechnung der Verdampfer und Auswahl des Verflüssigungssatzes zur Erfüllung der klimatechnischen Forderungen durch Kältetechniker.

Bei größeren Klimaanlagen wird Verdampfer für direkte Luftkühlung im *Klimazentralgerät* anstelle des kaltwasserbeaufschlagten Luftkühlers eingebaut. Berechnung von Verdampfer, thermostatischem Expansionsventil und passendem Verflüssigungssatz gemäß klimatechnischen Forderungen durch Kältetechniker. Für bessere Regelbarkeit häufig Aufteilung auf mehrere getrennte Kältekreisläufe mit je einem Verdichter, Verflüssiger, Expansionsventil und Verdampferteil. Verdampferberechnung hierbei recht umfangreich.

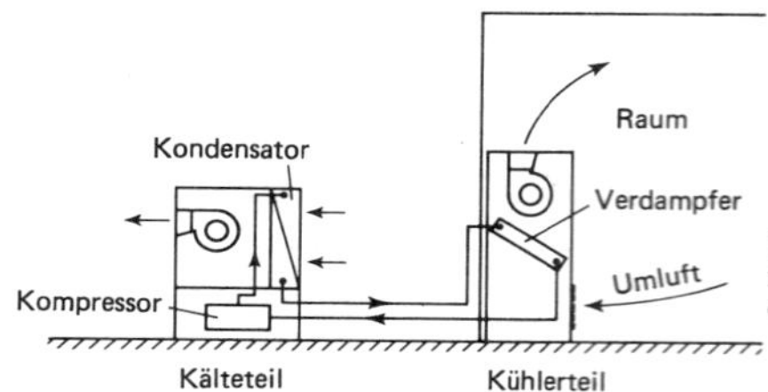


Bild 652-3. Kompressionskälteanlage mit luftgekühltem Kondensator und Verdampfer für direkte Luftkühlung.

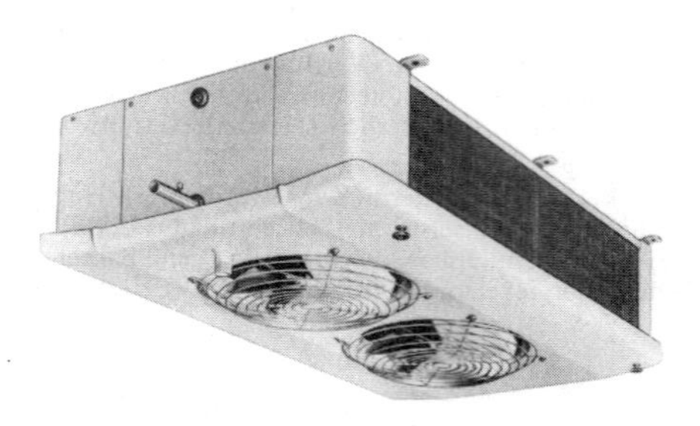

Bild 652-4. Kühlraumverdampfer (Ventilator-Luftkühler) für Aufhängung an der Decke des Raumes (Küba).

Bei größeren Leistungen werden wassergekühlte Verflüssiger mit Rückkühlwerk oder zentrale luftgekühlte Verflüssiger verwendet, unterteilt in getrennte Kältekreise je Verdichter, und einzeln aufgestellte Verdichter. Aufteilung auf mehrere getrennte Kältekreisläufe erhöht auch zulässige Gesamt-Kältemittelfüllung, da Sicherheitsbeschränkung nur auf Teilkreislauf mit größter Füllmenge bezogen ist.

## -4 LUFTKÜHLUNG MIT ABSORPTIONSMASCHINEN

*Schrank-Klimageräte* mit betriebsfertig eingebauter Absorptions-Kältemaschine zur direkten Luftkühlung sind in den USA schon seit Jahrzehnten üblich, Arbeitsstoffpaar Wasser/Lithiumbromid.

Der Austreiber wird direkt mit Gas beheizt, und meistens ist im gleichen Gerät auch noch ein *gasbeheizter Lufterhitzer* für den Winterbetrieb eingebaut. Für die in den USA bei Einfamilienhäusern üblichen Luftheizsysteme ermöglicht dieses Gerät den ganzjährigen Kühl- und Heizbetrieb. Mit dem Ausbau des Erdgasnetzes werden derartige Geräte auch bei uns angeboten. Die Geräte bieten in wärmeren Gegenden auch die Möglichkeit der Kühlung durch unmittelbare Ausnutzung der Sonnenenergie über Solarkollektoren, das erwärmte Wasser beheizt den Austreiber der Absorptionsmaschine. (Siehe Abschn. 225-244.)

# 653 Indirekte Kühlung – Wasserkühlanlagen

## -1 ALLGEMEINES

Die folgenden Ausführungen gelten in gleicher Weise für Wasser und für Sole als Kälteträger.

*Vorteile* der indirekten Kühlung:

1. Regelkreise von Klimaanlage und Kälteanlage weitgehend getrennt. Klimaregelung verändert Kaltwasserdurchsatz durch Luftkühler. Kälteanlagenregelung hält Kaltwassertemperatur etwa konstant.
2. Kaltwasserverteilsystem praktisch gleich dem Warmwasserverteilsystem und damit dem Klimatechniker vertraut.
3. Eindeutige Abgrenzung der Leistungsgarantien zwischen Klimatechnik und Kältetechnik.

Von *Nachteil* ist der höhere Energieaufwand infolge der geringeren Leistungszahl und infolge des Energieverbrauches der Kaltwasser-(Sole-)Zirkulationspumpen.

Die meisten Wasserkühlanlagen werden heute als betriebsfertige *Kaltwassersätze* geliefert, mit Hubkolben-, Schrauben- und Turboverdichtern, sowie nach dem Absorptions- und Dampfstrahl-Prinzip. Grundsätzliche Schaltung bei indirekter Kühlung zeigt Bild 653-1.

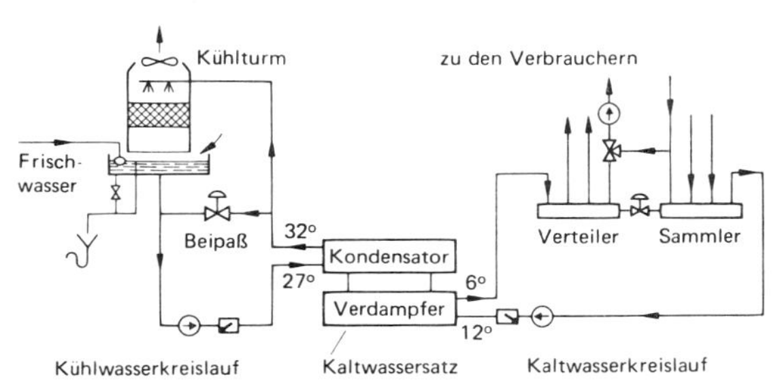


Bild 653-1. Kaltwasser- und Kühlwasserkreislauf einer Kälteanlage für indirekte Kühlung.

Kaltwassersätze einer Baureihe werden nach Kälteleistung abgestuft: häufig werden dabei die Normzahlen oder eine andere logarithmische Stufung verwendet. Die Kälteleistung wird meistens für eine Kühlung des Kaltwassers auf +6 bis +8 °C bei einer Kühlwasser-Austrittstemperatur von +30 bis 35 °C angegeben. Im *Kaltwasserkreislauf* beträgt die Spreizung 4 bis 6 K, kühlwasserseitig bei Rückkühlwerk-Betrieb ebenfalls 4 bis 6 K; bei durchlaufendem *Frischwasser* (Brunnen- oder Stadtwasser) beträgt die Wassererwärmung im Verflüssiger mindestens 15 K. Ein Vergleich von Kaltwassersätzen untereinander ist nur bei denselben Wasserein- und -austrittstemperaturen möglich.

Übliche *Auslegungstemperaturen* sind bei Rückkühlwerk-Betrieb (Bild 653-1):

Kaltwassereintritt $t_{KE} = 11\,°C$
Kaltwasseraustritt $t_{KA} = 6\,°C$
Kühlwassereintritt $t_{WE} = 27\,°C$
Kühlwasseraustritt $t_{WA} = 32\,°C$

Dabei wird das Rückkühlwerk so ausgelegt, daß die *Rückkühlung* von 32 °C auf 27 °C bei einer Feuchtkugeltemperatur von 21 bis 22 °C erzielt werden kann. Viele Hersteller beziehen die Nennleistungen ihrer Kaltwassersätze auf diese Temperaturen. Es ist daher zweckmäßig, sie als *Nenntemperaturen* zu bezeichnen.

Die umlaufende *Kaltwassermenge* $\dot{V}_K$ ergibt sich – spezifische Wärme ca. 4,2 kJ/kgK und Dichte ca. 1000 kg/m² – bei diesen Nenntemperaturen zu

$$\dot{V}_K = \frac{\dot{Q}_0}{c \cdot \varrho\,(t_{KE} - t_{KA})} = \frac{\dot{Q}_0}{4{,}2 \cdot 1000 \cdot 5} = \frac{\dot{Q}_0}{21\,000}\,\frac{\mathrm{m}^3}{s} \qquad \dot{Q}_0 \text{ in kW.}$$

Die erforderliche *Antriebsleistung* des Verdichters oder der Verdichter kann aus der Leistungszahl $\varepsilon_K$ ermittelt werden (siehe Bilder 641-12 und -13). Man kann davon ausgehen, daß die Verdampfungstemperatur $t_0$ etwa 5 K unter der Kaltwasser-Austrittstemperatur $t_{KA}$ und die Verflüssigungstemperatur etwa 3 bis 5 K über der Kühlwasser-Austrittstemperatur $t_{WA}$ liegen, bei Nenntemperaturen also ca. Verdampfungstemperatur $t_0 = +1$ °C und Verflüssigungstemperatur $t_c = 35$ bis 37 °C.

Bild 653-2 zeigt Werte für die Leistungszahl $\varepsilon_K$ von Kaltwassersätzen bei Nenntemperaturen. Die eingezeichneten Kurven liefern Mittelwerte für Überschlagsrechnungen. Sie gelten für Nennlast, also die Vollast mit einer Genauigkeit von ± 10%. Unterschiede in den Werten für $\varepsilon_K$ resultieren aus nicht einheitlich eingerechneten *Verschmutzungsbeiwerten* (fouling factors), siehe Abschnitt 643. Zu Vergleichszwecken ist vor allem das Teillastverhalten von Bedeutung.

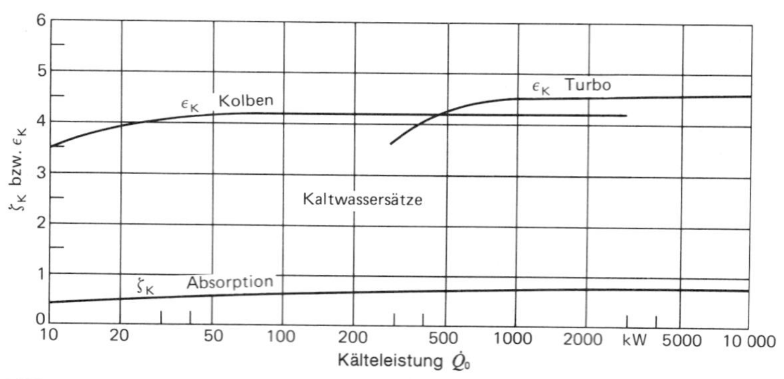


Bild 653-2. Richtwerte für Leistungszahl $\varepsilon_K$ von Hubkolben- und Turboverdichter-Kaltwassersätzen und Wärmeverhältnis $\zeta_K$ von Absorptions-Kaltwassersätzen bei Nenntemperaturen. Abweichungen je nach Hersteller von ± 10% bis ± 20% möglich.

Die Vollast-Leistungszahl $\varepsilon_K$ ist bei Luftkühlung wegen des höheren Verflüssigungsdrucks geringer als bei Wasserkühlung.

Im Mittel rechnet man mit folgenden Zahlen:

Kaltwassersatz mit Kühlturm: $\varepsilon_K \approx 4{,}0$
Kaltwassersatz mit luftgekühltem Verflüssiger: $\varepsilon_K \approx 3{,}5$

## -2 WASSERKÜHLUNG MIT HUBKOLBENVERDICHTERN[1])

Kälteleistung 10 bis 80 kW, meistens mit einem oder mehreren hermetischen (Kapsel-) Verdichtern.

Kälteleistung 30 bis 650 kW, meistens mit einem oder mehreren halbhermetischen Verdichtern. Kältemittel vorwiegend R 22.

Mit wassergekühltem Verflüssiger, geeignet für Betrieb mit Rückkühlwerk, fast stets werkseitig kältetechnisch betriebsfertig zusammengebaut als *Kaltwassersatz* (Bild 653-4).

---

[1]) Hartmann, K.: HLH 3/75. S. 99/104 sowie 137/9 u. Ki 7/8 (75). S. 237/44.

Bild 653-4. Kaltwassersatz mit offenem Kompressor direkt gekuppelt mit Motor, Kälteleistung 211 bis 477 kW (Liquifrigor von Sulzer-Escher-Wyss).

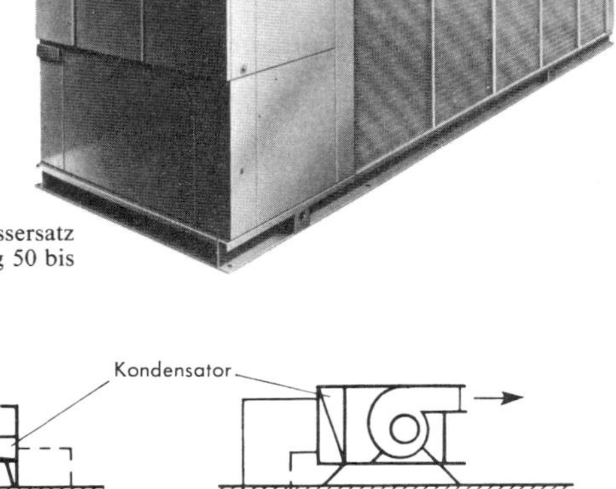

Bild 653-5. Luftgekühlter Kaltwassersatz für Außenaufstellung, Kälteleistung 50 bis 500 kW (Trane).

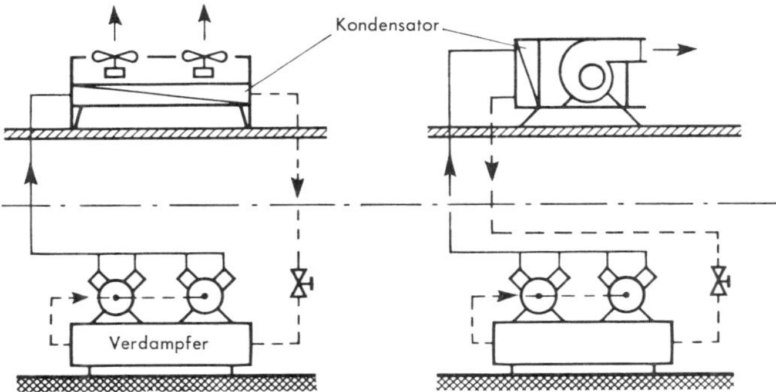


Bild 653-6. Luftgekühlte Kaltwassersätze.
Links: Kondensator mit Axialventilatoren; rechts: Kondensator mit Radialventilator

Mit luftgekühltem Verflüssiger als Kaltwassersatz zur Aufstellung im Freien, Bild 653-5, oder mit getrennt aufzustellendem luftgekühltem Verflüssiger (Split-System), Bild 653-6.

*Verdampfer* zur Abkühlung des Kaltwassers bzw. der Sole fast ausschließlich für trokkene Verdampfung, Bild 644-3, mit thermostatischem Expansionsventil. Kühlung des Wassers erfolgt im Durchlauf, also ohne Speichermasse. Für einwandfreien Betrieb des

Kaltwassersatzes muß deshalb Kaltwasserdurchsatz bei allen Laständerungen der Klimaanlage konstant bleiben.

Bei Aufstellung des Kaltwassersatzes im Freien (luftgekühlt) oder in nicht frostsicheren Räumen besteht im Winter *Einfriergefahr* für das Kaltwasser im Verdampfer und in den Vor- und Rücklaufleitungen. Abhilfe durch

a) Entleeren des Kaltwassersystems im Winter, dabei erforderliche Korrosionsschutzmaßnahmen beachten.

b) Zufügen von Frostschutzmittel in ausreichender Menge zum Kaltwasser, dabei schlechtere Wärmeübergangszahlen der Sole beachten.

c) Elektrische Beheizung von Verdampfer und im Freien liegenden Leitungsteilen.

Schematischen Aufbau eines wassergekühlten Kaltwassersatzes zeigt Bild 653-7. Wenn auf der Kaltwasserseite mit Korrosions- oder Verschmutzungsgefahr gerechnet werden muß, besonders bei Wärmepumpen mit Grundwasser oder Oberflächenwasser als Wärmequelle, werden Kaltwassersätze auch mit Verdampfern für *überflutete Verdampfung* ausgerüstet, die auf der Wasserseite leicht zu reinigen sind (Bild 644-5).

Die *elektrische Ausrüstung* von Kaltwassersätzen mit Kolbenverdichtern umfaßt die Sicherheitsschaltgeräte, eine Leistungsregelung, Kurbelgehäuseheizung sowie Befehls- und Meldegeräte. Diese sind zusammen mit Hilfsschützen in einem *Steuerschrank* angebracht, der am Kaltwassersatz angebaut ist. Sämtliche Geräte sind in der Regel fertig verdrahtet.

Schaltgeräte für die Verdichterantriebsmotoren sollten zum Lieferumfang gehören, ebenso wie die Kabelverbindungen zwischen diesen Schaltgeräten und dem Motor. Ein Beispiel eines Stromlaufplans ist in Bild 653-8 dargestellt. Es handelt sich um die elektrische Steuerung eines Kaltwassersatzes mit nur einem Verdichter, dessen Leistung in drei Stufen vermindert werden kann.

*Die Sicherheitskette* besteht aus folgenden Gliedern (Bild 653-8):

Druckbegrenzer und Unterdruckschalter
Öldruckwächter
Einfrierschutzthermostat
Wicklungsschutzschalter

Nicht dargestellt sind Überstromauslöser, Strömungswächter und andere Sicherungen, die häufig in die Kette eingeschlossen werden. Die Funktion dieser Geräte ergibt sich schon aus ihrer Bezeichnung. Wesentliche *Störungsursachen:*

*Überdruck* kann auftreten bei Kühlwassermangel, verschmutztem Verflüssiger, zu hoher Kühlwassertemperatur und starkem Luftgehalt im Kältekreislauf, z. B. infolge eines vorangegangenen unbeabsichtigten Einsaugens von Luft beim Füllen mit Kältemittel oder Öl.

*Unterdruck* ist häufig die Folge von Kältemittelmangel. Nicht hinreichender Öldruck (= Differenz zwischen Ölpumpendruck und Kurbelgehäusedruck) kann seine Ursache in beeinträchtigter Schmierfähigkeit infolge Kältemittelanreicherung haben.

*Ablauf eines Einschaltvorgangs:*

1. Voraussetzung für den Betrieb: Betriebsbereitschaftsschalter 11 wird in Stellung II gebracht. Bei diesem Schaltvorgang erhält die Spule des Hilfsschützes 6 kurzzeitig Spannung durch den Wischkontakt in Schalterstellung I, das Schütz schaltet und hält sich selbst, falls die Sicherheitskette 5 geschlossen ist. Die Kontrollampe 12 zeigt jetzt Betriebsbereitschaft.

2. Durch einen Schließkontakt 9 in der Steuerung der Klimaanlage wird Kühlung angefordert: Die Kaltwasserpumpe 1 wird eingeschaltet.

   Das Schütz dieser Pumpe schaltet über einen Schließkontakt den Temperaturregler 7 ein, der über den Wahlschalter 10 das Schütz des Verdichtermotors 2 einschaltet, falls die Regelgröße „Kaltwassertemperatur" oberhalb des Sollwerts steht und falls der Wahlschalter 10 in Stellung „Automatik" gestellt wurde.

   Um entlasteten Anlauf zu sichern, kühlt der Verdichter zunächst nur mit einem oder zwei Zylindern.

3. Das Motorschütz 2 des Verdichters schaltet gleichzeitig die Kurbelgehäuseheizung 8 aus, die sonst immer, auch wenn keine Betriebsbereitschaft hergestellt wurde, eingeschaltet bleibt.

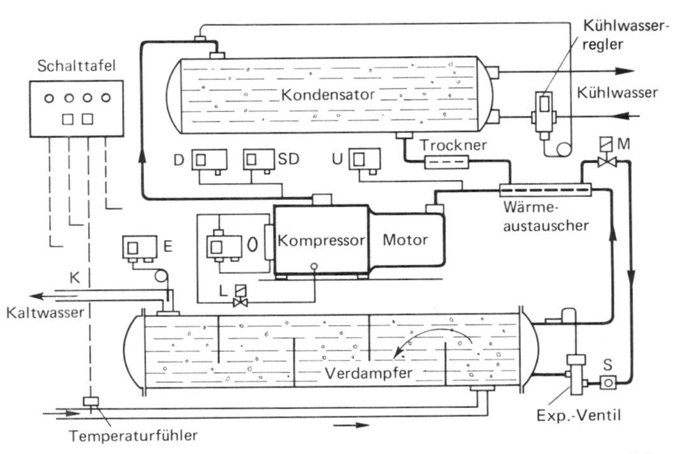


Bild 653-7. Schematischer Aufbau eines Kaltwassersatzes mit halbhermetischem Verdichter und wassergekühltem Verflüssiger.

D = Druckbegrenzer
SD = Sicherheitsdruckbegrenzer
U = Unterdruckschalter
O = Öldifferenzdruckschalter
S = Kältemittel-Schauglas
M = Magnetventil in Kältemittel-Flüssigkeitsleitung
L = Magnetventil in Druckölleitung zur Betätigung der Verdichter-Leistungsregelung
E = Einfrierschutzthermostat.

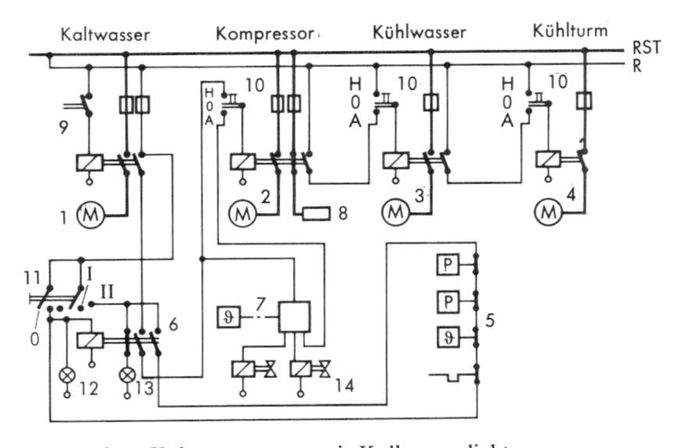


Bild 653-8. Elektrische Steuerung eines Kaltwassersatzes mit Kolbenverdichter.

1 = Kaltwasserpumpe
2 = Verdichter
3 = Kühlwasserpumpe
4 = Kühlturm
5 = Sicherheitskette
6 = Hilfsschütz
7 = Temperaturregler
8 = Kurbelgehäuseheizung
9 = Schließkontakt – Kälteanforderung
10 = Hand-Automatik-Schalter
11 = Betriebsbereitschaftsschalter
12 = Kontrollampe „Betrieb“
13 = Kontrollampe „Störung‘,
14 = Magnetventile der Leistungsregelung

4. Über einen Schließer wird die Kühlwasserpumpe 3 eingeschaltet und durch das weitere Schütz der Kühlturmventilator 4, wenn die jeweiligen Wahlschalter 10 auf „Automatik" stehen.
5. Der Temperaturregler 7 schaltet nach Maßgabe eines Schrittschaltwerks nacheinander die Magnetventile 14, wodurch weitere Zylinder des Kompressors in Betrieb genommen werden. Mit Erreichen oder Unterschreiten des Sollwerts der Kaltwassertemperatur schaltet der Regler die Magnetventile nach Bedarf wieder ab.
6. Sobald ein Sicherheitsorgan in der Kette 5 öffnet, fällt das Hilfsschütz 6 ab und die Kontrollampe 13 signalisiert „Störung". Dann werden alle Motoren bis auf den der Kaltwasserpumpe stillgesetzt. Bevor ein neuer Start des Kaltwassersatzes erfolgen kann, muß die Wiedereinschaltsperre des betreffenden Sicherheitsorgans von Hand aufgehoben werden. Dazu muß der Schalter 11 zuerst in die Stellung 0, dann wieder in die Stellung II gebracht werden.

Kaltwassersätze werden auch mit mehreren Hubkolbenverdichtern ausgeführt[1]). Dabei entweder *getrennte* Kältekreisläufe, je Verdichter ein Verflüssiger und ein Verdampfer, oder ein *gemeinsamer* Verflüssiger und Verdampfer für alle Verdichter. Getrennte Kreisläufe ergeben größere Sicherheit, eine Störung betrifft nur einen Teil der Gesamtleistung. Parallelbetrieb der Verdichter bringt bei Teillast höhere Leistungszahlen, da Temperaturdifferenzen an den großen Wärmeaustauschflächen geringer werden. Bild 653-9 zeigt eine Schaltung mit 4 Verdichtern und zwei Kältemittelkreisläufen. Bei Parallelbetrieb muß für gleichmäßige Verteilung des zurückfließenden Öls zu den einzelnen Verdichtern gesorgt werden.

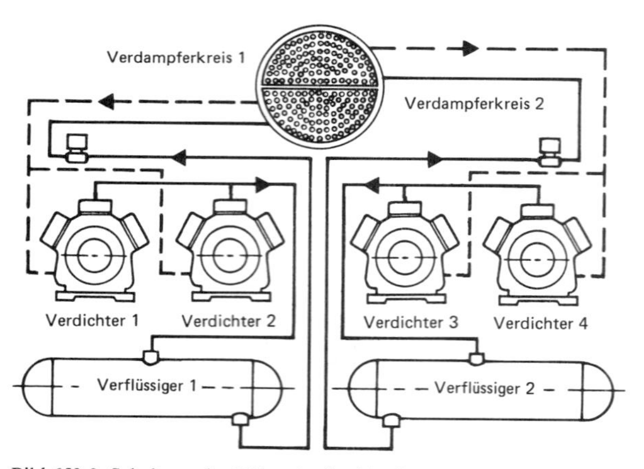


Bild 653-9. Schaltung der Kältemittelkreisläufe (2 Kreisläufe) bei 4 Verdichtern.

## -3 WASSERKÜHLUNG MIT SCHRAUBENVERDICHTERN

Kälteleistung 200 bis 4000 kW mit einem Verdichter in vorwiegend offener Bauart, direkt gekuppelt mit Drehstrom-Antriebsmotor 3000 UpM oder mit zwischengeschaltetem Getriebe zur Drehzahlanpassung.

Lieferung meistens als Kaltwassersatz mit wassergekühltem Verflüssiger, Verdampfer für trockene Verdampfung mit Expansionsventil, Kältemittel vorwiegend R 22. Lieferumfang ähnlich wie bei Hubkolbenverdichtern, jedoch zusätzlich Ölabscheider und Ölkühler. Vorteil ist stufenlose Regelbarkeit durch Steuerschieber bis etwa 10% Teillast.

---

[1]) Hartmann, K.: Ki 11/85. S. 443/7.

## -4 WASSERKÜHLUNG MIT TURBOVERDICHTERN[1])

*Kälteleistung* 300 bis 4000 kW, vorwiegend als Kaltwassersatz mit offenem oder halbhermetischem, Bild 653-12, Verdichter;

*Kälteleistung* 4000 bis 30000 kW je Verdichter in offener Bauweise, als vor Ort errichtete Kaltwasseranlage mit standardisierten Bauteilen.

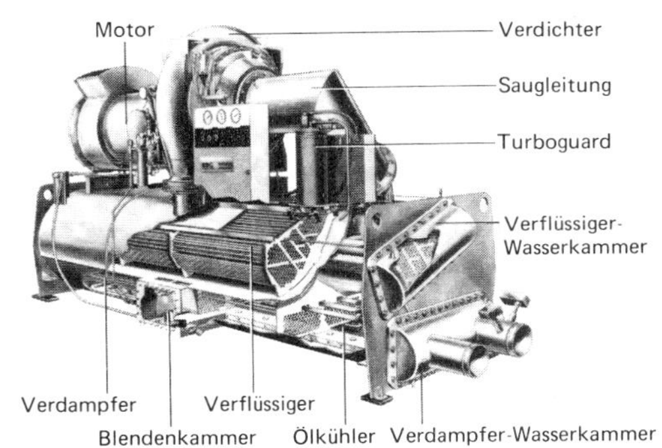


Bild 653-12. Turbokaltwassersatz mit halbhermetischem Verdichter für R 11, Kälteleistung bis 2400 kW (BBC-YORK).

Verdichter bis 4000 kW meistens einstufig mit Getriebe und Kältemittel R 11, R 12, R 113, darüber zweistufig mit Kältemittel R 12 und R 22.

*Große Kältemittel-Volumenströme* mit trockener Verdampfung im Rohr und Expansionsventil sind nicht mehr beherrschbar, deshalb Verdampfer für überfluteten Betrieb gemäß Bild 644-5, Kaltwasser in den Rohren, Kältemittelverdampfung im Mantelraum. Regelung des Kältemittelstromes durch Hochdruck-Schwimmerregler (vgl. Abschn. 646-14) oder auch durch einfache Drosselblenden.

*Verflüssiger* wassergekühlt für Rückkühlwerksbetrieb. Bei Niederdruck-Kältemitteln R 11, R 113, auch noch bei R 12, ist Vereinigung von Verdampfer und Verflüssiger in einem Behälter mit Trennwand möglich (Bild 653-12). Luftgekühlte Verflüssiger für diese großen Leistungen sind meist Sonderkonstruktionen (Bild 653-13).

Bild 653-13. Luftgekühlte Kondensatoren einer R-12-Turbo-Kälteanlage.

Regelung durch *Dralldrossel-,* seltener Diffusor-Verstellung stufenlos auf 10 bis 20% Teillast, abhängig vom Verlauf der Verdichter- und der Anlagen-Kennlinie. Für noch kleinere Teillast zusätzlich Heißgas-Beipaß-Regelung (vgl. Abschn. 642).

Wegen der hohen Drehzahlen ist für die Lager Vorschmierung vor dem Anlaufen und Nachschmierung während des relativ langen Auslaufens nach dem Abschalten erforderlich. Hierfür neben der von der Verdichterwelle mitgetriebenen *Hauptölpumpe* zusätzliche Hilfsölpumpe mit unabhängigem Antrieb. Außerdem Ölkühler, Ölfilter, Öl-Stillstandsheizung und Öltemperatur- sowie Öldruck-Überwachung.

[1]) Hartmann, K.: HLH 7/75. S. 249/52, u. 8/75. S. 294/8.

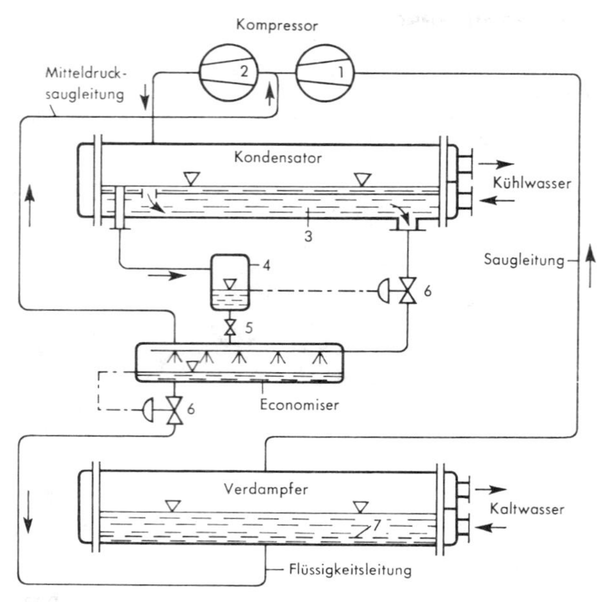


Bild 653-14. Zweistufiger R-12-Turbokaltwassersatz – Funktionsschema (Carrier Modell 19 E A). 1 = Niederdruckstufe, 2 = Hochdruckstufe, 3 = Unterkühler, 4 = R-12-Bezugsgefäß, 5 = Drosselventil, 6 = Regelventil, 7 = Drosseldampfverteilung

Bei Niederdruck-Kältemitteln, bei denen betriebsmäßig Unterdruck gegenüber der Umgebung entstehen kann, ist eine *Entlüftungseinheit* erforderlich. Diese dient dazu, die durch kleinste Undichtigkeiten in den Kältekreislauf eindringende Luft nebst der darin enthaltenen Feuchtigkeit automatisch wieder aus dem Kreislauf zu entfernen.

Absicherung der Druckbehälter (Verflüssiger, Verdampfer) gegen unzulässigen Druckanstieg meistens durch *Brechplatten* mit anschließender Abblaseleitung ins Freie, da dichtschließende Sicherheitsventile bei den erforderlichen großen Querschnitten praktisch nicht mehr möglich sind.

Bei zweistufigem Verdichter meistens auch zweistufige Entspannung (vgl. Bild 621-7).

Realisiert wird dieser Prozeß in dem in Bild 653-14 schematisch dargestellten Turbokaltwassersatz:

Im Verflüssiger ist ein Teil des Rohrbündels als Unterkühler 3 durch ein Trennblech abgeteilt, so daß das R-12-Kondensat im Gegenstrom zum eintretenden Kühlwasser geführt wird. Eine kleine R-12-Menge läuft durch einen Überlauf in ein Bezugsgefäß 4 und von dort über ein fest eingestelltes Drosselventil 5 in den Entspannungsbehälter (Economizer). Ein Schwimmerventil 6 regelt den Flüssigkeitsstand in dem Bezugsgefäß; fällt dieser, so schließt das Ventil und umgekehrt. Mit dieser Einrichtung wird eine ständige Überflutung des Unterkühlers 3 gesichert.

In dem Entspannungsbehälter, der auch als Puffer bei Laständerungen wirkt, wird die im Ventil 6 entspannte Flüssigkeit vom Drosseldampf getrennt. Ein Sprührohr erleichtert diesen Trennprozeß. Der Dampf wird über die Leitung 8 zur HD-Stufe des Verdichters geleitet. Die Flüssigkeit wird in dem zweiten Standregelventil 6 auf den Verdampfungsdruck entspannt und zusammen mit dem Drosseldampf unter das Lochblech 7 des Verdampfers geführt; dieses wirkt als Drosseldampfverteilung und sorgt infolge der hohen Austrittsgeschwindigkeit des Dampf-Flüssigkeitsgemischs für eine intensive Durchwirbelung innerhalb der Kältemittelfüllung des Verdampfers und damit für einen guten Wärmeübergang. Durch die Saugleitung strömt der R-12-Dampf zur ND-Stufe des Verdichters.

## -5 WASSERKÜHLUNG MIT ABSORPTIONSMASCHINEN[1])

Kälteleistung 10 bis 100 kW als luftgekühlte Kaltwassersätze mit Stoffpaar Ammoniak/Wasser oder Wasser/Lithiumbromid und für direkte Beheizung mit Heizöl oder Gas.

*Kälteleistung* 10 bis 6000 kW als wassergekühlte Kaltwassersätze mit Stoffpaar Wasser/Lithiumbromid und für Beheizung mit Niederdruckdampf oder Heißwasser. Unterer Leistungsbereich auch für direkte Beheizung mit Heizöl oder Gas, und auch mit Stoffpaar Ammoniak/Wasser.

Kälteleistung 6000 bis über 10000 kW als vor Ort montierte Kaltwasser- oder Sole-Anlage mit Stoffpaar Ammoniak/Wasser und beliebiger Beheizungsart, auch in zwei- und mehrstufiger Ausführung. Wegen der Sicherheitsbeschränkungen für das Kältemittel Ammoniak nur im industriellen Bereich.

*Rohrleitungsschema* für die Einbindung einer indirekt beheizten Absorptions-Kältemaschine in die Klimaanlage zeigt Bild 653-18, für eine direkt gasbeheizte Bild 653-19.

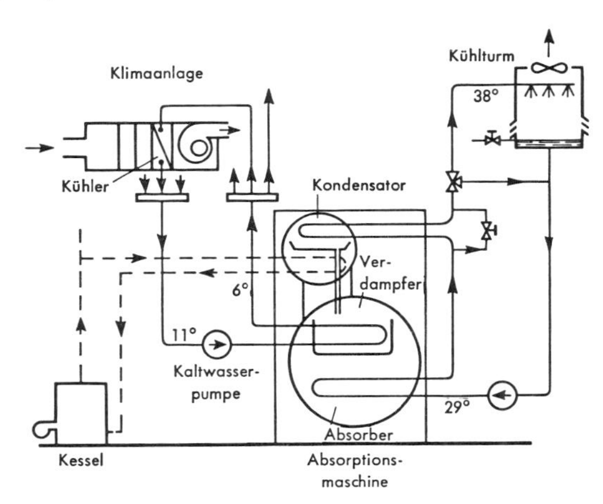


Bild 653-18. Rohrleitungsschema einer Klimaanlage mit indirekt gasbeheizter Absorptions-Kältemaschine.

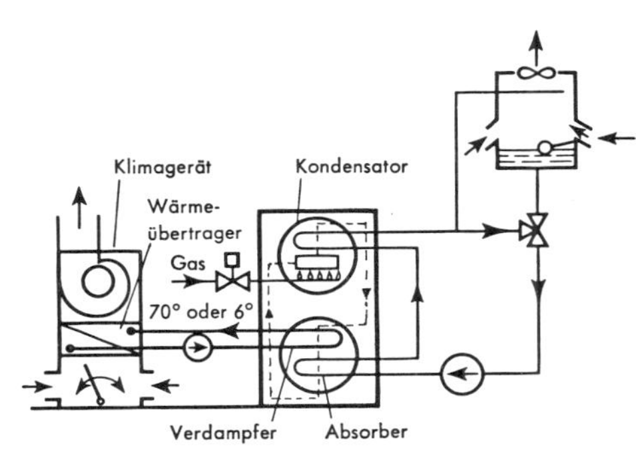


------ = Kältemittelkreislauf (Wasser)

Bild 653-19. Rohrleitungsschema einer Klimaanlage mit direkt beheizter Absorptions-Kältemaschine.

[1]) Loewer, H.: Ki 9/74. S. 389/98 und VDI-Bericht 289/1977. S. 111/19.
Rawe, R.: IKZ 23/74 und 5/75.
Hartmann, K.: Klima-Kälte-Technik 1/75 und 2/75.

*Wirtschaftlichkeit*

Bei den üblichen Auslegungswerten von

| | | |
|---|---|---|
| Kaltwassereintritt | $t_{KE}$ | = 11 °C |
| Kaltwasseraustritt | $t_{KA}$ | = 6 °C |
| Kühlwassereintritt | $t_{WE}$ | = 27 °C |
| Kühlwasseraustritt | $t_{WA}$ | = 36 °C |
| Heizdampf-Überdruck | $p_D$ | = 0,5 bar |

werden bei großen Leistungen etwa folgende Betriebswerte erreicht:

Wärmeverhältnis $\zeta_K = \frac{\dot{Q}_0}{\dot{Q}_H} = 0{,}7$

Kühlwasserwärme (Rückkühlwerksleistung) 2,5 kW je kW Kälteleistung

Kühlwasserverbrauch 0,27 $m^3/h$ je kW Kälteleistung.

Bild 653-20 zeigt die Veränderung dieser Kennwerte in Abhängigkeit von dem verfügbaren Heizdampfdruck. Die Veränderung, abhängig von der Kälteleistung des Kaltwassersatzes, ist Bild 653-2 zu entnehmen.

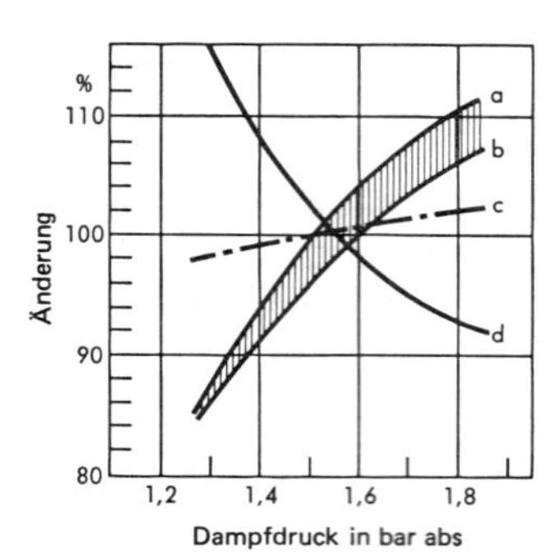


Bild 653-20. Kennlinienverlauf von LiBr-Absorptions-Kaltwassersätzen.
a = Kälteleistung ca. 0,45 MW,
b = Kälteleistung ca. 4,5 MW,
c = spez. Dampfverbrauch,
d = spez. Kühlwassermenge

Die Wirtschaftlichkeit einer Absorptions-Kältemaschine im Vergleich zu einer Kompressionsmaschine ergibt sich aus dem Vergleich der Energieverbrauchskosten. Die *Energieverbrauchskosten* sind das Produkt aus spezifischem Energieverbrauch – Energiebedarf in kW je kW Kälteleistung – multipliziert mit den Kosten pro Energieeinheit.

Vergleicht man z.B. bei einer Kälteleistung von 500 kW (Bild 653-2), so ergibt sich ein Verhältnis des spezifischen Energieverbrauchs der Absorptionsmaschine von etwa

$$e_A = \frac{\varepsilon_K}{\zeta_K} = \frac{4{,}2}{0{,}7} = 6$$

Der *spezifische Energieverbrauch* der Absorptionsmaschine beträgt also das Sechsfache gegenüber der Kompressionsmaschine. Der Preis für die kWh Wärmeenergie darf damit $1/6$ des Preises für die kWh elektrischer Energie nicht überschreiten, um Energiekostengleichheit zu erreichen. Da außerdem der Energiebedarf für das Rückkühlwerk und die Kühlwasserpumpen bei der Absorptionsmaschine etwa doppelt so groß ist wie bei der Kompressionsmaschine, und da außerdem die Investitionskosten einer Absorptionsanlage höher sind, liegt der echte Beginn der Wirtschaftlichkeit für die Absorptionsmaschine bei Wärmepreisen, die unter 15% der Preise für die elektrische Energie liegen.

Beim Preisvergleich ist zu beachten, daß bei beiden Energiearten der zu erwartende *Mischpreis* aus Arbeitspreis und Leistungs-(Bereitstellung-)Preis eingesetzt wird. Leistungspreis etwa 200···300 DM/kW. Ebenso sind die Kosten für den Energieanschluß, gegebenenfalls zusätzlicher Transformator einerseits, zusätzliche Wärmeerzeugung/-versorgung andererseits, in die Wirtschaftlichkeitsbetrachtung einzubeziehen.

Allgemein kann gesagt werden, daß die Absorptions-Kältemaschine wirtschaftlich sein kann, wenn

Wärme zu einem niedrigen Preis verfügbar ist, also insbesondere Abwärme aus vorgeschalteten Prozessen, aus der Wärmeversorgung im Winter genügend leistungspreisfreie Wärme im Sommer zur Verfügung steht, die erforderliche elektrische Leistung für die Kompressions-Kältemaschine dagegen den Winter-Anschlußwert des Gebäudes deutlich übersteigen, also zu deutlich höherem Leistungspreis führen würde,

die wesentlich größere Wärmeabgabe der Absorptionsmaschine durch Wärmerückgewinnung weitgehend nutzbar gemacht werden kann,

Sonnenenergie zur Beheizung der Absorptionsmaschine nutzbar gemacht werden kann.

Neben diesen wirtschaftlichen Überlegungen können zusätzlich oder vorrangig andere Gesichtspunkte treten, wie

der schwingungs- und erschütterungsfreie Betrieb der Absorptionsmaschine,

die Laufruhe der Absorptionsmaschine (die Geräuschentwicklung der Zirkulationspumpe ist gegenüber dem Laufgeräusch der Verdichter in Kompressionsanlagen vernachlässigbar),

der relativ geringe Wartungsaufwand.

*Ausführung*

*Direkt gasbeheizte* (seltener ölbeheizte) Kaltwassersätze[1]) werden betriebsfertig mit Brenner und allen Regel- und Sicherheitseinrichtungen geliefert, meistens in geschlossenem, quaderförmigen Blechgehäuse. Luftgekühlte Bauart vorwiegend für Aufstellung im Freien, Bild 653-22, wassergekühlte Bauart meistens für Aufstellung in wettergeschützten Räumen. Bei luftgekühlten Geräten häufig Doppelnutzung als Klimagerät und Heiz-Wärmepumpe, bei sehr niedrigen Außentemperaturen als Direktheizgerät (ohne Wärmepumpenschaltung). Bei nicht ganzjährigem Betrieb und Aufstellung im Freien. Einfriergefahr im Winter beachten.

*Indirekt* mit Dampf oder Heißwasser beheizte Absorptions-Kaltwassersätze werden in Einbehälter-Bauart, Bild 653-23, und in Zweibehälter-Bauart, Bild 653-24, betriebsfertig geliefert; Zweibehälter-Bauart bei großen Leistungen auch getrennt angeliefert zur Erleichterung von Transport und Einbringung ins Bauwerk. Standard-Bauarten für Aufstellung in wetter- und frostgeschützten Innenräumen. Zum Funktionsschema vgl. Abschn. 623. Übliche Heizdampfdrücke 0,1 bis 1,0 bar Überdruck, übliche Heizwassertemperaturen 80 bis 150 °C. Durch Regelung der Heizmittelzufuhr kann die Kälteleistung bis auf etwa 10% heruntergeregelt werden. Im normalen Klima-Kühlbetrieb ist der Heizmittelverbrauch dabei etwa proportional der Kälteleistung.

Bild 653-22. Gasbeheizter Kaltwassersatz. Ansicht.

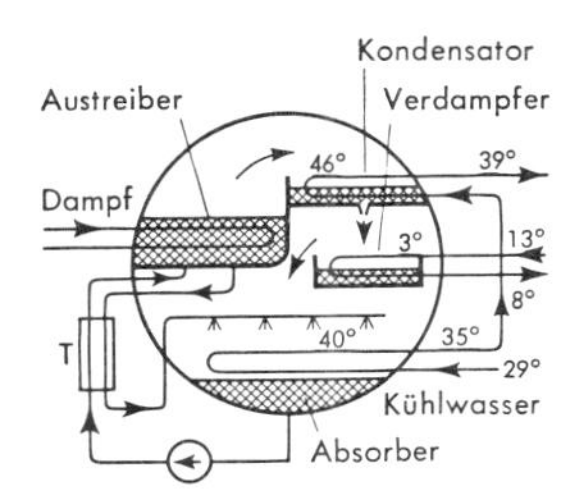


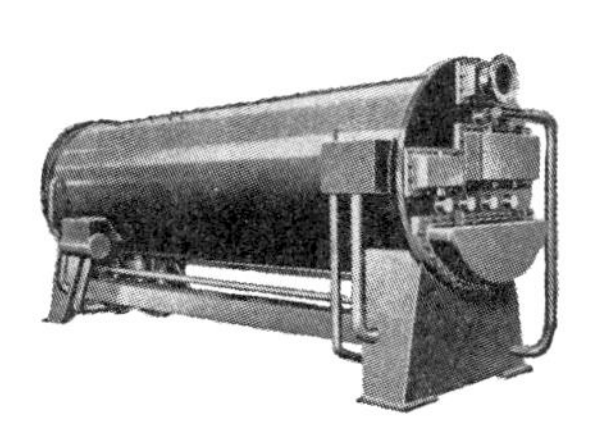

Bild 653-23. Lithiumbromid-Absorptionskältemaschinen in Einkessel-Bauart (Trane). Links: Schema, T = Temperaturwechsler; rechts: Ansicht

[1]) DVGW-Merkblatt G 647 (8.80): Gasbeheizte Klima- und Kaltwassersätze.

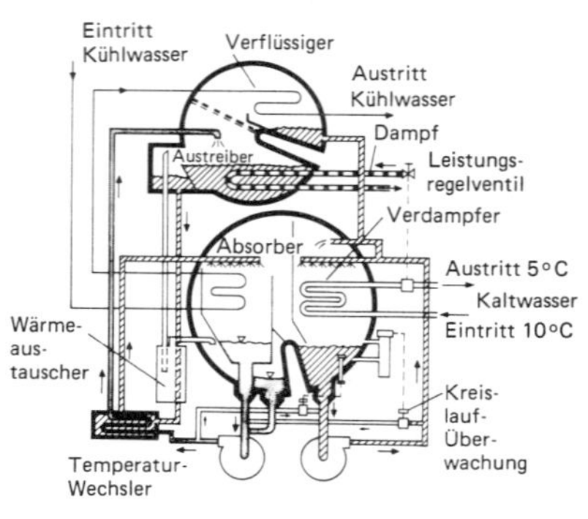

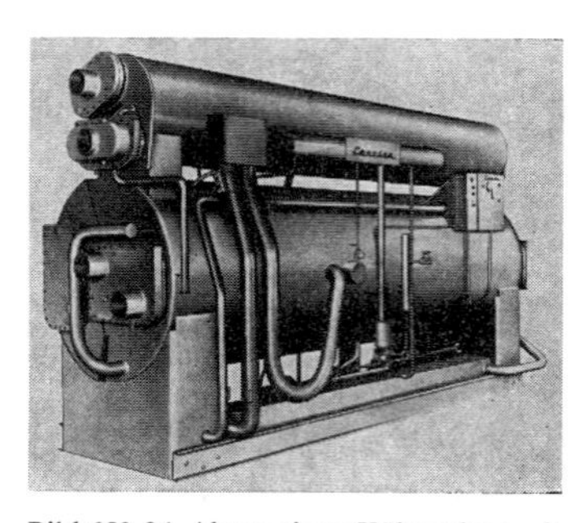

Bild 653-24. Absorptions-Kälteanlage mit Wasser-Lithiumbromid (Carrier), Zweikessel-Bauart.

Links: Schema; rechts: Ansicht

*Aufstellung*

Das Arbeitsstoffpaar Ammoniak/Wasser unterliegt der VBG 20 *„Kälteanlagen"* und den darin für das Kältemittel Ammoniak ($NH_3$) enthaltenen Aufstellungsvorschriften (vgl. Abschn. 693-4).[1]) Alle Bauteile unterliegen ferner der Druckbehälterverordnung.

Das Arbeitsstoffpaar Wasser/Lithiumbromid unterliegt *nicht* der VBG 20, da das als Kältemittel verwendete Wasser völlig ungefährlich ist. Es bestehen von dieser Seite deshalb keine Aufstellungsbeschränkungen. Da der Kältemittelkreislauf im Vakuum abläuft, unterliegen lediglich die Rohrsysteme für Heizdampf (bzw. Heizwasser), Kühlwasser und Kaltwasser der Druckbehälterverordnung. Das tiefe Vakuum im Verdampfer, etwa 0,01 bar absolut, stellt hohe Anforderungen an die Dichtheit des Kreislaufes, deshalb Schweiß- und Lötverbindungen statt Flanschen und Verschraubungen, Lösungspumpen mit Spaltrohrmotoren, also ohne Gleitringdichtungen. Zur Entfernung trotzdem eindringender geringer Außenluftmengen, die zur Verringerung der Kälteleistung führen, gehört eine automatische Vakuumpumpe zum serienmäßigen Lieferumfang.

Bei direkt gas- oder ölbeheizten Geräten sind die entsprechenden DVGW-Regeln und die Heizraumrichtlinien zu beachten, bei indirekt beheizten Geräten die entsprechenden Vorschriften für Dampf- bzw. Heißwasser-Kreisläufe (s. Abschn. 74).

## -6 WASSERKÜHLUNG MIT DAMPFSTRAHLMASCHINEN

Kälteleistung 10 bis 40000 kW, vorwiegend als vor Ort montierte Anlage.

Für den Betrieb der Dampfstrahlmaschine ist Wasserdampf von mindestens 0,5, besser 2 bis 3 bar Überdruck erforderlich. Einsatzmöglichkeit deshalb nur dort, wo entsprechend Dampf zur Verfügung steht, also im industriellen Bereich. Errichtung eines Dampferzeugers lediglich zum Betrieb einer Dampfstrahl-Kältemaschine ist nicht wirtschaftlich.

*Wirtschaftlichkeit*

Bei den Nenntemperaturen gemäß Abschnitt 653-1 ergeben sich, abhängig vom Treibdampfdruck, für einstufige Verdichtung folgende Werte:

| Treibdampfdruck bar abs. | Dampfverbrauch je kW in kg/h | Wärmeverhältnis $\zeta_K$ |
|---|---|---|
| 3 | 3,5 | 0,40 |
| 6 | 3,0 | 0,46 |
| 9 | 2,6 | 0,53 |

Bei anderen Temperaturen siehe Bild 653-26.

[1]) VBG = **V**erband der gewerblichen **B**erufs**g**enossenschaften.

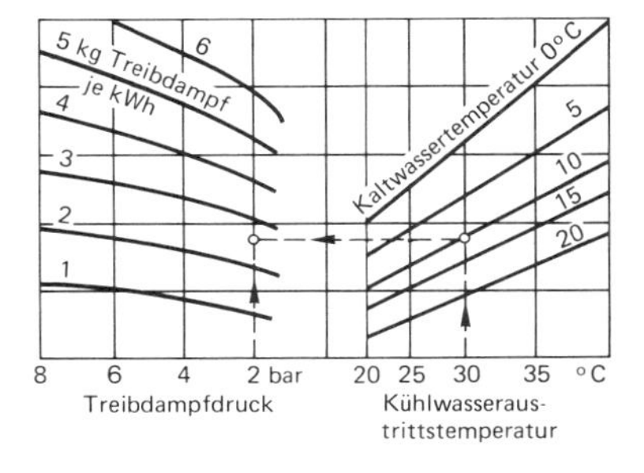


Bild 653-26. Schaubild zur Ermittlung von Richtwerten für den Dampfverbrauch von einstufigen Strahlkältemaschinen.

Beispiel:
Kaltwassertemperatur: 10 °C
Kühlwasseraustritt: 30 °C
Treibdampfdruck: 2 bar abs.
Treibdampfverbrauch 2,4 kg/h je kW

Außer dieser *Treibdampfmenge* muß noch eine *Saugdampfmenge* von ca. 1,45 kg/h je kW Kälteleistung kondensiert werden. Die Kondensationsleistung – ohne Wärmerückgewinnung identisch mit der Wärmeabgabe am Rückkühlwerk – ist entsprechend groß. Sie beträgt etwa das 3,5-fache der Kälteleistung und liegt damit noch höher als bei der Absorptionsmaschine.

*Ausführung*

Wenn das zirkulierende Kaltwasser gleichzeitig als Kältemittel benutzt wird (übliche Ausführung), kann der Verdampfer als reiner Behälter ohne Wärmeaustauschflächen ausgeführt werden. Der Verflüssiger (Kondensator) ist ein Rohrbündelapparat mit vom Kühlwasser durchströmten Rohren. Zur Funktion vgl. Abschn. 624.

Eine *Leistungsregelung* des Dampfstrahlverdichters ist nur begrenzt möglich, da bei Verringerung des Treibdampfdurchsatzes die erreichbare Druckdifferenz stark abfällt. Regelung über größere Bereiche deshalb durch Zu- und Abschaltung mehrerer parallelgeschalteter Strahlverdichter.

Eine Dampfstrahl-Kälteanlage mit zwei parallelgeschalteten Verdichtern, kompakt zusammengebaut als Kaltwassersatz, zeigt Bild 653-27.

Bild 653-27. Dampfstrahl-Kompakt-Kühlanlage zur Kühlung von Kaltwasser.

Kälteleistung 370 kW
Durchmesser 1200 mm
Gesamtlänge 4500 mm
Gesamthöhe 1900 mm
(Standard-Messo, Duisburg)

## -7 WASSERKÜHLUNG THERMOELEKTRISCH

Außer wenigen Sonderfällen im militärischen Anwendungsbereich (für Klimaanlagen in Atom-U-Booten) bisher ohne Bedeutung. Siehe auch Abschnitt 625.

# 654 Wärmerückgewinnung[1])

Siehe auch Abschnitt 225 und 339.

Wie im Abschnitt 62 erläutert, ist jede maschinell erzeugte Kühlleistung verbunden mit einer Wärmeabgabe bei höherer Temperatur, die um die Antriebsleistung größer ist als die Kühlleistung. Diese erheblichen Wärmemengen wurden früher ungenutzt an Kühlwasser oder an die Umgebungsluft abgegeben. Der naheliegende Gedanke, diese Abwärme nutzbar zu machen, z. B. zur Brauchwasser-Erwärmung, zur Raumheizung oder zu anderen Erwärmungsaufgaben, konnte sich erst in den letzten Jahren im Rahmen der allgemeinen Energiesparmaßnahmen und der steigenden Energiekosten durchsetzen.

Anlagentechnisch ergeben sich für die Wärmerückgewinnung mehrere Möglichkeiten.

## -1 GESCHLOSSENER KÜHLWASSERKREISLAUF

Das im Verflüssiger der Kältemaschine erwärmte Kühlwasser wird *direkt* zu Heizaufgaben herangezogen, die hierfür nicht benötigte Wärme wird über ein Rückkühlwerk an die Umgebungsluft abgegeben. Um das *Kreislaufwasser* von Verunreinigungen und korrosionsfördernden Bestandteilen frei zu halten, muß ein Rückkühlwerk in geschlossener Bauweise (vgl. Abschn. 647-4) verwendet werden (Bild 654-1). Ventilator(en) und Sprühwasserkreislauf des Rückkühlwerkes werden so geregelt, daß die Kühlwasser-Austrittstemperatur aus dem Verflüssiger auf der für die Wärmeverbraucher erforderlichen Höhe bleibt (s. auch Bild 329-75).

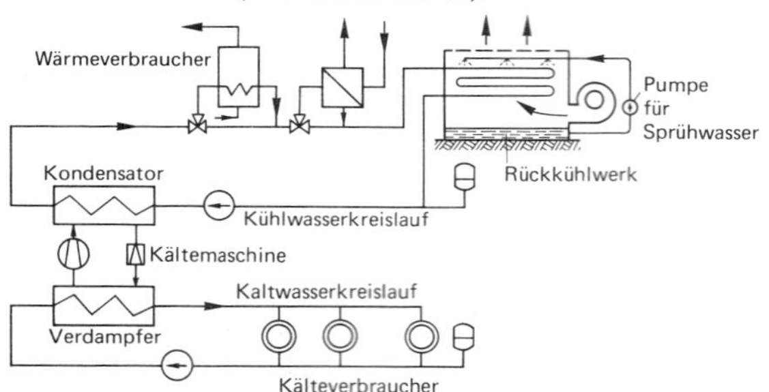


Bild 654-1. Wärmerückgewinnung über geschlossenen Kühlwasserkreislauf.

## -2 ZUSÄTZLICHER HEIZWASSERKREISLAUF

Hierbei wird die Kältemaschine, vorwiegend wassergekühlte Kaltwassersätze, mit *zwei Verflüssigern* ausgerüstet, die kältetechnisch parallel oder hintereinander geschaltet sein können. Durch einen der beiden Verflüssiger fließt das Wasser für die Heizsysteme im geschlossenen Kreislauf. Über den zweiten Verflüssiger wird über einen anderen Wasserkreislauf die nicht nutzbare Wärme an ein Rückkühlwerk abgegeben, das so in üblicher offener Bauart, also wesentlich preisgünstiger, ausgeführt werden kann. Der Rückkühlwerkskreislauf wird dabei so geregelt, daß die erforderliche Vorlauftemperatur zu den Heizsystemen eingehalten wird. Einen Kaltwassersatz mit zwei Verflüssigern zeigt Bild 654-2.

## -3 HEIZUNG MIT KÄLTEMITTEL

Vorwiegend bei luftgekühlten Kälteanlagen werden im Kältekreislauf vor Eintritt in den luftgekühlten Verflüssiger ein (oder auch mehrere) *wassergekühlte Verflüssiger* eingebaut, die direkt Brauchwasser wie auch Heizungswasser erwärmen (Bild 654-3). Auch direkte Lufterwärmung (analog zur direkten Luftkühlung) wird ausgeführt, vorwiegend für Verkaufsräume von Supermärkten (Bild 654-4).

[1]) Amberg, H.-U.: Ki 9/84. S. 337/44.

Bild 654-2. Kaltwassersatz mit zwei halbhermetischen Hubkolbenverdichtern. Verdampfer, Verflüssiger und Zusatzverflüssiger für zwei getrennte Kältekreisläufe. Kälteleistung 520 kW. (BBC-YORK)

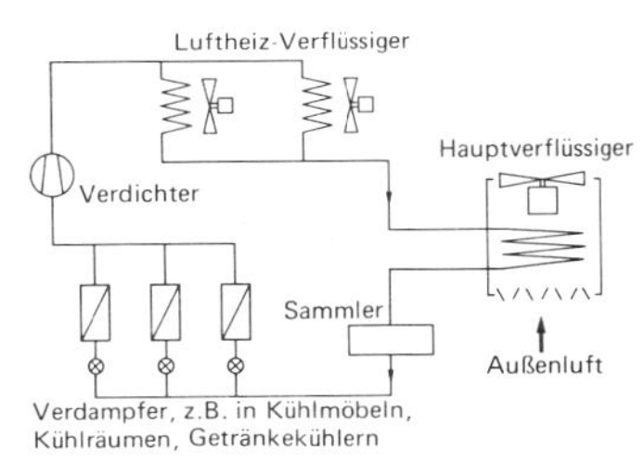


Bild 654-3. Wärmerückgewinnung direkt über zusätzliche wassergekühlte Verflüssiger.

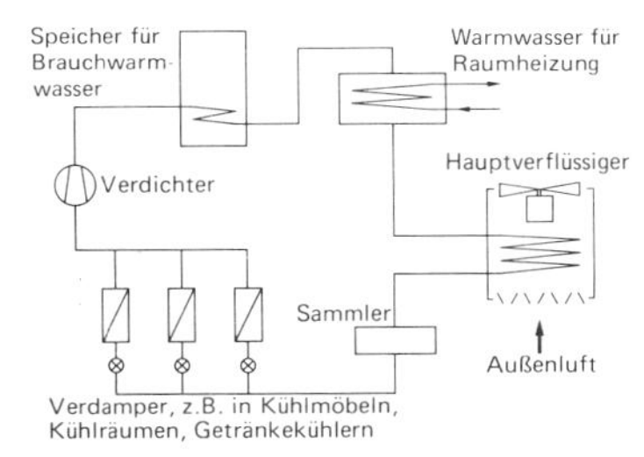


Bild 654-4. Wärmerückgewinnung über zusätzliche luftgekühlte Verflüssiger.

Wärmerückgewinnungs-Verflüssiger werden meistens nur auf der Wärmeentnahmeseite geregelt. Hauptverflüssiger gibt die nicht mehr nutzbare Wärme an die Umgebungsluft ab. Wärmeabgabe vorwiegend durch motorbetätigte Luftklappen und/oder regelbare Ventilatoren geregelt, Regelgröße Verflüssigungsdruck.

# 655 Thermische Antriebe

Der Antrieb der Kälteverdichter durch *thermische Maschinen,* also Benzin-, Diesel- oder Gasmotoren, Gasturbinen und Dampfturbinen beschränkte sich früher auf die Fälle, in denen ein ausreichend starkes elektrisches Netz nicht vorhanden war (in Fahrzeugen, auf Inseln, in entlegenen Gegenden) oder in denen Dampf preisgünstiger war als Strom. Im Rahmen der integrierten Energieplanung und der Wärmerückgewinnungs-Maßnahmen bieten thermische Antriebe oft wirtschaftlich interessante Lösungen.

## -1 BENZIN- UND DIESELMOTOREN

Anwendung in Kühl- und Tiefkühl-Lkw und klimatisierten Omnibussen, in Bahnfahrzeugen wie auch für stationären Betrieb.

Technische Ausführungen ähnlich wie bei Gasmotoren.

## -2 GASMOTOREN

Mit dem Ausbau des Ferngasnetzes gewinnen Gasmotoren zunehmend an Bedeutung, nicht nur für Wärmepumpenantriebe, sondern auch für Kälteverdichter mit primärer Kühlaufgabe.

Drehzahlbereich der Gasmotoren etwa 750···1800 UpM. Bei Antrieb von Hubkolbenverdichtern meistens direkte Kupplung mit gleicher Drehzahl für Motor und Verdichter. Bei Antrieb von Schrauben- und Turboverdichtern Drehzahlerhöhung für den Verdichter durch Getriebe.

Drehzahlregelung des Motors, wirtschaftlich von 100 bis etwa 66%, erweitert die Regelfähigkeit des Verdichters.

Die durch die endliche Zylinderzahl des Gasmotors bedingte Ungleichmäßigkeit in der Drehkraftabgabe erfordert, insbesondere bei Kupplung mit Hubkolbenverdichtern, die ebenfalls ungleichmäßige Drehkraftaufnahme haben, eine sorgfältige Berechnung und eine entsprechend steife Rahmenkonstruktion. Zusätzliche Maßnahmen sind erforderlich, um die Übertragung von Schwingungen, Luft- und Körperschall ausreichend zu dämpfen.

Ausführungsbeispiel eines Gasmotorantriebs zeigt Bild 655-1.

Bild 655-1. Kaltwassersatz mit Hubkolbenverdichter, direkt gekuppelt mit Gasmotor. Kälteleistung 110 kW (BBC-YORK).

## -3 GASTURBINEN

Die Gasturbine als Strömungsmaschine mit hoher Drehzahl und gleichmäßiger Kraftabgabe eignet sich sehr gut zur direkten Kupplung mit Turboverdichtern, die ebenfalls Strömungsmaschinen sind mit sehr ähnlichem Betriebsverhalten.

Die Gasturbine hat gegenüber einem Gasmotor gleicher Leistung bedeutend kleinere Abmessungen und wesentlich geringeres Gewicht. Eine Gasturbinen-Turboverdichter-Gruppe läuft praktisch schwingungsfrei, so daß lediglich Luft- und Körperschallübertragung gedämpft werden muß.

## -4 DAMPFTURBINEN

Wenn Dampf mit ausreichendem Druck (mindestens 2 bar Überdruck) zur Verfügung steht, sind Dampfturbinen für den Antrieb von Turboverdichtern noch günstiger als Gasturbinen.

Der Wirtschaftlichkeitsvergleich gegenüber dem elektrischen Antrieb verläuft ähnlich wie bei der Absorptions-Kältemaschine (vgl. Abschn. 653-6).

Das *Wärmeverhältnis*, bezogen auf den Wärmeinhalt des zugeführten Dampfes (wie bei der Absorptionsmaschine) ergibt sich hier zu

$$\zeta_K = \varepsilon_K \cdot \eta_A$$

mit $\eta_A$ = Wirkungsgrad der Dampfturbine.

Vergleicht man bei Kaltwassersatz-Nennbedingungen mit $\varepsilon_K = 4{,}2$ bei einem angenommenen Wirkungsgrad der Dampfturbine von 25%, so ergibt sich mit $\zeta_K = 1{,}05$ ein Wert, der deutlich über dem einer Absorptions-Kältemaschine liegt. Wenn Dampf mit ausreichend hohem Druck zur Verfügung steht, ist also der Turboverdichter mit Dampfturbinenantrieb meistens wirtschaftlicher als die Absorptionsmaschine.

### -5 KOMBINIERTE SYSTEME

Die Abwärme thermischer Antriebe kann nicht nur im Rahmen der Wärmerückgewinnung genutzt werden, sondern auch zum Betrieb thermisch *nachgeschalteter Absorptions-Kältemaschinen.* Hierdurch kann bei gleichem Wärmeverbrauch die Kälteleistung deutlich erhöht und die Wirtschaftlichkeit verbessert werden. Derartige Kombinationen sind insbesondere für Dampf von mehr als 7 bar Überdruck als Antriebsenergie schon mehrfach mit gutem Erfolg ausgeführt worden. Hierbei verbessert sich gleichzeitig die Teillast-Regelbarkeit und der Teillast-Wirkungsgrad. Ein Schaltungsbeispiel zeigt Bild 655-5.

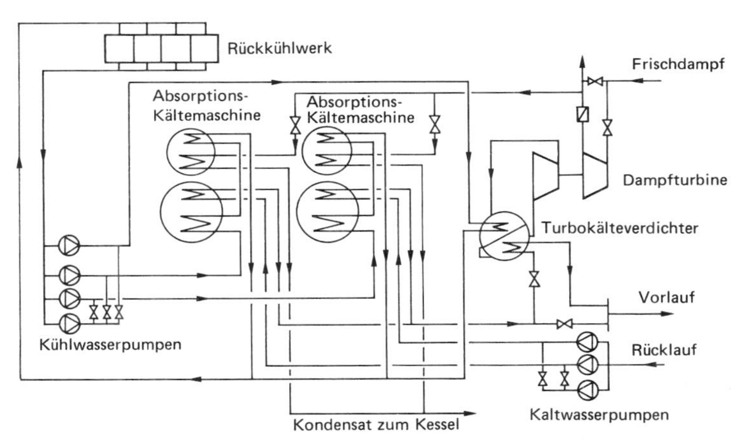


Bild 655-5. Kreislaufschema einer Kombination von Turboverdichter mit Dampfturbinenantrieb und nachgeschalteten Absorptionsmaschinen.

# 656 Fernkälteanlagen[1])

### -1 ALLGEMEINES

Man versteht unter Fernkälteanlage ähnlich wie bei der Fernheizung die Kälteversorgung einer mehr oder weniger großen Anzahl von Verbrauchern aus einer Kältezentrale. In den letzten Jahren sind eine Anzahl derartiger Anlagen für Universitäten, Geschäftshäuserblocks, Einkaufszentren, Flughäfen, Kliniken und andere Gebäudegruppen gebaut worden, in denen Bedarf an Kälte für Raumkühlung, Laboratorien, Meß- und Prüfräume, Maschinenkühlung usw. besteht.

[1]) VDI-Bericht 222. 1974.
Reichelt, J., u. F. Steimle: DKV-Bericht 1976. S. 209/23.
Burkhardt, W., u. H. Anton: HLH 10/76. S. 353/7 u. 453/6.
Hartmann, K. H.: TAB 5/78. S. 439/42 u. Techn. Mitteilg. Essen 2/78.
Steimle, F., u. J. Reichelt: Techn. Mitteilungen Essen 2/78.
Hartmann, K.: Ki 7/8-79. S. 296/300.

Während in vielen Chemiebetrieben *Ammoniak* als Kältemittel im Verbrauchernetz zirkuliert und in Fernverdampfern Kälte erzeugt, wird für die Kälteversorgung von Klimaanlagen ausschließlich Kaltwasser mit einer Vorlauftemperatur von etwa 5 °C als Kälteträger verwendet und durch Rohrleitungen den Verbrauchern zugeleitet. Die Mindestkälteleistung ist mit etwa 3···4 MW anzunehmen. Schema einer Fernkälteanlage siehe Bild 656-1.

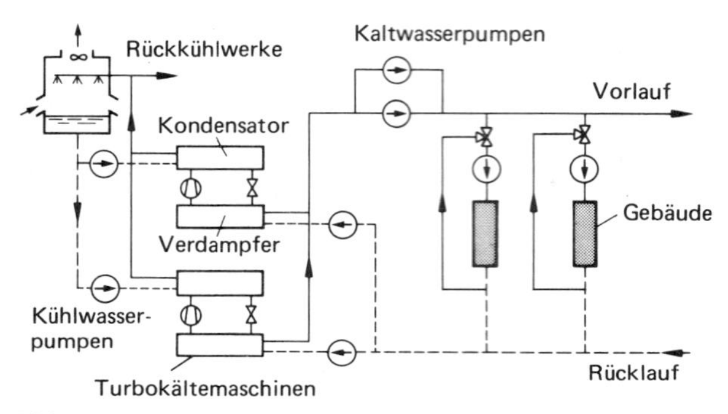


Bild 656-1. Schema einer Fernkälteanlage mit Turboverdichtern.

Es ist kein Zweifel, daß bei Großbauobjekten die Fernkälteversorgung gegenüber Einzelanlagen ähnlich der Fernheizung viele Vorteile bietet, z. B. Platzersparnis, geringe Bedienungskosten, besserer Wirkungsgrad, keine Rückkühlschwierigkeiten u. a. Trotzdem ist bei der Planung derartiger Anlagen die Frage der *Wirtschaftlichkeit* eingehend zu prüfen. In technischer Hinsicht sind dabei viele Gesichtspunkte zu beachten, besonders:

Lage der Kältezentrale im Versorgungsgebiet
Lage des Rückkühlwerks
Fragen der Ausbaustufen
Wahl der Antriebsenergie
Kupplung von Wärme, Kraft und Kälte
Energie- und Wartungskosten
Tarifgestaltung.

Aus der Summe der Investitions- und Betriebskosten ergibt sich die wirtschaftlich günstigste Lösung, wenn nicht *Imponderabilien* wie Umweltschutz, Lärm, u. a. einen höheren Aufwand rechtfertigen.

Einige ausgeführte Anlagen:

Capitol Washington; 1. Stufe 21 MW, Endausbau 63 MW
Geschäftsviertel Hamburg City-Nord; 1, Ausbaustufe: 28,5 MW, Endausbau 61 MW.
Universität Bochum; 1. Ausbaustufe: 11,6 MW
Fernkältezentrale Paris, Endausbau: 73 MW
Kennedy-Flughafen New York: 35 MW
Flughafen Frankfurt a. M.: 26 MW
Welthandelszentrum New York: 172 MW
Hartford/Connecticut Gas Corp.: 70 MW.

## -2 FERNKÄLTEZENTRALEN

Im Normalfall werden mehrere Turbo-Kältemaschinen aufgestellt, so daß bei Teillast Maschinen abgeschaltet werden können. Falls *günstige Strompreise* geboten werden, ist der Betrieb von Turboverdichtern mit Antrieb durch Elektromotoren ratsam, sonst Dampfturbinen. Als Kältemittel kommen R 12 und – bei sehr großen Kälteleistungen über 10 MW je Einheit – auch R 22 in Frage. Die einstufige Verdichtung kommt weniger in Betracht; statt dessen die zweistufige Verdichtung mit zweistufiger Entspannung und Zwischenabsaugung, wodurch Betriebskostenersparnisse in beträchtlicher Höhe erzielt werden können.

Die Kühlung der Kondensatoren erfolgt durch Rückkühlwerke oder, wenn möglich, durch Flußwasser.

Auch Absorptions-Kälteanlagen mit einem Anschluß an ein Fernheizwerk sind üblich. Sie entnehmen dem Heiznetz um so mehr Dampf oder Heizwasserwärme, je höher die Außentemperatur steigt und je stärker die Sonneneinstrahlung die Kühllast bestimmt. Für eine Kälteleistung von 1 kWh werden etwa 1,5 kWh Wärme benötigt. Der Betrieb von Absorptions-Kälteanlagen, meistens in Form von Kaltwassersätzen mit dem Stoffpaar LiBr, ist erst dann wirtschaftlich, wenn *Heizwärme* zu einem vergleichsweise günstigen Preis geliefert werden kann. Als Grenze gilt das Verhältnis:

$$\frac{\text{Strompreis DM/kWh}}{\text{Wärmepreis DM/kWh}} \approx 7 \ldots 9$$

Günstiger ist Kombination mit Turboverdichter nach Schema Bild 655-5.

Bild 656-2 zeigt schematisch eine *Kombination* von Kälteerzeugung und Fernwärme: Turboverdichter, durch Dampfturbine angetrieben, Dampfkessel versorgt sowohl diese als auch ein Fernwärmenetz, Dampfkondensator und der Verflüssiger der Kälteanlage sind an ein Rückkühlwerk angeschlossen. Häufig auch Fernheizung mit Gegendruckdampf.

Welche Primärenergie wirtschaftlich am günstigsten ist, muß in jedem Einzelfall im Rahmen des gesamten Energiebedarfs ermittelt werden. Bei der Bemessung der zu installierenden Leistung ist der *Gleichzeitigkeitsfaktor* zu beachten, etwa 0,7.

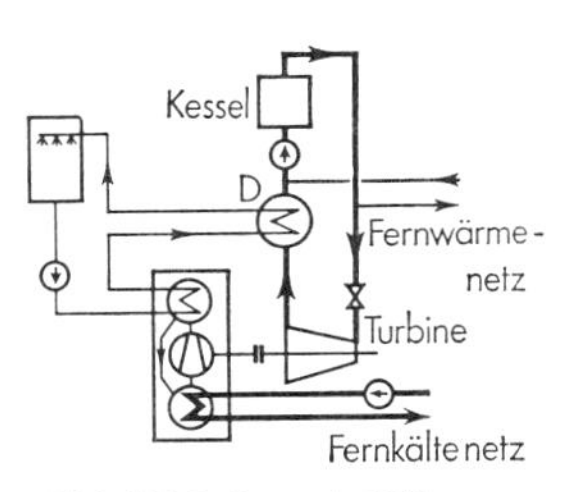


Bild 656-2. Zentrale Kälteerzeugung mittels Dampfturbine und Turbokompressor.
(D = Dampfkondensator)

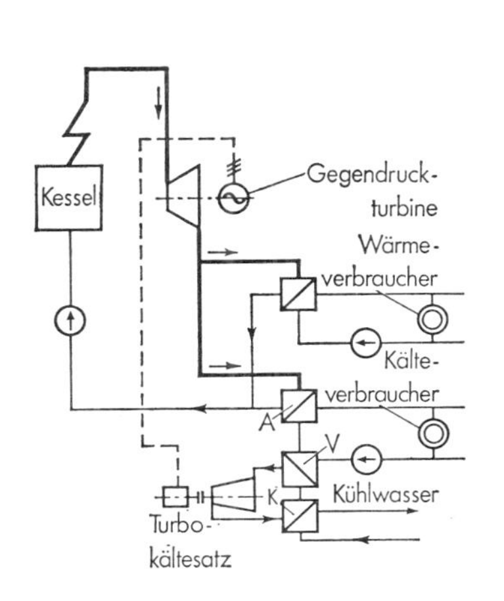


Bild 656-3. Schaltbild einer Heiz-Kraft-Kälte-Kupplung
A = Absorptionskältesatz
K = Verflüssiger
V = Verdampfer

## -3 HEIZ-KRAFT-KÄLTE-KUPPLUNG

Durch *Verbundbetrieb* zwischen Wärme-, Kälte- und eventuell Stromerzeugung wird die Wirtschaftlichkeit der Kälteanlage wesentlich erhöht.

Ein Beispiel hierfür zeigt Bild 656-3.

Stromerzeugung mit *Gegendruck-Dampfturbine,* Abdampf geht in Austauscher für Fernwärmeversorgung und beheizt eine Absorptions-Kälteanlage für das Fernkältenetz. Das hier zirkulierende Kaltwasser kann alternativ oder zusätzlich durch eine elektrisch betriebene Turbokälteanlage gekühlt werden. Da von den beiden Kältemaschinen die eine mit Dampf, die andere mit Strom betrieben wird, ist ein gegenseitiger Belastungsausgleich möglich.

### -4 KALTWASSERNETZ

Vorlauftemperatur 4···5 °C, Rücklauftemperatur 12···15 °C. *Spreizung* so groß wie möglich wählen, damit umlaufende Wassermenge geringer wird. Allerdings große Rohrquerschnitte. Die niedrigsten Kosten ergeben sich bei einer Spreizung von etwa 9 K, z. B. 4 °C Vorlauf- und 13 °C Rücklauftemperatur. Bei den Verbrauchern muß durch Rücklaufbegrenzer dafür gesorgt werden, daß eine bestimmte Rücklauftemperatur nicht überschritten wird. Wassermenge variabel.

Isolierung meistens nur bei Vorlaufleitungen erforderlich, häufig auch keine Isolierung.

Im allgemeinen zwei getrennte Netze für Fernheizung und Fernkühlung. Unter gewissen Umständen in südlichen Gegenden auch nur ein Netz möglich, das im Winter Heizwasser, im Sommer Kühlwasser führt.

Abrechnung des Kälteverbrauchs durch *Kältezähler* mit Grund- und Verbrauchspreis.

### -5 KÜHLWASSERNETZ

Die großen Verflüssigerleistungen von Fernkälteanlagen verlangen den Einsatz von Rückkühlwerken. Siehe hierzu Abschnitt 647. Die Bemessung wird nach Maßgabe einer durchschnittlichen Feuchtkugeltemperatur $t_f$ vorgenommen; so z. B. in Mitteleuropa $t_f = 16 \cdots 17$ °C. Bei einer Abkühlung um 5 K ist damit eine optimale Kühlwasser-Vorlauftemperatur von 24 °C erzielbar. Steigt die Feuchtkugeltemperatur auf 21 °C, so liefert das Rückkühlwerk dann Kühlwasser von etwa 27 °C.

In manchen Fällen, namentlich bei hohen Wasserpreisen, ist auch die Verwendung eines luftgekühlten Verflüssigers oder eines bei Teillast trocken betriebenen, geschlossenen Rückkühlwerkes in Erwägung zu ziehen.

*Pumpen* regelbar, um die Förderleistung der Netzbelastung anzupassen.

### -6 KOSTEN

Die nachstehend für die Kosten von großen Fernkälteanlagen angegebenen Zahlen sind als Näherungswerte zu betrachten, da sie von vielen Faktoren abhängig sind.

*Investitionskosten*

| | |
|---|---|
| Kälteanlage mit Rückkühlwerk | 400···460 DM/kW |
| Kaltwassernetz | 70···140 DM/kW |
| | 470···600 DM/kW |

*Betriebskosten* (1 kWh = 0,15 DM)

| | |
|---|---|
| Energiekosten einschl. Pumpen | 60···70 DM/MWh |
| feste Kosten (Kapitaldienst, Reparaturen) | 100···130 DM/MWh |
| | 160···200 DM/MWh |

In dieser Größenordnung liegen auch die Kosten bei Fernheizanlagen (Abschn. 223-5).

## 657 Kältespeicher[1])

Speicherbehälter wurden früher angewandt, als die Verdichter noch keine eingebaute Leistungsregelung hatten und thermostatische Expansionsventile nur für kleine Kälteleistungen zur Verfügung standen. In einem großen Wasserbehälter waren *Steilrohrverdampfer* mit Schwimmerregelung für überfluteten Betrieb eingebaut (vgl. Bild 644-2). Die Verdichter wurden durch einen Thermostaten von der Wassertemperatur im Behälter ein- und ausgeschaltet, dabei wurde der Behälter so groß gewählt, daß möglichst nur eine Schaltung pro Stunde erfolgte.

Diese sogenannten Pufferspeicher können auch heute noch zur Stabilisierung der Regelung erforderlich sein, besonders dann, wenn die Füllmenge des Kaltwassersystems, also die Speichermasse, gering ist im Verhältnis zur geschalteten Verdichterleistung.

---

[1]) Brunk, F.: HLH 12/85. S. 590/1 und HLH 7/86. S. 351/8.
de Vries, H.: TAB 9/86. S. 581/3 und Temperatur-Technik 3/86.

Kältespeicher sind erforderlich, wenn möglicher Ausfall der Antriebsenergie für die Kältemaschine überbrückt werden muß. Sie können aber auch wirtschaftliche Vorteile bringen, wenn durch die Kältespeicherung die Energieverbrauchsspitze der Kälteanlage oder auch des gesamten Gebäudes reduziert werden kann, was zu einer Verringerung des Leistungspreises führt. Zusätzliche Vorteile können sich ergeben durch Verlegung der Speicherladung in die Niedertarifzeit. Die Ergebnisse sind abhängig von der Tarifgestaltung des jeweiligen EVU. Der Einfluß auf die Investitionen ist stark objektabhängig, in günstigen Fällen kann sich eine spürbare Verringerung ergeben. Je höher und je kürzer die Kühllastspitze gegenüber dem mittleren Tagesbedarf ist, um so größer sind die zu erwartenden wirtschaftlichen Vorteile des Einsatzes von Kältespeichern.

Gute wirtschaftliche Voraussetzungen für den Einsatz von *Kältespeichern* bieten Klimaanlagen, wenn nur an wenigen Tagen mit hoher Außenlufttemperatur die Spitzenlast auftritt, während sonst nur Teillast vorliegt (Bild 671-1).

Durch *Kaltwasser-* oder *Eisspeicher* kann die Kühllastspitze gebrochen werden.

Man erreicht dadurch

ein besseres Teillastverhalten der Kälteanlage (Energieersparnis)
kleinere Kältemaschinen und Kühltürme (geringere Investitionskosten)
evtl. niedrigere Bereitstellungsgebühr für den Elektroanschluß (geringerer Leistungspreis)
geringere Energieverbrauchs-Kosten durch Nutzung der Niedrigtarifzeit.

Dem sind in einer Wirtschaftlichkeits-Betrachtung die Mehrkosten für den Kältespeicher und den Platzbedarf gegenüberzustellen.

Ferner ist zu beachten, daß bei Verwendung von Kaltwasserspeichern mit Sole oder Eisspeichern die Verdampfungstemperatur der Kälteanlage etwa 10 K tiefer liegen muß als bei reinen Kaltwasseranlagen. Dementsprechend verringern sich Kälteleistung und Leistungszahl.

Gelegentlich werden Eisspeicher im Winter über ein Wärmepumpensystem auch als Wärmequelle benutzt[1]).

## -1 SPEICHERDICHTE

Der Eisspeicher hat gegenüber dem Kaltwasserspeicher den Vorteil der höheren *Speicherdichte,* weil die Schmelzwärme genutzt wird *(Latentspeicher).*

*Vergleich der Speicherdichte:*

a) Kaltwasserspeicher ohne Eisbildung.

Die Verdampfungstemperatur muß über 0 °C liegen. Speichertemperatur daher etwa +5 °C = Kaltwasser-Vorlauftemperatur; Rücklauf vom Verbraucher +12 °C. Spreizung $\Delta t = 7$ K.
Spezifische Wärmekapazität des Wassers $c = 4{,}18$ kJ/kgK.
Somit speichert 1 m³ ($\varrho = 1000$ kg/m³)

$$\text{Speicherdichte } q = \varrho \cdot c \cdot \Delta t = \frac{1000 \cdot 4{,}18 \cdot 7}{3600} = 8{,}12 \text{ kWh/m}^3.$$

b) Kaltwasserspeicher mit Sole,

z. B. 20% Glykol ($\varrho = 1020$ kg/m³; $c = 3{,}95$ kJ/kg) senkt Gefrierpunkt auf −10 °C, erlaubt Verdampfungstemperatur −9 °C und Speichertemperatur −5 °C, Rücklauftemperatur +12 °C, d. h. $\Delta t = 17$ K.

$$\text{Speicherdichte } q = \varrho \cdot c \cdot \Delta t = \frac{1020 \cdot 3{,}95 \cdot 17}{3600} = 19{,}0 \text{ kWh/m}^3.$$

c) Eisspeicher;

Schmelzwärme des Wassers $c = 332$ kJ/kg, Dichte Eis $\varrho = 916$ kg/m³

$$\text{Speicherdichte } q_{\text{theor}} = \varrho \cdot c = 916 \cdot 332/3600 = 84{,}4 \text{ kWh/m}^3.$$

Für den Durchfluß des Wassers und die Kühlerrohre geht jedoch Platz verloren. Daher wird praktisch nur erreicht:

$$\text{Speicherdichte} \quad q = 40 \cdots 60 \text{ kWh/m}^3.$$

---

[1]) Langenegger, W.: CCI 11/86. S. 30/2.

## -2 EISSPEICHER, AUFBAU, FUNKTION

Beim *Laden* eines Eisspeichers wird die Kälteenergie zum Gefrieren des Wassers meist durch Direktverdampfer im Wassertank bzw. durch Zwischenschalten eines Solekreises dem Speicher zugeführt. Beim *Entladen* erfolgt der Wärmeübergang direkt vom Eis an das entlangströmende Wasser. Um gleichmäßigen Eisansatz an den Kühler-Rohren oder Platten zu erhalten, wird das Wasser im Tank mit Pumpen umgerührt oder es wird Luft am Tankboden eingeblasen (Bild 657-1).

Wegen der schlechten Wärmeleitung von Eis nimmt die Leistung mit zunehmender Eisdicke ab. Dadurch wird ein gewisser Selbstregulierungseffekt gegen völliges Einfrieren erreicht. Trotzdem werden oft Eisdickemesser eingesetzt.

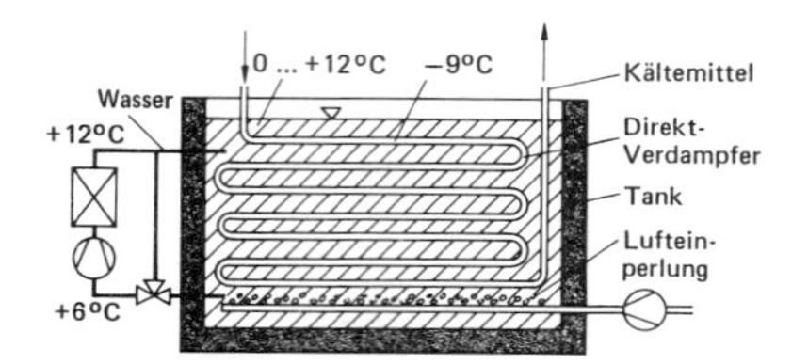


Bild 657-1. Schematischer Aufbau eines Eisspeichers mit Direktverdampfer.

Eine andere Bauart verwendet als Kühlmittel Sole, die in einem getrennten Verdampfer gekühlt wird und beim Laden durch den Tank strömt, in dem sich Kunststoffkugeln befinden, die ihrerseits mit Wasser gefüllt sind. Die Kunststoffkugeln mit etwa 10 cm Durchmesser sind infolge spezieller Formgebung elastisch und halten die Ausdehung beim Gefrieren aus (System Kleinewefers und Cyrogel).

Das Solesystem muß die Ausdehnung aufnehmen. Füllungsgrad des Tanks mit Kugeln ca. 50···70%. Keine Gefahr des völligen Zufrierens.

Der *Tank* wird aus Beton oder Stahl hergestellt. Es gibt geschlossene Druckbehälter oder offene Tanks.

Als Kältemaschinen werden wegen der unterschiedlichen Verdampfungstemperaturen zwischen Tag- und Nacht-Betrieb Kolben- und Schraubenkompressoren bevorzugt, da Turbokompressoren instabile Betriebsweise einnehmen können. Umschaltung durch zweites Expansionsventil. Bild 657-3 zeigt eine mögliche Anordnung des gesamten Systems.

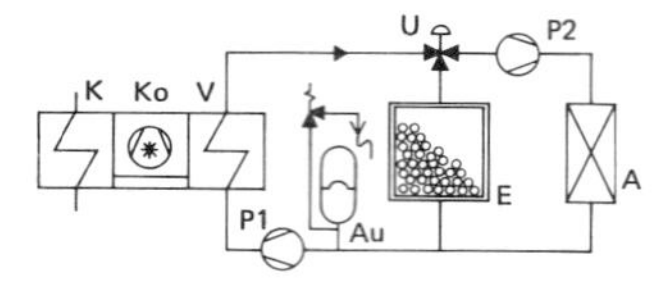


Bild 657-3. Prinzipschema für Kältespeicher mit Solekreislauf und wassergefüllten Kunststoffkugeln.

| | | |
|---|---|---|
| E = Eisspeicher | Ko = Kompressor | P2 = Entladepumpe |
| A = Kälteverbraucher | K = Kondensator | Au = Ausdehnungsgefäß |
| V = Verdampfer | P1 = Ladepumpe | U = Umschaltventil |

## -3 BERECHNUNG DER SPEICHERGRÖSSE

Zur Auslegung der Speichergröße benötigt man das Histogramm des Kältebedarfs über der Tageszeit. Bild 657-4 zeigt ein *Beispiel:*

Betriebszeit Gebäude: 7.00 bis 18.00 Uhr, $t_{Tag} = 11$ Uhr,
Niedertarifzeit: 21.00 bis 6.00 Uhr, $t_{Nacht} = 9$ Uhr.

Maximale Lastspitze $\dot{Q}_{max} = 1280$ kW um 16.00 Uhr.

Den Aufbau des Systems zeigt Bild 657-5.

*Laden* (Bild 657-5a):

Die Kältemaschine erzeugt beim *Laden* Sole $-1{,}5/-6\,°C$ und leistet dabei $\dot{Q}_{Nacht} = 400$ kW.
Verdampfungstemperatur $t_0 = -9\,°C$; Kondensationstemperatur $t_c = 30\,°C$.

*Entladen* (Bild 657-5b):

Beim Tagbetrieb werden die Verbraucher mit Sole $+6/+12\,°C$ versorgt. Die Kältemaschine arbeitet bei dieser Betriebsweise mit einer Verdampfungstemperatur von $t_0 = +4\,°C$ und einer Kondensationstemperatur von $t_c = 40\,°C$. Für diese geänderten Bedingungen ist nach den Kennfeldern der Kältemaschinen-Hersteller die Leistung neu zu bestimmen.

Ein Beispiel für R 22 zeigt Bild 641-12.

Aus diesem Bild ergibt sich die Kälteleistung am Tag

$\dot{Q}_{Tag} = 0{,}9 \cdot 400/0{,}57 = 630$ kW

Die erforderliche Antriebsleistung der Kältemaschine ist nach Bild 641-12

beim Nachtbetrieb (Laden) $P = 400/3{,}5 = 114$ kW
beim Tagbetrieb $P = 630/4{,}1 = 154$ kW.

Mit dem Wert für $\dot{Q}_{Tag}$ kann im Histogramm Bild 657-4 geprüft werden, ob die verlangte Energie erreicht wird:

Am Tage liefert die Kältemaschine eine Kälteenergie von

$Q_K = 630\,(18-7) = 6930$ kWh.

Die Integration der Bedarfskurve ergibt einen verbleibenden Kältebedarf von $Q_S = 3500$ kWh, der vom Speicher zu decken ist. Geladen im Speicher wurden nachts insgesamt

$Q_S = Q_{S1} + Q_{S2} = 400 \cdot (6+3) = 2400 + 1200 = 3600$ kWh.

Die gespeicherte Energie reicht also aus. Anderenfalls wäre die Rechnung mit geändertem Anfangswert für $\dot{Q}_{Nacht}$ zu wiederholen oder nachstehende systematische Berechnung anzuwenden.

Entsprechend einer Speicherdichte nach Abschnitt 657-1 c) von $q = 50$ kWh/m³ ergibt sich das *Volumen des Speichers* zu

$V = Q_S/q = 3500/50 = 70$ m³.

Erforderlicher Volumenstrom der Pumpen

Pumpe P1 $$V_1 = \dot{Q}_{Nacht}/\varrho \cdot c \cdot \Delta t = \frac{400 \cdot 3600}{1020 \cdot 3{,}95 \cdot (-1{,}5+6)} = 80\ \text{m}^3/\text{h}$$

Pumpe P2 $$V_2 = \dot{Q}_{max}/\varrho \cdot c \cdot \Delta t = \frac{1280 \cdot 3600}{1010 \cdot 3{,}59 \cdot (12-6)} = 192\ \text{m}^3/\text{h}$$

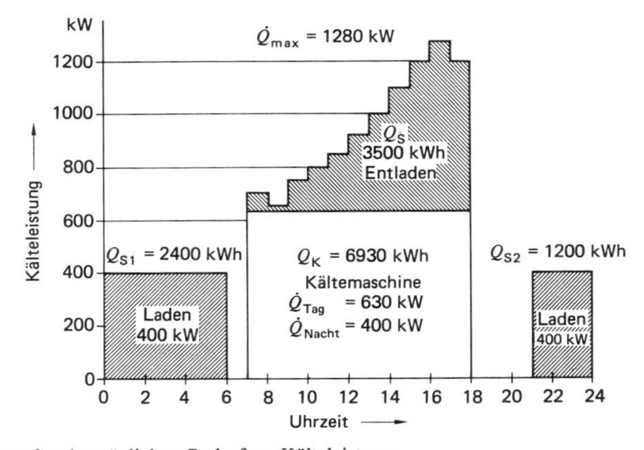


Bild 657-4. Histogramm für den täglichen Bedarf an Kälteleistung.

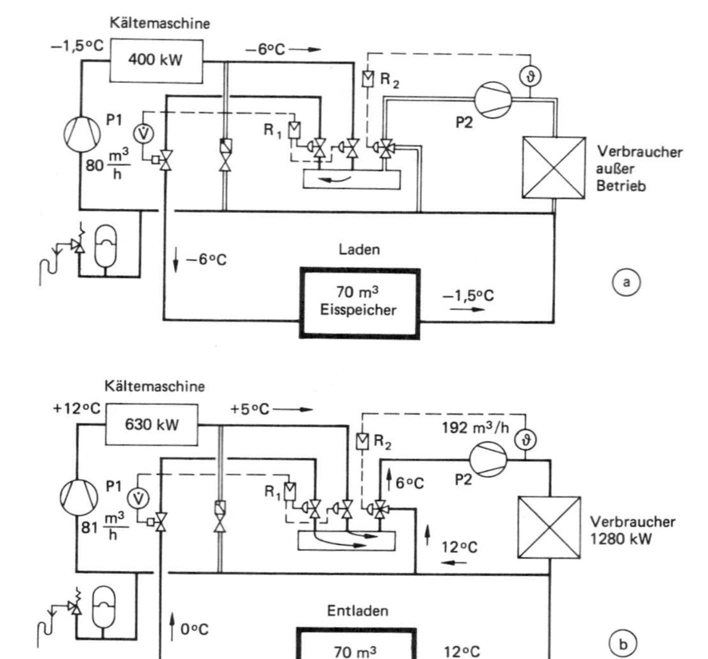


Bild 657-5. Beispiel für die Funktion eines Eisspeichers.
a) Nachtbetrieb: Laden
b) Tagbetrieb: Entladen parallel mit Kältemaschinenbetrieb

Die Konzentration der Sole ist zu bestimmen nach Bild 634-1. Stoffwerte der Sole nach Bild 332-41 und Tafel 131-5.

Die Förderdrücke der Pumpe P1 können bei den Betriebsstellungen *Laden* und *Entladen* sehr unterschiedlich sein.

Die entsprechend dem Histogramm schwankende Kälteleistung kann durch Drehzahlregelung der Pumpe P2 oder über die Vorlauftemperatur geregelt werden.

*Systematische Ermittlung der Kältemaschinenleistung*

Das Histogramm muß vorliegen, z. B. wie Bild 657-4. Danach ist bekannt als integrierte Fläche unter der Kurve der

*Kälte-Energiebedarf* $Q_{ges} = Q_K + Q_S$ in kWh

Die Aufgabe besteht nun darin, bei Parallelbetrieb von Speicher und Kältemaschine die Aufteilung vorzunehmen in die Energiequellen

*Kältemaschine* $Q_K = \dot{Q}_{Tag} \cdot \text{Entladezeit} = \dot{Q}_{Tag} \cdot t_{Tag}$ in kWh

und *Speicher* $Q_S = \dot{Q}_{Nacht} \cdot \text{Ladezeit} = \dot{Q}_{Nacht} \cdot t_{Nacht}$ in kWh

Da Verdampfungstemperatur $t_0$ und Kondensationstemperatur $t_c$ wegen der unterschiedlichen Soletemperaturen beim Laden und Entladen verschieden sind, unterscheidet sich auch die Kältemaschinen-Leistung für diese beiden Betriebsarten, und zwar je nach Hersteller, Kältemittel u. a. Die Daten sind also beim Hersteller zu erfragen. Als Anhalt hierfür wurde im vorstehenden Beispiel Bild 641-12 benutzt.

Danach ist für Kältemittel R 22

mit $t_0 = -9\,°C$ und $t_c = 30\,°C$ beim Laden
und $t_0 = +4\,°C$ und $t_c = 40\,°C$ beim Tagbetrieb

das Verhältnis

$$a = \frac{\text{Leistung Kältemaschine am Tag}}{\text{Leistung Kältemaschine Laden}} = \frac{\dot{Q}_{Tag}}{\dot{Q}_{Nacht}} = \frac{0{,}9}{0{,}57} = 1{,}578$$

Wegen

$$Q_{ges} = Q_K + Q_S = \dot{Q}_{Tag} \cdot t_{Tag} + \dot{Q}_{Nacht} \cdot t_{Nacht} \quad \text{in kWh}$$

gilt generell

$$\dot{Q}_{Nacht} = \frac{\dot{Q}_{ges}}{a \cdot t_{Tag} + t_{Nacht}} \text{ in kW} \quad \text{und für das Beispiel} = \frac{6930 + 3500}{1{,}578 \cdot 11 + 9} = 400 \text{ kW}$$

## -4 REGELUNG

Die Regelung muß sicherstellen:

1. Der Speicher darf nicht zu schnell entladen werden.
2. Die Aufladung des Speichers muß gewährleistet sein.

Beim Entladen mißt der Regler $R_1$ (siehe Bild 657-5) den Volumenstrom, der den Speicher entlädt. In Anlehnung an den Verlauf der Last im Histogramm, welches natürlich meist auch von der Witterung abhängt, wird der Sole-Volumenstrom stufenweise oder kontinuierlich über der Tageszeit angepaßt. Für verschiedene Jahreszeiten sind verschiedene Kurven zweckmäßig.

Einerseits soll der Speicher nicht zu schnell entleert werden, andererseits soll bei geringem Kälteenergiebedarf (z. B. Winter) die Kältemaschine am Tag möglichst wenig laufen, d. h. der Speicher bis zum Ende der Hochtarifzeit mit Vorrang entleert sein: Kosten-Optimierung durch Kälteerzeugung in der Niedrigtarifzeit.

Beim Laden läuft nur die Pumpe P1 mit konstantem Sole-Volumenstrom. Die Fließrichtung im Speicher kehrt sich dabei um. Umschalten von Laden auf Entladen über Zeitschaltprogramm entsprechend Histogramm Bild 657-4. Der Regler $R_2$ hält über den Temperaturfühler die Vorlauftemperatur konstant. Für die Regelung von Eisspeichern eignen sich besonders intelligente *DDC-Regler*, auf denen sich individuelle Strategien realisieren lassen.

## -5 KOSTEN, WIRTSCHAFTLICHKEIT

*Investitionskosten*

Bild 657-7 zeigt die ungefähren Investitionskosten für Eisspeicher. Sie enthalten

Tank mit Isolierung
Verdampfer bzw. Füllung mit Kunststoffkugeln
Regelung
Frostschutzmittel.

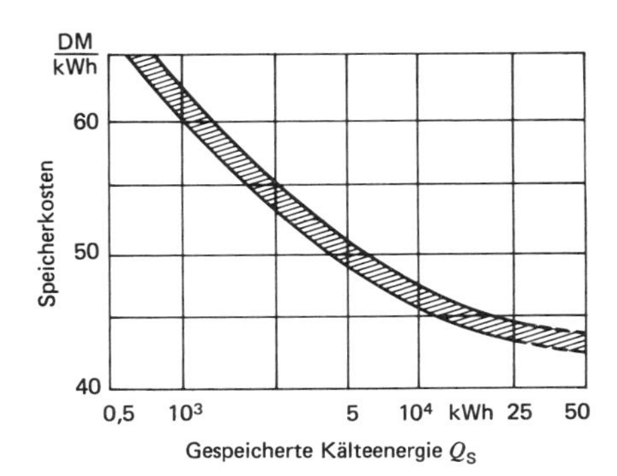


Bild 657-7. Durchschnittliche Investitionskosten für Eisspeicher (1986).

Im Beispiel nach Bild 657-4 konnte durch einen Eisspeicher die maximale Leistung der Kältemaschine von $\dot{Q}_{max} = 1280$ kW herabgesetzt werden auf $\dot{Q}_{Tag} = 630$ kW.

Dadurch ergibt sich eine Einsparung bei der Kältemaschine nach Bild 681-1 von

$$K_K = (1280 \cdot 450) - (630 \cdot 490) = 267\,000,\text{– DM}$$

Kosten für Speicher mit gespeicherter Energie (Speicherkapazität) nach Bild 657-7 mit $Q_S = 3600$ kWh

| | |
|---|---|
| | $K_S = 3600 \cdot 52 = 187\,000$,– DM |
| Einsparung bei den *Investitionskosten* | 80 000,– DM |
| Abzüglich Raumbedarf für 70-m³-Tank: | 100 m³ · 400 DM/m³ = 50 000,– DM |
| Netto-Ersparnis bei den *Investitionskosten* | 30 000,– DM |

*Energiekosten*

Die Berechnung des jährlichen Energieverbrauchs in der Kühlperiode setzt sich zusammen aus der Summe aller täglichen Histogramme für die stündlichen Verbräuche. Diese Berechnung ist umfangreich und wird heute meist mit EDV-Programmen durchgeführt. Nachstehend wird eine Überschlagsrechnung anhand des Beispiels nach Bild 657-4 durchgeführt. Dabei wird für die Häufigkeitsverteilung der Kälteleistung das Bild 671-1 zugrunde gelegt, das für ein Verwaltungsgebäude als typisch angesehen werden kann.

In diesem Bild wird 100% Kälteleistung gleich 1260 kW gesetzt. Die Häufigkeitsverteilung besitzt einen Mittelwert von 42% in der Bereitschaftszeit von 1820 h. Das entspricht $1260 \cdot 0{,}42 = 529$ kW.

Der Jahresenergieverbrauch ist somit

$$E_{ges} = 529 \cdot 1820 = 963\,000 \text{ kWh.}$$

Oberhalb der 50%-Linie fallen nach Bild 671-1 14%, darunter 86% des Energieverbrauchs an. Die 50%-Linie entspricht 630 kW, d. h., oberhalb der Linie arbeitet die Kältemaschine mit dem Speicher parallel, und zwar 580 h in der Hochtarifzeit. Darunter arbeitet die Kältemaschine auf den Speicher, also im Niedertarif. Somit

Jahresenergie aus Kältemaschine $E_K = 0{,}14 \cdot 963\,000 = 135\,000$ kWh
Jahresenergie aus Eisspeicher $E_S = 0{,}86 \cdot 963\,000 = 828\,000$ kWh.

Tafel 657-1 zeigt die Berechnung der Energiekosten für das Beispiel mit und ohne Kältespeicher. Die jährliche Energieeinsparung beim Strom-*Arbeitspreis* beträgt 10 840,– DM/a; das sind 23%.

Erheblich größer wird die Einsparung, wenn auch der *Leistungspreis* zum Tragen kommt. Bei mitteleuropäischem Klima und Verwaltungsgebäuden mit nicht allzu großen Innenzonen fällt jedoch die Leistungsspitze bedingt durch Beleuchtung in der Heizperiode an; anders in heißen Gegenden, z. B. USA.

Für die *Wirtschaftlichkeit* der Speicherung insgesamt gibt es einen Richtwert (Einsparfaktor)

$$k = \frac{Q_S}{\dot{Q}_{max} - \dot{Q}_{Tag}} \quad \text{in kWh/kW.}$$

Dieser Wert gibt an, wieviel kWh gespeichert werden müssen je kW reduzierte installierte Kälteleistung. Für Eisspeicher mit Kunststoffkugel gilt angenähert

$k < 6$ Eisspeicher ist wirtschaftlich,
$k = 6 \cdots 8$ kostenneutral,
$k > 8$ Eisspeicher ergibt Mehrkosten.

Zur überschlägigen Berechnung des täglichen Kälteenergieverbrauchs $Q_{ges}$ und des Faktor $k$ dient Tafel 657-2, die für folgende Voraussetzungen gelten:

Verwaltungsgebäude
Speicherzeit = 24 h – Betriebsdauer
Verhältnis $a = \dot{Q}_{Tag}/\dot{Q}_{Nacht} = 1{,}4$

*Beispiel:*

Max. Kälteleistung im Histogramm sei $\dot{Q}_{max} = 100$ kW,
Betriebszeit $t_{Tag} = 12$ h; innere Last = mittel.
Kälteleistung beim Laden $\dot{Q}_{Nacht} = 0{,}28 \cdot 100 = 28$ kW
Kälteenergie des Speichers $Q_S = 3{,}33 \cdot 100 = 333$ kWh
Einsparfaktor $k = 5{,}45 < 6$, d. h., Speicher ist gerade noch wirtschaftlich, Detailuntersuchung ist zweckmäßig, da EVU-Tarife sehr unterschiedlich.

**Tafel 657-1. Überschlägige Berechnung der Energiekosten-Einsparung durch Eisspeicher**

| Zeile | Formel | | Speicher: | ohne | mit |
|---|---|---|---|---|---|
| 1 | | Spitzenkühllast Kältemaschine | kW | 1260 | 630 |
| 2 | s. Abschn. 657-3 | Leistungszahl Tagbetrieb | – | 4,1 | 4,1 |
| 3 | s. Abschn. 657-3 | Leistungszahl Nachtbetrieb | – | | 3,5 |
| 4 | Z1 : Z2 | Spitzenlast Strom Kältemaschine | kW | 307 | 154 |
| 5 | 9%…8% · $Z4_{ohne}$ | Leistungsbedarf für Pumpen, Kühlturm | kW | 28 | 25 |
| 6 | Z4 + Z5 | Spitzenlast Strom | kW | 335 | 178 |
| 7 | nach Bild 671-1 | Kälteenergieverbrauch Hochtarif | MWh/a | 963 | 135 |
| 8 | nach Bild 671-1 | Kälteenergieverbrauch Niedertarif | MWh/a | | 828 |
| 9 | Z7 : Z2 | Stromverbrauch Kälte Hochtarif | MWh/a | 235 | 33 |
| 10 | Z8 : Z3 | Stromverbrauch Kälte Niedertarif | MWh/a | | 237 |
| 11 | Z5 · 1820 h | Stromverbrauch Pumpen, Kühlturm (Tag) | MWh/a | 50 | 45 |
| 12 | Z5 · 600 h | Stromverbrauch Kühlturm (Nacht) | MWh/a | | 15 |
| 13 | Z9 + Z11 | Gesamtstromverbrauch Hochtarif (160 DM/MWh) | MWh/a | 285 | 78 |
| 14 | Z10 + Z12 | Gesamtstromverbrauch N.-Tarif (90 DM/MWh) | MWh/a | | 251 |
| 15 | 160 · Z13 + 90 · Z14 | Gesamtstromkosten pro Jahr | DM/a | 45 640 | 35 048 |
| 16 | $Z15_{mit} - Z15_{ohne}$ | Einsparung am Arbeitspreis durch Speicher | DM/a | | 10 592 |
| 17 | 170 · ($Z15_{ohne} - Z15_{mit}$) | Einsparung am Leistungspreis (170 DM/kW) | DM/a | | 26 644 |
| 18 | Z10 + Z12 | GESAMT-ENERGIEKOSTEN-DIFFERENZ | DM/a | | 37 236 |

**Tafel 657-2. Überschlägige Bestimmung des täglichen Energiebedarfs und des Einsparfaktors**

| Betriebszeit h | Innere Last | Täglicher Energiebedarf $Q_{ges}$ kWh | Kälteleistung beim Laden $\dot{Q}_{Nacht}$ kW | Gespeicherte Kälteenergie $Q_S$ kWh/d | Einspar-Faktor $k$ – |
|---|---|---|---|---|---|
| 10 | klein | $6 \cdot \dot{Q}_{max}$ | $0{,}21 \cdot \dot{Q}_{max}$ | $3{,}00 \cdot \dot{Q}_{max}$ | 4,29 |
| 10 | mittel | $7 \cdot \dot{Q}_{max}$ | $0{,}25 \cdot \dot{Q}_{max}$ | $3{,}50 \cdot \dot{Q}_{max}$ | 5,38 |
| 10 | groß | $8 \cdot \dot{Q}_{max}$ | $0{,}29 \cdot \dot{Q}_{max}$ | $4{,}00 \cdot \dot{Q}_{max}$ | 6,67 |
| 12 | klein | $7 \cdot \dot{Q}_{max}$ | $0{,}24 \cdot \dot{Q}_{max}$ | $2{,}92 \cdot \dot{Q}_{max}$ | 4,42 |
| 12 | mittel | $8 \cdot \dot{Q}_{max}$ | $0{,}28 \cdot \dot{Q}_{max}$ | $3{,}33 \cdot \dot{Q}_{max}$ | 5,45 |
| 12 | groß | $9 \cdot \dot{Q}_{max}$ | $0{,}31 \cdot \dot{Q}_{max}$ | $3{,}75 \cdot \dot{Q}_{max}$ | 6,67 |

# 658 Kältemittel-Rohrleitungen[1])

In Kälteanlagen für direkte Verdampfung müssen die Rohrleitungen für jeden Einzelfall bemessen werden. Bild 658-1 zeigt eine typische Anordnung. *Material:* Kupfer, Stahl und seine Legierungen. Hauptsächlich jedoch Kupferrohre mit Lötfittings (DIN 8905).

Für die Bemessung der Rohrleitungen für flüssiges oder dampfförmiges Kältemittel gelten grundsätzlich die allgemeinen Regeln der Strömungslehre. Ein Druckabfall tritt in folgenden Leitungen auf:

*Druckleitung* vom Verdichter zum Verflüssiger
*Flüssigkeitsleitung* vom Verflüssiger zum Verdampfer
*Saugleitung* vom Verdampfer zum Verdichter

[1]) Großhans, D.: Ki 10/79. S. 355/8.
Schürk, W.: Kälte- u. Klimafachmann Heft 9/79 u. 1/80.

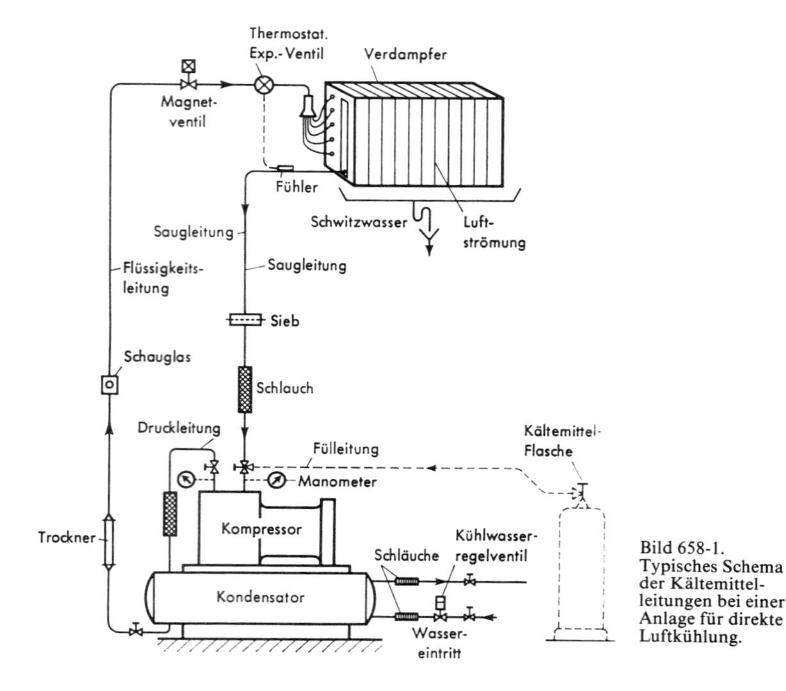


Bild 658-1. Typisches Schema der Kältemittelleitungen bei einer Anlage für direkte Luftkühlung.

Der Druckverlust in der Druckleitung bewirkt eine Erhöhung des Enddrucks der Verdichtung über den Verflüssigungsdruck hinaus. Das bedeutet Verringerung der Leistungszahl. Druckverlust in der Saugleitung hat eine Verminderung der Förderleistung, damit also der Kälteleistung, zur Folge, weil das spezifische Volumen zunimmt. In der Flüssigkeitsleitung schließlich vom Verflüssiger zum Regelventil besteht die Gefahr der Dampfblasenbildung durch Drosselung, wenn starke Druckverluste bei nur wenig unterkühltem Kältemittel auftreten (siehe hierzu Punkt 3 bzw. 3u im Diagramm 621-6). Diese Drosseldampfbildung tritt auf, sobald durch Druckabfall der Sättigungszustand erreicht und überschritten wird, also z. B. in den Regel- und Drosselorganen für die Kältemittel-Mengenregelung. In der Leitung davor soll aber reine Flüssigkeit strömen. Für die Berechnung des *Druckabfalls* gilt allgemein

$$\Delta p = \lambda \frac{l_{gl}}{d} \frac{\varrho}{2} w^2 \text{ in N/m}^2 \text{ (siehe Abschnitt 147)}$$

Darin ist die Reibungszahl $\lambda$ eine Funktion der Reynoldschen Kennzahl $Re = \frac{wd}{\nu}$ und $l_{gl}$ die gleichwertige (äquivalente) Rohrlänge.

Werte für $\lambda$ können aus Bild 147-5 entnommen werden. Kinematische Zähigkeit $\nu$ für Kältemittel siehe Tafel 658-1.

**Tafel 658-1. Kinematische Zähigkeit $\nu$ (mm²/s) von Kältemitteln**

| Temperatur °C | −10 | 0 | 10 | 20 | 30 | 40 |
|---|---|---|---|---|---|---|
| R 12-Sattdampf | 0,90 | 0,64 | 0,49 | 0,39 | 0,30 | 0,25 |
| R 12-Flüssigkeit | 0,23 | 0,23 | 0,22 | 0,20 | 0,20 | 0,19 |
| R 22-Sattdampf | 0,68 | 0,54 | 0,42 | 0,34 | 0,28 | 0,23 |
| R 22-Flüssigkeit | 0,21 | 0,21 | 0,20 | 0,20 | 0,195 | 0,19 |

Um einerseits den Druckabfall klein zu halten, andererseits die Material- und Verlegungskosten nicht zu hoch zu treiben, werden die Rohrleitungen bei Halogenkältemitteln nach Maßgabe etwa folgender Geschwindigkeiten in m/s bemessen:

| | Saugleitung | Druckleitung | Flüssigkeitsleitung |
|---|---|---|---|
| R 12 | 6···10 | 10···12 | 0,4···0,6 |
| R 22 | 8···12 | 12···15 | 0,4···0,6 |

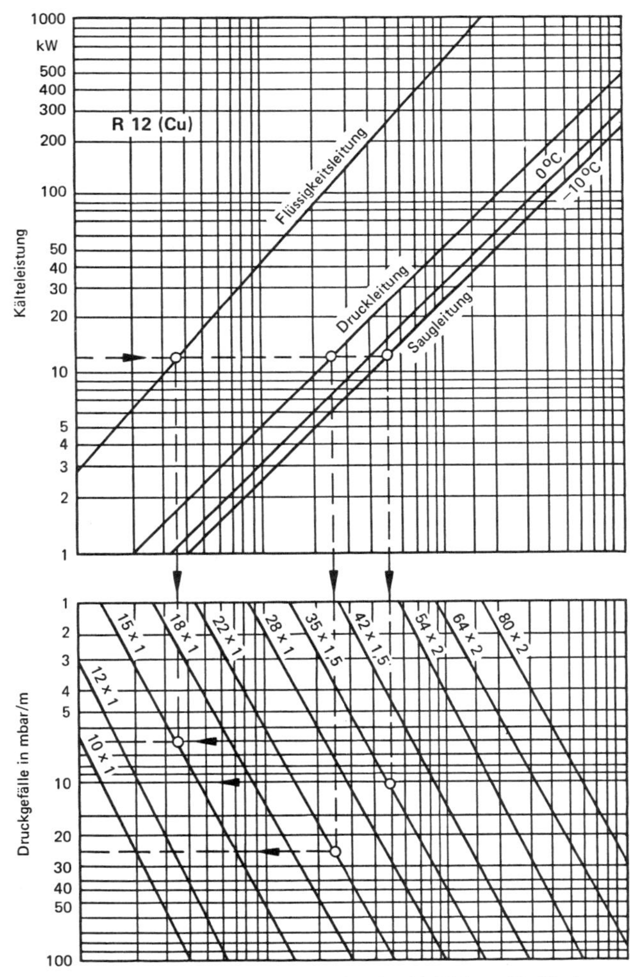


Bild 658-2. Druckabfall in R-12-Rohrleitungen aus Kupfer einschl. Fittings (Verflüssigungstemperatur 30···35 °C)
Für R 22 sind die Kälteleistungen vorher mit dem Faktor $f = 0,6$ zu multiplizieren (nur Saug- und Druckleitung, Flüssigkeitsleitung ist bei R 12 und R 22 gleich)

*Ölrückführung*[1])

Für störungsfreien Betrieb ist auch die fachgerechte *Verlegung* der Rohrleitungen wichtig. Besonders zu beachten ist dabei die Ölrückführung. Bei allen öllöslichen Kältemitteln besteht die Gefahr, daß das aus dem Verdichter mitgerissene Öl sich an geeigneten Stellen ansammelt und nicht mehr in den Kreislauf zurückkehrt.

Bei steigenden Saugleitungen dürfen gewisse Geschwindigkeiten nicht unterschritten werden (5···6 m/s), namentlich bei Teillast. Sogenannte *Ölfallen* in den Saugleitungen sammeln Öl an. Sobald die Falle voll ist, wird durch den Unterdruck das Öl hochgesaugt und fällt von oben in die Saugleitung (Bild 658-3).

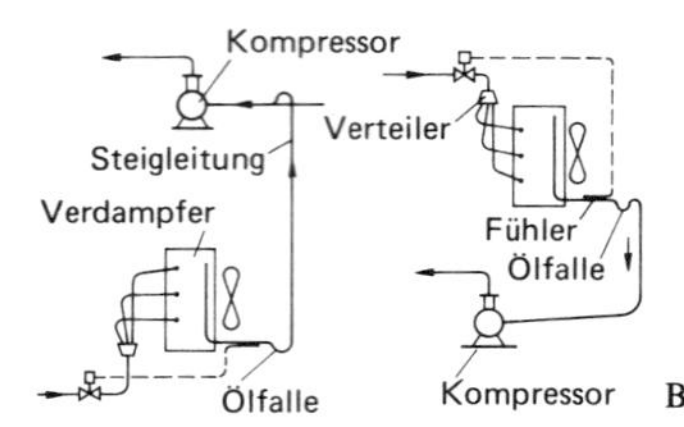


Bild 658-3. Ölfalle in der Saugleitung des Verdichters.

Bei senkrechten Flüssigkeitsleitungen muß die statische Druckhöhe beachtet werden:

| | | |
|---|---|---|
| Ammoniak | 600 mm WS/m | ≈ 0,059 bar/m |
| R 11 | 1470 mm WS/m | ≈ 0,144 bar/m |
| R 12 | 1300 mm WS/m | ≈ 0,127 bar/m |
| R 22 | 1175 mm WS/m | ≈ 0,115 bar/m. |

*Beispiel:*

R-12-Kälteleistung $\dot{Q}_0 = 12$ kW, Verdampfungstemperatur $t_0 = -10\,°C$.

Aus Bild 657-2 entnimmt man: Flüssigkeitsleitung 15 · 1 mm, Druckgefälle 7 mbar/m; Druckleitung 22 · 1 mm, Druckgefälle 25 mbar/m, Saugleitung 35 · 1,5 mm, Druckgefälle 10 mbar/m.

Bei geringer Unterkühlung und großem Höhenunterschied tritt dadurch im aufsteigenden Strom eventuell Blasenbildung auf, die die Funktion von Regelventilen beeinträchtigt, daher stärkere Unterkühlung notwendig.

*Ventile* mit Membran- oder Wellrohrdichtung, um absolute Dichtheit zu erhalten.

Rasche Ermittlung der Druckverluste und Rohrdurchmesser bei einer mittleren Zahl von Fittings siehe Bild 658-2. Einzelwiderstände (Bogen, T-Stücke, Ventile) machen etwa ⅔ des Gesamtwiderstandes einer Leitung aus. Gesamtdruckverlust in Saug- und Druckleitungen etwa 0,2···0,3 bar entsprechend Temperaturabfällen von 1···2 K, in Flüssigkeitsleitungen etwa 0,35 bar.

[1]) Gottfried, E.: Ki 10/85. S. 387/9.

# 66 BERECHNUNG VON LUFTKÜHLANLAGEN

Die Ermittlung der *Kühllast* erfolgt nach den VDI-Kühllast-Regeln (VDI 2078 – 8.77), vgl. hierzu Abschnitt 353.

Bei der Festlegung der erforderlichen Kälteleistung der Kälteanlage sind die einzelnen Positionen der Kühllastberechnung sorgfältig daraufhin zu prüfen, welche Lasten *gleichzeitig* auftreten (wandernde Sonneneinstrahlung, Speicherverhalten, wechselnde Belastungen). Ein Addieren der Spitzenkühllast aller angeschlossenen Räume mit z. B. Sonnenstrahlung aus Ost, Süd und West würde zu einer stark überdimensionierten Kälteanlage führen. Weiterhin ist zu beachten, welche Außenlufttemperaturen beim Kühllastmaximum auftreten. Ein Kühllastmaximum vor oder nach der größten Mittagshitze erlaubt die Dimensionierung einer luftgekühlten Kälteanlage bei niedrigerer Verflüssigungstemperatur. Grundsätzlich sollte eine Kälteanlage nicht unnötig überdimensioniert werden, um bei elektrischem Antrieb nicht unnötig hohe Bereitstellungspreise zu verursachen, und um einen möglichst wirtschaftlichen Teillastbetrieb zu ermöglichen.

Neben der Berechnung des Kühllastmaximums ist auch die Vorausberechnung des zu erwartenden *Teillastverhaltens* wichtig. Teillasten bis etwa 50% sind meistens problemlos zu erreichen. Wenn kleinere Teillasten erforderlich sind, empfiehlt sich eine Aufteilung auf *mehrere Kältemaschinen*. So findet man oft eine kombinierte Installation aus Hubkolben- und Turboverdichter-Kaltwassersätzen. Dabei übernimmt der Kolbenverdichter z. B. den Teillastbereich von 0 bis 20%, der Turboverdichter den Bereich von 20 bis 80%, und bei Vollast arbeiten beide zusammen. Die richtige Kombination und Leistungsaufteilung ist von Fall zu Fall zu ermitteln und hängt auch ab von der kaltwasserseitigen Schaltung der Gesamtanlage.

Teillastverhalten und Aufteilung der Kälteleistung bestimmen auch den regelungstechnischen Aufwand für die Luftkühlanlage bzw. den Kaltwasserkreislauf und die Wasserkühlanlage.

# 67 REGELUNG VON LUFTKÜHLANLAGEN

Kälteanlagen für die Raumlufttechnik arbeiten häufig im Teillastbereich, da Vollast in Mitteleuropa witterungsbedingt selten erreicht wird (Bild 671-1). Dem Teillastverhalten kommt also besondere Bedeutung zu in Hinsicht auf den jährlichen Energieverbrauch. Zur Berechnung desselben gibt es Simulationsprogramme[1]). Eine Übersicht hierzu zeigt Bild 671-2 für verschiedene Regelungsarten, die in nachstehenden Abschnitten beschrieben werden.

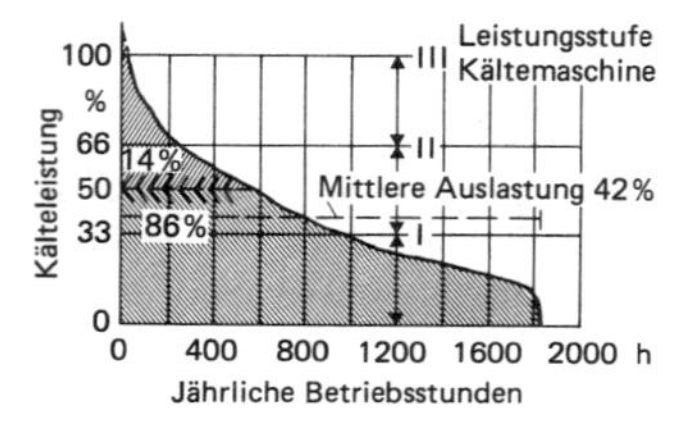


Bild 671-1. Typische Häufigkeitsverteilung der Betriebsstunden einer Kältemaschine in einem Verwaltunsgebäude nach [1]).

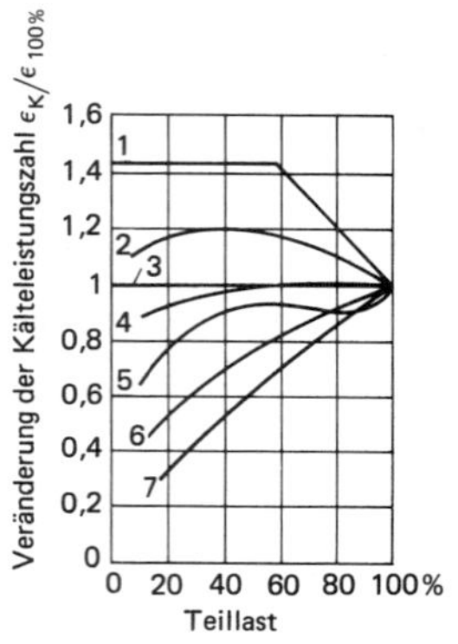


Bild 671-2. Teillastverhalten von Kolbenverdichtern bei verschiedener Regelungsart:
1 Polumschaltbarer Motor, Drehzahl 1:2.
2 Vier Verdichter in Zwei-Punkt-Sequenzregelung bei 2 Kältemittelkreisläufen.
3 Ein Verdichter mit Zwei-Punkt-Regelung.
4 wie 2, mit zusätzlicher Zylinderabschaltung.
5 Zwei Verdichter in Zwei-Punkt-Sequenzregelung mit zusätzlicher Zylinderabschaltung (2 Kältemittelkreisläufe).
6 Ein Verdichter mit Zylinderabschaltung.
7 Heißgas-Beipaß-Ventil, stufenlos.

## 671 Regelung bei direkter Luftkühlung[2])

Regelungstechnischer Aufwand ist abhängig von zu regelnder Kälteleistung, Massenträgheit des Regelkreises, Variationsbreite der luftseitigen Temperaturen und Anforderungen an die Verdampfer-Oberflächentemperatur hinsichtlich Entfeuchtung. Stabiles Regelverhalten ist nur zu erwarten bei Proportionalregelung mit bleibender Sollwertabweichung.

### -1 EIN-/AUS-SCHALTUNG DES VERDICHTERS

Raum- oder Rückluftthermostat schaltet bei kleinen Leistungen (Fensterklimageräte) direkt, bei größeren Leistungen über Schaltschütz den Verdichter-Antriebsmotor ein und aus (2-Punkt-Regelung). Die entsprechend starken Schwankungen der Zulufttemperatur müssen durch geeignete Luftführung und Ausnutzung von Massenkapazitäten ausgeglichen werden; in gleicher Weise Sicherstellung, daß nicht mehr als 6 Schaltungen pro Stunde erfolgen. Mindestlaufzeit des Verdichters zur Ölrückführung durch genügend große Schaltdifferenz des Thermostaten, ausreichende Trägheit durch Speichermassen oder besonderes Zeitrelais.

[1]) Brunk, F.: Ges.-Ing. 4/86. S. 194/204.
[2]) Hagenlocher, T.: Ki 12/83. S. 469/71.

Diese einfache Methode kann ausreichend sein bis zu Kälteleistungen von 40 kW, sie ist außerdem Grundfunktion aller weitergehenden Regelungen. Gleiche Funktionsweise haben bei Entfeuchtungsaufgaben Raum- oder Rückluft-Hygrostate.

## -2 SAUGDRUCKREGELUNG

Durch einen Konstantdruckregler (vgl. Abschn. 646-31), auch Saugdruckregler genannt, kann ein Absinken der Verdampfungstemperatur im Verdampfer verhindert werden, z. B. bei fallenden Lufteintrittstemperaturen oder auch auch bei zunehmender Kälteleistung durch fallende Verflüssigungstemperatur (luftgekühlte Verflüssiger). Verwendung vorwiegend zur Vermeidung von Reif- und Eisansatz am Luftkühler.

## -3 TEMPERATURREGLER IM KÄLTEKREISLAUF

Durch ein temperaturgesteuertes Drosselventil in der Kältemittel-Saugleitung zwischen Verdampfer und Verdichter (vgl. Abschn. 646-32) kann die Lufttemperatur, je nach Anordnung des Temperaturfühlers Raum-, Rückluft- oder Zuluft-Temperatur, im Proportionalband des Reglers konstant gehalten werden. Schema für größere Leistungen mit Pilot- und Hauptventil (vgl. Abschn. 646-3) zeigt Bild 671-3. Bei steigender Temperatur öffnet das Steuerventil und damit auch das Hauptventil, so daß die abgesaugte Kaltdampfmenge steigt. Da Leistungsanpassung des Verdichters durch Absenkung des Saugdruckes – der Verdampfungstemperatur am Verdichtereintritt – bewirkt wird, muß Einhaltung der Einsatzgrenzen, insbesondere die Druckrohrtemperatur, beachtet werden. Kühlflächentemperatur kann bei Teillast ansteigen.

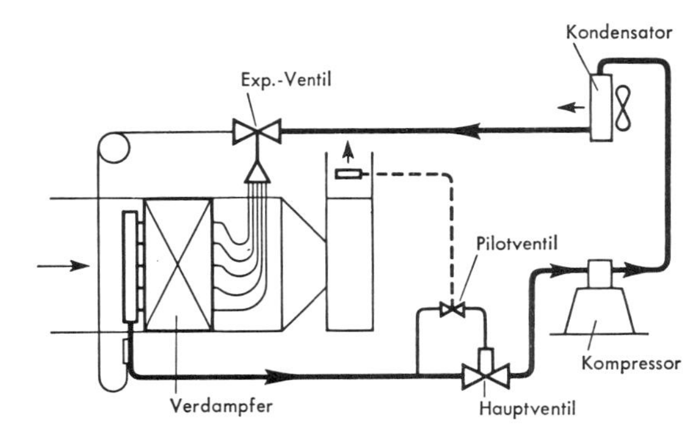


Bild 671-3. Regelung der Kühlleistung bei Direkt-Verdampfern durch einen Verdampfungsdruckregler mit thermostatischem Pilotventil.

## -4 LEISTUNGSREGLER IM KÄLTEKREISLAUF

Hierunter versteht man Überströmventile zwischen Saug- und Druckgasleitung des Verdichters, auch Heißgas-Beipaß-Regler genannt (vgl. Abschn. 646-34). Die Ansteuerung des Beipaß-Ventils kann erfolgen durch den Verdampfungsdruck im Verdampfer (übliche Bauart, Regelfunktion wie Saugdruckregler), aber auch durch einen Temperaturfühler (Regelfunktion wie Temperaturregler). Das Ventil öffnet bei fallendem Saugdruck. Vorteil des Beipaß-Reglers ist, daß bei Vollast kein leistungsmindernder Druckabfall durch Ventile in der Saugleitung auftritt.

Das überströmende heiße Druckgas führt zu einer *Erhöhung der Sauggastemperatur* (Überhitzung) am Verdichtereintritt und damit zu einem Ansteigen der Druckrohrtemperatur. Um die Einsatzgrenze nicht zu überschreiten, ist fast stets eine zusätzliche Kühlung des Sauggases erforderlich. Diese erfolgt durch *Nachspritzen* flüssigen Kältemittels in die Saugleitung über ein thermostatisches Expansionsventil, geregelt von der gewünschten Überhitzung des Sauggases. Schema für kleinere Leistungen mit direkt arbeitendem verdampfungsdruckgesteuertem Beipaß-Ventil zeigt Bild 671-4. Kühlflächentemperatur kann bei Teillast ansteigen.

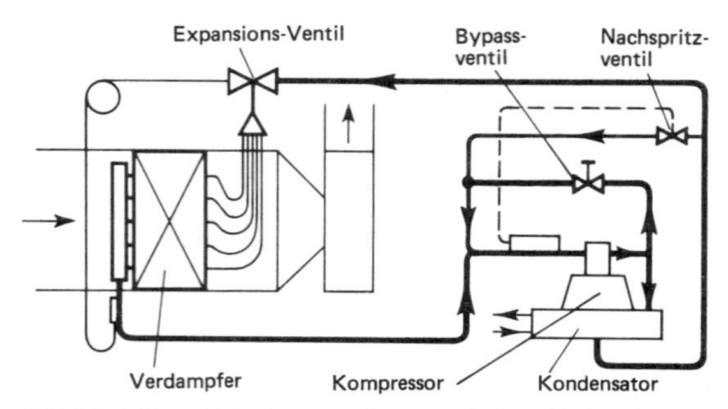


Bild 671-4. Beipaß-Regelung mit thermostatischem Nachspritzventil.

Wenn die Beipaß-Leitung nicht direkt in die Saugleitung geführt, sondern vor dem Verdampfer zwischen Expansionsventil und Verteilkopf angeschlossen wird, kann auf das Nachspritzventil verzichtet werden. Dafür muß die Druckgasleitung bis zum Verdampfer geführt werden.

Der Beipaß-Regler mit Nacheinspritzung ist auch bei Einsatz von Saugdruck- oder Temperaturreglern oft zusätzlich erforderlich, um ein Überschreiten der Einsatzgrenzen zu vermeiden.

Die Regelung der Kälteleistung über einen Heißgas-Beipaß-Regler bringt praktisch keine Reduzierung des Energieverbrauchs gegenüber dem Vollastbetrieb, da auch bei Teillast der volle Volumenstrom gegen die volle Druckdifferenz verdichtet werden muß.

## -5 LUFTSEITIGE BEIPASS-REGELUNG

Vom Thermostaten (und gegebenenfalls Hygrostaten) wird über einen stetig regelnden Stellmotor eine doppelte Luftklappe betrieben, die bei fallender Temperatur den Luftdurchtritt durch den Verdampfer drosselt und gleichzeitig einen Beipaß öffnet. Die Kältemaschine würde auf die Verringerung des Verdampfer-Luftstromes mit fallender Verdampfungstemperatur reagieren, was durch einen Saugdruckregler, Schema Bild 671-6, oder besser durch eine saugdruckgesteuerte Heißgas-Beipaß-Regelung verhindert werden muß.

Bei dieser Regelungsart ist Klimaregelung und Kälteregelung praktisch getrennt in voneinander unabhängige Verantwortungsbereiche. Für stabiles Regelverhalten muß Strömungswiderstand im Beipaßkanal etwa so groß sein wie über Verdampfer.

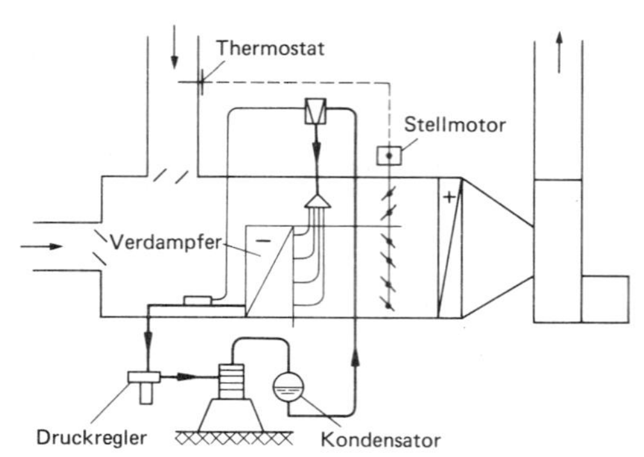


Bild 671-6. Regelung der Kühlleistung bei Direkt-Verdampfern durch Beipaßklappe am Verdampfer.

## -6 REGELUNG MIT VERDAMPFER-UNTERTEILUNG

Wenn Verdampferfläche, Verdampfer-Luftstrom und Lufteintrittstemperatur (Umluftbetrieb) konstant bleiben, führt jede Verringerung der Verdichterleistung zu einem Ansteigen der Kühlflächentemperatur. Wenn für Entfeuchtungsaufgaben die Kühlflächentemperatur einigermaßen konstant bleiben soll, muß die Verdampferfläche verringert werden.

Bild 671-7 zeigt ein Beispiel mit zweifacher Unterteilung des Verdampfers. Vorzugsweise über einen zweistufig quasi-proportional schaltenden Thermostaten, z. B. in der Umluft, wird bei fallender Temperatur zunächst über ein Magnetventil der Verdampfer A abgeschaltet. Das daraus resultierende Absinken der Verdampfungstemperatur wird durch den Heißgas-Beipaß-Leistungsregler verhindert, Verdampferteil B hat bei der reduzierten Verdichterleistung wieder die richtige Kühlflächentemperatur. Bei weiter fallender Temperatur wird über zweiten Schalter des Thermostaten Verdichter ausgeschaltet. Genaue Berechnung der zwei oder mehr Teilverdampfer erforderlich.

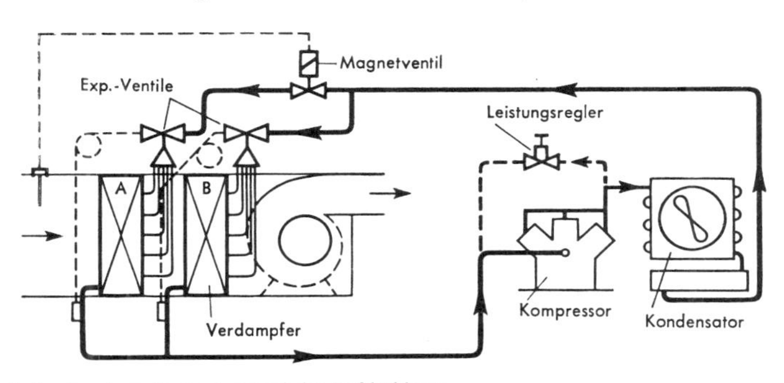


Bild 671-7. Zweiverdampferregelung bei der Luftkühlung.

## -7 LEISTUNGSGEREGELTE VERDICHTER

Größere Verdrängungsverdichter sind heute meistens mit *eingebauten Einrichtungen* zur Leistungsregelung ausgestattet (vgl. Abschn. 641). Ansteuerung erfolgt entweder innerhalb des Verdichters durch den Saugdruck (Leistungsverringerung bei fallendem Saugdruck) oder durch Magnetventile, die von beliebigen Meßgrößen ansteuerbar sind. Bei Hubkolbenverdichtern werden einzelne Zylinder abgeschaltet, womit das geometrische Fördervolumen stufenweise um bestimmte Prozentsätze verringert wird. Bei Schraubenverdichtern stetige Reduzierung durch Schieber.

*Drehzahlregelung* bei thermischen Antrieben üblich. Bei elektrischen Antrieben polumschaltbare Motoren fast nur für offene Verdichter, in hermetischen Verdichtern sehr selten. Drehzahlregelung für hermetische Verdichter über (statische) Frequenzwandler sehr aufwendig und bisher nur bei großen Leistungen (Turboverdichter).

*Stufenweise Leistungsänderung* auch durch Aufteilen der Gesamtleistung auf mehrere Verdichter und stufenweise Zu- und Abschaltung. Hierbei getrennte Kältekreisläufe je Verdichter mit zugehörigem Verdampfer und Verflüssiger – große Betriebssicherheit, da auftretende Störungen nur einen Teil der installierten Leistung betreffen –, oder Parallelschaltung der Verdichter auf gemeinsamen Kreislauf – hierbei höhere Leistungszahlen möglich, da bei Teillast die vollen Flächen von Verdampfer und Verflüssiger bleiben. Bei Parallelbetrieb sorgfältige Planung des Kältekreislaufes erforderlich, damit Öl bei allen Betriebszuständen zu allen Verdichtern gleichmäßig zurückfließt.

Anzahl der Leistungsstufen ergibt sich aus der geforderten Regelgenauigkeit unter Berücksichtigung der Massenträgheiten und des Zeitverhaltens des Regelkreises. Ansteuerung der Leistungsstufen über pneumatische, elektrische oder elektronische Stufenregler von der gewünschten Regelgröße (z. B. Raum-, Rückluft-Temperatur und/oder -Feuchtigkeit, gegebenenfalls mit Zuluft-Maximal- oder Minimal-Begrenzer).

## -8 REGELUNG VON TEMPERATUR UND FEUCHTE

Wenn mit der Kältemaschine die Luft nicht nur gekühlt, sondern auch entfeuchtet werden soll, so muß die effektive luftseitige Oberflächentemperatur des Verdampfers (unter Berücksichtigung des Rippenwirkungsgrades, vgl. Abschn. 332-12 und -42) *unterhalb des Taupunktes* liegen, der dem gewünschten Sollwert der Raumluft zugeordnet ist. Diese Forderung muß bei allen regelungstechnischen Eingriffen erfüllt bleiben (vgl. Abschn. 671-6).

Der Regelbefehl „Entfeuchten" bedeutet Kühlbetrieb, auch wenn die Raumtemperatur bereits niedrig genug ist. Um ein Absinken der Raumtemperatur zu vermeiden, ist deshalb eine Nachheizung erforderlich. Für die Aufschaltung des Regelbefehls „Entfeuchten" gibt es zwei Möglichkeiten:

a) Der Befehl „Entfeuchten" schaltet *Kälteleistung zu,* im einfachsten Falle schaltet der Hygrostat den Verdichter ein. Das dadurch bedingte Absinken der Raumtemperatur führt über den Raumthermostaten zur Einschaltung der Nachheizung.

   Bei Ausfall der Nachheizung sinkt die Raumtemperatur stetig ab, da mit fallender Raumtemperatur die relative Feuchtigkeit zunimmt und der Hygrostat deshalb die Kältemaschine ständig in Betrieb hält.

b) Der Befehl „Entfeuchten" schaltet die *Nachheizung ein.* Der dadurch bedingte Anstieg der Raumtemperatur führt über den Raumthermostaten zur Einschaltung der Kältemaschine für die Entfeuchtung.

   Bei Ausfall der Kältemaschine steigt die Raumtemperatur an. Da bei steigender Temperatur die relative Feuchte abnimmt, schaltet der Feuchteregler die Nachheizung wieder aus. Trotzdem wird sich wegen der fehlenden Entfeuchtungsleistung der Vorgang wiederholen, es kommt also letztlich zu einem stetigen Anstieg der Raumtemperatur.

Auswahl der Schaltungsart nach Risikoabschätzung und Überwachungsmöglichkeit.

Luftentfeuchtung ist typisches Beispiel für sinnvolle *Wärmerückgewinnung.* Bei Betrieb der Kältemaschine zur Entfeuchtung steht die Verflüssigerwärme für die erforderliche Nachheizung kostenlos zur Verfügung. Deshalb Schaltung der Kälteanlage gemäß Bild 671-5, mit zusätzlichem wassergekühlten Verflüssiger zur Abführung des für die Nachheizung nicht benötigten Teils der Verflüssigerwärme. Ein Regelkreis hält die Luftaustrittstemperatur aus dem Verdampfer (Taupunkttemperatur) konstant, ein zweiter Regelkreis regelt die Wärmeabgabe am Nachheizregister. Leistungsaufteilung zwischen Nachwärmer und Zusatzverflüssiger entweder durch Stellglieder im Kältekreislauf (Bild 671-9) oder durch Regelung des Kühlmittelstroms im Zusatzverflüssiger.

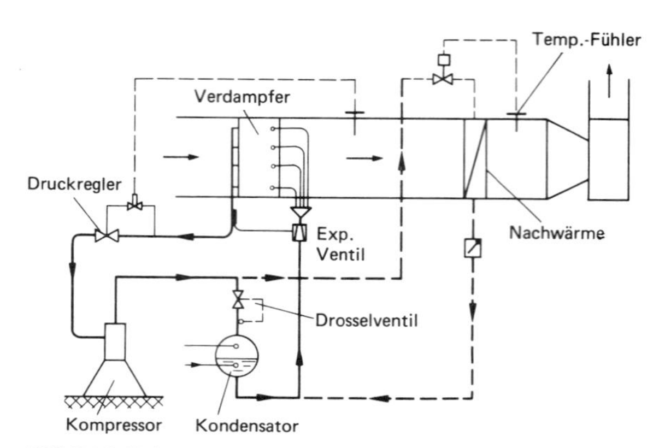


Bild 671-9. Kälteanlage mit Nachwärmung durch Kältemitteldampf.

# 672 Regelung bei indirekter Luftkühlung

Die Rippenrohrsysteme für die Luftkühlung werden hierbei durch das von der Kälteanlage kommende Kaltwasser oder die Kühlsole beaufschlagt. Kaltwasserdurchfluß grundsätzlich im Gegenstrom zur Luft. Die Klimaregelung beeinflußt lediglich die Kühlleistung der Luftkühlsysteme, wobei drei Varianten möglich sind.

## -1 KALTWASSER-MENGENREGELUNG

Der Kaltwasserstrom durch den Luftkühler wird bei fallender Temperatur vom Regler über ein Ventil stetig verringert, bei steigender Temperatur wieder erhöht. Bei geringem Wasserdurchsatz kommt es zu *ungleichmäßiger Temperaturverteilung* über den Luftdurchtrittsquerschnitt des Luftkühlers – Gefahr von unterschiedlichen Luftaustrittstemperaturen – und zu Erhöhung der für Entfeuchtung wirksamen Oberflächentemperatur.

Wasserseitig zwei Schaltungsarten möglich (Bild 672-1):

*Durchgangsventil* mit entsprechender Rückwirkung auf den Kaltwasserkreislauf.

*Dreiwegeventil* in Misch-, seltener in Verteileranordnung, Rückwirkung auf den Kaltwasserkreislauf vernachlässigbar gering.

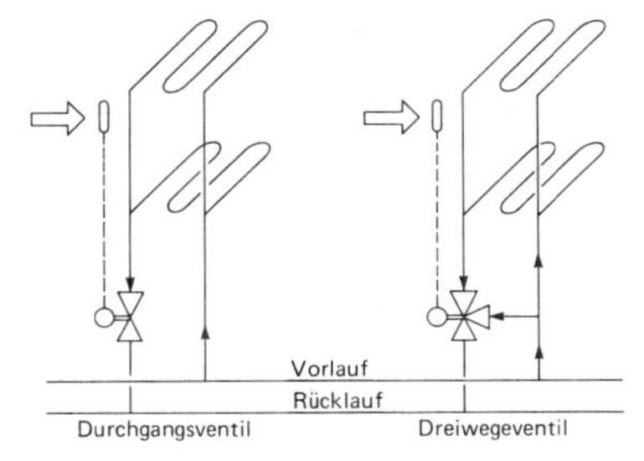


Bild 672-1. Kaltwasser-Mengenregelung.

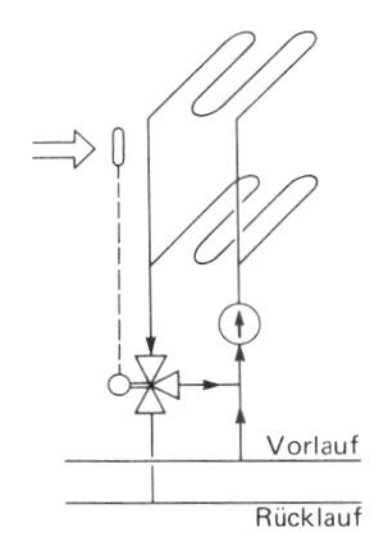


Bild 672-2. Kaltwasser-Beimischregelung.

## -2 KALTWASSER-BEIMISCHREGELUNG

Der Kaltwasserstrom durch den Luftkühler wird durch eine eigene Zirkulationspumpe konstant gehalten (Bild 672-2). In diesen Kreislauf erfolgt über ein Dreiwegeventil *Beimischung* von Kaltwasser aus der Kaltwasser-Vorlaufleitung, stetig geregelt je nach Bedarf der Temperatur- und/oder Feuchteregelung. Temperaturverteilung über den Luftdurchtrittsquerschnitt bei allen Lastzuständen gleichmäßig. Rückwirkung auf den Kaltwasserkreislauf wie bei der Mengenregelung mit Durchgangsventil.

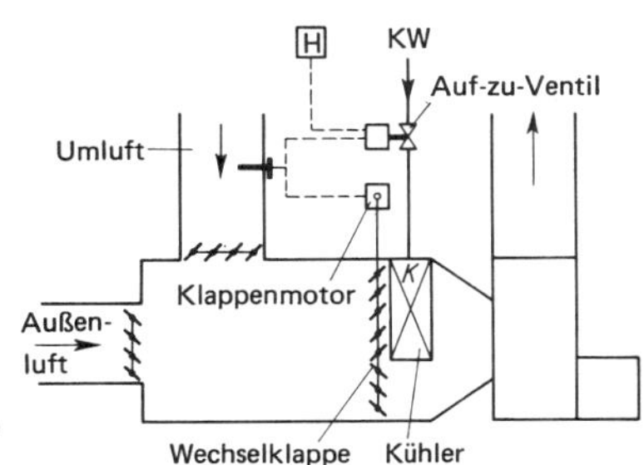


Bild 672-3. Regelung der Kühlleistung durch Beipaßklappe am Kühler.

### -3 LUFTSEITIGE BEIPASS-REGELUNG

Von der Temperatur- und/oder Feuchteregelung wird über einen stetig regelnden Stellmotor eine *Wechsel-Luftklappe* betrieben, die bei fallender Temperatur bzw. Feuchtigkeit den Luftstrom über den Kühler verringert und gleichzeitig einen Beipaß-Luftstrom entsprechend öffnet (Bild 672-3). Der Kaltwasserstrom durch den Luftkühler bleibt bei allen Lastzuständen konstant, damit keine Rückwirkung auf den Kaltwasserkreislauf und gleichmäßige Temperaturverteilung hinter dem Luftkühler. Luftseitig muß für gute Durchmischung der gekühlten Luft mit der ungekühlten Beipaßluft gesorgt werden. Wenn bei ganz geschlossener Luftkühlerklappe auch der Kaltwasserdurchfluß abgesperrt wird, ist die entsprechende Rückwirkung auf den Kaltwasserkreislauf zu beachten.

## 673 Regelung des Kaltwasserkreislaufes[1])

Der Kaltwasserkreislauf besteht aus dem Erzeugerteil mit den Kältemaschinen-Verdampfern und dem Verbraucherteil mit den Luftkühlern, sowie den zugehörigen Zirkulationspumpen. Für den Erzeugerteil besteht die Forderung, daß der Wasserstrom durch den Verdampfer um höchstens ±10% vom Nennwasserstrom abweichen darf. Anderenfalls sind Schwierigkeiten in der Regelung der Kältemaschinen zu erwarten, bei zu niedrigem Durchsatz besteht außerdem Einfriergefahr. Die Forderung nach *konstantem Verdampfer-Wasserstrom* muß also erfüllt werden bei allen durch die Klimaregelung bedingten Veränderungen im Verbraucherteil.

### -1 KALTWASSERKREISLAUF MIT EINER PUMPE

Die beiden möglichen Schaltungen bei Verwendung einer gemeinsamen Pumpe für Erzeuger- und Verbraucherteil zeigt Bild 673-1.

Erfolgt die Regelung des Luftkühlers, oder auch mehrerer parallel geschalteter, über *Dreiwegeventil(e),* so bleibt bei richtiger Auslegung der Beipaßwiderstände und der Pumpe der Kaltwasserstrom im Verbraucherteil innerhalb der zulässigen Abweichungen konstant. Damit ist die Forderung für den Verdampfer auf der Erzeugerseite ohne weitere Maßnahmen erfüllt.

Erfolgt die Luftkühler-Regelung durch *Durchgangsventile* oder als Beimisch-Regelung nach Bild 672-2, so wird der Strömungswiderstand im Verbraucherteil um so größer, je weiter die Ventile schließen. Dementsprechend würde die Förderleistung der Zirkulationspumpe zurückgehen gemäß der Pumpenkennlinie bis zur Nullförderung bei ganz geschlossenen Ventilen. Zur Erfüllung der Forderung nach konstantem Wasserstrom durch den Verdampfer muß deshalb eine Beipaß- oder Überström-Leitung geöffnet werden, wenn die Regelventile des Luftkühlers schließen.

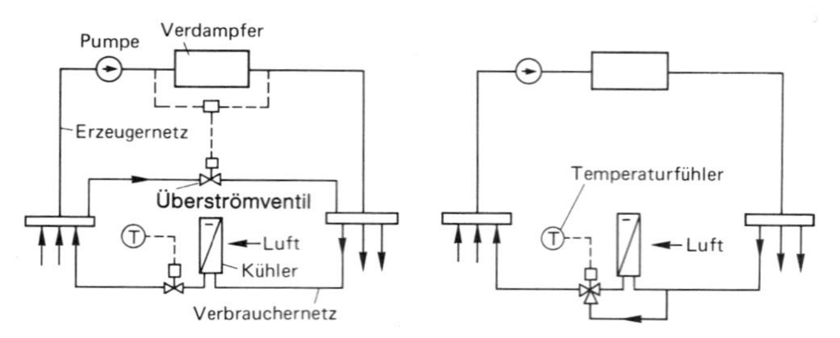


Bild 673-1. Schema des Kaltwasserkreislaufs bei Kaltwassersätzen.
Links: mit Durchgangsventilen, rechts: mit Dreiwegeventilen

[1]) Ober, A.: HLH 11/80. S. 425/9 u. 12.80. S. 452/8.

Ansteuerung des *Überströmventils* meistens durch Differenzdruck zwischen Kaltwasser-Vor- und -Rücklauf. Setzt jedoch voraus, daß Arbeitspunkt der Pumpe im steilen Teil der Kennlinie liegt. Erforderliche Druckerhöhung für vollen Stellweg des Überströmventils darf Förderleistung um nicht mehr als 10% verringern.

Gleiche Schaltung auch möglich mit mehreren Verdampfern (Kaltwassersätzen). Bei *Hintereinanderschaltung* fließt voller Wasserstrom stets durch alle Verdampfer, entsprechend hoher Strömungswiderstand und Energieverbrauch der Pumpe. Bei *Parallelschaltung* ergibt sich bei Teillast höhere Kaltwasser-Vorlauftemperatur, da auf Vorlauf-Sollwert gekühltes Wasser aus arbeitendem Kaltwassersatz gemischt wird mit ungekühltem Wasser (Rücklauftemperatur) aus nicht arbeitendem.

## -2 KALTWASSERKREISLAUF MIT MEHREREN PUMPEN

Bei großen Klimaanlagen werden im Verbraucherteil häufig einzelne Pumpen für die verschiedenen angeschlossenen Zonen und Anlagen vorgesehen, die je nach Bedarf zu- und abgeschaltet werden. Zur Energieeinsparung wird zunehmend im Teillastbereich auch die Kaltwasser-Umlaufmenge reduziert, z. B. durch polumschaltbare Pumpenmotoren oder Abschaltung einzelner von mehreren parallel arbeitenden Pumpen.

Um bei dieser Anordnung die Forderung nach konstantem Wasserstrom durch den Verdampfer in jedem der installierten Kaltwassersätze zu erfüllen, erhält jeder Kaltwassersatz seine *eigene Zirkulationspumpe* (Bild 673-2). Die Pumpen auf der Erzeugerseite müssen mit Rückschlagklappen ausgerüstet sein, um Rückströmung durch nicht arbeitende Verdampfer zu vermeiden.

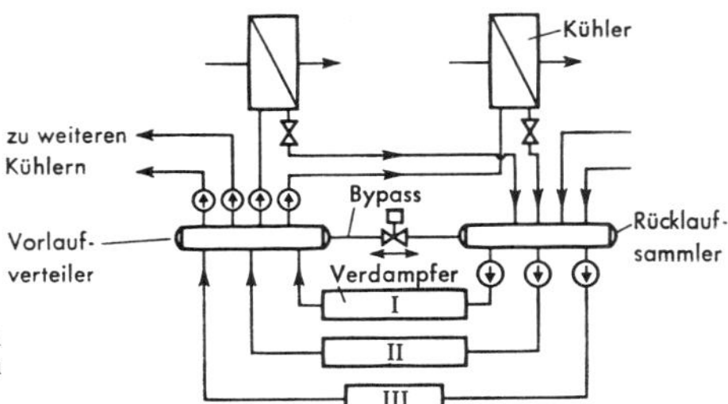


Bild 673-2. Parallelschaltung von drei Kaltwassersätzen mit separaten Verbraucherkreisläufen.

Erzeuger- und Verbraucherkreisläufe werden miteinander verbunden über einen Vorlaufverteiler und einen Rücklaufsammler, zwischen denen eine Überström-(Beipaß-) Leitung die unterschiedlichen Zirkulationsmengen ausgleichen muß (Durchfluß in beiden Richtungen möglich).

Derartige Anlagen erfordern eine sehr sorgfältige Planung, sowohl hinsichtlich des hydraulischen Systems – Abstimmung der Anlagenkennlinien mit den Pumpenkennlinien bei allen auftretenden Betriebszuständen –, wie auch für die Regelung, hier insbesondere für die Zuschaltung der verschiedenen Kaltwassersätze. Da sich mit jeder Zu- und Abschaltung eines Kaltwassersatzes auch der Kaltwasserstrom auf der Erzeugerseite ändert, kann die Kaltwassertemperatur im allgemeinen nicht mehr als Meßgröße für diese Regelaufgabe dienen, da das Regelverhalten instabil wird. Besser sind eindeutige Leistungsforderungen, wie z. B. aus Außentemperatur und/oder Anzahl (und Größe) der eingeschalteten Anlagen auf der Verbraucherseite. Als Meßgröße für die jeweils eingeschaltete Pumpenleistung kann z. B. die Strömungsrichtung in der Überströmleitung zwischen Vorlaufverteiler und Rücklaufsammler dienen.

## 674 Regelung der Kaltwassersätze

Die gewünschte Kaltwasser-Vorlauftemperatur (Temperatur des aus dem Verdampfer austretenden, abgekühlten Wassers) kann nur bei stetigen Regelungen (Heißgas-Beipaß, Schieber bei Schraubenverdichtern, Dralldrossel bei Turboverdichtern, Frequenzwandler) als Regelgröße dienen. Bei allen stufenweisen Regelungen (Zu- und Abschaltung von Verdichtern oder einzelnen Zylindern) wird Vorlaufregelung instabil, wenn nicht die Schaltdifferenz des Reglerbefehls (in K) deutlich größer ist als die durch die zugeschaltete Stufe erzeugte Abkühlung des Wasserstroms (in K).

Da diese Forderung in der Praxis kaum zu erfüllen ist, erfolgt *Stufenschaltung* sowie Ein- und Aus-Schaltung der Verdichter fast ausnahmslos von der Rücklauftemperatur (Temperatur des in den Verdampfer eintretenden, von der Klimaanlage erwärmt zurückkommenden Wassers). Die gewünschte Vorlauftemperatur ergibt sich dabei aus der Temperaturabsenkung des durchgesetzten Wasserstroms durch die zugeschaltete Kälteleistung. Der Wasserstrom muß deshalb *konstant* sein, zulässige Abweichung ±10%, wenn die verlangte Vorlauftemperatur erreicht werden soll. Zu geringer Wasserdurchsatz ergibt zu niedrige Austrittstemperaturen, Einfriergefahr für den Verdampfer und über Ansprechen des Frostschutzthermostaten Störungsabschaltung der Kältemaschine.

*Stabilitätsverhalten* der Regelung hängt auch ab von der Speichermasse des gesamten Wasserkreislaufes einschließlich Verbraucherseite. Ein Überströmventil nahe am Verdampfer kann Regelung instabil machen, da Austrittstemperatur infolge zu geringer Speichermasse sich sofort im Rücklauf (Meßort) auswirkt. Deshalb Überströmventile möglichst weit vom Erzeugerkreis entfernt anordnen, um Speicherung zu vergrößern.

Instabile Regelungen können sehr schnell zu Schäden an den Verdichtern führen. Bei Kaltwassersätzen sollten folgende Werte eingehalten werden:

| Kältemaschine | Einschaltungen pro Stunde maximal | Mindestlaufzeit nach Einschaltung Minuten |
|---|---|---|
| Hubkolbenverdichter $\dot{V}_h$ bis 50 m³/h | 8 | 3 |
| Hubkolbenverdichter $\dot{V}_h$ über 50 m³/h | 6 | 5 |
| Schraubenverdichter | 3 | 10 |
| Turboverdichter | 1 | 20 |

Die Regelungsmöglichkeiten ergeben sich aus der Verdichterbauart und entsprechen weitgehend den schon in Abschn. 671 beschriebenen Verfahren.

# 68 KOSTEN DER KÄLTEANLAGEN

## 681 Investitionskosten

Die *Anschaffungskosten* von Kälteanlagen für direkte Kühlung schwanken außerordentlich, da infolge der Lieferung in einzelnen Komponenten und ihrer Montage am Aufstellungsort der Lohnkostenanteil hoch ist und in starkem Maße von den Einbauverhältnissen abhängt. Bei Kaltwassersätzen sind die Schwankungen relativ gering. Bild 681-1 gibt *Richtwerte* für wassergekühlte Kälteanlagen. Bei Luftkühlung liegen die Kosten noch etwas höher.

Je tiefer die mittlere Kaltwassertemperatur gewählt wird, desto höher die Anschaffungskosten der Kälteanlage, desto niedriger andererseits die Kosten für die Luftkühler.

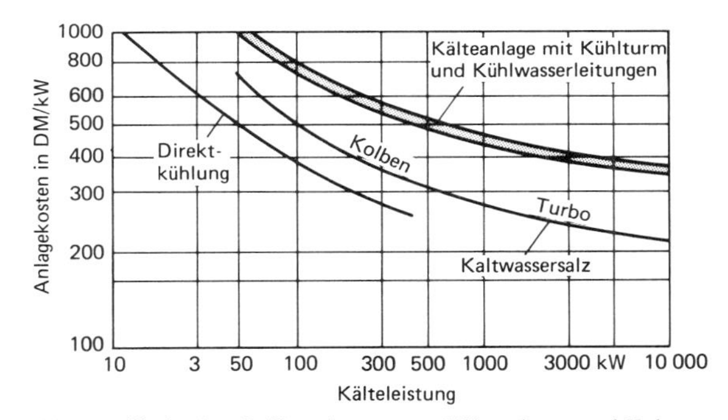


Bild 681-1. Durchschnittliche spezifische Anschaffungskosten von Kälteanlagen und Kaltwassersätzen (1986).

## 682 Kühlungskosten[1])

### -1 VERBRAUCHSGEBUNDENE KOSTEN

Sie setzen sich zusammen aus den Stromkosten für die Kältemaschinen, Pumpen und Rückkühlwerksventilatoren sowie den Wasserkosten. Überschlägig gilt:

| *Elektr. Energieverbrauch* | der Kältemaschine | je kWh Kälteleistung: | 0,25 kWh |
|---|---|---|---|
| | des Rückkühlwerks | je kWh Kälteleistung: | 0,01 kWh |
| | der Pumpen | je kWh Kälteleistung: | 0,02 kWh |
| | | Summe: | 0,28 kWh |

*Wasserverbrauch* des Verflüssigers je kWh Kälteleistung

bei Frischwasserbetrieb 0,100 $m^3$
bei Rückkühlbetrieb 0,005 $m^3$

Demnach sind die verbrauchsgebundenen Kosten

Stromkosten $K_{el} = 0{,}28 \cdot k_{el}$ in DM/kWh
Wasserkosten $K_w = 0{,}1$ bzw. $0{,}005 \cdot k_w$ in DM/kWh
$k_{el}$ = Strompreis in DM/kWh
$k_w$ = Wasserpreis in DM/$m^3$

*Beispiel:*

Für $k_{el} = 0{,}25$ DM/kWh und $k_w = 3{,}0$ DM/$m^3$ betragen die Gesamtenergiekosten bei Rückkühlwerksbetrieb demnach $K = 0{,}28\ k_{el} + 0{,}005\ k_w = 0{,}28 \cdot 0{,}25 + 0{,}005 \cdot 3{,}0 = 0{,}07 + 0{,}015 = 0{,}075$ DM/kWh = 75 DM/MWh.

[1]) VDI-Richtlinie 2067 Bl. 3 (12.83). Siehe auch Abschn. 113 u. 375.

Die spezifischen *Energiekosten* von Heizungsanlagen, die bei heutigen Brennstoffpreisen bei etwa 50 DM/MWh und mehr liegen, sind also etwas geringer als bei Kälteanlagen.

## -2 KAPITALGEBUNDENE KOSTEN

Sie hängen von den Investitionskosten ab.
Überschläglich kann man bei größeren Anlagen zugrunde legen:

| | |
|---|---|
| Anschaffungskosten der Kälteanlage einschl. Rückkühlwerk, Kalt- und Kühlwassernetz | 500 DM/kW |
| Jährliche Betriebsstunden | 500 |
| Annuität | 10%. |

Dann ergeben sich jährliche Kosten von

500 · 0,10/500 = 0,1 DM/kWh = 100 DM/MWh.

## -3 GESAMTKOSTEN

Rechnet man zusätzlich für Wartung und Instandhaltung 2 ... 3% der Anschaffungskosten, so sind unter den angegebenen Voraussetzungen die Gesamtkosten für die Kühlung etwa:

| | |
|---|---|
| Energiekosten | 75 DM/MWh |
| Kapitalkosten | 100 DM/MWh |
| Wartung | 12 DM/MWh |
| Gesamtkosten | 187 DM/MWh |

Die *Gesamtkosten* von Heizungsanlagen liegen bei den heutigen Brennstoffkosten deutlich niedriger, siehe Abschnitt 266-6.

# 69 ARCHITEKT, BAUHERR UND KÄLTEANLAGEN

## 691 Allgemeines[1])

Bei kleinen Kälteleistungen – also etwa bis 50 kW – ist es üblich, Schrank-Klimageräte mit eingebauter Kältemaschine aufzustellen. Abschnitt 342.

Bei *zentraler Luftaufbereitung* mit mittleren Kälteleistungen – etwa bis 300 kW – wird der Verdampfer der Kälteanlage als Luftkühler häufig direkt in das Zentralgerät eingebaut. Kälteverdichter und Verflüssiger – meistens wassergekühlt – werden in einem separaten Kältemaschinenraum aufgestellt, um Geräuschübertragung zu vermeiden. Wasserrückkühlung des Verflüssigerkühlwassers meistens in einem Rückkühlwerk.

Ein separater Maschinenraum ist bei noch größeren Leistungen obligatorisch. Hier werden in der Regel *Kaltwassersätze* verwendet (siehe Abschnitt 653). Sie haben einen erheblichen Platzbedarf.

## 692 Ausschreibung

Hierfür gelten prinzipiell die Ausführungen in Abschnitt 372.

Als Bestandteil der Klimaanlage können Schrank-Klimageräte und in der Regel auch Kälteanlagen zur Luftkühlung mittels direkter Verdampfung angesehen werden, da der Direktverdampfer als Luftkühler in den Lüftungsteil eingebaut werden muß. Klare Abgrenzung des Lieferungs- und Leistungsumfangs und Nachweis der Kälteleistung sind hier schwierig, daher ist Auftragsvergabe der kältetechnischen zusammen mit der lufttechnischen Ausrüstung in eine Hand ratsam.

Bei *Kaltwassersätzen* sind klare Festlegung der Lieferungs- und Leistungsgrenzen und einfacher Nachweis der garantierten Kälteleistung – aus Wassermengen- und Temperaturmessung –, somit also getrennte Ausschreibung und Vergabe möglich und sinnvoll.

Ein Leistungsverzeichnis sollte dem Bieter die Festlegung technischer Einzelheiten offenhalten. Wenn nötig, sind bezüglich mechanischer Schwingungen, Schallübertragung, Einschaltstrom und dgl. Grenzwerte festzulegen.

Vergabe öffentlicher Aufträge erfolgt nach VOL für die Kälte- bzw. VOB für die Klima-Anlage.

## 693 Aufstellung von Kälteanlagen, Maschinenraum, Geräusche

Die sicherheitstechnischen Grundsätze für Bau, Ausrüstung und Aufstellung von Kälteanlagen sind in der *Unfallverhütungsvorschrift* „Kälteanlagen“, VBG 20 (10. 84), sowie in DIN 8975 neu festgelegt worden. Die Vorschriften unterscheiden nach Aufstellungsbereichen, Kälteübertragungssystemen und Gefahrenklassen der Kältemittel.

### -1 AUFSTELLUNGSBEREICHE

Aufstellungsbereich *M* gilt dort, wo sich betriebsfremde Personen aufhalten, z. B. Krankenhäuser, Theater, Kaufhäuser, Schulen, Sportstätten, Gaststätten, Büros, Wohnräume.

Aufstellungsbereich *O* gilt für Fabrikationsräume, Laboratorien, Lagerräume, Maschinenräume usw., zu denen Betriebsfremde keinen Zutritt haben.

---

[1]) Böttcher, C.: Ki extra 4/1977. S. 218/87.

## -2 KÄLTEÜBERTRAGUNGSSYSTEME

Hier werden folgende Systeme unterschieden:

a) Direkte Kühlung (siehe Abschnitt 652).

b) Indirektes offenes System, z. B. ein Kaltwassersatz, der Wasser abkühlt, das in einem Luftwäscher versprüht wird.

c) Indirektes gelüftetes offenes System, z. B. ein System nach b), bei welchem die Verdampferschlangen in einem zur Umgebung offenen Behälter in einem belüfteten Maschinenraum angeordnet sind.

d) Indirektes geschlossenes System, z. B. ein Kaltwassersatz mit Rippenrohr-Luftkühlern, die vom Kaltwasser durchströmt werden.

e) Indirektes gelüftetes geschlossenes System. Wie d), jedoch Verdampferschlange in offenem Behälter wie bei c).

f) Doppelt indirektes System, z. B. von einem Kaltwassersatz über einen zusätzlichen Gegenstromapparat gekühltes Wasser.

## -3 KÄLTEMITTELGRUPPEN

*Gruppe 1:* Hierzu gehören die Sicherheitskältemittel auf Fluor-Kohlenwasserstoffbasis und $CO_2$. Die Anwendung und Aufstellung richtet sich nach der *Kenngröße c,* die angibt, wieviel kg Kältemittelfüllung je abgeschlossenem Kreislauf zulässig sind je $m^3$ des kleinsten Raumes, in welchem sich das Kältemittel beim Freiwerden infolge Undichtigkeiten ausbreiten kann. Bei zentraler Luftkühlung und zwangsbewegter Luft darf das Volumen aller versorgten Räume eingesetzt werden, wenn die Luftzufuhr zu keinem dieser Räume unter 25% ihres Höchstwertes gedrosselt werden kann. Die Werte für die wichtigsten Kältemittel lauten:

| | |
|---|---|
| R 11, $CFCl_3$ | $c = 0{,}670$ kg/m³ |
| R 12, $CF_2Cl_2$ | $c = 0{,}600$ kg/m³ |
| R 21, $CHFCl_3$ | $c = 0{,}200$ kg/m³ |
| R 22, $CHF_2Cl$ | $c = 0{,}380$ kg/m³ |
| R 113, $C_2F_3Cl_3$ | $c = 0{,}185$ kg/m³ |
| R 114, $C_2F_4Cl_2$ | $c = 0{,}720$ kg/m³ |
| R 500, (R 12/R 152a) | $c = 0{,}410$ kg/m³ |
| R 502, (R 22/R 115) | $c = 0{,}180$ kg/m³ |

*Gruppe 2:* Hierzu gehören die giftigen und/oder brennbaren Kältemittel. Für die Klimatechnik ist aus dieser Gruppe nur das Ammoniak, $NH_3$, von Bedeutung.

*Gruppe 3:* Hierzu gehören alle Kältemittel, die leicht brennbar sind und mit Luft explosive Gemische bilden können. Die Kältemittel dieser Gruppe werden in der Klimatechnik nicht eingesetzt.

## -4 AUFSTELLUNGSVORSCHRIFTEN

*Aufstellungsbereich M,* Kältemittel Gruppe 1:

Aufstellung ohne Maschinenraum beschränkt das Füllgewicht auf maximal $c$ kg/m³ Raum.

Aufstellung der Kälteanlage im Maschinenraum beschränkt bei den Systemen a) und b) das Füllgewicht ebenfalls auf $c$ kg/m³. Lediglich bei den Systemen c) bis d) ist bei Aufstellung im Maschinenraum die Füllmenge unbegrenzt.

*Aufstellungsbereich M,* Kältemittel Gruppe 2:

Absorptions-Kälteanlagen bis zu einem Füllgewicht von 2,5 kg sind generell zulässig.

Größere Füllmengen sind nur zulässig mit den Systemen d), e) und f) und bei Aufstellung aller kältemittelführenden Teile in einem Maschinenraum, jedoch nicht unterhalb des 1. Untergeschosses. Wenn der Maschinenraum direkte Verbindung hat zu Räumen des Bereiches *M,* darf die Füllmenge 250 kg nicht überschreiten. Anderenfalls, und wenn außerdem Zugang zum Maschinenraum direkt vom Freien besteht, gilt keine Beschränkung.

*Aufstellungsbereich O,* Kältemittel Gruppe 1:

Die zulässige Füllmenge ist unbegrenzt. Lediglich bei Aufstellung in Untergeschossen ohne besonderen Maschinenraum gilt die Beschränkung auf $c$ kg/m$^3$ Raum.

*Aufstellungsbereich O,* Kältemittel Gruppe 2:

Unterhalb des 1. Untergeschosses sind grundsätzlich nicht mehr als 2,5 kg Füllgewicht zugelassen.

Für Obergeschosse und 1. Untergeschoß gilt

ohne besonderen Maschinenraum maximal 10 kg, jedoch bei weniger als 1 Person auf 10 m$^2$ maximal 50 kg;

bei Aufstellung des Hochdruckteiles im Maschinenraum besteht nur eine Beschränkung auf 50 kg für die Systeme a), b) und c) bei Belegung mit mehr als 1 Person auf 10 m$^2$;

bei Aufstellung der gesamten Kälteanlage im Maschinenraum oder im Freien keine Beschränkung.

## -5 MASCHINENRAUM

Die Tabelle 693-1 gibt Mindestabmessungen der Aufstellungs- und Maschinenräume an. Der Flächenbedarf für Rückkühlwerke ist etwa doppelt so groß. Siehe auch VDI-Richtlinie 3803 (11.86).

**Tabelle 693-1. Platzbedarf von Kaltwassersätzen**

| Nennkälteleistung | Platzbedarf bei | | Raumhöhe |
|---|---|---|---|
| | Kolben-verdichtern | Turbo-verdichtern | |
| kW | m$^2$ | m$^2$ | m |
| 20 | 8 | | 2,20 |
| 50 | 12 | | 2,50 |
| 100 | 20 | | 3,00 |
| 250 | 30 | 50 | 3,50 |
| 500 | 45 | 60 | 4,00 |
| 750 | | 70 | 4,20 |
| 1000 | | 80 | 4,50 |
| 1500 | | 100 | 4,80 |
| 2000 | | 110 | 5,00 |

Alle Kältemaschinenräume müssen Lüftungseinrichtungen haben, um zu hohe Raumtemperaturen und bei Kältemittelverlusten eine zu hohe Konzentration an Dämpfen zu verhindern. Die Unfallverhütungsvorschrift VBG 20 (1974) gibt in Abhängigkeit von der Kältemittelfüllung $G$ folgende Vorschriften:

Bei mechanischer Lüftung $\dot{V} = 50\sqrt[3]{G^2}$ [m$^3$/h]

bei natürlicher Lüftung $F = 0{,}14\sqrt{G}$ [m$^2$]

$G$ = Füllgewicht [kg]
$\dot{V}$ = Volumenstrom [m$^3$/h]
$F$ = Fläche [m$^2$]

Das Füllgewicht $G$ muß bei jeder Anlage berechnet werden. Richtwerte etwa: bei Kolbenverdichtern 0,45···0,25, bei Turboverdichtern 0,70···0,40 kg/kW je nach Größe der Leistung.

Die Lüftung muß auch die von den Antriebsmotoren der Kälteanlagen abgegebene Verlustwärme $\dot{Q}_V$ berücksichtigen. Luftabsaugung in Fußhöhe, weil die Halogen-Kältemittel schwerer als Luft sind. Die Maschinenraumbelüftung muß auch in der Lage sein, die durch normale Antriebsmotoren entwickelte Wärme abzuführen, ohne daß eine Raumtemperatur von 40 °C überschritten wird. In kritischen Fällen empfiehlt sich Verwendung von wassergekühlten Motoren oder von Standardmotoren mit angebautem Luftkühler.

Der *Maschinenraum* sollte möglichst im Erdgeschoß des Gebäudes an einer Außenwand liegen. Das erleichtert die Einbringungen, was insbesondere bei werksmontierten Kaltwassersätzen von Bedeutung ist, und ergibt kurze Wege für Be- und Entlüftung und für die Sicherheits-Abblaseleitung.

Bei der *Anordnung der Kältemaschinen* im Raum beachten:

Gute Zugänglichkeit von allen Seiten erleichtert Wartung und eventuelle Reparaturen. Die Hersteller geben in Fundament- und Aufstellungsplänen Mindestmaße an. Beispielsweise muß Platz vorhanden sein, um mit Reinigungsbürsten hantieren und notfalls Verflüssigerrohre nach einer Seite hin ausbauen zu können. Hinreichende Raumhöhe zur Anbringung von Hebezeugen oberhalb der Maschinen ist ebenfalls wichtig (siehe Tabelle 693-1 und Bild 693-1).

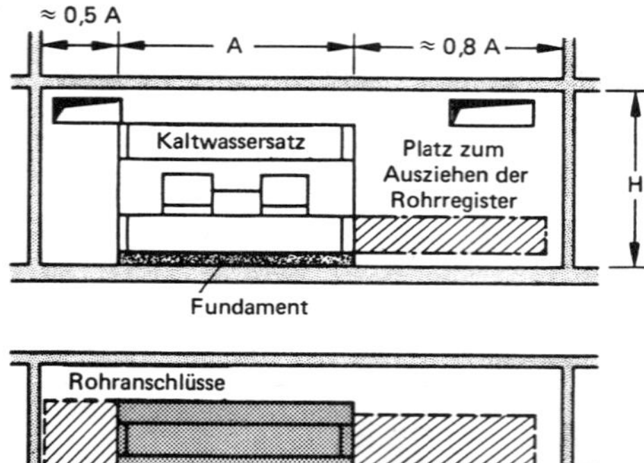


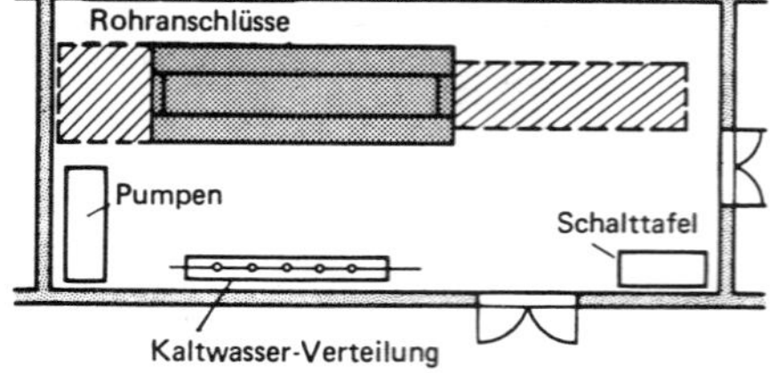


Bild 693-1. Kältezentrale mit Kaltwassersatz.

Zur Vermeidung von Körperschallübertragung ist Aufstellung von Verdichtern und Kaltwassersätzen auf schwingungs- und geräuschdämmender Unterlage nötig. Flexible Wasseranschlüsse und elastische Rohraufhängung sind aus den gleichen Gründen zweckmäßig.

Verkleidung der Wände und der Decke mit schallabsorbierendem Material kann in besonderen Fällen notwendig sein.

Bezüglich *Energie- und Wasserversorgung* gilt folgendes:

Die normale Betriebsspannung für Verdichterantriebe ist 220/380 V. Bei größeren Antriebsleistungen kann die Verwendung von Hochspannungsmotoren wirtschaftlich günstiger sein[1]). Als Normspannungen kommen dann 6 und 10 kV in Frage. Für Lithiumbromid-Wasser-Absorptionssätze, siehe Abschnitt 653-6, müssen als Heizmittel entweder Heißwasser von 80···150 °C oder Dampf von 1···2 bar abs. geliefert werden.

Das zur Wasserersparnis notwendige Rückkühlwerk soll möglichst im Freien, in der Regel auf dem Dach, aufgestellt werden; die Kühlwasserpumpen werden zusammen mit den Kaltwasserpumpen im Maschinenraum aufgestellt. Unterbringung des Rückkühlwerks im Gebäude, z.B. in einem separaten Keller, ist möglich, aber umständlich. Immerhin sind pro kW Kälteleistung ca. 130···170 $m^3/h$ Luft zu- und abzuführen, wenn die üblichen Nenntemperaturen – Abschnitt 653-1 – zugrunde gelegt werden. Belästigungen der Nachbarschaft durch Geräusche und Sprühverluste! Frischwasserbedarf des Kühlturms siehe Abschnitt 647-3. Der Maschinenraum ist mit einer Entwässerung auszurüsten. Raumheizung zur Vermeidung von Einfriergefahr bei stehender Anlage ist einzubauen.

---

[1]) Böttcher, C.: VDI-Berichte Nr. 136, 1969. S. 35/42.
Böttcher, C.: Kältetechn. Klimatisierung 7/68. S. 215/18.

## -6 GERÄUSCHENTWICKLUNG[1])

Zur Berechnung des Schalldruckpegels im Maschinenraum, in benachbarten Räumen oder – bei Aufstellung im Freien – vor den Fenstern benachbarter Gebäude ist es notwendig, den *Schalleistungspegel* der Geräuscherzeuger zu kennen.

Bild 693-2 gibt Richtwerte für den A-bewerteten Schalleistungspegel $L_{WA}$ von *Kälteverdichtern,* bezogen auf die Kälteleistung bei den in der Klimatechnik üblichen Nennbedingungen für die Wasserkühlung. Die zusätzliche Geräuschentwicklung elektrischer Antriebsmotoren liegt innerhalb des Toleranzfeldes der Angaben, die höhere Geräuschentwicklung thermischer Antriebe muß separat ermittelt und addiert werden.

Bild 693-3 gibt Richtwerte für den A-bewerteten Schalleistungspegel $L_{WA}$ von *Ventilatoren* in Rückkühlwerken und luftgekühlten Verflüssigern. Die hier gegebenen Richtwerte beziehen sich auf den Betrieb im Punkt des optimalen Wirkungsgrades bei ungestörter Zu- und Abströmung der Luft. Bei Störungen (Wirbelbildungen) des Luftstromes und bei Abweichung vom Optimalpunkt können Pegelzunahmen bis zu 10 dB auftreten.

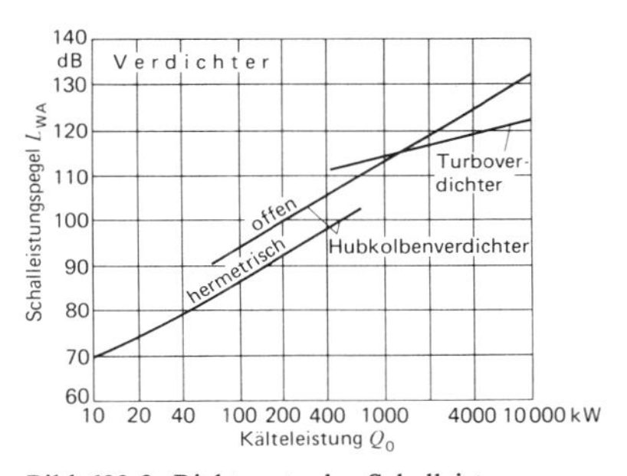


Bild 693-2. Richtwerte des Schalleistungspegels $L_{WA}$ für Kälteverdichter, abhängig von der Kälteleistung $Q_0$ bei Kaltwasser-satz-Nennbedingungen: Kaltwasseraustritt 6 °C, Kühlwasseraustritt 32 °C. Mittelwerte von zahlreichen Fabrikaten. Genauigkeit ± 5 dB.

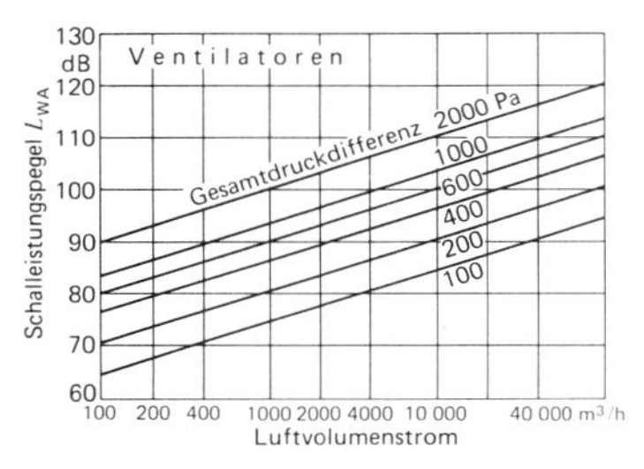


Bild 693-3. Richtwerte des Schalleistungspegels $L_{WA}$ für Ventilatoren, abhängig von Luftvolumenstrom und Gesamtdruckdifferenz. Mittelwerte über verschiedene Fabrikate und Bauarten bei Betrieb im Wirkungsgrad-Optimum. Genauigkeit ± 5 dB.

Berechnung der Schalldruckpegel nach Regeln der Akustik unter Berücksichtigung von Absorption, Reflexion, Meßortabstand, Richtwirkung. Beachten, daß Schalleistung der einzelnen Verdichter und/oder Ventilatoren getrennt zu ermitteln und akustisch zu addieren ist (z. B. zweite Schallquelle gleicher Schalleistung ergibt Pegelzunahme um 3 dB). Akustische Berechnung zeigt, ob und in welchem Umfang Maßnahmen zur Schalldämmung und/oder Schalldämpfung erforderlich werden.

[1]) Preisendanz, K.: KKT 1/81. 5 S.
Hartmann, K.: KK 3/84. S. 88.

# 694 Abnahme von Kältemaschinen[1])

Die Abnahme, die normalerweise nach Fertigstellung der Anlage und Meldung der Abnahmebereitschaft zu erfolgen hat, umfaßt die Vollständigkeits- und die Funktionsprüfung.

## -1 DIE VOLLSTÄNDIGKEITSPRÜFUNG

umfaßt den Vergleich der gelieferten Teile mit dem Auftragsumfang einschließlich Bedienungs- und Wartungsanweisung, Beschilderung, Bestandszeichnungen,

Ersatzteile soweit nötig,

Bescheinigungen über die Druckprüfung prüfpflichtiger Bauteile gemäß Druckbehälterverordnung vom 1. 3. 1980.

*Prüfbescheingigung* nach DIN 8975 – VBG 20

des Sachkundigen (autorisierter Mitarbeiter des Herstellers) für die Gesamtanlage,

des Sachverständigen (im allgemeinen vom örtlich zuständigen TÜV) für die Teile der Anlage, die nach der Druckbehälterverordnung der Prüfung durch einen Sachverständigen unterliegen. Anforderung des Sachverständigen ist Obliegenheit des Betreibers der Kälteanlage.

Einweisung des Bedienungspersonals.

## -2 DIE FUNKTIONSPRÜFUNG

umfaßt in einem mehrstündigen Probebetrieb in der Regel folgende Aufgaben:

Prüfung der Temperaturen und Drücke an der Kältemaschine und im Kaltwasser- und Kühlwassernetz,

Vergleich der Meßdaten mit den Bestelldaten.

Kontrolle des Regelverhaltens der Kältemaschine und der Wasser- bzw. Luftkreisläufe bei sich ändernder Belastung.

Prüfung der Ansprechwerte sämtlicher Sicherheits-, Störmeldungs- und Meßeinrichtungen.

Prüfung der sachgemäßen Ausführung der Wärmedämmung, insbesondere der kalten Teile.

Prüfung der richtigen Anordnung der Entlüftungs-, Füll- und Entleerungseinrichtungen.

Prüfung der Absalzeinrichtung des Rückkühlwerkes.

## -3 LEISTUNGSMESSUNGEN

erfordern einen erheblichen Aufwand auf der Hersteller- und auf der Betreiberseite sowie eine gegenseitige Übereinkunft über Meßbedingungen, Meßverfahren, anzuwendende Regeln der Technik (z. B. DIN 8976 – Leistungsprüfung von Verdichter-Kältemaschinen, Febr. 1972) und zulässige Toleranzen. Leistungsmessungen sind deshalb nur dann Bestandteil der Abnahme, wenn sie im Leistungsverzeichnis gesondert aufgeführt sind unter Angabe der vorerwähnten Randbedingungen.

---

[1]) Böttcher, C.: Ki extra 4/77. S. 218/87.
VDI-Richtlinie 2079 (3.83): Abnahmeprüfung von RLT-Anlagen.
VDI-Richtlinie 2080 (10.84): Meßverfahren und Meßgeräte für RLT-Anlagen.
Füner, V. u. R. Jegan: Ki 9/84. S. 357/62.

# 695 Unterhaltung von Kälteanlagen

Die in der Klimakältetechnik gebräuchlichen Kälteanlagen und Kältesätze sind für automatischen Betrieb geeignet. Kältemaschinisten zur ständigen Bedienung sind daher auch bei größeren Anlagen in der Regel nicht erforderlich. Zur Erhaltung ihrer Betriebsbereitschaft müssen Kälteanlagen jedoch einer *regelmäßigen Wartung* unterzogen werden. Dadurch läßt sich ein gleichbleibend wirtschaftlicher Betrieb erzielen. Außerdem dient die routinemäßige Wartung der vorbeugenden Verhinderung von Schadensfällen, die beispielsweise durch Verschleiß verursacht werden können. Eine Schadensstatistik zeigt, daß etwa 50% aller Schadensfälle auf mangelhafte Bedienung, fehlende Wartung und Kontrolle zurückgeführt werden können.

Maßgebend sind die *Betriebsanweisungen* der Hersteller. Die dort vorgeschriebenen Kontrollen, täglich, wöchentlich usw., erfordern keine Spezialkenntnisse. Sie können von fachgerecht angewiesenem Personal übernommen werden. Insbesondere sind folgende Wartungsschwerpunkte zu beachten:

1. Dichtigkeit des Kältesatzes
2. Sauberkeit der Wärmeaustauschflächen
3. Kontrolle der Sicherheitsorgane
4. Sauberkeit und Füllstand des Schmierölsystems
5. Lückenlos geführtes Maschinentagebuch

Zusätzliche Sicherheit bietet ein *Ingenieur-Revisionsdienst* der Herstellerfirma. In der Kältetechnik ist der Abschluß eines Vertrags zu Pauschalsätzen für dreimalige Revision pro Jahr üblich:

1. Revision: Zur Wiederinbetriebnahme im Frühjahr
2. Revision: Bei hoher Belastung im Sommer
3. Revision: Zur Stillsetzung für den Winter

*Aufgaben des Revisionsingenieurs* generell:

Erkennen von Unregelmäßigkeiten an Hand von Betriebs- und Verbrauchsdaten durch kritischen Vergleich mit Auslegungs- und Probelaufwerten, Prüfung der Regel-, Schalt- und Sicherheitsorgane, Beratung des Bedienungspersonals, Durchsicht an Hand von *Checklisten,* Schlußbericht an den Betreiber.

Der Wartungsdienst kann auch zur Entlastung des eigenen Personals ortsansässigen Fachfirmen übertragen werden.

Wichtig ist die Haltung eines Mindestvorrats an Ersatzteilen. Das sind hauptsächlich Dichtungs- und Verschleißteile sowie Teile von Schalt- und Regelgeräten. Bei nichtmetrischen Maschinen ist hierauf besonders zu achten. Ein gewisser Vorrat an Kältemittel und Kälteöl – in der vom Hersteller vorgeschriebenen Qualität – ist zweckmäßig.

# 7. Anhang

## 71 VERZEICHNIS BEHÖRDLICHER GESETZE, VERORDNUNGEN, VORSCHRIFTEN.

### 711 Gesetze und Rechtsverordnungen

*Musterbauordnung* für die Länder des Bundesgebietes. Jan. 1980. Bundesministerium für Wohnungsbau. Gilt als Grundlage für die Bauordnungen der einzelnen Bundesländer, z.B. Bauordnung von Berlin, GVBl. 1979. S. 898. Enthält zahlreiche Rechtsverordnungen, technische Baubestimmungen und Ausführungsanweisungen.

*Musterfeuerungsverordnung,* Feuerung Jan. 1980 (Argebau).

*Schornsteinfegergesetz* vom 15. 9. 69 (BGBl. I. S. 1634) und 22. 7. 76 (BGBl. I. S. 1873).

*Druckbehälterverordnung* vom 27. 2. 80. BGBl. I 1980. S. 173.

*Dampfkesselverordnung* vom 27. 2. 80 (BGBl. I. S. 173).

Verordnung über *brennbare Flüssigkeiten* (VbF) vom 27. 2. 80. BGBl. I. S. 173.

Technische Regeln für brennbare *Flüssigkeiten* (TRbF) vom April 1980.

Gesetz zur Ordnung des Wasserhaushalts *(Wasserhaushaltsgesetz)* vom 16. 10. 76 u. 23. 9. 86.

Technische Anleitung zum Schutz gegen *Lärm* (TA Lärm). (Allgemeine Verwaltungsvorschrift über genehmigungsbedürftige Anlagen nach § 16 der Gewerbeordnung). Bek. der Bundesregierung vom 16.7. 68 (Bundesanzeiger Nr. 137 vom 26.7.68).

Gesetz über technische Arbeitsmittel *(Maschinenschutzgesetz)* vom 26. 4. 68. Bundesgesetzblatt Teil I, 1968, Nr. 42, vom 28. 6. 68.

*Bundesimmissionsschutzgesetz* vom 15. 3. 74, Bundesgesetzblatt I, S. 721 und Änderung vom 4. 3. 82 (BGBl. I. S. 281). Hierzu zahlreiche Durchführungsverordnungen und Verwaltungsvorschriften u.a.:

Erste Allgemeine Verwaltungsvorschrift zum BImSchG: Technische Anleitung zur Reinhaltung der Luft vom 27.2.86 *(TA Luft).*

Erste Verordnung (Verordnung über Feuerungsanlagen) vom 28.8.74, 5.2.79, 23.2.83 u. 24.7.85. Dazu Allgem. Verwaltungsvorschrift vom 19.10.81.

Dritte Verordnung (Schwefelgehalt von leichtem Heizöl) vom 15.1.75 u. 1. VwV. vom 23.6.78.

Vierte Verordnung (genehmigungsbedürftige Anlagen) vom 24.7.85.

Dreizehnte Verordnung (Verordnung über Großfeuerungsanlagen) vom 22. 6. 83.

*Arbeitsstättenverordnung.* Hrsg. vom Bundesarbeitsministerium (BGBl. I, S. 729) vom 20. 3. 75. Die dazu gehörenden Richtlinien werden laufend herausgegeben, u.a.:

| | |
|---|---|
| ASR 5 | Lüftung (8. 79) |
| ASR 6/1 | Raumtemperaturen (4. 76) |
| ASR 7/3 | Künstliche Beleuchtung (6. 79) |
| ASR 34/1–5 | Umkleideräume (6. 76) |
| ASR 35/1–4 | Waschräume (9. 76) |
| ASR 37/1 | Toilettenräume (9. 76) |
| ASR 45/1–6 | Tagesunterkünfte auf Baustellen (11. 77) |
| ASR 47/1–3,5 | Waschräume für Baustellen (11. 77) |
| ASR 48/1,2 | Toiletten auf Baustellen (11. 77) |

*Energieeinsparungsgesetz* der Bundesregierung vom 27. 7. 76 und 20. 6. 80.
Erste Wärmeschutzverordnung vom 11. 8. 77.
Zweite Verordnung vom 24. 2. 82, gültig ab 1. 1. 84.
Erste Heizungsanlagenverordnung (Heiz.Anl.VO) vom 22. 9. 78.
Zweite Heiz. Anl. Verordnung vom 24. 2. 82 (z. Z. in Überarbeitung).
Heizungsbetriebsverordnung vom 22. 9. 78.

*Heizkostenverordnung* vom 23. 2. 81. Verordnung über die verbrauchsabhängige Abrechnung der Heiz- und Warmwasserkosten. Novellierung am 5. 4. 84.
Die Verordnung gilt für die Verteilung der Kosten bei zentralen Heizungs- und Brauchwasserversorgungsanlagen sowie für die Lieferung von Fernwärme.

*Neubaumietenverordnung* vom 1. 7. 79 mit Vorschriften über Heizkostenabrechnung.

*Investitionszulagengesetz* vom 2. 1. 79.

*Wohnungsmodernisierungsgesetz* (Modernisierungs- und Energieeinsparungsgesetz) vom 12. 7. 78. Novelliert 20. 12. 82.

Verordnung über Allgemeine Bedingungen für die Versorgung mit Fernwärme vom 20. 6. 80.

## 712 Behördliche Vorschriften für besondere Räume und Gebäude

Während die *Bauordnungen* der einzelnen Bundesländer im allgemeinen nur grundsätzliche Forderungen enthalten, werden für einzelne Gebäude- oder Raumarten *Durchführungsverordnungen* oder Richtlinien herausgegeben, die allerdings häufig unterschiedlich sind. Nachstehend eine Auswahl.

1. *Waren- und Geschäftshäuser.* Muster – Geschäftshausverordnung der Fachkommission „Bauaufsicht" der Argebau; Fassung 1. 78.
2. *Garagen.* Verordnung über Garagen (Garagenverordnung GaVO). Gesetz- und Verordnungsblatt der verschiedenen Bundesländer.
3. *Krankenhäuser.* Krankenhausbauverordnung der verschiedenen Bundesländer.
4. *Hochhäuser.* Hochhaus-Verordnung der verschiedenen Bundesländer.
5. *Bäder und Aborte* ohne Außenfenster. DIN 18017 – Teil 1 bis 4. 1983/87.
6. *Versammlungsstätten* einschl. Bühnen und Bildwerferräumen. Gesetz- und Verordnungsblatt verschiedener Bundesländer.
7. *Spiel- und Sportanlagen.* Hessischer Staatsanzeiger vom 18. 5. 70.
8. Lüftungstechnische Anlagen bei Bauten des Landes NRW. Runderlaß des Finanzministeriums vom 23. 7. 71. Ministerialblatt Nr. 101 vom 26. 8. 71.
9. *Geschäftshäuser.* Verordnung über Bau und Betrieb. Gesetz- und Verordnungsblatt verschiedener Länder.

## 713 Sonstige Veröffentlichungen

Siehe auch Abschn. 74

*Honorarordnung für Architekten und Ingenieure* (HOAI) in der Fassung vom 17. 7. 84.

Das *Honorar* für Leistungen bei der Technischen Gebäudeausrüstung richtet sich nach den Kosten der Anlagen, nach der Honorarzone, der die Anlagen angehören, und nach der Honorartafel.

*Honorarzone* I: Anlagen mit geringen Planungsanforderungen, z. B. Gas- und Wasseranlagen mit einfachem Rohrnetz, einfache Heizungs- und Lüftungsanlagen.

*Honorarzone* II: Gas- und Wasseranlagen mit umfangreichen Rohrnetzen; Heizungsanlagen mit besonderer Anforderung an die Regelung, Fernheiz- und Kältenetze, Lüftungsanlagen mit besonderen Anforderungen an Geräuschstärke und Zugfreiheit.

*Honorarzone* III: Gas- und Wasseranlagen mit hohen Planungsanforderungen, Heißwasseranlagen, Wärmepumpen, Luftkühlanlagen, Klimaanlagen.

Die einzelnen Leistungen werden in Hundertsteln des *Grundhonorars* nach Tafel 713-1 wie folgt bewertet (Leistungsbild):

1. Grundlagenermittlung 3%
2. Vorplanung 11%
3. Entwurfsplanung 15%
4. Genehmigungsplanung 6%
5. Ausführungsplanung 18%
6. Vorbereitung der Vergabe 6%
7. Mitwirkung bei der Vergabe 5%
8. Bauüberwachung 33%
9. Objektbetreuung und Dokumentation 3%.

**Tafel 713-1. Honorartafel für Grundleistungen bei der Technischen Ausrüstung von Gebäuden gemäß § 74 HOAI (Stand 1. Jan. 1985)**

| Anrechenbare Kosten DM | Zone I | | Zone II | | Zone III | |
|---|---|---|---|---|---|---|
| | von | bis | von | bis | von | bis |
| | DM | | DM | | DM | |
| 10 000 | 2 370 | 3 080 | 3 080 | 3 780 | 3 780 | 4 490 |
| 15 000 | 3 320 | 4 280 | 4 280 | 5 260 | 5 260 | 6 230 |
| 20 000 | 4 170 | 5 370 | 5 370 | 6 560 | 6 560 | 7 760 |
| 30 000 | 5 800 | 7 390 | 7 390 | 9 000 | 9 000 | 10 590 |
| 40 000 | 7 310 | 9 300 | 9 300 | 11 300 | 11 300 | 13 290 |
| 50 000 | 8 740 | 11 130 | 11 130 | 13 520 | 13 520 | 15 900 |
| 60 000 | 10 090 | 12 880 | 12 880 | 15 680 | 15 680 | 18 470 |
| 70 000 | 11 390 | 14 560 | 14 560 | 17 730 | 17 730 | 20 890 |
| 80 000 | 12 630 | 16 170 | 16 170 | 19 700 | 19 700 | 23 250 |
| 90 000 | 13 860 | 17 720 | 17 720 | 21 580 | 21 580 | 25 440 |
| 100 000 | 15 090 | 19 290 | 19 290 | 23 490 | 23 490 | 27 700 |
| 150 000 | 20 520 | 26 190 | 26 190 | 31 860 | 31 860 | 37 540 |
| 200 000 | 25 500 | 32 400 | 32 400 | 39 290 | 39 290 | 46 190 |
| 300 000 | 34 450 | 43 390 | 43 390 | 52 340 | 52 340 | 61 280 |
| 400 000 | 43 150 | 53 570 | 53 570 | 63 980 | 63 980 | 74 400 |
| 500 000 | 52 280 | 64 140 | 64 140 | 76 020 | 76 020 | 87 880 |
| 600 000 | 61 390 | 74 680 | 74 680 | 87 970 | 87 970 | 101 260 |
| 700 000 | 70 710 | 85 500 | 85 500 | 100 300 | 100 300 | 115 090 |
| 800 000 | 79 960 | 96 380 | 96 380 | 112 790 | 112 790 | 129 210 |
| 900 000 | 89 320 | 107 220 | 107 220 | 125 120 | 125 120 | 143 010 |
| 1 000 000 | 98 710 | 118 070 | 118 070 | 137 420 | 137 420 | 156 770 |
| 1 500 000 | 144 030 | 169 070 | 169 070 | 194 120 | 194 120 | 219 170 |
| 2 000 000 | 187 150 | 215 510 | 215 510 | 243 870 | 243 870 | 272 220 |
| 3 000 000 | 269 060 | 298 480 | 298 480 | 327 910 | 327 910 | 357 330 |
| 4 000 000 | 348 120 | 378 050 | 378 050 | 408 000 | 408 000 | 437 930 |
| 5 000 000 | 425 300 | 458 690 | 458 690 | 492 070 | 492 070 | 525 450 |
| 6 000 000 | 498 550 | 533 760 | 533 760 | 568 970 | 568 970 | 604 190 |
| 7 000 000 | 565 080 | 602 050 | 602 050 | 639 020 | 639 020 | 675 980 |
| 7 500 000 | 596 080 | 633 750 | 633 750 | 671 440 | 671 440 | 709 120 |

# 72 VERDINGUNGSORDNUNG FÜR BAULEISTUNGEN IM HOCH- UND TIEFBAU (VOB)

Gemäß Beschluß des Reichstags vom 9. März 1921 wurde zur gesetzlichen Regelung des Verdingungswesens der „Reichsverdingungsausschuß" gegründet, der aus ehrenamtlich tätigen sachverständigen Vertretern der Baubehörden, des Reiches, der Länder, der Gemeinden, der Bauindustrie, des Handwerks, der Architekten und der Gewerkschaften bestand und am 27. Oktober 1947 als „Deutscher Verdingungsausschuß" neu gebildet wurde. Durch die Gemeinschaftsarbeit anerkannter Sachverständiger wurde im Laufe der Jahre die „Verdingungsordnung für Bauleistungen im Hoch- und Tiefbau (VOB)" geschaffen, die in ganz Deutschland eine Vereinheitlichung und Vereinfachung des Verdingungswesens herbeiführte und sich allgemein bewährt hat. Die Bestimmungen der VOB wurden auch vom Deutschen Normenausschuß als DIN-Normen übernommen.

Die VOB ist im gesamten öffentlichen Bereich beim Bund, den Ländern und Gemeinden eingeführt.

Es empfiehlt sich auch für private Auftraggeber und Auftragnehmer, bei der Vergebung und Ausführung von Heizungs- und Lüftungsanlagen die VOB zugrunde zu legen[1]).

Die Verdingungsordnung gliedert sich in folgende drei Abschnitte:

A. Allgemeine Bestimmungen über die Vergabe von Bauleistungen (DIN 1960 – 10.79).
B. Allgemeine Vertragsbedingungen über die Ausführung von Bauleistungen (DIN 1961 – 10.79).
C. Allgemeine Technische Vorschriften (ATV), Normengruppe zwischen DIN 18300 bis 18421.

Der Teil C, der sich in dauernder Entwicklung befindet, enthält gegenwärtig 43 „Allgemeine Technische Vorschriften", darunter

DIN 18379 Lüftungs- und Klimaanlagen (10.79).
DIN 18380 Zentralheizungs-, Lüftungs- und zentrale Warmwasserbereitungsanlagen (10.79).
DIN 18381 Gas-, Wasser- und Abwasser-Installationsarbeiten (10.79).
DIN 18421 Wärmedämmungsarbeiten (10.79).

Ein Anhang, der nicht Bestandteil der VOB ist, enthält „Richtlinien für Vergabe und Abrechnung der Gerüstarbeiten".

---

[1]) Kommentar zur VOB Teil C DIN 18379/80 von Enge, Kraupner, Salzwedel, Wurr. 1977.

# 73 NORMALBLATTVERZEICHNIS 1985[1])

Die auf den folgenden Seiten aufgeführten *DIN-Normen* sind wie im DIN-Verzeichnis[1]) nach *Dezimal-Klassifikationen (DK)* geordnet, was das Auffinden manchmal erschwert. Nachstehend daher zunächst die Zuordnung der DIN-Nummern zur *DK*.

| DIN | *DK* | DIN | *DK* | DIN | *DK* | DIN | *DK* |
|---|---|---|---|---|---|---|---|
| 276 | 69 | 3362 | 662.9 | 6 616/9 | 621.64 | 32 729 | 697.1/7 |
| 461 | 001 | 3364 | 683.9 | 6 620/7 | 621.64 | 33 403/5 | 33 |
| 1055 | 624 | 3368 | 644.6 | 8 061/2 | 621.64 | 33 830/1 | 621.5 |
| 1056 | 697.8 | u. | 683.9 | 8 072/4 | 621.64 | 38 404 | 628.1 |
| 1289 | 683.9 | 3372 | 683.9 | 8 558 | 621.7 | 38 409 | 54 |
| 1298 | 621.64 | 3374 | 681 | 8 564 | 621.7 | 40 046 | 620.1 |
| 1301 | 53 | 3377 | 644.6 | 8 900/5 | 621.5 | 40 719 | 621.3 |
| 1302/3 | 51 | u. | 683.9 | 8 941 | 621.5 | 44 531/2 | 683.9 |
| 1304 | 53 | 3380 | 621.64 | 8 947 | 621.5 | 44 534/6 | 683.9 |
| 1305/6 | 531 | 3388 | 621.64 | 8 955 | 621.5 | 44 567/9 | 697.1/7 |
| 1311 | 534 | 3391/2 | 621.64 | 8 957 | 697.9 | 44 570/4 | 697.1/7 |
| 1312 | 51 | 3394 | 621.64 | 8 960/2 | 621.5 | 44 576 | 697.1/7 |
| 1313 | 53 | 3398 | 621.64 | 8 970/2 | 621.5 | 44 851 | 683.9 |
| 1314 | 531 | 3440 | 621.64 | 8 975/7 | 621.5 | 44 901/2 | 683.9 |
| 1315 | 51 | 3449 | 662.9 | 12 923/4 | 54 | 44 973 | 697.9 |
| 1318 | 534 | 3502 | 621.64 | 16 261/2 | 621.64 | 45 630/5 | 534 |
| 1319 | 53 | 3545 | 621.64 | 16 928 | 621.64 | 45 647 | 534 |
| 1320 | 534 | 3548/9 | 621.64 | 16 968 | 621.64 | 50 008 | 55 |
| 1340 | 662.76 | 3680 | 621.64 | 18 012 | 696 | 50 010/5 | 55 |
| 1341/3 | 536 | 3684 | 621.64 | 18 017 | 697.9 | 50 016 | 620.1 |
| 1345 | 536 | 3841/2 | 621.64 | 18 022 | 69 | 50 017 | 55 |
| 1421/2 | 001 | 3844/5 | 621.64 | 18 032 | 69 | 50 018 | 620.1 |
| 1426 | 001 | 3848 | 621.64 | 18 055 | 69 | 50 019 | 55 |
| 1505 | 001 | 4043 | 628.2/4 | 18 082 | 69 | 50 049 | 620.1 |
| 1626 | 621.64 | 4045 | 628.2/4 | 18 150 | 69 | 50 900 | 669 |
| 1754 | 621.64 | 4046 | 628.1 | 18 160 | 697,8 | 50 930 | 669 |
| 1785/6 | 621.64 | 4102 | 699.81 | 18 165 | 69 | 51 402 | 662.61 |
| 1871 | 662.76 | 4108 | 699.8 | 18 178 | 69 | 51 419 | 662.75 |
| 1942/3 | 621.1 | 4109 | 699.84 | 18 228 | 69 | 51 503 | 621.5 |
| 1944 | 621.5 | 4140 | 69 | 18 232 | 699.84 | 51 561 | 662.75 |
| 1946 | 697.9 | 4150 | 699.84 | 18 379/81 | 69 | 51 603 | 662.75 |
| 1947 | 621.1 | 4700/4 | 697.1/7 | 18 421 | 69 | 51 622 | 662.75 |
| 1952 | 681 | 4705 | 697.8 | 18 560 | 69 | 51 700 | 662.6 |
| 1960/1 | 69 | 4708 | 696 | 18 880 | 683.9 | 51 850 | 662.6 |
| 1986 | 628.2/4 | 4710/1 | 697.9 | 18 882 | 683.9 | 51 900 | 662.6 |
| 1988 | 628.1 | 4713/4 | 681 | 18 889 | 683.9 | 52 210 | 699.84 |
| 2330 | 001 | 4720/5 | 697.1/7 | 18 890/5 | 683.9 | 52 212 | 699.84 |
| 2391 | 621.64 | 4731/3 | 683.9 | 18 910 | 628.8 | 52 221 | 699.84 |
| 2401/6 | 621.64 | 4736/9 | 662.9 | 19 201/5 | 681 | 52 612/3 | 69 |
| 2410 | 621.64 | 4740/1 | 697.1/7 | 19 221 | 625 | 52 614/5 | 69 |
| 2413 | 621.64 | 4747 | 697.3 | 19 226 | 625 | 53 802 | 677 |
| 2425 | 628.1 | 4750/2 | 697.1/7 | 19 237 | 625 | 55 900 | 667.6 |
| 2426/9 | 621.64 | 4753 | 696 | 19 239 | 681 | 57 116 | 621.3 |
| 2429 | 621.64 | 4754/7 | 697.1/7 | 19 260 | 54 | 57 631 | 621.3 |
| 2440/2 | 621.64 | 4759 | 662.9 | 19 630 | 628.1 | 59 753 | 621.64 |
| 2448/9 | 621.64 | 4787/9 | 662.9 | 23 003 | 662.6 | 67 507 | 628.9 |
| 2450 | 621.64 | 4790 | 662.9 | 24 145/7 | 628.8 | DIN EN1 | 697.1/7 |
| 2458 | 621.64 | 4794/5 | 697.1/7 | 24 151/5 | 628.8 | DIN EN125 | 662.9 |
| 2481 | 621.3 | 4797 | 697.9 | 24 163 | 621.63 | DIN EN161 | 621.64 |
| 2559 | 621.7 | 4798 | 621.64 | 24 166/7 | 621.63 | DIN EN255 | 621.5 |
| 2605/6 | 621.64 | 4800/7 | 697.1/7 | 24 184/5 | 697.9 | IEC 651 | 534 |
| 2619 | 621.64 | 4809 | 697.1/7 | 24 190/4 | 628.8 | ISO 2533 | 55 |
| 2856 | 621.64 | 4844 | 614 | 24 255 | 261.65 | ISO 4064 | 681 |
| 3018 | 681 | 5031 | 628.9 | 24 260 | 621.65 | ISO 4200 | 621.64 |
| 3202 | 621.64 | 5034/9 | 628.9 | 24 290 | 621.65 | ISO 6944 | 699.81 |
| 3258 | 662.9 | 5485 | 001 | 25 414 | 697.9 | ISO 7168 | 628.5 |
| 3320 | 621.64 | 5491 | 536 | 28 500 | 621.64 | ISO 7730 | 697.9 |
| 3334/6 | 621.64 | 5492 | 531 | 28 610 | 621.64 | DIS 7235 | 534 |
| 3340 | 621.64 | 5499 | 662.6 | 30 686 | 662.9 | | |
| 3352 | 621.64 | 6164 | 535 | 30 697 | 683.9 | | |
| 3356/7 | 621.64 | 6608 | 621.64 | 32 725 | 662.9 | | |

[1]) Normblattverzeichnis 1985, Hrsg. vom Deutschen Institut für Normung (DIN), Berlin. Zu beziehen durch Beuth-Verlag, Burggrafenstraße 6, 1000 Berlin 30.

**Auswahl der für die Heizungs- und Lüftungstechnik wichtigsten Normblätter.**
Die Normblätter werden in den Fachnormenausschüssen (FNA) des Deutschen Instituts für Normung (DIN) beraten und zunächst als Normentwürfe, später nach Verwertung aller Einsprüche als endgültige Normen veröffentlicht.
Normungsanträge bearbeitet der Normenausschuß Heiz- und Raumlufttechnik (NHRS) im DIN, 1000 Berlin 30, Burggrafenstraße 6, und der Normenausschuß Maschinenbau (NAM), Fachbereich Lufttechn. Anlagen.
Hinter der Normblattnummer ist das Ausgabedatum aufgeführt. Die schräggedruckten Ziffern geben die DK-Zahl an. × = Normblattänderung. E. = Entwurf. EN = Europäische Norm.
In den verschiedenen Abschnitten aufgeführte Normen sind wiedergegeben mit Erlaubnis des DIN Deutsches Institut für Normung e.V. Maßgebend für das Anwenden der Norm ist deren Fassung mit dem neuesten Ausgabedatum, die bei Beuth-Verlag GmbH, Burggrafenstr. 6, 1000 Berlin 30, erhältlich ist.
Zusammenstellung der ISO-Arbeitsgruppen s. Abschnitt 763.

| DIN | *DK* | | |
|---|---|---|---|
| | | | **Schriftwesen, Klassifikationen, Bibliothekswesen** |
| | *001* | | *Wissenschaft und Kenntnisse* |
| 461 | | 3. 73 | Graphische Darstellungen in Koordinatensystemen |
| 1421 | | 1. 83 | Abschnittsnumerierung in Schriftwerken |
| 1422 | | 2. 83 | bis 8. 86 Technisch-wissenschaftliche Veröffentlichungen |
| 1426 | | 11. 73 | Schrifttumsberichte, Richtlinien |
| 1502 | | 1. 84 | Abkürzungen |
| 1505 | | E. 3. 78 | Titelangaben von Schrifttum, Richtlinien Teil 1 |
| 2330 | | 3. 79 | Begriffe und Benennungen; Allgemeine Grundsätze |
| 5485 | | 8. 86 | Bemessungsgrundsätze für physikalische Größen |
| | *33* | | **Arbeit** |
| 33403 | | 4. 84 | Teil 1 u. 2 Klima am Arbeitsplatz, T. 3, E. 12. 84 |
| 33405 | | E. 4. 85 | Psychische Belastung und Beanspruchung |
| | *51* | | **Mathematik** |
| 1302 | | 8. 80 | Mathematische Zeichen |
| 1303 | | E. 11. 83 | Vektorzeichen, Matrizen |
| 1312 | | 3. 72 | Geometrische Orientierung |
| 1315 | | 8. 82 | Winkel, Begriffe und Einheiten |
| | *53* | | **Physik, allgemein; Meßverfahren** |
| 1301 | | 12. 85 | Teil 1 Einheiten, Kurzzeichen; s. auch T. 2 u. 3 |
| 1304 | | 2. 78 | bis E. 8. 84, 3 Teile, Formelzeichen |
| 1313 | | 4. 78 | Physikalische Größen |
| 1319 | | 1. 80 | bis 12. 85 Grundbegriffe der Meßtechnik; 4 Teile |
| 19227 | | 9. 73 | Bildzeichen für Messen, Steuern, Regeln, s. *DK 625* |
| 19228 | | 7. 74 | Allgemeine Bildzeichen für Messen, Steuern, Regeln, s. *DK 625* |
| | *531* | | *Mechanik* |
| 1305 | | 5. 77 | Masse, Kraft, Gewicht; Begriffe |
| 1306 | | E. 1. 86 | Dichte; Begriffe |
| 1314 | | 2. 77 | Druck; Begriffe, Einheiten |
| 5492 | | 11. 65 | Formelzeichen der Strömungsmechanik |
| 51562 | | 1. 83 | Viskosimetrie |

| DIN | *DK* | |
|---|---|---|
| | *534* | *Schwingungslehre, Akustik* |
| 1311 | 2.74 | bis 12.74 Schwingungslehre, Begriffe (4 Teile) |
| 1318 | 9.70 | Lautstärkepegel |
| 1320 | 10.69 | Akustik, Grundbegriffe |
| 45630 | 12.71 | T. 1. Grundlagen der Schallmessung |
| | 9.67 | T. 2. – Normalkurven |
| 45635 | | Geräuschmessung an Maschinen. Mehrere Beiblätter und Teile |
| | 4.84 | Teil 1. Luftschallemission; Hüllflächenverfahren |
| | 12.77 | Teil 2. Luftschallmessung; Hallraumverfahren |
| | 10.85 | Teil 9. Luftschallmessung; Kanalverfahren |
| | 5.74 | Teil 10. Elektrische Maschinen |
| | 4.86 | Teil 35. Wärmepumpen; Hüllflächenverfahren |
| | 4.86 | Teil 38. Ventilatoren; Hüllflächen-, Hallraum- u. Kanal-Verfahren |
| | 6.85 | Teil 46. Kühltürme; Hüllflächenverfahren |
| | 10.86 | Teil 56. Luftheizer, Warmlufterzeuger; Hüllflächenverfahren |
| 45647 | i.V. | u. ISO DIS 7235 Messung von Schalldämpfern in Kanälen |
| IEC 651 | 12.81 | Schallpegelmesser |
| | *535* | *Licht, Optik, Farben* |
| 6164 | 2.80 | DIN-Farbenkarte mit zahlreichen Beiblättern |
| | *536* | *Wärme* |
| 1341 | 10.86 | Wärmeübertragung |
| 1342 | 10.83 | bis 2.86 Zähigkeit, 2 Teile |
| 1343 | 8.86 | Normzustand, Normalvolumen |
| 1345 | 9.75 | Technische Thermodynamik; Formelzeichen, Einheiten |
| 5491 | 9.70 | Stoffübertragung, Diffusion |
| 5499 | 1.72 | Brennwert und Heizwert, Begriffe (*DK 622.*6) |
| | *54* | **Chemie** |
| 12923 | 7.75 | Laboreinrichtungen; Abzüge |
| 12924 | 1.78 | bis E. 4.83 Laboreinrichtungen; Anforderungen an Abzüge, 3 Teile |
| 19260 | 3.71 | *p*H-Messung; Begriffe |
| 38409 | 5.79 | bis 7.86 Bestimmung der Säure- und Basekapazität. Mehrere Teile |
| 50900 | 4.82 | Korrosion der Metalle – Begriffe – Teil 1 (s. *DK 669*) |
| 50930 | 12.80 | Korrosion. 5 Teile (s. *DK 669*) |
| | *55* | **Klimatologie – Meteorologie** |
| 33403 | 4.84 | bis E. 12.84 Klima am Arbeitsplatz, 3 Teile (s. *DK 33*) |
| 4710 | 11.82 | Meteorologische Daten (siehe *DK 697.*9) |
| 50008 | 2.81 | und 7.81, Konstantklimate, 2 Teile |
| 50010 | 10.77 | bis 8.81 Klimate und ihre technische Anwendung, 2 Teile |
| 50012 | 1.86 | Klimate und ihre techn. Anwendungen; 5 Teile |
| 50013 | 6.79 | – Vorzugstemperaturen |
| 50014 | 7.85 | – Normalklimate |
| 50015 | 8.75 | – Konstantklimate (Prüfklimate) |
| 50017 | 10.82 | – Kondenswasser-Klimate |
| 50019 | 11.79 | – Freiluftklimate – Teil 1 |
| ISO 2533 | 12.79 | Norm-Atmosphäre |
| | *614* | **Unfallschutz** |
| 4844 | 5.80 | bis 10.85 Sicherheitskennzeichnung mit Beiblättern |
| | *62* | **Technik im allgemeinen** |
| 33403 | 4.84 | Klima am Arbeitsplatz. T. 1 Grundlagen |
| | | T. 2 Einfluß auf den Wärmehaushalt des Menschen |
| | E. 12.84 | T. 3 Beurteilung |

| DIN | DK | |
|---|---|---|
| | *620*.1 | **Werkstoffprüfung** |
| 40046 | 1. 68 | bis 11. 86 Klimatische Prüfungen. Teil 7 bis 58 |
| 50016 | 12. 62 | Wechselklimate (feucht) s. auch *DK 55* |
| 50018 | 5. 78 | Korrosionsprüfungen |
| 50049 | 8. 86 | Bescheinigungen über Materialprüfungen |
| 50900 | 4. 82 | bis 9. 85 Korrosion der Metalle – Begriffe (s. *DK 669*) |
| 50930 | 12. 80 | Korrosionsverhalten von Metallen (s. *DK 669*) |
| 66131 | 10. 73 | Bestimmung der spez. Oberfläche von Feststoffen durch Gasadsorption |
| | *621* | **Maschinenbau** |
| | *621*.1 | *Dampfmaschinen, Dampfkessel* |
| 1942 | 6. 79 | Abnahmeversuche an Dampferzeugern (VDI-Dampferzeugerregeln) |
| 1943 | 2. 75 | Dampfturbinen, Regeln für Abnahmeversuche |
| 1947 | 6. 59 | Leistungsversuche an Kühltürmen (VDI-Kühlturmregeln) |
| | *621.3* | *Elektrotechnik* |
| 2481 | 6. 79 | Wärmekraftanlagen; graphische Symbole |
| 40719 | 6. 73 | bis 11. 86 Schaltungsunterlagen. Mehrere Teile |
| 57116 | 3. 79 | VDE-Bestimmungen für Feuerungsanlagen = DIN VDE 0116 |
| | | *Elektrowärme* |
| 44567 bis 44576 | | siehe *DK 697*.1 bis 7 |
| 57631 | 12. 83 | Temperaturregler = DIN VDE 0631 |
| | *621.5* | *Verdichter, Kältetechnik, Wärmepumpen* |
| 1944 | 10. 68 | Abnahmeversuche an Kreiselpumpen (VDI-Kreiselpumpenregeln) |
| 1946 | | siehe DK *697*.8 |
| 8900 | 4. 87 | T. 1 Wärmepumpen, elektr. angetrieben, Begriffe EN 255 |
| | 10. 80 | T. 2 Prüfung von elektr. Wärmepumpen |
| | 9. 82 | T. 3 Prüfung; Wasser/Wasser und Sole/Wasser |
| | 6. 82 | T. 4 Prüfung; Luft/Wasser |
| | E. 2. 86 | T. 6 Meßverfahren für installierte WP |
| 8901 | 1. 83 | Wärmepumpen, Schutz von Erdreich, Grund- u. Flußwasser |
| 8905 | 10. 83 | Rohre für Kleinkälteanlagen, 3 Teile |
| 8941 | 1. 82 | Formelzeichen und Indizes für die Kältetechnik |
| 8947 | 1. 86 | Wärmepumpen zur Wassererwärmung |
| 8955 | 4. 76 | Ventilator-Luftkühler |
| 8957 | 9. 73 | bis 10. 75 Raumklimageräte s. *DK 697.9* |
| 8960 | 7. 77 | Kältemittel; Anforderungen |
| 8962 | 8. 68 | Kältemittel; Begriffe, Kurzzeichen |
| 8970 | 3. 81 | Ventilatorbelüftete Verflüssiger und Trockenkühltürme |
| 8971 | E. 8. 84 | Nenndaten von Verflüssigungssätzen. 2 Teile |
| 8972 | 6. 80 | Kältetechnik, Fließbilder, 2 Teile |
| 8975 | 12. 86 | Kälteanlagen, sicherheitstechnische Grundsätze für Gestaltung, Ausrüstung und Aufstellung, Teil 1 bis 9 (5. 78 bis 10. 83) |
| 8976 | 2. 72 | Leistungsprüfung von Verdichter-Kältemaschinen |
| 8977 | 1. 73 | Leistungsprüfung von Kältemittel-Verdichtern |
| 33830 | E. 10. 85 | Anschlußfertige Heiz-Absorptions-Wärmepumpen, 4 Teile |
| 33831 | E. 4. 87 | Wärmepumpen, verbrennungsmotorisch angetrieben. 4 Teile |
| 51503 | 5. 80 | u. E. 8. 86, Schmierstoffe; Kältemaschinenöle, Mindestanforderungen (*DK 665*.76) |
| EN 255 | E. 4. 87 | = DIN 8900 Teil 1, s. oben |
| | *621*.63 | *Ventilatoren* |
| 24163 | 1. 85 | Teil 1 bis 3 Ventilatoren, Leistungsmessung, Normprüfstände |
| 24166 | E. 4. 87 | Ventilatoren, technische Lieferbedingungen |
| 24167 | 9. 82 | bis E. 9. 85 Teil 1 u. 2. Ventilatoren, Berührungsschutz |

| DIN | *DK* | |
|---|---|---|
| | *621.64* | *Rohrleitungen, Rohrverbindungen, Armaturen, Behälter* |
| 2401 | 5. 77 | Teil 1. Rohrleitungen; Druckstufen, Begriffe, Nenndrücke |
| | | Teil 3. Druckstufen. 9. 68 |
| 2402 | 2. 76 | Rohrleitungen; Nennweiten, Begriffe, Stufung |
| 2403 | 3. 84 | Kennzeichnung von Rohrleitungen nach dem Durchflußstoff |
| 2404 | 12. 42 | Kennfarben für Heizungsrohrleitungen (× 10. 62) |
| 2405 | 7. 67 | Rohrleitungen in Kälteanlagen; Kennzeichnung |
| 2406 | 4. 68 | Rohrleitungen; Kurzbezeichnung, Rohrklassen |
| 2410 | 1. 68 | bis 3.78 Rohre, Übersicht (Teil 1 bis 4) |
| 2429 | E. 8. 82 | Sinnbilder für Rohrleitungen |
| 2426 | E. 1. 87 | Rohrleitungen aus Kunststoff für Warmwasser-Fußbodenheizungen – Anforderungen |
| 2427 | E. 1. 87 | – aus Polybuten, Anforderungen und Prüfung |
| 2428 | E. 1. 87 | – aus Polypropylen, Anforderungen und Prüfung |
| 2429 | E. 1. 87 | – aus Polyethylen, Anforderungen und Prüfung |
| 2481 | | s. *DK 621.3* |
| 3841 | 7. 78 | Heizungsregulierventile, Teil 1. Maße, Werkstoffe |
| | 1. 82 | Teil 2. Thermostatische Ventile |
| 4798 | E. 1. 85 | Teil 1. Schlauchleitungen für Heizöl EL |
| 6608 | 10. 81 | Tanks aus Stahl für unterirdische Lagerung, 2 Teile |
| 6616 | 10. 81 | Liegende Behälter, oberirdisch |
| 6618 | 10. 81 | bis 2. 84 Stehende Behälter aus Stahl, oberirdisch, 4 Teile |
| 6619 | 10. 81 | bis 9. 82 Stehende Behälter aus Stahl, unterirdisch, 2 Teile |
| 6620 | 10. 81 | Batteriebehälter für Heizöl, oberirdisch, 2 Teile |
| 6622 | 10. 81 | Haushaltsbehälter aus Stahl, oberirdisch, 3 Teile |
| 6623 | 10. 81 | Stehende Behälter aus Stahl, oberirdisch, 2 Teile |
| 6624 | 10. 81 | Liegende Behälter aus Stahl, oberirdisch, 2 Teile |
| 6625 | 6. 78 | bis 8.80. Rechteckige Behälter aus Stahl (Kellertanks), 2 Teile |
| 6626/27 | E. 1. 84 | Unterirdische Lagerung |
| | | *Rohre aus Gußeisen* |
| 28500 | 8. 77 | Gußeiserne Druckrohre |
| 28610 | 1. 83 | Gußeiserne Druckrohre mit Schraubmuffen, 2 Teile |
| | | *Rohre aus Stahl* |
| 1298 | 7. 78 | Ofenrohre |
| 1626 | 10. 84 | Geschweißte Rohre, techn. Lieferbedingungen |
| 1629 | 10. 84 | Nahtlose Rohre, technische Lieferbedingungen |
| 2391 | 7. 81 | Nahtlose Präzisionsstahlrohre, Maße |
| 2413 | 6. 72 | Stahlrohre, Berechnung der Wanddicke gegen Innendruck |
| 2440 | 6. 78 | Stahlrohre, mittelschwere Gewinderohre |
| 2441 | 6. 78 | Stahlrohre, schwere Gewinderohre |
| 2442 | 8.63 | Gewinderohre mit Gütevorschrift, ND1 bis 100 |
| 2448 | 2. 81 | Nahtlose Stahlrohre, Maße |
| 2449 | 4. 64 | Nahtlose Stahlrohre aus St 00 |
| 2450 | 4. 64 | Nahtlose Stahlrohre aus St 35 |
| 2458 | 2. 81 | Geschweißte Stahlrohre, Maße |
| 2605 | E. 12. 85 | Rohrbogen zum Einschweißen, 2 Teile |
| 2606 | 7. 65 | Rohrbogen zum Einschweißen |
| 2619 | 1. 68 | Stahlfittings zum Einschweißen |
| ISO 4200 | 2. 81 | Nahtlose und geschweißte Stahlrohre, Maße |
| | | *Kunststoffrohre* |
| 8061 | 4. 84 | PVC-Rohre; Güteanforderungen, s. auch Beiblatt 1, 2.84 |
| 8062 | E. 6. 85 | Kunststoffrohre aus PVC, hart. Maße |
| 8072 | 7. 72 | Rohre aus PE, weich. Maße |
| 8073 | 3. 76 | Rohre aus PE, weich. Güteanforderungen, Prüfung |
| 8074 | E. 6. 85 | Teil 1. Rohre aus PE, hoher Dichte. Maße |
| 8077 | E. 6. 85 | Rohre aus PP; Maße |
| 8080 | 4. 84 | Rohre aus PVC; Prüfung |
| 16928 | 4. 79 | Rohrleitungen aus thermoplastischen Kunststoffen; Verbindungen, Verlegung |
| 16968 | 3. 85 | Rohre am Polybuten, Prüfung |

| DIN | *DK* | |
|---|---|---|
| | | *Kupferrohre* |
| 1754 | 8. 69 | bis 4.74 Rohre aus Kupfer, nahtlos. 3 Teile |
| 1785 | 10. 83 | Rohre aus Kupfer für Kondensatoren und Wärmeaustauscher |
| 1786 | 5. 80 | Rohre aus Kupfer für Lötverbindungen |
| 2856 | 2. 86 | Fittings für Lötverbindungen |
| 8905 | 10. 83 | Rohre für Kälteanlagen, s. *DK 621.5* |
| 59753 | 5. 80 | Kupferrohre für Kapillarlötung |
| | | *Blechrohre* |
| | | siehe DK *628.8 Klimatechnik* |
| | | *Armaturen* |
| 3202 | 10. 79 | bis 9.84. Baulängen von Armaturen. 5 Teile |
| 3320 | 9. 84 | Sicherheitsventile, Begriffe, Teil 1 |
| 3334/6 | 10. 68 | Heizungsmischer |
| 3352 | 5. 79 | bis E. 6.87 Schieber. 13 Teile |
| 3356 | 5. 82 | Ventile im allgemeinen. 5 Teile |
| 3380 | 12. 73 | Gasdruck-Regelgeräte |
| 3381 | 6. 84 | Sicherheitseinrichtungen in Gasversorgungsanlagen |
| 3388 | 9. 79 | T. 2. Mechanische Abgasklappen; Anforderung, Prüfung |
| | 12. 84 | T. 4. Thermisch gesteuerte Abgasklappen; Anforderung, Prüfung |
| 3391 | 11. 79 | Stellglieder für Gasverbraucher |
| 3392 | 2. 71 | Gasdruckregler für Gasverbrauchseinrichtungen |
| 3394 | 8. 73 | bis E. 7. 85 Stellgeräte, Ventile, Sicherheits-Absperrvorrichtungen, Teil 1 u. 2 sowie T. 1 A1 u. A2 |
| 3398 | 11. 82 | Teil 1 und 2. Druckwächter für Gas, Luft, Rauchgas |
| | 11. 82 | T. 3. Sicherheitsanforderungen |
| | 10. 86 | T. 4. Druckwächter für flüssige Brennstoffe |
| | i.V. | T. 5. Gasfeuerstätten mit Abgasventilatoren |
| 3440 | 7. 84 | Temperaturregler und -begrenzer |
| 3502 | 11. 85 | Schrägsitzventile, Durchgangsventile |
| 3545 | 1. 80 | Kondensatableiter, Anforderungen |
| 3548/9 | 12. 81 | Kondensatableiter |
| 3680 | 4. 76 | Kondensatableiter; Systeme |
| 3684 | 9. 77 | –, mit Verschraubung |
| 3841 | 7. 78 | Teil 1. Heizungsregulierventile |
| | 1. 82 | Teil 2. Thermostatische Ventile |
| | | EN 25 E. 9/84 |
| 3842 | 3. 79 | Radiator-Verschraubungen ND 10 aus NE-Metall, Maße |
| 3844 | 12. 81 | Muffenventile ND 16, Durchgangsmuffenventile aus NE-Metall, Anschlußmaße |
| 3845 | 12. 81 | Muffenrückschlagventil ND 16 aus NE-Metall, Maße |
| EN 161 | E. 2. 87 | Autom. Absperrventile für Gasbrenner und -geräte (CEN/TC 58) |
| | | *Hähne* |
| 3357 | 12. 81 | bis 8. 82 Kugelhähne. 7 Teile |
| 3848 | 12. 81 | Füll- und Entleerungshähne |
| 16261/2 | 6. 81 | Absperrhähne |
| | *621.65* | *Pumpen* |
| 24255 | 11. 78 | Kreiselpumpen mit axialem Eintritt, Hauptmaße |
| 24260 | 9. 86 | Teil 1. Kreiselpumpen und Anlagen, Begriffe, Formelzeichen, Einheiten |
| 24290 | 8. 81 | Strahlpumpen |
| | *621.7* | *Umformen* |
| 2559 | 5. 73 | bis 2. 84. Schweißnahtvorbereitung an Stahlrohren |
| 8558 | 5. 67 | Teil 1. Schweißverbindungen an Dampfkesseln, Behältern, Rohren |
| 8564 | 4. 72 | Teil 1. Schweißen im Rohrleitungsbau |

| DIN | *DK* | |
|---|---|---|
| | *624* | *Bauingenieurwesen, allgemein* Schutzmaßnahmen an Bauwerken für Wärme, Schall, Feuer siehe DK *699*.8 |
| 1055 | 6. 71 | bis E. 8. 86. Lastannahmen für Bauten, 6 Teile |
| | *625* | *Regelungstechnik* |
| 19221 | 2. 81 | Formelzeichen der Meß- und Regelungstechnik |
| 19226 | E. 3. 84 | Teil 1. Regelungstechnik und Steuerungstechnik; Begriffe und Benennungen |
| 19237 | 2. 80 | Messen, Steuern, Regeln; Begriffe |
| 19239 | 5. 83 | Speicherprogrammierte Steuerungen, Programme |
| | *628* | **Gesundheitstechnik** |
| | *628*.1 | *Wasserversorgung* |
| 1988 | 1. 62 | Trinkwasserleitungsanlagen in Grundstücken, technische Bestimmungen (DK *696*.1) |
| | E. 8. 81 | Teil 1. Technische Regeln des DVGW |
| | E. 2. 85 | bis 6. 86. Teil 3 bis 8 |
| 2425 | 8. 75 | bis 10. 83. Rohrnetzpläne der Gas- und Wasserversorgung, Richtlinien. 7 Teile |
| 4046 | 9. 83 | Wasserversorgung, Begriffe, Techn. Regeln des DVGW |
| 19630 | 8. 82 | Richtlinien für den Bau von Wasserrohrleitungen |
| 38404 | 12. 76 | bis E. 7. 86. Einheitsverfahren zur Wasser- und Abwasseruntersuchung. Teil 1 bis 15 |
| | *628*.2 bis 4 | *Entwässerung* |
| 1986 | 9. 78 | bis E. 6. 86. Entwässerungsanlagen für Gebäude und Grundstücke, T. 1 bis 33 |
| 4043 | 10. 82 | Heizölsperren |
| 4045 | 12. 85 | Abwassertechnik; Begriffe |
| | *628.5* | *Maßnahmen gegen Staub; Umweltschutz* |
| ISO 7168 | E. 6. 84 | Luftbeschaffenheit. Darstellung von Immissionsdaten |
| | *628.8* | *Klimatechnik, Blechrohre* |
| 18910 | 10. 74 | Klima in geschlossenen Ställen |
| 24145 | 10. 75 | Wickelfalzrohre |
| 24146 | 2. 79 | Flexible Rohre. Teil 1 und 3 |
| 27147 | 5. 82 | Formstücke. 13 Teile. Teil 15 Widerstandsbeiwerte, E. 5. 81 |
| 24151 | 7. 66 | Rohre für Schweißverbindungen |
| 24152 | 7. 66 | Rohre, gefalzt |
| 24153 | 7. 66 | Rohre, gebördelt |
| 24154 | 7. 66 | Teil 2 bis 4. Flachflansche; Teil 5 für Wickelfalzrohre 10. 75 |
| 24155 | 7. 66 | Teil 2 bis 4. Winkelflansche |
| 24190 | 11. 85 | Kanalbauteile für lufttechnische Anlagen: Blechkanäle, gefalzt, geschweißt |
| 24191 | 11. 85 | –, Kanalformstücke, gefalzt, geschweißt |
| 24192 | 11. 85 | –, Verbindungen, dazu Beiblatt 1 |
| 24193 | 11. 85 | –, Flansche, Teil 1 bis 3 |
| 24194 | 11. 85 | –, Dichtheitsprüfung, Dichtigkeitsklassen, 2 Teile |
| | *628.9* | *Lichttechnik* |
| 5031 | 3. 82 | bis 1. 84. Strahlungsphysik und Lichttechnik, Größen, Bezeichnungen und Einheiten. Teil 1 bis 9 |
| 5034 | 2. 83 | bis 2. 85. Tageslicht in Innenräumen, 4 Teile |
| 5035 | 10. 79 | bis E. 9. 86. Innenraumbeleuchtung mit künstlichem Licht. 6 Teile |
| 5039 | 11. 80 | Licht, Lampen, Leuchten; Begriffe, Grundeinteilung |
| 67507 | 6. 80 | Licht-, Strahlungstransmissions- und Gesamtenergie-Durchlaßgrade von Verglasungen |

| DIN | *DK* | |
|---|---|---|
| | *644.6* | **Brauchwasserversorgung** (siehe auch *DK 696*) |
| 3368 | E. 4. 86 | T. 2. Umlauf-, Kombi-Wasserheizer; Anforderungen, Prüfung |
| | 4. 79 | T. 3. Umlaufgaswasserheizer (EN 150) |
| | 9. 82 | Teil 4. Durchlauf-Wasserheizer mit selbsttätiger Anpassung der Wärmebelastung |
| | 7. 85 | Teil 5. Gaswasserheizer mit geschlossener Verbrennungskammer und mech. Verbrennungsluft- und Abgasführung (LAS-Schornstein) |
| 3377 | 2. 80 | Vorrats-Gaswasserheizer – Sicherheitstechn. Einrichtungen (*DK 683.9*) |
| 44901/2 | | s. *DK 683.9* |
| | *662* | **Brennstoffe, Feuerungskunde** |
| | *662.6* | *Natürliche Brennstoffe* |
| 5499 | 1. 72 | Brennwert und Heizwert; Begriffe |
| 23003 | 4. 76 | Internationale Klassifikation für Steinkohle |
| 51700 | 10. 67 | Prüfung fester Brennstoffe; Allgemeines |
| 51850 | 4. 80 | Brennwerte und Heizwerte gasförmiger Brennstoffe |
| 51900 | 8. 77 | Prüfung fester und flüssiger Brennstoffe; Heizwert, Brennwert, T. 1 bis 3 |
| | *662.61* | *Verbrennungsrückstände* |
| 51402 | 10. 86 | und 3. 79. Prüfung der Abgase von Ölfeuerungen; 2 Teile |
| | *662.75* | *Flüssige Brennstoffe* |
| 51419 | 6. 83 | Prüfung flüssiger Brennstoffe, Verschmutzung |
| 51561 | 12. 78 | Prüfung von Mineralölen, Viskosität |
| 51603 | 12. 81 | T. 1. Heizöl EL. E. 8. 85 T. 2 Heizöl L u. M, Mindestanforderungen |
| 51622 | 12. 85 | Propan, Butan; Anforderungen |
| | *662.76* | *Gasförmige Brennstoffe, Geräte* |
| 1340 | 12. 84 | Gasförmige Brennstoffe, Arten, Bestandteile |
| 1871 | 5. 80 | Gasförmige Brennstoffe und sonstige Gase, Dichte |
| 51850/8 | 4. 80 | Brennwert und Heizwert gasförmige Brennstoffe (*DK 662.6*) |
| | *662.9* | *Feuerungskunde* |
| 3258 | 2. 71 | T. 1. Zündsicherungen für Gasgeräte und -feuerstätten |
| | E. 3. 86 | T. 2. Flammenüberwachung, automatische Zündsicherungen |
| | E. 2. 83 | EN 125. Flammenüberwachung, thermoelektr. Zündsicherung |
| 3362 | E. 4. 85 | 4 Teile. Gasgeräte mit atmosphärischen Brennern |
| 3449 | E. 8. 78 | Abgas-Strömungswächter, zurückgezogen |
| 4736 | 6. 80 | Ölversorgungsanlagen für Ölbrenner |
| 4737 | E. 7. 85 | Ölregler für Verdampfungsbrenner, 2 Teile |
| 4739 | 2. 82 | Regel-, Steuer- und Zündeinrichtungen bei Verdampfungsbrennern |
| 4756 | 2. 86 | Gasfeuerungen in Heizungsanlagen |
| 4759 | 4. 86 | T. 1. Mehrere Wärmeerzeuger an einem Schornstein |
| 4787 | 9. 81 | Ölbrenner; Begriffe, Sicherheitstechn. Anforderungen, Prüfung. 2 Teile |
| 4788 | 6. 77 | T. 1. Gasbrenner ohne Gebläse |
| | E. 8. 83 | T. 2. Gasbrenner mit Gebläse |
| | E. 8. 83 | T. 3. Flammenüberwachungseinrichtungen |
| 4789 | 8. 82 | Anschlußmaße für Brenner |
| 4790 | 9. 85 | Ölbrennerdüsen |
| 30686 | E. 3. 84 | Flüssiggas-Heizgeräte ohne Abgasabführung |
| 32725 | 12. 80 | T. 1 – Sicherheitsabsperreinrichtungen für Heizöl |
| | E. 3. 83 | Änderung dazu |
| | *667.6* | **Farben, Anstrich** |
| 55900 | 2. 80 | Beschichtung für Raumheizkörper; Grund- und Deckanstrich, Prüfung. T. 1: Grundanstrich, T. 2: Deckanstrich |
| 6164 | | siehe *DK 535* |

| DIN | *DK* | |
|---|---|---|
| | *669* | **Metallurgie, Korrosion, Stahl** |
| 50900 | 4. 82 | bis 9.85. Korrosion der Metalle; Grundbegriffe, 3 Teile |
| 50930 | 12. 80 | Korrosion der Metalle. 5 Teile |
| | *677* | **Textilindustrie** |
| 53802 | 7. 79 | Prüfung von Textilien, Normalklima |
| | *681* | **Meßwesen** |
| 1952 | 7. 82 | VDI-Durchfluß-Meßregeln |
| 3018 | 5. 84 | Ölstandsanzeiger |
| 3374 | 7. 85 | Balgengaszähler |
| 4713 | 12. 80 | bis E.3.87. Heizkostenverteiler; Allgemeines, 5 Teile (*DK 697*.1/7) |
| 4714 | 12. 80 | Heizkostenverteiler; Anforderungen, Teil 2: Verdunstungsprinzip, mit Änderung E. 4. 85; Teil 3: Elektr. Verfahren |
| 19201 | E. 4. 87 | Durchflußmeßtechnik; Begriffe. Formelzeichen |
| 19202 | 4. 74 | –; Beschreibung und Untersuchung |
| 19205 | 10. 81 | bis 11. 83. Meßstrecken für Blenden und Düsen, 2 Teile |
| 19226 | | Regelungs- und Steuerungstechnik, s. *DK 625* |
| 19239 | 5. 83 | Speicherprogrammierte Steuerungen, s. *DK 625* |
| 19237 | 2. 80 | Messen, Steuern, Regeln; Begriffe, s. *DK 625* |
| ISO 4064 | 1. 81 | Teil 1. Hauswasserzähler |
| | *683.9* | *Öfen und Heizgeräte* |
| 1289 | 4. 28 | Feuergeschränk für Kachelöfen, Fülltür (× 8.62) |
| 3364 | 4. 82 | Teil 1. Raumheizer für Gas – Begriffe, Anforderungen, Kennzeichnung |
| | E. 2. 85 | Teil 2 – Heizeinsätze mit atmosph. Brennern |
| | 3. 63 | Teil 10. Heizöfen für Stadtgas; für Propan/Butan |
| 3368 | | Teil 2 bis 5 s. *DK 644*.6 |
| 3372 | 1. 80 | T. 1. Heizstrahler für Raumheizung |
| | 1. 80 | T. 2. – für Freianlagen |
| | 5. 80 | T. 3. – für Tieraufzucht |
| | 4. 83 | T. 4. Ortsveränderliche Heizstrahler |
| 3377 | 2. 80 | Vorrats-Gaswasserheizer |
| 4731 | E. 4. 87 | Ölheizeinsätze mit Verdampfungsbrennern |
| 4732 | 6. 73 | Ölherde mit Verdampfungsbrennern |
| 4733 | 4. 74 | Öl-Speicher-Wasserheizer mit Verdampfungsbrennern |
| 4753 | 10. 80 | Brauchwasser-Erwärmungsanlagen s. *DK 696* |
| 18880 | 8. 85 | Teil 1. Dauerbrandherde für feste Brennstoffe |
| 18882 | 1. 66 | bis E.7.85. Heizungsherde für feste Brennstoffe. Teil 1 bis 3 |
| 18889 | 11. 56 | Speicher-Kohlewasserheizer |
| 18890 | 9. 71 | Dauerbrandöfen für feste Brennstoffe |
| | 12. 74 | Teil 10. Raucharme Verbrennung |
| 18891 | 8. 84 | Kaminöfen für feste Brennstoffe |
| 18892 | 4. 85 | Dauerbrandeinsätze |
| 18893 | 7. 87 | Raumheizvermögen von Einzelfeuerstätten, Näherungsverfahren zur Ermittlung der Feuerstättengröße |
| 18894 | 6. 56 | Transportable keramische Dauerbrandöfen, Raumheizvermögen |
| 18895 | E. 12. 83 | Teil 1. Offene Kamine für feste Brennstoffe |
| 30697 | E. 12. 84 | Teil 1. Ortsveränderliche Warmlufterzeuger für Flüssiggas |
| | 5. 82 | Teil 2. – für Öl |
| 44531 | 12. 77 | Teil 1. Elektrische Heißwasserbereiter; Anschluß, s. auch T. 1, 3.77 |
| 44532 | E. 7. 87 | Elektr. Heißwasserbereiter; Heißwasserspeicher, < 1000 l, 3 Teile |
| 44534/5 | 7. 68 | Elektrische Heißwasserspeicher ohne Wärmeisolierung |
| 44536 | 8. 83 | Elektrische Kochendwassergeräte; 3 T. |
| 44851 | 2. 76 | bis 11.78. Elektrische Durchlauferhitzer. 4 Teile |

| DIN | *DK* | |
|---|---|---|
| 44901 | 5. 82 | bis 6.85. Elektrische Heißwasserspeicher, 200 bis 1000 l, 2 Teile |
| 44902 | 8. 72 | bis 5.82. Heißwasserspeicher, 5 bis 150 l (4 Teile) |
| | *69* | **Baustoffe, Bauhandwerk, Bauarbeiten** |
| 276 | 4. 81 | Kosten von Hochbauten |
| 1960 | 10. 79 | VOB, Verdingungsordnung für Bauleistungen, Teil A: Allgemeine Bestimmungen für die Vergabe von Bauleistungen |
| 1961 | 10. 79 | – Teil B: Allgemeine Vertragsbedingungen für die Ausführung von Bauleistungen |
| 4140 | 8. 83 | Dämmen betriebstechn. Anlagen: T. 1. Wärmedämmung, T. 2. Kältedämmung 6. 86 |
| 18022 | E. 10. 86 | Küche, Bad, WC, Hausarbeitsraum im Wohnbau |
| 18032 | 6. 86 | Teil 1. Sporthallen, Grundsätze für Planung und Bau |
| 18055 | 10. 81 | Fenster; Fugendurchlässigkeit, Schlagregendichtheit |
| 18082 | 1. 85 | u. 1. 84. Feuerhemmende Stahltür, Teil 1 u. 3 |
| 18150 | 2. 87 | Hausschornsteine aus Formstücken, 2 Teile |
| 18160 | | Hausschornsteine s. *DK 697*.8 |
| 18165 | E. 6. 85 | Faserdämmstoffe für das Bauwesen. 2 Teile |
| 18178 | 5. 72 | Haubenkanäle aus Beton |
| 18228 | | Umkleide-, Wasch-, Toiletten-Räume in Gewerbebetrieben |
| | 10. 60 | bis 1. 71. Teil 1 bis 3. Gesundheitstechn. Anlagen in Industriebauten |
| 18379 | 10. 79 | Lüftungs- und Klimaanlagen (VOB) |
| 18380 | 10. 79 | Zentralheizungs- und Brauchwasserbereitungsanlagen (VOB) |
| 18381 | 10. 79 | Gas-, Wasser- und Abwasserinstallationsarbeiten (VOB) |
| 18421 | 10. 79 | Wärmedämmungsarbeiten (VOB) |
| 18560 | 8. 81 | bis 12. 84. Estriche im Bauwerk. 6 Teile |
| 52611 | E. 10. 86 | u. 6. 76. Bestimmung des Wärmedurchlaßwiderstandes, 2 Teile |
| 52612 | 9. 79 | u. 6. 84. Bestimmung der Wärmeleitfähigkeit, 3 Teile |
| 52614 | 12. 74 | Wärmeableitung von Fußböden |
| 52615 | E. 8. 85 | Wärmeschutztechn. Prüfung; Wasserdampfdurchlässigkeit von Dämm- und Baustoffen |
| | *696* | **Sanitär, Gas, Dampf, Brauchwasser** |
| 4708 | 10. 79 | Zentrale Brauchwasser-Erwärmungsanlagen. 3 Teile |
| 4753 | E. 2. 86 | T. 1. Wassererwärmer und -Anlagen für Trink- und Betriebswasser. Anforderung, Kennzeichnung, Ausrüstung und Prüfung |
| | E. 1. 84 | T. 2. –, Registrierung von Wassererwärmern |
| | 7. 82 | bis E. 7. 87. Teil 3 bis 9. –, Korrosionsschutz |
| 18012 | 6. 82 | Hausanschlußräume; Planungsgrundlagen |
| | *697*.1 bis .7 | **Heizung** (s. auch *DK 662.9* und *683.9*) |
| 3364 | | siehe *DK 683.9* |
| 3368 | | siehe *DK 644.6* |
| 3372 | | siehe *DK 683.9* |
| 4701 | 3. 83 | Regeln für Berechnung des Wärmebedarfs von Gebäuden<br>Teil 1. Grundlagen der Berechnung<br>Teil 2. Norm-Temperaturen, Tabellen, Algorithmen |
| 4702 | E. 4. 85 | Teil 1. Heizkessel; Begriffe, Prüfung, Anforderungen |
| | E. 4. 85 | Teil 2. Heizkessel, Prüfregeln |
| | E. 5. 87 | Teil 3. Gaskessel mit Brennern ohne Gebläse |
| | E. 4. 85 | Teil 4. Spezialheizkessel für besondere Brennstoffe |
| | E. 8. 85 | Teil 6. Brennwertkessel für gasförmige Brennstoffe |
| | E. 5. 87 | Teil 8. Heizkessel; Ermittlung des Norm-Nutzungsgrades und des -Emissionsfaktors |
| | E. 4. 80 | Teil 101. Bereitschafts-Wärmeaufwand |
| 4703 | 4. 77 | Wärmeleistung von Raumheizkörpern, 3 Teile |
| 4704 | 8. 76 | Prüfung von Raumheizkörpern, 3 Teile |
| | 11. 84 | Teil 4. Unterflurheizkörper |
| | 11. 84 | Teil 5. Heizkörper mit Gebläse |
| 4713/4 | 12. 80 | Heizkostenverteiler s. *DK 681* |

| DIN | *DK* | |
|---|---|---|
| 4720 | 6. 79 | Gußradiatoren. Maße |
| 4722 | 7. 78 | Stahlradiatoren. Maße |
| 4725 | E. 12. 83 | Warmwasser-Fußbodenheizung, 3 Teile |
| 4736/9 | | s. *DK 662*.9 |
| 4740 | 8. 84 | T. 1, Polypropylen-Rohre. T. 5 (E. 3. 87), PVC-U-Kanäle, unversteift |
| 4741 | 8. 84 | T. 1, PVC-Rohre. T. 5 (E. 3. 87), PP-Kanäle, unversteift |
| 4747 | E. 9. 86 | T. 1. Fernwärmeanlagen. Sicherheitstechn. Ausführung von Hausstationen |
| 4750 | 8. 65 | Sicherheitstechnische Anforderungen an Niederdruckdampferzeuger |
| 4751 | 11. 62 | Teil 1. Sicherheitstechnische Ausrüstung von Warmwasserheizungen mit Vorlauftemperaturen bis 110 °C |
| | 9. 68 | Teil 2. – Anlagen bis 300 000 kcal/h mit thermostatischer Absicherung |
| | 3. 76 | Teil 3. – bis 130 000 kcal/h |
| | 9. 80 | Teil 4. Kessel bis 120 °C, >350 kW |
| 4752 | 1. 67 | Sicherheitstechnische Ausrüstung und Aufstellung von Heißwasserheizungen mit Vorlauftemperatur von mehr als 110 °C |
| 4754 | 1. 80 | Wärmeübertragungsanlagen mit organischen Flüssigkeiten; sicherheitstechnische Anforderungen *(DK 66)* |
| 4755 | 9. 81 | Teil 1. Ölfeuerungen in Heizungsanlagen; Bau, Ausführung, sicherheitstechnische Grundsätze |
| | 2. 84 | Teil 2. Heizölversorgung, sicherheitstechn. Anforderungen, Prüfung |
| 4756 | 2. 86 | Gasfeuerungen in Heizungsanlagen, sicherheitstechn. Grundsätze |
| 4757 | 11. 80 | Sonnenheizungsanlagen, 3 Teile, Teil 4. 7. 82 |
| 4759 | 4. 86 | T. 1. Feuerung mit Feststoff und Öl oder Gas bei nur einem Schornstein |
| 4787 | 9. 81 | T. 1. Ölzerstäubungsbrenner; Begriffe, Prüfung |
| | 9. 81 | T. 2. –; Flammenüberwachung |
| 4788 | 6. 77 | T. 1. Gasbrenner ohne Gebläse |
| | E. 8. 83 | T. 2. Gasbrenner mit Gebläse |
| | E. 8. 83 | T. 3. Flammenüberwachungseinrichtungen |
| 4790 | 9. 85 | Öldruckzerstäuber-Düsen |
| 4794 | 12. 80 | T. 1. Ortsfeste Warmlufterzeuger, Anforderungen |
| | 12. 80 | T. 2. –, ölbefeuert |
| | 12. 80 | T. 3. –, gasbefeuert |
| | 6. 80 | T. 5. –, Aufstellung, Betrieb |
| | 1. 80 | T. 7. –, gasbefeuert ohne Wärmeaustauscher |
| 4795 | 7. 85 | Nebenluftvorrichtungen, sicherheitstechn. Anforderungen |
| 4797 | 1. 86 | Nachströmöffnungen (s. *DK 697*.9) |
| 4800 | 10. 80 | Doppelwandige Warmwasserbereiter mit zwei festen Böden |
| 4801/2 | 10. 80 | Einwandige Warmwasserbereiter aus Stahl |
| 4803/4 | 10. 80 | Doppelwandige Warmwasserbereiter aus Stahl |
| 4805 | 10. 80 | Anschlüsse für elektr. Heizeinsätze für Warmwasserbereiter. 2 Teile |
| 4806 | 9. 53 | Ausdehnungsgefäße für Heizungsanlagen |
| 4807 | 4. 86 | Membranen aus Elastomeren in Druckausdehnungsgefäßen (*DK 621*.6) |
| 4809 | 11. 86 | Gummikompensatoren. 2 Teile |
| 32729 | 9. 82 | Witterungsgeführte Regler für Heizanlagen |
| 44567 | 3. 70 | Teil 1 bis 3. Elektrische Raumheizgeräte; Begriffe, Anforderungen, Prüfung |
| 44568 | 3. 70 | Teil 1 bis 3. Elektrische Konvektionsheizgeräte; Begriffe, Anforderungen, Prüfung |
| 44569 | 3. 70 | Teil 1 bis 3. –; mit erzwungener Konvektion; Begriffe, Anforderungen, Prüfung |
| 44570 | 9. 76 | Elektr. Speicherheizgeräte, statisch. Teil 1 bis 3 |
| | 10. 77 | – Teil 4. Bemessung für Räume |

| DIN | *DK* | |
|---|---|---|
| 44572 | 4. 73 | bis 10. 74. Elektrische Speicherheizgeräte, dynamisch. 5 Teile |
| 44573 | 10. 84 | Elektr. Speicherheizung, Begriffe, Klemmenbezeichnung |
| 44574 | 3. 85 | Aufladesteuerung für Speicherheizung. 6 Teile |
| 44576 | 7. 81 | Elektrische Fußboden-Speicherheizung. 4 Teile |
| EN 1 | 11. 80 | Ölheizöfen mit Verdampfungsbrennern und Schornsteinanschluß (früher DIN 4730) |
| | *697.8* | *Schornsteine* |
| 1056 | 10. 84 | Freistehende Schornsteine in Massivbauart |
| 4705 | 9. 79 | Teil 1. Berechnung von Schornsteinen |
| | 9. 79 | Teil 2. Näherungsverfahren |
| | 7. 84 | Teil 3. Mehrfach belegte Schornsteine |
| | 12. 84 | Teil 10. Schornsteinabmessungen bei Einfachbelegung |
| 4795 | 7. 85 | Nebenluftvorrichtungen für Hausschornsteine (*DK 697.7*) |
| 18147 | 11. 82 | Dreischalige Hausschornsteine. 5 Teile |
| 18150 | | siehe *DK 69* |
| 18160 | 2. 87 | Teil 1. Hausschornsteine |
| | 2. 63 | Teil 2. Verbindungsstücke |
| | 4. 81 | Teil 5. Einrichtungen für das Reinigen von Hausschornsteinen |
| | 7. 82 | Teil 6. Prüfbedingungen |
| 18880 | | siehe *DK 683.9* |
| 18890/5 | | siehe *DK 683.9* |
| | *697.9* | **Lüftung, Klima** (s. auch *DK 621.6* und *628.8*) |
| 1946 | | Lüftungstechnische Anlagen |
| | E. 9. 86 | Teil 1 – RLT, Terminologie, Symbole (VDI-Lüftungsregeln) |
| | 1. 83 | Teil 2 – Gesundheitstechnische Anforderungen |
| | 6. 62 | Teil 3. Lüftung von Fahrzeugen |
| | E. 5. 87 | Teil 4. Lüftung in Krankenanstalten |
| | 8. 67 | Teil 5. Lüftung von Schulen |
| 4710 | 11. 82 | Meteorologische Daten zur Berechnung des Energieverbrauchs |
| | E. 9. 79 | Beiblatt 1 |
| 8062 | E. 6. 85 | Teil 1. Rohre aus PVC, Maße |
| 8077 | E. 6. 85 | Teil 1. Rohre aus PP, Maße |
| 8957 | 9. 73 | Teil 1. Raumklimageräte; Begriffe |
| | 10. 73 | Teil 2. Prüfbedingungen |
| | 8. 75 | Teil 3. Prüfung bei Kühlbetrieb |
| | 10. 75 | Teil 4. Prüfung bei Heizbetrieb |
| 18017 | E. 2. 87 | Teil 1. Lüftung von Bädern und Spülaborten ohne Außenfenster |
| | E. 11. 84 | Teil 3. Lüftung mit Ventilatoren |
| | 6. 74 | Teil 4. Rechnerischer Nachweis |
| 18910 | | s. *DK 628.8* |
| 24145/7 | | s. *DK 628.8* |
| 24151/5 | | s. *DK 628.8* |
| 24163/7 | | s. *DK 621.6* |
| 24184 | E. 9. 85 | Teil 1. Typprüfung von Schwebstoffiltern *(DK 621)* T. 2. E. 9. 85 |
| 24185 | 10. 80 | Prüfung von Luftfiltern |
| 24190/4 | | s. *DK 628.8* |
| 25414 | 6. 83 | Lüftungstechnische Anlagen in Kernkraftwerken |
| 44973 | 5. 81 | Elektrische Haushalt-Luftbefeuchter. 3 Teile |
| DIN ISO 7730 | 8. 84 | Moderate thermal environments (Bedingungen für thermischen Komfort) |
| | *699.8* | *Wärmedämmung von Bauwerken* |
| 4108 | 8. 81 | Wärmeschutz im Hochbau<br>Teil 1: Größen und Einheiten<br>Teil 2: Wärmedämmung und Wärmespeicherung<br>Teil 3: Feuchteschutz<br>Teil 4: Wärme- und feuchteschutztechn. Kennwerte. 12. 85<br>Teil 5: Berechnungsverfahren |

| DIN | *DK* | |
|---|---|---|
| | *699.81* | *Baulicher Feuerschutz* |
| 4102 | | Brandverhalten von Baustoffen und Bauteilen |
| | 5. 81 | T. 1. Brandverhalten von Baustoffen, Begriffe |
| | 9. 77 | T. 2. Brandverhalten von Baustoffen, Begriffe |
| | 9. 77 | T. 3. Brandwände |
| | 3. 81 | T. 4. Begriffe |
| | 9. 77 | T. 5. Feuerschutzabschlüsse |
| | 9. 77 | T. 6. Lüftungsleitungen |
| | 3. 87 | T. 7. Bedachungen |
| | 12. 85 | T. 11. Installationsschächte, Rohrverkleidungen |
| | *699.84* | *Schutz gegen Erschütterungen und Schall* |
| 4109 | E. 10. 84 | Schallschutz im Hochbau |
| | | T. 1. Einführung u. Begriffe |
| | | T. 2. Luft- und Trittschalldämmung |
| | | T. 3. Beispiele |
| | | T. 5. Schallschutz bei haustechn. Anlagen |
| | | T. 6. Schallschutz gegen Außenlärm |
| | | T. 7. Schallschutz bei Skelettbauten u. Holzhäusern |
| 4150 | 9. 75 | bis 5. 86. Erschütterungsschutz im Hochbau. 3 Teile |
| 18082 | 1. 85 | und 1. 84. Feuerhemmende Stahltür, Teil 1 und 3 *(DK 69)* |
| 18230 | (V. 11. 82) | T. 1 u. 2. Baulicher Brandschutz im Industriebau |
| 18232 | | Rauch- und Wärmeabzugsanlagen, |
| | 9. 81 | Teil 1: Begriffe und Anwendung |
| | 9. 84 | Teil 2: Bemessung, Anforderungen, Einbau |
| | 9. 84 | Teil 3: Prüfungen |
| 52210 | 4. 80 | bis E. 2. 87. Luft- und Trittschalldämmung, 7 Teile |
| 52212 | 1.61 | Bauakustische Prüfungen, Schallabsorption im Hallraum |
| 52221 | 5. 80 | Körperschallmessungen bei haustechnischen Anlagen |
| ISO 6944 | 12. 85 | Fire resistance tests – Ventilation ducts |

# 74 REGELN, RICHTLINIEN UND ÄHNLICHE VERÖFFENTLICHUNGEN[1])

**Abwassertechnische Vereinigung e.V. (ATV)**
(Zu beziehen von Gesellschaft zur Förderung der Abwassertechnik e.V., GFA, Markt 71, 5205 St. Augustin 1)

Arbeitsblatt A 115: Hinweise für das *Einleiten von Abwasser in eine öffentliche Abwasseranlage,* Jan. 1983.

Merkblatt M 251: *Einleiten von Kondensat aus Feuerstätten* in öffentliche Abwasseranlagen, E. Juni 1985.

**Arbeitskreis Maschinen und Elektrotechnik staatlicher und kommunaler Verwaltungen (AMEV)**
(Zu beziehen von der Druckerei Seidl, 5300 Bonn 3, und Bernhard GmbH, Weyersbusch 8, 5632 Wermelskirchen)

*Bedienen von Heizungsanlagen,* 1983.

*Energieverbrauchswerte,* zum Nachweis von Energie- und Kosteneinsparungen, 1983.

*Heizungsbau* – 86, Planung und Ausführung von Heizungs- und Warmwasser-Erwärmungsanlagen für öffentliche Gebäude. 1986.

*Heizungsbetriebsanweisung.* Anweisung für den Betrieb von zentralen Heizungs- und Brauchwasser-Erwärmungsanlagen in öffentlichen Gebäuden. 1986.

*Heizbetrieb;* Beginn und Ende des Heizbetriebs. 1980.

*Richtlinien* für die Innenraumbeleuchtung. 1975.

*Raumtemperaturen* in öffentlichen Gebäuden, Heizbetrieb 1980.

*Sonnenschutzeinrichtungen* in öffentlichen Gebäuden. Juni 1981.

*Hinweise* zur Planung und Ausführung von *RLT-Anlagen* für öffentliche Gebäude. 1983.

*Hinweise für Planung,* Bau und Betrieb von Heizungs-, Lüftungs- und Brauchwasser-Erwärmungsanlagen in Schulen 1975 (HLB Schulen 1975).

*Leitsätze* für die Wärmerückgewinnung in Krankenanstalten. 1978. 32 S.

*Einbau von Meßgeräten* zum Erfassen des Energie- und Medienverbrauchs. 1979.

*Fernsteuerbare Einzelraum-Temperaturregelung,* 1982.

**Argebau**
Arbeitsgemeinschaft der für das Bauwesen zuständigen Länderminister
(Beuth-Vertrieb, Berlin)

*Musterbauverordnung* – Fassung Januar 1980.

*Richtlinien für den Bau* und die Einrichtung von zentralen Heizräumen und ihren Brennstofflagerräumen (Heizraumrichtlinien). Nov. 1958. Beuth-Vertrieb. 4 S.

*Bauaufsichtliche Erläuterungen* und technische Ergänzungen zu den Heizraumrichtlinien sowie zugehörige 42 Beispielblätter für Heizräume und Heizzentralen. Klepzig-Verlag, Düsseldorf.

*Richtlinien* für Bau und Betrieb von Behälteranlagen zur Lagerung von Heizöl (Heizölbehälter-Richtlinien – HBR), März 1972. Berlin, Beuth-Vertrieb.

*Musterverordnung* über Feuerungsanlagen und Brennstofflagerung in Gebäuden. Januar 1980.

*Richtlinien* für die Aufstellung von Feuerstätten > 50 kW in anderen Räumen als Heizräumen. Mai 1978.

*Richtlinien* für die Aufstellung von Wärmepumpen (Wärmepumpenrichtlinien). Musterfassung Okt. 1983.

---

[1]) Für die Schweiz ist beim VSHL, Olgastraße 6, Zürich, eine Übersicht erhältlich: Verzeichnis für Drucksachen, Literatur, Grundlagen; 1985.

**CECOMAF, Frankfurt/Main und Paris**
Sekretariat bei VDMA, Lyoner Straße 18, Frankfurt/M. 71
CECOMAF-Dokumente Nr. (Auswahl)

| | | |
|---|---|---|
| GT 2-001 | 8. 76 | CECOMAF-Terminologie |
| GT 3-001 | 8. 63 | Nennleistung eines Verdichters |
| -002 | 11. 64 | Toleranzen und Meßfehler |
| -004 | 10. 74 | Leistungsangaben von Ventilator-Luftkühlern |
| -005 | 10. 74 | Wasserkühlsätze mit Hubkolbenverdichter |
| -006 | i. V. | Wärmepumpen |
| GT 4-001 | 9. 72 | bis 004 (bis 10. 74). Einstufige hermetische und halbhermetische Motorverdichter |
| GT 6–001 | 1982 | Ventilator-Luftkühler, Definitionen, Prüfverfahren |

**Deutsche Forschungsgemeinschaft**
(Kennedyallee 40, 5300 Bonn 2)

Technische Regeln für gefährliche Arbeitsstoffe (TRgA 900): MAK-Werte.

**Deutscher Kältetechnischer Verein (DKV)**
(Seidenstraße 36, 7000 Stuttgart 1)

Kältemaschinenregeln. 7. Aufl. Karlsruhe. Verlag Müller 1981. 125 S.

Kältetechnische Arbeitsmappe. 3 Bde. Karlsruhe, Verlag Müller. Bd. 1 mit 72 Arbeitsblättern 1950/55. Bd. 2 mit 66 Arbeitsblättern 1956/62. Bd. 3. 1971.

Forschungsbericht 1. R. Vauth: Regenerativ-Wärmeaustauscher.

Forschungsbericht 2. B. Gräff: Messung von Luftgeschwindigkeiten.

Forschungsbericht 8. Schellerich: Querangeströmte Glattrohrbündel (1983).

Forschungsbericht 9. Eißer: Solarbeheizte Absorptions-Kältemaschine (1983).

Forschungsbericht 11. N. Fisch: Sonnenenergie zur Beheizung von Wohnhäusern (1984).

**Deutscher Normenausschuß und RAL**
(Reichs-Ausschuß für Lieferbedingungen und Gütesicherung)
Burggrafenstraße 4–7, 1000 Berlin 30

*VOB-Verdingungsordnung* für Bauleistungen. Teil A, B, C. Im Auftrag des Deutschen Verdingungsausschusses für Bauleistungen. Hrsg. vom Deutschen Normenausschuß Berlin.
Teil A: Vergabe. DIN 1960. 10.79.
Teil B: Vertragsbedingungen. DIN 1961. 10.79.
Teil C: Allgemeine Technische Vorschriften, die laufend ergänzt werden.

*VOL-Verdingungsordnung* für Leistungen. 23. Aufl. Düsseldorf, Werner-Verlag 1984.

*Standard-Leistungsbuch* (Textvorlagen für Bauleistungsbeschreibungen) Bereich:
040 Heizungs- und zentrale Brauchwassererwärmungsanlagen
042 Gas- und Wasserinstallationsarbeiten, – Leitungen und Armaturen
043 Druckrohrleitungen für Gas, Wasser und Abwasser
045 Gas-, Wasser-, Abwasserinstallation, – Einrichtungsgegenstände
046 , – Betriebseinrichtungen
047 Wärmedämmarbeiten an betriebstechnischen Anlagen
067 Zentrale Leittechnik für betriebstechn. Anlagen in Gebäuden (ZLT-G)
070 Regelung u. Steuerung für heiz-, RLT- u. sanitärtechn. Anlagen
074 RLT-Anlagen, -Zentralgeräte und deren Bauelemente
075 , – Luftverteilsysteme und deren Bauelemente
077 , – Schutzräume

RAL 840 HR-Ü. Hauptübersichtskarte für RAL-Farben. Ausgabe 1966. 151 Farbpasteln.

RAL-RG 517. Gütesicherung von Hausschornsteinsanierung. 4. 81.

RAL-RG 610. Gütebestimmungen für Stahlkessel. 12. 77.
4.84. Ergänzung: Niedertemperaturkessel.

RAL-RG 611. Gütesicherung von Feuerschutztüren und -abschlüssen. 8.79.

RAL-RG 616. Gütebestimmungen für standortgefertigte Tanks. 9.77.

RAL-RG 616 B. Gütebestimmungen für das Innenbeschichten. 2.68.

RAL-RG 795. Gütesicherung von Heizkostenverteilern. 10.83.

RAL-RG 998. Güteschutz für unterirdische und oberirdische Lagerbehälter. 1970.

**Deutscher Verband für Schweißtechnik e.V.**

(DVS-Merkblätter u. Richtlinien), Postfach 2725, 4000 Düsseldorf 1

| | | |
|---|---|---|
| DVS 1201 | 11.84 | Absaugung an Schweißarbeitsplätzen. |

**Deutscher Verein des Gas- und Wasserfachs (DVGW)**

(Zu beziehen vom ZfGW-Verlag, Voltastraße 79, 6000 Frankfurt/M. 90)

*Technische Regeln für Gas-Installationen.* TRGI 1986. Gleichlautend mit DVGW 600 (11.86).

| | | |
|---|---|---|
| GW 2 | 7.83 | Verbinden von Kupferrohren |
| G 260 | 4.83 | Richtlinien für die Gasbeschaffenheit, T. 1 |
| G 280 | 7.80 | Gasodorierung |
| G 464 | 11.83 | Berechnung von Druckverlusten bei der Gasfortleitung |
| G 466/1 | 5.84 | Gasrohrnetz-Überwachung |
| G 600 | 11.86 | TRGI – Technische Regeln für Gas-Installationen |
| G 606 | 7.63 | Technische Regeln für Einbau, Wartung und Betrieb von Gas-Sicherheitseinrichtungen |
| G 623 | 6.75 | Feuerstätten mit nachträglich eingebautem Gasbrenner ohne Gebläse |
| G 626 | 11.71 | Abgasabführung von Gaswasserheizern durch Entlüftungsschächte nach DIN 18017 Teil 3 |
| G 627 | 12.76 | (Zurückgezogen.) Luft-Abgas-Schornsteine |
| G 631 | 6.77 | Installation von gewerblichen Gasverbrauchseinrichtungen |
| G 634 | 1.76 | Großküchen-Gasverbrauchseinrichtungen |
| G 638 | 12.80 | Gasheizstrahler; Installation und Betrieb |
| G 643 | 2.67 | Technische Regeln für Flüssiggas-Heizgeräte ohne Abgasführung |
| G 647 | 8.80 | Gasbeheizte Klima- und Kaltwassersätze |
| G 660 | 8.81 | Abgasanlagen mit mechanischer Abführung der Abgase von Brennern ohne Gebläse |
| G 661 | 3.79 | (Zurückgezogen.) Rohrweitenbestimmung bei Gas-Installationen |
| G 672 | 12.73 | Gasbefeuerte Dachheiz-Zentralen (Hinweise) |
| G 674 | 3.80 | Heizung mit Gasraumheizern |
| G 675 | 12.79 | Gasbefeuerte Kachelöfen – Luftheizung |
| G 677 | 8.80 | Beckenwasser-Erwärmung in Freibädern mit Gas |
| G 679 | 9.76 | Heizung von Räumen durch Gas-Heizstrahler |
| G 680 | 4.83 | Umstellung von Gasverbrauchseinrichtungen auf Erdgas |
| G 683 | 1.76 | Merkblatt für die Umstellung von Stadt- auf Erdgas |
| W 302 | 8.81 | Berechnung von Rohrleitungen |
| W 308 | 3.62 | Richtlinien für die Berechnung von Wasserleitungen in Hausanlagen. Berechnungsanweisung zu DIN 1988 |
| W 320 | 9.81 | Verwendung von Kunststoffrohren in der Wasserversorgung |
| W 338 | 11.67 | Hinweise und Richtlinien für den Frostschutz und das Auftauen von Rohrnetzanlagen |
| W 345 | 1.62 | Schutz des Trinkwassers vor Verunreinigungen |
| W 410 | 4.72 | Wasserbedarfszahlen |
| W 503 | 6.66 | Trinkwasser gefährdende Geräte und Anlagen |
| W 511 | 6.75 | Korrosionsschutz durch Emaillierung |
| W 513 | E. 11.82 | Trinkwassererwärmer; hygienische Anforderungen |

**Eurovent, Frankfurt/Main und Paris**
Sekretariat beim VDMA
Lyoner Straße 18, Frankfurt/Main-Niederrad 71

*Eurovent-Dokumente Nr.* (Auswahl)

| | | |
|---|---|---|
| 0/1 | 1978 | Symbole und Einheiten |
| 1/1 | 1985 | Ventilatoren, Terminologie |
| 1/2 | 1985 | Runde Flansche von Ventilatoren |
| 1/3 | 1984 | Sicherheitstechnische Anforderungen bei Ventilatoren |
| 2/1 | 1971 | Luftverteilung: Terminologie |
| 2/2 | 1983 | Leckverlust in Luftverteilungssystemen aus Blech |
| 2/3 | 1982 | Blechkanäle, Norm für Abmessungen |
| 2/4 | 1983 | –, Norm für Formstücke |
| 2/5 | 1983 | Wasserdurchlaß von Wetterschutzgittern |
| 3/1 | 1970 | Abnahmeversuche an Trocknern |
| 4/1 | 1974 | Prüfregeln für Entstauber |
| 4/2 | 1976 | Verkaufsbedingungen für industrielle Entstauber |
| 4/3 | 1976 | Prüfregeln für Entstauber |
| 4/4 | 1976 | Flammen-Photometrische Prüfung von Filtern (DIN 24184, Teil 2, E.9.85) |
| 4/5 | 1980 | Prüfung von Luftfiltern (ASHRAE-Verfahren) |
| 4/6 | 1978 | Leitfaden für den Betrieb von Entstaubungsanlagen |
| 4/7 | 1978 | Bestimmung der Korngrößenverteilung von Staub |
| 4/8 | 1983 | Leckprüfung von Schwebstoffiltern |
| 5/1 | 1971 | Heißluftgeneratoren, Terminologie |
| 5/2 | 1968 | Luftheizer |
| 5/3 | 1973 | Warmlufterzeuger, Blendenmessung |
| 5/4 | 1976 | –, Netzmessung |
| 5/5 | 1974 | –, indirekte Prüfung |
| 5/6 | 1977 | Mischwarmlufterzeuger |
| 6/1 | 1974 | Ventilator-Konvektoren: Terminologie |
| 6/2 | 1973 | Induktionsgeräte: Terminologie |
| 6/3 | 1975 | Thermisches Prüfverfahren an Ventilator-Konvektoren |
| 6/4 | 1974 | Thermisches Prüfverfahren an Induktionsgeräten |
| 6/5 | 1979 | Sicherheitsbestimmungen von Klimageräten |
| 6/6 | 1983 | Kompaktklimageräte |
| 6/7 | 1983 | Wartungsrichtlinien für lufttechnische Anlagen |
| 6/8 | 1983 | Brandschutz bei Klimaanlagen in verschiedenen Ländern |
| 6/9 | 1984 | Klimageräte und -Anlagen, Bildzeichen |
| 7/1 | 1977 | Lufterhitzer und Luftkühler, Richtlinien |
| 7/2 | 1977 | Nachweis der Garantieleistung für Wärmeaustauscher |
| 7/3 | 1977 | Lufterhitzer und Kühler, Leistungsversuche |
| 8/0 | 1981 | Akustik, Terminologie |
| 8/1 | 1979 | Akustische Messungen im Freifeld |
| 8/2 | 1979 | Akustische Messungen an Ventilator-Konvektoren |
| 8/3 | 1979 | Akustische Messungen an Induktionsgeräten |
| 8/4 | 1982 | Akustische Messungen an Raumklimageräten im Hallraum |
| 10/1 | 1982 | Wärmerückgewinner, Terminologie |
| 10/2 | 1983 | –, Prüfmethoden |

**Fachverband Heiz- und Kochgeräte-Industrie (HKI), Frankfurt a. M.**
Am Hauptbahnhof 10, 6000 Frankfurt a. M.

Öl-Speicher-Wasserheizer Okt. 1963

Richtlinien für die Installation von zentralen Heizölversorgungsanlagen in Gebäuden und Grundstücken (ZÖV), Febr. 1971

**Hauptverband der gewerblichen Berufsgenossenschaften, Bonn (VBG)**
Langwartweg 103, 5300 Bonn 1

*Unfallverhütungsvorschriften*
(Zu beziehen von Carl Heymanns Verlag, Gereonstraße 18–32, 5000 Köln 1)

| | | |
|---|---|---|
| VBG 1 DA | 10. 84 | Allgemeines |
| VBG 4 DA | 4. 86 | Elektrische Anlagen |

| | | |
|---|---|---|
| VBG 7w | 12. 51 | Ventilatoren |
| VBG 16 | 4. 79 | Kompressoren |
| VBG 20 DA | 10. 84 | Kälteanlagen |
| VBG 23 | 10. 80 | Anstrichstoffe |
| VBG 24 | 4. 74 | Lacktrockenöfen |
| VBG 50 | 4. 83 | Arbeiten an Gasleitungen |
| VBG 74 | 10. 80 | Leitern und Tritte |
| VBG 121 | 10. 84 | Lärm |
| VBG 125 | 4. 80 | Sicherheitskennzeichnung am Arbeitsplatz |

**Institut für Bautechnik**
Reichpietschufer 72, 1000 Berlin 30
Anstalt des öffentlichen Rechts für einheitliche Bearbeitung bautechnischer Aufgaben, besonders Zulassung, Normung, Güteüberwachung, Typengenehmigung.

| | |
|---|---|
| 11. 77 | Brandschutzklappen |
| 1. 84 | Anforderungen an Lüftungsanlagen – Musterentwurf |
| 12. 76 | Rauchauslöseeinrichtungen |
| 11. 77 | Rauchschutzklappen |
| 11. 77 | Lüftungsleitungen (ZTA) |
| 5. 75 | Heizräume (ZTA) |

**International Organisation for Standardisation (ISO);** s. Abschn. 763

**Vereinigung der Technischen Überwachungsvereine (VdTÜV)**
Kurfürstenstraße 56, 4300 Essen
(Zu beziehen von Carl Heymanns Verlag, Gereonstraße 18–32, 5000 Köln 1)

*Druckbehälterverordnung* mit allgemeiner Verwaltungsvorschrift (4. 80). Enthält technische Richtlinien für Druckbehälter mit Flüssigkeiten, Gasen oder Dämpfen, abhängig vom Druck-Inhalt-Produkt. Sie ersetzen die bisher gültigen AD-Merkblätter (Arbeitsgemeinschaft Druckbehälter).

*Dampfkesselverordnung und Allgemeine Verwaltungsvorschriften* 4. 80

*Technische Regeln für Dampfkessel* (TRD). Aufgestellt vom Deutschen Dampfkessel- und Druckgefäß-Ausschuß (DDA) und veröffentlicht im Bundesarbeitsblatt. Derzeitiger Stand der sicherheitstechnischen Anforderungen mit zahlreichen Blättern über Werkstoffe, Rohre, Schrauben usw., darunter:

| | | |
|---|---|---|
| TRD 001 | 6. 83 | Aufbau und Anwendung der TRD mit Anlage 1 u. 2 (9. 86 u. 11. 85): Übersicht, Normen und Merkblätter |
| TRD 100 | 4. 75 | Allgemeine Grundsätze für Werkstoffe |
| TRD 300 | 4. 75 | Festigkeitsberechnung von Dampfkesseln |
| TRD 401 | 6. 84 | Ausrüstung für Dampferzeuger der Gruppe IV |
| TRD 402 | 6. 84 | Heißwassererzeuger |
| TRD 403 | 6. 84 | Hochdruck-Dampfkessel der Gruppe IV |
| TRD 411 | 7. 85 | Ölfeuerungen an Dampfkesseln |
| TRD 412 | 7. 85 | Gasfeuerungen an Dampfkesseln |
| TRD 413 | 7. 85 | Kohlenstaubfeuerungen an Dampfkesseln |
| TRD 414 | 7. 85 | Holzfeuerfeuerungen an Dampfkesseln |
| TRD 500 | 6. 83 | Prüfung von Dampfkesseln – Allgemeines |
| TRD 501 | 6. 83 | Prüfung der Hochdruckanlagen |
| TRD 601 | 4. 80 | bis 9. 86. Betrieb der Dampfkesselanlagen, 3 Blätter |
| TRD 602 | 5. 82 | Eingeschränkte Beaufsichtigung bei Hochdruckanlagen, 2 Blätter |
| TRD 603 | 7. 81 | Zeitweiliger Betrieb bei Hochdruckanlagen, BOB, 2 Blätter |
| TRD 604 | 9. 86 | Bl. 2, Heißwassererzeuger ohne ständige Beaufsichtigung (Gr. IV) |
| TRD 701 | 7. 85 | Niederdruckdampferzeuger (Gruppe II) |
| TRD 702 | 7. 85 | Niederdruckheißwassererzeuger (Gruppe II) |
| TRD 721 | 5. 82 | Sicherheitsventile für Dampfkessel der Gruppe II |
| TRD 801 | 7. 85 | Kleindampfkessel für Dampfkessel der Gruppe I |
| SR-Öl | 5. 76 | (ersetzt durch TRD 411) |
| SR-Gas | 5. 76 | (ersetzt durch TRD 412) |

Die Regeln der Technik für Dampfkessel und Druckbehälter werden nicht als DIN-Normen herausgegeben, sie stützen sich jedoch weitgehend auf diese. Veröffentlichung im Bundesarbeitsblatt.

*Technische Regeln* für brennbare Flüssigkeiten (TRbF), C. Heymanns-Verlag, Geronstraße 18–32, 5000 Köln 1

Sie enthalten sicherheitstechnische Anforderungen an Werkstoffe, Herstellung, Transport, Aufstellung, Lagerung brennbarer Flüssigkeiten und werden zeitweise ergänzt.

TRBF 001, Anl. 1, 3. 86: Übersicht über den Stand der TRBF (B.Arb.Bl. 1986. Nr. 3. S. 72/4)

*Technische Regeln* für Gashochdruckleitungen, TRGL 8.78 bis 11.82

TRGL 001, Anl. 1, 11. 85: Übersicht über den Stand der TRGL (B.Arb.Bl. 1985. Nr. 11. S. 69/70)

Sie enthalten Anforderungen an Rohrleitungen, Pumpen, Stationen. Ständige Veröffentlichungen im Bundesarbeitsblatt.

*Verordnung über brennbare Flüssigkeiten* – VbF – BFV vom 27. 2. 80 und 2. 5. 82 (B.Ges.Bl.)

**Vereinigung Deutscher Elektrizitätswerke (VDEW)**
Stresemannallee 23, 6000 Frankfurt a. M. 70

*Fernwärmeversorgung aus Heizwerken* – Planung, Bau und Betrieb. 2. Aufl. 1981

*Anforderungen an Wärmemeßgeräte.* 2. Ausg. 1979

*Technische Richtlinien für Hausanschlüsse an Fernwärmenetze.* 4. Ausgabe 1975. 54 S.

*Technische Richtlinien für den Bau von Fernwärmenetzen.* 4. Aufl. 1984. 230 S.

*Technische Richtlinien für Kühltürme.* 4. Ausgabe 1963. 46 S.

*Richtlinien für Wärmemessung und Wärmeabrechnung.* 2. Ausg. 1977

*Kanalfreie Verlegung von Fernwärmeleitungen.* 1970. 63 S.

*Lehrgang Fernwärmepraxis,* Folge 1 Rohrleitungen

*Begriffsbestimmungen* in der Energiewirtschaft. 5. Ausgabe 1981. 42 S.

*Verordnung* über Allg. Bedingungen für die Versorgung mit Fernwärme 1980. 20 S.

**Verein Deutscher Elektrotechniker (VDE)**
VDE-Verlag, Bismarckstraße 33, 1000 Berlin 12

VDE 0100 5.73 Starkstromanlagen bis 1000 V

VDE 0116/DIN 57116 Elektrische Ausrüstung von Feuerungsanlagen. 3.79

VDE 0146/DIN 57146 Elektrofilteranlagen. 3.80

VDE 0165/DIN 57165 Explosionsgefährdete Betriebsstätten. 9.83

VDE 0510/DIN 57510 Akkumulatoren-Anlagen. 1.77 und 7. 86.

*VDE-Empfehlungen für elektrische Beheizung von Garagen*

*VDE-Empfehlungen für Errichtung von elektrischen Fußbodenheizungen*

**Verein Deutscher Ingenieure (VDI)**
Graf-Recke-Straße 84, 4000 Düsseldorf 1

## VDI-Regeln

*VDI-Dampferzeugerregeln.* Regeln für die Abnahmeversuche an Dampferzeugern. DIN 1942. 6.79

*VDI-Durchfluß-Meßregeln* für die Durchflußmessung mit genormten Düsen, Blenden und Venturidüsen. DIN 1952. 7.82

*VDI-Kreiselpumpenregeln.* Abnahmeversuche an Kreiselpumpen. DIN 1944. 10.68

*VDI-Kühlturmregeln.* Leistungsversuche an Kühltürmen. DIN 1947. 6.59

*VDI-Lüftungsregeln* DIN 1946, Raumlufttechnik
Teil 1: Grundregeln. E. 9. 86
Teil 2: Gesundheitstechnische Anforderungen. 1.83
Teil 3: Lüftung von Fahrzeugen. 6.62
Teil 4: Krankenhäuser. E. 5. 87

*VDI-Wasserdampftafeln.* Hrsg. vom VDI. Bearbeitet von E. Schmidt. Springer Verlag, Berlin – Heidelberg – New York

*VDI-Ventilator-Regeln.* Abnahme- und Leistungsversuche an Ventilatoren. VDI 2044. 10.66

*VDI-Verdichter-Regeln.* Abnahme- und Leistungsversuche an Verdichtern. VDI 2045, Bl. 1, Versuchsdurchführung und Garantievergleich, 10.73. Bl. 2, Grundlagen und Beispiele, 5.79

*VDI-Kühllast-Regeln.* VDI 2078. 1988

**VDI-Richtlinien***

| | | |
|---|---|---|
| 2031 | 10. 62 | Feinheitsbestimmungen an technischen Stäuben. 60 S. |
| 2035 | 7. 79 | Verhütung von Schäden durch Korrosion und Steinbildung in Warmwasserheizungsanlagen |
| 2044 | 10. 66 | Abnahme- und Leistungsversuche an Ventilatoren |
| 2045 | 10. 73 | bis 5. 79. –, an Verdichtern, 2 Blätter (VDI-Verdichterregel) |
| 2049 | 3. 81 | Trockenkühltürme, Abnahme und Leistungsversuche |
| 2050 | 10. 63 | Heizzentralen. Technische Grundsätze für Planung und Ausführung (In Überarbeitung) |
| 2051 | 6. 86 | Raumlufttechnik in Laboratorien |
| 2052 | 3. 84 | Raumlufttechn. Anlagen für Küchen |
| 2053 | E. 4. 87 | RLT-Anlagen für Garagen, Bl. 1; – für Tunnel, Bl. 2 (E. 6. 86) |
| 2055 | 3. 82 | Wärme- und Kälteschutz für betriebs- und haustechn. Anlagen, Berechnung, Gewährleistung, Meßverfahren und Lieferbedingungen |
| 2056 | 10. 64 | Beurteilungsmaßstäbe für mech. Schwingungen von Maschinen |
| 2057 | E. 12. 84 | bis 4. 86. Einwirkung mechanischer Schwingungen auf den Menschen, 4 Blätter |
| 2058 | 9. 85 | Bl. 1. Beurteilung von Arbeitslärm in der Nachbarschaft |
| | E. 10. 86 | Bl. 2. Beurteilung von Arbeits- und Freizeitlärm hinsichtlich Gehörschäden |
| | 4. 81 | Bl. 3. –, Unterschiedliche Tätigkeiten |
| 2062 | 1. 76 | Schwingungsisolierung. Bl. 1, Begriffe. Bl. 2, Isolierelemente |
| 2066 | 10. 75 | bis 4. 86. Bl. 1 bis 4. Staubmessungen in strömenden Gasen |
| 2067 | | Berechnung der Kosten von Wärmeversorgungsanlagen |
| | 12. 83 | Bl. 1. Betriebstechn. u. wirtschaftliche Grundlagen |
| | E. 3. 85 | Bl. 2. Raumheizung |
| | 12. 83 | Bl. 3. Raumlufttechnik |
| | 2. 82 | Bl. 4. Warmwasserversorgung |
| | 12. 82 | Bl. 5. Dampfbedarf in Wirtschaftsbetrieben |
| | E. 4. 86 | Bl. 6. Wärmepumpen |
| | E. 5. 87 | Bl. 7. Blockheizkraftwerke |
| 2068 | 11. 74 | Meß-, Überwachungs- und Regelgeräte von heizungstechnischen Anlagen |
| 2071 | 12. 81 | Bl. 1. Wärmerückgewinnung in RLT-Anlagen, Begriffe |
| | 3. 83 | Bl. 2. –, Wirtschaftlichkeitsberechnung |
| 2075 | 8. 86 | Technischer Ausbau von Eissportanlagen |
| 2076 | 8. 69 | Leistungsnachweis für Wärmeaustauscher mit 2 Massenströmen |
| 2078 | 8. 77 | Kühllastregeln. Neufassung i.V. für 1988 |
| 2079 | 3. 83 | Abnahmeprüfung von raumlufttechnischen Anlagen |
| 2080 | 10. 84 | Meßverfahren und Meßgeräte für RLT-Anlagen |
| 2081 | 3. 83 | Geräuscherzeugung und Lärmminderung in RLT-Anlagen |
| 2082 | E. 7. 87 | RLT-Anlagen von Geschäftshäusern und Verkaufsstätten |
| 2083 | 12. 76 | Reinraumtechnik; Bl. 1, Grundlagen, Festlegung der Reinheitsklassen |
| | 12. 77 | Bl. 2. Reinraumtechnik; Bau, Betrieb, Wartung |
| | 2. 83 | Bl. 3. Reinraumtechnik; Meßtechnik |
| 2085 | 9. 71 | Lüftung von großen Schutzräumen |
| 2087 | 3. 61 | Luftkanäle,;Bemessung, Schalldämpfung, Wärmeverluste |
| 2088 | 12. 76 | RLT-Anlagen für Wohnungen |
| 2089 | 12. 78 | Bl. 1 Hallenbäder; Heizung, RLT u. Brauchwasserbereitung |
| | 1. 83 | Bl. 2 Schwimmbäder; Wasseraufbereitung |
| 2091 | E. 5. 82 | Auswurfbegrenzung; Zentralheizungskessel mit Koksfeuerungen |
| 2115 | 12. 76 | Auswurfbegrenzung bei Zentralheizungskesseln mit Koks |
| 2116 | 1. 81 | Emissionsminderung: Ölfeuerungen mit Zerstäubungsbrennern |
| 2117 | 4. 77 | Auswurfbegrenzung bei Verdampfungsbrennern für Heizöl EL |
| 2118 | 7. 79 | Auswurfbegrenzung. Feuerstätten mit Einzelheizung für feste Brennstoffe |
| 2173* | 9. 62 | Strömungstechn. Kenngrößen von Stellventilen |

mit * markierte VDI-Regeln sind VDE/VDI-Richtlinien

| | | |
|---|---|---|
| 2174* | 10. 67 | Mechanische Kenngrößen von Stellgeräten |
| 2176* | 2. 71 | Bl. 1. Strömungstechn. Kenngrößen von Stellklappen |
| 2177* | 7.70 | Stellungsregler mit pneumatischem Ausgang |
| 2189* | 1. 70 | Bl. 1. Zwei- und Mehrpunktregler ohne Rückführung |
| | 2. 86 | Bl. 2. Zwei- und Dreipunktregler mit Zeitverhalten |
| 2190* | 12. 76 | Stetige Regelgeräte. 3 Bl. |
| 2262 | 12. 73 | Staubbekämpfung am Arbeitsplatz |
| 2265 | E. 10. 80 | Staubsituation am Arbeitsplatz |
| 2266 | 8. 68 | u. 12.71. Messung der Staubkonzentration am Arbeitsplatz, 3 Bl. |
| 2280 | E. 3. 85 | Emissionsminderung Lösemittel |
| 2289 | E. 10. 69 | Bl. 2. Schornsteinhöhen, Ausbreitung luftfremder Stoffe |
| 2300 | E. 5. 82 | Dampferzeuger mit Rostfeuerung für feste Brennstoffe, Emissionsminderung |
| 2306 | 3. 66 | Maximale Immissions-Konzentrationen (MIK). Organische Verbindungen |
| 2309 | 3. 83 | Bl. 1. Maximale Immissionswerte |
| 2310 | 9.74 | bis 3. 84. Maximale Immissionswerte zum Schutze der Vegetation, von Menschen, von landwirtschaftlichen Nutztieren (Mehrere Blätter) |
| 2450 | 9. 77 | Luftreinhaltung. 3 Bl. Messungen von Emission, Transmission und Immission; Begriffe, Definitionen |
| 2453 | 1. 74 | bis 11. 83. Messung gasförmiger Immissionen – NO, $NO_2$. 6 Bl. |
| 2454 | 3. 82 | Messung der Schwefelwasserstoff-Konzentrationen Bl. 1 bis 2 |
| 2455 | 8. 70 | Messung gasförmiger Immissionen – CO, 2 Blätter |
| 2459 | 1. 73 | bis 11. 80. Messung gasförmiger Emissionen – CO, 6 Blätter |
| 2463 | 1. 74 | bis 2. 87. Messung von Partikeln in der Außenluft. 9 Blätter |
| 2532 | 1. 78 | Oberflächenschutz mit organischen Werkstoffen |
| 2560 | 12. 83 | Persönlicher Schallschutz |
| 2564 | 6. 71 | Lärmminderung bei Blechbearbeitung. 3 Blätter |
| 2567 | 9. 71 | Schallschutz durch Schalldämpfer |
| 2570 | 9. 80 | Lärmminderung in Betrieben. Allgemeine Grundlagen |
| 2571 | 8. 76 | Schallabstrahlung von Industriebauten |
| 2600* | 11. 73 | Meteorologie (Meßkunde). Entwurf. 6 Bl. |
| 2640* | 11. 81 | bis 11. 83. Netzmessungen in Strömungsquerschnitten Bl. 1 bis 3 |
| 2711 | 6. 78 | Schallschutz durch Kapselung |
| 2713 | 7. 74 | Lärmminderung bei Wärmekraftanlagen |
| 2714 | E. 7. 86 | Schallausbreitung im Freien |
| 2715 | 9. 77 | Lärmminderung an Warm- und Heißwasser-Heizungsanlagen |
| 2719 | E. 9. 83 | Schalldämmung von Fenstern und deren Zusatzeinrichtungen |
| 2720 | 7. 86 | Bl. 1. Schallschutz durch Abschirmung im Freien |
| | 4. 83 | Bl. 2. –, in Räumen |
| | 2. 83 | Bl. 3. –, im Nahfeld |
| 2891 | 9. 85 | Instandhaltungskriterien bei der Beschaffung von Investitionsgütern |
| 3033 | 8. 81 | Wärmeübertragungsanlagen mit anderen Wärmeträgern als Wasser; Aufbau, Betrieb, Instandhaltung |
| 3506* | 8. 68 | Bl. 1. Speisewasser – Regelung |
| 3507* | 11. 66 | Abnahme von Regelanlagen für Dampferzeuger |
| 3511* | 2. 67 | Technische Temperaturmessungen |
| 3512* | 11. 70 | bis 9.72. Meßanordnungen. 3 Bl. |
| 3525* | 12.82 | Regelung von RLT-Anlagen; Bl. 1: Grundlagen |
| 3727 | 2. 84 | Bl. 1. Körperschalldämpfung, Grundlagen. Bl. 2 (11.84), Anwendung |
| 3733 | E. 9. 83 | Geräusche bei Rohrleitungen |
| 3734 | 2. 81 | Geräusche in Rohrleitungen |
| 3781 | 8. 81 | Bl. 2. Schornsteinhöhen bei unebenem Gelände |
| | 11. 80 | Bl. 4. Schornsteinhöhen für kleinere Feuerungsanlagen |
| 3801 | 7. 82 | Betreiben von raumlufttechnischen Anlagen |
| 3802 | E. 12. 79 | RLT-Anlagen für Fertigungswerkstätten |
| 3803 | 11. 86 | Bauliche und techn. Anforderungen bei RLT-Anlagen |
| 3808 | 5. 86 | Energiewirtschaftliche Beurteilungskriterien für Heizungsanlagen |

| | | |
|---|---|---|
| 3809 | i. V. | Abnahme von heiztechnischen Anlagen |
| 3810 | 7. 82 | Betreiben von heiztechnischen Anlagen |
| 3811 | 8. 81 | Aufteilung des Energieverbrauchs für bei Heizung und Warmwasserbereitung |
| 3812 | i.V. | Abnahme und Prüfung von Heizungsanlagen |
| 3814 | 6. 78 | Blatt 1. Zentrale Leittechnik für Gebäude, Begriffe |
| | 9. 80 | Blatt 2. Schnittstellen in Planung und Ausführung |
| | 3. 83 | Blatt 3. Hinweise für den Betreiber |
| | 6. 86 | Blatt 4. Ausrüstung der BTA zum Anschluß an die ZLT-G |
| 3815 | E. 6. 87 | Bemessung der Leistung von Wärmeerzeugern |
| 3881 | 5. 86 | bis 1. 87. Olfaktrometerische Technik der Geruchsschwellen-Bestimmung, 3 Blätter |
| 3922 | 7. 84 | Energieberatung für Industrie und Gewerbe |

* VDE-VDI-Richtlinie

## VDI-Berichte

211 Verbrennung und Feuerungen. Tagung Essen 1973
222 Integrierte Energieversorgung. Tagung Hamburg 1974
223 Speichersysteme für Sekundärenergie. Tagung Stuttgart 1974
224 Nichtkonventionelle Energiesysteme. Tagung Düsseldorf 1974
250 Aktuelle Wege zu verbesserter Energieanwendung. Tagung Düsseldorf 1975
275 Möglichkeiten der rationellen Energieverwendung. Tagung Düsseldorf 1977
282 Energieanwendung im Endverbrauch. Tagung Schliersee 1977
287 Neue Heizsysteme. Tagung Amsterdam 1977
288 Rationelle Energienutzung durch Wärmespeicherung. Tagung Stuttgart 1977
289 Wärmepumpen in Betrieb. Tagung München 1977
296 Heiz-Klima-Technik. Braunschweig 1977
300 Entwicklung des Energiebedarfs und Möglichkeiten der Bedarfsdeckung. Tagung Berlin 1977
317 Heiz-, Klima-Haustechnik. Tagung Münster 1978
338 Grundlage einer sicheren Energieversorgung. Tagung Nürnberg 1979
343 E-Wärmepumpen. Tagung Düsseldorf 1979
344 Energieeinsparung in der Industrie durch Wärmedämmung. Tagung Duisburg 1979
353 Raumlufttechnik. Tagung Nürnberg 1979
356 Energieversorgung im Neu- und Altbau. Tagung Dortmund 1979
386 Reinraumtechnik. Tagung München 1980. 276 S.
388 Niedertemperatur-Heizsysteme. Tagung Stuttgart 1980. 63 S.
398 Sanitärtechnik II. Tagung Dortmund 1981
405 Energieversorgung zwischen Technik u. Politik. Tagung Berlin 1981. 62 S.
425 Maßnahmen zur Brennstoffeinsparung. Tagung Wiesbaden 1981. 99 S.
427 Absorptionswärmepumpen. Tagung Aachen 1981. 82 S.
435 Wärmerückgewinnung in Betriebsanlagen der Industrie. Tagung München 1982
446 Anlagenkonzeption von Regelverfahren. Tagung Stuttgart 1982
464 Zentrale Heizanlagen. Auslegung und Betrieb. Tagung Düsseldorf 1982
467 Sanitärtechnik III. Tagung München 1983
486 Techn. Gebäudeausrüstung in Ballungsgebieten. Frankfurt/M. 1983. 73 S.
495 Emissionsminderung bei Feuerungsanlagen, $SO_2$, $NO_x$, Staub. Essen 1983
508 Energieeinsparung durch Heizung u. Lüftung. Essen 1984. 74 S.
542 Betreiben von RLT-Anlagen, Kosten, Erfahrungen. Aachen 1984. 236 S.
543 Umweltschutz in der kommunalen Energieversorgung. Tagung Saarbrücken 1984
560 Waldschäden. Tagung Goslar 1985
569 Mikro-Elektronik und EDV in der TGA. Tagung Würzburg 1985
571 Sanitärtechnik IV. Tagung Hamburg 1985
574 Verbrennung und Feuerungen. Tagung Karlsruhe 1985
593 Erfolgreiche Strategien in der Haustechnik. Tagung Essen 1986
599 Chancen für die Haustechnik. Tagung Nürnberg 1986
605 Umweltschutz in großen Städten. Kolloquium München 1986
622 Umsetzung der TA Luft bei Energieanlagen. Tagung Duisburg 1986
623 Emissionsminderung bei Heizanlagen. Tagung Köln 1986
641 Hydraulik in Zentralheizanlagen. Tagung Baden-Baden 1987

**Verband Deutscher Maschinen- und Anlagenbau e.V. (VDMA), Frankfurt a.M.**
Lyoner Straße 18, 6000 Frankfurt am Main-Niederrad

*VDMA-Einheitsblätter*

| | | |
|---|---|---|
| 24162 | 7.62 | Ventilatoren – Maßbezeichnungen |
| 24164 | 3.58 | Ventilatoren – Benennungen, Nenngrößen |
| 24165 | 4.60 | Ventilatoren – Gehäusestellung |
| 24166 | 3.61 | Ventilatoren – Technische Gewährleistungen |
| 24168 | 4.75 | Luftdurchlässe, Messung des Luftstroms nach der Nullmethode |
| 24169 | 12.83 | Bauliche Explosionsschutzmaßnahmen an Ventilatoren |
| 24175 | 2.80 | Dachzentraleinheiten; Anforderungen an das Gehäuse |
| 24176 | 9.80 | –; Leistungsprogramm für die Inspektion |
| 24178 | 6.86 | Holzfeuerungsanlagen Teil 1–3.81 Teil 2 |
| 24179 | 4.85 | T.1. Wartung von Absauganlagen für Holzstaub und -späne |
| 24186 | 4.86 | Leistungsprogramm für die Wartung von lufttechnischen und anderen technischen Ausrüstungen in Gebäuden |
| 24187 | 12.76 | Luftfilter, Datenblatt für Anfragen, Bestellung |
| 24191 | 3.87 | Dienstleistungen für MSR-Einrichtungen in Heiz- und RLT-Anlagen |
| 24240 | 9.85 | Kennzeichnungsschilder für Kältemaschinen und -anlagen |
| 24241 | 9.85 | – für Kälteverdichter |
| 24261 | 1.76 | bis 10.79. Pumpen, Benennung nach Wirkungsweise, 3 Teile |

**Zentralverband Sanitär Heizung Klima (ZVSHK)**
Rathausallee 6, 5205 St. Augustin 1

Richtlinien für den Kachelofenbau. 4.84
Richtlinien für den Bau und Betrieb von offenen Kaminen. 12.79

# 75 BÜCHER UND ZEITSCHRIFTEN DER HEIZUNGS- UND KLIMATECHNIK

## 751 Grundlagen

### -1 METEOROLOGIE UND KLIMATOLOGIE

Aydinli, S.: Berechnung der Solarenergie und des Tageslichtes. Fortschr.-Berichte VDI-Z. Reihe 6. Nr. 79.

Felkel, H., u. H. Herbsthofer: Klimadaten von Österreich. Fachverband der Masch.- und Stahlbauind. Wien 1978.

Heyer, E.: Witterung und Klima. 3. Aufl. 1975. 474 S.

Möller, F.: Einführung in die Meteorologie. Hochschultaschenbuch Bd. 276/288. Mannheim 1973.

Quenzel, K.-H.: Meteorologische Daten. Zürich, Forster-Verl. 1969. 79 S.

Scharnow, U.: Wetterkunde. 3. Aufl. 1973. 408 S.

Scherhag, R.: Klimatologie. 7. Aufl. 1973. 168 S.

Schreiber, D.: Meteorologie. Verl. Brockmeyer 1975. 100 S.

### -2 HYGIENE

Alt, C., u. F. Weber: Reinhaltung der Luft. Karlsruhe, Müller-Verl. 1973. 128 S.

Baum, F.: Praxis des Umweltschutzes. München, Oldenbourg-Verl. 1979. 451 S.

Dix, H. M.: Environment Pollution. New York, Wiley-Verl. 1981. 286 S.

Fanger, P. O.: Thermal Comfort. Kopenhagen, Danish Technical Press 1970. 244 S.

Flury, Zernik: Schädliche Gase. Springer-Verl. 1979.

Fodor, G. F.: Schädliche Dämpfe. Düsseldorf, VDI-Verlag 1972. 167 S.

Grandjean, E.: Wohnphysiologie. Zürich, Verl. Artemis u. Winkler 1973. 372 S.

Hentschel, H.-J.: Licht und Beleuchtung. Heidelberg, Hüthig-Verl. 2. Aufl. 1982. 342 S.

Israel, H. u. G. W.: Spurenstoffe in der Atmosphäre. Stuttgart, Wissenschaftl. Verlag 1973. 116 S.

Kühn, R.: Gefährliche Gase. München, Ecomed-Verl. 1980. 295 S.

Loewer, H.: Umwelteinflüsse auf das Wohlbefinden des Menschen. Mannheim, Inst. f. Klimatologie, 70 S.

Löwisch, E.: Umweltschutz. München, Oldenbourg-Verlag 1974. 160 S.

Perkins, H. C.: Air Pollution. Düsseldorf, McGraw Hill 1974. 407 S.

Reinders, H.: Bau und Klima. Kaarst, Niederrhein-Verlag 1974. 82 S.

Schultz, H., u. H.-G. Vogt: Grundzüge des praktischen Strahlungsschutzes. München, Verl. Thiemig 1977. 231 S.

Stief, E.: Luftreinhaltung. Berlin, VEB-Verlag 1978. 140 S.

Therhaag, L.: Kompendium der Arbeitsmedizin. Köln, Verlag TÜV Rheinland 1982.

Tomany, P. T.: Air Pollution. New York, Am. Elsevier Publ. Co. 1975. 475 S.

VDI-Handbuch Reinhaltung der Luft, Katalog der Quellen für die Luftverunreinigung. Bände mit etwa 200 Richtlinien. VDI-Verlag, Düsseldorf 1959 bis 1984.

Wenzel H. G., u. C. Picharski: Klima und Arbeit. Bayerisches Staatsministerium für Arbeit und Sozialordnung 1981.

### -3 WÄRMETECHNIK

Agst, J.: Die Brennstoffe. Moers 1978. 227 S.

Baehr, H. D.: Thermodynamik. 4. Aufl. Springer-Verlag 1978. 440 S.

Berliner, P.: Psychrometrie. Karlsruhe, Verl. Müller 1979. 170 S.

Bogoslovskij, V. N.: Wärmetechn. Grundlagen der Heizungs- und Lüftungstechnik. (Aus dem Russischen.) Bauverlag Wiesbaden 1982. 312 S.

Bosnjakovic, Fr.: Technische Thermodynamik. Teil I: 6. Aufl. 1972, 586 S. Teil II: 5. Aufl. 1971, 493 S. Dresden, Verlag Steinkopff.

Bossel, H., u.a.: Energie richtig genutzt. Karlsruhe, Verl. Müller 1976. 224 S.

Brandt, F.: Brennstoffe und Verbrennungsrechnung. Essen, Vulkan-Verl. 1981. 254 S.

Bukau, F.: Der Kreisprozeß der Heizwärmepumpe. Berlin, Marhold 1978. 56 S.

Caemmer, W., u. R. Neumann: Wärmeschutz im Hochbau. 1983. 208 S.

Cerbe-Hoffmann: Einführung in die Wärmelehre. 6. Aufl. Braunschweig, Verlag Westermann 1982. 370 S.

Dietzel, F.: Technische Wärmelehre. Würzburg, Verl. Vogel 1976. 154 S.

Elsner, N.: Grundlagen der Technischen Thermodynamik. Berlin, Akademie-Verlag 1973. 660 S.

Doering, E., u. H. Schedwill: Grundlagen der Technischen Thermodynamik. 2. Aufl. Stuttgart, Verl. Teubner 1982. 348 S.

Gaswärme-Institut: Gas-Verbrennung-Wärme. II. 100 Arbeitsblätter. Essen, Vulkan-Verlag 1973.

Gösele, K., u. W. Schüle: Schall, Wärme, Feuchtigkeit. 8. Aufl. Berlin, Bauverlag 1985. 284 S.

Grigull, U., u. H. Sandner: Wärmeleitung. Springer-Verlag 1979. 158 S.

Günther, R.: Verbrennung und Feuerungen. Springer-Verlag 1974. 432 S.

Haeder, W., u. F. Pannier: Physik der Heizungs- und Lüftungstechnik. Berlin, Marhold, 3. Aufl. 1970. 226 S.

Handbuch der Gasversorgungstechnik. München, R. Oldenbourg Verlag 1984. 801 S.

Handbuch der Gasverwendungstechnik. München, R. Oldenbourg Verlag 1987. 1370 S.

Hauffe, K., u.a.: Adsorption. Berlin, Verlag de Gruyter 1974. 190 S.

Hausen, H.: Wärmeübertragung im Gegenstrom, Gleichstrom und Kreuzstrom. 2. Aufl. Springer-Verl. 1976. 429 S.

Hell, F.: Grundlagen der Wärmeübertragung. 3. Aufl. Düsseldorf, VDI-Verlag 1982. 290 S.

Kalide, W.: Kraftanlagen und Energiewirtschaft. München, Hanser-Verlag 1974. 152 S.

Maschek, H. J.: Grundlagen der Wärme- und Stoffübertragung. Leipzig, VEB-Verl. 1979. 264 S.

Meyer, G., u. E. Schiffner: Technische Thermodynamik. Berlin, VEB-Verl. 1980. 392 S.

Müller, K. J.: Thermische Strömungsmaschinen. Springer-Verl. 1978. 273 S.

Netz, H.: Betriebstaschenbuch Wärme. Gräfelfing, Verlag Resch 2. Aufl. 1983, 304 S.

Puschmann, E.: Grundzüge der technischen Wärmelehre. 24. Aufl. Leipzig, Fachbuch-Verl. 1975. 394 S.

Raznjevic, K.: Thermodynamische Tabellen. Düsseldorf, VDI-Verl. 1977. 245 S.

Schlünder, E. U., u. a.: Heat Exchanger Design Handbook. Düsseldorf, VDI-Verl. 1982. 5 Teile, 2080 S.

Schmidt, E., Stephan u. Mayinger: Technischen Thermodynamik. Bd. I: 11. Aufl., Springer-Verlag 1975, 428 S. Bd. 2: 1977, 338 S.

Schuster, F.: Verbrennungslehre. München, Oldenbourg-Verlag 1970. 278 S.

Seiffert, K.: Wasserdampfdiffusion im Bauwesen. 2. Aufl. Bauverlag Berlin 1974. 214 S.

Seiffert, K.: Wärmeschutz. Gräfelfing, Verl. Resch 1976. 230 S.

Speidel, K.: Wasserdampfdiffusion in der Baupraxis. Berlin, Ernst u. Sohn 1980. 91 S.

Stupperich, F. R.: Wärmeschutz im Hochbau. Karlsruhe, Verl. Müller 1979. 284 S.

Taschenbuch Erdgas. München, R. Oldenbourg Verlag 2. Auflage 1970. 1152 S.

Thiel, G.: Die Auslegung von Gas-Dampf-Gemisch-Kühlern am Beispiel des Feuchtluftkühlers. Diss. Aachen 1971. 135 S.

Traupel, W.: Grundlagen der Thermodynamik. Karlsruhe, Verl. Braun 1971. 256 S.

VDI-Arbeitsmappe Heiztechnik, Raumlufttechnik, Sanitärtechnik. 6. Aufl. 1984. Ca. 200 Blätter.

VDI-Wärmeatlas. 4. Aufl. Düsseldorf, VDI-Verlag 1983. Ca. 720 S.

Wagner, W.: Wärmeträgertechnik. 4. Aufl. Gräfelfing, Verl. Resch 1986.

Wärmetechnische Arbeitsmappe. Hrsg. vom VDI. 12. Aufl. Düsseldorf, VDI-Verl. 1980. 133 Arbeitsblätter.

Wasserdampftafeln. Hrsg. von Scheffler, Straub, Grigull. Springer-Verl. 1981. 74 S.

Whitacker, S.: Fundamental Principles of Heat Transfer. England, Pergamon Press 1977. 576 S.

Winter, F. W.: Technische Wärmelehre, 9. Aufl. Essen, Girardet-Verlag 1975. 436 S.

## -4 STRÖMUNGSLEHRE

Albring, W.: Angewandte Strömungslehre. 4. Aufl. Dresden, Verlag Steinkopff 1970. 461 S.

Becker, E.: Technische Strömungslehre. 5. Aufl. Stuttgart, Verlag Teubner 1982. 160 S.

Bohl, W.: Technische Strömungslehre. Würzburg, Vogel-Verl. 1980. 286 S.

Detzer, R.: Verhalten runder Luftfreistrahlen. Diss. Stuttgart 1972.

Eck, B.: Technische Strömungslehre. Springer-Verlag. 8. Aufl. Bd. 1: 1978, 242 S. Bd. 2: 1981, 222 S.

Gersten, K.: Einführung in die Strömungsmechanik. Düsseldorf, Bertelsmann-Verlag 1974. 200 S.

Hausen, H.: Wärmeübertragung im Gegenstrom, Gleichstrom und Kreuzstrom. 2. Aufl. Springer-Verlag 1976. 450 S.

Idel'chick, I. E.: Handbook of Hydraulic Resistance. Moskau 1960. Engl. Ausg. 1966. 515 S.

Jogwich, A.: Strömungslehre. Essen, Girardet-Verlag 1974. 463 S.

Kalide, W.: Einführung in die technische Strömungslehre. München, Hanser-Verlag. 3. Aufl. 1971. 207 S.

Richter, H.: Rohrhydraulik. 5. Aufl. Berlin, Springer-Verlag 1970. 420 S.

Vogt, J.-D.: Strömungslehre. Berlin, Verlag de Gruyter. 1980. 544 S.

Wagner, W.: Praktische Strömungstechnik. Gräfelfing, Verl. Resch 1976. 120 S.

## -5 AKUSTIK

Bolmy u. a.: Lärmschutz in der Praxis. München, R. Oldenbourg Verlag 1986. 561 S.

Brockmeyer, H.: Akustik für den Lüftungs- und Klimaingenieur. 2. Aufl. Karlsruhe, Verlag Müller 1978. 136 S.

Cremer, L.: Vorlesungen über technische Akustik. Springer-Verlag 1971. 334 S.

Furrer, W.: Raum- und Bauakustik, Lärmabwehr. 3. Aufl. Stuttgart, Birkhäuser 1972. 260 S.

Gösele, K., u. W. Schüle: Schall–Wärme–Feuchtigkeit. 4. Aufl. Berlin, Bauverlag 1976. 280 S.

Gösele, K.: Lärmminderung. Karlsruhe, Verlag Müller 1974. 144 S.

Heckl, M., u. H. A. Müller: Taschenbuch der Technische Akustik. Springer-Verlag 1975. 536 S.

Kurtze, G., Schmidt u. Westphal: Physik und Technik der Lärmbekämpfung. Karlsruhe, Verlag Braun 1975. 576 S.

Mahlbacher, Th.: Praxis der Messung und Berechnung von Schallpegeln. Karlsruhe, Verlag Müller 1980. 40 S.

Schmidt, H.: Schalltechnisches Taschenbuch. 2. Aufl. Düsseldorf, VDI-Verlag 1976. 416 S.

## -6 MESSTECHNIK

Adunka, F.: Wärmemengenmessung. Essen, Vulkan-Verl. 1984. Ca. 240 S.

Birkle, M.: Meßtechnik für den Immissionsschutz. München, R. Oldenbourg Verlag 1979. 181 S.

Bonfig, K. W.: Technische Durchflußmessung. Essen, Vulkan-Verlag. 176 S.

Bretschi, I.: Intellegente Meßsysteme zur Automatisierung technischer Prozesse. München, R. Oldenbourg Verlag 1979. 277 S.

Goettling, D. R., u. F. H. Kuppler: Heizkostenverteilung. Karlsruhe, Verl. Müller 1981. 114 S.

Henning, F.: Temperaturmessung. 3. Aufl. Springer-Verlag 1977. 388 S.

Jüttemann, H.: Grundlagen des elektrischen Messens nichtelektrischer Größen. VDI-Verlag 1974. 262 S.

Hampel, A.: Wärmekostenabrechnung. München, Pfriemer-Verl. 1981. 160 S.

Handbuch der industriellen Meßtechnik. Hrsg. von P. Profos. Essen, Vulkan-Verlag 1973. 784 S.

Hart, H.: Einführung in die Meßtechnik. Wiesbaden, Verl. Vieweg 1978. 432 S.

Lieneweg, F.: Handbuch der technischen Temperaturmessung. Braunschweig, Verlag Vieweg 1976. 482 S.

Lintorf, H.: Technische Temperaturmessungen, 4. Auflage. Essen, Girardet-Verlag 1970. 208 S.

Merz, L.: Grundkurs der Meßtechnik. 2 Bde. München, Oldenbourg-Verl. 1977/80.

Niebuhr, I.: Physikalische Meßtechnik. Bd. 1: Aufnehmer und Anpasser. 168 S. Bd. 2: Meßprinzipien und Meßverfahren. 155 S. München, R. Oldenbourg Verlag, 2. Aufl. 1980.

Paul, J.: Thermische Anemometersonden. Diss. Essen 1981.

Profos, P.: Handbuch der industriellen Meßtechnik. 3. Aufl. Essen, Vulkan-Verlag 1983. 994 S.

Profos, P.: Kompendium der Grundlagen der Meßtechnik. Essen, Vulkan-Verlag 2. Aufl. 1978. 920 S.

Strohrmann, G.: Einführung in die Meßtechnik im Chemiebetrieb. München, R. Oldenbourg Verlag. 4. Aufl. 1987. 361 S.

## -7 REGELUNGSTECHNIK

Andreas, U., A. Winter u. D. Wolff: Regelung heiztechnischer Anlagen. Düsseldorf, VDI-Verlag 1985.

Arbeitskreis der Dozenten für Regelungstechnik: Regelungstechnik in der Versorgungstechnik. Karlsruhe, Müller-Verl. 1983. 460 S.

Birck, H., u. R. Swik: Mikroprozessoren u. Mikrorechner. München, Oldenbourg-Verlag 2. Aufl. 1983. 283 S.

Bitter, H.: Thermostatventile. Kissing, Weka-Verl. 1982. 205 S.

Dorf, R. C.: Modern Control Systems. 1974. 411 S.

Jablonowski, H.: Individuelle Raumtemperaturregelung durch thermostatische Heizkörperventile. München, Pfriemer-Verlag 1974. 90 S.

Junker, B.: Klimaregelung. München, Oldenbourg-Verlag 2. Aufl. 1984. 240 S.

Haines, R. W.: Control Systems for Heating Ventilating and Air Conditioning. 2. Aufl. New York, Verlag Reinhold 1976. 248 S.

Masuch, J.: Analytische Untersuchungen zum regeldynamischen Temperaturverhalten von Räumen. Düsseldorf, VDI-Verl. 1973. 32 S.

Merz, L.: Grundkurs der Regelungstechnik. 8. Aufl. München, Oldenbourg-Verlag 1985. 293 S.

Pippig, G.: Arbeitsblätter Regelung und elektrische Steuerung, Heizung, Lüftung, Klimatechnik. Düsseldorf, Krammer-Verlag 1974. 61 Arbeitsblätter.

Piwinger, F., u. a.: Stellgeräte und Armaturen für strömende Stoffe. Düsseldorf, VDI-Verlag 1971. 270 S.

Profos, P.: Atlas des Feuchte- und Temperatur-Übertragensverhaltens klimatisierter Räume. T. H. Zürich 1972. 106 S., 53 Arbeitsblätter.

Samal, E.: Grundriß der praktischen Regelungstechnik. München, Oldenbourg-Verlag Bd. I: 14. Aufl. 1985. 563 S., Bd. II: 1970. 396 S.

Schäfer, O.: Grundlagen der selbst. Regelung. 7. Aufl., München, Verlag Resch 1974. 238 S.

Schrowang, H.: Einführung in die Heizungs-Regeltechnik. Arnsberg, Strobel-Verlag. 3. Aufl. 1973. 288 S.

Schrowang, H.: Regelungstechnik für Heizungs- und Lüftungsbauer. Düsseldorf, Krammer-Verl. 1976. 300 S.

Schrowang, H.: Grundlagen der pneumatischen Regelung. Düsseldorf, Verl. Krammer 1978. 224 S.

Weber, F.: Messen, Regeln und Steuern in der Lüftungs- und Klimatechnik. 2. Aufl. Düsseldorf, VDI-Verl. 1973. 159 S.

Würstlin, D.: Das Regeln heizungs-, lüftungs- und haustechnischer Anlagen. Düsseldorf, VDI-Verlag 1974. 107 S.

Zeitz, K. H.: Regelungen mit Zwei- und Dreipunktreglern. München, R. Oldenbourg Verlag 1986. 153 S.

## -8 ENERGIEWIRTSCHAFT

Anhaltszahlen für die Wärmewirtschaft. Hrsg. vom Verein Deutscher Eisenhüttenleute. Düsseldorf 1968. 6. Aufl. 601 S.

Auracher, H.: Exergie. Karlsruhe, Verl. Müller. 1980. 70 S.

Baumann, Kappmeyer, Muser: Anforderungen des Energieeinsparungsgesetzes, WEKA-Verlag, Kissing 1978 und Ergänzungen.

Cube, H. L. von: (Hrsg.): Handbuch der Energiespartechniken. Karlsruhe, Verl. Müller. Bd. 1. Grundlagen 1983. Ca. 300 S. Bd. 2. Spartechnik 1983. 416 S. Bd. 3. Regenerative Energie 1983. Ca. 280 S.

Energieeinsatz in der Industrie, RWE-Anwendungstechnik, Essen 1981.

Fricke, J., u. W. L. Borst: Energie. München, Oldenbourg-Verlag 2. Aufl. 1984. 494 S.

Gemper, B.: Energieversorgung. München, Verl. Vahlen 1981. 282 S.

Gygax, P.: Sonnenenergie in Theorie und Praxis I. 3. Aufl. Karlsruhe. Verl. Müller 1980. 79 S.

Hilscher, G.: Energie im Überfluß. Hameln, Verl. Sponholtz. 1981. 205 S.

Heinrich, H.-J.: Energieeinsparung mit technischen Informationssystemen. Grafenau 1/Württbg. Expert-Verl. 1982. 169 S.

Jäger, F., u. a.: Photovoltaik. Karlsruhe, Verl. Müller 1985. 160 S.

Kremers, W., u. a.: Neue Wege der Energieversorgung. Braunschweig, Vieweg-Verl. 1982. 246 S.

Michaelis, H.: Existenzfrage: Energie. Düsseldorf, Econ-Verl. 1980. 299 S.

Molly, J.-P.: Windenergie. Karlsruhe, Verl. Müller 1978. 138 S.

Moog, W.: Betriebliches Energie-Handbuch. Ludwigshafen, Kiehl-Verl. 1983. 431 S.

Münch, E., u. a.: Tatsachen über Kernenergie. Essen, Verlag Girardet 1980. 300 S.

Piller, W., u. M. Rudolph: Kraft-Wärme-Kopplung. Frankfurt/Main. VDEW-Verlag 1984. 212 S.

Rationelle Energieversorgung in der Industrie. Tagung Essen 1981. Düsseldorf, VDI-Verl. 1981. 133 S.

Schäfer, H.: Struktur und Analyse des Energieverbrauchs in der BRD. München, Verl. Resch 1980. 207 S.

Spiegel-Dokumentation: Energiebewußtsein und Energieeinsparung bei privaten Hausbesitzern. Hamburg, Spiegel-Verl. 1981. 160 S.

VDMA: Maßnahmen zur Energieeinsparung im Betrieb. Frankfurt, Maschinenbau-Verl. 1983.

Winkler, J.-P.: Sonnenenergie II. 2. Aufl. Karlsruhe. Verl. Müller 1979. 171 S.

### -9 UMWELTSCHUTZ

Baum, F.: Praxis des Umweltschutzes. München, Oldenbourg-Verl. 1979. 452 S.

Davids, P., u. M. Lange: Die Großfeuerungsanlagen-Verordnung. Düsseldorf, VDI-Verl. 1984. 321 S.

Davids, P., u. M. Lange: Die TA Luft 1986, Technischer Kommentar, VDI-Verlag 1986, ca. 400 S.

Gerold, F., u. a.: Handbuch zur Erstellung von Emissionserklärungen. Berlin, Erich Schmidt Verl. 1983. 608 S.

Informatik im Umweltschutz. München, R. Oldenbourg Verlag 1986. 440 S.

Kalmbach, S., u. a.: Technische Anleitung zur Reinhaltung der Luft und Verordnung über Großfeuerungsanlagen. Berlin, E. Schmidt Verl. 1983. 184 S.

Thomas, J., u. a.: Immissionsschutzwegweiser. E. Schmidt Verl. 1983, 632 S.

Umweltbundesamt: Materialien zum Immissionsschutzbericht 1977. E. Schmidt Verl., Berlin 1977.

Umweltbundesamt: Luftreinhaltung '81, Entwicklung–Stand–Tendenzen. E. Schmidt Verl., Berlin 1981. 620 S.

Umweltbundesamt: Lärmbekämpfung '81, Entwicklung–Stand–Tendenzen. E. Schmidt Verl. 1981. 335 S.

VDMA-Kompendium: Umweltschutz: Gesetze, Verordnungen, Richtlinien. Frankfurt/M., Maschinenbau Verlag GmbH 1983. 206 S.

## 752 Heizungstechnik

*Neuerscheinungen bis 1978*

Arbeitskreis der Dozenten für Heizungstechnik: Heizungstechnik. Bd. 1: Dimensionierung von Wasserheizungen. München, Oldenbourg-Verl. 1977. 196 S., Bd. 2: Druckhaltung, Wärmeübertragung. 1980. 232 S.

Böhme, H.: Berechnung von Warmwasserheizungen. 3. Aufl. München, Pfriemer-Verl. 1982. 188 S.

Buderus-Handbuch der Heizungs- und Klimatechnik. VDI, Kommissionsverlag, Düsseldorf 1975. 964 S.

Daniels, K.: Haustechnische Anlagen. Düsseldorf, VDI-Verl., 1976, 311 S.

Heizerkursus. Hrsg. vom VDI. 4. Aufl. Düsseldorf, VDI-Verlag 1974.

Homonnay, G.: Fernheizungen. Karlsruhe, Verl. Müller 1977. 229 S.

Junkers-Handbuch der Gas-Zentralheizung. Junkers & Co., Wernau. 3. Aufl. 1979, ca. 180 S.

Kollmar, A., u. W. Liese: Die Strahlungsheizung. 4. Aufl. München, Oldenbourg-Verlag 1957. 562 S.

Krupp, Heizungs-Handbuch. Hrsg. von G. Müller. 4. Aufl. Stuttgart, Kopf u. Co. 1975. 502 S.

Laakso, H.: Handbuch der Technischen Gebäudeausrüstung. Düsseldorf, VDI-Verlag 1976. 372 S.

Lenz, H.: Heizung–Klima–Lüftung. Stuttgart, Verl. Koch 1977. 88 S.

Marx, E.: Fachkunde Ölfeuerungsmontage. Stuttgart, 2. Aufl. Verl. Kopf 1978. 320 S.

Rietschel-Raiss: Heiz- und Klimatechnik. 15. Aufl. von W. Raiss. 1. Bd.: Grundlagen, Systeme, Ausführung. 1968. 409 S., 2. Bd.: Berechnung. 1970. 428 S., Springer-Verlag.

Schrowang, H.: Elektrotechnik für Heizungs- und Lüftungsbauer. Düsseldorf, Krammer-Verlag 1972. 206 S.

Usemann, K. W.: Dachheizzentralen. Düsseldorf, VDI-Verl. 1976. 153 S.

Zierhut, H.: Heizungs- und Lüftungsanlagen. Stuttgart, Verl. Klett 1976. 268 S.

*Neuerscheinungen 1979/87*

Appold, K.: Fachkenntnisse Zentralheizungs- und Lüftungsbauer. 19. Aufl. Hamburg, Verlag Handwerk und Technik 1982. 264 S.

ASHRAE-HANDBOOK, Publ. Dept. New York. ASHRAE Publ. Dept. Applications 1982. Equipment 1983. Systems 1980. Fundamentals 1981.

ASH: Heizungstechnik in der Praxis. Schweiz. Aktionsgemeinschaft Sparsamer Heizen. Kreuzlingen (Schweiz) 1982. 146 S.

Bach, H., u. S. Hesslinger: Warmwasser-Fußbodenheizung. Karlsruhe, Verl. Müller, 3. Aufl. 1981. 96 S.

Bach, H. (Hrsg.), u. a.: Niedertemperaturheizung. Karlsruhe, Verl. Müller 1981. 258 S.

Beedgen, O.: Öl- und Gasfeuerungstechnik. Düsseldorf, Werner-Verl. 2. Aufl. 1983. 632 S.

Bogoslowskij, V. N.: Wärmetechn. Grundlagen der Heizungs-, Lüftungs- und Klimatechnik. Berlin, VEB-Verl. 1982. 384 S.

Brenner, L.: Optimierung von Heizungsanlagen. Aarau, AT-Verl. 1982. 100 S.

Brenner, L.: Moderne Wärmeerzeuger. Karlsruhe, Verl. Müller 1982. 165 S.

Buch, A.: Fernwärme. Gräfelfing, Resch-Verl. 1983. 174 S.

Burkhardt, W.: Projektierung von Warmwasserheizungen. München, R. Oldenbourg Verlag 1985. 406 S.

Cerbe, G., u. a.: Grundlagen der Gastechnik. München, Hanser-Verl. 1981. 424 S.

Drexler, H.: Blockheizkraftwerke Bd. 2. Karslruhe, Verl. Müller 1981. 120 S.

Eisenschink, A.: Falsch geheizt ist halb gestorben. 3. Aufl. München, Verl. Hirthammer 1981. 304 S.

Eisenschink, A.: Der Heizratgeber. Gräfelfing, Resch-Verl. 1981. 152 S.

Fernwärmeversorgung aus Heizwerken. Hrsg. vom VDEW, Frankfurt/M. 2. Aufl. 1981. 256 S.

Fördergesellschaft Technischen Aufbau (FTA); Gräfelfing, Verl. Resch.
Blockheizkraftwerke 1982. 60 S.
Wärmepumpen zur Hausheizung 1981. 150 S.

Gabanyi, P.: Planung von Fußbodenheizungen. Düsseldorf, Krammer-Verl., 2. Aufl. 1981. 92 S.

Glück, B.: Strahlungsheizung – Theorie und Praxis. Berlin, VEB-Verl. 1981. 507 S.

Glück, B.: Heizwassernetze für Wohn- und Industriegebiete, VEB Verlag für Bauwesen. 1985.

Goettling, D., u. F. Kuppler: Heizkostenverteilung. Karlsruhe, Verl. Müller 1981. 114 S.

Hakansson, K.: Handbuch der Fernwärmepraxis. 2. Aufl. Essen, Vulkan-Verl. 1981. 860 S.

Hein, K.: Blockheizkraftwerke. Karlsruhe, Verl. Müller. Ki-extra 7. 2. Aufl. 1980. 85 S.

Ihle, C.: Pumpen-Warmwasserheizung. 3. Aufl. Düsseldorf. Werner-Verl. 1979. 416 S.

Ihle, C., u. A. Bolz: Heizungstechnik. 4. Aufl. Stuttgart, Gentner-Verl. 1979. 368 S.

Jüttemann, H.: Elektrisch Heizen und Klimatisieren. 2. Aufl. Düsseldorf, VDI-Verl. 1979. 401 S.

Haendly, Bach u. a.: Prinzipstudie Niedertemperaturheizung I und II. Karlsruhe, Verl. Müller. Ki-extra 8. 1979. 200 S. Ki-extra 9. 1979. 132 S.

HVCA-Year Book 1980. 32. Aufl. HVCA-Publ. 10 King Str. Penrith, Cumbria.

Höppner, J., u. E. Postenrieder: Abgasanlagen für moderne Feuerstätten. Stuttgart, Gentner-Verl. 2. Auflage 1985. 118 S.

Kraft, G.: Niedertemperaturheizungen. Berlin, VEB-Verl. 1980. ca. 200 S.

Kraft, G.: Lehrbuch der Heizungs-, Lüftungs- und Klimatechnik. 1. Bd. 1981. 4. Aufl. 1984. Ca. 368 S. 2. Bd. 4. Aufl. 1984. Ca. 352 S. Berlin, VEB-Verlag.

Kraft, G.: Niedertemperaturheizungen. Ost-Berlin, VEB-Verl. 1980. 115 S.

Loewer, H., u. a.: Heiztechnik in Alt- und Neubauten. 7031 Grafenau, Lexika-Verl. 1979. 234 S.

Mackenzie-Kennedy: District Heating. Elmsford, N. Y., Pergamon Press 1979. 210 S.

Madaus, C.: Kachelöfen. Stuttgart, Kopf-Verl. 1981. 104 S.

Madaus, C.: Die Kachelofen-Warmluftheizung. Stuttgart, Kopf-Verl. 1983. 136 S.

Marx, E.: Gasfeuerungsmontage. Stuttgart, Verl. Kopf 1983. 238 S.

Marx, E.: Brennwerttechnik. Stuttgart, Verl. Kopf 1987, 48 S.

Munser, H.: Fernwärmeversorgung. Leipzig, VEB-Verl. 2. Aufl. 1983. 413 S.

Orth, D.: Niedertemperatur-Wärmeversorgung. Karlsruhe, Verl. Müller 1981. 176 S.

Paech, W.: Heizungsberechnung mit programmierbaren Taschenrechnern. Düsseldorf, Krammer-Verl. 1979. 104 S.

Pfestorf, K. H.: Kachelöfen. Wiesbaden, Bauverlag 1982. 296 S.

Reeker, J., u. P. Kraneburg: Haustechnik – Heizung, Lüftung. Klimatechnik. Düsseldorf, Werner-Verl. 1979. 288 S.

Reiche, Th., u. K. Thielebeule: In Sachen Heizung gut beraten. Wiesbaden, Bauverlag 1984. 139 S.

Roos, H.: Hydraulik der Wasserheizung. München, R. Oldenbourg Verlag 1986. 230 S.

Schlapmann, D.: Planung von Warmwasser-Fußbodenheizungen. Karlsruhe, Verl. Müller 1983. Ca. 120 S.

Stamper u. Koral: Handbook of Air Conditioning, Heating and Ventilating. New York, Ind. Press 1979. 1420 S.

Swenson: Heating Technologie. Breton Publ., North Scituate 1983. 428 S.

Stahlrohr-Handbuch. Bearbeitet von D. Schmidt. Essen, Vulkan-Verl. 9. Aufl. 1982. 684 S.

Stohler, F., u. H. R. Jufer: Wirtschaftlich Heizen. AT-Verlag CH/Aarau, 1984. 223 S.

Stohler, F., u. Stadelmann: Umweltschonend Heizen mit Gas. AT-Verl. CH/Aarau, 1986. 272 S.

Wagner, W.: Wärmeträgertechnik mit organischen Flüssigkeiten. 4. Aufl., München, Verl. Resch 1986, ca. 500 S.

## 753 Lüftungs- und Klimatechnik

*Neuerscheinungen bis 1979*

Alden, J. L., u. J. M. Kane: Design of Industrial Exhaut Systems. 4. Aufl. New York, Int. Press 1970. 243 S.

Baturin, W. W.: Lüftungsanlagen für Industriebauten. 2. Aufl. (Aus dem Russischen) Berlin, VEB-Verlag Technik 1959. 516 S.

Bergmann/Ihle: Lüftung und Luftheizung. 3. Aufl. Düsseldorf, Werner-Verl. 1977. 228 S.

Berliner, P.: Kühltürme. Berlin, Springer-Verlag 1975. 189 S.

Bommes, Brockmeyer, Reinders: Lüftungstechnisches Taschenbuch. Düsseldorf, Niederrhein-Verl. 1976. 347 S.

von Cube, H. L., et al.: Wärmepumpen in staatlichen und kommunalen Bauten. Karlsruhe, Verl. Müller 1978, ca. 100 S.

Denzler, J. A.: Handbuch für Lüftungsmonteure, Denzler Engg. 1978. 191 S.

Eck, B.: Ventilatoren. Springer-Verl. 1972. 5. Aufl. 576 S.

Ihle, C.: Klimatechnik für Heizungsbauer. 2. Aufl. Düsseldorf, Werner-Verlag 1975. 280 S.

Kirschner, K.: Klimatechnik in der Tierproduktion. Berlin, VEB-Verl. 1976. 132 S.

Loewer, H., u. a.: Kältetechnik in Klimaanlagen. Karlsruhe, Verl. Müller 1980. 203 S.

Pielke, R.: Montage und Wartung von Lüftungs- und Klimaanlagen. 2. Aufl. Stuttgart, Verlag Gentner 1975. 192 S.

Rouvel, L.: Raumkonditionierung. Berlin, Springer-Verl. 1978.

Steimle, F., u. H. Spengele: Das $h,x$-Diagramm für feuchte Luft. Stuttgart, Kopf u. Co. 1971. 65 S.

Weise, E.: Brandschutz bei Lüftungsanlagen. München, Verl. Pfriemer 1973/76. 155 S.

*Neuerscheinungen 1979/87*

Air Conditioning and Refrigeration Institut: Air Conditioning and Refrigeration, Prentice-Hall, Englewood Cliffs N. Y. 1979. 863 S.

Arbeitskreis der Dozenten für Klimatechnik: Lehrbuch der Klimatechnik. Bd. 1: Grundlagen, 3. Aufl. 1981. 520 S., Bd. 2: Berechnung und Regelung, 2. Aufl. 1979. 422 S., Bd. 3: Bauelemente. 2. Aufl. 1983. 450 S.

Berliner, P.: Klimatechnik kurz und bündig. Würzburg, Vogel-Verlag, 2 Aufl. 1984, 172 S.

Bohl, W.: Ventilatoren. Würzburg, Vogel-Verl. 1983. 272 S.

Bouwman, H., B.: Optimum Air Duct System Design. TNO Research Institute. Delft, Holland. 1982.

Brendel/Güttner: Energieverbrauch von Klimaanlagen. Karlsruhe, Verl. Müller 1981. 88 S.

Bunse, F., u. B. Gräff: Klimakursus. Düsseldorf, VDI-Verl. 1982. Ca. 250 S.

Daniels, K.: Die Hochdruckklimaanlagen. 3. Aufl. Düsseldorf, VBI-Verl. 1979. 286 S.

Hartmann, K.: Grundlagen der Kälte- und Klimatechnik. Stuttgart, Verl. Kopf 1979. 293 S.

Henne, E.: Luftbefeuchtung. 3. Aufl. Karlsruhe, Verl. Müller 1984. 187 S.

Ihle, C.: Lüftung und Luftheizung. 4. Aufl. Düsseldorf, Werner-Verl. 1982. 304 S.

Junker, B.: Klimaregelung. München, R. Oldenbourg Verlag, 2. Aufl. 1984. 239 S.

Lalden u. Kane: Design of Industrial Ventilation Systems. New York, Ind. Press 1982. 280 S.

Lexis, J.: Radialventilatoren in der Praxis. Stuttgart, Gentner-Verl. 1981. 190 S.

Loewer, H., u. a.: Lüftungstechnik. Karlsruhe, Verl. Müller 1980. 179 S.

Loewer, H., u. a.: Klimatechnik (Lehrgang). Karlsruhe, Verl. Müller 1982. 229 S.

Mürmann, H.: Wohnungslüftung. 2. Aufl. 1982. 168 S.

Quenzel, K.-H.: Rauch- und Wärme-Abzugsanlagen. Berlin, Brain-Verl. 1981. 144 S.

Rákóczy, T.: Kanalnetzberechnungen raumlufttechnischer Anlagen. Düsseldorf, VDI-Verl. 1979. 113 S.

Regenscheit, B.: Isotherme Luftstrahlen. Karlsruhe, Verl. Müller 1981. 210 S.

Rötscher, H.: Grundlagen der Lüftungs- und Klimaanlagen. München, Hanser-Verl. 1982. 203 S.

Schaal, G.: Bewertung und Berechnung des Energieverbrauchs von RLT-Anlagen. Diss. Stuttgart 1983.

Sherrat, A. F. C.: Air Conditioning System Design for Buildings. London, My Graw-Hill 1984. 235 S.

Steinacher, H.: Theorie und Praxis der VVS-Anlagen. Karlsruhe, Verl. Müller 1981. 98 S.

## 754 Wärmepumpen, Sonnenenergie, Wärmerückgewinnung u. a.


Absorptionswärmepumpen. Aktueller Bericht. Karlsruhe, Verl. Müller 1981. 76 S. (Ki-Extra 14).

Auer, F.: Solare Brauchwassererwärmung im Haushalt. Karlsruhe, Verl. Müller. 1981. 52 S.

Böttcher, C.: Die Gasmotor-Wärmepumpe. Karlsruhe, Verl. Müller 1981. 92 S. (Ki-Extra 16).

Bukau, F.: Wärmepumpen-Technik. München, Oldenbourg-Verl. 1983. 335 S.

von Cube, H. L., u. F. Steimle: Wärmepumpen. Düsseldorf, VDI-Verl. 1978. 305 S.

von Cube, H. L., u. F. Steimle: Wärmepumpen in staatlichen und kommunalen Betrieben. Ki-extra 6. Karlsruhe, Verl. Müller 1978. 97 S.

von Cube, H. L. (Hrsg.): Handbuch der Energiespartechniken.
Bd. 1. Grundlagen. 1983. 342 S.
Bd. 2. Fossile Energieträger. 1983. 416 S.
Bd. 3. Regenerative Energien. 1983. 314 S.

Daniels, K.: Sonnenenergie. Karlsruhe, Verl. Müller 1976. 82 S.

Deutsche Gesellschaft für Sonnenenergie: Grundlagen der Solartechnik I. DGS München 1976. 312 S. (12 Vorträge).
Heizen mit Sonne. Tagung Frankfurt/M. 1979. 141 S.

FTA-Tagung Böblingen: Energie-Versorgungssysteme 1982.

Fördergesellschaft Technischer Ausbau (FTA): Wärmepumpen zur Hausheizung. Gräfelfing, Resch-Verl. 1981. 170 S.

Fördergesellschaft Technischer Ausbau (FTA): Wärmepumpen über 200 kW Leistung. Gräfelfing, Resch-Verl. 1982. 28 S.

Fox, U.: Betriebskosten- und Wirtschaftlichkeitsberechnungen. Düsseldorf, VDI-Verl. 1980. 215 S.

Genath, B., u. K. Krammer: Sonnenstandsdiagramme. Düsseldorf, Krammer-Verl. 1979. 80 S.

Gößl, N.: Neue Technologien zum energiesparenden Bauen und Heizen. Kissing, Weka-Verl. 1981. 540 S.

Heilmaier, G.: Wärmepumpen in der Praxis. München, Pfriemer-Verl. 2. Aufl. 1981. 172 S.

Heinrich, G., u. a.: Wärmepumpenanwendung in Industrie, Landwirtschaft, Gesellschafts- und Wohnungsbau. Berlin, VEB-Verl. 1982. 318 S.

Hincke, H.: Gaswärmepumpen nach dem Kompressionsprinzip. Stuttgart, Verl. Krämer 1983. 120 S.

Informationswerk Sonnenenergie. München, Pfriemer-Verl. 1977. 4 Bde. je ca. 80 S.

Jahrbuch der Wärmerückgewinnung. Essen, Vulkan-Verl. 5. Ausg. 1985/86. Ca. 300 S.

Jüttemann, H.: Wärmerückgewinnung in RLT-Anlagen. Karlsruhe, Verl. Müller. 3. Aufl. 1984. 275 S.

Kalt, A.: Baustein Sonnenkollektor. Karlsruhe, Verl. Müller 1977. 120 S.

Kirn, H., u. A. Hadenfeldt: Wärmepumpen. 3. Aufl. Karlsruhe, Verl. Müller 1979. 268 S.

Kirn, H., u. A. Hadenfeldt: Wärmepumpen. Vulkan-Verlag, Essen.
Bd. 1: Grundlagen (Kirn). 1983. 259 S.
Bd. 2: Anwendung (Kirn-Hadenfeldt). 1986. 320 S.
Bd. 3: Gas- und Dieselwärmepumpen (Jüttemann). 1981. 216 S.
Bd. 4: Installation, Betrieb und Wartung (Eickenhorst). 1983. 131 S.
Bd. 5: Wärmequellen und Wärmespeicher (Kirn). 1983. 196 S.
Bd. 6: Absorptions-Wärmepumpen (Loewer). 1986. 240 S.
Bd. 7: Wärmepumpen in der Industrie, Gewerbe und Landwirtschaft. 1984. 214 S.
Bd. 8: Warmwasserbereitung mit El.-Wärmepumpen (Hadenfeldt). 1983. 166 S.

Krug, N., u. L. Groebert: Wärmepumpenheizung. Essen, Vulkan-Verl. 1983. 324 S.

Lehner, G., u. a.: Solartechnik. Grafenau/Württ. Lexika-Verl. 1979. 178 S.

Loewer, H., u. a.: Wirtschaftlicher Energieeinsatz bei Anlagen der Technischen Gebäudeausrüstung. Ki3-extra. Karlsruhe, Verl. Müller 1977. 251 S.

Mörlein, S.: Planung von Wärmepumpenanlagen. Düsseldorf, Krammer-Verl. 2. Aufl. 1980. 104 S.

Richards, F., u. K. Michler. Wärmepumpen für die Raumheizung. Düsseldorf, VDI-Verl. 1982. 330 S.

Sauer u. Howell: Heat Pump Systems. New York, Wiley u. Sons 1983. 721 S.

Steemers, T. C.: Solar Energie Applications to Dwellings. Hingham, Ma. Kluwer Ac. Publ. 1984. 521 S.

Stohler, F.: Alternativ-Heizsysteme. Aarau (Schweiz), AT-Verl. 1979. 180 S.

Stoy, B.: Wunschenergie Sonne. Heidelberg, Energie-Verl. 3. Aufl. 1980. 686 S.

Urbanek, A.: 50 deutsche Sonnenhäuser. 1979. 176 S.

Wärmepumpen-Technologie. Essen, Vulkan-Verl.
Bd. 1. Grundlagen. Tagung Essen 1977. 236 S. 2. Auflage 1980.
Bd. 2. Antriebe. Tagung Essen 1978. 156 S. 2. Auflage 1980.
Bd. 3. Grenzen. Tagung Dortmund 1979. 200 S.
Bd. 4. Praxis. Tagung Timmendorfer Strand 1979. 154 S.
Bd. 5. Elektrische Wärmepumpe. Tagung Düsseldorf 1980. 150 S.
Bd. 6. Gaswärmepumpen-Anlagen. Tagung Nürnberg 1980. 116 S.
Bd. 7. Gaswärmepumpen in Industrie und Gewerbe (Steimle). 1982. 76 S.
Bd. 8. Wärmerückgewinn und Abwärmeverwertung. 1982. 190 S.
Bd. 9. Warmwasser-Wärmepumpen. 1982. 76 S.

Winkler, J. P., u. P. Gygax: Sonnenenergie in Theorie und Praxis. 2 Bde.: 55 u. 139 S. Karlsruhe, Verl. Müller 1979/80.

Zoog, M.: Wärmewasserbereitung mit Sonnenenergie. Stuttgart, Verl. Techn. Rundschau 1977. 100 S.

## 755 Kalt- und Warmwasser

Babcock Handbuch Wasser, Brands, H. J. u. a. 6. Aufl., Essen, Vulkan-Verlag 1982, 336 S.

Bösch, K.: Warmwasserversorgung 1976. 96 S.

Bösch und Fux: Warmwasserversorgung heute, Stuttgart, AT-Verlag, 1984.

Deutsches Kupferinstitut: Kupferrohre in der Heizungstechnik. 2. Aufl. 1973. 192 S.

Feurich, H.: Taschenbuch für den Sanitärinstallateur, Düsseldorf, Krammer u. Co. 6. Aufl. 1984/85. 224 S.

Feurich, H., u. K. Bösch: Sanitärtechnik. 4. Aufl. 1979. Düsseldorf, Krammer-Verl. 752 S.

Feurich, H.: Rohrnetzberechnung. 3. Aufl. Düsseldorf, Krammer-Verl. 1973. 398 S.

Grohe: Handbuch der Sanitärplanung, Düsseldorf, VDI-Verlag, 1986.

Hadenfeldt, A.: Warmwasserbereitung mit Elektrowärmepumpen. Karlsruhe, Verl. Müller 1983. 166 S.

Herre, E.: Korrosionsschutz in der Sanitärtechnik und Brauchwasserversorgung. Düsseldorf, Krammer-Verl. 1972. 244 S.

Imhoff, K.: Taschenbuch der Stadtentwässerung. 26. Aufl. München, Oldenbourg-Verlag 1985. 394 S.

Jahrbuch Gas und Wasser 1987/88. München, R. Oldenbourg Verlag, 81. Ausg. 1987. 559 S.

Koordinierungskreis Bäder (KOK): Richtlinien für den Bäderbau Nürnberg. Tümmels GmbH. 1977. 296 S.

Krupp-Handbuch der Warmwasserversorgung. Stuttgart, Gentner-Verl. 1977. 48 S.

Lauer, H.: Kunststoffrohr-Handbuch. Essen, Vulkan-Verl. 1978. 418 S.

Orth, H.: Korrosion und Korrosionsschutz. Stuttgart, Wiss.-Verlag 1974. 276 S.

Schmitz, H.: Die Technik der Brauchwassererwärmung. Berlin, Marhold-Verl. 1983. 242 S.

Schulz, K.: Sanitäre Haustechnik. Düsseldorf, Werner-Verl. 1981. 312 S.
Schneider, H.-J.: Sanitäre Technik. Würzburg, Vogel-Verl. 1979. 176 S.
Ulrich, E. A., u. Sedlmeier: Wasser. 3. Aufl. München, TÜV-Verlag 1974. 60 S.
Volger, K.: Haustechnik. Stuttgart, 5. Aufl. 1975. Teubner. 602 S.
VKW-Handbuch Wasser. 5. Aufl. Düsseldorf, Vulkan-Verl. 1979. 336 S.

## 756 Industrielle Absaugungsanlagen

Alden, J. L.: Design of Industrial Exhaust Systems. 4. Aufl. New York, Industrial Press 1970. 243 S.
Baturin, W. W.: Lüftungsanlagen für Industriebauten. 2. Aufl. (Aus dem Russischen). Berlin, VEB-Verlag Technik 1959. 516 S.
Dalla Valle, J. N.: Exhaust Hoods. 2. Aufl. New York, Industrial Press 1952. 146 S.
Dittes, W., u.a.: Arbeitsplatzluftreinhaltung – Schadstoffserfassungseinrichtungen in der Fertigungstechnik. Bremerhaven, Wirtschaftsverlag NW, 1985. 386 S.
Industrial Ventilation. Hrsg. von Am. Conference of Governmental Industrial Hygienists, Cincinnati. 6500 Glenway Av. 18. Aufl. 1984.
Mürmann, H.: Lufttechnische Anlagen für gewerbliche Betriebe. Berlin, Marhold-Verl. 2. Aufl. 1980. 352 S.
Stief, E.: Luftreinhaltung. 2. Aufl. Berlin, VEB-Verl. Technik 1977. 124 S.
Stief, E.: Lufttechnische Berechnungstafeln. 3. Aufl. Berlin, VEB-Verl. Technik 1977. 124 S.
Vogel, P.: Schadstofferfassung. 2. Aufl. Berlin, VEB-Verl. Technik 1978. 132 S.

## 757 Kältetechnik

Siehe auch Abschn. 753

Bauder, H.-J.: Kälteverdichter. Karlsruhe, Verl. Müller 1984. Ca. 150 S.
Berliner, P.: Kühltürme. Berlin, Springer-Verlag 1975. 189 S.
Berliner, P.: Kältetechnik. Würzburg, Vogel-Verlag 1979. 192 S.
Breidenbach, K.: Der junge Kälteanlagenbauer. Karlsruhe, Verlag Müller.
Bd. 1: 1981 Grundkenntnisse. 292 S.
Bd. 2: 1984 Kälteanwendung. 656 S.
Cube, H. von: Lehrbuch der Kältetechnik, 3. Aufl., Karlsruhe 1981, 1041 S.
Drees, H., u. A. Zwicker: Kühlanlagen. 13. Aufl. Berlin, VEB-Verl. Technik 1983. 376 S.
Emblik, E.: Kälteanwendung. Karlsruhe, Verlag Braun 1971. 384 S.
Frigen-Informationen. Hrsg. von Farbwerke Hoechst AG. Frankfurt a.M. 1977/78.
Hampel, A.: Grundlagen der Kälteerzeugung. Karlsruhe, Verlag Müller 1974. 122 S.
Handbuch der Kältetechnik. Hrsg. von R. Plank, 12 Bde. Berlin, Springer-Verlag.
Jungnickel, H., u.a.: Grundlagen der Kältetechnik. Berlin, VEB-Verl. 1980. 363 S.
Kältemaschinen-Regeln. Hrsg. vom Deutschen Kältetechnischen Verein. 7. Aufl. Verlag Müller, Karlsruhe 1981. 125 S.
Kältetechnische Arbeitsmappe. 3 Bd. Karlsruhe, Verlag Müller. Bd. 1, mit 72 Arbeitsblättern, 1950–55. Bd. 2, mit 114 Arbeitsblättern, 1956–66. Bd. 3, 1971.
Lehrbuch der Kältetechnik. Hrsg. von H. L. von Cube. 2 Bände. 3. Aufl. 942 S. Karlsruhe, Verlag Müller 1981.
Loewer, H., u.a.: Kältetechnik in Klimaanlagen. Karlsruhe, Verlag Müller 1980. 214 S.
Noack, H.: Der Praktische Kältemonteur. Karlsruhe, Verlag Müller. 3. Aufl. 1980. 212 S.

Palmquist, R.: Refrigeration: Home and Commercial. Indianapolis, Audel & Co. 1977. 645 S.

Pohlmann, W.: Taschenbuch der Kältetechnik. 16. Aufl. Karlsruhe, Verlag Müller 1978. 975 S.

Reisner, K.: Kältetechnik. Dortmund, W. Rüller 1980. 140 S.

Veith, H.: Grundkurs der Kältetechnik. 4. Aufl. Karlsruhe, Verlag Müller 1982. 244 S.

## 758 Zeitschriften

### Deutschland

*Archiv des Badewesens*. Essen, Verlag Schrickel.

ATP, *Automatisierungstechnische Praxis*. München, Oldenbourg-Verlag.

*Bauphysik*. Berlin, Verlag Ernst u. Sohn.

*Beratende Ingenieure*, Essen, Giradet-Verlag.

*Brennstoff – Wärme – Kraft* (BWK). Düsseldorf, VDI-Verlag.

*Brennstoffspiegel*. Kassel, Ceto-Verlag.

*Clima Commerce International* – CCI. Karlsruhe, Promotor-Verlag.

*Consulting*. Würzburg, Vogel-Verlag

*Elektrowärme International*. Ausgabe A und B. Essen, Vulkan-Verlag.

*Elektrowärme im Technischen Ausbau*, ETA. Essen, Vulkan-Verlag.

*Energie*. 8032 Gräfelfing, Energiewirtschaft und Technik-Verlag.

*Energie-Spektrum*. Gräfelfing, Verlag Resch.

*Fernwärme international*. Frankfurt/M., VDEW-Verlag.

*Feuerungstechnik, Energie und Umwelt*. Stuttgart, Kopf Verlag GmbH (ab 1976).

*Fußbodenheizung, Sanitärrohre + Rohrisolierung*, FSR. Darmstadt, Verlagsbüro Hamisch

*Das Gas- und Wasserfach* (GWF). München, Oldenbourg-Verlag.

*Gas*. München, Oldenbourg-Verlag (seit 1978).

*Gaswärme International*. Essen, Vulkan-Verlag.

*GI – Gesundheits-Ingenieur*. München, Oldenbourg-Verlag.

*Haustechnik IKZ*. Arnsberg, Strobel-Verlag.

*HR Haustechnische Rundschau*. Berlin, Marhold-Verlag.

*HLH – Heizung – Lüftung/Klima-Haustechnik*. Düsseldorf, VDI-Verlag.

*Heizungsjournal*. 7057 Winnenden/Württ.

*Installation dkz*. Berlin, G. Siemens Buchhandlung

*Kachelofen & Kamin*. Stuttgart, Gustav Kopf GmbH.

*Kälte Klima Aktuell*. Stuttgart, SWI-Studio (ab 1982).

*Kälte- und Klimatechnik*. Stuttgart, Gentner-Verlag (ab 10.76).

*Kälte- und Klima-Fachmann*. Stuttgart, Kopf & Co. KG (bis 1981).

*Ki Klima Kälte Heizung*. Karlsruhe, C. F. Müller (ab 4.73).

*Luft- und Kältetechnik*. Berlin, VEB-Verlag Technik.

*Neue Deliwa-Zeitschrift*. Hannover, Deliwa-Verein.

*Öl + Gas und Feuerungstechnik*. Stuttgart, Kopf & Co. KG (bis 9.76).

*RAS* – Rohr Armatur Sanitär. Düsseldorf, Krammer-Verlag.

*Rationelle Energieverwendung*. Stuttgart, Verlag Bahmann.

*Automatisierungstechnische Praxis – atp*. München, Oldenbourg-Verlag.

*sh-technik*. München, Oldenbourg-Verlag.

*Sanitär + Heizungsreport*. Düsseldorf, Krammer-Verlag.

*Sanitär- und Heizungstechnik* (früher Sanitäre Technik). Düsseldorf, Krammer-Verlag.

*SBZ* (Sanitär-, Heizungs- und Klimatechnik). Stuttgart, Gentner-Verlag.

*Sonnenenergie und Wärmepumpen*. Sonnenenergie-Verlag, Ebersberg.

*Sonnenenergie*. Gabelsbergerstr. 36, 8000 München 2 (DGS-Organ).

*Stadt- und Gebäudetechnik*. Berlin, VEB-Verlag für Bauwesen.

*Staub – Reinhaltung der Luft*. St. Augustin, VDI-Verlag.

*Umwelt – Immissionsschutz, Abfall, Gewässerschutz*. Düsseldorf, VDI-Verlag.

*TAB – Technik am Bau* (seit 1970). Bertelsmann-Verlag, Gütersloh. Ab 1975 mit Wkt.

*Wärmetechnik*. Stuttgart, Gentner-Verlag (früher Öl + Gasfg.) ab 1981.

*Wlb – Wasser, Luft und Betrieb*. Mainz, Vereinigte Fachverlage.

## Österreich

*Der Österreichische Installateur*. Hrsg. von der Wiener Innung der Gas-, Wasser- und Zentralheizungsinstallateure. Wien, Canovagasse.

*Gas, Wasser, Wärme*. Hrsg. von der österreichischen Vereinigung für das Gas- und Wasserfach. Wien, Gußhausstraße 30.

*Heizung – Lüftung – Klimatechnik*. Technopress-Verlag, A-1191 Wien, Iglaseegasse 21–23.

## Schweiz

*Haustechnik*. Verlag Verbandssekretariat des Schweizer Spenglermeister- und Installateurverbandes. Auf der Mauer 11, CH-8023 Zürich.

Schweizerische Blätter für *Heizung und Lüftung*. Hrsg. vom Verband Schweizerischer Heizungs- und Lüftungsfirmen. CH-8024 Zürich, Olgastraße 6.

*Temperatur Technik*. CH-8033 Zürich, Forster-Verlag AG.

*Umweltschutz – Gesundheitstechnik*. Cicero Verlag AG. CH-8021 Zürich.

*Heizung–Klima*. AT Verlag, CH-5001 Aarau.

## Frankreich

*Chauffage – Ventilation – Conditionnement*. Revue de l'Association des Ingenieurs de Chauffage et de Ventilation. 254 Rue de Vaugirard, 75740 Paris.

*Promoclim*. 78 Rue Boissiere, 75116 Paris.

*Revue Generale de Thermique*. 2 Rue des Tanneries, 75013 Paris.

*Chaud – Froid – Plomberie*. 4 Rue Charles-Divry, 75014 Paris.

*La Revue Generale du Froid*. 129 bd Saint-Germain, 75017 Paris.

*Revue Pratique du Froid et du Conditionnement d'Air*, 254 Rue de Vaugirard, 75740 Paris.

*L'installateur*. 108 Av. Ledru-Rollin, Paris 11 th

### Großbritannien

*The Heating and Ventilating Engieer and Journal of Environment Services.* Verlag Technitrade Journals Ltd. 886 High Road, London N 12.

*Heating Air Conditioning Ventilation Insulation.* Verlag J. D. Troup, 90 High Holborn, London W.C. 1.

*International Journal of Refrigeration.* London.

*The Journal of Refrigeration.* Foxlow Publications, 19 Harcourt Str., London W. 1.

*Heating and Air Conditioning.* Verlag Mapon Press, 147 Victoria Str., London S.W. 1.

*Heating and Air Treatment Engineer.* Verl. Princes Press Ltd., 127 Victoria Street, London S.W. 1.

*Heating and Ventilating Review.* Faversham House, 111 St. James's Road, Croyden, Surrey, CR 9 2 TH

*Heating & Air Conditioning Journal.* Maclean Hunter Lt, 76 Oxford Str., London

*Journal of the Institution of Heating and Ventilating Engineers.* Hrsg. von der Institution. Batiste Publication Ltd., 203-209 Gower London N.W. 1.

*Refrigeration and Air Conditioning.* Refrigeration Press, LTD. Box 109, Croydon CR 9 1 QH

*Steam and Heating Engr.,* John D. Stout Ltd. 35 Red Lion Square, London W.C. 1.

*World Refrigeration and Air Conditioning.* 140 Cromwell Road, London S.W. 7.

*Domestic Heating.* 30 Old Burlington Str., London W 1 X 2 AE.

### Italien

*Installatore Italiano.* Milan, Via Fratelli Bressan 2, I Milano.

*Il Calore.* Via Urbana 167, Rom.

*Condizionamento dell Aria.* Via Flli Bressan 2, 20126 Milano.

### Niederlande

*Verwarming en Ventilatie.* Verlag Den Haag, Surinamestraat 24.

*Klimaatbeherrsing.* Prinses Marielaan 2, Amersfort.

### Skandinavien

*Tidskrift Värme-, Ventilations-, Sanitets- och Kyltechnik.* Handverkargatan 8, Stockholm.

*Skandinavian Refrigeration.* Herausgegeben von den kältetechnischen Vereinen in Dänemark, Norwegen, Finnland, Schweden. Sentrum, Oslo 1, Norwegen.

*LVI.* 00120 Helsinki 12. Lönnvotinkatu 22 A 19.

### USA

*Air Conditioning Heating and Refrigeration News.* Business News Publ. Co., P.O. Box 2600. Troy, Michigan 48007.

*Air Conditioning Heating and Refrigeration News.* P.O. Box 6000, Birmingham, Michigan 48012.

*Air Conditioning and Refrigeration Business.* Penton Inc. Cleveland, Ohio 614 Superior Av. West.

*Air Conditioning Heating and Ventilating.* Industrial Press, 93 Worth Str., New York 13, N.Y. (Früher Heating and Ventilating).

*The American Artisan.* Keeney Publ. Co., 6 N. Michigan Av., Chicago 2, Ill.

*ASHRAE-Journal.* Offizielle Zeitschrift der ASHRAE. (Früher Refrigerating Engineering). 1791 Tullie Circle NE, Atlanta, Ga. 30329.

*Contractor*. Morgan-Grampian Publ. Co. Berkshire, Pittsfield, Mass. 01201.

*Domestic Engineering*. 1801 Prairie Av., Chicago 16, Ill.

*Fueloil and Oil Heat*. Heating Publ. 2 West 45th Street, New York 36, N.Y.

*Gas Heat and Comfort Cooling*. Heating Publishers, Inc. 2 West 45th Street, New York 36, N.Y.

*Heating and Air Conditioning Contractor*. A. Scott Publ. Corp., 92 Martling Av., Tarrytown, N.Y.

*Heating Piping Air Conditioning*. Reinhold Publishing Co., 233 North Michigan Av., Chicago, Ill.

*Industrial Heating*. Nat. Industrial Publ. Co., 1400 Union Trust Buildg. Pittsburgh 19, Pa.

*The Journal of Plumbing, Heating and Air Conditioning*. Scott-Choate Publ. Corp., 92 Martling Av., Tarrytown, N.Y.

*Mechanical Contractor*. Hrsg. von der Heat. Pip. Air Cond. Contractors Nat. Ass. 30 Rockefeller Plaza, New York 20.

*Solar Engineering and Contracting*. Businews News Publishing Co., Troy, Michigan.

**Informationsblätter von Firmen und Instituten**

| | |
|---|---|
| Beratungsstelle für Stahlverwertung, Düsseldorf: | Merkblätter |
| Bundesvereinigung der Heizungs- und Klimaindustrie, Düsseldorf: | Therm-Report |
| Buderus'sche Eisenwerke AG, Wetzlar: | Buderus-Informationen |
| Delbag-Luftfilter, Berlin: | Staubjournal |
| Danfoss A/S, Nordborg DK: | Danfoss Journal |
| Esso AG, Hamburg: | Esso-Magazin |
| Flamco, Remscheid: | Flamkurier |
| Forschungsvereinigung für Luft- und Trocknungstechnik, FLT, Frankfurt: | Forschungsberichte |
| Gesellschaft zur Förderung der Heizung und Klimatechnik | GFHK-Information |
| Gustav Gerdts, Bremen | Kleiner Wegweiser |
| Haus der Technik, Essen: | Technische Mitteilungen |
| Institut für Bauphysik (Fraunhofer Gesellschaft), Stuttgart: | Berichte aus der Bauforschung |
| Institut für Bautechnik, Berlin: | Mitteilungen |
| John u. Co., Achern/Baden: | Joco-Aktuell |
| Landis u. Gyr, Zug (Schweiz): | Mitteilungen |
| LTG Lufttechnische GmbH, Stuttgart: | Lufttechnische Informationen |
| Rheinisch-Westfälische Elektr.-Werk AG: | RWE informiert |
| Robatherm, Burgau: | Robatherm aktuell |
| Ruhrgas AG, Essen: | Haustechnik – Erdgasinformationen |
| Samson AG, Frankfurt: | Regeltechnische Informationen |
| Schäfer-Interdomo, Emsdetten: | Report |
| Sulzer AG, Winterthur: | Technische Rundschau |
| Spirax-Sarco, Konstanz: | Calorie – Technische Mitteilungen |
| Thermo-Apparatebau, Mülheim/Ruhr: | TA – Aktuell |
| Vereinigung der Großkraftwerksbetreiber: | VGB Kraftwerkstechnik |
| Wärmebodentechnik, Duisburg: | Informationen für San. u. Heizung |
| Gebr. Trox, Neunkirchen: | Technische Informationen |
| Viessmann-Werke, Allendorf: | Viessmann aktuell |
| Zentra A. Bürkle AG, Schönaich: | Informationen |

# 76 VEREINE, VERBÄNDE, SCHULEN UND INSTITUTE

Überarbeitet von Dipl.-Ing. B. Leyendecker und
Dipl.-Ing. H.-J. Schultz (Frankfurt)

## 761 Technisch-Wissenschaftliche Vereine

### -1 DEUTSCHLAND

*Abwassertechnische Vereinigung e. V.* (ATV)
Geschäftsstelle: Markt 1, 5205 St. Augustin 1

*Arbeitsgemeinschaft Druckbehälter* (AD)
Mitglieder: VDMA, Fachverband Dampfkessel-, Behälter- und Rohrleitungsbau, Vereinigung der Großkesselbesitzer u. a. Herausgeber von Richtlinien für Druckbehälter (AD-Merkblätter). Geschäftsstelle: Vereinigung der Technischen Überwachungsvereine, Kurfürstenstraße 56, 4300 Essen.

*Arbeitsgemeinschaft Fernwärme e. V. bei der VDEW*
Geschäftsstelle: Stresemann Allee 23, 6000 Frankfurt/Main

*Arbeitsgemeinschaft Industrieller Forschungsvereinigungen* (AIF)
Geschäftsstelle: Bayenthalgürtel 23, 5000 Köln

*Arbeitsgemeinschaft für sparsamen und umweltfreundlichen Energieverbrauch e. V.* (ASUE)
Geschäftsstelle: Solmstraße 38, 6000 Frankfurt a. M. 90
Vereinigung von Gasversorgungsunternehmen

*Ausschuß für wirtschaftliche Fertigung* (AWF),
schafft Hilfsmittel zu einer möglichst rationellen Produktion für alle Zweige der industriellen Fertigung, insbesondere AWF-Maschinenkarten, Vordrucke, Kennblätter, Rechentafeln, Richtlinien für Werkzeug- und Maschinenwahl usw.
Geschäftsstelle: Düsseldorfer Straße 40, 6236 Eschborn/Ts.

*Battelle-Institut e. V.*
Am Römerhof 35, 6000 Frankfurt am Main 90

*Bund Deutscher Architekten* (BDA)
Ippendorfer Allee 14b, 5300 Bonn

*Bundesverband Solarenergie e. V.* (BSE)
Geschäftsstelle: Kruppstraße 5, 4300 Essen 1
Vorsitzender: Dr. B. Stoy

*DDA – Deutscher Dampfkessel-Ausschuß* (DDA)
Mitglieder u. a.: Ministerien, TÜV, Hersteller, Betreiber, DNA usw.
Geschäftsstelle: Kurfürstenstraße 56, 4300 Essen 1

*Deliwa-Verein e. V.*
Berufsverein für das Energie- und Wasserfach.
Geschäftsstelle: Hohenzollernstraße 49, 3000 Hannover

*Deutscher Architekten- und Ingenieurverband* (DAI)
Geschäftsstelle: Theaterplatz 2, 5300 Bonn 2-Bad Godesberg

*Deutscher Arbeitsring für Lärmbekämpfung* (DAL)
Geschäftsstelle: Frankenstraße 25, 4000 Düsseldorf 30

*Deutsche Gesellschaft für das Badewesen e. V.*
Geschäftsstelle: Alfredistraße 32, 4300 Essen

*Deutsche Gesellschaft für chemisches Apparatewesen* (Dechema)
Geschäftsstelle: Theodor-Heuss-Allee 25, 6000 Frankfurt a. M. 97

*Deutsche Gesellschaft für Hygiene und Mikrobiologie* (DGHM)
Geschäftsstelle: Ratzeburger Allee 160, 2400 Lübeck

*Deutsche Gesellschaft für Arbeitsschutz e. V.*
Geschäftsstelle: Stresemannstraße 43, 4000 Düsseldorf 1

*Deutsche Gesellschaft für Sonnenenergie e. V.* (DGS)
Geschäftsstelle: Augustenstraße 79, 8000 München 2

*Deutscher Kälte- und Klimatechnischer Verein* (DKV)
Pfaffenwaldring 10, 7000 Stuttgart 80
Vier Arbeitsabteilungen:
Grundlagen, Tieftemperaturtechnik unter $-100\,°C$
Kälteerzeugung, Kältemaschinen und -anlagen über $-100\,°C$
Kälte in der Lebensmittelindustrie
Klimatechnik u. Wärmepumpen

*Deutsches Nationales Komitee der Weltenergiekonferenz*
Geschäftsstelle: Graf-Recke-Straße 84, 4000 Düsseldorf 1
Mitglied der Weltenergiekonferenz, London

*Deutsches Institut für Normung e. V.* (DIN)
Eine unabhängige Organisation zur Aufstellung und Registrierung technischer Normen.

Geschäftsstelle: Burggrafenstraße 6, 1000 Berlin 30

Fachnormenausschüsse (NA):
NA Maschinenbau
NA Akustik und Schwingungstechnik (FANAK)
Unterausschüsse: Grundsätzliche Fragen, Lautstärke von Geräuschmessungen, Mechanische Schwingungen, Ultraschall, Lüftungstechnische Anlagen und Geräte
NA Kältetechnik
Geschäftsstelle: Kamekestraße 2/8, 5000 Köln.
Arbeitsausschüsse AA: Terminologie, Klimageräte und Wärmepumpen, Rohrleitungen, Kälteapparate u. a.
Vorsitzender: Prof. Dr.-Ing. F. Steimle
NA Rohre, Rohrverbindungen und Rohrleitungen
NA Dampfkessel und Druckbehälter
NA Eisen-, Blech- und Metallwaren
NA Ergonomie
NA Regel- und Sicherheitseinrichtungen für Gas- und Ölfeuerungen
NA Bauwesen (FNBau)
NA Gastechnik
NA Luftreinhaltung
NA Heiz- und Raumlufttechnik NHRS
Geschäftsstelle: Burggrafenstraße 4–7, 1000 Berlin 30
Vorsitzender: Dipl.-Ing. E. Möllmann
NA Heiz-, Koch- und Wärmegeräte (Hauswärme)
Geschäftsstelle: Am Hauptbahnhof 10, 6000 Frankfurt a. M.

Ausschuß Regel- und Sicherheitseinrichtungen für Gas- und Ölfeuerungen

Ausschuß für Einheiten und Formelgrößen (AEF)

Ausschuß für Lieferbedingungen und Gütesicherung (RAL) beim DNA. Fördert den Gütegedanken durch freiwillige Vereinbarungen über Warenbezeichnungen und technische Lieferbedingungen.

*Deutscher Verband für Wohnungswesen, Städtebau und Raumplanung e. V.*
Geschäftsstelle: Simrockstraße 20, 5300 Bonn 1

*Deutscher Verband Technisch-Wissenschaftlicher Vereine*
Geschäftsstelle: Graf-Recke-Straße 84, 4000 Düsseldorf 1

*Deutscher Verdingungsausschuß für Bauleistungen* (DVA)
Vereinigung aller am Bauwesen interessierten Kreise, insbesondere Ministerien, öffentliche Verwaltungen, Wirtschafts- und Berufsverbände, die gemeinsam die VOB (Verdingungsordnung für Bauleistungen) bearbeitet.
Geschäftsstelle: Im BMBau, Deichmannsaue, 5300 Bonn 2

*Deutscher Verein des Gas- und Wasserfaches e. V.* (DVGW)
Geschäftsstelle: Frankfurter Allee 27, 6236 Eschborn/Ts.
9 Landesgruppen

*FIGAWA – Bundesvereinigung der Firmen im Gas- und Wasserfach e. V.*
Geschäftsstelle: Marienburger Straße 15, 5000 Köln 51

*Fördergesellschaft Technischer Ausbau e. V.* (FTA)
Geschäftsstelle: Alte Bahnhofstraße 18, 5300 Bonn 2

*Forschungsgemeinschaft Bauen und Wohnen*
Geschäftsstelle: Silberburgstraße 160, 7000 Stuttgart 1

*Forschungsvereinigung für Luft- und Trocknungstechnik* (FLT)
Geschäftsstelle: Lyoner Straße 18, 6000 Frankfurt a. M.-Niederrad 71
Vorsitzender: Dr.-Ing. W. Hönmann

*Fraunhofer-Gesellschaft zur Förderung der Angewandten Forschung e. V.*
Geschäftsstelle: Leonrodstraße 54, 8000 München 19

*Gesellschaft für rationelle Energieverwendung e. V.*
Geschäftsstelle: Theodor-Heuss-Platz 7, 1000 Berlin 19

*Gesundheitstechnische Gesellschaft* (GG)
Geschäftsstelle: Albersweilerweg 35, 1000 Berlin 47

*Hauptverband der gewerblichen Berufsgenossenschaften*
Geschäftsstelle: Lindenstraße 78, 5205 Sankt Augustin

*Rationalisierungskuratorium der Deutschen Wirtschaft* (RKW).
Produktivitätszentrale für Deutschland zur planmäßigen Steigerung der Produktivität der Wirtschaft und zur Förderung des Erfahrungsaustausches zwischen den Werken.
Geschäftsstelle: Düsseldorfer Straße 40, 6236 Eschborn/Ts.

*Ständiger Ausschuß der Kongresse für Heizung, Lüftung und Klimatechnik*
Geschäftsstelle: beim BHKS, Weberstraße 33, 5300 Bonn 1
Vorsitzender: Prof. Dr.-Ing. H. Esdorn

*Verband Deutscher Kälte-Klima-Fachleute e. V.*, München (VDKF)
Geschäftsstelle: Esslinger Straße 80, 7012 Fellbach

*Verband für Arbeitsstudien e. V.* (Refa)
Schriften: Refa-Buch, Refa-Mappen, Refa-Formblätter, Refa-Nachrichten.
Geschäftsstelle: Wittichstraße 2, 6100 Darmstadt

*Verein Deutscher Badefachmänner e. V.*
Geschäftsstelle: Alfredistraße 32, 4300 Essen

*Verein Deutscher Ingenieure* (VDI)
Geschäftsstelle: Graf-Recke-Straße 84, 4000 Düsseldorf 1
38 Bezirksvereine im Bundesgebiet und in Berlin

16 Fachgruppen und Fachgesellschaften u. a.:
Konstruktion und Entwicklung
Produktionstechnik (ADB)
Verfahrenstechnik und Chemieingenieurwesen (GVC)
Meß- und Regelungstechnik (VDI-VDE)
Lärmminderung
Reinhaltung der Luft
Bautechnik
Technische Gebäudeausrüstung (TGA) mit 31 Arbeitskreisen

*Fachbereiche:* Energieversorgung, Heizung, Fernwärme, Klimatechnik, Sanitärtechnik, Entsorgung (Abwasser, Müll u. a.) sowie angrenzende Gebiete.
*Fachausschuß:* Beratende Ingenieure

*Verein für Wasser-, Boden- und Lufthygiene e. V.*
Geschäftsstelle: Corrensplatz 1, 1000 Berlin 33.
Mitwirkung bei den Arbeiten des Instituts für Wasser-, Boden- und Lufthygiene

*Technische Vereinigung der Großkraftwerksbetreiber e. V. – VGB*
Geschäftsstelle: Klinkestraße 27/31, 4300 Essen 1

*Vereinigung der Technischen Überwachungsvereine e. V.*
mit 11 Mitgliedsvereinen.
Geschäftsstelle: Kurfürstenstraße 56, 4300 Essen 1

*Zentrale für Gasverwendung e. V.* (ZfG)
Geschäftsstelle: Theodor-Heuss-Allee 90–98, 6000 Frankfurt a. M.

## -2 AUSLAND

### Belgien

Association Technique de l'Industrie du Chauffage, de la Ventilation et des Branches Connexes (ATIC)
41, rue Brogniez, 1070 Bruxelles

### Dänemark

Ingeniør-Sammenslutning, Gruppe Heizung und Ventilation, Kopenhagen
Ved Stranden 18, 1061 København K

### Frankreich

Comité scientifique et technique des installateurs de chauffage et de conditionnement de l'air (Co.S.T.I.C.)
9 Rue La Pérouse, 75784 Paris Cedex 16

Institut Technique du Bâtiment et des Travaux Publics
9 Rue La Pérouse, 75784 Paris Cedex 16

Centre Technique des Industries Aérauliques et Thermiques (C.E.T.I.A.T.)
Plateau du moulon, BP19, 91402 Orsay, Cedex

Association des Ingenieurs de Chauffage et Ventilation de France
66 Rue de Rome, 75008 Paris

### Großbritannien

Building Services Research and Information Association
Old Bracknell Lane, Bracknell, Berkshire

Chartered Institution of Building Services
222 Balham High Road, London SW12 9BS.
Air Infiltration Center (AIC)
Old Bracknell Lane, Bracknell, Berkshire

### Italien

Associazione Termotecnica Italiana (ATI), Mailand, Via Marona 15

### Japan

Society of Heating, Air Conditioning and Sanitary Engineers of Japan
1-8-1 Kitashinjuku, Shinjuku-ku, Tokio, Japan

### Niederlande

Ned. Technische Vereniging voor Verwarming en Luchtbehandeling (TVVL)
Prinses Julianaplein 1a, 3811 NM Amersfoort

### Schweden

VVS-Tekniska Föreningen
Norrthullsgatan 6, S-11329 Stockholm

### Schweiz

Schweizerischer Ingenieur- und Architekten-Verein (SIA)
Selnaustraße 16, CH-8039 Zürich

Schweizerischer Technischer Verband (STV)
Weinbergstraße 41, CH-8006 Zürich

Schweizerischer Verein von Wärme- und Klimaingenieuren (SWKI)
Postfach 2327, Effingerstraße 31, CH-3001 Bern

Schweizerischer Verein für Kältetechnik c/o ETH
Sonneggstraße 3, ETH-Zentrum, CH-8092 Zürich

Schweizerischer Verein von Gas- und Wasserfachmännern (SVGW)
Grütlistraße 44, CH-8027 Zürich

Vereinigung Schweizer Heizungs- und Klimatechniker (SHKT)
Olgastraße 6, Postfach, CH-8024 Zürich

**USA**

Am. Society of Heating, Refrigerating and Air Conditioning Engineers (ASHRAE)
1791 Tullic Circle N.E., Atlanta, Ga 30329

American Industrial Hygiene Association
475 Wolf Ledges Pkwy, Akron, OH 44311-1087

American National Standards Institute (ANSI)
1430 Broadway, New York, N.Y. 10018

Air Filter Institute (AFI)
Box 85, Station E, Louisville, Ky

Air Conditioning and Refrigeration Institute (ARI)
1501 Wilson Blvd, Arlington, VA 22209

## 762 Wirtschaftliche Verbände und Vereine

### -1 DEUTSCHLAND

*Gütegemeinschaft Heizkostenverteilung e. V.*
Hardtbergstraße 37a, 6208 Bad Schwalbach/Ts.

*Bundesverband der Deutschen Industrie,*
Arbeitsgemeinschaft der industriellen Wirtschaftsverbände, Köln
Geschäftsstelle: Gustav-Heinemann-Ufer 84/88, 5000 Köln 51

Angeschlossene Verbände u. a.:

Wirtschaftsverband Eisen-, Blech- und Metallverarbeitende Industrie e. V.
Kaiserswerther Straße 135, 4000 Düsseldorf 30

Fachverbände:

Fachverband Stahlblechverarbeitung, Hochstraße 113, 5800 Hagen 1
Fachgruppe Stahlheizkörper
Fachgruppe Stahlheizkessel
Zentralvereinigung Heizungskomponenten (ZVH)

Fachverband Heiz- und Kochgeräte-Industrie (HKI)
Geschäftsstelle: Am Hauptbahnhof 10, 6000 Frankfurt a. M.
Angeschlossen: Arbeitsgemeinschaft Zubehör
Fachabteilung Gaswärmepumpen
Fachabteilung Gas-Spezialheizkessel

*Bundesverband der Deutschen Heizungsindustrie* (BDH)
Kaiserswerther Straße 135, 4000 Düsseldorf 30

*Wirtschaftsverband Stahlbau- und Energie-Technik,* Ebertplatz 1, 5000 Köln 1
Geschäftsstelle: Sternstraße 36, 4000 Düsseldorf

Fachverbände:
Dampfkessel-, Behälter- und Rohrleitungsbau

*Hauptverband der Deutschen Bauindustrie e. V.*
Geschäftsstelle: Abraham-Lincoln-Straße 30, 6200 Wiesbaden

*Bundesverband Flächenheizungen e. V.*
Geschäftsstelle: Bebenhauserhofstraße 10, 7410 Reutlingen

*Bundesverband der deutschen Gas- und Wasserwirtschaft e. V.* (BGW)
Geschäftsstelle: Euskirchenerstraße 80, 5300 Bonn

*Bundesverband der Deutschen Heizungsindustrie e. V.* (BDH)
Geschäftsstelle: Kaiserswertherstraße 135, 4000 Düsseldorf 30
Fachverband Stahlheizkessel und Stahlheizkörper
Fachgemeinschaft gußeiserne Heizkessel und Radiatoren (FKR)

*Bundesverband Heizung – Klima – Sanitär e. V.* (BHKS)
mit 10 Landesverbänden
Geschäftsstelle: Weberstraße 33, 5300 Bonn 1
Ausschüsse:
Technik
Öffentlichkeit
Tarif- und Sozialpolitik
Wirtschaft
Berufsbildung

*Bundesverband Energie – Umwelt – Feuerungen e. V.*
Memminger Straße 60, 7410 Reutlingen (Württemberg)
Fachgruppe: Öllagerung

*Bundesverband Behälterschutz*
Geschäftsstelle: Endinger Straße 11, 7800 Freiburg i. B.

*Bundesverband Schwimmbad-, Sauna- und Wassertechnik e. V.* (BSSW)
Geschäftsstelle: Barckhausstraße 18, 6000 Frankfurt a. M. 17

*Deutsche Energiegesellschaft e. V.* (DEG)
Würmtalstraße 14, 8000 München 70

*Deutscher Großhändlerverband für Heizungs-, Lüftungs- und Klimabedarf* (DGH)
Geschäftsstelle: Kurze Mühren 2, 2000 Hamburg 1

*EUROVENT – Europäisches Komitee der Hersteller von lufttechnischen und Trocknungs-Anlagen*
Generalsekretariat: Am Hauptbahnhof 12, 6000 Frankfurt a.M. 1

*Fachverband Kathodischer Korrosionsschutz e. V.*
Geschäftsstelle: Jakobstraße 49, 7300 Esslingen

*Fachinstitut Gebäude-Klima* (FGK)
Geschäftsstelle: Heslacher Wand 28, 7000 Stuttgart 1

*Gütegemeinschaft Flächenheizung* (GGF)
Geschäftsstelle: Bebenhauserhofstraße 10, 7410 Reutlingen

*Gesellschaft zur Förderung der Heizungs- und Klimatechnik* (GFHK)
Geschäftsstelle: Verbindungsstraße 15–19, 4010 Hilden
Vorsitzender: Dr. H. Viessmann

*Gesellschaft für rationelle Energieverwendung*
Geschäftsstelle: Theodor-Heuss-Platz 7, 1000 Berlin 19

*Gütegemeinschaft Kunststoffrohre*
Geschäftsstelle: Dyroffstraße 2, 5300 Bonn

*Gütegemeinschaft Kupferrohre e. V.*
Geschäftsstelle: Tersteegenstraße 28, 4000 Düsseldorf 30

*Gütegemeinschaft Leckanzeigegeräte und Sicherheitseinrichtungen*
Geschäftsstelle: Memminger Straße 60, 7410 Reutlingen

*Gütegemeinschaft Tankschutz e. V.*
Geschäftsstelle: Endingerstraße 11, 7800 Freiburg i. B.

*Gütegemeinschaft Unterirdische und Oberirdische Lagerbehälter e. V.*
Geschäftsstelle: Fahrenbecke 18c, 5800 Hagen i. W.

*Güteschutzgemeinschaft Standortgefertigte Tanks e. V.*
Geschäftsstelle: Reinburgstraße 4, 7000 Stuttgart 1

*Hauptberatungsstelle für Elektrizitätsanwendung* – HEA
Geschäftsstelle: Am Hauptbahnhof 12, 6000 Frankfurt a. M.

*Technische Vereinigung der Großkraftwerksbetreiber* – VGB
Geschäftsstelle: Klinkestraße 27/31, 4300 Essen 1

*Verband der Großhändler für Zentralheizungsbedarf* (VGZ)
Geschäftsstelle: Kurze Mühren 2, 2000 Hamburg 1

*Verband Deutscher Kälte-Klima-Fachleute e. V.* (VDKF)
Geschäftsstelle: Esslinger Straße 80, 7012 Fellbach

*Verband Deutscher Maschinen- und Anlagenbau e. V.* (VDMA)
Geschäftsstelle: Lyoner Straße 18, 6000 Frankfurt a. M.-Niederrad 71
Präsident: Dr. F. Paetzold
Geschäftsführer: Dr. J. Fürstenau

Zehn Landesgruppen und 30 Fachgemeinschaften, u. a.:
Fachgemeinschaft Pumpen
Fachgemeinschaft Heizungs-, Klima- u. Gebäudeautomation
Fachgemeinschaft Apparatebau
Fachgemeinschaft Kraftmaschinen
Fachgemeinschaft Allgemeine Lufttechnik
Geschäftsführer: Dr. Kühnel
Vorsitzender: Dr. Elschenbroich

Fünf Fachabteilungen:
Kältetechnik
Klima- und Lüftungstechnik
Luft- und Entstaubungstechnik
Trocknungstechnik
Oberflächentechnik

*Verband Beratender Ingenieure e. V.* (VBI)
Geschäftsstelle: Zweigertstraße 37–41, 4300 Essen 1

*Vereinigung Deutscher Elektrizitätswerke* VDEW e. V.
Geschäftsstelle: Stresemannallee 23, 6000 Frankfurt a. M.
Arbeitsgemeinschaft „Fernwärme“ (AGFW) mit ca. 60 Mitgliedern

*Vereinigung der deutschen Zentralheizungswirtschaft* (VdZ)
Geschäftsstelle: Kaiserswerther Straße 135, 4000 Düsseldorf 30

*Vereinigung industrieller Kraftwirtschaft* (VIK)
Geschäftsstelle: Richard-Wagner-Straße 41, 4300 Essen

*Zentralverband des Deutschen Handwerks* (ZDH)
Geschäftsstelle: Johanniterstraße 1, 5300 Bonn

*Zentralverband Sanitär–Heizung–Klima* mit zwölf Landesverbänden (ZVSHK)
5 Handwerksbereiche, darunter
Heizung und Lüftung
Kachelöfen- und Luftheizungsbauer
Geschäftsstelle: Rathausallee 6, 5205 St. Augustin 1

*Zentralinnungsverband des Schornsteinfegerhandwerks*
Geschäftsstelle: Rubensstraße 1, 4000 Düsseldorf

## -2 AUSLAND

### Belgien

FABRIMETAL
Fédération des enterprises de l'industrie des fabrications metalliques, Group. 9
21, rue des Drapiers
B-1050 Bruxelles

Union Belge des Installateurs en Chauffage Central, Ventilation et Tuyauteries (UBIC)
41, rue Brogniez, Bruxelles

**Dänemark**

Foreningen af Ventilationsfirmaer
Nørre Voldgade 34
1358 København K

**Finnland**

Federation of Finnish Metal and Engineering Industries
Eteläranta 10, 00130 Helsinki 13

The association of Finnish Manufacturers of Air Handling Equipment
Eteläranta 10, 00130-SF Helsinki

**Frankreich**

Union climatique de France
9 Rue La Pérouse, 75784 Paris Cedex 16
Union Syndicale des Constructeurs de Materiel aeraulique, thermique, thermodynamique et frigorifique (UNICLIMA)
10 Av. Hoche, 75382 Paris Cedex 08

Chambre Syndicale des Entreprises engenie climatique de la région de Paris
10 rue de Débarcadàre, 78852 Paris Cedex 17

**Großbritannien**

Heating and Ventilating Contractors Association
34 Palace Road, London WL4JG

Fan Manufacturers Association
Sterling House, 6 Furlong Road, Bourne End, Bucks SL8 5DG

HEVAC Heating, Ventilating & Airconditioning Manufacturers Association
Sterling House, 6 Furlong Road, Bourne End, Bucks SL8 5DG

**Italien**

ANIMA, Associazione Nazionale Industria Meccanica Varia ed Affine
Piazza Diaz 2, 20123 Milano

Associazione Nazionale Installatori. Mailand, Via Bigli 15, piano III

ASSISTAL, Assoz. Nazionale Installatori di Impianti e di Ventilazione,
Via Giorgio Jan 5, 20129 Miland

AICARR, Assoz. Italiana Conditionamente Aria Riscaldamento Refrigerazione,
Via Sardegna 32, 20146 Milano

**Niederlande**

Algemene Vereniging voor de Centrale Verwarmings-Industrie (ACI)
Surinamestraat 24, Den Haag

Vereniging Fabrieken van Luchttechnische Apparaten (VLA)
Bredewater 20, Postbus 190
2700 AD Zoetermeer

Verein direkt-beheizter Luftheizgeräte (VdL)
Wassenaarseweg 80, Den Haag, Postbus 90606

**Norwegen**

Norsk Ventilasjon og Energiteknisk Forening, NVEF
Kongensgt 4, 0104 Oslo 1

**Österreich**

Fachverband der Maschinen- und Stahlbauindustrie Österreichs
Wiedner Hauptstraße 63, A-1045 Wien 4

Verband Zentralheizungs- und Lüftungsbau
Wiedner Hauptstraße 63, A-1045 Wien 4

Internationale Vereinigung des Sanitär- und Heizungsgroßhandels (FEST)
Marco d'Avianogasse 1, A-1010 Wien

Fachgemeinschaft Lufttechnik Umweltschutz Energieoptimierung (FLUE)
Donaustraße 104/3, A-2344 Maria Enzersdorf

**Schweden**

Föreningen Ventrilation-Klimat-Miljö
P.Box 5506, S-11 485 Stockholm
Rörfirmornas Riksfirbund
Norrtullsgatan 6, S-11 329 Stockholm

**Schweiz**

Schweizerischer Spenglermeister- und Installateur-Verband (SSIV)
Auf der Mauer 11, CH-8001 Zürich

Vereinigung der Kessel- und Radiatorenwerke (KRW)
Walcherstraße 27, CH-8023 Zürich

Schweizerische Normen-Vereinigung (SNV) und Verein Schweizerischer Maschinen-Industrieller (VSM),
Kirchenweg 4, CH-8032 Zürich

Verband Schweizerischer Heizungs- und Lüftungsfirmen (VSHL)
Olgastraße 6, 8024 Zürich

Verband Schweizerischer Oel- und Gasbrennerfabrikanten (VSO)
General-Guisan-Quai 38, CH-8027 Zürich

**Spanien**

AFEC, Asociación de fabricantes de equipos de climatización,
Fco. Silvela, 69, 28 028 Madrid.

**USA**

American Boiler Manufacturers Association (AMBA)
950 N, Glebe Rd, VA 22 203

Cooling Tower Institute (CTI)
P.O. Box 73 383, Houston Tx 77 037

Mechanical Contractors Association of America (MCAA)
5530 Wisconsin Ave. Cherry Chase, MD 20 815

American Gas Association (AGA)
1515 Wilson Blvd, Arlington, VA 22 209

International District Heating Association
1735 Eye Str. NW. Washington D.C. 20 006

Sheet Metal and Air Conditioning Contractors National Association
8224 Old Courthouse Rd. Vienna, VA 22 180

Air Movement and Control Association (AMCA)
30 W. Universitiy Dr., Arlington Heights, IL. 60 004

## 763 Staatliche, Kommunale und Internationale Verbände

*Arbeitskreis Maschinen- und Elektrotechnik staatlicher und kommunaler Verwaltungen* (AMEV)
Geschäftsstelle: 5300 Bonn-Bad Godesberg, Bundesministerium für Bauwesen
Vorsitzender: Dr. L. Siebert

*Argebau* – Arbeitsgemeinschaft der für das Bau-, Wohnungs- und Siedlungswesen zuständigen Minister der Länder der Bundesrepublik Deutschland und Berlin.
Geschäftsstelle: Dahlmannstraße 2, 5300 Bonn 1

*Comité Européen des Constzructeurs de Matériel frigorifique*
CECOMAF
Europäisches Komitee der Hersteller von kältetechnischen Erzeugnissen
Am Hauptbahnhof 12, 6000 Frankfurt a. M. 1

*Comité Européen des Fabricants de Chauffage et de Cuisine Domestiques* (CEFACD)
Deutsche Geschäftsstelle: Am Hauptbahnhof 10, 6000 Frankfurt a. M.

*Deutsche Akademie für Städtebau und Landesplanung*
Geschäftsstelle: Amalienstraße 15, 8000 München 2

*Deutsche Forschungsgemeinschaft*
Geschäftsstelle: Kennedyallee 40, 5300 Bonn 2

*Deutscher Städtetag*
Geschäftsstelle: Lindenallee 13/17, 5000 Köln 51

*Europäisches Komitee für die Koordinierung der Normen* (CEN)
Europäische Normen werden durch Arbeitsgruppen (CEN/AG) verbreitet.
Generalsekretariat in Paris, Tour Europe.
Arbeitsgruppen u.a.:
TC 46 Ölheizöfen
TC 47 Ölzerstäubungsbrenner
TC 48 Gasbeheizte Brauchwasserbereitungsgeräte
TC 57 Zentralheizungskessel
TC 62 Gasbefeuerte Raumheizgeräte
TC 110 Wärmeaustauscher
TC 113 Wärmepumpen

*Eurovent*
Europäisches Komitee der Hersteller von Lufttechnischen und Trocknungs-Anlagen.
Geschäftsstelle: Lyoner Straße 18, Frankfurt a.M. 71
Präsident: Raphael Douek, Frankreich
13 nationale Mitgliederverbände.

Technische Kommission mit folgenden Arbeitsgruppen:
Terminologie
Ventilatoren
Luftverteilung
Trockner
Entstauber und Filter
Luftheizer
Klimageräte und -anlagen
Wärmeaustauscher
Kühltürme
Geräuschmessung
Wärmerückgewinnung

*Fédération Européenne d'Associations Nationales d'Ingenieurs* (FEANI)
177 Boulevard Malesherbes, Paris XVII[e].
Deutsche Geschäftsstelle: VDI, Graf-Recke-Straße 84, 4000 Düsseldorf

*Génic Climatique International* (GCI)
Internationale Union der Vereinigungen der Installationsunternehmungen in den Bereichen Heizung, Lüftung und Luftklimatisierung, Paris
Deutsche Geschäftsstelle: BHKS Bonn

*Internationale Konföderation der Kälte- und Klimainstallateure* (CIFCA)
Geschäftsstelle: ESCA House 34 Palace Court Bayswater
London W2 4JG

*Internationales Kälteinstitut* (IKI)
177 Boulevard Malesherbes, 75017 Paris

*International Organisation for Standardisation* (ISO)
Deutsche Geschäftsstelle: DIN. Normblätter siehe Abschnitt 73
Mitglieder sind die Normungsausschüsse der einzelnen Länder, für Deutschland das DIN. Die technische Arbeit wird durch ISO-Comitees (TC = Technical Committee) geleistet, die sich wieder in Untercomitees (SC = Subcommittee) und Arbeitsgruppen (WC = Working Group) gliedern.
ISO/TC 43 Akustik
ISO/TC 86 Kältetechnik mit 5 SC
ISO/TC 105 Thermostatische Heizkörperventile
ISO/TC 109 Ölbrenner
ISO/TC 110 Wärmeaustauscher
ISO/TC 116 Raumheizgeräte
SC 1 Terminologie
SC 2 Heizkessel
SC 3 Einzelheizgeräte
SC 4 Heizgeräte ohne Verbrennung
SC 5 Warmlufterzeuger
ISO/TC 117 Ventilatoren
ISO/TC 180 Sonnenheizung
ISO/TC 125 Normen für Prüfräume
ISO/TC 142 Filter
ISO/TC 144 Luftverteilungssysteme
ISO/TC 146 Luftbeschaffenheit

*Internationale Union der Fachverbände für Heizung, Lüftung und Klimatechnik,* Paris
(Union Internationale des Associations d'Installateurs de Chauffage Ventilation et Conditionnement d'Air).
9 Rue La Pérouse, Paris (16).
10 nationale Mitglieder

*Internationale Vereinigung des Sanitär- und Heizungsgroßhandels* (FEST)
Marco d'Avianogasse 1, A-1010 Wien

*International Solar Energie Society* (ISES)

*Physikalisch-Technische Bundesanstalt*
Bundesallee 100, 3300 Braunschweig

*Representatives of European Heating and Ventilating Associations* (REHVA)
Deutsche Geschäftsstelle: Graf-Recke-Straße 84, 4000 Düsseldorf
Ingenieurhaus

*Unichal*
Union Internationale des Distributeurs de Chaleur. Internationaler Verband der Fernwärmeversorger.
Geschäftsstelle: Bahnhofplatz 3, CH-8023 Zürich/Schweiz.

*Union Européen des Constructeurs de Chaudières en Acier* (UECCA)
Deutsche Geschäftsstelle: Stahlheizkörperverband, Postfach 1020, 5800 Hagen 1

## 764 Lehranstalten

### -1 TECHNISCHE HOCHSCHULEN UND UNIVERSITÄTEN SOWIE GESAMTHOCHSCHULEN

*Aachen*
Prof. U. Renz: Wärmeübertragung
Prof. H. Rake: Regelungstechnik
Prof. K. F. Knoche: Technische Thermodynamik
Prof. E. Pischinger: Angewandte Thermodynamik
Prof. M. Zeller: Klimatechnik

*Berlin*
Prof. H. Brauer: Verfahrenstechnik
Prof. M. Hubert: Technische Akustik
Prof. H. Esdorn: Heizung und Klimatechnik und techn. Ausbau
Prof. Fiedler: Strömungslehre
Prof. H. Knapp: Thermodynamik
Prof. B. Alvensleben: Wärmeübertragung
Prof. Th. Gast: Regelungs- und Meßtechnik
Prof. Krochmann: Lichttechnik
Prof. H. Rüden: Hygiene

*Braunschweig*
Prof. G. Kosyna: Strömungsmaschinen
Prof. H.-J. Löffler: Thermodynamik
Prof. B. Gockell: Technischer Ausbau

*Bochum, Ruhr-Universität*
Prof. H. Gersten: Thermo- und Fluiddynamik
Prof. H. Loeschcke: Physiologie
Prof. K. H. Fasol: Meß- und Regelungstechnik
Prof. H. Kremer: Energieanlagen-Technik

*Darmstadt*
Prof. F. Brandt: Wärmetechnik
Prof. W. Kast: Heizungs- und Verfahrenstechnik

Prof. W. Oppelt: Regelungstechnik
Prof. J. Spurk: Strömungslehre
Prof. H. Beer: Thermodynamik

*Dortmund*
Prof. S. Schulz: Thermodynamik
Prof. H. W. Giesekus: Strömungslehre
Prof. H. Trümper: Technische Gebäudeausrüstung

*Dresden*
Prof. G. Heinrich: Luft- und Kältetechnik
Prof. G. Kraft: Heizungs- und Klimatechnik

*Essen*
Prof. Dr. F. Steimle: Thermodynamik und Klimatechnik

*Hamburg*
Prof. H. Loewer: Haustechnik
Prof. K. Fiedler: Strömungstechnik (Bundeswehrhochschule)

*Hannover*
Prof. K. Bammert: Strömungsmaschinen
Prof. H. Rögener: Thermodynamik
Prof. M. Thoma: Regelungstechnik
Prof. Th. Rummel: Elektrowärme
Prof. A. Mühlbauer: Elektrowärme
Prof. H. Hausen: Thermodynamik und Verfahrenstechnik
Prof. H. D. Baehr: Mechanik und Thermodynamik
Prof. H. Kruse: Kältetechnik

*Kaiserslautern/Trier*
Prof. K. W. Usemann: Technische Gebäudeausrüstung

*Kassel*
Prof. G. Hauser: Bauphysik

*Karl-Marx-Stadt (Chemnitz)*
Prof. H. J. Reinbothe: Strömungstechnik

*Karlsruhe*
Prof. G. Ernst: Technische Thermodynamik
Prof. K. O. Felsch: Strömungsmaschinen
Prof. K. Zierep: Strömungslehre
Prof. E.-U. Schlünder: Thermische Verfahrenstechnik
Prof. F. Mesch: Meß- und Regelungstechnik
Prof. J. Lehmann: Technische Gebäudeausrüstung
Prof. K. Bier: Technische Thermodynamik und Kältetechnik
Prof. F. Löffler: Mechanische Verfahrenstechnik

*München*
Prof. F. Mayinger: Thermodynamik
Prof. A. Mersmann: Verfahrenstechnik
Prof. W. Krüger: Haustechnik (em.)
Prof. D. Ostertag: Haustechnik und Bauphysik
Prof. E. Truckenbrodt: Strömungsmechanik
Prof. G. Schmidt: Meß- und Regelungstechnik
Prof. H. Schäfer: Energiewirtschaft
Prof. E. Winter: Kältetechnik
Prof. H. J. Thomas: Thermische Kraftanlagen
Prof. R. Frimberger: Strömungsmechanik
Prof. L. Rouvel: Energietechnik und -versorgung
Prof. U. Grigull: Thermodynamik (em.)

*Paderborn*
Prof. D. Gorenflo: Thermodynamik und Wärmeübertragung

*Siegen*
Prof. Dr.-Ing. F. N. Fett: Energietechnik
Prof. Dr.-Ing. E. Obermeier: Wärmeübertragung
Prof. Dr. sc. techn. J. Keller: Thermodynamik

*Stuttgart*
Prof. Dr. E. Hahne: Technische Wärmelehre
Prof. H. Bach: Heizung – Lüftung – Klimatechnik
Prof. E.-D. Gilles: Meß- und Regelungstechnik
Prof. K. Stepahn: Technische Thermodynamik
N. N.: Thermische Strömungsmaschinen
Prof. K. Gertis: Bauphysik

## -2 FACHHOCHSCHULEN

### Fachgebiete: Heizung, Klimatechnik, Gas, Wasser, Versorgung u. ä.

*Technische Fachhochschule Berlin*
Luxemburgerstraße 10, 1000 Berlin 65

*Fachhochschule Bremerhaven*
Columbusstraße 2, 2850 Bremerhaven

*Staatliche Fachhochschule für Technik Esslingen*
Kanalstraße 33, 7300 Esslingen a. Neckar

*Fachhochschule Köln*
Reitweg 1, 5000 Köln 21

*Fachhochschule München*
Lothstraße 34, 8000 München 2

*Fachhochschule Braunschweig-Wolfenbüttel*
Salzdahlumer Straße 46/48, 3340 Wolfenbüttel

*Fachhochschule Karlsruhe*
Moltkestraße 4, 7500 Karlsruhe 1

*Fachhochschule Rheinland-Pfalz, Abteilung Trier*
Schneidershof, 5500 Trier

*Fachhochschule Gießen*
Wiesenstraße 14, 6300 Gießen

*Fachhochschule Münster-Steinfurt*
Stegerwaldstraße 39, 4430 Steinfurt

*Fachhochschule Offenburg*
Badstraße 24, 7600 Offenburg

*Fachhochschule Heilbronn*
Max-Planck-Straße 39, 7100 Heilbronn

*Zentralschweizerisches Technikum Luzern – Ingenieurschule HTL und Abendtechnikum der Innerschweiz (Atis)*
Technikumstraße, CH-6048 Horw
Abteilung: Heizungs-, Lüftungs- und Klimatechnik

## -3 TECHNIKER-SCHULEN

*Bundesfachschule für Sanitär- und Heizungstechnik* (BUFA)
Bertholdstraße 1, 7500 Karlsruhe

*Bundesfachschule Kälte-Klimatechnik*
Schönstraße 21, 6000 Frankfurt a. M. 1

*Fachschule für Technik der Stadt Essen*
Schwanenkampstraße 53, 4300 Essen
Abteilung: Heizungs-, Lüftungs- und Sanitärtechnik

*Fachschule für Technik Fredenberg*
Hans-Böckler-Ring 18–20, 3320 Salzgitter 1
Abteilungen: Heizungs-, Lüftungs-, Klima- und Sanitär-Technik

*Fachschule für Technik*
4840 Rheda-Wiedenbrück, Kreis Gütersloh
Fachrichtung Heizungs-, Lüftungs- und Sanitärtechnik

*Höhere Technische Bundeslehranstalt Pinkafeld*
A-7423 Pinkafeld/Burgenland (Österreich)
Abteilung: Installation und Heizungstechnik

*Höhere Technische Bundeslehranstalt*
A-6200 Jenbach/Tirol
Abteilung: Installations-, Heizungs- und Klimatechnik

*Staatliche Fachschulen für Maschinen-, Elektro- und Bautechnik*
Irminenfreihof 8, 5500 Trier

*Städtische Franz-Jürgens-Kollegschule*
Färberstraße 34, 4000 Düsseldorf 1
Heizungs-, Lüftungs- und Sanitärtechnik (Erwachsenenbildung)

*Technische Fachschule Tochtermann*
Stuttgarter Straße 6, 7000 Stuttgart 30
Abteilung: Versorgungs- und Entsorgungstechnik

*Berufsschule der Stadt Zürich*
Heizungs- und Klimatechnikerschule (TS)
Sihlquai 87, CH-8031 Zürich

*Lehrwerkstätten der Stadt Bern*
Heizungs- und Sanitärtechnikerschule (TS)
Lorrainstraße 3, CH-3013 Bern

# 765 Institute und ähnliche Anstalten

ohne Hochschulinstitute (s. hierzu Abschn. 764-1)

## -1 DEUTSCHLAND

*ASUE – Arbeitsgemeinschaft für Sparsamen und Umweltfreundlichen Energieverbrauch e. V.*
Solmstraße 38, 6000 Frankfurt/M. 90

*Battelle-Institut e. V.*
Am Römerhof 35, 6000 Frankfurt a. M. 90

*Bundesanstalt für Materialprüfung* (BAM)
Unter den Eichen 86/87, 1000 Berlin 45
Präsident: Prof. G. W. Becker

*Bundesgesundheitsamt – Institut für Wasser-, Boden- und Lufthygiene*
Forschungsstätte für allgemeine Hygiene und Gesundheitstechnik
Corrensplatz 1, 1000 Berlin 33
Leiter: Prof. G. von Nieding

*Bundesinstitut für Arbeitsschutz und Unfallforschung*
Vogelpothsweg 50/52, 4600 Dortmund-Marten

*Deutsche Forschungsgemeinschaft* (DFG)
Kennedyallee 40, 5300 Bonn 2
Unabhängige Organisation der Deutschen Wissenschaftlichen Institutionen und Forscher.

*Deutsches Kupferinstitut*
Knesebeckstraße 96, 1000 Berlin 12
Leiter: Dr. von Franqué
Auskunfts- und Beratungsstelle für die Verwendung von Kupfer

*Deutsche Forschungs- und Versuchsanstalt für Luft- und Raumfahrt e. V.* (DFVLR)
Linder Höhe, 5000 Köln 90

*Elektrowärme-Institut Essen e. V.*
Nünningstraße 9, 4300 Essen 1

*Fernwärme-Forschungsinstitut e. V.*
Max-von-Laue-Straße 23, 3005 Hemmingen

*Fördergesellschaft Technischer Ausbau e. V.*
Alte Bahnhofstraße 18, 5300 Bonn 2

*Fachinstitut Gebäude-Klima e. V.*
Heslacher Wand 28, 7000 Stuttgart 1
Vors. Prof. F. Steimle

*Forschungsgesellschaft Blechverarbeitung e. V.*
Breitestraße 27, 4000 Düsseldorf 1

*Forschungsinstitut für Rationelle Energieverwendung e. V.*
Bornstraße 12, 4300 Essen

*Forschungsinstitut für Wärmeschutz e. V.*
Lochhamer Schlag 4, 8032 Gräfelfing

*Forschungsstelle für Energiewirtschaft*
Am Blütenanger 71, 8000 München 50
Leiter: Prof. Dr. H. Schäfer

*Forschungsvereinigung für Luft- und Trocknungstechnik e. V.* (FLT)
Lyoner Straße 18, 6000 Frankfurt 71

*Gaswärme-Institut e. V.*
Hafenstraße 101, 4300 Essen 11
Leiter: Dr.-Ing. H. Kremer

*Haus der Technik e. V.*
Hollestraße 1, 4300 Essen 1
Leiter: Prof. Dr.-Ing. E. Steinmetz

*Hermann-Föttinger-Institut für Strömungstechnik der TU Berlin*
Straße des 17. Juni 135, 1000 Berlin 12
Leiter: Prof. Dr.-Ing. H. Fernholz

*Hermann-Rietschel-Institut für Heizungs- und Klimatechnik*
TU Berlin, Marchstraße 4, 1000 Berlin 10
Leiter: Prof. Dr.-Ing. H. Esdorn

*Institut für Bauphysik*
Königssträßle 70/74, 7000 Stuttgart-Degerloch
Leiter: Prof. Dr. F. Mechel

*Institut für Bautechnik*
Reichpietschufer 72/76, 1000 Berlin 30.
Aufgabe: Einheitliche Bearbeitung bauaufsichtlicher Aufgaben, besonders: Zulassungswesen, Prüfzeichen, Typengenehmigung, Normung u.a.

*Institut für Bauforschung e. V.*
An der Markuskirche 1, 3000 Hannover 1
Leiter: Dr.-Ing. H. Menkhoff

*Institut für gewerbliche Wasserwirtschaft und Luftreinhaltung e. V.* (IWL)
Unterer Buschweg 160, 5000 Köln 50

*Institut für Hygiene und Arbeitsphysiologie*
Technische Hochschule Zürich, Sonneggstraße 4, CH-8006 Zürich
Leiter: Prof. Dr. E. Grandjean

*Institut für Kältetechnik und Wärmetechnik*
Universität Hannover
Leiter: Prof. H. Kruse

*Institut für Kernenergetik und Energiesysteme* (IKE)
Universität Stuttgart 80
Leiter: Prof. H. Bach

*Institut für Klimatechnik und Umweltschutz, Fachhochschule Gießen*
Holbeinring 15, 6300 Gießen
Leiter: Prof. P. Katz

*Institut für Klimatologie*
Gemeinschaftsgründung von Brown, Boveri und York
Postfach 5180, 6800 Mannheim

*Institut für Luft- und Kältetechnik*
Bertolt-Brecht-Allee 20, DDR-8000 Dresden
Leiter: Dr.-Ing. G. Heinrich

*Institut für rationelle Energieanwendung* (IREA)
Moltkestraße 4, 7500 Karlsruhe 1

*Institut für Solartechnik*
Pfaffenwaldring 38/40, 7000 Stuttgart 80

*Institut für Schall- und Wärmeschutz*
Krekehlerweg 48, 4300 Essen-Steele
Leiter: Dr.-Ing. W. Zeller

*Institut für Technische Gebäudeausrüstung* (IfTG)
Stuttgart Universität
Leiter: Prof. Dr. H. Bach

*Max-Planck-Institut für Strömungsforschung*
Böttingerstraße 4–8, 3400 Göttingen

*Physikalisch-Technische Bundesanstalt*
Bundesallee 100, 3300 Braunschweig
Leiter: Prof. D. Kind

## -2 AUSLAND

### Dänemark

Laboratoriet for Varme og Klimateknik
Danmarks Tekniske Højskole, Bygning 402, DK 2800 Lyngby
Leiter: Prof. P. O. Fanger

Statens Byggeforskningsinstitut (Bauforschung)
Borgergade 20, Kopenhagen K.

### Frankreich

Institut Technique du Bâtiments et des Travaux Publics
6 Rue Paul Valéry, Paris XVI$^{e}$

Centre Technique des Industries Aerauliques et Thermiques (Cetiat)
Plateau du moulon
91402 Orsay Cedex

### Großbritannien

Department of Scientific and Industrial Research
State House, High Holborn, London, W.C. 1

Building Services Research and Information Association
Bracknell, Berkshire, Old Bracknell Lane

### Niederlande

Forschungsinstitut für Umwelthygiene (TNO)
Schoemakerstraat 97, Delft

### Schweiz

Institut für Regelung und Dampfanlagen
Zürich, E. T. H.

Institut für Hygiene und Arbeitsphysiologie
Clausiusstraße 21, Zürich, E. T. H.

Institut für Energietechnik
Laboratorium für Energiesysteme
Sonneggstraße 3, Zürich, E. T. H.

Eidgenössische Materialprüfungs- und Versuchsanstalt (EMPA)
CH-8600 Dübendorf

Schweizerisches Informationszentrum der Luft- und Klimatechnik
Kappeler Straße 14, CH-8022 Zürich

### USA

Underwriters' Laboratories Inc. (UL)
333 Pfingsten Road, Northbrook, IL 60062

Building Research Institute
2101 Constitution Ave., N. W. Washington, DC 20418

Air Conditioning and Refrigeration Institute (ARI)
1501 Wilson Blvd, Arlington, Va 22209

Air Filter Institute
300 Independence Ave., S. W. Washington, DC

Institute of Boiler and Radiator Manufacturers
35 Russo Pl., Berkeley Heights, NJ 07922

# 77 EINHEITEN UND FORMELZEICHEN

**Tafel 771. Einheiten des SI-Systems, Auszug aus DIN 1301 (E. 11.84)**

| Nr. | Größe | Name | Zeichen | weitere Einheiten |
|---|---|---|---|---|
| 1 | Länge<br>Fläche<br>Volumen | Meter<br>Quadratmeter<br>Kubikmeter | m<br>$m^2$<br>$m^3$ | <br>1 ha = $10^4$ $m^2$<br>1 l = 1 $dm^3$ = $10^{-3}$ $m^3$ |
| 2 | Winkel (eben) | Radiant | rad | |
| 3 | Masse<br>flächenbezogene Masse<br>Dichte | Kilogramm<br>Kilogramm je Quadratmeter<br>Kilogramm je Kubikmeter | kg<br>$kg/m^2$<br>$kg/m^3$ | 1 g = $10^{-3}$ kg<br>1 t = $10^3$ kg |
| 4 | Zeit<br><br>Frequenz<br>Drehzahl<br>Geschwindigkeit<br>Beschleunigung<br>Volumenstrom<br>Massenstrom | Sekunde<br><br>Hertz<br>reziproke Sekunde<br>Meter je Sekunde<br>Meter je $s^2$<br>Kubikmeter je s<br>Kilogramm je s | s<br><br>Hz<br>1/s<br>m/s<br>$m/s^2$<br>$m^3/s$<br>kg/s | 1 min = 60 s<br>1 h = 60 min<br>1 Hz = 1/s |
| 5 | Kraft<br>Impuls<br>Druck<br><br>Energie, Arbeit<br>Wärme<br>Drehmoment<br><br>Leistung<br>Wärmestrom | Newton<br>Newtonsekunde<br>Pascal<br><br>Joule<br><br>Newtonmeter<br>Joule<br>Watt | N<br>Ns<br>$N/m^2$, Pa<br><br>J<br><br>Nm, J<br><br>W | 1 N = 1 kg $m/s^2$<br>1 Ns = 1 kg m/s<br>1 Pa = 1 $N/m^2$<br>1 bar = $10^5$ $N/m^2$ = $10^5$ Pa<br>1 J = 1 Nm = 1 Ws = 1 kg $m^2/s^2$<br>1 kWh = 3600 kJ = 3,6 MJ<br>1 Nm = 1 J = 1 Ws<br><br>1 W = 1 J/s = 1 Nm/s = 1 VA |
| 7 | Temperatur<br>Temperatur-leitfähigkeit<br>Entropie<br>Wärmeleit-fähigkeit<br>Wärmeüber-gangskoeffizient | Kelvin<br>Quadratmeter je s<br>Joule durch Kelvin<br>Watt durch Kelvinmeter<br>Watt durch Kelvin-$m^2$ | K<br>$m^2/s$<br>J/K<br>W/(Km)<br>$W/(Km^2)$ | °C = Grad Celsius<br>DIN 1345 (11.71)<br>DIN 1345 (1.72)<br>DIN 1341 (11.71)<br>DIN 1341 (11.71) |
| 11 | Stoffmenge<br>molare Masse | Mol<br>Kilogramm durch Mol | mol<br>kg/mol | |

*Vorsätze zur Bezeichnung von Vielfachen und Teilen der Einheiten nach DIN 1301*

| | | | | | | | |
|---|---|---|---|---|---|---|---|
| E | Exa = $10^{18}$ | M | Mega = $10^6$*) | d | Dezi = $10^{-1}$ | n | Nano = $10^{-9}$ |
| P | Peta = $10^{15}$ | k | Kilo = $10^3$ | c | Zenti = $10^{-2}$ | p | Piko = $10^{-12}$ |
| T | Tera = $10^{12}$***) | h | Hekto = $10^2$ | m | Milli = $10^{-3}$ | | |
| G | Giga = $10^9$**) | da | Deka = $10^1$ | $\mu$ | Mikro = $10^{-6}$ | | |

(Beispiel: 1 Mp = 1 Megapond = $10^6$ p)

*) $10^6$ = 1 Million (Mio.)
**) $10^9$ = 1 Milliarde (Mrd.), in Frankreich und USA = 1 Billion
***) $10^{12}$ = 1 Billion, in Frankreich und USA = 1 Milliarde

**Tafel 772. Allgemeine Formelzeichen nach DIN 1304 (2.78)**

| Zeichen | Bedeutung |
|---|---|
| **Länge, Raum und Zeit** | |
| $\alpha, \beta, \gamma \ldots$ | Winkel |
| $\Omega$ | Raumwinkel |
| $l$ | Länge |
| $b$ | Breite |
| $h$ | Höhe |
| $r$ | Radius, Halbmesser |
| $\delta$ | Dicke |
| $d$ | Durchmesser |
| $s$ | Weglänge, Kurvenlänge |
| $A, S$ | Fläche |
| $S, q$ | Querschnitt, Querschnittsfläche |
| $V, \tau$ | Raum, Volumen |
| $t$ | Zeit, Dauer, |
| $\omega$ | Winkelgeschwindigkeit |
| $\alpha$ | Winkelbeschleunigung |
| $v, u$ | Geschwindigkeit |
| $a$ | Beschleunigung |
| $g$ | Fallbeschleunigung |
| **Periodische und verwandte Erscheinungen** | |
| $T$ | Periodendauer |
| $T, \tau$ | Zeitkonstante |
| $f, \nu$ | Frequenz |
| $n$ | Drehzahl |
| $\omega$ | Kreisfrequenz |
| $\lambda$ | Wellenlänge |
| $\dot{V}, Q$ | Volumenstrom |
| $c$ | Fortpflanzungsgeschwindigkeit einer Welle |
| **Mechanik** | |
| $m$ | Masse (siehe DIN 1305) |
| $\dot{m}, q$ | Massenstrom |
| $\varrho$ | Dichte (siehe DIN 1306) |
| $d$ | Relative Dichte (siehe DIN 1306) |
| $v$ | Spez. Volumen |
| $p$ | Impuls |
| $J$ | Massenträgheitsmoment |
| $F$ | Kraft |
| $G$ | Gewichtskraft (siehe DIN 1305) |
| $M$ | Moment, Drehmoment |
| $p$ | Druck (siehe 1314) |
| $\sigma$ | Zug- oder Druckspannung, Normalspannung |
| $\tau$ | Schubspannung, Scherspannung |
| $\varepsilon$ | Dehnung |
| $\gamma$ | Schiebung |
| $\vartheta$ | Relative Volumenänderung |
| $\mu, \nu$ | Poisson-Zahl |
| $E$ | Elastizitätsmodul |
| $K$ | Kompressionsmodul |
| $G$ | Schubmodul |
| $I$ | Flächenträgheitsmoment |
| $\mu$ | Reibungszahl (siehe DIN 50281) |
| $\eta$ | Dynamische Viskosität |
| $\nu$ | Kinematische Viskosität |
| $\sigma, \gamma$ | Grenzflächenspannung, Oberflächenspannung |
| $W, A$ | Arbeit |
| $W, E$ | Energie |
| $w$ | Energiedichte |
| $P$ | Leistung |
| $\eta$ | Wirkungsgrad |
| **Wärme** | |
| $T, \Theta$ | Kelvin-Temperatur |
| $t, \vartheta$ | Celsius-Temperatur |
| $\alpha$ | Längenausdehnungskoeffizient |
| $\gamma, \beta$ | Raumausdehnungskoeffizient |
| $Q$ | Wärmemenge |
| $\Phi, Q$ | Wärmestrom |
| $q, \varphi$ | Wärmestromdichte |
| $\lambda$ | Wärmeleitfähigkeit |
| $\alpha$ | Wärmeübergangskoeffizient |
| $a$ | Temperaturleitfähigkeit |
| $C$ | Wärmekapazität |
| $c$ | Spezifische Wärmekapazität |
| $c_p$ | Spezifische Wärmekapazität bei konstantem Druck |
| $c_v$ | Spezifische Wärmekapazität bei konstantem Volumen |
| $\kappa$ | Verhältnis der spezifischen Wärmekapazität |
| $S$ | Entropie (siehe DIN 1345) |
| $s$ | Spezifische Entropie |
| $H$ | Enthalpie (siehe DIN 1345) |
| $h$ | Spezifische Enthalpie |
| $R$ | Gaskonstante |
| $R_{th}$ | Wärmewiderstand |
| $A_r$ | Relative Atommasse (früher Atomgewicht genannt) |
| $M_r$ | Relative Molekülmasse (früher Molekulargewicht genannt) |
| **Akustik** (siehe DIN 1332) | |
| $p$ | Schalldruck |
| $v$ | Schallschnelle (Teilchengeschwindigkeit) |
| $q$ | Schallfluß |
| $\xi, \eta, \zeta$ | Schallausschlag |
| $c$ | Schallgeschwindigkeit |
| $P$ | Schalleistung |
| $J$ | Schall-Leistungsdichte (Schallintensität) |
| $E$ | Schall-Energiedichte |
| $L_p$ | Schalldruckpegel |
| $L_W$ | Schall-Leistungspegel |
| $R$ | Schalldämm-Maß |
| $\alpha$ | Schall-Absorptionsgrad |
| $T$ | Nachhallzeit |

# 78 UMRECHNUNGSTAFELN

**Tafel 781. Umrechnung von Druckeinheiten**

| Einheit | $N/m^2$ Pa | kPA | bar | mbar | mmWS | atm | at | Torr | $lb/in^2$ |
|---|---|---|---|---|---|---|---|---|---|
| 1 $N/m^2 = 1$ Pa | 1 | $10^{-3}$ | $10^{-5}$ | 0,01 | 0,102 | $0{,}987 \cdot 10^{-5}$ | $1{,}02 \cdot 10^{-5}$ | $0{,}75 \cdot 10^{-2}$ | $1{,}45 \cdot 10^{-4}$ |
| 1 kPA | 1000 | 1 | 0,01 | 10 | 102 | $0{,}987 \cdot 10^{-2}$ | $1{,}02 \cdot 10^{-2}$ | 7,50 | 0,145 |
| 1 bar | $10^5$ | 100 | 1 | 1000 | $1{,}02 \cdot 10^4$ | 0,987 | 1,02 | 750 | 14,50 |
| 1 mbar | 100 | 0,1 | $10^{-3}$ | 1 | 10,2 | $0{,}987 \cdot 10^{-3}$ | $1{,}02 \cdot 10^{-3}$ | 0,75 | 0,0145 |
| 1 mmWS | 9,81 | $9{,}81 \cdot 10^{-3}$ | $9{,}81 \cdot 10^{-5}$ | $9{,}81 \cdot 10^{-2}$ | 1 | $0{,}97 \cdot 10^{-4}$ | $10^{-4}$ | 0,074 | $1{,}42 \cdot 10^{-3}$ |
| 1 atm | $1{,}01 \cdot 10^5$ | 101 | 1,01 | 1010 | 10332 | 1 | 1,033 | 760 | 14,70 |
| 1 at | $9{,}81 \cdot 10^4$ | 98,1 | 0,981 | 981 | 10000 | 0,968 | 1 | 735 | 14,22 |
| 1 Torr | 133 | 0,133 | $1{,}33 \cdot 10^{-3}$ | 1,33 | 13,6 | $1{,}32 \cdot 10^{-2}$ | $1{,}36 \cdot 10^{-2}$ | 1 | 0,019 |
| 1 $lb/in^2$ | $6{,}89 \cdot 10^3$ | 6,89 | 0,069 | 68,9 | 703 | 0,068 | 0,070 | 51,7 | 1 |

**Tafel 782. Umrechnung von Energieeinheiten**

| Einheit | J | MJ | kWh | MWh | kcal | Mcal | kg SKE | BTU |
|---|---|---|---|---|---|---|---|---|
| 1 J = 1 Nm = 1 Ws | 1 | $10^{-6}$ | – | – | $0{,}239 \cdot 10^{-3}$ | – | – | $0{,}948 \cdot 10^{-3}$ |
| 1 MJ = $10^6$ J | $10^6$ | 1 | 0,278 | – | 239 | – | 0,034 | 948 |
| 1 kWh | $3{,}6 \cdot 10^6$ | 3,6 | 1 | $10^{-3}$ | 860 | 0,86 | 0,123 | 3414 |
| 1 MWh | – | 3600 | $10^3$ | 1 | – | 860 | 123 | $3{,}414 \cdot 10^6$ |
| 1 kcal | 4187 | – | $1{,}163 \cdot 10^{-3}$ | – | 1 | $10^{-3}$ | – | 3,97 |
| 1 Mcal | – | 4,187 | 1,163 | – | $10^6$ | 1 | 0,143 | 3968 |
| 1 kg SKE | – | 29,31 | 8,14 | – | 7000 | 7,0 | 1 | $27{,}8 \cdot 10^3$ |
| 1 BTU | $1{,}05 \cdot 10^3$ | $1{,}05 \cdot 10^{-3}$ | $0{,}293 \cdot 10^{-3}$ | – | 0,252 | – | – | 1 |

**Tafel 783. SI-Einheiten und englisch-amerikanische Einheiten**

Zur Umrechnung zusammengesetzter Maße setzt man in den Ausdruck die entsprechenden einfachen Umwandlungsfaktoren ein, z. B.

$$\text{BTU/h ft}^2\text{ F} = \frac{1055}{3600 \cdot 0{,}0929 \cdot 5/9} = 5{,}678\ \text{W/m}^2\ \text{K}$$

**Länge**

| | | | |
|---|---|---|---|
| 1 cm | = 0,3937 in (inch) | 1 in | = 2,5400 cm |
| 1 m | = 3,2808 ft | 1 ft = 12 in | = 0,3048 m |
| | = 1,0936 yards | 1 yard = 3 ft | = 0,9144 m |
| 1 km | = 0,6214 mile (statute) | 1 mile (statute) | = 1,60934 km |
| | = 0,5396 Seemeilen | 1 Seemeile | = 1,85318 km |

**Fläche**

| | | | |
|---|---|---|---|
| 1 $cm^2$ | = 0,1550 sq in | 1 sq in | = 6,4516 $cm^2$ |
| 1 $m^2$ | = 10,7639 sq ft | | = 0,000645 $m^2$ |
| | = 1,1960 sq yards | 1 sq ft | = 0,0929 $m^2$ |
| 1 ha | = 2,471 acres | 1 sq yard | = 9 sq ft = 0,836 $m^2$ |
| | = 10000 $m^2$ | 1 sq mile | = 2,590 $km^2$ |
| | = 100 a (Ar) | 1 acre | = 0,4047 ha |
| 1 a | = 100 $m^2$ = 0,0247 acre | | = 40,47 a |

**Rauminhalt (Volumen)**

| | | | |
|---|---|---|---|
| 1 $cm^3$ | = 0,06102 cu in | 1 cu in | = 16,3870 $cm^3$ |
| 1 $dm^3$ | = 61,024 cu in | | = 0,01639 $dm^3$ |
| 1 l | = 0,03531 cu ft | 1 cu ft | = 28,317 $dm^3$ |
| | = 61,026 cu in | 1 cu yard | = 0,7646 $m^3$ |
| | = 0,21998 gal (brit.) | 1 gal (brit.) | = 4,546 l |
| | = 0,26428 gal (USA) | 1 gal (am.) | = 3,785 l |
| | | | = 4 quarts |
| 1 $m^3$ | = 35,315 cu ft | 1 quarter (brit.) | = 64 gal |
| | = 1,308 cu yards | | = 290,9 l |
| | = 6,299 Petr. barrels | 1 Petr. barrel | = 0,15876 $m^3$ |
| | | | = 42 gal |
| 1 hl | = 0,3438 quarter (brit.) | 1 quart (am.) | = 2 pints |
| | | | = 0,946 $dm^3$ |
| | = 0,413 quarter (am.) | 1 bushel (am.) | = 35,242 l |
| | | 1 bushel (brit.) | = 36,37 l = 8 gal |
| 1 $m^3$/kg | = 16,0185 cu ft/lb | 1 cu ft/lb | = 0,06243 $m^3$/kg |
| 1 Reg.-T. | = 100 cu ft | | |
| | = 2,832 $m^3$ | | |
| 1 $m_n^3$ | = 37,97 cu ft (60 °F, 30 in moist) | 1 cu ft (60 °F, 30 in moist) | = 0,02635 $m_n^3$ |
| 1 $m_n^3$ | = 37,22 cu ft (60 °F, 30 in dry) | 1 cu ft (60 °F, 30 in dry) | = 0,02687 $m_n^3$ |

**Masse**

| | | | |
|---|---|---|---|
| 1 g | = 0,03527 oz (av)*) | 1 grain | = 0,0648 g |
| | = 15,432 grain | 1 oz (av) | = 28,35 g |
| 1 kg | = 2,2046 lb (av) | 1 lb (av) | = 16 oz |
| | = 0,0787 quarter (brit.) | | = 0,4536 kg |
| | | | = 7000 grains |
| 1 t | = 0,984 long tons | 1 quarter (brit.) | = 28 lb = 12,701 kg |
| | = 1,102 short tons | 1 long ton (brit.) | = 1016 kg |
| 1 kg/m$^3$ | = 0,06243 lb/cu ft | 1 short ton (USA) | = 2000 lb = 907,2 kg |
| | | 1 lb/cu ft | = 16,0185 kg/m$^3$ |
| 1 g/kg | = 7,0 grain/lb | 1 grain/lb | = 0,1426 g/kg |
| 1 g/m$^3$ | = 0,437 grain/cu ft | 1 grain/cu ft | = 2,2884 g/m$^3$ |
| 1 g/m$^2$ | = 2,855 ton/sq mile | 1 ton/sq mile | = 0,3503 g/m$^2$ |
| 1 m$^3$/hm$^2$ | = 0,0547 cfm/sq ft | 1 cfm/sq ft | = 18,3 m$^3$/hm$^2$ |

**Geschwindigkeit, Massen- und Volumenstrom**

| | | | |
|---|---|---|---|
| 1 m/s | = 196,85 ft/min | 1 ft/min | = 0,508 cm/s |
| 1 km/h | = 0,6214 mph | 1 mph | = 1,60934 km/h |
| 1 Kn | = 1,852 km/h | 1 km/h | = 0,54 Kn |
| | = 0,514 m/s | | = 0,278 m/s |
| 1 m$^3$/h | = 4,403 gal/min (am.) | 1 gal/min (am.) | = 0,227 m$^3$/h |
| | = 3,666 gal/min (brit.) | 1 gal/min (brit.) | = 0,273 m$^3$/h |
| 1 m$^3$/h | = 0,5886 cu ft/min | 1 cu ft/min | = 28,317 l/min |
| | | | = 1,700 m$^3$/h |
| 1 kg/h | = 0,0367 lb/min | 1 lb/min | = 27,216 kg/h |

**Druck und Kraft**

| | | | |
|---|---|---|---|
| 1 N (Newton) | = 0,2248 lb (f) | 1 lb (force) | = 4,448 N |
| 1 N/m$^2$ (Pascal) | = 0,0209 lb/ft$^2$ | 1 lb/in$^2$ (psi) | = 6895 N/in$^2$ |
| | | | = 68,95 mbar |
| | | | = 703,1 mm $H_2O$ |
| 1 bar | = 14,504 psi | 1 lb/ft$^2$ | = 47,88 N/m$^2$ |
| | = 29,530 in Hg | | = 0,4788 mbar |
| | = 0,987 atm | | = 0,0470 mm $H_2O$ |
| 1 mbar | = 0,0145 psi | 1 in $H_2O$ | = 249,08 N/m$^2$ |
| | = 0,0295 in Hg | | = 2,4908 mbar |
| | = 0,4019 in $H_2O$ | | = 25,4 mm $H_2O$ |
| | = 2,089 lb/ft$^2$ | 1 in Hg | = 33,864 mbar |
| 1 mm $H_2O$ | = 0,0394 in $H_2O$ | 1 ft $H_2O$ | = 29,89 mbar |
| 1 atm | = 14,696 psi | 1 atm | = 1,013 bar |
| 1 mm $H_2O$/m | = 1,1993 in $H_2O$/100 ft | 1 ft $H_2O$/100 ft | = 98,10 N/m$^2 \cdot$m |
| 1 N/m$^2 \cdot$m | = 0,1223 in $H_2O$/100 ft | 1 in $H_2O$/100 ft | = 8,176 N/m$^2 \cdot$m |
| 1 mbar/m | = 0,442 psi/100 ft | 1 psi/100 ft | = 2,262 mbar/m |

**Energie**

| | | | |
|---|---|---|---|
| 1 J (Joule) | = $0,948 \cdot 10^{-3}$ BTU | 1 BTU | = 1,055 kJ |
| 1 kJ | = 0,948 BTU | 1 ft lb (force) | = 1,356 J |
| 1 kWh | = 3414,5 BTU | 1 HPh | = 2685 kJ |
| 1 MWh | = 34,1297 therms | 1 therm (100000 BTU) | = 0,1055 GJ |
| | | | = 29,288 kWh |

*) Avoirdupois (av), das im allgemeinen Gebrauch befindliche Maßsystem. Außerdem gibt es das troy-System.

**Leistung (power)**

| | | | |
|---|---|---|---|
| 1 W (Watt) | = 3,412 BTU/h | 1 BTU/h | = 0,2931 W |
| 1 kW | = 3412 BTU/h | 1 HP | = 0,7457 kW |

**Enthalpie und Entropie**

| | | | |
|---|---|---|---|
| 1 $kJ/m^3$ | = 0,02684 $BTU/ft^3$ | 1 $BTU/ft^3$ | = 37,26 $kJ/m^3$ |
| 1 kJ/kg | = 0,43021 BTU/lb | 1 BTU/lb | = 2,3244 kJ/kg |
| 1 kJ/K | = 0,5266 BTU/F | 1 BTU/F | = 1,899 kJ/K |

**Spezifische Wärmekapazität**

| | | | |
|---|---|---|---|
| 1 kJ/kgK | = 0,2388 BTU/lb F | 1 BTU/lb F | = 4,187 kJ/kgK |
| 1 $kJ/m^3K$ | = 0,0149 $BTU/ft^3$ F | 1 $BTU/ft^3$ F | = 67,070 $kJ/m^3K$ |

**Wärme**

| | | | |
|---|---|---|---|
| 1 $kJ/m^2$ | = 0,0881 $BTU/ft^2$ | 1 $BTU/ft^2$ | = 11,357 $kJ/m^2$ |
| 1 $W/m^2$ | = 0,3170 BTU/h $ft^2$ | 1 BTU/h $ft^2$ | = 3,155 $W/m^2$ |
| 1 $W/m^2K$ | = 0,1761 BTU/h $ft^2$ F | 1 BTU/h $ft^2$ F | = 5,678 $W/m^2K$ |
| 1 W/mK | = 0,578 BTU/h ft F | 1 BTU/h ft F | = 1,7296 W/mK |
| | = 6,9348 BTU·in/h $ft^2$ F | 1 BTU·in/h $ft^2$ F | = 0,1442 W/mK |
| 1 $m^2K/W$ | = 5,6786 h $ft^2$ F/BTU | 1 h $ft^2$ F/BTU | = 0,1761 $m^2K/W$ |
| 1 mK/W | = 1,7296 h ft F/BTU | 1 h ft F/BTU | = 0,5782 mK/W |
| | = 0,1442 h $ft^2$ F/BTU in | 1 h $ft^2$ F/BTU in | = 6,934 mK/W |

**Kälte**

| | | | |
|---|---|---|---|
| 1 kW | = 0,2843 tons of refrigeration | 1 ton of refrigeration | = 3,517 kW |

**Heizung**

| | | | |
|---|---|---|---|
| 1 kW | = 0,1019 HP (boiler) | 1 HP (boiler) | = 9,809 kW<br>= (33475 BTU) |
| 1 kW | = 14,22 EDR (steam)<br>= 22,74 EDR (water)<br>= 3412 BTU/h | 1 EDR (equivalent direct radiation)<br>steam<br>water | <br>= 70,34 W<br>= 43,97 W |

**Tafel 784. Vergleich der Thermometergrade**

Die umzurechnende Zahl steht in der Mitte. Temperaturgrade in C sind links, in F rechts abzulesen, z. B.: 100 °C = 212 °F, 100 °F = 37,8 °C

| °C | ↓ | °F | °C | ↓ | °F | °C | ↓ | °F |
|---|---|---|---|---|---|---|---|---|
| –20,0 | –4 | 24,8 | 7,8 | 46 | 114,8 | 35,6 | 96 | 204,8 |
| –19,4 | –3 | 26,6 | 8,3 | 47 | 116,6 | 36,1 | 97 | 206,6 |
| –18,9 | –2 | 28,4 | 8,9 | 48 | 118,4 | 36,7 | 98 | 208,4 |
| –18,3 | –1 | 30,2 | 9,4 | 49 | 120,2 | 37,2 | 99 | 210,2 |
| –17,8 | 0 | 32,0 | 10,0 | 50 | 122,0 | 37,8 | 100 | 212,0 |
| –17,2 | 1 | 33,8 | 10,6 | 51 | 123,8 | 38,3 | 101 | 213,8 |
| –16,7 | 2 | 35,6 | 11,1 | 52 | 125,6 | 38,9 | 102 | 215,6 |
| –16,1 | 3 | 37,4 | 11,7 | 53 | 127,4 | 39,4 | 103 | 217,4 |
| –15,6 | 4 | 39,2 | 12,2 | 54 | 129,2 | 40,0 | 104 | 219,2 |
| –15,0 | 5 | 41,0 | 12,8 | 55 | 131,0 | 40,6 | 105 | 221,0 |
| –14,4 | 6 | 42,8 | 13,3 | 56 | 132,8 | 41,1 | 106 | 222,8 |
| –13,9 | 7 | 44,6 | 13,9 | 57 | 134,6 | 41,7 | 107 | 224,6 |
| –13,3 | 8 | 46,4 | 14,4 | 58 | 136,4 | 42,2 | 108 | 226,4 |
| –12,8 | 9 | 48,2 | 15,0 | 59 | 138,2 | 42,8 | 109 | 228,2 |
| –12,2 | 10 | 50,0 | 15,6 | 60 | 140,0 | 43,3 | 110 | 230,0 |
| –11,7 | 11 | 51,8 | 16,1 | 61 | 141,8 | 43,9 | 111 | 231,8 |
| –11,1 | 12 | 53,6 | 16,7 | 62 | 143,6 | 44,4 | 112 | 233,6 |
| –10,6 | 13 | 55,4 | 17,2 | 63 | 145,4 | 45,0 | 113 | 235,4 |
| –10,0 | 14 | 57,2 | 17,8 | 64 | 147,2 | 45,6 | 114 | 237,2 |
| –9,4 | 15 | 59,0 | 18,3 | 65 | 149,0 | 46,1 | 115 | 239,0 |
| –8,9 | 16 | 60,8 | 18,9 | 66 | 150,8 | 46,7 | 116 | 240,8 |
| –8,3 | 17 | 62,6 | 19,4 | 67 | 152,6 | 47,2 | 117 | 242,6 |
| –7,8 | 18 | 64,4 | 20,0 | 68 | 154,4 | 47,8 | 118 | 244,4 |
| –7,2 | 19 | 66,2 | 20,6 | 69 | 156,2 | 48,3 | 119 | 246,2 |
| –6,7 | 20 | 68,0 | 21,1 | 70 | 158,0 | 48,9 | 120 | 248,0 |
| –6,1 | 21 | 69,8 | 21,7 | 71 | 159,8 | 49,4 | 121 | 249,8 |
| –5,6 | 22 | 71,6 | 22,2 | 72 | 161,6 | 50,0 | 122 | 251,6 |
| –5,0 | 23 | 73,4 | 22,8 | 73 | 163,4 | 50,6 | 123 | 253,4 |
| –4,4 | 24 | 75,2 | 23,3 | 74 | 165,2 | 51,1 | 124 | 255,2 |
| –3,9 | 25 | 77,0 | 23,9 | 75 | 167,0 | 51,7 | 125 | 257,0 |
| –3,3 | 26 | 78,8 | 24,4 | 76 | 168,8 | 52,2 | 126 | 258,8 |
| –2,8 | 27 | 80,6 | 25,0 | 77 | 170,6 | 52,8 | 127 | 260,6 |
| –2,2 | 28 | 82,4 | 25,6 | 78 | 172,4 | 53,3 | 128 | 262,4 |
| –1,7 | 29 | 84,2 | 26,1 | 79 | 174,2 | 53,9 | 129 | 264,2 |
| –1,1 | 30 | 86,0 | 26,7 | 80 | 176,0 | 54,4 | 130 | 266,0 |
| –0,6 | 31 | 87,8 | 27,2 | 81 | 177,8 | 55,0 | 131 | 267,8 |
| 0 | 32 | 89,6 | 27,8 | 82 | 179,6 | 55,6 | 132 | 269,6 |
| 0,6 | 33 | 91,4 | 28,3 | 83 | 181,4 | 56,1 | 133 | 271,4 |
| 1,1 | 34 | 93,2 | 28,9 | 84 | 183,2 | 56,7 | 134 | 273,2 |
| 1,7 | 35 | 95,0 | 29,4 | 85 | 185,0 | 57,2 | 135 | 275,0 |
| 2,2 | 36 | 96,8 | 30,0 | 86 | 186,8 | 57,8 | 136 | 276,8 |
| 2,8 | 37 | 98,6 | 30,6 | 87 | 188,6 | 58,3 | 137 | 278,6 |
| 3,3 | 38 | 100,4 | 31,1 | 88 | 190,4 | 58,9 | 138 | 280,4 |
| 3,9 | 39 | 102,2 | 31,7 | 89 | 192,2 | 59,4 | 139 | 282,2 |
| 4,4 | 40 | 104,0 | 32,2 | 90 | 194,0 | 60,0 | 140 | 284,0 |
| 5,0 | 41 | 105,8 | 32,8 | 91 | 195,8 | 60,6 | 141 | 285,8 |
| 5,6 | 42 | 107,6 | 33,3 | 92 | 197,6 | 61,1 | 142 | 287,6 |
| 6,1 | 43 | 109,4 | 33,9 | 93 | 199,4 | 61,7 | 143 | 289,4 |
| 6,7 | 44 | 111,2 | 34,4 | 94 | 201,2 | 62,2 | 144 | 291,2 |
| 7,2 | 45 | 113,0 | 35,0 | 95 | 203,0 | 62,8 | 145 | 293,0 |

Fortsetzung Tafel 784. Vergleich der Thermometergrade

| °C | ↓ | °F | °C | ↓ | °F | °C | ↓ | °F |
|---|---|---|---|---|---|---|---|---|
| 63,3 | 146 | 294,8 | 93,9 | 201 | 393,8 | 154 | 310 | 590 |
| 63,9 | 147 | 296,6 | 94,4 | 202 | 395,6 | 160 | 320 | 608 |
| 64,4 | 148 | 298,4 | 95,0 | 203 | 397,4 | 166 | 330 | 626 |
| 65,0 | 149 | 300,2 | 95,6 | 204 | 399,2 | 171 | 340 | 644 |
| 65,6 | 150 | 302,0 | 96,1 | 205 | 401,0 | 177 | 350 | 662 |
| 66,1 | 151 | 303,8 | 96,7 | 206 | 402,8 | 182 | 360 | 680 |
| 66,7 | 152 | 305,6 | 97,2 | 207 | 404,6 | 188 | 370 | 698 |
| 67,2 | 153 | 307,4 | 97,8 | 208 | 406,4 | 193 | 380 | 716 |
| 67,8 | 154 | 309,2 | 98,3 | 209 | 408,2 | 199 | 390 | 734 |
| 68,3 | 155 | 311,0 | 98,9 | 210 | 410,0 | 204 | 400 | 752 |
| 68,9 | 156 | 312,8 | 99,4 | 211 | 411,8 | 210 | 410 | 770 |
| 69,4 | 157 | 314,6 | 100,0 | 212 | 413,6 | 216 | 420 | 788 |
| 70,0 | 158 | 316,4 | 100,6 | 213 | 415,4 | 221 | 430 | 806 |
| 70,6 | 159 | 318,2 | 101,1 | 214 | 417,2 | 227 | 440 | 824 |
| 71,1 | 160 | 320,0 | 101,7 | 215 | 419,0 | 232 | 450 | 842 |
| 71,7 | 161 | 321,8 | 102,2 | 216 | 420,8 | 238 | 460 | 860 |
| 72,2 | 162 | 323,6 | 102,8 | 217 | 422,6 | 243 | 470 | 878 |
| 72,8 | 163 | 325,4 | 103,3 | 218 | 424,4 | 249 | 480 | 896 |
| 73,3 | 164 | 327,2 | 103,9 | 219 | 426,2 | 254 | 490 | 914 |
| 73,9 | 165 | 329,0 | 104,4 | 220 | 428,0 | 260 | 500 | 932 |
| 74,4 | 166 | 330,8 | 105,0 | 221 | 429,8 | 266 | 510 | 950 |
| 75,0 | 167 | 332,6 | 105,6 | 222 | 431,6 | 271 | 520 | 968 |
| 75,6 | 168 | 334,4 | 106,1 | 223 | 433,4 | 277 | 530 | 986 |
| 76,1 | 169 | 336,2 | 106,7 | 224 | 435,2 | 282 | 540 | 1004 |
| 76,7 | 170 | 338,0 | 107,2 | 225 | 437,0 | 288 | 550 | 1022 |
| 77,2 | 171 | 339,8 | 107,8 | 226 | 438,8 | 293 | 560 | 1040 |
| 77,8 | 172 | 341,6 | 108,3 | 227 | 440,6 | 299 | 570 | 1058 |
| 78,3 | 173 | 343,4 | 108,9 | 228 | 442,4 | 304 | 580 | 1076 |
| 78,9 | 174 | 345,2 | 109,4 | 229 | 444,2 | 310 | 590 | 1094 |
| 79,4 | 175 | 347,0 | 110,0 | 230 | 446,0 | 316 | 600 | 1112 |
| 80,0 | 176 | 348,8 | 110,6 | 231 | 447,8 | 321 | 610 | 1130 |
| 80,6 | 177 | 350,6 | 111,1 | 232 | 449,6 | 327 | 620 | 1148 |
| 81,1 | 178 | 352,4 | 111,7 | 233 | 451,4 | 332 | 630 | 1166 |
| 81,7 | 179 | 354,2 | 112,2 | 234 | 453,2 | 338 | 640 | 1184 |
| 82,2 | 180 | 356,0 | 112,8 | 235 | 455,0 | 343 | 650 | 1202 |
| 82,8 | 181 | 357,8 | 113,3 | 236 | 456,8 | 349 | 660 | 1220 |
| 83,3 | 182 | 359,6 | 113,9 | 237 | 458,6 | 354 | 670 | 1238 |
| 83,9 | 183 | 361,4 | 114,4 | 238 | 460,4 | 360 | 680 | 1256 |
| 84,4 | 184 | 363,2 | 115,0 | 239 | 462,2 | 366 | 690 | 1274 |
| 85,0 | 185 | 365,0 | 115,6 | 240 | 464,0 | 371 | 700 | 1292 |
| 85,6 | 186 | 366,8 | 116,1 | 241 | 465,8 | 377 | 710 | 1310 |
| 86,1 | 187 | 368,6 | 116,7 | 242 | 467,6 | 382 | 720 | 1328 |
| 86,7 | 188 | 370,4 | 117,2 | 243 | 469,4 | 388 | 730 | 1346 |
| 87,2 | 189 | 372,2 | 117,8 | 244 | 471,2 | 393 | 740 | 1364 |
| 87,8 | 190 | 374,0 | 118,3 | 245 | 473,0 | 399 | 750 | 1382 |
| 88,3 | 191 | 375,8 | 118,9 | 246 | 474,8 | 427 | 800 | 1472 |
| 88,9 | 192 | 377,6 | 119,4 | 247 | 476,6 | 454 | 850 | 1562 |
| 89,4 | 193 | 379,4 | 120,0 | 248 | 478,4 | 482 | 900 | 1652 |
| 90,0 | 194 | 381,2 | 120,6 | 249 | 480,2 | 510 | 950 | 1742 |
| 90,6 | 195 | 383,0 | 121 | 250 | 482 | 538 | 1000 | 1832 |
| 91,1 | 196 | 384,8 | 127 | 260 | 500 | 649 | 1200 | 2192 |
| 91,7 | 197 | 386,6 | 132 | 270 | 518 | 760 | 1400 | 2552 |
| 92,2 | 198 | 388,4 | 138 | 280 | 536 | 871 | 1600 | 2912 |
| 92,8 | 199 | 390,2 | 143 | 290 | 554 | 982 | 1800 | 3272 |
| 93,3 | 200 | 392,0 | 149 | 300 | 572 | 1093 | 2000 | 3632 |

# Sachverzeichnis

## A

**B**

## C

## D

F

## H

## I



## J

**K**

## L

M



N

## O



## P

Q



R

S

## T

## U

V



W

## Z

# Diagramm-Einschlagtafeln

Mollier-Diagramm für Wasserdampf

$h, x$-(Mollier) Diagramm

Rohrreibungsdiagramm für Luftleitungen

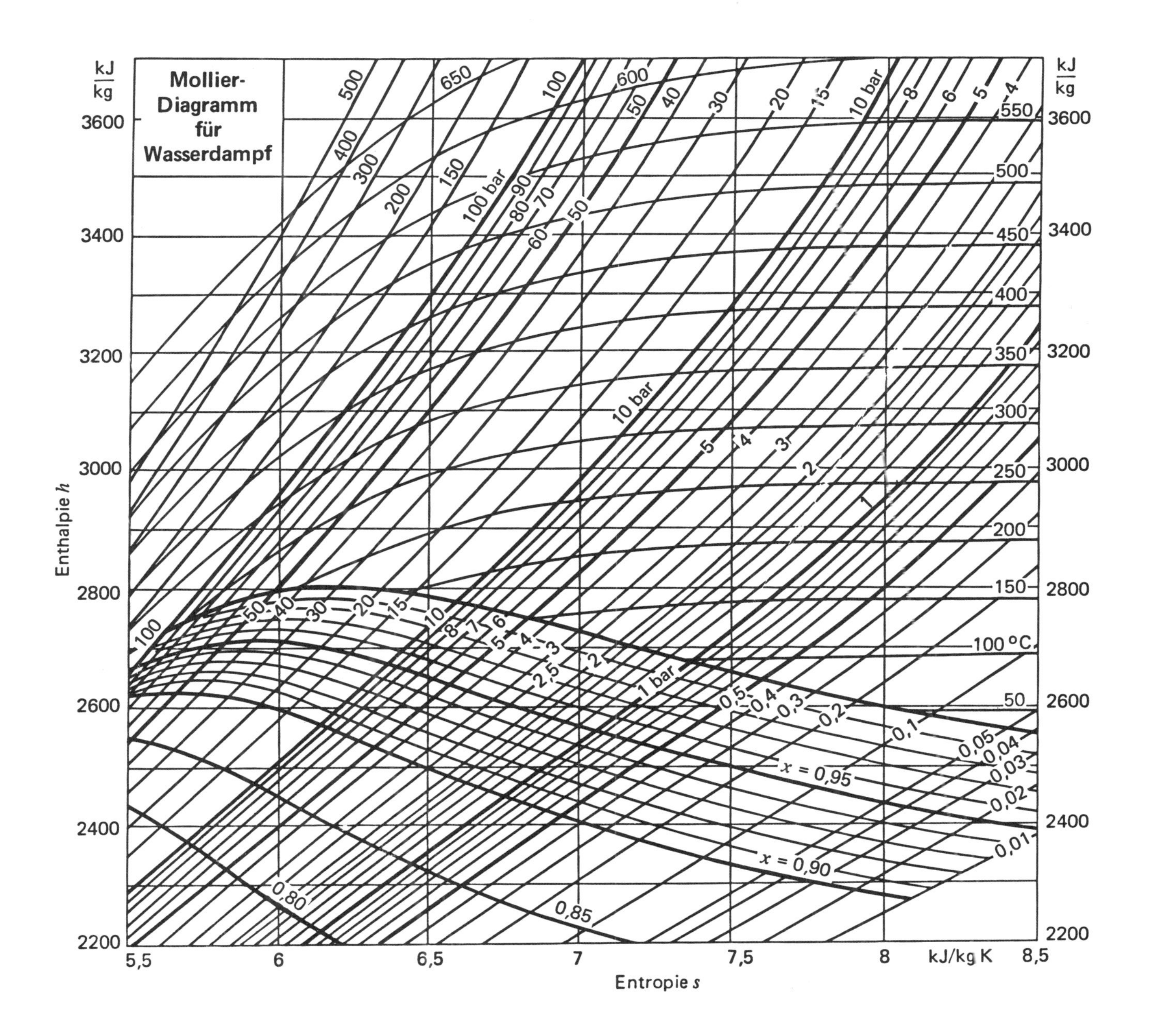

Mollier-Diagramm für Wasserdampf
Enthalpie h
kJ/kg
Entropie s
kJ/kg K
10 bar
1 bar
100 °C
x = 0,95
x = 0,90
0,85
0,80

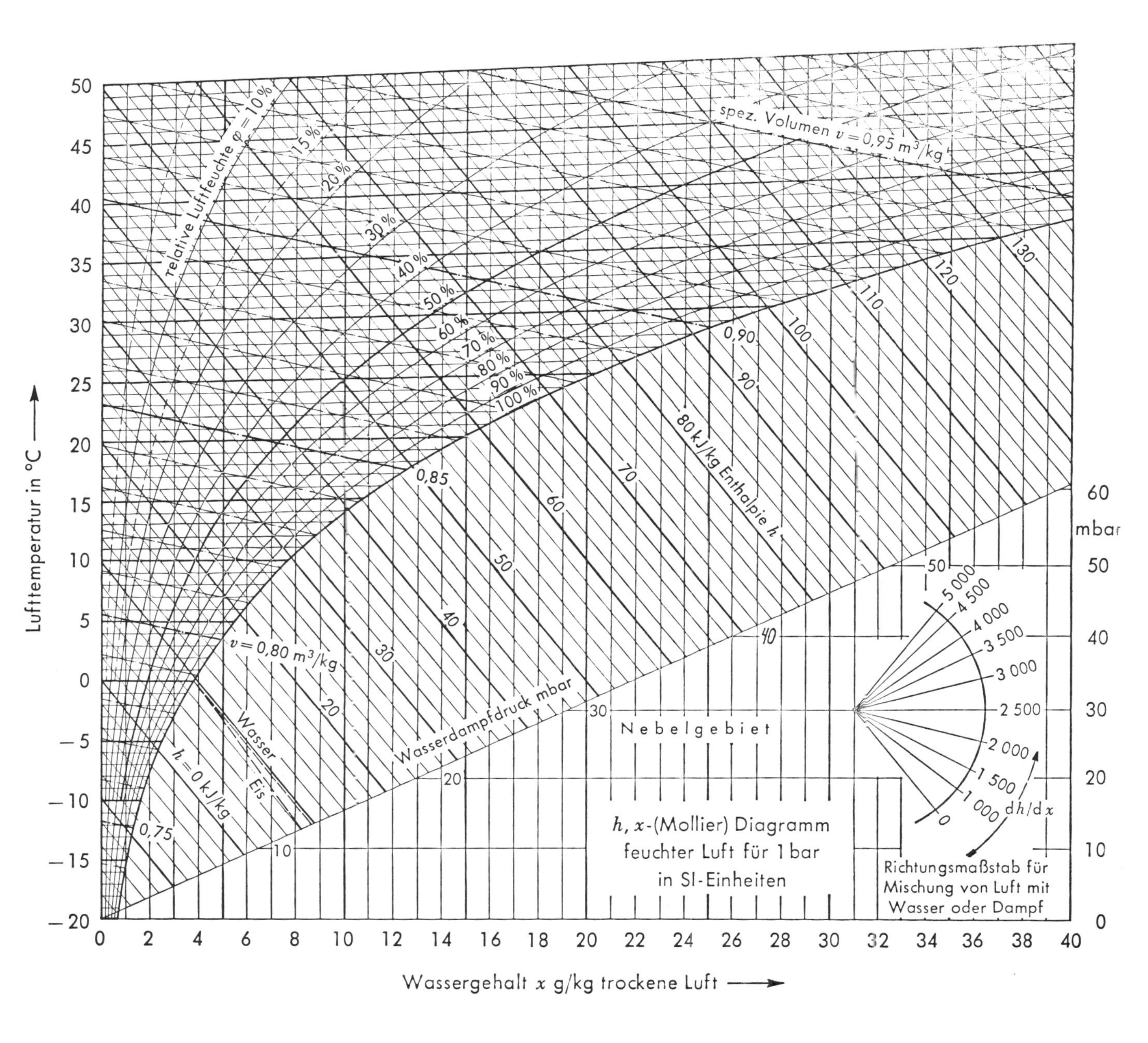

spez. Volumen $v = 0{,}95\ m^3/kg$
relative Luftfeuchte $\varphi = 10\ \%$
15 %
20 %
30 %
40 %
50 %
60 %
70 %
80 %
90 %
100 %
0,90
0,85
$v = 0{,}80\ m^3/kg$
0,75
80 kJ/kg Enthalpie $h$
130
120
110
100
90
70
60
50
40
30
20
$h = 0$ kJ/kg
Wasser
Eis
Wasserdampfdruck mbar
Nebelgebiet
$h, x$-(Mollier) Diagramm
feuchter Luft für 1 bar
in SI-Einheiten
Richtungsmaßstab für
Mischung von Luft mit
Wasser oder Dampf
$dh/dx$
5 000
4 500
4 000
3 500
3 000
2 500
2 000
1 500
1 000
0
Lufttemperatur in °C
Wassergehalt $x$ g/kg trockene Luft
mbar

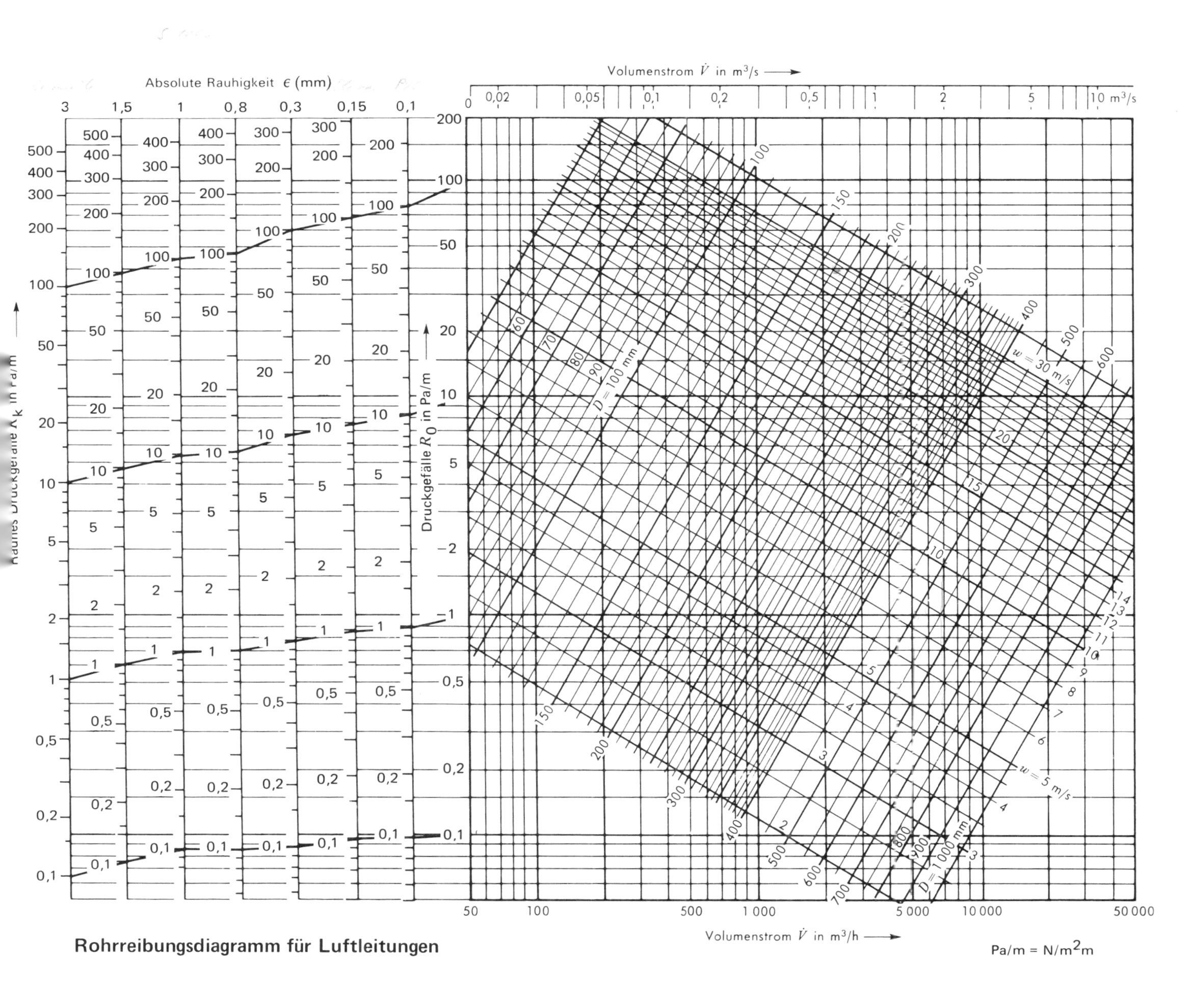


**Rohrreibungsdiagramm für Luftleitungen**

**RECKNAGEL-SPRENGER-HÖNMANN**
**Taschenbuch für Heizung + Klimatechnik**
**64. Ausgabe 1988/89**

## Anzeigenteil, Bezugsquellennachweis, Inserentenverzeichnis




R. Oldenbourg Verlag GmbH · Rosenheimer Straße 145
8000 München 80 · Telefon 089/4112-0 · Telex 529296

k
k

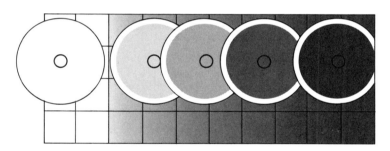

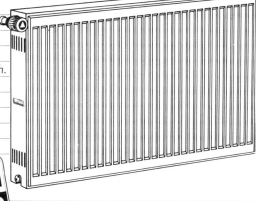

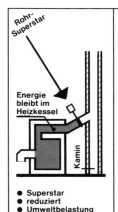

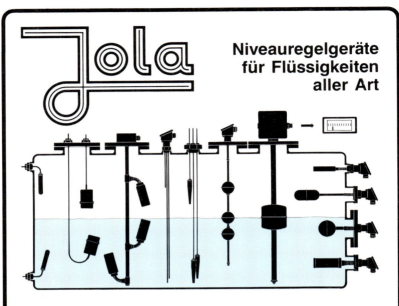

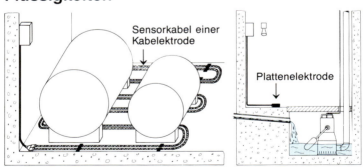

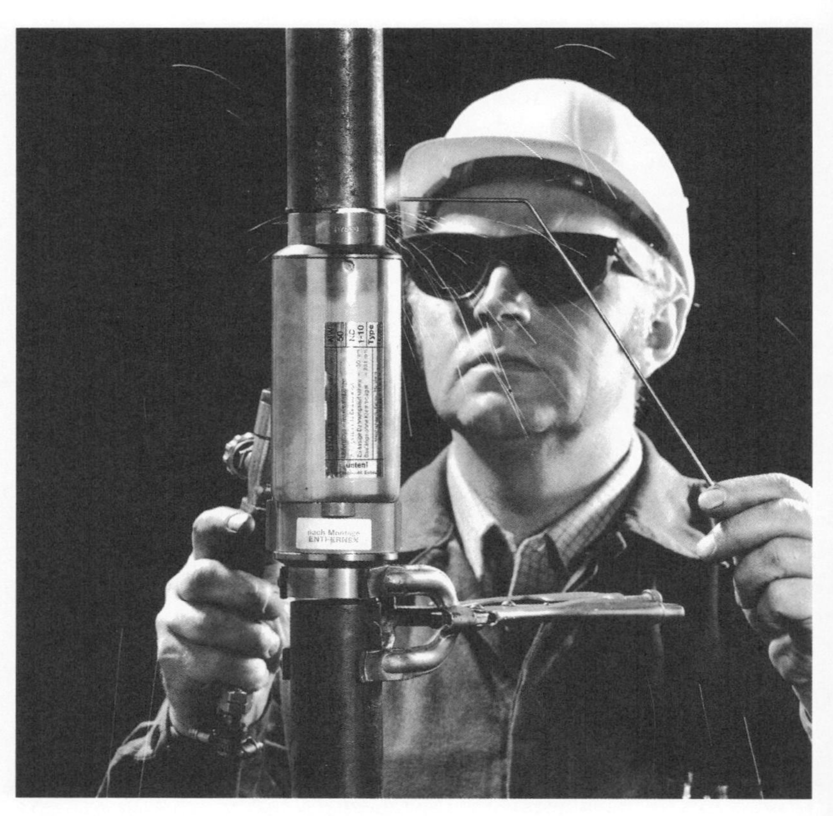

# GESTRA Haustechnik

## Optimal in jedem Fall

### z.B. Rückschlagverhinderer

**Heizkostensparend,** montagefreundlich, zuverlässig, langjährig bewährt.
DISCO-Rückschlagventile RK, Schwerkraftumlaufsperren SBO, DISCO Rückschlag-Klappen CB, WB, DISCOCHECK Doppelrückschlag-Klappen BB.

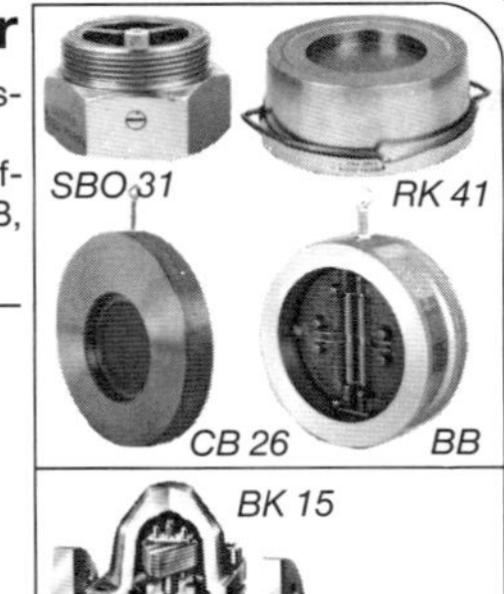


### z.B. Kondensatableiter

**Dampfsparend,**
montage- und wartungsfreundlich.
**Baureihe MK:**
Die Präzisen mit Membransteuerung.
**Baureihe UNA:**
Die Speziellen mit Kugelschwimmersteuerung.
**Baureihe BK:**
Die Robusten mit Duostahlsteuerung.

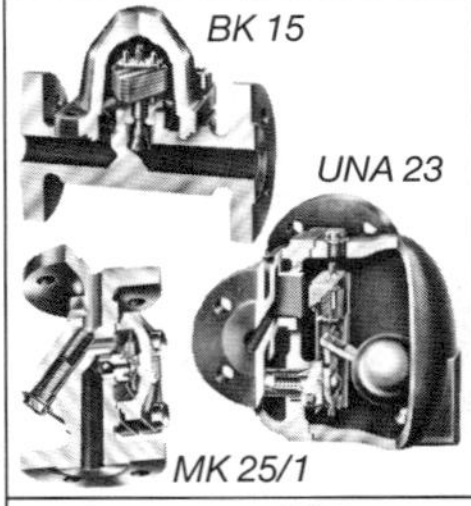


### z.B. Regelarmaturen

**Energiesparend,** hilfsenergiefrei, wartungsfrei, robust, bewährt.
Mechanische Druck- und Temperaturregler. Alternativ für höherwertige Anforderungen elektrische Druck-, Temperatur- und Niveau-Regelungen.

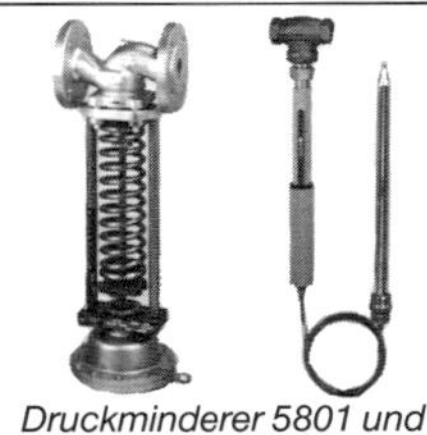

Druckminderer 5801 und Mech. Temperaturregler

### z.B. Wärmerückgewinnung

**Brennstoffsparend,** Rückgewinnung aus Dampfkessellauge und aus Kondensat.

**Fordern Sie das ausführliche Lieferprogramm an.**

**GESTRA** AKTIENGESELLSCHAFT
**Postf. 105460 · 2800 Bremen 1 · Tel. (0421) 3503-0**
**Telex 244945-0 gb d · Telefax (0421) 3503-393**

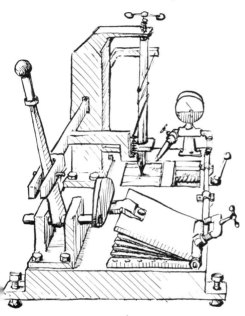

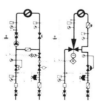

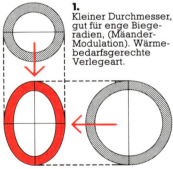

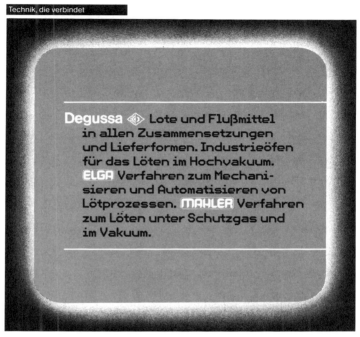

*eingetragenes Warenzeichen von kabelmetal

WICU®-Rohr bietet alles für modernste Leitungsinstallationen. WICU®-extra mit Dämmung nach der Heiz AnlV für Versorgungsleitungen, bei denen herausragende Wärmedämmung zählt. WICU®-Rohr für alle übrigen Leitungen der Sanitär- und Heizungsinstallation. WICU-®-extra und WICU®-Rohr ist gemeinsam, daß sie gegen Lochkorrosion geschützt sind, nicht inkrustieren, so gut wie ewig halten. Beiden gemeinsam ist auch, daß sie unter Putz Platz finden und sich jeder Rohrführung anpassen. Herausragend ist die Wärmedämmung des WICU®-extra, die mehr Wärme in der Leitung hält und am Ende mehr Wärme herauskommen läßt. Für Fachleute, die keinen Vorteil auslassen. WICU®-Rohr, das Marken-Kupferrohr der Hersteller: kabelmetal, Osnabrück. Wieland-Werke, Ulm. Fachprospekt erhältlich über WICU®-Service, Schönhauser Straße 21, 5000 Köln 51.

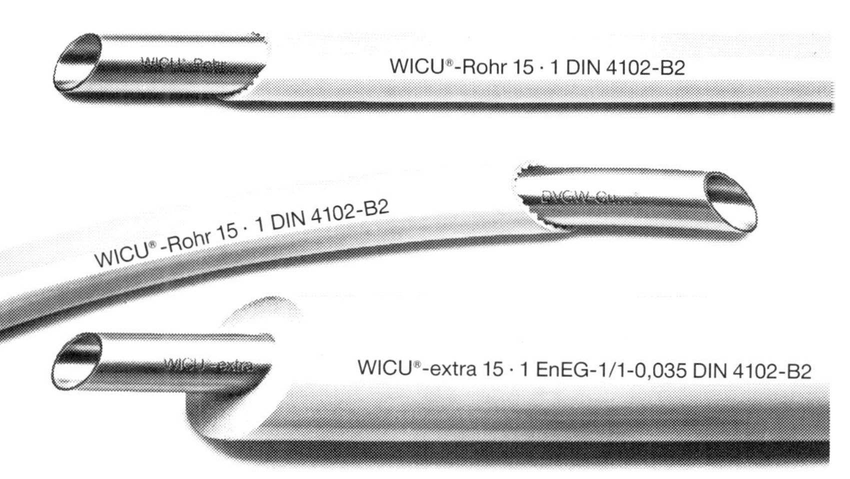


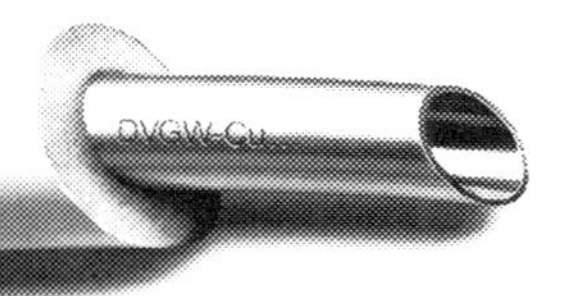


# Für Fachleute, die keinen Vorteil auslassen.

**WICU®-Rohr.**

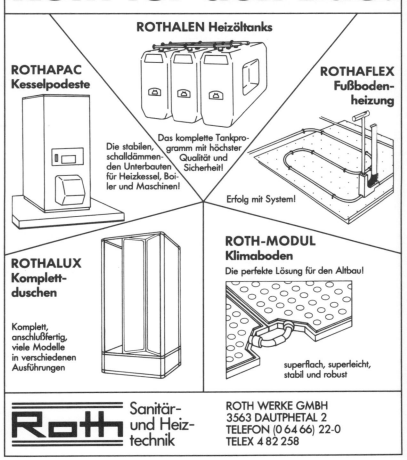

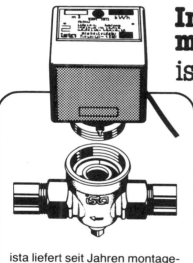

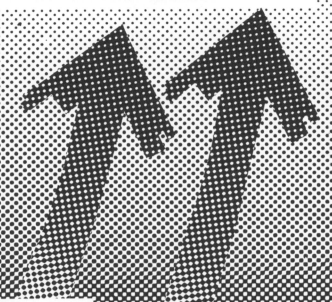

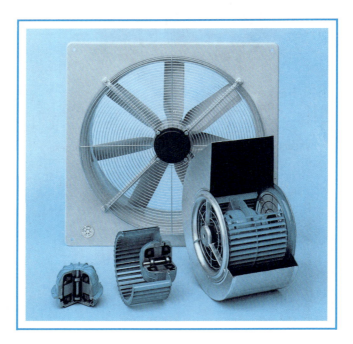

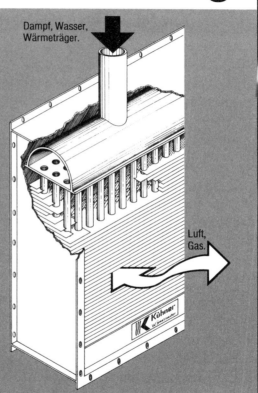

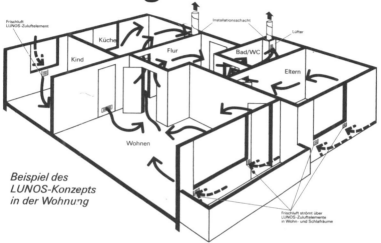

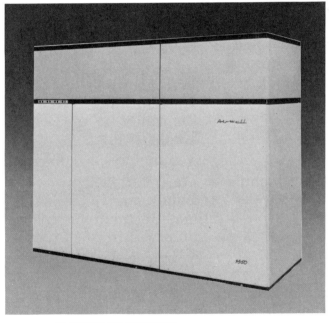

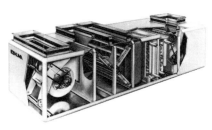

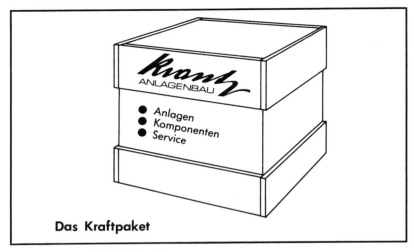

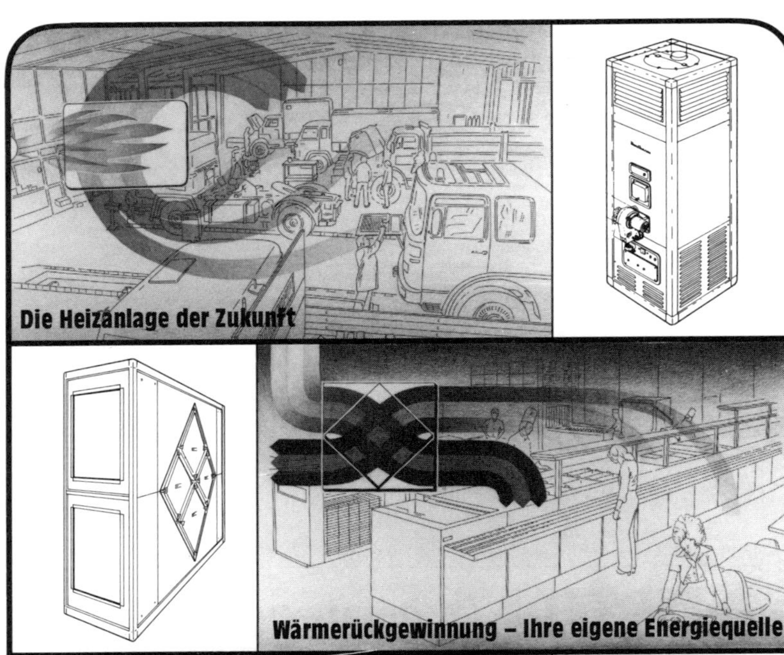
Die Heizanlage der Zukunft
Wärmerückgewinnung – Ihre eigene Energiequelle

Die logische Lösung für Feuchtigkeitsprobleme

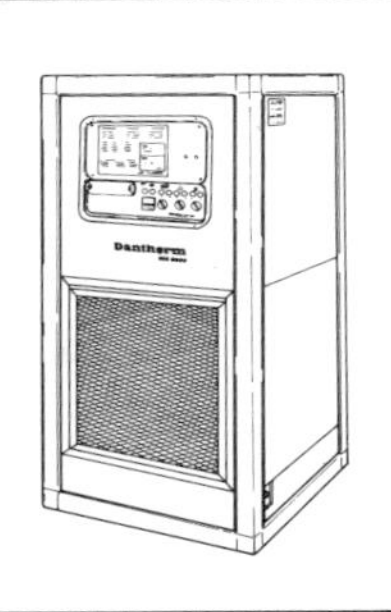

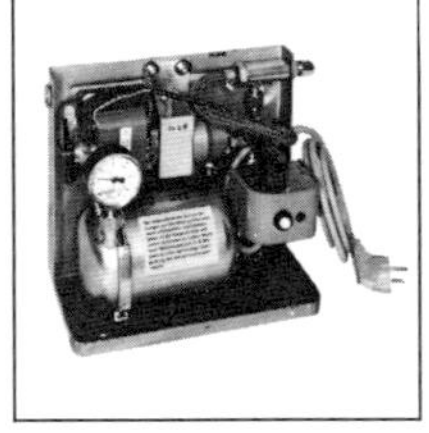

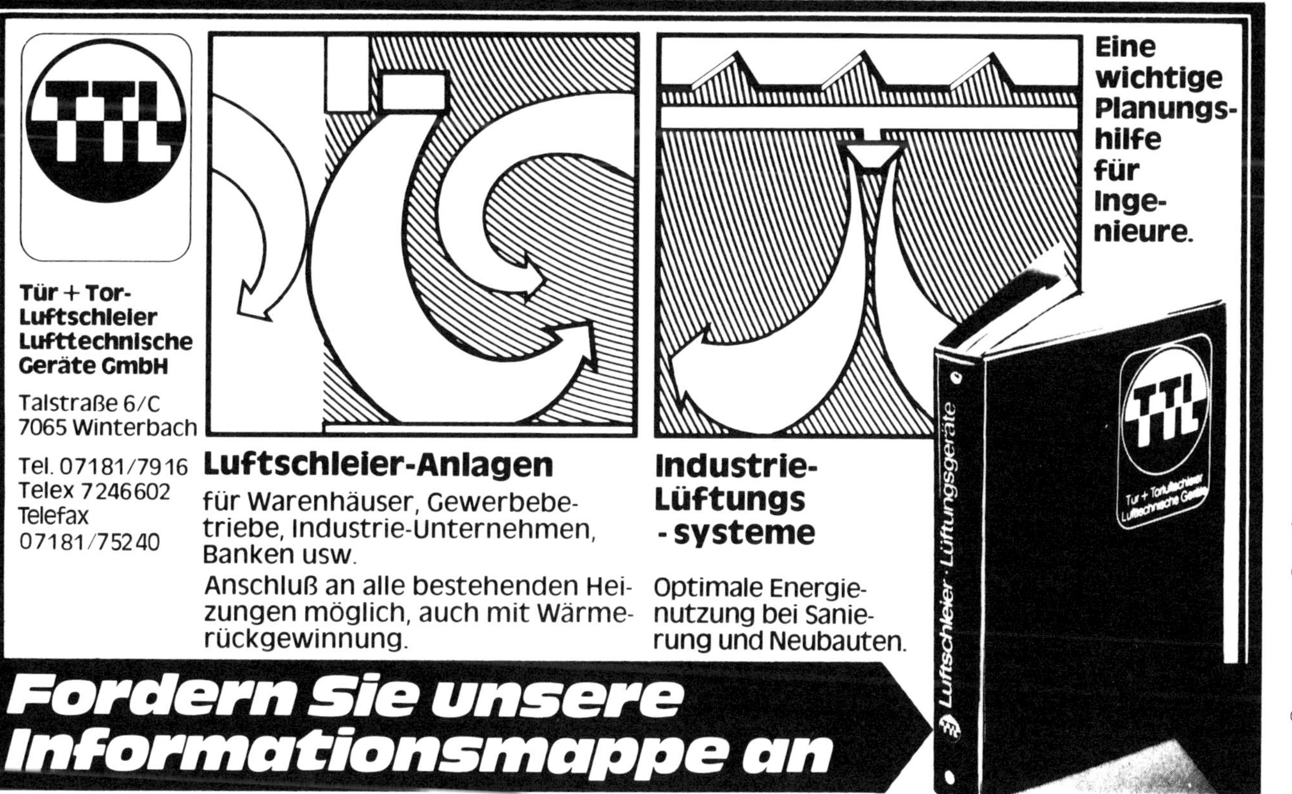
Tür + Tor-
Luftschleier
Lufttechnische
Geräte GmbH
Talstraße 6/C
7065 Winterbach
Tel. 07181/7916
Telex 7246602
Telefax
07181/75240
Luftschleier-Anlagen
für Warenhäuser, Gewerbebetriebe, Industrie-Unternehmen, Banken usw.
Anschluß an alle bestehenden Heizungen möglich, auch mit Wärmerückgewinnung.
Industrie-Lüftungs-systeme
Optimale Energienutzung bei Sanierung und Neubauten.
Eine wichtige Planungshilfe für Ingenieure.
Luftschleier · Lüftungsgeräte
Fordern Sie unsere Informationsmappe an

HYGROMATIK®
Dampfluftbefeuchter
für Leitungswasser, für vollentsalztes Wasser
Wäscherkammerbefeuchter
Großhallen-Luftbefeuchter
Aerosol-Luftbefeuchter
Luftentfeuchter
Flach-Verdunstungs-Luftbefeuchter
HYGROMATIK®
Lufttechnischer Apparatebau GmbH + Co
D-2000 Norderstedt
Postfach 1729
Oststraße 55
Info-Mappe kommt sofort!
Tel. 040/522 50 26
Telex 2 174 675
Fax 040/526 13 27

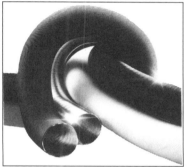

Lernen Sie uns und unsere Produkte
für eine zeitgemäße Kanalfertigung
kennen .....
professionelles
Arbeiten mit
unserem
MEZ-FLANGE® System
unseren bewährten
Bauelementen für
lufttechnische Anlagen ...
®
meztechnik
Georg Mez GmbH & Co. KG · P. O. Box 5063 · D-7410 Reutlingen 2 · Tel. 0 70 72 / 1 34-0 · Telex 729 596 mez d
Georg Mez AG · P. O. Box 671 · CH-8027 Zürich · Tel. (01) 2 02 12 44 · Telex 56 261 mez ch
Gebr. Trox GmbH · P. O. Box 7 · A-1211 Wien · Tel. 02 22 / 38 15 48-0 · Telex 115 631 troxw a

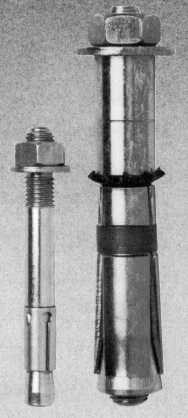

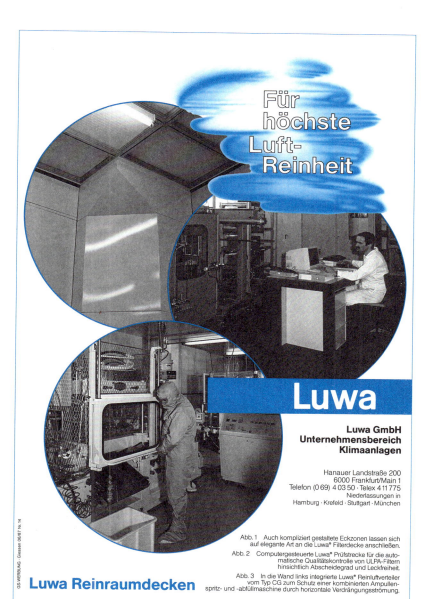

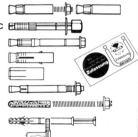

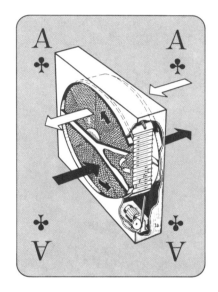

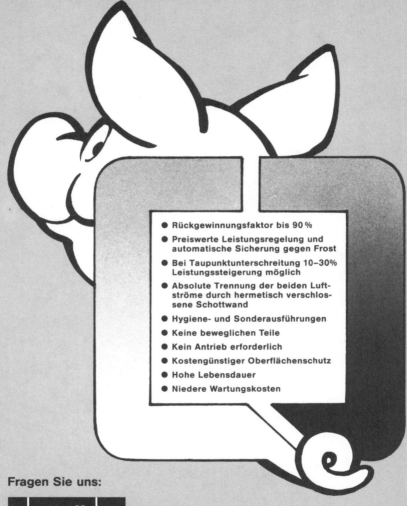

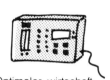

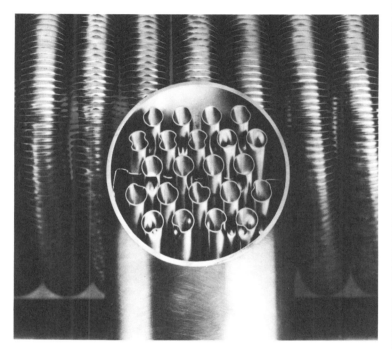

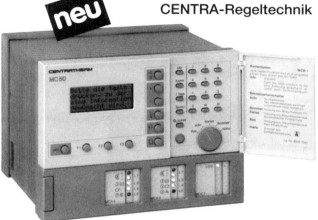

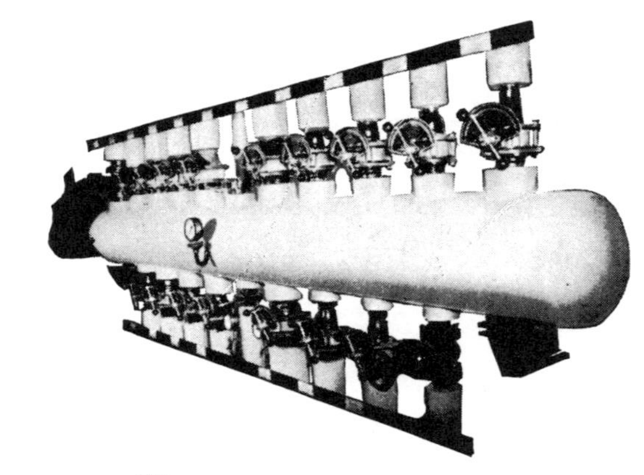

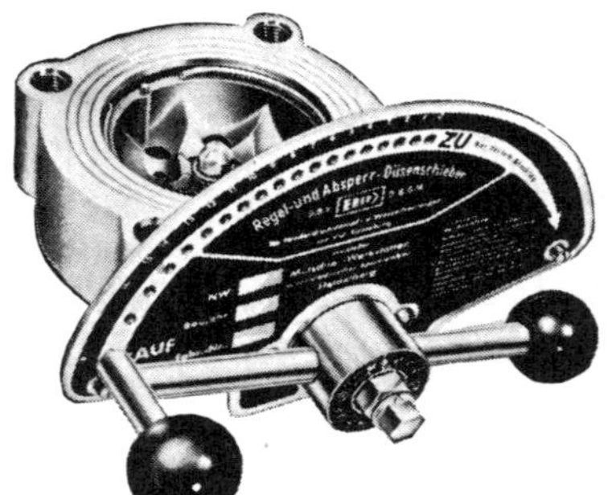
ZU
Regel-und Absperr-Düsenschieber
AUF

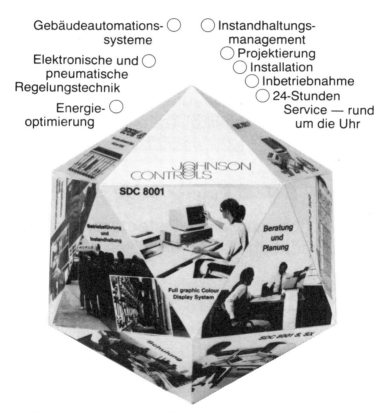

# PRÄZISION HAT SYSTEM

Das beweisen unsere Produkte: der neue Heizkostenverteiler **Minotherm II** (Verdunstungsprinzip) mit kundenfreundlichen Kontrollmöglichkeiten, der elektronische Heizkostenverteiler **Minometer E,** die elektronischen Wärmezähler **Minocal** und die Wasserzähler **Minomess.**

Das beweist hoher technologischer Standard: z. B. Heizkörperleistungs- und C-Wert-Prüfstand, Fotodokumentation zur Heizkörpererkennung, Computerprogramme zur Leistungsbewertung, die Offenlegung aller Daten und unsere staatlich anerkannten Prüfstellen für Wärme- und Wassermeßgeräte.

Und das beweisen weitere Leistungen, die unseren Erfolg ausmachen. Auch in Zukunft werden wir stets neue Maßstäbe setzen. Vorsprung verpflichtet.

**Minol**

Minol Meßtechnik,
Werner Lehmann GmbH & Co.
Postfach 200 452,
7022 L.-Echterdingen 2
Tel. 07 11 / 7 90 93-0, Telex 7 255 475

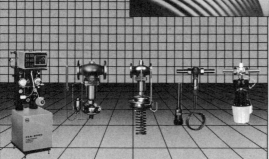

18.6

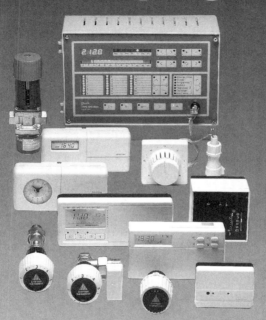

Kennen Sie schon das neue Maschinen-Thermometer
SIKA®
SIKA
mit der wesentlich besseren Ablesbarkeit auch bei ungünstigen Sichtverhältnissen und größeren Entfernungen?
Der große Vorteil:
Erkennen auf den 1. Blick
30% größere Zahlen auf dem Gehäuse.
Weitere Vorzüge:
Robuste Konstruktion, vieltausendfach bewährte Technik.
Verlangen Sie ausführliche Informationen mit technischen Details.
100
C
80
60
40
Dr. Siebert & Kühn GmbH & Co KG
1113, D-3504 Kaufungen 1, 05605/803-0, 99717

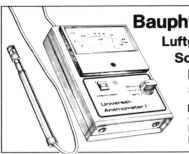

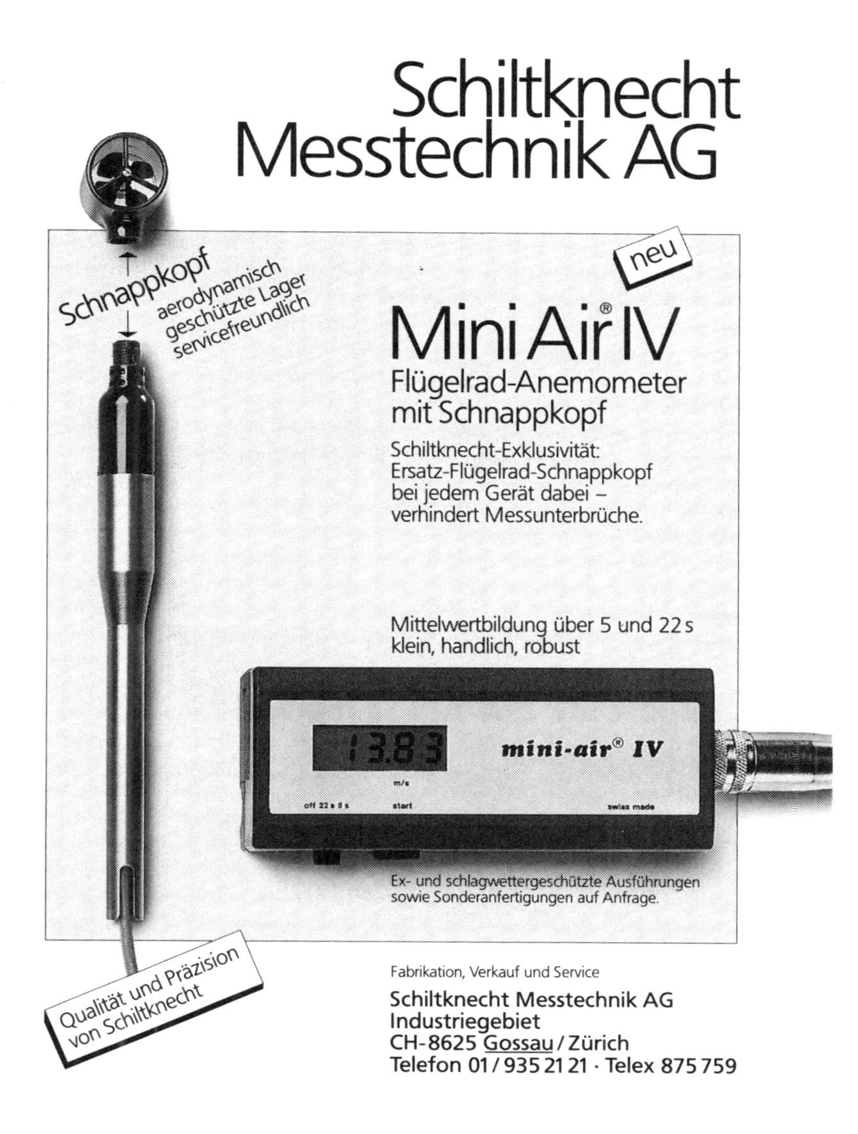
Schiltknecht
Messtechnik AG
Schnappkopf
aerodynamisch
geschützte Lager
servicefreundlich
neu
Mini Air® IV
Flügelrad-Anemometer
mit Schnappkopf
Schiltknecht-Exklusivität:
Ersatz-Flügelrad-Schnappkopf
bei jedem Gerät dabei –
verhindert Messunterbrüche.
Mittelwertbildung über 5 und 22 s
klein, handlich, robust
13.83
mini-air® IV
m/s
off 22 s 5 s
start
swiss made
Ex- und schlagwettergeschützte Ausführungen
sowie Sonderanfertigungen auf Anfrage.
Qualität und Präzision
von Schiltknecht
Fabrikation, Verkauf und Service
Schiltknecht Messtechnik AG
Industriegebiet
CH-8625 Gossau / Zürich
Telefon 01 / 935 21 21 · Telex 875 759

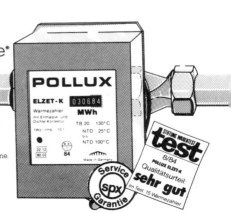

Meßgeräte für
Temperatur
Strömung
Feuchte
testo term
Ideal für den Klima-Fachmann von heute:
technoterm
Sekunden-Thermometer
von -200 bis +1760 °C
hygrotest
Sekunden-Hygrometer
von 2% bis 98% rF
testovent
Anemometer
von 0-40 m/sec
Wir liefern auch stationäre Klima-Meßgeräte. Rufen Sie uns an.
Kostenloser Geräte-TEST
testoterm GmbH & Co.
Kolumban-Kayser-Str. 17
D-7825 Lenzkirch/Schwarzwalc

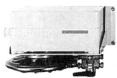

Rauchgas-Analyse
Kostenloser Geräte-TEST
CO2 O2 CO °C
NOx SO2 qA
testo term
Praktiker testen vor dem Kauf
testo® 32
NEU
elektronisches Rauchgas-Analysegerät
zur Messung von CO2, O2, CO, °C. NOx, SO2, qA
Handlich · Modern · Leistungsstark · Preisgünstig
Eine Gemeinschaftsentwicklung der Ruhrgas AG und Testoterm.
testoterm GmbH &Co.
Kolumban-Kayser-Str. 17
D-7825 Lenzkirch/Schwarzwald

GAPINSKI-INGENIEURGESELLSCHAFT MBH
Technische Gebäudeausrüstung
Konrad-Adenauer-Straße 24 · 6204 Taunusstein 2
Telefon (0 61 28) 4 20 31 · Telex 4 182 749
Telefax (0 61 28) 4 20 31

Beratung · Planung · Bauleitung · Gutachten
Heizung · Klima · Kälte · Sanitär
Sprinklerung · Küchentechnik ·
Labortechnik · Schwimmbadtechnik
Elektro · Stark- + Schwachstromtechnik
Lichttechnik · Fördertechnik
Reinwassertechnik · Wasseraufbereitungstechnik

---

**Goepfert, Reimer & Partner**
**Ingenieurgesellschaft mbH**

Bramfelder Str. 70
2000 Hamburg 60
Tel. 040/69200-0
Telex 02-174410
Amtlich genannte Meßstelle nach
§ 26 Bundes-Immissionsschutzgesetz

für
**Gebäudetechnik · Energietechnik · Umwelttechnik**
Beratung, Planung, Bauleitung,
Voruntersuchungen und Messungen
auf den Gebieten Heizung –
Klima – Lüftung – Sanitär – Elektro –
Energieversorgung – Abfallentsorgung –
Luft und Lärm

---

**Werner Götte**
Beratender Ingenieur VBI/VDI
Lönsweg 20
4900 Herford
Tel. 05221/80350

Gas-, Wasser-, Heizungs-, Lüftungs-
und Klimatechnik
Beratung, Planung,
Konstruktion, Ausschreibung
Bauleitung, Abrechnung

---

**Volker Grabe**
Beratender Ingenieur VBI
Große Pfahlstr. 5
3000 Hannover 1
Tel. 0511/312019-10

Heizung, Lüftung, Klima, Sanitär,
Energiegutachten
Öffentlich best. und vereidigter
Sachverständiger

---

**HOHL + PFÄHLER**
Beratende Ingenieure VBI
Nürnberger Str. 20
7100 Heilbronn/N.
Tel. 07131/75098

Energieberatung, Planung, Fachbauleitung
Heizungs-, Lüftungs-, Klima-, Sanitär-
und Bädertechnik
Druckluft- und Gasversorgung
Sprinkleranlagen

---

**hoppe vdi & spieker vdi**
beratende ingenieure vbi
sülzgürtel 38
5000 köln 41
tel. 0221/412004

techn. gebäudeausrüstung, heizung, lüftung,
klima, sanitär, elektrotechnik, energieversorgung, beratung, planung, gutachten

---

**INGENIEURBÜRO**
**BRUNNENKANT**

Beratende Ingenieure VBI
Dipl.-Ing. Walter Brunnenkant
Panoramastraße 6
6908 Wiesloch bei Heidelberg
Tel. 06222/51051
Telex 4-66041

**Großküchentechnik, Speisenversorgung**
**Gutachten,** Zustandsanalysen
Systemvergleiche, Sanierungskonzepte
**Betriebsorganisation,** Betriebsablaufplanung,
Wirtschaftlichkeitsberechnungen
Personalplanung
**Planung,** Entwurf, Ausführungsplanung,
Ausschreibung, Vergabe, Bauleitung,
Abnahme, Inbetriebnahme.

---

**Ingenieurbüro Horst Pahl Dipl. Ing.**
Beratender Ingenieur VBI
Schillerstr. 37
2240 Heide
Tel. 0481/63058/9

Heizung · Klima · Sanitär · Elektro
Beratung, Planung, Ausschreibung
Bauleitung, Energieberatung
Öffentlich bestellter und vereidigter
Sachverständiger

**SCHMIDT REUTER**

Ingenieurgesellschaft für technische Gesamtplanung

Hauptverwaltung:
Graeffstraße 5 · 5000 Köln 30
Tel. 02 21/57 41-1 · FS 8 882 531

Niederlassungen:
Hamburg · Hannover · Berlin · Köln
Frankfurt · Stuttgart · München · Wien
Teheran · Riyadh · Abu Dhabi · Lagos

---

**SCHOLZE**

Ingenieurgesellschaft mbH
Gutenbergstr. 18
7022 Le.-Echterdingen 2
Tel. 07 11/79 73-0
Telex 7-2 55 448 scho d

Beratung · Planung · Überwachung
Technische Gebäudeausrüstung
Heizung · Klima · Sanitär · Elektro
Energietechnik · Umweltschutz

---

**Schütz + Wirth**

Beratende Ingenieure VBI
August-Dürr-Str. 5
7500 Karlsruhe
Tel. 07 21/37 50 45-48
Schubertstr. 1
6744 Kandel/Pfalz
Tel. 0 72 75/12 83
Telex 7-825 983 ibhs

Heizung · Lüftung
Klima
Energieversorgung
Sanitär
Elektro
Beratung · Planung
Bauleitung
Gutachten
Wirtschaftlichkeit

---

**Schulz + Partner**
Beratende Ingenieure VBI
Max-Planck-Str. 3
5300 Bonn 2
Tel. 02 28/33 10 77

Heizung · Lüftung · Sanitär
Elektro · Klima · Kälte
Beraten · Planen
Koordinieren
Überprüfen · Überwachen

---

ingenieurgesellschaft
mbh
beratende ingenieure vbi
max-planck-str. 1a
4750 unna
telefon 0 23 03/84 34-36
telex 08-229 233 ibsu

**technische ausrüstung,**
**energietechnik,**
**umwelttechnik,**
**instandhaltungsorganisation**
öffentlich bestellter und vereidigter
Sachverständiger

---

**Dipl.-Ing. Hans Spatzier**
Beratender Ingenieur VBI
Ingenieurbüro VDE – LiTG – VDI
Frankfurter Straße 26
6242 Kronberg · Tel. 0 61 73/7 90 47

Elektro · Heizung · Lüftung · Sanitär
**Beratung · Planung · EDV-Service**

**EDV-Software** für die technische
Ausrüstung – Bauphysik – Kalkulation

---

**Stollenwerk - Krämer**
Beratende Ingenieure VBI · VDI
An der Mollburg 24a · 5000 Köln 91
Techn. Büro: Am Ziehenberg 5
5060 Bergisch Gladbach · Tel. 0 22 04/5 20 13

Heizung · Lüftung · Kälte
Sanitär · Elektrotechnik
Beratung · Planung · Bauleitung

# Bezugsquellennachweis zum Anzeigenteil

des „Recknagel-Sprenger-Hönmann“-Taschenbuch für Heizung + Klimatechnik, 64. Ausgabe – 1988/1989

Zur besseren Übersicht und schnelleren Unterrichtung sind nachstehend die Erzeugnisse aufgeführt, die von den im Anzeigenteil vertretenen Unternehmen geliefert werden. Die Zahlen hinter den Stichwörtern nennen die Nummern, unter denen Sie die Lieferwerke für die betreffenden Erzeugnisse in der nachfolgenden „Firmenliste“ zum Bezugsquellennachweis finden. Dort befindet sich dann auch ein Hinweis auf die Anzeige dieses Unternehmens.

**Zur Beachtung:** Sämtliche Arten der Sammelbezeichnungen wie Armaturen, Brenner, Kessel, Pumpen usw. sind als Untergruppen aufgeführt.

**A**

E



F

G

L

S

**Sch**



**St**

Z

# Firmenliste zum Bezugsquellennachweis

des „Recknagel-Sprenger-Hönmann“-Taschenbuch für Heizung + Klimatechnik, 64. Ausgabe – 1988/1989

S.-R. = Sachregisternummer, A.-S. = Anzeigenseite
(Ein alphabetisches Verzeichnis der Inserenten befindet sich auf Seite 152)

Die Firmenfolge nach laufenden Nummern des vorliegenden Verzeichnisses erfolgt unter Zugrundelegung des Eingangstages der Anmeldebogen.

| S.-R. | | A.-S. |
|---|---|---|
| 1 | Witzenmann GmbH, Postfach 1280, 7530 Pforzheim | 24 |
| 2 | Frank AG, ORANIER Heiz.- u. Kochtechnik, Postfach 1361, 6340 Dillenburg 1 | 124 |
| 3 | AWENA Armaturenwerk Niederscheld GmbH, Postfach 1161, 6340 Dillenburg 1 | 124 |
| 4 | MAH Klimatechnik GmbH, Postfach 45, 8963 Waltenhofen | 60 |
| 5 | Kutzner + Weber GmbH, Frauenstr. 32, 8031 Maisach | 33 |
| 6 | Loos Eisenwerk GmbH, Postfach 80, 8820 Gunzenhausen | 9 |
| 7 | TTL, Tür + Torluftschleier, Lufttechnische Geräte GmbH Talstr. 6, 7065 Winterbach | 59 |
| 8 | SCHAKO Lüftungsgitter, Ferdinand Schad KG, 7201 Kolbingen | VIII* |
| 9 | Max Weishaupt GmbH, 7959 Schwendi | IV* |
| 10 | ista haustechnik gmbh, Friedr.-Koenig-Str. 3–5, 6800 Mannheim 1 | 37 |
| 11 | ALLO Albert Lob GmbH, Postfach 2265, 4044 Kaarst 2 | 30 |
| 12 | Hans Güntner GmbH, Industriestr. 14, 8080 Fürstenfeldbruck | 46 |
| 13 | Halfeneisen GmbH, Harffstr. 47, 4000 Düsseldorf 13 | 83 |
| 14 | Körting Hannover AG, Badenstedter Str. 56, 3000 Hannover | 17 |
| 15 | R. & G. Schmöle GmbH, Postfach 620, 5750 Menden 1 | 95 |
| 16 | robatherm Wärme- u. Klimatechnik GmbH, Postfach 1160, 8872 Burgau | 51 |
| 17 | P. Kyll GmbH, Postfach 200628, 5060 Berg. Gladbach 2 | 99 |
| 18 | GESTRA AG, Postfach 105460, 2800 Bremen 1 | 26 |
| 19 | Hans G. Werner + Co., Postfach 105242, 7000 Stuttgart 10 | 18 |
| 20 | Linde AG, Werksgruppe Kälte- und Einrichtungstechnik, Postfach 501580, 5000 Köln 50 | 101 |
| 21 | Paul Pollrich GmbH, Postfach 609, 4050 Mönchengladbach 1 | 45 |
| 22 | K. August Prött GmbH, Postfach 200953, 4050 Mönchengladbach 2 | 60 |
| 23 | climaria Ges. f. Klima-, Luft + Umwelttechnik mbH, Schanzenstr. 3, 5000 Köln 80 | 72 |

24 H. Krantz GmbH, Postfach 2040, 5100 Aachen .................. 54
25 DLK Ventilatoren GmbH, Bahnhofstr. 34–38, 7141 Benningen ... 43
26 ROX Lufttechn. Gerätebau GmbH, Postfach 450969, 5000 Köln 41 .................. 61
27 Siegle + Epple Luft- u. Klimatechnik, Postfach 311661, 7000 Stuttgart 31 .................. 76
28 DELBAG Luftfilter GmbH, Holzhauser Str. 159, 1000 Berlin 27 .. 68
29 Wolf Klimatechnik GmbH, Postfach 1380, 8302 Mainburg....... 50
30 BBC-YORK Kälte- u. Klimatechnik GmbH, Postfach 100465, 6800 Mannheim 1 .................. 92
31 Munters GmbH, Ausschläger Weg 71, 2000 Hamburg 26 ........ 66
32 Kraftanlagen AG, Postfach 103420, 6900 Heidelberg 1 .......... 89
33 IWK Regler und Kompensatoren GmbH, Postfach 1162, 7513 Stutensee .................. 111
34 Donfoss GmbH, Carl-Legien-Str. 8, 6050 Offenbach ............ 113
35 Zander Klimatechnik GmbH, Postfach 120229, 8500 Nürnberg 12 77
36 W. Bälz & Sohn GmbH, Postfach 1346, 7100 Heilbronn ......... 27
37 Heinz Fischer, Postfach 20, 7405 Dettenhausen .................. 63
38 Airflow Lufttechnik GmbH, Postfach 1208, 5308 Rheinbach ..... 109
39 Konus-Kessel GmbH, Postfach 1509, 6830 Schwetzingen ........ 3
40 Klimatherm-Meßgeräte Klaus Groh, Wörthstr. 2a, 4270 Dorsten 21 .................. 120
41 HOGAS Gaswarngeräte GmbH, Stubertal 23, 4300 Essen 1 ...... 34
42 WETAG, Am Boksberg 8, 3203 Sarstedt .................. 40
43 Ziel-Abegg, Postfach 1165, 7118 Künzelsau .................. 44
44 Centra-Bürkle GmbH, Postfach 1164, 7036 Schönaich........... 105
45 EMB-Pumpenbau AG, Erlenweg 4, CH-4310 Rheinfelden ....... 19
46 Alfred Eichelberger GmbH, Marientaler Str. 41, 1000 Berlin 47. .. 82
47 De Dietrich GmbH, Untere Hofwiesen, 6605 Friedrichsthal ...... 3.US
48 SULZER Anlagen- u. Gebäudetechnik GmbH, Furtbachstr. 4, 7000 Stuttgart 1 .................. 2.US
49 KSR-KÜBLER Steuer- und Regeltechnik GmbH, 6931 Zwingenberg .................. 108
50 Kampmann GmbH, Friedrich-Ebert-Str. 129, 4450 Lingen ....... 62
51 Meissner & Wurst GmbH, Roßbachstr. 38, 7000 Stuttgart 31 ..... 78
52 MAICO Elektroapparate-Fabrik GmbH, Postfach 3470, 7730 Villingen-Schwenningen .................. 41
53 Gerätebau Eberspächer KG, Postfach 545, 7300 Esslingen ....... 90
54 Omnical GmbH, Gruppe Deutsche Babcock, 6344 Dietzhölztal ... 4
55 ConGermania Meß- u. Regelgeräte GmbH, Am Voßberg 11, 2440 Oldenburg .................. III*
56 LTG Lufttechnische GmbH, Postfach 400549, 7000 Stuttgart 40. .. X*, 87
57 Schütz-Werke GmbH, Postfach 40, 5418 Selters .................. 125
58 CONDAIR AG, Heiligholzstr. 6, CH 4142 Münchenstein 2 ...... 57
59 Maschinenfabrik Gg. Kiefer GmbH, Postfach 300749, 7000 Stuttgart 30 .................. IX*, 75
60 Pumpen Mahn GmbH, Postfach 3157, 8500 Nürnberg 1 ......... 19
61 Rentschler-Reven Lüftungsdecken GmbH, Postfach 25, 7126 Sersheim .................. 55

62 AIRSTANDARD Klimatechnik GmbH, Rathenaustr. 33, 6078 Neu-Isenburg ........ 86
63 Wintrich GmbH, Postfach 27, 6140 Bensheim ........ 125
64 Satchwell-Birka Regelungstechnik GmbH, Postfach 100865, 5630 Remscheid 1 ........ XIV*
65 Kabel- u. Metallwerke Gutehoffnungshütte AG, 4500 Osnabrück, Wieland-Werke AG, 7900 Ulm ........ 31
66 Jola Spezialschalter K. Mattil & Co., Postfach 1149, 6734 Lambrecht ........ 14
67 Heiza Mattil, Postfach 1169, 6734 Lambrecht ........ 13
68 Anton Piller GmbH, 3360 Osterode ........ 46
69 Wilhelm Kühner, Kornwestheimerstr.178, 7015 Korntal-Münch 2 ........ 47
70 Idos KG, Jägerstr. 52–56, 4000 Düsseldorf ........ 124
71 Landis & Gyr GmbH, Friesstr. 20–24, 6000 Frankfurt 60 ........ 103
72a Viessmann Werke GmbH & Co., Postfach 10, 3559 Allendorf ........ XIX*
72b Viessmann GmbH & Co., Schleizer Str. 100, 8670 Hof ........ XIX*
73 Jacob Handte & Co., Ludwigstaler Str. 149, 7200 Tuttlingen ........ 82
74 FILTA-Lufttechnik GmbH, Freiheit 42/43a, 1000 Berlin 20 ........ 88
75 EBERLE GmbH, Postfach 130153, 8500 Nürnberg 13 ........ 115
76 METRONA Wärmemesser Union GmbH, Postf. 700380, 8000 München 70 ........ II*
77 Westaflexwerk GmbH, Postfach 3255, 4830 Gütersloh ........ 69
78 J. M. Voith GmbH, Postfach 1940, 7920 Heidenheim ........ 42
79 GfKK Ges. f. Kälte- u. Klimatechnik, Postfach 400207, 5000 Köln 40 ........ 10[illegible]
80 Ing. Peter Weisshaar GmbH, Postf. 3610, 4902 Bad Salzuflen 1 ........ 100
81 H. D. Eichelberg & Co. GmbH, Balver Str. 92, 5750 Menden ........ 97
82 ARIS GmbH, Postfach 2142, 5205 St. Augustin 2 ........ 122
83 GRUNDFOS GmbH, Industriestr. 15–19, 2362 Wahlstadt ........ 21
84 Wilh. Lambrecht GmbH, Postfach 2654, 3400 Göttingen ........ 1[illegible]6
85 SCHÄFER Heiztechnik GmbH, Postfach 1120, 5908 Neunkirchen ........ 6
86 Hager + Elässer GmbH, Postf. 800540, 7000 Stuttgart 80 ........ 99
87 A/S Dantherm, Jegstrupvej, DK-7800 Skive ........ 56
88 Ed. Rohr AG, Bahnhofstr. 156, CH-5506 Mägenwil ........ 8
89 Armstrong Machine Works S. A., B-4400 Herstal/Liege ........ 65
90 STANDARDKESSEL, Postfach 120403, 4100 Duisburg 12 ........ 11
91 Joseph Schwend GmbH & Cie., SCHWENDILATOR-Stammhaus, Postfach 2229, 7570 Baden-Baden ........ 72
92 Camfil GmbH, Postfach 1180, 2067 Reinfeld ........ 67
93 Fischerwerke, Artur Fischer GmbH, Postfach 52, 7244 Tumlingen-Waldachtal ........ 85
94 STENFLEX Rudolf Stender GmbH, Postf. 650220, 2000 Hamburg 65 ........ 25
95 Alcan Ohler GmbH, Betriebsbereich Ohler Flexrohr, 5970 Plettenberg ........ 71
96 SCHRAG Heizungs-Lüftungs-Klima-Technik GmbH, Postfach 1366, 7333 Ebersbach ........ 58
97 Normklima, Postfach 1380, 6382 Friedrichsdorf ........ 52

98 Robert Detzer GmbH, Postfach 27, 7141 Benningen ............ 48

99 SPANNER-POLLUX GmbH, Industriestr. 16, 6700 Ludwigshafen ............ 118

100 Lunos Lüftung GmbH, Postfach 200454, 1000 Berlin 20 ......... 49

101 Walter Roller GmbH, Lindenstr. 27–31, 7016 Gerlingen ......... 93

102 Joh. Vaillant GmbH, Postfach 101020, 5630 Remscheid ......... 39

103 Philipp Mutschler GmbH, Dossenheimer Landstr. 100, 6900 Heidelberg ............ 106

104 HYGROMATIK-Lufttechnischer Apparatebau GmbH, Postfach 1729, 2000 Norderstedt ............ 63

105 Gebr. Trox GmbH, Postfach 1263, 4133 Neukirchen-Vluyn 1 ..... 73

106 GELU Gesellschaft f. Luftschleieranlagen mbH, Postfach 3, 7443 Frickenhausen ............ XVII*

107 Luwa GmbH, Hanauer Landstr. 200, 6000 Frankfurt 1 .......... 81

108 Ygnis Pyrotherm GmbH, Postfach 210845, 5900 Siegen ........... 12

109 Wildeboer Bauteile + Handelsges. mbH, Postfach 149, 2952 Weener ............ XI*

110 Klöckner-Moeller Elektrizitäts GmbH, Hein-Moeller-Str. 7–11, 5300 Bonn 1 ............ 104

111 THERMOVAL-Systemheizungen Deutschland GmbH, Alfred-Nobel-Str. 7, 5020 Frechen ............ 28

112 ROTH WERKE GMBH, Postfach 60, 3563 Dautphetal ......... 20

113 Eisenbach GmbH, Postfach 900307, 6000 Frankfurt 90 .......... 84

114 Höntzsch GmbH, Postfach 1324, 7050 Waiblingen 4 ............ 123

115 Rombach GmbH, Postfach 211155, 7500 Karlsruhe 21 .......... 35

116 Siemens AG, Vertrieb Wärmepumpen, Postfach 1965, 8650 Kulmbach ............ 91

117 Barth + Stöcklein GmbH, Ingolstädter Str. 58f, 8000 München 45 66

118 Theben-Werk GmbH, Hohenbergstr. 32, 7452 Haigerloch ....... 118

119 Tyczka GmbH, Blumenstr. 5, 8192 Geretsried ............ 33

120 CTC Wärme GmbH, Bredowstr. 13, 2000 Hamburg 74 .......... 10

121 Schallenberg Feuerungstechnik GmbH, Postfach 1548, 4530 Ibbenbüren ............ 16

122 Georg Mez GmbH, Postfach 5063, 7410 Reutlingen 2 ........... 70

123 Thermal-Werke GmbH, Talhausstr. 16, 6832 Hockenheim ....... 125

124 Schiltknecht Meßtechnik AG, CH-8625 Gossau ............ 117

125 Testoterm GmbH, Postfach 1140, 7825 Lenzkirch ............ 119 + 121

126 SAT Chemie GmbH, Postfach 1927, 2000 Norderstedt .......... 5

127 Mächtle GmbH, Postfach 1322, 7015 Korntal-Münchingen 1 ..... 80

128 Arthur Grillo GmbH, Schanzenstr. 8, 4000 Düsseldorf 11 ........ 120

129 DSD Dillinger Stahlbau GmbH, Postfach 1240, 6670 St. Ingbert .. 86

130 REHAU + Co., Ytterbium 4, 8520 Erlangen-Eltersdorf ......... V*

131 Haas + Sohn GmbH, Postfach 162, 6349 Sinn 1 ............ 8

132 Waldemar Pruss, Schulenburger Landstr. 261, 3000 Hannover 1 .. 32

133 Kübler Industrieheizung GmbH, Postf. 410114, 6800 Mannheim 31 ............ 34

134 SAMSON AG, Postfach 101901, 6000 Frankfurt 1 ............ 112

135 M. K. Juchheim GmbH, Postfach 1209, 6400 Fulda ............ 122

136 rbr-Computertechnik GmbH, Reinickendorfer Str. 2, 5860 Iserlohn ............ 123

137 Fläkt Produkte GmbH, Postfach 260, 6308 Butzbach ............ 79
138 TA ROKAL GMBH, Solinger Str. 9, 4330 Mülheim ............. 30
139 Brink Klimaheizung, Hauptstr. 70, 2900 Oldenburg ............. 88
140 JCI Regeltechnik GmbH, Westendhof 8, 4300 Essen 1 ........... 107
141 Copco AG, Verkaufsbüro BRD, Postf. 1115, 5466 Neustadt/Wied, Copco GmbH Austria, Postf. 56, A-6300 Wörgl ................ XVI + XVIII*
142 SIKA Dr. Siebert & Kühn GmbH, Postfach 1113, 3504 Kaufungen 1 ........................................ 114
143 ELCO Oel- u. Gasbrennerwerke GmbH, Postfach 1350, 7980 Ravensburg ........................................ VIII*
144 Kessler + Luch GmbH, Postfach 5810, 6300 Gießen ............ XII*
145 Helios Apparatebau, Müller GmbH, Postfach 3246, 7730 Villingen-Schwenningen ................................ XIII*
146 Ohl-Industrietechnik, Postfach 1361, 6250 Limburg ............. 40

* Diese Anzeigen befinden sich im Textteil
Sachverzeichnis und Firmenliste wurden am 10.8.1987 abgeschlossen

# Alphabetisches Inserentenverzeichnis

des „Recknagel-Sprenger-Hönmann"-Taschenbuch für Heizung + Klimatechnik,
64. Ausgabe – 1988/1989

## A



## B



## C



## D



## E

**F**



**G**



**H**



**I**



**J**

## K



## L



## M



## N



## O



## P

**R**



**S**



**Sch**



**St**



**T**

**V**



**W**



**Y**



**Z**

**Mengenäquivalente verschiedener Brennstoffe**

| Brennstoff | Heizwert $H_u$ | Stein-kohlen | Koks | Braun-kohle-Briketts | Heizöl EL (l) | Heizöl EL (kg) | Erdgas H | Erdgas L | Stadt-gas | Elektr. Strom |
|---|---|---|---|---|---|---|---|---|---|---|
| Steinkohle | 8,14 kWh/kg | 1 | 1,08 | 1,45 | 0,81 | 0,69 | 0,81 | 0,92 | 1,81 | 8,14 |
| Koks | 7,5 kWh/kg | 0,92 | 1 | 1,34 | 0,75 | 0,63 | 0,75 | 0,85 | 1,67 | 7,5 |
| Braunkohle-Briketts | 5,6 kWh/kg | 0,69 | 0,75 | 1 | 0,56 | 0,47 | 0,56 | 0,64 | 1,24 | 5,6 |
| Heizöl EL | 10,0 kWh/l | 1,23 | 1,33 | 1,78 | 1 | 0,84 | 1 | 1,14 | 2,22 | 10,0 |
| Heizöl EL | 11,85 kWh/kg | 1,45 | 1,58 | 2,12 | 1,18 | 1 | 1,18 | 1,35 | 2,63 | 11,85 |
| Erdgas H | 10,0 kWh/$m_n^3$ | 1,23 | 1,33 | 1,78 | 1 | 0,84 | 1 | 1,14 | 2,22 | 10,0 |
| Erdgas L | 8,8 kWh/$m_n^3$ | 1,08 | 1,17 | 1,57 | 0,88 | 0,74 | 0,88 | 1 | 1,96 | 8,8 |
| Stadtgas | 4,5 kWh/$m_n^3$ | 0,55 | 0,60 | 0,80 | 0,45 | 0,38 | 0,45 | 0,51 | 1 | 4,5 |
| Elektr. Strom | 1,0 kWh | 0,12 | 0,13 | 0,18 | 0,10 | 0,08 | 0,10 | 0,11 | 0,22 | 1 |